电子爱好者手册　电子创客案例集

2018 年电子报合订本

（上册）

电子报编辑部　编

编辑出版委员会名单

编辑出版说明

1.“实用、资料、精选、精练”是《电子报合订本》的编辑原则。由于篇幅容量限制，只能从当年《电子报》的内容中选出实用性和资料性相对较强的技术版面和技术文章，保留并收入当年的《电子报合订本》，供读者长期保存查用。为了方便读者对报纸资料的查阅，报纸版面内容基本按期序编排，各期彩电维修版面相对集中编排，以方便读者使用。

2.《2018 年电子报合订本》在保持历年电子报合订本“精选（正文）、增补（附录）、缩印（开本）式”的传统编印特色基础上，附赠光盘，将未能收录进书册的版面内容收入了光盘，最大限度地保持了报纸的完整性。

图纸及质量规范说明

1. 本书电路图中，因版面原因，部分计量单位未能标出全称，特在此统一说明。其中：p 全称为 pF；n 全称为 nF；μ 全称为 μF；k 全称为 kΩ；M 全称为 MΩ。

2. 本书文中的“英寸”为器件尺寸专业度量单位，不便换算成“厘米”。

3. 凡连载文章的作者署名，均在连载结束后的文尾处。

四川大学出版社

责任编辑:梁　平
责任校对:周　艳
封面设计:王文果
责任印制:王　炜

图书在版编目(CIP)数据

2018年电子报合订本 / 电子报编辑部编. —成都:四川大学出版社，2018.12
ISBN 978-7-5690-1097-8

Ⅰ.①2…　Ⅱ.①电…　Ⅲ.①电子技术-期刊
Ⅳ.①TN-55

中国版本图书馆CIP数据核字（2018）第302639号

书名　**2018年电子报合订本**
2018 NIAN DIANZIBAO HEDINGBEN

编　　者　电子报编辑部
出　　版　四川大学出版社
地　　址　成都市一环路南一段24号(610065)
发　　行　四川大学出版社
书　　号　ISBN 978-7-5690-1097-8
印　　刷　成都新凯江印刷有限公司
成品尺寸　210 mm×285 mm
印　　张　46
字　　数　3654千字
版　　次　2019年1月第1版
印　　次　2019年2月第3次印刷
定　　价　69.00元

◆读者邮购本书，请与本社发行科联系。
电话：(028)85408408/(028)85401670/
(028)85408023　邮政编码：610065
◆本社图书如有印装质量问题，请
寄回出版社调换。
◆网址：http://press.scu.edu.cn

目 录

一、新闻言论类

二、维修技术类

1.彩电维修技术

2.电脑、数码技术与应用

3.电脑、数码维修与技术

4.综合家电维修技术

三、制作与开发类

1.基础知识与职业技能

2.制作与开发类

3.职业技术与技能类

四、卫星与广播电视技术类

五、视听技术类

1.音响实用技术

六、专题类

附　录

广　告

2018年1月7日出版 实用性 启发性 资料性 信息性
第1期 国内统一刊号:CN51-0091 定价:1.50元 邮局订阅代号:61-75
地址:(610041)成都市天府大道北段1480号德商国际A座1801 网址:http://www.netdzb.com
(总第1938期) 让每篇文章都对读者有用

在传承中寻求创新,在创新中寻求发展

——2018年《电子报》办报思想

这是2018年的第一期,这是我们与各位新老读者今年的第一次见面。

当岁月跨越一个年轮,每一个人都会驻足停留片刻思索:得失多少。作为电子行业的一家专业媒体,这张从1977年就面世的行业报,已走过了"四十不惑"之年。回顾这40年的风雨兼程,我们不仅感受过发展辉煌的尖峰时刻,也经历过改制带来的阵痛,如今,也和其他传统媒体一样面临着大数据时代下移动互联网媒体带来的巨大冲击,正在"困"字中艰难跋涉。但是,还好。焦虑中、调整中的《电子报》兀自加紧脚步赶路,秉承着不管在什么样的时代背景下,除了始终坚持"开门办报"的办刊策略,始终坚持报纸为读者而办,选题就读者所需——这是电子报几代人办报遵守的准则。《电子报》为电子爱好者而办,"四性"(实用性、启发性、资料性、信息性)选题是电子爱好者所需。"四性"以"实用性"为首,以"用"字为"根"。紧紧抓住"用"字这个根本,精心编辑对读者"有用"的文章,这是《电子报》一直坚持的办报选题指导思想,也是《电子报》办报四十年多年来,至今仍立于国内同类报纸之首的成功秘诀。

当梦想照进现实,曲折和坎坷便有了意义。站在已开启的2018年时空坐标系上,此时此刻,与您分享我们2017年的足迹——

——从平面到网络再到移动终端、新媒体平台,我们持续以传播技术为主线,在选题方面增强务实性的同时,为读者传递创新的技术产品趋势和最新的行业发展动态,帮助创业者创新创业。

——紧跟"互联网+"、大数据时代的要求,网络数字化、新媒体建设等有所突破,与本刊网站、微信公众号、QQ等渠道组成了本刊的信息传播方阵;

——完成深受广大电子爱好者喜爱的《2017年电子报合订本》全部编印工作,内容在保持历年成功特色的基础上,又有颇具吸引力的创新。可以说无论容量、品质、特色和创新,以及全书性价比,都可称历年之最。

——展现立体的《电子报》形象,组织完成了电子夏令营、2017成都国际音响节等活动。

百舸争流,奋楫者先。2018年,对于编辑部来讲,又是一个新的起点。2018年会是怎样的一年?怎样才能再向前迈一步,这问题使我们常常思索。

一、强化版面内容,选题落实"三贴近"原则

变化是表,不变是本。2018年,我们的方向明确,不是简单的内容更换,更不是盲动的自我颠覆,而是试图在传承中寻求创新,在创新中寻求发展。"读者关注的就是我们关注的",这句话我们铭记在心。

纵观行业发展,电子业从来不乏创新,但要在激烈的市场竞争中找到价值蓝海绝非易事,从业者不仅要有创新意识,更要具有发掘行业机会的眼光和独特视角。读者是报纸的上帝,满足读者需求、服务读者是"电子报"存在价值所在。办一张内容丰富、信息量大的厚报曾是读者市场对报纸的基本要求,也是各类报纸引以为豪的事情。但进入大数据时代,这一情况已发生根本性变化。一张报纸版数再多,办得再厚,也无法与互联网、大数据的海量信息比拟。

2018年《电子报》社将牢牢树立"不拼海量拼质量"的理念,毫不犹豫地将信息的量让渡给网络媒体,在报纸版面内容的质上下功夫,把厚报办"薄",将内容办"厚"。新的一年《电子报》将每期报纸版面从16个版调整压缩为12个版。改版后,通过精心筛选和编辑,将更实用、更适用有质量的信息、技术提供给读者,让读者花最少的时间看到最想看、最需要看的信息。这既节约了报纸印刷成本和发行成本,也节约读者的阅读时间和受众注意力。通过版面调整,将从选题上进一步落实"贴近实际、贴近生活、贴近读者"的原则,让文章更"专业"更"贴近",文字更"短、实、新",与读者互动沟通更有效。这些或大或小的变化,将会体现在刊物每一期每一页墨刻的油香中。

根据各方面对版面需求的意见反馈,2018年版面设置调整如下:

一版:新闻言论版将注重行业政策、事件的解读和评论,增强新闻的厚度。开辟言论栏目,刊发言之有物、短小精悍、针砭时弊、犀利泼辣,褒扬先进、旗帜鲜明的言论。

二版:行业前沿版着重刊发行业具有超前性、独到见解、预见性的综述或探讨新技术与新应用的资讯文章。

三版:彩电维修版选题会紧跟市场动态,优先选择液晶电视机维修题材的相关知识,以及相对前沿的理论,其他类别的仅作补充。

四版:数码园地版今年的选题包括数码产品的维修、维护、使用技巧、刷机方法、技术资料等内容,以硬件为主,软件为辅。

五版:综合维修版主要针对家用电器、厨卫电器、生活小电器等维修技术类文章。

六版:电子文摘版主要针对国外先进、典型应用电路、实用性电路等方面的编译类文章。

七版:制作与开发版主要刊发能引导创新创业的电子爱好者去制作、设计一些电子产品的文章,包括智能器件开发与设计、可编程器件应用等方面。

八版:技改与创新版的选题方向主要涵盖通用电器、专用电器、国内外工业电器及智能电器以及农村小型发电系统等方面的技改创新文章。

九版:职教与技能版则是面向初学者、电子创客及在校学生进行交流的平台版面,包含文章探讨、技术探讨、技能传递、教学谈等多方向选题。

十版:广电卫视版主要刊发关于视频接收和传输技术类的文章以及广电领域相关的创新技术等。

十一版:消费电子版是指导消费者能选择好自己喜欢、实用的电子产品,并能全面、全功能的使用电子产品的版面,在此希望各位读者都能积极参与进来,写出你的实用经验,和大家一起分享。

十二版:影音技术版主要针对音视频系统的产品介绍、产品使用心得以及影音赏析等文章。

《电子报》尊重所有着眼于解决实际问题的创新理念,并愿为电子爱好者和从业者们提供值得信赖的舞台,共同营建多元的话语空间。与之相关的是我们需要各位电子爱好者们提供更多地原创性和有效性文章。

二、直面融合发展,完善新媒体平台

2018年,我们的态度坚定,在与时代同步的同时以开放的心态拥抱"互联网+"媒体新时代。之前的大胆尝试,让我们有了更上一层楼的底气,但理念、内容、手段、体制机制还需有更智慧的创新。

继续完善新媒体平台:众所周知,除纸媒外,网络时代,社交媒体成了重要的信息发布渠道。新的一年中,我们会加快在新媒体平台上的布局,形成品牌传播矩阵,让我们的新闻和讯息能够立体、全方位地覆盖读者。

创新报道形式:新形式渴望新内容,新内容也倒逼新形式。现代社会的快节奏下,人们已经很难满足于单一的平面阅读和纸质媒介了。而日新月异的内容题材也决定了需要更灵活丰富的报道形式,将文字、图片、声音乃至视频结合起来,各取所长,为读者提供一个全方位的资讯报道。

三、提升服务水平,创新经营理念

新的一年,《电子报》的发行、读者服务渠道将继续升级和拓展,除邮局订阅外,已开通微信平台订阅;并将由专人负责接收读者的图文稿件和意见、建议并及时进行反馈。

惟坚韧者始能遂其志!正因为有了大家的支持,电子报得以走过了40年的漫漫征途,用一期又一期的文字诠释收获与感恩。《电子报》是一个大家庭,除了"老腊肉"外,2018,我们希望更多的"小鲜肉"加入进来,不分彼此,乐在其中。相信我们必定不负众望,承载读写二者的嘱托。因为你们的情谊、信任和智慧,正是我们力量的源泉。我们将在你们期待的目光中,继续奋力前行!

◇《电子报》编辑部

RT69机芯电视主控板典型案例分析

一、RT69机芯概况

RT69机芯是一款高度集成化的安卓智能电视主控板(见图1),可支持48英寸以上的HD/FHD液晶屏。该产品运行安卓4.4版本操作系统,自带USB、ENTHERNET和WI-FI(预留接口),可自由安装安卓市场的软件,具有良好的应用扩展性。信号处理部分采用Realtek公司的RTD2969安卓系统单芯片方案,内置ARM A17 CPU/3D GPU、512MB DDR3@1600、4GB EMMC FLASH、DTMB/DVB-C、支持PAL/NTSC/SECAM制式、USB 2.0、HDMI 1.4a/1.4ARC。支持HDMI 1.4a 4K/2K@30Hz输入信号,支持H.265格式。

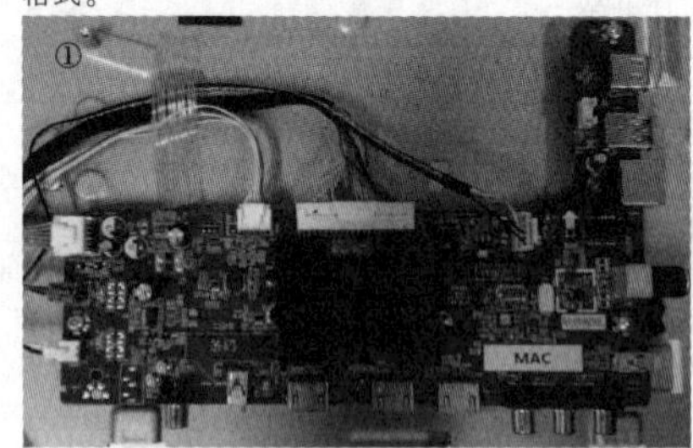

RT69机芯主板外观

二、常见故障检修分析流程

1、不开机(检修流程图见图2)。

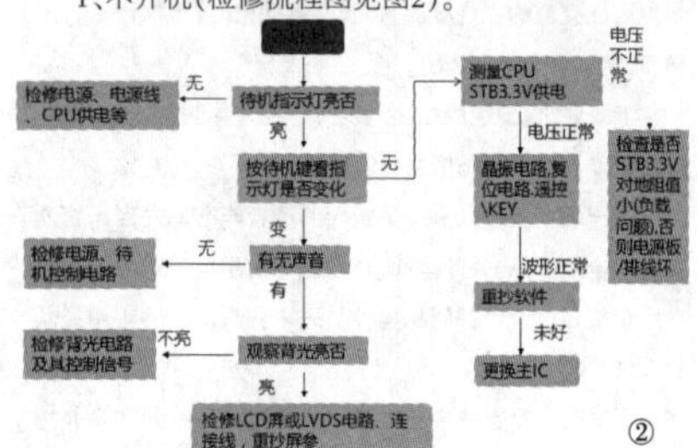

2、TV无像(检修流程图见图3)。

3、花屏(检修流程图见图4)。

4、无声(检修流程图见图5)。

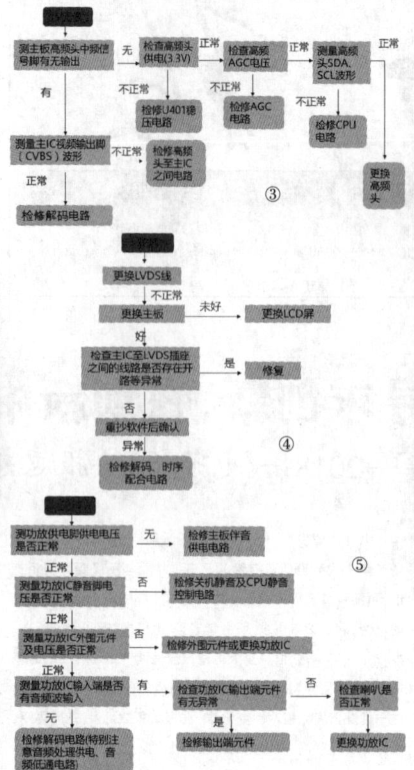

三、典型案例分析

案例1:三无

原因分析:1、读取打印信息,发现无打印信息;

2、测量主板供电正常;

3、用示波器测量晶振,发现有直流电平,但无振荡波形,分析晶振坏。

处理方法:更换晶振(具体位置详见图6)后机器恢复正常。

案例2:插USB 3.0U盘(kingston 16G 白色)后通电不开机

原因分析:1、更换其他型号U盘后可以开机;

2、试验断开USB插座RX、TX脚,机器可以正常开机;

3、用示波器测量RX、TX波形,发现TX脚在开机瞬间有1.6V电平,试验加下拉或上拉调整该点电平到1.5V以下或1.7V以上,可以开机。分析开机瞬间CPU读取TX引脚信息,当电平处于1/2 VCC时无法识别高/低电平,CPU一直在读取信息,所以开不了机。

处理方法:将上拉电阻改为100KΩ,改后不接U盘为高电平,接USB 3.0U盘后电平0.5V以下,可以开机。

◇江西 罗锋华 胡 单

编前语

过去的一年《电子报》在艰难中前行,困难中成长,但是始终有你们同行,有你们相伴左右。成长来之不易,是千千万万的电子爱好者支持和厚爱。未来的一年已经开始,《电子报》希望与广大电子爱好者携手相约,共同挑战前行中的困难。只要利登的内容对你有那么一点点的帮助,必将付出百倍的努力!

维修电视机是一门很难学、较难掌握的技术。它涉及门类比较多,比如CRT、背投、等离子、液晶、OLED,知识面要求比较广,加之电视机更新速度比较快等等。但是彩电维修版只涉及电视机维修知识,针对性也比较强。选题会紧跟市场动态,优先选择液晶电视机维修题材的相关知识,以及相对前沿的理论,其他类别的仅作补充。只要你能来就会让你懂技术,只要你一直在就会不断提高。在此也希望能听到你们的更多声音,看到你们更多的维修经验。彩电维修版是一个交流和学习的平台,有你的参与,这里才会更精彩,期待着你的到来!

康佳T2991H1彩电软故障维修一例

故障现象:一台康佳T2991H1彩电,多数时间能正常收看,有时开机十几分钟到几十分钟后,突然发生一条水平亮线,然后三无,关机十几分钟后,再开机又恢复正常。

分析与检修:怀疑场输出电路接触不良。对场输出电路进行补焊后,试机不再发生类似故障,以为修复。可是收看一个月后,用户反映,该机又出现类似故障,开机十几分钟到几十分钟后,有时发生水平亮线后,变为缩小的蓝屏幕,光栅上部严重压缩产生亮带,无图无声。小蓝屏幕的左右、下部与显象管边缘相距10厘米左右,上部由于压缩距显象管边缘15厘米左右,关机十几分钟后,再开机也能恢复正常。怀疑开关电源接触不良或元件变质,对可能开焊的电源电路元件补焊后,故障仍未能排除。发生故障时,测量开关电源的输出电压,+B电压由正常时的133V,降到70V左右,判断稳压或保护电路故障,引起的输出电压下降。

仔细查看分析该机电路图,康佳T2991H1彩电属于TDA8361机芯H系列单片彩电,微处理器采用M37211M2,小信号处理电路为TDA8361,场输出电路为CD9632,伴音功放电路采用TDA7057AQ。同机芯类彩电还有康佳T2587H、T2588H、T2985H、T2987H、T2991H、T2583H等型号。H系列单片彩电,开关电源采用由分立元件组成的仿三洋A3电源,该机不单独设立副电源,副电源取自主电源的16V稳压后提供5V电压,待机采用降低主电源输出电压的方式。开机时开关电源由稳压环路控制,输出正常高电平,其中+B为133V;待机时由开关机电路控制,输出低电平,输出电压降低到正常时的二分之一左右,保证副电源的正常供电,并切断行振荡和伴音功放电路的供电。

观察该机的故障现象,初步判断保护电路启动。根据该机的电路图,把与保护电路相关电路绘制到一起,组成如附图所示的保护电路。该机在开关电源次级和扫描电路设有可控硅V472为核心的保护电路,进入保护状态时,由保护电路控制开关电源初级稳压电路,输出低电平。

测量开关电源输出的+B电压,下降到正常时的二分之一即70V左右,同时可控硅V472的控制极也变为高电平6.2V,判断该机进入保护状态。由于该机关机后自动恢复正常,且故障再现需几十分钟,无法通过瞬间电压测量法确定故障范围,只好采取解除保护的方法进行维修。

为了不因解除保护造成故障扩大,采用如下两项保护措施:

1、在+B电源输出端与地之间并连稳压二极管R2M。当开关电源输出电压升高时,将R2M稳压管击穿,避免损坏其他元件。由于R2M的稳压值较低,为避免正常时的+B电压将R2M稳压管击穿,调整稳压电路的可调电阻RP901,将+B电压降到120V左右。

2、在行逆程电容器C407、C408两端并联6.8nF电容器,避免因行逆程电容开路,引起故障扩大。

采取以上保护措施后,断开R478,切断保护执行电路与可控硅V472的连接,解除保护,开机观察故障现象。由于调低了+B电压,并联了逆程电容,开机后会出现光栅幅度增大、图像暗淡的现象,属正常。如果发生故障时,并联的R2M击穿,说明开关电源输出电压过高,引起的保护;如果发生故障时,行幅度变为正常,说明行逆程电容开路,引起的行输出脉冲电压过高保护。

开机后的第三天,电视机发生三无故障,经检测,并联的R2M击穿,判断是开关电源故障,造成输出电压升高。将行输出管V402的基极与发射极短路,切断行输出的激励信号,在+B输出端接假负载测量输出电压。开机一个多小时后,+B突然升高到200V,此时用遥控器关机,开关电源+B电压可降到50V,由此判断开关机控制电路、保护执行电路V907正常,故障在稳压环路。对稳压环路进行检测,发现光耦N901的①脚瞬间无电压,对N901的①脚供电电路R931、VD915进行检查,发现VD915(1N4751A)软击穿,造成N901失电,稳压电路失控,引起开关电源输出电压升高。由于VD915属软击穿,多数时间稳压值正常,仅工作一段时间后,偶尔发生故障,给检修带来一定难度,共计四次上门维修,历时近两个月。由于本地购不到1N4751A,用常见的调谐电路稳压管U574更换1N4751A后,恢复保护电路,开机不再发生保护现象,故障彻底排除。

◇海南 孙德印

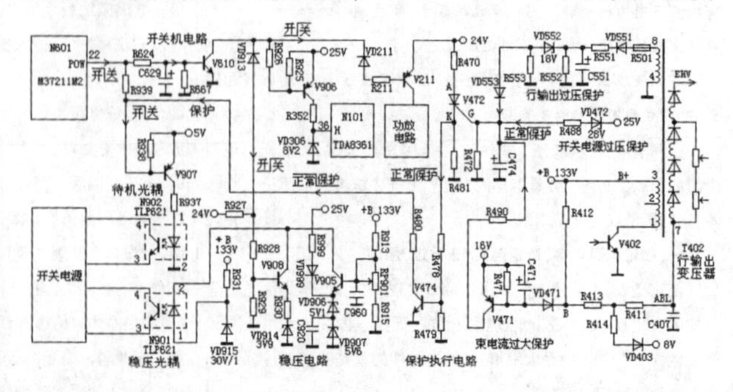

NEC NP-M260XS+投影机风扇故障的维修

NEC NP-M260XS+投影机内部有五个风扇，从外形上分两种，一种是叶片式普通风扇，安装在电源部位，主要是对电源的散热(如图1所示)；另一种是定向涡轮风扇(如图2所示)，安装在光路通道的下方和灯泡旁，主要是对镜片和灯泡的散热，防止温度过高烧坏物件。这些风扇不同于普通的风扇，每只风扇除了有输入的电源线和地线外，还有一条信号检测线，负责检测风扇的运行状态，此信号包含了风扇的转速和风扇是否运转，主板上的CPU通过检测这一信号就可以知道风扇的运行情况，还可以根据温度的检测结果调整风扇的转速。

①

②

该机型投影机风扇出现故障时，面板指示灯会显示4个循环（0.5秒亮0.5秒灭）的故障代码。检修时，我们可以运用观察法、测量法、替换法找到问题排除故障，也可把检测信号线对地短路解除保护法来判断解决故障。

下面以维修实例来说明维修思路和方法。

实例1 故障现象：开机大约30秒左右，出现风扇报警故障代码

分析检修：出现风扇报警故障代码，一般来说不是风扇本身问题就是风扇供电电路、检测电路出了问题。开机观察五个风扇的运行情况，发现镜片散热风扇(如图3所示)转动时明显有卡顿现象。把信号检测脚(白线)对地短接，开机报警解除，进一步确定风扇的故障。把风扇拆出，发现涡轮风扇上灰尘堆积太多，将风扇表面灰尘清除，再把风扇放入超声波振荡器清洗吹干，装回去试机，机器工作正常，故障排除。

③

小结：该故障主要是风扇上灰尘过多，风扇转速变慢造成。在清洗这个风扇的同时一定也要把其他四个风扇一并清洗，避免以后引起这故障发生。此外常规的保养也是提高投影机使用的寿命的方法之一。

实例2 故障现象：开机大约30秒左右，出现风扇报警故障代码

分析检修：开机观察五个风扇的运行情况，发现镜片散热涡轮风扇不转。把红表笔接风扇电源接口的红线，黑表笔接地，开机风扇供电电压只有0.6V，说明供电电路有问题。用放大镜观察主板，没有发现有明显损坏。对照线路板画出风扇供电线路图(如图4所示)，IC1015为风扇电压转化及检测集成模块，测其②脚供电电压为19.7V，正常；④脚检测脚为0.7V，说明风扇电路无问题。风扇供电端(③脚)电压只有0.6V，明显有问题，用热风枪加热电容C1015，悬空③脚测量供电为8.94V，正常。故障肯定出在C1072这只贴片滤波电容上，拆掉C0172，测③脚供电正常。换一只个头差不多大的滤波电容后开机，风扇运转，不再出现故障代码，故障排除。

R1108 R1218 R1312 Q1103 R1109 R1208 Q1104 IC1015 R1203 00C0AW C1100 1 4 过孔 R1132 0.1 1脚红线（电源） R1183 8.94v 2脚黑线（接地） 20v 3脚白线（检测） C1072 风扇供电接口 C1067 C1108 R1107 10Ω R1108 10Ω 风扇供电电源 ④

附表为IC1015各引脚电压，仅供读者朋友维修时参考。

脚位 / 状态	1	2	3	4
待机	3.26V	19.7V	0V	0.7V
开机	3.26V	19.7V	8.9V	1.94V

◇安徽 余明华 钱玉仙

《数码园地》开栏语

时代在进步，科技在发展，我们的周围随处可见数码产品，如手机、电脑(包括台式机、笔记本、平板)、照相机、摄像机、蓝光DVD、音视频数码播放器、投影机等等，这些产品与我们的工作、生活息息相关，已成为我们工作和生活中不可或缺的工具之一。

数码产品技术更新快，如何用好数码产品是广大使用者共同关心的问题，同时如何维修是广大维修人员和爱好者关心的问题。

所以本栏目今年的选题包括数码产品的维修、维护、使用技巧、刷机方法、技术资料等内容，以硬件为主，软件为辅。真诚欢迎广大朋友踊跃投稿。

让我们携手共进，把本栏办得有水准，实用性强，能切实为广大读者朋友服务，这就是我们的最终目的。

◇本版编辑

解决面容ID被停用的尴尬

入手iPhone X之后，一直可以正常使用，但今天看到的却是如附图所示的尴尬界面，面容ID竟然被停用？由于iPhone X并没有iPhone 5s/6/7/8的指纹识别功能，因此面容ID被停用之后使用很不方便，摸索了半天，仍然没有得到解决。

各种密码尝试之后，学习功能也无法解决，最后还是选择关机之后重新开机，输入第一次密码之后，面容ID终于可以正常使用，应该是系统的Bug，属于小概率事件，iOS更新之后就可以彻底解决。当然，如果重启之后仍然无法正常使用，那么是后置摄像头的问题，恐怕就只能联系客服了。

09:27
< 设置 iPhone 设置建议
面容 ID 已停用
检测到原深感摄像头出现问题。面容 ID 已停用。
了解更多...

◇江苏 王志军

让数字实验“嫁”进Win 10平台

【发现问题】

学校于2013年考察引进了数字化探究实验室，一直平稳运行于WindowsXP操作系统；最近进行实验室计算机硬件整体升级，操作系统随之更新为Win 10，但问题来了——数字实验平台软件仍是旧版本(厂家不提供升级服务)，无法正常运行于Win 10，表现为窗口不能打开的“闪退”状态，即使是将其设置为“以兼容模式运行这个程序”也无效。而且，学校正在推行使用高版本的Camtasia 9来录制数字实验“微课”，目前Win 10和其他所有相关软件均可正常运行，如何让旧版数字实验软件无缝“嫁”进新的Win 10平台呢？

【分析问题】

该难题的两个限制条件已经锁定——既不可能对数字实验软件进行升级来适应新操作系统，又不能将Win 10系统及相关的应用软件“降档”来适应旧版数字实验软件，唯一可以让二者“联姻”的解决办法就是借用虚拟机软件——在Win 10中虚拟出一个XP操作系统，然后在XP中再运行数字实验软件，而类似于Camtasia录屏软件则是运行于Win 10中对XP中的数字实验软件过程进行动态截屏。

【解决问题】

目前的虚拟机软件比较多，像VMware Workstation、VirtualBox等等，在此建议大家试一下VMWare Player，该软件免费且使用简便。具体解决问题过程如下：

1.借360安全卫士的“宝库”下载并安装VMWare Player

打开360安全卫士的主界面，点击上方的“软件管家”，再切换至“宝库”项；在其右上方的搜索框中输入“虚拟机”后回车，找到“VMarePlayerPro64位”项，点击后面的“下载”按钮进行下载和安装操作(如图1)。

注意：VMWare Player的安装路径最好是非系统盘(比如D: Program Files (x86) VMware VMware Player\)，安装结束后需重启一次Win 10。

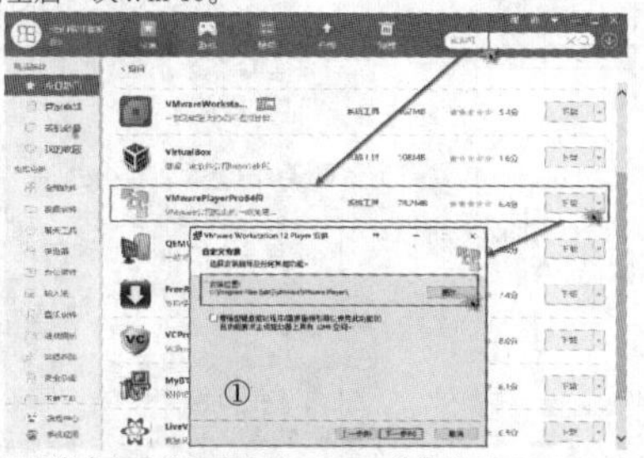
①

2.下载虚拟系统配置文件XP.vmx并挂接至VMWare Player

此时需要做一步准备工作——从网上下载XP系统的ISO文件，但后期的安装设置稍显麻烦。在此推荐大家下载虚拟系统配置文件XP.vmx，比如到百度云盘上(http://pan.baidu.com/s/1pL3IUhH)下载“虚拟XP.zip”压缩包，解压缩后待用。

首次运行VMware Workstation 12 Player，需要使用自己的个人邮箱进行注册(非商业用途)，在其运行界面中点击“打开虚拟机”(如果下载的是XP的ISO文件则需要点击“创建新虚拟机”项，并在弹出的“新建虚拟机向导”窗口中选择第二项“安装程序光盘映像文件(iso)”)，接着定位刚刚解压缩生成的“Windows XP Windows XP.vmx”文件，点击“打开”按钮；此时VMware Workstation的左上角就会多出一个“Windows XP”项，选中它之后再点击“播放虚拟机”(如图2)，即可开始启动Win 10虚拟机中的XP系统了。

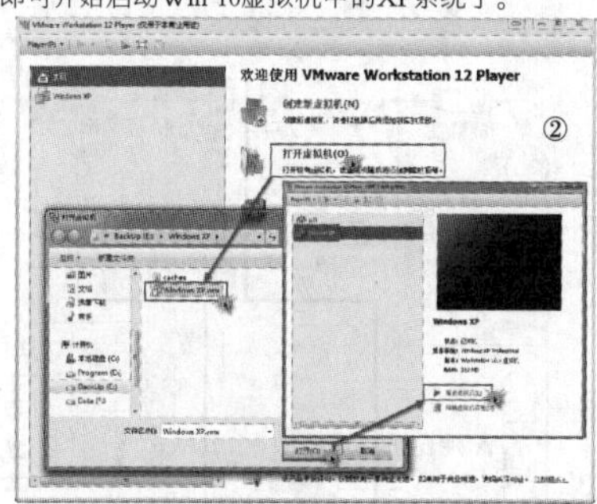

②

3.在虚拟机的XP系统中运行数字实验软件

启动进入虚拟机的XP操作系统之后，将数字实验软件进行安装运行，终于再现了计算机硬件升级之前的正常运行情境；接着，在Win 10中启动微课录制软件Camtasia 9，对XP中的数字实验过程进行屏幕视频的录制和编辑（如图3)，数字实验无法“嫁”进Win 10平台的难题终于被顺利解决啦！

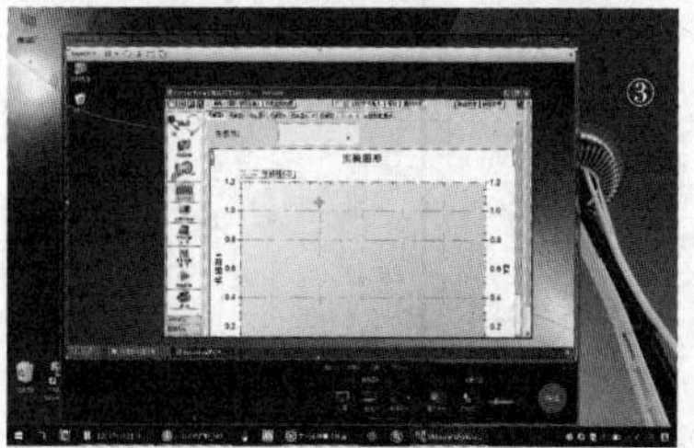
③

◇山东招远一中 牟晓东

美的MZ-SYS828-2D电脑控制型电蒸锅电路分析与故障检修(一)

美的MZ-SYS828-2D电脑控制型蒸炖锅/蒸炖煲电路比较典型，通过学习和掌握该电路的原理与故障维修方法，就可以触类旁通的掌握其他蒸炖锅电路原理与故障检修方法。该机电路由电源板（功率板）电路、主板（控制板）电路部分构成，如图1、图2所示。

1.市电输入电路

市电输入电路由温度保险丝（热熔断器）、熔丝管FUSE101、压敏电阻ZNR101、电容C102等构成，如图1所示。

220V市电电压经温度保险丝、熔丝管FUSE101进入功率板电路后，一路通过继电器为加热盘供电，另一路经C102滤波高频干扰脉冲，不仅送给市电过零检测电路，而且利用R105限流，经D101整流，EC106、L101、EC107滤波产生300V直流电压，为开关电源供电。

市电输入回路的ZNR101是压敏电阻，市电正常时它不工作，当市电升高或有雷电窜入，使ZNR101两端的峰值电压达到470V时它击穿，导致FUSE101过流熔断，切断市电输入回路，避免了300V供电电路、开关电源的元器件过压损坏，实现市电过压保护。

2.电源电路

参见图1，该机的电源电路由12V电源和5V电源两部分构成。其中，12V电源采用电源模块IC101（PN8112）、电感L102、续流二极管D104为核心构成的串联型开关电源；5V电源采用普通的线性稳压电源电路。

(1)PN8112的简介

是由控制芯片和开关管（场效应管）复合而成的新型电源模块，适用于小功率非隔离式开关电源，即串联型开关电源。其中，控制芯片部分由高压恒流源、振荡电路、PWM控制电路、过流保护电路、过压保护电路、过热保护电路等构成。

(2)功率变换

300V直流电压加到IC101（PN8112）的供电端⑤~⑧脚，不仅为内部的开关管D极供电，而且通过高压电流源对④脚外接的滤波电容EC101充电。当EC101两端建立的电压使IC101的④脚电压达到启动值后，它内部的振荡器、PWM控制器等电路开始工作，由该电路产生的激励脉冲使开关管工作在开关状态。开关管导通期间，EC107两端的电压通过开关管D/S、L102构成导通回路，在L102上产生下正、上负的电动。开关管截止期间，流过L102的导通电流消失，由于电感中的电流不能突变，所以L102通过自感产生上正、下负的电动势，该电动势一路通过EC103、C107和续流二极管D104构成的回路为EC103补充能量；另一路通过D102整流，R103限流，EC102滤波，在EC102两端产生的电压通过D103加到IC101的④脚，取代启动电路为IC101提供启动后的工作电压。开关电源工作后，EC103两端的12V电压不仅为继电器的驱动电路供电，而且经IC102(7805)稳压产生5V电压。该电压一路经EC104滤波后，为微处理器电路供电；另一路经EC105滤波后，为温度检测等电路供电。

(3)稳压控制

当市电电压升高或负载变轻引起开关电源输出电压升高时，EC102两端升高的电压使稳压管ZD101导通加强，为IC101③脚提供的取样电压增大，被IC101③脚内的误差放大器放大后，对PWM调制器进行控制，使PWM调制器输出的激励信号的占空比减小，开关管导通时间缩短，L102存储的能量下降，开关电源输出电压下降到正常值。反之，稳压控制过程相反。

3.市电过零检测电路

参见图1、图2，市电电压经R131降压，由连接器CON101的⑤脚输出到主板，利用C291滤波后，通过Q291倒相放大，从它c极输出的50Hz交流电压经R292、R294分压，再通过R293限流，C292滤波后加到微处理器IC201的㉕脚。IC201对㉕脚输入的信号检测后，确保加热器供电回路中的继电器的触点在市电过零点处闭合，避免了加热管工瞬间产生的大电流污染电网，影响其他用电设备正常工作。

4.微处理器电路

微处理器电路由微处理器SH79F16I8为核心构成，如图2所示。

(1)SH79F16I8的实用资料

SH79F16I8的引脚功能和引脚维修参考数据如表1所示。

(2)工作条件电路

5V供电：插好电饭锅的电源线，待5V电源电路工作后，由它输出的5V电压经EC201、C201滤波后，加到微处理器IC201的②脚为它供电，IC201得到供电，它内部的复位电路产生的复位信号，使它内部的存储器、寄存器等电路清零复位后开始工作。而其工作用时钟信号来自主板的市电过零检测信号形成电路。

(3)操作、显示电路

该机的操作、显示电路以微处理器IC201、按键SW241~SW2410、指示灯LED231~LED216、数码显示屏为核心构成。

进行开始、煮粥等功能操作电路时，IC201的㉔、①脚等操作信号输入端输入低电平控制信号，被IC201识别后，不仅输出加热控制信号，控制该机进入加热状态，而且输出指示灯信号，使相应的指示灯发光，表明该机所处的工作状态。

在使用预约功能时，微处理器IC201输出控制信号，不仅控制指示灯LED232发光，表明该机的工作在预约状态，而且驱动显示屏发光，显示预约时间及其倒计时的信息。（未完待续）（下转第14页）

◇赤峰市 孙立群

表1 微处理器SH79F16I8的引脚功能

脚位	功能	脚位	功能
1	"煮粥"操作信号输入	14	数码管驱动信号4输出
2	供电	15	数码管驱动信号1输出
3	"功能"操作输入、数码管/指示灯信号3输出	16~19	悬空
4	"自定时煮"操作信号输入、数码管/指示灯信号4输出	20	"火锅"操作输入/数码管/指示灯信号1输出
5	"预约"操作输入、数码管/指示灯信号8输出	21	"火力"操作输入/数码管/指示灯信号6输出
6	"减"操作输入、数码管/指示灯信号5输出	22	"关"/"保温"操作输入、数码管/指示灯信号2输出
7	"加"操作输入、数码管/指示灯信号7输出	23	蜂鸣器驱动信号输出
8	锅底温度检测信号输入	24	开始操作信号输入
9	锅底温度检测信号输入	25	市电过零检测信号输入
10	数码管/指示灯驱动信号6输出	26	接地
11	数码管/指示灯驱动信号5输出	27	低温加热信号输出
12	数码管驱动信号2输出	28	高温加热信号输出
13	数码管/指示灯驱动信号3输出		

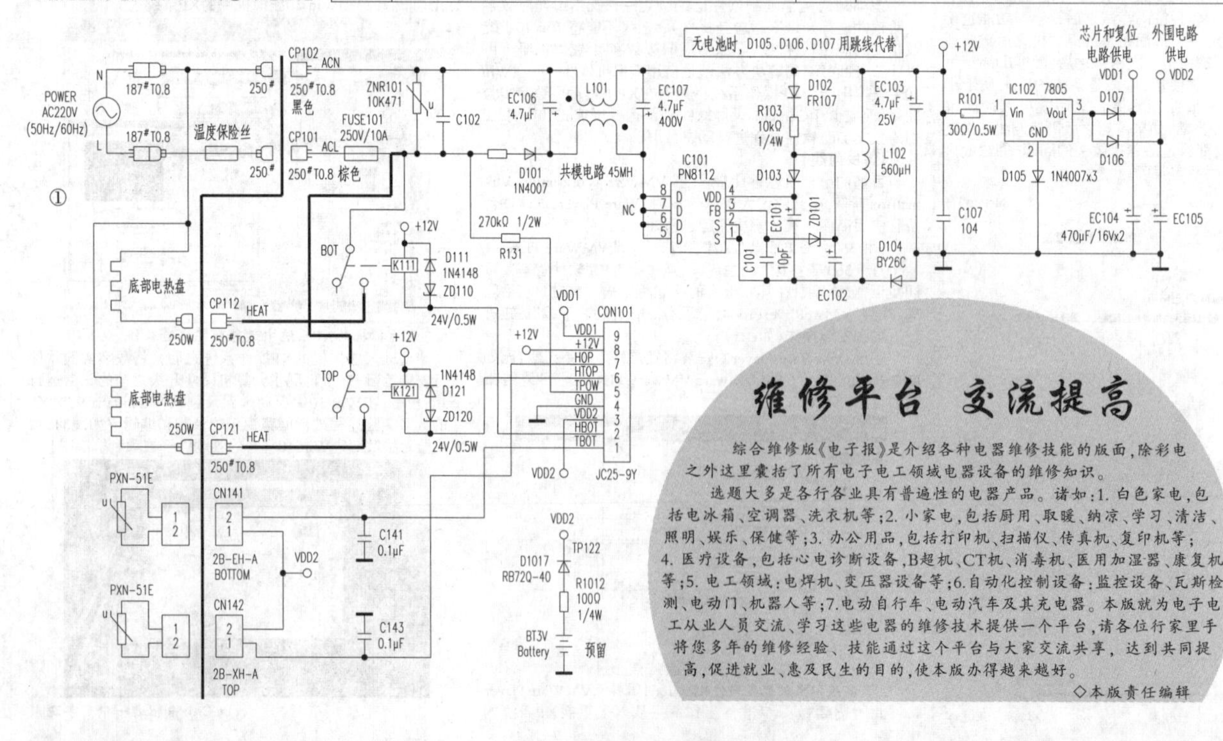

维修平台 交流提高

综合维修版《电子报》是介绍各种电器维修技能的版面，除彩电之外这里囊括了所有电子电工领域电器设备的维修知识。

选题大多是各行各业具有普遍性的电器产品。诸如：1.白色家电，包括电冰箱、空调器、洗衣机等；2.小家电，包括厨用、取暖、纳凉、学习、清洁、照明、娱乐、保健等；3.办公用品，包括打印机、扫描仪、传真机、复印机等；4.医疗设备，包括心电诊断设备、B超机、CT机、消毒机、医用加湿器、康复机等；5.电工领域：电焊机、变压器设备等；6.自动化控制设备：监控设备、瓦斯检测、电动门、机器人等；7.电动自行车、电动汽车及其充电器。本版就为电子电工从业人员交流、学习这些电器的维修技术提供一个平台，请各位行家里手将您多年的维修经验、技能通过这个平台与大家交流共享，达到共同提高，促进就业、惠及民生的目的，使本版办得越来越好。

◇本版责任编辑

基于PSIM SmartCtrl的PFC Boost控制环设计

PSIM是专门为电力电子和电动机控制设计的一款仿真软件。它可以快速地仿真和便利地与用户接触，为电力电子，分析和数字控制和电机驱动系统研究提供了强大的仿真环境。智能控制(SmartCtrl)是为电力电子领域设计的控制设计工具。它为控制环设计提供了一个易于使用的接口。包含了绝大多数电力电子设备的传递函数，如不同的DC/DC拓扑，AC/DC变换器，逆变器和电机驱动。用户也可以导入自己设计的传递函数，为优化控制环设计提供了极大的灵活性。为了使初学者更容易入门，建立稳定的解空间，软件提供了名为解图(solutions map)的程序。基于特定设备，传感器和调整器类型，解图提供了不同穿越频率和相位裕度的组合，引导使用者设计稳定的系统。因此，设计者能够选择其中一个稳定的解空间，改变调整器参数使用系统的频率响应，瞬态响应等等。当参数变化的时候，所有的响应都可以实时更新。

下面以PFC Boost转换器为例（实际电路见图1），说明SmartCtrl软件辅助控制环设计的过程。该电路包括内部电流回路和外部电压回路。电流回路调节器参数是电阻R_{cz}和电容C_{cz}，以及电压调节器参数电阻R_{VF}和电容C_{VF}，在图1的红色虚线框中突出显示。假设这些值是未知的，目的是使用SmartCtrl软件设计电流/电压调节器。

1 内环设计

1.1 定义转换器(见图2)

选择Boost （LCS_VMC）PFC作为PFC Boost转换器，完成相应参数的填写，注意输入电压是峰值电压。

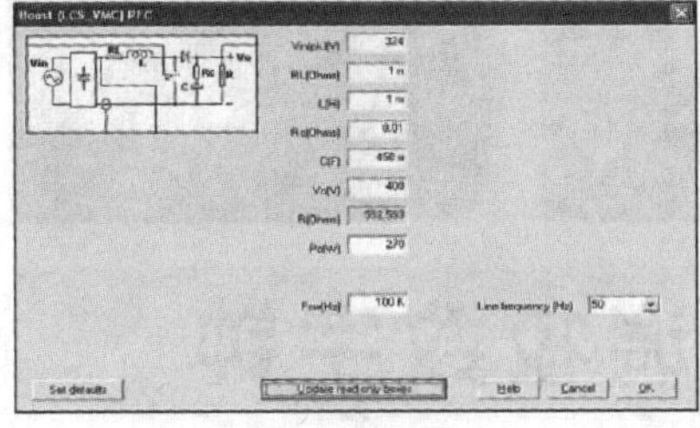

图2 定义转换器

1.2 选择电流传感器

选择传感器的类型，将增益定为0.25，实际上是采样电阻的值。

1.3 选择电流调制器

在内环调制器下拉菜单中，选择Single Pole型调制器。

1.4 确定穿越频率和相位裕度

SmartCtrl通过解图(Solution Map)的方式提供选择穿越频率和相位裕度的简易方法。在解图中，白色区域的点对应着稳定的解。当选定一个点时，在该开关频率下的传感器和调制器亦被确定。当然也可以人工输入穿越频率和相位裕度的值。穿越频率和相位裕度选定后，解图立即在右边区域显示，想修改时点击白色区域即可，非常方便。内环设计好后，开始外环的设计。

2 外环设计

2.1 选择电压传感器

使用分压器时，必须输入参考电压值，程序自动计算传感器增益。在本例中，参考电压为传感器7.5V。输入数据窗口如图3所示。

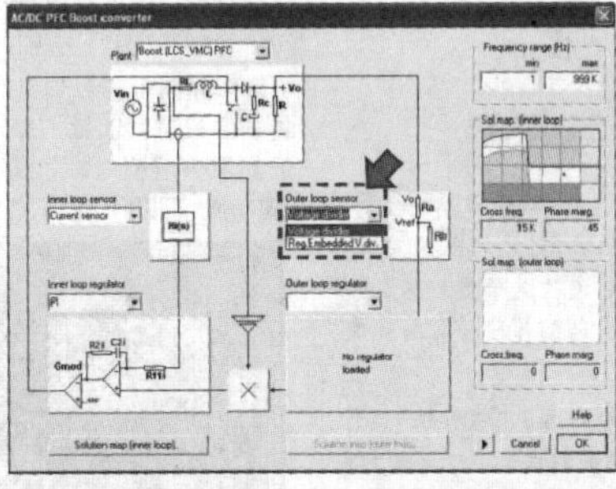

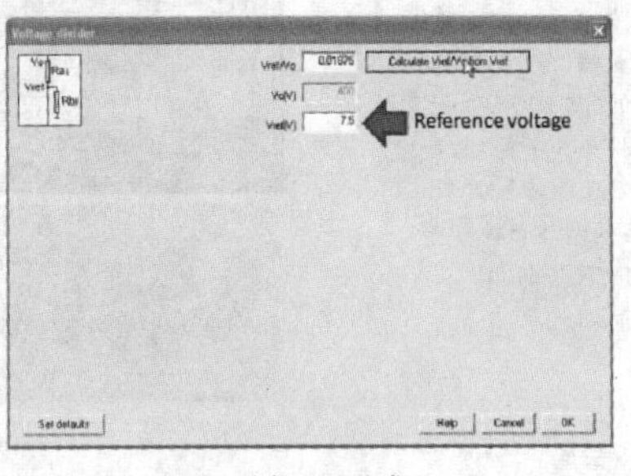

图3 选择电压传感器

2.2 选择外环调制器

选择PI型调制器。

2.3 确定穿越频率和相位裕度

方法与内环设计类似，这里不再赘述。

3 设计验证

一旦参数确定之后，程序自动显示控制系统的行为，如波特图、幅相图、奈奎斯特图、瞬态响应等。两个环可以轮换显示。最后通过时域仿真来验证设计的合理性。

为了验证软件的合理性，我们来比较两个方案在时域方面的性能。两个方案的区别在于内环的穿越频率，一个是3kHz，另一个是15 kHz，瞬态仿真结果见图4所示。

设计1设计2内环：

fcross=3 kHz

Phase Margin=45°外环：

fcross=30 Hz内环：

fcross=15 kHz

Phase Margin=45°外环：

fcross=30 Hz

图1 基于UC 3854的PFC电路原理图

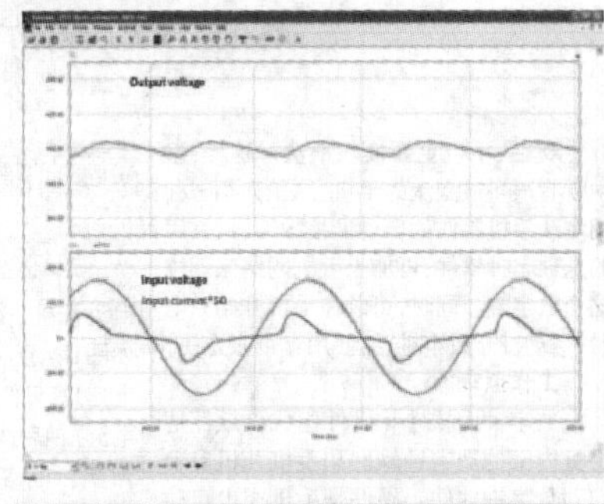

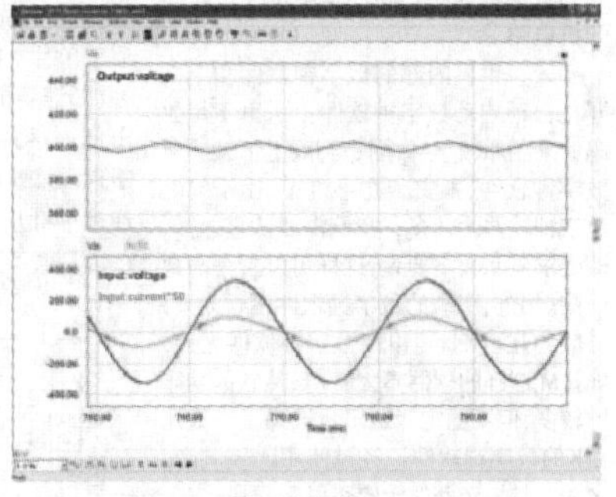

图4 设计验证

可以明显看到，相比设计1，设计2输入电流的失真更少，输出电压的纹波更小，因为内环的穿越频率提高了。

可以看出，PSIM中的SmartCtrl程序为功率因数矫正方面应用提供了快速而有力的设计验证，更多的应用可以参考软件自带的例程。

◇湖南 欧阳宏志 编译

学习国际先进技术 精研电子科技知识

电子文摘版面栏目由来已久，从《电子报》早期的《实用电子文摘》杂志开始，《电子报》就一直在这个领域耕耘，为国内电子爱好者们搭建国内外的电子技能及电子科技知识的桥梁。每年科技图书中，年年当红的《电子报合订本》，其附录或赠文中，也不乏有许多的国外文摘知识文章，特别是在早期的英文、日文、俄文电子杂志，尤为国内电子爱好者喜欢。但由于部分爱好者外语水准等原因，许多电子爱好者都不愿意直接阅读外文文章，更是喜爱这个栏目，既能帮忙对其“汉化”，还能帮忙对其“精选”。

2018年的电子文摘版面，更会传承以前的风格，保留早期的文摘、翻译、编译等栏目，继续在创新创业的大环境下，为互联网+时代的智能硬件创业做一些国际电子文摘交流。欢迎读者作者提出新颖选题，造福国内电子爱好者。

◇本版编辑

LOVE七彩炫光心形流水LED灯加MP3播放器（生日礼物盒）diy制作一例

朋友过生日，自己制作了一个电子生日礼物盒送给朋友，所用元器件不多，制作也容易，朋友非常喜欢！现在把自己的制作经验分享一下。

盒子是一个俄罗斯巧克力盒，外观很好看，网购一个LOVE七彩炫光心形流水LED灯制作套件，一个MP3成品板和一个锂电池充电保护板，首先在没有焊接LED流水灯之前，按照线路板LED灯的位置用透明纸标注一下，把纸放盒子上，标注的位置用锥子扎一个点，然后用手枪电钻钻孔，大LED用5mm钻头，小LED用4mm钻头，钻出来的孔应该和电路板上的LED位置一样，不能错的太多，否则没法安装。还有电源开关是一个微型的，在纸张上也要画好位置标注盒子上。打好孔以后就可以焊接电路板了，按照厂家提供的电路图先焊接单片机，后焊接LED，注意焊接LED的时候把管脚留的长一些，不要插到底，这样LED就可以透出盒子外面（图1）。厂家给的电路板图纸是用外接5V直流电源的，我用了一块手机锂电池，所以电路要改一下，我们知道一般LED供电为3V，厂家是用了两个1N4007在电源入口串入降压的，现用手机锂电池供电，电压3.7—4.2V，再加上两个二极管降压，一个二极管0.7V压降，两个1.4V，LED灯电压低就不会亮了，去掉一个二极管，用一个直接跨接过去就可以了。购买的锂电池充电保护板自带充电口，需要在盒子上开一个充电小口，然后用旧的手机充电器或者用充电线插到电脑USB接口上就可以给锂电池充电了，先在盒子上用小钻头打个小孔，然后用小锉刀慢慢加工，MP3也是一个小的成品板，装TF卡的地方也需要在铁盒子上开小口，方法一样，需要耐心细致，把外壳划了就不好看了，MP3成品板子上有四个小按键需要去掉，另外找一个有铜皮的电路板，裁剪成小长条，中间用刀划开（图2），分别焊接上小按键用小细线和原来的板子连接，在铁盒子上画好位置，打孔，锉刀整形，这几个小板子都用热熔胶对好位置固定，MP3自带2W功放，可以使用、手机锂电直接供电。

在盒子上用电钻钻几个小孔当放音孔，用直径4cm 8欧 0.5W小喇叭固定在盒子上面，又找了一个小陶瓷片做高音并联在喇叭上，用于改善音质，成品锂电池充电板上有两组口，一组是接锂电池的，一组是输出，输出端分别接到LED灯板上和MP3板上，实际使用中LED七彩灯板闪亮时干扰MP3板，按键有时不管用解决办法是在MP3电源进的接口端并联2个1000uF/6.3V的固态电解电容和一个0.1uF电容，电解注意正负极性。电池是用海尔2000mA手机锂电池，TF卡可以录制上生日快乐等歌曲插入MP3板上，配上LED七彩闪烁流水灯，效果很好！盒子上用贴纸美化一下更完美！（图3）

◇河南 刘伟宏

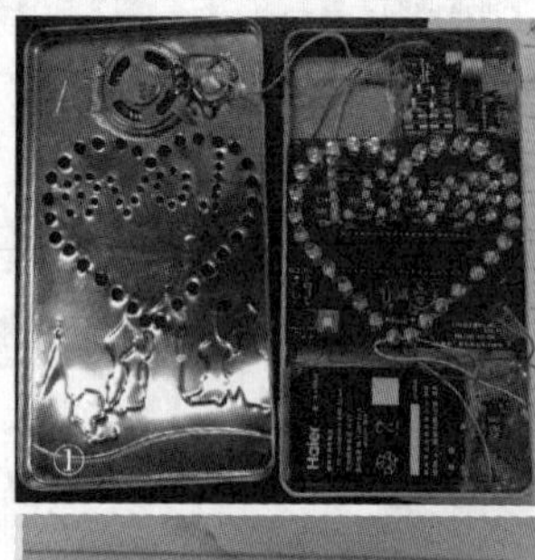
①

②

③

做好创新设计与制作的基板

"电子设计与制作"是《电子报》的老牌版面栏目之一，吸引着众多的电子爱好者在这块"土地"上耕耘。逝年已过40，在互联网+时代的电子爱好者们，又都在"玩"些什么呢？早期的"矿石收音机"制作引发过电子爱好者的一波又一波的热潮，以至于现在还有众多的爱好者谈及当时的制作场景。而时下，互联网+的爱好者们，都在制作什么呢？

纵观2017年的电子爱好者制作，其很多"玩"法都已经脱离了"电烙铁"制作，而与之占重比较大的，则是基于互联网、移动互联网等的相关制作等。这些新的制作模式，已经开启了"老少皆宜"的模式，如可视化编程、机器人设计与制作、四翼飞行器等等，新时代的创新设计与制作，都将给予我们新时代的"制作挑战"。

鉴于各类新型制作与应用，本版也将赋予新的历史使命，做好爱好者们创新设计与制作的基板，为广大爱好者们提供更加丰富"色香美味"的制作案例大餐。如有如此美味大餐，可少不了原料与调味，本版更加欢迎各位作者朋友，提供更加翔实的制作资料，一起为电子产品的制作与开发做好服务，展现创新的2018。 ◇本版责编

用手机制作自动调校数字钟

现在，手机更新换代很快。这样，家中就有很多被淘汰的手机。这里介绍一种用淘汰手机制作的自动调校数字钟，它用的是数字钟软件，再加上手机网络来调校这个数字钟。同时，可以在手机开始充电时，自动打开数字钟，给使用者带来方便。

工作原理

数字钟由软件和硬件组成。软件是手机内部的数字钟软件和手机开机自动启动数字钟软件。硬件是手机充电自动开机电路。

一、手机内部的数字钟软件和手机开机自动启动数字钟软件：这里不用数码管来制作数字钟，而是到网上下载一个数字钟软件，再安装在手机上。由于网上数字钟软件比较多，我们需要认真选择。即要求显示数字要大，这样可以看得清楚一些。另外，下载的数字钟软件不要太大，一般为几百K就可以。数字钟软件太大，如几M,这样的软件不太好。虽然它的功能比较多，但不稳定。这里我选择了一款几百K的数字钟软件，经过使用比较满意，名为"时钟-免费"，大家可以上网找找。

数字钟自动开机软件是这个制作所需要的。有了这个软件，手机打开后可以自动开启数字钟软件，不要人工打开，比较方便。这个可以上网去找"启动项管理完整版"软件，然后安装到手机上，运行软件并选择后面的选项---自定义---用户应用，将数字钟软件添加进去即可。

二、充电自动开机电路：由于手机一般开机后才能运行软件，要做到充电时自动开机，只能用外加电路来实行，电路如图1所示。它由单片机U、三极管Q和继电器J等元件组成。这里用单片机实现充电5分钟后按手机开机键5秒来实现自动开机。电路的5V电源取自手机充电器（通过手机充电口），当手机充电器通电后，单片机U的P1.7口会输出高电平5分钟（即让手机充电5分钟），然后P1.7口输出低电平5秒，这时三极管Q导通，继电器J吸合，继电器二触点接通5秒（二触点连接手机开机键），手机开机。

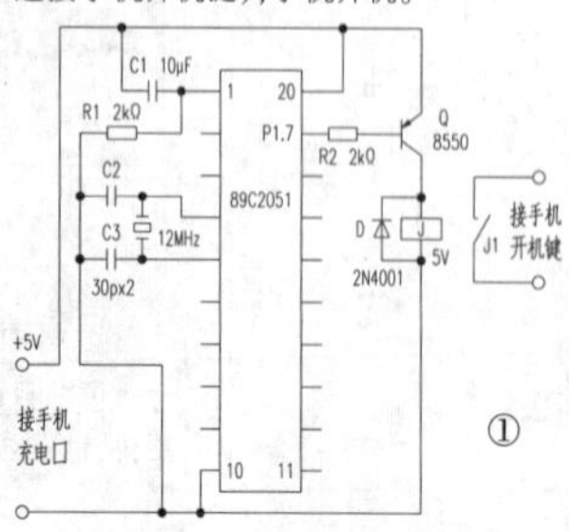

①

三、软件分析：要实现高电平5分钟和低电平5秒的程序比较简单。这里用C语言给出如下：

```
#include<reg51.h>
void delay(unsigned int s)
{
unsigned int a,b;
for(s;s>0;s--)
for(a=250;a>0;a--)
for(b=500;b>0;b--);
}
void main()
{
P1=0X7F;
delay(300);
P1=0XFF;
delay(5);
P1=0X7F;
while(1);
}
```

延时程序中数据使用的是整形变量数据unsigned int，它和unsigned char是不同的。如果使用unsigned char数据，则延时时间会缩短1/4。另外，语句中高电平用P1=0XFF。低电平用P=0X7F。

制作方法

找一部旧的智能手机，下载二个软件（数字钟和开机自动启动软件），并安装在手机上，点开手机设置——日期和时间——自动使用网络提供的值，将时间设置和网络同步。按电路图制作一块电路板，将程序写入单片机中装上。由于数字钟使用充电器电源，这个电源除了为手机电池充电外，还为电路板提供电源。电路板电源取自手机充电口，可以打开手机外壳，找到充电口。一般充电口二侧为5V正负极电源，可以把充电器插上通电，用万用表找出充电口正负极。再用导线在充电口上焊出二条引线到电路板的正负极，再用两引线接手机开机键的接头上，另二端接电路板的继电器触点上即可。

这些都制作完成，可以试用一下效果。插上手机充电器通电，等5分钟。电路板继电器应能吸合，然后手机开机，出现数字钟显示时间。正常后，找一只塑料外壳，将手机和电路板固定在壳内，做二个固定脚规定在外壳上。这样，一个自动调校数字钟即制作完成。数字钟的外观如图2所示。

②

◇湖南 俞虹

创新是永恒的命题

2017年本版由【机电技术】改为【技改与创新】以来，承蒙各界电子爱好者的支持，如期完成了全年52期(实为50期)的编辑出版任务。但由于正式改版是从中途(四月份)才开始改版，无论是作者和编者，均不能及时转换过来，需要有一个过程，所以无论从内容上和形式上自查，与本版改版的初衷和目标，都有相当的差距，虽然技改或是创新，在所有行业和事业中都是极需重视的，但技改与创新都不是能够一蹴而成的，要经过较长时间的努力，有时还要经历多次失败的磨炼和考研，才能成功。毕竟本版所涉及的内容，与本报的主体读者群——电子爱好者的爱好和技术需求不完全相符，更由于本版责任编辑的编辑水平有限，加之努力不够相关，导致可读性不尽人意。

即将来到的2018年，本版要在可读性上狠下功夫。本版除继续努力遵循去年的规划和方针〔1.栏目：通用电器、专用电器、国内外工业电器及智能电器的技改与创新；探讨工业电器的系统设计、制造技术和发展趋势。2.选题范畴：农村小型发电系统(小水电、小风电及太阳能发电系统)的组建和调控；低压输变电系统：工业企业供电及照明、三相或单相低压输配电、电力变压器、配电屏及配套电器、输电电缆检测技术技改与创新；设备各项环境试验(非破坏性)等〕外，将重点突出“创新”内容。因为技术改革和技术创新是推动各行各业不断进步最有效的手段，也是企业发展中永久不息的话题。所以只要是与技改、创新有关的文稿，无论是成功的经验还是失败的教训，不论大小或难易，尤其是图文并茂的好稿件(附图最好能用绘图软件绘制，而不是手绘图，以加快上版刊用)，都将优先刊用。

望广大热衷于技改、勇于创新的电子科技爱好者多多来稿，我们相约在2018年。

◇本版责任编辑 全 和

贴片式电压检测器及稳压器模块简介(上)

(电子资料)电压检测器在用电池供电的系统中，功耗要求、电源电压监控、系统复位电路的可靠性等对整个系统的稳定起着非常重要的作用。

三端稳压器的作用是将电压进行降压处理，并稳定为某一固定的值后输出。可分为正电压稳压器和负电压稳压器两种，正电压的有78系列、负电压的有79系列。

(未完待续) ◇广东 刘祖明

序号	型号	名称	电压	应用电路	封装
1	BL8506	电压检测器	0.9V~6V	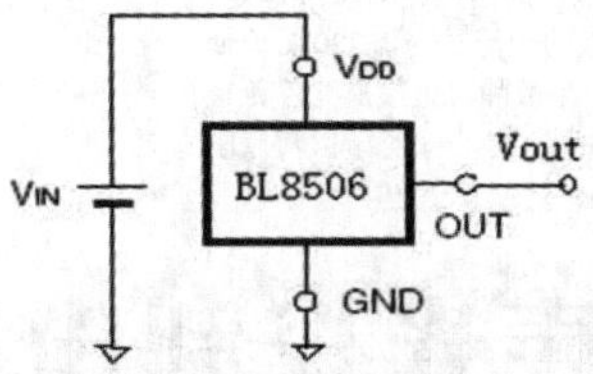 VIN BL8506 VDD Vout OUT GND	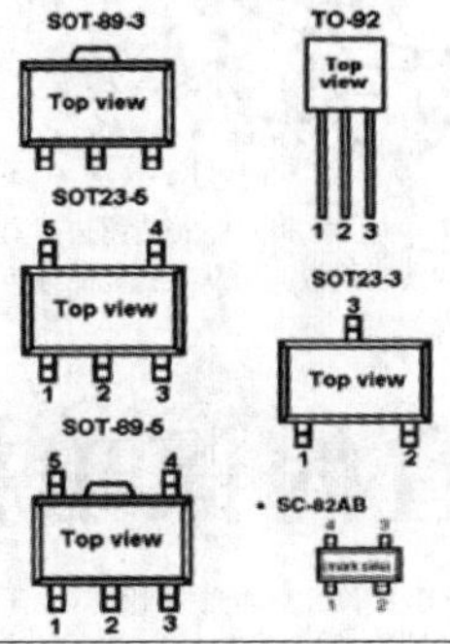 SOT-89-3 TO-92 SOT23-5 SOT23-3 SOT-89-5 SC-82AB
2	HT70XXA-1	电压检测器	2.2V、2.4V、2.7V、3.3V、3.9V、4.4V、5.0V	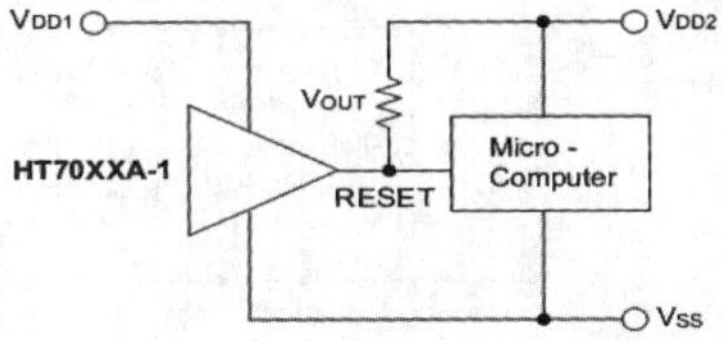 VDD1 VDD2 VOUT HT70XXA-1 RESET Micro-Computer VSS	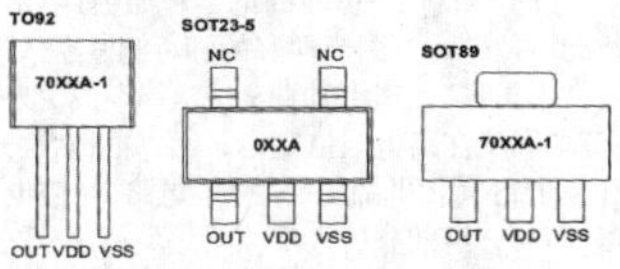 TO92 SOT23-5 SOT89
3	HT71XX-1	微功耗电压稳压器	2.1V、2.3V 2.5V、2.7V、3.0V、3.3V、3.6V、4.4V、5.0V	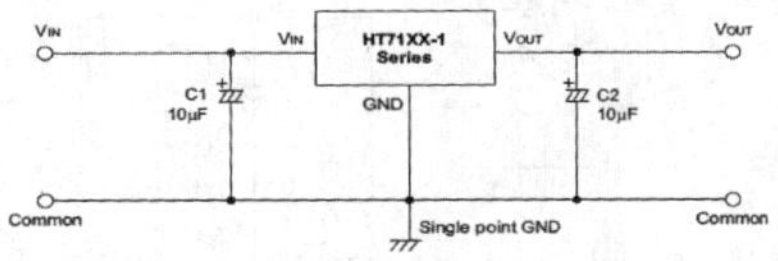 HT71XX-1 Series C1 10μF C2 10μF Common Single point GND	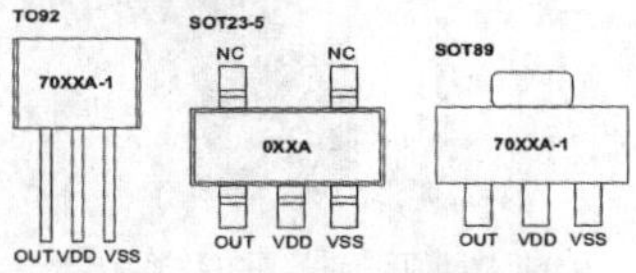 TO92 SOT23-5 SOT89
4	HT72XX	低压差稳压器	1.8V、2.5V、2.7V、3.0V、3.3V、5.0V	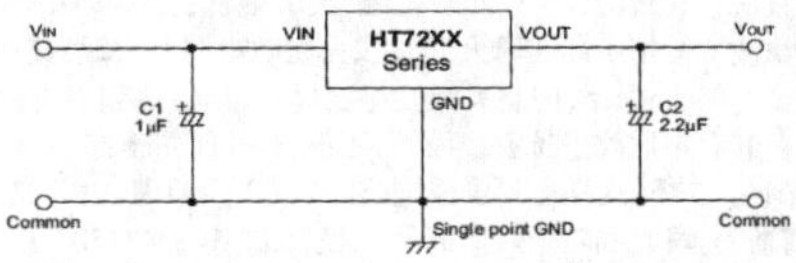 HT72XX Series C1 1μF C2 2.2μF Common Single point GND	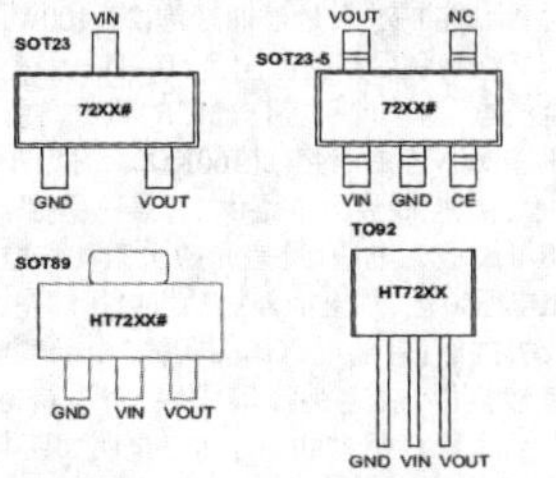 SOT23 SOT23-5 SOT89 TO92
5	HT73XX	高输入微功耗电压稳压器	1.8V、2.5V、2.7V、3.0V、3.3V、5.0V	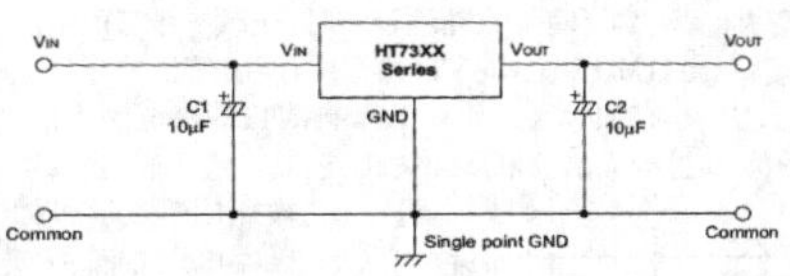 HT73XX Series C1 10μF C2 10μF Common Single point GND	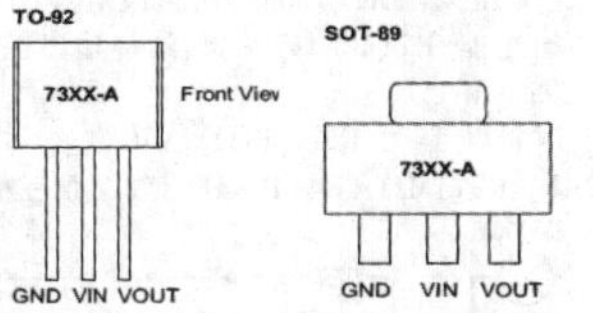 TO-92 SOT-89
6	HT75XX-1	低功耗高电压稳压器	2.1V、2.3V 2.5V、2.7V、3.0V、3.3V、3.6V、4.0V、4.4V、5.0V	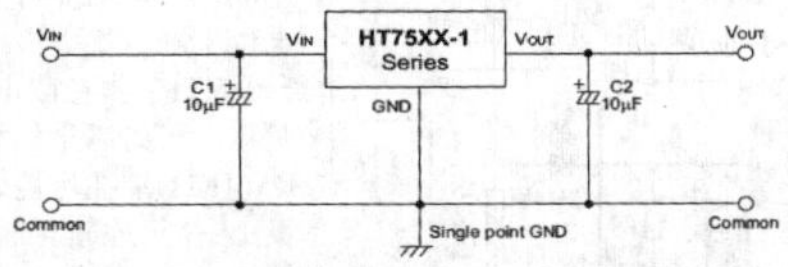 HT75XX-1 Series C1 10μF C2 10μF Common Single point GND	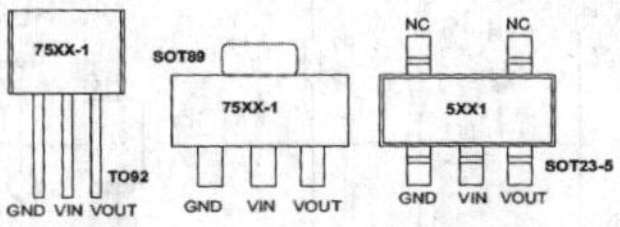 TO92 SOT89 SOT23-5

简易印刷电路板

电子爱好者或者专业电子工作者，在设计好电子原理图之后，需要通过实践进行验证。但往往为了制作一块实验用的印刷电路板而感到麻烦。尤其对初学者来讲，制作印刷电路板更是一件比较棘手的难事。

笔者在以往的生产、工作中，经常需要设计一些新的电子类产品或比较简单的电子控制电路，必须先期制作试验用的印刷电路板，待证实设计的原理图确实可行后再制作正规的电路板。由此探索并成功应用了用硬质纸板代替铜箔板制作的"代印刷电路板"，制作快捷方便、几乎不花成本，但效果不错。现将制作方法介绍于下：

1.先根据电子原理图在纸上画出图1的元件安装图，并在四周打上边框（见图1）。

①

2.取一块尺寸和元件安装图边框同样大小的硬质纸板（可从某些礼品等包装盒裁下，最好挑白色无图案的），厚度约1~1.5mm，如果小于1mm的，则可能刚性和强度不够，可以把二块纸板用胶水粘合起来。

3.把元件安装图粘贴在纸板上。

4.用细的锥形工具（如划针或大号缝衣针等）对准元件安装图的每个"焊盘"处戳出一个小孔。

5.再在背面用锥形工具把所有小孔扩大至0.7mm左右，并使之略呈喇叭形。以便元件引脚方便地插进去。

6.逐一把元件从安装图的反面插入小孔中，并随即把引脚沿着安装图走线方向弯折过去，代替接线。

7.弯折后，把多余的引脚剪去。

8.把引脚和引脚按连线要求焊牢。

9.若某些元件的引脚太短，可另用一段细导线参与连接。

焊成后实样见图1。有元件的一面见图2。

说明

1.因半导体电路的电源一般不超过48V，故硬质纸板的耐压绝对不成问题。本实验电路板的电源是交流220V，但使用下来也未发生故障（火线离元件距离要远一点）。如为了小心起见予以浸腊防潮，当然更好。

2.电阻要卧式安放，并插到底，使之不易晃动，避免各元件之间相互碰撞。其他如电容、晶体管等，也最好插得深一些。这样做的目的，也是为了使元件稳当，不易动摇。

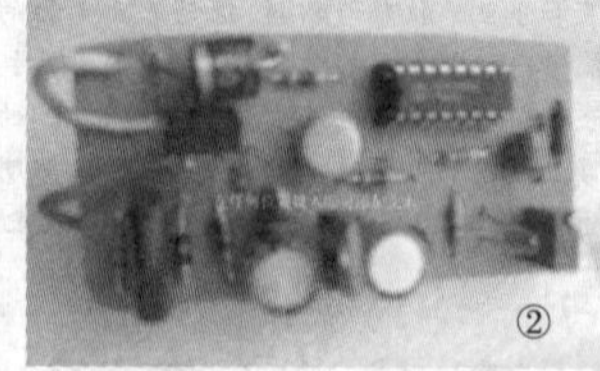

②

3.焊盘处戳的孔不要太大，以和元件引脚紧配为好。

4.如需另外加接引线，最好用塑包线。如果是裸铜线，则应套上绝缘管。

5. 本"代印刷电路板" 实验结束后，拆除元件亦很方便。

6. 初入门的电子爱好者如按本方法装置的小电路，尽可放心使用，不会发生任何问题。

7.如果元件不密集，本"代印刷电路板"也完全可以作为"永久印刷电路板"来用。

◇上海 王 良

技能学习 案例优先

目前，我国大力支持职业教育，并对职业技能进行优势提倡和财政补贴。2016-2017年国务院取消了319个职业资格证书，虽然职业资格证书的考核和颁发取消，但对各类职业资格的技能却在加强执行。职业技能的获取，都必须要经过学习和锻炼的过程。德国工匠精神、我国的师徒制现代职业技能学习，都重在职业技能的学习途径，或是在获取的职业技能渠道。

今年的职教与技能版面选题，重点回归到案例任务方面，将加强技能与初学知识栏目和选题，为更多初学电子者服务。本版的栏目设置如下，欢迎大家赐稿：基础理论栏目、基础元件应用栏目、技能栏目、师傅带徒弟栏目、徒弟找茬栏目、校园电子栏目、教与学栏目、教育探讨栏目等。

欢迎初学者、职业技术学校的师生积极投稿和参与！

◇本版责编

宜简保功效的声光控制电路分析

今天我接修几只声光控制路灯的开关，试问顾客什么故障现象？回敬很有力：灯泡是好的，就是灯不亮！

打开开关盒子，里面的电路板如图1所示，首先测试单向可控硅及外围元件好的，再测试晶体管(9014)好的。"小信号"处理由⑭脚集成电路完成。型号不很清晰，测各脚位在路电阻值基本正常。根据"声光控制延时开关电路"由"电源电路、声控电路、光控电路、延时电路"四部分组成分析入手。

①

为分析故障原因，参照图2（数据为实测）绘制原理图3所示：控制对象是普通灯泡(25~100W)。220V交流电与灯泡串联后接整流全桥(D_1~D_4)，经整流后得到脉动直流电，为单向可控硅(MCR)供电。由于脉动直流电压在200V左右，经R1(160KΩ)降压、C1(22μF)滤波后，为后级控制放大电路供电。经检测供电电路正常，MCR触发极无电压（遮盖光敏电阻），测控制集成板⑪脚无电压输出，用电池外加触发电压灯亮，说明故障在集成板内部（外部电路作图实测）由于型号不很清晰，没有替换件，决定去掉集成块，对电路彻底改进，直接由晶体管T1驱动MCR工作。电路如图4所示经分析对比，降压电阻R1(100KΩ)、滤波电容C1(470μF)、为节省电能，R2(18KΩ)去掉，这样输出控制电压在3V左右。

声控电路由R2 (4KΩ)、MIC驻极体话筒、C2(22μF)、R3(1MΩ)、R4(10KΩ)、VT1（原三极管9014）组成。

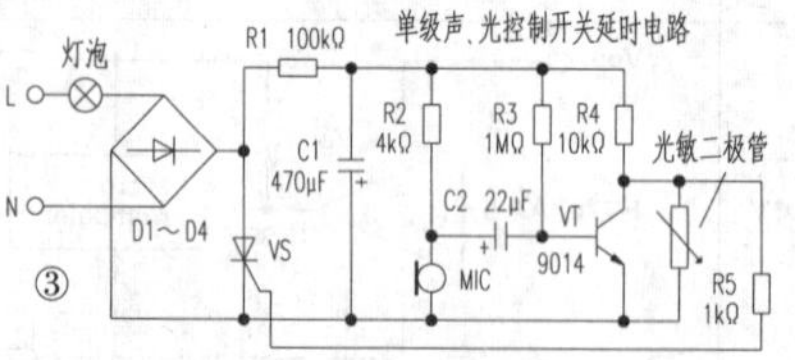

③ 单级声、光控制开关延时电路

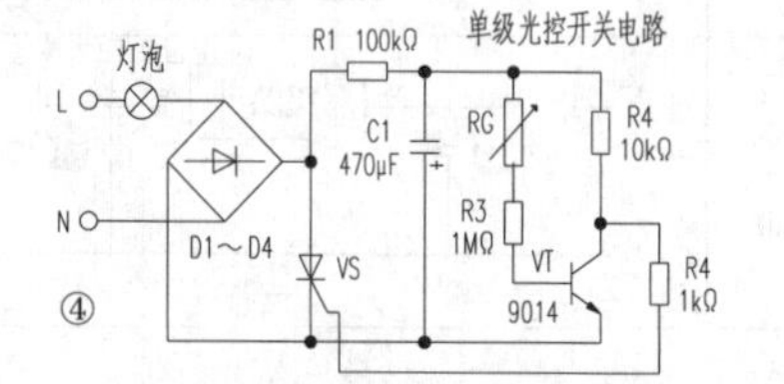

④ 单级光控开关电路

光控电路用原线路板上的光敏电阻并接在VT1的c、e极上，单只光敏电阻，灵敏度低，白天要很强的光才能控制灯泡熄灭。改用2只光敏电阻并联后，接在VT_1的c、e极上，控制灵敏度得到提高，但没达到原电路要求。再后改用光敏二极管，正极接VT1的c极、负极接VT1的e极，这样达到了原电路要求。工作原理：白天或周围环境光线较强时，光敏二极管的亮阻值在500Ω左右，由电路可知：光敏二极管与VT1的c、e两极并联，所以VT1的集电极电压始终为低电位，这期间即便有声响，可控硅触发极也得不到触发电压，故而控制的灯泡白天不亮；到了晚上或光线较暗时，光敏二极管的暗阻值上升到1MΩ以上，对VT1的钳位作用解除，在此期间VT1工作在放大区，如果无声响，VT1的集电极为低电位，可控硅无触发电压而关断，控制灯泡不亮。当有声音信号被MIC接收，驻极体话筒两极端电压降低，C2(22μF)经MIC放电，使VT1的基极电位下降，集电极电位上升（VT1工作在截止区）此时集电极的高电位经电阻R5(1KΩ)加在可控硅触发极上，使可控硅导通，控制灯泡点亮。

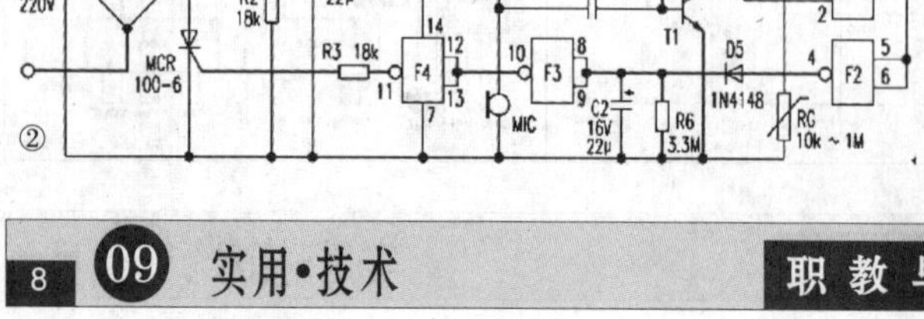

②

因VT1基极电位的下降，C2(22μF)通过R3(1MΩ)缓慢的充电，使VT_1基极电位上升到原来使VT_1工作在放大区，集电极电位下降，可控硅触发极无触发电压被关断，控制灯泡熄灭，等待下次声响的到来，重复上述动作。

改进中，对元件的要求，单向可控硅，按控制灯泡100W选择可控硅型号，本文为原拆件(9014)，R1 (100KΩ) 用80KΩ也成功。延时过长，R3(1MΩ)用820KΩ，比较好。R4(10KΩ)调试中用5~28KΩ，对控制灵敏度影响不大，所以选定10KΩ。光敏电阻对控制灵敏度影响很大，经比较光敏二极管效果好。

经改进后的单级声光控制延时开关电路，交用户使用，反馈信息：灯光略有频闪，少花钱达到目的，何乐而不为。来去匆匆，只要"人来灯亮，人去灯熄"杜绝了长明灯，免去了在黑暗中寻找开关的麻烦，这就对了。

有用户要求亮丽环境，3~5W的节能灯或LED灯，已经够省电了，能否晚上长明，白天熄灭，延长灯泡使用寿命？回答是肯定的。如图5所示：

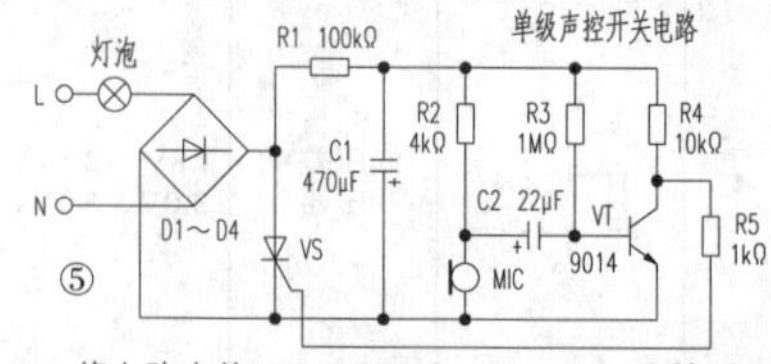

将电路中的MIC、R2(4KΩ)、C2(22μF)取掉不用，再用1KΩ电阻与原拆件光敏电阻串联后，替换原R3(1MΩ)电阻。白天光敏电阻阻值很小，VT1饱和导通，集电极为低电位，可控硅无触发电压，灯泡不亮。

晚上光敏电阻阻值很大，VT1截止，集电极为高电位，可控硅得到触发电压而导通，控制灯泡点亮。

为家里老人白天光线较暗时上厕所方便，将电路中的光敏二极管取掉不用，如图5所示

纯声控延时开关电路。无论白天、黑夜，只要有声响，控制灯泡就亮，很受老人和视力不好人群喜爱。

本声光控制延时开关电路，除可控硅外，只有一级放大控制电路，电路简洁，很适合电子爱好初学者组装，一装即成，其乐无穷。

◇四川 李长学

3DX50中波广播发射机的小改进

我台的两部3DX50全固态中波广播发射机从2006年投入播出运行至今已有十多年了，在这十多年的维护检修过程中，我们对机器进行了一些改造，现记录下来与同行们交流。

一、输出网络屏蔽不良的改进

现象：从输出网络箱后面可听到广播的声音。

经检查，发现输出网络机箱后门有打火痕迹，机箱体上粘贴的管状的铜丝编织物（下称铜丝管）有几段严重发黑，变硬变脆，失去弹性。

分析：3DX50发射机的输出网络装在输出网络机箱里，与后门重合的箱体处粘贴一条铜丝管，铜丝管在关门时受挤压可形变产生一定的弹力，确保屏蔽体接地良好。但由于铜丝管表面氧化、黏合剂老化等原因，造成铜丝管与箱体（门）的接触电阻增大，铜丝管上感应的高频电压增高导致对地打火放电。

处理：1. 拆下粘贴在机箱上的铜丝管，彻底清洁留下的黏合物和污迹；用幼砂纸打磨后门的打火痕迹，彻底清洁后门。

2.裁剪宽度为20mm的铜皮，焊接成与原铜丝管一样大小的方框。再在铜皮上面每隔300mm距离焊接一组相同弧度相同形状的弹簧片（弹簧片选取FU-105管座上帘栅极的镀银触片，两片弹簧片为一组），只焊一端。

3、把铜皮框按原铜丝管的位置，用铆钉固定在机箱上，底端焊接一条6mm²的铜线连接机器的高频接地端。经过处理后，该现象彻底消失。

二、风机更换的改进

现象：3DX50发射机的冷却风机运转噪声异常。

这台发射机的风机曾出现过多次风机噪声大，伴随有异响的现象。每次我们更换马达轴承后，风机运转正常。但维持的时间不长，故障又出现。后检查发现马达轴承套有磨损痕迹，我们作了一定的技术处理，但效果不明显，反复处理都难以彻底修复。

于是尝试用国产风机代换。考虑风机安装方便和少改动电路，我们购买了大翰风SF-5G-4型风机（三相380VAC供电；转速：1420 RPM；风扇叶直径：500mm；流量：3800~8000m³/h），拆去外罩直接安装。风机的供电线路稍作改动如附图所示。

风机供电原理：根据风机的用电要求，从主整变压器T1的输入端取三相380VAC分别经保险丝Fa、Fb、Fc送到风机控制继电器的⑦、⑧、⑨端，开机后，继电器K1动作，风机得电运行。

更换风机后，机器运行正常。

三、母板与滤波板连接的改进

在日常维护工作中，我们发现滤波板与母板的连接插件（香蕉插头）已变色，有些插头上弹簧的弹力不足现象。有接触不良的潜在隐患。为把故障消灭在萌芽状态。我们决定用采用更牢固的螺丝固定连接代替插装连接。杜绝因插接接触不良而发生故障，虽然用螺丝固定连接会给以后维护时拆装滤波和母板增加工作量，但其接触牢靠，能确保机器安全。

准备工作：1、确定螺杆、螺丝的规格。根据母板与滤波板间的距离即原香蕉插头插到位时两板之间的距离确定螺杆的长度；根据母板和滤波板的插座插头焊孔的大小确定螺杆的内、外径及螺丝的规格。选定的螺杆外径为φ6mm×20mm正六边形，内径为φ3mm全丝铜柱，螺丝规格为φ3mm×12 mm。

2. 准备铜垫圈及不锈钢弹簧垫一批；医用无水酒精；360目砂纸。

具体操作如下：

1.严格遵守维护检修制度和安全制度进行改造工作。关机、断电、放电后拔出插在母板上的调制编码器、功放模块、二进制功放模块；拆下滤波板、母板上的各种连线并对拆下的连线做好标记。然后拆下滤板、母板。（注：母板和滤波板可分为4组，每次改造可根据工作量选择部分完成。）

2.用75W烙铁焊下母板、滤波板上的插座、插头。并把底板上多余的焊锡清除掉。使焊孔底板两面平整无毛刺，如有必要可用360目的砂纸轻轻打磨平。再用酒精对电路板进行清洗，除去残留的松香。（为了方便操作，可先焊下滤波板上的部分电容，待电路板处理结束后及时装回，注意电容的极性不能装错。）

2.把螺杆套上合适规格的热缩管做表面绝缘措施，然后用螺丝把螺杆固定在母板背面上（螺丝不加弹簧垫和垫圈）。待整块母板的连接螺杆装齐后，把母板插槽面向上保持螺杆竖直，用焊锡把螺丝与底板焊在一起。

3. 检查母板确认螺杆装齐且紧固，拆下的电容已装回，无焊锡粘连、铜箔断裂等异常。按分拆相反顺序装回母板、滤波板。滤波板连接螺杆的螺丝加垫圈，弹簧垫，确保连接紧固。总装结束后换人重新检查一遍螺丝的连接。

4.恢复拆下的母板、滤波板上的所有连线连接。装回的调制编码器、功放模块、二进制功放模块。

恢复机器正常连接，检查无误后试机正常。半小时后关机，用红外测温器测量各螺杆连接点温升一致。改造成功。

小结：3DX50发射机是美国哈里斯公司生产的，配件价格昂贵，发射台的备件不充足，配件采购时间长。我们的维护检修工作，在保证设备安全的前提下，灵活变通，就地取材，不仅提高检修效率，而且节省经费，为安全播出提供技术支撑。

◇广东　林纯晓

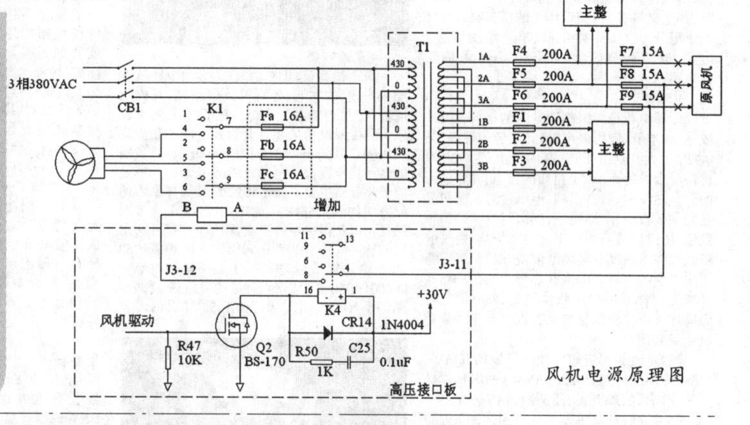

风机电源原理图

大发2018，阔谈卫视与有线

恭祝恭祝：首先恭祝各位读者、作者，关心和支持本版的各位，2018年事事吉祥，如意安康。

2017年已悄然过去，卫视与广电技术版面也在适应新时代的读者需求中进行改进和完善，努力为读者提供卫视接收技巧、卫视接收机维修、有线传输技术、广播电视发射设备维修等多方面卫视广播相关的技术文章，2018年更是如此，将会在上述方面更加注重选题和文章可读性，在卫视领域、有线电视广播传输途径中，为广大爱好者者、工程师提供丰富文章。

为了在卫视传输与有线电视及广播这个领域出彩博闻，就需要本身这个行业的同行积极交流，将你的宝贵经验与大家一起共享，将你的疑问与大家一起探讨，将你的信息与大家一起分析，共同推进本版发展，欢迎赐稿！

同时，希望有更多的本领域爱好者关注和支持本版！

◇本版责编

AI时代下的速录机会被取代吗？

日前，为了让更多的人认识和了解速录机，北京速录科技有限公司向电子科技博物馆捐赠了8台不同时期的速录机，它们代表着速记产业步步朝着机械化、电子化速记迈进的脚步。这对电子科技博物馆的藏品数量和藏品价值都有很大的帮助。

据了解，亚伟中文速录机是我国著名的速记专家唐亚伟教授发明的，是中国唯一一种机械化、电脑化的速记机，曾获得国家发明二等奖、钱伟长中文信息处理科学技术一等奖、北京市科学技术一等奖等奖项。查阅资料显示，随着世界速记形势的发展，电脑速记在外国出现，唐亚伟本人早在50年代就已开始研究专用键盘的并击式速记机，至80年代，便与计算机结合，进一步研究“专用键盘”并击式的电脑速记机，于1994年开发成功，定名为“亚伟中文速录机”，填补了中国电脑速记机的空白。它通过双手的多指并击键盘来完成，可以同时打出七个字，和人的说话是同步进行的，做到话音落，文稿出，一般用于各企业、政府的各种会议，法院的庭审记录，电视台的字幕等。

尤其近几年速录被广泛商用。然而随着人工智能的广泛兴起，带给人们方便的同时，也让人们担心，人工速录行业会消亡吗？对此，有观点认为在会议现场实时速录上，人工与机器差别不大，但是，如果是后期整理会议录音，语音识别系统的高效就开始显现：30分钟的录音，人工速录至少也需要30分钟；但是，通过机器语音识别，只需要5分钟。也有观点认为语音信息具有连续性、多变性、动态性、瞬时性的特点，使这种语音识别的难度加大。而且每个人说话（语气、地区语言）的不同、速度的不同、内容的不同以及环境、人的心情状态等等的不同而区别非常大。总的来说，语音识别是机芯在工作，跟人脑比灵活性还是要差很多。语音识别无论怎样智能也很难取代人脑的智力。

无可否认速录在运用人工智能后效率会提高，人工智能代替纯手工速录是历史发展的必然趋势，但从现有的科学技术来看，目前替代的可能性不大，哪怕是人工智能技术发展非常超前的美国，这项技术也只限用于军事、医疗这种标准化程度非常高的行业。据报道，目前研发语音识别系统的科技企业也正从另一个认识极端往回修正。以科大讯飞为例，2015年底至2016年间，媒体上最常见的标题是《科大讯飞发布新品，或将取代速记员》《科大讯飞推出升级系统，速记员即将下岗》，而如今，企业已经认识到人工智能在方言识别、复杂场景应用等方面的不足，从人机大战转向人机融合。

从初闻的恐惧，到如今速录行业积极正视科技的力量，对人工智能的接纳也在发生着微妙的变化。总之，要想不被时代所淘汰，继续不断研发符合趋势的新产品是亘古不变的道理。

◇王　明　（本文原载第2期2版）

电子科技博物馆“我与电子科技或产品”

本栏目欢迎您讲述科技产品故事，科技人物故事，稿件一旦采用，稿费从优，且将在电子科技博物馆官网发布。欢迎积极赐稿！

电子科技博物馆藏品持续征集：实物；文件、书籍与资料；图像照片、影音资料。包括但不限于下列领域：各类通信设备及其系统；各类雷达、天线设备及系统；各类电子元器件、材料及相关设备；各类电子测量仪器；各类广播电视、设备及系统；各类计算机、软件及系统等。

电子科技博物馆开放时间：每周一至周五 9:00-17:00，16:30 停止入馆。

联系方式

联系人：任老师　联系电话/传真：028-61831002

电子邮箱：bwg@uestc.edu.cn　网址：http://www.museum.uestc.edu.cn/

地址：(611731)成都市高新区（西区）西源大道2006号

电子科技大学清水河校区图书馆报告厅附楼

打造平价的发烧音响系统(一)

——浅谈音盆

随着人们生活水平的改善、其兴趣爱好更广泛,对音乐欣赏也有了更高的要求。一款国产HIFI耳机京东众筹很快超过1000万元,从另一个侧面反映出HIFI是永恒的主题,当然20世纪90年代那股发烧音响热潮不会再现。如今市场不缺低价的大众化的音响,也不缺高价的音响精品,而是缺平价的音响精品。比如售价三千元——五千元一套的音响精品(包括音源、功放、音箱等)。比如一万元——两万元一套的AV影院精品系统。其实用心设计与生产,国内生产厂家有能力提供上述精品器材。

工欲善其事,必先利其器!声学类的新技术、新材料越来越多,音箱在音响系统中占据着重要位置,喇叭是整个音箱系统的灵魂,是好声基础之基础。低音喇叭的结构简图如图1所示,认清低音喇叭音盆的材质与类型对于选购喇叭与音箱有着非常重要的参考意义,在此笔者先谈谈喇叭的音盆。

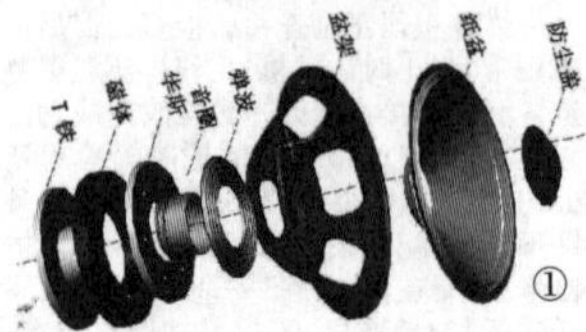
①

一、音盆

制造低音单元的材质多种多样,可分为传统的纸质材质、改进类纸质材质、聚丙烯烯类材料、含树脂的高强度机织纤维、金属类材料、其他材料等。目前市场上的低音喇叭音盆大致可分为以下几类:纸盆、羊毛盆、木浆盆、PP盆、玻纤盆、碳纤盆、芳伦盆、金属盆、陶瓷盆等等。

1.纸盆

纸质材质是传统制造音盆的材料,技术成熟、成本低、应用最广,但其音色表现好,灵敏度高,具有刚柔相济、高内阻尼、易与别的材料混合的特点。由于材质的特点,其音色可作到自然厚实、低音丰满,但纸盆对温度和湿度变化较敏感、防潮性差,制造时很难控制一致性,所以环境可能对声音造成影响,经过承受数次在这些极端环境温度变化后,有可能造成纸盆不可复原的变化。绅士宝的8545低音单元同样采用松压纸盆单元,8535低音单元同样采用涂胶纸盆单元,近三十年一直受到用受到用户好评。

图2是蓝舰影音研发团队研发的(LJAV-AYS01-08)8寸与(LJAV-AYS01-10)10寸松压纸盆单元的外观图,图3是(LJAV-AYS01-05)5.5寸涂胶纸盆单元的外观图,该系列的低音均采用纸锥掺杂特种纤维的振膜,具有更为中性的音色表现力,声染色更小;采用全平衡磁路、长音圈超线性和短路环结构;高瞬态响应悬挂系统,具有较优的性能,该系列单元具有挑战进口单元的实力。

②

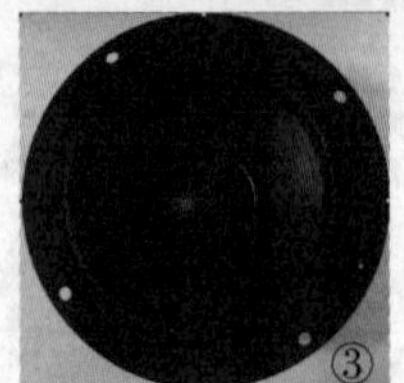
③

2.羊毛纤维盆

羊毛纤维盆是在纸浆中加入羊毛纤维制作而成,其质地稍软,对柔和音乐的表现力较好,人声淳厚。设计完美的羊毛纤维盆全频单元搭配发烧胆机,是某些发烧友的最爱。图4与图5是(LJAV-BYS01-06)6.5寸羊毛纤维盆单元的外观图,图6是(LJAV-BYS01-05)5.5寸羊毛纤维盆单元的外观图。

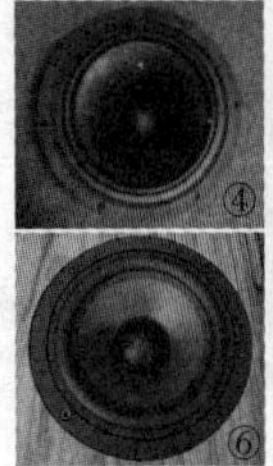
④ ⑥

⑤

3.木纸纤维盆

木纸纤维盆又叫木浆盆,是在喇叭纸浆中入木纸纤维,与单纯的纸盆振膜相比,木纸纤维振膜质量很轻,反应速度很快,其硬度要稍逊于金属与化纤,但振膜动态与细节的表现力远超于传统的材质结构,振膜的弹性和低频下潜力度有所提高的同时,在速度感方面也得到提升,而且音色更美一点。达尼已在中国大陆生产扬声器单元,在这方面,达尼的发烧音箱与影院音箱在使用木纸纤维盆喇叭方面是一个成功的案例。图7是(LJAV-CYS01-06)6.5寸与(LJAV-CYS01-05)5.5寸木浆盆的外观图。

⑦

4.聚丙烯盆

聚丙烯盆又叫PP盆或CD盆,PP盆具有加工方便、成本低、外观可做得漂亮,其内阻尼较大,聚丙烯盆失真低,擅长表现各类音乐。现在,从廉价的组合音响到一流的贵族音响ProAC Response 3 Hales System 2签名版的各种扬声器都使用聚丙烯烯单元,此单元的最终品质主要取决于锥盆的形状与聚丙烯配方中的添加材料。优点:若设计正确聚丙烯盆可以获得平坦得响应,很低的声染色,良好的脉冲响应。20世纪90年代国内惠威的S8低音单元算是成功典范!图8是(LJAV-DYS01-05B)5.5寸聚丙烯盆的外观图。图9与图10是(LJAV-DYS01-05A)5.5寸聚丙烯盆的外观图。

⑧

⑨ ⑩

5.玻纤盆

现在音响界有许多的应用如新材料玻纤、碳纤或Kevlar(凯芙拉,这是一种芳纶复和材料)等其他新型复和材料纤维盆,它们在增加音盆的刚性上起到重要作用。但材料只是增加阻尼和力度,还必需和结构一起系统设计。

玻纤盆由特种优质玻璃纤维加工而成的织物,在功能上与Kevlar(凯芙拉)具有类似的特性。特点:

(1)具有较高比模量,纵波传播速度快。
(2)质量轻。
(3)刚性好,可有效抵抗周围空气运动产生的影响。
(4)内部阻尼适中,有较好的内部损耗。
(5)良好的耐温性,不吸潮。
(6)优异的耐疲劳性。

相对于纸盆来说,常规的玻纤盆很难做到耐听,内阻尼一般相对较小,若没设计好,高频部分会翘起一个较高的峰,其听感是高频吵耳。在家用音响系统,玻纤盆多作低音或超低音单元,三分频设计较好。由于环境特殊,玻纤盆在车载音响领域使用较广。

采用新技术,复合玻纤盆频响曲线也可做到较平直,其中频厚实。图11是(LJAV-EYS01-08)8寸玻纤盆的外观图,图12是(LJAV-EYS01-06)6.5寸玻纤盆的外观图。

6.碳纤盆

碳纤维是碳含量超过90%的纤维,优点:同时具有高比强度,高比模量、耐高温、耐腐蚀等特性。纤维的无规则取向有利于抑制驻波,然而,频响的平滑性受到了影响,因为内损耗很低。与传统的纸盆相比,普通工艺的碳纤盆也有一些不足之处,不足是尾音少。

许多扬声器生产厂家一直在尝试改善简单编织纤维音盆的基本结构或涂覆树脂涂层的高刚性碳纤编织盆来提升音质。如今多数碳纤、玻纤和Kevlar这类材料作的音盆多用有纤维织布与环氧或类似树脂黏结而成。纤维本身有极高的抗拉强度,植入适量的树脂,材料硬度就会加大,编织音盆频带扩展了。一些厂家采用两层Kevlar纤维与一树脂片及小硅球黏著而成的复合体。碳纤盆可做到声音通透,解析力高、低音有力、弹性好,瞬态相应也好。少数厂家采用新技术,使碳纤音盆发挥极致,在这方面,B&W的碳纤盆低音单元的音箱是较成功的,极有特色。图13是(LJAV-FYS01-05)5.5寸碳纤盆的外观图。

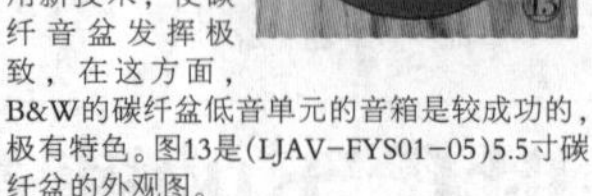

7.蜂巢音盆

蜂巢式三明治音盆具有超高的硬度及非常轻的重量,在提高刚性的同时,还能增大振盆内部阻尼,使中频声音更加清晰、更干净,同时振动质量的降低可以显著的改善低频的瞬态响应,速度更快,失真更低。

蜂巢盆较低音有非常准确的定位,中低频声音更加扎实,影院和HIFI都能带来很强的临场感,音色更加细腻真实。其中德国E-TON是采用蜂巢盆较成功的厂家之一,在国内,部分音响发烧友与少数厂家使用ETON的5-312(5寸)、7-312(7寸)、8-512(8寸)、11-581(11寸)等型号。

采用蜂巢盆低音较成功的音箱厂家如盟主等等。国产的如惠威D6G单元也采用蜂巢盆。图14、图15与图16是(LJAV-GYS01-05)5.5寸蜂巢盆的外观图。图17是(LJAV-GYS01-06)6.5寸蜂巢盆的外观图。该系列单元均采用玻璃纤维三明治式低锥盆,内部的丰巢结构在高频段固有的分割震动时,产生平滑的中频表现。优化后的折环设计提供了一种更协调的悬挂系统来改进瞬态响应,同时允许更多的线性冲程,可提供更干净、更紧凑、更深沉的低音,具有较高的性价比,是研发发烧音箱的利器之一。以(LJAV-GYS01-06)6.5寸蜂巢盆单元为例:标称阻抗:4欧;额定功率:80W;灵敏度:89dB;频响:50Hz~6000Hz。

⑭ ⑮ ⑯ ⑰

8.金属音盆

金属音盆可分为纯铝、铝合金、表面陶瓷化、铝蜂窝等多种音盆等。

A.金属盆:加入铝、镁等金属元素,刚性强。喇叭瞬间爆发力强,适合动感强劲的音乐。

B.陶瓷盆:经过陶瓷化的铝盆,表面硬度高,抗腐蚀性能良好,动态性能好,低音出色、定位准确,中低音方面瞬态较好,丰满有力。

由于金属音盆的声音特性,在国内音响发烧友中使用量较少。

9.其他材料

A.MSP(Magnesium Silicate Polymer)音盆

MSP音盆是丹拿创新发明的,由硅酸镁聚合物所构成,融合了金属和聚丙烯的音盆的优点,严谨设计的配方,充分体现了聚丙烯重量轻、柔韧性强、内阻尼好、且不受环境湿度影响的优势,再结合金属音盆刚性及动态分析力出众的特性,相得益彰。聚丙烯的优点弥补了金属阻尼的劣势,镁金属更助长了聚丙烯的发挥,只有把两者设计好,才能发挥最佳效果。图18是丹拿MSP音盆的外观图。

⑱

B.复合音盆

许多扬声器生产厂家在不断进行基本材料及结构变更试验,以寻求适于市场需求的更佳音盆材料方案,比如各类层状结构类,Kevlar与纸质复合物,Kevlar与塑胶复合物为最近制造的此类材料。

一般情况,纸盆对温度与湿度比较敏感,也有厂家在纸浆中加入碳纤维或别的生物纤维来改善音质,已取得成功!

读者对音盆有了初步认识了,对选购喇叭单元与音箱时会有所帮助,当然在维修喇叭单元时更换不同材料的音盆,有可能维修后的喇叭比原来的喇叭音色更好一点。

当然有了好的音盆只是做好喇叭的条件之一,整体设计是关键,磁铁、音圈、盆架、T铁等等选用优质材料,提高生产工艺,才能保证生产出合格的产品。

◇广州 秦福忠

正是今年风景美,千红万紫报春光

——2018《影音技术》版寄语

今年是农历的狗年,但我们很难找到像"龙马精神"、"一唱雄鸡天下白"这样有关生肖的祝福的诗句、成语。还好有"一汪百旺"的说法,我们期待今年风景更美。

2018年作为亦技术、亦器材、亦时尚的《影音技术》专版,重点还是传播影音新技术、普及影音基础知识,介绍一些有特色的、有代表性的器材,为消费者提供参考。另外也会介绍一些最前沿的影音资讯,让读者了解行业的最新动态。

影音技术渗透到了各行各业,真的是"无声不在"、"随影随行"。仅靠一个小小版面要介绍全面,几乎是不可能的,我们还是侧重在消费娱乐业来把握影音的主题:HIFI音响、高清影院、黑胶唱片、黑胶唱机、数码随身播放、桌面音响、数码音乐、客厅影院、微型影院、精品耳机、耳机放大器、杜比技术、THX技术等。

欢迎影音技术厂家、影音发烧友、行业专家撰写实用性的技术文章,也欢迎广大读者能来信来电点题,我们根据读者的需求来组织文章。

衷心祝福我们的作者、读者新春快乐!

◇本版编辑 齐天

2018年1月14日出版 实用性 启发性 资料性 信息性

第 2 期 国内统一刊号:CN51-0091 定价:1.50元 邮局订阅代号:61-75

地址:(610041)成都市天府大道北段1480号德商国际A座1801 网址:http://www.netdzb.com

(总第1939期) 让每篇文章都对读者有用

无线投屏技术

有时候，电视机给人的感觉更像是一个家居装饰品，甚至三星还专门出了一款类似理念的电视机“The Frame——画框电视”。

图中间即为“The Frame”画框电视

现在很多电视都是智能电视机了，和手机连上同样的WiFi后，就能用无线显示手机上的内容，也就是我们所说的“无线投屏”技术。而按手机操作系统主要分为：苹果(ios)和安卓(Android)，那么相应地投屏技术也可以这样大致划分。

AirPlay

AirPlay是苹果公司的在iOS4.2及OS X Mountain Lion中加入的一种播放技术，可以将iPhone、iPod touch、iPad及Mac(需要OS X Mountain Lion)上的视频镜像传送到支持Airplay的设备(如：音箱、Apple TV)中播放。使用Airplay需要iOS4.2版本的设备或Mac电脑上的iTunes10.1以上版本；视频镜像则需要iOS 5及OS X Mountain Lion。因此在使用时，你要确定你的电视机是否支持AirPlay功能。

不过，除了官方的Apple TV外，越来越多的设备都开始支持AirPlay功能，同时也兼容Android系统。

Chromecast

既然提到了苹果的无线投屏技术，那么安卓的自然也跑不掉了，这就是Chromecas。与AirPlay不同的是，Chromecast的推送实际上是由网络端发起的，例如你在手机的优酷上选择用Chromecast推送到电视，电视的Chromecast接收的内容其实并非来自手机，而是来自优酷的服务器。换句话说，Chromecast更像是网络视频点播，而不是手机内容的投射工具。

当然，Chromecast也是可以投射手机本身的内容，不过需要类似Localcast之类的插件，Chromecast最大的问题在于支持Chromecast的电视、手机比较少：首先使用Android TV系统的电视或许支持Chromecast，但需要购买Chromecast的接收器；而在手机端，特别是国内的Chromecast中的“Google Cast插件”被禁止使用(实际上很多谷歌的服务都被禁用了，需要翻墙非常麻烦。)，因此Chromecast在国内并不实用。

Miracast

Miracast由WIFI联盟推出，其使用原理和AirPlay类似，与AirPlay相比，支持Miracast的电视机更多(支持安卓系统和windows系统)，不过正因为支持的多也带来了兼容性的问题。

DLNA

最为常见的无线投屏技术，只要是个多媒体App就可以支持。这种技术更像是一种多媒体无线推送技术，它并不是把手机屏幕的内容复制一份放到电视上，而是把手机的视频、音乐、照片等多媒体流推送到电视上。例如，手机App播视频、播音乐，如果支持DLNA的话，App会有一个投射TV或者类似的按钮，这时候就能把手机的内容推到电视上显示。

除了直接投射播放中的内容以外，DLNA还可以设置网络的DLNA多媒体服务器，在PC或者手机上利用工具设置了DLNA服务器后，电视就可以直接播放DLNA服务器中的内容。把电影通通整理到DLNA服务器中，然后在电视选片看，体验还是挺不错的。

DLNA技术比较成熟，支持相当广泛，手机上大量视频、音乐、看图App都支持DLNA，这技术也基本是电视机的标配。不过，DLNA也存在很多局限，例如它只能够推送多媒体流，无法随时投射手机屏幕内容。例如你想要在手机边玩游戏边在电视上看画面，DLNA就无能为力了。

最后有人就要问了，既然有了各种各样的“无线投屏技术”我们还需要有线(特别是高清HDMI线)来连接吗？确实从目前技术上讲，“无线投屏”的传输速度还有待提升，特别是在越大的屏幕以及越高画质的视频上，效果就显得很不理想了，甚至还会出现残影。当然随着手机性能越来越强悍，以及4K、VR的慢慢普及，更高规格的无线投屏技术还是会出现的。

◇河北 程新加 (本文原载第1期11版)

8K电视 未来彩电技术发展的新方向

在彩电行业显示技术为主导的今天，8K电视的关注度已与OLED电视、QLED电视、激光电视等尖端产品旗鼓相当，并俨然成为未来彩电技术发展的新方向。

在今年的CES消费电子展上，彩电行业的巨头们紧追夏普的脚步，纷纷推出8K分辨率电视，比如LG、松下、三星、索尼、康佳等，对此业内专家表示，大屏、8K是未来电视的发展趋势，随着上游面板厂商、电视制造商在8K上的推动以及消费者对8K产品的认可，8K时代很快就会到来。

此外，据国际市场调查公司IHS的数据显示，未来5年，8K面板市场复合增长率达111%。在60英寸以上大尺寸面板市场中，8K渗透率将达到25%。尤其是在2020年东京奥运会以及2022年北京冬奥会即将采用8K视频信号进行转播的契机下，8K已经成为产业进一步爆发的触发点，全球厂商都在积极布局8K。可以预见，在多方优势及消费者对画质要求的进一步需求之中，8K作为一项“未来技术”已准备好加速走入普通消费者的家中，我们也将在未来，领略到8K电视为我们带来的更多惊喜。

当然8K想要快速发展自然离不开5G的加持。5G+8K的组合将会在各个领域绽放。除了应用于家庭观影和奥运会这种大型体育赛事领域，8K技术还应用于医疗领域，博物馆、美术馆等顶级艺术展示，安防监控，音乐会、会议转播中心等商用领域具备巨大前景。有不少业内人士表示，2018年将是8K电视生态元年，加上日本东京奥运会将会用8K信号转播，必定会刺激一些主流彩电品牌布局8K电视。

虽然8K未来的普及会给我们的生活带来不一样的体验，也证明了现在显示技术的高速发展。但是话说回来8K的到来还是早了一些，毕竟现在的4K也没有做到真正的普及，8K产品的上市也只是一些有需求的人去使用，就目前的情况来看8K想要普及还有很长的路要走，人们不排斥技术的发展，如何能让大众使用上这项新技术才是厂商应该多加考虑的问题。

◇陈 晓(本文原载第4期2版)

手机五大谣言

1.牙膏不能修复受损屏幕，牙膏中含有细小的颗粒物，可能会填补划痕，但会让屏幕透明度降低，不利于视力健康，越补越花！

2.手机接通时，信号会相对增强，但是即便信号达到峰值，只要是符合国家标准的手机，都是在人体承受范围内的安全数值，并不会对人体产生辐射伤害。

3. 一般性强度的磁铁不会对手机存储器有影响(强磁除外)，不会造成数据流失，但是对手机里的罗盘(指南针)的准确性有影响，因为它带有磁敏元件。

4. 带磁条的银行卡长期与手机放在一起才有缓慢磁化的可能，现在新升级的银行卡都是带芯片的，这种芯片卡完全不用操心被手机磁化问题。

5. 手机没有话费的情况下可以免费拨打110、120等遇险电话，但是如果没有基站信号的话，什么号码都打不通。

◇云 轩 (本文原载第1期11版)

厦华42FT18液晶彩电维修两例

例1、开机三无，转修机电源部分损坏

打开电视检查，发现电源板上的各插头已拨下，功率因数校正管V502（SPN20N60C3）、滤波电解电容C533(220UF/450V)、保险管已经被拆走。用万用表在路检查电源部分，没有发现其他元件有短路现象。就试着把C533换新，用一根35W的内热式电烙铁芯焊在C533的正负两极上作为假负载，把电源次级24V负载插头断开，保险丝换成1A电流的然后开机，电视红色指示灯亮。用表测C533正负极电压298V，以N501(DH321)为主的副电源各路电压输出正常，说明副电源基本没问题。

由于手头没有SPN20N60C3开关管，到市场上买了两只T0-220封装的20N60场效应管换上，开机瞬间新换的管子和保险都炸坏了。这说明电路上还有问题没有查出来，或者是换的管子参数不符合电路要求。试检查功率因数校正集成电路N507(L6563)外围相关元件，没有找到问题，而帖片的N507手头没有备件，在路也不好确定其是否损坏。到网站搜了一下，有网友说电磁炉的门管都能够代替原机的SPN20N60C3，那只好用电磁炉门管25N120代替SPN20N60C3试机。换新1A保险和25N120后开机，红色电源指示灯亮，按电视待机键红色指示灯灭电视机三无。再测功率校正电路电压仍为300V(正常为380V)左右，24V次级电压无输出，为N507供电的副电源由12V(图纸上标注为16V，估计是技术改进造成)降为9V。相应电路见图1。

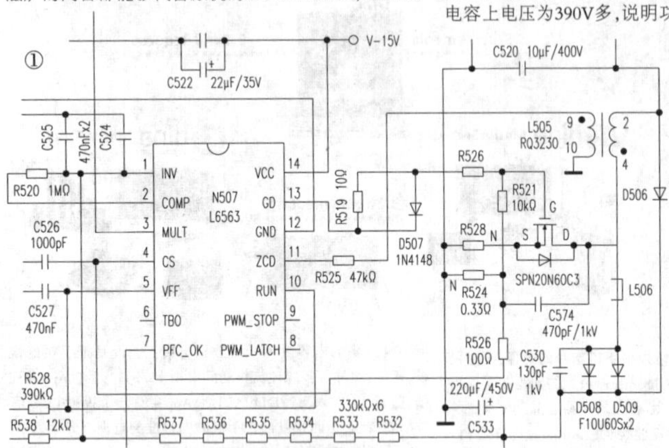

	1	2	3	4	5	6	7	8	9	10	11	12	13	14
新片	11	11	11	11	11	11	11	11	11	11	11	0	7.5	1.3
	60	55	s	s	s	s	s	70	s	s	s	0	2.5	1.5
拆机	11	11	11	11	11	11	11	11	11	11	11	0	9	9
	300	s	s	s	s	s	s	s	s	s	s	0	15	200

表中数据用MF47机械表R*1K档测得，上边是对地正测、下边是对地反测阻值。S表示电阻无穷大。

②

用了两种替代元件上机一个出现炸管，一个出现不工作，是不是说明电路中还有问题呢？再次检查相关电路无误后决定更换N507帖片集成电路。购得L6563和20N60C3原装元件后，取下机上的N507和新到的元件对比，测到的数据如图2。把新元件装到电视机上，仍用1A的保险管，电源带假负载，通电开机测C533电解电容上电压为390V多，说明功率因数校正电路已经正常工作。所接的电烙铁芯马上冒烟烧红（这是个工作失误，220V的电烙铁芯给通了390V的电）。立即关机把35W的电烙铁芯取掉，再把24V电路恢复，把电视电源保险换成5A电流的重新开机。按待机键红色指示灯变蓝色并出现厂家广告字符，接入信号电视机正常工作。测次级电压24V正常，但是18V输出端只有11V多点。检查该路负载为9V稳压集成电路供电，这可能是电路改进造成的。试机工作几小时，电视图像、声音均良好，所换元件无温升，说明故障排除。

例2、电视不能二次开机

故障现象为开机红色指示灯亮，冷机按待机键红灯灭蓝灯不亮，偶尔亮时也会出现有声音有光没图像、有图像没声音、无声无像有背光等奇特现象，更多的故障现象是什么都没有，只有极偶然情况能正常开机，热机开机正常。开机后测量电源部分输出电压，3.3V、5V、9V、24V均正常，数字板上的绿色发光二极管D1有时常亮、有时不亮、有时微亮。根据维修经验绿色发光二极管正常工作时应该是低频闪烁才对，这说明数字板上信号处理部分有问题。分析此故障的原因可能是：电源滤波不良或电流不足；元件虚焊；还有最不好搞就是数据损坏或数据传输异常。

由于存在热机能二次正常开机的现象，怀疑数字板上有元件虚焊。冷开机情况下用数字万用表测几片稳压集成电路输入、输出电压，没有发现不稳定现象存在，集成电路本身也没有发热厉害的现象，这从电路板的颜色就能看出来。用热风机在冷机时有目的地吹几个帖片集成电路，并重焊五片发热量相对较大的稳压集成电路，没有排除故障现象。再逐个检查五片稳压集成电路附近的十多个滤波电容，用数字电容表测量也没有查出有明显的失效现象。由于检查或更换数字板上电视数据对笔者来说很不容易，起码要先找到原机的正确数据，然后找刷机线，再找刷机工具软件，不是专业维修的笔者很难全部搞定。如果真是这样的话，还不如找块代用的万能板或破屏的类似型号机器更切合实际。

维修中电视几度出现恢复正常，每次都要停放半天以上才能继续进行维修，然每次都没有进展。一筹莫展之际，偶然发现数字板上左边有几个元件出厂时没有装，心想这没有装的几个元件在电路设计时肯定是有的，只是在生产中改进或因为可有可无才没有装，这几个元件对电源有关的包括两个电解电容和一个二极管，何不补上这几个元件看看如何？说干就干，马上焊上一个220μF/25V的电解电容（见图3中红圈元件）试机，开机背光灯立马点亮，随即广告语出现，真是踏破铁鞋无觅处，得来全不费工夫。

◇河南 张进保

海尔液晶电视不开机检修两例

对于液晶电视不开机，电源指示灯亮或亮一下就灭，且开关电源输出电压正常时，一般是主板有问题。对于主板导致的不开机，看开机打印信息，对于判断故出在软件还是硬件，以及故障部位大有好处。下面以海尔LE32H300型液晶电视为例。海尔LE32H300型LED液晶电视的特点：该机只有一只红色电源指示灯，开机后指示灯闪几下熄灭，进入开机状态。待机时指示灯亮。

例1：通电后电源指示灯亮一下就灭，不闪，不开机

测电源板输出的5VS正常，再测12V、24V正常，说明主板已经给电源板输出了开机信号，故障可能在主板。先看开机打印信息，用RT809F编程器把电脑与电视（VGA接口）连起来，查看开机打印信息，点击串口打印。给电视通电，电脑显示打印信息如图1所示，只打印了八行就没了，正常时应该打印几十行，第五行显示BIST_0 error，说明主芯片对DDR存储器检测出错。可能是主芯片与DDR通迅不畅，或DDR供电不正常，或DDR本身不良……细心观察，在该机主板上没有找到DDR存储块，应该在主芯片内部，但DDR供电是必须有的，应先查DDR的供电是否正常。因此，必须了解主板上有关DC—DC转换电路，了解它们之间的关系，以及它们各自输入、输出电压值，及各电压的用途。如图2所示，为该机主板上有关的DC—DC转换电路原理图，可见主板上有关的DC—DC电压转换电路有四路：第一路是把待机5VS电压转变为待机3.3VS电压电路，以U20(17_33)为核心。该3.3V电压不论在待机状态还是开机状态都始终存在。第二路是把常态12V电压转变成常态5VM电压电路，以U2为核心。该5V电压在待机时为0V。第三路是把常态5VM电压转变为1.8V电压电路，以U5(17—18)为核态。该1.8V电压在待机时为0V。第四路是把常态5VM电压转变为1.25V电压电路，以U3(IC5CF)为核心。该1.25V电压在待机时为0V。掌握了主板上DC—DC转换电路后，接下来就能测量了。主要查DDR供电1.8V。测量3.3VS端子待机电压为3.2V，正常。测常态5VM端子电压为5.1V正常。测1.25V端子电压为1.24V正常，测1.8V端子电压很低为0.5V，不正常，经查U5(17—18)不良。用一只1117—18代换，通电，指示灯闪了几下后熄灭，开机了，接入信号，一切正常，故障排除。

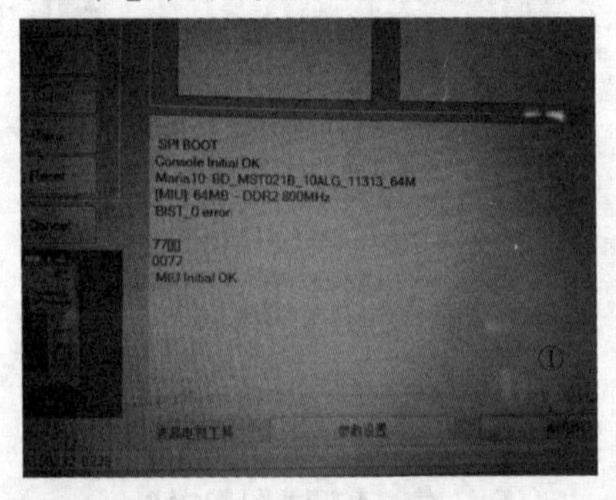

本机的1.8V为DDR的供电。可见DDR的1.8V供电不正常，表现为电源指示灯亮一下就灭，不开机。由于DDR的1.8V供电不正常，系统对DDR检测无法完成，虽然主板给电源板输出了开启信号，但电视却处于死机状态。

例2：通电后指示灯一直亮，不闪，不开机

测开关电源输出的待机5VS电压正常，测12V、24V均正常，故障应该在主板。但主板已经给电源板输出开启信号。先看开机打印信息，把电视、电脑用编程器连起来，给电视通电，点击串口打印，没有任何打印信息，这个电视正常时应该有打印信息。没有打印信息，可能是主板上待机3.3V不正常，或内核1.25V供电不正常，或主芯片损坏……，先查查供电后再说。先测主板上待机3.3VSb端子电压为3.2V，正常，再测1.25V端子电压为0.3V，不正常。1.25V由5VM端子提供，测5VM端子电压为5.1V，正常。接下来应查1.25V电压形成电路，如果该电路正常，那么主芯片可能损坏，把1.25V电压拉低。1.25V电压为主芯片内核供电，由U3等形成。测取样电阻R28、R29、储能电感L3等外围元件正常，怀疑U3有问题。于是从一块报废同型号主板上取下一只IC5CF试试，通电，电源指示灯闪了几下熄灭，开机了，此时，测1.25V端子电压为1.24V。接入信号，图声出现，一切正常，故障排除。

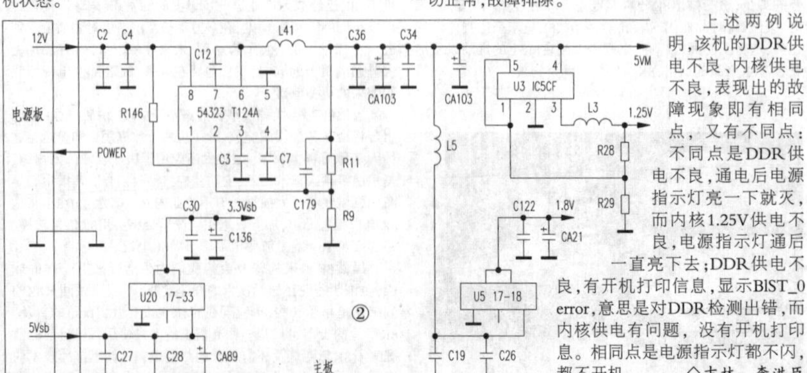

上述两例说明，该机的DDR供电不良、内核供电不良，表现出的故障现象即有相同点，又有不同点：不同点是DDR供电不良，通电后电源指示灯亮一下就灭，而内核1.25V供电不良，电源指示灯通后一直亮下去；DDR供电不良，有开机打印信息，显示BIST_0 error，意思是对DDR检测出错，而内核供电有问题，没有开机打印信息。相同点是电源指示灯都不闪，都不开机。

◇吉林 李洪臣

U盘数据修复案例一则

如今U盘的使用率还算是比较高的，不过，由于病毒破坏或使用不当(比如拔U盘时不先进行弹出操作)等就很容易发生数据存取异常的故障，特别是对于一些低质量的杂牌U盘或者是被奸商做过"扩容"处理的虚高容量U盘。遇到类似的数据存取异常的U盘，我们应尽最大可能地抢救出其中的资料，不要对U盘进行写操作(向U盘复制文件)，更不能轻易进行格式化操作。

1.遭遇"转院"的故障U盘

前几天有个同事带来一个内侧标志为"HL 1634 16GB"而外侧则为"百盛 32GB"的故障U盘，说最初的故障现象是文件(夹)全部出现乱码，并且其修改日期也全部是"2107-05-19""2082-09-13"等异常时间；然后他根据Windows的提示进行了"自动修复文件系统错误"和"扫描并尝试恢复坏扇区"等修复操作，结果现在整个U盘根目录中只有一个名为"FOUND.000"的文件夹，其中则保存着1400多个大小不一的".CHK"文件(如图1所示)。

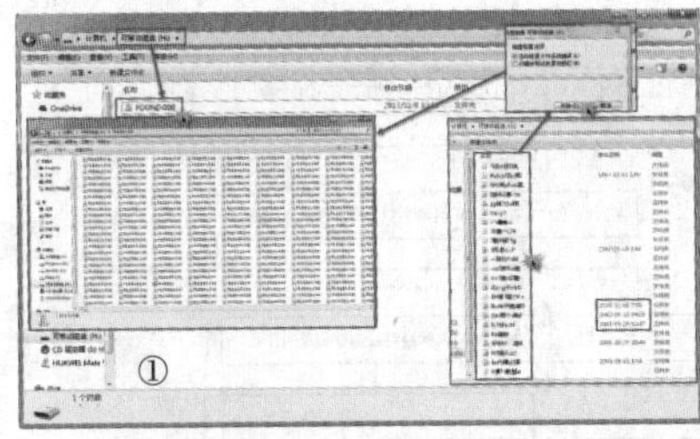
①

2.U盘数据修复过程

面对这样一个时间标记异常的乱码U盘，笔者首先怀疑是扩容假盘，因为以前曾经碰到过类似一例故障处理，当时是使用工具软件MyDiskTest检测、FC MpTool量产工具恢复其原本2.5%的实际容量。因为该U盘中保存了很多重要的资料，而且其他地方也没有备份，当务之急就是将其中的数据先恢复出来，也就是把系统整理生成的"丢失簇的CHK恢复文件"进行修复还原，推荐使用"CHK文件恢复专家"。

工具的使用过程非常简单，首先到https://pan.baidu.com/s/1kUHPMOB处下载ChkSetup.zip，解压缩后进行安装并运行；接着，在界面左上方设置其待检测的目标U盘盘符(H:\)之后，点击后面的"搜索"按钮，很快就有"搜索到1423个文件，其中可以恢复的文件有1311个"的提示；左侧窗格中按照"文件类型"和"数量"罗列出了工具可以恢复的若干文件，比如147个MP3视频文件、593个JPG图片文件等等。以电子表格XLS格式文件的恢复为例，点击该项下某CHK文件(比如H:\FOUND.000\FILE0002.CHK)后再点击右下角的"单个恢复"按钮(免费版只能逐个文件恢复)，设置好非U盘存放路径(比如硬盘F盘下"U盘文件恢复"文件夹)后点击"确定"按钮，工具就会根据待恢复文件的大小进行数据恢复，并会提示"成功恢复：1"(如图2所示)。

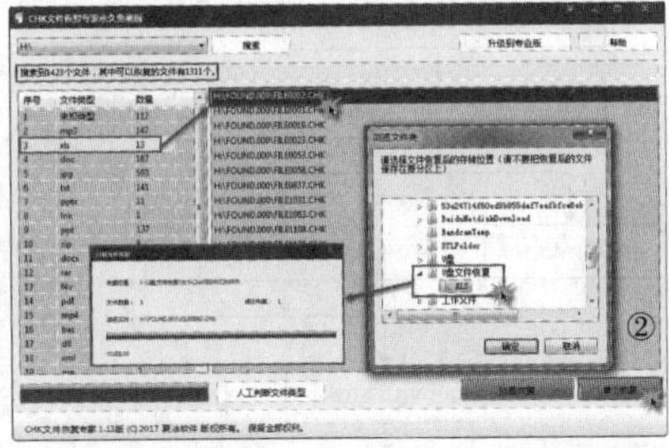
②

当相关的数据修复之后，我们可以再到目标文件夹中进行验证查看，不管是Word文件、PowerPoint文件还是JPG图片文件及RAR和ZIP压缩文件，基本上都是正常的，可使用相关联的程序打开并编辑(如图3)。不过由于是已经被Windows进行信息检索修改，所以修复还原出的文件名都被统一改写为FILE0074.jpg、FILE1023.doc之类的名称，只能是后期根据文件的具体内容来重新命名了。

需要注意的是，虽然工具基本上可以恢复出各种常见格式的文件，但我们也不能完全相信工具——有时也会有"误判"现象，特别是同属于Office办公系列的DOC、XLS和PPT文件。比如该例在恢复出的XLS电子表格文件夹中的FILE0837.xls文件，当直接双击调用Excel 2016来打开它时就出现了"文件格式无效"的错误提示。其实，当单击选中该文件时，在Win 7的资源管理器窗口左下角就已经显示出其PPT缩略图(虽然上面打了XLS标志)，此时可直接将其扩展名由"XLS"修改为"PPT"，不必理会"如果改变文件扩展名，可能会导致文件不可用"的重命名"错误"提示，之后它就会成为一个使用PowerPoint 2016成功打开和编辑的幻灯片演示文稿文件了(如图4)。至此，数据修复才算是完成了。

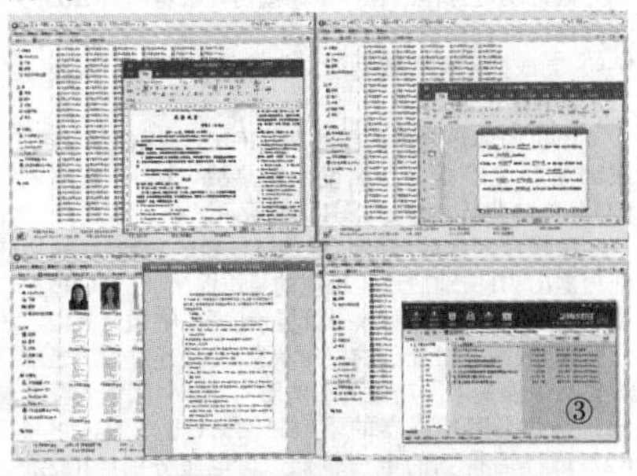
③

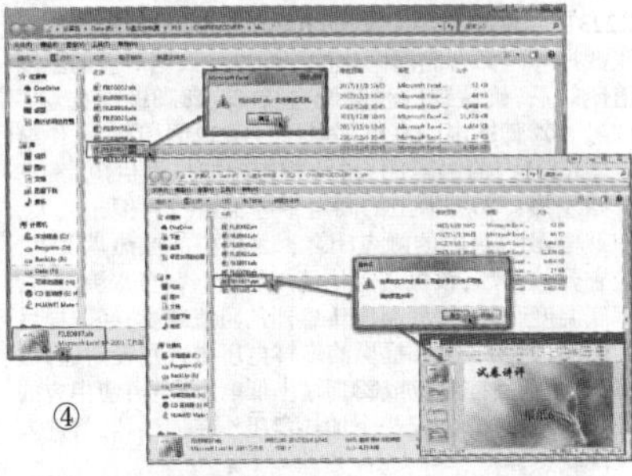
④

3.U盘数据修复成功后的建议

虽然很多情况下我们可以对U盘进行成功的数据修复，但毕竟数据无价，并不排除有时无法恢复文件的可能，特别是后期又多次对U盘数据进行了覆盖擦写。比较稳妥的做法是对重要数据进行多次备份，比如使用百度网盘、QQ微云和电子邮箱等；U盘也一定要选择那些大品牌的正品，不要随便在网上购买那些价格明显"便宜"的假U盘，将数据意外丢失的隐患降低至最小化，而不是寄希望于后期的文件恢复。

◇山东 牟晓东

神州数码DCFW-1800S-H-V2防火墙电源板原理剖析

神州数码DCFW-1800S-H-V2防火墙电源板负责输出5V2.8A电源给主板工作使用，采用飞兆公司生产的DM0265R为核心元件组成。DM0265R内部方框原理如图1所示，从中可以看出集成了脉宽调制器和场效应晶体管，为高性能离线式开关电源，仅需较少的外部元件便可组成一个开关电源电路，引脚功能分别为：①脚，GND；②脚，正电源电压输入，启动时电流从⑤脚(Vstr)输入，通过内部开关送至该脚，当该脚电压达到12V阈值时，内部开关断开，改由该脚外接的辅助绕组供电；③脚，VFB反馈电压输入，内接比较器的同相输入端；④脚，IPK峰值电流限制端，典型的峰值电流为1.5A；⑤脚，Vstr启动端，该脚外接市电整流所得电压，通过内部开关为②脚提供启动电压，一旦②脚电压达到12V，内部开关就断开；⑥脚-⑧脚为内部开关管漏极，外接开关变压器初级绕组。DM0265R内部的脉宽调制器工作于67kHz固定频率上，以降低电磁干扰；具有软启动、欠压锁定和过流、过压、过载、过热保护功能，非常适合构建反激式电源变换器。

整个电源板工作原理如图2所示，AC220V交流电经整流滤波后，得到约300V的直流电压，通过DM0265(U1)⑤脚向内部电路供电并同时给②脚外接电容C7充电。若C7两端电压低于12V，芯片内部连接于②脚、⑤脚之间的开关为接通状态；当C7两端电压达到12V时，内部开关断开，芯片开始正常工作。U1启动工作后通过③脚检测C4两端的反馈电压，从而调节芯片内部PWM控制器输出的脉冲宽度，通过调节开关管驱动脉冲的占空比对输出电压的大小进行调节，具体过程如下：当输出的5V电压升高时，加在三端精密稳压器U3的R极上的电压升高，则K极电压下降，即光电耦合器U2的②脚电压下降，流过U2中发光二极管的电流增大，其③脚、④脚间的光敏三极管导通程度加深，即U2的③脚、④脚间等效电阻减小，则U1的③脚电压下降，在内部PWM控制器的作用下，输出脉冲的占空比减小，最终使输出电压下降；当5V电压降低时，其稳压过程与上述相反。

◇安徽 陈晓军

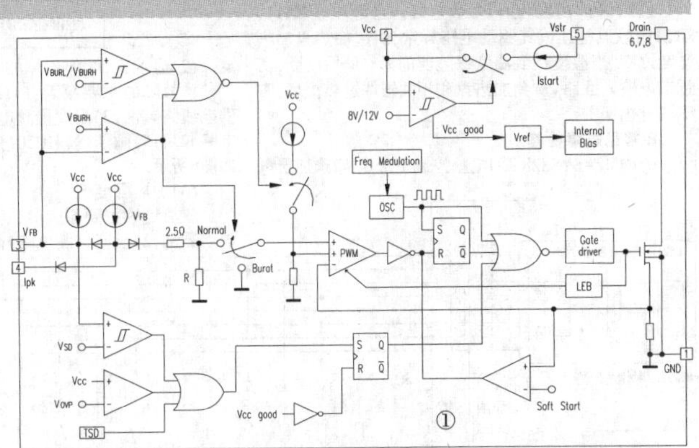

①

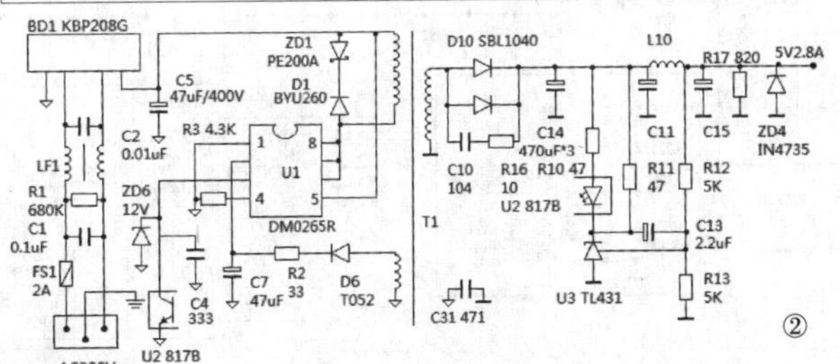

②

美的MZ-SYS828-2D电脑控制型电蒸锅电路分析与故障检修(二)

（紧接上期本版）

（4）蜂鸣器电路

蜂鸣器电路由微处理器IC201、蜂鸣器BUZ271等构成。

进行功能操作、程序结束或需要报警时，IC201的㉓脚输出的音频信号经R271限流，驱动蜂鸣器BUZ271鸣叫，完成提示和报警功能。

5.加热电路

该机的加热电路由微处理器IC201、操作键电路、底部温度传感器（负温度系数热敏电阻）、继电器K111、加热盘等构成，如图1、图2所示。

按操作面板的“功能”键选择需要的功能时，被微处理器IC201识别后进入相应的工作程序，它不仅输出指示灯信号或指示灯/数码管显示信号，使相应的指示灯发光，表明该机处于的工作状态，而且通过数码显示屏显示该模式下所需要的加热时间。同时，因锅内温度低，锅底温度传感器的阻值较大，5V电压通过它与R221取样后得到的电压较低。该电压分别经R222、R223加到IC201的⑧、⑨脚，IC201将⑧、⑨脚输入的电压数据与内部存储器固化的不同电压数据对应的温度值比较后，确认锅内温度低，控制㉗、㉘脚输出高电平信号。㉗脚输出的高电平电压经Q212倒相放大，使继电器K121内的触点闭合，为相应的加热盘供电，使它开始发热；㉘脚输出的高电平电压经Q211倒相放大，使继电器K111内的触点闭合，为相应的加热盘供电，使它开始发热，该机进入快速加热状态。当水沸腾后，锅底温度升高，锅底温度传感器的阻值减小，经取样后为IC201的⑧、⑨脚提供的取样电压增大到设定值，被IC201识别后控制㉗或㉘脚输出低电平信号，使相应的加热盘停止加热，仅一个加热盘工作在加热状态，进入保沸状态。

6.保温电路

进入保沸阶段后，该机继续加热直至程序结束，微处理器IC201不仅输出控制信号使继电器触点断开，加热盘停止加热，而且输出蜂鸣器信号，让蜂鸣器鸣叫，提醒用户所执行的功能结束。若用户未进行操作，自动执行保温程序，进入保温状态。此时，IC201输出指示灯信号使保温指示灯LED2311发光，表明进入保温状态。随着保温时间的延长，当底部传感器检测的温度下降到设置值（如55℃）时，底部传感器的阻值增大到设置值，被IC201识别后，控制㉗脚或㉘脚输出高电平信号，如上所述，相应的加热盘开始加热，使温度升高。当温度达到保温值（如65℃）后，温度传感器的阻值减小，被IC201识别后出加热盘停止加热的控制信号，加热盘停止加热。这样，在温度传感器、IC201的控制下，加热盘间断性加热，实现保温功能。

7.过热保护电路

过热保护由温度保险丝完成。当继电器K111、K121的触点粘连或其驱动电路异常，引起加热盘加热温度过高。当温度达到温度保险丝的标称值后熔断，切断市电输入回路，避免加热盘和相关器件过热损坏，实现了过热保护。

8.常见故障检修

美的MZ-SYS828-2D电脑控制型蒸炖锅/蒸炖煲电路主要有不加热、指示灯不亮，显示正常、不加热，加热温度低等。

（1）不加热、指示灯不亮

该故障的主要原因：1）供电线路异常，2）电源电路工作异常，3）微处理器电路异常，4）温度保险丝熔断，5）熔丝管FUSE101熔断。

检修该故障时，首先测电源线接电蒸锅侧有无220V市电电压输出，若没有，检查电源线和电源插座；若有电压输出，则说明电蒸锅电路异常。此时，可以通过检查温度保险丝和熔丝管是否熔断来检修。温度保险丝熔断时，说明加热盘过热或其自身异常，检修流程如图3所示；熔丝管FUSE101熔断，说明负载过流或其自身损坏，检修流程如图4所示；温度保险丝和FUSE101正常，说明市电输入电路、开关电源或微处理器电路异常，检修流程如图5所示。

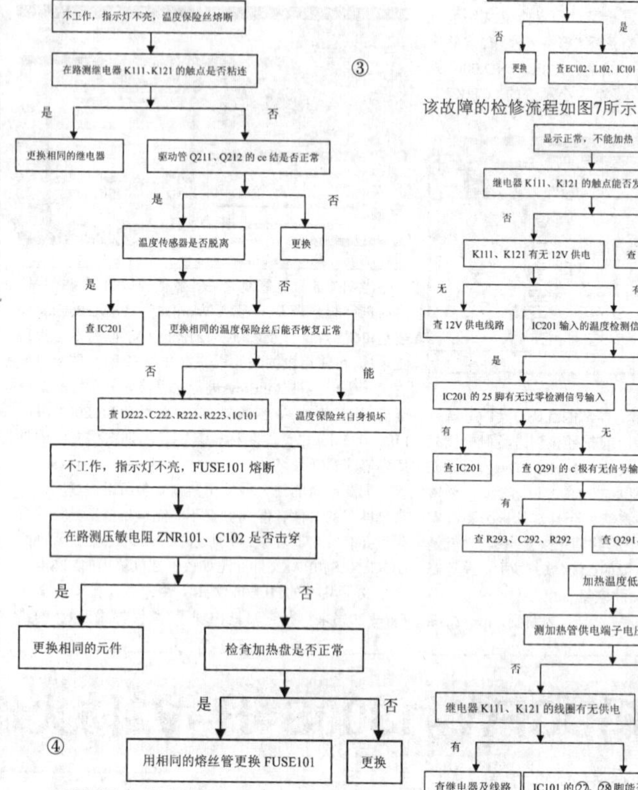

（2）显示正常，但不能加热

该故障的主要原因：1）12V供电电路异常，2）220V供电线路异常，3）温度检测电路异常；4）市电过零检测电路异常；5）微处理器IC201异常。该故障的检修流程如图6所示。

（3）加热温度低

该故障的主要原因：1）一个加热管开路或其供电电路异常，2）温度检测电路异常，3）微处理器IC1异常。

不工作，指示灯不亮，熔断器正常
EC107两端电压是否正常
否
是
查R105是否正常
IC201的②脚有无5V供电
是
否
无
有
查线路
查D101、EC106、IC101
EC103两端电压是否正常
检查SW241~SW2410是否正常
否
是
查ZD101、D104、EC101、EC101是否正常
查D107、IC102、EC201
否
是
更换
查EC102、L102、IC101
⑤

该故障的检修流程如图7所示。

显示正常，不能加热
继电器K111、K121的触点能否发出闭合声
否
能
K111、K121有无12V供电
查220V供电线路
无
有
查12V供电线路
IC201输入的温度检测信号是否正常
是
否
IC201的25脚有无过零检测信号输入
查温度传感器及其阻抗/电压变换电路
有
无
查IC201
查Q291的c极有无信号输出
有
无
查R293、C292、R292
查Q291、D291、C291、R131
⑥

加热温度低
测加热管供电端子电压是否正常
否
是
继电器K111、K121的线圈有无供电
查加热管
有
无
查继电器及线路
IC101的㉗、㉘脚能否输出高电平
能
否
查Q211、Q212及线路
温度传感器及D121、R221是否正常
是
否
查IC101
更换
⑦

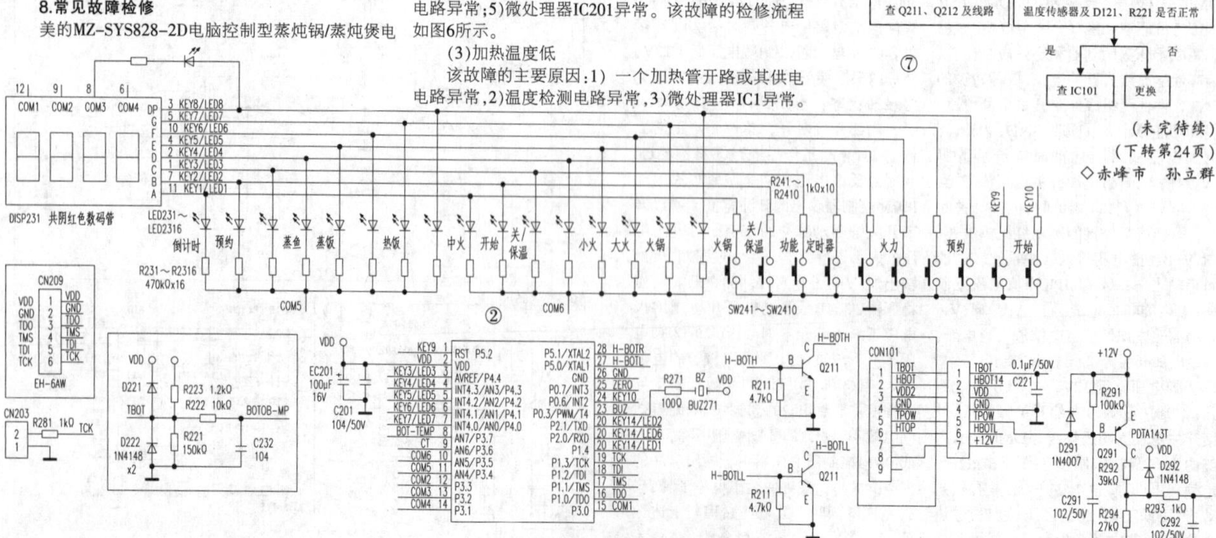

（未完待续）

（下转第24页）

◇赤峰市　孙立群

产生实用正弦波的低功率运放

凌利尔特公司的运放系列已有了扩充，而且相对于电源电流的速度指标达到了业界领先水平。LTC6258/LTC6259/LTC6260系列(单、双、四路)可在20μA的超低电源电流情况下提供1.3MHz增益带宽，并具有400μV的最大失调电压以及轨至轨输入和输出。结合一个1.8V至5.25V电源，这些运放可实现要求在低功率和低电压条件下，以合理成本提供不打折扣之性能的应用。

实用正弦波

人们并不指望采用一个5V低功率运放来产生一个具有-100dBc失真的正弦波。虽然如此，采用LTC6258的带通滤波器仍然能够与一个易用型低功率振荡器相组合，以在低成本、低电压和极低功耗的情况下产生正弦波。

有源滤波器

图1所示的带通滤波器是AC耦合至一个输入。因此，LTC6258输入并没有给前一个电路级施加负担来生成一个特定的绝对共模电压。一个由RA1和RA2构成的简单电阻分压器负责为LTC6258带通滤波器提供偏置。把运放输入规定在一个固定的电压有助于减小可能由于共模的变动而出现的失真。

该滤波器的中心频率为10kHz。确切的电阻和电容值可以向上或向下微调，这取决于最重要的是实现最低的电阻噪声还是最小的总电源电流。该实施方案通过减小反馈环路中的电流以为低功耗实现优化。电容器C2和C3最初为4.7nF或更高，并采用较低的电阻器阻值。最后，为实现较低的功耗采用了1nF电容器和较高阻值的电阻器。

除了功耗之外，反馈阻抗第二个同样重要的方面是运放轨至轨输出级的负载。较重的负载(例如：介于1kΩ和10kΩ之间的阻抗)显著地降低开环增益，这反过来又影响着带通滤波器的准确度。产品手册建议把A_{VOL}降低5倍(阻抗从100kΩ至10kΩ)。采用较低的C2和C3可能是可行的，但是这样R6会变得更大，从而在输出端上引起更大的噪声。

该带通滤波器的目标Q值是适中的，大约为3。一个适中的Q值(而不是高Q值)允许使用准确度为5%的电容器。较高的Q值将要求使用更准确的电容器，而且非常有可能需要高于采用反馈阻抗负载可提供的开环增益(在10kHz)。当然，与较高的Q值相比，适中的Q值所产生的谐波衰减幅度会较小。

①

②

增设振荡器

通过把一个方波驱动至带通滤波器中可获得一个低功率正弦波发生器。在图3示出了一个完整的电路原理图。LTC6906微功率电阻器设定的振荡器可容易地配置为一个10kHz方波，并能驱动带通滤波器输入电阻器中相对温和的负载。LTC6906在10kHz时的电源电流为32.4μA。

④

图4示出了LTC6906输出和带通滤波器输出。正弦波的HD2为-46.1dBc，HD3为-32.6dBc。输出为1.34VP-P至1.44VP-P，具有由于有限的运放开环增益（在10kHz）引起轻微变化的精确电平。当采用一个3V电源轨时，总的电流消耗低于55μA。

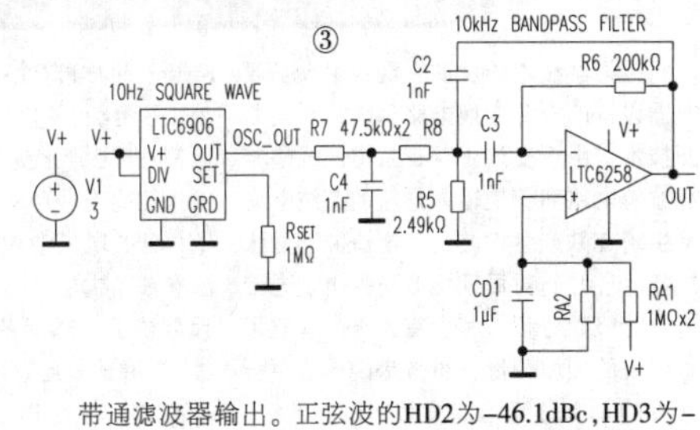

③

其他增强功能

图5示出了可任选的增强功能。一个低功率基准利用了LTC6906和LTC6258的能力以在非常低的电源工作。该基准从一个电池输入提供2.5V。固定的2.5V电源可在输入电压变化的情况下稳定输出电压摆幅。此外，更低的滤波器电容值和较高的电阻进一步减小了LTC6258的负载，从而可降低功耗并改善滤波器的准确度。

结论

LTC6258/LTC6259/LTC6260系列(单、双、四路)可在20μA的低电源电流下提供1.3MHz增益带宽，并具有400μV的最大失调电压以及轨至轨输入和输出。结合1.8V至5.25V电源，这些运放可实现要求在低功率和低电压条件下以低成本提供卓越性能的应用。

◇湖北 朱少华 编译

⑤

带集成肖特基二极管的开关型白光LED驱动芯片ISL97631的应用

带集成肖特基二极管的开关型白光LED驱动芯片ISL97631应用在手机、MP3播放器、pda全球定位系统的LED背光源照明上。它输入直流电压2.7~5.5V，开关电流350mA、工作固定频率1.35MHz，效率高达85%、输出电压最大27V、输出电流最大30 mA、亮度控制数字5位。也可启用PWM调光控制，发光二极管LED串联3~7个，采用6脚TSOT封装，引脚排列见图1所示、表1是该芯片的引脚功能说明和电压值。

工作原理：电路如图2所示，直流电压通过带集成肖特基二极管的开关型白光LED驱动芯片ILS97631的⑥脚输入电压，芯片使用固定频率，电流模式提供控制负载，可控制输出LED发光二极管3个或者7个串联使用，还可带动15个LED发光二极管并联使用。它是根据输入电压，配合电感产生的升压电路。芯片有两种工作模式，一种是连续运行模式。另一种是不连续工作模式。这两种模式都可稳定工作，芯片的正向电流电压设置由电阻RSET进行调节，它的电流电压根据自己的需要来决定，当LED发光二极管发生开路、短路，在这种情况下⑤脚反馈电压将是零，带集成肖特基二极管的开关型白光LED驱动芯片ILS97631会自动切换到高电压循环模式，导致输出电压升高，这会导致③脚LX电压超过最大值27V来实现过压保护。内部的齐纳二极管D2和电阻R1产生保护，FB的⑤脚限制③脚LX的电压。

调光控制引脚的工作原理：通过带集成肖特基二极管的开关型白光LED驱动芯片ILS97631的④脚ENAB进入无电模式时，电源电流减少到小于1uA，④脚ENAB有两种不同的调光控制方法：第一种方法是通过调制频宽比脉冲波形，工作频率1kHz，对大于1kHz的频率进行调整，使输出LED发光二极管暗-微亮-全亮，电压电流从零到全电压电流工作，这就是PWM调光控制方法。

第二种方法是：脉宽调制信号的幅度应高于最低④脚ENAB的电压，PWM调光频率在400赫兹~1kHz之间工作，线性调光PWM频率由于自放电输出电压通过输出 LED发光二极管点亮，保持与芯片内部的高频率NMOS线性一致和可靠地工作。

需要说明的是两种调光方法④脚ENAB都需要另外增加外围电路才能进行调光控制。

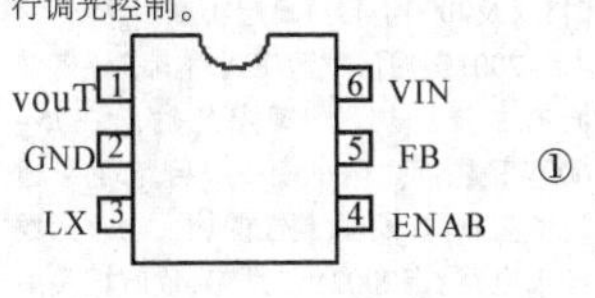

①

◇江苏 陈春

表1

芯片引脚	引脚名称	芯片功能	电压值
1	VOUT	输出引脚连接到LED发光二极管的正极	-0.3V~+6V
2	GND	负极	–
3	LX	开关脚，连接到电感器	-0.3V~+27V
4	ENAB	使能启动信号开关引脚	-0.3V~+6V
5	FB	反馈脚，连接到LED负极和电阻	-0.3V~+6V
6	VIN	电源正极输入引脚	-0.3V~+6V

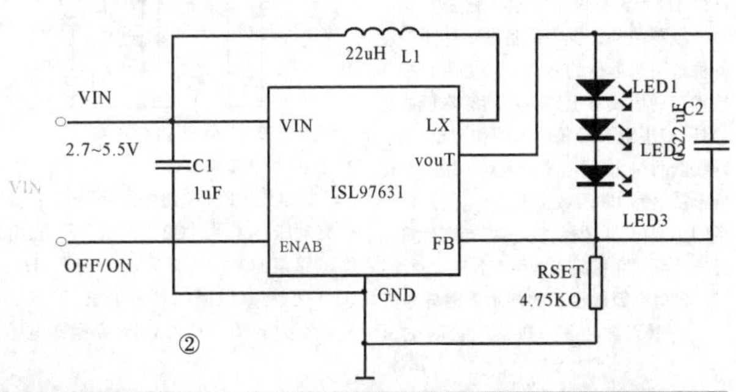

②

无桥功率因数校正技术

因科学技术的发展，现在绝大多数电器设备的电源变换电路都采用开关电源技术，由于交流工频正弦电压经整流滤波等电路后，使输入电压的基波电流发生畸变并产生谐波，且电流波形呈脉冲状(见图1)。对周期性非正弦电量进行傅立叶级数分解，其含有大量的基波频率电流的谐波分量，也就是说电流中所含有的频率分量为基波频率的整数倍。因此任何与工频频率不同的成分都可以称之为谐波，谐波会扭曲基本的正弦波波形，也会在同一系统的零线及接地系统中造成偏高的电流，使电站的功率因数降低，将会干扰其他用电设备从而造成不利影响。如谐波电流污染电网，使无功功率增大，电力利用率降低，在恒功率条件下需要增大输入电流的设计余量，采用三相四线制供电时将会出现中性电流过大，甚至有可能造成中性线过热起火等现象。

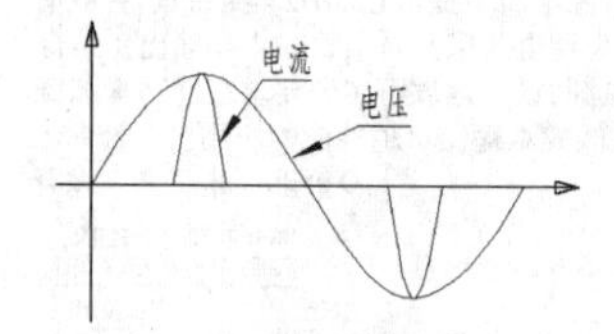

图1 畸变电流波形图

1.功率因数校正的发展

在交流电路中，当电压、电流为正弦波时，电压与电流之间的相位差(φ)的余弦叫做功率因数(Power Factor，简称PF)，用符号cosφ表示，在数值上功率因数是有功功率和视在功率的比值，即cosφ=P/S；当输入电压不是正弦波时，由非线性负载引起失真，基波因数r=基波电流有效值/总电流有效值，功率因数定义为rcosφ。

为了减小功率因数低所造成的不利影响，关于日常用电设备等国家标准GB17625.1—1998《低压电气及电子设备发出的谐波电流限值（设备每相电流≤16A的设备）》、GB4343.2—1999《电磁兼容家用电器、电动工具以及类似器具的要求第二部分抗扰度》分别于1999年12月1日及2000年4月1日起实施。

2001年1月，欧盟正式对电子设备谐波有了详细规范，规定凡输出在75-600W范围间之电子设备产品，都必须通过谐波测试，即强制性的加入功率因数校正电路；自2002年5月起，政府机关采购的电子设备，皆将功率因数校正(PFC)视为电子设备的标准配备功能。

纵观中外，供电设备是一切通信设备稳定可靠运行的基础，功率因数校正技术在通信设备上的应用能够降低能源损耗、减小电源设备的体积和重量、缩小导线截面积、减弱电源设备对外辐射和传导干扰，使功率因数接近于1可使通信设备的小型化、低功耗、机动性、兼容性等指标提升到更高量级成为可能且意义重大。

2.功率因数校正的基本原理与分类

功率因数校正（Power Factor Correction,简称PFC)，就是将畸变电流校正为正弦电流，并使电流与电压同相位，从而使功率因数接近于1。其目的就是减少输入侧的无功功率，提高电网的利用率。

开关电源中功率因数校正的基本方法有被动式功率因数校正和主动式功率因数校正，即无源PFC和有源PFC两大类，应用最多且效果最好的是有源PFC，即APFC。无源PFC就是使用由电感、电容等组合而成的电路来降低谐波电流，其输入电流为低频的50Hz(部分出口海外设备要求为60Hz)，因此输入电路需要采用大量的电感与电容。无源PFC的优点是电路简单、成本较低。缺点是元器件体积较大，校正值不高；APFC由电感电容及电子元器件组成，在开关电源的整流电路和滤波电容之间增加一级DC-DC斩波电路，用于调整输入电流的波形，补偿电流、电压间的相位差。对于供电线路来说相当于纯阻性负载，随着各类校正技术的进步，APFC可以达到98%以上的校正值，且功率因数越接近于1的设备，其设计成本也相对越高。

按照电路拓扑结构APFC电路有升压式(Boost)、降压式(Buck)、升/降压式(Boost/ Buck)、正激式(Forward)、反激式(Flyback)、推挽(Push-pull)、半桥(Half-bridge)、全桥(Full-bridge)等；降压式PFC开关噪声大、滤波困难，功率开关管电压应力高。APFC按输入电流控制原理又可分连续导通模式(CCM)、断续导通模式(DCM)和临界导通模式(CRM)。以上的拓扑结构都只是针对直流电源就换，如图2所示升/降压式电路拓扑。

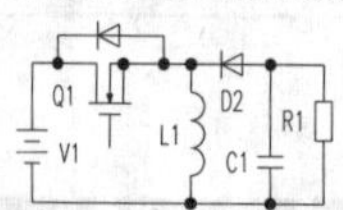

图2 升/降压式电路拓扑

3.无桥PFC的拓扑演化与分析

传统的PFC电路如图3所示，在正负周期内整流桥对称臂二极管、MOS管或升压二极管导通，即每次有三个功率器件导通。不难想象总损耗肯定较大，那么如何进一步降低电路损耗提高功率因数呢?为了实现这一设想，我们摒弃了整流桥，利用高频开关技术与开关元件既实现整流的目的又提高了功率因数的要求，这便诞生了无桥PFC电路，但需要明确的是无桥PFC电路是针对交流电源而言的。

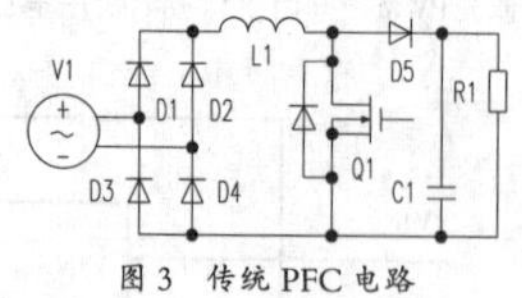

图3 传统PFC电路

(1)标准无桥PFC

标准无桥PFC电路如图4所示。正弦交流电压正半周时Q2、Q3同时导通，电感L1储存能量。当开关管Q2断开，D1、Q3导通，电感L1向C1释放能量；正弦交流电压负半周时Q2、Q3同时导通，电感L1储存能量。当开关管Q3断开，D2、Q2导通，电感L1向C1释放能量。

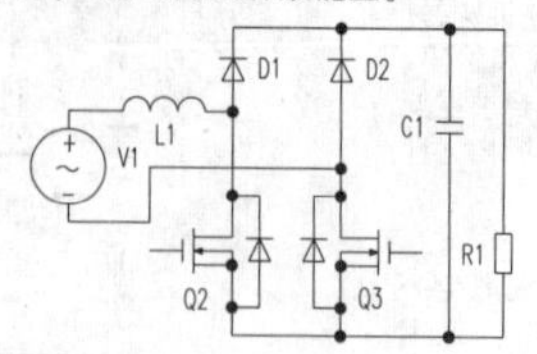

图4 标准无桥PFC电路

这种PFC电路在交流电源的整个周期内，均有一只管子充当高频开关，而另一只管子则起到续流作用。两个管子可以一起驱动，使用功率元件少，电路设计简单，可以利用市面传统的PFC芯片控制。但它电流流向复杂而且不共地，电流采样困难，有较大的共模干扰。

(2)双Boost无桥PFC

双Boost无桥PFC电路如图5所示。正弦交流电压正半周，Q2、D3导通，电感L1储能；当Q2断开，D1、D3导通，电感L1向C1释放能量；正弦交流电压负半周，Q3、D4导通，电感L2储能；当Q3断开，D2和D4导通，电感L2向C1释放能量。

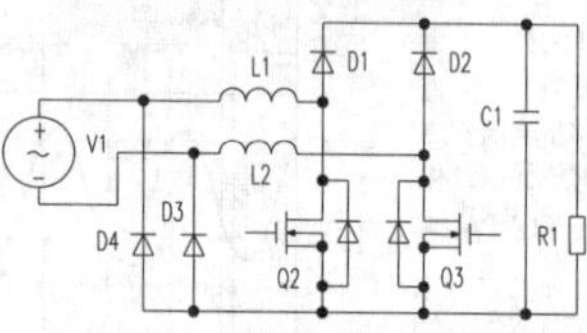

图5 双Boost无桥PFC电路

这种拓扑结构在标准无桥PFC的基础上增加了D3、D4，作为低频电流的回路，Q2、Q3只作为高频开关而不参与低频续流，且Q2、Q3也能同时驱动，在D3、D4上又可以像传统PFC电路一样检测电流，且具有更低的共模电流。但这种拓扑结构必须使用两个电感，低频二极管和功率管的体二极管可能同时导通，增加了不稳定因素。

(3)经典图腾柱式无桥PFC

经典图腾柱式无桥PFC如图6所示。正弦交流电压正半周，Q2、D1同时导通，电感L1储存能量。当Q2断开后，Q3和D1导通，电感L1向C1释放能量；正弦交流电压负半周，D2、Q3同时导通，电感L1储存能量。当Q3断开后，D2和Q2导通，电感L1向C1释放能量。

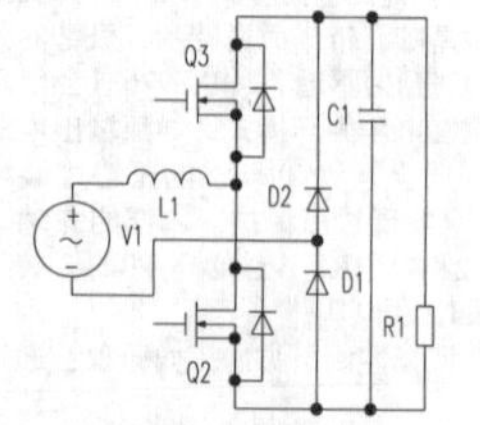

图6 经典图腾柱式无桥PFC电路

图腾柱式无桥PFC由标准无桥PFC演化而来，D1、D2为低频二极管，Q2、Q3的体二极管提供高频整流开关作用，这种电路具有较低的EMI，使用元件较少设计紧凑，但Q3的驱动钳位于图腾柱，不容易且也不能与Q2同时驱动，增加了控制电路的复杂性。

如果Q2、Q3采用MOS管，其体内二极管通常需要数百ns恢复时间，会产生较大的倒灌电流，引起很大的损耗足以抵消无桥低损耗的优势。如果Q2、Q3采用IGBT管，虽然其体内二极管的性能没问题，但是其导通压降又会比较大，也会产生很高的损耗。倘若使用GaN（氮化镓)和SiC(碳化硅)高性能开关管，没有体二极管反向恢复问题且开关速度极快，相信不久的将来这些高性能器件大规模普及，使图腾柱无桥PFC拓扑结构得以迅速发展而流行。

(4)假图腾柱式PFC

假图腾柱式无桥PFC电路如图7所示。正弦交流电压正半周，Q2、D4同时导通，电感L1储存能量。当Q2断开后，D2和D4导通，电感L1向C1释放能量；正弦交流电压负半周，D3、Q3同时导通，电感L2储存能量。当Q3断开后，D3和D1导通，电感L2向C1释放能量。

假图腾柱式PFC是在图腾柱PFC基础上演化而来，且Q2、Q3体二极管的续流作用由D1、D2完成，其控制方式和图腾柱PFC完全相同。缺点是需要使用两个电感，以及元件较多体积较大，同样存在Q3不易驱动的问题，所以此种拓扑结构较少采用。

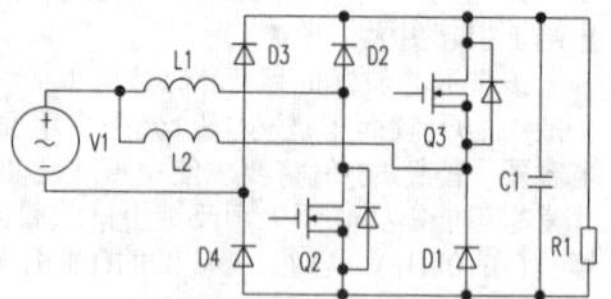

图7 假图腾柱式无桥PFC电路

(5)双向开关无桥PFC

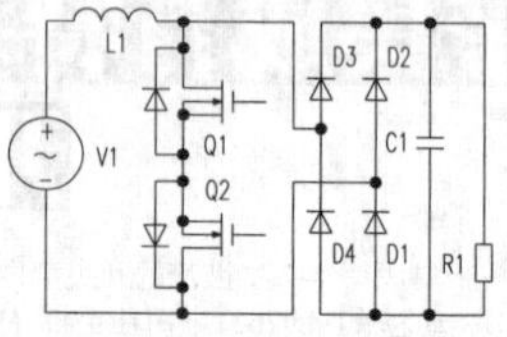

图8 双向开关无桥PFC电路

双向开关无桥PFC电路如图8所示。正弦交流电压正半周，Q1、Q2同时导通，电感L1储存能量。当Q1、Q2断开D3、D1导通，电感L1向C1释放能量；正弦交流电压负半周，Q1、Q2同时导通，当Q1、Q2断开后，D2、D4导通，电感L1向C1释放能量。

正弦交流电压整个周期内Q1、Q2均可以同时驱动，采用电流互感器可以很容易地检测电流，缺点在于整个电路的电势相对于大地都在剧烈变化，会产生比标准无桥PFC更严重的EMC问题。

随着科学技术的进步与制造业的发展，功率因数的提升使设备几乎无需采用大容量的滤波电容，就可以得到更小纹波的输出电压，且EMC兼容性也会得到极大的改善，从而使设备体积相对更小、功率因数更接近于1。类似的无桥PFC电路网上也有介绍，但其拓扑结构大致相同。

◇成都 孙秋

贴片式电压检测器及稳压器模块简介(中)

(紧接上期本版)

7	HT75XX-2	低电压差电源稳压器	2.1V、2.3V 2.5V、2.7V、3.0V、3.3V、3.6V、4.0V、4.4V、5.0V、6、6V、7.0V 8.0V、9.0V、10.0V、12.0V	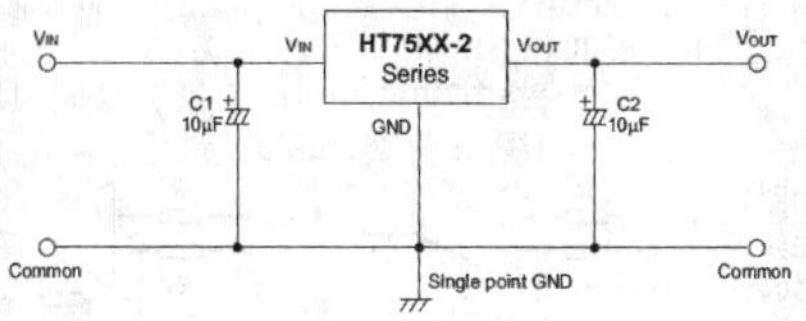 VIN VIN HT75XX-2 Series VOUT VOUT C1 10μF GND C2 10μF Common Single point GND Common	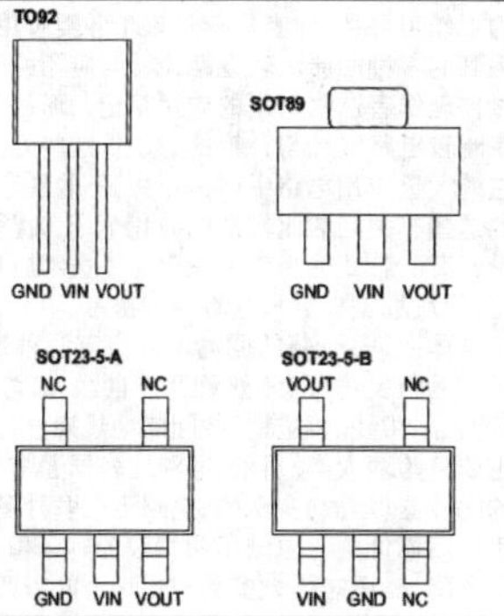 TO92 GND VIN VOUT SOT89 GND VIN VOUT SOT23-5-A NC NC GND VIN VOUT SOT23-5-B VOUT NC VIN GND NC
8	HT77XX	升压型DC/DC转换器	2.7V、3V、3.3V、5V	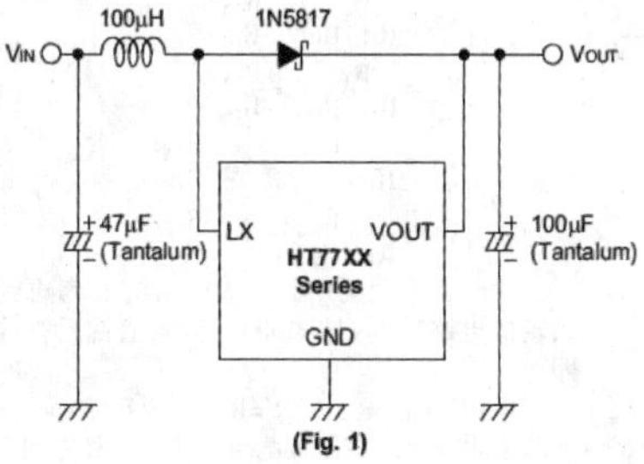 100μH 1N5817 VIN VOUT 47μF (Tantalum) LX VOUT HT77XX Series GND 100μF (Tantalum) (Fig. 1)	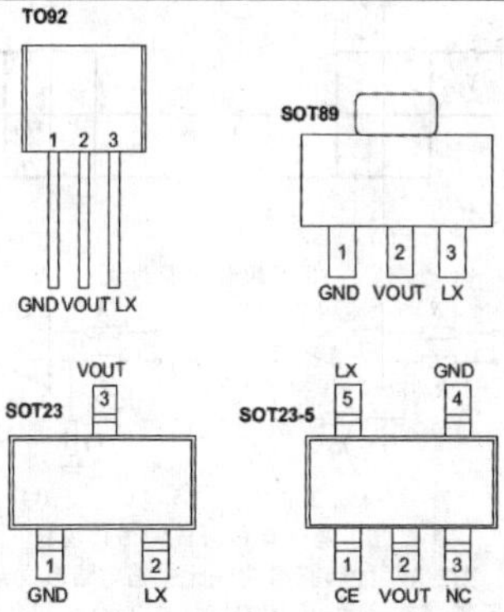 TO92 1 2 3 GND VOUT LX SOT89 1 2 3 GND VOUT LX SOT23 VOUT 3 1 2 GND LX SOT23-5 LX GND 5 4 1 2 3 CE VOUT NC
9	HT78XX	500mA稳压芯片	1.8V、2.5V 2.7V、3.0V、3.3V、5.0V	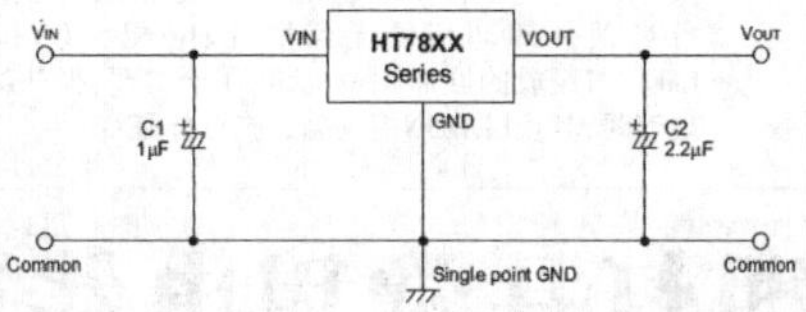 VIN VIN HT78XX Series VOUT VOUT C1 1μF GND C2 2.2μF Common Single point GND Common	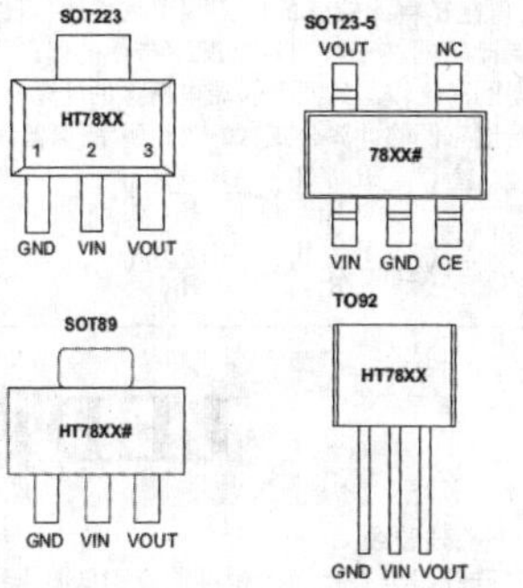 SOT223 HT78XX 1 2 3 GND VIN VOUT SOT23-5 VOUT NC 78XX# VIN GND CE SOT89 HT78XX# GND VIN VOUT TO92 HT78XX GND VIN VOUT
10	MD53UXX	低压差三端稳压	1.8V、2.7V、2.8V、3.0V、3.3V、3.6V、4.4V、5.0V	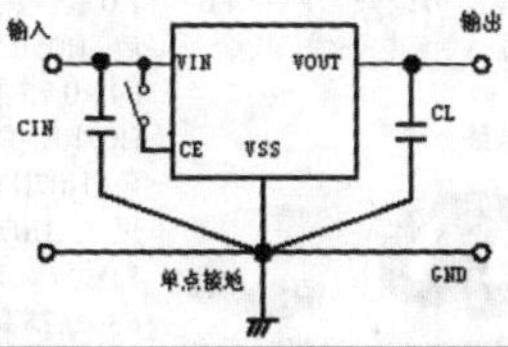 输入 VIN VOUT 输出 CIN CE VSS CL 单点接地 GND	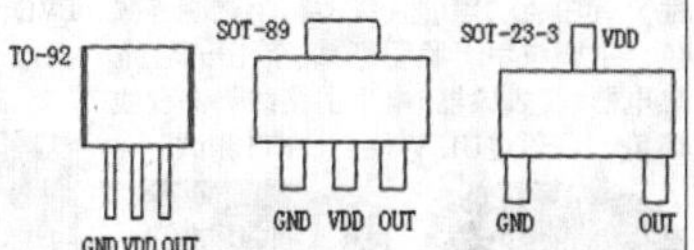 TO-92 GND VDD OUT SOT-89 GND VDD OUT SOT-23-3 VDD GND OUT
11	MD53XX	电压稳压电路	1.2V、1.5V、1.7V、1.8V、2.1V、2.5V、2.7V、2.8V、3.0V、3.3V、3.6V 3.8V、4.4V	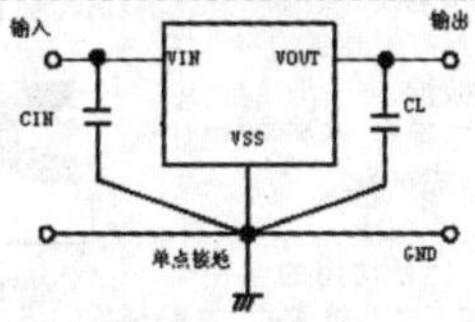 输入 VIN VOUT 输出 CIN VSS CL 单点接地 GND CIN为输入端实用电容器 CL电容器(2.2 uF)以上的可以使用	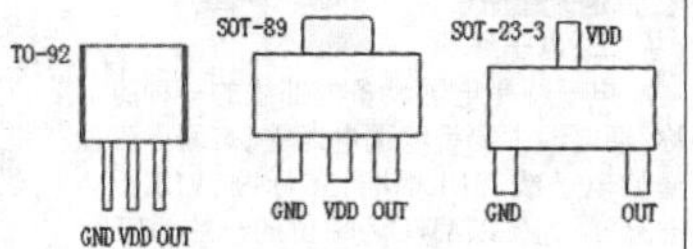 TO-92 GND VDD OUT SOT-89 GND VDD OUT SOT-23-3 VDD GND OUT
12	MD5233-XX	电压稳压电路	1.5V、1.8V、2.2V、2.5V、2.7V、2.8V、2.9V、3.0V、3.3V、3.5V 3.6V、3.7V 4.7V、5.0V	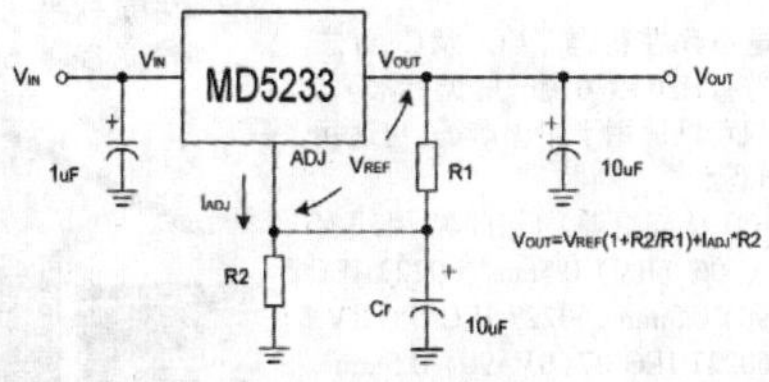 VIN VIN MD5233 VOUT VOUT ADJ V_{REF} I_{ADJ} R1 R2 1uF 10uF Cr 10uF $V_{OUT}=V_{REF}(1+R2/R1)+I_{ADJ}*R2$	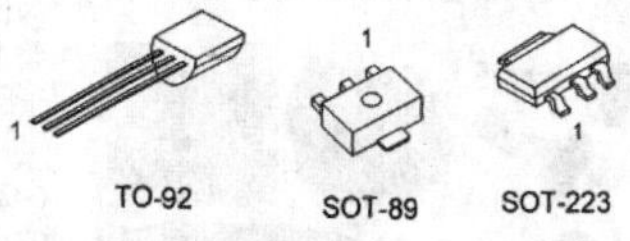 1 TO-92 1 SOT-89 1 SOT-223

(未完待续)　◇广东　刘祖明

回滞比较器的设计方法与应用实例

现代电子线路的设计与应用中，常用到带回滞的比较器，用于提高设计电路的噪声抑制能力和整个系统的工作可靠性。作者常年从事于各类应用电路设计，常遇到的各种回滞比较电路设计与应用的任务。本文通过整理作者这些年来的应用笔记，形成了一套实用回滞比较电路设计与计算的方法。这些方法在作者设计过的大量应用电路中屡试不爽。不敢独享，现将我总结的这些有关回滞比较器的应用笔记，提供给广大电子爱好者。希望能为广大从事电子技术应用与设计的各位同行、战友提供一些有益的提示。

具体而言，一般的回滞曲线只有两种形式，如图1所示。为行文方便，不妨称回滞曲线(a)为负回滞线、(b)为正回滞线。相应地，按回滞曲线来分，回滞比较器可主要分为两大类。目前，回滞比较器通常是由带正反馈的比较器(运放)实现的，电路形式多种多样。笔者在长年电路设计中，总结了两种较为典型和实用的回滞比较电路，能适应于大多数应用场合的需要。

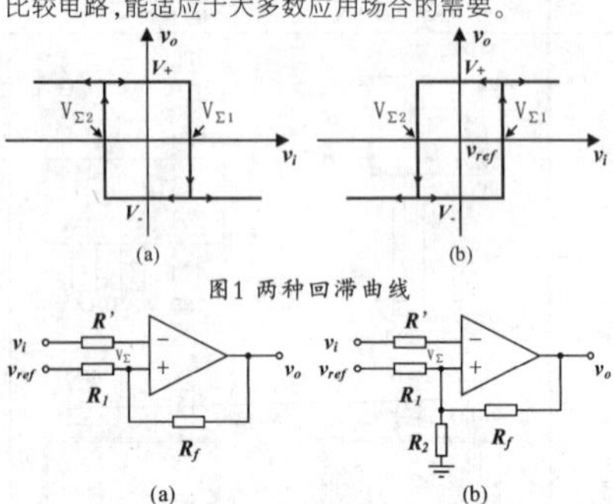

图1 两种回滞曲线

图2 两种负回滞线回滞比较器

图2是两种负回滞曲线比较器电路形式，它们的电路形式基本一致，但图2(b)比图2(a)多一个接地电阻R_2。电阻R_2将比较器的同相端可靠接地，可以有效抑制回滞比较器在干扰存在情况下产生的误动作。经推导，可得回滞比较器的两个回滞电压点的计算公式。这里直接给出它们的计算公式，如式(1)所示，以备读者查用。

$$(a)\begin{cases}V_{\Sigma1}=\dfrac{R_1/\!/R_f}{R_1}v_{ref}+\dfrac{R_1/\!/R_f}{R_f}V_+\\ V_{\Sigma2}=\dfrac{R_1/\!/R_f}{R_1}v_{ref}+\dfrac{R_1/\!/R_f}{R_f}V_-\end{cases};$$

$$(b)\begin{cases}V_{\Sigma1}=\dfrac{R_1/\!/R_2/\!/R_f}{R_1}v_{ref}+\dfrac{R_1/\!/R_2/\!/R_f}{R_f}V_+\\ V_{\Sigma2}=\dfrac{R_1/\!/R_2/\!/R_f}{R_1}v_{ref}+\dfrac{R_1/\!/R_2/\!/R_f}{R_f}V_-\end{cases}\quad(1)$$

式中V_+、V_-分别是运放输出的高、低直流饱和输出电压；v_{ref}是输入参考电压；$V_{\Sigma1}$、$V_{\Sigma2}$是图1中回滞曲线的两个回滞电压点；双竖线//是两电阻的并联计算法，即$R_x/\!/R_y=R_x\times R_y/(R_x+R_y)$。

简单交换图2中输入电压v_i与参考电压v_{ref}，即可得具有正回滞线的比较器，如图3所示。

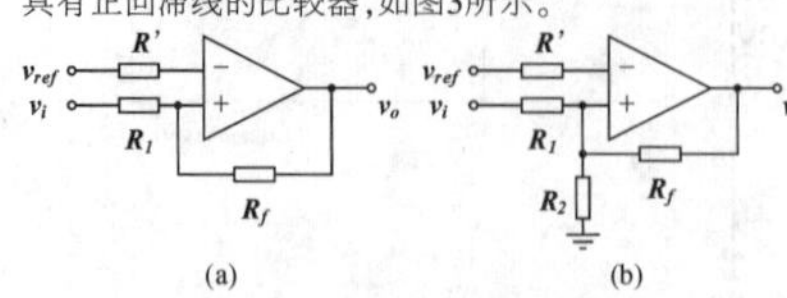

图3 两种正回滞线回滞比较器

同理，正回滞比较器回滞电压点计算公式列于式(2)，以备大家查用。

$$(a)\begin{cases}V_{\Sigma1}=\dfrac{R_1}{R_1/\!/R_f}v_{ref}-\dfrac{R_1}{R_f}V_-\\ V_{\Sigma2}=\dfrac{R_1}{R_1/\!/R_f}v_{ref}-\dfrac{R_1}{R_f}V_+\end{cases};$$

$$(b)\begin{cases}V_{\Sigma1}=\dfrac{R_1}{R_1/\!/R_2/\!/R_f}v_{ref}-\dfrac{R_1}{R_f}V_-\\ V_{\Sigma2}=\dfrac{R_1}{R_1/\!/R_2/\!/R_f}v_{ref}-\dfrac{R_1}{R_f}V_-\end{cases}\quad(2)$$

对于上述两图中的输入电阻R'，考虑到运放输入端的电路平衡，按式(3)计算阻值就近取常用电阻即可。

$(a)R'=R_1/\!/R_f;(b)R'=R_1/\!/R_2/\!/R_f(3)$

上述给出回滞比较电路形式与计算方法，为方便读者有效地使用它们，来设计符合自己要求的电路。下面用一个典型实例来说明上述电路使用与计算方法。图4是一种在安防视频监控设备中，为实现摄像头夜视功能而使用的红外灯控制电路。

图4中，Q2用于控制红外灯亮灭；LEDON是MCU控制端，可以在需要的时候由MCU智能控制红外灯的亮灭，以节约电能；R6是PGM5537光敏电阻，用于感知设备当前外部环境的光照情况；R6配合Q3和运放LMX321组成的回滞比较电路，用于实现：当外部光强足够时，禁止LEDON控制端点亮红外LED。

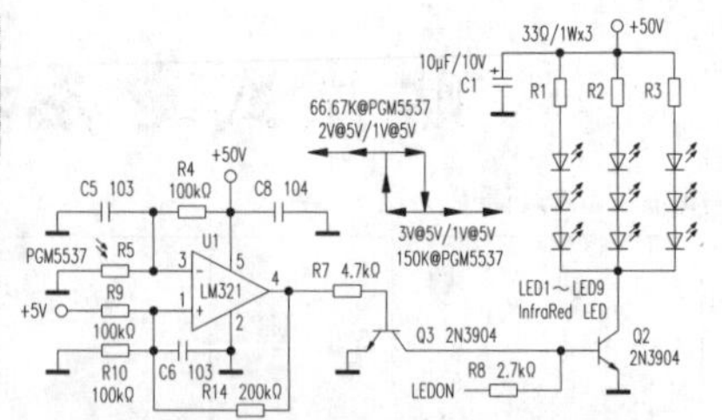

图4 安防用视频监控器夜视红外灯控制器

对比图2可知图4是使用的是负回滞曲线电路，根据PGM5537光敏电阻特性(读者可自行在网上查找，这里就不介绍它了)，须要实现两回滞电压分别为2V和3V的回滞电路。那么，根据电路的设计目标，可得如下条件：

$v_{ref}=5V,V_{\Sigma1}=3V,V_{\Sigma2}=2V,V_+=5V,V_-=0V(4)$

下面利用式(1)b和条件式(4)来计算图3(b)电路所须电阻值，将条件式(4)代入负回滞电路计算式(1)，得：

$$\begin{cases}3V=\dfrac{R_1\parallel R_2\parallel R_f}{R_1}5V+\dfrac{R_1\parallel R_2\parallel R_f}{R_f}5V\\ 2V=\dfrac{R_1\parallel R_2\parallel R_f}{R_1}5V\end{cases}\quad(5)$$

简化式(5)，将式(5)下式代入上式可得：

$$\frac{R_1\parallel R_2\parallel R_f}{R_1}=\frac{1}{5}\quad(6)$$

结合式(5)下式与式(6)，可得：

$$R_f=2R_1\quad(7)$$

将式(7)代回式(6)，得：

$$\frac{R_1\parallel R_2\parallel 2R_f}{2R_1}=\frac{1}{5}\Rightarrow\frac{\frac{R_1\times R_2}{R_1+R_2}\times 2R_1}{\frac{R_1\times R_2}{R_1+R_2}\times 2R_1}\times\frac{1}{2R_1}=\frac{1}{5}\Rightarrow$$

$$\frac{R_1R_2}{2R_1^2+3R_1R_2}=\frac{1}{5}\Rightarrow R_2=R_1\quad(8)$$

式(7)和式(8)得出了满足条件式(4)的回滞比较器电路参数的基本关系，对于电路中的具体电阻取值可以根据电路的要求和设计者的实际情况而定。这里取R1=R2=100kΩ、Rf=2R1=200kΩ；即对应电路图4为R9=R10=100kΩ、R_{14}=200kΩ。另外，电路图中给出了另一组回滞曲线回滞电压($V_{\Sigma1}$=4V，$V_{\Sigma2}$=1V)和电阻的参数。作为练习，感兴趣的读者可以自行推导一遍。

回滞比较器还可以应用到很多其他的应用领域，利用前述介绍的方法大多可以完美解决这些应用问题。希望本文能给各类读者带来一点有益的作用。

◇福建 易龙强

LED照明灯具常用电线电缆的简介

一、硅胶线

硅胶线具有优良的耐高温及耐低温性能、具抗酸碱，耐油性，防湿，防霉等特性。有白、红、黑、蓝、绿、黄、半透明等颜色。主要应用于照明灯具、家用电器、电热电器、仪表仪器、电机引接线等高温线环境。可通过UL VW-1及 FT1测试。

二、电子线

电子线是电器设备内部线的一种简称，通电性主要是以弱电为主。市面上流通的电子线有UL标准，3C标准，VDE标准3个系列，以AWG为单位的一般为UL标准，以mm^2为单位的一般为3C标准或VDE标准，国内电子线生产商主要以3C与UL标准生产为主。主要用于电器设备配线、机械设备、灯饰灯具用线、电子用线、电脑用线、家用电器配线、高温高压线材、变电柜、配电箱、变压器用线等。电子线的按材质分类又可以分为PVC、SR-PVC、XLPE电子线，认证电子线，低烟无卤电子线等。

三、铁氟龙电线

铁氟龙电线是指电线的绝缘层用氟塑料制作的电线，具有耐高温的特殊性能。用于空调机，微波炉，电子消毒柜，电饭煲，电子热水瓶，电暖器，电烤箱，电炒锅，灯具灯饰等的内部布线。

四、护套线

护套线也是一种最常用的家用电线，通常是由三芯或者两芯组成的。按其应用环境和形状也可分为圆护套线和扁护套线。

RV电缆线在获得了CCC及CE标志的认证，符合HD(欧盟统一协调标准)的要求，不仅可以适用于中国市场，也适用于欧洲市场。

室内灯具或灯具内部的常用线有60227 IEC 06 (RV) 0.5mm^2、60227 IEC 08(RV-90) 0.5mm^2、60227 IEC 05(RV) 0.5mm^2、60227 IEC 07(BV-90) 0.5mm^2、60227 IEC 52(RVV) 2×0.75mm^2。

常用线H05RN-F 2*0.5 (非标)、H05RN-F2×0.75黑色/白色、H05RN-F2×1.0黑色/白色、H05RN-F3×0.75黑色/白色、H05RN-F3×1.0黑色/白色、H05RN-F4×0.75黑色、H07RN-F2×1.0黑色、H07RN-F2×1.5黑色、H07RN-F3×1.0黑色、H07RM-F3×1.5黑色、H07RN-F2×2.5黑色、H07RN-F3×2.5黑色、H07RN-F4×1.0黑色、H05VV-F2×1.0黑色、H03VV-F3×0.75黑色、H05VV-F3×0.75黑色、H05VV-F3G 1.0黑色。

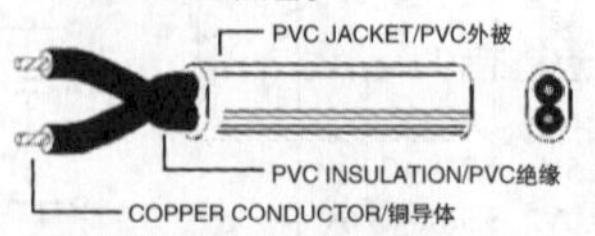

室外灯具的常用线有60227 IEC 57 (YZW) 3×0.75mm^2或3×1mm^2。IEC57 (YZW)是普通氯丁或其他相当的合成弹性体橡套软线。

常规的线有：60227 IEC57(YZW)2×0.5(非标)黑色、60227 IEC57(YZW)2×0.75黑色/白色、60227 IEC 57(YZW)2×1.0黑色/白色、60227 IEC 57 (YZW) 3×0.75黑色/白色、60227 IEC 57(YZW) 3×1.0黑色/白色。

电线电缆的国家标准有GB/T 5013.1-2008《额定电压450/750V及以下橡皮绝缘电缆第1部分：一般要求》、GB/T 5013.2-2008《额定电压450/750V及以下橡皮绝缘电缆第2部分：试验方法》、GB/T 5013.3-2008《额定电压450/750V及以下橡皮绝缘电缆第3部分：耐热硅橡胶绝缘电缆》、GB/T 5013.4-2008《额定电压450/750V及以下橡皮绝缘电缆第4部分：软线和软电缆》、GB/T 5013.5-2008《额定电压450/750V及以下橡皮绝缘电缆第5部分：电梯电缆》、GB/T 5013.6-2008《额定电压450/750V及以下橡皮绝缘电缆第6部分：电焊机电缆》、GB/T 5013.7-2008《额定电压450/750V及以下橡皮绝缘电缆第7部分：耐热乙烯-乙酸乙烯酯橡皮绝缘电缆》、GB/T 5013.8-2013《额定电压450/750V及以下橡皮绝缘电缆第8部分：特软电线》。

五、超五类线网络线

超五类网络线是网络电缆的一种，分为非屏蔽双绞线和屏蔽双绞线，具有衰减小，串扰少的特点，超5类网络线主要用于千兆位以太网。

◇刘祖明

凯腾四方FM-10KW全固态调频发射机开关机电路分析

成都凯腾四方10kW调频发射机型号为KFT-Ⅱ-914A，该调频发射机在我台运行多年，工作稳定可靠，故障率低。开关机操作简单，正常情况下仅用一个按钮开关就能实现开机和关机操作。发射机的开关机分三种形式实现：1.应急开关机；2.智能化监控单元本控；3.智能化监控单元遥控，本文只介绍第1和第2种开关机形式。其电路如图所示。

在分析开关机电路前先了解一次回路的组成情况：三相电源经过接线端子接入发射机后并接一组避雷器，防止浪涌电压通过输电线损坏发射机，然后三相电源分为两路：一路直接送入功放开关电源；一路经过断路器、交流接触器主接点送到整机散热风机。开机过程是先让散热风机启动，待风压正常后，启动功放开关电源，使开关电源输出48V直流电压，然后双激励切换控制器解除封锁即完成开机过程。功放开关电源由八个独立的电源并接组成，每一个开关电源单独为一个1500W功放供电，开关电源控制端为①脚，八个功放电源的控制端并接后接入开关机电路，当控制端得到+12V后开关电源输出48V直流电压。双激励切换控制器的⑥脚为激励器封锁信号输入端，当得到+12V电压时，激励器解除封锁。发射机二次回路的控制电压由双激励切换控制器内的12V开关电源提供，由双激励切换控制器的第⑧脚输出。

智能化监控单元：智能化监控单元可以对整机输出功率，反射功率进行监测，又能对末级功率放大器的每一个1500W功放单元的输出功率、电流、电压及温度进行监测。并可实现主备激励器自动切换，过激励保护，过温保护，以及驻波比保护，智能化监控单元具有RS485通信接口，可以实现远程遥测和遥控。

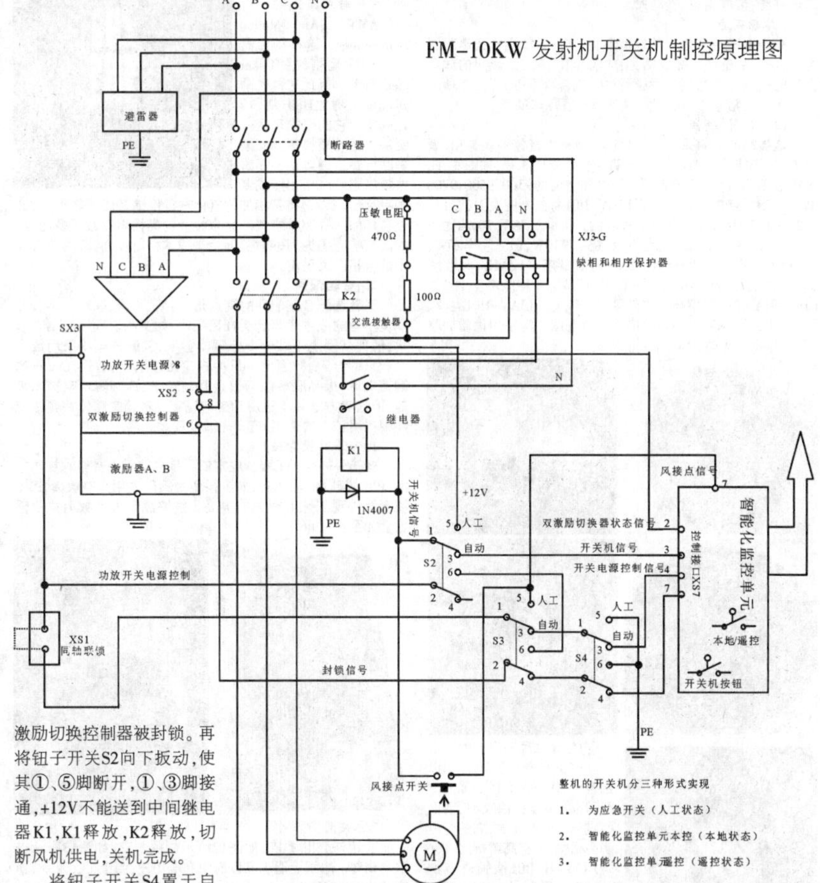

一、应急开关机

在发射机的智能化监控单元损坏后，可以由应急开关启动发射机，应急开关隐藏在智能化监控单元上面的盖板内。开机时，先将断路器(空开)合上，双激励切换控制器电源打开，然后将钮子开关S4向上扳动置于人工状态，便可以进行人工开关机。

开机时先将钮子开关S2向上扳动，其①、⑤脚接通，+12V送到中间继电器使K1吸合，此时，如果三相交流电源没有缺相和逆相，缺相和相序保护器常开触点吸合，将交流接触器K2中线接通，K2吸合给风机供电，待风压正常后，风接点开关吸合。再将钮子开关S3向上扳动，使其①、⑤脚接通，+12V经风接点开关、S3的⑤、①脚和同轴联锁送到开关电源①脚，使开关电源输出48V，给1500W功放供电。+12V送到开关电源的①脚的同时送到S2的②脚，经S2的②、⑥脚和S3的⑥、②脚到双激励切换控制器的⑥脚，解除对双激励切换控制器的封锁，发射机开机完成。应急开机后，因为没有智能化监控单元参与工作，所以将失去对整机的所有监测和保护功能。

关机时先将钮子开关S3向下扳动，使其①、⑤脚断开，①、③脚接通，开关电源①脚为低电平0，开关电源无输出电压，双激励切换控制器的⑥脚也为低电平，双激励切换控制器被封锁。再将钮子开关S2向下扳动，使其①、⑤脚断开，①、③脚接通，+12V不能送到中间继电器K1，K1释放，K2释放，切断风机供电，关机完成。

将钮子开关S4置于自动，S2、S3处于人工关机状态(按键向下)，即可实现智能化监控单元的本控和遥控。

二、智能化监控单元本控

开机时将智能化监控单元本控/遥控按钮开关置于本控状态，开关机按钮置于开时，智能化监控单元控制接口③脚输出+12V的开机信号，此+12V相当于应急开关S2向上扳动接通+12V电压，风机启动过程同应急开机。当风压正常后，风接点开关吸合，+12V通过风接点开关、S3的⑤脚后，送到智能化监控单元采样接口第⑦脚，第⑦脚是风接点信号输入端。当智能化监控单元检测到风机正常信号后，分别从智能化监控单元的控制接口第④脚和第⑦脚输出+12V电压。第④脚为开关电源控制信号，通过S4的③、①脚、S3的③、①脚和同轴联锁送到开关电源①脚，使开关电源输出48V电压，给1500W功放供电。第⑦脚是封锁信号，通过S4的④、②脚和S3的④、②，送到双激励切换控制器的⑥脚，解除对双激励切换控制器的封锁，完成开机过程。智能化监控单元本控开机后可以对1500W功放的过激励、过温、驻波过大、整机的过温保护、不平衡功率过大和整机的驻波比过大进行保护。保护动作时智能化监控单元控制接口第⑦脚输出低电平0，对双激励切换控制器进行封锁，即切断激励信号。

关机时开关机按钮置于关，智能化监控单元控制接口④脚和⑦脚输出为低电平0，封锁双激励切换器、关断功放用48V开关电源，再经过延时冷却1500W功放后智能化监控单元控制接口③脚输出低电平0，关断整机的散热风机，完成关机过程。

◇贵州　周峰

佰视达ABS-S GK001-CA01无法收视左旋信号检修实录

接修一台佰视达ABS-S GK001-CA01户户通接收机，故障现象是只能接收到右旋信号节目而无法收视左旋信号，恢复出厂设置后重新搜索节目故障依旧。在系统设置里把信号切换到左旋信号时，用万用表测量F头电压始终为13V左右，很明显是LNB供电异常造成的故障。

拆开机器目测极化供电部分电路，看到标号为R209的电阻已经炭化，用镊子碰一下便掉落，实物见图1所示，为方便维修实绘该机LNB极化供电原理如图2所示，当接收右旋节目时，主芯片送来3.3V高电平经R214使Q13导通，这样便拉低Q12基极使之截止，此时只有15V供电经D10隔离后送至室外LNB单元(大约15V左右)；当接收左旋节目时，主芯片送来0V低电平经使Q13截止，这样+20V经R209、R210使Q12基极呈高电平而导通，此时+20V供经Q12、D9隔离后送至室外LNB单元(大约18V左右)。当R209烧坏后，Q12因基极始终得不到偏置电压而无法导通，自然就无法收到左旋信号了。由于不知道R209阻值大小，参考其他接收机类似电路基本上都是用10K电阻，于是找来10K电阻(功率比原来的大)更换后故障完全消失。

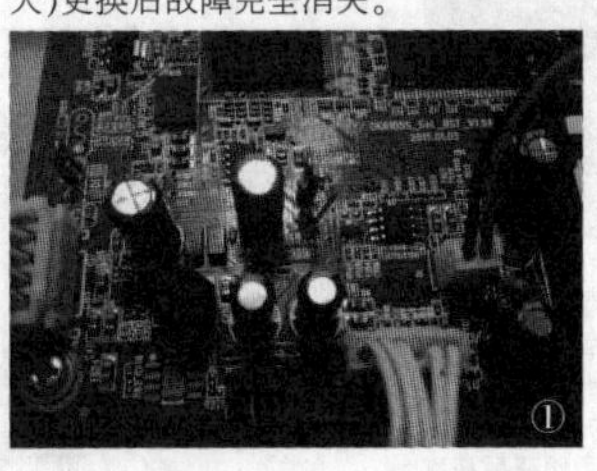
①

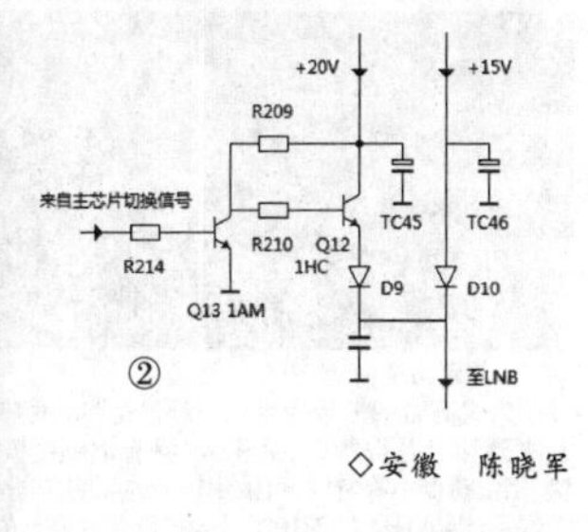

②

◇安徽　陈晓军

打造平价的发烧音响系统(二)

一、话说高音

家用音箱所用的高音按工作方式大致可分为以下几类:球顶高音、带式高音、气动式高音等等。

1.球顶高音

高音振膜造型为半圆球型造型,家用多数高音扬声器属这类,球顶高音技术最成熟、生产成本相对较低。常见的球顶高音的振膜主要材料有丝膜、钛膜、复合膜等等,因此球顶高音单元又通常分为:软球顶、硬球顶和复合球顶等。

(1)软球顶高音

这类高音振膜采用丝绢软膜,听感上音色细腻柔和,表现力强。国外很多喇叭厂家一直主推软球顶高音,如威发、西雅士、ETON、绅士宝等品牌,其中绅士宝的9300、9500、9700高音受到老烧的好评。现以LJAV-H01高音为例说明,图1与图2是LJAV-H01丝膜高音的外观图,该单元采用70mm优质磁、使用订制优质25芯蚕丝膜,额定功率10W,最大功率20W,阻抗5.6欧姆,频响800Hz—20kHz,谐振频率1.5kHz,灵敏度89Db,该高音音色顺滑、音乐感强,可搭配多种低音。图3是LJAV-HA 02蚕丝膜高音的外观图,性能与LJAV-H01类似。图4与图5是LJAV-H03丝膜高音的外观图,其采用优质加厚磁铁,额定功率达30W,其性能更优。

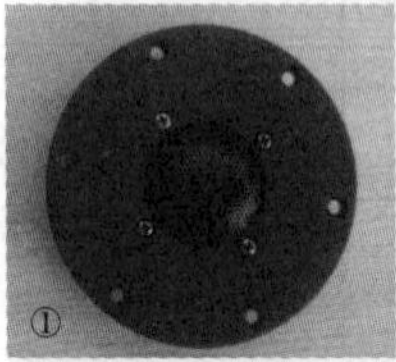

①

②

③

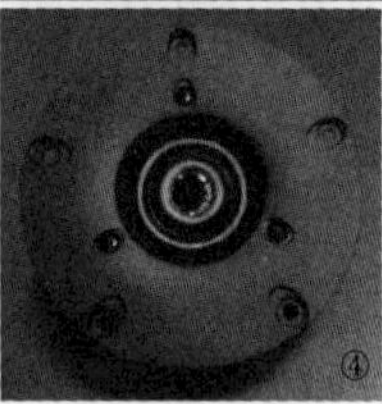

④

⑤

(2)硬球顶高音

这类高音振膜硬球顶以铝合金、钛合金等轻金属为材料,用超薄合金铂成型,表面经过化学处理而成,它的音色明亮透彻,具有高解析力。图6是LJAV-H-B01钛膜高音的外观图。通常,在使用硬球顶高音的音箱时保护不当时容易损伤膜片,如图7所示,建议硬球顶高音有保护网罩,如图6所示。

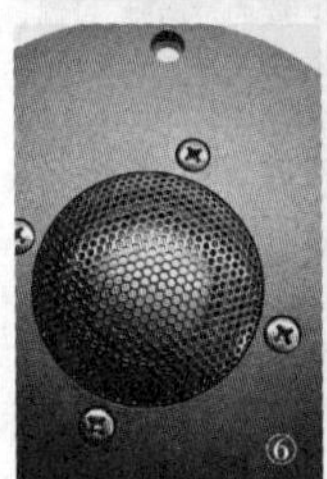

⑥

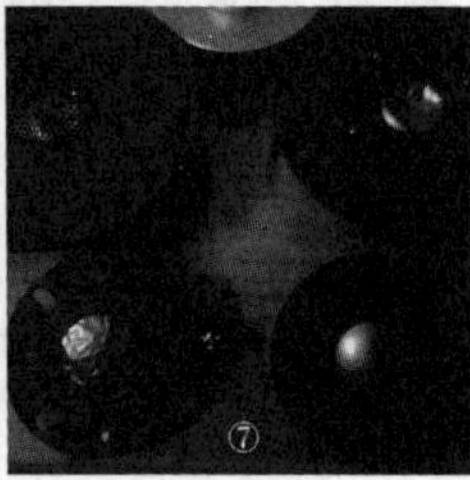

⑦

(3)复合膜球顶高音

这类高音多采用几种材料的复合振膜,如"丝娟+铝膜"的复合膜,其特点:既有硬球顶的明亮和解析力,又有丝娟软球顶的自然流畅,层次分明的听感。

高音按辐射方式分可分为直接辐射式高音与号角辐射式高音。直接辐射式高音多采用圆形平板,材质多为铝面板或塑胶面板。如图8所示的高音为铝面板。如图9所示的高音为丝膜号角高音,号角采用塑胶材料。两者都有很大的市场,在家用音响领域多使用直接辐射式高音。

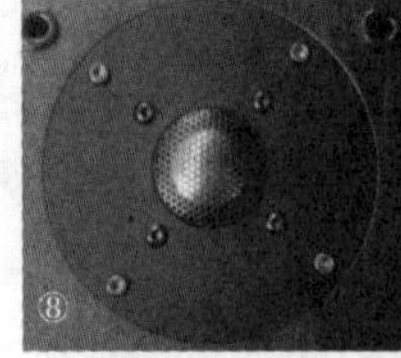

⑧

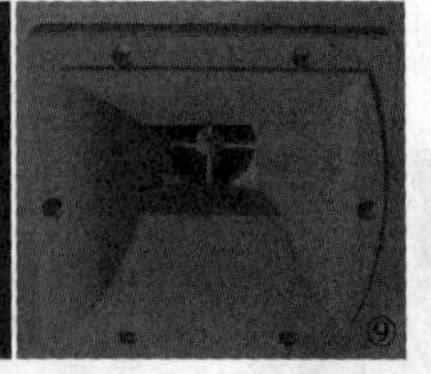

⑨

2.带式高音

带式高音的振膜为带状,铝箔是带状振膜的主要材质。其主要特点是振膜轻,面积大,具有清晰度极高、瞬态相应快、相位畸变小等特性,可做到较高的频响,部分带式高音高频上限可达40kHz。如图10所示为一款带式高音的外观图,国内仅有少数厂家能够生产带式高音。带式高音的音箱在与功放的搭配上较讲究,若搭配完美,可获得较佳的听感。

⑩

3.气动式高音

AMT (Air Motion Transformer)这种扬声器的发明人是德国的Oskar Heil博士,因此这种气动式高音又称之Heil(海尔)式高音。它的振膜是带式铝箔,通过塑料薄膜支架来回折叠,通电后相邻的振膜与磁场产生相斥或者相吸的作用力,将其相加的气体进行压缩挤出或者吸入,通过这样的方式驱动空气产生声波。这类扬声器有很多优点,如高频响应迅速、频响宽,但生产成本相对较高,国内仅有极少数音箱厂家采用。

二、音箱配件

笔者选配音箱配件的观点是:实用、平价、够用。某些发烧友不考虑成本预算购买音箱配件:如买高价顶级的喇叭单元,随便从网上下载一个分频器图纸,装配分频器采用数十元一只的电阻,数百元一只的进口无感电容,数百元一只的铜箔电感,极品联接线与镀金联结端子,订制实木空箱体等等,但这类方法并不适用于生产厂家。音箱空箱体在音箱配件中占用较大的费用,笔者先谈谈箱体。

1.PVC贴膜音箱

音箱外壳贴PVC膜,成本低,是打造平价音箱的首选方案,PVC膜新潮、款式多,如今很多木箱厂采用真空敷膜,PVC膜音箱外观工艺有很大的提高,能够满足大多数用户的需求。如图11所示。

⑪

⑫

2.木皮箱

音箱外壳贴木皮,如图12所示胡桃木皮、如图13所示雀眼木皮等。适用于追求品位的中高端用户,由于工艺复杂,箱体成本相对稍高。

⑬

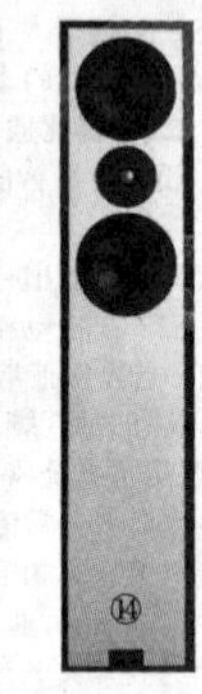

⑭

3.喷漆箱

现代家庭对音箱外观的追求也是多元化,一些在专业音箱使用的新技术也逐步运用在家用音箱,如音箱外壳喷涂亚光漆或亮光漆,如图14所示,箱体成本相对稍高。

4.Kevlar(凯芙拉)箱

一些HIEND音箱对外观品质要求极高,通常会在音箱外壳黏结多层数脂与纤维,以满足客户追求更高品质,箱体成本相对很高,国内极少数音箱厂家能够生产该类空箱体。

传统的电子分频与DSP可使喇叭特性发挥极致,但对系统配置要求更高,对设计者与终端用户都有一定的技能要求!功率分频简单实用,信号路径较短,可选择两分频、三分频或2.5分频等方案。

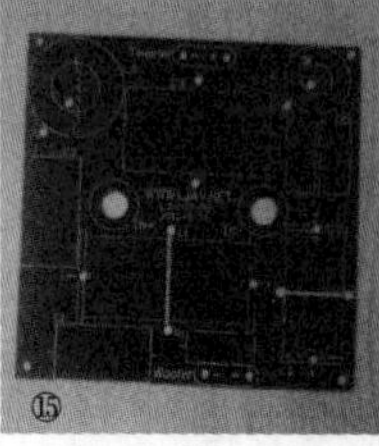

⑮

⑯

图15是一种通用的多功能分频器线路板,根据设计需求可以一阶分频或两阶分频,在分频板上预留高、低音阻抗补偿网络。作为平价发烧音箱,应尽可能的选用国产优质器件,很多国产优质器件平价实惠,能够满足设计需求。应根据喇叭的特性设计音箱箱体与分频器。图16是设计好的一款书架箱的分频器成品板,图17是一款书架箱的后背接线端子。

⑰ ⑱

⑲

⑳

三、音箱

任何事都是相对的,不是绝对的!扬声器生产厂家是按客户需求与成本预算生产喇叭;同样音箱生产厂家是按市场需求与成本预算生产音箱的。至于生产成本一万多元的音箱到用户手中售价达数万元这也是正常的,这是由市场决定的,这包含了品牌的使用费用、市场营运与推广等其他费用,这些暂不属本文的讨论范围。

发烧友大多是选好功放后再去选配音箱,笔者觉得其实应先选购音箱,再搭配功放较好。比如音箱的阻抗与灵敏度,如:音箱的阻抗是4欧姆、6欧姆、8欧姆,灵敏度是86dB、88dB还是91dB?一些低阻抗、高灵敏度的音箱用小功率的功放也可驱动好。一些高阻抗、低灵敏度的音箱一定要用高电流、大功率的功放才能驱动好。

很多发烧友理解三分频落地箱更全面一些,当然三分频或多分频更难设计。不能简单地认为三分频音箱A就比两分频音箱B好。若没价格参考,两分频、三分频若做好都好听。市场上有售价数百元、数万元的5寸低音的书架音箱,也由售价数千元的5单元三分频及四分频落地箱或者数十万元三分频4单元落地音箱。

笔者认为平价的发烧音箱的价格应控制在500元—3000元之间,其中一千元左右的发烧音箱应该是市场最缺的,小口径的5寸或6寸低音的两分频PVC贴膜发烧音箱应是国内生产厂家首先考虑的。

在音响行业可能存在一分钱一分货!5%的音质提升有可能生产成本增加到数倍。厂家多根据音箱成本预算与设计需求来选择音箱配件。若音箱成本预算有限还要采用新技术,那就要从设计上下功夫,比如采用普通工艺的玻纤盆、碳纤盆低音单元作超低音音箱如何?若高音扬声器单元频响足够宽,也可试着创新一下,分频点取到1K以下如何?例1:普通工艺的玻纤盆、碳纤盆低音单元,两分频分频点取到900Hz如何?例2:三分频音箱其分频点取200Hz与3kHz或分频点600Hz与4kHz,超低音单元或低音单元用普通工艺的玻纤盆或碳纤盆低音单元,中低音或中音选用羊毛盆或优质纸盆单元如何?多试验会有收获!若设计完美,即使用普通工艺的玻纤盆、碳纤盆低音一样可打造出高品质的HIFI音箱。若预算充足,可直接选择优质纸盆低音、羊毛盆低音、木浆盆低音、碳纤盆低音、蜂巢音盆低音、碳纤复合纸盆低音等,球顶高音、带式高音、气动式高音等多种高音也可任意选择,高、低音任你组合,只要你喜欢!采用优质单元设计音箱,音箱设计者更是得心应手,音箱性能更加出众!

图18是用LJAV-H02丝膜高音与LJAV-AYS01-08松压纸盆低音装配的两分频木皮音箱的外观图。

图19是用LJAV-H03丝膜高音与LJAV-BYS01-06羊毛纤维盆低音装配的两分频木皮音箱的外观图。

图20是用LJAV-H01丝膜高音与LJAV-BYS01-05羊毛纤维盆低音装配的贴膜音箱的外观图。

㉑

图21是用LJAV-H02丝膜高音与LJAV-CYS01-05木浆盆低音装配的两分频木皮音箱的外观图。

图22是用LJAV-H01丝膜高音与LJAV-GYS01-05B蜂巢盆低音装配的两分频音箱的外观图。

㉒

㉓

图23是用LJAV-H02丝膜高音与LJAV-GYS01-06蜂巢盆低音装配的两分频音箱的外观图。

以上音箱全部采用国产优质配件,采用CLIO软件设计音箱,由音响发烧友与音乐发烧友共同参与设计与调试而成,只有国产的才有可能做出平价的发烧音箱。 ◇广州 秦福忠

2018年1月21日出版
实用性 启发性 资料性 信息性
第3期
(总第1940期)
国内统一刊号:CN51-0091 定价:1.50元 邮局订阅代号:61-75
地址:(610041)成都市天府大道北段1480号德商国际A座1801 网址:http://www.netdzb.com
让每篇文章都对读者有用

VR技术助力博物馆 提升观展体验

在"互联网+"时代,很多博物馆正在华丽转身,搭乘高科技的快车,为观众提供更加智能、便捷的服务。2017年,电子科技博物馆也开始建设全程AR博物馆,通过音频讲解、实境模拟、立体展现等多种形式,来提升展品保护的等级,突出展品的主体呈现,创新展品与观众的对话关系,帮助观众深入理解电子产品的变迁。想象一下,当你走进电子科技博物馆,展厅里不是静止的文物,而是用VR(虚拟现实)技术看到视景仿真演示,是不是有点穿越的感觉?

其实博物馆只是VR的一个应用,VR还可以应用到游戏、娱乐、营销、工程、教育、培训、艺术、模拟等诸多领域。

上一次VR设备在CES上大受关注还是2016年——也就是所谓"VR元年",2017年被称之为"VR泡沫破灭之年",从众媒体关注的中心迅速沦为资本眼中的"泡沫",VR到底怎么了?制约行业发展的瓶颈究竟在哪里?业内认为VR行业近两年陷入低潮期的主要原因在于硬件的渗透率低和内容的贫乏。因为VR内容的传播需要超高速处理芯片、超高速网络传递、超大的存储空间。这些高性能的硬件和基础网络设施造价昂贵,造成了VR普及的难度。因此VR市场要实现预期,技术的突破必须是先决条件,而技术与更多优质内容的完美融合,才会是VR下一步的发展方向。在2018CES上,巨头们展示了全新技术以促进VR的推广,其中Intel Studio的设立无疑是个好消息,相信不久的将来优质内容将越来越多。总体而言,由于终端价格昂贵、内容供应不良等原因阻碍了VR发展,减缓了VR渗透率。

不过可喜的是VR行业在经历了2015年的大爆发和2016年的回落之后,2017年一整年都处于一种缓慢回升的状态。在2017年,HTC、Oculus、三星、Google等行业巨头纷纷推出了众多VR耳机和设备。截至2016年底,全球虚拟现实收入达到35亿美元,拥有超过5000万人使用该技术。预计2017年将达到46亿美元,到2018年达到约1.7亿。到2020年,全球VR市场预计将超过400亿美元。

业内有观点认为,近来无论从资本加持还是行业应用来看,VR行业行至2018年,将比2017年更加激进。总的来说,VR+将会是继"互联网+"的下一片蓝海,它所能应用的地方不只是游戏、博物馆,更是一项海纳百川的技术,将会是令所有类型的内容通往全新体裁的大门。相信随着硬件和技术的不断进步,VR造价也将降低,更快地走入千家万户,让更多的人体验到"沉浸式"感官享受。◇肖 奕

(本文原载第6期2版)

智能锁的网络安全问题

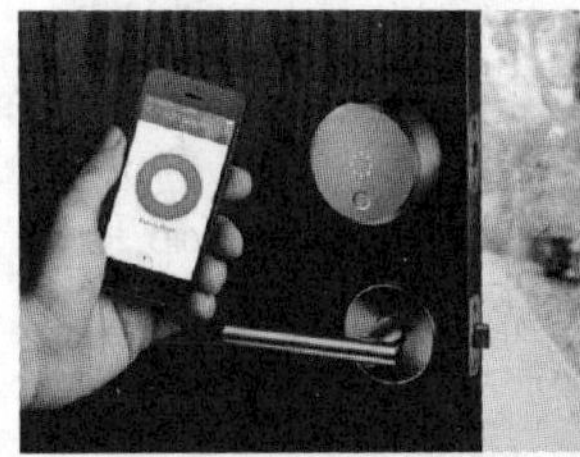

随着智能化不断发展,智能锁开始步入千家万户,有很多人对智能锁一定抱着不少疑问,比如工作原理、安全性等等问题?下面就为大家简单介绍一下。

开锁方式

1. 密码开锁

最传统的智能门锁开锁方式,记住密码不需要携带钥匙就能开关门锁。

2. 手机开锁

随着手机的发展,智能门锁也支持手机开锁了,其中又有App远程开锁和手机蓝牙感应开锁(提前设置好,打开手机蓝牙,靠近门锁后感应解锁)。

手机开锁按技术又可以分为ZigBee、WiFi、Bluetooth等。

其中以ZigBee技术最为安全,加密系统复杂,距离也可达到几百米甚至上千米。WiFi则需要网络才能链接到云端开启密码锁,虽说距离上不是问题,但是安全性就不好保证了。而蓝牙最大的问题在于距离短,最多也就10米。

而密码开锁和手机开锁这两种开锁方式都需要密码解锁,传统的密码开锁存在门锁上,而手机开锁的密码存在云端,也就是网络服务商那里。

只能存在门锁里的密码肯定不如存在云端的密码方便,不过密码只存在云端的话,也是不安全的。一旦云存储提供商出现了故障,那么存在里边的数据就会被破坏,而提供商并不敢保证能完全恢复你的数据。好在现在新出的密码锁一般都有以上两种方式保存密码,所以存在本地密码以后也别忘记存在云端。

3. 指纹开锁

顾名思义,将指纹放置于感应器。核对正确的信息后打开门锁,安全性相对较高。

指纹开锁又分为:光学指纹和生物指纹识别。

光学指纹识别技术利用光反射成像来记录和验证指纹。采用光学指纹识别技术的智能锁抗静电能力强,环境适应能力也相对较强,在抗压抗磨和污渍腐蚀方面有一定的防御性。光学指纹识别技术发展较早,成本相对较低。光学指纹识别技术的安全性存在一定隐患,主要是因为光学指纹识别防伪性能弱无法辨别指纹的真假,如果有些不法分子存心获取或者恶意仿制,很容易就打开门锁。光学指纹识别技术在精度方面也存在一些不足且这种技术功耗也相对较大。

生物指纹识别技术是通过计算机利用人自身的生理或者行为特征进行身份认定的一种技术。因此,生物识别技术的智能锁其指纹具有相对稳定的特点,识别率也相对较高。但是生物识别技术也有一定的局限性,很容易受静电的影响,手指有污渍或者手指磨损都会影响信息的采集。

至于网上传言的强磁可以开启智能密码锁,只要有质量保证的智能密码锁,强磁是无法打开的,而打开的原理是磁铁吸住了离合器里面的顶片,质量不到位偷工减料用很薄的铁片来代替,也许会出现上述的情况。

◇河北 程新加

(本文原载第5期11版)

麒麟659简析

经常看到报纸评价各家的旗舰级处理器,比如苹果A11、骁龙835甚至845、联发科X30、麒麟970等;不过在大众消费水平中,千元机(有人认为售价1000~2000元,作者认为应该在1000~1500元更为合理)才是主力,当然低配版的899元、999元各机型也算是千元机范畴吧。

作为国内的第一大品牌手机--华为,现在在国内市场占有相当大的保有量。除了其品牌旗舰级手机Mate系列和P系列都采用年度自家顶级处理器外,在中低端市场畅享系列、麦芒系列用户也不少;也许是树大招风的原因吧,近年几乎所有报道都瞄准了麒麟960/970系列,而对于中低端性能的处理器鲜有报道。今天就为大家介绍一下在华为中低端用得比较多的麒麟659处理器。

麒麟659处理器面世也快半年了,目前在华为麦芒6和畅享7S(两款都是华为的千元级"全面屏"手机)上都能看到它的身影。其性能参数为:台积电16nm FinFET工艺制程,采用4个2.36GHz A53+4个1.7GHz A51+i5协处理器的架构,内置GPU为MaliT830 MP2。

因为麒麟970是10nm工艺制程,属于华为最新一代的处理器,所以这里拿同为16nm工艺的麒麟960作横向对比,参见表1。

同样,在最新的常见手机CPU天梯图中,以性能最强悍的A11处理器为顶,最弱的骁龙425为底,做了一个大致的天梯图。相信大家看完后对麒麟659产品的选购有帮助。

对比机型	麒麟960	麒麟659
生产工艺	16nm	
CPU构架	4个2.4Ghz A73 4个1.8Ghz A53 i5协助处理器	4个2.36GHz A53 4个1.7GHz A51 i5协处理器
GPU型号	Mali-G71 Mp8	MaliT830 Mp2
内存规格	LPDDR4	LPDDR3
存储规格	UFS 2.1	eMMC5.1
网络支持	Cat.12/13	Cat.7
快充支持	高速	普通
双摄支持	支持	
全面屏支持	支持	
代表机型	华为nova2s、荣耀9、荣耀V9、华为Mate9等	荣耀畅玩7X、华为畅享7S、华为Nova2等

A11
骁龙845

骁龙835
麒麟970
Exynos8895
A9x
A10

Helio X30 麒麟960 Exynos8890
Helio X27 A9
骁龙660
麒麟955

Helio X20 麒麟950 Exynos7420

骁龙625
麒麟659
松果澎湃S1
骁龙450
麒麟930

骁龙425

(本文原载第5期11版)

长虹平板电视故障速修(上)

例1：机型3D42A7000iC(L47)，机芯LM38iSD-ICS，主芯片MT5502A

故障现象：图像声音正常，机内发出“吱吱”噪音。

拆机观察，发现噪音来自电源板(型号：HS130S-4MF01)。对24V形成电路检查，发现电容C411引脚有锈蚀痕迹，用手轻轻摇动，引脚断裂。更换C411，开机噪音消失。

例2：机型LED39B2000C，机芯LS39SA，主芯片MST6M182VG

故障现象：不开机，指示灯不亮。

测主板供电主12V电压为0V，检查电源板HSM35D-1MF 264，发现Q101的漏极电压为0V。再查发现PFC形成电路Q201(MOS管)击穿短路，并且保险丝F101损坏。通过更换PFC电路器件解决问题，换件：Q201、U201(FA5591)以及Q201(MOS管)的交流泄放电阻R216，限流电阻，保险丝等，试机故障排除。

例3：机型LED39C2080I，机芯ZLM41G-IJ-1，主芯片MT5505C

故障现象：无伴音。

测量U802的⑨脚时为0V，外接电容C1608(1μF/16V)漏电短路。更换后故障排除。

例4：机型LED32B2080(L52)，机芯LS39SA，主芯片MST6M182VG

故障现象：不开机(指示灯开机瞬间闪一下熄灭)。

测量电源HSS30D-1MD 220的U101第③脚在开机瞬间为4.7V，处于保护状态，检查稳压二极管ZD332(6.8V)不良。更换ZD332后测量U101的③脚0.4V，整机恢复正常，故障排除。

例5：机型LED39C2080I，机芯ZLM41G-IJ-1，主芯片MT5505C

故障现象：指示灯不亮不开机。

测量Con201的①-③脚无12V电压，测NCP1251的⑤脚电压为6V，Q109的c、e结击穿，更换Q109故障排除。

例6：机型PT50900FHD(P08)，机芯PS20A，主芯片MST6M69

故障现象：开机3秒后回到待机状态。

调过屏自检，排除显示屏及其屏组件故障，判定故障在主板。通电检查主板各支路供电均正常，对主芯片与动态存储器之间的排阻进行检查，发现排阻RP30中靠左电阻阻值无穷大。更换RP30后故障排除。

例7：机型LED39C2080I，机芯ZLM41G-IJ-1，主芯片MT5505C

故障现象：屏幕灰屏，伴音正常。

测量上屏电压0V，断开逻辑板电压仍为0V，测U22(AO3401A)异常，更换故障排除。

例8：机型3D43A5000，机芯PM38I，主芯片MT5502A

故障现象：三无，不开机。

检查电源板无电压输出，保险正常，主电容两端无短路。通电300V正常，进一步检查发现待机5V电源集成电路ICB8015(3BR2565JF)已炸裂，再仔细检查外围没发现明显故障元件。更换3BR2565JF，接上电源，测待机5V恢复，二次开机，故障排除。

例9：机型3D50A3700iD(P46)，机芯PS39，主芯片MST6M182

故障现象：指示灯亮，不开机。

通电指示灯亮，但没有听到电源板上继电器的吸合声。检查各路供电发现flash集成电路U26(EN25Q32)的⑦、⑧脚只有2.03V，正常应为3.3V。对供电电路进行检查，发现DC-DC变换器U20(W33L)输入端电压5V正常，输出端电压只有2.03V。更换U20后，通电继电器吸合声正常，开机故障排除。

例10：机型LED39C2080I，机芯ZLM41G-IJ-1，主芯片MT5505C

故障现象：不开机。

测量U11的核心供电无1.2V，更换U11(MP1499)1.2V电压正常，故障排除。

例11：机型LT42630，机芯LS30，主芯片MST6M48RHS-LF

故障现象：无伴音。

测得伴音功放IC总线电压为4.83V和4.92V，查静音控制电路未启控，对伴音功放IC外部元器件进行检查，发现CA157短路。更换后故障排除。

例12：机型LED39C2080I，机芯ZLM41G-IJ-1，主芯片MMT5505C

故障现象：指示灯不亮，不开机。

测量DDR基准电压无0.7V，经排查RD19电阻焊接漏掉导致，补焊后故障排除。

例13：机型LT32730EX(L31)，机芯LS35，主芯片MST6M181VS

故障现象：TV搜索无台。

检查高频调谐器相关电路，查5V供电和33V供电，发现33V无电压。再查倍压电路，发现D70有端为0V，断电测D7阻值，发现D7开路。更换后试机正常。

例14：机型LED39C2080I，机芯ZLM41G-IJ-1，主芯片MT5505C

故障现象：指示灯不亮，不开机。

测量U03输出的3.3V为0V，测量对地阻值为0欧。换新MT5505后故障排除。

例15：机型3D51C2280，机芯PS42，主芯片TSUMV59XUS-SJ

故障现象：有时不开机。

测开待机控制STB脚一直为高电平3.6V，检查控制三极管Q42的b极电压3.3V不正常(正常为0.6V)，用烙铁加热Q42时电视正常启动，判断Q42不良。用一只NPN管代换后故障排除。

例16：机型3D47C3000I，机芯ZLM41A-IJ，主芯片MT5505C

故障现象：不开机。

开机发现U6(4863)表面冒烟，测量C826短路，更换相同型号元件，故障排除。

例17：机型LT37710(L11)，机芯LS23，主芯片MST721DU

故障现象：开机1分钟，随后关机。

拆机并通电试机，测量电源板输出电压，发现24V电压不稳定，1分钟左右，电视机自动关机。对电源部分进行检查，发现光电耦合器N101(PC-17K1)光耦引脚有锈蚀现象，更换N101后，试机故障排除。

例18：机型LED39C2080i，机芯ZLM41G-IJ-1，主芯片MT5505C

故障现象：不定时黑屏。

强制把供电开关管Q411的c-e脚短接试机，正常。更换Q411及外围所有二极管、三极管，故障排除。

例19：机型LED42B2100C，机芯LS42，主芯片TSUMV59XUS-SJ

故障现象：AV视频输入，色彩偏绿。

试用TV、HDMI等其他信号通道，色彩正常，判断故障为主芯片或软件程序出错。先易后难，先重新刷写一次FLASH软件，试机，AV颜色恢复正常。

例20：机型LED50C2000I，机芯ZLM41G-IJ-1，主芯片MT5505C

故障现象：不开机。

检测主板12V供电对地短路，U6(4803)已经烧焦，U6的⑤、⑥脚输出对地短路，滤波电容C828漏电。更换后故障排除。

例21：机型3DTV42738B，机芯PS30i，主芯片MST6M48RHS-LF

故障现象：二次不开机。

观察电源板HS210B-5HF01，发现PFC电路电容C235、C236鼓包，再检查R287开路，D307、D305、D304、D303、D314击穿。逐一更换C235、C236、F302、R287、D307、D305、D304、D303、D314后，PFC电压恢复正常，故障排除。

例22：机型LED42C3000I，机芯ZLM41A-IJ，主芯片MT5505C

故障现象：不开机。

测量DDR供电电压为0V，正常为1.5V，断开UD3负载没有发现短路现象，更换UD3故障排除。

例23：机型3D51C2000，机芯PS42，主芯片TSUMV59XUS-SJ

故障现象：无光。

对Y板上的VSCAN电压进行测量，发现VSCAN电压只有-27.8V(正常应为-190V)，检查发现D406损坏。更换同型二极管后，试机几秒该二极管冒烟又损坏。进一步对D406相关电路检查，发现Y边板上U502输入端贴片电容C558短路。同时更换C558与D406后，故障排除。

例24：机型LED39C2000I，机芯ZLM41G-IJ-1，主芯片MT5505C

故障现象：不开机，指示灯亮。

拆机用力按压主芯片，上电电视机能正常开机，说明该主芯片焊接不良。对主芯片加热处理后，故障排除。

例25：机型LED39C2000，机芯ZLS53G-IP，主芯片MSD6i881YU-XZ

故障现象：开机死在长虹界面。

升级过后故障未能排除。测主板各路电压、阻值都正常，测量到网络变压器时电压3.3V明显不正常(正常1.6V)，怀疑主芯片损坏。换后故障排除。

例26：机型PT42638NHD，机芯PS26，主芯片MST6M15

故障现象：开机随即进入待机状态。

开机测VS电压，上升到正常值左右随即电压开始下降，怀疑进入保护状态。测D5025正端为0V，D5023正端为5V，ZD5006正端电压有1.6V(正常应为0V)，怀疑ZD5006已坏。代换试机故障排除。

例27：机型LED42B2080N，机芯ZLS53Gi，主芯片MSD6i881YU-XZ

故障现象：不开机。

测试主板U15的输入端4.4V，输出端1.1V，正常输出电压应该是1.5V，输出端对地电阻无短路。更换U15后，故障排除。

例28：机型LED32C3000，机芯LS42S，主芯片TSUMV59XUS-SJ

故障现象：黑白图像正常，无彩色。

本机彩色处理电路完全集成在主芯片内部，外部仅涉及晶体Y1(24M)相关元器件。先试更换24M晶体，彩色恢复正常，表明原晶体频率发生漂移。

例29：机型LED42C2000(LJ1N)，机芯ZLS53G-IP，主芯片MSD6i881YU-XZ

故障现象：时而黑屏。

测背光驱动电压，正常为64.4V，故障时电压为78V，不保护。怀疑屏内灯串开路，更换灯珠后，故障排除。

例30：机型LED32860IX，机芯LS30i，主芯片MST6M48RHS-LF

故障现象：不开机。

测电源板输出电压5VSTB正常，但无24V输出电压。测24V形成集成块IC2无VCC供电，检查Q4电压无13.4V输出，对R19、R20进行检查发现R20开路(正常应为3.3MΩ)。更换R20，通电故障排除。

例31：机型LED32C1000N，机芯LED32C1000Ni，主芯片MSD6i881YU-XZ

故障现象：指示灯灯闪不开机。

测DP305\DP302输出的+12V跳变，负载无明显短路现象。PC1251(UP101)的⑤脚供电在10V左右抖动且偏低。更换RP206(10Ω)贴片电阻，故障排除。

例32：机型3D47790i，机芯LM34i，主芯片MT5301C

故障现象：声音正常，黑屏。

有声音，屏幕不亮，观察背光灯没有点亮。测量主板输出的背光开关控制电压4.2V正常，表明故障在背光驱动电路。测电源板(型号：R-HS250P-3HF01)上背光驱动芯片LX6512CD供电电压正常，对Q507~Q512逐一检查，发现Q508各引脚正反相阻值均为0.78kΩ，怀疑Q508不良。更换Q508，故障排除。

例33：机型LED39C2000，机芯ZLS53Gi，主芯片MSD6i881YU-XZ

故障现象：不开机。

测量DP206二次电源供电没有电压，发现开关变压器有一个绕组开路。取下变压器发现变压器绕组铜线焊接不良，焊接后，故障排除。

例34：机型LED32C1000N，机芯ZLS53G-IP，主芯片MSD6i881YU-XZ

故障现象：下部横带。

图像下部有横带，AV\HDMI等信号源下故障不变。更换主芯片MSD6188YU-XZ(U61)，故障排除。

例35：机型LT32730EX，机芯LM24，主芯片MT8222AHMUD/B

故障现象：偶尔不开机。

反复开关试机，当故障出现时测得电源板输出无5V电压。测二合一的电源板，发现U7(P5662DSC)启动电压正常，查周围元器件无异常，怀疑U7不良。试代换，故障排除。

例36：机型LED40B2080N，机芯ZLS53G-IP，主芯片MSD6i881YU-XZ

故障现象：不开机。

测量+12V正常，主芯片各路供电+3.3V、+5V、1.2V也都正常。代换FLASH(U62)芯片后故障依旧。更换主芯片MS61881YU-XZ(U61)，故障排除。

例37：机型UD55B6000ID，机芯ZLS47H-iS，主芯片MSD6A818QVA

故障现象：遥控不接收。

用射频遥控器RTC630VG3操作电视机无反应，测红外接收头可接收遥控信号，代换遥控接收板无果。补焊主板BGA主芯片，故障排除。

例38：机型ITV42650X，机芯LM34i，主芯片MT5301C

故障现象：开机几分钟背灯熄灭。

在背灯熄灭时，测量电源板输出的5V、24V均慢慢下降，主板的开待机控制电压为1.7V偏低(正常3.2V左右)。检查主板开待机控制电路，发现R103到主芯片之间印制板线路有污垢，清洁污垢部位并吹干试机，故障排除。

例39：机型UD50B600ID，机芯ZLS47H-iS，主芯片MSD6A818QVA

故障现象：黑屏，背光亮。

测上屏电压无12V，U8输入电压24V正常，输出端对地阻值0Ω。更换电容C76，故障排除。

例40：机型LT42876FHD，机芯LS20A，主芯片MST6M69L

故障现象：热机无伴音。

热机10分钟后无伴音，其他通道输入信号均无伴音，重点检查伴音功放电路。测供电24V正常，静音控制电路工作基本正常，检测U101的⑬、㊷脚均为0V，说明功放IC没有工作，对U101外围元件检测发现CA161漏电。更换CA161排除故障。

例41：机型UD55B6000ID，机芯ZLS47H-iS，主芯片MSD6A818QVA

故障现象：图声正常，机内异响。

开机发现异响来自电源板(HS250S-3SF01)PFC储能电感，而且储能电感旁印制板变色，检查电阻R226(33kΩ)均已变色，更换后工作正常也无异响。

例42：机型LT32710，机芯LM32，主芯片MT8223LFMU

故障现象：屏幕光闪。

观察背光不停闪动，测待机5VS正常，24V电压在12V~18V间不断摆动。对过流检测电路检查，发现过流检测电阻R62阻值为2Ω(正常为0.22Ω)。更换R62为0.22Ω后，24V电压为23.8V，故障排除。

(未完待续)

如何提取“无损音乐”？

顾名思义：“无损音乐”是一种经过“无损”压缩处理的音乐文件格式，它能够在几乎100%保存原声文件所有数据的前提下将音频信息的体积压缩得更小，然后可以将压缩后的音频文件还原并能够实现与源声文件相同的大小及码率。而平时我们用数码设备所欣赏的音乐大部分都是MP3格式的文件，一首时长为五分钟左右的歌曲仅会占用几MB的存储空间，音质也尚可；但MP3音乐毕竟是经过压缩处理的“有损”格式，其音频采样频率和比特率都会有所下降，由此导致一些细节表现得较为苍白、生硬，尤其是在一些高保真音响设备中就会“原形毕露”，此时最好的选择就是使用“无损音乐”。目前主流的无损音乐常见格式主要有三种，分别是WAV、FLAC和APE，一般一首普通歌曲会占用50MB左右的磁盘空间。

一、常见的三种无损音乐格式

1.WAV格式

WAV格式是微软开发的声音文件格式（又称“波形声音文件”），为最早的数字音频格式，被Windows平台及其应用程序广泛支持；WAV格式的无损音乐具有音频质量极高和编码/解码简单等优点，属于未压缩的原始音频。另外，WAV格式支持多种音频位数、采样频率和声道，它采用的是44.1kHz的采样频率和16位量化位数，音质等同于CD，但文件的体积比较大。

2.FLAC格式

FLAC（Free Lossless Audio Codec）格式是一种无损音频压缩编码，它不会破坏任何原有的音频信息，能够将音乐的音质进行无缝还原。也就是说，被编码的音频数据不会损失任何信息，而解码后所输出的音频与编码器输入的所有字节信息也都完全一样。FLAC的解码复杂程度比较低，因此其解码速度非常快（对计算速度的要求也很低），普通硬件即可轻松实现FLAC格式文件的实时解码播放。类似于文件的压缩和解压缩操作，WAV格式的文件在播放时是把自己的数据直接发送至声卡，而FLAC格式的文件在播放时则必须先解码为PCM（脉冲编码调制）数据，然后再发送至声卡。另外，FLAC格式的无损音乐文件还能够消除爆音（又称为“破音”），也就是使用静音小片段来代替它。

3.APE格式

APE是出现较早的一种流行数字音乐无损压缩格式，能够能毫无损失地保留原音质（APE还原为WAV格式时与原文件的MD5值保持一致）。APE格式文件不仅可以直接被播放，而且还具备查错能力来保证原音的无损度；再加上其高达55%的压缩率（高于FLAC），体积约为原CD的一半，比较有利于存储。

二、常见的两种无损音乐提取方法

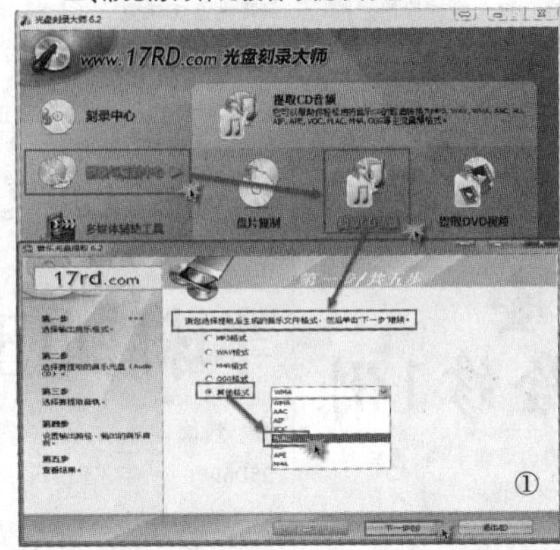

①

如果担心自己珍藏的CD因多次读取而受损，那就把它们提取并复制到U盘或手机卡等存储介质中来播放吧，但目前很多的汽车音响系统解码都不支持WAV、FLAC和APE无损音乐格式（只识别MP3格式）。借助智能手机上所安装的音乐播放APP，各种无损音乐格式的播放都不在话下，此时有两种选择：一是通过手机的蓝牙进行无线传输，音质会有少许损耗；二是通过3.5mm车用AUX音频线（公对公）将手机与汽车AUX接口连接，这样就可以进行无损音乐的音质无损播放了。那么，如何将CD光盘上的无损音乐抓取出来呢？

1. 使用光盘刻录大师的“提取CD音频”

首先切换至左侧的“翻录与复制中心”项，接着点击其中的“提取CD音频”项；在弹出的“音乐光盘提取”窗口中，其默认的提取生成音乐文件格式是“MP3格式”，可点击切换至最后一项“其他格式”并选择其中的“FLAC”，再点击“下一步”按钮（如图1所示）；接下来进行CD光驱信息的读取，保持“读速度”项默认的“自适应”设置不变，点击“下一步”按钮；在此进行CD标题、音轨和时长等信息的读取，保持默认的“全选”状态，继续点击“下一步”按钮；此时需要进行提取音乐的一些设置：“输出质量”选择默认的第一项“CD音质：近乎完美的音质，但生成的文件比较大”，默认的输出位置（“C:\Users\Administrator\Music\”）可通过点击后面的“浏览”按钮进行修改（比如E:\CD音乐提取），继续再点击“下一步”按钮；现在开始无损音乐的提取操作——“请稍等，正在完成音乐转换”，几分钟之后就会有“转换成功！”的提示（如图2所示），无损音乐提取操作完成。

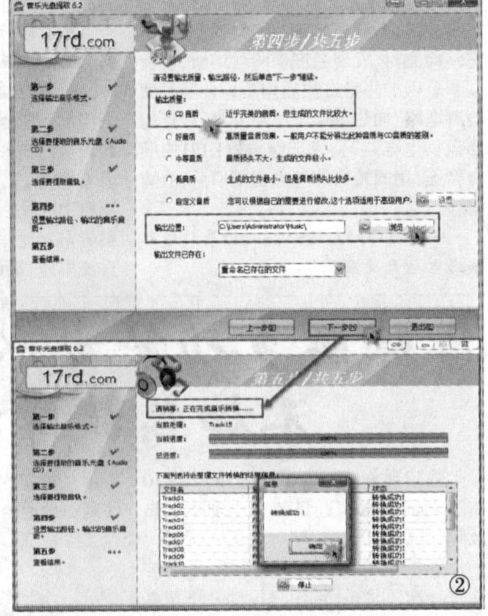

②

2.使用酷狗音乐的“CD抓轨”

打开酷狗音乐的主界面之后，首先点击右上方的“CD抓轨”按钮，在弹出的“CD抓轨”窗口中会先识别出插入CD光盘的光驱信息，包括各音轨、歌曲和曲目时长等等；接着进行如下设置：保持默认的文件格式为FLAC（也可根据需要设置为WAV或APE格式），将默认的“整轨一个完整音频文件+一个CUE文件”设置为“分轨每首歌曲一个音频文件”，通过点击后面的“更改目录”按钮设置好提取出无损音乐的保存路径（比如F:\无损音乐下载xtract），最后点击“开始抓取”按钮即可开始无损音乐的抓取操作（如图3所示）。当“总体进度”进行至100%时，酷狗音乐就会提示“CD抓轨完成”，同时将抓取出的音乐进行查询并添加演唱者等相关信息。

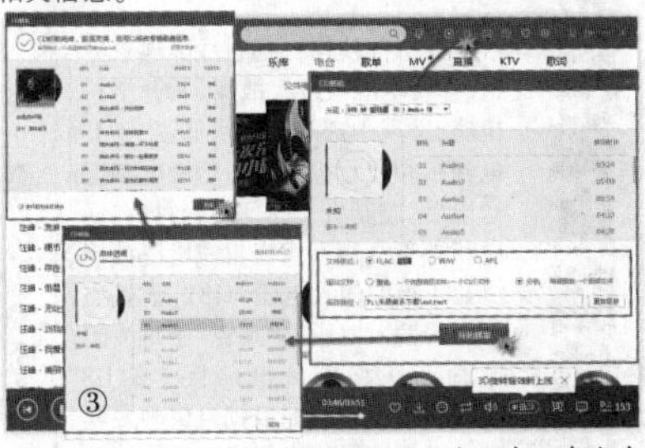
③

◇山东　牟晓东

iPhone X绝对省电技巧三则

相信很多朋友已经开始使用搭载OLED显示屏的iPhone X，下面介绍几则可以让iPhone X更加省电的使用技巧。

技巧一：使用黑色壁纸

将iPhone X的主屏幕壁纸设置为纯黑色，图标保持正常，开启最高亮度，关闭智能反转颜色的选项，关闭灰度选项，可以让电池电量节省16%左右，效果如图1所示。

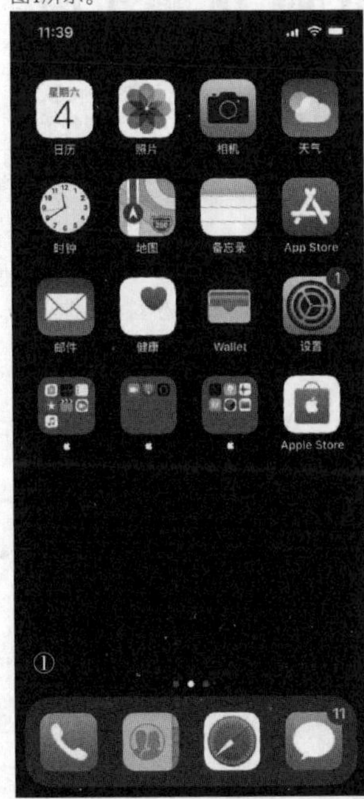

①

技巧二：启用反转颜色

进入设置界面，依次选择“通用→辅助功能→显示调节→反转颜色”（如图2所示），在这里启用“智能反转”，此时iPhone X的屏幕会变成黑色背景+白色文本，这样可以让OLED显示屏的功耗大大降低。

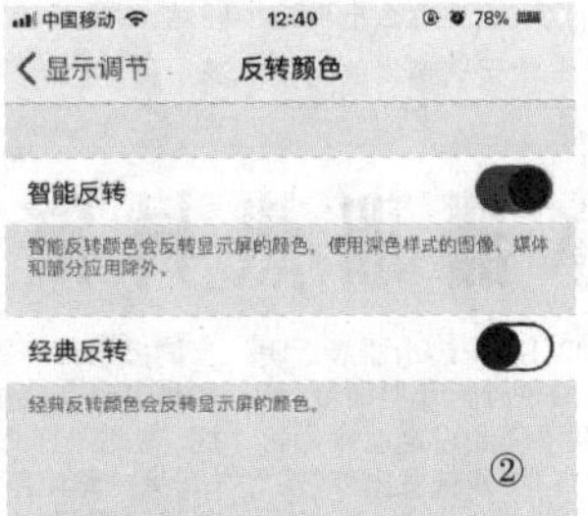

②

技巧三：启用灰度功能

我们可以通过启用灰度功能来节省电量，但可能会牺牲一部分显示效果和性能。进入设置界面，依次选择“通用→辅助功能→显示调节→色彩滤镜”（如图3所示），在这里选择“灰度”，随后主屏幕会变成黑白色。

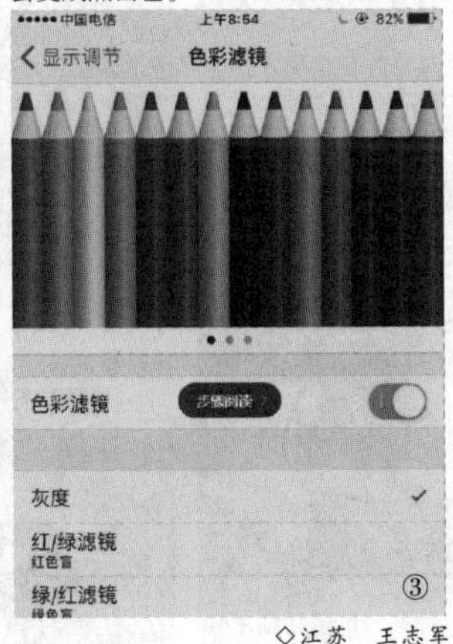

③

◇江苏　王志军

HP4411S笔记本电脑开机不启动维修一例

接修一台HP4411S笔记本电脑，故障现象是开机后风扇转动，但显示屏没有任何显示，同时键盘上的Caps Lock指示灯闪烁5次。查资料得知HP系列笔记本电脑Caps Lock/Num Lock指示灯闪烁一般为机器的硬件故障报警，其含义大概是：闪烁1次，CPU无法正常运行；连续闪烁2次，BIOS损坏故障；连续闪烁3次，内存模块错误无法正常运行；连续闪烁4次，显卡控制器无法正常运行；连续闪烁5次，常规的系统主板故障；连续闪烁6次，BIOS身份验证故障。从故障代码看该机属于主板问题。

拆开机器取出主板，检查CMOS电池供电正常，仔细观察主板发现北桥芯片与显卡芯片周围的PCB板过孔有很明显的虚焊现象（即圆形焊点不饱满，是时间过长造成的那种虚焊，如附图所示），于是将858热风枪调到400℃左右，涂上焊宝，将芯片周围全部吹一遍，冷却后再将PCB板清洗干净，装机并长时间烤机一切正常，故障排除。

◇安徽　陈晓军

美的MZ-SYS828-2D电脑控制型电蒸锅电路分析与故障检修(三)

(紧接上期本版)

9.故障检修实例

例1.美的MZ-SYS28-2D系列电蒸锅通电后无反应

分析与检修:通过故障现象分析,怀疑没有市电输入或供电电路异常。

测电源插座有220V电压,并且电蒸锅的电源线正常,说明它内部电路发生开路故障。拆开电蒸锅,用万用表通断挡在路检测时,发现温度保险丝熔断,初步判断是因加热盘过热后熔断,怀疑温度检测电路、加热盘供电电路异常。检查加热盘供电电路时,发现继电器K121的触点粘连,用同规格的继电器更换后,故障排除。

例2.美的MZ-SYS28-2D系列电蒸锅通电后无反应

分析与检修:按上例的检修思路检测温度保险丝正常,但检查熔丝管FUSE101熔断,怀疑有过流元件,用数字万用表的通断挡在路检查时,发现压敏电阻ZNR101两端短路,但焊下检测正常,怀疑与其并联的C102击穿短路,焊下它检测,果然短路,用相同的电容更换后故障排除。

例3.美的MZ-SYS28-2D系列电蒸锅通电后无反应

分析与检修:按上例的检修思路检测温度保险丝和FUSE101正常,初步判断没有过流和过热现象。测EC104两端没有5V电压,说明电源电路异常。进而测EC103两端没有12V电压,说明开关电源异常。测滤波电容EC107两端无300V直流电压,而C102两端有225V的交流电压,怀疑限流电阻R105开路,检测时发现R105不仅表面开裂,并且阻值为无穷大,怀疑是过流所致。断电后,用数字万用表的通断挡在路检测EC107时蜂鸣器鸣叫,说明EC107或电源模块IC101(PN8112)击穿。检查后,发现PN8112,接着检查又发现D104击穿,更换所有的故障元件后,开关电源输出电压恢复正常,故障排除。

例4.美的MZ-SYS28-2D系列电蒸锅通电后无反应

分析与检修:按上例的检修思路检测,发现EC104两端没有5V电压,而EC103两端的12V直流电压正常,说明5V电源电路异常。分别测滤波电容EC104、EC105两端阻值正常,初步判断负载正常,测IC202(7805)的输入端电压低,怀疑R101阻值增大,断电后测量它的阻值果然增大,更换R101后通电,发现它温度高,怀疑IC202异常引起它过热损坏。更换IC202后,5V电压恢复正常,故障排除。

例5.美的MZ-SYS28-2D系列电蒸锅煮粥等功能正常,但预约功能有时正常,有时不正常

分析与检修:通过故障现象分析,说明预约操作键SW248或微处理器IC201的引脚接触不良或性能异常。出口SW248的引脚正常,按压SW248后,用万用表通断挡在路检测它,发现它时通时断,说明内部触点异常。用相同的轻触开关更换后,故障排除。

(全文完)

◇赤峰市 孙立群

半球牌多功能电水壶不加热故障检修1例

故障现象:一台半球MH—DZG10型多功能电水壶近日忽然出现不加热故障。

分析与检修:经询问得知,上月曾偶然一次不通电,端起来扭动几下调温旋钮又照常工作。拆开电水壶底部3颗螺钉开始维修。察看各元件和部件无明显烧坏痕迹,用MF50万用表Rx100挡检查电热元件G正常、调温开关正常,怀疑供电电路异常。经仔细检查,最终检查发现底座中心定位针H旁边的内圈环形导电插头里面断路。小心拆开A、B、C三处的压扣,翻开环形导电插头查看,发现D处感温双金属片触点烧损,如附图所示。用刀片细心清理干净,再将各部件复原后通电,故障排除。

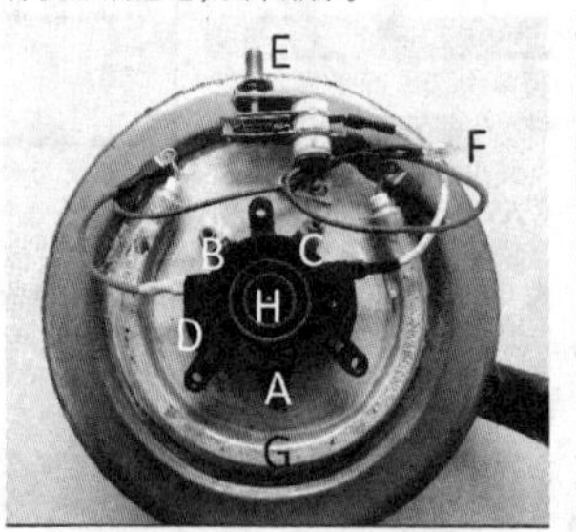

◇重庆 赵达智

半球牌电压力锅不加热检修1例

故障现象:Peskoe(半球)ZSD-25D6L电压力锅不加热了,显示屏不停闪烁故障代码E4。

分析与检修:该机出现故障代码E4,说明压力传感温控器(温控开关)出现问题。拆开底盖板,找到压力传感温控器,闭合后测量其不导通,怀疑是触点脏了。拆下传感温控器后,对触点进行清理之后(这个方法也适合快速热水器),再安装好,故障排除。

回想怎么出现这个问题,原因是有一次煲老鸭煲的时候。汤水过多,加上不到息压时间,强行息压,沸腾的汤水溢出并流入底板,虽然当时经过清理,但可能未清理彻底,部分汤水流入该开关,时间一长便产生了该故障。如果这个开关不能用了,可以花几块钱网购一只(见附图),更换即可。

◇浙江 倪岳先

金灶微电脑控温电茶壶故障检修1例

故障现象:一台T-20A型金灶牌微电脑控温电茶壶插电后无任何反应。

分析与检修:通过故障现象分析,怀疑电源板发生故障。拆开塑料机座,发现内部除了抽水马达,还有电源板和显示控制板。因给电茶壶送电后,控制板无任何显示,故在通电状态下,用万用表直流电压挡检测显示板的输入电压为13V。该机显示板的输入电压应为5V,于是关闭电源,在路检测电路板上的U3(78L05),发现它的极间阻值明显异常,焊下测量确已损坏,更换新品78L05后,5V直流供电恢复正常,但显示板仍无任何反映,怀疑控制显示板的电路出现故障,检查显示板的电路无断路,元器件的引脚也无脱焊现象,说明微处理器电路异常。在路检测电源的微动开关阻值未见正常,难道是CPU(Q121B)坏了?对于一些智能型小家电,由于CPU采用5V供电,很少损坏。不过,因该机电源板上的三端稳压器损坏后,电压失控,使输出电压由正常的直流5V上升到13V,超出较多,是否会导致CPU过压损毁?于是,从旧电路板上拆下一个型号相同的CPU换上,插电后控制板立马有了正常显示,坐上电水壶,各功能键均可进行正常操作,故障排除。

◇青岛 宋国盛

海尔电热水器加热异常故障检修1例

故障现象:一台海尔ES60H-D2(E)型热水器最近明显感觉到,显示屏显示的温度值加热时上升得很快,停止加热后下降得很快,而且在温度下降到设定温度后再次加热时能听见继电器触点闭合声,接着就发出"吱吱"的加热声。

分析与检修:该电热水器就是家用的洗澡用,温度设定也不高(一般设50~55℃),而且加热时水对流也很通畅,不应该有这种声音。该机原来用的一直很好,因笔者所在区域水质不好,所以在2016年夏季时通过排污口排出大量的水垢和泥沙。凭经验,估计是加热管上的水垢多了,把加热管完全包住了,以致散热不良,局部温度高,而造成加热时有"吱吱"声,于是笔者决定自己彻底清洗热水器,

拔掉电源插头,放出热水,水温下降到手感不热为止,再关毕进水阀,打开排污口螺丝,放尽热水器水箱里面的水。拆开侧面,导线和加热管的固定法兰如图1所示,电路板的位置如图2所示。

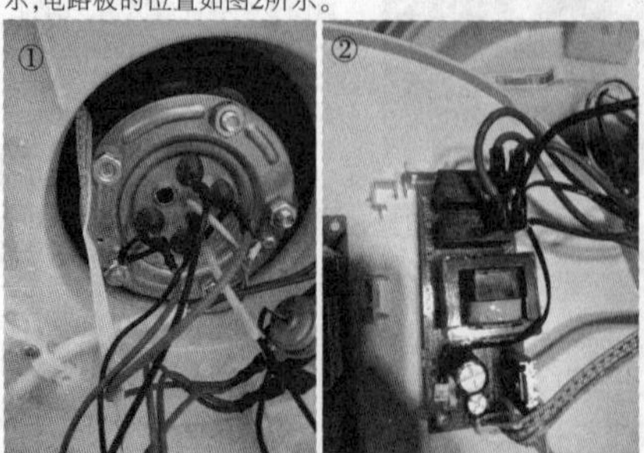

做好加热管安装的位置标记(加热管的形状是不规则的,为的是从底部加热,拆开后可以看到)并拍照,用套筒扳手拧开固定加热管的螺丝,小心取出加热管,看到加热管已全部被水垢包裹,见图3。用水垢清洗剂多次清洗,彻底干净后测量加热管的阻值,一路阻值为40多欧姆,另一路阻值为90多欧姆,测加热管接线柱对其外壁的绝缘阻值正常。按照以前做好的标记装回加热管,上好螺丝,回装排污口镁棒,仔细检查无误,拧开上水阀,等热水口流出水时通电,听到继电器触点闭合发出的声音,估计正常了,可是一个小时过去了,温度显示还是15℃,继电器发出闭合声,说明供电电路已工作,安装前也测量过加热管,阻值也正常,温度显示数字也有,加热指示灯也是红色,为什么不加热呢?重新拆开,通电后,用万用表测量加热管公共端蓝线和输入端棕线之间的电压15~32V之间来回跳动,另一组加热管的电压也跳动,再测量继电器输入端的电压234V(正常)。说明两组继电器的触头都烧坏了,虽然发出触点的闭合声,但不能给加热管提供正常的工作电压,所以加热管不加热。继电器为直流12V继电器,主要参数见图4。买了两个相同的继电器更换后,加热恢复正常,加热的过程中也没有"吱吱"声了,家用电热水器又开始工作了,故障排除。

虽然修该热水器一波三折,但觉得比较挺有意义,所以写出来,供大家维修时参考。

◇鄂尔多斯 贺海斌

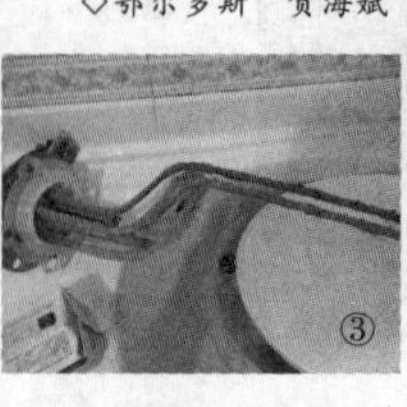

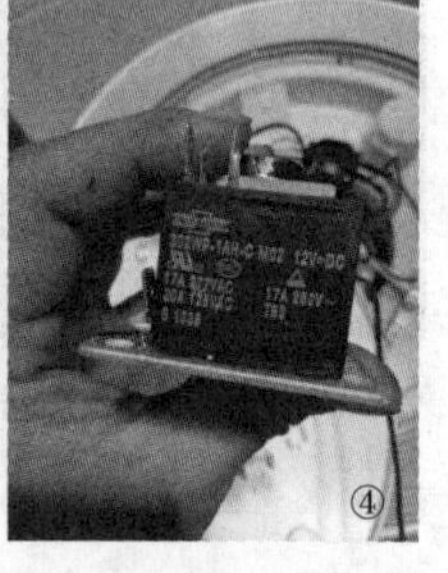

一款四通道IO-Link主控器LTC2874

IO-Link是一项针对工业应用中智能传感器和执行器点对点三线式接口的通信标准。IO-Link把这些器件的传统接口能力从简单的NC/NO开关接口（标准IO或SIO模式）扩展到双向智能接口，后者能够通过三种不同速度（COM1—4.8kb/s、COM2—38.4kb/s 或 COM3—230.4kb/s）之一的编码转换以发送额外的信息。除了数据引脚(C/Q)之外，IO-LinkTypeA接口还具有一个24VDC电源引脚(L+)和一个公共返回引脚(L-)。

当一个IO-Link主控器上电时，它询问每个连接器件以决定各器件的正确操作模式：SIO、COM1、COM2或COM3。这允许老式传统器件和支持IO-Link标准的器件在同一个系统中无缝地工作。

LTC2874的额定CQ输出电流为110mA。通过并联多个通道可以获得高达440mA的较高电流。虽然这超过了IO-Link标准的规格限制，但是有些非标准SIO应用有可能要求供应更大的电流和/或必须保持4个独立通道的功能。本文将说明怎样改变LTC2874热插拔通道的用途，以为SIO负载提供较大的电流(被称为SIO+模式)，同时保持LTC2874的IO-Link特性和功能。

电路描述

如图1中的端口1－3所示，通过把通道的热插拔控制器输出连接至其对应的CQ引脚，即可在SIO+模式中提供任意大的供电电流。对于高电流端口，L+的热插拔功能是不可用的；但是，对于那些期望拥有该功能的应用，则可增设一个外部热插拔控制器。如图1中的端口4所示，未用于SIO输出的LTC2874热插拔控制器可用于正常的L+或其他用途。

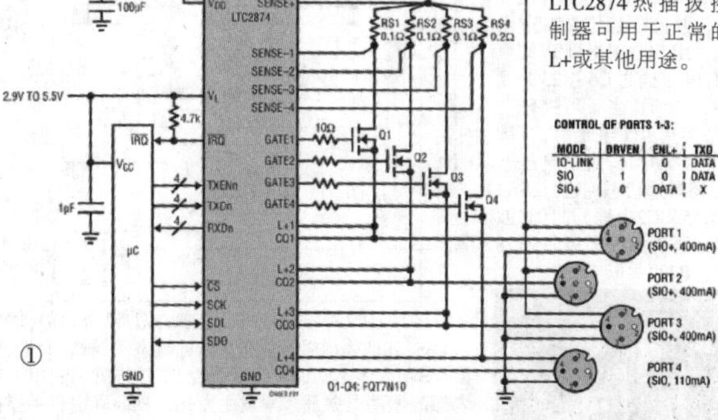

①

在正常的IO-Link或SIO操作中，L+ MOSFET关断，CQ输出通过TXEN、TXD和RXD正常地工作。所有的IO-Link功能均得以保持，包括以COM3速度进行的全速通信和唤醒脉冲发生。

在SIO+操作期间，L+MOSFET通过SPI寄存器接口来控制，而CQ被停用(TXEN为低电平或处于SPI寄存器控制之下)。寄存器0xE的上半字节负责控制L+MOSFET。在SIO+模式中，开关频率被限制在大约COM1速度。

虽然LTC2874在CQ和L+输出同时处于运行状态的情况下不会损坏，但是建议不要执行该操作模式，因为输出波形的上升和下降轨迹是非单调的。这些轨迹由于通道之间的时序差异以及各种不同电流限值和源电阻的相互影响而出现。

SIO+模式的最大输出电流由MOSFET和检测电阻器RS的选择来决定。电流限值由50mV/RS设定。图1中电路的典型电流限值为500mA。考虑到容限和变化，产生了一个400mA的端口额定输出电流。必须选择合适的MOSFET以应对电压、电流和安全工作区(SOA)要求。更多详情请见LTC2874产品手册。

MOSFET的输出电容给IO-Link标准所允许的1nF最大值贡献了约60pF。

由于该电路并联了两个驱动器，因此那个闲置的驱动器充当着工作驱动器上的一个容性负载。当工作驱动器改变状态时，它将在闲置驱动器中产生一个充电电流。由于MOSFET的较大电容和CQ驱动器的较快边缘速率，因此这种影响在IO-Link操作期间更为显著。为了防止充电电流脉冲在工作驱动器关断时产生振铃，应最大限度地减小MOSFET源极和C/Q驱动器输出之间的寄生电感。

图2和图3示出了单个支持SIO+模式的端口驱动一个阻性负载、同时工作于SIO+或正常IO-Link模式时的工作波形。电源电压为24V，阻性负载分别为56Ω和200Ω。

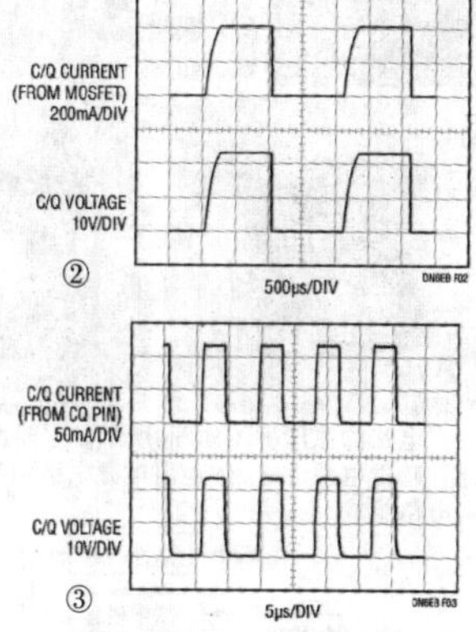

②

③

结论

LTC2874工作于SIO+模式任意大的电流可以通过把热插拔通道改用作较高电流SIO驱动器来获得。

◇湖北 朱少华 编译

将负极性稳压器『翻转』创建单电源双极性供电

尽管单电源"轨到轨"运放的选择范围越来越大，但设计输出级电路到0V的唯一方法仍然是要使用负极性电源，并且将一直不变。这一无法更改的事实在简单的电池供电应用中非常令人棘手。本设计实例提供了一种最简化且带点技巧的解决方法，这种方法仅使用单个"传统的"稳压器，适用于不要求对称电源的情况，一些特殊的限制可以接受。

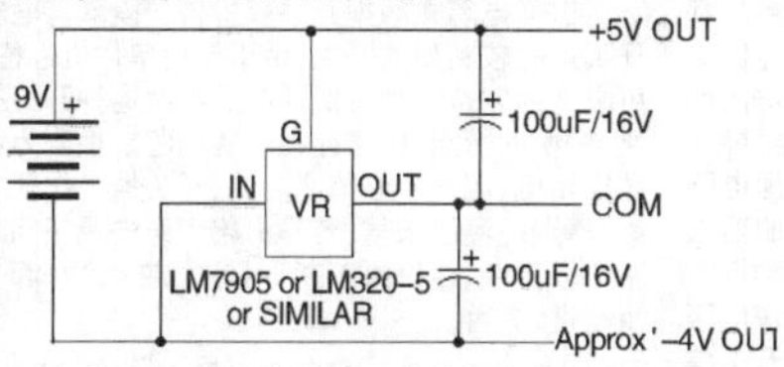

图1：负极性线性稳压器将电池输入分成正/负输出

如图1所示，这里的"窍门"是使用一个负极性稳压器(例如应用广泛的7905/LM320)从电源的正端产生正输出轨。该稳压器会在其"地端(G)"和"输出端(OUT)"之间主动维持一个设定好的压差（本例中是5V)，因此在"公共端(COM)"和"+5V输出端(OUT)"会有一个稳定的正电压。这样的好处是，电源电压和稳压输出之间的压差(本例中是5V-9V = -4V)可以用作负电压轨，足以保持实际输出级为0V，也可作其他任何用途。

那么这种方法有没有缺点呢？事实上确实有，而且有三个。

1.负极输出不稳定。不管输出有漂移还是纹波，任何连接的负载必须能保持要求的精度。现代放大器都具有极好的电源抑制性能，所以这通常不是问题，但是我们需要了解。2. 从负电压轨抽取的总电流必须不超过正电压轨中的电流。要使稳压器正常工作，正极负载至少应和负极负载一样大。3. 如果任何一个电压轨出现短路，整个源电压都会出现在另一个电压轨上。如果两个电压轨同时发生短路，稳压器不会进行限流。

记住这些局限性，这种"翻转稳压器"就能为常见问题提供一个简单解决方案。这种方案我已经成功地使用了几十年。

◇湖北 朱少华 编译

老电路

推荐一种节能日光灯电路

本文推荐一种节能日光灯电路(见附图)。该电路利用电子元件替代了铁芯镇流器，这样减少了自身的损耗，功率因数可达0.9以上。比普通日光灯节能45%以上，而且消除了频闪和噪声。具有灯管明亮，易启动，冲击电流，电源电压范围宽，造价低等优点。得到了广泛应用。

1.工作原理

市电整流滤波后，输出约310V的直流电压(空载时)，经过高频振荡器，将310V变换为50千赫兹、270V的高频电压，作为日光灯管（功率为20~40瓦)的工作电压，通过C5和L组成的串联谐振启辉电路送往日光灯管，谐振电容C5上的谐振电压为回路电压的Q倍(约600V)。加在日光灯管两端使其启辉点亮。

2.主要电路分析

2.1启动电路。VT1、VT2的偏置电压均取自高频变压器T的反馈电压，电路未起振时，两管均因无基极偏置而截止。因此在刚接通电源时必须由启动电路使其起振。接通电源后，+310V直流电压经R1对C2充电，当C2上电压上升到双向触发二极管VD8的阈值

时，VD8导通，VT2基极获得偏流而导通。VT2导通后，通过VD5将C2上的电荷放掉，不影响电路正常振荡。

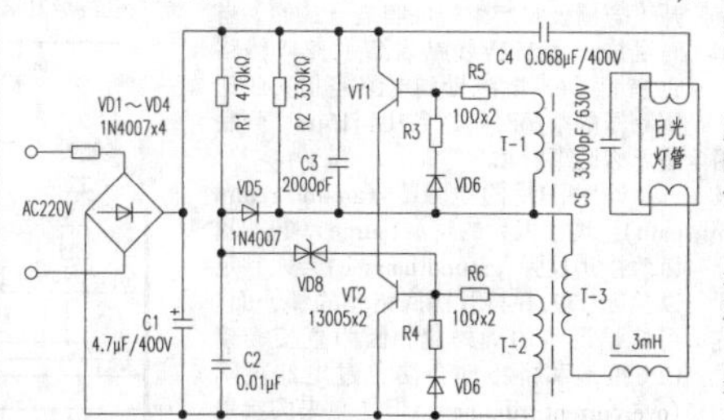

2.2高压高频振荡器，VT1、VT2和高频变压器T等组成自激振荡器，为日光灯管提供高压高频电压畜VT2起振，此时+310V直流电压经C4、灯管上端灯丝、C5、灯管下端灯丝、L、T-3、VT2c- e极形成回路，R2加速了VT2的导通，导通后由于T各绕组的耦合作用，VT2c- e极电流随b极电流的增大而很快达到饱和截止，与此同时为C5、C3充电。VT1则由截止变为导通。VT1的导通C3起加速作用。C5通过灯管上端灯丝、C4、VT1的c-e极、T-3、L、灯管下端灯丝放电。同理VT1很快也由导通变为截止，VT2则又由截止变为导通，如此周而复始，形成振荡。C4既阻止+310V的直流电压直接进入日光灯管，又可使50千赫兹的高频通过。R3、VD6和R4、VD7分别接在VT1和VT2基极回路，为T-1和T-2提供负半周时的释放通路。

2.3谐振启辉电路。在该电路中，采用了谐振启辉电路。50千赫兹、270V交流电压，加在C5、L串联谐振回路两端并产生谐振。于是在C5两端产生一个Q倍于回路电压的高电压(约600V)。谐振时C5两端的600V高压将日光灯管内的气体击穿而启辉。当日光灯管点亮后，内阻急剧下降，并联于C5两端，使C5、L串联谐振电路的Q值大大下降，故C5两端（即灯管两端）的高启辉电压（约600V)即下降为正常工作电压(约80V)，维持日光灯管稳定地正常发光。

3.常见故障原因

3.1烧保险管。说明电路有严重短路，导致大电流通过。很可能是桥式整流二极管VD1~VD4、电容器G1、三极管VT1或VT2击穿所致。

3.2不烧保险管，但灯不亮。很可能是启动电路出问题。检查R1(470K)、触发二极管VD8、隔直流电容C4等。

3.3灯管只有一端发暗光。很可能是、谐振电容C5击穿短路所致。

◇辽宁 孙永泰

电容式触摸开关“真相”

随着电子技术的发展，居室的开关也在不断变化中。电容式触摸开关就是目前比较先进的家用开关。开关灯时，它不需要人按压开关，只要触摸一下开关就可以开关灯，并有触摸位置指示功能，给人以控制轻松和方便的感觉。这里对一种比较常见的电容式触摸开关进行解析，希望大家对这种开关的原理有一定的了解。

电容式触摸开关的外观如图1所示。它一般由玻璃面板和塑料外壳(阻燃型)组成。面板上有触摸位置标记和指示灯透光位置，有的触摸面板上有3个触摸位置，可以同时控制三盏灯的开和关。开关内有2块电路板，主电路板如图2a和2b所示，控制电路板如图3a和3b所示。

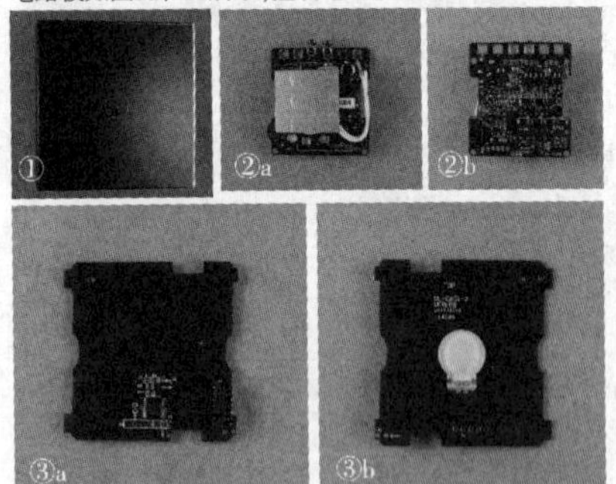

电路的原理框图如图4所示。主要由亮供电源电路、暗供电源电路、3V稳压电源电路和单片机开关信号电路组成。

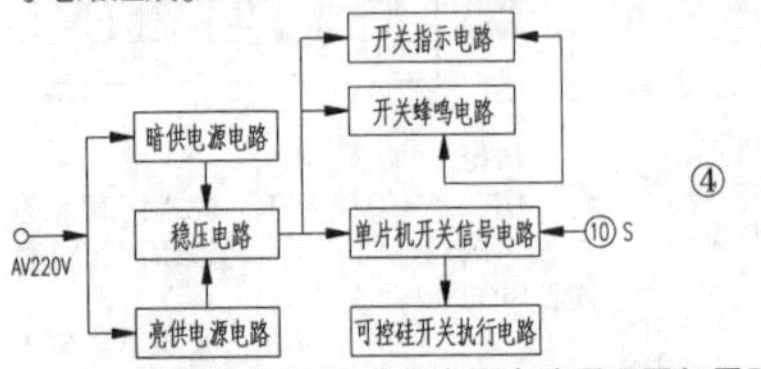

一、暗供电源电路：暗供电源电路原理图如图5所示。它由整流桥U5、变压器B、三极管Q2以及光电耦合器U9等元件组成。

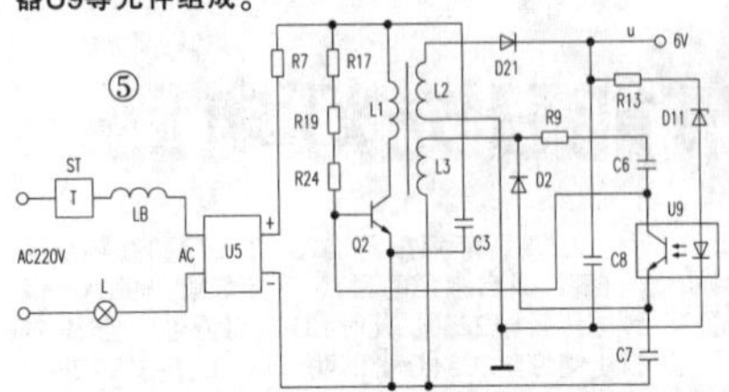

在灯暗的状态下，220V电压通过热保护器ST和线圈L加到高压整流桥U5上，使U5输出脉动直流电，经电阻R7的降压，一路由R17和R19和R24加到Q2的基极，为Q2提供初始的基极电流。另一路经变压器B的L1加到Q2的集电极，使Q2微导通。L3为反馈线圈，L3得到感应电压后，经R9和C6加到Q2的基极形成正反馈，使电路持续振荡。另外，L3的电压经D2整流和C7滤波形成取样电压。L2输出的电压经D21整流和C8滤波形成的直流电压超出6V时，稳压管D11击穿，光耦U9导通，C7上的取样电压通过光耦加到Q2的基一射极，使Q2截止，直到输出电压U下降，D11断开，振荡电路又开始重新工作。这样就使电路输出稳定的6V电压，即RCC稳压电路。

二、亮供和开关控制电路：电路如图6所示。主要由双向可控硅SR1和单向可控硅SR4、整流桥U1、光电耦合器U6等元件组成。

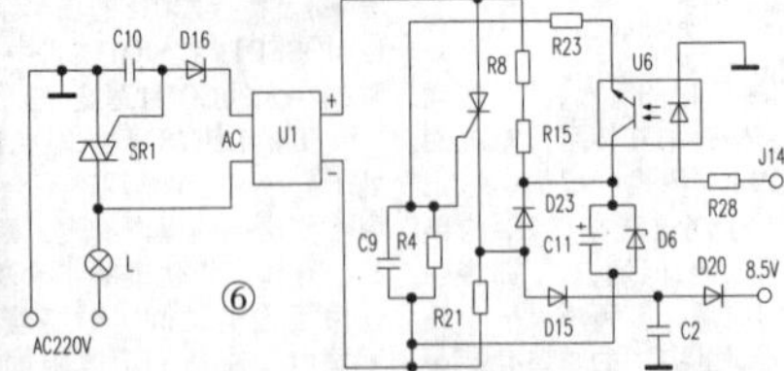

在灯暗的状态下，220V电压经双向可控硅SR1加到U1的输入端，使U1输出约200V的脉动直流电，这个电压通过R8和R15对C11充电，并使之稳定在4.5V上(D2稳压管的作用)。触摸面板后，R28右端得到3V的直流电压，使U6导通。C11上的电压通过U6、R23加到SR4的控制极，使可控硅SR1触发导通。由于可控硅有一定的导通角，故在交流电每半周SR1导通前，有脉冲电压加到R21上，电压波形如图7所示。这个电压一路通过D23加到C11上，使SR4保持导通状态。这时，SR1已经导通，灯亮。另一路通过D15和C2入地，并且滤波后，再经过D20输出8.5V的电压。再次触摸面板后，R28右边电压为0，U6截止SR4关断，SR1也关断，灯灭。

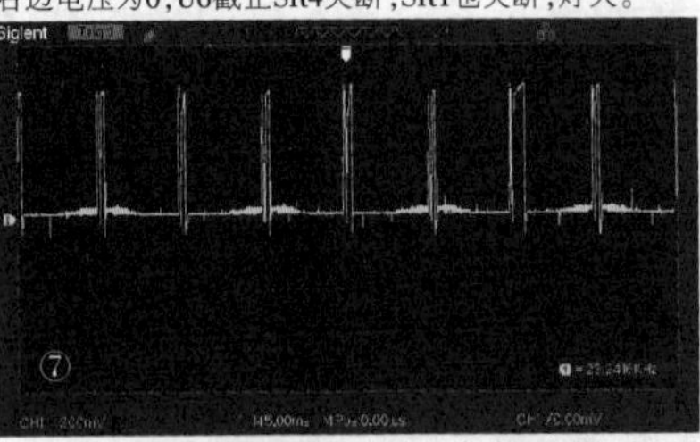

三、3V稳压电源和蜂鸣电路：电路图如图8所示。主要由低压差稳压块U8、电容C12、蜂鸣器B1和三极管Q1组成。

由于单片机开关信号电路需要在灯亮和灯暗时都能工作，故必须有前面介绍的暗供电源电路和亮供电源电路提供输入电压。灯暗时，由暗供电源电路输出的6V电压经D21和C8，再经过D14加到U8的输入端，并在输出端输出3V的稳定电压。灯亮时，由亮供电源电路输出的8.5V电压，经隔离二极管D20后加到U8的输入端，再经U8稳压输出3V电压。这样就使得灯亮和灯暗单片机开关信号电路都有3V电源电压。另外，3V电压还为蜂鸣电路提供电源。当触摸面板时，单片机开关信号电路会输出一个短脉冲，通过R1加到三极管Q1的基极，使Q1导通，蜂鸣器B1工作，发出蜂鸣声，类似机械开关开和关的声音。

四、单片机开关信号电路：电路图如图9所示。主要由单片机U1、三极管Q2、发光管D3D4以及信号线插座J组成。

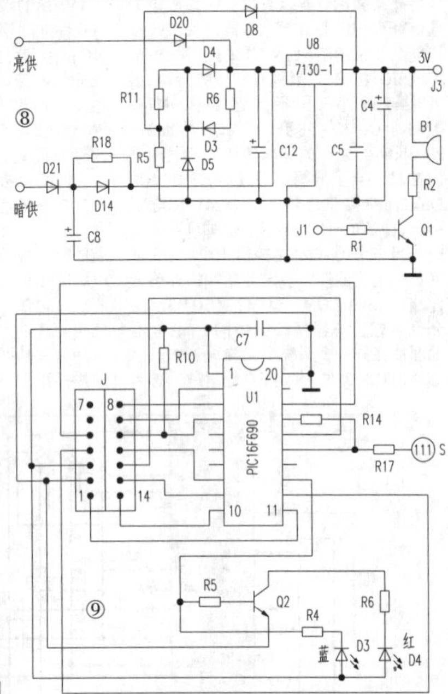

图中U1为⑳脚单片机，引脚中①脚为VDD，⑳脚为VSS，其他为信号脚。在灯暗的状态下，触摸面板，触摸片S和人体之间的电容发生变化，这样就引起单片机内部的振荡器振荡频率发生变化，从而确定有手指按下，单片机第⑩脚输出高电平，并且这个高电平被送到J14上，经开关控制电路，灯亮。再次触摸面板后，第⑩脚输出低电平，经开关控制电路，灯灭。每次触摸面板时，U1第⑱脚都会输出一个脉冲信号，使蜂鸣器B1发声。D3和D4为低功耗发光管，D3发蓝光表示灯灭，D4发红光表示灯亮。工作原理是：U1第⑩脚输出高电平的同时，第⑬脚也输出高电平，使Q2导通，U1的3V电源电压加到发光管D4上发红光。U1第⑩脚为低电平时，第⑬脚也为低电平，3V电压通过R4加到D3上使之发蓝光。

这样电容式触摸开关解析告一段落。电容式触摸开关是比较新型的开关，由于使用单片机进行控制，也可以认为它是一种智能开关。虽然这种开关有控制方便、轻松的特点，但还存在一些问题。主要为：一、开关需要用电，因此不够节能。二、开关的工作环境比较苛刻，特别是潮湿天气，容易引起工作失灵等问题。三、电路比较复杂，性价比不高，不易推广。这些都有待进一步改进、完善。

◇鱼鱼

一次元件选择上的教训

最近在给医院的电动病床做电子设计。这个设计不难，只需在两个方向使用六个驱动器(actuator)，外加几个按键。

完成最初的原型组装后，开始测试。一切似乎运作正常，但是由于某些原因，当快速切换方向时(例如快速地按上、下按钮时)，实验室的红色LED显示灯有时候会突然闪烁一下，这表明电流超过限制而发生了电路跳闸。为什么会出现这种情况?这个电路板本身正在测试，没有附加负载(只有微小的LED)，唯一的解释就是H 桥短路。

现在来研究一下电路图。因为客户希望降低成本，因此没有使用任何专用FET驱动器IC。如附图所示，上方的栅极(Q1)由非常原始的分压器控制，而底部的栅极(Q2)有较为精细的驱动器。实际上，底部驱动器的开关速度约为1μs，而上方驱动器的开关速度约为100μs。这种折中方案很容易理解。我们不确定是否所有六个通道上都需要脉宽调制(PWM)功能，例如软启动/停止(soft start/stop)。这样做的理由是让上方其中一个栅极维持开启状态，并且对下方的栅极进行脉宽调制。因此，应用中只需要降低上方驱动器的速度。

改变方向时，发现上方的驱动器速度变慢，在打开左、右两边栅极时会有200μs的延迟时间(反之亦然)。

将每一次栅极切换(gate switching)事件分离出来，很快发现，这个问题与打开下方栅极时产生的问题是一致的。当时乱成一团，12V线路崩溃了，24V线路也崩溃了(其电流受到电源控制)，底部驱动器的振荡时间达到10到15μs。到底是怎么回事?!

同时，H桥的地回路(ground return path)出现了极大的突波(surge)。起初我以为接地反弹(ground bounce)会大到足以关闭Q39，并打开桥底错误的那一面。可能情况也的确如此，因为直接连接CPU接地和桥接地会防止过电流跳闸(overcurrent tripping)。但是原来的接地反弹来自何方?接地的布线设计(layout)经过一次又一次的反复检查，确认没有任何错误。将接地(ground)连接起来没有任何意义，因此也无法解决问题。

通过对问题进行充分的研究分析，意识到可能是顶部驱动器的原因。的确，将电阻R1和R15降低到500Ω会减少接地反弹，并停止过电流跳闸。但是问题依然存在，只是受影响的程度大大降低。

然后知道原因了。例如，当打开左边的栅极(Q1B)后，桥的输出都是24V(因为它通过负载连接，底部栅极是关闭的)。当我打开右边的栅极(Q2A)时，有一个电容分压器—— Cgd和Cgs，它由上方的FET Q1A所形成，栅极为分压器的中点。电流对电容进行充电使上方的栅极变成12V，与源极(source)相对应，因此导通了右上方的栅极。现在电流直接流过桥的右侧，结果出现接地反弹，并打开了左下方的栅极。现在四边的栅极都打开了!24V线路开始崩溃，导致12V线路断电。

事后看来，原因似乎显而易见。如果不需要快速切换功能，为什么要设置快速且功能强大的FET驱动器?吃一堑长一智，不要再将电阻驱动器当作功率FET了。

◇湖北 朱少华 编译

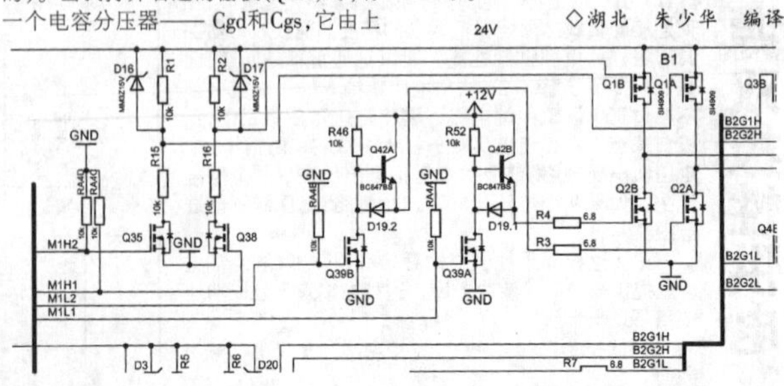

贴片式电压检测器及稳压器模块简介(下)

(紧接上期本版)

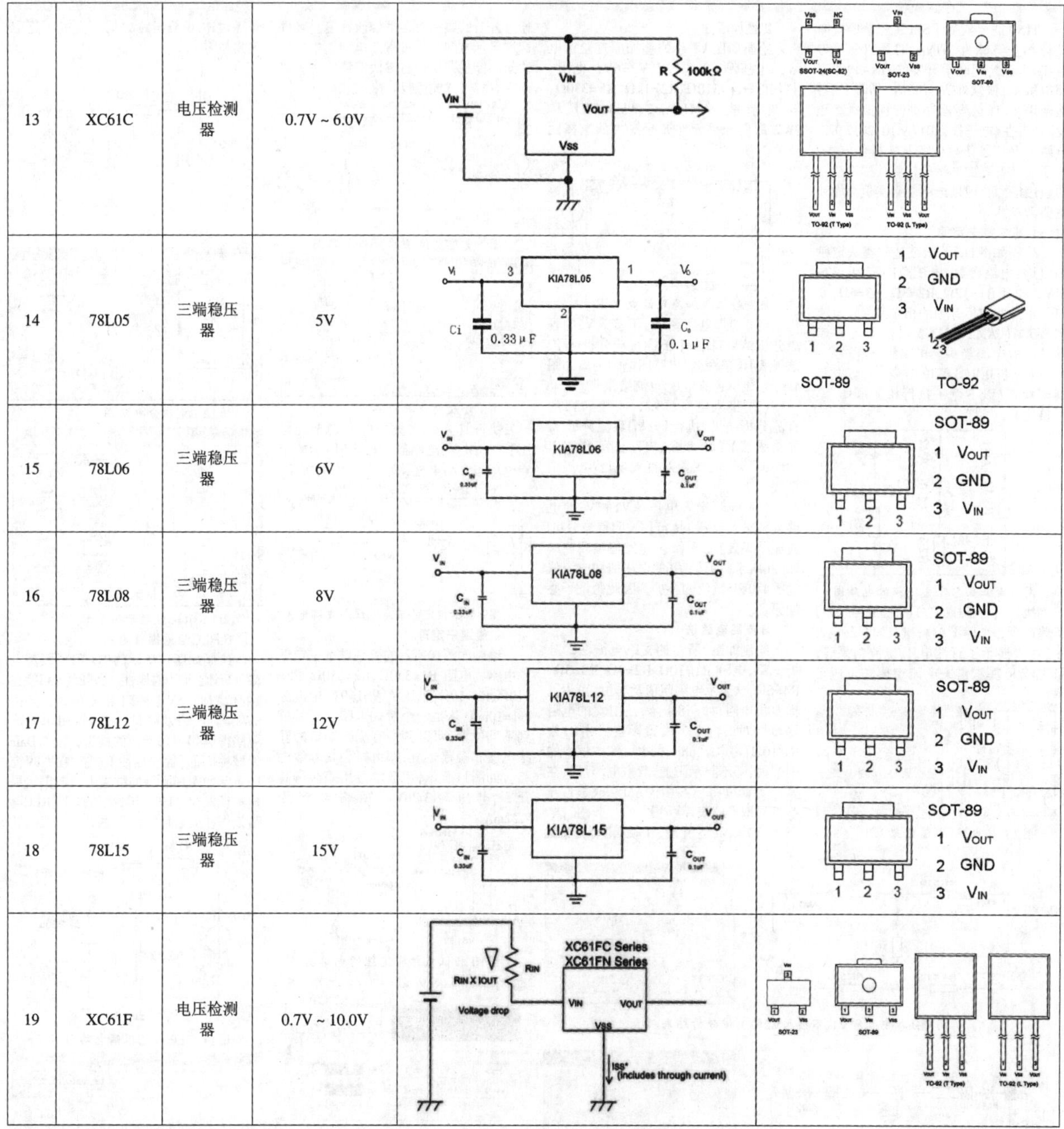

13	XC61C	电压检测器	0.7V ~ 6.0V		
14	78L05	三端稳压器	5V		
15	78L06	三端稳压器	6V		
16	78L08	三端稳压器	8V		
17	78L12	三端稳压器	12V		
18	78L15	三端稳压器	15V		
19	XC61F	电压检测器	0.7V ~ 10.0V		

(全文完) ◇广东 刘祖明

废弃的小夜灯改制成LED小夜灯

2000年初，笔者花9元钱买了五只某品牌1W小夜灯,该灯设计为直插式,还配有不错的电源开关,在使用了七、八年以后,这开关还响声清脆、开关自如。但因其内的“迷你型灯管”(其结构与前几年还在使用的日光灯管类似，其体积却只有一节七号那么大）已老化损坏,小夜灯被弃置抽屉中已有多年。

现在市面上早已不见“灯管式”小夜灯,取而代之的是发光二极管(以下简称“发光管”)小夜灯,但其外观与原来的几乎一模一样。最近几年发光管价格一直走低,便宜到使人不敢相信,网购包邮每只仅几分钱。

网购回来一批发光管,选择三只白色的,再从元件盒中选出一只上乘的1N4007做整流管,另外再找出一只51k、1/4W碳膜电阻(若没有51k的,可用两只100k电阻并联代替,功率比1/4W略小也行。用金属膜电阻则更佳)。下面开始装配发光管小夜灯。

先用解刀撬开小夜灯(没有螺丝钉,是上下盖两半边的扣榫结构),焊下“袖珍式”印刷板上的所有元件,利用印刷板原来的焊孔，在合适的位置焊好三只发光管,使它们“正负”相接,形成串联,且尽量使三只管子间隔等距。

焊掉原来电源插头直通印刷板的那根导线，焊上1N4007,其正极焊在电源插头铜片上,负极则焊在第一只发光管的正极上。再焊掉电源开关与印刷板之间的导线,焊上51k电阻,电阻一头焊在电源开关一端,另一头则焊在第三只发光管的负极上。这样五只元件全部串联好了，其中电阻和整流管还起着支撑印刷板的作用。

在装回上下盖之前,要在左右两只发光管出口处、即上下盖里面所对应处用电烙铁各烫出一道约2mm深的凹槽,以便发光管通过(中间原来有一圆孔,就不用再开)。扣好上下盖,插入市电插座,新型LED小夜灯放光明了!

经过测量,降压电阻上有直流电压102V,流经发光管的电流为2mA。用网购的袖珍功率表测量,小夜灯耗电量为0.65W左右。夜里用来照亮几平方米的小房间很合适。

降压限流电阻的阻值范围在22k~82k之间，阻值小,发光管电流大,亮度就大,耗电量也大一些;阻值大,则相反……

◇四川 屠光胜

基于TINA软件的电路仿真实例——电路基础篇(一)

TINA是一款基于SPICE引擎的模拟设计与仿真软件，TINA-TI是TI公司与DesignSoft公司联手开发的TINA软件的简单版本，该软件界面简洁，易于上手，适合采用TI公司器件进行模拟电路开发。笔者在《电子报》2017.9.10、2017.9.17分两期介绍了该软件的基本操作方法，为了让读者更加熟悉此软件，提高软件的应用能力，现用电路基础实例演绎其主要功能。

1.基尔霍夫定律

绘制如图1所示验证基尔霍夫定律的电路，电路参数：电压源E1=42V、E2=21V，电阻R1=12Ω、R2=3Ω、R3=6Ω，取自基本元件库标签中的相应元件，电流箭头AM1、AM2、AM3取自仪表元件库标签中的电流箭头。电路绘制完成后，执行【分析|ERC】菜单命令，进行电气规则检查(以下例子执行相同操作，不再赘述)。

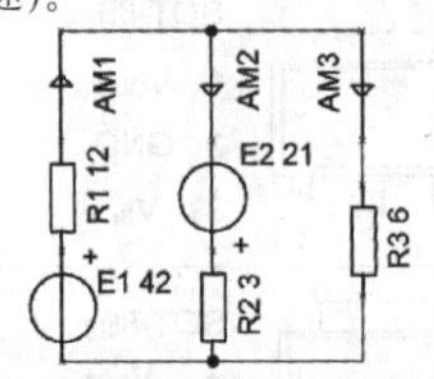

图1 验证基尔霍夫定律的电路图

执行【分析|直流分析|直流结果表】菜单命令，电路图编辑窗口如图2所示，图2右表显示了直流电压/电流结果表，可见满足基尔霍夫电流定律和电压定律。

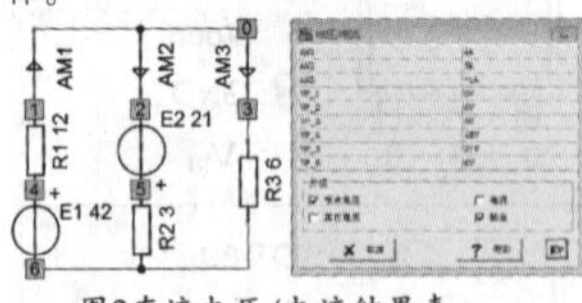

图2直流电压/电流结果表

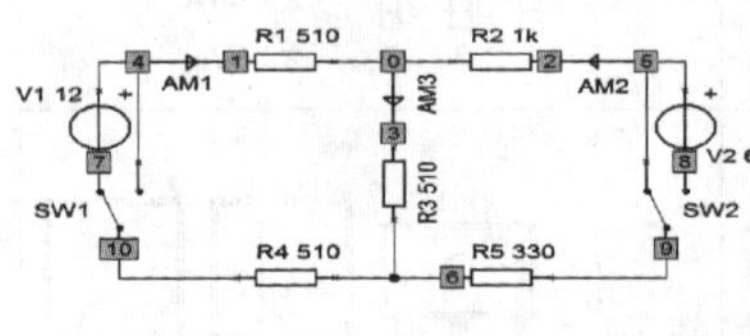

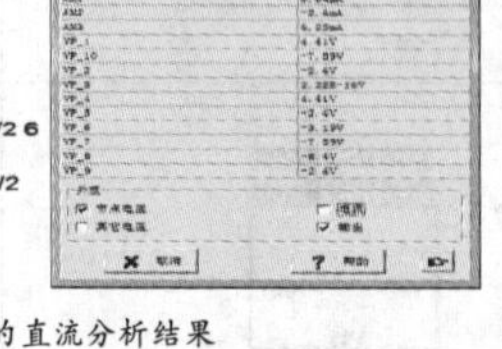

图4 接入电压源V1，不接入V2的直流分析结果

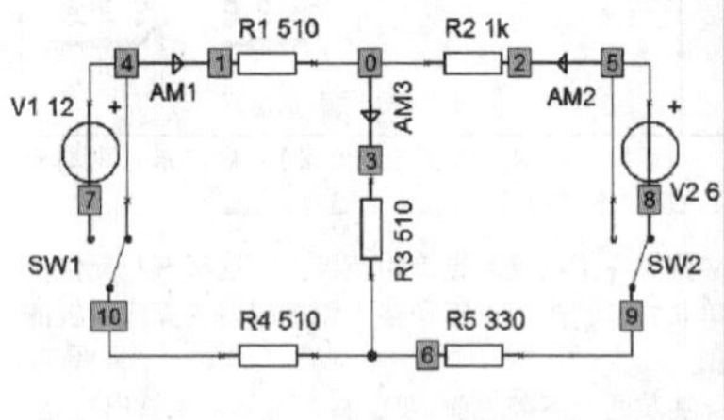

图5 接入电压源V2，不接入V1的直流分析结果

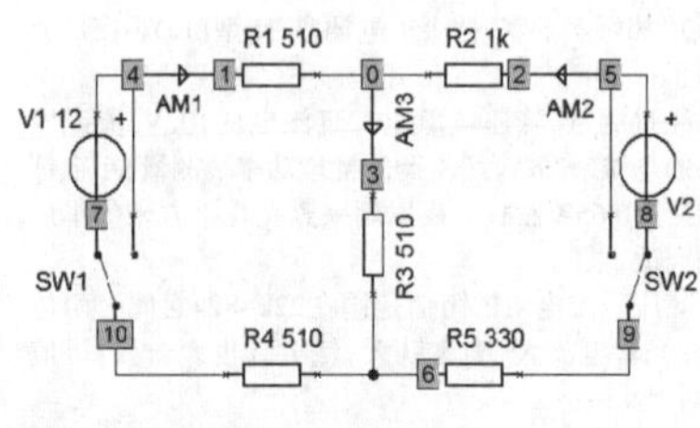

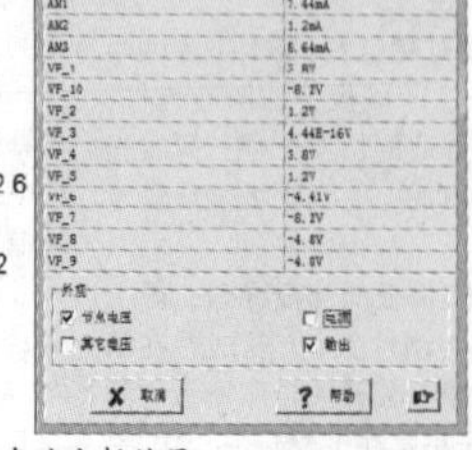

图6 同时接入电压源V1和V2的直流分析结果

2.叠加原理

绘制如图3所示的叠加原理验证电路，电压源：V1=12V、V2=6V，电阻：R1=R3=R4=510Ω、R2=1kΩ、R5=330Ω，电流箭头：AM1、AM2、AM3，SW1和SW2取自开关元件库标签中的选择性开关。

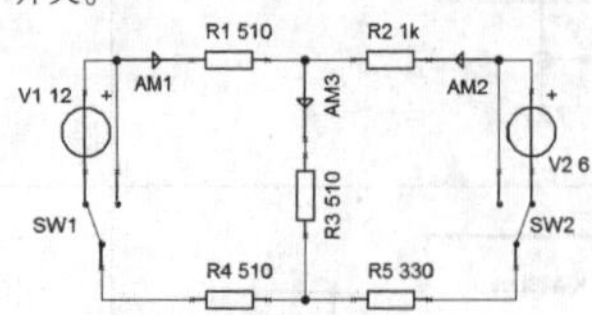

图3 验证叠加原理的电路图

(1) 接入电压源V1，不接入V2的直流分析结果：执行【分析|直流分析|直流结果表】菜单命令，电路图编辑窗口如图4所示，显示直流电压/电流结果表。

(2) 接入电压源V2，不接入V1的直流分析结果：执行【分析|直流分析|直流结果表】菜单命令，电路图编辑窗口如图5所示，右图显示直流电压/电流结果表。

(3) 同时接入电压源V1和V2的电路直流分析结果：执行【分析|直流分析|直流结果表】菜单命令，电路图编辑窗口如图6所示，可见图6的电压值和电流值是图4和图5数值的叠加，因此验证了叠加原理。

3.支路电路法

绘制如图7所示的支路电流法的分析电路，电阻R1=10Ω、R2=4Ω、R3=3Ω、R4=6Ω，欲显示电阻阻值及单位，可用鼠标双击电阻，如图8所示，在出现的电阻器属性对话框中，设置标签栏中R1为R1 10Ω；将电阻[ohm]栏中后部方框中的勾取消，即不显示阻值。双击电流箭头在属性对话框将标签中的AM修改成I；开路符号取自仪表库标签中的“开路”，电压源V1=3V、电流源I1=2A，同样可以通过各自的属性对话框修改标签。元件标签显示方向可通过激活电路图中相应的元件标签，执行右键快捷菜单命令进行左右旋转或镜像反转来完成。

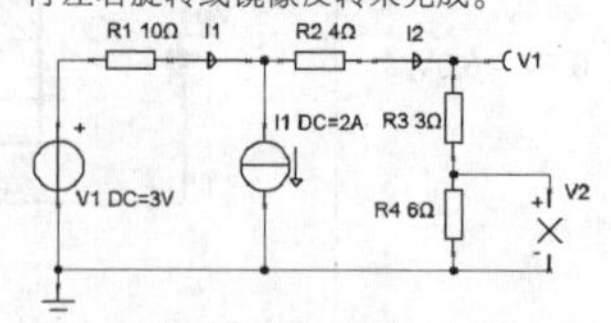

图7 支路电流法的分析电路图

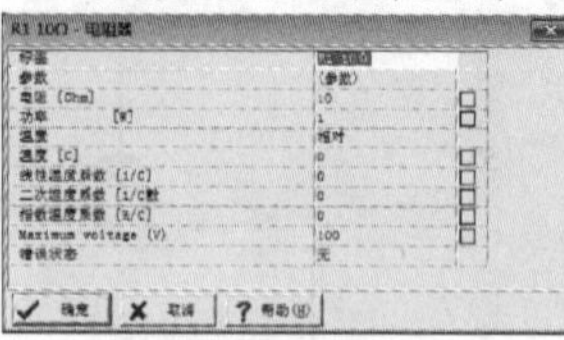

图8 修改电阻器标签

执行【分析|直流分析|计算节点电压】菜单命令，电路显示如图9所示的节点电压与支路电流，满足基尔霍夫定律。

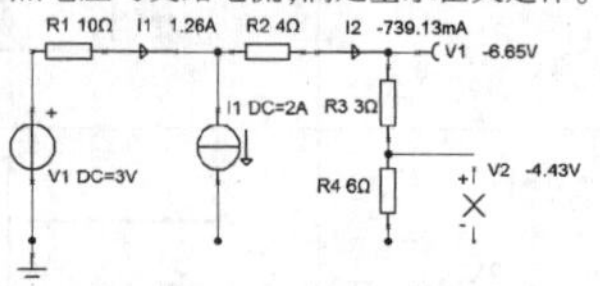

图9 显示指定的节点电压与支路电流

4.戴维宁定理

绘制如图10所示的验证戴维宁定理的电路，电阻R1=330Ω、R2=510Ω、R3=510Ω、R4=10Ω，电压源VS1=9V、电流源IS1=10mA，这是一个桥式电路。开关打到不同位置，可以测得有源二端口的开路电压和短路电流，即可得到其等效电路。如图11所示，用数字万用表测得其开路电压为3.76V，短路电流为7.22mA。

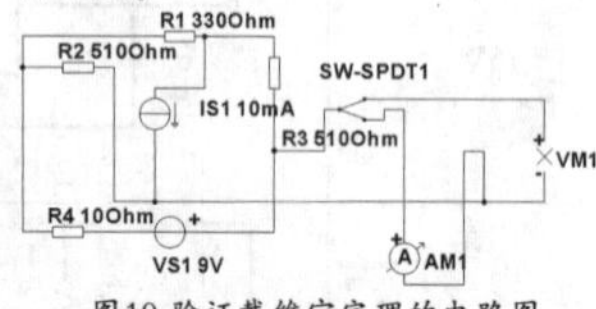

图10 验证戴维宁定理的电路图

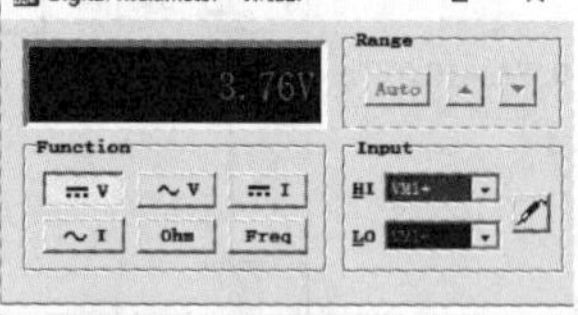

Digital Multimeter - Virtual

7.22mA

图11 测量有源二端口的开路电压和短路电流

5.RC积分电路

绘制如图12所示的RC积分电路，修改各元件的属性，电阻R1=10kΩ，电容C1=1μF。设置输入方波信号VGl的幅度为lV，频率为50Hz。

执行【T&M|示波器】菜单命令，选择Time/Div为10ms，Volt/Div为1V，Channel为Vo，点击示波器中的【Run】按钮，示波器立即显示波形。再按【Stop】按钮，得到如图13所示的波形。可见，方波信号经过RC积分电路之后，变成了近似三角波。

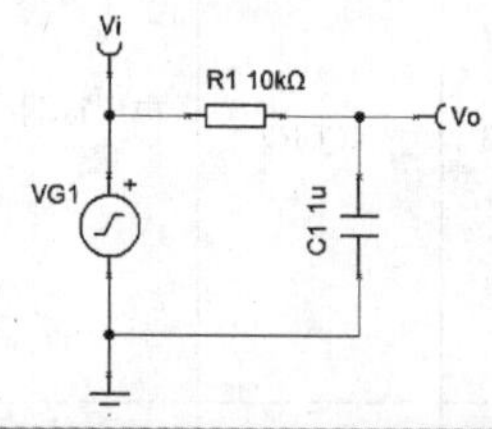

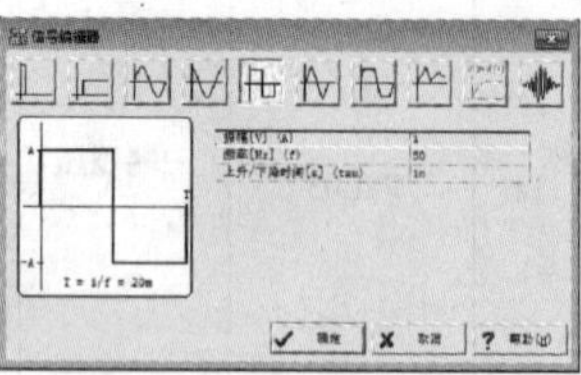

图12 RC积分电路图

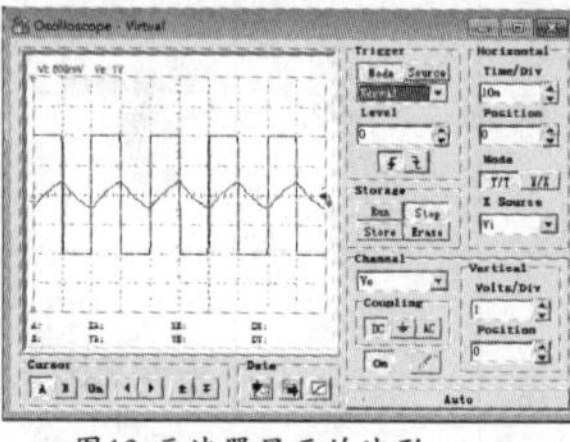

图13 示波器显示的波形

6.RLC阻尼振荡电路

绘制如图14所示的RLC阻尼振荡电路，修改各元件的属性。当开关SWl拨在1的位置时，5V电源对电容充电；点击SWl，当开关拨在2的位置时，用示波器观察得到如图15所示的结果，按下Data区域中间的【输出曲线】按钮，在图表窗口显示如图16所示的结果中。数据结果能实现保存打印。因R2阻值较小，RLC电路工作在欠阻尼振荡状态。

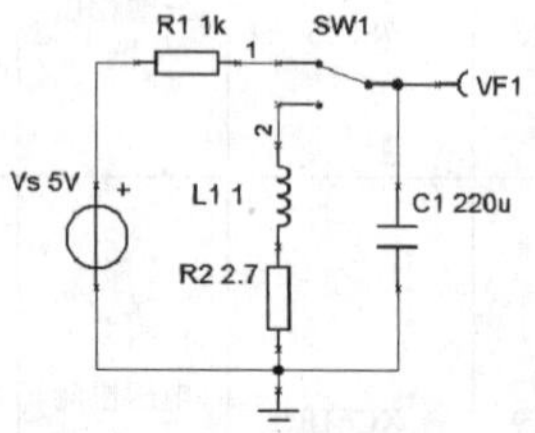

图14 RLC阻尼振荡电路图

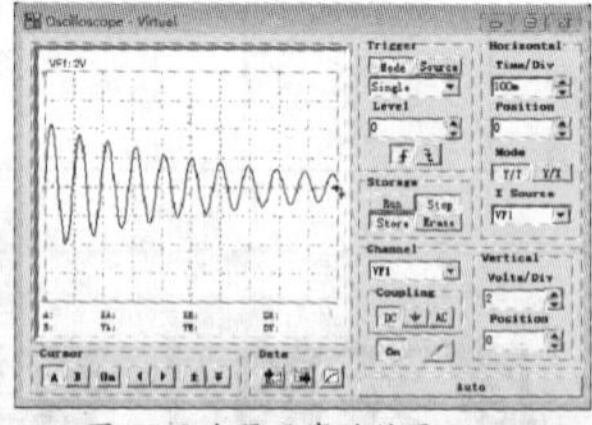

图 15示波器观察的结果

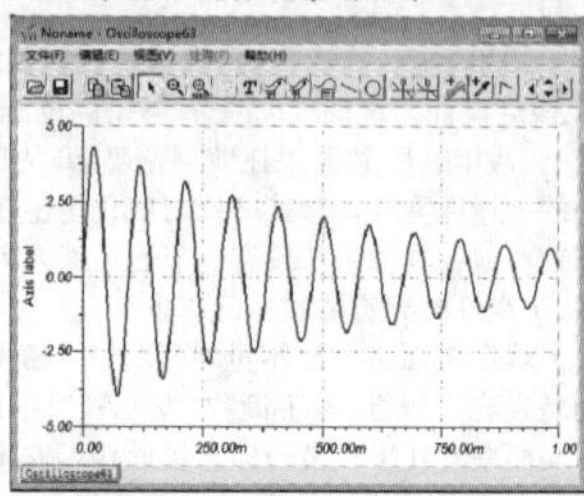

图16 图表窗口显示的结果

(未完待续)(下转第38页)

◇湖南 欧阳宏志

TSD-10 DAM中波数字调幅广播发射机技术指标自动综合测试

为能精确测试发射机各项技术指标，充分利用现有资源，引进计算机技术、网络技术、信息传输技术等先进技术手段，解决传统测试方式存在的问题，排除安全隐患，提高七一八台的技术管理水平和工作效率，提高安全播出能力，特介绍本文。

1.项目目标

以安全、创新、实用为解决方案，以发射机为核心，基于自动化综合测试平台的架构，通过多个子系统的协同运行，具备对多台发射机的实时测试和信号传输，实现发射机"自动测试、自动打印测试报告"的工作方式，具有较强的安全性、稳定性、精确性和易操作性，切实提高工作效率。

2.安全要求

安全播出，指在广播电视节目播出、传输过程中的节目完整、信号安全和技术安全。因此，安全是一切工作的出发点和落脚点，系统的软硬件结构、测试流程管控必须立足于安全、可靠和稳定的基本要求，所有软硬件必须保证长期稳定可靠地运行，具有完善的硬件配置，在安全的环境下进行操作。系统具有科学合理的应急安全措施，提供实时的系统状态监测和报警。

3.技术要求

《TSD-10 DAM中波数字调幅广播发射机自动综合测试系统》以国家广电总局《广播电视发射台运行维护规程》为标准，以《广播电视安全播出管理规定》(简称62号令)为指导，以自动传输、通信网络、计算机、传感器等技术为手段，实现对发射机各项技术指标的自动测试，自动化水平高、系统运行安全可靠，测试结果精确，能真实反映发射机性能，利于发射台实时掌握发射机运行状态，切实提高维护水平、提高工作效率和管理水平。

4.系统科学性和规范性

系统既要保证测试目标设备参数的准确性，又要保证系统内相关设备的安全性。同时系统具有操作规范、数据自动存储、自动打印测试结果等功能，保障系统所有设备运行安全、可靠、准确，保证整个系统运行始终处于安全监控和保护之中。

5.高效、易操作、易维护性

科学合理的操作流程，有效提高测试系统设备操作的灵活性、易操作性，降低技术人员的劳动强度和工作压力，所有硬件易学易用，软件运行稳定可靠。系统总体布局合理，硬件设备的连接科学，工艺规范，便于维护施工。

6.长期运用能力

系统采用安全、可靠、科学、先进的技术，选用的硬件和综合测试仪代表最新最实用的技术，适应不低于5年以上的使用寿命。系统具有扩展通道数和磁盘存储容量的空间，考虑未来增加发射机时可实现自动切换设备，可根据需要选择测试发射机等问题。

7.系统构成

自动综合测试系统采用DSP高速信号处理技术，多层隔离屏蔽，根据有关规定和行业标准实现对TSD-10 DAM中波数字调幅广播发射机的调制度、振幅频率特性、谐波失真、信噪比、载波跌落、正负调幅不对称度等技术指标的自动测试。主要实现功能有显示、存储、打印测试结果和绘制特性曲线。实现信号切换、量程调节等都勿需人工干预，只要通过测试菜单即可选择待测项目，可直接在测试仪上存储测试结果，并连接计算机和打印机，打印测试结果。

8.综合测试系统结构流程如图1所示：

9.系统数据采集单元

(1)射频切换器：用于视频和射频系统的应急切换器，可通过的信号幅度大、频带宽、结构简单可靠。有8路输入通道(1~8)和1路输出通道。

(2)音频矩阵切换器：有8路音频信号输入通道(用1、2、3、4、5、6、7、8表示)及8路音频信号输出通道(用A、B、C、D表示)。矩阵切换器采用Y-X键控制方式，"Y"键为输出通道键，用A、B、C、D表示，"X"为输入通道键，用1、2、3、4…表示。需要切换某一路信号时，先按输出通道键(A、B…)，这时相应通道的显示窗闪烁，再按输入通道键(1、2…)，切换即完成。

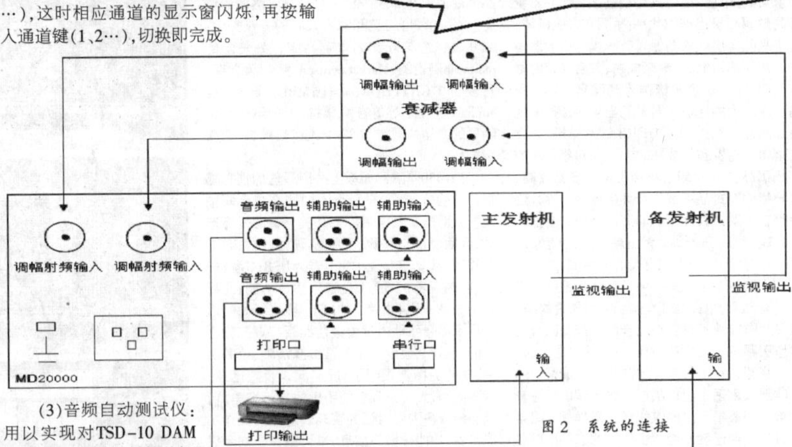

图2 系统的连接

(3)音频自动测试仪：用以实现对TSD-10 DAM数字调幅广播发射机的调制度、振幅频率特性、谐波失真、信噪比等技术指标的自动测试。可显示、存储、打印测试结果和绘制特性曲线。采用DSP高速信号处理技术。信号切换、量程调节等无须人工干预，通过测试菜单即可选择待测项目。全系统采用多层隔离屏蔽，直接在测试仪的电子盘上存储测试结果，并打印。

(4)衰减调解器：调整电路中信号的大小。

(5)音频应急切换器：当广播节目播出过程中，若发生播出主路音频信号中断时，可以自动将备路音频信号播出，同时发出声光报警。

(6)音频处理器：对音频信号进行处理，对高、中、低音信号多段均衡，对高、中、低音频信号分段压缩。

10.系统设备的连接

10.1 输出接口：L(左)：① 地 ② 信号+ ③ 信号-

R(右)：① 地 ② 信号+ ③ 信号-

10.2 输入接口：L(左)：① 地 ② 信号+

R(右)：① 地 ② 信号+

10.3调频/调幅发射机自动综合测试仪测试系统的连接如图2所示。

11.系统工作流程

当主发射机正常播出的情况下，开启备发射机并将其带假负载工作，调整发射机输出功率到额定输出功率10kW，音频综合测试仪输出1kHz的标准信号(正弦波)给音频矩阵切换器，通过音频矩阵切换器选择分配信号输出给备发射机，备发射机将向射频信号切换器输出射频信号，射频信号切换器选择输出射频信号给衰减调节器，通过调节衰减调节器调节射频信号的强度后输出给音频综合测试仪，通过音频测试仪的技术处理后将在显示屏实时显示备发射机的各项技术指标，技术指标通过串口输出到计算机，计算机将连接到打印机进行打印备发射机测试结果。

12.中波调幅发射机测试

将调幅中波发射机耦合的射频测试信号接入测试仪前按以下步骤操作：

12.1确定发射机耦合的射频测试信号峰峰值不大于30Vp-p；

12.2将射频信号接入可变衰减器的输入端；

12.3将可变衰减器的衰减置于最大衰减状态；

12.4将可变衰减器的输出端和测试仪的调幅射频输入连接。确认所有的连接都无误后，选择"调幅发射机指标测试"，如图3所示。

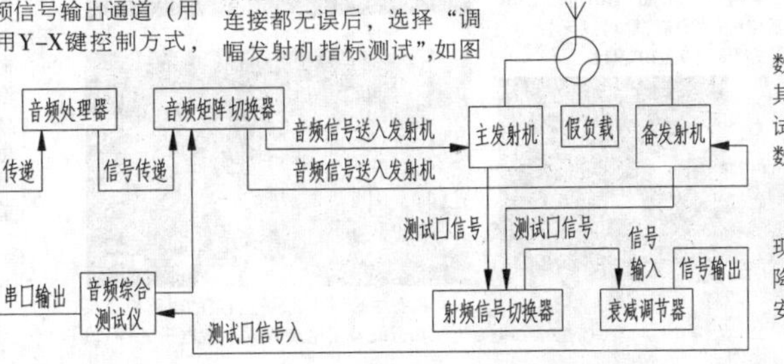

图1 系统结构流程图

12.5将测试仪下方的测试开关选择到AM调幅，测试仪检测输入测试仪的射频测试信号的载波强度，调节外接的可变衰减器，使屏幕上显示载波强度的大小在300~1000mV之间，即可进行正常测试。如信号过大载波强度显示的数字会变成红色，此时应衰减输入信号使载波强度符合测试要求。

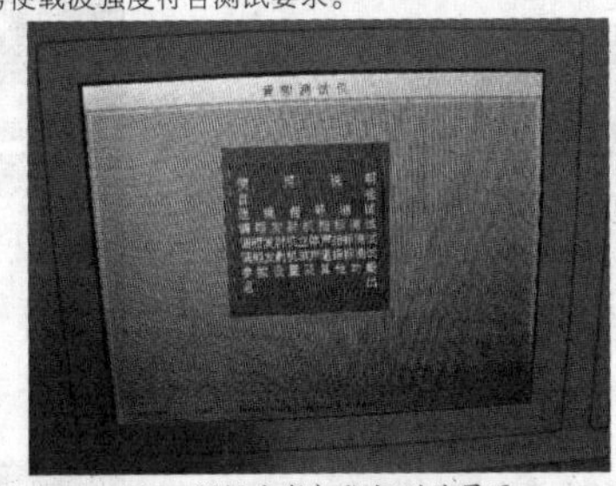

图3 调幅发射机指标测试界面

载波强度调好后，按上下键选择自动测试或选择某一单项进行测试。以选择自动测试发射机指标为例：测试系统将自动测试发射机，并在测试仪显示屏显示发射机各项技术指标：

(1)调幅频响测试：显示6个电频频响的不平坦度，用dB表示。测试仪连续输出6个频点的信号进行频响的测试(60Hz、100Hz、400Hz、1KHz、3KHz、4.5KHz)。

(2)调幅谐波失真测试：显示6个点频的谐波失真，用千分比表示。测试仪会连续输出6个频点的信号进行谐波失真的测试(60Hz、100Hz、400Hz、1KHz、3KHz、4.5KHz)。

(3)调幅信噪比测试：用dB表示。

(4)调幅上下调幅不对称度测试：当正负调幅度的其中之一达到90%时，正负调幅度之差的绝对值即为上下调幅不对称度，用百分比表示。

(5)调幅发射机的载波跌落测试：在供电电压保持恒定的条件下，用单一频率的正弦信号对发射机进行调幅，使调幅度为95%，则无调幅时的载波振幅与调幅时的载波振幅的差值，与无调幅时载波幅之百分比，即为载波跌落，用百分比表示。

13.测试结果的存储及打印

在自动测试完成以后，按F2存盘，存盘的文件名为数字整数文件名，数字不大于8位整数。在"系统参数及其他功能"的"3.测试记录数据管理"可以查看历史测试记录。直接在测试仪上存储测试结果，并从"系统参数及其他功能"中将其调出，并打印。

14.测试系统应用

通过此次成功的项目实施，预期设计目标得以实现，系统设计流程科学，功能完备，技术指标精确，大幅降低了劳动强度，提高了工作效率，切实进一步加强了安全播出保障能力。

◇贵州 赵应生

音质媲美CD机的高保真媒体播放器天逸TY-i30使用报告(上)

数码科技的日新月异，导致许多传统的家用电器升级换代或被直接KO,其中最具典型意义的就是传统的胶片相机被当年并不看好的数码相机迅速取代…… 而在音响领域，近年来陆续出现的高保真数码媒体播放器经过近两年的发展,也渐渐成熟,并直接威胁着传统CD机在音响领域作为高保真首席音源的江湖老大的地位。君不见当年每逢周末就会热闹非凡的广州金海印CD碟片市场,如今已落得门可罗雀的凄凉窘态。而每年一次的广州国际音响展却不断涌现出众多颜值高、音质靓的新锐品牌数码音频播放器。种种迹象都在表明，胶片相机的命运是否也会出现在音响行业？正所谓“青山遮不住,毕竟东流去……”然而不知道您有没有注意到,作为传统HI-FI音响的一线品牌厂家对此蛋糕却迟迟没有动手,也许是在观望？或是传统的HI-FI观念作祟并不看好数码音源？或是因为技术原因跟不上时代的步伐……

直到去年十月下旬，我终于在成都国际音响展上邂逅了出自国产一线品牌的天逸音响展出了最新研发的媒体播放器样机。同年12月，一台还散发着新机气息的产品出现在我的工作室，这正是天逸音响最新正式上市销售的高保真媒体播放器TY-i30，市场售价为3280元,档次定位为中档HI-FI。早在年前就听说天逸音响会顺应潮流而研发此类产品,但时间几乎过去了一年,天逸对此始终是讳莫如深，正当天逸粉们几乎都要把这事淡忘时,TY-i30终于姗姗来迟,正所谓十月怀胎一朝分娩,想必这迟来的“孩子”一定与众不同吧?!（图1)

①

天逸作为我国资深的高保真音响一线品牌，有25年的悠久生产HI-FI产品的历史,有超过15年设计制造高保真CD机的经验积累，有多款发烧级的DAC数字解码器和数码耳放作为开发的技术平台，相信这种厚积薄发的生产模式势必是“不鸣则已，一鸣惊人”吧！

和众多在音响展会上见到的数字音频播放器不同的是，展会上的产品大多体积小巧，或大小如口袋，盈盈一握既可把玩在掌中和耳机组成高保真单兵利器，或再大些如32开、16开大小的书籍，可玩耳机，可做家庭HI-FI之音源，但终归如小家碧玉,和传统尺寸的功放搭配稍显小气。天逸的这款TY-i30与众不同的选择了标准的444厘米全尺寸的铝合金面板宽度，这个宽度正好和天逸数款功放如AD-2SE/AD-3/AD-86PRO/AD-68PRO/AD-66PRO等等型号的主流HI-FI功放之宽度一致，铝合金面板厚度更是夸张的达至20mm，从而在和这些功放搭配使用时有很和谐厚重的整体视觉感受,起码在视觉效果上完全可以取代传统的全尺寸CD机而不觉得唐突。(图2)

②

TY-i30同样采用了具有天逸风格的黑/银搭配整体工艺，中间为银色横向拉丝铝合金,两边为纵向黑色铝合金拉丝工艺。天逸在产品外观设计上已经沿用了近14年的黑/银搭配整体风格，使得天逸的产品在外观上具有很明显的辨识度，事实上这种带有浓厚企业色调的设计外观已被广大音响爱好者接受为天逸外观。这种外观不需要认清产品logo，仅凭外观就可以一眼认出是天逸的产品。产品外观辨识度高的产品一般都具有悠久的历史、成熟的外观工艺和深入人心的企业文化。纵观公认的国际知名音响品牌，如美国的mcintosh麦景图、Mark Levinson 麦克.莱文森、丹麦贵丰GRYPHON、德国MBL、日本Accuphase金嗓子等等音响器材,无一不有非常明显的产品外观辨识度,令人过目难忘、印象深刻！

TY-i30厚重的面板上按照最佳的视觉感受匀称的分布着9只大小不同的高亮金属按键，分别担负着电源待机开关、音源循环选择、歌曲添加与移除、系统设置、方向左右上下移动、确认等按键；右下方为USB(U盘)插座,明确表示该机有U盘音乐播放功能；面板正中央是一块4寸大小的LED全彩显示屏，这块显示屏夸张地占据着银色面板将近三分之一的大面积,显示效果非常细腻清晰,色彩明艳,功能图标新颖明了,层层深入反应迅速，手到眼到,大可以和智能手机的显示媲美。可以显示众多人机对话的图标、对应的操作功能步骤、功能导航等信息,也可以完全同步显示歌曲信息及播放状态，信息的存放路径等等。是我见过的天逸数码产品中显示效果最好的产品,没有之一。图3 图4 图5

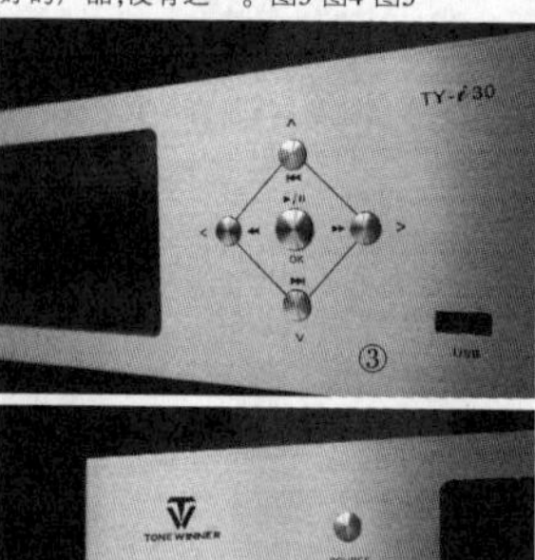

③

④

⑤

作为一款功能较为全面的HI-FI数码音源,该机的背板接口比较齐全,计有一对模拟音频平衡输出端口(XLR 平衡信号输出)，一对模拟非平衡输出端口（RCA莲花输出)、一个数字同轴输出端口(COAX)，一个数字光纤输出端口OPT DIGITAL OUT,一个迷你SD/TF卡插座(Micro sd Card DIGITAL IN)，后面板中央立着一根8.5cm的天线,昭示着该机应该有WI-FI接收功能，可以通过局域网及手机热点连接实现播放网络无损音乐等等。拥有这些接口，可以说该机已经具备对目前常见的HI-FI音源资源几乎一网打尽的功能,您不管是用手机、电脑、平板iPad、高清电视,DAC解码器、甚至传统的CD机,都可以无忧通吃通兑！图6 图7 图8 图9图10 图11

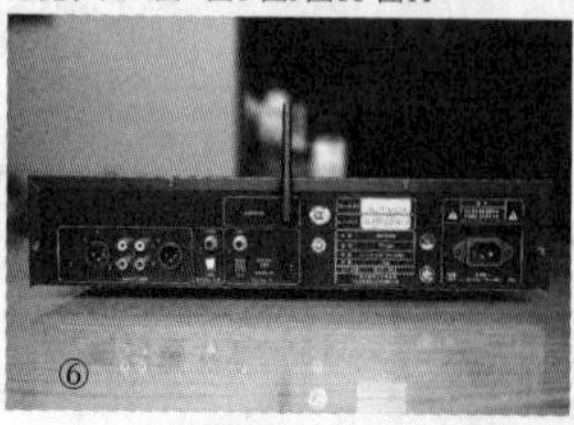

⑥

⑦

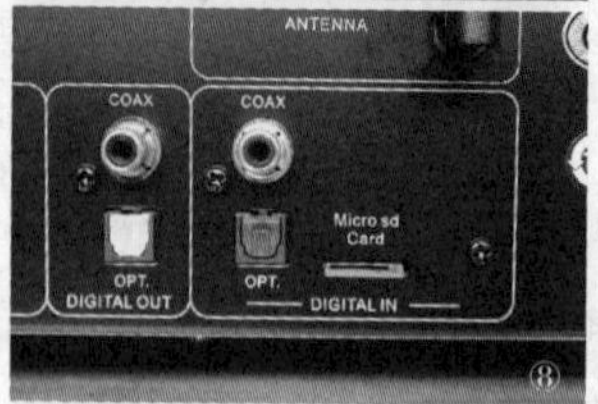

⑧

⑨

⑩

⑪

作为HI-FI音源，防震问题非常重要,往往源头的微小震动，也会给后级功率放大电路带来负面的影响，因而TY-i30的机脚特别选用了有良好防滑、防震和缓震化震作用的梅花镂空加PU防滑垫圈的金属高亮专业防震机脚。须知高保真器材的打造涉及到方方面面的精细工艺，来不得半点马虎,“小处也不可随便,正是HI-FI厂家从小处见整体的一贯作风”。

打开该机的上盖板审视，所有涉及信号流程的电路：包含蓝牙和WI-FI接收电路、光纤输入及同轴数码流输入集中处理电路，DAC数/模转换和音频解码电路、音频信号的整形滤波及非平衡转平衡的信号处理电路等等,都全部集中在机器的右后部分。和机器的后面板输出输入等信号端子紧紧相连，最大限度地缩短了信号流程，这对于提高机器整体信噪比和抗干扰有较大的好处,这也正是天逸HI-FI器材一贯的设计理念和手法！图12

⑫

笔者注意到,这块多达4层的电路板正反两面都板载着密密麻麻的小型电子元件,设计布局相当的严谨规范，一看便知这绝对不是人工手焊，而是如电脑主板一样精美的高科技智能贴片波峰焊接工艺，因而基本不会有虚焊误焊的返工之嫌，这样的工艺水平绝非山寨小厂作坊工艺所能望其项背。焊点圆润、精细、整齐划一，工业化完成度极高。从而很好的杜绝了早年传统音响企业人工焊接可能出现的虚焊、假焊等各种故障隐患,极大地增强了产品的可靠性,看着令人放心！图13

⑬

TY-i30的核心部件电路包含对WI-FI,蓝牙,U盘,SD/TF卡等音频数据进行处理,对屏幕显示进行控制的Ingenic K1000 1GHz人工智能处理器，该芯片集成多媒体音频加速指令,完美支持无损音频解码,是该机的心脏和大脑所在。该机的数码音频接收芯片精心选用了美国Cirrus logic水晶公司的主流芯片CS8416,这枚芯片支持24bit/192kHz的音频数码流输入。而最核心的DAC音频解码电路,选用了至今仍然被音响界公认为最靓声的美国Analog Devices公司的经典解码芯片AD1955，该芯片是24bit/384kHz多比特$\Sigma\Delta$D/A转换器，这也是天逸音响几乎所有的HI-FI DAC解码电路人选并开发使用得最熟悉最理想的解码芯片：该芯片背景噪声极小，动态范围(DNR)≥120dB，失真度（THD+N）小于-110dB,是一枚非常发烧、只用在高端CD机及SACD机上的D/A转换器。后续的多级低通滤波器处理电路和模拟音频放大电路，则选用了在发烧圈口碑极佳,音质细腻顺滑,音色甜美迷人的美国发烧运放OPA2134，这也是一只传奇性的经典HI-FI发烧运放。TY-i30一共使用了五只OPA2134，可见其用料还是比较扎实的。图14

⑭

为保持该媒体播放器能稳定可靠的工作在有较大推力的甲类功率输出状态，TY-i30采用了性能稳定可靠的15W D类数字电源。数字电源如今早已经广泛地应用于高保真音频产品等中，因其体积小、重量轻、可靠性高、稳定性好,发热量小而被音响界广泛认同,其绿色环保性也远超模拟电源，而且能量储备充沛,供电速度惊人。该机采用的是多路独立供电和±12V双电源供电系统,显示和主要信号放大电路各司其职互不干扰，能充分满足该机输出电平≥2V的供电需求，其推力强劲,音质音色温润甜美,总体声音效果完全可以媲美中高档CD机。

厂家提供的YT-i30的各项技术指标如下：

输出电平:2Vrms±1.5dB

信噪比线路输出:≥102dB(A计权)

频率响应:20Hz—65kHz(+1/-3dB)

总谐波失真:≤0.008%

声道分离度:≥100dB(A计权)

重量:6公斤

尺寸:444×294×103mm

（未完待续）

(下转第40页)

◇辨 机

2018年1月28日出版 ■实用性 ■启发性 ■资料性 ■信息性

第4期 (总第1941期)

国内统一刊号:CN51-0091 定价:1.50元 邮局订阅代号:61-75

地址:(610041)成都市天府大道北段1480号德商国际A座1801 网址:http://www.netdzb.com

让每篇文章都对读者有用

5G:全球发展的加速器

编者按:在2018年达沃斯世界经济论坛召开前夕,爱立信总裁兼首席执行官鲍毅康撰文《5G:全球发展的加速器》指出,移动网络是人类历史上最强大的国民生产总值推动力之一,其发展壮大的速度远超已知的任何技术。正值下一代移动通信革命如火如荼之时,鲍毅康不但借此文回顾了波澜壮阔的移动通信迭代史,更展望了5G的实现对于产业和社会正在以及必将产生的重大意义。

如今,人们好像已经习以为常地认为,这个世界上的科技巨头们,掌控着全球最重要的技术和通信平台。

但我们要知道,实则不然。这些科技巨头是在全球最重要的平台之上运转,而这一平台,就是移动通信网络。

不止如此。不单顶级互联网公司需要依赖可靠、稳定的移动网络,电信业早已深入我们经济、社会和生活的方方面面,成为推动世界经济发展和实现人类平等的最强大动力之一。历经技术迭代,这一建立在以民间资本为主基础上的行业,助力人与人之间的通信,跨越国界,超越终端,前进的步伐始终可预可靠。

改变世界的移动技术

移动技术所释放的变革力量是非凡的。没有其他任何技术有过这样的发展速度。自20世纪80年代第一批手机问世以来,全球移动用户已经增加到了78亿之巨。而到2023年,该数字更将增至91亿。伦敦帝国理工学院发布的研究报告表明,取决于商业模型设定,平均而言,移动宽带普及率每增长10%,经济增长率就可以提高0.6%至2.8%。若以2016年计算,这相当于5000亿至2万亿美元的全球经济增长量。

这是一股巨大的重塑的力量,而我们看到的仅仅只是开端。世界的发展日新月异,人们的期望也在不断变化。还记得2G时代,我们使用手机只是为了听到别人的声音吗?3G为我们增添了声音之上的数据,4G又让这一切更快。但如果没有4G/LTE所支持的更好的服务质量和功能,流媒体音乐和视频业务就不可能提供足够好的用户体验,网购行为也不可能在短短几年时间内,从台式电脑和笔记本几乎全部迁移到了移动终端。

4G之前,我们从未见过普及如此之快的技术——仅仅5年就覆盖了25亿人口,这是3G用了8年才达到的水平。正是在4G时代,大型互联网公司指数级爆发,其中一个原因就是上传和下载速度都显著提升,满足了消费者使用智能手机和其他终端时对视频和移动宽带源源不断的需求。现今,移动网络流量基本以每年50%的态势增长,Organic LED屏幕、高清视频和增强现实等创新只会进一步推动这种增长趋势。

5G:下一代移动革命

今天,我们身处下一个重大技术转变之中,那就是5G。而就像其他人类历史上的重大进步一样,人们伴随5G发生的讨论也各有纷争,高度怀疑有之,过度兴奋亦有之。

爱立信呢?——我们很兴奋。

与4G相比,5G的网络功能将是逐步演进变化的。人们在谈论移动网络时,往往强调速度如何。的确,5G的数据传输速率是4G的10倍乃至100倍。但更重要的是,5G将实现更低的时延,几乎可以达到真正的实时,从而能够满足4G无法实现的许多新的用例要求。

如果说此前的移动通信技术助力人与人之间的互联互通,那么5G就是应机器间的互联互通而生。拥有了5G网络的超低时延和超高可靠性,工厂就能剪断机器连接的线缆,把更多的智能放到云端,从而降低机器人的成本,加快更迭速度,提高生产灵活性。爱立信最新的5G商业潜能研究表明,制造业是5G时代机遇最大的行业,到2026年,将为全球运营商带来超过1000亿美元的营收。

工业互联网已经诞生

在LTE和5G的共同推动下,物联网也将惠及制造流程中从设计和部署、到运营和维护的各个环节。物联网不仅能为机器操控者提供特定组件的实时信息,还能提供有关项目整体状况的信息。生产企业也因此得以探索机器学习和预测性维护,从而减少停机带来的损失。物联网的发生,就像移动宽带一样,将不仅改变消费者行为,更将创造全新的产业和商业模式,具有催生变革的力量。

爱立信携手中国移动和英特尔联合开发的高精度互联螺丝刀就是一个真实的案例。我们将动态传感器安装在1000多个精密螺丝刀的NB-IoT模块上,将数据实时传输到蜂窝物联网网络,使工厂能够免去人工的替换维护和使用情况追踪,显著延长了机器的使用寿命,不到6个月即可收回对螺丝刀传感器的投资。

5G的意义远远不止技术本身。政府将继续在推动技术应用方面发挥重要作用。全球统一频谱曾是2G、3G和4G普及的关键,对于此时计划率先部署5G的国家而言,频谱协调必不可少。

我们还需认识到,在未来的5G时代,并非所有流量都有同样的优先级。服务提供商必须为不同的访问级别匹配不同的服务——这就是网络切片。有许多关键任务型应用,比如自动驾驶和远程手术等,需要更高优先级的5G"切片",以确保服务不会中断。

实现联合国可持续发展目标

从更广义的社会层面来看,这些范式转变有助于修补这个世界的裂痕。我们重点关注联合国的可持续发展目标(SDG),将通信技术视为提供解决方案的公共平台。

比如,如果城市街道能够与车辆自身沟通路况,车辆也许就能比驾驶员更早看到黑暗中的行人。在这样的世界里,我们甚至不再需要红绿灯。与其他交通方案一起,我们就可以解决拥堵、污染和安全问题,离第11项联合国可持续发展目标——可持续发展的城市和社区——更加靠近。

又比如,家用电器中的传感器帮助我们节约水电(第12项目标:负责任的消费和生产);对空气和水质等进行实时数据监测使我们能够更好地了解污染流(第6项目标:清洁饮水);天气数据可支持气候适应性和预警系统,并通过传输土壤、水、温度和人侵等数据改善农业和食品生产(第13项目标:气候行动)。

如何才能实现这些美好的愿景目标?答案就在遵循一些最基本的原则,包括全球统一连接、民间投资等,电信业一百多年来的发展成功,其根基就建筑于此。根据我过去30余年的从商经验,如果法律和监管框架不可预测,又或自由贸易和竞争受阻、融资渠道受限,投资决策就会放缓甚至停止。我们必须确保以通信为依托的企业、使用通信服务的大众、以及能够保证良好投资环境的公共机构之间,实现通力合作。

电信为我们这个社会和经济各领域充满智慧的头脑提供了充满智慧的工具。移动网络是一切创新实现扩展的基础。移动网络绝不是"哑管道",是智能、超强适应性、安全的网络,它是我们当今世界创新的主要平台,未来也必将如此。

◇李欣/郑楠

(本文原载第7期2版)

NUC——AMD与Intel的合作产品

早在2012年英特尔就提出了"NUC(Next Unit of Computing计算机架构)"这个概念,是一个mini型(体型大约在10×10cm左右)准系统PC。

在2018CES上,英特尔展示了最新的NUC——搭载了Radeon RX Vega显卡的全新英特尔第八代i7处理器。有NUC8i7HVK和NUC8i7HNK两个版本:

NUC8i7HVK配备了Radeon RX Vega M GH显卡以及全新第8代英特尔酷睿处理器的未锁频版,显卡默认频率为1,063MHz到1,190MHz,CPU部分型号为100W的英特尔酷睿i7-8809G,主频3.1GHz的4.2GHz,玩家可以自由超频,内存可扩展至32GB。

NUC8i7HNK配备Radeon RX Vega M GL显卡,运行频率范围为931MHz到1,011MHz,CPU部分为65W四核8核英特尔酷睿i7-8705G,3.1GHz主频,可以开Turbo模式到4.1GHz,同样可扩展至32GB内存。

两款机器都有两个支持40Gbps全速的雷电3接口以及双千兆以太网端口,以及正面和背面上的用于VR耳机即插即用的HDMI端口,可以同时为多达7.1声道的多声道数字音频和四波束成形麦克风阵列供电。

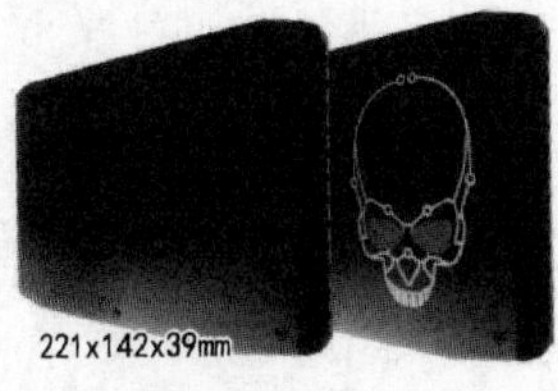

221×142×39mm

(本文原载第7期11版)

TCL MS901K常见故障分析及处理

一、MS901K机芯常见问题的分析

故障1:HDMI无图

分析与检修：上电开机后发现两路HDMI无图，其他信号源是正常的。因HDMI信号全部来自U403 (SI9687)，测量供电3.3V和1V的电压全部是正常的，总线电压也是正常的。这个机器还发现一个故障现象就是遥控关机后二次不开机。先升级最新版的主程序和引导程序，故障还是一样。后来测量了一下U301的第⑤脚有5V的电压，正常是没有电压的，测量U301(见图1)击穿，更换后故障排除。

U301是一个ESD电路，当它击穿后5V电压直接进入U403，导致U403不能正常工作，从而引起总线数据不正常，所以遥控关机后二次不开机。

故障2:自动关机

分析与检修：通电试机图像声音都正常，但过了一分钟机器就处于待机状态了。先升级主程序和最新的引导程序，故障还是一样的。在开机瞬间测量各组电压5V、3.3V、1.25V、2.5V、1.23V都是正常的，但是在关机瞬间发现1.23V电压掉到0V了。仔细观察这部分电路，发现板子稍微有点变形。更换了U008(WPD8606)和后级的滤波电容，试机故障还是一样的，维修陷入困境。后来想到在MS81L机芯上遇到过电感坏出现过这样问题，果断的换掉L002(见图2)后老化试机，再也没有出现过自动关机的状态。

U008是给BGA核心电路供电，当它出现问题的时候BGA就不工作了，所以在维修类似自动关机的机器的时候一定要赶在关机之前，把所有能想到的供电先检测一遍，然后再去考虑软件的问题。

①

②

故障3:自动关机

分析与检修：当机器正常工作一小时以后，机器突然关机，再次开机正常，机器在第二次自动关机的时间间隔来越短。首先测量供电，热机以后监控各个DC的电压发现U101(见图3)输出的3.3V电压，随着开机时间在往上慢慢地增加，当这个电压从3.33V上升至3.4V的时候就关机了，可能是这个三端的热稳定性不好。更换后试机，故障排除。

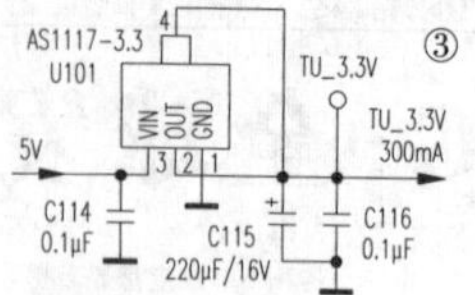

故障4:红绿蓝屏幕自检

分析与检修：开机后屏幕一直处于老化的自检模式，按经验升级U1201(WIN25Q32)后，机器都可以正常工作。于是先升级U1201，但故障还是一样，考虑是不是把主程序升级错了，下载相对应的主程序强制升级后还是一样。测量MEMC的供电发现L1102没有输出电压，正常情况下这里的电压是1.5V。关机测量L1102对地短路，断开负载后不在短路，说明U1104(见图4)击穿了，换掉U1104后故障排除。

因为U1104输出1.5V的电压是给MEMC的三个DDR供电，DDR没有得到相对应的供电，BGA和DDR就无法通讯，导致MEMC电路不工作，引起屏幕自检。

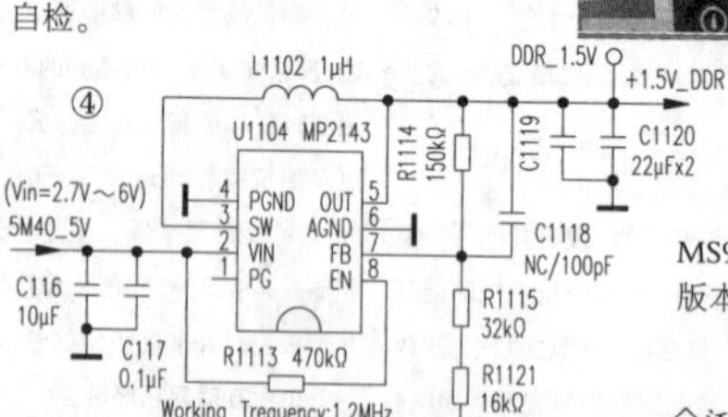

二、快速维修处理方法

案例1:机型L55V8500A-3D、机芯MS901K

故障现象：机器使用过程中，图像正常，但伴有明显噪声。

故障原因：由于DC－DC端的高频噪音通过24V电源干扰功放而引起。

处理措施：在功放的电源端串联一只穿心电感(BF-I35050C-683)，串联的位置如图5所示。

案例2:机型L48A71，机芯MS901

故障现象：机器开机启动后，出现屏幕显示初始化系统后自动关机，见图6。

故障原因：软件设计时，UI标示位时未做空指针保护所致。

处理措施：将升级为V8-MS90105-LF1V074版本或以上版本的软件来处理。

◇江西 罗锋华 吴丰华 胡单

东芝55L3500C液晶电视机无伴音

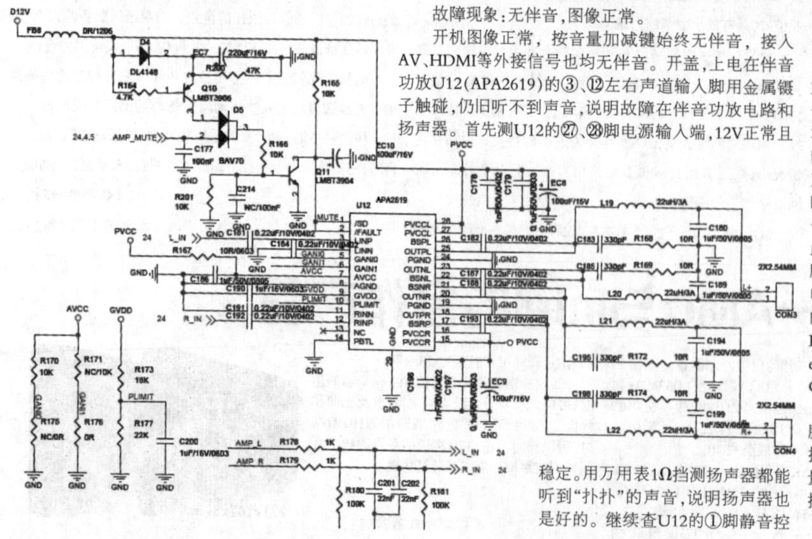

故障现象：无伴音，图像正常。

开机图像正常，按音量加减键始终无伴音，接入AV、HDMI等外接信号也均无伴音。开盖，上电在伴音功放U12(APA2619)的③、⑫左右声道输入脚用金属镊子触碰，仍旧听不到声音，说明故障在伴音功放电路和扬声器。首先测U12的㉗、㉘脚电源输入端，12V正常且稳定。用万用表1Ω挡测扬声器都能听到"扑扑"的声音，说明扬声器也是好的。继续查U12的①脚静音控制端为低电平，正常情况下高电平开启声音，低电平静音，低电平说明静音电路启动。

静音外部电路主要由Q10、Q11、D4、D5、EC7、EC10、R164、R165、R166等组成，电路见附图。开机静音：开机时12V电压通过R165对EC10(100μF/16V)电容充电，使U12的①脚电压在开机瞬间保持低电平使其静音，随着充电时间的延长，U12的①脚电压慢慢升高，声音打开。遥控静音：当通过遥控给出一个静音信号时，CPU就会发出高电平的AMP-MUTE静音控制信号，送到D5的②脚，③脚输出通过R166加到Q11的b极，此时Q11饱和导通，将c极下拉到低电平，此时U12的①脚变成低电平，静音启控。关机静音：工作时Q10的e极电压等于b极电压，Q10截止，关机时12V电压消失，Q10的b极为低电平，Q10饱和导通，将此前12V通过D4对EC7(220μF/16V)电容充电所存储的电压，通过Q10的e-c极加到D5的①-③脚，再经R166加到Q11的b极，Q11饱和导通，使U12的①脚为低电平，静音启控。

断电测U12的①脚对地电阻为0Ω，断开①脚，测①脚阻值正常，继续测Q11的c极对地电阻还是为0Ω，根据电路分析短路只与Q11、EC10有关，取下这两元件测量，发现Q11的c-e已经击穿短路。代换Q11试机，故障排除。

◇成都 王嘉帆

三星SSD固件损坏恢复案例

一、三星SSD常见故障

三星SSD初始化过程中与错误相关的问题，可以归为以下几种：驱动器无法就绪；驱动器准备就绪，但无法返回ID信息；ID字段返回“ROM MODE”字符串而不是其型号；驱动器容量为零或只有几兆字节；读取数据时出现错误。

1. 驱动器无法就绪

这个问题有多个潜在的原因，其中包括：PCB元件损坏；控制器故障；RAM故障；一个或多个故障闪存；映射表有问题。

首先对驱动器进行目视检查，如果存在损坏的部件必须更换，然后将驱动器切换到安全模式。如果驱动器不能进入安全模式，可能是硬件故障。如果驱动器顺利启动安全模式，请加载引导并运行芯片测试；如果芯片测试没有显示任何问题，这可能意味着映射表问题。在这种情况下，必须创建一个数据提取器任务，并尝试获取对数据的访问权限。

2. 驱动器就绪，但无法返回其ID

MLC SSD通常会遇到此问题，这是由于驱动器无法从闪存芯片读取主固件，使其处于安全模式下。在这种情况下，必须启动引导加载程序并进一步执行诊断。

3.设备ID返回“ROM MODE”字符串而不是其型号

470.830和840系列的驱动器通常会遇到这种错误，本质上类似前述所遇问题。“ROM模式”提示驱动器处于安全模式下，错误原因包括存储固件芯片损坏、固件拷贝损坏。如果发生该错误，请启动程序并使用引导加载程序来执行驱动器的诊断。

4.驱动器容量为零或仅为几兆字节

这是三星SSD中最典型的故障，可能是由于两个原因造成的：主固件损坏和配置参数损坏。如果发生此错误，请使用内置的固件更新程序进行更新修复。建议使用与驱动器相同的固件版本进行升级，因为更新更高版本可能会导致数据丢失。固件故障可能导致微码加载不稳定，因此建议在安全模式下更新固件。固件版本可以在更新服务器中找到。

5.读取数据时出现错误

错误可能是由于以下原因导致：驱动器受密码保护；配置页损坏；映射表损坏。

①

首先，必须检查驱动器是否有密码保护，如果没有启用密码，启动引导并检查是否可在工厂模式下访问数据。

corrupted main FW ②

二、案例分析

这里以三星850 PRO SSD为例说明固件损坏的恢复方法。

该SSD外形如图1所示，故障现象为：在BIOS和操作系统中都无法识别(如图2、图3所示)。

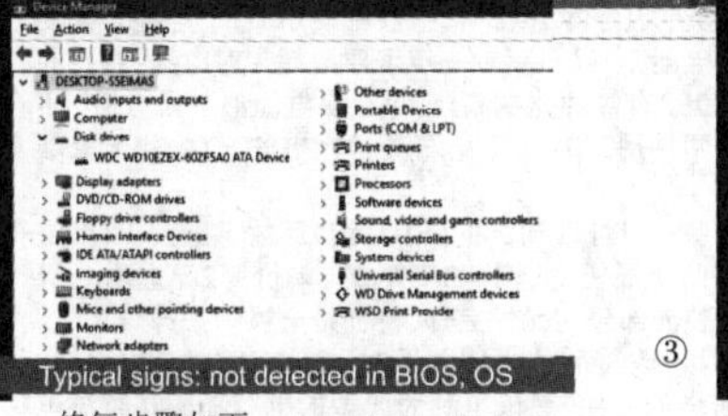

Typical signs: not detected in BIOS, OS ③

修复步骤如下：

1.首先连接PC-3000(如图4所示)；

Connecting to PC-3000 ④

2.进入程序(如图5所示)；

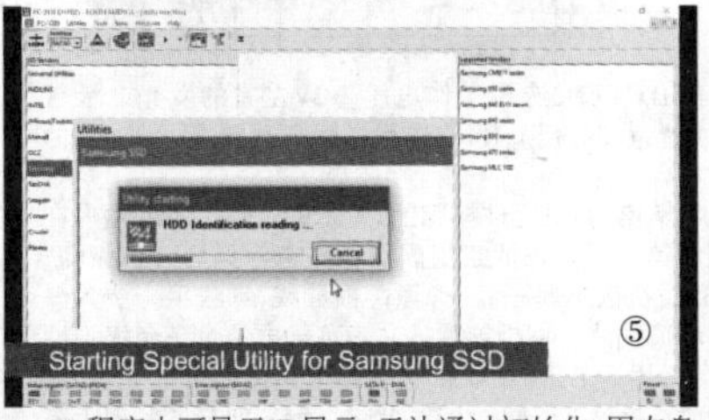

Starting Special Utility for Samsung SSD ⑤

3.程序中可见无ID显示，无法通过初始化，固态盘无法正常工作

4.加载经修改的固件(如图6所示)；

Uploading modified firmware ⑥

5.接入终端适配器以便加载LDR(如图7所示)；

⑦ Plug in Terminal Adapter for LDR uploading

6.依提示接入适配器(如图8所示)；

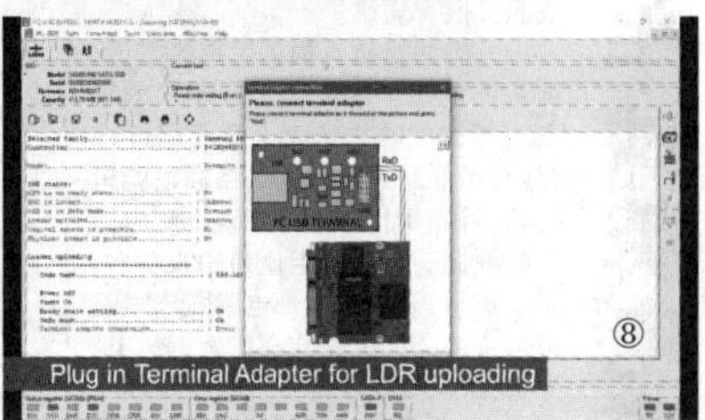

Plug in Terminal Adapter for LDR uploading ⑧

7.加载后出现ID信息(如图9所示)；

Full password ID ⑨

8.切换至技术模式(如图10所示)；

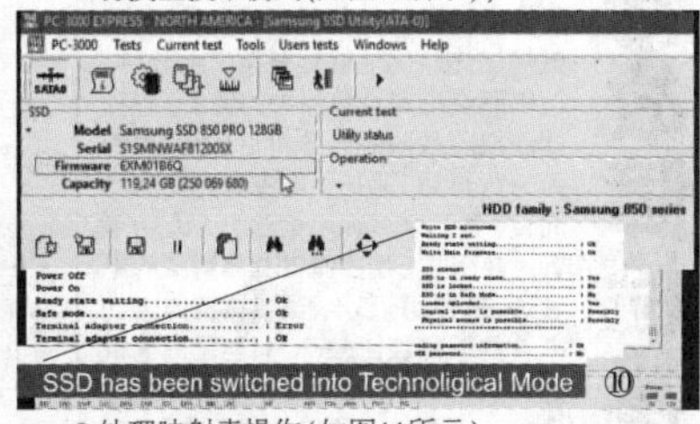

SSD has been switched into Technoligical Mode ⑩

9.处理映射表操作(如图11所示)；

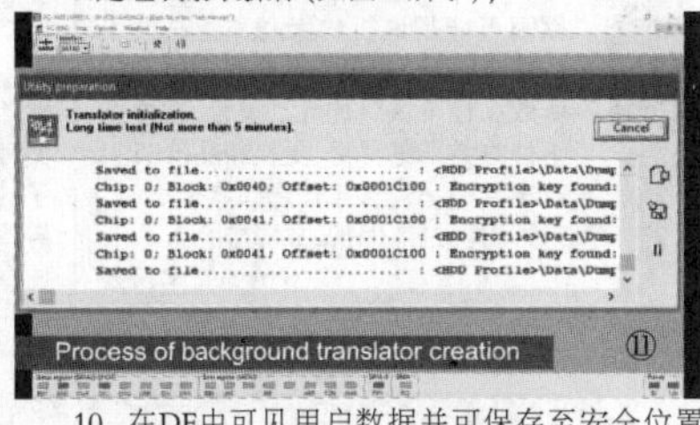

Process of background translator creation ⑪

10. 在DE中可见用户数据并可保存至安全位置(如图13所示)，恢复完毕。

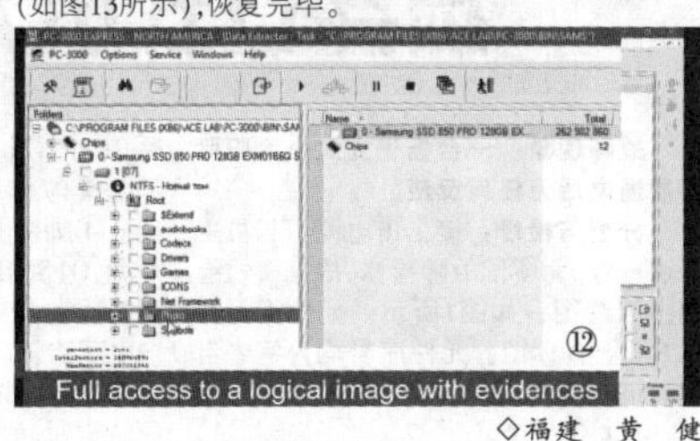

⑫ Full access to a logical image with evidences

◇福建 黄健

令文档的首页不参与页码编排

对于许多文档而言，有的页面是不需要插入页码的，比如封面就不需要，但笔者却不止一次地听到有人说：“把封面无论放到文档的首页还是末页，都逃不脱被插上页码”。其实这种情况并非奇怪，我们必须具体问题具体分析具体对待，如果按照下面所述的页码设置方法，管保你如愿以偿。

假如文档的首页为封面，要求封面上既不能显示页码，也不参与正文(有效页码)的编排之列，那么就从正文页面开始插入从有效数字“1”开头的页码。下面以Microsoft Word 2003和Microsoft Word 2007这两种目前常用的中文字表处理软件为例，来分别介绍其操作方法。

1. Microsoft Word 2003文档

鼠标单击Word窗口菜单命令“插入(I)”按钮，在其下拉的菜单上选定“页码(U)…”选项；随即弹出“页码”对话框，单击“首页显示页码(S)”复选框，使其变成不选中状态；接着单击“页码”对话框左下角的“格式(F)…”按钮；随即又弹出“页码格式”对话框，单击“数字格式(F)”右边小窗口右端的下拉箭头按钮，可以从中挑选出你所需要的页码的数字格式；再接着单击“页码编排”栏目之下的“起始页码(A)”，使之为选中状态，并在其右边的小窗口中键入数字(页码)“0”；最后依次单击“页码格式”对话框和“页码”对话框底部的“确定”按钮。

转过眼来看看文档的首页和正文的页末位置，这些页码已经被你“驯服”，因为它深深懂得：该出手时就出手，不该出手就没有。

2. Microsoft Word 2007文档

鼠标单击Word窗口功能区的“插入”命令，待功能区切换之后，单击“页眉和页脚”功能组的“页码”按钮，在其下拉的列表中单击“设置页码格式(F)…”选项；随即弹出“页码格式”对话框，单击“编号格式(F)”右边小窗口右端的下拉箭头按钮，从中挑选出适合你需要的页码格式；然后单击“页码编号”栏目之下的“起始页码(A)”复选框，使之变为选中状态；接着在其右边的小窗口中键入数字(页码)“0”；最后单击“页码格式”选项卡底部的“确定”按钮。下一步再次单击“页眉和页脚”功能组的“页码”按钮，在其下拉的列表中选择适合于文档或你所满意的位置(如“页面底端”、“页面顶端”等)，并在其二级下拉列表中选中你所需要的页码的造型格式。现在把视线转向文档页面的底部，会发现每个页面上都已经插入了页码，正文的页码是从数字“1”起始的，但封面的底部上却插入了编号为“0”的页码，这是我们不需要的。因此，下面的操作也是相当必要的：单击Word窗口功能区的“选项”功能组顶部的“首页不同”复选框，使之变为选中状态；最后单击Word窗口功能区的“关闭”功能组的“关闭页眉和页脚”按钮。

现在看看该文档，封面上的页码已不复存在，正文上的页码也正好符合我们的排序要求，至此大功告成。

◇河南 王水成

半球牌电磁炉加热异常故障检修1例

故障现象：一台型号为MX-22A的半球牌电磁炉近期出现一个毛病，开始用很正常，但工作一会儿自动停止加热，关机一会儿重新开机，故障依旧且很有规律。

分析与检修：根据用户的主诉，针对该电磁炉故障变化有规律的特点，考虑故障应该不会是元器件虚焊，有可能是过热保护。在插电验机之前，首先用指针式万用表检测电磁炉电源插头两端的阻值为200k左右，基本正常，表明其内部电路既未短路也未断路。然后，给电磁炉上锅送电，开机操作，一切均正常。大约工作十多分钟，电磁炉出现停止加热，而电源指示灯仍亮故障。停机一段时间后，重新开机，故障依旧。在确定冷却风扇运转正常后，笔者怀疑故障为IGBT大功率管工作中温升过高导致。拆开机壳，察看电路板，发现大功率管的铝散热板比较小，长为9厘米，宽只有4厘米，而该电磁炉的最大输出功率可达2200W，散热板面积显然过小。为解决大功率管的散热，笔者用有机塑料薄片将风扇导风槽进行了围挡和盖顶处理，工作时，让风集中吹向IGBT的铝散热片。经此处理，电磁炉加热时间能够延长至二十分钟，但仍旧会出现过热保护的现象。怎样才能根除故障呢？分析后认为：改善风力散热后，延长了电磁炉的加热时间，说明了故障确为电磁炉的大功率管过热保护。用户是2014年购买的电磁炉，已使用了3年，虽然该机的大功率管的散热板比较小，只要风扇电机运转正常，工作时应该不会出现过热保护。而本机之所以会出现该故障，原因可能是该机的大功率管长期工作在高热状态，导致其热稳定性变劣所致。悍下该机的大功率管，在冷态下检测并未见异常，更换新品IGBT大功率管后，连续工作超过半个小时，未再出现过热保护，故障排除。

◇青岛　宋国盛

将石英钟供电改为市电的方法与技巧

石英钟几乎家家都有，一般都使用5号干电池。即使用碱性电池，一只石英钟一年也要消耗几对电池，花费在十元以上。有些钟挂在高处，每次换电池都不太方便。下面介绍两种用220V市电给石英钟供电的方法，供大家参考。

准备一只灯珠损坏的LED灯泡，瓦数不论大小(就是买只新的也很便宜，网购3~5W 的，单价为2元左右)，只要求其整流部分的元件完好，特别是全桥。去掉灯头，留下电路板，改装后的电路如图1所示(LED1、LED2、R4和C3是新增的元件)。该电源为典型的电容降压式整流电路，全桥BD、泄放电阻R1、滤波电容C2、限流电阻R3均保持原值，拆掉降压电容C1 (0.82μF/400V)，换成容量为0.027μF，耐压为/400V或630V的CBB电容。灯珠采用贴片式，一般为6~18只灯珠串联，拆掉第一只和最末一只灯珠。拆卸时，用两把25W~35W电烙铁同时加热灯珠两极的焊点，轻轻一推便可取下，但要注意不要损坏了印刷板铜箔。

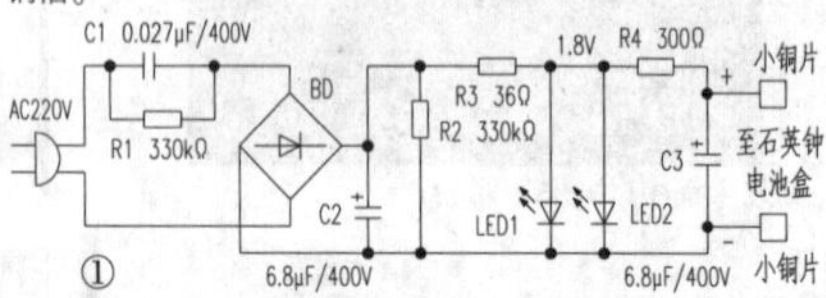

①

LED1、LED2选用工作电压为2V左右的发光二极管(例如黄色和绿色)，R4的作用是降压限流及滤波，C3为滤波电容。

将新增的4只元件按照图1所示的位置，也就是焊在印刷板第一只灯珠的正极焊点和最末一只灯珠负极间，在C3正、负极上焊一红、一黑两根导线，导线另一头各焊一小块薄铜片，将小铜片放在石英钟电池盒正负极弹性簧片上，用一节正、负极被透明胶带包住的废电池(让电池与电路绝缘)装进电池盒，此时小铜片便被紧紧地卡在里面了。再用胶布覆盖住电池簧片和小铜片，不使其外露。在印刷电路板原市电输入端焊上带插头的电源线。

该印刷电路板全桥的交流输入端有一段铜箔特别窄，即所谓"细化"处理，实际是起着过流保护的作用。当某种原因(如C1击穿)使交流输入端的电流过大时，细化了的铜箔就会过流熔断，避免了故障扩大，所以在电路上看不到保险丝(熔丝管)。R4的阻值决定石英钟的工作电压，其阻值范围是270~330Ω，钟芯工作电压宜在1.45~1.49V之间。接通市电后，石英钟走时正常。

LED1、LED2虽是发光二极管，但也有不错的稳压作用，正是利用其稳压作用，才获得如此低的稳定电压。并联两只是出于安全考虑，以防万一。若只有一只，因某种原因开路后，整流输出(C2上)的电压可能会上升到300V以上，将击穿石英钟芯。

上面介绍的第一种方法因用市电直接整流，无隔离作用，故电路板及电池正负极小铜片均带市电，有一定安全隐患。虽然电池簧片部位已用胶布覆盖，但在拨动石英钟的"拨针器"转盘(调整时针分针)时也应小心，避免触电！好在其长期挂在高处，并无太大危险。

下面介绍的第二种方法就安全多了，无论石英钟放在哪里，触碰电路板和电池盒铜片，也不必担心触电。找一只手机充电器，并给其配好与5V输出端插头配套的插座。再准备两只工作电压为2V左右的发光二极管，两只电阻的阻值分别是300Ω和1.8k，一只47μF/10V电解电容，电路见图2。5V电压经R1降压，通过LED1、LED2稳压产生1.8V稳定电压，再经R2、C滤波，输出更平滑的1.49V直流电压给石英钟供电。用两只发光二极管并联，同样为石英钟安全考虑。R2的阻值大小可决定石英钟的工作电压。因包括5V插座在内才有6只元器件，可找一块敷铜板，用小刀自刻成印刷电路板，将它们焊接在铜箔一面，不用打孔。再用胶布将其粘在石英钟背面即可。

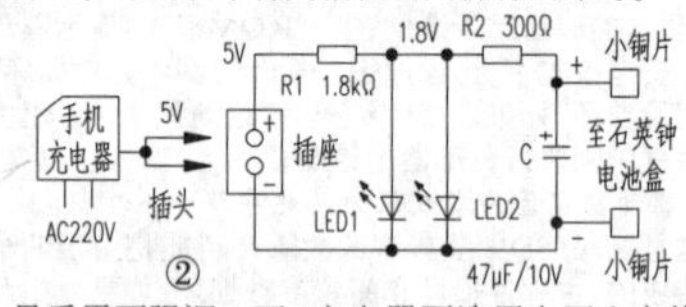

②

最后需要强调一下，充电器要选用大厂生产的正牌货，不要用地摊货，因为许多劣质充电器安全性能得不到保证，长期通电恐发生意外！有的空载功耗就在1W左右，十分费电。笔者选用某老牌手机生产商的充电器，其空载功率仅为0.2W，带上石英钟后仅为0.23W。

分别采用上述两种电路供电的两只石英钟，已经正常运转数月。

【编者注】*若将发光二极管改用1只稳压管电路会更简洁，也可以利用2只二极管串联后钳位的方式来实现稳压，但需要短接R2。*

◇四川　唐光胜

扬子立式小太阳取暖器不工作故障检修1例

故障现象：一台扬子立式小太阳取暖器通电后无任何反应。

分析与检修：接上市电测试与机主所述一致。为便于故障检修，根据实物绘制出原理图，如图1所示。元件型号在PCB板上有标识，元件序号均为笔者自编。

1.工作原理

220V市电电压经C1降压，R2、R3限流后，由D1、D2整流，通过DZ1稳压，C2滤波在其两端形成约24V电压。该电压不仅为继电器供电，而且经R4限流降压、DZ2稳压，C3滤波后在其两端形成5.1V电压，除了为单片机IC1(PH4161B)和红外接收头IC2提供工作电压，还将"POWER"指示灯(图中未画出)点亮，表明电源电路已工作。R1是电源关闭后C1的电荷泄放电阻。

IC1通过扫描按键或红外接收头接收用户指令，当用户按下"低温"键后，IC1不仅输出控制信号使"LOW"指示灯点亮，表明工作在低温加热状态，而且从⑤脚输出的高电平控制电压经R13限流，Q2倒相放大，使继电器K2因线圈得电后触点闭合，此时发热管经D6接入市电回路，以半功率的方式发热，该机工作在低温加热状态。当用户按下"高温"键后，IC1不仅输出控制信号使"HIGH"指示灯点亮，表明工作在高温加热状态，而且从④脚输出的高电平控制电压经R12限流，Q1倒相放大，使继电器K1因线圈得电后触点闭合，此时发热管直接接入市电回路，以全功率的方式发热，该机工作在高温加热状态。

定时功能可根据实际需要设置在1~10小时内，通过定时指示灯不同的组合即可表示相应的定时时间。

D3是双向可控硅，当IC1执行"转页"指令时，它从③脚输出的高电压经R11限流后，触发D3导通，转页电机M得电后便开始运转，实现大角度散热功能。

2.检修

由于该机通电无反应，初步判断电源电路异常。测C2两端无电压，而有市电电压输入，确认电源电路异常。根据过去维修经验，判断C1出问题可能性比较大，拆下C1测量容量正常，用电阻挡在路档测量，发现C2两端阻值过小，怀疑C2击穿，拆下C2测量正常，说明稳压管DZ1(见图2)异常。拆下DZ1测量，果然击穿，用新的IN4749更换后控制板恢复正常，故障排除。

②

◇安徽　陈晓军

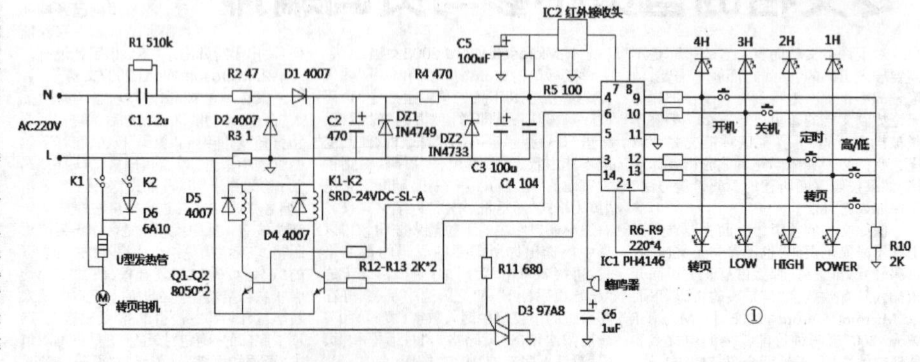

①

电压比较器能当运算放大器用吗

搞电子设计的朋友都知道，在要求不高的场合，可以用运算放大器代替电压比较器使用，但反过来能把电压比较器当运算放大器用吗？我们先来看一下仿真。笔者选择一片常用的比较器LM393，用Multisim11.0软件进行仿真。在查阅LM393数据手册时，意外发现ST公司官方推荐的一个电路图，如图1所示。这是比较器用作低频放大器时的推荐电路，那就用它来做试验吧！

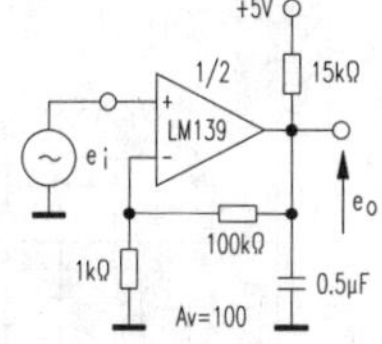

图1 ST公司推荐LM393作放大器的电路图

在Multisim软件中建立图2所示的仿真环境，用虚拟的安捷伦信号发生器和示波器观察仿真结果。

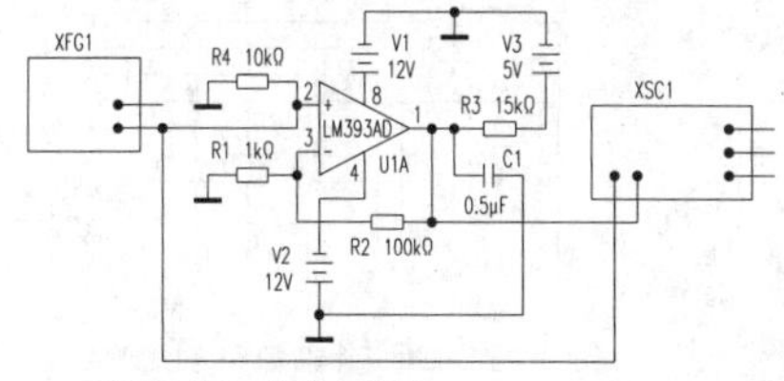

图2 Multisim仿真电路图

输入信号为峰峰值50mV、频率10Hz的正弦波，这时输出信号正常放大，无失真，放大倍数为1.79×1000/17.68=101.2，与理论值101相符。

保持输入信号幅度不变，频率增加到50Hz，此时输出波形已经失真，曲线变得尖锐和陡峭，测量失真度达6.339%。

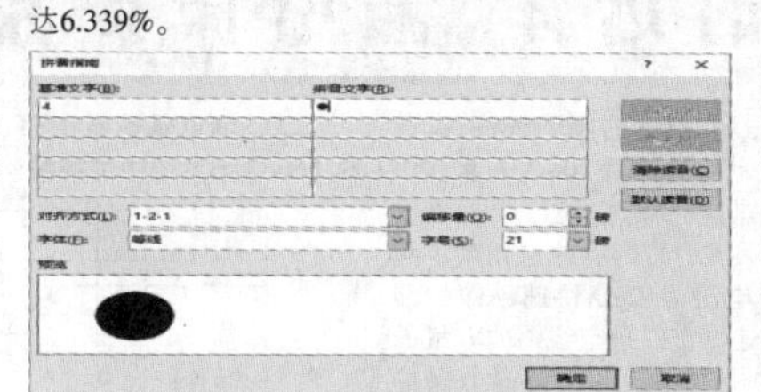

图3 输入信号为10Hz时的仿真结果

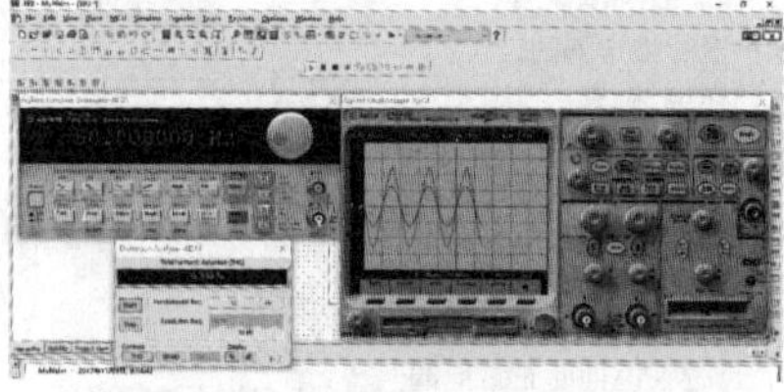

图4 输入信号为50Hz时的仿真结果

保持输入信号幅度不变，频率继续增加到100Hz，此时输出波形已经严重失真，幅度也减小很多，有向三角波发展的趋势，失真度高达22.430%。

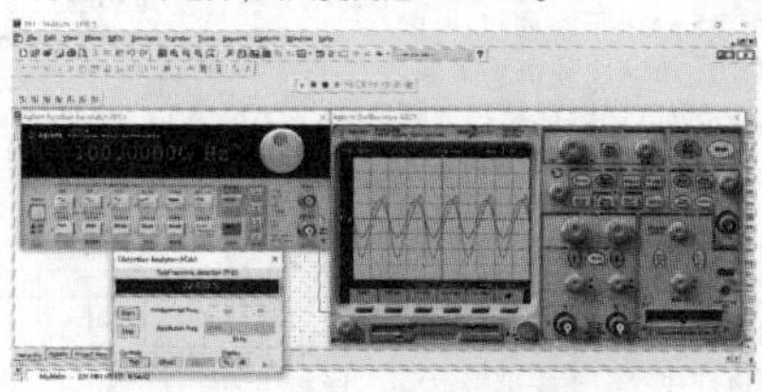

图5 输入信号为100Hz时的仿真结果

综上可见，比较器用作放大器的条件是很苛刻的，频率要求要很低，也就没什么实用价值了！为什么会出现这种现象呢？还得从比较器的内部电路说起。虽然比较器也有同相和反相两个输入端，但因为其内部没有相位补偿电路，如果接入负反馈，电路可能不会稳定工作。内部无相位补偿电路，这也是比较器比运放速度快很多的主要原因。另外，比较器的设计目的是针对电压门限比较而用的，要求的门限电平精确，比较后的输出边沿上升或下降时间要短，输出符合TTL/CMOS电平/OC等，不要求中间环节的准确度，当然减小了闭环稳定的范围。换言之，看一个运放是当作比较器还是放大器就是看电路的负反馈深度。所以，浅闭环的比较器有可能工作在放大器状态并不自激，但是一定要做大量的试验，以保证在产品的所有工作状态下都稳定，这时候你还不如直接用专用的比较器来得快。

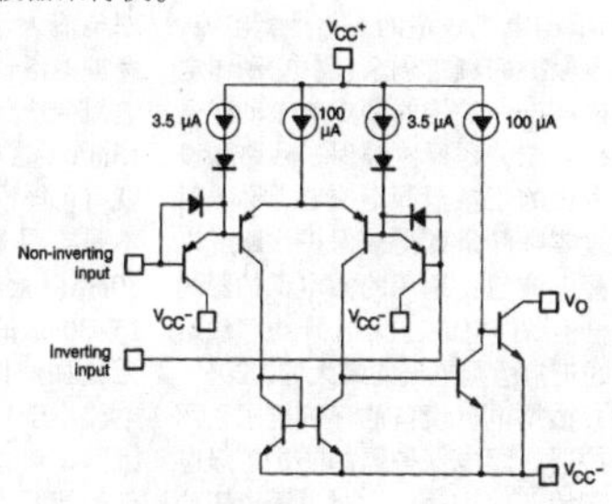

图6 LM393内部电路原理图

最后笔者给出一个忠告：在设计中少用运放做比较器，不用比较器做放大器。

◇湖南 欧阳宏志

四路USB电源控制开关AIC1527简介

AIC1527是一款性能优异的四路USB插口电源控制开关，采用19.69mmx8.26mm的DIP-16及10mmx4mm的SO-16封装（分别见图1、图2a）。AIC1527的输入电压为5V，输出额定电流为500mA，输出关断状态下耗电仅1μA。具有以下特性：●高电平或低电平使能有效（见后述）；●缓慢打开、快速关闭时间（输出延时100μs、关断延时0.8μs）；●故障指示输出（低电平有效）；●限流/短路保护电流（1A）；●输入欠压锁定电压（上升阶段2.6V、下降阶段2.4V）；●芯片过热关断（135℃）。AIC1527的型号标识如下：AIC1527—XXX，具体含义见图2b，AIC1527的典型应用电路见图3。

◇武汉 王绍华

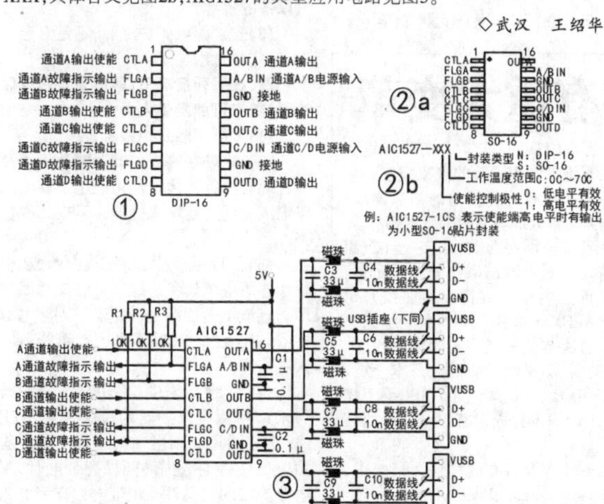

谈谈电容放电之方法

从事电工维修的工作者经常遇到需要更换电容器的情况，由于电容属于储能元件，需要把电容的电荷释放完毕时才能安全地拆除之。如何安全有效地对电容放电是一个不大不小的问题，处理不好可能会损坏更多的元件，甚至遭受电击。现总结一些电容放电的方法，供同行们借鉴学习。

●错误的方法：用表笔、螺丝刀或者电线直接短路。这样不但有巨大的声响和耀眼的火花，也是极不安全的方法，电容容易爆炸，人体也很可能被电击。用万用表的表笔放电也容易打坏表笔和内部电路，你就等着更换零件吧。

●方便的方法：用电烙铁的电源插头连接电容两端放电，即用铬铁的插头对准电容两脚焊点触碰就可。电烙铁一般随身携带，故方便快捷。

●直观的方法：用220V/100W的白炽灯泡直接放电。可以清楚地观察到电荷有无释放完毕，但电容电压不能超过300V。灯泡一般做假负载用，取材也普遍。

●安全的方法：并接一个大功率电阻或电炉丝，如水泥电阻：5kΩ/10W。大家可以估算一下放电时间：$t\approx5\tau=5RC$，τ为时间常数。假定电容电压为300V，容量为100μF，则$t=5\times5000\times100\times10^{-6}=2.5s$，很快就搞定了！

●无奈的方法：直接丢到一个水盆里。此法可能氧化引脚，所以一定记得要用电吹风或者热风枪吹干才行，同时能量太大的话可能会使水爆炸。

●聪明的方法：改造你的万用表，使之具有电容放电功能。实质就是给万用表加一个大功率电阻，配合分流器通过直流电流挡放电，可以清楚看到放电电流的指示。推荐电路如图1所示。注意要在万用表关机的状态下进行。

当然，只要找到合适的负载都可以对电容器来放电。另外，高压小电容可以用电压互感器放电，高压大电容必须使用专用的放电棒放电。电力电容器一般都有自己的放电电阻，高压电容器的放电国标为10分钟内降到75V以下，好的电容器5分钟内能放到50V以下。为了确保人身安全，还要注意重复放电。

◇湖南 欧阳宏志

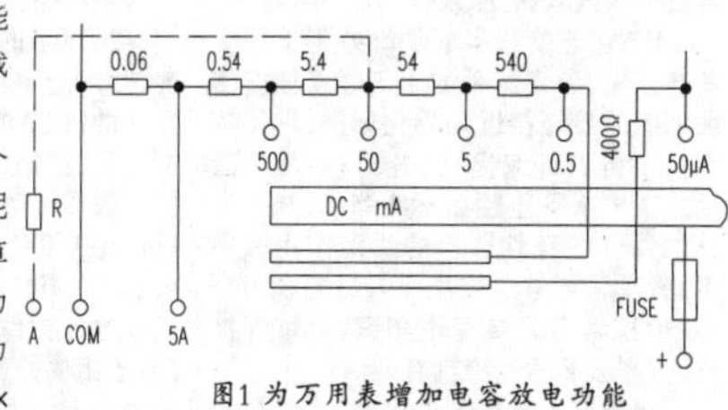

图1 为万用表增加电容放电功能

漏电保护器在TTTN-CTN-STN-C-S中的接线及漏电保护器的选择、漏电保护器定值的整定

一、漏电保护器的选择及漏电保护器定值的整定

漏电保护器是关系人的安全的电气设备，必须选用符合国家标准规定，具有国家认证标志的优质产品。其次，漏电保护器的型式和参数必须选择合理。应按下述各个方面进行选择。

(1) 根据电气设备的供电方式选用漏电保护器。单相220V电源供电的电气设备应选用二极二线式或单极二线式漏电保护器。三相三线式380V电源供电的电气设备，应选用三极式漏电保护器；三相四线式380/220V电源供电的电气设备，或单相设备与三相设备共用的电路，应选用三极四极式，四极四线式漏电保护器。

(2)根据电气线路的正常泄漏电流，选择漏电保护的额定剩余(漏电)动作电流。选择漏电保护器的额定剩余动作电流值时，应充分考虑到被保护线路和设备可能发生的正常泄漏电流值，必要时可以通过实际测量取得被保护线路或设备的泄漏电流值；选用的漏电保护器的额定漏电不动作电流，应不小于电气线路和设备的正常泄漏电流的最大值的2倍。

(3) 根据电气设备的环境要求选用漏电保护器。漏电保护器的防护等级应与使用环境条件相适应；对电源电压偏差较大的电气设备应优先选用电磁式漏电保护器；在高温或特低温环境中的电气设备应优先选用电磁式漏电保护器；雷电活动频繁地区的电气设备应选用冲击电压不动作型漏电保护器；安装在易燃、易爆、潮湿或有腐蚀性气体等环境恶劣场所中的漏电保护器，应选用特殊防护的漏电保护器或采取防护措施。

(4)漏电保护器动作参数的选择。手提式电动工具、移动电器、家用电器插座回路的设备应优先选用额定漏电动作电流不大于30mA快速动作的漏电保护器；单台电机设备可选用额定漏电动作电流为30mA及以上，100mA以下快速动作的漏电保护器；有多台设备的总保护应选用额定漏电动作电流为100mA及以上快速动作的漏电保护器。

(5) 特殊负荷或场合下选择漏电保护器。医疗电气设备应选用额定漏电动作电流为10mA的快速动作的漏电保护器；安装在潮湿场所的电气设备应选用额定漏电动作电流为15-30mA的快速动作的漏电保护器；安装于游泳池、喷水池、水上游乐场、浴室的照明线路，应选用额定漏电动作电流为10mA快速动作的漏电保护器；在金属物体上工作，操作手提电动工具或行灯时，应选用额定漏电电动动作电流为10mA快速动作的漏电保护器；连接室外架空线路的电气设备应选用冲击电压不动作型漏电保护器；带有架空线路的总保护应选择中、抵灵敏度有延时动作的漏电保护器。

(6)漏电保护器的整定值的设定：

$I_{\Delta N}$定剩余动作电流，$I_{\Delta NO}$额定剩余不动作电流，$I_{\Delta NO}=1/2I_{\Delta N}$ (剩余不动作电流是剩余动作电流的50%)，一个剩余动作电流保护器整定值若30mA那么剩余不动作电流就是15mA，如果整定故障预期电流大于30mA这是一定的否则漏电保护器不动作，反过来说他的正常泄漏电流要小于他的50%$I_{\Delta N}$（$I_{\Delta NO}$）即小于15mA，这样超过15mA达到20-25mA它就有可能误动作，这是设计整定不合理不是产品质量问题，制造厂只能保证30mA以上动作，15mA以下不动作，所以15-30mA的误动作是设计师整定错误，无论如何你整定30mA要保证正常泄漏电流小于15mA，如果觉得不行那么就加大整定值，比如说路灯整定300mA那么你的泄漏电流正常不超过150mA就是合格的，正常预期接地故障电流大于值比较容易做到但是，泄漏电流很难计算的那么准确，所以往往我们不要把整定值定的太小，经常我们整定的大一些儿，比如路灯最常用的值是300mA或500mA，若整定30mA那么长的线路完全可能产生误动作，甚至于造成合不上闸，合上就跳，道理很简单(GB50054-2011规定)、(GB16895.21-2011更新版)对TT系统接地故障电流要明显大于$I_d>5*I_{\Delta N}$，其实也容易做到：$R_A+R_B<220/ID=220/(5*I_{\Delta N})$，若$I_{\Delta N}=300mA$要求$R_A+R_B\leq146.6$欧姆。所以$R_A\leqq146-R_B=146-4=140$欧姆，要求动作电流0.2S(TT系统)，(TN系统0.4S)；整定多少是保证电路能够在规定时间内切断电路，有人认为TT系统漏电保护不整定在30mA人就会被电击死，这是错误的如果接地电阻合适接地故障电流大于它5倍以上保证0.2S更短时间切断电路保证人的安全，TT系统没有要求整定在30mA，多少可能30mA、50mA、300mA，500mA只不过要求故障时整定值越大R_A接地电阻要求越小。

二、漏电保护器在TT、TN-C、TN-S、TN-C-S系统中的接线

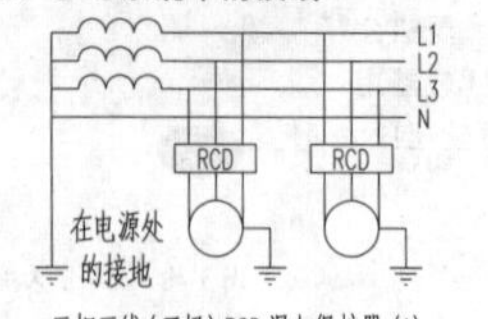

三相三线（三极）RCD漏电保护器(1)

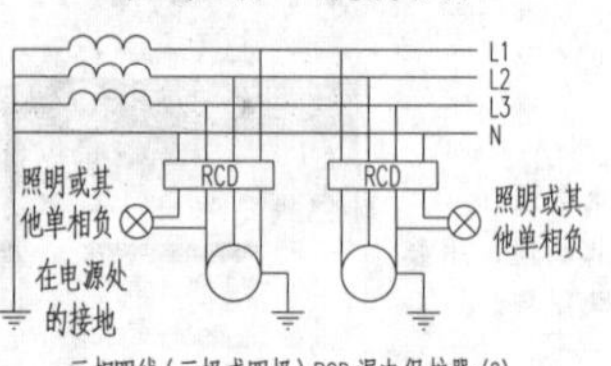

三相四线（三极或四极）RCD漏电保护器(2)

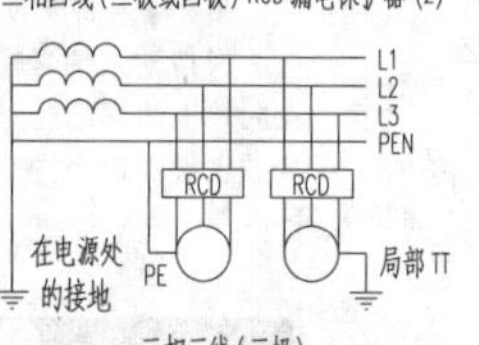

三相三线（三极）

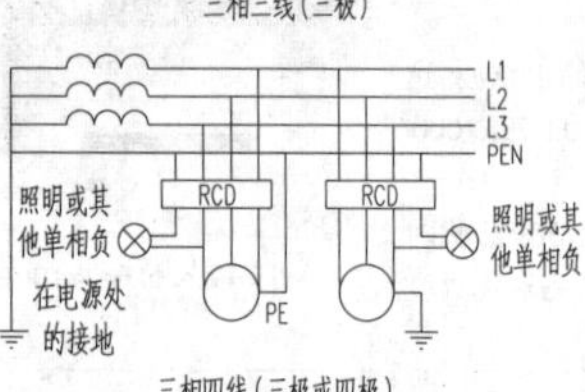

三相四线（三极或四极）

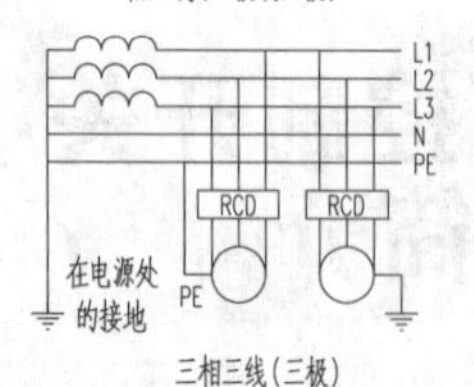

三相三线（三极）

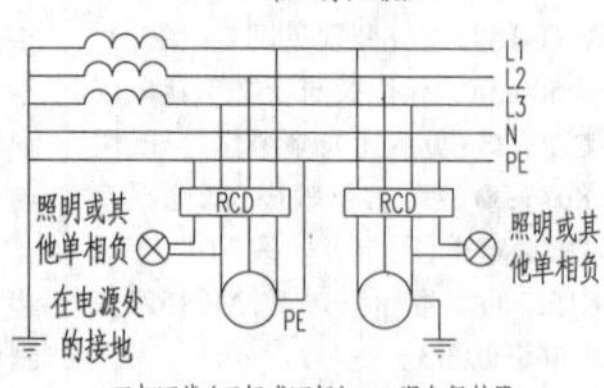

三相四线（三极或四极）RCD漏电保护器

单相（单极或双及极）RCD漏电保护器

三相三线（三极）RCD漏电保护器

三相四线（三极或四极）RCD漏电保护器

三、关于接线的几点说明：

(1)漏电保护器一侧的中性线，不得与其他回路共用，也不得重复接地或接至电气设备的外壳。

(2)保护线(即PE线)任何情况下也不应穿过漏电保护器中电流互感器的磁回路。

(3) 如果PEN线接到N线上就是N线，如果PEN线接在设备外壳那调就是PE线。

(4) 当电气设备装有高灵敏度的漏电保护器时，电气设备单独接地装置的接地电阻最大可放宽到500欧姆，但预期接触电压必须限制在允许的范围内。

(5) 漏电保护器所保护的线路及电气设备。其泄漏电流必须控制在允许范围内，当泄漏电流大于允许值时，必须更换绝缘良好的供电线路，漏电保护的电动机及其他电气设备在正常运行时，绝缘电阻值不应小于0.5欧姆。

(6) 当漏电保护器上标有负载侧和电源侧时，应按规定接线，不得接反。

(7)安装漏电保护器后，不能去除电气设备的接地。

(8)安装漏电保护之后，不是万无一失，仍应注意用电安全。

四、在下列情况下，即使装有漏电保护器，仍有可能发生人员伤亡

(1)人同时触及相线及零线。

(2) 人站在高处，同时触及相线及墙，此时流经人体电流可能小于漏电动作电流，但可能使人痉挛，造成二次伤害。

(3)在TN系统中，如PE线中断，在中断状态下电气设备绝缘损坏，此时如选用防直流电击的漏电保护器，则漏电保护器与不动作，PE线带电，有可能造成人身伤害。

(4)在TN系统中，采用漏电保护器与未采用漏电保护器的设备如共用PE线(不应共用)，则当未采用漏电保护器的电气设备绝缘损坏而外壳带电时，漏电保护器的设备外壳也带电，有可能造成人身作伤害。

◇山西 韩 伟

2018年IPC中国手工焊接竞赛将有重大变革

2018年1月9日，中国上海一享誉国际电子组装行业的IPC中国手工焊接竞赛，经历过连续八年的成功举办后，将在2018年发生重大变革，比赛内容由原来的单纯手工焊接改为用指定元器件恢复一块PCBA的原设计功能。

IPC在连续八年成功举办手工焊接竞赛以来，参赛选手的手工焊接技能已被训练的日趋接近国际化标准，焊接技术水平得到普遍提高，各国、各地区选手的技术水平差距在不断缩小，几乎难分伯仲。在获胜选手的示范作用激励下，激发了电子组装从业人员的学习热情，争相学习焊接理论知识、磨炼焊接技能，产品品质也得到有效保证。

随着自动化程度的提高，手工焊接的比重将会下降，但是对于价值高的产品在质量验收时发现的缺陷或使用时发生的元器件故障，导致高端产品返工返修的需求增长。为此，IPC将自2018年起在传统成熟的手工焊接竞赛基础上，增加了返工返修的焊接要求，来检验参赛选手的综合焊接和返修水平。

2018年的手工焊接&返工返修比赛，要求选手在40分钟内完成一个功能完好的PCBA的组装与焊接，在测试功能之后，把指定元器件拆除下来再次焊接上去进行功能再测试。评判标准也相应调整为IPC-A-610G版《电子组件的可靠性》、IPC J-STD-001G版《焊接的电气和电子组件要求》和IPC-7711/21C版《电子组件的返工、修改和维修》三份标准中对最高可靠性要求的三级产品标准规范。裁判为来自全国各地的具有上述三份标准CIT证书，同时具有多年组装企业工艺管理资深经验的专家担任。今年对报名选手也有更严格的筛选要求，每家企业全赛区最多有两个参赛名额。

今年将分别在西安、北京、上海、深圳、台北等五个城市举办分赛区比赛，各赛区前三名选手将直接参加12月份在深圳APEX华南展上举办大中华区总决赛，总决赛前三名将与印度尼西亚、泰国、越南、马来西亚、韩国、日本、欧洲等国家和地区的优秀选手在IPC手工焊接&返工返修世界冠军赛平台上一决高下！

比赛要求及各赛区详情，请点击：http://www.ipc.org.cn/Events/Hand-Soldering-Competition/2018/index.html。

◇文 文

试论化工企业施工现场控制系统的接地问题

在化工装置的施工现场，常被问到这么一些问题：仪表接地电阻要求多大；接地线截面应该多粗；安全栅汇流条是否要单独设置一个接地网；分散控制系统(简称DCS)究竟需要多少个独立的接地；仪表接地与电工接地的关系等等是很有讲究的。

一、干扰(也可称为噪声)产生原因

干扰的形成是因为有干扰源的存在。干扰源有外部的和内部的，这里关心的是外部噪声。外部噪声通常有自然界噪声和人为噪声。自然界噪声由闪电等放电现象所形成，而人为噪场则由无线电波、大功率输电线、产生电火花的设备、电感性负载等产生。干扰源一般是通过检测对象和信号线以下面几种耦合方式进入控制仪表。

1.电阻，耦合引入的干扰

这种方式实质上是通过传导引入的，例如：当信号线和电力线一起敷设时，若导线绝缘电阻值下降，线间就产生漏电流，引入工频干扰。如图1所示，同一信号回路出现A、B有两个接地点时，由于地电位差e_c的存在，形成回路，引入干扰。

2.电容耦合引入的干扰

导线和导线之间，导线和地之间以及屏蔽线的屏蔽层和芯线之间必有分布电容存在，当几根导线一起敷设时，某一根导线上的电位变化通过分布电容会耦合到另一根导线上；另外，周围的交变电场通过分布电容也会耦合到导线上。如图2所示的同一屏蔽层，在两点接地时，由于A、B两点间地电位差e_c的存在，通过屏蔽层形成地回路，分布电容c_s的耦合造成干扰。

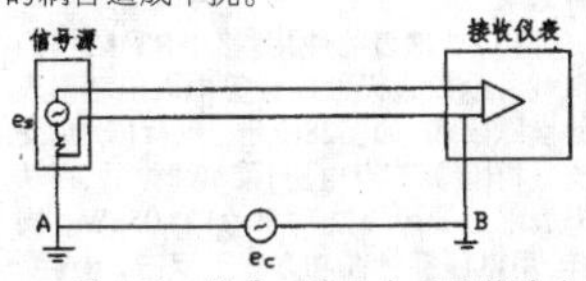

图1 同一信号回路两个不同接地点的地电位差

图2 同一屏蔽层两个不同地点的地电位差通过电容耦合造成干扰

3.电感耦合引入的干扰

当信号线穿过电动机或变压器等电感性设备，或者信号线和动力线平行敷设时，由于这些电感性设备和动力线周围存在交变磁场，通过电感耦合会在信号回路内产生感应电势，造成干扰。

4.仪表供电线路引入干扰

空中的电磁波，以及开关、电动机等电气设备产生的电火花激发的交变磁场，通过电源线把高频信号引入供电仪表而造成干扰。另外，若供电线路设计不合理，由于负荷变化造成电源电压波动也造成对供电仪表干扰。

二、接地与抗干扰

从上面的分析已经可知，外部干扰引入内部一般是通过电阻耦合、电容耦合、电感耦合这三种方式实现的。这三种耦合通常又是以差模干扰、共模干扰、电源干扰、同轴电缆的干扰等形式出现。对于这些干扰在工程设计中一般可以采用合理的配线、正确地接地和屏蔽等措施来抑制或消除。

1.差模干扰与接地

差模干扰是指在信号输入端的信号电压上叠加的干扰电压，而这往往是由于信号传输线途经电磁干扰源附近场所时由电感耦合所致。如图3，干扰源D在信号传输线L1，L2所在区域环路内产生了感应的干扰电压。对此，可以采用屏蔽信号线以阻断干扰源对L1，L2的耦合；也可以采用双绞线作为信号传输线以抵消这个感应电压。理论和实践均表明，使用每米60个交叉以上的双绞线在工程上可以得到满意的效果；还可以采用信号引线穿管（金属管）来屏蔽干扰。由于所穿金属管在现场敷设时已形成了自然接地，所以管内信号引线不受干扰。

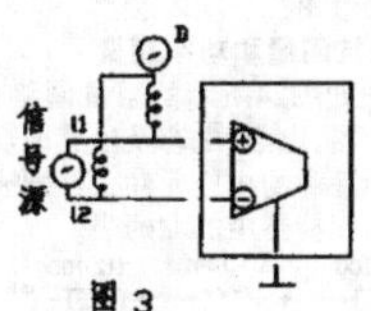

图3

对于带绝缘层的屏蔽线(缆)来说，要注意屏蔽层接地点的位置。在化工装置内的控制系统一般均采用单点接地。而大多数习惯于把这个接地点放在控制室内处理，即在现场不对一次仪表作接地处理，但有一个例外。如果现场一次仪表已形成固有接地，这时屏蔽线的接地位置应放在现场，即屏蔽层与信号固有接地相接，而在控制室内不再作接地处理。理论和实践证明这种接法抗干扰能力强。

2.共模干扰与接地

共模干扰指在信号输入端的两根信号引线上分别叠加了完全相同的干扰电压。如图4，这往往是由于信号传输线途经干扰源D附近场所时由分布电容和/或漏电阻的耦合所致。由于放大器内的“电阻”R_A、R_B不可能完全相等，这也就相当于在放大器输入端叠加了一个干扰信号。

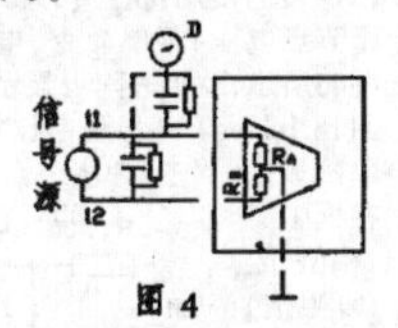

图4

为了避免共模干扰就要尽量使信号源‘浮空’(控制室内有信号隔离器的情况除外)，使不致因现场与控制室之间的地电位的差异所产生的共模环流（否则应采用等电位连接法）；以及采用屏蔽信号线(缆)；或将信号引线穿金属管敷设以阻断由分布电容、漏电阻耦合所产生的共模电压。

3.高频通讯干扰与接地

DCS各设备间数字通讯的频率往往是很高的，通常均采用屏蔽线、同轴电缆来作为通讯线的防外界干扰。只要将其屏蔽层正确地接地，抗干扰效果还是满意的。但要注意，如果接地线的长度接近或大于四分之一通讯波长时，一旦接地线中有通讯电流泄漏，则这根接地线就如一根短路的传输线，从而其中的反射波还会对之相连的设备造成严重的干扰。因此高频通讯设备的接地线的长度一般不宜超过通讯波长的0.15倍，而且应尽量将接地点设置在信号发送侧，如图5所示。

4.电源干扰与接地

直流电源箱输出直流电压的波动往往是由于交流进线侧的扰动所致。而交流侧的扰动又是一个高频分量很广泛的干扰，对此电源箱内隔离变压器中的隔流板可以起一定的屏蔽作用，所以对隔流板一定要作良好的接地处理。另外，对于仪表供电电源，需要时也可以加隔离变压器，以隔断和电工电网的联系。

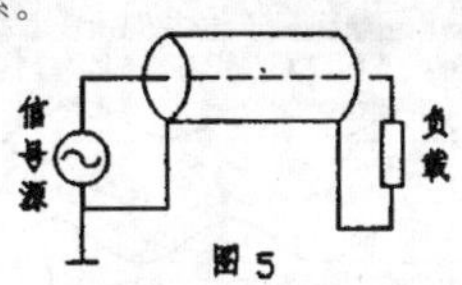

图5

三、控制系统的综合接地

由于电子仪表特别是电动Ⅲ型仪表和计算机的引入，仪表系统的接地就成为仪表设计的一个重要组成部分。接地的作用：一是保护设备和人身安全；二是抑制干扰。按照接地的不同作用，又可分为工作接地和保护接地。

1.保护接地的作用

保护设备和人身安全。具体做法是将电气设备、用电仪表正常情况下不带电的金属部分与接地体之间作良好的金属连接。在设计中要求仪表盘(柜、箱、架)及底座、电仪表外壳、配电(箱)、接线盒、汇线槽、导线管、铠装电缆的铠装护层等用金属接地线同接地体作牢固的连接，以保证良好的接地。

2.工作接地的作用

工作接地的作用是保证仪表精确、可靠地正常工作。它包括信号回路接地、屏蔽接地和仪表系统接地。工作接地的原则为单点接地。由于地电位差的存在，如果出现一个以上的接地点就会形成地回路，使仪表引入干扰。所以同一信号回路，同一屏蔽层或排扰线只能有一个接地点，除了既定部位接地以外，其他部位应与一切金属构件绝缘。

3.接地电阻的选择要求

接地体或自然接地体的对地电阻和接地线电阻的总和称为接地电阻。仪表系统的保护接地电阻值，一般和电气接地网电阻值相同。实际上是直接借用电气接地网，接地电阻为4Ω，最高不超过10Ω。关于工作接地的电阻值目前没有统一的规定。从保障人身安全和控制系统正常操作这两个方面考虑，推荐工作接地电阻值不大于4Ω。

4.接地线的选择与连接处理

(1)保护接地的接地线：接地支线的截面按表1所列的数值选择；接地分干线的最小规格按表2所列的数值选择；接地总干线按表2地上室外一栏所列的数值，接地汇流排宜采用25×3mm²的铜条。在现场要作保护接地的电气仪表、设备，其接地线应尽可能利用金属构件、金属管道，而不必另设接地线，但不能利用输送可燃性液体、可燃性气体的金属管道及其金属支架作接地。利用以上设施作接地线时，应保证其全长具有良好的电气通路。

(2)工作接地的接地线：接地支线采用绝缘铜导线，截面为1~2.5mm²。接地汇流排建议采用铜条或铝条。安装在仪表盘内的宜采用25×3mm²的铜条，且应用绝缘支架支撑。接地分干线采用绝缘铜绞线，截面为25mm²。接地总干线也采用绝缘铜绞线，截面为2×25mm²。一般用公用连接铜板汇总各分干线。

表1 保护接地支线的最小截面 mm²

种类	铜	铝
明设的裸导体	4	6
绝缘导体	1.5	2.5
电缆接地芯线	1	1.5

接地线的连接必须牢固可靠。接地支线与仪表和接地汇流排的连接为螺钉压接；接地分干线与接地汇流排和公用连接板的连接用焊接或螺钉压接；特别是接地分干线、接地总干线与接地体的连接应采用焊接。

5.接地系统示例

前面提到在控制系统中有两个接地系统，在实际工程设计中，根据实践经验，仪表系统的保护接地宜和电力系统的接地网共用；而仪表系统的工作接地应单独设置接地体。把这二者相隔离的主要原因是防止相互窜扰。否则当有雷击电流在电工接地网中出现时，其冲击反击电位会使控制系统中的晶体管等弱电器件损坏，这是有过历史教训的。图6所示的仪表系统的工作接地和保护接地分别单独设置接地体，彼此间不应连接。

◇辽宁 孙书静

表2 保护接地分干线的最小规格

种类	规格及单位	地上		地下
		室内	室外	
圆钢	直径 mm	5	7	8
扁钢	截面 mm²	24	48	48
	厚度 mm	3	4	4
铜芯绞合线	截面 mm²	20	25×2	25×2

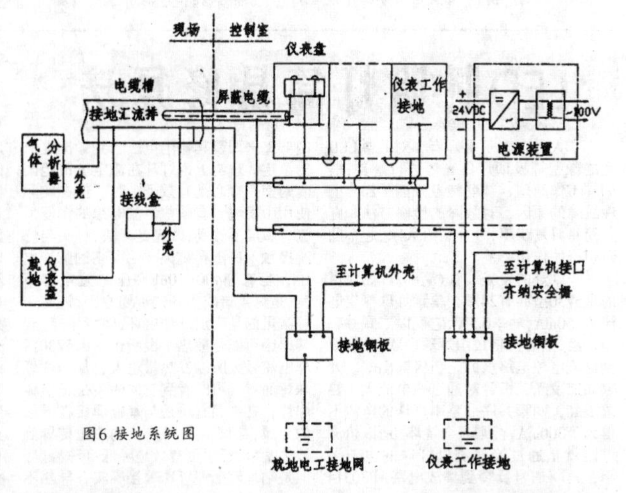

图6 接地系统图

基于TINA软件的电路仿真实例——电路基础篇(二)

(紧接上期本版)

7.正弦交流电路

绘制如图17所示的RLC正弦交流电路。修改各元件的属性,设置输入正弦波信号VGl的幅度为300V,频率为50Hz。

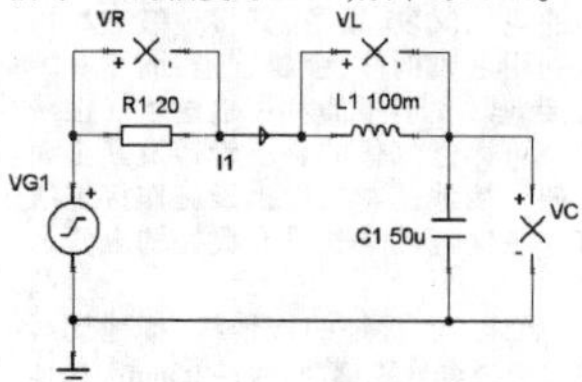

图17 RLC正弦交流电路

(1)执行【视图|选项】菜单命令,在交流电基本函数栏处选择函数类型为"正弦"。

(2)计算交流节点电压:执行【分析|交流分析|计算节点电压】菜单命令后,显示分析结果。在计算结果中,各有关正弦量三要素中的幅值和相位被标注在正弦量的右边,电路中各正弦量的第三个要素(频率)与电源频率相同,均为50Hz。i1(t)、vR(t)、vL(t)、vC(t)的稳态瞬时表达式分别为:

i1(t)=7.91sin(314t+58.19°)A; vR(t)=158.12sin(314t+58.19°)V;

vL(t)=248.38sin(314t+148.19°)V; vc(t)=503.33sin(314t-31.81°)V。

当计算完成后,用鼠标指向电路中的电感与电容的连接节点,如图18所示在节点电压/仪器对话框中显示该节点的详细结果。

(3)显示瞬态仿真波形:执行【分析|瞬时现象】菜单命令,在瞬时分析参数对话框中,设置起始显示时间为0s,终止显示时间为50ms,点击【确定】按钮,进行仿真。为了看清楚各条曲线,执行图表窗口中的【视图|分离曲线】菜单命令,出现如图19所示的分离曲线图。然后执行【编辑|复制】菜单命令后,可将其粘贴到Word 文档中。

(4)显示正弦稳态电路的频率特性:执行【分析|交流分析|交流传输特性】菜单命令,在AC传输特性参数对话框中,设置频率分析范围:1Hz至500Hz;扫描类型:对数;图表(即频率响应的类型):振幅和相位。单击【确定】按钮,得到频率响应曲线图。其中测量标识符VC处的幅频与相频特性曲线如图20所示。可见,电路频呈现低通滤波器特性。

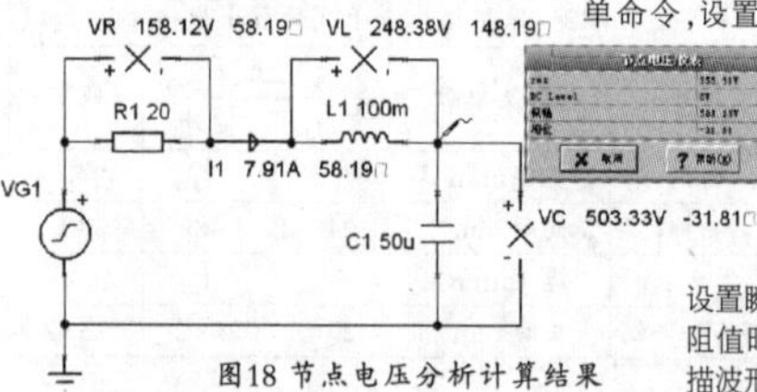

图18 节点电压分析计算结果

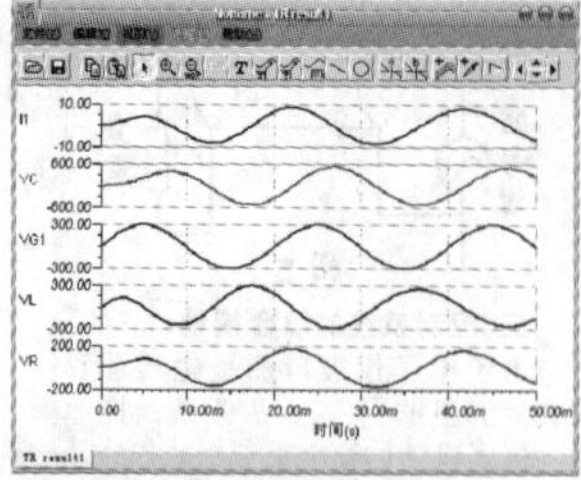

图19 曲线分离后的波形图

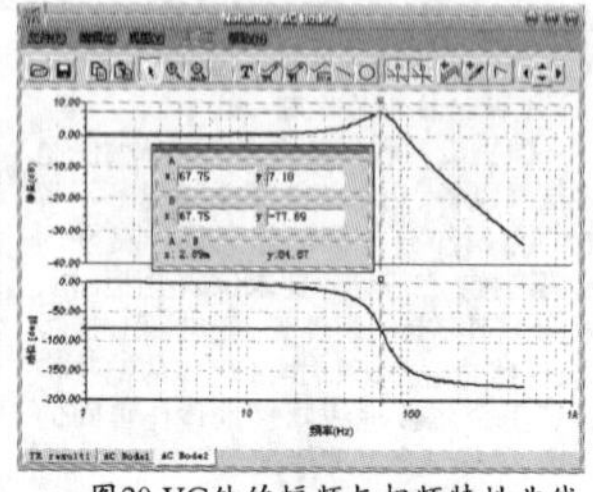

图20 VC处的幅频与相频特性曲线

8.串联谐振电路

绘制如图21所示的串联谐振电路。输入信号Vi设置成幅度为1V的单元阶跃信号;执行【分析|选择控制对象】菜单命令,鼠标点击R电阻,在电阻参数对话框中,点击【选择】按钮,设置初始值为100Ω,终止值为1.1kΩ,取3个电阻值为扫描参数,执行【分析|模式】菜单命令。

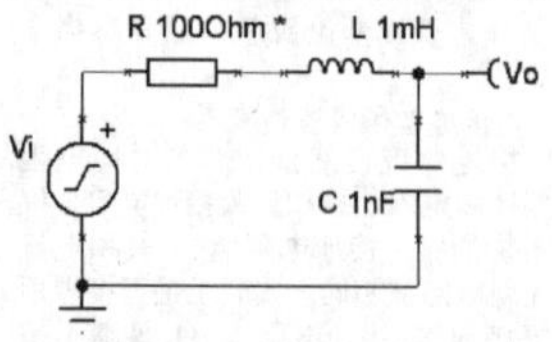

图21 串联谐振电路

执行【分析|交流|交流传输特性】菜单命令,设置交流分析参数,电阻R分别为100Ω、500Ω、1.1kΩ时的串联谐振电路幅频特性如图22所示。

执行【分析|瞬时现象】菜单命令,设置瞬时分析参数,三种不同电阻值时的串联谐振电路瞬态扫描波形如图23所示。

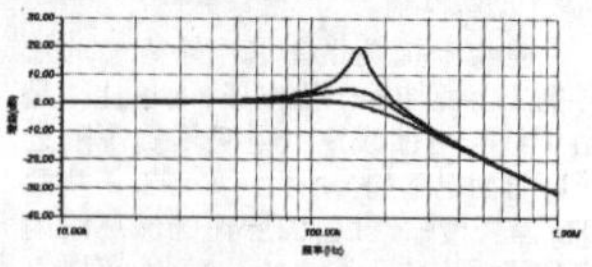

图22 三种电阻值下的串联谐振电路幅频特性曲线

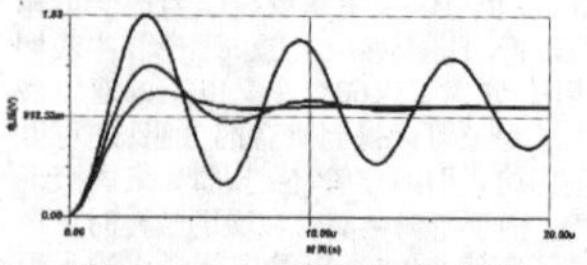

图23 三种电阻值下的串联谐振电路瞬时波形图

9.阻抗测量和功率测量

绘制如图24所示的阻抗网络电路。电压发生器、电阻、电容及电感取自基本元件库标签中的相应元件,欧姆表取自仪表元件库标签中的欧姆表。

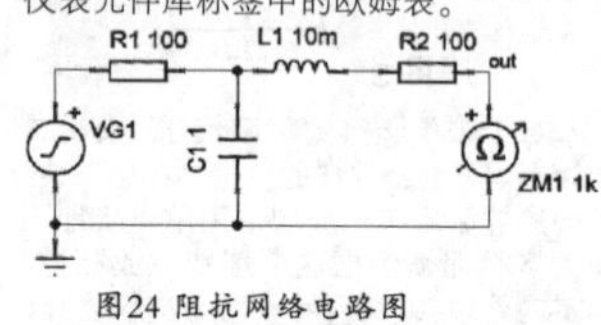

图24 阻抗网络电路图

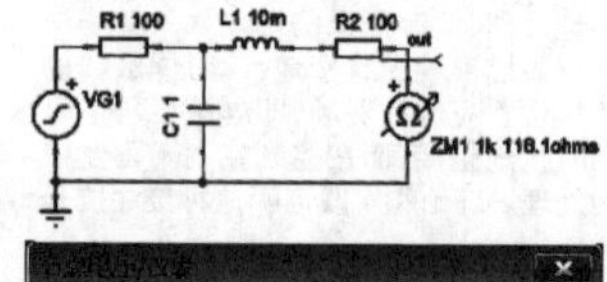

阻抗	118.1 ohms
相位	32.14?
虚数阻抗	(100+j*62.83) ohms
入射	8.47mS
相位	-32.14?
虚数入射	(7.17m-j*4.5m) S

取消 帮助(H)

图25 欧姆表的使用

(1)欧姆表的使用:执行【分析|交流分析|计算节点电压】菜单命令,电压源短路,如图25所示,欧姆表附近显示的等效阻抗为118.1ohms。并出现电压探针,将其在"欧姆表"上双击,弹出节点电压/仪表框,在框中显示阻抗、相位、虚数阻抗(复阻抗)等信息。

(2)伏特表的使用:从仪表元件库标签中取出伏特表替换欧姆表,如图26所示。设置电压发生器参数,输出幅度为10V,频率为50Hz的正弦波。执行【分析|交流分析|计算节点电压】菜单命令后,电压探针在电压表上双击,在节点电压/仪表框中显示如图27所示的分析结果。

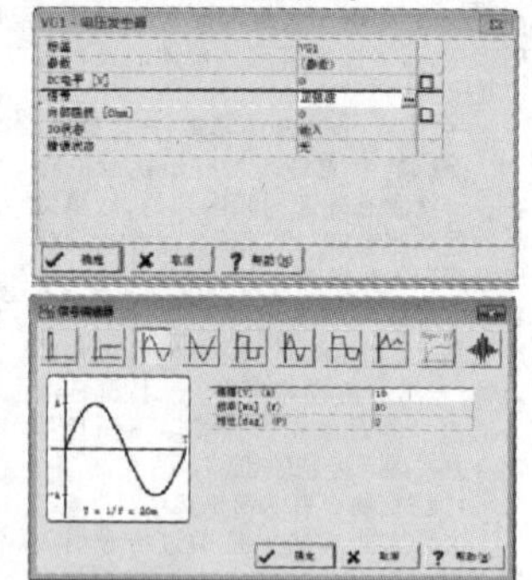

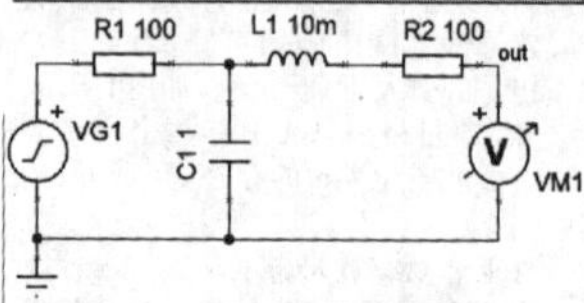

图26 伏特表的使用

节点电压/仪表

TMS	225.08uV
DC Level	0V
振幅	318.31uV
相位	-180?
虚数电压	(-318.31u-j*10.13n)

取消 帮助(H)

图27 节点电压/仪表框中显示的分析结果

(3)功率表的使用:接上R3、L2作为负载,从仪表元件库标签中取出功率表替换欧姆表,如图28所示。执行【分析|交流分析|计算节点电压】菜单命令后,在功率表附近显示有功功率为125.05pW。同样,用电压探针在功率表上双击,可得到无功功率、视在功率和功率因数等参数。

(全文完)

◇湖南 欧阳宏志

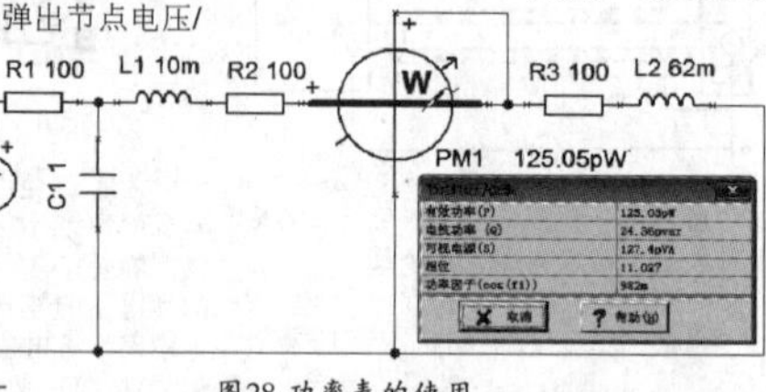

图28 功率表的使用

LED照明灯简易修复法

本人是个电子爱好者,对几款LED型的球型灯吸顶灯日光灯进行解剖,根据其工作原理,装配特点分析了部分出现故障的原因,对故障的检修方法和应急简易修复步骤,今介绍给大家,起个抛砖引玉的作用。

一款灯的发光二管(简称灯珠)使用的是5730型共有24颗,单颗灯珠额定电流为150mA,功率0.5W,它们以二颗并联为一组,然后再将12组灯珠串联起来,接到恒流电源电路板的正负极输出端。大家知道发光二极管对通过的电流大小要求很高,两颗并联后整串灯珠的电流不得大于300mA,否则就会烧坏。所以恒流电路就是通过检测流过灯珠的电流大小,再将信号反馈到集成电路AP30314内部,来调整其输出电压达到输出电流的恒定。理论上说灯珠在额定电流范围内的使用寿命是有数千小时。但在实际使用中发现,有一些恒流电源的调压恒流灵敏度不够高,或者是开关,灯头与灯座接触不良出现跳火产生很高的脉冲电压,也有是400V10uF高压滤波电容不良,是灯具造成损坏的重要原因。还有一种常见的是个别灯珠烧坏,使灯不亮。查其原因可能是散热不良所致,因5730灯珠电流较大所以发热量也大,从一片灯珠背面看,可以看到它的两头是正负极焊片,在中间有块是与基板焊接在一起的金属,用于将灯珠产生的热量传导到散热基板,便于更有效地降低灯珠温度。但是帖片时个别灯珠焊接不实,导热不良就易损坏,结果是灯不亮而恒流电源是好的,这种现象很常见。

检修LED灯的方法有常规和简易两种,常规方法要用到一些专门设备,如万用表,0~300度自动恒温加热台,和常用维修工具,如开口钳子等,还要有新的同规格LED灯珠。检修时先用万表检测区分故障点,是在恒流电源板上还是在灯珠板中。如果恒流电源板发生故障,用肉眼便可发现烧坏的元件,还可以用万用表DC200V直流电压挡测输出到灯珠板的电压是否有150V左右,如电压存在初步可判定恒流电源正常。由于此板上的元件难觅,要元件级维修有难度,可以从网上购买功率相似的组件,价格不高。换上均可胜任。

灯珠板好坏判别更方便直观,用万用表的二极管检测挡,将红表笔接灯珠正极,黑笔接灯珠负极,正常时灯珠会点亮,而且它是两只并联,所以两只会同时亮起。这样一组一组测试发现那组不亮便是故障点,而且多为开路性故障。因LED灯串的电流有300mA,所以产生热量大,灯珠与散热基板是焊在一起的,用电铬铁无法焊接,要用一个恒温加热台对灯板整块加热到约225度左右使焊锡刚刚熔化,方可将损坏的灯珠移去,再换上新的灯珠,这时要注意灯珠极性不能接反。修复后用上述方法重测一次灯珠是否都能点亮,这就算修理成功了。

当手头无上述专用工具和新的灯珠,只要有把电烙铁也可用简易方法修复LED灯。具体做法是,用两节电池串联成一个3V检测用电源,从电池正极引一条红色电线,负极用黑线(便于区分极性),再将两线分别碰到每组灯珠对应的电极上,亮起是好的,不亮的便是故障所在,用一条软电线跨接焊在这组灯珠两极,坏的灯珠不必取下,就OK了。用以上的方法无偿为邻居朋友们修复过相当数LED灯,效果都很满意。

◇浙江 潘仁康

DLS-100kW负载功率计保护电路改进

我台使用DLS-100kW负载功率计作为50kW中波广播发射机的假负载。用来测量发射机的射频输出功率;调试或检测发射机性能。

假负载由同轴负载、冷却系统、功率测量系统、保护系统和电源部分组成。同轴负载是假负载的主要器件,是与发射机输出端匹配的由三支150Ω纯阻性电阻器并联组成。它的作用是将发射机输出的高频功率几乎全部吸收转换成热量。此热量通过内循环水在冷却系统内运动散发,最后达到热平衡状态。功率测量系统是智能功率计通过检测内循环水进出同轴负载的温度及流量,通过运算处理直接读出发射机的射频输出功率。

为了防止电阻器产生的热量积聚危及电阻器的安全,假负载配套了与发射机联锁的保护装置:由流量传感温度传感器、水箱水位接点及继电器组合形成。当因风机或水泵出现故障时,引起水温度升高,达到80℃时或流量低于设定值时,通过智能功率计作用造成继电器K1断电。K1的常开接点开路切断发射机的外联锁回路(发射机的外联锁接点串接在K1的常开接点上),使发射机保护关机。切断射频功率输出,从而保护同轴负载。

当我们使用假负载调试发射机时,应先开启假负载。检查水泵、风机运行正常,管道无漏水,水箱水位正常,系统无故障报警现象;再确认发射机的外联锁接点接入假负载的联锁保护中。即假负载冷却系统运行正常,联锁保护可靠,才能开启发射机进行调试。然而,由于工作疏忽,把假负载接到发射机输出端,未开假负载又停用发射机的外联锁保护而开发射机的情况时有发生。对同轴负载的安全产生严重的威胁。

为保护假负载,我对假负载的保护电路进行改造,加装一个假负载接入控制电路。改造后的线路如附图所示。

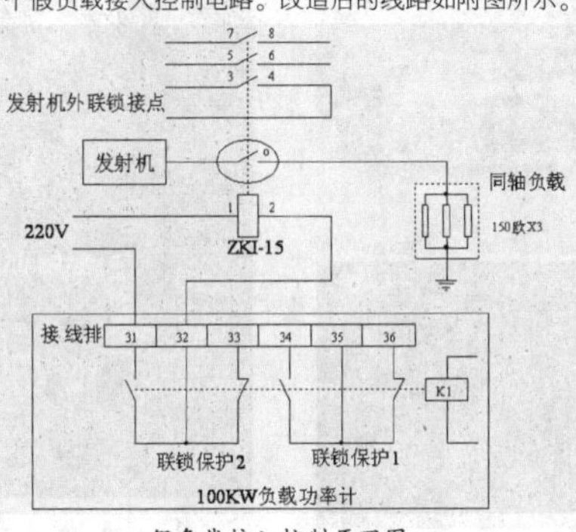

假负载接入控制原理图

改造说明:如附图所示,在发射机输出端与同轴负载的输入端之间加装一个ZKI-15型快速真空断路器。真空断路器的线包受假负载的联锁保护2接点31-32(K1的常开接点)控制,而发射机的外联锁接点改接到真空断路器的辅助接点3-4上。

改造后保护电路的工作原理:开启假负载,待假负载运行正常后,K1动作,联锁保护2接点31-32接通,真空断路器的线包得电动作,真空断路器主触点把假负载接到发射机的输出端。同时真空断路器的常开辅助接点3-4闭合即发射机的外联锁接点接通,这时才能开启发射机。确保先开假负载才能开发射机。

保护原理:若未开启假负载,又取消外联锁保护而开发射机调试时,由于假负载未开,K1不动作,联锁保护2接点31-32开路切断真空断路器线包电源,假负载无法接到发射机的输出端,发射机因输出空载而产生驻波比故障降功率运行直到零功率输出。从而保护同轴负载安全。同理分析假负载的冷却系统出现故障时,K1不动作,加装的真空断路器也会自动断开,切断射频功率输入假负载;同时发射机外联锁接点开路关机保护,停止射频功率输出。确保同轴负载安全。

◇广东 林纯晓

排除电视播出机房通话系统噪音干扰一例

随着广播电视事业发展,本地日常直播类节目日渐增多,电视播出和演播室及节目现场的实时通讯显得尤为重要。近期,本台电视播出系统新增一套机房内部通话系统,主要由1台TM-800通话主机和8台TM-200通话分机组成,它们采用普通音频线按星型连接,通过全双工通讯,可以实现本台的电视播控机房、后台服务器机房、4个上载编单工位、3个演播室的操作人员之间互相实时通话和与播控机房应急呼叫,并具备广播和背景音传输功能。系统结构如图1所示:

以上内部通话系统,TM-800主机安装在电视播控机房,1台TM-200分机安装在播控机房隔壁的后台服务器机房,其余分机分别安装在各频道上载编单工位和各演播室机房。

在安装调试时出现了噪音干扰现象,大部分的分机和主机通话时背景夹杂"嗡嗡"的交流干扰声,仅后台服务器机房和播控机房主机通话声音清晰洪亮,没有干扰。经过分析,判断出现干扰的原因为各上载编单所在机房和各演播室机房与主机所在的播控机房不是同一电源供电,形成各通话机多点接地,而各接地点存在不同电位,形成接地环路干扰。通话系统中后台服务器机房和播控机房为同一电源供电、同一接地,它们之间通话并没有这样的干扰噪音,更证实了这点判断。系统接地原理如图2所示:

本人根据以上分析判断,分别对各上载编单工位、各演播室的通话分机断开本机供电,改由电视播控机房的TM-800主机通过音频线第2芯的直流24V向这7台TM-200分机集中供电,并对它们的机箱进行悬地处理。通话系统改动后如图3所示,由原来的多点接地改为单点接地。随后分别进行通话试验,发现之前的背景干扰声完全消除。

TM-200 TM-200 TM-200
TM-200 TM-800 TM-200
TM-200 ① TM-200 TM-200

TM-800 TM-200
②

TM-800 TM-200
③

通话系统经过以上改进后,虽然消除了噪音干扰,但仍存在1台主机给7台分机集中供电,负载过重的隐患。由于各分机全部使用开关电源,供电输入电压范围较宽(AC90-260V),功率均小于45VA。考虑在不改动原来机器电路、不影响设备正常售后的条件下,在各分机供电部分加装小功率隔离变压器(AC220V-220V或110V)。这样既可以隔离分机供配电接地,又可以完成通话分机分布供电,避免接地问题引起的通话系统噪音干扰。

◇山西 豆勇

卓异ZY2250C接收机不开机维修一例

接修一台卓异ZY2250C小猴王中六接收机,故障现象是开机后前面板数码管不显示且LOCK绿灯一闪一闪的,电视有画面但收不到任何节目。怀疑机器内部软件有问题,对机器执行恢复出厂设置操作并重新盲扫(按压菜单键后再输入305518即可打开盲扫功能)转发器后故障依旧,拆开机器测量电源板各级输出电压发现不稳定,看来故障出在电源身上。

该机电源原理实绘如图1所示,主要由Q901和Q902组成开关电源,通过控制Q901导通时间来调整输出电压,稳压取样电路没有使用常见的TL431芯片,而是由Q903(A1015)和稳压管D908(9V1)组成,D908保持Q903基电压呈不变状态,当输出电压升高后Q903发射极电压随之升高,Q903导通程度加大,IC901(PC817)内部发光管发出的光变强使之导通程度变强,这样使Q901提前截止,从而使输出电压下降;当输出电压下降时,控制过程刚好相反。R901是Q901过流取样电阻,D906、D907、R922及R921是过压取样保护电路。经查取样电路无问题,稍微调节R923后输出电压还是不稳定,无意中碰到C902时发现一脚已断,实物如图2所示,用容量差不多的电容代换后故障完全排除。

◇安徽 陈晓军

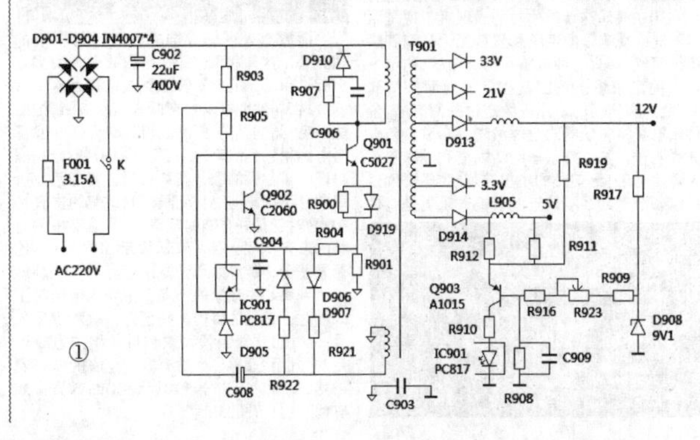

音质媲美CD机的高保真媒体播放器天逸TY-i30使用报告(下)

(接上期12版)

此次试听所配置的音响器材如下：

音源：天逸TY-i30高保真多媒体播放器

功放：天逸AD-3 HI-FI甲类功放

音箱：SONY SS-AR1 高保真HI-FI音箱

线材：荷兰银彩88 SLTECH G5同轴线

手机：三星note8

由于TY-i30是一款多媒体音乐播放器，可以接收手机、IPAD和笔记本等设备通过DLNA、AIRPLAY或蓝牙将网络无损音乐推送到功放音箱播放歌曲，并具有无线WI-FI局域网NTE及AP热点直连播放模式，同时还具备SD/TF卡及U盘直插本地播放模式，支持WAV、flac、APE等无损音乐格式的播放，也支持MP3、WMA等压缩音乐格式的播放；作为与传统高保真CD碟音乐接轨的载体，该机兼容光纤数码流输入、同轴数码流输入，提供192kHz/24Bit 的音频数字解码，可以说基本将当前HI-FI音乐载体的资源一网打尽。由于时间关系，笔者只能选择性的试听几种具有典型意义的播放模式，以便充分了解这款播放器的使用是否人性化，操控性是否简单方便，音质音色是否可以媲美传统的中高档CD机？以下我们先从U盘直插播放开始试听。图19-1

开机后经过大约5秒钟的加载即迅速进入到播放状态，移动光标选择U盘播放，按下OK键后随即出现歌曲菜单，U盘里拷贝的几乎全是我在网上收集或源自正版CD碟抓轨转存的WAV、flac、APE等无损音乐格式曲目，大约有三千多首！这对于音乐发烧友而言，的确可谓是一笔可观的资源！选择播放抓轨至柴可夫斯基的《1812序曲》之WAV无损格式，用交响乐作为试听检测音源及整套器材的音压极限和动态范围是再合适不过的了(图19-2)：音乐渐起，磅礴的音场和强劲的声压立即就让我感到这套HI-FI音响的实力！这是一种声底阳刚明丽、线条感和密度感并重、音乐解析力相当不错、声场纵深感庞大无匹的声音：但凡真正喜欢交响乐的发烧友在听过这张CD音乐后都一至认同它是一张"爆灯级"的试音天碟，其动态之大、气势之磅礴、感染力之丰富、简直就是乐坛罕有！(图19-3)全曲录音除去有乐坛"疯才"之称的斯托科夫斯基指挥皇家爱乐乐团的激情演绎之外，还辅以军乐队、合唱团、真正的教堂钟声、烟火升空及爆炸的真实录音、全曲高潮迭起、愈演愈烈，最后竟然合成了极其爆棚的加农炮实弹射击的震撼之声，绝对称得上是超级喇叭杀手！TY-i30在演绎这首乐曲时的表现真不愧是原音再现：交响乐的声场和气势无论是空间感及纵深感，都有一种破墙而出离箱感，仿佛上百人的皇家爱乐乐团就在我的前面倾情演奏，巨大声压下的乐团声像定位井然有序，各种乐群和特色乐器的定位清晰，音质音色极其鲜明；尤其后排乐器的清晰度和纵深感令人瞠目结舌！而前排的小提琴群、弦乐群固然细腻顺滑到如油浸般玉润，铜管乐更是绚烂辉煌，金属质感强烈，声音嘹亮清悦，直冲云霄；各声部层次分明，清晰可辨，钹、大镲、三角铁等金属乐器在浓郁的交响洪流中更有一种四射的光芒；而夺人心魄的低音大鼓配合极致震撼的加农炮声，在我的耳际眼畔幻化出了一幅幅浓墨重彩的壮丽历史画卷，让人有一种血脉偾张、赏心悦目的感受！图20

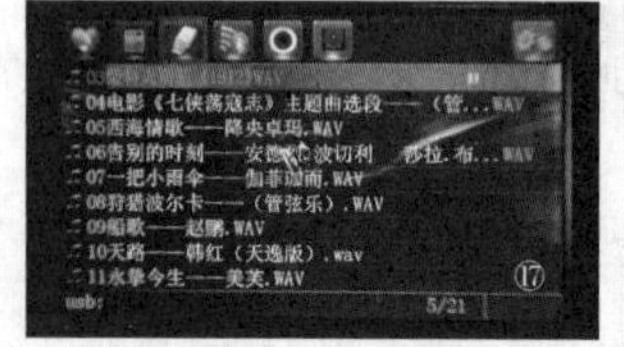

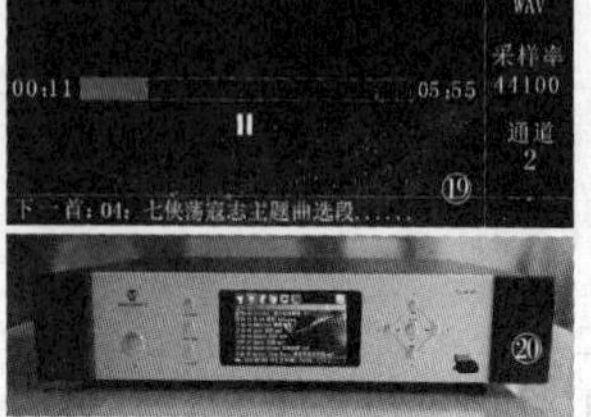

接下来我在机器背板的Micro SD Card卡插口插入一张32G的迷你SD卡，这张卡上同样存满了上千首在网上收集或源自正版CD碟抓轨转存的WAV、flac、APE等无损音乐格式曲目，主要是以人声、流行和爵士音乐为主。图21

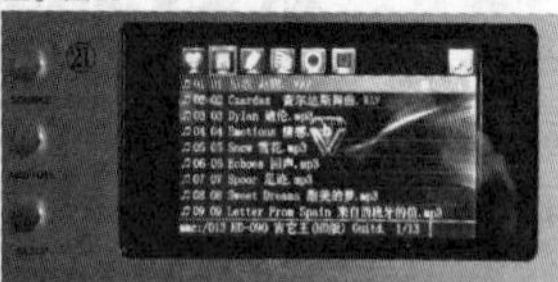

我一向都非常喜欢声音清纯独特的天籁级的女毒人声：播放柏菲录制的伽菲珈而之经典歌曲《一把小雨伞》时，作为无损WAV格式播放的音源提供者TY-i30，在人声方面的听感表现丝毫不输于柏菲原版CD碟，很好地展现出了伽菲珈而嗓音中清丽温婉、略带慵懒的风格，这是一种辨识度很高、较为独特和飘逸灵动的女声。她的声音清澈纯净中带着些许异域色彩，唯美而新潮，深受歌迷喜爱。演唱既带有细腻精致的技巧，又独有一份难以言说的空灵韵味，让我深信只要你也喜欢女毒，只要你的耳朵与她的声音相遇，你就会发现，她的歌声是如此的动人，绝对会走进你的心灵深处，留给你一听钟情的深刻记忆。(图22)

播放有人声低音炮之称的赵鹏演唱的《船歌》，这首歌我也曾在赵鹏的个人演唱会上听过现场，谁也不曾想到以赵鹏高瘦文静的身材，居然能冠以人声低音炮的头衔，把磁性十足，圆润厚实、低沉到极致的男低音发挥得淋漓尽致！坦率地讲，用好的HI-FI音响器材来欣赏赵鹏的歌，其声音的音质音色及听感要好于现场演唱！而眼下我搭配的这套音响，绝对就是好音响的范畴。它所表现出的赵鹏的声音低沉圆融、醇厚芬芳如刚刚开坛的酱香茅台，歌声如行云流水般舒缓而宁静地流淌到我心中最深的一隅，不经意地唤起了人们对于遥远往事的美好记忆，歌声绵甜入骨…… 而背景低频大鼓和贝斯和弦也有十足的弹性和质感，绝对有直沉地底的低频震撼感，根本就无法分辨和原版CD的音质音效有何区别！(图23)

接下来试用TY-i30的蓝牙播放方式，开盖时我已经注意到该机使用的蓝牙是支持BT4.2 + Wi-Fi单频 + FM的FM/蓝牙双频/Wi-Fi三合一模块AP6212A，采用博通BCM43438A1方案，支持Win/Android/RTOS操作系统，具有超低功耗，超低失真，被广泛应用于最新的高保真蓝牙音响、IPC和可视门铃等设备中…… 其性能、传输距离、稳定性、保真度都比老一代芯片强悍很多。(图24)

未曾想到的是，当我第一次用我新入手的SAMSUNS三星note8手机和TY-i30媒体播放器连接对频时，简直快捷流畅极了，绝对没有停滞就一气呵成连接上了，爽！(图25)

利用手机的QQ音乐播放最近网上点击率很高的青年歌手赵雷演唱的《成都》，简直是好听极了！笔者作为成都人，对家乡的眷恋往往会触景生情而产生强烈的共鸣…… 赵雷用北京人特有的胡同文化气质，在他的歌声里流淌出成都简洁、白描、速写般的成都印象。赵雷的音乐，虽然没有诗句般的柔情感动，但痞子气的调侃，单纯率直。词作、编曲朴实坦诚以描写生活中细微见长，画面感极强。加上他烂熟的吉他技巧，通透的琴声和略带沙哑但磁性十足、调侃与市井并重的流浪歌手韵味而受到广大网民的热烈欢迎，更受到广大成都人的追捧而迅速蹿红！应该说，用真正的HI-FI音响器材来欣赏赵雷的《成都》，是一种淳朴的感动和温馨的记忆！而TY-i30稳定而超过10米的蓝牙超长接收能力，以及歌声中所表现出的，和他的黑胶《成都》在音质音色和听感上没有明显区别，足以见证TY-I30有相当优异的蓝牙播放能力和保真度不错的声音重现！图26

写到这里，很多朋友会问，既然该机已有蓝牙功能，还用得着增加WI-FI局域网和热点推动通过DLNA/AIRPLAY播放音乐的功能吗？其实WI-FI相对蓝牙来说属于更先进的无线连接方式，其优势明显在于：一是无线电波的覆盖范围广，蓝牙4.0的电波覆盖范围大致为15米左右，即使最新版本的4.2蓝牙，其无线电波的覆盖范围也不会超过55米。而WI-FI的覆盖范围远超蓝牙数倍，即使您在房间的任意角落进行歌曲切换和欣赏音乐，其声音也能流畅无卡顿；二是WI-FI的传输速度很快，超过蓝牙传输速度百倍以上，并且可以传输音频源码，令信号的保真度更高，品质更佳，音质音色肯定比蓝牙更好一些！三是WI-FI具备热点传输，可进行点对点的直连传输，播放手机或电脑中存储的本地音乐，其传输信号相当饱满稳定，抗干扰能力超强 。四是还可以进行WI-FI局域网传输，将手机、电脑和本机的WI-FI音频模组同时接入无线路由器组成局域网连接方式，就可以借助手机或笔记本中自带的各种音乐播放器播放网上无损音乐，坐拥庞大无匹的无损音乐歌库，无论新歌老歌、古典还是现代流行、爵士还是蓝调，想听就听，岂不快哉！

但是印象中使用WI-FI的设置比较麻烦，尤其是第一次使用的设置更是繁琐。但令我大跌眼镜的是TY-i30的WI-FI设置和登陆十分的简洁和有效，仅仅一分钟就搞定！可见天逸的这款媒体播放器在软件设计上比之前的任何一款天逸的机子都要人性化和便捷化，应该说这是天逸的一大技术进步，当真可喜可贺！

在我的SAMSUNS三星note8手机上点开QQ音乐播放器选播由杨宗纬/张碧城演唱的电视剧"三生三世十里桃花中"的片尾曲《凉凉》，并点击一键推送播放图标将音乐推送到由天逸TY-i30高保真多媒体播放器/天逸AD-3 HI-FI功放/SONY SS-AR1 高保真HI-FI音箱组成的试听音响上播放：这首歌自电视剧播出后就非常流行，可以说是红遍大江南北，其主旋律凄美婉约，杨宗纬和张碧城的阳刚和阴柔相辅相成，歌声千回百转，美人骨髓，让人百听不厌。音乐中的钢琴声一扫手机或电视机播放中的单薄平淡而变得珠圆玉润和晶莹通透，电子吉他和低频贝斯和弦变得醇厚而博大，仿佛一个巨大的声场结界严实地笼罩着我全身的感官，音乐非常的蓬松并富于浓郁的弹性、质感和量感，更突出了杨宗纬/张碧城全情投入的美妙歌声，非常给力！

试用试听至此，足以说明TY-i30是一款值得期待的高保真音源，它具备了目前所涉及的几乎所有高保真音源的输入输出端子，软件设计合理，使用简单方便，操控人性化程度较高，全尺寸的铝合金机箱和现下流行的功放尺寸很般配，颜值也不可谓不高，比较接地气。而在声音的音质音色方面，它具备低频结实有力，质感分明，中频甜美醇厚，高频细腻飘逸的特点，总体音色偏暖而解析力也相当清晰，属于比较讨人喜欢的音质音色。完全可以媲美和取代传统同价位的中档CD机而成为家庭HI-FI音乐的主力音源。

如果要在鸡蛋里挑石头的话，窃以为工艺再精细一点，精致一点，尤其机器背后那个Micro SD Card卡口的插头与机箱的缝隙太大，稍不留神，就会把这张小巧玲珑的迷你Micro SD卡塞到缝隙里去而无法轻易取出。笔者就因为大意而中过一次招，必须把机器盖板打开才能取出卡片。所以建议此处是否要注意装配工艺，尽量减少缝隙，以免给用家造成不便。厂家给出该机的售价为3280元，只相当于一台中档CD机的售价，而相比之下：音质音色相当，功能却比传统的CD机多出很多，而且有庞大无匹的免费网络无损音乐作为音乐库，可以说是取之不尽用之不竭，而为大家所共享。所以，作为工薪族发烧友，不想在购买正版CD碟时不断地投入而花费过巨，这样的高保真媒体播放器将是我们共同选择的神器！

(全文完)

◇辨 机

电子报

2018年2月4日出版

实用性 启发性 资料性 信息性

第 5 期

(总第1942期)

国内统一刊号:CN51-0091 定价:1.50元 邮局订阅代号:61-75

地址:(610041)成都市天府大道北段1480号德商国际A座1801 网址:http://www.netdzb.com

让每篇文章都对读者有用

工控维修，为中国智能制造保驾护航！

一系列国家指导性政策文件发布，为人工智能和制造业的深度融合带来了新的商业机会。在十九大之后，诸如国务院发布了关于深化互联网+先进制造业发展工业互联网的指导意见，以及工业互联网平台白皮书的正式发布等。与此同时，“工控维修”这个尖锐课题也摆上了桌面！近日，在2018年工业人工智能高峰论坛暨工业4.0产业生态嘉年华期间，记者采访了“工控维修在线”平台的总经理张震先生。

张震先生先就工控维修市场现状讲起：在电商大行其道的时代，单纯的贸易已没有任何竞争力，增量市场脚步放缓，属于竞争异常激烈的红海市场，而存量市场就像八九点钟的太阳，朝气蓬勃，属于广阔的蓝海市场。工控行业的未来发展，服务已成为关键词，服务外包国家也在大力倡导，减员增效是每家企业的渴求，如何获得更好的服务，也是每家企业最为关注的重点之一。

接着张震先生从“工厂的痛点”、“代理商的痛点”和“维修商的痛点”这三大痛点对市场做了分析：第一，养人成本高，设备维护人员太多，由于设备品牌太杂，维护技术也不全面，产品一旦损坏，很难找到合适的服务商快速修复，从而造成停产或减产的损失。备品备件压资金，不备很难保证生产的急需，备了，很多配件几年都用不到，造成巨大浪费。同时，盘点这些配件也会浪费大量人力。这是“工厂的痛点”；“代理商的痛点” 就是工控产品厂商、代理商，为了做好售后服务，也需要很多经验丰富的技术人员，即便这样，面对如此广阔的区域和客户，也依然存在养人成本高，服务不及时，出差成本高等问题；最后第三个痛点就是“维修商的痛点”：开拓客户难，采购配件难，招人难，采购配件单品量小，议价能力差。客户对于维修的需求和他们的维修能力服务信息不对称。举个例子：比如产品卖到新疆，在新疆坏了，那如果从上海跑过去，肯定不划算，这个时候，我们“工控维修”平台提出的本地化服务理念就非常有价值了。我们平台已有一千多家工控服务商加盟，遍布全国主要城市，可提供优质快捷的本地化服务。并且，我们的队伍还在不断发展壮大。以服务为切入点，分享共享的理念，为供需双方建立精准而高效的纽带，并通过互评体系，打造工控维修服务的行业新平台，新标准。

服务标准也很重要。张震先生说：我们要改变整个工控服务格局，让所有的工控服务商都能赚到钱。类似的话，好像马云也说过。未来工控服务拼的是客户服务体验、服务质量、配件渠道和搭建检修、测试平台的实力。谁能提供优质快捷的服务，谁能赢得未来。未来，全部都是更换级别的维修，设备一坏，迅速用仪器检测哪里出问题，换好配件，测试好，即可快速修复。现在西门子就有这样的测试盒，伺服器往上面一放，就知道哪里出问题了。未来，也不能说是未来，因为我们正在推动这样的行业标准。在不久的将来，恶性竞争的服务商，将会被淘汰，剩下的是讲诚信的工控维修在线加盟商。工控维修在线作为最具诚信标准的服务平台，为大家提供一站式服务，为联盟会员提供包括培训在内的各种支持，统一标准，统一形象，互通有无，互帮互助，打破信息孤岛，让资源在平台上自由流动，互补共赢。以服务为切入点，分享共享的理念，为供需双方建立精准而高效的纽带，并通过互评体系，打造工控维修服务的行业新平台，新标准。

最后我们关心的服务能力，张震先生也作了介绍：关于配件，我们有配件商城，帮助客户把积压库存销售出去，让急需配件的服务商快速买到配件。广东、浙江、四川、上海、安徽、山东、北京等地都建有分部，分部负责人会统一管理，统一调配资源。未来我们会在各个城市建立服务网点，通过“自营+联营”的模式，在全国各地都有我们的服务团队，有备品备件库，有配件库，有实训中心。此外，我们还可以利用维保服务来采集大数据，采用云计算等技术手段，统一调配我们的服务资源和配件资源。

临到采访结束，张震先生说：我们生在最好的时代，现在技术已经不是问题，关键是观念的转变，是否能持续创新。通过维保增加客户黏性，我们与物联网公司合作，利用故障预警功能对设备运行状态全周期检测，通过数据挖掘技术，对设备运行状况和发展趋势运行动态智能监测，通过灵活可配的可视化建模工具和多种故障诊断模型，对设备运行状态预警分析，对发生故障的设备进行诊断和定位，并提出控制故障再次发生的措施和建议，减少设备故障率。在此，我感谢各位帮忙推动预测性维修的合作伙伴，通过大家不懈努力，一定会把不可能变成可能。

◇本报记者 徐惠民

(本文原载第8期2版)

电子科技博物馆又“添”氯碱工业藏品

藏品是文化的载体，能折射出特定行业和领域的文化、科技、人文和事态。近日，电子科技博物馆的电子测量仪器单元又添“新成员”——上海氯碱化工有限公司向博物馆捐赠了隔膜压力表等222件藏品。

据悉，此次捐赠给电子科技博物馆的222件电子测量仪器藏品都是氯碱生产的重要电子设备，这些藏品是中国氯碱化工行业发展的产物和遗迹，是中国氯碱行业文化的见证者。如今，这些设备在电子科技博物馆内不仅能得到有效的保护和保存，还能让藏品发挥更大的作用，用于教育和科研作用，更好地发挥它们育人化人的价值。

据了解，电子测量仪器是对物质世界的信息进行测量与控制的基本手段。它融合了微电子技术、计算机技术等多种技术。是现代工业产品中新技术应用最多、最快的产品之一。我国电子测量仪器发展可追溯到在20世纪50~60年代。建国初期，第一批156项重大工程中有12 项是电子测量仪器工程，包括11个电子测量仪器工厂和1个电子测量仪器研究所，基本满足了当时国防装备和国防工业对电子测量仪器的需求。

如今，各行各业对电子测量仪器需求量的增加，正不断推动行业向前发展——各个产业正进行转型升级与技术创新。而每个产业从原材料的选定、生产过程的监控、产品的测试、行业运营都需要电子测量仪器辅助完成。同时，电子信息产业振兴规划等政策方针也将进一步扩大市场需求，为电子测量仪器提供新的广阔市场。

◇林 伟 (本文原载第8期2版)

如何屏蔽网络机顶盒广告

首先需要一台电脑，在电脑端安装Debloater软件，用双usb线(公对公，淘宝几元一根)连接盒子和电脑。

连接安装好驱动后连接电脑后，电视界面选择允许adb调试(有些盒子需要开启adb调试，在设置“关于本机里面”选“版本号”连续按确认5次进入)。打开电脑端软件，下面会识别出mibox，点击左上角：

出现进程列表后，找到com.miui.systemADSolution和com.xiaomi.mitv.advertise勾选，点击左上角apply即可屏蔽开机和视频广告！

(本文原载第7期11版)

三星Exynos9810

随着A11（苹果）、麒麟970（华为）、Helio X30(联发科)、骁龙845(高通)的发布，作为全球销量前3的三星也在CES2018上公布了自家的新一代旗舰芯片Exynos 9810。

其性能参数为：三星第三代自研M3架构；制程和骁龙845一样，都是三星第二代的10nm工艺LPP，拥有4个2.9GHz的M3大核和4个1.9GHz的A55小核，比上一代Exynos 8895芯片单核性能翻倍，多核性能提升40%。纯粹从参数来看，三星Exynos 9810的CPU跑分可能会超过高通骁龙845，接近苹果A11。

在硬件层面支持深度感知3D人脸扫描，支持120FPS的4K视频录制和回放，并支持10bit HEVC和VP9编解码，音频支持32bit/384KHz无损音质，拥有双ISP，支持4摄。GPU是Mali-G72 MP18，性能提升大约20%。

基带方面，Exynos 9810支持Cat.18，下行最高1.2Gbps，上行最高200Mbps。当然4×4 MIMO、256-QAM、Licensed-Assisted Access (eLAA) 也都具备。

(本文原载第7期11版)

应急修理旧彩电七例

彩电是社会上拥有量较多的家用电器之一，随着科技的发展，彩电技术含量也越来越高。尤其是近几年，数字平板技术的发展，使得液晶电视得到了广泛的普及。市面上各品牌的电视不断推陈出新，维修工作也紧跟其后。在这里笔者将业余修理了乡下几台旧彩电的经验方法及应急手段并结合检修过程，介绍给同仁及初学者以供参考。

例1：汤姆逊TFE5114DK老彩电无伴音，但图像正常

据用户描述，机子在观看时突然无声。此故障应重点检查伴音处理及功放电路。开机接入AV信号，仔细观察发现图像模糊，始终无声音信号。先从喇叭开始检查，直观法看喇叭无断线、无焊点开路。再用万用表Rx100Ω挡测量喇叭线，有正常的"咔啦"声，证明没有断线、卡音圈等现象。用Rx1Ω挡测量功放集块IS11(TDA2006)的④脚对地有阻值，且喇叭也有"咔啦"声，说明功放输出对地没有击穿短路，输出耦合电容CS12(470μF)也正常。通电测得IS11的②脚12V(正常5V)，顺线查静音电平控制管TS21(BC57B)，测其集电极电压时，喇叭有噪音，且电压高达16.5V，异常。故而用表笔短接一下TS21的集电极与发射，伴音立刻恢复了正常，说明伴音功放块是好的。问题出在静音控制电路。将BC57B焊下测量发现b-c结断路。因手头无此管，故采用应急处理，试用一支960Ω/0.5W电阻接入静音管c极与地之间即可。长时间试机伴音一直正常，故障排除。

例2：索尼KV-2182DC彩电开机见红灯一闪，按频道上下键见红灯有规律闪亮，但不开机

据维修实践经验判断，此类情况可以判断电源部分工作正常，微电脑工作也正常（采用菲利浦公司产品PCA84C640P/016），故而重点检查行输出负载部分。先采用电压测量法，在线测得电源厚膜块(IC601/STR50115B)的④脚输出稳压+115V正常。继而顺电路往行输出变压器相关元件仔细检测，发现有一保险丝pS801左端有电压，而右端无电压，断定其内部已损坏。为确保安全，断电再采用电阻在线对地测量法，测其负载部分，对地电阻无短路现象，对地电阻值正常，大约数千欧以上。该保险丝系塑封，电流为800mA，市面上较难购到，经试验，可用1A保险丝将两端焊上引线应急替代。且原保险丝位置有现成孔方便利用。就故障其因，估计系保险丝容量处于临界状态，经不起冲击所致。

例3：索尼KV-1882彩电自动搜索时锁不住台，手动搜索调台正常，但不记忆

此故障现象据维修经验得知，系索尼牌常见毛病。重点检查微处理器之关联部件、存储器及外围元件。此机无电路图纸。首先开盖观察可疑部件及线路相关元件，未见发黄、发黑、变色、微裂、短路、焊点开纹等异常现象。继而通电采用电压测量法，检测自动搜索电台信号存储器的供电源-30V，测得IC002的②脚竟然无此电压。现在有些存储器只使用单一外部5V电源。就故障成因，查相关电路资料分析可知：自动调台时，如果CPU(即微处理器)接收到由同步分离电路送来的同步信号或反映同步信号已经存在的某一电平值和由中放送来的正确AFT电压值，则CPU判定此时接收到视频信号而暂停搜索过程。如上述两条件没有得到满足，则即使在调台过程中搜索到电台信号，CPU也判定没收到信号而不停止搜索。存储器能否存储有关数据除CPU和存储器通讯正常外，本身必须良好，最重要的一个外部条件是存储器-30V电源电压必须正常。参见有关电路可看出，该机CPU所需的同步信号识别电路中也使用着-30V电源电压，故而，-30V电压可能导致此故障的发生。继而顺藤摸瓜，发现由行输出变压器第⑦脚引出-30V的整流电路中的保险电阻R854（0.47Ω/1/6W）、电感L851(15mH)烧断。

提示：更换时，手头若无此15mH电感，可采取的应急处理办法是用一只1.1Ω~1.5Ω/1/4W的电阻替代。保险电阻在电路中起电阻和保险两重作用，在保险电阻损坏且无备件时，可用一电阻和一保险丝(管)来临时代替保险电阻。

例4：海信牌TC2900彩电有图像模糊不清

据原理与实践经验分析，图像产生模糊不清的原因有二种：其一，亮度通道对视频信号的高频分量衰减过强；其二，显像管电路聚焦不良。故此将色饱和度关闭(置OFF)，对比度调到最小，亮度调到较暗，仔细观察屏幕上的行扫描线，发现扫描线明显变粗，说明图像模糊不是亮度通道故障，显然系显像管聚焦不良所致，继而重点检查此电路。试调亮度和副亮度电位器变化不明显，但测聚焦电压不足400V偏低。试调聚焦电位器至最大不起作用，怀疑彩管衰老，故此采用提升电压法，即间接提升显管灯丝电压。便采用模拟短路法增强彩管阴极发射能力，用自制短路探针，瞬间短接显像管阴极灯丝限流电阻R439(1.6Ω/1W)，结果屏曝亮点增强。故此应急处理，直接再并联一只优质1.6Ω/1W电阻后，图像清晰度大大提高。笔者用此法修复模糊图像的故障旧彩电数台，效果不错。

例5：采用TA7698P(AP)芯片的彩电出现彩色故障

如康佳T953P、T953P1、T920D、KK—T920CII、日丽牌TC5504型等机型都采用TA7698P(AP)彩色解码块。彩色解码块日久使用易产生内部消色电路失常，致使消色器误开启切断彩色通道，造成无彩色。此时采用直流电压测量法，测得TA7698P第⑫脚电压由正常9.3V降为7.18V。应急处理具体办法是：可试用一只优质9.1KΩ/1/4W电阻，将其②脚(电源供给端)与⑫脚之间相连接，以提高⑫脚电压来打开彩色通道，彩色便恢复正常。

例6：彩电显像管红枪老化的应急小改

一台康佳F953A型彩电通电开机后图像暗且模糊不清，约40分钟后图像才渐渐好转，但图像偏红，调红色可调无效。开盖测显像管红枪阴极对地电阻偏大，显然红枪故障。故采用应急小改措施，即改变R视放管c极电压。将+180V与红视放管c极间串一只优质15KΩ/1/2W电阻后图像恢复正常。

例7：大屏幕彩电伴音增大而图像闪缩的改进方法

从理论与检修实践经验发现：一般大屏幕彩色电视机伴音增大，功耗增大，容易引起行场扫描系统供给电流变化，造成图像闪缩现象。据此可做以下应急小改进：

(1)适当加大伴音电路的限流电阻阻值。电视电路中一般都设计有限流电阻，在不影响伴音功放的情况下，加大伴音电路限流电阻的阻值，对稳定扫描系统电路工作有良好的作用。

(2)适当提高+B电压(幅度不超过10V)，提高+B电压目的是增大供给电流，相对降低了伴音电路电流变化对扫描系统工作的影响。

(3)与此同时，可加大伴音滤波电容的容量，可平坦RC网络电路波形缓冲稳定度，尽可能减少伴音系统功耗大小的变化对扫描系统电路工作的影响。实验得知，可将滤波电容容量改成2200μF/35V。

(4)再如：加大+B端的滤波电容容量。电视扫描系统供给电源由+B提供，适当加大+B滤波电容容量对稳定扫描系统电路工作有不可轻视之作用。将其+B滤波电容更换为电容容量在220μF~470μF，耐压值在160V以上为好。

◇山东　张振友

长虹平板电视故障速修(下)

(紧接3期本版)

例43：机型UD50B6000iD，机芯ZLS47H-iS，主芯片MSD6A818QVA

故障现象：不开机 无打印信息。

不能二次开机，无任何打印信息。测+5V和24V均无电压输出，24VA供伴音短路，经检测背面电容CA18短路。更换后故障排除。

例44：机型iTV50738X，机芯PS27I，主芯片MST6M58

故障现象：无伴音。

检查伴音功放U13(TA5707)各脚供电正常，静音控制电路Q013、Q012工作正常。试代换TA5707后，故障排除。

例45：机型UD42B6000iD，机芯ZLS47H-iS，主芯片MSD6A818QVA

故障现象：黑屏有背光。

检测发现上屏供电为24V(正常为12V)，检测发现逻辑板上的供电保险已经损坏。12V供电从U8产生(U8的⑦脚和⑧脚输入24V，②脚输出12V)。经检测发现R56(56kΩ)电阻开路，更换后故障排除。

例46：机型LED39B2000C，机芯LS39SA，主芯片MST6M182VG

故障现象：不开机。

通电试机发现二次开机后背光亮一下熄灭，电源12V电压也随之消失。在电源过流检测电阻R122并联一只0.22Ω试机，12V稳定，背光正常点亮，但屏幕出现灰屏现象。再检查逻辑板，发现逻辑板上保险丝开路，测保险丝之后电路发现C203、C204对地短路。更换C203、C204和保险丝后，开机故障排除。

例47：机型UD39B6000iD，机芯ZLS47H-iS，主芯片MSD6A818QVA

故障现象：无线无法搜索到路由信号，U盘不能用。

测量USB接口无5V供电，USB供电5V是由12V电压(DC-DC转换得到)经过U9转换，测量发现电感L12断裂。更换电感后，故障排除。（全文完）

◇何金华

浅谈拆液晶屏

液晶电视自诞生起，就有了背光这个概念。这是因为液晶屏本身不能发光的缘故，早先的LCD液晶电视采用的背光是冷阴极灯管。开始接触LCD液晶时，很是担心这个LCD灯管会震碎不耐用，不过，实践证明它是安全可靠的，使用多年以后也很少有灯管坏的情况。而后LED的兴起把背光改成了LED灯珠，开始这个改进也没有问题，当时的说法是节能、寿命长……有很多优点，只不过随着时间的推移，LED背光出现的问题也越来越多。总结一下应该是LED过热造成的，而如果散热不是很好的话，就会出现坏LED灯珠的现象。不过有意思的是，这种情况一般会在某一个特定机型上较为普遍，尤其是低档机，这种完全是设计问题。有的甚至保修期内都有这个问题出现的，其中绝大多数是老年人使用的电视机。原因当然是他们看的时间比较多，但是不可否认的是的确有些机器根本就没有把LED散热做好。

对付这些背光不亮的电视就成了维修人员的事情了。但是背光坏就要拆屏，以前很少有拆屏工作，而现在变得越来越平常了。拆屏又是件让人胆战心惊的工作，因为屏幕太脆弱，稍有不慎就会导致液晶基板损坏使整块液晶屏幕报废。而液晶屏的价值约是整个电视的80%~90%，就是说，屏幕弄坏了，整个电视基本报废。所以维修人员遇到需要拆屏的电视机，就一定要考虑到风险，并要告知用户拆屏的难度和风险或者在劳务费上多收一点钱，这个钱就算买保险了。俗话说常在河边走，哪有不湿脚。不过，经过了一段时间的拆屏，笔者的成功率大大提高了。现就将笔者长期总结出来的拆屏要领和心得都奉献给大家，也希望同行能加以借鉴，提高成功率。在此也希望同行能给笔者提出不足之处，在此求之不得，共同取得进步，以便使得拆屏的工作变得轻松些。

拆到屏和逻辑连成一体板的要当心，拆的时候要多拍照，这样恢复的时候有疑问可以参照一下原始的照片。拍照这个习惯，已经被多次证明是非常有帮助的。屏边板和屏幕连接的屏，取时不要让它刮到机器的其他部分。也有电视屏幕边板就直接用双面胶粘在机器上，取时要用壁纸刀刀片把双面胶割下，而拿下屏幕边框也是必须的。有的机器屏幕是可以和边框一取拿下的，比如夏普的某些机型，真心为这个设计点赞，因为边框和屏幕一起拿下来，安全系数要提高不少，而大多数品牌没有这个设计。

拆开后壳后，首先拆边框、遥控接收板以及扬声器等等，接下来就是背光组件。由于屏幕有屏边板，边板和屏幕通过TAB软连接，这个地方很脆弱，所以要万分小心。逻辑板和屏边板必须断开，好在这个连接都是排线的连接，很容易断开。取出屏幕也要当心，一定要轻拿轻放。笔者就遇到过有暗伤的屏幕，就像一块玻璃有一道划痕，稍有受力不均就会断裂。所以每次拆屏，都倍加小心，不是很大的屏幕，都可以一个人操作，如若遇到太大的屏幕，就必须两人一起取屏。因为60英寸以上的屏，一个人很难完成。安装屏幕的时候，一定要确定屏幕在边框以内，边框也必须是平的，这个要像木匠吊线一样用眼睛四边看一下，切记！切记！不然的话，碎屏发生的概率就会很大，笔者每次在这个步骤都是用手指摸着检查，四角和四边都不可大意(见附图)。而且还要小心屏幕滑动，因为滑动跑了位置也是危险的。再者，固定螺丝也要当心，有的机器螺丝长短不一样，如果你要是将长螺丝拧紧在短螺丝处，那就很有可能弄碎屏幕。

◇大连　林锡坚

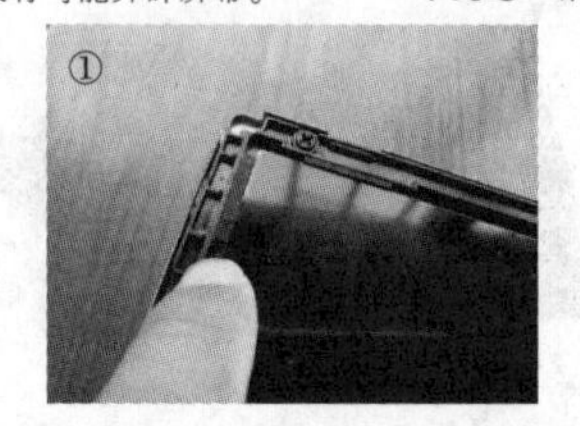

家用无线路由器如何巧妙选择信道避开干扰

现在，随着电子移动设备的普及，越来越多的家庭安装了提供无线网络的路由器，无线网络信号在空气中传播，根据IEEE(美国电气电工协会)制定的802.11b/g标准，这些电磁波一般会分布在2.4GHz~2.4835GHz频段内，这些频段也相应被分为11或者13个信道。而很多人使用的无线设备默认设置都是信道1，当两个以上的这样的无线设备相“遇”时冲突就在所难免。以笔者所住的地方为例，一旦多个无线网络共同覆盖在一定范围内，不可避免地会发生互相干扰，无线网络的性能也会时好时坏。

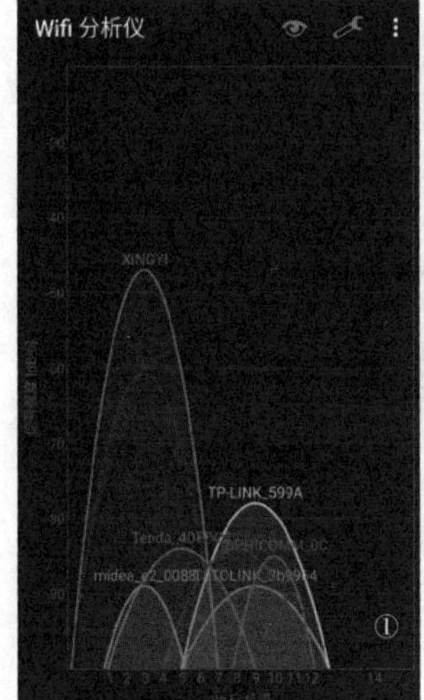

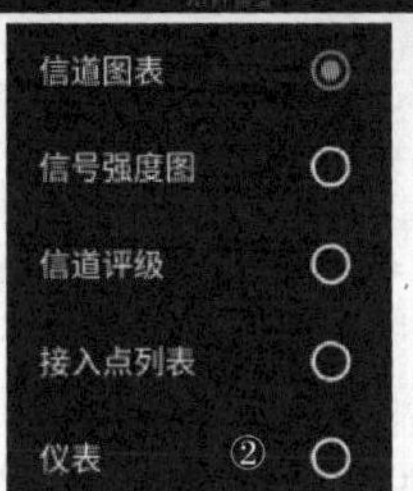

如何去选择适合的不被干扰的信道呢？这时候我们要给手机安装一个App：WiFi分析仪。首先将手机连接上路由的WiFi(如名称为102)，下载安装此软件后打开(如图1所示)。

不难看到除了名称为102的WiFi外，周围其他WiFi的信号强度、信道分布等信息也一目了然。点击右上角类似眼睛的那个图标，选择“信道评级”(如图2所示)。

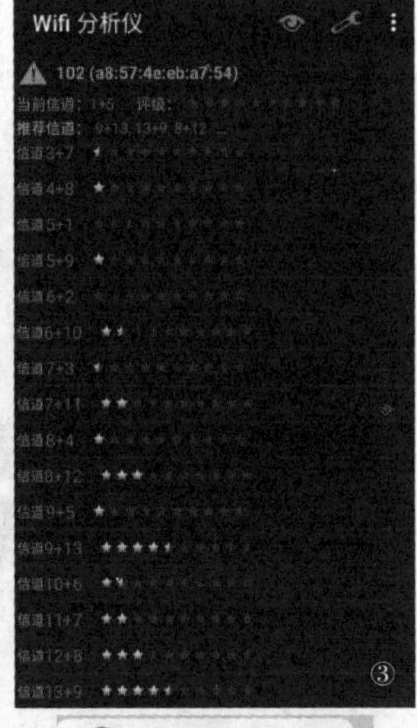

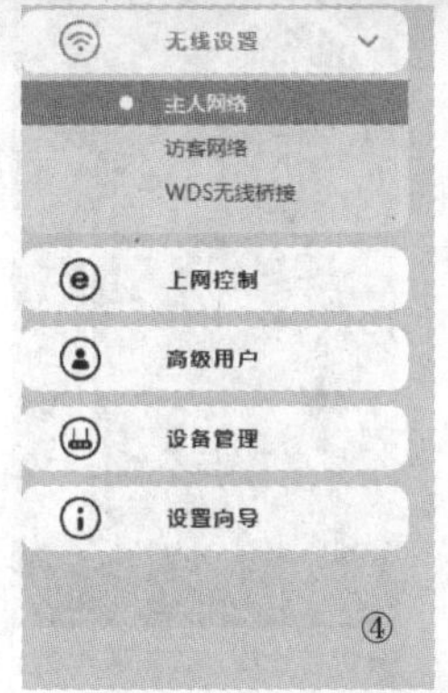

这时候可以看出星号亮出最多的信道即为最优的信道(如图3所示)，当前路由器默认的1信道不适合。

接下来将电脑连接路由器，在地址栏中输入192.168.1.1，输入用户名密码后进入路由器设置，找到无线设置项(如图4所示)，将信道更改为13并保存(如图5所示)。

这时候再次打开手机App，发现我们的无线信号会增强了许多，以前距离远无线信号弱的地方信号明显增强了(如图6所示)。

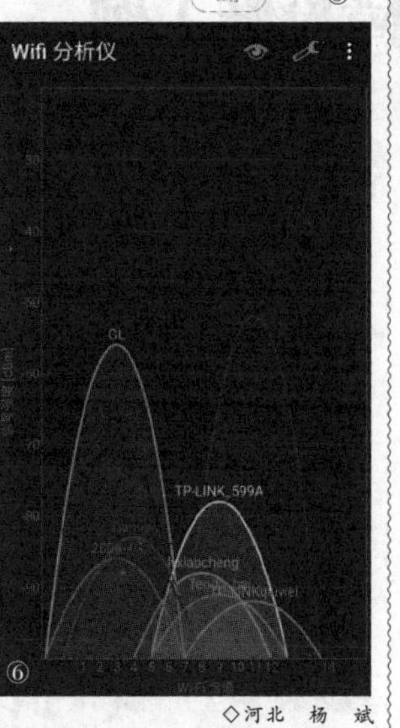

◇河北 杨斌

简单查看iPhone是否被降频

如果你希望了解自己的iPhone是否被降频，并不需要跑到官方授权店进行检测，按照下面的步骤即可自行解决这一问题。

在iPhone上打开App Store，搜索并下载“利落检测器”，注意请选择Lite免费版本(完整版本需要付费)，安装之后运行程序，点击左上角的三条横线，从弹出菜单选择“Settings”，选择“Change Lauguage”，我们当然是选择“Chinese(Simplified)”，最后点击“OK”按钮即可切换到简体中文界面。

再次点击左上角的三条横线，从弹出菜单选择“这个设备”，选择“中央处理器”，向下滑动屏幕(如附图所示)，在这里查看“中央处理器的真实频率”和“中央处理器的最大频率”这两个数值是否一致，如果一致则表示iPhone没有被降频。

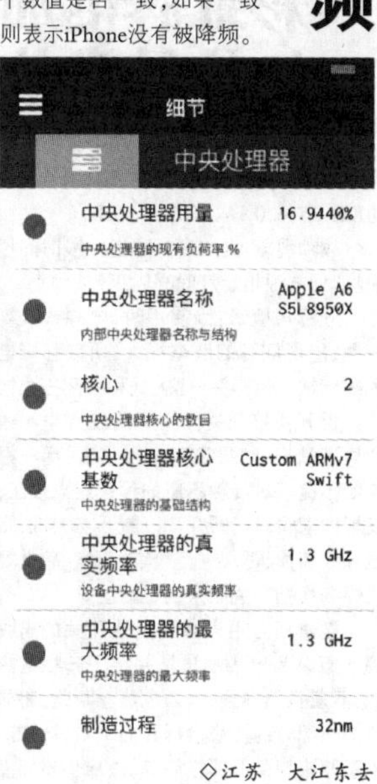

◇江苏 大江东去

利用Google Earth截图制作真实地图

在实际工作当中，有时我们需要一幅一个区域的现状图，而在网上搜到的地图往往反映现状不够逼真。运用Google Earth截图就可以制作出一副逼真的区域地图，其制作步骤如下：

第1步：调整图像分辨率

打开Google Earth，点开“添加”→“地标”，在需要截图的长方形4个角添加方地标。根据需要的图像清晰度，调整Google Earth图像分辨率。然后点击“视图”→“网格”(经纬线)，按住Ctrl键对照网格线用鼠标左键左右两端调平，并通过箭头键将你需要图像的中心移动到屏幕中央。关闭屏幕上不需要的菜单和工具条，并用快捷键Ctrl+L关闭网格。

第2步：截图

建立一个存放截图文件的文件夹，然后用箭头将屏幕上的图像移至你需要图像方框的左上角，按图标保存截图文件，如第一排第一幅图存为1-1.jpg。记住屏幕最右边图像的情形，再用“→”按钮将屏幕图像右移一屏（注意保留部分重叠）。按图标保存第二幅图为1-2.jpg。如此，一直截屏到右上角的一幅图(到达右上角的标记处)。再按“←”将屏幕移至左上角(图1-1.jpg位置)。记住屏幕更好边沿图像的情形，用“↓”按钮将屏幕图像下移一屏（亦保留部分重叠）。按图标将第二行第一幅图保存为2-1.jpg。如此，再截取第3排、第4排图像，直到全部所需图像。最后，将屏幕缩小到4角的标记范围，打开网格，截取一张带网格的图像，文件名保存为经纬图.jpg。如果需要图幅较大，更清晰或经纬线更稠密，也可分屏截图，保存为多个结经图文件。

第3步：拼图

在Photo shop中打开第1张图，点开Photo shop中的“图像”→“画布大小”，再点击“定位”框左上角按钮，即将第1张图放置在图左上角，并将图幅调整到足够大。打开文件1-2.jpg，移动到图像1-1.jpg的右边，用选取工具选择并剪去图1-2.jpg左边沿失真的长条(截图时已留出了重叠)，然后广大图像，点击移动按钮，用键盘上的↑↓←→键移动图1-2.jpg与图1-1.jpg精确拼接。如此，拼接完第一排图像。再打开图2-1.jpg并移至图1-1.jpg下方，用剪刀工具剪去图2-1.jpg上边沿失真的长条，……依此拼接完成全部图像。最后点击“图层”→“合并图层”，将拼接的图像合并并保存为“拼图.psd”。

第4步：绘制图形边界

在网上下载一个需要拼图区域的行政区划地图，打开Auto CAD并将此区划图粘贴到Auto CAD中，描出所绘图形的边界线，如省边界和包括在内的县(市)边界(用不同的线条式样描绘)，并描出一些能在截图上辩认出的特征点，如省会、县城、道路、河流等，保存为边界.BMP格式文件。如果需要图幅较大，当然也可分屏保存为多个边界文件。

第5步：修饰成图

打开经纬图.jpg(如果分屏保存了多个经纬图时还需要拼接为一个经纬图文件)，并将其粘贴为拼图的一个图层。然后参照道路、河流、城市等一些特征点将经纬图jpg放大并与拼图.jpg精确对准。另建一个“经纬线”图层，描着经纬图.jpg图上的网格线在经纬线层上画出经纬线。再打开图形边界文件.BMP(如果分屏保存了多个文件时也需要拼接为一个文件)。将图形边界文件粘贴为拼图.psd的一个图层。调低边界图层的透明度，参照道路、河流、城市等一些特征点将边界图与拼图准确重叠。点开边界图层，用Photo shop的选择工具在边界图的边界外部点击后，再打开拼图层，按Delete键即可以边界图的边界线为准删除边界线以外的拼图部分。调整拼图的亮度、对比度等，一幅新的图形文件即告完成。

◇甘肃 常兆丰

雅哥弟48V电动车充电器及电瓶故障检修1例

故障现象：充电器接通电源给电瓶充电，充电器上的红/绿双色LED指示灯显示红色，但是呈现有规律地一亮一灭，无法给电瓶充电。

分析与检修：打开充电器的外壳后察看，未发现有元器件的引脚脱焊问题，但发现电路板上68μF/400V的电源滤波电容顶部轻微鼓起，怀疑它有问题。将其焊下，用数字万用表电容挡测量，发现该电容已无容量。用相同的电容更换后通电，测它的两端直流电压为305V左右，并测得充电器直流输出电压为55V左右，应该没问题了，将充电器外壳重新装好，再次通电给电瓶充电，可是仍然呈现之前的故障现象！

拔出电瓶端的充电插头，测得电瓶本体充电插座处的电瓶电压仅为22V左右！正常应为48V左右，就算电瓶低电压，也不应该低于40V，怀疑电瓶有问题。将电瓶从电动车上拆下，打开外壳，里面有4块12V的小电瓶串联在一起，察看每块小电瓶无鼓包、漏液等异常现象，分别测量每块电瓶的电压均仅为5V左右，说明电瓶已经严重亏电！询问同事才得知，该电动车已经闲置快半年了，而且期间也未充过电，怪不得电瓶亏电这么厉害！由此分析，充电器上的红/绿双色LED指示灯呈现红色闪烁，应该是因为电瓶电压太低，已经低于充电器的安全充电电压，导致充电电流过大，超过了充电器铭牌上所标的最大充电电流1.8A，充电器过电流保护了。既然电瓶电压这么低，导致原配充电器无法正常充电，想到手头有一台数显0~60V/0~5A的可调直流稳压电源，可以利用它来给电瓶进行低电压、恢复性的充电。将电瓶与稳压电源连接完毕，给稳压电源通电，稳压电源上的电压表显示电瓶电压为22.6V，与之前测量的结果基本一致。缓慢调节稳压电源上的电压调节旋钮，逐渐提升输出电压，当输出电压超过22.6V时，稳压电源有输出电流显示了，说明已经开始对电瓶充电了。当输出电压调整至33.7V时，输出电流显示为1.03A，暂停调节，让稳压电源对电瓶进行恒压充电；随着充电时间的增加，充电电流逐渐降低，当降至0.7A左右时，再次缓慢调高输出电压，充电电流也会再次随之升高，当升高至1A左右时停止调压，继续对电瓶充电。就这样不断地观察充电电流，不断地调高充电电压，经过大约2小时左右的充电，充电电压已经调整到了45.1V，充电电流保持在1A左右。

估计对电瓶的恢复性充电差不多了，将稳压电源断电，断开与电瓶的连接，将电瓶静置5分钟左右，测得电瓶电压为42V左右，且比较稳定了，于是用刚修复的充电器对电瓶进行充电，此时充电器上的红/绿双色LED指示灯呈现持续的红色指示，说明充电器已经可以给电瓶正常充电了！经过约15小时左右的持续充电，充电器上的红/绿双色LED指示灯呈现持续的绿色指示，说明电瓶充电已经完成了。将电瓶装回电动车，一切正常，故障排除。

◇江苏 陈勇

彩虹牌电加热座椅靠垫加热异常故障检修1例

该电加热座椅靠垫是四川成都彩虹电气集团股份有限公司生产的，型号参数为KTA25-6，0.5A，250V～50Hz。

故障现象：送修者反映近一段时间用靠垫时，电源指示灯时亮时灭。

分析与检修：因使用时，电源线反复弯曲，出现问题的概率很大，所以怀疑电源线异常。该开关分高、低和关闭三个挡位。拆开换挡开关检测两根220V电源线的导通情况，结果发现一根正常，另一根接触不良。对接触不良的线束逐点按压，发现内部铜线已断开。以断开点为准，将电源线剪掉，再次进行检查，正常。将电源线焊到换挡开关原来的位置上。

接着用万用表检测换挡开关的出线端，原以为出线端只是并接了一根电热线，测量竟然不通，以为电热丝断路。将靠垫加热部分的接线盒拆开后一看，才知道不是原来想象的那样简单。该靠垫里面设置了由双向可控硅1A60及其外围元件组成的恒温控制电路，如附图所示。RT1是温度传感器，当温度过高时阻值变大，使得可控硅的导通角减小，加到加热线两端的电压下降，使得温度下降；反之，当温度下降后，RT1阻值减小，使得可控硅的导通角增大，加到加热线两端的电压升高，使得温度升高。如此周而复始，可使靠背垫的温度保持一个适宜的范围内。

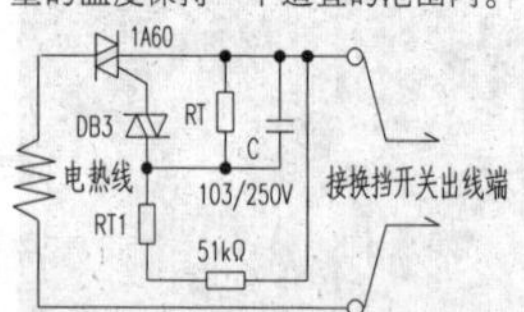

检查无误后，将接线盒重新用热熔胶封装好以后，再将换挡开关装好，插上电源线检测，靠垫工作恢复正常。

【注意】*该靠垫的电热丝很细，要仔细焊接。加热线内层是电热线，内外绝缘层之间有一根类似视频线屏蔽层的扁铜线，该铜线并没有接入电路，而是两端一起焊在电路板的悬空点上。分析后认为，主要为电热线焊接时起到加强作用。为电路板封装做好准备，否则，电热丝焊点处受力大，容易断线。*

◇山东 姜文军

国仁TDP治疗仪冒烟烧毁故障检修1例

故障现象：一台重庆产的国仁牌TDP-L-I-8A型治疗仪在使用中，突然冒烟烧毁。

分析与检修：首先从外观上看，发现治疗仪的塑料控制盒的右侧个有熔洞（见附图），怀疑可能是因内部电路上的元器件燃烧导致。打开控制盒，观察电路板，其右侧有一元件已烧成炭状，其他元件的外观无异常。用万用表在路逐一检测电路板上的分立元件，未见异常。在清理碳状损件时，在紧靠底部发现一块红豆大小的棕色残斑，得知该损件应该是CBB固定电容器。卸下控制电路板，观看其反面的电路走向，得知该电容的作用是阻容降压用的。由于无法辨别其参数，只好根据其两脚间的距离，选用一只0.68μF /400V的CBB电容焊上，接通电源后，指示灯不亮，控制电路板无任何反应。是电容的容量太小，导致电流小的缘故？后换上一只耐压400V容量为1.5μF的CBB电容，故障照旧。分析认为，该电容由于耐压性能差，导致短路烧毁，而短路的一瞬间，过高的电网电压完全可以将控制CPU烧毁。该电路上的CPU是一只双排14脚的贴片型芯片，型号是EM78P 153K，于是用新品更换后接通电源，工作指示灯点亮，各按键操作正常，故障排除。

◇青岛 宋国盛

明可达（MKD）电子调光台灯不亮故障修理记

故障现象：一台明可达(MKD)电子调光台灯接通开关K后不亮。

分析与检修：检查照明灯EL正常后，拆开底盖，测熔丝管F正常，观察各元件正常，说明7V电源电路、双向晶闸管SCR或其触发电路异常。为了便于检修，通过印制板实物绘出电路图，如附图所示。

【编者注】*作者绘制时，没有核对好电路板上Q1在电路中的位置，导致附图内的Q1引脚连接有误。*

首先，R3、R4两端有7V电压，说明电源电路正常，确认故障发生在双向晶闸管或其触发电路上。用万用表在路检测怀疑的元件时，发现Q4(ST72A)的c、e极间阻值从30kΩ一直往上升，其他极间反向阻值为无穷大。焊下后，测c、e极阻值很小，怀疑Q4损坏。用NPN型硅管9103、8050、13001等代换，均只是灯丝亮，不能正常发光。手头有PNP型硅管9015，将其c、e极要对调后安装，通电灯亮，亮暗可调，只是调亮按钮SB1成了调暗钮，调暗钮SB2成了调亮钮。这是因为原来是NPN管，现改成PNP管，管子导通、截止条件正好相反所致。此时，将连接SB1和SB2的黑、白两线交换后焊接，就可以和原来一样用。但后来使用过程中发现，调亮后2分钟左右，灯就逐渐变暗，即不能保持调好的亮度，怀疑9015代换有问题，幸好原来的ST72A管没有扔，再一次测量它，e极接黑笔，c极接红笔时阻值为6kΩ左右，其他极间反向阻值为无穷大。多测几次后有时会出现e、c极正、反向阻值为0.2~0.8kΩ，是一只很特别的管子。于是，将9015焊下，重新焊上ST72A，通电灯亮，并且调光一切正常，调至最亮后，多长时间也不会变暗。由此可见，管子没有问题，故障可能是引脚脱焊所致。最后将两根黑、白连线调换回来，故障排除。

◇北京 赵明凡

柴油车用传感器应用详解

电控柴油发动机上的传感器可谓五花八门，其中传感器类型大致分为压力传感器、温度传感器、速度与位置传感器这三类，本文将介绍一下在柴油发动机上的各个传感器的工作原理以及检测标准。

这里先介绍一个判断传感器的小技巧：

当车辆报曲轴位置传感器故障或者凸轮轴位置传感器故障时，可以将两个传感器互换，因为他们的传感器结构原理一模一样。

例如：报曲轴位置传感器故障时，互换传感器后，故障仍然报曲轴位置传感器故障，说明曲轴位置传感器到电脑版端线束故障，如故障报凸轮轴位置传感器故障了，则说明是原曲轴位置传感器故障，更换传感器即可。

一、水温传感器

结构：负温度系数的热敏电阻，其使用范围为40–130°C。

功用：通过测量冷却液的温度来指出发动机的温度，冷却液温度信号可用于冷起动及风扇控制等，主要用于测量发动机冷却的温度，从而进一步精确控制燃油喷射量。

安装位置：冷却液温度传感器安装在冷却液循环回路上。

工作电压：两线一根是5V信号电压，另一根是地线。

水温传感器信号异常可对发动机工作状况造成：

1.产生的低温信号可使ECU认为使冷启动加浓工况，喷油加大，造成混合气过浓，发动机产生燃烧不完全，功率降低状况。

2. 产生的高温信号可使ECU认为发动机已高温，限油降低发动机的转速。

3.温度超过100度车会熄火或者限速1500转。

4.断缸测试、加速测试、高压测试都需要温度达到75度以上。

5.电子风扇工作需要温度到85到93之间。

6. 进气预热需要水温信号后处理系统喷射前提、EGR工作也需要温度到达70度以上。

二、增压(进气)压力传感器

结构：半导体压敏电阻式压力传感器。

功用：计算空气量，用来控制空燃比和负温度细数的热敏电阻，从而进一步精确控制燃油喷射量，增压压力传感器用于测量进气歧管内的绝对压力。发动机的进气量是由进气压力和发动机转速决定的。博世LDF6T型的传感器集成立压力传感器和温度传感器。

安装位置：增压压力传感器通常安装在涡轮增压器之后。

博世端口针脚	钥匙打开	拔下测量电压V	插上反馈电压V
①	地线	0	0
②	温度信号	5	温度30℃ 2.6
③	电源	5	5
④	压力信号	5	1

1.进气压力损坏导致动力不足、白烟、黑烟。

2.怎样判定进气量不足"看数据"一般来说六缸机进气量空车加油最大为1200Hpa=120Kpa爬坡或者重车行驶时最大为2600Hpa=260Kpa左右进气压力传感器是ECU计算喷油量大小的重要依据信号异常：高电压值信号，可使ECU认为保证混合比加大喷油量，产生发动机无力冒黑烟，当超过极限时ECU突然断电停油。低电压值信号可使ECU减少喷油量发动机无力。

三、机油压力温度传感器

结构：半导体压敏电阻式压力传感器及负温度细数的热敏电阻。

功用：用于向发动机控制单元提供发动机的机油温度，特别是在寒冷气温状态下。机油压力传感器安装在机油泵之后，用于测量机油压力并将这个信号传给电控单元(ECU)。

位置：主机油管上，发动机机体油道处。

潍柴	钥匙打开	拔下插头测量	插上反馈电压
①	地线	0V	0V
②	温度信号	5V	30度时2.6V
③	电源	5V	5V
④	压力	5V	0.3V

限速1600到2000转左右，机油压力低会导致熄火。

四、共轨压力传感器

结构：压阻式高压传感器，最高频率在1KHz，最大工作轨压：1600bar。

功用：实时测定共轨管中的实际压力信号并反馈给ECU，增减调节油压，轨压传感器是用来测量高压共轨系统中共轨管内的实际压力。共轨压力传感器将压力值转换为电压信号给电控单元(ECU)，以实现燃油压力的闭环控制。

安装位置：共轨管上。

博士		拔下	插上	电装		拔下	插上
①	地线	0V	0V	1	地线	0V	0V
②	信号	5V	0.5V	2	信号	5V	1V
③	电源	5V	5V	3	电源	5V	5V

轨压传感器损坏会导致轨压超高、泄压阀打开限速1700转，EDC16C39/ECD17C55电脑版轨压传感器损坏不能着车。

五、加速踏板(油门踏板)传感器

油门踏板位置传感器将加速踏板开度转换为电子信号，并将其输出到发动机控制器。

另外，有两个系统可在一旦发生故障时提供备用功能。这是非接触型传感器。有连杆与加速踏板一起转动，输出端子电压根据连杆转动角度而变化。

1.六线两组传感器，油门位置1的电压是油门位置2的两倍。

车型不一样也可以通用5V电源和地线可以并到一起，如果说油门1的5V电压线断了可以从油门位置2牵线。

编号	①	②	③	④	⑤	⑥
	油门1电源	油门1信号	地线	油门2电源	油门2信号	地线
颜色	红	绿	黑	黄	白	蓝
插上电压V	5	0.8	0	5	0.4	0

2.5根线其中3根是位置传感器+2根怠速开关（红岩杰狮、衡阳单体泵、威特单体泵）。

空气流量计(HFM)

空气流量计用来测量吸入的新鲜空气量，与电控单元(ECU)计算出的精确喷油量，从而获得最佳的空燃比，从而达到比较好的排放效果，空气流量计包括两个部分：直插式传感器和外壳。

当无空气流动时，电桥处于平衡状态，控制电路输出某一加热电流至热线电阻RH；当有空气流动时，由于RH的热量被空气吸收而变冷，其电阻值发生变化，电桥失去平衡，如果保持热线电阻与吸入空气的温差不变并为一定值，就必须增加流过热线电阻的电流IH。

部分技术参数：额定电压：14V，额定电流：小于60mA。

端口	①	②	③	④
	12到24V	地线	温度信号	流量信号
拔下测量电压V	12到24V	地线	5	5
插上测量反馈电压	12	0	3.2	2.3

损坏会导致：1、发动机异响2、怠速抖动3、冒烟4、动力不足5、难启动6、着火后熄火。

六、燃油含水传感器

油水分离器的下部安装了燃油含水传感器，当燃油中的水分在油水分离器内到达传感器两电极的高度时，利用水的可导电性将两电极短路，此时水位报警灯点亮。1和2直接露在油里边有水时两根线导通，会导致动力不足。

①—②针脚之间的电阻无穷大

②—③针脚之间的电阻为4MΩ

①—③针脚之间的电阻为1.5—2.5MΩ

七、燃油温度传感器

原理跟水温一样，燃油温度高会导致熄火或者限速。

电装系统一般安装在回油管上、博士一般安装在滤芯上边有一部分没有装、德尔福安装在油泵上、单体泵装在油泵上边。

八、冷却水位传感器

同油门位置2、远程油门、风扇转速共用5V电压和地线；康明斯系统专用3线，损坏会导致加油缓慢、加不上油、限速。

九、机油液位传感器

作用：检测油底壳是否有油，提供警示信息。没有工作电压。

原理：热敏电阻式，停机时测量。EECU每间隔15s在1.75s内送200mA电流，金属丝发热，燃油量的多少决定了金属丝散热程度，从而影响金属丝的电阻，以此确定机油油量。

温度	20	30	150
电阻	11.6欧姆	13.2欧姆	16.7欧姆

十、车速传感器

不同车型所装配的不一样：

1. 豪沃A7端口定义1为24到28V电源电压，2为地线，3信号到电脑版27号阵脚，4信号到CBCU端口3.22阵脚/行车记录仪。信号电压为4V左右。

2. 德龙M3000车速3根线分别为1火线12/24V，2地线，3信号线。信号出来接转换器再到仪表a14。

3. 天龙车速为3根线都是仪表过来分别为1火线12V，2信号钥匙打开电压在7.5V左右，3地线。车速信号到仪表再到VECU和EECU。

4. 客车一般是四根线分别为1火线12/24V，2信号到ECU，3信号到仪表/GPS/行车记录仪、4地线。

5.解放J6三线直接到仪表火线、地线、信号。

十一、排气管温度传感器

不同车型所装配的不一样：

信号工作电压4.9V和地线，检测排气温度反馈至ECU，用于控制SCR后处理系统的起喷时间。

25度	100	200	400
220Ω	275Ω	345Ω	487Ω
0.89V	1.07V	1.35V	1.6V

十二、尿素箱液位温度传感器

安装与尿素箱上，能够监测尿素溶液温度，能够通过发动机热水对尿素溶液加热，能够监测液位高度，满液位和零液位、空罐时向ECU发出报警信号。

温度：

25度	100	200	400
220Ω	275Ω	345Ω	487Ω
0.89V	1.07V	1.35V	1.6V

液位：

45mm	109mm	205mm	301mm	400mm	高H
20000Ω	4800Ω	1721Ω	734Ω	256Ω	
4.8Ω	4V	3.1V	2.0Ω	0.8Ω	

十三、尿素压力传感器

锡柴、潍柴博士.安装在尿素泵里边，作用检测尿素压力的高低。

损坏会导致不喷尿素、降动力、轨压失效泄压阀打开。

ECU阵脚	尿素泵阵脚	拔下测量电压V	插上测量电压V
K42	3电源5V	5	5
K78	3压力信号	5	0.75
K77	4地线	0	0

十四、NOX传感器

作用就是检测尾气中有毒气体NOX的排放值。

损坏会导致：1、不烧尿素 2、不能加油 3、动力不足 4、CAN线通讯失败。

阵脚号	①	②	③	④	⑤
	电瓶电源24	地线	CANL低	CANH高	空
拔下测量V	24	0	2.4到2.5	2.5	空
插上测量	24	0	2.4到2.5	2.5	
EDC17阵脚	K01	K02	K76	K54	

NOX传感器分两种一种博士另一种康明斯探头工作最高温度—40到800度。

十五、曲轴位置传感器/凸轮轴位置传感器

结构：电磁式跟霍尔式两种

功用：转速传感器采集柴油机转速信号以便ECU计算循环供油量，还可提供曲轴位置信号以便ECU对喷油正时作出准确控制；辅助转速传感器用来作为转速信号计算曲轴转角的信号，进行判缸。

安装位置：飞轮壳、风扇后边。传感器与信号盘间隙为0.5—1.5mm。

同步状态：同步信号博世国三为48，博世EDC17国四系统为30。

工作电压：电磁式没有工作电压，电阻为860欧姆左右。霍尔式有工作电压三线分别是5V、信号、地线。

故障现象：(1).不好启动；(2)冒白烟；(3)动力不足；(4)报ECU修复故障泄压阀打开(一般都是信号盘有跳动、修理工更换信号盘不标准)；(5)启动不了。

◇云南 陈赟东

一款5V/60A防雨开关电源电路剖析

防雨开关电源用于安防监控、LED显示屏、走字屏等场合,社会保有量越来越大,损坏量也很大。二手电源、故障电源廉价易得,用来改装成大电流锂电池单体充电器很方便。本人从网友手中接手了打包处理的36只5V60A二手电源,包括运费在内近6.5元一只。该型号电源有防雨铁壳,便于悬挂,盖板为抽屉式一抽即开,电源统一板号为H130622。二手电源从外观上看有一半烧坏,电路板滤波电感部分烧焦。未损坏的电路如图1所示:5V输出部分的电感用环形磁芯,磁芯内径21mm;外径39mm;厚11.15mm;线圈为5根直径为1.2mm漆包线并绕7圈。

烧坏的电源电路板在外观上完全相同:都是输出滤波环形电感处电路板烧焦碳化;电感线圈绝缘漆烧黑脱落;整个环形电感脱落或勉强挂在电路板上摇摇晃晃;电感焊接面焊锡熔化脱落成乌黑色球状;部分电感磁芯锈蚀严重。靠近电感的部分滤波电容顶部明显鼓出,有的电源220V输入部分保险管熔断。为了对电源进行故障分析和维修,弄清故障原因,用绘图软件绘制出了完整的电路图。最容易怀疑的故障原因是电路过载或短路引起的,但检查的结果显然不符。因为输出滤波部分如此严重的烧坏而与此相关的开关变压器、整流管竟没有一例损坏;所有的开关变压器骨架没有任何过热熔化的痕迹、线圈没有任何变色。有的电路板仅仅只是更换了滤波电感就能正常输出电压,其他元件无一损坏。如是对完好的电路板进行试验:拔掉散热风扇,在5V输出端接汽车用12V/90W/100W前照灯灯泡,远近光灯丝并联做负载,调节电路输出电压使负载电流为8A。这个电流值离标称的60A差得很远,加之试验正值人冬时节所以试验很保守。尽管如此,环形电感的温升很快,几分钟就烫手,继续通电发热持续加大,温升没有稳定迹象,怀疑电感在高频脉动直流中铁损过大造成。从电路图(图2)上分析可知,5V输出部分采用先电感后电容的Γ型滤波方式,同LCΠ型滤波器相比电感中电流脉动成分大得多。如果磁芯材料选用不当引起的涡流损耗和磁滞损耗即铁损会很大,铁芯的发热将很严重。部分烧坏的环形电感磁芯锈蚀严重,说明磁芯材质含量很高,整体式的铁质芯的高涡流损耗和磁滞损耗无法避免。为了验证这一推论,将环形铁芯电感拆下,拆除线圈重新绕制到收音机磁棒、原电视机行输出变压器的磁芯上,焊回原处。试验结果是长时间工作,电感都不发热;空载时输出电压虽有波动;但接入负载整个电路工作很稳定,说明重绕的电感电感量偏小造成。重绕的电感采用高频磁芯的导磁率低;加之磁路开放;绕制线圈总线长没有增加,所以电感量偏小。在收音机磁棒(φ10mm×85mm)上将线圈匝数由原7匝加大到12匝时,输出电压足够稳定。开放磁路虽然磁阻大但不易磁饱和且绕制简单,节省维修时间。输出部分不可以改成LCΠ型滤波,否则负载时停机。该版本电路由于所有故障现象几乎相同,所以定性为通病,是由于环形电感磁芯材料选型缺陷造成的。环形电感的高温烧坏了自己的同时也烤焦了电路板,紧挨旁边三个怕热的滤波电容也深受其害。

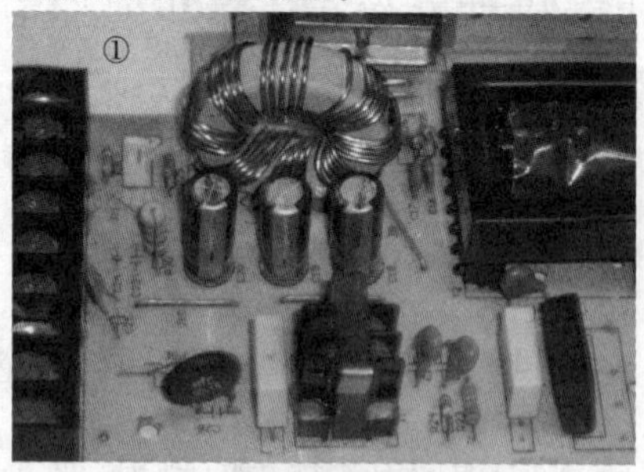

完好的电路板

该型号开关电源电路总体不复杂,看上去烧得很惨但检修并不难。绘制出的电路图除220V电源输入部分略有简化外,其余部分完整,特别是图中开关变压器绘制完全按实物引脚顺序排列,无任何修改便于分析查找故障部位。UC3842及周围元件工作在低电压小电流状态不易出故障,开关变压器、低压整流件、输入滤波电感、整流桥堆、高压滤波电容、均压电阻都未发现损坏。检修主要分两种情况,第一种是220V输入部分保险管熔断,多见D4(HER207,2A/800V)快恢复二极管击穿,可用FR107(1A/1000V)两支并联替换;两支并联的场效应开关管Q1/Q2(2SK3548,10A/900V)其中一只击穿,如果能保证电源不满负荷工作,拆掉短路的一支,用单只管没有问题。第二种故障现象是电路不启动,一般是UC3842的⑦脚供电端电压为0V,稳压二极管D5(18V)击穿,电阻R18(5.1Ω)断路可能性大。启动电阻R19,220kΩ/2W质量好未见损坏。

输出电压的改制:适当加大R28阻值可以提高输出电压,反之可以减小输出电压,再调节可调电阻RU达到需要的电压。电源TL431稳压部分靠近环形电感,有的电阻、可调电阻已经锈蚀、锈断要换新。如果换其他阻值电阻,不用调整可以得到输出电压为稳定的3.60V:R27(1kΩ原值)→2.2kΩ R28(原值 1k5)→1kΩ RU(原值1kΩ)→51Ω。要其他电压读者自己可以调试。

散热风扇注油:二手电源参数为5V0.2A风扇噪音大,要注油。小心揭开风扇标签面的2/3,用镊子固定住,在轴承处滴1-2滴润滑油,将标签沾还原。风扇注油后运转灵活噪音小,注油时不要将油滴在粘接面上。如果污染了可用纸巾擦干净再沾标签。如果标签沾不牢,可用小纸片盖在轴承孔处再用热熔胶封堵。

◇湖北 邱承胜

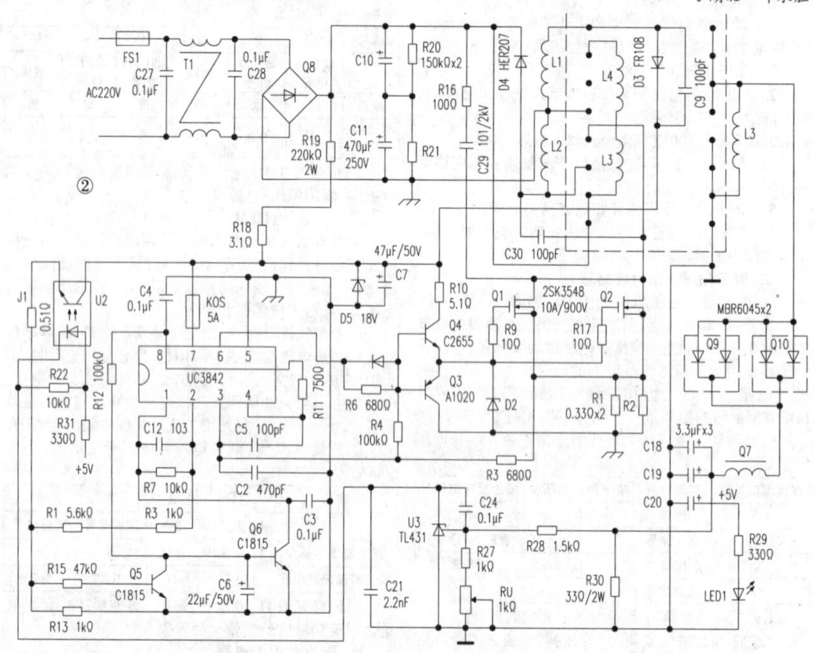

非接触产品在灯具中的应用

一、红外人体感应器

红外线感应器是一种自动感应人体的移动并且自动控制照明灯具等负载的吸顶式电子节能开关。工作电压有直流及交流两种,可以用于负载大、启动光感和延时时间都需随意调节的特殊场合,是家装工程、酒店工程、房地产工程等各行业的首选产品。红外线感应器。采用光敏控制,它不会在白天或强光环境打开电灯,也可开关选择任何光线环境感应都会开灯。调节到夜晚模式,探测到人体移动后,感应器自动开启,人走后,延迟时间到了自动关闭。

基于红外线技术的自动控制产品,当有人进入开关感应范围时,专用传感器探测到人体红外光谱的变化,开关自动接通负载,人不离开感应范围,开关将持续接通;人离开后,开关延时自动关闭负载。人到灯亮,人离灯熄,亲切方便,安全节能。

红外线感应器的火线和零线接感应开关的L和N接孔,灯或其他用电器接感应开关的L′和N接孔,其中N接孔才是零线公用接孔。

二、雷达感应开关

雷达感应开关是根据多普勒效应为基础,采用最先进的平面天线,可有效抑制高次谐波和其他杂波的干扰、灵敏度高、可靠性强、安全方便、智能节能,是楼宇智能化和物业管理现代化的首选产品。微功耗、功能齐全、可以带各类灯具。雷达感应开关外形及接线示意图,如图1所示。

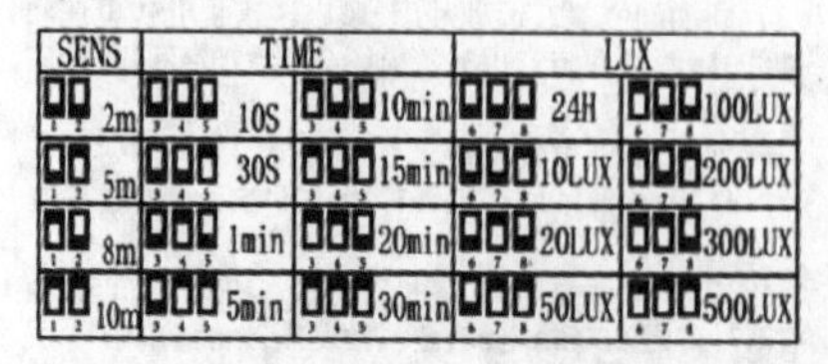

SENS	TIME		LUX	
2m	10S	10min	24H	100LUX
5m	30S	15min	10LUX	200LUX
8m	1min	20min	20LUX	300LUX
10m	5min	30min	50LUX	500LUX

白天在光线充足时,感应器自动进入休眠状态,即使感应到运动物体,灯不会自动点亮。

当感应区探测到人走动时,灯自动点亮,亮度调至100%全亮。

在人离开后,延时时间结束时,感应器没有再探测到人走动时,灯亮度变暗,感应器自动调至到预设值的守候亮度。

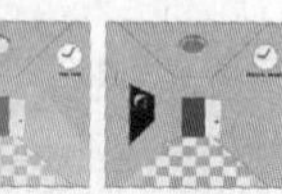
在守候时间结束后,感应器没有再探测到有人走动时,灯自动熄灭。

微波开关为主动式传感器,感应器发射高频电磁波(5.8GHz)并接收他们的回波,此感应器探测回波内的变化甚至是其探测范围内微小的移动。然后微处理器触发"点亮灯"的指令。信号透过门,玻璃板及薄的墙壁都有可能被探测到。

◇广东 刘祖明

由于辅助接点卡涩引起的电机不能停车故障

2017年9月，我厂#2炉磨煤机#2油泵出现不能停车故障，当时由于#2炉磨煤机#2油泵管路出现漏油，需要紧急停车。由#1油泵来为#2炉磨煤机提供润滑。

当时，交流接触器1K、合闸继电器HJ、跳闸继电器TJ、闭锁继电器BSJ全部吸合。紧急情况下，拉开电机的动力电源开关才让电机停了下来。而此时交流接触器1K、合闸继电器HJ、跳闸继电器TJ、闭锁继电器BSJ依然全部吸合(这很不正常)。

仔细查找原因，先打开由开关至电机的三相负荷。送上操作直流及动力电源，再次试验。按动就地启动按钮HSB，交流接触器1K吸合后、合闸继电器HJ、跳闸继电器TJ、闭锁继电器BSJ全部吸合，按下就地停止按钮TSB，交流接触器1K、合闸继电器HJ、跳闸继电器TJ、闭锁继电器BSJ依然全部吸合。看图纸，问题应该出在1K交流接触器上，由于1K交流接触器在断电后其触点仍然在吸合状态，导致合闸继电器HJ、跳闸继电器TJ、闭锁继电器BSJ全部吸合，全部"锁死"。

将交流接触器1K上的"1"及与就地启动按钮的保持接点联线拆下，单独送电试验交流接触器1K，吸合与断开一切正常。安上辅助接点试验，出现断电后仍旧不释放状态。更换辅助接点后一切正常，辅助接点在交流接触器吸合后的卡涩，最终导致了电机不能正常停车的故障。

◇黑龙江　古铁钧

自制数显稳压电源

为了给超级电容充电，我自制了一台数显可调直流稳压电源，采用LM317(或LM337)可调集成稳压块，按照通常的电路自制了一台可调稳压电源从1.4伏到14.8伏，采用市场上购到的电压数字显示器，这样就构成了一台从4.8伏到14.8伏的连续可调稳压电源，在改变LM317的输入电压时，可以显示30伏以内的电压。由于数字表需要4.8伏左右的电源，所以4.8伏以下电压就没有显示了。数字表盘只有45mm*30mm的尺寸，所以整台电源很紧凑，可以安装在一只150mm*145mm*75mm的外壳里(见附图)

左图：正视图　　右图：俯视图

◇请作者通报姓名地址

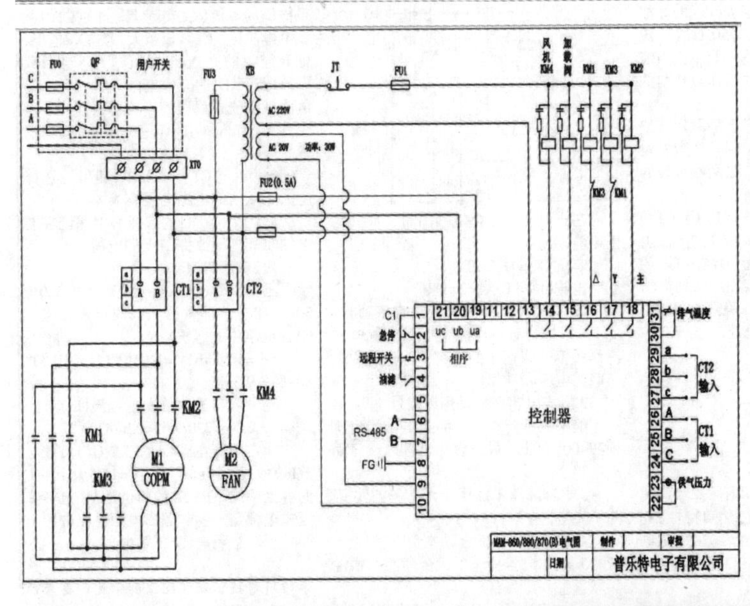

#2制氮机不能启动故障处理

2016年11月，我厂#2制氮机更换电机后不能正常启动。#2制氮机为MAM-880螺杆式压缩机，电机功率110kW，额定电流120A。前一段时间由于电机烧毁，更换电机后重新接入回路(电机一共6个出线，为Y—Δ启动使用，维修厂家说还按原样连接就没有问题)

按原样连接好(如图1)，按下启动按钮，"Y"接触器KM1启动，过了大约4秒钟"Δ"接触器KM2、KM3启动后马上跳开，显示器显示电机故障。再次启动时用钳型电流表测了一下电机电流，"Δ"接触器启动时电流居然达到500A以上，难怪"一启动，马上就跳"。测量电机绝缘，没有问题都在500MΩ以上；检查施耐德交流接触器也没有问题。

仔细分析，很可能是相序出了问题，不然不会出现如此大的电流(3相都在500A以上)。重新打开电机的6个接头，用万用表的电流挡串接于同一绕组，然后用手盘动电动机（按规定运转方向)，电流正方向端为头，电流负方向为尾。发现"Y"侧绕组相序不对，不应该全相信检修厂家的话，应该在接头前测量一下相序就不会出现这样的问题了。倒换接头改变相序后启动恢复正常。鉴于此次故障，以后每次更换电机都应用相序表测一下相序是否正确方可投入运行。

◇黑龙江　古铁钧

关于保护设计中接地电阻和故障电流计算

一、TN系统

1、TN-S系统：是专用保护零线(PE线)即保护零线与工作零线(N)完全分开的系统；爆炸危险较大或安全要求较高的场所采用TN-S系统。

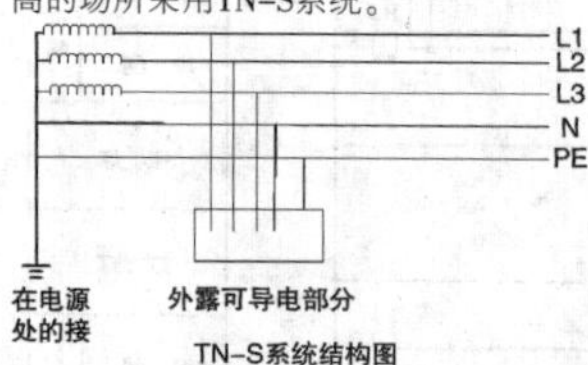

TN-S系统结构图

2、TN-C-S系统：是干线部分保护零线与工作零线前部共用(构成PEN线)后部分分开的系统，厂区设有变电站、低压进线的车间以及民用楼房可采用TN-C-S系统。

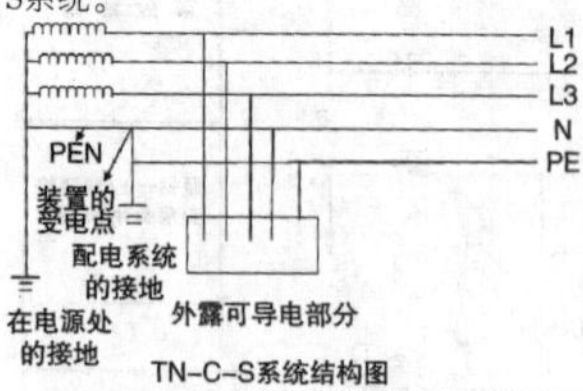

TN-C-S系统结构图

3、TN-C系统：是干线部分保护零线与工作零线完全共用的系统，用于无爆炸危险和安全条件较高的场所。

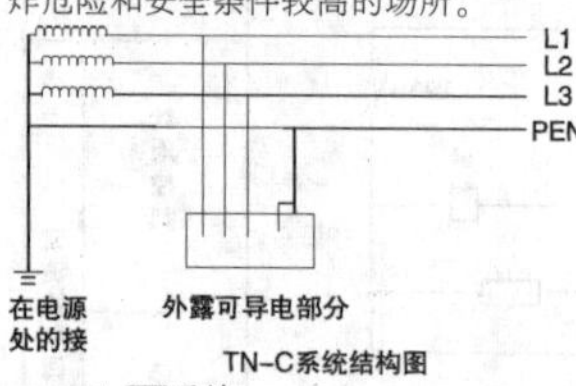

TN-C系统结构图

二、TT系统

系统应只有一点直接接地，装置的外露可导电部分应接到在电气上独立于电源系统接地的接地极上。装置的PE可另外增设接地。(TT系统：第一个"T"表示配电网中性点，第二个"T"表示电气设备外壳接地)。

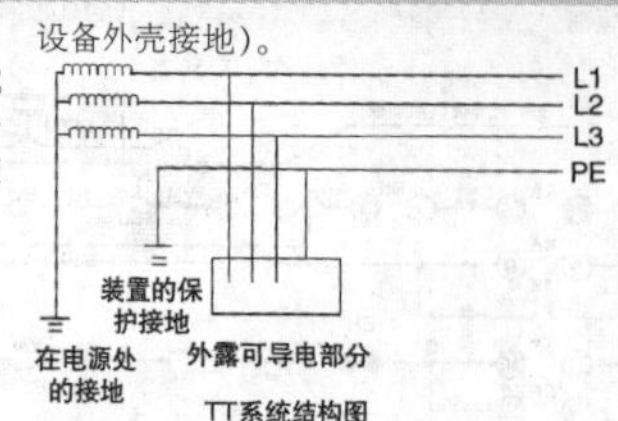

TT系统结构图

三、IT系统

电源系统的所有带电部分应与地隔离，或某一点通过阻抗接地。电气装置的外露可导电部分，应被单独接地或集中接地也可按现行国家标准《低压电气装置第4-41部分：安全防护电击防护》(GB16895.21-2011)的第411.6条规定，接到系统的接地上。

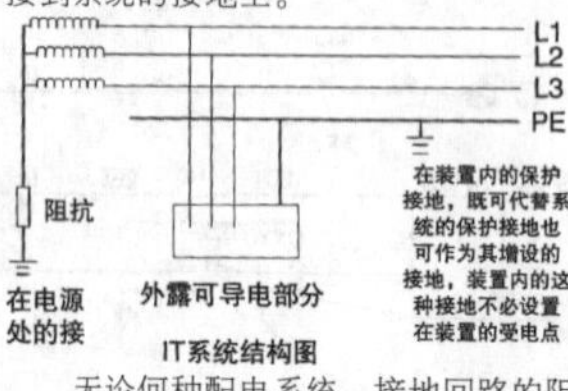

IT系统结构图

无论何种配电系统，接地回路的阻抗与故障接地电流的积对TN系统要≤U_0(400V系统为220V)，对TT和IT系统均要≤50V。也就是说，尽管配电装置接地，但由于接地故障电流与阻抗的不确定性，两者乘积仍有可能>50V，对人体构危险。但只要通过技术措施，降低接地点短路电流也好，短路阻抗也好，只要符合以上各式的要求，就不会对人体构成危险。可通过技术手段做等电位、局部等电位、辅助等电位降低接地电阻来降低对人体构成危险。当然也就没有必要再装设漏电保护器。一般漏电保护器在TT系统中应用但是TN系统也可以应用，当TN系统满足不了间接接触保护要求时，也可以用漏电保护，此时，线路中的断路器的瞬时脱扣器照样作为短路保护，长延时的过负荷保护，此时，增加一个漏电保护做接地保护此时整定值很小，灵敏度大大提高。

TN系统：$I_d=U_0/\sqrt{(\sum R_{php})^2+(\sum X_{php})^2}$ 也可以等效为$I_d=U_0/\sum R_{php}=U_0/\sum(R+P_H+R_{PE})$但是末端电缆穿管简化(要求PE线与相线很近否则不能计算准确)。

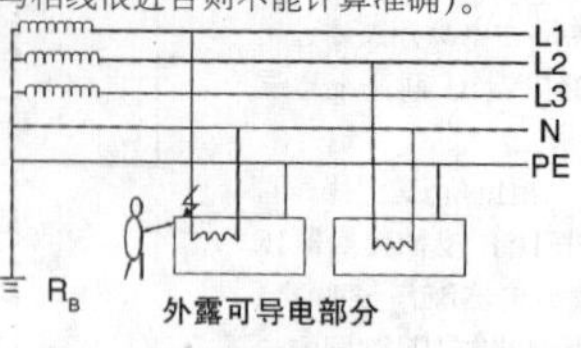

TN-S 系统结构图

TT系统：$I_d=U_0/(R_B+R_A+R_{PE}+R_{PH})=U_0/(R_B+R_A)$ 一般几个安培至十几个安培最大几十个安培。

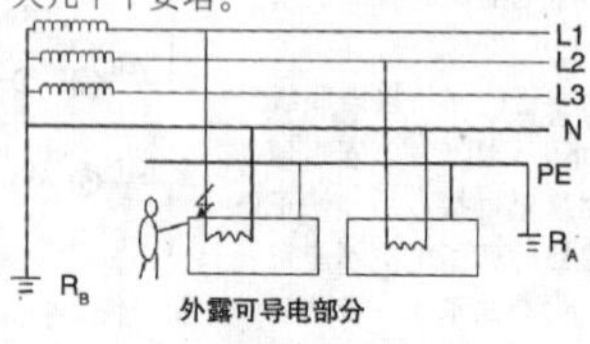

TT系统结构图

IT系统：当发生第一次接地故障时用式Ra*Id≤50V(Ra为外露可导电部分的接地电阻和保护导体电阻之和，Id为相导体和外露可导电部分间第一次接地故障的故障电流)；当发生第二次接地故障时用式：Zc*Ie≤√3/2*Uo（发生二次接地类似于TN系统是两相之间电压变为380V=√3Uo，最坏情况下故障电流为两个来回所以√3Uo除以2，Zc为N线第二次接地）。应用RCD漏电保护器Ino(剩余不动作电流)=1/2*In（动作电流），其中一次N线接地Id *Ie≤1/2*Uo。

在设计时计算、保护整定：

TN系统：Is*Ia≤Uo 推出Ia（瞬时脱扣器整定值）≤Uo/Zs=Id；由于Zpe/50≤Zs/Uo得Zpe≤50/Uo *Zs(Zpe为配电箱至总等电位联结点之间的一段保护导体的电阻，Zs为接地故障回路的阻抗，Uo为相导体对地标称电压)；当TN系统相导体与无等电位联结作用的地之间发生接地故障时，为使保护导体和与之连接的外露可导电部分的对地电压不超过50V,其接地电阻的比值用：Rb/Re≤50/(Uo-50)计算；(Rb为所有与系统接地极并联的接地电阻，Re为相导体与大地之间的接地电阻)，在TN系统当满足不了间接接地防护要求时，可加大导线截面若还达不到要求可以用断路器Id≥1.3Iset,其中1.3倍是由于1、断路器有误差电磁机构10%左右。2、断路器用三相，经常故障时是一相通过电流与三相差别1%-10%。3、计算不准确。熔断器Id≥Kr*Ir也可加漏电保护器保护。

TT系统：Ra*Ia(保护电器动作电流)≤50V（Ra为外露可导电部分的接地电阻和保护导体电阻之和）。

IT系统：在配电线路中，当发生第一次接地故障时，应发出报警信号，且下故障电流用式Ra*Id≤50V(Ra为外露可导电部分的接地电阻和保护导体电阻之和，Id为相导体和外露可导电部分间第一次接地故障的故障电流)；当IT系统外露可导电部分为共同接地，发生第二次接地故障时，不引出N中性线时用式：Zc*Ie≤√3/2 *Uo，引出中性线N时用式：Id *Ie≤1/2*Uo（Zc为相导体和故障回路的阻抗，Zd为相导体、中性导体和保护导体的故障回路的阻抗Ie为保证保护电器在允许的5秒内切断故障回路的电流，最好不引出N线，如果引出N线第一次N线接地，第二次可能是相线接地)。由于设备和电线电缆对地有一个电容电流泄漏电流，电流一般有十几个毫安或几百个毫安这样小的电流无法使断路器动作，有时用剩余电流保护器也不动作，设计时就是让设备在短时间内可以带病工作不切断电路，但是要发出报警要求：Un(N点对地点位)≤50V；Ud=Id*Rb。在TN系统、TT系统、IT系统故障电流要求是一个比一个少。

◇山西 韩伟

电容降压原理、要求及设计举例

本文再次谈及电容降压电路，其实早些年《电子报》都已有详细的介绍。最近学生在做实训的时候，用到该电路，讲解后，觉得有必要再和同行一起分享。电容降压电路非常实用，在低档电器中，应用非常普遍。手电筒的充电电路、低价格的LED的照明灯等等，都应用在这些小电器中。为了详细介绍，本文部分内容及电路参考早期《电子报》的刊文。

一、电容降压原理

电容降压的工作原理是利用电容在一定的交流信号频率下产生的容抗来限制最大工作电流。例如，在50Hz的工频条件下，一个1uF的电容所产生的容抗约为3180欧姆。

当220V的交流电压加在电容器的两端，则流过电容的最大电流约为70mA。虽然流过电容的电流有70mA，但在电容器上并不产生功耗，应为如果电容是一个理想电容，则流过电容的电流为虚部电流，它所作的功为无功功率。

根据这个特点，如果在一个1uF的电容器上再串联一个阻性元件，则阻性元件两端所得到的电压和它所产生的功耗完全取决于这个阻性元件的特性。

例如，我们将一个110V/8W的灯泡与一个1uF的电容串联，在接到220V/50Hz的交流电压上，灯泡被点亮，发出正常的亮度而不会被烧毁。因为110V/8W的灯泡所需的电流为8W/110V=72mA，它与1uF电容所产生的限流特性相吻合。

同理，我们也可以将5W/65V的灯泡与1uF电容串联接到220V/50Hz的交流电上，灯泡同样会被点亮，而不会被烧毁。因为5W/65V的灯泡的工作电流也约为70mA。

因此，电容降压实际上是利用容抗限流。而电容器实际上起到一个限制电流和动态分配电容器和负载两端电压的角色。

图1为阻容降压的典型应用，C1为降压电容，R1为断开电源时C1的泄放电阻，D1为半波整流二极管，D2在市电的负半周为C1提供放电回路，否则电容C1充满电就不工作了，Z1为稳压二极管，C2为滤波电容。输出为稳压二极管Z1的稳定电压值。

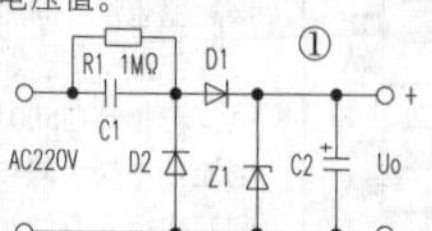

在实际应用中，可以用附图2代替图1，这里用了Z1正向特性和反向特性，其反向特性(也就是其稳压特性)来稳定电压，其正向特性用来在市电负半周给C1提供放电回路。

在较大的电流应用中，可以用全波整流，如附图3所示。

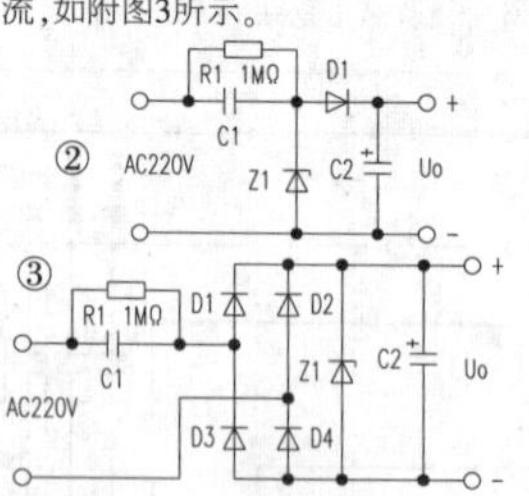

在小电压全波整流输出时，最大输出电流即为：

容抗：$X_c=1/(2\pi fC)$

电流：$I_c = U/X_c=2\pi fCU$

二、采用电容降压时应注意事项

1.根据负载的电流大小和交流电的工作频率选取适当的电容，而不是依据负载的电压和功率。

2.限流电容必须采用无极性电容，绝对不能采用电解电容。而且电容的耐压须在400V以上。最理想的电容为铁壳油浸电容。

3.电容降压不能用于大功率条件，因为不安全。

4.电容降压不适合动态负载条件。

5.同样，电容降压不适合容性和感性负载。

6、当需要直流工作时，尽量采用半波整流。不建议采用桥式整流。而且要满足恒定负载的条件。

三、器件选择

1.电路设计时，应先测定负载电流的准确值，然后参考示例来选择降压电容器的容量。因为通过降压电容C1向负载提供的电流Io，实际上是流过C1的充放电电流Ic。C1容量越大，容抗Xc越小，则流经C1的充、放电电流越大。当负载电流Io小于C1的充放电电流时，多余的电流就会流过稳压管，若稳压管的最大允许电流Idmax小于Ic-Io时易造成稳压管烧毁。

2.为保证C1可靠工作，其耐压选择应大于两倍的电源电压。

3.泄放电阻R1的选择必须保证在要求的时间内泄放掉C1上的电荷。

四、应用实例

已知C1为0.33μF，交流输入为220V/50Hz，求电路能供给负载的最大电流。

C1在电路中的容抗Xc为：

Xc =1/(2πfC) =1/(2*3.14*50*0.33*10-6)= 9.65K

流过电容器C1的充电电流(Ic)为：

Ic=U/Xc=220/9.65=22mA

通常降压电容C1的容量C与负载电流Io的关系可近似认为：C=14.5 I，其中C的容量单位是μF，Io的单位是A。电容降压式电源是一种非隔离电源，在应用上要特别注意隔离，防止触电。

◇四川科技职业学院鼎利学院 娄秀丽

宽带设备易遭雷击原因分析及应对措施

每到雷暴季节，不少宽带设备：如宽带交换机、ADSL MODEM、IPTV机顶盒、光纤收发器等，常常容易遭到雷电袭击而损坏，造成通信中断，给运营商及用户带来较大的经济负担，有必要引起各方高度重视。

一、宽带设备雷电引入途径分析

众所周知，雷电通过导体传导，寻求快捷路径对地放电。宽带设备通常采用交流供电，通过交流电源线引入雷电是它们的共有途径。对于宽带交换机，暴露在室外的多条网线也是感应雷电，通过RJ45接口，引入交换机内部的另一途径。对于ADSL MODEM，暴露在外的电缆及用户引入线，是其引入雷电的一个途径。光纤收发器通过RJ45接口与宽带交换机相连，宽带交换机网线引入的雷电，也可能通过RJ45接口反串到光纤收发器上，从而击坏光纤收发器。

二、宽带设备易遭雷击原因分析

宽带设备易遭雷击原因大致可以分为如下四点：

1. 宽带设备大量地采用CMOS专用集成电路，这些集成电路元件对于感应电极为敏感，况且感应的雷电，时间之快，电压之高，如果雷电引入途径中的接口雷电保护电路设计不当，极易造成宽带设备瘫痪。

2.宽带设备设置的保护接地端子是要通过良好的地线装置引入大地的，它可以给雷电提供一个泄放通路。有些施工及维护人员对这一问题不予重视。施工过程中，有些宽带设备接地装置不入地，，有些宽带设备入地时，接地电阻也不合格，结果造成设备遭雷击损坏。

3.现今所使用的电缆分线盒绝大多数都没有防雷保护装置，这无疑省去了一道重要的防雷屏障，极易造成ADSL MODEM遭雷击损坏。

4.有些住宅小区的宽带交换机网线，施工人员施工时不注意规范，有斜飞乱拉现象。殊不知，只要一根网线引入雷电，也会造成一个端口，甚至整个宽带交换机瘫痪。

三、宽带设备防雷的应对措施

宽带设备防雷的应对措施可以归纳为如下五点：

1.建议宽带设备制造商对雷电引入的途径进行深入细致的分析，改进防雷接口电路，避免各方遭受损失。

2. 网络建设主管部门严把工程施工质量关口，对工程中宽带设备保护接地装置不入地，或接地装置入地不合格的工程坚决不予验收，并及时督促施工方整改，直到整改合格后，才能投产使用。

3.在经常容易遭到雷击的地方，建议将室外电缆分线箱（盒）更换成带有雷电保护装置的电缆分线箱（盒），并确保接地装置入地良好。

4.有计划、分步骤地进行小区宽带交换机网线布线整治，杜绝网线斜飞乱拉现象。

5. 网络维护主管部门要在每年雷暴来临之前，安排相关维护人员对所有宽带设备接地装置进行一次大检查，并对地线接地电阻进行电气测试，对于接地电阻阻值不合格的地方要坚决进行整改，确保接地电阻阻值达到合格要求。

◇湖北 朱少华

SES9亚南专机无信号故障维修一例

接修一台108.2°E SES9亚南专机，故障现象是开机无信号强度和质量。根据过去维修经验判断是LNB极化供电问题，检查发现极化电压正常。拆机并取下F头插座上的屏蔽罩发现该机调谐电路由M88TS2022组成，由M88TS2022输出的QP、QN、IN和IP信号经CT26、CT27、CT28和CT29送至主芯片U16，由于维修过户户通接收机因27M晶振问题导致无信号强度和质量的案例，所以先代换M88TS2022旁边的27M晶振，但故障依旧。进一步测量CT26、CT27、CT28和CT29这四只电容发现接主芯片U16那端电压均在0.8V左右，接到M88TS2022那端电压却全为0V，而户户通之类的接收机接至调谐芯片那端的QP、QN、IN和IP信号电压均在1.25V左右，测M88TS2022第3、14、22及28脚VDDA供电端为正常的3.27V，看来问题出在M88TS2022芯片本身。代换M88TS2022芯片后测量前述电压为1.2V，如图1所示，接上室外单元后节目收视正常。

准备装机时发现前面板上的6个按键无法使用，拆下检查发现按钮均正常，考虑到先前维修数码天空专机时碰到数码管问题导致按键无法使用的情况，逐取下该机数码管，可按键还是无法使用，看来LED数码显示兼键盘扫描芯片HW650有问题，手里没有HW650芯片，不过PCB板上印有FD650字样，看来HW650与FD650通用，最后从料板上拆一只GF650装上，如图2所示，故障完全消失。

◇安徽 陈晓军

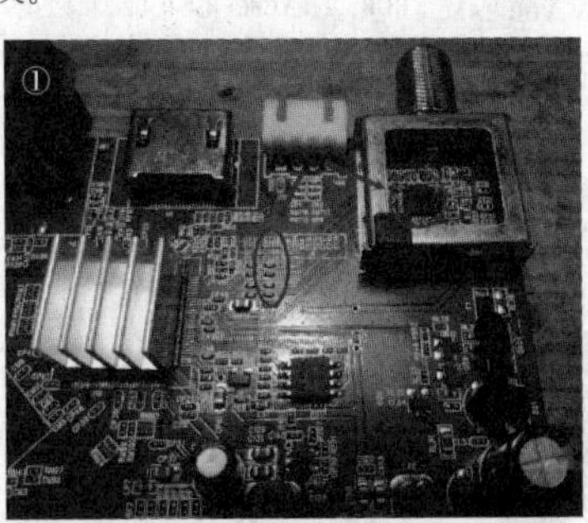

机顶盒常见故障及排除方法

1.电视出现黑屏或蓝屏

很可能是电视机或机顶盒没开机、停留在待机状态，如电视机调在待机状态，无论怎样切换AV都不会有反应。可先排查电视机或机顶盒是否调在待机状态下，然后切换视频状态。

2.电视有声无图

图像显示静止画面，声音是电台广播，则进入了广播状态，选择遥控器"电视/广播"按键，退出广播。不是的话，请检查电视机是否切换在视频状态，或者重新连接黄色视频线。

3.电视有图无声

(1)部分频道无声音，没有设置正确的声道(支持左声道)，选择机顶盒遥控器声道按键进行设置。

(2)机顶盒处于静音状态、设置的音量太小、音频线接错、音频线断路、电视机的音频输入端子有故障，重新连接白色、红色音频线，如有噪音可能是没切换到AV状态。

4.机顶盒出现死机、不启动、自动重启

排查了信号、电源等确定是机顶盒的问题，可拨打客服热线进行报修。

5.如果信号时断时续

检查机顶盒后面的信号输入口，如果用户家私接了线会导致此情况发生；电视机后面的AV口的好坏也会影响，可以换个视频口试试。

6.电视为什么需要进行视频切换？

机顶盒与DVD设备一样，图像需在AV视频状态下才能显示。可通过遥控器的TV/AV键或者信号源进入视频源选择，然后选择对应的视频输入接口进行状态切换。原则是音视频线接入电视机哪个端口，对应哪路视频。

7.频道不全或列表为空

出现收台不全、部分中断、列表为空、马赛克的情况，不要直接重新搜索，最好先检查一下信号线是否连接，若因为部分频点没有锁定或是由于网络状况不良，致使某些频点损耗过大，搜完后可能会导致搜索节目数量为空。如果节目列表频道数量较少，收看到的频道图像清晰，可重搜节目排查故障。重复搜索无效可拨打客服热线报修，新装用户请等待安装人员调试。

8.出现智能卡无效故障

用户在收看数字节目时，常在电视画面上出现智能卡无效故障。出现这种故障时，电视画面黑屏，没有节目内容，出现智能卡无效字样。其原因主要是机卡接触不良，机顶盒不能正确读取芯片上的内容。解决方法就是取出智能卡，用一点工业用酒精或者橡皮擦清洁一下卡片上的芯片处，再正确插回机顶盒即可。

9.电视机已缴基本收视费，但仍收看不到电视节目

偶尔会出现已缴收视费、但节目信号未及时恢复的情况，主要是因为长时间没有开机或缴费后需重新授权。请用户拨打客服热线，将家中机顶盒的卡号报给客服中心工作人员，同时将家中的机顶盒保持在开机状态，工作人员再为您的机顶盒重新刷新授权，之后就可以正常收看到电视节目了。

10.遥控器失灵

可能是遥控器未对准前面板上的遥控接收头，或者是遥控器内电池的电力不足。可以尝试对准前面板上的电源再试；或更换电池。

◇江西 谭明裕

高端4K超清蓝光碟机风貌展示(上)

今天,4K超高清产品类别越来越多,除电视机外,照相机、摄像机,直至播放机也都纷纷加入了这一大家族行列,其中,唯有播放机最贴近消费者。播放机中重要成员之一的蓝光碟系统从全高清升级至4K超清给目前电视台尚未开辟超清频道而无4K超清节目可看解了燃眉之急。更欣喜的是,最新上市的高端机型还具有很强的流信号传输能力,它可借助与智能手机和平板电脑等移动设备的连接,或从诸多社交网站,获取更多的精彩内容。下面笔者从技术、功能、特性上择优展示几款受消费者青睐的4K超清蓝光碟机。

一、Panasonic DMP-UB700(见图1)

由松下推出的DMP-UB700 4K超清蓝光碟机启动快速,从光盘放入至菜单出现仅41秒,而且运行非常寂静。该机播放的4K包括10bit至携带4:4:4色彩取样的12bit内容,同时,它也能输出8bit/4:2:0的4K内容至下游设备。该机使用简单方便,借助简洁明了的图形化主菜单进行操控。值得注意的是,如果用户的4K电视不具备HDR能力的话,那么,借助其动态范围转换电路,同样可以使播放内容的画面在屏幕上的显示最优化。DMP-UB700兼容支持普通蓝光和3D蓝光,以及DVD和CD,但与SACD和DVD Audio音频不兼容。音频格式上兼容Dolby和DTS等许多高分辨率的音频制式,包括最新Dolby Atmos和DTS:X。该机兼容支持WAV/FLAC/MP3/AAC/WMA、DSD和ALAC等格式的文件音乐播放,提供输入信号上变换至4K和DLNA家庭网络分享,连接接口兼容IEEE802.3(以太网)和Wi-Fi。除此之外,DMP-UB700还具有:

1.实时的亮度调整让播放环境无后顾之忧

DMP-UB700通过下载固件升级可以获得一项很实用的功能,即一项可以根据观看环境的光照情况实时进行亮度调整的功能,以很好地适应播放房间的实际环境。一般情况下,如果房间特别明亮,那么屏幕上的深色区域就很难分辨出来,此时,播放机就会强行提高那些黑暗区域的亮度,从而确保播放内容切换到明亮场景时,通过对图像进行重新分析和调整依然能保持最佳的观看效果。

2.流媒体功能的应用拓展广泛

DMP-UB700借助松下提供的可选择标准网格能够享用流媒体服务,其App应用已扩展至BBC(英国广播公司)iPlayer、BBC新闻和体育、Netflix、Amazon Video和YouTube,以及一些与欧洲有关的艺术、新闻等应用和互联网广播。在信号等级上,通过本机用户可以享用Netflix网站提供的4K HDR服务和Amazon应用提供的UHD超高清信号流传输,但是否兼容HDR尚不清楚,但有随时更新实现的可能。

3.纯音频输出的HDMI接口给系统连接带来方便

DMP-UB700的后面板设置了2个HDMI接口,其中一个纯音频输出很实用,在用户只有非4K AV接收机的情况下,可以通过直接将本机连接到UBD超高清显示屏馈送多声道音频。DMP-UB700在播放器设置菜单中有大量的连接选项,在自动模式下,从4K超高清到SD标清范围,HDMI接口可以提供多种分辨率输出,用户可以从中选择最合适的分辨率匹配显示屏。

4.与光盘播放效果齐头并进的媒体播放

DMP-UB700通过USB2.0接口回放USB存储内容效果不错,其中内容浏览、专辑封面展示、数据跟踪等的导航很快,无论内容来自NAS网络存储设备、Twonky Media媒体服务器,还是MKVs多媒体播放器。另外,对来自拇指驱动器的DSD2.8、DSD5.6,甚至于不常见的DSD5.1格式音频内容的音色还原都很精准,都能给听者一个最高清晰度的听感呈现。

二、LG UP970(见图2)

由LG公司开发推出的UP970 4K超清蓝光碟机是一款兼容Dolby Vision最便宜的高端播放器,该款获得超清高级认证的标准UHD BD播放机在显示方式上支持HDR10与Dolby Vision,显示颜色上符合Rec.2020广色域标准。为了确保输入信号精确传送到显示器,UP970还加设了视频增强和降噪功能。该机兼容支持LG专用Simplink技术,即不需要附加线缆和设置,只需借助HDMI线缆就可以控制和播放与电视机相连的其他AV设备。另外,为方便连接使用,该机还设有一个光数字输出和一个以太网端口。UP970内置Wi-Fi,用户需要时可以以无线方式随时从已获授权的Netflix和YouTube网站输入流节目。除4K超清蓝光碟外,该机还可播放3D蓝光碟、DVD和CD。该机设有两个HDMI输出,其中一个是支持4K/60、HD、WCG和HDCP2.2、可直接连接至显示器的HDMI2.0a;另一个是主要用于连接条形音箱和AV接收器的纯音频输出的HDMI1.4。除此之外,UP970还具有:

1.Dolby Vision将视频观赏效果提高一大步

UP970通过LG于2017年8月18日起提供的方式进行固件更新,可拥有Dolby Vision方式的HDR高动态范围显示。相比只支持10bit色深的HDR10,Dolby Vision最高可达12bit。该技术融合了更宽的色域和更大的动态范围,通过提供更接近人眼所能看到的峰值亮度、局部对比度和丰富色彩,使图像细节展现得更加自然逼真。Dolby Vision技术在显示亮度较高的亮区以及细节处理宜更为深入的暗区上更胜一筹。

2.信号等级的上下灵活转换作用匪浅

UP970可以将Dolby和DTS信号转换成LPCM信号,可以将多声道信号向下转换为双声道立体声,也可以将其他格式重新编码为DTS等音频格式。如果用户家中显示器不支持HDR显示,那么,该机可以将HDR转换成SDR后正常显示。另外,该机还可以通过上变换将低于4K分辨率的信号转换成4K,以使同一信源有更好的观赏效果。

3.全方位的文件格式兼容大大拓宽选择余地

UP970兼容的视频文件格式包括MPEG 1/2/4、HEVC、Xvid、MKV、AVCHD、M4V、WMV、3GP、MOV、FLV、VOB、TS和DAT。在音频方面,兼容支持MP3、WMA、AAC、FLAC格式和取样率高达192kHz的高分辨率音频还原,除DTS HD Master Audio外,还能流或解码LPCM、Dolby Digital、Dolby Digital Plus和Dolby TrueHD等信号。为了方便照片欣赏,在图像格式上兼容JPEG、GIF、PNG和MPO等多种。

三、OPPO UDP-205(见图3)

由美国OPPO Digital公司最新开发推出的UDP-205是一款发烧级4K超清蓝光碟机,是"世界第一"款将Dolby Vision影院技术应用到家庭影院的超高清蓝光播放机。该机前面板采用拉丝铝材质,而其所使用的强化双层金属底板则能提高稳定性和增强减振效果。UDP-205兼容当前最先进的HDR10和Dolby Vision两种高动态范围显示方式。除4K超清蓝光碟外,还向下兼容播放普通蓝光、DVD、DVD-Audio、SACD和CD等多种光盘,其载盘单元优化的激光机制可以使载盘超快速启动,并具有强大与精确错误检测和校正能力,以确保无差错的有形媒体播放。除杰出的图像视感和声音听感之外,UDP-205还具有:

1.优异的视频处理与兼容能力

UDP-205在高档级4K视频格式的支持上目前独树一帜,除HDR10外,它是唯一一款还同时支持Dolby Vision的机型。该机内置定制的4K UHD蓝光解码芯片SoC,一个四核的OP8591,有了该枚芯片,借助其最先进的图像解码和处理技术,可以更好地对4K UHD Blu-ray、Blu-ray、DVD和用户生成的媒体格式进行图像解码和处理。该机具有先进的图像控制方式,可以对亮度、对比度、色彩、饱和度和清晰度进行精确调整,以弥补用户家庭影院中其他设备的任何限制和满足用户的个性化偏爱。另外,该机也具有将HDR高动态范围准确转换成SDR标准动态范围,以及将低分辨率视频转换至4K超高清的上变换能力。

2.高级别的音频还原性能与效果

UDP-205通过模拟输出可以提供极佳的音频听感,为了使立体声双声道与7.1环绕声声道均有极佳的音频性能,采用了两个ES9038PRO 32-bit HyperStream DACs数模转换器,它的选用使音频动态范围提高到了一流级别的140dB。使音频听感沉浸度提高的另一项措施是使用了高稳定性的高精度HDMI时钟和设计了一个特殊的HDMI音频抖动抑制电路,当用户仅使用HDMI输出的音频接口时,这种独特的设计能大大减少抖动及消除定时误差。在环绕声格式上,UDP-205除支持Dolby TrueHD和DTS-HD Master Audio高端多声道格式外,还兼容支持基于对象,采用比特流传输方式的最新Dolby Atmos和DTS:X环绕声。

3.功效卓著的优质电源给不变的声音输出提供保障

UDP-205采取了数字电路电源与模拟电路电源独立分开的设计方案,为的是有效消除几乎所有有害干扰。模拟音频电路由一个巨大的环形电源变压器供电,与传统的层压钢芯变压器相比,该变压器具有卓越的效率和能显著降低外部磁场干扰的特性。环形线性电源的最大优点是能提供所有音频组件非常干净和功率强劲的电能。

4.几乎无所不包的音视频格式与参量支持

UDP-205在视频编码格式上支持HEVC、H.264、VP9 4K的解码,其Hi10P视频编解码器还兼容用户自己生成的媒体格式;在分辨率上,兼容SD、HD和UHD(包括4K@60p、4K@50p、4K@30p和4K@24p);在色域上,兼容PC RGB、Video RGB,以及YCbCr 4:4:4、4:2:2和4:2:0等标准;在音视频文件格式上,兼容MKV、AVI、MP4、WAV、FLAC、APE、DSD等。在无损高分辨率音频格式方面,除用于AIFF、ALAC、APE、FLAC和WAV等的192kHz/24-bit PCM外,UDP-205兼容支持的音频格式已经扩展到多通道的DSD64/128。

5.丰富的多类型接口让使用方便不少

UDP-205在连接上的特色有:第一,提供XLR平衡和RCA单端连接器两种连接方式,通过一对差分信号的传输,平衡输出一来可以有更好的共模噪声抑制效果;二来可以更有效地改善信号质量。第二,可以通过同轴和光数字输出接口将来自有线和卫星电视机顶盒、电视机、视频游戏机和其他设备的数字信号转换为模拟信号。第三,支持与USB硬盘和拇指驱动器连接,以便在本地网络访问来自DLNA服务器的内容和共享SMB(Server Message Block)内容。第四,异步USB DAC支持采样速率高达768kHz的PCM和DSD512信号的输入。第五,借助触发器可以自动打开和关闭与它连接的其他设备。第六,提供以太网连接和802.11ac Wi-Fi无线连接,以便用户进行固件更新。

(未完待续)

(下转第60页)

◇上海 解放

2018年2月11日出版 ■实用性 ■启发性 ■资料性 ■信息性

第 6 期 国内统一刊号:CN51-0091 定价:1.50元 邮局订阅代号:61-75

地址:(610041)成都市天府大道北段1480号德商国际A座1801 网址:http://www.netdzb.com

(总第1943期) 让每篇文章都对读者有用

汉能上海CES发布新品 全面发力消费电子

日前，在2018上海CES上，汉能高调发布汉包、汉纸等全系消费电子新品，全面发力消费电子领域，同时，汉能用一系列爆款产品，揭示了移动能源为人类生活带来的颠覆性变化，为人类摆脱能源束缚的自由前景提供了无限的遐想空间。

纸享来电！汉能汉纸：移动光能发电装备

汉能汉纸，是汉能在本届CES上海带来的首款重磅新品。在外观方面，汉纸追求“科技潮流”概念，不但外形设计时尚，更提供了数码灰、玉石金、胭脂红三种颜色可供用户选择。同时，汉纸轻量的外形，可让用户实现自由折叠、单手握持等极致使用体验。

新一代汉能汉纸惊艳亮相

发电和充电性能方面，汉纸采用分体式设计，搭载了全球领先的柔性共蒸发薄膜太阳能技术，阴影遮挡、弱光、低温时也可正常工作，追求“有光就发电”；此外，其配备的5000mAh储电容量，可通过薄膜太阳能技术，随时储备电量，以备不时之需，做到“没光也有电”。在Plus in生态支持下，汉纸在阳光下可实现对各种电子终端设备的无x线连接，可实现真正的移动用电0焦虑。此外，汉纸还支持无线充电模式（Qi标准），用户可完全摆脱对于充电线的依赖。更重要的是，汉纸发电端和储电充电端均符合航空管理规定，用户可携带汉纸直接通过安检带上飞机，为商旅人士提供完美的移动充电解决方案。

包你有电！汉能汉包：智能设备阳光充电舱

汉能汉包，是汉能此次发布的另一款黑科技神器。汉能汉包诞生于移动互联时代，在实现背包功能的基础上，汉包搭载了太阳能黑科技发电功能，在汇集点滴能量的同时，完美解决用户应急充电需求。针对不同使用场景，汉包提供了商务、时尚等多个产品系列供用户选择。

汉包商务系列，外观设计简约，主打商务性以及实用性，科技感十足。通过其配备的太阳能自发电功能，可满足商务用户应急充电需求，为出行提供100%安心，同时满足商务出行、户外旅行等多种应用场景。

汉能汉包系列新品亮相

定位年轻人群的汉包时尚系列Hardcore，采用了科技运动感设计，通体采用硬壳材质，不但轻质舒适，更加坚实耐用，同时可以对包内设备进行全方位保护；时尚系列Narci，则由法国知名设计师匠心打造，可满足时尚人士的多维度审美需求，同时融入领先的薄膜太阳能黑科技，走在潮流尖端的同时，通过一个背包+两种充电方式（太阳能点滴搜集、市电）的功能体现，将实用性和科技感在一个小小的背包上进行了前所未有的完美结合。

展示未来！汉能展台：移动能源应用全面落地

展会上，汉能还在现场展示了以太阳能汽车、汉伞、汉瓦等产品为代表的“住、行、用”全套移动能源解决方案，为用户勾勒出未来移动能源时代生活的美好景象。

据悉，近期，汉能发布的汉瓦、汉伞、汉墙等“自发电”产品，通过柔性薄膜太阳能芯片的加持，构建了全新的绿色城市形态；汉能与摩拜单车、以及多家国内顶级快递企业达成合作，通过为共享单车、快递车安装薄膜太阳能，实现精准持续的定位与续航；汉能与奥迪、北汽、一汽等车企携手，共同研发薄膜太阳能车顶，可以使汽车实现永久续航；汉能在多个城市落地的太阳能公交站台、智能垃圾桶等产品，共同描绘了一幅移动能源未来世界的美好画面。

汉能薄膜发电集团执行董事、高级副总裁张彬在接受采访时表示，随着汉能汉纸、汉包新品的发布，宣布了汉能全面发力消费电子市场的步伐加快，汉能超过4000项全球专利的积累，以及早在2014年就已开始的对于移动能源领域的布局，使移动能源产业的爆发成为可能。

◇本报记者 昕熔

（本文原载第26期2版）

开启5G时代：爱立信为运营商创建5G平台

·爱立信推出适用于无线网和核心网的5G商用软件，助理运营商从2018年第四季度起推出5G业务

·爱立信升级分布式云产品，跨多个站点优化应用，降低5G用例的延迟，提高安全性和灵活性

·扩展的无线产品组合支持网络从4G向5G的平滑演进

爱立信凭借面向无线网和核心网的新解决方案提升其5G平台系统，帮助运营商为5G做好准备。

爱立信日前推出5G无线接入网（RAN）商用软件，该软件基于最近获批的首个3GPP 5G新空口（NR）标准。与此同时，爱立信还推出了一款名为微宏站（Street Macro）的新无线产品，这是一种新型基站，可满足运营商在城市借助有限的无线基站资源发展业务的需求。

为了抓住新5G用例带来的发展机遇，爱立信为其5G核心系统产品添加了新功能，支持5G NR标准，并进一步提升了分布式云解决方案。

爱立信于2017年2月推出了5G平台，并于同年9月增添了一些功能，该平台集5G核心产品、无线产品及传输产品和OSS/BSS、网络服务与安全性于一身。

爱立信执行副总裁兼网络业务部主管Fredrik Jejdling表示：“希望早已部署5G技术的运营商已拥有关键功能，在今年年内推出5G网络。借助我们扩展后的平台，运营商可获得更高效的网络，从新用户和工业用例中创收。”

TIM首席技术官Giovanni Ferigo表示：“爱立信帮助我们在意大利多个城市进行5G外场创新。去年12月，我们在都灵市采用毫米波频率激活了一个5G NR小蜂窝，速率超过20Gbps，刷新了意大利的网络记录。我们期待测试爱立信新解决方案，这将加速发展我们正在开发的大量用例。”

中国移动研究院院长张同须表示：“中国移动正设计未来网络，即NovoNet，该网络将采用多层电信集成云（TIC）构建。爱立信分布式云与TIC的愿景一致，旨在通过利用全面协同、自动化和多云支持创建统一的云解决方案，从而实现快速应用创新。”

5G软件——助力领先运营商推出首批5G网络

爱立信5G无线网软件将于2018年第四季度正式上市，为全球部署提供多频段支持，让运营商能够快速利用新频谱。

日前推出的5G无线网软件与爱立信先前推出的基带和5G无线基站相辅相成。运营商可轻松激活其5G网络，利用先进的移动宽带服务率先推出商用5G功能和新应用。

这将有效地应对日益增长的数据流量需求，支持访问多媒体内容，如4K/8K视频流和虚拟现实（VR）/增强现实（AR）等。爱立信关于增强型移动宽带的最新经济研究表明，5G演进将使每千兆字节的成本比目前的4G网络低10倍。

5G核心网商用软件经过了优化，可适应5G吞吐量、网络容量及可扩展性，完美补充了现有的无线产品。爱立信分组核心网（Packet Core）解决方案与统一数据管理（Unified Data Management）解决方案将在2018年提供增强功能，高效地支持5G业务。这些解决方案可随着3GPP 5G标准的发展不断升级换代，增加新功能。

爱立信分布式云——加快5G和物联网发展

爱立信也在不断发展其分布式云（Distributed Cloud）产品，支持跨多个站点（中央、分布式和边缘）部署云应用。该产品作为一个解决方案进行管理和协调，有助于降低延迟，提高安全性和灵活性，并满足5G用例的要求。爱立信分布式云产品充分挖掘电信和云技术的潜能，使网络成为适用于各种工作（包括电信、消费电子和企业应用）的开放式云平台。

作为爱立信分布式云解决方案的一部分，爱立信将支持跨厂商硬件部署，利用可快速部署的电信级开放软件进行远程升级和操作，爱立信使软件定义基础设施（SDI）极具竞争优势。为支持云原生应用的高效部署，爱立信还进一步扩展了该解决方案，在分布式云基础架构中支持容器。

扩展无线产品组合——支持从4G向5G平滑演进

爱立信为城市增加了一款名为微宏站（Street Macro）的新型无线产品，它是介于宏基站和微型基站之间的无线基站，将部署在建筑外墙上，占用空间更小，但功能足够保证充足的网络效率和覆盖。

此外，爱立信还推出了支持大规模MIMO技术的新无线产品。这些产品支持从4G到5G的平滑演进，可满足扩容需求，同时易于使用，可广泛部署。

基于爱立信新一代无线平台（ERS）的基站产品将通过安装远程软件支持5G NR功能。

GlobalData全球电信技术与软件部高级分析师Ed Gubbins表示：“借助爱立信支持5G技术的新产品和已部署的产品，运营商可以基于广泛、灵活的5G产品组合，快速升级到增强型移动宽带网络，把握工业应用带来的新机遇。”

Analysys Mason高级分析师Roberto Kompany表示：“要支持增强现实、智能工厂和自动驾驶车辆等5G用例，运营商必须降低延迟，提高吞吐量，提高安全性、可靠性和合规性。分布式云功能支持在中央、区域性和边缘地点灵活实现云计算、存储和网络化，并进行无缝端到端管理，分布式云是5G平台不可或缺的重要组成部分。”

◇李欣/郑楠

（本文原载第9期2版）

长虹液晶彩电新机芯的工厂模式进入方法和软件升级方法(一)

一、长虹ZLM60H-I机芯

1. 适用机型:40Q1FU、50Q1FU、32Q2F、40Q2F、43Q2F、49Q2F、50Q2F、55Q2F、58Q2F、50Q2N、55Q2N、49Q2R、55Q2R、55Q2C、65Q2C、65Q2A等系列电视。

2. 工厂模式进入及退出方法:

1)遥控器型号:RTD800VC。

2)方法:按遥控器上的"菜单"键,电视机屏幕显示"设置"菜单,操作进入"情景模式",将光标右移至"标准模式"。接着依次按遥控器上的"上""右""右"键,屏幕上出现小键盘,用小键盘输入数字"0816",电视机即可进入工厂模式。遥控关机即可退出工厂模式。

3.软件升级方法:

1)Q2C、QIFU系列产品升级均采用USB3.0接口;

2)在技术网站下载对应软件,需要区分Q2C和QIFU的2个升级软件;

3)软件解压后,其后缀名为PKG。将解压后的软件放在U盘根目录下,U盘插入电视机的USB接口,然后电视机通电,系统便会自动升级;

4)QIFU系列产品为启客一代2期产品,Q2C\R\N\F系列产品为启客二代产品。

二、长虹ZLM61H机芯

1.适用机型:D3000iD系列,产品尺寸包括32英寸~49英寸。

2.工厂模式进入及退出方法:

1)工厂模式进入方法:

按遥控器上的"设置"键后,使电视机屏幕进入"情景模式",将光标右移至"标准模式"。接着依次按遥控器上的"上"、"右"、"右"键,屏幕上出现小键盘,用小键盘输入数字"0816",电视机即可进入工厂模式。

2)遥控关机即可退出工厂模式。

3)长虹ZLM61H机芯工厂菜单及其设置如表1所示。

表1

索引号	菜单项目	项目内容
索引1	工厂选择	产品型号及屏参。整机仅进行确认,不作更改。
索引2	系统信息	检查MAC地址、设备ID、条码信息、IP地址(网络连接)等数据显示。
索引3	调谐设置	预设频道。按预先写好的频点载入节目。
索引4	声音设置	音量和平衡选择。
索引5	设计模式	设计模式中的选择项不能更改。
索引6	SSC	DDR和LVDS扩频。
索引7	出厂设置	最后的调试工序,所有参数设置为出厂状态。
索引8	背光亮度	快速进行背光调整。
索引9	能效检查	
索引10	DTV	

3. U盘升级方法:

将升级文件(后缀名为PKG)放到U盘根目录,U盘插到电视机USB端口,重新启动电视机即可自动升级。升级完成后,电视机自动重新启动,升级完成,断一次交流电。

三、长虹ZLS58G机芯

1.适用机型:ZLS58G机芯是新一代UHD系列的平板电视机芯,它派生机芯包含有ZL558G-i-l、ZL559G-iP-1、ZL559G-iP-2等。该机芯生产的电视机型号有43U1、49U1、55U1、58U1等系列,产品尺寸覆盖43英寸~58英寸。

2. 工厂模式进入及退出方法:

1)遥控器型号:RID830。

2)工厂模式进入方法:

按遥控器上的"菜单"键,电视机屏幕显示"设置"菜单,操作进入"情景模式",将光标右移至"标准模式"。接着依次按遥控器上的"上"、"右"、"右"键,屏幕上出现小键盘,用小键盘输入数字"0816",电视机即可进入工厂模式。遥控关机即可退出工厂模式。

注意:在工厂菜单的第5项进入的是设计模式,操作人员按"向上/向下"键可以选择调节的项目,通过"向左/向右"键调节每个调节项目的参数。

3)遥控关机即可退出工厂模式。

4)工厂菜单及其设置(如表2、3、4、5、6、7、8、9、10、11所示)。

索引1:工厂选择(产品型号及屏参,整机仅进行确认,不作更改)。表2

名称	功能解释	备注
软件代号	选择本机所适用的软件代号	软件代号从配置文件中读出来,要包括屏幕尺寸、机型及技术状态标示,其中所有英文字母显示为大字,技术状态标示必须校对到小括号内。例如49U1系列等。
屏参选择	显示和液晶模组对应的屏参	产品型号及屏参由整机配置决定,同系列产品型号和兼容的屏参信息提前预置到机芯软件,工厂根据生产情况,选择对应的产品型号和屏参,选择后信息将存入EEPROM中,页面显示时从EEPROM中获取显示。例如C490U15-E2-B。
PQ版本	画质文件版本	版本号从对应bin文件中解析,不能调整,不存储,只显示。例如1.02_0717。
AQ版本	声学文件版本	版本号从对应bin文件中解析,不能调整,不存储,只显示。例如1.04。
MBoot编译时间	MBoot编译时间	具体时间。
FP版本	屏参版本	版本号从对应bin文件中解析,不能调整,不存储,只显示。例如1.01。
TVOS版本	TVOS版本号	版本来自tvos系统jar包,便于识别版本,目前主要依赖于编译时间,便于查找状态。
MW版本	Middle Ware版本号	版本来自MW系统so,便于识别版本,目前主要依赖于编译时间,便于查找状态。
已登录	登录状态异常时,填写异常质量反馈表时使用	例如CH-ZLS58Gi_DTV_OO_IC-NTV,用户登录成功。

索引2:系统信息(检查MAC地址、设备ID、条码信息、IP地址(网络连接)等数据显示。表3

名称	功能解释	备注
网络检测	检测网络连接状况	选择网络检测,调用用户网络设置模块,设置完成后,应当返回到当前索引页。
MAC地址	显示本机的MAC地址	如未读取到MAC地址数据,显示为"xx:xx:xx:xx:xx:xx"。
设备ID	欢网提供的ID	未读取到设备ID数据,则显示"error"。
条码信息	机身条码	未读取到条码数据显示"NO PID"。
IP地址	联网之后的IP显示	如"xxx xxx.xxx.xxx"。
手动设置MAC	手动进行修改MAC地址	执行手动设置MAC后,退出M菜单,启动MAC设置界面,界面要显示当前MAC操作提示。修改确认后,存储并退出设置界面,返回到当前M菜单。MAC显示列为更改后数据。建议不使用!
USB更新MAC	通过USB中的文件对MAC地址进行更新	执行USB更新MAC后,系统自动查找挂载移动设备中根目录下是否有符合要求的文件,如果有,则将数据写入到NAND FLASH配置文件中,并显示MAC更新后的数据;如果没找到符合要求的文件,则提示"请插入U盘,并创建"***.txt"文件。建议不使用!
USB更新Deviceld	对于Deviceid重复的电视机,更换Deviceid	执行USB更新deviceID后,系统自动查找挂载移动设备中根目录下是否有符合要求的文件,如果有,则将数据写入到NAND FLASH配置文件中,并显示设备ID更新后的数据;如果没找到符合要求的文件,则提示"请插入U盘,并创建"***.txt"文件。
备份数据到USB	备份数据到USB	备份数据到USB。

索引3:调谐设置(预设频道:按预先写好的频点载入节目)。表4

名称	功能解释	备注
模拟数字搜台	进入模拟菜单,之后开始自动搜台	模拟数字搜台是根据当前电视信号源通道启动频道自动搜索功能,完成后回到当前源通道,所有非DTV源通道下,默认为模拟搜台。
预设频道	将频道重置为预设的频道	预设频道需要有提示、说明步骤,执行后按预先写好的频点载入节目。
彩色制式	对彩色制式进行调整	可在自动、PAL.NTSC、SECAM之间切换,只在模拟信号下生效。
伴音制式	对伴音制式进行调整	可在D/K、I、M之间切换只在模信拟号下生效。
Tuner	显示Tuner号	显示当前机芯使用的tuner名字。
Check-RFFilter	检测高频头	用于特定硅tuner检查外围器件的灵敏度(只要不是制定硅tuner,该选项无效)。
Non_standard	非标设置	ATV非标特殊化处理的功能开关。

索引4:声音设置(音量和平衡选择)。表5

名称	功能解释	备注
音量选择	快速切换音量到最大或最小	显示O为静音,50为最大。
平衡选择	切换左右声道单独发声或混合发声	-50为左声道单独发声,0为混合发声,50为右声道单独发声。

索引5:设计模式(设计模式中的选择项不能更改)。表6

名称	功能解释	备注
上电模式	更改本机的上电方式	上电方式分为一次上电和两次上电两种,需存储状态,每次开机自动识别。当为一次上电时,电视上电即启动;当为两次上电时,电视上电都进入standby状态,等待外部二次开机命令。出厂状态为两次上电。
HDMI-NonStandar	HDMI非标设置	分为关、类型1/2/3、默认为4KE-DID,类型1为FHD EDID。
老化模式	老化模式	默认为关。
白平衡	白平衡调整	默认为关。
屏左右镜像	屏左右镜像	默认为关。
屏上下镜像	屏上下镜像	默认为关。
DEBUG	调试使用	调整后整机速度变慢,尽量不用。
EEPROM初始化	清空EEPROM存储数据	EEPROM初始化执行后,需要确认提示。如果取消,会返回M菜单;如果确认,系统将清除所有EEPROM中存储的数据,进入待机状态。尽量不用或少用。
清除网络激活	工厂抽查使用	执行清除网络激活后,首选检查激活状态是否已激活,与服务器是否已连通,如果都满足,则修改本地配置文件的激活状态为"未激活",并将清除激活信息按照协议上传到服务器;如果不满足清除激活条件,则提示"激活服务器注销失败,请检查网络连接"。尽量不用或少用。
应用程序清理	删除所有用户安装内容	执行应用程序清理后,提示"请等待格式化",清除掉FLASH里用户自行安装的应用软件(userdata)和所有的cache,然后自动重启,进入待机状态。

索引6:SSC(SSC DDR和LVDS扩频)。表7

名称	功能解释	备注
LVDS SSC Enable	LVDS展频开关	0:关,1:开。
LVDS SSC Span	LVDS展频范围	调整起作用,但不存储,每次开机默认值从配置文件写入。
LVDS SSC Step	VDS展频步长	调整起作用,但是不存储,每次开机默认值从配置文件写入。
Mem SSC Enable	DDR展频开关	0:关,1开。
Mem SSC Span	DDR展频范围	调整起作用,但是不存储,每次开机默认值从配置文件写入。
Mem SSC Step	DDR展频步长	调整起作用,但是不存储,每次开机默认值从配置文件写入。
Ursa SSC Enable	Ursa SSC展频开关(未用)	Ursa SSC Span。
Ursa SSC展频范围(未用)	Ursa SSC Step	Ursa SSC展频步长(未用)。

(未完待续)(下转第62页) ◇四川 刘亚光

系统备份三步走

众所周知，操作系统在经过几个月的软件安装和日常应用之后都会变得越来越慢，此时即使是使用各种工具来进行优化和精简也几乎是收效甚微的。如何才能让系统快速恢复至刚刚安装时的"满血"状态呢？最好的选择就是"系统还原"，当然前提是在系统安装成功后的第一时间内进行过系统备份。如果不想安装第三方软件也不想进行复杂的Ghost备份操作的话，何不来试一下360安全卫士所提供的"系统备份还原"？

第一步，进入360安全卫士的主界面，首先点击上方"功能大全"项再切换至左侧的"我的工具"，接着点击第一个"系统备份还原"工具项（首次运行会先进行安装），进入"系统备份还原"窗口，再点击下方的"准备备份"按钮（如图1）。

①

第二步，现在进入操作系统的备份环境初始化检测环节，包括"系统运行环境检测"和"系统盘和备份盘空间是否充足"两项，一般情况下很快就会提示"系统运行环境检测通过"和"系统盘和备份盘空间充足"，点击"下一步"按钮进入"备份准备"环节；此时工具会显示出系统C盘已用空间、总大小、是否之前有过备份等相关信息，其默认的"备份名称"是"系统备份+当前日期"格式（比如"系统备份2017.11.4"），"备份描述"默认是"第一次完整备份"，"备份位置"选择系统盘以外的位置（比如E盘），点击"开始备份"按钮（如图2）；提示"即将开始系统备份"，点击"确认备份"按钮。

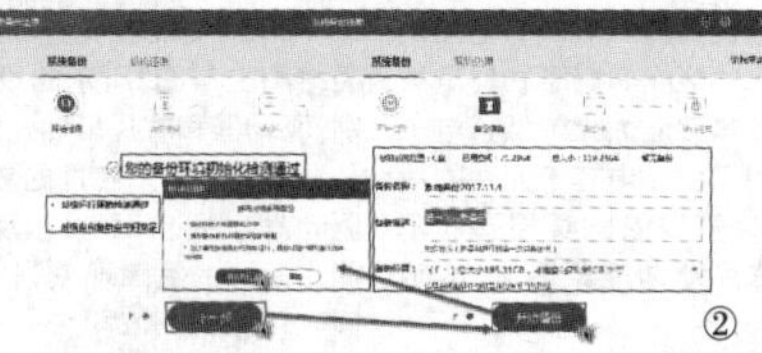
②

第三步，接下来会进行系统备份的"创建恢复环境的进度"准备工作，并提示"备份功能已启动"、"正在检索系统分区卷信息""开始执行备份动作""创建系统卷影备份中""正在进行数据备份"等操作信息，同时窗口下方还有数据处理量、速度及时间进度等；十多分钟之后就会完成系统备份操作，完全不需要我们进行其它繁琐步骤，工具还会提示将在系统启动时多出一个"360系统还原（系统出现故障时可选择此项）"菜单项，并且我们可以在此设置显示系统启动菜单的时间（默认是15秒），点击"完成"按钮（如图3）。值得一提的是，系统的还原异常简单，可以直接按此步骤切换至"系统还原"（或点击"查看备份信息"按钮），选择某个备份还原点之后再点击"开始还原"按钮即可。

360安全卫士的"系统备份还原"工具操作起来非常方便，几乎就是不断地点击"下一步"按钮就能轻松完成系统的备份和还原，运行速度也很快，非常便捷高效，大家不妨一试。

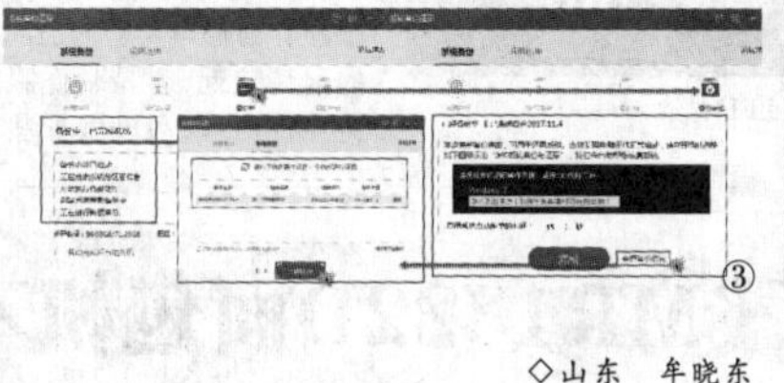
③

◇山东　牟晓东

iOS 11设备添加QQ邮箱也有技巧

如果你的iPhone、iPad等设备已经更新至iOS 11.X系列，那么在添加QQ邮箱时，可能会出现密码错误的尴尬，其实这里有一个技巧需要注意：

在电脑上登录QQ邮箱（https://mail.qq.com/），点击页面顶端的"设置"按钮，切换到"帐户"选项卡，向下滚动屏幕，找到图1所示的部分，请检查POP3/SMTP服务是否已开启，如果被设为"关闭"的话，请点击右侧蓝色的"开启"按钮；点击"生成授权码"链接，此时会提示在密保手机发送"配置邮件客户端"的内容到1069070069，发送之后电脑上会显示图2所示的内容，复制此授权码。

在iPhone依次选择"设置→邮件→账户→添加账户→QQ邮箱"，按照提示逐一完成添加操作，"电子邮箱"即QQ邮箱地址，"密码"请使用刚才获得的16位授权码，接下来的操作这里就不多介绍了。

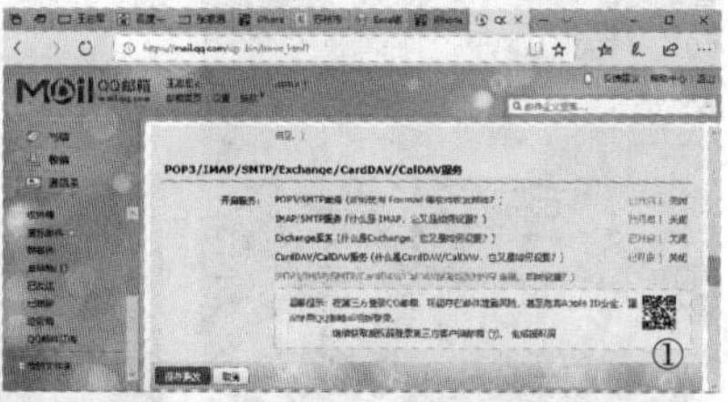

①

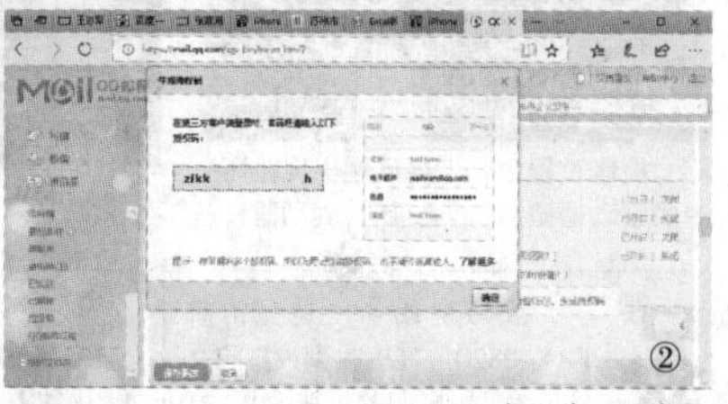
②

◇江苏　王志军

提高黑白打印机打印彩色文件的效果

大部分情况下，我们制作的PPT演示文稿一般都会包含许多图片，这些图片的色彩比较多，如果由于条件所限，只能使用黑白打印机的话，打印的效果往往不会太好。在无法使用彩色打印机的情况下，有没有比较好的解决办法呢？

我们可以借助灰度模式解决这一问题，打开PowerPoint，依次选择"PowerPoint选项→高级"，在右侧窗格现向下滚动（如附图所示），在"打印此文档时"小节选择"使用以下打印设置"，在"颜色/灰度"框选择"灰度"即可。如果这里选择"纯黑白"，那么可以用于打印草稿或清晰可读的演讲者备注或讲义。

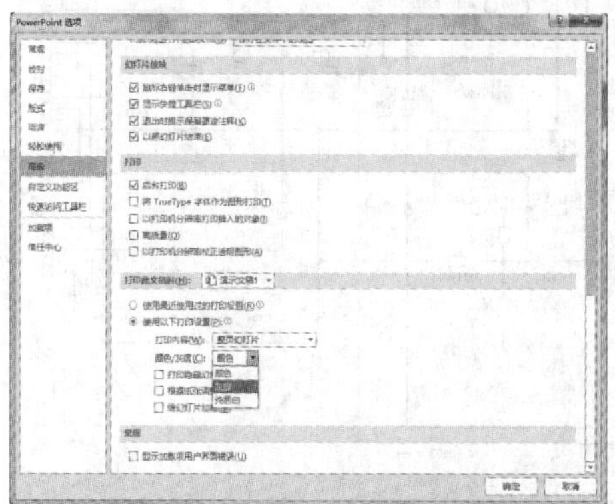

◇江苏　大江东去

硕视宝DB901B摄像机无图像故障维修一例

硕视宝DB901B是深圳硕视宝科技有限公司生产海螺智能摄像机，采用嵌入式单芯片录像监控系统，集录像、录音、移动侦测、夜间红外驱动、光敏感应、循环储存等功能于一体，具有安装简单（无需布线施工）、操作方便（插上电源即开始工作）等特点，广泛用于家庭、商店、办公室等小范围监控。

最近一用户发现一台摄像机蓝色工作状态指示灯未闪烁（该机器正常工作时蓝色指示灯应闪烁），便取下来让笔者帮忙检查。

将摄像机USB插头插上电脑，电脑上无任何反应，也没有"发现新设备"的提示；按摄像机上功能键，摄像机也无任何反应，正常情况下，长按功能键，摄像机的红色指示灯会亮起并闪烁；打开配套光盘中的AMCAP软件，软件提示未发现摄像机（见图2所示）。

拆开摄像机外壳，发现此摄像机由两块圆形电路板组成，一块是信号处理主板，另一块是红外灯组电路板，将摄像机上USB线插入电脑，蓝色指示灯点亮，用万用表测量主板供电电压（见图3所示），为5.02V，正常；电池电压为4.01V，也在正常范围内。继续测量其他元件电压，当测量到晶振Y1时，电脑突然出现USB硬件插入提示声音，接着出现驱动安装提示，摄像机红色指示灯也亮了一下，松开表笔后，出现"叮咚"的声音。拔出USB线，观察主板Y1焊点，感觉不是很饱满，于是用电烙铁将Y1焊点进行补焊，顺便将Y1旁边的晶振Y2也补焊牢固。

将USB线插入电脑，摄像机红灯点亮并闪烁，接着出现"叮咚"声音，开始安装驱动，待驱动安装完毕，打开我的电脑，可以看到移动优盘的盘符，按下摄像机上功能键3秒后，电脑出现"叮咚"声音，摄像头主板上红灯开始闪烁，打开AMCAP软件，马上就出现正常的画面了，看来故障是晶振虚焊引起的。

从电脑上拔出USB线插入电源适配器，摄像机红灯亮几秒后，蓝灯开始闪烁，表示摄像机开始录像了。过几分钟后检查录像内容，一切正常，说明故障已经排除。

◇成都　宇扬

①

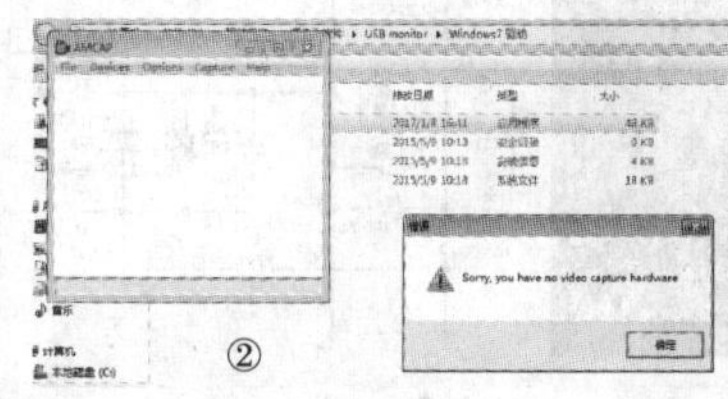

②

③

企业单位LED照明灯具检修经验和技巧

笔者单位使用最广泛的是下面三种LED灯具，这三种灯具各有特点，发生的故障点也不尽相同，经笔者和同事维修，得出了一些检修经验和技巧，介绍给同行，供维修时参考。

一、维修经验

1.飞碟灯具

这款灯具最大的问题是照明芯片虽然能亮，但是芯片发乌，照明亮度大打折扣。

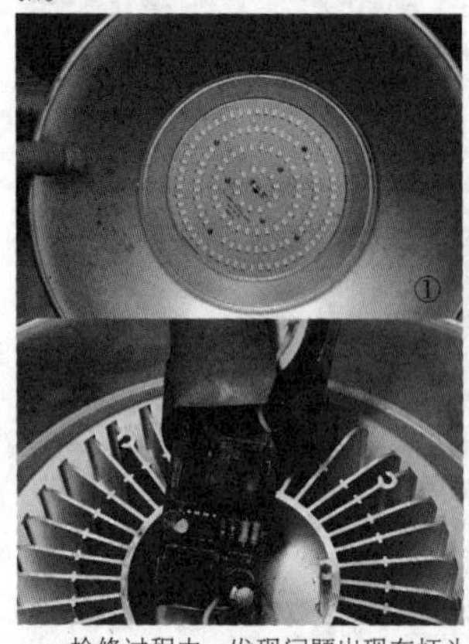

检修过程中，发现问题出现在灯头中的驱动器里。正常运行时，驱动器只是由青色绝缘纸包裹后放入灯头，见图1。这虽然与灯外壳的绝缘做好了，但是被包裹的驱动器散热性能大大降低，电子元器件在高温中工作，电容等元件的故障率大大增加。从厂家购买相同的驱动器更换后，芯片发乌现象消失，故障排除。

【编者注】LED灯具行行业内多将贴片式LED(灯芯、灯珠)称为照明芯片。

2.100W LED投光灯

这款灯具的2个照明芯片和驱动器分离安装的，驱动器外壳后面有散热片，如图2所示。

故障现象是1个照明芯片不亮或2个都不亮，检查后，发现故障原因是照明芯片用绝缘胶粘贴在灯罩内，导致它们过热损坏。从厂家购买到相同的照明芯片更换后，故障排除。

3.200W LED投光灯

200W LED投光灯如图3所示。在安装结构上与图2所示的投光灯有明显区别。驱动器和芯片虽然在两个部位，但是是背靠背放置。芯片的热量直接传递给驱动器，因此问题多出现在驱动器。因此，此灯的故障现象与图2所示灯具相同，但故障点不同。

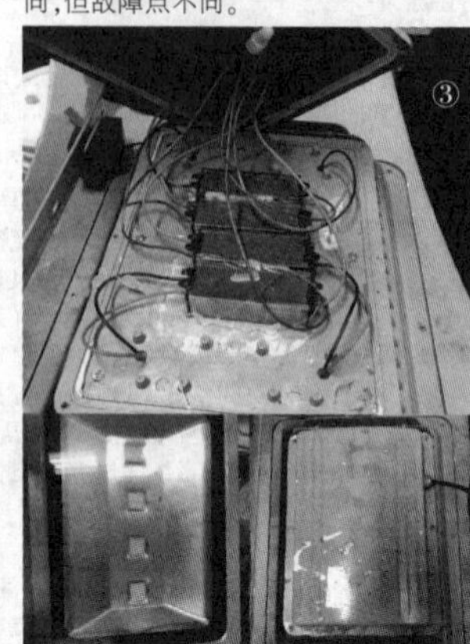

二、维修技巧

(1)修灯时，免不了要试验灯具是否修好。当通电实验时，由于灯具离我们的眼睛较近，容易刺伤眼睛。为了，避免这种伤害，可以做一些小罩壳，如图4所示。

(2)正常情况下，照明芯片两端的电压是DC 30V，所以用万用表直流电压挡检测驱动器输出电压是否正常，就可以确认是驱动器异常，还是照明芯片异常，如图5所示。

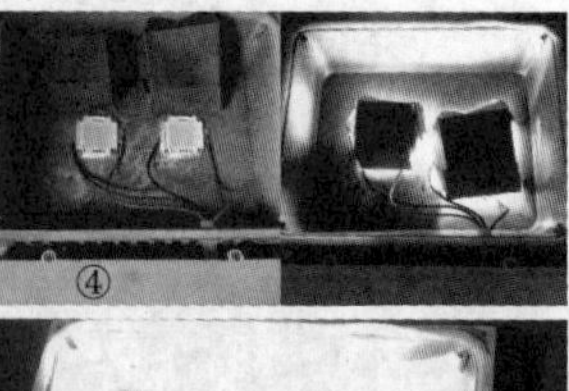

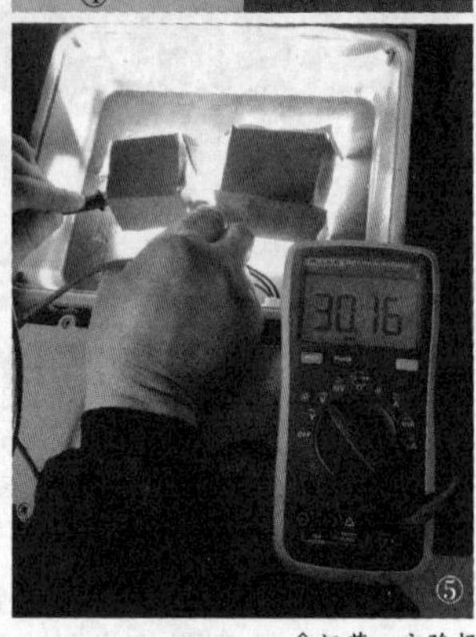

◇江苏　方骏超

兄弟牌FAX-2820传真机打印异常故障检修1例

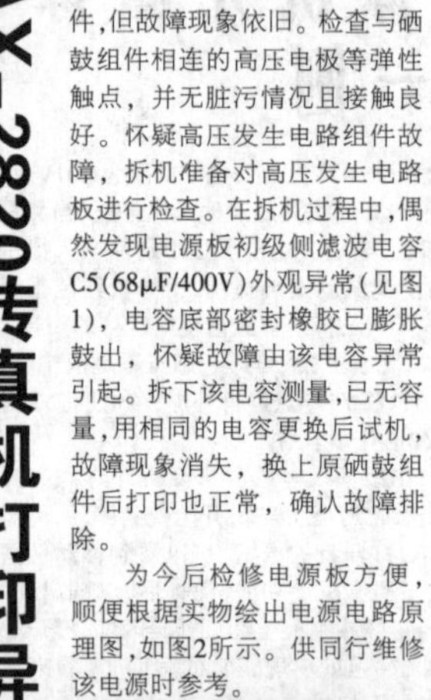

故障现象：一台兄弟牌FAX-2820传真机收到或打印文本异常，如打印的纸张全黑，打印的文本有纵向黑线、黑块，字迹淡等异常现象，并且故障情况不时发生，毫无规律可言。

分析与检修：本着由简及繁的原则，首先更换了硒鼓组件，但故障现象依旧。检查与硒鼓组件相连的高压电极等弹性触点，并无脏污情况且接触良好。怀疑高压发生电路组件故障，拆机准备对高压发生电路板进行检查。在拆机过程中，偶然发现电源板初级侧滤波电容C5(68μF/400V)外观异常(见图1)，电容底部密封橡胶已膨胀鼓出，怀疑故障由该电容异常引起。拆下该电容测量，已无容量，用相同的电容更换后试机，故障现象消失，换上原硒鼓组件后打印也正常，确认故障排除。

为今后检修电源板方便，顺便根据实物绘出电源电路原理图，如图2所示。供同行维修该电源时参考。

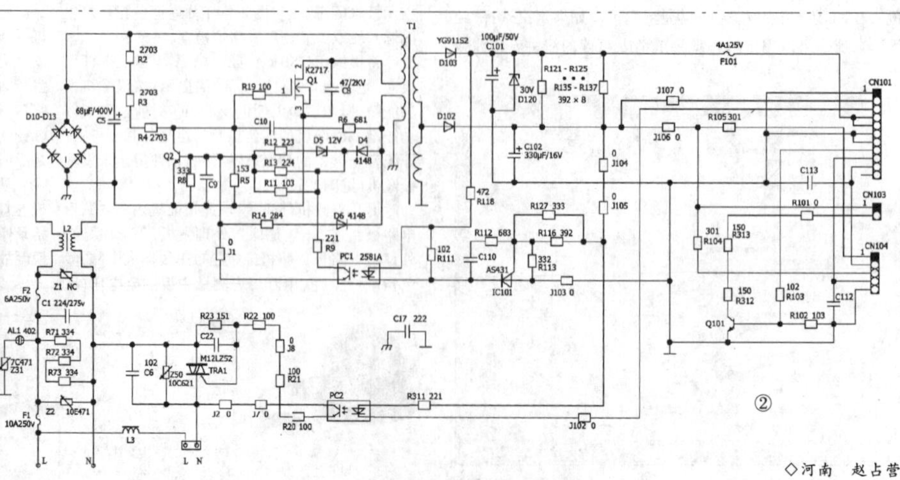

◇河南　赵占营

摩飞MR1322D面包机不开机故障检修1例

故障现象：一台摩飞MR1322D面包机通电无开机自检蜂鸣音，液晶显示屏无显示。

分析与检修：通过故障现象分析，怀疑电源电路或微处理器电路异常。拆机后，先检查该机的电源电路。该机电源使用了电源模块SW2603为核心构成的开关电源，经测试，电源无+12V、+5V电压无输出，说明电源电路异常。检查保险位置上焊接的20Ω/2W电阻，结果阻值无穷大，怀疑有过流现象，但检查整流电路和SW2603的静态电阻值均正常。换上20Ω/2W电阻开机，仍无开机声音，但测电源有+12V、+5V电压输出，怀疑微处理器电路未工作。于是，用示波器测量CPU、晶振工作正常，CPU部分管脚有脉冲序列，说明CPU运行正常，还有什么原因导致不能开机呢？仔细观察电源驱动板后，发现用的是可控硅驱动搅拌电机转动，既然使用了可控硅，多会设置交流电过零检测电路。该电路在未开机时应正常输出过零脉冲信号。过零检测电路如附图所示。

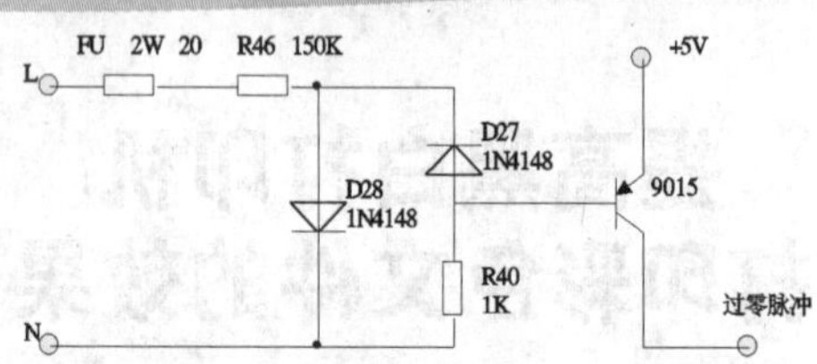

静态测量附图中各元件，发现三极管9015击穿，用9015更换后开机有自检声、屏幕显示正常，执行设定程序，搅拌、加热功能均正常，故障排除。

原来摩飞MR1322D面包机的微处理器需要输入正常的交流电源过零信号才可以开机，所以在今后的维修中，应充分了解故障电器的工作原理，以免维修走入误区。

◇天津　关振赢

车辆传感器及接线汇集(一)

最近有电子爱好者在说车辆传感器的好坏要怎么样才能判断，其实在电控系统中有各种各样的传感器，这些传感器将整个系统的工作状态信号传送给电脑板，电脑板通过分析和计算传感器传递的信息，从而精确的控制执行器进行工作。

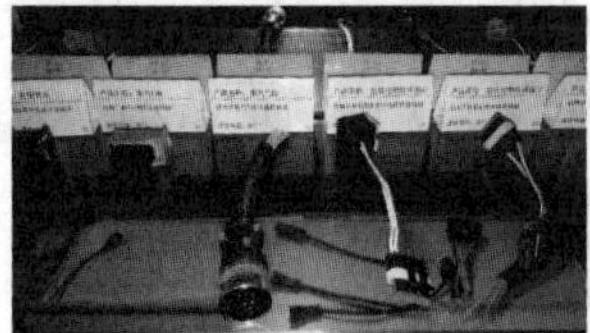

大部分传感器的工作需要有供电电源，很多人参加过电喷培训，回去后说的最多的一句话就是，传感器电压多少？都会回答5V，确实传感器中最典型的供电电源就是5V（如压力传感器、位置传感器、部分速度传感器等）。

大家都知道卡车的电瓶电压通常为24V，而传感器的5V电源就不能直接从电瓶取电，所以就需要通过电脑板将电瓶电压转换成稳定的5V输出并提供给各种传感器。

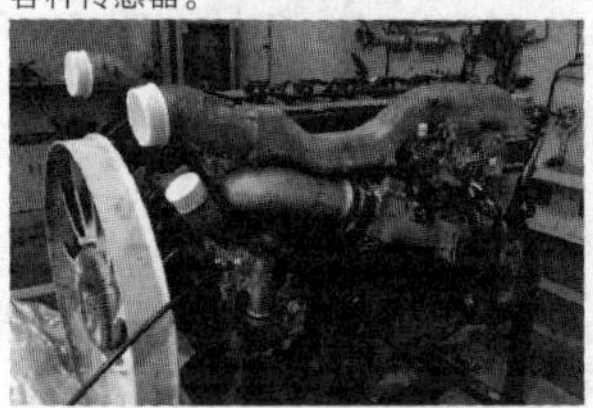

而在电脑板中把电瓶电压转化为5V电源输出的芯片称为5V供电模块。本文就列出各个电脑版的传感器5V公共电源接法，希望对大家有所帮助。

一、博世EDC7UC31系统

1. 潍柴发动机博世EDC7UC31系统公共供电电源

名称	针脚	传感器
供电模块1	2.32	机油温度压力传感器
	2.33	进气温度压力传感器
	1.82	未定义
	2.31	远程油门踏板2
供电模块2	1.68	风扇转速传感器
	1.84	油门踏板2
	2.16	远程油门踏板2
供电模块3	2.13	轨压传感器
	1.77	油门踏板1
主继电器1	3.09	计量单元供电
主继电器2	1.04	执行器等供电
	2.03	执行器等供电

2. 玉柴发动机博世EDC7UC31系统公共供电电源

名称	针脚	传感器
供电模块1	2.32	机油温度压力传感器
	2.33	进气温度压力传感器
	1.82	未定义
	2.31	远程油门踏板2
供电模块2	1.68	风扇转速传感器
	1.84	油门踏板2
	2.16	远程油门踏板1
供电模块3	2.13	轨压传感器
	1.77	油门踏板1
主继电器1	3.09	计量单元供电
主继电器2	1.04	执行器等供电
	2.03	执行器等供电

3. 锡柴发动机博世EDC7UC31系统公共供电电源

名称	针脚	传感器
供电模块1	2.32	机油温度压力传感器
	2.33	进气温度压力传感器
	1.82	未定义
	2.31	未定义
供电模块2	1.68	风扇转速传感器
	1.84	油门踏板2
	2.16	未定义
供电模块3	2.13	轨压传感器
	1.77	油门踏板1
主继电器1	3.09	计量单元供电
主继电器2	1.04	执行器等供电
	2.03	执行器等供电

4. 东风雷诺发动机博世EDC7UC31系统公共供电电源

名称	针脚	传感器
供电模块1	2.32	机油温度传感器
	2.33	进气温度压力传感器
	1.82	未定义
	2.31	未定义
供电模块2	1.68	未定义
	1.84	未定义
	2.16	排气制动压力传感器
供电模块3	2.13	轨压传感器
	1.77	未定义
主继电器1	3.09	计量单元供电
主继电器2	1.04	执行器等供电
	2.03	执行器等供电

5. 上菲红发动机博世EDC7UC31系统公共供电电源

名称	针脚	传感器
供电模块1	2.32	机油温度压力传感器
	2.33	进气温度压力传感器
	1.82	未定义
	2.31	未定义
供电模块2	1.68	未定义
	1.84	未定义
	2.16	未定义
供电模块3	2.13	轨压传感器
	1.77	油门踏板1
主继电器1	3.09	计量单元供电
主继电器2	1.04	未定义
	2.03	未定义

二、博世EDC16C39系统

1. 大柴发动机博世EDC16C39系统公共供电电源

名称	针脚	传感器
供电模块1	A11	凸轮轴传感器
	K23	车速传感器
	K45	油门踏板1
供电模块2	A28	轨压传感器
	K46	油门踏板2
	A13	增压压力传感器
	A29	未定义
	K24	未定义
供电模块3	A26	未定义
	K44	未定义
	K22	未定义
	A09	未定义

2. 江淮发动机博世EDC16C39系统公共供电电源

名称	针脚	传感器
供电模块1	A11	凸轮轴传感器
	K23	未定义
	K45	油门踏板1
供电模块2	A28	轨压传感器
	K46	油门踏板2
	A13	进气温度压力传感器
	A29	未定义
	K24	未定义
供电模块3	A26	未定义
	K44	未定义
	K22	未定义
	A09	未定义

3. 江铃发动机博世EDC16C39系统公共供电电源

名称	针脚	传感器
供电模块1	A11	凸轮轴传感器
	K23	车速传感器
	K45	油门踏板1
供电模块2	A28	轨压传感器
	K46	油门踏板2
	A13	增压压力传感器
	A29	未定义
	K24	未定义
供电模块3	A26	未定义
	K44	未定义
	K22	未定义
	A09	未定义

4. 长城发动机博世EDC16C39系统公共供电电源

名称	针脚	传感器
供电模块1	A11	凸轮轴传感器
	K23	未定义
	K45	油门踏板1
供电模块2	A28	轨压传感器
	K46	油门踏板2
	A13	增压压力传感器
	A29	未定义
	K24	未定义
供电模块3	A26	未定义
	K44	未定义
	K22	未定义
	A09	EGR位置传感器

5. 云内发动机博世EDC16C39系统公共供电电源

名称	针脚	传感器
供电模块1	A11	凸轮轴传感器
	K23	未定义
	K45	油门踏板1
供电模块2	A28	轨压传感器
	K46	油门踏板2
	A13	增压压力传感器
	A29	未定义
	K24	机油压力传感器
供电模块3	A26	未定义
	K44	未定义
	K22	未定义
	A09	EGR位置传感器

6. 北京环保动力发动机博世EDC16C39系统公共供电电源

名称	针脚	传感器
供电模块1	A11	凸轮轴传感器
	K23	未定义
	K45	油门踏板1
供电模块2	A28	轨压传感器
	K46	油门踏板2
	A13	未定义
	A29	未定义
	K24	未定义
供电模块3	A26	未定义
	K44	未定义
	K22	未定义
	A09	EGR位置传感器

三、博世EDC16UC40系统

1.东风风神发动机博世EDC16UC40系统公共供电电源

名称	针脚	传感器
供电模块1	A11	未定义
	K23	风扇转速传感器
	K45	未定义
供电模块2	A13	压差传感器
	A14	增压压力温度传感器
	A28	未定义
	K46	油门踏板2
	K24	机油压力传感器
供电模块3	A26	轨压传感器
	K22	油门踏板1
主继电器1	A19	计量单元供电
主继电器2	A24/A25/A29/A30/K07/K29/K51/K73	

2.大柴发动机博世EDC16UC40系统公共供电电源

名称	针脚	传感器
供电模块1	A11	未定义
	K23	未定义
	K45	未定义
供电模块2	A13	机油压力传感器
	A14	进气温度压力传感器
	A28	未定义
	K46	油门踏板2
	K24	未定义
供电模块3	A26	未定义
	K22	油门踏板1
主继电器1	A19	未定义
主继电器2	A24/A25/A29/A30/K07/K29/K51/K73	

3.朝柴发动机博世EDC16UC40系统公共供电电源

名称	针脚	传感器
供电模块1	A11	未定义
	K23	未定义
	K45	未定义
供电模块2	A13	未定义
	A14	进气温度压力传感器
	A28	未定义
	K46	油门踏板2
	K24	未定义
供电模块3	A26	轨压传感器
	K22	油门踏板1
主继电器1	A19	计量单元
主继电器2	A24/A25/A29/A30/K07/K29/K51/K73	

四、博世EDC17C53系统

1.长城发动机发动机博世EDC17C5系统公共供电电源

名称	针脚	传感器
供电模块1	K22	油门踏板2
	K23	EGR位置传感器
	K24	未定义
	K25	未定义
	K26	未定义
	K27	未定义
	K49	未定义
	K50	未定义
	A12	未定义
供电模块2	A06	轨压传感器
	A07	进气温度压力传感器
	A08	凸轮轴传感器霍尔式
	K28	油门踏板1
供电模块3	A09	未定义
	A10	未定义

2. 云内发动机博世EDC17C53系统公共供电电源

名称	针脚	传感器
供电模块1	K22	油门踏板2
	K23	EGR位置传感器
	K24	未定义
	K25	未定义
	K26	空调压力传感器
	K27	压差传感器
	K49	未定义
	K50	未定义
	A12	节气门传感器
供电模块2	A06	轨压传感器
	A07	进气温度压力传感器
	A08	凸轮轴传感器霍尔式
	K28	油门踏板1
供电模块3	A09	VGT位置传感器
	A10	可变涡流传感器

3. 上柴发动机博世EDC17C53系统公共供电电源

名称	针脚	传感器
供电模块1	K22	油门踏板2
	K23	EGR位置传感器
	K24	未定义
	K25	未定义
	K26	未定义
	K27	未定义
	K49	未定义
	K50	未定义
	A12	未定义
供电模块2	A06	轨压传感器
	A07	进气温度压力传感器
	A08	凸轮轴传感器霍尔式
	K28	油门踏板1
供电模块3	A09	未定义
	A10	未定义

（未完待续）（下转第65页）

◇云南 陈赞东

介绍一款最简单的高性价比输液报警器电路

这是一款目前所能搜索到的最简单的高性价比输液报警器电路，发明者已经申请了专利（申请号：2017110048941），发明人脑洞大开，利用常用的电容式触摸开关集成电路TTP223作为核心元件设计的一款高性价比输液报警器电路，TTP223系列电容式触摸开关集成电路原用于触摸开关，其③脚为输入引脚；①脚为输出引脚；②脚为电源负输入引脚；⑤脚为电源正输入引脚；④脚为输出有效选择，0为高电平输出，1为低电平输出；⑥脚为输出模式选择引脚，0为直接模式，1为触发模式。4,6引脚内部接有下拉电阻，悬空相当于输入0，图1电路⑥脚悬空，选择高电平输出有效，也就是，当③脚输入电容值增大（触摸时输入电容值要大于非触摸时的电容值或者输液管中有液体时电容要大于没有液体时的电容值），①脚输出高电平，图1电路用于输液报警器，当输液管内部有液体时，由于液体的介电常数要远大于空气的介电常数，所以，有液体时电容值明显要大于没有液体时的电容值，输液报警器是检测检测部位的输液管内部有无液体来判读是否输液完毕，当检测部位输液管内部没有液体而出现空气柱时，我们认为此时，输液完毕，也就是当③脚输入变小时我们认为检测到输液完毕信号，需要报警，而此时，①脚输出的是低电平，而在检测部位输液管内部有液体时，①脚输出高电平！所以，我们利用一只光耦来作为接口电路，一方面可以方便对接目前几乎所有的护理床头呼叫器实现输液完毕自动报警呼叫。如果用于门诊，我们可以在光耦输出光敏三极管的集电极与电池正极之间接上一个3V有源蜂鸣器实现声音报警提示输液完毕。如果用在病房，我们可以不接蜂鸣器，将图1的接口K1、K2分别接到呼叫开关两端（有些呼叫器K2可能不接地，此时，可以断开K2与GND之间的联接），此时，我们可以利用床头呼叫器本身的声音报警功能实现提示。

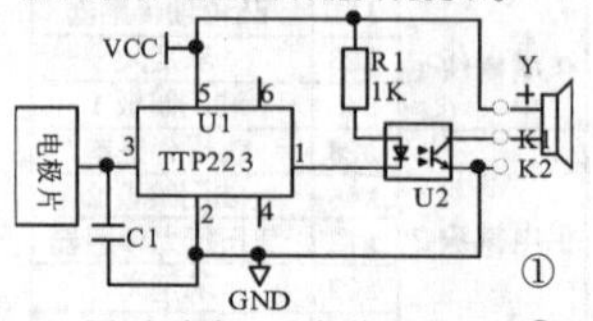

图1电路中，我们将TTP223的④脚悬空，实现直接模式功能。

开发新元器件的功能，将元器件的常规应用移植到新的应用领域可以得到意想不到的效果，这个电路就充分利用了这款电容式触摸开关电路对输入端电容变化的灵敏感知能力应用于输液监测电路，不但大大简化了电路，降低了成本，也将使得电容式传感器的输液报警器电路的实用化程度得以加快。常规的电容式输液报警器电路对电容的检测比较复杂，有些用单片机配合程序解决，也有利用差频原理检测电容的变化。这些都使得电容式输液报警器的实用化程度大打折扣。而目前应用比较多的光电检测原理因为很难买到合适的成品光耦而制约其应用。大多需要对产品光耦对管的相对位置进行调整。增加了调试成本。

TTP223的工作电压在2-5.5V，我们完全可以使用聚合物锂电池，电路静态电流极低。①脚输出灌电流8ma，调节R1的值将输出电流控制在6ma以内比较合适。

TTP223芯片比较小，业余条件下可以买一些转接板，万能板上不方便直接焊接，通过转接板可以方便地在万能板上使用。当然，如果自己制作或者打样一些专用的PCB板效果肯定会更好。使用电极片最好使用一片不锈钢片，作出倒Ω型，输液管直接卡入用铆钉固定在PCB板上后Ω型不锈钢凹槽中。注意，电极片不能过多与金属或者塑料件接触，最好悬空。

图1电路没有设置光报警，如果需要，可以串联一只红色发光二极管在R1与光耦内部红外线发射二极管阳极之间。这样可以实现声光报警。当然，R1的阻值需要重新调整。由于TTP223的电流输出能力有限，图1电路没有使用TTP223的①脚直接驱动有源蜂鸣器而是利用光耦间接驱动有源蜂鸣器，在这里，光耦相当于一个隔离放大器。

TTP223为SOT23-6封装。其管脚排列与功。能图见图2。

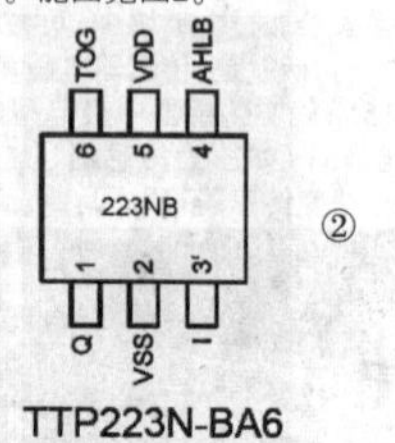

◇湖南 王学文

雷达测速预警仪（电子狗）工作原理

预警仪一般具备雷达测速预警、激光测速预警、GPS固定测速及闯红灯照相预警、道路安全信息提示、超速提示等功能。对于多数驾驶者，超速是日常生活的一部分。借助各种手段，包括即使借助专业的电子设备来避免违规超速，都几乎是被所有人认可接受的一件事。自20世纪70年度在英国问世后，雷达测速预警仪（电子狗）已成为世界各地驾驶者必备的驾驶辅助工具。随着科技的飞速发展，科研人员更是将单一的雷达测试预警仪发展为以安全驾驶为主题的具备多项功能的安全驾驶预警仪。

本文将比较系统的介绍雷达测速预警、GPS安全驾驶预警的作用及工作原理。本文还包括当今世界最先进的测速枪以及测速预警仪的发展、交警部门如何努力开发对付测试预警仪的技术等。

一、雷达基本原理

德国K40雷达　　国产证眼雷达

要理解雷达测速预警仪（电子狗）如何工作，先要了解他们侦测的对象是什么。英文中雷达测速预警仪（电子狗）radar detector直译的意思是雷达探测器。雷达测速的意思很简单，一套基本的测试枪包括一个无线信号发射装置和一套无线信号接收装置。无线信号发射装置将电流转换成一个固定频率的震动电磁波，以一定功率放大，借助天线，在空中发射电磁波。接收装置的工作原理正相反，它通过天线接收到电磁波，再将电磁波转换成电流，从而反应在记录装置上。

雷达正是利用发射和接收目标物体发射回来的雷达波来探测目标。雷达最简单的功能就是告诉你物体离你的距离有多远。雷达发射一个波形，然后等待物体将波形发射回来，如果前方有目标物体，雷达波反射回来的途中消耗了多少时间，通过一定的转换计算就得出了目标物体的距离。

雷达同时可以用来测试目标物体的运动速度。雷达发射的无线电波和声音一样，有一定的频率，即在单位时间内电流震荡的次数。当雷达和测试的汽车都静止不动时，反射回来的无线雷达波河发射出去的雷达波频率是完全一致的（镜像一致）。

但是当汽车开动时，发射回来的电磁波信号就会有不同的波形。通过比较发射回来的波形和原始波形是拉长了还是压缩了，拉长或压缩的比例，从而计算出频率的变化，进而就能准确计算出汽车相对移动的速度。

过去50年来，全世界的交警部门就是利用这种雷达测试设备捕捉超速车辆。但是最近，在欧美等国，交警已开始采用一种激光测速仪来代替雷达测试仪。

二、激光测速枪

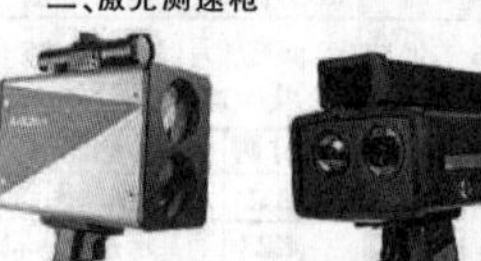

目前欧美流行的两种激光测速枪

雷达测速枪自20世纪50年度应用至今有60年历史了。但从20世纪末，在欧美越来越多的交警开始采用激光测速枪来代替雷达测速枪。激光测速枪向汽车发射一束激光，然后测算物体将激光返回的时间，从而计算出物体与发射点的距离。与雷达测试枪不同的是，激光测速枪不是通过测速发射回来的波形频率的变化来计算速度。激光测速枪在极短的时间内，发射出很多束激光，然后测算出不同激光束反射回来的时间，来计算汽车的距离变化。由于激光枪在极短时间内将（毫秒级）即可以测算出几百次，因此，对汽车移动的速度计算非常准确。

前面介绍了警察如何利用雷达测速枪和更先进的激光测速枪抓捕超速驾驶。传统的雷达测速枪比较容易被雷达测速预警仪（电子狗）探测到。一套简单的测速预警仪就是一套雷达信号接收装置，就好像收音机接收FM和AM无线信号一样。

我们身处的空气中充满了无线信号。从电视广播信号、电台信号、自动门探测器等等。不同的信号接收器能有选择性地接收到不同的信号。无线收音机接收AM和FM信号，而雷达测速预警仪（电子狗）探测警察的测速雷达信号。与无线广播不同的是，无线电台的频率不会轻易调整，但是，交警部门将不定期地调整其雷达测速枪的频率，而预警仪厂家也在不停地发明新的预警仪以对付警察叔叔的挑战。

如果交警叔叔跟在你的车后面用雷达测试仪抓捕你，一台普通的雷达测速预警仪（电子狗）就帮不了你的忙了。在这种情形下，当你的预警仪发现雷达信号时，警察已经锁定了你的车速。当然，大部分的情况是，一台与时俱进的雷达测速预警仪（电子狗），能在交警抓捕你之前提醒你雷达测试枪正在瞄准你。因为，一般来讲，交警会长时间的将雷达测速枪打开，等待你的落网，而不是看到你的时候、他才跟在你后面瞬时开启雷达测速枪。

到目前为止，全世界的交警部门拥有了多达几十种雷达测速设备。其频率范围跨度很大，大致包括X频10.250GHZ±150MHZ、KU频12.270±150MHZ、K频23.6GHZ~24.3GHZ、KA频34.1GHZ~35.9GHZ。目前在中国大陆地区应用较多的则是K频和KA频雷达测速枪。激光测速枪已开始引入。相信未来激光测速枪将成为国内交警部门的主力装备。

正如前文所说，激光测速枪抓拍的时间极短，并且准确性极高，因此，目前还没有人发明"激光测速预警仪"来对付激光测速枪。但是，手段还是有的，一般选用激光防护罩来防护。

三、GPS预警仪

上面提到了空气中充满了各种电磁波信号。民用无线电波的频率和发射功率受到各国无线电管理部门的严格管理，所以，对于收音机、电视机来讲，其接收的频率是比较单纯的。而雷达信号已超出了该管辖范围，比如、自动门监控器、防盗装置监控器等，其频率和雷达测速枪的频率是很接近的。因此，雷达测速预警仪（电子狗）又遇到了另一挑战，即，如何有效过滤无效的无线信号。过多的无效预警，将使得车手无所适从。

过滤无效的雷达信号需要从两方面着手。第一方面，就是提高雷达信号接收器对疑似信号不规则波形的过滤，通过提高软件计算的能力，在极短时间内通过多次比对接收到的无线电磁波，将不规则的雷达波过滤掉。但是，过度严格的比对，必然会导致灵敏度的降低，忽略掉真实的雷达测速信号。所以，这就要求更智能的过滤方式：GPS智能过滤。

GPS智能过滤：多功能的测速预警仪将GPS和雷达信号接收器有机的整合在一起。GPS内置存储器内预存有每一条道路的限速值。汽车通过某路段时，预警仪通过GPS卫星提供的定位信息，准确辨别出其所行驶的道路、以及快速计算出当前行车速度，通过比对当前道路的限速值，和当前行车速度。如果当前车速低于限速值，则自动过滤掉全部雷达信号。如果当前车速超过了限速值，则依据信号波形比对，是否是有效雷达信号。如果判断是有效信号，则即时提出雷达测速预警。

要达到GPS智能过滤的效果，需满足三个前提：

1.实现雷达信号接收器和GPS预警模块实时交换数据。单一的雷达测速预警仪（电子狗）没有GPS模块，所以不能实现取得道路限速和行车速度数据。

2.实时更新的道路限速数据。

3.系统CPU资源充分，即，系统计算匹配限速值和计算能在毫秒级时间内完成。

在我国，交警将雷达测速枪放置在警车上、或者流动性的放置在不同的路段抓捕超速行驶。在高速公路，同时设置了很多固定测速点。固定测速点有两种：一种是通过雷达测速枪，另一种区间测试，则是在前后设置两个摄像机，通过预埋在路面的压感线圈，车辆通过时，触发照相，通过计算车辆通过区间测速的起点和结束点之间的时间，计算出平均车速。

GPS预警仪，通过预先将道路安全信息、测速等交通信息等采集处理，预存在装置的存储器中，然后通过GPS全球定位信息计算出行驶速度，及时提出预警。按照道路数据信息的；按类型分，GPS预警仪有以下提示功能：

1.超速提示，提示车辆当前实际行驶速度、道路限速；

2.固定测速点提示，提前提示车辆离测速点的距离；

3.闯红灯照相提示；

4. 易肇事路段等安全信息点提示，如，学校路段、车辆交汇路段等。

◇四川 张凯恒

对《电气故障及处理方法》一文的修正意见

2017年39期刊登的"电气故障及处理方法"一文，笔者有如下修正意见：

1.对于其"例1、例2"，整个房间无电时，应首先检查室内配电箱的进线开关。如该开关在合闸状态，可用验电笔(或万能表)检查开关进线桩头是否有电：

(1)有电，示进线良好。无电，系上一级配电箱有故障。

(2)检查开关出线桩头，有电，系该开关正常。无电，系开关有故障。

(3)检查开关出线桩头接线是否正常。

2.对于"例3"的检查方法，只适用于明敷的导线。而现在绝大部分为暗敷的导线，是无法用该方法检查的。对于暗敷的线路的检查方法：

(1)在停电状态下，用万能表检查导线的通断状况。

至于文中"可以在断线处齿个洞，把线路接通，这样省工省时"的方法，是不提倡的。按照室内供电线路施工规定，导线中间不得有接头，应使用整根的导线。

(2)在不停电情况下，插座处可用验电笔检查哪根进线断线，如插座的L、N端子用验电笔检验均不亮，示相线(L)断线；如、N端子用验电笔笔检验均亮，示中性线N断线。

3.对于"例5"，其处理方法"处理方法：用万用表检查，是零线与地线接反了"是不正确的。该办公室供电线路的的接地型式一般应为TN—S。在插座的中性线N(俗称"零线")和保护线PE(俗称"接地线")接反的情况下，只要剩余电流(RCD)未安装或安装了拒绝动作，饮水机还是可以工作的。因为在电源处，中性线N和保护线PE还是连接在一起的，施加在电器上的电压仍然是AC220V。见图1。

所以，插座中性线N和保护线PE接反了，造成电器不工作，倒可以检验电器插座的电源端剩余电流保护开关的安装状况或是否有故障。

如果办公室供电线路的接地型式是TT（上海市是TT接地型式），倒是有可能造成电器不工作的。因为电器处的中性线N接到了接地极上，再通过大地经电源中性点接地电阻与电源相连。如这两个接地电阻偏大，在其上的电压降就会较大，施加在电器的电压会小于额定电压，容易造成电器无法工作。见图2。

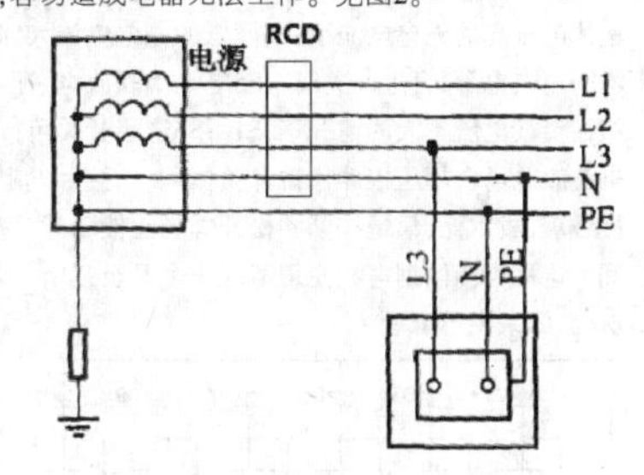

电器N与PE接反时的接线　①

TN—S接地型式

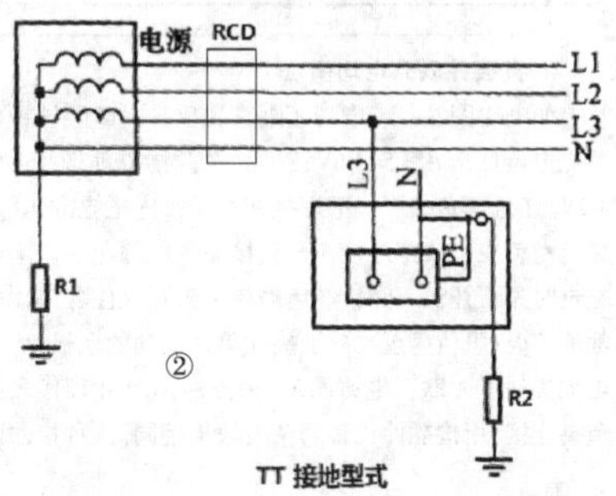

②

TT 接地型式

4.对于"例6"，"稳压管已坏。稳压管的正向电租应是 100~240Ω，反向电阻应是 20Ω 左右"，是不正确的。应为"稳压管已坏。稳压管的正向电阻应是 100~240Ω，反向电阻应是 20MΩ 左右或以上"。　◇江苏　宗成徹

电工新工具简介

一、断头螺丝取出器

目前市场销售的断头螺丝取出器一般由一组钻头、取出器体组成或者是两者一体，要配合电钻使用。钻头即为普通的麻花钻头，用于在断头螺栓的中心钻孔取出器体是一种由合金工具钢制造并经热处理工艺制成的带有反向螺旋的圆锥形物体。断头螺丝取出器外形及工作示意图，如图1a、b所示。

图 1a

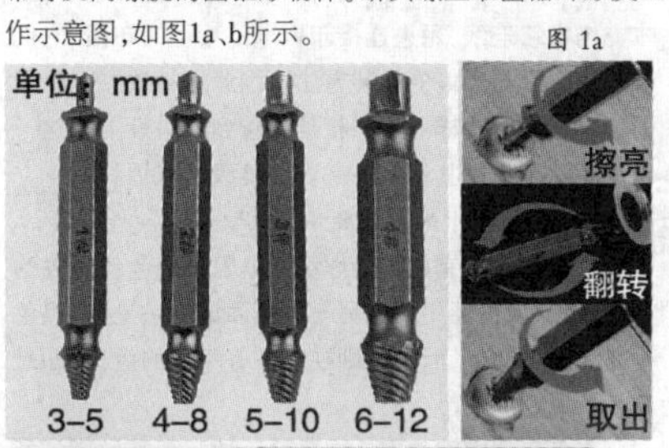

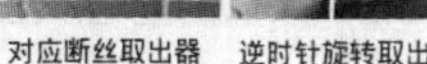

断丝钻头打孔　对应断丝取出器　逆时针旋转取出

STEP 1：
首先准备好手电钻，把并线器装到手电钻上

图2

STEP 2：
将要并线的三股线分别插入，用老虎钳固定住尾端，并线器跟老虎钳之间尽量贴合！并且三根线都必须夹紧，如

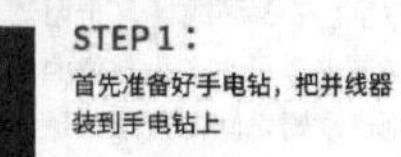

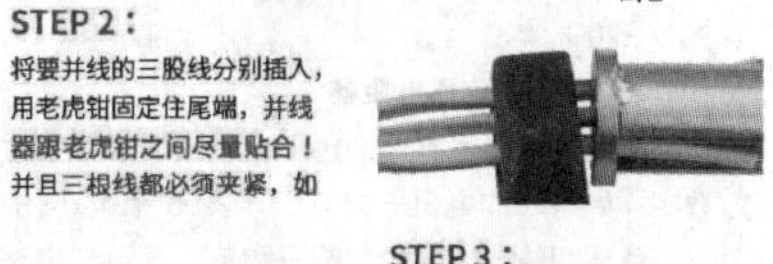

STEP 3：
启动电钻，缓缓转动并线器，转动过程中要将并线器用力往老虎钳的方向压紧，当绕线完成时即可松开并线器，取出电线皮，完成并线！

擦亮：打眼越深越容易取出，可以先配合用比螺小的钻头打小孔，用取丝器擦亮更容易受力；技巧：整个过程反转操作，先拿一头开孔(关键)越深越好转速不要过快。

单位：mm

图 1b

d　总长L　D　螺纹长A　方头对边S

型号	适合范围	长度L	螺纹长A	D	d	S
1#	4.0mm使用范围:4-6mm	5.2	16	3.8	2.5	3.2
2#	4.5mm使用范围:6-8mm	57.9	18	4.7	3.1	3.9
3#	6.5mm使用范围:8-11mm	65	24	6.1	3.5	5.1
4#	7.5mm使用范围:11-14mm	75	29	8.1	4.9	6.1
5#	11.0mm使用范围:14-18mm	82	33	10.7	6.3	8.3
6#	15.0mm使用范围:18-25mm	91	38	14.5	9	11.9
7#	20.0mm使用范围:25-35mm	95	48	18.9	10	15
8#	25.0mm使用范围:35-45mm	100	48	23.9	14.5	19.2

二、自动免剥皮电工并线器

自动免剥皮并线器操作简单、刀口锋利、剥皮干净、并线快捷美观。可以并电线2.5或4平方的电线两到三根，要结合电钻使用。

自动免剥皮电工并线器外形及工作示意图，如图2所示。

◇江西　刘祖明

电动机防烧毁的维护技术

1.经常保持电动机的清洁。电动机在运行中，进风口周围至少3米内不允许有尘土、水渍和其他杂物，以防止吸人电机内部，形成短路介质，或损坏导线绝缘层，造成匝间短路，电流增大，温度升高而烧毁电动机。所以，要保证电动机有足够的绝缘电阻，以及良好的通风冷却环境，才能使电动机在长时间运行中保持安全稳定的工作状态。

2. 保持电动机经常在额定电流下工作。电动机过载运行，主要原因是由于拖动的负荷过大，电压过低，或被带动的机械卡滞等造成的。若过载时间过长，电动机将从电网中吸收大量的有功功率，电流便急剧增大，温度也随之上升，在高温下电动机的绝缘便老化失效而烧毁。因此，电动机在运行中，要注意经常检查传动装置运转是否灵活、可靠；联轴器的同心度是否标准；齿轮传动的灵活性等，若发现有滞卡现象，应立即停机查明原因排除故障后再运行。

3. 经常检查电动机三相电流是否平衡。三相异步电动机其三相电流任何一相电流与其他两相电流平均值之差不允许超过10%，这样才能保证电动机安全运行。如果超过则表明电动机有故障，必须查明原因及时排除。

4.检查电动机的温度。要经常检查电动机的轴承、定子、外壳等部位的温度有无异常变化，尤其对无电压、电流和频率监视及没有过载保护的电动机，对温度的监视更为重要。电动机轴承是否过热、缺油，若发现轴承附近的温升过高，就应立即停机检查。轴承的滚动体、滚道表面有无裂纹、划伤或损缺，轴承间隙是否过大晃动，内环在轴上有无转动等。出现上述任何一种现象，都必须更新轴承后方可再行作业。

5.观察电动机有无振动、噪声和异常气味。电动机若出现振动，会引起与之相连的负载部分不同心度增高，形成电动机负载增大，出现超负荷运行，就会烧毁电动机。因此，电动机在运行中，尤其是大功率电动机更要经常检查地脚螺栓、电动机端盖、轴承压盖等是否松动，接地装置是否可靠，发现问题及时解决。噪声和异味是电动机运转异常、随即出现严重故障的前兆，必须及时发现并查明原因排除。

6.保证启动设备正常工作。电动机启动设备技术状态的好坏，对电动机的正常启动起着决定性的作用。实践证明，绝大多数烧毁的电动机，其原因大都是启动设备工作不正常造成的。如启动设备出现缺相启动，接触器触头拉弧、打火等。而启动设备的维护主要是清洁、紧固。如接触器触点不清洁会使接触电阻增大，引起发热烧毁触点，造成缺相而烧毁电动机；接触器吸合线圈的铁芯锈蚀和尘积，会使线圈吸合不严，并发生强烈噪声，增大线圈电流，烧毁线圈而引发故障。

因此，电气控制柜应设在干燥、通风和便于操作的位置，并定期除尘。经常检查接触器触点、线圈铁芯、各接线螺丝等是否可靠，机械部位动作是否灵活，使其保持良好的技术状态，从而保证启动工作顺利而不烧毁电动机。

◇辽宁　孙永泰

锂电池组并联均衡充电方法

锂电池组由多只单体锂电池串联而成，由于单体的差异性，串联充电时端电压上升不一致会出现部分单体过充，部分单体充电不足的问题。理想的状态是每个电池电压在充电过程中同步上升，完全一致，接近充满时充电器转灯，充电停止。锂电池组定期做好均衡基本可以达到这种理想状态，这是不喜欢锂电保护板的人追求的效果。锂电池保护板本身不一定可靠，保护板损坏锂电池的例子不少见。本人试验的并联手动均衡方法，电路简单可靠，效果良好，具有实用价值。基本原理是均衡充电时所有电池并联，常规充电和用电时串联。均衡充电时所有电池并联电压相等，实现了各个电池的强制均衡。

1.二极管隔离并联充电均衡法

见电路图1，以6只单体电池串联为例，断开开关S1—S5再接充电电源。二极管选用1N5401—5408，3A额定电流下实测二极管正向压降为0.8V，正向压降0.7V时流过二极管的电流很小。磷酸铁锂电池，最高充电电压3.65V，实际考虑到延长电池寿命最高充电电压定为3.5V，充电电压=3.5+0.7+0.7=4.9V加上线路压降选用5V电源很合适。三元、聚合物类锂电池最高充电电压4.25V，充电电压=4.1+0.7+0.7=5.5V合适，两种情况下电池都能在接近充满时自停。充电过程中各个单体电池虽然被二极管隔离，但不影响电池的均衡，因为单体电压高的充电电流小，电压低的充电电流大。断开均衡充电电源，合上开关S1—S5电池串联放电。锂电池组在负载电流不大的情况下，S1—S5选用开关可行。大电流放电场合用压接件代替开关体积小、接触电阻小、接线短、成本低，只是拧紧和松开螺丝比拨动开关费时间。这种均衡依据电池使用情况一个月至三个月做一次，总体来说不麻烦。

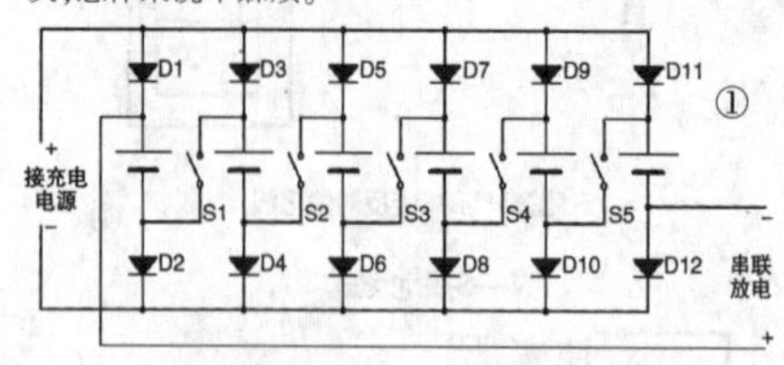

2. 直接并联充电均衡法

如电路图2所示，取消了隔离二极管。磷酸铁锂电池充电电压选用3.5–3.6V，三元、聚合物电池选用4.1–4.2V。红色鳄鱼夹引线都焊接在一起接充电电源正极；黑色鳄鱼夹引线都焊接在一起接充电电源负极。均衡充电时先断开S1—S5，红色鳄鱼夹分别夹住各单体电池的正极；黑色鳄鱼夹分别夹住单体电池的负极，所有电池实现了并联。电路图2中用插件图P1–P12代表鳄鱼夹连接，用接插件代替鳄鱼夹效果相同。这种接法的好处是没有二极管发热损耗，即使不接充电电源电池自己就能一定程度的均衡，电压高的电池会向电压低的电池放电，强制均衡。

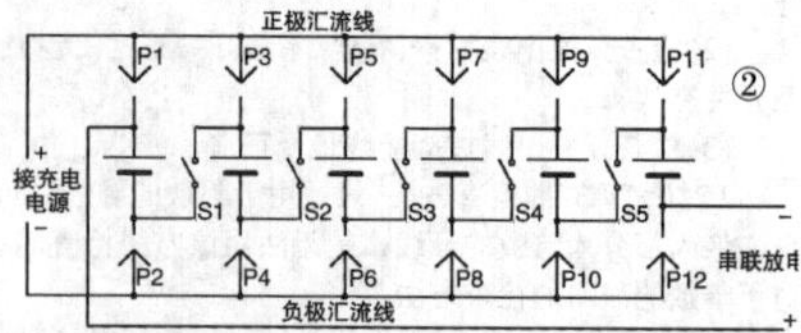

两种均衡充电电压都是按照充满自停无需监管的方式设定的，如果需要短时间、大电流、快速均衡且能保证监管的情况下可以提高充电电压。第二种方法没有二极管发热的顾虑可以用很大的充电电流节省均衡时间，用普通的低压大电流整流电源就行，无需稳压。均衡良好的电池组平时用普通充电器充电，宜适当降低充电器输出电压以便转灯，不用保护板也不担心过充。建议铁锂电池充电电压按3.5V乘以串数，三元电池按4.1V乘以串数调整。两种均衡方法虽然原理简单、操作笨拙但真实有效可靠，目前没有任何带均衡的锂电池保护板能达到快速高效率的均衡，即使有价格不菲也玩不起，有兴趣的朋友不妨如此折腾。

◇湖北　邱承胜

探索电阻器色环编码的规律及识别

熟悉色环电阻识别软件的爱好者，一定非常熟悉附图，其实色环电阻识别应用软件，就是这样一张简单的图表，根据选择不同的组合，即可计算出该色环电阻的阻值，根据这样的色环描述图，也就可以方便快捷的解释电阻器的颜色编码规则。

电阻器的阻值、形状及物理尺寸多有不同。实际上，所有功率额定达到一瓦特的引线电阻器均有特定的色环组合，用以表示其电阻值、容差乃至温度系数。电阻器通体可能会遍布三到六个色环，其中以四色环最为常见。前几个色环代表电阻值的有效数位。接下来是一个倍率色环，用来左移或右移小数点的位置。最后方的色环代表容差以及温度系数。

先来看下方的颜色代码图，并从一些示例开始入手：

How to Read Resistor Color Codes

6-Band　2 7 4·10⁰ ±2　= 274 Ω ± 2%, 250 ppm/K

Color	1st Digit	2nd Digit	3rd Digit	Multiplier	Tolerance	Temperature Coefficient
Black	0	0	0	1 Ω		250 ppm/K
Brown	1	1	1	10 Ω	± 1%	100 ppm/K
Red	2	2	2	100 Ω	± 2%	50 ppm/K
Orange	3	3	3	1k Ω		15 ppm/K
Yellow	4	4	4	10k Ω		25 ppm/K
Green	5	5	5	100k Ω	± 0.5%	20 ppm/K
Blue	6	6	6	1M Ω	± 0.25%	10 ppm/K
Violet	7	7	7		± 0.1%	5 ppm/K
Grey	8	8	8			1 ppm/K
White	9	9	9			
Gold				0.1 Ω	± 5%	
Silver				0.01 Ω	± 10%	

4-Band　12×10^5 ±5%　=1200k ±5%

棕红绿

一、3环或4色环电阻器

前两个色环表示以欧姆为单位的电阻值的前两位数字。在 3 环或 4 环电阻器上，第三个色环表示倍率。这一倍率可改变小数位的位置，以此来表示从兆欧姆到毫欧姆之间的任意数量级。第四个色环表示容差。记住，如果 3 环电阻器上没有此色环的话，那么其默认容差为 ±20%。

二、5 环或 6 色环电阻器

高精度电阻器另有一个色环，用来表示第三位有效数字。如果您的电阻器拥有 5 个或 6 个色环，那么第三个色环即为此色环，与第一和第二个色环组合在一起表示数字。继续向右看，第四个色环表示倍率，第五个则表示容差。6 环电阻器与 5 环电阻器基本属于同一类型，多出来的一个色环表示可靠性，或者说是温度系数(ppm/K) 规格。以第六个色环最常用的棕色为例，温度每改变10℃会导致电阻值变化 0.1%。

三、有关电阻器颜色代码的常见问题

1. 该如何辨别从哪端开始读取电阻器的信息？

1)就很多电阻器而言，其中某些色环的间距更紧密或集中于某一端。将电阻器拿在手中，使这些聚集的色环处在左侧方向。然后从左向右读取电阻器信息。

2)电阻器的最左侧绝不可能是金属色的色环。如果电阻器某端的色环为金色或银色，那么其电阻容差为 5% 或 10%。放置这种电阻器时，要让此色环位于右侧，然后同样地，从左向右读取该电阻器的信息。

3)一般的电阻器阻值范围从 0.1 欧姆至 10 兆欧姆。由此可以得出，4 环电阻器的第三个色环总是蓝色(106) 或代表更低数值的颜色，而 5 环电阻器的第四个色环总是绿色(105) 或代表更低数值的颜色。

2.为什么的高压电阻器没有金属色的色环？

在高压电阻器上，黄色和灰色取代金色和银色，以避免其表面涂层中带有金属微粒。

3.何为零欧姆电阻器？

零欧姆电阻器很好辨认，只有一个黑色的色环，基本充当电路连线，用来连接印刷电路板上的布线。它们采用与电阻器类似的封装方法，因此用来放置电阻器的自动化设备同样可用来将其放置到电路板上。这一设计免除了借助其他设备来安装跳线的麻烦。

4.记忆图表中的颜色顺序有无诀窍？

尽管媒体上有些帮助你记忆电阻器颜色代码表的方法，但效果良莠不齐。另一种色表记忆法是，将黑色视为无物，即"0"，而白色则视为所有颜色的组合，即最高值"9"。

在色表的中间位置，你会看到按照顺序排列的标准彩虹色，用以表示数字 2 至 7，这时候你童年时学习过的 ROY–G–BIV(红橙黄绿蓝靛紫)就派上用场了，只不过少了其中的靛色。只需要记住，黑色和红色之间的棕色代表"1"，紫色和白色之间的灰色代表"8"，然后就大功告成了！

5.何为"可靠性"色环？

军用电阻器中的 4 环电阻器通常还有一个额外的色带，用来表示可靠性，或者说是每 1000 工作小时的故障率(%)。而这很少出现在商业电子产品中。

◇四川　刘桃序

通信开关电源的维护及障碍处理

一、通信开关电源的组成及作用

通信开关电源由交流配电单元,整流器单元,直流配电单元,监控单元和蓄电池组等五部分组成。交流配电单元完成市电的接入和切换,给整流器提供交流电源,为监控单元提供交流电压和电流的采样输出,同时具有交流备用输出和防雷功能。整流器单元完成交直流变换,以N+1方式在线运行,在检修维护时可将故障模块更换。直流配电单元将整流器单元输出的48伏直流提供1路或2路蓄电池接入(可扩展到3路蓄电池)和多路直流负载输出(直流输出路数及容量可根据实际用户的需求增加或减少)。监控模块起着协调管理其他单元模块和对外通信的作用,日常对开关电源系统的维护操作主要集中在对监控模块菜单的操作。

二、通信开关电源的维护

1.日常维护

首先通信开关电源设备日常维护要严格按照电信部门制定的《通信电源维护规程》执行。机房内的环境安全管理和设备管理要严格按照电信总局制定的《通信机房环境安全管理通则》执行。正常使用情况下,主要注意以下几点:

(1)系统应保持环境通风良好,定期清洁通风口。

(2)系统各模块内均设有过流、过压、过热保护设备,出现报警情况时,请仔细检查用电设备端有无短路、接错、模块掉电,或操作是否正常,逐个排除各类故障。

(3)无人值守的基站应具有遥测、遥控、遥信等远端管理功能,具有空调监测、防火、防水、防盗能力,用户要对基站定期巡检,特别是电池需要定期检查并及时更换落后电池。

(4)在气候条件非常潮湿的地区应定期检查系统的保护接地是否正常。

(5)蓄电池组通过熔断器连接在电源系统输出端,系统工作时,更换蓄电池时要先拔下熔断器的熔丝再更换电池,要注意电池的极性严禁接反。

(6)定期检查开关电源输入、输出电缆表面温度,发现异常情况,要及时对整流模块的物理位置进行调整。

2.直流开关电源系统维护要点

(1)重视现场巡检。

定期巡视检测通信电源设备,注意机房环境温度和设备运行状况,利用电源监控系统,实时监控电源设备的各种运行参数,发现问题及时处理。巡视检测时必须检查电源工作状态:模块配置是否合理,充电限流值是否正确,有无告警,系统交流电压、电流,直流浮充电压、负载电流、蓄电池充电电流,风扇运行状况,防雷器件状况,开关电源监控模块的各项运行参数是否正确,温度补偿是否正常启用。开关电源模块均流是否小于5%等。蓄电池保险、蓄电池连接条温升,蓄电池是否有爬酸、漏液、鼓肚等现象。机房环境温度是否符合维护要求等。

(2)应用远程监控。

利用监控系统对电源设备能够实现远程监控,通过远程监控系统了解故障现象,通过远程能处理的故障可以通过远程监控解决,不能处理的故障,必须马上到现场处理。同时利用电源监控系统检测电源的各种信号是否正常,数据是否存在偏差。

(3)及时处理故障。

处理电源设备故障时,应首先初步判断造成电源故障原因和故障部位,然后采取相应的方法和措施对电源故障进行处理。对严重故障必须请示主管领导。

(4)寻求技术支持。

对不能马上处理的电源故障,必须电话咨询相关厂家技术人员,若电话指导仍然解决不了问题,应立即采用现有备件临时恢复电源设备供电,同时做好故障记录,并通知相关厂家技术人员带配件来维修。

三、通信开关电源的故障处理

由于通信开关电源在通信网络中所处的重要地位,对它的运行管理和维护工作是非常重要的。根据开关电源系统本身平均无故障运行时间(Mean Time Between Failure,MTBF)的长短、日常维护质量的优劣、外界干扰强度和工作环境等因素的影响,设备发生故障是难免的,对故障的迅速、正确排除,减少故障所造成的损失是项重要的基本任务。目前的高频开关电源系统具有一定的智能化,不但体现在具有智能接口能与计算机相连实现集中监控,而且当系统发生故障时,系统监控单元能显示故障事件发生的具体部位、时间等等。维护人员利用监控单元的这些信息能初步判断故障的性质。但由于目前高频开关电源系统智能化程度还远远没有达到真正能代替人的所谓"人工智能"的程度,很多实际故障发生后的判断处理仍然需要有经验的电源维护人员根据故障现象,进行缜密分析,作出正确的检查、判断及处理。当设备发生故障后,需进行查修。

1.系统检查维修的基本步骤如下:

(1)首先查看系统有无声光告警指示。

由于开关电源系统各模块均有相应的告警提示,如整流模块故障后其红色告警指示灯点亮,同时系统蜂鸣器发出声告警。

(2)再看具体故障现象或告警信息提示。

例如观察具体故障现象与监控单元告警单元提示是否一致,有无历史告警信息等,有时可能会出现无告警但系统功能不正常的现象。

(3)根据故障现象或告警信息,对本开关电源作出正确的分析及形成处理故障的检修方法,即可完成故障检修。

2.故障现象的种类

在实际检修过程中,可以根据故障现象归入上述一种或多种情况。

(1)正常告警与非正常告警。

系统告警类的典型特征是系统对应部位声光告警,例如,交流配电发生故障会发生配电故障灯亮,或有蜂鸣器告警;模块发生故障会出现模块灯亮;监控有当前告警时监控单元灯亮,或有蜂鸣器告警。在处理系统告警类故障时,一般先按正常告警方法检修,查不出故障时按非正常告警检修方法检修。在配电故障中,可依据监控告警信息,找出可能发生的故障部位。交流配电故障中,可分为交流电故障及交流输入回路(及后续电路引起交流输入回路)故障;直流配电故障中,可分为输出电压故障、电池支路及输出支路故障。监控通信故障中(监控单元告警,其他部位无告警),可依据交、直流屏通信中断,模块通信中断等方面去梳理。模块故障依据告警性质不同(红、黄灯不同)去分析属模块故障还是风扇故障。

(2)功能丧失或性能不良类故障。

在交流配电中的故障现象如指示灯损坏、电路板损坏以及当交流过压、欠压时的保护等等。

四、结语

直流开关电源系统维护质量的好坏直接关键到通信网络能否安全运行,只有及时与优质的维护才能确保电源系统的正常运行,电源维护人员需要系统和深入地了解电源知识,吸取他人的经验,基于正确的分析,才能快速处理故障,同时保障通信系统及人身安全。

◇湖北 朱少华

视频通信行业,0门槛时代

视频行业受惠于环境的提升、智能设备的普及,其流量占网络流量的比例也逐渐攀升,现已达到80%以上。那些大家耳熟能详的企业也在涌入视频流量市场:今日头条斥巨资孵化火山小视频、陌陌将重点移向视频社交、熊猫直播邀请众多大咖入驻直播间等等,视频通信市场一时风头无二。那么如何在视频通信市场脱颖而出?

对用户而言,希望在视频通信的过程中,体验流畅的快感。对于企业而言,希望视频通信的技术更好,降低成本。

这也是众多音视频开发者需要解决的关键性问题。

今天就和大家来看一个音视频开源项目tucodec,看它如何实现低延时、高流畅以及低带宽?

一、低延时、高流畅

先给大家奉上一张tucodec的视频传输架构图:

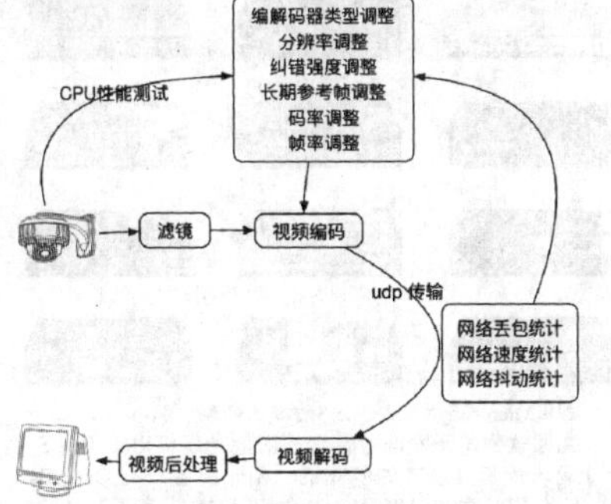

(图为tucodec的音视频传输协议)

看上图可以看出tucodec采用了UDP协议。很多开发者都曾纠结过:是用TCP还是UDP?

TCP协议从传输角度而言更可靠,但是延时较高;UDP协议的延时较低,但存在另一个致命点,一旦发生丢包的情况UDP协议就很难实现数据恢复。简言之,TCP协议可靠但延时高,UDP协议延时低但不可靠。

可是tucodec却使用了UDP协议!那么问题来了,tucodec是怎么解决UDP协议不可靠的呢?

实时监测内容发布方的网络情况,包括网络的丢包、速度和抖动情况等。将这些信息反馈到编解码器。

1.如果发生丢包:

•立即发送冗余包,通过校验的方式尽可能恢复数据;

•采用长期参考帧,相比其他软件参考前一帧的做法,其可以解决丢包时观看者视频连贯性的问题,使视频在内容上更流畅;

•根据丢包率调整纠错强度。

2.如果发生网络抖动:立即做出响应、瞬间降低码率,保证视频不卡顿也就是说,尽可能恢复丢包数据、保持视频内容上的连贯性、时刻保证传输数据小于网络带宽。

解决了低延时、高流畅问题,接下来说一下如何保持低流量成本。

二、低流量

低流量成本主要依靠NAT穿透来解决

视频聊天的一大技术难点就是服务器的网络带宽占比过高。使用NAT穿透方案,客户端在通信时可以采用P2P的方式。P2P方案能够使A客户端的视频数据不经过服务器到达B客户端,在降低服务器带宽消耗时保证传输低延时。

那么如何实现NAT穿透呢?我们首先需要知道NAT的特性:NAT会拒绝陌生来源的数据包。简单来说,如果NAT后不存在向某个NAT之外的主机发送过数据的主机,那么外部主机就不能主动发送数据包到NAT之后的主机。

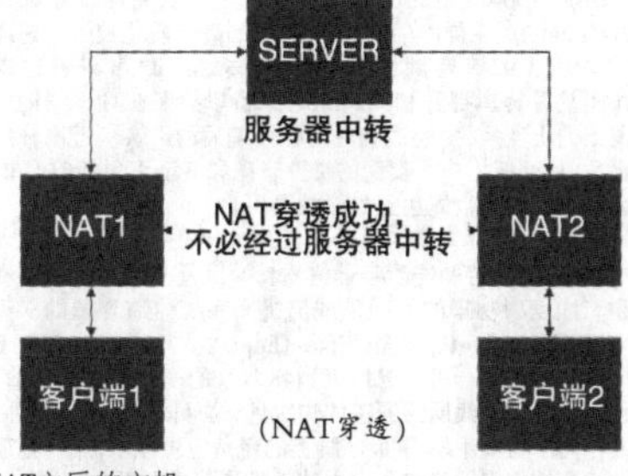

(NAT穿透)

一种可行的方案,是利用一个信令服务器,先获取客户端暴露在NAT上的IP:PORT信息,再协调两个客户端,朝其NAT上暴露的IP:PORT发送信息。由于处于NAT(这里设为NATA)后的机器向另一个NAT(这里设为NATB)后的设备发送信息了,NATA就会允许NATB后的主机的数据。反之亦然。

但是还有个要点需要注意:先发送数据的客户端的第一个数据包会被NAT丢弃,因为对方NAT并不知道该如何分配这个未知来源的数据包。NAT穿透完整的解决方案可以参考RFC5389协议,根据协议实现。

说完低延时高流畅和低带宽,我们来看一下tucodec的其他优势。

三、其他优势

•tucodec的VoIP SDK免费提供给大家使用:开发者接入音视频通讯更便捷

•tucodec的服务器端源代码已开源:开发者可自定义服务器,更安全

•tucodec还采用了人工智能压缩算法:可实现传输流量的降低,节约成本

•可实现跨平添视频通信、支持Android\iOS\Windows\Mac等平台

公司或开发者在使用tucodec的SDK的基础上,可在其开源服务器代码和客户端网络模块代码基础上来集成属于自己的视频通信系统,且直接与CDN厂商进行流量结算,大大减少中间费用。想要体验的朋友,可以去图鸭的官网或码云上下载体验。

◇湖北 李果

高端4K超清蓝光碟机风貌展示(下)

(接上期12版)

四、Sony UBP-X800(见图4)

由索尼公司开发推出的4K超清蓝光碟机UBP-X800不仅仅是单纯光盘播放的观赏与聆听,其另一大功能是能以流信号方式输入任何节目,而且分辨率等参数的音视频品质都是最高规格的。在声音上,影片回放时无论是对话还是配乐,也不管声音的远近听感都十分清晰。该机设计的独特刚性底盘结构除电屏蔽功效外,还能起到有效消除微振动的作用。内置Wi-Fi结合索尼Sony Music Center程序,用户可以获得快速而高质的声音流传输。该机通过HDMI接口可以将音视信号发送到电视,并借助蓝牙传送到无线扬声器。该机提供4K上变换(60p)、HDR下转成SDR、深色(12bit),以及24p True Cinema等音视频功能。UBP-X800还具有:

1.能充分展现HDR图像极清晰和色彩极丰富的本质特点

UBP-X800支持两大先进视频显示方式之一的HDR10,它能充分展现HDR"图像极清晰和色彩极丰富"两个本质特点。HDR 100倍SDR标准动态信号亮度的极度提升给原先暗淡部位图像有更高的亮度和丰富细节的超清晰呈现奠定了基础。该机在色域上兼容新的Rec.2020标准,这意味着图像呈现的颜色比传统电视信号提供的种类要多得多,超宽的色域使得内容创作者开发的节目其图像色彩更饱和逼真,即,能使红色更生动,绿色更自然,蓝色更水灵,而且不会出现颜色的过饱和,层次过渡自然,哪怕一点点微小色调的差异都看得清清楚楚。

2.先进环绕声制式加盟使听感享受升级

UBP-X800除了极致的视觉享受外,借以与索尼STR-DN1080接收机的珠联璧合,使得声音的细微处,哪怕每一个音符、每一个鼓点,以及歌者的每一次呼吸都听得很分明。Dolby Atoms和DTS:X的加盟使声音的变化具体表现在:一是顶置扬声器的增加使声音向三维立体空间拓展;二是扬声器的配置灵活,且无需仔细摆位用心微调;三是能提供多种个性化设置;四是能指定扬声器专放某一声轨的声音或音效;五是能控制声音的定位与移动;六是当指定扬声器发生故障时,系统会自动配备虚拟扬声器替代,且声音位置与听感效果不变。

3.DSEE HX技术的应用使旧音源焕新貌

UBP-X800应用的DSEE HX技术是一项将压缩音源向192kHz/24bit高采样率/高比特率转换的高音质化技术,它能够将MP3、AAC等音源因压缩而消失的细微声音通过向192kHz的采样率提升和向24bit的比特率扩展在频率与动态范围上的上变换,使经过高音质化处理后的声音接近高分辨率水准,从而使用户所收藏的文件音乐和甚至于包括CD的旧录音制品的听感也能达到最佳效果。

4.MIMO技术助高品质音乐无线流传输一臂之力

UBP-X800借助能改善通信质量,以及在不增加频谱资源和天线发射功率的情况下成倍提高系统信道容量的双频段MIMO(Multiple-Input Multiple-Output)多发多收技术与无线传输技术的结合可以进行直到4K水准的视频流信号传输,而且即使处在无线网络覆盖的边缘处,信号同样强劲。另外,借助存储于智能手机/平板电脑上的免费应用程序,用户可以将本机上的内容无线流入家中其他相连的扬声器,或设备。

5.LDAC技术使蓝牙传输的声音达到高音质水准

UBP-X800支持蓝牙传输,为了在蓝牙传输的状态下也能享受高音质的音乐,该机应用了LDAC技术,该技术很好地解决了音乐经蓝牙传输后数据被压缩使音质下降的问题。相较于普通蓝牙所用SBC或AAC编解码技术,LDAC的3倍数据传输量能有效提升无线音乐的聆听体验,使用户通过蓝牙无线音箱,或耳机也能享受到接近于信源固有的高品质音乐。根据无线网络环境,用户可自由选择音质优先(990kbps)、标准(660kbps)、连接优先(330kbps)三种比特率。

五、Microsoft Xbox One S(见图5、图6、图7、图8、图9)

图6 Microsoft Xbox One S的置盘状态

图7 Xbox One S与Xbox One的显示清晰度状态对比

图8 Microsoft Xbox One S的竖放状态

图9 Microsoft Xbox One S的颜色定制

由微软公司开发推出的4K超清蓝光碟机Xbox One S实际上是一款货真价实的游戏机,相比前者Xbox One,Xbox One S的GPU频率从853MHz修改为914MHz,有了7.1%的提升;而且ESRAM的带宽也增加到了218GB/s,这些改进都为玩打4K分辨率和HDR高动态范围的游戏创造了条件,通过音视频分辨率与颜色上的极大提升,让游戏玩家在游戏中获得更大更强烈的视听刺激与享受。借助HDMI输入,用户可以连接有线或卫星机顶盒,将其音视频信号输入本机,以拓展可看内容的选择范围。与大多数竞争机型一样,该机也能上变换720p和1080p至4K。为便于使用,该款4K超清游戏蓝光碟机提供横/竖两种置放方式播放。在外连接口上,该机设有一个红外输出、一个光学S/PDIF输出,前面板上还设置了一个USB3.0端口,另外,还同时提供蓝牙和以太网连接,以及一个802.11ac Wi-Fi适配器。该机内置8GB DDR3 RAM存储器,其硬盘驱动器的存储量有500GB、1TB和2TB三种。该机在颜色的挑选上余地颇大,有黑、白、深蓝等几乎所有可能的颜色。Xbox One S还具有:

1.先进的HDR兼容使游戏的视频体验更浓烈

Xbox One S兼容HDR高动态特性带来的好处是,在Gears of War 4和Forza Horizon 3这样的游戏中,其游戏人物和背景的视感更清晰,颜色更亮丽更丰富,使玩家获得的体验会更沉浸。此完美游戏效果主要是图像在亮暴与暗暴之间有一个更高的对比度,以及HDR高动态特性使游戏场景更逼真,玩家犹如身临其境。有了这一特性的支撑,数百款Xbox 360游戏在本机上的玩打会更精彩,无论是数字文件形式的游戏,还是存储于光盘内的游戏。

2.高端音频格式兼容使游戏音频效果极大提高

Xbox One S游戏音频品质和效果的显著提升得益于它兼容Dolby TrueHD和DTS HD Master Audio以及更高级更先进的Dolby Atmos和DTS:X等多种高分辨率音频格式,并借助HDMI接口,以流媒体传输方式将这些高档级音频流信号送达高档级的A/V接收机放大。值得注意的是,用户拥有该款碟机在使用前需先安装微软的蓝光播放器应用程序,以及需要了解如何使用Xbox控制器播放蓝光光盘。

3.多元兼容性使USB存储内容播放顺畅

Xbox One S使用微软的媒体播放机应用程序播放USB内容时,由于兼容多种音频和图像编解码器,因此,该机能够很顺畅地播放采用任何编解码器编解码的内容。该机在音频文件格式上的支持上也很多元,在MP3、WMA和苹果M4V外、还能够播放7.1声道、96kHz/24bit的WAV文件;在高分辨率音频内容的播放上,除FLAC外,还能播放苹果和Windows的无损格式。在图像格式上,除了通常的对位图外,该机还支持JPEG、PNG、GIF,以及压缩和非压缩TIFF文件。

六、Samsung UBD-M9500(见图10)

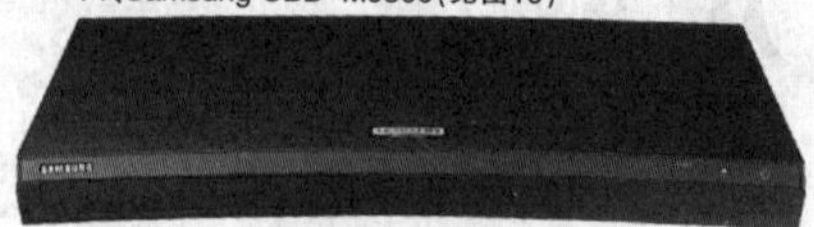

由三星公司开发推出的UBD-M9500 4K超清蓝光碟机的外壳采用金属拉丝工艺,其弧形状设计别具一格,相比该公司第一款的UBD-K8500有几大改进:一是风扇噪音大有改善后的运行平稳寂静;二是导航清晰明了;三是指令响应快速,从載盘至菜单出现的时间仅在30-40秒之间;四是基于三星最新电视机操作系统新设计的用户界面新颖、直观、响应灵敏。UBD-M9500除可直接将最优化的超高清内容送达有能力呈现的显示器外,还能通过其HDR自动下变换功能使没有HDR显示能力的电视机仍能正常显示。现今,又增加了SDR到HDR的上变换能力,并提供用户Low Gamma、Medium Gamma和High Gamma三种参数选择。在通过HDMI/光接口输出的音频格式上,该机提供PCM、非压缩比特流,以及为方便不支持多声道DTS和Dolby Digital音频的条形音箱连接使用。在音视频和图像文件格式上,该机兼容类别多达近20种,包括DivX DivX HD、MPEG2/4、WMA、FLAC、MP3、JPEG、PNG等。在高档环绕声制式上,该机兼容Dolby TrueHD、DTS HD Master、Dolby Atmos、DTS:X和Auro-3D。该机还支持Anynet(HDMI CEC)、DLNA和BD Wise功能,提供多区域连接,兼容360度内容的全景显示,以及借助WiFi连接与三星条形音箱和无线扬声器组建立体声,或环绕声系统。UBD-M9500还具有:

1.随意享受视频网站直至4K的流视频服务

UBD-M9500兼容全高清和超高清流视频播放,用户可以很方便地获得Netflix、Amazon、YouTube、Wuaki TV、Google Play、Plex、BBC iPlayer、All 4、My5和STV Player等网站提供的视频流服务,其中前三个网站均支持4K和HDR。享用过程的顺畅其中一部分原因得益于该机基于具体节目内容在24/25/30/35/60fps等多个刷新率中的自动切换,刷新率针对性强的高精度匹配,使得最终显示在屏幕上的图像视感,无论是HDR、4K,还是全高清都一样极其流畅。

2.参数自动精确设定确保任何显示器均能获得最佳显示

UBD-M9500为最大程度上匹配用户的显示器,会自动最优化输出,包括分辨率、帧率、HDR和色域等都将由本机自动设定,如果用户拥有的是4K电视机,那么,该机会将包括DVD在内的所有较低分辨率的输入内容上变换至4K,以匹配4K电视机,或显示器。尽管用户可以自行选择参数值,但推荐选择"Auto(自动)",因为一旦如此选择,本机能够针对不同的显示器使最终的显示效果最佳化。

3.使用灵活的HDMI接口大大方便系统连接

UBD-M9500设有两个HDMI输出,一个是符合HDCP2.2规范和拥有Anynet+遥控方案的HDMI2.0a;另一个是可允许用户连接本机至不支持HDR或HDCP2.2的条形音箱和AV接收器的HDMI1.4,这意味着用户依然可以随意欣赏196kHz/24bit等的高级别无损音频。用户既可采用通过第一个主HDMI输出方式传输视音频信号,也可以采用视频通过主HD-MI输出,音频通过次HDMI输出方式传输信号。如果用户将HDMI音频输出设置为Auto,播放机会自动检测哪一个HDMI输出在使用,并做好相应的设置调整。除HDMI Audio外,用户也可自行选择Bluetooth Audio。

4.蓝牙助力小屏幕与大屏幕互转欣赏

UBD-M9500借助蓝光(TX和RX)作用可实现光盘内容转移至移动设备的功能,以使用户可以在电视机关闭的情况下在小屏幕上观看本机播放的节目,以及经过本机的桥接在电视机上观看智能设备上的镜像内容。同时,还可以实现从一台智能设备流入自己喜欢的音频节目有待欣赏,以及在私人影院模式(Private Cinema mode)下戴着蓝牙耳机观赏电影。

(全文完)

◇上海 解 放

2018年2月18日出版　■实用性　■启发性　■资料性　■信息性

第 7 期　国内统一刊号:CN51-0091　定价:1.50元　邮局订阅代号:61-75

地址:(610041)成都市天府大道北段1480号德商国际A座1801　网址:http://www.netdzb.com

(总第1944期)　让每篇文章都对读者有用

道高一尺　魔高一丈——音像制品破解史

国内流行免费之风,网络上更是如此,不管是游戏也好,视频也好,资料也好;大家都喜欢免费的东西。其中免费视频的下载说白了就是盗版片的下载,我们来看看盗版片的流行史。

90年代,1元钱租1张盗版光盘的音像店到处都是。录像带自然不说了,设计的功能就是方便拷贝;而光盘标志着数字化影像的来临,也是首先采用防盗版技术的地方。在DVD时代,光盘的防盗技术CSS(Content Scramble System)最初由松下和东芝开发,它能够限制光盘内容被随意拷贝。由于CSS的存在(也就是我们所说的区域码),光盘不但不能随便拷贝出其中的内容,甚至还需要特定的机器才能播放。

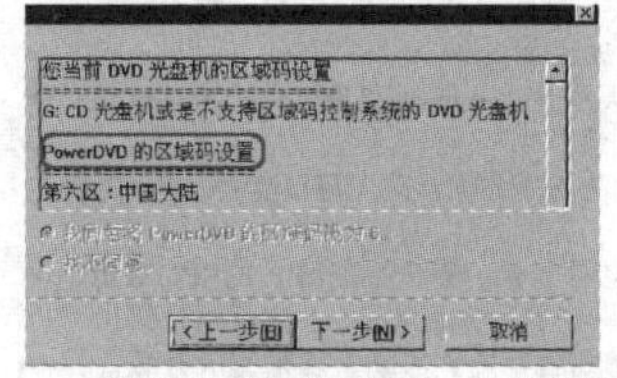

不过在1999年,破解技术DeCSS还是出现了,一名年仅16岁的挪威少年乔恩莱赫约翰森(Jon Lech Johansen)仅用几十K的小软件就破解了,随后各种"热心人士"将其运用在破解DVD光盘上,在DVD播放器中实现了CSS消除(DeCSS);DeCSS可以解码CSS,使已授权的硬件能够拜读DVD视频光盘上的数据。

接着2006年,DVD又升级为HD-DVD和蓝光光盘,其加密技术也变成了AACS,还把保护对象范围扩展到了互联网、家用网络和数字电视。针对CSS的缺陷,AACS采用了128bit长度的密钥,因此按DeCSS的思路是不可能破解的。

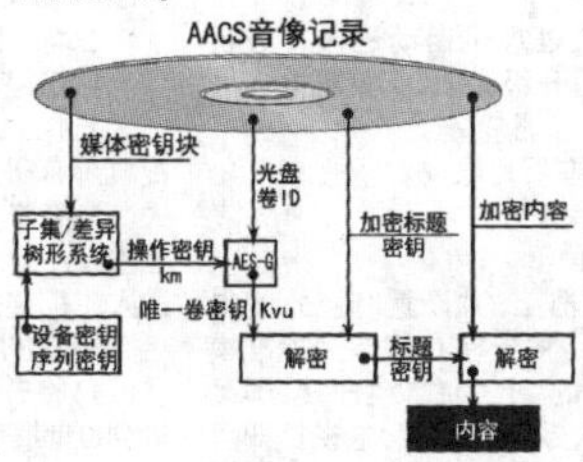

让人意外的是,2007年黑客们通过内存就能提取到AACS的正确密钥,解开蓝光的加密,把内容全部复制出来。刚开始,AACS还采取补漏措施,让其密钥具有吊销机制,一旦某个密钥被破解,那么下一批蓝光光盘就会采用新的密钥。然而对于黑客来说,这种方式过于简单无聊了,一旦密钥被破解,厂商使用新密钥,黑客又将新的密钥破解,不断循环。黑客们为了加快破解速度,甚至还成立了专门的网站搜集所有已知的密钥。并且除开破解AACS密钥外,还可以通过录取视频信号来获得影像。

2010年,AACS组织又推出了HDCP技术。当用户进行非法复制时,HDCP技术会进行干扰,降低复制出来的影像质量,从而对内容进行保护。因此蓝光设备必须支持HDCP技术才能获得高质量的影像,否则会大大降低其分辨率。然而HDCP和AACS一样脆弱,黑客收集了一定数量(仅仅几十部)的HDCP设备后,就能够获得主密钥,一旦有了主密钥则能够解锁全世界的HDCP。不过和直接破解AACS、录取蓝光内容相比,破解HDCP后的视频质量有所下降肯定不如原盘质量好。

在刚刚过去的2017年,采用最新的AACS 2.0技术保护的UHD 4K碟片《蓝精灵2》《爱国者日》、《但丁密码》等都惨遭破解,破解后的碟片已被发布到外网4K资源著名站点ULTRAHDCLUB.org网站。至于最新的破解方法,有的说是黑客利用了Intel的SGX漏洞,从PowerDVD(PowerDVD是正规支持蓝光解码的软件,一般来说用户需要付费购买正版的PowDVD,才能够在电脑上播放正版的蓝光光盘。)中进行原盘复制。

当然除了破解光盘本身是盗版的源头以外,盗版内容的传输也是让人头疼的事。P2P(对等网络,Peer-to-peer)是目前片源传播的主要途径,为了保护版权很多国家都立法利用P2P上传非法资源属于重罪,并且通过节点文件可以查出第一个上传者的IP地址。

不过在普通的eMule、BT等P2P容易被查以后,黑客们又开发出了Share、Winny、Perfect Dark等对节点IP和传输数据进行加密的P2P软件,这让原始资源上传者的真实身份更难查探。为了对付这些隐秘类的P2P,政府又采取钓鱼的方式或者利用其流量特点查找源头。黑客当然也会采取法律漏洞来规避这些抓捕行为,比如先租用服务器利用VPN连接作为跳板,又例如先加密传到网盘,再到国外释放资源。

其实凡事都有两面性,黑客在侵犯版权的同时,转码压缩也是一门学问。最初的盗版片源,文件都很大,如何既能削减文件大小又能保存或者尽量减少原盘的清晰度也是需要长期的经验积累;同时还别忘了最后还有一群"热心"的字幕组在做无偿的翻译奉献,才能了解到世界各地不同的思想和文化,当然也相信大家会正确去了解它们。

(本文原载第6期11版)

量子计算的热度即将迎来大幅升温

虽然比不了人工智能和5G等的热度,但近日,量子计算领域一则消息还是引起了极大关注,据报道,谷歌和微软发消息称即将宣布在量子计算机领域实现两项重要的科学突破。

据悉,由于量子电脑的高速运算优势,能让大量数据在极短时间运算完成,未来可加快机器学习、工业等各领域的研发速度。近两年来,各国政府为加速进入量子计算机阵营,纷纷加大投入。欧盟在2016年宣布投入10亿欧元支持量子计算研究,美国仅政府的投资即达每年3.5亿美元。中国也在大力投入,目前正在筹建量子信息国家实验室,一期总投资约70亿元。

那么量子计算到底魅力何在,让全球都不愿错失良机?起源于1900年普朗克所提理论的量子力学,描述了看似魔法的物理现象。在微观尺度上,一个量子比特可以同时处于多个状态,而不像传统计算机中的比特只能处于0和1中的一种状态。这样的一些特性,让量子计算机的计算能力远超传统计算机。美国谷歌公司等机构在2015年宣布,它们的"D波"(D-Wave)量子模拟机对某些问题的求解速度已达到传统计算机的1亿倍。虽然它并不被认为是真正的量子计算机,但量子计算的巨大潜力已经显露。

另外,业界有个"量子霸权"的概念:有观点认为,传统计算机的基本数据单位是比特,而量子计算机以量子比特衡量,如果量子计算机能有效操纵50个左右量子比特,能力即超过传统计算机,则实现了相对传统计算机的"霸权"。一旦"量子霸权"实现,人类计算能力将迎来飞跃,接下来就会是在多个领域的推广。更不用说在军事、安全等敏感领域,量子计算一旦成熟,就可以攻破需要大量计算的传统难题,比如密码破解等。于是这种"量子霸权"就不约而同成为各主要国家关注的焦点以及各科研机构竞相追逐的目标。

如今,在量子计算领域科技巨头们的竞争在一定程度上已进入"白热化"阶段。据报道,除IBM目前宣布成功构建具有类似性能指标的量子比特计算机原型外,刚刚经历"史诗级"芯片漏洞危机的英特尔也在1月份宣布研制49量子比特的测试芯片。业内人士认为,这无疑凸显了量子领域的快速发展。不过,这些技术能否在短期内实现商用又是另一回事。从上述消息来看,这些企业没有发布详细性能报告,用词离不了"原型"和"测试",更没有宣称已经实现"量子霸权"。这是因为量子比特光有"数量"不够,还得有"质量",即通过纠缠等方式操纵量子比特互相关联,才能有效利用它们进行量子计算。

有相关人士表示,如今,人类已进入一个能看到量子计算机将要"出生"的时间段,这是"最后一公里",但也是一个非常艰难的过程。

◇文　章

长虹液晶彩电新机芯的工厂模式进入方法和软件升级方法(二)

(紧接上期本版)

索引7:出厂设置(最后的调试工序,所有参数设置为出厂状态)。表8

名称	功能解释	备注
出厂设置	恢复到出厂设置	执行出厂设置后,电视机设置为出厂参数状态(例如频道号为"1",音量为"30","声音模式"设置为"标准","图像模式"设置为"标准",开机模式自动设置为二次开机状态等),同时退出工厂模式。 工厂M模式中执行出厂设置除需执行恢复出厂设置操作外,还需要执行如下操作: ATV的数据设置默认值;设置国家频道表;ATV设置默认台标;清除DTV相关数据;清理用户数据;设置网络相关数据;根据具体项目清理与设置相关数据。 备注:每次执行出厂设置需控制时间在30秒以内。

索引8:背光亮度(快速进行背光调整,电视要正常工作,仅屏显示亮度变化)。表9

名称	功能解释	备注
背光亮度	快速调整背光亮度	分为0、50、100三档。调整后需要存储,设置后状态全局有效,默认值为100。

索引9:能效检测。表10

名称	功能解释	备注
画质调试开关	调整画质	默认为关。
专家设定	未用	节能调整参数(平板所能效调整时使用)。
白平衡	未用	

索引10:DTV。表11

名称	功能解释	备注
Dtv_clplus	未用	
DTV中间件版本	未用	
智能卡状态	未用	

3.软件升级方法:

1)在线升级:在主场景下,全部应用里面有系统升级,点击进入可以看到最新版本,然后进行升级操作。

2)U盘升级:

(1)将升级文件(upgrade_ZL558Gi_Vl.OOOxx)拷入U盘的根目录下(保证升级文件唯一);

(2)将U盘插入电视机USB接口,待机状态下开机(或者不停地点击遥控器的power键,待屏幕显示"系统正在升级中"松开),系统进入自动升级状态;

(3)在升级过程中,不要掉电或做其他操作;

(4)升级完成后,自动开机。

注意事项:

ZLS58Gi机芯(带安全验证机制)在更换emmc(空白未烧录)或主芯片后,会造成主IC无程序运行或安全验证不能通过,需要通过ISP写入引导程序,才可以执行升级即正常开机。

四、长虹ZLM65H_iS机芯

1.适用机型:48Q2EU(LJ5H)、55Q2EU(LJ5H)、48Q3EU、55Q3EU、65Q3EU、55Q3T、65Q3T、55Q3TA、60Q3T、65Q3TA、55Q3T(LJ5C)、55Q3T(LJ6B)、55Q3T(LJ6C)、75Q3TM(LG6D)、75Q3TM、75G3、50G3、55G3、60G3、65U3C、65E8、55E8、43E8、55A1US、55G1、55A3U、55D3S、55E8(LJ5C)、55E8(LM5P)、49E8、43Q3T、43Q3TA、50Q3TA、50Q3T、43E8(LJ5C)、50E8、55Q3A、65Q3A、55G9等40多个型号。

2.工厂模式进入及退出方法:

按遥控器上的"设置"键后,使电视机屏幕进入"情景模式",将光标右移至"标准模式"。接着依次按遥控器上的"上""右""右"键,屏幕上出现小键盘,用小键盘输入数字"0816",电视机即可进入工厂菜单。遥控关机即可退出工厂模式。

长虹ZLM65H_iS机芯工厂菜单及其设置见表12所示。

表12

索引号	菜单项目	项目内容
索引1	工厂选择	产品型号及屏参。整机仅进行确认,不作更改。
索引2	系统信息	检查MAC地址、设备ID、条码信息、IP地址(网络连接)等数据显示。
索引3	调谐设置	预设频道。按预先写好的频点载入节目。
索引4	声音设置	音量和平衡选择。
索引5	设计模式	设计模式中的选择项不能更改。
索引6	SSC	DDR和LVDS扩频。
索引7	出厂设置	最后的调试工序,所有参数设置为出厂状态。
索引8	背光亮度	快速进行背光调整,电视正常工作,屏显示亮度变化。
索引9	能效检查	
索引10	DTV	

3.软件升级方法:

1)将升级文件拷贝到U盘的根目录下(保证升级文件唯一),文件名为bin格式;

2)在交流关机情况下,将U盘插入电视机USB接口,开机,电视机自动进入升级状态;

3)在升级过程中,不要掉电或做其他操作;

4)升级完成后,电视机会自动重启完成升级操作。

五、长虹欧宝丽LED49U机芯

1.工厂模式进入及退出方法:

将电视机切换到TV模式,按压遥控器上的"菜单键",然后输入数字"8202",电视机即可进入工厂菜单。遥控关机即可退出工厂模式。

2.软件升级方法:

1)下载压缩软件,解压后,将升级文件MstarUpgrade.bin拷入U盘的根目录下(保证升级文件唯一);

2)电视机不通电,将U盘插入电视机USB接口(非3.0接口);

3)整机通电,二次开机,电视机自动进入升级状态,指示灯连续闪烁,3分钟后升级完成,交流断电。

六、长虹ZLH66GI机芯

1.适用机型:50E9、55E9等系列电视。

2.工厂模式进入及退出方法:

1)遥控器型号:RID8401。

2)在TV模式下,按遥控器上的"设置"键后,使电视机屏幕进入"情景模式",将光标右移至"标准模式"。接着依次按遥控器上的"上""右""右"键,屏幕上出现小键盘,用小键盘输入数字"0816",电视机即可进入工厂模式。遥控关机即可退出工厂模式。

长虹ZLH66GI机芯工厂菜单及其设置见表13所示。表13

索引号	菜单项目	项目内容
索引1	工厂选择	产品型号及屏参。整机仅进行确认,不作更改。
索引2	系统信息	检查MAC地址、设备ID、条码信息、IP地址(网络连接)等数据显示。
索引3	调谐设置	预设频道。按预先写好的频点载入节目。
索引4	声音设置	音量和平衡选择。
索引5	设计模式	设计模式中的选择项不能更改。
索引6	SSC	DDR和LVDS扩频。
索引7	出厂设置	最后的调试工序,所有参数设置为出厂状态。
索引8	背光亮度	快速进行背光调整,电视正常工作,屏显示亮度变化。
索引9	能效检查	
索引10	DTV	

3.USB升级方法:

1)将升级程序拷贝到U盘根目录,文件名为upgrade_ZLH66Gi_Vl.OOO**.bin;

2)在关机情况下,将U盘插入电视机的USB2.0接口;

3)用遥控器开机,按下遥控器上的"POWER"键不松手,直到屏上显示升级界面,电视机自动进入升级状态。

4)升级完成后电视会自动重启来完成升级。

七、长虹ZLS69HI机芯

1.适用机型:55Q3R、60Q3R等系列电视。

2.工厂模式进入及退出方法:

1)遥控器型号:RBE800VC。

2)在TV模式下,按遥控器上的"设置"键后,使电视机屏幕进入"情景模式",将光标右移至"标准模式"。接着依次按遥控器上的"上""右""右"键,屏幕上出现小键盘,用小键盘输入数字"0816",电视机即可进入工厂模式。遥控关机即可退出工厂模式。

长虹ZLS69HI机芯工厂菜单及其设置表14所示。

表14

索引号	菜单项目	项目内容
索引1	工厂选择	产品型号及屏参。整机仅进行确认,不作更改。
索引2	系统信息	检查MAC地址、设备ID、条码信息、IP地址(网络连接)等数据显示。
索引3	调谐设置	预设频道。按预先写好的频点载入节目。
索引4	声音设置	音量和平衡选择。
索引5	设计模式	设计模式中的选择项不能更改。
索引6	SSC	DDR和LVDS扩频。
索引7	背光亮度	快速进行背光调整,电视正常工作,屏显示亮度变化。
索引8	能效检查	
索引9	DTV	
索引10	出厂设置	最后的调试工序,所有参数设置为出厂状态。

3.USB升级方法:

1)将升级程序拷贝到U盘根目录;

2)在交流关机情况下,将U盘插入电视机的USB2.0接口;

3)用遥控器开机,按下遥控器上的"POWER"键不松手(或按住本机的OK键,交流上电),直到屏上显示升级界面,系统开始升级。

4)升级完成后电视会自动重启来完成升级。

八、长虹ZLS70Hi机芯

1.适用机型:60Q3R_LJ6G、65Q3R、75Q3R、43Q5N、50Q5N、50Q5N_LM6V、50Q5N_LM7H、55Q5N、60Q5N、65Q5N、70Q5N等系列电视。

2.工厂模式进入及退出方法:

1)遥控器型号:RBE800VC。

2)在TV模式下,按遥控器上的"设置"键后,使电视机屏幕进入"情景模式",将光标右移至"标准模式"。接着依次按遥控器上的"上""右""右"键,屏幕上出现小键盘,用小键盘输入数字"0816",电视机即可进入工厂模式。遥控关机即可退出工厂模式。

3.USB升级方法:

1)将升级程序(upgrade_ZLS70i_V1.00***.bin)拷贝到U盘根目录;

2)在交流关机情况下,将U盘插入电视机的USB2.0接口;

3)用遥控器开机,按下遥控器上的"POWER"键不松手,直到屏上显示升级界面,系统开始升级。

4)升级完成后电视会自动重启来完成升级。

九、长虹ZLS73G-i机芯

1.适用机型:43C1U、43U1、43U1A、43Z80U、49U1、49U1A、50C1U、50E9、50U1、50U1A、50Z80U、55E9、55U1、55U1A、55X80U、55Z80U等系列电视。

2.工厂模式进入及退出方法:

1)遥控器型号:RID840A。

2)在TV模式下,按遥控器上的"设置"键后,使电视机屏幕进入"情景模式",将光标右移至"标准模式"。接着依次按遥控器上的"上""右""右"键,屏幕上出现小键盘,用小键盘输入数字"0816",电视机即可进入工厂模式。遥控关机即可退出工厂模式。

3.USB升级方法:

1)将升级程序拷贝到U盘根目录;

2)在交流关机情况下,将U盘插入电视机的USB2.0接口;

3)用遥控器开机,按下遥控器上的"POWER"键不松手,直到屏上显示升级界面,系统开始升级。

4)升级完成后电视会自动重启来完成升级。

十、长虹ZLH74G-i机芯

1.适用机型见表15:

机芯系列	产品型号
ZLH74Gi2G	55D3P、55D3P(LM8A)、60D3P、65D3P、58Q3T
ZLH74Gi	43Q3T(LJ7W)、43Q3TA(LJ7W)、50Q3T(LJ7W)、50Q3TA (LJX)、50Q3TA (LJ7X)、55Q3TA(LJW)、55Q3T(LJV)、55Q3TA(LJV)、58Q3T、60Q3T(LJV)、65Q3T(LJV)、65Q3TA(LJV)
ZLH74GiR	55E9600(LJ8D)、65E9600(LJ8D)、55G6(LJ8D)、55D3C、65D3C

2.工厂模式进入及退出方法:

1)遥控器型号:RBE902VC。

2)在TV模式下,按遥控器上的"设置"键后,使电视机屏幕进入"情景模式",将光标右移至"标准模式"。接着依次按遥控器上的"上""右""右"键,屏幕上出现小键盘,用小键盘输入数字"0816",电视机即可进入工厂模式。遥控关机即可退出工厂模式。

(未完待续)(下转第72页) ◇四川 刘亚光

PPT 2016通用动画技巧两则

微软公办软件Office中的PowerPoint以其高效易用性一直是演示文稿的"代名词",随着版本的升级,目前的PPT 2016各项功能越来越强,尤其是丰富的动画效果是很多用户极为钟情的,出镜率非常高。但在很多情况下,我们可能会因为没应用一些并不复杂的技巧而走了许多弯路,使演示效果也打了折扣,在此与大家分享两则PPT 2016通用动画技巧。

1.为同一对象同时叠加多种动画效果

通常我们在PPT中添加动画效果的操作都是先选中目标对象,再从"动画"选项卡下所罗列的各种效果中点击某项来实现。其实这是对象动画效果添加的快捷操作方式,它只能添加一种效果,如此再添加新效果的话就会将之前的效果覆盖。

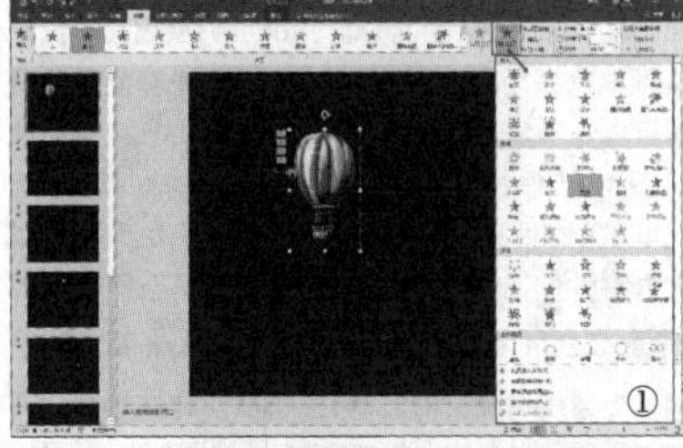
①

为同一对象同时叠加多种动画效果的操作方式应该是在选中对象之后点击"添加动画"项,接着从"进入"、"强调"和"退出"等若干组效果中依次选中来为该对象添加动画效果(如图1所示),这样的动画效果添加方式是真正的叠加,后面的效果不会将之前的效果清除;而且,我们还可以通过右上方"计时"区域中"对动画重新排序"下的"向前移动"和"向后移动"项来对选中的动画效果作演示次序的再次调节。

2.置换某复杂动画效果中的对象

有时我们想借用一下别人已经做好的某一个比较复杂的动画效果,比如带有复杂的运动路径轨迹且叠加了多种显示特效,但其中的对象不是我们想要使用的,此时最高效的操作方法就是利用"更改图片"功能来实现:

首先选中带有复杂特效的原对象,点击鼠标右键选择"更改图片"-"来自文件",在弹出的"插入图片"窗口中找到待替换的图片对象,最后点击"打开"按钮即可(如图2所示)。如果页面中有多个对象需要置换的话,可逐一进行"更改图片",最终我们就得到了应用原动画效果的新对象特效演示效果,当然也可以根据需要再做进一步的调节和其他效果的二次叠加。

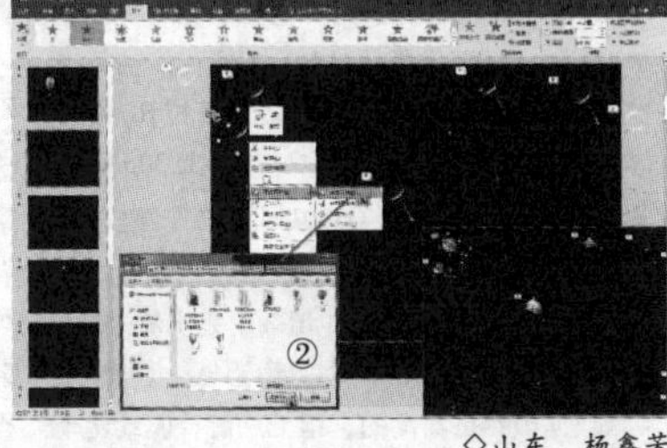
②

◇山东　杨鑫芳

魅族M2 NOTE手机充不进电故障的维修

魅族M2 NOTE手机突然充不进电,实验多次发现个别时候还能充进去电。上网查了一下,答案五花八门:有的说此款手机带有温度保护,温度低了就充不进去,需要放在温暖的地方;有的说必须使用原充电器,别的充电器不行(连魅族客服都这么说);还有的说用尖嘴钳子把充电座夹一下就好了等等。笔者做了如上所述尝试后,发现毫无效果,于是就采用自己的方式去判断、检查。

首先准备两把小螺丝刀,一把是十字型,另一把是*(星)字型。先用*(星)字型螺丝刀把充电插座部位左右两只小螺丝拧下来放在一边,然后用吸盘(没有吸盘就用薄刀片插进后盖与手机显示屏缝隙处轻轻地撬,按顺序多撬几处锁扣就开了)把后盖拿下。用十字螺丝刀把手机上部的护盖取下,看到电池插扣并用小起子把插口撬下,手拿电池尾部的胶带稍用力取下电池。然后取一只4.2V的小电流恒压充电器,用细线连接电池的两端(注意正负极不要接反),对电池进行充电。

几小时后用万用表测一下电池两端电压是否升高,如果无电压或者有点电压且基本不变,说明电池不行了,更换电池试试。更换新电池后,把电池扣扣回电路板上,用手机充电器插在尾充进行充电,如果能充进去,并试着插拔几次看有没有问题,如果没有问题,就按着顺序上好护盖和手机后盖即可;如果用4.2V小电流恒压充电器对电池能充进电,证明电池没什么问题,问题大多在尾充电路板。在淘宝购一块相同型号的尾充电路板(约20元左右),用十字小螺丝刀拧下护板小螺丝,轻轻拿下护板,随后拆下小尾充电路板,换上新购买的尾充电路板固定好后,进行充电实验。如果充电正常,则按顺序上好护盖等,维修结束。

注意事项:

1.试验电池是否能冲进电的电流不能太大,太大反而充不进;

2. 安装尾充小电路板时连接主板的扁平线要小心、对正,且力量不要太大,以免损坏电路板。

3.注意检查电池保护电路是否正常。

4.没有能力的就不要尝试维修,以免遭受更大损失。

◇河北　张宏伟

任e行H9行车记录仪故障排除一例

笔者座驾上的任e行H9行车记录仪在使用了2年多时间后,近日出现开机后有时一直蓝屏不断闪烁,有时又一直显示蓝屏状态,且不能自检出现正常摄像画面的异常现象(如图1所示)。

①

②

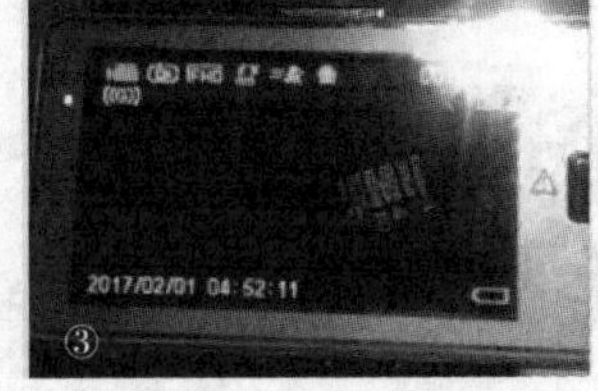

③

④

首先按照说明书提示进行复位,结果又成黑屏状态,但指示灯在亮(如图2所示)。

从车上拆下记录仪,回家后用单独5V电源供电,复位后5V充电器有"吱吱"的响声,好像有短路,但指示灯也在亮,故障依旧。无奈之下,取下32G内存卡,用一张8G内存卡插入,结果开机有正常的画面出现了,但时间不正确,变成了2017.02.01(如图3所示)。说明行车记录仪本身没有故障,问题是出在内存卡上。

将32G内存卡插在读卡器上,在电脑上也能打开,看到里面也很多文件夹,查看属性有28G的内存总容量,但电脑没有程序支持,不能打开画面,本着死马当着活马医的原则,干脆格式化后再看看咋样。结果格式化以后,再次插入行车记录仪,开机后恢复了正常显示状态(如图4所示)。

原计划如果搞不定就得马上再买一台回来,结果这下可省了一大笔钱。这就证实了一句话:动手有益啊!

希望大家在遇到行车记录仪有这类相似的故障问题,自己就可以按图索骥进行故障排除解决了,这样既省了钱,又练了手,何乐而不为!　◇江苏　庞守军

借助Fliza解决降频问题

如果你使用的是iPhone 6/6s系列,而且iPhone已经越狱,那么可以借助Fliza解决降频问题。

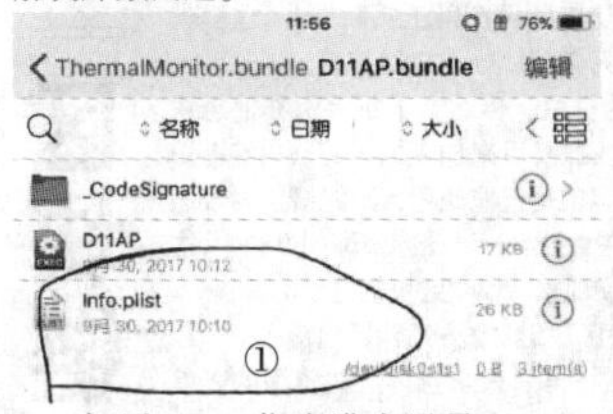

①

打开Fliza,依次进入目录/System/Library/Watchdog/ThermalMonitor.bundle,找到本机CPU所代表的文件夹,例如D11AP.bundle(如图1所示),打开文件夹下的info.plist文件(为避免意外,请备份这个文件),点击root后面的圆圈感叹号,向下滑动屏幕,找到contextual-ClampParams这个项目,点击此项目前面的红色删除图标,点击右侧的"删除"按钮,删除之后,从左上角返回(如图2所示),最后点击屏幕右上角的"存储"按钮。

完成上述操作之后,关闭并重新启动iPhone,就打开"利落检测器"等检测软件查看频率了。

②

◇江苏　大江东去

利用"文件"App播放FLAC无损音乐

如果你的iOS系统已经是11.x系列的版本,那么可以利用内置的"文件"App直接播放FLAC无损音乐,操作也是非常的简单。

"文件"App其实就是以前的iCloud Drive的升级版本,这款App可以支持播放FLAC非苹果格式的无损音乐,为了实现FLAC音乐的同步,首先在电脑上下载安装iCloud for Windows(下载地址为 https://support.apple.com/zh -cn/HT204283),完成安装之后使用Apple ID账号登录。

登录之后启用iCloud云盘,此时可以看到图1所示的界面,接下来在资源管理器将相应的FLAC无损音乐文件复制到相应的文件夹,例如Documents文件夹。在iPhone上打开"文件"App,点击"iCloud Drive"选项,点击Documents文件夹(如图2所示),然后就可以看到FLAC无损音乐,接下来的操作就不用多说了吧?

①
②

◇江苏　王志军

模拟表的测试数据与测量误差对维修实测数据的判读影响

《电子报》2017年46期刊出余老师的一篇维修文章，文章的维修思路清晰，解决问题的方法可靠实用！不失为一篇实用的好文章！但余老师实测的0.5V电压值在理论上容易引起读者的误读，在与余老师的联系得知，余老师使用的是MF47型模拟表实测的数据。余老师是本人非常佩服的老师，本人多次请教余老师解决一些理论问题。余老师也是电子报的资深作者之一。对于余老师的实测数据本人是相信的！但实测数据却无法解读复合管驱动问题，所以，在此对余老师的实测数据进行分析，并试图找出问题的真相。如果有所偏颇，还请余老师及广大读者斧正赐教！

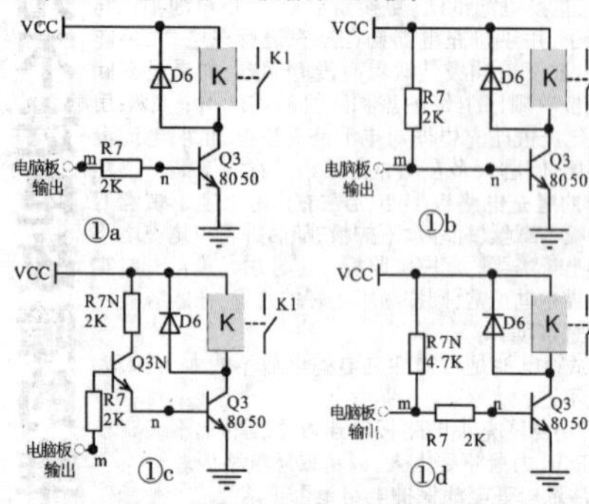

图1a为原电路结构，来自电脑板的输出信号通过R7控制三极管Q3驱动继电器K1线圈。正如余老师分析的那样，不发热，要么是发热盘的问题，要么是控制电路的问题。控制电路如果电脑板损坏，更换电脑板，确实没有多大的意义！所以，余老师的维修思路非常清晰！但如果我们对原电路结构做一些分析，找出故障原因并就可能的维修方法进行对比，也许可以化不可能为可能。在此，余老师给出了一个很好的实例。余老师实测电脑板控制输出端电压只有0.5V（余老师使用的是MF47型模拟表），理论上不足以正常驱动硅材料的8050！显然，是电脑板输出电流不足！如果电脑板控制输出端没有串联电阻的话，可能是单片机的输出拉电流供应环节出了问题（有可能是上MOS管开路或者上拉电阻阻值增大等），此时，m点的实际电压应该不会是0.5V，肯定会高于0.5V！但由于余老师实测时使用的是模拟表！MF47型模拟表的电压挡内阻约为20kΩ/V，1V挡的内阻Rr约为20kΩ！为了便于分析，笔者画出模拟表与数字表实测时的等效电阻分析图，见图2a、图2b。也就是我们使用模拟表实测m电压时，相当于并联一只Rr=20kΩ的等效电阻，此时，如果模拟单片机控制输出的拉电流供应环节等效阻抗R0，大概可以估算出此时的拉电流供应环节的等效输出阻抗R0约为180kΩ，如此大的输出阻抗使得Q3的I_b不足30μA，按Q3的放电倍数100计算，此时，Q3的I_c仅仅几个毫安！显然不足以驱动继电器工作！所以，造成继电器的触点不闭合！发热盘不发热！如果我们使用数字表实测m点电压，可能会高于0.5V！数字表的内阻约为1M。显然，余老师的实测数据虽然是实测的，但无法解释驱动两个be结串联的复合管问题！所以，虽然是实测，但显然是存在测量误差的！此测量误差并非人为的原因，而是所使用的测试仪表的固有误差导致的！因此，提示我们，在理论不能解释实测数据时，我们必须寻找原因！是我们突破了理论，还是实测过程有什么特殊原因？理论的突破实在不容易！所以，实测数据与理论相矛盾时，我们应该多寻找一下实测数据的影响因素！因为维修已经交付使用，所以复测已经比较困难。

在分析了实测数据的可能出现的测量误差的前提下，我们再来分析维修可能的方法以及这些维修方法的优缺点：余老师的维修方法是增加一级放大电路！电路原理图见图1c，从图2a分析，R0约为180kΩ（假设单片机供电电压为5V，下同），那么，电路能够提供的最大基极电流不足30μA，显然不足以驱动Q3加入饱和导通状态，Q3工作在放大状态，其集电极电流不足以驱动继电器！如果我们按照余老师的图1c方法，增加一级放大电路，将不足30μA 的I_b放大约100倍，会导致Q3的I_b将会大于2mA，Q3的I_c理论上就会大于200ma（实际上受到继电器线圈阻抗的影响）！Q3就工作在饱和导通状态而不再工作在放大状态！余老师的图1c电路，可以不考虑电脑板控制输出端是否与单片机的IO口之间串联了电阻，如果单片机的控制输出端与单片机的IO口之间没有串联电阻，那么图1b、图1d可以在不增加三极管的情况下，通过增大IO端口上拉电流供应能力的方法来实现最简单的修复。

◇湖南 王学文

佰宝DCH-110B微电脑电茶炉不加热故障检修1例

故障现象：一台佰宝DCH-110B微电脑电茶炉在加水通电工作后，水晶面板底座及壶底分别呈橙色、蓝色光，但壶中水始终不热。

分析与检修：此机价格不菲，正常时有一个显著的特点，就是关机状态时无显示，待机状态时水晶面板底座呈蓝色光，加热状态时水晶面板底座及壶底分别呈橙色、蓝色光。从发光二极管的显示颜色及有无，很容易判断机器所处状态。水壶底部实绘电路如附图所示。

测量壶底第2、3道金属环路电阻为无穷大，初步判断加热器EH（BLL 220V 800W）开路。打开底座闻到一股焦糊味，进一步检查，发现温度保险管FU（TF140℃/10A 250V）开路、双金属片温控器S(KI 31/125 K5/250V 10A）外形已局部变色鼓包，金属部位与壶底金属壳未涂导热硅脂，且未充分接触，判断S已坏，再查EH正常。

S为常开型温控器，平常触点处于断开状态，当温度升至125℃时，触点闭合。S并联于温度探头RT（常温下约50kΩ）两端，起防止干烧作用。当无水干烧温度达到约125℃时S触点闭合，RT温度取样电压消失，内部电脑板据此判断当前处于干烧状态，立即通过内部继电器触点，切断EH的供电，同时屏显“E2”，机器进入程序自锁状态，此时整个面板呈蓝色光，无法操作加热。当壶底温度冷却到一定温度时(具体由嵌入式程序决定)，机器恢复至正常工作状态。

更换故障元件，并在S顶端涂抹导热硅脂，安装复原后试机，一切正常，故障排除。

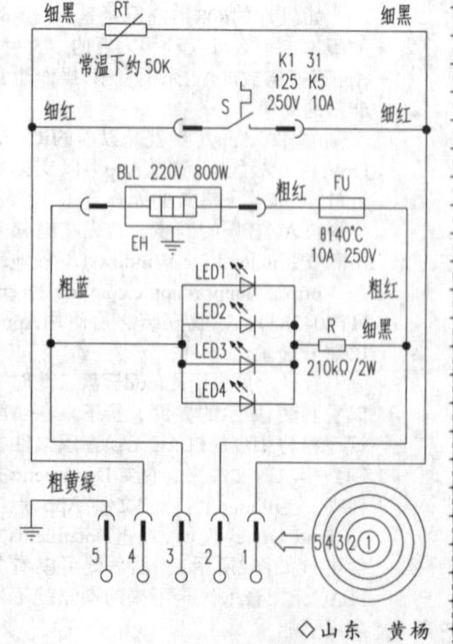

◇山东 黄杨

打铁要趁热——谈『区块链』经济

“区块链”技术的核心是分布式网络、加密算法和共识机制。简单地说，区块链是一个建立在互联网上的公共的资源，互联网上每个人的计算机中，都可以有这样一个资源，这个资源中的数据是完全公开透明的，任何人都可以参与传输；当你进行传输时，这些信息就会记录到你的电脑上，而且每个区块的资源都是相同的。这就从根本上简化了传统的信任机制，不需要有公信度的第三方进行担保。在原来两个互不认识和信任的人要达成协作是很难的，但基于区块链的特性，现在没有任何中介机构参与的情况下，双方也可以实现互信与协作。同时，这个资源是十分安全的，因为区块链采用的加密技术就是基于密码学，篡改这个资源中的内容是十分困难的，就算你突破了区块链的加密技术，篡改了自己的资源也是没意义的，因为区块链还会自动同步到全世界所有人的电脑上，这无异于掩耳盗铃。

结合现在各大服务商通过下载资源来获取虚拟货币来讲，我们都知道各家下载服务商（包括做路由器的，只要跟流量有关都可以“挖币”）都推出了自家的下载机器或者是虚拟货币，比如暴风播酷云或者是迅雷的玩客币，这一通过下载获得虚拟货币的方式也是“区域链”经济的其中一种表现方式。

举例说明，一群喜欢在网上下载资源（主要是免费的游戏、影、程序之类）的人汇集在一起，并且手里也有各种完整的资源。为了让这些尽可能长久的存在网上，某些人创建了一个共享文件，把里面的资源传给其他人，而这些拿到资源的电脑再在网上实时同步，这样就避免只有1个或几个很少的资源源头，叫做“分布式储存”。

这种若干人汇集的大量丰富的资源，自然会不断吸引其他想获得这些资源的人。不过要获得这些资源，后来加入的人必须先签订一个电子协议，这个电子协议大致内容就是只能使用，不能擅自修改之类。如果有“非法”行为会同步记录在之前早一批储存资源的电脑中，这种不断同步并实时传输数据的行为和现象，就叫“区块链”。

明白了“区块链”是怎么回事，“区块链”经济也就好理解了。

这些资源累积到一定数量人后，再后来想获得这些资源的人就不能免费获得。用虚拟的货币给相应的资源定价后，比如今天这个资源只要1个币，但过几天需求的人数越来越多，那么这个资源就成了5个币；当然有币的人可以选择消费或者继续等着涨价（需求资源多就涨价反之也有降价的可能）也可以卖给其他人。

因此，按经济学常理来说越早获得虚拟币的人就受益越大，同时各种下载服务商也很聪明的推出自家的虚拟货币系统以及下载机器，因为不管虚拟货币如何波动，下载商始终是受益人之一。对于“区块链”经济来说，要想获取更多的利润早一点入手是肯定的。不过近段时间各国政府都推出了一些对虚拟货币不利的政策，相关市场也受到冲击；理财有风险投资需谨慎，何时入手、是否人手还需自己多了解行情后再做决定。

（本文原载第6期11版）

车辆传感器及接线汇集(二)

（紧接上期本版）

五、博世EDC17C55系统

1. 江铃发动机博世EDC17C55系统公共供电电源

名称	针脚	传感器
供电模块1	10	未定义
	13	未定义
	15	EGR位置传感器
	16	压差传感器
	32	轨压传感器
	35	增压压力传感器
	39	未定义
	45	霍尔式凸轮轴传感器
供电模块2	40	油门踏板2
供电模块3	18	油门踏板1

2. 环保动力发动机博世EDC17C55系统公共供电电源

名称	针脚	传感器
供电模块1	10	未定义
	13	压差传感器
	15	EGR位置传感器
	16	未定义
	32	轨压传感器
	35	增压压力传感器
	39	未定义
	45	霍尔式凸轮轴传感器
供电模块2	40	油门踏板2
供电模块3	18	油门踏板1

六、博世EDC17CV44/54SCR系统

1. 潍柴发动机博世EDC17CV44/54SCR系统公共供电电源

名称	针脚	传感器
供电模块1	A21	未定义
	K44	油门踏板2
	A24	机油压力传感器
	K43	未定义
	A09	进气压力传感器
供电模块2	K23	未定义
	A22	未定义
	K45	油门踏板1
	K46	未定义
	A08	未定义
供电模块3	K24	尿素泵压力传感器
	A07	轨压传感器
主继电器0	K29/K68/A45/A60	
主继电器1	K89	尿素泵加热电磁阀
	K90	尿素泵加热主继电器
主继电器2	K73	尿素泵电机

2. 玉柴发动机博世EDC17CV44/54SCR系统公共供电电源

名称	针脚	传感器
供电模块1	A21	未定义
	K44	油门踏板2
	A24	机油压力传感器
	K43	风扇转速传感器
	A09	进气压力传感器
供电模块2	K23	未定义
	A22	未定义
	K45	油门踏板1
	K46	未定义
	A08	未定义
供电模块3	K24	尿素泵压力传感器
	A07	轨压传感器
主继电器0	K29/K68/A45/A60	
主继电器1	K89	尿素泵加热电磁阀
	K90	尿素泵加热主继电器
主继电器2	K73	尿素泵电机

3. 锡柴发动机博世EDC17CV44/54SCR系统公共供电电源

名称	针脚	传感器
供电模块1	A21	风扇转速传感器
	K44	油门踏板2
	A24	机油压力传感器
	K43	未定义
	A09	进气压力传感器
供电模块2	K23	未定义
	A22	未定义
	K45	油门踏板1
	K46	未定义
	A08	未定义
供电模块3	K24	尿素泵压力传感器
	A07	轨压传感器
主继电器0	K29/K68/A45/A60	
主继电器1	K89	尿素泵加热电磁阀
	K90	尿素泵加热主继电器
主继电器2	K73	尿素泵电机

4. 重汽发动机博世EDC17CV44/54SCR系统公共供电电源

名称	针脚	传感器
供电模块1	A21	未定义
	K44	油门踏板2
	A24	机油压力传感器
	K43	未定义
	A09	进气压力传感器
供电模块2	K23	未定义
	A22	未定义
	K45	油门踏板1
	K46	风扇转速传感器
	A08	未定义
供电模块3	K24	尿素泵压力传感器
	A07	轨压传感器
主继电器0	K29/K68/A45/A60	
主继电器1	K89	尿素泵加热电磁阀
	K90	尿素泵加热主继电器
主继电器2	K73	尿素泵电机

5. 福田雷沃发动机博世EDC17CV44/54SCR系统公共供电电源

名称	针脚	传感器
供电模块1	A21	未定义
	K44	油门踏板2
	A24	机油压力传感器
	K43	未定义
	A09	进气压力传感器
供电模块2	K23	未定义
	A22	未定义
	K45	油门踏板1
	K46	未定义
	A08	未定义
供电模块3	K24	尿素泵压力传感器
	A07	轨压传感器
主继电器0	K29/K68/A45/A60	
主继电器1	K89	尿素泵加热电磁阀
	K90	尿素泵加热主继电器
主继电器2	K73	尿素泵电机

6. 华菱汉马发动机博世EDC17CV44/54SCR系统公共供电电源

名称	针脚	传感器
供电模块1	A21	风扇转速传感器
	K44	油门踏板2
	A24	机油压力传感器
	K43	未定义
	A09	进气压力传感器
供电模块2	K23	未定义
	A22	未定义
	K45	油门踏板1
	K46	未定义
	A08	未定义
供电模块3	K24	尿素泵压力传感器
	A07	轨压传感器
主继电器0	K29/K68/A45/A60	
主继电器1	K89	尿素泵加热电磁阀
	K90	尿素泵加热主继电器
主继电器2	K73	尿素泵电机

7. 上菲红发动机博世EDC17CV44/54SCR系统公共供电电源

名称	针脚	传感器
供电模块1	A21	风扇转速传感器
	K44	未定义
	A24	机油压力传感器
	K43	未定义
	A09	进气压力传感器
供电模块2	K23	未定义
	A22	未定义
	K45	油门踏板1
	K46	未定义
	A08	未定义
供电模块3	K24	未定义
	A07	轨压传感器
主继电器0	K29/K68/A45/A60	
主继电器1	K89	未定义
	K90	公共高端
主继电器2	K73	未定义

七、博世EDC17CV54EGR系统

1.玉柴发动机博世EDC17CV54EGR系统公共供电电源

2.大柴发动机博世EDC17CV54EGR系统公共供电电源

名称	针脚	传感器
供电模块1	A21	未定义
	K44	油门踏板2
	A24	机油压力传感器
	K43	未定义
	A09	进气压力传感器
供电模块2	K23	EGR位置传感器
	A22	未定义
	K45	油门踏板1
	K46	未定义
	A08	霍尔式凸轮轴传感器
供电模块3	K24	压差传感器
	A07	轨压传感器
主继电器0	K29/K68/A45/A60	
主继电器1	K89	未定义
	K90	公共高端
主继电器2	K73	未定义

名称	针脚	传感器
供电模块1	A21	未定义
	K44	油门踏板2
	A24	机油温度压力传感器
	K43	压差传感器
	A09	进气温度压力传感器
供电模块2	K23	未定义
	A22	EGR位置传感器
	K45	油门踏板1
	K46	未定义
	A08	霍尔式凸轮轴传感器
供电模块3	K24	未定义
	A07	轨压传感器
主继电器0	K29/K68/A45/A60	
主继电器1	K89	公共高端
	K90	未定义
主继电器2	K73	未定义

3.云内发动机博世EDC17CV54EGR系统公共供电电源

名称	针脚	传感器
供电模块1	A21	未定义
	K44	油门踏板2
	A24	机油压力传感器
	K43	未定义
	A09	进气压力传感器
供电模块2	K23	未定义
	A22	EGR位置传感器
	K45	油门踏板1
	K46	未定义
	A08	霍尔式凸轮轴传感器
供电模块3	K24	POC压差传感器
	A07	轨压传感器
主继电器0	K29/K68/A45/A60	
主继电器1	K89	未定义
	K90	公共高端
主继电器2	K73	未定义

4.扬柴发动机博世EDC17CV54EGR系统公共供电电源

名称	针脚	传感器
供电模块1	A21	未定义
	K44	油门踏板2
	A24	机油温度压力传感器
	K43	压差传感器
	A09	进气温度压力传感器
供电模块2	K23	未定义
	A22	EGR位置传感器
	K45	油门踏板1
	K46	未定义
	A08	霍尔式凸轮轴传感器
供电模块3	K24	未定义
	A07	轨压传感器
主继电器0	K29/K68/A45/A60	
主继电器1	K89	未定义
	K90	公共高端
主继电器2	K73	未定义

5.雷沃发动机博世EDC17CV54EGR系统公共供电电源

名称	针脚	传感器
供电模块1	A21	未定义
	K44	油门踏板2
	A24	机油温度压力传感器
	K43	压差传感器
	A09	进气温度压力传感器
供电模块2	K23	未定义
	A22	EGR位置传感器
	K45	油门踏板1
	K46	未定义
	A08	霍尔式凸轮轴传感器
供电模块3	K24	未定义
	A07	轨压传感器
主继电器0	K29/K68/A45/A60	
主继电器1	K89	未定义
	K90	公共高端
主继电器2	K73	未定义

6.朝柴发动机博世EDC17CV54EGR系统公共供电电源

名称	针脚	传感器
供电模块1	A21	未定义
	K44	油门踏板2
	A24	机油温度压力传感器
	K43	压差传感器
	A09	进气温度压力传感器
供电模块2	K23	未定义
	A22	EGR位置传感器
	K45	油门踏板1
	K46	未定义
	A08	霍尔式凸轮轴传感器
供电模块3	K24	未定义
	A07	轨压传感器
主继电器0	K29/K68/A45/A60	
主继电器1	K89	公共高端
	K90	未定义
主继电器2	K73	未定义

八、博世EDC17C63系统公共供电电源

名称	针脚	传感器
供电模块1	15	压差传感器
	32	轨压传感器
	45	凸轮轴转速传感器
供电模块2	40	油门踏板2
供电模块3	18	油门踏板1

九、博世EDC17C81系统

1. 江淮博世EDC17C81系统公共供电电源

名称	针脚	传感器
供电模块1	K22	油门踏板2
	K26	未定义
	K27	未定义
	A10	未定义
	A12	未定义
供电模块2	K28	油门踏板1
	A06	轨压传感器
	K25	未定义
	A08	凸轮轴转速传感器
供电模块3	A07	进气温度压力传感器
	A09	压差传感器
	K24	尿素压力传感器
	K23	未定义

2. 云内博世EDC17C63系统公共供电电源

名称	针脚	传感器
供电模块1	K22	油门踏板2
	K26	机油压力传感器
	K27	压差传感器
	A10	EGR系统
	A12	未定义
供电模块2	K28	油门踏板1
	A06	轨压传感器
	K25	未定义
	A08	凸轮轴转速传感器
供电模块3	A07	增压压力传感器
	A09	未定义
	K24	空调压力传感器
	K23	未定义

注意：

传感器供电模块错误排查，需要明确每个供电模块对应的针脚在电脑板内部都是共用一根线。所以任何一个针脚对应线束出现短路现象，该模块对应的所有针脚对应线束均会电压异常。

（1）要确认短路源必须排查该模块对应的所有针脚及线束；

（2）根据故障现象及故障代码确认故障车电脑版系统及报对应哪个供电模块；

（3）确认该供电模块对应哪些针脚及传感器；

（4）检查所有传感器供电模块对应针脚的供电线束是否存在接触不良或短路现象；

（5）断开该所有供电模块对应传感器的供电线束，上电时测量电脑板输出电压是否为5V，如不是说明电脑板损坏。 ◇云南 陈赟东 （全文完）

电动扭拧机控制电路的制作

——2017年合订本附录《铁艺机械的控制电路》的补充

2017年合订本附录发表了本人的拙作《铁艺机械的控制电路》，由于成文仓促，第3篇遗漏了一个重要实用的内容——分离件电动扭拧机的电路和制作，现予以补充。

1. 控制电路原理图和工作过程

扭拧机的控制电路如图1。

1)电路简介

电路采用三相三线制供电。

电动机是一种改变接法同时改变转速的双速电机。△形接法时，电动机为4极低速运行，Y形接法时，为2极高速运行。△/Y接法的转换由二挡转换开关SB5完成。加工的材料越大，越要用低速，才能增大扭力。

本机有三种操作方式，即"手动""点动"和"自动时间控制"(时控)，方式的转换，依靠三挡转换开关SB4完成，图2中为"手动"状态。"点动"状态时，SB4三个开关全部断开，"时控"状态时，SB4左边两个开关闭合、右边一个开关打开。

电路具有完整的电气自锁和机械互锁，不会出现"撞车"现象。

断路器QF、热保护继电器FR、熔断器FU组成联合保护电路。

电路中的阿拉伯数字是线号，方便安装和叙述。

2)控制电路的工作过程

旋转换速开关SB5，确定电动机的转速：在低速时，交流接触器KM5线圈得电，主开关KM5导通，电动机定子绕组呈△形接法，低速(1450转/分)运转；转动转换开关SB5到高速位置，交流接触器KM3、KM4线圈得电，电动机定子绕组呈Y接法，高速(2900转/分)运转。

图1 扭拧机的控制电路图

闭合三相电源开关QF，红色指示灯HL亮起，表明电路已经加电，可以工作了。

①"手动"挡时的工作过程。

转换开关SB4置于"手动"位置(图1位置)，按压正转按钮开关SB1，交流接触器KM1线圈得电，辅助开关KM1自锁，主开关KM1闭合，电动机正向运转，扭拧机开始加工配件；配件完成时，按压停止开关SB0，KM1线圈失电，自锁开关KM1解锁，主开关KM1打开，电动机停转；点压反转按钮开关SB2，反转交流接触器KM2线圈得电，主开关KM2闭合一下，电动机反转一下即停，以便卸下加工的配件；按压"复位"开关SB3，反转交流接触器KM2线圈得电，辅助开关KM2自锁，电动机反转，直到初始位置时，接近开关SQ受感应断开，交流接触器线圈KM2失电，主开关打开，电动机停转复位，等待下一个循环。

②"点动"挡时的工作过程。

转换开关SB4置于"点动"位置，SB4的三个开关全部断开。按压一下正转点动开关SB1，电动机正转一下；按压一下反转点动开关SB2，电动机反转一下，完全靠手动眼看完成配件的加工和电动机的复位等全过程。

③"时控"挡工作过程。

转换开关SB4置于"时控"位置，SB4左边两个开关闭合、右边一个开关打开；调整时间继电器KT设定正转时间(一般为15秒)，按压正转按钮开关SB1，交流接触器KM1线圈得电，辅助开关KM1自锁，主开关KM1闭合，电动机正向运转，扭拧机开始加工配件，到达设定时间时，延时开关KT自动打开，交流接触器KM1解锁，主开关KM1打开，电动机停转；点压反转按钮开关SB2，反转交流接触器KM2线圈得电，主开关KM2闭合一下，电动机反转一下即停，以便卸下加工的配件；按压"复位"开关SB3，反转交流接触器KM2线圈得电，辅助开关KM2自锁，电动机继续反转，直到初始位置时，行程接近开关SQ断开，交流接触器KM2失电断开，电动机停转复位，等待下一个循环。

3)电器件型号和规格(表1)

2. 主电路板的安装布线图

如图2。主板采用5mm厚的胶木板或工程塑料板，安装有断路器、熔断器、交流接触器5只、热保护继电器和20节接线端子。接线端子下端通过20条导线分别与电源、控制面板、接近开关和电动机连接。

为电动机供电的三条主导线，采用不小于2.5mm²的硬铜线，其他副线采用1.0mm²的硬铜线。

所有布线要求平面上不交叉、不重叠，横平竖直，可靠美观，赏心悦目。

所有压接螺丝要上紧，导线对接的接点要用锡焊，确保接触良好。

3. 控制面板和接近开关接线图

图3是控制面板正面和接近开关接线示意图。整块面板固定在机器的防护罩上，方便操作。接近开关固定在扭拧头主轴附近(防护罩内)，黑线11到主板接线端子对应编号，黑线3到控制面板3脚。

图4为控制面板背面接线图。所有的开关等主令电器、指示灯、时间继电器固定在一块喷砂铝板上，通过两头装有线号号码管的、扎为一束的10条0.75mm²软导线与主板接线端子对应编号连接(红线1~10号)，另有一条黑3号线到接近开关SQ。

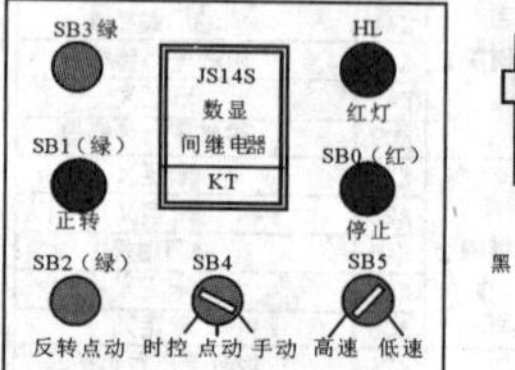

图3 控制面板正面和接近开关接线示意图

◇河北 梁志星

图2 主电路板安装接线图

表1 电器件参数表

名称	型号和规格	单位	数量	名称	型号和规格	单位	数量
自动断路器	DZ47-63,40A	只	1	熔断器带熔芯	RT18-32,熔芯6A	套	1
交流接触器	CJX1-16,380V	只	5	接线端子	TD-20A,20节	条	1
热保护继电器	JR36-20,16A	只	1	指示灯(红)	LD11-25/40,380V	只	1
时间继电器	JS14S,380V	只	1	接近开关	常闭型,LJ12A3-4-J/DZ	只	1
按钮开关(绿)	LAY3,一开一闭	只	1	按钮开关(绿)	LAY3,一开一闭	只	2
按钮开关(绿)	LAY3,一开二闭	只	1	转换开关(绿)	LAY3,开闭三挡	只	1
转换开关(绿)	LAY3,开闭二挡	只	1	电动机	YD112M -4/2 -3.3kW/4kW	台	1

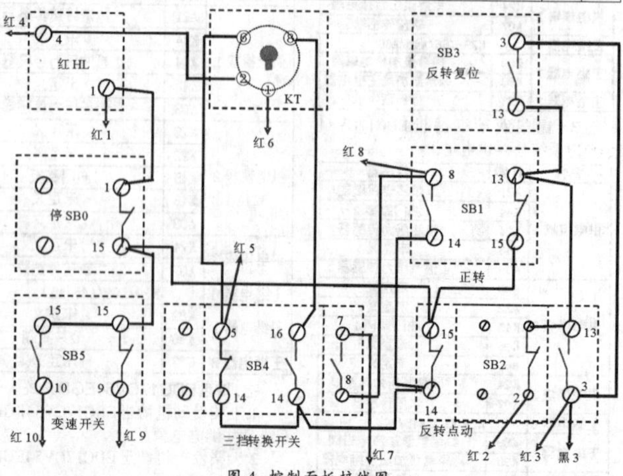

图4 控制面板接线图

自动扶梯交流曳引主机拖动线路的设计研究(上)

自动扶梯曳引主机的拖动线路主要包括电动机的保护、相序识别、电动机的供电方式、电动机的电源控制、电动机的状态检查5个部分。自动扶梯的拖动通常使用交流或直流电动机，而目前使用交流异步电动机更普遍。交流异步电动机的供电常采用直接供电或通过静态元件供电两种方式。电动机的电源控制和状态检查与其供电方式直接相关。GB16899-2011《自动扶梯和自动人行道的制造与安装安全规范》(以下称"新标准")对曳引主机的保护、两种供电方式的电源控制提出了明确的要求。由于受自动扶梯使用场所的限制,直接供电的曳引主机一般都不采用直接起动,常用Y-Δ降压起动或变频器驱动等。通过静态元件供电的主机一般由变频器驱动。在某些使用场合,自动扶梯或自动人行道控制系统中对曳引主机的供电方式需要既能做到直接供电,也能做到变频驱动。这样使用单位就能方便地根据现场情况来选用不同的供电方式,或控制系统对供电方式进行自动切换。文章从两种供电方式、三个方面讨论了传统的控制线路和符合"新标准"要求的主机拖到线路,并从中推出一款性价比较好的并列供电线路。

一、直接供电的一次电路

1.电动机的保护

电源直接供电电动机的保护通常采用熔断器或自动断路器作为短路保护,采用热继电器作为过载保护。

自动扶梯的主交流电动机由电源直接供电时,"新标准"规定:5.11.3.1直接与电源连接的电动机应进行短路保护。5.11.3.2直接与电源连接的电动机应采用手动复位的自动断路器进行过载保护(满足5.11.3.3要求的除外),该断路器应切断电动机的所有供电。5.11.3.3当过载检测取决于电动机绕组温升时,则保护装置可在绕组充分冷却后自动地闭合,但只是在5.12.2.1规定的条件下才可能再启动自动扶梯或自动人行道。因此在自动扶梯主机的拖动线路中通常使用自动空气断路器作为电动机的断路和过载保护,热继电器作为过载保护。

2.电源控制

直接供电的电动机通常需要进行降压起动,降压起动拖动线路中典型的是Y-Δ降压控制线路,传统的电路如图1所示。图中"M"为被控制的电动机,空气开关"QFDB"用于电源通/断控制和短路/过载保护,接触器"KMZ"用于正向旋转控制,接触器"KMF"用于反向旋转控制,接触器"KMXQ"用于电动机连接成Y形起动,接触器"KMSY"用于电动及连接成Δ形运行,热继电器"KJR"则用于过载保护。其中接触器"KMXQ"和"KMSY"作为电机接线方式切换,因此具备电源控制的只是接触器"KMZ"和"KMF"。

图1所示电路典型、成熟、可靠,因此自动扶梯控制系统设计人员一般都直接将该线路用在自动扶梯的控制线路中。但是这样的线路是否适用2011年7月底发布的《自动扶梯和自动人行道的制造与安装安全规范》,即GB16899-2011标准的要求。"新标准"中明确规定:交流或直流电动机由电源直接供电的,其电源应有两个独立的接触器切断,这些接触器的触点应串接在供电回路中。这说明控制主机电动机电源需要有两个互不关联的接触器来切断或供给电力,两个接触器串接在电源与负载电机之间,并且一起动作(但不一定同时)。而图1中虽然使用了4个接触器,但是其中"KMXQ"和"KMSY"接触器是用来切换电动机的连接形式的,并非连接在电源与负载之间;而只有接触器"KMZ"和"KMF"才能切断或接通电动机的供电电源,遗憾的是这两个接触器虽然独立,但是互斥联锁的,只能有一个动作,不能一起动作。

通过对照,可以看出图1线路是不符合"新标准"的规定,必须在该图中"KMZ"和"KMF"的前或后再增加一个接触器,才能达到"新标准"的要求。当然还需要增加一个相序继电器、工作制动器等。一种符合"新标准"的自动扶梯拖动线路如图2所示,图2中"QFJB"为曳引电动机短路保护用自动空气断路器;"KJXX"为相序继电器;"KMDY"为新增的曳引机电源接触器,串接在电机短路保护空气开关"QFJB"与接触器"KMS"和"KMX"之间。"KMS"为上行接触器,"KMX"为下行接触器,"KJR"为曳引机过载保护热继电器,"KMXQ"为曳引机星形起动接触器,"KMSY"为三角形运行接触器,"KMB"为工作制动器接触器,"YBZ"为工作制动器,"KMBF"为附加制动器接触器,"YBZF"为附加制动器,"SPBF"为附加制动器电源。图2线路在相序正确情况下的一种起动过程为:接触器"KMS"或"KMX"吸合→接触器"KMXQ"吸合→延时→接触器"KMXQ"释放→接触器"KMSY"吸合接触器→"KMBF"吸合→接触器"KMB"吸合→接触器"KMDY"吸合。图2线路的一种停止过程则与起动过程相反。

3.电动机的状态检查

电源直接供电的曳引主机拖动线路中,电动机的状态可根据电动机起动、运行控制的接触器的状态来判断。对于采用Y-Δ起动线路,当接触器"KMDY""KMS"或"KMX""KMXQ"同时吸合为电动机起动状态;接触器"KMDY""KMS"或"KMX""KMSY"同时吸合为电动机运行状态;接触器都释放时为停止状态。

4.由静态元件供电的一次电路

1)电动机的保护

由静态元件供电电动机的保护,静态元件是指电力电子开关器件。也就是说,这种线路中在主机与电源之间接有电力电子开关器件,这些器件主要有晶闸管(SCR)、可关断晶闸管(GTO)、绝缘栅双极晶体管(IGBT)等。现在最普遍使用的是绝缘栅双极晶体管(IGBT),通常使用的是由该器件构成的变频器。因此通常在静态元件前进行保护,一般在其电源输入侧装接快速熔断器或自动断路器。不适宜在静态元件与电动机之间使用热继电器作为过载保护。而"新标准"中也没有明确规定电动机的保护措施。

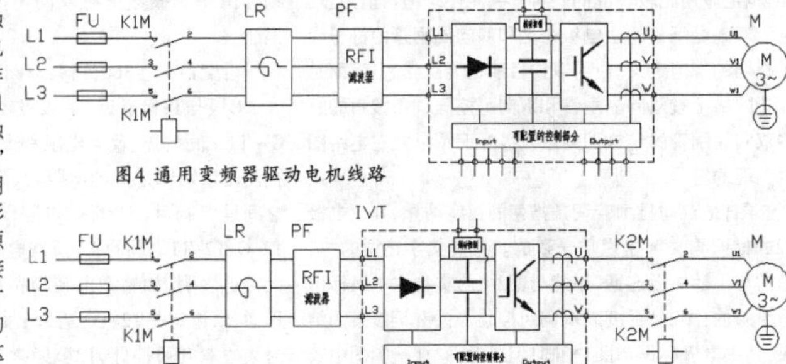

图4 通用变频器驱动电机线路

图5

2)电源控制

由静态元件供电给自动扶梯主机的线路中,静态元件应该是指变频器中的绝缘栅双极晶体管(IGBT)等电力电子功率器件,最典型的是变频器,变频器的内部结构框图如图3所示。变频器虽然具有防止发生过电压、过电流、相线与零线之间的短路等故障,但在使用时必须在其交流输入侧安装保险丝、断路器、或慢性保护开关,采用快速熔断器可以提供更大程度的保护,变频器驱动电机的通用线路如图4所示。

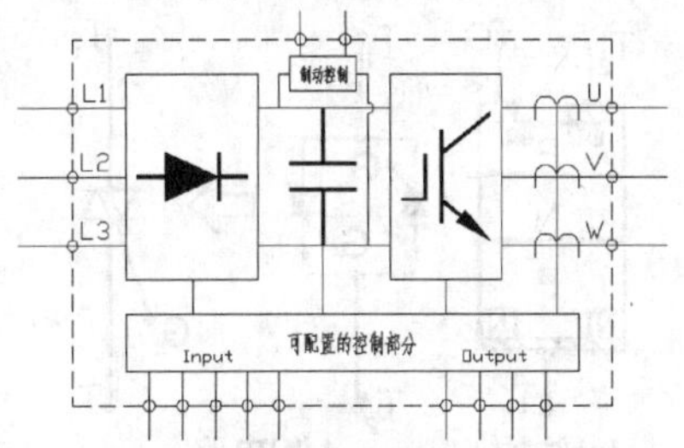

图3 变频器内部结构框图

图4中"FU"为快速熔断器,作为变频器交流电源的过载或短路保护。"K1M"为接触器,作为变频器"IVT"交流电源控制,以确保安全。但该接触器不可用来起动和停止变频器的运行。"LR"为电抗器,可降低因相位不平衡或电网严重干扰造成的变频器损伤。"PF"为滤波器,用于降低变频器对电源线的射频排放和减小受电源线干扰信号的影响程度。图4中电抗器和滤波器都是可选件,根据安装现场的情况供用户选择。出于安全考虑,有时需要在变频器与电机间安装接触器或断路器,如图5所示中的"K2M",则在闭合或断开接触器或断路器之前变频器必须已关机,否则可能造成严重的电弧放电损坏变频器。

当自动扶梯的主机由静态元件供电和控制时,"新标准"中(5.4.1.5.3)条款有明确规定:

交流或直流电动机由静态元件供电和控制,应采用下述a)或b)方法:

a)由两个独立的接触器切断电动机电流。

自动扶梯或自动人行道停止时,如果其中任一接触器的主触点未打开,则自动扶梯或自动人行道应不能重新起动。

b)一个由以下元件组成的系统:

1)切断各相(极)电流的接触器。当自动扶梯或自动人行道停止时,如果接触器未释放,则自动扶梯或自动人行道应不能重新起动。

2)用来阻断静态元件中电流流动控制装置。

3)用来检验自动扶梯或自动人行道每次停止时电流阻断情况的监控装置。在正常停止期间,如果静态元件未能有效阻断电流的流动,监控装置应使接触器释放并应防止自动扶梯或自动人行道重新起动。

分析上面"新标准"中的规定,可以理解为根据电源接触器的控制是否与静态元件控制和电流检测相关联,来决定放置电源接触器的数量:情况1,切断供电电源的接触器的控制,独立于静态元件的控制和检测,则线路中必须使用与电源直接供电一样的两个独立接触器来切断。情况切断供电电源的接触器的控制,与静态元件的控制和检测相关联,那么在线路中可以使用一个接触器来切断。 (未完待续)(下转第77页)

◇江苏 陈 洁

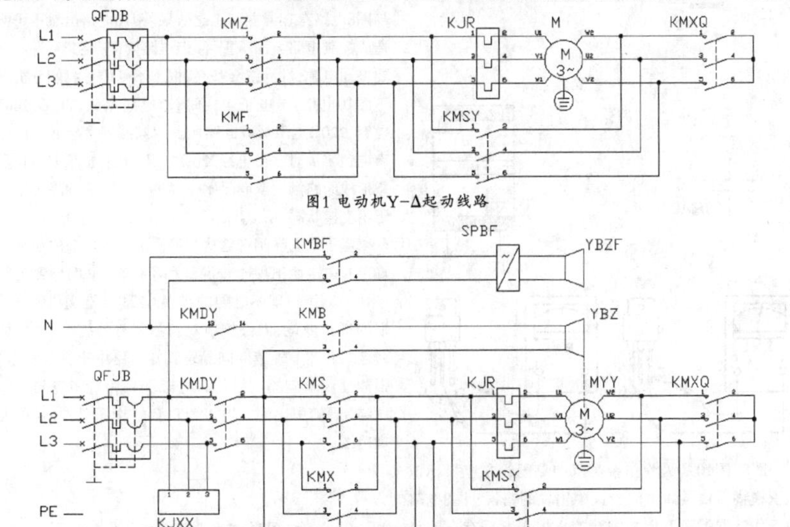

图1 电动机Y-Δ起动线路

图2 直接供电的自动扶梯曳引机一次电路

建议规范双向晶闸管的主电极名称和双向晶闸管的符号

双向晶闸管是大家比较熟悉的一种无触点开关元件，也是应用比较广泛的一种开关元件。但目前为止，对于双向晶闸管的主电极命名和双向晶闸管的符号尚无确切的规范定义。也可以说目前是混乱状态！下面是笔者网络上就双向晶闸管和双向可控硅词条搜索的一些双向晶闸管的结构图与主电极标识图以及在电路图中出现的符号。

图1是双向晶闸管词条搜索的百度结果，其主电极T2的标识与文字述说是一致的。但其文字述说的"T1通常与小散热板连通"显然与图2中的实物主电极标识是矛盾的！图2是百度以双向可控硅为关键词搜索的结果，其主电极标识与图1相同！但显然，同样一幅图中实物标识与符号标识是矛盾的！

百度百科与360百科：双向晶闸管

1.判定T1极

由图可见，G极与T2极靠近，距T1极较远。因此，G~T2之间的正、反向电阻都很小。在用RX1挡测任意两脚之间的电阻时，只有在G~T2之间呈现低阻，正、反向电阻仅几十欧，而T1~G、T2~T1之间的正、反向电阻均为无穷大。这表明，如果测出某脚和其他两脚都不通，就肯定是T1极。另外，采用TO~220封装的双向晶闸管，T1极通常与小散热板连通，据此亦可确定T1极。

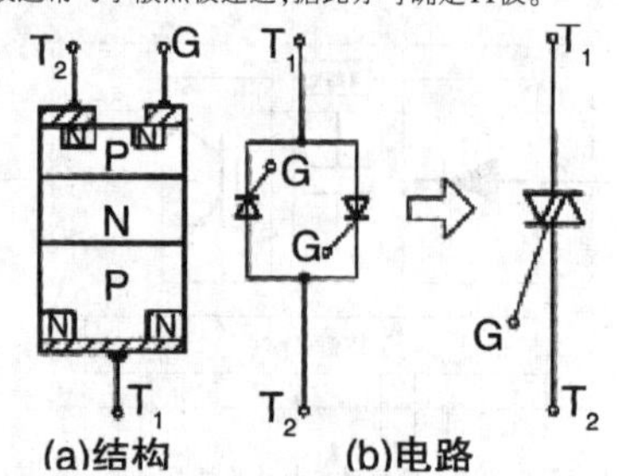

图1 双向晶闸管

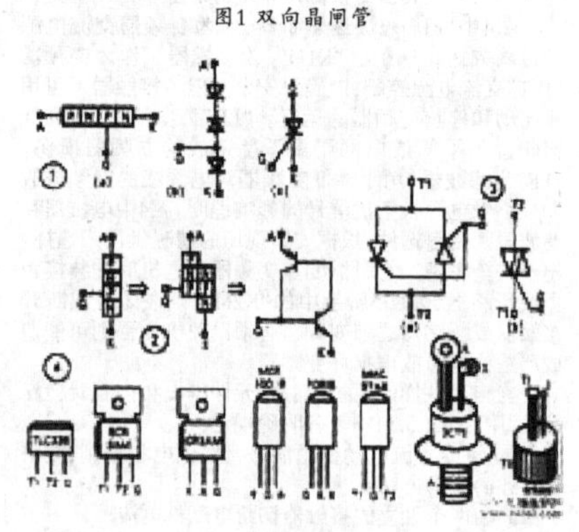

图2 双向可控硅

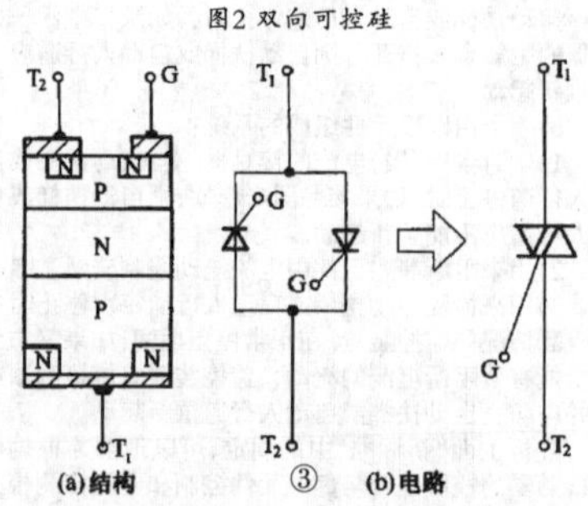

图3电路结构与标识是百度和360以双向可控硅与可控硅为关键字搜索结果。文字描述百度与360都明确说："G极与主电极T1靠近，距T2较远，因此，G-T1之间的正反向电阻都很小"显然，文字描述与电路结构与主电极标识出现矛盾。电路结构提示主电极T2与G靠近！符号中也提示主电极T2与G靠近！图4是实物标识图，显然支持双向可控硅的文字描述。

百度百科与360百科：双向可控硅

G极与T1极靠近，距T2极较远。因此，G—T1之间的正、反向电阻都很小。在用X1挡测任意两脚之间的电阻时，只有在G-T1之间呈现低阻，正、反向电阻仅几十欧，而T2-G、T2-T1之间的正、反向电阻均为无穷大。这表明，如果测出某脚和其他两脚都不通，就肯定是T2极。另外，采用TO—220封装的双向可控硅，T2极通常与小散热板连通，据此亦可确定T2极。

百度百科：可控硅

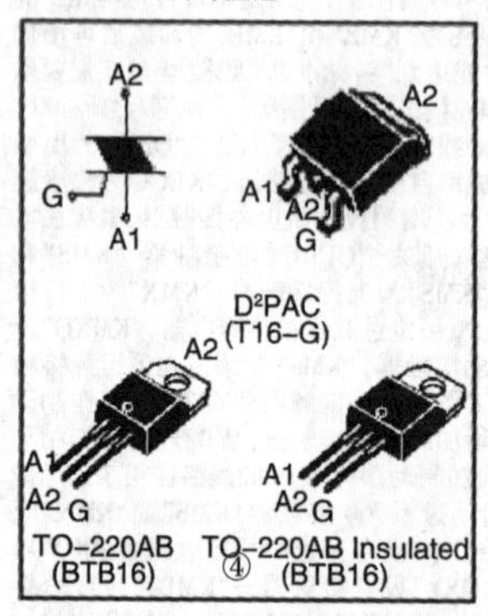

图5和图6、图7是下面网站搜索的双向可控硅相关结果，同一个网站同一篇文章出现两个相反的结果。图5的结构与符号主电极T2与G靠近，而图6则提示主电极T1与G靠近！而图7实物主电极标识显然支持图6电路！

双向可控硅原理图：http://www.eepw.com.cn/article/269914.htm

同一个网站同一篇文章出现完全不同的双向可控硅结构与标识图

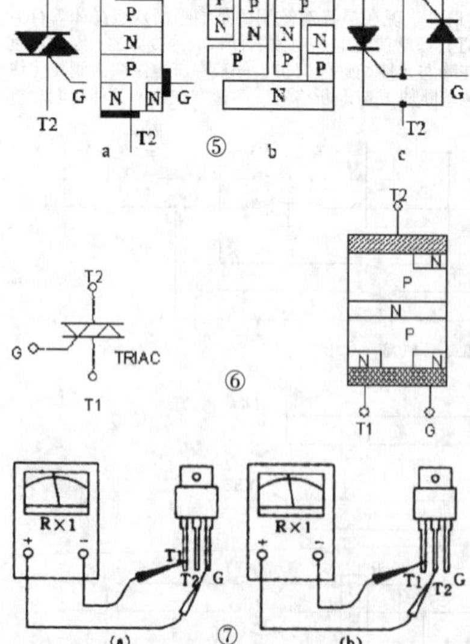

图8-图10是因为作者对双向晶闸管主电极标识认识模糊导致具体电路设计中出现的错误！图8电路由于作者混淆了双向晶闸管的主电极之间存在的差异，错误的将主电极T2当成了主电极T1，使得电路无

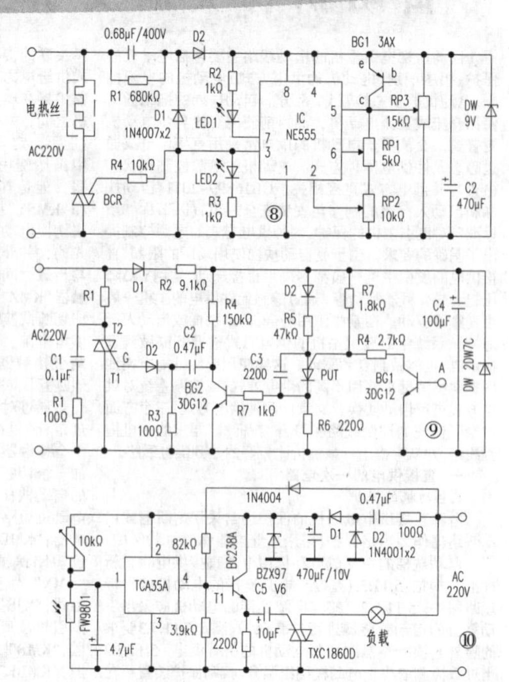

法正常工作，甚至可能损坏控制电路，从双向晶闸管结构图我们可以看出，双向晶闸管的主电极T1与G靠近，T1与G之间阻值比较小，通常仅仅几十欧姆！所以，图8电路当市电上正下负时(以后简称正半周)，市电通过负载-双向晶闸管T1-G-R4-555时基电路③脚-①脚形成回路击穿555时基电路造成控制电路损坏！而在市电下正上负(以后简称负半周)时，市电通过555时基电路①脚-③脚-R4-G-T1-负载形成回路！同样击穿555时基电路电阻控制电路损坏！而且电路不可控。

图9电路也是由于作者混淆了双向晶闸管主电极出现的设计错误！但图9电路由于隔离二极管的存在，控制电路虽然不起作用，但却无法正常工作。图9电路在市电正半周时，因为隔离二极管的存在，G无法获得触发电流，而在市电负半周时，由于T1与控制电路的共地关系，也无法获得G极电流！所以，双向晶闸管无法触发导通。

图10电路也是作者混淆主电极造成的设计错误，与图8电路存在异曲同工之效果。图10电路虽然不可能造成控制电路大面积损坏，但电路同样存在不可控！只要接通电源，灯泡就会长亮，根本不受控！我们分析一下图10电路：市电正半周时，市电经负载、T1、G、10uF电容、220Ω电阻形成回路触发双向晶闸管导通，而在市电负半周时，市电经220Ω电阻、10uF电容、G、T1、负载形成回路触发双向晶闸管导通。由于双向晶闸管处于不受控状态，所以电路无法完成设计功能！

鉴于双向晶闸管结构与符号以及主电极的命名不规范！在媒体出现比较混乱和不规范，从而导致电路设计与解读出现不必要的错误！所以，建议利用电子报的行业地位，倡议规范双向晶闸管的结构、主电极命名与符号！规范双向晶闸管在电路中出现的符号！强烈建议双向晶闸管的符号以图11为规范符号！默认与G同侧引出的主电极为T1！结构图以图6各图为规范图。

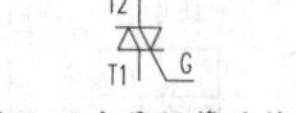

图11 双向晶闸管的符号

◇湖南　王学文

光链路光分路器分光比的精确设计

在光纤传输系统中，因各链路传输距离不同,其光纤损耗也就不等。设计光分路器分光比的目的就是平衡各链路的总损耗，从而使光发机传输到各接收点(光节点)的光功率均匀。因此,分别用各支路的光纤损耗(mW)与光链路光纤总损耗(mV)之比,得出的分光比参数比其他方法设计的要精确。然后根据光接收机需要输入的光功率，从接收端向发射端倒算光发机功率。最后验算各分支链路的总损耗，从而验算光发机传输到各光节点的光功率。

光纤传输具有传输损耗小、通带宽、传输信号质量优异、抗雷击等诸多优点,且随着光纤及相关器件的价格下降,被广泛应用于多种网型。光纤传输的光链路包括:光发射机、光接收机和光通路。其中光通路又包括光缆、光连接器、光分路器、光耦合器和其他光无源器件。在光链路设计时，光分路器的分光比是一个十分重要的参数，它的合理与否直接影响到系统的性能价格比。有些资料介绍过各种分光比的设计，其虽然能满足光链路传输的要求，但光发机传输到各接收点(光节点)的光功率却不够均匀。下面结合本人工作体会，介绍光链路光分路器分光比的精确设计。

在设计光纤传输系统时，光传输载波有1310nm与1550nm两种可供选用。传输损耗在1310nm时大致为0.35dB/km，在1550nm时为0.2~0.25dB/km。一般短距离传输选用1310nm,长距离如超过30km才选用1550nm。例如前端要把有线电视信号传输到距离为13km、11km和16km的三个点接收。如图1所示。

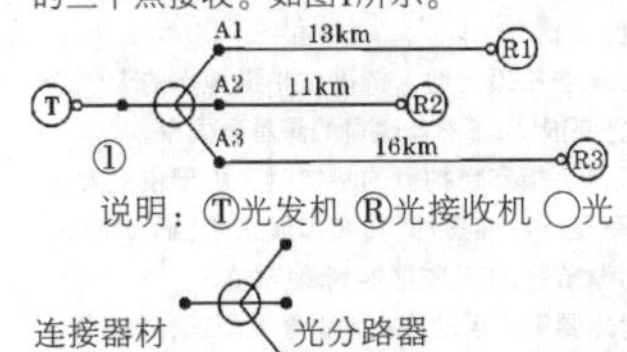

说明：Ⓣ光发机 Ⓡ光接收机 ◯光连接器材 光分路器

一、设定估算标准

1、因传输距离不长,这里选用波长为1310nm。光纤损耗0.35dB/km,熔接头损耗计入后为0.4dB/km。

2、光连接器损耗0.25dB/个,光发机和光接收机各有一个,其损耗0.5dB。

3、接收机输入光功率:各种传输网络对光接收机输入光功率要求不同。如有线电视光接收机通常在-4~2dB。为保证光接收机的载噪比C/N≥51dB，这里取得-2dB。

4、为确保光链路传输信号质量,光链路设计时还预留1dB余量。

二、求光分路器分光比及其插入损耗

1、各支路光纤损耗及光纤总损耗

(1)A1-R1光纤损耗L1

L1=0.4×13=5.2(dB)=3.31mW

(2)A2-R2光纤损耗L2

L2=0.4×11=4.4(dB)=2.75mW

(3)A3-R3光纤损耗L3

L3=0.4×16=6.4(dB)=4.37mW

(4)光纤总损耗L

L=L1+L2+L3

=3.31+2.75+4.37

=10.43(mW)

2、分光比

$$分光比=\frac{L1(mW)}{L(mW)}:\frac{L2(mW)}{L(mW)}:\frac{L3(mW)}{L(mW)}$$

$$=\frac{3.31mW}{10.43mW}:\frac{2.75mW}{10.43mW}:\frac{4.37mW}{10.43mW}$$

=31.7%:36.4%:41.9%

3、分光比对应的损耗

10lg0.317=-4.99dB

10lg0.264=-5.78dB

10lg0.419=-3.78dB

4、光分路器的插入损耗

光分路器除分光损耗外，还有附加损耗(因制造工艺造成的损耗)。二路分光器的附加损耗约0.2dB,三路以上每增加一路大约增加0.08dB。此三路光分路器附加损耗按0.3dB计。光分路器损耗如下表1所示:

分光比(N%)	分光损耗(dB)	附加损耗(dB)	插入损耗(dB)
31.7	4.99	0.3	5.29
26.4	5.78	0.3	6.08
41.9	3.78	0.3	4.08

三、从接收机端向发射端倒算光发机光功率

接收端对发射机要求的光功率=(接收机需求光功率)+(光纤损耗)+(光连接器损耗)+(光分路器插损)

1、R1对光发机要求的光功率P1

P1=-2+5.2+0.5+5.29=8.99(dB)

2、R2对光发机要求的光功率P2

P2=-2+4.4+0.5+6.08=8.98(dB)

3、R3对光发机要求的光功率P3

P3=-2+6.4+0.5+4.08=8.98(dB)

综合上可取9dB，因系统设计预留1dB余量,所以光发机光功率取10dB。光发机光功率取系列值10mW。

四、各链路总损耗验算,从而算出接收机接收的光功率

1、各链路的总损耗

(1)TR1链路总损耗L1总

L1总=5.29+5.2+0.5=10.99(dB)

(2)TL2链路总损耗L2总

L2总=6.08+4.4+0.5=10.98(dB)

(3)TR3链路总损耗L3总

L3总=4.08+6.4+0.5=10.98(dB)

光链路光功率分配方案如下图2所示:

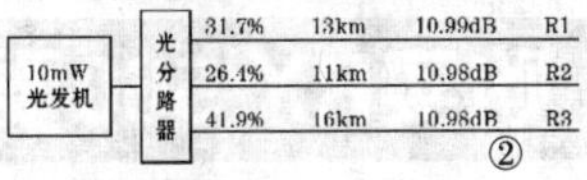

10mW 光发机 — 光分路器 — 31.7% 13km 10.99dB R1 / 26.4% 11km 10.98dB R2 / 41.9% 16km 10.98dB R3 ②

2、各接收机接收的光功率

(1)R1光接收机接收的光功率P1

P1=10-10.99=-0.99(dB)

(2)R2光接收机接收的光功率P2

P2=10-10.98=-0.98(dB)

(3)R3光接收机接收的光功率P3

P3=10-10.98=-0.98(dB)

光发机到各点的光损耗及各点接收的光功率如下表2所示:

综合上述可知,各接收机接收的光功率都在-2dB以上，并且相差只有0.01dB,比较均匀。设计完全符合传输要求。本人参加廉江市有线电视光纤传输系统的设计,目前传输系统已经运行十多年,至今稳定可靠，系统质量指标一直保护较高水平,用户十分满意。

◇广东 揭敏

表2

光发机(光功率)	接收机	光纤长度(KM)	光纤损耗(dB)	分光比(N%)	全链路损耗(dB)	接收光功率(dB)	光接收机载噪比C/N(dB)
10mW	R1	13	5.2	31.7	10.99	-0.99	>51
	R2	11	4.4	26.4	10.98	-0.98	>51
	R3	16	6.4	41.9	10.98	-0.98	>51

中九二、三代接收机读卡电路故障的检修

中九二、三代接收机读卡电路由IC卡接口电路和IC卡座构成，其主要作用是读取智能卡IC中授权、管理、解密信息并传输给嵌入在主控芯片内的CPU进一步分析处理。有的中九二、三代接收机将这部分电路制作在主板上，也有的接收机将读卡电路单独制作在一块电路板上,通过排线与主板连接。读卡电路中的IC卡接口电路采用一类双列28脚集成电路，虽然有的机型该集成电路标注的型号不同，但大多通用。下面以海尔HA-300N型中九二代接收机读卡电路为例简要介绍这部分电路故障的检修。

故障检修

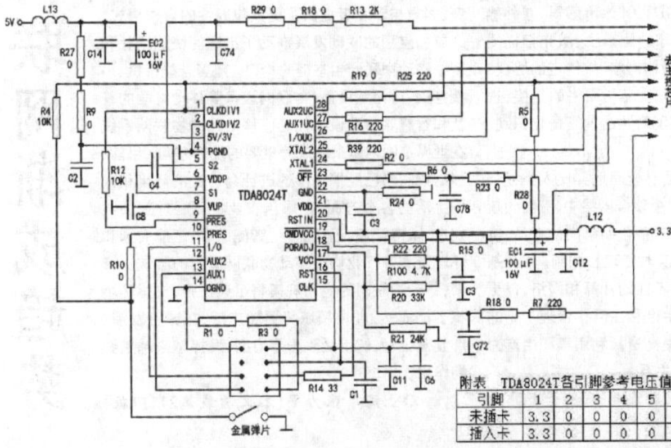

附图为海尔HA-300N型中九二代接收机读卡电路原理图。该读卡电路核心元件采用TDA8024T作为系统控制电路与智能卡之间的接口电路，支持卡的热插拔，且对卡的所有触点具有热保护和短路保护功能。该机读卡电路单独制作在一块单面敷铜板上,为方便走线,采用较多0欧姆电阻代替跨线。TDA8024T内置内部电源、序列发生器、振荡器、时钟分频及保护电路，采用3.3V、5V电源供电,在未插和插入智能卡状态下,有的TDA8024T引脚电压值不同,附表列出了实测海尔HA-300N型中九二代接收机读卡电路中TDA8024T各引脚电压值,当读卡电路发生故障时,可作为检修参考。中九二、三代接收机读卡电路发生故障时,电视屏幕会出现相应提示,可根据提示对相关电路进行检查。

1.提示"E01请插入智能卡"

出现此提示说明CPU未识别到卡座中有卡,应先检查智能卡是否插入到位,智能卡与卡座上接触触点是否有污物而导致接触不良，卡座上的金属弹片连接或断开状态是否良好,TDA8024T各引脚是否虚焊等。通常在不插入智能卡时,金属弹片为常闭,插入智能卡时,两个金属弹片断开，有的机型读卡电路中金属弹片包裹在卡座内部,不便观察,可以通过测量金属弹片连接或断开状态下电阻是否有变化，以此判断金属弹片动作状态是否良好。如读卡电路单独制作在一块电路板上,还应检查连接排线是否松动,有无断路。直观检查未发现问题，可测TDA8024T供电端⑥脚、㉑脚确认供电电压是否正常，如供电正常，可更换TDA8024T试之。

2.提示"E02,智能卡通讯失败"

此提示说明智能卡识别正常，故障可能发生在主控芯片和IC卡接口电路。因主控芯片发生故障的可能很小，只需检查主控芯片与IC卡接口电路连接引脚是否虚焊，应重点检查IC卡接口TDA8024T及其外围元件，检测TDA8024T引脚电压并与参考电压值对比，判断TDA8024T外围元件是否有故障。如TDA8024T引脚无虚焊,外围元件也无异常，断定TDA8024T内部损坏,应更换TDA8024T。

检修实例

[例1] 海尔HA-300N型中九二代接收机接收节目时,电视屏幕显示"E01请插入智能卡"。

断电后打开机盖，直观检查读卡电路未见异常。反复拔插智能卡，故障依旧。分别测量TDA8024T⑥脚和㉑脚电压,5V、3.3V电压正常,查读卡电路与主板间连接的排线良好,后更换卡座后,故障排除。

[例2] TCL TJS5052-S20-L型中九三代接收机收视时，电视屏幕显示"E02,智能卡通讯失败"。

查主控芯片与IC卡接口电路连接引脚无虚焊,查U1(TDA8024T)外围元件未见异常。在检修过程中发现TDA8024T发热,通常TDA8024T不会有明显发热情况,判定此现象异常。测TDA8024T 5V、3.3V供电电压正常,判断TDA8024T内部损坏,更换TDA8024T后,故障排除。

◇河北 郑秀峰

附表 TDA8024T各引脚参考电压值(V)

引脚	1	2	3	4	5	6	7	8	9	10	11	12	13	14	15	16	17	18	19	20	21	22	23	24	25	26	27	28
未插卡	3.3	0	0	0	0	5	5	5	3.3	0	0	0	0	0	0	0	0	1.3	3.3	0	3.3	0	0	1.6	1.6	3.3	3.3	3.3
插入卡	3.3	0	0	0	0	5	5	5	3.3	3.3	3	3	3	0	1.5	3	3	1.3	0.2	3.3	3.3	0	3.3	1.6	1.6	3.3	3.3	3.3

HDR小知识

视频五大要素

空间分辨率 8K 4K 2K SD

灰度分辨率 12bit 10bit 8bit 6bit

时间分辨率 120P 60p 24p

色域范围 BT. 2020 DCI P3 sRGB

亮度动态范围 HDR ? SDR

现在HDR电视炒得很厉害，那么我们先来搞清楚什么是HDR？

HDR是高动态范围图像（High-Dynamic Range）的简称，相比普通的图像，可以提供更多的动态范围和图像细节，根据不同的曝光时间的LDR(Low-Dynamic Range)图像，利用每个曝光时间相对应最佳细节的LDR图像来合成最终HDR图像，能够更好地反映出真实环境中的视觉效果。

在电视的视频格式中，由空间分辨率、时间分辨率、灰度分辨率、色域范围以及亮度动态范围这五个因素构成。

而近十年视频格式经过飞速发展，分辨率从最早的标清到现在的4K、8K；灰度从6bit提升到主流的10bit甚至12bit；色域从DCI P3到BT.2020；帧数从24p到60p，这四个要素目前已经达到了很高的水平，不过"亮度动态范围"一直停留在SDR阶段，严重影响了视频格式的整体进步。

通过名词解释我们知道了HDR填补了"亮度动态范围"长期的停滞；通过算法分析，使画面达到黑暗的地方更加深邃，明亮的地方更加耀眼的效果，能够将画面层次感表现地更为突出，以达到更真实的画面显示效果。

当然几乎所有的电视厂家也打出了支持HDR格式的口号，不过就目前的屏幕显示技术来讲，只有OLED屏和量子点屏才能更好地发挥HDR的层次显示效果。并且中小尺寸的电视是没必要支持超高清晰的，2K足矣；但往往50多、60多寸的OLED电视和量子点电视也差不多八九千甚至上万了。

同时，播放4K及以上的片源才能更好地表现画面质量。而目前从网络上直接播放4K视频几乎是不可能，一是渠道少，二是网速不允许。因此，要么下载动辄几十个G的蓝光视频，要么就配上蓝光机（这里推荐Xbox One，既可以打游戏又能作为蓝光机使用，非常具有性价比），不过蓝光碟片的价格也是不菲的。

◇河北　程新加（本文原载第2期11版）

购买RX 560要注意

RX 560作为GTX1050的对手，最开始发布时，其流处理器数量有1024个，纹理单元有64个，ROPs 32个，频率也有1313MHz。但后来却发布了一款RX 560D的显卡，将流处理器削减到896个流处理器，计算单元也有16个变为14个，因此综合性能只比RX 460高了一点点。

最让人费解的是AMD在官方包装上统一将RX560和RX560D称为RX560，因此购买者需在包装盒侧面仔细找到标注896SP的标志，实际上RX560D要比RX560便宜150元，否则被不良商贩忽悠了把削弱的RX560D当RX560卖给你就亏了。

显卡天梯图（简图版）

GeForce700	GeForce900	GeForce1000	显卡等级	Radeon RX500	Radeon R400	Radeon R300
		TITAN Xp				
		GTX1080 Ti				
GTX Titan Z		Titan X				
		GTX 1080	高端			
	GTX Titan X	GTX 1070				R9 Fury X
	GTX 980 Ti					R9 Nano
	GTX 980			RX 580 8G版		R9 Fury
GTX 780 Ti		GTX1060 6G版				R9 390X
	GTX Titan			RX 580 4G版	RX 480	R9 390
GTX 780	GTX 970	GTX1060 3G版		RX 570 8G版	RX 470	
				RX 570 4G版		
					RX 470D	
GTX770						
		GTX1050 Ti				R9 380X
		GTX1050				R9 380
GTX 760	GTX 960		中端	RX 560 4G版 RX 560D 4G版		
				RX 560 2G版 RX 560D 2G版		R9 370X
	GTX 950			RX 550		
					RX 460 4GB版	R7 370
GTX 750Ti					RX 460 2GB版	
				RX 540		R7 360
GTX 750		GT1030				
			低端			
		GT730				R7 350
						R7 340
						R5 340

（本文原载第2期11版）

简易手机星空摄影设置，你准备好了吗？

笔者是一名手机摄影爱好者，在这里和大家分享一下手机拍摄星空的经验。

手机拍摄星空基本器具：相机三脚架、手机夹、以及最重要的手机。蓝牙自拍神器（图最右边的那支）是个很好的辅助配件，可以避免手按手机屏幕时所引起的震动。

在这之前，读者们可以先行检查手机里的拍摄应用程式，是否有专业模式这个选项（注1）。在专业模式下，若能手动调校感光率（ISO）、曝光时间（S）以及手动对焦（MF）为佳。而感光率须达至少ISO1600（若有ISO3200更佳！），其次是曝光时间要能超过20秒或更长，这才能让微弱的星光有更多的时间被记录下来。由于笔者只使用过一款手机拍摄星空，发现对于一般星空拍摄而言，最佳拍摄设定为ISO3200及曝光时间25秒。

由于需要长时间曝光，手机需要夹在手机夹上，然后固定在三脚架上，或者任何能固定手机的器具。因此，手机夹及三脚架是不可或缺的器具。

为了防止手指在按曝光按键时对手机产生震动，我们也可以准备一个蓝牙按键器（注2），以无线的形式按下曝光按键。

在进行星空拍摄之前，请确定拍摄地点的天气晴朗，并且光害要很低，不然能摄得的星星会很少。

当手机镜头指向想拍摄的星空时，由于夜空太昏暗，手机屏幕是一片漆黑的，其实那属正常，不必担心，经过长时间曝光后，还是能捕捉到星空的。

镜头对焦要采用手动模式调整至无限远，最好先对着一颗亮星进行对焦；白平衡（WB）则可以选择阳光式。

具备了以上的条件，读者们今晚开始就能尝试以手机拍摄星空啦！若手机里的影像处理功能到家，基本上不必怎样再后期处理影像，拍摄当下的效果，已经是很好了。

注1：手机的专业模式——Pro-mode或Professional Mode，而有些手机则称为Expert Mode。如果有Manual mode，或许也可以派上用场。

注2：一般以蓝牙为按钮的自拍神器，会是最佳选择。

◇重庆　王小梅（本文原载第2期11版）

移动物联网渐成趋势

移动物联网是基于移动通信网络和移动终端的物联网技术和应用，是移动通信网络、移动终端、物联网三大领域碰撞和融合的结果，是物联网的重要应用模式和发展途径。移动物联网之于物联网，正如移动互联网之于互联网。

感应处理终端、传输通道、控制处理平台是实现移动物联网的三大必要条件。移动物联网通过移动终端、射频识别（RFID）、气体传感器、红外感应器、脉搏传感终端、全球定位系统、激光扫描器等信息传感设备和移动通信网络，按约定的协议，实现物与物、物与人、所有物品与网络的连接，进行信息交换和通信，以实现对物品的智能化识别、定位、跟踪、监控和管理。

移动物联网能更灵活、全面地实现人类社会与物理系统的整合。在这个整合网络中，有能力超强的中心计算机群，能够对整合网络内的人员、机器、设备和基础设施实施实时管理和控制。在此基础上，人类可以实现无所不在的计算和网络，以更精细和动态的方式管理生产和生活，管理未来的城市，达到"智慧"状态，提高资源利用率和生产力水平，改善人与自然间的关系。

移动物联网具有普通对象设备化、自治终端互联化和普适服务智能化等特点。移动物联网体系覆盖面极广，可实现现实世界中所有物体的自动识别和信息的互联共享。

物联网将颠覆人们现有生活，并将人类带入一个科幻感十足的未来世界。世界上许多国家已把物联网作为重要的战略性产业领域而加大投入、使之快速发展。移动物联网开放平台为运营商、客户与开发者提供了更具包容性的合作模式，产业和应用的联动发展推动了市场的快速增长和新型移动物联网生态链的构建。随着智能手机、平板电脑、可穿戴设备、车联网设备等移动终端的普及和智慧城市建设的加速，移动化的物联网系统在世界范围内越来越成为重要的发展方向。目前，移动物联网已经悄然渗透进社会、经济环境和人们生活的各个方面，在绿色农业、工业监控、公共安全、城市管理、远程医疗、智能家居、智能交通和环境监测等行业均有移动物联网应用的尝试。未来，移动物联网的应用规模将迅速扩张，支撑环境将更加成熟，应用领域将更加广泛，在城市发展、产业升级、人们生活改善等方面，发挥越来越重要的作用。

◇上海　张力平（本文原载第2期11版）

2018年2月25日出版

实用性 启发性 资料性 信息性

第 8 期

国内统一刊号:CN51-0091 定价:1.50元 邮局订阅代号:61-75

地址:(610041)成都市天府大道北段1480号德商国际A座1801 网址:http://www.netdzb.com

(总第1945期)

让每篇文章都对读者有用

动手让老路由器也能文件共享和脱机下载

路由器的脱机下载是指电脑关闭后路由器可以下载文件，从而达到节约资源的目的。老的路由器一般不支持脱机下载，不过可以在USB接口上接U盘，再通过网络来实现脱机下载。

由于脱机下载会占用较多的系统资源，至少需要内存64MB，Flash 8MB的路由器来进行下载。刷机软件这里采用的是OpenWRT。

刷机

先开始刷机，MAC地址为网卡的唯一识别字符，如果两台具有相同MAC地址的路由在同一区域工作就会产生冲突。如果使用同一个编程器固件刷多台机器，那么所刷出来的路由都将具有同一MAC地址。

1.只有1台路由器的话，不用修改MAC地址，直接将8MB Flash芯片放到编程器上直接把附件中的编程器固件刷上去。再将刷好的Flash芯片焊到路由器上。进入路由管理界面，用名为"路由器型号名.bin""的固件升级，勾选不保留配置，升级完成。

2.多台路由器的话，需要修改MAC地址。

①把路由器上的Flash拆下来，用编程器备份这里面的数据，在备份时选择备份成4MB的数据包(若是4MB Flash需要升级，8MB Flash的直接跳过这一步)。②换上升级的8MB Flash，将第一步备份的数据写入到其中(本身就是8MB Flash就直接进行编程)，再将编程后的Flash焊接到路由器上。③此时为原厂固件，在管理界面中找到固件升级，然后用名为"openwrt-路由器型号名-factory.bin"的固件进行升级。④进入路由管理界面，用名为"openwrt-路由器型号名.bin"的固件进行升级，不要保留原来的设置。⑤升级后再次进入路由管理界面，用名为"路由器型号名.bin"的固件进行升级。这样，升级后的路由器就保留了原来的MAC地址。

共享设置

1.将U盘/移动硬盘格式化成NTFS(可以下载单个4G以上的文件)的格式后，再插到路由器的USB口上。U盘/移动硬盘尽量分成一个区，需要注意的是移动硬盘要接电源以便单独供电。

2.在路由器的管理界面中，点击"系统→挂载点→修改"；在界面中勾上启用挂载项，在挂载点中改为/mnt；将文件系统改为"自定义"，在其中输入ntfs-3g。最后再点击"保存&应用"。

3.刷新完成后，点击"系统→挂载点"，然后重启路由器就可以看到接入的U盘/移动硬盘了。

4. 在路由器的管理界面中，点击"服务→网络共享"；将"共享目录"改为"download"，目录改为/mnt，把只读的钩去掉，把允许匿名用户的钩勾上，在新文件权限和新目录权限都输入0777，点击"保存&应用"。

5.关闭路由器的管理界面，双击"我的电脑"，在地址栏中输入\192.168.1.1，就可以看到刚才设置的共享文件夹，默认的是Openwrt，双击就可以进去，也可以向其中传送文件。

下载设置

1.在系统中找出"添加一个网络位置"，点击"下一步"，在"指定网站的位置"中，输入\192.168.1.1ownload，按提示完成后会在"我的电脑"右键里多出一个"网络位置"来，这就是插在路由器上的U盘/移动硬盘。

2.进入路由管理界面，点击"服务→Transmission"。在"启用"一栏中勾上钩，在"配置文件目录"中改成/mnt/transmission；在"文件位置"中找到"下载目录"，改成/mnt/download；在"RPC设置"中找到"启用RPC目录"，把钩去掉。最后再点击"保存&应用"即可。

3.打开浏览器，输入http://192.168.1.1:9091，点击左上角的图标，在弹出的对话框中点击"浏览"即可上传BT种子，最后点击upload系统自动开始下载。在左下角第三个图标，类似扳手的图标是设置图标，在这里可以设置网速、下载时段网速限制等。

4.待文件下载完成后，打开"我的电脑"，地址栏中输入\192.168.1.1，打开其中的文件夹，找到名为download的文件夹，里面就是脱机下载下来的文件。

脱机设置

1.在路由器的管理界面，点击系统→启动项，在"本地启动脚本"中输入aria2c--event-poll=select--enable-rpc--rpc-listen-all=true--rpc-allow-origin-all--dir=/mnt/download--file-allocation=none-c-D。点击"提交"，然后再重启路由器。

2. 先安装Aria2c Remote（下载地址：http://pan.baidu.com/share/link?shareid=417779&uk=3207876870)；完成后不要打开该软件，将附件中的Aria2cRemoteControl_cn.qm拷贝到安装目录下languages的文件夹中。打开Aria2c Remote，在菜单栏的tools中选择languages，再选择Chinese。点击"工具"，选择"选项"，在远程主机中填入路由器的管理地址，默认是192.168.1.1。在菜单栏中找到图标"添加HTTP/FTP"，然后在弹出的对话框中输入要下载文件的地址即可。

3.此时可以关闭该软件，路由器会自动为其下载。待下载完成后，在我的电脑的地址栏中输入\192.168.1.1，找到download文件夹，里面就是下载好的文件。

硬件升级

32MB，Flash 4MB的路由器一般都可以采用古老的第一代DDR内存条的颗粒进行升级，淘宝上也非常便宜，一般价格在15元左右。这里需要注意路由器的内存位宽和拆卸内存条上的位宽要一致，并计算好单颗颗粒的内存大小(有的是32MB一颗就不行了)。编程器需要能够编程MX25L系列芯片的编程器。将固件写入到Flash芯片中，写好的芯片直接焊接在路由器上就能够直接使用，非常方便。相信对于动手能力强的读者来说也是很容易的事情。 (本文原载第6期11版)

从价格角度谈家电维修业

活量与价格

前几天，有一个和我要好的同行向我诉苦。主要是说经营的困难，本来他的维修部干的还可以，前些年同一条街上的多家同行都逐渐关门了，一步步坚持到了今天。这倒不是因为他有什么过人之处，主要是这个朋友的维修部是自己的房子，这样就省了房租，这个优势使得他经营压力顿减。

不过，现在家电维修行业已经向厂家维修转移了，再加上电器降价和变化的市场，以及他以不变应万变的思路，使得他的生意一步步下降。屋漏偏逢连夜雨，这个时候又遇到了这条街上又有了三家同行开业，这些人都是当年家电维修老师傅。接下来在这个不大的区域，就面临着抢活和杀价的问题，我的朋友积极应战，在打了鸡血似的不服之后，甚至出了三十元修电视，十元修音响的局面。这样竞争使本来不多的收入，明显进一步的大幅度减少，上升和下降的滋味可不一样，看看自己的劳动保险、电话费、吃饭穿衣、孩子读书……这一系列的支出，真是如坐针毡。

对于这种情况，我倒是不太同意降价竞争，因为这明显是在做杀鸡取卵的事情，无论从长期或者短期的角度来看，都不会得到任何好处！我的朋友在这时候，却将问题推给了我，因为他不相信我能有什么好办法。

当初，我自己干家电维修的时候，也面临定价问题，当时我对价格进行了深入细致的研究，假如有10台电视，如果我70元的价格修电视，会有百分之九十的顾客同意修理，这样我就可以修9台赚到630元，我80元修电视的话，会有百分之八十的顾客同意修理，这样我可以修8台赚到640元，如果我100元修电视，这样会有百分之七十的顾客同意维修，这样我可以修7台赚到700元，而我以150元修电视，只会有百分之五十的顾客同意修理，这样我可以赚到750元。而且，提价的好处不仅仅是多赚了钱，更是少干了活。我把不修的顾客看成'低端顾客'，心甘情愿地把这部分顾客让给其他同行，剩下的时间可以学习、喝茶。

我认为活量和价格根本就是两码事，降价解决不了活量的问题，家电维修业不像销售行业，如果销售业的鸡蛋便宜了，就会多卖出很多，鱼便宜了，就会有很多人晚餐改吃鱼，而家电维修再便宜，不坏的家电也不可能找你修理，能成为顾客的就是那很少一部分人，薄利多销这个理念在家电维修业是行不通的。如果活少，你可以去开发市场，比如成为厂家售后，或者承揽到酒店和旅店等等。很多同行都是在活少和降价中，结束了自己的生意，然后哀叹这个行业不行了。其实，这根本就是没有想清楚问题关键所在，与其坐等叹气，不如去发发广告，宣传一下自己也是好的。无论你是不是愿意，开个小店，靠顾客自己上门的时代已经过去了，与其怨天尤人，还不如顺应这个时代。人不能总是生活在过去。

技术与价格

说了上面这些，你一定以为我开的是高价家电维修，其实，还真的不一定是这样。举个例子，有个顾客电视坏了，找厂家报价800元，而顾客跟维修师傅讲价，经过耐心的谈判，最后锁定600元。后来顾客来问了我们，我们报价450元，这个报价是有学问的，因为这个坏掉的板子淘宝售价就是400元，算上运费12元，按照这个价格修理这台电视只能赚38元，而这个55寸的液晶电视，修理只赚38元是所有维修师傅不可能同意的，更别说，检查、订板、安装要去顾客家两次。我们之所以报这个价钱，是因为我们可以做到元件级维修，维修成本低于5元。这样看来我们真的是赚钱了。现在是浮躁的时代，追求事事快捷，在几乎整个维修业都在换板子维修的时候，我们坚持技术研究的意义就在这里。当然这样做也有麻烦，有的时候，会有个别顾客会认为修的简单而不愿意付钱，明明讲好的价钱，付钱相当的不情愿，甚至有了争执，所以我们就把电视拉回来修，或者拆下板子回来修理。遇到就喜欢换板子的顾客(根本就不尊重技术，看换的元件给钱)，我们就满脸微笑给他换板子，当然板子钱可要他自己出。跟有些人讲道理，我们没有这个能力，更没有这个时间，我们坚定提供顾客喜欢的服务。总之，技术是我们的秘密武器，也是我们强有力的竞争选项。这样，有很多同行也会把一些电视拿来我们修理，正好增加了我们的活量，甚至在同行中名声远扬，一些要开店的，也不喜欢和我们争邻居，这样就保护了我们。名声大了，就会有一些合作单位来找我们，来跟我们谈业务，这样的经营之路越走越宽。

设备与价格

随着电子工业的发展，像GBA芯片、编程器和修屏机也加入了维修业，一把烙铁一只万用表的维修已经远远落后这个时代了。而适当增加设备也是搞好维修的关键，有的维修必须要有设备，所以加些设备也可以让你领先同行，这样别人无法跟你竞争，所在价格稍微高些也是必需的，毕竟设备也是要钱的，关键的没有设备，你再懂也没有用，所以现在搞维修你必须处处领先，吃老本的维修最终黄摊收场其实一点也不怨。我个人觉得，不仅仅是维修业，这个巨变的时代，几乎没有人可以一成不变的生存，适者生存的自然法则似乎是永恒的真理。

小结：本文充满了铜臭，足以让一些以低价优质服务，以及家电维修业宰客的人拍案而起。抱歉，这篇文章是写给经营者看的，毕竟，房费、员工工资保险、房贷车贷……都需要钱。经营者的压力和烦恼，不是旁观者可以体会的。在我看来，只有用自己的劳动和智慧来改变自己的生活，这才是中国梦的具体提现！

◇林锡坚

长虹液晶彩电新机芯的工厂模式进入方法和软件升级方法(三)

(紧接上期本版)

3.升级方法：

USB升级方法：

1)将升级程序拷贝到U盘根目录；

2)在交流关机情况下，将U盘插入电视机的USB2.0接口；

3)交流上电，按住本机导向键中的"OK"键不松手，直到屏上显示"系统正在升级中，请勿断电！！"，然后松手，系统开始升级。

4)升级完成后电视会自动重启来完成升级。

在线升级方法：

1)确保整机已连接网络，且能正常访问外网；

2)长按遥控器"设置"键，电视机进入"全部设置"页面，选择"支持"项，继续选择"系统升级"项目；

3)在弹出的"系统升级"页面中，点击"检查更新"按钮，系统会自动检查和升级。

注意事项：以下系列机芯在升级时，请注意选择对应的升级文件，否则会造成升级后电视机出现异常情况。

1)ZLH74Gi2G机芯：采用2GDDR、16GEmmc和MTK7662WIFI-BT(2T×2R)，涉及的整机是D3P系列(Changhong品牌)，升级文件是upgrade_ZLH74Gi2G_V1.00xxx.bin。

2)ZLH74Gi机芯：采用1.5GDDR、8GEmmc和MTK7662WIFI-BT(2T×2R)，涉及的整机是Q3T系列(CHiQ品牌)，升级文件是upgrade_ZLH74Gi_V1.00xxx.bin。

3)ZLH74GiR机芯：采用1.5GDDR、8GEmmc和RTK8723WIFI-BT (1T×1R)，涉及的整机是E9600、D3C、F9系列 (Changhong品牌)，升级文件是upgrade_ZLH74GiR_V1.00xxx.bin。

十一、长虹ZLM75Gi机芯

1.适用机型见表16：

机芯系列	产品型号
多合一机芯 ZLM75G-iD	32D3F、39D3F、43D3F。
四合一机芯 ZLM75G-iP	55D3F。
三合一机芯 ZLM75G-i	50D3F(Tcon)。

2.工厂模式进入及退出方法：

在TV模式下，按遥控器上的"设置"键后，使电视机屏幕进入"情景模式"，将光标右移至"标准模式"。接着依次按遥控器上的"上""右""右"键，屏幕上出现小键盘，用小键盘输入数字"0816"，电视机即可进入工厂模式。遥控关机即可退出工厂模式。

3.USB升级方法：

1) 将升级程序(upgrade_ZLM75GiS_MT5510_V1.000**pkg)拷贝到U盘根目录，U盘必须是AFT32格式；

2)在交流关机情况下，将U盘插入电视机的任意USB接口；

3)按住本机的按键(电源键)不放，交流上电，待电视机屏上显示升级界面后松开按键，系统开始升级；

4)升级完成后电视会自动重启来完成升级。

十二、长虹ZLM50H-iUM机芯

1.适应机型：CHIQ(启客)系列，机型主要包括55Q1C、65Q1C、49Q1R、55Q1R、65Q1R、40Q1N、42Q1N、50Q1N、58Q1N、65Q1N等。

2.工厂模式进入及退出方法：

在TV模式下，按遥控器"节目源"键，显示输入选择菜单，在菜单消失前，依次按数字键"0816"，即可进入工厂模式设置菜单。遥控关机即可退出维修模式。

3. U盘软件升级方法：

1)将升级程序拷贝到U盘根目录；

2)在交流关机情况下，将U盘插入电视机的任意USB接口；

3)开机，自动进入升级模式；

4)升级完成后电视会自动重启来完成升级。

十三、长虹LM37iSDU机芯

1.适应机型：B6000i系列和3D65B8000i。

2.工厂模式进入及退出方法：

1)遥控器型号：RL78A。

2)在TV模式下，按"菜单"键，在菜单消失前，依次按数字键"0816"，即可进入工厂模式设置菜单。遥控关机即可退出维修模式。

3.软件升级方法：

机芯整机软件升级方法主要有网络在线升级、USB向导升级、U盘强制升级三种方法。

1)网络在线升级方法：网络状态下检测到新版本的软件，自动升级，请按照屏上提示操作。

2) USB向导升级方法：

(1)升级包文件名为chandroid_update.zip，请确保升级包完整，文件名和包内文件均不能改动。

(2)采用分区格式为FAT32的U盘，将升级文件放在U盘根目录下。

升级步骤：

步骤1、进入U盘向导升级界面方式。进入升级界面有两种方法。

方法1、在正常开机完成后，将U盘插入USB端口，电视上会显示如图1所示提示框，提示框会停留10秒，在此过程中，选择"软件升级"，即可进入软件升级界面。

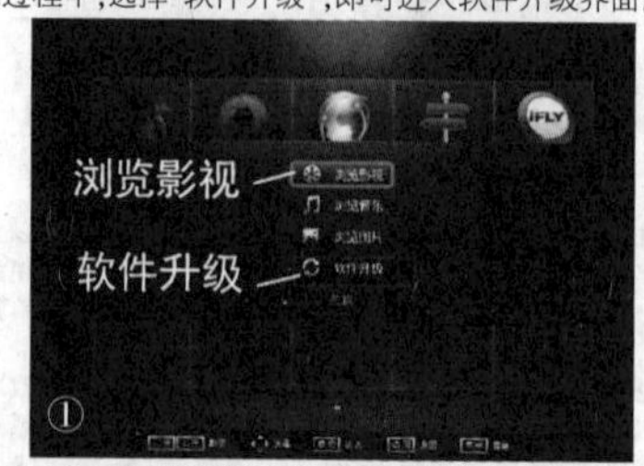

方法2、如没能用方法1进入，请按以下步骤进入软件升级界面：

(1) 按"菜单"键进入选择菜单，并选择进入"整机设置"，如图2所示。

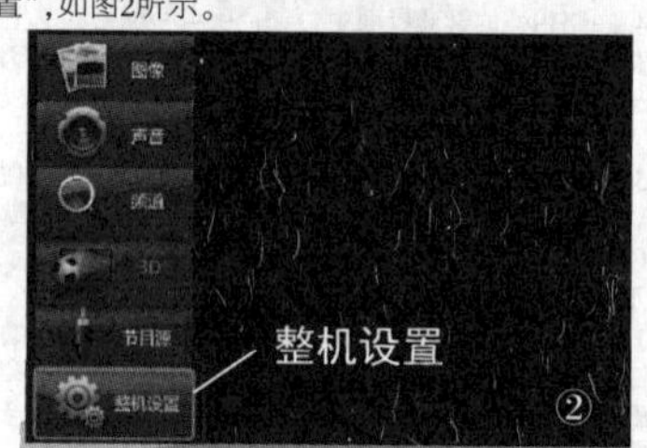

(2) 在"整机设置"菜单中，选择进入"系统设置"。如图3所示。

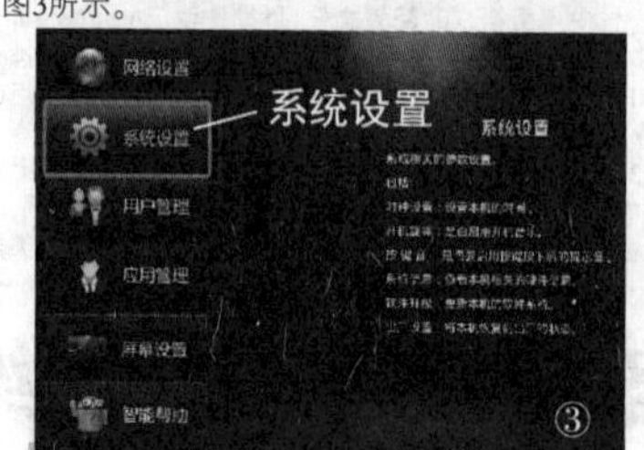

(3)在"系统设置"菜单中，选择进入"软件版本和升级"菜单，如图4所示。

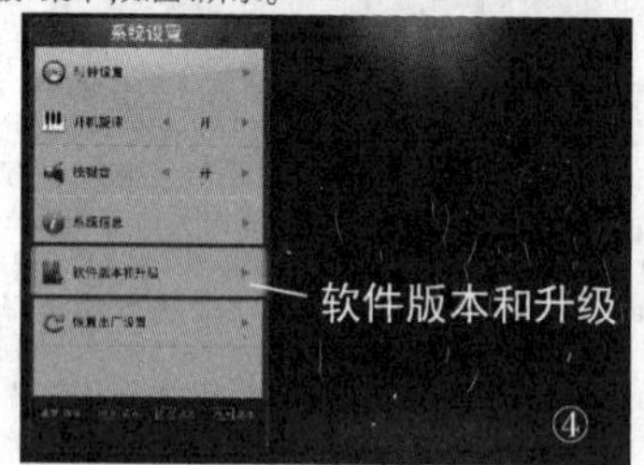

(4)在"软件版本和升级"菜单中，选择进入"手动升级"，即可进入升级界。如图5所示。

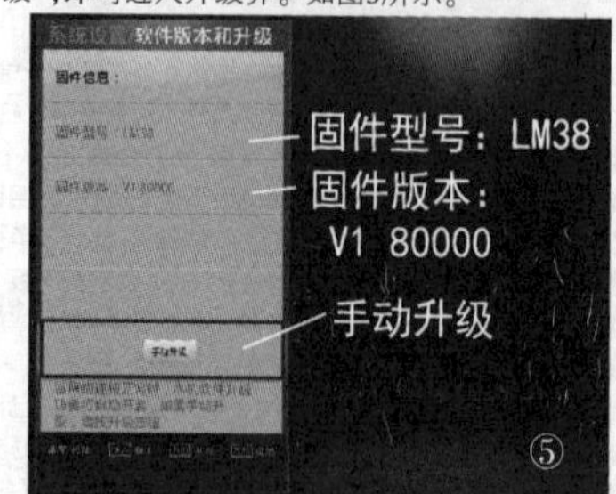

步骤2、引导升级步骤1完成后，屏幕上显示如图6所示提示框，然后点击"下一步"。

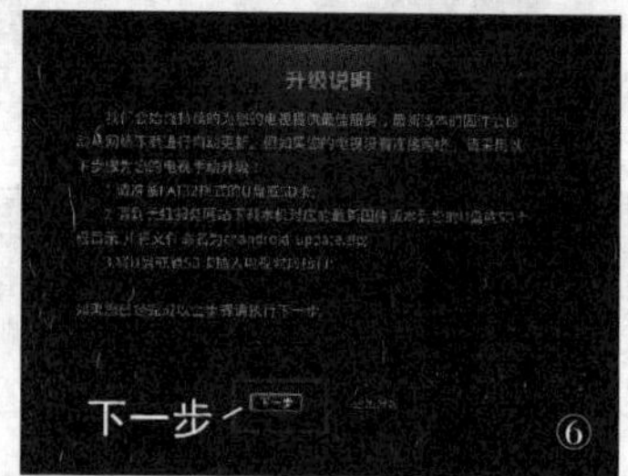

(1)如检测到软件升级包和软件版本号，如图7所示，请点击"升级"。

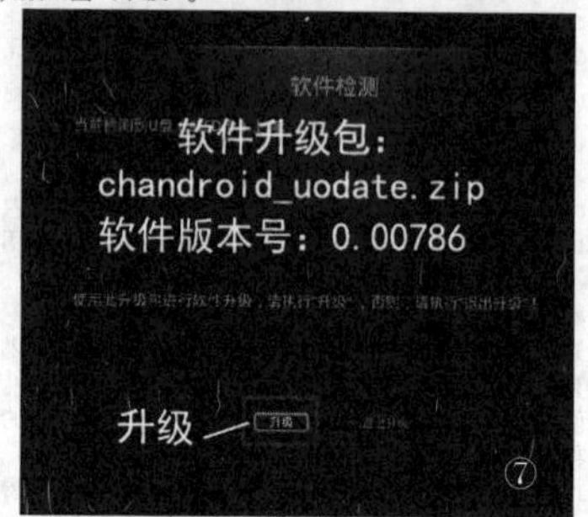

(2)如出现图8所示界面，请检查：

a、U盘是否插在USB端口，U盘是否损坏，USB端口是否正常；

b、U盘中根目录下是否存在唯一的文件名为chandroid_update.zip的文件。

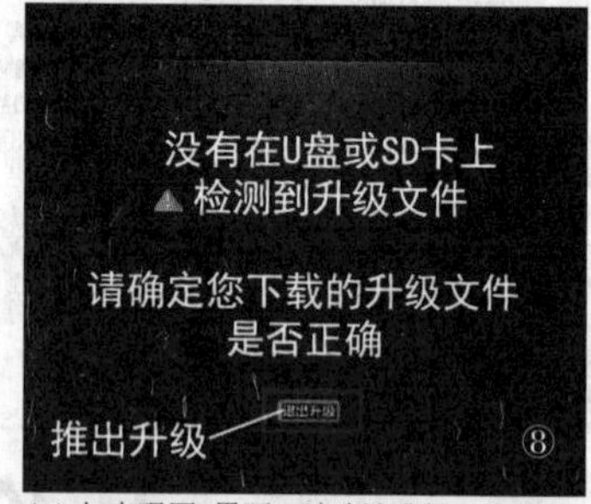

(3) 如出现图9界面，请确认升级文件是否正确，完整，有没有损坏。

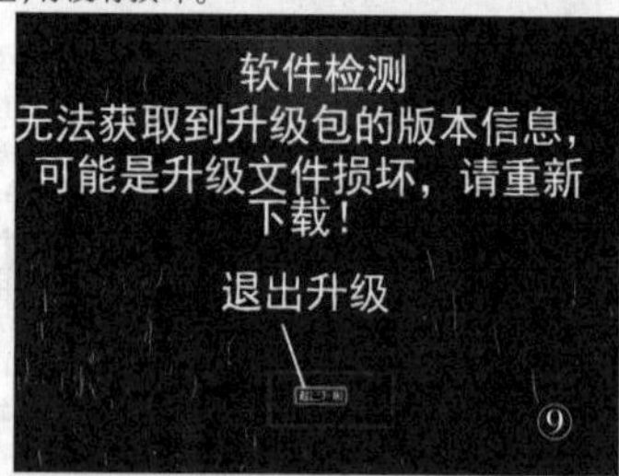

(4)如出现图10界面，请确认您得到的是正确的当前版本升级包。

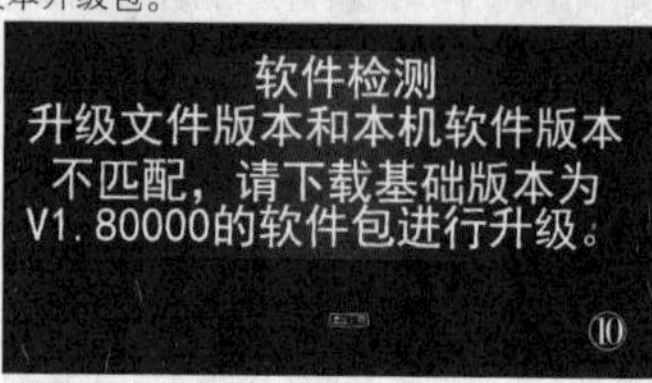

步骤3、进入升级状态。

步骤2正常完成后，即进入升级状态，在此过程中，请不要拔掉U盘。如果升级过程中断电，只需在重新启动过程中插入U盘即可。升级完成后，电视会自动重启。开机可正常使用，说明升级成功。

(未完待续)(下转第82页)

◇四川 刘亚光

三招两式打造仿古风格PPT

现在很多的教学PPT课件都在追求时尚背景和华丽字体的结合，如果已经有所厌倦的话，为何不来试一下仿古风格的“黑板+粉笔”模式PPT呢？只需简单的三招两式，我们就能将“黑板+粉笔”式的仿古风“嫁接”到显示大屏幕上，给现代化多媒体教学课堂带来不一般的视觉展示效果。

一、三招“黑板”背景的实现方法

“黑板”背景就是一张高清晰度的黑板图片，可以在下方有黑板擦、三角板甚至讲桌一角，或是上方某一侧有小花边来加以点缀，显示比例可在PPT中拉伸至16:9宽屏。

第一招：在“百度图片”中搜索并下载

首先在百度图片搜索页面(http://image.baidu.com/)中以“黑板背景”为关键词进行搜索，同时可在“图片筛选”中进行“大尺寸”设置来缩小搜索范围，找到自己中意的黑板图片后点击打开；然后在该图片上点击右键选择“图片另存为”，将其保存至本地(如图1所示)，最后通过“插入”-“图片”方式在PPT中使用。

有时搜索到的黑板图片可能会在局部带有文字，或是黑板周围有过多的干扰元素存在，此时，我们可以将下载的黑板图片使用美图秀秀等图片处理软件进行适当的字迹消除，或是在PPT的幻灯片页面中进行图片的拉伸——将周围多余元素拖出页面显示范围。

第二招：借用其他PPT中的黑板背景图片

如果某个PPT文件恰好使用了自己所中意的黑板背景，那么就可以将它提取出来再插入到自己的PPT文件中。

首先打开某“黑板背景校园风大学生论文答辩通用.pptx”文件，在使用黑板作背景的幻灯片页面中背景上点击右键选择“保存背景”项；接着，在弹出的窗口中定位其保存路径和文件名，比如保存于桌面上：黑板背景.png(如图2所示)，这样我们就得到了一张黑板背景图片了，可以在自己的PPT文件中将其插入作为背景使用。

第三招：从专业图片网站搜索并下载

如果百度搜索不到自己想要的高清黑板背景图的话，我们还可以直接在一些专门提供各种高清图片下载的网站上进行搜索，比如昵图网、千图网等，以千库网(http://588ku.com/)为例，我们可以直接以正在登录运行的QQ为账号进行快速登录。

首先在搜索框中以“黑板”为关键字进行搜索，根据缩略图进行翻页查找，比如其中的“田园风花朵缠绕黑板”，分辨率为1804×1231高清；接着，单击图后再点击“下载PNG”按钮(如图3所示)，最终就可以在PPT中插入该图并进行显示比例的适当拉伸，得到一张非常完美的黑板背景图片。

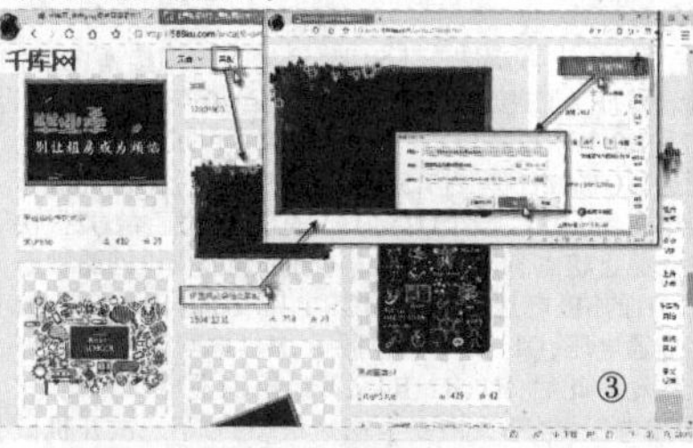

二、两式“粉笔”字迹的实现方法

在PPT中并非是有了“黑板”背景后再添加上白色的文字就会实现“黑板+粉笔”的效果，像比较常见的微软雅黑、宋体、楷体等文字在黑板背景上总给人的感觉不是太搭调——不像是真正粉笔字迹的那种半浅半深非均匀白色笔划，怎么办呢？

第一式：安装最像粉笔字迹的“新蒂黑板报体”

实现粉笔字迹效果比较直接的方式就是下载安装“新蒂黑板报体”(百度或云盘：http://pan.baidu.com/s/1sliFr33)，下载后点击该TTF字体文件(8.8MB)右键选择“安装”即可。

打开PPT，在之前插入的黑板背景上再插入文本框并输入所需的文字信息；接着，选中它们并从快捷菜单中设置其字体为“新蒂黑板报”，效果直接就显现出来了(如图4所示)。

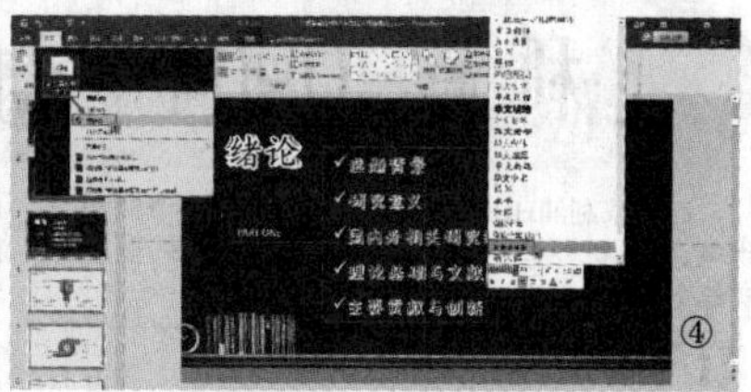

第二式：将任意字体做出粉笔字迹的效果

如果担心在待演示的电脑上缺失“新蒂黑板报”而又不想安装的话，是否可以将微软雅黑、宋体等字体在PPT中做出粉笔字迹效果呢？具体可通过两步操作来实现：

1.在PPT中输入文字并设置其为微软雅黑字体，点击右键选择“设置文字效果格式”项，在右侧的“文本选项”中将“文本填充”设置为“图片或纹理填充”，并且点击“纹理”项选择第三行第三个“新闻纸”效果(如图5所示)。

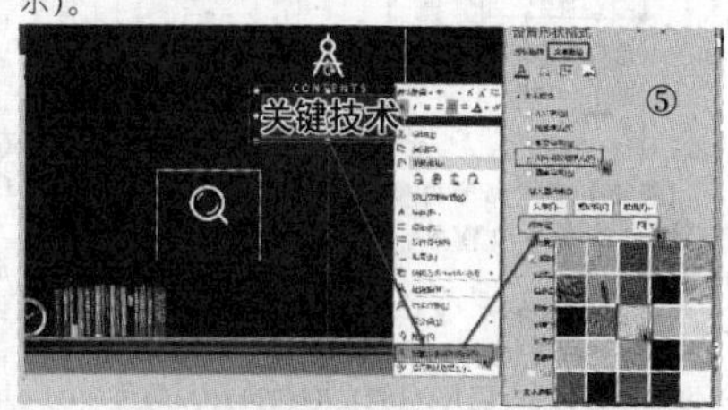

2.选中刚刚设置为“新闻纸”效果的文字，按Ctrl-C组合键复制一下，接着点击右键选择粘贴选项中的第三项“图片粘贴”，也就是将新闻纸效果的纯文字变成图片，此时可调节其大小；然后选中这个文字图片，在右侧的“设置图片格式”-“艺术效果”中设置为第四行第四个“蜡笔平滑”效果(如图6所示)，同时还可对其“透明度”和“缩放”两项进行更为细致的调节，粉笔字效果马上就出来了。

这种做法虽略显复杂，但便通用性极强，可以将自己所喜欢的任意字体做出粉笔字迹效果来；而且由于已经将文字转变成了图片，完全不用担心在其他电脑上出现“字体丢失”等错误，大家可酌情使用不同的“招式”，让自己的教学课堂更加精彩。

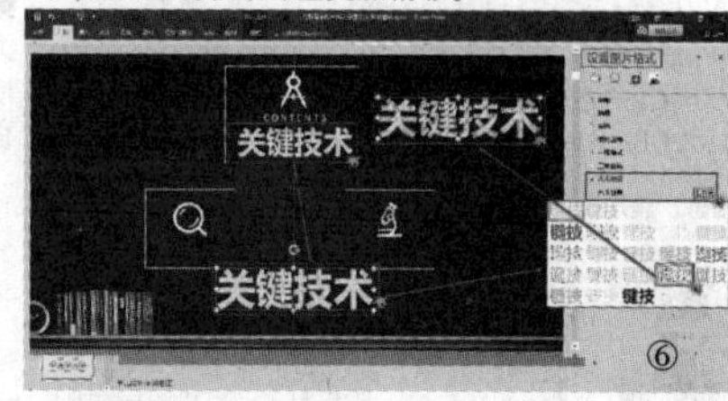

◇山东 牟晓东

让蜂窝移动网络的数据正常更新

从iOS 11.x开始，iPhone提供查看蜂窝移动网络用量的功能，但有时会发现这一用量不会自动更新(如附图所示)，这里的数据一直停留在1月5日，起初以为是日期与时间没有同步的原因，但进入“通用→日期与时间”界面检查系统设置，发现这里一切正常。该如何解决呢？

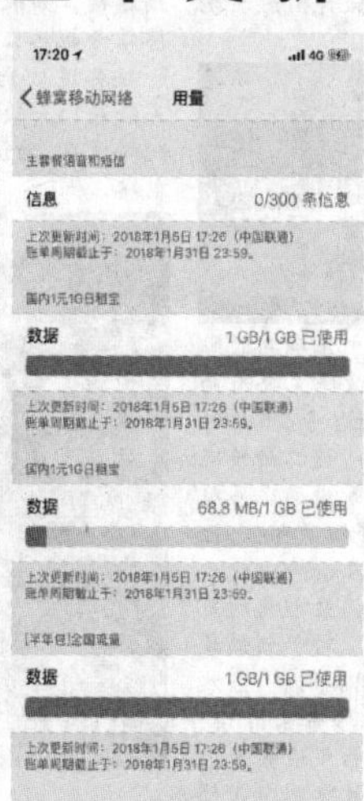

其实，这是由于卸载“联通手机营业厅”App的原因，从App Store重新下载安装，完成绑定并登录，就可以让蜂窝移动网络的数据自动更新了。如果是电信或移动的号码，也可以采取类似的方法。

◇江苏 王志军

宏碁TC-602台式机开机慢故障排除实录

单位一台宏碁TC-602商务台式机最近出现开机慢的故障，即开机后卡在Logo界面时间过长，有时按F12键调出启动菜单选择从本地硬盘启动也能进入Win7操作系统状态，一旦进入操作系统则一切正常。根据过去维修经验，先对CMOS放电一次无效，又怀疑鼠标键盘外设有问题，可取下所有外设接线后开机还是如此。无奈之下只好采取“最小化系统”的办法，先拔下硬盘SATA线故障依旧，再拔下光驱SATA线后发现机器启动正常，即Logo画面后马上弹出“reboot and select proper boot device”提示框(如图1所示)，考虑到硬盘SATA线已取下，出现找不到启动设备完全正常。就在准备拆光驱时发现里有东西，接上电源打开光驱后发现里面有张DVD光碟刚好放反了，看来问题就出在这里，当光碟放反后光驱里的激光头便始终在尝试读碟，不断地向主板产生中断信号，从而导致启动时变慢，取下光碟后再装上光驱，前述卡在Logo界面时间过长的故障不再出现。

没想到接上硬盘线开机后还是提示没有引导设备，以为硬盘线松动了，重新插拔一下还是如此，进入CMOS能看到硬盘设备，说明接线没有问题。考虑到之前对CMOS放过电，怀疑是参数出错导致的问题，将1st Boot Device设置为硬盘无效。再次进入CMOS查看发现Lunch CSM项设置值为“Nerver”，看来问题就出在这里(如图2所示)，可是设置项无法更改，又在Authentication选项中找到Secuer Boot项，将其值由Enabled改为Disabled后发现Lunch CSM项还是无法更改。在网上查找到资料说要从ACER官网下载可以开启该项设置的BIOS程序刷一下，考虑到之前机器可以正常启动，判断与BIOS程序无关，应该还是某项设置不对造成的故障。后来在CMOS最后一项中发现有Load Default Settings和Load User Default Settings两个不同选项(如图3所示)，执行Load Default Settings项无效，当执行Load User Default Settings项后发现Lunch CSM已经可以更改为“Alawys”，保存退出后开机一切正常。

◇安徽 陈晓军

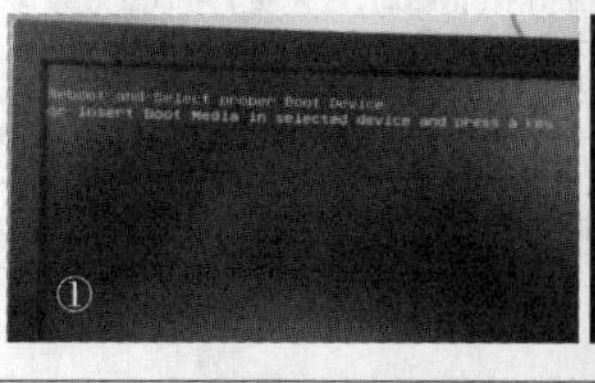

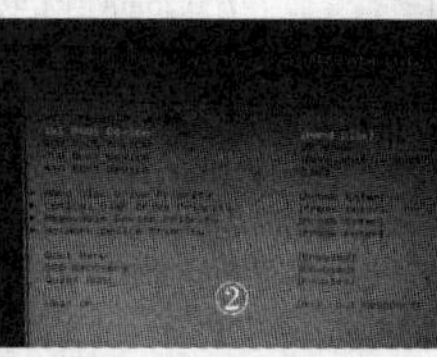

飞利浦HQ904电动剃须刀电路分析与不启动故障检修

此款飞利浦HQ904电动剃须刀，采用两节5号电池供电，除电机外，全部为贴片元件，元件不多，很紧凑，实绘电路如附图所示。

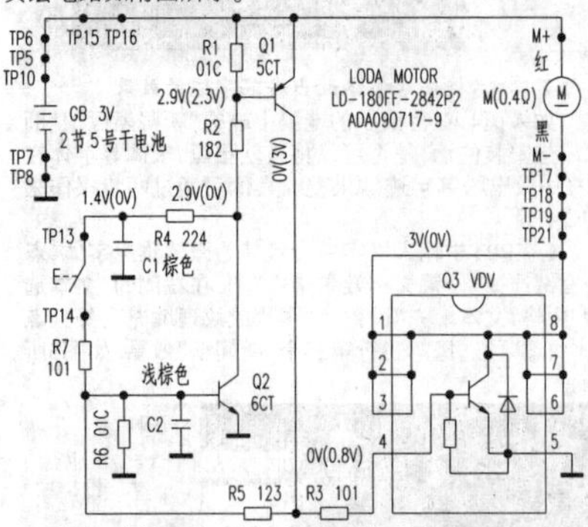

【提示】图中括号内/外电压值，为剃须刀在电机转/停、电池电压约3V时，用500型万用表直流挡测得的，仅供参考。

一、电路简介

三极管Q1(5CT)、Q2(6CT)等组成类似单向可控硅的工作方式，电阻R2(182)、R4(224)、Q2等组成Q1的b极下偏置电路，电阻R1(10k)、R2、R4、电容C1(棕色)等组成RC充电电路，轻触按键开关S1、C1、R7(101)等组成RC放电回路。C1通过放电回路为Q2导通提供触发信号，从而控制Q1、Q3的导通、截止，最终控制直流电机M的转、停。Q3外形为一双排8脚贴片集成块，标识为VDV，查不到其技术资料，根据用500型万用表测得其各脚正反向电阻的特点，估计其为一个内含有阻尼管的带阻型NPN型功率管，其内部参考电路见图中所示，并非真实电路，仅供参考。另外，为防止线路板漏电，引起误动作，特别是影响RC充放电的工作，整个线路板都涂有一层透明的防潮漆。

二、过程控制

1.电量充足时

初始状态下，电池GB(3V)通过R1、R2、R4给C1充电，因C1初态电压为0V不能突变，故初始充电电流最大，为GB/(R1+R2+R4)，约12.9μA，此电流在R1形成的压降约0.13V，无法达到Q1的be极间约0.6V的导通电压，故Q1处于截止状态。随着充电的进行，当经过大约5倍的时间常数后，C1两端充得电压约为GB电压，此时用500型万用表测得C1电压约1.4V，这是由于表的内阻影响所致，改用数字表测量则不存在此问题。此时Q2的b极因无偏置，故Q2处于截止状态，Q3也因Q1不导通也处于截止状态，最终M无供电回路，处于停转状态。

开机：当按一下S1时，S1触点瞬间接通，C1上的约GB电压通过R7、R6(01C)分压后，给C2(浅棕色)充电。当C2的电压升至约0.7V时，Q2导通，其c极电压为0V，此后GB电压通过R1、R2及Q2的c、e极接地，R1分得压降约2.54V，如此高的偏置电压将很快使Q1进入饱和导通状态，此后GB电压通过Q1的e、c极，一路经R5(123)、R6分压后，馈送至Q2的b极，使Q2继续处于饱和导通状态，Q1、Q2形成自锁供电方式继续供电，另一路通过R3(101)馈送至Q3的④脚(b极)，使Q3饱和导通，Q3的c、e极间(即1、2、3、6、7、⑧脚对⑤脚)电压为0V，GB通过M、Q3的c、e极形成回路，M得电高速运转，剃须开始。同时，C1通过R4、Q2的c、e极接地，将残存的电压放掉，使C1两端电压始终保持0V，以便为下一次关机做准备。

关机：当再次按一下S1时，S1触点瞬间接通，Q2的b极通过R7、C1接地，此时因C1电压为0V不能突变，故R7和R6处于并联状态，其并联阻值约99Ω，此时GB电压通过Q1的e、c极，经R5与R6//R7分压后，Q2的b极分得电压约0.02V，低于Q2约0.6V的导通电压，故Q2很快进入截止状态，此时R1、R2与Q2的c、e极供电回路被断开，Q1的b极电压回升至约GB电压，R1的压降低于Q1的导通电压，Q1、Q3随后也截止，M供电回路中断，M停止转动。此后，R1、R2、R4又开始给C1充电，C1再次充得GB电压，电路又恢复至初始状态，为下一次开机做准备。

2.电量不足时

此机使用2两节5号电池供电，那么电池电压降至什么程度下电机仍可转动呢？由电路可知，Q1、Q2在M转动时皆处于饱和导通状态的，其be偏压约0.7V，据此以及R1、R2推算出Q1饱和导通时的GB电压约0.83V；根据R5、R6的分压值以及0.7V的偏压值，推算出Q2饱和导通的GB电压约1.54V。综合考虑，估计GB最低工作电压约1.5V。实测用外置可调电源将GB电压调至约1.5V，不开机时，用500型万用表测得C1电压约0.7V，开机后，测得Q2的b极电压约0.62V，Q3的4脚电压约0.7V，此时M可转动，但转速明显降低；在GB电压调至约1.4V时开机时，M有时能转动，有时仅在开机瞬间微动一下，无法正常工作。通过测试得知当两节干电池总电压低至1.5V时，电机仍可转动，但不能正常剃须。

3.S1按端操作

平时我们在开、关机时都是瞬间按压一下S1的，很少按住不放的，现在开机时若按住S1不放会出现什么情况？是M继续转动、停止转动？还是一会儿转动、一会儿停止转动呢？正确的答案是M继续转动。因为当按住S1后，C1上约GB电压通过S1、R7、R6给C2充电，当C2上的电压升至约0.7V时，也就是C1上还有电压时，Q2就已经开始导通了，此后Q2的b极电压改由R5支路提供，同时R5支路也通过R7给C1补充电，因C1有残存电压，并非0V，因此不会拉低Q2的b极偏置，影响Q2的工作，故Q2仍会处于导通状态，M仍保持转动状态。

同理，当关机时按住S1不放又会出现什么情况呢？显然正确的答案是关机并继续保持这一状态。因为当按住S1时，因C1电压为0V不能突变，先是Q2的b极电压被瞬间拉低，Q2进入截止状态，随后Q1、Q3也跟着进入截止状态，来自R5给Q1的b极供电的支路被断开，Q2继续保持截止状态，同时，GB电压开始通过R1、R2、R4、R7、R6给C1、C2充电，由于整个回路电阻中接地端的R6的阻值只有10KΩ，故分得的电压很低，最终C2上所充电压几乎为0V，Q2仍维持截止状态，M继续处于停转状态。

另外，C2还可将串入Q2的b极干扰信号衰减掉，避免引起误动作，导致M莫名其妙的自动转动。

三、故障检修

朋友说此剃须刀不启动，换用新电池也一样，一点反应也没有。

笔者测其电池电压，发现有一节电压几乎为0，换试新电池并清洗电池仓簧片后，故障排除。询问得知是新旧电池弄混了。当新旧电池混用时，因旧电池内阻增大，导致电容C1无法充到合适的电压，故产生了本例故障。

◇山东　黄　杨

金涵JDS2012A无法显示波形故障检修1例

故障现象：笔者前几年购入的金涵JDS2012A手持示波表最近出现无法显示波形的故障，测试点的频率显示也不正常（探头拨在X1或X10档均是如此），切换至自动量程万用表功能挡时则一切正常。

分析与检修：本着先软后硬的原则，执行恢复出厂设置后故障依旧，说明电路部分发生故障。仔细观察探头，发现接地用的鳄鱼夹布满了铁锈，怀疑是接触电阻过大造成的故障。但是，代换鳄鱼夹后故障依旧，无奈之下拆开机壳，仔细观察PCB板，发现探头插座接地线与PCB地线间的搭线出现脱焊现象（见附图），用电烙铁加锡补后，故障排除。因此处脱焊，导致被测信号就无法形成回路，也就无法显示波形了，从而产生本例故障。

◇安徽　陈晓军

奇异900无绳电话机检修纪实

故障现象：一台奇异900无绳电话机出现对不上码的故障。

分析与检修：该故障是无绳电话故障率最高的。根据用户反映故障之前摔过，但是还是可以使用。通电检查有对码蜂鸣声，不能开机，对不上码。用自己做的简易发射信号检测器来检测无绳电话机是否有正常的发射信号；用一毫米的漆包线在直径12毫米的圆柱体上绕十圈，串接一个2AP9二极管，二极管正极接万用表正极，线圈端接万用表负极，如图1所示。

将MF40型万用表挡位置于万用表直流电流0.25mA挡)，再将无绳电话机天线串入检测器线圈内，按无绳电话机，通话开机键，万用表直流0.25mA挡无电流指示(见图2)，这表明无绳电话机无发射信号输出。在确认故障范围后，打开无绳电话机，寻找信号线路板。多数无绳电话机有二块线路板，一块主板，一块信号发射，接收板，也称信号板。奇异900信号板安装在主板上面，二块线路板用14根的软排线连接，排线连接处用热熔胶封住。仔细察看软排线链接处，排线的每一端都串入孔化孔内，串入孔化孔的一端有焊点，焊点都正常。而检测软排线链接处的孔化点，有几处不通。试着将软排线插入孔化孔内另一面线路板未焊接处并加焊后(见图3)，再检测14个端点都通了，装机后按开机键一切正常，故障排除。

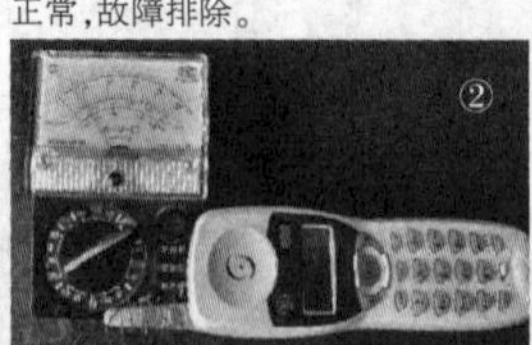

【提示】检修过程中正确判故障点是关键，对不上码故障主要有两种现象：一种是无发射信号，第二种有发射信号，信号频偏。这二种情况的修理方法不同，判断错了容易将修理工作引入歧途，修错了部位，检查了不该查的部位。在检修中对故障的判断尽可能正确，最重要的是要通过检测得到验证。对于频偏故障，需要通过设备检测和调整，当然没有线路图也会给维修带来麻烦，许多维修人员往往在初步检查无果后放弃维修。这是对故障判断正确无把握，缺少检测手段所致。因此，笔者提倡在修理中学习，针对这个修理的电话机，利用改造手中现有的仪器设备，自己制作一个简易信号检测器来检测无绳电话机的信号发射情况。检查信号板时会发现信号板与主板是分开的，信号板与主板的信号交换、电源供给是由软排线连接，如果连接线有问题也会使得信号板不工作或则工作不正常，一般都遵从先简后难的检修原则，先检查14头软排线链接处焊接有无脱焊现象，确认正常后，再检查相关电路。

◇上海　张曙伟

同步、低EMI LED驱动且具集成式开关和内部PWM调光能力的IC(一)

LED的应用范围不断扩大,已经涉及从通用照明到汽车、工业和测试设备、招牌以及安全设备的各种领域。因此,对LED驱动器的设计要求也越来越多了。最新LED解决方案要求驱动器具备紧凑的尺寸、高效率和低噪声,并提供高的调光比和先进的故障保护功能。LT3922非常容易满足这些要求。

LT3922具集成式开关和内部PWM调光能力

LT3922是一款36V、同步LED驱动器,集成了2A开关,可配置为升压、降压或升压-降压型LED驱动器。该器件集成了高效率、同步电源开关,采用纤巧的4mm x 5mm QFN封装。这款器件采用了ADI最先进的开关技术,虽然封装尺寸很小,却能够提供很大的功率,同时还能够控制边沿速度,并降低不想要的场致辐射。集成的同步开关边沿是受控的,不产生振铃,从而能够在高效率和低噪声之间提供恰当的平衡,这些开关还能够以高达2.5MHz的频率切换,因此可构成尺寸紧凑的解决方案。

拓扑选择:升压、降压、升压-降压模式

LED串由受控的电流驱动,该电流不必直接返回地。LED+和LED-或其中任一端子可以连至非地电位。这就为选择包括降压和升压-降压型拓扑在内的浮置输出DC/DC LED驱动器拓扑创造了机会。LT3922的高压侧PWMTG驱动器和同步开关可以配置为升压、降压或升压-降压模式LED驱动器,同时保持该IC的所有功能都可用,也就是说,内部PWM调光、SSFM(扩展频谱频率调制)、低EMI、ISMON输出电流监视器、和输出故障保护功能从标准升压型拓扑到降压型和升压-降压型拓扑也都提供。

升压型拓扑

LT3922作为升压型转换器运行时,可为高达34V的LED串供电,在40V以下留出一些空间,以防LED开路过冲。如图1所示,2MHz、4V至28V升压型LED驱动器为高达34V的LED串提供330mA电流。该器件可以从外部以120Hz频率和2000:1调光比进行PWM调光,或者可以从内部以128:1调光比、用PWM引脚上的模拟输入电压调光。

该器件可以承受LED开路和LED+至地短路而不被损坏,并通过确定FAULT引脚,报告这类故障。输出电流可以通过ISMON引脚监视,甚至在PWM调光时也可以。在2MHz开关频率时,其基频EMI谐波驻留在高于AM频段的频率上,但其EMI仍然很低。还可以增加扩展频谱频率调制以扩展2MHz至2.5MHz的开关频率,并降低基频及很多谐波频率上的EMI。由于集成了同步开关,所以这个2MHz升压型转换器的效率在$12V_{IN}$时依然保持高达91%。在较低V_{IN}时,当峰值电感器电流达到其限制值时,输出电流无闪烁地平滑降低,同时LED仍然保持接通。

降压型拓扑

如图2所示,当LT3922用于降压模式拓扑时,输入电压可以高达36V,并能够以高达1.5A的电流驱动一个LED串。高压侧ISP及ISN电流检测输入和PWMTG PMOS驱动器很容易转移到LED的高压侧,在降压模式时,LED的高压侧连至输入。LED-直接连至电感器而不是地。当以6.5V驱动两个1A LED时,V_{IN}为12V时的同步降压模式效率高达94%,V_{IN}为36V时效率仍然保持高达89%。该降压模式转换器具很大的带宽,因此能够在100Hz以1000:1 PWM调光比运行。

升压-降压型拓扑

图3所示LT3922升压-降压型拓扑支持高于和低于LED串电压的输入电压范围。LED串电压之和以及输入电压必须保持低于35V,以保持ISP和ISN电压低于40V绝对最大值。

这种已获专利的低EMI拓扑采用升压型低纹波输入电感器和降压型低纹波输出电感器。采用4V至18V汽车输入或化学组成不同的多种电池输入(5V、12V和19V)时,升压-降压型转换器可驱动电压范围为3V至16V的LED串。

与其他拓扑一样,PWMTG驱动器简化了用于PWM调光的MOSFET的连接。在浮置LED拓扑中,开路和短路保护不受影响。在LED-端上的一个可选二极管防止受到LED-至GND短路的影响。

图3中的2MHz转换器在12V V_{IN}、15V V_{LED}、330mA I_{LED}时效率为85%(无EMI滤波器时为87%),在120Hz时提供2000:1 PWM调光比。这个解决方案尺寸小、具通用性和低EMI,可满足汽车白天行车灯、信号指示灯或尾灯LED驱动器的要求。

汽车照明

LED的诸多特点使其非常适合用于汽车照明。LED尾灯和白天行车灯在视觉上具吸引力。高效率LED前灯坚固可靠,与之前相对容易烧坏和基于灯丝的前灯相比,LED前灯的寿命长出几个数量级。LED驱动器很小,效率很高,有很宽的输入和输出电压范围,而且EMI也很低。

纤巧的LT3922 LED驱动器之EMI很低,具汽车环境所要求的高效率和故障保护功能。该器件可以在9V至16V汽车输入范围内运行,并可在36V瞬态和低至3V的冷车发动情况下保持运作。其低EMI Silent Switcher架构、SSFM和受控的开关波形边沿使该器件非常适合给要求低EMI的LED供电。该器件的通用性使其能够用于升压、降压和升压-降压型应用,例如外部白天行车灯、信号指示灯、尾灯和前灯以及内部仪表板和具高调光比的平视显示器。为防止受到LED串短路和开路的影响,需要保护电路,而该器件固有的灵活性和内置故障保护功能有助于减少保护电路所需的组件数。

图4所示的400kHz汽车用升压型LED驱动器通过了CISPR 25 Class 5 EMI测试,如图5所示,图中显示了LT3922的传导和辐射EMI测试结果以及Class 5 EMI限制。这是LT3922各项低EMI特性相结合所得到的结果,包括但不限于受控的开关波形边沿和SSFM。当然,恰当的布局和少量铁氧体珠滤波(FB1和FB2)也要使用,以获得最佳EMI结果。(未完待续)(下转第85页)

◇云南 刘乾

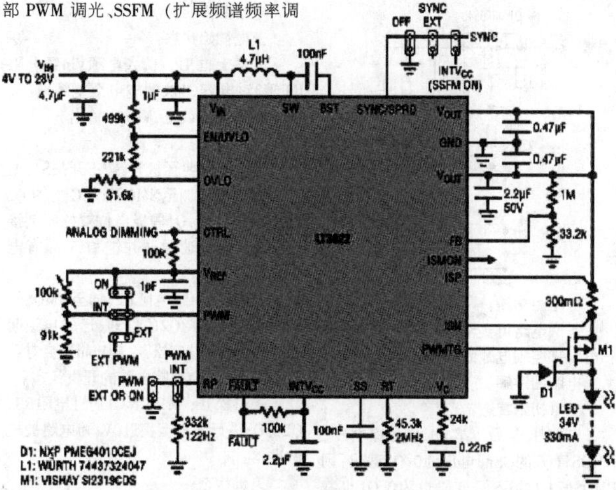

图1:2MHz常规升压型拓扑原理图,120Hz、2000:1 PWM调光比

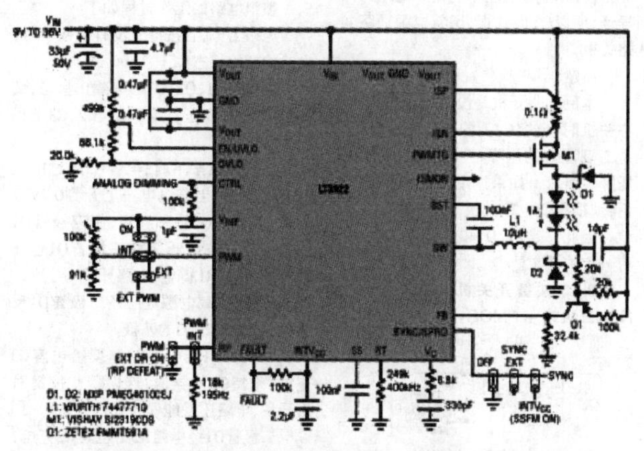

图2:以1000:1、100Hz PWM调光进行亮度控制的400kHz降压模式LED驱动器

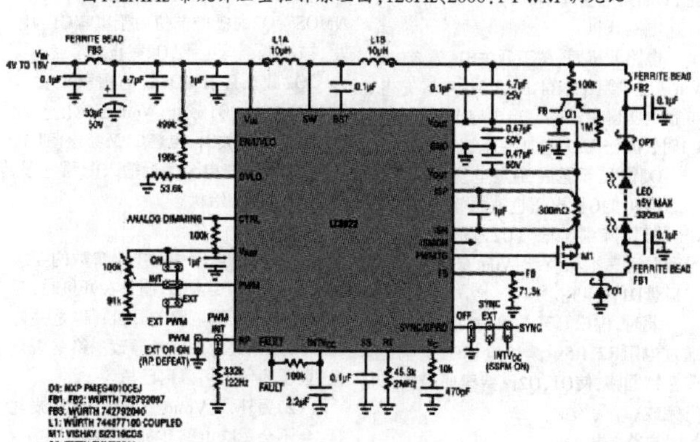

图3:2MHz升压-降压型LED驱动器的输入和输出纹波很低。这个解决方案通过了CISPR 25 Class 5测试。

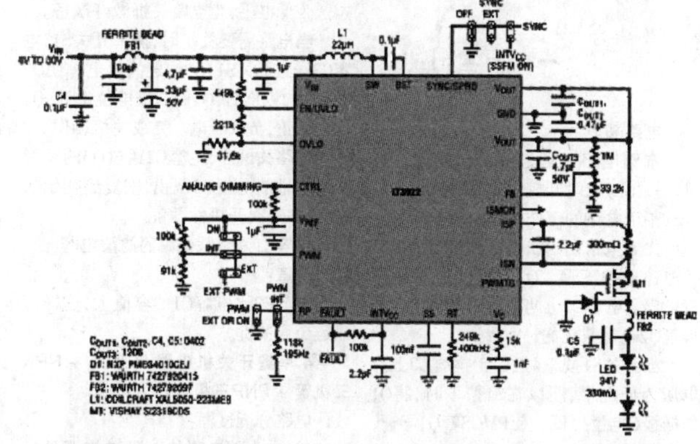

图4:400kHz汽车用升压型LED驱动器采用滤波器以实现低EMI,可选择内部产生的100%、10%或1% PWM调光。

常见单键开关机电路合集

1. 单按键开关机电路1（开关 + NPN三极管 + PMOS）

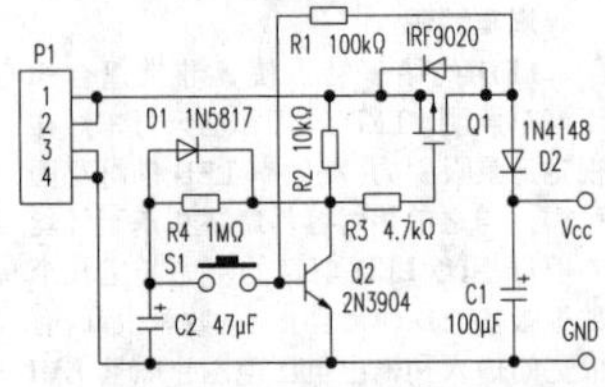

电路功能：本例电路可实现通过按一次按键S1实现开机，再按一次S1实现关机的功能。

整个电路的工作过程：电路中连接器P1是一个电源连接器，电源+从①、②脚输入，电源地从③、④脚输入。电路上电后，P-MOS管Q1的G极和S极都是为高电平，所以Q1处于截止状态，VCC出没有电源输出。同时，电容C2通过电源，电阻R2，电阻R4充电。C2上的电压会慢慢上升。

当按下开关S1时，电容C2上的电压加在三极管Q2的基极上，使Q2饱和导通。此时PMOS管Q1的G极被三极管Q2拉低至低电平，使MOS管的GS电压为负，Q1导通。连接器P1输入的电源通过MOS管，二极管D2输出至VCC。同时经过反馈电阻R1，将输出的电源电压加至三极管Q2的基极，维持Q2导通。

所以，这个时候即使按键S1松开，电路也会保持在开机状态，这就是自锁的作用。

电路开机后，电容C2通过二极管D1，三极管Q2完全放电，使C2上的电压为低电平。为电路关机做准备。

需要关机时，按下开关S1，电容C2上的低电平电压拉低Q2的基极电压，使Q2截止。这样Q1的G极又恢复高电平，MOS管GS间的电压不再能够维持Q1的导通，所以Q1也截止，切断电源通路，电路关机。

注意：

本例电路开机是没有问题的，但是在关机时，电容C2上的电压不会是0，它是二极管D1的压降+三极管Q2的饱和管压降。所以，如果这个电压大于0.7V的话，就很难使电路关机。

因此，二极管D1和三极管Q2的选型有一定的要求。

2. 单按键开关机电路2（开关 + NPN三极管 + PMOS）

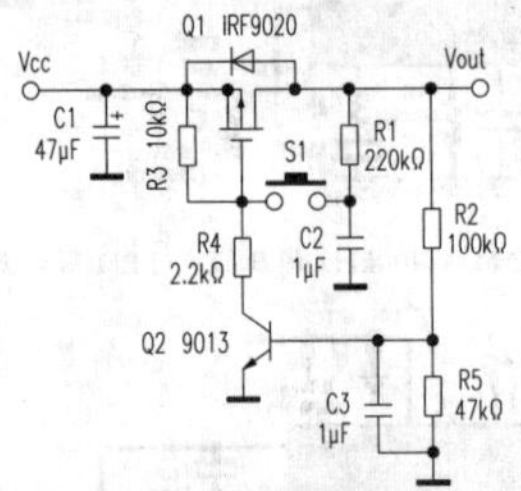

电路功能：

本例电路可通过开关S1实现开关机。按第一次时开机，第二次关机。

整个电路的工作过程：

先看电路初始状态：当电路上电，开关S1还未按下时。Q1是截止的，Vout没有输出。电容C2上的电压为低电平。三极管Q2也是截止的。

当开关S1按下时，由于电容C2上的电压为低电平，所以在S1按下时，将Q1的栅极G电位拉低，使PMOS管Q1导通，Vout有电源输出。

同时，Vout上的电压，经分压电阻R2和R5使三极管Q2饱和导通，进一步的拉低Q1的栅极，使Q1能够完全导通。电路开机完成。电容C2通过电阻R1充电，为再次按键关机做准备。

当需要关机时，按下开关S1，电容C2上的高电平也会拉高Q1栅极高电平，使PMOS管截止，Vout没有输出，Q2三极管基极无偏置电压，也会截止。电容C2通过电阻R1，Vout的负载进行放电，又恢复到初始状态，为电路开机做准备。

这里电容C3对负载波动起到一定的抗干扰作用。

注意：

本例电路有一个缺陷，所以不能用在实际的产品当中。当我们开机时，若按住S1的时间过久，马上就会使Q1截止而关机，发生“追尾”。

3.单键开关机电路3（开关 + NPN三极管 + PNP三极管）

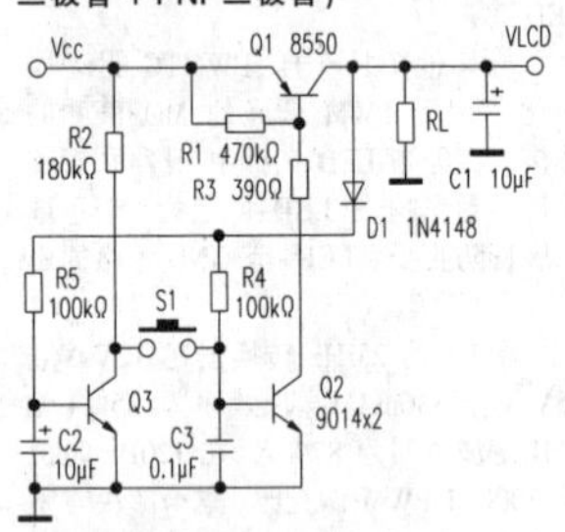

电路功能：

本例电路通过3个三极管和一个按键实现单键开关机功能。

整个电路的工作过程如下：

电路上电，且按键S1没有被按下时，电路的初始状态如下：

三极管Q1、Q2、Q3都是截止状态，负载RL上没有电压，电容C1、C2、C3上也没有电压。

当按键S1按下时，电容C3通过电阻R2开始充电，当充电电压上升到0.7V以上时，三极管Q2饱和和导通，使三极管Q1的基极电压被拉低，PNP三极管Q1也开始导通，负载RL得电，电路开机。

同时，负载电源电压经二极管D1反馈到三极管Q2、Q3的基极。

二极管D1经电阻R4继续给电容C3充电，维持Q2的导通，这样即使按键S1松开后，电路还是能保持开机状态。

二极管D1经电阻R5给电容C2充电，最后使Q3也开始导通，将开关S1的左端拉低为低电平，为电路关机做好准备。

当电路需要关机时，按下开关S1，电容C3通过开关S1，Q3快速的放电，使Q2截止。Q2截止后，Q1的基极电位上升，Q1也会截止，负载断电。完成关机动作。

电路关机后，电容C2通过Q3的发射结慢慢地放电使Q3截止，恢复到初始状态，为下一次开机做准备。

电容C1为负载电源的滤波电容。

注意：

电容C2比电容C1的容值大，这样可以避免误关机。

4.单键开关机电路4（开关 + NPN三极管 + PNP三极管）

电路分析过程：

其实，本例电路与上例 单键开关机电路3 是一样的。所以对于理解了上例电路的同行来说，这个电路基本略过了。

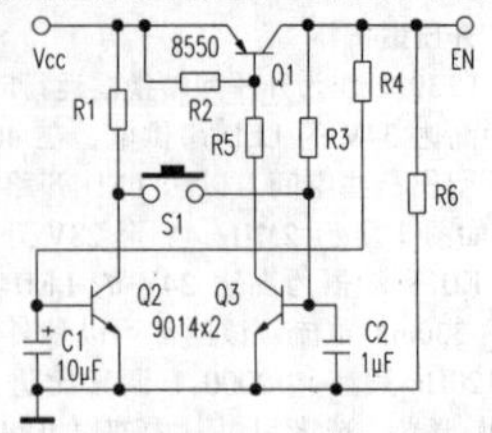

对于不理解的，再按照 单键开关机电路3 里面的分析过程自己分析一遍。

另外，本例电路并没有给出电阻的参数，所以设定了一个5V的输入电源，然后为自己设定电阻的参数，并可以尝试仿真或者实际制作出来。

仿真的工具可以选择proteus或者multisim，仿真的要点就是在于选择电阻的参数了。这里不需要我们去像书本一样去计算。先估计一下电阻的阻值范围，先选取一个看顺眼的值，然后去调整、仿真、再调整，直到输出正确结果。当然如果你懂得怎么去算，那调试的时间将会大大缩短，并且效率很高，而且知其然知其所以然！

注意：

本例使用的是三极管，所以漏电流和功耗比较大。也可尝试修改成MOS管来实现的开关机。

5.单键开关机电路5（开关 + PMOS + NMOS）

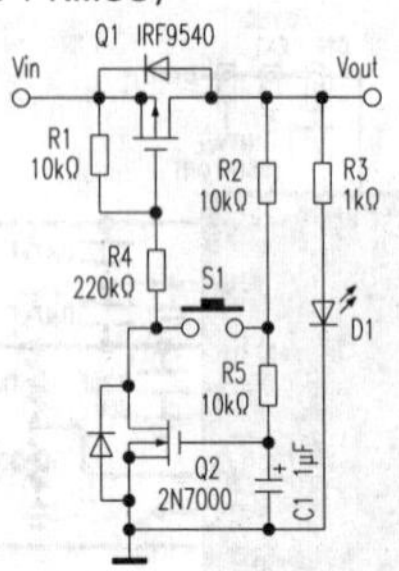

电路图功能：

本例电路可实现通过一个开关按键和电容来控制电源的开和关。

电路图讲解：

上电初始状态：

电路上电后电容C1上没有电压，NMOS管Q2的GS间电压为0，Q2截止；则PMOS管Q1的GS间电压也为0，Q1也截止，Vout无电压输出。

电路开机：

电路开机时，按下开关S1，输入电源Vin通过电阻R1，R4，S1，R5给电容充电，电容电压慢慢升高，当电容电压上升到U1时，NMOS管Q2导通并迅速饱和。

Q2饱和导通后，D点电位可认为是0，这样Q1的G极电压也被拉低。当Q1的GS电压下降到U2时（U2为负电压），Q1导通并迅速饱和。此时Vout有输出，发光二极管D1被点亮。

此时，应松开开关S1，输出电压Vout通过电阻R2，R5继续给电容C1充电，形成自锁回路，使Q1，Q2保持导通状态。开机完成。

电路关机：

当电路需要关机时，按下开关S1，电容C1通过电阻R5，开关S1，MOS管Q2的DS放电，当放电至电容C1的电压低于MOS管的开启电压时，Q2开始退出饱和并慢慢截止。Q1的GS电压慢慢升高，也退出饱和和进入截止状态，Vout无输出。电容C1通过R5，R2继续对负载放电，指指电容C1两端电压为0。返回到电路的初始状态。则开机完成。

注意：

（1）电路图讲解中，U1，U2的电压可通过查找电路图中两个MOS管的数据手册获取，并分析一下电路中的参数设置是否满足要求。

（2）本例开机电路，S1开关不能旧按，在开机或者关机完成后必须松开，否则会“追尾”。

6.单键开关机电路6（开关 + PMOS + NMOS）

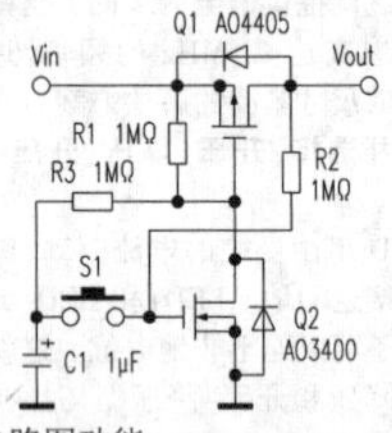

电路图功能：

本例电路与上例开关机电路功能一样，通过按键S1和电容C1可控制电路电源的开和关。但是本例电路久按开关S1不会发生“追尾”现象，这是它的优点。

电路图讲解：

上电初始状态：

电路上电后，输入电源Vin经电阻R1、R3对电容C1快速充电至电源电压。MOS管 Q1、Q2截止，Vout无输出。

开机状态：

当电路需要开机时，按下开关S1，电容C1上的电压加在NMOS管的G极，使Q2迅速饱和和导通，Q1栅极电位被拉低至接近0V，Q1也迅速导通并饱和，Vout有电压输出。

此时，Vout经电阻R2，加至NMOS管Q2的栅极，维持Q2的导通，形成自锁回路。此时若S1没有松开，则Vout还会对电容C1充电，不会影响电路的开机状态。

若S1松开，则电容C1通过电阻R3，Q2的DS进行放电至接近0V，为电路关机做准备。

关机状态：

电路需要关机时，再次按下开关S1，NMOS管Q2的栅极电位由于电容C1的作用，被拉低至低电平，Q2截止。

Q2截止后，PMOS管的栅极电位上升到高电平，Q1截止，Vout无输出。此时，应松开开关S1，电容C1又经电阻R1，R3开始慢慢充电至接近输入电源电压。恢复至上电初始状态。

注意：

（1）本例电路中对电阻参数的要求没有上例电路要求高。而且在开机时，开关S1久按不影响电路的开机；但是关机时，久按开关S1则容易导致电路重新开机，至于为什么可以自己思考。

（2）另外，若Vout端接有一个滤波电容，会不会影响电路开机和关机？

◇河北 李刚

自动扶梯交流曳引主机拖动线路的设计研究(下)

(紧接上期本版)

二、由两个独立接触器切断

1.一次电路

当曳引主机供电的电源接触器控制与静态元件的控制和电流检测不存在关联时，必须使用两个独立的接触器进行电源的分断。而在“新标准”中并没有规定该两个接触器放置与静态元件的位置，因此由静态元件供电的使用两个独立接触器串接在电源与自动扶梯主机供电线路中进行分断电源，接触器的放置位置有3种方式。其一是两个接触器都放在静态元件的前面，该线路如图6(a)所示，其二是两个接触器都放在静态元件的后面，该线路如图6(b)所示，其三是两个接触器在静态元件的前后各放置一个，该线路如图6(c)所示。图中省略了电抗器和滤波器。

图6(b)线路是电梯主机驱动的一种典型线路，该线路虽然符合“新标准”中对曳引主机电源控制的规定，但未考虑变频器自身供电电源的控制要求。若变频器出现故障，如输出失控，很可能会使故障扩大损坏变频器。对于电梯来说，由于电梯在投运期间轿厢的运动方向时常在改变，而串接在变频器电源输入侧的接触器应避免进行频繁上下电或进行直接起动操作，权衡两种情况才采用图3(b)所示线路的。但对于自动扶梯或自动人行道来说，不存在运行方向的频繁改变，按照变频器的使用要求故不宜采用。

2.接触器控制要求

图6(a)和(c)符合通用变频器的驱动线路要求，也符合“新标准”的要求。

图6(a)所示电路中两电源接触器“KMDY1”和“KMDY2”吸合后才能起动变频器；停止时，关闭了变频器后才可断开“KMDY1”和“KMDY2”；两电源接触器的动作先后并不重要。

图6(c)所示电路中对电源接触器“KMDY1”和“KMDY2”的动作时序有一定的要求，不能用“KMDY1”进行直接起动操作；当电机“M”投入运行时，必须先使“KMDY2”吸合后，再使“KMDY1”吸合，然后才起动变频器。停止则相反，先关闭变频器，再切断“KMDY1”，最后断开“KMDY2”。

三、由单个接触器切断

与静态元件控制和电流检测相关联时，由单个独立接触器串接在静态元件与自动扶梯主机供电线路中进行切断电源，接触器的放置位置有2种方式。其一是电源接触器“KMDY”放在静态元件的前面，该线路如图7(a)所示，其二是电源接触器“KMDY”放在静态元件的后面，该线路如图7(b)所示，图中静态元件IVT控制端子与电源接触器“KMDY”之间的虚线表示存在控制关联。

从图中可以看出，图7(b)中电源接触器的控制虽然与变频器相关联，但与图6(b)线路具有同样的缺陷，故也不宜采用，应优先采用图7(a)所示电路。但图7(a)所示电路直接与变频器的输出信号有关，并不是每一种变频器都适用，具体情况将另文讨论。

通过分析和讨论，可知自动扶梯主机由静态元件供电时，图6(a)和图6(c)都适用，建议将后者应作为优先采用电路。

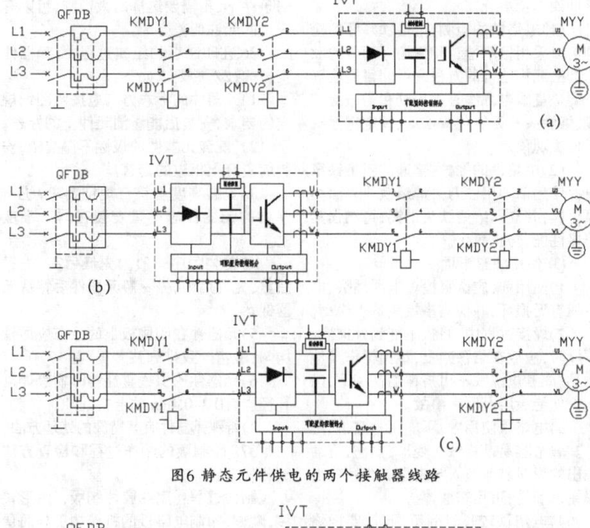

图6 静态元件供电的两个接触器线路

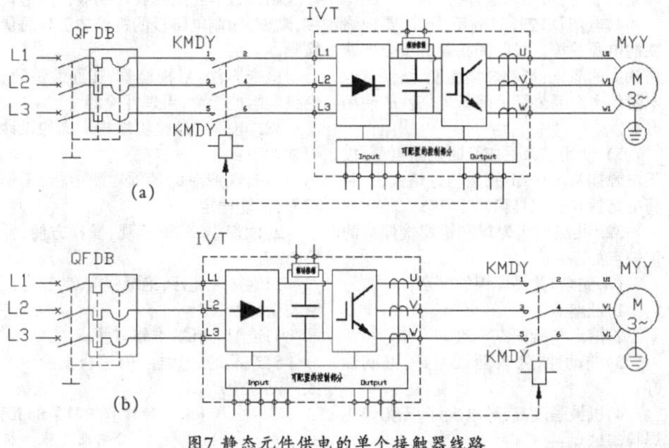

图7 静态元件供电的单个接触器线路

四、电动机的状态检查

对于图6(a)和图6(c)所示电路，在电源接触器“KMDY1”和“KMDY2”都吸合情况下，电动机的状态可通过配置变频器的输入、输出端子的功能后，依据其端子的状态来判断(包括电机过载)。在接触器“KMDY1”或“KMDY2”释放情况下，电动机肯定处在停止状态。

对于图7(a)所示电路，在接触器“KMDY”吸合情况下，电动机的状态可通过配置变频器的输入、输出端子的功能后，依据其端子的状态来判断。在接触器“KMDY”释放情况下，电动机肯定处在停止状态。

由此可以看出，由变频器驱动电机的曳引主机拖动线路中，电动机状态既与电源接触器状态有关，也还与变频器的输入输出端子状态有关。在接触器都吸合时，变频器的输入输出端子状态不同，电机的状态也会不同，其中包括电机处在停止状态。

五、分列供电的一次电路

分列供电的一次电路就是对同一曳引主机供电的电路中既有直接供电电路，又有通过静态元件(这里指变频器)供电的电路。两路供电电路以分列方式对同一曳引主机供电，但两路供电电路不能同时对曳引主机供电。当启用直接供电时，应切除变频器驱动电路；当通过变频器驱动时，应保证电机处在正常工作接线方式(即Δ接线)，并杜绝变频器主输入和输出端子的短路。

由于图2中，接触器“KMXQ”和“KMSY”是用来对电机的接线方式进行切换的，而接触器“KMDY”与接触器“KMS”或“KMX”分别作为两个电源接触器。再参考图6(c)电路中变频器的放置位置，可以得到分列供电的一次电路如图8所示。图中“KMDY1”为直接供电电路的电源接触器之一，“KMDY2”和“KMDY3”为静态元件供电电路的两个电源接触器。考虑到变频器输出电路侧不宜装接热继电器，故把“KJR”移至上/下行接触器“KMS”/“KMX”前。

图8所示电路的特点是自动扶梯的上/下行运行方式可以由相同的接触器“KMS”或“KMX”控制。当以直接供电方式运行时，电源接触器“KMDY2”和“KMDY3”禁止吸合，其余接触器按直接供电方式的动作时序工作。当以变频器驱动方式运行时，电源接触器“KMDY1”和“KMXQ”禁止吸合，接触器“KMDY3”“KMSY”和接触器“KMS”或“KMX”吸合后接触器“KMDY2”才允许吸合，然后再由变频器控制端子起动变频器投入运行。该电路的缺点是当接触器“KMDY1”出现粘连时很有可能将变频器的输出端误接入供电电源。

考虑到图8所示电路中接触器“KMDY2”和“KMDY3”在变频驱动方式中是电源接触器，而在直接供电方式中作为隔离接触器，故同样将在直接供电方式中的电源接触器“KMDY1”和“KMS”或“KMX”，在变频驱动方式中作为隔离接触器。这样任一路供电时，对另一路的隔离均由两个独立的接触器承担。改进后的分列供电电路如图9所示。

图9所示电路中，自动扶梯的上行或下行方向控制在每种供电方式中仍有各自的接触器或继电器承担。直接供电方式由接触器“KMS”或“KMX”决定，变频驱动方式中由装接在变频器控制端子回路的继电器决定(图中未画出)。直接供电运行方式中，接触器“KMDY2”和“KMDY3”将变频器隔离；变频驱动运行方式中，接触器“KMDY1”和“KMS”或“KMX”，将直接供电电路隔离。相互之间的隔离均使用了两个独立的接触器，提高了安全性和可靠性。

(全文完)

◇江苏 陈洁

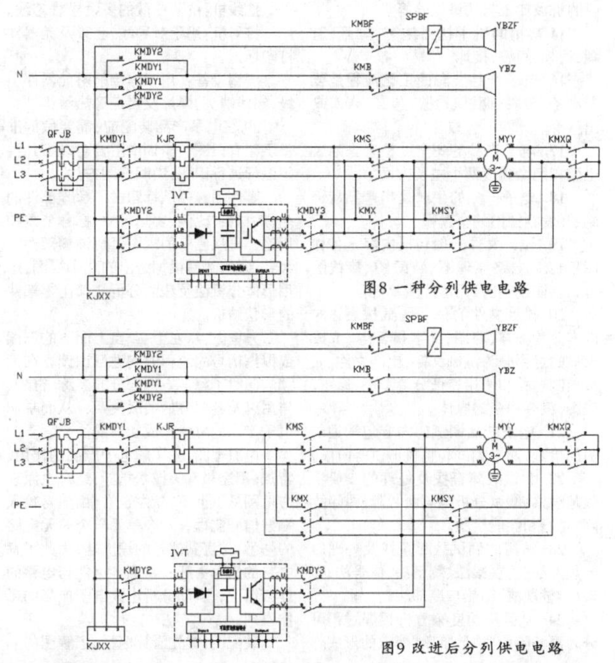

图8 一种分列供电电路

图9 改进后分列供电电路

电子实训工艺汇集(上)

在电子类的职业学院校或系部中，电子实训是最为基础的教学途径之一，本文结合本校的学生电子实训，对其常用工艺进行汇集，以便同行在使用中进行参考。

汇集的如下电子实训工艺，不仅仅是在电子实训方面能进行应用，也是电子技术技能应该掌握的基础知识，同样能为电子技术专业初学者提供参考。

1.根据加热方式分，电烙铁可分为内热式和外热式两种。

内热式电烙铁的特点：优点是热效率高(高达85%-90%)，烙铁头升温快，相同功率时的温度高、体积小、重量轻；缺点是内热式烙铁芯在使用过程中温度集中，容易导致烙铁头被氧化、烧死，长时间工作易损坏，因而其寿命较短，不适合做大功率的烙铁。外热式电烙铁的特点：优点是经久耐用、使用寿命长，长时间工作时温度平稳，焊接时不易烫坏元器件。缺点是体积大，热效率低。

2. 常用的电阻标称值有：E48、E24、E12、E6。

3.电阻常用的标注方法有：直标法、文字符号法、数码表示法和色标法等四种。

4.常用的手工焊接工具有：电烙铁、电热风枪和烙铁架等，常用的自动焊接设备有：波峰焊机和再流焊机设备。

5.对于有绝缘层的导线，其加工分为以下几个过程：剪裁、剥头、捻头(多股线)、搪锡、清洗和印标记等工序。

6.元器件引线的预加工处理主要包括引线的校直、表面清洁及搪锡三个步骤。

7.直插元器件安装时，通常为分立式安装和卧式安装两种。

8.焊点的常见缺陷有虚焊，拉尖，桥接，球焊，印制电 路板铜箔起翘、焊盘脱落，导线焊接不当等。

10.自动焊接技术主要有浸焊、波峰焊接技术、再流焊接技术。

11. 无铅化技术的无铅化所涉及的范围包括：焊接材料、焊接设备、焊接工艺、阻焊剂、电子元器件和印制电路板的材料等方面。

12.接触焊接主要有：压接、绕接、穿刺等。

13.印制电路板的制作过程分为：底图胶片制版、图形转移、腐刻、印制电路板的机械加工与质量检验等。

14.常用的抗干扰措施有：屏蔽，退耦，选频、滤波，接地。

16. 电子产品装配的工艺流程是装配准备、装联、调试、检验、包装、入库或出厂等。

17. 电子产品的安全性检查是绝缘电阻和绝缘强度两个主要方面。

18. 电子产品的生产是指产品从研制、开发到推出的全过程。

19. 设计文件一般包括内容是各种图纸(如：电路原理图、装配图、接线图等)、功能说明图、元器件清单等。

20. 设计文件的分类是：a.按表达的内容分为图样，略图，文字和表格。b.按形成的过程分为试制文件，生产文件。c.按绘制过程和使用特征分为草图，原图，底图，载有程序的媒体。

21. 电子产品调试的内容包括通电前的检查、通电调试和整机调试等阶段。

22. 调试故障查找及处理的一般步骤是观察、测试分析与判断故障、排除故障、功能和性能检验。

23. 常用的调试故障查找及处理的一般方法有：观察法、测量法、信号法、比较法、替换法、加热与冷却法。

24. 从微观角度来分析锡焊过程可分为湿润阶段、扩散阶段、焊点的形成阶段三个阶段。

25.波峰焊的特点：生产效率高，最适应单面印制电路板的大批量地焊接，并且，焊接的温度、时间、焊料及焊锡的用量等，在波峰焊接中均能得到较完善的控制。但波峰焊容易造成焊点桥接地现象，需要补焊修正。

26.用万用表检测电阻、电容、电感、二极管、开关器件、扬声器的检测方法如下：

电阻：利用万用表的欧姆挡来测量。电容：模拟万用表的最高电阻挡；电感：通常是1欧挡10欧挡万用表测量；若测得线圈电阻远大于标称值或无穷大，无穷大。测得电阻小于标称值，线圈内部短路；二极管：万用表测量二极管正向电阻小，反向电阻大，若正方向电阻相差数百倍以上这说明单向通电性是好的。一般选用100欧挡或1000欧挡；开关器件：万用表的欧姆挡对开关线圈 绝缘电阻和接触电阻测量。机械开关绝缘电阻小于几百千欧，漏电，接触开关大于0.5欧，接触不良。电磁开关线圈电阻在几十欧和几千欧质检，绝缘电阻和接触电阻值与机械开关相同。电子开关，检测二极管单向导电性和三极管好坏；扬声器；万用表1欧挡测量直流电阻，若小于标称，正常，大于则内部断线。好的扬声器测试时咔嚓声音，无声音，音圈被卡死。

27. 6种常用的电子产品制作的专用工具及功能。

剥线钳：用于剥掉直径3cm及以下的塑胶线等线材的端头表面绝缘层的专用工具。

绕接器：无锡焊接中进行绕接操作的专用工具。

压接钳：无锡焊接中进行压接操作的专用工具。

热熔胶枪：专门用于胶棒式热熔胶的熔化胶接地专用工具。

手枪式线扣钳：专门用于线束捆扎时拉紧塑料线扎搭扣。

元器件引线成形夹具：用于不同元器件的引线成形的专用夹具。

28. 5种常用的电子整机装配专用设备及其功能。

录头机：用于剥除塑胶线、腊克线等导线端头的绝缘层。

套管剪切机：用于剪切塑胶管和黄漆管。

捻线机：捻紧松散的多股导线芯线。

打号机：用于对导线、套管及元器件打印标记。

浸锡设备：用于焊接前对元器件引线、导线端头、焊片及接点等热浸锡。

29.在电子产品装配前，需要做的准备工艺有识图，实训中主要对以下几种国图形进行识图，说明识图方法。

零件图：先从标题栏了解零部件的名称、材料、比例、实际尺寸、标称公差和用途，再从已给的视图了解该零部件的大致形状，然后根据给出的几个视图，运用形体分析法及线面分析法读出零部件的形状结构。

方框图：从左至右、自上而下的识读或根据信号的流程方向进行识读，在识读的同时了解各方框部分的名称、符号、作用以及各部分的关联关系，从而掌握电子产品的总体构成和功能。

电原理图：先了解电子产品的作用、特点、用途和有关技术指标，结合电原理方框图从上至下、从左至右，由信号输入端按信号流程，一个单元一个单元电路的熟悉，一直到信号的输出端，由此了解电路的来龙去脉，掌握各组件与电路的连接情况，从而分析出该电子产品的工作原理。

装配图：首先看标题栏，了解图的名称、图号；接着看明细栏，了解图样中各零部件的序号、名称、材料、性能及用途等内容，分别按序号找到每个零件在装配上的位置；然后仔细分析装配图上各个零部件的相互位置关系和装配连接关系等；最后在看清、看懂装配图的基础上，根据工艺文件的要求，对照装配图进行装配。

接线图：先看标题栏、明细表，然后参照电原理图，看懂接线图，最后按工艺文件的要求将导线接到规定的位置上。

印制电路板组装图：应配合电原理图一起完成，(1)读懂与之对应的电原理图，找出电原理图中基本构成电路的关键元件。(2) 在印制电路板上找出接地端。(3)根据印制板的读图方向，结合电路的关键元件在电路中的位置关系及与接地端的关系，逐步完成印制电路板组装图的识读。

30.元器件引线成型的技术要求是：

1)引线成形后，元器件本体不应产生破裂，表面封装不应损坏，引线弯曲部分不允许出现模印、压痕和裂纹。

2) 引线成形后，其直径的减小或变形不应超过10%，其表面镀层剥落长度不应大于引线直径的1/10。

3)引线成形后，元器件的标记(包括其型号、参数、规格等)应朝上(卧式)或向外(立式)，并注意标记的读书方向应一致，以便于检查和日后的维修。

4)若引线上有熔接点时，在熔接点和元器件别为难题之间不允许有挖去点，熔接点到弯曲电之间保持2mm的间距。

31电烙铁的检测、维护与使用注意事项如下：

(1)电烙铁的检测：电烙铁好坏的检测可以采用目测检查和使用万用表的欧姆挡检测相结合的方法进行。目检检查主要是查看电源线有无松动和汤破漏芯线、烙铁头有无氧化或松动、固定螺丝有无松脱现象。

(2)电烙铁的维护：普通的新烙铁第一次使用前要用锉刀去掉烙铁头表面的氧化层，并立即给烙铁头上锡，可增强其焊接性能，防止氧化。

(3) 使用注意事项；

1)使用前，应认真检查电源插头、电源线有无损坏，并检测烙铁头是否松动。

2)焊接过程中，烙铁不能到处摆放，不焊时，应放在烙铁架上，避免烫伤其他物品。注意电源线不可搭在烙铁头上，以防烫伤绝缘层而发生事故。

3)电烙铁使用中，不能用力敲击、甩动。敲击容易是烙铁头变形、损伤，甩动飞出的焊料易危及人身安全。烙铁头上焊锡过多是，可用布擦掉。

4)电烙铁较长时间不用时，要把烙铁的电源关掉。长时间在高温下会加速烙铁头的氧化，影响焊接性能，烙铁芯的电阻丝也容易烧坏，降低电烙铁的使用寿命。

5) 使用结束后应及时切断电源，拔下电源插头。冷却后，清洁好烙铁头，并将电烙铁收回工具箱。

32. 共晶焊锡焊料和铅焊接焊料的优缺点如下：

(不完全)共晶焊锡的优点：

1)低熔点

2)熔点和凝固点一致。

3)流动性好，表面张力好，湿润性好。

4)机械强度高，导电性好。无铅焊锡焊料的缺点：

·熔点高

·可焊性不高，

·焊点的氧化严重

·没有配套的助焊剂，

5)成本高

33.手工焊接的五步法和三步法，及手工焊接要领：焊接的五步法；准备，加热被焊部位，加焊料，冰融化焊料，移开焊料，移开烙铁。焊接的三步法：准备，加热被焊部位并熔化焊料，同时移开焊料烙铁。

34. 焊接的质量要求与检查步骤如下：

质量要求：有良好的电器连接和机械强度，焊量合适，外形美观等。

检查步骤：目视检查，手触检查，通电检查。

35.在电子产品生产过程中，元器件选择依据和条件如下：

选用依据：元器件一般依据是电原理图上标明的个元器件的规格、型号、参数进行选用。当有些元器件的标志参数不全时，或使用的条件与技术资料不符时，可是当选择和调整元器件的部分参数，但尽量要接近原来的设计要求，保持电子产品的性能指标。

原则：

1)在满足产品功能和技术指标的前提下，应尽量减少元器件的数量和品种，使是电路尽量能简单，以利于装接调试。

2)为确保产品质量，所选用的元器件必须经过高温存储及通电老化筛选后，合格品才能使用。

3)从降低成本、经济合理的角度出发，选用的元器件在满足电路技术要求的条件下，不需要选择的太精密，可以有一定的允许偏差。

36.在印制板的组装过程中，元器件安装的技术的要求如下：

1)元器件的标志方向应按照图纸规定的要求，安装后能看清元件上的标志。

2) 安装元器件的极性不得装错，安装前应套上相应的套管。

3)安装高度应符合规定要求，统一规格的元器件应尽量安装在同一高度上。

4)安装顺序一般为先低后高，先轻后重，先易后难，先一般元器件后特殊元器件。

5)元器件在印刷板上的分布应尽量均匀，疏密一致排列整齐美观。

6)元器件的引线直径与印刷版焊盘孔径应有0.2~0.4mm的合格间隙。

7)特殊元器件有其特殊的处理方法。

37. 印制版的制作过程和检查方法部分如下：

制作过程：底图胶片制版，图形转移，腐刻，印制电路板的机械加工与质量检验。

检查方法：目视检验，连通性试验，绝缘电阻的检测，可焊性检测

38. 电子产品整机结构形式的设计要求如下：

1)实现产品的各项功能指标，工作可靠，性能稳定。

2)体积小，外形美观，操作方便，性价比高。

3)绝缘性能好，绝缘强度高，符合国家安全标准。

4)装配、调试、维修方便。

5)产品的一致性好，适合批量生产或自动化生产。

(未完待续)(下转第88页)

◇河北 张 恒

数字电视播出监测系统应用

数字电视播出监测系统是针对数字电视系统进行的实时码流监测，是保证数字电视系统稳定运行和传媒系统的播出安全的关键，为数字电视运营商提供一个安全可靠、集成化、统一完整的数字广播电视信号自动监测平台。

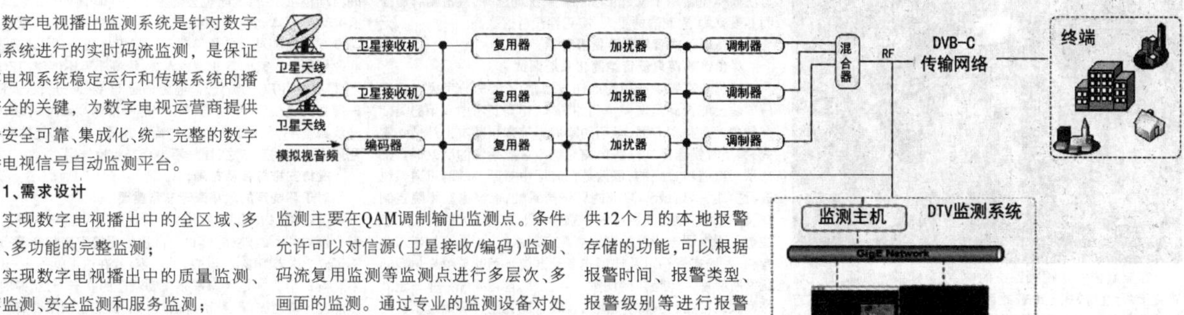

1、需求设计

实现数字电视播出中的全区域、多环节、多功能的完整监测；

实现数字电视播出中的质量监测、内容监测、安全监测和服务监测；

实现基于对TS over IP交换和传输技术的集中式数字电视系统的监测；

建立对重点节目播出信号实时监测和其他节目播出信号周期性监测相结合的模式。

2、系统监测环节

信源监测：作为数字电视源端，信号的质量和性质直接决定了整个数字电视系统的质量和安全性，对其的监测至关重要。对卫星接收信号、编码器信号进行实时在线监测，对卫星接收节目、编码器通过多画面实时监看和转码存储。码流核心处理监测：对MPEG/TS核心处理的监测，采用码流内容的实时监测方式，对码流核心处理后输出的图像质量实时监测。QAM调制输出监测：作为数字电视前端系统的末级，信号的质量直接影响到用户的收看效果，对播出码流的内容实时的监测。

3、监测系统架构

针对当今大部分数字电视前端播出平台的架构，本方案建议对前端系统的监测主要在QAM调制输出监测点。条件允许可以对信源(卫星接收/编码)监测、码流复用监测等监测点进行多层次、多画面的监测。通过专业的监测设备对处理后的码流信号进行码流检测分析。对不同种类的被监测信号进行统一的处理，在这个层面设备的报警信号转化成SNMP的协议，同时将被监测的码流信号处理成TS over IP的信号，同时可以对调制后的信号进行解调。可以通过DMM-1400P将ASI、QAM的信号处理为IP的信号进行码流监测、节目的监视。

4、监测系统功能

①采用嵌入式LINUX操作系统，系统安全、稳定；

②在码流层面可以对节目的质量进行监测，静帧、黑场、音频丢失、单音；

③支持码流的轮询监测功能；

④所有报警可以根据报警的发生次数制定报警的策略；

⑤支持RF信号的轮询监测功能，支持ASI接口信号轮询监测的功能，支持IP码流组播轮询的监测功能；

⑥基于服务、PID的报警策略、时间策略、容忍度策略；

⑦系统支持报警数据本地存储，提供12个月的本地报警存储的功能，可以根据报警时间、报警类型、报警级别等进行报警数据的查询；

⑧系统本身支持测量日志的存储，用户可以对播出码流的每个带宽、PCR数值、包间隔抖动数值进行定时的采集(精度1秒)，采集的数据可以通过图像曲线发布，或者转换成EXCEL的表格，提供2个月的数据采集本地存储；

⑨用户可以定制监测计划，并可以在不同的时间调入不同的策略对信号进行监测；

⑩用户自定报警策略，根据用户的需求通过设定报警容忍时间、过滤PID、设定报警级别、单位时间报警个数门限等安排报警策略；

⑪提供报警恢复的提示功能；

⑫系统可以配置报警方式，包括：GUI的显示报警、GUI中窗口弹出报警、SNMP网络报警发布、声音、继电器、COM端口、触发码流捕捉、本地异地窗口弹出等功能；

⑬系统支持实时码流转码的功能，用户可以将被监测的码流、码流中的节目通过TS OVER IP的方式进行转发，使用户可以远程监看、监听；

⑭支持VNC、HTML访问的方式：VNC为远程桌面客户端软件（免费），实现对异地监测界面的访问，实现系统的配置、码流的深度分析；IE方式的访问主要提供数据的查询、码流的下载、系统的维护、远程软件升级服务、远程录制码流下载服务、运程码流离线分析功能。同时远端平台ES层节目的内容可以通过I帧的方式回传到本地，最低带宽为56K。

⑮提供NTP网络时钟同步；

⑯底层协议开放，支持用户的二次开发；

⑰被监测的码流支持转发的功能，通过TS OVER IP的方式进行转发，并可以支持PID节目过滤的功能。

◇北京　李雯

PBI有线电视应用

1.提高了电视节目的质量

数字化以后的电视信号传输，噪声没有积累，各用户的信号质量一样，提高了传输质量。我国目前有16省市和中央电视台都用了数字卫星电视节目，DVD(数字视盘)也已经上市。采用MPEG-2视频编码标准，视频比特率为4~5Mb/s，利用这些数字信号源，使用数字CATV(有线电视)传输到用户，图像尺寸(取样数×扫描行)704 (720) ×576 (480)，可将显示清晰度提到480线，主观评价约4.3分。与模拟的3分左右相比，图像等级提高1级。还可以传送高清晰度电视节目。

2.增加了电视节目的数量

我国电视的模拟制式为PAL D/K，频道带宽是8MHz。CATV采用数字调制方式为64QAM，1个8MHz模拟频道可以传8~10套数字电视节目。200 MHz带宽内可以传200~250套节目。国外有的推荐用550~750MHz频段，国内某些有线电视台已由模拟频道占用，也可使用250~450 MHz的增补频段。这样在CATV系统中就可以开展VOD(视频点播)、HDTV(高清晰度电视)及其他多媒体信息业务。

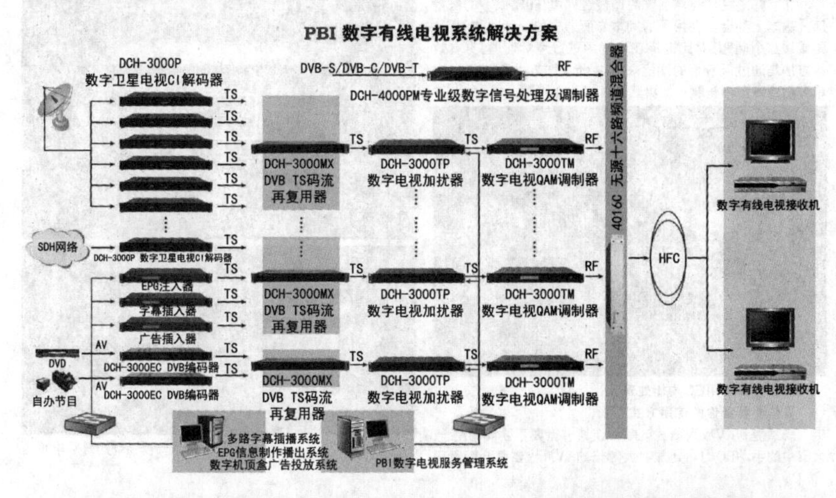

3.能提供多功能业务

随着CATV的数字化，以往用模拟方式无法提供的电视业务都将成为可能，可以实现数字业务、交互式电视业务等新型服务方式，如提供电话、计算机浏览等业务，也可提供电视购物、电子银行、远程教育、VOD等新式有条件接收的交互式业务。用户从单纯的收视者变为积极的参与者。

PBI数字有线电视前端解决方案为有线网络运营商提供了一套完整解决方案及一系列前端产品。

节目源部分，解码器、编码器分别完成从卫星、自办节目、SDH传输节目的接收处理。处理后的码流进入再复用部分，将多个单节目码流再复用生成一个多节目码流，支持8路独立输入和2路独立输出。再复用后的码流进入加扰器，配合CAS可对码流中的节目进行分类、分级授权管理。通过QAM调制器的调制成数字射频信号送入网络。可满足16~256QAM间的各类调制方式。选配DS3输出接口便可调制后直接送入SDH网络。

客户可通过网络软件对系统中的设备进行统一管理和监控。可在系统加入EPG、数据广播、广告字幕等增值服务。

◇湖南　刘慧

浅谈家庭影院系统中音频系统选择与组建容易忽略的问题(一)

在家庭影院音视频系统的中，在音频系统方面，首先看看关于两大沉浸式三维音效系统Dolby Atmos与DTS:X组建方面的简单攻略指南，从整体而言，由于增加了上方声场的布局需求，不管是Dolby Atmos还是DTS:X的系统组建都比5.1或7.1系统更为复杂，在构建的过程中，应该尽量参考官方的推荐规范，同时还需要结合实际使用环境的特点进行合理的布局。例如，如果在客厅中构建Dolby Atmos系统，能否采用向上发声的Dolby Atmos音箱来取代天花音箱以营造上方声场，还需要看看天花是否平整，有没有吊灯或有否在天花上安装吸声或扩散的声学处理材料。需要谨记的是，并非所有环境都适合构建拥有这么多音箱配置的沉浸式三维音效系统，特别是对于天花高度不足2.6米或者整体面积小于10m²的环境。在这些类型的环境中，如果一定要安装沉浸式三维音效系统，必须确保各个音箱之间保持足够的距离，聆听位置不要过于靠近环绕音箱，必要时需要对特定的位置进行声学处理，并且还要灵活地调整各个音箱的布局，不可全照抄官方白皮书的推荐规范。接下来，我们就分别从AV放大器与家庭影院音箱系统选择、座椅安排与音箱布局之间的关系以及适合需要进行声学处理的环节等方面，简单来谈谈音频系统在选择与组建方面经常会遇到的问题。

如何选择合适的AV放大器

看THX认证规范是一种便捷方法

不知道有多少朋友在选择AV放大器会考虑需要多大输出功率的问题。其实这是一个相当难的问题，如果没有实际的现场测试使用，仅仅是透过数学计算的方式来判断，很难做到完全正确，再加上不同品牌所表示的输出功率的含义也并不一样，因此不少影音爱好者或发烧友在选择AV放大器的时候都会直接挑选该品牌中高端甚至旗舰机型。不过对于预算并不充裕的普通用户而言，我们应该怎样选择刚刚好够用的AV放大器呢？我认为最简单的方法就是选择拥有THX认证的产品，通过该认证等级来判断这款AV放大器是否能够满足你的使用空间与观看距离的实际要求。以最常见的THX Select2与THX Ultra2为例，前者是专门针对中等大小的空间，空间容积最大为2000立方英尺(约为56.63立方米，若层高3米，面积为19平方米)，听众到屏幕的推荐距离为10-12英尺(约为3-3.6米)；后者是专门针对较大的家庭影院视听室，空间容积最大为3000立方英尺(约为85立方米，若层高3米，面积为28平方米)，听众到屏幕的推荐距离为12英尺以上(约为3.6米以上)，更多THX产品认证的规格推荐信息，大家通过其官方网站可以找到。从THX Select2与THX Ultra2这两种认证，我们基本上可以很顺利地找到合适自己使用的AV放大器。这样的

方法同样也适用于家庭影院音箱系统的选择，只是品牌覆盖面并没有AV放大器的更大、实用性没有这么高。

选择嵌入式音箱需要留意背箱，

尽量选购两只低音炮简化系统调试

谈到家庭影院音箱的选择方面，除了要充分考虑音箱声压的输出能否满足使用空间的需求，还需要考虑音箱的类型与数量。在类型方面，早期的家庭影院音箱基本上都是外置式，那个时候选择构建多声道环绕声音响系统的玩家很多都是从两声道转过来的，多数是在客厅中对原有的两声道系统进行扩建，构建成5.1声道的环绕声系统，而当家庭影院定制安装的概念兴起，开始有人在家中地下室或较大的房间中打造类似于小型电影院的家庭影院音箱系统，于是诸如嵌入式音箱、入墙式音箱以及挂墙式音箱这类音箱就被越来越多的玩家所使用。但是需要注意一点，定制音箱系统并非一定就是嵌入式音箱，传统的外置式音箱也能胜任。所谓定制音箱的概念仅仅是专门针对用户的需求而定制的意思。

那么当我们选择了嵌入式音箱系统之后，在安装的时候必须加上背箱，不少品牌的嵌入式音箱都会有专门的背箱搭配，或者有具体的背箱制造的规范说明，大家千万不要只是将嵌入式音箱不加背箱就直接安装在墙里面。音箱中的中低音单元需要一定容量的空气进行驱动，否则将没有办法呈现出足够的声压表现，尤其是在播放动态非常大的电影动作大片时就更为明显。

在数量方面，前面我已经说过，并不是每一个空间都需要安装沉浸式三维音效系统，对于一些楼层偏矮、面积较小的环境，传统的5.1声道环绕声布局基本上已经能够给你充足的声压表现以及环绕包围感。而对于一般的家用环境，最适合的沉浸式三维音效系统配置是5.1.2、5.1.4或者7.1.4，没有必要拓展到32个通道，尽管目前已经有不少顶级家用环绕声处理器具备这样的处理能力。不过，在超低音音箱方面，也就是低音炮方面，我则建议大家可以选择2个或4个，这样会在后期音效的调校过程中给自己留有更多的空间。

在家庭影院环绕声系统的调校过程中，80Hz以下的低频部分基本上都会存在由于房间本身所造成的低频驻波问题，要减缓这个问题，对比选择在房间中进行声学处理，更有效的方法是通过低音炮的摆位来解决，而2个或4个低音炮对比单个超低音音箱能够更加灵活地解决这个问题。

需不需要使用EQ均衡处理，

具体要看看你的使用方式

既然提到AV放大器，就顺便谈谈究竟要不要使用AV放大器中的手动EQ均衡处理。大部分的AV放大器都会带有房间自动校正系统，同时也会附带手动EQ均衡处理的功能。那么究竟需不需要使用，更多的是要看看你的使用方式。如果在没有任何测量设备的情况下，仅仅是通过耳朵来判断，除非你是经验丰富的专业调校人员，否则千万不要使用EQ均衡处理。要使用EQ均衡处理，需要搭配RTA实时分析仪或FFT快速傅立叶变换分析仪，这样你才能够根据测量出来的结果进一步调整AV放大器中的EQ均衡处理器。另外，使用EQ均衡处理器还要注意方法，操作不当会产生反作用。

座椅安排与音箱布局，

对于环绕声的效果表现非常重要

家庭影院音箱系统的声音表现除了与音箱本身的品质有直接的关系之外，同样也与合理的座椅安排与音箱布局密不可分。这当中涉及非常多的内容，我在这里就不一一解释。不过有几个原则是大家都必须要遵守的。第一，座椅的位置不能过于靠近音箱，特别是后排与两侧的座椅不要离环绕音箱太近，否则很难形成好的空间感与包围感。第二，前置音箱应该尽量放在同一高度上，优先采用透声幕，以维持准确的前置声场定位。第三，每一个座椅位置都需要能够看到每一个音箱，视线不要被前排座椅挡住，后排座椅在设计上尽量加上台阶。第四，尽管不少规范与标准都表示环绕音箱应该处于人耳高度，不过稍微提升环绕音箱的安装位置可以获得更好的空间感。第五，当建立沉浸式三维音效系统，上方声场音箱不要和环绕音箱靠得太近，否则会影响声场定位。第六，超低音音箱的声音其实并没有指向性，不必固定在某个位置上，可以根据调校需要进行调整，让每个位置都获得相近的低频效果。以上是其中几个关键之处，而更多的内容，我们需要通过相关的专题为大家作详细的分析。

总结：最后，我们来谈谈对于普通的家用环境是否需要进行声学处理的问题。我们进行声学处理最主要的原因是为了控制房间的混响时间以达到理想的范围，同时也希望克服一些房间反射声对于整个声音质量的影响。通常情况下，对于家庭影院进行的声学处理主要集中在吸声部分。吸声处理确实能够增加声场的定位，但是过多的吸声处理会减低房间中声音的活泼度，让声音变得沉闷，不利于打造富有包围感与空间感的声场。另外，其实我们已经习惯了聆听混合了反射声的声音，如果房间中缺乏反射声，反而我们会觉得声音不是太自然。对于混响时间而言，其实大部分家庭环境，包括客厅或独立视听室本身的混响时间都已经能够接近推荐的范畴，没必要像大型音乐厅那样进行严格的吸声处理。因此，普通家用环境是否需要进行声学处理，还需要具体分析环境中有哪些问题需要进行处理，需要有针对性的处理方法，而不是盲目的处理。上述是大家在家庭影院音频系统选购或组建过程中会遇到的几个常见的问题，希望能对各位有所帮助。

◇广州　李玮盛

2018年3月4日出版 实用性 启发性 资料性 信息性

第9期 国内统一刊号:CN51-0091 定价:1.50元 邮局订阅代号:61-75

地址:(610041)成都市天府大道北段1480号德商国际A座1801 网址:http://www.netdzb.com

(总第1946期) 让每篇文章都对读者有用

"北京8分钟"，台下X年功！

——揭秘冬奥会闭幕式背后的AI科技力量！

擅长使用"人海战术"表现宏大场面的导演张艺谋，摒弃此前的创作方式，在当日的演出中精简演员数量，大量采用科技手段——世界上最大却又最轻的熊猫木偶、可以与人共舞的机器人、可以实现透明图像显示的冰屏……14年前雅典冬奥会上"北京8分钟"的京剧、红灯笼和茉莉花，传递的是上下五千年的中国文化；如今的互联网、机器人和人工智能，展现的却是更加自信的中国力量！

按照惯例，奥运会的闭幕式将为下一届主办城市留下8分钟的表演展示时间。在2018年平昌冬奥会闭幕式上"北京8分钟"就是由下一届冬奥会的主办城市——北京所带来的文艺表演，以此向世人展示无与伦比的新时代中国风采，同时发出相约2022年北京冬奥会的邀请函，标志着冬奥会正式进入北京周期。

一、灵动通透的"冰屏"

在"北京八分钟"的舞台上，24块大屏幕呈现出新时代中国的美好形象，成为演出中的一大亮点，这些近乎透明的屏幕有个好听的名字——"冰屏"。这项源自中国本土的创新设计可以实现透明图像显示，效果更通透更灵动，获得过国内国际多项发明专利。

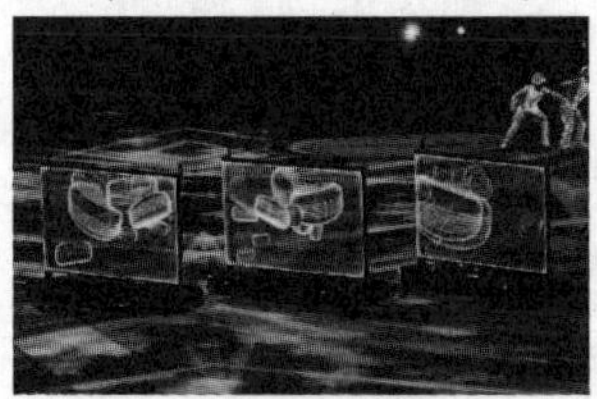

"冰屏"研发团队负责人、深圳壹品广电股份有限公司北京文艺表演项目总监黄庆生表示，屏幕上要的效果是雪花洁白、冰花透明，这对LED显示屏技术来说是前所未有的难度。"我们以前没有过这样的产品，常规不生产的。"黄庆生说，按照导演团队的要求，单屏幕尺寸达到1.5米的跨度，两块屏长3米，如果中间没有支柱，很难稳定。此外，LED屏越长，颜色的一致性越不好，到后面的灯颜色就不一样了。为参与8分钟演出，团队进行了专门的技术攻关，不仅生产出了规格更高、工艺更完善的产品，也同步实现了工艺的升级更新。"目前的'冰屏'技术我们处于世界领先水平，这次做出了3米长的屏幕而且中间没有横梁，这种工艺目前在世界上我们应该是第一家。"为保证屏幕可以抗风抗冻，所有屏幕都经过了风洞和冷库测试，风洞测试更是达到了15米/秒的风速要求。想要这么稳定，必须把背后的卡槽做好，结构非常精密，卡槽与屏幕之间的距离可以用微米计算。

北京8分钟表演所提出的技术要求，也推进了这项显示屏技术的革新。

二、机器人与演员共舞

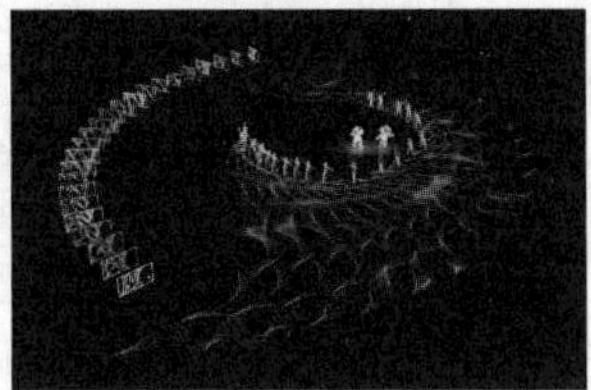

除了现场的24位轮滑运动员，载着"冰屏"跳出华丽舞步的是24个动作灵活的移动机器人，它们不仅完成了自己动作编排，更与现场演员、地面投影进行了联动表演，同样实现了技术领域的升级创新。机器人研发团队负责人、沈阳新松机器人自动化股份有限公司移动机器人事业部总裁张雷告诉记者，这是中国新一代智能机器人第一次在国际赛事上表演高难度舞蹈动作，此次他们主要在技术方面实现了两点突破：

首先是机器人导航更加精准。从机器人控制的角度来讲，演员和机器人之间有频繁的穿梭互动，演出场地内的灯光干扰多，这就要求机器人要看得远、看得清，同时用最短的时间做出判断，并迅速做出适应和调整。"这里面我们实际上使用了激光导航，我们使用了二维的leader导航技术，而且导航的距离非常远，跟以往所有的工程都不一样。演员会不断地在场景中穿插，我们机器人之间也会不断移动，所以他们经常有一些遮挡。那么我们就要克服这个困难，让我们的算法在任何情况下，不管有没有遮挡，还是目标有时候有丢失，我们都能很快地重新定位，这是一个突破。机器人完全按照编好的路线和计划去行走，人是完全不去操作它的。"

其次，相比常用的工业机器人，此次的"演员"机器人动作更复杂灵活，包括完成行进中旋转、摆动，配合演员做出花哨的动作等。"这些技术上的新要求也为整个研发团队提出了挑战，要求我们在设计程序时不断地改进算法。"张雷说，"团队从确定参演到开始排练其间只有两个月时间，全体成员夜以继日地工作，才最终定制出可以参与演出的机器人。"

三、采用新材质的2.35米熊猫木偶仅重20斤

表演中贯穿始终的两只"滑冰"的熊猫木偶让人印象深刻。张艺谋阐述这一创作称，熊猫是中国的一个重要形象符号，是文化的使者。舞台上，演员要穿着目前国内最大尺寸的熊猫木偶进行轮滑表演，所以木偶重量需要非常轻。四川南充大木偶剧院院长唐国良说，单是给大木偶减重一项要求就让他们的团队熬了好几个通宵。"我们初选的材料做出来的有七八十斤，远达不到标准，后来不断地尝试新材料，才把大木偶的体重慢慢降了下来。"为达到预期效果，制作团队在原有工艺的基础上不断改良和创新。他们在选材上先后尝试了人造纸藤、天然白藤、竹篾条、铝合金丝、碳纤维条、PVC仿真藤条等多种材料，反复对比，进行了上百次测试，才最终确定用铝合金管材和碳纤维条相结合，配合上LED灯的制作工艺。

还有一个细节值得提及，北理工软件学院丁刚毅团队以北京理工大学自主研发的双目增强现实智能眼镜为基础，为表演道具"大熊猫"进行了"视觉改造"，对大熊猫道具的外挂摄像头加装云台，并与内部演员的智能眼镜相结合，从而解决了大熊猫道具里的演员在表演过程中，因内外光线差异导致对外部环境观察受限的问题，使演员在大熊猫道具内部能无差别观测到外部环境。

四、石墨烯智能发热服帮演员抵抗严寒

闭幕式上"北京8分钟"展示是在韩国当地时间晚上8点进行，此时现场气温已降到零下3度左右。为了做好演员的防寒保暖工作，主创团队采用了石墨烯智能发热服饰来确保演员在穿着较薄的演出服时不会被冻伤。石墨烯是一种新型纳米材料，具有超高强度、超高导热系数，被业界誉为"新材料之王"。利用石墨烯的特性，我国科研人员研制出了超薄透明的石墨烯电热薄膜技术，用于智能装备制造，并在国外申请了专利保护。

"演员的服装要求轻薄，能让他们灵活地做动作，同时，无论是排练场地还是平昌闭幕式现场，天气都很寒冷，石墨烯服饰可以起到很好的保温发热效果。"石墨烯团队负责人、来自深圳烯旺新材料科技股份有限公司的李月秋说，根据环境要求，服饰也可以做出相应调节。"最初对我们的设计要求是在零下5度的环境中持续发热8分钟，后来考虑到候场等因素，调整到在零下20℃的条件下发热4小时。"李月秋说，团队曾在模拟零下20℃的情况下进行真人实验，以确保调试的可靠性。"在发热效果符合要求的同时，还要保证材料的安全性、电池的续航能力和服饰的舒适度。"

五、影视虚拟制作技术和数字表演与仿真技术

针对"北京8分钟"参演要素多、创意过程复杂、排练关联度高的特点，北理工虚拟视觉团队利用影视虚拟制作技术和数字表演与仿真技术，专门创新研发了文艺表演预演系统和训练彩排与数字验证系统。这两套系统能够根据表演创意方案，将整场文艺表演的过程全部仿真，较好地保证了前期创意设计与现场排练工作的顺利进行，得到了导演组和参加表演团队的一致好评。文艺表演预演系统以可视化的界面和图纸、视频等多种数据输出载体将各种待选表演方案的真实效果进行呈现，帮助导演把控、决策及完善表演方案，从而确定最终方案。

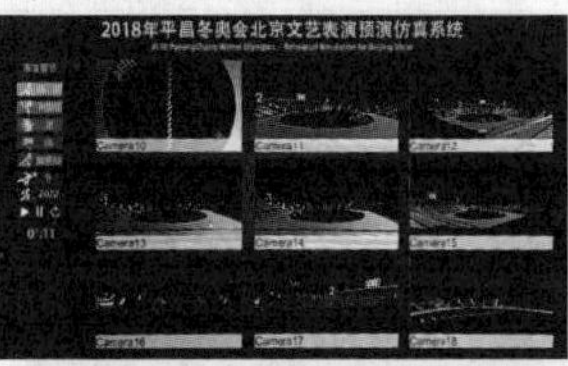

训练彩排与数字验证系统将创意数据转化为执行数据，指导表演要素进行排练，并保证数据在时间、空间上的一致性与准确性，同时将执行中修改的执行数据在表演要素中同步，帮助导演实时观察到演员和道具的队形状态以及演员的姿态，以便指导后续节目的编排，演员也能迅速直观地了解自身和理想运动轨迹的偏差并纠正，实时、快速地熟悉表演方案。

冬奥会正式进入北京时间，让我们共同期待四年后的盛会！

感谢物联网智库 整理发布

◇徐惠民

（本文原载第11期2版）

长虹液晶彩电新机芯的工厂模式进入方法和软件升级方法(四)

(紧接上期本版)

注意事项：

(1)在升级过程中请不要反复地拔插U盘。

(2)若在升级过程中拔掉U盘,或者升级过程中断电重启后,没有找到U盘,系统会自动进入升级模式,请选择重启电视,重新升级即可。

3)U盘强制升级方法：

(1)将升级文件拷贝到U盘根目录下；

(2)将U盘插入USB端口,重新开机；

(3)开机后系统自动进入升级过程,屏幕显示“系统正在升级中,请勿断电”提示语。

(4)升级完后,系统自动重启。

十四、长虹ZLS45H-iUM机芯

1. 适用机型：UD55B8000i、3D75C9000i、UD85C9000i。

2.工厂模式进入及退出方法：

1)遥控器型号：RL86AT。

2)使用用户遥控器,按“工具箱”键后,在菜单消失前,依次按数字键“0816”,即可进入工厂模式菜单。遥控关机即可退出工厂模式。

3)工厂菜单及其设置：

操作人员按“<”或“>”键可以选择设置的索引号,按“∧”或“∨”键进入和退出参数选择状态,再通过“<”或“>”键调节每个调节项目的参数。按菜单键可退出当前调整项目返回上一级选项。

工厂菜单列表17

索引号	项目名称	项目含义	操作键
索引1	工厂选择	产品型号及屏参。	左右键
索引2	系统信息	检查MAC地址、设备ID、条码信息、IP地址(网络连接)等数据显示。	左右键
索引3	调谐设置	预设频道：按预先写好的频点载入节目。	左右键
索引4	声音设置	音量和平衡选择。	左右键
索引5	设计模式	设计模式中的选择项不能更改。	OK键
索引6	SSC	DDR和LVDS扩频。	左右键
索引7	出厂设置	恢复出厂设置。	左右键
索引8	背光亮度	特别注意：整机必须进行背光调整检查,背光从0到100调整时,电视能正常工作。	左右键
索引9	能效检测		左右键
索引10	DTV		左右键

维修中常用工厂菜单的调节方法：

1)选择调节项目 通过“<”或“>”键切换索引号,然后通过“∧”或“∨”键选择索引下的调节项目。

2)选择屏参：在索引1中,通过“∧”或“∨”键选择到“屏参”,再通过“<”或“>”键选择正确的屏参。注意有的机型在播放开机画面时会出现缺失“CAHNGHONG”LOGO现象,可能是因为缺省屏参造成的,重新选择正确的屏参即可。

3)维修中如果对工厂菜单参数有调整,需要进行出厂设置,为保证出厂设置正确,必须等指示灯闪烁完毕,本机处于待机状态时才能断电(大约需要5秒钟)。

3.软件升级方法：

准备两个U盘,U盘1的根目录放入主程序升级文件,文件为chandroid_ota_ZLS45HiUM_datapart.zip,mboot_zls45hium.bin,upgrade_ZLS45HIUM_EMMC_VX.XXXXX.bin。

U盘2的根目录放入MST6M40A升级文件,文件名改为ursaupgrade.bin。

步骤：

第一步：将U盘1插入USB口,上电开机,进入升级；

第二步：经过机器人升级画面,看到TV图像；

第三步：将U盘2(装有6M40程序)插入USB口；

第四步：重启系统自动升级6M40程序；

第五步：正常检查。

十五、长虹ZLS46G机芯

1. 适用机型：LED42B2000C(LJ009)及派生机、LED42B2000C(LJM005)及派生机、LED42B2000C(LJM006)及派生机、LED42C3000(LJ009)及派生机、LED42C2000及派生机、LED46C2100、LED48C2080等。

2.工厂模式进入及退出方法：

在TV模式下,用遥控器按顺序按下“菜单”键、“0816”数字键,电视机即可进入工厂模式菜单。遥控关机即可退出工厂模式。

工厂菜单显示如下：

M软件版本：LPC46-MXX-V1.01。

编译时间：sep 3 2013 13:31:41。

工厂菜单及其设置、索引号与调节项目对应关系如下表18：

索引号	项目名称	项目含义	操作键	备注
索引1	产品型号	当前产品的型号。	左右键	
	屏参选择	当前产品的屏参。	左右键	
	工厂频点	当前产品工厂频点。	左右键	
索引3	ADC校正	ADC校正。	左右键	YPBPR/VGA下需要校正
索引4	背光调节	背光调节。	左右键	0~100
索引5	声音模式	声音平衡调整,音量大小调整,环绕声调整。	左右键	
索引6	调谐模式	自动搜索彩色制式声音制式。	左右键	
索引7	初始化数据	初始化数据。	左右键	
索引8	进入D模式	进入设计模式。	左右键	无设计说明时,请不要调整设计参数
索引9	出厂设置	恢复出厂设置。	左右键	

维修中常用工厂菜单的调节方法：

1)选择调节项目 通过“<”或“>”键切换索引号,然后通过“∧”或“∨”键选择索引下的调节项目。

2)选择屏参：在索引1中,通过“∧”或“∨”键选择到“屏参”,再通过“<”或“>”键选择正确的屏参。

3.软件升级方法：

1)将升级程序拷贝到U盘根目录,文件名必须采用设计提供的名称；

2)开启主机,将信源切换到TV源,将U盘插入USB1接口；

3)在设置菜单中选择服务,执行软件升级选项,按提示操作即可；

4)系统升级完成后,自动进入工厂模式(M模式),执行初始化数据后,遥控待机退出工厂模式。

注：如果FLASH是空白,没有程序,则无法使用USB升级,必须采用工装升级,具体升级方法请咨询厂家售后服务部。

十六、长虹ZLS47H-iS机芯

1.适用机型见表19：

机芯	型号
ZLS47H-iS	UD39B6000iD、UD42B6000iD、UD50B6000iD、UD55B6000iD等。
ZLS45H-iUM	UD55B8000i、3D75C9000i、UD85B9000i等。
ZLM37E-iUM	3D65B8000i、3D58B6000i、3D65B8000i(L64)、3D58B6000i(L64)、3D65B6000i、UD55B6000i、UD58B6000i、UD50B6000i、UD39B6000i等。

2.工厂模式进入及退出方法：

按遥控器“节目源”键显示输入选择菜单,在菜单消失前,依次按数字键“0816”,即可进入工厂菜单。遥控关机即可退出工厂模式。

3.软件升级方法：

1)将升级程序拷贝到U盘根目录。

2)在关机情况下,将U盘插入USB接口。

3)开机,自动进入升级模式。

4)升级完成后电视会自动重启来完成升级。

十七、长虹ZLS56G-iP机芯

1.适用机型：32D2000、42D200。

2.工厂模式进入及退出方法：

按遥控器上的“菜单”键,使电视机屏幕进入“情景模式”,将光标右移至“标准模式”。接着依次按遥控器上的“上”、“右”、“右”键,屏幕上出现小键盘,用小键盘输入数字“0816”,电视机即可进入工厂模式。遥控关机即可退出工厂模式。

3.软件升级方法：

1)将升级程序(LPC56G-P-MXX-V1.00.BIN)拷贝到U盘根目录,文件名必须采用设计提供的名称；

2)开启电视机,将信号源切换到TV模式,将U盘插入USB接口；

3)在设置-服务选项下,执行软件升级,按提示操作即可。

4)系统升级完成后进入工厂模式(M模式),执行初始化数据后,遥控待机退出工厂模式。

十八、长虹LM32ZLS53G-i机芯

1.适用机型见表20：

机芯	型号
ZLS53G-i	LED49C1080n。
ZLS53G-iP(三合一)	LED42B2080n、LED39C2000(LJ1M)、LED42C2000(LJ1N)。
ZLS53G-IP1	LED32B2080n、LED32C1000n。
ZLS53G-IP2	LED40B2080n、LED40C1000n。

2.工厂模式进入及退出方法：

1)遥控器型号：RL89B。

2)按压遥控器“节目源”键,然后依次按下“0816”数字键,电视机即可进入工厂模式。遥控关机即可退出工厂模式。

3)工厂菜单及其内容见表21：

索引号	项目名称	项目内容
索引1	工厂选择	软件代号、屏参选择、PQ版本、网络激活。
索引2	系统信息	网络检测、检查MAC地址,设备ID,条码信息,IP地址(网络连接)、手动设置MAC、屏升级等数据显示。
索引3	调谐设置	模拟数字搜台、频道预设、彩色制式、伴音制式。
索引4	声音设置	音量控制、平衡控制。
索引5	设计模式	设计模式中的选择项不能更改。
索引6	展屏设置	DDR和LVDS扩频。
索引7	出厂设置	恢复出厂设置。
索引8	背光设置	背光调整检查,背光从0到100调整时,电视能正常工作。
索引9	能效检测	画质开关、专家设定等。
索引10	ADC校准	白平衡调整、自动ADC等。

3.软件升级方法：

1)将升级程序(ZLS53Gi_V0.00144.bin)拷贝到U盘根目录,文件名必须采用设计提供的名称；

2)开启主机,将信源切换到TV源,将U盘插入USB1接口；

3)在设置的服务选项下,执行软件升级,按提示操作即可；

4)系统升级完成后进入工厂M模式,执行初始化数据后,遥控待机退出工厂模式。

注：如果FLASH是空白,没有程序,则无法使用USB升级,必须采用工装升级。

十九、长虹ZLS59G机芯

1.适用机型见表22：

机芯	型号
ZLS59G-i	55Q1F。
ZLS59G-iP(三合一)	43Q1F、50Q1F。

2.工厂模式进入及退出方法：

按遥控器上的“菜单”键,电视机屏幕显示“设置”菜单,操作进入“情景模式”,将光标右移至“标准模式”。接着依次按遥控器上的“上”“右”“右”键,屏幕上出现小键盘,用小键盘输入数字“0816”,电视机即可进入工厂模式。遥控关机即可退出工厂模式。

3.软件升级方法：

1)将升级文件放入U盘的根目录下(保证升级文件唯一)；

2)将U盘插入USB1或USB2口；

3)待机状态下开机,系统自动进入升级过程；

4)在升级过程中,不要掉电；

5)升级完成后,自动开机。

(全文完)

◇四川 刘亚光

如何让Windows 7 访问 Windows Server 2016的共享文件

笔者的两台电脑，一台是Windows 7 系统，另一台是Windows Server 2016 MSDN 数据中心版，因工作需要经常要在两台电脑之间互传文件，Windows Server 2016访问Windows 7 很正常，但是Windows 7 访问Windows Server 2016时总是弹出无法访问的对话框，这是因为Windows Server 2016 是服务器的系统，所以它的共享设置和Widows 7 有所不同，相关设置如下：

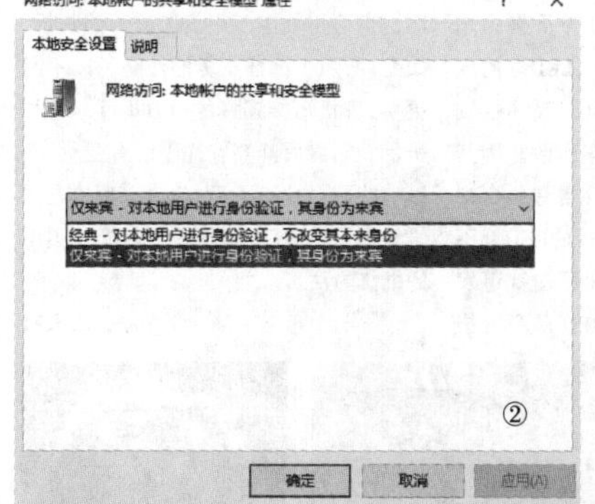

②

首先单击“开始”按钮，选择“运行”，在弹出的对话框里输入命令“gpedit.msc”，打开本地策略编辑器，点击“计算机配置→Windows设置→安全设置→安全选项”（如图1所示），在右侧窗口中找到“网络访问：本地账户的共享和安全模型”，右单击它选“属性”，在弹出的对话框中选中“仅来宾-对本地用户进行身份验证，其身份为来宾”（如图2所示）。

再找到“账户：来宾账户状态”（如图3所示），双击打开属性窗口，选择“已启用”（如图4所示）。

③

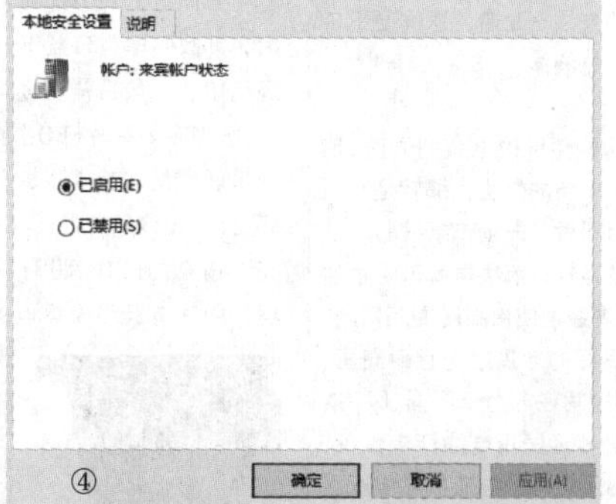

④

接下来在“本地策略”中点击“用户权限分配”，在右侧窗口中找到“从网络访问此计算机”，右单击选“属性”（如图5所示），点击添加用户或组，输入用户名：Guest，点击确定后系统会自动加上这台计算机的网络路径。

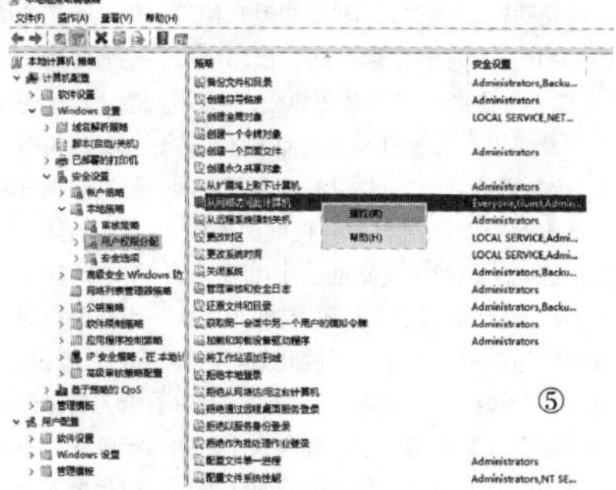
⑤

最后在Windows Server 2016 系统下新建立一个文件夹，名字可以叫“共享”，右单击此文件夹，选“属性”，在弹出的对话框中单击“共享”按钮，这时在下拉菜单中可以看到刚才建立的“Guest”账户（如图6所示），选中它，单击“确定”即可。

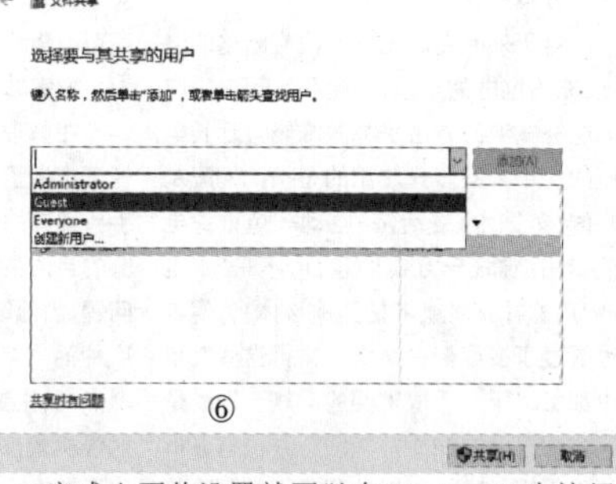

⑥

完成上面的设置就可以在Windows 7 中访问Windows Server 2016的共享文件了。

◇北京　申华

让iPhone的Safari浏览器以电脑版本显示

如果是在iPhone上使用Safari浏览器，那么在访问许多网站时，Safari浏览器会自动转换为手机版本的网页，有些朋友可能并不喜欢这种显示模式，因为与电脑模式相比，移动模式缺失了一些功能，但如果为此安装使用第三方浏览器，显然有些小题大做……

解决的方法很简单，在打开相关网页后，注意地址栏的旁边有一个“刷新”的按钮，长按不放，很快就会看到图1所示的界面，选择“请求桌面站点”，随后会进入电脑版的浏览模式，此时不仅可以获得与电脑模式相同的所有功能，而且面容ID可以自动填写密码，可以说是相当方便。如果上述方法无效，请关闭网页之后重新打开进行操作。

或者也可以点击屏幕底部的向上箭头按钮（如图2所示），这里同样可以看到“请求桌面站点”的功能。

◇江苏　王志军

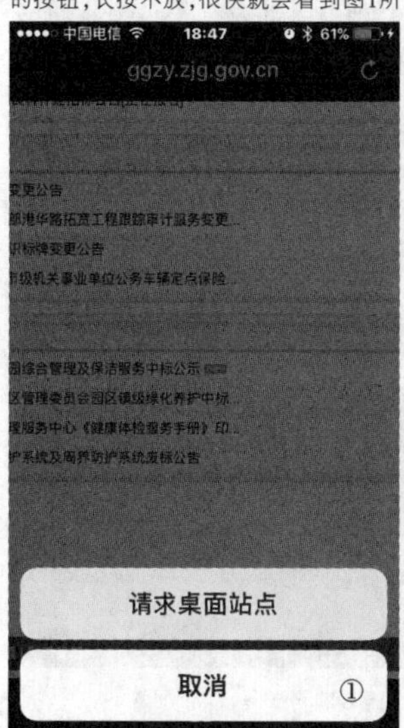

①

②

平板电脑上网方法简介

便携式平板电脑的尺寸，一般在8英寸以上，操作方便，特别对老年人使用更为合适。平板电脑不附带宽带插口，在家里即使有宽带也无法直接使用宽带上网，必须安装无线路由器。无线路由器的牌号不同，它发射WALAN的代号也不同，这个问题不大。只要购置无线路由器后，把它接通电源和插入宽带，通过无线路由器发射的信号，平板电脑会自动搜索WLAN的代号，一旦搜索到就可以上网。

平板电脑在家里上网没问题，如果把它带到外面使用就不能上网了，因为无线路由器的信号功率很小，发射距离有限。如果身边有手机那就好办了，手机可以发射共享网络信号，平板电脑接收到共享网络信号就可以上网了。那么平板电脑如何接收手机发射的共享网络信号呢？下面就这个问题来讲一下平板电脑接收手机发射的共享网络信号的方法。

1.打开手机后，点击图1“设置”图标，打开后寻找文件名“更多”。

2.点击“更多”选项，找到“网络共享与便携式热点”选项。

3.点击“网络共享与便携式热点”。

4.点击“WLAN热点”，打开后出现如图2所示界面，在点击界面上“关闭”按钮，使之呈“开启”状态。图中“GO N3S”就是手机发射信号的代号，这时，把家中无线路由器的电源关闭。

5.打开平板电脑，点击“设定”，可以看到“GO N3S”。如果已连接，这时平板电脑可以上网了；如果未见连接，将图2上的网络页面向上移动，即向下寻找到“添加WALN”。

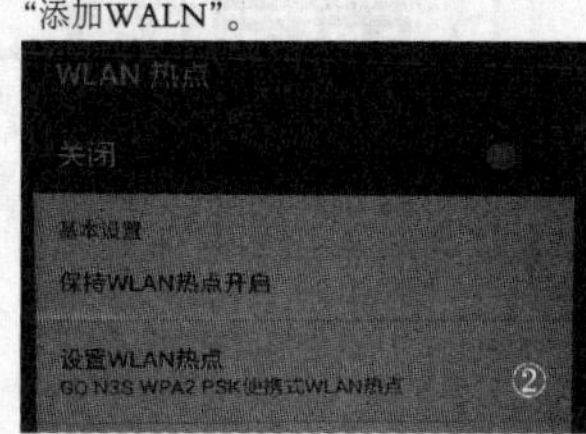

②

6.点击“添加WALN”，在“网络SSDI”下面的空格处键入手机共享信号代号即“GON3S”（如图3所示），在“安全”下面的空格可以填入你自己需要的密码，防止外人使用你的信号，当然你不填也可以。键入”GON3S”后，最后点击“连接”。然后返回查看，即上述所示“GON3S”已连接，这时平板电脑上网没问题了。

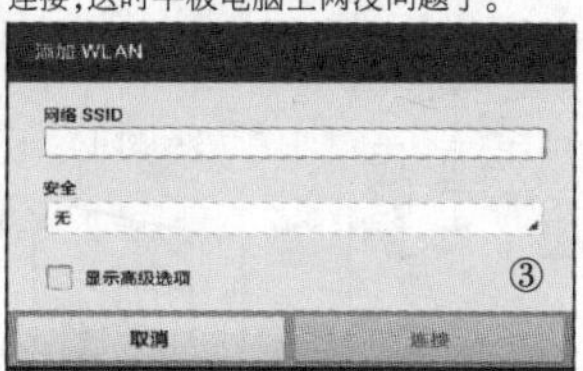

③

平板电脑依靠手机可以在外上网，此种方法也适用于笔记本电脑在外上网，只要将手机上的“共享网络”开启，电脑会很快搜索到手机的共享信号，笔记本电脑随即处于上网状态。你可以试试吧。

◇上海　虞荣生

免维护铅酸蓄电池维修及革新方案

目前免维护电池的应用已经很广泛了。但部分电池的设计使用年限却很短，特别是两轮、三轮、小四轮等电动车使用的50AH以下的小容量电池，损坏率极高。这里有生产厂家的潜在原因，也有用户自身使用不当的原因。电池损坏时的表现：主要是过热后，外壳鼓包和使用两年多电解液就会出现不同程度的干枯，充不进电了，即使充好电也使用不了几个小时，特别是到了冬天更突出，造成大量的电池报废。就连笔者的几组不同容量，使用了2~3年的电瓶也不例外。针对这一情况，笔者剖析了十几种大小不同容量的电瓶之后，最后确定了真正损坏的原因，并且在维修时做了相应的改进。目前正在试用，以下是笔者的两种改进方案，供朋友们根据实际使用情况自行选择。

方案一：

对于外壳完好无损，没有断格的电池，充不饱电的电池（不耐用）。可以采取加注补充液的方法来补救维修。延长电瓶的使用年限。我使用的是按比例配制好的（蒸馏水+复活济）电动车免维护电瓶专用液体（千万要注意，可不是“水电瓶”用的补充液或者是其他液体！）。笔者也看过了多篇相关文章，觉得这些文章中都忽略了一个很重要的问题，那就是只介绍了怎样加注补充液，并没有分析故障原因。这样，不能处理是不能根除故障的。有很多电瓶在加注了补充液之后，使用时间不长就鼓包了，还有的加错了补充液或者电池断格，更严重还会产生电池炸裂等问题。对于电池外壳鼓包和炸裂的问题，笔者分析后，主要的原因是排气口导气槽过浅，导致防护盖上的排气口有灰尘堵塞，排气口上的胶皮帽在电瓶使用一段时间老化，降低自身的弹性，致使壳体内在环境温度高或充电时间长的情况下产生的温度和压力后，不能及时排气减压，时间一长外壳就鼓起来了，有的还可能炸裂。针对这个问题，笔者的改进方法其实很简单，那就是加大排气口的导气槽。从安全和经济角度讲，笔者认为还是可行的。方法是：用裁纸刀将排气口切一个V型槽，其长度等于胶皮帽的长度。防护盖上的排气孔同时也要开大。这样做虽然会很快地损失一些补充液，但可以快速地减小电瓶外壳内的压力，防止外壳鼓包和炸裂。这种方法其实也是参照了水电瓶的设计方法，不嫌麻烦的话，也可以按照水电瓶的加液排气口的方法来改造，这样便于日后可以随时补充液体。

方案二：

在修理这些免维护电瓶的同时，笔者又产生了一个新的想法，那就是利用手头现有的材料做了一项革新试验。试验的目的主要是针对解决电解液干枯的问题。因为笔者经常使用高压变压器油。这种油具有良好的导热性能且耐高压、燃点高，主要应用在电力变压器、医用X射线机及部分普通民用电油汀等设备，用于散热。对于免维护电瓶加注变压器油，主要针对直立使用的环境，如笔者的12AH，20AH，32AH，45AH的电瓶，还有几块X射线机及UPS电源换下来的电解液干枯的电瓶。笔者具体实验做法是这样的：根据电解液干枯的程度按照5:3:2的比例加注，首先加注30%的蒸馏水，再加注20%的补充液，如果干枯的比较严重的话，可以将蒸馏水与补充液的比例对调一下，按20%蒸馏水，30%的补充液加注。对于是用了两年左右的电瓶可以不加补充液，直接加注50%的蒸馏水，和50%的变压器油。最后加注50%左右的变压器油。变压器油加注量的多少应通过排气孔一边加注一边观察，直到电极板全部浸泡在液体之中为好。每一种电瓶的加注量都不同，加注时还应根据电瓶中的电解液缺失量的多少来加注矢量的液体。

以上两种方案不管是哪一种在补充完液体之后，都必须把防护盖用胶粘好，并且在电瓶外壳上贴上防倒置标示，以防液体流出。

【注意】*补充电解液时一定要注意安全，特别是一定要保护好自己的眼睛！*

最后说明一下。笔者的这种实验方法是否真正可以得到应用，还有待具体应用一段时间之后来确定。不过，有感兴趣的朋友们可以把自己的旧电瓶拿出来做一回有意义的实验。笔者相信，通过大家共同的努力奇迹会发生的。

◇内蒙古 夏金光

LED灯损坏的短接修复技巧

节能灯的LED灯随着普及率的增大，其故障率也日益上升，LED灯的原理简单，一般恒流驱动电源损坏的较少，故障多为贴片LED击穿所致。因其是串联焊接在基带上，只要有一个损坏，会引起整条灯带（灯贴）的LED都不亮，击穿的LED灯贴仔细目视就可发现，中间有针眼大黑点的灯贴必定损坏，也可用数字万用表二极管挡判断，如图1所示。损坏不多的灯贴可以不必更换，直接短接损坏的LED即可，如图2所示。短接后其亮度几乎没有变化，不影响使用，如图3所示。笔者采用该方法修复多只LED灯，的确是一种简单实用的维修方法。

◇青海 沈文明

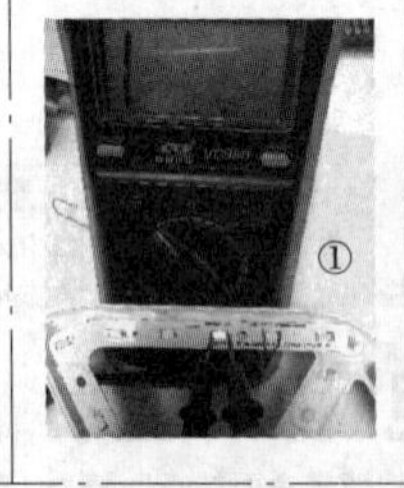
①

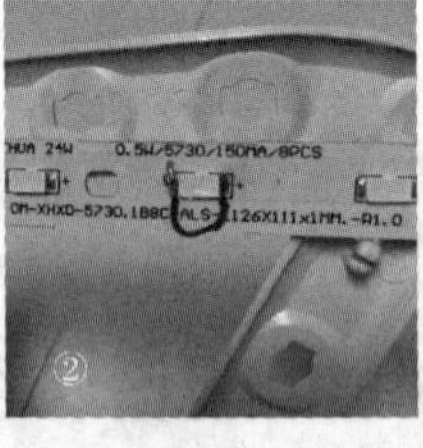

②

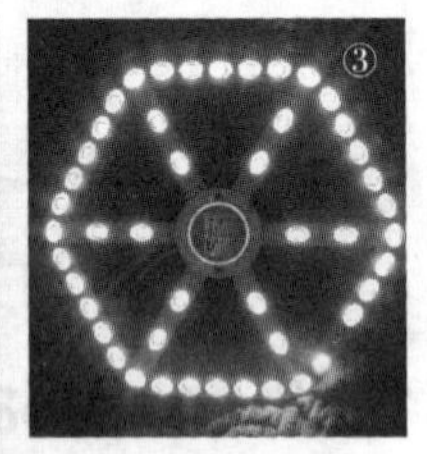
③

索尼LBT-N550K组合音响无输出故障检修1例

故障现象：一套索尼LBT-N550K组合音响操作一切正常（比如切换到FM收音状态时，面板上的条形柱显示正常），但外接喇叭却没有声音输出。

分析与检修：通电后，发现前置处理部分工作正常，并且能听到内部继电器闭合的声音，而听不到功放部分的喇叭保护继电器RY301闭合的声音，怀疑供电电路或控制电路异常。测量供电+45V及24V等均正常，测量喇叭保护芯片uPC1237HA⑥脚电压不为0V（正常情况下，此脚是通过内部功率管接到地），说明相关保护电路已动作。察看后，发现电容C509鼓包，用同型号电容代换后故障依旧。从网上找来一份关于STK4182的图纸，如图1所示。测量⑥脚静音控制端口为0V，而静音电路为-5V时才会动作，排除静音造成的故障。接着测量⑪脚VCC供电为+45V，也正常，而测量⑫脚（前级供电）时发现为 -17V，从图1中可以看到STK4182第⑫脚是通过R21（100Ω）接到⑪脚，按理说电压不应该这么低，怀疑与图纸上所标R12相同位置的电阻有问题。对比实物发现此电阻标号为R309，如图2所示，拆下测量发现已开路，无意中发现旁边相同阻值大小的R359（相当于图1中的R18，用于稳定左右声道平衡）也开路，用相同阻值代换后通电试机发现喇叭保护继电器有闭合声，断开电源再接入音箱，通电试机一切正常，故障排除。

分析认为，由于STK4182前级因R309开路呈负压状态，从而使输出端中点电位不为0，这样就使uPC1237HA喇叭保护电路动作，引起本例故障，从图纸上看C509属于反馈电路，当其容量减少时一般只会影响音质，而R359开路会导致左右声道不平衡，它们的损坏应该不会导致保护电路工作。

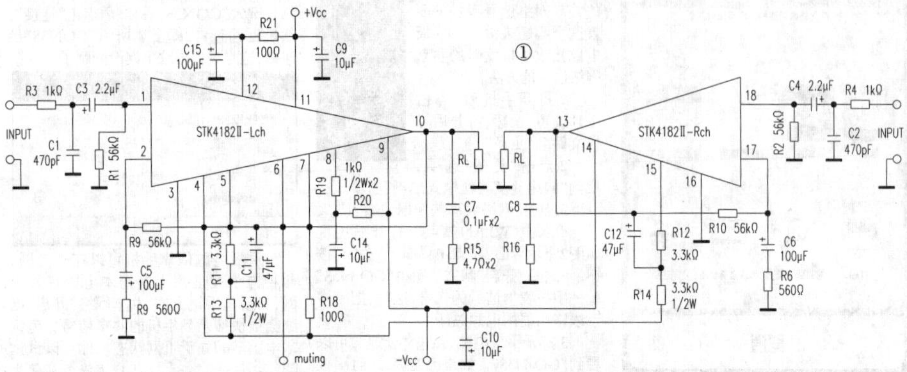

②

◇安徽 陈晓军

同步、低 EMI LED 驱动且具集成式开关和内部 PWM 调光能力的IC(二)

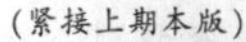
(紧接上期本版)

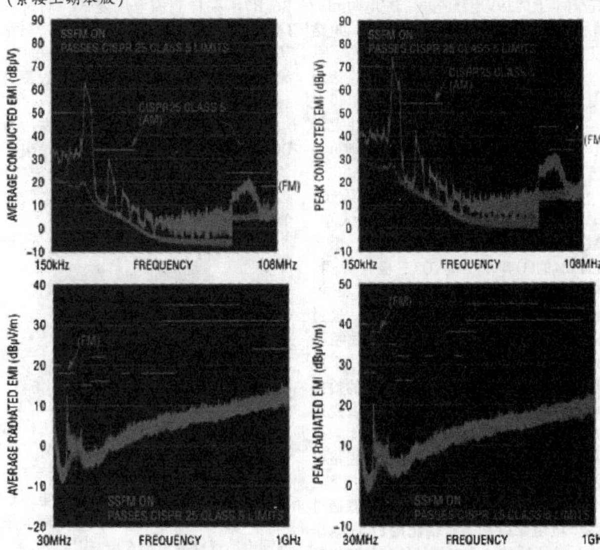

图5:图4(见上期本版)所示400kHz LED 驱动器的 EMI 曲线,该驱动器采用了最小型的 EMI 滤波器,通过了 CISPR 25 Class 5测试。如果为了满足制造商提出的特定 EMI 要求而需要进一步降低 EMI,还可以给输入端增加一个较大的 LC 滤波器。

EMI 测试(图5)显示,这个解决方案通过了 CISPR 25 Class 5测试。

固有特性帮助实现低 EMI

LT3922 具备的一些特性使设计师能够非常容易地实现低 EMI 解决方案。首先,LT3922 采用ADI已获专利的 Silent Switcher 架构,在这种架构中,内部同步开关最大限度减小了热切换环路尺寸,而且受控的开关波形边沿不会出现振铃。

图6显示,LT3922 的引脚布局允许靠近两个V_{OUT}引脚放置小型、高频电容器,以最大限度减小热环路尺寸和 EMI。

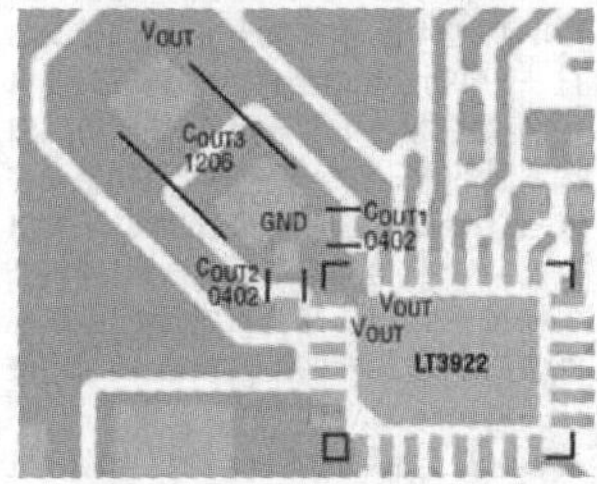

图6:双环路布局和高频0402 分裂电容器构成了小型、方向相反的热环路,以帮助降低高频 EMI

LT3922 控制开关边沿速率,从而消除了高频振铃,在没有这种控制功能的开关转换器中,高频振铃很常见。由于 LT3922 的开关边沿是受控的,所以可在不降低效率和供电能力的前提下,降低电源开关产生的高频 EMI。

LT3922 的 SSFM 以 1.6kHz 的速率将电阻器设定的、400kHz 转换器之开关频率范围从 100% 向上和向下扩展为 125%。这降低了转换器在低频和高频时的峰值 EMI 和平均 EMI。通过将 SYNC/SPRD 引脚分别连至INTVcc或 GND,可以非常容易地接通或关断这功能。

内部产生的 PWM 调光

通过 CTRL 引脚上的可调电压进行模拟调光,总是比进行更准确的 PWM 调光来得容易。迄今为止,PWM 调光一直需要一个外部时钟或微信号,该信号通过 PWM 输入引脚以其占空比控制亮度。不过,LT3922 具内部产生的 PWM 调光信号,仅需要在 PWM 引脚加上一个外部电压来设定占空比,就可实现128:1 PWM 调光比。PWM 周期(例如122Hz)是由 RP 引脚上的单个电阻器设定的。

对于具冗余灯组的车辆而言,很有必要保证 LED 电流的准确度。很显然,两侧灯的亮度必须匹配。以同样方式制造出来的 LED在采用同样的驱动电流时,产生的亮度可能不同。LT3922 的内部调光功能可用来在接近或几乎达到100% 占空比时微调亮度,然后设定准确的 10:1 或 100:1 调光比。这可以使灯组制造商避免因特别的分级 LED 而增大成本。

当需要较高调光比时,LT3922 可从外部以通常方式调光。图 2 中的大带宽 400kHz 降压模式 LED 驱动器在100Hz 时产生 1000:1 PWM 调光比。图 1 中的 2MHz 升压型 LED 驱动器在120Hz 时可实现 2000:1 调光比,如图 7a 所示。通过在 RP 引脚放置一个设定 122Hz 频率的电阻器,并将 PWM 引脚电压设定在 1.0V 至 2.0V 之间,可以将相同的电路设置为从内部产生 PWM 调光,调光比为 128:1,如图 7b 所示。在有些应用中,LT3922 可设置为以 5000:1 的外部 PWM 调光比运行,PWM 调光还可以与 LT3922 的模拟调光相结合,提供超过 50000:1 的亮度控制。

机器视觉

在工业流水线应用中,机器视觉(图 8) 运用高速数字摄影和数字成像处理,快速提供有关设备的视觉反馈信息。这有助于在无需或很少需要人工检查的情况下,迅速发现并隔离有缺陷的产品。机器视觉系统的照明必须与流水线的速度同步,同时能够针对无限期的关断时间产生一致的光脉冲。对常规 LED 驱动器而言,只要PWM 输入信号保持低电平,无论保持时间长短,驱动器都无法保持输出电压。这是因为输出电容器在逐渐放电,因此通用 LED 驱动器不适合机器视觉这类应用。但 LT3922 在 PWM 信号下降沿时,以数字方式对转换器的输出状态采样。然后,通过在 PWM 关断且 LED 被高压侧 PMOS 断开时执行"保持切换",该器件能够在长时间关断时保持其输出电压。在以 100Hz 以上的频率进行标准 PWM 调光时,最长关断时间为 10ms 或更短,这时不会从输出拉走太大的漏电流。机器视觉和频闪应用可能有 100ms 和 5s(或更长)的关断时间,因此泄漏电流会增大数十至数百倍。"保持切换"确保输出电容器保持在 LT3922 前一个采样周期中记录下的电压。假定该 IC 得到不间断的功率输入,那么转换器状态的数字采样值可以无限期存储。这就允许 LT3922 在任何给定关断时间内,提供一致的输出电流波形,如图 9 所示。

CAMERA:摄像机

IMAGE LIBRARY & PROCESSING:图像库和图像处理

ROBOTICS:机器人

LED FLASH:LED 闪光灯

CONVEYOR WITH OBJECTS:载有物体的传送带}

1ms-1s PERIOD:1ms 至 1s 周期

LT3922 PRODUCES CONSISTENT LED OUTPUT REGARDLESS OF PERIOD BETWEEN FLASHES:

无论两次闪光之间间隔多长时间,LT3922 都产生一致的 LED 输出

10ms SINCE LAST PULSE:上一个脉冲之后 10ms10ms BEFORE NEXT PULSE:下一个脉冲之前 10ms1 hour SINCE LAST PULSE:上一个脉冲之后 1 小时100ms, 1s, 1 hour, 1 day BEFORE NEXT PULSE:下一个脉冲之前 100ms、1s、1 小时、1 天。

结论

具内部同步、2A 开关的 36V LED 驱动器LT3922是一款紧凑、通用的 LED 驱动器。该器件非常容易用于升压、降压和升压-降压型拓扑。无论用于哪种拓扑,所有特色都能发挥作用,包括高 PWM 调光比能力和内部产生 PWM 调光。用其 Silent Switcher 布局和 SSFM 可以非常容易地实现低 EMI。其紧凑的同步开关可保持高效率,甚至在高达 2MHz 频率时也是如此。凭借坚固可靠的故障保护功能,这款 IC 非常容易满足汽车以及其他要求非常严格的应用之需求。 (全文完)

◇云南 刘 乾

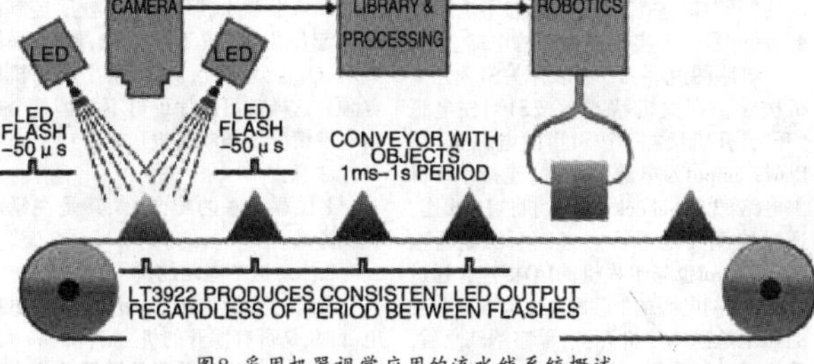

图8:采用机器视觉应用的流水线系统概述

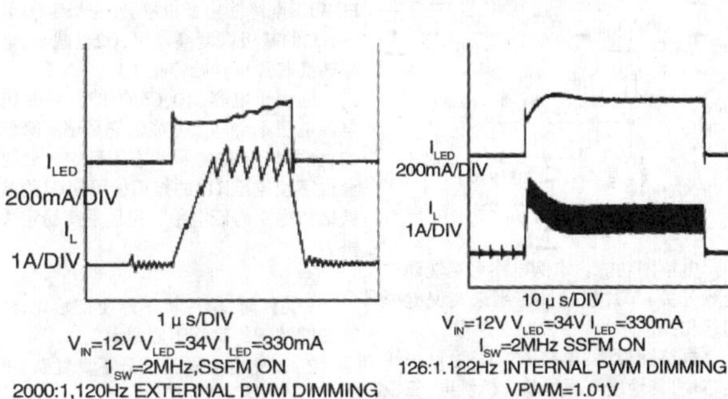

图7:(a)图1电路从外部产生2000:1或4000:1 PWM 调光;(b)图1电路从内部产生 128:1 PWM 调光。

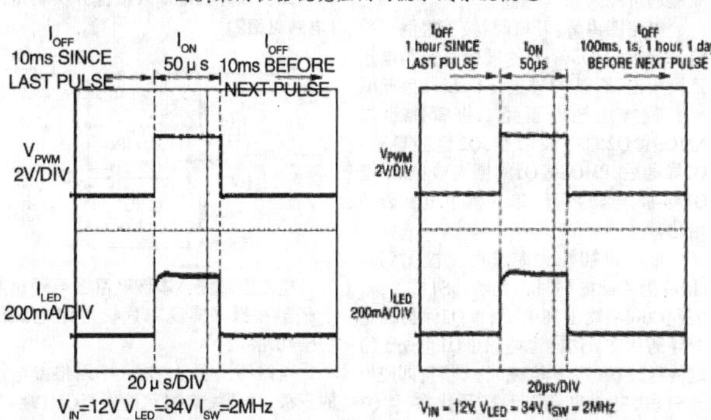

图9:无论空闲或停机时间多长,摄像机闪光灯的波形都是相同的。图中波形显示了 10ms 以后和一个小时以后的脉冲。空闲一个小时以后和空闲 10ms 以后,闪光灯的波形是相同的。这些波形是从图 1 所示电路得出的。

基于锂电池充电器的设计与制作

为了给四轮驱动小车上所配备的16.5V的锂电池供电，而原配该电池的充电器又无法找到，使得充电很纠结。在资料中，查到了一款便携式简单型锂电池充电器，便借鉴其设计制作，解决了的充电的烦恼。

该充电器可以输出100mA-1A可调的充电电流，输入电压为VIN》18V，可用笔记本上的19V电压充电。充电时间一般按照充电输出电流的大小决定。电路见附图1所示。

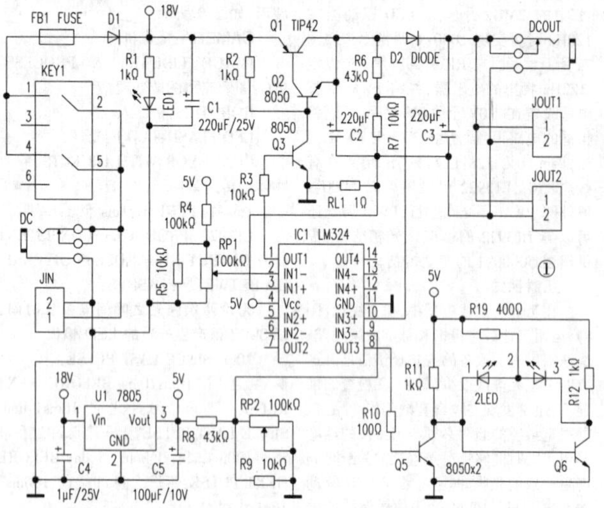

先介绍一下电路的工作原理。因为是要给16.5V的锂电池充电的，所以设定输入的电压为18V电压，也可以大于18V。如采用笔记本上的充电器，则更加方便快捷。

输入电压18V经过1.5A的保险丝，二极管保护后到PNP功率管的输入端。默认状态功率管是出于导通状态，因为LM324的①脚输出高，Q3三极管导通，PNP功率管基极拉低，功率管导通。其中RL1电阻为1欧姆，是用来限流的。通过对该电阻上的电压采样，然后经过LM324对基准电压的比较后取出一个电压值，由这个电压值控制功率管的输出电流，始终在一个极限电流上，或者说是短路电流上，设置的为500mA。在实际使用中，可以调节可调电阻来调节短路电流。另外还有一个对锂电池电压的采样，当电池没插入时，末级保护二极管通过两个电阻乘以功率管输出的17.5V电压进行分压后的一个电压值给LM324与基准比较输出给三极管，此时绿灯亮，当电池没电时充电插入充电座后，采样电阻R6、R7所采样到的电压变低，同时给LM324与基准电压比较后，红灯亮。当充满电后采样部分的电压等于基准电压，绿灯变亮，此时充电完成。但充电过程仍会以小电流的充电方式充电。

制作实物正面见图2所示，左边为DC18V输入，右边为VOUT充电输出接口，左边一个电位器调节输出电流，右边一个电位器调节双色LED状态门槛值。

②

本制作中，有一个给LM324工作的5V电源芯片可以省略，可以在18V上接一个限流电阻给LM324，但考虑为了稳定就采用了5V独立供电。同时该电路也可以通过更改输入电压分别给不同电压的锂电池或镍氢电池充电，相当的方便。

◇江西 李赟

单片机电源开关电路

一、单键控制单片机电源开关电路（电路简图1）

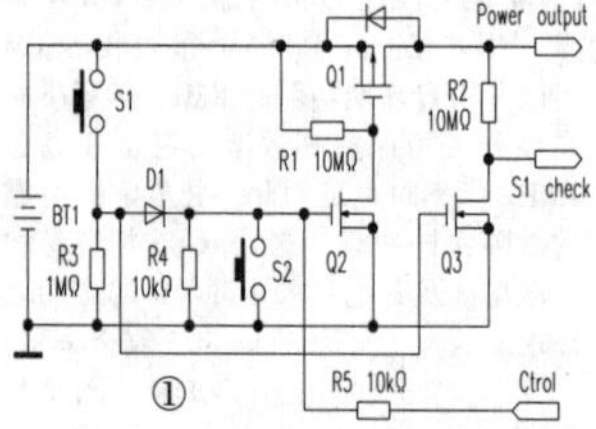

①

电路图功能：使用一个轻触开关按键结合单片机软件控制来实现单片机电源的“开”和“关”，在关机状态下电路功耗极低，是一个实用性很强的电路。

电路图说明：1. 轻触开关S1为开关机按键，在关机状态下按S1可使电源“开”，开机状态下按S1可使电源关。2. Power output为电源输出端，连接单片机主电路。3.S1-check与单片机的I/O相连，通过检测其电平状态来判断S1是否按下。4.Ctrol也与单片机的I/O相连，通过Ctrl来控制电源的“开”和“关”。5.开关S2的作用是当单片机死机，程序跑飞之后，只能通过S2来强制关机。

电路图讲解：开机时，按下轻触开关S1，此时NMOS管Q3的栅极直接与电池正极相连，所以Q3导通，S1 check为低电平；同样电池电压经二极管D1也与NMOS管Q2的栅极相连，Q2也会导通。Q2导通后，PMOS管Q1的栅极被拉低，Q1导通，电源打开，单片机上电开始初始化。

单片机初始化完成后，检测到S1 check仍为低电平时，判断为S1按下，则控制Ctrol端输出高电平，使Q2保持稳定的导通状态。这样也能保证Q1也处于稳定的导通状态。开机完成。此时，即使松开S1后，电源也会处于打开状态，但Q3会截止，S1 check恢复高电平。

当需要关机时，再次按下开关S1，使Q3导通，S1 check为低电平。单片机经过一段延时后，再次判断S1 check仍为低电平话，则判断S1按下，执行关机指令。此时程序保存所有数据，关闭中断。Ctrol输出低电平使Q2截止，从而控制Q1截止，切断电源“主开关”。

但是由于电容的作用，单片机的电源电压会慢慢变低，此时Ctrol的电平状态会处于一个不稳定的状态，但由于电阻R4的作用，可以保证Q2的栅极保持被拉低的状态，使Q2稳定截止。

当单片机电源电压完全没有时，Ctrol也是处于低电平状态，也不能影响Q2的截止。

如果当单片机死机时，程序控制已经不起作用了，按下开关S2，使Q2强制关断，Q1也会关断，也切断了单片机的电源。这样就可以保证再不断掉整个电路电源情况下强制关机。

注意：

1.注意程序的配合，尤其是在延时检测方面。

2.注意这个电路的抗干扰能力。

3.同时分析一下，本例电路在更换电源时，是否有误开的机会。

二、单片机电源双按键开关机电路（电路见图2）

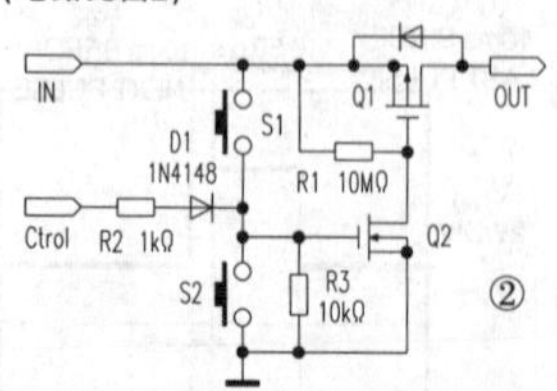

②

电路图功能：本例电路图可通过两个轻触按键来实现单片机电路电源的“开”和“关”。

电路图说明：1. 输入IN网络接电池的正极，经开关管Q1可输出至OUT端。2. OUT端接单片机的电源端。3.Ctrol端连接到单片机的控制引脚。4.轻触开关S1为电源“开”按键。5.轻触开关S2为电源“关”按键。

电路图讲解：PMOS管Q1为开关管，Q1导通，单片机电源就开；Q1截止，单片机电源就截止。所以，分析时抓住Q1的导通状态就行。

当需要开机时，按下开关S1，则NMOS管Q2的栅极为高电平，使Q2导通。Q2导通使PMOS管Q1的栅极为低电平，则Q1会导通，单片机电源开，单片机进入初始化。

单片机初始化后，将Ctrol端输出高电平，维持Q2的导通，此时松开按键S1也不会影响单片机的工作。

当需要关机时，按下开关S2，则NMOS管Q2的栅极为低电平，使Q2截止，则Q1也会截止，单片机电源关。此时由于电阻R3的作用，能使Q2保持截止状态。到单片机关机结束后，Ctrol引脚也变成了低电平，Q2也能稳定截止。

注意：

1.大家应该发现本例电路与上例电路的区别，可以相互比较一下这两个电路图之间的优缺点。

2.同样，在电池设备中，功耗是首要考虑的，所以这里的MOS管也应该选择低漏电流的MOS管。

三、单按键控制单片机电源开关机电路二（电路见图3）

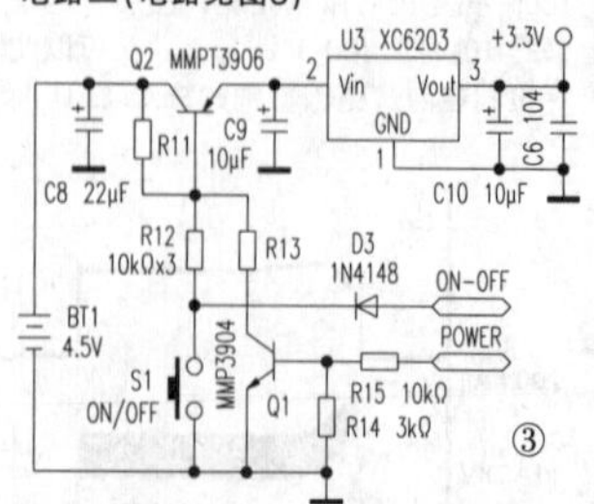

③

电路图功能：本例电路可实现通过轻触开关+单片机软件控制来实现电源的开和关。

电路图说明：电路图中U3为电源转换芯片，其输出电源给单片机供电。三极管Q2为整个开关机电路的开关管。

网络ON-OFF连接至单片机的I/O口，通过其电平变化检测按键S1是否按下，并判断是开机还是关机。

网络POWER也连接至单片机的I/O口，用来控制三极管Q1的开和关。

电路图讲解：

1.初始状态：电路初始状态下，开关S1没有被按下，三极管Q2的基极为高电平，处于截止状态，电源转换芯片6203没有电源输入，也就没有3.3V的电源输出。三极管Q1也处于截止状态。

2.开机状态：当需要开机时，按下开关S1，使三极管Q2的基极电位被拉低，三极管Q2导通，电源转换芯片输出3.3V给单片机供电。单片机上电后，开始初始化。一般初始化时会将I/O引脚置为高电平，但是初始化需要一定的时间，所以S1按下后不能马上松开。单片机初始化完成后，ON-OFF通过二极管D3被开关S1拉低，单片机检测到其为低电平，说明开关被按下，确认开机正常运行；同理POWER输出高电平使Q1导通，此时即使开关S1松开，ON-OFF恢复高电平，也不会影响整个系统的工作。至此，电路开机完成。

3.关机状态：当需要关机时，再次按下开关S1，ON-OFF网络被拉低，单片机检测到低电平信号后，经过一段延时后再次检测ON-OFF网络电平状态，若仍为低电平，则确认为关机信号。单片机执行关机命令，关闭中断，保存数据，同时POWER网络输出低电平，使三极管Q1截止，Q2的基极恢复高电平，Q2也截止，电源转换芯片也开始停止工作。

但由于电容C10，C6的作用，单片机电源电压不会马上变成0，它是逐渐降低的，会引起I/O的电平状态不确定。此时通过下拉电阻R14的作用，可使Q1的基极维持稳定的低电平，保证系统稳定关机。

注意：

1.关机时，单片机不需要初始化，此时按键按下的时间不需要太久。

2. 本例电路硬件部分不算复杂，主要部分在于程序的配合。

◇湖南 胡斌

电动机运转中冒烟的原因及预防

电动机发生故障的概率并不太多，但由于各种内在和外在的因素，常在运转中有发热冒烟的现象。一般冒过烟的电机，已有烧坏的可能，但是不一定已经烧坏，在许多情况下这台电动机还没有彻底损坏，也许稍加整理即可使用。不过，如果处理不当，小毛病反而会被弄成大毛病。怎样的处理较适当呢？首先因了解冒烟的现象和原因，才能确定如何处理。

一、电动机运转中冒烟的主要原因和现象

1.轴承部分发热

轴承内缺油、轴承内圈和轴承盖相摩或轴承与轴承套配合过紧，均可使轴承部分发热冒烟。其现象是轴承滚珠、内外套圈变色发黑、油脂变色或烧干、轴承套变形等。

2.定子、转子相擦

由于制造工艺处理不当，机座与端盖配合过松，轴承磨损过多或定子内圆与转子外圆本身的偏心，均可引起定予和转子相摩擦，磨损得比较严重时，不但磨的地方冒烟，而且能磨坏绕组的绝缘，引起短路和接地故障。

3.负荷过载、电压过低或三相电压相差过大

电动机的负荷超过额定容量或电压过低，使三相电流同时增大，线圈温度升高，情况严重时电机可能热得冒烟。三相电压不平衡，也能引起电机过热而冒烟。但冒过烟的电机线圈立即完全烧坏机会也并不多，但电机线圈的绝缘则会存在不同程度的损伤，一般还可继续使用。

4.电源断线

电动机运转时，三相电源若有一相中断，电机仍然能继续运转。对Y接线电机而言，有两相电流增大，断电的一相绕组没有电流。对△接线电机.而言，有一相电流增大，电机有嗡嗡声。此时负荷越大，越容易发生短时间内便冒烟，常将电机烧坏。

5.定子绕组短路

绕组短路有相间短路和匝间短路两种。相间短路包括绕组端部层间短路、槽内上下层线圈之间短路及绕组连接线或引出线绝缘损坏造成的相间短路。匝间短路包括一个线圈中的线匝之间的短路或一个极绕组中的线圈之间发生短路造成绕组短路。造成绕组短路的内部原因是电机绝缘有缺陷，如端部相间垫的绝缘材料尺寸不合要求，绝缘垫的位置不正或绝缘垫本身有缺陷易造成端部相间短路。双层绕组槽内层绝缘材料尺寸不合要求或垫偏可造成相间短路或一相的极绕组间短路；导线本身绝缘不良或嵌线(也称“下线”)时工作不慎或工具不良，使绝缘受损伤极易造成匝间短路。而造成短路的外因就是运行中出现电机过载、过电压、欠电压、单相运行等造成绝缘老化或损坏而造成绕组短路故障。

绕组出现短路后，在短路线匝内产生很大的环流，使绕组产生高热以致绝缘变色、焦脆、冒烟直至烧毁，发出焦味。短路匝数较多时，电机会发出不正常的声响。

6.定子线圈接地

定子绕组破损后，导线与铁芯或机座相接触。如果电机外壳没有可靠接地则造成机壳带电危及人身安全；如果电机外壳有可靠接地，可造成熔断器熔断或产生接地电流，使线圈发热冒烟烧坏电机绕组。

7.定子绕组断路

绕组断路多发生在各绕组连接焊头、电机引出线焊接接头处及工艺不良造成脱焊而引起断路。此外，因绕组短路、接地故障而引起绕组导线烧断，造成断路故障也时有发生。

一相断路电机不能起动。如果正在运行时有一相开路，电机仍可继续运转，但运行电流大大增大，电动机会发出较大的嗡嗡声。如果负载较大，可在几分钟内会将未开路的两相绕组烧坏(对Y接线电机)。

二、检查步骤和处理方法

要确定处理办法：首先要迅速而确切地找出故障原因。要达到这一目的，除了懂得上述各种故障原因和现象外，还须按一定步骤仔细地检查，不能因为电机冒烟而慌乱，更不能粗枝大叶随便处理。初步检查尽可能在原地进行，以争取时间。检验中常用的工具有兆欧表、钳形电流表、万用表、校灯等。检查工作一般可按下列次序进行。

看到电机冒烟时，要立即切断电源，并检查轴承部分温度是否正常。如不正常，应将轴承盖打开检查是否有油？是否有摩擦过热现象?可先将负载断开，用手动转动转子，如转到某一位置转不动时，则表示定子和转子或轴和轴承在此位置互相摩擦或相卡。

无论电动机是何种故障，都必须用兆欧表或校灯检查它有无断线、接地和相间短路故障(只有三个引线头不便测试相间短路)。在电动机未断路、接地的情况下，可将三相绕组分别通入低电压(对Y接线电动机)，用钳形电流表分别测其电流，看三次所测电流是否平衡。如果不平衡，电流特别大的一相则有短路故障（测电流时不要超过额定值)。如果只有三根出线头，可分别在V—U，V—W和U—W引线之间通入低电压，用钳形电流表测其电流，看三次所测电流是否平衡，如果不平衡，则有短路故障。发热冒烟的电机一般都需开盖检查，方可全面的了解线圈损坏情况，察看线圈绝缘有无变色的地方？线圈局部发热或绝缘局部变色，大多是短路故障造成的。绕组有一相或二相整个发热或烧焦变色，则是绕组或电源断相所致。必须检查电源熔丝是否烧断及开关接触是否良好等。线圈全部发热或烧焦变色，表示定子电流过大、负载过大、电压过低、三相电压不平衡或转子断条所造成的。转子和定子相摩擦时铁芯上有摩擦的痕迹，严重时齿端也被磨坏，甚至损坏线圈。相与相之间短路时，大多会将线烧断。这些情况都很容易检查出来。

三、处理方法

故障查出后，要根据具体情况作不同的处理。下列处理方法可供参考。

1.轴承部分发热和铁芯相摩擦

轴承部分发热冒烟，轴和轴承大多已损坏。须先将损坏部分修整或整体更换，然后清洗加油，装好后先空载运行。声音和温度正常时再加负载运行。定子和转子铁芯相摩擦时，定子上只有局部擦痕，转子局部周围均有擦痕，此系定、转子偏心、有硅钢片突出或转子与端盖企口松动而造成的。必须将突出的硅钢片磨平，将企口重车。如果线圈未被摩擦坏，可通电试转。

2.一相二相或整个绕组发热

对电机、电源某相断线或负载过大，且线圈发热不严重，线圈内部未断线，可通电空载运行，用钳形电流表测三相电流，如果三相电流平衡且无嗡嗡声时可试带负载，电流仍正常，便可投人生产应用。如果线圈热的比较严重，且未碳化时，在空载电流正常后，要在线圈上涂一层绝缘漆，烘干后即可使用。

3.匝间短路或相间短路但未断线

相间短路：拆开电机后，先检查绕组连接线及引出来的绝缘材料部位是否有损坏之处。如果看不到明显损坏，不要各处乱撬绕组，以免造成不必要的损坏。利用调压器在怀疑短路的两相间加上低电压，电流不超过额定值，短时间后可用手摸、眼观、鼻闻的办法查找，两线圈的交叉处极易成为短路位置。加热后可用竹板片将两线圈分开，中间垫衬绝缘材料后，空载试验，如果电流平衡、声音正常，则再将电机拆开，在故障处涂潰上绝缘漆，烘干后可方可投入使用。

匝间短路：用通入低压电的方法找出短路线圈后，用扁尖竹片撬动短路线圈的端部各线匝。当撬某一线匝时，电流表所测电流突然减小时，表明。短路点就在撬开的这一匝间，并已撬开。这时用绝缘材料将此处绝缘垫好，再涂绝缘漆处理。

4.定子绕组断线

如果是绕组连线烧断或只有少数几根线烧断，可将它们仔细连接起来，并清除烧断时产生的铜屑，垫上绝缘材料，涂上绝缘漆。断线处在槽内，也要设法在槽外处理。连接两根以上断线时，不要接错，应将它们串接到极相组中，否则易造成短路线匝连接不通而不能使用。

5.定子绕组接地

电动机引出线端接地。只要将绝缘破损处重新包扎便可应用。槽口或上层线圈接地，可设法在故障处垫衬绝缘材料即可。接地故障消除后，还须在修理处涂绝缘漆、烘干后应用。如果线圈绝缘全部变脆无法完整拆出，只能进行局部重绕。

从以上各种线圈冒烟的原因可以看出，冒烟是由于一相以至三相电流的增加. 如果在电流增加后能及时切断电源，便可保护电动机免于烧坏。但相间短路烧断导线的事故还不能完全防止，必须给电动机装上过载保护装置的开关。至于熔断丝是不能对电动机有过载保护作用的。在未发生故障时进行经常的检查、定期检修，是预防电动机发生故障的主要环节，不但可以减少电器故障的发生，而且使上述机械故障发生的可能性大大减少。

◇辽宁　林漫亚

电子实训工艺汇集(下)

（紧接上期本版）

39.PCB板组装工艺要求如下：

1)PCB板在初焊完成后，应即统一编号(年号后两位+流水号)。用记号笔清晰地书写在板子正面的预留位置。为防止在加工、清洗过程中记号丢失，应在板子另外位置(一般应在96弯针侧面)再书写同一编号。为管理方便，此编号应永久保留。编号管理由库管员负责。

2) 为避免和尽量减少元器件表面的磕碰划伤，在加工、运输、保管板子过程中，应注意轻拿轻放，板与板之间一般应隔离码放，或逆向(即面对面或背靠背)码放。

3)为防止静电效应，对可能接触有源器件的操作要求戴手套进行。如果现场确无条件，则必须采取安全措施，确保器件安全。

4)PCB板在测试通过后 (即已具备上机条件)，操作者应负责对整板进行后整理工作，内容包括：

(1)剪除过高的管脚，并注意清除干净板上的金属残留物。

(2)正面飞线应尽可能顺势隐蔽，背面飞线原则上应走捷径；焊点和较长的飞线须 用玻璃胶覆盖、固定，并尽可能少用胶。

(3)清除多余的标识(如调试过程中所做的故障现象记录须清除)。多余的器件应完全剪除。

(4) 同一台装置所配后挡板颜色应基本一致。螺丝、垫片、提梁应该完整和一致。检查各类螺丝，应当保持紧固。

(5)用毛刷和洗板液清洁表面，使板及板上物没有浮尘和明显污痕污物。如果用棉球蘸液清除污物，还须注意清除掉残留的棉絮。

(6) 焊盘残破的PCB板不得用于新机；但轻微损坏的，在采取工艺措施并确保质量安全的前提下，可酌情慎重地用于修理品。

5)对返修装置的返修PCB板处理原则同上。

6) 上述后整理工作除另有安排外，均由负责PCB板测试、修理的操作者承担，总装者有责任复查和补正后再装机。

40.PCB检验重点注意事项如下：

板面：目视或放大镜在灯光下检查表面，不得有缺损，脱落，刮花，开路，短路，氧化发白，发黄，蚀刻不净/过度，板污，铜粒及杂物等现象。

绿油：目视检查绿油，不得有脱落，刮花，露铜，偏移，上PAD等现象。

字符：目视检查印字，印刷符号和字母清晰，无缺漏及模糊，印反，偏移等不良现象。

碳膜：目视检查碳膜，不得有缺损，印偏，短路，开路，印反等现象。

成形：目视检查底板成形，不得有漏孔、偏移、崩孔、披锋、塞孔、啤爆、啤反、压伤等。

V-CUT：目视检查底板是否有V-CUT槽，(如工艺注明要V-CUT的)，留意底/面V-CUT槽是否导致断线，两面是否对称等。

41.电子产品的总装，总装的顺序和要求如下：

电子产品的总装就是将构成整机的零件，插装件以及单元功能中间(如各机电元件，印制电路板，底座以及面板等)，按照设计要求，进行装配，连接，组成一个具有一定功能的，完整的电子整机产品的过程，一边进行整机调整和测试。

顺序：先轻后重，先小后大，先铆后装，先装后焊，先里后外，先平后高，上道工序不得影响下道工序。

要求：

1)总装前组成整机的有关零部件或组建必须经过调试，检验，不合格的零部件或组件不允许投入总装线，检验合格的装配件必须保持清洁。

2) 总装过程要根据整机的结构情况，应用合理的安装工艺，用经济，高校，先进的装配技术，是产品达到预期的效果，满足产品在功能，技术指标，经济指标等方面的要求。

3)严格遵守总装的顺序要求，注意前后工序的衔接。

4)总装过程中，不损伤元器件和零部件，避免碰伤机壳，元器件和零部件的表面涂覆层。不破坏整机的绝缘性，保证安装件的方向，位置，极性的正确，保证产品的电性能稳定，并有足够的机械强的和稳定度。

5)小型机大批量生产的产品，其总装在流水线上安排的工位进行。

42.电子产品的装配组装级别如下：

1)元件级组装(第一级组装)：是指电路元器件，集成电路的组装，是组装中的最低级别。其特点是结构不可分割。

2)插件级组装(第二级组装)：是指组装和互连装有元器件的印制电路板或插件板等。

3)系统级组装(第三季组装)：是将插件级组装件，通过连接器，电线电缆等组装成具有一定功能的电子产品设备。

43.电子产品总装的质量检查，主要要有外观检查、装联的正确性检查、安全性检查，其检查的内容如下：

1)外观检查：征集表面无损伤，涂层无刮痕，脱落，金属结构无开裂，脱焊现象，导线无损伤，元器件安装牢固，且符合电子产品设计文件的规定，整机的活动部分活动自如，机内无多余物。

2)装联的正确性检查：各装配件是否安装正确，是否符合电原理图，和接线图的要求，导电性能是否良好等。

3)安全性检查：对电子产品的安全性检查主要有两个方面，绝缘电阻和绝缘强度。

44.工艺文件与设计文件的异同如下：

工艺文件与设计文件同是指导生产的文件，设计文件是原始文件，是生产的依据，而工艺文件是根据设计文件提出的加工方法，以实现设计图纸上的要求并以工艺规程和整机工艺文件图纸知道生产，以保证任务的顺利完成。

45.工艺文件的编制原则和要求是：

1) 编制原则：

根据产品的批量，性能指标和复杂程度编制相应的工艺文件。

根据企业的装备条件，工人的技术水平和生产的组织形式来编织工艺文件。

工艺文件应以图为主做到通俗易读，便于操作，必要时可家住简单的文字说明。

凡属装调工应知应会的工艺规程内容，可不编入工艺文件。

2)要求：

a 电子工艺文件的编制是根据生产产品的具体情况，按照一定的规范和格式完成的；为保证产品生产的顺利进行，应该保证工艺文件的完整齐全，并按一定的规范和格式要求汇编成册。

b 工艺文件中使用的名称，符号，编号，图号，材料，元器件代号等，要符合国标或部标规定。书写要规范，整齐，图形要按比例准确绘制。

c 工艺文件中尽量引用部颁通用技术条件，工艺细则，或企业标准工艺规程，并有效的使用工装具，专用工具，测试仪器设备。

d 编制关键工序及重要零部件的工艺规程时，应详细写出各工艺过程中的工序要求，注意事项，所使用的各种仪器设备工具的型号和使用方法。

46. 调试工艺文件的制定原则和调试工艺方案的要求如下：

制定原则要求：

1)技术要求：保证实现产品设计的技术要求是调试定调试项目及要求。

2)应充分利用本企业的现有设备条件，是调试方法，步骤合理可行，操作者方便安全，尽量利用先进的工艺技术，提高生产效率和产品质量。

3)高度内容和测试步骤应尽可能具体，可操作性应强。

4)测试条件和安全操作规程要写仔细清楚。

调试工艺方案要求：

1)技术要求：保证实现产品设计的技术要求是高度的首要任务。

2)生产效率要求：提高生产效率具体到调试工序中，就要求调试尽可能简单方便，省时省工。

3)经济要求：经济要求调试工作成本最低。

47. 电子产品生产调试内容和调试步骤如下：

调试的过程分为通电前的检查，通电调试和整机调试等阶段。通常在通电调试前，先做通电前的检查，在没有发展异常想想后在做通电调试，最后才是整机调试。

48.调试工艺流程的工作原则如下：

原则：1)先调试电源，后调试电路其他部分。2)先静后动。3)分块调试 4)先电路调试，后机械部分调试。

49.静态测试常用的方法如下：

分为直接调试法和间接调试法。

直接调试：是将被测电路断开，将电流表或万用表窗帘在待测电流电路中进行电流测试的一种方法。

间接调试：采用先测量电压，然后换算成电流的办法可间接测试的一种方法。

（全文完）

◇河北 张 恒

电工最关心的电线规格与负荷的关系

电线负荷是大家在选购电线前都比较关注的，目前生活中比较常用的电线规格有1平方电线、1.5平方电线、2.5平方电线、4平方电线、6平方电线等那么这些电线可以负荷多少瓦呢？这也是大家比较关心的。下面就来详细看看 1、1.5、2.5、4、6平方(实为平方毫米)电线可以负荷多少瓦。

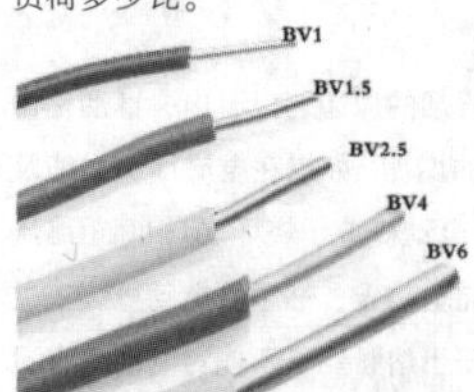

一、1平方电线可以负荷多少瓦

一个电工常用的“经验公式”：只要是铜芯电线，每平方毫米的截面积可以安全通过4~5A的额定电流；在220V单相电路中，每1kW的功率，其电流约为4.5A左右；在380V三相平衡电路中，每1KW的功率，其电流约为2A左右。上面的这些值，可用物理计算公式算下来的结果是很接近的，所以电工在工作中，为了不去记那“繁琐”的计算公式，就记住这些就可以了。那么根据这个算法就知道：每1平方毫米截面积的铜芯线，如果用于220V单相电路中，则可以安全承载1kW的负载所通过的电流；如果用在三相平衡负载(比如电动机)电路中，则可以安全承载2.5kW 负载所通过的电流。

二、1.5平方电线可以负荷多少瓦

如果电源线是铜芯线，一是明线安装最大允许工作电流是20A，即4400瓦；二是暗装套钢管，电流是16A，功率为3520瓦；三是PVC管暗装，电流是14A，那么功率为3000瓦。

三、2.5平方电线可以负荷多少瓦

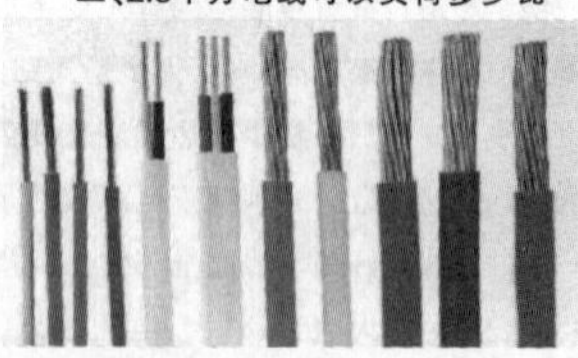

2.5平方电线承受倒多少千瓦电力，国标GB4706.1-1992/1998规定的电线负载电流值，铜芯电线2.5平方毫米16~25A约5500瓦，铝芯电线2.5平方毫米13~20A约4400瓦220VAC电压长时间不超过10A最标准绝大部分时间不超过15A算安全。

四、4平方电线可以负荷多少瓦

单相电源1KW约是4.5A，8kW约是36A。4平方电线(独根的塑铜线)载流量约是30A，小一些，换6平方线(单跑电源)。你的表和闸都必须换大的。不用这么大功率吧，最小4kW，也可以的。4平方电线丞受倒多少千瓦电力那要看你是家庭220V用电还是工厂380V的了要是220的4平方电线可以负荷6到8个千瓦。

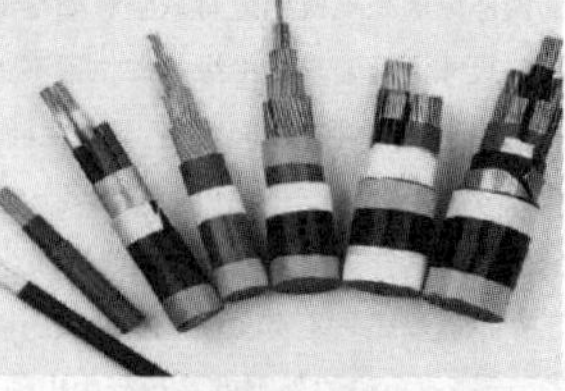

五、6平方电线可以负荷多少瓦

6平方电线可以负荷多少千瓦电力线径和输送的功率没有直接联系的。一般来说6平方的导线用作空调线绰绰有余了。在施工工地上的检修电源一般就用10×6+1×4的电缆。至于承受的电流强度，根据我施工的经验，这种电缆一般是用63A的空气开关控制的。6平方的铝线可以负荷6kW 6平方的铜线可以负荷10kW。

◇云南 胡必成

卫星电视信号接收技术基础知识(上)

一般来说，广播电视信号的传输，不管是数字信号，还是模拟信号，都有地面，有线，和卫星三种传输方式。地面就是地面微波方式，大家原来用电视上自带的拉杆天线或者在外面架设的鱼骨天线就是这种传输方式，这种传输方式需要广电部门架设的铁塔天线，或者微波天线，有一定的覆盖半径，就像移动的通讯基站一样。有线就是我们大家最常见的了，电视信号通过主光缆主干网加上同轴电缆而分配给各家各户的方式。卫星电视，其实，它是广播电视三大传输方式之一，只是由于中国特殊的国情，普通民众不能自由接收卫星电视信号，所以它的作用并没有显现出来。在这三种传输方式中，各有优劣，但是卫星传输相比较其他两种方式，是最具有竞争力的一种标准。

首先，明确一个问题，我们所说的卫星电视接收的信号从那里来的。我们接收的电视信号是从直接从地球同步静止轨道上的卫星上发射下来的。这种卫星在距离地球约三万六千公里的赤道上空，环绕在距离地面赤道正上空三万六千公里大圆周轨道上。这种卫星最大的一个特点就使它的运行周期与地球的自转周期是严格相同的，并且轨道固定在赤道上空。也就是说，这种卫星相对地球是静止的，简单点说，也就是在地球上人看来，这种卫星在天上是恒定不动的。在这个轨道上大概每隔2到3度就有一颗卫星。轨道的分配都是国际电信联盟依据各个地区区域和各个国家诸多因素等等所分配的。地球同步轨道上大约有180颗卫星带在运行。相关数据大家可查询，不一定准确。所以大家在看到卫星位置参数的时候，只看到卫星的经度值，比如东经多少度（EXXX），或者西经多少度（WXXX），就是因为卫星的位置只固定在赤道的正上空，纬度值永远是0度。只用经度值，就可以标出它的位置。不同的卫星所转播的节目不同，覆盖的区域也不相同。其次，卫星上的信号是那里来的呢？卫星本身并不产生电视信号。卫星上的电视信号是地面上的广电卫星上行站向卫星上发射的电视信号，经过卫星接收后，利用其携带的太阳能电池产生的能量把电视信号进行放大和处理后，再向地球上转发的信号，卫星只是起到一个信号中转的作用。相当于一个信号中转站。那为什么要用卫星来中转呢？主要有以下原因：

(1)覆盖面积大。一颗卫星可以覆盖1/3的地球表面，只要发射3颗互成120°的同步卫星，即能实现除南极和北极少部分地区外的全球性电视卫星电视的覆盖。当然卫星电视接收范围受两个条件限制，一是受到一定的地理限制。比如，在东经区域就不能接收西经区域内卫星所转发的电视节目，不是绝对，是相对。因为被地球遮住，无法覆盖。当然东西经交界处临近区域是可以的。比如即使都在东经区域内，东经偏东地区（经度度数大）就不能接收到东经偏西地区（经度度数小）卫星多转发的节目，比如在我国，就不能接收到欧洲地区的卫星电视节目。二是受到卫星本身波束覆盖范围限制，比如有的卫星即使在我们临近的经度区域内，但是他们转发的信号，只覆盖他们国家地区，我们要接收就有难度，属于溢波接收，你不能绝对控制无线电的覆盖范围就严格卡的国界上。比如俄罗斯的卫星电视节目，就需要在新疆地区才可接收到，在内地靠北的地方用更大的天线才可能收到。南方地区，可能根本收不到。还有日本卫星上电视节目，E110度电视节目，只有在上海和山东半岛地区才可能接收到。内地基本无戏，就是因为他们波束不覆盖的原因。所以说接收卫星电视节目并不是想看那星上节目就看那个星上节目。要满足两个最基本的条件。一是在轨卫星经度和我们所在的区域经度相近。二是卫星发射波束要覆盖我们所居住区域。当然了，第一个是最基本的条件了，第一个都满足不了。谈何覆盖。当然大家去一些卫视网站上查询一些卫星电视参数的时候，上面所列的卫星大多是在我们国内能接收到的，由于我国幅员辽阔，周边覆盖周边国家的卫视信号众多，有时候在一个区域能受，在另一个地方就不能接收，这很常见。至于这个问题建议大家还参考一下场强图。更直观。

(2)图像传输的质量高。由于同步卫星的覆盖面积大，远距离传输电视信号时能大量减少中间环节的干扰带来的损失。来自卫星的电波，受高大建筑物和山峰阻挡的影响较小；由于电波通过大气层的行程和它所经过的整个路径相比较短，有助于改善接收质量；由于卫星电视的转播环节少，信号失真少，接收质量高。因此电视信号的质量和稳定性都容易保证。此外，用同步卫星传输电视信号，还能避免无线电波受传输距离变动影响而带来的不良后果，使传输的质量进一步提高。在地面接收卫星电视信号，只要你能接收到。理论上是和节目制作中心的上行信号同步的。基本上无干扰。节目信号质量非常高。而我们所看的有线台，有的节目是当地有线电视台经过卫星天线接收下来的。经过调解调制，光电信号变换等进入到本地有线网络，噪音干扰很多。节目信号质量下降很大。造成清晰度下降。

(3)能源效率高。它可以较小的功率服务于广大地区，发射功率只有200W的直播同步卫星，就能覆盖几百万平方公里的面积，而不像地面广播电视那样，在地面建立一座高达200M的电视发射塔，当发射功率为50kW时，它的覆盖面积只有2.3万平方公里。

(4)投资少，见效快。我国幅员辽阔，地形复杂。过去我国收看中央电视台的节目，除北京地区外，其他地区都先由微波电路传送到大中城市，再经过电视发射台或差转台发射与转发，供各地观众收看。如果要用微波传输的方式来搞电视覆盖，则需建造成千上万座微波中继站和电视发射台。虽然现在主干传输网络都采用了光缆传输，但是铺设和维护费用仍然及其高昂。而采用同步卫星传输的方式只要发射1-2颗卫星，再与地面站配合即可，建设一个卫星地球上行站仅需投资二三千万元，而有线电视网要达到同样的功能至少需要几十倍、几百倍的投资；卫星电视直播网络的建设速度取决于地球站建设和卫星发射的进度，一般只需1~2年的时间，是有线电视网络无法比拟的高速度；所以说卫星传输，具有投资少、见效快的优点。

(5)中国地域辽阔，海岛、山区和少数民族地区占国土面积的70%，人口众多但分布不均，受经济条件限制有线电视网不能全部覆盖。卫星传输系统具有多址通信的优点，因此包括那些不便设置电视台的地方(如海洋、沙漠和高山地带)都可直接收看卫星电视节目，而不必经电视台转播。而只用一颗卫星就可以有100多个电视频道覆盖我国全部陆地和领海，彻底解决15%电视人口覆盖盲区。这对于目前我国实现“村村通广播电视”最有利；在城市地区，卫星电视直播也可以用于增加教育电视频道，作电视教学和科学实验等。

(6)可靠性高，卫星电视直播只受很少几个环节(如地球卫星上行站、卫星和空间等)的影响。维护工作量小；由于卫星电视直播中间环节少，不存在有线网络的中继、放大等问题，可节省大量人力物力。抗自然灾害能力强，我国有不少地震区、水灾区、沿海台风频繁地区，光缆、电缆网络易受自然灾害的侵袭，而卫星电视几乎不受自然灾害的影响。

(7)特别是现在数字技术的发展和应用，世界上卫星电视广播普遍采用了数字信号系统，频谱利用率高，运行成本低，由于数字压缩技术的成熟和高效调制方式的使用，原来可传一套模拟电视的卫星转发器，现在可传5~8套数字广播电视节目，大大提高了频谱资源的利用率，一颗直播卫星可容纳100套以上的数字广播电视节目。相对来说，平均每套节目的运行成本大大降低了；接收系统成本低，由于数字化标准的统一，现在接收机生产都已经模块化了，成本可以说大大地降低了。采用Ku频段卫星直播，接收天线口径小，加之数字卫星接收机的国产化，卫星接收机价格低廉，还没有一台普通彩色电视机的价钱。普及速度大大加快了。

经过以上的叙述，大家对卫星电视也有一个初步的了解。卫星电视是一种强大的信息传播工具，卫星是天生的广播能手，真正实现了站的高。播的远。单星就能覆盖大半个地球，覆盖人口以亿计，且不受地球上一些气候和地形因素的影响。简单地说，只要有一套卫星上行设备，利用卫星进行广播覆盖，就等于把电视台办在你家门口(注：以前某轮子组织就是用这种方法向我国电视用户播放了几段轮子的视频)。

我们都知道，地球同步轨道就是一个大圆形的轨道，环绕在赤道上空。上面可以安置好多赤道同步卫星，赤道同步卫星的最大特点就是在地球上的人看来，卫星是静止不动的。同步轨道的这个特点决定了最适合安置通讯卫星和广播卫星。先上张图给大家看下。

全球赤道同步卫星示意图

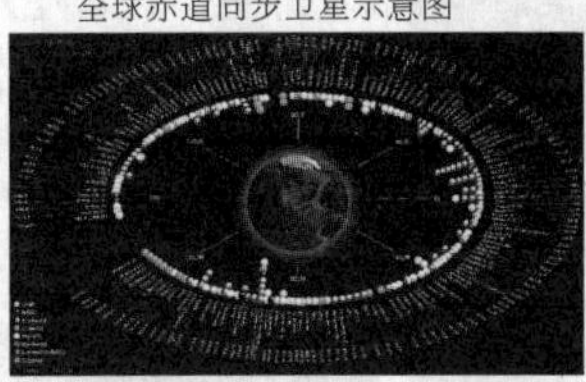

一般大家在进卫视网站查询资料的时候，都会看到这样的表格。如下图图中的数字，左侧一栏，卫星参数只是表示卫星的名字，而右侧一栏的数字，在轨位置，表示的卫星在同步轨道的位置，比如说中星9号，定轨在92度E，这个位置，表示中星9号这个卫星位置定轨在东经92度这个位置(E表示东经W表示西经)。而我们常说的138啊，其实就指亚太V号，146呢就是马步海一号卫星，各个卫星的在轨位置都不同，(同一地点有时有备用星)各个卫星有属于不同的国家和转播公司所有。不同的卫星转播的节目也不相同。

环绕在赤道地球同步轨道上的广播卫星有好多，我们要收看那颗星上的节目，我们的卫星天线就要指向哪颗星。打个很形象的比喻，我们的卫星天线很像我们撑开的一把伞，我们要收哪颗星，伞柄就要指向那颗星。由以上的介绍我们知道，广播卫星处于赤道上空，我们在地球上看来是静止不动的。我们国家地处北半球，要接收赤道上空卫星的节目，所以天线大都要指向南方，同理，居住在南半球的人接收卫星节目，那么他们的天线指向大都要指向北方。那么在赤道上的朋友，他们的有的天线就要竖直向上了。但是不管是居住的南半球上，还是北半球，还是赤道上，天线的指向并不是径直指向南北方向或者竖直向上，有的偏东，有的偏西。为什么呢？这是因为天线的指向是由你所在的地方的经度值和卫星的经度值所决定的。比如说在北半球，地处经度值为105.5E朋友，如果要接收亚洲3S星(105.5E)上的信号，那么你的天线就要正直的指向南方。也就是说指正南(如在南半球就是正北)。如果地处在105.5E偏西地区的朋友，要接收亚洲3S上的信号，那么天线指向就要南偏东一点，同理，地处105.5E偏东地区的朋友要接收亚洲3S上的信号，那么天线指向就要南偏西一点，居住地的经度值和卫星的经度值相差越大，偏离的角度就越大。这就引出了卫星天线调整的一个参数——方位角。简单地说，什么是方位角呢，就是我们的天线指向偏离当地正南北方向的角度。由于我们地处北半球，简单地理解就是我们的天线指向偏离正南方向的角度。我们在同一个地区接收不同卫星信号的方位角是不同的。同样，我们处在不同地区接收同一卫星信号的方位角也是不同的。

方位角、仰角的计算及其偏馈角

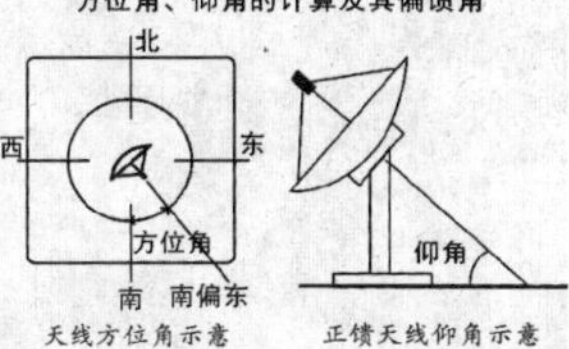

天线方位角示意　　正馈天线仰角示意

◇江西　刘慧

卫星参数	在轨位置	卫星参数	在轨位置
玛雅尔 202	49.0°E	新天 11 号	108.2°E
新天 703	57.0°E	百合花 3A	110.0°E
国际 7/10 号	68.5°E	D-SAT 110	110.0°E
Eutelsan V5	70.5°E	鑫诺 1 号	110.5°E
国际 4 号	72.0°E	帕拉帕-C2	113.0°E
印度 Insat-3C	74.0°E	韩星 5 号	113.0°E
ABS-1	75.0°E	中星 6B	115.5°E
亚太 2R	76.5°E	韩星 3 号	116.0°E
泰星 2/5 号	78.5°E	印尼电信 2 号	118.0°E
(俄)快车 MD1	80.0°E	泰星 1A	120.0°E
(俄)快车 AM2	80.0°E	亚洲 4 号	122.0°E
印度 Insat-4A/2E	83.0°E	日本通信 4A	124.0°E
国际 709	85.2°E	鑫诺 3 号	125.0°E
中卫 1 号	87.5°E	日本通信 3A	128.0°E
中新 1 号	88.0°E	越星 1 号	132.0°E
雅玛尔 201	90.0°E	亚太 VI	134.0°E
马星 3 号	91.5°E	亚太 V	138.0°E
马星 3A	91.5°E	(俄)快车 AM3	140.0°E
中星 9 号	92.2°E	日本超鸟 C2	140.0°E
印度 Insat-3A/4B	93.5°E	(俄)Gorizint45	145.0°E
新天 6 号	96.0°E	马布海 1 号	146.0°E
(俄)快车 AM33	96.5°E	马星 2 号	148.0°E
ProtoStar-1	98.5°E	日本通信 2A	154.0°E
亚洲 2 号	100.5°E	国际 8 号	166.0°E
亚洲 5 号	100.5°E	国际 2 号	169.0°E

(本文原载第11期10版)

下转第109页

浅谈家庭影院视频系统选择与组建容易忽略的问题(二)

本文浅谈视频系统选择与组建方面容易忽略的问题。对于客厅影院或家庭影院系统构建之中，视频系统的构建主要集中在投影机、投影幕以及信号源方面，相对于环绕声音频系统，选择与构建的难度并没有这么大，但是仍然有不少值得我们考究的地方。例如究竟要选择多大的投影幕，是不是越大的投影幕就越好，什么时候应该选择弧形幕，什么时候应该选择2.35:1的幕布，是不是一定要选择透声幕，是不是一定要选择抗光幕，是不是一定要选择高亮度或4K投影机，是不是所有蓝光播放机的功能都一样等等。这些问题看上去好像答案都很简单，但仔细一想却有不少需要注意的地方，而且这些问题都是需要相当重视的问题。在国内视频方面的重视程度一直都不及音频方面，就连全国各地的不少影音体验室中的画面效果远远不及音频效果，画面黑位丢失，显得灰灰沉沉，没有生气，高光部位不足，色彩还原不自然等等，有些更是出现了较为低级的视频系统构建的问题，相反在一些影音发烧友家中反而看到了不少惊艳的好画面。其实如果想要呈现出媲美高端电影院那般震撼的视觉与听觉的冲击，还原出逼真的电影场景，画面是必不可少的重要组成部分。

投影幕的尺寸，

应该从观看座椅的位置来看

"究竟我应该选择多大尺寸的投影幕，100英寸足够了吗？"这是不少朋友都会问我的问题。其实我们都希望能够尽量利用空间构建最大尺寸的投影幕，但是在实际应用之中并不这般理想，往往会受到多个因素的限制。其中观看座椅位置的设定对于投影幕尺寸的选择是最关键之处，尤其是当要设置多排座位的时候，我们不希望后排的观众被前排观众所挡住，同时也不希望投影幕的位置放置得太高，使得前排座位的观众需要长时间抬着头来观看电影。不过如果观看环境之中只是设计有单排座椅，则可以考虑尽量使用前墙的空间，但此时则需要留意观看位置离投影幕的距离会否太近，会否看到画面上的像素晶格，在观看高速动态影像时，会否容易产生晕眩或大脑疲劳的问题。一般来说，对于普通家庭环境，大概20-40平方米的环境之中，150英寸以内的投影幕尺寸较为合适的。

什么时候该选择弧形幕，

需要根据变形镜头的使用来判断

我曾经在全国各地的影音经销商的展示厅中发现有不少投影系统采用了大尺寸的弧形幕，其实弧形幕的使用还需要与变形镜头相结合。一般来说，当我们的投影机系统采用到2.35:1的变形镜头，为了减轻变形镜头引起了画面几何枕形失真的问题，才需要搭配2.35:1的弧形幕。通常情况下，如果你的投影系统没有加上变形镜头，选择16:9的非弧形幕是较为合理的，由于家庭使用环境的面积不大，投影机的投射距离并不远，基本上不会出现明显的几何失真的问题，不需要搭配弧形幕。另外，弧形幕尽管在观看习惯上更贴合人眼的物理特性，但是这仅仅是针对中央皇帝位的观众而言，如果面对多个不同位置的观众，非弧形幕更为合适。

想要获得最佳的前置声场定位，

请选择透声幕

对于透声幕的选择，其实对于整套系统声音效果的影响更为明显。在家庭影院多声道环绕声音箱系统之中，前置三只音箱的一致性是非常重要的。我们既希望这三只音箱的声音特性是一致的，也希望这三只音箱应该放置在同一水平面以及同一垂直面上，这样才能确保声场的准确性以及定位感。要做到这一点，在家庭影院系统之中，就只能选择透声幕，若使用了非透声幕，中置音箱通常情况下都会遮挡住画面图像。此外，在透声幕的选用上，目前主要有两种不同制作方式的投影幕，一种是编织式的幕料，另外一种是打孔式的幕料，前者能够获得更佳的声音效果，同时也能尽量减低摩尔纹的出现，后者则是可以尽量保留画面上的细节，但需要选择微穿孔的透声幕，通常在0.2-0.4mm之间。

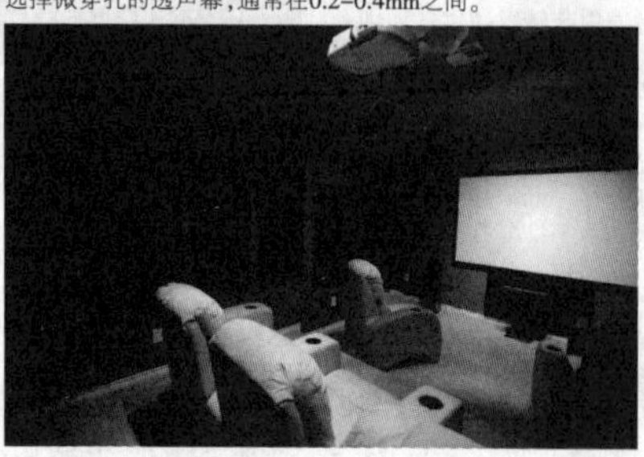

当要控制环境光线的干扰，

就需要选择抗光幕

现在客厅影院的概念盛行，不少朋友都开始在客厅之中构建家庭影院系统，在这个时候投影系统方面，由于采用的是前投的方式，极其容易受到外界光线的干扰，在这个时候就需要采用抗光幕。不少基于超短焦投影技术的激光电视本身就已经搭配抗光幕，透过投影幕上面的光学滤镜，能够过滤掉屏幕四周光线的干扰，让投影机的光线集中反射到处于房间中间位置的聆听区域。不过要注意的是这类抗光幕很容易会导致太阳光斑效应，建议要有一定倾角的安装方式，这点是需要大家注意的。在抗光幕方面，除了内置光学滤镜的类型，其实还有高增益或特殊涂层的抗光幕，各有各的优点与不足之处，水平可视角度与投影机安装角度的要求是我们必须要留意的地方。如果大家想要获得黑色较为深沉的画面，可以选择偏灰的抗光幕，只不过使用前需要对画面的灰阶白平衡进行适当的调整，以获得更准确的色彩重现。

是否一定要选高亮度或4K投影机，

还是要看使用环境与个人需求

随着家庭影院投影机性能的逐步提升，现在主流投影机的输出亮度平均都能上到1800流明以上，甚至不少还能达到3000到5000流明的水准。那么，对于还是使用老一代1500流明以下输出亮度投影机的玩家，是否需要升级到高亮度的投影机，实际上决定条件还是使用环境与个人的观看需求。如果你是在一个遮光完善的小空间中投射100英寸的画面，完全没有必要选择这么高亮度的投影机，反而要更加看重投影机的动态范围，也就是对比度。我们希望得到的是一个能够获得足够深沉黑色，并且暗部细节丰富的画面，当然高光部分的画面也十分重要，但不能因为投影机亮度的提升而影响暗部的表现。相反，如果你是在一个普通客厅环境或是投射150英寸以上的大画面，这个时候高亮度的投影机就显得非常重要的，可以尽量维持画面的色彩与细节的刻画。另外，如果你习惯于经常观看3D电影，选择高亮度的投影机将会让你获得更好的观感，毕竟3D观看会耗损至少一半的画面亮度。

如何选择信号源设备，

尽量选择带有画面调整功能的机型

其实严格上来说，信号源设备属于视频系统的一部分，因为它对于画质方面的影响还是相当明显的。而它对于画面方面的影响还不是简单地是指画质方面，包括色彩、对比度、噪点等问题，更重要的是能否与你的投影系统相匹配，能否正确地输出画面的动态范围就是其中一个关键因素。不知道大家有没有遇到过，有些时候不管你怎么调画面上的亮度与对比度，测试画面却始终没有出现任何的变化。这就是信号源与投影系统之间的信号匹配出现了问题，要解决这个问题最好的方式是透过信号源上的画面调整功能对画面上的亮度与对比度进行调整。因此，我们在选择蓝光机、高清播放机这类信号源设备的时候，应该尽量选择带有画面调整功能的机型。

总结：除了上面几个出现频率较高的问题之外，在家庭影院视频系统之中其实还有不少其他的问题，例如选择哪种显示技术的投影机画面色彩表现更好，哪种对比度更高，哪种阳光感更强等具体的问题。我就不逐一分析了。对于音频系统，如果没有好的房间设计与系统选配，后期如何出色的声音调校都很难挽回好的声音表现，而对于视频系统也是一样，我希望大家要充分注意视频系统的重要性，应该从设备选择与系统构建阶段就需要考虑各个方面的因素，而不要等到最后的画面调校部分才来做补救。最后，如果大家想要在客厅之中获得最佳的画面效果，我的建议还是需要进行必要的环境光遮光处理，你大可不必像独立视听室中的那种完全的遮光方式，可以选择在投影幕周围墙面作适当的遮光处理。

◇广州 李玮盛

2018年3月11日出版　实用性　启发性　资料性　信息性

第10期　（总第1947期）

国内统一刊号:CN51-0091　定价:1.50元　邮局订阅代号:61-75

地址:(610041)成都市天府大道北段1480号德商国际A座1801　网址:http://www.netdzb.com

让每篇文章都对读者有用

视频编码的重要性

在5G还未普及前，运营商都在不断地提升网速，有的家庭已经用上百兆光纤；不少人已经养成在电视上看4K电影的习惯，不过有时候也会在平板或者手机上看下720P或者1080P的视频；然而有时候我们会发现，在同一宽带下，720P会发生卡顿而4K反而流畅，这是为什么呢？

首先我们看下4K片源的大小，一部2小时时长的4K电影，其原始文件大小在50TB（约为50000GB）左右，大部分为音轨文件（音轨文件的重要性会在后面谈到），其中视频文件大小有到1TB左右（1080P约为4K影片的1/3）；如果在网络上流畅播放的话，需要250MB/秒以上的网速，目前的民用网络显然是不可能的（5G速度是几十G/秒），因此需要视频编码技术进行压缩。

HEVC/H.265与VP9是当下代表着业内最新最先进的两大视频编码压缩技术体系，都肩负着视频暴增形势下不断推进更高清晰度（4K甚至是8K）同时更节省网络流量的使命。

HEVC/H.265

HEVC/H.265由ITU-T视频编码专家组（VCEG）和MPEG组织共同发起，2013年正式于ISO/IEC和ITU-T同时发布成为国际标准，历经多年发展基本进入了产品化阶段。总体上讲，HEVC/H.265在编码性能和带宽节省方面上更胜一筹，同样清晰度水平下码率至少降低40%以上，同时HEVC/H.265也是代替H.264/AVC的新一代编码技术。

VP9

虽然HEVC/H.265已成为国际标准，但由于其复杂专利结构导致的较高许可费用，同时在网页播放上也有欠缺，最致命的是复杂的算法让解码端异常吃力，对硬件处理器还有一定的要求（有时我们在购买电视或者电视盒子时会看到支持H.265硬件解码作为一个卖点的原因），这些原因给了谷歌VP9有机可乘的便利。VP9最初仅定位于服务于谷歌YouTube自身的编码VPx系列算法，在升级为VP9后由于技术指标优异，加之完全免费开源、主打浏览器即播放（尤其是大量应用转向H5后）、解码复杂度低等相对优势，VP9跻身为与HEVC/H.265相提并论和竞争的地位。

AV1

AOM部分成员一览表

由于HEVC/H.265与VP9孰优孰劣并没有统一的答案，又要在技术上能够与HEVC/H.265叫板，又兼具VP9免费开源、浏览器友好性等优势，AV1就在这个背景下诞生的。虽然其技术市场目前还不是很明确，不过AV1的技术背景很有来头，其开发维护权在AOM（Alliance for Open Media）的非营利中立标准组织手里，该组织是由Amazon、Cisco、Google、Intel、Microsoft、Mozilla、Netflix联合创建，后来又加入了Adobe、AMD、NVIDA等巨头。

从图表也不难解释为什么AV1有可能是未来编码技术的主流：

1.谷歌、微软、思科：分别有VPx、WMV/MPEG、Thor等编码算法，这为AV1提供了直接的技术支撑；

2.AMD、Intel、NVIDIA、ARM：PC端和移动端的硬件芯片厂商齐聚，AV1的硬件加速也不需要费劲找支持了；

3.谷歌、火狐、微软：把控着浏览器95%的市场份额，AV1不愁在浏览器上实现直接播放。

4.Adobe，流媒体传输方面谁都知道离不开它的支持；

5. 视频内容提供商有谷歌的YouTube、Netflix、亚马逊的Prime、Ateme，又提供OTT盒子，又有世界最大的IPTV运营商，另外还有音视频应用类成员BBC、Polycom等等，AV1在市场推广上也有优势。

体积大小

许多人在视频文件体积大小上有个误区，认为720P就一定比1080P小，这是错误的。只能说在两者码率相同的情况下，1080p一定大于720p。举个例子，一部1080P电影1秒钟有30帧（即1秒钟有30张1080p的图片），而720P就是1秒钟30张720p的图片，这种情况下1080P肯定体积要大于720P。不过人的肉眼一般24帧就能满足了，因此在不影响视觉的前提下，会将1080P压缩至24帧（性价比更高）；而720P就没有必要压缩了，仍采用30帧；这样影片算下来720P体积就会高于1080P。

有时候建议手机上看电影也推荐720P，因为都压缩到24帧的话，小体积的1080p可能出现拖尾等动作不连贯现象，此时同体积的720p就会连贯得多。如果720P比1080P的文件大，那么它的画质应该要比1080P的好。

另外，音频也是影响影片体积大小的一个因素。比如有微损的flac.ape格式和压缩的aac. mp3格式之分，这对于即使是同画质的电影体积大小也有影响。具体体现在同体积的1080p与720p的电影，可能1080p画质略高但是720p更连贯或者720p音频质量更高。

写在最后

随着5G时代的逐步临近，高达每秒几十G的传输速度，将视觉的追求提高至8K是必然的趋势，也意味着新的编码技术也要跟上。在日本已经宣布2020年东京奥运会将由8K信号通过卫星直播，采用的其中8K视频的编码技术H.265的下一代--H.266编码标准；能将长度为1分钟左右的7680×4320分辨率视频，经过技术压缩处理后约200GB大小的体积再通过卫星直接传输；同时对硬件解码也有更高的要求。

（本文原载第22期11版）

警惕家里的隐形"炸弹"

有些经济条件较紧张的家庭想通过市场买到低价位的旧家用电器和物品，然而，这些或陈旧老化或出于安全性能差的产品，经过不法商人重新包装后进入市场，往往存在安全隐患。

旧空调　火灾祸首

旧空调是旧家电中危险最大的家电。首先是它大多时候是使用在晚上，特别在人们睡觉以后，如果此时发生火灾或其他事故时，容易造成人员伤亡；其二是空调连续工作时间长，事故隐蔽性高，往往一发现时，已经为时已晚。

旧电视机　爆炸罪魁

拼装的旧电视机实际上是"金玉其外，败絮其中"：其外壳是新更换的，而内部的零件完全是旧的；有的是七拼八凑而成，用的是不对型号的替代配件，很容易造成电阻过大而发热，长期使用，很可能发生爆炸或火灾。因此在选购旧电视机时，务必重点查看机内的机件是否完好，还得留意电视机是否超期使用。

旧煤气瓶　定时炸弹

旧煤气瓶因为在价格上具有很强的吸引力，经过翻新处理后，既没有生产单位，也没有出厂日期。曾在旧货市场做过生意的一位业主说：旧货市场中多数是些不合格或过了使用期限的，被一些见利忘义的人以低价收购而来，经过翻新后再行出售，这些气瓶再充装煤气使用，随时都可能发生泄漏或爆炸事故。

旧直排式热水器　可怕凶手

直排式热水器燃烧所需的氧气和燃烧后所排放的废气可使用户造成煤气中毒，更有甚者，燃尽的废气排放在室内，有发生爆炸的潜在危险。因其安全事故时有发生，已被国家有关部门强行禁止生产和销售。

直排式热水器的使用年限5年左右，因为国家已限制生产3年了，这样，目前家庭中使用的直排式热水器已到了淘汰的时候了。在这种情况下，流通到旧货市场和家电维修部门的旧式直排式热水器潜在危险性会更大，一旦发生事故，其危害无法估量。因此，有关专家呼吁：千万不可为了省钱买这种热水器，用自己的生命作抵押。

此外，小心燃气类产品已不是新鲜口号，但特别提请大家注意，由于各地气源不同，对燃气具的使用有很大的影响，"北方不爆南方爆"不是故事，所以在选购外地产品尤其热水器时要小心。由于煤气泄入密闭室内引起的爆炸虽不多见但已发生，建议大家在点烟点火前千万要检查空气，有关专家指出，混合比例从5%开始就有可能出事，一不小心，就会家破人亡。

微波炉

要让微波炉爆炸很简单，放入一个没有去壳的鸡蛋然后开机可能炸毁炉门，加入其他表面没有缝隙但内有空气的密封器如罐头、饮料瓶等是极度危险的。同样需小心的还有电烤箱等产品。

爆炸类

在装修新家时特别注意经常打开门窗，例如用刨地板机时产生的大量粉尘如果与空气混合后一触即爆，面粉厂被炸毁的事例在历史上就不少见。

此外，高温对一些新东西要敬而远之，例如助动车的汽油罐、发胶、喷雾器，不仅仅因为其在高温、碰撞条件下易爆或常常自爆，更因为事后判断事因、追究责任会完全无从下手。

注意别把浇花的水或制冷剂弄到室内越来越低的各种灯具上，那样会更快地导致伪劣产品爆炸。小小的一次性液体打火机最近也捅了大娄子：青岛有人在餐桌上当场被烧去头发与眉毛，脸如包公。

某市消协前不久开了一次关于酒瓶爆裂的大型研讨会，据悉，所有啤酒瓶中只有41%是正品，其他都是回收瓶，这个数据比前年又上升了几个百分点，一些国产品牌甚至全部使用回收瓶以降低成本应付啤酒大战。消协提请消费者尽量从自己的角度减少引爆概率；不要采取不规则手段开启瓶盖如在桌棱上猛击等。啤酒瓶碎片去年已使10余人破相或致残。

某爆破公司提醒人们：爆炸万变不离其宗，都由某种物质在密闭室内快速膨胀引起的，掌握好这个原理就可以有防爆的自我保护意识。另一方面，技监部门也在大力杜绝由于产品伪劣不合格而引起爆炸现象。当今中国，伪劣产品已和产品爆炸密不可分，真该对某些不负责任的企业大喝一声：谋利事小，人命关天。

◇辽宁　孙书静

长虹LED55760D液晶彩电开关电源维修五例

长虹LED55760D液晶彩电电源板实物和基本电路工作原理见图1所示，电路组成方框图见图2所示。该电源由三部分组成：一是以集成电路R2A20112(U201)为核心组成的PFC功率因数校正电路，将市电整流滤波后的电压校正到+400V左右，为主、副开关电源供电；二是以集成电路STR-A6052M(U301)为核心组成的副开关电源，产生5Vstb、+5V-3A和VCC电压，5Vstb为主板控制系统供电，+5V-3A 为主板小信号处理电路供电，VCC电压经开关机电路控制后为PFC和主电源驱动电路供电；三是以集成电路NCP1393 U401)为核心组成的主开关电源，产生+24V-BL、+24Va电压，为主板和背光灯板供电。

例1：电源指示灯不亮，不开机

分析与检修：电源指示灯不亮，不开机，一般是5Vstb电源电路有故障或电源熔丝烧断。在开壳检修前可首先检测一下电源插头两极间的阻值，结果其正、反向阻值均为∞。

拆壳后发现F101烧断且发黑，说明开关电源有严重短路故障。用电阻挡分别测量市电整流滤波电容C201/C202和PFC滤波电容C203两端电阻，发现C203两端电阻接近0Ω。判断短路故障在C203和C203两端的负载电路，一是主电源开关管，二是副电源厚膜电路。

主电源开关管未见异常。测量副电源厚膜电路U301已击穿损坏。用厚膜电路STR-A6052M更换U301，更换保险丝F101后通电试机，指示灯亮，图像和伴音出现。不久再次发生三无故障，同时发现电路板上新更换的厚膜电路STR-A6052M冒烟，保险丝熔断。电阻测量STR-A6052M再次击穿。根据经验判断，尖峰吸收电路发生故障，易损电源开关管。该机尖峰吸收电路如图3所示，U301的⑦、⑧脚内接MOS开关管的D极，外接D303、R610、C307为尖峰脉冲吸收电路，防止MOS管在关断时，T301产生的自感脉冲将U201内部的MOS开关管击穿。

尖峰吸收电路元件C307表面有裂纹，拆下测量已经无容量。将U301、C307、F101一起换新后，故障彻底排除。

例2：指示灯不亮，+5V电压为零

分析与检修：首先检查+300V电压正常，说明抗干扰和市电整流滤波电路正常，判断副电源没有工作。检查副电源厚膜电路U301各脚电压，发现U301的②脚电压始终为0V。U301的②脚为交流电压检测输入端，外部电路如图3所示。AC220V电压经R301~R303与R307分压取样后，加到U301的②脚，当市电电压正常时，U301正常启动工作；当市电电压过低时，U301停止工作。

用万用表R×1000电阻挡检测②脚外部的市电分压取样电阻R301~R303，发现R301阻值变为无穷大，造成U301的②脚市电取样电压为0，U301内部保护电路启动，副电源停止工作。用普通1.5MΩ电阻代换R301后，故障排除。

例3：开机三无，电源指示灯亮

分析与检修：指示灯亮，测量电源板有+5V电压输出，说明副电源基本正常，测量主电源无24V电压输出，判断故障在主电源或开关机控制电路。

测量主电源驱动电路U401的①脚无VCC2电压，测量PFC电路输出电压仅为305V左右，PFC电路也未工作。测量PFC电路U201的⑯脚也无VCC电压。主电源驱动电路的VCC2和PFC驱动电路的VCC电压受开关机电路控制，其开关机电路见图4所示，由Q605、光耦N302(PC817)、Q301为核心构成。

开机时POWER ON/OFF控制信号为高电平，Q605导通，N302导通，Q301导通，副电源产生的VCC1电压经过Q301输出VCC电压，为PFC驱动电路U201供电。VCC电压再经Q206、U405控制后，为主电源驱动电路U401供电，整机进入工作状态。同时Q602、Q601导通，为主板提供受控的+5V-3A电压。

遥控关机时POWER ON/OFF控制信号为低电平时，Q605截止，N302截止，Q301截止，切断VCC供电，PFC电路和主电源停止工作，整机进入等待状态。同时Q602、Q601截止，切断主板+5V-3A电压。

测量开关机控制电路Q301的集电极无VCC电压，检查副电源的VCC整流滤波电路C306两端VCC1电压正常，检查VCC1与Q301集电极之间的限流电阻R311，已将开路，造成PFC电路和主电源驱动电路无VCC供电而停止工作。用线绕2W/10Ω电阻更换R311后，故障排除。

例4：开机三无，电源指示灯亮

分析与检修：指示灯亮，测量电源板有+5V电压输出，测量主电源无24V电压输出，测量PFC输出电压为305V，测量开关机控制电路没有VCC和VCC2电压输出。测量Q301的集电极有VCC1电压，发射极无电压输出，检查开关机控制电路，测量主板送来的POWER为高电平，说明开关机控制电路Q605已经导通，判断光耦N302损坏，但更换后，故障依旧。

仔细分析图4的开关机控制电路，发现N302的①脚外接以可控硅U404为核心的过压保护电路。当副电源输出的电压过高时，击穿稳压二极管ZD603，经D603、R615向U404的②脚送去高电平；当主电源输出的电压过高时，击穿稳压二极管ZD601，向U404的②脚送去高电平。U404导通，将开关机控制电路光耦N302的①、②脚短接，N302截止，开关机控制电路Q301截止，与待机一样，切断PFC驱动电路U201和主电源驱动电路U401的VCC供电，PFC电路和主电源停止工作。

测量保护电路可控硅V404的控制极电压，果然为0.7V高电平，判断保护电路启动。检查保护电路元件，未见异常，根据维修保护电路的经验，多为保护电路稳压管漏电所致。更换24V过压保护检测27V稳压管ZD601后，开机不再发生保护现象，故障排除。

例5：开机三无，电源指示灯亮

分析与检修：指示灯亮，测量电源板有+5V电压输出，主电源无24V电压输出，PFC输出电压为380V，判断主电源未工作。测量主电源驱动电路U401各脚电压，发现①脚无VCC2电压，检查图4所示的VCC2供电电路，发现Q206的发射极VCC电压正常，但集电极无VCC2电压输出，判断Q206及其外部电路发生故障。

Q206和外部电路U405组成PFC欠压保护电路。PFC输出电压经R401、R402、R403与R430分压后，加到U405的控制极。PFC电压正常时，U405导通，Q206导通，输出VCC2电压，主电源正常工作；当PFC电路发生故障，PFC电压过低时，U405截止，Q206也截止，切断VCC2供电，主电源停止工作。

测量PFC输出的400V电压正常，判断故障在Q206、U405及其外部电路。测量Q206、U405未见异常，检查外部电路元件，发现分压电路电阻R401阻值变大，用普通1.5MΩ高压电阻代换后，故障排除。

小结：由于电源板小功率的阻容元件大多采用贴片器件，安装于电源板的背面。特别是工作于高压分压电路的贴片电阻，由于其体积小，功率小，易发生放电烧毁，阻值变大故障，引发分压电路异常，造成相关保护电路和稳压电路发生故障。维修时应引起足够重视，避免走弯路。

◇海南 孙德印

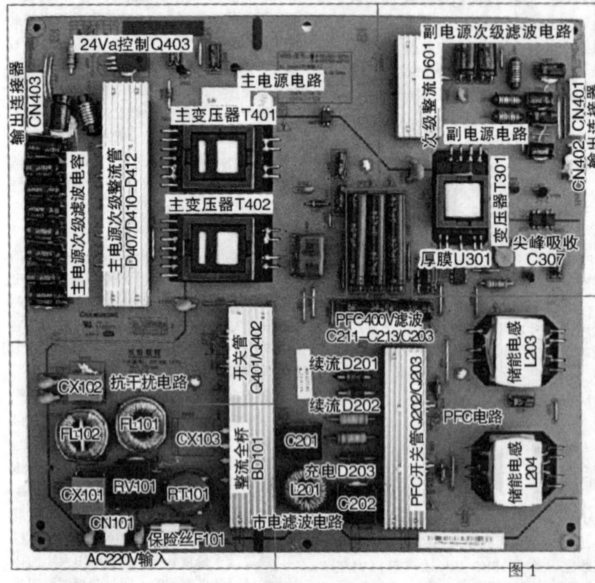

图1

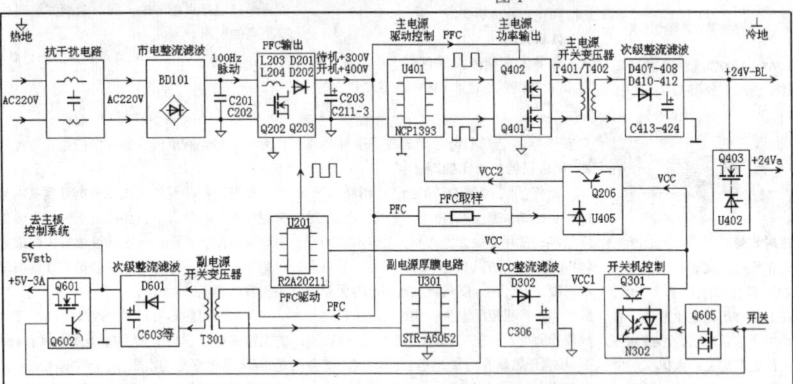

图2 长虹HS250S-3SF01电源板电路组成方框图

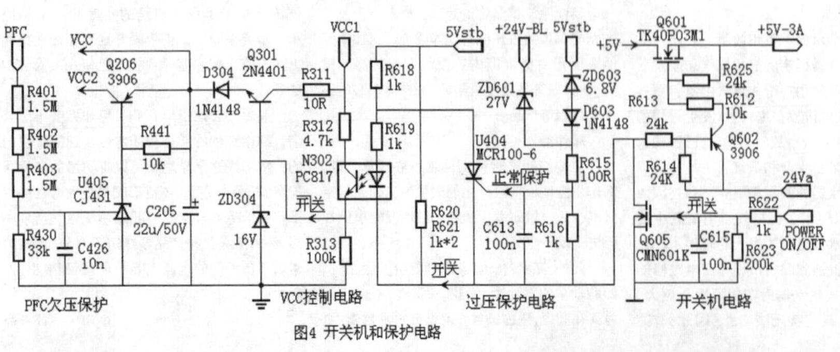

图4 开关机和保护电路

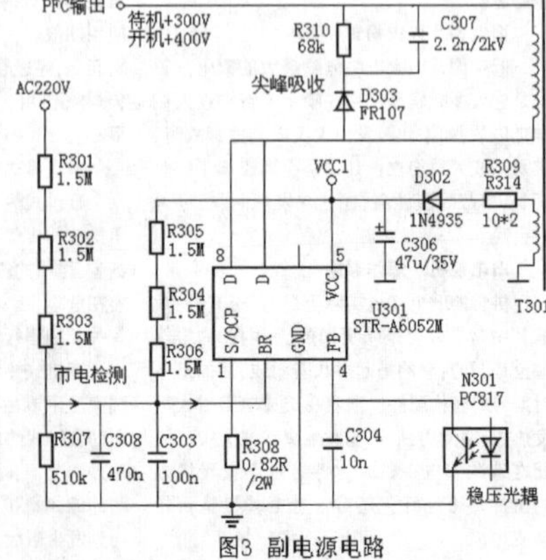

图3 副电源电路

飞利浦190EW8液晶显示器电源输出电压波动检修实例

该机开关电源主要核心电路由IC601(1200AP40)和Q601等组成，1200AP40采用8引脚DIP封装，外围电路较为简洁，内部集成了振荡、驱动电路、过压过流保护以及欠压锁定等功能。用它构成的开关电源具有适应市电电压范围宽、效率高、功耗低等优点，所以被广泛应用于飞利浦、明基等多个品牌液晶显示器电路中。笔者所在单位前几年购进一批190EW8型号液晶显示器用于电视新闻制作，由于该设备使用率较高，最近时常有机器出现故障，经检修发现，由于该型号显示器电源和高压板为一体板，故障率较高，为了便于检修，特意从网上下载190EW8电源原理图以供参考(见附图)。

该型号显示器出现的故障多为电源启动困难或电源启动后屏幕亮度低且闪烁，在实际检修中发现，出现上述故障的机器，多数因为长时间的工作造成300V滤波电容C605、15V滤波电容C703、C704以及5V滤波电容C707、C708漏电或失容所致，维修时可以通过目测观察上述电容是否有漏液或鼓包现象，发现有此类现象，一般更换故障元件就可以排除故障。笔者利用此经验快速修复了数台显示器，但有一台却在检修中颇费一番周折，现将检修过程记录下来，供同行们参考所用。

该机故障现象表现为：接通电源后黑屏，指示灯不亮，按面板按键机器没有一点反应。经询问得知，该机前段时间启动困难，启动后屏幕闪烁一会就恢复正常了，仍然可以使用，但这次却罢工了。

根据维修经验，故障又出现在电源部分，随即拆机检修，目测发现300V滤波电容C605引脚已经锈断，且引脚部分有漏液现象，5V滤波电容C707、C708及15V滤波电容C703、C704均已经鼓包，果断换下上述元件后试机，发现故障依旧。测量C605两端电压为0V，断电后仔细测量，发现交流保险管F601已经开路，看来电源部分有严重短路现象。重点测量硅堆BD601和开关管Q601，发现开关管Q601击穿。一般情况下，Q601击穿会使300V高压直接加在过流保护电阻R615造成其因为过流而损坏，同时也会殃及IC601等元件。分析Q601损坏极可能和300V滤波电容失容以及消峰电路异常有关，为了防止Q601再次损坏，仔细检查C607、R607、D601、R615，发现上述元件没有发现异常情况。试更换Q601后试机，发现15V输出电压仅有10V左右，5V电压仅有3V左右，且两处电压均有较大的波动，设备依旧无法工作。

由于是拆板检修，怀疑是电源处于空载状态造成开关电源保护引起，试用一只12V摩托车灯接于C708处作为假负载试机，15V、5V电压波动极大，电源故障依旧。在检修过程中，发现C605两端300V电压关机后释放较为缓慢，但较电路不振荡时释放的较为快，通过查资料得知多系电源稳压环节异常所致，从而引起电源输出电压低。为了进一步判断是IC601自身故障还是KA431稳压电路故障，试短接IC602(PC817)③脚、④脚，发现15V电压由10V慢慢变低，说明故障不在IC601，应该重点检查KA431相关电路元件正常与否。由于KA431外围元件较少，索性逐一断开测量，均与图纸所标数值相同，怀疑KA431和PC817性能不稳，试更换正品配件后故障依旧。再次把检修重点放在IC601，测量IC601各引脚在线对地正反向电阻与网络上提供的资料略有不同，疑其因为Q601击穿造成其损坏，试用正品1200AP40代换，但故障仍然没有排除，维修陷入困境。

静下心来仔细分析，既然通电后电源有电压输出却跳动不稳定，检查稳压环节电路也正常，并且也更换了IC601故障仍然没有排除，极有可能系电源保护电路启动所致。重点检测IC601第②脚输出过压保护电路以及第③脚过压过流保护电路，最终发现过流保护电阻R615有问题，下载图纸所标R615阻值为2.2Ω，而电路实际采用的0.22Ω(红红银)，在检测时用的MF47型R1档来测量，测量时在线阻值有2欧左右以为正常，就把检修重点转移到别的地方，故而走了不少弯路。发现这一情况后，试用0.22Ω2W电阻更换后试机，5V、15V输出均正常，也不出现跳动不稳的现象，为了断定更换的元件是否正常，将拆掉的原IC601、KA431、PC817换回试机，电源输出也正常，看来故障的根源就是R615变值所引起。拆掉假负载，恢复原电路试机，故障排除。

后用数字表测量故障电阻，其阻值竟然达3.2Ω，看来用了多年的MF47也该退休了。事后分析，因开关管Q601击穿，造成R615过流引起变值，电源启动后，IC601检测到③脚电压过高而进行自我保护，从而诱发了该故障；而检修过程中依靠电路图的参数做标准，没有仔细与实物元件对比较，为故障埋下隐患，从而使维修走了不少弯路。同行们在检修此类故障时，应果断更换R615提高维修效率。

◇河南 荆长伟

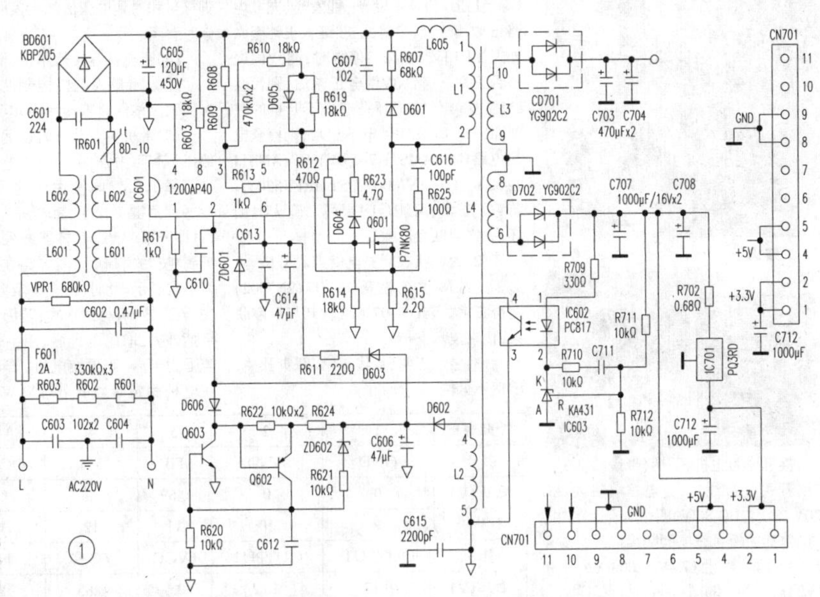

巧解“受保护的视图”故障

【发现问题】

前几天英语老师在课堂上用投影展示模块知识梳理内容时，Word编辑页面的菜单栏下方出现红底黑字的警告提示：“受保护的视图 Office已检测到此文件存在问题。编辑此文件可能会损害您的计算机。请单击查看详细信息。”，同时，原文件名“B1(M1-M3)英语正文.DOC”也显示为“B1(M1-M3)英语正文.DOC(受保护的视图)”(如图1所示)，不能进行正常的修改编辑，而且速度奇慢无比；重新关闭再打开，故障依旧。如何解决这个问题呢？

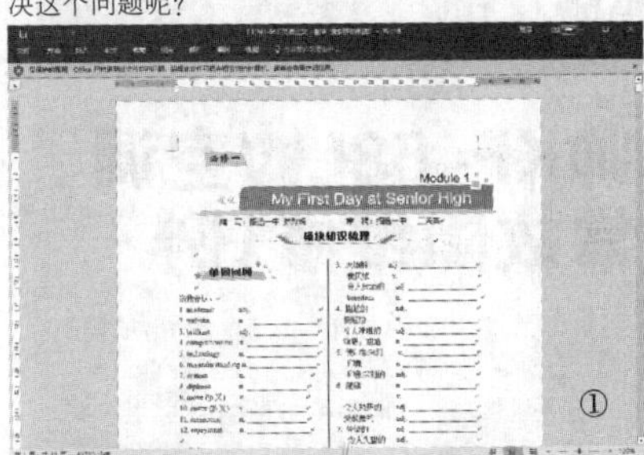

【两次尝试均失败】

根据微机老师日常教导的“有事问百度”，笔者先在百度上以“Office已检测到此文件存在问题”为关键词进行搜索，果然第一个搜索结果就是这个问题！点开链接后发现截图和描述跟该故障完全吻合，于是按照提示先打开“文件”-“选项”菜单，然后在弹出的“Word选项”窗口左侧点击最下方的“信任中心”项，再点击右侧的“信任中心设置”按钮；接着在“信任中心”窗口左侧点击“受保护的视图”，再将右侧的“为来自Internet的文件启用受保护的视图”“为位于可能不安全位置的文件启用受保护视图”和“为Outlook附件启用受保护的视图”三项由原来的默认勾选状态设置为“取消”状态(如图2所示)，最后点击“确定”按钮并重新启动Windows再尝试打开该Word文件，谁知故障仍未被解决。

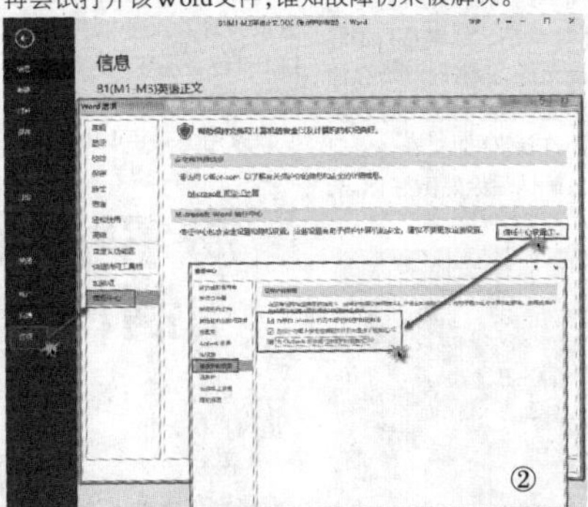

由此看来，别人的经验不一定是有效的，至少这个“解决方法”不是对症的，怎么办呢？既然此时电脑的运行显得特别电速，那是不是病毒在作祟呢？以前经常听说Office文件容易感染宏病毒，这次会不会是这个原因呢？于是立即使用360杀毒软件进行病毒的查杀，但结果又是令人失望的——“本次扫描未发现任何安全威胁！”排除了病毒破坏的可能。

【成功解决问题】

为了测试该文件是否可以进行内容修改，在文件末随便敲了几个字母，速度果然非常慢；然后按Ctrl-S组合键执行常规的存盘操作，谁知此时Word却弹出提示：“‘保存’在受保护的视图中禁用。如果您信任此文件的来源并想保存，请单击‘启用保存’。”，抱着试试看的态度点击下方的“启用保存”按钮，不要点击后面的“取消”按钮(如图3所示)。哈哈，之前的“受保护的视图”红色警示条消失不见了，界面已经恢复为正常的Word编辑状态。

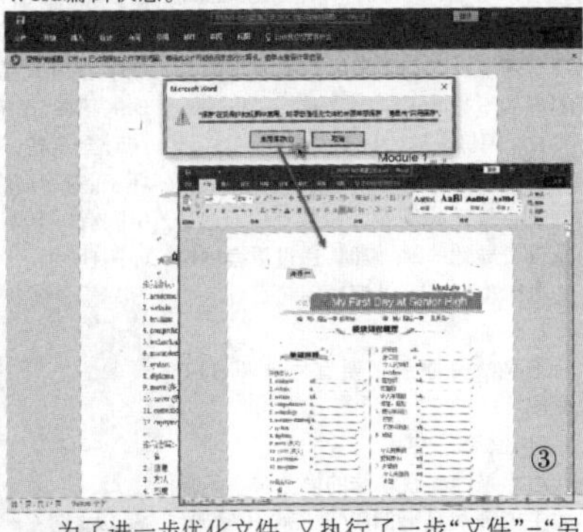

为了进一步优化文件，又执行了一步“文件”-“另存为”操作，将该DOC文件另存成DOCX高版本Word文件，这样文件的大小就由原来的4.57MB缩减成975KB，而且重新再打开测试时发现已经不出现“受保护的视图”的错误提示了，能够以正常的编辑速度进行修改和其他操作，把这个DOCX文件发送给英语老师并且在她的电脑上进行查看和编辑，都是正常的，故障终于被解决了。

◇山东 牟一凡

得悦有线根管治疗仪故障检修方法

长沙得悦科技公司2008年研发生产的RCT1-DY(1)有线根管治疗仪(俗称机扩)用于牙科根管治疗,见图1。该设备不仅转速、扭矩可按要求设定,而且具有小巧、做工扎实、可靠性高的特点,所以市场占有率非常高。有10个预设项,可快速对应不同的根管锉。目前,该产品也步入了维修期。为方便、快速的确认故障部位并解决问题,笔者对该产品进行了简要的分析,供读者维修时参考。

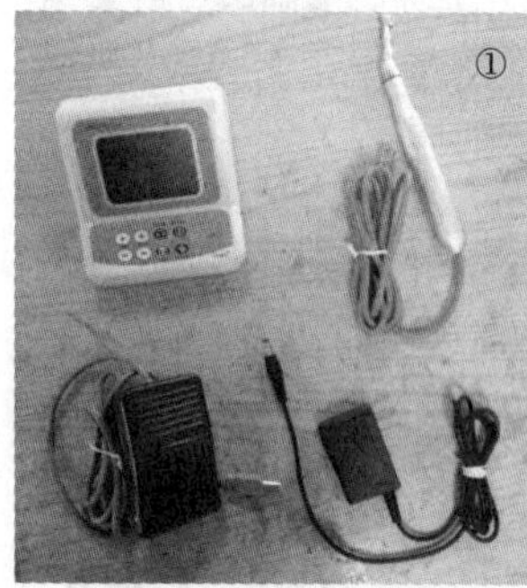

1.结构

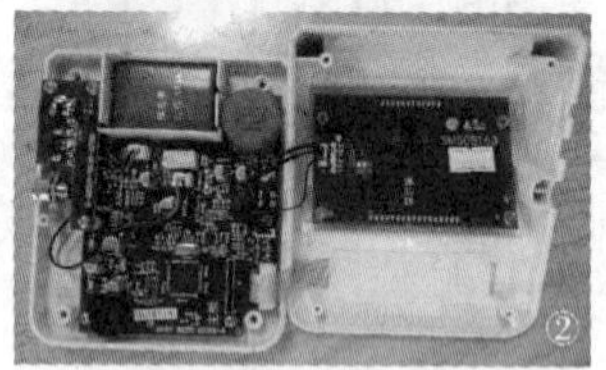

整机分为主机、手柄(带线和机头)、脚踏开关(带线)、充电器(输入:AC 220V、输出:DC 8.7V)四个部分。其中,主机包括主板、充电脚踏接口板、按键板、显示屏、电池(7.4V/1200mA及外壳几部分,如图2所示。

2.常见故障及维修方法

(1)不能开机

此为常见故障。检修该故障时,切勿急着拆机检查,应先用原配充电器给机器充电,看显示屏上能否显示充电符号,若能,再试一试能否开机。若能开机,则检查电池;若不能显示充电图标,则检查充电器(此为常见故障)。本机采用DC-05同心标准插座,许多用户用错充电器。厂家的标配充电器输出为DC8.7V/600mA,用户常错用DC 5V充电器。

若未用错充电器,仍不开机,则拆开机器,再次插上充电器,检查主板上D15(绿色LED灯)是否发光。能发光,充电电路正常,请检查按键板。按键板正常查微处理器U1⑮脚在按启停键时,测3V供电是否正常。确认3V供电正常后,则代换8M晶振Y1(Y1损坏是造成不开机的主要原因)。如果3V供电不正常,则检查电源电路U4(AMS11 7-5.0V)、U7(AMS11 7-3.3V)、Q7(2N7000)、DS1(IRFR5305)。若它们正常,可能是U1损坏。确认U1损坏后,需要联系厂家。

(2)关机状态时充电就自动开机

该故障重点检查Q5~Q7(2N7002)是否正常。若Q5~Q7正常,则与厂家联系,请求技术支持。

(3)显示正常,接线正常,踩脚开关,手柄不运转

先观察显示屏左下角的转向标志是否能跳动,若不跳动,说明脚踏开关不良(脚踏开关不使用时处于常开状态);若能跳动,先检查主机的航空插座是否正常,若座芯缩进去了,处理后即可排除故障;若正常,再用万用表查该插座有无电压输出。该输出电压会随转速、扭矩的不同而不同,维修时建议调高转速和扭矩。若该插座有电压输出,请检查手柄线和电机(手柄线断较常见);若无电压输出,测U5(AP1511)④脚电压在踩脚踏开关时能否跳转,若能,则直接更换U5;若不能,则检查U5的外围电路。AP1511的引脚符号和对地电压值如附表所示,供维修时参考。

(4)带机头运转时不良,机器无力

此故障多为电机控制芯片U5电流大所致。维修时直接代换即可。

(5)带机头空载顺时针运转时,屏下部显示有阻力条,影响使用

开机后,同按住按键板上SPEED "+、—"两键不松手,直至屏上显示"--",再按一下SAVE键,机器进入清零模式,听到"吱"的响声后,清零完成,机器恢复为正常显示。此时,再观察阻力条是否消失,若无效,可再试一次;若仍无效,拆开手柄外壳,取出电机后,用手轻转电机,若强力卡滞,则更换电机;若稍有卡滞,在电机固定螺丝孔处喷注WD-40防锈润滑剂,运转正常后装回再对机器清零即可排除故障。

(6)使用时,一踩脚踏开关机器就自动关机

该故障多出现在使用了3~4年的机器上。主要是电机卡死所致或电池老化所致。维修时,更换电机或电池即可。

(7)机器能正常使用,但就是使用时间短,需频繁充电

此故障多发生在使用了3~4年的机器上。主要是电池老化所致。维修时,更换相同的电池多可排除故障。

(8)遇阻力不能自动正反转

先检查机器设置是否正确,要能自动正反转,屏显是AUTO REVERSE。若设置正确后,仍不能正反转,则在手柄机头受到大阻力情况下,用万用表检查CPU⑥脚有无电压输出,若无电压输出,请与厂家联系,询求技术支持;若有电压输出,请检查Q11(2N7002),若Q11正常,检查K1(G6S-2F 5VDC)。

(9)机头整体旋转

机头内卡死才会引起机头整体旋转。机头整体旋转容易引发事故,不能小视。拆机后,仔细清洗机头,若无效,检查配合间隙并询问用户机头是否按要求保养,而对于使用超过3年的机头可考虑更换机头。

◇湖南 熊谷新

引脚	1	2	3	4	5	6	7	8
符号	GND	GND	FB	EN	OCSET	VCC	OUTPUT	OUTPUT
电压(V)	0	0	0.69	0.6	0.69	0.58	0.17	0.17
引脚	9	10	11	12	13	14	15	16
符号	OUTPUT	OUTPUT	FVCC	YC空	NC	NC	GND	GND
电压(V)	0.17	0.17	0.6	0.63	空	空	0	0

LED筒灯维修方法与技巧

LED灯由于亮度高而且节能,广泛用于各种场合的照明。由于店铺照明时间要比家用长很多,所以故障率校对较高,所以下面以一款店铺用Φ150mm筒灯来介绍LED灯的维修方法和技巧,供读者参考。此类LED常见的故障现象为灯闪烁和不亮。

1.灯闪烁

该故障多为300V供电的滤波电容失容或容量下降所致,少数是LED过早的光衰所导致的。维修时,通过更换同规格的电解电容多可以解决问题。

2.不亮

不亮故障原因主要有恒流源、LED灯珠损坏两种。

(1)恒流源故障

对于采用串联灯珠的恒流源,其损坏后主要表现是无310V直流电压输出。此类恒流源的电路板很小,而且多采用贴片元件,维修难度大,修复率较低。因此,维修时多采用更换配套的恒流源的方法。

(2)LED灯珠故障

对于采用串联方式的灯电路中,如果有一只烧坏,整个灯就都不会亮。当通电后测量接在LED灯板上的两根线有310V直流电压时,就确认灯珠有烧坏的。如果310V电压偏低,就先把电容换了再换灯珠。最简单的测量方法:就是将数字万用表置于蜂鸣挡,红笔接LED灯珠的正极、黑笔接负极,正常的灯珠在检测时会点亮;若不亮,则说明这个灯珠烧坏了。对于损坏的灯珠,仔细察看会发现中间有一个黑点,确认后涂黑做好标记,如图1所示。

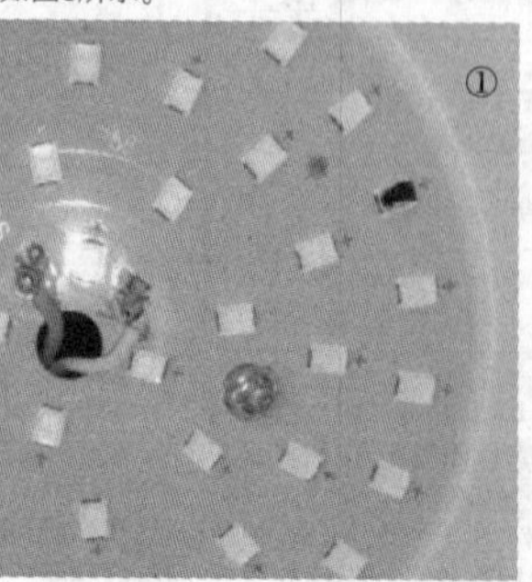

由于现在的LED灯大都使用铝板贴片式的,首先将坏灯珠用刀片轻轻踢掉上面黄色的封装树脂,再用烙铁对灯两头焊接处加热,慢慢将整个贴片去掉(粘的很牢)后,将焊锡清理平整后,再贴上一小块双面胶。从旧灯板上剪下一个好的LED灯,要连同铝板一块剪下,铝板要大于灯片,以方便焊接引线,就按照位置贴在上面,见图2。焊好后再用表测一下状态,如果不亮,则需要重新更换,检查没问题了,通电灯就会点亮。一般的LED灯就会烧坏一只灯珠,仅个别的同时烧坏多只灯珠,全部更换即可排除故障。

家用多采用Φ100mm筒灯,每个灯串上多为3只或5只灯珠,维修方法同上,只是贴片灯珠的体积有大有小,功率不一样,维修时最好替换同规格的灯珠,以免过早损坏。

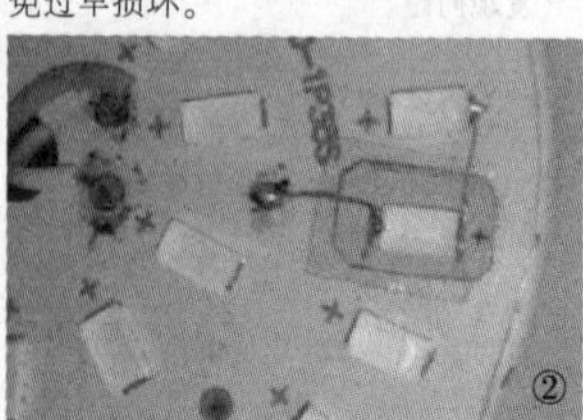

◇江苏 庞守军

海尔小元帅KF-58LW空调制冷异常故障维修1例

故障现象:该空调开机后可制冷,约5~10分钟左右停止制冷,压缩机停转,但风机仍运转。

分析与检修:因送风、制冷部分主机件功能正常,所以判断空调主回路部分应该没有问题,问题多出在电脑主控板和温感元件上。拆盖后,首先测量管温和室温传感器的阻值是否正常。其中,室温传感器的阻值为19.3k且稳定,而管温传感器的阻值约为6~10M且不稳定,怀疑管温传感器或其线路异常。当拆开风道盖板,发现管温传感器与主控板接插件之间还有一个两芯的接插件,拔出插头后,再测量管温传感器的阻值为9.3k且稳定,说明接插件接触不良,经处理后故障排除。

◇福建 缪东生

利用一个串行PMBus接口控制任何DC/DC稳压器的VOUT

Analog Devices, Inc.(ADI)推出Power by Linear的LTC7106，该器件是一款PMBus I2C控制型精准双向电流DAC，专为调节几乎任何DC/DC稳压器的输出电压而设计。通过其PMBus兼容型接口，LTC7106接收一个7位串行代码并将之转换为一个双向（供应、吸收）输出电流。当该电流被馈入一个稳压器的反馈网络时，其输出电压可动态地设置以实现负载功率/性能优化，或依照串行VID命令进行裕度调节。LTC7106采用2mm x 3mm DFN-10封装，可帮助构建适合众多分立式和模块化DC/DC电压调节器的小巧简单型解决方案。

LTC7106的内部上电复位电路把DAC输出电流保持在零，直到执行一个有效写操作为止。该器件的其他特点包括一个用于简易连接至几乎任何阻抗电阻分压器的范围位、和一个用于控制稳压器的"Run"或"Enable"引脚的漏极开路输出。为了防止DAC输出电流发生突然变化，继而影响随后的稳压器输出电压，可以设置一个内部数字可编程转换速率，范围为每步500ns至每步3.5ms。

LTC7106在2.5V至5.5V的输入电压范围内工作，并由具有图形用户界面（GUI）的易用型LTpowerPlay开发工具提供支持。其他特点包括±1%的输出电流准确度（在整个温度范围内）、宽范围双向DAC输出电流（从±16μA至±256μA）、宽的DAC工作电压范围（0.4V至2V）、和一个精准使能门限以支持外部欠压闭锁功能。

输出28-18V/10A的应用电路见附图所示。

特性概要：LTC7106

任何稳压器的VOUT控制

±1%输出电流准确度（-40℃至125℃）

符合PMBus/I2C标准的串行接口

输入电压范围：2.5V至5.5V

7位可编程DAC输出电流用于VOUT控制

宽范围IDAC输出电流：±16μA至±256μA

可编程转换速率：每个位500ns至3.5ms

当停用或在DAC代码零时在IDAC输出端上呈现高阻抗

宽的DAC工作输出电压范围（0.4V至2.0V）

具精准使能门限以支持外部UVLO

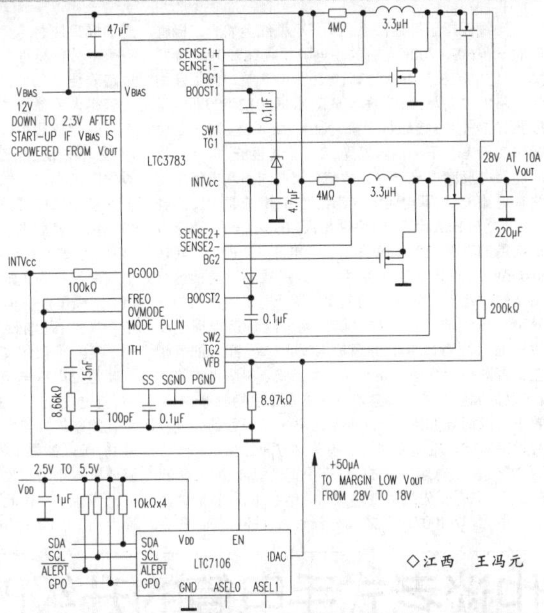

◇江西 王冯元

具15μA IQ的42V多拓扑DC/DC控制器LT8711

亚德诺半导体（Analog Devices, Inc.，简称ADI）旗下凌力尔特公司（Linear Technology Corporation）推出多拓扑电流模式PWM控制器LT8711，该器件能够非常容易地配置为同步降压、升压、SEPIC和ZETA型DC/DC转换器，或配置为非同步降压-升压型转换器。这款器件用高效率P沟道MOSFET取代了输出二极管，因此提高了效率，且最大输出电流高达10A，从而使LT8711高度通用，适合多种汽车、工业、太阳能以及通用应用。

LT8711在4.5V至42V输入电压范围内运行，产生取决于外部组件选择的输出电压。输出电压处于稳定状态时提供15μA无负载静态电流，从而在电池供电系统中延长了运行时间。低纹波突发模式（Burst Mode）运行在负载非常轻的情况下实现了高效率，同时保持低输出电压纹波。配置为同步降压型转换器时，LT8711能够以100%占空比运行，当用一个正在放电的电池供电时，这是一种非常有用的功能。

LT8711提供面向输入电压调节的创新性EN/FBIN引脚电路，以避免诸如太阳能电池板等高阻抗输入电源崩溃。这个引脚还用于可调欠压闭锁。固定工作频率在100kHz至750kHz范围内是可选的，并可同步至一个外部时钟。其他特点包括芯片电源双输入、一个拓扑选择引脚和可调软启动。

性能概要：LT8711

同步降压、升压、SEPIC和ZETA型拓扑

非同步降压-升压型拓扑

4.5V至42V宽输入电压范围

低噪声突发模式运行

突发模式运行时IQ很低（工作时为15μA）

在压差状态（降压模式）中提供100%占空比

输入电压调节能力

2A栅极驱动器

可调软启动

频率在100kHz至750kHz范围内可编程

可同步至一个外部时钟

◇江西 王冯元

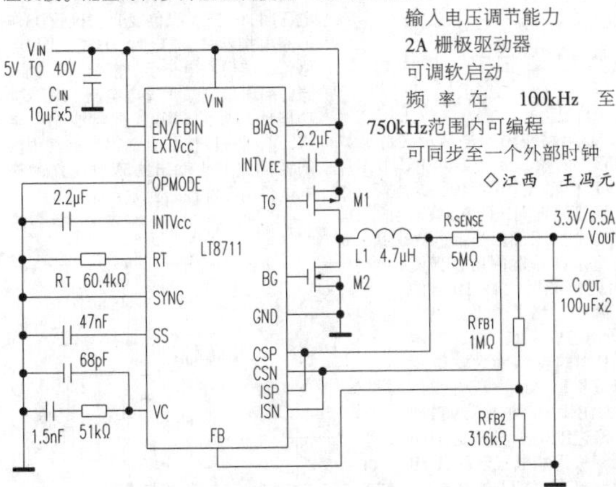

MINI LED优势及技术解析

目前，在LED背光的终端需求已经饱和、OLED在各细分市场不断攻城略地以及小间距显示进一步提高显色性、应用范围需求日益扩大的情况下，Mini LED、Micro LED成为整个LED圈最为火热的话题。

Micro LED自苹果在新一代iWatch上未进行使用后，各方面对其技术及应用的看法更加理性，关联厂家也正在积极合作向应用端推进。

与此同时Mini LED则逐渐走入现实，从上到下，各厂家纷纷跟进，经过去年一年的尝试，目前各大终端应用厂也都已基本完成原型设计，从近年来的展会看：三星、Lumens等厂家都推出Mini LED的应用。

市场预期18年是Mini LED大规模应用的开始。

相对于目前的常规应用，Mini LED确实有其独特的优势：

1、对于背光应用，Mini LED一般是采用直下式设计，通过大数量的密布，从而实现更小范围内的区域调光，对比于传统的背光设计，其能够在更小的混光距离内实现具备更好的亮度均匀性、更高的色彩对比度，进而实现终端产品的超薄、高显色性、省电。

同时由于其设计能够搭配柔性基板，配合LCD的曲面化也能够在保证画质的情况下实现类似OLED的曲面显示、另一方面，由于目前OLED是有机材料的自发光，在可靠性方面Mini LED也极具优势；基于LED成熟的产业链，使用Mini LED的背光的成本也仅仅是同尺寸OLED的60%左右，各方面都极具竞争力。

2、对于显示屏应用，RGB Mini LED克服正装芯片的打线及可靠性的缺陷，同时结合COB封装的优势，使显示屏点间距进一步缩小成为可能，对应的终端产品的视觉效果大幅提升，同时视距能够大幅度减小，使得户内显示屏能够进一步取代原有的LCD市场。

另一方面，RGB Mini LED搭配柔性基板的使用，也能够实现曲面的高画质显示效果，加上其自发光的特性，在一些特殊造型需求（如汽车显示）方面有极为广阔的市场。

上面可以看出，Mini LED在当前LED所面临的局势下，相对其他竞争者，具有很大的优势，基于此，各厂家也都在研究，从目前的情况看，虽然其芯片大小跟正装芯片的小间距芯片类似，但也有诸多不同。

其技术有以下几个特点及难点：

1、从工艺路线上看，目前的Mini LED全部采用倒装芯片结构，主要是由于倒装芯片无需打线，适合超小空间密布的需求，同时适合多种材质的封装基板，也正是由于此，其可靠性也明显提高，降低终端产品使用的维护成本，因此在实际制作过程中，倒装工艺的控制极为重要，同时在小尺寸情况下，焊接面的平整度、电极结构的设计、易焊接性以及对焊接参数的适应性、封装宽容度都是其设计的难点与重点。

2、对于背光应用Mini LED，由于终端超薄的要求，同时结合成本及控制难度，要求芯片能在较宽LED芯片排列间距的情况下实现较小的混光距离，进而降低整机的厚度，因此如何实现芯片的出光调控，以及后期使用过程中的一致性是其重点。

3、对于显示应用RGB Mini LED，除去传统小间距芯片要求的亮度集中度、小电流下的亮度一致性、低且一致的电容特性等，其使用环境及后期维护对可靠性提出更高的要求，特别是红光芯片在制作倒装工艺过程中需要进行衬底转移，其整体工艺较为复杂，其转移技术、生产良率控制及使用过程中的可靠性是重点需要考虑的。

4、由于Mini LED芯片尺寸较小以及对光色一致性的要求，目前Mini LED普遍采用测全分全的模式进行，作业效率较低，若随着市场预期数量的增加，应用端在单一产品都需要百K级以上芯片作业时，效率限制更加明显，因此如何与应用端配合，有效提高作业效率，也是目前的重点。

◇河北 黄强云

电源插线板LED指示灯节能及改进

插线板指示灯通常采用一只小型红色发光二极管串联一只60K-200K左右的小电阻并联在220V电源两端，工作电流在1-4mA之间，电路非常简单。但正是由于电路太过简单，所以效率很低。根据2012年29期电子报张怀治先生《接线板上降功耗》一文所述，发光二极管虽然只是在正半周内发光，负半周不发光，但负半周内仍然有反向电流流过，故整个周期内串联电阻中始终有电流流过，即电阻始终都在发热，电流越大发热越大，以电流1mA计算，忽略功率因数cosφ，则发光指示灯电路的功耗在220mW左右，若电流为4mA，功耗达880mW，可知其功耗确实不小。为了减小发光指示灯电路的功耗，张先生提出在发光指示电路中再增加一只高反压整流二极管1N4007以完全阻断负半周电流的流通（注意1N4007的负极与发光二极管的正极相连，否则指示灯将不亮）从而大大减小串联电阻的功耗，以提高电路的整体效率。根据张先生的测算，电路效率可以提高30%以上，而且对发光二极管的亮度没有丝毫影响。笔者看过不少有关这方面的文章和改进的电路，有用电容降压的，也有用二极管嵌位的，相比较之下，觉得张先生的电路最为简单实用，花钱极微而功效很大（1N4007一个才几分钱），而且还具有保护发光二极管使之不至于被反向电压击穿的功能，实在是一个十分值得推广和借鉴的方法。笔者按照张先生的电路改装了几个，实际测试证明发光二极管流过的电流确实大大降低了。

通常插线板LED用的是普通发光二极管，亮度较小，效率较低，除了作为指示灯以外别无他用，如果能兼作微光小夜灯岂不更好？由此我用高亮度LED灯对普通发光二极管进行了替换。我试用了红橙黄绿蓝多种颜色，最后选了绿色散光LED。白天的时候，绿光LED发出的光线较弱，淹没在环境光中，但作为指示灯仍很醒目；晚上熄灯以后，特别是漆黑的夜晚，绿光LED光线虽弱，但在墙壁的反射下仍能隐隐约约照亮整个寝室，既增添了室内的静谧，又不影响睡眠，还方便了老人小孩起夜。由于发光二极管流过的电流大小主要是由串联电阻决定的，所以，换用高亮度LED以后，流过发光二极管的电流并没有增加，即发光二极管消耗的电能并没有增加。由于高亮度发光二极管亮度甚高，所以如果觉得太亮的话，还可以加大串联电阻的阻值以减小流过发光二极管的电流，这样耗电还可望进一步减小。由此可知，若用高亮度发光二极管替代普通发光二极管作为电源指示灯的话，可以进一步减小电源指示灯的功率损耗。

基于以上的实验，用同样的方法对原来采用电容降压的小夜灯进行了改进，图一是原来的电路，可知是一个桥式全波整流电路，流过LED灯的电流大约为15mA左右。图二是改进了的电路，由于采用了半波整流，大阻值电阻限流（220K），使三只彩色LED灯均工作在微电流状态（0.5—1mA），故无论外界电压如何变化，其工作电流始终远低于发光二极管的额定电流值（20mA），且完全消除了负半周反向电压的威胁，从而大大延了LED灯的工作寿命，降低了功耗。

稍稍动一动手，好处多多，有兴趣的朋友可以一试。

◇福建　蔡文年

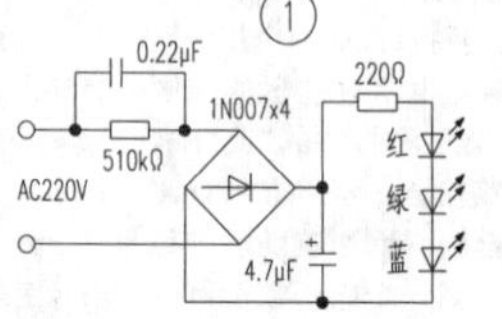

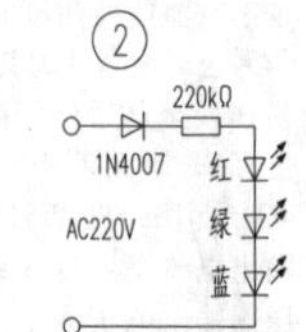

也谈老式手电筒的升级改造

看了去年第25期电子报第7版田连华老师的《老式手电筒的改造与技巧》一文，很受启发，田老师的改造思路和改造的方法无疑是值得借鉴的，但笔者总觉得搞得太复杂了些，而且用镍氢电池做储能单元如果是闲置物品利用还行，否则不如用锂电池。现在更高效更好用的锂电池比比皆是，用一块旧手机锂电池就可以完全取代田老师文中所介绍的两只镍氢电池（若是新买的并不便宜）及其制作起来不算容易的升压电路，既简单又高效，实在不必那么麻烦。笔者多年前也曾改造过一款老式手电筒（铁壳三五牌），用的就是手机锂电池和LED灯珠替换的方法，效果不错，兹将改造方法介绍如下，供有兴趣者参考。

一、改造电源：取一块闲置的手机锂电池，容量大点好，如旧诺基亚手机中用的小型锂电池就很好，只要能装进电筒就行，用以取代两节1号干电池。当然，用容量更大的18650锂电池更好。再取两条20cm红黑塑包线，将其中点剥除塑包皮后分别焊在锂电池的+、-极上，红色接+极，黑色接-极，将红线的一端串一只数Ω的电阻R后焊在电筒灯座中心与原干电池+极相接触的铜帽上，另一端焊接在一只Φ3.5充电插座的中心线上；黑线的一端焊在电筒的外壳上，另一端焊在充电座的外引线上。见图一。

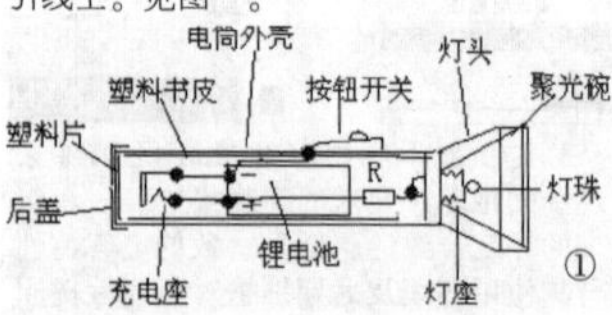

二、改造灯珠：用白光LED灯珠取代耗电大的白炽灯泡：将一只手电筒灯泡的金属螺旋外壳在火上烤一烤，或用电烙铁烫一下，取下玻璃泡，然后将螺旋外壳内的白色黏合物清理干净，取一只0.5瓦长脚Φ8白光超高亮LED灯珠，引脚上锡后+极焊在螺旋外壳的中心孔上，-极焊在螺旋外壳上。注意+极引脚应套上一小段绝缘管以免与-极相碰造成短路，并且务必使LED灯珠尽量贴近螺旋外壳，剪掉过长的引线再焊接，这样LED灯泡装上后可以利用原电筒灯头内的聚光碗调节聚光量和射程。

三、组装与使用：拆除后盖弹簧，垫上一片圆形塑料片，把充电座的金属裸露部分用塑料胶布包起来，再剪一块塑料书皮将锂电池和充电座卷起来一并塞进电筒内，目的都是为了避免充电座和锂电池与电筒外壳相碰造成短路。装上LED灯泡，充上电就可以使用了。具体电路见图二。旋转灯头调节好聚光量和射程。充电可用任意带有Φ3.5mm插头的5V充电器，只要旋开后盖，把充电座拉出来就行，一般充2—3个钟头，充一次电大约可以用上数个月乃至大半年无需再充电，而且即使长久不用也不用担心电池烂在电筒里对电筒造成腐蚀（镍氢电池可不行，长期不用很容易漏液）。图二中的限流电阻R在0—20Ω之间选取，功率在?—1W均可，只要保证灯珠的工作电流不超过其正常使用值就行（笔者用的这种灯珠的额定电流是150mA，实际工作电流调在80mA—120mA左右，最好用电流档监测，务必不要超额使用，以免过早造成光衰乃至灯珠烧毁）。

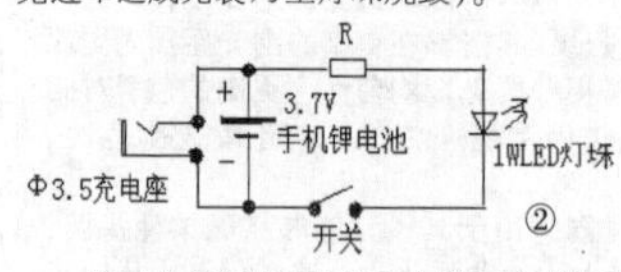

这只改造过的老式手电筒已经使用多年，它比现在市面上的充电式手电筒要好用耐用得多，只要手机锂电池的充电保护电路完好，充电时间控制在3个钟头以内就不存在充电安全问题，不过为谨慎起见最好还是再在图二的充电回路中串进一只整流二极管如1N4007为好。

市售普通充电式手电筒已带有LED灯，如需改造的话，只要将其中的小电瓶（4V）和充电电路去掉，按图二电路换成手机锂电池和二芯充电插口就行了，可在电筒塑壳的后部开一个小缺口，将二芯充电插口用502胶水固定在上面，这样就可以很方便地进行充电。当然，如果有适配的微小型充电器也可以直接装进电筒内部，这样使用起来将更为方便。这样的手电筒笔者也已改造过多只，且都已使用多年，足以证明是安全可靠的。

◇福建　蔡文年

简单的磷酸铁锂电池充电电路

近期购买了一些5号和7号磷酸铁锂电池用来代替常用的干电池，因为没有购买充电器，所以打算自己制作一个充电器，磷酸铁锂电池的最高限制电压为3.7V，使用一片具有过流保护和过热保护功能的高性价比AMS1117-adj可调稳压集成电路。该集成电路最低输出电压达1.02V，图1电路就是该IC的典型接线最简单的定压充电电路原理图。图1使用一只500Ω的可调电阻将IC输出电压调至3.65V左右，使得IC处于浮充电状态。限制电池电压在3.65V。从而实现对磷酸铁锂电池的充电。

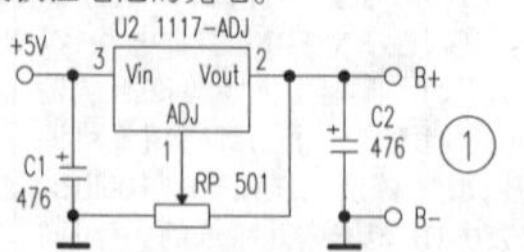

图1电路的好处是电路简单！但电池一直处于浮充电状态，除非取出电池，而且没有充满指示功能。为此，设计了图2电路，图2电路是在图1电路的基础上增加一个充满电指示功能，当电池充满电时，充电电流降低，在R1上的电压降变小，红色发光二极管D灭。充电时，因为电流比较大，R1上的电压降可以点亮红色发光二极管D，指示正在充电。图2电路同样不能解决充满自停问题。而且输入电压必须大于6V，否则同样无法实现充电指示功能。为此，设计了图3电路。

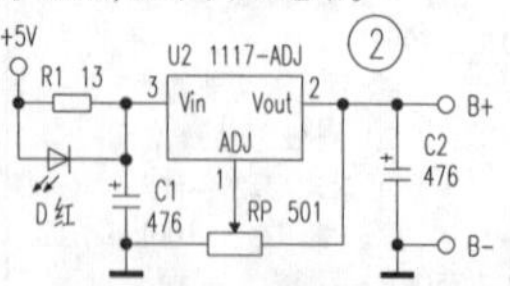

图3电路使用一片常用的双运放LM358作为核心元件，其中U1B、D1、R1、VT1构建一个简易恒流源电路。利用二极管的正向压降相对稳定的原理获得一个稳压管功能，运放U1B作为一个电压比较器使用，当流过R1的电流增大时，R1上的电压降相对增大，当此电压降低于0.7V时（D1的正向压降），U1B的反相输入端电压低于同相输入端电压，此时，运放U1B输出高电平。VT1截止，流过R1的电流降低，U1B的反相输入端电压升高，U1B输出低电平。VT1饱和导通，如此，将流过R1的电流恒定在设定值，其值为：Uref(0.7)/R1。改变R1的值可以改变恒定电流值，同样，改变Uref值也可以改变恒定电流值，但由于我们使用5V低电压作为输入电压（如果使用9V路由器电源可以考虑使用电压较高的其他参考电压），所以，只能使用二极管的正向压降作为参考电压。此时，只能改变R1的值来改变恒定电流值。图3电流U1A也作为一个电压比较器使用以控制充电电压，R5与R6+67为充电取样回路元件，改变R5/(R6+R7)的比值可以改变充电电压的设定。图中数据充电充满电压约为3.63V，充电参考电压有R8，D2的正向压降设定，图3使用一只红色发光二极管作为充电参考电压，其值约为1.87V，当电池电压低于设定值时，因为U1A的同相输入端电位低于反相输入端电位，U1A输出低电平，VT2饱和导通对电池进行充电。一旦电池充电到设定电压，U1A同相输入端电位上升到大于其反相输入端电位。U1A输出高电平，VT2截止停止充电。图3电路中的D2同时作为电源指示灯。有输入电压时，D2亮。绿色发光二极管D3作为充电指示灯，充电时，D3亮。图3电路可以实现充电指示，充满自停功能，同时可以限制最大充电电流。是一款功能比较多的磷酸铁锂电池充电电路。而且可以使用容易得到的常用的闲置的充电头输出的5V电压作为充电电源。非常适合业余自制。

◇湖南　王学文

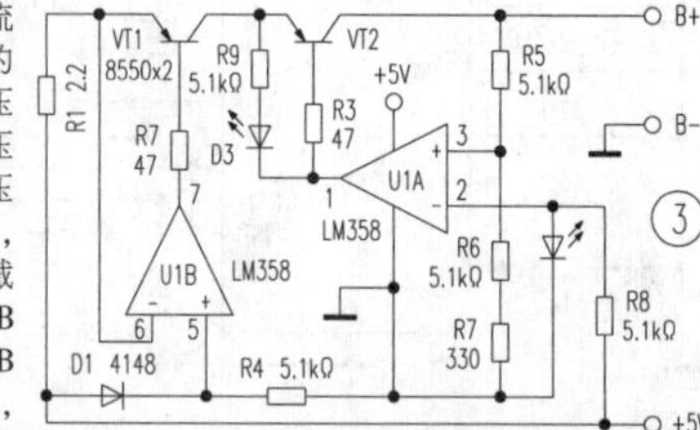

提高电子电路焊接技能的重要性

为提高和保证电子线路的高质量焊接,防止电路焊接中假焊和虚焊的产生,所以正确操作使用电烙铁和合理选用焊锡和助焊剂是关键,而待焊电子元件引线脚的处理,印刷电路板上锡的合适温度,灵活更换用电烙铁的瓦数功率亦是重点。一般来说在电子电路的焊接过程中,可归纳以下几点关于保证焊接质量的具体要点和措施。

1、电烙铁瓦数功率的灵活掌握:

在电子线路焊接中电烙铁则是专用的焊接工具,而目前各类型内热式、外热式的电烙铁功率大小不等,而在实际应用焊接过程中,当使用功率过小焊接温度则过低时,元件与线路间易产生假焊虚焊,而使用功率较大焊接温度则过高时,也极引起电路印刷板上走线及元件过热而损坏,以及带来烙铁头很容易被氧化烧死的问题。所以一般来说在电子线路中常采用20 w、25 w、40 w左右的小功率内热式电烙铁,同时其烙铁头呈斜坡形状,这对焊接点间距离稍大的元件点很合适,烙铁头也不会经常被氧化烧蚀,而对焊接点线路间隔距较窄小元件时,如集成模块、排列状微动开关均采用尖头状烙铁头较合适灵活。

2、电烙铁头的自行改制及翻新加工:

在日常线路焊接中,有时我们对现有的烙铁头稍加以自行改制或对旧烙铁头的加工,那么在使用中就更显得实用方便及废旧头再用。

一、把原内热式烙铁头的斜坡平面用钢锯锯掉,再用锉刀将烙铁头修平整呈平面状,然后用1.5mm左左的钻头,在其平面中央部位钻入深度约为2mm深的小孔洞,这样改制后的烙铁头不仅容易上锡,同时拆卸元件引脚也很方便快捷,而且对其焊接点的焊点无毛刺并光亮圆滑。

二、废旧烙铁头的再利用加工,对已烧蚀废旧的内热式烙铁头,我们将在前端残留头处加接一段相同直径的黄铜棒(可用气氧焊具将黄铜棒与烙铁头处相焊接),然后在磨轮机上将焊接疤处打磨修圆,最后在黄铜棒头处磨成斜坡面即可完成。据实践使用证明,黄铜烙铁头比原紫铜烙铁头的上锡更容易,同时使用中更耐氧化及烧蚀,从而在很大程度上有效延长了烙铁头的再使用寿命。

3、焊接前对线路板及元件的清洁除污:

在一些产生虚焊、假焊点的故障中,有的亦应元件处脱焊,有的亦是线路板处脱焊,这都是在焊接前没有做好前期清洁除污处理工作所致。印刷电路板铜箔焊点装面处均有一层氧化物,而当几经焊拆的铜箔焊点处又会存在会聚油污物,一旦不处理干净就急于上锡焊接元件,均会易产生虚焊假焊的故障,所以在上锡前应对印刷板用酒精揩擦干净,残留油污物处应用小刀或砂纸刮磨干净。在具体焊接中掌握的重要要点是,应将烙铁头沿元件引线脚根部环绕一圈,并停留片刻后移离烙铁,这样其焊出的焊点既圆无毛刺又很光亮。

同时应重视在对各种电子元器件的引线脚,在其焊接前应用金刚细砂纸打磨去污后镀上少许锡,再插入印刷板中焊接,这是相当必要的操作环节。当然有些电子元器件在出厂时其元件的引线脚已被镀锡,但因为存放时间的原因,元件引线脚其表面也易产生氧化层,所以焊接前也应重新去污上锡为好,从而确保焊接质量的绝对可靠。

在对于一些较细线包引线、漆包线引线、纱包线引线等的焊接时,我们对引线绝缘漆层若采用削刮擦方法,则很容易将细引线削刮断或损坏引线。为此我们可将待需焊接的细引线头平放在一块玻璃板上,然后烙铁头沾少许松香,即可压在线头上来回压拖动,由于热量和松香的作用,其线头的绝缘层很快被擦去并能快速上好锡。在焊接多股纱包线引线时,往往是先用细砂纸将线外面包裹的纱层打磨掉才能上锡,但由于纱包线径很细打磨时易将线磨断。最好的方法是把纱包线头放在打火机先瞬间烧一下速度要快,然后放在玻璃板上再用烙铁头沾松香朝线头处拖拉上锡,这样就能保证多股线头不断股又能充分保证上锡的均匀光洁。

4、焊锡丝与助焊剂的特点及选用:

目前普遍采用的电子线路专用焊锡,是一种呈空芯管状的焊锡丝条,在其焊丝的空芯管腔内含有松香及活性物质,它能确保在焊点凝固后的足够机械强度和可靠的导电性能。松香焊锡丝的直径也较多,一般有0.5、0.8、1. 2、1.5、2.0、2.5、3.0mm等多种规格型号,选用时可根据实际焊点的大小需求和焊接面积而决定,焊接一般常用电子元器件时,选用1.2mm左右直径的焊锡丝为宜,当然实际使用中可灵活选择。而其他一些五金类焊锡条、焊锡块因内含的杂质物太多,最好不应采用在电子线路焊接中,以确保焊接焊锡质量的绝对可靠。

助焊剂的作用是防止元件金属面(点)在高温状态下,因互相吻合处产生氧化而不易被焊接的一种填充剂料。助焊剂目前常用的类别有松香、松香水、焊锡膏、焊锡油等。在电子线路焊接使用中,要尽量避免采用焊锡膏之类有腐蚀性的酸碱性焊剂,虽然当有时采用焊锡膏焊接可相应减少虚焊假焊,但日久会发生腐蚀元件与线路板的问题。

对于在焊接中其松香、松香水是最佳的电子线路助焊剂,其特点无腐蚀性并有良好的电气绝缘性能,松香选用色泽呈浅黄色并透明度越高则为最好。松香水一般均是松香粉末与酒精的混合液剂,可自行加以调试配置,其配置的比例约为1:3左右,在使用中为防止酒精挥发过快,可适当加入少许煤油其效果则更好。

◇浙江 张培君

ABB ACS550变频器在塑料管厂应用的电路与参数设定

某塑料管厂主机电机37kW,4极电机,采用了ABB ACS550变频器驱动(外形见图2)。该机主回电路如图1所示。主回路电路设备与元件型号规格如下:断路器QF1:施耐德NSX160FTM100P,壳架电流160A,脱扣器额定电流100A。变频器:ACS550—01—087A—4,输入电压380V,输出电流87A。电动机型号YVP225S—4,37kW。

已用变频器控制端子功能如下:1SCR:控制电缆屏蔽层接地端子,2AI1:频率给定端子,3ANGD:模拟输入信号地,4+10V数字量供电电压端子,10+10V模拟量供电电压端子,11GND:数字量地,12DCOM:数字输入公共端子,13DI1:数字量输入端子。

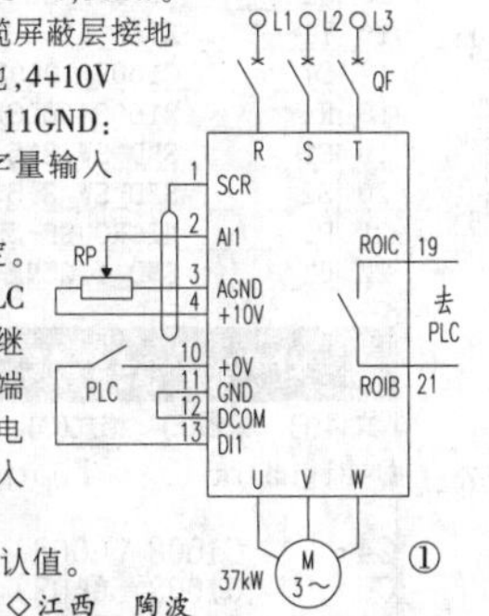

变频调速控制原理:频率设定由外接电位器设定。AI1端子输入频率给定信号。运行指令由PLC发出,PLC输出继电器常开结点并在DI1与+10V之间。PLC输出继电器常开接点闭合,变频器运行。GND端子与DCOM端子短接,数字量输入接法是PNP接法。变频器输出继电器1设定为变频器运行输出。这个继电器的常开接点引入到PLC数字量输入端子,作为逻辑控制信号。

变频器参数设定如表1所示。其他参数为出厂默认值。

◇江西 陶波

表1

代码	名称	设定值	说明
9904	电机控制模式	3	标量速度
9905	电机额定电压(V)	380	
9906	电机额定电流(A)	74	
9907	电机额定频率(Hz)	50	
9908	电机额定转速(r/min)	1470	
9909	电机额定功率(kW)	37	
1001	输入指令	2	DI1 给定
1103	给定值 1 选择	1	AI1 给定
1401	继电器输入 1 功能	2	变频器运行
2007	最小频率(Hz)	0	
2008	最大频率(Hz)	50	
2101	起动方式	5	跟踪+转矩
2102	停车方式	2	积分停车

读《电子报》心得与体会

一、关于充电式手电筒电路

《电子报》2017年第38期刊出了《再谈充电式LED手电筒充电电路的改进》一文,该文对2016年38期和50期相关内容文章进行了详尽的评说,有根有据。该文认为:蓄电池开路时1μF的电容降压限流充电电路(见其附图1)不会使LED全部损坏;设置隐压管保护无必要;1μF的限流电路(见其附图2)不会造成178mA的1N4733A稳压管损坏。本人认为该文只计算了电路稳定状态下的数据,忽略了非稳定状态下的可能,比如:在刚接电时1μF电容充电的瞬间;在电池内阻增大很多,已无使用价值但至未达开路状态时。

本人曾试过,将两只5mmLED反向并联再串以0.33μF电容和1k电阻接至220V交流电源,工作正常,测其电流24mA,将所串电阻逐步降至零,电流几乎不变,依然正常工作,但是断电后放电不串电阻再接电,LED立即烧毁,三次重复无一例外,由此可见此时充电瞬间电流,不可按I(mA)=69.1C(μF)计算。

部分充电手电筒,使用的是充电、关闭、照明单刀三位开关,充电电源与LED不会联接,但也有LED损毁的故障出现,这是因为当电池长时间过充,造成干涸,内阻增加,对于串容充电路,若将相应造成充电电压升高,将会加速电池损坏,甚至可能使充毕的电池出现短时较高电压,此时若立即开灯亦会危及LED安全,在此情况下电路设计者若参考电动车充电器先稳流后稳压的充电方式加装了稳压管,以保护电池是不无道理的。当然该稳压管也应考虑到刚通电瞬间充电大电流的保护。

二、机顶盒待机控制电路

《电子报》2017年第37期刊出了《机顶盒控制电路的设计与制作》一文,该文调研的机顶盒高待机电流确非个别现象,为此设计了五种用电视机联控,用电视机遥控器关断机顶盒待机的电路是很有用的。

该文介绍的五种电路均是在电视机电源线上串接继电器或电阻等十多件元件,获取电视机开、关机信号来控制机顶盒电源的,本人拟神充一法,直接从电视机的USB接口获取5V直流电,控制固态继电器,开、关机顶盒。此法比较简便,且对电视机原电路无任何改动。

三、遥控器红外信号的检测

近期有数篇文章介绍自制红外线信号的检测电路,用于遥控器的修理它们大多是从废旧电器上拆下一块遥控接收电路板改装而成。其实大家手边都有现成的测试器可用:方法一是将光电鼠标翻过来将遥控器对它发射即可;方法二是将手机的相机调到自拍或镜子的功能上(其他相机也可),将遥控器在它镜头前挑动,此时不仅能看到有无信号,还能判别其信号包含了该键的编码的断续还是一条亮线。

◇北京 丁传鉱

SMT贴片机离线编程之PCB坐标数据的导出及处理

随着SMT制造业的发展，贴片机应用越来越广泛，甚至出现许多作坊式SMT加工中心，需要许多熟练掌握SMT技术的工程师。贴片机离线编程是掌握SMT线流水工程技术一个重要的技术环节，许多熟悉电路CAD设计的初学者往往忽略了这个问题。下面叙述贴片机离线编程关于PCB贴片元器件坐标数据的导出及处理方法(以Altium Designer14软件为例,以下简称AD14)。这些坐标数据是贴片机编程必不可少的，特别是电路复杂、元器件较多的贴片PCB板。

阴阳拼板PCB具有代表性，故下面以一块4X1阴阳拼板(如图1所示)的元器件坐标数据导出为例说明具体操作方法与步骤。

一、打开PCB目标文件，如图1所示。

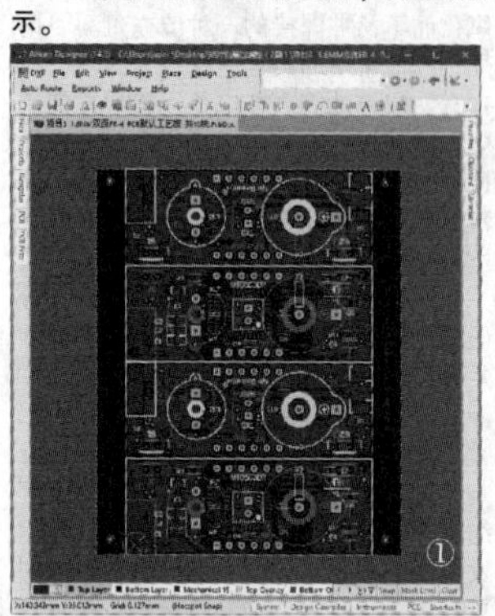
①

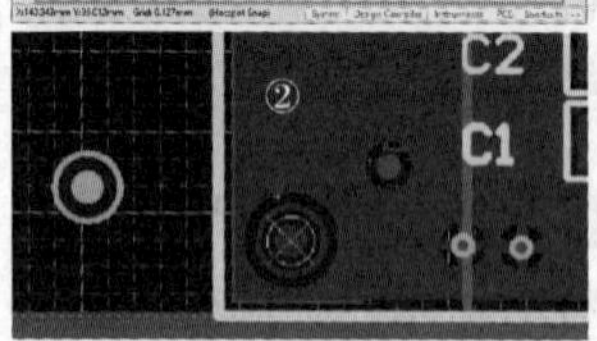

②

二、设置PCB坐标原点，如图2所示。通常设置在PCB左下角的某一个Mark点中心(或任意)，操作步骤为：执行主菜单Edit-Origin-set命令，点击Mark中心点。

三、导出PCB元器件坐标数据。为了方便后期数据编辑，导出格式尽量采用Excel电子表格格式文件，并做好保存。

操作步骤为：

1. 执行主菜单File-Assembly Outputs-Generates Pick and Place files命令，在弹出的Pick and Place Setup对话框中设置Formats格式为CSV(Excel可完美打开)，Units栏中设置单位为Metris公制)，如图3所示。

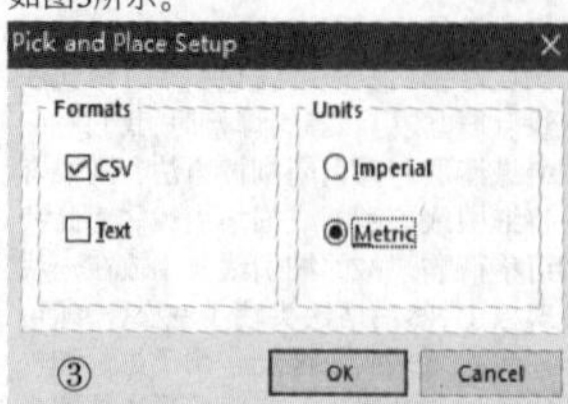

③

2.点击OK，完成PCB元器件坐标数据的导出。在PCB目标文件夹中自动生成一个“Pick Place for + PCB原文件名”的CSV格式的电子表格文件，如图4所示。

名称 状态
- History
- 4X1阴阳拼板
- Pick Place for 4X1阴阳拼板
- Status Report
- 贴片机离线编程之PCB坐标数据的导出及处理
- 贴片机离线编程之PCB坐标数据的导入及处理

④

四、PCB元器件坐标数据的处理

为了方便对上述“Pick Place for 4X1阴阳拼板”PCB坐标数据导出文件进行编辑处理，这里利用Excel软件对数据进行编辑。图5是用Excel 2013打开坐标数据文件后的部分界面(由于数据较大，不能全部显示所有行)。

数据处理操作步骤：

1.将列E、列F(参考Ref坐标)，列G、列H(第1脚坐标)删除。对于贴片机来说，元器件贴装坐标就是元器件的中心坐标(Mid X，Mid y)，故需要保留，其他坐标列数据需要全部删除。删除后的坐标数据格式列如图6所示。

⑤

	A	B	C	D	E	F	G
1	Designator	Footprint	Mid X	Mid Y	Layer	Rotation	Comment
2							
3	BT1	E_1220	37.3634mm	65.4518mm	T	180	Battery
4	LS1	BELL	12.5222mm	65.528mm	T	90	Bell
5	P1	MICROUSB	1.5748mm	69.4396mm	T	270	microusb
6	P2	HDR1X2	23.1902mm	65.4518mm	T	90	ISP_STC_51
7	U1	1.25MM-3P	44.831mm	69.465mm	T	90	18B20
8	S1	SMD_SW_3.5×7.0×3.5	3.5052mm	58.1366mm	T	360	SW-PB

⑥

	A	B	C	D	E	F
1	Designator	Footprint	Mid X	Mid Y	Rotation	Comment
2						
3	C4	3-0603	23.622	1.8034	0	Cap
4	C6	3-0603	44.0436	1.8034	0	Cap
5	C1	0805R	8.6106	2.3622	180	Cap Pol1
6	R1	3-0603	44.0436	3.5814	360	Res2
7	C2	0805R	8.6106	4.3942	180	Cap Pol1
8	R5	PACK-0603	30.4546	5.5372	180	RACK
9	R3	PACK-0603	16.129	5.5372	180	RACK
10	C3	0805R	8.6106	6.4516	180	Cap Pol1
11	U2	TQFP32_L	23.1902	7.6454	180	STC12C5608AD
12	R2	PACK-0603	16.1798	9.7536	180	RACK
13	C5	3-0603	44.0436	9.7536	360	Cap
14	U3	SO8_M	33.5534	11.684	180	DS1302Z
15	Q1	SOT23A	8.8646	11.9466	360	S8550
16	Y1	XTAL_4115	41.275	12.6238	90	32.768K
17	C7	3-0603	39.751	14.859	360	Cap
18	R4	3-0603	12.2936	14.859	180	Res2
19	S1	SMD_SW_3.5×7.0×3.5	3.5052	19.7366	360	SW-PB
20	S2	SMD_SW_3.5×7.0×3.5	42.8752	19.7366	360	SW-PB
21	P1	MICROUSB	1.5748	31.0396	270	microusb
22	U1	1.25-3P	44.831	31.065	90	18B20

⑦

2. 删除Mid X列、Mid Y列坐标数据的单位(mm)。因为贴片机只能识别导入文件的坐标数据值，无法识别数据的单位字符。在Excel中可以通过“查找和替换”功能实现快速删除“mm”字符。

3. 删除图1拼板中自下向上的第3、第4小板的全部元器件坐标数据行。很显然，从图1中可以看出，此阴阳拼板的拼法是相邻小板互为阴阳，故只需要将第1、第2小板的坐标数据保留即可。

原Excel表格中坐标数据的排列是混乱的，如何从这些行中选择第1、第2小板的坐标数据行是关键。由CAD绘图基本常识可知，图1坐标原点向右为X轴正向，向上为Y轴正向，所以，超越第2、第3小板中缝线Y轴坐标（这里Y=36.5MM）的行就要删除。

重新对图6表格数据进行列D的升序排列，对Mid Y数值大于36.5MM的所有行进行删除，保留第1、第2小板的坐标数据。

4.删除PCB底层(Bottom Layer)所有元器件的坐标数据。阴阳拼板的好处就是只需要对PCB进行顶层(Top Layer)数据的编程，一个程序就可以贴装双面PCB的所有元器件。所以，必须将底层(Bottom Layer)坐标数据删除。

重新对上述坐标数据进行E列数据排序，再将E列(Layer)为底层(Bottom Layer，简称B)的行删除，然后再删除E列。

5.删除通孔(THT)元器件所有的行。这里需要删除第2小板顶层4个THT元件，经上述整理后的数据表如图7所示。

从表中可知，本拼板只需对20个贴片元器件进行贴片机坐标数据导入即可。

6.贴片机编程对元器件封装名称的预处理。为了方便SMT线上人员正确按照程序要求开机上料调试，程序中对需要贴装的元器件封装名称有一定的规范要求，名称中一般应该包括封装名称、元器件型号及参数等。所以，需要将图7列表中的F列参数（或参考原理图元器件BOM表的参数）写入B列中，最后将F列删除。整理后的数据如图8所示。

7.对于三星SM480系列贴片机来说，机器可识别的坐标数据文件类型有“*.SSA”或“*.TXT”纯文本文件。所以，可将上述数据保存为“*.TXT”纯文本文件(记事本格式)，如图9所示。

这样，PCB坐标数据导出就保存在上述文本文件中，一般情况下不再允许对上述文本数据进行编辑，以免破坏文本数据格式。

◇广西 王培开

	A	B	C	D	E
1	Designato	Footprint	Mid X	Mid Y	Rotation
2					
3	C4	C1608 (0603) -0.1uF/50V	23.622	1.8034	0
4	C6	C1608 (0603) -0.1uF/50V	44.0436	1.8034	0
5	C1	C2012(0805)-10uF/10V	8.6106	2.3622	180
6	R1	R1608(0603)-4.7K	44.0436	3.5814	360
7	C2	C2012(0805)-10uF/10V	8.6106	4.3942	180
8	R5	PACK3216(0603)-4.7K	30.4546	5.5372	180
9	R3	PACK3216(0603)-2200	16.129	5.5372	180
10	C3	C2012(0805)-10uF/10V	8.6106	6.4516	180
11	U2	TQFP32_L-STC12C5608AD	23.1902	7.6454	180
12	R2	PACK3216(0603)-2200	16.1798	9.7536	180
13	C5	C1608 (0603) -22pF/50V	44.0436	9.7536	360
14	U3	SO8_M-DS1302Z	33.5534	11.684	180
15	Q1	SOT23A-S8550	8.8646	11.9466	360
16	Y1	XTAL_4115-32.768K	41.275	12.6238	90
17	C7	C1608 (0603) -22pF/50V	39.751	14.859	360
18	R4	R1608(0603)-4.7K	12.2936	14.859	180
19	S1	SMD_SW_3.5×7.0×3.5	3.5052	19.7366	360
20	S2	SMD_SW_3.5×7.0×3.5	42.8752	19.7366	360
21	P1	MICROUSB-5P	1.5748	31.0396	270
22	U1	SMD_1.25MM-3P-18B20	44.831	31.065	90

⑧

Pick Place for 4X1阴阳拼板 - 记事本

文件(F) 编辑(E) 格式(O) 查看(V) 帮助(H)

```
Designator    Footprint              Mid X    Mid Y    Rotation

C4   C1608 (0603) -0.1uF/50V 23.622  1.8034  0
C6   C1608 (0603) -0.1uF/50V 44.0436 1.8034  0
C1   C2012(0805)-10uF/10V    8.6106  2.3622  180
R1   R1608(0603)-4.7K        44.0436 3.5814  360
C2   C2012(0805)-10uF/10V    8.6106  4.3942  180
R5   PACK3216(0603)-4.7K     30.4546 5.5372  180
R3   PACK3216(0603)-2200     16.129  5.5372  180
C3   C2012(0805)-10uF/10V    8.6106  6.4516  180
U2   TQFP32_L-STC12C5608AD   23.1902 7.6454  180
R2   PACK3216(0603)-2200     16.1798 9.7536  180
C5   C1608 (0603) -22pF/50V  44.0436 9.7536  360
U3   SO8_M-DS1302Z    33.5534 11.684  180
Q1   SOT23A-S8550     8.8646  11.9466 360
Y1   XTAL_4115-32.768K       41.275  12.6238 90
C7   C1608 (0603) -22pF/50V  39.751  14.859  360
R4   R1608(0603)-4.7K        12.2936 14.859  180
S1   SMD_SW_3.5×7.0×3.5      3.5052  19.7366 360
S2   SMD_SW_3.5×7.0×3.5      42.8752 19.7366 360
P1   MICROUSB-5P      1.5748  31.0396 270
U1   SMD_1.25MM-3P-18B20     44.831  31.065  90
```

⑨

SH-500HD高清数字寻星仪简评

SH-500HD是SATHERO科技有限公司生产的一款高清数字寻星仪，符合DVB-S/S2标准，输入频率范围为950-2150MHz，采用夏普低门限DVB-S2高频头，支持QPSK、8PSK、16APSK及32APSK信号解调，内置3.5英寸高清晰数字显示屏不仅可以查看寻星参数，还可以播放MPEG-2/MPEG-4/H.264超高清视频，整机尺寸为17.5×12.5×3.5 cm³，配备14.5V1.5A电源适配器，可快速帮助工程技术人员安装天线并寻找卫星信号。

下面来看看SH-500HD寻星仪的各个按钮、指示灯及接口，各接口定义如图1所示和图2所示，指示灯含义如下：POWER代表供电，开机后该灯呈红色，充电时为绿色；13V指示灯点亮代表机器此时输出LNB电压为13V，即接收垂直信号（右旋信号）；18V指示灯点亮代表机器此时输出LNB电压为18V，即接收水平信号（左旋信号）；22K指示灯点亮代表机器输出用于22K开关、DISEqC或极轴控制的22KHz信号；而LOCK指示灯点亮则代表信号已经被锁定，即信号已过接收门限值。各个按键的作用介绍如下，F1-F4为自定义键，在不同菜单选项下功能可能不相同，其中常用的默认功能是，F1：用来关闭寻星仪屏幕显示的，在HDMI或视频输出状态下关闭本机屏幕显示可以节约本机能耗；F2：在本机播放视频、调试天线及HDMI、视频输出时静音开启/关闭功能；F3：视频输出、输入模式以及寻星功能切换键；F4：在寻星数据列表出现时按下该键可以开启/关闭信号质量、信号强度寻星状态条的放大功能。MENU为菜单键；ANGLE为寻星角度计算菜单项快捷键；SYSTEM为寻星仪系统菜单页面快捷键；FIND为寻星、调星数据列表页面快捷键，再按F4即可实现寻星放大条显示功能；EXIT为退出键；(I)为开机/关机键；上下左右方向键、OK确定键及数字1-0键用于更改相关设置项值或输入相关的数据。

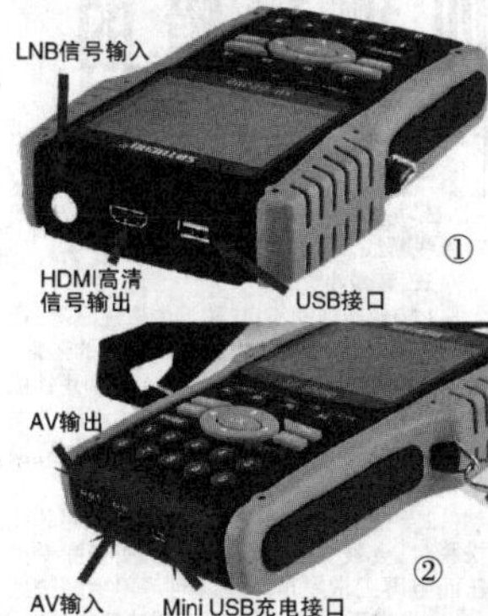

①
②

脱掉防跌落软胶保护套即可看到电池仓，取下电池仓盖便可看到里面11.1V2600mAH锂电池，可以使机器连续工作3-5个小时。拧下6颗螺丝，再用尖嘴钳取下两边的背带挂钩就能打开机器，整机主要由主板、显示驱动和键盘扫描板、3.5英显示屏以及喇叭组成，主板通过两组排线与显示驱动和键盘扫描板连接，主板正面如图3所示，安装有散热铝片的便是主芯片U1，该芯片是TQPF-128封装，具体型号不清楚，不过该机菜单风格和使用的固件都与流行的HD01高清机类似，因此笔者估计主芯片U1就是代号A28或类似家族的系列产品，该主芯片正常工作时需要3.3V、2.5V和1.2V供电，其中3.3V由U12（S15BBA）+L47组成的开关电源提供，2.5V由U16（6206A）LDO三端稳压芯片提供，而1.2V核心电压由U10（FR9886）+LP3组成的开关电源提供。主芯片左侧BGA封装的U2（H5PS5162KFR）是SK海力士公司生产的64MB（32M*16）DDR2运行内存，所需1.8V供电由UM5（AMS1117-1.8）提供。右下角U11（25Q64）是华邦公司生产的4M闪存，用于存储系统程序和节目参数等。U15（ADAA）是复位专用芯片，U916（CO-TOC）是USB接口供电控制芯片。高频头UT21（SHARP S7HZ6A03）位于主板正面右上角，全屏蔽安装有利于抗击外界干扰。位于主板中部的U22（CD4052）是一个差分4通道数字控制模拟开关，用于信号源切换。U35（LM386）是音频放大集成电路，用于推动内置的喇叭。U14（FR9886）+LP4组成的开关电源用于产生+5V供电，为整机提供5V供电，比如显示屏、LM386等。U27（HT46R51A）+U29（TL431）+XT1（4M）组成电量指示电路，HT46R51A是盛群半导体公司生产的8位高性能精简指令集单片机，专门为需要A/D转换的产品而设计，具有低功耗、I/O使用灵活等优点，本机中配合基准电压TL431可实现电池电量指示功能，其供电由U23（HT7533）LDO芯片产生，该供电搭上电池即产生，不受其他电路控制。至于U26、U28及U30型号均为ME9435，即30V P沟道场效应管，U26用于显示屏供电，U28用于控制电池充电，而U30则用于控制整机供电，类似卫星接收机中的总电源开关。主板反面电路块中，主要是极化供电和高频头短路报警电路，U928（ME9435）+UP3（Sti8035）+L46组成13/18V极化供电电路，Sti8035是意法半导体公司生产的专用极化供电集成电路，无需外接分压电阻即可实现不同电压输出，同时支持向室外传送22KHz信号。QV8（1AM）、R156、R55和R845构成高频头短路检测电路，当外接高频头短路时会向主芯片U1发送高平信号。J1插座用于连接喇叭。显示驱动和键盘扫描板正面，上面是显示驱动单元，主要由单片机U1（STC15W2045）和TI公司生产的高性能混合信号视频解码U2（TVP5150AM1）组成，所需3.3V和1.8供电由UM3（AMS1117-ADJ）和U16（A8805）产生，旁边的U15（GEC）和LN7则组成背光电路。下面是U99（FD650S），工作电源由前述U23提供。显示驱动和键盘扫描板反面如图4所示，主要是薄膜开关组建的键盘矩阵。

③

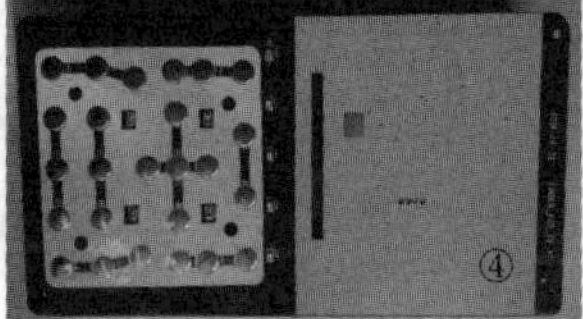
④

接下来说说SH-500HD具体的使用方法。将馈线一端接上室外高频头，另一端通过双阴连接器与SH-500HD信号输入接口相连，打开机器电源，按下ANGLE键调出寻星角度计算菜单，如图5所示，输入想要接收的卫星和接收地所在的经纬度，确定后便可得到相应的数值，根据这些数值可将卫星接收天线大致对准接收方向。退出寻星角度计算菜单后再按FIND键打开寻星菜单界面，如图6所示，机器已经预制全球卫星数据，我们只需要选择接收的卫星名称、本振频率、下行转发器频率即可，若没有可通过方向键和数字键手工编辑相关卫星参数，最后确定保存即可。寻星参数设置好以后便可以慢慢转动天线进行细调了，当接收到相应卫星信号后机器便会鸣叫，信号质量越高提示声音越密，超过门限后便会显示“锁定”字样，同时LOCK指示也被点亮。其他显示的数值含义分别为：1、PWR是天线接收到卫星信号的强度，也就是EIRP卫星接收信号在本地场强值。不过笔者发现在不接LNB或没有找到卫星的情况下，该数值比较大，笔者的这部机器显示是113，而找到卫星后该数据反而变小，跟反向AGC有些类似；2、a.BER误码率指示。误码率是衡量接收卫星数据在规定时间内数据传输精确性的指标。影响此数值的包括传送和接收的环境，天线的精度，接收高频头噪声和质量等因素。此数值是越低越好，同时也可以此衡量高频头的质量。3、C/N值显示。C/N是就是通常所说的载噪比或信号质量，不是指信噪比S/N，在调制传输系统中是用来标示载波（包括传输信号的功率和调制载波的功率）与载波噪音关系的标准测量尺度。在卫星通讯系统中，最佳的天线排列可以得到最佳载噪比。我们平时用免费机来寻星，按压遥控器上“Info”键在机器前面板上显示的Pxx字样就是该值大小，只不过大多数免费机都是以百分数形式显示；5、MER调制误差率，是数字电视信号的理想符号功率与噪声功率之比取对数，单位是dB，实质上就是图形化星座图的另一种表现形式。下面的两个条形图与卫星接收机相同，即S代表信号强度，Q代表信号质量（过门限后呈绿色），如果在室外寻星时觉得这两个条形图太小，可按下F4键切换至全屏放大条显示状态，如图7所示。对准卫星后执行搜索选项即可扫描到转发中的节目并实时播放，如图8所示，这是跟SH200、D520之类寻星仪最大的区别。菜单除了前述的角度计算和寻星两项外，还有频道、马达、安装、系统和USB选项。频道菜单选项用于对已经保存的节目进行编辑操作，如图9所示，比如删除节目、移动节目等，根据提示进行操作便可。马达菜单选项用于设置DISEqC1.2或USALS（极轴控制），如图10所示，一般来说普通用户用得少。安装菜单选项用于固定接收某卫星节目时参数设置，如图11所示，这与普通接收机中的卫星（天线）设置完全一致，可盲扫单星或多星上的节目。系统菜单选项用于打开机器设置项，如图12所示，比如执行恢复出厂设置操作。USB菜单选项用于播放外部U盘中的音乐、图片、视频和刻录文件。此外，可以通过USB接口来升级机器固件或频道参数，升级固件的方法很简单，将4M固件拷贝至U盘再选择USB升级类型中的全部即可，至于频道参数可以借助电脑上的EXCEL软件按图13所示格式来编辑（也可以从www.sat-hero.com/cn/下载获得），然后另存为CSV格式文件并复制到移动U盘，插上移动U盘选择USB升级子菜单，升级类型选CSV，点击开始机器便自动升级并重启，若想导出节目参数选择备份就行了。

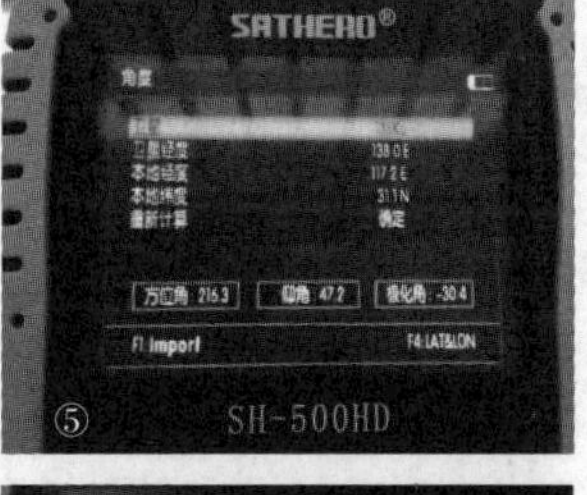

⑤

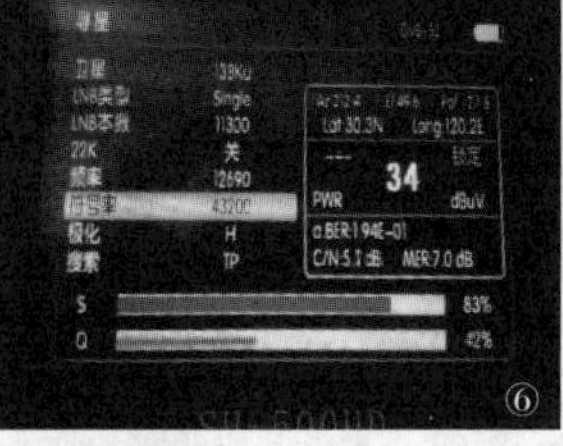
⑥

⑦

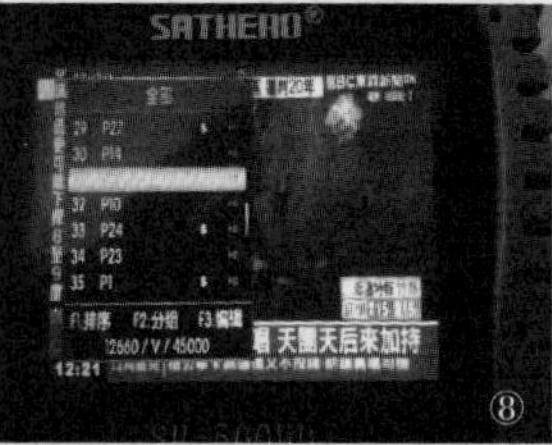

⑧

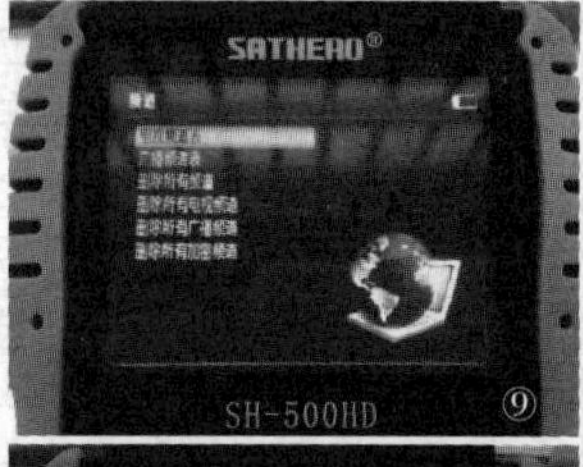

⑨

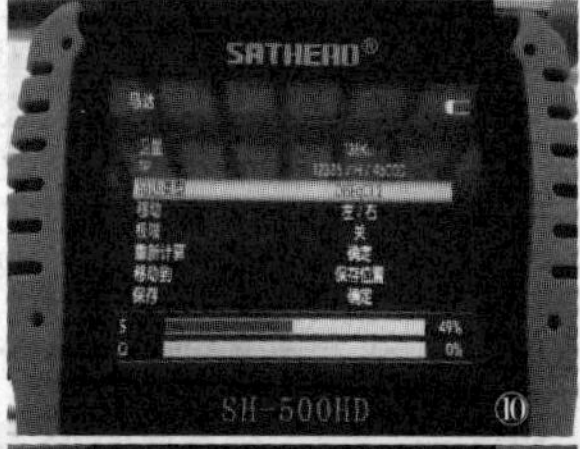

⑩

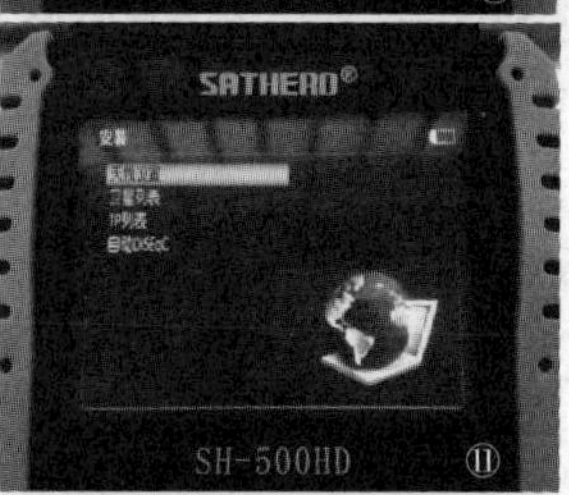

⑪

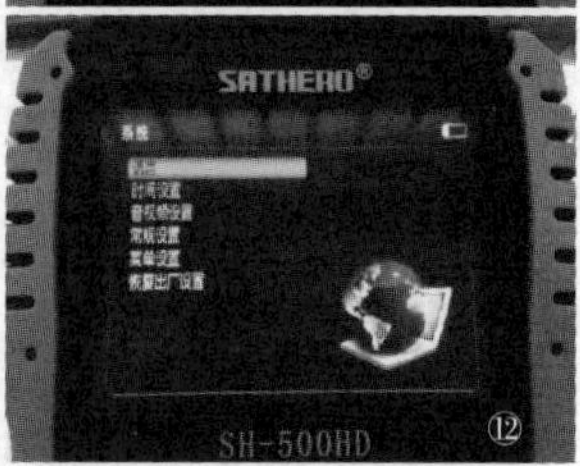

⑫

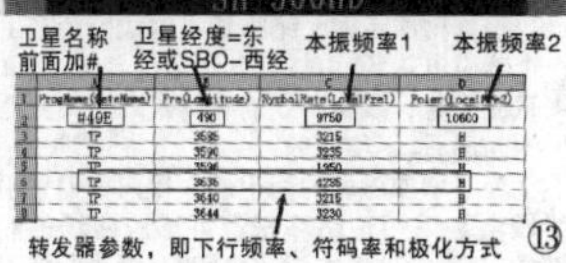

转发器参数，即下行频率、符码率和极化方式 ⑬

最后笔者给出自己的总体使用感觉：SH-500HD高清寻星仪做工精细，手感很好；调星速度快，信号反应迅速灵敏，有着强烈的视觉冲击感和听觉感，各项参数显示也较全面，性价比较高。不足之处就是接收中九信号时信号质量会跳，当然也无法锁定信号，只能通过鸣叫声来判断是否对准卫星。所配显示屏分辨也不够高，以致很多图像细节无法看清楚。

◇安徽　陈晓军

收音机集成电路CXA1191M维修数据

CXA1191M系日本索尼公司生产的超外差式全波段收音机的专用集成电路，它曾被许多种牌号的收音机所采用，其电气性能相当不错，收音机的灵敏度、选择性和信噪比均比较好。笔者在检修德生(TECSUN)牌R1012型12波段收音机时，十分留意地将其核心器件——集成电路CX-A1191M的工作电压和在路电阻通过精心地测试并整理出来，分别列于表1和表2中，以方便广大读者朋友在维修含有该集成电路的收音机时参考。考虑到读者手中万用表种类及型号的多样性，故在表1中采用500型（指针式）和M840D型(数字式)两种类型的万用表进行测试；而表2则采用500型和MF30型两种常用的指针式万用表进行测试。此外，在测试工作电压时，波段开关被拇向中波(MW)波段，并调谐至无电台位置，收音机的电源电压为3V；测试在路电阻时，波段开关仍处于中波(MW)波段。 ◇河南　王水成

表1　集成电路CXA1191M的工作电压

万用表	项目														
500型万用表直流10V挡	脚　号	1	2	3	4	5	6	7	8	9	10	11	12	13	14
	电压（V）	0.8	2.6	1.45	1.1	1.25	0.85	1.25	1.25	1.25	1.25	0	0	0	0.2
	脚　号	15	16	17	18	19	20	21	22	23	24	25	26	27	28
	电压（V）	0	0	0	0	1.2	0	1.45	1.05	1.0	0	2.4	2.95	1.45	0
M840D型万用表直流20V挡	脚　号	1	2	3	4	5	6	7	8	9	10	11	12	13	14
	电压（V）	0.84	2.68	1.48	1.13	1.26	1.46	1.26	1.26	1.26	1.26	0	0	0	0.19
	脚　号	15	16	17	18	19	20	21	22	23	24	25	26	27	28
	电压（V）	0	0	0	0	1.44	0	1.49	1.14	1.04	0	2.67	2.98	1.48	0

表2　集成电路CXA1191M的在路电阻

万用表	接法	项目														
500型万用表R×1k挡	红表笔接地	脚　号	1	2	3	4	5	6	7	8	9	10	11	12	13	14
		电阻（kΩ）	10.5	45	29	7.0	7.0	9.5	7.0	7.0	7.0	7.7	0	0.95	0	2.2
		脚　号	15	16	17	18	19	20	21	22	23	24	25	26	27	28
		电阻（kΩ）	8.2	1.9	8.2	0	∞	0	48	19	35	17.5	13	6.7	25	0
	黑表笔接地	脚　号	1	2	3	4	5	6	7	8	9	10	11	12	13	14
		电阻（kΩ）	6.8	12.5	7.5	5.4	5.4	250	5.4	5.4	5.4	6.1	0	9.5	0	2.2
		脚　号	15	16	17	18	19	20	21	22	23	24	25	26	27	28
		电阻（kΩ）	7.5	1.9	8.2	0	7.2	0	7.5	7.6	7.5	7.4	7.5	5.2	5.8	0
MF30型万用表R×1k挡	红表笔接地	脚　号	1	2	3	4	5	6	7	8	9	10	11	12	13	14
		电阻（kΩ）	10.5	68	48	10.7	10.7	18	10.7	10.7	10.7	11.1	0	1.0	0	2.3
		脚　号	15	16	17	18	19	20	21	22	23	24	25	26	27	28
		电阻（kΩ）	17	2.0	17	0	∞	0	60	27	44	17	25	13.5	48	0
	黑表笔接地	脚　号	1	2	3	4	5	6	7	8	9	10	11	12	13	14
		电阻（kΩ）	10.5	18	16	10	10	220	10	10	10	10.5	0	1.0	0	2.2
		脚　号	15	16	17	18	19	20	21	22	23	24	25	26	27	28
		电阻（kΩ）	10.7	1.8	17	0	15.8	0	16.2	16.5	16.2	14.8	15	11.4	13	0

用汽车CD机做家用多功能音乐播放器

两年前笔者曾写过一篇《用汽车CD机做家用多功能高保真功放》的小文章，刊登在2015年电子报第四期15版上，文中对用大众新桑塔纳＼捷达＼朗逸车用CD机做家用多功能高保真功放做了大致的介绍，经过两年多的使用和摸索，本人觉得这款车机确实十分优秀，它不但做工精良，功能齐全，用起来使用方便，音质靓丽，倘有能力稍加改装，给本机增加一个音频输出插座，还能作为多功能音乐播放器使用，为音乐爱好者们提供更多更为便捷的音乐享受，价廉而实用。现将具体改装方法介绍如下，供有兴趣者参考。

改装方法：1. 准备一条大约20cm长双芯屏蔽线、两只优质2.2—10μ小电容（最好用音频专用电容如CD71型）、一只双声道RCA插座。2.拆开外壳，撬开车机上盖，卸下CD唱机的固定螺丝，将唱机稍微向右边挪一点，露出左边PCB板上的功放部分；3.用尖嘴电烙铁将两只电容的各一只脚(同极性脚)分别焊在贴片电阻R503与C507和R502与C505相连的同一侧焊点上，另一只脚分别与双芯屏蔽线的两条芯线相连，屏蔽线的外引线(网状编织线)就近焊在双面印版的地线(-V)上(见车机改装示意图)；4.将双芯屏蔽线的另一端穿出铁盒缝隙处然后焊接在RCA插座上（二芯线)，该端编织线悬空，RCA插座的地线则就近接在铁制外壳上(说明：因屏蔽线较长，若通过屏蔽网两头接地将引入较大的交流声)；5.在自制外壳上打洞将RCA插座固定在上面就行了。

笔者通过上述改装成功为本机增加了一个实用功能—音频信号输出功能，这样本机就既能直接接驳音箱放音，又能作为其他功放的信号源（不接音箱时）。实际使用证明不论是放CD还是放U盘SD卡听收音，放音音质都相当不错，而且还可以利用本机的音量电位器控制音量，用本机的EQ功能调节音质，在显示屏上实时显示音乐的出处和播放时长等信息，使用非常方便。

特意写出与大家共享，有兴趣者不妨一试。

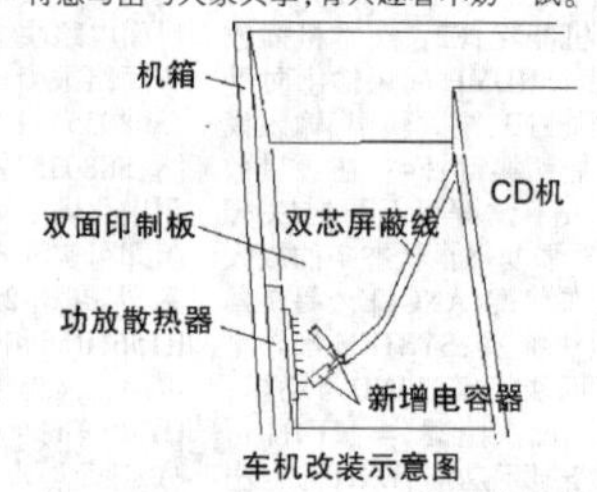

车机改装示意图

◇福建　蔡文年

提高电动式喇叭音质的一种方法

随着社会的数字化，多媒体普及，大家逐渐关注多媒体的视听效果。特别是音响发烧友，为了追求高品质声音效果，可一掷千金，甚至用镀金的材料来武装自己的音响设备。但收到的效果甚微，性价比极低。

喇叭是音响的嗓子，只有好的嗓子才能唱出好的歌声。市面上最普及的应该是电动式喇叭，电动式喇叭的工作原理是，通电线圈在磁场中受到力的作用，这个力使喇叭的振动系统动作，从而把电信号转为声音信号。

喇叭对自然界的声音进行还原时，通常会出现失真。其原因很多种，但从结果来看，主要有两种：一是，不能还原足够小或者足够大的声音；二是，不同音调(频率)还原能力不一致。所以从理论上来说，大家都在追求通电线圈所处的磁场足够强，因为安培力的大小与磁场强度成正比($F=BIL\sin\theta$)，这样微弱的电信号(电流)更容易被"识别"出来；同时大家也在追求磁场足够稳定，不受线圈的感应磁场影响，尽可能减少非线性失真。

根据楞次定律，喇叭通电的线圈会产生一个感应电磁场，以抗拒其运动的趋势。所以喇叭使用时，线圈所处的磁场是动态矢量叠加的磁场，是不稳定的。

为了增加磁场的稳定性，目前普遍采用的做法是采用短路环来消耗感应磁场的能量，但并不能从根本上解决问题，因为即使不考虑增加短路环而增加了实际的磁间隙带来了弊端，单说产生的变化磁场，通过短路环形成涡流再转换为热能，时间上是滞后的；再者短路环实质上就是一匝线圈，因此也会产生感应磁场，导致磁间隙中的磁场还是不稳定，对喇叭音质不利影响还是发生了。

为了解决这个问题，对现有喇叭磁路结构进行解剖分析，并做出如下改动。以下仅以外磁结构的喇叭进行说明，其他结构的喇叭类似。

一、原喇叭磁路结构特点，见下图剖面：磁力线通过磁间隙形成闭合回路，因为T铁和华司的磁导率很高，所以磁铁的大部分磁力线在磁间隙通过，方向的引向(指向或背向)华司的圆心，刚好与喇叭线圈垂直，使线圈受到安培力垂直磁力线上下运动。线圈的感应电磁场要有效阻碍线圈上、下运动（楞次定律)，在磁间隙这个位置，方向也必须引向华司的圆心，矢量方向与原磁铁磁力线方向一致或相反。

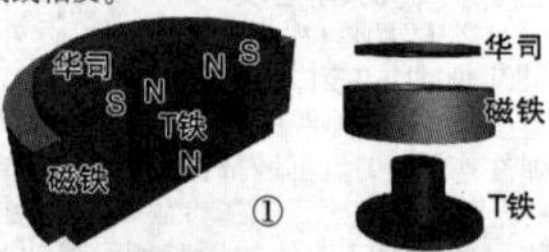

①

二、改造后的结构，见下图：在T铁圆柱体底部固定一组补偿线圈，补偿线圈引线从上面的华司孔穿出，与喇叭的发音线圈并联。华司上的穿线孔宜相对其圆心对称布置，这样可使发音线圈水平方向所受合力为零，不会因为华司开孔而破坏音质。补偿线圈设置在设置，隐蔽不易被外力损坏，磁铁的内部有利于减少漏磁，T铁在这个位置是圆柱形，也有利于补偿线圈的安装固定。

如图所示，在喇叭工作的某个瞬间，发音线圈在磁间隙产出一个叠加量的磁通量，图纸用粗箭头线表示；和发音线圈并联的补偿线圈，其磁回路如图所示，在磁间隙位置同时产生一个补偿的磁通量，最终使磁间隙的磁场接近稳定，从根本上减少了喇叭的线性失真。

②

◇蓝义稳　林越来

音箱系统中四种故障的分析与解决方法

音箱系统是音响设备出声的关键之一，音箱由喇叭、分频器(全频箱没有)、箱体、导线、吸音材料等组成。音响系统的故障率较低，故障类型较少，常见故障有以下四类：

一、无声

1.音箱接线断或分频器异常。音箱接线断裂后，扬声器单元没有激励电压，就会造成无声故障。分频器一般不易断线，但可能发生引线接头脱焊、分频电容短路等故障。

2.音圈断。可用万用表R×1档测量扬声器引出线焊片，若阻值为∞，可用小刀把音圈两端引线的封漆刮开，露出裸铜线后再测，如果仍不通，则说明音圈内部断线；若测量已通且有"喀喀"声，则表明音圈引线断路，可将线头上好焊锡，再另用一段与音圈绕线相近的漆包线焊妥即可。

3.喇叭引线断。由于扬声器纸盆振动频繁，编织线易折断，有时导线已断，但棉质芯线仍保持连接。这种编织线不易购得，可用稍长的软导线代替。

4.音圈烧毁。用万用表R×1档测量扬声器引线，若阻值接近0Ω，且无"喀喀"声，则表明音圈烧毁。更换音圈前，应先清除磁隙内杂物，再小心地将新音圈放入磁隙，扶正音圈，边试听边用强力胶固定音圈的上下位置，待音圈置于最佳位置后，用强力胶将音圈与纸盆的间隙填满至一半左右，最后封好防尘盖，将扬声器纸盆向上，放置一天后即可正常使用。

二、声音时有时无

1.扬声器引线接触不良。通常是音圈引线霉断或焊接不良所致，纸盆振动频繁时，断点时而接通，时而断开，形成无规律时响时不响故障。

2.音圈引线断线或即将短路。

3.功率放大器输出插口接触不良或音箱输入线断线。

三、音量小

1.扬声器性能不良，磁钢的磁性下降。扬声器的灵敏度主要取决于永久磁铁的磁性、纸盆的品质及装配工艺的优劣。可利用铁磁性物体碰触磁钢，根据吸引力的大小大致估计磁钢磁性的强弱，若磁性太弱，只能更换喇叭。

2.导磁芯柱松脱。当扬声器的导磁芯柱松脱时，会被导磁板吸向一边，使音圈受挤压而阻碍正常发声。检修时可用手轻按纸盆，如果按不动，则可能是音圈被芯柱压住，需拆卸并重新粘固后才能恢复使用。

3.分频器异常。当分频器中有元件不良时，相应频段的信号受阻，该频段扬声器出现音量小故障。应重点检查与低音扬声器并联的分频电容是否短路，以及与高音扬声器并联的分频电感线圈是否层间短路。

四、声音异常

1.磁隙有杂物。如果有杂物进入磁隙，音圈振动时会与杂物相互摩擦，导致声音沙哑。

2.音圈擦芯。音圈位置不正，与磁芯发生擦碰，造成声音失真，维修时应校正音圈位置或更换音圈。

3.纸盆破裂。损坏面积大的应更换纸盆，损坏面积小的可用稍薄的纸盆或其他韧性较好的纸修补。

4.箱体不良。箱体密封不良或装饰网罩安装不牢等，会造成播放时有破裂声。此外，箱体板材过薄导致共振，也会产生声音异常。

◇江西　谭明裕

2018年3月18日出版
实用性 启发性 资料性 信息性
第11期
(总第1948期)
国内统一刊号:CN51-0091 定价:1.50元 邮局订阅代号:61-75
地址:(610041)成都市天府大道北段1480号德商国际A座1801 网址:http://www.netdzb.com
让每篇文章都对读者有用

区块链技术在新能源中的应有价值研究

——访能链科技CEO林乐博士

值逢"2018第三届世纪光伏大会"在上海召开之际,有幸采访到了林乐博士,他是能链科技的CEO,也是最早从事区块链和金融、能源结合的专家。我们一直在谈论光伏产业的跨界合作,即光伏+互联网+金融,林乐博士也一直在考虑怎么把区块链和光伏加起来,因此采访的话题是从区块链技术在新能源中的应有价值研究展开。

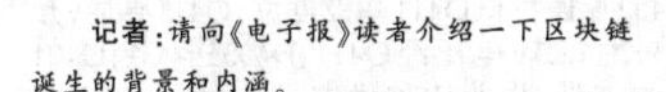

记者:请向《电子报》读者介绍一下区块链诞生的背景和内涵。

林乐:首先大家可以看到整个数字2.0时代已经正式拉开了序幕,数字1.0时代是人的数字化的迁徙,在相对一个独立数字世界里面建立了很多虚拟的商业模式,诞生了BAT等互联网巨头。数字2.0时代是整个物理世界的数字化迁徙,这是一个更加波澜壮阔的人类数字化迁徙,并由三个技术构成,区块链、物联网、人工智能。做一个不恰当的比喻,在数字2.0时代,数据是生产资料,物联网和人工智能是生产工具,那么区块链就是生产关系,它将重塑数字世界的协作方式。

其实,区块链的出现有着非常必然的历史背景。大家可以看到整个商业文明的上半程是一个大致中心化的过程。人类最早期的商业是无中心化的,逐渐才有了中心化的商业组织,因为可以提高效率,比如金融领域的银行,公司制的诞生是另一个典型的例子。到了数字时代,我们延续了中心化的商业组织架构,如互联网银行、支付宝、微信等。但是这些中心化的机构,尤其是在数字世界,目前来看已经开始阻碍商业效率的提升了,比如接入成本、可篡改的中心化数据库道德风险及数据所有权问题等。数字时代的商业社会正在呼唤一种去中心化的组织形式。另一方面,随着技术的进步,分布式计算和分布式存储的成本大大降低,为分布式数字商业组织架构的诞生提供了技术基础。目前看来,分布式架构的成本已经低到让部分商业场景具备比中心化架构更高的效率、更低的成本,而这样的场景会越来越多。因此,我们说区块链诞生是商业演化和技术演进的历史交汇。

记者:请向读者介绍一下区块链的内涵。

林乐:那么区块链是什么?它通过技术手段,构建了一个可信任的去中心化的协作架构,可以在没有中心化机构的情况下建立起信任,比如说原来在互联网上要去交易一块钱,我们其实是通过银行、支付宝或者微信,而区块链网络可以在没有这些中心化信任机构的情况下直接点对点完成交易。如果说互联网的诞生降低了信息传递的成本,那么,区块链则是降低了价值传递的成本,它将让整个物理世界的资产映射到数字领域成为可能。

它的内涵包括三个机制,第一层是点对点的通讯机制,这是基础;第二层是治理机制,由共识算法和密码学技术构成的,实现各类商业行为的记录、确认和不可篡改,这是区块链的核心;第三层是以通证为基础的流通和激励机制,这是区块链的灵魂。区块链系统通过通证化实现资产的数字世界映射和高效流通,通过通证经济学将商业的各参与方融为一体,有效激发整个生态的参与热情。

记者:请向读者介绍一下区块链将对商业社会带来的影响。

林乐:我们认为区块链技术会对整个商业社会产生以下几方面的非常重要的影响:1、数据的确权、征信,这是大数据时代的经济基础;2、点对点的价值传递,它将使数字世界由信息互联迈入价值互联;3、资产的气化,这个很有意思。我们说资产的三个形态:权益化,是固态,是资产在物理世界的确权,完整不可分割,流动性很差,几乎无融资能力;证券化,是液态,是资产在金融世界的确权,一定可分割,一定流动性,同时具备一定融资能力;而通证化,是气态,是资产在数字世界的确权,无限可拆分,很高的流动性,金融成本将大大降低,再加上智能合约,此时的资产将进一步演变成为智慧资产。区块链的出现让资产实现气化。

记者:请介绍一下区块链的发展趋势。

林乐:首先,区块链不是万能的,需要合适的场景和其他技术的配合。例如,区块链技术目前尚不适应高频交易的场景,但对于数据防篡改、溯源等领域,技术已经非常成熟,同时,区块链仅仅能解决数字世界的信任问题,将物理世界的资产映射至数字世界,还需要物联网作为感知触角的配合。第二,中心化和分散式架构将长期并存,正如AI技术可以改变世界,但长期看来大量的工作需要AI和人共同协作完成,区块链倡导的去中心化组织架构也是如此,我们认为中心化和去中心化的架构将长期并存,甚至有些场景同时具备两种架构。第三,组织的边界越发的模糊。互联网的信息传递解决异地通讯和办公功能,而区块链则将解决组织体系的激励问题。过去,公司制的组织体系能够最大限度地提高运转效率;而在区块链时代,基于有效的治理和激励机制可以大大提高分布式组织体系效率,传统意义上的公司制架构可能被颠覆。事实上,这一趋势已经在互联网领域逐渐显现,如众包、众筹等,很多90、95后已经非常适应在数字领域小作坊式的工作环境。第四,联盟链到公有链,革新到颠覆。联盟链和公有链是区块链的两种组织形态,前者更适合嵌入到传统的商业流程内部,通过提高局部效率,推动整体效率提高,我们将其称为对传统商业体系的革新;而公有链将会彻底颠覆现有的商业流程,通过系统重构提高商业效率,例如金融领域的去中介化。

记者:是否可以谈谈能链科技的创业目的和背景?

林乐:从技术的角度,结合区块链和物联网,为金融活动和经济活动的各个环节带来革新和突破,这也是区块链在内的一系列数字技术发展的核心动能。从行业的角度,绿色经济是面向未来的支柱产业,包括绿色生产和绿色消费。仅狭义的绿色生产,如新能源发电、电动汽车等行业,在中国市场的规模就超过10万亿。这一新兴的巨大市场正在面临发展困境,其中最重要的是绿色补贴(对绿色行为的激励)和绿色金融(让社会资本进入绿色领域)的低效分别降低了绿色商业的经济收益,并阻碍资金进入绿色领域。而资金是绿色经济这一资本密集型行业发展的重要动能。

绿色经济的发展迫切需要提高绿色激励和绿色金融的效率,区块链等一系列数字技术则提供了解决方案。区块链的核心在于共识的形成,而绿色发展的核心也在于社会共识。以区块链为基础的数字经济生态,将有效激发全社会的绿色共识,调动全社会的力量共同激励绿色行为。同时,区块链结合物联网等数字技术可以真正逐步实现各级别资产的数字化,大大降低资产流通成本,推动绿色金融高效发展。

记者:可否具体介绍一下贵公司如何结合区块链和物联网技术服务于新能源行业?

林乐:我们所有的服务都围绕资产的金融化和数字化展开,并分为两个阶段推进区块链在新能源等绿色领域的应用。第一阶段,结合联盟链和物联网技术,搭建可信任的信息互联桥梁,在传统体系内,革新绿色金融和绿色补贴效率。我们打造了绿色资产信息登记及管理平台,用物联网采集和传输包括新能源发电在内的绿色资产运营信息,用区块链做确权和溯源,将资产的运营情况真实地反映到金融市场,让各类金融机构利用这些信息,设计发行金融产品,推动资金低成本进入绿色领域。

第二阶段,在第一阶段的基础上,结合公有链技术,搭建可信任的价值互联网络,在传统体系之外,构建全新绿色消费和金融场景,通过通证化,实现绿色资产数字化和高效流通,通过区块链共识,激发全社会的绿色共识,让绿色行为获得有效激励,让绿色商业获得低成本融资。第一阶段的工作已于去年下半年全部完成,正在面向资产证券化市场和碳市场展开应用。第二阶段的工作于去年下半年启动,目前已经完成整体设计和第一版本的应用开发。在此,我也欢迎更多的合作伙伴与我们一起,以科技为手段,推动绿色发展。

◇本报记者 昕熔

(本文原载第19期2版)

长虹欣锐HSS30D-1MD二合一电源板电路分析与维修(上)

HSS30D-1MD是长虹LED32B2000C液晶电视机使用的开关电源与LED驱动二合一电源板。电源输出一路12.3V/3A电源电压和一路132V/229mA的LED驱动电压。该电源中的12.3V电压形成电路采用NCP1251A(集成块丝印号5AARWY)作为控制器，LED驱动电路采用OB3350CP作为控制器。在电路设计上取消了PFC电路和专用副电源，电路简洁。

一、电路分析

1.市电输入

如图1所示，市电经保险管F1、热敏电阻TH1进入抗干扰电路。压敏电阻VR1起过压保护作用。当输入电压超过VR1的标准值时，保险管F1迅速熔断，避免损坏后级其他元器件。热敏电阻TH1构成防浪涌冲击电路。开机时，TH1的阻值较大，限制了滤波电容的充电电流。当电流流过TH1时，TH1自身发热，阻值变小，相当于短路，从而不再额外消耗能源。LF1、LF2、CX1、CX2、CY3、CY4等构成EMC电路，滤除市电和电源自身产生的干扰脉冲。

2.开关电源

该机的开关电源由电源控制芯片U1(5AARWY)、开关管Q201、开关变压器T201为核心构成，参见图1。该开关电源输入市电电压后就会工作，为主板供电。

(1)5AARWY简介

5AARWY是IC的丝印号即代码，其对应型号是NPC1251A。5AARWY采用SOT-26型小尺寸封装。5AARWY的引脚功能和维修参考数据见表1。

(2)电源启动及交流掉电保护电路

该二合一电源板把电源启动电路和交流掉电保护电路结合在一起。

1)电源启动电路。220V交流电压经过低通滤波器后，由电阻R216、R217分压，形成一个正比于输入交流电压的VAC电压。刚通电时，VAC电压经双二极管D208的①、③脚整流，C211滤除杂波，然后经D208③、②脚的二极管和电阻R201向C201充电。随着充电的进行，C201的电压逐渐升高，U101电源脚⑤脚电压也升高，当⑤脚电压升高到16V时，U101进入工作状态。当开关电源电路完全工作后，U101⑤脚的供电就由T201开关变压器的辅助绕组②-①绕组产生的感应电压经D202整流，R204、R205限流，C205滤波以及Q412、ZD202稳压后，通过D201、R202产生VCC电压，维持U101的正常工作。

2)交流掉电保护电路。正常工作时，VAC电压经D208①、③脚的二极管整流后的电压直接加到Q110的基极，基极电压大于发射极电压，Q110截止，Q109也截止，保证了电路启动时不受影响。当由于某种原因交流电压瞬间掉电(或电压过低)时，VAC电压瞬间也变低，D208①、③脚整流后的电压变低，电容C211上的电压通过R223放电，由于C211的容量很小，Q110基极电压迅速降低，Q110导通，发射极电压通过集电极到地，把Q109基极的电平拉低，Q109导通，VCC电压经R201、D206、Q109的e-c极、R224到地，很快把VCC电压拉低到9.4V以下，U101的⑤脚供电电压过低，IC停止驱动脉冲输出，开关电源停止工作，无12.3V电压输出。

(3)保护电路

1)过流(短路)保护电路。U1通过监测④脚上的电流检测信号来实现短路保护功能。该脚通过R213与开关管Q201的S极电阻R208相连接。R208是电流取样电阻，其两端的电压降反映了开关管电流的大小。当开关管Q201过流时，通过R208的电流会增大，R208两端的电压升高，U1④脚的电压升高，如果④脚的电压超过保护设定值0.8V时，IC内部的计时器启动，此时便开始一个计时周期。当时钟周期结束而过流状态没有改变时，那么控制器就会进入闩锁状态，工作在低频的突发模式下；当过流状态被消除时，开关电源恢复运行。

2)过功率保护和过压保护电路。U1的③脚作为过功率保护脚，同时作为过压保护(OVP)脚，该脚及外部元器件组成过功率保护和过压保护电路。

U1的③脚通过分压电阻R225、R215连接开关变压器的辅助绕组②-①绕组，对变压器进行监测，限制变压器的输出功率。当负载过重时，由于开关变压器T201的辅助绕组②-①绕组的负载无变化，所以②-①绕组感应的脉冲信号升高，该信号经R225、R215分压，C203滤除杂波后送入U1的③脚的脉冲幅度增大，经IC内部电路处理后，从⑥脚输出的激励脉冲占空比下降，使开关管Q201的导通时间减少，输出功率下降。

12.3V过压保护电路主要由ZD332、ZD331、Q305、N201构成。当电路中12.3V电压出现异常偏高，并击穿ZD332、ZD331稳压管时，Q305就会导通，光耦合器N201内部的发光二极管发光，VCC电压经N201内部的光敏三极管到U1的③脚，③脚电压升高，当电压超过3V后，IC自动切断驱动输出，停止工作。

3.LED背光驱动电路

HSS30D-1MD板的LED背光驱动电路如图2所示，由三部分组成：一是以集成电路OB3350(U401)为核心组成的驱动控制电路；二是由L402、Q401、D401、C401为核心组成的升压电路；三是由以Q407~Q409为核心组成的恒流电路，遥控开机后工作，输出132V(实测约123V)直流电压，为LED背光灯串供电，并对LED背光灯串电流进行控制和调整。

(1)OB3350简介

OB3350是昂宝公司推出的LED驱动控制芯片。该芯片主要使用在小屏幕液晶电视上作LED驱动IC。OB3350内部包含一个PWM驱动器，使用电流模式控制和固定频率操作调节LED电流。其功能特点是：工作电压为8V~35V；采用外部PWM调光模式；具有复杂的保护机制，包括输出过压保护、过流保护、开路保护、过温度保护等。OB3350采用SOP-8脚封装，其引脚功能见表2。

(2)LED芯片启动电路

该电源板的开/关机控制电路只对LED驱动电路供电进行控制。开/关机控制电路主要由Q403、Q413、Q402、Q411等组成。开机时，主板送来的开机指令PS-ON(高电平)，经电阻R302、R411分压加到Q403的G极，Q403导通拉低Q413基极电位，使Q413导通，主板送来的BL-ON点灯高电平经Q413为Q402的G极提供高电平，Q402导通拉低Q411基极电位，Q411导通，开关电源送来的12.3V电压经Q411、D403送入到U401(OB3350)的①脚，作为VCC供电，同时为恒流电路Q407~Q409供电。主板亮度控制信号DIM送到电源板后，通过R426、R427、C411分压滤波到OB3350的⑧脚。OB3350获得正常供电，同时⑧脚电压大于2.5V时，OB3350内部电路启动工作。

待机时，PS-ON和BL-ON变为低电平，Q403、Q413、Q402、Q411截止，切断背光驱动电路和恒流电路的供电，背光驱动电路停止工作。

(未完待续)(下转第112页)

◇四川 贺学金

表1 5AARWY引脚功能和维修数据

引脚	符号	功能	在路电阻(kΩ)		电压(V)	
			黑地红测	红地黑测	待机	开机
①	GND	接地	0	0	0	0
②	FB	电压反馈输入(稳压控制输入)	10.5	73	0.26	1.42
③	OPP/Latch	过压保护/自锁脚	4.6	4.5	0	0
④	CS	电流检测输入	1.4	1.4	0	0.01
⑤	VCC	电源供电脚	7.5	240	16.05	16.02
⑥	DRV	驱动输出脚	9.7	24.5	0.01	1.65

①

iPhone应用技巧数则

1.消除iPhone 8 Plus的电话噪音

使用过iPhone的朋友都知道，“设置→通用→辅助功能”提供了一个名为“电话噪声消除”的功能，这个功能可以在身处吵闹环境时，屏蔽外来声音的干扰，对方可以听清你的声音，类似于摩托罗拉的丽音功能，屏蔽外音干扰。

不过，个例情况下，有些iPhone 8 Plus用户在拨打电话时，听筒里会出现噼里啪啦的声音，通话效果比较差。在这种情况下，如果重启之后仍然无效，那么可以尝试关闭“电话噪声消除”的功能(见图1所示)，在一定程度上可以解决电话噪音。

●●●●○ 中国电信 08:00 98%
通用 辅助功能
LED 闪烁以示提醒 关闭 >
单声道音频
电话噪声消除
当您将听筒放在耳边时，噪声消除将减少电话中的环境噪声。
左 右
调节左右声道的音量平衡。
媒体
字幕与隐藏式字幕 >
口述影像 关闭 >
学习
①

2.iPhone 7进入DFU也有技巧

进入iPhone 7/7 Plus时代，也许不少朋友会有进入DFU模式的需求，网络上的所谓教程其实有些误导，由于iPhone 7的Home键取消了按压而是采取压力感应的设计，因此已经无法通过按压Home键的方式进入，正确的方法是应该按照下面的步骤进入DFU模式。

在计算机上打开iTunes，使用数据线连接iPhone 7，建议事先进行备份的操作；关闭iPhone 7；同时按下电源键和音量减键“-”，此时会到苹果的Logo图标，持续按住双键不要放手至少10秒，直至Logo图标消失，此时放开电源键，继续按住音量减键“-”至少5秒，一直等到计算机发出与iPhone 7连接的提示音“叮咚”，即表示已经进入DFU模式，此时就可以放开音量减键“-”。

此时会在iTunes界面上看到一个提示，就是说检测到一个处于恢复模式的iPhone(如图2所示)，点击“确认”按钮，接下来就可以按住Shift键选择已经下载的固件进行刷新，后面的步骤就不用多介绍了吧？

②

3.简单解决美版iPhone通讯录带括号的尴尬

有些朋友使用的是美版的iPhone，甚至带有卡贴，这种iPhone有一个很严重的尴尬，其中的通讯录都带有括号(如图3所示)，虽然不影响正常使用，但看起来极为不爽，其实解决的办法很简单。

在浏览器访问https://www.iCloud.com站点，使用Apple ID账号登录，切换到“通讯录”界面，点击左下角的齿轮图标，进入偏好设置界面(如图4所示)，将“地址格式”由“美国”更改为“中国”，同时勾选“自动调整电话号码格式”复选框，点击右下角的“存储”按钮就可以了。

如果上面的方法无法解决问题，那么只能在利用QQ同步助手事先备份通讯录的基础上，手工抹除通讯录数据，然后再重新导入。

4.简单提高iPhone的音量

如果觉得自己的iPhone音量太小了一些，按照下面的方法可以获得一定程度的提高。

中国移动 4G 14:13
最近通话
(021) 6026 0126
上海
信息 呼叫 视频 邮件
昨天
13:29 未接来电
共享联系人
共享我的位置
新建联系人
添加到现有联系人
③

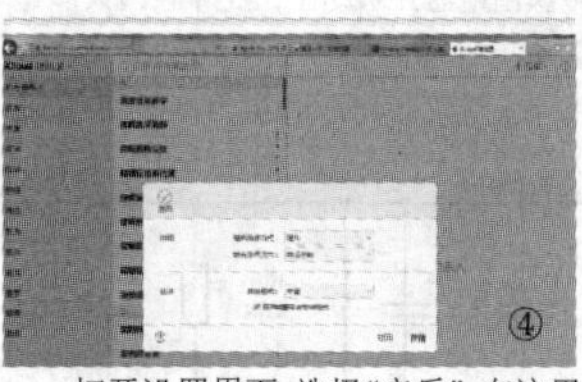
④

●●●●○ 中国电信 19:02 70%
音乐 均衡器
高音增强
古典音乐
爵士乐
口语音乐
拉丁音乐
流行乐
人声增强
深夜 ✔
舞曲
嘻哈音乐
小型扬声器
⑤

●●●●○ 中国电信 19:03 71%
辅助功能 助听设备
设备
正在搜索...
与 Made for iPhone 助听器配对。其他助听器在“蓝牙”设置中配对。
助听器模式
“助听器模式”通过助听手段改进音频质量。
⑥

打开设置界面，选择“音乐”，在这里启用“均衡器”，点击右侧的“>”按钮，向下滑动屏幕(如图5所示)，选择“深夜”即可。还有另外一种方法，依次选择“通用→辅助功能→助听设备”(如图6所示)，在这里启用“助听器模式”，同样可以提高音量。

上述方法虽然有效，但苹果之所以不推荐如此设计，主要是考虑到太大的音量可能对人的听觉造成伤害，而且也对他人存在骚扰现象，因此请朋友们谨慎设置。

◇江苏 王志军

视频展台的选购与维护技巧

1.视频展台简介

视频展示台为多种教学软件的组合运用提供了方便，可以灵活演示实物、文稿、图片、幻灯片、负片等。在教学过程中优化了教学过程、增大课堂容量、提高课堂教学效率，降低了授课教学的难度，减轻了教师的劳动强度，深受老师们的青睐。视频展示台在教学中的作用越来越明显，我们应该怎样去选购这种产品，拥有了的用户应该如何去维护呢，下面就让我们一起来探讨。

视频展示台由于其方便的使用特点及多功能性，在国内的多媒体教学中得到了越来越广泛的应用，从近两年的发展趋势看，多媒体教室由一个投影机+一个视频展示台的组合模式几乎是公认的主流配置。然而在通常的采购中，由于一方面投影机在整个的采购资金中所占权重较大，另一方面缺乏客观评测视频展示台表现的参数或标准，所以会经常忽视对视频展示台的关注，做出错误的采购决定。那么，如何选购一款性价比良好的视频展示台就是摆在我们面前的一个课题。

1)从产品的核心元器件看

成像元器件CCD：CCD摄像头是视频展台的核心元器件之一，决定着成像质量的优劣；目前世界上CCD芯片主要产自日本，且品质公认最好；同时CCD传感器占摄像头生产成本中很大的一部分，使用什么CCD传感器对产品的性能表现以至成本构成都形成相当大的影响，通常日本传感器的成本较其他地区产品高。我们在众多的国内视频展示台的生产企业来看，偏重于表现产品品质的企业大多选用日本SONY公司的CCD，而更多考虑产品成本的生产企业多数选用韩国的CCD产品。

2)从产品的外在表现看

镜头成像的均匀度：我们可以注意到不同的视频展示台产品成像的均匀度是不同的，而一款优质的视频展示台产品通常具有良好的均匀度，无论是望远或望近，镜头中心的聚焦跟边缘的聚焦是基本相同的，没有明显的差别。而一些品质不好的产品，可以清楚看到聚焦后，边缘不实感非常明显，这将严重影响产品的使用效果。

图像轮廓的枕型失真：枕型失真明显的展台通常在光学镜头的选择上品级不够，严重影响着展台的使用效果。

照明的均匀度：展台常用的照明方式不外乎两种形式，双侧灯或单灯。单侧灯照明相比双侧灯照明，通常会比较明显的出现光照度不均匀的现象，但我们也注意到一款日本JVCAV-P820C的单灯产品，由于使用了光栅的设计，光照的均匀度相比其他单灯产品得到了很大的提升。而对于双侧灯的照明，由于侧灯活动范围的不一致，所以不同产品表现出来的差异性还是存在的，尤其对于侧灯活动范围较小的视频展示台，在展示小的实物时会出现明显的照明不足的问题。

色彩还原能力：展台对于图片或文字的表现同样重要，然而一些品质不好的展示台产品，为了弥补展示台对文字的表现能力不足，而大幅将黑白对比度提高，这样做的结果就使展台牺牲了对灰度及色彩的表现能力。在实际选购过程中，可以分别对比展台对文字表现能力及色彩丰富的图片的还原能力；不同品牌的国产产品，甚至国内市场上最主要的两个进口品牌的表现也是差异相当大的。

产品使用的稳定性：不同品牌的产品由于选用不同等级的元器件以及质量保证体系，在产品质量方面以及使用过程中的稳定性以及故障率是不同的，在采购的过程中需要参考其他用户对该批品牌产品的反映。展台有很多活动的部件，所以产品的稳定性至关重要。比如的日本JVC品牌，虽然价格比同类其他进口产品价格略高，但产品优异的性能、良好的稳定性以及低故障率，考虑到产品的采购成本、使用成本等诸多因素后，不失为一个良好的选择，这也正是我们国内众多高校一直将JVC作为视频展示台的首选品牌的主要因素。

产品的附加功能的选择：视频展示台的基本功用是将二维或三维的实物通过视频输出设备放大给观众演示的设备。而很多产品为了增加产品的卖点，增加了很多不实用的附加功能，而这部分附加的功能是注定要将增加的成本转移到消费者身上的。至于是否选择这些附加功能，就要看这些功能是否对用户有实际的使用价值了。而对于那些有着很多附加功能，而售价却又比其他产品还要低的产品，我们就要当心了，这些产品是否从最核心的元器件部分降低了品级而减少了成本所致。

2.视频展台的选择

演示效果在视频展台选购时应是首先考虑的因素，因为演示效果直接影响演示的质量。价格同样非常重要，具有良好的性能价格比的产品将是用户的首选。展台功能上，用户需要根据自己的使用场合、习惯、使用的升级发展挑选适合自己的功能。

售后服务也应是用户非常看重的重要采购因素。目前，学校中视频展台设备与图像输出设备的主要配套模式是“视频展台+投影机”和“视频展台+电视”两种，其中“视频展台+投影机”这种模式目前使用情况稍多一些，考虑到目前视频展台价格较贵，由于数量较少，所以用户可以配备一定数量的投影机，但是由于投影机价格的昂贵，限制了这种配套模式今后的发展，现在已经有相当多的用户使用大屏幕液晶电视来替代投影机。另外，现在中学一般每个教室都配备电视机，并且用胶片投影仪来配套，学校希望随着视频展台的价格降低，能够为每个班配备一台视频展台以取代胶片投影仪。因此，从发展的趋势来看“低价视频展台+电视机”的配套方式将占据市场主流位置。售后服务方面，目前视频展台的产品整体质量还是比较高的。

3.视频展示台的维护

视频展示台是精密仪器，应注意日常维护和保养。

1)不要在高温或潮湿的环境中使用及存放。

2)应避免冲击和震动，严禁拆卸。

3)擦拭机体时，不要用强烈的清洗剂，要用软布擦拭，当污垢不易清除时，用专门清洗剂擦拭。

4)当镜头上有灰尘时，用镜头纸、鹿皮或沾有清洗剂的药棉轻轻擦拭。

5)不要在展示台上随意放置重物和液体容器。

6)长期不用时，应拔掉电源插头，放置专用橱柜内。

◇江西 谭明裕

美的MY-CD50型电压力锅煮不熟饭故障检修1例

故障现象：一台美的MY-CD50型电压力锅煮不熟饭。

分析与检修：这是一款美的早期产品，锅盖未设温度传感器。锁紧锅盖便是压力锅，不锁紧或不加盖便可作为普通电饭锅使用。

加水加电后，按下煮粥功能键观察，发现控制功能正常，能正常加热，只是在水尚未烧开时（约80℃左右）便停止加热。反复试验多次，均是如此。察看锅的内胆无污渍、变形，并且与发热盘接触良好，判断故障点应在温度检测电路。为了便于维修，笔者根据实物绘制了电源板与温度检测电路原理图，如附图（图中元件编号由笔者标注）所示。

附图中，与温度检测相关的元器件共有3处：虚线框内为内胆底部温度传感器，在一个铝制封顶圆柱体内嵌入了两个热敏器件，FU为超温熔断器，无论何种原因导致内胆底部温度达到145℃或电流超过10A时FU熔断，整锅断电，实施超温、过流保护。RT为负温度系数热敏电阻，常温状态下阻值为64K左右，随温度升高而下降，从而使E点电位随温度变化而变化，通过R10反馈给单片机，使单片机发出相应的控制指令。双金属片温度控制器固定在发热盘底部，对发热盘的温度进行检测，正常状态下触点闭合。当发热盘的温度超过设定值时，常闭触点断开，通过该触点的通、断向单片机传送过热保护信号，使单片机发出相应的控制指令。与普通电饭锅不同的是，双金属片温控器在这里并未直接控制加热管的供电回路，而是为单片机提供温度检测信号。检查后，发现加热停止时，双金属温控器并未动作，故障原因只能是热敏电阻RT及相关电路或电源电路供电不正常。拆掉锅底温度传感器观察，发现已被前维修人员更换过，怀疑更换的型号不对，找回旧的温度传感器，测量发现与新的阻值一致，常温下均为64K，且阻值可随温度升高而下降。接入电路，故障现象不变。测与RT相关元件D6、D7、R10、R11均正常，换新C7无效。由此判断故障原因不在温度检测电路，应在电源电路或执行电路。通过分析发现，该机电源电路和执行电路较为特殊。参见附图，阻容降压后采取了稳压二极管串联稳压的方式，分别获取5V、12V两个电压，其中5V电压供给单片机控制及显示电路，12V电压用于继电器K，由K的一对触点K—1的通断来控制加热管的电源。其特别之处是，12V电压为受控电压，也就是说，在待机状态下，与单片机连接的连接器②脚输出低电平，Q1、Q2导通，12V稳压管ZD2被短路，B点对C点无12V电压，继电器K的触点K—1不能闭合，加热管因无供电而不能加热，此时只有A点对D点的5V电压输出；当按动控制面板的加热键后，单片机输出高电平，Q1、Q2截止，12V稳压管ZD2接入电路，与ZD1形成串联稳压电路，此时，A点对D点仍为5V，B点对C点产生12V电压，K的触点K—1闭合，加热管得电加热（这种控制方式现在已经很少使用了）。待机时，测5V电压正常，加热时测12V电压也正常，K1-1能可靠的闭合，说明电源电路也正常。按下功能键，单片机可以输出加热指令，并可以按程序输出停止加热的指令（只是未达到饭熟的温度），说明单片机控制部分也是正常的，这就使维修陷入了困境：温度检测电路正常，电源电路正常，单片机控制信号也正常，但是组合到一起就不正常，十分令人困惑。由于这款压力锅是多年前的产品，无法购买到与之配套的单片机控制板，只能根据故障现象推测，故障是由单片机参数变化导致提前终止加热程序所致。按照这一思路，适当降低E点电位，应该可以延长加热时间，直至饭熟。降低E点电位的方法有两个：一是减小R11的阻值，二是增加温敏电阻RT的阻值。由于R11为高精度电阻，不好调整，调整不当会导致饭糊而继续加热的故障。笔者采取了在温敏电阻RT端串联电阻的方法。具体做法是：在温敏电阻RT引线处断开，接入47k电位器，调至零阻值。当压力锅停止加热时（此时锅内水还未烧开），旋转电位器旋钮，增加电位器的阻值，降低E点电位，使压力锅继续加热，直至锅内水沸腾时停止旋转电位器。此时测得电位器阻值为6.7k。拆下电位器，找一个阻值与之相近的固定电阻（笔者使用的是6.1k电阻），与RT串联后用耐高温绝缘管套住。修复后的电压力锅使用近两个月，无论加盖还是不加盖，压力锅恢复正常功能。

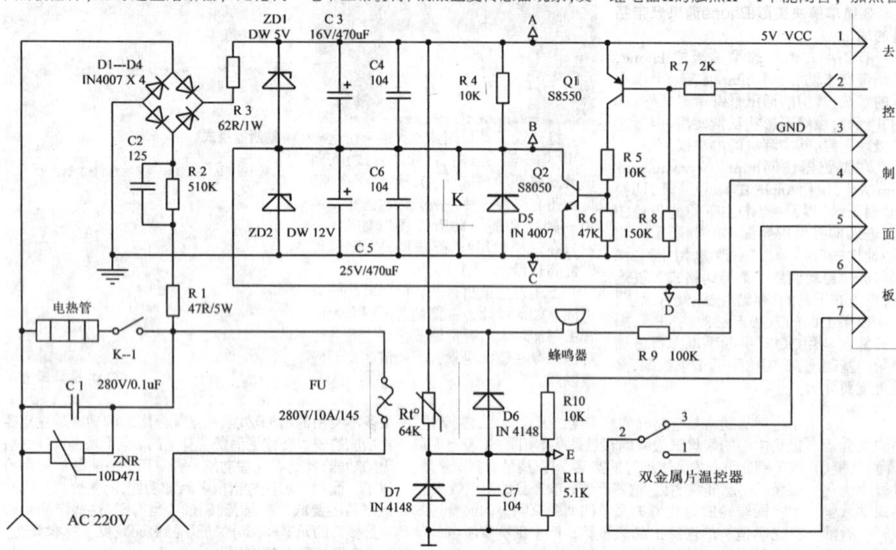

◇山东 任忠宝 徐方圆

变频空调通讯电路故障检修2例

例1.故障现象：海信KFR-32GW/39BP变频空调器遥控器操作开机时整机无反应。

分析与检修：连续按遥控器传感器切换键4次，显示故障码为7（电源灯和运行灯亮、定时灯闪、高效灯灭），提示室外通讯异常。

参见图1，用数字表直流电压挡测量室外机接线端子SI、N之间的电压在24V/0V交替变化，确认故障发生在室外机。打开室外机，检查室外机电源板，测量光耦PC04输出端④、③脚间电压在240V/0V变化，③脚对N线电压为0V，说明PC04无信号输出，再测PC04输入端①、②脚间为0V，判定故障在PC04之前电路。顺着R68往前逐点测量对公共地端电压，在外机控制板上插件CN02⑤脚焊点对地有4.8V/0V变化电压，而CN02⑤脚的引线对地无电压，仔细观察发现CN02⑤脚脱焊，补焊后故障排除。

【维修结论】电子电路检修中经常会遇到焊点脱焊的情况，所以检测过程中一定要细心，否则很容易出现误判。像本例故障，在检查出光耦无输出的时候，就不能轻易判定是光耦损坏，应确认光耦输入端的信号是否正常。这样，顺着信号来源往前逐点检测，就会很容易找到故障部位，排除故障也就轻而易举了。

例2.故障现象：海信KFR-2806GW/BP变频空调不开机

分析与检修：将传感器设置为本体传感器方式，连续按两次遥控器的传感器切换键，显示故障码编号为5（电源灯、运行蓝灯闪，运行红灯、定时灯灭），提示为室外通讯故障。按照例1的检修思路，检测至电源控制板上PC02(见图2)①、②脚间无电压，继续检测发现PC02的①脚对地、IPM板上IC401的㉓脚及㊴脚对地均无5V电压，说明室外机电路中缺少5V供电。回头再检测电源控制板，发现5V电源的稳压器LM7805（IC02）表面变色，测其输出端无5V电压，而输入端有12V电压，怀疑LM7805损坏，接着检查发现LM7805输出电路的一只滤波电容击穿，更换故障元件后5V供电恢复正常，故障排除。

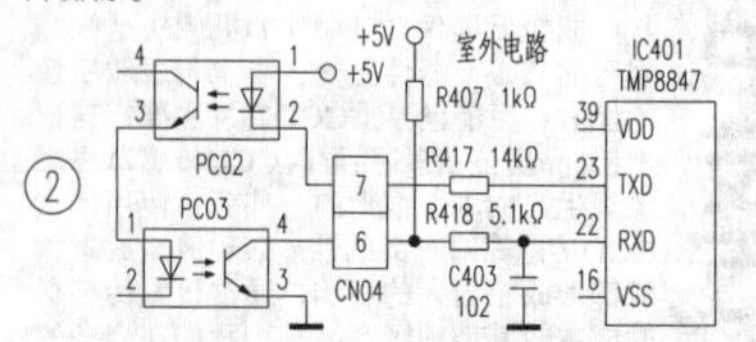

【维修结论】由于缺少供电电源，室外机微电脑电路不能工作，PC02无驱动信号，输出端始终保持截止状态，通讯回路中断，无信号电流通过，因此室外机微处理器作出通讯故障的判断，从而产生本例故障。

◇江西 罗锋华 杨桂林

移动设备过载过热问题优化

充电宝在给移动设备充电的过程中如果发生过热的问题，很容易导致起火爆炸等安全问题。我们经常能从媒体上看到此类事故的发生。因此充电宝的设计者们通常会加入过流保护电路、过热保护电路来增加产品的可靠性。充电宝行业竞争激烈，成本压力很大，因此这些额外增加的线路越简单可靠，产品越有竞争力。

TI的参考设计PMP9806就是针对这一客户需求而设计的。这个参考设计的输入电压为2.7-4.4V，输出能力为18W（5V/3A，9V/2A 及12V/1.5A）。当升压变换器TPS61088 的输出电流大于设定值，输出电压就会下降，有效地限制了输出功率和输出电流，从而避免了充电宝因过载使用而导致的过热问题。下面我们来看一下具体的电路设计。

1.TI参考设计PMP9806的系统框图

图1是TI参考设计PMP9806的系统框图。采样电阻RS将输出电流转化为一个电压信号VSENSE。运算放大器A1将VSENSE放大成VAMP1接到运算放大器A2的输入端。VFB是TPS61088 FB 脚的参考电压，VFB为1.204V。当输出电流小于限流点时，当VAMP1低于1.204V，二极管D不导通，电阻RADJ悬空，TPS61088 FB脚的电压仅由输出电压决定。当输出电流高于限流点时，当VAMP1高于1.204V，二极管D导通，VAMP2直接跟随VAMP1的电压，TPS61088 FB 脚的电压上升，输出电压下降。如果输出电流进一步上升，输出电压将进一步下降。输出电压的下降幅度由RADJ的阻值决定。RADJ的阻值越小，输出电压的下降幅度越大。

2.TI参考设计PMP9806的设计指标

表1给出了PMP9806的设计指标，限流点的值设置在比正常输出高5%。一旦输出电流高于限流点，输出电压马上下降，从而限制了最大输出功率，有效防止了充电宝因过载使用而导致的过热问题。

表1 设计指标

输入电压	输出电压/电流	输出最大电流
3V-4.2V	9V/2A	5V/3A
	12V/1.5A	Io ≥ 2.1A
	Io ≥ 3.15A	Io ≥ 1.575A

3.TI参考设计PMP9806的参数计算

图2 给出了PMP9806限流电路的示意图。该限流电路里面两个最关键的参数是运算放大器A1放大倍数的选择和调节电阻RADJ参数的选择。

以输出Vo=9V，Io=2A为例，限流点设置在2.1A。采样电阻为25mΩ，因此当输出电流达到限流点时，采样电阻两端的电压VSENSE为：

$$V_{SENSE}=R_S\cdot I_{O\_MAX}=52.5mV \tag{1}$$

此时要使得限流电路起作用，运算放大器A1的输出必须达到TPS61088 FB 脚的参考电压值1.204V。因此我们可以得到下面的等式：

$$V_{SENSE}\cdot\frac{R_{17}+R_{16}}{R_{16}}=V_{AMP1} \tag{2}$$

由此我们可以得到A1的放大倍数为：

$$\frac{R_{17}+R_{16}}{R_{16}}=\frac{V_{AMP1}}{V_{SENSE}}=\frac{1.204}{0.0525}=22.93 \tag{3}$$

因此可以将R17设为232k ohm，将R16设为10.5kΩ。

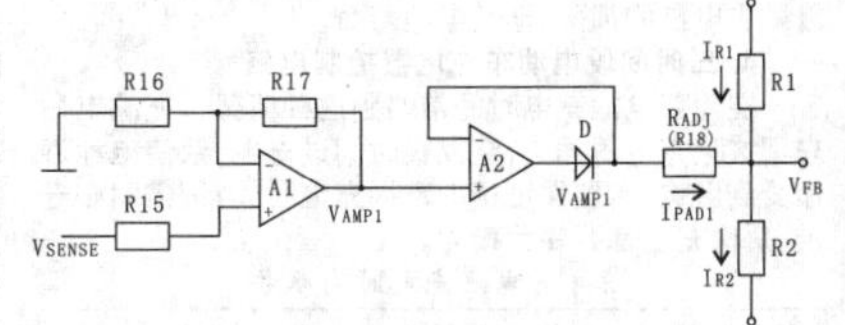

图2. PMP9806限流电路

当VAMP1高于1.204V时，二极管D导通，VAMP2直接跟随VAMP1的电压。因此可以推出如下的关系式：

$$I_{RADJ}+I_{R1}=I_{R2} \tag{4}$$

$$V_O=V_{FB}+\left(\frac{V_{FB}}{R2}-\frac{(V_{AMP2}-V_{FB})}{R_{ADJ}}\right)\cdot R1 \tag{5}$$

由上述公式(5)可以推出RADJ的表达式为：

$$R_{ADJ}=\frac{(V_{AMP2}-V_{FB})}{\frac{V_{FB}}{R2}-\frac{(V_O-V_{FB})}{R1}}\approx169k \tag{6}$$

其中：

· 当 I_o=3A 时，$V_{AMP2}=V_{AMP1}=V_{SENSE}\cdot\frac{R_{17}+R_{16}}{R_{16}}=1.73V$

· $R1$=768k，$R2$=120k

· V_O=6.5V

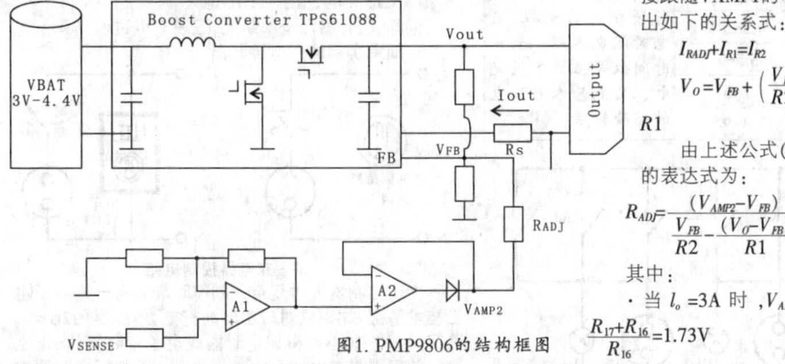

图1. PMP9806的结构框图

如果希望将输出功率限制在一个更小的值，比如说当输出电流达到3A时，输出电压为5.5V，则可以取RADJ=121K。

4.TI参考设计PMP9806的测试结果

图3给出了输出电流分别是2A和3A时的启动波形。当输出电流为2A时，升压变换器TPS61088的输出电压在启动完毕后为正常输出9V。当输出电流为3A时，由于该负载电流超过了2.1A限流点，因此升压变换器TPS61088在启动完毕后直接进入限流状态，输出电压只有6.2V。

图4给出了输出电流由2A突然增加到3A时的动态波形。我们可以看到输出电压在50us之内从9V下降到了6.2V，迅速将最大输出功率限制在一个范围内，从而有效地防止了充电宝在使用过程中由于过载而导致的过热问题。

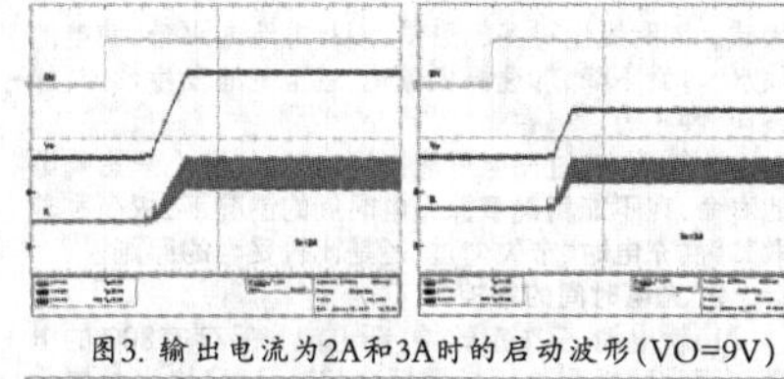

图3. 输出电流为2A和3A时的启动波形(VO=9V)

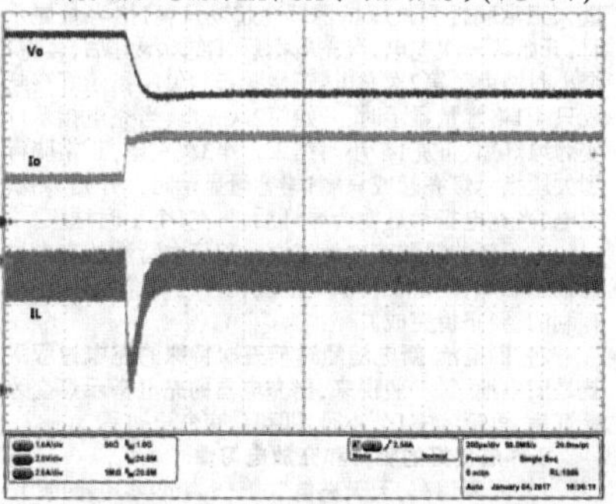

图4. 输出电流从2A突然上升到3A时的动态限流波形

TI参考设计PMP9806可以帮助我们轻松搞定充电宝过载使用导致的过热问题。如果和参考设计PMP9779配合使用，还可以同时解决输出短路保护的问题。TI参考设计PMP9806提供的方法，不仅适用于充电宝，还适用于蓝牙音箱，POS机及电子烟等产品。如果您感兴趣的话，可以到TI网站下载更多的设计文档作参考。

◇云南 刘乾

PCB穿孔减少EMI应用

很多小朋友喜欢吃甜甜圈。每每在那些轻松惬意的亲子时刻，可爱的小宝贝们难免会好奇地开启十万个为什么的连环问题。然后就会有问到它们这些甜甜圈是如何制作的，以及为什么它们在中心形成一个洞。作为家长遇到这种时候，一定会尽力满足他的好奇心，但往往会心有余而力不足。我们也不是百科全书万事通，也不知道为什么甜甜圈会有孔。不过幸运的是，我们可以习惯性地打开手机浏览器，网上百度或Google来找到答案。

除非你有一个好奇的孩子，你会为了回答他的“为什么”而去上网百度。不然你可能不会关心甜甜圈为什么会有一个洞。类似的，作为一个电子行业从业人员，你会去了解为什么PCB中会放置有安装孔。也可能会去Google或者百度来搜索这些类型的孔洞相关知识。PCB中的安装孔是电子设计中的重要元素。每个PCB设计师都会去了解PCB安装孔的用途以及基本设计。并且，当安装孔与地面连接时，可以节省安装后的一些不必要的麻烦。

1、使用PCB穿孔减少EMI

顾名思义，PCB安装孔有助于将PCB固定到外壳上。不过这是它的物理机械用途，此外，在电磁功能方面，PCB安装孔还可用于降低电磁干扰(EMI)。对EMI敏感的PCB通常放置在金属外壳中。为了有效降低EMI，电镀PCB安装孔需要连接到地面。这样接地屏蔽之后，任何电磁干扰将从金属外壳被导向到地面。

一般的新手设计师会问的常见问题是你究竟将其连接到哪个地面？在常见的电子设备中，有信号、外壳基座和接地。根据经验，不能将安装孔连接到信号地。信号地是电路设计中电子元件的参考地，将电磁干扰引入其中不是件好事。

要连接的是外壳机箱接地。这是机柜的所有接地连接的汇合点。机箱接地应连接在一个点，最好是通过星形连接。这样可以避免引起接地回路和多个接地连接。多个接地连接可导致轻微的电压差，并导致电流在机箱接地之间流动。然后将机箱接地连接到大地，以实现安全措施。

2、具有适当接地连接的重要性

如果PCB板的外壳基座是金属壳体，那么整个金属壳体就是大地，220V电源的地线与大地相连，所有接口都需要与大地相连，螺丝也要与大地相连。这样EMC测试中进入的干扰直接从大地泄放至大地，而保证其不干扰内部系统。另外EMC的保护器件必要每个接口都有，且要贴近接口。

如果是塑料壳体，那么最好有个金属板嵌入其中。如果没有办法实现，那么就需要在布线布局上多多考虑了，敏感信号(时钟、复位、晶振等)线需要保地处理，增加滤波网络(芯片、晶振、电源)。

将电镀安装孔连接到机箱地是最佳做法，但并不是唯一遵守的最佳做法。为确保您的设备受到保护，机箱接地必须连接到适当的接地端。例如，如果构建一个没有正确接地的自动停车支付机器，可能会有客户在付款时抱怨发生“触电”。当客户触摸外壳的非绝缘金属部分时，可能会发生这种情况。

当计算机电源的机箱未正确接地时，也可能会受到轻微的电击。当将电源插座连接到建筑物的地面的接地电缆断开时，也可能发生这种情况。这可能导致相应机器上的浮动接地。

EMI屏蔽的原理依赖于适当的接地连接。具有浮动接地连接不仅会使客户受到轻微的电击，如果设备短路，则可能会危及用户的安全。如下图所示，正确的接地对于安全性和EMI屏蔽很重要。

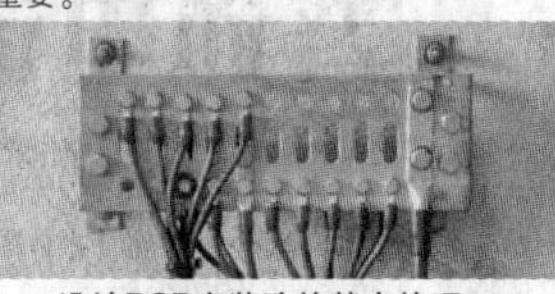

设计PCB安装孔的基本技巧

PCB安装孔在设计中会经常用到。当进行安装孔的安装时，有几条简单的基本原则。首先要注意安装孔的坐标。这里出现错误将直接导致您的PCB不能被正确安装在其外壳中。另外还需要确保安装孔的尺寸适合您选择的螺丝。

一般不要把安装孔放在PCB的边缘上太远。在边缘处的介质材料太少可能会在安装或拆卸过程中导致PCB上的裂纹。还应该在安装孔和其他部件之间留出足够的间隙。

伟大的电路设计软件，如Altium公司的序列软件Altium Designer，可以精确地放置安装孔，并定义相关的安全间距的规则。

◇湖北 张恒

三时段充电器控制电路

电动车自行车已成为大众化交通工具，铅酸蓄电池依然是电动车自行车动力电池的主流。

1.充电不当的危害

购置新车或更换新的蓄电池后，在正确充电和维护的情况下，可以使用5年以上。但大多数用户只用1~2年、最多3年就要换新了。究其原因，主要是充电不当造成的。"电瓶不是用坏的，而是充坏的"，虽不是至理名言，但也道出了电池不能寿终正寝的主要症结。

欠充电：即充电时间不足。电池放完电后就开始了硫化过程，12小时后硫化进程加剧。所谓"硫化"，就是在电池极板聚积硫酸铅颗粒，使电池容量衰减。及时充满电，可以清除不严重的硫化物，防止在电池的极板逐步积累而形成粗大坚硬的硫酸铅结晶颗粒，造成电池容量的严重下降，缩短电池寿命。

过充电：即充电时间过长，电池内产生电解液消耗过快，产生稀气现象，导致活性物质热失控、电池容量骤减。同时发出过多的热量，消耗电池内水分，使电池缺水，容量下降，加速极板硫化，甚至电池发生形变，如鼓包、肿胀等。

比较而言，过充电可能损坏电池，欠充电只影响电池寿命，在不能精确掌握充电时间的情况下，权衡利弊取其轻，充电时"宁欠勿过"还是比较妥当的原则。

2. 充电时间的掌控

1)新电池 三次定乾坤：新电池一般存有80%的电量，正常骑行到欠压指示灯亮起或只剩1格容量显示时，开始第一次充电，当充电指示灯变为绿灯后，再充1个小时结束。第2次充电：正常骑行到欠压指示灯亮起或只剩1格容量显示时，开始第2次充电，当充电指示灯变为绿灯后，再充1个小时结束。第3次充电：正常骑行到欠压指示灯亮起或只剩1格容量显示时，开始第3次充电，当充电指示灯变为绿灯后，再充1个小时结束。

对于新的铅酸蓄电池来说，前三次特殊的充电过程稍嫌麻烦，但对于抑制电池硫化、保护电池极板还是有利的，要坚持完成。

2) 旧电池 新电池经过前三次特殊的充电过程后就是旧电池了。一般说来，当充电器的充电指示灯变为绿灯后，再延续充1个小时，即可结束充电过程。

3.养成良好的骑行和充放电习惯

1)"天天用车，天天充电"。第一，铅酸蓄电池的"记忆效应"很小，不宜每次都放完电后再充电。即使行驶里程不长，还是建议每天充电，让电池处于浅循环状态，延长电池寿命；第二，电池放电时形成硫酸铅，充电时还原成铅和硫酸，深放电而不及时充电，硫酸和铅不能及时还原，会造成极板硫化。因此，保持蓄电池随时都有充足的电压，"天天用车，天天充电"，是一种必然。

2)定期深放电。每季度深放电一次，以激活电池中的活性物质，"活化"电池，还可以略微提升电池容量。方法：正常骑行到欠压指示灯亮起或只剩1格容量显示时，再充满电。

3)长期不用也要充电。电池常年闲置不用时，要每月充电一次，防止硫化和亏电。

3)掌握充电环境温度。充电最佳环境温度是25℃，温度过高时易过充电，温度过低时易欠充电。现代居家室内温度基本上能满足充电环境温度的要求。

4)充电器要专用。充电器要一车一用，不宜多车互用；充电器不宜放在车筐和后备厢中，防止颠簸损坏和参数漂移变化；不提倡使用快速充电器，如街头充电站，还是涓涓细流、润物细无声的充电方式好。

5) 原装原配。去掉控制器的限速装置，可以提高速度，但也会降低电池的寿命。如果没有特别需要，还是原装原配好。

6)后插先拔。充电时先插电池盒与充电器的插头，后插充电器与电源之间的插头；充完电后则顺序相反。

7)脚踏助力。电动车启动电流很大，容易伤及电池极板。启动时最好脚踏起步、重载和上坡时脚踏助力，以减少电量的损失、延长电池寿命。

4. 三时间段电动车充电器控制电路

在为蓄电池充电时经常遇到这种情况，充满电后忘记拔除充电器插头，整夜长时间过充电，致使电池寿命受到影响。若要保证精准掌握充电时间，则需耐心守候，每次充电都要耗费精力。

表1 蓄电池充电时间参考

行驶里程/km	充电时间/h	说明
≤5	1.5~2.5	由于蓄电池的容量、新旧程度不同，即使行驶相同的里程，充电时间也不同。表中时间仅是保证不过充电、又能基本充满电的经验数据。
5~10	2.5~4	
10~20	4.5~5.5	
20~30	5.5~7	
~40	7~8	
≥40	8~9	

铅酸蓄电池在充电时，当充电器的充电指示灯变为绿灯后，再延续1个小时，即可结束充电过程。按照这个要求，结合实践经验，根据电动车的行驶里程，行驶里程和充电时间的对应关系如表1。虽然表1中的对应关系并不十分精准，但按照这个对应关系充电，绝不会过充电，又能保证基本充满电。

按照这个思路，笔者制作了一台三时段充电器控制器，能同时对三组行驶里程不同的电池进行充电，在达到各自的充电时间后，自动切断该组充电器电源，防止过充电。电路如图1所示。

电路采用三只3小时通电延时继电器，分别实现0~3小时、3~6小时和6~9小时三个时段的控制，设置三个充电插座CZ1~CZ3，分别与上述三个时段对应。比如，电动车行驶约15公里，充电时间应在5小时左右，可利用CZ2插座进行充电：调整KT1延时时间为3小时，调整KT2延时时间为2小时，调整KT3延时时间为零小时，两个时段累加为5小时，充电到5小时，插座CZ2自动断电，结束充电过程。

控制电路的工作过程：

为控制电路接通交流220V电源，L为相线，N为零线。

按下启动按钮SB，中间继电器KA1线圈得电吸合并自锁，其4个动合触点KA1闭合，充电器插座CZ1~CZ3接通电源，指示灯HL1~HL3亮起；同时，延时继电器KT1线圈得电，开始延时计时。

当时间继电器KT1设定的延时时间到，其延时动合触点KT1闭合，KA2线圈得电并自锁，KA2动合触点打开，KA1、KT1线圈失电，充电插座CZ1断电，指示灯HL1熄灭；同时，KA2动合触点闭合，CZ2、CZ3继续得电，HL2、HL3继续发亮；KT2线圈得电，开始计时。

当时间继电器KT2设定的延时时间到，其延时动合触点KT2闭合，KA3线圈得电并自锁，其动断触点打开，KA2、KT2线圈失电，插座CZ2失电，指示灯HL2熄灭；同时，KA3动合触点闭合，CZ3继续得电，HL3继续发亮；同时，KT3线圈得电，计时开始。

当时间继电器KT3设定的延时时间到，其延时动断触点KT3断开，KA3、KT3线圈失电，KA3动合触点打开，插座CZ3失电，指示灯HL3熄灭。

至此，所有器件全部断电，三段充电过程结束。

5. 简单实用的充电控制器

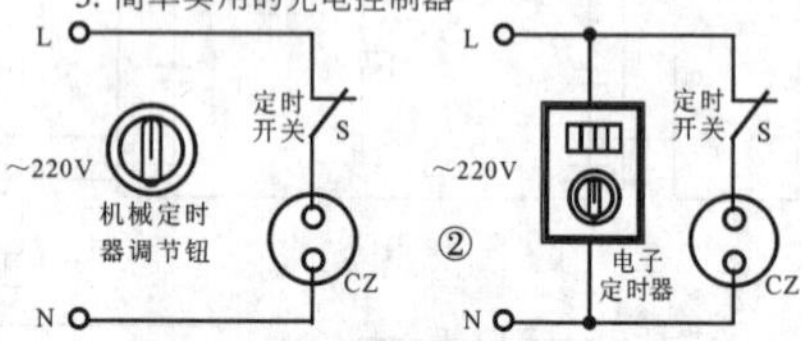

简易充电器控制电路

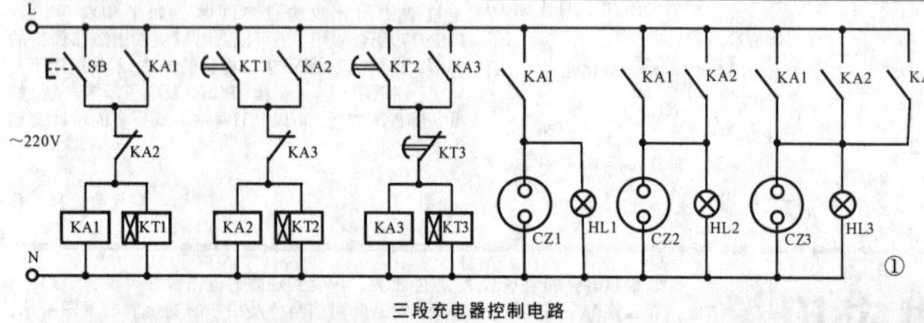

三段充电器控制电路

上述控制器太过复杂，制作时需要有一定电子电工技术基础。如果只对一组电池充电，可按照图2制作。选择一只0~10小时机械定时器或电子定时器，根据上述行驶里程与充电时间的对应关系，调整好定时器充电时间，接通电源，待设定时间到，自动切断充电器插座电源。

◇河北 梁志星

普通电话机改为远程防盗报警电话两用机

笔者家遭窃贼盗窃过一次，家中翻得乱七八糟，目不忍睹且损失惨重。为此本人制作了一个远程防盗报警器，制作方法如下，电路图如附图所示。

工作原理：电话机在拨打电话时，如对方没有接电话，可挂机后再提起听筒，按重拨键即可拨打上一次要拨出的电话。(即：按一下重拨键，上一次要拨出的电话自动拨号出去，不需要按数字键且可多次重拨)

在电话机听筒上适当的位置用强力双面胶粘一块铁片，在其上方合适的位置安一块电磁铁，以能吸起电话机听筒为宜。

再在一个12V小变压器初级回路中安一个自复位微动开关SB和一个普通开关S，将微动开关安在房门内侧的门框上，变压器初级接220V市电，次级接整流、滤波、稳压电路，当自复位开关SB和普通开关S同时接通时变压器得电工作，次级12V交流电整流滤波后得到12V直流电为电磁铁供电。在重拨键对应的电路板上焊上两根细线，从电话机机壳侧面引出。电话机在工作时，重拨键接通的时间必须比听筒提起的时间晚几秒钟才能有效拨号，否则电信局机房微机判断您拨的是空号。这样还要做一个重拨键延时接通电路，(延时电路见电路图)此电路继电器常开触点接重拨键上的两根细线。当微动开关SB接通时，电磁铁得电，电话机听筒吸起，电话机工作，同时12V电源通过电阻R1向电容C3充电，待其上的电压慢慢升高到使三极管能导通的电压时，三极管饱和导通，继电器吸合，重拨电路接通。延时电路的延迟时间约2秒钟，三极管导通时间长短通过调整电容C3的电容量决定。

这样在出门时用家中的电话机拨打自己的手机号码，再闭合普通开关，接通电磁铁电源，再关上房门，门框上的微动开关断开，电磁铁不工作，电话机处于警戒状态，这时即使有人拨打家中的电话，电话机只是响铃，防盗系统仍能正常工作。在家不需要防盗时，断开普通开关，开关房门时对电话机没有影响，电话机像平常一样能正常使用。

元件选择：电磁铁需自制，选一个3W左右的小变压器，(最好用坏件，以免浪费)拆掉漆包线，只保留"E"字形铁芯和绕线骨架，用直径0.17mm的漆包线绕满即可。(漆包线线径和匝数不严)三极管用3DG12或其他型号的NPN型管，其他元件型号见电路图标示。

本电路较简单，一般只要元件选择正确，焊接无误都能顺利组装成功。

◇安徽 刘勤

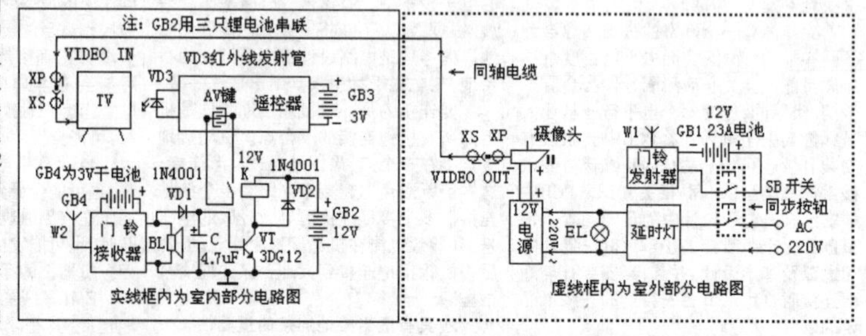

违反强制性规范的“PEN、PE线带电保护”

阅读了2017年2期的“再论PEN、PE线带电保护”一文(以下简称“再文”);又阅读了2016年2期的“PEN、PE线带电保护”一文(以下简称“P文”)和2016年46期“对PEN、PE线带电的保护装置‘一文的商榷’的文章(以下简称“对文”)。三文进行对照,特发表如下意见,提供大家讨论。

一、该保护是违反了国家强制性规范。

1.“PEN、PE线带电保护”违反了强制性规范GB 14050—2008《系统接地的型式及安全技术要求》。该规范的5.1.5条规定:“不得在保护导体回路中装设保护电器和开关,但允许只有用工具才能断开的连接点”。

此外“再文”的图②、图④中PE线回路经过了RCD3、RCD开关的5-6触头,这违反了上述规范的5.1.5条。规范为何规定保护导体不允许经过开关呢?因为,一旦该开关跳闸、检修或无故断开,电气设备将丧失了保护接地,这是不能允许的。图④中,“P文”作者将RCD的5-6触头短接,是为了报警信号能有较长的时间得以维持。但短接开关触头,也是不能掩盖其违反规范行为的。对于“P文”的图①、图③,也是在PEN导体回路中装设了开关,同样是违反规范的。笔者认为,这样的“PEN、PE线带电保护”是违规、不能使用的。

2.PEN、PE线带电保护”违反了“间接接触电击事故防护主要措施”的规定。

国标GB 13955—2005之4.2.1条规定:“间接接触电击事故防护的主要措施是采用自动切断电源的保护方式,……”,也就是说,设备带上危险的电压时,首先应采取自动断开开关切断危险电压的措施,以防人员触及遭受电击危险。而“再文”的‘“PE”线能否穿过RCD’一节中,作者称:“…… 但 RCD1 中保护线必须要穿过磁环,不穿过磁环,人体接触保护线产生的接地漏电流就不能在磁环中形成动作电流,就不会跳闸!”这也就是说,PE线上出现危险电压,RCD1是不能自动跳闸的,需依靠人体去触摸带危险电压的PE线,保护方可动作跳闸,这的确是“害人不浅”了!这明显违背了间接接触电击防护的要求。这种靠人体触摸才能触发的RCD,令人感到惊异!同时,这也是与剩余电流保护的基本概念大相径庭的!国家规范 GB 13955—2005《剩余电流动作保护装置安装和运行》之 6.3.4 条规定:“剩余电流保护装置安装时,必须严格区分N线和PE线,三极四线式或四极四线式剩余电流保护装置的N线应接人保护装置。通过剩余电流保护装置N线,不得作为P E线,不得重复接地或接设备外露可接近导体。P E线不得接人剩余电流保护装置”。请注意,该规定对“P E线不得接人剩余电流保护装置”使用了“不得”二字。而“再文”作者的图1中,PE线穿过了RCD1,这样的开关还能称作RCD吗?显然不能。这样的电器,“3C”认证过不了关,还会危及人身安全的电路。

另外,“对文”对其简单的报警回路中,指出就那么一只继电器还错用了常闭触点。还有其他绘制错误:图a中的图②,把RCD4的磁环错画在了电气设备之中了。其他图也有类似错误。对于“不能报警”的报警电路,在“再文”中也不见有任何回应,应作一下更正。

二、“再文”的其他问题。

1.关于接地点。

“再文”称:“图 A 的设备外壳接地点在 RCD2 磁环下侧近负载处,而图 1 的设备外壳接地点在 RCD2 磁环上侧的侧近电源处,差之毫厘,谬以千里!”,设备在 RCD2 磁环上侧的靠近电源处有外壳接地点吗?没有。不知这么重要的接地点是漏画了吗?电气设备外壳竟不接地,果真是“差之毫厘,谬以千里!”还把“设备导电外壳”标识为“设备导电”,这样的差错是不该出现的。

其中:

(1)重大错误在于该图标识为“TN-C 系统漏电保护”。多篇国家规范明确指出,TN-C 接地型式不能安装剩余电流保护。“对文”对此作了关于TN—C 系统不能安装余电流保护论述,而“再文”却仍然把图b标识为“TN-C 系统漏电保护”,这明显是对国家规范的再一次挑战。

(2)不能称“漏电保护”,应称“剩余电流保护”。因为“漏电电流”与“剩余电流”是两个不同的概念。漏电电流(leakage current)是在无故障回路中流经绝缘介质和流经导体间的电容(限于交流回路)的电流。而剩余电流是一回路内诸带电导体(相线和中性线)同一瞬间,同一位置所载电流的代数和(或相量和)。

(3)图b也不能称作TN-C 系统。一是TN-C 系统中的设备导电外壳应接PEN线,它未接。二是TN-C 系统中的导电设备外壳不但应接PEN线,还应重复接地,它也未进行。

(4)GB 14050—2008中规定:“5.3.3 ……。装设剩余电流保护装置后,被保护设备的外露可导电部分仍必须与接地系统相连接。”设备导电外壳不接地,是电气技术人员、电气施工人员不应该犯的低级错误。

因此,再文图b中设备处只能称作是“无与接地极连接的TT接地型式”。笔者发现,该图是“P文”中图①的修改版:设备导电外壳与从PEN线引来导线的连接“黑点”悄悄地消失了!消失了一个“黑点”,就能变成TN-C-S系统了吗?

其次,“再文”写道:“图1则在TN-C改装成TN-C-S系统后接RCD2”。请问:

①图1中设备导电外壳应与TN-C-S系统中连接的PE线在哪里?看不到TN—C—S系统中TN—S系统的一点点影子!

②“再文”中又写道:“图1用于TN-C系统,装置采用两级RCD串联。”声明是TN-C 系统!究竟“TN-C改装成TN-C-S系统后接RCD2”,还是“图1用于TN-C系统”?前后说法有矛盾。

③“再文”中还写道:“《宗文》用图 A 等效《尹文》中的图 1 是完全错误的!”。笔者认为《宗文》用图 A来说明了一个真正的TN—C 系统安装了剩余电流保护,其中的RCD是不可能正确动作的,以此来证明TN-C接地型式是不能安装剩余电流保护的。

2.关于重复接地。

“再文”称:“《宗文》强调“ PEN 线应随时尽可能接地……是杜撰出来的“规范”。其实,在“对文”中,对此已列出了强制性国家规范GB 14050—2008之5.2.5条。大家可以查阅国家相关规范条例。

图b中的设备导电外壳违背了上述规定,没有与地连接,也没有与PEN线连接,这是违背强制性国家规范的。

对于“尽可能接地”不能错误的理解。TN—S接地型式的住户,住户家中无PEN线。即使外线是TN-C 系统,但入户线不可能再是TN-C 系统,一般为局部TT系统,或者为T—S系统。所以老住户家中也无PEN线。对于TN—S接地型式的住户,如洗衣机等家电的电源插头是3头的,其PE线是通过3孔插座和入户电源进线中的PE线相连接的。这样,就无必要进行重复接地了。由于老式住宅内往往是无接地极的TT接地型式,家电外壳的PE线大多悬空。正如“再文”引用的一个调查数据称:“事实上,我国用电环境恶劣,7成以上的家庭用电环境不合格,其中 54.2%的家庭无地线或接地不可靠。”这样,该住宅的家电外壳进行重复接地就很有必要了。因此,有人就把家电的外壳PE线与自来水管连接,以为就是接地了,或者甚至把外壳PE线与中性线连接。其实那样做很不合理、也是很危险的。由于老式住宅大多数是金属自来水管网,故障时可能引起一家自来水管带电,将造成全楼自来水管带电,成了所谓的“电楼”。所以,老式住宅家电的外壳绝不可与电源进线的中性线N连接。

笔者认为:对于是否是TN—C接地型式,可以这样来判别:与电源处PEN线引来导线相连的设备导电外壳,如其不能重复接地,则设备处就不是TN—C接地型式。接到设备导电外壳上的线,也不是PEN线,是PE线。否则就是TN—C接地型式了。

3.“零线”“接零”等不规范的名词应停止使用。请看我国资深电气专家王厚余老先生的论述:零线一词的误导:我国长期沿用苏联20世纪五六十年代规范内的“接零”系统(即IEC标准中的TN—C系统),将电源直接接地的中性线称作“零线”。“零线”这一名词含糊不清,难以适应现时多种接地系统中的不同要求。IEC标准不用这一名词,它将载荷多相不平衡导线称作中性线(N线),兼做PE线的中性线称保护中性线(PEN线)。其电源端是否接地用T和I来区别,以避免表达上的错误。但我国有些设计文件以至电气规范中仍因循旧习,沿用“零线”或“接零”这类模糊和过时的名词,导致将中性线误为PEN线,错误地将其接地,引起一些事故的发生。在电气文件和电气规范中,应采用国际上通用的IEC标准规定的名词,诸如“零线”“接零”等不规范的名词应停止使用。

这就提醒一些电气工作者,不要再继续地使用“零线”“接零”这些名词了。“再文”称:“关于自来水管做接地装置世界上许多国家至今仍然提倡用自来水管作接地装置,例如美国和我国台湾、香港地区(台湾、香港地区俗称保护线为‘水线’,即‘接自来水管’的线)。我国2008年以前,一直提倡用自来水管作接地装置,当然,前提是自来水水管网应是金属管网。”

但是我国 2008年以后的情况就不是这样了。

4. PE是否带电。“再文”称:“《宗文》认为:PE 线正常情况下是不带电的。笔者认为这仅仅适用于 TN-S、TT、IT系统,不适用于TN-C、TN-C-S系统,……。”笔者认为“再文”作者出现了理解错误。错误在于“不适用于 TN-C、TN-C-S系统”的TN—C系统,以及TN—C—S系统的TN—C部分,其中根本无PE线,只有PEN线。而在TN—C—S系统的TN—S部分才有PE线。理解上出现错误,其结论就无需讨论了。

顺便指出,该段保护线的对地电压的计算式也出现了错误。分子中的110,应为220(V)。

笔者认为,TN接地型式的缺点是由于PEN线或PE线的存在,使它们与供电系统有了电的直接联系。当远处或近处发生了接地故障时,将可能导致远、近处产生的故障电压沿PEN线或PE线传播过来,从而造成电击危险,这才是PEN线、PE线带危险电压的真正缘由。解决方法是:

(1)采用总等电位联结(建筑物入口处)或局部等电位联结(如卫生间处)。这样,使建筑物内人员和设备处于一个安全的“法拉第笼”中,形成一个各导电部分电位相等或相近的区域,这就可免受远、近处导入故障电压的电击危险(“电楼”现象就是故障电压传播的结果),也可避免室内电气故障带来的电击危险。

(2)按GB 14050—2008之5.3.3:“PEN导体(或PE导体),若遇有方便接地之处,亦应尽可能与地连接”之要求,将其与地连接,这就可以有效地降低其上的电压。

(3)采用TT接地型式。

◇江苏 关学贤

玻璃加热导电的两个实验

我们先说说导体和绝缘体。物体可以分为导体和绝缘体。导体的分子中外层电子比较活跃，外层电子可以离开原子核的束缚，有比较多的自由电子，如果导体两端加有一定的电压，导体内的自由电子就会发生定向的移动，这就产生了电流。比如常用的碳膜电阻器和金属膜电阻器都是由导体做成的器件，所以只要在电阻器两端加上电压，不管是交流电压或直流电压都行，这样电阻器就会流过电流。如果电压加在绝缘体上，比如陶瓷或玻璃的两端，因为绝缘体里面没有自由电子，所以绝缘体里面不会产生电流。你看我们的高压输电用的铁塔上面就是用的陶瓷绝缘子作为高压电与铁塔的隔离。但是，绝缘体在某些情况下可以有一定的导电性能。比如加热，就可以使玻璃有一定程度的导电性能。

我们再说说发光二极管。发光二极管又叫LED，LED是一种可以发光的半导体器件，不同材料生产的LED，可以发出不同颜色的光，比如现有的LED，可以发出红、黄、蓝、绿、橙、紫、红外等光线来。不同的LED在通过一定大小的电流时，比如通过5到20毫安的电流，LED两端有一定大小的电压，这个电压降通常叫做压降或管压降。比如常见的红色LED，两端的电压大约在1.6伏特到2.1伏特左右，蓝色LED它的电压降大约在2.8到3.3伏特。电流小电压降就小，电流大电压降就大。不同功率的LED允许通过的电流大小不同，可以查有关的资料来确定。常用的小功率发光二极管的允许电流一般不超过30毫安。值得注意的是，LED是有极性的，也只能用直流电供给LED。就是说电池正极应该接到LED的正极，电池的负极应该接到电池的正极，并且还应该在电源与LED之间还应该串联一个电阻大小一定的电阻，使其LED中流过的电流在发光二极管允许的范围内。这样加上电压后LED就能够发光了。在实验中我们通常选用高亮红色发光二极管，因为他的管压降最低可以在1.8伏特左右，以便寻找较低的直流电源。同时我们在这里是把发光二极管作为一个观察有没有电流通过的一个元件来使用。这样，我们就可以做第一个实验了。

实验一。我们用一个小电珠，为了使打火机加热有更好的效果，我们选用的是体积相当小的小电珠，是在网上购买的，其玻璃泡部分尺寸约为7X3.5mm，后面的两条引线长度有30mm左右，小电珠正常使用的电压是3伏特，因此通过12伏特（当然电源电压小一点也可以把灯丝烧断）电源就可以将灯丝烧断，对烧断灯丝的小电珠组成一个由两根铜线和熔在玻璃中的两根铜线部分组成，我们将它称之为玻璃电阻，在常温下这个玻璃电阻的电阻值相当大，常用的数字万用电表测量不出结果，我们对玻璃电阻用打火机加热，两根金属丝之间所呈现的电阻可以低至2.5兆欧姆到2.9兆欧姆，有时还可以低于2兆欧姆。用玻璃电阻按照正确极性与红色LED即红色发光二极管串联，LED的两根引线，长一点的就是正极，短一点的就是负极。玻璃电阻与LED串联后接3.6伏特电源，我用的是3.6伏特80毫安的镍氢电池。用打火机加热，在温度最高时，可以看见LED有一小点亮。用玻璃电阻和LED串联的电路图如图1所示。

①

图中玻璃电阻在标准的电路图中没有可用的电阻图形符号，我们暂时用普通的电阻图形符号旁边加上BL来表示这是一个由玻璃和熔在玻璃中的两根金属丝组成的电阻。实际上，我们也可以用手电筒用的钨丝小电珠来做这个实验，当然事先要用较高的电压把小电珠的灯丝烧断，同时把外面的小玻璃泡敲碎，再用两根导线把小电珠的两部分导体连接出（通过电烙铁焊接）两个接头来，使之成为一个玻璃电阻。这个实验说明玻璃电阻在玻璃被加热的情况下可以有一定的导电性，由于玻璃被加热时的导电能力有限，所以演示的效果不太好。可以让玻璃加热导电的效果更好吗？当然可以，那就是要用三极管对流过玻璃电阻的电流进行放大作用来加强玻璃加热导电的演示效果。

三极管是一种可以对直流电流或交流电流进行放大的半导体元件，它有三个电极，分别叫做发射极，基极和集电极，这三个极通常用e、b、c表示。一般说来，三极管分为NPN型三极管和PNP型三极管。当然还有其他类型的三极管，这里我们就不一一介绍了。三极管的放大能力用放大倍数来表示，交流放大倍数和直流放大倍数有可以忽略的差异。用数字万用表测量的通常是直流放大倍数。三极管的放大倍数通常用β值表示，比如说我们在基极注入0.1毫安的电流，在集电极就可以得到10毫安的电流，我们就认为这个三极管的直流放大倍数是100倍。常用三极管的β值，通常在30到200之间，也有更大的放大倍数。还有一种叫做达林顿管的三极管，是由两个三极管组成，其β值超过1000以上。

实验二。电路图如图2所示：

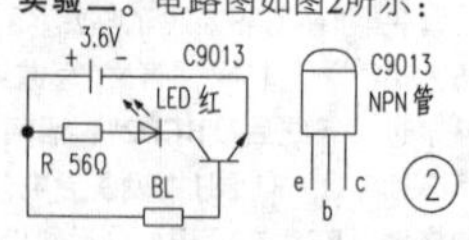

图中右边显示了所用三极管的管脚排列，在焊接三极管时应该特别注意。在这个实验中我们选择了常见的小功率三极管NPN管C9013。从三极管的基极接到电源的正极（PNP三极管是接到电源的负极）的电阻叫做偏置电阻，这个电阻提供给晶体三极管的基极一个较为恒定的基极电流，让三极管有一个适合的基极电流与集电极电流。在这个实验中，我们用玻璃电阻来充当这个偏置电阻，实际上这样的偏置电阻在玻璃未加热时，三极管的基极没有基极电流。这时三极管是截止的，就是说三极管的基极和集电极都没有电流流过。而集电极、LED与限流电阻串联的电路中也不会有电流流过，LED不会发光。当我们用打火机对小电珠的玻璃部分加热时，就可以看见LDE慢慢地从不亮的状态从加热大约5秒钟以后，LED就慢慢亮起来了，最后LED的亮度达到一个比较亮的程度。集电极电路中的限流电阻使LED中的电流，最大也不会超过30mA。当然电源电压超过3.6伏特也没有关系，你看见LED太亮了，把打火机的火焰移开就行了。这个实验也可以选择常见的PNP小功率三极管C9015，其电路图如图3所示。

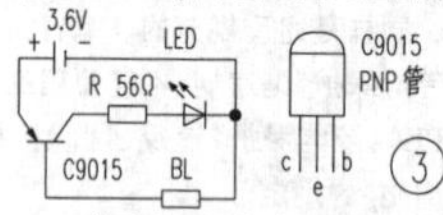

集电极电路中LED和电阻R的位置交换没有关系。因为它们是串联的，流过的电流大小是一样的。这个实验说明，加热的玻璃可以有一定程度的导电作用，经过三极管把流过加热玻璃的微小电流放大到容易观察的地步。这个实验把玻璃加热后有一定导电作用的现象展示得淋漓尽致。

◇成都　李春城

SMT贴片机离线编程之PCB坐标数据的导入及处理

PCB坐标数据的导入及处理是贴片机离线编程一项重要的工作，坐标数据导入可以大大缩短贴片机编程时间。下面以三星SM480系列贴片机为例说明PCB坐标数据导入的步骤及数据处理的方法。

一、运行三星SM480系列贴片机软件SmartSM

进入编程加工界面（可能需要写入开机密码），如图1所示。左侧程式按钮F2设置板子，F3注册元器件，F4设置调校喂料器，F5（步骤）设置调校贴装元器件的坐标。其中，F5就是PCB坐标数据导入的入口。

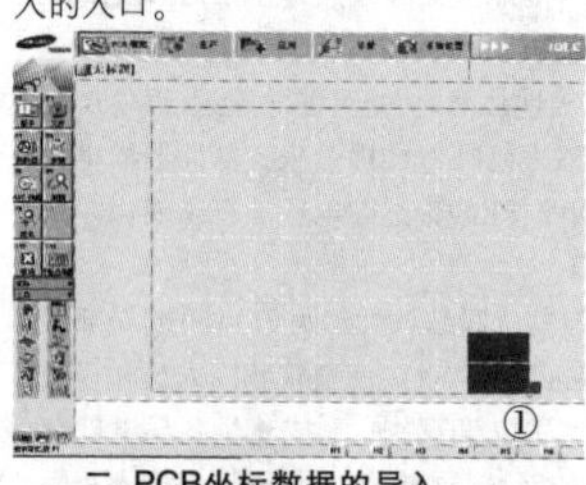

二、PCB坐标数据的导入

操作步骤：

1、点击程式按钮F5，弹出PCB坐标数据导入界面，如图2所示。

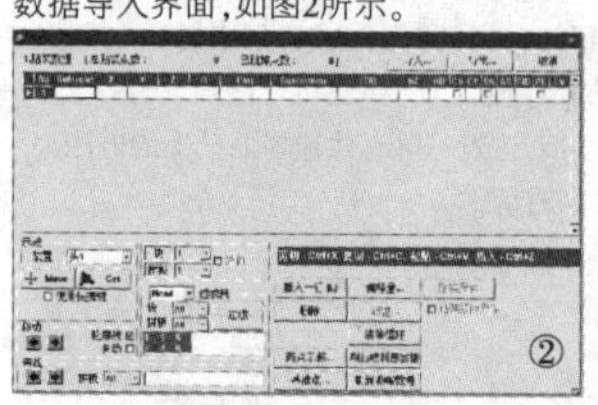

2、点击图2“导入...”按钮，弹出“打开”PCB坐标数据文本文件的窗口，如图3所示。这里选择已提前处理好的坐标数据文本文件“Pick Place for 4X1阴阳拼板.TXT”。

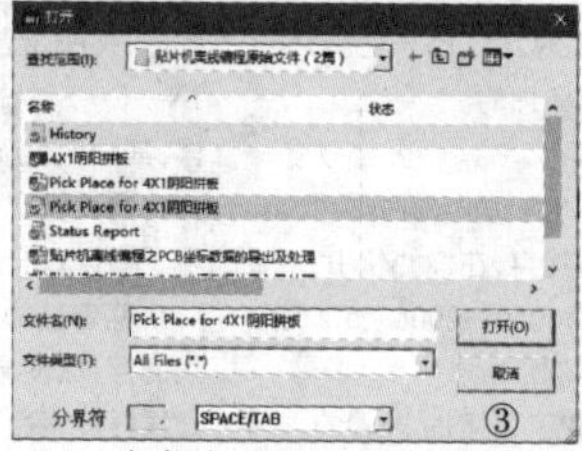

3、点击“打开”导入原始坐标数据，同时弹出“输入SSA文件”窗口，如图4所示。图中有几个重要的数据需要处理，包括坐标系转换、板子旋转和数据表头栏属性设置等，其他参数或选项可设置为默认。

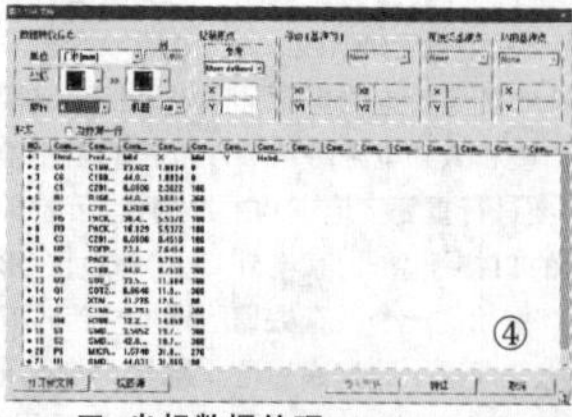

三、坐标数据处理

1、坐标系转换。图5（左）是CAD设计图及坐标系方向，图5（右）是贴片机PCB导轨及贴装头运动坐标系方向，故坐标系必须进行转换。在图4坐标转换选项左侧是CAD坐标系方向，右侧是贴装头运动坐标系方向（贴片机机械坐标系方向）。

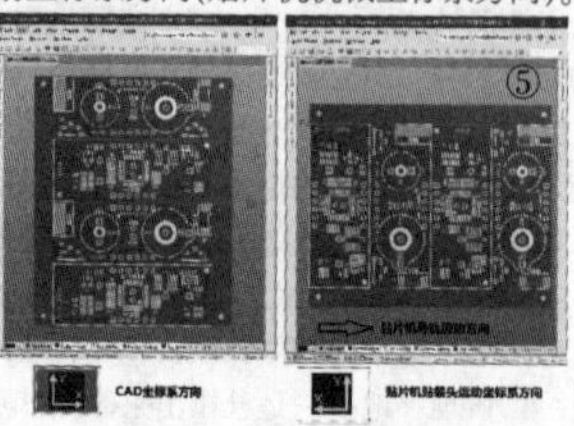

2、板子旋转。如果PCB贴片加工是按照图5（右）贴片机导轨运动方向对PCB进行顶层（Top Layer）加工生产，那么进行PCB坐标数据导入处理时必须对PCB进行有效的旋转。旋转角度有0、90、180(-180)、-90(270)四个选项。上述情况，旋转角度应选择-90(270)。

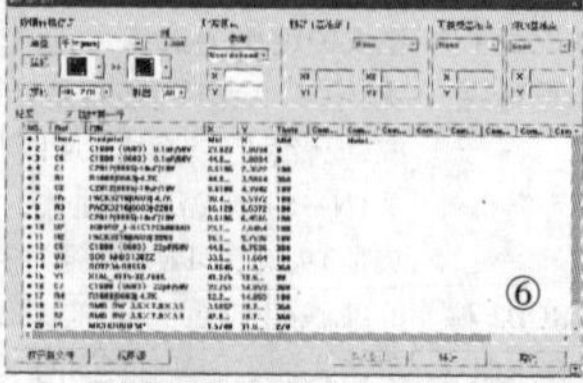

这个问题，原理上理解起来有点复杂，但只要记住一点规律就可以正确地进行选择。具体情况是：以CAD坐标原点为轴，如果PCB加工导轨运动方向需要将原PCB顺时针旋转则为-90（270）；如果PCB加工导轨运动方向需要将原PCB逆时针旋转则为90；如果PCB导轨运动方向与原CAD坐标方向相同则为180、相反则为0。

3、数据表头栏属性设置。图4坐标数据各列表头需要进行属性设置（修改表头名称），并且需要将“跳掉第一行”选项打钩。处理好的结果如图6所示。

4、然后点击图6“转进”按钮进行坐标数据的导入。同时弹出“未注册元器件”窗口，如图7所示。

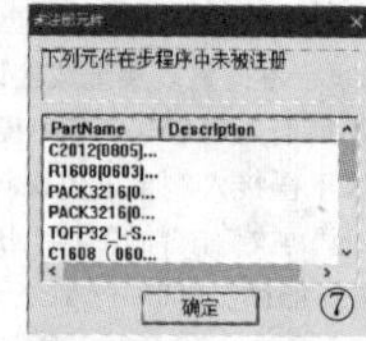

SMT编程中关于元器件注册的内容不属于本文介绍范围，故不再叙述。点击图7的“确定”按钮，放弃元器件注册，直接进入SMT编程F5（步骤）界面，如图8所示。

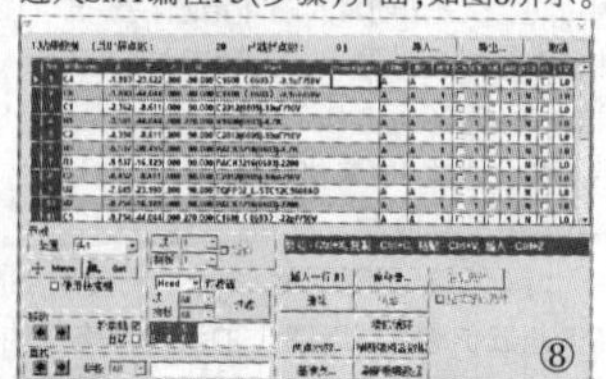

至此，本阴阳拼板PCB的坐标数据导入操作就算完成了。下一步将需要对F2（板子设置）、F3（元器件注册）、F4（喂料器上料调校）等进行全面的设置和调校。这些问题就不一一介绍，有兴趣的电子爱好者可以参考相关文章。

◇广西　王培开

卫星电视信号接收技术基础知识(中)

(上接第89页)

说到天线的调整还有一个重要的参数——仰角，仰角就是天线轴线与水平面之间的夹角，就像上面打的那个比喻，天线的轴线就好比我们的伞柄。简单的理解仰角就是天线仰起的角度，仰角越大，天线仰的就越厉害。反之，越小。接收不同卫星，天线的仰角不同，天线的仰角是由我们所处的纬度所决定的。纬度值越高，那么仰角就越小。也就是说，越是远离赤道的地方，北半球，越靠北的地区，在南半球，越靠南的地区，仰角越小，越靠近赤道地区，仰角越大。这就好比我们要看高处的一个物体，走进了，我们仰起头就越厉害，反之，远了看，我们仰起的越轻。

其实调节卫星天线，也就是我们说到的锅，有三个参数，也就是平时我们说的"三角"，那三角呢，方位角，仰角，和极化角，至于极化角，涉及高频头的调整。只有方位角和仰角都调节好了。简单点说，只有对好星了，调节极化角才有效果。星都没对好，调节极化角没有意义。所以到以后在讲极化角的调整。关于"三角"计算和调整，强烈推荐大家用一些做好的寻星软件，只要你输入了你的位置，和要接收的卫星，那么那么它可以直接计算出"三角"的角度。下面先讲下我们常说的锅吧，也就是抛物面天线。首先提出大家对于天线的一些疑惑吧。

为什么看到的有的天线很大，有的却很小?有的挂在阳台上，就和小锅盖一样。有的在屋顶上却比较大。

电视台楼顶哪个更大了。还有的是用锅盖子，或者电风扇的保护罩都能接收，是什么原理呢?还有在其天线上接了个易拉罐(其实是高频头)样子接收器，动了就收不到节目了为什么??还有的一幅天线连几个易拉罐样的东西，听说是一锅多星，是什么原理呢?有人说现在卫星天线都小型化了. 我还看到一个平板的，就和小板凳一样的。听说接上就能收看卫星电视节目，是真的吗?还有听说现在天线可以隐形，可以实现不要锅就可以收看卫星电视，实现无锅接收，是不是骗子? 家用正馈大锅，一锅多星方式。

偏馈的小KU锅，也同样是一锅多星方式

平时看到的天线，也就是锅，不管大小，大多是凹面一样的，那到底是什么原理呢。说得简单点，凹面都具有汇聚作用。因为"凹"，所以它能"聚"，简单的生活常识。说得专业点这些天线都是抛物面天线.抛物面我们听说的少，但是抛物线我们听说的多，知道抛物线都有个焦点和主轴。有个反射原理，有焦点发出的光线，都平行于主轴发射出去，同理，平行于主轴射入的光线都汇聚在焦点上。所学的知识都是有点成线，有线成面。抛物面就是由抛物线围绕主轴旋转而成的面。不过开口口径有大有小罢了。平时接触到的抛物面比如手电筒的凹反射面，还有汽车头灯的凹反射面。并不一定是纯抛物面，但是也差不多，灯丝就在焦点处，一确保灯光能平行射出的更远。卫星天线也是如此，不过他们是用来接收电波信号，从太空来的无线电波信号(可以简单地看成平行信号)，由于距离远，信号微弱，天线的作用就是把他们收集起来，汇集在焦点处。而焦点就放置我们的接收器(高频头)。所以说我们的锅天线的作用就是收集足够多的电波信号，汇集到一起，馈送给高频头。这个原理就像我们用的太阳灶原理其实是一样的。不过，锅天线收集的是卫星上发射下来的电波信号，而太阳灶是用来汇集的太阳光罢了。用锅盖子接收信号，其实简单，凹面的物体，都具有汇聚作用，不过汇聚的精度差罢了。但是只要能汇集足够强的信号给接收器(高频头)，信号还是能收到的。不过都要求是金属物体，能反射无线电波信号的。说到这里对天线也就有个大致的了解了，所谓的卫星天线，不过是一起起着汇聚信号的作用，把更多的信号收集起来，汇聚在一起，增强信号，让高频头来接收。所以上面提到的无锅接收，纯粹是骗子的伎俩，如果无锅接收可行的话，那么电视台也不用投资买又贵又笨重的大锅天线了。所有的天线厂家都要转产投资无锅天线了。还有上面提到的板凳天线，也就是平板天线，都是采用的天线和高频头合一的方式，也就是高频头和板状天线合一了。(平板也无法汇聚电波信号)，平板天线的应用十分狭窄，只能接收很窄的KU波段的一部分。并且对卫星下行信号的强度要求相当高。造价昂贵，所以说应用范围十分狭窄。现在国内，只有新发射的中星九(中国第一颗直播星)，应用KU波段转播信号，最关键的是信号很强。所以才有小板凳天线出现。大家不要指望应用平板天线来接收信号，那是不现实的。

单就最常见的抛物面天线(也就是常说的锅)类型来说，有两种类型，一种是正馈天线，一种是偏馈天线。我们平时如果去市场购买天线，会看到好多型号。比如正馈一米二的。正馈的一米五的。正馈的一米八的。还有更大的了，偏馈45厘米、60厘米的、一米二的、等等。对于后面的数字，其实就是来衡量锅的大小的数据，指开口直径，所谓的开口直径其实就是锅的大小。由于锅的开口近似一个圆形，所以就以这个近似圆的直径来衡量锅的大小。那什么是正馈天线，什么又是偏馈天线呢? 所谓的正馈就是有一段垂直于抛物线中轴线的直线切割后的抛物线绕中轴旋转而形成的抛物面天线。大家平时看到的，开口直径在1.2米以上的基本是正馈天线，还有就是一些山寨的1.2米的正馈天线，很多，标是1.2米，其实也就是1米左右。大家平时看到白铁皮天线，大多是这样的。正馈的 1.2米天线，用来收中星6B等一些卫星的免费节目。大家记住的是，正馈天线的开口直径没有低于1.2米的。还有就是，正馈天线多用来接收C波段的节目。也可以用来接收KU波段的节目，收KU波段时多用来偏收的方式。那么什么又是偏馈天线呢，这个定义有点难，其实所谓的偏馈，说得简单点就是从正馈天线截取一部分，其成型的抛物线还是原抛物线，焦点还是原焦点，但是，相对于天线来说，已经不在天线正前方了。所以接收器馈源就可以不遮拦信号，这样就提高了天线的利用效率。大家平时看到的，那些小锅盖，直径在1米以下的，全是偏馈天线。偏馈天线可以做得很小，也可以做得很大，小到直径在35厘米，大到直径达到1.2米，1.8米都有。对于正馈天线和偏馈天线的区别，给大家个比较直观的!

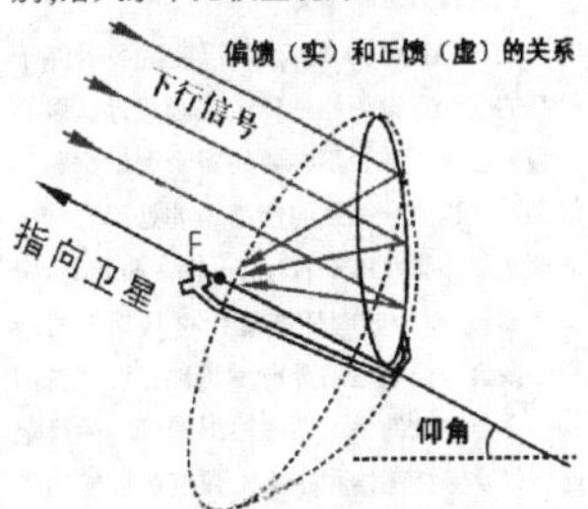

平时接收卫视信号的时候都是一面锅，上加一个高频头，天线对准一颗星，只能接收一颗卫星上的信号，但是现在一面锅，上面加了几个高频头，一个高频头就能接收一颗星上的信号，那么有几个高频头，就可以接收几颗星的信号。什么原理呢? 其实这和平时玩镜子反射太阳光的原理差不多。锅对准太空上的一颗卫星，把这个星上的信号汇集在这个锅的主焦点上，由于锅是凹面的，其他星上的信号同样也被反射汇聚起来，只是不在主焦点上罢了，其实并不是严格的汇聚只是散聚，只要收集到足够强的信号提供高频头，就可以接收到节目。

一锅多星原理大体如此。

在上面提到，C头和KU头，那么什么是C头和KU头呢? 还有C波段和KU波段。要说这个，先从在太空的卫星谈起，通过以上的介绍，知道，地球同步轨道卫星只是一个信号的中转站，接收从地面上行站发射上来的信号，用卫星上携带的太阳能电池板提供的能量，对信号进行放大和变频处理后，对地进行广播。而卫星上对地面进行广播的仪器叫转发器(Transponder)。当一颗新的广播同步卫星发射后，我们常在媒体介绍中看到这样的信息，定位于经度(东经或者西经)多少度，几个C波段转发器，几个KU波段转发器，能转发多少套节目，覆盖那些区域，对那里进行广播等。那么C波段转发器和KU波段转发器到底有什么区别呢。都知道，不管平时收音机收的信号还是卫星信号，都是以无线电波为载体的。说到无线电波，一个重要的参数就是频率，而C波段和KU波段正是以频率的不同而划分的。也就是说C和KU的区别就是频率的不同的区别。国际电联对此划分了广播卫星的下行频率，C段的下行频率为 3.4—4.2GHZ，KU段的频率为11.7—12.75GHZ，还有地球上地面站的上行频率也做了界定。具体数据不一定准确，大家可查询。现在民用广播卫星的接收就限定在这两个波段。如果有朋友有印象的话，是否记得早期苏联714卫星，这颗发射于1976年定轨于99度E的卫星，下行频率为 714MHz，要用螺旋天线接收。而714MHz就属于L波段了。未来，随着技术的发展，KA波段将会得到越来越多的应用，频率更高，应用更广泛，大家梦寐以求的卫星上网将会变成现实。现在KA广播技术在欧洲已有成功的应用。我们也知道，随着电波频率的不断提高，其受周围环境的影响也越大。比如，KU波段，在雨雪天气，信号就会有一定的衰减，对收视有一定的影响，而C波段受天气因素的影响就比较小。所以在热带雨林地区，气候恶劣的地区，应用就非常广泛。

谈到转发器，每个转发器都有一定的带宽，有的为27MHz，有的为36MHz，有的为54MHz(大都为9的倍数)。这就好比一条公路，它的设计交通流量都是一定的。一般的一个转发器能转发4-8套节目，现在几乎所有的卫星都采用了数字化技术，对传送的节目进行数字化压缩，大大节约了带宽，提高了转发器的利用率。使传送节目容量大为提高。

一颗同步通讯卫星上一般有十几个甚至几十个转发器(如新发射的中星九号，有4×54MHz + 18×36MHz共22个全部是KU波段转发器)。有的星上全是C波段转发器，有的星上全是KU波段转发器，但绝大多数卫星都是C波段和KU波段都有的。每个转发器都有不同的编号或名字，星上C波段转发器或者KU波段转发器对地面广播的范围称为该波段的波束覆盖范围。转发器可以被不同的传媒公司或集团拥有，他们向卫星所属公司购买或者租借，实现对特定区域内广播节目的放送。比如，中央电视台的上星节目在中星6B上就是通过S7和S9两个转发器对全国进行广播播出的。我们点开115.5度E中星6B卫星，大家看到如TP:E10，TP:E12其中，TP(Transponder)转发器的意思，而E10和E12是转发器代号，分别表示的是6B卫星上的E10转发器和E12转发器。可以看到这个转发器都被鼎数传媒所租借，都是C波段转发器，E10转发器转播了11套节目，而E12转发器转播了10套节目。

广播电视信号通过卫星载波对地面进行广播时，既可以用C波段的进行载波广播，也可以用KU波段进行载波广播。而在地面进行接收时，采用的接收器(高频头)也分两类，如果接收KU载波波段的节目，就要用KU波段高频头(简称KU头)，如果接收C波段载波节目，就要用C波段高频头(简称C头)。如果要接收一颗星上的C波段和KU波段节目。并且用一副天线，那么就要用到复合高频头。既能接收C波段节目，也可接收KU波段节目。当然，复合头的价格要高些。

◇江西 刘慧

(未完待续)(下接第119页)

2018CES获奖耳机技术功能剖析(一)

耳机一族是每年CES展的常客,2018CES同样按时出列,所不同的是展品在技术的先进性、功能的多样性与特性的优异性上有了显著的增强与提升。正因如此,还是有不少耳机的佼佼者受到全球各路业内专家的青睐而毫不吝惜地在评奖时踊跃投票。下面我们就共同来欣赏这些获奖精英所展现出的值得称道的特色。

一、Plantronics RIG 800LX

美国Plantronics公司开发推出的型号为RIG 800LX的耳机荣获"2018CES创新奖"称号。该款能让Xbox One和Windows 10拥有Dolby Atmos全景声的无线游戏耳机内置40mm驱动器和长达24小时的马拉松游戏玩打的电池,参考价为207美元。RIG 800LX具有的主要特色如下:

1、壮比全景声

RIG 800LX是应用Dolby Atmos环绕声不多的耳机之一,它通过增加高度一维的声像给用户开创一种更具动态活力的聆听体验,用户可以清晰感受到声音在自己周围和头顶上方盘旋的三维空间流动,犹如自己处于情景之中。从对话到安静的场景,再到旋风般的动作,经过Dolby Atmos的渲染,其声音的丰富性、细节、深度,以及逼真的临场感会让人快速沉浸。

2、方便的参数调控

RIG 800LX在用于无线游戏时需要对关键设置进行瞬间的访问,为了适合每一使用者不同的需求,耳机提供用户自定义相关设置,其中包括通过模拟表盘快速调控主音量、游戏伴音和聊天语音之间的平衡。另外,需要时用户还可以通过本耳机提供的"Pure、Seismic、Intensify、Vocal Focus"四种EQ设置中选择其一来满足各自对声音音色偏爱的各需所需。

3、优化的多项措施

RIG 800LX应用了低延迟无线技术,该技术在无线音频10米的覆盖范围内成就了清晰、低延迟直至无延迟的游戏音频和聊天。为增强低音效果,本耳机采用了同具失真抑制效果的低频谐振器。一项语音反馈功能能让用户监控自己的语音电平和质量。RIG 800LX提供来自所有方向的音频提示,这得益于Dolby Atmos技术将音频分隔成多个独立对象的所赐。

二、Audio-Technica ATH-ADX5000

日本Audio-Technica公司开发推出的型号为ATH-ADX5000的耳机荣获"2018CES创新奖"称号。该款高分辨率开放式耳机内置58mm驱动器,耳筒外壳与支臂由轻薄坚硬的镁材制成。确保该款手工组装的发烧级耳机的是高效气流核心安装与蜂窝状冲压等多项先进技术的结合应用,参考价为1999美元。ATH-ADX5000具有的主要特色如下:

1、杰出的驱动单元

ATH-ADX5000驱动单元集诸多器件于一身的设计方案为的是稳定振膜运动,以及在最大程度上减少不必要的多余振动。驱动器高刚性钨涂层振膜的使用为的是瞬态响应的改进;高刚性PPS(polypenylene Sulfide)聚苯硫醚硫化物/玻璃纤维复合材料挡板的选用给振膜的稳定运动奠定了基础;而坡曼德铁钴合金磁铁的采用则在输出能量、磁稳定性,以及保持高饱和磁感应强度等性能的优化上起到了关键的作用。

2、巧妙的安装技术

ATH-ADX5000应用了Audio-Technica公司独家拥有的"Core Mount"(PAT. P)安装新技术,该技术通过控制空气的流动在耳机内部打造最佳音响空间,并赋予将一体式挡板直接固定在腔体中部以提高气流效率的方案。配合Permendur (PermenDur Magnetic Circuit)高效强磁回路,除减轻遮蔽效应外,还可使重现音频的频宽拓展,呈现的声场真实自然,低音听感丰富精确饱满有力,中高频声音更通透。

3、蜂窝状冲孔设计

ATH-ADX5000在耳筒的结构上采用了耳背蜂窝状冲孔结合耳侧封闭的方案,这种方案随之带来的好处是:一来可以避免侧面漏风使内部气压招致不必要的损失;二来在无任何气压损失的前提下使音频中高低整个频宽达到完美的平衡;三来能使输出声音的音色准确,听感自然。ATH-ADX5000高分辨率音频耳机给开放式耳机的性能设置了一个新的标准。

三、nura nuraphone

澳大利亚nura公司开发推出的型号为Nuraphone的耳机荣获"2018CES最佳创新奖"称号。该款无线/有线双用耳机的耳筒由高级不锈钢制成,耳杯由铝材制成,提供可使用20个小时的电池,参考价为399美元。借助可编程触摸在约60秒内可自动完成所有功能的操控。Nuraphone具有的主要特色如下:

1、新奇的档案创建

nuraphone借助nura iOS或Android应用程序、内置的自学习引擎、以及一个非常灵敏的麦克风可以为听者创建个人的听力听觉档案,这一具有科幻色彩的特色声音生成过程确确实实是有信号发送到听者的耳朵,然后通过数据的收集来创建。创建好后,听力听觉档案就会存储在耳机上,最多可以同时存储3个不同的独特声音档案。值得注意的是,个性化声音档案的创建必须借助蓝牙完成,而且所有连接电缆均要失联。

2、非凡的声波重塑

Nuraphone不仅仅是传统意义上的扬声器件,而也是一台真正能改变声音特色的音乐播放机。其声波重塑(sonic moulding?)本领能通过改变音乐的声音特性来适应每个人的听力听觉,最大程度上满足每一个者对不同音乐类型与风格各自不一样的固有音色的偏爱与喜好。这一音频和监听历史上很具突破性意义的成就基于的是"能将源于耳蜗的微小响应信号,经听骨链传导振动耳膜,把它变成一个扬声器,使听者听到的是经过重新调整过的个性化声音"的OAE (Otoacoustic Emission)耳声发射原理。

3、卓越的沉浸模式

Nuraphone不仅仅是用于所放送音乐的简单聆听,而是能让听者在音乐聆听中获得与众不同的陶醉体验,这要归功于本耳机设计的沉浸模式。在该模式,听者能清晰感受出声音的深度,通过使用专用的外耳驱动器可以创造一种如临现场观摩表演的感觉。为了适合不同人使用,它还提供通过滑块来设置符合自己偏爱的沉浸程度,可供选择的设置有温和、正常和前行(front row)三种。

4、有效的双重降噪

Nuraphone应用了双重无源噪声隔离技术,在该技术方案中,一方面严实包住耳朵的耳杯会有助于使低音显得更加深沉,但不会干扰到透亮清澈的高音,相反,内置驱动器则会控制高音,以免其一味跑高;另一方面,耳机设计中很少见的中部耳塞在塞入耳朵后能完美贴合用户的耳道,其密封性足以杜绝外界噪声的侵入。这一包封内外耳的独到专利架构设计为获得"外面的声音进不来,耳机内正常放送的音乐声也不会有半点漏出的双重效果"提供了保障,从而最终使所播放音乐的每一音符和每一节拍都能听得清清楚楚。

四、1MORE Spearhead VR

中国深圳万魔声学科技有限公司开发推出的型号为Spearhead VR的耳机荣获"2018CES创新奖"称号。该款主要用于游戏的耳机在声音设计上考虑的不仅仅是VR虚拟现实游戏,而是所有游戏的音频体验,参考价为149.99美元。Spearhead VR具有的主要特色如下:

1、极致的声效体验

Spearhead VR为提供三维立体游戏和娱乐的声音体验效果,设有7.1声道虚拟环绕立体声模式,有了该模式,游戏画面与立体环绕音效结合得更为逼真自然,游戏场景中的震撼音效模拟得栩栩如生,给游戏玩家和音乐爱好者提供了超逼真的临场声体验。无论是声音的空间感,或方位感,辨位易如反掌,从而为游戏与影片观赏等娱乐中的准确互动提供了保障。

2、独特的驱动单元

Spearhead VR性能优异的关键在于采用了直径为50mm的石墨烯驱动器,其石墨烯复合振膜轻质量高声速的特性对于高频的延展性和细节的丰富性都起到了重要作用。该驱动器因成功的声学同步反馈及专利磁悬浮设计,使得除声音与画面的牢固稳定同步外,它还能提供极震撼的超低音VR激波,以及更高的保真度和更卓越的细节。本耳机超逼真并具穿透效应的音频质量对聆听音乐、玩打游戏,以及用于其他娱乐项目都是非常理想的。

3、新颖的灯光设计

Spearhead VR为满足游戏玩家个性化游戏风格和偏爱体验,进一步增强身临其境感,并与众有所不同,加进了独特新颖的LED灯光设计,其闪烁展示与游戏的声音、音乐和玩家的语音同步,光效将随音乐、对话音量大小产生明暗变化。更引人的是,不再局限于传统的单色调,而是所设计的LED炫彩灯光系统可以让用户自己选择灯光色彩和发光模式,可供选择的颜色多达1680多万种。

4、实用的环噪处理

Spearhead VR为有效抑制环境噪声,采用了ENC(Environmental Noise Cancellation)双麦克风环境噪声消除技术,通过精准的阵列算法过滤掉90%以上的嘈杂噪声,有效降噪量可达20dB以上,从而使对话非常清晰。更重要的是,在确保对话者语音品质的同时,能进一步加深精彩游戏带来的沉浸感。

(下期待续)(下转第120页)

◇上海 解 放

2018年3月25日出版 ■实用性 ■启发性 ■资料性 ■信息性

第12期 国内统一刊号:CN51-0091 定价:1.50元 邮局订阅代号:61-75

地址:(610041)成都市天府大道北段1480号德商国际A座1801 网址:http://www.netdzb.com

(总第1949期) 让每篇文章都对读者有用

区块链重新定义商业秩序

——专访牛顿项目创始人、亦来云联合创始人徐继哲

日前，牛顿项目创始人、亦来云联合创始人徐继哲在出席由WBC主办的世界区块链峰会时接受了记者的采访。

主持人:*很多团队初次接触区块链都是以币的投资或者区块链游戏为起点的，您是怎么想到去打造一个区块链的操作系统的呢？为什么会发起牛顿项目？*

徐继哲:这个问题有点复杂，如果大家今天接触区块链的话，看到的是很多类似以太猫区块链游戏产品。但是如果回到2016年的下半年，那阵儿其实是没有以太猫这样的产品的。我们在那个历史时间点去构思区块链项目。比特币它的交易速度不够，无法商业化。另外，我们发现现有的公有链在很多基础技术方面有巨大的改进空间。所以基于这个时代背景，再加上亦来云的创始人17年多的技术积累，我们启动了亦来云的项目。亦来云本质上定位为一个区块链的操作系统。牛顿是一个去中心化的电商协议，现有的公有链包括以太坊在内，它们的交易速度是无法满足现有的真正的商业化需求的，这种情况下需要有一种面向行业应用的协议，所以牛顿就成为了整个去中心化商业的一个基础设施。

主持人:*今天整个区块链的行业很容易因名人站台而影响这个项目估值，对于这个现象您是怎么看的？*

徐继哲:我认为这个现象特别突出的时候是在去年的下半年，但名人的光环会逐渐淡去，从现在开始，名人站台的作用会越来越弱，不管是区块链也好，还是以前的古典互联网创业也好，其实归根到底还是要为社会解决一个世纪的问题，所以我觉得区块链本身的创意还是会逐渐地回归到商业本质，仅仅靠拉几个人来站台就能拿一大笔钱的行业发展阶段正在成为过去。

主持人:*那您觉得在互联网上实现去中心化的虚拟数字商品经济中，我们需要关注哪些？*

徐继哲:在中国，更精准的翻译应该是去中介化，就是现在的商业本质上都是基于某一个中介的。我给大家举个例子，以电商行业为例，所有人都是电商生态中的一员，比如说每一个人都会在阿里这个体系里面购物，我相信不用调查，不可能有例外，这样巨型的商业中介会逐渐垄断一个市场，那么当这个商业中介来垄断这个市场的时候，它就必然会推高交易成本，最终变成了一个大多数人贡献，然后少数人去拿走利益这样的方式。那么这个方式本身其实是第一次工业革命的产物。所以这个是现在的这种巨型商业中介垄断市场的客观事实。那么未来，区块链能做什么呢？区块链归根到底不是一个技术问题，区块链要改变的是组织结构、决策方式、激励机制。在这样的模式下，我们可以打造一个由非营利基金会所管理的社区经济体，这个社区经济体就是去中介化的商业。虽然设计这个商业本身是很复杂的一件事，但是有两个基本点，这个点其实是对于区块链的创业者关注比较多，可能消费者关注比较少。第一就是token本身的经济模型的设计要足够科学，第二就是要有业务经济模型。我们现在几乎所有的区块链项目，都没有业务经济模型，因为现在区块链上面没有业务。很多新的区块链项目，它的token本身的经济模型设计得不够好。

归根到底的结论就是两个，第一就是token本身的经济模型的设计，第二就是业务经济模型的设计。

主持人:*您觉得区块链技术真正去实现落地，我们需要付出怎样的代价或者说需要付出怎样的成本呢？*

徐继哲:我认为区块链它已经落地了，只是每一个人对于落地这两个字的理解不一样。如果说你现在你希望区块链落地达到的效果就跟滴滴打车一样，随时能用的话，现在是达不到的。但是我们可以看互联网的发展，当有雅虎的时候，雅虎时代的互联网和今天的互联网是有着天翻地覆的差异。那么如果按照今天的标准来讲，1995年的互联网是没有落地的，你在1995年能掏出一部手机叫一个车吗？或者在家里买一个外卖吗？这是不可能的。但是在1995年的互联网你可以上网搜索东西了，我认为在不同的发展阶段对于落地的理解不一样。

大家在理解区块链的时候，为什么说很困难呢？就是你有很多先人为主的概念去往上套，但是后来发现套不进去。套不进去的根源，其实真正是我们的观念出现问题了。我认为，现在区块链本身已经落地了。当然随着落地的深入，它会在商业领域、在社交、在媒体、在更多领域去应用等等。

主持人:*为什么说区块链是智能经济赖以生存的关键技术之一？*

徐继哲:大家可以回忆一下去年还有前年，其实炒得很热的概念是人工智能，人工智能当年制造了一个巨大的泡沫，不一定比今天的区块链小太多。你会发现今天哪个东西智能了？几乎没有东西可以智能。为什么呢？因为其实智能的一个前提是需要先建立信任，比如说你需要家里有一个机器人为你服务。除了技术上的机器视觉、深度分析等等这些技术突破之外，最基础性的一个技术是需要能够很好地在没有权威中介的情况下，能够全自动地生产信用。有了这个机制，才有可能在人与人之间、机器与机器之间以及人与机器之间进行没有干预的协助。

所以现在的经济也好，它其实是一种半自动。为什么是半自动呢？以购物为例，在你的整个的体验当中，会设置一些关键的结点，这些关键结点需要人为去确认，比如说商家已发货，你已经收货，确认没有问题，其实这是一些关键的结点，通过这些关键的结点，你需要人为去确认这件事。为什么确认呢？就是因为没有一个基础的信任机制，那么区块链恰恰是要解决的是在没有权威中介的情况下可以自动化生产信用，那么有了这个为基础的话，再加上人工智能，再加上物联网，整个经济就会从现在的半自动进入到一个全自动以及更智能的状态。所以我认为，区块链发展好了，人工智能才能跑起来。

每一个设备都要有IP地址，后来发现IPV4已经不够用了，我们又搞一个IPV6，IPV6大到地球上每一个沙子都有一个IP地址了，这个基本上实现了。但是随着区块链的发展，将来会有什么样的变化呢？每一个设备除了有一个IP地址之外，它还会有一个钱包地址，这样的话设备与设备之间可以实现自动化的信息的订阅和转移。比如这个灯泡用了多少电，它自己交钱就可以了。设备之间可以进行信息订阅，实现价值转移。基于这样的思考，我认为区块链技术其实是一个人工智能和物联网的基础性技术。

主持人:*区块链技术描述的一些场景，应该是未来的场景，可以说是可以预见，但依然是未知的未来的场景。您说区块链技术已经落地了，在您看来，那您觉得区块链技术当前处在一个怎样的发展水平呢？*

徐继哲:现在有无数多的人比喻区块链有点像1995年的互联网或者是更早的互联网，这个时候很原始，也能用。从另外一个角度来讲，在一些垂直的行业，比如说供应链金融里面，已经有非常具体的应用了，只不过在这些场景里，区块链没有通过发行token这种方式，它不会变成广为人知的应用场景，所以这是大众所不知道的。在我看来当前区块链两大应用就是炒币和开会，这是两大实际的应用。为什么会有这么多人聚集在一起开会讨论，其实它本身就表明这是一个有巨大潜力的事情。还有一点，如果它真的是泡沫的话，在各种打压之下，它早已经破裂无数次了，为什么有各种各样的打压，大家还会热火朝天去交流，这个现象本身很值得大家去思考。

◇亚 楠(本文原载第20期2版)

电子科技博物馆“我与电子科技或产品”

本栏目欢迎您讲述科技产品故事，科技人物故事，稿件一旦采用，稿费从优，且将在电子科技博物馆官网发布。欢迎积极赐稿！

电子科技博物馆藏品持续征集：实物；文件、书籍与资料；图像照片、影音资料。包括但不限于下列领域：各类通信设备及其系统；各类雷达、天线设备及系统；各类电子元器件、材料及相关设备；各类电子测量仪器；各类广播电视、设备及系统；各类计算机、软件及系统等。

电子科技博物馆开放时间：每周一至周五9:00--17:00，16:30停止入馆。

联系方式

联系人：任老师 联系电话/传真：028--61831002

电子邮箱：bwg@uestc.edu.cn

网址：http://www.museum.uestc.edu.cn/

地址：(611731)成都市高新区(西区)西源大道2006号电子科技大学清水河校区图书馆报告厅附楼

长虹欣锐HSS30D-1MD二合一电源板电路分析与维修(下)

(紧接上期本版)

(3)LED升压电路

OB3350启动后，从其②脚输出开关脉冲，送到Q401的G极，Q401工作在开关状态，在L401、Q401的配合下，D401整流输出电压升至132V，提供给LED灯串使用。

(4)恒流控制电路

开机后主板输出调光控制信号（DIM），一路到OB3350的⑧脚，打开内部使能开关；一路到Q407使其导通，Q408截止，Driver电压(Q411 c极输出的12.2V电压)经R434打开恒流控制管Q409。LED-流经Q409，通过R412∥R414和恒流电阻R404∥R405∥R406∥R407到地形成回路，灯串中有电流流过被点亮。

OB3350的⑤脚为LED电流设置端，通过R423接恒流电阻。恒流电阻上的电压降经R423反馈到OB3350的⑤脚，芯片根据LED电流反馈电压的高低，与内部的基准电压进行比较，来调整②脚输出脉冲的占空比，在一定范围内调整LED背光灯串供电电压的高低，以便使流过LED灯串的电流保持恒定。

(5)背光灯驱动保护电路

1)升压开关管过流保护电路。OB3350的④脚为过流保护端，通过R419接升压电路中的电流检测电阻R401∥R408。当电路电流过大时，R401∥R408上的电压降会增大，其电压经R419送入④脚，以便调节②脚输出驱动脉冲的占空比，完成对输出功率的调节，同时可对最大输出功率进行限制。当④脚电压达到保护设定值时，过流保护电路启控，芯片无驱动脉冲输出。

2)升压输出过压保护电路。OB3350的⑦脚为过压检测输入脚（OVP），通过R425接过压取样电路。R420、R421与R422组成过压取样电路。当LED背光灯串开路或插座接触不良，以及Q401变质损坏造成升压输出电压异常升高，电阻R420、R421与R422分压取样的电压也会升高，经R425限流加入OB3350⑦脚的电压随之升高。如果⑦脚电压达到保护设定值2.0V，则芯片内部阈值过压比较器工作，控制逻辑电路关闭门驱动电路，无驱动脉冲输出，升压电路停止工作。

3)灯串开路、短路保护电路。当LED灯串出现开路故障时，会造成升压输出LED+电压异常升高，一是使OB3350的⑦脚过压保护电路启动；二是使Q409的S极电压降低到0V，迫使OB3350的⑤脚电压降低，内部保护电路启动。当LED灯串出现短路故障时，流过灯串的电流增大，一是造成升压开关管Q401的电流增大，使OB3350的④脚过流保护电路启动；二是造成Q409的D极电压升高，Q409 D极接有由ZD401、ZD403、Q410等组成的LED灯串短路保护电路。当电压超过稳压管ZD401、ZD403阈值电压时，稳压管被击穿，电压通过电阻R403、R402分压和ZD405限位加在Q410的G极，Q410的G极为高电平而导通，将Q408 c极电压拉低为0V，从而导致Q409的G极也为低电平而截止。Q409截止，LED灯串的负端电压不能通过Q409到地形成回路，LED灯串无法被点亮，同时OB3350的⑤脚检测不到电流而停止工作。

表2　OB3350引脚功能和维修数据

引脚	符号	功能	在路电阻(kΩ)		红笔测
			黑笔测	电压(V)	
①	VIN	电源输入	7.9	∞	11.51
②	GATE	升压驱动脉冲输出	7.9	9.2	7.94
③	GND	接地脚	0	0	0
④	CS	升压开关管电流检测输入	1	1	0.17
⑤	FB	LED电流反馈输入脚，用于设置LED背光灯电流	0.3	0.3	0.29
⑥	COMP	误差放大器的补偿引脚，连接RC网络到地	10.1	37.8	2.14
⑦	OVP	过压检测引脚。门限电压为2.0V，当OVP值达到2.0V时，芯无驱动脉冲输出	10.1	56	1.42
⑧	PWM	调光控制、IC使能端。该脚有超过2.5V电压时，IC启动工作	4.7	4.7	3.07

二、故障维修

1.检修要点

因LED驱动电源采用电流恒流控制，不可以断开负载，因此检修时最好是使用LED专用维修工装或直接在原机上维修。如果一定要从电视机上摘下二合一电源板单独进行维修，维修时需要注意以下几个方面：

(1)HSS30D-1MD二合一电源板可以不接入任何负载，不对任何信号做短接，只需要保证交流220V进入电源组件就可以输出12.3V电压。但由于此时的电源负载极轻，输出电压会在12.3V~12.5V间跳变，若负反馈等电路未彻底修复，可能使故障扩大。因此，维修电源部分时，应在12.3V输出端与地之间接入一个大于3W，阻值在100Ω~1kΩ的电阻作为假负载，对应的输出电流为120mA~12mA。在维修带负载能力有问题的故障时，应减小假负载的阻值，以增大电源组件的输出电流，建议使用一个5Ω/50W~12Ω/50W或等效的电阻性负载。使用5Ω负载时，电源输出电流约2.4A，使用12Ω负载时，电源输出电流约1A。

(2)维修LED背光驱动电路部分时，需要给PS_ON、BL_ON、DIM三个信号同时施加3.3V左右的高电平以模拟二次开机，背光升压、驱动集成电路OB3350才会进入工作状态。具体方法是：将CON3插座⑧、⑨、⑩脚加锡短接，在加锡点与CON3插座①、②、③脚(12.3V)任一脚跨接一只5kΩ/3W的电阻，再用一只5kΩ/3W的电阻将该端与地相连。

(3)维修LED背光驱动部分电路时，还需要在LED+、LED-之间接原机上LED灯串或者效果相同的LED灯串作为负载，背光升压、恒流驱动集成电路OB3350才不至于保护。也可采用大功率滑动变阻器作假负载。如用一个2kΩ/200W的滑动变阻器，阻值调至约0.6kΩ，LED+电压约129V。

2.检修实例

例1：一台LED32B32000C型液晶彩电，通电后指示灯不亮，不能二次开机

分析检修：指示灯不亮，说明电源工作不正常或主板有问题。测电源板输出到主板的12.3V供电为1.3V左右。断开到主板的连接线再测，12.3V输出端电压仍为1.3V。断电后测12.3V输出端对地电阻正常，没有短路现象。接着检测开关电源到背光升压电路的36V供电接近0V。36V电压偏低更为严重，怀疑各组电源电压低是由于LED背光驱动电路部分故障导致。36V电压拉低的原因主要有升压开关管Q401击穿短路、升压输出滤波电容C401短路以及LED灯串短路等。为判断故障部位，分别测量升压二极管D401两端对地电阻，发现二极管正端对地短路，负端对地正、反向电阻分别为500kΩ、3kΩ，说明D401及后级电路没有问题，问题出在Q401上。焊下Q401再试机，12.3V电压恢复正常，36V电压升为45V，说明故障就在Q401上。升压开关管击穿的原因可能是开关管自身的质量不佳，也可能是其他故障导致的，需一次性将故障元件彻底查出，避免烧毁新换的开关管。在路检测前端R415、R408、R401、OB3350均正常(注：对OB3350进行检查，可以在不安装开关管Q401的情况下，通过测量②脚电压和波形来判断。正常时该脚直流电压约11.2V，要比安装有开关管时高一些；用示波器测该脚波形，应有幅度约12Vp-p的脉冲信号，但脉宽要比安装有开关管时宽一些)。排除背光驱动集成电路U401(OB3350)的问题，后又检查LED灯条供电输出插座无开焊，插座也没有未插紧的现象，LED灯条也无灯珠开路或短路(将灯条接入另一块同型号板测试，灯条正常亮)。用原型号场效应管1820N更换Q401后试机，故障排除。

例2：一台LED32B32000C型液晶彩电，指示灯亮，二次开机后指示灯闪烁几次后熄灭，有伴音但背光不亮

分析检修：通电后遥控开机，测12.3V电压正常，说明主板和供电基本没问题。测LED升压电路二极管D401正端电压50.4V，负端50.2V，说明升压电路没有工作。对LED驱动控制芯片OB3350的几个关键脚进行检测，①脚供电脚11.6V，②脚(GATE)0V，⑥脚(COMP)6.1V，⑦脚(OVP)约0.14V，⑧脚(PWM)3.1V。通过对以上电压进行分析，发现②、⑥、⑦脚电压不正常，②脚电压为0V，说明无激励脉冲输出。断电后在路测②、⑥、⑦脚对地电阻，发现②、⑥脚正常，⑦脚对地电阻值变小。该脚对地正、反向电阻分别为17kΩ、9.2kΩ，正常应为56kΩ、10kΩ，怀疑该脚外接电容C410漏电。焊下贴片电容C410后，重测⑦脚对地电阻恢复正常，说明是C410的问题。测量C410有20kΩ左右的漏电电阻。用100pF的贴片电容更换C410后试机，通电后二次开机，背光灯亮起，LED输出电压为123V，⑥脚为2.16V ⑦脚为1.43V。C410也可不安装，对电路基本没有影响。

OB3350有复杂的保护机制，包括升压输出过压保护、过流保护、开路保护、过热保护等。OB3350在①脚获得正常供电、⑧脚(PWM)有超过2.5V电压后，芯片还要进行逻辑检查，芯片内部的监测器会检测OVP引脚即⑦脚的电压，以确认升压二极管D401是否连接或者升压输出是否对地短路。如果OVP引脚的电压低于0.1V，IC不启动（实际测试，OVP脚电压低于0.5V时IC不启动；如果IC已启动工作，当低于0.1V后，IC会停止工作)。同时，OB3350也会检查其他故障，如欠压锁定(UVLO)、过电流保护(OCP)、过热保护(OTP)。如果没有故障，芯片会通过内置的软启动电路开启升压电路。

(全文完)

◇四川　贺学金

OB3350CP外形

OB3350CP②脚波形

激光打印机的使用维护有章法(一)

打印机在我们的日常生活办公中已经是必不可少的设备了，打印机在办公的普及以及在家庭生活中的用途越来越多，普通家庭用户拥有一台打印机已经不是一件很奢侈的事情了，但在日常办公与家庭生活中在使用打印机时，我们碰到打印机不工作，或者想让自己的机器怎么才能变得耐用，那就需要去了解打印机，去学习日常的一些使用维护技巧。

1.正确选购激光打印机

现在激光打印机是日常办公极为重要的工具之一，而目前市场上的激光打印机价格已经能够被大多数家庭、企业所接受，有的家庭甚至都购买了彩色激光打印机。选购家用打印机，思考的总是比企业级别用户更为周全，品质、成本、服务一个都不能少。而一些品牌家用激光打印机正好符合家庭用户的三大标准，是家庭用户的首选。

可靠性反映了激光打印机本身的质量，我们可以用月额定打印量来衡量激光打印机的可靠性，这个值越高表明打印机的可靠性越好，因此打印量大的用户应选择可靠性高的型号。很多型号的激光打印机在标准配置的基础上，可以添加额外的内存、网络服务器、扩展字库、MAC机接口、Post支持部件、双面打印支持部件等，用户可以根据自己的需求来选购扩展部件。激光打印机内部结构比较精密，普通用户使用与维护激光打印机有一定困难。如果激光打印机的机械结构、管理软件或功能设计不合理，用户难以正确掌握使用方法，那么不仅会影响工作效率，打印机发生故障的概率也会上升，因此易用性也是选择时一个重要的参考指标。

使用过喷墨打印机的用户都会出现这种情况，隔几天不使用，需要打印时发现墨水已经干涸了，或是出现堵头，要是遇到紧急情况，打印机就成了摆设；此外，卡纸的问题相信很多用户朋友都遇到过，不仅浪费纸张，更耽误工作效率。有的打印机做得很不结实，不到一个月就出现了进纸困难频繁卡纸问题，而相较而言激光打印机则很少出现这种问题。再者从分辨率上来讲激光打印机的打印分辨率最低为300dpi，还有400dpi、600dpi、800dpi、1200dpi以及2400dpi和4800dpi等高分辨率；并且激光打印机的控制器中还有CPU，有内存，控制器相当于计算机的主板，所以它可以进行复杂的文字处理、图像处理、图形处理，这是喷墨打印机所不能完成的。激光打印机的耗材就比较单一，通常只有一个硒鼓，可打印的时间又长，维护起来相当简单，并且性能稳定。

打印成本是普通消费者最为关心的问题之一，成本不仅包括打印机本身的价格，还要考虑日后打印耗材的成本，比如墨盒、纸张等。从打印机初始购买成本来看，激光打印机已经与喷墨打印机不相上下，千元以内的激光打印机比比皆是。而从打印成本上来看，激光打印机的真正使用成本却比喷墨更低，按照单页打印成本算，喷墨打印机耗材价格虽然相对便宜，但打印容量却少很多，平摊下来单张打印成本在0.3元以上。整机和耗材的价格也是影响用户做出购买决定的重要因素，不同用户在选择激光打印机时可以根据自己的需求来确定候选对象，最好是整机和耗材在同一个店铺选用，这样服务比较好。联想家用激光打印机不仅价格在千元以内，随机配备的原装硒鼓，容量高达12000页，大大降低了用户的打印成本，随机墨粉容量也达到了1500/2600页，这样算下来，单页的打印成本仅为0.173元，使总体打印成本降低一半，大大节省了打印成本。相较而言，激光打印机在这方面就要人性化得多，有的厂商还在全国推广百城三年免费服务，不仅能够帮用户节约不少钱，更重要的是花钱买安心，有什么解决不了的问题一个电话就上门服务来了，既省时又省心。还有一个重要的因素就是品牌，也就是激光打印机哪个牌子好的问题，牌子好的激光打印机价格也比较适中。

一般来说，中档以上的机型，只要主供电源工作正常，出现故障时都会显示出故障代码，可根据代码含义检查相应的故障部位(如惠普、佳能、爱普生等中高档打印机，都有显示工作状态的"显示屏")。中档以下的机型都采用面板指示灯，表示工作状态及故障含义，可根据指示灯状态和含义进行故障检修(如惠普4L、6L等机型)。还有些机型无面板指示灯，需要将随机提供打印软件安装到计算机上并与之联接后，计算机屏幕会显示当前工作状态画面和声音提示，根据这些提示检查相应部位。

激光打印机的电路设计相当完善，它采用了多级的保护措施和顺序开关电路，故障率很低。所以当打印机出现故障时，要先排除其他操作不当和材料不适合的问题，不要急于拆解打印机，要先关闭总电源开关，等打印机温度降下来后重新开机，以观察故障是否消除，如果故障现象依旧再进行检修，因为激光打印机很多的故障属于临时性错误而造成的，所以这么做是借助于重新启动打印机的自检测功能，来恢复顺序错误故障。另外要注意的是激光打印机的许多部件，如硒鼓组件、定影组件、搓纸轮等属于消耗部件，需定期更换。

2.激光打印机使用要点

近几年，由于高新技术在激光打印机中的不断采用，打印机的集成化程度越来越强，随着电子控制技术的迅速提高，激光打印机的结构会越来越简单。但由于电路板采用了许多集成电路，给维修工作增加了难度和技术含量。此外，一般激光打印机随机资料都没有提供电路图纸，有些集成芯片出现故障无资料可查。所以在维修时，一定要正确掌握检查和判断故障的方法，不能盲目拆解，以免扩大故障。

在现代化程度越来越高的办公室或家庭中，激光打印机成了我们越来越熟悉的工具，可一旦机器出了故障也确实让人头痛。但是经过观察分析，大部分的故障是因为用户的操作失误或不注意保养机器造成的麻烦。激光打印机在使用维护中应注意以下方面：

1)对于硒鼓的安装，先要将硒鼓从包装袋中取出，抽出密封条，注意一定要将密封条完全抽出，曾经就有没有抽出密封条而打印不出来的案例。再以硒鼓的轴心为轴转动，使鼓粉在硒鼓中分布均匀，这样可以使打印质量提高。一般来说是由于硒鼓内的碳粉不多了，可将硒鼓取出，左右晃动，再放入机内，如打印正常，说明硒鼓内的碳粉不多了；若打印时还有白线，则需要更换新的硒鼓；如果还有问题，那就与客户服务中心联系维修。卡纸的毛病很常见，在放置纸张时将纸边用手抹平，用卡纸片紧卡住纸张两边，可以有效地避免卡纸。当卡纸时也别着急，先打开打印机翻盖，取出硒鼓，将打印机左侧的绿色开关向上扳，这样可以扩大卷纸器的缝隙，再用双手轻轻拽出被卡住的纸张，此时注意不要用力过猛，拉断纸张。

2)善于使用专业的工具清洁。最常见最经济的方式是使用清洁纸，清洁纸的外形和一般普通的打印纸没有什么分别，它具有很强的吸附能力，使用时将清洁纸放入纸槽，选择打印一份空白文档，让清洁纸到打印机内部正常的工作一次。清洁纸会粘走滚轮和走纸道上的粉尘，基本上3~5次便能完成清洁任务。打印机使用了比较长的时间后，仅仅依靠清洁纸是不够的，应该打开打印机，动手对内部进行一次清洁。首先打开打印机的机盖，取出硒鼓或墨盒，再用干净柔软的棉布轻轻地来回擦拭滚轴等一些相关的部位，擦去小纸屑和积累的灰尘，可根据实际的情况在布上加少许水。绝大多数激光打印机上都安装了臭氧过滤器，臭氧过滤器至少应该一年一换，以保持过滤器的清洁。

3)订书针是打印机杀手，使用单面纸请注意，一定要清理掉单面纸上的订书针，否则一旦进入打印机，将直接硌破定影膜。定影膜薄脆弱，它一破打印就有黑道或者卡纸。

4)共享打印机要密码。这是因为电脑用户名或密码和安装打印机的电脑用户名或密码不相同很好理解的，想用人家电脑上的打印机，当然要访问一下人家的电脑，表示得到许可。

5)打印机上不要放其他物品，长时间不用时，断开电源；不要打扰工作中的打印机，打印机在打印的时候请勿搬动、拖动、关闭打印机电源；打印机连续工作时间不应超过30min，要让打印机适当休息，否则打印机长时间不停打印会导致过热而损坏。

6)用的纸张不要太次了。不要使用小于70g的纸，否则极易卡纸。打印纸多数为70~80g。装纸也有讲究，进纸盒内放纸一定要松紧适度，并且将纸摆放整齐，否则非常容易卡纸。取卡纸更有讲究，再好的打印机都有可能卡纸，卡纸时应先切断电源，再开机箱，冷却后按照正确方法取卡纸。如果不知道正确方法就请专业人员帮忙，方法不正确可能会出现卡纸没取出倒破坏了定影膜。

7)硒鼓不要多次加粉。最好使用原装硒鼓，但为了节约Money，灌粉也可以理解，但一支用过的原装硒鼓灌粉不要超过两次，否则漏粉是小事，关键是打印质量会很次。

8)打印机机壳必须有良好的接地导线，否则，打印机产生静电会使机器性能不稳，影响出样质量，严重时会损坏机器和击伤人。打印机内高压较多，温度较高，不能随便打开机壳。此机器功率较大，温控可控硅解发频率高，最好单独使用一台稳压电源。

9)在使用过程中发生卡纸时，一定先确定卡纸部位，然后轻轻地、用巧力将卡纸取出。否则，会损坏有关部位或纸屑留在机器内影响出样质量。打印机工作结束后，维护清洁工作十分重要，对光学部分的清理特别要注意不能碰撞，金属工具等不能触碰鼓芯，以免造成永久性的破坏。在清理中注意激光器发出的激光为不可见光，要注意保护眼睛。

(未完待续)(下转第123页)

◇湖北　李进卫

KONZESYS KZ-1800多媒体中央控制器不通电故障维修一例

故障现象：插上市电后电源指示灯不亮，按"系统开"按键，中控不能开机。

故障分析与检修：中控电源指示灯不亮及不能开机，估计是电源有问题。该机供电由单独一块开关电源板提供(如附图所示)，电源板输出两组电压为主板供电，分别为12V和-5V。

首先测量保险管F1，发现F1已经断路，再测量开关管Q1(4N60)，没有击穿，估计没有损坏。更换F1后试机，电源板上指示灯LD1不亮，12V输出端电压为0V，高压侧主滤波电容两端有310V左右电压，断电后测量12V整流二极管D5发现已经击穿短路，更换后试机LD1点亮，12V和-5V输出电压正常，但面板上系统电源指示灯仍然不亮，系统无法开机。

顺着电源板两组输出电压走向检查线路，发现稳压集成块U9(7805)输出电压为0V，而输入电压为正常的12V，断电后测量输出端③脚对地电阻，有3kΩ左右，说明负载没有短路，U9损坏的可能性比较大，更换新的元件后试机，系统指示灯点亮(闪烁)，按"系统开"，中控能开机了。

测试时发现"台式电脑输入"端口输入信号时，"显示器输出"端口信号正常，"投影机输出"端口没有信号。切换到"数字展台"和"手提电脑"端口，只有"数字展台"端口有信号，不管怎么切换，"投影机输出"端口始终只有"数字展台"输入端口的信号，而面板上切换状态指示灯是正常变化的。进一步检查发现，按"银幕升"和"银幕降"按键，虽然状态指示灯有变化，但没有听到继电器吸合或释放的声音，同时用万用表监测电动屏幕控制插座上电压也没有变化。

观察中控主板电路，发现投影机信号切换和屏幕升降都是通过继电器控制的。进行功能操作时，面板指示灯有相应的变化，初步可以确定单片机U2是正常的。测量驱动继电器的三极管，发现Q1、Q2、Q3、Q5、Q6(代码为1AM)均已击穿，仅Q4正常。经查询，1AM是NPN型贴片三极管，完整型号是MMBT3904LT1，由于手头没有相同型号的配件，用2N5551贴片三极管代换后试机，投影机输出端口信号正常，切换信号均正常；按银幕升降键，能听见相应的继电器吸合及释放的声音，测量"电动幕"控制插座，有相应的电压变化，中控工作完全正常，故障完全排除。

不过，一台设备同时出现这么多的故障，还是很少见的。

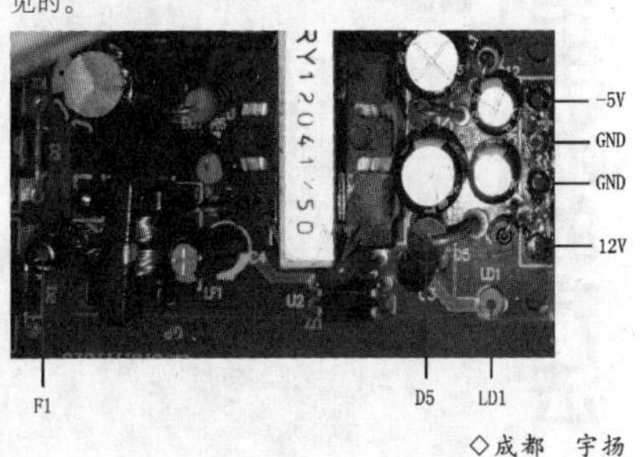

◇成都　宇扬

常见小型车用电器设备电路图

随着汽车的大量普及进入百姓家庭,各种车载用小电器也应运而生。最常见的是,为了方便给手机充电的各种DC-AC逆变器,行车记录仪以及直接将12V转换为5V的DC-DC转换器。早期的车辆都是将这些电器插在点烟器插口上使用,新型车辆在生产时就将DC-DC转换器安装在车内部,外面只留出一个或两个USB接口,使用时只需要插上手机的充电线就可以使用了。但DC-AC逆变器由于工作时电流比较大,笔者还没有看到车上直接有输出AC 220V的接口。

目前,一般在使用逆变器时都是插在点烟器插口上,使用结束后直接拔掉或熄火后控制系统会自动中断12V供电电源。图1是一台DC-AC逆变器,使用中不小心进水后损坏,解体后测量检查,发现Q1、D4、D6均击穿损坏,由于电路已腐蚀,没有了维修价值;图2是一台DC-AC逆变器的电路图;图3是一台行车记录仪供电转换器的电路图,厂家为了技术保密,擦除了IC型号;图4是一台直插式DC-DC转换器的电路图。这几个电路都是按照实物绘出的电路图,供同行爱好者们维修时参考。

由于这些车用设备都设计的比较小巧,元件安装紧凑,散热效果差,所以在使用时,尤其有些老旧车辆没有熄火断电功能,最好在离开车前停用设备,以免过热短路,甚至引发火灾事故。另外,这些设备在熄火后也会耗电,时间长了可能会导致电瓶过放电,无法启动车子。因此,不管什么电器设备,只有安全使用,才能最好的服务于你。

◇江苏 庞守军

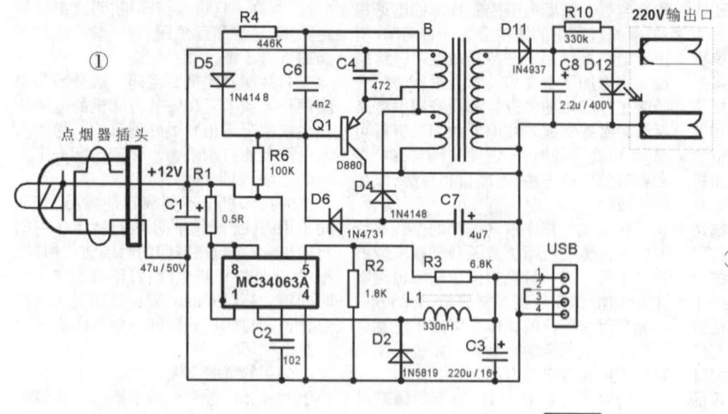

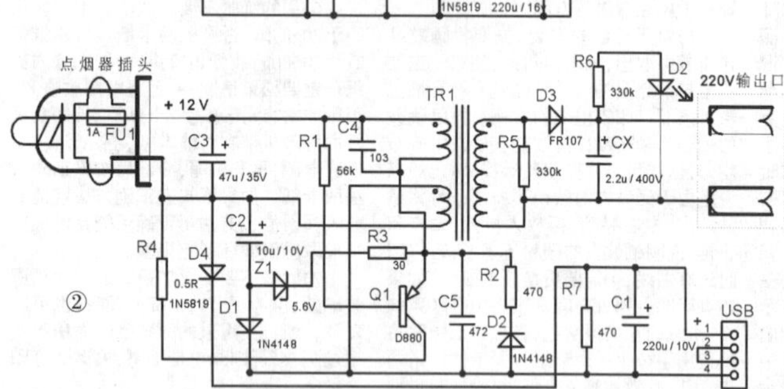

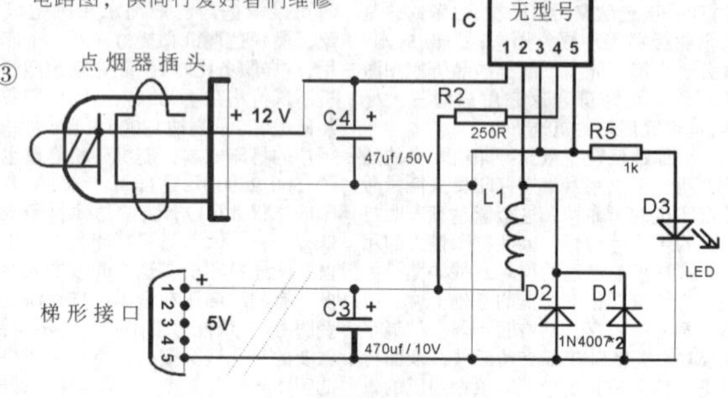

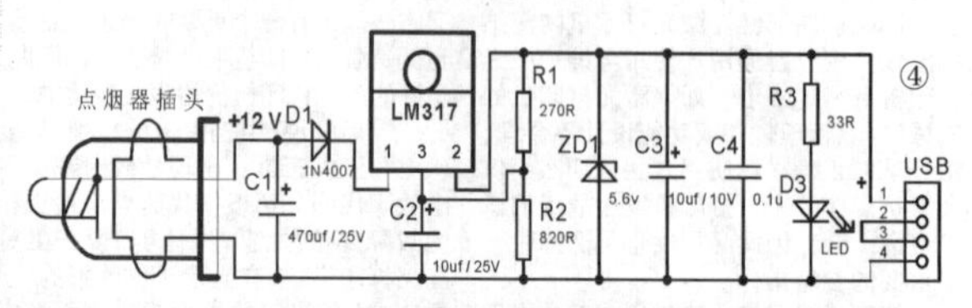

家用煤气灶改使用5号充电电池的方法

笔者家中使用的是华山牌煤气灶,点火器采用1节1号干电池供电。若采用的是优质1号干电池,其工作时间很长。但是,市场包装良好劣质的1号干电池较多,使用时间不长,往往会导致突然不点火而影响使用。笔者存有大量的5号镍氢电池,单节容量达到2.3Ah,而标准的1号干电池的容量为4Ah,理论上可替代,但不能用原来的电池盒。改装时,只要在原机1号的电池盒上,并联1只5号电池盒(用导线将正、负极相对应焊好即可),如附图所示。因5号电池盒的体积很小,可直接藏在煤气灶的下面,不影响美观。值得一提的是,电源只能用一个,使用5号电池就不能用1号电池,反之一样,否则会损坏电池。

网上卖的1号镍镉电池及充电器套件要几十元,而本方案的改装只需要1只废弃的5号电池盒即可。废弃的5号镍氢电池不仅可实验装在煤气灶上,也可使用在老式燃气热水器上,并且是LED手电筒和遥控器的好搭档。

◇江苏 王毅

《明可达(MKD)电子调光台灯不亮故障修理记》的更正

笔者阅读今年《电子报》第5期发表的《明可达(MKD)电子调光台灯不亮故障修理记》一文,根据责编提出的问题,再次核对了电路板实物和绘制的电路原理图后,现对两处进行更正:

1)原文附图内的Q1画反,应e极接电源的+极、b 极接-负极,c极剪掉未接。这样,利用它的be结的反向击穿电压作8~9V稳压管用。本机的9014管eb结稳压值为8V,通电后下降1V多,所以输出电压约为7V。因此,笔者将其画成稳压管,标注为VD。

2)原图内的Q4(现标注为Q3)ST72A是一只场效应管,笔者用IRF620代换可行。

更正后的电路原理图如附图所示。

◇北京 赵明凡

F 2A
D1
R1
60kΩ/1W
R3
2.4kΩ
R6
180kΩ
+7V
AC220V
RT
D2 D3
EL
VD
8V
Q2 9012
Q3 ST72A
R7 47kΩ
K
TLC336A
SCR
Q3 9013
C1 563K
R8 1.2kΩ
SB1
D4
R2
100Ω
R4
2.2kΩ
R5
10kΩ
C2
100μF
10V
R9 24kΩ
SB2

监控避雷器故障维修1例

去年夏天一场雷雨过后,核电水厂实体保卫一台监控器上显示画面的分格图中,其中一格山顶水池画面出现为黑屏状态。上山就地检查监控摄像头的开关电源220V供电正常,而开关电源无24V输出,用分步排查法将摄像头和避雷器分离后,测量还是没有输出,又将监控避雷器和开关电源断开,开关电源能输出正常电压,证明问题出在监控避雷器上。更换一只新的避雷器,监控恢复正常画面。

回来后将避雷器解体检查,测量24V供电的输入和输出端都是呈短路状态,进一步检查发现VR1~VR4全部被雷击穿,都成通路状态,去掉4个VR后恢复正常。但由于没有原型号备件替换,先用4只DB3的双向二极管来代替,因为DB3的导通电压为32V,所以完全能够胜任24V电压的工作状态,并能够起到过压保护功能。

【提示】以前曾用DB3来替代超声波液位计24V电源上并接的压敏进行电阻试验,证明能够起到过压保护功能。

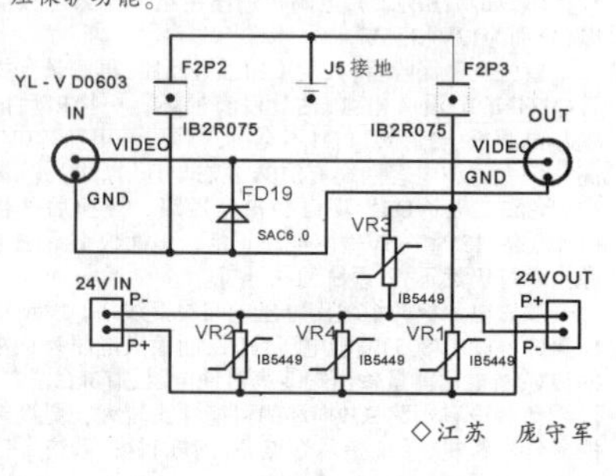

◇江苏 庞守军

试论安川、三菱、松下伺服JOG试机异同(上)

大家知道，伺服系统都有JOG功能，JOG功能也就试机功能，是最小系统的试机应用。其实不难理解，伺服系统属于智能型系统，开机会有一系列的初始化、自检功能运行，然后才能进入正常的准备状态。这样的系统，具备最小系统的正常验证，就显得很重要。伺服系统的JOG功能，就为此而生。关于伺服的最小系统，就是伺服驱动器+对应的伺服电机。

下面，我们试着来练习比较，日系伺服三大代表：安川、三菱、松下伺服的JOG操作，熟悉操作，和比较他们的异同，吸收他们的设置思想和智慧：

安川伺服：

安川伺服的JOG运行方式有三种：面板操作，软件操作，和手持编程器操作。下图首先是面板JOG运行操作：

伺服面板操作：

第7章 辅助功能（Fn□□□）

7.3 JOG 运行（Fn002）

⚠注意

(1) 运行前的设定事项

Pn304	JOG速度				类别
	设定范围	设定单位	出厂设定	生效时间	
	0～10000	1 min⁻¹*	500	即时生效	设定

(2) 操作步骤

步骤	操作后的面板显示	使用的按键	操作
1	Fn000		按MODE/SET键选择辅助功能。
2	Fn002		按UP或DOWN键显示“Fn002”。
3	-.JoG		[illegible]
4	.JoG		[illegible]
5	.JoG		[illegible]
6	-.JoG		[illegible]
7	Fn002		[illegible]
8	[illegible]		

截图是安川伺服的说明书相关说明，描述简单明了，步骤、操作、图例都相当明朗，算是比较通俗易懂，而且说明中连对应的参数项都一目了然，很好的表述方式。再文字说明一下：

安川伺服的JOG功能在 辅助功能（Fn□□□）参数组里，JOG运行的具体参数是Fn002 。

JOG说明：JOG运行是指不连接上位机装置而通过速度控制来确认伺服电机动作的功能。

注意事项：JOG运行过程中超程防止功能无效。运行的同时必须考虑所用机械的运行范围。

运行前的设定事项：（不能使能（伺服on）状态下运行JOG）

要进行JOG运行，必须 事先进行以下设定：

· /S-ON（伺服on）输入信号on时，请将其却换为OFF。

· Pn50A.1被设定为 “7”（常时伺服on为 “有效”）时，请将其变更为“7”以外的值。

· 请在考虑所用机械的运行范围等后再设定JOG速度。JOG运行速度通过Pn304进行设定 。

JOG操作步骤：

1.（驱动器通电准备状态下）按 MOD/SET键选择辅助功能（显示Fn000）

2.按UP或DOWN键 显示“Fn002”

3.按住DATA/SHIFT键约1秒钟，显示“—. JOG”。（设定为禁止写入时，“no_oP”将闪烁约1秒钟。请通过Fn010设成可写入状态后再操作。）

4.按MOD/SET键，进入伺服OFF（电机通电）状态。显示“—. JOG”

5.按UP键（正转）或按DOWN键（反转），在按键期间，伺服电机按照Pn304设定的速度旋转。（0~10000转/分钟）

6.按MOD/SET键，进入伺服ON（电机不通电）状态，显示“ . JOG”。（也可以按住DATA/SHIFT键约1秒钟使伺服OFF）

7.按住DATA/SHIFT键约1秒钟，返回“Fn002”显示。

8.JOG运行结束后，再次接通伺服单元的电源。

以上是安川伺服控制面板JOG试机的步骤操作。

下面是 伺服软件的试机操作：

软件操作很简单，连接上伺服驱动器之后，点击“试运行”菜单，选“JOG操作”选项，弹出一个警告界面，点击“OK”则进入JOG操作界面，点击“伺服on”按钮，再按“正转”或“反转”按钮，伺服电机则按相应的方向运动。

在JOG操作界面里，也将JOG速度参数Pn304的设定做出来，方便随时调整，理论数度范围可0~10000转/分钟范围设置，具体受限于电机的最高速度，也必须注意具体机械结构的运动范围。

下面六图分别是安川Σ5系列伺服和安川Σ7系列伺服的软件操作视图，由于安川伺服这两个系列要用不同的软件操控，顾两个界面都列举出来。

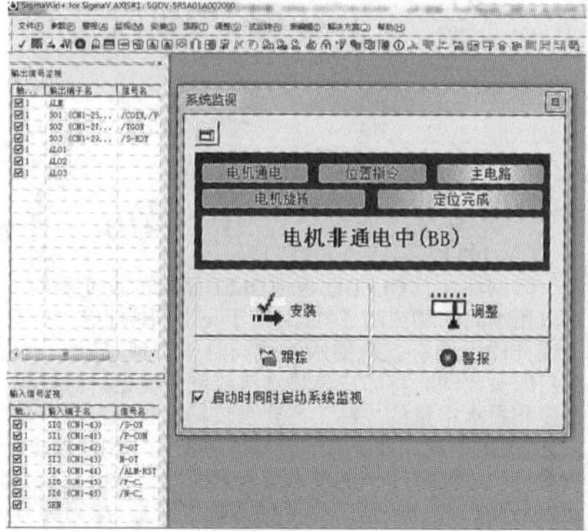

伺服软件联机进入的初始界面（安川Σ5系列伺服）

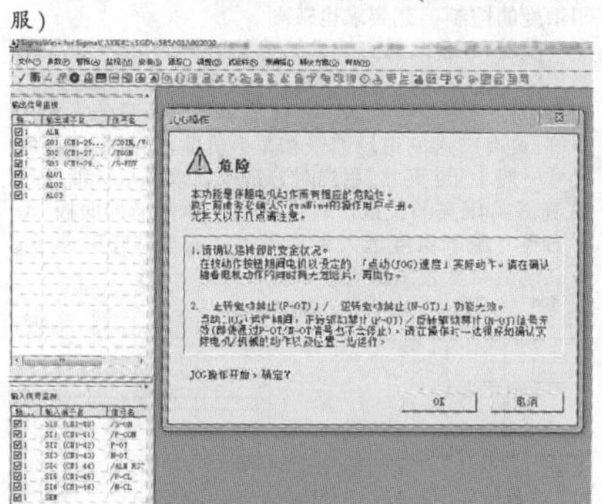

点选“试运行”里的“JOG操作”弹出的警告(安川Σ5系列伺服)

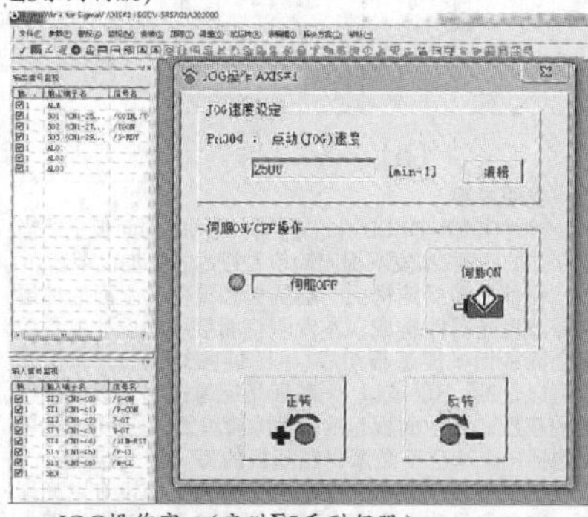

JOG操作窗口(安川Σ5系列伺服)

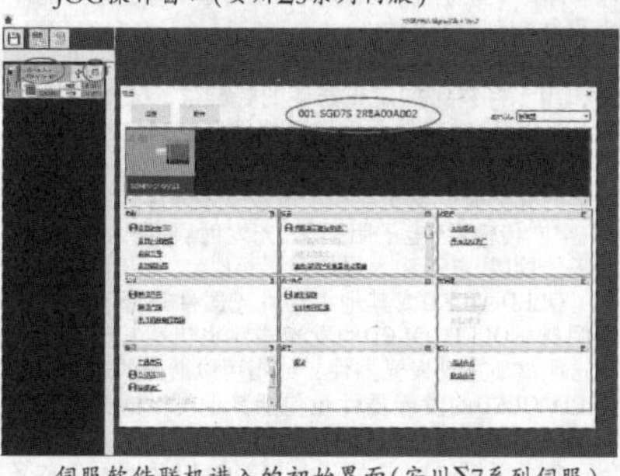

伺服软件联机进入的初始界面(安川Σ7系列伺服)

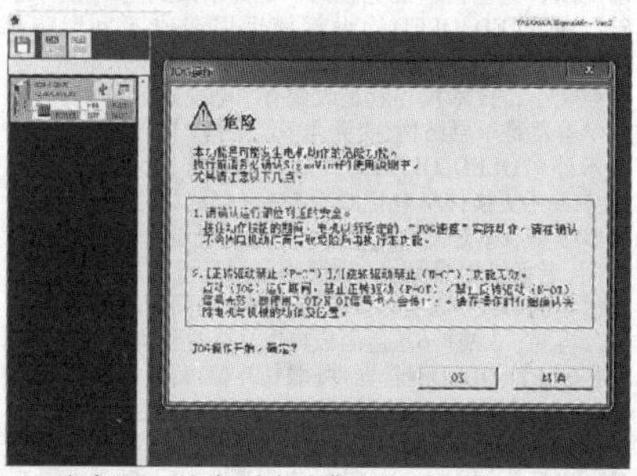

点击“JOG操作”弹出的警告框(安川Σ7系列伺服)

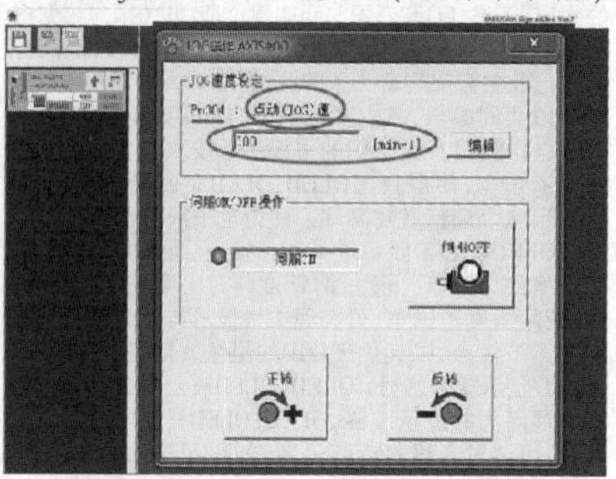

JOG操作窗口(安川Σ7系列伺服)

看起来，安川伺服软件的JOG操作模式比较简单、明朗。安川的试运行菜单里有“JOG操作”和“程序JOG运行”两种类型。

手持编程器操作：

安川手持编程器型号JUSP-OP05A-1-E，安川5代安川7代伺服通用型，这个编程器是采用液晶显示，屏幕可以一次性显示五行信息。安川3代伺服用的编程器型号是

JUSP-OP05A，其实是一样的，就线缆的接头不同。这款编程器设计得满成熟，操控简单便捷，屏幕够大，具体操控的相关参数可以排列显示。容易上手，而能够很快适应它查找修改参数风格，是非常不错的一种使用体验。

手持编程器JOG操作步骤：

A.手持编程器的JOG功能，连接好伺服通电初始化完成之后，按一下“MODE/SET”键进入的页面就是，辅助参数（Fn□□□）页面；

B.默认通常JOG参数Fn002在参数列表第二行，选中会整条参数闪烁，按一下“DATA”键就进入Fn002 JOG参数项，会列出 Pn304（JOG速度设定）、Un000（速度监测）、Un002（转矩监测）、Un00D（编码器读数监测）四项相关参数；

C.按“JOG SVON”键，伺服使能，电机锁住；

D.按“∧”或“∨”键，电机则正转或反转；

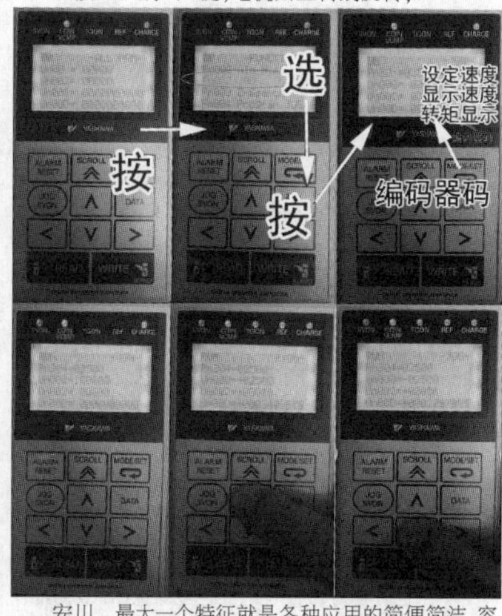

安川，最大一个特征就是各种应用的简便简洁，容易上手。而且都很容易让客户见到具体的参数项，对熟悉并记住相关的参数的功能作用，相当有效。◇电子手

(未完待续)(下转第 125 页)

“多层显示面板”新发明(1)

——助推OLED、QLED面板研发生产

笔者的专利申请201710968141.6，国家知识产权局于今年2月9日公布。目前国内外显示面板供应商已经全面布局OLED、QLED面板的研发生产，想占领技术、市场制高点。但是，目前OLED、QLED存在的制作工艺复杂，蓝色材料易老化的问题尚未做到全面技术突破，对OLED、QLED的大规模运用造成不利影响。(201710968141.6)就是针对这些问题做的技术革新，实现难度小，技术核心就是改变有了电视显示技术以来：显示屏幕是单层结构，变更为多层结构。笔者认为，这个技术能对OLED、QLED的大规模运用有很大的推动作用：1.采用更换掉易老化的蓝色基色层的办法，解决整个屏幕维修成本过高的问题。使得电视机显示器厂商愿意运用，老百姓愿意购买，赚得的利润又可以反哺蓝色发光材料的研发。2.使得头戴显示器微型面板的高清实现更为容易。3.使得6基色面板得以从概念到实现运用。4.使得OLED、QLED混合器件(取长补短)面板的生产得以实现。5.使得制作工艺得以简化，面板生产更为容易。电子报的专家团队技术实力雄厚，希望在多层显示MLD(Multi-Layer Display)应该做先驱者排头兵，领先于国外的索尼、三星、LG等公司。我的建议是：电子报应该做多层显示MLD合作联盟的发起单位，让国家科技部、商务部等行业主管部门来头主管，全国的平板显示领域产学研单位共同参与，成立多层显示(Multi-Layer Display)产业合作联盟。让我们的平板显示技术在多层这个领域弯道超车，使得我国OLED、QLED面板产业，插上多层显示这个翅膀展翅高飞。使得电子报再创辉煌。

OLED、QLED显示器具有自发光、驱动电压低、发光效率高、响应时间短、清晰度与对比度高、近180°视角、使用温度范围宽，可实现柔性显示与大面积全色显示等诸多优点，以其优于LCD的呈像效果，正有逐步取代LCD显示器的趋势。OLED、QLED被业界公认为是最有发展潜力的显示装置。OLED、QLED材料本身具有可弯曲、可透过光线的特点，配合透明、可弯曲的基板，不少公司都开发出了OLED、QLED柔性透明显示面板。有的公司还开发出总厚度仅为0.01毫米的OLED超薄柔性透明显示面板。

不足：OLED面板的有机发光层可以蒸镀、印刷打印两种方法制作。但由于制作工艺复杂的问题，造成OLED面板特别是大屏幕面板良品率不高，目前能大规模投入量产的企业还不多，大多尚处在试验及小规模生产阶段。另外，由于目前可选用的蓝色OLED有机发光材料的发光效率以及寿命远低于红色、绿色两色OLED发光材料。使目前的OLED面板随使用时间的累积，显示的蓝色衰减过快，造成偏色现象。即使使用WOLED(白光OLED)加滤色板方案已经大规模量产的LG OLED面板，随着使用时间的累积也存在WOLED偏色的现象(其白光OLED是由蓝、黄两种OLED发光材料混合或由红、绿、蓝三种OLED发光材料混合而成，当蓝色衰减过快，也会造成偏色现象)。

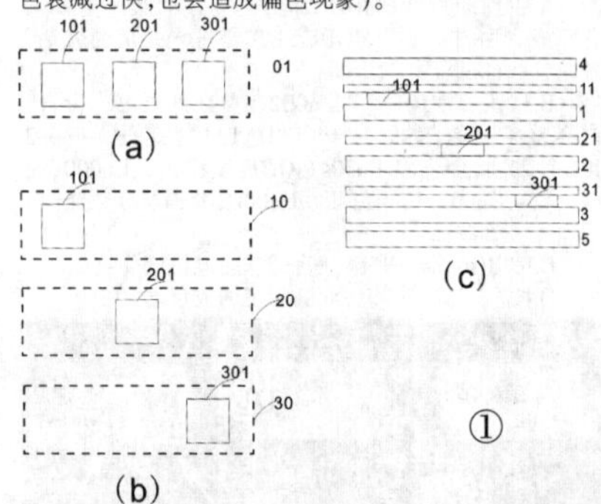

对于更新换代较快的手机等设备来说，用一两年即使屏幕已偏色老化，用户也可能已将设备弃旧更新了，这尚能接受。但对于电视机、电脑显示器这样的耐用家用品来说，一两年的屏幕使用寿命的确偏短(国内家庭电视机的平均更新周期在3~5年以上)。维修更换整个屏幕的成本过高，用户很难接受。

QLED面板的纳米晶体无机发光层可以用打印的方法制作。但由于打印墨水溶液制作工艺复杂的问题，目前能大规模投入量产的企业还不多，大多尚处在试验及小规模生产阶段。QLED无机发光材料的寿命理论上比OLED有机发光材料的要长。但在实际研发中，目前可选用的蓝色QLED发光材料的性能差强人意，发光材料的发光效率以及寿命远低于红色、绿色两色QLED发光材料。所以目前OLED面板存在的老化偏色问题，目前的QLED面板也存在。

现在也有将寿命较长的红色或绿色OLED、QLED发出的光用上转换材料转换为蓝色发光，以代替寿命较短的蓝色OLED、QLED发光材料的方案。但是，由于目前的上转换材料光线转换效率不高，所以目前仅在实验室或工厂小规模试验，还未达到大规模量产的运用阶段。

对于蒸镀法制作OLED面板：制作红、绿、蓝三个子像素的发光层时，要在不同的掩模板遮盖下蒸镀三次，形成三个基色的OLED发光层。由于要蒸镀三次，对不同掩模板的对位要求较高，工艺变得复杂，特别是大面板制作难度加大。

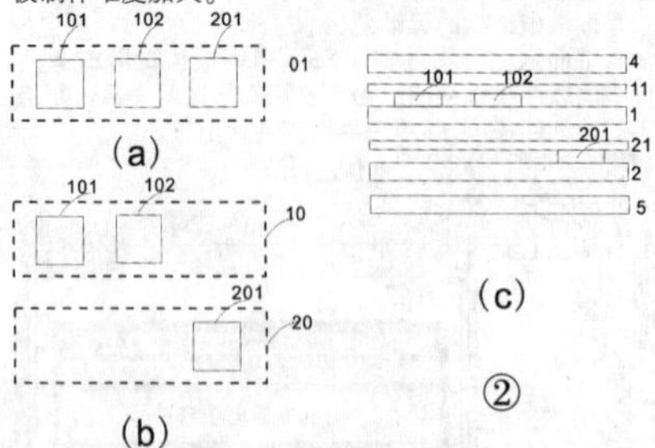

印刷法制作OLED面板或QLED面板的发光层时，可以用滚筒印刷或喷墨打印。对于一次印刷工艺：滚筒上或介质上要有三色墨水溶液同时压印到面板上；喷墨打印头要同时打印三色墨水溶液到面板上。对打印精度和墨水用量的控制工艺要求较高。对于三次印刷工艺：滚筒上或介质上有一色墨水溶液压印到面板上；喷墨打印头要打印一色墨水溶液到面板上。但是一个面板要制作红、绿、蓝三个子像素的发光层，滚筒要分别压印三次；喷墨打印头要分别打印三次，对印刷或打印精度的控制工艺要求也较高。

随着VR虚拟现实技术的普及运用，引起头戴显示器用微型显示面板的需求量加大。微型显示面板特别适合应用于头盔显示器、立体显示镜以及眼睛式显示器等，具有广阔的市场前景和军事价值。而微型面板的尺寸一般小于1英寸，用户对分辨率要求也从标清向着2K高清或4K高清发展。对于小尺寸4K高清的面板，每平方英寸像素密度远大于苹果手机的视网膜屏幕了，所以制造难度大大增加。

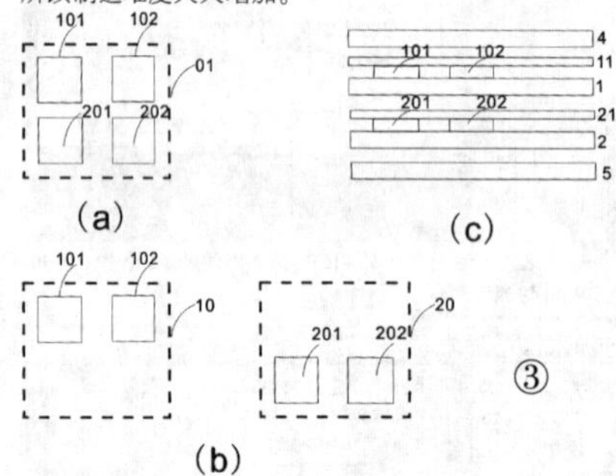

发明内容

针对OLED、QLED主动发光材料构成的面板上述当前存在的问题，本发明提出简单易行的方法加以革新。

目前的面板结构由一层基板和覆盖其上面的单层红绿蓝发光器件构成，本发明将面板结构设计变更为每个面板由多层基板组成(见图1–图3所示)。多层基板可以是2层、3层或以上。基板是超薄透明基板或柔性透明基板。显示面板包括多个像素单元，每一个像素单元包括多个基色子像素，在基板的每一层上包含一个或以上的基色子像素。在基色子像素区域设有发光器件。即每个像素在每层基板上覆盖单个基色发光器件或多个基色发光器件。

各层基板包括设置在基板上的驱动电路、发光器件和用于封装保护发光器件的封装层。发光器件是OLED、QLED或其他主动发光器件任意1种或至少2种的组合。OLED、QLED发光器件包括依次设置在所述基板上的底电极、发光层和顶电极。发光层为空穴注入层、空穴传输层、电子阻挡层、光发射层、空穴阻挡层、电子传输层、电子注入层的多层叠层。

OLED、QLED或其他主动发光器件是指不透光不透明材质OLED、QLED的发光器件也包括其他不透光不透明材质主动发光器件，或指可以透光的透明材质OLED、QLED的发光器件也包括其他可以透光的透明材质主动发光器件的其中一种。

每个面板的构成：可以是覆盖OLED发光器件的多层基板叠合而成的多层结构；可以是覆盖QLED发光器件的多层基板叠合而成的多层结构；还可以是覆盖OLED发光器件的单层(或多层)基板与覆盖有QLED发光器件的单层(或多层)基板叠合而成的多层结构。也可以是覆盖OLED发光器件的单层(或多层)基板与覆盖有QLED发光器件的单层(或多层)基板与覆盖有其他主动发光器件的单层(或多层)基板叠合而成的多层结构。

对于每层基板采用不透光不透明材质OLED、QLED的发光器件或其他主动发光器件时，由于面板每个像素的基色子像素发光器件分布在不同层基板上。每个像素的基色子像素发光器件在最上层基板的垂直投影位置与该像素的其他基色子像素发光器件在最上层基板的垂直投影位置对应错开。 避免上面的子像素发光器件阻挡遮盖下面的子像素发光器件发出的光线。

对于每层基板采用可以透光的透明材质OLED、QLED的发光器件或其他主动发光器件时，由于面板每个像素的基色子像素发光器件分布在不同层基板上。每个像素的一个基色子像素发光器件在最上层基板的垂直投影位置与该像素的其他基色子像素发光器件的全部或部分在最上层基板的垂直投影位置对应重合。这样，该像素的各个基色子像素可以上下层基板之间垂直混色。可以透光的透明材质OLED、QLED的发光器件或其他主动发光器件，其发光器件的底电极，顶电极及发光层是透明材料。

(一般的OLED、QLED器件发出的光都是经由基板射出，也就是底发光。而所谓的顶发光就是光不经过基板而是从相反的方向射出。若阳极材料使用传统透明的ITO，再搭配透明的阴极，则器件的两侧都会发光，这也就是所谓的透明式或穿透式器件。)

有的公司开发出基板和发光器件的总厚度仅为0.01毫米的OLED柔性透明显示面板。但是各个公司开发能力不同，生产出的基板厚度也不同。虽然开发时可以尽量降低厚度，但是厚度还是存在，基板厚度使得在两层基板的子像素之间的垂直距离d至少有一个基板厚度的距离。在面板正面观看，根据近大远小的透视学原理讲，或多或少会影响各个子像素发光器件在面板正面垂直投影的大小z和排列位置距离w，引起串色现象。(参见图4，图5)

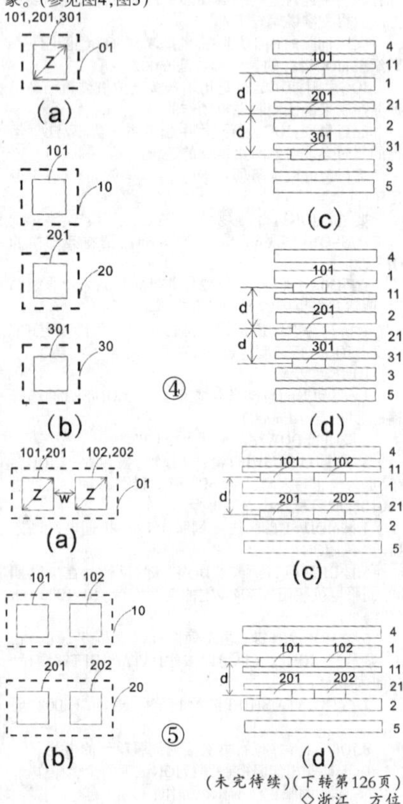

(未完待续)(下转第126页)

◇浙江 方位

三菱PLC应用程序的模块化设计(上)

所谓"模块化程序结构"是根据工程项目的特点，把一个复杂的控制过程分成若干个操作简单、规模较小、任务单一的功能块。这些功能块的控制任务分别由某个子程序或中断程序独立承担。所有的子程序和中断程序在主程序的统一管理和控制下有序地执行，共同完成工程项目的控制任务。模块化结构所编制的程序指令，在每个扫描周期中是有选择地被扫描。通常有互斥扫描的指令存在，即在一个扫描周期中扫描了这一段指令，而不扫描那一段指令；而在另一扫描周期中则扫描了那一段指令，而不扫描这一段指令。

模块化结构为程序的设计提供了清晰的思路，整个应用程序有且只能有一个主程序和若干个子程序或中断程序组成。可以根据不同的功能、控制方式、控制对象等来确定相应的程序模块。

1. 程序的结构

描述事物进行过程可以用一种图来表述，这种图被称为流程图。从流程图上能够清楚地看出过程中各个步骤之间的逻辑关系(例如分支、循环、转移等)，它比用文字说明来得更明确、更简练、更形象。程序流程图则是计算机操作方案的形象描述，它用箭头将一系列表示各种操作功能的各种形状的框图，按照它们之间的逻辑关系连接起来，直观地展示了程序运行时各种可能进行的过程及其先后次序。

(1) 线性结构

线性程序结构就是指一个工程项目的全部控制任务都按照工程控制的先后次序顺序地进行编写。PLC运行过程中CPU不断地扫描主程序，按照预先组织排列好的指令次序逐一执行完成控制任务。即在每个扫描周期中每一条指令都要被扫描。这是线性结构的根本特征。

若存在A、B和C三个操作，那么线性结构是先执行A操作，完成A后再执行B操作，完成B后再执行C操作，三者是前中后的顺序关系。其流程图如图1所示。

(2) 选择结构

选择结构就是指一个工程项目的某些控制任务需要按照一些工程控制任务的执行结果来进行判别，这些控制任务执行得到的结果不同将进入不同的任务进行处理。也就是说，某些控制任务的执行需要根据先前的执行结果进行判断、比较的结果才能转向不同的分支进行下一步处理。

选择结构有2分支和多分支两种。2分支选择结构流程图如图2(a)所示，多分支选择结构流程图如图2(b)所示。

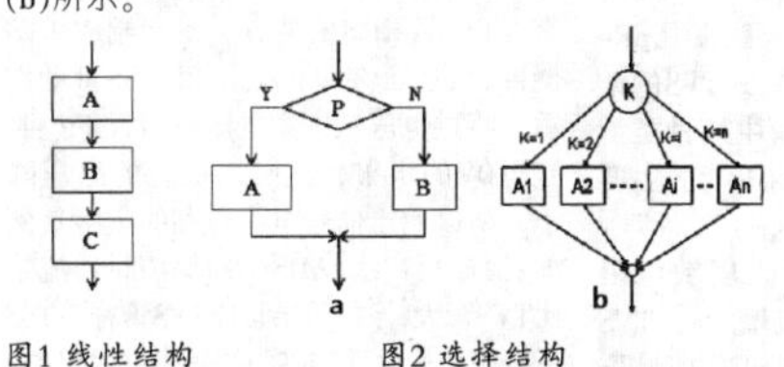

图1 线性结构　　图2 选择结构

(3)循环结构

循环结构就是指一个工程项目的某些控制任务在执行中某个操作需要重复多次，或某个控制任务需要重复多次执行。此时用循环程序的方法来解决就比较合适。

循环结构是一种连续执行循环体内指令若干次的结构形式，其结构流程如图3所示。

(4)子程序结构

在一个工程项目中，常常会出现多次进行一些相同的计算或操作。若在整个应用程序中，每一次相同的计算或操作都放置一段相同的程序，这样不仅麻烦，而且浪费存储空间。因而对控制任务中相同的计算或操作用一段程序以子程序的形式存放在应用程序的规定区域，在主程序运行过程中需要用到该计算或操作时，就执行调用子程序的指令，使程序转向子程序。子程序处理完毕后返回主程序，继续进行后面的指令。

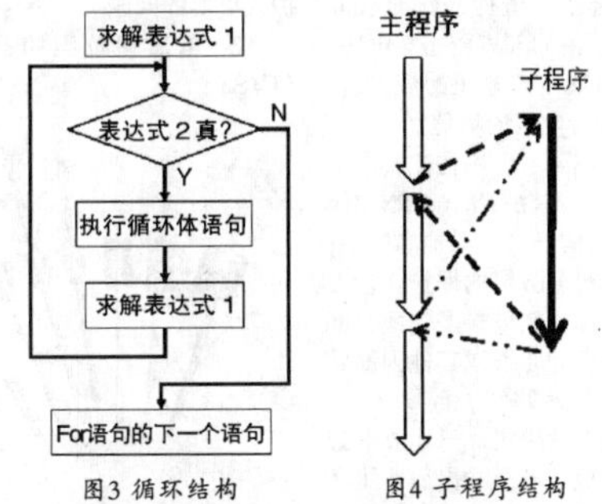

图3 循环结构　　图4 子程序结构

(5) 中断程序结构

中断程序与子程序类似，但有区别。中断需要由其他随机事件来触发，能够触发中断的事件称为中断源。在多个中断源同时请求时优先响应哪个，这就涉及中断请求的优先级。优先级越高，越先被响应。虽然中断源发出了中断请求，但还需要被CPU许可才能响应。其流程结构与子程序一样，只是子程序变成了中断服务程序。

2. 程序流程指令

三菱FX系列PLC的指令分为基本指令和应用指令，用于模块化结构程序设计的程序流程指令属于应用指令。[1]该类指令有10个，下面以FX_{2N}为例重点介绍几个。

(1) 条件跳转指令

功能号：FNC 00

助记符：CJ

指令格式：　　　指令梯形图：

CJ Pn

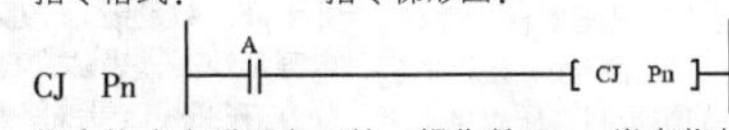

指令格式中需要虚元件（操作数）Pn：嵌套指针P0~P127；A：X、Y、M、S、T。

指令说明：在跳转条件A为ON的情况下跳转指令被执行，PLC将不再执行跳转指令与跳转指针Pn之间的程序段，即跳到指针Pn为入口的程序段中执行。直到跳转条件为OFF，不执行跳转指令，而执行跳转指令后下一条指令。

(2) 子程序指令

子程序指令有两个：子程序调用和子程序返回。这两个指令必须成对出现，且子程序段，即包括指针Pn与SRET及其中间的程序必须放置在主程序结束FEND后，标号END前。子程序调用与子程序段必须成对出现。

功能号：FNC 01，FNC 02

助记符：CALLP，SRET

指令格式：　　　指令梯形图：

CALLP Pn　　A　CALL Pn

Pn　B　G

Pn SRET　　SRET

指令格式中需要虚元件（操作数）Pn：嵌套指针P0~P127；A：X、Y、M、S、T。

指令说明：调用指令在调用子程序条件A为ON的情况下子程序调用指令被执行，PLC将转至子程序调用指令CALL中指针Pn所指的程序段执行，直到遇到子程序返回指令SRET，随即返回到子程序调用指令的下一条指令继续执行。调用子程序条件A为OFF的情况下子程序调用指令不被执行，即该指令中指针Pn与最近一个子程序返回指令SRET之间的子程序不被扫描。

(3)中断指令

中断指令有三个：中断返回、中断允许和禁止中断。FX_{1N}系列PLC有三类中断源，即输入中断、定时器中断和计数器中断。输入中断来自PLC的输入端子，用于PLC外部突发事件。定时器中断来自PLC内部的定时器，用于周期性出现的事件。计数器中断来自PLC内部高速计数器的比较结果产生中断。为了区别不同的中断源及其中断服务程序，规定了各中断源对应的中断服务程序的入口指针号，如I00□是输入端X00的中断服务程序的入口标号。一次中断请求，中断服务程序通常仅执行一次。

功能号：FNC 03，FNC 04，FNC 05

助记符：IRET，EI，DI

指令格式：　　　指令梯形图：

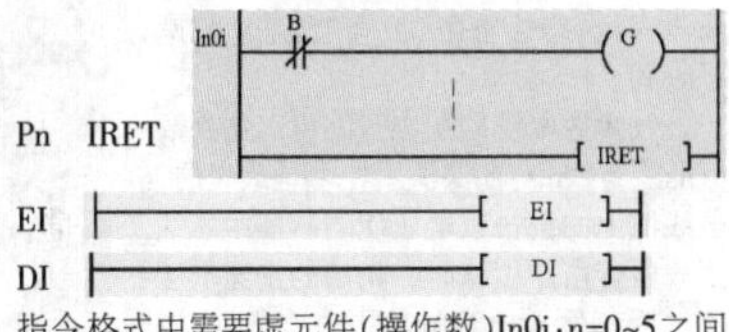

指令格式中需要虚元件(操作数)In0i：n=0~5之间的整数，i=0或1。

指令说明：在主程序段程序执行过程中中断允许的情况下，若输入端口出现上升沿信号，则相应的外部中断服务程序就执行一次，执行完毕后返回主程序。如M8050=0，X000=↑，则入口是I001的中断服务程序就被执行。若设置有一定时间值的定时器中断，当时间周期到则相应的定时中断服务程序就被执行一次。如M8056=0，时间周期为10ms的定时中断I610就被执行一次。计数中断也类似。

3.应用实例

本节以异步电动机正反转双向降压起动的经典的实例，来说明三菱PLC模块化编制应用程序的方法。该实例的PLC控制电原理图如图5所示，图中各输入输出点的功能如表1所示。图中除有点动和连续运行两种方式外，还增加了起动时间用按钮延长或缩短的操作。

(未完待续)(下转第127页)

◇江苏 沈 洪 陈 洁

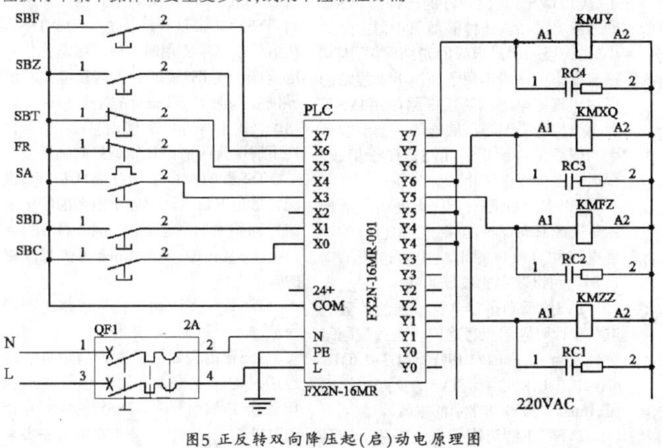

图5 正反转双向降压起(启)动电原理图

表1 输入输出点功能

输入端子		输出端子	输入点
功能说明	输出点	功能说明	X0
起动时间延长按钮SBC	Y4	正转电源接触器KMZZ	X1
起动时间缩短按钮SBD	Y5	反转电源接触器KMFZ	X3
点动/连续(闭合)SA	Y6	星形起动接触器KMXQ	X4
热保护FR	Y7	角形运行接触器KMJY	X5
停止按钮SBT			X6
正转起动按钮SBZ			X7
反转起动按钮SBF			

认识常用于保护电路中的元器件(上)

随着社会的不断进步，物联网的发展，电子产品的室外应用场景，持续高增长，电子产品得到了极其广泛的应用，无论是公共事业，还是商用或者民用，已经深入到各个领域，这也造成了产品功能的多样化、应用环境的复杂化。随着产品功能越来越多，其功能接口也越来越丰富，比如：网络接口（带POE功能）、模拟视频接口、音频接口、报警接口、RS485接口、RS232接口等等。

通信产品在应用的过程中，由于雷击等原因形成的过电压和过电流会对设备端口造成损害，因此应当设计相应的防护电路，各个端口根据其产品族类、网络地位、目标市场、应用环境、信号类型以及实现成本等多种因素的不同所对应的防护电路也不同。

1.气体放电管

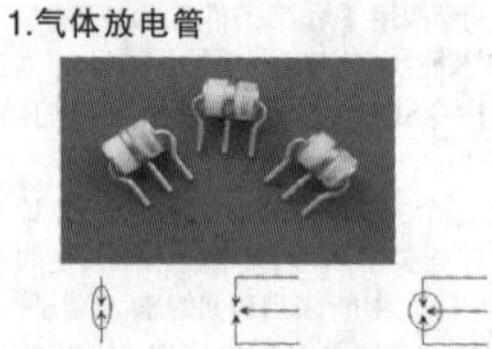

图1 气体放电管的原理图符号

气体放电管是一种开关型保护器件，工作原理是气体放电。当两极间电压足够大时，极间间隙将放电击穿，由原来的绝缘状态转化为导电状态，类似短路。导电状态下两极间维持的电压很低，一般在20~50V，因此可以起到保护后级电路的效果。气体放电管的主要指标有：响应时间、直流击穿电压、冲击击穿电压、通流容量、绝缘电阻、极间电容、续流遮断时间。

气体放电管的响应时间可以达到数百ns以至数ms，在保护器件中是最慢的。当线缆上的雷击过电压使防雷器中的气体放电管击穿短路时，初始的击穿电压基本为气体放电管的冲击击穿电压，放电管击穿导通后两极间维持电压下降到20~50V；另一方面，气体放电管的通流量比压敏电阻和TVS管要大，气体放电管与TVS等保护器件合用时应使大部分的过电流通过气体放电管泄放。

因此气体放电管一般用于防护电路的最前级，其后级的防护电路由压敏电阻或TVS管组成，这两种器件的响应时间很快，对后级电路的保护效果更好。气体放电管的绝缘电阻非常高，可以达到千兆欧姆的量级。极间电容的值非常小，一般在5pF以下，极间漏电流非常小，为nA级。因此气体放电管并接在线路上对线路基本不会构成什么影响。

气体放电管的续流遮断是设计电路需要重点考虑的一个问题。如前所述，气体放电管在导电状态下续流维持电压一般在20~50V，在直流电源电路中应用时，如果两线间电压超过15V，不可以在两线间直接应用放电管。

在50Hz交流电源电路中使用时，虽然交流电压有过零点，可以实现气体放电管的续流遮断，但气体放电管类的器件在经过多次导电击穿后，其续流遮断能力将大大降低，长期使用后在交流电路的过零点也不能实现续流的遮断；还存在一种情况就是如果电流和电压相位不一致，也可能导致续流不能遮断。

因此在交流电源电路的相线对保护地线、相线对零线以及相线之间单独使用气体放电管都不合适，当用电设备采用单相供电且无法保证实际应用中相线和中线不存在接反的可能性时，中线对保护地线单独使用气体放电管也是不合适的，此时使用气体放电管需要和压敏电阻串联。在交流电源电路的相线对中线的保护中基本不使用气体放电管。

防雷电路的设计中，应注重气体放电管的直流击穿电压、冲击击穿电压、通流容量等参数值的选取。设置在普通交流线路上的放电管，要求它在线路正常运行电压及其允许的波动范围内不能动作，则它的直流放电电压应满足：min(ufdc)≥1.8UP。式中ufdc直流击穿电压，min(ufdc)表示直流击穿电压的最小值。UP为线路正常运行电压的峰值。

气体放电管主要可应用在交流电源口相线、中线的对地保护；直流RTN和保护地之间的保护；信号口线对地的保护；天馈口馈线芯线对屏蔽层的保护。

气体放电管的失效模式多数情况下为开路，因电路设计原因或其他因素导致放电管长期处于短路状态而烧坏时，也可引起短路的失效模式。气体放电管使用寿命相对较短，多次冲击后性能会下降，同时其他放电管在长时间使用会有漏气失效这种自然失效的情况，因此由气体放电管构成的防雷器长时间使用后存在维护及更换的问题。

2.压敏电阻

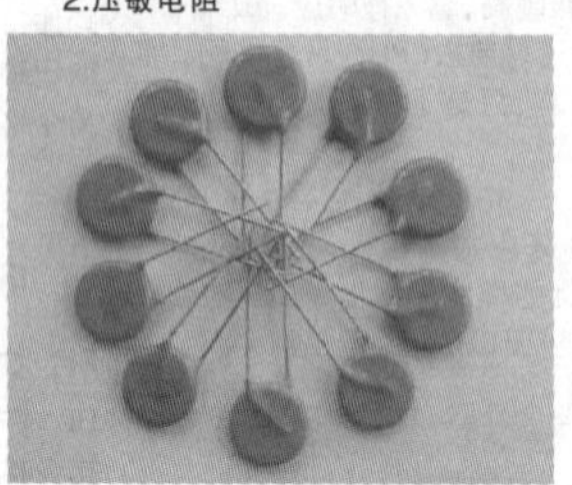

图2 压敏电阻的原理图符号

压敏电阻是一种限压型保护器件。利用压敏电阻的非线性特性，当过电压出现在压敏电阻的两极间，压敏电阻可以将电压钳位到一个相对固定的电压值，从而实现对后级电路的保护。压敏电阻的主要参数有：压敏电压、通流容量、结电容、响应时间等。

压敏电阻的响应时间为ns级，比空气放电管快，比TVS管稍慢一些，一般情况下用于电子电路的过电压保护其响应速度可以满足要求。压敏电阻的结电容一般在几百到几千pF的数量级范围，很多情况下不宜直接应用在高频信号线路的保护中，应用在交流电路的保护中时，因为其结电容较大会增加漏电流，在设计防护电路时需要充分考虑。压敏电阻的通流容量较大，但比气体放电管小。

压敏电阻的压敏电压(min(U1mA))、通流容量是电路设计时应重点考虑的。在直流回路中，应当有：min(U1mA)≥(1.8~2)Udc，式中Udc为回路中的直流额定工作电压。在交流回路中，应当有：min(U1mA)≥(2.2~2.5)Uac，式中Uac为回路中的交流工作电压的有效值。

上述取值原则主要是为了保证压敏电阻在电源电路中应用时，有适当的安全裕度。在信号回路中时，应当有：min(U1mA)≥(1.2~1.5)Umax，式中Umax为信号回路的峰值电压。压敏电阻的通流容量应根据防雷电路的设计指标来定。一般而言，压敏电阻的通流容量要大于等于防雷电路设计的通流容量。

压敏电阻主要可用于直流电源、交流电源、低频信号线路、带馈电的天馈线路。

压敏电阻的失效模式主要是短路，当通过的过电流太大时，也可能造成阀片被炸裂而开路。压敏电阻使用寿命较短，多次冲击后性能会下降。因此由压敏电阻构成的防雷器长时间使用后存在维护及更换的问题。

3.电压钳位型瞬态抑制二极管(TVS)

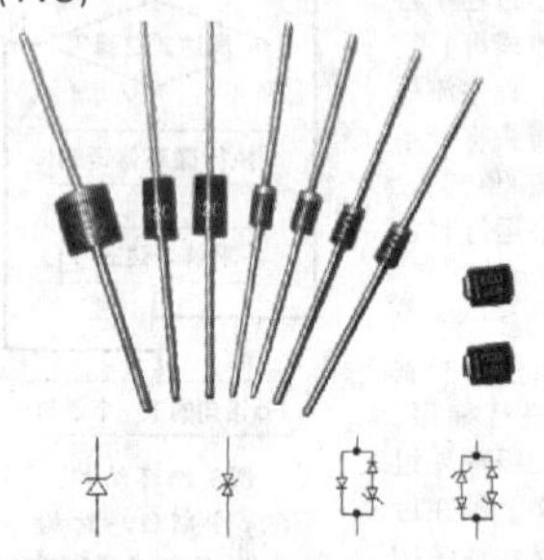

图3 TVS管原理图

TVS(Transient Voltage Suppression)是一种限压保护器件，作用与压敏电阻很类似。也是利用器件的非线性特性将过电压钳位到一个较低的电压值实现对后级电路的保护。TVS管的主要参数有：反向击穿电压、最大钳位电压、瞬间功率、结电容、响应时间等。

TVS的响应时间可以达到ps级，是限压型浪涌保护器件中最快的。用于电子电路的过电压保护时其响应速度都可满足要求。TVS管的结电容根据制造工艺的不同，大体可分为两种类型，高结电容型TVS一般在几百~几千pF的数量级，低结电容型TVS的结电容一般在几pF~几十pF的数量级。一般分立式TVS的结电容都较高，表贴式TVS管中两种类型都有。在高频信号线路的保护中，应主要选用低结电容的TVS管。

TVS管的非线性特性比压敏电阻好，当通过TVS管的过电流增大时，TVS管的钳位电压上升速度比压敏电阻慢，因此可以获得比压敏电阻更理想的残压输出。在很多需要精细保护的电子电路中，应用TVS管是比较好的选择。TVS管的通流容量在限压型浪涌保护器中是最小的，一般用于最末级的精细保护，因其通流量小，一般不用于交流电源线路的保护，直流电源的防雷电路使用TVS管时，一般还需要与压敏电阻等通流容量大的器件配合使用。TVS管便于集成，很适合在单板上使用。

TVS具有的另一个优点是可灵活选用单向或双向保护器件，在单极性的信号电路和直流电源电路中，选用单向TVS管，可以获得比较低的残压。

TVS的反向击穿电压、通流容量是电路设计时应重点考虑的。在直流回路中，应当有：min(UBR)≥(1.3~1.6)Umax，式中UBR为直流TVS的反向击穿电压，Umax是直流回路中的电压峰值。

TVS管主要可用于直流电源、信号线路、天馈线路的防雷保护。

TVS管的失效模式主要是短路。但当通过的过电流太大时，也可能造成TVS管被炸裂而开路。TVS管的使用寿命相对较长。

4.电压开关型瞬态抑制二极管(TSS)

图4 TSS管的原理图符号

电压开关型瞬态抑制二极管(TSS, Thyristor SurgeSuppressor)与TVS管相同，也是利用半导体工艺制成的限压保护器件，但其工作原理与气体放电管类似，而与压敏电阻和TVS管不同。当TSS管两端的过电压超过TSS管的击穿电压时，TSS管将把过电压钳位到比击穿电压更低的接近0V的水平上，之后TSS管持续这种短路状态，直到流过TSS管的过电流降到临界值以下后，TSS恢复开路状态。

TSS是电压开关型瞬态抑制二极管，就是涌抑制晶体管，或者叫做导体放电管，固体放电管等等。LangTuo等牌子。TSS管是利用半导体工艺制成的保护器件，主要用于信号电路的防雷保护。不能用在电源端口。TSS器件的通流容量一般最高可达到150A(8/20uS)。

TSS管和TVS管都是利用半导体工艺制成的限压保护器件，TSS管是电压开关型的。TVS是电压钳位型的。TSS管在响应时间，结电容方面与TVS管是相同特点，易于制成表贴器件，很适合在单板上使用。TSS管适合于信号电平较高的信号电路保护。

TSS管在响应时间、结电容方面具有与TVS管相同的特点。易于制成表贴器件，很适合在单板上使用，TSS管动作后，将过电压从击穿电压值附近下拉到接近0V的水平，这时二极管的结压降小，所以用于信号电平较高的线路（例如：模拟用户线、ADSL等）保护时通流量比TVS管大，保护效果也比TVS管好。TSS适合于信号电平较高的信号线路的保护。

在使用TSS管时需要注意的一个问题是：TSS管在过电压作用下击穿后，当流过TSS管的电流值下降到临界值以下后，TSS管才恢复开路状态，因此TSS管在信号线路中使用时，信号线路的常态电流应小于TSS管的临界恢复电流。临界恢复电流值随TSS管的型号和设计应用场合的不同而不同，使用时应注意在器件手册中查明所用具体型号的确切值。

TSS管的击穿电压(min(UBR))、通流容量是电路设计时应重点考虑的。在信号回路中时，应当有：min(UBR)≥(1.2~1.5)Umax，式中Umax为信号回路的峰值电压。

TSS管较多应用于信号线路的防雷保护。

TSS管的失效模式主要是短路。但当通过的过电流太大时，也可能造成TSS管被炸裂而开路。TSS管的使用寿命相对较长。

◇哈尔滨　齐忠文

（未完待续）（下转第128页）

卫星电视信号接收技术基础知识(下)

(上接第 109 页)

那到底什么是高频头呢?这里说下,我们这里说的高频头可不是我们电视机里面的高频头,如果有维修过电视的朋友听修家电的这样说高频头坏了要换高频头,而我们这里提到的高频头和电视机里面的高频头是完全不一样的,大家要区分清楚。下面专门来介绍一下,我们对高频头的印象大概也就停留在放在室外,架在锅上,上面通过一根线连在室内的接收机上的程度上。高频头专业点的叫法就是低噪声降频器(LNB Low Noise Block downconverter),还有称之为低噪声下变频器的。通过以上介绍,我们知道,我们的锅天线把太空中来的卫星信号汇聚后馈送给高频头。而即使是汇聚过的增强的信号,信号强度还是远未达到直接送到接收机处理的程度。高频头的作用就有两个,一个是将太空中传送来的高达几GHZ的C波段信号甚至十几GHZ的Ku波段的高频率卫星载波信号变成1GHZ左右的中频的载波信号。二是对信号进行放大。其实这里所讲的放大,是指两个过程的放大,一个是降频前的高频放大,二个是降频后的中频放大。卫星载波信号降频前,频率高达几GHZ甚至十几GHZ,虽然经过天线汇聚,但是还是很微弱,不能直接对其进行处理。而对如此高频率的信号进行放大,要求相当高。我们知道,对任何信号的处理,都会有噪声的引入,对原来的信号产生干扰。尤其是对如此高频率的高容量的载波信号进行处理。而要达到接收要求,就必须要低噪声。而第二个的过程的放大是为了满足把信号传送给接收机的需求,属于中频放大,实现过程要简单得多。简单地来形容一下高频头的处理信号的流程就是:低噪声高频放大→低噪声降频→低噪声中频放大→输出。最后输送给接收机,而对信号整个处理流程都要求降低噪声,降低干扰,高频头名称中的低噪声由此而来,其实简单来形容信号在高频头内的处理流程就是:放大→降频→再放大,最后输出这样一个过程。综合起来简单地讲,高频头的作用就是降频和放大。那为什么要进行这两个过程呢?把天线接收下来的信号,直接输送给接收机不行吗?答案是否定的。我们都知道,我们连接卫星电视用的信号线都是同轴电缆(和有线电视线是一样的),在这里穿插讲下同轴电缆,同轴电缆在广播电视系统中应用十分广泛,在有线系统中,有线电视信号就是通过同轴电缆进入到千家万户的。在卫星电视接收系统中,连接高频头和接收机的信号线,信号的传输和分配,都要用到同轴电缆,其实同轴电缆在这里的作用有两个,一个是传输信号的作用,二是给高频头供电,这个非常重要,我们知道高频头对卫星信号进行处理和放大,就需要电力能量,而高频头本身并不带电。这就需要接收机为其提供电力能量,而电力就是通过同轴电缆提供给高频头的。我们平时以为的同轴电缆线只是信号线的这种认识是有误解的。接着讲,直接从卫星传送下来的高频信号,频率高,信号弱,同轴电缆都有一定的带宽和传输频率限制。物理特性决定了其传输不了这么高频的信号. 二是即使信号可以到达接收机,如此高频信号,接收机处理起来,需要增加的设备,无形中增加系统成本。而采用高频头和接收机的模式,各个部分分工明确,效率最高,整个接收系统都可以模块化生产,大大降低了整个接收系统的成本。通过以上的介绍我们对高频头有了进一步的了解,为了使大家对高频头有直观的实质性的认识,下面传一些图,给大家介绍。

1. 一款普通的C头

2.一款带馈源盘的C头

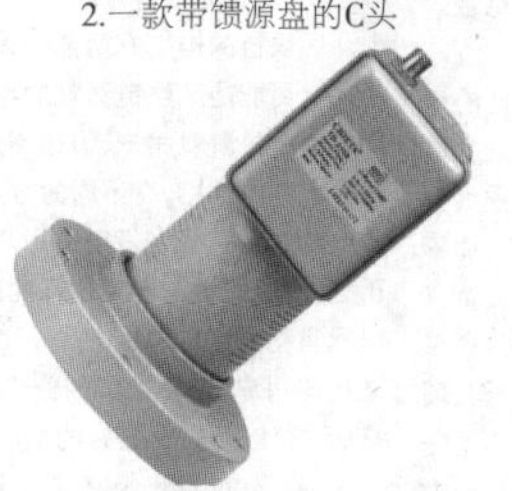

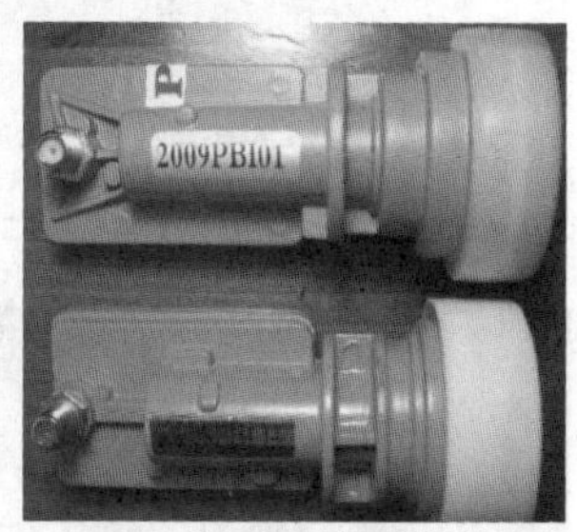

下面上传一些KU波段高频头。

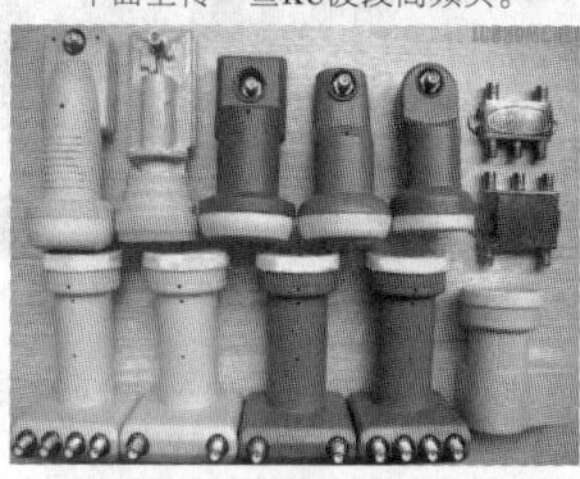

上面图中的高频头全是KU波段的高频头 通过以上发图的比较,我们对什么是C头,什么是KU头有个一个直观的认识,其实从外观上来分辨C头和Ku头还是比较容易的。C头形状单一,外形就只和我们喝的易拉罐瓶一样。而KU头形状多样,有直立形状的,还有L形状的,但是从外观来比较,相对C头来说要短小的多。

(全文完)

(本文原载第9期10版)

◇河北 刘 慧

D-801数码专机死机故障维修一例

接修一台D-801数码专用接收机,故障现象是开机卡在数码专机Logo界面,前面板显示ON字样不动,按面板或遥控器上按钮均无任何,整个机器呈死机状态。

根据过去维修经验判断是机器存在虚焊现象导致上述故障,于是将机器拆开,用858风枪装主芯片U1(W10)、DDR2芯片UM1(N2TU51216DG)以及调谐芯片UD1(M88DS3103)涂上焊宝全部补焊一遍,冷却后用酒精清洗干净上电试机故障依旧,测量主板上+5V、+3.3V、+1.8V和+1.2V均在正常范围内,怀疑机器软件有问题。将闪存U9(25Q64)拆下,如图1所示,利用转接板安装至341A简易编程器上,如图2所示,再从网上找来硬件配置相同的104版固件并写入,如图3所示,接上室外单元开机故障不再出现,稍等片刻后机器自动重启并升级固件到最新115版本,如图4所示,固件升级完成后机器一切正常。

◇安徽 陈晓军 (本文原载第9期10版)

②

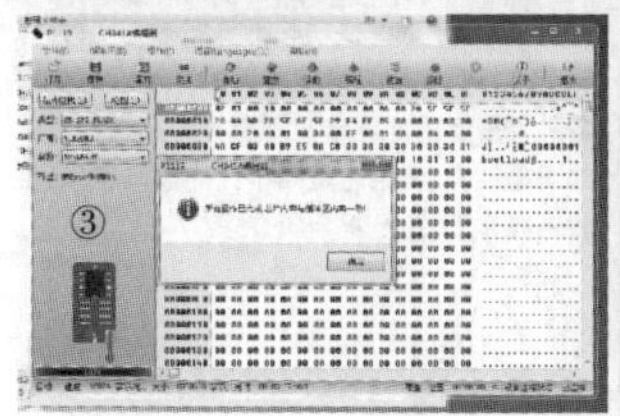

③

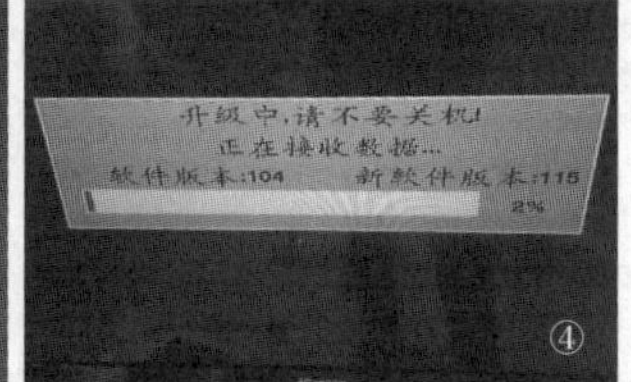

④

第二代Ryzen处理器

近日,AMD正式发布了第二代锐龙Ryzen 2000系列处理器,分别为:Ryzen 7 2700X、Ryzen 7 2700、Ryzen 5 2600X和Ryzen 5 2600。Ryzen二代基于优化升级的12nm制造工艺和Zen+微架构,支持建经过改良的AMD SenseMI先进技术,主频普遍提升300-400MHz,多核状态运行频率更高,而且超频空间更大,可以轻松达到4.3GHz左右,同时内存支持频率抬高到DDR4-2993,二三级缓存和内存延迟普遍缩短。

其中旗舰产品为Ryzen 7 2700X,8核心16线程,基准频率3.7GHz,最高加速4.3GHz,二级缓存4MB,三级缓存16MB,热设计功耗105W。值得一提的是,Ryzen 7 2700X零售包装盒内将提供最新的幽灵棱镜(Wraith Prism)原装散热器,带有RGB LED炫彩信仰灯,散热性能更强,且可自定义更为优化的风扇配置文件。

Ryzen 7 2700频率降低到3.2-4.1GHz,热设计功耗也降至65W,自带幽灵螺旋(Wraith Spire)散热器,也有RGB灯效。它和2700X的主要差异在于功耗设计,超频潜力要弱不少。

Ryzen 5 2600X为6核心12线程,主频3.6-4.2GHz,二级缓存3MB,三级缓存16MB,热设计功耗95W,幽灵螺旋散热器。 Ryzen 5 2600的频率降至3.4-3.9GHz,热设计功耗也来到65W,配幽灵潜行(Wraith Stealth)散热器。

新的Ryzen继续采用AM4封装接口,完全保持向下兼容,现有的300系列主板只需更新BIOS即可支持,产品包装上也会标有"Ryzen Desktop 2000 Ready"标签。

这四款处理器可以使用最新的X470主板,兼容Ryzen一代和二代处理器,华硕、华擎、技嘉、微星、映泰等的新品也将登场。在这方面,AMD比英特尔要厚道不少。X470主板用户可免费下载全新的AMD StoreMI存储加速软件,让固态硬盘和传统机械硬盘融合为一块独立、快速、易于管理的硬盘驱动器,兼顾速度和容量。 另外,二代Ryzen处理器的价格比上代同档次产品首发价格便宜了不少,整体性价比提升了一个档次:

Ryzen 7 2700X 2699元,比1700X便宜了400元;Ryzen 7 2700 2499元,与前代1700保持一致;Ryzen 5 2600X 1799元,比1600X便宜了200元;Ryzen 5 2600 1599元,比1600便宜了150元。

(本文原载第22期11版)

好的区块链项目一定是能落地

——专访区块链创业学院院长沈大海

日前，区块链创业学院院长沈大海出席了由WBC主办的世界区块链峰会，在会上主持《巅峰对话：区块链投资与市场趋势》，并以《区块链行业的人才培养和创业机遇》为题发表精彩演讲，随后接受了记者的采访。

主持人：*在您看来，优秀的、有潜力的区块链项目需要具备哪些方面的特质呢？*

沈大海：区块链一共有1.0、2.0、3.0，1.0是比特币为主的数字货币，这是区块链的1.0。2.0是以太网为核心的智能合约平台。3.0就是高性能的区块链的应用场景和平台。所以我简单总结，1.0是挖矿、炒币；2.0是ICO、发币；3.0是项目的落地，如何使用token。那么在这个过程中，3.0离我们非常远，但是好多项目在2.0阶段是以行业解决方案为切入点，通过结合区块链、结合行业，让区块链能够在某个行业进行落地。

所谓好的项目，评价标准有不同的时期，也有不同的评价标准。2017年有一个数字货币的爆发，那么这个爆发的最主要的原因就是ICO和以太网智能合约的推动，这时候大家评价好项目的标准，可能是这个项目能不能上交易所，能不能有大佬站台。所以那个时候只要满足这两个条件，就算好项目。但是我们现在看到大量的项目都没有之前的评价逻辑了，现在的项目如果认为是好项目，有这样几点：第一点，项目本身有团队、有目标，这个项目确实有应用场景，而不是硬要去使用区块链，因为很多行业它是不适合区块链的也要去建立联系。所以第一个是要有应用场景。另外一点，区块链参与的多方能够产生交易。也就是说如果区块链没有频繁的交易，就不是好的项目。还有就是这个区块链有大量的社群，有用户。

这几点如果不具备的话，肯定就不是一个好的项目，甚至都不是一个区块链项目。因此在今天来看，好的区块链项目一定是能够落地，能够应用。

那么在区块链2.0跟区块链3.0之间，有一个概念就是区块链2.5，就是区块链游戏。因为行业的应用落地的话，它需要政策的支持，需要行业的资源。但是游戏，我们只要有一个好的概念，结合区块链技术的特点，就可以上线运营。所以我认为今天区块链业务想要爆发，游戏可能是一个重要的突破口。当然也会有一些好的项目，也会有不好的项目，这个也会得以检验。好的区块链项目和不好的区块链项目的评价标准，可能就是我说的要有应用场景，要有用户群，要有频繁的交易。

主持人：*您刚刚说了，您其实对区块链游戏还是比较看好的。那您觉得当前区块链游戏应该怎样去做推广呢？*

沈大海：区块链游戏首先它是游戏和区块链的结合，要想有好的前途，首先要有好的产品，所以一定是对区块链的理解比较深入，并不是所有的游戏都适合区块链的，区块链是解决生产关系。在区块链上实现价值的产品，比如游戏的道具、账号还有游戏中的一些数字资产。有些类型的游戏比较适合，但首先要有好的产品。

区块链的推广有两部分人群，第一部分人群就是币圈，持币者可能是区块链游戏的用户。还有一部分是游戏玩家，他本身就是游戏用户，但他不是数字货币的持有者。这是两部分人群的推广，有不同的方式。

针对持有数字货币的用户来讲，除了买卖和炒作数字货币之外，他们也需要有这样的游戏产品和币的应用场景。所以我觉得对这部分人来讲，只要我们把游戏做得不错，想到达这些用户，需要社群的推广，通过一些渠道，比如钱包、交易所、媒体，都是比较好的推广渠道。

那么针对游戏玩家，就需要让这些游戏玩家了解数字货币和数字货币钱包的使用。

针对持有数字货币的用户推广，可能比现有的游戏玩家转向数字货币更容易。

针对数字货币的用户推广游戏，我认为是一个蓝海或者是一个比较大的市场切入点，对于中小CP来讲可能是一个机会。

因为这些持有数字货币的用户都是一些高净值的用户，可能你的游戏有一万个游戏玩家，就能产生一千万的收入，这跟传统的游戏用户产生收入的比例可能是不一样的。

这个数据来源于以太猫的成功，以太猫就可以在很短的时间内，通过游戏的运营，能够赚到七八千个以太网，就说明用户是高净值用户的特点。

我认为抓住了区块链加游戏的机会，可能是会给整个的游戏行业带来一个爆发点。

主持人：*目前创业学院的主要工作是什么呢？想要前往进修的创业者需要具备哪些条件？*

沈大海：主要是解决两部分人群，第一部分是想进入区块链的行业，这里面又包含有一部分用户是很希望了解区块链，但是不知道从哪人手。还有一部分用户是已经认可区块链是下一代的操作系统，是一个最大的商业机遇，他们已经把所有的精力All in在区块链上。

对于小白用户而言，他们想进场，但是入场无门，所以进行培训，需要教授大家如何正确理解区块链。第二部分人就是他们需要把自己的精力、自己的资产投入到区块链，这块有风险，我们需要通过教学，来正确看待这些风险，避免入场的时候出现很多问题，也希望大家能够在培训过程中深入了解区块链技术，而不是现在社会上有人认为区块链就是传销，就是黑的，这是没有了解它本质的，这是需要普及的过程。

我们希望创建一个人才培养和行业的人才岗位的标准，为更多的人才进行区块链服务。针对的用户是小白用户和想All IN区块链的人群。目前区块链学院在北京、上海、广州、深圳等有六个线下中心，当然我们会同时开一些线上的课，来普及区块链技术。

◇亚 楠

（本文原载第21期2版）

2018CES获奖耳机技术功能剖析（续）

（接上期本版）

五、Beyerdynamic Aventho Wireless

德国Beyerdynamic公司开发推出的型号为Aventho Wireless的耳机荣获"2018CES创新奖"称号。该款无线蓝牙耳机通过简单的触摸和手势激活后操控所有功能，提供超过30个小时的电池续航时间，参考价为449美元。德国顶级工艺结合所用优质材料确保了精确的低音、清晰的mids和悦耳的高音。除苹果AAC编解码器外，该机还兼容支持Qualcomm。Aventho Wireless具有的主要特色如下：

1.Tesla的好声音

Aventho Wireless内置声音传感器，结合Tesla技术的应用会使声音性能明显提升，至少有下列几项：一是声音响度更大；二是频宽更宽，频率响应好到10Hz–40KHz的水准；三是声音更精确；四是能获得更高的声压；五是出现峰值音量时无任何失真。这样的声音性能自然会使所聆听的音乐听起来更干净、更透明，同时乐器摆位的方位感也更清晰。

2.MIY的作用匪浅

Aventho Wireless应用了Mimi Hearing Technologies公司开发的个性化声音技术，借助该技术MIY(Make It Yours)应用程序的安装，使得个人听力档案的创建成为可能。在MIY应用中提供了一个非常实用的功能，即，它可以跟踪听者的听音情况，洞察其收听习惯，实时监控音量大小和聆听的持续时间，以便在听者大音量与长时间聆听可能会对听力造成损害的情况下发出警报。为安全聆听，用户可根据个人喜好对触摸控制的灵敏度进行调整。

3.一流的蓝牙传输

Aventho Wireless最佳音质得益于Tesla技术的应用，以及与AAC和高通aptX HD编解码器兼容的一流蓝牙传输。全新增强型音频编解码器高通aptX HD基于现有aptX音频编解码器平台，革命性改变蓝牙立体声的聆听体验。它通过蓝牙4.2版本的无线传输，确保24bit高品质音乐的逼真还原，以满足音频爱好者对高分辨率无线音频日益增长的需求。

六、Motorola Sphere+

美国摩托罗拉公司在世界上首开先河开发推出的型号为Sphere+的耳机荣获"2018CES创新奖"称号。该款外形呈球形的二合一新产品结合了蓝牙无线音箱与耳机两个设备的功能，使用前，用户先得与智能手机，或平板电脑完成蓝牙配对连接。形如保龄球大小的音箱的主要功能之一是为耳机充电，当耳机挂放在音箱上，充电就自动进行，其内置电池可连续使用20个小时，参考价为199.99美元。Sphere+具有的主要特色如下：

1.别致的接力聆听

Sphere+是专为那些想要享受高品质蓝牙音箱音质与效果，但又想出门戴上耳机能快速继续聆听的需求者设计的。其设计理念是先通过音箱聆听，然后在需要移动和继续体验时拿下耳机戴着不中断聆听。Sphere+很耐用，尽管音箱不是为户外使用而设计的，但它依然设计得很坚固。Sphere+符合IP54防水防尘标准，因而用户无需担心下雨，或在水环境使用。

2.音箱的放声音质

Sphere+的音箱内置2个8W喇叭，16W的功率并不大，但发出的声音响度足够，而且无失真。该音箱能在许多不同环境下360度全向均衡发声，高低音彼此没有一点重叠引起的互损，而且高中低音整个音频频段的平衡性也不错。但相对而言，将其置于室内中央位置时，其声音释放的特性较好。相比较，音箱低音放声效果更突出，这归功于背后一个特制小洞的低音反射系统，是它让低音调发出似隆隆声一样的效果。

3.耳机的全面品质

Sphere+的耳机内置2个40mm的驱动器，虽然低音的力量感似乎没有音箱那么强劲，但仍能不失真还原音乐中原本有的低音和重低音的韵味，这其中也得益于颇大的耳杯覆盖和通过屏蔽周围的干扰来实现对无源噪音的隔离。为了确保移动聆听耳部不觉疲劳，每一个耳杯都粘贴了柔软舒适的耳垫。耳机对各种类型音乐都能忠实还原，听起来都那么纯正与纯真，无论它是90年代的摇滚音乐、现代古典音乐，还是重金属音乐。

（全文完）

◇上海 解 放

2018年4月1日出版 实用性 启发性 资料性 信息性

第13期 国内统一刊号:CN51-0091 定价:1.50元 邮局订阅代号:61-75

地址:(610041)成都市天府大道北段1480号德商国际A座1801 网址:http://www.netdzb.com

(总第1950期) 让每篇文章都对读者有用

快充USB PD 3.0

在手机电池材料密度还不能改变前，除了提高容量外，最好的方法就是快充了，现在中高端手机快充已经成为标配。

虽然市面上的快充技术五花八门，无外乎就是高电压低电流、低电压高电流这样的分类，无论是高电压还是大电流，最终都是依靠提高功率来提升充电的速度。

以高通Quick Charge为例，是高电压低电流的典型方案。从最初的QC 1.0仅仅支持最高5V/2A的充电功率，到QC 2.0可以兼容5V/9V/12V/20V四档充电电压，并且达到最大3A的充电电流水准。Quick Charge 3.0则是在QC 2.0的基础上进行的改进，以200mV增量为一档，支持3.6V到20V的工作电压动态调节，手机厂商也可以根据自家产品的需求调整到最佳电压，从而达到预期的电流，提升手机的充电效率。目前已经发展到Quick Charge 4第四代，除了速度更快以外，对安全性也有改进。

联发科MTP Pump Express Plus快充技术的原理和高通Quick Charge大同小异，都是保证了恒定电流，通过加大充电器到手机USB端口的电压来实现更大的充电功率。

再看OPPO的VOOC闪充技术和超级闪充技术，则是标准的低电压高电流方案。其中超级闪充分为三个阶段：恒流预充电、大电流恒流充电和恒压充电。当手机处于低电量时，电压也会相应降低，此时充电器会使用较低的电流对电池进行充电，当电池的电压高于预定数值后，就会采用恒流充电。

鉴于此前各大厂商的快充方案都不一样，其快充的IC芯片都是自行设计的，假如换个充电头甚至是数据线都可能会导致快充功能失效。

面对这种混乱的局面，USB-IF组织发布了USB PD 3.0，正式推出旨在统一快速充电技术规范的PPS(Programmable Power Supply)。并成功收编了高通的QC 4.0，同时与我国工信部的泰尔实验室达成了共识，与国际标准实现统一。谷歌也在最新的Android 7.0 OEM规范中强调：快充技术必须支持USB PD。

这样一来从软件和硬件上都给予USB PD快充支持。PPS将不允许USB接口通过非USB PD的协议来进行电压调整，第三方快充标准就被拒绝了；要知道绝大多数快充都是通过协同调整电流电压来进行快充的，在不同的电量阶段最合适的充电电压和电流是不一样的，为了达到最高的充电效率和安全性就需要不断调整充电电流和电压。而所有的快充基本上都是通过USB接口来进行的，如果今后不支持USB PD就不能进行电压调整，那么这些快充就不得不在自己的标准中加入对USB PD的支持。

统一使用USB PD标准后，新出品的不同品牌的快充充电器和数据线都将通用，也不需要把原装充电器带在身上了，甚至以后带快充功能的充电宝也可能会支持USB PD快充标准。

附表：部分支持USB PD快充手机一览表。

品牌	型号	品牌	型号
苹果	IPhone8	三星	Note 7
	IPhone8 Plus		Note 7
	IPhoneX		S8/S8+
华为	Mate 9		S9/S9+
	Mate 10	诺基亚	Nokia 7
	Mate RS		Nokia 7 Plus
	P10		Nokia 8 Sirocco
	P20	锤子	坚果 Pro2
	P20 Pro	索尼	XZ Premium
小米	小米6		XZ1
	小米MIX2		XZ2
	小米MIX2S	魅族	Pro 5
雷蛇	Razer Phone		Pro 6 Plus

(本文原载第25期11版)

自行系统封装

系统封装就是将完整的系统(包括系统以外的程序，前提是安装在系统盘内)以拷贝的形式打包，然后用粘贴的形式安装在另外一个系统盘上，而正常安装则是通过Setup程序进行安装。系统封装的好处是预装自己常用的软件，设置符合自己的使用习惯，大大节约了时间。

准备工作

首先在电脑上先进行优化，安装好一些常用的必备软件，删除一些不要的软件和系统垃圾，尽量减少制作的系统镜像的占用空间。

然后下载好EasySysprep系统封装工具。

最后需要一个U盘作启动盘(WinXP SP2约600M、Win7 32bit约2.5G、Win7 64bit约3.2G、Win8 32bit约3G、Win8 64bit约4G、Win10 32bit约3.2G、Win10 64bit约4.2G，因此U盘最好8G以上)。

初始设置

将制作好的启动U盘插入电脑，在电脑中下载安装EasySysprep软件后，打开软件，保持所有参数为默认设置即可，然后点击"开始"，进入制作界面(见图1)：

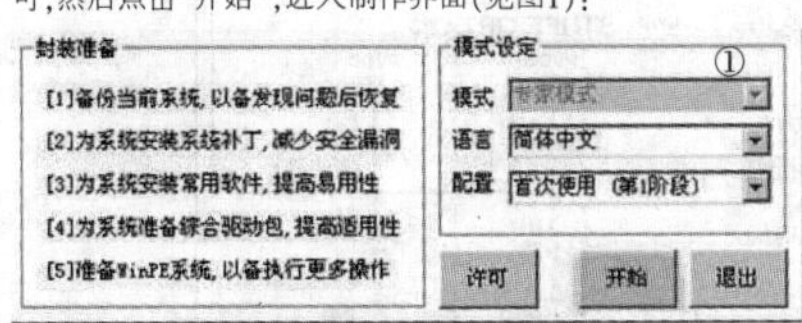

接下来是给电脑增加登陆输入密码功能，一般直接点击"下一步"跳过即可；然后是选择封装系统所选择的参数，也无需进行相关设置，直接点击"完成"即可(见图2)。

保存配置文件 (仅保存，不封装) 封装完成后

ES4.step1.Win200382(x86).20180413-2025.es4 重启计算机

帮助 ② 上一步 完成

第一次系统封装设置完后，操作会自动进行，然后电脑会自动重启。

第一次电脑重启时，必须进入U盘启动(电脑进BIOS设置U盘启动方法：开机不断地按DEL或F1进入BIOS，选择config选项进入；再选择USB选项按回车进入；将USB BIOS Support改为Enabled；按ESC返回BIOS主菜单，并选择Startup进入；选择BOOT选项进入；打开Hard Drive选项，利用F5和F6将U盘设置成为第一位置，并按F10保存退出即可完成U盘的启动设置。)。否则电脑重启后直接进入了系统，封装就会失败，又重新执行第一阶段的封装。

正式封装

[01]启动 Windows 2003 PE(旧机型)

[02]启动 Windows 7 PE(新机型)

[03]启动 硬盘中的 Windows 系统 ③

电脑重启后，进入U盘启动，再进入winpe系统。我们以Win7为例，选择Win7PE(见图3)。

要注意这里和初始界面一样，不过选项要选择"第2阶段"(见图4)。

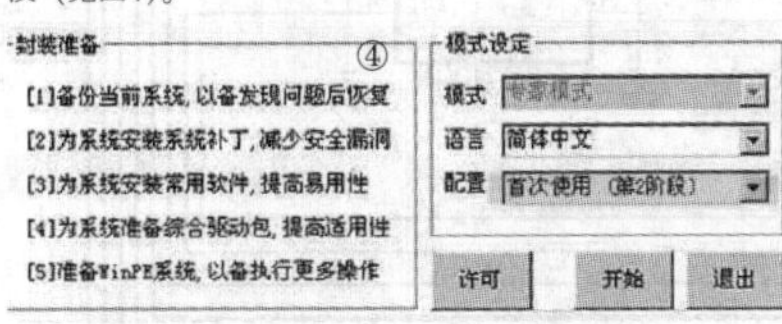

进入第二阶段参数设置，输入你所要填写的信息，一般都保持默认，然后点"下一步"；接着是系统内容信息和电脑个性化设置，一般都直接点"下一步"，第二阶段除了开头选择"第2阶段"外都可以点默认一直到"完成"(见图5)。

点击"完成"以后，打开PE系统自带的映像管理程序，选择驱动器C，选择镜像保存的目录，然后点击执行备份，进入备份系统过程，然后耐心等待完成系统封装即可。注意备份的文件后缀名必须为".gho"(见图6)。

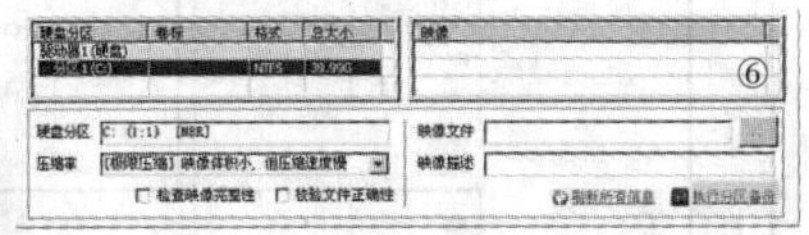

然后将备份的GHO镜像文件(见图7)保存好，拷贝到制作好的启动U盘中，就可以用自己封装好的镜像来装系统了。

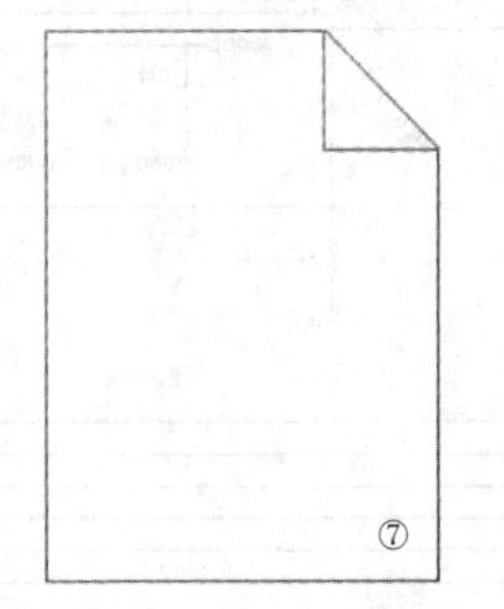

(本文原载第25期11版)

LED彩电2.1声道数字音频功放电路TAS5721简介

TAS5721是一款高效数字输入D类音频放大器，此放大器具有驱动两个扬声器和一个低音炮的 2.1 系统，或者在 PBTL 系统中驱动一个被配置为平行桥接负载 (PBTL) 的单扬声器。一个串行数据输入可处理最多两个独立的音频通道，并能与大多数数字音频处理器和 MPEG 解码器无缝整合。此器件可接受宽范围的输入数据格式和采样率。一个完全可编程数据路径将这些通道路由至内部扬声器驱动器。

TAS5721是一个用于从外部源接收所有时钟的从属器件。根据输出采样率的不同，TAS5721运行时带有384kHz开关速率至288KHz开关速率间的PWM载波。与一个四阶噪声整形器结合的过采样，可提供一个真实白噪声基准以及从20Hz至20kHz的出色动态范围。

特性如下：宽PVDD电源范围(4.5V至 24V)；PVDD=24V 时，负载电阻8Ω，2.0模式立体声，输出功率为10W×2；PVDD=24V 时，负载电阻8Ω，2.1模式输出功率为8W×2+12W×1；支持2.0、单器件2.1和单声道模式；支持8kHz至 48kHz采样率 (LJ/RJ/I2S)；集成的DirectPath头戴式耳机放大器和 2VRMS线路驱动器；音频脉宽调制 (PWM) 处理；独立通道音量控制（从 24dB 至静音，步长0.5dB)；针对卫星和子通道的独立动态范围控制；针对扬声器EQ的21个可编程双二次滤波器；可编程双波段动态范围控制；支持 3D 效果。设有过热和短路保护电路。

TAS5721应用于海尔LE46PDS1、LE46G3000、LE42PXV1、LE42A900N、LED32A30等RTD2649机心的LED液晶彩电中。图1是典型的2.1应用程序立体声+重低音配置应用电路。引脚功能见表1。

◇海南 孙德印

表1 TAS5721引脚功能

引脚	符号	功能
⑳	ADR/FAULT	I²C 地址选择和故障检测输出
㊱	AGND	模拟电路接地
⑲	AVDD	模拟电路 VDD 供电
⑱	AVDD-REG1	AVDD 稳压器 1
㊲	AVDD-REG2	AVDD 稳压器 2
③、㊷、㊻、㊼	BSTRP(A/B/C/D)	连接自举升压电容
㉟	DGND	数字电路接地
⑫	DR-CN	耳机放大和线路驱动泵电源电容—
⑬	DR-CP	耳机放大和线路驱动泵电源电容+
⑦、⑩	DR-IN(A/B)	耳机放大和线路驱动输入
⑧、⑨	DR-OUT(A/B)	耳机放大和线路驱动输出
㊴	DR_SD	耳机放大和线路驱动关闭
⑪	DR-VSS	耳机放大和线路驱动电路接地
⑭	DR-VDD	耳机放大和线路驱动 VDD 供电
㉞	DVDD	内部数字电路 VDD 供电
㉔	DVDD-REG	DVDD 电压调节器
㊵	GVDD-REG	GVDD 电压调节器
㉖	LRCLK	左右声道串口时钟输入
㉑	MCLK	主时钟脉冲输入
㉛	NC	空脚
㉓	OSC-GND	振荡器接地
㉒	OSC-RES	振荡器外接电阻
㉕	PDN	公共数据，输出短路检测保护
①	PGND	功率放大器接地
⑯	PLL-FLTM	锁相环滤波 M
⑰	PLL-FLTP	锁相环滤波 P
⑮	PLL-GND	锁相环电路接地
④、㊶	PVDD	功率放大器 VDD 供电
㉜	RST	复位
㉚	SCL	I²C 总线时钟线
㉗	SCLK	位时钟信号输入
㉙	SDA	I²C 总线数据线
㉘	SDIN	串行数据输入
②、㊸、㊺、㊽	SPK-OUT(A/B/C/D)	扬声器放大器输出
㊳	SSTIMER	SS 定时器
⑤	TEST1	测试 1
⑥	TEST2	测试 2
㉝	TEST3	测试 3

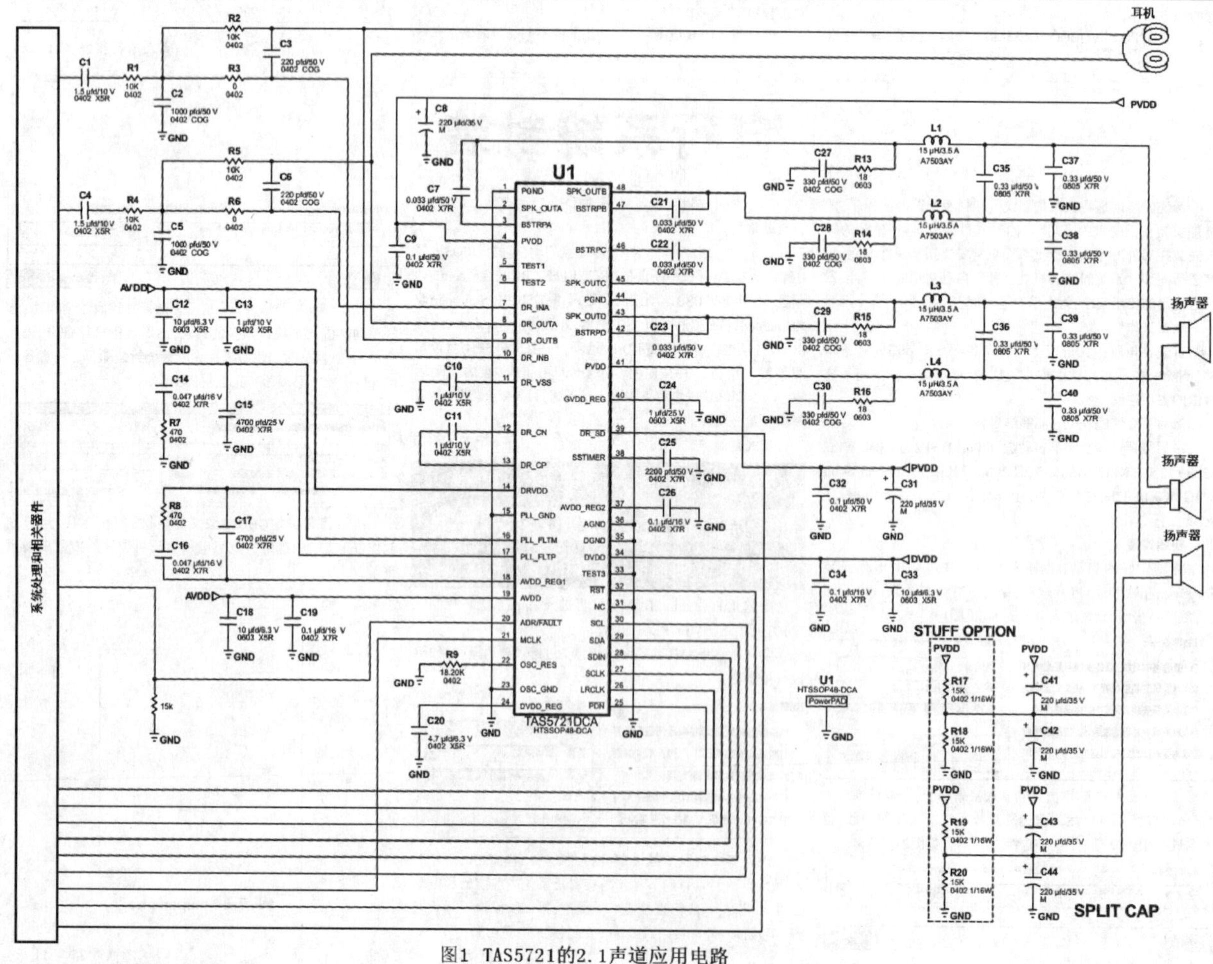

图1 TAS5721的2.1声道应用电路

激光打印机的使用维护有科学章法(二)

(紧接上期本版)

3.激光打印机的正确使用

使用的打印介质和工作温度由于激光打印机的工作过程与普通针式打印机不同,不具备打击功能,而是用光电原理将墨粉溶化入纸质中,因而激光打印机不能打印蜡纸,不过质量好的复印纸和黏合纸、信封、标签和投影透明胶片等都可以作为激光打印机用纸。还有一点要提醒的是,激光打印机用纸必须干燥不能带有静电,否则易卡纸或导致打印的文件发黑。打印纸应保存在温度17℃~23℃,相对湿度40%~50%的环境中,这样才可以得到最佳的打印效果。而放置打印机的房间温度应控制在22℃左右,相对湿度20%~80%,并避免阳光直射和化学物品的侵蚀,激光打印机电源电压不可超过打印机铭牌上所标数值的10%。

为了确保进纸顺畅,纸张必须干净而精确地裁切,最好选用静电复印纸,太薄或太厚的纸张都容易造成卡纸,太厚的纸张或铜版纸不但不容易输出,而且还会迫使分离爪在热辊上多次不规则的移动,甚至使分离爪的顶尖部位刺到热辊上,损坏镀膜;潮湿的纸张无法正确进纸,并且可能在纸张通路上倾斜或折叠,潮湿纸张上的打印质量通常很差。最好不要自己裁纸,这样的纸往往有毛边,纸毛在机器内聚积,会对机件造成损害,同时也可能会划伤感光鼓。纸张在使用前,不要直接放入纸盒,应将纸张打散,纸盒不要装得太满,纸张必须保持干净,不能有纸屑、灰尘或其他硬物,以免带人机内,刮伤感光鼓等部件。

碳粉盒是激光打印机中最常用的耗材,不同型号的激光打印机所使用的碳粉盒是不同的。所以,要选同打印机相匹配的碳粉盒,不要选用其他型号打印机的耗材,以免损坏机器。新买的碳粉盒不要随意开封,厂家为了防止碳粉盒内的碳粉受潮而结成硬块,通常都是用铝薄纸将其密封,从而延长保质期达两三年之久,所以在使用时才能将包装拆封,以免缩短碳粉盒的保存年限,在使用时最好将其摇动一下使碳粉均匀地散开。

现在的激光打印机都提供了"经济模式"功能,能够让用户使用一半的碳粉量来打印文稿,所以在打印草稿或要求不高的稿件时,可以用"经济模式"打印,确认达到了理想效果后再以正常的模式进行输出,这对于图像设计用户在修改比较频繁的情况下可以节省大量的碳粉。另外,利用现有的大部分排版软件都提供的文件预览功能,可以在打印输出前从屏幕上调整到理想效果后,再进行打印,也可以达到了节省碳粉的目的。

激光打印机按计算机发出的命令,通过光电作用,将带电墨粉吸附在硒鼓上,再从硒鼓印到打印纸上,加热墨粉,使墨粉溶入纸纤维中,完成打印功能,因此硒鼓在整个激光打印过程中起着重要作用,而且一个硒鼓的价值一般在数百元左右,因而硒鼓的保养也更为重要。硒鼓在工作时应保持相对湿度在20%~80%,温度在10℃~32.5℃,避免阳光直射,尽量做到恒温恒湿。硒鼓在未拆封时使用有效期为两年半,拆封后的有效期为6个月,鼓盒上印有有效期,一定要在有效期内使用。硒鼓从铝袋包装拿出后不能放在阳光下直接照射,也不能在室内灯光下放置超过10min,否则将影响打印效果。在打印过程中有时打印机液晶显示屏上会显示信息,表明此时硒鼓中的墨粉将用完,必须马上加粉或更换硒鼓,否则打印出来的稿件将变淡,还会出现白条。硒鼓对激光打印机来讲非常重要,其品质与性能的好坏直接影响打印的质量。安装硒鼓时,首先要将硒鼓从包装袋中取出,摆动6-8次,以使碳粉疏松并分布均匀,然后完全抽出密封条,再以硒鼓的轴心为轴转动,使墨粉在硒鼓中分布均匀,这样可以使打印质量提高。新购置的硒鼓要保存在原配的包装袋中,在常温下保存即可,切记不要让坚硬的物体磕碰到硒鼓,也不要让阳光直接曝晒硒鼓,否则会直接影响硒鼓的使用寿命。

正确安放激光打印机应像安装热水器一样,激光打印机也尽量不要安放在不通风的房间中,同时注意不要让打印机的排气口直接吹向用户,如果条件许可,最好让打印机直接把气排到室外。这是因为激光打印机在打印过程中会产生臭氧,每打印5万张就必须更换臭氧过滤器,通过激光打印机自检样张可以看出该机已打印过多少张,不过很多用户并未注意到这一点,虽然此时臭氧过滤器看上去很干净,但已不能过滤臭氧了。

当激光打印机放在拥挤的环境中、房间的通风不佳、打印机排气口正对操作人员的脸部、臭氧过滤器使用过久等都会使在打印过程中所产生的臭氧对人体产生危害,此时必须改进打印机的工作环境并及时更换臭氧过滤器。激光打印机的放置环境要注意通风,不能把打印机放在阳光直射、过热、潮湿或有灰尘的地方。打印机要在电脑启动之后打开电源,否则先开打印机的话,电脑开机会再启动一次打印机造成额外损耗。不要触摸硒鼓或碳粉,这可能会永久地破坏硒鼓的表面并会直接影响打印质量,而碳粉对人体和环境都有一定的危害。

4.激光打印机常见部件的维护

激光打印机自身吸附灰尘的能力很强,在打印工作时不可避免地会有一些粉尘残留在机内的一些部件上。由于激光打印机热量会将这些粉尘变成坚硬的固体,从而影响到激光打印机的正常使用,甚至发生故障。激光打印机需要维护的部件包括电极丝、激光扫描系统、定影器部分、分离爪及硒鼓等。

1)电极丝的维护。由于打印机内有残余的墨粉、灰尘及纸屑等杂物,充电、转印、分离和消电电极丝将被污染使电压下降,而影响正常工作性能。一般来说,若充电、转印电极丝沾了废粉、纸灰等,会使打印出来的印件墨色不够甚至很淡,这主要是由于电极丝脏污后对硒鼓上充电不足,因此它在硒鼓上产生的潜影的电压不够而吸墨粉不足,转印电极丝被污染而使电压不够,则当纸走过时使纸张与硒鼓的接触不够紧密,而使转印到纸上的墨粉不够,因此都会使输出的纸样墨色太淡。此外,转印电极丝污染严重时还会使输出的纸样背面脏污,因为纸样输出时要经过转印电极丝槽。而消电电极污染则会使纸张分离不畅而产生卡纸等故障,消电电极污染则会使硒鼓上的残余墨粉清扫不干净,使输出的纸样底灰严重。维护电极丝时应小心地取出电极丝组件,先用毛刷刷掉其上附着的异物,再用脱脂棉擦拭干净。

2)扫描系统的维护。激光扫描系统中的激光器及各种镜片被粉尘等污染后,会造成打印件底灰增加,图像不清。可用脱脂棉将它们擦拭干净,如不行可用脱脂棉醮少许酒精擦拭干净,擦拭时一定要注意不能改变它们的原有位置或碰坏。

3)定影加热辊的维护。定影加热辊在长期使用后将可能黏上一层墨粉,一般来说,加热辊表面应当是非常干净的,若有脏污则就会影响打印效果,如果打印出来的样稿出现黑块、黑条,以及将图文的墨粉黏带往别处,这表示热辊表面已被或伤,若较轻微清洁后可使用,若严重则只有更换加热辊了。与加热辊相配对的橡皮辊,长期使用后也会黏上废粉,一般较轻微时不会影响输出效果,但若严重时会使输出的样稿背面变脏。清洁加热辊和橡皮辊时,可用脱脂棉花蘸无水酒精小心地将其擦拭干净,但不可太用力擦拭加热辊,更切忌用刀片及所有利物去刮,以免损坏定影加热辊;而橡皮辊的擦拭简单一些,只需将其表面擦干净即可。 (未完待续)(下转第133页)

◇湖北 李进卫

Apple Watch小故障快速处理三例

例一、解决Apple Watch 3无法连接WiFi

很多朋友已经开始使用Apple Watch 3,但可能会发现经常会出现无法连接WiFi的故障,该如何解决这一问题呢?

方法1:正确选择无线网络

在iPhone上进入设置界面,打开"无线局域网",选择"2.5GHz无线网络",忽略此网络,接下来断开蓝牙和WiFi;再次打开蓝牙和WiFi,选择2.4GHz网络,输入密码,断开蓝牙,此时路由器的已连接设备会有设备的MAC地址,如果没有看到,请手工刷新,很快就可以连接成功,我们此时可以在Apple Watch的左上角看到WiFi的图标(见图1)。

方法2:重置还原

首先删除iPhone所有可能自动记录WiFi密码的应用,在iPhone进入设置界面,依次选择"通用→还原→还原网络设置";打开"Watch"应用,依次选择"我的手表",在这里取消配对Apple Watch;重新配对Apple Watch(如图2所示),建议设置为新的Apple Watch,或者也可以使用已有的备份,当出现万花筒图案时等待片刻就可以了。

当然,如果上述两个方法尝试之后仍然无法解决问题,那么只能联系送修了。

例二、简单解决Apple Watch的日历同步问题

笔者手头一部iPhone 7,使用的是iOS 11.2.2系统,Apple Watch已经是Watch OS4.2正式版本,第三方应用的推送都是正常的,但发现iPhone 7自带的日历与提醒事项均无法在表盘显示,也无法实现正常推送,尝试过重新配对仍然无效……

经过摸索,终于发现是iPhone的设置问题:进入设置界面,选择"iCloud",向下滑动屏幕(如图3所示),必须将"日历"和"提醒事项"设置为"开",之后日历和提醒事项都可以正常显示,而且推送均正常。究其原因,是因为"Watch"的"日历"默认设置为"从我的iPhone镜像",既然iPhone的日历没有启用在iCloud服务,自然也就无法向Apple Watch完成推送。

例三、解决Watch微信不可用的问题

由于某些原因,Apple Watch的微信竟然无法使用,每次点击都是立即闪退,百度搜索之后说是建议重置Apple Watch,这显然有些小题大做,有没有更好的解决办法呢?

在iPhone上打开"Watch",向下滚动屏幕(如图4所示),再向左滑动按钮,在这里取消WeChat的安装,稍后再重新启用完成安装。接下来在iPhone上进入多任务界面,完全退出微信,或者索性重启iPhone,重新打开微信,此时再在Apple Watch打开微信,就完全没有问题。

◇江苏 王志军

金佰杰牌380V六灶头电磁炉故障维修1例

近日在浏览本地百度贴吧，看到了一篇《请家电维修师傅维修故障代码为E5的380V电磁炉》的帖子，笔者顿时来了兴趣，虽然经常维修220V的家用电磁炉，但这种电磁炉还是第一次见到。于是，联系了该发帖人，通过与他的交谈及微信发来的图片得知，该380V电磁炉采用三相电源供电，面板上由6个220V电磁炉组成。这6个电磁炉每两个分别使用三相电源的U相、V相和W相，零线共用。了解到这些后，欣然接下维修任务。6个220V电磁炉的供电电气图如图1所示。该380V的电磁炉就是6台电磁炉均匀的排在一个不锈钢案子上，仅将碳晶面板裸露出来，如图2所示。因维修时，需要将电磁炉拿下来，但拆卸时发现碳晶面板连同底板被胶牢牢粘在案子上，不过可以从下面拧开螺丝，把底板和线路板、线盘拆出，如图3所示。

电磁炉 电磁炉 电磁炉 电磁炉 电磁炉 电磁炉

N U V W 1 2 3 4 5 6

①

②

根据该故障代码，怀疑线盘上的热敏电阻(炉面温度传感器)和IGBT测温热敏电阻(IGBT温度传感器)异常。于是，将旁边正常电磁炉的路面温度传感器安装在故障机上试机，结果故障依旧，说明故障发生在电路板上。为了更便于检修，将报警的2台故障机拆卸后带回。取出线路板后，发现该线路板做工整洁，纹路清晰，并且与家用的电磁炉线路板有所不同，区别较大的部位是：2只IGBT模块，3只5μF高频电容，2只10D471型压敏电阻，CPU采用DIP插座，便于更换。后来经测算，该机功率达到3.5kW。

③

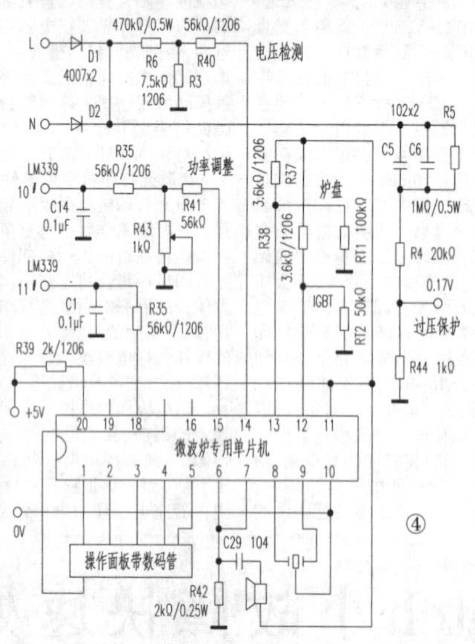

④

由于已确认炉面温度传感器和IGBT温度传感器正常，怀疑市电检测电路、过压检测电路、同步电路、过流检测电路发生故障的可能性较大。焊开几个大功率电阻的引脚，检查它们的阻值正常，维修一时陷入了困境。静下心来想了想，查找故障为什么不围绕CPU进行呢？为了便于检修，笔者根据线路板实物将CPU部分电路图绘制出来，如图4所示。

首先，测量CPU各个引脚的电压值，与附表所示的正常值做一下比较，以便判断故障部位。在检测的过程中，发现CPU⑭脚电压检测为0，说明电压检测电路异常，导致CPU的⑭脚输入电压过低，被CPU识别后控制电路进入保护状态，并通过显示屏显示E5的故障代码。于是，顺着⑭脚检测沿线每只电阻及电容。当检测到R6后，发现一侧电压为200V，另一侧为0，怀疑R6开路。拆下R6复测后，阻值已为无穷大。更换1W的470k电阻后，故障排除。

对另一台电磁炉的维修发现，故障也是因R6开路所致。因此，在维修该电磁炉此类故障时，先检查R6是否正常可事半功倍。

引脚	正常值	实测值	引脚	正常值	实测值
1	2.3V	2.3V	11	5.0V	4.99V
2	2.3V	2.3V	12	4.89V	4.85V
3	4.87V	4.87V	13	4.88V	4.85V
4	4.87V	4.87V	14	3.24V	0V
5	5.0V	5.0V	15	5.02V	4.98V
6	0V	0V	16	5.02V	5.00V
7	0V	0V	17	0V	0V
8	1.38V	1.38V	18	0V	0V
9	0V	0V	19	0V	0V
10	1.38V	1.38V	20	5.02V	4.98V

◇山东 许崇斌

M-DDH-3电点火器点火异常故障修理1例

故障现象：用一段时间忽然不打火，隔一段时间又能打火；但不知什么时候又不能不打火。能打火时火花比以前小，点火针稍偏一点就不行。

分析与检修：怀疑电池、线路或点火电路异常。首先，检查3V电池的电压、电流都正常，察看点火针烧黑，用锉将其锉亮锉尖，再把连接点火针接线用小刀刮干净，拧紧螺钉，又能正常打火。但使用一段时间后，又出现本例故障现象。为了便于检修，根据线路板实物绘出电路图，如附图所示。

根据该图分析，故障多为电容异常所致。于是，先拆下C1(10μF/16V)，用万用表R×1k挡将其与一只正常电容比较测量后，确认正常；又拆下C2(0.47μF/160V)测量也正常，再拆下C3(0.33μF/160V)测量，容量几乎为0，检查其他元件正常，说明故障是因C3异常所致。因手头没有0.33μF/160V电容，用0.47μF/160V更换后通电，发现火花很大，点火效率很高，不用老去调点火针距离了。但是，不久又出现不打火故障，怀疑微动开关K的触点接触不良。但检查K的触点正常，在测量时发现K的③脚接线松动，用小针一拨就开了，原来是③脚的焊点脱焊，重新焊牢接线，点火恢复正常，故障排除。

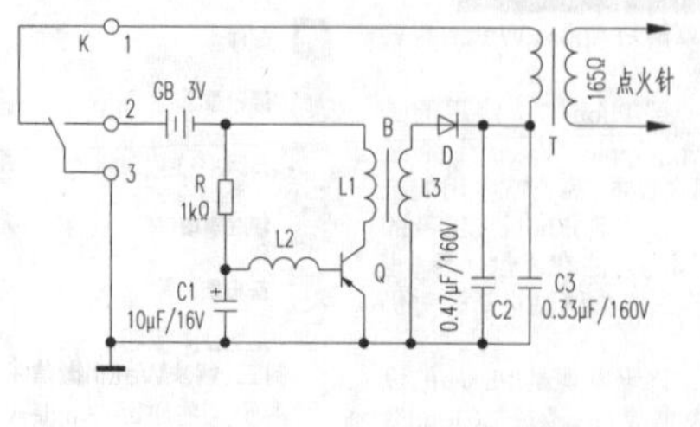

◇北京 赵明凡

广磊加湿器故障检修2例

例1.一台广磊GL126型加湿器出现不喷雾的故障，但风扇运转正常。

分析与检修：根据故障现象分析，怀疑电源电路未工作或换能器、超声波发生电路异常。

首先，测滤波电容C1两端的直流电压正常，说明电源电路正常，怀疑换能器HTD或超声波发生器异常。检查超声波发生电路的振荡管BG正常，检查雾化功率调整电位器RP1、RP2及水位开关SL等元件正常，怀疑HTD异常。用相同的换能器更换后，故障排除。

例2.广磊2170型加湿器雾化量小，但风扇运转正常。

分析与检修：通过故障现象分析，怀疑电源输出电压低或超声波发生电路、换能器性能差。

检测电源输出电压正常，说明换能器B或超声波发生电路异常。检查振荡管VT正常，检查雾化量调节电位器RP1、RP2(RP1在电路上，作辅助调节用；RP2安装在面板上)时，发现RP1阻值增大，更换RP1后，故障排除。

◇黑龙江 高林

试论安川、三菱、松下伺服JOG试机异同(下)

(紧接上期本版)

三菱伺服：

三菱伺服也有两种JOG试运行操作方法，面板控制型和伺服软件控制型

伺服面板操作：

首先是三菱伺服说明书里关于JOG运转的说明图：

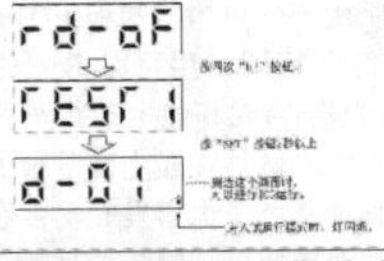

上两图例说明的三菱伺服JOG运行的注意事项：使用JOG运行时，请将EM2、LSP及LSN设为ON。LSP及LSN通过将【Pr. PD01】设定为“_ c _ _”可以自动on。控制器(指上位机，也就是是I/O口没有控制信号)没有发出指令的状态下可以实行JOG运行。

同时也强调了：·试运行模式用于伺服的运动状况确认。请勿用于正式运行。

· 出现预料以外的运行状态时请使用EM2（强制停止)来停止。

· 试运行模式在DIO的绝对位置检测系统（将【Pr. PA03】设定为“_ _ _ 1”)中不能使用。

· 定位运行时需要MR Configurator2。

· 只有将SON(伺服ON)设为OFF，方可执行试运行。

面板JOG操作步骤：

A.驱动器EMG急停接通(J4、JE等新系列伺服可以参数开启常通)，“SON开启”不能开启；

B.按驱动器上的“MODE”键选择到诊断画面：“rd-oF”；

C.按“UP”键4次切换到“TEST1”，按SET键2秒进入“d-01”；

D.按“UP”或“DOWN”可以使电机正转或反转，点动运行。

伺服软件试运行：

A. 打开MR Configurator2软件联接伺服驱动器，点击“工程”菜单“新建工程”；

B.打开“测试运行”菜单，选“JOG运行”；

C.点击“正转CCW”或“反转CW”，电机就正转或反转

D.电机速度可以直接字在“电机转速”栏修改，马上生效，范围值按括号内的范围值，这数值会随具体点电机改变而改变。

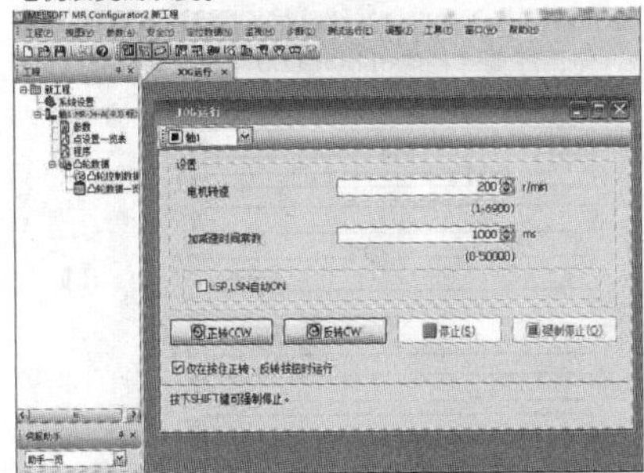

三菱的试运行种类有点多，有：“JOG运行”“定位运行”“无电机运行”“DO强制输出”“程序运行”“1步进给”这么多种。

松下伺服：

松下伺服也是两种JOG试运行操作方法，面板控制型和伺服软件控制型

下面两幅图是松下伺服说明书里关于面板JOG试机的相关说明：

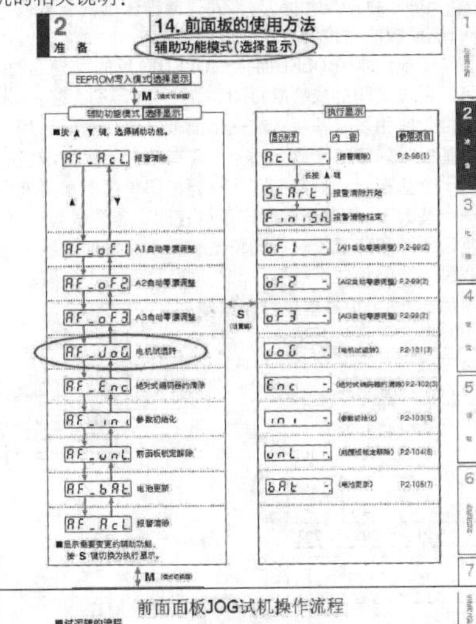

前面面板JOG试机操作流程

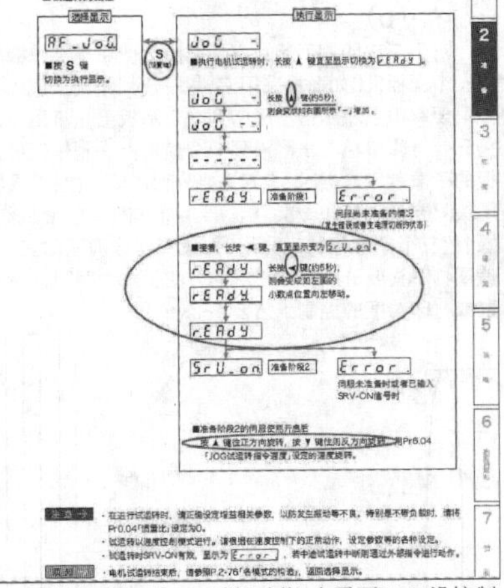

同样的，松下的JOG试机功能，也需要I/O口没控制信号，如果输入了“伺服on”，进入JOG功能时则显示“Error”错误。

JOG试机的初始状态，只需要电机的动力电缆和编码电缆跟驱动器良好连接，给驱动器的控制电源与主电源通上电，伺服驱动器能正常进入显示屏显示“r 0”的等待状态(显示屏显示，会根据显示模式参数设置的不同而不同)。

按一下“S”键显示“d01.SPd”，再按三下“M”键，显示屏显示“AF_AcL”，按向上箭头“▲”至显示“AF_JoG”辅助设置的JOG选择选项，按“S”键进入JOG试机项，显示“JoG -”状态，按住向上箭头“▲”5秒，“JoG -”的“-”往左走到尽头显示“rEAdy”，再按住向左箭头“◄”5秒，显示屏右下角闪烁的小数点“.”由左往右走到尽头，显示屏显示“JoG_ON”，伺服进入JOG试机的使能状态，此时电机励磁，如果用手去旋转电机轴，电机轴会自动产生反作用力，使得电机轴保持原来位置不变。按住“▲”或“▼”箭头，电机就会往相应的方向转动，松开马上停止，保持位置。

伺服JOG试机的使能状态，跟通过I/O口(X4)的伺服ON信号启动是一样的。需要说明的是，若是伺服插着I/O信号插头，伺服ON处于作用状态，JOG的使能状态就无法进入，显示由“rEAdy”变成“Error”；同样的，如果驱动器本身存在故障，用JOG试机操作到这一步，也会直接显示“Error”，不会出现故障代码。

松下伺服的故障代码显示功能，必须是伺服正常工作状态下出现，也就是说，在I/O口输入使能信号时，伺服如果存在故障，马上回显示具体的故障代码。而在JOG状态下，只会显示“Error”。

需要特别说明一下，松下伺服面板JOG功能试运转，出厂默认速度只有300转/分钟，参数Pr6.04是专门设置该JOG速度的，范围值也只是0~500转/分钟。对于这个，也许有很多人有意见有看法。从松下设计方的角度看，我觉得是有原因的，这么说主要是为了更好保护伺服和具体应用环境，因为过高的速度，需要JOG运行时，很容易导致机械结构发生撞击事件；再说JOG功能主要目的是验证伺服电机运转，并非正常使用，高速并非必须、必要。所以从这个角度，我觉得松下的设计更具用心，为用户考虑得更周全一些。

松下伺服软件的试运行功能：

松下伺服软件的试运行功能有下面的显著不同：

①试运行就只有一种界面进入，如下图。不像安川分“JOG操作”“程序JOG运行”；也不像三菱分“JOG运行”“定位运行”“无电机运行”“DO强制输出”“程序运行”“1步进给”那么多。

②松下伺服软件试运行功能动作前，必须设置好一些关键参数。

具体操作步骤和技巧：

A.最首先将“自动设定(过速度等级设置)”的选项“√”取消，然后修改“过速度等级”和“过载等级”到合适的值(根据具体机械机构的安全要求)，原初始值只对带轻度负载伺服电机适用。

B.试运行使能：先点击一下红色的“伺服关闭(Ese键)”按钮，右边的“伺服开启/关闭”按钮才可用，点击“伺服开启/关闭”按钮伺服才成功使能起来（上面的“JOG速度”和“JOG加减速时间”一般不用改，这只是接下来确定机械机构运动范围的参数)。

C. 试运行使能以后，JOG小框里的“正（+)”“负(-)”按钮变得可控，点击电机就往相应的方向运动，左右移动，以确定当前的机械机构合适的运动范围。

动作范围设定画面

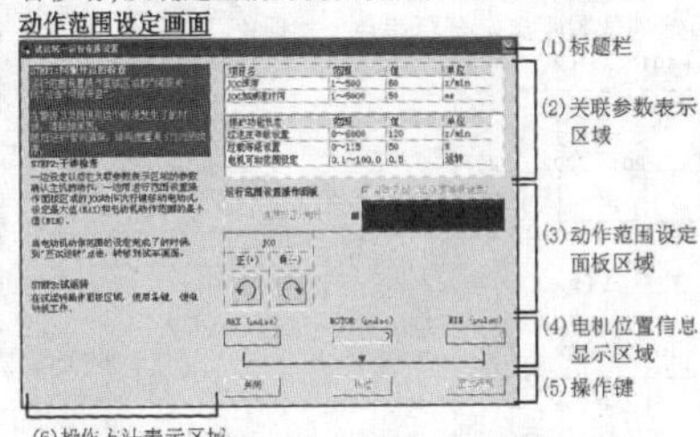

D、至此试运行的初始工作才算完成，然后点击“至试运转”按钮，进入正式试的运行的操作界面，如下。“移动量”数值要在最大位置“MAX(pulse)”与最小位置“MIN(pulse)”绝对值之和范围内，就是不能超出这个范围值。之所以是绝对值之和，是因为最小值总是以负数出现，符号代表反方向。在这里，速度、加减速时间、等待时间都可以修改，速度范围值理论上就是对应电机的最高范围值。

试运转画面（通常表示）

(7)试运转面板区域

松下的软件试机功能，乍一看，或者第一次接触，的确会深感困惑，甚至不知如何运行起来，因为设置设限的确有点多。不过这个试机功能适应性相当强大，在日常生活中我们需要对用户调试机器，诊断具体的机械机构时，就这个试机功能，能够通用满足绝大部分的环境需要。只要调到跟用户相匹配的速度、加减速时间等，就能很好诊断、测定出用户机械机构对运动的具体要求。

可以说，松下就这么一个运行功能，就替代了安川和三菱的诸多试运行模式。这也不能不说是一种进步。当然啦，终归而言，安川、三菱、松下三大品牌，无论在伺服设计，还是伺服配套的功能和调试软件，都走出了各具特色的功能性能。

综上所述，安川、三菱、松下，日系三大品牌伺服JOG功能设计，都有各自的思考和定位，各具特色。

(全文完) ◇电子手

“多层显示面板”新发明(2)

——助推OLED、QLED面板研发生产

(紧接上期本版)

基板采用不透光不透明材质OLED、QLED的发光器件或其他主动发光器件时，上面层基板和下面层基板的子像素发光器件可以面对面放置。即下面层基板的发光器件是顶发光器件，发光器件朝向上面层基板，上面层基板的发光器件是底发光器件，发光器件朝向下面层基板(见图7–9所示)。光线都是朝上面射出。这样的话，在两层基板的子像素发光器件之间的垂直距离d就更为接近，以减少基板厚度影响两层基板的子像素发光器件在面板正面垂直投影的大小z和排列位置距离w，降低串色干扰现象。

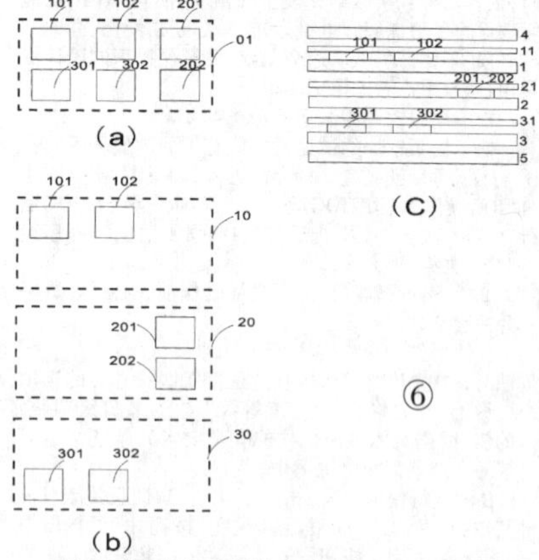

⑥

基板采用透光透明材质OLED、QLED的发光器件或其他主动发光器件时，上面层基板和下面层基板的发光器件可以面对面放置。这样的话，在两层基板的子像素之间的垂直距离d就更为接近，以减少基板厚度影响两层基板的发光器件在面板正面垂直投影的大小z和排列位置距离w，降低串色干扰现象。

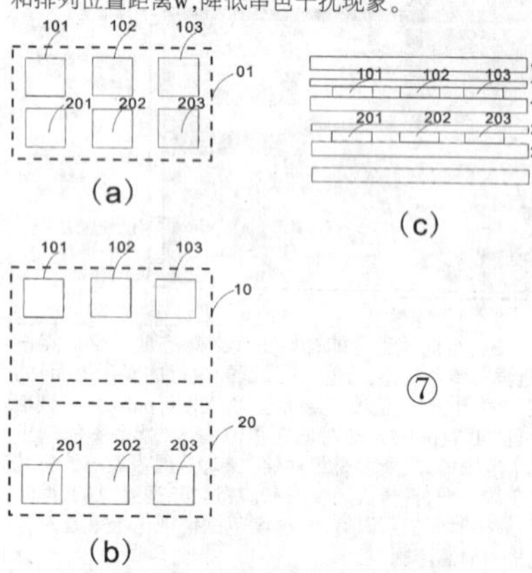

⑦

对于采用三层基板的情况，尽管其中两层基板可以采用上述办法降低串色干扰现象，但是还有一层基板的厚度仍会影响该层基板的子像素发光器件与另两层基板子像素发光器件在面板正面垂直投影的大小z和排列位置距离w，引起串色现象。可以采用整体缩小上面层基板像素的办法；或整体放大下面层基板像素的办法，使得在面板正面一定距离f观看时(见图10所示)，3层基板的基色发光器件在面板正面垂直投影的大小z和排列位置距离w相同或很接近，降低串色干扰现象。

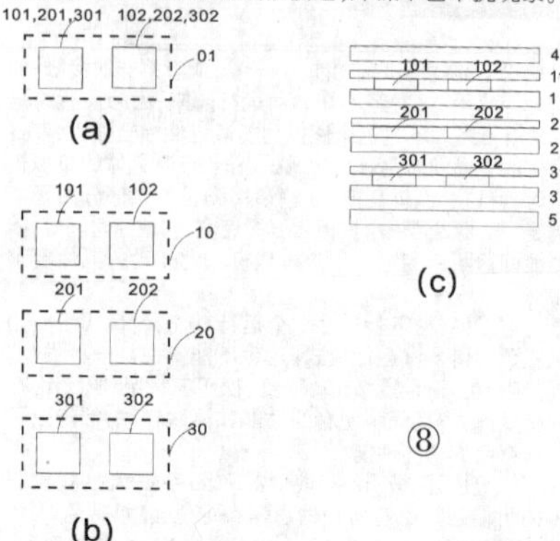

⑧

本发明的有益效果：

对于蒸镀法制作OLED面板：本发明由于使用多层基板构成一个面板。比如面板采用三层基板时，每层基板(一种基色的发光层)只需要在掩模板遮盖下蒸镀一次，掩模板的对位要求工艺变得简单。

印刷法制作OLED面板或QLED面板的发光层时，可以用滚筒印刷或喷墨打印。对于一次印刷工艺：本发明由于使用多层基板构成一个面板。比如面板采用三层基板时。滚筒上或介质上只要有单色墨水溶液压印到一个基板上；喷墨打印头只要打印单色墨水溶液到一个基板上。相对于同时印刷或打印三色墨水溶液，单色印刷打印降低了对打印精度和墨水用量的控制工艺要求。若仍用三个喷墨打印头同时打印三个位置的像素的话，则可提高单色打印速度。

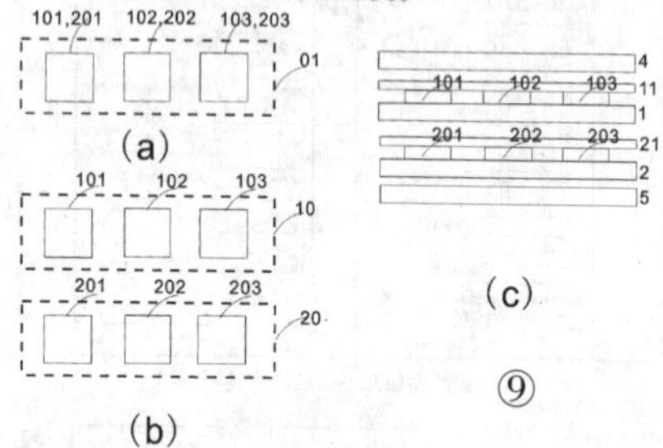

⑨

对于三次印刷工艺：本发明由于使用多层基板构成一个面板。比如面板采用三层基板时。滚筒上或介质上只要有单色墨水溶液压印到一个基板上；喷墨打印头只要打印单色墨水溶液到一个基板上。制作三层基板的子像素发光层时，滚筒只要分别压印一次；喷墨打印头只要分别打印一次。相对于目前制作单层面板红、绿、蓝三个子像素的发光层时，滚筒要分别压印三次；喷墨打印头要分别打印三次的方法，本发明降低对印刷或打印精度的控制工艺要求。

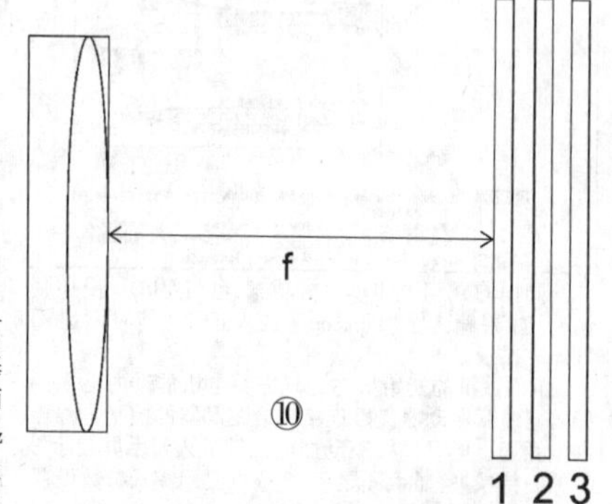

⑩

受限于目前可选用的蓝色OLED、QLED器件材料的寿命，目前OLED、QLED面板一两年的屏幕使用寿命的确偏短(国内家庭电视机的平均更新周期在3~5年以上)。维修更换整个屏幕的成本过高，用户很难接受，一定程度上阻碍了OLED、QLED电视机的销售及普及。本发明由于使用多层基板上下叠放构成一个面板。比如面板采用三层基板时，红绿蓝三基色发光器件各自覆盖在一个基板上。在维修时，只需更换掉寿命短、易早期老化的覆盖有蓝色发光器件的一个基板即可，大大降低更换三基色整个面板的成本。可以延长整个面板的使用寿命，符合绿色低碳环保的理念。厂家可以在保修范围里免费或优惠更换。本发明也利于打消用户对OLED、QLED电视机维修成本的担忧，促进OLED、QLED电视机的销量。同时，电视销售的盈利也可反哺面板开发，使得研究人员可以早日寻找或合成出高效长寿的蓝色OLED、QLED发光材料。

头戴显示器用微型显示面板的尺寸一般小于1英寸，用户对分辨率要求也从标清向着2K高清或4K高清发展。像素的高密度使得制造难度大大增加。尽管制造中可以借鉴集成电路的制造工艺，但是降低制造难度，提高良品率仍是开发商所期望的。对于已经能开发小于等于1英寸的2K分辨率高清面板的厂商来说。运用本发明，就可以容易的开发4K高清面板。原来2K高清面板的分辨率是1920×1080=2073600个像素。算红绿蓝三基色子像素，即总共有6220800个子像素。而4K高清面板的分辨率是3840×2160=8294400个像素，算红绿蓝子像素，即总共24883200个子像素。(每个像素是由红绿蓝3个子像素组成)(见图11、12所示)。

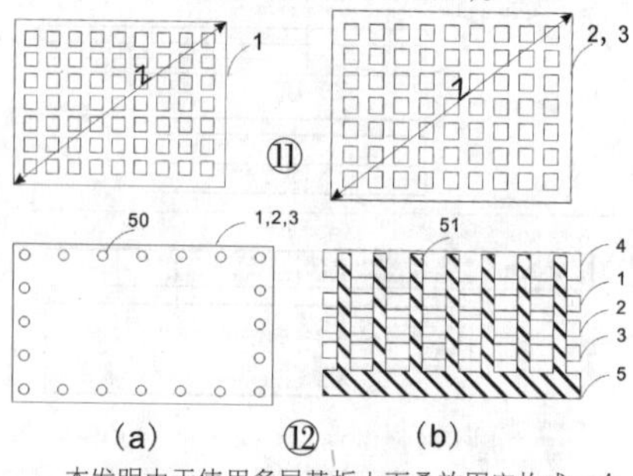

⑫

本发明由于使用多层基板上下叠放固定构成一个面板。将每层基板使用可以透光的透明材质OLED、QLED的发光器件(或其他主动发光器件)。每个像素的基色子像素发光器件在最上面基板的垂直投影位置与该像素的其他基色子像素发光器件在最上面基板的垂直投影位置对应重合。这样，该像素的各个基色子像素发光器件发出的色光可以上下层之间垂直混色。整个面板每个像素的发光颜色是上下各层基板的该像素区域位置各个基色子像素发光器件对应重合时的混合色。这样，当使用分别覆盖着红绿蓝三色发光器件的三层基板时，4K高清面板每层基板的像素是3840×2160=8294400个。原来2K高清面板的分辨率算红绿蓝子像素，即总共有6220800个子像素。8294400个像素是6220800个像素的1.3倍，能开发小于等于1英寸的2K分辨率高清面板的厂商只要把每个像素再略微缩小一些尺寸，就可以在原尺寸面板基础上开发4K高清单色面板。再用单基色的多层基板叠合，就可以做出三基色4K高清面板。

目前大多数显示面板采用红绿蓝三基色显示，六基色概念是在红绿蓝三色基础上，增加黄青紫三色。据国内一家开发厂商宣传，六基色显示技术能提高电视机色彩的表现力。但是目前的六基色技术只是在信号处理电路上做了改进，显示面板还只是红绿蓝三基色显示，未达到真正的六基色显示还原。本发明由于使用多层基板上下叠放固定构成一个面板，本发明能促进六基色面板显示方案的实现。

各个面板开发厂家的开发能力不一样，举例：有的厂家在红绿色OLED面板开发擅长，但是蓝色OLED开发不擅长。就可以购买其他厂家质量较好的蓝色QLED单色基板，和自己开发的红绿OLED单色基板叠合，做出性能互补的OLED/QLED三基色混合面板。又如：有的厂家在红黄，绿青QLED面板开发擅长，但是蓝紫QLED开发不擅长。就可以购买其他厂家质量较好的蓝紫OLED基板，和自己开发的红黄，绿青QLED基板叠合，做出性能互补的OLED/QLED六基色混合面板(见图13所示)。

⑬

(未完待续)(下转第136页)

◇浙江 方位

三菱PLC应用程序的模块化设计(下)

(紧接上期本版)

(1)程序编制

本例电动机正反转双向降压起动PLC控制的应用程序结构如图6所示。图中有且只有一个主程序,三个子程序和两个中断服务程序。

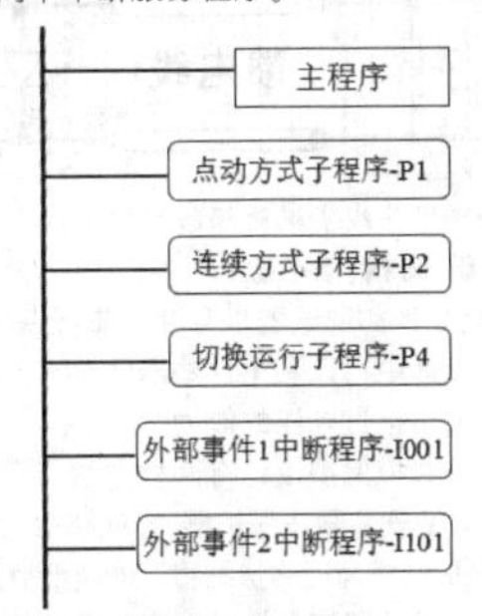

图6 应用程序结构

本例的主程序比较简单,只有初始化程序、中断禁止和子程序调用,如图7所示。点动运行的子程序如图8所示,连续运行的子程序如图9所示,星角切换如图10所示,调整起动时间的中断服务程序如图11所示。

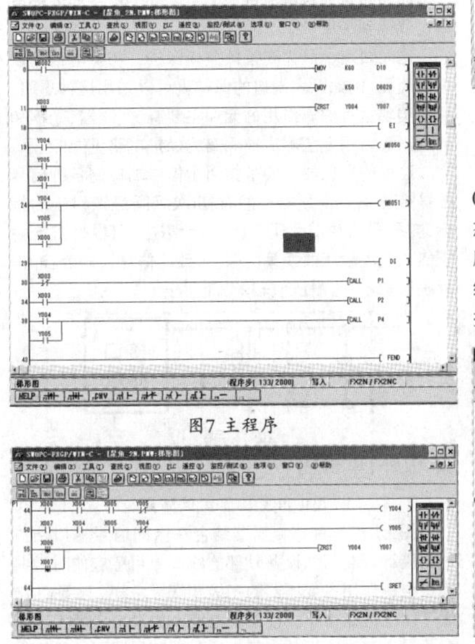

图7 主程序

图8 点动子程序

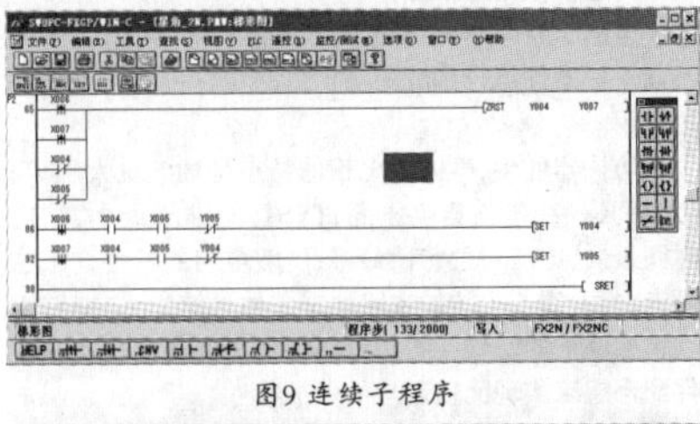

图9 连续子程序

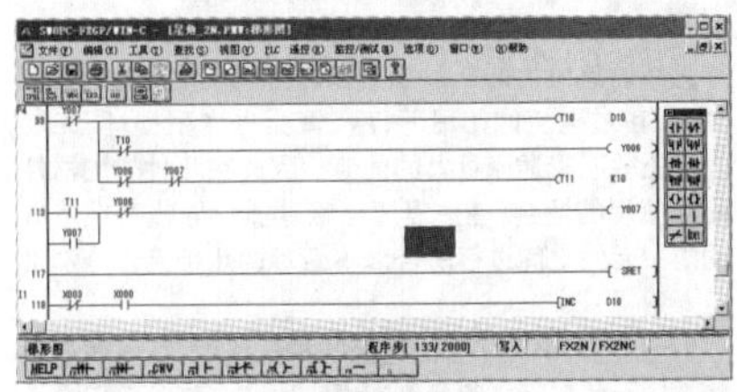

图10 星角切换子程序

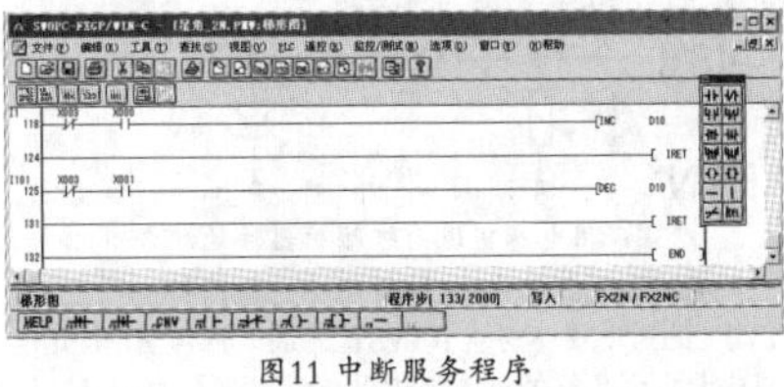

图11 中断服务程序

(2)实验验证

将图7~图11所示的程序下载到三菱FX_{2N}-16MR-001PLC中,并按图5连接好外部电器。在SA处在断开状态验证点动运行,点动反转运行时的监控界面如图12所示。将SA打在闭合位置进行连续方式运行验证,连续运行时正转的监控界面如图13所示。星角切换的监控界面如图14所示。实验还验证了停机、热保护动作、起动时间的延长和缩短,这些功能都与设计要求相符,说明该程序功能正确,到达设计目的。

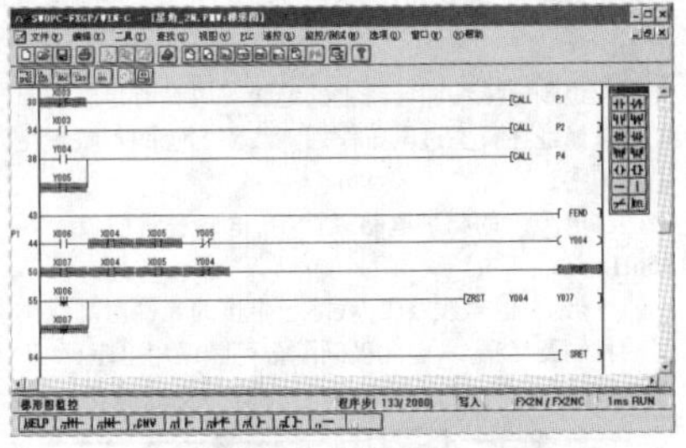

图12 点动监控界面

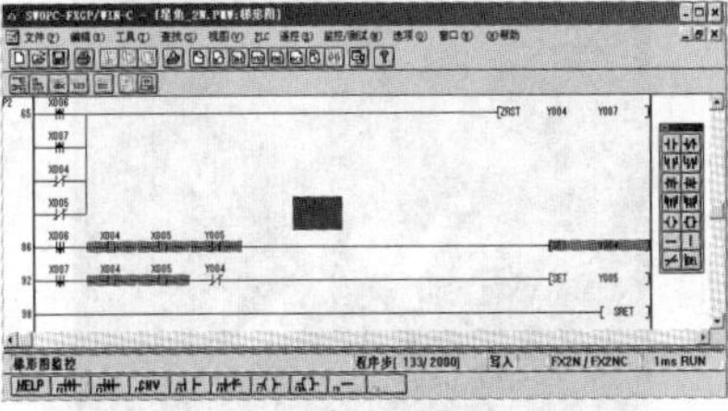

图13 连续监控界面

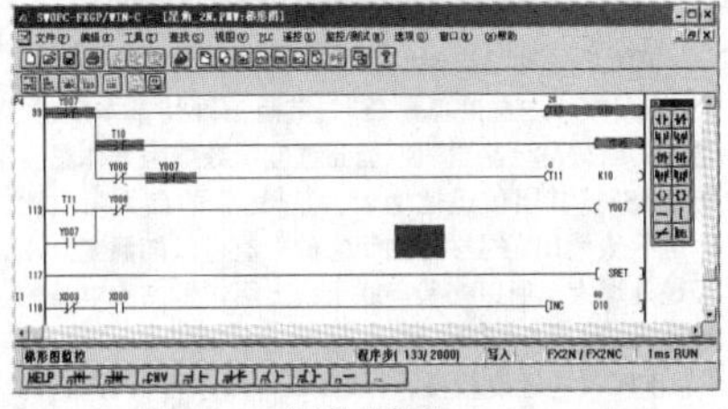

(a)星形起动

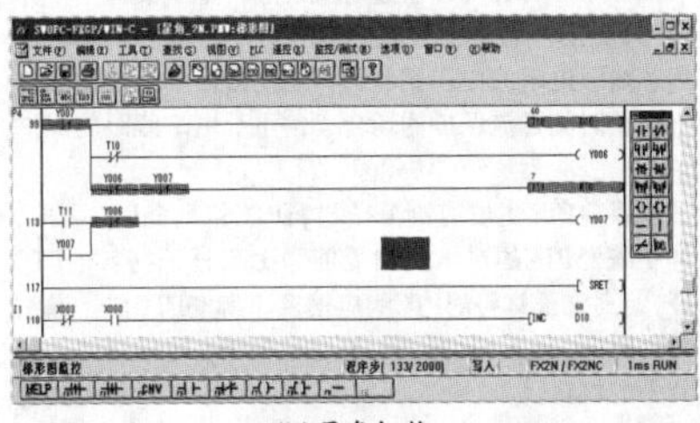

(b)星角切换

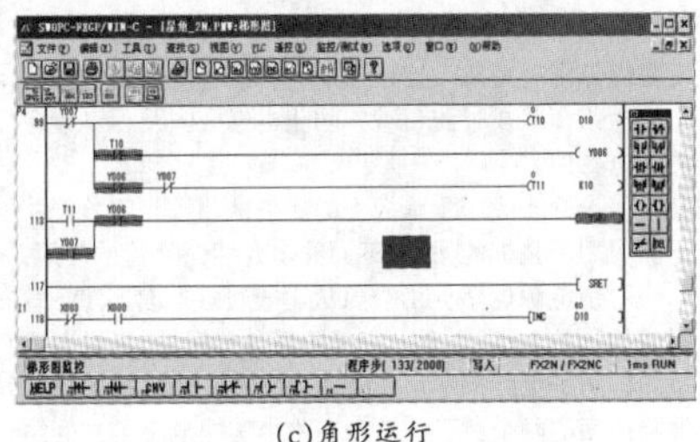

(c)角形运行

图14 切换监控界面

(全文完)

◇江苏 沈洪 陈洁

中波发射机一例奇特故障的检修

有一部DX-10型数字调幅中波发射机,频率为639 kHz,载波功率为10 kW。这台机器发生了奇特的故障,其检修过程如下(下面所指"开机"为"开高压","关机"为"关高压")。

1.故障现象

(1)一上高压,就有功率及电流指示,入射功率8 kW,反射功率0,总电流超过60A;开机后,马上过流关高压,无法自动上高压。

(2)无法升降功率。

(3)低压时,调制编码A36板的"功放关断"灯不亮。

2.故障分析

整机反射功率为0;过流后可以自动关机,无法自动开机;试机过程未见功放板损坏。以上现象说明,整机的负载部分(包括天调网络)基本完好。

3.检修过程

(1)直观检查及简单测试 1)关机后,直观检查机器各部分,无元器件损坏,各个接插件接触良好;2)低压下,测各板的供电,供电基本正常。如调制编码A36板,B+:标称值为5 V,实测5.8 V左右,正常;保险管两端压降0.1 V,正常。B-:标称值为-2.18V左右(低压时),正常。

(2)降低负荷进行试验 1)做法:关机后,甩开部分功放板230V供电保险,只让6个二进制及1~8号功放板工作;2)试机:上高压,有功率及电流指示,入射功率2 kW,反射功率为0,总电流约10A,无法升降功率。

(3)在控制板上,人为"关断功放"试机:现象同上,说明功率与电流基本上不受控制板控制。那么,功率与电流从何而来?是否为虚值?

(4)验证表头指示的"功率与电流"是否为虚值 1)做法:加大负荷,合上9~16号功放板的供电保险;2)试机:上高压,有功率及电流指示,入射功率4 kW,反射功率为0,总电流约20A;无法升降功率;配电盘电流表指示,本机电流约20A。

由此看来,表头指示的功率与电流为实际值,并非虚值。

(5)表头功率及电流从何而来 1)在"关功放"条件下,上高压,在调制编码A36板短路环上,测并通电压,0.2 V左右,应理解为感应电压。2)甩开A36板12bit数字信号输入线,甩开A36板的B+保险,开高压,现象不变。3)上高压后,在功放母板XT-45.46上,测开通电压:42个大台阶的为 -1.08V,6个小台阶的为-0.97 V,推动级的为 -2V。这说明,所有功放都开通。4)在2)的基础上,甩开A36板B-的供电,试机,上高压后,无功率及电流指示。

这说明,表头原有的"功率及电流指示"源自A36板B-的存在。看来,问题出在A36板B+的供电。

(6)查A36板供电 1)查A36板+5V测试点TP2为0,无电压。经查,B+保险出端与TP2之间短路线,开路。处理后,上低压,A 36板"功放关断"灯亮。2)按常规试机,一切正常。

◇辽宁 孙永泰

认识常用于保护电路中的元器件(下)

(紧接上期本版)

5.正温度系数热敏电阻(PTC)

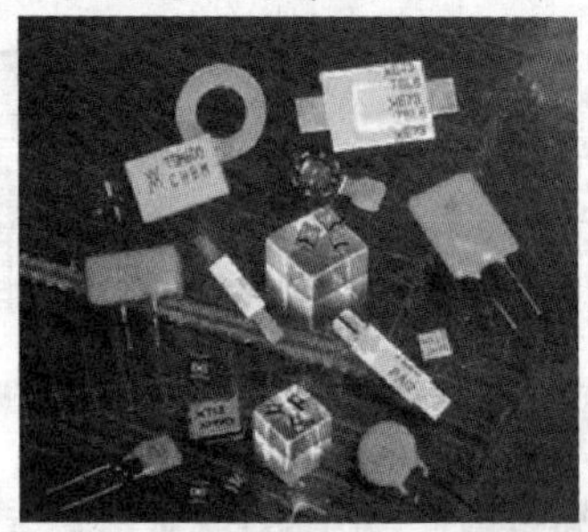

PTC是一种限流保护器件，它有一个动作温度值TS，当其本体内温度低于TS时，其阻值维持基本恒定，这时的阻值称为冷电阻。当正温度系数电阻本体温度高于TS时，其阻值迅速增大，可以达到的最大阻值比冷电阻值大10^4倍左右。由于它的阻值可以随温度升高而迅速增大，所以一般串联于线上用作暂态大电流的过流保护。

PTC反应速度较慢，一般在毫秒级以上，因此它的非线性电阻特性在雷击过电流通过时基本发挥不了作用，只能按它的常态电阻(冷电阻)来估算它的限流作用。热敏电阻的作用更多的体现在诸如电力线碰触等出现长时间过流保护的场合，常用于用户线路的保护中。

目前PTC主要有高分子材料PTC和陶瓷PTC两种，其中陶瓷PTC的过电压耐受能力比高分子材料的PTC好，但高分子材料的PTC响应速度比陶瓷PTC快。通常陶瓷PTC不能实现低阻值，低阻值的PTC均采用的是高分子的材料。

6.保险管、熔断器、空气开关

保险管、熔断器、空气开关都属于保护器件，用于设备内部出现短路、过流等故障情况下，能够断开线路上的短路负载或过流负载，防止电气火灾及保证设备的安全特性。

保险管一般用于单板上的保护，熔断器、空气开关一般可用于整机的保护。下面简单介绍保险管的使用。

对于电源电路上由空气放电管、压敏电阻、TVS管组成的防护电路，必须配有保险管进行保护，以避免设备内的防护电路损坏后设备发生安全问题。图5给出了保险应用的两个例子，其中a电路中防护电路与主回路共用一个保险，当防护电路短路失效时主回路供电会同时断开，b电路中主回路和防护电路有各自的保险，当防护电路失效时防护电路的保险断开，主回路仍然能正常工作，但是此时端口再出现过电压时，端口可能会因为失去防护而导致内部电路的损坏。两种电路各有利弊，在设计过程中可以根据需要选用。无馈电的信号线路、天馈线路的保护采用保险管的必要性不大。

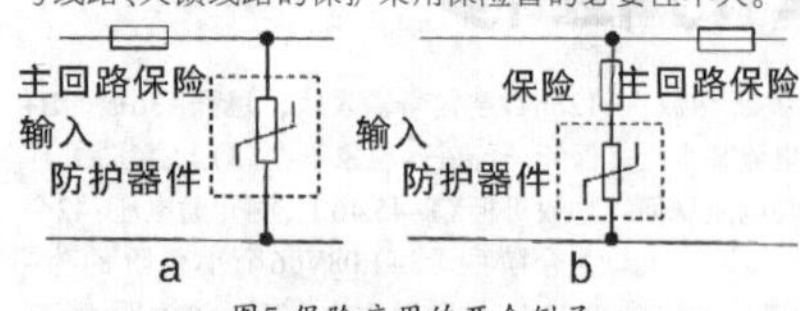

图5 保险应用的两个例子

保险管的特性主要有：额定电流、额定电压等。其中额定电压有直流和交流之分。

标注在熔丝上的电压额定值表示该熔丝在电压等于或小于其额定电压的电路中完全可以安全可靠地中断其额定的短路电流。电压额定值系列包括在N.E.C规定中，而且也是保险商实验室的一项要求，作为防止火灾危险的保护措施。对于大多数小尺寸熔丝及微型熔丝，熔丝制造商们采用的标准额定电压为32、63、125、250、600V。

概括而言，熔丝可以在小于其额定电压的任何电压下使用而不损害其熔断特性。防护电路中的保险管，宜选用防爆型慢熔断保险管。

7.电感、电阻、导线

电感、电阻、导线本身并不是保护器件，但在多个不同保护器件组合构成的防护电路中，可以起到配合的作用。

防护器件中，气体放电管的特点是通流量大、但响应时间慢、冲击击穿电压高；TVS管的通流量小，响应时间最快，电压钳位特性最好；压敏电阻的特性介于这两者之间，当一个防护电路要求整体通流量大，能够实现精细保护的时候，防护电路往往需要这几种防护器件配合起来实现比较理想的保护特性。

但是这些防护器件不能简单地并联起来使用，例如：将通流量大的压敏电阻和通流量小的TVS管直接并联，在过电流的作用下，TVS管会先发生损坏，无法发挥压敏电阻通流量大的优势。因此在几种防护器件配合使用的场合，往往需要电感、电阻、导线等在不同的防护元件之间进行配合。下面对这几种元件分别进行介绍：

电感：在串联式直流电源防护电路中，馈电线上不能有较大的压降，因此极间电路的配合可以采用空心电感，如下图6所示：

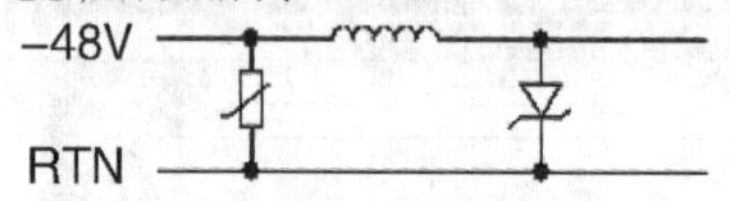

图6 用电感实现两级防护器件的配合

电感应起到的作用：防护电路达到设计通流量时，TVS上的过电流不应达到TVS管的最大通流量，因此电感需要提供足够的对雷击过电流的限流能力。

在电源电路中，电感的设计应注意的几个问题：

①电感线圈应在流过设备的满配工作电流时能够正常工作而不会过热。

②尽量使用空心电感，带磁芯的电感在过电流作用下会发生磁饱和，电路中的电感量只能以无磁芯时的电感量来计算。

③线圈应尽可能绕制单层，这样做可以减小线圈的寄生电容，同时可以增强线圈对暂态过电压的耐受能力。

④绕制电感线圈导线上的绝缘层应具有足够的厚度，以保证在暂态过电压作用下线圈的匝间不致发生击穿短路。

在电源口的防护电路设计中，电感通常取值为7~15uH。

电阻：在信号线路中，线路上串接的元件对高频信号的抑制要尽量少，因此极间配合可以采用电阻，如下图7所示：

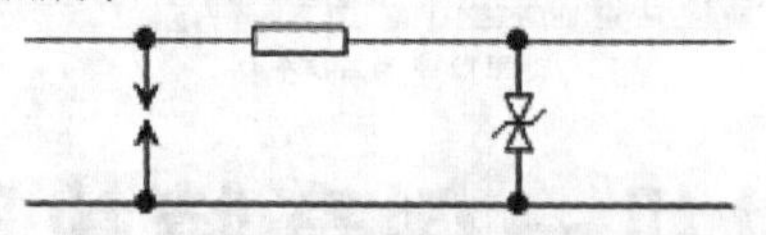

图7 用电阻实现两级防护器件的配合

电阻应起到的作用与前述电感的作用基本相同。以上图为例，电阻的取值计算方法为：测得空气放电管的冲击击穿电压值U1，查TVS器件手册得到TVS管8/20us冲击电流下的最大通流量I1、以及TVS管最高钳位电压U2，则电阻的最小取值为：$R \geq (U1-U2)/I1$。

在信号线路中，电阻的使用应注意的几个问题：

①电阻的功率应足够大，避免过电流作用下电阻发生损坏。

②尽量使用线性电阻，使电阻对正常信号传输的影响尽量小。

导线：某些交/直流设备的满配工作电流很大，超过30A，这种情况下防护电路的极间配合采用电感会出现体积过大的问题，为解决这个问题，可以将防护电路分为两个部分，前级防护和后级防护不设计在同一块电路板上，同时两级电路之间可以利用规定长度的馈电线来做配合。

这种组合形成的防护电路中，规定长度馈电线所起的作用，与电感的作用是相同的，因为1米长导线的电感量在1~1.6uH之间，馈电线达到一定长度，就可以起到良好的配合作用，馈电线的线径可以根据满配工作电流的大小灵活选取，克服了采用电感做极间配合时电感上不能流过很大工作电流的缺点。用导线实现两级防器件的配合电路见图8所示。

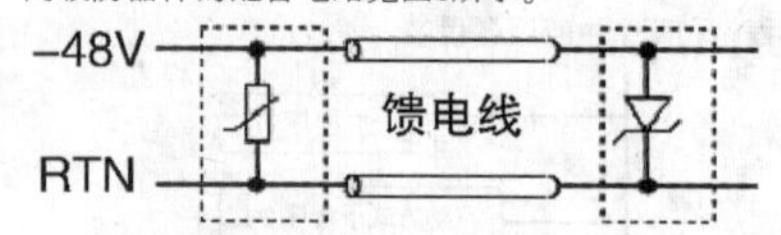

图8 用导线实现两级防器件的配合

8.变压器、光耦、继电器

变压器、光耦和继电器本身并不属于保护器件，但端口电路的设计中可以利用这些器件具有的隔离特性来提高端口电路抗过电压的能力。

端口雷击共模保护设计有两种方法：

①线路对地安装限压保护器，当线路引入雷击过电压时，限压保护器成为短路状态将过电流泄放到大地。

②线路上设计隔离元件，隔离元件两边的电路不共地，当线路引入雷击过电压时，这个瞬间过电压施加在隔离元件的两边。只要在过电压作用在隔离元件期间，隔离元件本身不被绝缘击穿，并且隔离元件前高压信号线不对其他低压部分击穿，线路上的雷击过电压就不能够转化为过电流进入设备内部，设备的内部电路也就得到了保护。

这时线路上只需要设计差模保护，防护电路可以大大简化。例如以太网口的保护就可以采用这种思路。能够实现这种隔离作用的元件主要有：变压器、光耦和继电器等。用变压器实现隔离的保护电路见图9所示。

这里的变压器主要是指用于信号端口的各种信号传输变压器。变压器一般有初/次级间绝缘耐压的指标，变压器的冲击耐压值(适用于雷击)可根据直流耐压值或交流耐压值换算出来。大致的估算公式为：冲击耐压值=2×直流耐压值=3×交流耐压值。

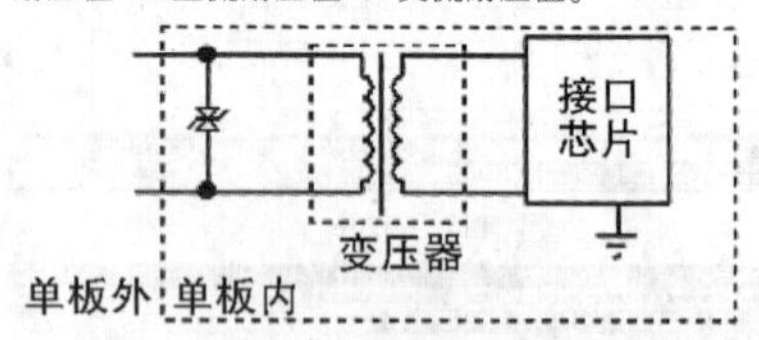

图9 用变压器实现隔离

图9示出一种将变压器结合在内的信号端口防护电路设计。雷击时，设备外部的线缆上可感应的对地共模过电压作用在变压器的初级和次级之间。只要初/次级不发生绝缘击穿，设备外电缆上的过电压就不会转化为过电流进入设备内部。这时端口只需要做差模保护，利用变压器等器件的隔离特性，有利于简化端口的防雷电路。

采用这种方法设计需要注意的是：变压器、光耦和继电器等元件本身的绝缘耐压能力应很高(例如冲击耐压大于4kV)，否则在过电压的作用下很容易发生绝缘击穿，不能起到提高端口耐压的作用。

另外，利用变压器的隔离特性时，需要注意变压器的初/次级间有分布电容，某些情况下外部线缆上的共模过电压可通过分布电容从初级耦合到次级，从而进入到内部电路中，这样就破坏了变压器的隔离效果，因此应尽量选用带有初次级间屏蔽层的变压器，并将变压器屏蔽层外引线在单板内接地，如图9所示。

这时变压器的有效绝缘耐压变成了初级与屏蔽接地端间的绝缘耐压值。采用共模隔离设计的另一个需要注意的问题是初级电路与单板上其他电路、地的印制线在单板上应分离开，并有足够的绝缘距离。一般，印制板上边缘相距1mm的两根印制走线，能耐受1.2/50us冲击电压4kV左右。

在防护电路的器件选型过程中对气体放电管、压敏电阻、热敏电阻、保险管、熔断器、空气开关等都要选择有安全认证的器件。

(全文完)

◇哈尔滨　齐忠文

卫星高频头的种类及参数介绍

高频头按结构形状划分，可分为单极化分体式和双极性馈源一体化(LNBF)两种，其中双极性馈源一体化高频头种类较多，按本振方式可分为单本振和双本振两种（按输出端口可分为单输出、双输出、多输出等）。单极化分体式高频头的波导腔体里只有一个极化振子，也称极化针，只能接收一种极化信号，如要接收另一种极化信号，需将高频头旋转90度。单极化高频头的内部由于没有极化转换电路，因此信号耗损较小，增益和稳定性较高，多用于工程系统上。由于单极化高频头采用的是分体式结构，需配装馈源，馈源输出端是通过法兰盘和高频头连接的，法兰盘都是按标准尺寸制造的，C波段馈源的法兰盘外形呈矩形，内Ku波段馈源的法兰盘外形呈正方形，内径为矩形径也为矩形，长×宽为58.2mm×29.1mm；长×宽为19.1mm×95mm。两种馈源内径的长宽比均为2：1。常用的C波段单极性高频头如GARDINER(嘉顿)3605、ASKBC213等性能都不错，增益在65dB左右，这样在室内机距离接收天线较远时，接收信号衰减会小一些。Ku波段单极性高频头，常见的有PBIPLK-900。(V)信号，其间还有一个横棒，为隔离双极性高频头内部有两个互相垂直的探针，分别接收水平(H)、垂直针，起极化隔离作用。双极性单输出高频头是将13/18V电子切换开关电路引入到腔体内部，自动识别接收机通过馈线送来的电压高低，是18V还是13V，以便选择水平还是垂直的极化探针工作，从而达到双极性单输出的目的。

C波段双极性高频头一般可选用常见的PAUXIS（普斯）PX900、PBI Tubro-1800、百昌OS222等产品，本振频率均为标准的5150MHz。Ku波段双极性高频头均采用标准中心馈源环聚焦式一体化设计，品种型号很多，如常用的直头ASK Ku07，用于正馈天线的PBI Gold1040PF。

1.C波段双极性双本振单输出高频头

C波段双极性双本振单输出高频头，采用5150MHz、5750MHz两个本振频率对H、V极化信号作分开处理两个极化信号被分别变频为950,1550MHz和1550,2150MHz内互不重叠的中频频率，从而实现共用一根馈线中传送，配合接收机可同时接收到两个极化的信号。

双本振高频头多用于卫星中频分配系统或CATV前端工程系统中，一个高频头可以通过功分器向多台接收机提供无干扰接收，常用的C波段双极性双本振单输出高频头有PAUXIS PX-1200、PBI Tubro-2 100等。

2.Ku波段双极性双本振单输出高频头

Ku波段双极性双本振单输出高频头常见的有9.75/10.60GHz或9.75,10.75GHz两个本振频率，内置0,22k切换电路，通过卫星接收机输出的0,22kHz脉冲来分别选择其低、高本振，同时还可用卫星电视接收机的13,18V电压切换水平或垂直极化的卫星信号，实现Ku波段节目全频带接收。

常见的Ku波段双极性双本振单输出高频头如用于正馈天线的ASKKU50、弯头（又称L形头）PBI 30ld 1040L 10M等。

双极性单本振双输出高频头有两种类型，一种是高频头采用两块独立电路做在同一印制板上，稳压电路和振荡电路为共用电路，并共用一副馈源和探针。它能够同时接收双极化卫星信号，并分两路独立输出，每路均可进行水平、垂直切换，互不影响，信号损耗极小，参数稳定性高。如Ku波段用的PBIGold-2050。另一种是水平、垂直极化分别通过两个端口输出，每一路端口只能选择其中的一种极化信号，但配合二进(H、V)四出或二进六出等切换开关，也可为四台、六台等数字卫星接收机提供无干扰接收信号，如C波段用的PBI Turbo-2200。

为了增强高频头的波段及端口接收功能，缩小其安装体积，市面上出现了一种复合高频头，常见的有如下几种。

1)Ku/Ku复合高频头

Ku/Ku复合高频头是将两个性能参数相同的Ku波段高频头做成一体，共用一个端口，可通过一面天线来完成两颗相接近卫星Ku波段信号的接收。如雷霆BOLT-21双星高频头，内含有DiSEqC切换短路，使用者用它配合一面偏馈天线即可接收146度E和138度E两颗卫星上的所有Ku波段节目(当然所收视两颗卫星的落地场强要满足接收要求)。

2)C/Ku复合高频头

将C波段高频头和Ku波段高频头制造在一起，可完成一颗卫星上所有的C、Ku波段信号的接收，如PBI Tubro-4200是将一个本振为5150MHz的双极性单输出C波段高频头和一个本振为10.75GHz的双极性单输出Ku波段高频头组合而成；又如PBITurbo-4400则是由C波段双输出高频头Turbo-2200和Ku波段双输出高频头Gold(2050组合而成，它集C、Ku波段的水平、垂直极化的接收功能于一体，具有四个独立的输出端口。

DM500开机黑屏故障检修实例

DM500黑屏主要是由三种情况所致，一是没有卫星信号，二是机器网络没有和共享服务器联通，三是共享服务器故障。此处将这三种情况故障剖析与解决办法分享如下。

一、没有卫星信号情况。DM500开机，在电视机右上角会提示"未找到该频道"，并且右下角SNR值会低于75%，如果SNR数值一直停留在60%左右，AGC为0%，这就表示机器和高频头没有链接。把电源拔了，重新接一下卫星线，再插上电源开机可能就会好，如果故障依然没有排除。可能是机器坏了或是室外高频头、四切一，或是线没有接好。如果SNR数值一会60%，一会70%，数值不停地变而且变化很大。这种情况很可能是高频头坏了。更换新的高频头即可。

二、DM500机器网络没有和共享服务器联通。DM500机器和家庭网络没有连通，即DM500和路由器没有联通。查看方法，按DM500遥控器MENU，再选"设置"密码为8118，再选"高级设置"，再选"通讯网络"，看到的第一排数据就是IP。如果IP为10.0.0.97 那就是机器和路由器没有联通，检查路由器器跟DM500使用的网线是否正常，如果网线正常，拔电源重启DM500，一般故障解决。如果IP为192.168.X.XXX，即DM500机器和家庭网络链接正常。可能是家庭网络与共享服务器之间没有联通。处理办法，先把DM500电源拔了，然后重启路由器，等待路由器重启好能正常上网后，再把DM500电源插上。故障排除，如果以上操作故障依旧。可能就是共享服务器故障。

三、共享服务器故障。一般先要联系您接入的共享服务器商，了解是否是他们服务器不正常而导致的黑屏，还是您共享服务器权限到期。共享服务器24小时不停工作然免会出现死机等故障，这种现象只要频率不多，还是算正常现象。但这种现像频繁发生，那就是接入的共享服务器不稳定，建议换一家稳定的共享服务器。

◇广西　李汶凤

ANAM S9A卫星接收机极化电路剖析

①

ANAM S9A是一款用来接收SES9卫星信号的专用接收机，该机极化电路最大特点是使用尚途公司生产的专用极化供电芯片STI8035来实现LNB电压的切换，相关实物部分见图1所示。

以STI8035为核心的极化切换电路原理如图2所示。来自电源板的+12V供电经EC1滤波后送至STI8035第①脚(VDD)，经电感L3送至内部DC-DC转换器开关连接节点（LX），同时经二极管D1送往自举升压端口（BOOST，也是内部LDO输入端口）。STI8035第④脚LDO电源的电荷泵，一般通过电容(C61)接至第③脚。第⑥脚是使能端口，当该脚为高电平时芯片开始工作，反之停止工作。第⑦脚是极化电压控制端口，当主芯片3329经R88送来高电平信号时，STI8035第②脚输出19V极化电压；当主芯片3329经R88送来低电平信号时，STI8035便从第②脚输出15V极化电压。STI8035第⑧脚为扩展输出端口，通常接主芯片送来的22KHz信号，用于控制多路切换开关。

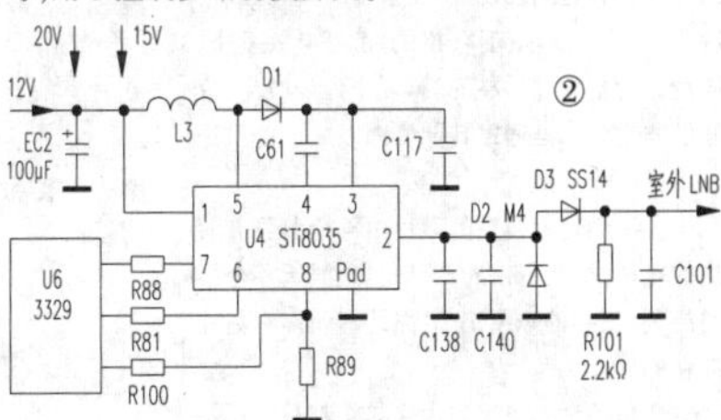

当极化电压出现异常时首先检查12V供电是否正常，其次就是STI8035外围元件，若都正常则尝试代换STI8035芯片试试。

◇安徽　陈晓军

硬盘的断电影响

有时候尽管我们对硬盘的各种人为保护措施都做得很到位，比如轻放、不故意碰撞或者定期整理磁盘碎片。不过意外的情况却是我们意料不到，其中又以突然断电对硬盘的损坏最为严重。

机械硬盘

机械硬盘(HDD)，如果意外断电导致磁头、磁盘物理损坏，特别是在读写运作过程中，磁头有可能因为突然断电而垂直落在磁盘上，严重的话会造成磁头破损，或者磁盘被划伤，从而形成物理坏道。

虽然大多数HDD硬盘都支持断电时磁头保护技术，可以在断电瞬间把磁头归位，确保HDD磁盘不会与磁头发生摩擦事故；不过也不是万能的，断电次数多了，总有一定的概率会造成这些意外。还有一种情况是电脑死机不得不强制关机或重启；经常发生这种操作的话对硬盘也有一定的伤害，不过可以使用Diskgenis等硬盘工具进行逻辑修复。

固态硬盘

固态硬盘(SSD)不像HDD那样存在机械部件，所以只要维持一些电子就可以避免断电导致的损坏了。SSD硬盘采用的PLP(Power Loss Protection)断电保护技术，最直接的办法就是给PCB增加储存电能的电容。

电路周围直接放了四个电解电容

当然，电解电容虽说容量很大不过缺点也很明显，体积较大与讲究追求体积小的SSD很矛盾；而钽电容则刚好相反，体积小，符合SSD结构设计但是容量小并且成本高，常用在企业级SSD上。

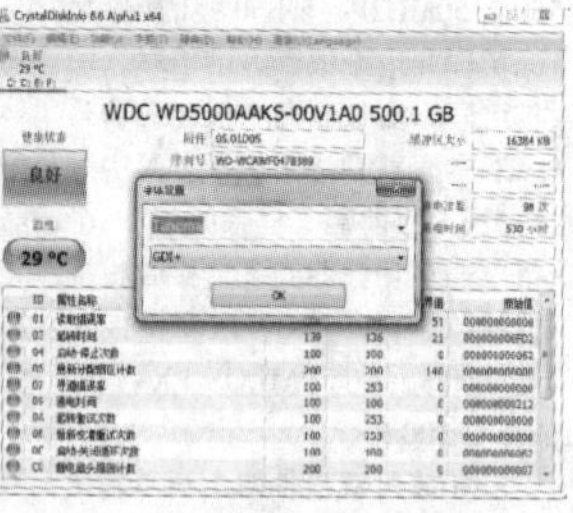

即便这样，SSD也有断电损坏的情况；如果能识别，硬盘会采用主控算法屏蔽磨损部分。如果是断电造成逻辑性的错误，则有可能SSD会采用TRIM技术清空丢失的数据。这也是为什么SSD的数据恢复不如HDD的其中之一。

最后我们可以借助CrystalDisknfo软件来养成爱护硬盘，不要因为偶尔的顿卡或者读取时间较长而不动，随意关机或重启的习惯。CrystalDisknfo软件可以查看硬盘SMART信息，C0项不安全关机次数就是记录了硬盘非正常关机的次数，使用几年的硬盘出现数十次不安全关机都是很可能的。计入不安全关机的情况包括意外停电、强制关机等等，比如电脑有时候死机没反应了，就只能强制关机再开机，这时候都会算作一次不安全关机，会在SMART信息中留下记录。

(本文原载第3期11版)

原片、黑片、白片

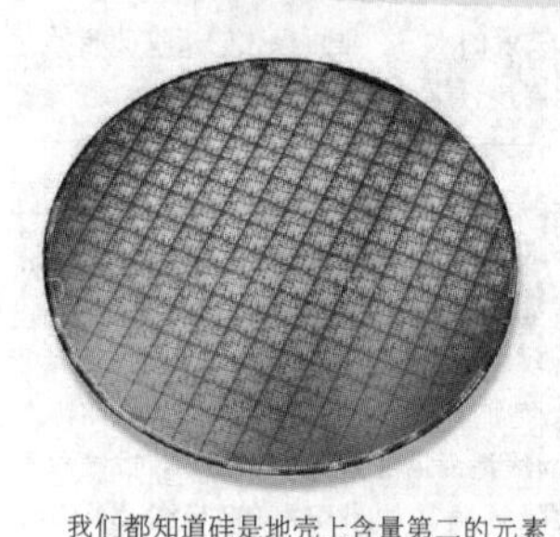

我们都知道硅是地壳上含量第二的元素(27.7%)，而硅主要以二氧化硅矿石的形式存在；经由电弧炉提炼，盐酸氯化蒸馏后，制成了高纯度的多晶硅，其纯度高达99.99%。晶圆是制造半导体芯片的基本材料，半导体集成电路最主要的原料是硅，对应的就是硅晶圆。

晶圆是固态盘内存颗粒的主要成分，厂商生产出一个完整的晶圆，晶圆由纯硅(Si)构成，一般分为6英寸、8英寸、12英寸规格不等，晶片就是基于晶圆生产出来的。晶圆上的一个小块，就是一个晶片晶圆体，学名叫做"die"，封装后就成为一个颗粒，也就是我们固态硬盘中的Nand Flash芯片了。

晶圆首先经过切割和测试，将完好的、稳定的、足容量的"die"取下，封装形成日常所见的Nand Flash芯片。而在晶圆上剩余的，就是不稳定或者容量不足或者是部分损坏或者完全损坏的。作为质量保证，原厂会将这种"die"定义为废品全部报废处理。

那么这种经过检测，取下了合格的"die"的晶圆，然后封装成固态硬盘中的闪存颗粒，称之为原片；剩下不合格的"die"叫做黑片。原片的价格是非常高的，黑片作为报废品，价格就非常低，会通过其他渠道以成吨的量进入不良厂商手里。

白片则是封装后的原片中再检测到有瑕疵的颗粒，淘汰下来的产品，也是属于不合格的晶圆，正品的NAND中都是不允许有白片存在的。

严格地说，黑片与白片其实都是芯片制造过程中产生的不合格产品，黑片是在原料阶段就被淘汰的部分，白片则是成品后再检测不合格的瑕疵品。从质量上说，黑片NAND是相当糟糕的，不良厂商将其缩减容量后卖出，白片虽然比黑片好一点，但质量还是很差，购买这种颗粒也存在很大的风险。这也是为什么推荐大家买有自身生产和加工晶圆能力原厂的固态硬盘。

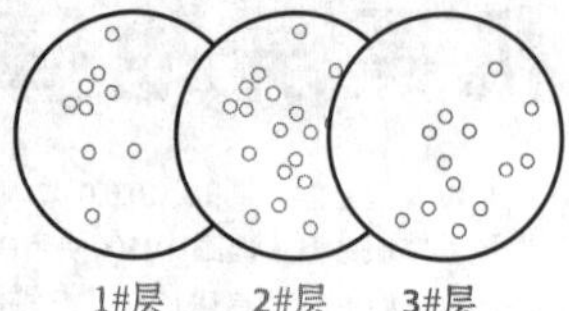
1#层　2#层　3#层

生产线检测结果

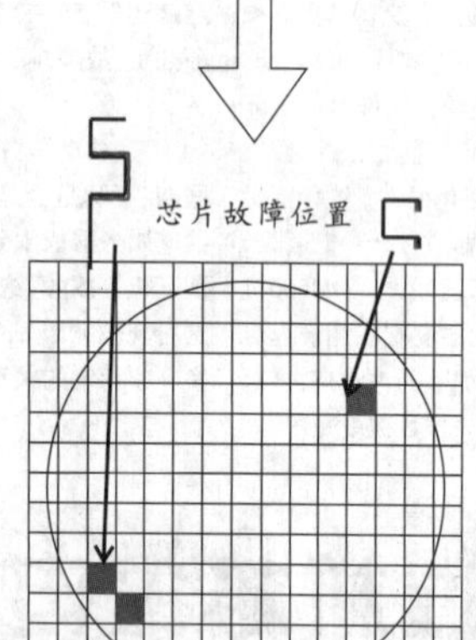
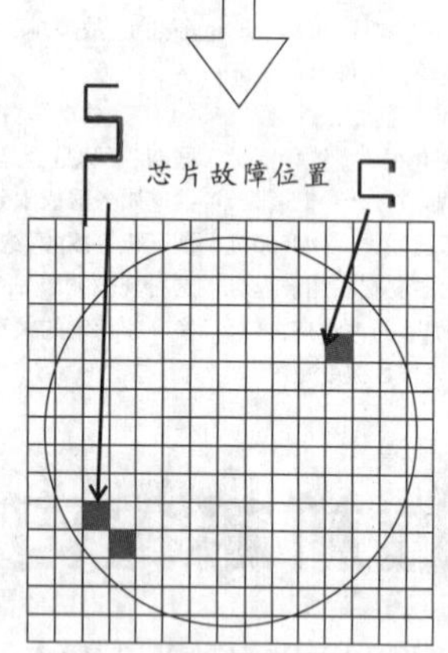

EOL排序良品率

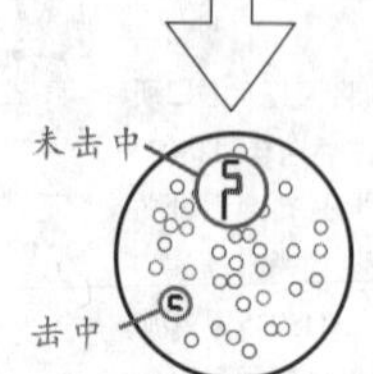

回击分析

判定每个芯片故障是"击中"还是"未击中"

(本文原载第3期11版)

为什么没有普及128位的电脑

大家都经历过升级系统，以前XP系统主要是32位，而现在主要使用64位的win7和Win10系统，系统的升级也和硬件的不断提升有关。显卡显存现在已经是128甚至256位了，可CPU和操作系统为什么一直停留在64位呢？

首先我们要了解下，计算机处理器的位数是由通用寄存器的宽度定义的，一般说的32位和64位指的是处理器的位宽，即通用寄存器的宽度。和32位的处理器相比，64位处理器的优势在于能够处理更长的指令，由于内部寄存器的数量更多，64位处理器在很多时候有更快的运算速度，在大多数情况下，同样级别的64位处理器在性能上是要优于32位的。在运行64位指令时的效率更高，通俗点就是性能更强。那么如果要有128位处理器，就需要通用寄存器宽度是128位。

成本

就目前的技术来说，制造128位的处理器并非无法完成，但是由此带来的成本却是非常高的，导致的高价格也使得产品不会有太大市场，而绝大多数用户的需求在64位处理器下已经够用了，所以目前的主流PC和手机还是64位的处理器和系统。

性价比

64位处理器相对于32位处理器并不是强了100%，而是在不同程度上有所区别，整体性能的提升可能都达不到30%，而128位的处理器对于64位处理器的性能提升则更少。甚至64位处理器在进行个别运算时还会稍逊于32位，在民用范围，目前64位的处理器已经够用了，同时也在性能和价格之间得到了很好的平衡。

此外，有些领域也有128位的处理器和系统，比如索尼公司在2000年推出的PlayStation2就是128位处理器；AMD最新用于服务器的EPYC处理器(64核128线程，其中L1缓存是6MB，L2缓存32MB，L3缓存则是128MB)也是。

相信随着技术的进步，128位的处理器和系统会逐渐步入大家的生活。

(本文原载第3期11版)

没有M.2接口如何接M.2固态硬盘

有的用户打算在适合的情况下先购买M.2的SSD，以后重新置换主机后还可以继续用。不过有的主板没有M.2接口，那么我们就需要用到转接卡了。

第一种为M2转PCIE卡，只要主板有PCIE接口就行了，把卡插在主板的PCIE口上，再把M.2固态盘插上去就行了；并且这种接法性能损失很小。

第二种为M2转SATA卡，把M2转换成普通硬盘的SATA接口，接法也一样。但是因为SATA不支持Nvme协议，性能损失比较严重，速度不到M2接口速度的1/2。

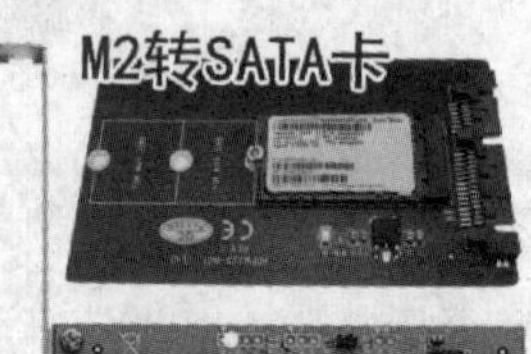

(本文原载第3期11版)

2018年4月8日出版 实用性 启发性 资料性 信息性

第14期 国内统一刊号:CN51-0091 定价:1.50元 邮局订阅代号:61-75

地址:(610041)成都市天府大道北段1480号德商国际A座1801 网址:http://www.netdzb.com

(总第1951期) 让每篇文章都对读者有用

为智能手机增加无线充电功能

其实无线充电并不是什么非常复杂的技术,只是在智能手机内部添加一对用来传输和接收电流的线圈组成一个小磁场。因此,只要了解了它的原理,我们大可不必破费购买新手机,完全可以通过非常便宜的手段手动为自己的智能手机增加这个功能。对于我们的电子爱好者来说,DIY出无线充电功能完全就是小菜一碟。

无论Android、iOS、Windows Phone还是BlackBerry系统,手动DIY无线充电功能都不是什么太难的事,花费也不用太多。现在市面上已经有出售一些第三方的无线充电模块,在非常薄的塑料薄膜中内置了接收线圈和电路。而这些零件的售价大约几十元到一百多点左右,非常便宜。

这些模块有些属于通用型,有些只在专门的机型上使用。所有的组件工作原理都差不多,只是输出电压和安装方法不尽相同。比如有些Galaxy Note 4的无线充电模块无需连接MicroUSB接口,而是直接连接到手机内部的电池上,输出电流为600mAh。如果是不可拆卸的电池设计,比如iPhone 6,那么就只能采用外置模块接收器的方法;如果是可以打开后盖拆卸电池的更好,采用内置模块并且不会破坏手机的完整外观。

下面就让我们一起来看看外置模块和内置模块两种不同无线充电模块的安装方法,大家可以根据自己的需求进行选择。

外置模块

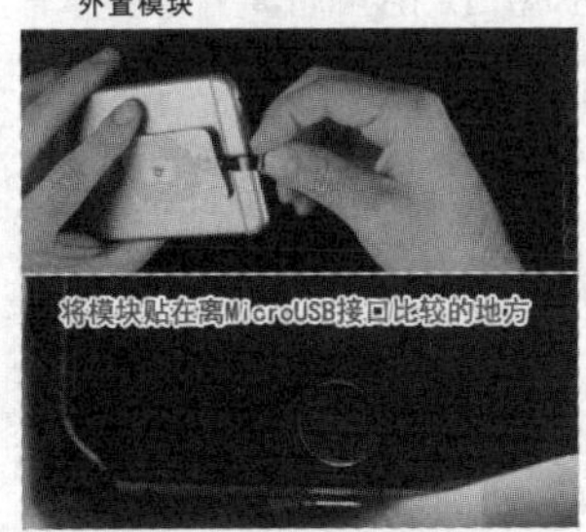
将模块贴在离MicroUSB接口比较的地方

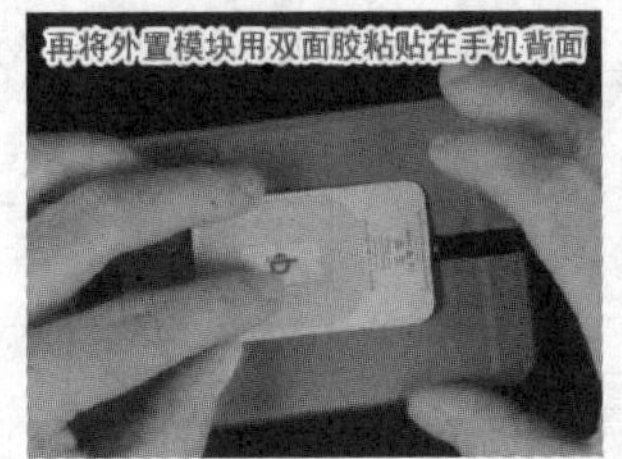
再将外置模块用双面胶粘贴在手机背面

尽量将外置模块置于手机的中间位置,裸机确实有点影响美观,当然带上手机壳也就忽视这个美观问题了。

内置模块

最主要的步骤是确保接收器的金属触电与智能手机电池连接在一起,必须保证每一个金属触电都连接到一起,这一步需要尽量小心。

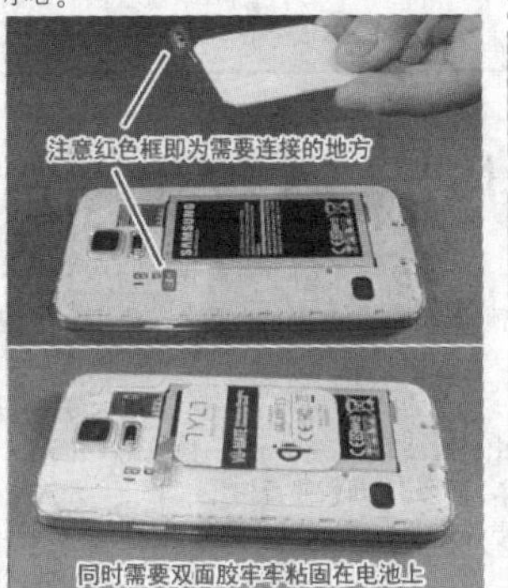
注意红色框即为需要连接的地方

同时需要双面胶牢牢粘固在电池上

合上后盖,就可以享受无线充电带来的便捷了。

这里需要提醒如果是金属后盖或者手机壳太厚的话,会影响无线充电的效率甚至无法充电。

(本文原载第4期11版)

下一代无线充电技术——WiPower

支持无线充电的电子设备是越来越常见了,不过现在的无线充电技术还有着不少局限性,比如被充设备的接触面不能是金属材质以及无线充电距离有限等问题。

高通最近宣布,他们拥有了一项名为"WiPower"的新技术,能够为金属机身的设备无线充电了。

目前几大主流的无线充电标准都不支持这样的充电方式;因为无线充电装置的电磁感应能够对接触到的金属物体加热;能无线充电的设备需要具备一个塑料,而往往各大厂商的中高端机型都是金属外壳,在这一点上非常限制了无线充电的推广。

而高通采用了一种叫"磁共振"的技术,它的元件能在一个合理的频率内运行,不会对感应范围内的金属产生任何影响。高通现在将这个技术更进一步,可以对更大体积的设备充电,比如手机和平板电脑。并且能在指定的充电区域随意摆放,金属、塑料外壳的设备都能够充电。

不过,这一技术由于成本问题,距离现实还有着遥远的距离,手机厂商如果想要采用,需要对设备做出一定程度的改造,代价比较大。

目前行业内,无线充电面临的最大问题在于尚未统一的标准。这三个标准分别是:PMA、A4WP和WPC。

其中WPC(也称为Qi标准)是影响较大的一个标准,它旗下已经有超过200个合作方,包括苹果、三星、Google等。

而PMA和A4WP为了对抗WPC也在2014年宣布结盟,二者的设备可以互相兼容。

Qi早在2016年就发布了新的充电技术,设备和充电装置不再需要物理接触,45毫米的范围内都可以充电,也支持了一对多充电。

国内在2013年有一家叫中国大连硅展公司发布过名为"iNPOF(invisible power field,即"不可见的能量场")"的所谓无线充电技术,不过后来证实该技术其实是触点连接,属于"伪无线充电"范畴,市场应用几乎为零,也没有下文了。

名词解释

WPC

Qi是全球首个推动无线充电技术的标准化组织——无线充电联盟(Wireless Power Consortium,简称WPC)推出的"无线充电"标准,具备便捷性和通用性两大特征。首先,不同品牌的产品,只要有一个Qi的标识,手机、相机、甚至电脑等产品都可以用Qi无线充电器充电。在无线充电"通用性"的领域相对领先,为无线充电的大规模应用提供可能。

PMA

Power Matters Alliance标准是由Duracell Powermat公司发起的,而该公司则是由宝洁与无线充电技术公司Powermat合资经营,拥有比较出色的综合实力。目前P&G、Powermat、AT&T、Google、Starbucks、BlackBerry和ZTE三星和LG也在2013年宣布加入。欧洲和M记共同布局无线充电方案的Powerkiss突然由Qi转投PMA更是让Qi措手不及。

A4WP

A4WP是Alliance for Wireless Power标准的简称,由美国高通公司、韩国三星公司以及PMA的发起者Powermat公司共同创建的无线充电联盟创建。该联盟还包括Ever Win Industries、Gill Industries、Peiker Acustic和SK Telecom等成员,目标是为包括便携式电子产品和电动汽车等在内的电子产品无线充电设备设立技术标准和行业对话机制。

这三个技术都在向磁共振方向发展。

(本文原载第4期11版)

新兴的无线充电产业链

无线充电产业链分为接收和发射两个部分,接收端上下游产业链分为芯片、磁性材料、传输线圈、模组制造、系统集成。而发射端分为:芯片、线圈模组、方案设计。

接收端芯片与系统集成设计环节技术壁垒高、利润高(大概各占无线充电产业链利润的30%),主要客户是手机终端。今天的发展状态与三年前指纹识别非常类似,国际品牌只有IDT一家有过大量出货经验,博通是给苹果公司官方定制,而其他大品牌包括TI、高通在内都没能抓住产业的爆发机会,未能打入任何一家手机厂商的供应链。相反,国内一批掌握高技术的创业公司和上市公司提前布局,在手机接收端市场初现端倪,搭载国产芯片的品牌手机已有面市,据传金立手机M7Plus选用的便是国产品牌的无线充电方案。

接收端产业链相关企业

产业链环节	特征	相关企业
系统集成	技术壁垒高,需要手机系统设计积累	IDT、三星、苹果、易冲等
芯片	技术壁垒高,对芯片大小、精度控制和稳定性都有很高的要求	IDT、高通、博通、ST、易冲、罗姆半导体等
传输线圈	高端客户定制,需要精密加工水平	东山精密、顺络电子、信维通讯、立讯精密等
磁性材料	需要高磁通性,技术要求高	Amotech、TDK、蓝沛、天通、安泰科技、横店东磁等
模组	封装制作环节,壁垒低,率先受益	信维通讯、东山精密、德门、安费诺、LG等

在发射端芯片环节,参与厂商众多,竞争激烈,不过也分化出不同的层级。一线的无线充电器厂商,如Mophie、Belkin、泽宝等一般更看重定频、FOD异物检测功能,以及快充等性能,国际品牌NXP、IDT和国内少数主打高端市场的芯片厂商往往成为其选择。在主打性价比的品牌中,国外的芯片因为其居高不下的价格很难占据一席之地,反而国内的一批芯片厂商市场占有率很高,当然这一市场的竞争也非常激烈。

发射端产业链相关企业

产业链环节	相关企业
方案设计	奥海、立讯、泰克微、和宏中惠创智、方昕、北海嘉信高、佑华等
芯片	NXP、IDT、TI、易冲、劲芯微、新捷、华润矽科、新页等
线圈/模组	顺络电子、天通股份、麦格磁电、华源、泛亚等
终端品牌	Mophie、Anker、RAVPower、Belkin、绿联等

无线充电市场的爆发,对于上下游企业而言,无疑意味着巨大的商机,不仅仅是在智能手机中,而且在智能家居、汽车等市场依然具有很大的空间。此外,对于第三方的无线充电供应商来说,这也意味着巨大的商机。这些厂商提供的无线充电器不仅仅是针对三星或苹果的配套,而是兼容性很高的产品,以实现为不同品牌的手机充电。不过,无线充电产业尚处于爆发的初期,市场上涌现的无线充电器产品已是数不胜数,只有那些保证良好品质的产品才能在市场中脱颖而出。

附金立M7 Plus参数:

金立M7 Plus采用6.43英寸AMOLED屏幕,是目前为止尺寸最大的全面屏、屏幕分辨率为2160×1080,屏占比86%。搭载骁龙660移动平台,采用6GB大内存,配以128GB机身存储;电池容量为5000mAh,支持10W功率的Qi标准无线充电;前置800万、后置1600万+800万双摄的组合。在外观上采用不锈钢金属中框,表面加入21K黄金镀层,机身背部则覆盖有一层小牛皮,参考价4399元。

(本文原载第4期11版)

LED背光灯驱动电路MP3394简介

MP3394是LED背光灯驱动控制电路，型号为IPE06R31A 电源+背光灯板，应用于TCL、乐华、三洋等LED液晶彩电。笔者维修IPE06R31A 电源+背光灯板时，搜集翻译整理了MP3394的相关资料，供读者参考。

1. MP3394简介

MP3394内含稳压器、振荡器、逻辑控制、驱动输出、点灯使能控制、LED背光灯串电流控制、亮度调节等电路，具有升压电路过流、过压保护和背光灯串开路、短路保护、欠压锁定以及热关断功能。内设升压驱动和4路LED均流控制电路，LED灯串电流和工作频率由外部电路设定，LED灯串电流调节范围为10mA~180mA，LED灯串电流调节精度可达到2.5%，采用脉宽调制PWM调光。输入电压在5V到28V之间。如果应用于大屏幕LED背光灯电路，需要驱动较多的LED背光灯串，可采用2片以上的MP3394并联运行。MP3394具有自动检测和保护功能，当检测到LED背光灯串发生开路、短路故障时，自动停止该故障LED灯串的运行，其他灯串正常工作。

2.引脚功能

MP3394采用TSSOP16EP、SOIC16和SOIC20三种封装方式，MP3394的引脚功能见表1。

3.应用电路

MP3394应用电路示意图见图1所示，该电路采用了均流控制MOS开关管，提高了LED背光灯串的电流，适用于LED电流较大的背光灯板。

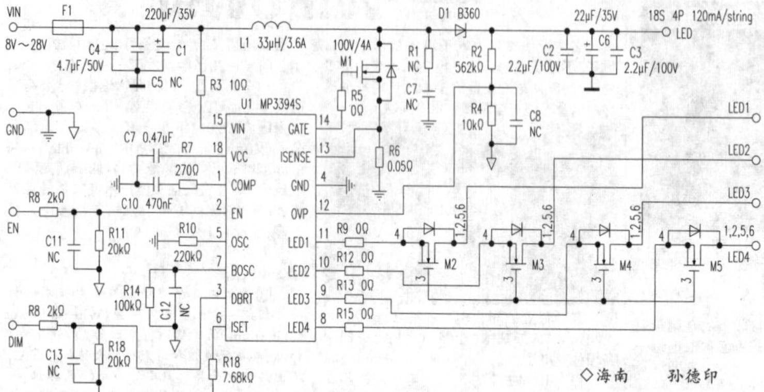

◇海南　孙德印

表1　MP3389引脚功能

引脚		TSSOP16EP SOIC16	SOIC20
符号	功能		
①	①	COMP	升压转换器补偿，外接陶瓷电容到地
②	②	EN	点灯控制电压输入，大于1.8V打开，低于0.6V关闭
③	③	DBRT	PWM亮度调整电压输入，直流电压范围0.2V至1.2V
④	⑤	GND	接地端
⑤	⑦	OSC	振荡器外接定时电阻
⑥	⑧	ISET	LED电流设置
⑦	⑨	BOSC	数字脉宽振荡器外接定时电阻，电压1.22V
⑧	⑩	LED4	LED背光灯串反馈输入4
⑨	⑪	LED3	LED背光灯串反馈输入3
⑩	⑫	LED2	LED背光灯串反馈输入2
⑪	⑬	LED1	LED背光灯串反馈输入1
⑫	⑭	OVP	升压输出电压过压保护取样电压输入
⑬	⑰	ISENSE	升压输出开关管过流保护输入
⑭	⑱	GATE	升压激励脉冲输出
⑮	⑲	VIN	供电电压输入，输入范围5~28V
⑯	⑳	VCC	VCC供电电压，内部5.8V稳压器输出
	④、⑥、⑮、⑯	NC	空脚

索尼KV—J29MF1彩电开机后呈保护状态，指示灯亮

故障现象：一台索尼KV—J29MF1型彩电开机后呈保护状态，指示灯亮

故障分析与检修：开机测量IC104(CXA2050S)的㊹脚电压，发现已跌至低电平(小于1V)，说明电视机保护电路已启动工作。该机的保护电路在如下三种情况启动工作：一是+B电流过大；二是高压增加；三是场振荡停止工作，图像变成一条水平亮线。

其保护电路由D基板的Q1502和A基板的Q105、+9V电压和IC104(CXA2050S)的㊹脚共同构成。电视机正常工作时，Q1502处于导通状态，其发射极电压为0.7V，基极电压为0V，Q105因Q1502的导通没有偏置电压而处于截止状态，与Q105集电极相连的IC104的㊹脚为高电平3.6V。

当电视机出现某种故障，其相应的保护检测电路就会输出保护电压到Q1502(2SA1175)的基极，使其基极电压变高，导致Q1502截止，这样+9V电压经过电阻R215、R203加到Q105基极，使Q105导通，IC104的㊹脚电压被拉低到1V或更低，IC104内部的行激励输出抑制电路工作，因此行推动信号停止输出，电视机进入保护状态。

一、+B电流过大

+B电流保护检测电路由Q803和C814构成，其中Q803的发射极和基极分别经电阻与+B电压相连。电视机正常工作时，Q803截止，其集电极没有保护电压输出，Q1502处于导通状态。当+B电流过大时，在限流取样功率电阻R886上的压降增大，由于C814的作用，Q803(2SA1091)的基极电压不会瞬间变高，而发射极电压会上升，促使Q803导通，其集电极输出保护电压经电阻R860与R861分压后通过隔离二极管D1505及电阻R1523加到Q1502(2SA1175)基极，从而使Q1502截止，启动保护电路工作。在开机瞬间测量限流取样功率电阻R886的压降，发现其电压小于1V，Q803集电极电压为零，说明保护电路启动不是因+B电流过大引起的。

二、高压增加

高压保护检测电路是由D基板的D824、D825和稳压二极管D1502等元件构成。正常工作时，经行偏转线圈的行信号一路到行处理电路，另一路由D824整流，把行脉冲信号变成直流电压，然后经R894、R898、D825加到稳压二极管D1502(RD33ES)上。由于整流得到的直流电压低于稳压二极管D1502的稳压电压(33V)，因此D1502处于截止状态，Q1502保持导通。当高压增加时，行脉冲幅度变高，经整流得到的直流电压超过了稳压管D1502的稳压电压，稳压管D1502导通，电压通过R1523加到Q1502（2SA1175）的基极，使Q1502截止，启动保护电路工作。在开机瞬间检测稳压二极管D1502(RD33ES)负极电压小于30V，没发现有过高电压使D1502导通。因此保护电路启动也不是因高压增加引起的。

三、场振荡停止并且图像形成一条水平亮线的检测

场保护检测电路由D基板的D1506、Q1501、D1501和+9V电压构成。其中D1506的正极通过电阻R1550和电容C1510与IC1501(TDA8172)的⑤脚场输出相连。正常工作时，场脉冲一路到场偏转线圈，另一路经C1510、R1550加到D1506上，D1506对场输出信号脉冲整流，变成直流电压，然后通过电阻R1505、R1503加到Q1501(2SC2785)的基极上，使Q1501导通，其集电极处于低电平0.2V，D1501截止，Q1502的基极保持低电平0V。当场振荡停止时，场输出放大器无输出，因此Q1501(2SC2785)基极上的电压为0V，Q1501截止，这样+9V电压经R1504、隔离二极管D1501通过R1523加到Q1502(2SA1175)的基极上，使Q1502截止，从而启动保护电路工作。另外，若场输出信号幅度过大，加到稳压二极管D1504(RD5.1E)脉冲信号幅度超过其稳压电压(5.1V)，D1504导通，场脉冲信号被旁路到地，因而Q1501基极没有偏置电压而截止，这样也会启动保护电路工作。

为进一步确定故障电路范围，焊开D1501，断开场偏转保护检测电路，短时通电试开机，此时屏幕能出现正常光栅，说明场偏转电路正常，故障原因应该在场保护检测电路自身上。于是逐一检查Q1501及其相关元件，当焊下C1510检查时，发现其没有充放电现象，已经失效。换上同规格电容，并焊回D1501，连接上场保护检测电路，通电开机，电视机一切恢复正常。

检修小结：本机虽然场偏转电路正常，但因C1510失效，场脉冲不能加到D1506，也就没有直流电压生成，Q1501(2SC2785)的基极得不到偏置电压而截止，+9V电压就会经过有关元件加到Q1502（2SA1175)基极，使Q1502截止而启动保护电路工作。遇到类似故障现象，首先开机测量IC104(CXA2050S)的㊹脚电压，若测得的电压为1V或更低，证明保护电路已启动。然后焊开D1510，断开场偏转保护检测电路，短时间通电试机，若出现一条水平亮线，可能是场偏转电路有故障。检查场输出供电限流电阻R853、R854是否开路，场输出集成电路IC1501(TDA8172)及周围元件是否损坏，检查IC104(CXA2050S)的㊲脚输出的场扫描锯齿波信号是否正常加到场输出集成电路IC1501(TDA8172)的①脚。若能出现正常光栅，证明场偏转电路正常，故障在场保护检测电路本身，就检查Q1501及有关元件。当C1510、R1550、R1505、R1503、D1504、D1506等元件损坏时，也会出现类似故障现象。若断开D1501还是出现保护现象，再去检查行偏转电路、高压电路以及保护电路相关元件，这样往往会起到事半功倍的检修效果。

◇广东　揭敏

激光打印机的使用维护有科学章法(三)

(紧接上期本版)

4)分离爪的维护。分离爪是紧靠着加热辊的小爪，其尖爪平时与加热辊长期轻微接触摩擦，而背部与输出的纸张长期摩擦，时间一长，会把外层的膜层摩掉，从而会粘上废粉结块，这样一方面使其与加热辊加大摩擦会损坏加热辊，另一方面，背部粘粉结块后变得不够光滑，从而阻止纸张的输送，会使纸张输出时变成弯曲褶皱状，影响质量，继续使用还会使纸张无法输出而卡在此处。因此，如发现输出纸张有褶皱时应注意清洁分离爪。方法是：小心地将分离爪取下，仔细擦掉粘在上面的废粉结块，并可细心地将背部摩光滑，尖爪处一般不要摩，若要摩时，一定要小心操作，擦拭干净后即可小心地重新装上。

5)硒鼓的维护。激光打印机的硒鼓是非常重要的部件，它的好坏直接影响打印质量。由于硒鼓存在工作疲劳问题，因此，连续工作时间不宜过长。若输出量很大，可在工作一段时间后停下来休一会儿再继续工作。有的用户用两个粉盒来交替工作也是一种办法。硒鼓的清洁维护也很重要，一般步骤如下：小心地拆下硒鼓组件，用脱脂棉花将表面擦拭干净，但不能用力，以防将硒鼓表层划坏。用脱脂棉花蘸硒鼓专用清洁剂擦拭硒鼓表面。擦拭时应采取螺旋划圈式的方法，擦亮后立即用脱脂棉花把清洁剂擦干净，再用装有滑石粉的纱布在鼓表面上轻轻地拍一层滑石粉，即可装回使用。平常在更换墨粉时要注意把废粉收集仓中的废粉清理干净，以免影响输出效果。因为废粉堆积太多时，首先会出现"漏粉"现象，即在输出的样稿上出现不规则的黑点、黑块，如若不加以排除而继续使用，过一段时间在漏粉处会出现严重底灰。产生这种故障的原因是起先废粉堆积过满，使再产生的废粉无法进入废粉仓，而废粉仓中的废粉也会不断"挤"出来而产生"漏粉"现象，接着由于废粉中包含着纸灰、纤维等脏物较粗糙，与硒鼓长时间摩擦，而且越来越紧压力越来越大，最终将硒鼓表面的感光膜摩掉，导致硒鼓损坏。如果输出的纸样底灰严重，由于它们一直是纵向摩擦，因此在底灰中可见到纵向划痕，所以在发现输出漏粉时就马上清理废粉仓。最后应注意硒鼓清洁要尽量避光。

6)热敏电阻和热敏开关的维护。热敏电阻和热敏开关都是与加热辊靠近的部件，早期的激光打印机是装在热辊近中心部位，后来改进的都是装在加热辊的两头，这两个部件平常无须刻意维护，但在使用较长时间(输出量较大)的打印机，由于热敏电阻外壳上会粘上废粉及一些脏物，影响它对温度的感应，使其对热辊的感温发生变化，从而使加热辊的表面温度加大，这会影响热辊的寿命，加速橡皮辊的老化和分离爪等部件的摩损，加大预热等时间，从而使定影灯管的使用寿命减小。其次，温度太高会使纸张发生卷曲而影响输出，造成卡纸，有时甚至会使硫酸纸、铜版纸等起泡而不能使用，情况严重时甚至会使加热辊烧坏。

维护的方法是要小心地拆下定影器，取下热敏电阻和热敏开关，用棉花蘸些酒精将其外壳的脏物擦拭干净，操作时一定要小心，不要将其外壳损坏。然后小心地其装回，装上时一定要注意热敏电阻与热辊的距离，以免感温太高损坏部件等。一般来说，要将热敏电阻尽量地接触靠紧加热辊，热敏开关可适当空开一些距离。

7)光电传感器的维护。光电传感器被污染，会导致打印机检测失灵。如手动送纸传感器被污染后，打印机控制系统检测不到有、无纸张的信号，手动送纸功能便失效。因此应该用脱脂棉花把相关的各传感器表面擦拭干净，使它们保持洁净，始终具备传感灵敏度。

8) 传感器条板及传输器锁盘的维护。用软布略蘸清水，将银白色长条板及传输器锁盘上积存的纸灰等异物擦拭干净，以确保传输无阻。

9)输纸导向板的维护。输纸导向板位于墨粉盒的下方，作用是使纸张通过墨粉盒传输到定影组件。进行清洁时，用软布略蘸清水将输纸导板的表面擦拭干净，以确保打印件清楚洁净。

10)其他传输部件的维护。其他传输部件如搓纸轮、传动齿轮、输出传动轮等一些传动、输纸通道。这些部件不要特殊的维护，平常只要保持清洁就可以了。对于搓纸轮，如若发现搓纸效果不好时，可检查所用纸张是否纸粉或砂粉太多，尽量不要使用这种质量不好的纸，此外，可用棉花蘸些酒精擦拭搓纸轮，即可解决上述问题。如若搓纸老化严重，可用细砂纸横向砂摩搓纸轮，亦可使用一段时间，当然，老化的搓纸轮最终还是要更换的。其他传动橡皮轮的维护一般也同搓纸轮。在进行以上清洁工作之前，必须先关掉激光打印机的电源。

5.激光打印机维护的注意事项

掌握激光打印机的最佳维护时间，可以收到最好的维护效果。可视情况每隔2~4个月或每打印完4000页时进行一次，也可在每次更换硒鼓时进行维护。另外，打印质量出现问题时也应进行维护。在清洁维护激光打印机之前，应关闭打印机电源，切断与PC的连接电缆，等打印机内部的热辊冷却后方可进行。最好利用专用的清洁维护工具，这样一来可以更有效地完成清洁维护工作，二来还能避免清洁维护时对机器的伤害。比如清洁纸，它具有很强的吸附作用，它能粘走滚轮和纸道上的粉尘。无绒软布可以用来抹净外壳、鼓粉壳用，镜头刷维护硒鼓时用。另外像粉尘吸附器，通过它也能够清理掉内部粉尘。

由于打印机内部的部件比较精密，即使是普通的擦拭或者加润滑油都有可能会对打印质量产生不可低估的影像，所以内部的清理一定要谨慎小心：打印机的墨盒都会有一些衬垫，它们的作用是在传输纸张的滚筒系统中吸收过剩的墨粉。用户可以把它从机器中取出，用手工的方式进行清理。一般在新的墨盒中也会包含一个新的衬垫。

送纸滚筒是打印机的传送部分，将纸张从纸槽拖曳到打印机的内部，但在这个过程中，纸张上玷污的油和灰尘也会在滚筒上沉淀，长时间不清洗就会导致卡纸和送纸错误，这也是打印机最容易出现的故障，这时可用酒精泡过的棉花团或湿布清洗这些沉积物。此外，在一些办公设备专业用品商店有专门的滚筒清洁器。

冠状电线是在打印机内部用来传送静电的专门电线，静电是用来将墨粉吸引到纸张的，但是灰尘的沉淀会影响静电的使用效率。用户可以使用棉布将灰尘轻轻擦去，但不要使用酒精或者其他溶剂，它们会影响打印机的效果，一般在老式激光打印机当中，冠状电线在打印机内部是裸露的。如果找不到，打印机手册中会指明它们的位置。

对于打印机机械运动部件的油垢可用汽油擦除，但不能让汽油触及塑料部件，以防老化。用汽油擦拭后还应涂一层硅油，以保证机械部件润滑良好。但时间长了润滑效果会下降，因此应适当补充硅油。激光打印机的硒鼓、定影鼓在一般情况下不宜经常清洁，在更换碳粉盒或清除夹纸的过程中不要用手触及硒鼓的表面，对其表面灰尘只能轻轻扫除，如不小心印上手印或油污，应用高级镜头纸蘸无水酒精顺着一个方向擦除。每次更换粉盒后应使用酒精棉签清洁电晕网，更要经常做的是使用柔软的纱布清洁内壁沾染上的碳粉颗粒，内部所有能看得见、够得着的部位都要清洁到。这些清洁工作能减少打印时的黑斑或条纹。在打印机的转印辊附近也可能积累一些碳粉，影响成像质量，可用激光打印机自带的软毛刷，对黑色的转印辊进行清洁。对于静电消除器、送纸导引以及分离爪的清理，仍然可以用软毛刷进行清洁。

在清洁定影热辊时首先要关掉电源，让机器冷却后再进行，不要用一些有机溶剂，以免损坏镀膜，用脱脂棉沾些干净的水将其上面的脏物清除掉即可。还要注意不能用利器来刮热辊的表面，尤其是在卡纸时要注意小心地将卡住的纸拿出，用机器的运转将卡住的纸带出，或者是打开机盖，然后用手转动齿轮，让纸走出尽量不要用手硬拔，更不能用螺丝刀、镊子等利物去捅，以免损伤镀膜。如果把外面的热辊薄膜损伤，会影响输出的打印稿质量。

如果废粉堆积太多，就会出现"漏粉"现象，即在输出的样稿上出现不规则的黑点、黑块，所以在更换墨粉时要把废粉收集仓中的废粉清理干净，以免影响输出效果，如不及时清理最终还会损伤硒鼓表面。

最后，维护清理完毕后，即可重新启动打印机进行自检，如一切正常，再连接打印电缆，使打印机进入正常工作状态。

6.结束语

总之，激光打印机的使用维护是一项技术性很高的工作，需要相当多的经验和耐心。近年来，随着激光打印机的普及应用，对激光打印机的使用维护已成为一个重要的问题，由于许多单位(或家庭)没有专业的维修人员，在维修中存在着许多误操作现象，不仅没有使用维护好，还将好的配件损坏，导致影响到工作效率和使用寿命，需要引起重视。

(全文完)

◇湖北 李进卫

多媒体教学一体机反复发生触摸屏失灵故障的分析及解决方法

我校101班教室，是厂家安装的唯一一套与其他班级机型不一样的多媒体教学一体机(单屏款DS-TTS-1)，自安装调试交付使用以来，将近大半年时间，该机多次发生触摸屏在Windows7系统下失灵的故障，导致很长一段时间内该设备无法用于正常教学，而其他机型没有出现过这种情况，工作都很正常。

上学期，校方教学设备维护人员，解决不了这个问题，报请学校要求厂家工程师亲自来校维护。但是，厂家工程师来校维护后，电脑一体机正常使用不了几天，就又旧病复发，故障重现，然后就一直闲置着，不能用于课堂教学。

本学期，笔者接管《信息技术》课程的教学工作，并负责学校教学设备的维护，这个烫手的山芋就抛给笔者了。经过两天休息时段对该机的摸索实践，解决了触摸屏不能触摸的问题，使这台闲置着的一体机又重出江湖，开始应用于教学工作。可是，好景不长，今天101班主任发来微信，说是班上的一体机又不能触摸了。

这个故障的反复出现，提示笔者要深入现象看本质，思考问题的症结所在。该多媒体教学一体机的触摸显示屏，实际上是一台大型安卓平板电脑(DS-TV86-B)。在安卓系统下，该屏可以触摸，能够正常使用；可是，在Windows7系统下，该屏只是电脑的一个显示设备(86英寸液晶显示屏)和触摸输入设备(红外触摸框)。该屏的两个功能部件是由两条信号线跟一体机主机(单屏款DS-TTS-1)进行连接的：一条3m长的HDMI高清视频线，给高分辨率(1920×1080P)液晶显示屏传输高清视频信号，显示高清视频画面；另一条3m长的USB线，传输红外触摸框输出的触摸控制信号，给一体机主机作为输入控制信号。

该机在Windows7下不能触摸(触摸失灵)，问题就出在这根3m长的USB线上。仔细察看这根USB长线，发现线径很细，线材质量不佳，屏蔽层的金属网稀疏，这样信号线里面传输的微弱触摸控制信号，很容易受到外界电磁信号的干扰，就出现了触摸屏在自带的安卓系统下(安卓平板电脑内部信号线很短，屏蔽措施很好)，能正常工作；而在一体机主机(单屏款DS-TTS-1)的操作系统下(外部的USB连接线太长，线材屏蔽不佳，容易被干扰)，反复出现一体机主机不能正确识别触摸屏硬件，并装载正确的硬件驱动程序，使之正常工作的现象了！

造成该故障的，还有一个很重要的即安装上的原因，这就是厂家安装设备时，由于工作人员的疏忽大意，没有细心观察大型安卓平板电脑(DS-TV86-B)的输入、输出端口(它们位于大屏幕的左侧)位置，使一体机主机安装位置不科学不合理，这为以后出现触摸屏失灵埋下了隐患。因为大屏幕安卓平板电脑的输入、输出端口，处在屏幕背后的左端。为了使外部信号线连接线最短以提高抗干扰能力，应该把一体机主机安装在大屏幕左侧，而不是现在的右侧！这样就可以缩短外接USB连接线的长度，最大限度地减小USB线受到附近强电磁杂散信号的干扰，从根本上解决触摸屏不能触摸的故障了！

经过上述分析，解决问题的办法有两个：最简单的办法，就是更换一根高质量屏蔽性能好的USB线；最彻底的办法，就是把一体机主机安装在大屏幕的左侧来，这样可以使用很短的USB连接线和HDMI线，最大限度地提升抗电磁信号干扰的性能！

◇惠州市惠城区尚书实验学校 余致民

KN-01B型按摩足浴盆故障维修1例

KN-01B型按摩足浴盆功能较多，通电开启后可以自动升温，达到设定温度后将稳定在设定的温度值；可设置足浴时间，最长60分钟。足浴盆兼具振动按摩、理疗、磁疗、臭氧气泡杀菌等功能。是一款经济实惠的家用足浴盆。

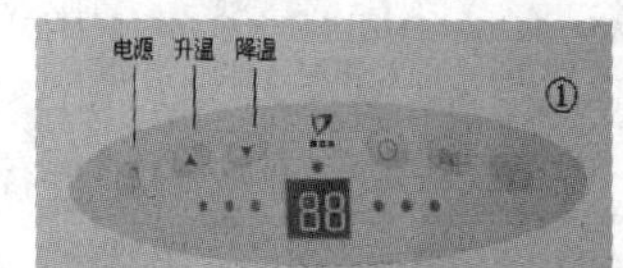

①

该型足浴盆具有遥控功能，也可通过图1所示的操作面板上的触摸式按键操作。初次使用时要设定足浴期望的水的温度，以后使用时即可自动执行上次的温度设定值。使用时给足浴盆内添加适量的清水，然后触摸或者轻按一下图1中的电源键，相应指示灯点亮，再触按一下升温键或降温键，足浴盆开始对水加温。水温提升到设定值后即可开始洗浴。

足浴盆的贮水盆内最低处有一个筛网状的漏水孔，贮水盆内的水由此筛网孔进入盆底部的加热循环管道，开始加热后，底部的一个电动机水泵总成得电开始工作，将加热后的水加压，经两个喷水孔将水送回贮水盆，如二龙喷水，既有冷热水循环交换加热功能，喷水也对足部有一定按摩作用。

这台待修的足浴盆，其故障现象是，点按电源开关和升温键后，两个喷水孔不出水，只是听到底部有连续的哒哒哒的响声。分析这种故障产生的原因，可能是：1、控制板上的控制电路故障，不能给电动机水泵总成正常提供工作电源；2、按键部分故障；3、电动机水泵总成故障。

②

用手操作面板上的各个按键，感觉不到异常。接着将足浴盆中的水清理干净，打开足浴盆的上下盖壳，发现虽然该足浴盆使用几年，但内部非常干净，没有任何污染和积尘，控制板上未见有爆裂的电容，变色的电阻等故障元件，于是开始关注电动机水泵总成（总成实物见图2）。打开电动机水泵总成的外壳的带有电源引线的一端，这一端应为电动机安装端，而另一端则应为水泵安装端，如图3所示。通过图3可以看醋，电动机的铁芯已经锈迹斑斑，线圈的绝缘包纸也不规整，将电动机的两条引线从控制板的接线端子上拆下来，测量电动机绕组的直流电阻，约为几十千欧的一个不稳定值。大体判断电动机绕组已经接近为开路状态。这也就是足浴盆带水通电试机时出现哒哒哒声响的原因。

自行修复电动机的绕组几乎是不可能的。于是，通过产品说明书上的电话联系生产厂家，得知该型号的足浴盆已停产，建议购买新型号的足浴盆。新型号足浴盆电动机水泵总成结构已有改进，安装方式也与老型号的产品不同。鉴于这种情况，只好死马当作活马医，请求邮购了一只电动机水泵总成。甚感诧异，新旧水泵总成的安装孔距大不相同。为了解决足浴盆可能出现的漏水问题，除了底部有多个小孔外，其他所有与电路、导线有关的结构件均与足浴盆的底部有足够的空间，还给这个总成安排了4个高度大约有30mm的安装脚，这就给两个安装孔距大不相同的总成进行替换安装造成了困难。

③

首先，给新的电动机接通AC220V电源，确认其功能正常后，打开新总成的外壳，居然发现总成中的电动机可以从总成中取出来，当然取出来的是电动机的定子铁芯和绕组，如图4所示（图4是从旧总成中拆下来的配件照片），电动机的转子安装在总成用塑料结构完全隔离开的另一个空间里。观察和测量发现，新旧总成中使用的电动机铁芯及转子完全相同。这就给维修开辟了一条路子，即将新总成中的电动机铁芯绕组装进旧总成的相同空间内，顺利完成了电动机水泵总成的安装工作。

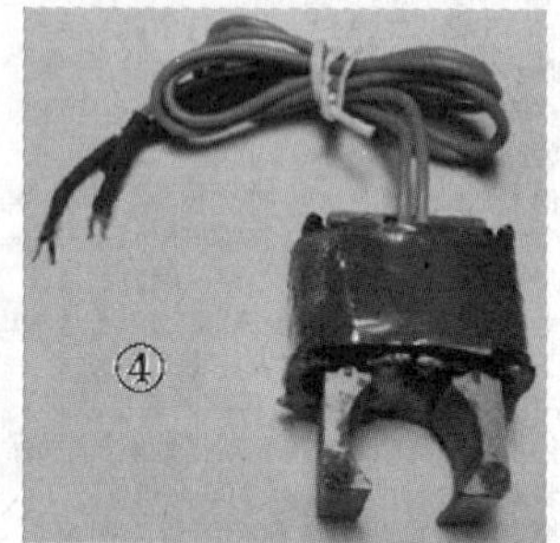
④

将足浴盆的底座与壳体重新组装好通电试机，OK，一切正常！足浴盆的哒哒哒声响没有啦，代之而来的是轻微的嗡嗡声，两个喷水口喷出的水流好像给我们的维修成功报喜！

补充说一句，新的电动机定子绕组的直流电阻为680Ω。

◇山西　杨电功

MD-268节能定时器的维修方法与技巧

几年前买了该定时器用于控制电动自行车的充电，某一天发现电动车不充电了，经过检查后确认定时器出了问题，不能按时接通。

该定时器具有10组可编辑开关，可分别设定在每天或星期几的几点几分开通和关断，使用方便，可用于控制各种小功率电器。为了维修定时器，根据实物绘制了定时器的电路图，如图1所示。根据图1中继电器J的型号，推测电容降压后的直流工作电压应在24V左右。检测发现，在定时器输出为接通状态时，J的触点不能闭合，工作电压只有11V，达不到继电器的吸合电压，所以定时器不能正常工作。因电压低，所以怀疑0.22μF降压电容有问题，检测降压电容的容量不足0.1μF，用相同的电容更换后，定时器工作正常，故障排除。

分析该电路，设计得很巧妙，利用电容降压电路的特点，在继电器J的触点断开后，定时器的工作电压降低到约2.3V，定时器的功耗约30mW；J的触点闭合后，功耗约为280mW。顺着这个思路，笔者考虑能不能降低继电器触点闭合后的功耗呢？微型继电器有个特点，其最大吸合电压约为其额定电压的80%，最小释放电压约为其额定电压的20%，那么继电器触点闭合后降低其工作电压就可以降低功耗，同时继电器还能保持触点的闭合。因此，对原电路进行改进，在继电器J两端并联一个延时降压电路，由1只三极管及稳压二极管为核心组成的延时降压电路，使J的触点闭合后的工作电压降低到6V，电路如图2所示。电路中延时电容接地及开关二极管的接入，是为了电容的有效放电，并提高延时电路的可靠性。经试验，稳压二极管的稳压值取4.7~6V时，电路工作正常且可靠。增加的电路可用“洞洞板”做一小块电路放在定时器的空闲处，4个点接入电路即可。

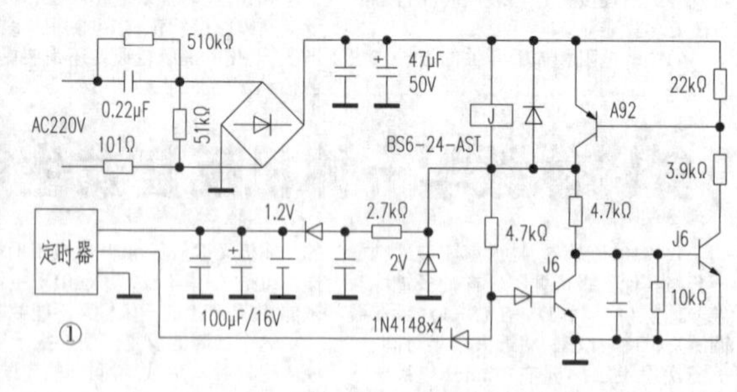

①

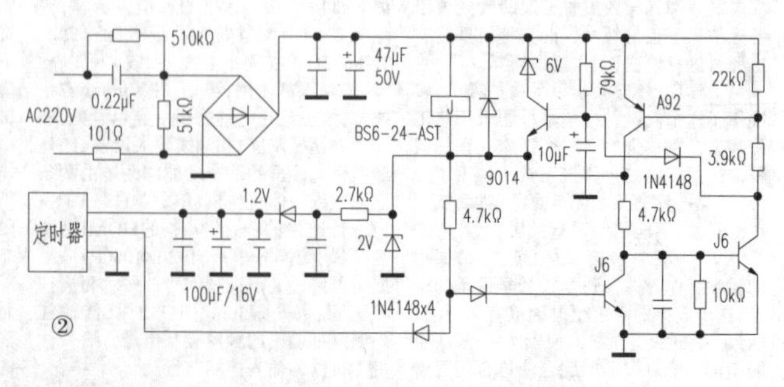

②

◇河南　席增强

测量脉搏信号的脉搏传感器"BH1790GLC"

全球知名半导体制造商ROHM面向运动手环和智能手表等可穿戴式设备领域，开发出测量脉搏信号的脉搏传感器"BH1790GLC"。"BH1790GLC"利用ROHM多年来积累的光传感器技术经验和独有的模拟电路技术优势，提高了传感器灵敏度。由此，即使LED的亮度较低也可准确感知脉搏，实现业界最小级别的低功耗。另外，"BH1790GLC"采用脉搏传感器特有的光学滤光片结构，可高精度地检测脉搏信号。因此，不仅使可穿戴式设备的电池寿命更长，还将红外线的影响降低到以往产品的1/10以下，即使在剧烈运动和室外等红外线较强的环境下，也可获得高品质的脉搏信号，有助于推动可穿戴式设备的进一步发展。

今后，ROHM将面向应用日益普及的可穿戴式设备领域，继续开发有助于实现安全、舒适的社会的产品。

一、应用背景

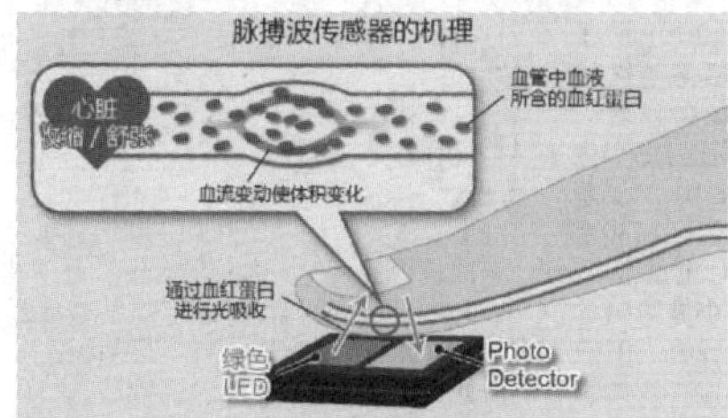

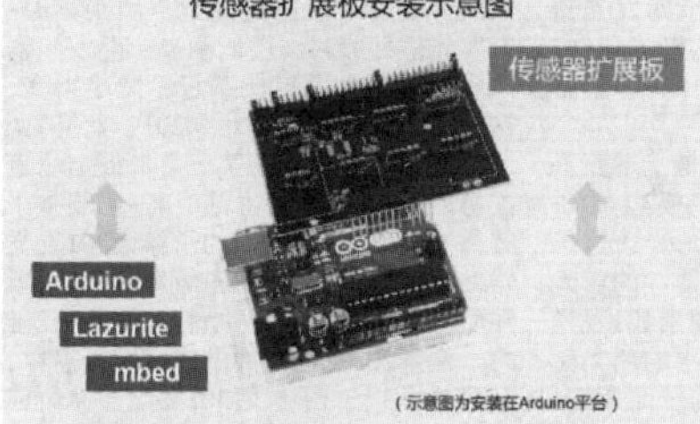

近年来对电子设备的节能化、小型化要求越来越高。其中，运动手环和智能手表等可穿戴式设备搭载脉搏测量功能已成为主流趋势，预计未来还会进一步显著增长。然而，可穿戴式设备因存在电池容量限制的问题，而对可长时间驱动的低功耗元器件需求日益增加。针对这种需求，ROHM利用多年积累的光传感器开发经验和独有的红外线去除技术等，成功开发出非常适用于可穿戴式设备的脉搏传感器。通过开发低功耗且高精度的传感器，来满足社会的需求。

二、特点

1.实现业界最小级别的低功耗

"BH1790GLC"利用ROHM多年积累的光传感器开发经验和独有的模拟电路技术优势，实现更高的传感器灵敏度。由此，即使在LED亮度较低的条件下，也可准确感知脉搏，功耗比以往产品降低约74%。实现业界最小级别的低功耗，有助于延长可穿戴式设备的电池寿命。

脉搏波传感器专有的滤光片结构

红外截止滤光片 彩色滤光片 感光传感器 红外线 红色 绿色LED光 专利申请中

通过滤光片消除容易穿透人体的干扰光--红外光/红色光，通过彩色滤光片加强绿色光，从而提高检测精度。

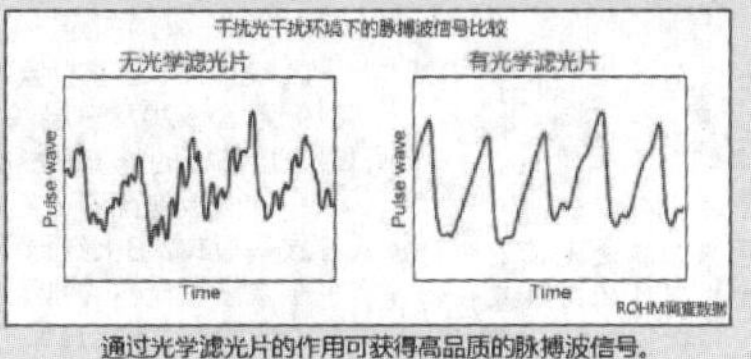

通过光学滤光片的作用可获得高品质的脉搏波信号。

框图

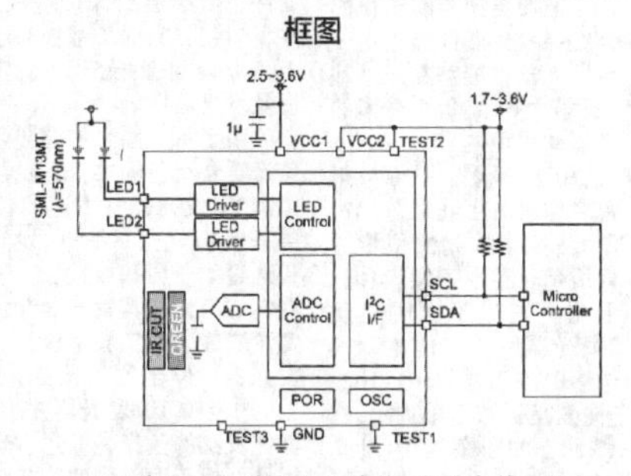

2.通过卓越的红外线去除特性，实现高精度检测

"BH1790GLC" 利用ROHM的传感器技术优势，采用非常适合脉搏检测的符合绿色光波长的光电二极管，同时感光部采用绿色光的滤光片和红外(IR)截止滤光片相结合的脉搏传感器专有的滤光片结构。因此，不仅实现了高精度，而且将红外线的影响降低到以往产品的1/10以下，即使在剧烈运动和太阳光等红外线干扰较强的环境下，也可获得稳定的脉搏数据。

3.面积减少30%，有助于减轻设计负担

"BH1790GLC"采用低亮度、低V_F电压的LED元件，可检测脉搏信号，不再需要以往所需的LED电源用DCDC电路。与以往产品相比可减少达30%的安装面积，有助于减轻设计负荷。

三、应用

- ●智能手环、智能手表等可穿戴式设备
- ●智能手机
- ●其他需要重要数据的设备

四、产品规格其他数据

项目	特性值
工作时消耗电流（LED OFF时）	200μA
关断时电流	0.8μA
VCC1电源电压范围	2.5V~3.6V
VCC2电源电压范围	1.7V~3.6V
工作温度范围	-20~+85℃
封装尺寸(W x D x H)	2.8×2.8×0.9 mm

五、术语释疑

1)开放平台

在软件和硬件行业，公开详细的产品规格、零部件清单及程序源代码等旨在促进产品广泛普及的平台。

2)传感器扩展板

通过Arduino和Lazurite等通用微控制器开发板，可轻松测量加速度、气压、地磁等传感器信息的扩展板。

◇北京 李凯全

没有直流通路的双电压电荷泵拓扑结构

电解电容器远离最可靠的电子元件。它的故障方式之一(容量的逐渐损失)很难注意到，直到电源故障发生为止。因此，监视一个电子设备现场的滤波电容情况的任何机会将是一件很有用的事情。

本简单设计实例监视掉电期间的电容器电压，并且记录规格外情况到可用的NVRAM/EEPROM。所需的仅有资源是一个微控器、ADC和一位非易失性的储存器空间，对于大多数系统均有意义，基本上没有额外成本或所需的元件部分。图1示出了只有一个监视信道，当然多个电压能够被检测(例如，VIN和稳压器的多个VOUT电压)。当关机(P-OFF)给该系统加信号时，微控器禁止中断和电路中的所有重要的(和不可预测的)电源消耗。然后，该微控器通过定时该电压降到一定量要花费多长时间来估算滤波电容。或者，该例行程序能在一个固定时间之前和之后测量该电压差。在两种情况下，所有电源的最小VOUT之间必须有足够的电压差和由微控器允许足够的测量时间所需的最小工作电压。如果任何被测值不在极限内，微控器向NVRAM写入诊断数据，这些数据能在下一次开机起作用。

R1和R2的作用一是匹配ADC输入范围，二是作为电容器放电的主要"测试负载"。有源电路的电源电流消耗可能变化太大难以依靠，假如需要的话，电源电流仅仅在掉电期间在电阻中通过开关能最小化，如图2所示。当计算门限时，别忘记电容将是温度，或许是压敏电阻，和起初将具有一个适当的宽范围容忍度。

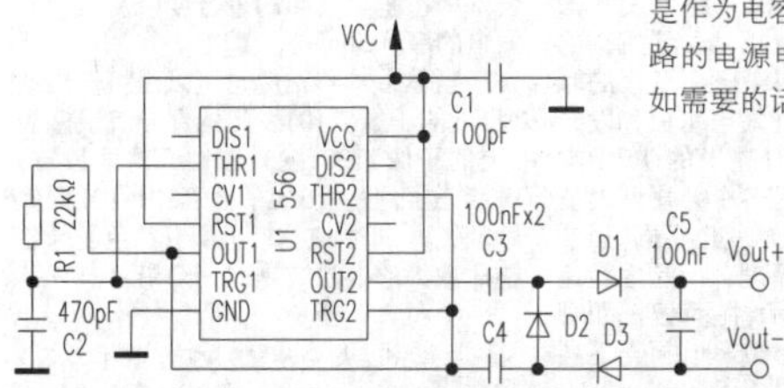

◇湖北 朱少华 编译

用集成电路取代耦合电容

超声波感应器电路需要自我调整到交流输入信号的电平上，同时也要容纳该信号的未知和可变的直流偏置电压，该电路不能使用一个交流耦合电容，并且最终输出必须提升电平到一个已知直流补偿。本设计实例使用一个直流补偿的补偿器(如图1所示)。

为了适应电路工作，使用一个单电源、高输入阻抗、轨对轨输入/输出双运算放大器类似于AD822。你能调节参考电压VREF，使用电位器R1设置输出补偿电平，该电平等于参考电压且通常为电源电压VCC的一半，用于整个动态范围。IC1B放大并且转换高频交流输入信号，具有的增益为R4/R3。减法集成电路IC1A在负反馈环路内提供任何不合适补偿电压的补偿。交流信号成分衰减基于R2C1值，仅仅只遗去平均直流补偿成分保持IC1B输出的平均电压等于该参考电压。图2所示为一个4V偏置步的补偿功能，大约需要100毫秒完成。该装置具有两个附加有用功能，它是一个第一阶高通滤波器，在这个滤波器中频率响应跌落为每八度6dB，具有$1/(2\pi R2C1)\times R4/R3$的-3dB截止频率。图1所示的电路元件值的截止频率为47Hz。该电路也像一个微分器工作，在直流输入中按阶梯变化，具有恒定输出补偿电压。

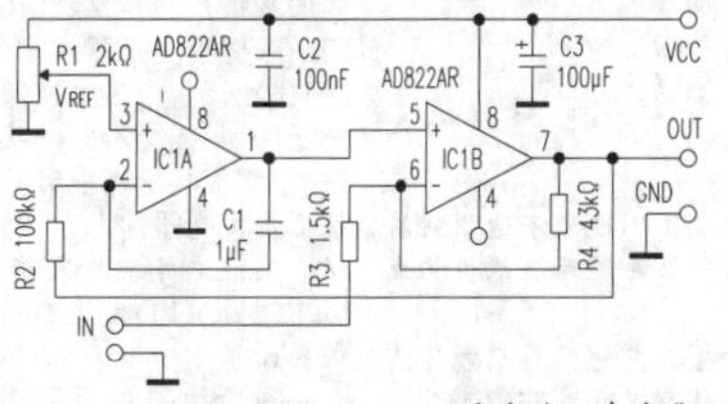

◇湖北 朱少华 编译

"多层显示面板"新发明(3)

——助推OLED、QLED面板研发生产

(紧接上期本版)

实施方式

本发明的面板采用多层超薄基板结构，方便单独更换每一层基板，实施例1-9都可以降低整个面板的维修成本。为了方便更换每一层基板后的精确对位，可以在底板5设置定位柱51,在基板1、2、3四周设置定位孔50,如图12所示。

实施例1、2、3、6、7适合于有能力开发不透明OLED、QLED发光器件或其他不透明发光器件的厂家实施。

实施例4、5、8、9适合于有能力开发透明OLED、QLED发光器件或其他透明发光器件的厂家实施。

实施例1-9都适合有能力开发超薄基板的厂家实施，对于基板厚度不能做得很薄的厂家，影响每个像素的三基色重合度以及与相邻像素的串色时都可以参照实施例4、5中的叙述采取对应办法。

实施例3、5、7、9 基板可以控制在2层，适合于有能力将每个像素面积做得较小的厂家实施。

实施例4、5适合开发微型2K-4K高清面板的厂家实施，其中实施例4适合有能力开发超薄基板的厂家，实施例5适合有能力将像素面积做得较小的厂家。

实施例6、7、8、9适合开发真正六基色显示面板的厂家实施。其中实施例6、7适合开发采用不透明发光器件的面板，实施例8、9适合开发采用透明发光器件的面板。

实施例1:由采用不透光不透明材质OLED或QLED发光器件的三层基板构成的面板

对于每层基板采用不透光不透明材质OLED或QLED的发光器件或其他主动发光器件时，由于面板每个像素的基色子像素发光器件分布在不同层基板上。每个像素的基色子像素发光器件在最上层基板的垂直投影位置与该像素的其他基色子像素发光器件在该在最上层基板的垂直投影位置对应错开。避免上面基板的子像素发光器件阻挡遮盖下面基板的子像素发光器件发出的光线。类似例子同理，下面不再赘述。

为方便理解，用图1说明。从面板正面看，面板上每个像素区域01里红绿蓝101、201、301三个子像素排列的位置关系如图1(a)所示。三个子像素101、201、301采用不透光不透明材质OLED、QLED的发光器件或其他主动发光器件时。当像素01的红绿蓝101、201、301三个子像素是水平条状排列时，一层基板像素区域10上的子像素101发光器件与二层基板像素区域20 上的子像素201发光器件及三层基板像素区域30上的子像素301发光器件的位置对应错开，如图1(b)所示。应当指出：每个像素区域01与一层基板像素区域10、二层基板像素区域20及三层基板像素区域30在最上层基板的垂直投影位置对应重合。

从面板侧面看，组成每个像素01的各层基板1、2、3上红绿蓝101、201、301三个子像素发光器件排列的位置关系如图1(c)所示。封装层11保护基板1上的发光器件，封装层21保护基板2上的发光器件，封装层31保护基板3上的发光器件。上盖板4、下底板5用于固定保护各层基板及发光器件。

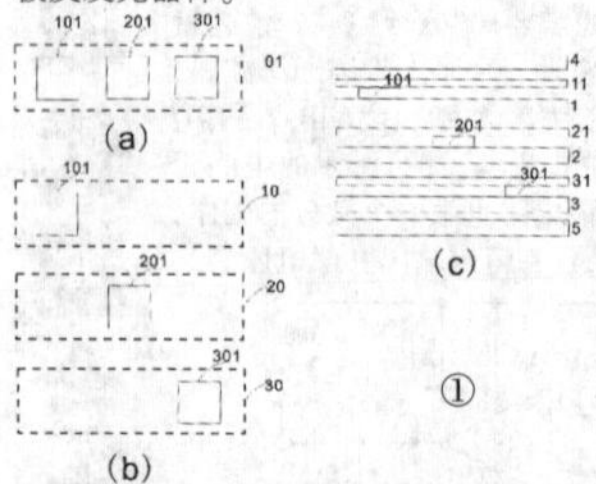

实施例2:由采用不透光不透明材质OLED、QLED发光器件的两层基板构成的面板

优选的，为了方便更换容易老化的蓝色发光器件，红绿发光器件覆盖在一个基板上，蓝色发光器件覆盖在一个基板上。

为方便理解，用图2说明。从面板正面看，面板上每个像素区域01里红绿蓝101、102、201三个子像素排列的位置关系如图2(a)所示。三个子像素101、102、201采用不透光不透明材质OLED、QLED的发光器件或其他主动发光器件时。当像素01的红绿蓝101、102、201三个子像素是水平条状排列时，一层基板像素区域10上的子像素101、102发光器件与二层基板像素区域20 上的子像素201发光器件的位置对应错开，如图2(b)所示。应当指出：每个像素区域01与一层基板像素区域10、二层基板像素区域20在最上层基板的垂直投影位置对应重合。

从面板侧面看，组成每个像素01的各层基板1、2 上红绿蓝101、102、201三个子像素发光器件排列的位置关系如图2(c)所示。封装层11保护基板1上的发光器件，封装层21保护基板2上的发光器件。上盖板4、下底板5用于固定保护各层基板及发光器件。

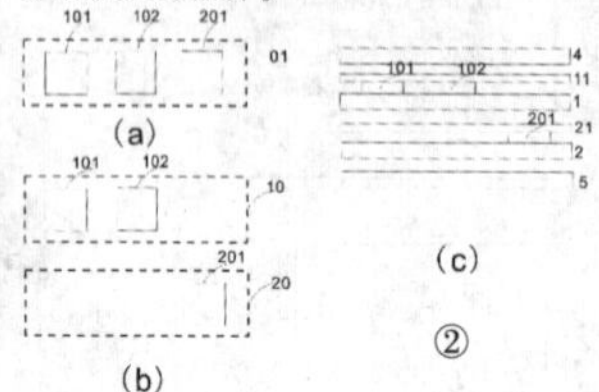

实施例3:由采用不透光不透明材质OLED、QLED发光器件的两层基板构成的面板

优选的，为了方便更换容易老化的蓝色发光器件，红绿发光器件覆盖在一个基板上，蓝色发光器件覆盖在一个基板上。且为了延长器件寿命，每个像素的蓝色子像素发光器件采用两个。

为方便理解，用图3说明。从面板正面看，面板上每个像素01由红绿蓝101、102、201、202四个子像素排列的位置关系为如图3 (a) 所示。四个子像素101、102、201、202 采用不透光不透明材质OLED、QLED的发光器件或其他主动发光器件时。当像素01的红绿蓝101、102、201、202四个子像素是正方形排列时，一层基板像素区域10上的子像素101发光器件及子像素102发光器件与二层基板像素区域20上的子像素201、202发光器件的位置对应错开，如图3(b)所示。一层基板1上的子像素101发光器件及子像素102发光器件是红绿器件，二层基板2上的子像素201、202发光器件都是蓝色器件。二层基板2上的子像素201、202发光器件都是蓝色发光器件，在一样发光亮度时，采用两个蓝色发光器件与采用一个蓝色发光器件相比，有利于降低每个蓝色发光器件的电流，延长器件寿命。应当指出：每个像素区域01与一层基板像素区域10、二层基板像素区域20在最上层基板的垂直投影位置对应重合。

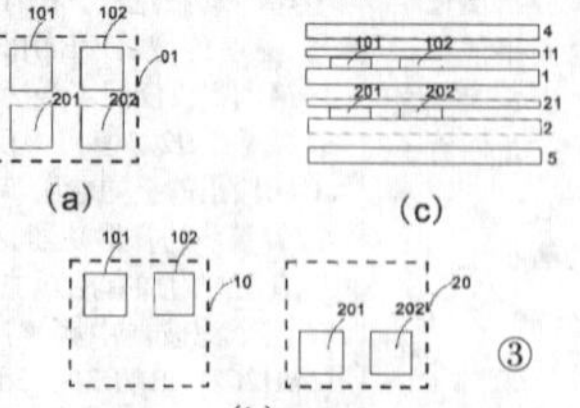

从面板侧面看，组成每个像素01的各层基板1、2的红绿蓝101、102、201、202四个子像素发光器件排列的位置关系如图3(c)所示。封装层11保护基板1上的发光器件，封装层21保护基板2上的发光器件。上盖板4、下底板5用于固定保护各层基板及发光器件。

实施例4：由采用透光透明材质OLED或QLED发光器件的三层基板构成的面板

对于每层基板采用透光透明材质OLED或QLED的发光器件或其他主动发光器件时，由于面板每个像素的基色子像素发光器件分布在不同层基板上。每个像素的基色子像素发光器件在最上层基板的垂直投影位置与该像素的其他基色子像素发光器件的全部或部分在该最上层基板的垂直投影位置对应重合。这样，该像素的各个基色子像素发光器件发出的色光可以上下层基板之间垂直混色，产生混合色。类似例子同理，下面不再赘述。

为方便理解，用图4说明。从面板正面看，面板上每个像素区域01里红绿蓝101、201、301三个子像素排列的位置关系是上下重合的，如图4(a)所示。三个子像素 101、201、301 采用透光透明材质OLED、QLED的发光器件或其他主动发光器件时。三个子像素是单像素排列时，一层基板像素区域10上的子像素101发光器件与二层基板像素区域20 上的子像素201发光器件及三层基板像素区域30上的子像素301发光器件的位置对应重合，如图4(b)所示。应当指出：每个像素区域01与一层基板像素区域10、二层基板像素区域20及三层基板像素区域30在最上层基板的垂直投影位置对应重合。

从面板侧面看，组成每个像素01的各层基板1、2、3上红绿蓝101、201、301三个子像素发光器件排列的位置关系如图4(c)所示。封装层11保护基板1上的发光器件，封装层21保护基板2上的发光器件，封装层31保护基板3上的发光器件。上盖板4、下底板5用于固定保护各层基板及发光器件。

由于每个像素的混合色是上下三基色光重合混色而成。第三层基板3上的子像素301发光器件发出的色光要透过二层基板2上的子像素201发光器件的色光和透过第一层基板1上的子像素101发光器件的色光，其发光器件发出的色光亮度衰减最大。二层基板2上的子像素201发光器件发出的色光要透过一层基板1上的子像素101发光器件的色光，其发光器件发出的色光亮度也有衰减。为了使得从面板正面看到的三基色发光器件发出色光的光强度均衡，除了在驱动电流上可以提高第三层，第二层发光器件的驱动电流外，另外，对三基色发光器件的上下层顺序也要合理布置。由于红色OLED,QLED发光器件发光效率和寿命最高，所以覆盖有红色发光器件的基板安排在要透过第二层，第一层的在最下层，即第三层。绿色OLED,QLED发光器件发光效率和寿命比红色发光器件要次之，所以覆盖有绿色发光器件的基板安排在要透过第一层的第二层。而覆盖有发光效率和寿命最短的蓝色发光器件的基板安排在不被阻挡的最上层，即第一层。再通过调整三层基板红绿蓝发光器件的电流大小达到白平衡。

从面板侧面看，组成每个像素01的1、2、3各层基板上101、201、301红绿蓝三个子像素发光器件排列的位置关系如图4(c)所示。封装层11保护基板1上的发光器件，封装层21保护基板2上的发光器件，封装层31保护基板3上的发光器件。上盖板4、下底板5用于固定保护各层基板及发光器件。

如图4(c),基板厚度使得蓝色101子像素发光器件、绿色201子像素发光器件、红色301子像素发光器件位置排列的上下层距离d至少各相隔一个基板的厚度的距离。有的公司开发出基板和发光器件的总厚度仅为0.01毫米的OLED柔性透明显示面板。但是各个公司开发能力不同，生产出的基板厚度也不同。虽然开发时可以尽量降低厚度，但是厚度还是存在。如图4(a)所示，在面板正面观看，从近大远小的透视学原理讲，上下层距离d或多或少会影响红绿蓝101,201,301三个子像素发光器件的大小z和位置距离w，虽然对于采用超薄基板的大屏幕面板来说，这点影响微乎其微。但是，如用在小于1英寸的2K-4K清晰度高清面板上来说，由于每个像素很微小，这点基板厚度影响就较大，会影响每个像素的三基色重合度以及与相邻像素的串色。

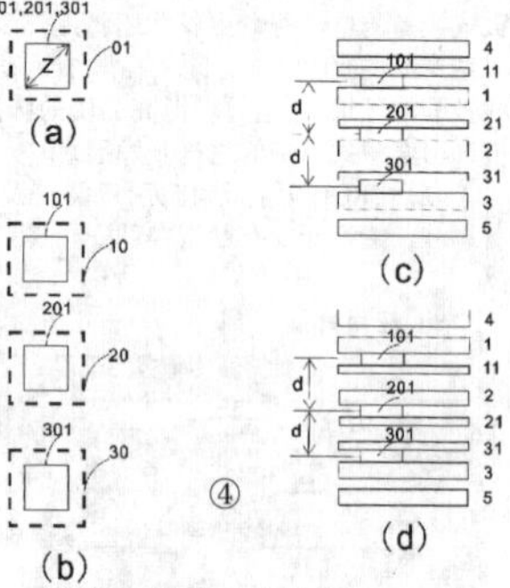

改进办法用3个办法的组合：

1.如图4(d)所示，可以将二层基板2上的子像素201发光器件与三层基板3上的子像素301发光器件面对面放置，这样绿色201子像素发光器件与红色301子像素发光器件位置排列的上下层距离d只有发光器件和封装层的距离。而发光器件和封装层的厚度比基板厚度小得多，这样的方法好处就是对绿201，蓝301两个子像素发光器件在第一层基板上垂直投影的大小z，排列位置距离w影响微乎其微。而二层基板2上的子像素201发光器件与三层基板3上的子像素301发光器件面对面放置的实现，是将二层基板2上的子像素201发光器件做成底发光器件，三层基板3上的子像素301发光器件做成顶发光器件。（一般的OLED、QLED器件发出的光都是经由基板射出，也就是底发光。而所谓的顶发光就是光不经过基板而是从相反的方向射出。）

2.再将一层基板1上的子像素101发光器件也朝向二层基板2上的子像素201发光器件、三层基板3上的子像素301方向放置，即一层基板1上的子像素101发光器件也做成底发光器件。使得一层基板1上的子像素101发光器件与二层基板2上的子像素201发光器件、三层基板3上的子像素301的距离d接近些。

3.如图4(d)所示，即使采取了第二个办法，由于一层基板1上的子像素101发光器件与二三层基板2,3上的子像素201,301发光器件的上下层距离d至少还相隔一个基板的厚度的距离。所以会影响每个像素的蓝色发光器件和红绿色发光器件在第一层基板上垂直投影的重合度以及与相邻像素的串色。本发明的办法是对第一层的基板发光器件做预失真，即将该基板上所有蓝色色子像素整体缩小。使得在一定距离下，一般根据头戴显示器的镜头组的镜头与面板的距离f来计算决定一层基板1上的子像素101发光器件整体缩小相对于二三层基板2,3上的子像素201,301发光器件的比例）改善影响每个像素的三基色在第一层基板上垂直投影的重合度以及与相邻像素的串色的问题。

当然，本实施例也可以用将一层基板1上的子像素101发光器件与二层基板2上的子像素201发光器件面对面放置。对第三层的基板3的子像素301发光器件做预失真，即将该基板上所有红色子像素整体放大的办法实施。◇浙江 方位

(未完待续)(下转第146页)

智能小区弱电系统组成及常见问题解决方法

所谓"智能小区",从广义上来说,是利用现代建筑技术及现代计算机、通信、控制等高新技术,把物业管理、安防、通信等系统集成在一起,并通过通信网络连接物业管理处,为小区住户提供一个安全、舒适、便利的现代生活环境。从狭义上来说,其包括了住宅自动化系统、家庭信息服务系统、物业管理系统、小区公共服务等系统。

一、视频监控系统

视频监控系统作为工作区安防状态的监视、信息手段之一,结合内部对讲系统,公共广播系统,遥相呼应,可减少管理人员的工作强度,提高管理质量及管理效益。视频监控系统作为现代化保安有力的辅助手段,它将现场内各现场的视频图像或是险情信号传送至主控制中心及分管理室,值班管理人员在不亲临现场的情况下可客观地对各区域进行集中监视,发现情况统一调动,引导疏散,节省大量巡逻人员,人少就可避免许多人为因素,保证在最短时间内处理得当的方案得以实施。

二、入侵报警系统

入侵报警系统一般由探测器、报警控制器、联动控制器、模拟显示屏及探照灯等组成。一般的入侵报警系统多采用线型探测器。线型探测器多采用双路/四路主动红外探测器组成防非法跨越报警系统。系统采用模糊控制技术,有效避免由于小动物、杂物、暴风雪等对探测报警的影响,同时保证对较大物体和人的非法翻越行为的即时报警。当探测器检测到入侵信号时,即向小区物业接警中心报警,接警中心联动控制器打开相关区域探照灯,发出报警警笛,启动录像机,模拟电子屏动态显示报警区域,接警中心监控计算机即可弹出电子地图。

三、门禁系统

门禁系统是对智能住宅重要通道进行管理。门控系统可以控制人员的出入,还可以控制人员在楼内及敏感区域的行为。在楼门口、电梯等处安装控制装置,例如:读卡器、指纹读取器、密码键盘等。住户要想进入,必须有卡或输入正确地密码,或按专用手指才能获准通过。门禁系统可有效管理门的开启与关闭,保证授权人员自由出入,限制未授权人员进入。

四、电子巡更系统

巡更系统是管理者考察巡更者是否在指定时间按巡更路线到达指定地点的一种手段。巡更系统帮助管理者了解巡更人员的表现,而且管理人员可通过软件随时更改巡逻路线,以配合不同场合的需要。巡更系统分为有线和无线两种:

无线巡更系统由信息纽扣、巡更手持记录器、下载器、电脑及其管理软件等组成。信息纽扣安装在现场,如各住宅楼门口附近、车库、主要道路旁等处;巡更手持记录器由巡更人员值勤时随身携带;下载器是联接手持记录器和电脑进行信息交流的部件,它设置在电脑房。无线巡更系统具有安装简单,不需要专用电脑,而且,系统扩容、修改、管理非常方便。

有线巡更系统是巡更人员在规定的巡更路线上,按指定的时间和地点向管理电脑发回信号以表示正常,如果在指定的时间内,信号没有发到管理电脑,或不按规定的次序出现信号,系统将认为是异常。这样,巡更人员出现问题或危险会很快被发觉。

五、智能住宅安防系统

以家庭防盗报警系统为主,它是由保安中心管理主机、家庭报警器、各类传感器和传输线组成。切入点主要是门和窗,传感器对家庭重要地点和区域布防,让业主生活在更安全、舒适的环境之中。各类传感器介绍如下:窗磁、门磁开关,燃气泄漏报警,感烟报警,紧急按钮等安防系统均应用于家庭内部,在每户业主的家中装设红外线探头、窗磁门磁开关、感烟探头、紧急报警按钮等,每个单元入口设置一台门口主机,在保安中心设置一套管理主机。当有客人来访时,按下室外按钮或被访者的房间号码,住户室内分机会发出振铃声,同时,室内机的显示屏自动打开,显示出来访者的图像及室外情况,主人与客人对讲通话,确认身份后可通过户内分机的开锁键遥控大门电控锁让客人进入,客人进入大门后,大门自动关闭。

另外,通过小区联网,可实现对整个小区内所有安装家庭安全防范系统的用户进行集中的保安接警管理。每个家庭的安全防范系统通过总线都可将报警信号传送至管理中心,管理人员可确认报警的位置和类型,同时计算机还显示与住户相关的一些信息,以供保安人员及时和正确地进行接警处理。

六、周边防范系统

周边防范围栏报警系统主要监视建筑物周边情况,防止非法入侵,是防盗报警系统的第一道防线,也是非常重要的一道防线。

周边防范传感器能够在入侵者一进入防区时就立刻发觉,并且在其接近被保护人和被保护财物之前发出警报。一个有效的户外安全系统可以通过降低盗窃风险,减少破坏和人员伤害作为设备投入的回报。

七、可视对讲系统

传统模拟可视对讲系统是由管理中心、可视室外主机、可视室内分机电源等部分构成。可实现三方通话,楼宇对讲、图像监看、综合报警、开启门锁、报警记忆、中心综合管理。系统采用485布线传输方式,根据不同要求,可外接门磁、红外、烟感、瓦斯探头及连接电脑中心,工作站及"110"报警中心,实行社区智能化管理。

数字网络对讲系统采用网络信号传输,除具备以上模拟可视对讲系统的所有功能以外,还具备免费通过网络拨打可视电话(VIOP)、拨打PSTN电话(即普通电话)、带有安防报警、收发E-MAIL、获取天气预报、小区信息公告等信息发布、多媒体广告的增值业务等功能。

八、智能小区安防常见问题剖析

小区智能化在使用运行过程总会出现这样或那样的问题,这其中有设计上的缺陷、也有安装中存在的问题及使用上的不当等因素等引起的。下面总述一下常见问题与解决之法!

1.综合布线过程中线路标示混乱或无标示

在这里把所有系统布线均纳入到综合布线中。布线系统工程是整个工程中施工周期最长、人力投入最大的一环,也是整个系统中最重要的一个环节,在现代小区建设中多为隐蔽工程,均为永久链路。

在布线中常有线路标示混乱甚至没有标示的现象,给工程安装调试及维护留下了不小的麻烦,线路没有标示在设备安装调试的时候就必须二次投入人力测量出线路,在工程完工后依然标示不明甚至没有标示的就会给维护工作造成困难,所以在布线过程中必须把每条线路标上明确的标示,这样不但可以节约安装成本,更可以方便工程安装调试。

造成此种现场的原因多为工程管理不到位引起,解决办法是对施工人员进行全方位培训且在施工中严格要求。

2.室外布线端接处无防水防晒措施

线路需要在室外端接的一定要有防水防晒等措施以延缓系统的使用寿命及系统稳定性。

线路端接处在无防水防晒处理措施的情况下极易老化以致系统出现不稳定等现象,造成返修率高、甚至在维修不及时的情况下造成系统瘫痪等。

解决办法:

(1).能在室内端接线路的地方尽量在室内端接,哪怕延长一些线路,总线系统中可采用手拉手式布线;

(2)室外端接的部分可以采用密封处理,以延缓老化,此方法缺点是在系统维修及线路检修时不方便,如果需拆解线路的须重新密封处理;

(3)可增加室外配线箱,所有在室外端接的线路均进入配线箱端接,此方法不但解决了室外端接防水防晒问题,而且检修方便。

3.对讲主机安装高度不适合

大部分对讲主机安装都是以主机底部离地1.5米为准,但是因为各厂家的主机高度均有不同,所以具体需安装的高度必须依据实体而论,应该依照摄像头的高度为标准,这样才能使得室内分机上更清楚地看到来访客人。有些小区单元门前有阶梯,这样就造成了来访客人的所站的高度并不是单元门底部门框高度,而是再往下一个甚至两个台阶,所以在主机的安装位置高度要充分的考虑现场情况。

对讲主机不防雨有些主机安装在单元门的墙体上,可能由于楼体雨棚较小而使主机暴露在外从而造成主机日晒、淋雨的现象、进而影响到设备的稳定性与使用寿命。

解决办法:

1.可以把门口机安装在单元门上,这样就不会使主机爆楼在雨棚之外了;

2.如主机必须安装在墙体上的可增加雨棚大小或者对主机增加防护装置。

4.视频监控系统中线路与强电路同一管路

在视频监控布线中,会经常出现与强电线路平行甚至同一管道的现象,这种现象主要由于设计考虑不周及不合理造成的,但也并不是在这种情况下就可以任意布线,只要在施工中努力争取还是可是使系统的稳定性及可靠性有所提升,不然监控图像就会出现严重的失真现象。

解决办法:

1.使用屏蔽效果较好甚至双屏蔽线缆;

2.即使在同一管路中也有可能有多根线管,不要与强电路在同一个线管中布线;

3.特别是电梯中布线,因为电梯是强动力电,影响更大,一定要争取与强电路的距离,哪怕是一厘米也会使图像信号好上数倍;

4.增加防干扰设备。

5、视频监控系统中暴露住户隐私

小区的监控很容易就会看到住户的家中,业主的隐私就会在不知不觉中暴露,如果有录像资料被无端转移,就会给业主造成极大的伤害,甚至有可能闹出官司。

解决方法:

(1)安装合适的位置,小区的摄像机应主要安装在广场及交通干道等公共场所;

(2)摄像机应避免朝向住宅等方向。

6.停车场读卡器位置安装不合适

现在市场的读卡器有ID、IC两种,可读距离从10厘米到10米不等,对于中长距离读卡器因读卡距离较远,一般无需司机主动拿卡,只要把卡放在车内等车经过读卡器旁是就会自动读卡,而对于10厘米的近距离读卡器,司机必须摇下车窗拿出卡在读卡器前刷一下才能是读卡器采集数据,所以读卡器必须安装在司机极易接近的位置。有些小区因现场条件限制,车辆读卡就无法拐弯进出,拐弯进出就无法顺利读卡,以使司机必须走下车来刷卡等现象,给业主带来很多不便。

解决办法:充分考察现场,选择合适合理的位置安装停车场管理设备。

7.周界防范系统安装为常闭方式报警

一般的报警方式可分为两种,一为常开方式报警,一为常闭方式报警,但常闭方式报警不适合在周界防范系统中应用,因为常闭方式报警在常开情况下为正常状态,而在信号线路由于某种因素断开时,系统依然提示为正常状态,并不会报警,而常开方式报警只要线路有断开现象就会报警,达到系统自动检测的目的,无论选择哪一种报警方式都有其优缺点,但是线路断路要比短路的概率大得多,所以我建议周界防范系统中常开方式报警比较适合。

电子巡更路线不适合电子巡更分为有线巡更和无线巡更,因为无线电子巡更有安装方便、维护简单、系统稳定等诸多优点,已渐渐取代传统的有线巡更系统,不良的巡更线路会使巡逻人员费心分心。可能会使巡逻人员必须进过草坪才能达到巡更点位置,特别给雨雪天气的巡逻人员带来很多不便。

解决办法:

(1)巡更线路应以S型线路设计安装,争取没有死角;

(2)巡更点应安装在巡逻人员极易达到的地方,一般为路边、单元门口前等位置。

8.家庭联网报警系统中红外探测器朝向窗户

家庭联网报警系统给各住户带来了安全感,但较多的误报会使住户不胜其烦。误报率的高低除了根产品选型有关外,还与设备的安装有着密切的关系。在家庭内部安装防盗装置多为红外探测器,红外探测器的安装如果面向窗户、温感变化大的电器等装置则会出现较多的误报。在安装中问题出现最多的就是探测器的有效范围达到了窗户外面,以致室外的环境因素造成较多的误报。

解决办法:使探测器朝向室内环境比较稳定的位置。

在安装调试过程总会出现那样的问题,但我们应努力减少这些问题的发生,以免在以后的使用及维护中出现更多的问题和困难。

◇江西 谭明裕

SMT贴片机编程操作案例(一)

SMT贴片机编程对于不同种类、不同复杂程度的PCB板，编程方法也不尽相同。简单的PCB板可以直接采用在线编程解决，但对于较复杂的PCB板，则需要利用离线编程进行数据导入再结合在线数据调校的方法进行编程加工生产。而采用阴阳拼板的PCB是最常用的SMT贴片编程加工方式，下面以三星SM480系列贴片机对一块4X1阴阳拼板PCB进行编程加工生产为例说明具体操作步骤。

一、开机、启动和初始化三星SM480系列贴片机

操作步骤：

1.打开贴片机主电源开关(ON)，贴片机上电过程中将启动Winddows XP操作系统，并自动运行三星贴片机编程加工软件SmartSM及所有硬件驱动程序。启动结束，进入如图1所示的MMI编程界面(IDLE模式)。

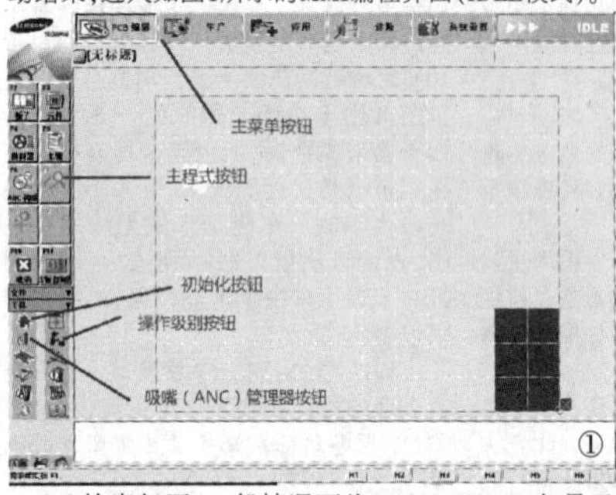

①

2.检查气压(一般情况下为0.45~0.6Mpa)，如果正常则可以按下机器面板“Ready”按钮，点击图1工具栏“操作级别”按钮输入程序员操作密码(不同供应商提供的密码不同)，并且对机器进行初始化(归零)操作。

3.点击主菜单“应用”界面“暖机”按钮，设置暖机时间(一般5~10分钟)，点击“开始”按钮进行暖机。

②

二、新建程序文件

本软件进入MMI，默认PCB加工程序文件名为“无标题”，如图1所示。点击“文件”工具栏存盘按钮，选择“Save as”，在弹击的对话框中，写入文件名“4X1阴阳拼板”，点击“保存”即可。

三、PCB坐标数据的导入

因为本PCB采用阴阳拼板，元器件较多，故这里采用PCB坐标数据导入的编程方式。此编程方式需要从F5(步骤)开始。

1.点击主程式按钮F5(步骤)，弹出“步骤”编辑界面，如图3所示。

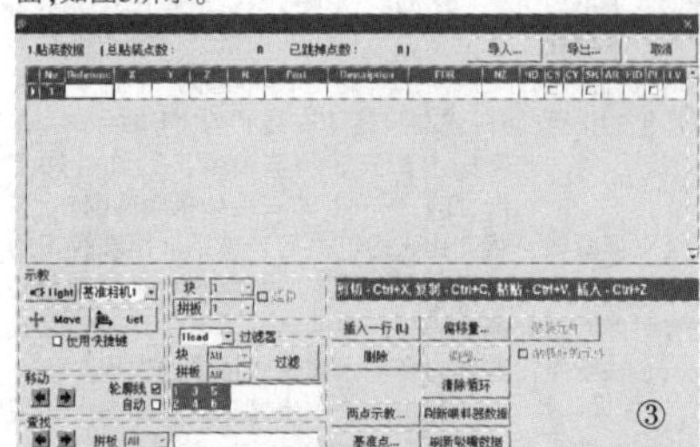

③

2.图3中“导入...”按钮是PCB坐标数据导入的入口，数据导入后需要进行坐标系转换、板子旋转和数据表头栏属性设置等较复杂的数据处理。由于操作步骤较复杂，将不在这里叙述，具体内容参见本人劣作“SMT贴片机离线编程之PCB坐标数据的导入及处理”。在F5(步骤)坐标数据导入后得到如图4所示的结果。从表格中可知，本PCB拼板，只需要对20个SMT元器件进行贴片编程。

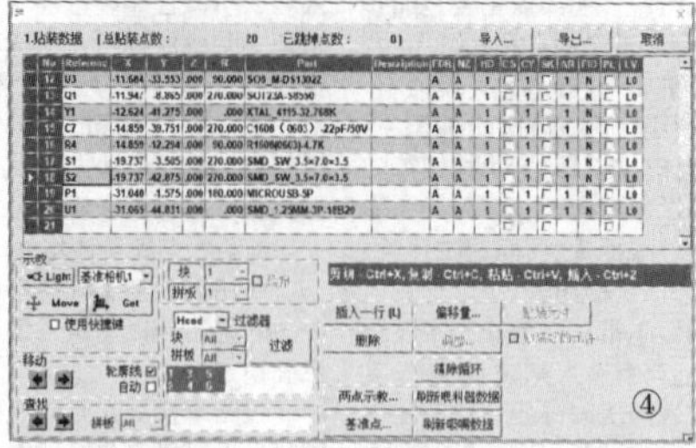

④

3.其实，F5(步骤)编辑还没有结束，还需要进行其他选项的设置和调校。许多数据还需要依赖F2、F3、和F4，故在F2、F3、F4编辑完成后，还需要对F5的一些数据及选项进行处理。

四、F2(板子)的设置

操作步骤：

1.点击主程式按钮F2(板子)，弹出图5所示对话框。按图要求输入相应的内容，在坐标系选项中，采用默认坐标系设置(机械坐标系)将会对以后的编程带来方便。输入板子的大小时，应该适当的增加0.1~0.2MM的补偿量。

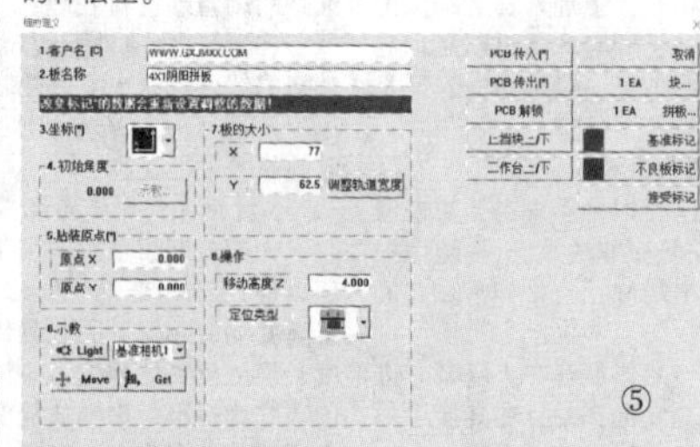

⑤

2.贴装原点的设置。贴装原点在PCB坐标数据导入的编程中不能采用默认机械原点XY(0.000,0.000)，必须重新设置。设置过程利用图1“6.示教”框功能进行调校，调校设置点就是原CAD设计PCB的原点。点击“6.示教”功能框“Move”按钮，利用手柄调节光学相机对焦CAD原点(见Visframe视窗窗口“SMVisionQ(Camera Mode)”)，然后点击“Get”按钮取贴装原点坐标，设置好的贴装原点如图6所示。

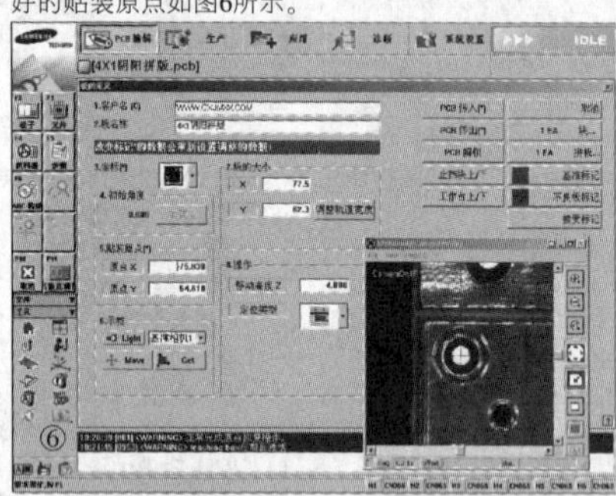

⑥

3.设置PCB基准标记(即Mark点)。常规工艺的SMT电路板一般只需设置对角两个基准点(Mark)即可，如图7所示“1.位置类型”的设置。利用光学相机(3.示教)对这两个基准点进行光学对焦定位，同时在“6.形状数据”功能框中设置Mark点的尺寸和极性(阳性的Mark设置白，阴性的Mark设置黑)，对焦准确后分别对这两个Mark取坐标(点击“3.示教”功能框中的“Get”)。

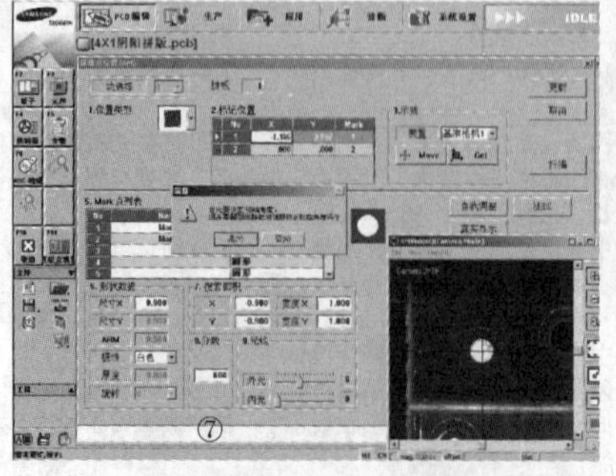

⑦

上图弹出“信息”选择框的时候，应首先选择“否(No)”，先进行基准点的设置。设置完毕后进行“测试”，如果测试通过，则可以点击“更新”保存，退回至图6界面。

4.PCB初始角度的调整。由于PCB制造工艺等因素，PCB在机器导轨上肯定存在角度的偏差，需要对PCB初始角度进行调整。点击图6“4.初始角度”功能框中“示教”按钮，弹出初始角度示教对话框，初始角度示教可以选择水平或垂直V割中心线头尾两点坐标确认，如图8所示，最后按键盘回车键退回图6界面。

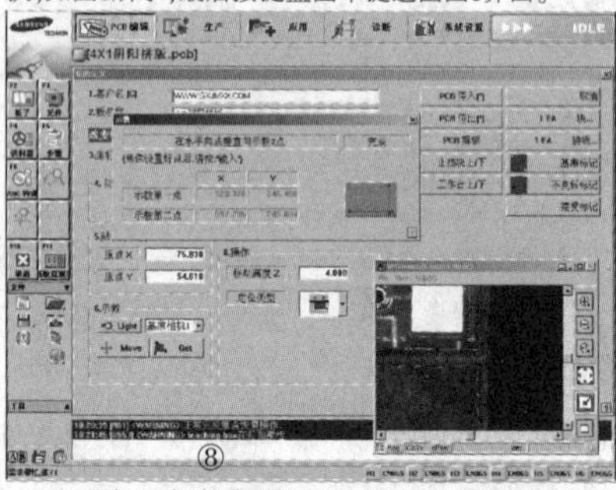

⑧

设置初始角度后，需要再次进入图7基准标记设置框进行一次“扫描”确认，以便对进行初始角度调整时Mark点的偏移进行自动校正。

5.拼板的设置。点击图5“1EA 拼板...”按钮，进入“PCB拼板设置”对话框，如图9所示。因为本案例PCB是4X1相邻小板互为阴阳拼板，故图9中只需将“4.拼板设置【拼板类型】”的“数量”设置为“2X1”即可。在“X补偿”中写入2X1拼板X方向的补偿量(本案例写入-38.905)。这里，请大家注意偏移量的方向(即正负值)，规定：沿机器坐标X轴偏移为正，相反为负。

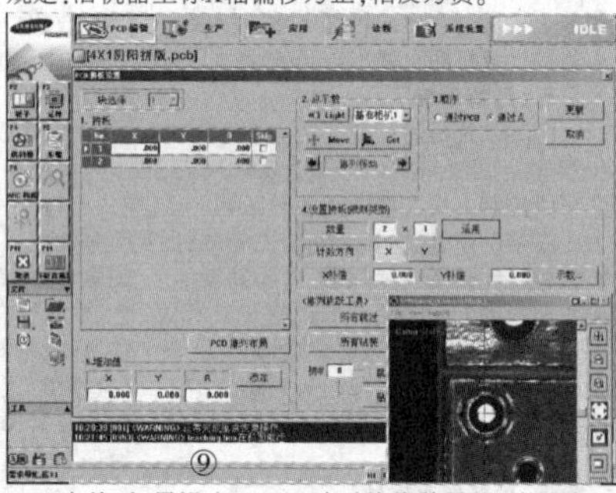

⑨

当然，如果没有CAD设计时的偏移量值，这里也可以利用光学相机进行“示教”测量。点击“4.设置拼板【拼板类型】”功能框中的“示教”按钮进行光学对焦定位测量。

设置好偏移量后，点击“适用”按钮，在“1.拼板”坐标列表中，显示对应的偏移量数值，最后点击“更新”按钮完成设置，如图10所示。

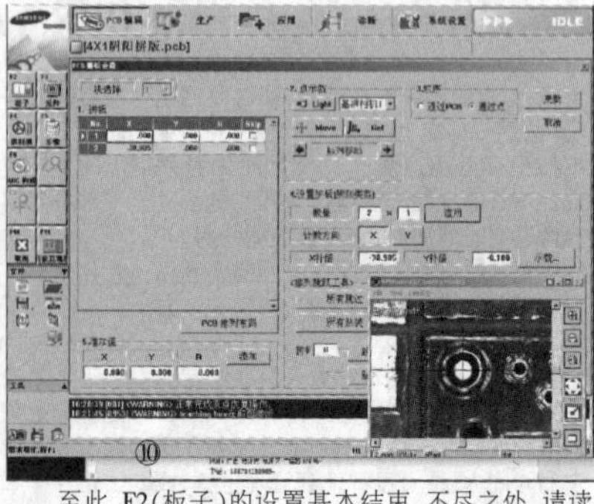

⑩

至此，F2(板子)的设置基本结束，不尽之处，请读者自行参考相关资料。 (未完待续)(下转第138页)

◇广西 王培开

给巨鹰GE-8810B型数字有线电视机顶盒增加色差信号输出功能

巨鹰GE-8810B是当地广电部门在2008年年底配发的标清数字有线电视机顶盒，采用复合视频信号(CVBS)和S端子输出视频信号，用CRT电视收视尚可。随着高分辨率液晶电视的逐步普及，如把巨鹰GE-8810B机顶盒输出的复合视频信号(CVBS)传输给液晶电视，难以发挥液晶电视机应有的显示效果，甚至有时会感觉液晶电视清晰度不及CRT电视，如采用S端子输出视频信号，画质较复合视频信号有所提升，但有些液晶电视又无S端子信号输入功能，通过对原机顶盒进行改造，最大限度改善画面质量成了部分用户的心愿。

打开巨鹰GE-8810B机顶盒上盖，观察主板可见莲花插座附近的电路板上标有"Y""Cb""Cr"字样，这说明厂家已设计有隔行分量色差输出电路，只是在实际生产时省略了这部分电路相关元件。机顶盒输出色差信号需要有相应软件和硬件的支持，通过相应软件设置开启解调芯片色差信号输出端，作为硬件的色差信号处理电路也是必不可少的，因此首先要确定信号解调电路有无色差信号输出，如有色差信号输出，再把省略掉的信号处理电路恢复即可实现机顶盒色差信号输出功能，达到改善画面质量的目的。巨鹰GE-8810B机顶盒视频解码、编码电路集成在主芯片U1（ZR39135ELCG）内部，由ZR39135ELCG输出一组亮色信号和两组色度信号，每组信号的后续输出电路由阻抗匹配、低通滤波和箝位保护电路构成，原电路省略了低通滤波器中电感L5、L4、L6和箝位保护电路中双二极管D13、D14、D15。因无法确定从主芯片U1(ZR39135ELCG)输出的三路信号哪路是色度信号，哪路是亮度信号，于是先把液晶电视音频线插入巨鹰GE-8810B音频信号输出端，这样做的目的是把电视机与机顶盒地端连在一起，代替色差传输线中的地端连线。然后用与液晶电视连接的YPbPr芯线分别触碰ZR39135ELCG色差信号输出端，当电视出现黑白图像时，对应的ZR39135ELCG这个端口为亮度信号输出端，其他两个端口为色度信号输出端，对换这两个端口的连接线色彩正常就好了。至此已确定主芯片U1(ZR39135ELCG)色差信号输出端口是开启的，接下来恢复色差信号输出电路。图1是巨鹰GE-8810B型机顶盒色差信号输出电路原理图，原想补足省略掉的元件，但终因手头缺件未果，只好在各输出端增加了耦合电容。

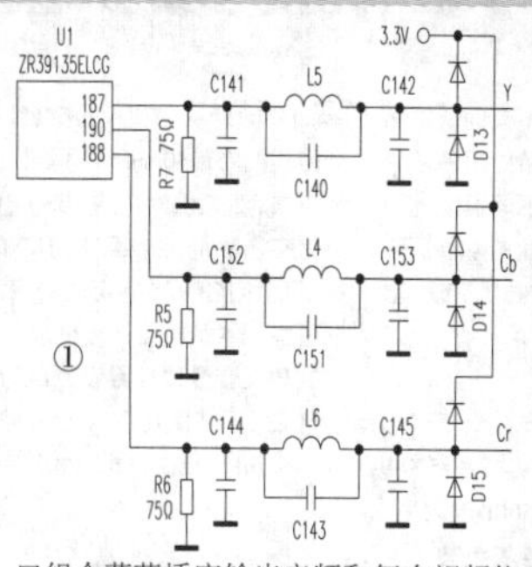

①

巨鹰GE-8810B型机顶盒采用六端口组合莲花插座输出音频和复合视频信号，把下一排三个端口用于输出音频和复合视频信号，上一排三个端口与主板连接线切断，先把三只耦合电容分别焊接在这排莲花插座上，再用带有屏蔽层的多股细耳机线把三只耦合电容分别与ZR39135ELCG色差信号输出端焊接，这样就完成了对原电路的简单改造，图2是实物改造图，经检查无误后即可通电试收。把复合视频信号(CVBS)线和三根色差线与液晶电视连接，在机顶盒接收同一频道情况下，分别切换电视在复合视频信号和色差信号输入模式进行画面比较，采用色差信号输入比复合视频信号输入亮度有所提升，图像清晰，色彩艳丽，这应该是标清机顶盒达到的最佳效果了。

②

◇河北　郑秀峰

中九户户通接收机检修3例

案例1、新大陆户户通无法收视右旋节目。 首先将机器恢复出厂设置并重新搜索节目，发现确实无右旋节目。测量F头处电压始终为18.6V左右，机器当然只能接收左旋节目。该机LNB极化切换原理如图1所示，当机器接收右旋节目时主芯片GK6105S送来3.3V高电平信号经R246使Q18导通，Q18拉低Q1基极使Q1截止，Q19因基极呈高电平而截止，这时20V电压无法通过Q19送出，15V经D13、D15隔离及C15、RC8、RC9、RC10滤波后送往室外LNB单元，大约是13.3V左右；当机器接收左旋节目时主芯片GK6105S送来0V低电平信号经R246使Q18截止，+3.3V经R5、R6 使Q1导通，这样Q1就拉低Q19基极而使之导通，这时20V电压通过Q19送出，再经D14、D15隔离及C15、RC8、RC9、RC10滤波后送往室外LNB单元，大约为18.6V左右。经检查发现Q19已击穿损坏，如图2所示，用同型号三极管代换后故障完全消失。

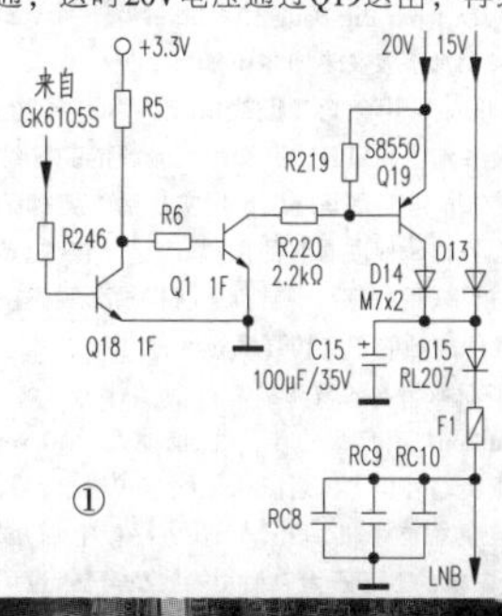

①

②

案例2、TCL DBSG116-CA01户户通接收机通电开机无任何反应。 拆开机器拔掉主板与电源板之间连接线测量各组电压输出均为0V，很明显是电源板损坏。拆下电源板目测发现300V滤波电容CE501(22uF/500V)引脚有白色电解液流出，如图3所示，PCB板背面SOP8封装电源管理芯片已烧穿损坏。拆下电容测量已无容量，电源管理芯片上面只看到TNY字样，通过跑线发现该芯片①脚接光耦，②脚通过一支电容接地，④脚接变压器初级线圈，⑤-⑧脚接地，这跟TNY278芯片完全一致，因手中只有DIP8封装的TNY278芯片，只好将其引脚弄弯再对应焊接上，如图4所示，通电试机发现电源5V和24V输出正常，插到主板后一切恢复正常。

③

④

案例3、TCL DBSG116-CA01户户通接收机只能收到35个节目，并且遥控无法使用。 节目收不全初步怀疑LNB极化电压有问题，而无法遥控估计是接收头问题。

拆开机器发现电源板非原装，使用的是Sico-DVB-9万能代用板，如图5所示，这个代用板有3.3V、5V、15V和20V四组电压输出，前维修者将5V和20V与主板连接上了。通电测量发现送到主板的5V仅3.2V左右，而20V送至主板是18V左右，明显是带负载能力不够。从元件型号可以看出Sico-DVB-9代用板3.3V才是主输出，因为使用的整流二极管是SR360，而5V整流二极管使用IN5819，功率明显偏小。为了能够正常工作，必须想办法将电源板3.3V升到5V，其取样原理如图6所示，输出电压经R3、R4分压后送至TL431（U3）K极来控制光耦EL817(U2)导通程度，从而达到稳压的目的。要想改变输出电压加大R3或减小R4阻值均可，笔者在这里采取加大R3阻值的方法来实现输出电压的提高。方法是：拆掉R3装入10K可变电阻，通电后调整其阻值使原3.3V输出变成5V输出，再拆下可变电阻测量阻值是5.7K，于是找来5.6K固定电阻换上，3.3V输出电压变成4.8V，20V一组变成24.8V，装好后59套节目全部正常收视且遥控也恢复正常状态，原来所有的故障都是供电电压异常造成的。

⑤

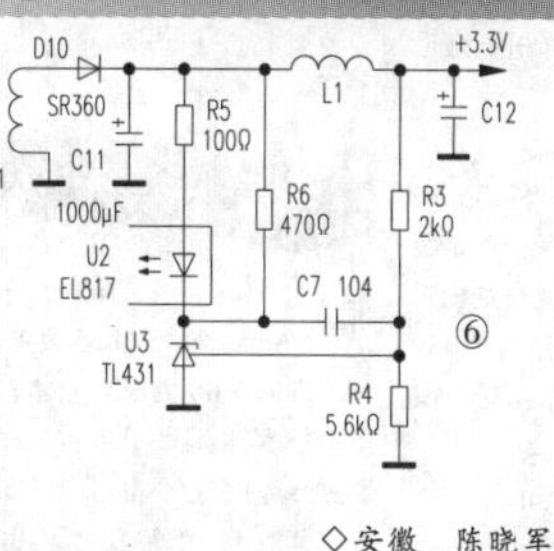

⑥

◇安徽　陈晓军

网络电视机顶盒用延时电路制作

移动送百兆宽带和网络电视机顶盒，专门用作客厅电视看电视，用一个带开关的电源插座控制光猫(含路由器)、电视机和机顶合的开和关。使用中发现打开插座电源开关后三个电器同时启动，光猫启动的慢，当机顶盒要登录网络时光猫还没连上网，光猫连上网后机顶盒不会自动重新登录，还需要人工操作制遥控器才能登录，感觉很不方便。于是考虑如果机顶盒能延时启动，等光猫连上网后再登录就好了。考虑了几种方案，最后确定控制机顶盒的12V电源，将机顶合的电源延时送给机顶盒就可以达到目的。机顶盒电源适配器输出的是12V2A直流电，正好可以用一个12V微型继电器通过延时电路接通机顶盒的电源，电路如图所示。

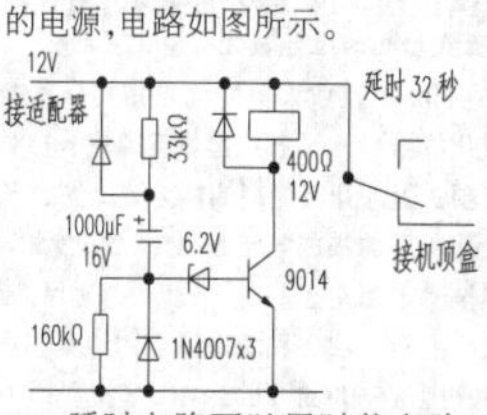

延时电路可以用时基电路、运放等来做，但还是觉得用分立元件比较好，电路采用给继电器延时断电的工作方式，这样的好处是延时电路只在延时阶段耗电，延时过后，机顶盒正常工作时延时电路的耗电为0。工作过程是，当电路通电时，通过33k电阻给1000μF电容充电，通过稳压二极管给三极管提供基极电流，三极管饱和导通，延时约32秒，电容的充电电流减小，三极管的导通电流不足以维持继电器的吸合，继电器常闭触点闭合，机顶盒得电开始工作。图示电路各零件的参数是实际制作确定的。改变160k的电阻可以调节延时的长短，如果去掉该电阻，与之并联的二极管最好不要去掉。稳压二极管的接入是为提高电路的稳定性，可以短接，延时会加长。

按图做好电路，把机顶盒的电源线从中间剪开，把电路接进去，再用一个小盒子把电路装起来就行了。当机顶盒登录时，光猫已联网成功，机顶盒就可以正常进入启动后的界面，省去了人工干预。　◇席增强

视听精品技术功能盘点(上)

视听产品是消费市场的消费大类，也是从不会间断的常客，每年都会有推陈出新的产品问世，这些新品应用的前沿技术、创新的新颖功能、提升的参数指标都会不同程度地引领当年市场趋向，以及影响以后若干年相关产业的发展。下面我们就来盘点与剖析一下2017年视听新品在技术、功能、特性上究竟有些什么样的亮点特色。

一、SVS SB16-Ultra

SB16-Ultra是一款由美国SVS公司开发的旗舰级低音炮(参见图1)，本低音炮内置16英寸喇叭和有效功率为1500W（峰值功率高达5000W以上）的Sledge STA-1500D放大器。SB16-Ultra在技术、功能、特性上究竟有哪些亮点特色呐?

图1 SVS SB16-Ultra

1.特殊材质纸盆使喇叭性能提高

SB16-Ultra的发声优劣自然与所使用的喇叭密切相关，而喇叭的好坏又与喇叭本身所选用的组件不无关系。本机内置喇叭除四个专用巨大环形铁氧体磁铁具有能提供78mm峰值振幅和最大机动力和声压级的特点外，纸盆的选材起到了决定性作用。由优质玻璃纤维树脂复合材料制成的轻硬纸盆其重要特点是具有最理想的刚度质量比，它能使空气流动和声能最大化的同时又不会产生失真，或失去控制，从而确保了喇叭给低音炮的输出声音添彩。

2.8英寸扁绕音圈在喇叭中的非凡作用

SB16-Ultra一个巨大进步得益于8英寸扁绕音圈对16英寸喇叭破碎力的控制，这一技术方案是在消费级低音炮中采用得到最有效施展的大手笔部署。具体效用表现在：一是失真始终处于超低水准；二是最高驱动电平下的精确定位控制，三是拥有了影剧院般的大分贝音量输出和低频扩展优异性能；四是确保瞬态速度和频率响应的精确性；五是使喇叭的发声自始至终一直保持无嗡嗡声的寂静状态。

3.分立式输出为性能极致化奠定基础

SB16-Ultra内置放大器的优点是其分立式MOSFET输出(金属-氧化物半导体场效应晶体管输出)电路对功率输出的几乎无限制，而且升级提高的能力要比绝大多数其他D类低音炮放大器所用的集成电路强得多，这就为本音箱获得极致的性能在技术上奠定了基础。同时，为确保最苛刻驱动电平下有一个好的运作状态和功率适当的纯真信号输出，音频业界最先进，携带56bit滤波的50MHz模拟音频DSP处理器的使用带来好处，它既可用来控制几乎无限的功率，而又能不影响低音在正确的时间得到恰当量的充分释放。

4.箱体用材与结构优化设计为正常放音助力

SB16-Ultra作为一款大功率的超低音扬声器，其箱体的用材和内部结构设计无疑是开发者非常重视的方面。本机采用双倍厚的MDF中密度纤维前障板，加上刚性的内架构，以及一些其他加固强化的内部设计，能在抑制和彻底消除来自箱体任何着色，或共振的前提下，稳稳对付庞大驱动单元的正常声运动，即使实时处于参考声压级最强劲的峰值低频也无妨。

5.杰出的智能手机应用给低音炮性能增色

SB16-Ultra兼容Apple和Android平台，借助SB16-Ultra智能手机应用软件，可以获得声音完美的深度、力度和世界最好低音炮的细微可辨度。这一具有突破性意义的低音炮创新应用可在三个方面发挥作用：一来可以控制音箱所有的DSP功能；二来便于用户自定义预置；三来也能根据参考音量很容易地对16Hz 低音仔细微调。

二、Switch International BuddyPhones InFlight

BuddyPhones InFlight是一款由澳大利亚Switch International公司开发的旅行耳机(参见图2)，本款专为孩童使用设计的耳机内置30mm 钕驱动器，配备便于孩童学习时互动的传声器，外壳由耐用的ABS/PP材质制成，在滑爽铝合金机身上搭有牢固而触感柔软的皮革外衣，头带材质使用专门定标，可以向各个方向弯曲的聚丙烯，设有适合旅行的防过敏软耳垫。本耳机在飞行模式下提供75、85和94dB三个有利于控制最大音量的参量设置(对其控制取决于用户使用时的周边环境)，以便在飞机的大噪声环境下安全使用。BuddyPhones InFlight在技术、功能、特性上有哪些亮点特色呐?

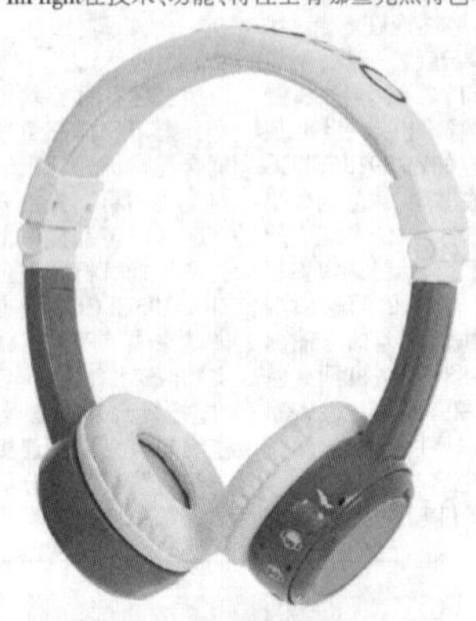

图2 Switch International BuddyPhones InFlight

1.精心考虑的安全使用措施

BuddyPhones InFlight主要供孩童使用，安全极为重要。考虑到100分贝声音聆听时间不宜超过15分钟，110分贝的声音聆听一旦超过一分钟，就会有永久性听力损失的风险，以及当今许多孩童通常会将其所用设备的声音调整至85分贝以上的几大因素，设计者设计了自动限值在85dB的音量限制电路，以防声音过大损伤小小音乐爱好者的听力健康。与此同时，为了消除孩童使用时有可能将耳机线挂在头颈上所存在的安全隐患，改用了可拆分的免缠绕扁平电缆耳机线。

2.根据孩童特点满足多种需求

BuddyPhones InFlight在设计时已充分考虑到了孩童喜欢集群玩耍共同分享的特点，专门设计了一个可拆卸的Buddy-cable系统，该系统结合一个音频分离器允许多达四根音频电缆连接到一台设备，以便于最多4位孩童佩戴着本机共同分享。同时，根据孩童喜欢自己动手的特点，本机随机提供五套五颜六色的有趣贴纸，供孩童DIY出自己的个性化耳机风格。

三、Philips Fidelio B8

Fidelio B8是一套由条形音箱和独立低音炮组成的5.1.2多声道声棒扬声器系统(参见图3)，由飞利浦公司开发，为满足Atmos环绕声的需求，条形音箱内安装了包括10个高灵敏度跑道驱动器(racetrack drivers)和8个软球顶高音喇叭，箱体两边均安装了3个中音喇叭，其中，一边各有一个专用于对白的放送，以确保获得最佳的语音清晰度。Fidelio B8在技术、功能、特性上提供了哪些亮点特色呐?

图3 Philips Fidelio B8

1.Atmos全景声技术为用户营造逼真3D立体声

Fidelio B8 为配合立体影片的观赏，应用了杜比Atmos全景声技术，以让用户享受3D立体声的高沉浸度体验，该方案通过音箱顶端3个高音喇叭向天花板方向发射，在听者头顶上方营造新一维声音，提供用户身临其境感逼真的3D声景和一个完全崭新的强烈且奇特的环绕声体验。该技术方案甚至于还可以用于在诸多扬声器中指定某一个放送某一路声音或音效，并能有效控制声音的定位，以及在用户周围的移动。

2.Ambisound技术使音箱置放限制大为减少

Fidelio B8应用的飞利浦公司专利拥有的Ambisound环绕技术通过条形音箱与独立低音炮的组合，借助飞利浦专有的语音处理算法来串联协调工作，其合作放声的声音响度与强度，以及生成声场的最佳声像明显大而宽于不使用Ambisound技术的放声配置方案。不同于其他环绕技术，它不受摆设方位、房间结构，或大小的约束，在任何类型的空间都能提供全方位的多声道环绕立体声效果。2个高音喇叭以一定角度安装则使声像感远宽条形音箱自身长度，从而营造了更大的听音声场。

3.能消除房间超低音盲点的低音单元设计

Fidelio B8系统配合使用了一个220W的8英寸蓝牙(兼容Aptx、AAC和NFC)无线低音炮，采用向下发射方式，其强大而深沉的低音得益于一个几乎没有声音阻尼的圆顶形低音反射器，同时，360度全向范围内低频均匀向外辐射的能量也得以增强，从而最终给用户带去的是低音炮可以在房间任何地方随意置放，并且不会存在包括角落在内的超低音盲点。

四、SK Telecom Big Bang 10 Edition

UO Smart Beam Laser NX BigBang 10 Edition（简称Big-Bang 10 Edition)是一款混合激光与LED的复合光源微型投影机(参见图4)，由韩国SK Telecom公司开发，本款世界上最小的投影机最大可投影分辨率为1280x720的100英寸HD高清图像，提供的200流明亮度是其他微型投影机的两倍，采用DMD（Digital Micromirror Device）数字微镜器件显示方式。Big Bang 10 Edition在技术、功能、特性上提供什么样的亮点特色呐?

图4 SK Telecom Big Bang 10 Edition

1.复合光源有足够的亮度使享用不受限制

Big Bang 10 Edition采用激光二极管和LED共同驱动先进的LCOS引擎，1级激光器和LED二极管两大光源的完好结合意味着其提供的在屏亮度完全能满足现实生活中各种条件环境下的享用，而且能确保观看时的用眼安全。结合业界领先的720p高清分辨率，用户每次观赏都可获得画面明亮锐利的视感，享受水晶般清晰的图像和鲜艳的色彩。

2.广泛的兼容性使投影机的用途扩大

Big Bang 10 Edition具有广泛的兼容性，借助蓝牙2.1 ver+EDR，除屏幕镜像传输外，本机可以以无线方式通过内置HDMI接口连接用户的智能手机、笔记本电脑、平板电脑，或其他移动设备。投影机的放音既可以使用内置扬声器，也可以将视频信源连接至外置音频设备通过其扬声器放送伴音。

3.考虑周到给使用者带来方便

Big Bang 10 Edition在投影前无需像其他便携式投影机那样需要手动调整焦距，而且投影15英寸以内大小的图像根本不用进行聚焦调整，不管是没有调整过还是通过手动进行了调整，呈现在屏幕上的始终是一致的锐利视感。另外，与只能通过连接智能手机控制的旧机型不同，本机拥有独立工作的Android OS安卓操作系统，因而借助其内置 Micro SD 卡插槽和控制按键还可当作独立设备使用，或借助远程控制应用程序对本机进行功能操控。

(未完待续)(下转第150页)

◇上海 解放

2018年4月15日出版 ■实用性 ■启发性 ■资料性 ■信息性

第15期 国内统一刊号:CN51-0091 定价:1.50元 邮局订阅代号:61-75

地址:(610041)成都市天府大道北段1480号德商国际A座1801 网址:http://www.netdzb.com

(总第1952期) 让每篇文章都对读者有用

可五年免税 集成电路产业迎政策红利

集成电路芯片关系着信息安全、经济安全乃至国防安全，是国家发展战略的重中之重，这方面的核心技术不能受制于人，所以从国家战略层面予以重点支持发展。今年政府工作报告提出为企业减税，同时将半导体列入加快制造强国五大产业首位。近日，财政部联合税务总局、发改委、工信部发布《关于集成电路生产企业有关企业所得税政策问题的通知》(简称《通知》)，促进国内集成电路产业发展。

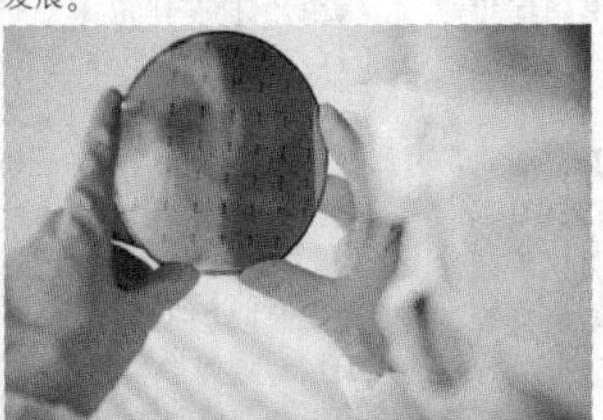

《通知》规定，2018年1月1日后投资新设的集成电路线宽小于130纳米，且经营期在10年以上的集成电路生产企业或项目，第一年至第二年免征企业所得税，第三年至第五年按照25%的法定税率减半征收企业所得税，并享受至期满为止。

《通知》还规定，2018年1月1日后投资新设的集成电路线宽小于65纳米或投资额超过150亿元，且经营期在15年以上的集成电路生产企业或项目，第一年至第五年免征企业所得税，第六年至第十年按照25%的法定税率减半征收企业所得税，并享受至期满为止。

《通知》规定，2017年12月31日前设立但未获利的集成电路线宽小于0.25微米或投资额超过80亿元，且经营期在15年以上的集成电路生产企业，自获利年度起第一年至第五年免征企业所得税，第六年至第十年按照25%的法定税率减半征收企业所得税，并享受至期满为止。

《通知》还规定，2017年12月31日前设立但未获利的集成电路线宽小于0.8微米(含)的集成电路生产企业，自获利年度起第一年至第二年免征企业所得税，第三年至第五年按照25%的法定税率减半征收企业所得税，并享受至期满为止。

众所周知，集成电路(芯片)行业是我国发展的痛点之一，现在每年我国进口的最大物资不是石油、天然气，也不是粮食，而是芯片。一年进口额多达2000多亿美元，折合1万多亿元人民币。没有自己的"中国芯"，也是国家安全的重大隐患。

对此，有机构分析认为，此次免税政策一方面体现半导体芯片的国家级战略！延续了国家对半导体芯片的一贯支持，2012年财政部为鼓励国内集成电路产业发展，曾发布《关于进一步鼓励软件产业和集成电路产业发展企业所得税政策的通知》，对于集成电路线宽小于0.8微米(含)的集成电路生产企业，以及集成电路线宽小于0.25微米或投资额超过80亿元的集成电路生产企业给予税收优惠，优惠期截止期为2017年12月31日。另一方面半导体工厂在建成初期由于良率、产能爬坡及折旧等因素往往营利微薄，本次减税政策将显著缓解晶圆制造企业的财务压力。此外，减税的要求中，进一步提高了工艺制程的门槛，符合当前全球半导体芯片技术路线发展快速更迭的趋势。

据前瞻产业研究院报告预测，2017-2020年全球将有62座新的晶圆厂投入运营，其中有26座在中国大陆，根据中国半导体行业协会数据显示，国内晶圆制造新投资产线达20条，总投资额达1255亿美元。可以说，目前国内半导体的投资热潮在"天时"和"地利"下蓬勃进行。业界相信此次的税收优惠政策只是半导体政策大年的开端，后续预计还有重磅扶持政策！

◇文 一

技术是怎样练成的

当学龄前的我听到耳机里传出的声音时，简直惊呆了。这个声音是比我大十二岁的哥哥鼓弄出来的。后来，我知道了那叫做矿石收音机，但当时年纪太小，我喜欢的是耳机里的音乐和小喇叭节目，对为什么会发出声音并不感兴趣。以至于后来，我的电子爱好者哥哥，做出电子管放大器，用一个磁带机放出震撼人心的音乐时，我也只是喜欢音乐，而不是音响本身。

读中学的时候，我有两个要好的同学也是电子迷，在他们那里，我第一次看到了《电子报》，报纸中的小制作是他们的最爱，而我也只是凑个热闹而已。我哥哥这个时候已经变成了专业木匠，电子技术方面他再也没有了进展。

我中专毕业，分配在国营大厂，幸运地成了一个电工，这个职业是我父亲给我选的，之所以选择这个职业，他的解释是有技术的人，无论什么时候都会得到尊重。那时具体工作就是换保险丝，因为当时空气开关不很普及，再就是换电刷子，电刷子不是刷东西的刷子，当时没有滑差调速电机，更没有变频器调速。所以，调速电机用直流电机，而直流电机需要换相器，所以就有了一个磨损件，那就是电刷子，我的基本工作就是看看电刷子磨没了，换个新的。当然还有就是给三相同步电动机的轴瓦添油，工作基本上没有什么难度。

有一天，我家的黑白电视坏了，我父亲请来了他单位的电工班长王飞师傅，这个王师傅看了一下就确定是机械高频头接触不良，他清洗干净后又把触片调整好，电视修复。我羡慕他的技术，就对他说，什么时候我也能有你的水平就好了，王师傅亲切地回答，不急，慢慢来一定能行。在接下来的时间里经过学习，我也修好了同事的一台黑白电视，故障是硅柱烧毁。再接着又有换掉行管3DD6(12V行管)，录音机换皮带清洗磁头也弄了不少，当时，真是兴奋了好一阵。不过说实话，当时的水平业余得不能再业余了。

很不幸，在我22岁那年我的父亲去世了，这个时候的我必须负担自己生活的全部了，所以我去了开发区，在那里，什么数字电路、光电控制甚至PLC都有了学习的机会，个人开阔了眼界。虽然当时开发区工资确实高不少，不过也不能帮我摆脱贫困。

这个时候，我做了我人生中的一次大的反省——无论我技术多牛，也不过是一个打工的，想多赚钱几乎不太可能。要想赚钱就必须自己干，思来想去，我只有走家电维修这条路了(这个结论，即使在今天看来也没有问题)。而我周围的人，没有一个是支持我的，主要就是辞掉国营单位的工作干个体，这在当时确实够疯狂。于是我问了自己两个问题：第一，我会不会因为辞职而没钱吃饭，饿死在街头。回答是肯定不会；第二，我会不会因为没了国营的工作，而没有钱买衣服，冻死在街头，这个好像也不会。不会我到底怕什么？说干就干！

其实，技术路线也不好走。首先，我把工资的三分之一拿出来买技术书，除了睡觉和工作以外的时间，都拿出来学习，为了省钱，还办了两个市图书馆的图书证。星期天则去新华书店看书。其次，在实践上，免费修理，只要听说有高手，就去求教拜师。为了提高速度，避免浪费时间，我还给自己规定，每天都要有实实在在的进步，每天最少也要专心致志的读两个小时的书，不然就不能睡觉。完全把自己当做机器来操作。

这样过了大约一年多，我完成了一项壮举——将NTSC制的日本彩电改制成功。我们国家的电视制式是PAL制，伴音是6.5M的。而日本是NTSC制，伴音是6.0M。甚至场频也不一样，我们是50Hz而日本是60Hz的，就是说日本彩电来到了我国，只能看到滚动的黑白图像，并且没有声音，最难的是在没有图纸的情况下改动难度很大，当时可是三枪三色的，不是后来的单枪三色，最明显的就是有三组会聚线圈，请注意!!! 不是偏转线圈，你要是不知道什么是会聚线圈，只能说明你没有经过那个时代。所以这次成功具有重大意义，它说明我的技术水平达到了一定高度。

修理部开业，开始活不多，慢慢得好了起来，不要忘了那可是家电蓬勃发展的年代。你可能会认为，有了技术和店铺，从此一路坦途了。可事实根本不是那么回事。完全单件组成的黑白电视会修了，又来了集成电路黑白电视，集成黑白电视弄明白了，又来了彩色电视。黑白电视和彩电完全是两码事，黑白电视电源是变压器降压、整流滤波。彩电电源是开关电源，完全风马牛不相及。即使是行场扫描不同，又增加了色解码和矩阵电路，不学习根本就修不了。然后又有了遥控电视，所有模拟量由遥控控制，你要是还嫌不麻烦，再加上沙堡脉冲和平方总线。即使你学好了理论，实际工作中意想不到的问题也时有发生。一个难题解决了，就会出现下一个难题。如电子电路麻烦还没有解决，再给你来个录像机机械传动。就这样，一批批的同行被淘汰。但是我挺过来了。记得有难修的电视，我修了半个多月才修好，逐渐地同行也开始把不好修的机器交给我。经过一番折腾，我终于完成了理论到实践的华丽转身。自信不是与生俱来的，那是在一次次成功中建立起来的。这天先前的王飞师傅也有难题要我帮助，当问题解决的时候，我得到了王飞师傅的赞扬，我却说您才是我的偶像，王飞师傅愣住了，当我提到了他当年对我的鼓励时，我们俩都高兴得不得了。

经过顺风顺水的一段赚钱时间，特别是非遥控电视改遥控，日本彩电改制式，真正是好好的火了一把。然而却迎来了长虹的"以民族昌盛为己任"的家电降价潮，电视不值钱了，修理费也降低了。自己觉得这直线下降的业绩，真的是没有意思。还好，有个朋友介绍一个生意给我，由于修家电有了点资金积累，一下开了几家店，生意兴隆。当时我以为要和家电维修业告别了。不过也时不时有同行来找我修疑难机器，我提出帮忙是应该的，但是我不收钱了！家电维修成为我的爱好！不想几年以后面临互联网冲击，我的生意一落千丈。而电视来到了等离子和液晶的平板时代。有以前的CRT技术基础和做生意的领导组织能力，基于厂家品牌和互联网平台为基准的维修站开业了。五十多岁的我，眼睛不花精力充沛，每天工作十二到十六个小时。有朋友笑侃我是吃"回头草"，我回答，我这是"浪子回头金不换"！

现在到处都是说马云和王健林们的故事，其实大家心里都很清楚，我们不可能成为他们，因为即使你比马云早五年知道网购，淘宝也不可能会是你的。不要悲观，我们可以成为我们自己。技术！它超出了意识形态，是世界上最纯洁的东西，它真正的"放之四海而皆准"。所以技术成为了我的信仰。在此之前一段时间里，有不少的年轻人提出想学习技术，而更多的家长也来跟我谈收徒弟的事情。在这里，我想说技术是要用一生去学习的，不是亲身体验你很难理解，不是全身心投入不可能完成学习任务。如果您朝三暮四，我求您还是不要浪费时间了，没有春天的辛勤播种，不可能有秋天的丰收成果。在我看来，无论你职位多高、有多少钱，都不能算做强大，因为内心的强大才是真正的强大，内心的强大可以应对一切艰难困苦！而学习技术，恰恰就是强大内心的艰难过程。我写此文的目的，在于告诉年轻人，只要有恒心，技术路线还是行得通的。

在我成长的过程中，王海林先生和蔡廷方教授给予了我莫大的帮助，还必须提到那些在《电子报》上发表文章的前辈和老师们，你们永远都是我心中的楷模和榜样！在此向你们至于十二万分的谢意！

◇大连 林锡坚

长虹LT3218液晶彩电电源板维修二例

例1：开机三无，指示灯亮，主电源无输出

该机采用的是FSP179－4F01电源板，是永胜宏FSP系列中适用于26~37英寸液晶彩电的开关电源，应用于长虹CHD－TD260F8、CHD－TD270F8、CHD－W320F8、CHD－TD370F8、LT2612、LT1618、LT2619、LT2712、LT3212、LT3218、LT3219P、LT3288等液晶彩色电视机中。

该电源板由三部分组成：一是以集成电路TDA4863G(IC4)为核心组成的PFC功率因数校正电路，将整流滤波后的市电校正后提升到400V为主开关电源供电；二是以集成电路TNY266P(IC10)为核心组成的副开关电源，产生+5V/STB/0.5A电压，为主板控制系统供电；三是以脉宽调制电路UC3845B(IC5)、半桥式驱动电路IR2184S(IC6)和开关管Q2、Q3为核心组成的主开关电源，产生+24V/5A、+12V/4A电压，为主板和逆变器板供电。其中+12V电压经以集成电路UC3843B(ICS2)为核心组成的电路，产生+5V/4A电压，为主板小信号处理电路供电。

开关机采用控制PFC功率因数校正电路IC4和主开关电源驱动电路IC5、IC6供电的方式。接通市电电源后副电源首先工作，产生VC电压和+5V/STB/0.5A电压，其中+5V/STB/0.5A为控制系统提供电源。二次开机后开关机控制电路将VC电压送到PFC和主电源驱动电路，PFC功率因数校正电路和主电源启动工作，为整机提供+24V/5A、+12V/4A、+5V/4A电压，进入开机状态。

拆下电源板直接对电源板进行维修，通电测量副电源输出正常，但遥控开机主电源始终无电压输出，判断故障在开关机电路或主电源电路中。采用脱机维修的方法：将电源板与主板的连接线拔掉，将副电源输出5V电压与待机控制端相连接，提供高电平开机电压，通电测量主电源无电压输出，判断故障在开关机控制电路或主电源电路。开关机控制电路如图1所示，开机时主板送来的开关机电压为高电平，QS6导通，通过光耦IC7控制Q8导通，将副电源产生的VC电压输出，再经Q4和ZD2稳压后，输出VCC电压，为PFC驱动电路IC4和主电源驱动电路IC5、IC6供电，PFC电路和主电源启动工作。测量开关机控制电路稳压管Q4无电压输出，导致PFC电路和主电源无VCC供电而停止工作。向前检查待机VCC控制电路，发现Q8的发射极有18V电压，而集电极无电压输出，检查Q8基极的待机控制光耦IC7处于导通状态，怀疑Q8损坏，拆下测量Q8内部开路。更换Q8后，主电源输出电压恢复正常，装复电源板后开机，故障排除。

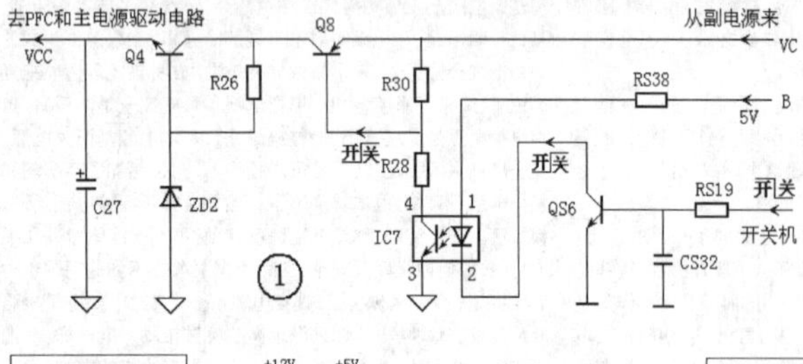

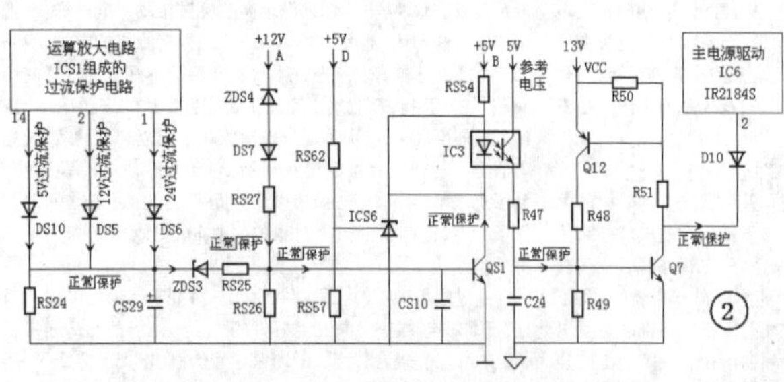

例2：开机无图无声，指示灯亮

测量电源板输出的5V电压正常，遥控开机测量主电源输出电压，开机瞬间有电压输出，然后降为0V，根据维修经验和该机电路图，判断保护电路启动。

该开关电源在副电源设有以ICS5、光耦IC11和模拟晶闸管Q15、Q16组成的过压保护电路。保护时将副电源IC10的④脚电压拉低，副电源停止工作。在主电源次级设有以运算放大器ICS1、模拟晶闸管Q12、Q7为核心组成的过流检测、过压检测和过热检测保护电路。保护时将主电源IC6的②脚电压拉低，主电源停止工作。根据副电源输出电压正常，主电源输出电压上升后降为0V，判断主电源保护电路启动。

该电源板的主电源保护电路见图2所示，由过流保护电路、过压保护电路和模拟晶闸管三部分组成。过流保护由运算放大器ICS1为核心组成，对开关电源输出的+5V、+12V、+24V电流进行检测。发生过流故障时，相关的运算放大器①\②\⑭脚输出高电平，通过相对应的隔离二极管DS5、DS6、DS10输出高电平保护电压，将稳压管ZDS3击穿，迫使QS1导通，通过光耦IC3触发模拟可控硅Q7、Q8导通，通过D10将主电源驱动电路IC6的②脚电压拉低，IC6停止工作，主电源无电压输出，进入保护状态。过压保护电路由稳压管ZDS4为核心组成，对开关电源输出的+12V电压进行检测。当开关电源输出电压过高，+12V电压达到15V以上时，击穿稳压管ZDS4，通过二极管DS7输出高电平保护电压，迫使QS1导通，通过光耦IC3触发模拟可控硅Q7、Q8导通，进入保护状态。

遥控开机的瞬间测量保护电路模拟可控硅Q7的基极果然变为高电平0.7V，判断主电源保护电路启动。为了区分是过流保护还是过压保护，开机的瞬间测量隔离二极管DS5、DS6、DS7、DS10的正极电压，发现DS7的正极电压为高电平，判断过压保护电路启动。

采用解除保护和脱机维修的方法：将电源板与主板的连接线拔掉，输出端接假负载，将保护电路模拟可控硅Q7的基极对地短接或将D10拆除，解除保护，将副电源输出5V电压与待机控制端相连接模拟开机高电平。通电测量主电源输出电压，输出的12V和24V电压均正常，判断保护电路元件变质引起误保护，根据维修经验，多为过压保护电路稳压管漏电所致。遂用15V1W稳压管更换ZDS4后，恢复保护电路，通电试机不再发生保护故障，故障排除。

◇海南　孙德印

海尔E42P390H电视背光故障维修一例

接修一台海尔E42P390H液晶电视机，故障现象是开机背光闪一下即灭，而有时又正常，初步判断问题出在背光条或恒流板上。拆开机器发现该机是二合一板，即电源与恒流在一起，板号0094003794C。经过仔细观察发现Q931引脚有虚焊现象，如图1所示，通过查看图纸发现该三极管用于第6路灯条恒流控制，见图2所示。当该路异常时肯定引起OB3356保护动作开启，从而关闭整个背光系统。对Q931补焊后故障完全排除。

◇安徽　陈晓军

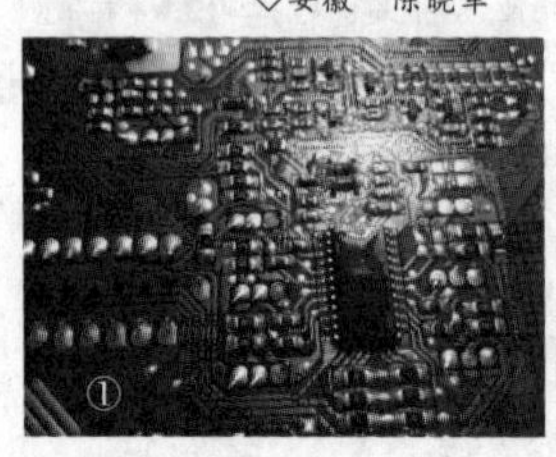

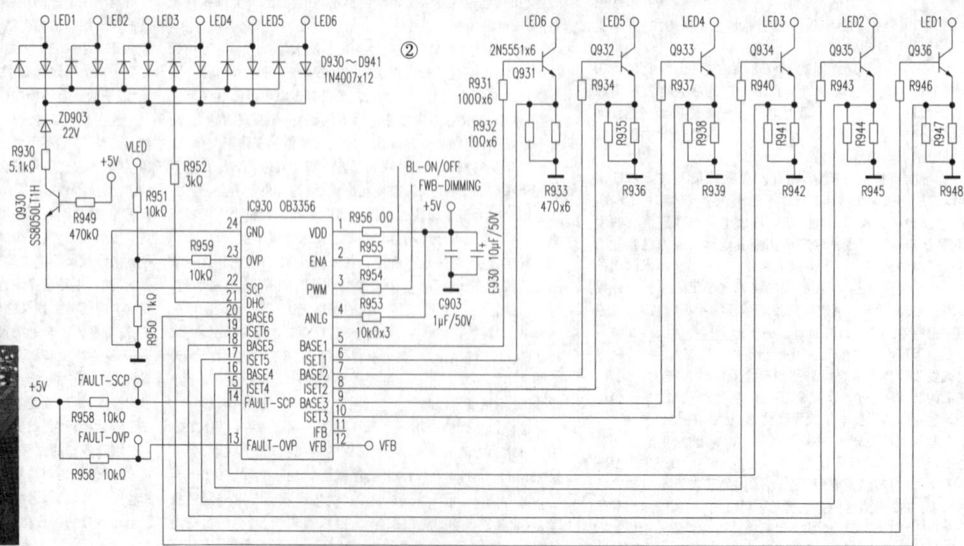

班班通设备管养维护经验谈(上)

随着现代远程教育资源的大力推广，上级主管部门为底层学校配备了大量现代教育技术装备，最早可追溯到“农远工程”，后来是“校校通”工程，直到近几年又实施“班班通”和“在线课堂”项目。这些现代教育技术装备在课堂上的使用频率越来越高，大大地改善了教学条件，丰富了教学的手段，激发了学生的学习兴趣，为学校教育教学的发展注入了新的活力。为了让这些现代化教育技术装备充分发挥作用，延长其使用寿命，更好地为教育教学服务，笔者作为一名管理员探索出了一条“自己动手，丰衣足食”的管养维护之路，为广大教师教学提供有力的后勤保障。

一、做好广大教师的日常使用培训工作，养成良好的使用习惯。

学校不断加强对教师使用“班班通”等设备的培训工作，规范广大教师的日常操作：教师不得私自更改“班班通”计算机名、IP地址和工作组名称，严禁私自安装与教学无关的应用软件；学校加强课件制作、CS微课制作以及科大讯飞畅言交互式多媒体教学软件应用等方面的培训，提高设备的使用率，教师办公使用的台式电脑全部安装了教学相关的应用软件，每个教师的个人电脑均在局域网内共享一个目录，教师可将上课所需课件保存在该目录下，到班级上课时可通过网络邻居访问该目录下的文件；购置带WEB远程网络管理功能的交换机，可根据实际需要实时对校园网络进行流量控制和上网行为管理等操作；另外也要对用电安全进行培训，严禁随意开关总电源、计算机和投影仪设备等，比如规定教师要使用中控系统来关闭投影仪，因为中控系统关闭投影仪后延时切断电源，这样可以保证投影仪有足够的时间来散热；为了便于管理班级电脑，学校仿照计算机教室的做法，在班级电脑上分别安装了伽卡他卡电子教室软件学生端，在教导处电脑上安装了伽卡他卡电子教室软件教师端，这样学校领导不仅可以随时查看班级电脑使用情况，学生放学后还可以远程关闭班级电脑（有时教师或班长会因某种原因而忘记关闭电脑，投影仪可以设置为无信号后自动关闭机器），此举不仅延长机器使用寿命，还节约了电能，可谓“一石三鸟”。我校还通过建立QQ群和微信群来加强对教师的相关业务培训，使用中遇到问题时直接在群里询问，有知道的同事马上给予解答，十分方便。

二、管理员责任心要强，同时要刻苦钻研技术以保障设备正常运行。

远教设备的管养维护是一件非常繁琐的工作，比如每隔一两个月就要给投影仪滤网除尘，每隔一学期或一年就要给投影仪内部深度除尘，主控台内部也要定期除尘，并且除尘一般还要在双休时进行；班级设备出现问题时还要随叫随到；教师在使用设备的过程中遇到问题可以随时向管理员询问，这就要求管理员必须有强烈的责任心，做到始终如一，持之以恒。

软硬件维护要有扎实的理论基础，所谓“细节决定成败”，很多设备看似大故障，实际上都是些小问题造成的。比如畅言交互式多媒体教学软件很受教师欢迎，不过经常出现打开软件后又自动关闭的故障，其实是由于360安全卫士之类的安全软件在扫描硬盘时将畅言交互式多媒体教学软件部分DLL文件当作病毒隔离了，这时只要将其还原并添加到白名单中即可解决问题；还有老师在班上上课时会根据提示将班级电脑操作系统由Win7升级到了Win10系统导致畅言交互式多媒体教学软件无法运行，这时只要打开的本地组策略编辑器，将本地策略中的“以管理员批准模式运行所有管理员”更改为“已禁用”并重启电脑即可，当然下载科大讯飞相应的补丁程序也能解决问题；东方中原电子白板经常出现无法联机的故障，一种原因是优化软件将白板后台服务进程在自启动程序组中关闭导致，另一种原因是有些学生调皮，将连接到白板那边的USB线拔掉了，重新插上即可，还有一种原因是教师或学生运行了某些优化软件，这些软件会自动将USB3.0驱动程序安装上以达到加速外设读写速度的目的，而东方中原电子白板因设计上原因暂不支持USB3.0驱动，这时只要卸载掉电脑中已安装的USB3.0驱动即恢复至正常状态。在机房管理中一定要会熟练使用网络同传功能，比如HP公司的增霸卡、清华同方易教卡、神舟电脑的三茗管理软件等，这样会大幅度减少工作量，同传软件的某些技巧也要掌握，比如当机房中只有一台机器要同传时，因其他正常机器也接入至局域网内，同传速度会很慢，这时可以使用一根交叉网线单独将故障机与一台正常机器连接，这样同传速度就会很快。

很多人认为硬件方面的故障深不可测，碰到硬件问题时往往不敢动手，其实这也是一种错误的认识，很多普通的硬件故障完全不出校门就能给予解决。比如NEC NP-M260XS+短焦投影仪常会出现不开机故障，面板上状态指示灯呈红色闪烁1次，这通常都是由于投影仪灯泡盖松动造成的，因为正常情况下灯泡盖会顶住主板上一个微动开关，当灯泡盖松动后微动开关便弹开从而出现前述故障，这时只要拆下灯泡盖重新安装一次就能解决故障；NEC M260XS投影仪光阀也容易因灰尘进入卡住齿轮而导致不开机，通常状态指示灯呈红色闪烁9次（故障代码是对比度异常），NEC M260XS状态指示灯和灯泡指示灯代码含义如图1、图2所示，这时可以拆下光阀用超声波清洗，清洗过程中可用手扳动两个铁片使其活动自如，然后用电吹风吹干装上即可；当投影仪使用一年半载后亮度会明显下降，这时这从售后处购买裸灯更换，若效果不理想可以拆下投影仪，使用鼓风机和超声波清洗器对光路进行除尘（注意：用超声波清洗液晶组件时，时间尽量控制在一分钟以内，否则很可能会使液晶屏报废），效果非常好；NEC M260XS投影仪电源板上的300V滤波电容也比较容易出问题，电容鼓包后会出现工作一段后自动关机的毛病，若有一定的动手能力更换电容就能顺利排除故障；又比如东方中原白板配套的电磁笔使用一段时间后往往会出现无法书写的毛病，通常做法都是重新购买电磁笔来解决问题（通常一百元一支），其实这类电磁笔位于笔尖的线圈到PCB板之间有段约2厘米~3厘米的距离，在使用过程中摔过的话很容易造成这段线圈断裂（如图3所示），这时只要用细砂纸将线圈断裂处绝缘漆打磨掉，再镀上锡焊接好便大功造成；湖山电教功放容易出现无声音输出的故障，通常都是因农村电压不稳使2A保险烧毁造成的故障（如图4所示），用随机附带的同型号保险管更换就能解决问题；还有思益JX-DMT-01早期塑料壳中控容易出现无法开机的通病，除少部分是内部保险问题外，通常都是开机按钮接触不良造成的毛病（如图5所示），这时只要向开关内部滴入少许缝纫机油并多次按压即可排除故障，而后期铁壳中控前面板易出现漏电问题导致机器通电后报警、功能紊乱等毛病（如图6所示），保修期内只要让厂家通过快递寄来相同型号的前面板换上即可。

状态指示灯

指示灯状态			投影机状态	备注
熄灭			正常或待机（[待机模式]中的[省电]）	–
闪烁	红色	1个循环(0.5秒亮，2.5秒灭)	灯盖问题或灯架问题	正确更换灯盖或灯架。
		2个循环(0.5秒亮，0.5秒灭)	温度问题	投影机过热。将投影机移到低温处。
		3个循环(0.5秒亮，0.5秒灭)	电源问题	电源部件运转不当。请联系您的经销商。
		4个循环(0.5秒亮，0.5秒灭)	风扇问题	风扇不能正常运转。
		6个循环(0.5秒亮，0.5秒灭)	灯泡问题	灯泡不能点亮。等待一分钟以上，然后重新启动。
		9个循环(0.5秒亮，0.5秒灭)	[动态对比度]错误	动态对比度功能运转不正常。请联系您的经销商。
	橙色	1个循环(0.5秒亮，2.5秒灭)	网络冲突	内置有线局域网和无线局域网都不能同时连接到相同的网络。要同时使用内置有线局域网和无线局域网，请把它们连接到不同的网络。
	绿色		重新点亮灯泡（投影机正在降温中。）	投影机正在重新点亮。稍等片刻。
持续点亮	绿色		待机（[待机模式]中的[正常]）	–
	橙色		控制面板锁定开启	当控制面板锁定开启时，您按了机箱键。
			控件ID问题	遥控器ID与投影机ID不匹配。

灯泡指示灯

指示灯状态		投影机状态	备注
熄灭		正常	–
闪烁	红色	灯泡使用寿命已尽。更换灯泡的信息出现。	更换灯泡。
持续点亮	红色	灯泡已超过了使用极限。若非更换灯泡，投影机将无法启动。	更换灯泡。
	绿色	[节能模式]被设置为[自动节能模式]、[节能模式1]或[节能模式2]。	–

高温保护

若投影机内部温度过高，状态指示灯闪烁（2个循环开和关），高温保护器会自动关闭灯泡。
出现这种情况，按以下步骤操作：
- 冷却风扇停止运转后拔掉电源线。
- 如果您所处的房间特别热，将投影机移到凉爽处。
- 如果通风口被灰尘堵塞，清洁通风口。
- 等待大约60分钟直到投影机内部变得足够凉。

（未完待续）（下转第153页）

◇安徽 陈晓军 高 东 林文明

惠普1536一体机不联机故障检修实例

故障现象：一台惠普HP LaserJet 1536dnf MFP多功能一体机开机自检正常，液晶屏显示内容无异常，但接上电脑开机电脑不识别，无法完成打印测试。

检修过程：该机同时具备打印、扫描、复印和传真等多种功能，是非常方便的办公设备。根据故障现象，首先测试复印功能，发现正常，说明一体机扫描和打印部分没问题。连接电脑后，打印机图标为灰色，表示没有检测到设备。试着更换USB数据线并在另一台电脑测试，仍然连不上，说明故障应该在一体机本身，很可能出在USB接口部分。

拆下一体机主板，USB接口局部电路图如图1所示，USB的D+、D-数据信号通过U35、L6、R17和R18等元件接到CPU，初步分析U35起信号保护作用，该元件为6脚贴片型IC，型号是D312，上网查询资料如图2所示。先测L6、R17和R18均正常，再测U35的①脚、③脚和④脚、⑥脚发现均不直通，说明内部1Ω电阻已保护性熔断。由于手头没有该型号的芯片，想到其他USB接口打印机可能有，于是在几块报废打印机主板上试着查找，其中一块主板上居然找到，小心拆下测量没问题，再仔细焊到故障主板上。

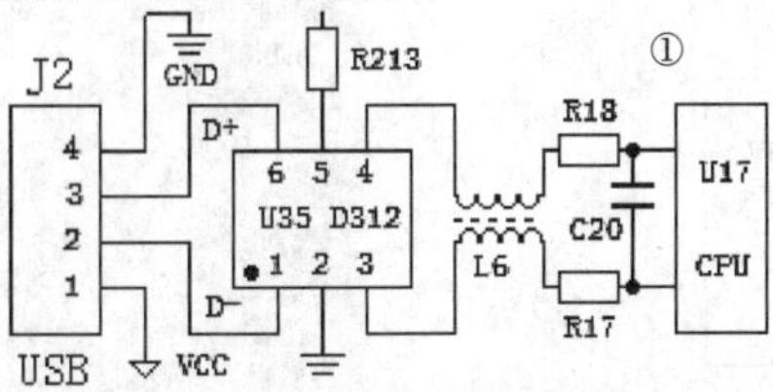

将主板装回一体机并插接好各种线缆，开机完成自检后，电脑音箱终于传来熟悉又悦耳的“叮咚”声，打印机图标也由灰色变成彩色，鼠标右键选择打印机属性，按下打印测试页按钮，一体机顺利打印出了测试页。

总结：带USB接口的打印机或一体机，一般在接口附近都有USB信号传输保护性的元件，遇不联机故障时，可优先测量该类元件是否损坏。本例中，如果暂时找不到芯片，应急维修可以用细导线将U35焊盘①脚、③脚直连及④脚、⑥脚直连，短期使用是没有问题的。

平时使用打印机和一体机等设备时，要保证电脑和打印机都有良好接地，同时尽量避免“热拔插”USB数据线，防止感应电流损坏接口电路。

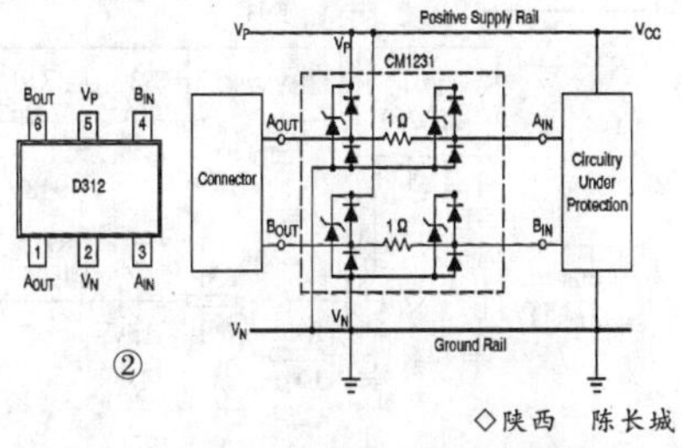

◇陕西 陈长城

电磁炉典型开关电源实用资料

早期电磁炉的低压直流电源(+18V、+5V等)多采用变压器降压稳压电源电路，后期的电磁炉多采用了开关电源，笔者通过维修总结，电磁炉采用的典型开关电源大致有以下几种：

1.以VIPER12A为核心组成的开关电源

笔者维修时发现，以VIPER12A为核心组成的开关电源被使用的最广泛。典型电路见图1。

VIPER12A模块因具有价格低廉、电路简洁、性能好、维修方便等优点，所以广泛应用在电磁炉等电器的电源中。VIPER12A芯片损坏一般会从外观上表现出来，一般有裂纹等。此时，要对尖峰吸收回路、300V整流滤波电路进行检查，以免再次损坏。

此电路损坏以VIPER12A损坏为主，连带烧断限流电阻(图1中的R120)，有的机型还会导致18V稳压二极管损坏(有时在路检测无法判断其是否正常，需开路测量后确认)。AP8012与VIPER12A可互换。

2.以TFC719为核心组成的开关电源

笔者在维修时发现，富士宝IH-S2032C、IH-S1902C型电磁炉采用TFC719电源模块为核心组成开关电源。典型电路见图2。

TFC719构成的开关电源的检修方法与VIPER12A构成的开关电源基本相同。TFC719与THX202H可互换。

3.以FSD200为核心组成的开关电源

FSD200电源模块应用在部分电磁炉的开关电源上。典型电路见图3。

采用FSD200为核心组成开关电源时，通常在电路板上留有安装VIPER12A的位置。维修时，若手头没有FSD200，可以拆掉损坏的FSD200，安装VIPER12A后，再按要求略微改动电路，就变成了第一种开关电源。

4. 以THX201为核心组成的开关电源

笔者维修时发现，部分电磁炉采用以芯片THX201、开关管13003为核心组成开关电源。典型电路见图4。

【注意】THX201与THX202H不能互相替换。

5.以ACT30B为核心组成的开关电源

笔者维修时发现，部分电磁炉采用以芯片ACT30B、开关管13003为核心组成开关电源。典型电路见图5。

◇贵州　吴兆辉

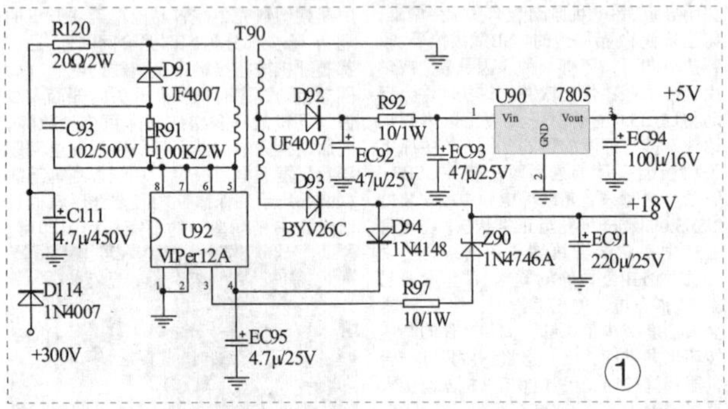

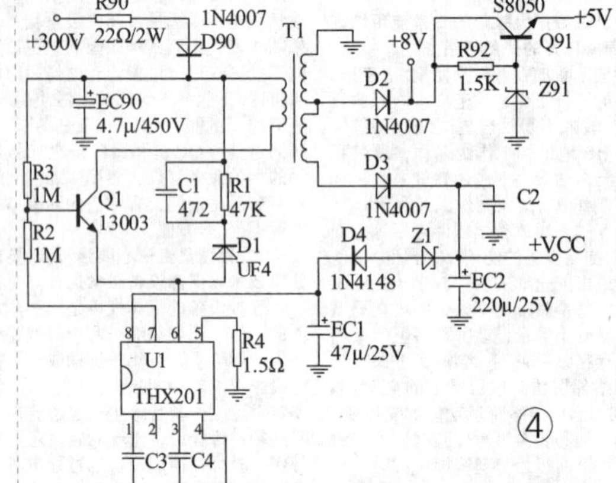

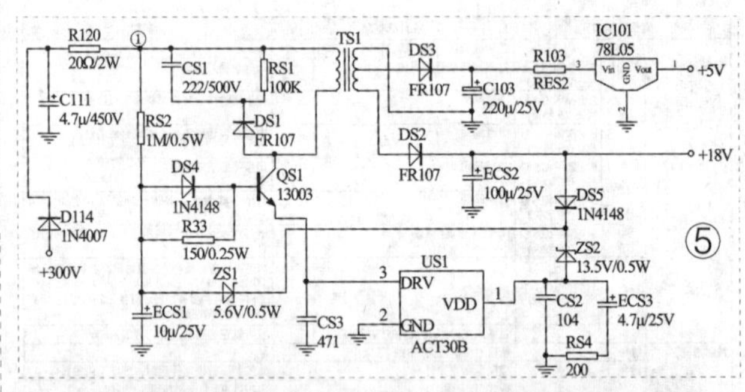

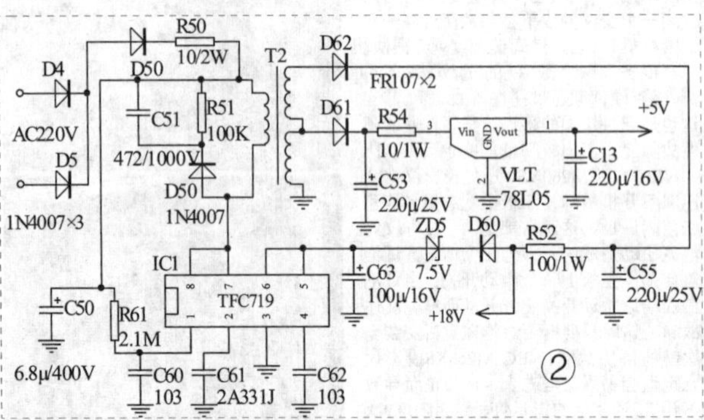

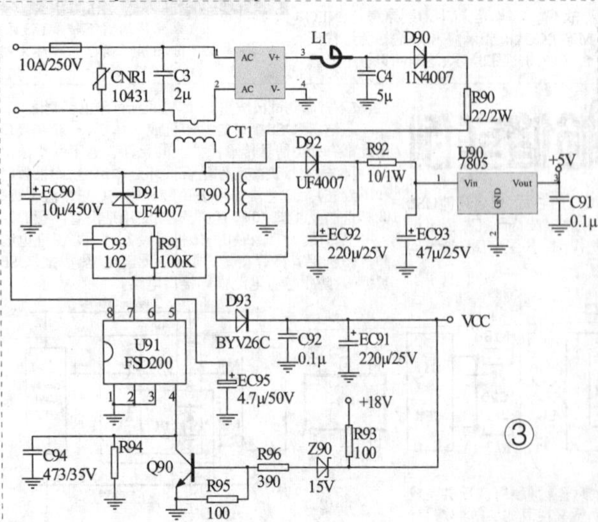

如何使电热水壶用得久

电热水壶给人们的生活带来了极大的方便，但其故障率也高于其他家用电器，随着人们收入的增加，维修费也随之增加，很多省会城市请人上门维修服务，无论能否修好，都要先收50元左右的基础费用。因此，很多人家的电热水壶等小电器一旦损坏就扔了，这不仅给用户带来损失，而且对社会环境有一定的污染。

电热水壶利用水沸腾时产生的高温水蒸气使感温元件动作经过杠杆推动开关自动断开电源。高温水蒸气极易使开关的触点氧化而接触不良，最后导致加热底盘(加热管)不能得电而无法加热。为此，部分电水壶产品将感温开关安装在壶底，并设置蒸汽导管，将高温水蒸气输送到壶底。

根据笔者维修统计，约10%的不加热故障是因Ω型加热管烧断所致，而超过90%的故障原因是自动感温开关异常。一般家庭每天用1~2次电热水壶。而第二次使用时可以发现，尽管距上次烧水已经过去好几个小时，但壶盖下面仍有大量水珠。这说明，感温开关的触点始终处于潮湿状态，其触点很容易被氧化腐蚀。因此，每次将开水倒出后把壶盖敞开，散尽残余的水蒸气。这样做，可以将自动感温开关在每次烧水所受的腐蚀时间缩短为10分钟左右，极大地延长了开关及电热水壶的使用寿命。此外，如果发现合闸后只是电源指示灯亮但不加热，故障多为自动感温开关接触不良所致。对于该故障，只要打开壶柄，找到感温开关后，将细砂纸塞在它的动、静触点间，轻轻地来回拉几下，清理干净触点即可排除故障。

部分电热水壶不加热故障是因加热管下边的耦合器的塑料支架长期受热变形，使防干烧开关误断开所致。对于该故障，更换相同的耦合器即可排除故障；若买不到合适的耦合器，短接防干烧开关的触点焊点后即可应急使用。经此处理后，绝不可干烧，以免发生事故。

电热水壶内没水干烧，引起防干烧开关动作，发出"嘎达"响后，电热水壶进入过热保护状态。不过，任何电热水壶经几次干烧后都容易损坏，所以使用前应先加水后通电。

◇长沙　元增民

具有300MHz至9GHz高线性度I/Q解调器的LTC5594

Analog Devices, Inc. (ADI) 推出宽带、高线性度、真正零 IF (ZIF) 解调器 LTC5594，其具有 1GHz 瞬时 I 和 Q 1dB 带宽。这款解调器能够提供 37dB（典型值）的镜频抑制性能。LTC5594 采用片内串行端口，可对 I 和 Q 相位及幅度不平衡进行校正，因而可以通过调谐以实现优于 60dB 的镜频抑制指标。该特性极大地简化了校准，同时显著地改善了接收器性能，并减少了清除残留镜像所需的 FPGA 资源。此外，该器件还具有增益可调的集成化基带放大器，可实现 9.2dB 的最大功率转换增益（在 5.8GHz），同时提供 37dBm 的输出 IP3 性能。RF 输入具有一个集成的宽带平衡-不平衡变压器，提供了单端操作和 500MHz 至 9GHz 的 50? 匹配范围。通过改变一个外部匹配组件的数值，可在 300MHz 至 500MHz 的较低频率范围内实现相同输入的匹配。LTC5594 的高集成度使得所需的外部组件极少，并造就了小巧的解决方案尺寸。

通过采用片内串行端口，可以容易地设定所有的校准。除了镜频抑制之外，还可优化线性度，包括 IP2（二阶截取点）、HD2（二次谐波失真）、HD3（三次谐波失真）和 IIP3。而且，可通过该串行端口提供输出 DC 偏移电压的置零，以允许至 ADC 的 DC 耦合，从而实现真正的 ZIF 操作。一旦在室温条件下进行了校准，这些性能指标在低温或高温（一直到 -40℃ 至 105℃ 额定外壳工作温度范围的极限值）情况下将非常地稳定。

LTC5594 非常适合 5G 微波无线基础设施平台，此类平台需要 1GHz 或更大的带宽、以及支持高阶调制和所需千兆位数据速率的动态范围性能。此外，该器件还可用于其他应用，例如：宽带微波点对点回程、高性能 GPS 系统、卫星通信、机载航空电子设备、RF 测试设备和雷达系统。其极佳的线性和镜频抑制性能特别受到 DPD（数字预失真）接收机应用的青睐。LTC5594 采用 32 引脚、5mmx5mm 塑料 QFN 封装。该解调器采用单5V 电源供电，吸收 470mA 的标称电流。可以选择停用基带放大器，这样解调器就能依靠 250mA 电流运行。一个使能引脚允许外部控制器关断器件。当停用时，该器件通常吸收 20μA 电源电流。样品供货和按生产量供货已开始。

特性概要： 匹配的 RF 输入频率 500MHz 至 9GHz

I 和 Q 基带带宽 (1dB) 1GHz

镜频抑制 37dB（典型值）采用校准时 60dB（典型值）

高的输出 IP3 37dBm（在 5.8GHz）

可调增益 8dB（以 1dB 步进）

最大功率增益 9.2dB（在 5.8GHz）

典型应用电路见附图所示。

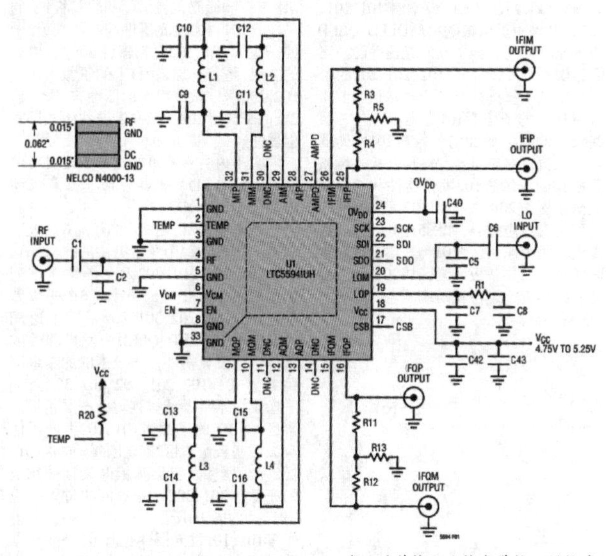

◇四川科技职业技术学校 刘桃序

应用电路两则

1. 用LED制作的土壤湿度检测器

这是一款用发光二极管，三极管，电位器RP1组成的土壤湿度检测器。整个电路简单，实用性强。

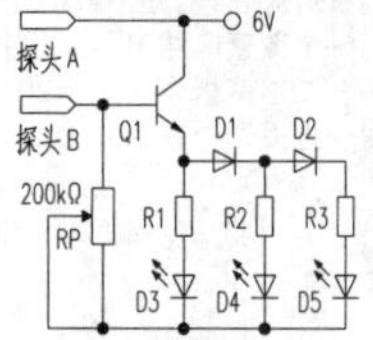

电路工作原理如下：

电路中探头A和探头B是插入土壤中的两个金属片，在干燥的土壤中，两个探头间的电阻值很大，这样使三极管Q1的基极电压不会超过0.7V，这样三极管Q1是截止的，发光二极管D3,D4,D5是熄灭状态的。

随着土壤湿度的增加，探头AB间的电阻值会逐渐降低，当探头AB间的电阻值降低到使三极管Q1的基极电压为0.7V时，三极管开始导通。三极管导通后，经过限流电阻R1使发光二极管D3被点亮。此时发光二极管D4,D5都还是熄灭状态的，因为三极管发射极与发光二极管D4, D5的回路中还串联有二极管D1,D2。

也就是说，要点亮发光二极管D4，需要比点亮D3多一个二极管压降的电压(0.7V)；点亮发光二极管D5，需要比点亮D3多两个二极管压降的电压。

随着土壤的湿度越来越大，探头AB间的电阻会变得更小，这样三极管Q1的导通能力就会越来越强，三极管发射极的电压就会更高，这样随着土壤湿度的增加，发光二极管就有可能全部被点亮。

从上面分析可以看出，发光二极管被点亮的个数，代表着土壤的湿度。点亮的个数越多，表明土壤的湿度也越大。

2.光电耦合器测试调试电路

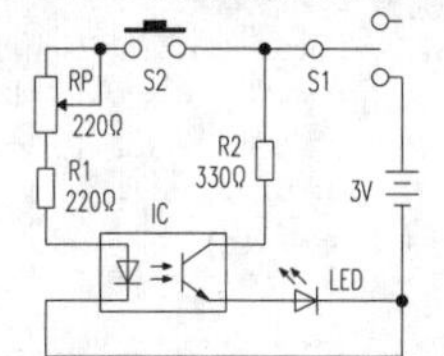

电路图功能：

本例电路可用于光电耦合器的功能测试，也可用于某个光电耦合器的调试。

电路图讲解：

电路图中，开关S1为电源开关，S2为测试开关。

电阻RP和R1为光电耦合器输入端限流电阻，R2为输出端上拉电阻，LED为输出指示器。

当接上光电耦合器时，接通电源开关S1，同时按住开关S2，若此时输出LED发光且可以通过调节RP来改变LED的亮度，那就说明这个LED的功能正常。

这是功能测试。若一个光电耦合器需要调试时，也可以用这个方法，记录LED发光亮度最亮的时候，输入电阻和输出电阻的大小。当然，这个时候，输出上拉电阻R2也可以换成可调电阻。

注意：

这里的测试电路只限于SOP-4封装，且芯片的引脚定义与电路图中的光耦一致才行。

◇河南 吴 活

新一代1U可编程直流电源系列提供5kW输出

TDK 推出 TDK-LambdaGenesys+系列高功率密度可编程直流电源，该系列的第一款产品是 5kW 1U 型号。与市场上现有的产品相比，这些新一代电源设备能够凭借 DSP(数字信号处理)技术以极具竞争力的成本实现更高的效率、更优的性能和更强的功能。Genesys+系列的市场前景十分广阔，能够满足元件、航空航天和汽车测试、半导体制造、水处理、电镀和太阳能电池阵列模拟的需求。

这款 5kW 型号电源安装在 1U 高、19 (483mm) 宽的机架封装中，拥有最高的功率密度，重量不到 7kg，达到业内最轻水平（重量不到同类产品的一半）。最初有五种电压型号可供选择：0-10V/500A、020V/250A、0 -30V/170A、0 -300V/17A 和 0-600V/8.5A。这些型号的电源可在恒定电流、恒定电压或恒定功率模式下工作，并提供内部阻抗模拟。它们可以接受三相 170 至 265Vac，342 至 460Vac 或宽范围 342 至 528Vac 输入，并具有有源功率因数校正功能。工作效率高达 93%。

除了功率密度是现有 Genesys 5kW 2U 系列的两倍以外，Genesys+还有许多其他明显的改进。这包括高对比度、宽视角 LCD 显示屏，这块显示屏具有用户可控的亮度和调光功能，可改善可读性并延长显示寿命。上升和下降编程响应时间更短，可提高运行速度，同时具有用户可调的电压和电流变化率控制。两个用户可编程的输出控制引脚（开漏）可用于激活外部设备，如负载断开继电器。可以产生最多 100 个阶跃的任意波形曲线，例如车辆启动时的汽车电池模拟曲线。这些曲线存储在四个存储单元中，并由来自通信端口或前面板控件的命令激活。

凭借 TDK-Lambda 独有的全新高级主/从并联系统，多 PSU 系统可实现与单电源媲美的动态响应及纹波和噪声性能。只需用一条数据连接线连接电源并将DC输出并联连接，便可并联最多四个 Genesys+电源。主电源和从电源通过检测并联连接数据并由此设置各自的参数，实现自动配置。主电源将为并联系统总电流的编程、测量和状态提供单点控制。

这一全新系列电源，兼容 TDK-LambdaGenesys和 Z+ 型号，使用相同的通信协议和信号。所有功能既可通过前面板进行编程，也可使用标配的 LAN (LXI 1.5)、USB 2.0 或 RS232/485 通信接口（符合 SCPI 标准）进行远程编程。还提供隔离的模拟控制和监测接口（量程为 0-5V 或 0-10V）。此外，也可选择 GPIB (IEEE488)接口。

Genesys+设计融合了 AnybusCompactCom 接口平台，以在引入其他接口选项时提供相应支持。例如，Devicenet、Ethercat、Modbus 和 Profibus。提供了一套完整的软件驱动程序、波形创建器和虚拟前面板 GUI。

安全功能包括安全/自动重启、最终设置存储器和内置保护功能。配置安全启动后，电源将在中断后恢复为上一次操作时的设置，但输出会被关断；而配置自动重启时，电源将在中断后恢复为上一次操作时的设置。最终设置存储器在每次交流输入关断时保留输出电压/电流、输出开/关、OVP/UVL 值、折返和启动模式等设置。内置保护功能包括过压保护(OVP)、欠压限制 (UVL)，折返保护 (FOLD) 和过温保护 (OTP)。

Genesys+的空白前面板版本适用于无需显示屏和前面板控件，只需通过其控制接口进行远程控制的应用。

针对多尘环境下的应用，Genesys+提供前面板滤尘罩可供选择，此滤尘罩是可拆卸的卡入式过滤器，便于维护（有热降额）。

安全认证包括 IEC/EN/UL 60950-1，并带有符合 EMC、LV（低电压）和 RoHS 指令的 CE 标志。该系列符合工业环境 IEC/EN61326-1 标准关于传导 EMI、辐射 EMI 和 EMC 抗扰度的要求。

◇广西 余铭城

(紧接上期本版)

实施例5：由采用透光透明材质OLED或QLED发光器件的两层基板构成的面板

为方便理解，用图5说明。从面板正面看，面板上每个像素01的红绿蓝101、201、102、202四个个子像素排列的位置关系是上下重合的，所以其在最上层基板的垂直投影看起来只有两个子像素，如图5(a)所示。四个子像素101、201、102、202采用透光透明材质OLED、QLED的发光器件或其他主动发光器件时。当像素01的红绿蓝101、102、201、202四个子像素是条状排列时，一层基板上像素区域10上的子像素101发光器件与二层基板上像素区域20的子像素201发光器件上下位置对应重合，一层基板上像素区域10的子像素102发光器件与二层基板像素区域20的子像素202发光器件的上下位置对应重合，如图5(b)所示。应当指出：每个像素区域01与一层基板像素区域10、二层基板像素区域20在最上层基板的垂直投影位置对应重合。

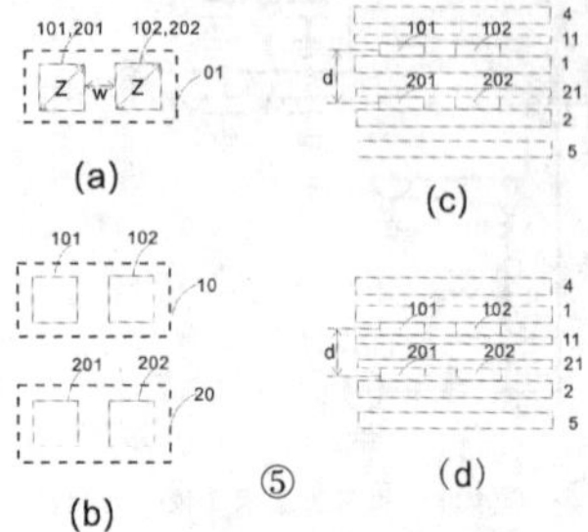

⑤

由于每个像素的混合色是上下两色光重合混色而成。二层基板2上的子像素201发光器件发出的色光要透过一层基板1上的子像素101发光器件的色光，其发光器件发出的色光亮度有衰减。二层基板2上的子像素202发光器件发出的色光要透过一层基板1上的子像素102发光器件的色光，其发光器件发出的色光亮度有衰减。为了使得从面板正面看到的三基色发光器件发出色光的光强度均衡，对三基色发光器件的上下层顺序也要合理布置。由于红色OLED,QLED发光器件发光效率和寿命最高，所以覆盖有红色发光器件的基板安排在要透过第一层的下层，即第二层。而覆盖有绿色和蓝色发光器件的基板安排在不被阻挡的上层，即第一层。这里二层基板2上的子像素201,202发光器件都是红色发光器件。在一样发光亮度时，采用两个红色色发光器件与采用一个红色发光器件相比，有利于降低每个红色色发光器件的电流，延长器件寿命。再通过调整两层基板红绿蓝发光器件的电流大小达到白平衡。

从面板侧面看，组成每个像素01的1、2各层基板上101、201、102、202红绿蓝四个子像素发光器件排列的位置关系如图5(c)所示。封装层11保护基板1上的发光器件，封装层21保护基板2上的发光器件。上盖板4、下底板5用于固定保护各层基板及发光器件。

如图5(c)，基板厚度使得一层基板的101、102子像素发光器件，二层基板的201、202子像素发光器件位置排列的上下层距离d至少各相隔一个基板的厚度的距离。如图5(a)所示，在面板正面观看，从近大远小的透视学原理讲，上下层距离d或多或少会影响红绿蓝101,102,201,202四个子像素发光器件在第一层基板上垂直投影的大小z、排列位置距离w。虽然对于采用超薄基板的大屏幕面板来说，这点影响微乎其微。但是，如用在小于1英寸的2K-4K清晰度高清面板上来说，由于每个像素很微小，这点基板厚度影响就较大，会影响每个像素的三基色重合度以及与相邻像素的串色。

改进办法：如图5(d)所示，可以将一层基板1上的子像素101、102发光器件与二层基板2上的子像素201,202发光器件面对面放置，这样蓝色101，绿色201子像素发光器件与红色201、202子像素发光器件位置排列的上下层距离d只有发光器件和封装层的距离。而发光器件和封装层的厚度比基板厚度小得多，好处就是对一层和二层的子像素发光器件在第一层基板上垂直投影的大小z，排列位置w距离影响微乎其微。而一层基板1上的子像素101、102发光器件与二层基板2上的子像素201、202发光器件面对面放置的实现，是将一层基板1上的子像素101、102发光器件做成底发射器件，二层基板2上的子像素201、202发光器件做成顶发射器件。

实施例6：由采用不透光不透明材质OLED或QLED发光器件的三层基板构成的六基色面板

为方便理解，用图6说明。从面板正面看，面板上每个像素01由红绿蓝101、102、201、202、301、302六个子像素排列的位置关系如图6(a)所示。6个子像素101,102,201,202,301,302采用不透光不透明材质OLED、QLED的发光器件或其他主动发光器件。当像素01的红绿蓝黄青紫101、102、201、202、301、302六个子像素是水平条状排列时，一层基板像素区域10上的子像素101、102发光器件与二层基板像素区域20上的子像素201、202发光器件及三层基板像素区域30上的子像素301、302发光器件的位置对应错开，如图6(b)所示。一层基板1上的子像素101、102发光器件是蓝紫2色发光器件，二层基板2上的子像素201、202发光器件是 青绿2色器件，三层基板3上的子像素301、302发光器件是红黄 2色发光器件。应当指出：每个像素区域01与一层基板像素区域10、二层基板像素区域20在最上层基板的垂直投影位置对应重合。

从面板侧面看，组成每个像素01的各层基板1、2、3上红绿蓝黄青紫101、102、201、202、301、302六个子像素发光器件排列的位置关系如图6(c)所示。封装层11保护基板1上的发光器件，封装层21保护基板2上的发光器件，封装层31保护基板3上的发光器件。上盖板4、下底板5用于固定保护各层基板及发光器件。

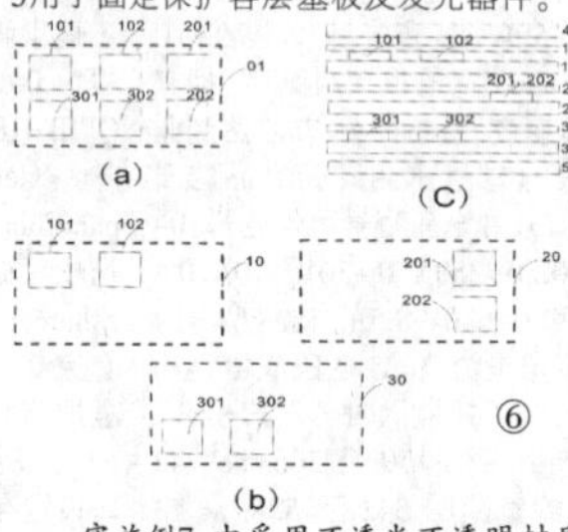

⑥

实施例7：由采用不透光不透明材质OLED或QLED发光器件的两层基板构成的六基色面板。

为方便理解，用图7说明。从面板正面看，面板上每个像素01由红绿蓝黄青紫101、102、103、201、202、203六个子像素排列的位置关系如图7(a)所示。6个子像素101、102、103、201、202、203采用不透光不透明材质OLED、QLED的发光器件或其他主动发光器件时。当像素01的红绿蓝黄青紫101、102、103、201、202、203六个子像素是长方形排列时，一层基板上像素区域10上的子像素101、102、103发光器件与二层基板上像素区域20的子像素201、202、203发光器件的位置对应错开，如图7(b)所示。一层基板1上的子像素101、102、103发光器件是3色发光器件，二层基板2上的子像素201、202、203发光器件是 3色器件。应当指出：每个像素区域01与一层基板像素区域10、二层基板像素区域20在最上层基板的垂直投影位置对应重合。

从面板侧面看，组成每个像素01的各层基板1、2、3上红绿蓝黄青紫101、

"多层显示面板"新发明(4)

——助推OLED、QLED面板研发生产

102、103、201、202、203六个子像素发光器件排列的位置关系如图7(c)所示。封装层11保护基板1上的发光器件封装层，封装层21保护基板2上的发光器件。上盖板4，下底板5用于固定保护各层基板及发光器件。

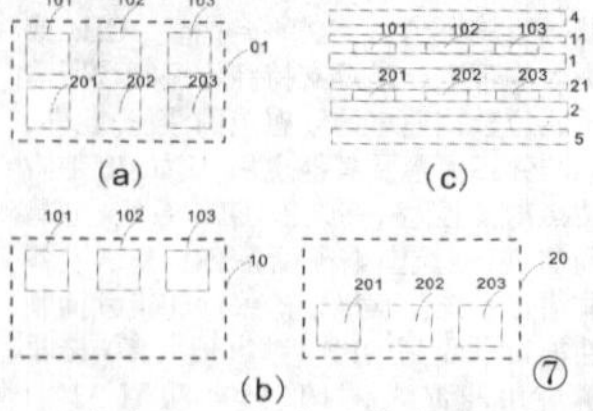

⑦

实施例8：由采用透光透明材质OLED或QLED发光器件的三层基板构成的六基色面板。

为方便理解，用图8说明。从面板正面看，面板上每个像素01的红绿蓝黄青紫101、102、201、202、301、302六个子像素排列的位置关系是上下重合的，如图8(a)所示。六个子像素101、102、201、202、301、302采用透光透明材质OLED、QLED的发光器件或其他主动发光器件时。当像素01的红绿蓝黄青紫101、102、201、202,301,302六个子像素是双像素排列时，一层基板上像素区域10 上的子像素101发光器件与二层基板上像素区域20上的子像素201发光器件及三层基板上像素区域30的子像素301发光器件的上下位置对应重合，一层基板上像素区域10的子像素102发光器件与二层基板上像素区域20的子像素202发光器件及三层基板上像素区域30的子像素302发光器件的上下位置对应重合，如图8(b)所示。应当指出：每个像素区域01与一层基板像素区域10、二层基板像素区域20、三层基板像素区域30在最上层基板的垂直投影位置对应重合。

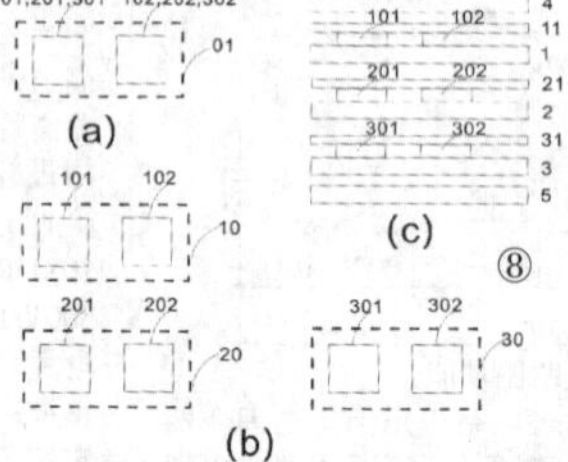

⑧

由于每个像素的混合色是上下色光重合混色而成。第三层基板3上的子像素301发光器件发出的色光要透过二层基板2上的子像素201发光器件的色光和透过第一层基板1上的子像素101发光器件的色光，其发光器件发出的色光亮度衰减最大。二层基板2上的子像素201发光器件发出的色光要透过一层基板1上的子像素101发光器件的色光，其发光器件发出的色光亮度也有衰减。第三层基板3上的子像素302发光器件发出的色光要透过二层基板2上的子像素202发光器件的色光和透过第一层基板1上的子像素102发光器件的色光，其发光器件发出的色光亮度衰减最大。二层基板2上的子像素202发光器件发出的色光要透过一层基板1上的子像素102发光器件的色光，其发光器件发出的色光亮度也有衰减。为了使得从面板正面看到的三基色发光器件发出色光的光强度均衡，除了在驱动电流上可以提高第三层，第二层发光器件的驱动电流外，另外，对三基色发光器件的上下层顺序也要合理布置。由于红色OLED,QLED发光器件发光效率和寿命最高，所以覆盖有红色、黄色发光器件的基板安排在要透过第二层，第一层的在最下层，即第三层。绿色、青色OLED,QLED发光器件发光效率和寿命比红色发光器件要次之，所以覆盖有绿色、青色发光器件的基板安排在要透过第一层的第二层。而覆盖有发光效率和寿命最短的蓝色、紫色发光器件的基板安排在不被阻挡的最上层，即第一层。再通过调整三层基板红绿蓝黄青紫发光器件的电流大小达到白平衡。

从面板侧面看，组成每个像素01的1、2、3各层基板上101、102、201、202、301、302红绿蓝黄青紫六个子像素发光器件排列的位置关系如图8(c)所示。封装层11保护基板1上的发光器件，封装层21保护基板2上的发光器件。封装层31保护基板3上的发光器件。上盖板4，下底板5用于固定保护各层基板及发光器件。

实施例9：由采用透光透明材质OLED或QLED发光器件的两层基板构成的六基色面板。

为方便理解，用图说明。从面板正面看，面板上每个像素01的红绿蓝黄青紫101、102、103、201、202、203六个子像素排列的位置关系是上下重合的，所以看起来只有三个子像素，如图9(a)所示。六个子像素101、102、103、201、202、203 采用透光透明材质OLED、QLED的发光器件或其他主动发光器件。当像素01的红绿蓝101、102、103、201,202,203六个子像素是条状排列时，一层基板上像素区域10上的子像素101发光器件与二层基板上像素区域20的子像素201发光器件上下位置对应重合，一层基板上像素区域10上的子像素102发光器件与二层基板上像素区域20上的子像素202发光器件的上下位置对应重合，一层基板上像素区域10的子像素103发光器件与二层基板上像素区域20的子像素203发光器件的上下位置对应重合，如图9(b)所示。应当指出：每个像素区域01与一层基板像素区域10、二层基板像素区域20在最上层基板的垂直投影位置对应重合。

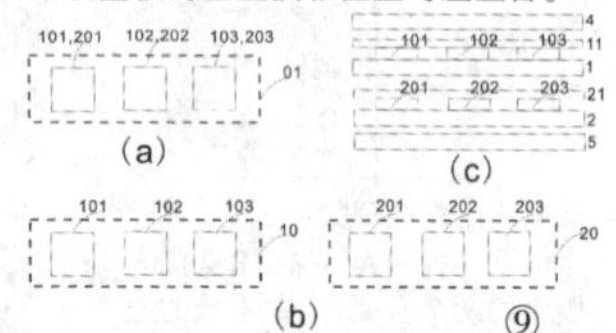

⑨

由于每个像素的混合色是上下色光重合混色而成。二层基板2上的子像素201、202、203发光器件发出的色光要透过一层基板1上的子像素101、102、103发光器件的色光，其发光器件发出的色光亮度有衰减。为了使得从面板正面看到的六基色发光器件发出色光的光强度均衡，对六基色发光器件的上下层顺序也要合理布置。由于红色OLED,QLED发光器件发光效率和寿命最高，所以覆盖有红色 、黄色、绿色发光器件的基板安排在要透过第一层的在下层，即第二层。蓝色发光器件发光效率和寿命较短，覆盖有青色和蓝色和紫色发光器件的基板安排在不被阻挡的上层，即第一层。再通过调整两层基板红绿蓝黄青紫各个子像素发光器件的电流大小达到白平衡。

从面板侧面看，组成每个像素01的1、2各层基板上101、102、103、201、202、203红绿蓝黄青紫六个子像素发光器件排列的位置关系如图9(c)所示。封装层11保护基板1上的发光器件，封装层21保护基板2上的发光器件。上面板4，下底板5用于固定保护各层基板及发光器件。

(全文完)

◇浙江 方 位

释疑解惑破解柴油机的“异响噪声门”

技术状况良好的柴油发动机在各种工况下运转平衡，响声纯正，没有明显的杂音。如果发动机的某一部位出了故障，或机件松旷，或配合间隙失调，或燃烧不正常等，则在工作中的最初表现就是异响。准确判断发动机异常响声，必须建立在对其正常运转响声熟悉的基础之上。异响噪声；大体上来源于三个方面：燃烧噪声，供油系噪声和发动机机械噪声，每一种噪声中都可能包含异响。由于其故障因机型及其他因素的差异，异响噪声往往难以用语言文字和音调来准确描述，只能在对其正常运转响声熟悉的基础上，判断各种异响噪音。

1.引言

柴油车发动机的异响存在如下普遍规律：发动机振动异响主要是由于柴油机的支承不牢所致；发动机转两圈(即发动机的一个工作循环)异响出现一次，其故障原因多出现在与凸轮轴有关的零部件，如气门、推杆、气门弹簧以及正时齿轮等；发动机转一圈异响出现一次，其故障原因多出现在与曲轴有关的零部件，如活塞、活塞销、活塞环及连杆轴承等；异响连续发生，且异响声音有一定规律，其故障部位大都出现在旋转部件上，如连续敲击声多发生在飞轮、正时齿轮等部件上；异响间歇发生，且响声没有规律，其故障原因主要来自发动机的附件，如发电机、水泵、空压机、启动机等安装出现松动或其内部有刮碰等。

2.柴油机常见的异响噪声原因分析

柴油机常见异响噪声的原因分析如下：

(1)燃烧粗暴多属燃料品质不良，十六烷值太低；喷油雾化情况恶化，较多燃料在开始发火的瞬间投入燃烧，使汽缸内压力过快；喷油阀针卡死在常开位置上，使之喷油过早、雾化过差，由此易造成强烈的燃烧噪声异响。

(2)着火敲击声多属喷油提前角不对、提前器失灵，供油量过大。发动机启动运转过程中，伴随着排气管的大量排烟而产生敲击异响。油门加的越急，响声越大；转速升高后、响声减弱，迅速收回油门使发动机作短时间惯性运转异响消失，但降至怠速时异响又恢复。

(3)供油系统故障引起的异响多属喷油提前角过小，出油阀弹簧断损，喷油器针阀不密封等，均会引起排气管“放炮”；缺缸、柴油中含水或有空气，发动机工作声音不连续。喷油器针阀卡死在关闭位置时，喷油泵顶油响；柱塞卡死在上端位置时，齿条咬合噪声；飞车时，喷油泵调速杆失调，致使柴油机失控吼叫。

(4)发动机在运转中，响声逐渐产生且越来越大，或者在运转中突然产生异响；这种响声，一般是随转速的升高而增大，即使在加速后猛收油门，发动机靠惯性运转时，响声仍然存在。其原因有：活塞配缸间隙过大引起的敲缸；正时齿轮磨损超限后引起的撞击声；轴瓦烧蚀、轴颈磨损配合松旷后的轴瓦响；还有机油泵齿轮磨损后的传动齿轮噪声，以及活塞销配合松旷异响等。

(5)柴油机振动异响主要是由于本身的支承不牢所致；发动机每一个工作循环出现一次异响，多属与凸轮轴相关联的零部件有关(如气门、正时齿轮等)；发动机每转一圈异响出现一次与曲轴连杆机构的机件有关；如果有规律的连续发生异响，多出现在旋转部件上。

3.柴油机常见异响噪声的来源

汽车噪声是环境噪声的主要来源。汽车噪声主要来自发动机、传动系统、制动系统和轮胎噪声，此外还有车身振动、车身干扰空气及喇叭声等。发动机噪声包括燃烧噪声、机械噪声、进排气噪声、冷却风扇以及其他部件发出的噪声。在发动机运转故障部分述及的发动机工作异响主要就是机械噪声，即由运动件之间或运动件与固定件之间周期性变化的机械作用而产生的噪声。

(1)燃烧噪声是由汽缸内周期性变化的气体压力作用而产生的，它主要取决于燃烧方式和燃烧速度。众所周知，柴油发动机工作噪声高于汽油发动机的工作噪声，主要就是由于燃烧方式和燃烧速度造成的。柴油机采用压燃方式，因此必须用高压缩比，最高压力和压力上升率远远高于汽油机，它的噪声是由于燃烧室内气压急剧上升致使发动机各部件振动而引起的。由此可知，降低柴油机的燃烧噪声是降低柴油机噪声的主要途径。

(2)进气噪声是汽车发动机的主要空气动力性噪声源之一。它是由进气门的周期性开、闭而产生的压力起伏变化所形成的，降低进气噪声最有效的方法是设计合适的空气滤清器或采用进气消声器。目前，在轿车中已有采用进气消声器的。排气噪声也是发动机的一个主要噪声源。它的噪声往往比发动机整机噪声还要高，排气噪声主要由周期性的排气噪声、涡流噪声等组成。目前，排气噪声由于广泛使用排气消声器，已得到很好解决。

(3)风扇噪声也是汽车发动机的噪声源之一。特别是近年来，由于车内普遍装设空调和排气净化装置等原因，致使发动机罩内温度上升，风扇负荷加大，噪声变得更加严重。常见汽车采用电磁风扇离合器自动控制风扇工作，大幅度降低了风扇噪声。

4.柴油机常见异常响声的诊断

柴油机启动后产生没有规律的振抖响声，且随着发动机转速的增高而加剧，其主要原因有：柴油机支承螺栓松动或悬置断裂；发动机悬置位置不当，致使曲轴与第一节传动轴不同轴；发动机悬置缓冲件损坏等。发现发动机有机振现象，应根据上述原因直接检查排除。

(1)发动机启动后发出一种有节奏、清脆的“咚咚咚”的金属敲击声，这种现象一般是由于发动机供油时间过早(喷油提前角过大)引起的，如：喷油定时齿轮安装不当、喷油泵出油阀环带严重磨损或喷油时间过晚等。诊断方法是：先检查喷油定时齿轮是否安装正确，或按发动机使用说明书中的要求进行检查调整；如没有问题，再拆卸喷油器，检查喷油器的喷油质量。如喷油器滴漏，应仔细清洗喷油器针阀、阀体，也可进行研磨修整，若喷油嘴磨损严重或烧蚀，则应更换新件；如喷油器良好，则应检查喷油泵出油阀是否严重磨损，必要时应予更换。

(2)活塞销敲击声是上下两响，声音较脆，在发动机怠速或低速运转时，响声较缓慢，突然加大油门时，则响声随之加大加快。发动机工作中，可以从汽缸的上部听到“咯咯咯”的金属敲击声，这种异响与敲缸声有类似之处，待发动机温度正常后，异响将会自然消失。一般活塞销响声较大时应予检修，异响声音严重时必须进行更换，以防活塞销折断或衬套严重破裂，引起拉缸甚至捣缸事故。活塞销敲击声多为活塞销与连杆衬套磨损过甚而松旷；活塞销与活塞销孔配合松旷。将机油加油盖打开，用耳侧听，再用断缸供油试验，响声消失或减低，并且在该缸恢复供油后发出“嗒”的一声响，就说明该缸活塞销有敲击声，在缸上半部响声较大，下半部声音较小。

(3)发动机工作中，汽缸内部发出一种有节奏的“叮哨、叮哨”的金属敲击声，待停机拆开发动机盖后，可以看到气门与活塞顶相撞的痕迹。主要原因是：气门弹簧折断，气门脚间隙失调，气门座圈烧蚀或松动，减压机构调整不当。诊断故障时，首先应察看气门弹簧是否断裂；然后检查气门脚间隙是否符合标准，并进行必要的调整；再检查减压机构，不符合技术要求时应进行调整；若仍然存在异响时，再拆开发动机盖检查气门和气门座圈，气门严重烧蚀时应更换。

(4)飞轮螺丝松动后产生的敲击声，像一种许多连杆敲击声发出的噪音，这种响声是有明显变化的，速度越高就越响，有时候不响，有时候则很规律的发出“喀嗒”的敲击声。这种响声比较大，特别在发动机转速突然变化时响声更加剧烈，通常在发动机后部听得比较清楚，而某些时候响声又很小，因此这种响声没有一定规律。如果停车后不供油，使汽缸减压阀减压开启，快速地摇转曲轴，然后突然撤掉减压，此时也能听到“哐当、哐当”的响声。飞轮及其螺丝松动敲击声的主要原因有：飞轮紧固螺母在工作中因振动松旷，安装飞轮时螺母没有拧紧。若系飞轮螺丝松动造成的响声，启动时，可听到清楚的敲击声。发现飞轮松动，应及时将螺母紧固。

(5)轴瓦敲击声在发动机下部发出“哒哒哒”的连续敲击声，打开加油口盖或拔出油标尺后，异响声音更加清晰。工作中发动机转速突然升高或负荷突然增加，异响更加明显。这是由于连杆轴瓦间隙过大所致，如发动机长期使用后其自然磨损过大，是曲轴修理中轴瓦选配不当所致。轴瓦自然磨损过大时应更换，检修曲轴时应注意选配合适的轴瓦。

5.柴油机常见异响噪声的判断与排除

柴油机异常响声的判断与排除方法如下：

(1)柴油机在运转时，汽缸内发出有节奏的清脆敲击声，并伴随有排气管冒黑烟现象，或汽缸内发出低沉而不清晰的敲击声，并伴随有排气管冒白烟现象，则说明柴油机喷油时间过早或过迟。故障排除时，松开高压泵联接盘螺钉，调整喷油提前角。

(2)汽缸内发出轻微而尖锐的响声，并且在怠速运转时尤其清晰，说明活塞销与连杆小头衬套配合太松。故障排除时，更换连杆小头衬套使之在规定间隙范围内。

(3)在汽缸体外壁能听到撞击声，并且转速升高时撞击声加剧，打开加机油口盖时发现有气泡，说明活塞与汽缸套间隙过大。故障排除时，更换活塞或视磨损情况更换汽缸套。

(4)明显地听到曲轴箱内机件的撞击声，并随转速的增加而增大；突然降低转速时能听到沉重而有力的撞击声，说明连杆瓦磨损过度，造成连杆瓦与曲轴连杆轴颈配合间隙过大。进一步使柴油机逐缸断油，如果某缸断油后异响立即减弱或消失，则判明是该缸的连杆瓦异响。故障排除时，拆下油底壳，检查曲轴轴颈和轴瓦的磨损情况及配合间隙，必要时磨削曲轴、更换轴瓦。

(5)柴油机曲轴箱内有沉重而连续的敲击声，低速时声音清晰可辨，重负荷时更为明显，同时机油压力随着降低，说明曲轴主轴瓦间隙过大。故障排除：拆下油底壳，检查曲轴轴颈和轴瓦的磨损情况及配合间隙，必要时磨削曲轴、更换轴瓦。

6.结论

对于驾修人员来讲，能够对柴油机各种不正常的声音做出迅速、准确的判断，需要进行长期的经验积累。在柴油机工作正常时，经常有意识的监听其各部位的正常声音，在大脑中形成条件反射。当柴油机一旦发生故障，就能很容易地分辨出那些属于不正常的响声，从而节约维修时间，提高维修效率。

◇广东 邓桂芳

SMT贴片机编程操作案例(二)

(紧接上期本版)

五、F3(元器件注册)的设置

三星SM480系列贴片机元器件库一般分三类:标准元器件库、PCB元器件库和本地元器件库（模）。其中，标准元器件库包括封装从0402（01005）至3216（1206)的电阻、电容器,标准元器件参数是集成在软件之中的,一般不需要进行修改(特殊情况除外),而本地元器件库大多数只是一个模，需要用户对此元件的参数进行必要的修改(注册),否则机器无法识别。

由于SMT元器件封装模类型较多，不同的元器件模的参数设置情况也不尽相同,这里不能一一介绍,下面以本案例中TQFP32封装的单片机STC12C5608AD元件为例说明注册的操作步骤。

操作步骤:

1.点击主程式按钮F3(元件),弹出图11所示“元器件”对话框。

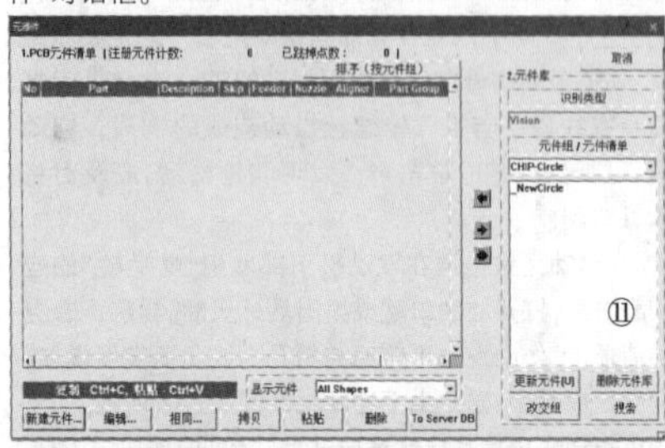

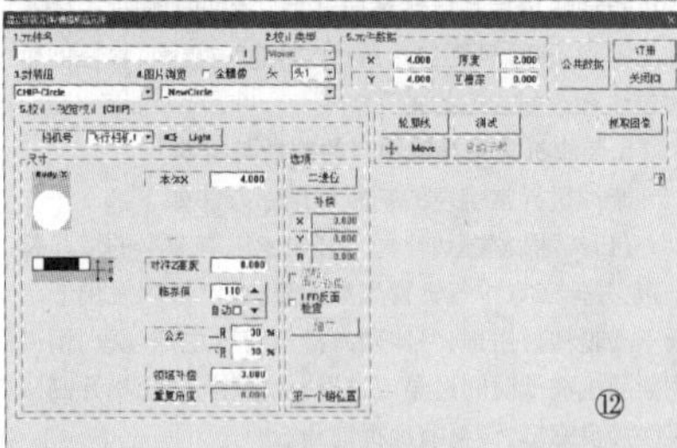

因本案例是采用PCB坐标数据导入方式编程,故元器件注册应从图11左下角“新建元件...”进入(不是从“2.元件库”中调入),点击“新建元件...”进入“建立新元件/编辑所选元件”对话框,如图12所示。

2.调入PCB元器件封装。本案例PCB元器件封装共13个,点击图12“1.元件名”右侧“！”按钮,弹出图13所示的本PCB所有元器件封装值列表（Unregistered Part List）。在列表中选择单片机“TQFP32_L-STC12C5608AD”封装,然后点击“Apply”按钮。这样,在图12“1.元件名”框中就自动写入了此元件的封装名,然后在“3.封装组”中选择“QFP”组即可。

3.选择喂料器及吸嘴。封装调入后,点击图12中“公共数据”按钮,在弹出的“6.公共数据:喂料器&吸嘴”中选择供料器为“Tray Feeder”(盘式喂料器),喷嘴为“CN400”,如图14所示。其他设置选项为“公共数据”高级选项,这里不做详述。

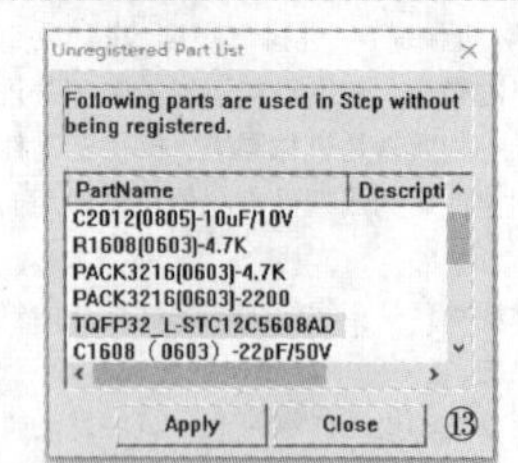

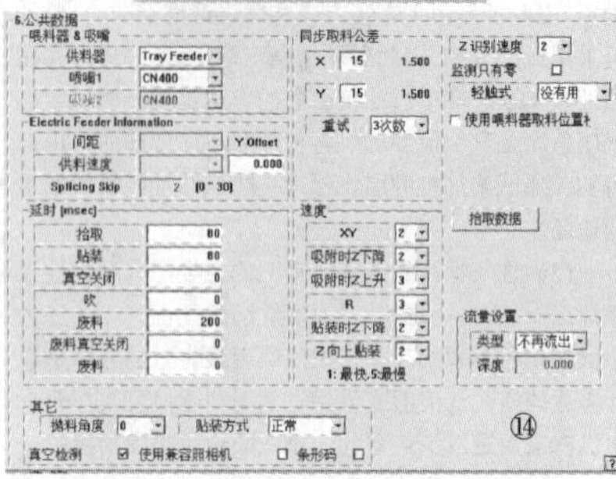

4.拾取元器件。注册元器件需要先将该元件吸附到相应的吸嘴上，利用光学相机对该元件进行光学识别。拾取元件有两种方法：手动吸附或从喂料器(Feeder)上吸附。这里采用手动吸附,具体方法如下:

(1)将相应的吸嘴(CN400)安装到某贴装头(H)上,这里选择“头6”(H6),具体操作为:

点击图1工具“ANC”按钮(吸嘴ANC管理器),在弹出的“系统ANC管理”界面中进行相应的设置,点击“拾取”将CN400吸嘴吸附在H6上,如图15所示,然后关闭此窗口。

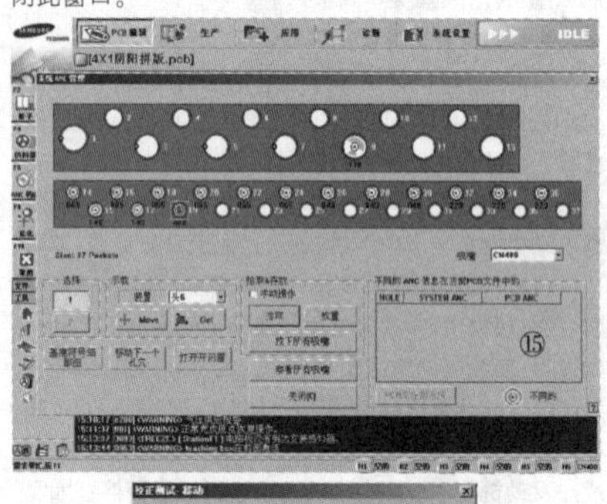

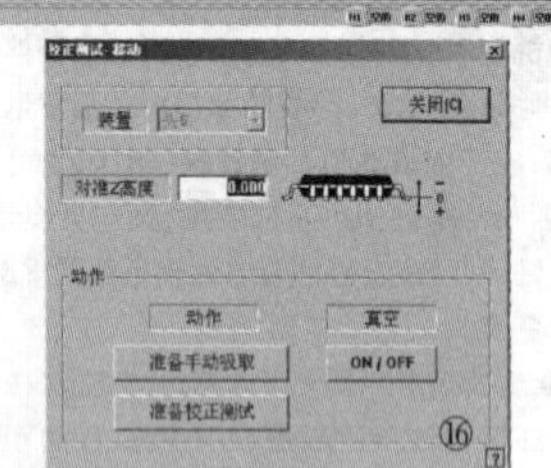

(2)点击图12中“Move”按钮,在弹出如图16所示的“校正测试-移动”窗口中点击“准备手动吸附”按钮,待贴装头移动到“归零”位置时,将STC12C5608AD集成块手动贴装在H6贴装头上(顶面朝上)。

(3)点击“准备校正测试”按钮将元件移动到固定相机处，并调节手柄旋转H6使IC在Visframe光学视窗“SMVisionQ(Camera Mode)”中处于水平状态。

5.设置TQFP32单片机封装参数,并进行光学对焦识别。

封装参数按照STC12C5608AD官方“DATASheet”或利用机器光学相机进行测量，其他选项也相应进行设置(由于篇幅问题,这里不做详述),相关参数设置好后,细调手柄让IC轮廓线与IC实体对齐,调整后的视图如图17所示。

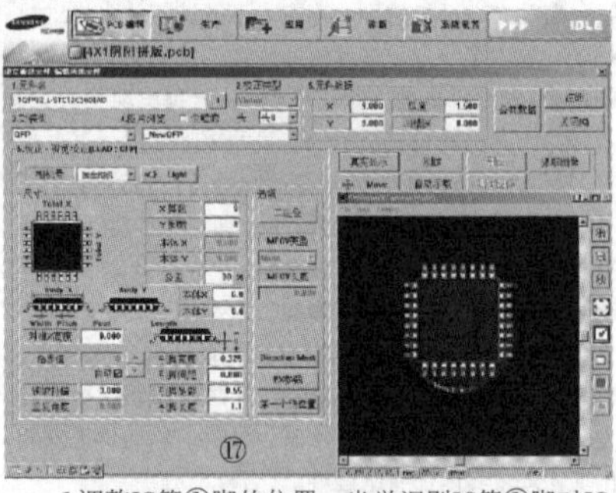

6.调整IC第①脚的位置。光学识别IC第①脚对IC贴装正确性有重要的作用,点击图17“第一稍位置”按钮,弹出“供应角/1针的位置”对话框口,进行如图18所示的设置后,点击“更新”按钮完成供应角和第①脚参数的设置。

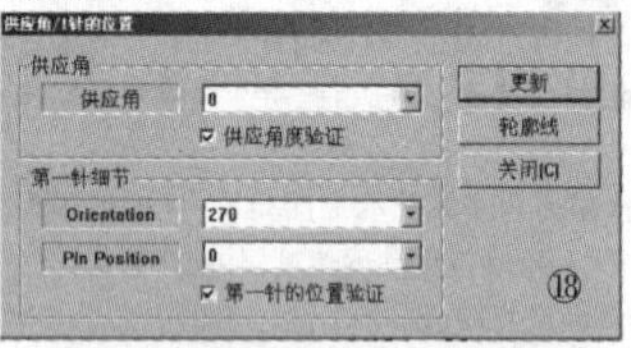

7.测试通过并注册保存。点击图17“测试”按钮,弹出“视觉状态”窗口,如果光学识别通过,则显示图19所示“视觉状态”窗口中绿色结果,否则出现红色错误结果(不通过)。测试通过后有需要对元件进行“图像抓取”,最后点击“注册”按钮,完成元件的注册。

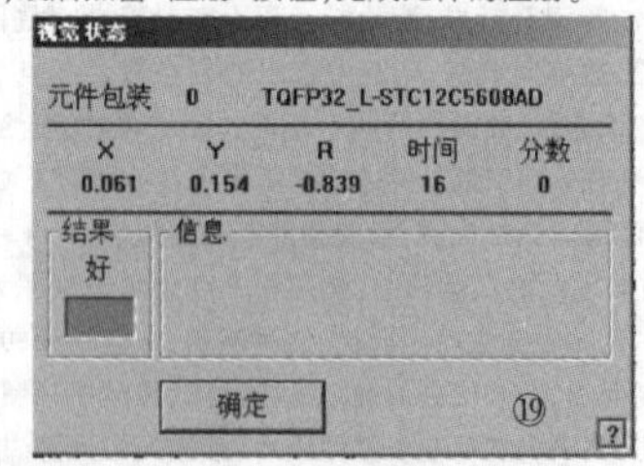

本PCB全部元器件注册后的元件清单列表如图20所示。

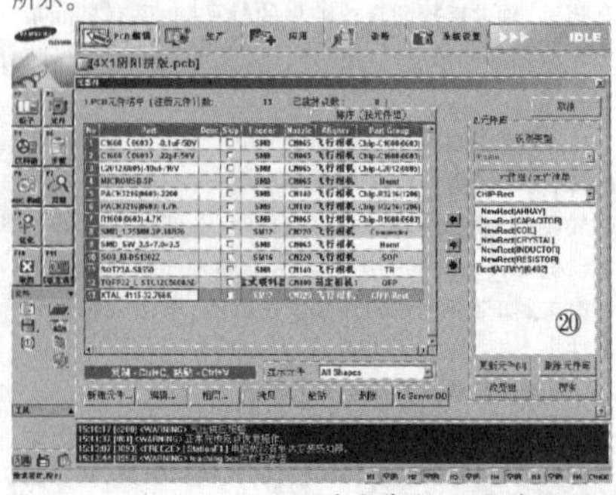

(未完待续)(下转第158页)

◇广西 王培开

方便、安全的无线充电

无线充电是一种方便、安全的新技术,无需任何物理上的连接(如连接线),就能近距离无接触地给无线联网设备充电。第一代无线充电技术是电感技术。它利用了近场感应(电感耦合)原理,由供电设备(充电器)将能量传送至用电的装置。它需要使用两个线圈,一个是发射器,另一个是接收器。交流电通过发射器线圈时产生一个磁场,让接收器线圈里产生一个感应电压，从而给移动设备供电或给电池充电。使用电感技术时,使用者一次只能给一台设备充电,而且那台设备必须放在充电板上才行。此外,电感技术有多种标准,严重制约了这项技术的推广。第二代无线充电技术是谐振技术。它利用了磁谐振原理，只需使用一个发射器天线,可以支持多台接收器,并能通过非金属材质的接口来传输电力。谐振技术既方便又好用，而且打破了空间上的限制,对充电设备所处的位置也没有特别的要求。谐振技术将推动无线充电技术进入主流市场并推动整个物联网向前发展。

除了上述两种无线充电方式外,还有依赖周围的能量,如光束、微波、声波和无线电波等来实现的无线充电技术。这些技术虽然革新了无线充电技术,但也有各自的局限性。

对于整个技术行业、零售行业、服务供应商等来说,无线充电技术都具有非常重要的意义。咖啡馆、机场、饭店、电影院和其他公共场合也非常需要无线充电站，让使用者可以随时随地给移动智能终端充电。零售商和服务供应商甚至可以利用无线充电来推广增值服务或提供个性化服务。

对一般的智能手机使用者来说，无线充电也许只是一项很酷的功能,但在物联网的世界里,众多联网设备需要充电,无线充电绝对是一项非常重要的技术。无线充电技术不仅可用于消费电子产品,还可用于汽车、医疗植入体等重要设备。随着无线充电技术像WiFi一样逐渐普及,人们的生活将大大改变。

◇上海 张力平

(本文原载第4期11版)

使用卫星电视接收的十个常见注意事项

一、器材选用

器材必须选用正规、有认证标识的器材，特别是在偏远山村，禁止选用无质量保证的LNB、切换（功分）器和电缆等。由于户外设备处于恶劣环境之中，无专业防雷、防腐措施，容易导致线路老化过快、雷击损伤等。在实际应用中，如线路一旦内部有短路，或遭遇雷击，都可能会造成卫星接收机给LNB馈电的电源损坏。

二、尽量不用射频寻星

由于卫星接收的已是GHz信号，这种高频信号的传输容易被干扰。如阴雨天气、周边电焊作业等，都会影响到卫星电视信号的接收。除这些容易被察觉的干扰源外，射频信号也非常容易干扰卫星电视信号，表现在射频信号很容易引起频偏（TV接收机或卫星接收机的调制频偏）或卫星接收机电源的干扰，如果干扰了频偏或电源受到影响，TV接收机则可能无法收到微弱的卫视信号，导致寻星失败。

三、慎用收视未开锁频道的加密信号

大家最想捣鼓的就是未开锁信号的接收，想通过及时开放或通过其他方式进行解密接收，但如你还不是卫视接收中的技术高手，可能会碰到加密信号为未开锁频道时一旦搜索它，轻则显示“无可用频道”，重则造成“死”机，或记忆紊乱，或搜索不停。

四、最好不接收模拟信号

目前卫视传输的模拟信号已经大部分关闭，但在卫星信号传输或中转中的模拟信号依然存在，这些模拟信号可能会是无“符号率”数据。故当数字接收机的“符号率”设置为“0”即进行模拟信号搜索时，也将造成“死”机。

五、不能将“PID”码全部设置为“0”

在搜索和应用数字卫星接收机时，不能将“PID”码全部设置为“0”，一旦全部设置为“0”后搜索时，机内标准“PID”码跟踪电路将可能失去作用，以至于导致造成“死”机现象。这针对新手来说，“好奇”的参数某些是不能修改的，否则接收机就可能“罢工”甚至成为“砖机”。

六、谨慎用“CH±”键快速换台

在卫星电视接收系统中，一些用户在换台时喜欢使用“CH±”键快速换台，并且进行长按或快速点按，这对于卫星接收机来说，可能会带来两方面的风险，一是会使机内电脑来不及“运算”，将会导致“死”机；二是可能导致遥控接收系统的解码紊乱，导致遥控系统解码错误，或出现异常界面，或出现异常操作等现象。

七、禁止在无新增频道前，乱操作空机程序，特别是全部删除厂家预置频道

很多新手在调试接收机时，卫星信号质量都没出现，就开始对接收机设置进行操作，如对预设频道进行操控，进行重设或删除，这都是不正确的操作，特别是当全部删除厂家预置频道后，将使机内节目数据库空白，轻则整机工作程序紊乱，重则非厂家处理不可。

八、禁止胡乱用密码锁台（对有密码锁台的机子而言）

有些用户由于搜索了一些解密信号，又担心别人看，或一些家长不想电视影响孩子学习时间观看，便胡乱用密码锁台，这种操作可行，但请一定要牢记设置密码，如一旦忘记自己加设的密码，将给你的正常使用带来非常大的麻烦。这主要是由于机身本身不带出厂设置恢复空白密码功能，能恢复的只是预设频道等公共信息。

九、不要与接收射频信号的电视机放在一起

虽然当前的大多数平板电视机射频接收与解码功能已成为国标必配，但又从不使用的摆设，但一些偏远山村在使用卫星接收信号的同时，依然有利用外架天线设备作为电视信号的应用，同时一些二三级城市的光纤有线，也是直接利用视频信号进行的电视视频信号解码。这些利用视频接收的电视机在使用时，尽量与卫星接收机远离，否则一些卫星接收机内的电源电磁辐射或调制信号可能会干扰电视机收视（即画面会出现网纹）。

十、雷雨天气尽量不要使用

在城市里面，一般房屋均有较强的防雷措施，但在自建房里，一般都没安装防雷设备，在农村的房屋，就更没有防雷措施。当前的数字卫星接收机的电路集成度高，结构较复杂，工作于低压、微功耗状态。其抗高压、大电流冲击能力较为脆弱，很容易被感应雷电损坏。特别是无交流关机功能的机子，最好在雷雨天气时，把电源插头拔下。 ◇湖南 亢郁

高清卫星电视接收机安装应用

一、安装前准备

1.按说明书的地基施工图做好天线地基。

2.安装工具。包括：活动扳手（大18寸*2、小4寸*2或钳子）、专用改锥、剪子、水平仪、防水胶布等。

3.按照说明书清点卫星天线的零件数是否正确。

4.请准备电视机一台，视音频线（AV或HDMI高清视频线）一套，一根3米左右的和一根30米左右的同轴电缆，一条临时的220V电源及插座。

二、安装步骤

第一步：注意安装的基座立柱必须保证水平和垂直，可使用水平尺等进行调整。

第二步：安装天线的锅体四脚支撑。注意螺杆、螺母的正反方向。不要旋紧螺丝。

第三步：安装天线的方向轴。方向轴与天线的四脚支撑进行连接。注意方向轴的方向，使天线高频头支撑杆，中间的那只，保持在锅体下方即可。旋紧与之连接的固定螺丝。

第四步：把天线抬起，安装到天线基座的立柱上。

第五步：安装高频头支撑杆。不要把螺丝拧死。

第六步：把高频头置于高频头固定盘上。（可能需要专用螺丝刀，拆开高频头的保护罩）

第七步：使用馈线（同轴电缆）连接高频头的高频输出端至接收机的高频输入端。

第八步：上好其他部分的固定螺丝。注意都不要拧死。

第九步：使用AV线（视音频线）连接卫星接收机的视频输出到电视机的视频输入。至此，天线的安装已经完成。

三、寻星指南

调试前准备：1.安装工具。2.调试器材。3.连接线材。4.寻星参数。

寻星时间：根据你所在的地点和接收卫星的位置计算出当地的寻星时间。这对于卫星覆盖边缘地区、小天线尤为重要。

1、天线方向的调试

粗调：根据事先算出的仰角和方位角，将天线的这两个角度分别调到这两个数值上，使之对准所要接收的卫星，直至接收到电视信号。

细调：使所收的信号最佳。

2、根据现场的条件，可以有多种简易而有效的调整方法。

第一步：检查连接好的线路。

第二步：用量角器调整好天线仰角。

第三步：把电视机和接收机的电源打开，且把接收机置于搜台状态。

第四步：水平方向慢慢转动天线且从电视上看到卫星信号电平或信噪比的变化。直至号锁定。

第五步：找到信号后，微调高频头极化角，直至达到最佳。

第六步：微调仰角，使电平达到最高。

第七步：重复5和6步使之达到最佳。

第八步：锁紧所有活动点。线的接点要有防水胶布裹好。至此，天线寻星的调整便已完成。

四、布线要求

寻星完成后，就需要把信号引到机房里。这段距离就需要布线。

第一：布线不能有硬弯，如90度的弯。

第二：有条件的可使用金属管穿线。也可采用合成树脂材料的管线。

第三：每隔1米到2米安装一个固定卡。或固定线卡。

第四：布线应远离避雷系统。金属管线要做好避雷措施。

五、信号连接电缆

要考虑使户外单元与户内单元的距离尽可能短，以减少因传输线过长而造成的信号损耗。传输线的选择应考虑采用性能较好的同轴电缆，最好采用75Ω—5（30米）或75Ω—7（40米）的物理发泡电缆，电缆接头处要做好防水处理。

◇北京 李文凯

户户通接收机电源故障检修三例

1.创维S690B ABS-S户户通接收机通电无反应。拆机检查发现10Ω保险电阻（FP1）已经烧断，看来电路有元件击穿。该机电源以杭州士兰微电子生产的SD6834为核心组成，输出单5V为主板供电。SD6834是内置高压MOSFET，外置采样电阻的电流模式PWM+PFM控制器系列产品，在待机模式下电路进入打嗝模式，从而有效地降低电路的待机功耗。电路的开关中心频率为25-67KHz，随负载而定，还可以通过CS端电阻调节极限峰值电流。引脚功能分别为：①脚接地；②脚为CS峰值电流取样端口；③脚为VCC正电源输入端口；④脚为FB反馈端口；⑤脚为空；⑥、⑦、⑧脚为功率MOSFET开关漏极。拆下本机电源板发现②脚外接的RS1和RS2（2.2Ω）两只电阻已经烧断，如图1所示，用二极管档检查发现⑥、⑦、⑧脚对地电阻也极低，看来SD6834内部已击穿。更换2.5A保险管和SD6834（U11）芯片，RS1和RS2用1Ω电阻代替，通电测量输出电压为5.13V，接上主板试机一切正常。

2.科海KH-2008D-CA02C户户通接收机通电无任何反应。拆机目测保险（F1）已经熔断，SD6834（U1）顶部已炸开，如图2所示。更换2.5A保险和SD6834后检查其他元件无异常，通电测试发现电源板5V和22V输出已正常，将电源板与主板连接后一切正常，故障排除。

3.尚科RK-YF2005-CA10户户通接收机通电无反应。拆机目测电源板元件无异常，测量电源板5V、15V和20V输出电压均为0V，看来故障还是出在电源板身上。该电源板以SP7623HP为核心的PWM芯片组成，通电测量发现+300V主滤波电容（C1）两端电压消失很慢，根据维修经验判断是芯片没有启动工作。进一步检查发现SP7623HP（U1）②脚外接的2.2M启动电阻（R1）已开路，如图3所示，用2M电阻代换后还是不工作，经查②脚启动端已对地击穿短路，更换SP7623HP后电源板输出恢复正常，装入机器一切正常。后查资料得知SP7623HP也可以用OB2353直接代换。

◇安徽 陈晓军

最新视听精品技术功能盘点(中)

(紧接上期本版)

五、Paradigm Persona 9H

Persona 9H是一款携带有源低音声悬浮措施的混合式落地音箱(参见图5)，由加拿大Paradigm Electronics公司开发，本款发射级音箱内置1个1英寸铍振膜高音，1个1.7英寸铍振膜中音和4个8.5英寸铝振膜低音，采用3.5分频方案，采取SHOCK-MOUNT?防振措施。高音单元下安装了两个无源低音和位于背面的两个有源低音，作为该公司Persona系列首款使用铍振膜中音的旗舰音箱正是由于先进技术的应用才使得Persona 9H能有低音震撼、中音清晰、高音明亮的优异特性，同时，其无源中高音频率段(500Hz–40kHz)的宽光谱动态性能更精确。Persona 9H在技术、功能、特性上有哪些亮点特色呐？

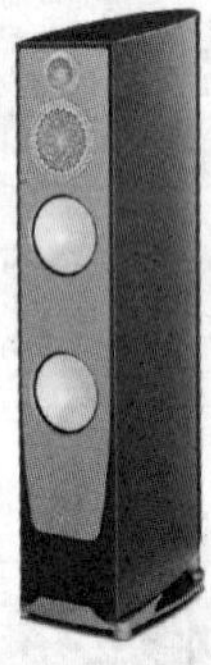
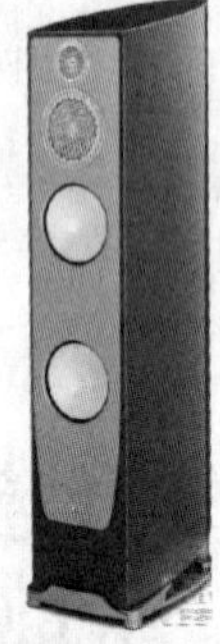

图5 Paradigm Persona 9H

1、铍振膜为优异声音奠定基础

Persona 9H使用了通常被用于最昂贵音频设备上的铍材制作振膜，这种振膜的强度比一般的振膜要强很多，但质量却更轻，而且响应速度更快、谐振干扰更少、失真也更低。正因为中高音喇叭的振膜用上了铍材，才使得本音箱在中高频率段，包括高分辨率细节、声音的音深，以及其卓越的动态响应等性能水准在所有同行的同档级音箱中是最好的一款。

2、诸多有利因素造就了低音发声的强劲浑厚

Persona 9H低音单元输出的强劲得益于携带有效阻尼，能消除内部驻波的平衡除振双向阵列结构（2个喇叭向前发射，2个喇叭向后发射），以及散热和极端功率处理更有效的x-pal超高偏移差分驱动技术的应用。加上推动每对低音喇叭发声的700W独立放大器借助DSP 控制可拥有快瞬时反应、高可靠性和高效率特点，使得它对付2800W峰值功率绰绰有余。

3、ARC技术为优化房间声学环境创造条件

Persona 9H为了在任何聆听环境下都能有精确的最优化声音性能，结合应用了Paradigm集团旗下Anthem公司独有的ARC?(Anthem Room Correction)房间声学校正技术，该技术主要用于修正房间对音箱重放可能出现的音染和共振等无法预测的负面问题，它通过测量传声器测试获得参考值，尔后由计算机算出一个最适当的值进行模仿最佳聆听方式的调整，最终让音箱释放出频率响应特性最理想的声音。

4、ART 技术助力声音完美致远

Persona 9H为声音的优化还应用了专利拥有的ART(Active Ridge Technology)有源悬边技术，该技术方案中，振膜周围的悬边采用射出成型的热塑性弹性材料制成，除耐用外，还能提升3dB的音量。与向外凸起的普通悬边不同，本音箱悬边向内凹陷的设计为的是精准控制驱动单元运动。另外，内部金属框架除对驱动单元稳定支撑外，还助于散热和消除谐振。

六、Samsung Gear VR

Gear VR是一款基于智能手机的便携式无线VR头盔显示器(参见图6)，由三星公司开发，拥有本款头显，一来可以用于欣赏爆棚演唱会；二来可以进行外层空间和海洋深处的自由探索；三来与亲朋好友一起玩打多人刺激游戏；四来借助Facebook 360应用，更沉浸地欣赏用三星Gear 360相机拍摄的360度视频与照片；五来在大屏幕上观赏Netflix和Hulu网站提供的视频节目；六来可以和世界各地的其他Gear VR用户进行互动和分享探险心得。Gear VR在技术、功能、特性上有什么亮点特色呐？

图6 Samsung Gear VR

1、Super AMOLED显示屏让视觉体验更清晰

Gear VR所使用的Super AMOLED超炫显示屏(Super Active Matrix/Organic Light Emitting Diode) 相比传统AMOLED炫屏能让用户在体验时眼睛一亮，它至少有三个方面的优秀之处：一是触控感应层+显示层的架构设计的摒弃使操控更灵敏；二是取消玻璃覆盖层带来了更佳的阳光下显示效果；三是mDNIe(mobile Digital Natural Image engine)移动数字自然图像引擎技术的应用使子像素显示能力提升50%，最终使影像视感更清晰细腻。

2、无压力无疲劳体验的轻盈设计

Gear VR为使用户长时间佩戴有不觉疲劳的舒适性，对头显采用了轻型设计方案，整个设备仅345g，比旧机型轻15%。在与面部接触的地方，无论是造型，还是用材都经过了精心考虑，头带设计更符合人体工程学原理。与其他昂贵的头显示相比，本款进入有效市场的第一款轻小型头显的使用相对简单容易，而且运行快速，使用耐久。

3、多型号兼容给三星智能手机用户提供了极大方便

Gear VR为了能让更广泛的三星智能手机用户体验VR新奇的沉浸感，在头显的兼容性上狠下功夫，因而才有了兼容Galaxy S6、S7、Note 5 & Note 7，以及Galaxy S6 edge/edge+ & S7 edge等多款智能手机的好结果，而且在使用的同时还可以对手机进行充电。值得注意的是，手机机型的不同，体验效果有一定的差异，如果用户配合使用的是Note 4，那么其显示的DPI(Dots Per Inch)每一英寸像素密度被限制在518ppi，而使用新的Galaxy S7，该像素密度则提高到了577ppi。

4、丰富的内容支撑吸引广大尝鲜者加盟VR体验

Gear VR吸引人的地方是有丰富的内容提供支撑，它可以取自三个方面：一是基于美国Oculus技术使用户可享用Oculus Store商店的内容；二是借助三星推出的Milk VR手机应用，在全景VR平台上欣赏经常发布的新360度视频，以及享用由流媒体服务商(如，Netflix或Hulu)提供的内容；三是观看用户创建上传于YouTube和Facebook 360网站的内容。

七、Wilson Benesch A.C.T. One Evolution P1

A.C.T. One Evolution P1是"世界第一"款使用彩色碳纤维材料制成的落地式音箱(参见图7)，由英国Wilson Benesch公司开发，本款专利拥有的发烧级音箱内置4个采用反射式设计的低音喇叭、1个1英寸丝織复合式半球高音喇叭、2个7英寸Tactic II中音喇叭和1个7英寸Tactic II低音喇叭，采取2.5分频方式。作为该公司第五代音箱的A.C.T. One Evolution P1在重新设计中，用心之处遍及音箱的材料选择、部件几何形式，以及关键驱动技术的智能化开发，不仅仅是其驱动单元阵列的演变进步。A.C.T. One Evolution P1 在技术、功能、特性上有什么亮点特色呐？

图7 Wilson Benesch A.C.T. One Evolution P1

1、卓越的复合材料箱体为声音保真奠定基础

A.C.T. One Evolution P1的重点特色是箱体上得益于借助Wilson Benesch公司专利拥有的A.C.T(Advanced Conposite Technology)先进复合材料技术首创的重量轻、强度高、加工成型方便的碳纤复合材料，这种先进材料用在箱体板材上能大大降低箱体共振和着色，结合精密裁切而成的合金前后障板，以及箱体顶部的圆弧形倾斜设计，使得箱体的刚硬度、共振阻尼和长久不变的耐力等特性显著提高，从而最终确保了声音再现的高保真度。

2、Tactic II喇叭的使用使音箱运作效率提高

A.C.T. One Evolution P1使用了Wilson Benesch公司与英国Sheffield Hallam大学合作开发设计出的Tactic II喇叭，这类全新驱动引擎中的钕磁铁厚度高达10mm，磁力释放比前代高出50%，因而使音箱效率提高了3dB。与此同时，喇叭的运作线性也有明显的提升。另外，Troika技术在以全音域Tactic II喇叭为核心的系统中的应用，一来可使分频线路简化，二来相位失真也能得到最大程度的降低。

八、Samsung Gear Fit2

Gear Fit2是一款智能手环(参见图8)，由三星公司开发，本机内置心率监视器、GPS、加速度计、陀螺仪等多个传感器和一枚1GHz的双核Exynos 3250处理器，采用三星自家的Tizen操作系统，配备1.5英寸曲面Super AMOLED显示屏，本款符合IP68级别防水防尘的轻柔手环用途广泛，包括健身锻炼跟踪、运动信息记录、音乐聆听欣赏，以及涵盖电子邮件、文本信息、即时通讯、社交网络更新的手机通知显示等。本机支持15种不同的运动类型，包括踏步机、跑步机、瑜伽、弓步、仰卧起坐和下蹲等。借助蓝牙4.2，本机可以与兼容的智能手机连接，也会自动连上与手机相同的无线局域网。内置200mAh的电池可使用3–4天，待机5天。Gear Fit2在技术、功能、特性上有什么亮点特色呐？

图8 Samsung Gear Fit2

1、健身好伴侣让锻炼安全达到健康目标

Gear Fit2的首要功能是健身，它可以用来准确跟踪与记录健身目标的进展情况，并能自动检测出是散步、跑步、骑自行车，或使用椭圆机中的哪一种运动类型。其内置附有地图的GPS循迹功能可以实时精确跟踪用户的跑步路线、距离和速度，并借助三星S Health 应用在衡量健身强弱之后在"距离、速度、路线和卡路里"等方面做出适合自己身体状况的降低，或增强力度的调整，以便安全达到健身目标。该程序还具有奖励达到健身目标的用户和鼓励朋友间健身竞赛的用途。另外，本机一项新设计可根据不同运动类型，针对性地通过动画形式来提示健身者应在所训练项目的技巧上多加留意，以使跟踪精确度更符合实际状况。

2、边训练边音乐欣赏让健身轻松休闲

Gear Fit2为了使锻炼不枯燥，用户既可通过蓝牙连接无缝获得来自其他蓝牙设备上的音乐节目，也可以通过内置独立音乐播放器欣赏存储在内置4GB存储器上的曲目。除了音量控制外，用户还可以加载Spotify播放列表。值得注意的是，本机没有扬声器，需通过蓝牙无线耳机的连接来欣赏所播放音乐。为方便欣赏，借助Samsung Gear应用，本机与智能手机上的音乐可以彼此转移。

3、显示界面自定义满足用户各自个性化偏爱

Gear Fit2的用途广泛，自然对应的界面也多。为便于查看，本机精心设计了易于浏览和理解的直观的显示界面，并提供包括简单的采用手势驱动的很多界面供用户选择，而且需要时还能通过Gear App下载更新。甚至于用户可以根据自己对界面的个性化偏爱，通过不同的接口来自定义卡路里消耗指数、步数、心率，以及简单的运动日志展示等功能界面元素。

(未完待续)(下转第160页)

◇上海 解放

2018年4月22日出版 ■实用性 ■启发性 ■资料性 ■信息性

第16期 国内统一刊号:CN51-0091 定价:1.50元 邮局订阅代号:61-75

地址:(610041)成都市天府大道北段1480号德商国际A座1801 网址:http://www.netdzb.com

(总第1953期)

让每篇文章都对读者有用

笔记本超薄进化史

笔记本诞生的目的就是为了方便携带,因此在保持性能的前提下如何尽量减小重量和体积一直是设计师绞尽脑汁去解决的问题;而其中体积主要就是超薄化,那么在超薄化上都有哪些改进?

电池

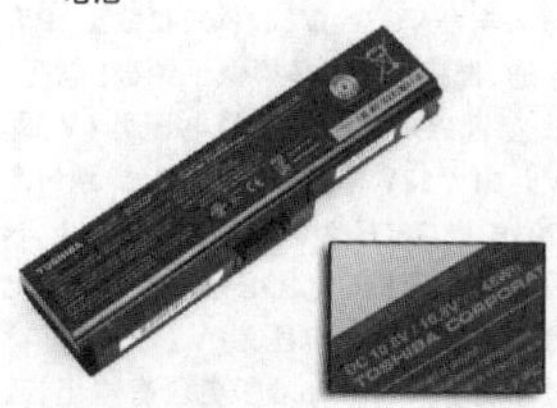

以往的笔记本产品通常采用18650电芯(锂离子电池的一种)作为电池,这种电芯能够提供很高的容量以及可观的功率输出,成本方面也相对较低,性价比很高。但是该电池缺点也很明显,一是体积大,直径有18mm;二是充放电次数有限,在正常使用一年后容量衰减就十分明显,这也是为什么老笔记本必须用电源线工作的原因,顺带说一句,很多廉价的电动充电玩具也是采用的这种电池,有些不法商家直接采用二手拆卸下来的18650电池。

因此超薄本采用锂聚合物电池,除了体积小以外其寿命大约能达到锂离子电池的两到三倍,而且还能够提供优于锂离子电池的能量密度,也就是说能够在更小更轻的前提下提供相同或更高的能量。

工艺改进

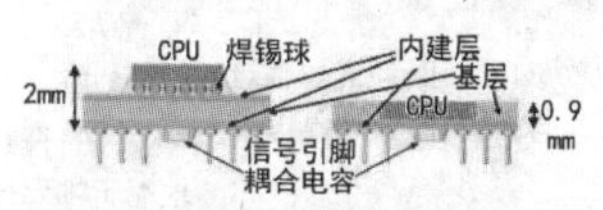

从英特尔第四代酷睿处理器开始,CPU采用BGA封装工艺(Ball Grid Array,即球栅阵列封装);而此前采用的是PGA封装工艺(Ceramic Pin Grid Arrau Package,插针网格阵列封装技术),其处理器插槽是一个厚度大约为3、4mm的底座,这个底座需要与主板相连,而CPU的PCB与核心芯片(DIE)刨去针脚后也有3mm左右的厚度。在底座上插入CPU,再扣上一个散热均热板以及热管,这一层夹心合在一起之后厚度也会超过20mm。

不过BGA工艺也有缺点,就是玩家不能擅自升级更换CPU了。

简化散热系统

为了将机身做薄,几乎所有轻薄本的热管都被拍扁了,热管原本是要利用内部的循环来进行高速导热,可是被拍扁以后的热管就完全变成一片薄铜片了。除了热管,轻薄本的散热鳍片体积也迎来了进一步缩减,有的甚至砍掉了风扇,或者风扇的尺寸大大减小,自然散热效果相对减小。

CPU

CPU虽说不在各笔记本厂商生产设计之列,但得益于新工艺的制程,相对前一代同性能发热量也大幅度降低;因此,发热设计才敢采用"缩水"设计。

Max-Q

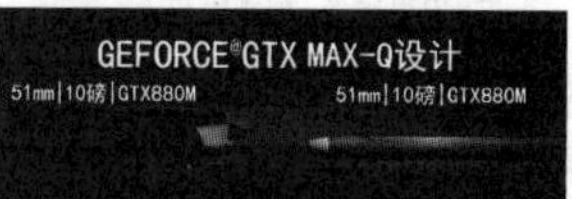

2017年中出现的最新显卡技术NVIDIA MAX-Q技术,利用了最新的显卡的功耗和性能提升的关系,将显卡的功率降低了40%,但是能够将显卡的性能发挥到90%以上,实现了两者之间最大的转换率。这样的设计能够有效地降低显卡的散热空间和噪音,使得中高端游戏本成为超薄本变成可能,在最新一批的游戏本中大家可以看到MAX-Q的身影。

接口

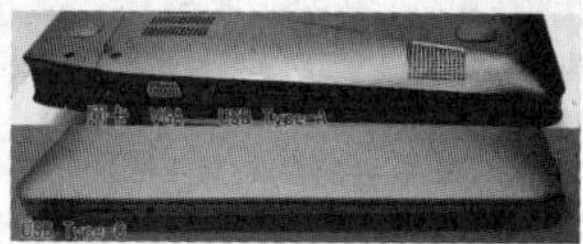

VGA(显卡/视频输出接口)、网线接口(改为板载无线网卡代替)与USB Type-A(升级为Type-C代替)对于笔记本来说,有些功能实在用的太少,确实显得过于麻烦了,去掉这些设备接口或者替换掉让笔记本更为轻薄。

(本文原载第8期11版)

关于散热的几个细节

对于中高配置的主机来说,散热很重要,尤其是在超频的时候。而主机散热的部件很多,除了主板和硬盘没有单独的散热配件外,几乎都有相应的散热部件。

对于普通的DIY玩家来说散热器主要是风冷和水冷散热两种方式,至于液氮散热那是追求极致的超频跑分才采用的,这里就不说了。

很多人都认为风冷一定比不上水冷,理由是水冷散热那么贵肯定比风冷效果好,其实这话不完全对。水冷散热的原理是用比热容高的水充当介质将热量传导至大面积的散热鳍片上,并且水冷散热器必须做好防水的密封措施,因此成本也更高,当然就觉得水冷效果更胜一筹了。

由于水冷的定价比风冷高很多,拿2000元价位的水冷散热器和200元的风冷散热器进行比较本身就是一种误区。在低价位,同样有几百元的水冷散热器,不过低价位的水冷往往存在做工粗糙、由于材料成本导热率差,一旦发生漏液后果不堪设想。而作为风冷散热器,上了几百元的完全可以满足一般情况下的使用需求,用料和做工也能有保证。

进一步讲风冷散热器的结构,多数风冷散热器都采用穿FIN工艺,也就是热管穿过鳍片接触连接的方式,其缺点在于遇到碰撞时有可能会发生移位甚至破损,造成减小接触面从而影响散热效果。还有一些采用焊接的工艺,将金属散热片与铜管之间用锡膏焊接在一起,这样能最大量保证将铜管的热量传导到散热片后再让风扇吹走;如果遇上焊接不牢固也会因接触面影响散热效果。

风冷散热器的另一个重要部件就是吹风的风扇了。多数风扇采用滚珠轴承设计,这种风扇结构优点是使用寿命更长,可达数万甚至十万小时,缺点则是噪音较大,尤其长时间使用后更为明显,这也是旧电脑为什么一开机就听到"嗡嗡嗡"的声音。因此,有的风扇为了追求静音效果采用油轴设计,缺点则是寿命只有几千小时。这里不建议为油珠擅自添加润滑油,因为除了容易破坏其紧密的结构导致进灰外还很有可能因润滑油的黏度问题导致摩擦阻力增大,效果适得其反。

(本文原载第8期11版)

如何选购机箱

对于喜欢DIY的朋友来说,有的对机箱完全不在意,随随便便配1个就是了,有的又只管外形觉得好看就行;而这里我们主要从内部布局和散热效果为大家分析各种不同配置该如何选机箱。

全塔机箱

全塔式机箱的优点在于内部空间大,拓展能力强,特别喜欢庞大东西(各种高效CPU散热器和发烧显卡等)的个别爱好者的选择。全塔式机箱能够让你在里面安装水冷,由于体积庞大,内部空间充裕,布局合理的情况下散热性能也很优秀。单有优点就会有缺点,全塔式机箱身形庞大,而且价格都不低。

中塔机箱

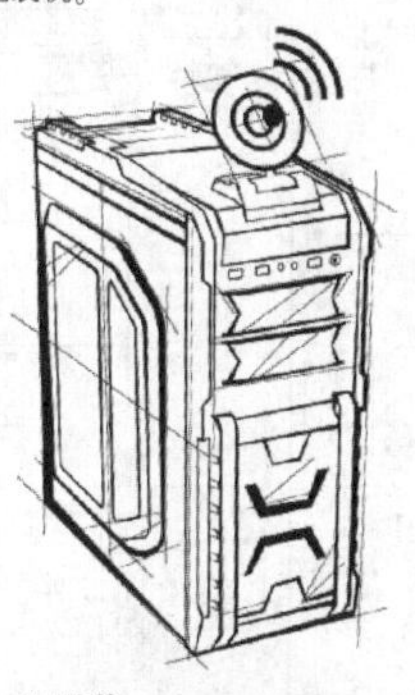

体型比全塔小一些,拓展性适中,能装下中高端显卡,也能承载ATX板型;散热能力也不差,也可以安装水冷等散热装置;价格还比较便宜,适合大众人群和网吧装机。

Mini机箱

支持M-ATX主板,体积较为小,对于集显和低功耗CPU的用户来说,mini型机箱是首选,也有的min机箱也能安装显卡,散热则主要通过机箱的气孔。通常选择这种类型机箱的人群都对电脑性能的要求不是很高。

HTPC机箱

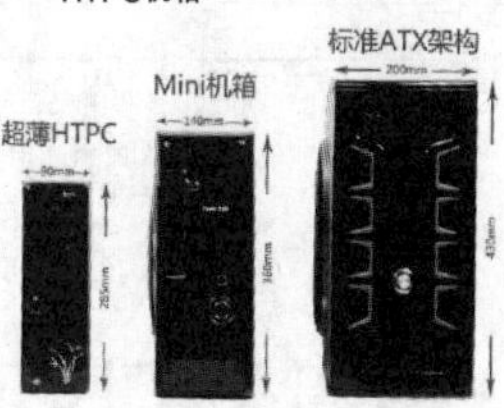

还有一种更为极致的机箱—HTPC机箱;常见的超薄HTPC机箱厚度一般是10cm左右,而常见的显卡宽度是12cm。所以超薄HTPC机箱只能使用窄版显卡,并且只能使用低端显卡,因为这种超薄机箱自带的低瓦数电源根本无法满足中端显卡的需求,机箱也无法更换ATX电源,更不要谈散热了。超薄HTCP机箱在扩展方面同样很差,只能安装1个光驱、1-2个硬盘。

(本文原载第8期11版)

HYUNDAI现代H3260型LED液晶电视二合一电源板原理

HYUNDAI现代H3260型液晶电视的二合一开关电源实物正面如图2所示，反面如图3。该电路资料难寻，只好摸索着维修，维修中深刻体会到没有图纸时的艰辛。为了以后维修方便，同时也为自己留下第一手资料，笔者根据实物画出电路原理图1。该机开关电源原理图中集成电路型号、电阻阻值、电解电容的容量都是根据实物标注所写的，由于贴片电容实物不标注容量，所以图中无法标注容量，请谅解！由于篇幅所限，这里先分析开关电源原理图，背光电路原理图以后再分析。下面剖析开关电源工作原理：

一、市电输入、整流电路

220V交流市电经过由电阻RT1、RV1、RX1、RX2、RX3、RX4、电感LF2、电容CX1组成的滤波电路后，加到以二极管D104、D105、D106、D107组成的桥式整流电路整流，经电容EC101滤波后产生约300V直流电压。其中RT1(型号5D一11)为负温度系数热敏电阻，即阻值随温度升高而减小。没通电时阻值较大约5Ω左右，通电瞬间减小对整流桥、滤波电容的冲击。工作后温度升高，阻值变小，以减小电源内阻。RV1（型号10681)为压敏电阻，正常时220V交流市电的峰值电压达不到它的击穿电压，故此时RV1安然无恙。当市电电压升高瞬间，比如380V进户，其峰值超过了它的击穿电压，故RV1击穿，将保险丝F1烧断，切断市电回路，保护了后续电路。

二、振荡、整流滤波、稳压电路

通电300V电压通过开关变压器T101初级绕组N1，与此同时，300V电压还通过启动电阻R111、R113、R114加到电源管理芯片U101(型号LEP35)的⑤脚，则电路启振，从U101的⑥脚输出激励脉冲，去控制场效应功率管PQ101(7N60)的导通与截止。热地端绕组N2两端产生的感应电压，经R10限流由二极管D103整流，在滤波电容EC102上产生约13V左右直流电压，通过三端二极管D103加到电源管理芯片U101的⑤脚，来取代启动电压，维持芯片的工作。U101的④脚为过流取样输入脚，流过大功率场效应管PQ101的电流，会在取样电阻RS101上产生电压降，通过R100送到④脚。当电流达到保护程度时，U101保护启动，⑥脚停止输出脉冲。C101、R102、R101、D101是尖峰吸收回路，即谐振回路。

冷地端绕组N3两端产生的感应电压，经过并联的两只二极管PD204、PD205整流后，在滤波电容EC206、EC208上产生5Vsb待机直流电压。

冷地端绕组N4两端产生的感应电压，经过并联的两只二极管PD202、PD203整流后，在滤波电容EC204上产生12V直流电压。

冷地端绕组N5两端产生的感应电压，经三端整流二极管PD201整流后，在滤波电容EC201上产生24V直流电压。

稳压过程：当某种原因使5Vsb、电容EC204上的12V电压有升高趋势时，取样电阻R226电压有所升高，即U203(TL431)的R极电压升高，则U203的K极电压下降，使光耦P201冷地端发光增强，则热地端导通程度增强，使电源管理芯片的U101的②脚电压下降，那么⑥脚输出脉冲的占空比改变，使5Vsb、电容EC204上的12V电压保持不变。当某种原因使5Vsb、电容EC204上的12V电压有下降趋势时，取样电阻R226电压有所下降，即U203(TL431)的R极电压下降，则U203的K极电压升高，使光耦P201冷地端发光减弱，则热地端导通程度减弱，使电源管理芯片的U101的②脚电压升高，那么⑥脚输出脉冲的占空比改变，使5Vsb、电容EC204上的12V电压保持不变。

三、开、待机电路

由于该机无副电源，所以不论开机、待机时，开关电源变压器的各次级整流滤波电路都会有标准电压输出。开待机电路主要由三极管Q202、N沟道场效应管PQ203(型号STU446S)、P沟道场效应管PQ202(型号为STU303S)、P沟道场效应管PQ201（型号为STU417S)等组成。待机时，主板给电源板PS端子0V电压，故开、待机控制三极管Q202截止。P沟道场效应管PQ201的栅极G电压为24V，源极电压也为24V，栅源电压VGS=0V，故PQ201截止。P沟道场效应管要导通，栅极G电压必须低于源极S电压，所以P沟道场效应管PQ201的漏极D电压为0V，即24V端子电为0V。P沟道场效应管PQ202的栅极G电压为12V，源极电压也为12V，栅源电压VGS=0V，故PQ202截止。P沟道场效应管要导通，栅极G电压必须低于源极S电压，所以P沟道场效应管PQ202的漏极D电压为0V，即12V端子电为0V。由于12V端子电压为0V，导致N沟道场效应管PQ203的极G电压为0V，故PQ203截止。N沟道场效应管要导通，栅极G电压必须高于源极S电压，源极S电压为0V，即5V端子电压为0V。

可见待机时各端子只有5Vsb端子电压有输出，其他端子均无输出。开机时，主板送给电源板PS端子电压为高电平，通过R231、D206加到开、待机控制三极Q202管的基极，使三极管Q202的基极电压为0.7V，故开、待机三极管Q202饱和导通，则集电极电压为0V。P沟道场效应管PQ201的栅极G电压被拉低到8V，源极电压为24V，故栅源电压VGS=一16V，即栅极G电压比源极S低16V，故PQ201导通，所以P沟道场效应管PQ201的漏极D电压为24V，即24V端子电为24V。P沟道场效应管PQ202的栅极G电压，通过三端二极管D201中的一只被拉低到0.5V，源极电压为12V，故栅源电压VGS=一11.5V，即栅极G电压比源极S电压低11.5V，故PQ202导通，所以P沟道场效应管PQ202的漏极D电压为12V，即12V端子电为12V。由于12V端子电压为12V，导致N沟道场效应管PQ203的栅极G电压为12V。可分两个阶段：第一阶段，刚开始时，源极电压为0V，故栅源电压VGS=12V，即栅极G电压比源极S电压高12V，故PQ203导通，则源极S电压为5V，即5V端子电压为5V；第二阶段，当PQ203导通后，源极电压为5V，栅极G仍为12V，此时栅源电压VGS=7V，即栅极G电压比源极S电压高7V，仍旧能维持PQ203导通，即5V端子电压在开机后就一直是5V。可见开机时各端子都输出标准常态电压。

注意：N沟道场效应管、P沟道场效应管的区别如下：

1.画法不同。PQ203是N沟道的，源极S箭头朝里，PQ202、PQ203是P沟道的，源极S箭头朝外。

2.导通时所加的栅源电压VGS方向不同。N沟道的为正方向，即栅极G电压必须高于源极S电压。而P沟道为负方向，即栅极G电压必须低于源极S电压。

3.电流方向不同。N沟道的电流由漏极D流向源极S，而P沟通的电流则由源极S流向漏极D。

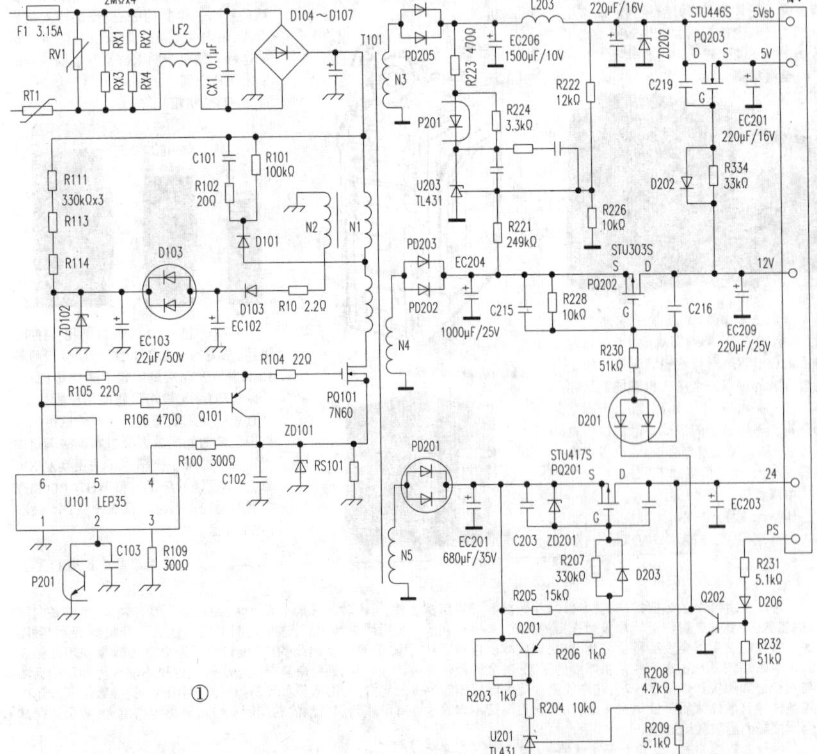

①

◇吉林 李洪臣

iPhone X快速上手小技巧

相信很多朋友已经在开始使用iPhone X，这里介绍一些可以帮助大家快速上手的小技巧。

1.屏幕周边技巧

如果从屏幕右上角向下滑动，可以激活控制中心；从屏幕左上角向下滑动，可以激活通知中心；如果是从屏幕底部白条位置下滑，可以呼出Reachability；如果需要锁屏，可以通过3D touch轻轻按压即可直接使用。

2.多任务技巧

从屏幕底部向上滑动，可以直接退出当前应用；从屏幕底部向上滑动并稍作悬浮，可以激活多任务界面，从而实现快速切换，或者也可以左右滑动屏幕底部；如果需要进入后台切换App，可以从当前App界面上拉并稍作悬浮。

如果需要从后台关闭某一个App，可以通过3D Touch按压直至出现删除键，接下来上划就可以了。

3.侧边键技巧

如果你有Apple Watch设备，那么很快就可以熟悉iPhone X的侧边键。双击侧边键，可以呼出Apple Pay；长按侧边键，可以呼出Siri助手；如果是同时按下侧边键和音量+，那么可以获得屏幕快照（截屏）；如果是同时按下侧边键和音量-，那么可以弹出关机选项；如果连续按下五次侧边键，那么可以呼出SOS以及关机选项；依次点击音量+、音量+并长按侧边键，那么将强制重启iPhone X。

当然，如果需要在关机状态下进入DFU模式，可以同时长按音量-和侧边键至少五秒，松开侧边键继续按音量-至少10秒。如果是在开机状态下进入DFU模式，可以依次点击音量+、音量+并长按侧边键至少10秒，接下来再长按音量-就可以了。

4. 一击唤醒iPhone X

很多朋友需要唤醒iPhone X的时候，大部分情况下是想看一看当前的时间，一般是在"设置→通用→辅助功能"启用"抬起唤醒"的功能，或者按一下侧边键。其实，我们并不需要启用"抬起唤醒"的功能，当iPhone X处于锁屏状态时，只要使用一个手指单击屏幕（双击也可以），即可点亮屏幕，类似于Apple Watch那样，如果在充电状态下，单击屏幕还可以同时查看电量。

当然，如果不想使用单击唤醒的功能，可以进入辅助功能界面关闭"轻触唤醒"。

5.关闭iPhone X也有技巧

与以前的iPhone不太一样，当需要关闭iPhone X时，如果还是像以前那样长按电源键，那么只会呼出Siri界面，这里需要讲究一些技巧。

同时按下音量"-"或"+"和侧边按钮，此时会弹出关机界面。或者也可以进入设置界面，选择"通用"，向下滑动屏幕到最底部（如图1所示），在这里选择"关机"就可以了。

当然，也可以呼出Siri，告诉Siri说"关机"（如图2所示），此时Siri会告诉你需要按下哪两个键。

①

②

◇江苏 王志军

使用iOS原生功能查看电池健康情况

为了查看iPhone等iOS设备的电池健康情况，很多朋友会安装第三方的软件，其实如果你使用的是iPhone 6或之后的机型，只要将iOS更新至11.3 Beta2或更高版本，即可直接查看电池健康情况。

进入设置界面，在这里选择"电池→电池健康度（Beta版）"，点击右侧的">"按钮（如附图所示），我们可以在这里查看性能管理功能是否开户，而且可以选择关闭该功能，可以查看最大容量、高峰期效能容量等信息，并在需要时建议更换电池。遗憾的是，这个版本暂时还没有提供手动开关。

需要提醒的是，在使用性能管理功能之后，如果电池无法提供必需的峰值功率，iPhone将自动关机。如果停用性能管理功能，将无法再次手工启用该功能，必须当发生第一次意外关机时，该功能才会再次自动开启。

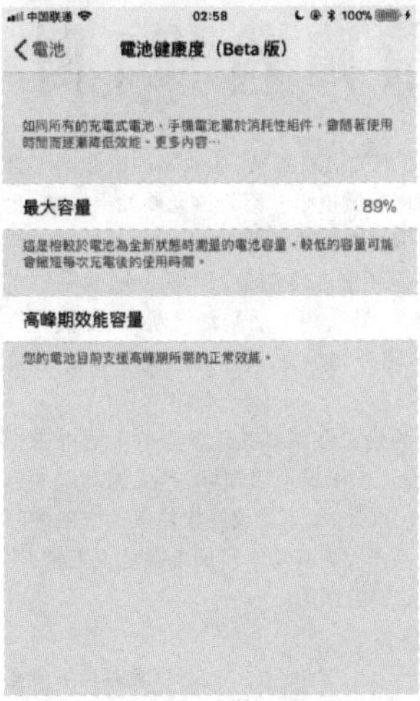

◇江苏 大江东去

班班通设备管养维护经验谈（下）

（紧接上期本版）

当然前面列举的都是一些常见的小故障，当遇到一些不常见的特殊故障时也不用着急，只要冷静下来分析思考，敢于动手实践也是能够解决问题的。笔者曾碰到某班的"班班通"电脑Win7系统出了问题，由于当时电脑安装不久，而电脑公司安装时也没有做相应的备份，就按常规方式给电脑重做了系统，没想到做好系统后发现白板可以正常联机但电磁笔无法书写，查看白板服务软件各项设置都正确，电脑运行其他程序也一切正常，更换白板控制板、电磁笔和USB连接线都无效，与白板售后技术人员联系，他们的回答是由于周围电磁干扰造成，还特地邮寄几块改进后的抗干扰版控制板，收到后更换了新的控制板，但问题没有得到解决。后来冷静下来思考整个维修过程，发现自己装系统时为省事使用Ghost版Win7，很可能就是Ghost版因精减过度而造成的古怪故障，于是找来随机配发的光盘一步一步安装系统问题就顺利解决了。为防止类似事件再次发生，把这台刚安装好的系统用Ghost做了备份并拷贝到带PE启动功能的大容量U盘里，其他班级电脑硬件相同，用该U盘启动电脑并恢复系统即可快速解决软件类问题（在同一局域网内恢复系统后要用软件修改SID标识，如图7所示），其他电脑包括DLP63M背投一体机均可以使用Ghost做备份以方便以后碰到软件问题时快速恢复系统。还碰到过一台价值上万元的神州数码DCFW-1800S防火墙，故障现象是机器上5个千兆网口不可用，不过从指示灯判断机器能正常工作，拆开机器检查发现88E6165芯片严重发热（如图8所示），查资料得知该芯片就是常用的千兆交换芯片，专门负责管理网络物理接口工作，于是花几十元从网上买来一块后换上防火墙就正常工作了。类似的案例还有很多，比如大部分网络设备损坏都是电源部分出现问题造成的，它们工作时所需电压有12V、5V和3.3V，而这些电压在淘汰的ATX电源盒中都有（黄色12V、红色5V、橙色3.3V），应急维修时只要将绿线与地短路即可让ATX电源盒输出这些电压。电信部门送给我校的思科NAV10-WF路由器和NetLink HTB-1100S内网光纤收发器曾因市电异常而烧坏电源适配器，找当地电信部门维修，价格不菲而且要等待几个月订货，这时就用电脑淘汰下来的ATX电源为这些设备供电，刚好一个是5V一个是12V，效果非常理想。

三、借助互联网交流平台，提高远程教学设备应用水平和维护水平。

个人的能力毕竟有限，管理员要善于借助"互联网+"模式来提高远程教学设备应用水平和维护水平，管理员可以加入各种装备技术维护QQ群或微信群，通过交流获得解决办法。通过网络还可以采购某些配件，不仅速度快质量好，价格也比较实惠。

总之，现代远程教育设备和资源的广泛使用，为广大中小学增添了腾飞的翅膀，而维护管理好这些设备才是关键。

（全文完）

◇安徽 陈晓军 高 东 林文明

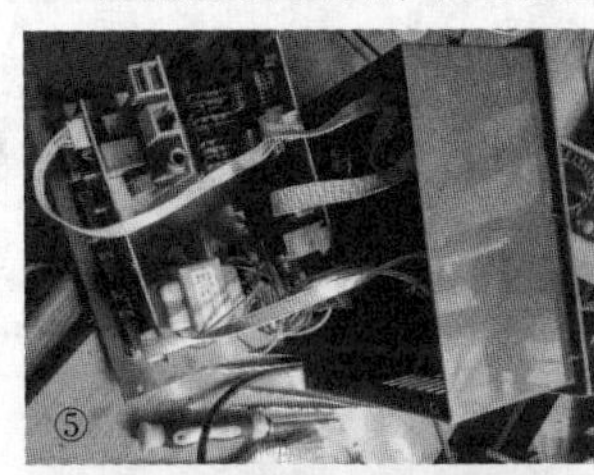
⑤

⑥

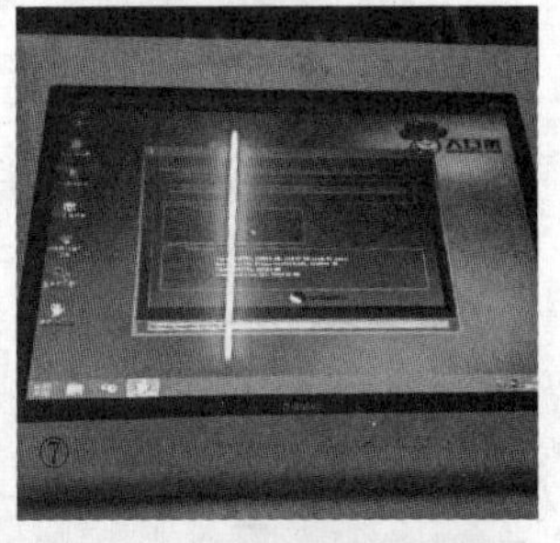
⑦

⑧

充电式手电筒原理与故障检修

充电式手电筒已经替代传统手电筒，普及到千家万户，由于其质量参差不齐，故障率较高。下面笔者解剖了一款雅格牌手电筒，根据实物绘制了电路图，分析了其工作原理，做出了维修提示，供同行们维修充电式手电筒参考。

一、工作原理

手电筒的内部结构如图1所示，由充电插头、电路板和点灯开关、蓄电池、灯珠组成。其电路板如图2所示，根据图2实物绘制的工作原理电路图如图3所示。其电路由充电电路和点灯电路两部分组成。

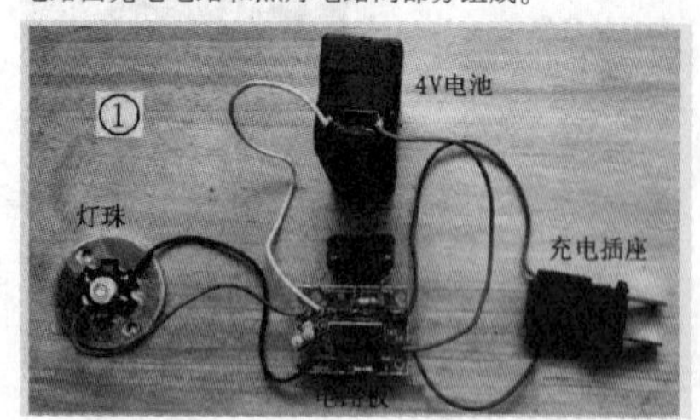

1.充电电路

充电电路由C1、R1组成的降压电路和D1~D4组成的整流电路两部分组成。

充电时，将充电插头插入AC220V市电插座时，AC220V市电N、L经过导线送到电路板，经过C1和R1并联降压后，获得7V左右的交流电压，该电压再经D1~D4全桥整流，获得4.5V左右的单方向脉动直流电压，为蓄电池充电。同时+4.5V电压经R2限流后将指示灯LED1点亮，作为充电指示灯。

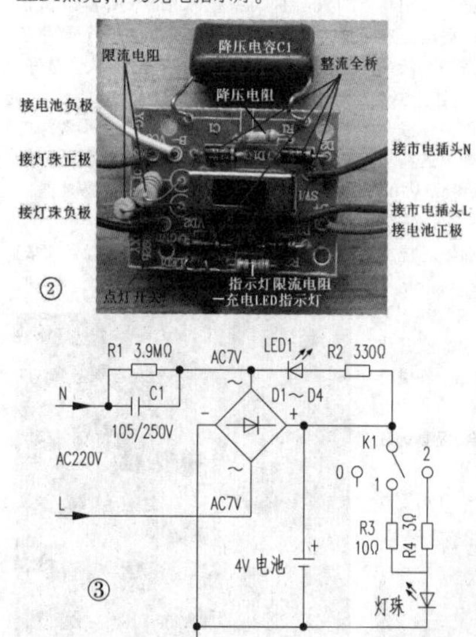

2.点灯电路

点灯电路由控制开关K1，限流电阻R3、R4和灯珠组成。

当点灯开关K1置于0时，点灯电路置于关闭状态，灯珠没有与供电电池连接，灯珠熄灭状态；当点灯开关K1置于1时，点灯电路置于低亮度状态，电池通过电阻R3与灯珠相连接，灯珠获电发光点亮，由于R3阻值为10Ω较大，降压和限流作用明显，实测灯珠两端电压在3V左右，R3两端压降在1.2V左右，灯珠亮度较低；当点灯开关K1置于2时，点灯电路置于高亮度状态，电池通过电阻R4与灯珠相连接，灯珠获电发光点亮，由于R4阻值为3Ω较小，实测灯珠两端电压在3.2V左右，R4两端压降在1V左右，降压和限流作用小，灯珠亮度较高。

二、常见故障检修

常见故障主要有不能充电和不能点灯、点灯异常两种。

1.不能充电

该故障说明充电电路异常，不能对内部蓄电池充电，致使蓄电池放电完毕后，电量不足而不能将灯珠点亮。

维修时，先测量整流全桥市电输入端电压，正常时在AC7V左右，如果无电压，则是电源插头接触不良，降压电路C1或R1开焊、失效等。

2.不能点灯或点灯异常

当蓄电池失效或蓄能下降，造成灯珠供电不足，产生亮度降低或不能点亮故障；若灯珠损坏，多会产生不能发光的故障。而控制开关的触点接触不良，限流电阻阻值增大或接触不良，也会造成灯珠不亮、亮度降低、时亮时灭的故障。

维修时，先测量蓄电池的两端电压，正常时在4.0~4.5V之间，如果无电压，则是蓄电池失效；蓄电池电压正常，推上点灯开关置于1、2位置，测量灯珠两端电压，如果无电压，则是点灯开关接触不良或限流电阻R3或R4烧断或接触不良；如果灯珠两端有电压，但灯珠不亮，则是灯珠损坏。

【注意】1)当为充电式手电筒充电时，最好不要进行点灯操作，由于充电时蓄电池两端电压较高，容易烧坏灯珠，为此很多手电筒设置了充电保护电路，充电时不能点灯。2)充电式手电筒的灯珠多为特殊的LED灯珠，外形和参数有多种，见图4所示。常见的灯珠发白光，个别手电筒灯珠发黄光或蓝光，灯珠点灯电压多高于3V，亮度和灯珠功率有关，常见为1W、3W、5W不等。因此，维修时，必须更换外形和功率、电压参数相同的灯珠，以免不能正常使用或再次损坏。

【提示】判断灯珠是否正常有测量阻值和供电两种方法。测量阻值时，将指针式万用表R×1k挡，测量其正向电阻时负表笔接灯珠的+极，正表笔接灯珠的负极，阻值为6k左右；对调表笔后测量灯珠反向电阻为无限大。如果正向电阻很大或正反向电阻相同，则该灯珠内部损坏。

测量灯珠两端供电电压，灯珠两端的电压应该低于蓄电池两端电压，如果等于蓄电池两端电压，说明灯珠内部开路，没有电流流过灯珠；若灯珠供电低，则检查灯珠是否短路，若灯珠正常，说明限流电阻、开关是否开路，或蓄电池电量不足。

【编者注】实际维修中，采用数字万用表的二极管挡(PN结压降测量挡)检测灯珠比较简单明了。在断电的情况下，用数字万用表的二极管挡在路测量灯珠的导通压降时，若灯珠被点亮，则说明被测的灯珠正常，若不能点亮，且数值过大或蜂鸣器鸣叫，说明被测的灯珠异常。

3.维修实例

例1.手电筒不亮

分析与维修：拆开测量，蓄电池两端有4V左右电压，推上点灯开关到1、2挡，测量灯珠两端有4V左右电压，判断点灯电路的开关和限流电阻正常，是灯珠内部损坏，询问客户，是充电时，进行点灯操作，发现灯珠亮度比平时高，数分钟后，灯珠熄灭了，再进行点灯不亮了，估计是充电时电压较高，将灯珠烧坏。拆下测量灯珠正、反向电阻均为6k左右，判断灯珠损坏，用同规格灯珠更换后，故障排除。

例2.手电筒亮度降低

分析与维修：拆开测量，蓄电池两端有3V左右电压，低于正常值。对蓄电池进行彩电操作，同时车辆蓄电池两端电压，仍为3V左右，同时LED指示灯不亮，判断充电电路发生故障，检查充电电路，测量整流桥输入电压为1V左右，检查充电电路时，发现C1无容量失效，用105/250V电容更换C1后，进行充电时测量蓄电池两端电压高于4V，充电两个小时后，进行点灯试验灯珠亮度还是很低，此时测量蓄电池两端电压为3.5V左右，判断蓄电池内部不良，蓄电能力差。更换同规格蓄电池后，手电筒亮度恢复正常，故障排除。

由于廉价的充电式手电筒采用的蓄电池价格低廉、蓄电功能较差，使用寿命较短，蓄电池使用一到两年后就会发生充不进电的故障。

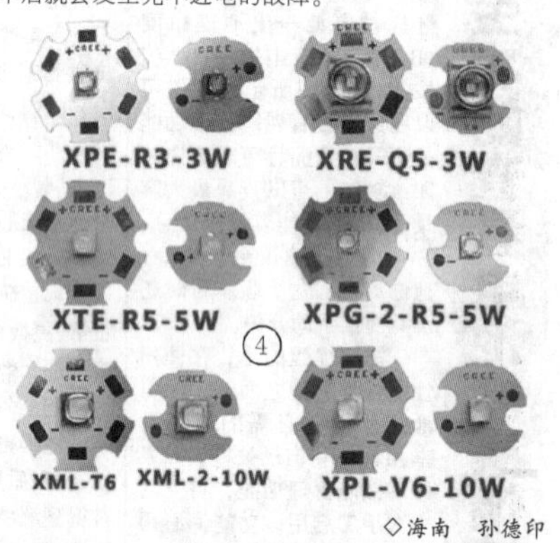

◇海南 孙德印

美的电磁炉间歇加热故障检修1例

故障现象：一台C21-FT2102型美的电磁炉操作及面板显示正常，但出现加热3秒钟、暂停3秒钟的间歇性加热故障

分析与检修：拆开电磁炉的后盖，将加热线盘卸下，察看电路板上的元器件外观正常，在路检测电路板上的二极管、大电阻、电容等主要元件也正常，怀疑主板上的功率可调电阻变值，使输出功率变大，或风扇电机因故停转，造成面板温度过高而使机器进入热保护状态。因本机的散热风扇运转正常，且才加热3秒钟就停止工作，估计不会是功率过载和温升过高所致。对本机的电源电路和电流检测电路进行了检查，没有发现问题。会不会是锅具温度检测电路和IGBT温度检测电路出现问题所导致？于是，对这两部分电路的相关元件也进行了检测，同样没有发现故障元件。而后分析，既然相关电路正常，那故障的根源会不会就在主板的功率可调电阻？因为该元件如果异常，也会导致间歇加热。该机功率可调电阻VR1的标称值为10k，用指针式万用表在路测量却大于30k，表明该可调电阻的确存在问题，焊下后测量已断路，更换一只新的10k可调电阻并调整后，间歇加热现象消失，故障排除。

值得强调的是，在维修其他型号的美的电磁炉时，发现因主板功率可调电阻损坏，产生的间歇加热故障不在少数。因此，笔者建议在检修美的电磁炉间歇加热故障时，先检查其功率可调电阻是否正常，往往能起到事半功倍的作用。

◇青岛 宋国盛

新大陆(NLE-JS2000)高职院校物联网应用技能大赛平台应用(1)

一、概述

物联网工程应用实训系统2.0(NLE-JS2000),是新大陆针对物联网行业综合技能型人才培养，基于对物联网的识别、感知、通讯传输、组网技术以及数据分析的递进架构体系设计开发的，用于物联网、计算机、电子、网络等相关专业的物联网技术实训教学产品。

整个系统由实训工位与行业应用套件及平台资源包三部分组成。行业应用套件整合了无线射频识别技术、传感网技术、短距离通讯技术、最新移动支付技术、读写器开发技术等部件，平台资源包包含新大陆物联网网关以及部分传感器、控制器，用户可以基于网关扩展个性化的硬件配置，使得硬件部分更加多样满足各种实验需求；软件使用了云平台架构，提供云数据存储，用户可以根据需要对数据进行存储、查询、图表统计，平台也开放了灵活丰富安全的API接口，可基于接口创建PC端、android端等平台的应用，满足用户各种实验的需要。同时用户也可以根据自身的教学情况，挂载其它行业应用套件，满足教学与实训的扩展需求。平台资源包，包含了部分硬件及云服务平台。

产品同时配套了细致全面的实训教程和技术资源，重点培养学生在物联网系统集成和开发、物联网系统运行和维护等方面的实际动手操作能力，使学生能更系统化、全面的对接到信息技术行业的岗位技能需求上。

整合后的整个物联网工程应用实训系统2.0,以大量物联网设备配置、使用、操作的技能训练为基础，增加物联网网关，突出云平台设计框架，将数据管理、资源管理整合至云服务平台，配套了细致全面的实训教程和技术资源，在培养学生在物联网系统集成和实施、物联网系统运行和维护等方面的实际动手操作能力，重点培养学生物联网平台化的使用与认识。使学生能更系统化、全面的对接到信息技术行业的岗位技能需求上。

1.*教学* 以高职物联网专业人才培养的目标和方法为基础，在实训教学上进行优化和设计，提出从物联网知识技术的认知，到物联网实操技能的训练，最终达到物联网专业岗位能力提升的教学理念。

2.*技术* 设计上将尽量多的、主流的物联网设备或物联网技术集成到系统中，包括传感器技术、数据采集技术、Zigbee传输技术、射频识别技术、无线网络技术、移动互联网技术、嵌入式技术、智能终端技术、电子墨水屏技术、上位机应用软件技术等，物联网相关技术领域覆盖完整、全面。

3.*应用* 采用最贴近生活的物联网行业应用系统——智慧城市为物联网应用方向，学生按照项目要求组织“智慧城市”为主题的物联网应用系统搭建。系统中包含智能商业、智能农业、智能路灯、环境监控及智能安防等多种业务子项，所有的应用场景及业务子项功能，均选材至真实应用的物联网行业应用。该应用的几个环节链条清晰，基本覆盖国家“十二五”规划的几个物联网应用。

基于云服务平台，利用部分原有部件及新增的部件，可以搭建基于云端的智能家居web版、水产养殖android版、智能家居android版。应用中包含了常见的智能家居安防控制、灯光控制、环境监控等，水产养殖则通过监测养殖场所的环境条件控制对应的温湿度、水位等，来保证水产养殖的成功率。

5.*扩展* 软硬件系统采用平台化、模块化设计，结合通用化、标准化设计的物联网实训工位，除了可完成配套实训内容的演示训练，还可以基于物联网实训工位以及系统的软硬件模块，外接、扩展更多的技术或业务。

6.*配套*

该产品除完整的软硬件系统外，还配备针对设备完整的物联网实训指导书、完整丰富的教学实训素材资源、以及基于设备系统的物联网教学视频资料。本产品提供免费的安装部署服务和设备实操培训服务。

二、平台功能

1.功能清单(见表1所示)

2.实训功能

从产品实训的功能角度上，针对高职院校客户，主要包括三方面内容：

2.1.认知型实训功能

包括物联网基础知识、物联网设备认知、物联网技术认知、物联网应用认知：

(1)物联网基础知识

通过本产品的观察和演示操作，使学生接触和感受物联网，了解物联网的基本概念，认识物联网三层架构。

(2)物联网设备认知

通过本产品配备的各种物联网相关设备，如感知类的温湿度传感器、烟雾传感器、火焰传感器等，识别类的UHF桌面发卡器、高频读卡器、条码扫描枪等，终端类的移动互联终端等，通讯类的串口服务器、路由器、Zigbee等，使学生认识、了解和熟悉这些常见的物联网设备。

(3)物联网技术认知

通过对本产品各物联网设备的操作和使用，使学生认识和熟悉典型的物联网相关技术，如RFID技术、传感器技术、ZigBee技术、条码扫描技术、嵌入式终端技术、移动互联网技术、上位机软件技术等。

表1

序号	类型	模块	功能名称
1	实训类	认知型实训功能	物联网基础知识
2			物联网设备认知
3			物联网技术认知
4			物联网应用认知
5			云平台技术认知
6			云平台应用认知
7		实操型实训功能	硬件设备安装调试
8			网络设备连接配置
9			软件系统部署维护
10			应用场景演示操作
11			云端API数据调用与连通
9		开发型实训功能	DotNet客户端开发
10			DotNet Web端开发
11			Android移动端开发
12			无线传感网WSN开发
13	场景类	智能商业管理系统	智能仓储
14			智能货架
15			智能结算
16			信息中心
17			电子商务
18		智能环境管理系统	大气环境监测
19		智能农业管理系统	大棚环境监测
20			大棚智能管理
21		智能路灯管理系统	街道路灯管理
22			楼道路灯管理
23		智能安防管理系统	巡更管理
24			非法入侵监控
25			火灾告警
26		智能家居web版	灯光控制
27			安防监控
28			寝室环境监控
29		智能家居android版	户外模式
30			回家模式
31			睡眠模式
32			手动模式
33		水产养殖android版	养殖环境监控
34			水环境监控

(4)物联网应用认知

通过对本产品所包含的多个场景及系统的演示和操作，使学生了解和熟悉物联网技术在行业上的应用场景，熟悉物联网应用软件系统的形态和内容。

(5)云平台应用认知

通过部署、使用基于云平台提供的基础服务、数据存储、中间件等功能特性，熟悉云平台架构，了解云平台在设备接入的实用性及可扩展性。

2.2.实操型实训功能

包括硬件设备安装调试、网络设备连接配置、软件系统部署维护、应用场景演示操作：

(1)硬件设备安装调试

·将智能环境监控套件的各类传感器、各类执行器件等设备，按照产品配套实训指导书的实训项目要求，安装到物联网实训工位的面板上，并按要求进行接线连接和弱电的供电，并对两个数据采集模块进行配置。

·基于物联网实训工位，按照产品配套实训指导书的实训项目要求，将智能商业应用套件的各种设备，如UHF桌面发卡器、打印机、网络摄像头、LED设备等安装到实训工位面板上，完成连接及供电，并按照要求对各个设备进行配置，保证设备正常工作。

·按照实训指导书要求，将智能安防相关套件，如红外对射、安防巡更等设备安装到实训工位面板上。

(2)网络设备连接配置

按照实训指导书要求，完成设备网络的搭建，包括网络连接布线，无线路由器设定配置，Zigbee、串口服务器、计算机、网络摄像机、移动互联终端等各类接入到网络的终端设备进行网络配置。

(3)软件系统部署维护

·对系统软件的运行环境进行部署安装，如dotNetFramework安装、MS SqlServer安装配置、Web运行环境安装等。

·对产品配套的应用软件进行部署安装配置，如移动互联终端的Android应用软件安装配置、计算机上的服务器及客户端应用软件安装配置等。

·对产品配套软件系统的维护，如数据库的备份及还原、软件系统常见问题的处理、软件系统的更新、日志的维护及处理等。

(4)应用场景演示操作

基于本产品，对智能商业应用场景、智能安防应用场景、智能环境应用场景等5个子功能的使用操作、业务流程进行熟悉和了解，能够操作和演示5个场景的各个子功能的业务环节。同时可以创建基于云服务平台开放API接口的四个个性化案例场景。

(5)云端API数据调用与连通

云平台提供了丰富灵活的API接口，基于该接口可以根据需要熟悉了解如何获取数据、控制对应执行器件，对历史数据如何进行分析挖掘，组建具有逻辑功能的各种应用场景。

(未完待续)

(下转第165页)

◇四川科技职业学院鼎利学院
刘桄序

适合中小学生自主创新设计制作的积木电路

——积木收音机

电子爱好者的情结，多从声音开始。从一个设备中能播放出新闻、动人美妙的音乐，是吸引爱好者进入电子的最佳研究对象。早期的电子爱好者们，没有过多的选择，矿石收音机的组装，是他们进入电子领域的第一门必修课。而当前，各类电子产品琳琅满目，举不胜举，很小的小朋友都对平板电脑、手机玩的非转，而收音机确难以引起他们的兴趣。并且，现在的收音机已不再缺货，动手制作一个收音机还需要使用电烙铁进行焊接，稀罕的宝贝们，家长那放心让他们去进行这种高难度、高危险系数的兴趣活动呢？但鉴于小朋友们对积木的炙热爱好，特别是乐高积木推出后，小朋友们无不当做玩具，如将收音机套件也能如积木那样搭建自如地完成，我想很多家长也是非常愿意在学习和了解科技知识的环境中，乐玩搭建一款积木收音机。

本文就特此推荐这样一款适合中小学生自主创新设计制作的积木电路——积木收音机。

积木收音机的构建见图1、图2所示。图1所示为积木式收音机1型的底板，几乎完全按照电路原理图排的电路，预先留出了接电子元件的位置。图2所示是用到的电子元件共11种。包括：集成电路TA7642,PNP型三极管9015,1.5伏电池模块（1节5号电池），可变电容，电容0.01μF,电容0.1μF,电解电容1μF,电阻100k,电阻27K(实际上是电位器)，电阻5.1K(电位器)，耳机插孔。

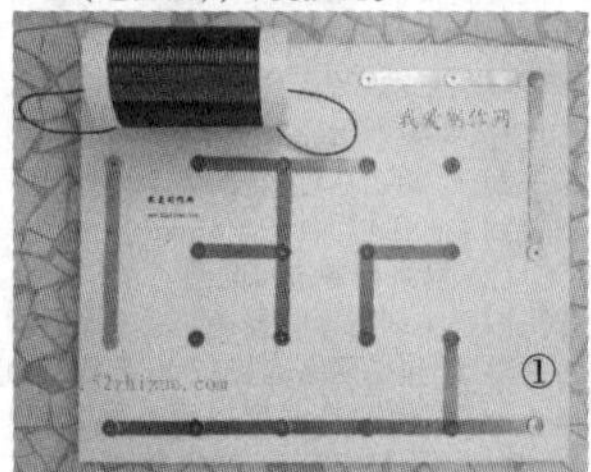

根据上图所配积木电路，其原理电路见图3所示。

电路原理如下：

这个电路可以分成3部分，下面逐一分析原理。

第一部分，无线电波的接收 这一部分包括电路图中的L1和C1。收音机天线L1是一个简单的线圈，就是中学物理讲的螺线管，它的物理量是电感L。C1是可变电容，转动旋钮它的电容量会变的。L1和C1构成一个LC谐振回路，改变电容量，谐振频率也随着改变。这就是中波收音机的调台，也就是说，只有电台的频率与LC回路的谐振频率相同，我们才能收到它。谐振回路收到的信号，一端进入集成电路TA7642的输入端，也就是②脚，另外一端通过0.01μF的电容C2与电源负极相连，其实也是与TA7642的①脚相连，这样才能构成高频信号的通路。

第二部分，信号的放大和检波 这个功能主要是TA7642完成的。从②脚进入的信号是非常微弱的，因此会被进行放大，然后检波。中波广播是调幅波，比如电台讲"中波1200千赫"，意思是它的发射频率是1200千赫兹，而人讲话的频率可能才几百到几千赫兹，频率差着上千倍呢。检波的作用就是把高频信号里面的音频信号分离出来。检出的音频信号从TA7642的③脚输出。仔细看电路图，电阻R1两端的电压分别加在TA7642的②脚(中间经过电感L1)和③脚上，事实上是它给TA7642供电。R1又与R2串联，如果改变R2阻值的大小，在电源电压不变的情况下，R1两端分得的电压就会随着变化，这样TA7642的电压就跟着变，它的放大倍数也跟着变。事实上就是通过这种方法改变TA7642的放大倍数(增益)的。经过放大、检波后的信号从TA7642的③脚输出后，其中有害的高频信号经过0.1μF的电容C3进入电源负极，有用的音频信号通过电容C4进入下一级。

第三部分，音频信号的放大 这个功能主要是三极管9015完成的。音频信号经过电容C4进入三极管的基极(b极)。C4是一个电解电容，注意它是有方向的，拼接电路的时候正负极不能接反。它是一个耦合电容，音频信号可以通过它进入下一级电路，但是直流信号不能通过，这样保证了两级电路不会相互影响。我们这里用了一个最简单的三极管放大电路，很适合初学者学习。电阻R3一端与电源负极连接，另一端接三极管的基极(b极)。这样b极电压就比e极低，调整R3的大小，让三极管be之间的PN结有合适的电压，这样音频信号经过它的时候，在三极管ec之间就会得到经过放大的电流。放大后的电流经过耳机BL，我们就能听到电台的声音了。

搭建实物拼接示意分布见图4所示。

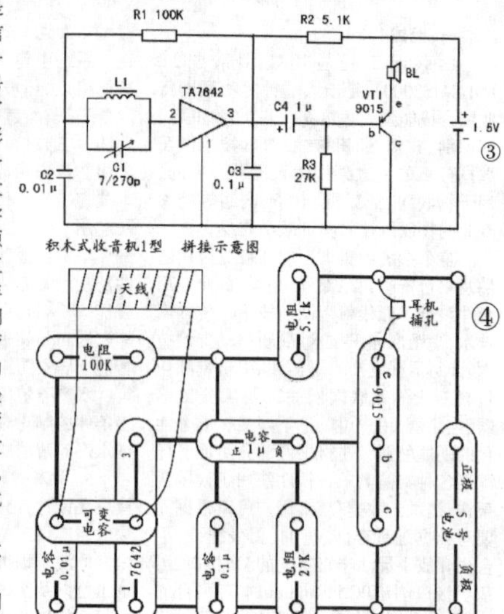

电路的调节：我们的套件特意留出了可调节点，供您实验用。

1. 调节TA7642的放大倍数（增益） 您戴上耳机，找到一个电台节目，然后用小刀的刀尖(当然小螺丝刀更好)轻轻转动R2中间的小缺口，如果耳机传来的声音变大了，说明您的调节方向是对的。原理刚才讲过了，调节R2的大小，能调节TA7642的放大倍数。当然信号变大了，噪声也会随着变大，您可能会听到吱吱啦啦的声音，综合效果您自己选择。

2. 调节三极管9015的工作点 同样用耳机收听着电台的声音，慢慢改变R3的大小，您可以体会三极管工作点变化造成的效果。比方声音断断续续的，就可能是三极管进入饱和区，部分信号被削掉了。

关于收听效果：中波信号的传输距离是有限的，如果您住在大中型城市以及附近，那么距离中波广播发射塔不会太远，我们这种"积木式收音机"会得到较好的收听效果。偏远农村是不行的，但很多县级市也有中波发射塔，只是转播的节目频道少，因此也可以用这种自制的收音机。

找到最佳收听位置：

中波信号的传输会受到钢筋混凝土墙壁的阻挡，因此您在家里收听的话，最好把收音机放在窗户旁边，或者窗台上。中波信号还具有方向性，请看下图，您收听到某一个节目后，转动天线的角度，会找到一个声音最大的方向。

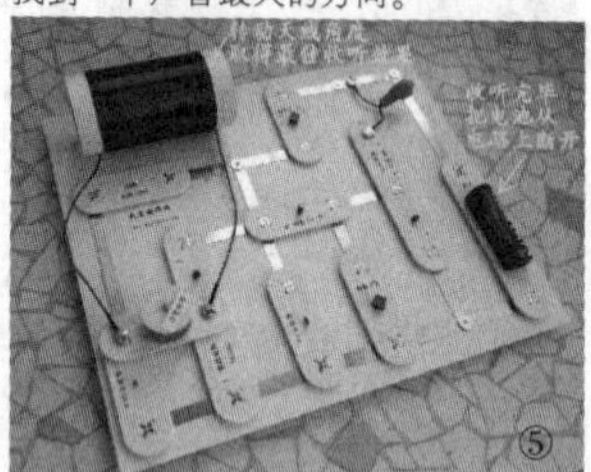

注意事项：(1)收听完毕后，一定要把电池模块从电路中断开，不然一晚上电池就没电了；(2)用到的耳机，是能够插进收音机、电脑那种最常见插头的，正规叫法是3.5毫米立体声插头。

◇爱制作

马达控制驱动芯片简介

笔者推荐两种马达控制驱动芯片L9120和L9110,都是笔者做项目时使用过的，电路简单，外围元件少，可直接与单片机连接。被广泛应用于玩具汽车电机驱动、脉冲电磁阀门驱动，步进电机驱动和开关功率管等电路上。同时它具有较低的输出饱和压降；内置的钳位二极管能释放感性负载的反向冲击电流，使它在驱动继电器、直流电机、步进电机或开关功率管的使用上安全可靠。

一、L9120和L9110异同点：

L9120和L9110相同点：

·低静态工作电流；

·宽电源电压范围：2V~12V；

·每通道具有3A连续电流输出能力；

·较低的饱和压降；

·TTL/CMOS 输出电平兼容，可直接连CPU；

·输出内置钳位二极管，适用于感性负载；

·控制和驱动集成于单片IC 之中；

·具备管脚高压保护功能；

·工作温度：-20℃~80℃。

L9120和L9110不同点：

L9120：两个输出端能直接驱动大功率三极管，它具有较大的电流驱动能力，每通道具有3A 连续电流输出能力。

L9110：两个输出端能直接驱动电机的正反向运动，它具有较大的电流驱动能力，每通道能通过800mA 的持续电流，峰值电流能力可达1.5A。

二、L9120和L9110引脚功能与封装：

L9120引脚功能见表1所示：L9110引脚功能见表2所示：

表1

序号	符号	功能
1	OA	A路输出管脚
2	VCC	电源电压
3	VCC	电源电压
4	OB	B路输出管脚
5	GND	地线
6	IA	A路输入管脚
7	IB	B路输入管脚
8	GND	地线

表2

序号	符号	功能
1	INL	L路输入管脚
2	OUTL	L路输出管脚
3	GND	地线
4	BL	L路驱动管脚
5	BR	R路驱动管脚
6	GND	地线
7	OUTB	R路输出管脚
8	INR	R路输入管脚

封装：

DP 后缀 塑料封装(DIP8)

SO 后缀 塑料封装(SOP8)

三、L9120和L9110引脚波形图与应用电路图：

L9120引脚波形图：

L9110引脚波形与L9120类似。

L9120应用电路图：

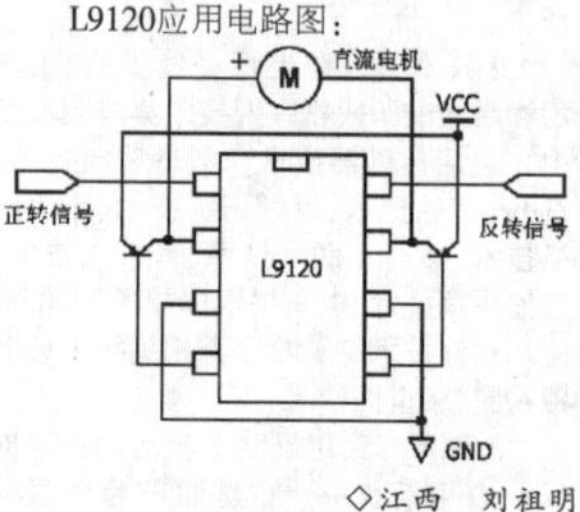

◇江西 刘祖明

两台机组互为备用的液位控制电路(上)

在注水或排水的生产实践中，有些场合是不可间断的，比如消防部门。如果只有一台电动机-水泵机组,万一出现故障,就会影响注水或排水工作的连续进行。如果设置两套机组,一套工作时另一套备用,且当工作机组出现故障时,备用机组即刻自动投入运行,接力工作,就会克服上述弊端。

下面介绍的控制电路能实现对两套电动机-水泵机组的手动和自动控制，并且能实现两套机组互为备用。手动与自动功能的转换,采用转换开关SA控制。转换开关有三个位置,处于中间位置即0位时,为手动控制位置,两套机组均可手动控制其工作;当开关SA处在左旋45°位置时，为1号机组运行、2号机组备用工作方式;当开关SA处在右旋45°位置时,为2号机组运行、1号机组备用工作方式。

1.注水型两台机组互为备用液位控制电路

液位控制开关(传感器)采用上限液位常闭、下限液位常开式干簧管液位控制器，即液位下降到下限液位时,SL1闭合,机组启动注水,液位上升到上限液位时,SL2打开,机组停止注水,如图1。

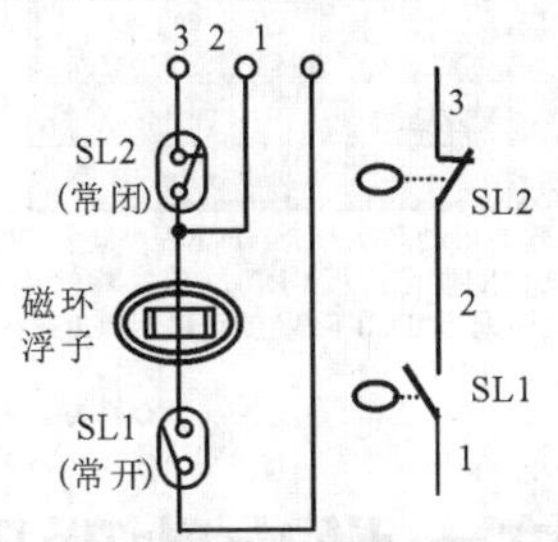

图1　高停低开干簧管开关和符号

图2为两套机组互为备用的液位控制电路全图。图中a)为两台机组的执行电路和互为备用的电气控制电路,图中b)为液位控制电路。

1)设1号机组为工作机组,2号机组为备用机组,工作过程如下。

手动控制过程:闭合三相电源开关QF,电路接通电源,停止指示灯HL2、HL4都亮。转换开关SA置于0位即"手动"位置,SA的触点11-12、19-20闭合接通。按压启动按钮SB1,交流接触器KM1线圈得电吸合,1号机组主开关闭合并自锁，1号机组开始注水，同时工作指示灯HL1亮起，停止指示灯HL2熄灭；人工观察水池液位合适后，按压停止按钮SB2，交流接触器KM1线圈失电复位,自锁解除,主开关KM1打开,1号机组停止工作，工作指示灯HL1熄灭，停止指示灯HL2亮起。

自动注水控制过程:

闭合三相电源开关QF,电路接通电源,停止指示灯HL2、HL4都亮。转换开关SA置于左位，即1号机组"自动"工作位置,SA的触点7-8、9-10、15-16接通。当池中液位处在下限液位时,在磁环磁场的作用下,下位干簧管SL1闭合,1、2导通，电流沿SL1→SL2→继电器KA1线圈形成回路,KA1得电吸合并自锁,KA1-1闭合,电流沿转换开关SA触点7-8→KA1-1→交流接触器KM1线圈→热继电器FR1形成回路,KM1得电闭合,主开关闭合，启动注水。同时KM1-3闭合，工作指示灯HL1亮起,KM1-4打开,停止指示灯HL2熄灭。在液位达到上限液位之前,即使干簧管SL1复位断开,由于KA1-3自锁闭合,KA1不会断电停机，注水也不会停止。当池中液位达到上限液位时,磁环磁场作用于常闭干簧开关SL2,SL2打开,2、3断开,继电器KA1线圈失电复位,A1-1断开,交流接触器KM1线圈失电复位,主开关KM1断开,1号机组停止工作,同时KM1-4闭合,停止指示灯HL2亮起,KM1-3断开,工作指示灯HL1熄灭。

自动转换工作过程:

若1号机组在工作中出现故障,KM1线圈失电,主开关KM1自动跳起,切断执行电路电源,KM1-2闭合,电铃HA响起报警,同时,时间继电器KT线圈得电开始延时计时(用于过渡缓冲,可设定几秒钟),延时结束后其开关动作:常开触点KT闭合,继电器KA2线圈得电自锁，事故指示灯HL亮起，同时，常开触点KA2-2闭合，电流经SA触点9-10→KA2-2→KM2线圈→FR2常闭开关形成回路,KM2线圈得电自锁,主开关KM2闭合,2号机组启动；同时,KM2-3闭合,工作指示灯HL3亮起,KM2-4打开，停止指示灯HL4熄灭,2号机组开始运行。继电器触点KA2-3打开,延时继电器KT线圈失电复位,电铃HA停止报警,继电器触点KA2-4打开,事故指示灯HL熄灭,自动切换过程结束。

2）设2号机组为工作机组,1号机组为备用机组，工作过程如下。

手动控制过程:

闭合三相电源开关QF,电路接通电源,停止指示灯HL2、HL4都亮。转换开关SA置于0位即"手动"位置,SA的触点11-12、19-20闭合接通。按压启动按钮SB3,交流接触器KM2线圈得电吸合,2号机组主开关闭合并自锁,2号机组开始注水,同时KM2-3闭合,工作指示灯HL3亮起,KM2-4打开,停止指示灯HL4熄灭。人工观察水池液位合适后,按压停止按钮SB4,交流接触器KM2线圈失电复位,自锁解除,主开关KM2打开,2号机组停止工作，同时KM2-3打开，工作指示灯HL3熄灭,KM2-4闭合,停止指示灯HL4亮起。

自动注水控制过程:

闭合三相电源开关QF,电路接通电源,停止指示灯HL2、HL4都亮。转换开关SA置于右位，即2号机组"自动"工作位置,SA的触点1-2、3-4、5-6接通。当池中液位处在下限液位时,在磁环磁场的作用下,下位干簧管SL1闭合,1、2导通,电流沿SL1→SL2→继电器KA1线圈形成回路,KA1得电吸合并自锁,KA1-2闭合，电流沿转换开关SA触点3-4→KA1-2→交流接触器KM2线圈→热继电器FR2常闭触点形成回路，接触器KM2得电闭合,2号机组主开关闭合,启动注水,同时KM2-3闭合,工作指示灯HL3亮起,KM2-4打开,停止指示灯HL4熄灭;在液位达到上限液位之前,即使干簧管SL1复位断开,由于KA1-3自锁闭合,KA1不会断电停机,注水也不会停止。当池中液位达到上限液位时,磁环磁场作用于常闭干簧开关SL2,SL2打开,2、3断开,继电器KA1线圈失电复位,KA1-2断开,交流接触器KM2线圈失电复位,2号机组主开关KM2打开,2号机组停止工作,同时KM2-4闭合，停止指示灯HL4亮起,KM2-3断开,工作指示灯HL3熄灭。

自动转换工作过程:

若2号机组在工作中出现故障,KM2线圈失电,主开关KM2自动跳起,切断执行电路电源,KM2-2闭合,电铃HA响起报警,同时,时间继电器KT线圈得电开始延时计时(用于过渡缓冲,可设定几秒钟),延时结束后其开关动作:常开触点KT闭合,继电器KA2线圈得电自锁,事故指示灯HL亮起,同时,常开触点KA2-1闭合,电流经SA触点1-2→KA2-1→KM1线圈→FR1常闭开关形成回路,KM1线圈得电自锁,主开关KM1闭合,1号机组启动；同时,KM1-3闭合，工作指示灯HL1亮起,KM1-4打开，停止指示灯HL2熄灭,1号机组开始运行。继电器KA2-3打开,延时继电器KT线圈失电复位,电铃HA停止报警,事故指示灯HL熄灭,自动切换过程结束。

无论在手动、还是自动任何工作状态下,按压SB2可停止1号机组的运行,按压SB4可停止2号机组的运行，两者称为急停开关。

安装注意事项:电路工作在线电压(380V)状态下,安装时务必注意良好的绝缘工艺,尤其是干簧管液位控制器置于液体中，更要小心,谨防漏电;所有器件的额定工作电压均为~380V。　(未完待续)

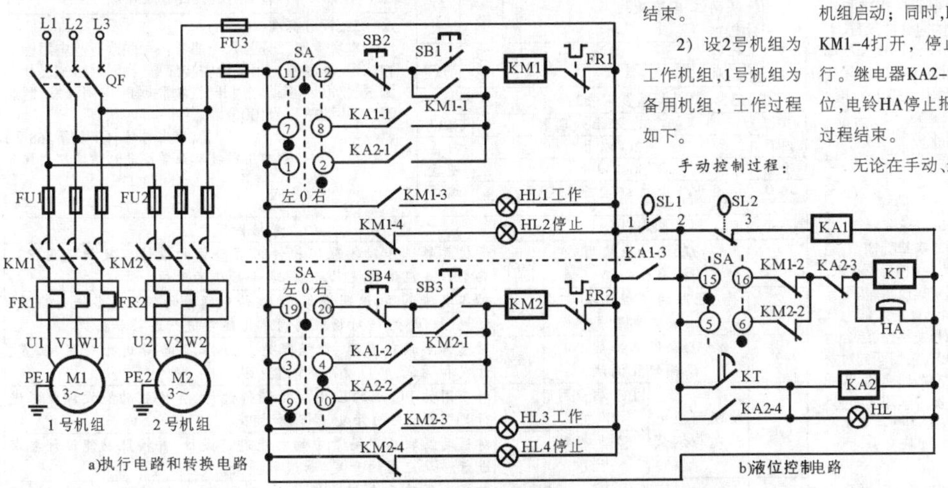

a)执行电路和转换电路　b)液位控制电路

图2　互为备用液位控制电路总图

(下转第167页)

◇河北　梁志星

SMT贴片机编程操作案例(三)

(紧接上期本版)

六、喂料器(F4)的设置

在弹出的"喂料器"窗口中，设置喂料器槽IO端口相对应的元器件(Part)，用光学相机校正单个(Pocket Teach)或所有喂铰器(Pocket Teach ALL)取料中心、偏转角(R)和元器件供应角(PartR)，有必要时还需要对元器件进行两点示教(2PT. Teach)。设置及校正后的喂料器元器件列表如图21所示。

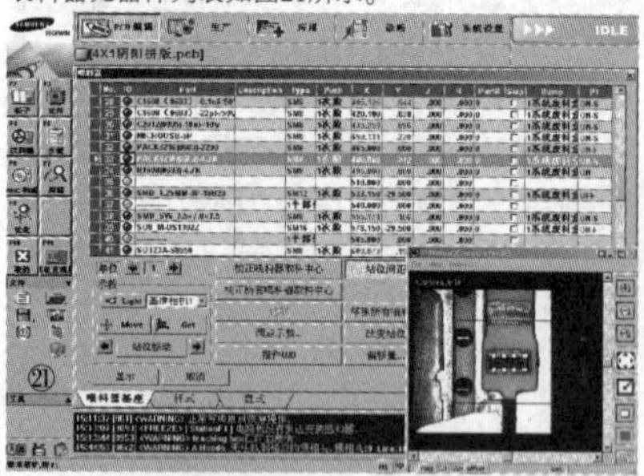

七、步骤(F5)的设置

本案例中，因为PCB坐标数据已导入，故点击MMI界面主程式F5(步骤)按钮时，会弹出图4所示所有元器件的坐标数据。在这里需要对图4中一些选项和参数进行如下几个方面的设置及调校：

1.元器件偏移量(outset)的调整。由于工程的各种误差，使得导入的坐标数据肯定会存在一定的偏差，需要对个别元器件、某类或整体元器件进行坐标偏移量的微调。对所有元器件利用光学相机进行一次浏览，看看是属于哪一类型的偏移，点击图4中"偏移量..."按钮，在弹出如图22所示的设置框中填入需要修改的偏移量，图中数据是将所有元器件都朝X，Y正方向修正0.1MM的结果(其他修正方法读者自行理解)。

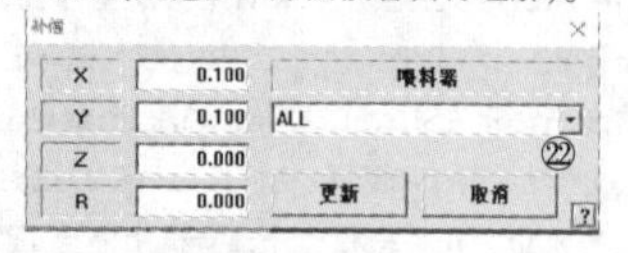

2.设置喂料器及吸嘴。在图23"1.贴装数据"列表的"FDR"和"NZ"列中对各元器件进行喂料器及吸嘴的正确配置(一般情况下也可以采用自动"A"的形式)。

3.对于特殊元器件，比如尺寸较大的IC类、插座类，相机Visframe光学视窗"SMVisionQ(Camera Mode)"对器件无法整体显示时，需要对器件进行基准点和两点示教，以确定器件的中心点坐标。分别点击图23中"两点示教..."或"基准点..."进行设置，操作过程与PCB基准点设置和PCB初始角度调校差不多，由于篇幅原因，这里不作详述。

4.拼板元件数据的扩展。处理好子板所有贴装数据以后，选中图23中的"延伸"选项使拼板PCB上所有元器件的坐标数据扩展出来，完成处理后的拼板PCB坐标数据列表如图23所示，图中不提及的其他数据及选项可以采用默认的设置形式。

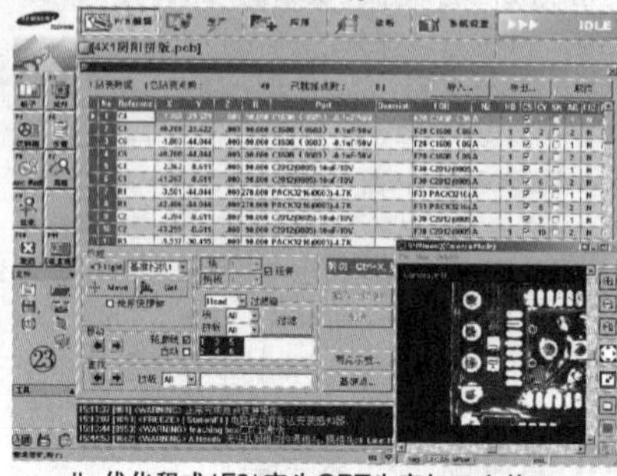

八、优化程式(F8)产生OPT生产加工文件

1.点击主程式按钮F8(优化)，程序自动进行PCB数据检查，如果通过则弹出如图24所示"优化设置"的窗口。如果不通过则显示"检查NG!"错误信息，需要重新修改对应的程式。

利用图24窗口可以在执行优化前对喂料器(Feeder)、吸嘴(Nozzle)和喂料器区域(FeederLane)等参数进行配置，一般情况下可以不用人工干预。这里采用默认设置，让机器自动进行程式优化。

2.点击图24窗口中"执行优化"进行PCB优化配置。在弹出如图25所示的"Optimizer Result"最优化结果窗口中显示各选项相应的配置结果，点击图25窗口中"Accept"按钮接受此最优化配置结果。

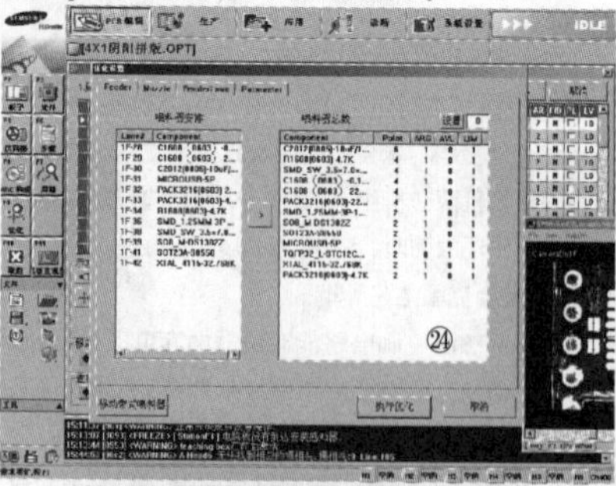

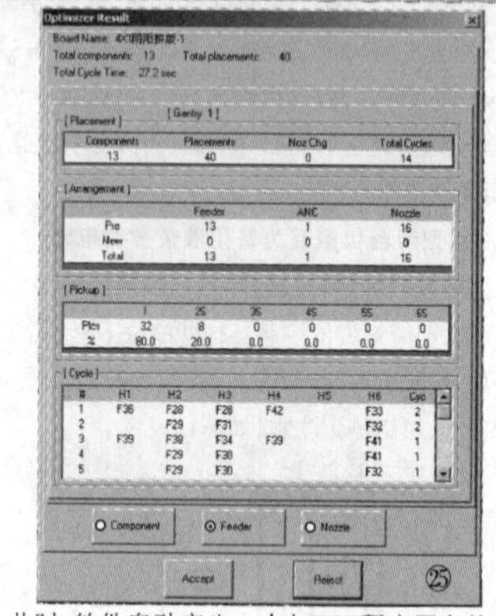

此时，软件自动产生一个与PCB程序同名的OPT生产加工文件(4X1阴阳拼板.OPT)。在主菜单"生产"中对此OPT文件进行"PCB下载"就可以对PCB进行贴片加工生产。

(完)

◇广西 王培开

"2018年四川省高职院校大学生物联网技术应用技能大赛"样题解析(1)

根据2018年四川省教育厅发布的高职院校应用技能大赛，其"2018年全国职业院校物联网应用技术大赛"于4月6-8日在四川信息职业技术学院举行。本项竞赛旨在引领和推动物联网相关专业的教育教学改革与专业建设，引导高职高专院校及社会各界关注物联网产业，促进物联网技术(包括自动识别、网络传输、应用开发等)的普及和发展，遴选优秀选手参加2018年全国职业院校物联网应用技术大赛。

一、竞赛内容

面向物联网设备安装配置、嵌入式应用开发、物联网应用系统开发、物联网应用工程实施、物联网应用工程维护等职业岗位，本竞赛重点考查参赛选手物联网应用技术的实践操作能力与创新能力，具体包括：

1.考核参赛选手对物联网软件工程整体的设计以及物联网行业典型行业应用的技术标准。

2.物联网应用环境安装部署：根据业务需求和实际的工程应用环境，利用竞赛平台提供的硬件设备、工具和技术文档资料，对应用工程进行安装调试和故障排除，实现系统工程互联互通，并能根据设备的实际连接情况，使用Visio绘制工程网络拓扑图，使用Pencil绘制软件界面原型图。

3.物联网感知层开发调试：根据业务需求和实际的工程应用，针对各类传感器及执行器件进行安装、连接、配置，对无线传感网模块进行开发、调试，实现对感知节点数据的采集和上传。

4.物联网移动应用开发：基于Android开发平台，综合运用软件工程、Android、嵌入式数据库等基础知识，完成Android嵌入式应用程序的开发，考察选手传感器技术、条码技术、ModBus协议、基于网关数据采集技术、基于云平台设备接口开发等物联网综合移动设计开发能力。

5.物联网PC应用开发：基于DotNet开发平台，综合运用软件工程思想、C#、数据库等基础知识，采用面向对象分析和设计方法，完成包括DotNet客户端、服务端、Web端应用程序的开发，考查选手使用多类传感器、条码、ZigBee、RFID、视频捕捉、环境监测、基于网关数据采集技术、基于云平台设备接口开发等应用的实战开发能力。

二、技术平台

赛场提供新大陆NLE-JS2000(2016版)型物联网智慧城市实训平台实训系统设备一套，竞赛选手依照项目业务分析理解本竞赛项目的任务内容，完成任务书要求的相关操作与开发任务。

赛项组委会为每队参赛队提供标准竞赛设备一套、3台计算机及竞赛用耗材和工具箱，配置单相220V/3A以上交流电源。

1.竞赛硬件平台

竞赛硬件环境要求如下表1： 表1

序号	设备名称	型号	单位	数量
1	物联网工程应用实训系统2.0	NLE-JS2000(2016版)	套	1
2	物联网工具箱及耗材包		套	1
3	工作台		张	3
4	计算机		台	3

电脑3台，最低配置要求表2： 表2

CPU	2.1GHz以上处理器	CPU
内存	2G以上	内存
硬盘	30G以上	硬盘
端口	至少1个串口，2个USB接口	端口

2.竞赛软件平台见表3： 表3

序号	类型	描述	
1	操作系统	计算机	Windows 7
		移动互联终端	Android 2.3
2	运行环境	IIS7.0，.NetFramework 4.5，Microsoft SqlServer 2008R2，Visio 2010	
3	开发环境	Visual Studio 2012，Eclipse 4.2.2，Android SDK，IAR Embedded Workbench for 8051 8.10.1，Pencil 2.0	

三、评分标准(见表4)

本次竞赛评分为六个部分：物联网行业应用标准和知识、物联网应用环境安装部署、物联网感知层开发调试、物联网移动应用开发、物联网PC应用开发、职业素养，共计总分为100分。

表4

序号	名称		占比	考核内容
1	物联网行业应用标准和知识		16%	考核参赛选手对物联网软件工程整体的设计以及物联网行业典型行业应用的技术标准、理论知识的考核。
2	物联网工程环境安装部署		28%	对各类传感器、识别设备、无线传感网等物联网设备进行安装、配置、故障诊断，对物联网网络传输层进行连接和搭建。
3	物联网感知层设备配置调试		15%	对感知层设传感器、智能网关、嵌入式设备等进行安装、配置、开发和调试，实现要求的功能。
4	物联网应用开发与调试	PC端应用开发	20%	对应用的PC端的应用功能进行设计，并按照功能设计要求进行PC端应用的开发、测试和提交。
		移动应用开发	18%	对移动互联应用场景中的功能进行设计，并按照功能设计要求进行移动应用的开发、测试和提交。
5	职业素养		3%	考核参赛选手在职业规范、团队协作、组织管理、工作计划、团队风貌等方面的职业素养成绩。

(未完待续)(下转第168页)

◇四川科技职业学院鼎利学院 刘桃序

广播电视常用技术英汉词汇对照表(一)

在应用广播电视设备中，往往有很多英文简写出现在设备上，为了方便同行对广电设备上的英文熟知，特摘录以下常见用于广播电视技术行业的英汉词汇对照表。为了查询方便，本表以英文字母排序进行汇集整理。在查阅对应含义时，特别要注意部分简写的真实含义，容易出现混淆，同时在本技术行业应用中，约定的简写才可以简写，否则简写容易出现歧义。

(未完待续)(下转第169页)

◇湖南 李 斐

英语简写	英语词汇	中文含义
A		
A	Analog	模拟
A/D	Analog to Digital	模-数转换
AAC	Advanced Audio Coding	高级音频编码
ABB	Automatic Black Balance	自动黑平衡
ABC	American Broadcasting Company	美国广播公司
	Automatic Bass Compensation	自动低音补偿
	Automatic Brightness Control	自动亮度控制
ABL	Automatic Black Level	自动黑电平
ABLC	Automatic Brightness Limiter Circuit	自动亮度限制电路
ABU	Asian Broadcasting Union	亚洲广播联盟(亚广联)
ABS	American Bureau of Standard	美国标准局
AC	Access Conditions	接入条件
	Audio Center	音频中心
ACA	Adjacent Channel Attenuation	邻频道衰减
ACC	Automatic Centering Control	自动中心控制
	Automatic Chroma Control	自动色度(增益)控制
ACK	Automatic Chroma Killer	自动消色器
ACP	Additive Colour Process	加色法
ACS	Access Control System	接入控制系统
	Advanced Communication Service	高级通信业务
	Area Communication System	区域通信系统
ADC	Analog to Digital Converter	模-数转换器
	Automatic Degaussirng Circuit	自动消磁电路
ADL	Acoustic Delay Line	声延迟线
ADS	Audio Distribution System	音频分配系统
AE	Audio Erasing	音频(声音)擦除
AEF	Automatic Editing Function	自动编辑功能
AES	Audio Engineering Society	音频工程协会
AF	Audio Frequency	音频
AFA	Audio Frequency Amplifier	音频放大器
AFC	Automatic Frequency Coder	音频编码器
	Automatic Frequency Control	自动频率控制
AFT	Automatic Fine Tuning	自动微调
	Automatic Frequency Track	自动频率跟踪
	Automatic Frequency Trim	自动频率微调
AGC	Automatic Gain Control	自动增益控制
AI	Artificial Intelligence	人工智能
ALM	Audio-Level Meter	音频电平表
AM	Amplitude Modulation	调幅
AMS	Automatic Music Sensor	自动音乐传感装置
ANC	Automatic Noise Canceller	自动噪声消除器
ANT	ANTenna	天线
AO	Analog Output	模拟输出
APS	Automatic Program Search	自动节目搜索
APPS	Automatic Program Pause System	自动节目暂停系统
APSS	Automatic Program Search System	自动节目搜索系统
AR	Audio Response	音频响应
ARC	Automatic Remote Control	自动遥控
ASCII	American Standard Code for Information Interchange	美国信息交换标准
AST	Automatic Scanning Tracking	自动扫描跟踪
ATC	Automatic Timing Control	自动定时控制
	Automatic Tone Correction	自动音频校正
ATM	Asynchronous Transfer Mode	异步传输模式
ATF	Automatic Track Finding	自动寻迹
ATS	Automatic Test System	自动测试系统
ATSC	Advanced Television Systems Committee	(美国)高级电视制式委员会
AVC	Automatic Volume Control	自动音量控制
AVR	Automatic Voltage Regulator	自动稳压器
AWB	Automatic White Balance	自动白平衡
AZC	Automatic Zooming Control	自动变焦控制
AZS	Automatic Zero Setting	自动调零
	ancillary data	辅助数据
	autoclean	自动清除
AC -3 Dolby	AC-3 audio coding (ITU-R BS 1196) BCD Binary Coded Decimal	二进制编码十进制数
	announcement	公告
	asterisk	星号
	aspect ration	幅型比,宽度比
AF	Adaptation Field	适配域
APDU	Application Protocol Data Unit	应用协议数据单元
ASN	Abstract Syntax Notation	抽象语法符号
	Attribute Memory	属性内存
B		
BA	Branch Amplifier	分支放大器
	Buffer Amplifier	缓冲放大器
BAC	Binary-Analog Conversion	二进制模拟转换
BB	Black Burst	黑场信号
BBC	British Broadcasting Corporation	英国广播公司
BBI	Beijing Broadcasting Institute	北京广播学院
BC	Binary Code	二进制码
	Balanced Current	平衡电流
	Broadcast Control	广播控制
BCT	Bandwidth Compression Technique	带宽压缩技术
BDB	Bi-directional Data Bus	双向数据总线
BER	Basic Encoding Rules	基本编码规则
	Bit Error Rate	比特误码率
BF	Burst Flag	色同步旗脉冲
BFA	Bare Fiber Adapter	裸光纤适配器
	Brillouin Fiber Amplifier	布里渊光纤放大器
BGM	Background Music	背景音乐
BIOS	Basic Input/Output System	基本输入输出系统
B-ISDN	Broadband-ISDN	宽带综合业务数据网
BIU	Basic Information Unit	基本信息单元
	Bus Interface Unit	总线接口单元
BM	Bi-phase Modulation	双相调制
BML	Business Management Layer	商务管理层
BN	Backbone Network	主干网
BNT	Broadband Network Termination	宽带网络终端设备
BO	Bus Out	总线输出
BPG	Basic Pulse Generator	基准脉冲发生器
BPS	Band Pitch Shift	分频段变调节器
BSI	British Standard Institute	英国标准学会
BSS	Broadcast Satellite Service	广播卫星业务
BT	Block Terminal	分线盒、分组终端
	British Telecom	英国电信
BTA	Broadband Terminal Adapter	宽带终端适配器
	Broadcasting Technology Association	(日本)广播技术协会
BTL	Balanced Transformer-Less	桥式推挽放大电路
BTS	Broadcast Technical Standard	广播技术标准
BTU	Basic Transmission Unit	基本传输单元
BVU	Broadcasting Video Unit	广播视频型(一种3/4英寸带录像机记录格式)
BW	BandWidth	带宽
BWTV	Black and White Television	黑白电视
	broadcaster (service provider)	广播者(业务提供商)
	Bslbf bit string, left bit first	比特串,左位在先
	baseband	基带
	bouquet	业务群
	BAT bouquet association table	业务群关联表

视听精品技术功能盘点(下)

(紧接上期本版)

九、Comhear MyBeam

MyBeam是一款采用单一小扬声器阵列放声方式的高性能音箱(参见图9),是"世界第一"款娱乐用声束扬声器,由美国Comhear公司开发,本音箱箱体虽然不大,但却完全适合在娱乐、VR/AR虚拟现实/增强现实等多领域使用,更重要的是,其完好的听音效果能与昂贵环绕声扬声器系统媲美。当配合家庭娱乐系统播放音乐时,聆听者可以从它释放的声音中体验出发烧级质量的声景,特别是其听感的高清晰程度使得听者完全能够清楚区分声音独特的细节部分。有了它,当部署家庭影院应用时,可以免去多扬声器配置的需要。MyBeam在技术、功能、特性上有什么亮点特色呐?

图9 Comhear MyBeam

1.另类声束传送使声音指向性精确

MyBeam利用超声波在空气中的非线性传播效应,借助先进的心理声学和DSP数字信号处理生成可听声的声束原理传送声音,由音箱内处于扩展坞结构的小型扬声器和传声器阵列共同发挥作用实现。这类声音传送方案有几个明显的好处:①其均衡作用可以使传送到每一听者耳朵的声音一样响②可提供单独的音量等调整,以适合每一听者的个性化声音偏爱③声音指向性可控并定向精确④为身临其境的3D音效的创建奠定基础⑤多个声束可以同时使用,且多声束传送的每一曲目的清晰度听感都一样完美而没有重叠。

2.音箱品质在游戏中得到充分展现

MyBeam颇为适合游戏使用,它可以提供游戏玩家360°全向3D声响体验,便于玩家在游戏中较好地找准游戏声源,增强环境感知。游戏过程中的丰富音乐、清晰对话、明快特效,以及其他无论什么类型和具体内容的声音经过本音箱都能忠实还原。本音箱的伴音空间分割方案可以增强游戏玩家识别移动和敌人位置的能力,即使闭上眼睛识别也同样准确。为兼容更多的游戏内容,借助相应的编码软件能让音频体验自动升级。

3.KAP™软件为声音真实再现创造条件

MyBeam使用了Comhear公司专利拥有的KAP音频增强软件,该软件一经驱动带来的诸多好处是:①听者立刻可以获得演播室质量录音棚水准的音质与音响效果②提供更开阔更自然更丰富的声景,以充分还原生活中所有的真实声音③不存在佩戴耳机聆听有可能出现的过高声压损伤耳朵的弊端④音频声场的扩展增强声音空间特性,使音乐的包围感更鲜明⑤声音的清晰度可显著提高⑥还原的低音频率可下沉非常低⑦声传播路径中的任何高频损失可以通过补偿方案恢复⑧高频端和低频端的还原均不走样,保持音频信源原貌。

十、360fly 4K｜H

图10 360fly 4K ｜ H

4K｜H是一款360度全景捕捉的4K摄影摄像机(参见图10),由美国360fly公司开发,本机内置分辨率为1504×1504的1/2.3英寸传感器和可以存储2小时全景视频的16GB存储器,配备横向360度以及纵向240度的超广角镜头,通过安装于手机上的客户端,用户用滑动的方式就能随意调整视角。有了它用户可以很容易地无限制全向捕捉周围的一切,不需要复杂设备就能拍摄出充满创意的短片,即使在水下、沙漠,或是冰天雪地这样的苛刻环境,也能无障碍地拍摄。该款防尘防震支持5米防水,以及可在-20℃到121℃的"瞬时极限温度"下工作(内置电池容量为1600mAh,续航约为2个小时)的摄影摄像机非常适合极限运动爱好者们使用。4K｜H支持蓝牙4.0和Wi-Fi,兼容iOS 8以及Android 4.3以上版本的设备。4K｜H在技术、功能、特性上有什么亮点特色呐?

1.更有诱惑力的360度全景摄影摄像

4k｜H 360度全景摄影摄像机随着VR虚拟现实的日益红火也越来越引起消费者的关注,有一定的诱惑力。本机可以拍摄360度静像照片、摄录16:9幅型比的全沉浸360度视频、摄制标准的第一人称POV(Point Of View)视频(即以"视点人物写作手法"拍摄制作的视频。)、兼容VR视频片段,所有这些可以在90秒或更短的时间内完成拍摄、编辑和分享,不需要多个摄像头拍摄然后拼接而成,独自一人就可完成。借助智能手机和 Google Cardboard VR设备回看时通过旋转可从不同角度欣赏,有一种仿佛置身其中的临场感体验。

2.软件应用程序使相机如虎添翼

4K｜H的360fly移动应用和桌面360fly Director应用可用作相机的取景器,控制器,编辑器,特效工作室、图书馆等。借助这些软件用户可以很容易地捕捉、编辑,并通过iOS或Android设备直接上传至YouTube和Facebook等社交媒体网站供亲朋好友分享。借助360fly移动应用的取景器和控制器的作用,当手机不在身边时,用户也可以按下本相机的OnePush按键直接进行录制。

3.新功能的增添大大方便了用户的使用

4K｜H 为方便用户使用增添了许多新功能,从而使用户的拍摄于制作变得十分容易。其中,包括不想使用360度模式的前置模式;提供用户在1、2、5、10、30或60秒的快门时间间隔中进行选择的延时模式;摇晃相机拍摄即刻开始的可选择的加速度传感器激活记录模式,以及追踪用户位置、高度及速度的遥测功能。

十一、Sound Dimension AB aiFi® Stackable

aiFi® Stackable是一款可叠堆使用的智能音箱(参见图11),由瑞典Sound Dimension AB公司开发,本音箱内置功率为15W的2英寸长射程喇叭,如要增强放音效果,可以将多个aiFi® Stackable叠堆起来使用,叠堆数越多,可媲美大音响系统声音效果的呈现就越加明显,这种叠堆成声音墙的放音新方案能用在户外任何地方欣赏高质量音乐。通过调整,本音箱可提供充满活力的深沉低音和平衡流畅的中、高音。使用时,用户可以通过专业级模拟线路输入、蓝牙,或质量水准能达到192kHz/24bit 的S/PDIF光纤输入连接智能手机,或平板电脑。aiFi® Stackable在技术、功能、特性上有什么亮点特色呐?

图11 Sound Dimension AB aiFi® Stackable

1.Wavedot技术确保音箱间声音分送不损失

aiFi® Stackable彼此间的通信以光速进行,应用的是Sound Dimension 公司专利拥有的Wavedot通信技术。该技术能确保多达数百个本音箱叠堆在一起时彼此间声音的及时分送没有任何损失,同时意味着声音的传送无需线缆,不用进行任何设置。借助它们的智能性可以为用户计算和确定多少个本音箱,叠堆成什么样的形状,其最终的放音效果最佳。

2.模块化叠堆使用使音箱用途大大拓宽

aiFi® Stackable是第一款真正的智能模块化扬声器系统,任何配置方式的叠堆数没有限制。音箱顶部两个凹槽用于叠堆时稳稳置放上面音箱底部的橡皮脚,使得上下音箱的叠堆面平整服帖,左右两侧设有用于音箱间左右连接的搭扣,其独特的磁系统加固了彼此的衔接。3个本音箱叠堆在一起可以当作一个声棒音箱置放在电视机下使用;6个本音箱叠堆在一起完全能满足天井宅院开Party的需要;20个本音箱能稳定组合成直径约为1.2米的一个完整的圆形大音响系统。

3.aiFi® app的智能性使音箱操控方便不少

aiFi® Stackable配合使用可选择购买的aiFi® app软件程序,可以远程操控音箱的所有功能,它有单独和叠堆两种模式。除用于功能操控外,借助该软件,本音箱的功能与特性还可以增加和增强。堆叠使用时,本音箱的智能性会将叠堆数的多少与堆形结构等配置是否打破叠堆数的记录、创新叠堆方式是否是首创等情况告知aiFi® app应用程序。

十二、XGimi Z4 Aurora

XGimi Z4 Aurora是一款无屏幕3D LED投影机(参见图12),由中国成都极米科技有限公司开发,本款分辨率为WXGA(1280x800)、亮度为700 ANSI流明、功耗为48-90W的投影机内置1.5GHz芯片处理器、Mali-450MP4图形处理器、2GB双通道DDR3内存控制器,16项图像增强技术和11项色彩增强技术,以及Android系统和无线流信号传输功能单元的加盟则为一流的视频体验奠定了基础。为获得与视频品质相匹配的卓越音质,选用了哈曼卡顿立体声系统。本款兼容支持Airplay、Miracast和Happycast的投影机能将任何平面转换成一个300英寸大的屏幕,支持投影1080P/2K/4K电影,借助其智能性,通过垂直+/-35度和水平+/-30度的梯形校正,可以在360度的任一角度投影出最佳的图像,同时这种方式也省却了设置带来的麻烦。本机不仅是一个娱乐中心,它也是最好的办公室助理,结合文档管理软件,用户可以在一个细节更清晰的大屏幕上办公,为此,本机提供两种可互为切换的标准版和企业版。XGimi Z4 Aurora在技术、功能、特性上有哪些亮点特色呐?

图12 XGimi Z4 Aurora

1.与影院效果无二致的家庭3D投影

XGimi Z4 Aurora在所有功能中最时新的是3D立体投影,而且投影在屏幕上的3D图像清晰,视感舒服,三维立体效果逼真,用户在家里就可获得影院级别的任何3D电影,游戏或体育运动和赛事带来的体验。本款应用了主动快门式3D成像技术,兼有2D图像转3D立体图像能力的DLP影院投影机为使图像显示更精致,字幕显示更清晰,将像素密度提高到了150ppi的精度。另外,本机3D手势识别芯片为3D功能操控时的运动轨迹识别提供了保障。

2.各种软件应用的安装使投影内容增加

XGimi Z4 Aurora与许多消费电子设备一样可以让用户借助内置的安卓操作系统自行轻松完成游戏与Apks等各种安卓应用软件的安装,从而使投影内容大大增加。本机兼容支持Xbox、PS4等许多视频游戏机,一旦与本机连妥,原先安装好的游戏内容就可在大屏幕上显示,以给游戏玩家更精彩的刺激。游戏玩打和各种应用的享用可以通过简单的手势进行控制,如果在智能手机里安装了XGIMI App,那么用户还可以采用手机实现更多的智能控制。

3.无线传输方式的引入使投影用途拓展

XGimi Z4 Aurora也与时俱进地应用了许多无传输线技术,增添了一些无线功能,其中包括双频段(2.4/5GHz)Wi-Fi(兼容802.11a/b/g/n/ac)、蓝牙和hotspot 热点链接。借助Wi-Fi,用户可以在数秒之内以无线流信号传输方式将智能手机,或电脑内的图像同步至大屏幕欣赏,同时,镜像显示的实现也应用了Wi-Fi。应用蓝牙技术的是随机配备的新型XGIMI蓝牙远程控制器,内置大容量可充电电池的该控制器的一个鼠标功能使操控更方便。

(全文完)

◇上海 解放

2018年4月29日出版

实用性 启发性 资料性 信息性

第17期

国内统一刊号:CN51-0091 定价:1.50元 邮局订阅代号:61-75

地址:(610041)成都市天府大道北段1480号德商国际A座1801 网址:http://www.netdzb.com

(总第1954期)

让每篇文章都对读者有用

关于苹果iOS11.3公交卡的若干事项

4月初,苹果手机正式推送iOS 11.3系统,更新后用户除了可在设置中查看电池的状态(第三方电池除外)以及手动关闭处理器降频外;最大亮点是加入"快捷交通卡"功能,将iPhone和Apple Watch变为交通卡。

如何绑(公交)卡

绑定公交卡在苹果手机中有两种方式。

1.新建交通卡,可直接在钱包应用中选择新建,需交纳20元可退工本费。

2.绑定原有公交卡,这一步操作相对麻烦,需要填写现有公交卡的后四位数字,并且通过NFC读取卡片信息。设置完相当于新建了一张公交卡在手机上,并且把公交卡(学生卡等福利卡除外)的余额转移了过去。注意转移后,你的公交卡里面已经没有余额了。

Apple Watch和iPhone都可以使用快捷公交卡功能,但不同设备中里面是独立的卡,需要独立充值、消费。快捷卡同样可享受实体卡打折优惠,不过优惠的累积则根据虚拟卡开卡时间重新计算。

如何充值

点击充值选定金额,直接调起Apple Pay。

Apple Watch也可以独立充值,选择金额是转动表冠,很有意思。

需注意的是在苹果的钱包应用中,只支持用Apple Pay绑定的银行卡进行充值,并不支持支付宝和微信。想用支付宝和微信支付的用户只能在第三方app(比如"北京一卡通")中充值。

实际刷卡

实际使用刷卡功能非常方便,无需唤醒(不需要指纹或脸部识别)也无需联网,将iphone或iwatch贴在闸机的感应区就可以完成,跟刷传统的交通卡没有任何区别。

适用机型

iPhone 6及其以上的手机均可,理论上拥有NFC、能够支持Apple Pay、并且可以升级到iOS 11.3的iPhone均在此次功能范围内。

iPhone SE,iPhone 6,iPhone 6 Plus,iPhone 6s, iPhone 6s Plus,iPhone 7,iPhone 7 Plus,iPhone 8, iPhone 8 Plus,iPhone X。

海外版的iPhone用户同样可以使用这一新功能,美版、港版、日版各种都可以(需要iPhone设置的区域是在中国)。

除了第一代以外的Apple Watch都可独立使用,iPad全都不可用。

更新Watch OS 4.3后的Watch Series 1及其以后机型可以独立使用快捷交通卡,不用联网。详细的型号包括:Apple Watch Series 1、Series 2、Series 3和同代的运动款,爱马仕版,Edition陶瓷板等。

适用城市

目前快捷交通卡首批在北京和上海两大城市可用,北京支持公交、地铁;上海支持公交、地铁、轮渡以及磁悬浮。

快捷交通卡之后是否会进驻更多城市,苹果官方并没有给出进一步说明。

换机后如何使用

因为苹果快捷交通卡与Apple ID绑定,用户在换机的时候虚拟交通卡和额均会随账号转移到新设备,因此换机后不影响使用及提现。

多开功能

无论是iPhone还是Watch均支持绑定多张卡,比如可以在iPhone 8或最新机型上开最多12张北京的交通卡。并且可以在程序内切换哪张作为主卡;也可以同时来北京的卡和上海的卡,根据不同地点选择主卡,对经常地出差北京上海的人来说这项功能可以更好的帮助人管理自己的交通卡。

Iwatch设备功能

Apple Watch可以在不与手机连接并且断网的情况下独立使用快捷交通卡;即出门没4G、没WiFi、没带手机只带了iwatch就可以了。

如果要想手机手表均能刷交通卡,需要开卡两张。先在手机上开卡,然后转移到手表上;当然也可以手机只开一张,需要时候转到手表上就行,毕竟一般情况下一个人没必要用手机和手表同时刷卡。

如果你手机和手表各有单独一张卡,两张卡计费与充值都是分开的。在充值上,同样需要在钱包应用界面内直接独立充值就可,这一点与手机使用无异。

防盗刷功能

如果手机或手表丢失或者被盗,由于没有生物识别验证,设备还能被继续使用。好在交通卡只能支持公交支付,因此一般人充值费用也不会太多(一次充好几百以上的例外……),即使公交刷掉的钱,损失也不算太多。

设备丢失要禁用交通卡,需要登录iCloud通过查找我的iPhone、或appleid.apple.com禁用交通卡,也可将其账号下的Apple Pay禁用。

其他功能

在手机接入网络的时候,会自动记录在最近的50次刷卡充值记录和地铁刷卡地点与费用,可以手动删除每次的记录。这些数据只会存储在你的手机内而不是苹果的云端账户。

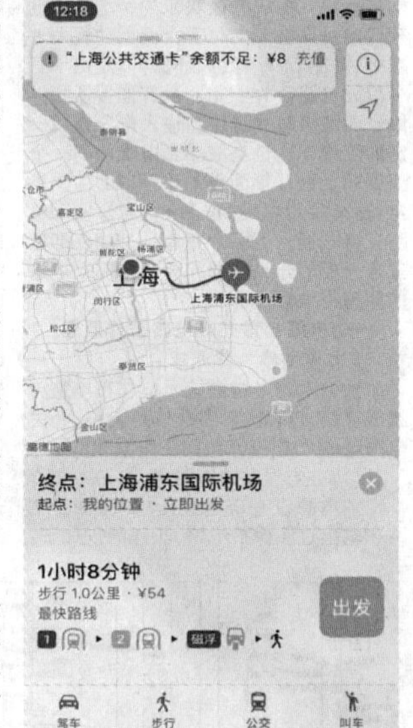

同时快捷交通卡已经实现了和苹果自带地图的联动,比如选择某个公交路径,它会核算出你选择路径需要的交通卡费用,当余额不足时会提醒充值。并且拥有充值的快捷按钮。同时你还可以手动设置余额在少于多少时候开启提醒。

最后要注意手机壳影响感应信号的问题,如果是苹果MFi认证的手机壳一般不会影响到NFC的天线。

(本文原载第16期11版)

榨汁机的选购及清理技巧

面对市场上琳琅满目的家用榨汁机,我们常常会看花了眼。那么榨汁机选购的技巧有哪一些呢?榨汁机使用后怎么进行清理呢?下面是笔者为你整理的榨汁机的选购及清理技巧,仅供参考。

一、选购榨汁机的技巧

1.材质:首选食品级304不锈钢材质,此种材质磁铁吸不住,耐腐蚀易清洁。塑料及可被磁铁吸住的不锈铁材质,果汁易被氧化,材料容易被果汁腐蚀、生锈和产生细菌。

2.功率:首选大功率榨汁机,推荐800W及以上功率,功率越大,转速越快,出汁率越高,且大于26000转/分转速的榨汁机,能够破壁水果细胞膜,释放更多营养,口感也更好。

3.CCC认证:榨汁机属于强制3C认证产品,购买时一定辨别清楚产品是否有3C认证避免买到劣质产品,带来安全隐患。

4.刀网设计:刀网属于易磨损部件,家电业已经推出具有镀钛涂层的刀网,极大的提高刀网的硬度和使用寿命。刀网的直径也是一条重要指标,直径大的刀网能够持续保持出汁率,直径小的刀网易被果汁堵塞,不能持久榨汁。

二、榨汁机的清理技巧

买到了一台称心的榨汁机,我们就可以自动DIY各种自己喜欢的果汁。榨汁机和人一样,在工作了很长的时间之后都要让自己放松一下,卸下以前的包袱,这样才能更好地重新投入到工作上去。榨汁机也是如此,在用了一段时间之后,我们的榨汁机可能会因为清洗不干净等问题,工作效率越来越慢,效果也越来越差。所以,我们的榨汁机也是需要清洗保养的。

1.榨完果汁后,将榨汁机与电源断开,分离杯桶与主机。先把机器简单清理一下,不要让机器中的果渣等杂物凝结,这样会给接下来的清洁带来一定的麻烦。2、有条件的可将刀头拆卸下来,但次数不宜过于频繁,刀头处容易缠绕水果及其他食物的纤维或残渣,应先顺着缠绕的方向将残渣拽出,再用水冲洗。3、家里有废旧的小毛刷或牙刷千万不要丢弃,它们在清理小地方的时候别具功效,这样清洁的效果更好。4、如果刀头是用来绞肉的话,将剩下的馒头掰成馒头渣,放入搅拌机进行搅拌,这样能够有效吸附肉末等,清洁起来比较干净。5、外观的清洁比较简单,用抹布擦拭即可,切记不能用水冲洗,或者用硬物刮洗,以免造成表面伤害,底座不能浸入水中,以免电机的绝缘部分被破坏。

三、榨汁机的使用注意事项

1.搅拌时每次黄豆不能过量,因搅拌时浓度大,效果欠佳。

2.当浓度大时,应即停机,稀释后倒出再搅拌。倒出豆浆时,不要将盖揭开否则会将豆渣,及滤网一切倒出。

3.不适宜搅过量食品,每次工作搅豆浆不要超过3份。

4.使用时,必须将榨汁/搅拌器平放在工作台面上,并按照以上要求进行操作使用。

5.榨汁时,要经常检查一下果汁槽、果渣槽内的果汁或果渣太满,如果太满,先将电源切断,清理后再使用。

6.榨汁前,首先确认滤网碟与传动轮到位,滤网刀具与外盖无硬性碰撞,盖上外盖,并用活扣紧扣后方可开机作用。

7.使用中,不要揭开杯盖,在未切断电源时,切勿把手或其它器具放入果汁杯内及榨汁进料口内,否则会发生伤害事故或损坏本机。

8.为确保使用寿命,电机上装有超温保护装置,当电机长时间或超负载运转,温度高会自动断开电源,电机停止工作后,必须将电源线插头拔下,待电机冷却后(约30分钟),就可以重新使用。

9.所有配件严禁放入高温消毒柜内消毒。

10.使用时请勿离开,切勿让小孩接近。

11.在搅拌,搅肉,研磨时严禁空载远行及超负载使用。

12.每次操作完毕后,需将电源线插头拔下,方可将事物取出。

◇江西 谭明裕

(本文原载第16期11版)

康佳LED47F3530F电源与背光灯电路维修详解(上)

康佳LED47F3530F液晶彩电采用的35018669型三合一板，即主板+电源+背光灯三合一组合，与版本号为35018186、35017677的三合一板原理基本相同，只是LED驱动电路不同。该板应用于康佳LED47M3500PDF、LED47F3530F、LED47R3530F、LED47F3500PD、LED40R5500FX等液晶彩电中。

由于LED彩电背光灯采用LED灯串，使整机功率减小，开关电源输出功率和背光灯驱动功率相对下降，减小了开关电源和背光灯驱动电路的元件体积和电路板面积，为与主板合为一体创造了条件，实现了三合一。三个单元电路合为一体，即省掉了三者之间的导线连接，又使液晶彩电组成的板块减少，增强了电视机的可靠性。同时三合一板功耗大大减小，更加节能、绿色、环保。但是由于三个单元电路合为一体，没有连接器和导线，为维修时测量输出输入电压造成一定的困难，这也是液晶彩电维修的一个新课题。近几年面世的小型LED液晶彩电，逐渐采用主板+电源+背光灯驱动电路三合一板。下面介绍康佳35018669型三合一板的开关电源和背光灯驱动电路的原理与维修。

一、电源与背光灯电路工作原理

1.电源电路工作原理

开关电源电路由抗干扰和市电整流滤波电路、PFC功率因数校正电路、开关电源电路组成，基本电路工作原理见图1。

(1)主电源保护电路

主电源设有市电过压\欠压保护电路和输出过压保护电路，工作原理如下：

市电过压\欠压保护电路由驱动电路NW907的①脚内外电路组成。市电整流滤波后产生的VAC电压经RW901、RW903、RW902、RW904与RW905分压后，送到NW907的①脚，正常时①脚电压在0.9V~5V之间。当市电电压过高或过低时，达到保护设计阈值时，NW907保护电路启动，开关电源停止工作。

输出过压保护电路由稳压管VDW954、VDW959、VW957、光耦NW958为核心组成。当开关电源输出的VCC12V电压达到13V以上时，击穿13V稳压管VDW954；当+24V电压达到28V以上时，击穿28V稳压管VDW959。二者迫使VW957导通，光耦NW958导通，其内部光敏三极管导通，从③脚输出高电平，经VDW909向NW907的①脚注入高电平，NW907据此进入保护状态，开关电源停止工作。

(2)开关机控制电路

开关机控制电路由两部分电路组成：一是由VW953、VW952组成的取样电压控制电路；二是由VW954、光耦NW953、VW901为核心组成的VCC-PFC控制电路。主板电路送来的POWER-ON控制电压对上述两个电路进行控制。开机时，主板电路送来POWER-ON为高电平，一是使VW953导通，c极输出低电平，将VW952的b极电压拉低，VW952截止，对取样电压不产生影响，开关电源正常输出+24V和VCC12V；二是使VW954、光耦NW953、VW901导通，输出VCC-PFC电压，PFC电路启动工作，将开关电源供电提升到380V。待机时，主板电路送来POWER-ON变为低电平，一是使VW953截止，VW952导通，将取样电压提升，开关电源输出电压降低，维持控制系统供电；二是使VW954、光耦NW953、VW901截止，切断VCC-PFC电压，PFC电路停止工作，开关电源供电电压降低到300V，进入待机状态。

2.背光灯电路工作原理

LED背光灯驱动电路由升压输出电路和调流控制电路两部分组成，如图2所示。

(1)背光灯保护电路

背光灯驱动设有升压开关管过流保护、稳压与输出过压保护、+24V供电欠压保护电路，工作原理如下：

升压开关管过流保护：升压开关管V701//V702的S极外接过流取样电阻R718//R719//R736//R737//R767//R768//R769，开关管的电流流经过流取样电阻时产生的电压降反映了开关管电流的大小，该取样电压经R748反馈到N701的⑪脚。当开关管V701//V702电流过大，输入到N701的⑪脚电压升高，达到保护设计值0.5V时，N701内部保护电路启动，停止输出激励脉冲。

稳压与输出过压保护：升压输出电路C720//C750//C733等两端一是并联了输出电压分压取样电路R729、R730、R738与R731//R732，对升压电路输出电压进行取样，经R727反馈到N701的⑭脚，N701据此对⑦脚输出的脉冲进行调整，达到稳定输出电压的目的；二是并联了R722、R725与R724取样电路，经R726反馈到N701的②脚，当输出电压过高，反馈到N701的②脚电压达到2.25V以上时，N701内部保护电路启动，停止输出激励脉冲。

+24V供电欠压保护：N701的③脚内部设有欠压UVLO保护电路，+24V供电经R710与R712分压取样后送到N701的③脚。当+24V电压过低，③脚的取样电压低于1.25V时，N701保护欠压保护电路启动，N701停止输出激励脉冲。

(2)LED控制电路

开关电源输出的VCC12V电压为N702的⑫脚供电，经内部稳压电路稳压后，从⑩脚输出5V基准电压，⑪脚输出3.3V基准电压，为内外电路供电。遥控开机后，点灯控制信号BKLT-EN送到N702的⑨脚，驱动控制电路N701启动工作，内部驱动电路产生的驱动脉冲，驱动⑧路内部调光MOSFET开关管工作于开关状态，对⑧路LED背光灯串电流进行开关控制，控制每路背光灯串的导通点亮时间，达到调整LED背光灯串电流和背光灯亮度的目的。

调光电路：背光灯驱动电路采用PWM脉冲数字调光的方式，主板输出的控制信号通过N702的㉑、㉒、㉓、㉔脚到SPI通讯接口电路的时钟(SCK)、数据输入/输出（MOSI/ MISO)、片选信号(CSB)端口，对N702内部驱动脉冲进行控制和调整，进而控制LED-灯串的点亮或者熄灭时间比来调节亮度，达到调整背光灯亮度的目的。

(未完待续)(下转第172页)

◇海南 孙德印

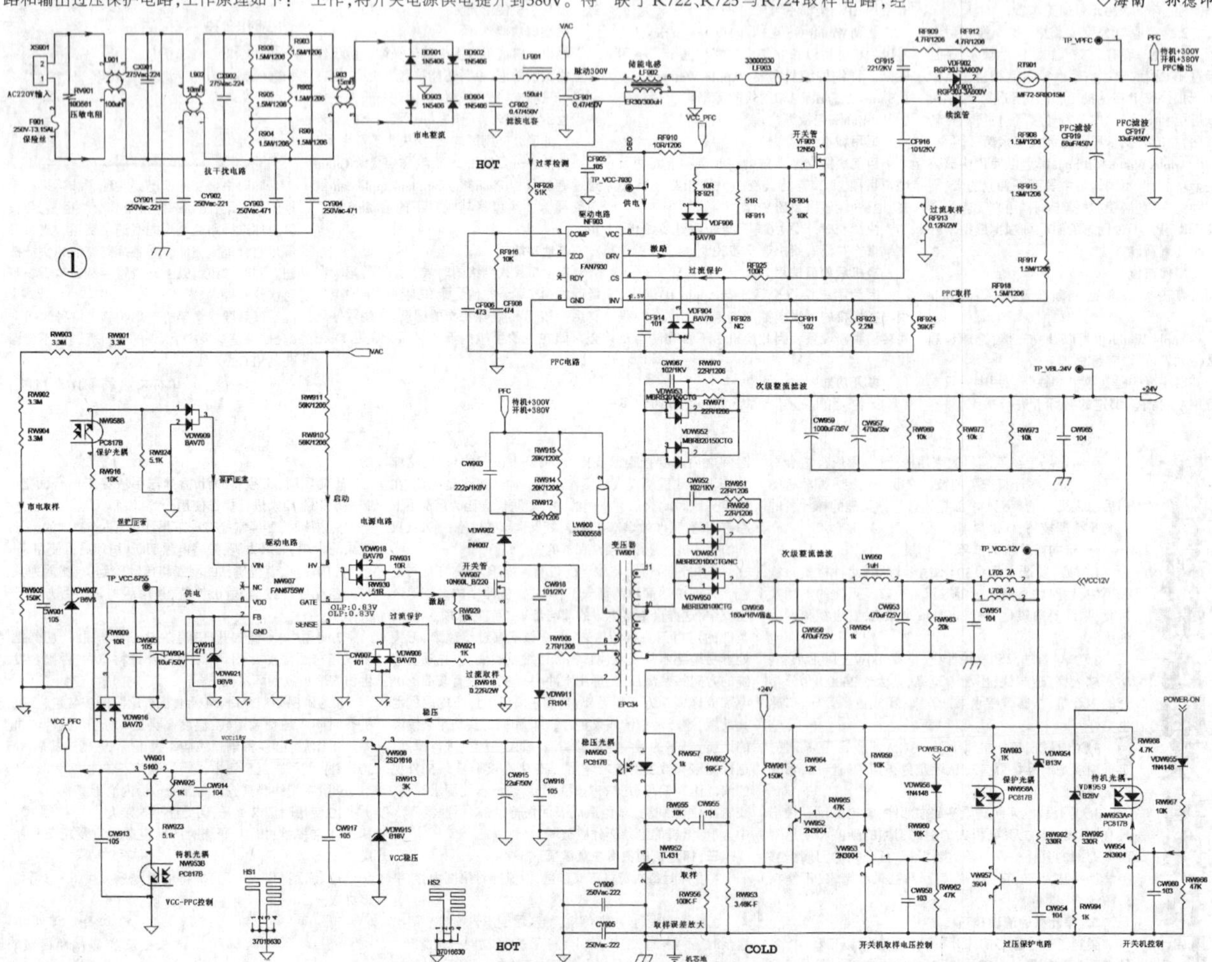

“‘本地连接’没有有效的IP配置”故障的排查、检修和反思

我校尚体馆的网络，上学期就出现了故障，一直网络不通，因此无法上网。

本学期，笔者来接班，交接手续时，前任网络管理员也提到过这件事，说是有光缆(或是电缆)已经拉到尚体馆，要笔者把尚体馆的网络搞通。初来乍到，学校网络布线，笔者不熟悉，心里没谱。上班几天来，只要是休息时段，就一直留意观察学校布设的各种线路及走向。接着又有体育老师多次催促，要求尽快把尚体馆的网络开通。

经过在尚体馆一楼实地查看，一楼过道天花板下的网络机箱里面有一条光缆(双纤)：一根光纤线闲置着，另一根光纤上接着一个单纤光收发器，上面数据灯在闪烁，显示工作很正常。另外，还有两个8口交换机，上面插了很多的网线通往各科室；其中一个交换机的多个LAN口指示灯也在不停闪烁，一切似乎在证明它们工作都很正常！

笔者带着从同事手借来的联想笔记本电脑，进入靠近网络机箱下方的学校医务室，找到通往室内的网线终端，发现没有做水晶头，便转到隔壁的团队活动室，把通往室内网线终端的水晶头插入笔记本电脑，开机上网，发现很久打不开网页。于是检查“本地连接”的设置，经过试验，无论是设置固定IP，还是自动获取IP，都不能打开网页。运行“本地连接”里的“诊断”程序，提示“‘本地连接’没有有效的IP配置”。

因为机箱里面所有通往各科室的网线，原先都没有做标签，不知道哪根网线通向哪个科室。为了弄清不能上网的问题，必先理清网线的线路走向。于是用网线测试仪在网络机箱，找到通往团队活动室和学校医务室的这两根网线，并一一贴上标签。为了分辨究竟是光收发器有问题，还是交换机有问题，笔者把通往团队活动室的那根网线从交换机上拔下来，并拔下光收发器与交换机的网线，然后把通往团队活动室的那根网线直接插在光收发器的网线接口上。爬下架梯，回到团队活动室，再用笔记本电脑试验上网，故障现象还是和开始一样，说明不是交换机问题。

这次检修，笔者想通过这次网络故障寻迹，顺便检查一下学校网络线路的布局和走向。接着，用双纤光收发器(因为学校没有备用的单纤光收发器)，代换原来的单纤光收发器（把闲置的另一根光纤也用上了)，光收发器上LINK/ACT指示灯不亮，显示光路没有接通。看来，必须要找到这根光缆的首端，才能继续检修下去。

学校网络机房(多功能录播室)设备很多，线路非常复杂，有网络线路，有监控线路，还有音响广播线路。无论是光缆，还是电缆，基本上都没有做标签，不知道每根线的具体去向。而且，在多功能录播室门前线槽上方天花板上，还有一个网络机箱，里面也有一根光缆(双纤)，不知道通向哪里。通过插拔试验，发现该机网络机箱里面的这根光缆，不是通往尚体馆一楼机箱的那根光缆。说明通往尚体馆一楼机箱的那根光缆的首端，还是应该在多功能录播室的某个机柜里面(录播室里面有两个跟网络和监控有关的机柜)。再仔细察看靠右边的网络机柜，发现10个光收发器都是插的双光纤，另外还有一对双纤闲置着，旁边放着一个闲置的双纤光收发器。显然，它们都不是通往尚体馆一楼机箱的那根光缆。再查看靠左边的监控网络机柜，上层放置了14个光收发器，审视每一个光收发器，发现有一个光收发器(双纤)的所有指示灯没有发光，是闲置着的；其他光收发器都在工作，都是双纤光收发器。终于在最顶层，看见临时放置着的一个光收发器(没有尼龙扎带固定，其他的都固定了的)，是插的单光纤！再看它的旁边，还多出一根光纤闲置着，这个单光纤收发器及所接的光缆，就是通往尚体馆一楼机箱的那根光缆的首端了！

于是，笔者迫不及待地用闲置的这个双光纤收发器替换最顶层的那个单光纤收发器，当把两根光纤都插入这个双光纤收发器时，上面6个指示灯有5个都闪亮了，跟其他正常工作的光收发器一样！说明光路畅通，能正常通信。这次多留了个心眼，顺便把这个双纤光收发器上的网线水晶头拔下来，插在笔记本电脑的网线端口，检查一下网线上有无正常的数据信号，能否正常上网。打开浏览器，发现网页还是无法打开；检查“本地连接”的设置，运行“本地连接”里的“诊断”程序，提示“‘本地连接’没有有效的IP配置”，还是跟尚体馆那端一样。说明网络故障在光缆之前，或者是跟交换机连接的网线问题，或者是交换机问题，或者是总路由器问题。检查监控机柜里面其他几根闲置的网线，都不能上网，“诊断”程序，提示“‘本地连接’没有有效的IP配置”，都是一样的！这些网线都绑扎在一起，不容易理清每一根的具体去向，另一头估计都插在总路由器之后的交换机LAN口上面。怀疑上述网线的线序是不是有问题，于是自制两根连接网线，一根平行线，一根交叉线，一端插入交换机闲置的几个LAN口，一端插入笔记本电脑网线口做试验，看看能不能正常上网。结果发现也不正常，有时个别网口要等很久，才能勉强打开网页。因为，总路由器还有闲置的网口，所以干脆有了跳过交换机，直接从总路由器进行连接的想法。用平行线和交叉线各自连接了一次笔记本电脑，两根线都能够正常上网，但是交叉线的反应速度似乎好一些！最后，使用交叉线把总路由器和通往尚体馆的光收发器端口连接起来，然后带着笔记本电脑，去尚体馆那端的学校医务室，把室内网线水晶头插入电脑，打开浏览器，久违的网页立即呈现在显示屏上，停用了快半年的尚体馆的网络终于畅通了！

检修后的反思：处理本例网络故障，由于想弄清楚学校网络的线路走向，才走了这许多弯路，费了这么多周折！实际上，开始就应该判断原先的一对单光纤收发器和光缆没有问题，问题在源头这端。应该从源头(学校网络总机房)这端查找故障的原因，当然首先必须弄清楚通往尚体馆这根光缆的起始端是哪根，然后对这端的连接网线采用代换法试验，以及换用交换机的不同端口试验，甚至直接把网线插在总路由器闲置的端口上试验，这样会缩短检修时间，少费很多精力！这个故障的真正原因，可能是总路由器的设置问题，比如是可能关闭了DHCP功能（DHCP是指自动给电脑分配IP地址)；也可能是交换机的端口问题，机内同一芯片管理的几个网口出故障了。由于学校其他区域的网络都很正常，不想为了这个问题牵一发而动全身，才采取这个简单有效的方法，暂时解决尚体馆不能正常上网的问题，以后再出现整体问题，再考虑检修调试总路由器和总交换机！

◇惠州　余致民

让Watch微信的语音回复正常识别中文

在Apple Watch回复微信消息时，很多朋友都会使用语音识别，但某些时候识别出来的并非我们所需要的简体中文，而是令人尴尬的英文信息，此时可以按照下面的方法解决这一问题。

在iPhone进入设置界面，依次选择“通用→键盘”，进入“键盘”界面之后，首先请检查是否已经启用“启用听写”，接下来点击“听写语文”右侧的“>”按钮(如附图所示)，在这里取消“英文(美国)”，立即就可以生效。

中国电信 11:51 68%
〈键盘　听写语言
英文（美国）
普通话 ✓
粤语
上海话

◇江苏　王志军

别轻易“格”U盘

U盘在平时使用过程中比较容易出现的故障就是被提示“需要将其格式化”，此时建议先不要着急点击“格式化磁盘”按钮，因为U盘中可能保存有一些重要的数据文件，再就是即使进行此类常规的格式化操作最终也未必会成功，反而可能会将其中的数据进行二次破坏，增加了数据恢复的难度。遇到系统提示“格式化磁盘”的U盘故障时，比较明智的处理方式是先使用数据恢复软件对U盘进行尝试性数据恢复，一般情况下都会有一些“收获”的，而不应该先简单粗暴地直接格式化U盘。目前，能够对U盘数据文件进行恢复的软件比较多，大家可自行上网百度下载。前几天在给同事处理一个故障U盘时，笔者使用了“iStonsoft USB Data Recovery”(下载地址：http://www.dayanzai.me/istonsoft-usb.html)，最终的恢复效果非常不错。

首先下载这个大小为5.2MB的工具软件并进行安装和运行；接着，插入故障U盘，点击选中软件的第一项“All”(表示将要扫描U盘的所有类型数据文件)后点击左下角的“Next”按钮；然后按照提示选中待扫描的U盘“Kingston DT 101 G2 USB Device”，点击“Scan”扫描按钮；这样，“iStonsoft USB Data Recovery”就开始对故障U盘进行扫描，接着点击“Recover”(恢复)按钮，一段时间之后就会提示“Recovery finish”——“数据恢复过程结束”，并且按照文件类型分别建立了例如zip、jpg、png和rar等图片或压缩文件夹(如图1所示)。

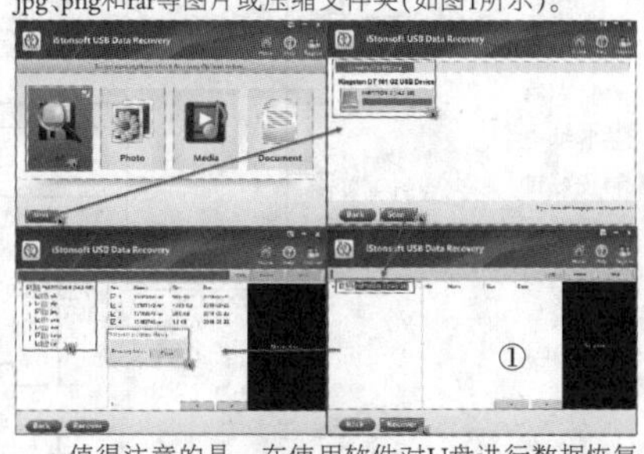

值得注意的是，在使用软件对U盘进行数据恢复扫描的过程中，一定要保证自己本机上的杀毒软件是处于正常监控状态，这样就可以在第一时间内将扫描并准备恢复的疑似病毒文件做处理，比如删除病毒文件且备份至病毒隔离区。因为绝大多数的数据恢复软件还只是比较机械地对U盘数据块进行“地毯式搜索”，并不携带对恶意程序的判断功能，千万不要因为进行数据恢复而将病毒、木马等复原并激活，甚至将自己的操作系统再感染上病毒。经过“iStonsoft USB Data Recovery”工具软件的扫描和恢复之后，然后手工检查一下，删除一些乱七八糟的无用文件，最终在设置好的目标文件夹中得到了若干文件：527MB，基本上是JPG和PNG图片文件，还有PPT演示文稿文件，都是正常的(如图2所示)。

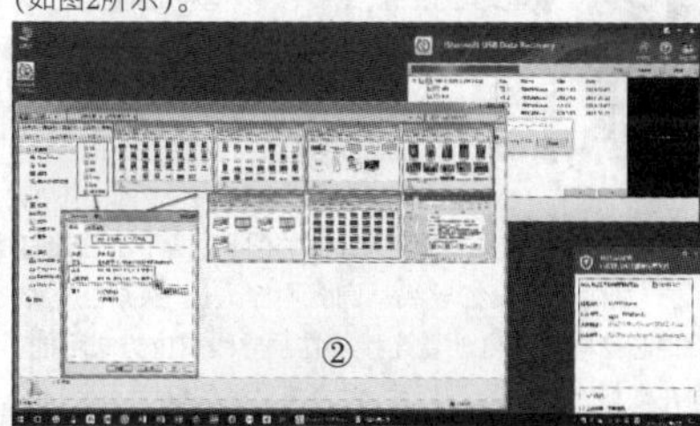

经过数据恢复文件的扫描恢复操作之后，此时才可以进行对故障U盘的修复，比如格式化(包括低格)或量产，但可惜的是尝试了若干个软件均以失败告终，未能修复成功。幸运的是先进行了数据恢复操作，将损失程度减小了不少，同事非常满意。最终，笔者给同事一个建议：将数据(尤其是重要数据)一定要多做个备份，目前比较常见的做法是使用百度云盘，免费的空间是2TB，已经基本够用。

◇山东　杨鑫芳

奥克斯(AUX)燃气灶电热偶故障的应急处理技巧

由于热奶不慎出现溢锅，导致一台奥克斯双头燃气灶熄火报警，赶紧关火，用抹布擦拭干净后重新打火，3、4秒钟后原来一直正常烧水的灶头与热奶的灶头同时熄火，并出现报警声。关闭两个灶头，重新打着原来烧水的灶头烧水，观察几分钟一切正常，此时再打着热奶的灶头热奶，开始除可以听见连续的打火声外一切正常，但3、4秒钟后，又出现两灶头同时熄火并报警的现象。这次果断关闭两个灶头，并肯定煤气灶出了故障。

冷静分析，溢奶前两个灶头燃烧正常，溢奶后出现了本例故障，说明故障是因溢奶所致。仔细观察、对比两个灶头，发现溢奶后的灶头点火器对边缺少一个约1cm的金属头，只有一个瓷座上有约2mm金属头(见图1)，灶头周围并无断头存在。细看该金属头呈黑色，很可能是该头老化破裂后，再用抹布擦溢出的奶时将该金属头碰掉并跌入煤气灶内部。该金属头到底是干什么的？为什么一个损坏，会导致两个灶头同时熄火呢?带着这个疑问上网查找，得知该金属头叫热电偶(也叫感应针)，是煤气灶的火焰检测设备，它与安全电磁阀组成燃气安全系统。燃气燃烧后，热电偶的尖端在高温火焰中而产生电动势，电动势通过导线加到安全电磁阀的线圈上，线圈产生的磁场吸住电磁阀的衔铁，使燃气经气阀持续流向喷嘴，维持燃烧。当火焰意外熄灭，热电偶的温度降低，产生的电动势逐渐消失，电磁阀的产生的磁场减弱而无法吸住衔铁时，衔铁在弹簧作用下释放，头部的橡胶塞堵住燃气孔，关闭气阀，灶头熄火。

①

可见熄火的原因就是这个热电偶损坏造成的。观察这个煤气灶后发现，在盘面下的金属罩内有3颗螺钉，但卸掉这3颗螺钉也不能从上面取出灶头，必须从煤气灶下面动手，才能要换这个热电偶。因急用，考虑到热电偶只是用作热、电传导，起到监测作用就行，于是想到用铜丝替代。首先，找一截10cm长铅笔芯粗的铜丝(如果是漆包线，则要用砂纸或刀子去掉漆包线上的绝缘漆)，将待用铜丝与另一段同样粗细的铜丝并行后，用钳子夹住约1.5cm，将待用铜丝缠另一段铜丝绕一圈取下，再将铜丝绕好的小圈顶在铅笔上，再绕一大圈后取下，剪掉多余部分，如图2所示。用镊子将这段整好的铜丝大圈套在热电偶的瓷柱上，小圈卡在瓷柱上的金属断头上，再用尖嘴钳稍微夹紧(用力不可过大，以免夹坏金属断头)，保证小铜圈与金属断头接触良好即可，如图3所示。清理干净灶头后测试，单头打火、双头打火正常，能长时间使用，故障排除。

②

③

【提示】本文介绍的维修方法只是应急处理，不知道到底能用多长时间，为了根除故障，最好还是更换一只相同的配件。

◇陕西　李　挺

石英钟停摆故障检修1例

一台石英钟使用几年后，突然有一天停摆了。翻阅近几年的《电子报》，在2015年43期上看到了广东杜立明老师发表的维修石英钟的文章。该文直接、简明地介绍了石英钟芯的维修过程，又配有比较清晰的钟芯内外照片，使人一目了然。受该文启发，笔者决定马上动手修理这台石英钟。

从石英钟上卸下钟芯后，用指针式万用表R×100挡测量电池盒正、负极弹簧片间的阻值，结果为无穷大，说明电路开路，判定钟芯内部有故障。于是，用小刀撬开或用双手大拇指掰开钟芯左右两边的锁扣(用力要适度，太大容易损坏锁扣)，使上、下钟盖分离。打开钟盖瞬间，内部齿轮散落于工作台面，仔细一数大小共有八个。正如杜老师所说，齿轮的尺寸都是唯一的，尝试着安装了一遍，竟然全部准确到位。打开钟盖后，才看到与电路板相接触的电池正极弹性金属片前端已经断掉一截，电路板与弹性金属片接触的铜箔已严重氧化发黑。清除正、负极铜箔上的氧化物并上好锡，再用万用表R×100挡测量电路板阻值，正测(黑表笔接正极)阻值为1.3k，反测阻值为1k，与正常钟芯的阻值接近，说明电路板正常。因断掉的弹性金属片并非铜材，无法焊接加长，于是弃用该金属片，改用焊接导线，与电池盒连接。

在紧靠电路板的右侧、外壳的中下部，用焊接集成块的尖头电烙铁烫一直径<2mm的圆孔，再用小圆锉打磨光滑，将一红、一黑两段多股细导线从圆孔中穿入，一头焊在电路板上，另一头待钟芯修毕后与电池盒连接。这种导线引出方式可能不适合钟芯被框在塑料方框中的石英钟，因为其周围的缝隙不足1mm，无法容纳电池导线。因此，只好在钟芯背面(即下盖)上打孔，穿过导线，再安好钟芯电路板上下的8个齿轮，检查无误后，双手轻轻按上、下盖，随着清脆一响，盖已合好。此时，迫不及待地将时针、分针和秒针安好，在引出的电池导线接上一支1.5V电池，钟芯即刻正常运转起来。在电池导线末端各焊上一小块薄铜片，插在电池盒正负极弹性簧片前，装上5号电池，运转正常，故障排除。

◇四川　屠光胜

申花TM-826自动加水电热壶不上水故障维修1例

故障现象：一台申花TM-826自动加水电热壶能正常加热，但不能加水，按“上水”键无响应。

分析与检修：通过故障现象分析，说明多发生在触摸开关、微处理器或其联想部分(具体电路见图1)。用万用表测量微处理器U1的②脚电压为0.55V，而其他触摸开关开关接收脚静态电压为0.55V，用手触摸后可以变化为0.45V，说明U1(HD24P08AD)内部损坏。上网查询HD24P08AD的价格较贵，便想用开关手动控制的方式加水。根据说明书得知，加水控制类似点动控制操作，可以通过将自复位开关接到驱动块U2(ULN2003A)控制输入端的方法来实现应急修理。ULN2003为反相达林顿驱动器，电机正常工作时，驱动器应输出低电平，所以输入端应加入高电平。断开U1的⑧脚，接入图2所示电路。通过按压该开关就可以实现注水功能。

将开关安装在电机盖顶端，便于加水功能的操作。

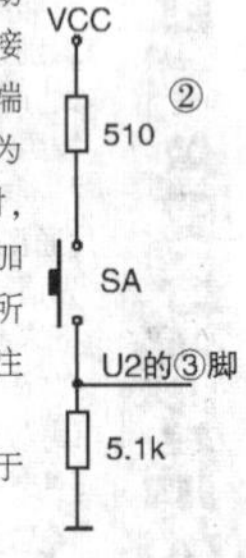

②

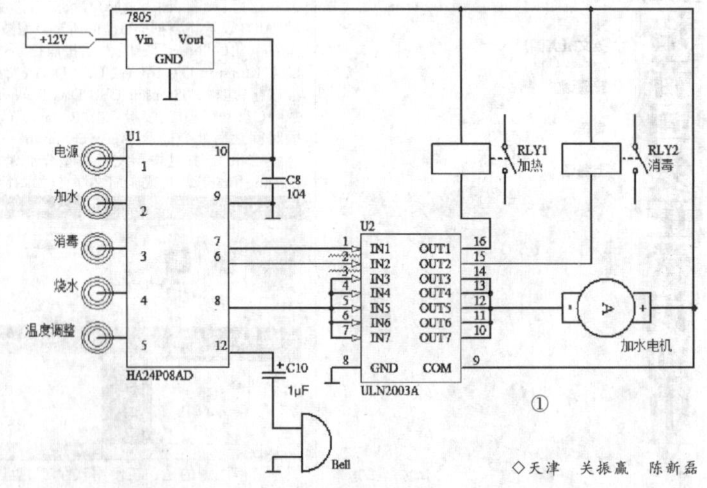

①

◇天津　关振赢　陈新磊

新大陆(NLE-JS2000)高职院校物联网应用技能大赛平台应用(2)

(紧接上期本版)

2.3. 开发型实训功能

包括DotNet客户端开发、DotNet Web端开发、Android移动端开发、无线传感网WSN开发：

(1) DotNet客户端开发

根据本产品配套实训指导书中环境监测应用场景、智能商业应用场景、智能路灯应用场景的要求，开发和实现简易的基于DotNet开发平台下的，PC客户端功能程序。

(2) DotNet Web端开发

根据本产品配套实训指导书中智能商业应用场景功能的要求，开发和实现简易的基于DotNet开发平台下的Web应用程序。

(3) Android移动端开发

根据本产品配套实训指导书中智能农业应用场景、智能商业应用场景、智能路灯应用场景功能的要求，开发和实现简易的基于Android开发平台下的移动应用程序。

(4) 无线传感网WSN开发

根据本产品配套实训指导书中智能农业应用场景功能的要求，开发和实现简易的基于ZigBee技术的无线传感网应用程序。

(5) C#物联网程序基础开发

根据本产品配套《C#物联网程序设计基础》及《C#物联网应用程序开发》教材，结合硬件设备，深入掌握基于C#开发语言的物联网应用系统。

(6) JAVA物联网应用开发

根据本产品配套《JAVA物联网程序设计基础》教材，结合硬件设备，深入掌握基于JAVA开发语言的物联网应用系统。

3. 场景功能

本产品主要包括五个应用场景：

3.1. 智能商业应用场景

模拟基于物联网技术的智能超市、电子商务的真实应用系统场景，包括五项主要功能：

(1) 智能仓储

该部分主要基于超高频RFID技术，采用UHF桌面发卡器、条码扫描枪等物联网设备，实现商品入库登记、商品库存智能盘点、商品缺货智能提醒等智能仓储功能。

(2) 智能货架

该部分主要基于蓝牙通讯技术，利用刷屏机、电子货架标签、LED大屏显示器、串口服务器等物联网设备，实现商品智能上架管理、商品智能变价管理、商品实时库存等智能货架功能。

(3) 智能结算

该部分主要基于超高频RFID技术，利用超高频RFID控制器、小票打印机、LED大屏显示器、串口服务器等物联网设备，实现商品智能结算、商品快速支付等智能结算相关功能。

(4) 信息中心

该部分主要通过物联网架构的应用系统，采用网络摄像头、路由器、移动互联终端、高频读卡器等物联网设备，实现智能视频监控、商超信息综合管理、顾客高频卡管理，以及商超信息综合管理等功能。

(5) 电子商务

该部分主要基于二维码技术，利用手机端系统应用程序，实现二维码拍码购物的电子商务应用功能。

3.2. 环境监测场景

环境监测包含大气环境模块，主要有：温度与湿度的传感数值。用户点击进行查询每种传感数据在一定时间段内的数据显示情况，也可进行导出数据操作。通过该场景目的考核学生对感知层有线传感器设备的安装、调试及数据采集编程能力。

3.3. 社区安防场景

针对房屋内火灾(火焰、烟雾)及非法入侵(红外对射)进行监控，异常时会产生告警提示内容，提示内容会自动推送到LED屏上显示以及推送到移动互联终端(安卓端)显示。

3.4. 公共广播场景

监测社区内火灾(火焰、烟雾)情况，主要通过输入提醒内容，手动推送方式通知业主一些信息，提示内容会推送到LED上显示以及推送到移动互联终端(安卓端)显示。

3.5. 智能路灯场景

针对城市路灯及楼宇路灯的智能管理。可手动控制路灯与楼道灯，也可根据时间或者自然光照值自动控制路灯；另外，楼道灯是在满足时间设置情况下，当感应到有人经过时(人体红外)亮起的。

3.6. 移动端场景

针对智慧城市系统的移动端使用。与PC端系统同步，分别有系统设置、用户注册登录、环境气象、智能商超、预警信息、智能农业功能。

3.7. 智能农业场景

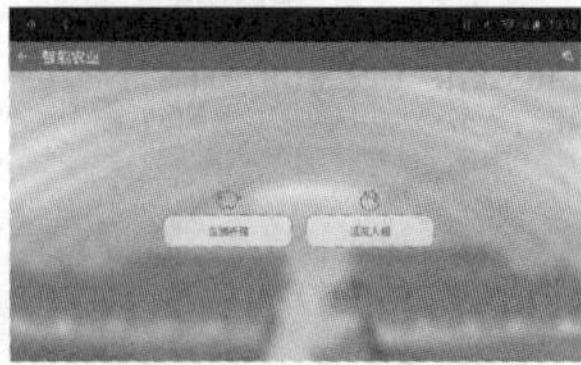

智能农业模拟的是生猪养殖及温室大棚场景，使用的是单独的一组传感器，通过zigbee无线组网在移动互联终端上进行数据采集，并将智能农业的相关数据显示在移动互联终端上。

3.8. 云服务平台应用案例

配套4个典型的应用案例，四个案例基于云服务平台的开放API定制的个性化场景，如下：

(1) 物联网云服务平台标准数据展示web版

新大陆云服务平台支持多种行业标准协议的网关、设备接入，该案例以协议类型分类展示各传感器数据以及负载的控制，以此了解基于Modbus协议、ZigBee协议的物联网传感设备，体验物联网云服务平台。

(2) 智能家居web版、android版

智能家居是在互联网影响之下物联化的体现。智能家居通过物联网技术将家中的各种设备(如音照明系统、窗帘控制、空调控制、安防系统等)连接到一起，提供家电控制、照明控制、室内外遥控、防盗报警、环境监测、红外转发以及可编程定时控制等多种功能和手段。与普通家居相比，智能家居不仅具有传统的居住功能，兼备建筑、网络通信、信息家电、设备自动化，提供全方位的信息交互功能，甚至为各种能源费用节约资金。

(3) 农科院水产养殖android版

农科院水产培育基地需要严格的培育条件，气候、水温、水位、光照等都会影响水产的培育。本案例基于云服务平台实现模拟的物联网智能水产培育基地，严格控制影响培育基地的各种条件因素，从而促进水产养殖智能化科学化，提高培养成功几率实现水产增产量产。

三、系统组成

1.关键设备介绍

(1)物联网实训工位

·配备多种常用规格的强弱电供电系统，满足工位上各类物联网行业应用套件的供电需求。

·设计有安全配电箱，带有安全漏电保护系统，确保系统使用安全可靠。

·集成走线槽的网孔操作面板可方便学生安装及部署相关物联网设备。

·多个物联网实训工位，可进行灵活的排列摆放设计，满足各种实训室的摆放要求。

(2)物联网网关(物联网数据采集网关)

该网关可结合物联网和传感技术，实时采集有线、无线传感网设备传感值，并通过通讯模块上传到PC端，实现对传感设备的实时监测及控制。

(3)移动互联终端

·采用先进的Cortex A9处理器，实验平台基础丰富的应用接口及行业模块。

·Android平台系统，让物联网技术与移动互联网技术无缝融合。

(4)智能农业应用套件

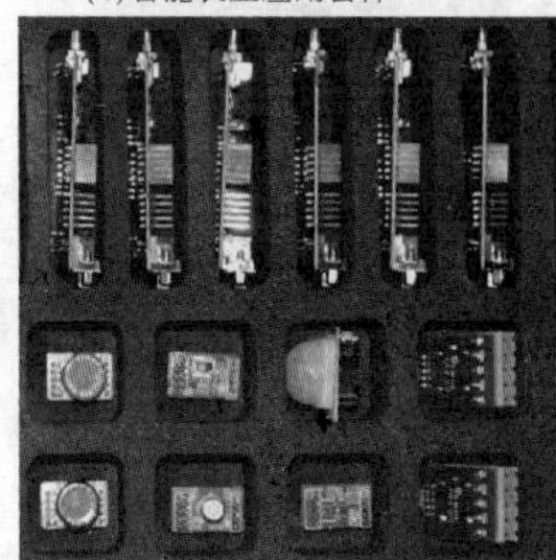

该套件主要包括zigbee无线组网相关的传感器、继电器等多种物联网设备，通过配套的智能农业应用实训及理论课程的教学，让学生动手进行安装调试，接触物联网技术在短距离传输领域的真实应用，最终达到感知体验与动手的结合、方案设计与实际验证的结合，提高学生的实践动手能力。

(5)智能城市应用套件

该套件主要由多种模拟量传感器、数字量传感器、执行动作器件、无线传感网模块、485数据采集器等物联网设备组成，学生通过对这些套件设备的接线连接、安装配置、调试维护等多方面的实操技能的学习和训练，可以认识和熟悉传感器技术及数据采集技术在物联网行业领域的应用方法。

(6)云服务平台资源包

云服务平台资源包包含物联网网关以及部分传感器、控制器，用户可以基于网关扩展个性化的硬件配置，使得硬件部分更加多样满足各种实验需求；软件使用了云平台架构，提供云数据存储，用户可以根据需要对数据进行存储、查询、图表统计，平台也开放了灵活丰富安全的API接口，可基于接口创建PC端、android端等各种平台的应用，满足用户各种实验的需要。

(未完待续)(下转第175页)

◇四川科技职业学院鼎利学院 刘桃序

嵌入式灯具温升测试箱的改进(上)

随着现代工业的不断发展和人类物质文明的进步，人们对灯具的需求越来越高，因此，不仅要在产品的造型设计形态上具有一定的审美性和宜人性，同时还要保证产品完善、科学的使用功能，和更加优异的安全性能。

为了保证产品的安全性能，产生了很多大型的安规认证公司，UL，CCC，CSA，IEC，EN，TUV……，虽然它们的测试方法不完全一样，但是都是为了验证产品的安全性这一共同目标都建立了自己的测试方法，这里以UL实验室的嵌入式灯具温升测试为例探讨下我们所做的改进。

一、常用的测试定义

为了更好地了解这个测试和项目改进，我们简单介绍几个定义。

温升测试：在安规测试中，温升测试是指在关键的元器件或者部件布上热电偶点，例如，三极管，MOS管，PWB板，变压器线圈……，通过温度记录仪监控其工作时的温度，来判断其是否有起火的危险。

（因高频电子产品会产生漩涡电流，所以UL实验室采用可以抑制其产生的T型热电偶来监控温度）

图1 T型热电偶

图2 温度记录仪

灯具：凡是能够分配、透出或转变一个或多个光源发出的光线的一种器具、并包括支承、固定和保护光源必需的部件、但不包括光源本身，以及必需的电路辅助装置和将它们与电源连接的设备。

嵌入式灯具：制造商指定完全或部分嵌入安装表面的灯具。如下图所示：

图3 嵌入式筒灯

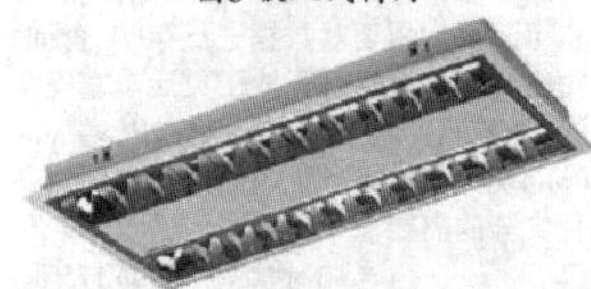

图4 嵌入式荧光灯灯具

图5 嵌入式LED面板灯

嵌入式灯具的安规认证标准有：UL1598，IEC60598，GB7000等等。在此我们做个分类以便于下文的阐述：

甲类：

嵌入式筒灯

乙类：

嵌入式荧光灯灯具，嵌入式LED面板灯

灯具样品布完点后如下图所示（以筒灯为例）：

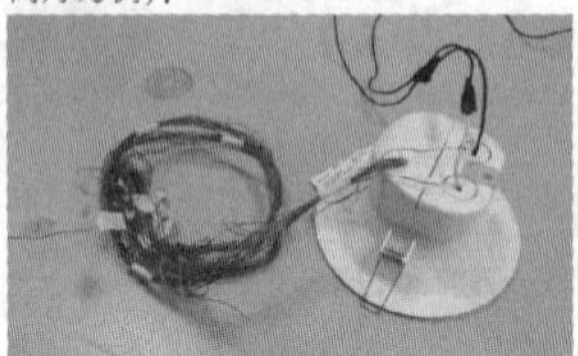

图6

灯具布完点后，需要在模拟的客户实际使用的环境下进行工作，检测其内部点的温度，判断是否有起火的危险。美标UL1598要求：嵌入式灯具需要工作在填充有隔热棉的箱体里工作；隔热棉高度在灯具最高点上面至少8.5 inch，隔热棉的隔热系数 Rsi 0.56 to 0.678 (R3.2 to R3.85) / inch，如下图所示：

图7 隔热棉

二、甲类灯具（嵌入式筒灯）的改进方法

我们先介绍下针对甲类灯具（嵌入式筒灯）的改进方法。

如下图所示是UL1598对筒灯的安装方式和工作环境的描述：筒灯安装在一个嵌入测试箱底部的灯筒里面，灯筒的最大外围轮廓距离测试箱内壁至少8.5 inch(见图中D)。

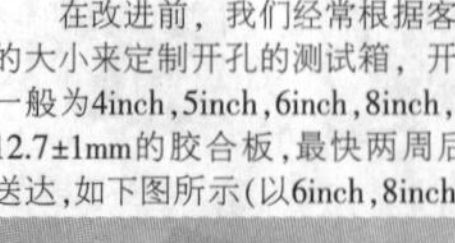

图8

在改进前，我们经常根据客户样品的大小来定制开孔的测试箱，开孔直径一般为4inch，5inch，6inch，8inch，木板为12.7±1mm的胶合板，最快两周后，木箱送达，如下图所示(以6inch，8inch为例)：

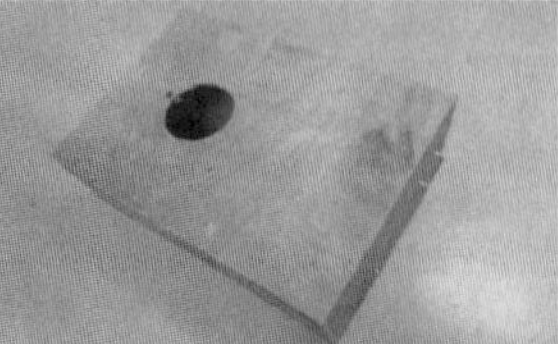

图9 6inch 测试箱

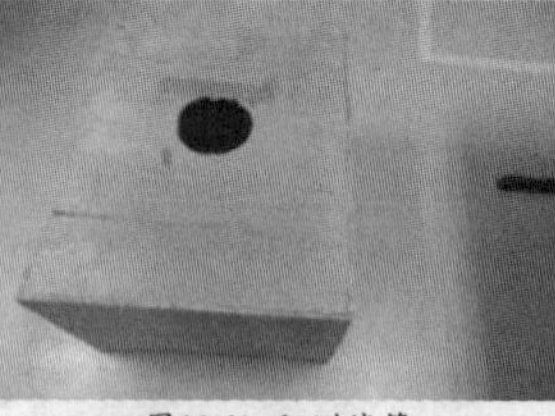

图10 8inch 测试箱

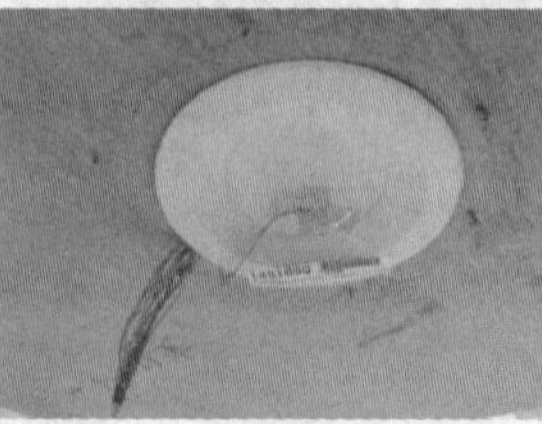

图11 安装

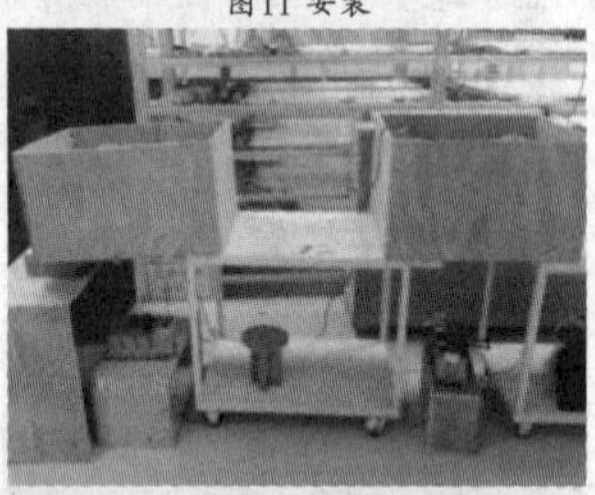

图12 架设完成

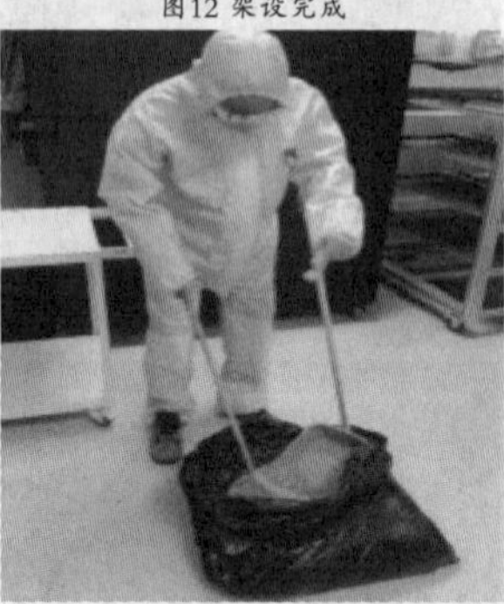

图13 填充

我们把布好热电偶的灯具模拟客户正常的安装方式安装到筒灯里（如图11），再往测试箱里倒入隔热棉，隔热棉高度至筒灯上面至少8.5 inch处（如图13）。然后从开孔边上引出布好的热电偶，再把热电偶接到温度记录仪上，当筒灯开始正常工作时开始监控灯具内的温度，整个过程一般需要5小时完成（如图12）。做完直径4inch的筒灯，再把测试箱内隔热棉倒出，依次换上筒灯直径为5inch，6inch，8inch的测试箱，依次重复上述操作。在测试的准备过程中（监控温度前更换大小合适的测试箱，更换隔热棉），反复地倒进倒出隔热棉需要：

1. 三个技术员共同协作，且要付出了大量的劳动力。

2. 隔热棉是有毒材料，在填装的过程中，会污染实验室的工作环境，伤害技术员的身体。

3. 客户定制测试箱通常每个花费RMB1500，且定制周期达两周，严重影响项目进度。

这些工作都不产生价值，但是又不得不做。因此为了减少工作量，提高效率，我们做了一个嵌入式灯具的温升测试箱（筒灯）的改进项目，很好地解决了这一问题。具体步骤如下：

1. 设计通用型的测试箱：设计两个通用型的测试箱，以筒灯的最大尺寸8inch为例，设计了两个长850mm，宽750mm，500mm的胶合板木箱，胶合板厚度12.7±1mm。如下图14所示（中间的灯筒为示意用）：

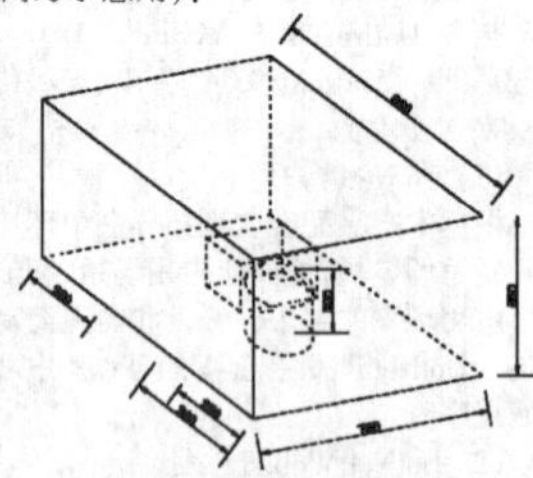

图14 通用型的测试箱

2. 采购灯筒：从美国采购四个标准的灯筒，孔径分别是4inch，5inch，6inch，8inch，如下图15所示（以6inch例）：

图15 标准灯筒

3.定制底板：定制四个底板，四周镶80mm高的胶合板，并在每个底板上距离其中一边大于8.5inch处开一个圆孔，孔径分别为4inch，5inch，6inch，8inch。如下图16所示。在底板上安装图15所示的灯筒后，加盖到图14所示的两个通用型测试箱的上下面上。第一个测试箱：上面是开孔4inch的底板，下面是开孔6inch的底板；第二个测试箱：上面是开孔5inch的底板，下面是开孔8inch的底板。80mm高的胶合板用来防止箱体内的隔热棉外漏。（该底板的开孔设计也可以不安装灯筒，以符合其他样式嵌入式灯具的安装要求）。

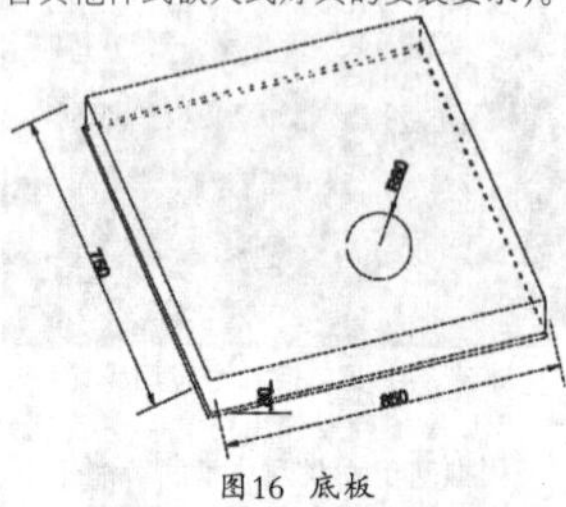

图16 底板

3. 定制钢架：定制四副钢架，每两副做成一个钢框架，并在底部安装四个万向轮。把图14所示的测试箱安装在钢框架上，每个测试箱侧面安装两个旋转齿轮，以方便测试箱翻转。两副钢框架一个高，一个低，方便重叠存放，单个钢框架加装测试箱的设计图17如下所示：

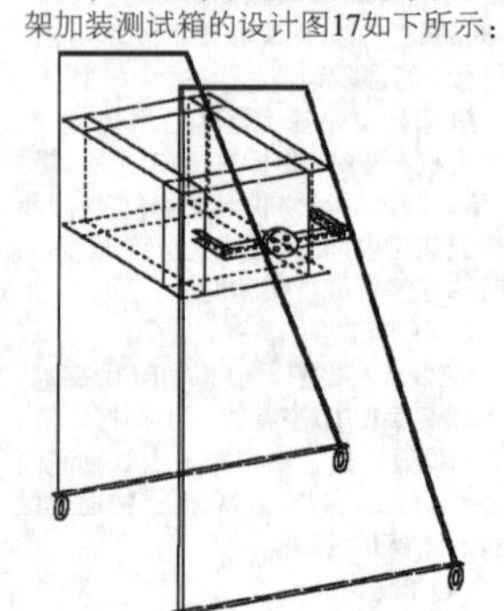

图 17

（未完待续）（下转第176页）

◇UL美华认证有限公司 吉志华

施耐德Telemecaniqne触摸屏维修记

一台大型工业干燥器在正常运行中出现跳闸停运，经过检查故障后确认是设备本体上的220V控制电源空开跳闸了，究其原因发现露点仪的数据板模件打火造成短路故障，而更换数据板模件后恢复送电，虽然空开不跳闸，可触摸屏成黑屏状态，连电源指示灯都不亮。拆下触摸屏后打开检查，发现2.5A的保险已烧断，在检查了电路和所有电源部分的原件无异常后，在维修间更换同规格保险，结果通电(24V)后还是黑屏，而24V开关电源吱吱地响，就连电源指示灯也熄灭，测量接口端子排没有了24V电压，说明触摸屏还是有短路问题存在。按照实物画出触摸屏电源部分电路图再次仔细查(见附图1所示)，确认是接在电压正负极上的双向触发二极管ZD4有最大嫌疑，测量它的正向连接有613Ω的电阻。所以，通电后ZD4相当于成了24V的负载，导致开关电源过载保护。由于前面在检查测量这个元件时，双向触发二极管压住了电路板上的符号，只看见电路上的ZD4符号，以为是一只稳压二极管，再一个由于又是双面板，翻来翻去也不好检查。所以，就没有认真的核实有正向电阻是接在那个24V的那个极上的。这次当怀疑到ZD4异常时，拆掉后才发现在下面的图标是双向触发二极管的符号。在去掉ZD4(Z6039)后，通电后主电路输出5V工作正常(见附图2所示的电路板)。

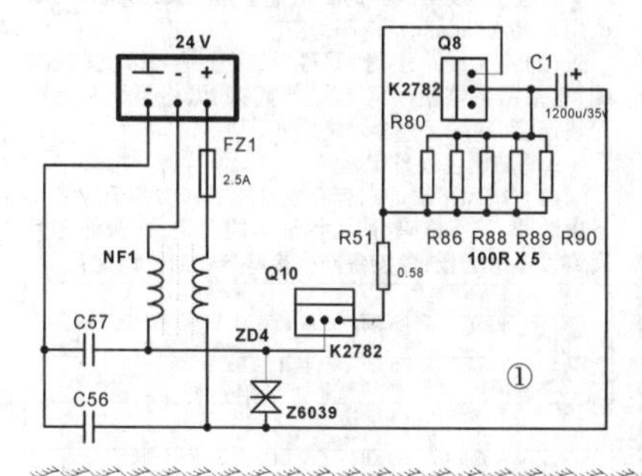

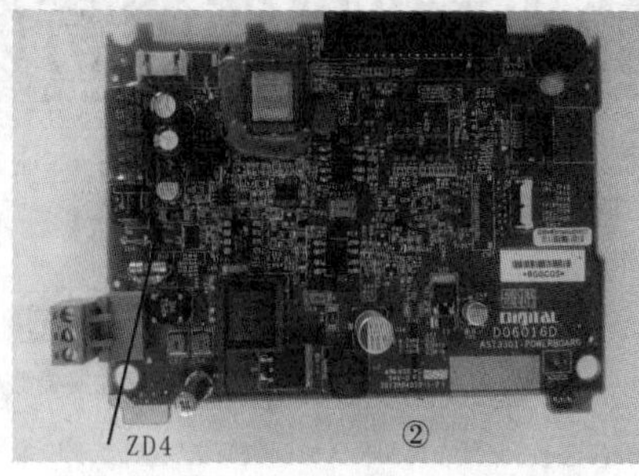

由于手头上没有现成的Z6039，查资料可以用节能灯上的双向触发二极管DB3来代替。因为Z6039的导通阈值电压是31.6V，而DB3的导通阈值电压是28～32V，确认完全可以代换使用。

下面再回过头来看看这个ZD4的双向触发二极管在电源电路中的作用，并接在24V电源上，就起到和构成过压保护功能。当供电的24V电路中出现瞬态电压超过导通阈值DIAC的转折电压时就快速导通，设备本体保险过流熔断，使后面的负载电路免受过压损害(详见附表)。

双向触发二极管的正、反向电阻值的测量方法，用指针式万用表R×1K或R×10K档，数字表放在二极管测试挡测量双向二极管的正、反向电阻值。正常时其正、反向电阻值均为无穷大。若测得正、反向有一个方向有阻值，阻值很小或为0，则说明该双向二极管已击穿损坏。

装机后通电恢复正常显示(附图3)

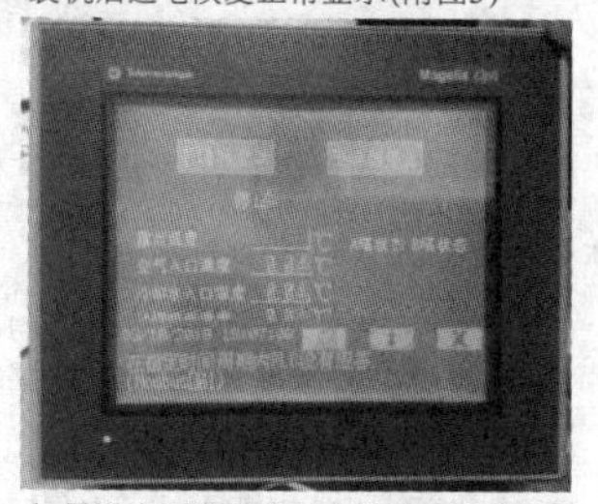

如果没有同类型的双向触发二极管代换，电路不装此件也可以正常工作，只是该电路就失去了过压保护功能。

◇江苏　庞守军

零件号		定格电压 Vs V	预备电流 ID μA	故障电压 V(BR) V	测试直流电 IT mA	箝位电压和脉冲电流峰值				温度系数(TYP)	电容值(TYP) PF
						10/1000US		8/20US			
双极型	单极型					VC V	IPPM A	VC V	IPPM A		
Z6012	-	9.72	10	10.8-13.2		17.3	86.7	22.7	802	0.066	4400
-	Z6012U			10.8-13.2						0.074	8800
Z6015	-	12.1		13.5-16.5		22.0	68.2	28.4	641	0.075	3300
-	Z6015U			13.5-16.5						0.079	6600
Z6018	-	14.5		16.2-19.8		26.5	56.6	34.0	535	0.079	2700
-	Z6018U			16.2-19.8						0.083	5400
Z6022	-	17.8		19.8-24.2		31.9	47.0	41.2	442	0.082	2400
-	Z6022U			19.8-24.2						0.086	4400
Z6027	-	21.8		24.3-29.7		39.1	38.4	50.5	360	0.085	1700
-	Z6027U			24.3-29.7						0.089	3300
Z6033	-	26.8		29.7-36.3		47.7	31.4	61.7	295	0.087	1400
-	Z6033U			29.7-36.3						0.092	2800
Z6039	-	31.6		35.1-42.9		56.4	26.6	73.0	249	0.090	1200
-	Z6039U		5	35.1-42.9	1					0.095	2400
Z6047	-	38.1		42.3-51.7		67.8	22.1	88.0	207	0.092	1000
-	Z6047U			42.3-51.7						0.097	2000
Z6056	-	45.4		50.4-61.6		80.5	18.6	105.0	173.0	0.094	850
-	Z6056U			50.4-61.6						0.099	1700

两台机组互为备用的液位控制电路(下)

(紧接上期本版)

2.排水型两台机组互为备用液位控制电路

液位控制开关(传感器)采用上限液位常开、下限液位常闭式干簧管液位控制器，即液位上升到上限液位时，SL2闭合，机组启动排水，液位下降到下限液位时，SL1打开，机组停止排水。如图3所示。

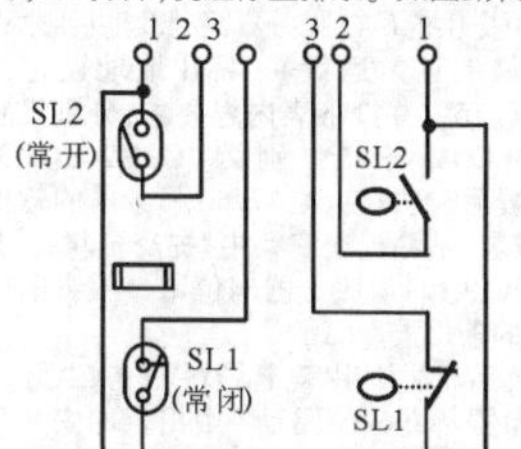

图3　高停低开干簧管开关和符号

图4为两台机组互为备用的液位控制电路全图。图4中a)为两台机组的执行电路和互为备用的电气控制电路，图4中b)为液位控制电路。

工作过程如下。

手动控制过程：闭合三相电源开关QF，电路接通电源，停止指示灯HL2、HL4都亮。转换开关SA置于0位即"手动"位置，SA的触点11-12、19-20闭合接通。按压启动按钮SB1，交流接触器KM1线圈得电吸合，1号机组主开关闭合并自锁，1号机组开始排水，同时工作指示灯HL1亮起，停止指示灯HL2熄灭；人工观察水池液位合适后，按压停止按钮SB2，交流接触器KM1线圈失电复位，自锁解除，主开关KM1打开，1号机组停转，工作指示灯HL1熄灭，停止指示灯HL2亮起。

同理，按压启动按钮SB3，交流接触器KM2线圈得电吸合，2号机组主开关KM2闭合，2号机组开始排水，同时工作指示灯HL3亮起，停止指示灯HL4熄灭；人工观察水池液位合适后，按压停止按钮SB4，交流接触器KM2线圈失电释放，自锁解除，主开关KM2复位打开，2号机组停转，工作指示灯HL3熄灭，停止指示灯HL4亮起。手动工作时，两台机组是等效且相对独立的。

自动排水过程：闭合三相断路器QF，电路接通电源。转换开关SA置于左位即1号机组"自动"工作位置，SA触点7-8、9-10、15-16接通。当液位处在下限液位时，SL1打开，KA1线圈不得电不动作，排水机组不工作；当液位高于SL1时，磁场消失，SL1闭合，但因为SL2常开，KA1线圈不得电不动作，排水机组不工作；当液位达到上限液位时，磁环磁场作用于SL2使之闭合，电流沿SL1→SL2→继电器KA1线圈形成回路，KA1得电吸合并自锁，同时，KA1-1闭合，电流沿转换开关SA触点7-8→KA1-1→交流接触器KM1线圈→热继电器FR1常闭触点形成回路，KM1得电吸合，1号机组主开关KM1闭合，启动排水，同时KM1-3闭合，工作指示灯HL1亮起，KM1-4打开，停止指示灯HL2熄灭。

排水过程中，即使液位下降，导致SL2断开，由于KA1-3的自锁作用，KA1线圈不会断电，主开关KM1依然闭合，排水不会停止。

当液位下降达到下限液位时，磁环磁场作用于常闭干簧开关SL1，SL1打开，1、2断开，继电器KA1线圈失电复位，KA1-1断开，交流接触器KM1线圈失电，1号机组主开关KM1断开，1号机组停止排水，同时KM1-4闭合，停止指示灯HL2亮起，KM1-3断开，工作指示灯HL1熄灭。

如果将转换开关SA置于右位，2号机组将参照上述过程排水，读者可自行分析。

两台机组自动转换过程参照1.自行分析，从略。

(全文完)

◇河北　梁志星

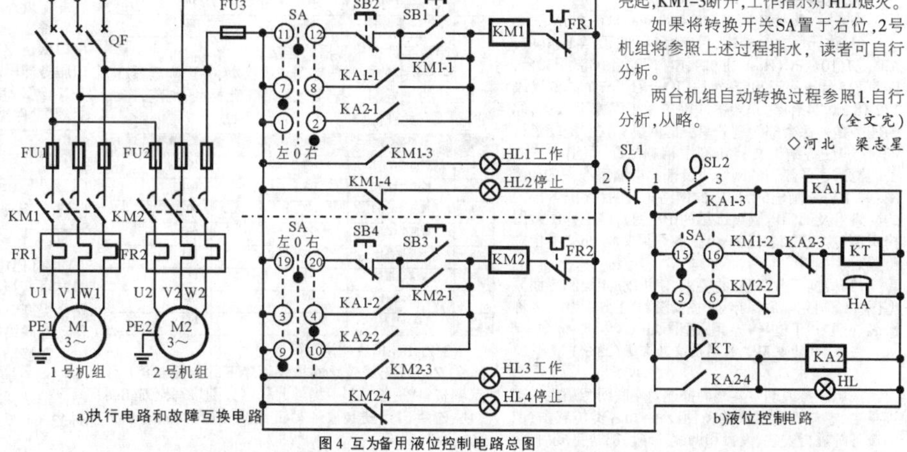

图 4 互为备用液位控制电路总图

"2018年四川省高职院校大学生物联网技术应用技能大赛"样题解析(2)

(紧接上期本版)

四、竞赛任务业务需求分析

知名IT科技公司于新购置的园区新建三栋大楼,建造过程中将使用物联网技术来提高园区的智能化、自动化水平。

三栋大楼分别是信息中心大楼、办公大楼、招待所(桌面工位)、大楼后面一块空地作为员工休闲花园(用工位顶棚替代)。信息中心大楼一至三层分别为:展厅、服务器中心、网络中心;办公大楼一至三层分别为:保卫科、办公区、仓库;招待所共2层、一层为前台服务大厅、二层为客房区。信息中心大楼包含有产品展厅,经常有公司客户参观,屋内线路不宜大规模明线布局影响美观,办公大楼的数据采集要求稳定可靠。为了尽快完成大楼的智能化建设,工程负责人提出了如下技术建造要求:

(1)网络中心:使用新的无线路由器为整个园区网络提供无线技术支持,同时安装有串口服务器提供通讯协议转换。

(2)服务器中心:中心设备较多温度较高需要散热;为此,智能化改造需要实时监控屋内的空气温湿度,当湿度、温度高于设定的界限值时,可智能开停风扇。

(3)展厅:能自动感应到是否有人及展厅的光照亮度,来控制照明灯的开与关。

(4)仓库:安装红外设备用于安防,当仓库着火或有人抽烟时自动在保卫科的LED屏幕显示报警信息,开启报警灯。当有人进入仓库时,摄像头能进行自动摄像记录。

(5)办公区:可以感应办公区域的温湿度,当湿度、温度高于设定的界限值时,能自动开停风扇。四输入模拟量采集器也安装在该区域的走廊尽头。

(6)保卫科:可接收来自远程的报警推送信息显示电子液晶屏上,当有报警信息产生时,保科内的报警灯开启。用于采集办公大楼及花园环境数据的数字量采集控制器、继电器都安装于保卫科内。

(7)休闲花园:可按下安装在花园的延时开关,花园的照明灯能自动开启5秒后灭。休闲花园安装有风速传感器,通过云平台将其当前的风速信息推送至招待所前台大厅的智能终端上。

(8)前台服务大厅:前台大厅的移动互联终端能实时查看当前的空气质量、大气压力,空气质量输出信号为1–5V的模拟量信号;工作人员可通过RFID中距离一体机读取身份证信息,用于客房自动下单退订。RFID中距离一体机放置在桌面工位桌子上,用于修改前台商品的价格。

(9)客房区楼道:客房区楼道安装有光照传感器,用于控制客房区和前台服务器的照明灯,数据采集模块安装在光照传感器边上,照明灯与双联控制继电器并行安装。

(10)保卫科计划使用新型巡更系统,电子巡更棒、巡更人员卡(保安A、保安B)放置在保卫科值班桌面上,保安需要到"网络中心、仓库、客房区楼道"的巡更点签到。保卫科值班桌面上的物联网网关能实时查看相关数据信息。

五、竞赛任务

任务一、物联网行业应用标准和知识(8分)

(1)该园区办公楼中,目前有5个部门A至E,其中:A部门有10台PC(Host,主机),B部门20台,C部门30台,D部门15台,E部门20台,然后CIO分配了一个总的网段172.18.2.0/24给您,作为物联网应用工程施工人员,你的任务是为每个部门划分单独的网段。请在"提交资料\任务一\任务结果文档.doc"中相应位置,写出系统的子网掩码、各部门的网络号及部门电脑可选用的IP范围;并用Visio画出5个部门的网络拓扑图(标出各部门的网络号及部门电脑可选用的IP范围),将拓扑图截图拷贝到"提交资料\任务一\任务结果文档.doc"中相应位置。

(2)根据任务四题2的要求,使用Pencil绘制界面原型图。绘制完毕后保存至"提交资料\任务一"中,名称命名规则为"工位号+界面原型图.ep"。

任务二、物联网工程环境安装部署(28分)

任务要求:

按照任务说明中各题的描述对物联网智慧生活实训平台,感知识别层中的多种设备,如各类传感器、识别设备等进行安装、设置和调试。环境部署完成后,将工具包、剩余螺丝收集放置在左侧工位桌面上。

任务环境:

硬件资源:PC机3台、移动互联终端、智慧城市实训平台套件、物联网工具箱、导线;

软件资源:见U盘"竞赛资料\任务二"。

任务说明:

(一)感知层设备安装与调试

1.套件设备的安装

根据任务书中各子任务要求及下面的硬件安装场景文字描述和区域布局图将各个设备安装到两个工位上。备注:区域布局图中区域间隔为走线槽,要求设备安装符合工艺标准、设备安装正确、位置工整、美观。

(1)区域布局图。

(2)将移动互联终端,放置在工作台上(电脑旁)。

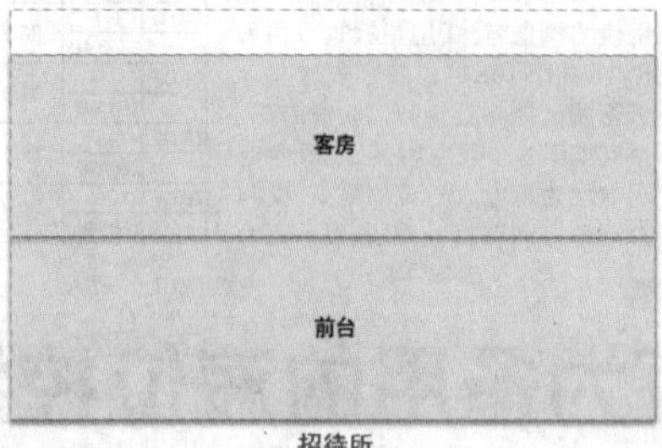

(3)将小票打印机、桌面超高频读卡器、桌面高频读卡器、高频及超高频RFID标签放置在工作台上(电脑旁),其中小票打印机、桌面超高频读卡器、桌面高频读卡器通电并连接好相关数据线。

2.感知层设备的连接和配置

备注:下面(1)、(2)、(3)表格接入方式仅供参考,接入设备以本任务书中要求安装的设备为准(部分设备可能未用到)。

(1)两块"四输入模拟量ZigBee通讯模块"的端子参考接入端口。

序号	传感器名称	供电电压	接入方式
1	温湿度传感器	24V	温度接ZigBee采集模块IN1端 湿度接ZigBee采集模块IN2端
2	光照度传感器	24V	IN3
3	二氧化碳传感器	24V	IN1
4	风速传感器	24V	IN2
5	大气压力传感器	24V	IN3
6	空气质量传感器	5V	IN4

(2)数字数据采集器的连接。

将下表中的各类传感器正确供电,并连接至"数据采集器"的信号端子上。要求接线工艺标准、规范,连线外观工整、美观。

序号	传感器名称	供电电压	数字量采集器
1	继电器设备1	12V	DO0
2	继电器设备2	12V	DO1
3	继电器设备3	12V	DO2
4	继电器设备4	12V	DO3
5	火焰探测器	24V	DI1
6	烟雾探测器	24V	DI2
7	人体红外	24V	DI0
8	红外对射	12V	DI4

(3)ZigBee模块的烧写配置。

①ZigBee无线传感网模块程序下载与配置将U盘"竞赛资料\任务二"中提供的程序分别烧写至ZigBee模块,选手自行安装该烧写工具"SmartRF Flash Programmer";

②根据任务书要求的实际情况选择ZigBee模块,按照给定的"网络号、信道号"对ZigBee模块进行配置。

3.485数据采集器的连接

将ADAM4000系列采集器与485转232转换器、网关设备正确连接,并正确连接供电。

(二)传输层连接与配置

1.局域网络的连接部署

(1)按照下表的各项无线网络配置要求,通过对无线路由器的设定,完成无线局域网络的搭建,并将无线路由器修改后的IP设定界面、无线网络名称、无线加密方式的界面(共3个界面)进行截屏,粘贴至提交资料中"提交资料\任务二\结果文档.doc"文档中的"2.1无线路由器配置"的第2.1.1,第2.1.2条,第2.1.3条上;

序号	网络配置项	网络配置内容
1	无线网络名称(SSID)	"HNGZ" +【工位号】
2	无线路由器IP地址	172.18.【工位号】.1
3	加密方式	激活WPA2PSK增强加密模式、密码类型AES
4	无线网络密钥	任意设定

备注:无线路由器的默认地址为"192.168.0.1",默认用户名为"admin",密码为空。

(2)将无线路由器、服务器、工作站、移动互联终端、串口服务器使用网 线连接起来,网络摄像头使用无线连接,并确保整个网络畅通。

2.局域网各设备IP配置

(1)按照下表的内容完成对局域网中各个网络设备IP地址、子网掩码、网关地址等的设定,并保证各个网络设备的通畅;各设备网络接口方式自行设定;

序号	设备名称	配置内容
1	服务器	IP地址:172.18.【工位号】.11 网络设备名称:IOTServer
2	工作站	IP地址1:172.18.【工位号】.12 网络设备名称: IOTClient
3	开发机	无需联网
4	网络摄像头	IP地址:172.18.【工位号】.13 设备名称:IPCam
5	移动互联终端	IP地址:172.18.【工位号】.14
6	串口服务器	IP地址:172.18.【工位号】.15
7	网关	IP 地址:172.18.【工位号】.16

利用U盘竞赛资料中提供的IP扫描工具(Advanced IP Scanner文件夹),扫描检查局域网中的各终端IP地址,要求须检测到任务二要求的所有IP地址(172.18.【工位号】。

1至172.18.【工位号】.16),并截图,粘贴至提交资料中"提交资料\任务二\结果文档.doc\2.2 IP结果扫描"的条目上。

3.网络设备的配置

(1)串口服务器的配置。

利用"竞赛资料\任务二\驱动\串口服务器\串口服务器64位驱动"中提供的串口服务器驱动软件(该软件可以在32位电脑上正常运行),将IP地址设定为"172.18.【工位号】.15",并按下表内容要求,分别设置串口服务器的COM端口分别为"COM2、COM3、COM4";完成配置后,要求在64位串口服务器的软件配置界面进行截屏,粘贴提交资料中"提交资料\任务二\结果文档.doc\2.3.1串口服务器64位串口服务器的软件配置界面"的条目上。

备注:如果选手无法使用"竞赛资料\任务二\驱动\串口服务器\串口服务器64位驱动"中提供的安装串口服务器驱动软件配置串口服务器,可以选择使用"任务二\驱动\串口服务器\中金TS产品驱动\中金TS产品驱动"文件夹中的32驱动软件,但该部截图不得分。

序号	设备	连接端口	端口号及波特率
1	LED	P1	COM2, 9600
2	UHF超高频读写器	P2	COM3, 57600
3	RS485转换模块	P4	COM4, 9600

(2)移动互联终端摄像头的抓图。

在LED显示工位号,并利用移动互联终端摄像头对其进行抓拍(要求图片清晰),并把抓拍后的照片粘贴至提交资料中"提交资料\任务二\结果文档.doc\2.3.3移动互联终端摄像头抓图"的条目上。

在移动互联终端上找到"任务二\任务结果文档.docx\第7条上的照片",并将照片的存储路径进行截图,粘贴至提交资料中"提交资料\任务二\结果文档.doc\2.3.4照片的存储路径"的条目上。

(未完待续)(下转第178页)

◇四川科技职业学院鼎利学院 刘桄序

广播电视常用技术英汉词汇对照表(二)

在应用广播电视设备中,往往有很多英文简写出现在设备上,为了方便同行对广电设备上的英文熟知,特摘录以下常见用于广播电视技术行业的英汉词汇对照表。为了查询方便,本表以英文字母排序进行汇集整理。在查阅对应含义时,特别要注意部分简写的真实含义,容易出现混淆,同时在本技术行业应用中,约定的简写才可以简写,否则简写容易出现歧义。

(未完待续)(下转第179页)

◇湖南 李 斐

英语简写	英语词汇	中文含义
C		
CA	Conditional Access	条件接收
CAC	Conditional Access Control	条件接收控制
CAL	Continuity Accept Limit	连续性接受极限
CAM	Conditional Access Module	条件接收功能模块
CAS	Conditional Access System	条件接收系统
	Conditional Access Sub-system	条件接收子系统
CAT	Conditional Access Table	条件接收表
CATV	Cable Television	有线电视,电缆电视
	Community Antenna Television	共用天线电视
CAV	Constant Angular Velocity	恒角速度
CBC	Canadian Broadcasting Corporation	加拿大广播公司
CBS	Columbia Broadcasting System	(美国)哥伦比亚广播公司
CC	Concentric Cabl	同轴电缆
CCG	Chinese Character Generator	中文字幕发生器
CCIR	International Radio Consultativ	国际无线电咨询委员会
CCITT	International Telegraph and Telephone Consultative Committe	国际电话电报咨询委员会
CCR	Central Control Room	中心控制室
CCTV	China Central Television	中国中央电视台
CCS	Close-Circuit Television	闭路电视
CCU	Camera Control Unit	中心控制系统
CCW	Counter Clock-Wise	摄像机控制器
CD	Compact Disc	激光唱片
CDA	Current Dumping Amplifier	电流放大器
CD-E	Compact Disc Erasable	可抹式激光唱片
CDFM	Compact Disc File Manager	光盘文件管理(程序)
CDG	Compact-Disc Plus Graphic	带有静止图像的CD唱盘
CD-ROM	Compact Disc-Read Only Memory	只读式紧凑光盘
CETV	China Educational Television	中国教育电视台
CF	Color Framing	彩色成帧
CGA	Color Graphics Adapter	彩色图形(显示)卡
CI	Common Interface	通用接口
CIE	Chinese Institute of Electronics	中国电子学会
CII	China Information Infrastructure	中国信息基础设施
CIF	Common Intermediate Format	通用中间格式
CIS	Chinese Industrial Standard	中国工业标准
CON	Console	操纵台
	Controller	控制器
CPB	Corporation of Public Broadcasting	(美国)公共广播公司
CPU	CRI Central Processing Unit	中央处理单元
CRC	Cyclic Redundancy Check	循环冗余校验
CRCC	Cyclic Redundancy Check Code	循环冗余校验码
CROM	Control Read Only Memory	控制只读存储器
	China Radio International	中国国际广播电台
CRT	Cathode-Ray Tube	阴极射线管
CS	Communication Satellite	通信卫星
CSC	Color Sub-carrier	彩色副载波
CSS	Center Storage Server	中央存储服务器
	Content Scrambling System	内容加扰系统
CSU	Channel Service Unit	信道业务单元
CT	Color Temperature	色温
CTC	Cassette Tape Controller	盒式磁带控制器
	Channel Traffic Control	通道通信量控制
	Counter Timer Circuit	计数器定时器电路
	Counter Timer Control	计数器定时器控制
CTE	Cable Termination Equipment	线缆终端设备
CTV	Customer Terminal Equipment	用户终端设备
	Television Color 彩色电视	
CW	Carrie Wave	载波
CVD	China Video Disc	中国数字视盘
	China Radio & Television Broadcasting Standardization Committee	中国广播电视标准化技术委员会
CP	crypto period (CP)	加扰周期
CWG	control word generator (CWG)	控制字发生器
CW	control word (CW)	控制字

卫星电视卫星及频道分布更新表

世界各国发射的卫星电视卫星参数,很多都在不停地变化,除了卫星电视上的节目变化,即加解密和新增减外,其对应卫星的参数和所在轨迹也有些变化,为了满足广大卫星电视接收爱好者的技术探讨,将最近又更新及没更新的参数分布表汇集如下,以供同行参考。

◇湖北 王郓城

卫星参数	在轨位置	更新日期
巴基斯坦 1R	38.0°E >	2018-03-21
国际 904	45.0°E >	2017-07-27
雅玛尔 202	49.0°E >	2018-04-01
白俄罗斯通信 1 号	51.5°E >	2018-03-21
Al Yah 1	52.5°E >	2018-04-01
(俄)快车 AT1	56.0°E >	2018-04-01
新天 12 号	57.0°E >	2018-04-01
Amos 4	65.0°E >	2018-04-01
国际 17 号	66.0°E >	2018-04-12
国际 20 号	68.5°E >	2018-04-12
Eutelsat70B	70.5°E >	2018-04-01
国际 22 号	72.1°E >	2018-04-01
印度 G-Sat 18	74.0°E >	2018-04-01
ABS-2	75.0°E >	2018-04-01
亚太 7 号	76.5°E >	2018-04-13
泰星 5/6/8 号	78.5°E >	2018-04-12
(俄)快车 AM22	80.0°E >	2018-04-01
印度 Insat-4A	83.0°E >	2018-04-01
印度 G-Sat 10	83.0°E >	2018-04-01
Horizons 2	84.9°E >	2018-04-15
国际 15 号	85.2°E >	2018-04-01
中星 12 号	87.5°E >	2018-04-01
中新二号	88.0°E >	2018-04-13
雅玛尔 401	90.0°E >	2018-04-01
马星 3 号/3a	91.5°E >	2018-04-09
中星 9 号	92.2°E >	2018-04-04
印度 Insat-4B	93.5°E >	2018-04-01
印度 G-Sat 15	93.5°E >	2018-04-01
SES-8	95.0°E >	2018-04-01
新天 6 号	95.0°E >	2018-04-01
(俄)快车 AM33	96.5°E >	2018-04-01
印度 G-Sat 9	97.3°E >	2018-04-01
中星 11 号	98.0°E >	2018-04-01
亚洲 5 号	100.5°E >	2018-04-10
中星 9A	101.4°E >	2018-04-01
(俄)快车 AM3	103.0°E >	2017-04-23
亚洲 7 号	105.5°E >	2018-04-16
SES-7/9	108.2°E >	2018-04-15
百合花 3A/3C	110.0°E >	2018-04-01
N-SAT 110	110.0°E >	2018-04-01
中星 10 号	110.5°E >	2018-04-13
帕拉帕 D	113.0°E >	2018-04-12
韩星 5 号	113.0°E >	2018-04-01
国际 906	64.2°E >	2018-04-01
韩星 5A	113.0°E >	2018-04-01
中星 6B	115.5°E >	2018-04-01
韩星 6/7 号	116.0°E >	2018-04-07
印尼电信 3S	118.0°E >	2018-04-01
IPSTAR	119.5°E >	2018-04-01
亚洲 6 号	120.0°E >	2018-04-01
亚洲 9 号	122.0°E >	2018-04-01
日本通信 4B	124.0°E >	2018-04-01
中星 6A	125.0°E >	2018-04-01
日本通信 3A	128.0°E >	2018-04-01
老挝 1 号	128.5°E >	2018-04-10
越星 1/2 号	132.0°E >	2018-04-12
日本通信 5A	132.0°E >	2018-04-01
亚太 6 号	134.0°E >	2018-04-01
亚太 5 号	138.0°E >	2018-04-12
(俄)快车 AM5/AT2	140.0°E >	2018-04-01
亚太 9 号	142.0°E >	2018-04-01
日本超鸟 C2	144.0°E >	2018-04-01
日本通信 2A	154.0°E >	2018-04-01
ABS-6	159.0°E >	2018-04-01
日本超鸟 B2	162.0°E >	2018-04-01
国际 19 号	166.0°E >	2018-04-13
国际 805	169.0°E >	2018-04-01
Eutelsat172B	172.0°E >	2018-04-01
Eutelsat174A	174.0°E >	2018-04-01
国际 18 号	180.0°E >	2018-04-01
新天 9 号	183.0°E >	2018-04-01
雅玛尔 300K	183.0°E >	2017-04-23

打造平价发烧音箱的方案

本报今年第1与第2 期《打造平价的发烧音响系统》一文章刊登后，部分读者与笔者交流，希望笔者能推出一两款平价的大功率发烧音箱。经过一段时间的准备，现推出两款低成本的大功率音箱方案，希望与爱好音乐的读者交流。

1. 3单元3分频音箱(LJAV—V001)

3单元3分频音箱通常选用高音+中音+低音这种组合方案，也可选用高音+低音+超低音组合方案，两种方案做好都可获得较佳的听感。在配件方面可选用专用的中音，但优质的中音单元选择余地不多，且价格较高，业余条件也可选用优质的全频喇叭作中音或选用优质小口径的低音单元作中音，如某些4寸、5寸、6寸的低音作中音使用。考虑到成本预算，在音箱单元的选配上，笔者选用LJAV—HA 02 丝膜高音，中音单元选用LJAV-GYS01-05 5.5寸低音。由于优质的大口径低音单元售价较高，如威发、西雅士、绅士宝某些10寸、12寸低音单元售价通常都在千元以上，少数达二千多元一只，平价音箱方案选件暂排除进口单元。国产专业喇叭的大口径低音单元很多，价格很平，但这些多适用于专业音响领域，用于家用发烧音箱稍有不妥。

选用不同的音盆、磁铁、音圈、支片等材质与工艺等都可得到不同风格的声音，我们可选择相应的扬声器配件与生产工艺使扬声器的某些参数达到设计要求。玻纤音盆与碳纤音盆可以获得较佳的低音听感，若作3分频音箱，由于低音与中音的分频点较低，多在800Hz以下，那么某些音盆材料的在中高频方面比如1kHz以上频响的不足就不再考虑范围，我们可用某些平价的材质作出达到性能要求的优质单元。

以试验为例说明，以相同材质打样的两款10寸玻纤盆低音单元，其中一款采用硬支片，另一款采用软支片，两款单元的频响曲线对比如图1所示（红色为软支片，绿色为硬支片），可以看出两者的曲线较接近，两者在3kHz 以上频率衰减都很快，在超低音段，采用软支片的音盆比采用硬支片的音盆可以获得更多的量感。两款单元的阻抗曲线对比如图2所示（红色为软支片，绿色为硬支片），采用软支片的低音单元的谐振频率为23.8Hz，采用硬支片的低音单元的谐振频率为37.3Hz，在超低音段，采用软支片的音盆比采用硬支片的音盆可以获得更低频率的低频。笔者选用定制的LJAV-T01 10寸玻纤盆低音用作3单元3分频音箱的低音处理。

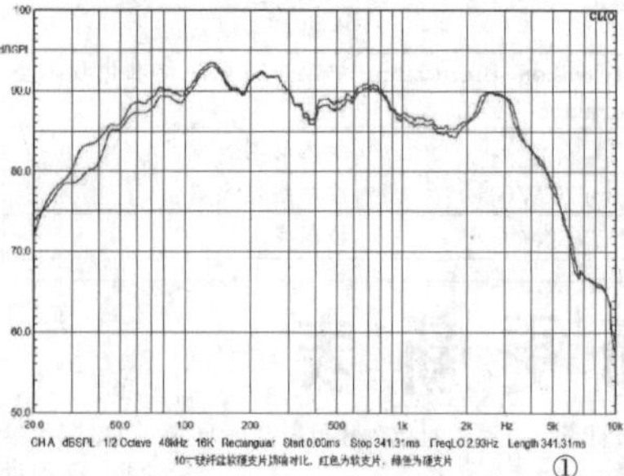
①

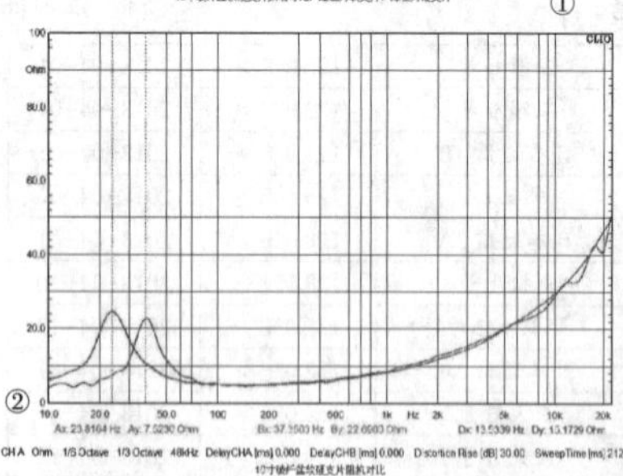
②

音箱箱体采用电脑辅助设计，箱体委托木箱厂加工生产，箱体的外观如图3与图4所示，音箱表面贴酸枝木皮，箱体尺寸 30cm×36cm×110cm，其中5寸低音与高音独处于一个箱体，10寸低音独处一箱体，两个箱体独立。

③

④

3分频落地箱扬声器单体装箱后各单体的频响曲线如图5所示，（其中10寸低音的频响曲线如图中的红色曲线所示，5寸低音的频响曲线如图中的绿色曲线所示，3寸高音的频响曲线如图中的黄色曲线所示），中音与低音的分频点可在100Hz与1kHz之间选取，中音与高音的分频点可在800Hz与5kHz之间选取，试着选用不同的分频点可获得不同的听感，分频点越低，低通与高通所需的电感量越大，电感的成本费用也越高，从节约成本方面综合考虑分频点，选用如图6所示的分频电路，分频点约为500Hz 与4200Hz，其中高音为二阶高通电路，5寸低音仅用一只电容作一阶高通，没单独作低通电路，利用5寸低音的本身性能作平滑高频衰减，低音为二阶低通电路。在分频材料的选取上，不追求补品，以实用、平价为主，选用国产MKP 电容与优质无极性电解，电感用优质漆包线自行绕制，其中1.5MH 电感需采用带磁芯的。

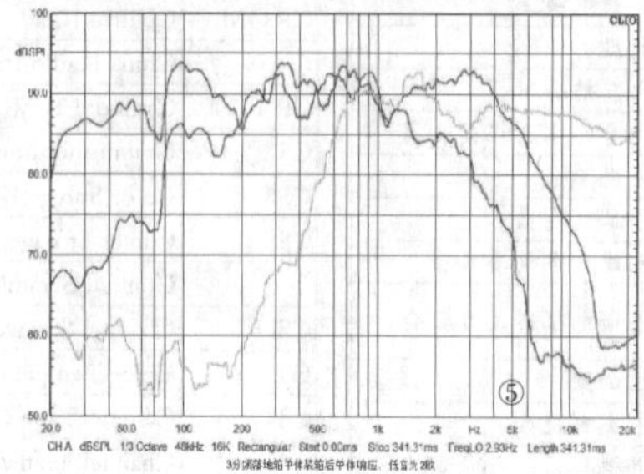
⑤

音箱后部安装优质纯铜接线端子，音箱内部选用优质喇叭线连接分频器与扬声器单元，其中5寸低音的喇叭线与高音的喇叭线需穿过内部10寸低音与5.5寸低音之间的间隔板，穿孔需密封处理。

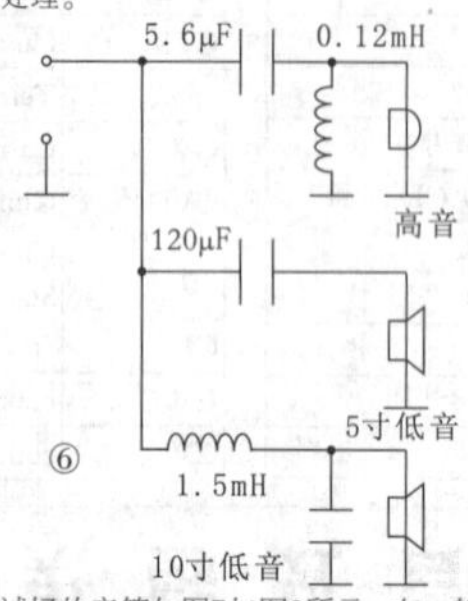

⑥

装配调试好的音箱如图7与图8所示。在一般家用听音环境测量，LJAV—V001 3单元3分频音箱的频响曲线如图9中的红色曲线所示，虽然看起来在95Hz附近有一个波峰，但听感并无大碍，音箱三段平衡、听感较佳，得到部分音乐发烧友的认可。LJAV—V001音箱额定功率：150W，最大承受功率：250瓦。频响：25Hz~20kHz，阻抗：3.5欧姆，灵敏度：90dB。

⑦ ⑧

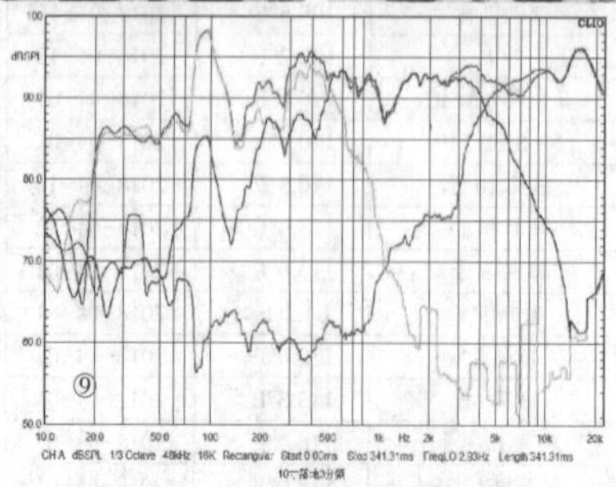
⑨

由于采用国产配件，音箱成本在可控范围之内。若自行装配音箱，音箱表面处理选用贴PVC膜或喷漆，可进一步降低箱体成本，成品音箱可作到平价。若升级喇叭单元或把分频电路设计复杂点，比如衰减高频、在分频电路中加入陷波器，可把频响曲线部分波峰与波谷降低，可以获得另一种风格的听感。

2. 6单元2.5分频音箱(LJAV—V002)

市场上的旗舰音箱多是超过3个单元的多分频设计，由于设计复杂、工程量大，业余条件下仿制部分旗舰音箱较难。

但笔者的"虚荣心"作怪，总想试试多单元音箱。若按传统思路设计音箱，需多路分频，分频器相对复杂，工程量巨大。笔者一直认为业余条件下作两分频相对较容易一些。

传统的2.5分频多是采用两个相同的低音单元。由分频器先分出高音部分与低音部分，比如分频点4000Hz，在低音段再由分频器分频出部分更低频频段的低分，比如分频点700Hz，其中一个低音喇叭播放4000Hz以下的低音，另一个低音喇叭播放700Hz以下的低音，两个低音喇叭的低音相加以增强低音。分频点越低，所需电感量越大，电感量越大，其电阻越大，低音单元的电阻串联电感的电阻总值变大，电声转换的效率更低，最直接的表现是很多进口旗舰音箱很挑功放，需用某些特定的功放才能推好音箱。某些旗舰音箱已作改进，电子分频配合功率分频使用，即超低音部分采用电子分频，超低音部分有专门的箱体，有配套的功放驱动超低音喇叭。

因要满足多数厂家的需求，喇叭单元多通用化设计。通常是先采购喇叭单元后来设计音箱。若按自己音箱的需求来设计喇叭单元，那么可简化分频电路。若低音喇叭的频响在300—800Hz 内某个频率点作自然衰减，比如350Hz，那么用该单元可直接接功放，专门播放350Hz 以下的低频，而不必再接功率分频器分频，定制开发的LJAV—T02 8寸玻纤盆低音单元可实现特定频率的低音播放。

若设计旗舰音箱上想"偷懒"，可考虑6单元2.5分频音箱，高音、低音及超低音选用优质的单元。LJAV—V002小旗舰音箱选用两只LJAV—HA 01 丝膜高音单元，两只LJAV—GYS01—06 6.5寸低音单元，两只LJAV—T02 8寸玻纤盆低音单元。其中6.5寸低音单元可根据个人的喜好与成本预算选择，比如纸盆、羊毛纤维盆、木纸纤维盆、聚丙烯盆、玻纤盆、碳纤盆等其他复合音盆的低音。不管用那种音盆，只要设计完美的音箱都可以获得较佳的听感。

采用电脑辅助设计箱体，箱体尺寸27cm×40cm×160cm，其中双8寸低音与双高音独处于一个箱体，双6寸低音独处一箱体，内部两个箱体独立。箱体委托木箱厂加工生产。

2.5分频参考分频电路如图10所示，高音与低音的分频点可在2kHz~5kHz之间选取，与通用的2.5分频方案稍不同。高音选用二阶高通，6寸低音选用二阶低通，没单独作LJAV—T02 低音单元的低通电路，利用8寸低音的本身性能作350Hz以上频率平滑衰减。

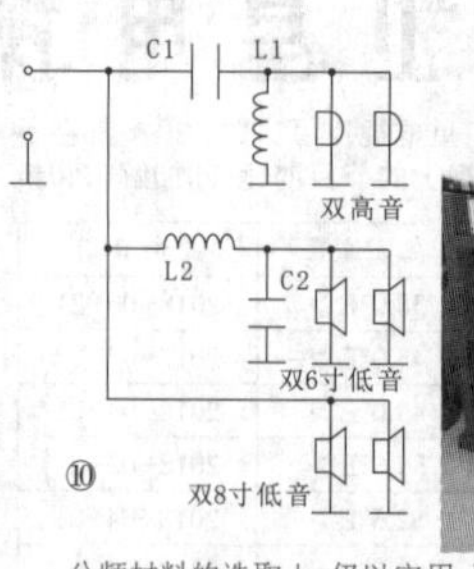

⑩

⑪

分频材料的选取上，仍以实用、平价为主，选用国产优质配件。内部选用优质喇叭线连接分频器与扬声器单元，其中双6寸低音的喇叭线需穿过内部的间隔板，穿孔需密封处理。装配调试好的音箱如图11所示。

小口径、大口径低音单元都有各自的优缺点。为改善低频听感，可有多种方法，比如选用10寸、12寸、15寸等的大口径的低音单元，也可选用多个特制的6寸、8寸的小口径低音单元。选用双6寸低音与双8寸低音配合使用，除增大音箱的功率外，更表现在改善了低频的量感与低频的速度，也就是一些老烧常说的低频反应快，不拖泥带水，很多12寸、15寸大口径低音单元要作到这些很不易。LJAV—V002 6单元2.5分频音箱由于设计独特，其音箱内阻较低，音箱效率较高，其低频强劲、听感较好，得到一些老烧友的认可。

LJAV—V002额定功率：250W，最大承受功率：400瓦；频响：25Hz~20kHz；阻抗：2.5欧姆；灵敏度：92dB。

由于音箱阻抗较低，若使用晶体管功放，建议使用双50W以上的低内阻输出的功放，即每声道功放的末级大功率管应在3－6对，能满足这方面的需求的功放很多。

很多发烧友有个误区，认为大功率音箱只能用石机推动，由于效率高，这两款音箱即使用某些10W以上功率的胆机比如6C19×8的胆机也能发出较好的效果。

以上两款大功率音箱除高保真音乐欣赏外，同样可用于数字影K 系统。

◇广州 秦福忠

2018年5月6日出版 实用性 启发性 资料性 信息性

第18期 (总第1955期)

国内统一刊号:CN51-0091 定价:1.50元 邮局订阅代号:61-75

地址:(610041)成都市天府大道北段1480号德商国际A座1801 网址:http://www.netdzb.com

让每篇文章都对读者有用

5G战争从“中兴”开始

5G作为下一代通讯网络主力，无论是硬件设施还是软件设施产生的经济效应都在未来经济机构中占据不小比例，物联网和车联网都是依托在5G的强大传输能力上的，可以说谁占5G网络的比例越多谁就在日后的世界经济贸易中有话语权。

在5G网络基础建设方面，5G的设备主要采用大规模天线阵列技术，再加上超大带宽，导致射频通道数和基带处理能力需要成倍增加。此外，传输网的承载速率也需要大幅提升。还有就是为了支持更灵活的业务类型，5G网络需具备更强的处理和存储能力，因此建设成本远高于上一代4G网络，5G基建带来的市场需求和经济效应也是相当可观的。

3月开打的中美贸易战中，中国主要对美国的农副产品进行加税，而美国则是对中国的高科技产品进行阻击。这里不谈贸易战对大众消费的影响，只是从技术层面上看我们还有那些需要努力的地方。

这次美国政府对中兴的禁购在国内的互联网企业激起了不小的波澜，要知道中兴目前是全球第四大网络设备制造商，美国市场第四大智能手机厂商。中兴2017年营业收入有1088.2亿元人民币，比2016年增长了7.5%。其中，以通信设备为主的运营商网络营收占到总营收的58.6%，以手机业务为主的消费者业务则占到了32.4%。另外，中兴的手机业务市场主要是在欧美，海外市场出货占比约7成，其中美国市场占比最高。2017年中兴手机出货量达4640万部，在Android阵营排第七，其中第三季度在美国市场占有率为15%。

中兴通信设备中的零件有6成来自外部公司供货，而这6成中又有一半来自美国市场。在中兴通信设备的核心零部件中，基站有的零部件是100%来自美国公司；高通、英特尔、微软和杜比都是中兴设备的主要提供商，国内通信行业所用到的高端数据通信芯片、高速光芯片、高速数模转换芯片、高端CPU/FPGA基本都从美国进口；如果没有高通移动处理器平台，中兴将很难在美国生产手机。

到美国政府宣布禁售中兴设备为止，中兴还有1-2个月的备货，如果不在这个时间内和美方达成和解，会影响中兴设备的生产。这对电信行业，特别是中国运营商网络建设会造成不小影响，影响未来5G建设。

在软件系统方面，虽然Android系统是开源的，但谷歌的一大波自有应用，也就是常说的GMS服务是需要授权的，对于主力市场是美国的中兴来说，如果失去Android操作系统授权，中兴将遭受重大打击，因为市场中可替代的操作系统很少。

微软的Windows Phone连部门都已经取消了，还有一些小众的手机操作系统，如英特尔的MeeGo和Ubuntu Touch、三星的Bada和Tizen、诺基亚的Sailfish OS甚至是LG的webOS(主要用于智能家电系统)等，要么停止研发、要么系统的开发应用少得可怜；苹果的iOS系统更是想都不要想的事。

有人可能会认为，中兴作为一个在美国通讯市场比重不轻的公司，受到禁购制裁的话反过来对美国供应方也会造成不小的损失。然而从美股的反应可以看出，除了光器件公司大跌外，其他器件公司并未出现恐慌。美股光器件板块出现大跌，中兴高端光模块主力供应商Oclaro、Acacia分别下跌14%、35%，但意法半导体STM、Intel、Broadcom、ADI、海力士微涨，高通、Skyworks、Qorvo、Xilinx、美光微跌，谷歌更是毫无影响。可见，中兴遭美出口限制并未造成芯片公司的普遍性恐慌，这与2016年初中兴被制裁时的产业界恐慌已不同，中美信息技术产业链上下游竞合关系已难以动摇。

在本次美中贸易战背景下，美国政府反复强调“中国制造2025”中的集成电路、5G、人工智能等中国战略发展领域对美国的威胁，作为5G龙头公司之一，不管什么理由，中兴被迫成了“精准打击”对象。

引用福布斯杂志的话，“在美国决定禁止向中兴通讯出口所有技术后，这家中国电信巨头基本上已经死亡，不久将不得不关闭所有业务，包括销售安卓智能手机的部门。中兴销售网络基础设施，包括4G、无线、服务器、路由器等等，并在世界各地运营商联手销售Android智能手机。对于所生产的所有设备，中兴需要美国公司生产的许多关键硬件和软件部件，包括处理器、内存、光学仪器、天线、屏幕、操作系统，以及自谷歌、英特尔、美光、高通等的应用。美国的禁令阻止了所有美国技术进入这家中国公司，中兴可能需要数年时间才能重新设计其所有产品，并找到美国制造组件的替代品。因此，在没有任何产品出售和错过关键5G转型革命的情况下，我们预计中兴将在未来几周申请破产。”

英国国家网络安全中心也于2018年4月17日发出新的建议，警告电信行业不要使用中兴的设备和服务。

如果说从2016年下半年一直延续到现在的内存涨价之风还只是“挠痒痒”的话，此次的对中兴禁售事件则严重暴露出我国在半导体产业的软肋。虽说近两年我国规划投资了大约7812.3亿元的12寸晶圆厂，不过大部分项目的投产时间还没有确定，预计在2020年能达到2000万片的总产能。

不过对于核心的芯片处理器技术不是说短短几年内加大产能投资就能解决的事，首先芯片需大量的技术资金投入而前期几乎无法体现出回报，至少需要10年左右的时间才能有收益；其次，我国芯片技术起步晚，目前大陆最先进的量产制程依旧是2016年中芯国际的28nm，而英特尔、三星、台积电已经是量产10nm，7nm也最快与今年推出。

华为在海思处理器的研发上相对好一点，特别是AI方面这一点上很有前瞻性，但架构依旧是ARM授权，台积电代工。而小米的澎湃处理器之前更是受制于高通不授权基带(或者说专利费太贵没有购买)必须通过软件解锁才能解锁联通和电信4G网络，显得非常尴尬。马云的阿里巴巴不管出于什么目的，也于4月20日宣布全资收购中国大陆唯一的自主嵌入式CPU IP Core公司——中天微系统有限公司(中天微)。还有其他“X芯”什么的就不一一说了。

最为头疼的还是操作系统，单从技术上讲不存在多大的问题，主要是无法融入更谈不上取代现有的三大系统Windows、Mac、Linux的生态链(手机系统也是一样都是基于安卓操作系统的衍生版)，因为需要软件公司愿意为你的系统编写应用软件，而这种转变的成本代价太高昂了；举个例子就知道有多难了，Windows Phone是微软专门开发的一款手机系统，Windows在PC端的成功想必不用说大家都知道，然后就算是微软这样的操作系统大鳄想要进军手机端操作系统，无奈终端制造厂商和运营商不愿意支持，使得微软最终放弃了Windows Phone系统。打破这种死循环真不是一件简单的事。

中国要在下一个经济发展时代实现弯道超车或者减小与美国的差距，在5G领域不可避免会与国外发生冲突。芯片产业是一个国家高端制造能力的综合体现，是全球高科技国力竞争的战略必争制高点。在信息时代，芯片是各行业的核心基石，电脑、手机、家电、汽车、高铁、电网、医疗仪器、机器人、工业控制等各种电子产品和系统都离不开芯片。

未来5G开始这几年，恐怕还是要靠国际市场供应。大家也不要盲目自卑，从某个程度讲，我国芯片排世界第二也是讲的通，只是我国起步晚，与第一名美国长年的垄断造成的差距太大了。希望这次中兴被禁售事件为华为等通讯企业敲响了警钟，或许像20世纪60年代一样，正是国外的技术封锁反而促进原子弹以及氢弹的诞生速度；中美两国从运营商、设备商、再到器件商等各层面的角力碰撞，或将激发中国5G加速，并且核心器件的国产化替代将驶入快车道，催化国产半导体加速发展与追赶。

(本文原载第17期11版)

2017年中国核心集成电路国产芯片占有率

系统	设备	核心集成电路	国产芯片占有率
计算机系统	服务器	MPU	0%
	个人电脑	MPU	0%
	工业应用	MCU	2%
通用电子系统	可编程逻辑设备	FPGA/EPLD	0%
	数字信号处理设备	DSP	0%
通信装备	移动通信终端	Application Processor	18%
		Communication processor	22%
		Embedded MPU	0%
		Embedded DSP	0%
	核心网络设备	NPU	15%
内存设备	半导体存储器	DRAM	0%
		NAND Flash	0%
		NOR Flash	5%
		Image Processor	5%
显示及视频系统	高清电视/智能电视	Display Processor	5%
		Display Driver	0%

2018年国内部分12英寸晶圆厂在建项目一览

企业	建厂地点	产能(K/M)
三星	西安	120
英特尔	大连	40
SK海力士	无锡	170
华力微	上海	35
中芯国际	北京(合资)	45
	北京(全资)	35
	上海	20
武汉新芯	武汉	25
联芯	厦门	50
晶合	合肥	80

康佳LED47F3530F电源与背光灯电路维修详解(下)

(紧接上期本版)

稳压与同步电路：升压电路输出的33V电压，经R729、R730、R738与R731//R732分压取样，不但送到升压驱动电路N701的⑭脚，对输出电压进行控制，还经R735、R734送到调流驱动电路N702的②脚，对N702内部驱动电路进行控制，稳定输出电流，与升压电路配合，达到最佳匹配状态。

另外，主板控制电路输出的VSYNC-LIKE帧同步脉冲信号，送到N702的㉟脚，控制N702调流电路与图像同步工作，根据图像的亮度明暗进行同步调整LED灯串电流，来提高图像的对比度，自动改善图像显示效果。

二、电源与背光灯电路维修

该三合一板中开关电源和背光灯电路发生故障主要引发不开机、开机三无、开机黑屏幕。可通过观察待机指示灯是否点亮，测量关键的电压，解除保护的方法进行维修。

1.待机指示灯不亮

指示灯不亮故障主要涉及在电源电路。首先测量PFC电路输出滤波电容器CF919、CF917两端是否有待机300V电压，无电压故障在市电输入抗干扰电路和市电整流滤波电路，先检查保险丝是否熔断。

(1)保险丝烧断

如果测量保险丝F901已经熔断，说明开关电源存在严重短路故障，主要对以下电路进行检测。一是检查交流抗干扰电路CX901、CX902、CY901~CY904和整流滤波BD901~BD904、CF901、CF902是否击穿漏电；二是检查PFC功率因数校正电路开关管VF903是否击穿；三是检查主电源开关管VW907是否击穿。如果VW907击穿，进一步检查TW901的④-⑥绕组并接尖峰吸收元件是否失效开路；四是检查NW907的②脚外部稳压控制电路的NW950、NW952；五是检查NW907的③脚外部过流检测电路的RW918和RW921是否连带损坏。

(2)保险丝未断

测量电源NW907的⑧脚启动电压和⑥脚的VDD电压。⑧脚无启动电压多为外部启动电路RW911、RW910开路；⑥脚无VDD电压，检查RW906、VDW911、CW915整流滤波电路和VW906、VDW915稳压电路。

如果启动和VDD供电电压正常，测量NW907的⑤脚有无激励脉冲输出，无脉冲输出检测NW907及其外部电路元件；有激励脉冲输出，检查开关管VW907、开关变压器TW901及其次级整流滤波电路。

2.待机指示灯亮

指示灯亮，说明开关电源基本正常。可按遥控“POWER”键，测POWER-ON开机电平，无开机高电平故障在微处理器控制系统；有开机高电平，测主电源开关变压器TW901的次级有无+24V、VCC12V直流电压输出。如果测量开关电源始终输出低电压，说明开关电源稳压电路和开关机控制电路发生故障。

(1)检查PFC电路

由于开关电源380V供电由PFC电路提供，先查PFC输出端大滤波电容CF919、CF917的电压是否正常。如果仅为300V左右，则PFC电路未工作，检查PFC驱动电路NF903的⑧脚有无VCC-PFC电压。无VCC-PFC电压检查开关机控制电路VW954、光耦NW953、VW901；有VCC-PFC供电，则检测PFC控制集成电路NF903的⑦脚输出的驱动波形是否正常，如异常请更换NF903。注意检查PFC滤波电容CF919、CF917是否开路失效。

(2)检查开关电源电路

PFC输出380V电压正常，测量主开关电源输出始终输出低电平，多为取样电压控制电路故障。检查由VW953、VW952组成的取样电压控制电路。

3.自动关机维修

发生自动关机故障，一是开关电源接触不良；二是保护电路启动。维修时，可采取测量关键点电压，判断是否保护，也可采取解除保护观察故障现象的方法进行维修。

(1)测量关键点电压

在开机的瞬间，测量保护电路VW957的b极电压，正常时为低电平0V。如果开机时或发生故障时，VW957的b极电压变为高电平0.7V以上，则是过压保护电路启动。一是检查引起过压的主电源稳压控制电路NW952、NW950；二是检查过压保护取样电路稳压管VDW954、VDW959是否漏电。

(2)解除保护

确定保护之后，可采解除保护的方法，通电测量开关电源输出电压，确定故障部位。为了防止开关电源输出电压过高，引起负载电路损坏，建议先接假负载测量开关电源输出电压。在确认输出电压正常时，再连接真负载电路。解除保护方法是：将VW957的b极对地短路。

4.背光灯电路检修

显示屏LED背光灯串全部不亮，主要检查背光灯电路供电、驱动电路等共用电路，也不排除一个背光灯驱动电路发生短路击穿故障，造成共用的供电电路发生开路故障。

(1)检查背光灯板工作条件

显示屏始终不亮，黑屏幕，伴音、遥控、面板按键控制均正常。此故障主要是LED背光灯电路未工作，需检测以下几个工作条件：

一是检测背光灯电路的+24V、VCC12V供电是否正常。供电不正常，首先检测开关电源故障。如果开关电源输出电压正常，但N701的⑤脚无供电输入，则是限流电阻R707阻值变大或烧断。引发R707烧断，是N701内部短路、C710、C771电容器击穿等。+24V供电电压不正常，检查+24V整流滤波电路。当+24V电压过低或R710阻值变大时，会造成N701的③脚取样电压降低，N701内部欠压保护电路启动，背光灯电路停止工作。

二是测量N702的⑨脚BKLT-EN点灯控制电压是否为高电平。点灯控制和调光电压不正常，检修主板控制系统相关电路。

(2)检修升压输出电路

如果外部电路工作条件正常，背光灯电路仍不工作，则是背光灯驱动控制电路和升压输出电路发生故障。通过测量N701的⑦脚是否有激励脉冲输出来判断故障范围。无激励脉冲输出，则是N701内部电路故障。如果N701的⑦脚有激励脉冲输出，升压输出电路仍不工作，则是升压输出电路发生故障。常见为储能电感L701内部绕组短路、升压开关管V701//V702击穿短路或失效、输出滤波电容C720//C750//C733击穿或失效、续流管VD701击穿短路等。通过电阻测量可快速判断故障所在。

(3)检修调流电路

检查调流电路N702的⑫脚VCC12V供电是否正常，如果正常，测量⑩脚输出的5V基准电压和⑪脚输出的3.3V基准电压是否正常。检查N702的②脚FB电压是否正常，该电压过高或过低，N702会停止工作。

如果发生光栅局部不亮或暗淡故障，多为个别LED背光灯串发生故障，或调流电路N702内部个别调流MOSFET损坏。由于8路LED灯串调流电路相同，可通过测量LED1~LED8的负极电压或对地电阻，并将相同部位的电压和电阻进行比较来判断故障范围。正常时LED负极电压在2V左右。

5.电源与背光灯电路维修实例

例1：开机黑屏幕，指示灯不亮

分析与检修：测量市电输入电路的保险丝F901未断，测量开关电源无电压输出，判断该开关电源电路发生故障。对开关电源进行检测，测量驱动电路NW907的⑧脚无启动电压。对⑧脚外部的启动电路RW911、RW910进行检测，发现RW910烧断。更换RW910后，故障排除。

例2：开机黑屏幕，指示灯不亮

分析与检修：测量市电输入电路的保险丝F901烧黑且断路，说明电源电路有严重短路故障。对电源电路大功率元件进行电阻检测，发现MOSFET开关管VW907的D极对地电阻最小，为5Ω。拆下VW907测量其极间电阻，内部击穿。检查容易引发开关管击穿的尖峰脉冲吸收电路，发现CW903变色，且表明有裂纹。更换CW903和VW907后，故障彻底排除。

例3：开机有伴音，显示屏不亮

分析与检修：遇到显示屏不亮，一是背光灯板工作条件达不到要求；二是背光灯板发生严重短路、击穿故障。

首先测量背光灯板的VCC12V和+24V供电正常，测量升压大滤波电容两端电压为+24V，与供电电压相同，说明升压电路未工作。测量N701各脚电压，发现③脚电压仅为0.5V左右，低于正常值，内部欠压保护电路启动。检查③脚外部取样电路，发现R710阻值变大到150kΩ左右。更换R710故障排除。

(全文完)

◇海南 孙德印

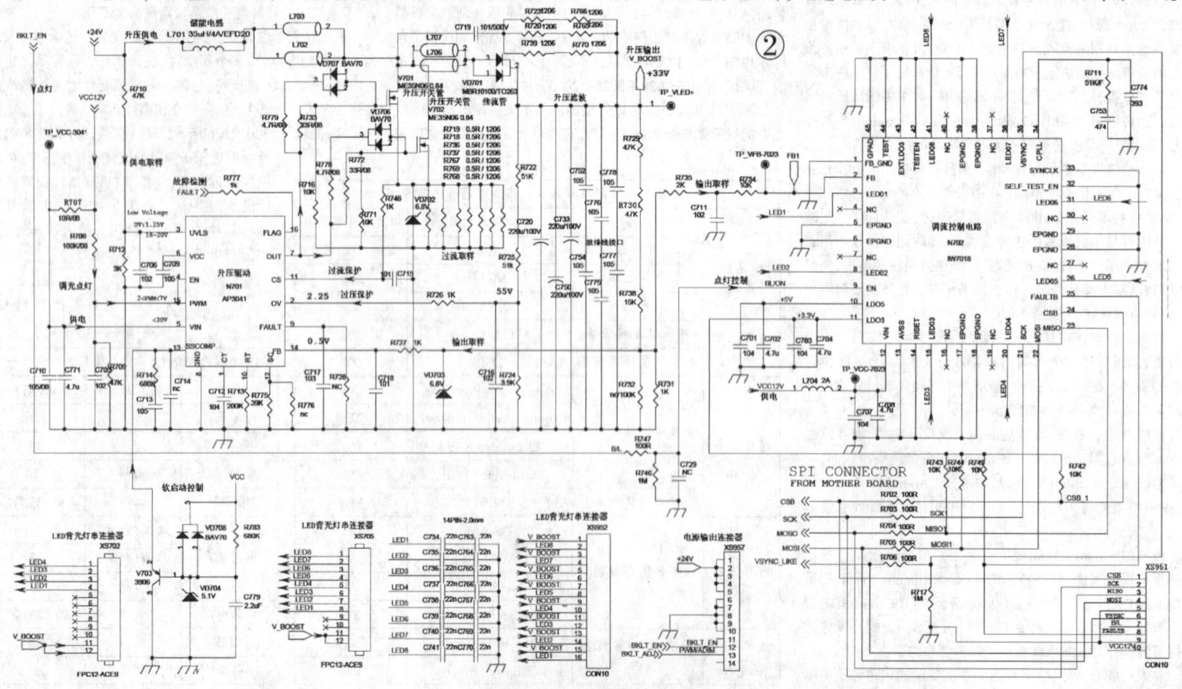

把智能手机当成扫描仪来使用

随着科技的发展，智能手机的运用越来越广泛了，如果你身边没有现成的扫描仪，可又需要将一些纸质的文件用电子文档来保存，那么，利用手机全能王这款扫描软件就可以很好地解决这一问题，其扫描出来的效果跟用扫描仪扫出来的效果一模一样。当然，我们也可以将扫描的结果进行"识别"，以便二次编辑。

所需材料：一部智能手机，一款"扫描全能王"软件。

首先打开手机里的浏览器，通过百度我们很容易找到"扫描全能王"软件(如图1所示)，下载并安装，就可以使用了。其操作方法如下：打开"扫描全能王"图标(如图2所示)——击右下角的"拍照"按钮，进入拍照(扫描)状态，此时，我们可以修改扫描的具体模式(如贺卡、PPT、普通、证件、二维码等)，也可以对扫描后的文档进行简单的处理，添加水印等等，当确定文档无误后，点击第一行中的"分享"菜单，即可将刚刚扫描完成的文档，以PDF的文件格式传至计算机上，并加以长久保存(如图3所示)。

①

②

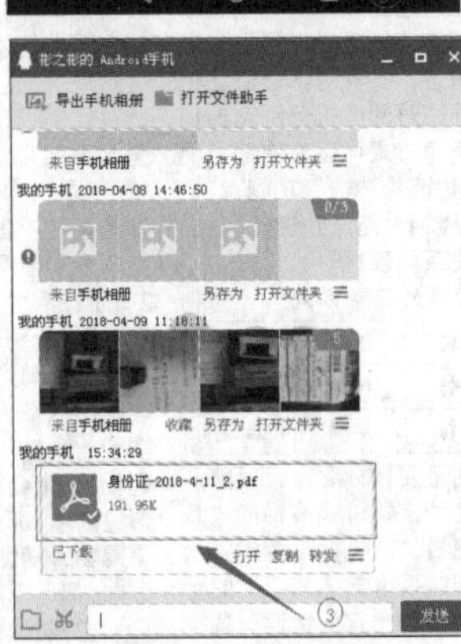

③

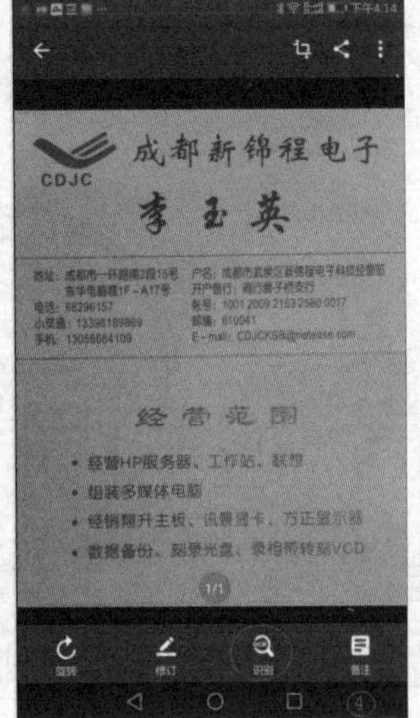

④

如何利用"扫描全能王软件"对扫描文档进行识别(OCR)呢？下面，我们利用该软件的OCR(文字识别)功能来识别一张名片吧。先点击扫描全能王中的"普通"选项，对一张名片进行扫描(该软件会对扫描后的图片进行自动裁剪，将图片中其他的无关内容自动地裁剪掉，只保留所要拍摄的内容)。然后，从图片预览窗口里，选择你认为是最清晰的那一张(如图4所示)，点击右下角的"√"按钮，再点击"OCR识别"按钮，既可以整页识别，也可以局部识别。接着，软件将自动对图片一行一行地识别，稍息片刻，一份清晰的文字识别结果就呈现在我们眼前。当然，在分享前，完全也可以进行如下操作，重选语言、云端识别、翻译、校对等，当你确定准确无误后，再点击右上角的"分享"按钮，即可保存到SD卡、复制到剪贴板、保存到WPS云文档等处(如图5所示)。这样，岂不少了许多文档二次录入之苦？

赶快给你的手机里安装一款扫描软件吧，它将为你的生活带来诸多方便。总之：手机扫描文档，方法就这么简单，赶快告诉你身边的小伙伴吧。

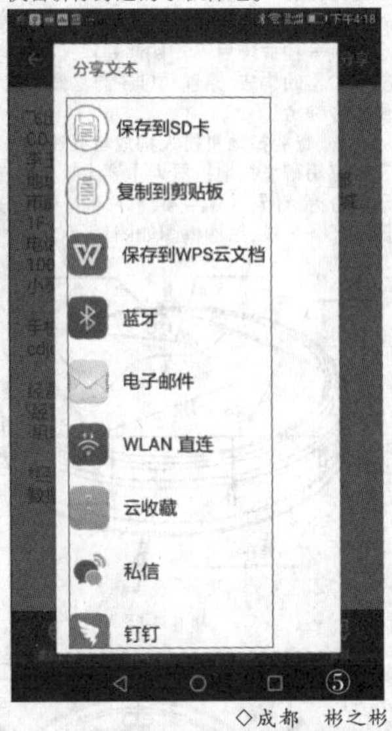

⑤

◇成都　彬之彬

用观察触摸法排除打印机故障两例

例一故障现象：一台LQ-1500K型打印机，通电打开电源开关后，打印机无任何反应，电源指示灯也不亮。

故障分析与排除：根据故障现象，应该重点检查电源电路部分。未通电情况下，开机盖直观检查保险丝，发现其内部已烧断；取下电源板，用万用表Ω挡测量其输出端，发现24V端与地端之间呈短路状态，怀疑电路中有损坏元件：如电源滤波电容、晶体管被击穿等。更换保险丝后，通电采用触摸法试探，摸VD201(1N4007)、VD202、电容C1(1000μF/50V)均不发烫，再仔细观察TR201(2SC983)表面也无烧黑、变色、裂缝等现象。继续再检查发现电解电容器C2(470μF/35V)顶部局部凸起，焊下测量证实其已击穿损坏。试更换一只新优质500μF/35V电容后，再试打印机恢复正常，故障排除。

例二故障现象：一台LQ-1000K型打印机，在使用中出现电源电压均无输出，无反应。

故障分析与排除：打开机盖，用万用表测量其电源电压为0V，故判断为电源故障。

首先采用触摸观察法检查，整流桥DB1无表面颜色发黑现象，且触摸其表面温度正常，查电源滤波电容C1无凸顶且不发烫。再加电仔细检查，发现电源厚膜块STK7408表面颜色异常，且顶部局部微裂，触摸其表面感到发热严重，显然该模块有问题。更换一块同规格型号的电源厚膜块后，再试机，故障排除。

◇山东　张振友

另类技巧实现快速替换

同事前来求助(如图1所示)，这里不合格的情况比较多，有些是科目1，有些是科目2，有些是科目3。现在同事要求将所有没有通过的"考试情况"替换为"未通过"，由于实际的数据量非常大，手工替换显然是相当麻烦，而Excel并不支持通配符替换。有没有简单一些的实现方法呢？

姓名	准考证	考试情况
贾蓉津	00184	科目1不合格
韩秀艳	00496	科目2不合格
梁金华	00322	通过
宋利兵	00255	科目1不合格
杨俊杰	00132	科目3不合格
周森林	00245	通过
姚峰	00233	通过
刘军	00216	科目1不合格
龚贤	00654	科目2不合格
肖芸	00326	通过
周津	00154	科目3不合格
蔡艳文	00361	科目2不合格
鲍文平	02580	通过
骆巍	00546	科目3不合格
季铁	00879	科目1不合格

①

我们可以按照下面的步骤进行操作：

选择C17单元格作为辅助单元格，在这里手工输入或粘贴"通过"的字符，自下而上选择数据区域C17:C2；按下"Ctrl+G"组合键，打开"定位"对话框，点击左下角的"定位条件"按钮，打开"定位条件"对话框，也可以在"编辑"功能组依次选择"查找和选择→定位条件"直接打开对话框(如图2所示)，在这里选择"列内容差异单元格"，确认之后关闭对话框。

定位条件

选择

- 批注(C)　　行内容差异单元格(W)
- 常量(O)　　列内容差异单元格(M)
- 公式(F)　　引用单元格(P)
- 数字(U)　　从属单元格(D)
- 文本(X)　　直属(I)
- 逻辑值(G)　　所有级别(L)
- 错误(E)　　最后一个单元格(S)
- 空值(K)　　可见单元格(Y)
- 当前区域(R)　　条件格式(T)
- 当前数组(A)　　数据验证(V)
- 对象(B)　　全部(L)
- 相同(E)

确定　取消

②

按图3所示，我们可以看到所有不合格的单元格已经被自动选中。接下来的操作就简单多了，在编辑栏输入"未通过"，按下"Ctrl+Enter"组合键，就可以看到图4所示的替换效果，最后将辅助单元格删除就可以了。

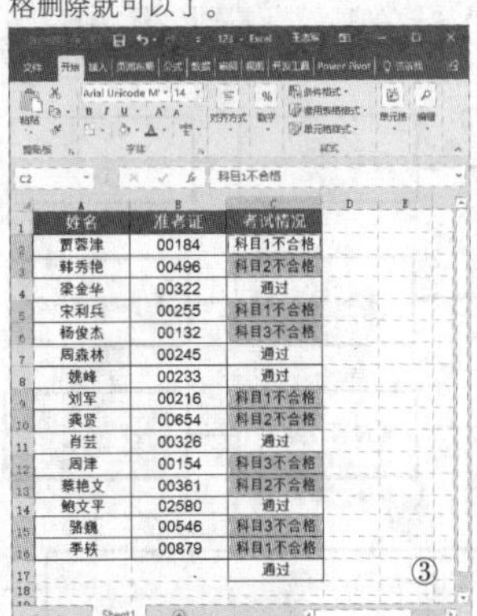

姓名	准考证	考试情况
贾蓉津	00184	科目1不合格
韩秀艳	00496	科目2不合格
梁金华	00322	通过
宋利兵	00255	科目1不合格
杨俊杰	00132	科目3不合格
周森林	00245	通过
姚峰	00233	通过
刘军	00216	科目1不合格
龚贤	00654	科目2不合格
肖芸	00326	通过
周津	00154	科目3不合格
蔡艳文	00361	科目2不合格
鲍文平	02580	通过
骆巍	00546	科目3不合格
季铁	00879	科目1不合格
		通过

③

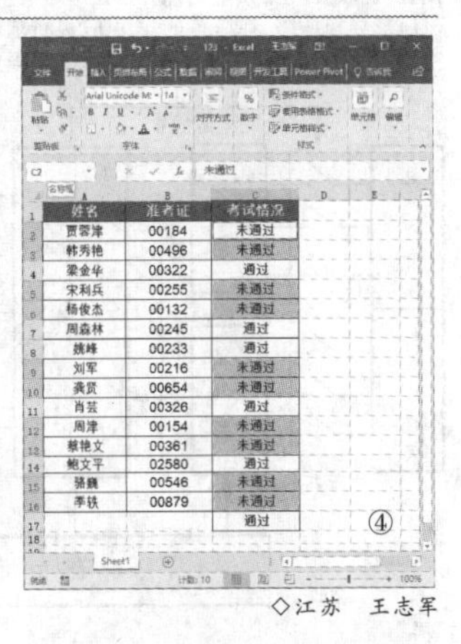

姓名	准考证	考试情况
贾蓉津	00184	未通过
韩秀艳	00496	未通过
梁金华	00322	通过
宋利兵	00255	未通过
杨俊杰	00132	未通过
周森林	00245	通过
姚峰	00233	通过
刘军	00216	未通过
龚贤	00654	未通过
肖芸	00326	通过
周津	00154	未通过
蔡艳文	00361	未通过
鲍文平	02580	通过
骆巍	00546	未通过
季铁	00879	未通过
		通过

④

◇江苏　王志军

浅谈家用智能扫地机器人原理与维护（上）

家用智能扫地机器人又名智能吸尘器，常称为地宝和扫地狗。它是将移动机器人技术和吸尘器技术有机地融合在一起，实现自主移动清扫地面垃圾的功能。家用智能扫地机器人大部分制造成扁圆形，通过遥控器和机内电脑芯片自主操控，还可预约清扫。当机器启动后，机身即按预设的路径、方向移动清扫，在途中碰到障碍物时会自动转弯躲避，直至完成清扫工作；电量不足时机器会自动寻找充电座进行充电，充满电后自动进入待机状态。

随着家庭生活水平的提高，该产品技术的不断发展和价格下降，智能扫地机器人已经成为家庭必备的智能电器之一，迅速走进了千家万户。不过，许多用户对智能吸尘器的结构原理比较陌生，在使用过程中常会遇到一些故障后不知如何处理，为此，笔者对家用智能吸尘器的构成、原理和维护方法作了简单扼要介绍，供读者参考。

一、智能扫地机器人构成与原理

家用智能扫地机器人主要由吸尘器部分、行走驱动部分，检测传感器部分、单片机控制部分和电源充电器五部分组成，结构框图如图1所示，结构如图2所示。

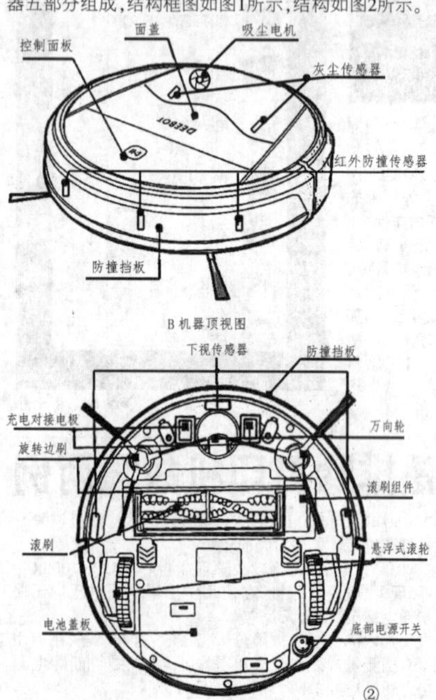

1.吸尘器部分

吸尘器部分具有起尘、吸尘和滤尘三段式清洁功能。在机身底部中区有一个旋转滚刷用来卷起地面较大的碎屑脏污；底部前方左右两侧装有两个相对旋转的边刷，用来提高每次清扫地面的有效面积，并将墙边角与家具底下的灰尘垃圾扫入吸尘器内。机器正常工作时，吸尘器内的直流电动机驱动风机叶轮高速旋转，使空气高速排出，吸尘器内部产生瞬时真空，与外界大气压形成负压差，在压差的作用下，风机前端吸尘口的空气不断地补充风机中的空气，吸尘器吸入含灰尘的空气，经过滤尘器过滤后排出洁净的空气，过滤出的垃圾被收在集尘盒内。

2.行走驱动部分

行走驱动部分是智能吸尘器的主体，一般采用轮式机构，在机身底部的后端装有两个悬浮式驱动滚轮，机身底前端用一个万向轮与后轮组成三角形支撑，如图3所示。

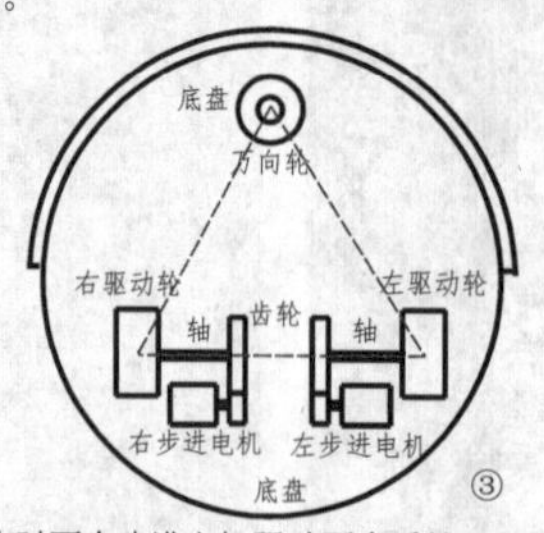

工作时两个步进电机驱动两个后轮，从而推动吸尘器机身行走移动，这种结构既简单又提高了转弯的灵活性。由于智能吸尘器是在行走中工作的，移动的速度要求比较低，一般在3m/min左右，因为步进电机不宜在低速状态运行，为了避免步进电机低速爬行，所以在电机轴与轮轴之间加装了一组减速齿轮来实现吸尘器的低速爬行。通过机内单片智能控制改变作用于步进电机的驱动脉冲信号频率和相序，实现对两个驱动轮的高精度调速、停转和调向。同时对两电机分别施加相同或不同脉冲信号时，通过差速方式可以方便地实现吸尘器前进、左转、右转、后退和调头转弯等功能，甚至当两后轮相互反向运动时，可绕轴中点原地旋转。电机转向与吸尘器的运动方式的关系如表1所示。

表1 电机转向与吸尘器的运动方式

左电机	顺转	顺转	逆转	逆转
右电机	顺转	逆转	顺转	逆转
吸尘器运动	前进	右转	左转	后退

清扫路线是智能吸尘器的重要指标之一，目前清扫路线分为规划式和随机式两种。随机式清扫模式是在智能吸尘器感知四周的环境后，随机行走清扫各个区域；规划式清扫模式是在智能吸尘器感知四周的环境后，然后依照预置的规划路径行走，有效地遍历各个区域完成各个区域的清扫。清扫行走路径模式通常有：螺旋式行走模式、弓字形行走模式、沿边行走模式、五边形行走模式、随机行走（自动行走）五种，如图4所示。为了适应不同地面环境，能更彻底的清扫，智能吸尘器设有多种清扫模式（行走路径），可按需选用。而模式可预置的多少随不同产品型号而异，以下四种清扫模式较为常用：

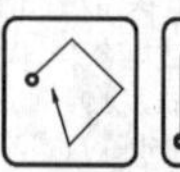
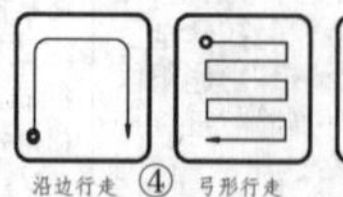

螺旋行走　随机行走　沿边行走　④　弓形行走　五边形行走

①AUTO（自动清扫）模式：该模式清扫覆盖面积最大，是最常使用的一种。其特点是主机直线行进清扫，遇到障碍物后改变方向，主机在清扫中，若感知灰尘量较多，它将自动以“扇形”或“螺旋形”路线清扫地面后，再转为直线清扫。该清扫模式是指主机自动进行清扫，遇到障碍物后自动改变方向。该清扫模式下，机器根据自带的传感器识别周边环境复杂程度，自动切换内置清扫路经进行清扫工作，它是一种具有多种清扫路径的模式。

②重点清扫模式：按遥控器的“重点”清扫按键，机器会进入重点清扫模式，重点清扫模式适合在垃圾相对较多区域小范围清扫，它以渐开式螺旋线的方式从中心向外圈扩散，到最外圈时反方向慢慢缩小，直到回到原点完成清扫，清扫半径约1m，时间约2~3min。

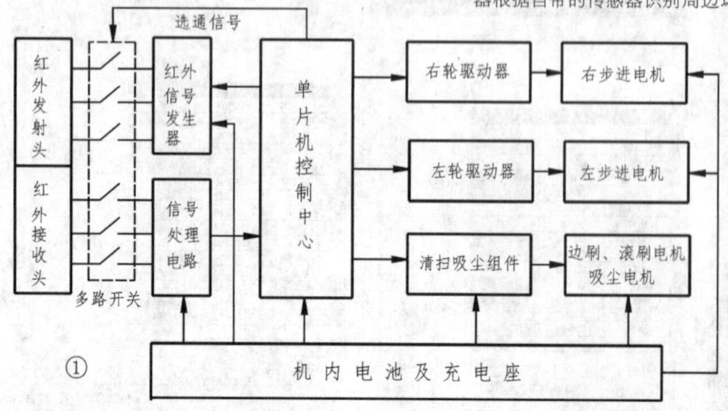

③定点清扫模式：适用于处理地面上较为集中的垃圾，主机以“弓”字形路径自左向右，对你所指定的区域进行一次集中清扫。清扫完成后，主机回到清扫起始点并发出提示声。

④自动拖地模式：具有扫、吸、拖功能三合一的智能吸尘器，可按遥控器的“拖地”键，或按机器面板上的相应键，进入自动拖地模式工作，这时边刷及吸尘风机都停止工作，只有机器带动拖板，按“弓形式”和“自由式”进行拖地。

3.传感器部分

智能吸尘器工作时，机器做出前进、转弯、停留等动作都需要由多种传感器测知自身与周围环境的关系后决定，例如判别前方有无障碍物，是否需要避开；机身下方有无凹槽类或台阶类可能导致机身碰撞翻转等的地面状况。扫地机器人不仅需要知道这些信息，并且这些信息量还要转换成电脑能够判断的电信号，从而控制吸尘器自动进行清扫工作。家用智能吸尘器大都采用多组红外传感器监测，因为红外传感器成本较低，高档机才选用性能较好的超声波传感器。

（1）红外测距传感器

红外测距传感器是机器人常用的非接触式传感器，红外线具有沿直线传播和反射、折射、散射、干涉及吸收等特性。红外线在真空中传播速度$C=3\times10^8m/s$，而在介质中传播时，由于介质的吸收和散射作用，使它产生衰减。一般金属材料基本上不能透过红外线，塑料能透过红外线，智能吸尘器红外传感器的工作原理是‘三角测距法’，红外发射器按照一定的角度发射红外光束，当遇到物体以后，光束会反射回来。机器人利用红外测距传感器自带运算电路会自动完成计算工作，输出一个和检测距离相关的电参数，即可得知距离值。图2所示在吸尘器机器前方的挡板上装有三个红外避障传感器，分别位于挡板左、中、右三处，这样主机前进过程中在其前方偏左、偏右或居中方位，能够检测前方一定距离内是否存在障碍物。每个传感器各有一个发射端和一个接收端，发射端发送红外光束，如果前方有障碍物，光束会反射回来，此时若接收到的红外信号强度超过阈值，那么传感器被触发。机器人会感知到前方有障碍物，随即调整两个步进电机驱动轮的前进速度和方向，带动驱动轮转向，脱开障碍物，实现避障功能。

（2）碰撞检测传感器

红外传感器的主要缺点是探测视角小，很难探测前方狭小障碍物，若障碍物（反射面）较小，接收端得到的红外线则不会超过阈值，或者障碍物颜色为黑色和深色时，红外线会被吸收一部分，以及处于暖光源（如白炽灯、太阳光）照射下，传感器无法正确接收到红外反射信号，为了弥补这一缺陷，几乎所有智能吸尘器都用红外传感器与碰撞传感器融合方式实现避障。碰撞传感器用于红外传感器未探测到障碍物时，吸尘器和障碍物发生碰撞后的避障。因此，在半圆形挡板上还分区安装了防碰撞检测单元（如微动开关等），通过读取每个碰撞执行单元信息，可准确具体识别碰撞方位，为机器人的智能判断提供可靠的物理依据。

（3）下视传感器

在吸尘器机体前方底盘边沿下方另外还有3路红外传感器，其功能用于探测路面状况，如遇到台阶类或凹槽类地面，当传感器感知高度大于8cm的地面落差信号后，经过信号处理电路初步处理之后，送至微处理控制器，发出动作指令，吸尘器停止移动，使主机在有高度落差的边缘不会掉下。

（4）灰尘传感器

位于主机尘盒进灰口前部装有两个灰尘传感器，用来感知吸入灰尘量的多少，从而使主机决定采用何种清扫方式更为有效。智能吸尘器灰尘传感器原理是：微粒子和分子在光的照射下会产生光的散射现象，与此同时还吸收部分照射光的能量，当一束平行单色光入射到被测颗粒物时，会受到颗粒周围散射和吸收的影响，光强将被衰减，如此一来便可求得入射光通过待测浓度物的相对衰减率。而相对衰减率的大小，基本上能线性反映待测物灰尘的相对浓度，光强的大小与经光电转换为电信号强弱成正比，通过测得的电信号就可以求得相对衰减率。

（未完待续）（下转第184页）

◇江苏　赵忠仁

新大陆(NLE-JS2000)高职院校物联网应用技能大赛平台应用(3)

(紧接上期本版)

2.应用软件系统

(1)智慧城市应用系统

采用最贴近生活的物联网行业应用系统——智慧城市为物联网应用方向，学生按照项目要求组织“智慧城市”为主题的物联网应用系统搭建。系统配套有服务端(PC服务端)、客户端(PC客户端)及移动互联终端(安卓客户端)三项子系统。集成了智能商业应用系统（电子商业)、智能环境监控系统、安防监控、智能路灯、智能公共广播、智能农业等诸多应用。使学生了解和熟悉物联网技术在行业上的应用场景，熟悉物联网应用软件系统的形态和内容。

1）智慧城市客户端软件部分截图(PC)

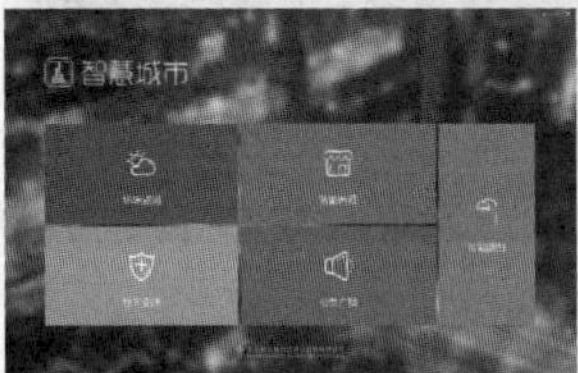

2）智慧城市安卓端软件部分截图(移动互联终端)

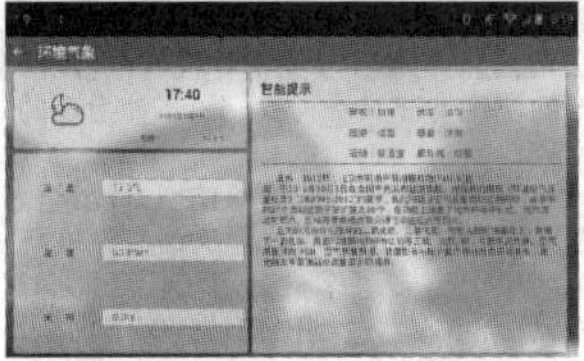

(2)云服务平台后台管理介绍

云服务平台后台管理与网关通讯，向应用层开放接口，数据、资源管理，包括五项主要功能：

1)项目管理

主要功能为新建项目，并将项目关联网关，并生成唯一的授权码，授权码在调用接口时将会用到。

2)设备管理

该部分主要包括两个主要功能网关管理以及数据查询，网关管理包括了网关的创建，传感器管理、执行器管理、网关标识设置、轮询时间、超时时间、网关状态等。

数据查询可通过网关、传感器获取实时的传感器数据、以及历史的数据。

3)开发者中心

该部分提供云服务平台的开放API，用户可以根据提供的API进行应用个性化开发。

4)个人中心

该部分包括用户信息维护、密码修改、日志信息查询。

5)系统设置

该部分包括用户管理、角色管理、菜单管理，系统的菜单都可以进行动态配置。

·界面截图

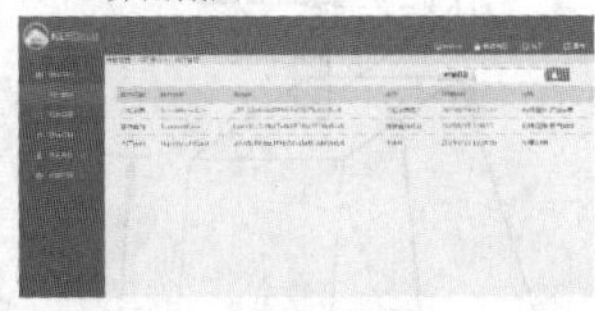

项目管理界面

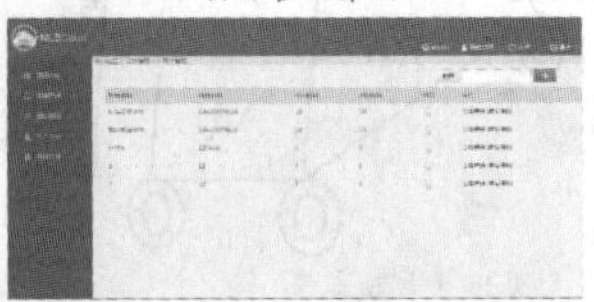

网关管理界面

数据查询界面

开发者中心界面

(3）物联网云服务平台标准数据展示

该案例以协议类型分类展示各传感器数据以及负载的控制，以此了解基于Modbus协议、ZigBee协议的物联网传感设备，体验物联网云服务平台。该系统主要包括两部分：

1)有线传感网

基于Modbus协议的有线传感网，可采集模拟量、数字量传感器值，并可通过数字量转换器控制执行器。

2)无线传感网

基于ZigBee无线传感协议，采集传感数据、控制执行器。

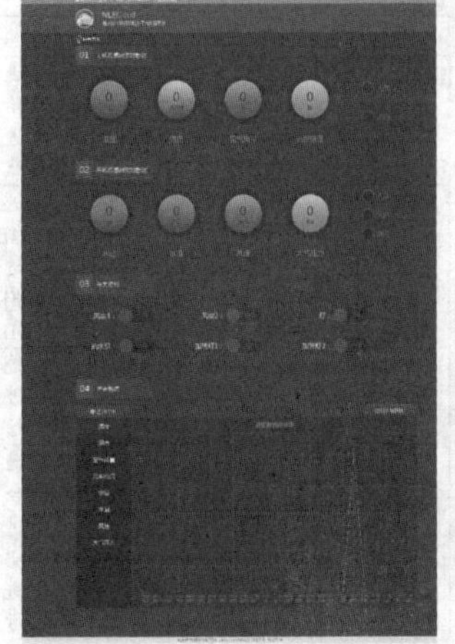

(4）云服务平台案例—智能家居web版

智能家居是在互联网影响之下物联化的体现。智能家居通过物联网技术将家中的各种设备(如音照明系统、窗帘控制、空调控制、安防系统等)连接到一起，提供家电控制、照明控制、室内外遥控、防盗报警、环境监测、红外转发以及可编程定时控制等多种功能和手段。与普通家居相比，智能家居不仅具有传统的居住功能，兼备建筑、网络通信、信息家电、设备自动化，提供全方位的信息交互功能，甚至为各种能源费用节约资金。该系统主要包括三部分：

1)客厅灯光控制系统

该部分功能以图表形式实时显示客厅的光照传感数据值，当光照强度值超过设置光照的临界值时，关闭客厅的灯光照明；而当光照强度值低于设置的光照临界值时，打开客厅的灯管照明。

2)家居安防监控

该部分功能，用户可以选择是否选择打开非法入侵或者火焰烟雾检测，选择开启了这两个功能后，系统会启动人体以及火焰烟雾的检测，当检测到非法入侵或者有火焰烟雾警情时系统进行报警。

3)寝室环境监控

该部分功能包括通过获取寝室的温度、湿度来控制空调的开关、以及加湿器的开关。

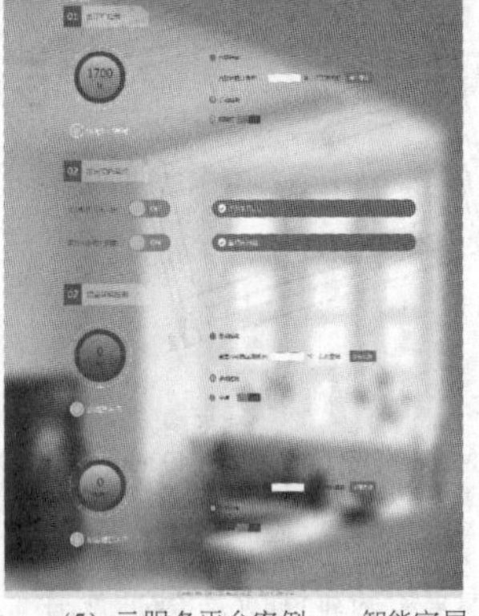

(5）云服务平台案例——智能家居android版

该案例包含了4中常见的家居模式，以及室内温湿度环境实时监测。4种模式分别为：户外模式、睡眠模式、回家模式、手动模式。

(6）云服务平台案例——农科院水产养殖

农科院水产培育基地需要严格的培育条件，气候、水温、水位、光照等都会影响水产的培育。本案例基于云服务平台实现模拟的物联网智能水产培育基地，严格控制影响培育基地的各种条件因素，从而促进水产养殖智能化科学化，提高培养成功概率实现水产增产量产。

该应用获取了水位、水温、温度、湿度、光照，通过传感器数据控制加热灯、抽水泵。

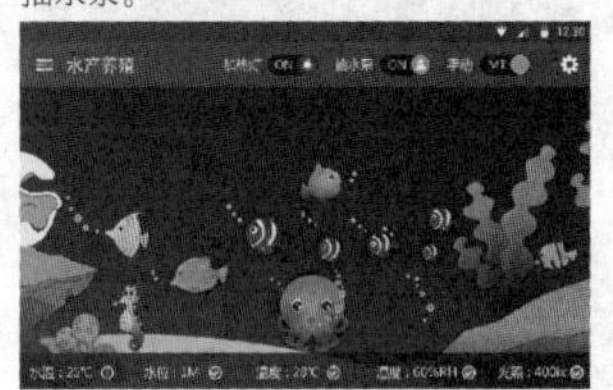

四、平台支持的实训项目

1.运行环境、开发环境

序号	环境名称	工具(系统)全称
1	操作系统	简体中文版 Win7 操作系统(32位)；
2	运行环境	.Net Framework 4.5；
3	数据库环境	SQL Server 2008 R2；
4	.Net 开发环境	简体中文版 Microsoft Visual Studio 2012
5	Android 开发环境	Eclipse;Android SDK4.4;ADT;JDK 7;
6	无线传感网开发环境	IAR Embedded Workbench for 8051 7.6;
7	其他工具	简体中文版 MS Office 2010或以上（必备 Word、PowerPoint、Visio)；

2、实训项目概述

(1)物联网传输层部署

根据业务需求和实际的工程应用环境，利用物联网工程应用实训2.0产品提供的硬件设备、工具和技术文档资料，对应用工程进行安装调试，实现系统工程互联互通。

(2)物联网感知层开发调试

根据业务需求和实际的工程应用，针对各类传感器及执行器件进行安装、连接、配置，对无线传感网模块进行开发、调试，实现对感知节点数据的采集和上传。

(3)物联网移动应用开发

基于Android开发平台，综合运用软件工程、Android、嵌入式数据库等基础知识，完成Android嵌入式应用程序的开发，考核学生在传感器技术、条码技术、ModBus协议等物联网综合移动设计方面的开发能力。

(4)物联网PC应用开发

基于DotNet开发平台，综合运用软件工程思想、C#、数据库等基础知识，采用面向对象分析和设计方法，完成包括DotNet客户端、服务端、Web端应用程序的开发，考核学生使用多类传感器、条码、Zigbee、RFID、视频捕捉、环境监测等应用的实战开发能力。

(未完待续)(下转第185页)

◇四川科技职业学院鼎利学院 刘桄序

嵌入式灯具温升测试箱的改进(下)

(紧接上期本版)

按照上述设计图纸，定制出来的温升测试箱如下图18~19所示：

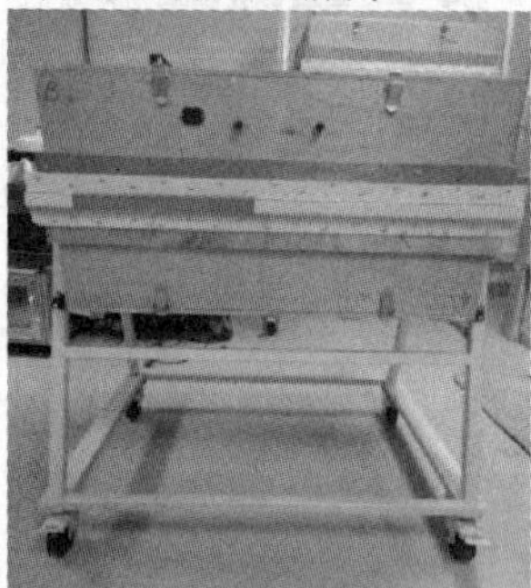
图18 低位测试箱

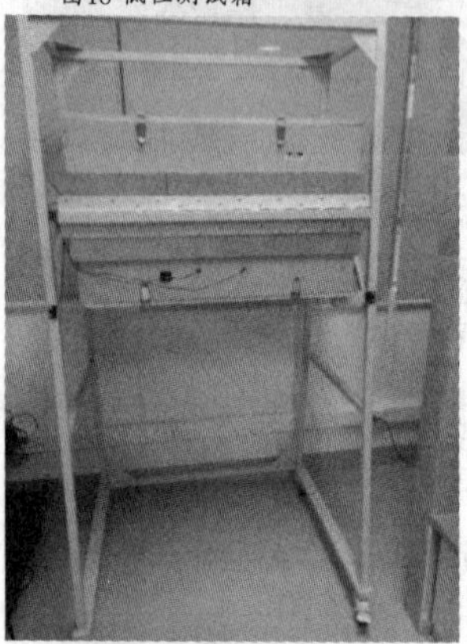
图19 高位测试箱

图20 1两两叠放

使用方法：改进后，筒灯温升测试箱一个共有两个，如图20所示的高低位测试箱：高位测试箱是上面开孔4inch的底板，下面开孔6inch的底板，低位测试箱是上面开孔5inch的底板，下面开孔8inch的底板。每个箱体内用隔热棉填充，高度500mm。实际使用时，按照测试筒灯直径的大小选择不同的测试箱和测试面：如果测试筒灯直径4 inch的筒灯，那么就选择高位测试箱的上面开孔4inch的底板，并将灯箱旋转至此面水平朝的位置。其他尺寸的筒灯选择方法与此类同。(现场测试箱见图21所示)

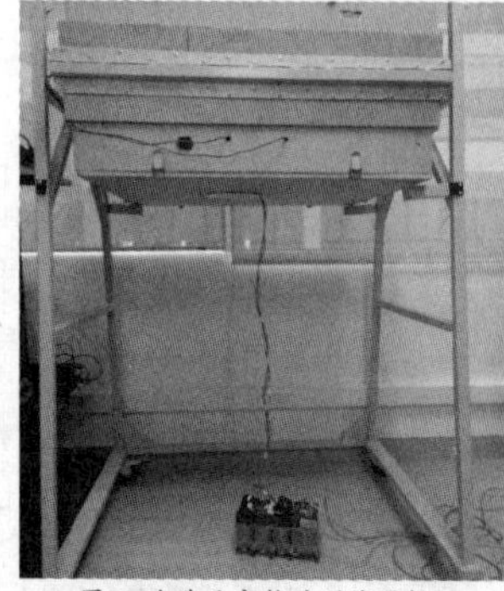
图21 改进后完整的测试现场

三、乙类灯具（嵌入式荧光灯具和LED面板）的改进

接着我们再介绍下针对乙类灯具(嵌入式荧光灯具和LED面板)的改进

对于此类灯具，我们设计了另一套测试箱，以降低准备测试的工作量和时间。

1.设计一个通用型的测试箱：用4块胶合板做一个长2400mm，宽1200mm，高400mm的木箱(内部尺寸)，每块胶合板的厚度为12。7±1mm。上下两个面不装胶合板，在侧面安装一个AC接口。如下图22。

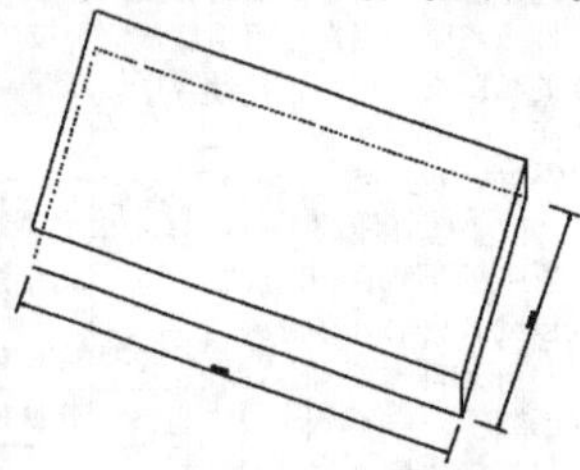
图22 通用型的测试箱

2.设计实木护框：如下图23所示，做一副实木条框，每根木条厚度30mm。木框长2600mm，宽1400mm。做完的木框可以装下图23所示的测试箱。并用钉子永久固定，使其形成一个整体(不可以取出)。当平放的时候能承受100KG的重量。另做5根长1200mm的木棍，用于木箱内部横向的支撑，以防变形。

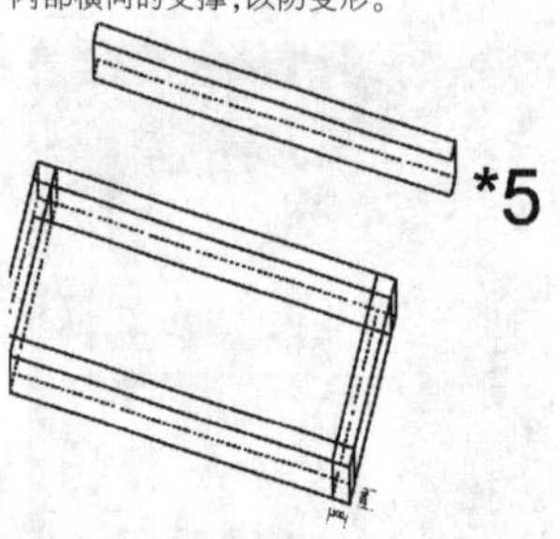

图23 护框

3. 设计一个金属框架：做一个长2600mm，宽1400mm，高400mm的方钢管框架(内部尺寸)。方钢管的厚度和孔径可自行决定。在钢管框架的两条长边上，每隔650mm的距离留一缺口。整个钢管框架尺寸如下图所示，漆成白色。将图22，图23所示的工装安装在一起，再放到图24所示的钢管框架内(可取出)。并在一侧安装8个万向轮。

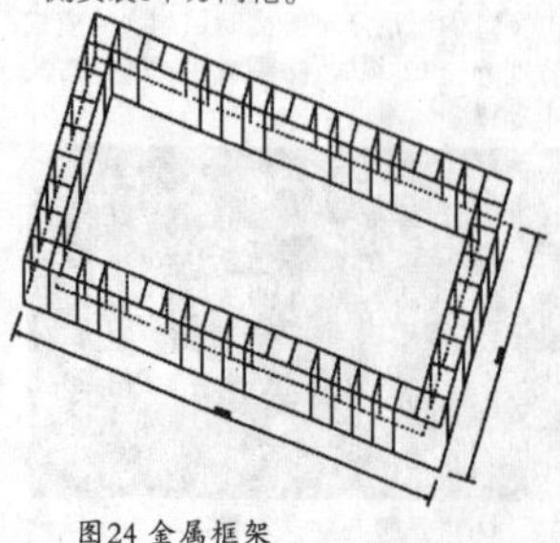
图24 金属框架

4. 设计千斤顶支架：如下图25所示，做三个可以自动伸缩的支架，上升后的高度离地至少1000mm。

支架尺寸如图所示：长1000mm，宽300mm，高500mm。

支架可承受250KG。

将两个支架分别装到图24所示的工装两侧（包括图22，图23，图24三个工装），使其可以360度自由旋转。旋转方式，安装方式没有特别要求。

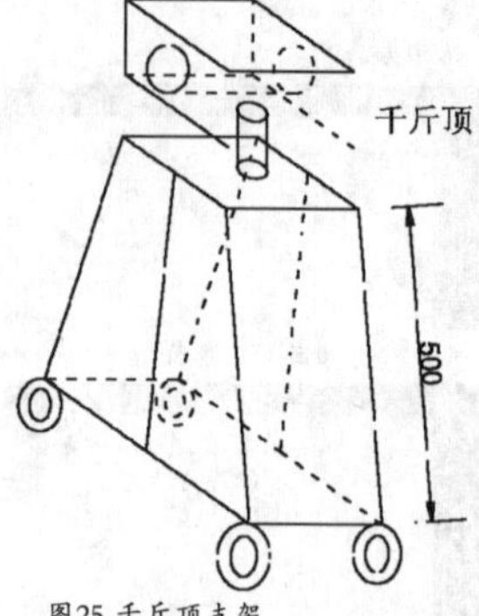

图25 千斤顶支架

5. 设计两块通用型的测试面板：胶合板A和B，如下图26所示：

A 板：主胶合板厚12.7±1mm，长2400mm，宽1200mm。板中央开孔，孔长1800mm，宽600mm。距离周边300mm。再制作6块胶合板，厚12.7±1mm，长600mm，宽300mm。如上图所示，左，右边三块胶合板以铰链相连，每边的胶合板可以打开，分别形成600×300，600×600，600×900，600×1200，600×1500，600×1800(mm)的开孔。在主板上，下面，安装48个插销。

B 板：主胶合板厚12.7±1mm，长2400mm，宽1200mm。板中央开孔，孔长1800mm，宽300mm。距离周边300mm和450mm。再制作6块胶合板，厚12.7±1mm，长300mm，宽300mm。如上图所示，左，右边三块胶合板以铰链相连，每边的胶合板都可以单独打开，分别形成300×300，300×600，300×900，300×1200，300×1500，300×1800(300mm)的开孔。在主板上，下面，安装48个插销。

下图以A板为例示意，B板中间开孔宽度300mm，其余跟A板一样：

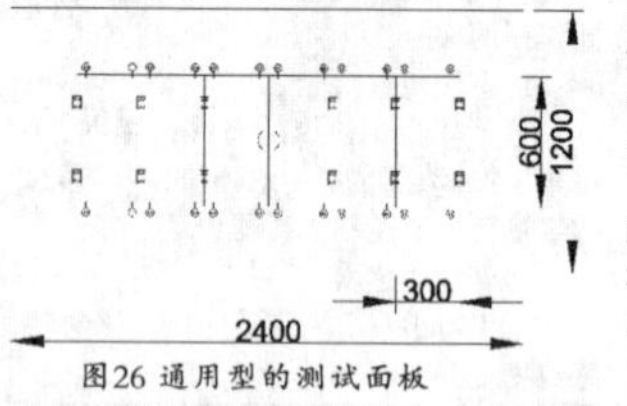

图26 通用型的测试面板

如上述设计，制作出来的通用型乙类灯具测试箱如下图27~28所示：正面是A板，反面是B板。

图27

图28

图29

使用方法：当客户寄来一个1200mm×600mm的嵌入式LED面板时，我们拆去六块长600mm×300mm的木块，在空出来的空间里安装LED面板，如上图28所示；如果客户寄来的是其他尺寸×600mm的嵌入式LED面板时，可以通过增加或减少拆去木块的数量来调节安装的空间。工作状态如图29所示；反面B板亦然。该测试箱同样适用于嵌入式荧光灯具。

经过一年的努力，我们制作了两种嵌入式灯具的温升测试箱，前者适用于筒灯，后者适用于荧光灯具和LED面板灯具，这使得测试变得简单而高效。从两年的使用情况来看，我们做了如附表的比较。

综上：该嵌入式灯具的温升测试箱既减少了技术员的工作量又没有造成环境污染，节省了客户费用和项目周期2周，综合年收益达到RMB：250000。

◇UL美华认证有限公司 吉志华

	改进前	改进后	备注
需要人数	3人	1人	改进前：架设测试时需要3个人一起抬起测试箱以使得测试箱的位置符合标准要求；改进后：只要1个人旋转测试箱就可以架设测试，并且符合标准要求。
客户制作测试箱的费用	RMB1500/型号	0	改进前：全年大概60个型号，花费客户费用RMB90000；改进后：没有客户制作测试箱的费用，只有我们内部制作两种测试箱的一次性投资：RMB：25000。
项目周期	等待供应商制作测试箱最少2周	0	改进前：等待供应商制作测试箱最少2周；改进后：每个嵌入式灯具的项目可以提前俩周结案。
温升测试时间	5小时/型号	1.5小时/型号	改进后全年(60个型号)可以节约210小时，折合UL内部价值151200
环境影响	隔热棉污染实验室环境	没有环境污染	改进前：倒进倒出隔热棉，使得隔热棉飘浮在空气中，有害健康；改进后：不需要再倒进倒出隔热棉，没有环境污染。

WSZ不锈钢卧式真石漆搅拌机控制原理分析

1 真石漆搅拌机生产工艺简介

真石漆是一种很稠厚的建筑涂料，是用合成树脂乳液与彩石粒子，及多种助剂配制而成的。真石漆搅拌机工作原理：真石漆搅拌机是由搅拌机与倾翻筒组成。搅拌机不需要高速搅拌，是低速搅拌。搅拌时使物料低速翻滚，使物料触合，并有效地消除死角及挂壁。倾翻筒是用于倾倒真石漆的机械装置，往下倾倒真石漆，往上复位。一般真石漆搅拌机为了便于上/下料，在结构上多见为立式，且从成本上考量，大多采用普通耐磨钢材。

2 WSZ不锈钢卧式真石漆搅拌机电气主回路工作原理分析

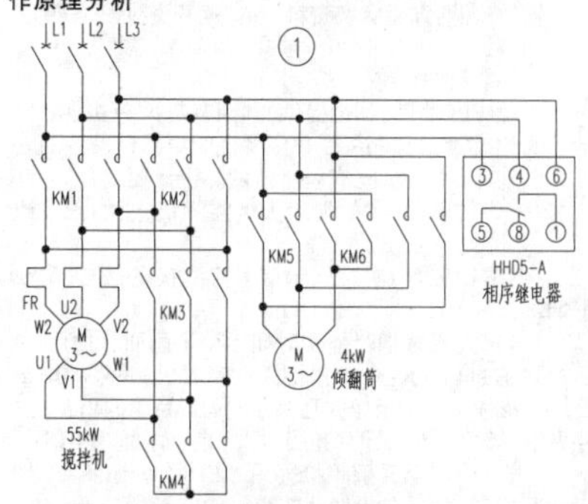

WSZ不锈钢卧式真石漆搅拌机，是一种较为新型的搅拌机，生产较为高档的真石漆。其电气主回路电路如图1所示。在图1的主回路电路中，抟括搅拌机正反转控制及Y—Δ起动电路，倾翻筒正反转控制及相序检测继电器电路。图1中电气元件型号规格如下：断路器QF1：NM1-250/3300（IN=250A），接触器KM1、KM2：CJJJJJ20—160 (AC220V)，KM3、KM4：CJ20—100 (AC220V)，KM5、KM6：CJX1—12(AC220V)，热继电器FR：JR36—160(75—160A)，相序检测继电器HHD5—A。图1为实物电路图，从图1可以看出倾倒筒电机没有单设断路器作短路保护。这是生产厂为降低成本的做法，这种做法是不可取的做法。

3 WSZ不锈钢卧式真石漆搅拌机控制电路分析

WSZ不锈钢卧式真石漆搅拌机控制电路如图2所示。在图2电路中，电气控制元件如下：急停按钮STP：LAY5PBC，按钮SB1、SB2、SB3、SB4、SB5；LAY5BN，时间继电器KT：JS14A（0—99S），接近开关SQ1、SQ2：E3F—D55Y1（常开），行程开关SQ3：YBLX—K1/111，小型继电器KA1、KA2：HH54(AC220V)。

图2电路工作原理如下：这个控制电路包括三大部分：第一是搅拌机正、反转控制和搅拌机Y—Δ起动电路；第二是倾翻筒控制电路；第三是信号电路。控制原理分析如下：搅拌机正、反转控制：将SA旋钮开关打到左45°位置，SA的①—②结点闭合，再按SB2按钮，KM1接触器吸合，搅拌机正转运行。将SA旋钮开关打到右45°位置，SA的③—④结点闭合，再按SB3按钮，KM2接触器吸合，搅拌机反转运行。搅拌机Y—Δ起动电路分析：当搅拌机正转接触器KM1或反转接触器KM2吸合后，它们的辅助常开结点KM1或KM2闭合，时间继电器KT与星点短接接触器KM4同时吸合。搅拌机电机进入降压起动阶段。当时间继电器KT延时时间到了以后，KT常开结点断开，星点短接接触器KM4释放。KT常闭结点断开后，然后常开结点闭合，三角形连接接触器KM3吸合，搅拌机电机进三角接法运行，即全压运行。

倾翻筒工作原理分析：相序检测继电器接法与工作原理分析：相序检测继电器的③、④、⑥端子分别接三相电源L1、L2、L3。由于在控制电路中应用了该继电器的输出常闭结点，所以，在L1、L2、L3接进端子时，应保证相序检测继电器不动作。如果相序继电器动作，则调换③、④端子两根进线连接。SQ1与SQ2为二线式常开结点接近开关，工作电压AC90—250V。SQ1为倾翻筒上限位接近开关，SQ2为倾翻筒下限位接近开关。当倾翻筒到上限位SQ1时，SQ1接近开关动作，KA1继电器吸合，其常闭结点断开；当倾翻筒到下限位SQ2时，SQ2接近开关动作，KA2继电器吸合，其常闭结点断开。SQ3为倾翻筒闭锁开关。当搅拌机工作时，是不允许倾翻筒工作的。倾翻筒不允许工作时，用粗插销锁住。SQ3安装于插销处，插销顶住SQ3使其常闭结点断开，禁止倾翻筒工作。如果插销拔去，则行程开关SQ3复位，使常闭结点返回闭合，允许倾翻筒工作。倾翻筒工作原理分析如下：倾翻筒以点动控制。当按SB4按钮时，接触器KM5吸合，倾翻筒往上复位。当按SB5按钮时，接触器KM6吸合，倾翻筒下翻。STP为急停旋钮。

信号系统：HG1为正转指示灯，HG2为反转止示灯，HR为电源指示灯。

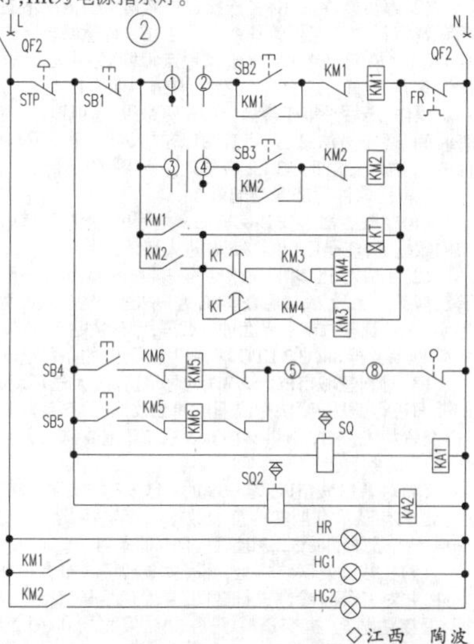

◇江西 陶波

滴水查故障

最近，笔者参与了矿用电缆故障点的查找，竟仅用几滴水把故障点给查了出来。

故障信息：某煤矿用户，使用我公司MYP 0.66/1.14 3×35+1×16mm² 长度204m的电缆，安装使用1个月后，机器出现故障，且故障电缆已被拆除，移到了井上。经查，白色动力线芯绝缘与地线绝缘电阻为“零”。

现场处理：接到信息后，公司马上组织人员到现场进行处理。该故障矿用电缆已在露天坝上放置多日。我们和用户单位的采购部、设备部、生产部等负责人，以及安装电工和操作工等一起进行查找故障点。

当我们初步用兆欧表（俗称摇表）测试白色动力线芯与地线的绝缘电阻时，结果是>500 MΩ，不像他们报告的绝缘电阻为“零”。这时，大家都觉得很奇怪，为什么在井下测试为“零”，现在绝缘电阻为>500 MΩ。大家也很纳闷，一时找不着原因。

经大家分析：这根电缆安装运行了1个月后，才出现故障，他们测试的白色动力线芯与地线绝缘电阻又为“零”，说明这根确实有故障点。并上放置一定的时间后，为什么现在测试是>500 MΩ，说明井下潮湿导致绝缘电阻为“零”，经过放置一定的时间后，水分蒸发，故障点干燥，绝缘性能提高。于是与用户商量，请他们找个水池，把电缆浸在水池里，做个浸水耐压试验。

正在大家准备时，一位技术人员在电缆的表面发现了一个小孔，但又不能确定是否已经破至导体。为了尽快找到故障点，大家决定试一试。在那个小孔上滴了几滴矿泉水，然后用兆欧表测试白色动力线芯与地线绝缘电阻，果然绝缘电阻为“零”。划破这个小孔，白色动力线芯绝缘有一个约5mm长的小口。当把故障点开断后，重新对两段（开断后成两段）所有绝缘线芯进行兆欧表和耐压试验，均全部合格。

原因分析：这次能顺利查到故障点，着实有些偶然，在黑黑的电缆上，能找到那个小孔（故障点），并且也仅有这一个故障点。除了幸运外，主要还是思路正确：这根矿用电缆实际已正常运行了1个多月，说明出厂检测是合格的。既然他们测试的白色动力线芯与地线绝缘电阻为“零”，说明这根确实有故障点。为什么放置一定的时间后绝缘电阻是>500 MΩ，说明井下潮湿导致绝缘性能降低，经过放置一定的时间后，水分蒸发，故障点干燥，绝缘性能提高。根据护套上的小孔，以及到白色动力线芯绝缘表面的小开口损坏分析，要造成这样的破坏点，经分析是受到了较大的外力作用，并且一定是很尖锐的利器才能形成这样的伤口。用户也承认了他们的使用环境很恶劣，是造成这根电缆的故障主要原因。

附故障电缆图

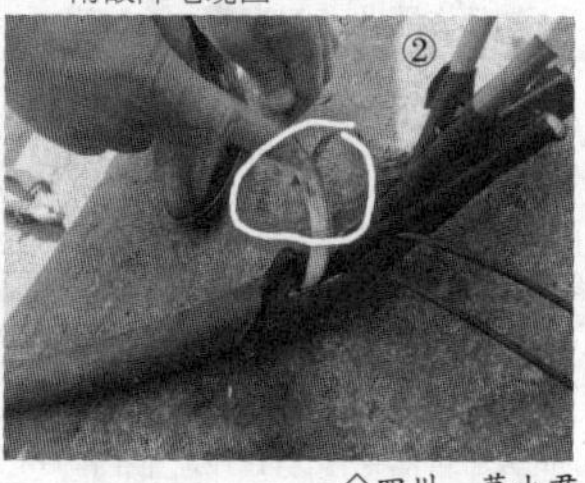

◇四川 莫小君

1.2V镍氢电池升压9V给万用表供电

万用表9V层叠电池不经用。虽然笔者的万用表自带超时断电功能，但统计下来，基本三四个月就要换一次电池。目前网络上普遍利用闲置手机锂电池升压9V或者直接两块锂电池串联供电，但笔者的万用表（型号 UNIT UT39B）内部空间极小，连一块锂电池也放不下。因此，考虑再三，笔者参考网文制作了一个1.2V升压9V的办法，又经多次修改，目前已经比较完善（实际电路如附图所示）。现介绍给各位读者，不当之处请不吝斧正。

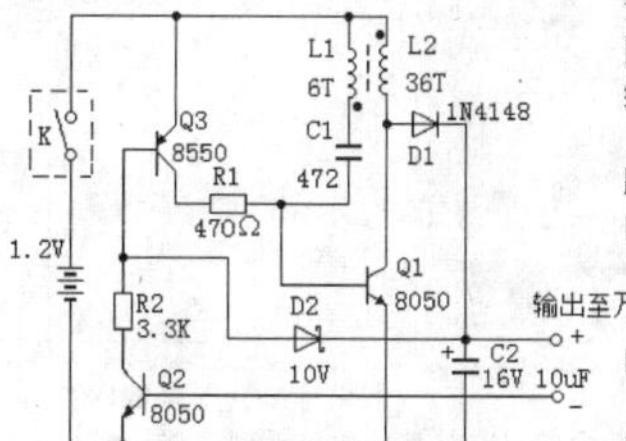

该电路为间歇式振荡升压电路，电路设置Q2作为自动电子开关，当万用表的开关没有打开时，Q2基极没有电流通过，Q1、Q3均不工作，整个电路不消耗电源，此时，1.5V电压经L1和Q1的be结给C1充电，电压极性为上正下负。

当接通万用表开关后，Q2基极获得电流导通，使得Q3、Q1分别导通，因Q3的导通，电容C1开始通过电感L1和Q3的ec结、R1放电，并拉低Q1的基极，使Q1从导通变为截止。在这一瞬间，线圈L2上产生自上而下的感应电流，同时，因为C1放电电流的减弱，在L1上产生自下而上的感应电流。因L1、L2同名端相反，则在L2上叠加产生较高的下正上负的感应电压。该电压经D1整流，D2稳压，C2滤波后输出9—10V的电压，给万用表供电。当D2被反向击穿后，Q3截止。C1再次回到初始时被充电的状态，Q1导通。当输出电压略小于D2的稳压值，Q3再次导通，整个电路重复上述工作流程。

电路工作后，Q2始终处于导通状态，Q1和Q3则工作于开关状态。整个电路工作的振荡频率大约在262kHz，效率在65%左右。

元件选择上，L1、L2用φ0.1mm的漆包线在磁环上分别绕制6匝和36匝，磁环可以从废旧节能灯上拆用。电池选用eneloop低自放电池，从电池正负极两端引出两根接线到表外部，以备充电用。基本上充满一次可用4个月以上。制作时需要特别注意L1和L2的同名端。D2稳压管可用两个5.1V的稳压管串联获得。

笔者刚开始使用过程中发现，有时万用表开关关断了，电路仍然偶尔有输出，导致电池很不经用。经测量发现万用表开关关断时两端电阻有十几兆欧，估计可能是内部有电容漏电，导致电路偶尔能够输出。为此，笔者不得不于电路中加了一个开关（见电路图中虚线框内的K），把万用表开关常开着，算是根本解决了跑电问题。当然，如果您的万用表开关能够完全断电，是不需要额外加这个开关的。另外，加开关后，Q2完全可以取消了。

◇江苏 张光华

“2018年四川省高职院校大学生物联网技术应用技能大赛”样题解析(3)

（紧接上期本版）

（三）应用软件部署与配置

1.巡更套件部署应用

(1) 巡更软件安装。利用提供的巡更驱动软件资料，进行巡更设备的安装，并进行截屏，截屏须体现“设备通讯正常”的页面，将截图保存粘贴至“提交资料\任务二\结果文档.doc\3.1.1设备通讯正常页面”的条目上。

(2)巡更软件使用。在连接巡更棒正常的情况下使用竞赛资料中“巡更管理系统软件”（非智慧城市客户端）建立“校园巡更”路线所属地点为“网络中心”“仓库”“客房楼道”；巡更人员为“保安A”“保安B”后进行巡更操作，最后采集比赛当天的巡更路线、巡更地点、巡查时间、巡查员信息，并将截图保存粘贴至“提交资料\任务二\结果文档.doc\3.1.2 巡更软件使用”的条目上。

2.应用软件的部署与配置

(1)在服务器上安装部署服务端程序、添加智慧城市的数据库，使得用户能够正常进入智慧城市客户端。

(2)完成对PC客户端软件的安装和配置，调试系统可正常工作。配置成功后登录PC客户端进入智慧城市主界面，并对智慧城市主界面进行截屏，保存粘贴至“提交资料\结果文档.doc\3.2.1 PC端客户主界面”的条目上。

(3)对智慧城市PC客户端的环境监测(大气环境)的界面进行截图，要求有温湿度参数数据，保存粘贴至“提交资料\任务二\结果文档.doc\3.2.2环境监测（大气环境）”的条目上。

(4)对智慧城市PC客户端的社区安防界面进行截图，要求有显示有烟雾的参数数据，保存粘贴至“提交资料\结果文档.doc\3.2.3 社区安防”的条目上。

(5)在移动互联终端上，部署安装智慧城市客户端软件，并对其环境参数进行截图，要求有温湿度参数数据，保存粘贴至“提交资料\任务二\结果文档.doc\3.2.4 移动互联终端环境参数”的条目上。

(6)完成一个牙膏、本子的销售的业务操作，并打印出小票，不要撕掉小票，将小票直接夹在打印机上以备检查。

任务三、物联网感知层设备配置调试与开发(18分)

任务要求：

按照任务说明中的描述要求，完成对感知层设传感器、智能网关、嵌入式设备等进行安装、配置、开发和调试，实现要求的功能。

完成的内容及项目工程代码要求保存到服务器D盘及U盘的“提交资料\任务三\”目录下。

任务环境：

硬件资源：PC机、5个ZigBee模块、云平台、移动工位、网关。

软件资源：见“竞赛资料\任务三”；

任务说明：

（一）云平台及网关设备的配置与使用

1.云平台、网关配置

(1)用给定的“云平台”软件，在服务器电脑的IIS上部署物联网云服务平台；打开浏览器，进入物联网私有云服务平台首界面，将首界面进行截图，保存粘贴至“提交资料\任务三\结果文档.doc\1.1私有云服务平台首界面”的条目上。（云平台地址须截图在里面）

备注：若参赛选手无法部署私有云，可使用赛场提供的云服务器平台，其IP地址见工作站电脑的桌面上。

提示：使用赛场提供的私有云服务平台首界面截图不给分。

(2)为网关正确配置云平台的IP、端口。

(3)注册一个新用户，新用户名为“user+2位组号”（如组号为1，则新用户名为user01），密码随意设置；然后退出，用新用户名重新登录，记住密码（提示：务必使用记住该密码，否则将造成裁判无法进入云平台评分，由此造成的后果由选手自行承担）添加一个网关设备，并按如下信息填写“网关名称、网关标识、轮询时间等信息”：

·网关名称：GateWay+组号【组号不足两位前面补0】(如GateWay01)

·网关标识：选手自行查询网关设备而得；

·轮询时间：默认

添加完成之后，将网关“在线”状态的网关管理界面进行截图，保存粘贴至提交资料中“提交资料\任务三\结果文档.doc\1.2 网关管理”的条目上。

(4)网关配置完成后，将网关设备上电，云服务平台会将默认传感器、执行器的配置下发到网关设备

2.云平台项目配置

在云平台上，利用提供的竞赛资源，完成如下操作：

(1)在IIS上部署“竞赛资料\任务三\云平台”的标准案例、智能家居。

(2)新增一个项目，并按如下信息填写项目信息

(3)进入“标准数据案例展示”界面，将带有数据参数的界面进行截图保存粘贴至提交资料中“提交资料\任务三\结果文档.doc\1.4标准数据案例展示”的条目上。

(4)新增一个项目，并按如下信息填写项目信息

(5)将Apk部署到移动互联终端，在移动互联终端设备上设置服务器IP地址、端口、项目标识等信息；并用选手注册的用户名和密码登录智能家居案例；

(6)进入Android的“智能家居案例”界面，将该界面进行截图将带有数据参数的界面进行截图保存粘贴至提交资料中“提交资料\任务三\结果文档.doc\1.5智能家居案例展示”的条目上。

（二）感知设备的应用开发

根据“竞赛资料\任务三\”提供的IAR工程文件，选手自行选取合适的工程，在工程代码中添加相应代码，实现题意所要求的功能。

1.信息中心大楼夜景控制

找到2块ZigBee板，模拟信息中心大楼夜景灯光效果，考核选手点对点通讯知识。在“竞赛资料\任务三”选手自行选取合适的工程，在提供的工程代码中添加相应代码，实现如下功能：

·参赛选手根据给定的附件来设定2块ZigBee信道与PANID；

·两块ZigBee模块板程序运行时，D4灯闪烁（周期0.25S），D3、D6、D5灯灭。

·当按下其中一块板的“SW1”键松开后，另一块ZigBee模块按照如下方式进入如下①至⑤的循环流水灯夜景效果：

① D4、D3、D6、D5灯全灭
② D4亮0.25秒后灭(其余灯灭)
③ D3亮0.25秒后灭(其余灯灭)
④ D6亮0.25秒后灭(其余灯灭)
⑤ D5亮0.25秒后灭(其余灯灭)

当再次按下其中一块板的“SW1”键松开后，另一块ZigBee模块流水灯暂停保留当前状态；再一次按下从当前状态保留处继续流水效果。

补充说明：

·参赛选手打开该题中的工程文件进行编程，参赛选手可以直接在上面进行二次开发。

·参考文档有竞赛函数说明文档供选手参考使用。

·将这2块ZigBee板的小辣椒天线上贴上“题1”，接上电源，放在信息中心大楼的工位桌面上。

·将完整源代码拷贝至U盘对应位置。

2.展厅光照控制系统

找到3块ZigBee板，模拟展厅光照控制系统的功能，在“竞赛资料\任务三”选手自行选取合适的工程，在提供的工程代码中添加相应代码，完成如下功能：

·3块ZigBee模块板程序运行时，D4亮，D3、D6、D5灯灭

·选取一个ZigBee终端模块结合人体传感器模块使用，当人体感应节点在加入上述协调器创建的网络后，每隔0.5秒通过无线方式发送“有人\无人”的信息至协调器；同时，“有人”时该节点自身的D6灯亮；“无人”时该节点自身的D6灯灭；

·选取一个ZigBee终端模块结合光照传感器模块使用，光照节点模块实时采集光照值，并每隔0.5秒通过无线方式发送“光照值”至协调器；

·选取一个ZigBee模块作为协调器结合继电器、LED灯使用。当有人且光照小于某一给定值时（用手遮住，此时光照节点模块D6灯亮），协调器控制LED灯亮；当无人或光照足够时（手放开，此时光照节点模块D6灯灭），LED灯灭。

·参赛选手根据给定的附件来设定3块ZigBee信道与PANID。

补充说明：

·选手需要按照上述的指定要求进行程序设计和项目实现，否则给予扣分处理。

·完成程序设计后，需要将程序分别下载到3块Zigbee模块内，并将模块安装到对应工位区域，接通电源待裁判检查。

·在小辣椒天线上贴上标签纸题3，并将完整源代码拷贝至U盘对应位置。

任务四、物联网PC端应用设计开发(23分)

任务要求：

按照任务说明描述的要求，利用提供的相关资源，新建.Net项目，实现相关业务环节。

完成的项目工程代码要求保存到服务器D盘及U盘的“提交资料\任务四\”目录下。

任务环境：

硬件资源：开发机、服务器PC、相关网络设备、基础套件。

软件资源：详见竞赛资料中的“竞赛资料\任务四”。

任务说明：

1.仓库安防系统

新建WPF项目，利用提供的“竞赛资料\任务四\”目录下的相关素材和任务二中任务说明中套件设备的安装关于仓库的描述，完成程序开发。设计要求：

·火焰传感器：实时显示火情监测状态，如正常或着火；

·烟雾传感器：实时显示烟雾监测状态，如正常或冒烟；

·当着火或冒烟时能实时显示现场画面，LED屏显示报警信息（显示：仓库冒烟或仓库着火）并且闪烁报警灯，摄像头自动录像并且保存到运行目录的Video文件夹下，录像名以“录像+2位组号”命名，如：“录像01”；

·当火焰与烟雾解除接警后，LED屏幕显示“一切正常”，报警灯关闭，摄像头结束录像。

备注：将所录制的录像拷贝到“提交资料\任务四\题1”目录下。

2.保卫科巡更系统

新建WPF项目，利用提供的“竞赛资料\任务四”目录下的相关素材和说明文档完成开发。设计要求：

·实现巡更人员设置界面如下，要求能读取巡更棒数据、添加巡更人员和删除巡更人员（选中右键删除）以及清除所有人员数据

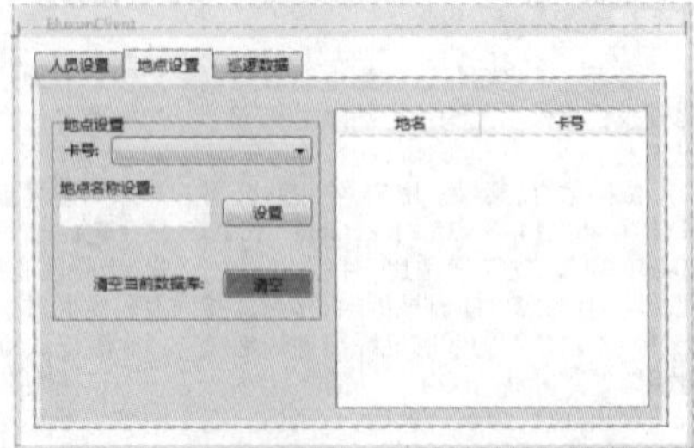

实现巡更地点设置，界面如下，要求添加巡更点和删除巡更点（选中右键删除）以及清除所有地点数据：

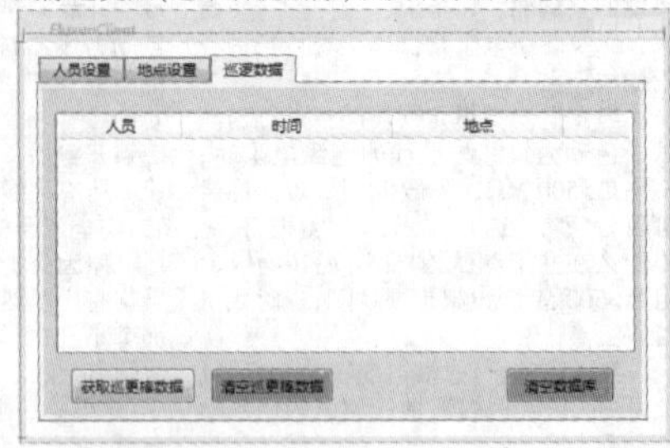

实现巡更记录管理，界面如下，要求导入巡更记录、清除巡更棒数据以及清除所有巡更数据，数据要求能保存，保存方式不限制。

提示：选手分别要用保安A、保安B卡巡逻巡更点后，再导入巡更记录。

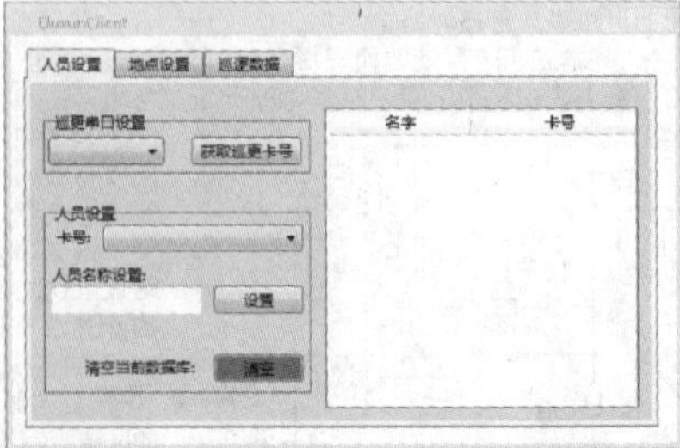

（未完待续）（下转第188页）

◇四川科技职业学院鼎利学院 刘桄序

创维S3100ABS-S户户通接收机多故障维修实录

接修一台创维S3100ABS-S户户通接收机，机主描述的故障现象是从馈线处进水导致无信号强度和质量，另外想把机器带到外地使用，所以要求改成免定位机器。拆开机器目测调谐芯片RDA5815M周围有严重的污迹，用酒精清洗干净后发现LNB供电的铜箔与F头处间有裂痕，小心续接后测量LNB供电恢复正常，不过还是无信号强度。测量RDA5815M供电为正常3.3V，代换27M晶振无效，后来用放大镜观察发现F头座中间引线到RDA5815M输入端口间的耦合电容已不见，因焊盘已经损坏导致无法再安装贴片电容，干脆从旧收音机高频电路部分找来一只10P左右的瓷片电容，一只脚焊在F头座中间引线上，另一只脚在原焊盘合适位置焊上，为防止电容因振动而脱落用热熔胶固定好，如图1所示，通电试机可以收到59套节目了。

查看该机位置锁定模块版本号为QW300K的21010006，只能使用M3小板代替原机模块向主芯片发送位置锁定模块版本号、串号、地理位置信息和签名数据了。将M3小板按图2所示跟刷机小板（即USB转TTL小板）连接，要提醒一点：刷机小板Vcc有5V与3.3V之分，要正确设置好跳线帽以免烧坏M3小板。把USB转TTL刷机板插入电脑任一USB接口，打开设备管理器记住COM端口号，比如COM3，双击运行卖家提供的“M3维修小板写号写基站工具”软件，打开登录界面并输入卖家客服提供的用户名和密码（操作电脑要求联网），进入工具软件界面后先进行相关设置，串口号选择之前要求记住的端口号，即设备管理器里查到COM几号这里就选择COM几号，选择正确的位置锁定模块版本号（若版本号下拉菜单中没有，则可以直接手工输入）并填写模块串号。接下就是写入从智能卡中得到的基站数据，运营商一般是中国联通或中国移动。位置区域码可以随便写，只要是十六进制数据即可，小区识别码一定要填写从智能卡得到的相关数据，否则开机后就会出现位置改变信息，这个数据最多可以写10个，最少也得填写1个，最后点击写入数据按钮，当弹出“写入数据成功”提示代表操作成功，如果提示失败请检查端口设置和接线是否正确。将写好数据的M3小板与刷机板断开，把原模块供电脚断开，让模块变成一个摆设，根据模块引脚定义找到模块上与主芯片通信用RX和TX脚位，然后把M3小板TX和RX两线按图3所示焊到原机模块相应引脚，M3小板VCC接至主板任意3.3V供电处（一般均是LDO芯片1117-3.3中间引脚），M3小板地线接至主板任意GND处，共计要接4根引线，最后找个合适的位置固定好。由于更换了位置锁定模块，开机后会通常会出现“异常2”提示，遇到这种情况要清除主板上24C128里面数据，再用白卡（未开户的卡或二代机卡）做引导触发程序重新在24C128里“埋种”即可，这个操作过程被称为“一清二白”。具体是这样的操作的：用风枪拆下主板上的24C128芯片，利用转接板与常用的CH431编程器连接，再打开编程器软件执行清除命令，如图4所示，24C128芯片内容清除后再装回主板，插入白卡开机，提示“模块准备成功”字样，关机插入原卡，接上室外单元开机便一切正常了。

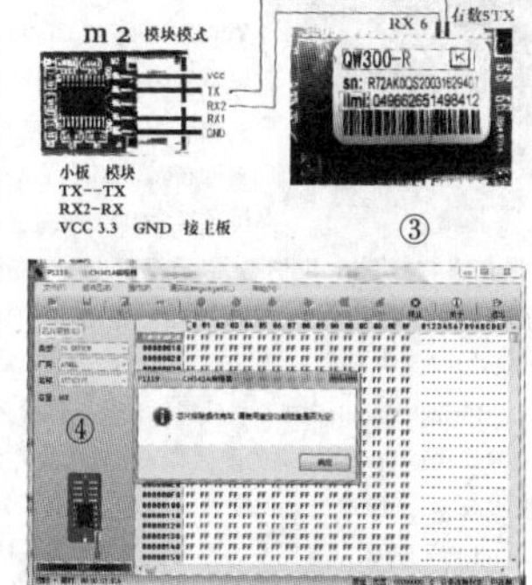

模块小板接法图：模块VCC——小板VCC，模块TX——小板RX，模块RX2——小板TX，模块GND——小板GND

◇安徽　陈晓军

广播电视常用技术英汉词汇对照表(三)

在应用广播电视设备中，往往有很多英文简写出现在设备上，为了方便同行对广电设备上的英文熟知，特摘录以下常见用于广播电视技术行业的英汉词汇对照表。为了查询方便，本表以英文字母排序进行汇集整理。在查阅对应含义时，特别要注意部分简写的真实含义，容易出现混淆，同时在本技术行业应用中，约定的简写才可以简写，否则简写容易出现歧义。

英语简写	英语词汇	中文含义
D		
DAB	Digital Audio Broadcasting	数字音频广播
DASH	Digital Audio Stationary Head	数字音频静止磁头
DAT	Digital Audio Tape	数字音频磁带
DBMS	Data Base Management System	数据库管理系统
DBS	Direct Broadcast Satellite	直播卫星
DCC	Digital Compact Cassette	数字小型盒带
	Dynamic Contrast Control	动态对比度控制
DCT	Digital Component Technology	数字分量技术
	Discrete Cosine Transform	离散余弦变换
DCTV	Digital Color Television	数字彩色电视
DD	Direct Drive	直接驱动
DDC	Direct Digital Control	直接数字控制
DDE	Dynamic Data Exchange	动态数据交换
DDM	Data Display Monitor	数据显示监视器
DES	Data Elementary Stream	数据基本码流
	Data Encryption Standard	(美国)数据加密标准
DF	Dispersion Flattened	色散平坦(光纤)
DG	Differential Gain	微分增益
DI	Digital Interface	数字接口
DITEC	Digital Television Camera	数字电视摄像机
DL	Delay Line	延时线
DLD	Dynamic Linear Drive	动态线性驱动
DM	Delta Modulation	增量调制
	Digital Modulation	数字调制
DMB	Digital Multimedia Broadcasting	数字多媒体广播
DMC	Dynamic Motion Control	动态控制
DME	Digital Multiple Effect	数字多功能特技
DMS	Digital Mastering System	数字主系统
DN	Data Network	数据网络
DNG	Digital News Gathering	数字新闻采集
DNR	Digital Noise Reducer	数字式降噪器
DOB	Data Output Bus	数据输出总线

DOCSIS	DataOverCableServiceInterfaceSpecifications	有线数据传输业务接口规范
DOC	Drop Out Compensation	失落补偿
DOS	Disc Operating System	磁盘操作系统
DP	Differential Phase	微分相位
	DPCM Data Pulse	数据脉冲
DPL	Differential Pulse Code Modulation	差值脉冲编码调制
DSB	Dolby Pro Logic	杜比定向逻辑
DSC	Digital Satellite Broadcasting	数字卫星广播
DSD	Digital Studio Control	数字演播室控制
DSE	Dolby Surround Digital	杜比数字环绕声
DSK	Digital Special Effect	数字特技
DSP	Down-Stream Key	下游键
	Digital Signal Processing	数字信号处理
DSS	Digital Sound Processor	数字声音处理器
DT	Digital Satellite System	数字卫星系统
	Digital Technique	数字技术
	Digital Television	数字电视
	Data Terminal	数据终端
DTB	Data Transmission	数据传输
DTBC	Digital Terrestrial Broadcastin	数字地面广播
DTC	Digital Time-Base Corrector	数字时基校正器
DTS	Digital Television Camera	数字电视摄像机
	Digital Theater System	数字影院系统
	Digital Tuning System	数字调谐系统
DVB	Digital Television Standard	数字电视标准
DVC	Digital Video Broadcasting	数字视频广播
DVE	Digital Video Compression	数字视频压缩
DVS	Digital Video Effect	数字视频特技
DVTR	Desktop Video Studio	桌上视频演播(系统)
	Digital Video Tape Recorder	数字磁带录像机
DVB	digital vedio broadcasting	数字视频广播
DIT	Discontinuity Information Table	单数信息表
DVD	Digital Versatile Disc	数字激光视盘
	deadlock	死锁

（未完待续）（下转第189页）

◇湖南　李　斐

2018CES获奖耳塞技术功能剖析(一)

耳机耳塞一族是每年CES展的常客,2018CES同样按时出列,所不同的是展品在技术的先进性、功能的多样性与特性的优异性上有了显著的增强与提升。正因如此,还是有不少耳机耳塞的佼佼者精英受到全球各路业内专家的青睐而毫不吝惜地在评奖时踊跃投票。本篇下面介绍的是获奖耳塞所展现出的值得称道的特色。

一、Inspero Vinci2.0

文中照片展示的是"世界第一"款全功能一体化智能耳塞系列,有Vinci2.0 Lite(8GB)、Vinci2.0 Pro(16GB)和Vinci2.0 Super(32GB)3个类型。该款荣获"2018CES创新奖"的健身无线耳塞由美国Inspero公司开发。Vinci2.0内置四核ARM Cortex A-7处理器,配备0.95英寸OLED触摸屏,除音乐欣赏外,还具有打电话、发信息,以及提醒与指路等功能,所有功能都可通过语音操控,需要时也能通过简单的手势来控制。Vinci2.0重要功能之一是可以享用来自Spotify、KKBOX、Amazon Music和Soundcloud等网站提供的流媒体服务,随意尽情欣赏其共建曲库所提供的多达4200万首歌曲。本耳塞音质的根本改善,及原声最大程度的真实重现得益于瑞典Dirac HD Sound专利音频保真技术的应用,使声音瞬态响应和频率响应性能得以显著优化。本耳塞内置的600毫安锂电池,充满电后在蓝牙状态下能用上20小时,提供红蓝白黑4种颜色供选择。Vinci2.0还具有:

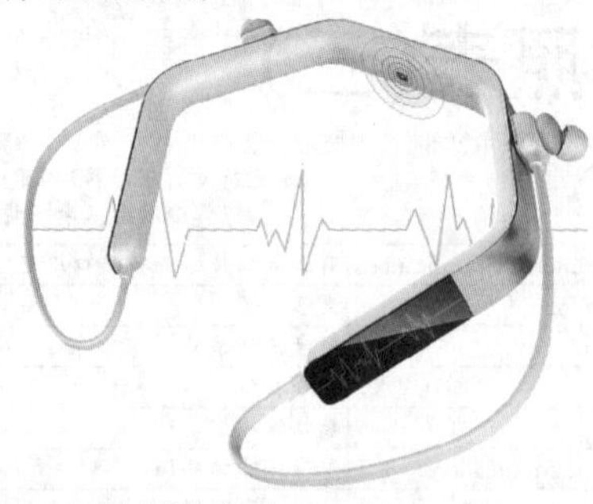

1.无忧的健身聆听

Vinci2.0内置10个传感器,主要用于监控用户的健身情况和进展,准确分析用户健康状况和健康数据。除实时监控用户的心率、步伐、节奏和锻炼速度外,还提供一个私人健身助手来对健身锻炼进行指导。另外,为了健身时同样能清晰沉浸聆听,耳塞提供健身房、骑车、跑步等8种不同的噪音消除模式,用户可以通过自行设置来匹配各种不同的聆听环境。

2.全面的语音操控

Vinci2.0应用了用于军事与紧急服务的近场语音识别技术,结合Amazon Alexa和Inspero专利的Vinci虚拟语音助手,用户健身时可以通过语音要求Vinci播放自己最喜欢的歌曲,或所指定的流派歌曲,也或让其推荐一首等。即使语音操控处于噪音最厉害的嘈杂环境也无需提高嗓门说话,通过耳塞骨传导麦克风对噪音的过滤后照样能对语音清晰识别。

3.聪明的人工智能

Vinci2.0应用了当今最先进的AI(Artificial intelligence)人工智能技术,因而变得非常聪明。它可以为用户推荐曲目、创建个人资料,甚至还可以确定并告知用户哪种音乐最适合活动时使用。音乐的精确推荐基于的是用户的聆听习惯、喜好和统计数据,以及结合NLP(Natural Language Processing)自然语言处理算法对单词的识别与意图理解。

4.便利的网络兼容

Vinci2.0兼容支持蓝牙和Wi-Fi,如果在外跑步时使用已超出Wi-Fi覆盖范围,本耳塞还能通过3G网络让用户继续正常使用(耳塞有此项功能是很少见的),在任何地方访问语音助理,或享用流媒体服务。如果用户将手机遗忘在家里也没有关系,借助总能保持连接的多类型网络,手机所接收到的通知等信息均会推送至耳塞上,不管此时用户离手机有多远。

Vinci2.0的3个类型的参考价在89~319美元之间,Vinci2.0 Lite于2018年3月上市,Vinci2.0 Pro和Vinci2.0 Super于4月上市。

二、1MORE Quad Driver

文中照片展示的是"世界第一"款经THX认证的有线耳塞,该款荣获"2018CES创新奖"的耳塞由深圳万魔声学科技有限公司开发。Quad Driver内置1个碳动圈驱动器和3个电枢驱动器,前者主要用于低音与中音的还原;而后者则用于还原高频与超高频信号。无论是苹果用户,还是安卓用户均可借助携带麦克风的智能控制功能调整音量、变换曲目、清晰通话。借助内置芯片,Quad Driver会自动识别正在使用的是智能手机、平板电脑,还是台式电脑,以及各自使用的是什么操作系统。在舒适耐用上,本耳塞也同样经过了精心考虑。一是采用了45度斜角的耳塞配件,该配件除因与用户耳道妥帖匹配确保佩戴稳固外,还具一定程度的噪声消除和声场更趋真实的功效;二是最新铝制音腔设计和完善的人体工程学设计,除在消除佩戴者耳疲劳舒适享受的同时,还能为声波的平滑顺畅传播提供保障;三是线控从塑料升级为铝质,以及将3驱动器型号耳塞凯夫拉纤维套内所用编织凯拉芯电缆更新为无氧铜电缆,除了更耐用外,音频信源原貌忠实再写有了可靠保障。Quad Driver还具有:

1.新颖的驱动结构

Quad Driver在左右耳塞内各设的4个驱动器是专为呈现透亮高音、精细中音和深沉低的听感所设计,结构中穿置着PET振膜层、钻石般硬的碳膜层和3个与高音喇叭所用一样的平衡电枢驱动器,2个平衡电枢驱动器用于提高高频段的上限(最高可达20kHz),而第3个电枢驱动器主要用于处理人类听音频率范围2倍的超高频率段的频率(最高可达40kHz),如此设计的目的为的是获得声音更多的细节和更高的清晰度。

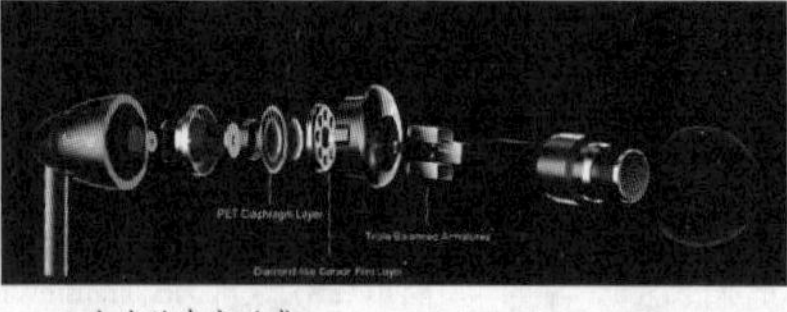

2.杰出的声音听感

Quad Driver在声音的听感上给人的真实感很强,从一个歌手的呼吸到一个钹独有的声响均展现得栩栩如生,音乐中每一细微差别还原得非常生动,其中,聆听者甚至于还会听到一些以前从来没有听见过的音乐元素。高频端可扩展到40kHz,为的是捕捉生活中无常而不多闻的高音成分。相比前者3驱动器耳塞,本耳塞除提供更好的低音平衡性和更优异的动态特性外,其声场覆盖范围更宽敞,立体声声像的可辨度更清晰。

Quad Driver参考价为199.99美元。

三、Rowkin Micro

文中照片展示的是"世界最小"的蓝牙无线耳塞,塞进耳朵几乎可以忽略它的存在。该款荣获"2018CES创新奖"的耳塞由美国Rowkin公司开发。在单耳塞模式,每一Micro都可以单独作为一部耳机使用,而一旦采用其智能多点连接功能,2个耳塞经过配对后就成了立体声配置。借助其降噪和回声消除功能,用户可以体验到清晰的通话,除此之外,音乐音质的高保真还原也有了保障。尽管很小,但声音却很响亮,而且声音干净,低音饱满。更值得一提的是,无论在什么环境下,或条件下使用,高品质听感都一样。Micro兼容Siri和Google Assistant提供的智能语音控制功能,兼容iPhone 8、8+、X及以下版本等多种苹果智能手机,ipod和各种版本的ipad平板电脑,Samsung Galaxy多版本智能手机。电源打开时,耳塞待机时间为27小时,而在关闭状态可长达120天。Micro还具有:

1.放心的防水性能

Micro为适应户外和运动时使用,重点考虑了耳塞的防水特性,它通过外壳覆盖了一层同时具有耐磨与抗划痕特性的纳米涂料使材质表面形成有光泽的保护膜来实现。IPX5级别的防汗,防水性能能让用户在各种环境下的使用都无后顾之忧,不管是在完美的健身房,还是外出跑步等锻炼、骑自行车、徒步旅行,以及参加任何其他活动时使用。

2.不尽的节目欣赏

Micro强大功能之一是蓝牙传输带来的流音乐欣赏,借助语音提示,可以协助用户在几秒之内进行蓝牙4.1的配对,一旦配对完成,用户就可无线欣赏来自多种蓝牙设备上的各种流节目。如果用户正从iPad流入音乐时电话进来,本耳塞经过智能识别无缝切换后可做到让用户顺畅接听。一个耳塞能同时连接iPhone或Android手机、ipad、平板电脑,或笔记本电脑中的两个蓝牙设备。

3.便利的充电小盒

Micro提供一个惊人的电池功率,满负荷电池可持续聆听立体声音乐,或清晰通话约3小时。其兼具充电携带两重功能,体积几乎只有名片一半大小的轻质聚合物充电盒则可以对耳塞充电四次,而且充电时间仅需60~80分钟。总共4次可以提供一天12小时持续使用。另外,充电盒2100 mAh的可充电锂电池也可用来驱动任何USB设备。

Micro的参考价为129.99美元,2017年秋季上市。

(未完待续)(下转第190页)

◇上海 解放

2018年5月13日出版
实用性 启发性 资料性 信息性
第19期
(总第1956期)
国内统一刊号:CN51-0091 定价:1.50元 邮局订阅代号:61-75
地址:(610041)成都市天府大道北段1480号德商国际A座1801 网址:http://www.netdzb.com
让每篇文章都对读者有用

物联网芯片

这次中兴事件反映出了我国在芯片及其产业链的薄弱环节；毕竟PC时代，我们起步时间太晚。不过在随即到来的物联网(芯片)时代，我们还是有希望实现弯道超车的。物联网芯片作为万物互联的重要部分之一，包含安全芯片、移动支付芯片、通讯射频芯片和身份识别类芯片等芯片产业，预计2020年我国物联网规模将达1.5万亿。

由于物联网应用特点和场景需求，高效、精简的指令集和低功耗的芯片是更好的选择。因此像过去单一的X86、ARM架构之外，还有MIPS、SPARC、Alpha、安腾等架构更适用；其中申威、飞腾用于军用领域，市场面积相对窄些。

ARM与RISC-V

随着智能手机的发展，ARM构架在这几年算是大放异彩，ARM是RISC微处理器的代表作之一，最大的特点在于节能，广泛的在嵌入式系统设计中被使用，甚至很多人心中默认的物联网芯片就是ARM构架。

而RISC-V是一款基于精简指令集的开源指令集架构(ISA)，从2010年开始到现在，正在以开源(免费的)优势快速成长。RISC-V没有对特定微架构风格的过度架构，因其开源特点，让它能够支持各种应用的新指令集。同时带来的成本更低，基于RISC-V的芯片企业不断出现，面向物联网、人工智能、嵌入式等市场开放，表现出极大活力。

当然RISC-V目前还只是微处理器，对于Unix级应用处理器而言还需要更长的时间去实现应用。就目前市场来看，Intel主宰了数据中心领域，ARM主宰移动领域。而对于即将到来的物联网时代，生态链还处于新兴状态，更低的成本和更自由的设计应用对于RISC-V来说也许会迎来大爆发的机遇。

部分物联网WiFi芯片/模块介绍

博通：BCM4390

这是博通发布针对物联网应用的单片WiFi解决方案--BCM4390，这也是博通嵌入式设备互联网无线连接WICED产品组合的一部分。

BCM4390 SoC符合IEEE 802.11b/g/n标准，在单一芯片集成了PA和LNA、2.4GHZ RF收发器、通用异步收发器(UART)等，在应用处理器中灵活实现了实时操作系统(RTOS)、网络协议栈，为低功耗、高性能、互操作性强的无线连接功能奠定了基础，帮助微控制器嵌入式设备降低功耗、减少成本。BCM4390适用于8和16比特微控制器系统，帮助低功耗、电池供电的设备实现WiFi连接。

高通：QCA4004

这是高通专门为物联网应用推出的基于802.11n的单芯片平台。QCA4004不但在芯片设计上采用一颗单芯片处理器和内存，无需使用其他MCU产品，还同时纳入了IP堆栈、软件中间件架构AllJoyn以及完整的网络服务，以协助客户以最低的开发成本，将低功耗WiFi功能增加至任何产品。由于采用的是单芯片设计，所以该芯片平台的功耗非常低，而且在2.4G和5G两个频段都可以运行。QCA4004其内置的CPU可以独立实现很多应用。QCA4004可应用于家庭和办公室的各种新设备，包括洗衣机、空调设备、热水器等家电、消费电子产品以及用于家庭照明、安全和自动化系统的传感器及智能插座。

MTK MT7681

MT7681是联发科开发的一款高度集成的Wi-Fi的SoC的单芯片，支持IEEE802.11b/g/n单数据流，提供GPIO和PWM智能控制，以及UART、SPI，和设备通信的I2C接口，可轻松为嵌入式设备设计网络服务，整合电源管理单元、低频放大器、射频切换器，所有功能都整合在40针脚的5*5毫米的封装中。非常适合灯泡、门锁、插座等小型设备的应用研发。

乐鑫：ESP8266

该芯片核心是一块Diamond Standard 106Micro控制器的高集成度芯片。集成了32位MCU、WiFi射频、基带、MAC、TCP/IP于单颗SoC上，实现了板上占用空间最小化。同时ESP8266也只有7个外围器件，大大降低了ESP8266的模组BOM成本，该芯片的WLAN拥有领先的电源控制算法，可在省电模式下工作，满足电池和电源设备苛刻的供电要求。也正因为如此，该芯片迎合了智能家居市场的价格要求。

新岸线：NL6621

这是一款整合了基带、射频与运算处理三合一单芯片。该芯片不仅可在一颗芯片内同时支持802.11b/g/n，而且芯片内已集成TCP/IP协议栈，以及MAC、PHY、AFE、2.4GHz RF和PA，最大发射功率可达19dBm，并且支持目前市场主流的Wifi Direct、DLNA、Airplay等功能，同时还支持丰富的功能接口，可以方便地供客户进行二次定制开发。此单芯片方案可支持显示、声音播放、传感器控制等，可应用于WiFi音响、智能家居、智能玩具、平板电脑等多种智能终端设备。

TI CC3200

该芯片是SimpleLink WiFi 系列WIFI平台最具代表性的一款。SimpleLink自包含解决方案旨在通过最大程度减少以无线方式支持多种应用所需的射频专业知识来简化无线开发和认证。TI提供的SimpleLink解决方案适用于不仅近适用于WIFI，而且还适用于ZigBee、6LoWPAN和ANT多种无线技术。该款芯片提供低功耗射频和高级低功耗模式，尤其适用于电池供电式设备的开发。例如可用于工业设备的无线服务通道，为无监视器的非接入式设备提供智能、便利和服务；可采用现有的WiFi网络基础设施以实现电池供电式设备的室内资产跟踪；还可给工厂配电板增添WiFi功能以对耗电量和设置等进行控制、监测和分析，实现智能能源控制。

瑞昱：RTL8710

瑞昱RTL8710是一个完整且自成体系的WiFi网络解决方案，能够独立运行，也可以作为从机搭载于其他主机MCU运行。它内置了一颗主频为主166 MHz，并可兼做应用处理的超低功耗32位微型CPU。瑞昱RTL8710在负责无线上网接入承担WiFi适配器的任务时，可以将其添加到任何基于微控制器的设计中只需通过SPI/SDIO接口或I2C/UART口即可。强大的片上处理和存储性能，使其可通过GPIO口集成传感器及其他应用的特定设备，实现了最低前期的开发和运行中最少地占用系统资源。内置的高速缓冲存储器有利于提升系统性能，并减少内存需求。

南方硅谷：ssv6060

该芯片带一个2.4 GHz WLAN CMOS高效功率放大器(PA)及一个内置低噪音放大器(LNA)。其射频前端为单端双向输入和输出。其还包括额外的LDO及DCDC降压转换器，可对数字和模拟电源隔噪。SSV6060P提供多个外围接口，包括SPI_ MASTER, UART_DATA, UART_DEBUG, I2C_MASTER, SPI_DEBUG等。

Marvell MW300

在单一芯片上集成MCU、RF收发器、网络/无线协议栈的基础上，该芯片搭配Marvell EZ-Connect软件平台支持，包括易用的软件开发工具包(SDK)和应用编程接口(API)，并提供多层安全保障。MW300 Wi-Fi微控制器支持802.11n Wi-Fi、内置全功能微控制器的单芯片SoC，面向低功耗进行了有针对性的优化，实现了深度低功耗状态，同时降低了正常工作时的功耗，适用于各种基于电池供电的应用场景。

联盛德：W500

W500是一颗适用于物联网领域的低功耗、安全多模无线SoC单芯片。W500内置32位ARM CPU，最高主频160MHz，内置416K Byte RAM空间。符合IEEE802.11b/g/n国际标准，通过802.11n标准认证。芯片集成802.11n MAC、基带、射频与TCP/IP层网络协议。内置WAPI/WEP/WPA/WPA2安全协处理器，支持11e/WMM-QoS和PS低功耗功能。提供开源SDK开发包，支持客户二次开发。同样也提供高速UART/SDIO/SPI/I2C/ADC/PWM/GPIO等接口。

(本文原载第19期11版)

长虹LED32B3060S液晶电视修复记

同行送来一台长虹LED32B3060S液晶电视，该机原先是开机屏幕上有淡淡的光，接有线电视，用手电筒隐隐约约看到图像，说明主板正常，背光不亮。用背光测试仪检测，是背光灯出了问题，从网上购来同样的灯条换上，开机一切正常，满心欢喜，以为修好了。试机一小时左右，没有想到背光又不亮了，只有待机指示灯亮，遥控和按钮都不能开机，这一下同行傻了。几经测试，怀疑电源板有问题，决定又从淘宝购来电源板，没有想到，电源板装上开机，只看见主板"啪"的一声响，电源指示灯也不亮了，再把原电源板装回，故障依旧。这时同行觉得故障范围扩大，不敢贸然动手，决定把机器送到笔者这里，帮他维修。

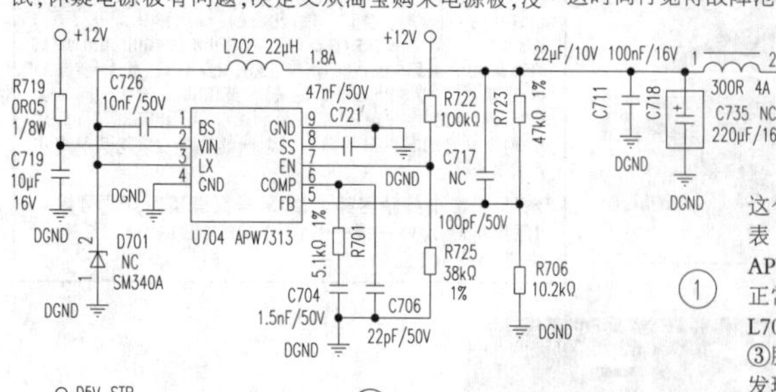

拆机，目测主板发现U704（APW7313）电源转换芯片已经有一个大洞，"啪"的一声响，估计就是这个芯片炸坏，发出的声音。用万用表测12V电源正常，换一块APW7313（电路如图1）。测②脚12V正常，③脚输出电压5V正常，测电感L702端发现无电压，仔细观察发现③脚与L702电感是过孔连接，测试发现过孔线断。用一导线相连，③脚电压为0V，立即断开连线，测L702发现对地短路。沿着这条线查（如图2），发现U708（G5695T11U）转换块①脚电源脚对地短路。拆除U708，再测①脚处，短路依旧。仔细观察，这5V电压接U705的①脚（如图3），拆除U705，短路消失，说明U705损坏。再单独测U708的①脚和②脚也是短路，说明U708也损坏。为确保万一，对U708和U705电路板各脚处逐一测试，又发现U705的⑤脚对地短路。用放大镜仔细看，发现走向太多，有的过孔，有的接电容，总之，纵横交错，要想找到某一个元件短路，可以说大海捞针。决定采用"烧鸡法"维修；将工装电源3.3V直接接⑤脚处，几分钟后手摸元件，发现C4050烫手。一不做二不休，拆掉C4050，短路排除。再换U708、U705红灯指示灯亮，但不开机，估计回到了原来的故障现象。再测U701的⑥脚应该有1.8V电压，只有0.6V左右，替换U701（APL5932），1.8V输出正常，按遥控开机，背光点亮，很快进入了电视桌面。接上有线电视试机，一切正常，故障得以排除。

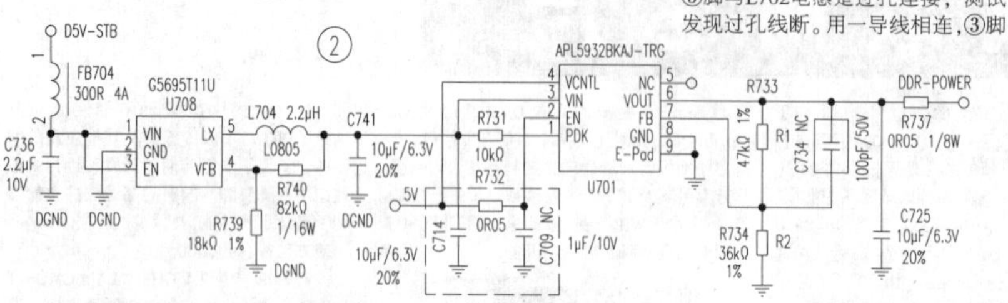

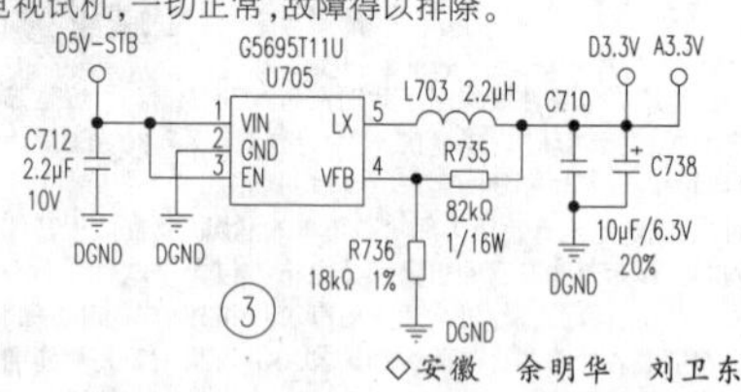

◇安徽　余明华　刘卫东

液晶电视维修实例

例1、三洋液晶彩电通病检修

某宾馆-批三洋32CE560LED液晶彩电待修，其中有六台故障现象一模一样，都是图像彩色偏蓝。拆开后盖再开机，发现铁板上小圆孔透出的全是蓝光。据有丰富维修电视机经验的朋友说，是背光灯老化所至，只能将背光灯全部换新才能修复。此机背光输出电压分为两路，每路为直流45V，背光灯条则有三条共30只灯珠，每路背光输出电压点亮15只灯珠。更换背光灯的方法在本刊及专业书上都有详细介绍，这里不再赘述。注意：拆装液晶屏时必须小心谨慎，千万不能弄坏液晶屏上的压塑软排线，以免前功尽弃，得不偿失。

例2、海信液晶彩电三无

一台海信TLM40V68PKV液晶彩电，据用户反映，在收看过程中机子发出"啪"的一声，立刻黑屏，连指示灯也不亮。

拆开后盖观察电源板（板号：RSAG7.820.1673/ROH），发现副电源芯片N901（LNK564PN）炸裂，检测保险丝F801（T6.3AL/250V）烧断，此机专用副电源整流桥堆VB901击穿，检测主电源部分元器件无异常。装上同规格的保险丝和新的整流桥堆及芯片LNK564PN，在副电源5VSB处接一只6.3V小电珠，检查无误给电源板上电，小电珠发光，测其电压为+5V。在主电源24V处接一只24V/30W灯泡，强制启动电源板灯泡发光，测其电压为+24V。关电拆下灯泡，装好电源板插好视/音频线开机，图像声音正常，故障排除。

例3、TCL液晶彩电自显菜单

一台TCL L32F2360液晶彩电，开机不久屏幕自动显示信源、菜单、音量加减标志，显示内容不断变化循环、音量从100减到0，再从0加至100如此循环。

拆开后盖、取下按键板，拆下所有微动开关，喷上专用清洁剂清洗按键条，再用电吹风吹干，然后装上新的微动开关，插好连线，装好按键板上电开机，故障依旧。拔下按键接线也是如此，莫非主板有问题？从朋友那里借来一样的主板，装上去还是不解决问题，这才想到用表测3.3V电压，原来副电源电压输出已降至2V。拆下电源板，检测副电源滤波电容和整流二极管正常，副电源芯片周围元件也正常。试换芯片MC34063A后上电，3.3V正常。装上电源板，插好连接线和视/音频线，上电开机图像声音正常，故障排除。

例4、长虹液晶彩电快修

一台长虹3D42C2080液晶彩电，开机图像暗淡闪动呈灰色。

拆开后盖，直观电源板上标为C307电解电容鼓包。换上新的同规格电解电容，将C201电解电容同时换新，插上视/音频线上电开机，图像声音正常，故障排除。

◇广州　熊光奎

先锋LED43B800S无法正常启动

顾客送来一台LED43B800S先锋液晶电视，在以前，经常遇到这个机型的启动故障，都是换主板解决的。不是不肯研究故障原因，由于是上门维修，时间和效率实在是不允许。这次顾客把电视送到店里了，有时间研究到底是主板哪里出了问题。该机机芯是9R20，主板号是5800-A9200-0P50，电源板号是5800-L3N017-0000。

送电开机显示"先锋"英文图标，接着就停止在这个图标上，即使按遥控关机也没有用，拔掉电源重启也是这样。仔细观察，发现机器的主板有一个6孔的数据写入插孔，只支持串行写入。正好笔者手里有一台编程器CH431，恰好有串行功能。只需要一根连线，一头已经做成接插座，事先做好在编程器上，另一头连接到了电视主板的数据口上。要注意，电视主板上有6个连接孔，其实上下三个是功能一样的，只是顺序不一样。而这种情况，编程器和主板的连接是反的，就是YX/RX/GND中的YX/RX与编程器反接。主板与编程器的线连接好后将编程器插在电脑上，同时不忘了在电脑里装串行驱动。当时笔者就忘了，以前总是用这个编程器写24和25系列存储器，没有装串行驱动，不然根本就不能用。装了驱动重启电脑，在电脑里的设备管理里，可以看到确实装上了，显示是COM4端口。这个要注意，你的不一定是COM4，也可能是COM3甚至是COM5，这个要在写程序的时候选定，不然无效。

去百度搜索了一下，下载了这个型号电视的数据，将这个数据放在U盘里，插在电视主板上。再在电脑里下载一个SecureCRT软件，安装软件并打开它。电视送电再点击电脑软件连接却没有连接上，试了好几次都是这样，想一想没有什么不妥的地方，把连线仔细检查一下，不放心又用万用表核对无误，还是无法刷新系统。想想问题可能出在哪里？管理上波特率是115200，这个可能是错误的。由于不知道到底是多少，所以从115200开始减一百试一次，结果反复到112700终于有了反应，再看看耗时两个多小时。在这种情况下按住电脑"TAB"键不放，送电并松开按住"TAB"键盘的手，电视指示灯出现红绿交替闪耀，而电视屏幕出现了蓝底和绿色进度条，那一刻高兴的几乎跳起来。赶紧看一下库房坏的这个型号板子，竟然有23块之多，现在简单了，一个个刷新全部修复。想到也许大家也有这个板子，为了大家不走弯路，把过程写好了奉献《电子报》读者，希望对您有所帮助。

◇大连　林锡坚

长虹牌2523型彩电光栅异常

笔者业余曾检修过几台长虹牌CRT彩电光栅异常故障，如型号为：2523型、C2592型、C2191型等，经查得结果都是降压电阻内部开路所致。在这里结合检修方法及排除过程与同行共同探讨，特介绍如下：

该故障现象是通电后伴音正常，光栅为水平一条亮线。调场幅电位器RP310不起作用，据原理与维修经验重点检查场扫描电路。首先采用动态电压测量法，检测场输出电路集成块TDA3654相关脚电压。测得关键脚：⑨脚(供电)、场输出⑤脚，场激励脉冲输入①、③脚电压均正常，而⑦脚为空脚，实测5.15V，(应为1.98V)，⑧脚系场逆程脉冲输出端，实测1.6V，较正常5.3V低许多。仔细查其⑧脚外围相关元件未发现问题，再断开电容C314一脚，测量⑧脚电压依然异常，故怀疑集块TDA3654内部局部损坏。试换新块后，试之，故障依旧。再思，往前级的场振荡、场激励可能正常，继而又对反馈电路逐一进行详细检查，未发现可疑问题。至此，检查暂时陷入困境。突然想起了信号注入法，于是，用50Hz脉冲信号经0.15μF电容加至场集块DTDA3654的①脚，发现亮线能展开。故此推断，故障部位并不在场输出部分，可能在场激励或场振荡电路。此机采用单片集成电路TDA8362，据原理结构可知，与场扫描有关的三个引脚是㊹、㊷、㊸。其中㊸脚系场激励脉冲输出，㊹脚为场反馈；㊷脚系锯齿波形成。测量㊸、㊹脚电压正常，而㊷脚异常。顺线路追查，㊷脚场启动电源由T803提供的+130V电压经R067降压、V060稳压、C068滤波后形成+33V，再经R392降压后获得。仔细观察相关元件，发现一电阻R392（3.3MΩ/1/8W）表面已变色，觉得可疑将其焊下，测量内部已开路。因手头无此电阻，故试用一支2.2MΩ/0.5W与另一支1.5MΩ/0.5W串联后替代R392。开机试验，光栅已能展开，只是场幅略有压缩，仔细调整场幅电位器RP310，使其图像恢复正常范围。

检修体会小结：检修此类故障，有时并非全凭实践经验出发，判断与处理事物的矛盾，不但要运用其普遍性和采用灵活性，还要考虑矛盾的特殊性。掌握运用正确的逻辑思维，用科学的方法来准确判断其故障部位。若此次修理，先采用50Hz交流脉冲输入法，判断查得故障在场振荡电路，就不会被场集块场激励脉冲输入端直流电压正常所迷惑，而误以为场输出电路有故障。故此能提高检修效率，避免走不必要的弯路。与此同时，长虹C2592、C2491等型号出现的类似故障，也是由于R392（3.3MΩ）内部开路所致。实践证明采用普通1/8W碳膜电阻，其降压电阻设计功率较小，建议厂家，在设计电路降压电阻时，要周密考虑元件功率余量。同行、初学者若遇此机型的类似故障，首先检查该电阻，可提高修理效率。更换该电阻时功率增至1/4W—1/2W，即可。

◇山东　张振友

如何将Word文档转换成PDF格式

在众多的图片格式中，唯有PDF格式深受人们的欢迎。究其原因，是因为PDF格式具有如下优点：它可以将文字、字型、格式、颜色及独立于设备和分辨率的图形图像等封装于一个文件之中，还可以包含超文本的链接、声音和动态影像等别的电子信息，支持特长文件，而且集成度和安全可靠性都比较高。PDF文件还支持权限控制，可以设置：不允许打印、不允许复制、不允许评论（批注）等内容，当然，也完全可以设置成有密码才能完成以上的操作。那么，在常用的Microsoft Office和WPS办公系统中，我们如何才能把Word文档转成为PDF的格式呢？下面我就以Microsoft Office Word和WPS Office两款办公软件为例来详细说明之。

1、在Microsoft Office中，打开IE浏览器，找到以下网址：http://dl.pconline.com.cn/download/411939-1.html，点击下载微软插件并安装——SaveAsPDFandXPS.exe——快速安装（如图1所示）——在单击此处接受Microsoft软件许可条款前打钩，然后点击继续（如图2所示），下一步，直到安装结束。打开准备要转换成PDF的Word文档，点击左上角的Office按钮——另存为——保存文档副本——PDF或XPS（如图3所示）。

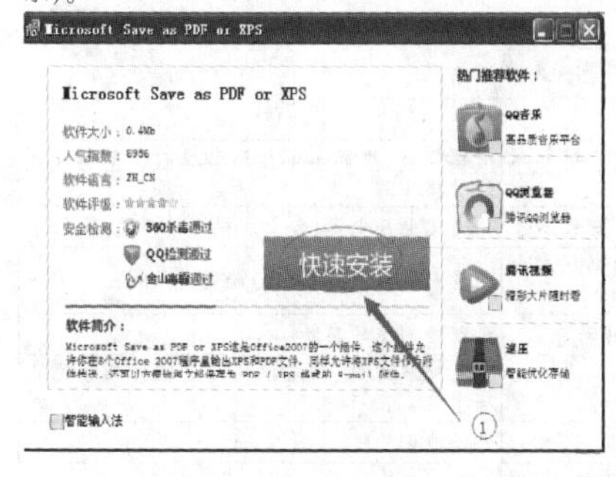

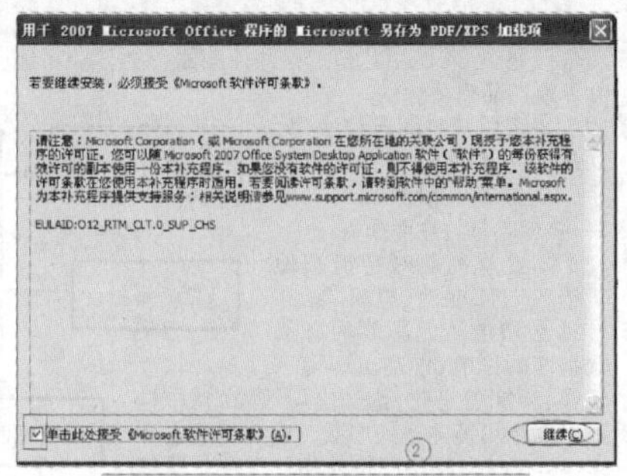

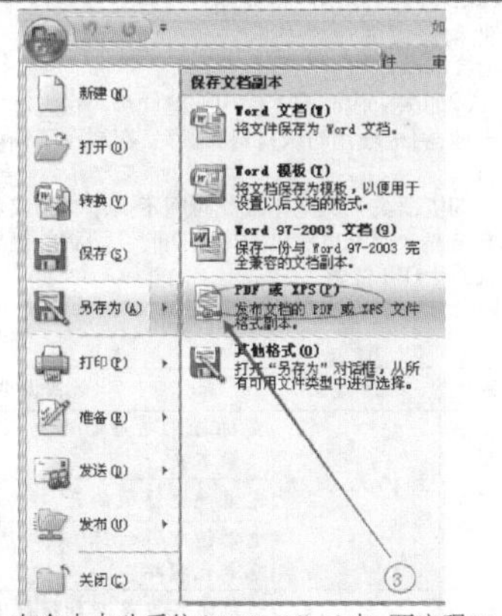

2、在金山办公系统（WPS Office）中，要实现Word转换成PDF则比较容易，因为在最新版的WPS系统中不需要安装任何插件。方法如下：打开最新版的WPS Office2016办公系统，找到需要转换成PDF的文档，然后点击快速访问工具栏中的输出为PDF图标（将文档输出为PDF文档，如图4所示）。在输出为PDF的菜单选项中，还可以进行相应的权限设置（允许复制、修改、添加备注、不限制打印等，如图5所示），最后点击确定，即可将文档输出为PDF格式。

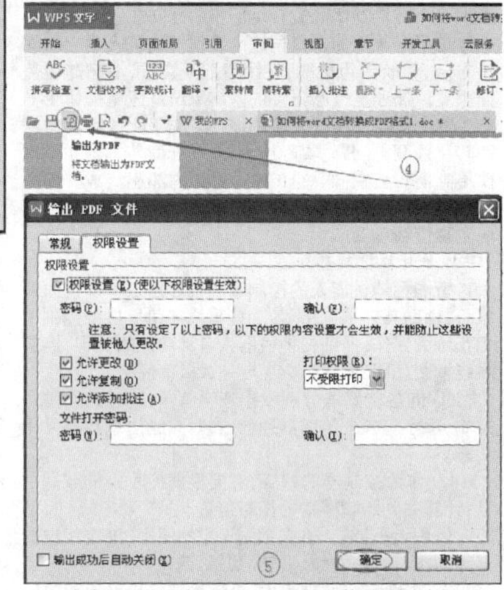

注意：PDF文件一旦生成，想要修改则比较困难。正因为如此，很多人一直在抱怨，说这是PDF的缺点；其实，市面上早已有不少付费的PDF编辑器的办公软件，完全可以对PDF文档进行批注、签章、填表等更复杂的操作。

小结：PDF文档最大的优点，因为它的文件页面布局都是固定的，所以我们在打印的时候可以不用担心会出现格式错乱的问题。

◇成都 彬之彬

移动硬盘分区后做成PE启动盘有妙招

某班班通模式三项目学校管理员送来一块希捷500G移动硬盘，让笔者将其制作成带启动功能的引导盘，这样当班级电脑出现问题时可以使用启动盘来执行修复操作。因移动硬盘内保存有大量畅言教学系统相关资料，所以无法用常规的方法来制作。

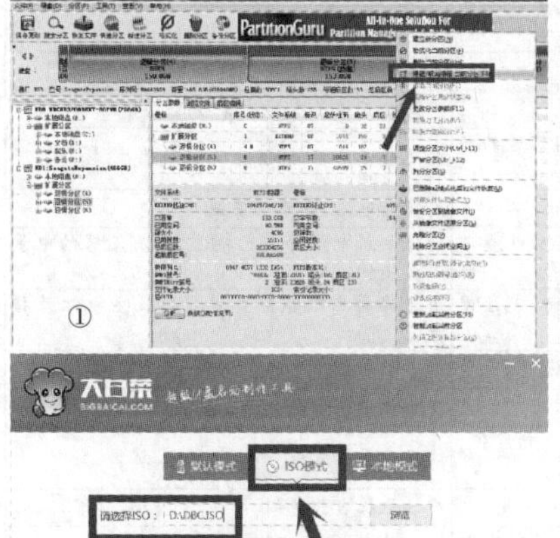

启动DiskGenius软件并找到相应的移动硬盘，分割一个8G大小的空间用于存放引导相关的程序，将其他存储有数据的分区隐藏（如图1所示），设置好后保存退出。在电脑上安装大白菜启动盘制作软件并运行，选择ISO模式（ISO模式是以光盘镜像的模式安装到U盘进行引导）以便制作ISO文件，接下来选择合适的文件夹用于保存ISO文件（如图2所示），设置好后点击"开始制作"按钮后便正式制作ISO文件了。等ISO文件制作好后大白菜启动盘制作软件会自动运行自带的UltraISO工具，以便将ISO镜像文件写入移动硬盘（如图3所示），在磁盘驱动器中选择之前的8G硬盘，再选择便捷启动，最后点击"写入"按钮便可以完美的制作好PE启动盘。再次打开DiskGenius软件，把隐藏的分区取消隐藏设置，以后使用时只需在BOIS中更改启动顺序，把USB硬盘启动设为首选，就可以完美进入PE系统（如图4所示）。当然也可以在该移动硬盘中存入常用操作系统GHO镜像文件方便以后为其他电脑重做系统。

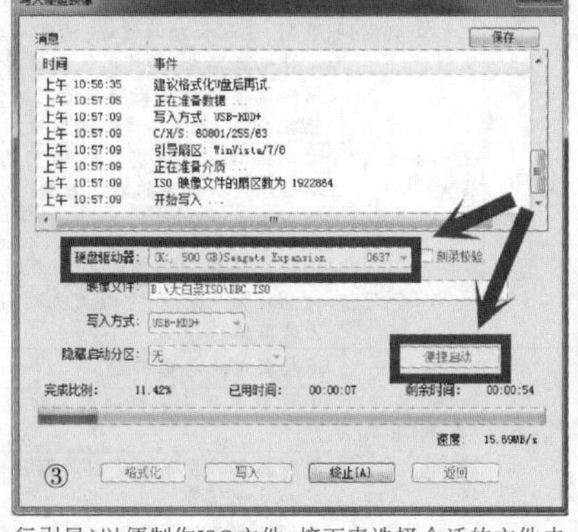

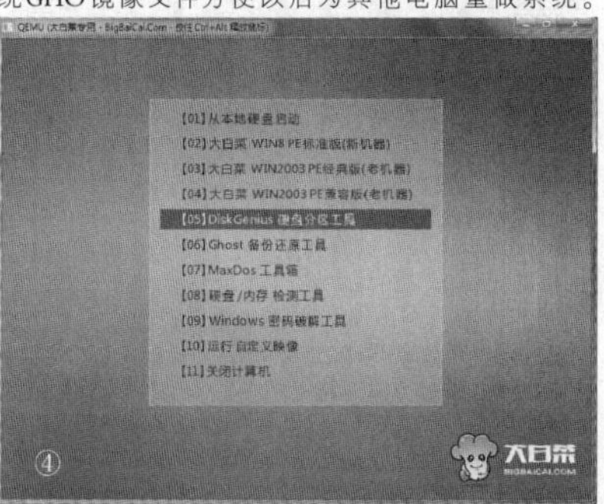

◇安徽 陈晓军 汪依云

电脑主板恢复默认设置排除电脑疑难故障

故障现象：一台华硕笔记本电脑不能开机，提示电脑中没有安装系统。用GHOST盘安装系统，每次到25%左右的时候就会停止安装，提示系统安装错误，不能继续。安装失败后，用光盘、U盘启动到PE系统中，都找不到硬盘，在CMOS中始终可以找到硬盘。将硬盘一键分区后安装，故障依旧，更换多个系统盘也未能解决问题。

分析与检修：根据故障现象分析，电脑硬件没有问题，故障应该是由CMOS设置不当引起的。将电脑启动到CMOS设置，按F9（setup defaults），再按Y键，将主板设置恢复到出厂默认设置，再次进入CMOS设置，根据电脑搭配的硬件进行必要的设置之后，安装顺利通过，且系统非常稳定。笔者对类似故障都采取同样的方法，均能顺利通过安装。

◇甘肃 闫叔河

浅谈家用智能扫地机器人原理与维护(下)

(紧接上期本版)

(5)电子陀螺仪和加速度传感器

电子陀螺仪与加速度传感器是机器人领域用于运动状态测量的必备部件,电子陀螺仪是一种能够精确地确定运动物体的转动角速度的电子器件。按照惯性原理一个旋转物体的旋转轴所指的方向在不受外力影响时是不会改变的,根据这个原理扫地机人用它来保持方向,导航更为精准,直线清扫不偏航,清扫高覆盖低重复。加速度传感器件的基本原理是压电晶体受力产生的电量与加速度带来的惯性力成正比,将测力问题转化为测电问题。实际应用中,加速度传感器和陀螺仪传感器封装在同一个IC中,在IC内部还集成有前端处理器,经处理后以一定的数据信号传给控制系统,实现陀螺仪精确导航。

4.单片机控制部分

智能扫地机器人的控制系统主要是以单片机作为核心,辅助其外围电路。各功能模块在单片机的控制下相互协调工作,保证扫地机器人各种功能的实现,控制系统框图如图5所示。它主要完成以下任务:

① 向各传感器分别发出选通信号,通过路选信号控制,顺序与各个传感器通信,实时完成信息数据采集功能。

② 作为控制器的核心,它要根据接收到的数据信息,计算并判断障碍物的相对位置、

体积大小,结合机内预先设定的规则,确定相应的避障措施(前进、左转、右转、后退、调头)。

③ 在确定避障措施后,再向步进电机输出相应的控制脉冲,具体实现避障方案。

④ 接受遥控器的指令,调整机器人的工作状态。检测电池剩余电量,及时指挥智能吸尘器自动返回充电,进行充电管理等。

二、家用扫地机器人的维护

随着家用智能扫地机器人的普及,在使用过程中若保养不当,出现故障概率增加,为了降低故障率,延长使用寿命,用户应重视日常保养和维护工作。

1.建议注意下列四点:

①机器人适用于住宅内干燥平坦地面,如地板、瓷砖、地毯等。地面不应有碎玻璃、别针等尖锐物体;务必清除散在落地面上的电线、长毛发、烟蒂等杂物可能绊住或缠绕产品;以及粉末状垃圾,如石灰粉、腻子粉等吸取后可能堵塞滤网,防止电机发热烧毁。

②不宜在厨房油腻污浊的区域使用,因为油污杂质会将边刷、滚刷和抹布污染,不易清洗,而且会将油污带到其他较干净的房间去。

③不能在潮湿的卫生间和有积水环境使用,因为机器人在这些场合工作,易使机内电路板及电子元器件受潮,一旦重要部件受潮极有可能引起电源短路烧毁机器,严重的引起火灾。所以要尽量避免与水接触,长期保持干燥才能提高寿命。

④室内家具摆置整齐,尽量减少碰撞物;沙发、茶桌、床等家具离地面要有足够的高度,保证机身能顺利通行。为了提高清扫效率,减少耗电,所以清洁前要应清除地面上较大的脏物纸片。

2.定期或及时清理扫地机

①在充电结束后及时清倒尘盒内的垃圾和清洁扫地机器人部件,清洁前应关闭电源开关。

②根据清扫垃圾的多少确定及时或定时清理尘盒,盒内尘埃堆积过多,会影响扫地机吸尘能力,容易滋生细菌。同时要清理滤网积存的灰尘纤维,保证滤网的通透性,才能使空气清洁畅通保证足够的吸力。因此,每次机器人完成清扫工作后,最好及时清理。

③及时清理滚刷和边刷,尤其滚刷内缠绕的头发等异物,会使电机转动困难引起发热,耗费更多电量,缩短电池寿命,甚至导致电机电流过大而烧毁。

④为了避免红外线光束被灰尘遮蔽,定期用干布擦拭红外传感器表面。

3.保养好蓄电池

电池是扫地机器人的动力之源,节约耗电量,提高电池使用寿命尤为重要。

①目前成熟的扫地机器人产品供电系统主要以锂电池为多,也有部分产品采用镍氢电池或镍镉电池。因为镍氢电池和镍镉电池有记忆效应,使用时要特别注意,电量用尽的时候再充,充满了再用,不宜过量放电和充电,否则会折损电池寿命。对于锂电池机器人充满电后会自动进入休眠状态,电量不会继续增加,不使用时可以保持在充电座上充电,保证下次清扫时有充足的电量。充电时只能使用出厂配备的电源适配器、充电座进行充电,若使用其他规格的适配器(充电座)可能会导致产品损坏。

②切忌长时间连续使用,如果使用中感觉机身发热烫手,应停止一段时间后再使用,防止电机过热而损坏。

③夏季高温对智能扫地机器人内部电池、电机、红外传感器和电子元器件均有不同程度的影响,在高温环境下工作,会加速老化,增加出现故障的概率。对于电源用锂电池的产品,建议尽量在环境温度35℃以下情况下使用;电源为镍氢电池和镍镉电池的产品,则在环境温度45℃以下使用为宜。

④如果一段时间不使用,建议用户在充满电后取出电池,将电池用防水材料封固后,存放在干燥阴凉的地方。

⑤机器离开充电座较长时间不工作时,或者机器在充电座上而充电座电源未接通时,请将主机的电源开关置于OFF位置。

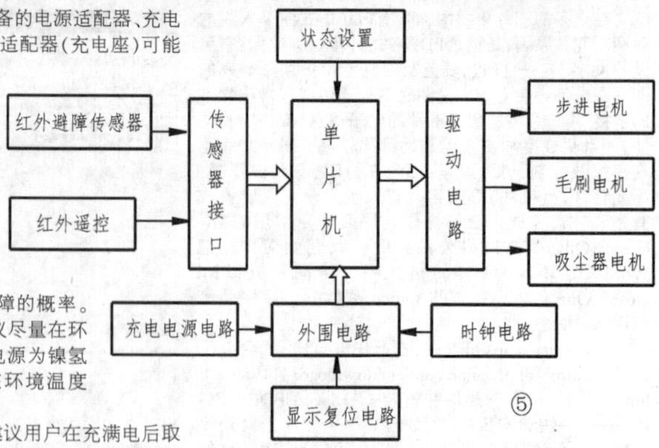

状态设置
红外避障传感器
红外遥控
传感器接口
单片机
驱动电路
步进电机
毛刷电机
吸尘器电机
充电电源电路
外围电路
时钟电路
显示复位电路

⑤

三、常见故障处理

该产品常见故障现象、故障原因及故障处理方法如表2所示。

(全文完)

◇江苏 赵忠仁

表2 常见故障原因与处理方法

序号	故障现象	故障原因	处理方法
1	主机无法充电	主机与充电座的充电极片未充分接触或接触不良	清理极片,确保主机与充电座的充电极片良好对接
		充电座电源被断开,主机电源开关未接通	接通充电座电源,合上主机电源开关
		电源适配器故障,充电座无输出电压或电池老化损坏	测量充电座输出电压后确定更换
2	主机工作时边刷不转	边刷被头发等杂物缠绕而无法转动	清理边刷上的杂物
		边刷未安装到位	重新安装边刷,注意按照与卡槽对应颜色正确安装
		边刷固定处塑料件破裂	更换边刷
3	主机工作时滚刷不转	关机后用手转动滚刷,若无法转动,表示滚刷卡死	折下滚刷重新正确安装
		滚刷被头发或异物缠绕	清理滚刷
		清理长毛地毯时滚刷被卡死	不建议在长毛地毯上使用
4	主机工作时间变短	尘盒过滤网吸入纸巾导致运行电流大,工作时间短	去除纸巾
		滚刷、边刷长时间缠绕,清理次数少,导致工作电流偏大,工作时间变短	彻底清理边刷、滚刷
		电池深度放电或长期未使用时,其容量可能会减小,导致工作时间变短	建议电池充电,参照说明书给出的充电方法激活电池,或更换同规格的新电池
5	吸力不足且噪声大	滚刷吸口处可能有脏物堵塞或者滚刷两端轴承处有较多的毛发缠绕	清理滚刷吸口组件
6	主机工作时不能感知楼梯	下视传感器脏污	用半干棉布擦拭传感器
		下视传感器故障	确认是下视传感器故障后送修
		该处地面反光强,导致主机判别落差的能力减降低	在此放置防护栏,防止主机跌落
7	遥控器失效(有效距离为5m)	遥控器电池电量不足	更换新电池,并正确安装
		主机电源开关未接通或主机电池电量不足	确保主机电源开关已接通,并有足够的电量完成操作
		遥控器红外发射或者接收器脏污,无法发射和接收信号	用干净棉布擦拭红外发射器及主机红外接收器
8	主机开机后原地打转后退	主机底部下视传感器被灰尘遮蔽	用干棉布擦净下视传感器
		驱动轮被异物缠绕	清除驱动轮上的杂物
		用手碰触主机缓冲板,若不能自动反弹,应为主板故障	维修或更换主板
9	主机未按预约时间进行自动清扫	主机当前显示时间与标准时间不一致	重设主机当前时间
		未打开主机电源开关,主机无法按约定时间自行启动工作	打开主机电源开关
		主机电量不足	主机待机时,应保持在充电座上处于充电状态,确保随时有足够电量工作
		模式设定错误,主机设在"定点"模式或"取消定时清扫"时不能按预约时向工作	重新设置预约清扫模式
10	工作时突然停止,并显示故障代码	说明机器某部位出了故障,可对照说明书查出故障原因	对应说明书提供的故障解决方法进行排故
11	寻找充电座困难	充电座位置不当	距墙角至少1m以上的距离
		红外发射头或接收头脏污	用干棉布擦拭红外发射头、接收头
		电路故障	需要折机维修

新大陆（NLE-JS2000）高职院校物联网应用技能大赛平台应用（4）

（紧接上期本版）

3、实训项目

（1）移动互联终端配置

序号	实训名称	实训简介
1	搭建局域网	局域网环境规划和搭建。
2	路由配置访问广域网	互联网连接配置（后续访问App应用市场准备）。
3	PC平台软件安装	PC平台摄像头软件下载安装。
4	安卓平台软件安装	安卓平台摄像头软件下载安装。
5	摄像头调测	基于局域网的摄像头调测。
6	实训平台流程演示	调测完成后，各部件关闭电源，重新开启，并依次开启，最终实现摄像头拍摄内容远程实时查看。

（2）智能商业应用部署

序号	实训名称	实训简介
1	网络设备连接配置	局域网环境规划和搭建
2	安卓端程序安装	安卓端设备连接、软件下载安装
3	串口服务器配置	串口服务器连接、软件安装、设备调测
4	中心服务器系统环境准备	服务端系统环境的安装部署
5	PC客户端软件安装	PC客户端网络连接、软件安装
6	扫描枪识读一维码	扫描枪连接PC、软件安装、一维码识读
7	小票打印机安装	小票打印机连接、软件安装、打印测试
8	二维码拍码	安卓手机网络连接，二维码拍码购物软件下载、安装，模拟拍码购物流程
9	超高RFID频设备配置	超高频设备的连接、测试
10	高频卡读写卡	一卡通充值消费的过程
11	LED显示屏显示控制	LED显示屏显示控制
12	数码价格标签显示控制	数码价格标签显示控制
13	实训平台流程演示	模拟商业应用的入库、上架、盘点、变价、结算等完整流程，二维码拍码购物流程

（3）智能环境应用部署

序号	实训名称	实训简介
1	搭建局域网	局域网环境规划和搭建
2	开关量采集器安装	开关量采集器的连接、安装
3	模拟量采集器安装	模拟量采集器的连接、安装
4	无线传感网&执行器安装	无线传感网&执行器的连接、安装、配置
5	服务端系统环境准备	PC服务器系统环境的搭建
6	智能环境监控部署	智能社区环境监控的软硬件安装和部署
7	实训平台流程演示	操作演示智能环境监控景应用

（4）中心服务器接口程序应用开发

序号	实训名称	实训简介
1	中心服务器端接口开发	中心服务器端登录模块接口开发
2	WEB端功能开发	WEB端登录模块开发
3	PC客户端功能开发	PC端登录模块开发
4	Android APP端/移动互联终端功能开发	Android端登录模块开发

（5）智慧城市应用开发（PC、移动应用开发）

序号	实训名称	实训简介
1	智能环境能监测	四模拟量数据采集模块：温度、湿度、光照（PC端、Android端）
2	路灯控制	开关量数据采集模块（PC端、Android端）
3	风扇控制	ZigBee控制模块（PC端、Android端）
4	LED显示模块开发	在LED屏幕上显示特定文字（PC端）
5	RFID设备编程	桌面高频读写（.NET端）
6	生猪养殖模块	6个无线传感器7个数据采集（Android端）
7	生猪养殖模块温湿度传感器数据采集	通过获取到电流值进行换算后得出相关温湿度数据（Android端）

（6）智慧城市应用开发（无线传感网WSN应用开发）

序号	实训名称	实训简介
1	无线传感网WSN应用开发环境搭建	IAR开发安装、配置、LED自动闪烁程序开发
2	无线传感网WSN继电器控制模块开发	无线传感网WSN继电器控制模块开发
3	无线传感网WSN数字量采集模块开发	无线传感网WSN数字量采集模块开发（人体红外传感器采集控制）
4	无线传感网WSN模拟量采集模块开发	无线传感网WSN模拟量采集模块开发（光照传感器）
5	无线传感网WSN组网开发开发	基于BasicRF的无线组网应用程序开发

（7）物联网网关搭建配置

序号	实训名称	实训简介
1	网关软件烧写配置	网关软件烧写，网关联网配置
2	网关协调器配置	给网关内的ZigBee协调器配置组网
3	网关软件与传感设备配置调试	将网关与有线传感网、无线传感网进行连通、数据调试
4	网关与云服务平台配置调试	网关与云服务平台之间的网络连通调试

（8）ZigBee无线传感网开发与配置

序号	实训名称	实训简介
1	ZigBee嵌入式开发	通过IAR开发平台开发ZigBee嵌入式软件
2	ZigBee烧写配置	ZigBee协调器、传感器、继电器、四输入等进行烧写配置
3	ZigBee组网调试	使用ZigBee Sensor Monitor、ZigBee工具等调试ZigBee组网是否成功

（9）应用案例部署与开发

序号	实训名称	实训简介
1	应用案例部署	基于Web、android的应用部署
2	基于API应用开发	基于开放API接口的C#PC开发、android开发

五、对应典型职业活动

职业活动	工作流程
一、物联网工程布线	1.根据客户需求，进行综合布线的系统设计（挑选布线产品、绘图等）； 2.进行现场勘查，了解施工环境，进行施工组织安排，开展布线实施工作； 3.使用仪器设备进行信号测试，对施工过程中出现的故障进行分析与排除； 4.分析解决物联网工程实施过程中出现的问题，并形成相应文档。
二、物联网设备安装调试	1.现场开封，对设备及配件进行检查； 2.设备上架通电、配置和测试； 3.根据产品说明书与拓扑图连接设备、系统联调，试运行； 4.分析物联网设备安装调试过程中出现的问题，并形成相应文档。
三、感知节点安装配置	1.明确感知节点的安装配置要求； 2.检查感知节点安装现场环境； 3.进行感知节点产品的安装，并配置技术参数； 4.在工程布线的基础上进行感知节点组网； 5.将感知节点进行上电调试，节点单元进行联调； 6.记录工程过程，形成相关文档，并做好验收准备。
四、应用系统安装调试	1.在物联网工程布线基础上，进行操作系统、数据库、Web服务器的安装； 2.根据应用系统配置文档对数据库、Web服务器和物联网应用系统进行配置； 3.根据物联网应用系统的需求进行调试，解决安装调试过程中遇到的各类问题； 4.确认物联网应用系统能运行正常（用户需要确认）； 5.填写安装说明文档，用户验收，收回用户回执。
五、物联网工程实施与管理	1.了解物联网工程实施计划和方案； 2.分析实施计划和方案，确认工程所需物料数量等信息； 3.准备工程实施所需的物料； 4.配合物联网工程设备的安装调试，进行工程布线； 5.跟踪工程实施的进度与质量； 6.记录物联网工程实施过程中出现的各种问题，并形成相应文档。
六、物联网应用系统开发	1.协助沟通客户需求，明确实际需求，协助编写需求规格说明书； 2.根据系统需求，结合各种物联网设备，在底层接口的基础上，协助完成应用系统的设计； 3.根据设计，进行应用系统的代码开发、调试； 4.搭建物联网应用开发环境，根据用户需求，进行应用系统功能测试。
七、嵌入式应用开发移动终端应用开发	1.协助沟通客户需求，明确实际需求，协助编写需求规格说明书； 2.根据系统需求，进行嵌入式开发平台的配置； 3.在嵌入式开发平台上，按需求进行开发、调试和测试； 4.将嵌入式应用进行移植，并测试、运行。
八、数据库配置和管理	1.安装数据库管理系统； 2.按应用系统要求配置数据库管理系统； 3.对数据库及其对象进行管理和监控（安全性、完整性等）； 4.按数据库备份策略，对数据库进行定期备份。
九、软件测试	1.根据项目要求，编写软件测试计划； 2.依据用户需求，设计测试用例、准备测试数据； 3.实施测试； 4.进行测试总结和评估。
十、系统日常维护	1.制定物联网应用系统日常维护方案； 2.根据维护方案，对物联网应用系统做日常巡检； 3.收集应用系统软、硬件运行的状况（包括查阅系统的运行日志），并做日志记录； 4.根据应用系统要求，对系统做日常备份；
十一、系统故障排除	1.发现物联网应用系统出现的异常； 2.对异常做出初步判断与检测，分析系统软、硬件故障现象的问题所在； 3.根据故障情况，确定系统故障解决方法； 4.排除故障，对系统软、硬件进行重新检查，保证系统的正常有效运行； 5.将故障排除情况记录到相关文档中。

（全文完）

◇四川科技职业学院鼎利学院　刘桄序

触摸式可调直流稳压电源

我们使用317或者1117等芯片可以制作出性价比很高的可调直流稳压电源，但一般需要一只可调电阻(电位器)来设置电压，经常调节难免会磨损导致出现调节失控。一只可调元件也必须有一个调节柄，需要对仪器的面板开孔外露可调元件。这些都有一定的影响，有时，我们可以考虑使用触摸的方式来获得新的操作模式，改变一下传统的操作模式无疑会给我们带来新的思考方式。本文就是笔者利用一片SGL8022W触摸调光集成电路设计的一款触摸式可调直流稳压电源。它一改传统旋转电位器调压方式为触摸调节输出电压方式，给人一个全新的操作手感。撰写此文目的是为读者提供新的思路—充分利用现成的IC，改变现有的IC的传统功能，开发它的新功能，也就是另类应用。拓展思维空间。

图3为使用SGL8022W为核心的可调直流稳压电源电路原理图，U1为一片触摸调光集成电路SGL8022W，它的设计初衷是为LED触摸调光。电路原理图见图2，图2为带亮度记忆功能的触摸无级调光电路原理图，模式选择端P1=0，P2=1，IC的输出为带记忆的无级调光模式。图1为SGL8022W的引脚功能图。类似的集成电路有SGL8023W等。

在图3电路中，SGL8022W的模式选择端P2接VDD，P1接GND，SGL8022W此时工作在带记忆的无级调光模式。其输出端SO输出PWM信号，经R2，C4积分处理在C4两端得到一个比较平滑的与SGL8022W输出的PWM信号对应的电压信号经U2B缓冲（由于LM358的输入阻抗比较大，U2B也可以不要，因为电路只需要一个运放，所以，闲置的双运放的另外一个运放就作为U2B缓冲电路处理了），加到U2A的同相输入端作为参考电压，U2A的另外一个输入端反相输入端则通过电压取样电阻网络R11，R10比例输入输出电压的取样电压，当输出电压V0低于设定电压，也就是V0经R11，R10分压后输入到U2A的反相输入端电压低于设定的U2A的同相输入端电压时，U2A输出高电平，VT2饱和导通，VT1饱和导通是输出电压V0升高。当V0高于设定输出电压导致经R11，R10分压后输入到U2A的反相输入端电压高于其同相输入端设定的参考电压时，U2A输出低电平，VT2截止，VT1截止，V0降低，如此，维持V0稳定在设定值。

附：SGL8022W模式设定对应电平。对于触摸可调直流稳压电源，我们现在模式3。

1. P1=1，P2=1 对应：不带亮度记忆突明突暗的LED触摸无级调光功能
2. P1=0，P2=1 对应：不带亮度记忆渐明渐暗的LED触摸无级调光功能
3. P1=1，P2=0 对应：带亮度记忆渐明渐暗的LED触摸无级调光功能
4. P1=0，P2=0 对应：LED三段触摸调光功能

开发IC的潜力，拓展IC的应用范围可以为我们业余爱好者提供新的机会和兴趣。现在的各种专用IC因为批量大，价格很低，我们完全可以试验各种新的应用。本文只是一个抛砖引玉，希望读者朋友可以开发出更多的触摸调光IC的新功能。

◇湖南 王学文

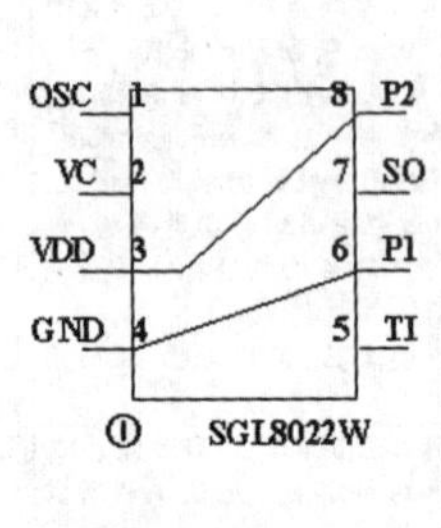

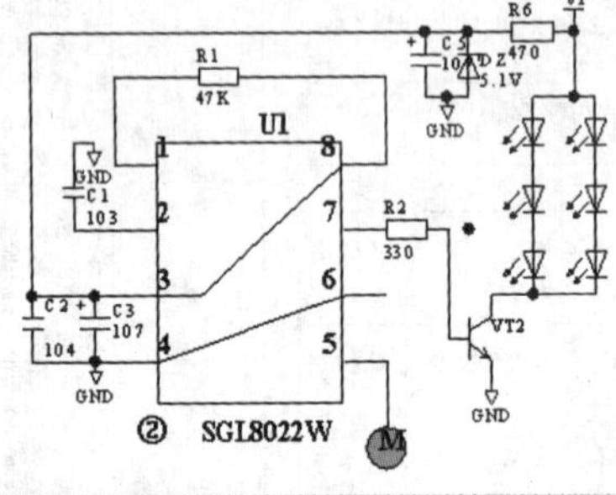

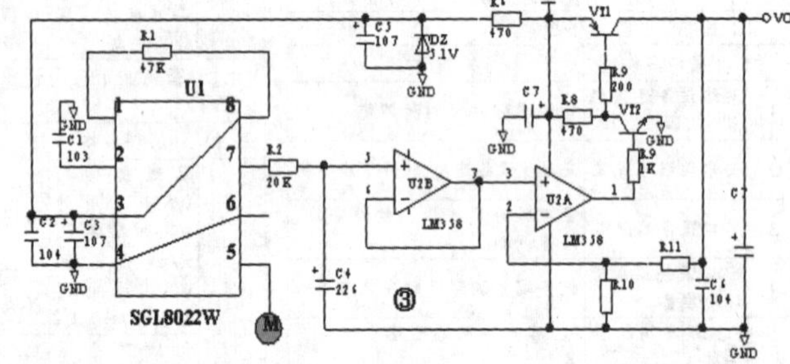

不可弃之受损电子元件

在家电维修、电子电器检修中，更换元件是常事。但有些坏元件并非彻底报废，现介绍几例，供同行、朋友，初学者参考。

1. 大容量的铝壳式电解电容的损坏后不要丢弃，它的外壳可用作中、小功率三极管的散热片使用。

2. 稳速电路损坏后的电动机不要丢弃，在其转轴上配一自加工的钻头，用它可作小型直流电钻。

3. 对于断脚（除b极外）和损坏了一个PN结的晶体三极管不要丢弃，可改成方便实用二极管。

4. 烧断的700W/220V电炉丝不可弃之截取适当一段，可替代大功率限流电阻、水泥电阻使用。

5. 废日光灯上的镇流器，如30-40W，属电感元件，可靠性比电容好，可替代洗衣机中的易损电容，实践证明，效果不错。

6. 芯片损坏的个别利用，如数子电路逻辑门（正与非门SN74LS00、SN74LS06，国产CT006、CT008等）如损一门，可改接另一门继续实用。

7. 芯片自然损坏与再利用：数子集成电路发展与应用惊人，但有些芯片劣质，还有的自然损坏，若怀疑相关芯片在静态和动态，其现象为：(1)直观发现芯片底部局部有裂痕，说明其内已损坏。

(2) 观察芯片表面字迹和颜色已淡黄且有局部龟裂。

(3)动态下，(即通电状态)采用物理触摸法，用手摸其组件异常烫手，显然其内温升更高，需试换。与此同时，对可疑部件，进行检测验证是否彻底损之？只要用万用表电阻挡测其芯片静态阻值，(电源VCC与地GND）正反电阻不能相等，集块的任一引脚，除空脚外与地引脚之间具有一定大小的电阻值，而且其正、反向电阻值也不相等如果电阻值变为"0"或无穷大，则说明内部电路存在短路、击穿或断路故障，该集块已坏)。对于局部损坏，好的功能部分，可采用并联与叠加法再利用，节约成本。再对于彻底损之者，可剪去芯片管脚作方便实用的手头散热片很好。

8有些废收音机中的465kHz的陶瓷滤波器弃之可惜，可以直接代作遥控发器中的晶振。又如，用便携式晶体管收音机，输出变压器，可替代我曾维修过的一台东洋牌SE-2038型彩电行推动变压器损坏而无光栅的故障。

9维修中的废旧电阻不可弃之，有时可再利用。如：修一只贵阳永跃仪表厂产MF14型万用表电流、电压挡均正常，但其电阻挡R×10，异常打表针，将调零电位器旋至最左边也无效。分析该表电路结构得知，此表线路设计较特殊，采用桥式平衡电路测量，发生此故障只能是514Ω电阻或转换开关有问题。仔细观察此电阻发现有过热烧焦痕迹，并测其电阻阻值仅50Ω。由于手头无合适锰铜丝又不便校准。故在废旧电阻里，找来一只510Ω/0.5W，金属膜电阻代用，结果仪表恢复正常。

◇山东 张振友

一种数码显示设置温度的控温电热毯电路

电热毯已是大众冬天必备的床用电取暖器具。因其使用方便、清洁，升温快速、耗电低的特点，而深受消费者的喜爱。但纵观国内市场，具有控温特点的电热毯并不多见。据调查，控温电热毯价格往往偏高，消费者也不知道控温型电热毯相对于普通调温电热毯所具有的优点；其次，控温电热毯的控温存在生产技术难度，不容易做到一致性，特别是数码显示控温电热毯的显示温度与实际温度差异大。

本文介绍一种采用单片机(MCU)实现设置温度显示、故障显示、生产调试方便、控温准确的电路。电路由AC-DC交直流变换电源电路、单片机及外围电路和负载执行电路三个部分组成。见图1。

这里只对单片机的外围电路的作用进行解析。单片机(MCU)外围电路功能有：数码显示、按键输入、电热毯感温丝数据采集、环境温度跟随自动补偿网络四个部分。

1、数码显示：主要显示温度的设置值，对应于电热毯的平均温度。当电热毯出现故障时，还可显示故障状态。

2、按键输入：通过按键K1/K2进行"+1"或"-1"的温度设置，低电平有效。

3、电热毯感温丝数据采集：电路由感温丝RS和电阻R9组成，单片机A/D口直接采集RS的电压值，没有中间环节产生的误差。感温丝采用纯铜材料，延展性好，耐弯折。

4、环境温度跟随自动补偿网络：电路由R10、R11、R12、R13、R14、R15、RT、RW元件组成。其目的是实现A点电位与C点电位随环境温度同步变化。电热毯加热时保证毯面平均温度的C点反馈电压在A点和B点的电位区间变化。

本电路在常温条件下能适应宽范围的感温丝电阻偏差的基准调校，可在5-30度环境条件中大批量生产，确保产品控温一致性；解决在不同环境温度条件下开机，基准自动对零，实现的毯面平均温度控制准确，设置温度与毯面平均温度偏差小目的。因采用单片机，还可增加更多附加功能，如故障实时侦测，开机显示环境温度，定时停止加热等，使用的安全性更有保证。使用者可设置适宜温度(推荐24-28℃的任一温度)后可通宵使用，温度在±1℃间波动，即使长时间使用也不会出现口干舌燥的现象。

相比调温电热毯，控温电热毯在使用安全性和舒适性都更好。

◇梁 冰

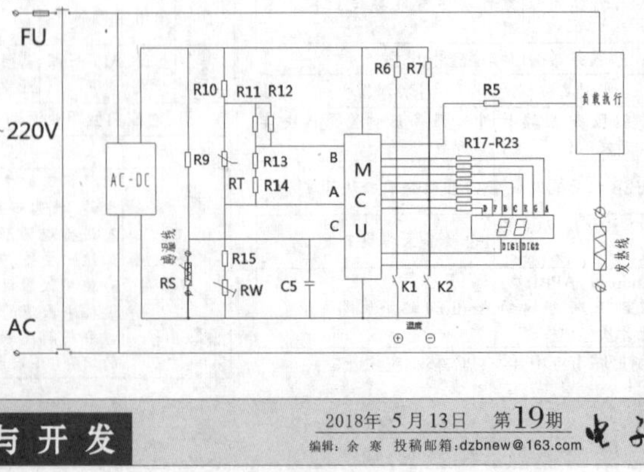

基于以太网的POE供电技术(上)

POE (Power Over Ethernet)供电技术是在对现有以太网布线的基本架构不作任何改动的情况下，为一些基于IP的终端（如IP电话、无线局域网接入点AP、网络摄像机等）在传输数据信号的同时，还为此类设备传输工作用直流电源的一项技术。

一、信息传输设备远距离供电的三种方式

通信设备远距离供电一般有专用或利用备用线对、幻线以及一线一地三种方式。

1）专用或备用线对 一般信息传输线缆都预设有用于业务扩充的多余线对，如市话电缆、以太网网线等。以太网线线缆内8根芯线，每两芯绞合为一对共4对；在10/100M BASE-T 系统中，仅用了其中线序为1、2和3、6的两对，4、5和7、8两对为待用，此时就可以将此待用线对用作传输远端设备的电源线。

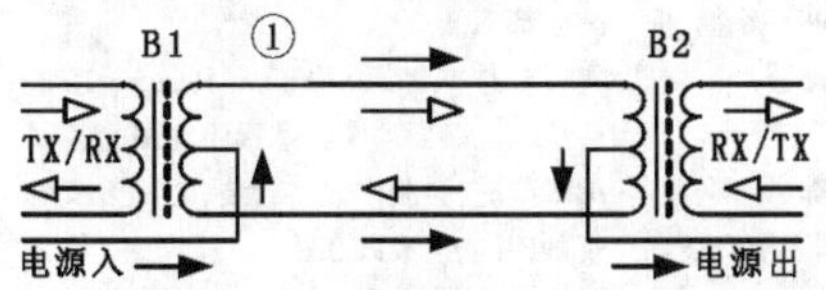

2）幻线 对一条传输交变信号的线路进行一定的加工，即可在不影响原有信号传输的情况下，传输供远端设备工作的直流电源，这种有如在实线之上额外增加了一条并不存在的线路的方式称作幻线。在网线的在用线对两端，各增加一只变比为1:1且次级有中间抽头的变量器，即可构成一条这样的线路，见图①。

数据信号经由变量器B1初级输入，感应至次级，经线路传输至另一端变量器B2的次级，再感应至B2初级输出。路径见图中空心箭头所示。只要注意了变量器次级中间抽头上下两组线圈参数的对致性（采取双线并绕），以及同名端之间的关系，在中间抽头上就不会有信号电流。直流电源一极由变量器B1次级中心抽头加入，基于变量器隔直通交及电感线圈通直阻交的特性，直流电源不会传至B1的初级，而是分别经B1次级上、下两组线圈，经线路传输至另一端的变量器B2的次级，同样不会传至B2的初级，而是流经B2次级上、下两组线圈至中间抽头取出。路径见图中实心箭头所示。形成电源回路另一回线的组成和图①一样，仅只电流方向相反。

3）一线一地 大地是一个天然良导体，从强电系统的电力技术到弱电系统的电信技术领域都被广泛利用。同样在以太网中也可以利用待用线对或经过加工后的数据线对作为一根线，大地作为另一根线，构成一条传输直流电源的通路，见图②。电源经由始端的待用线对或经过加工的在用数据线对加入，经线路传输，在另一端的待用线对或经过加工的在用数据线对取出，至用电设备的电源一端；用电设备电源输入的另一端则就近接入大地，通过大地，流回同样一极接大地的电源侧同极，从而完成直流电源的传输。

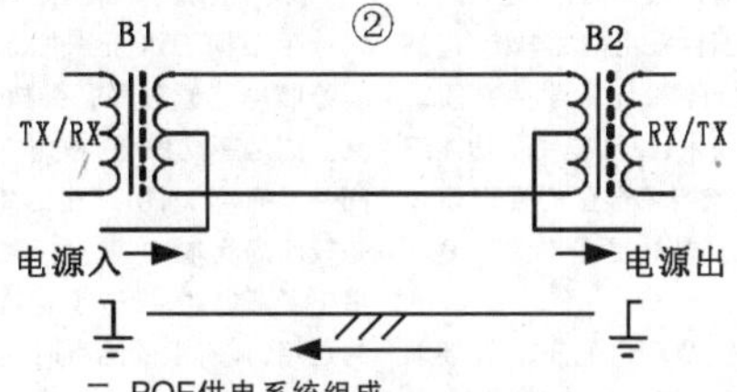

二、POE供电系统组成

一个功能完备的POE供电系统包括馈电通道、供电端设备PSE(Power Sourcing Equipment)和受电端设备PD(Powered Device)等三部分，见图③。

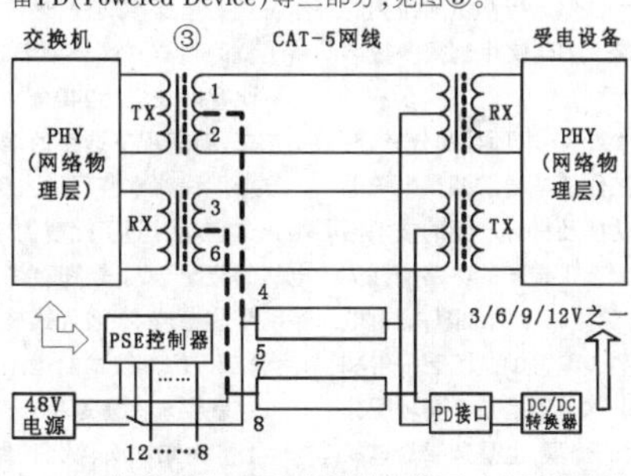

1）馈电通道POE馈电通道是借用以太网既有的CAT-5网线而建立的。在始端，待传输电源与数据信号按照约定的线序和线位送入网线各芯线对，经最长不超过100米的同线缆传输至终点，两种信号又被分离，数据信号进入远端设备，电源则至PD接口，经PD转变为远端设备所需要的电压值，供给远端设备使用（参见图③）。馈电方式使用三种方式其中的二种：待用线对和经过加工的数据线对（幻线），分别被称为中间跨接法和末端跨接法。

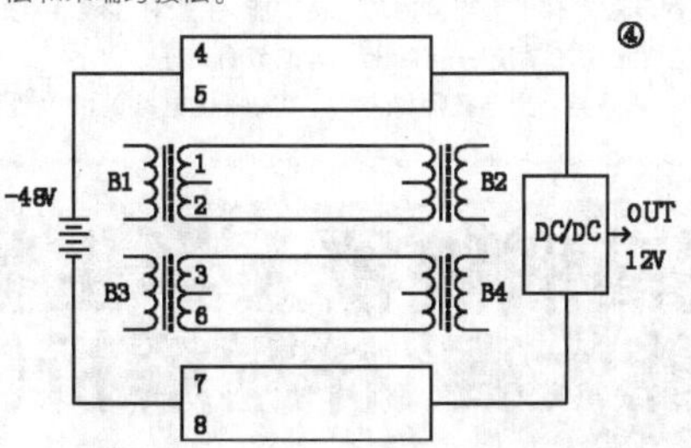

中间跨接法（Mid-Span）中间跨接法即是利用网线中的待用线对来传输直流电源，跨接在交换机和终端设备之间，见图④。为了增大传输功率，通常是将待用线对当作一对线缆的一根线使用，即在网线的两端将线序为4、5和7、8两对芯线首尾各自并联连接接。首端接PSE电源输出端口，尾端接PD电源输入端口。

末端跨接法(End-Span) 末端跨接法是利用经过加工的传输数据所用的线对传输直流电源。网线芯线1、2线对和3、6线对的首尾各插入了一只变量器，数据通道顺次为始端变量器初级、始端变量器次级、线路、尾端变量器次级、尾端变量器初级；电源则自PSE侧的B1和B3次级的中心抽头接入，至尾端PD侧变量器B2和B4的中心抽头取出，再经一系列的滤波防涌及DC/DC变换，再输出至用电设备，见图⑤。

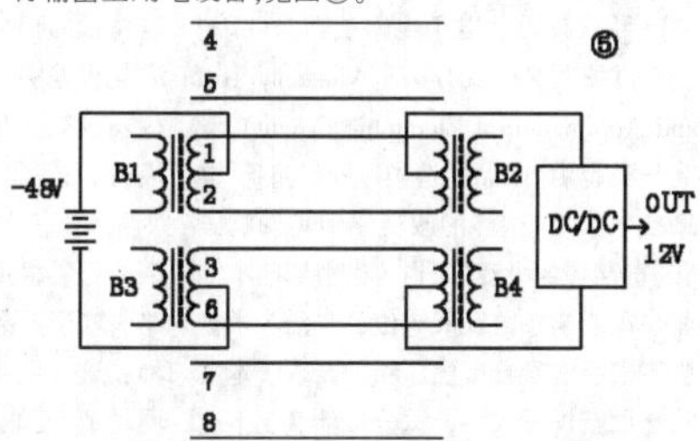

2）供电端设备PSE PSE是POE供电系统电源侧设备，电路主要有直流48V电源、控制器，输入输出端口等。其电路设计和组成根据使用环境和用户需求有繁有简，但其都基本具备POE系统电源的产生和供出功能，PSE可通过控制器或主控制器以实现POE供电全过程的管理和控制，比如根据远端设备实际情况选择是否输出或切断电源、输出电压电流的大小、分级、以及执行某些事故状态下的保护动作等。控制器是PSE侧供电设备中的核心器件，一款POE供电设备的功能是否可靠和完善，主要取决于此。图⑥是一型号为LTC4258的控制芯片及相应电原理图。

LTC4258是一款可以独立或在主处理器控制的模式下运行的4路以太网供电控制器，除具有 PD设备（是否在线）自动检测、自动分级、电流控制，以及DC断接检测功能外，还具有监测AC断接状态的功能；通过12C（总线）或SMBus（系统管理总线），可对多达16个该型控制芯片的联接，以管理和控制多达64个端口的供电。Q1~4为MOSFE三极管，是控制器输出端口的执行器件，从最初的向PD侧送出一微小的检测用电压，至最终向PD侧 供出标准电压及电功率，都是依靠这只三极管执行并完成的。

（未完待续）（下转第197页）

◇四川 杨安治 易永萍 杨根绪

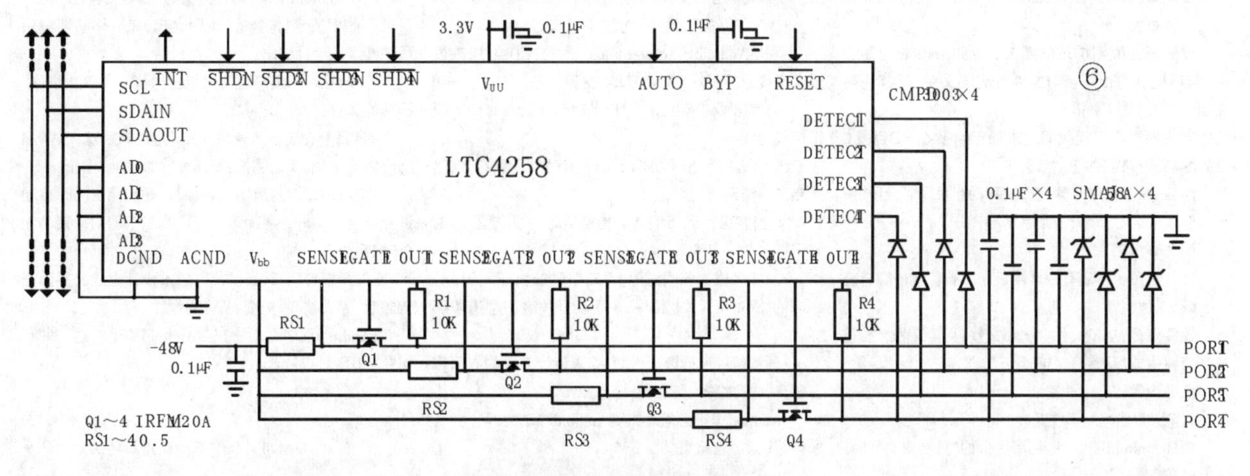

中职电子技术专业国赛新规程的分析

"电子产品装配与调试"专业是中等职业院校的经典专业，曾为我国培养了大量的技能人才，解决了大量农村劳动力的就业问题。但随着社会的进步，科技的发展和产业的转型，专业萎缩，生源减少等实际问题益发严重。以我校为例，巅峰时期该专业每年招生几百人，但现在已经萎缩到每年招生几十人、十几人的地步。在技能大赛的角度，本专业也早已被踢出了国赛，在一些发达省份的省赛中也已经不见了踪影。

好消息是在最新颁布的国赛赛项规划中，本专业又被纳入了进来，但专业名称已经被改为"电子电路装调与应用"(赛项编号ZZ-2018075，Assembly Test and Application of Electronic Circuit)，专业分类也由"产品制造类"划归到了"信息技术类"。这样的改变不但将影响国赛、省赛等各级赛事，也势必将影响本专业在职业学校的发展定位，也给各学校接下来组织参赛提出了新的要求。本文从赛项新规程入手，试分析新赛制下选手的培训组织应赛事项。

一、新规程的比赛内容与分析：

1.元器件选择。本项目配分5分，要求选手根据工作任务书设定的电子电路，从赛场提供的元、器件中识别、选择、检测电子元、器件及功能部件；这一项与旧规程基本没有区别，是本项目的基本功。新规程还要求选手能从所给元器件中筛选所需的全部元器件，逾期补发的元器件要扣分处理。

2.电子电路装配。本项目配分20分，要求选手按照工作任务书中电子电路原理图，在赛场提供的电路板(PCB板)上焊接及安装电子元、器件及功能部件，完成电子电路装配。其中部分元器件（电阻、电容封装规格0805；集成电路管脚数在64脚以下）采用贴片焊接；这项要求与旧规程相比有两点不同，一是明确了比赛中部分元器件采用贴片焊接，这是电子技术发展到现今阶段学生必须掌握的手工焊接技术；二是提到了功能部件的安装，这就要求学生的视野要开阔，要能够认识、掌握更多专门用途的元器件。

3.参数测试。本项目配分10分，要求选手选择仪表或仪器，测试工作任务书设定的电子电路和赛场提供的电路中指定位置的相关参数，并记录测试结果；与旧规程差别不大，但进行测试所用到的仪器仪表变化较大，会使用到很多数字设备。

4.电子电路调试。本项目配分35分，要求选手根据工作任务要求调试电子电路，实现产品功能及符合产品的技术指标；这一项要求选手装配的电路能够实现功能，要能排除电路中的故障，能对电路进行静态检测，编写调试工艺报告和故障检测报告。这一项是整个赛项配分最多、难度最大的一项，也是选手最容易失分、拉开比赛名次的一项。

5.绘制电路图及PCB板图。本项目配分15分，要求选手根据工作任务书要求在Altium Designer10软件环境中绘制电路原理图、元件封装及PCB板图。选手要完成的工作与旧规程没有差别，但是采用的软件改成了新的版本。与沿用了十几年的DXP 2004相比，Altium Designer10及其之后的各版本有了更丰富的功能，操作界面也更细腻，使用起来实际上更加方便快捷，只是要求指导教师和选手要熟悉新软件的使用，特别是有的省份已经开始使用Altium Designer16甚至2017版本了。

6.电路仿真。本项目配分10分，要求选手根据工作任务书要求在软件环境绘制电路原理图，并按要求进行仿真。这是新规程增加的内容，但比赛时间并没有增加，所采用的Multisim 13也是较新的版本，这就对指导教师和选手提出了新的要求，选手要熟练掌握软件的运用，在有限的比赛时间内多完成一项任务。

7.除此之外，比赛还对选手提出了职业与安全工作的要求，要求选手的操作符合安全操作规程，遵守赛场纪律，保持工位的整洁。这一项配分5分。

比赛时长仍为240分钟。

二、新规程下选手的培养

新规程将本赛项纳入到了信息技术类，这也就说明了比赛的目的已不止于电路的装配与调试，还要考虑到"应用"，特别是信息技术、嵌入式技术、数据采集存储技术、仿真技术的运用。

这就要求参赛选手：

1.扩大知识面，认识、熟悉更多新元器件、功能部件。比赛制定了新规程，其对赛事的影响必然是方方面面的，必然会引入许多新技术、新元件，特别是与信息技术相关的元器件的使用。这对中职学生来讲必然是一大挑战，所以这方面对选手的培养应该是赛前训练的一个重点。

2.精练手工焊接技术，练熟贴片焊接技能，注意对导线、跳线、元器件标识等细节的处理。

3.强化电路的故障处理能力，锻炼选手的逻辑思维，能排除电路中隐藏的故障。电子电路故障检修对选手的综合能力要求很高，这一项也是选手们最发怵的。新规程明确了在之后比赛中必有此项内容，从已经颁布的2018年国赛规程来看，找出故障点2分，修复故障4分，功能验证4分，考虑到选手都是中职学生，电路不会太复杂，运用基本的检修思路、技能应该能够解决问题。

4. 能熟练操作各种测量仪器仪表，特别是新型的数字式仪器，做到测得快、读得准，要学会在数字式仪器仪表上采集、存储测量数据。选手还要练习编写调试工艺报告和故障检测报告，这两项的配分都不低。

5. 能熟练运用Altium Designer10软件绘制电路原理图，掌握原理图的各项编辑技能，会制作元件封装，会设置布线规则，并能生成PCB图。

6.能熟练运用Multisim 13软件，画正确的原理图，正确设置元件参数，正确选择仪器并连线，才能得出正确的仿真结果。

7.养成好的职业习惯，工具、器材摆放要规范，元器件、器材的包装物品、废弃导线线头等的处理要得当，工位要保持整洁。

老的"电子产品装配与调试"专业已经完成了历史使命，新的"电子电路装调与应用"专业正大有可为。希望通过新赛制新规程的应用，能带动各职业学校调整教学内容，传授给学生更新、更全的技能，为社会培养出更多跟得上技术发展、用工市场发展、综合水平更高的新一代技术工人。

◇陕西汉中　杨锐

"2018年四川省高职院校大学生物联网技术应用技能大赛"样题解析(4)

(紧接上期本版)

任务五、物联网Android端应用设计开发(18分)

任务要求：

按照任务说明描述的要求，新建Android应用工程，利用提供的相关接口文件(jar、.so文件)及其说明文档，实现相关业务需求。

完成的项目工程代码要求保存到服务器D盘及U盘的"提交资料\任务五\"目录下。

注：android程序必须发布到移动互联终端，且按照题目要求的名称命名，否则将影响评分。

任务环境：

硬件资源：移动互联终端设备、智慧城市综合套件、移动工位。

软件资源：接口文件(jar、so文件)及其说明文档见竞赛资料中的"竞赛资料\任务五"。

任务说明：

1.客房智能控制系统开发

新建Android项目，将利用提供的"竞赛资料\任务五"目录下的相关素材、类库、说明文档，完成程序开发。设计要求：

·实时显示客房区光照值；

·利用Android的ToggleButton(开关按钮)控件，来设置客房楼道照明灯"手动\自动"控制状态；

·当客房楼道照明灯为"自动"状态时，具有如下逻辑控制功能：

① 当客房区光照值低于指定值(界面可设)，自动开启客房楼道照明灯；

② 当客房区光照值高于指定值时，关闭客房楼道照明灯；

·当客房楼道照明灯为"手动"状态时，能利用Android的"Switch(开关)"控件，来手动开关客房楼道照明灯。

·理解题目自行设计界面，要求设计完成的界面符合题意、界面整齐、美观、易懂易操作。

·Android程序必须发布到Android移动终端，并且保存至U盘对应位置。

2.招待所前台智能监控系统开发

新建Android工程，利用提供的"竞赛资料\任务五"目录下的相关素材、类库、说明文档，完成移动端应用程序开发。设计要求：

·实时显示当前环境的大气压力值、空气质量值、操场的风速；

·界面中有显示风速的风扇动画；风速越大，风扇动画转速越快，反之越慢；风速为零时，动画停止。

·定时控制前台照明，当时间在开启范围内时自动打开前台照明灯，界面须有开启时间范围的设置功能(详细到秒)；

·理解题目自行设计界面，要求设计完成的界面符合题意、界面整齐、美观、易懂易操作。

·Android程序必须发布到Android移动终端，并且保存至U盘对应位置。

(全文完)

◇四川科技职业学院鼎利学院　刘桄序

广电即将影响发展的八个主体方面

一、深度融合

媒体融合的深度和广度将加强

如今,"总局+总台"新机构模型已经形成。在新的历史阶段,广电需要不断提高主流媒体的传播力、引导力、影响力、公信力,而当下完成这项任务的重要抓手就是深化媒体融合,打造主流全媒体。尤其是机构改革之后,广电媒体将进入深度融合的新阶段,媒体融合的深度和广度都将进一步加强。中央三大台的合并已经开始,各级广电媒体也将逐步步入这次融合改革的大潮,进行自上而下的全媒体系统改造。

二、体制机制变革

广电系统的体制机制改革将深化

2018年全国两会,国务院机构改革方案提出,组建新的国家广播电视总局。机构改革之后,国家广播电视总局由原国家新闻出版广电总局分离,变成了国务院直属机构,中央广播电视总台也变成了国务院直属事业单位,广播电视的地位作用得到进一步强化。

在新广电总局的职责描述中,明确指出推进广播电视领域的体制机制改革的任务,这无疑关系到广电系统亟待解决的重大问题,也是广电人的人心所向。

三、平台化和智能化

打造平台化的智能媒体是媒体发展的方向

媒体未来的发展趋势是逐步走向智能化和平台化。如今的环境下,广电不应再被传播媒介的属性所限制,而是将自身定位为专业的媒体内容提供者和服务者。通过组织架构重组、生产流程再造、智能化升级,并结合互联网思维建立一个有公信力、影响力的广电全媒体系统,将一切可服务于用户的产品、产业或概念放在这个平台上去,就会有无限的想象空间。

四、产业化

深挖广电产业,打造服务型媒体平台

拓展产业、提供服务是当前各级广电媒体都在尝试的经营方式,也是广电媒体打造服务型平台的题中之义。在产业化经营的道路上,广电媒体需要解决的是如何调动现有的媒体资源与产业经营形成协同运作,而不是单纯地做经营。就目前广电产业的实践而言,仍存在把产业经营做成"广电贴牌的小生意"的现象,不但偏离了广电产业经营的大方向,也在一定程度上影响了广电媒体自身的形象。

五、人才建设

优化人才结构,打造专业团队

随着中国广电事业的不断发展,内容制作成本提高,品质也更加精良,追求大投入、大制作、大明星、大营销。从制播一体到制播分离,产业分工进一步明确。另一方面,移动互联网的发展改变了传播的格局和基本逻辑,人才结构已经发生转变,为了适应媒体发展的新趋势,与之相匹配的人才和专业团队必不可少。

六、轻量化

内容生产趋于轻量化,适应碎片化场景

如今,用户对媒体内容的接受习惯越来越显示出移动化、碎片化的特征,这也对媒体的内容生产提出了新的要求。为了迎合受众碎片化的信息接收习惯,广电在内容生产方面应当更趋向于"轻量化"。如何在短时间内简单、高效地将信息传达给用户成了广电媒体需要重视的问题。

这一点上,短视频、直播等新兴的互联网视频形式将为广电内容实现"轻量化"提供新的可能性。在以往的尝试中,主流媒体的综艺节目、大型晚会等与网络直播平台的"联姻"、广电知名主持人的个人短视频、短视频版的电视新闻节目等都不但让广电的内容生产更具多样性,也使广电媒体的形象更加接地气,从而加强了用户的黏性。

七、社群经济

运用用户思维,打造社群经济

针对广电来说,媒体融合的目标之一就是集合所有传播内容和传播渠道与受众建立起"零距离沟通"。因此,如何借助互联网的用户思维,变广电媒体的受众为用户,打造频道、节目等的线下社群,进而创造社群经济,是广电可以发力的方向。

广电要服务好自身的"超级用户",建立社群,打造社群成员的信任关系,这样不仅可以扩大媒体影响力、增强用户黏性,还可以有效地降低交换成本获得直接利益。社群化的运营方式是互联网的惯用玩法,运用在广电身上就要求其必须放下身段,深耕用户市场,研究受众心理,加以广电媒体的公信力吸引受众。

八、待遇提升

提升广电职工待遇是重中之重

广电的发展,归根结底还是取决于人,提升广电人的待遇是解决广电困境的根本。可以说,钱的问题解决不了,其他都无从谈起。近年来,一大批传统媒体的精英人才出走互联网,广电媒体的人才断档问题亟待解决。前段时间,新任中宣部副部长、中央广播电视总台台长慎海雄指出:"要进一步加强队伍建设,待遇留人、感情留人、事业留人一个都不能少",一番言论不仅道出了广大广电员工的心声,也指明了合理的薪酬体系对人才建设的重要性。如今,薪酬的问题就像附在广电身上的镣铐,使其日渐丧失活力——优秀人才留不住、新人难招、一线职工工作无斗志,提高广电职工待遇已成为新时代广电转型过程中最亟待解决的问题。

◇张凯恒

广播电视常用技术英汉词汇对照表(四)

在应用广播电视设备中,往往有很多英文简写出现在设备上,为了方便同行对广电设备上的英文熟知,特摘录以下常见用于广播电视技术行业的英汉词汇对照表。为了查询方便,本表以英文字母排序进行汇集整理。在查阅对应含义时,特别要注意部分简写的真实含义,容易出现混淆,同时在本技术行业应用中,约定的简写才可以简写,否则简写容易出现歧义。

(未完待续)(下转第199页)

◇湖南 李斐

英语简写	英语词汇	中文含义
E		
EA	Extension Amplifier	延长放大器
EB	Electron Beam	电子束
EBS	Emergency Broadcasting System	紧急广播系统
EBU	European Broadcasting Union	欧洲广播联盟
EC	Error Correction	误差校正
ECN	Emergency Communications Network	应急通信网络
ECS	European Communication Satellite	欧洲通信卫星
EDC	Error Detection Code	错误检测码
EDE	Electronic Data Exchange	电子数据交换
EDF	Erbium-Doped Fiber	掺饵光纤
EDFA	Erbium-Doped Fiber Amplifier	掺饵光纤放大器
EDL	Edit Decision List	编辑点清单
EDTV	Extended Definition Television	扩展清晰度电视
EE	Error Excepted	允许误差
EFM	Eight to Fourteen Modulation	8-14调制
EFP	Electronic Field Production	电子现场节目制作
EH	Ethernet Hosts	以太网主机
EIN	Equivalent Input Noise	等效输入噪声
EIS	Electronic Information System	电子信息系统
EISA	Extended Industrial Standard Architecture	扩展工业标准总线
EL	Electro-Luminescent	场致发光
EM	Error Monitoring	误码监测
EN	End Node	末端节点
ENG	Electronic News Gathering	电子新闻采集
EOT	End of Tape	带尾
EP	Edit Point	编辑点
EPG	Error Protocol	错误协议
	Electronic Program Guides	电子节目指南
EPS	Emergency Power Supply	应急电源
ERP	Effective Radiated Power	有效辐射功率
ES	Elementary Stream	基本码流
	End System	终端系统
ESA	European Space Agency	欧洲空间局
ETV	Education Television	教育电视
	Enhanced Television	增强电视
	Entitlement Control Message	授权控制信息
EIS	Event Info Scheduler	事件信息调度器
EIT	Event Information Table	事件信息表
EPG	Electronic Program Guide	电子节目指南
	electrode slope	电极斜率
EMM	Entitlement Management Messag	授权管理信息
ETSI	European Telecommunication Standard Institute	欧洲通信标准委员会
	encryption/decryption system	加密/解密系统
EMM	entitlement management message (EMM)	授权管理信息
EMMG	entitlement management message generator (EMMG)	授权管理信息发生器
ECMG	entitlement control message generator (ECMG)	授权控制信息发生器
EBU	European Broadcasting Union	欧洲广播联盟
EIT	Event Information Table	事件信息表

单端甲类无负反馈胆石机的制作

几年前，制作过几款耳放和胆前级后，我考虑作台功放来使我的二声道HIFI系统达到理想的效果。高档的晶体管功放离不开高精度配对的差分管和大环路的负反馈。高精度配对的差分管在业余条件下难以达到。而大环路负反馈对中低档的功放是好的，但要达到高保真让音箱产生真人在录音室的那种有活力真实的声音是不够的。用电子管作电压放大部分电路简单，可采用高档的元件保证质量，而电子管可以产生好听的音色，加上简单的电路少的放大级数易达到高保真的效果。胆前级做过SRPP电路，用二只6N11，感到效果不好，关键是听感不好。那就用音效好的传统单端甲类屏极输出电路。因为还制作过6N3放大，6N6阴极输出的胆前级，听感也不好，后广泛查资料发现电子管阴极输出由于阴极输出的电极上寄生电容高于电子管屏极输出方式，造成阴极输出方式高音损失音质下降。所以我不采用电子管阴极输出方式。通过查国产电子管手册，6N2的放大倍数高，是电子三极管音质好，但一级放大倍数还是不够，而且高放大倍率时输出电阻很大。而我为避免采用对音质影响很大的输出变压器，打算采用晶体管降低功放输出电阻，提供数十安的输出电流。同时6N2的栅负压仅负1.5伏。达不到CD机的2伏输出标准。在这个理由下6N8P负8伏的栅负压就很适合直接输入CD机的满功率输出提升功放输出功率并且直接CD机的全幅输出可减少失真。查6N8P的表选屏极电阻100K电压300伏放大倍数14倍。再加一级6N5P的屏极输出放大，6N5P的栅负压负30伏正好衔接6N8P的放大幅度。6N5P是低内阻管，内阻0.45千欧，屏极电阻选27千欧放大倍数1.4倍。14乘1.4等于19.6倍正是合适的家用功放的倍率。CD机的满功率输出刚好放大到功放满电压幅度，表明功放有合适的放大倍率。

设置电位器R1是为匹配高于2伏的音源或前级，在使用中可调R1使输入功放的最大电压低于2伏。C1是必要不可取消的，如果取掉C1给6N8P放大级加上点电流负反馈对音质没提高，放大倍数损失，还会产生较明显的交流声。这是因为灯丝泄漏到阴极的交流电微弱可由阴极旁路电容C1旁路掉，不对音乐信号产生干扰。若取消C1，灯丝泄漏到阴极的微弱交流电流经阴极电阻产生压降反馈到屏极进入音乐信号中，产生干扰。同理C3也不可取消。C1选用ELNA BP330微法63伏的无极电容。C3选用ROE100微法200伏电容。选200伏是因为先用63伏电容有击穿现象。C2选用成都宏明厂的油浸电容，这是效果的最佳值和最佳的电容。先用MKP1微法，低频太粗。换0.22微法油浸电容，音色很好低频差点。并上0.22微法MKP很均衡，听了段时候，参加成都音响节，和厂家人员谈了下建议用纯油浸电容。于是出了音响节会场就到了城隍庙找到了0.47微法的油浸电容，换上后就没有必要再换了，很好。C7，C8是2.2微法的红威马加1微法的宏明厂代工的广汉凯立厂的MKP电容。开始只用2.2微法的红威马低频不足，加上1微法的凯立电容后很合适了，均衡。手动开关K1，K2开机前关闭，接地，待高压加上后再断开，防开机电容充电的冲击信号。

C9和C10是实验的结果。R9R10是电子管和晶体管之间消震的电阻，在功放刚完成时没有C9C10。在播某段CD时有自激的微弱毛边的音效。判断为微弱自激。参考了许多资料，加了电容C10，实验嘛，从0.01微法改0.022,0.1,0.22,0.47,1.0,2.2,4.7,10,22,47,100 微法等值没有一点变化。后自己想办法加上C9,0.01微法，再试C10的不同值，由小到大加到1.0微法时微弱毛边越来越小没了。听了几个月偶有一瞬自激，加2.2微法ERO电容并上原ERO1.0微法后，功放很稳定了。

晶体管部分由于制作耳放的经验，对比了大功率场效应管和大功率复合管作末极电流放大的效果。场效应管虽柔和但较朦，而三极复合管较完美，低频，高频的延伸及细节和伦廓上都好。根据电子报的广告，邮购了二块新的被砸坏当元件卖的三声道功放板上有6对2SD2390,2SB1560达林顿大功率三极管10安150伏。还有专用偏置管C4137，输出大功率电阻0.39欧。就用这些元件。由于没用场效应管，一般的胆石机都用场效应管作为解决电子管高阻低电流推晶体管产生低阻大电流的最简便方法。而我电子管采用了低阻的大功率管输出，根据计算三极管的放大倍率，再加一级最适合三级达林顿放大第一级的MJE340，MJE350对管来推动2SD2390，2SB1560达林顿管可以不用场效应管达到要求。偏置调节电阻R11与偏置三极管C4137的这种接线方式可以防止可调电阻R11接触电阻变化引发末极管的静态电流大幅变化烧毁末级管的可能。

高压滤波电容采用了MKP30微法450伏的规格，原用47微法450伏的电解，出现了漏液的短路事件，烧坏了原用的电子管收音机电源变压器。采用MKP电容后听感高频更好。

经一年听音实践，此功放配一台仿音乐传真X-10D，或国产仿音乐传真X-10D用两个6J1电子管的那个胆前级听感更好。二月放年假，去了趟广东阳江，听了十八子公司音响博物馆的顶级录音室监听音箱，芬兰产大口径低音喇叭三分频，法国胆前级推晶体管三分频的后级。感到音响到此也到顶了。听音乐高低频的延伸覆盖的频率范围要够，这是最基本的。现在很多音箱高音越做越高，蝙蝠都听不到了，低音喇叭却小口径，听大鼓像敲盆子。反而宣传在同口径低音喇叭中低音算不错的，价格也不低。我一惯认为音箱低音喇叭不应小于8寸，10寸为佳。回川路上，经过重庆，在一音响卖场被播放的赵鹏歌声吸引。过去看是一双6寸低音加一号角高音的JBL大音箱，好听，可店主音量开太大后低音有明显打底的失真。可见小口径大冲程多低音效果并不理想。遇到一对美国RALABS BLACK GOLD音箱10寸低音三分频，试听仅是阳江听过的感觉。买回来换下1993年的音箱，配DVD同轴经双TDA1543解码由仿的两台X-10D，一个忠于原作二只6N11，另一个二个6J1，两台交替推这台胆石机试了几天，算最接近在广东阳江听到的感觉。

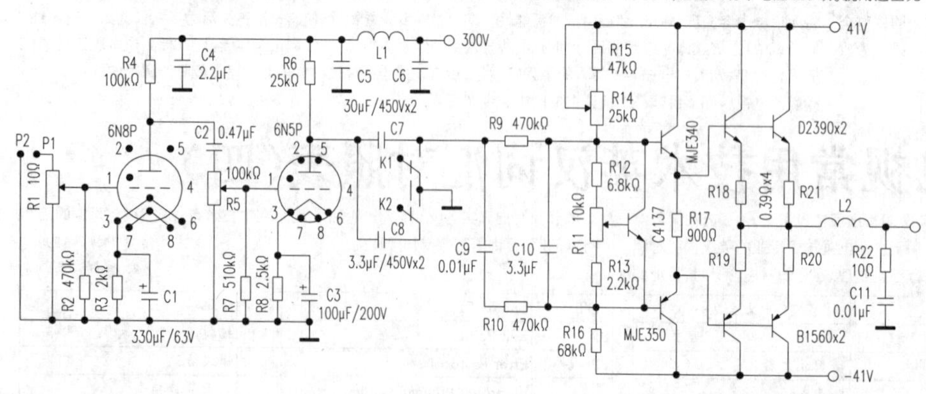

◇张文茂

2018CES获奖耳塞技术功能剖析(二)

(紧接上期12版)

四、AfterShokz Trekz Air

文中照片展示的是一款采用与传统耳塞放声原理不同的无线耳塞，该款兼容A2DP、AVRCP、HSP和HFP的蓝牙4.2版耳塞荣获"2018CES创新奖"，由深圳市韶音科技有限公司开发。AfterShokz Trekz Air除外观给人以美感外，使用的舒适性也值得一提。其佩戴的服帖得益于颈部的环绕式设计；轻盈与耐用得益于比竞争型号轻20%的一体式钛合金后挂骨架。为适应各种环境使用，本耳塞外面覆盖了一层独特的纳米涂层，并添加了防水橡胶垫圈，因而其具有IP55级别的防汗防水功效。AfterShokz Trekz Air提供多点配对，并可在配对，以及播放和通话等多方面给予Audrey Says语音提示。其可充电锂离子电池满负荷可供连续音乐播放和语音通话6个小时，待机时间20天，有黑灰绿和粉红四种颜色。AfterShokz Trekz Air还具有：

1.别样的传声方案

AfterShokz Trekz Air的传声原理与传统耳塞有着天壤之别，应用的是专利拥有的骨传导和专有音频技术。与音乐声波通过空气传入耳朵振动耳膜听音的方案不同，本耳塞无需插入耳道或覆盖耳朵（因而倍感轻便舒适），只要将其置于耳朵前端合适的位置即可，此时，内置传感器会将由音乐转成的微小振动信号通过颧骨传导至内耳，让听众欣赏。这一声音传递技术加上OpenFit设计方案的使用，最大的优点是双耳的解放使得听者在听音乐的同时能保持最大的情境感知，安全性自然得到提高。

2.有效的漏音抑制

Trekz Air应用了AfterShokz公司首创的LeakSlayer漏音消除技术，该技术方案通过精心设计的精巧声学结构可以显著降低自然声的渗出，抑制声音外漏。LeakSlayer技术颇为有效地解决了大多数耳机和耳塞通常或多或少存在的声音渗漏现象的缺陷，可以将骨传导方案的漏音问题降低70%之多，从而使正常聆听的声音更集中。

3.提升的声音品质

Trekz Air应用了优化声音的PremiumPitch+双悬挂传振系统及悬浮减震专利技术，该技术方案辅以双麦克风降噪将音质提升到一个全新的水平，音乐表现更加优秀。它能确保耳塞拥有丰富的低音和更宽的动态范围，展现音乐的更多细节，而且无论是音乐播放还是语音通话都非常清晰。另外，借助自带的EQ预设可以降低振动，提升低音，以在最大程度上满足用户对不同类型音乐的播放需求。

4.有功的深度降噪

Trekz Air为了实现更好的音质、更强大的声音处理能力，采取了双麦克风+DSP深度降噪措施，该措施借助一对噪声消除麦克风，以及先进的数字信号处理，能较为彻底地消除周围的噪声，从而大大提高了在嘈杂环境中耳塞应有的音频质量和通话效果，使得耳塞里听到的声音无论是正播放的音乐，还是通话的语音，聆听者会明显感受到清晰度的提高。

AfterShokz Trekz Air的参考价为149.95美元，2017年12月18日发行上市。

(未完待续)(下转第200页)

◇上海 解 放

2018年5月20日出版

实用性 启发性 资料性 信息性

第20期

（总第1957期）

国内统一刊号:CN51-0091 定价:1.50元 邮局订阅代号:61-75

地址:(610041)成都市天府大道北段1480号德商国际A座1801 网址:http://www.netdzb.com

让每篇文章都对读者有用

看不见的贸易战——半导体篇

最近中美贸易战日益升级，美国的理由不外乎是贸易逆差；不过在这里提醒大家的是有些高科技的重要部件，或者说非成品的东西(发动机、芯片、闪存等技术)我们每年还进口的不少。

拿内存举例，2016年初8GB内存条还是199元的白菜价；从2016年Q2季度算起，内存、闪存芯片涨价已经持续了快2年了，8GB内存条从200多块一路上涨到800多，巅峰时期甚至逼近千元大关，如今的内存价格接近2年前的三四倍，在电子产品日益变得廉价的今天，这些配件却逆势而行，不得不值得我们思考。

2年时间里，三星、美光、SK Hynix等公司到底赚了多少钱？

根据官方公布的财报数据来做个简单的计算，以三巨头三星、SK Hynix(海力士)及美光三家公司为代表，他们同时有DRAM内存、NAND闪存业务，占据了全球绝大多数内存市场；剩下的以NAND闪存为主有东芝、闪迪、Intel三家。

下面是三巨头的运营利润(注：不是毛利润，也不是净利润)，净利润是公司盈亏的最终情况，不过净利润并不总是能反映公司的营收情况，产品卖得很好的情况下也有可能净亏损，反过来的情况也有的，而运营利润能较好地反应该部分业务的运营情况。

这两年，美光运营利润总计625.5亿元。如果算毛利润(产品营收减去成本)，总计大约有1100.5亿元。

预计2018年Q1季度SK Hyix的利润能达到279亿，两年来总计运营利润可达1258亿元，如果算毛利润，那么就是1687亿元。

而真正的内存、闪存巨头是三星，美光和海力士两家运营利润相比三星真的是小巫见大巫了：

需要说明的是，三星半导体业务中不全是存储芯片，还有处理器，不过存储芯片占了三星半导体业务至少80%的营收，利润占比也不会比这个比率低。

这8个季度以来三星赚的运营利润大概是3420.5亿元，即便给存储芯片打八折，那么也有2736亿元，远高于SK Hynix及美光。虽说三星在国内手机市场已经跌至第9，不过完全不影响在中国的盈利。

有人估算过，存储芯片厂商近2年的利润是同时期10倍于华为(华为近2年也过得风生水起)。

三星、SK Hynix、美光在这两年的存储芯片涨价中赚得了4600多亿，东芝、闪迪、Intel这三家还没算，这三家在NAND份额上加起来跟三星差不多，不过NAND价值比DRAM要低，粗算的话这三家在这两年的运营利润合计在1000-1500亿左右，那么全球主流的存储芯片厂商在这一波涨价中差不多赚到了6000亿人民币。几家存储芯片公司的运营利润总额抵得上华为一年的营收，运营利润是华为2017年的10倍多。

好在国产存储芯片已经意识到这个问题了，NAND闪存预计今年下半年会开始爆发，DRAM内存芯片因为技术难度更高，国产速度要慢些。目前紫光有少量生产DDR3颗粒，DDR4颗粒今年下半年问世。紫光之外，合肥长鑫、福建晋华、兆易创新也投身内存生产，不过和曾经的LED面板一样至少还需要5-10年的时间才能逐渐形成一个良好的生态供给关系。

（本文原载第17期11版）

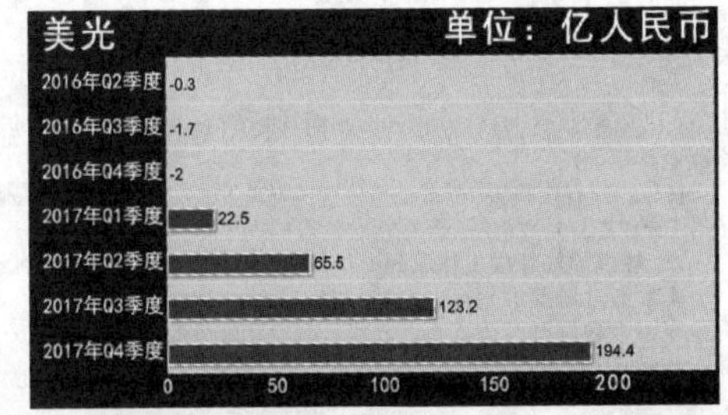

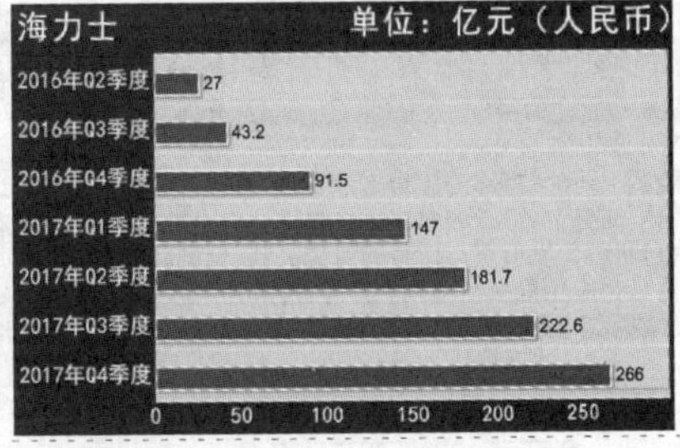

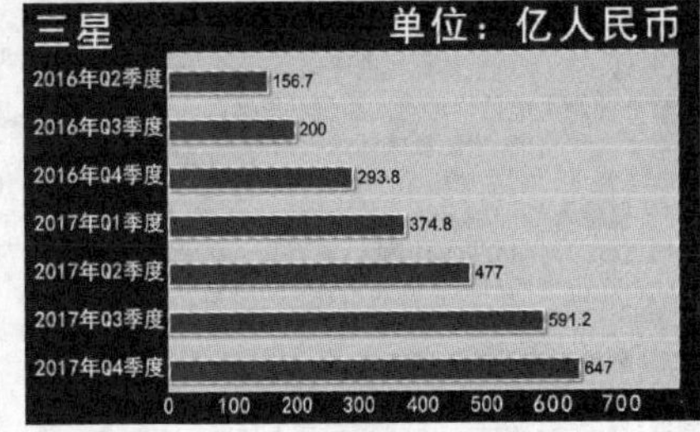

笔记本拆卸注意事项

笔记本由于空间结构紧凑，在拆卸时要比主机复杂一些，因此除了常用的十字改刀外，撬片也很重要。首先要打开的后盖部分，背壳并不会直接分离，为了保证密封严实里面还有格卡榫固定。用撬片顺着缝隙较大的地方将撬片伸进去，慢慢地打开后壳。在这个过程中需要慢慢加力，一定要控制好，力气小了打不开，突然加力的话卡榫就容易断掉。此外取键盘时也需要撬片。

完全打开笔记本内部以后，可以看到扬声器、风扇等处与主板有排线连接，这里也需要小心拔掉。

一般内存只需要打开两侧固定卡就能弹出，固态硬盘则通过一颗螺丝取下后就能更换。机械硬盘如果有保护架则需要逐步拆解，同时慢慢将其拔出。这里需要记住的是从Inter第五代酷睿处理器开始就采用封装设计，最好不要擅自拆卸更换处理器。还有各个部件的螺丝可能会不一样，取下后最好分类，以免混淆。

（本文原载第16期11版）

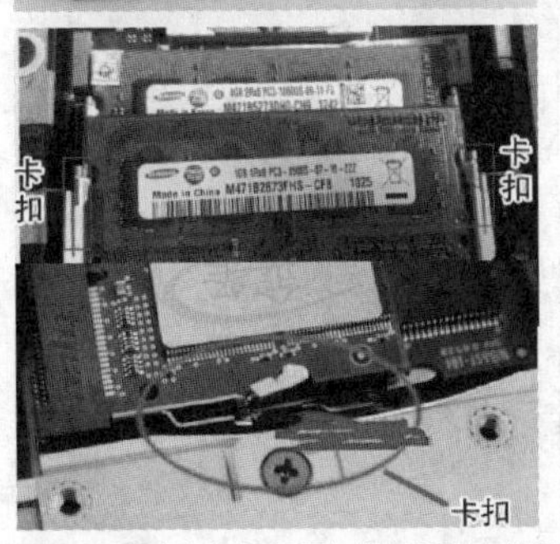

各型号笔记体内存条位置不同但基本都是卡扣装取

神合体:Kaby Lake+Vega

戴尔的新款二合一本XPS 15，搭载的CPU居然是intel的Kaby Lake构架和AMD的Vega合体，即酷睿i7-8705G(另一款同技术搭配为酷睿i7-8809G)。采用EMIB技术，将CPU、核显与HBM2高速串联，拥有体积小、能耗低和高效率表现，官方表示首发将会被用在游戏笔记本、NUC以及二合一产品中。

规格方面，两款均采用Kaby Lake CPU构架，都是4核心/8线程方案，酷睿i7-8809G默频3.1GHz，最高睿频4.1GHz，未锁频支持超频，8MB L3缓存，100W TDP，支持双通道DDR4-2400MHz内存，内集成Radeon RX Vega M GH Graphics双核显，拥有1536颗流处理器和4GB HBM2超高速显存。定位稍低的英特尔酷睿i7-8705G同样为4核心/8线程，最高睿频可达4.1GHz，但只有65W TDP，内集成Radeon RX Vega M GL Graphics核显，内包括1403个CU、4GB HBM2显存(500 MHz)，性能相对稍逊。

相比传统方案新第八代酷睿家族芯片体积减小一半，而且执行效率更高效。新的第八代处理器具备丰富特性与更好性能，体积更小、发热量低、在续航上也有了很大提速，所搭载产品最多只有1.7cm厚，续航至少可提供8小时，能满足游戏玩家、内容创建者、以及虚拟混合现实爱好者的需求，同时针对2合1设备、轻薄型笔记本电脑和迷你PC进行优化。

（本文原载第8期11版）

魔改Core i3-8100

很多人都觉得八代Intel芯片成本太贵了，因为必须配新一代的主板才行。比如Core i3-8100只能搭配Z370和ddr4内存，殊不知最近一个魔改Core i3-8100，让Core i3-8100能在100系列和200系列主板上使用，并能兼容ddr3内存。

有些厂家更是直接将最新的bios刷好，不需作任何修改就能直接点亮Core i3-8100。不过，Core i3-8100在前代主板的使用仍然有bug，例如核显无法使用，第一个内存插槽无法使用等情况，但暂时没有出现其他日常使用出问题的情况。

不过Core i3-8100正处于平民价格的300系列的主板还没上市的空档期；大家也不要过多地奢求Core i3-8100有多强的性价比，也要注意同挡位的6、7代i5与Core i3-8100之间的竞争，毕竟有些商家会急于清空上代的库存。

（本文原载第8期11版）

长虹教育一体机触摸框原理与常见故障检修

长虹教育触摸一体机55英寸的有LED55B10、LED55B10T、LED55B10TS；65英寸的有LED65C10T、LED65C10T、LED65 10TP;70英寸的有LED70B10T、LED70B10TP等多种型号。触摸框型号有CH-TR55TD、CH-TR55TFS、CH-TR65TFS、CH-TR70TFS。触摸点位从2点触摸、4点触摸发展到10点触摸。笔者以LED55B10T一体机为例，从4个方面介绍它的构造、原理、信号测试及维修供大家参考。

一、触摸框的构造如图1

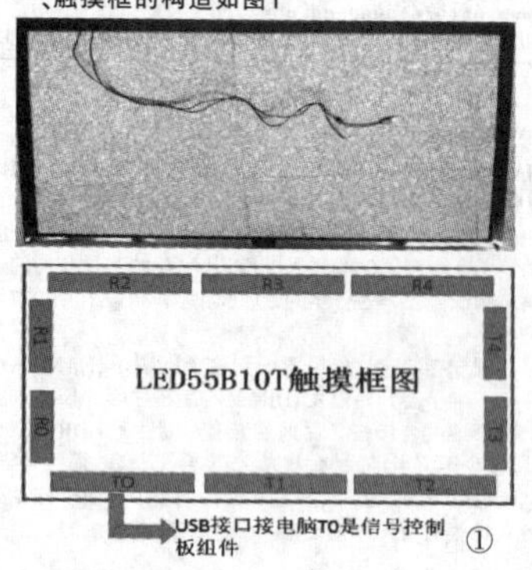

本机触摸框采用了长虹公司自主研发的CH-TA55TD，一共有10块印制板，分别命名为R0、R1、R2、R3、R4、T0、T1、T2、T3、T4，并且后缀相同的板子长度相等且一一相对，板间采用15芯连接线连接。其中：

R0：主控制板，含有电路的控制部分和R0位置的接收电路。

R1/2/3/4：接收板，含有相应位置的接收电路。

T0/1/2/3/4：发射板，含有相应位置的发射电路。

二、触摸的红外线工作原理

本款红外触摸屏是在电视前面安装一个电路板外框，电路板在屏幕四边排布红外线发射管和红外接收管，一一对应成横竖交叉的红外矩阵。红外矩阵是高度集成的电子线路整合产品。包含一个完整的整合控制电路和一组高精度、抗干扰红外发射管和一组红外接收管，交叉安装在高度集成的电路板上的两个相对的方向，形成一个不可见的红外线光栅。内嵌在控制电路中的智能控制系统持续地对二极管发出脉冲，形成红外线偏震光束格栅。当触摸物体如手指等进入光栅时，便阻断了光束，智能控制系统便会侦察到光的损失变化，并传输信号给控制系统，以确认X轴和Y轴坐标值。并且通过USB传输给电脑相关位置信息，在电脑屏幕上形成对应位置的鼠标，因而可以判断出触摸点在屏幕的位置。

三、触摸框信号的测试图表

在了解触摸框的原理基础上，还必须借助触摸框信号测试软件MultiTouchTest.exe，明白信号正常工作情况及信号与灯管的具体对应关系，进一步帮助判断故障所在。

1.信号正常工作必须满足以下3个条件：

(1)98%以上的信号都应该保持在1.5格以上，最佳情况是信号都保持在2格至3格之间，并且整体信号幅度相当，近似均匀分布。

(2)用手指或附件标配的触摸笔划线，被遮挡的灯管在信号图上所对应的信号都应比未遮挡时下降1格以上，才能满足软件判定触摸点的最低标准。一般情况下，灯管被遮挡后，信号幅度都只有0.5格以下，理想情况是降到0格。

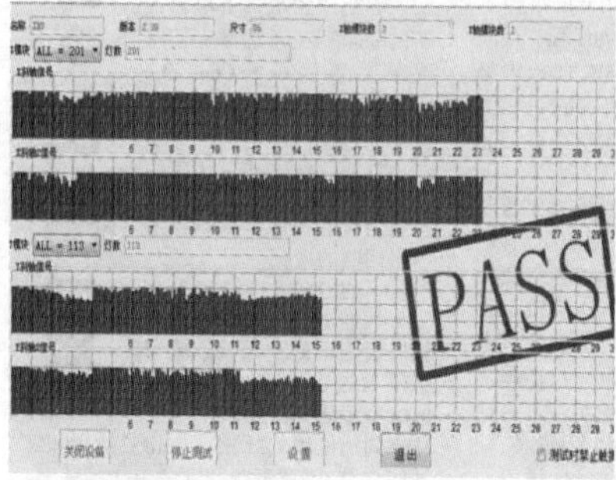

图2 正常测试信号

(3)随着触摸笔的移动，信号降低的管子应该是按顺序依次降低。即当管子被遮挡时，信号降低；当遮挡物移开后，信号恢复。

正常信号测试图：如图2所示。 被遮挡的信号如图3所示

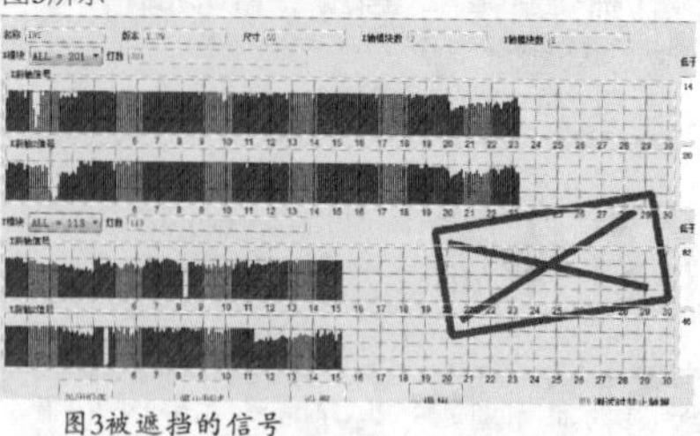

图3被遮挡的信号

2.测试信号与灯管的具体对应关系。

(1)边角信号测试图如图4

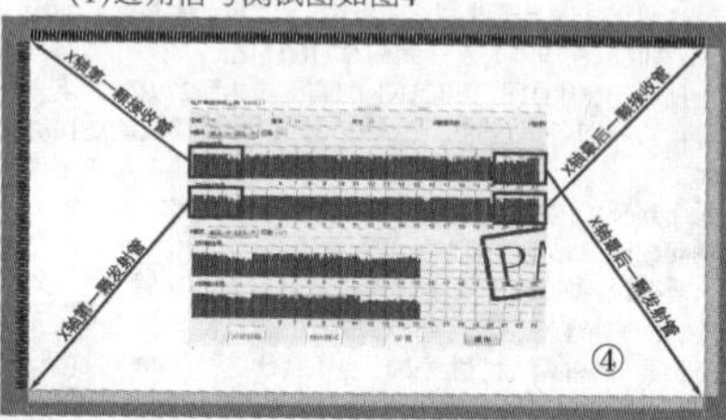

X轴边角信号图4。

(2)Y轴边角信号如图5

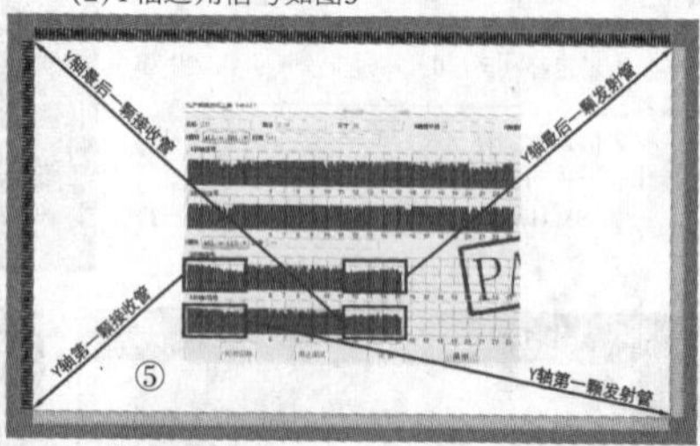

Y轴边角信号图5

除了上述8个特殊的信号之外，其余信号称之为非边角信号，它们与灯管的对应关系如下：

(3)非边角发射管与信号的对应关系：相同颜色框内的信号对应相同颜色框内的灯管如图6所示。

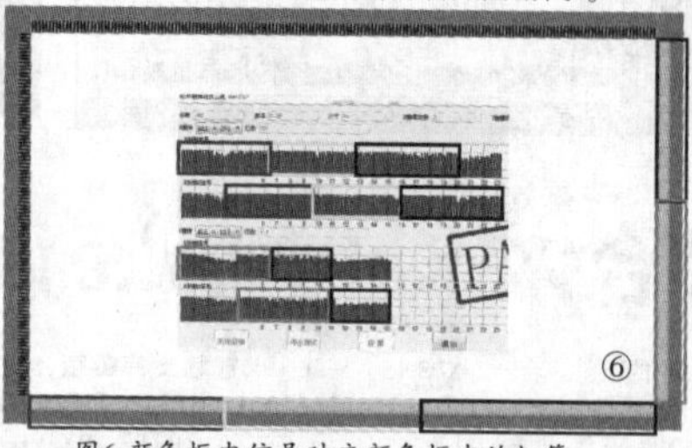

图6 颜色框内信号对应颜色框内的灯管

(4)非边角接收管与信号的对应关系：相同颜色框内的信号对应相同颜色框内的灯管如图7所示。根据软件的图示，哪一组不是蓝色，说明问题出在这一组，直接替换发射或接收板就行了。

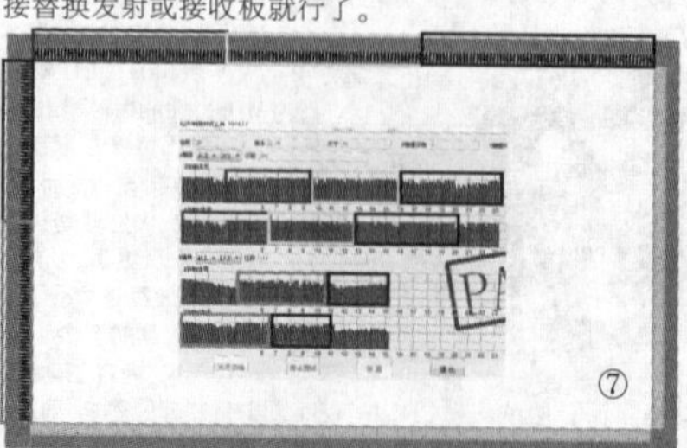

图7 颜色框内的信号对应颜色框内灯管

四、触摸框维修实例

1.故障现象：无触摸

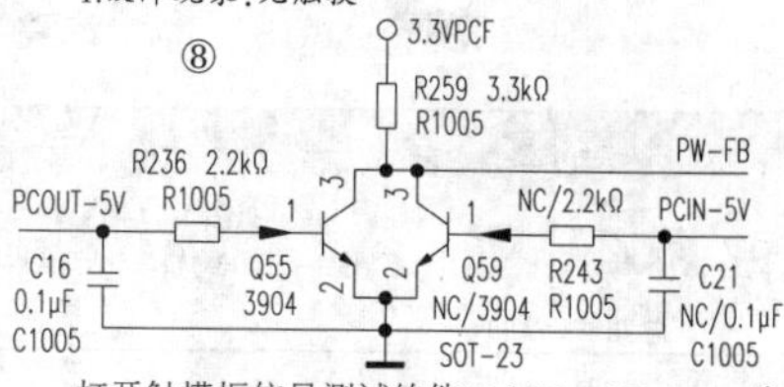

打开触摸框信号测试软件MultiTouchTest.exe，发现设备无法连接。拆机，将触摸连接主板的USB线拔出，直接插入电脑的USB接口，再次测试，出现如图2的正常测试信号，说明问题不在触摸框上，在主板上。测试pc接主板的5V供电，正常，再测触摸框连接主板的USB供电脚5V没有，说明供电不正常。对着主板，画出供电图如图8，从图中，可以看出当外接PC通过USB接口输入5V供电时，Q55导通，PW-FB检测到外接PC接入，内部MCU控制部分识别到信号，电路切换到外接PC工作模式，外接PC的数据交换通路开启。既然5V没有，问题出在R236、R1005、Q55、Q59、R243以及电容C16、C1005这些原件上。经查R1005电阻断路。换一个同型号的电阻，试机触摸故障排除。

2.故障现象：无触摸

打开触摸框信号测试软件MultiTouchTest.exe，发现设备无法连接。仔细观察触摸框指示灯，发现不亮，排除故障1的故障现象，怀疑触摸信号控制板R0有问题。经检测发现供电电阻R40开路(如图9)，换一个供电电阻，故障排除。

⑨

3.故障现象：竖写触摸断笔

打开触摸框信号测试软件MultiTouchTest.exe，测试图如图10，从图中可以看出X轴的发射管有问题.根据图6颜色框内信号对应颜色框内的灯管的关系，很快就知道是T1发射管有问题。直接更换T1接收板故障排除。备注：横线触摸断笔可以参考图7来排除。

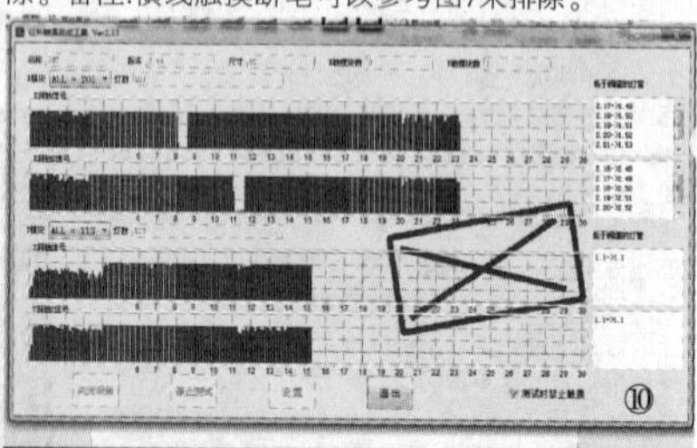

4.故障现象：触摸位置偏移

触摸位置偏移就是指触摸不在手指或笔触点的位置上。首先将触摸外框上的异物清除，看一看还是否偏移。如果偏移打开红外触摸管理工具软件如图11，点击"4点校准"开始，依次在屏幕上校准，就OK了。

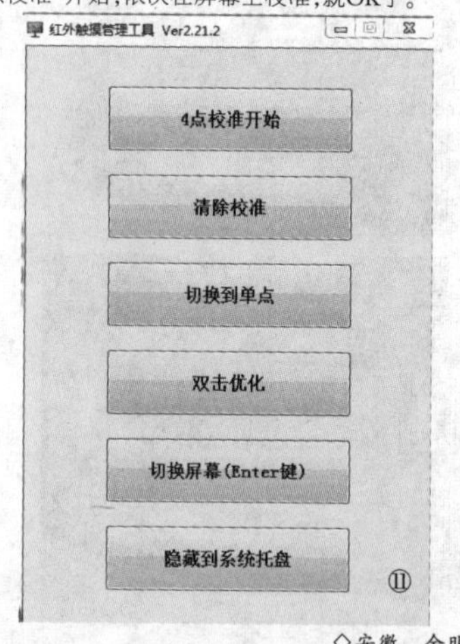

◇安徽 余明华

是福是祸？——第一批报废动力电池将至

锂电池的使用寿命一般在5年左右，而新能源电动汽车在2010年开始发展，2013年迎来销售高峰，并且这一数据在不断增长。到2017年底，全国新能源车保有量已经超过150万辆。

目前车用动力锂电池主要为钴酸锂、锰酸锂、磷酸铁锂和三元锂电池，动力锂电池中含有大量的锰、钴、镍等重金属元素。其电解液中也包含有六氟磷酸锂(高毒性)等挥发性有机物。

而一辆80kWh的电动汽车则是由6000只18650电芯组成的电池包经过PACK封装而成。

因此，2018年市场上将迎来第一批电动车更换动力电池的高峰；这批次更换的电池预计接近10万吨。

锂电池（不含磷酸铁锂）中含有大量的钴、锰、镍、锂元素，目前我国钴和锂还需要大量进口，以三元锂电池（从2017年开始，我国已将三元锂电池作为行业标准）为例，钴、锰、镍含量达到了20%，锂含量达到了3%废旧电池的金属含量是金属原矿品位的40–100倍，按目前市场价算回收价格可达30000元左右，回收价值相当可观。

不过目前锂电池回收技术还有待改进，毕竟是新兴的市场技术，涉及电池放电、破拆、分选、除杂等步骤，回收处理工艺并不成熟，回收处理成本居高不下。对于早期的磷酸铁锂电池回收(平均回收率达到90%)，1吨的成本在8500元左右，而回收所得的市场价值仅为8000元，意味着每回收处理一吨磷酸铁锂电池还会亏损500–1000元人民币。

三元锂电池虽说回收价格有30000元，不过回收处理成本也有20000元；并且三元锂电池有300–1000V的电压，如果操作不当极有可能发生二次污染甚至起火爆炸等安全事故，回收技术门槛更高，无法形成规模化导致回收成本进一步提升。

还有一种处理方法是继续利用。车用动力锂电池的更换标准(非报废标准)：当实际容量剩余不足标准容量的80%时即需换新，但它仍具有实际使用价值。因此可以将更换下的车用电池二次应用在新能源发电站，比如风能、光能电站的储能项目中，可以有效增加锂电池的剩余价值。

按治理大气污染的思路来说，电动车无疑是解决尾气污染的最佳方式，国外也宣布了燃油车销售的最后期限，电动车出行是势在必行的趋势；150万辆只是一个小数目，随着续航里程的逐步提升，大量的电动汽车会相继发布上市；不过如何处理其众多报废的动力电池，不造成二次污染和回收，如何提高回收效率和利润，确实是目前急需解决的一个问题。 （本文原载第9期11版）

手机贴膜

大家一般都有给手机贴膜的习惯，毕竟不影响美观也能起到一定的保护作用，同时也方便清理屏幕；手机膜按材质通常叫做塑料膜和玻璃膜。

塑料膜

现在主要为水凝膜，和过去的塑料膜不同，质地比传统塑料膜更软，贴合性能更好。以前部分产品粘贴时需要喷水，现在很多水凝膜不需要这个步骤。

水凝膜最大的优势在于可以完美贴合手机屏幕，因此在曲面屏幕和2.5D屏幕上都能很好地贴合，而且对细小划痕有一定的自我修复能力。缺点是在硬度、透光度、耐刮耐磨性能上比玻璃膜要差些；另外，水凝膜粘贴难度也比较高，贴不好会有气泡。

玻璃膜

现在钢化膜就是使用钢化玻璃制作的手机膜，钢化膜的优点是手感自然，而且硬度高，不容易出现划痕，保护能力好，玻璃本身透光性比塑料好，更加接近没贴膜时的状态。缺点是玻璃本身不易弯曲，无法紧密贴合弧面部分；因此后来又升级为屏幕部分是玻璃材质，四周是塑料或其他材质的全覆盖钢化膜；当然也有非全覆盖膜和全玻璃的全覆盖钢化膜。不过无论全覆盖还是非全覆盖钢化膜，始终存在贴合不够紧密的问题，甚至质量较差的钢化膜贴膜的边缘或屏幕中间如果没有紧贴屏幕，在某些角度下还会出现彩虹纹，非常影响视觉效果。

屏幕保护膜材质（非手机屏幕也可采用）变化：

PP材质

PP材质的保护膜是最早出现在市面上的，化学名是聚丙烯，没有任何吸附能力，一般用胶水来粘，撕掉后会在屏幕上留下胶水的印记，久了会腐蚀屏幕，已经被淘汰了

PVC 材质

PVC材质保护贴的特点是本身质感柔软，粘贴方便，但是这种材质比较厚，透光度不好，使屏幕看起来比较朦胧。撕下后也会在屏幕上留下胶水的印记。这种材质同时也比较容易随着温度的改变而泛黄出油，使用寿命比较短。后来有一种PVC的改良版，解决了厚重和透光的问题但是仍然没法解决容易泛黄出油的问题，不过始终没有解决抗花性差的问题。另外PVC本身是一种有毒的材料，含重金属成分，基本上也停售了。

PET 材质

化学名为聚酯薄膜，PET材质保护膜的特点是质地比较硬，比较耐刮。而且长时间使用也不会像PVC材料那样泛黄出油。但是一般PET的保护膜都是依靠静电吸附的，比较容易起泡和脱落，好在可重复使用。很多手机出厂时，贴在上面的便是PET材质保护贴。

AR材质

目前市面上最好的一种屏幕保护贴。AR是一种合成材质，一般分三层，硅胶为吸附层，PET为中间层，外层为特殊处理层。特殊处理层一般又分成两种，AG处理层和HC处理层，AG是抗眩光处理，磨砂膜就是采用了这种处理方式。HC是硬度处理，是高透光型保护膜所用的处理方式。这种屏幕保护膜的特点是屏幕不反光，透光度高(95%以上)，不会影响屏幕的显示效果。材质表面经过特殊的工艺处理，本身质地较柔软，兼具抗摩擦与抗刮能力。粘贴方式采用化学材质硅胶吸附在手机屏幕上，也能够清洗过后重复使用。价格则是所有膜中最贵的。一般的手机塑料膜或钢化膜就是其中一道或两道处理工序。

PE材质

主要原材料为LLDPE，材质比较柔软，有一定的拉伸性，一般厚度为0.05mm–0.15mm。PE材质又分为静电膜、网纹膜等。静电膜以静电吸附力为粘力，黏性相对较弱，主要应用于电镀等表面保护。网纹膜则是表面有很多网格的一种保护膜，这种保护膜透气性比较好，粘贴效果比较美观，不像平纹膜会留下气泡。OPP材质 OPP材质的保护膜从外观上看比较接近于PET保护膜，其硬度较大，有一定的阻燃性，但是其粘贴使用效果较差，一般市场上很少使用。

（本文原载第9期11版）

简单更改自己的微信号

很多朋友在注册微信账号的时候，可能比较随意，在后期使用中可能感到不是很方便，该如何更改自己的微信号呢？

如果你的微信已经是6.6.0或更高版本，那么更改微信号的操作非常简单，切换到“我”选项卡，依次选择“设置→设置→账号与安全”，点击“微信号”右侧的“>”按钮(如附图所示)，就可以在这里直接设置自己的微信号，当然只能设置一次哟！

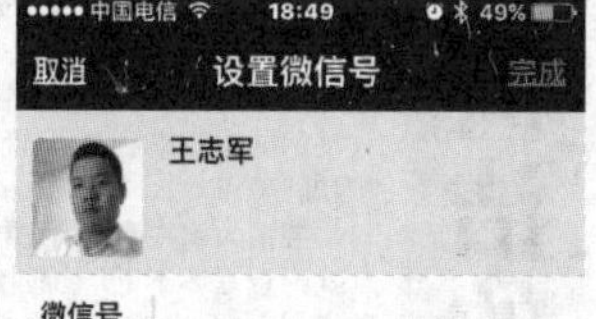

◇江苏　王志军

HP4411S电脑开机501错误的解决方法

某用户送来一台HP4411S笔记本电脑，描述的故障现象是调整过硬盘分区并重做过操作，没想到现在开机后出现BIOS Application Error(501)错误提示(如图1所示)，每次都要按回车键才能进入系统，希望笔者帮忙解决此故障。

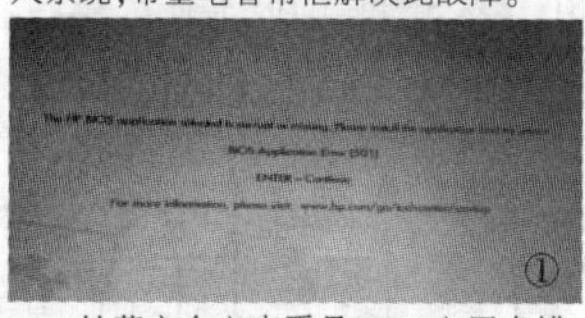

①

从英文含义来看是BIOS应用出错，所以首先怀疑是该机BIOS出现错误了，于是官网下载Windows版自动更新BIOS的程序，运行后花费了几分钟便顺利完成升级操作(如图2所示)。没想到更新BIOS程序后故障依旧，看来还得找出问题的根源才能解决。

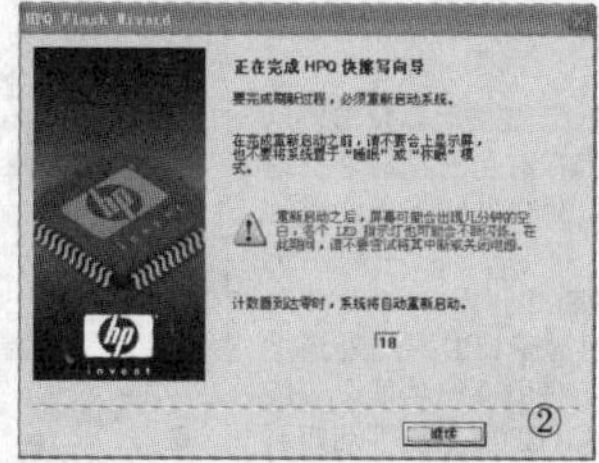

②

通过查找相关资料得知，HP4411S电脑开机后会默认加载预装系统中的EFI分区（HP_Tools）的EFI应用程序–QuickLook2，如果使用非预装系统且HP_Tools分区已被删除或失效便会出现前述问题。另外，EFI分区(HP_Tools)主要包括以下三个EFI应用程序功能，如果在EFI分区已损坏的前提下操作，均可能会收到类似的501报错：1、QuickLook2（休眠或关机状态按Info Center按键触发）；2、HP System Diagnostics(开机按F2触发)；3、Bios Recovery（Win+B键或4个方向键触发）。解决办法是关闭BIOS中的QuickLook2功能或者EFI Boot Mode功能来解决。具体操作过程如下：开机按F10键进入BIOS设置界面，依次选择Sytem Configuration–>Device Configuration，将里面的HP QuickLook2设定成Disable；同样在sytem Configuration–>Device Configuration中将里面的UEFI Boot Mode设定成Disable(如图3所示)，保存设定后重新启动电脑便顺利解决问题了。

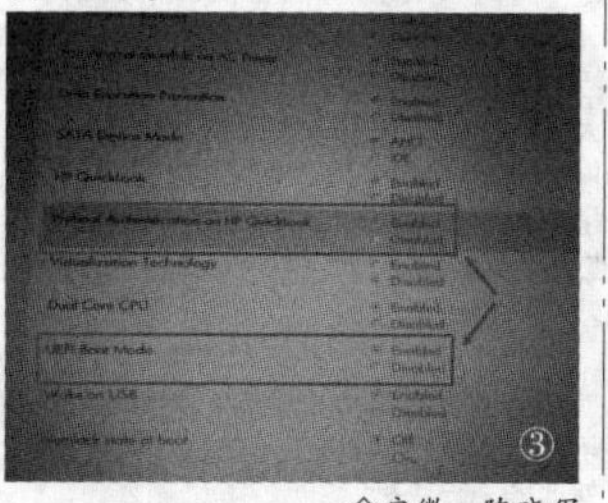

③

◇安徽　陈晓军

对《电子定时器故障检修1例》一文的疑问

读毕2017年《电子报》2期7版《电子定时器故障检修1例》一文后，马上产生一个疑问：一个小小的定时器，一下出了四个故障点换了三个元件，其中谁是祸首？其余的是否都是它的随从？按《1例》文中所述，故障现象为：按启动钮LED亮一下即灭，再按就不亮了。检修过程的第一阶段，先测量了NE555每个引脚的在线电阻，因③脚阻值可疑，将555拆下后测非在路阻值，该疑点被排除后又将其焊回。检修过程第二段，测12V直流电压为0，查实为稳压管VD6短路所致，换新后通电再次击穿短路，查出C4的引脚脱焊，将其焊好并再换VD6后恢复了12V供电。此处的疑点之一是：VD6是在再安时短路的，否则LED不会亮一下，C4仅与对提供与⑥脚相比较的2/3Vcc电压可靠性有关，与供电电流无直接关系，只要它不短路，对供电电流间接影响是在定时结束时而不是刚刚通电时，而VD6的击穿是在刚通电时（图中有两个C4，但按其文字所述，②脚所接的定时电容应为C3）。检修过程第三段是12V电源恢复了，但按下启动纽后LED指示灯仍不亮，查为定时电容C3脱焊，重焊后LED亮，继电器J的触点闭合并保持，这很合理，因没接C3，则无法为555的②脚输入一个低于1/3Vcc的脉冲信号，③脚无高电平输出。检修第四段是，将结束时指示灯闪亮不灭，并出现响声，更换继电器后排除。如何解释这一现象是这里的第二个疑点。

假设定时器最初的故障原因是定时电容C3脱焊，那故障现象所述的“按下启动按钮SB，指示灯LED亮了一下就灭，”可以认为在刚通电时，555的⑧脚直接与电源相接，而②脚通过两支电阻接电源，②脚电压上升比⑧脚慢，而<1/3Vcc电压的触发有1微秒即可，触发后⑥脚电压随即大于2/3Vcc，③脚输出的高电平也就是一瞬间，LED一亮即灭，再按SB时因滤波电容还存有电，②脚电压未低于1/3Vcc，不能再次触发，故“再按就不亮了”。此时，若连续按是否会引发稳压管VD6的损坏？该定时器电源采用0.47μF电容降压的方式，其电流应为0.47×69.1=32.5mA，555的Icc为1～10mA，稳压管为0.5W，12V时最大允许电流为0.5/12=42mA，继电器线圈的阻值为400Ω，耗电约30mA，正常启动时继电器立即闭合耗电加上滤波电容的保护，稳压管较安全，但在上述情况下连续按SB，继电器不耗电，滤波电容已充满，在通电瞬间产生可能大的冲击电流，稳压管在此电流冲击下可能损毁，如果1M的泄放电阻失效，此概率会更大。因此，电源故障的排除与补焊C4引脚可能仅是巧合。至于延时末期出现响声和LED闪亮，说明555在振荡，而继电器的触点在不断释放、闭合，假设继电器因剩磁导致触点不能快速断开，则相当于又按了一下SB，但是555的⑦脚并未联接，定时电容不能快速放电，555就不会振荡，除非⑥脚与⑦脚焊点间有粘连。对以上疑点的猜解不一定合理，只为抛砖引玉。

笔者认为，文中所述检修方法，不是最佳路径，按其故障现象，可先在按下SB时测12V电压供电是否正常，若正常，则将C2和C3放电后再按SB看LED亮否？若按住不放时亮，松手就灭，则查继电器；若按住也不亮，则在按住时通过测555的③脚和②、⑥脚电压来判断故障部位。有疑点时，一般不需要拆卸IC，而是拆有关外接元件或划断印线再测。对于稳压管的损坏原因，除了C3的引脚脱焊外，还应检查滤波电容和1M的泄放电阻是否正常。以上观点不一定正确，供讨论。

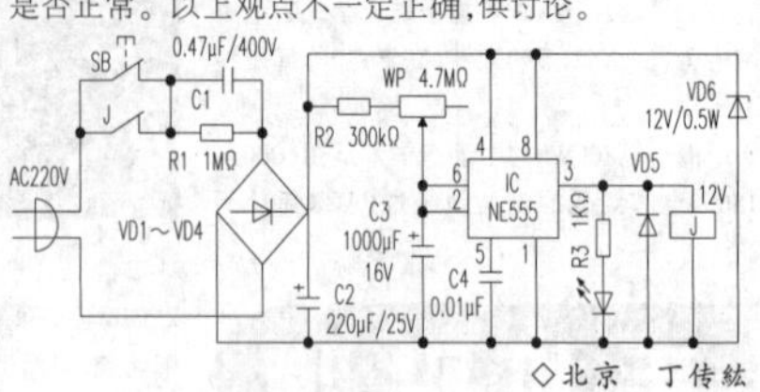

◇北京 丁传兹

红外遥控器超实用最简洁的检修技法

家用电器遥控化早已成为风气，家家户户全都少不了。笔者特作经验之谈，推介一种超实用、最简捷的红外遥控器检修技法，即使是电子技术的“门外汉”也能分秒入手，望能于众有益。

目前的遥控电路基本上都优先采用红外方案，电路并不复杂，主要由供电、振荡、矩阵选通与光发射这4个单元构成。其中，特种“传感器件”红外发射二极管是实现电——光转换（光调制）的“主角”，其峰值波长多在940nm附近，由于其完全落在可见光域之外，单凭人眼是根本无法直接观察到的，常用的万用表充其量仅能检测一些电量单位，而对“红外光”的存在与否及有无调制的检测或分辨是无能为力望尘莫及，更谈不上能“判断遥控器好坏”了！可见，在红外遥控发射器最后环节的光发射的检测及分辨是最大的难点。为帮助大家正确认识红外遥控发射器，笔者荐介一种简单判断遥控器好坏的实用妙招，且简单得更是连最普通的万用表也无需使用。

甄别“红外光”其实并不困难。数码照相机、摄像机与如今几乎人手一台的带照相功能的智能手机……的光摄系统全都能让原先肉眼不可见的红外光显示在其LCD屏上，这就为判断红外遥控发射系统的好坏成为理想的“好帮手”。

具体的判断方法极其简单，只需按动遥控发射器的按键，就能凭借LCD的屏显结果马上判定其“好坏”。完好无损的遥控发射器必定能从显示屏上观察到亮点，而且那种带有瞬变的“闪烁”亮点。

务请大家注意了：仅凭一个屏上的普通亮点就论断好坏不乏“形而上学”。光凭一个屏显亮点是远不足为红外遥控发射系统下一个“好”或“坏”结论的。只有关键的特定“编码调制”信息获得有效传送，家电的功能控制才能准确无误地理想实现。有屏显亮点仅仅只能确定红外遥控发射系统有红外光输出，但绝不能因此而断定其中必定包含其关键的“编码调制”信息。

那么如何鉴定这红外光输出中是否包含着“编码调制”信息呢？告诉大家一个小小的秘密：包含“编码调制”信息的屏显亮点必定具有其独特的“活性”，即肯定会呈现出瞬变闪烁的动态变化。而那些固定不变的亮点是不包含“编码调制”信息的“畸形”红外光，绝无有效的实际控制功能。

只有根据亮点的“闪烁”有无，才具有真实的鉴定价值。若是从LCD显示屏上观察不到这亮点在“闪烁”，即可判定红外遥控器已失效。

这种检测简法，既不需卸螺钉打开外壳，也无需使用万用表测量电压、电流，比市面上盛行的那类所谓的红外检测器还要合理、方便、好用。

“擒贼先擒王”，检修就须首先排除难点。笔者通过大量维修实例发现，红外遥控器的故障虽主要多发常见于供电、振荡、矩阵选通与光发射这4个单元电路，但只要明辨了有无红外光的这一“活性”输出后，就能为后续的检修带来极大的便利。

若虽能观察到亮点，但亮点并不闪烁，即可判定是“调制”出了故障。

电池电量充足条件下，遥控距离的标准至少应能达到6m以上。若能观察到亮点的闪烁，但对电器的实际遥控距离不足，即可判定为红外发射二极管性能老化变劣。

若遥控操作时发现有某些功能缺失，可确诊为矩阵选通故障，对应于该功能的按键导电橡胶必定污染甚或老化失效。

如果确定没有红外“光”输出，首先应手持红外遥控器放在耳边摇一摇，细听有无“撒拉”……“撒拉”声。因为内部谐振器极其脆弱，红外遥控器最怕碰撞跌落，跌落极易造成谐振器中的陶瓷片出现夹持松动甚至发生碎裂，导致丧失功能。摇动时若能闻及有“撒拉……撒拉”的异常声响，就可判定为振荡故障。借用普通的半导体中波收音机的“听音法”来检查谐振器是否起振非常有效。按动遥控发射器的按键时，若能从靠近它的收音机中听到“哒、哒”声响，则示起振；若听不到“嗒嗒”声，肯定谐振器失效。

经过上述简单检查，若按键时从LCD显示屏上观察不到亮点，故障极有可能是红外发射二极管脱焊或供电故障。供电故障多见于电池夹簧锈蚀接触不良和印刷电路板上的供电铜箔条因电池漏液而腐蚀断路。

对于那些带有发射显示LED的红外遥控器，若遇按键时该LED发亮但遥控功能全失或控制距离不足，无论检测LCD屏上能否观察到亮点，故障部位多可判定在红外发射二极管。

再次强调：借助数码照相机、摄像机、带照相功能的手机……自身的LCD观察亮点状态来鉴定遥控发射器的好坏或进行后续检修，简捷、便利、巧妙、实用，但千万一定要严格强调并正确掌握要点哦。

“超实用、最简捷”：只需一“看”（闪烁）光，二“听”（嗒嗒……）声，无需万用表就能徒手探明故障所在，连门外汉也能速成“高手”！

◇江苏 崔恩仲

PS-305D型可调电源故障维修1例

故障现象：一台PS-305D型数显可调稳压电源开机后，电压表显示值为55V左右，调节两只电压调节电位器无效，开机时能听到两只继电器触点闭合声。

分析与检修：未找到电路图，并且没有修过此类电源，所以只能凭着多年的经验来维修了。打开电源机盖后察看，发现两只大功率管的连接线已焊过，并且滤波电容C16（470μF/63V）鼓包。经检查后，确认两只大功率管正常，而鼓包的滤波电容（耐压值为50V）是后换上去的。因耐压值低，所以当电压超过耐压值后，电容就会鼓包（过压损坏）。换上一只470μF/63V电容后开机，故障依旧。逐一检查相关的二极管、三极管等元件均正常，但在调节电位器时，发现数字闪动变化，怀疑电位器接触不良。仔细检查后，发现用于电压粗调的10k电位器的碳膜断裂，从而产生了电压达到最高值的故障。因手头没有此类电位器，只好找一只普通的10k电位器替代，开机观察电压表数值显示基本正常。接上负载后，调节电压、电流的粗调、细调功能恢复正常。不过，原机的四只电位器都存在接触不良现象，所以调节时数字显示值很不稳定。

【提示】电路板上原设计为双联，但实际使用中，除了电压细调为双联外，其余3只都使用了单联。

由于在当地未购到10k和1k的同类电位器，只好买回4只22k的双联电位器。两只粗调10k电位器因电路板设计为并联使用，所以直接把22k双联电位器安装即可，并联阻值大约11k左右。

参见附图，对于电压细调，可在22k电位器两端分别并接一只1k左右的电阻即可；而电流细调，则并联一只1k左右的电阻即可。这样改动后，不仅修复了该电源，而且提高了可靠性，实际使用效果很好。

◇内蒙古 夏金光

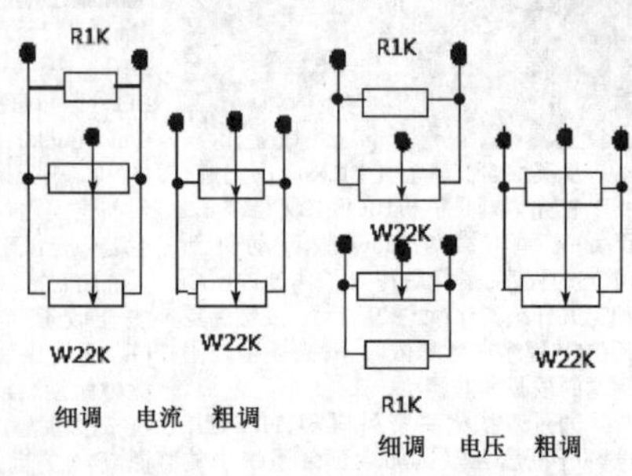

一款既简单又精确的双向电流源

接地负载用的双向电流源结构总是较为复杂。图1所示的改良型Howland电流泵是实现该功能最常用的选择。Howland要求使用仔细匹配的电阻或电阻网络。也可以使用精密差分放大器，但为实现所需性能，可能仍需要进行一些调整。

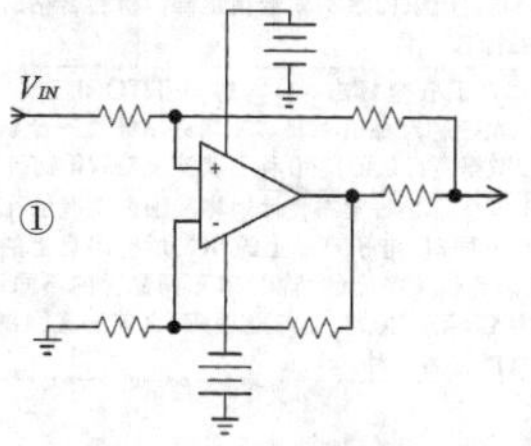

图2所示电路（本文中我们称其为简单电流源）只需一个精密电阻就可实现相同功能。诚如第一段中指出的那样，复杂性总是存在的，此处需要增加一个容易获得且成本较低的隔离式双电源。

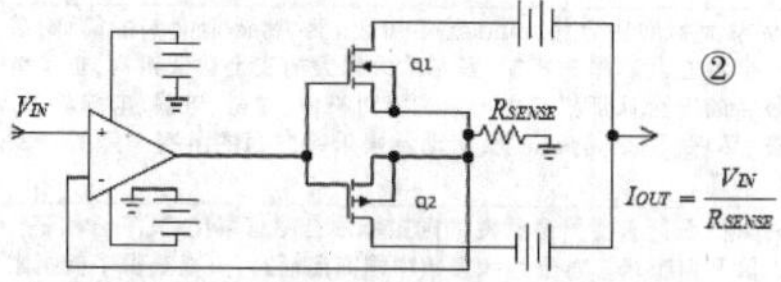

图2所示电路描述了在输出端使用简单的MOSFET(如果愿意，可使用双极)缓冲器的运算放大器。我们可以从接地电阻的MOSFET源获得反馈。你会发现，这与用于提供电流源的经典单向运算放大器/MOSFET组合类似。唯一复杂的就是需要在MOSFET漏极上实现电源浮动，同时从电源的中心抽头获得输出。运算放大器在单位增益配置中使用时，增益精确度大体上是单电流检测电阻的函数（尽管在精确度方程中增加了两个电阻，但仍可获得增益）。

除了精确度优势之外，该电路还具有更好的频率响应和感性负载，因为负载并不在反馈回路中，这与Howland电路是不同的。输出MOSFET单向传输功能可隔离回路与负载，至少在超过动态范围之前如此。相比之下，改良型Howland要求利用感性负载进行大量补偿，而且带宽会同时减少。

注意，图2的简化电路缺乏MOSFET的A/B类偏置。对DC或低频应用来说，这可能并不是问题。图3中所测试的实际电路包含增加一个MOSFET和两个电阻进行A/B类偏置的VGS倍增器配置，以消除交越失真，因为还要用它测试瞬态响应。

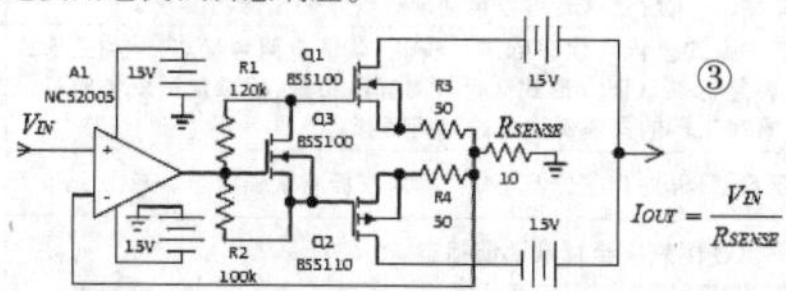

图3：用于测试接地负载电流源的实际电路。该电路采用VGS倍增器Q3提供高频瞬态响应测试所需的A/B类偏置。Q1和Q2上的50Ω电源电阻可消除快速转换中的MOSFET振铃。

图3中的回路进行了精确度测试，然而Howland并未进行精确度检查，因为它要求使用6个非常严谨的元件值。我们可以这样说，任何一个电路最后都能够提供高精确度，但是利用本文所述的电流源可大大简化任务。

测试结果

对Howland进行精确度测试可能并不公平，因为Howland精确度是与付出的努力相关的。这就是简单电流源所解决的问题。我们可以这样说，两种电路最后都能够提供高精确度，但是利用简单电流源可大大简化任务。

用一个精度为0.1%的电阻RSENSE进行精确度测试，测试结果用输出电流误差图表示。测试的目标在于评估输出电流范围为+/-10mA时的性能。图4绘出了输出电流误差与输入电压的关系图。

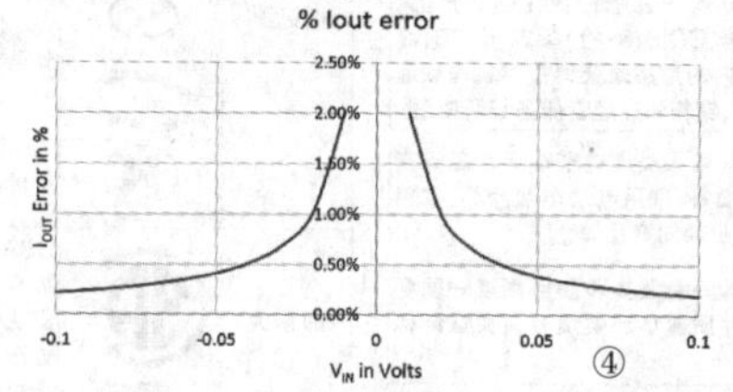

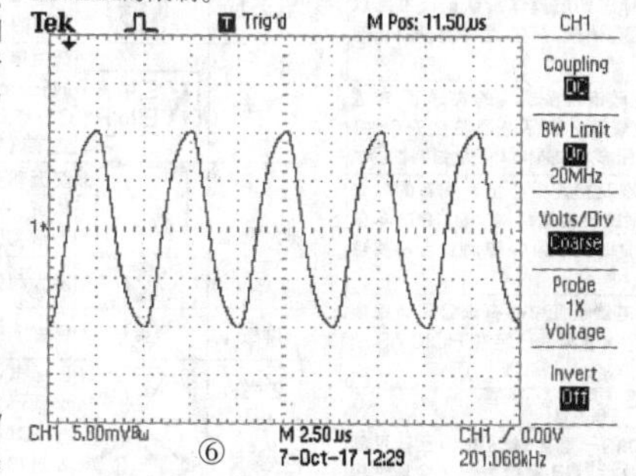

图4：图3所示电路的输出误差（电流范围为±10mA）。

为显示驱动感性负载时该电路的优势，我们将其与Howland进行比较，两个电路均驱动一个50μH电感。图5的原理图说明了如何将简单电流源重新配置为Howland电流源。在两个电路中，我们用与50μH电感串联的1?无感电阻来观察输出电流。

两个电路出于不同原因都要求使用通过电感的补偿网络。就简单电流源来说，输出电容和负载电感需要使用一个缓冲器来控制振铃。Howland也存在振铃，大部分是由反馈回路中的电感所致。利用方波输入，我们根据经验执行了输入补偿。在两个电路中，我们开始使用通过电感的电阻，并减小阻值，直至过冲和振铃消除。然后，采用一个电容，并降低电容值，直至过冲和振铃开始显示备份。

频率要尽可能高，为获得类似波形，采用200 kHz频率。图6的Howland波形表明该频率实际上超出了Howland的限制。

图6：在200 kHz方波下驱动至±10mA的Howland电流源实际上超出了其频率响应限制。

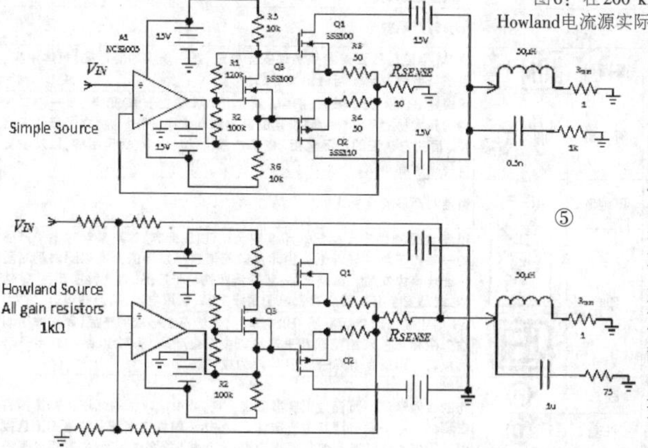

图5：测试电路以比较简单电流源(上)与Howland(下)的动态响应。通过RTEST观察输出信号。

消除过冲和振铃所需的补偿值采取四舍五入。

可以更简单

如果你觉得图2和图3太复杂，并且你愿意牺牲部分性能，那么你可以选用图4的原理图作为最简单的方法。初看上去，一个明显的考虑因素是，开始使用运算放大器电源引脚生成输出，且其动态范围明显受运算放大器最低额定电源影响。使用CMOS运算放大器时，静态电流在轨间流动，对输出精确度影响不大，但双极运算放大器却会出现几个百分点的误差。虽然可以使用轨到轨旁路，但是旁路仍然是个问题。作者已经多次将该电路用作网络分析器的电流输出适配器，以测量运算放大器的输出阻抗。我们尚未对各种运算放大器进行测试，虽然许多运算放大器可能会在本电路中表现良好，但仍会有一些运算放大器表现欠佳。

模拟本电路的警告。并非所有运算放大器spice模型都能够正确模拟电源引脚中负载电流的流动，而这是模拟本电路的一个必要特性。

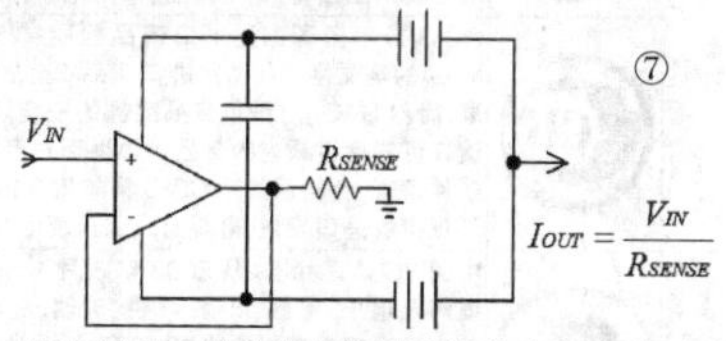

图7：这是电流输出电路最简单的实现方式，但是会降低输出阻抗和限制输出规格范围。此外，还必须使用你选择的运算放大器来验证该方式，因为一些运算放大器可能会由于电源浮动而无法在本电路中正常运行。

◇湖北　朱少华　编译

一款利用交流或直流的发光二极管限流器

发光二极管驱动器具有许多特点，并且需要大量的外部元件。当你的应用不需要脉冲宽度调制进行调光或受控频率操作，你的主要关心可能是太大电流会破坏发光二极管。在这种情况下，可以用一个普通的低压降线性稳压器制作一个简单的发光二极管限流器。附图所示的电路是一种用于景观照明系统的发光二极管照明灯。景观照明通常工作在12V交流电压下，并且其峰值电压大约17V。因为该线性稳压器与发光二极管串进行串联，所以，发光二极管流过的电流等于稳压器输出电流。

该电路采用价格合理的150毫安暖白色发光二极管、低成本的整流二极管、2.5V MIC5209-2.5-YS稳压器。该稳压器必须至少提供所需的发光二极管电流，并且处理峰值输入电压，减小四个整流二极管两端和发光二极管串两端的压降。选择一个具有可能最低输出的稳压器，低压降使发光二极管电流在每个交流周期更大的部分进行流动，并且它减少电流设置电阻R1的功率需求。随着输出和压降减少，成本随之增加。稳压器的峰值电压大约为5.1V和功耗大约为0.2 W。

MIC5209--YS的输出电压在其输出和地之间稳定在2.5V。R1设置发光二极管串电流，即R1 =2.5 / ILED,在这里ILED是发光二极管串的电流。用一个16.9欧姆的R1，发光二极管串的电流为148毫安。该电路具有略多于2.5瓦特的峰值功耗。该电路接一个交流输入，电流只流过大约一半的时间，所以平均功耗是大约1.26 W。

能简单地修改这个电路接受几乎任何的输入电压。简单地改变发光二极管的数量并确保整流二极管可以处理反向电压。加上或减去一个发光二极管，每个需在峰值输入电压上增加或减少3.33伏。不要将发光二极管用作整流二极管，以获取更多光输出，因为发光二极管没有足够的反向击穿电压，将会出现故障。输入整流桥既可以接交流也可以接直流，并且不必担心直流输入的极性。

◇湖北　朱少华

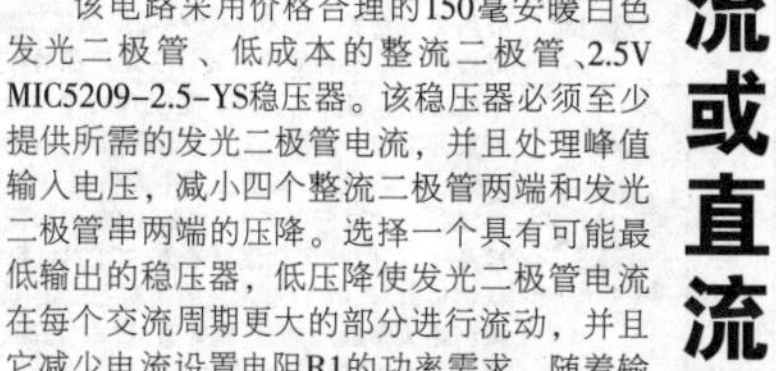

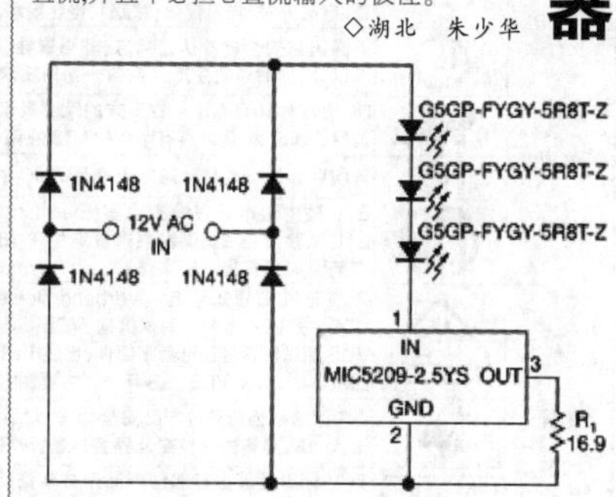

教你识别电子电器产品的认证标志

在电子电器产品电视广告、包装箱、说明书中及铭牌上，我们经常看到各种各样的认证标志。这些认证标志代表该产品符合某种标准，已经通过了相关认证机构的检验，这些认证标志往往是一个产品质量、安全、设计等方面的保证，也是各厂家对自己产品的一种安全承诺。作为一个成熟的维修工作者或消费者，掌握一些常见的认证标志是相当必要的。这里将本人收集到一些行业里最常见的认证标志，简单介绍一下，希望对大家在以后的选购会有所帮助。

表1 中国各种认证标志

地区	认证标志	说明
中国		中国电工产品认证委员会(CCEE)质量认证标志。长城标志中国电工产品认证委员会(CCEE)于一九八四年成立，是代表中国参加国际电工委员会电工产品安全认证组织(IECEE)的唯一机构，是中国电工产品领域的国家认证组织，CCEE下设有电工设备、电子产品、家用电器、照明设备四个分委员会。现已废止。
		CCIB是中国国家进出口商品检验局(China Commodity Inspection Bureau)的英文字头缩写。进口商品安全质量许可制度是国家进出口商品检验局(简称SACI)对进口商品实施的安全认证制度，凡列入SACI进口安全质量许可制度目录内的商品，必须通过产品安全型式试验及工厂生产与检测条件审查，合格后加贴CCIB商检安全标志，方允许向我国出口、销售。常见于正宗的进口设备、电器上。现已废止。
		中国3C认证标志。从2003年8月1日开始实施第一批强制性认证。3C认证涉及电子、电器、电信、照明、玻璃、汽车、安防等十九个行业132种产品，其中涉及家用电器的共18种产品。已取代长城，CCIB(商检)标志，CCIB(商检)标志及EMC(电磁兼容认证)。凡列入目录内的产品未获得指定机构认证的，未按规定标贴认证标志，一律不得出厂、进口、销售和在经营服务场所使用。
		中国节能产品认证标志。整体图案为蓝色，象征着人类通过节能活动还天空和海洋于蓝色。节能产品认证范围：家用制冷设备、家用电动电热器具、家用视听设备、家用办公设备等、绿色照明产品、工业耗能产品等。
		中国PRC标志为电子元器件专用认证标志，其颜色及其印制必须遵守国务院标准化行政主管部门，以及中国电子元器件质量认证委员会有关认证标志管理办法的规定。
		中国方圆标志认证标志。方圆标志分合格认证标志（右）和安全认证标志(左)，获准合格认证的产品，使用合格认证标志；获准安全认证的产品，使用安全认证标志。
		中国环境标志是一个基于多重准则的标志，由国家环保总局认证中心认证，是目前最权威的绿色标志，它可以受理认证包括家电、家具、化工、玩具等57个类别产品。现在已经同欧洲多个国家环保机构合作，将会形成一个国际标志。环境标志是一种标在产品或其包装上的标签，是产品的"证明性商标"，它表明该产品不仅质量合格，而且在生产、使用和处理处置过程中符合特定的环境保护要求，与同类产品相比，具有低毒少害、节约资源等环境优势。
		中国RoHS标志：2007年3月1日，《电子信息产品污染控制管理办法》(又称为中国的RoHS)正式实施。根据相关规定，生产电子信息产品的企业要对投放中国市场的产品进行标示，对含有的有毒有害物质或元素的名称、成分，环保使用期限和可否回收利用的情况进行"自我声明"即可。该办法的核心内容是对铅、贡、镉、六价铬、多溴二苯醚、多溴联苯等六种有毒有害物质进行控制。橙色圆圈中的数字是产品的环保使用期限(EFUP)，单位为年。
		中国泰尔认证中心(简称TLC，原邮电通信质量体系认证中心)，隶属于信息产业部电信研究院，作为邮电通信专业的管理体系认证和产品认证机构，于1996年12月20日通过了中国合格评定国家认可委员会（简称CNAS)的评定认可，并于1996年12月26日由国家质量监督检验检疫总局正式批准并予以注册(国认注册号为SC27)。目前CNAS已经参加了国际多边互认协议，标志着TLC发放的带有CNAS认可标志的质量体系认证证书可以得到绝大多数发达国(如美国、日本、德国、英国、法国、荷兰、意大利等)和部分发展中国家认可机构的认可。
		台湾安全认证标志：台湾标准检验局(BSMI)在政府经济部门的领导下，对进入台湾市场的电子电器类产品制订产品检验规范。产品必须符合安全性、EMC测试及相关检测，才可被授权使用BSMI标志。BSMI认证是强制性的。
	香港安全标志	香港安全认证中心成立于1998年，是香港标准及检定中心全资拥有的独立机构。是香港历史最悠久的非牟利独立产品测试及检定机构。自1963年创立以来，为促进香港出口贸易的发展，香港工业的发展及保障消费者扮演重要的角色。
		HOKLAS是香港认可处的授权标志。而国际电器认证中心有限公司有幸成为第125家公司获得其授权。而被授权的特殊认证测试已经在HOKLAS的已授权实验室的名录中列出。

表2 国外各种认证标志

地区	认证标志	说明
国际通用	CB Scheme	CB制度是国际电工委员会(IECEE)建立的一套全球性的相互认可制度，以英文CERTIFICTION BODY缩写表示。CB检验为一个全球性相互认证，全世界有34个会员。在共同的IEC标准下，各验证单位均相互承认彼此核发之CB证书及报告，可以迅速地转换他国证书
欧盟	CE	欧洲共同市场安全标志，是进入欧盟国家产品强制性标准符合标志，包括EMC和LVD两条指令。目前欧盟已颁布12类产品指令，主要有玩具、低压电器、医疗设备、电讯终端(电话类)、自动衡器、电磁兼容、机械等。
	ENEC 05	ENEC是欧洲的电子产品认证标志，获得该认证的产品可以进入欧盟成员国、EFTA和许多东欧国家的市场。这个范围还在不断扩大。ENEC计划当前适用于下列产品：照明设备和几种照明部件、变压器、信息技术设备、电器开关、电气控制(家庭)、电容器和滤波器、连接器以及接线盒。
美国	UL	美国国家安全标准认证标志，非强制性，产品除了需符合有关的安全标准以外，同时也对生产体系有一定的要求，尤其对生产的一致性跟踪。
	c UR us	UL零部件认可标志。右下方的"us"表示适用于美国，左下方的"c"表示适用于加拿大，同时具有"us"和"c"则在两个国家都适用。
	FC	美国联邦通讯委员会对电子产品EMC的认证标志。
	ETL	ETL是美国电子测试实验室(Electrical Testing Laboratories)的简称。ETL试验室是由美国发明家爱迪生在1896年一手创立的，在美国及世界范围内享有极高的声誉。
德国	VDE	德国电气工程师协会(Verband Deutscher Elektrotechniker)，简称VDE，是德国著名的测试机构，VDE标志只有VDE公司才能授权使用。VDE测试除传统的电器零部件，电线电缆，插头等认证之外同样也可核发EMC标志以及VDE-GS标志。主要侧重于元器件。
	TUV GS	GS标志是德国整机产品安全标志，它是德国劳工部授权由特殊的TUV法人机构实施的一种在世界各地进行产品销售的欧洲认证标志。
	TUV	TUV标志是德国零部件产品型式认证标志，适用于电气零部件，如：电源、变压器、调光器、继电器、插接件、插头、导线等机械产品零部件及运动器材零部件。
日本	VCCI	日本国内的EMI标准，VCCI主要监管信息技术设备，其规定与CISPR的标准相对应，目前没有抗扰度方面的标准。
	JIS	JIS标志是日本标准化组织(JISC)对经指定部门检验合格的电器产品、纺织品颁发的产品标志。
	PSE	PSE标志---日本产品安全标志：日本的DENTORL法(电器装置和材料控制法)规定，498种产品进入日本市场必须通过安全认证。其中，112种A类产品应取得菱行认证，340种B类产品应取得圆行认证。
韩国		韩国政府于2008年9月2日宣布，计划将其国内现有的13种认证标志统一为KC标志。届时，电子产品上的"K"、燃气用具上的"检"、婴儿车上的"KPS"、信息通信设备上的"MIC"等不同品种的不同认证标志将统一实施强制性认证标志"KC"，而与此相应，之前法定强制认证的20种认证审查程序将简化为9种。
	EK-Mark MIC	韩国电气产品强制安全认证标志
	K-Mark	韩国的非强制性安全认证(K-Mark)
加拿大	NRTL/C	CSA是加拿大标准协会(Canadian Standards Association)的简称，是加拿大一个独立及非牟利机构，是加拿大最大的安全认证机构，也是世界上最著名的安全认证机构之一。它能对机械、建材、电器、电脑设备、办公设备、环保、医疗防火安全、运动及娱乐等方面的所有类型的产品提供安全认证。
俄罗斯		俄罗斯国家标准计量委员会颁发的国家标准合格证书(GOST合格证)，才能进入俄罗斯市场。对于绝大多数中国商品而言，只要获得了俄国家PCT标准认证证书，就等于拿到了进入俄罗斯国门的通行证。
英国	BEB	BEB标志是英国家用电器审核局对电器及电器设备经指定的第三方认证机构确认合格后，颁发的安全质量认证标志。
		BSI认证标志：英国标准学会(British Standards Institution; BSI)世界上第一个国家标准化机构。英国政府承认并支持的非营利性民间团体。现在，BSI官方提供包括测试，认证和培训在内的各种针对全球客户的专业性服务：产品安全认证、产品测试、食品安全、健康和安全、信息安全、整合管理、质量、IT服务管理等。
	BEAB Approved	英国电工认证体BEAB自1960年成立来，作为独立的国家级安全认证权威机构，一直在家用电器及控制器领域为最终消费者提供安全保障。BEAB开展产品认证的范围主要涉及：①家用电器；②家用电子设备；③控制装置。
法国	NF	NF标志是法国认证标志，这种标志可单独用于电器及非电器类产品，也可与其他标志或字母的图案共同使用，主要指安全标准要求和效能特征。NF标志制度主要适用于下列3类60多种产品：①家用电器；②家具；③建筑材料；④管理体系。
意大利		IMQ是意大利质量标志院的缩写。它成立于1951年，是一个独立的、非营利的机构，主要负责电工和燃气器具及其材料的检查和认证工作。
荷兰	KEMA KEUR	荷兰电力试验所为世界性电力试验认证机关KEMA-KEUR是为了(电的)安全的质量标志。电的产品必须顺从"欧洲低电压指示"的标准，和CE产品的标准一致。一件产品如果拿到了KEMA-KEUR的标志，达到了这些要求，也就意味着可以自动地达到欧洲法律的要求。
澳大利亚	SAA	澳大利亚国家安全标准认证标志。SAA认证有两种标志，一种是形式认可，一种是标准认证。形式认可只对样品负责，标准认证既要对样品负责，又要对工厂的品质保证系统进行考核。
		澳大利亚C-Tick对电子产品EMC的国家标准认证标志。
挪威	N	挪威NEMKO国家安全标准认证标志。
波兰	B	B标志认证是波兰目前的强制性认证。出口到波兰的电子电气产品都必须通过B标志认证。B标志涵盖产品安全、电磁兼容和卫生要求。
土耳其	TSE	土耳其标准学会(TSE)认证中心是土耳其国家认可权力机构，对其国内及进口的工业电器设备产品进行质量监督．但不是强制要求，目前CE标识是强制的。
比利时	CEBEC	比利时产品安全标志
墨西哥	NOM NYCE	NOM标记是墨西哥的强制性安全标记，适用于电器类产品、气体用具、电线与电缆及电子与通讯类产品。
阿根廷	IRAM S	阿根廷IRAM认证标志。IRAM简介IRAM建立于1935年，是一个非营利的私人协会。它作为阿根廷的国家标准机构，同时也独立进行认证服务。目前它认证的产品包括电子技术、机械、化学、玩具等等，以及质量与环境管理系统。
奥地利	ÖVE	奥地利产品安全标志
印度	SAFETY	印度S强制性安全标志。印度安全认证(S标志)体系是针对电子产品的一项第三者认证计划，由印度政府信息科技署的标准化测试及品质认证理事会发起。涵盖产品：包括消费性电子产品、信息科技产品、零件(对成品安全有关键影响)、电子医疗产品、家用电器、镇流器等。
	ISI	ISI标志是由印度标准局(BIS)审批，发给符合标准的产品，属于非强制性安全标志。涵盖范围几乎遍及每类工业产品，从农业、纺织到电子产品也有。印度是IECEE CB体系的成员国。
芬兰	FI	北欧四国认证。可通过CB报告来申请，或由该四国的认证机构直接目击测试。可任意申请其中一国认证，另外三国将在该证书的基础上直接颁发证书。认证产品包括家用电器、家用机械、体育运动品、家用电子设备、电气及电子办公设备、工业机械、实验测量设备、其他与安全有关的产品等。
丹麦	D	
挪威	N	
瑞典	S	

◇湖南 张兰桂

基于以太网的POE供电技术(下)

（紧接上期本版）

3)受电端设备PD PD是POE供电系统受电端设备，电路主要有适应供电端两种供电方式（中端跨接法和末端跨接法）的二极管或全桥导向整流电路、PD端控制器，以及输入输出端口等；电路跟PSE一样，其设计和组成也是根据使用环境和用户需求有繁有简（甚至可以简到仅只是一个稳压二极管稳压和电容滤波的电路形式）。远端设备多为分散布放，故PD为单端口设备，其功能是将已和数据信号分离并进入PD的电源进行滤波、稳压，再经DC/DC变换，以期得到高精度和高稳定度的电源，电原理框图见图⑦。

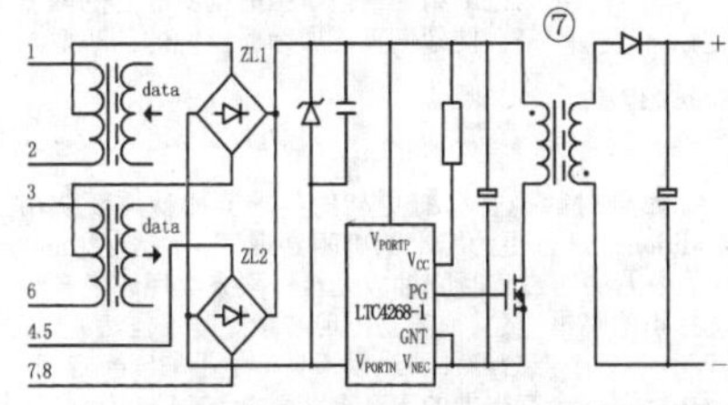

电原理图中的控制器芯片LTC4268-1是用在PD侧的高功率PD与同步NoOpto反激式控制器，是一款集成有受电设备(PD)控制器和开关稳压器，具有精准的双级电流限制功能；能够在单转换周期中产生多个电源轨，从而在提供较高的系统效率的同时保持了对所有输出的精准稳压。LTC4268-1还具有一定的防浪涌能力，它可把浪涌电流抑制在规定的电流限值以下，由此可以简化控制器外围电路的设计。

PD还有一个重要功能，即可以自动适应中端跨接法和末端跨接法两种供电方式。从图⑦可以看出，在10/100M BASE-T的POE供电系统中，PD侧的两种方式的接收电路均通过两组输出并联的全桥接入；桥路在起导向和互相隔离作用的同时，也保证了未供电线路不会对PD受电设备产生任何不良影响（虽然末端跨接法有变量器在线，但因其接在中间抽头上，亦不会对数据传输产生影响），所以不管PSE以何种方式送电，PD侧都能保证收到其中一种方式送过来的电源。事实上就形成了PD可以自动适应两种方式的接收。当然如果PSE两种方式同时送电，PD则也可以同时接收（1000M BASE-T里即是如此）。

三、POE供电系统的主要参数和运行

POE供电线序 在10/100M BASE-T的POE供电系统中，4对双绞线有2种供电线序：

1）待用线对供电，网线芯线的4、5线对接电源正极，7、8线对接电源负极。

2）数据线对供电，网线芯线的1、2线对和3、6线对可为任意极性。

在10/100M BASE-T的POE供电系统中不允许中端跨接法和末端跨接法两种方式同时使用，电源提供设备PSE只能提供其中一种，（事实上市面上大部分产品都采用中端跨接法，因为中端跨接法涉及元件少节省空间，而末端跨接法使用的变量器不仅占据一定空间，其绕制亦麻烦，增加成本）。

3)在1000M BASE-T的POE供电系统中，网线的4个线对全部用来传输数据，故均采用数据对供电，即4对线对均使用变量器进行了加工，PD侧可根据需要将两组接收到的电源进行串联（提高电压）或并联（提高电流），以及DC/DC变换等，再输出供给用电设备。

POE供电设备主要参数

国际电气和电子工程师协会(IEEE)自2003年及以后相继颁布了IEEE802.3af和IEEE802.3at两个标准，国内一众厂家生产的各型POE供电设备均执行这两个标准。POE供电设备主要参数见下表。

类别	IEEE802.3af	IEEE802.3at
分级	0~3	0~4
最大电流	350mA	600mA
PSE 输出电压	48V(44~57V)	48V(50~57V)
PSE 输出功率	≤15.4W	≤30W
PD 输入电压	36~57V	42.5~57V
PD 最大功率	12.95W	25.5W
线缆要求	CAT-5	CAT-5e

POE供电设备运行

POE供电端PSE一旦通电运行，即会对其所有电源输出端口进行检测，当控制器检测到某端口连接了支持相关标准的受电端设备PD时，即对其设备用电进行分类、评估所需电源功率并自动分级，在约15μS的时间内，即供出相应电压幅值和电流的电源，远端设备由此启动并工作；若PD设备从网络中退出，PSE则迅速停止供电。

四、POE供电的工程应用

POE供电设备的工程应用有三种方式：具有POE供电功能的交换机和远端设备、只有PSE功能的独立供电及PD受电设备，以及利用电源适配器为个别远端设备供电。

1)POE供电交换机 POE供电交换机是指能够通过网线为远端受电终端提供网络供电的交换机，实际上是将传统网络交换机和POE供电两部分电路安装在同一部机箱内而成为一个整体，是POE供电系统中常用的一种方式。POE供电交换机具有一定的管理功能，可以通过使用简单网管协议来监督和控制该设备，使其只会为需要供电的设备供电，意即只有连接了需要供电的设备，PSE相应的线缆端口才会有电压和电流输出。该方式还具有供电线路保护功能，当发生短路等故障时可以自动切断供电，以及提供诸如夜晚关机、远端重启等功能；PD设备亦和远端设备如摄像头等安装于同一壳体内。这种方式适合新建工程。

2) 独立PSE和PD供电 此种方式在交换机侧为交换机+PSE供电设备。PSE是一台对应各端口(4、8、16……48)，可以产生相应输出电压(一般为48V)和电流的独立设备，并按照需要有4、8、16等端口数。交换机各端口(RJ45)输出的数据信号经短线接PSE设备输入，在PSE里汇合了电源信号（数据和电源按RJ45各芯线线位要求连接），再输出至线路(网线)，至远端后，进分离器(类于图⑨)；分离器将同缆线传输的电源和数据信号分离，信号输出至远端设备的RJ45端口，电源则经过滤波、稳压、DC/DC变换等，转换成远端设备所需要的电压，输出至远端设备的电源端口。此种方式适于对既有网络设备的改造升级，但随着技术的发展和市场的成熟，市面上已较少见到和使用该类产品。

3)适配器供电 单独的适配器供电和独立的PSE供电没有本质上的区别，仅只是独立PSE供电是多端口(4、8、16等)，适配器供电仅为单口，参见图⑧，电源管理功能少甚或于无；PD侧设备同分离器，参见图⑨（⑧、⑨二图均自网络）。这种方式适于普通交换机中个别取用交流电源困难的远端设备、设置家庭简易安防视频及监控等，利用此种方式甚至可以由书房、卧室等处为未设或漏设交流电源的家庭信息箱（或楼道）的路由器、光猫（光调制解调器）等设备倒送电，尤其适合电子爱好者DIY。

（全文完）

◇四川 杨安治 易永萍 杨根绪

P、K分割(板、阴分割)倒相电路

P、K分割（板、阴分割）倒相电路广泛应用在无栅流的电子管甲类推挽、甲乙1类推挽功放电路中，如著名的"威廉逊"功放电路（见图1）。

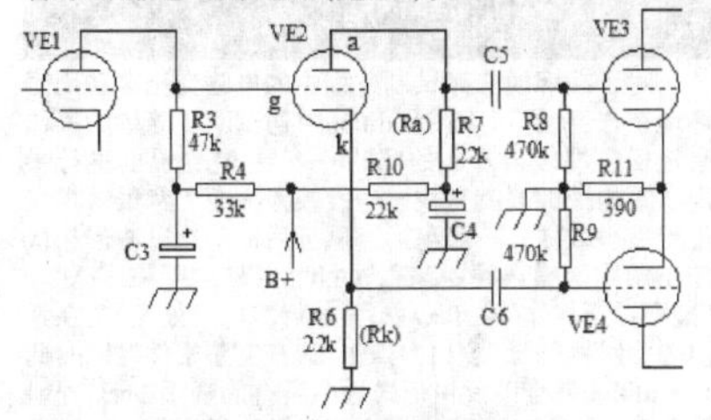

图1 威廉逊电子管功放倒相电路

电子管甲类推挽输出功放之所以为音响发烧友所钟爱，皆因为它能非常有效地消除输出变压器的直流磁化、电源谐波噪声、功放级失真产生的偶次谐波的影响。

因为P、K分割倒相电路的两臂分别从阴极和板极输出，两者的输出阻抗相差极大，故有些音响技术爱好者担心P、K分割倒相电路的"两臂输出信号幅度、频率响应极不对称，从而产生严重失真"。同时给发烧友提示下使用P、K分割（板、阴分割）倒相电路必须注意的问题。

1.倒相器等效电路绘制

如图1，R_{10}、C_4为VE_2板极电压的退偶电路，故板极电阻R_7(即R_a)的一端经C_4接地。C_5、C_6的音频阻抗可以忽略，故R_8、R_7并联合并为R^*_a，R_6、R_9并联合并为R^*_k，等效电路请参看图2。

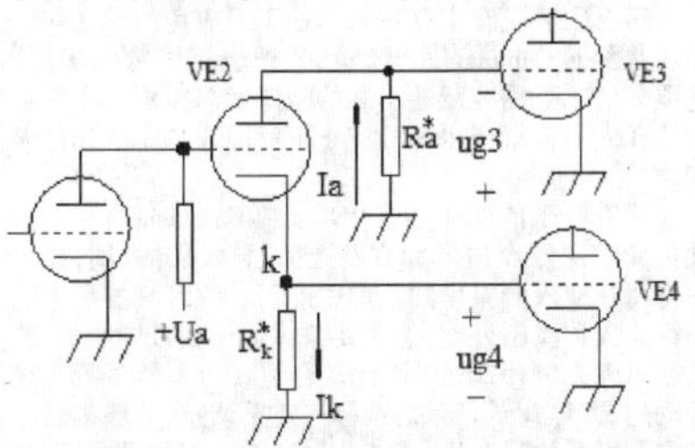

图2 倒相部分的等效电路

设VE_2板极电流I_a、阴极电流I_k方向如图2，则VE_3栅极对地电位为"$-u_{g3}$"，VE_4栅极对地电位为"$+u_{g4}$"，可见VE_3、VE_4的栅极对地电压相位相反，即两个栅极电压被倒相。

2.因为VE_2工作在无栅流状态，即其栅极电流为0，则由基尔霍夫结点电流定律，流入VE_2的板流I_a必定与阴极电流I_k相等（将VE_2视为一个"广义结点"）。因此只要使R^*_a和R^*_k严格相等，则VE_3、VE_4的栅极对地电压相位相反、幅度也严格相等：

$$\Gamma_{aR}=-\Gamma_{kR}$$

由此可见，图1的P、K分割（板、阴分割）倒相电路为对称性极好的倒相电路。

3.因为板极输出阻抗远大于阴极输出阻抗，则R^*_a对VE_2板流的影响远小于R^*_k对VE_2板流的影响。虽然R^*_a、R^*_k对板流的影响程度不同，但无论R^*_a、R^*_k的值为多大，板流I_a必定与阴极电流I_k恒相等。

因此只要保证$R^*_a=R^*_k$，且不出现正栅压而无栅流，就能保证两个倒相信号有非常良好的对称。

4.上述结论还可以推广到晶体三极管的集、射分割倒相器，不过由于晶体三极管存在基极电流，使得集电极电流比发射极电流少一份基极电流，使集电极电流与发射极电流不完全相等。因基极电流是集电极电流的1/β，因β远大于1，故集、射电流相差甚微，可以认为这种倒相器的两个输出信号也是非常对称的。

◇江西 尹石苏

浅谈中职电工电子教学

在职业学校中的机电专业、电子专业、汽修专业等都会开设电工电子课程，掌握基本的电工电子技术，此课程涉及数学公式多，理论推导复杂，实验操作难度大，在教学中积极进取，循序渐进，也可以收到很好的教学效果。

一、启发学生进行探究性学习

兴趣是最好的老师，从日常的小电器、电子产品中发现问题，不断地激励学生动手和尝试，使学生真正进入到学习中去。在授课过程中，创设问题情境，使学生置身于问题情境之中，带着问题去思考、预习、听课、复习，使学生思维更加活跃，思路更加开阔，自觉投身于探究问题与解决问题之中，从而不断提高学生的创新思维能力。在知识性，启发性，趣味性的基础上，大胆创新，巧妙设疑，不断创设形式多样的问题情境，从而引发学生探究的兴趣，提高学生的探究质疑能力。

二、加强基础知识教学，夯实学生的基础

没有扎实的理论基础，遇到问题会感到无所适从。盲目去干，只会使工作陷于停顿，更有甚至会造成故障扩大化，产生危险，更增加了学习的负面效果。只有认真加强基础知识教学，加强基本知识、基本原理、基本电子元件与电路、基本的学习方法的学习，同时还通过课堂练习，课下作业等传统的学习来充分扎实掌握基础知识，为培养动手能力提供强有力的理论基础。

三、掌握恰当的学习方法

古人云：“学起于思，思源于疑，”疑则诱发探索，只有探索才会发现真理。只有有了疑问，学习才会有主动性和创造性。带着疑问去寻求答案，不仅激发了学生的学习兴趣，同时在课堂上通过实物的演练，提高了学生的感性认识，再设计一些小故障，引导学生动手解决问题，辅以理论知识的讲解，这样学生很容易地把理论知识自觉与实践结合起来，学习积极性被调动了起来。理论知识反过来又能更好地指导实践，两者相辅相成，互为促进。同时课上配以习题讲解，动手练习，课下温故知新，使知识形成知识链，让枯燥的理论变得生动形象起来，以达到学生完全理解的教学效果。

四、结合生活实际，启发学生的创新动机

创新动机、创新目的、创新效果三者是紧密相关的。电工电子是和我们的生活联系非常紧密的一门学科，电工电子知识和规律涉及生活中的许多方面。我们要引导学生利用电工电子分析和解决日常生活中碰到的一些实际问题，例如：家中的双控开关，如何设计得更方便和节能，如何查找线路的故障点，以及换开关，插座等。通过这种教学方法，学生体会到电工电子知识在生活、生产中的重要作用，从而激发学生的求知欲和动手操作的欲望。鼓励、引导学生用已学的理论知识去进行科技小制作，小发明，这样可促使学生的动手与动脑，实践与探索，学习与创造，基础知识与科技信息密切结合起来，培养学生各方面的能力，引导学生参加技能大赛，体会成功的快乐，激发其创新激情，培养其创新意识，塑造其创新精神，把学生的创新能力挖掘出来，使他们真正成为新世纪的创新型人才。

微课制作中的配音技巧

在微课的实际制作过程中，很多作者往往忽略了解说部分的配音录制和处理技巧，使得一些画面精美的优秀微课因解说的苍白无力而“失色”不少，在此与大家共享几则让微课更完美的一些录制与处理技巧：

一、前期准备注意事项

1. 配音的录制要保证有一个安静的密闭环境，尽量减少外界各种干扰和噪音（比如将手机关机置于别处），有条件的可选择在带有吸音板的功能室中进行解说的录制，比如录播室。

2.台式机杂音较多（主板电流声、散热风扇声等），因此推荐使用笔记本，而且是在不使用变压器充电的状态下进行解说音的录制，将电噪波的影响程度最小化。

3.不要使用头戴式耳麦进行录音，因为过于靠近腮边的麦克拾音器极易受到说话强气流的冲击，出现“喷麦”的爆音现象；最好是使用加防尘罩且带固定支架的电容式麦克，录制时嘴部与麦克的距离要保持30-50厘米，这样既可以保证麦克有足够的自然拾音量，同时又能较好地弱化说话强气流的“喷麦”影响。

4.麦克的录音音量设置要适中，不要过大或过小，使用鼠标右键点击任务栏右下角的小喇叭图标，选择其中的“录音设备”；然后在弹出的“声音”窗口中切换至“录制”选项卡并双击第一项“麦克风”；接着在“麦克风属性”窗口中将上方“麦克风”音量设置为70%左右，下方的“麦克风加强”设置为“0.0dB”的最低状态（如图1），点击“确定”按钮。

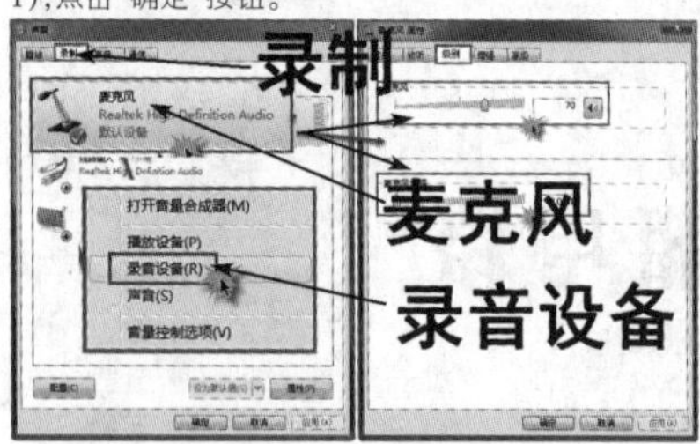

5.提前准备好“台词”，切忌拖泥带水，注意翻页时的纸张声。

6.在进行解说音录制的过程中一般都需要参考课件的同步播放，但一定要注意鼠标的咔嗒声，最好是使用翻页笔来操控课件的演示，或者轻按键盘上下箭头键来代替鼠标滚动。

7.在解说录制的过程中如果遇到某一句说错的情况就稍作停顿（留出一小段空白区），然后接着再重复一次，后期剪辑合成时记得再将这一句失误剪切掉即可。

8.每次解说录制前都要先测试录一小段并进行试听；语气应该根据微课的实际内容并兼顾学习者的年龄段特点，有一定的轻重缓急变化，比如小学段的微课解说语气应稍显活泼且感情丰富，而高年级段则应更为平稳和理性一些。

二、在Camtasia 9中进行常规剪辑处理

1.推荐“先彩排后补录”的解说音录制方式

通常情况下，我们在使用Camtasia完成课件演示的“录屏”过程中，同时应该以正常的速度来进行解说的非正式匹配，然后在Camtasia中进行“分离音频和视频”操作将该“彩排”音频删除，接着通过点击“语音旁白”中的“开始从麦克风录制”项进行边对照录屏过程边正式解说音的“补录”（如图2），点击“停止”按钮后就会将生成的音频文件保存于硬盘的同时再插入当前的轨道，准备进行下一步的剪辑处理。

2.灵活使用五种“音频效果”来修饰解说音频

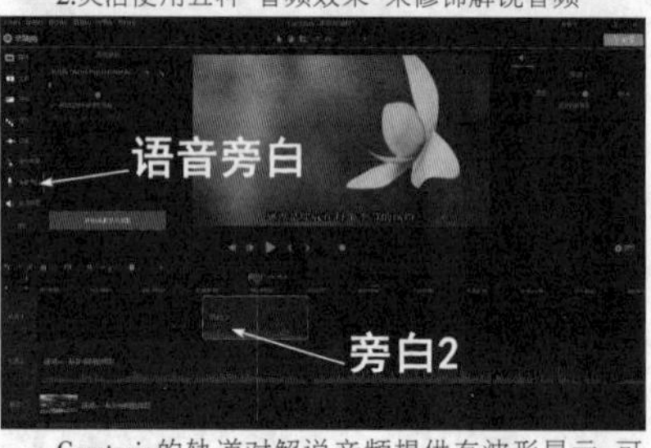

Camtasia的轨道对解说音频提供有波形显示，可通过缩小或放大时间轴进行横向调节查看；同时，在波形的纵向上注意不要出现“破音”现象，也就是波形的顶端不应该过于接近轨道。在Camtasia 9的“查看”-“工具”-“音频效果”菜单中提供有降噪、音量调节、淡入、淡出和剪辑速度共五项功能，虽然精准度不太高但实用性较强，基本上可以满足绝大多数要求不高的效果处理，使用方法是直接将待用项拖放至轨道的音频片段上即可（如图3）。

如果在音频中的某处还需要进行音量的细致调节，可以单击鼠标右键选择“添加音频点”项（可重复操作来添加多个点），然后直接拖动这些音频点进行上下左右的调节来控制邻近区域波形的增益或衰减。

3.巧借背景音乐来“遮”噪音

考虑到解说音中存在着一些不可避免的噪音——即使是经过Camtasia的“降噪”处理也不一定完美，而且很多情况下需要营造不同的微课学习氛围，我们可以选择借用背景音乐来“遮”一下解说音频中的部分噪音。

背景音乐的使用非常简单：在Camtasia的左上方项目库空白处点击鼠标右键选择“导入媒体”项，导入后再将其拖入到某单独轨道中即可，注意其波形先要进行淡入和淡出处理，然后要整体弱化衰减操作，一般占据纵向比例为20%以下比较合适，可不断试听并进行动态调节。背景音乐的选择一定要慎重，一般都是比较柔和舒缓的轻音乐，能够头尾自然衔接循环播放，禁忌动感极强的重金属摇滚乐（除非特殊场景需要）；而且不要使用让人熟悉的流行音乐，或者耳熟能详的背景音乐（比如央视天气预报的“渔舟唱晚”），这些都很容易使学习者“分神”，影响其学习效果。

三、借助Audition CC进行精细剪辑和降噪处理

1.借“零交叉点”来实现精细定位剪辑

如果对解说音频有更高的要求，那就需要使用Audition来进行更为精准的剪辑处理了。由于在Camtasia中无法通过将时间轴放大至极限来实现解说音频选择点的精准定位，很容易出现音频过渡不自然的“爆音”——选中部分的左右边界不是零电平的纯净音，听上去就可能会有很硬的声音突兀感，而在Audition中通过“零交叉点”（即零振幅中线的静音点）的定位就可以实现解说音频的精细剪辑。

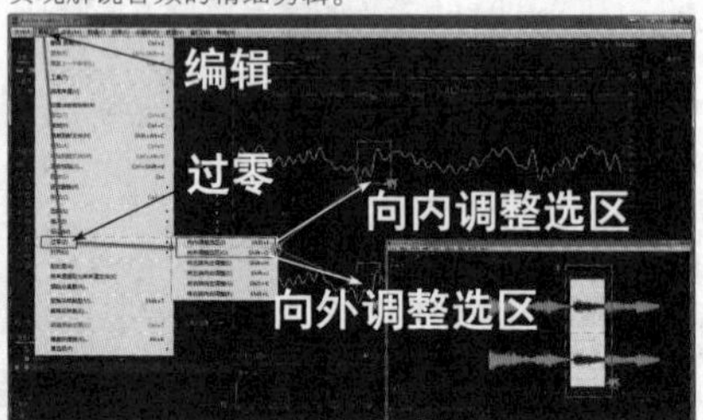

首先进行待剪切音频段（比如因口误而说错的一句话）的粗略定位，在该段的左起始点处单击鼠标左键，接着执行“编辑”-“过零”-“向内调整选区”菜单命令（或直接按Shift+I组合键），Audition就会自动将刚刚鼠标的定位向右移至第一个零交叉点，或者按Shift+O执行“向外调整选区”（即向左找相邻的第一个零交叉点）命令（如图4）；接着，按M键（或执行“编辑”-“标记”-“添加提示标记”菜单命令）做上第一个标记。同理，再将该区域的右截止点也选择好零交叉点并做上第二个标记，此时即可通过鼠标的拖动来将该区域进行精准选择，再按Del键执行删除操作，从而实现前后两段解说的无缝对接。

2.在捕捉噪声样本的基础上实现“降噪”效果

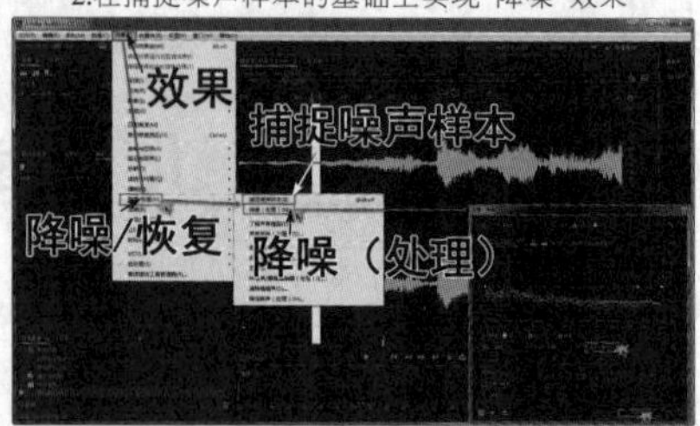

对于在解说音频录制过程中的电脑交流声和周围环境杂音，我们可以在Audition中通过两步简单的操作来轻松实现较为专业的“降噪”效果：首先需要进行噪声样本的捕捉，就是找出一段较为纯净的背景噪声来进行噪声取样，一般可通过试听后拖动选择波形起伏较小的均匀噪声源；接着，执行“效果”-“降噪/恢复”-“捕捉噪声样本”菜单命令，再执行“降噪（处理）”，在弹出的“效果-降噪”窗口中点击“选择完整文件”按钮，此时Audition就会以反白形式选中所有的音频波形；一般情况下，噪声基准、降噪幅度等参数均保持默认的设置不动，直接点击右下角的“应用”按钮（如图5），Audition就会根据刚刚进行的噪声取样数据来对整个解说音频进行“减法”操作——将噪声样本从音频中消除，这样就实现了降噪。

当两步处理均完成且试听满意之后，就可以通过执行“文件”-“另存为”菜单命令来输出生成为新的解说音频文件，最终将它再导入到Camtasia中与课件演示画面进行匹配，最终合成导出为完整的微课作品。

◇招远 牟晓东

广电网络转型升级的主要要素

在三网融合提速和国家提出“互联网+”的战略背景下，互联网快速发展将进一步促进视频业务终端的高清化、移动化和智能化。广电网络运营商应抓住“互联网+”和“三网融合”战略机遇，明确任务目标，激发创新活力，描绘未来发展蓝图，通过重大工程项目提升竞争力，不断向综合信息服务运营商迈进。

一、构建标准技术体系，促进网络互联互通

现阶段，全国各地广电网络的高清互动点播平台、运营支撑、运维播控系统等技术和平台标准还不统一，系统还不兼容，端口还不对接，网络运营的规模经营红利没有实现。所以，标准统一的网络平台技术架构建设，是广电网络发展的当务之急。

应加强全国网络建设的顶层设计，统一广电网络技术架构标准化体系，打造管理规范、技术先进、安全高效、国内一流的广播电视网络平台和信息传输基础网络，促进全程网络的互联互通。

以双向网络标准化改造工程等网络改造项目为抓手，加快标准技术体系建设步伐，加强运营支撑兼容统一，让有线电视网络具备承载高清数字电视节目、高清视频点播、高速宽带数据接入等多种业务的能力。

二、强化传统视频业务，巩固广电业务地位

当前宏观经济下行压力加大，行业竞争日趋白热化，三大运营商都在紧锣密鼓地布局视频领域。互联网视频风头正健，优势明显，乐视、腾讯视频、PPTV等专业视频网站运营日趋成熟，它们内容丰富、高清流畅，可提供免费观看和下载模式，直接导致有线电视用户流失。

截至2016年6月底，互联网电视用户达到5298.6万户，OTT盒子市场零售量710.7万台，IPTV用户达到6581.2万户，网络视频用户规模达5.14亿，视频服务领域重新洗牌，有线电视行业原有功能和业务模式呈现幼龄化、老龄化趋势。

所以，应在市场竞争中调整战略，找准优势，提质增效，转危为机。高清视频流对带宽的要求条件较高，广电节目产品的高清流畅体验是相对IP网络视频的优势，建议以“广电高清”工程建设为抓手，加强对高清付费频道、高清点播片源内容建设，牢牢控制传统视频的主导地位；同时，以云媒体增值应用为抓手，统一市场品牌，统一产品内容，精简套餐组合，形成具有竞争力的产品体系，巩固视频业务发展。

三、强推高速广电宽带，主动融合“互联网+”

广电是参与三网融合的重要主体，是以“TV+”方式推动“宽带中国”战略、“互联网+”行动的重要力量，发展宽带不仅符合国家信息化战略的要求，更是企业提高用户黏度和增加收入的重要手段。

目前，宽带互联网飞速发展，截至2016年上半年，三家基础电信企业的互联网宽带接入用户总数达2.78亿户，其中中国移动有线宽带总数达6583.6万，中国联通累计固网宽带用户总数达7393.8万户，中国电信固网宽带用户总数达1.18亿。而广电宽带用户虽超过1800万户，但规模依旧较小。

所以，广电应以宽带提速工程为抓手，加快宽带网络建设和改造，促进有线宽带全面普及；建设宽带网络骨干节点和数据中心，提升网络流量疏通能力；加强内网资源的缓存和镜像，缓解互联网出口受限现状；科学规划社区建设，积极推进光纤到户技术的普及应用，提高广电网络宽带的承载能力。

四、全面普及智能终端服务，形成“广电+”生态链

目前，OTT异军突起，各种OTT盒子与各种IPTV牌照方密切合作，采取捆绑销售、“终端+平台”生态模式，以多屏互动、免费视频、App应用体验，渗透到视频服务领域。

在这种情况下，广电应加快智能电视操作系统TVOS的终端推广，打造广电专属的“互联网+”和“TV+”智能终端产品，并结合智能CDN加速、Cache优化等宽带网络技术与服务，致力于推动有线宽带的增值业务运营，延伸智慧广电、智慧家庭、智慧社区，以及数字家庭服务新业态的融合发展，构建面向“TV+”有线电视应用的创新生态体系建设，开展跨界竞争、多角经营、竞合共赢的经营模式。

五、健全无线网络发展，布局移动网络市场

随着智能手机的快速普及，移动互联网得到了迅猛的发展，在这种情况下，积极探索建立符合广电移动互联网的运营模式，把无线Wi-Fi业务作为一个重要的业务类别发展，增加无线网市场占有率是关键。

目前，公共运营接入点总数600万个，其中中国移动热点超过400万个，中国电信热点超过100万个，而广电极少。

因此，接下来广电要把重点放在以下两个方面。

一是结合有线宽带，推出系列广电Wi-Fi无线终端业务产品，为用户提供无线有线一体化、宽带和电视终端一体化、网络和信息服务一体化的便捷业务；

二是推进各地无线广电Wi-Fi热点建设，提供基于Wi-Fi之上丰富的增值应用服务，通过酒店、地铁、餐馆等场所与政府建立“公共Wi-Fi+信息服务”，为客户在形象宣传、商业营销、信息推送方面提供综合性解决方案。

六、提升共同核心价值，着力企业文化建设

企业价值观是企业文化的核心和基石，是生产经营过程中奉行的基本信念和共同目标。只有当员工个人把自己的价值观逐渐统一、融于企业价值观时，企业的核心价值观才可能形成，进而产生共鸣，凝聚集体战斗力为未来生产发展而拼搏。

很多案例表明，一个企业核心价值观建设的成败，关系到企业的发展趋势。因而，广电网络在“十三五”规划时期，更应加强对企业价值观的提炼，广泛引导融入员工，让大家自觉推崇与传播。

广电网络运营商是服务型的企业，用户服务工作是我们生存发展的根本，应围绕“服务”这个中心，设计统一的企业核心价值观，把用户服务作为重点工程来抓，让“服务满意度”节节攀升，让用户在使用广电业务产品的同时，还能体验到愉悦的服务。

七、稳定流动人才更新，激发企业发展活力

人才队伍是企业的核心资源，目前，广电网络人力资源结构不优，传统广电事业型人才较多，并且逐渐老龄化；广电网络市场发展的营销类和资本运作类人才缺乏，新媒体制作、证券法务、技术研发等专业人才缺乏。

而现代互联网技术的飞速发展，对于现代网络技术、信息技术及经营管理型人才需求很大，亟需既懂技术又懂管理的复合型人才来满足广电网络参与市场竞争的需求。

对此，在“十三五”时期，广电要建立人才队伍流动更新机制，激发公司长久发展活力：

一是设计人才队伍的进入机制，加速培养提拔任用年轻干部，尊重知识、尊重人才，激发活力，提高企业的运作效率；

二是设计老龄员工的退出机制，让无法再胜任目前岗位的职工和干部有一个逐渐退出的平台。

八、营造融合产业发展，推动产业转型升级

“十三五”期间，广电网络应加快转型升级，依托三网融合枢纽中心，积极培育市场主体，化解传统视频业务占主要比重的经营风险，打造“三大产业”：

一是大力发展网络产业，以“智慧城市”为依托，积极探索与政府机关、银行、医院、酒店、公交、公园等公共场所互利合作，提高信息化数据相关业务的服务收入水平；

二是加强数字化节目内容媒体资源库的集成建设，引入具有吸引力的高清片源，共享互动电视片源，不断丰富视频内容，建立与OTT业务发展相抗衡的IP网络视频业务平台，用精彩高清的节目内容，包括本地商城、可视通话、电视支付等差异化服务，黏住广电传统用户；

三是加快与新媒体、自媒体的融合，新媒体是信息科技与媒体产品结合的产物，是媒体传播市场发展的趋势和方向。

广电应建立新媒体、自媒体合作平台，向用户提供信息和娱乐服务的传播形态，在提升渠道广度的基础上增加自身平台宽度，灵活创新服务新产品，最大限度地满足用户的需求，增强传统媒体在融媒体时代的竞争力。

◇江苏 张枫林

广播电视常用技术英汉词汇对照表(五)

在应用广播电视设备中，往往有很多英文简写出现在设备上，为了方便同行对广电设备上的英文熟知，特摘录以下常见用于广播电视技术行业的英汉词汇对照表。为了查询方便，本表以英文字母排序进行汇集整理。在查阅对应含义时，特别要注意部分简写的真实含义，容易出现混淆，同时在本技术行业应用中，约定的简写才可以简写，否则简写容易出现歧义。

(未完待续)(下转第209页)◇湖南 李斐

英语简写	英语词汇	中文含义
F		
FA	Facial Animation	面部动画
FABM	Fiber Amplifier Booster Module	光纤放大器增强模块
FAS	Fiber Access System	光纤接入系统
FC	Frequency Changer	变频器
	Fiber Channel	光纤通道
	Film Composer	电影编辑系统
FCC	Federal Communications Commission	(美国)联邦通信委员会
FD	Frequency Divider	分频器
	Fiber Duct	光纤管道
FDCT	Forward Discrete Cosine Transform	离散余弦正变换
FDDI	Fiber Distributed Data Interface	分布式光纤数据接口
FDM	Frequency-Division Multiplexing	频分复用
FDP	Fiber Distribution Point	光纤分配点
FE	Front End	前端
	Framing Error	成帧误差
FF	Fast Forward	快进
FG	Frequency Generator	频率发生器
FH	Frequency Hopping	跳频
FIT	Frame-Interline Transfer	帧一行间转移
FN	Fiber Node	光纤节点
FOA	Fiber Optic Amplifier	光纤放大器
FOC	Fiber Optic Cable	光缆
	Fiber Optic Communications	光纤通信
	Fiber Optic Coupler	光纤耦合器
FOM	Fiber Optic Modem	光纤调制解调器
FON	Fiber Optic Net	光纤网
FOS	Factor of Safety	安全系数
FOTC	Fiber Optic Trunk Cable	光缆干线
FS	Frame Scan	帧扫描
	Frame Store	帧存储器
	Frame Synchro	帧同步机
FT	France Telecom	法国电信
FTP	File Transfer Protocol	文件传输协议
FTTB	Fiber-To-The-Building	光纤到楼
FTTC	Fiber-To-The-Curb	光纤到路边
FTTH	Fiber-To-The-Home	光纤到家
FTTN	Fiber-To-The-Node	光纤到节点
FTTO	Fiber-To-The-Office	光纤到办公室
FEC	Forward Error Correction	前向纠错
	flash	快报
	field	字段

初玩HI-FI音响的『十大禁忌』

一忌器材统统放进柜里。切勿将音响器材放进三面不透风(光)的柜里使用。这样,由于受到柜内空间所引起的谐振影响,往往会使音响的声音变得混浊不堪;而功放等要求对流散热的器材由于没有足够的流畅空气,长时间会产生过热,进而严重加剧器材元器件的老化而折寿。

二忌重叠放置器材。不要将一大堆的器材重叠码的放在一起,以为这样显得气派,且可以省地方,但这样做会引起器材间的相互干扰,尤其是功放和CD等数码器材,后者的数码杂讯干扰或前者变压器的磁场互感,都会使得音响系统的音色听起来偏硬、发毛,以及有压抑感。应当把器材平稳地相对隔开一定间距放置,特别是注意两件器材工频变压器之间的"有效隔离",以避免产生相互感应。

三忌电源插头极性不分。电源插头的进线极性(三芯的还有接地线)校正得好的系统,音色层次分明,乐音自然流畅;系统里各种器材的火线、零线相性不分或参差不齐时,音色会偏硬偏及粗糙。所以,在将所有音响器材接入市电(或家中的电源插座)时,应首先校正全套连接使用的音响系统的内外电源火线、零线的相性,确保所有器材的相性接插一致。以使器材细节满堂充盈,余音绕梁。

四忌接线端口不够牢固与不够洁净。如果前日里听起来好端端的声音,突然感觉得音色干硬,其中一个很重要的原因,可能就是整套系统中有局部接口接触不良,从而导致系统信号传导在某个环节的内阻变大,进而劣化了系统的重播音色。例如插头不牢,接触面氧化,有灰尘或油污等。所以,应定期检查,保持接触面的洁净,必要时更换插头,改良接线端口。

五忌用大理石或玻璃承载(托)器材。大理石的密度低、谐振高,极易影响音响器材的声音重播效果。玻璃的密度比大理石虽高,但是如果没一定的厚度,所引起的谐振更严重。如果一定要用石料,可用花冈岩石,厚度一定要在1英寸以上方可。其实,硬实木才是最好的音响器材承载(托)原料件。学会利用身边随手可及的物件,有道是:"此处应有尽有,何必远足它求"。

六忌音箱的摆放迁就室内家具或其他。音箱的摆位,对整套音响系统的音乐重播效果有重决定性的重要地位。要发挥器材的最佳效果,音箱的摆位就不要迁就室内的任何一件家具或有阻碍音箱声音自由扩散传导的其他什么物件。铁杆发烧友无不如此

七忌接线处理不当。在处理接线时要注意:1.不可把电源线和信号线并排或扎在一起,因电源线的交流电会影响到信号线微弱的音频信号;2.任何的信号线或喇叭线均不能打圈或打结,否则会增加电容量,影响音色(这里就不包括那些神灵附体的高烧们居然也能借此用来校音一说的玄说了);3.不宜选用过长的信号线或喇叭线,积尽量使用规范的标准线长,如信号线一般在1-1.5米,喇叭线一般在2.5-3米;4.一些"标新立异"的厂(商)家的信号线,还有着明确的方向性的指示的标识,请不要弄错了方向。所有的高档线材,都不要随意的弯曲和任意的挤压,为这样会破坏原型线材金属表面的光滑度和晶格排列张裂度。

八忌想当然地处理房间的吸、隔音效果。听音房间的吸、隔音效果是一门高学问的建声学课题,除了吸音、隔音以外,更重要的还有声波的反射、折射的声效处理。这里需要充分考虑房间的体(容)积、几何尺寸、墙体及地面的坚固程度,以及建筑材料的运用等。如果您不是这方面的行家,只凭想当然地动手,可能会弄巧成拙。例如,将房间装修得美仑美奂,但往往音响效果却很糟糕。

九忌刻意模仿。摆弄音响器材由生手变成行家,需要时间和经验的积累,其间更须要向高人学习。学习别人,要从自己的实际出发,不能盲目乱来。例如人家用长信号线、短喇叭线,效果极佳,因为人家的CD机和功放是具有真正平衡式的输入输出接口器材,而你的器材却不是平衡式的,或有的是,而有的部分又不是,或是非差动式电路的假平衡,则当然不妥了。重要的是建立自己的聆听标准,培养出自己的风格。

十忌自欺欺人。如果器材播放某一类音乐有着"相当出色"的表现效果,而播放另一来音乐则煞又是差劲的,这说明系统(包括房间)还未调校处理到理想的程度,须要多听、多观察及虚心去钻研学习。如不思进取,只能是自欺欺人,高人一听就知道您的发烧水平究竟达到了什么程度。倘若您早已心有城府、且独断专行、天马行空,原本就是绝对的受同行尊敬的高人一个,那么,您就尽可地放马上歇、一意孤行。因为您已是从另一个高度、另一个角度俯瞰天下了,岂止这区区HI-FI乐园。

◇江西 谭明裕

2018CES获奖耳塞技术功能剖析(三)

(紧接上期12版)

五、Samsung Gear Icon X 2018

文中照片展示的是一款兼容健身跟踪和音乐聆听的无线耳塞,该款荣获"2018CES创新奖"的耳塞由韩国三星公司开发。作为Gear Icon X升级版的Gear Icon X 2018改进之处在于新增了一个辅助跑步训练的"音频教练",它能自动跟踪训练情况,哪怕是即兴步行,十分钟后也会开始跟踪,并记录下时间、距离和消耗热量等相关训练数据,随后输入到用户智能手机的S Health 应用里,与S Health的同步通过长按相关操作件激活启动内置Running Coaching功能实现。Gear Icon X 2018兼容Android4.4 KitKat及以上版本的手机等智能设备,内置1.5GB的RAM。本耳塞有黑灰粉红三种颜色,提供兼有充电功能的存放盒。Gear Icon X 2018还具有:

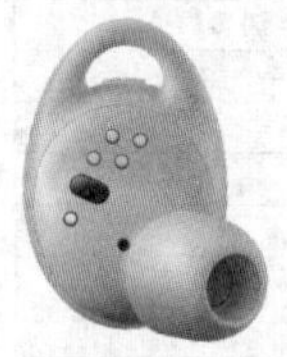
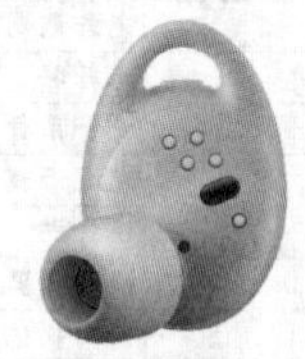

1.优异的电池性能

Gear Icon X 2018借助升级电池技术和智能技术的应用使电池性能明显提高,它包括使用寿命的延长和充电功能的增强两方面。满负荷电池一次足够供半个,甚至整个马拉松全程距离使用,可以确保存储于内存4GB的7小时MP3音乐连续播放。如果用于通话,可以使用4个小时,其快速充电功能使得用户只需充电十分钟就能畅听1个小时的音乐。

2.方便的播放功能

Gear Icon X 2018自身也设置了播放功能,因而即使把手机遗忘在家里也无妨,照样可以作为一部独立的媒体播放器播放上传自手机的音乐欣赏。需要时,用户还可以通过蓝牙连接访问流媒体音乐服务网站。另外,在聆听欣赏之外还提供列表功能,用户还可以创建2个播放列表:一个专用于收藏自己喜欢的曲目;而另一个则可收藏一些适合健身房训练时聆听的音乐。万一需要用手机,而自己又正好在家附近,那么,用户可以通过蓝牙连接本耳塞与手机来弥补遗憾。

3.充足的曲目内存

Gear Icon X 2018的内存可以存放上传曲目多达1000首。Galaxy手机用户有两种办法将音乐文件上传输入到本耳塞,一是从Galaxy手机输入;另一种是通过USB连接器,或USB电缆连接电脑获得(不适用于某些Galaxy手机)。非Galaxy Android手机用户将音乐文件上传输入到本耳塞只能通过USB电缆连接电脑实现。

4.完美的声音质量

Gear Icon X 2018提供清晰而稳定的音乐聆听质量,一个新的健身优化驱动功能增强了低音效果,而音量设计方案给了用户更大的音量调节范围。更值得一提的是,一个可升级的三星编解码器的使用能确保本耳塞即使处在很具挑战性的恶劣环境与条件下同样也能获得稳定的音乐流信号。

Gear Icon X 2018的参考价199.99美元,2017年10月27日起在美国发行。

六、Jaybird RUN

文中照片展示的是一款蓝牙无线耳塞,该款荣获"2018CES创新奖"的运动耳塞由美国Jaybird公司开发。RUN内置MEMS全向麦克风和6mm驱动器,考虑到健身锻炼易出汗的特点,外壳覆盖了两层纳米防水涂层。为安全起见,该耳塞可以单独用于打电话和听音乐,而另一耳朵则用来感知周边环境的其他声音。RUN兼容设有蓝牙功能的任何智能手机、平板电脑、台式电脑和游戏机等几十种移动和固定设备。该耳塞随机配备小至可以直接放口袋里的小型置放/充电两用盒,只要将耳塞按左、右顺序放入盒内,充电就自动开始了。值得一提的是,每次取出时都会自动开机并直接与手机配对,非常方便。RUN在颜色上提供黑/银、白/银、蓝/银几种相拼样式,其内置电池可使用4小时,两次充电可获得8小时的储备电量。RUN还具有:

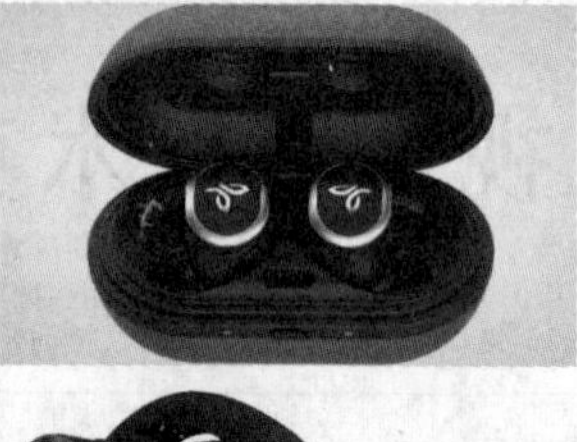

1.简易的功能操控

RUN考虑到健身的特殊性在功能操控上采取了直观的一键全搞定设计方案,左耳塞按动一次实现的是激活Siri,或Google Assistan语音助手功能;右耳塞按动一次实现的是播放/暂停/接听/挂断,按动两次则为下一曲和拒绝来电接听。值得注意的是,如果想重放上一曲,或想调整音量,则需要借助用户的智能手机结合免费的Jaybird mobile app (兼容Android和iOS) 应用程序进行设置来实现。

2.快速的蓝牙配对

RUN在蓝牙功能上除兼容的设备很多外,配对容易快速也是一个特点,也就几秒钟的时间就能与智能手机等同具蓝牙能力的设备连接成功,而且一旦连上非常稳定。更方便的是,在本耳塞与手机首次配对时,每隔2秒用户可以听到"进行蓝牙设置,以及选择Jaybird Run"的语音指导,直到配对成功。配对成功后,90%的操作就都由右边的耳塞来完成了。

3.上乘的专属应用

RUN提供一项兼容iOS 9+ (除 iPad 2)和Android 4.4+的专属《Jaybird MySound》App应用,该应用涵盖的几项新功能包括:一是为耳机命名;二是对左右耳塞的按键功能重新自定义设置;三是除直接使用耳塞本身对声音平衡已做好调整的默认设置外,还可根据自己的喜好对EQ的预设进行调整,通过下载不同的EQ模式来获得不一样的低音、中音和高音效果;四是通过其位置查询功能找回遗失的耳机;五是可以对每一耳塞使用寿命等电池性能实时跟踪。六是需要时,用户可以选择Flat或Signature预设来在线享用其他各种网络应用。

4.响亮的聆听效果

RUN提供清新、干净的声音,尤其是在高音量时的声音放送质量是非常高的,值得一说。用户即使在人群拥挤的火车这样的嘈杂环境下聆听,其固有功率提供的音量还是足够清晰聆听所放音乐的。虽然不可能呈现像低音炮那样的重低音效果,但对一般的低频端声音的还原效果还是不错的,而且即使选择以低音为中心的EQ预设时,音量开至最大也不会出现失真,或其他不尽人意的听音感受。

RUN的参考价为179.99美元,2017年9月发行上市。

(全文完)

◇上海 解放

2018年5月27日出版

■实用性 ■启发性 ■资料性 ■信息性

第21期

（总第1958期）

国内统一刊号:CN51-0091　定价:1.50元　邮局订阅代号:61-75

地址:(610041)成都市天府大道北段1480号德商国际A座1801　网址:http://www.netdzb.com

让每篇文章都对读者有用

飞机上使用手机的背后

从2018年1月18日零时开始，中国用户在乘坐飞机时再也不需要关闭手机了。其实很多朋友都有一个疑问，之前既然手机上有飞行模式为什么还要求关机？

飞行模式

先说下飞行模式，飞行模式关闭了手机的GSM/GPRS模块，手机不会主动向基站发送寻呼信号，即不试图联系基站，但一般可拨打紧急电话（与无sim卡原理类似，在此模式下，手机一般可拨打国际求救电话112，可能不支持110、120等国内求救电话）。

因为手机寻呼信号会干扰飞机上的电子设备，所以飞机上不允许打开手机，而这种模式下关闭了手机信号的有关功能，手机可以开着继续使用其他功能，如查看电话本、欣赏手机上的文章、电影，玩游戏等，所以叫飞行模式。

顺带说一句，飞行模式是华为消费者业务手机产品线副总裁李昌竹发明的专利技术，它的设计初衷，是为了避免手机信号干扰飞机上面仪器，既能使用手机又能保障飞行安全。实际上到目前为止还没有直接的证据表明手机可以引发空难，但是飞行员的飞行数据记录了大量因乘客使用手机造成导航和控制系统受到影响的事例。

2001年，美国国家航空和宇宙航行局（NASA）公布了1986年到1999年航空安全记录数据，表明从1986年到1999年，共有86起故障事故是由于乘客在飞机上使用了电子设备，其中超过四分之一是由手机引发的故障。2003年英国发表的类似研究报告也表明，从1996年到2002年，乘客使用手机导致了35起飞行故障，2003年到2005年，有10起飞行故障与手机的使用有关。

手机引发的故障五花八门，有的造成导航系统包括GPS定位和滑翔姿态指示器出现错误，有的对控制系统包括自动驾驶仪造成干扰，还有的造成报警系统失灵，例如行李舱烟雾警报器会莫名其妙地关闭，更有甚者，飞行员甚至可以听到乘客与地面的通话，这直接导致了飞行员与飞机控制中心之间的通讯中断，影响正常飞行。

飞机上网

在此之前，有的飞机为了满足旅客的上网需求，开发出飞机上网模式。

第一种是卫星模式，手机不通过地面基站，直接和卫星链接进行上网。卫星发出的波段为12.24-18GHz频率范围的Ku波段，而移动电话系统以及飞机飞行时工作频率在800到1800MHz之间，因此和卫星模式采用的波段错开了，所以不会受到影响。

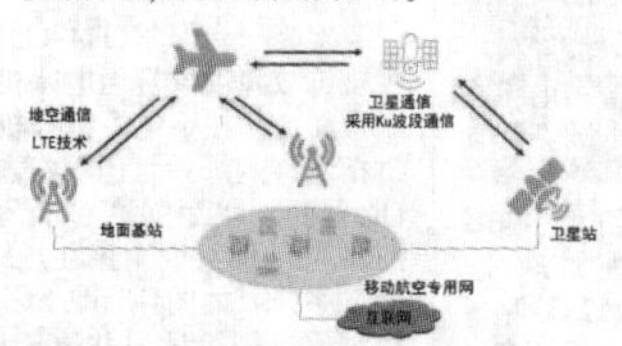

第二种是地面基站模式（ATG全称为Air to Ground），属于低空信号传输的一种，需要沿飞行航路或特定空域架设地面基站，以向高空进行覆盖，即利用这些地面基站与飞机直接进行信息传输。

在部署地面基站时，一般这些基站很难跨国部署，因此这种通讯方式不适于跨洋（国际航线）使用，只适合于国土陆地面积较大的国家。目前美国9家航空公司的1500架班机已利用该通讯方式实现了全面的空中互联网体验。缺点还有信号覆盖不够广泛，毕竟地面基站信号影响的面积有限，不如卫星模式辐射的范围广。

当然，卫星模式不存在覆盖范围问题，但缺点也很明显，信号波动大很不稳定，并且在飞行3000m高度以上或者地面停靠时才可以使用。

国内情况

中国电信是早期国内唯一一家拥有卫星移动通讯牌照的运营商，从2014年才开始在全球范围内采用Ku卫星通信技术为旅客提供飞机上的上网服务。

中国移动本身具备4G网络的科研技术，利用这一优势，随即也推出了“ATG（地空通信）+卫星通信”的混合组网方式，通过优势互补，为旅客提供了优化的航空机载通信解决方案。多年前便联合航空公司开展了飞行体验，取得了很好的效果。

联通则是将卫星模式中Ku频段方案的网速大大提高，由原先飞行模式的下行5Mbps、上行1Mbps的速率，提高至了下行130Mbps、上行30Mbps。随后又在2017年5月发射的中星16号上联合中国卫通及相关航电设备提供商开始布局航空互联网全产业链生态，成为三家运营商中首先同时具备运营Ku频段和Ka频段的卫星的基础电信运营商。

写在最后

尽管从2018年1月18日零时开始，中国用户在乘坐飞机时可以使用手机上网，但是还是不支持打电话。虽然飞机上能够拨打卫星电话，不过费用还很高。要想在技术的层面上解决飞机低成本打电话的问题，还需要将机上通信带宽与传输速率提高10-100倍以上。

在具体的细则出台以及各个航空公司通过审批前，大家依旧不能在飞机上玩手机。而且这个解禁不会是政策层面的一刀切，很有可能是不一样航空公司、不一样时间一点点进步的。比如说，川航允许你开启飞行模式，但西南航空也许不一定认可。其次，即使是同一家航空公司，也不代表旗下所有飞机都解禁，比如那些老旧客机，生产时连严格的电磁兼容标准都没有，肯定是需要经过全面改装的。

还有某些山寨机，发射功率不一定规范，很有可能被禁止，不过这对于乘务员也是个挑战，如何确认也是个问题。

说了这么多，最后给大家一个最实用的“飞行模式”使用技巧。

1.晚上睡觉不用关机，避免手机辐射。

有些人担心手机辐射，也怕费电，所以晚上睡觉前都会关机。可事实上，开关机的耗电量比整夜待机还大，而开启飞行模式，不仅相较而言更省电，还让手机处于不发射不接受信号的状态，所以辐射是极小的。 2.手机没电时开启，相当省电。 坐地铁、手机、高铁时，信号基站会不停切换，手机也会不停搜寻信号，这个过程很耗电，上网也会产生漫游费。没有什么重要的事的话，可以开启飞行模式，这比手机的省电模式还省电，在手机充电的时候开启，也会加快充技术电速度。 3.快速搜寻手机信号

在信号屏蔽区或者是信号差的地方，打开飞行模式一会儿之后再关闭，信号会好很多，比起关机再开启也要方便很多。

（本文原载第10期11版）

关于手机发热要注意的几点事项

手机发热始终是一个困扰大家的问题，正常情况下手机温度不会超过50℃，而容易造成手机发热的主要因素有以下几点：

1.手机号强度低于-75dBm时，信号强度就变得很差，为了保证正常的手机通信，手机会自动加大发射功率，功率越大发热也越大。

2.多个后台应用程序一起运行，导致CPU负荷运行；特别是导航、游戏、视频同时或长时间运行，发热会更加严重。

3.手机上网时，数据传输越多电量和CPU消耗都会相应增大，发热量就大。

4.非原装的充电器充电时，也可能导致手机发热；因为有的充电器缺少保护电路，不能保证充电时电流的稳定，而且容易烧坏电池、缩短电池使用寿命，甚至有爆炸的危险。

5.边充电边运行手机；本身电池充电时，就有发热的现象，再运行会加重发热，若充电时必须使用手机一定要去掉保护套。

6.手机本身的硬件（CPU自身）或者电池因素（比如三星GalaxyNote 7）也会造成发烫，不过一般这类情况较少。

处理方法

1.紧急物理降温，温度异常烫时，可以放在空调的风口、甚至冰箱里，等温度降下后，再查看什么原因。

2.没有空调或冰箱时，马上关机，等温度降下来后再开机检查。

3.发热的趋势比较大时，可以关闭gps定位、wifi、蓝牙，甚至直接飞行模式。

对于电池的寿命，请尽量保持在20%~90%之间，快低于20%时就可以充电了，充到90%就可以停了，这样能尽量延长电池的寿命。

（本文原载第9期11版）

RT69机芯常见故障检修

一、概述

RT69机芯是一款高度集成化的安卓智能电视主控板，可支持48英寸以上的HD/FHD液晶屏。该产品运行安卓4.4版本操作系统，自带USB、ENTHERNET和WI-FI(预留接口)，可自由安装安卓市场的软件，具有良好的应用扩展性。信号处理部分采用Realtek公司的RTD2969安卓系统单芯片方案，内置ARM A17 CPU/3D GPU、512MB / DDR3@1600、4GB/EMMC FLASH、DTMB/DVB-C，支持PAL/NTSC/SECAM制式、USB 2.0、HDMI 1.4a/1.4ARC，支持HDMI 1.4a 4K/2K@30Hz输入信号，支持H.265格式。

二、常见故障检修流程

1.故障现象：不开机。检修流程如图1：

2.故障现象：TV无像。检修流程如图2：

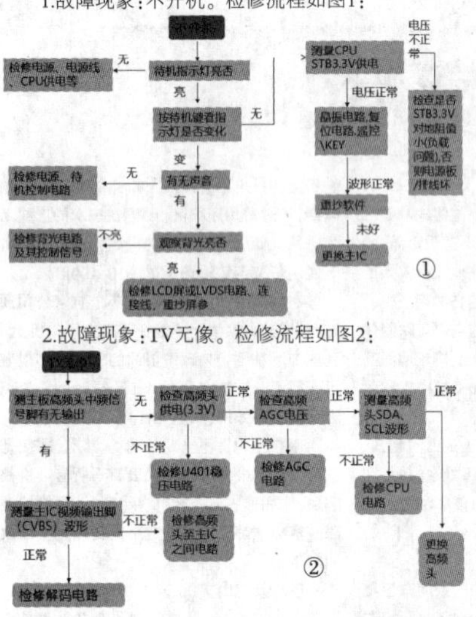

①

②

3.故障现象：花屏。检修流程如图3：

花屏
↓
更换LVDS线
↓ 不正常
更换主板 —未好→ 更换LCD屏
↓ 好
检查主IC至LVDS插座之间的线路是否存在开路等异常 —是→ 修复
↓ 否
重抄软件后确认
↓ 异常
检修解码、时序配合电路

③

4.故障现象：无声。检修流程如图4：

无声
↓
测功放供电脚供电电压是否正常 —无→ 检修主板伴音供电电路
↓ 正常
测量功放IC静音脚电压是否正常 —否→ 检修关机静音及CPU静音控制电路
↓ 正常
测量功放IC外围元件及电压是否正常 —否→ 检修外围元件或更换功放IC
↓ 正常
测量功放IC输入端是否有音频波输入 —有→ 检查功放IC输出端元件有无异常 —否→ 检查喇叭是否正常 → 更换功放IC
是 → 检修输出端元件
↓ 无
检修解码电路(特别注意音频处理供电、音频低通电路)

④

三、典型案例分享

例1：三无

首先读取打印信息，发现无打印信息。测量主板供电正常。用示波器测量晶振，发现有直流电平，但无振荡波形，认为晶振坏了。

解决方案：更换晶振后机器恢复正常，具体位置见图5。

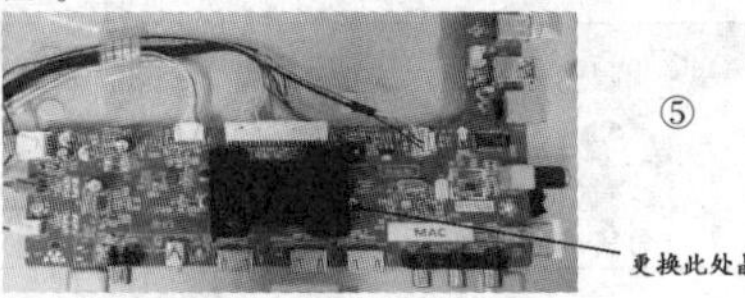

⑤

例2：插USB 3.0U盘后不开机

原因分析：更换其他型号U盘后可以开机。断开USB插座RX、TX脚，机器可以正常开机。用示波器测量RX、TX波形，发现TX脚在开机瞬间有1.6V电平，试加下拉或上拉电阻调整该点电平到1.5V以下或1.7V以上，可以开机。分析开机瞬间CPU读取TX引脚信息，当电平处于1/2 VCC时无法识别高/低电平，CPU一直在读取信息，所以开不了机。

解决方案：将上拉电阻改为100KΩ(见图6)，改后不接U盘为高电平，接USB 3.0U盘后电平0.5V以下，可以开机。

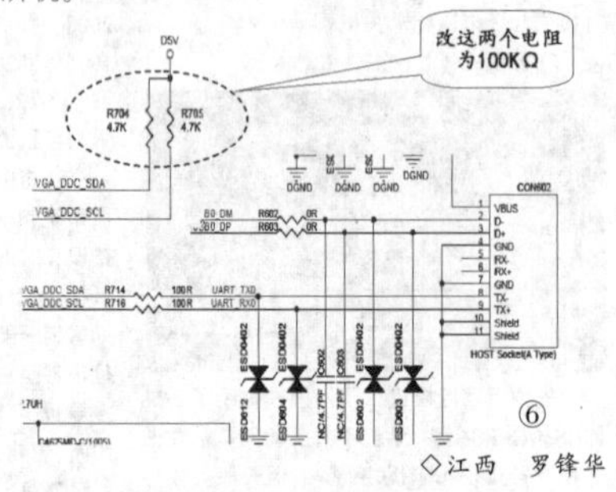

⑥

◇江西 罗锋华

海尔LE32H300液晶电视的门帘状灯板剖析与维修

海尔LE32H300型LED液晶电视的屏幕是塑料屏，背光灯条较特殊，由两个相同的门帘状灯板组成。每个灯板有210颗灯珠。这样两个灯板共有420颗灯珠。下面只分析其中一个灯板，另一个灯板与其完全相同。

灯板型号HE3221A[10—19]120716A08D，呈门帘状，如图1所示为灯板正面，如图2所示为灯板反面。该灯板由15根分条组成，每根分条上有14颗灯珠。那么这些灯珠是怎样连接的呢？笔者根据实物画出原理图，如图3所示。可见，15根分条，除了第8根分条以外，每根分条的14颗灯珠，分为两组，每组都是7颗并联，然后两组串联，因为每颗灯珠电压为3V左右，这样每根分条的电压降为6V(第8分条除外)。第8根灯条的14颗灯珠也分为两组，且也是每组7颗并联，注意，这两组互不联系，各自为政。

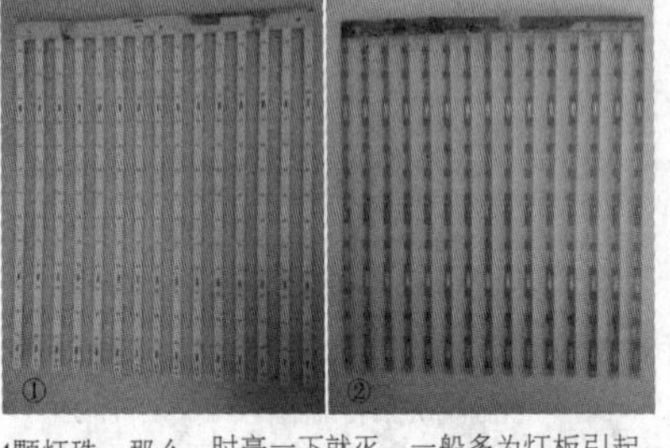

① ②

一个门帘状灯板有两路供电：第一路供电由第1分条到第7分条串联，然后再与第8分条的上边的一组串联，因此这一路给七根半分条供电，这路电压为：6V×7=42V，加上3V，共45V，实测为46V；第二路由第8分条的下边的一组，再与第9分条至第15分条串联。这样七根半分条的电压为：3V加上6V×7=42V，共45V，实测为46V。这样整个背光由两个门帘状灯板组成，每个门帘状灯板由两路46V供电，因此一共有4路供电，因此恒流板去灯条线共6根。

例：一台海尔LE32H300液晶电视开机黑屏有声音

检查发现背光在开机时亮一下就灭，一般多为灯板引起。拆屏，通电发现有四分之一灯珠(七根半分条)始终不亮，其他灯珠亮一下就灭了，说明门帘状灯条有损坏。把这个门帘状灯板取下，发现是零欧姆电阻R开路。找一只零欧电阻换上，插上插头，通电所有灯珠都亮了，不用换灯条了。装上屏，试机几天，一切正常，说明零欧电阻属于自然损坏，并非过流损坏。

◇长春 李洪臣

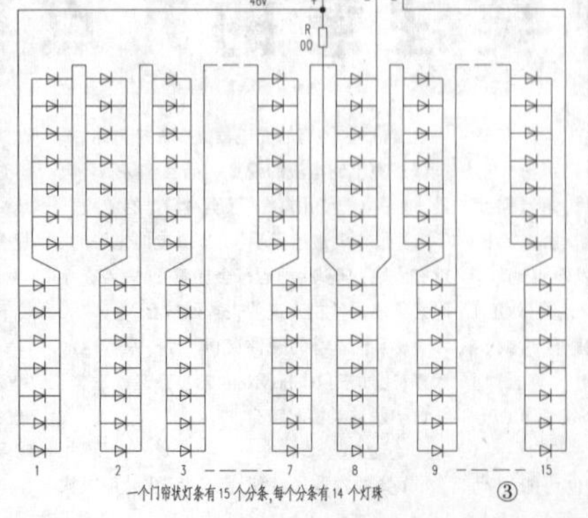

一个门帘状灯条有15个分条，每个分条有14个灯珠 ③

海尔LH48U3200电视机不停重启

接修一台海尔LH48U3200电视机，故障现象是通电待机指示灯呈红色，按下电源键开机后待机指示灯闪烁并且出现海尔LOGO画面，稍后屏幕右下角出现Android字样(说明正在启动Android系统)，如图1所示，大约两三秒钟后电视机黑屏并重新启动，反复如此。从故障现象看应该是电视机进入Android系统后出现的毛病，怀疑操作系统软件有问题。

①

从网上没能找到相关的刷机软件，后来花15元从某宝上买来对应的强刷包。具体操作方法是：首先准备一个U盘(SD卡与读卡器组合的不行)，对U盘进行FAT32文件系统格式化清空，如图2所示，不要存储其他文件。然后把卖家发来的数据驱动包压缩文件解压出来，将解压后得到的install.img文件复制到刚才格式化好的U盘根目录下。最后把U盘插在电视机USB端口上，交流关机后按住面板上菜单键不放，再进行交流开机操作，等指示灯出现闪烁(表示在升级中)再松开菜单键，强刷完成后机器会自动重启，再次启动后一切恢复正常。若待机指示灯不出现闪烁的情况，可以按住菜单键交流开机后两三秒再放开，慢慢等上几分钟，此时虽然没有任何反应，但机器也在自动刷写软件。若还是不行，可以换个USB接口试试。

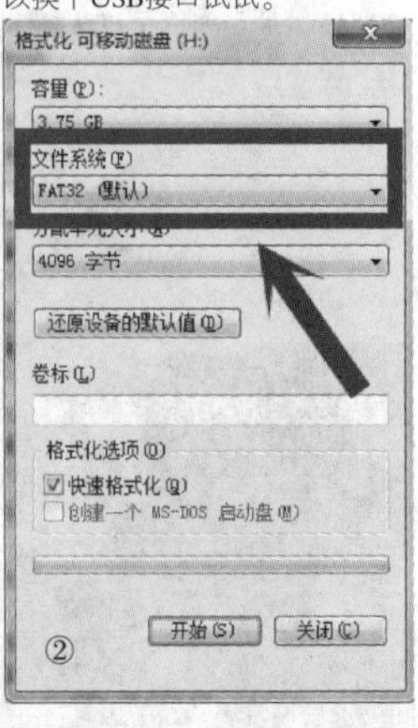

②

◇安徽 陈晓军

HP台式电脑突然警告"你当前无权访问"U盘，歪打正着的解决办法

前不久单位办公用的一台HP台式电脑（HP ProDesk 400 G4 MT Business PC，i5-7500、DDR4内存4GB、Intel HD Graphics 630显卡、东芝DT01ACA1TB / 7200rpm硬盘、Win10家庭版64位操作系统），某日使用U盘时突然警告"你当前无权访问"！插入几个U盘（在其他电脑上均正常使用）均是如此，而且机箱前端、后端的所有USB口U盘插入电脑立刻识别出来，但就是无法使用U盘。若用鼠标点击U盘盘符想打开，立刻显示警告信息："你当前无权访问该文件夹！单击"继续"获取永久访问该文件夹的权限"，单击"继续"，又跳出警告信息："拒绝你访问该文件夹。若要获取访问该文件夹的权限，你需要使用安全选项卡"，再单击蓝色带下划线的这五个字（安全选项卡），选项窗口打开"U盘（F:）属性"（如图1所示），空白行想填入几个字符，但依然显示"你没有足够权限来执行此操作。"（如图2所示）。

由于马上开始放假暂时不使用U盘，把这困扰暂且抛到脑后。假期过完开始上班要准备资料文档，电脑不能使用U盘就成为拦路虎，思索要怎么解决这个麻烦：

1、鼠标右键单击左下角Windows图标打开【设备管理器】没有发现任何冲突。

2、火绒安全软件全盘检查，没有发现病毒木马。

细想这台惠普电脑上年底购入几个月一直使用状况良好，检查硬件无故障，Win10系统及驱动也没有发现异常，全盘检查也没有发现病毒木马。为什么突然就无权访问U盘呢？网上查阅U盘使用中遇到的问题，主要原因都是U盘自身发生故障或者是Windows系统及驱动文件丢失及冲突造成的。本电脑出现无权访问U盘属于罕见问题，究竟谁在背后捣鬼啊？

①

回想起此前升级过随机安装的"HP client Security"，怀疑这个原因造成U盘无权访问。打开"HP client Security"，发现它主要是设置密码进行身份识别，设备使用权限及保护数据。笔者这台电脑只是办公日常使用不涉及秘密隐私，干脆把它卸掉试试。

鼠标右键单击左下角Windows图标打开【设置】—【应用】—【应用和功能】，找到"HP client Security"开始卸载。谁知执行到中途突然提示必须先卸载"HP Device Access Manager"才能进行卸载！只好退出先卸载掉它。刚卸掉"HP Device Access Manager"，笔者心生一计，立刻插入U盘…电脑居然可以正常读写了！看来捣鬼的正是这个"HP Device Access Manager"，替它背黑锅的却是"HP client Security"，也就无需卸载继续保留它吧。困扰多日的麻烦让我忽然间歪打正着给解决啦！

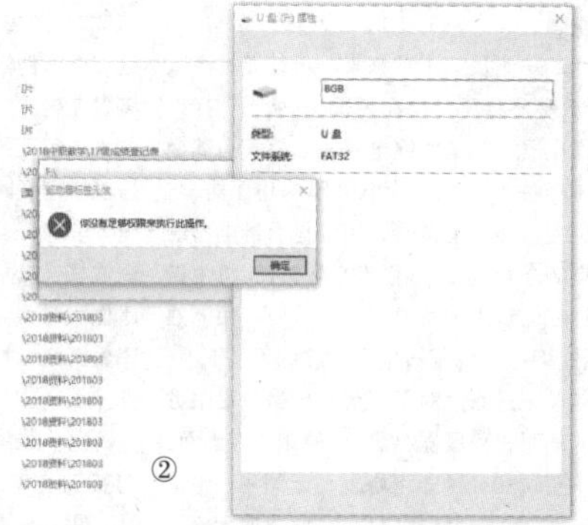
②

◇重庆　赵达智

单元格格式的综合应用

设置单元格格式有很多元素，综合运用这些元素就能制作出较为复杂的样式，现举例说明：

1.自定义格式，让单元格自动加上列标题名

例如工资表中包括了几项内容：编号、姓名、工资、补贴、实发等，现在要求将编号一列的单元格都加上列标题名"编号"二字。

假设编号数据位于A列单元格，那么现在需要单击A列，然后按ctrl+1键调出"设置单元格格式"对话框，再依次单击"数字"-"自定义"（如图1所示），在格式代码编辑栏内输入：编号@。

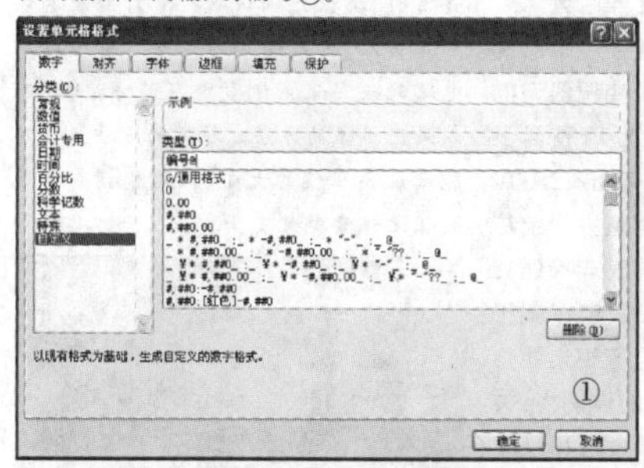
①

这样，所有A列单元格的内容都会自动加上"编号"二字，比如A1单元格原为"BH001"，则现在显示为"编号BH001"。

同样，还可以设置B列、C列、D列、E列单元格，它们的格式代码依次是：姓名@、工资0.00、补贴0.00、实发0.00，……，如果是文本型内容就是列标题名加"@"，数值型数据就是列标题名加"0.00"。

这样每个单元格都具有了列标题名。为了排版，还可以加一些空格等。

2.设置自动换行，使长内容分行显示

仍以上述工资表为例，选中A至E列，再次按ctrl+1键调出"设置单元格格式"对话框（如图2所示），然后单击"对齐"选项卡，同时勾选"缩小字体填充"和"自动换行"，这样设置，使单元格内容可以依据列宽的大小自动换行，比如"编号BH001"可分为两行显示。

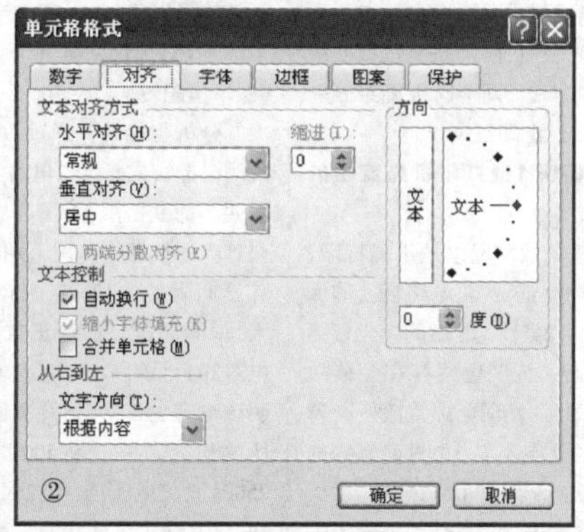

②

3.调整列宽和行高，用单元格间距控制长内容的显示形式。

选中数据区域，在行号列标上拖动鼠标，就可以调整单元格的宽度和高度。用单元格间距可以控制长内容的显示形式，比如第一行只显示列标题，而第二行是原数据的值。

4.同时进行以上几个步骤，可以形成工资条

如果同时进行以上几个步骤，可以形成工资条（如图3所示）。

	A	B	C	D	E	F
1	编号 BH001	姓名 xm	部门 b1	工资 2000.00	补贴 10	实发 2010.00
2	编号 BH002	姓名 xm3	部门 b3	工资 3000.00	补贴 10	实发 3010.00

③

由此可见，单元格格式的综合应用，可以制作出较为复杂的样式，不需要定义公式和函数，不论有多少行数据记录，都不需要拖曳填充，方法简单易用。

◇河北　曾政英

更换iPhone之后自动激活蜂窝功能

如果你手头的Apple Watch 3已经与iPhone成功配对并激活蜂窝功能，最近又准备将iPhone更换到iPhone X，而且使用原号码，那么按照下面的步骤可以免去重新激活蜂窝功能的操作：

首先保证原手机号的SIM卡仍然放在原来的iPhone里面，打开"Watch"App，点击Apple Watch旁边的"i"图标（如附图所示），进入之后选择"取消配对Apple Watch"，此时系统会询问是否需要移除蜂窝套餐，请选择"保留套餐"，这是操作的关键之处，完成解绑操作之后，将Apple Watch与iPhone X进行配对，当系统询问是设定新手机还是从备份恢复，选择任一种方式均可。

上述操作完成之后，Apple Watch即可与iPhone X完成配对，而且蜂窝功能也会自动激活。

◇江苏　大江东去

从修理交流稳压器的收费尴尬想到的

——再谈家电维修收费的那点事儿

虽然城乡电网经过多轮扩容改造，仍有部分地区相对用电量较大，致使系统电压偏低，交流稳压器的使用增加。笔者在维修稳压器的过程中，有两个维修实例在脑海中的记忆颇深，勾起了较多联想。

一例是某用户拿来一台转接式稳压器，称不稳压且电压无输出。所谓转接式稳压器，就是由继电器触点转换自耦变压器抽头来稳定输出电压的稳压器，与机主当面通电试验，可听见有继电器触点闭合声，但始终没有电压输出。机主自称在建筑工地当电工，对供电、用电熟悉，但打开稳压器机壳后感到无从下手，遂前来送修。对于笔者单位做售后服务的伺服式稳压器品牌，一般用户在当面，不超过30分钟即可修复，无需用户跑第二趟。而这台转接式稳压器，不属于售后服务范围，电路原理须仔细分析，维修配件可能又不齐备，所以告知用户次日来取，修理费80元钱，用户同意。第二天用户来取稳压器，当面通电试机，一切正常，并按约定付费。可是回到家后来电话说，他打开机壳查看，并未发现更换什么值钱的元件，质疑修理费是否过高。于是，告诉他修理费是包含元件和技术服务费在内的综合费用，你所在建筑工地的大工每天的工时费是否二、三百元，稳压器修理耗时几个小时，难道不值80元吗？是不是只要给你更换很多元件，即便未修好，你也愿意掏80元钱呢？你没听赵本山大叔说过"不要看广告，要看疗效"吗？至此，对方似乎如茅塞顿开，挂断电话。

另一个维修实例是这样的。近期笔者接到一单从其他维修部转来的二手活：用户一台30kVA的三相稳压器出故障，是A相中的调压变压器烧毁，需要更换，于是首接维修部联系厂家购买到一台调压变压器维修配件，到货后首接维修部的师傅傻了眼，维修件与损坏件结构大不相同，咨询厂家被告知，老样式的产品已停产，现在都是这个样子。由于技术上的原因，首接维修部不能用已经到货的维修件维修，在用户再三催促之下，送到我处求援。首接维修部的人员告知该稳压器希望修理要快，因为他们接手已经多日，用户催促很急，维修费给出280元。当然这280元纯粹是修理费。他们说，你要分析故障稳压器电路结构、策划修理方案，还要更换故障的十几公斤重的变压器，调试稳压控制电路，最后还要对三相电路进行统调。我捉摸这活得干一天多，且更换变压器时还需助手，正在犹豫时，对方提出给350元，再多他们就赔惨啦。看到对方的诚意和为难，又考虑到是同行关系，最后敲定300元维修费。稳压器按时修好，首接维修部和用户都很满意。

这两个维修实例说明，有些用户对家电维修费用中的技术服务占比不能正确理解，第1例中的用户认为更换零件不多，质疑80元修理费偏高；第2例中的首接维修部人员，他们本身从事的就是家电维修行业，对修理费的构成比较明智，在零材料费的情况下仍然愿意出350元的修理费，思路是合理的。这就要求我们的家电维修人员，在与用户商定维修费时，不但约定维修费额，还要明确告知用户，维修不是买卖零件，维修费含有技术服务的成分在里面，甚至后者可能占据较多的份额。只有双方充分理解这样的游戏规则，才可能防止出现交割维修费时的尴尬。

◇山西　令狐超

电子元器件修复再『就业』

业余维修家用电器、电子产品，更换电子元器件是常见之事，但有时手头无此元件，影响修复进度。经实践得知，有些元器件可修复后再利用，有些元件可通过改制来替代。下面通过几个维修实例介绍元器件修复的方法与技巧。

1.计算器/电子表电池的代用

计算器/电子表常见故障：屏不显示信息或显示异常等。实践得知，此故障一般是电源电池容量不足，或电池失效所致。常见的3V锂锰电池价高且难购，维修时可用两只1.5V的AC10型银锌电池串接后代用，不但价钱低，而且容量大。经代换后，计算器/电子表的各种功能恢复正常，使用效果良好。

2.扬声器(喇叭)引线的代用

扬声器的引线断后很难购到，如用一般导线替代，影响音质，又可能因共振声大再断裂，经试验后发现，可用天线线圈的沙包线作引线，其效果最佳，有兴趣的读者不妨试一试。

3.M-1724型打印机电源变压器的代用

该机出现不打印且指示灯不亮故障，经查，发现故障是因电源变压器初级线圈烧断所致。该变压器有两个次级绕组，一个绕组输出7.5V电压，另一个绕组输出26V电压。因手头无此类变压器，市面也很难购到相同规格的变压器，于是考虑通过改装的方法来排除故障。方法是：找到一只输出电压为25V的黑白电视机电源变压器、一只输出电压为7.5V的机床用变压器，将两只变压器的初级绕组并联后，接入原变压器初级绕组的相应焊点上，两个次级绕组分别焊在相应的接点上即可。

4.TH-3070R1型打印机整流桥的应急修理

该打印机的故障现象是不能打印，但风扇转。经检查，发现电路板上的保险丝(熔丝管)F2熔断。用3A的熔丝管更换后再次熔断，说明电路存在短路故障。在路检测时，发现电源整流桥一臂的正、反向电阻均为零，说明该臂内的二极管短路，检查其他元件正常。因买不到此型号的整流桥，于是剪掉整流桥短路臂的一个引脚，按相应的极性安装一支5A/400V二极管，并安装熔丝管后，故障排除。

5.凤凰牌洗衣机启动电容的应急修理

该洗衣机的故障现象是动态下接通电源，洗涤电机不运转。经检查，发现该电机的启动电容(运行电容)损坏。因手头无10μF/400V电容，决定用手头有的电风扇电机启动电容应急修理。方法是：用两只3.5μF/400V和一只3μF/400V电容并联后代用，洗涤电机运转恢复正常，故障排除。

同样，若脱水电机的启动电容(4μF/400V电容)损坏后，可试用两只2μF /400V的风扇电容并联后代用，效果较好。

◇山东　王华　张振友

微波炉不加热故障检修1例

故障现象：一台三洋烧烤型微波炉不能加热，但面板显示正常，并且炉灯亮、风扇能转。

分析与检修：通过故障现象分析，说明磁控管或其供电电路异常。打开机器两侧的铁盖后，旋下高压二极管正极与外壳连接螺钉，用万用表R×10k挡测其正向阻值为125k，反向阻值为无穷大，说明高压二极管正常；再用数字表电容2μF挡测高压电容的容量为1μF，说明该电容也正常，怀疑高压变压器无电压输出。首先，将500型万用表置于2500V直流电压挡，把红表笔插入2500V插孔内，红表笔使用双头鳄鱼夹固定在高压二极管的负极端(与外壳连接处)，黑表笔也使用双头鳄鱼夹固定在高压二极管的正极端(与高压电容相连处)，接着在炉内放入盛有冷水的玻璃杯，关上炉门，按下微波键，选择火力和时间后，按启动键，只见万用表指针满偏2500V，立即关机，再细查接线无误，再次开机，仍满偏2500V，立即关机，说明高压电路已输出高压，怀疑磁控管的灯丝断路或供电线路异常。此时，卸下管，拔掉连接线，用数字表2Ω电阻挡测磁控管灯丝有1.5Ω的阻值，且用万用表高阻挡测其与外壳阻值为无穷大，说明磁控管基本正常，怀疑导线及其连接处异常。对连接处细心打磨，露出金属光泽后，再用尖嘴钳夹紧连接导线，再次开机，万用表指针停留在2100V处，如附图所示。稍后，从炉中取出玻璃杯，水已被加热，故障排除。

【提示】在检修微波炉高压电路时，先不必拆下细查，只需遵照上述方法用500型万用表的2500V挡去测有无2100V高压即可，这样的维修往往是事半功倍，不失为初学维修者应掌握的一项技能和方法。

【编者注】怀疑磁控管的供电电路异常时，建议先确认磁控管灯丝及其供电正常后，再检测高压电路。检测高压电路时除了采用测量电压的方法，也可以采用拉弧的方法。拉弧的方法虽然不能确认高压值的大小，但对于判断有无高压比较直观且安全。

◇广西　张晓宇　刘莉敏

一款高压高功率开关电容器控制器LTC7820

对于高电压输入/输出应用，无电感型开关电容器转换器（充电泵）相比基于电感器的传统降压或升压拓扑可显著地改善效率和缩减解决方案尺寸。通过采用充电泵取代电感器，一个“跨接电容器”可用于存储能量和把能量从输入传递至输出。电容器的能量密度远高于电感器，因而采用充电泵可使功率密度提高10倍。但是，由于在启动、保护、栅极驱动和稳压方面面临挑战，所以充电泵传统上一直局限于低功率应用。

LTC7820克服了这些问题，可实现高功率密度、高效率(达99%)的解决方案。这款固定比例、高电压、高功率开关电容器控制器内置4个N沟道MOSFET栅极驱动器，用于驱动外部功率MOSFET，以产生一个分压器、倍压器或负输出转换器：具体地说就是从高达72V输入实现2:1的降压比、从高达36V输入实现1:2的升压比、或从高至36V输入实现一个1:1的负输出转换。每个功率MOSFET在一个恒定的预设置开关频率以50%的占空比执行开关操作。

图1示出了一款采用LTC7820的典型降压电路。输入电压为48V，输出在高达7A负载电流条件下为24V，开关频率为500kHz。16个10μF陶瓷电容器(X7R型，1210尺寸)起一个跨接电容器的作用，以传送输出功率。如图2所示，该解决方案的大致尺寸为23mm×16.5mm×5mm，而功率密度高达1500W/in3。

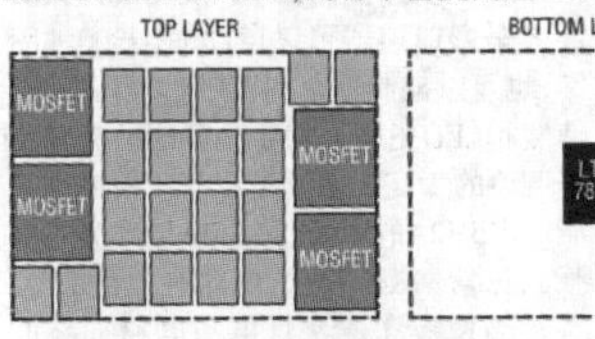

图2：估计的解决方案尺寸

高效率

由于在该电路中未使用电感器，因此对所有4个MOSFET均执行软开关，从而极大地降低了因开关切换引起的损耗。此外，在开关电容器倍压器中可以使用低额定电压MOSFET，这显著地降低了传导损耗。如图3所示，该转换器能实现98.8%的峰值效率，而满负载效率则为98%。在4个开关之间实现功耗平衡，传播热耗散，并使智能布局中减少发热的工作得以简化。

严谨的负载调节

尽管基于LTC7820的倍压器是开环转换器，但是LTC7820的高效率保持了严紧的负载调节。如图3所示，在满负载时的输出电压仅下降0.43V(1.8%)。

启动

在倍压器应用中，如果输入电压从零缓慢地斜坡上升，则LTC7820能够在不经受电容器浪涌充电电流的情况下启动。只要输入电压以缓慢的速度斜坡上升（持续时间为几ms），则输出电压能跟踪输入电压，而且电容器之间的电压差保持很小，因此没有大的浪涌电流。

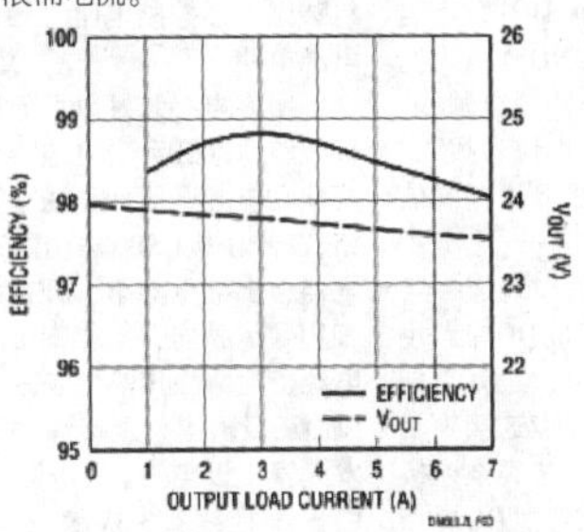

图3：48V VIN至24V/7A降压器在500kHz fSW时的效率和负载调整率

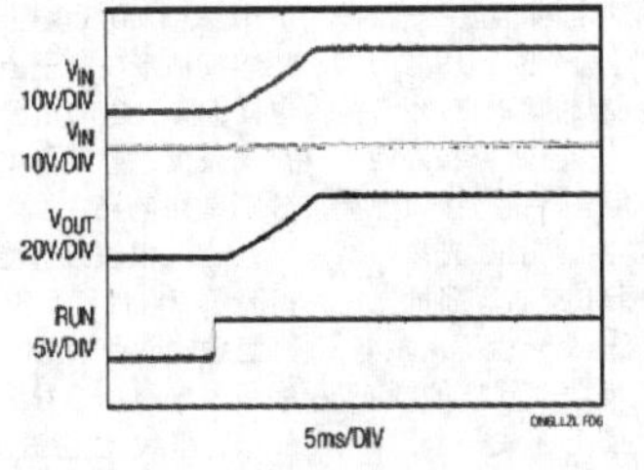

图4：7A负载条件下的启动波形。

图1 一款采用LTC7820的高效率、高功率密度48V VIN至24V/7.5A倍压器

输入的转换速率控制可通过在输入端上采用一个断接FET或使用热插拔控制器来实现，如LTC7820产品手册中的典型应用部分所示。在图1中，输入端上采用了一个断接FET。与分压器解决方案不同，倍压器每次都必须从零输入电压启动，但是它能在具有重负载时直接启动。图4示出了在7A负载条件下的启动波形。

结论

LTC7820是一款固定比例高电压高功率开关电容器控制器，具有内置栅极驱动器以驱动外部MOSFET，可实现非常高的效率(达99%)和高功率密度。坚固的保护功能使得LTC7820开关电容器控制器能适合高电压、高功率应用，例如：总线转换器、高功率分布式电源系统、通信系统和工业应用。

◇湖北 朱少华 编译

为你省钱！快来揪出你家的“窃电贼”！

你在家里或单位使用电器结束后关电器时，您会拔掉插头吗？相信很多人都不会。可您知道吗，待机状态下，电器依旧在用电，时间一长，耗的电还真不少呢。

机顶盒待机1年，将消耗75千瓦时电。是不是很惊讶？这个不起眼的机顶盒不知不觉竟然用掉这么多电，真是偷电贼啊！那么，问题来了，机顶盒的待机功耗为什么这么高？其他家电的待机功耗又是多大呢？

为此，笔者对家中常用的电视机、机顶盒、路由器、壁挂式空调等电器的待机功率进行了测量。三相电能表现场校验仪电视机、机顶盒、台式电脑、路由器、手机、壁挂式空调、微波炉、电暖器、洗衣机、热水壶。将校验仪的电压采样线插在家用电器所在的插线板上取电压；校验仪的另一端电流钳夹到被测电器的电线上取电流。打开仪器，这时，流经这段线路的电流和连接电器的功率等数值，就都出现在屏幕上了。

实验中发现了神马？待机消耗的功率和开机时差不多，打开机顶盒，显示功率为9.281瓦。按下遥控器的关闭按钮，关闭机顶盒，校验表上显示功率为8.585瓦，只减少了0.696瓦，和开机时相差无几。

点评：家用电器待机时，还保持一些功能，比如遥控器唤醒以及待机指示灯显示等，还是要用电的。电器待机功耗的大小与厂商的设计理念有关。如果设计电器时没有考虑待机功耗，那么使用时，待机功耗就会偏大一些。

电脑：最好主机、显示器一起关，只关显示器，测得的功率为66瓦，关掉主机，但不关显示器，测得的功率为3.3瓦。

点评：若只关显示器时，主机仍在运转，所以功率较大。有些人离开电脑时仅关掉屏幕。这样不仅浪费电，也会对电脑造成损伤。关电脑时，要主机、显示器一起关。

路由器：没有设备接入也在耗电拔出网线，不连通猫等设备，打开电源，显示功率为1.7瓦。连上网线和猫，假设无人在家，没有任何外部接入路由器，这时测得功率为2.15瓦。

点评：许多人在出门前没有关闭路由器的习惯，以为不使用，路由器就不会耗电。实验结果显示，无任何外部设备接入时，路由器的功率在2.15瓦，一天下来将浪费电量0.05千瓦时，20天就浪费了1千瓦时电。

手机充电器：充满电不拔插头还在耗电正在充电的手机(96%电量剩余)，充电功率为2瓦，10分钟后电已充满，校验仪上的数字为1.615瓦。

点评：很多人会在晚上睡觉时给手机充电，几个小时后，电已经充满，但是人早就睡着了，其实，这时充电器还在消耗电能。

插线板：也有待机功率实验中，在电暖器、洗衣机等接上电源但未使用的情况下，校验仪上的功率数值并不为零，测电暖器时显示的功率为0.439瓦，测洗衣机为0.5瓦。

点评：因为没有接通电源，此时校验仪上显示的数据并不是电暖器和洗衣机的功耗，而是插线板的功耗。一般情况下，开启的插线板有电流经过，也会消耗电能。不过，也可以忽略不计。

实验结果怎么样？这些电器待机一年，要偷走多少电？近半家电每年待机耗电近百元实验测量了10种常见家用电器的待机功耗。其中，有7种家用电器均有明显的待机功耗，另外3种是即插即用，不存在待机消耗电能的。

根据这7种电器的待机功率，按照一天24小时，一年365天计算，它们一年待机耗电188.35千瓦时，按照民用电费的标准价0.5283元/千瓦时计算，将产生电费99.50元。机顶盒一年用掉75度，实验的5种家中常用电器中，机顶盒以8.59瓦的待机功耗“独占鳌头”，比第二名台式电脑多5瓦多。它一年将耗费75.25千瓦时电量，折合电费39.75元。由此可见，机顶盒、路由器等的待机功耗不可小视，待机时，这5种电器就是“偷电贼”。笔者提醒：最好带开关的插座，长时间不使用电器时，要将电源关掉或拔下三眼和二眼插头，这是明举的选择。

◇江苏 孙勇

浅谈全彩LED灯珠及其应用

（电子“生日蛋糕”制作）

全彩LED灯珠是一种新型彩色灯珠，采用白、红、绿、蓝四种基本颜色的LED做灯珠芯片，每个芯片都是一个单颜色的发光二极管，这些灯珠芯片以多种形式进行封装，电路变得简单，体积小，安装更加简便，每一组颜色都可以分开单独使用，可以分别与驱动电路和单片机相连接。WS2812B灯珠是一个集控制电路与发光电路于一体的智能外控LED光源，其外形与一个5050LED灯珠相同，控制电路与RGB芯片集成在封装的元器件中，内置信号整形电路，具有智能反接保护，电源反接不会损坏IC；IC控制电路与LED点光源共用一个电源；串行级联接口，能通过一根信号线完成数据的接收与解码；内置上电复位和掉电复位电路，每个像素点的三基色颜色可实现256级亮度显示，完成16777216种颜色的全真色彩显示，扫描频率不低于400Hz/s，电源电压+3.5~+5.3V，逻辑输入电压-0.5~+0.5V。该灯珠四个外角分别为：VDD.DOUT.DIN.VSS。

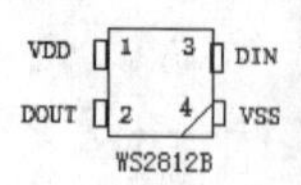

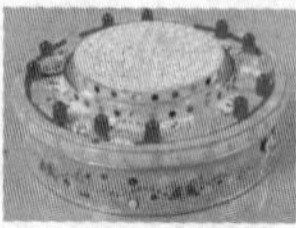

利用成品LED（WS2812b）全彩1位到32位灯盘和一些电子元件，笔者组装了一个电子生日蛋糕，内部有驱动全彩led的程序芯片，可显示300种不同绚丽多彩效果，内部加一个MP3板，在发光的同时伴奏音乐歌曲，板子还带蓝牙和调频收音机功能，主电源开关采用触摸的方式，增加乐趣，15只红、黄、绿单彩LED模仿蜡烛交替闪烁，外围加一圈全彩LED灯带与中间灯盘连接，增加动感效果，电池采用四节18650锂电池、充电宝专用芯片做充放电保护，动力充足，全彩LED灯盘和MP3还具有遥控功能，制作过程如下：

一、元器件和材料选择

1. 蛋糕盒采用直径190mm。高50mm的饼干圆铁盒子。

2. LED灯盘六组，分别为1位、8位、12位、16位、24位、32位。（图1）

3. 全彩led防水灯带一米（图2）。

4. LED幻彩控制器 射频遥控器17键5V全彩5050rgb WS2811 WS2812带控制芯片程序一套（图3）。

5. 10mm/F10 圆头LED 红色6只，黄色5只，绿色5只，3mm蓝色和绿色电源指示灯各一只。

6.3W双声道功放一块（图4）

7.无线蓝牙音频接收模块解码播放带USB TF卡音响多音效板一块（图5）。

8.直径40mm 3W/4Ω小喇叭两只。

9.移动电源充电宝主板升压板锂电池充电板一只。

10.TTP223触摸板一只。

11.USB转Dip 母座B型板一只。

12.18650锂电池2600MA四只。

13. 三极管9013四只，1815两只，稳压贴片AMS117两只，4148二极管一只。

14.电容47uF3只，1000uF/6.3V5只，470uF两只，220uF两只，2200uF/10V一只，0.1uF两只。

15. 电阻10kΩ3只，470Ω3只，1kΩ，10k微调电阻各一只。

16. 继电器5V5脚一只，2.5三芯插头一只，微动开关一只。

二、电路组装

1. 首先组装1-32位全彩LED模组，每位灯盘背后都有四个焊接点，分别标有：DI.5V.GND.DO（DI：数字信号入，5V：直流电压，GND：公共地，DO：数字信号出）把六个灯盘上5V和GND分别用红黑导线全部连接起来，引出两根电源线，在第1位灯盘DI焊点引出一根信号线，这个信号线以后要接LED信号控制器的信号输出端。

2.第1位灯盘DO焊点用导线连接第8位灯盘DI焊点，第8位灯盘的DO焊点用导线连接第12位灯盘DI焊点，也就是把第一个灯盘数字信号输出焊点连接第二灯盘数字输入焊点，以此方法类推连接到第32位灯盘DI焊点，在该灯盘DO焊点引出一根线，电源正负引出两根线，以后接铁盒子外围灯带用。

3.找两张没用的电脑光盘，一张按32位LED灯盘的外径画个圆，用剪刀把多余的边缘去掉，打磨的圆一点，用直径80mm宽的铁皮剪一长条，做个和外径一样大小的圆铁圈，用电烙铁把接口焊接上，做好的光盘放在铁圆圈里，光盘与铁圈上面留出3mm，用AB胶从背面把光盘和铁圈粘接上，另外一个光盘不用裁剪，也用同样大小的铁皮做个同样的圆圈，粘接时光盘要和铁圈上部成一个平面，两个圆圈再用胶水粘接起来做成一个两层的蛋糕形状圆台阶。

4.把LED灯盘粘接到第一层的光盘上面，灯盘电源、信号线进出两组引线从光盘中间引出，铁盒子上开口接到盒子下面，因为LED灯盘颜色为黑色的，不像蛋糕，特意找了一张白色的反光纸，先裁剪成和圆盘一样大小，然后按照LED灯珠的位置全部开口，裁剪后贴到上面。两层圆圈铁皮也用白反光纸贴上，圆圈的周围贴上红黄绿反光纸做的小圆点加以装饰，最后用AB胶粘接到铁盒子上面。

5.在圆铁盒子上用电钻打孔等距离安装16只LED发光管，LED负极用直径1mm开孔直接焊接在盒子背面，正极口用3mm电钻开孔，用热熔胶粘接，注意正极不要和铁盒子短路，红色5个、黄色5个、绿色5个正极折弯用导线分别连接加热缩管。其中单独一个红色发光管为触摸灯，需要改造一下，把管子正负电极剪断，用电钻从上到下钻透一个1mm小孔，把LED下面用刻刀掏空一些，先把触控板上B点用焊锡连接（锁定高电平输出），触控点用一根导线焊接上从LED上部穿出剪断，用AB胶把LED灯粘接到触控模板上，再把触控板粘接在盒子上，触控板三根引线引出来开孔到铁盒子背面。

6.用一小块万用电路板按照（电路接线图）搭焊流水灯电路，作为蜡烛灯用，引出红，黄，绿三根正极线，另外按图组装继电器控制电路、触摸板3.3V稳压电源电路。

所有电路装好以后最后进行总装连接线路，18650动力电池四个一组并联连接移动电源升压板，注意正负极不要接错，在升压板USB口引出+5V电源线接继电器板上继电器第①脚，第③脚和第①脚用导线并连，第④脚接流水灯电路板电源，电路板用热熔胶固定，板上三路LED正极输出分别接铁盒子上红、黄、绿发光管正极电路。继电器第1脚上+5V再引出一根线接3.3V稳压电路板，输出3.3V电压接到TPP233触摸板引出的正负电源线上，触摸板I/O输出接继电器板I/O输入。LED灯盘控制器WS2812模块用热熔胶粘接在盒子上，正极红色线接继电器⑤脚，电源负极黑色线直接焊接在盒子盖上，控制器WS2812另外三根线，分别是红色+5V，黑色-5V，绿色I/O输出，这三根线接灯盘上输入端三根线。LED灯带自带不干胶，绕铁盒子上盖外圆盘缠一圈多余剪断，灯带入口用小细线引出电源、信号三根线接LED灯盘的输出三根线，注意进出接线方向，灯带接口用热熔胶焊接一下。盒子上盖后面安装的小喇叭，用1cm宽的铁皮做两个和喇叭外径一样大小的小圆圈，用电烙铁焊接到盒子上面，圆圈中间用1mm电钻打几个小孔做放音孔，找两个和喇叭大小一样的小垫圈垫到下面，放入小喇叭，用热熔胶固定。盒子下层也用热熔胶固定四个18650电池、移动电源充电板、MP3板和小功放板，2.5三芯插头连接好功放板，MP3板电源正极和功放板电源正极并联以后接继电器⑤脚，铁盒子上盖作为公共负极地。移动电源充电板上的充电口用一个转接线和USB转接板接到铁盒子侧面做的充电口上，另外开口引出两个指示灯（电源和充电指示）和电源按键，由于铁盒有屏蔽作用，在盒子侧面开5mm口把MP3遥控头粘接上去，引出线接到电路板上，最后一步把USB接口电源负极引出线焊接到铁盒子上盖，盒子上盖和下面的连接线全部采用对接插头插座，便于调整，到此，全部组装完毕，盒子上面用贴纸装饰一下。

三、原理与调试

按移动升压板上引出的电源轻触键，升压板输出5V电源，电路开始工作，首先15只LED流水灯电路启动，红黄绿交替闪烁模仿蜡烛，用手指轻触一下制作的红色LED触摸灯，TPP233触摸快红色指示灯亮I/O输出3V电压并锁定提供给继电器板In输入，继电器工作，③和④脚断开，15只流水灯熄灭，同时③脚和⑤脚导通，+5V电源给全彩LED板和MP3板供电，全彩LED灯按照事先编好的程序自动显示出各种彩色图案，再轻触一下红色发光管，灯盘和MP3板电源断，15只灯接着闪亮。MP3板装入TF卡，卡上录入生日快乐等歌曲，在音乐响起同时所有LED灯盘全部点亮，不断变换出各种魔幻画面。调整电阻R7可以改变触控灵敏度，全彩遥控器可以自动输出300种图案，也可以控制单个图案显示，可以调整速度和LED亮度，需要注意的是亮度不能调整的太高，移动电源升压板最高只能输出5V2A的电流，超出2A自动关闭电源，正常情况下整个电路耗电约1A左右，触摸板和流水灯电源电路加装的3.3V稳压电路不能省略，否则容易受干扰，电路误动作。因MP3板子和全彩LED灯盘共用5V电源，为防止干扰，在MP3板电源端并联5只1000uF/6.3V固态电解电容和一只0.1uF电容，改善音响效果，充电器使用手机充电器（5V1A），电池充满电能够连续工作8-10小时左右，全彩LED灯盘色彩非常鲜艳，动感十足，非常优美，实际试听MP3表现也不错，盒子本身就是一个音箱，双声道音质效果出色，蓝牙模式可以连接手机播放手机上的音乐，提供几张电子生日蛋糕图片见文后，供参考。

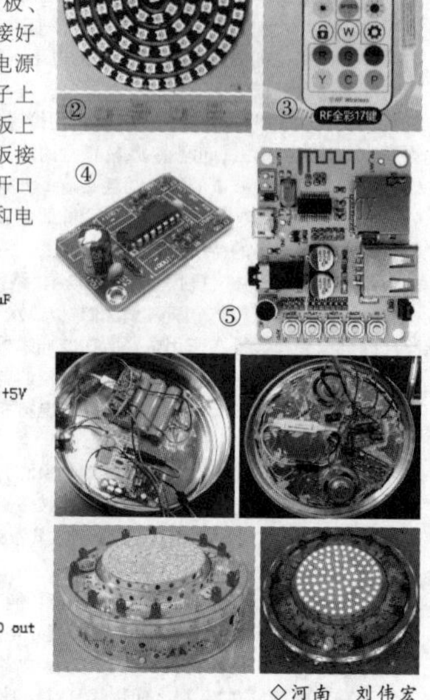

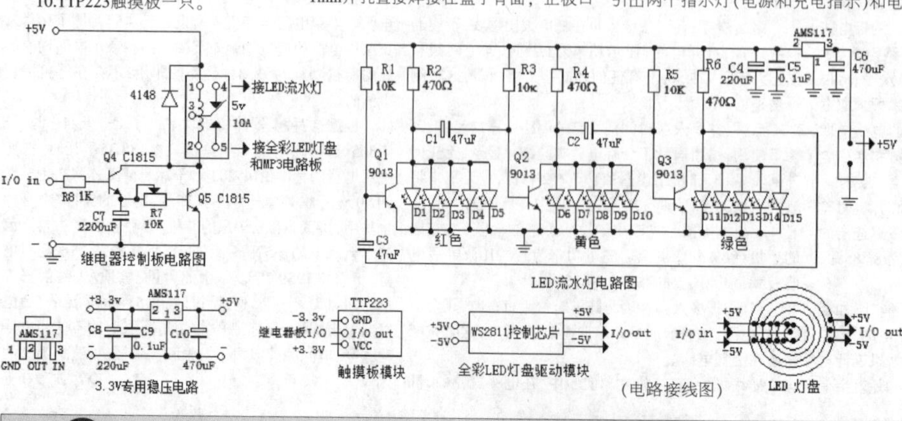

◇河南 刘伟宏

太阳能应用的专业技术简介

太阳能控制器是用于太阳能发电系统中，控制太阳能板对蓄电池充电及蓄电池给太阳能逆变器负载供电的自动控制设备。太阳能控制器可以对蓄电池的充、放电条件加以规定和控制，并按照负载的电源需求控制太阳电池组件和蓄电池对负载的电能输出，是整个光伏供电系统的核心控制部分。太阳能控制器电压等级有DC12V、DC24V、DC48V等。一般来说，太阳能控制系统由太阳能电池板、蓄电池、太阳能控制器和负载组成。蓄电池主要有铅酸蓄电池与磷酸铁锂蓄电池两大类。

一、农村用的LED太阳能路灯

传统太阳能LED路灯与现在太阳能LED路，如图1所示。

图1 传统太阳能LED路灯与现在太阳能LED路

传统太阳能LED路灯由太阳能电池板、蓄电池、太阳能控制器和负载四个部分组成，现在的太阳能LED路灯是将太阳能电池板、蓄电池、太阳能控制器和负载组成为一个整体，称为一体化LED太阳能路灯，传统的太阳能灯工作原理基本是一样的。一体化设计，安装极其方便，提供多种安装方式。采用高容量长寿命磷酸铁锂电池及太阳能供电，LED照明及控制二者的完美结合。

深圳市超频三科技股份有限公司生产的一体化太阳能路灯有4种规格，其外形与尺寸，如图2所示。

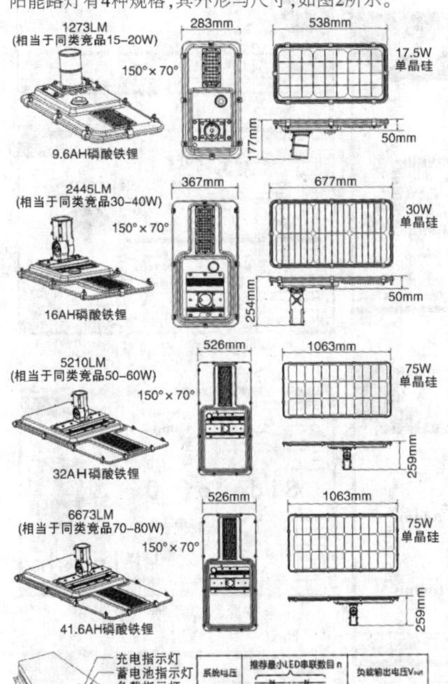

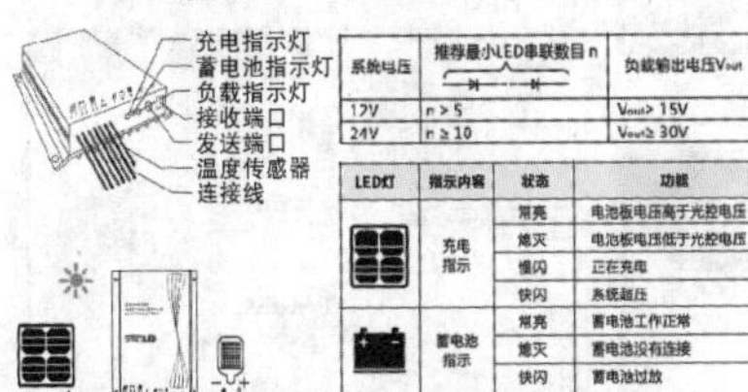

图2 超频三公司一体化太阳能路灯

二、太阳能控制器

Tracer-BP系列是一款采用太阳能最大功率点跟踪（MPPT）充电技术的太阳能控制器，MPPT设计比PWM设计的充电效率高出15%至25%，会以PV最大功率充电，显著提高系统的充电功率，降低系统成本。此款控制器可支持蓄电池或锂电池多种电池类型，并具有RS485防水通讯接口，可查看和修改控制器的工作状态。专用于室、内外照明、道路照明、景观照明、广告牌灯光等太阳能供电应用场合。Tracer-BP系列的外形、参数及接线示意图，如图3所示。

参数	Tracer2606BP	Tracer3906BP	Tracer5206BP	Tracer2610BP	Tracer3910BP	Tracer5210BP
系统额定电压	12/24VDC 自动识别（锂电池不能自动识别电压等级）					
控制器蓄电池工作电压范围	8.5~32VDC					
额定充放电电流	10A	15A	20A	10A	15A	20A
额定充电功率	130W/12V；260W/24V	195W/12V；390W/24V	260W/12V；520W/24V	130W/12V；260W/24V	195W/12V；390W/24V	260W/12V；520W/24V
最大PV开路电压	60V(最低温度条件) 46V(标准温度25℃条件)			100V(最低温度条件) 92V(标准温度25℃条件)		
最大功率点工作电压范围	（蓄电池实际电压+2V）~36V			（蓄电池实际电压+2V）~72V		
蓄电池类型	蓄电池（铅酸免维护(默认)/胶体/铅酸液体）；锂电池（磷酸铁锂/三元锂/自定义）					
均衡电压	铅酸免维护:14.6V/胶体：—/铅酸液体：14.8V※；无					
提升电压	铅酸免维护:14.4V/胶体：14.2V/铅酸液体：14.6V※；磷酸铁锂:14.6V/三元锂:12.51V/自定义：9-34V					
浮充电压	铅酸免维护/胶体/铅酸液体:13.8V※；磷酸铁锂:14.4V/三元锂:12.39V/自定义：9-34V					
低压断开恢复电压	铅酸免维护/胶体/铅酸液体:12.6V※；磷酸铁锂:12.0V/三元锂:10.80V/自定义：9-34V					
低压断开电压	铅酸免维护/胶体/铅酸液体:11.1V※；磷酸铁锂:10.6V/三元锂:9.30V/自定义：9-34V					
锂电池	磷酸铁锂（4串；8串）/三元锂（3串；6串）					
静态功耗	12V：≤13mA;24V：≤11.5mA					
温度补偿系数	-3mV/℃/2V（锂电池无温度补偿）					
通讯方式	RS485					
工作温度范围	-40℃~+60℃					
防护等级	IP67					
外形尺寸	124×89×30mm	150×93.5×32.7mm	153×105×52.1mm	124×89×30mm	150×93.5×32.7mm	153×105×52.1mm
安装孔尺寸	Φ3.5mm					
安装孔大小	88×76mm	120×83mm	120×94mm	88×76mm	120×83mm	120×94mm
电源引线	PV/BAT/LOAD:14AWG(2.5mm²)			PV/BAT/LOAD:12AWG(4 mm²)		
净重	0.54kg	0.74kg	1.20kg	0.54kg	0.74kg	1.20kg
※电压参数均为25℃/12V系统参数，24V系统参数×2。						

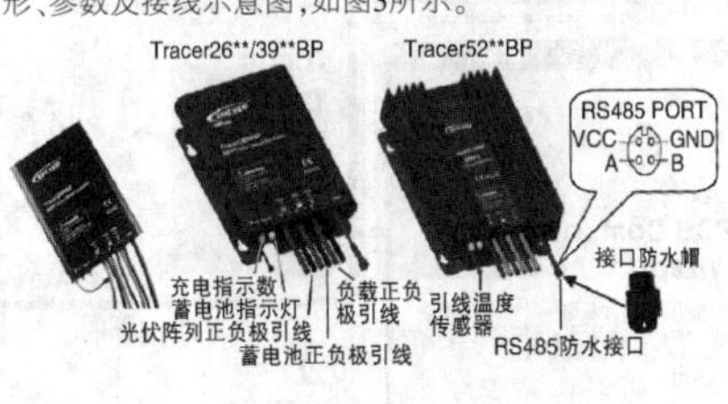

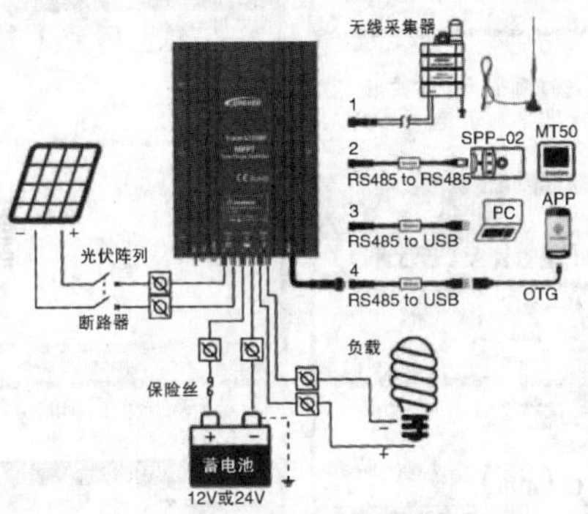

图3 Tracer-BP系列的外形、参数及接线示意图

Tracer-BP系列控制器适用于铅酸免维护、胶体、铅酸液体、磷酸铁锂、三元锂等蓄电池，通过手机App和PC机监控设置软件可以监控和设置参数及负载模式。基于RS485通讯总线的标准Modbus通讯协议，通讯距离更长。外接专用物联网模块配合云服务器监控软件，可实现多机远程集中监控功能。负载控制方式有手动模式（常开/常闭）、光控模式（默认）、光控+时长模式、定时控制模式、智能功率模式。

三、5kW 单相逆变器

光伏并网发电系统一般包括四个部分：光伏面板，逆变器，AC连接单元和公用电网连接器。

当太阳光照射光伏面板之后，面板将产生直流电流输入到逆变器。逆变器连接在DC输入和AC电网之间，将直流电转换为交流电，输送到公用电网。光伏并网发电系统，如图4所示。

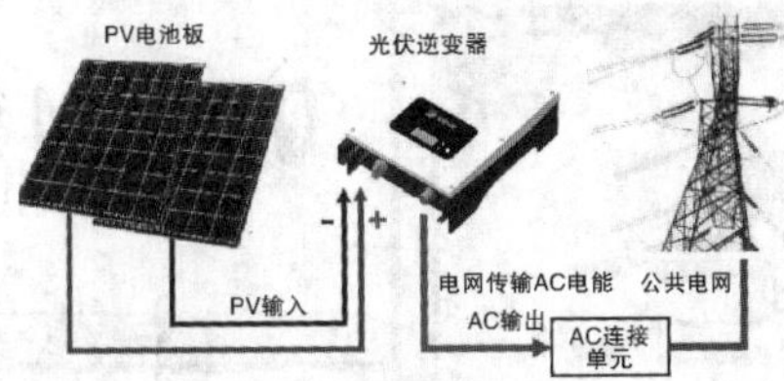

图4 光伏并网发电系统

深圳硕日新能源科技有限公司生产的5KW光伏并网逆变器的外形、参数及接线示意图，如图5所示。具体操作可以参照其手册或说明书（SRS-5KTL）。

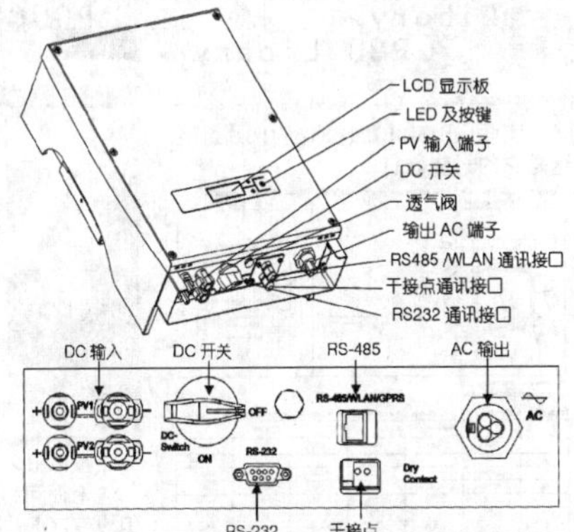

DC输入	直流输入端子，分别接光伏阵列的正负极输入。
RS-232通讯接口	通过RS232接头与PC机相连。
干接点	逆变器配有无源接口，用户可自行连接成外部指示信号，该信号可为外部声或光等警告信号。
DC开关	直流隔离开关，可分断光伏阵列的正负极输入。（选配）
RS-485/WLAN通讯接口	RS485接口可通过RS485/RS232转换器与PC机相连，也可通过数据采集仪以菊花链的形式进行组网后连接到上位监控；逆变器可选WIFI模块，实现无线监控。RS485和WLAN只能二选一。
AC输出	交流输出端的接线口，分别是L线、N线和PE线。

图5 5kW光伏并网逆变器的外形、参数及接线示意图

注意事项：

逆变器安装之后，确保太阳能电池的最大开路电压和短路电流不超出逆变器的规格范围。

选择导线内径为12AWG（4mm²），外径为Φ6mm的光伏电缆线作为机器PV输入端的连接线，选择导线内径为12AWG（4mm²），外径为Φ13mm的电缆线作为机器AC输出端的连接线。连接线尽可能避免高温暴晒和雨水浸泡。

逆变器接线时，一定要确保直流侧和交流侧均与能量源断开，而且不会由于意外而重新连接。先确定电线和接线孔的极性，再将逆变器与太阳能电池和公共电网连接。

市电标准规格（单相），如附表所示。

市电标准	输出电压范围(Vac)	输出频率范围(Hz)	开机等待时间(S)
China 中国	187 - 252	48 - 50.5	60
Germany 德国	196 - 262	47.5 - 51.5	60
Australia 澳洲	200 - 262	48 - 52	60
Italy 意大利	184 - 262	49.7 - 50.3	60
Spain 西班牙	196 - 253	48 - 50.5	180
U.K. 英国	184 - 262	47 - 52	180
Hungary 匈牙利	198 - 253	49.8 - 50.2	300
Belgium 比利时	184 - 262	47.5 - 51.5	60
AUS-W 澳洲西部	200 - 262	47.5 - 50.5	60
Greece 希腊	184 - 262	49.5 - 50.5	180
France 法国	184 - 262	47.5 - 50.4	60
Metro 曼谷	200 - 240	49 - 51	60
Thailand 泰国	198 - 242	48 - 51	60
Local 当地	150 - 280	45 - 55	60

◇刘祖明

Altium Designer画元器件封装的方法(一)

在2018年的全国高职院校电子产品设计制作与调试大赛中，不论是省赛还是国赛，都有绘制PCB图的赛题部分。在赛项中，PCB版图的绘制，少不了一个元器件的封装设计与绘制，这就导致要完成PCB图设计，首先得保障所有元器件均有合格的器件封装，即参赛选手们就必须熟练掌握元器件封装图的绘制方法，才能保证其速度。

通常在Altium Designer软件中，要绘制其PCB封装元器件，则有以下方式，可参考，以提高PCB版绘制速度和正确度。现将具体操作介绍如下：

一、手工画法

(1)新建个PCB库元。

下面以STM8L151C8T6为例画封装，这是它的封装信息。

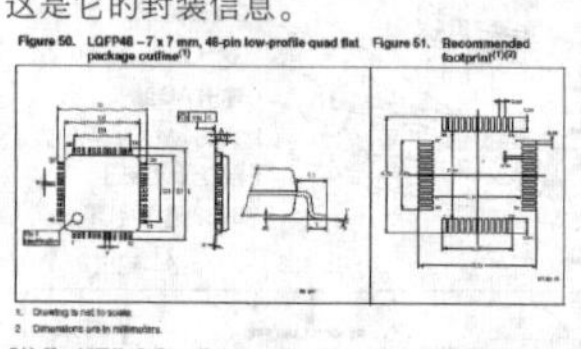

1. Drawing is not to scale.
2. Dimensions are in millimeters.

Table 65. LQFP48 – 7 x 7 mm, 48-pin low-profile quad flat package mechanical data

Symbol	millimeters			inches(1)		
	Min	Typ	Max	Min	Typ	Max
A			1.600			0.0630
A1	0.050		0.150	0.0020		0.0059
A2	1.350	1.400	1.450	0.0531	0.0551	0.0571
b	0.170	0.220	0.270	0.0067	0.0087	0.0106
c	0.090		0.200	0.0035		0.0079
D	8.800	9.000	9.200	0.3465	0.3543	0.3622
D1	6.800	7.000	7.200	0.2677	0.2756	0.2835
D3		5.500			0.2165	
E	8.800	9.000	9.200	0.3465	0.3543	0.3622
E1	6.800	7.000	7.200	0.2677	0.2756	0.2835
E3		5.500			0.2165	
e		0.500			0.0197	
L	0.450	0.600	0.750	0.0177	0.0236	0.0295
L1		1.000			0.0394	
k	0°	3.5°	7°	0°	[illegible]	
ccc		0.080			0.0031	

1. Values in inches are converted from mm and rounded to 4 decimal digits.

设置好网格间距(快捷键G)，当然也可以在设计中灵活设置，介绍个快捷键Ctrl+Q可以实现Mil与mm单位间的切换。

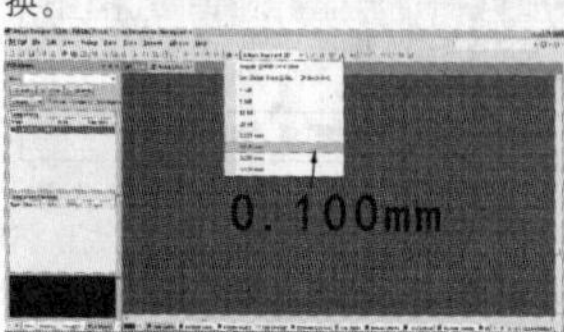

放置焊盘(快捷键PP)

按Tab键设置焊盘，Ctrl+Q实现Mil与mm单位的切换，大家根据自己的习惯。有一点需要特别注意，如果要手工焊接的话，如上图封装信息上的焊盘长度L

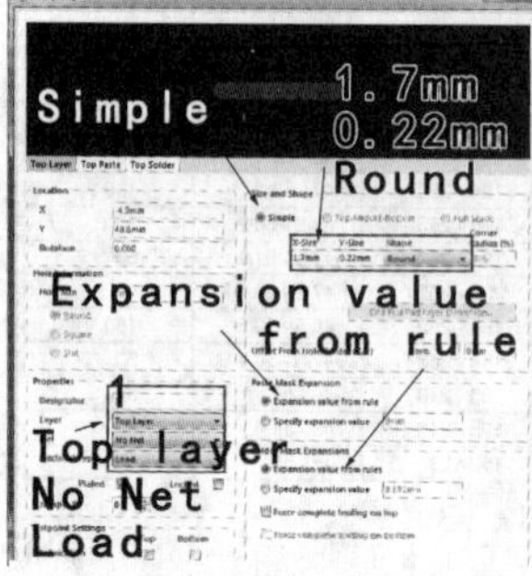

不能完全按照它的封装手册上的设计，一般要比手册上的大1—1.5mm。这样才能手工焊接。

设置好后就能开始画了。最后，把丝印层画上，画得完美的话，有的把机械层也画上了。

画完后，一定要用Ctrl+M准确测量一下自己画的封装的各种尺寸。

二、使用Component Wizard

上一种方法画起来往往很慢，而且还要计算很长时间。下面给大家介绍第二种方法，使用Component Wizard。

Tool—Component Wizard

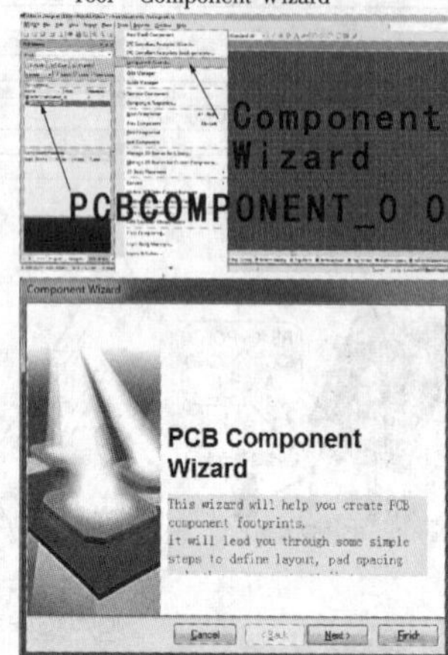

按Next>

上面可以选择画很多种类的封装，但没有LQFP的封装，我们选一个QUAD的封装进行演示。

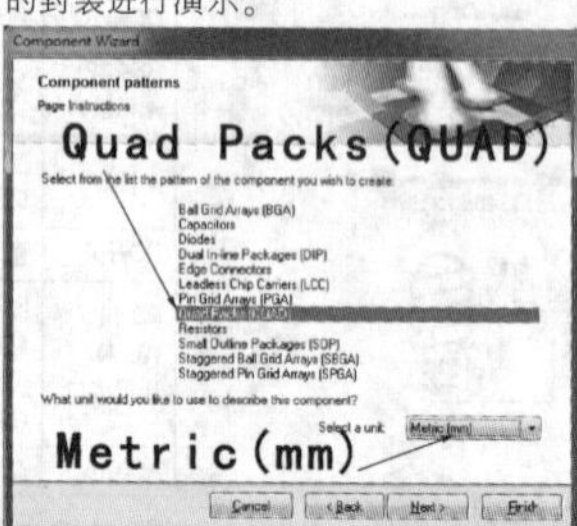

Next>

如果要手工焊接的话，仍然需要注意焊盘长度L的问题，加1—1.5MM。

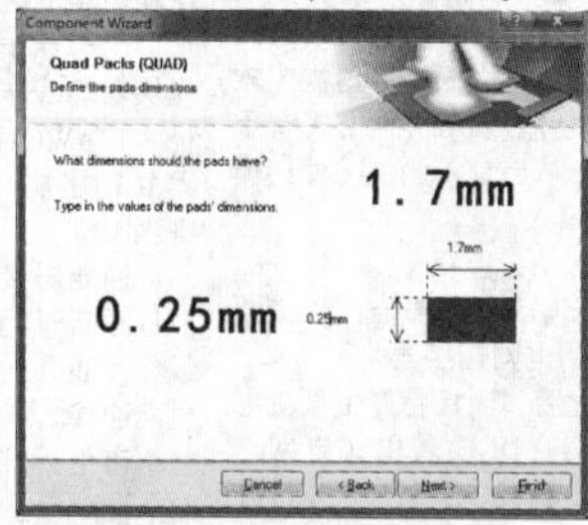

Next>

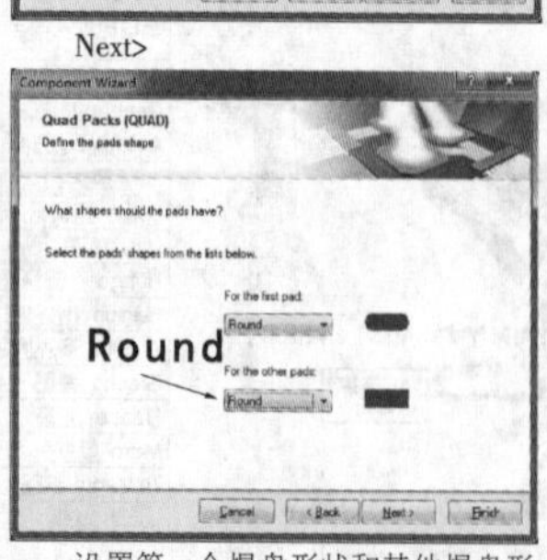

设置第一个焊盘形状和其他焊盘形状。

Next>

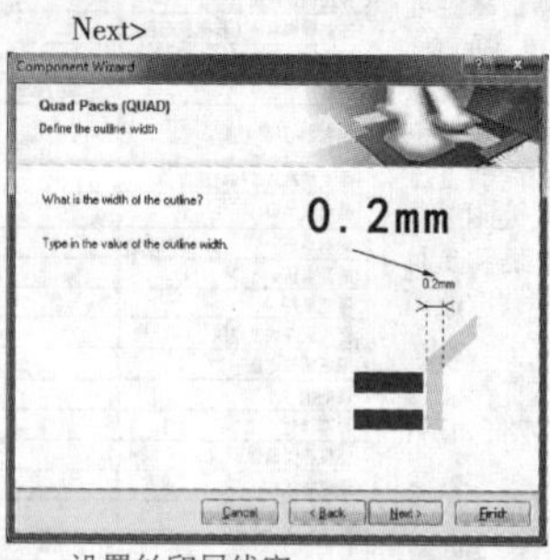

设置丝印层线宽。

Next>

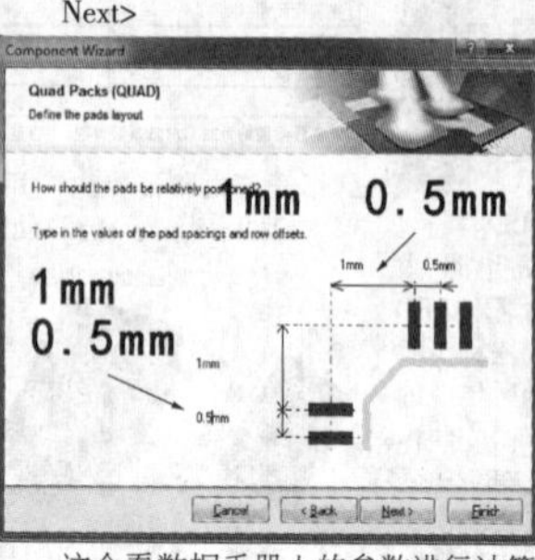

这个看数据手册上的参数进行计算设置

Next>

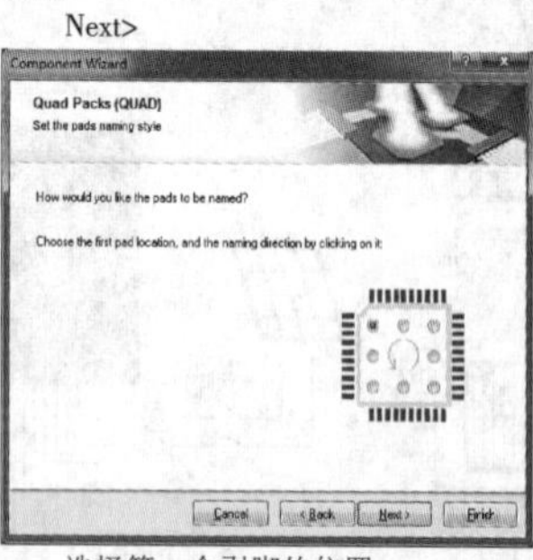

选择第一个引脚的位置

Next>

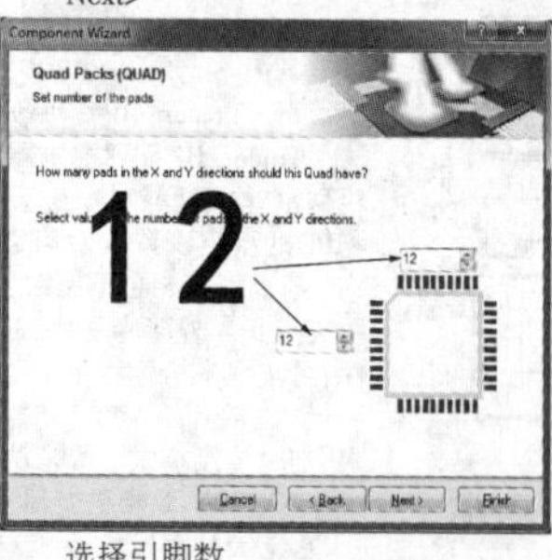

选择引脚数

Next>

给封装取名

Next>

Finish

大致就是这样画，最后一定要Ctrl+M进行测量与调整。

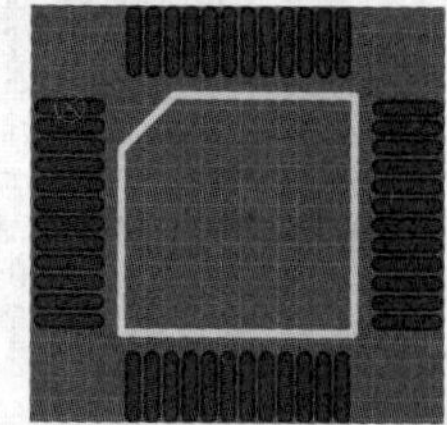

三、使用IPC Compliant Footprint Wizard

第二种方法也要进行部分计算，接着给大家介绍一种"懒人方法"，符合IPC封装标准的都能使用IPC Compliant Footprint Wizard

Tools—IPC Compliant Footprint Wizard

Next>

选择封装形式，有清楚的预览图

Next>

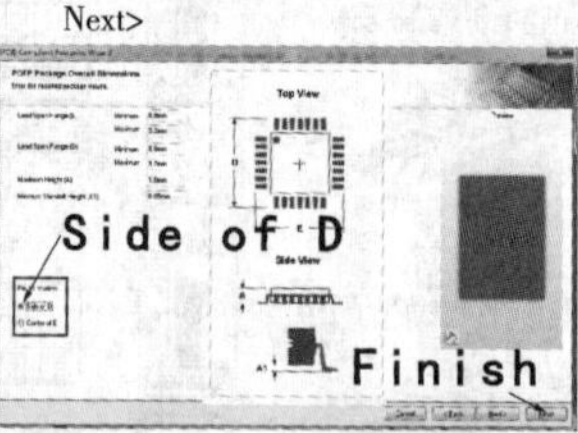

完全按照数据手册上设置

Next>

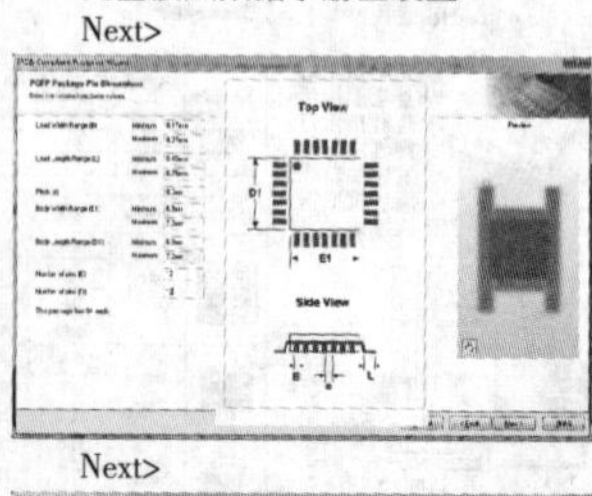

Next>

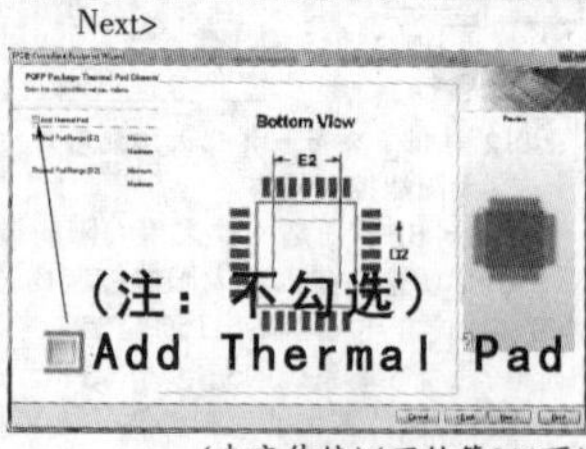

(未完待续)(下转第218页)

◇张 恒

ANAM S9A南星机不断重启故障检修一例

某网友寄来一台ANAM S9A南星机（即小白机），故障现象是开机出现LOGO画面，待前面板显示频道号时就自动重启，根据维修经验判断是供电不良或软件问题。拆开机器发现该机电源板输出12V送往主板，由主板上的U3（S42BBB）和L1组成DC/DC电路将12V转换为5V，由U9（S10DEA）和L4组成的DC/DC电路将5V转换为3.3V为主芯片3329和高频调谐芯片等供电，由U1将3.3V转换成1.8V为DDR芯片供电，再由U8和L5组成的DC/DC电路将3.3V转换为1.2V核心供电，由U4（Sti8035）和L3将12V变换成13/18V极化供电。先用外置12V2A电源适配器代替原机电源板来供电故障不变，通电后用万用表测量主板上各组均在正常范围内，代换各级供电输出端滤波电容依旧无效，怀疑软件问题导致的故障，可由于找不到相应的软件重新刷写，只能将机器搁置一边。

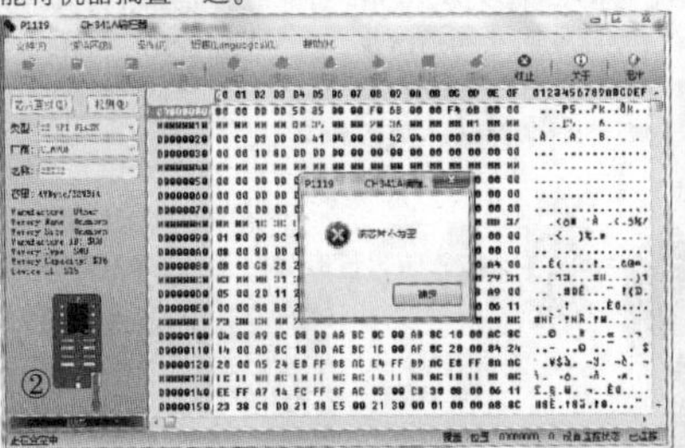

后来笔者又接修一台电源板出现故障的同型号机器，将自动重启故障机器上的GD25Q32闪存拆下装到这台机器上时发现也是相同故障，说明确实是软件问题。于是先将正常机器固件用341编程器读出，如图1所示，将数据写入故障机器闪存GD25Q32时却弹出"该芯片不为空"对话框，如图2所示，开始以为是闪存芯片与编程器接触不良所致，不过重新安装几次还是如此，看来是芯片本身有问题了。从旧PCB板上拆来一只Winbond25Q32芯片很便顺利的写入了数据，装上后机器正常启动，接上室外单元收视正常，如图3所示，看来故障已完全排除。

◇安徽　陈晓军

广播电视常用技术英汉词汇对照表(六)

在应用广播电视设备中，往往有很多英文简写出现在设备上，为了方便同行对广电设备上的英文熟知，特摘录以下常见用于广播电视技术行业的英汉词汇对照表。为了查询方便，本表以英文字母排序进行汇集整理。在查阅对应含义时，特别要注意部分简写的真实含义，容易出现混淆，同时在本技术行业应用中，约定的简写才可以简写，否则简写容易出现歧义。

(未完待续)(下转第219页)

◇湖南　李　斐

英语简写	英语词汇	中文含义
G		
GA	General Average	总平均值
GB	Gain Bandwidth	增益带宽
GFC	Generic Flow Control	一般流量控制
GMT	Greenwich Mean Time	格林尼治标准时间
GND	Ground	接地
GPC	General Purpose Computer	通用接口
GPIB	General Purpose Interface Bus	通用接口总线
GPS	Global Positioning Satellite	全球定位卫星
	Global Positioning System	全球定位系统
GSM	Global System for Mobile Communication	全球移动通信系统
GVFS	General Video File Server	通用视频文件服务器
H		
HA	Head Amplifier	前置放大器
HB	Head Bus	前端总线
HC	Hierarchical Coding	分层编码
HCT	Home Communication Terminal	家庭通信终端
HD	High Definition	高清晰度
	Horizontal Drive	水平驱动(脉冲)
HDM	High Density Modulation	高密度调制
HDTV	High Definition Television	高清晰度电视
HDVS	High Definition Video System	高清晰度视频系统
HF	High Frequency	高频
HFC	Hybrid Fiber Coaxial	光纤同轴电缆混合网
HFCT	Hybrid Fiber Concentric Twisted Pair Wire	混合光纤同轴双绞线
HIS	Home Information System	家庭信息系统
Hi-Fi	High-Fidelity	高保真(度)
HPA	High Power Amplifier	大功率放大器
HPF	HQAD High-Pass Filter	高通滤波器
HS	High Quality Audio Disc	高品位音频光盘
HSC	Horizon Scanner	水平扫描
	High Speed Camera System	高速摄像机系统
HSDB	High Speed Channel	高速信道
HT	High Speed Data Broadcast	高速数据广播
HTT	HTTP High Tension	高压
HTU	Home Television Theatre	家庭电视影院
	Hyper Text Transmission Protocol	超文本传输协议
	Home Terminal Unit	家庭终端单元
	host head-end	主机前端
I		
IA	Information Access	信息存取
IB	International Broadcasting	国际广播
	Interface Bus	接口总线
	Internal Bus	内部总线
	International Broadcasting Center	国际广播中心
	International Broadcasting Convention	(欧洲)国际广播会议
IBG	Inter Block Gap	字组间隔
IC	Integrated Circuit	集成电路
IDCT	Inverse Discrete Cosine Transform	离散余弦逆变换
IF	Intermediate Frequency	中频
IM	Interface Module	接口模块
IMTV	Interactive Multimedia Television	交互式多媒体电视
IN	Integrated Network	综合网
INFO	Integrated Network Using Fiber Optics	光纤综合网
INS	Information Network System	信息网络系统
IOCS	Input-Output Control System	输入/输出控制系统
IOD	Information On Demand	点播信息
IP	Input Power	输入功率
	Internet Protocol	因特网协议
IPC	Information Processing Center	信息处理中心
IPD	Interactive Program Directory	交互式节目指南
IPTC	International Press Telecommunication Council	国际新闻通信委员会
IRD	Integrated Receiver/Decoder	综合接收机/解码器
IS	Information Superhighway	信息高速公路
	Interactive Service	交互业务
	International Standard	国际标准
ISA	Industry Standard Architecture	工业标准总线
ISAN	Integrated Service Analog Network	综合业务模拟网
	International Standard Audiovisual Number	国际标准音视频编号
ISO	International Standards Organization	国际标准化组织
ISRC	International Standard Recording Code	国际标准记录码
ISSI	Inter-Switching System Interface	交换机间系统接口
IT	Interline Transfer	行间转移
ITS	Insertion Test Signal	插入测试信号
	Intelligent Traffic System	智能交通系统
	International Telecommunication Service	国际电信业务
ITU	International Telecommunications Union	国际电信联盟
ITV	Industrial Television	工业电视
IU	Interactive Television	交互式电视
	Information Unit	信息单元
IVCS	Intelligent Video Conferencing System	智能视频会议系统
IVDS	Interactive Video Data Service	交互视频数据业务
IVOD	Interactive Video On Demand	交互点播电视
IVS	Interactive Video System	交互视频系统
	Integrated Circuit Card	IC卡
ID	Identifier	标识符
IPPV	Impulse Pay Per View	即时按次付费节目
IRD	Integrated Receiver Decoder	综合接收解码器
ISO	International Organization for Standardization	国际标准化组织
IEC	International Electronical Commission	国际电工委员会

JVC木振膜入耳式耳机HA-FW003详解

木振膜已经成了JVC耳机的一大特色，其技术特色：

1.全新薄形轻量化木质球顶单元，忠实重现高解析度音源丰富细节，JVC独有的超薄振膜加工技术，诞生了50μm薄形轻量化11mm木质球顶振膜。再现高解析度音源，直达细微之处。高能量磁路结构，提供了强大的驱动力，同时大幅改善驱动线性，实现了高能量线性磁路的正确驱动。轻量化CCAW音圈有助于提高声能效率、改善振膜的正确振幅实现忠实播放原声。

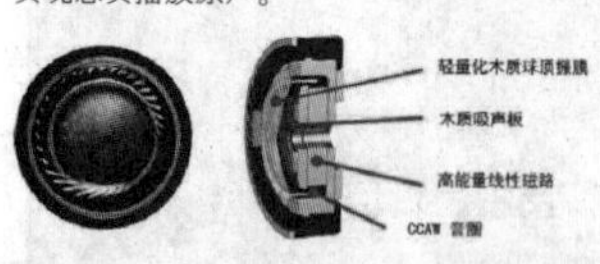

第六代木振膜球顶单元

2.新开发的“声学障板”，实现自然音域的扩展

新开发的50μm木振膜薄片(桦木)

从前的80μm木振膜薄片(桦木)

3.JVC独有的Spiral Dot耳塞螺旋凹点技术。通过对耳机前障板施加扩散体，利用障板表面的凸凹变化，使余音扩散均匀分布，能改善解析力，从而实现自然音域的扩展。

4. 采用新异性混合金属结构的调音系统，带来美妙音响效果 采用木材、钢材、铜材、铝材等多种材料组合“新异性混合四种金属”的调音系统，控制多余谐振，提升高解析音源还原度。改变素材搭配组合，实现不同声响效果。(FW001使用了四重混合金属结构，FW002使用了三重混合金属结构，FW003使用了双重混合金属结构)。

5.可控制谐振并改善声音纯净度的“木质稳定器”

耳机单体背面装载了新开发的木质稳定器，该调声部件能有效控制耳机腔体内部的回音，修正声音改善声音纯净度。

6.L/R采用独立的密封耳机线 为了提高独立性，实现自然的空间表现，采用了L/R独立的密封耳机线。FW003使用的是新结构的带沟槽的耳机线，使耳机线难以缠绕并提高了其强度。

7.采用人体工程学形式实现高舒适度佩戴 依据人体工程学，重新设计的耳筒角度和耳筒位置，平衡耳机腔体的配重比例，优化重量。新设计的耳筒更贴合耳孔，耳机佩戴的稳定性得以提高，实现更好的贴合感。同时，结合耳机的尺寸和形状，变更耳机连接线的位置，从而提高支撑力。

FW系列有001/002/003不同型号，HA-FW003S是本系列中的基础款耳机，它的价位是最低的，但它的声音却却十分的惊艳，开声就有不错的表现，整体的声音风格显得更为明快与灵活。

在驱动性方面，这条耳机应该算是本系列最易驱动的一款，可以作为手机配塞使用，搭配方面个人比较推荐略微偏暖且推力适中。

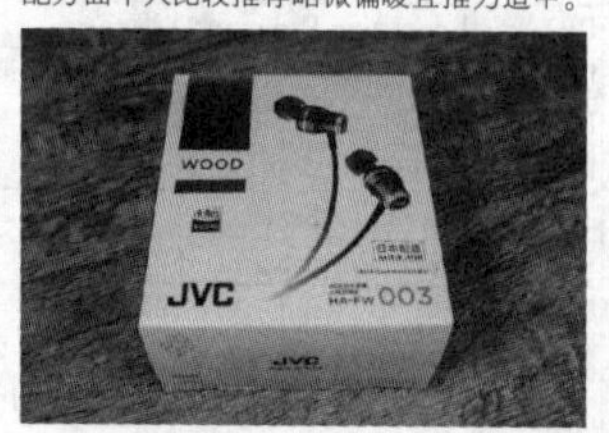

FW003耳机包小巧、简洁，正面专门注明日本制造，背面介绍了产品特点。

配件有5对螺旋凹点硅胶套(S/MS/M/ML/L)，一个线夹，一个绕线器，一个皮质收纳包。

收纳包皮质柔软，采用磁性搭扣闭合，内部为暗红色天鹅绒材质，很像乐器的盒子。

JVC特有的螺旋凹点硅胶套，设于听筒内壁的凹点能有效解决扩散引起的音质劣化，控制听筒内反射音、浊音，带来纯净之声的享受。

FW003采用10MM动圈木制球顶动圈单元(FW002/003为10MM，FW001为11MM)，铜质腔体外套木外壳，表面有木头天然纹路，做工细腻质感一流。FW003木材纹路颜色比FW001浅，腔体比FW001小一圈。

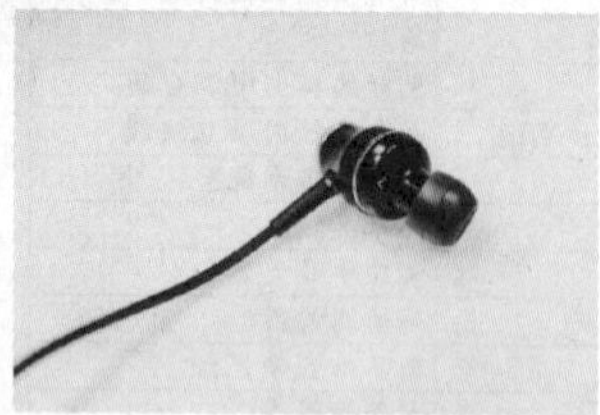

耳机透气孔位于前端，附近印有区分左右的L/R，导管部分涂层类似汽车金属漆效果，在光照下透出点点星光，流露出低调的奢华感。

耳机为不可换线设计，线材和腔体相连的部分用红蓝圈标明左右。

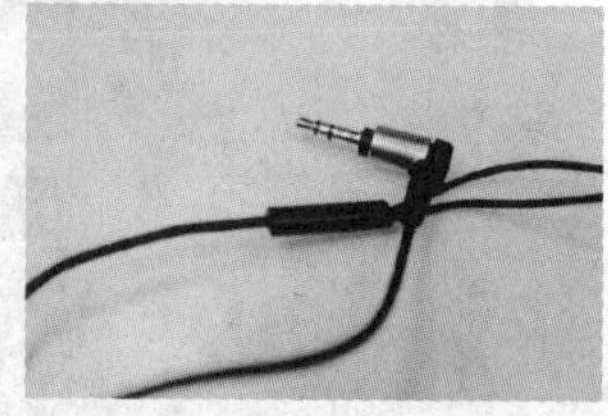

线长1.2M，手感柔软，分线部分标有型号。插头部分采用金属外壳。线材没有配备线控和话筒。

佩戴感：

FW003采用铜质腔体外套木壳导致重量比一般入耳耳塞稍微重点，戴上后有轻微垂坠感，但导管设计合理，佩戴舒适度良好。(它腔体大小和重量都比FW001小，佩戴比001舒适)。耳机隔音效果良好。听诊器效应一般。

佩戴展示：

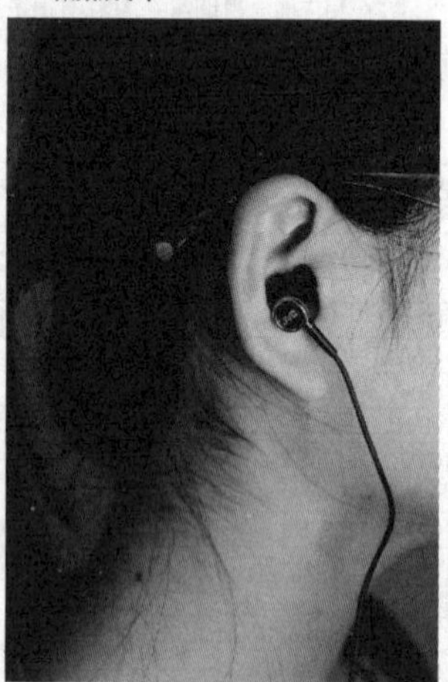

FW003外形和声音依然有着JVC木振膜系列的典型特点，比起FW001它声音更清淡、更均衡易推，有其独特的魅力，价格不到2000元，对木振膜感兴趣又追求性价比的爱好者，FW003耳机是不错的选择。

HA-FW003主要规格

型号	HA-FW003
类型	动圈型
驱动单元	直径 10mm 木质球顶单元
音压	103dB / 1mW
频响	6Hz ~ 45,000Hz
阻抗	16Ω
允许最大输入	200mW (IEC*)
减震结构	异性混合金属调音系统
耳机线	1.2m(Y型)OFC线；沟槽耳机线
输入插头	φ3.5mm/24 镀金立体声小型插头(L型)
重量(不含耳机线)	约 10.0g
附件	螺旋点硅胶耳塞(S、MS、M、ML、L各2个)、绕线器、线夹、收纳盒

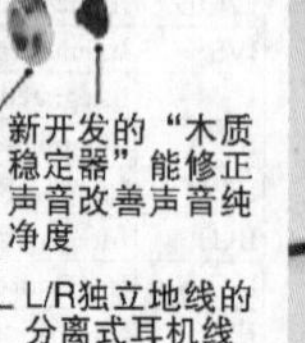

◇成都 启 明

2018年6月3日出版 实用性 启发性 资料性 信息性

第22期 （总第1959期）

国内统一刊号:CN51-0091 定价:1.50元 邮局订阅代号:61-75

地址:(610041)成都市天府大道北段1480号德商国际A座1801 网址:http://www.netdzb.com

让每篇文章都对读者有用

物联网路由器

Mozilla宣布推出一个基于树莓派的物联网架构Project Things，使用者可以使用最新的树莓派3，并安装Things Gateway 0.3固件，而将其当作一款可连接物联网设备的路由器。

利用Mozilla推出的新固件，可以打造自己的物联网路由器

Mozilla表示，Project Things就是用来打破一些大厂商绑架消费者只能使用自家品牌路由器，防止物联网生态在发展过程中变得缓慢以及碎片化，而且还能平衡物联网设备的售价。这次推出的Things Gateway 0.3固件经过仔细的调校，不再是之前技术人士才会开发的版本，希望能降低门槛，让每个人都能使用。

只要将Things Gateway 0.3安装在一块支持Wi-Fi与蓝牙功能的树莓派3上，就能做成一款物联网路由器。

用户只需准备一块安装着操作系统的树莓派3后，还需要一个最少4GB的microSD卡，将Things Gateway 0.3镜像文件拷贝进microSD卡中，用来启动树莓派3。接下来，设定指引将会指示使用者连上Wi-Fi，以及连接其他物联网设备。Things Gateway 0.3也能安装在开发板、笔记型电脑以及桌电上，不过Mozilla表示，在树莓派3上会有最佳的使用经验。

这次的更新增加了不少新的功能。例如Things Gateway支持麦克风装置，可接收声控指令。规则引擎也支持基础逻辑判断，可增加设备与设备间的互动性。其他还包括支持家中平面图，并提供更多的控制如智能插头、可控光或是感测器等，还提供虚拟版本，让开发者方便模拟设备。此外，Things Gateway 0.3也支持最新协议与设备、通过第三方应用程序作为安全认证。

（本文原载第11期11版）

手机充当电脑摄像头

有的笔记本(显示器)为了追求超薄效果，摄像头改在下方或者其他位置，很不方便使用；或者电脑摄像头的使用频次极低，根本就没有购买；加上电脑摄像头长期停留在100~200万的低像素上；而手机摄像头普遍达到1500万左右甚至更高，完全可以代替电脑摄像头。若是偶尔需要电脑连接摄像头时，我们可以通过手机摄像头来代替。

首先我们分别在电脑和手机上下载一款名为“魅色”的软件，下载地址：http://www.liqucn.com/rj/71980.shtml，有无线和有线连接两个版本。

安装好以后，在手机上打开“魅色”App后，手机会自动搜索PC端并连接(前提是同一无线网络下)。如果你的电脑原来有摄像头的话，需要更改默认摄像头，在设备里选择“MeiSe”作为摄像头设备。没有无线网络的话，需要USB线将手机和电脑相连，记得在手机里打开“USB调试选项”，即可找到设备。

（本文原载第9期11版）

橘子皮解锁手机？别惊慌

最近一段用橘子皮解锁手机的视频引起大家的关注。对于支持指纹解锁的手机，只要经过一些简单处理如纸巾、桂圆甚至是橘子皮都可以对该手机解锁开启。

具体过程：先拿一小块胶布或指纹贴，并在背面用导电笔随便涂抹形成图案，最后在贴到手机指纹解锁键上。只要机主的指纹触碰到这块胶布或指纹贴，成功解锁几次后，别人便都可以随意对机主的手机进行解锁操作。

由于裂痕本身会在传感器上形成一些图案，而技术人员使用的胶布或指纹贴上的导电介质，同样会为传感器形成一定的图案。在机主进行解锁时，手机传感器接收到的就是已经有这些图案成分的“指纹”信息。而手机在进行指纹比对时，只要部分信息相同就能通过验证。因此只要经过处理，其他人的指纹同样能够验证通过。

那么是不是指纹解锁的手机就此无法采取相应的保护措施了呢？别担心，还有一项技术可确保相对安全。

Synaptics公司有一项命为SentryPoint的安全套件，能够为指纹识别传感器提供安全保护。其中有项技术叫PurePrint，可以区分识别真假手指，也就是识别假的指纹，至于橘子皮就更不是问题了。这一个模块是在软件架构里面，可以通过OTA不断升级更新，应对新的威胁，有一点像我们使用的杀毒软件更新特征库。这个指纹传感器能够检测更多的信息，如脉搏、温度和电容，类似AI学习不断鉴别真手指和假指纹之间的区别。

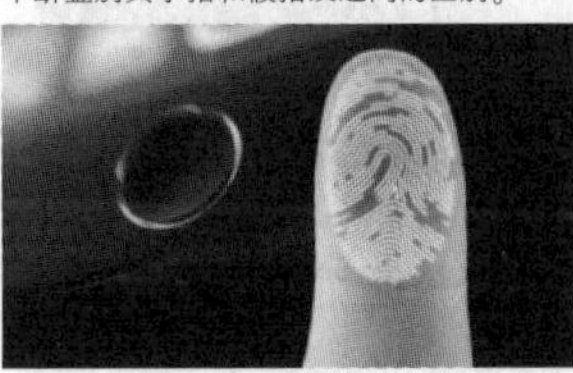

当然引用Synaptics工作人员的话“防欺骗技术可以是100%，可是破解指纹识别也可以是100%。”，这意味着指纹识别的攻防会一直存在，有更新的防护技术，逐渐地也会针对这个开发出破解的方法，便好像电脑病毒防护一般。Synaptics的技术人员还是建议，从源头上防止指纹信息的泄露更加重要，因为黑客没有你任何的指纹图像或特征码，他将不能进行任何的操作。

生物认证已经给我们的生活提供了更加便捷的方式，尽管也听说过照片(3D打印面具)可以破解面部识别；录音可以破解语音识别等新闻，但是我们已经越来越依赖指纹等各类识别登录账户和移动支付等，倒退回去使用传统的密码是不可能了(复杂的数字+符号的不规则组合仍然也是一种有效的密码)。

同时，用以破解移动设备传感器的伪造生物特征图像的能力也变得更强了。为了减少安全风险，现在越来越多的厂商都开始采用加密的指纹识别传感器，同时把防假指纹的技术融入设备当中。当然用户也需要对自己日常使用指纹等各类生物识别的习惯进行修正，例如最好不使用光学原理的指纹识别器，保持指纹识别器的干净(尤其是录入指纹的时候)，不要用手机指纹贴来装饰，当指纹识别器出现裂痕后尽快更换，针对不同账户或者不一样的用途(移动支付、登录账户)采用不同指纹信息，尽量把危险降低。

（本文原载第10期11版）

正确使用洗衣机

现在生活忙碌，很多人都喜欢使用洗衣机，换下衣服往洗衣机一扔，过一会再晒，不但节省了很多时间，洗的衣服也很干净。不过在使用时应注意以下几点：

浸泡

不能将消毒液和洗衣液同时浸泡衣物，会产生对人体有害的物质。应该先用消毒液浸泡待洗衣物，漂洗过后再用洗衣粉按照正常步骤洗涤衣物。并且浸泡时间不能过长，一般20分钟足矣；虽说洗衣液中的化学物质以及衣物中的污渍相对更容易分解，但会造成衣物的褪色。在添加洗衣液(粉)时，注意饱和度，并不是越多越好，正常的泡沫量即可。

洗涤

衣物放置洗衣机内不能超过70%，一般在50%左右为最佳。多了不利于洗衣液与衣物的接触。最好按颜色深浅分类，尽量避免因染料质量不佳的衣物造成对其他衣物的染色。外衣、内衣、袜子分开洗，尤其是内衣和袜子(手洗即可)，最好讲究卫生按个人分类来洗涤。有金属拉链和纽扣的衣物最好解开，避免脱落和对洗衣机内壁造成损害。

晾晒

用完洗衣机请打开机门，这样利于机内残留水分蒸发以及不容易滋生病菌，等风干后再合上。为了卫生，衣服也尽量洗完就拿出来晾晒，潮湿的环境都容易滋生细菌，超过1小时建议再速洗(15分钟)一次再进行晾晒。

（本文原载第10期11版）

HPC I-55L教育触摸一体机故障检修四例

例一:开机红色指示灯一闪一闪

分析检修:机器正常工作时,待机指示灯为红色,开机时指示灯由红色变成绿色。红色指示灯一闪一闪,说明电源板次级输出供给主板的电压过高或过流,瞬间保护造成不能开机。通电测电源板供给主板5V电压,发现电压10V左右跳变,很明显是5SVB电压过高,造成保护。稳压控制电路主要由R132、R128、R125、Q8组成。如果R132、R128、R125阻值变大时,输出电压会升高,Q8导通,U4得到初级工作电流,次级光耦导通,U3光耦的二极管正极点电压升高,Q21截止,STB无电压输出,造成不开机。故障一定出在这环路上,经查R128(270KΩ)阻值无穷大。换同型号的电阻,5SVB输出稳定正常,试机正常,故障排除。

例二:红灯亮不开机

分析检修:红灯亮不开机的故障是该机最多的现象,存取器数据损坏,背光高压电路出现问题造成保护,主芯片损坏等都有可能造成不开机故障的发生。首先测各组供电电压发现STB电压为1.7V,明显比正常工作电压3.2V低。说明STB没有工作,处于待机状态。再测供给主芯片MST6M182电压的DC-DC转换集成块,U6输出的3.2V、U4输出的1.2V、U11输出的5V都正常。把芯片散热片拿掉,手摸芯片没有一丝温度,说明主芯片没有工作。问题又出在哪里呢?芯片自身损坏、过孔线断了、待机电路出现问题。静下心来想,当按下待机键按钮(该机没有待机键,但留有待机按钮针,为了维修方便,加装一个待机按钮),CPU接收到开机信号,会发出开机指令,首先调取存储器数据与开机数据比对,如果正常,待机电路启动,STB电压从1.7V会瞬变为3.2V,3.2V工作正常,背光电路工作,灯管点亮,指示灯红灯变绿灯。然后另一路信号也随着启动,供LVDS的12V供电电路工作,输出给倍频板。接着各电路工作,输出需要的信号,液晶屏点亮。因为这些工作时序信号几秒就到位,所以2分钟之内就看到了电视屏幕桌面。找来一块报废板,把插座、电解电容、电感、MST6M182芯片等大型的元件拆除,好查看线路的走向。从STB这路开始查,STB分两路:一路接R1和C10到滤波电容E11的正极;另一路接电阻R10过孔。测试R10到MST6M182芯片坐标A轴点10导通,难道是芯片坏了。对比报废板测试,没有想到的是在测试U2(AIC2857F)的⑦脚时,奇迹出现了,开机了。再让机器处于待机状态,结果按开机按钮键,无法开机。再测U2的⑦脚,又可以开机,如此反复。查⑦脚外围接R15(100kΩ)过孔到芯片坐标L轴点5,测量⑦脚电压3.34V正常,R15正常。既然测量⑦脚能开机,能否模拟一个信号开机。焊下R15,找了一个1MΩ可调电阻焊到R15处,让机器处于待机状态,慢慢调电阻,果然开机了,测电阻400kΩ左右。找了一个510KΩ贴片电阻,除掉R15电阻焊上开机(如图1),试机2小时,没有出现问题,反复开机待机也没有问题。

小结:这故障估计就是芯片启动电路可能有问题,笔者用了一只电阻救活了一块主板,可以说实在是意外。因没有图纸,线路板元件小,过孔又多,全用放大镜看,前前后后花了不少时间。好在有一块报废板做试验,一块新板做参考,得以修复。为何把电阻加大就能开机呢?笔者百思不得其解,因资料缺乏,还请高手给予解答。

例三:开机雪花点基本正常,接上信号后图像重影

分析检修:这故障不是屏排线接触不好,就应该是逻辑板问题。于是将LVDS线拔出,在触点上用酒精仔细清洗,再重新固定,开机故障依旧。反复晃动屏排线故障也无变化,说明屏排线正常。按照逻辑板的标识找到有关测试点电压结果(如图2和表1),与正常逻辑板的电压对比,全部正常,问题只有芯片AUO12405异常造成。更换一块逻辑板,试机故障排除。

灰度阶梯电压表1(单位v)

VGA1	VGA2	VGA4	VGA5	VGA7	VGA8	VGA9
14.2V	12.1V	11.4V	11.0V	10.4V	8.95V	7.8V
VGB1	VGB2	VGB3	VGB5	VGB6	VGB8	VGB9
14.1V	12.2V	11.4V	11.0V	10.4V	9.8V	7.7V
VGA10	VGA11	VGA12	VGA14	VGA15	VGA17	VGA18
7.8V	6.9V	5.1V	4.4V	4.0V	3.4V	0.4V
VGB10	VGB11	VGB13	VGB14	VGB16	VGB17	VGB18
7.3V	5.2V	4.6V	4.2V	3.1V	2.6V	0.4V

例四:无伴音

分析检修:该机有五路信号,两路高清HDMI,两路AV,一路VGA,无论从哪一路输入信号,都没有伴音。因为机器在学校使用,平时音量开到最大,扬声器损坏的可能性最大。拆机测试扬声器正常,测试音频放大器TDA7419P的㉔脚12V供电也正常。替换一块TDA7419P,声音恢复正常了。

◇安徽　余明华

MS638机芯常见故障检修

MS638机芯在众多电视中采用,针对常见故障,总结归纳了一下几种检修流程。

故障现象一:不开机。

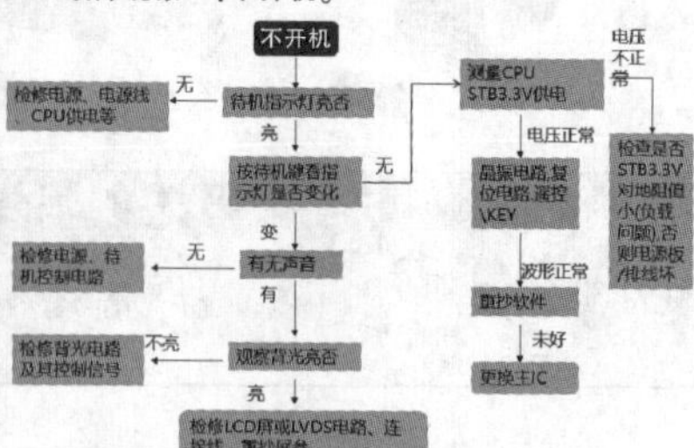

故障现象二:TV无图像。

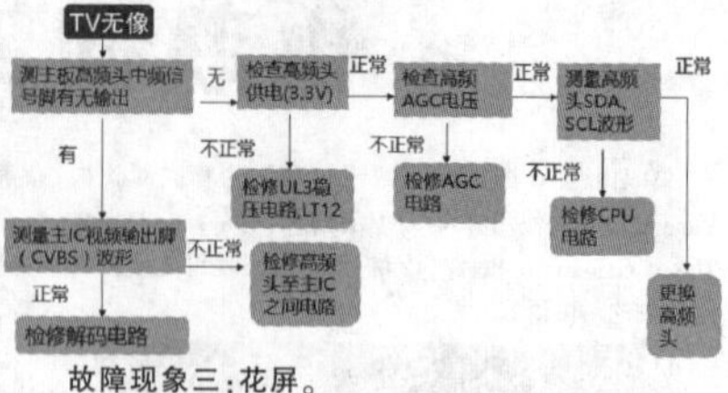

故障现象三:花屏。

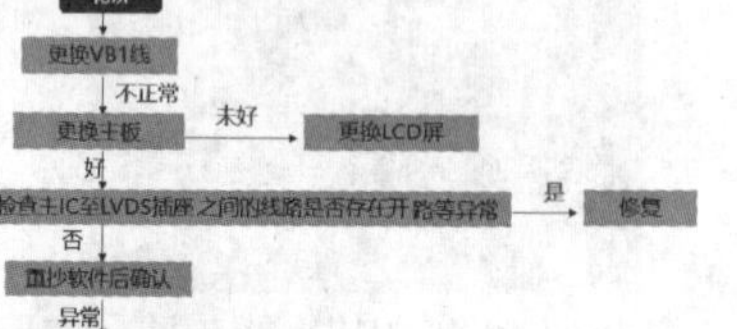

故障现象四:无声。

◇江西　罗锋华

TCL系列组件板维修案例

实例1:机器型号:L32F181 机芯:T962

故障现象:三无。

分析与检修:查看保险炸了,说明有短路故障。测开关MOS管已短路,MOS管坏负载应该有问题。查背光供电管子短路,换新后开机正常。

实例2:机器型号:L55E5800A-UD,机芯:T962

故障现象:死机。

分析与检修:升级后开机图像正常,无声。换图2所指示的EMMC后再重新升级,试机故障排除。

实例3:机器型号:D55A620U,机芯:T962

故障现象:不开机。

分析与检修:测图3中的R01左边没有电压,在R01补47KΩ电阻,加个3V左右电压后机器正常。

实例4:机器型号:D55A620U,机芯:T962

故障现象:三无灯不亮。

分析与检修:如图4中所指示的UD1A烧炸,DDR及CPU同时也损坏。换新后故障排除。

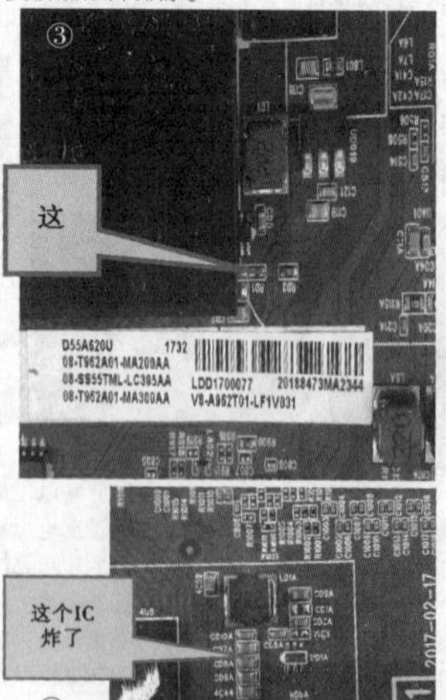

实例5:机器型号:D55A710,机芯:MT07

故障现象:不开机。

分析与检修:测1.2V电压无输出,负载无短路,说明如图5所示的UDB0损坏。这种故障多出在端子有一点锈蚀的机器上,拆下的IC把绝缘划开多数还能用,原因是器件底部漏电。

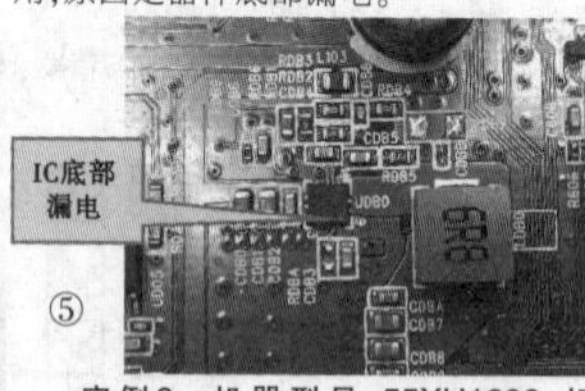

实例6:机器型号:55XU1600,机芯:MS828

故障现象:不定时自动关机后不能开机。

分析与检修:查待机电路,图6所示的D103正常时待机负极为0.7V,故障时为3V。换D103后修复。

◇江西　罗锋华

合并单元格操作技巧三则

在实际工作中，我们经常会遭遇合并单元格的问题，这里介绍几则利用函数对合并单元格的操作技巧。

技巧一、合并单元格求和

例如图1所示的就餐补贴表格，现在需要在D列对各个部门的数据进行求和，我们可以借助两个SUM函数，即可对合并单元格进行求和：

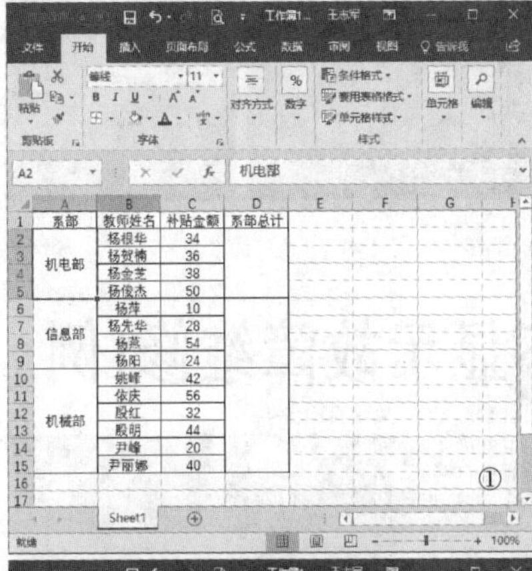

同时选中D2:D13单元格区域，在编辑栏内输入公式"=SUM(C2:C15)-SUM(D3:D15)"，这里之所以在第二个公式使用"D3"是表示错位引用，也就是说下面的计算结果被上面的公式重复使用，按下"Ctrl+Enter"组合键，即可看到图2所示的求和效果。

技巧二、合并单元格添加序号

COUNTA函数的作用是统计数据区域内不为空的单元格个数，使用COUNTA函数，可以实现对带有合并单元格的表格快速添加序号。例如图3所示的表格，现在需要在A列的序号列添加序号，可以同时选中A2:A15单元格区域，在编辑栏内输入公式"=COUNTA(B$2:B2)"，按下"Ctrl+Enter"组合键，即可看到图4所示的序号效果。

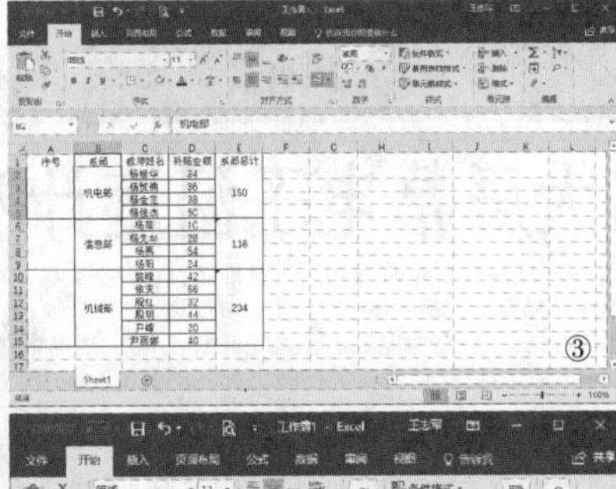

需要补充的是，COUNT函数的功能是统计数字的个数，COUNTA函数的功能是统计非空单元格的个数，不仅仅是数字，文字也计算在内，可以根据实际需要选择。

技巧三、对合并单元格进行计数

如果需要对带有合并单元格的表格进行计数，例如图5所示的表格，现在需要对系部的人数进行统计，只要综合应用COUNTA和SUM函数即可。同时选中E2:E15单元格区域，在编辑栏输入公式"=COUNTA(C2:C15)-SUM(E3:E15)"，前面一个公式是统计C列的教师数量，后面一个公式是对E列进行求和，按下"Ctrl+Enter"组合键，即可看到图6所示的求和效果。

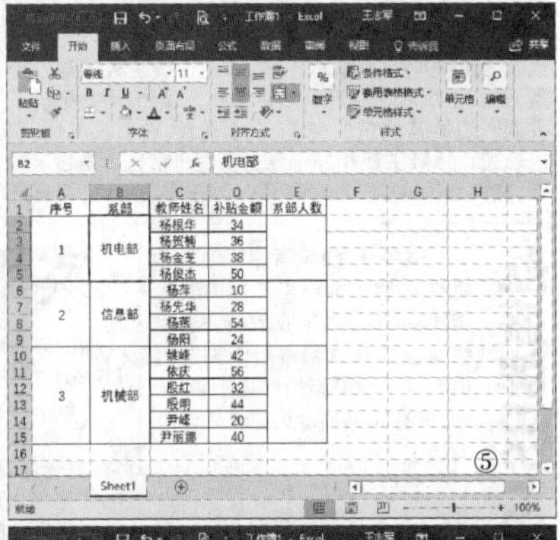

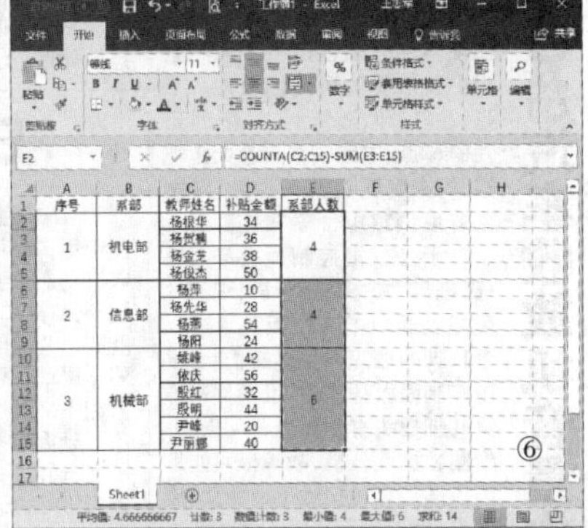

◇江苏　王志军

渡邦DB-ZN15A恒温箱电源适配器简单维修一例

近日接修一台医疗用渡邦DB-ZN15A恒温箱(用于给腹透液恒温)，故障现象是开机工作片刻后电源指示灯便熄灭，拔下电源适配器插头过一会儿再插上又能工作一会儿。观察电源适配器铭牌发现输出电压为12V，电流为8.5A，说明整机功率较大。单独测量电源适配器发现输出12V稳定不变，怀疑是带负载能力变差造成的故障。

拆开电源适配器外壳，发现适配器曾经掉过，220V市电输入插座有裂痕且里面金属针表面有严重氧化现象(如附图所示)，会不会是这里的接触电阻变大导致故障呢？抱着试试看的态度从旧板上拆下一个插座换上并用胶固定好，通电试机一切正常，故障顺利排除。

◇安徽　陈晓军

TP-LINK路由器检修一例

家用一台型号为TL-WR847N 的TP-LINK路由器，用了好几年了，突然所有指示灯不亮了。用万用表检查电源适配器输出电压为9V，正常。拆机后测D2电压正常，测DC-DC降压器U4（型号AP3502EM的芯片)②脚电压正常。

为方便检修，根据实物(如图1所示)画出电路图(如图2所示)，从图中可以看出AP3502EM②脚为电压输入端，③脚电压输出端与电容C222、C223、C208及电感L16组成一个LC滤波电路，为主芯片和内存供电；⑤脚为反馈输入端，通过电阻与电压输出端相连。查资料得知若该脚电压超过1.1V，则过压保护起控；若该脚电压低于0.3V，振荡器的频率较低实现过流保护。测③脚电压，发现无电压输出，说明执行了过流保护。断开L16测③脚电压输出为3.5V，说明芯片没有坏，测C222对地电阻，只有几欧姆，说明有短路现象。仔细观察电容C222，没有发现鼓包，问题可能在C223和C208以及后级电路。把C208拆掉，测量对地电阻，短路依旧存在，问题就不在C208，把C208焊好，拆掉C223，测对地电阻，有几百欧姆，说明短路就是C223。恢复好电感，通电指示灯亮。断电在旧板找了一支个头与C223差不多大的电容，安装上去，接入网络试机，路由器又恢复了它的功能。实测AP3502EM各脚电压如附表所示。

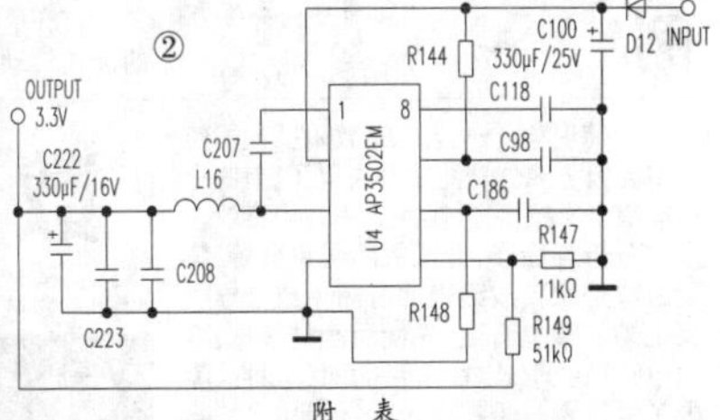

附　表

AP3502EM芯片引脚功能及电压

脚位	功能	正常工作电压(V)
1	自举升压	8.08
2	电压输入	9.0
3	电压输出	3.33
4	地	0
5	反馈输入	0.91
6	补偿端用于调节控制回路	1.3
7	使能输入端用于打开或关闭调节器	8.78
8	软启动控制输入端	1.73

◇安徽　许军　余明华

奥克斯AUXPB926营养调理机特殊故障检修1例

故障现象：一台奥克斯AUXPB926营养调理机屏幕显示E2，机子无法正常工作。

分析与检修：经询问得知，此机系上个维修师傅不想维修的，主要原因是无相同的配件更换，用相似的配件代替后打滑，再拆机中又导致该机开机屏幕显示E2，机子无法正常工作。

该机出现E2代码的主要原因：1)感温电阻(温度传感器，负温度系数热敏电阻)，2)发热盘工作异常，3)主板上的微处理器电路。用万用表测感温电阻的阻值为5kΩ，因第一次修此型号的机器，所以不能确认测得的阻值是否正常，于是加热、冷冻后，阻值都变化，说明感温电阻基本正常；测杯子电热盘的阻值不是无穷大，也不为0，说明它也基本正常，于是怀疑主板异常。但是，更换主板后，故障依旧，维修陷入僵局。于是把机子丢到一边忙其他东西去了，过了几天，晚上没事做，想来想去，怀疑主板和杯子连接是否正常，于是起床测量，测试连接通畅，又没辙了，上网求助，拍照加语音陈述，一维修师傅说：把杯子桩基上的线改接到另一个桩基上，抱着死马当活马医的想法，改接后(见图1)，奇迹出现了，机子不再显示E2，并且能工作了。解决了显示E2的故障后，着手解决打滑故障。仔细观察，原来是杯子上的公头没有完全卡进机座母头里(见图2)，于是在刀轴上垫上一个8cm螺母(见图3)，复原后设置为豆浆模式，开机，工作恢复正常，故障排除。

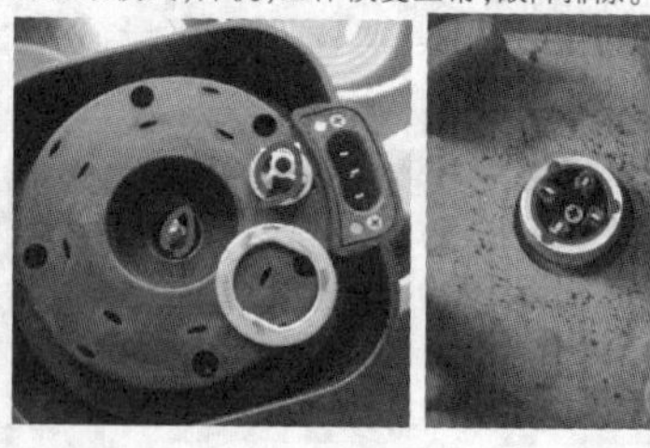

◇江苏　陈惟国

航盛牌HS-C1045汽车收放机音量失控故障检修1例

故障现象：笔者自家的东风雪铁龙爱丽舍轿车原配的航盛牌HS-C1045汽车收放机，近年经常出现音量始终处于失控到最大(音量等级始终处于40)状态，但有时又自动恢复至正常可调状态。

分析与检修：根据故障现象分析，音量控制电路的元件焊点虚焊(含隐性裂纹)或电路铜箔出现隐性开裂性接触不良等原因引起故障的可能性较大。于是，在打开收放机上、下盖，对元件的焊点、电路铜箔用放大镜观察，均未发现明显故障点。考虑到音量调整电位器在控制面板上，于是就把控制面板与主板(碟机与功放部分)分离，观察发现控制面板上与主板是通过一个12脚的插座硬性连接的。当拔下控制面板插座后，发现插座的第⑪脚插头有明显氧化现象(见附图)。据此分析，故障极可能是因该插头氧化接触不良所致。接下来，用无水酒精仔细清洗插座第⑪脚的插头与插孔，烘干、复原电路后试机，故障排除。

严重氧化的插头

◇湖北　王绍华

家用大屏幕电子温度计不显示故障维修1例

故障现象：一台Londi Sun/朗迪信LS-204型大屏幕电子温度计屏幕不显示。

分析与检修：首先，怀疑电池电量不足，但同事已换过一块电池，说明内部异常。打开背面的4个螺丝，取下后壳，检查电池座与电路板之间导线连接良好，拧下电路板上的5个螺丝，将电路板与液晶板脱离，仔细观察电路板未发现断线、焊点脱焊，以及元件变色的现象。由于是第一次维修，毫无经验，因此陷入僵局。不过同事很爽快，大胆修，修坏了就扔了。这句话很有动力，用电烙铁给晶振(电路板上标注的是X字母，形状圆柱形，见附图)短时间加热，待冷却后安装电池，奇迹出现了，屏幕居然显示正常。事后想想，可能是温度计摔过，晶振受损，不起振，但经过加热，恢复原状的原因。因此，用双面胶将晶振固定在电路板上，以免故障再次发生。

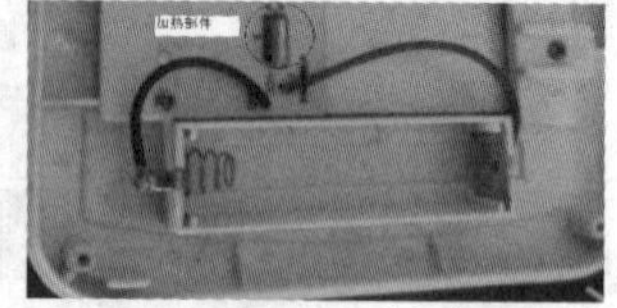

◇河北　刘世敏

电扇摆动用同步小电机复活记

故障现象：家中一台壁扇用了差不多十年，每年深秋都会给它擦洗干净并在转动部分加上薄机油，并用塑料袋套起来保存，前几天杭州的气温到了30℃，就取出壁扇使用，不料没过多久，壁扇就停止摆动，试了几次还不行，只能从墙壁上卸下来进行检查。

分析与检修：把壁扇罩朝下放在桌子上，通电后壁扇能够摆动，但放回墙上去又不行，说明负载轻时同步电机可以工作，但负载一加重就不能工作，因同步电机内部设置了齿轮减速装置，所以怀疑故障可能是机械传动部分异常所致。于是，就拆下这个同步电机，电机外观及其铭牌如图1所示。

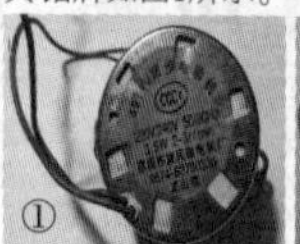

打开后盖检查，发现两个夹板之间的齿轮传动部分，加了很多黄油，由于使用多年，又在夏天高温时使用，这些黄油已经发黑干涸(见图2)，引起齿轮与齿轮之间，齿轮与夹板之间的粘连，导致电机在负荷较轻时还能运转，而在负载较大时不能运转了，如果继续通电，就容易导致电机烧毁。找到原因后，维修就比较简单了，把夹板和齿轮逐一卸下(见图3)，记住安装的位置后，先用工具清除干涸发黑的黄油，再用煤油进行清洗，把油擦干并复原安装，加上薄机油，复原后通电，运转正常，将修复的同步电机装回壁扇，故障排除。

【提示】虽然这个同步电机价格不高(目前的价格在十块左右)，但因这种原因就将其报废还是很可惜的。因此，建议同步小电机的生产厂家，装配时不要加注太多的黄油，并且在机壳上设置加油孔，以便每年保养时也可以给这个小电机的传动装置加点润滑油。

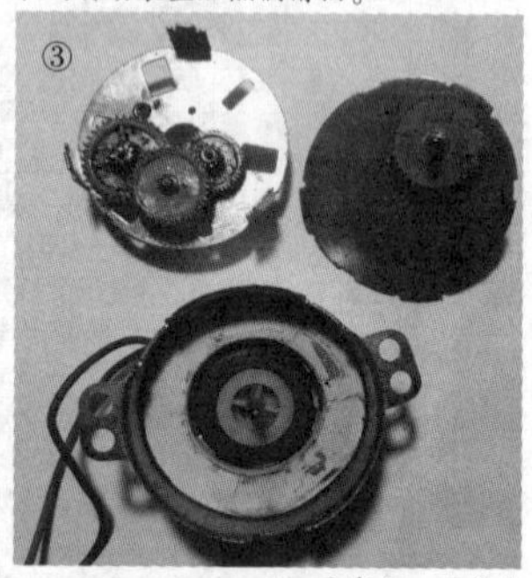

◇浙江　王兆熊

数码播放器按键失灵故障检修1例

故障现象：一支歌郎数码播放器使用中面板上部分功能按键失灵了，有些个按键需多次按压，且需用大力方可奏效。

分析与检修：通过故障现象分析，怀疑故障是橡胶按键表面有污垢或是导线叉上黏附灰尘所致。先使用酒精擦拭，再用电吹风吹干，定能手到病除，这种故障电子爱好者一般都能排除。但是，当故障机送来后，顿时傻了眼，前脸和后盖均无螺钉孔(见图1)，并且拆下电池仓盖细查，也无钉孔，如何打开播放器呢？前思后想，感觉前脸扬声器的防尘罩是铁制的，便于撬动，即使变形也便于复原，于是用小螺丝刀沿防尘罩周边小心撬动，终于打开了防尘罩，看到有四颗小螺钉，将它们一一旋下，后盖仍打不开，看来右边功能操作塑料板下一定藏有螺钉。塑料板易裂易碎，这可得小心点。想一想，塑料件固定一般都有卡槽，而此形状塑料板的固定卡槽应在前脸的上、下位置才对。于是，用小螺丝刀小心撬动上、下边缘，这才把塑料板取了下来，果真还有两颗小螺钉，如图2所示。

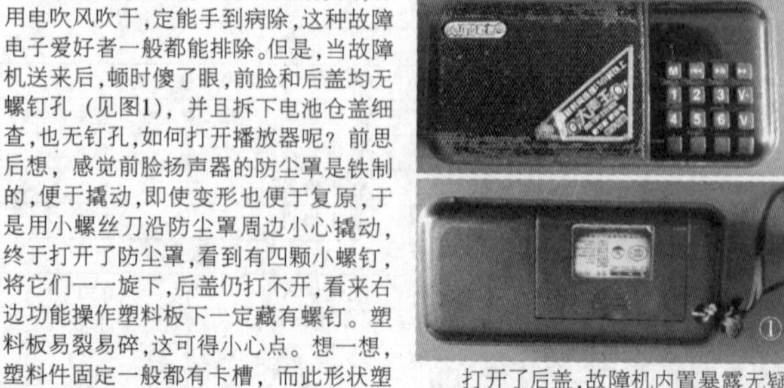

打开了后盖，故障机内置暴露无疑，如图3所示，按照前述方法，轻松排除故障，通电试机，所有按键功能恢复如初，思路正确，维修顺利。

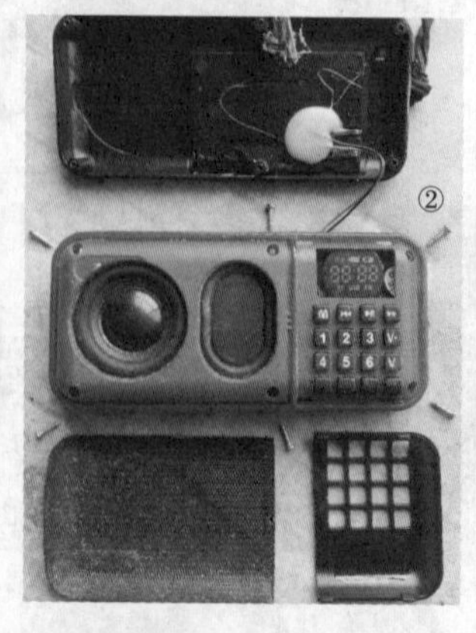

◇广西　张晓宇　刘莉敏

注册电气工程师备考复习——电气安全1

注册电气工程执业资格考试的电气安全大纲要求如下：熟悉工程建设标准电气专业强制性条文；了解电流对人体的效应；掌握安全电压及电击防护的基本要求；掌握低压系统接地故障的保护设计和等电位联结的有关要求；掌握危险环境电流装置的特殊设计要求；了解电气设备防误操作的要求和措施；掌握电气工程设计的防火要求和措施；了解电流设施防震设计和措施。

根据大纲要求，2017年度考试涉及电气安全内容的主要规范和手册共十多本，主要有：《电流对人和家畜的效应 第1部分：通用部分》GB/T 13870.1-2008；《电流对人和家畜的效应 第2部分：特殊情况》GB/T 13870.2-2016；《系统接地的型式及安全技术要求》GB 14050-2008；《低压电气装置 第4-41部分：安全防护 电击防护》GB 16895.21-2011；《低压电气装置 第4-44部分：安全防护电压骚扰和电磁骚扰防护》GB/T 16895.10-2010；《建筑设计防火规范》GB 50016-2014；《低压配电设计规范》GB 50054-2011；《爆炸危险环境电力装置设计规范》GB 50058-2014；《防止静电事故通用导则》GB 12158-2006；《建筑物电气装置 第4-42部分：安全防护 热效应保护》GB 16895.2-2005；《建筑物电气装置 第5-54部分：电气设备的选择和安装接地配置、保护导体和保护联结导体》GB 16895.3-2004；《建筑物电气装置 第5部分：电气设备的选择和安装 第53章：开关设备和控制设备》GB16895.4-1997；《低压电气装置 第4-43部分：安全防护过电流保护》GB16895.5-2012；《建筑物电气装置 第5部分：电气设备的选择和安装 第52章：布线系统》GB16895.6-2014；《低压电气装置 第7-706部分：特殊装置或场所的要求活动受限制的可导电场所》GB16895.8-2010；《建筑物电气装置 第7部分：特殊装置或场所的要求 第707节：数据处理设备用电气装置的接地要求》GB16895.9-2000；《工业与民用配电设计手册（第三版）》。

本文将《电流对人和家畜的效应 第1部分：通用部分》GB/T 13870.1-2008简称为《效应通规》，把该规范的主要知识点作一个索引，同时列出了重点内容，方便读者查找学习。文中符号"→"后面指出的是，该内容在相应规范汇编上的页码。符号"（　）"中的内容，是相应规范上的章节号或页码。

一、规范索引和重点

1. *范围 →《效应通规》P41-5*

人体阻抗的数值取决于若干因数，特别是电流路径，接触电压、电流的持续时间、频率、皮肤潮湿程度、接触表面积、施加的压力和温度。

表1所给出数据可适用于15Hz至100Hz的频率范围。

2. *术语 →《效应通规》P41-5*

(1)【3.1.10】偏差系数F_D

在给定接触电压，人口百分数的人体总阻抗Z_T除以人口50%百分数的人体总阻抗Z_T。计算式：

$$F_D(X\%,U_T)=\frac{Z_T(X\%,U_T)}{Z_T(X\%,U_T)}$$ ←【《效应通规》P41-6】

(2)【3.3.2】直流/交流的等效因数k

直流电流与其能诱发相同心室纤维性颤动概率的等效的交流电流的方均根值之比。计算式：

$$k=\frac{I_{d.c.-纤维性颤动}}{I_{d.c.-纤维性颤动}}$$ ←【《效应通规》P41-6】

3. *人体的阻抗 →《效应通规》P41-6*

(1)【4】阻抗示意图

人体阻抗示意图 →《效应通规》P41-14-图1

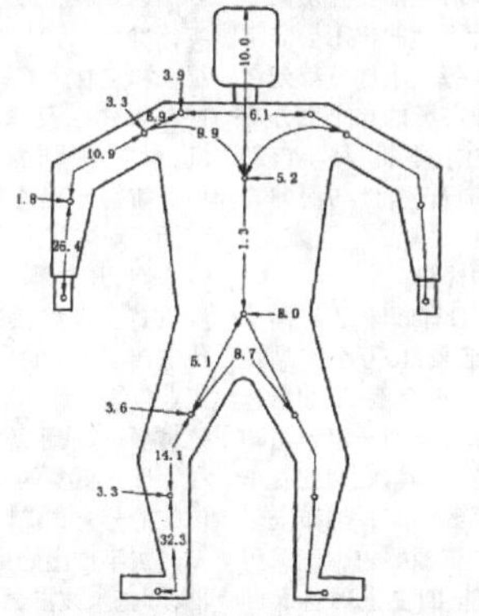

图1人体内部的部分阻抗Z_{ip}—手到一脚的百分值

(2)【4.1】人体的内阻抗Z_i →《效应通规》P41-6

如图1，人体内部的部分阻抗Z_{ip}—手到一脚的百分值，→《效应通规》P41-15-图2

人体内部阻抗简化示意图 →《效应通规》P41-15-图3

(3)【4.2】皮肤阻抗Z_S →《效应通规》P41-6

皮肤阻抗的值取决于电压、频率、通电时间，接触的表面积、接触的压力、皮肤的潮湿程度、皮肤温度和种类。

(4)【4.5】人体总阻抗值Z_T →《效应通规》P41-7

1) 关于大的接触表面积的50Hz/60Hz的正弦交流电流，人体总阻抗Z_T

① 干燥，大面积，交流电流，手到手 →《效应通规》P41-7-表1

② 水湿润，大面积，交流电流，手到手 →《效应通规》P41-7-表2

③ 盐水润湿，大面积，交流电流，手到手 →《效应通规》P41-8-表3

2) 关于中等的和小的接触表面积的50Hz/60Hz的正弦交流电流，人体总阻抗Z_T

① 干燥，中面积，手到手，交流电流 →《效应通规》P41-9-表4

② 水湿润，中面积，手到手，交流电流 →《效应通规》P41-9-表5

③ 盐水润湿，中面积，手到手，交流电流 →《效应通规》P41-9-表6

④ 干燥，小面积，手到手，交流电流 →《效应通规》P41-10-表7

⑤ 水湿润，小面积，手到手，交流电流 →《效应通规》P41-19-表8

⑥ 盐水润湿，小面积，手到手，交流电流 →《效应通规》P41-10-表9

3) 频率20kHz及以下的正弦交流电流

4) 直流电流，人体总电阻R_T

干燥，大面积，手到手，直流电流 →《效应通规》P41-11-表10

(5)【4.6】人体初始电阻值R_0值 →《效应通规》P41-11

对交流和直流的5%的人体初始电阻R0的数值，都可以去作等于500Ω。对被测对象50%和95%的值，分别可取作等于750Ω和1000Ω（类似于《效应通规》P41-7-表1）。这些数值几乎与接触表面积和皮肤的状况没什么关系。

4. *在15Hz至100Hz范围内正弦交流电流的效应*

(1)【5.2】反应阈 →《效应通规》P41-11

与时间无关的0.5mA电流值，是在本部分中假设作为当接触可导电的表面时的反应阈。

(2)【5.4】摆脱阈 →《效应通规》P41-11

摆脱阈取决于若干参数，约10mA的值是针对成年男人而假设。约5mA的数值适用于所有人。

(3)【5.5】心室性纤维颤动阈 →《效应通规》P41-11

当电击的持续时间小于0.1s，电流大于500mA时，纤维性颤动就有可能发生。

(4)【5.7】电流对皮肤的效应 →《效应通规》P41-12

$10mA/mm^2$以下，一般对皮肤观察不到变化，当电流的持续时间较长（若干秒）时，在电极下的皮肤可能使灰白色的粗糙表面。

$10mA/mm^2$~$20mA/mm^2$之间，在电极边缘的皮肤变红出现带有类似的略带白色的隆起的波纹。

$20mA/mm^2$~$50mA/mm^2$之间，在电极下的皮肤呈现褐色并深入皮肤。对于电流持续更长的时间（几十秒），在电极周围可观察到充满电流痕迹。

$50mA/mm^2$以上，可能发生皮肤被炭化。

（未完待续）（下转第225页）

◇江苏　陈洁

NCP1117LP低压差稳压器IC资料

NCP1117LP是低功率低压差稳压器IC，它的输入电压范围很宽3V~18V，输出电压有1.5V、1.8V、2.5V、3.3V、5V、Adj（可调电压）。输出电流可达1A、1.4V最大压差典型值在1A、完善的电流保护功能、热关闭限制保护功能。它有众多的产品型号，见表1。芯片的引脚排列见图1，芯片的标记是7LPXX，它的意思是XX代表15、18、25、33、50、AD。代表每一种芯片上的标记是它的输出电压1.5V、1.8V、2.5V、3.3V、5.0V、Adj（可调电压）。表2给出了NCP1117LP芯片的引脚功能说明。图2给出了NCP1117LP内部的方框图。图3给出的可调节输出5~12V电路图。固定芯片电路图没有画，只需要把可调电阻2K，电容C3去掉就可以了。

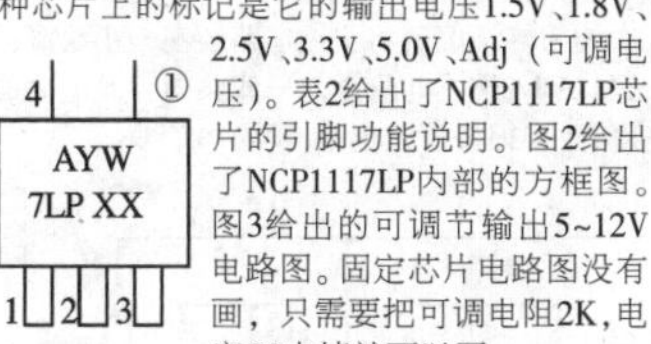

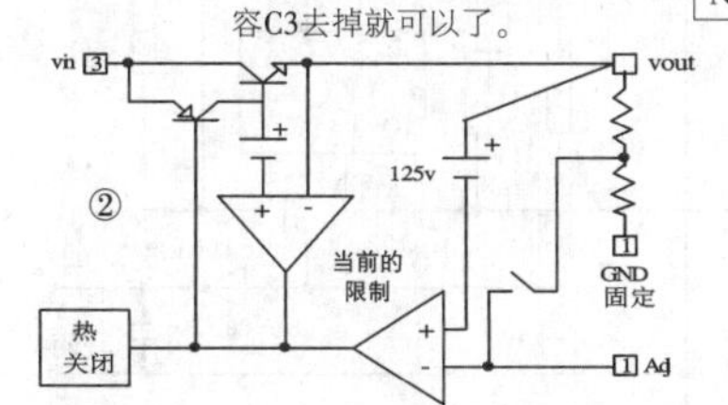

表1

产品型号	输出电压(V)	输出电流典型值(A)	极性	压差典型值(V)	输入电压最小值最大值(V)	封装/温度(℃)	说明
NCP1117LPST15T3G	1.5V	1	正	1.4@1A	3~18	SOT-223/0~125	1.0A低功耗低压差稳压器
NCP1117LPST18T3G	1.8V	1	正	1.4@1A	3.3~18	SOT-223/0~125	1.0A低功耗低压差稳压器
NCP1117LPST25T3G	2.5V	1	正	1.4@1A	4~18	SOT-223/0~125	1.0A低功耗低压差稳压器
NCP1117LPST33T3G	3.3V	1	正	1.4@1A	4.8~18	SOT-223/0~125	1.0A低功耗低压差稳压器
NCP1117LPST50T3G	5.0V	1	正	1.4@1A	6.5~18	SOT-223/0~125	1.0A低功耗低压差稳压器
NCP1117LPSTADT3G	可调电压	1	正	1.4@1A	3.3~18	SOT-223/0~125	1.0A低功耗低压差可调稳压器

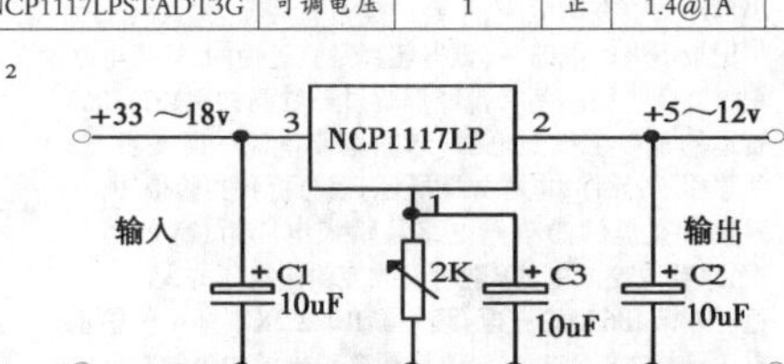

表2

芯片引脚编号	引脚名称	引脚功能说明
1	ADj (GND)	负极输出电压和电阻引脚，设置输出固定电压模式或者可调模式
2	VOUt	输出引脚至少接10UF电容，必须从这个引脚连接到负极以确保稳定
3	vin	输入引脚，要接储能电容，电压输入引脚高于3V以上

◇江苏　陈春牧

TI在工业领域的应用与创新

全球工业科技创新正在兴起，无论是德国的"工业4.0"、美国的"先进制造业国家战略计划"、还是中国的"中国制造2025"，均在以智能制造为方向，实现工业自动化。远到智能工厂、工业机器人为代表的基础硬件设施正在发生着变化，近到互联汽车、智能家庭、智能门锁、共享单车这些和我们的生活息息相关的工具，他们的诞生以及每一次技术演进背后都是半导体产品的增强和技术创新的支持。

TI（德州仪器）作为一家业务运营覆盖35个国家的全球性半导体企业，从公司营收来看，2017年大部分来自模拟和嵌入式处理器，目前此业务已经占到TI营业收入的85%以上。从应用角度看，工业和汽车市场成长速度最快，第一季度营收占总额的54%，较去年同期增长11%。另一方面，TI早已是工业半导体市场中的领导者，无论是传统工业还是现今以及发展中的工业自动化，TI的技术一直在改变着世界和人们的生活。尤其在中国市场，TI看到了越来越多的更智能化、更互联以及更高效化的产品。

又是一年的TI工业月，他们根据市场所需以及当下最热门的应用，为工业用户精选了8场线上+2场线下研讨会，其中包括：智能气表与水表、智能门锁、低压直流无刷电机以及在太阳能系统中的相关方案。TOF技术在服务型机器人的应用介绍、Zigbee/BLE/Sub1G Simplelink MCU平台在智能家庭中的应用、基于UCC28780和GaN的有源钳位反激式超小USB type-C电源适配器方案及设计、新一代高效率小体积电池充放电设备电路设计等。如果你错过了线上直播没有关系，TI官网上依然可以提供回放功能。近期在工业月媒体发布会上，TI中国半导体销售与应用中国大众市场总经理姜寒先生与媒体朋友分享了该公司在工业创新上的发展以及工厂自动化趋势。姜寒称："TI致力于把TI工业月打造成很大的IP，通过这样的活动更近一步地接近用户，帮助工程师解决设计中的困惑。"

据了解，TI可以提供许多的创新方案。从工业的无人机到智能门锁，比如，应用在共享单车上的智能锁。表面上，谁都不会想到在一个自行车锁上会配有很多的电子产品。但事实并非如此，当你每次用手机去扫二维码的时候，就会有很多马达驱动、电池管理、包括供电、GPS等很多电子产品在运行。TI可以帮助用户实现他们在设计上的想法，快速使其把产品推向市场。

同时，TI拥有众多关于模及拟器件的参考设计。以便帮助更多的客户快速了解如何使用TI的产品，以及验证产品。除此之外，TI参考设计还具有帮助功能，当用户对应用模糊，但需要开发某一类产品时，参考设计上面的框图会非常详细地把整个设计，每一个部分都列在上面。TI在整个工业市场的14个细分市场中，包括自动化控制、电机、楼宇自动化、智能电网、航空航天、医疗与保健等都有相应的参考设计。

TI在工业市场的优势

业界无人不知，TI有着丰富的模拟和嵌入式处理产品组合，10万个产品种类，覆盖广泛的应用。举个例子，如果客户设计需求相对简单，选TI一家公司即可满足所有功能和需求；其次，TI拥有丰富应用知识的顶尖系统专家，遍布全球的生产布局和严格的资源要求，确保可靠的供应和产品性能；TI在全球各大洲均有工厂，包括封装测试，晶圆厂，保证可靠的供应资源；另外，TI官网是最便利的支持平台，拥有3000多种精密放大器参考设计，且24小时内解答问题。

推动工业自动化的三个因素

随着机器人、人工智能的升温，工业自动化趋势愈演愈烈，未来发展前景日趋明朗。推动工业自动化发展，不仅有助于促进传统行业进行改革，还将提升我国工业信息化程度，发展潜力巨大。

TI认为推动工业自动化主要有三个因素，分别是市场、制造和技术。姜寒补充说："除此之外，为客户实行定制化需求是TI等半导体公司的机遇和挑战；更短的交付期限等都是推动TI市场向前发展的重要因素。"

工业自动化趋势及对技术的要求

TI认为其在工业自动化的机遇来源于物联网、互联网和工业4.0。工业自动化正在朝向一个基于物联信息系统的自动化架构发展，使工厂设备能够实现内部联通、接收/理解并做出实时决策。未来必定向更智能化的方向发展，减少人为参与，实现就地处理。这些趋势将会对技术提出更高的要求，当大量数据产生时，需要更多的传感器支持，来测量原始数据和环境数据。另外需要更多的有线和无线通讯。无线带来最大的好处是降低生产成本以及施工成本。随着无线技术的发展，包括5G、针对工业现场的低功耗应用的无线技术和通信协议也将得到快速发展。另外，针对应用的趋势，现实标准化、兼容性、可扩展性、多样性的组合和定制化的解决方案，即插即用简便易操作以及低功耗和更小的占用空间，也会变得非常重要。

值得一提的是，TI在用于智能工厂包括工业应用上的传感器产品、技术以及方案，几乎涵盖了所有压力、湿度、温度、占空、电流、照明、生物传感、化学和位置传感器。再举个例子，在冰箱、空调、工业仪表、压力变速器、汽车的燃油系统、尾气排放系统等，都会有传感器的存在，现在更多的方式是以集成芯片代替传统的分立式。

去年推出的用于工业的毫米波传感器，即毫米波雷达。可以覆盖到从性价比到高性能的应用。精确率10倍以上，可以检测到一根人类头发的宽度，占用空间小，功耗小于150mW，支持不同系统需求的通用软件，简单易上手，为工程师设计带来极大的方便。

TI在连接上的演进，包括从4到20毫安到现在的4到20毫安加上HART，HART也是广泛用在智能仪表上通信协议的接口，近年来得到广泛应用。还有工厂自动化，从原来的标准以太网慢慢过渡到千兆以太网，甚至是实时的WIFI，将意味着有更多无线互联的机会在空间上出现。

超小型5.5-V DC/DC降压功率模块实现真正的6-A性能

工业月期间TI还推出一款5.5V降压型电源模块TPSM82480，可提供真正的持续6A输出电流和高达95%的效率。其超小尺寸封装非常适用于空间和高度受限的应用。例如负载点电信、网络、测试和测量电源。

姜先生介绍说，TI这款高度集成的TPSM82480在整个温度范围内保持所需的6A输出电流，无需额外的气流。这是通过使用两相控制拓扑来实现的，该拓扑共享各相之间的负载以确保高效率和均流操作。

TPSM82480的主要特性和优势

超小尺寸：两个输入/输出电容器和两个电阻器构成了仅占80mm²的完整解决方案，且高度仅为1.5mm。高效率：可选的自动省电模式在整个负载范围内保持高效率。热保护：散热良好的输出提醒系统在过热之前降低其功率。

更多的支持资源

TI.com.cn中文官网，资源丰富，应有尽有，超过三千个参考设计，包括电源设计工具WEBENCH；响应快速的TI E2E社区，有美国产品线专家在支持，基本上可以做到将近80%的24小时回复率，同时与美国互联版E2E社区中文版，可以帮助更多的工程师解决他们设计中的问题。

如何支持中小客户

TI产品种类多，中小客户也不少，那如何支持好这部分客户呢？姜寒先生表示，中小规模的客户服务需求并不比大客户少，针对以上群体，第一，TI希望提供给他们更多的相对成熟的方案，使其能快速完成设计。第二，TI网上论坛就是一个很好的支持平台，可以24小时之内得到回复。第三，客户可以自主的在TI官站上实现小批量的购买。如此帮助客户解决了供应链的问题。除以之外TI设有400电话，有专门的团队负责这些客户。

TI不但拥有丰富的模拟和嵌入式产品组合，而且在创新方面也不落后，不仅仅是产品创新，在运营模式上都有着先进的理念。每年TI会有一个Kilby day，评选出团队优秀的产品设计，除此之外，还包括生产工艺、生产制造方面的创新。虽然工业月活动已接近尾声，但TI人用"芯"热爱工业的精神和行动会愈演愈烈。

◇北京 李文湧

用18650锂电池改造喊话器电瓶

一台喊话器的6V免维护电瓶失效，由于买不到相同规格的蓄电池，只好找来两只笔记本电脑中用过的18650锂电池串联起来为喊话器供电，想不到效果还挺不错的，声音挺响亮，只是在喊话的时候啸叫比原来厉害了些，可能是供电电压高了1V多的缘故吧，于是就在供电线路上串联了两只1N4007，再试，好多了。为保留原来使用电瓶的习惯，我把原来电瓶的充电部分去掉（与电瓶是一体化结构，原先是可以拔掉电源接插件整个取出来直接插在电源插排上充电的），再把电瓶里面的极板、塑料隔板等等统统拆除，清洗干净晾干以后，把两节锂电池焊上引线装进电瓶的塑料壳内，垫上泡沫塑料（防止摇动），然后在电瓶塑壳外适当位置用502胶粘上一只二芯插座，再把电源线和电源接插件一起焊在插座上，这电池的改装就算是完成了。接下来就是解决改造后的电池的充电问题。可是给新电池充电却成了难题，家里充电器不是5V就是12V的，手头还真没有可以给两节串联锂电池充电的电源（8.4V）。猛然想到几年前《电子报》（07年第31期21版）上曾介绍过用MC34063做的专门为锂电池充电设计的充电器，说是这款MC34063充电器既可以为单节也可以为双节锂电池进行恒压恒流充电，充电电流在300—500mA之间，具短路保护功能，效率高达86%，且可根据电池容量大小自动调整充电电流，不会产生过充现象。我找到了当年记录下来的电路图，觉得还真是挺适用的，只是电路稍嫌复杂了些。笔者曾经拆解过一款同样用MC34063制造的车载手机充电器（5V），电路就简单得多了，总共才用了9元件，电路如图所示。经分析和实验得知，在采用本文提供的车充电路且输入电压为12V的情况下，只要改变图中的R就可以改变输出电压的大小。为适应双节18650的充电，经实验R取8.2K刚好可使输出电压保持在8.4V左右（单节锂离子电池的限制充电电压为4.2V）。为防止充电电压高低不均，两节锂电池应取同一批次的为好。笔者将上述电路装在一小块洞洞板上与一只12V1A开关电源合为一体共同为改造后的锂电池充电，效果很好。写出来，供参考。

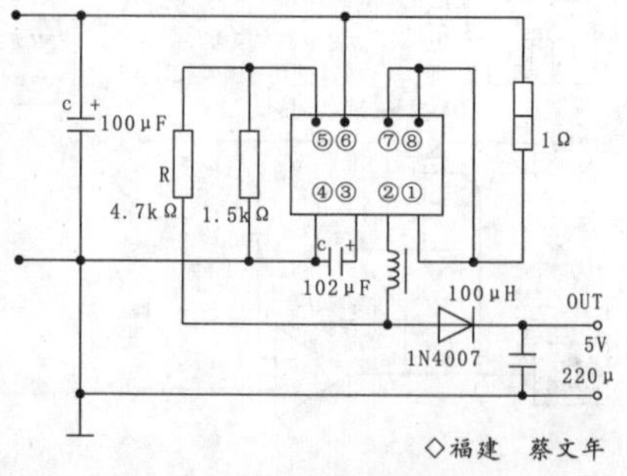

◇福建 蔡文年

电动机的间歇运行控制电路

间歇运行，就是指根据工作需要，电动机"开开停停"、"开"和"停"的时间间隔，即可以人工掌控，也可以按时间原则等方法进行自动控制。

1. 时间继电器控制的电动机间歇运行电路

电路如图1所示。工作过程如下：合上开关QF，为电路接通三相电源。闭合手动开关S，接触器KM和通电延时继电器KT1线圈得电吸合，一方面，接触器KM主开关闭合，电动机启动运转；另一方面，时间继电器KT1开始延计时。

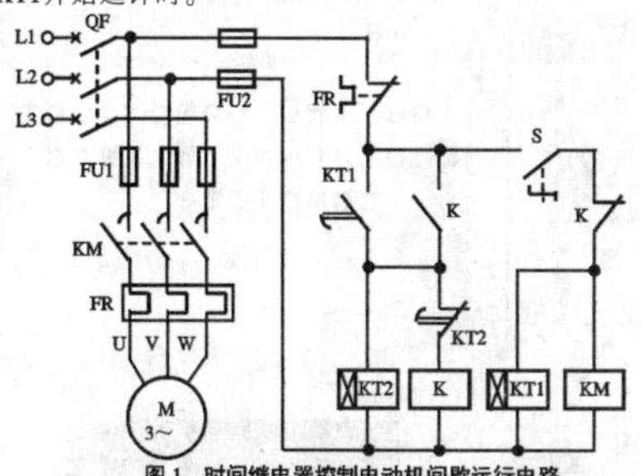

图1 时间继电器控制电动机间歇运行电路

KT1设定的运转时间到，一方面，KT1延时动合触点闭合，继电器K线圈得电吸合，其动断开关K打开，接触器KM线圈失电复位，接触器主开关打开，电动机断电停止转动；另一方面，时间继电器KT2线圈得电，开始停止时间计时；同时，继电器K动合开关闭合，在KT1动断开关打开后，为KT2线圈提供电流通路。

KT2设定的停止时间到，KT2延时动断触点打开，继电器K线圈失电复位，其动断开关闭合，接触器KM和时间继电器KT1线圈重新得电吸合，电动机重新运转，同时，继电器K动断开关打开，切断KT2线圈供电回路，开始新一轮的间歇运行。

需要停止时，打开手动开关S，控制电路断电，电动机间歇运行结束。

2. 延时开机间歇运行电路

电路如图2所示。工作过程如下：闭合三相电源开关QF，电路处于待机状态。闭合手动开关S，时间继电器KT1线圈得电，计时开始。

当到达KT1的设定时间后，其延时动合触点闭合，交流接触器KM线圈得电吸合，KM主开关闭合，电动机M得电运行。同时，时间继电器KT1动合开关闭合，时间继电器KT2线圈得电，计时开始。

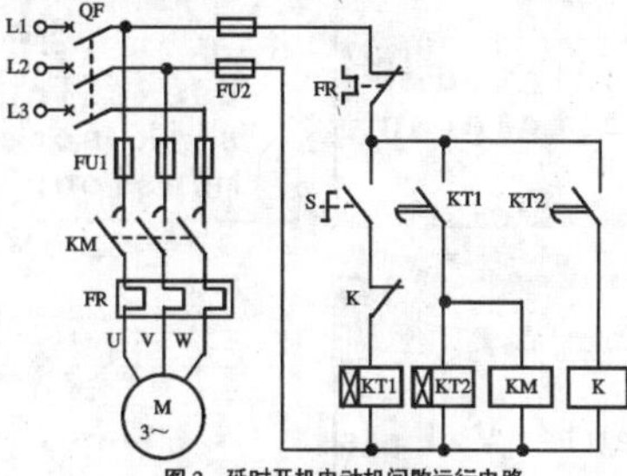

图2 延时开机电动机间歇运行电路

当到达KT2的设定时间后，其延时动合触点闭合，继电器K线圈得电吸合，其动断开关打开，KT1线圈失电，动断开关打开，接触器KM线圈失电复位，主开关打开，电动机停止运行。同时，时间继电器KT2动合开关打开，继电器K线圈失电，动断开关K闭合，时间继电器KT1线圈得电，计时开始，开始新一轮循环。如此周而复始，开始间歇运行。

3. 行程开关控制的2台电动机轮流间歇电路

电路如图3a所示，工作过程如下：

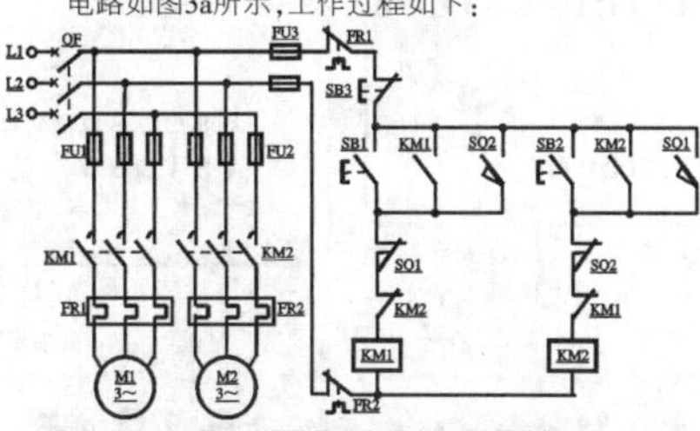

图3a 行程开关控制的两台电动机轮流间歇电路

闭合三相电源开关QF，电路处于待机状态。按下启动按钮SB1，接触器KM1线圈得电，主开关闭合并自锁，电动机M1启动运转。当M1带动的运动工件上的挡铁撞击行程开关SQ1时，其动断开关首先打开，切断接触器KM1线圈回路的电源，KM1失电复位，主开关打开，电动机M1停止运转。

同一时刻，SQ1的动合开关闭合，接触器KM2线圈得电吸合，其主开关闭合并自锁，电动机M2的电启动运转。当M2带动的运动工件上的挡铁撞击行程开关SQ2时，其动断开关首先打开，切断接触器KM2线圈回路的电源，KM2失电复位，主开关打开，电动机M2停止运转。

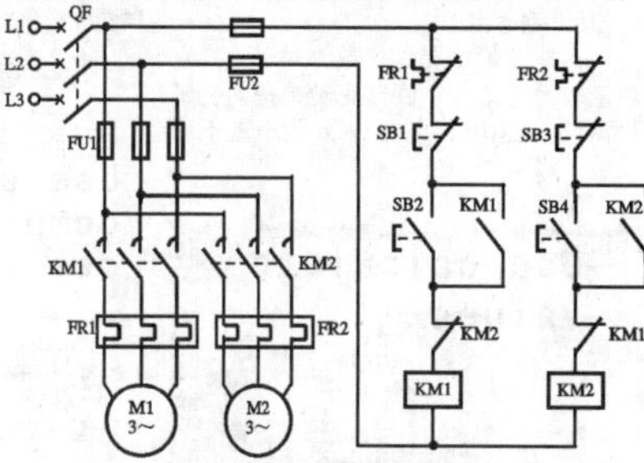

图3b 两台电动机轮流间歇控制电路

同一时刻，SQ2的动合开关闭合，接触器KM1线圈得电，开始新的一轮循环。

4. 时间继电器控制的2台电动机轮流间歇电路

电路如图4所示，工作过程如下：

闭合三相电源开关QF，电路处于待机状态。按下启动按钮SB1，接触器KM1线圈得电，主开关闭合并自锁，电动机M1启动运转。时间继电器KT1线圈得电，开始延时计时。

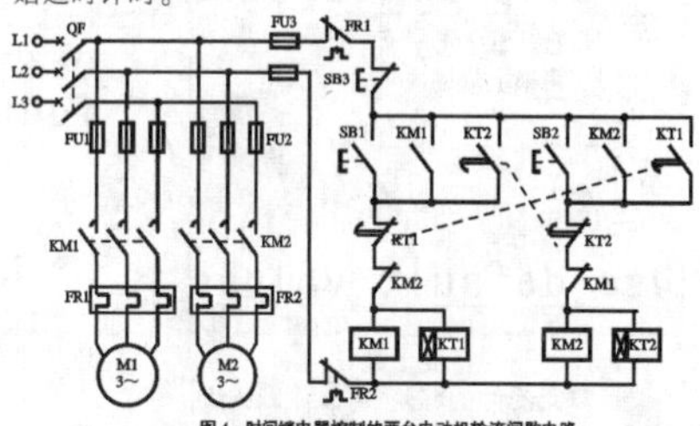

图4 时间继电器控制的两台电动机轮流间歇电路

5. 两台电动机轮流工作的控制电路

电路原理如图3b所示的电路，只能一台电动机工作，另一台电动机间歇休息，手动控制。电路工作过程如下：按下电动机M1启动按钮SB2，接触器KM1线圈得电吸合，主开关闭合并自锁，电动机M1首先启动运转，同时，KM1动断辅助触点打开，使得M2无法启动。需要启动电动机M2时，先要按下停止按钮SB1，使KM1线圈失电，主开关打开，电动机M1停止运行。同时，动合触点KM1闭合后，再按下启动按钮SB4，接触器KM2线圈得电吸合，主开关闭合，电动机M2得电运行。

◇河北 梁志星

HDPE塑胶管道专用对接焊机工作原理与故障检修

一、工作原理简介

具体原理图如附图所示。在塑胶管道对接焊机工作前，先把其电源线、加热盘线、液压线、刨盘线都连接好后，接通主电源开关K1，此时焊机面板上电压表显示380V，再接通加热开关K2，其加热开关内的红色指示灯亮，交流电220V通过加热开关K2输入到加热显示控制器的9、10端，加热显示控制器开始工作。接着在其7脚输出一个高电位控制电压，加热接触器J1线圈得电开始吸合工作，交流电380V经过加热接触器J1的动臂接点、接线插座XS1、连接线送到加热盘内的电阻丝RL上，电阻丝RL有了电压后开始发热工作。同时，随着加热盘的温度升高，在加热盘内的温度电阻RT阻值也随着升高，其对接焊机面板上温度显示也相应升高。

在对接管口时，先把待融接的塑胶管抬到液压架上，操作液压箱上的手柄开关K4，交流电220V通过液压开关K4输入到液压接触器J2线圈上，液压接触器J2得电吸合工作，交流电380V经液压接触器J2的动臂接点、接线插座XS2、连接线送到液压电机M1上，液压电机M1得电开始旋转工作，促使液压钳把塑胶管压紧。

接着把刨盘放入两塑胶管头中间，打开刨盘开关K5，交流电220V通过刨盘开关K5输入到刨盘接触器J3线圈上，刨盘接触器J3得电开始吸合工作，交流电380V经刨盘接触器J3的动臂接点、接线插座XS3、连接线送到刨盘电机M2上，刨盘电机M2得电开始旋转工作，带动刨盘两面的刨刀对两塑胶管口进行刨平修正。

HDPE塑胶管道专用对接焊机电路工作原理图

二、常见故障检修

1.加热盘不加热，液压电机、刨盘电机旋转正常。

故障分析：打开加热开关K2、面板上温度显示控制器有常温显示，但加热盘不热，而操作液压开关K4，刨盘开关K5，液压电机M1、刨盘电机M2都正常。判断故障主要在加热控制电路部分，常见故障有温度控制器、加热接触器J1损坏或其接触点不通、中间连接线中断、加热盘内的加热线圈烧断等。本着先易后难的原则，先把加热盘的连接线松开拧下，按照线号进行对测，没有发现其内部中间线有断路的现象。接着接通加热开关K2，听控制箱内没有接触器J1吸合的声音，判断是加热控制器材或接触器J1损坏所致，接着把控制箱的固定螺丝拧下，打开上盖，在通电的情况下，直接用表笔测加热控制器的7端对零线有无220V交流电压，如有电压，就说明是交流接触器J1(CJX2-3210)损坏，如无，就说明是加热控制电路不正常；或用一截导线直接短路加热控制器的7、8端，看接触器J1是否吸合，如吸合，就是加热控制损坏，如不吸合，说明是交流接触器J1损坏。经检查为交流接触器J1(CJX2-3210)损坏，线圈不通，用同型号接触器换上后，故障排除，加热盘加热正常。

2.加热盘加热、刨盘电机也旋转，液压电机不工作。

故障分析：从加热盘加热、刨盘电机旋转来看，判断故障在液压控制电路。先把控制箱到液压箱的连接线拧下，用三用表对每根线进行对测，发现其6号线不通，根据原理图分析，连接线的3、6号线是接触器J2(CJX2-1810)的工作电压线。其6号线中断后，交流220V通过连接线的3号线、液压开关K4，无法输入到接触器J2的线圈上。接着对连接线进行检查，找出中断部位进行连接好，再接通连接线，此时液压电机工作正常。

◇河南 韩军春 裴泽军

Altium Designer画元器件封装的方法(二)

（紧接上期本版）

这是设置热焊盘参数，对于一些发热量较大的芯片，底部有散热用的金属热盘，在这里设置它的参数，没有就不用设置了。

Next>

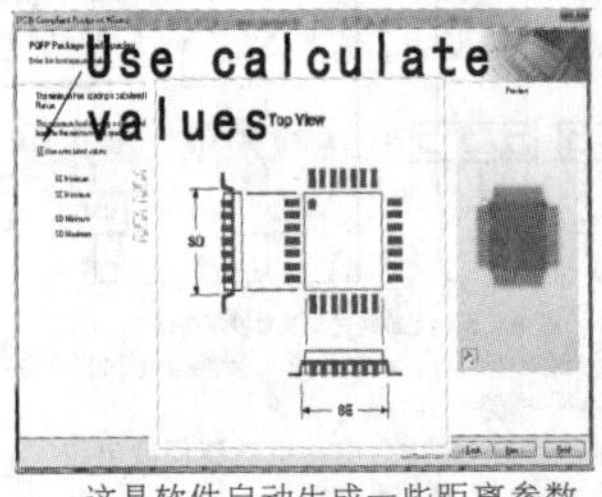

这是软件自动生成一些距离参数，使用它的默认值。当然，也可以自己改。

Next>

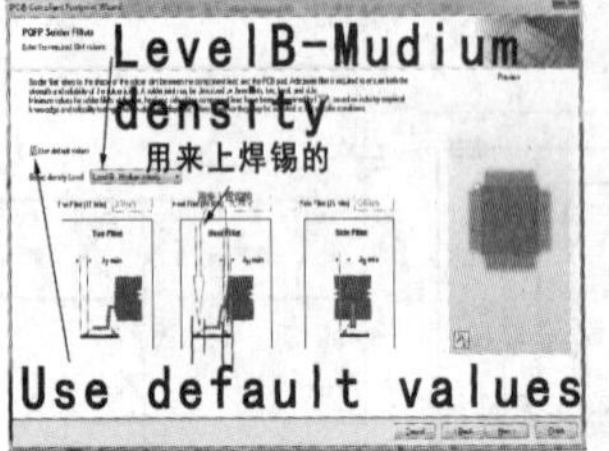

选择板子的密度参数

计算元器件的容差，可以用默认值，也可以自己更改

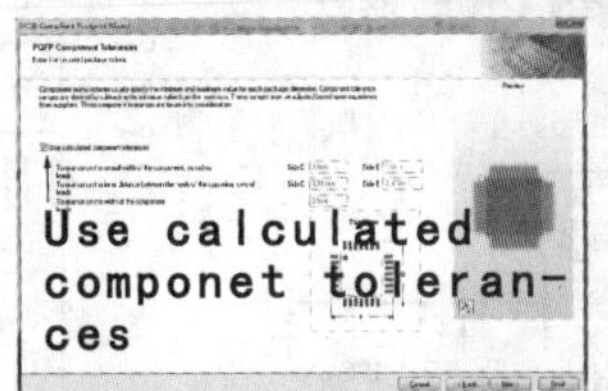

Next>

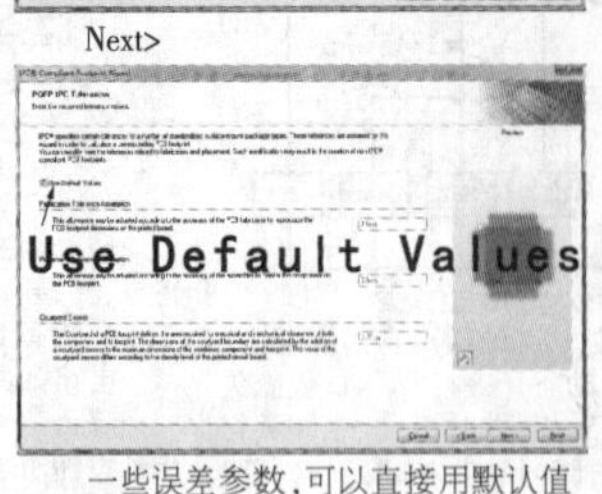

一些误差参数，可以直接用默认值

Next>

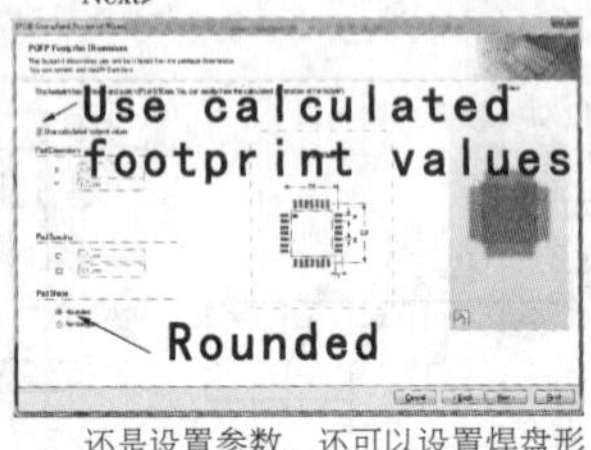

还是设置参数，还可以设置焊盘形状。

Next>

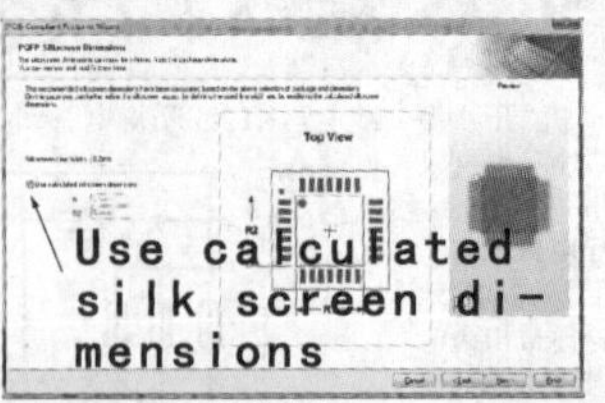

设置丝印层的线宽

Next>

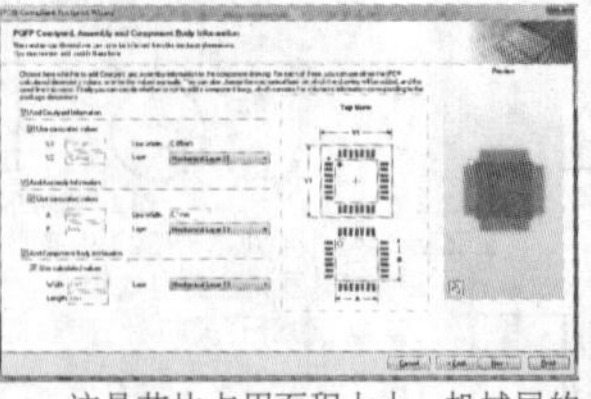

这是芯片占用面积大小，机械层的设置

Next>

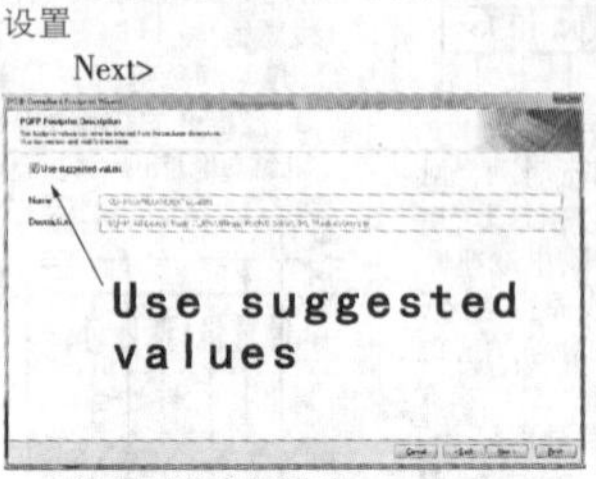

设置封装名及描述

Next>

设置生成的封装保存的位置，这里我选当前的PcbLib File

Next>

Finish

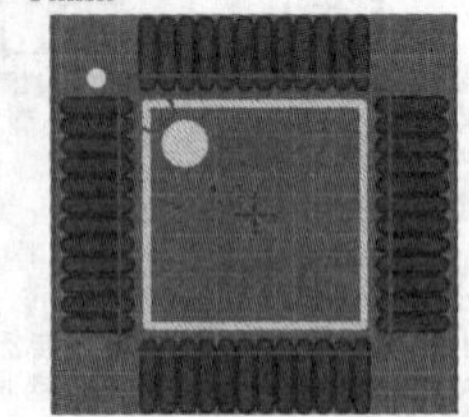

最后，Ctrl+M进行各个参数的测量看是否符合要求。（全文完）◇张　恒

惊艳"北京8分钟"的24块透明屏幕——"冰屏"

在平昌冬奥会闭幕式上，由张艺谋执导的"北京8分钟"，其中"冰屏"展现出惊艳效果。

据"冰屏"研发团队负责人、深圳壹品广电股份有限公司北京文艺表演项目总监黄庆生介绍说，屏幕上要的效果是雪花洁白、冰花透明。这对LED显示屏技术来说是前所未有的难度。

为了参与八分钟演出，团队进行了专门的技术攻关，不仅生产出了规格更高、工艺更完善的产品，也同步实现了工艺的升级更新。"目前的冰屏技术我们处于世界领先水平，这次做出了三米长的屏幕而且中间没有横梁，这种工艺目前在世界上我们应该是第一家。"

为了保证屏幕可以抗风抗冻，所有屏幕都经过了风洞和冷库测试，达到了风速每秒15米的要求。黄庆生说，"北京8分钟表演所提出的技术要求，也推进了这个显示屏技术的革新。"

下面是如此酷炫的透明显示屏显示技术的介绍：

这次震撼全场的冰屏即LED智慧透明屏是一种新型的透明LED显示屏，具有透明显示、应用简单、智能操控、高亮节能的特性。新颖独特的透明显示特性，实现全新的、不可替代的、更加广泛的商业应用，撬动更大规模的传媒广告市场。

此次演出选用的是LED侧发光技术的冰屏，相比正发光技术，从舞台舞美角度考虑，侧发光技术优势非常明显。

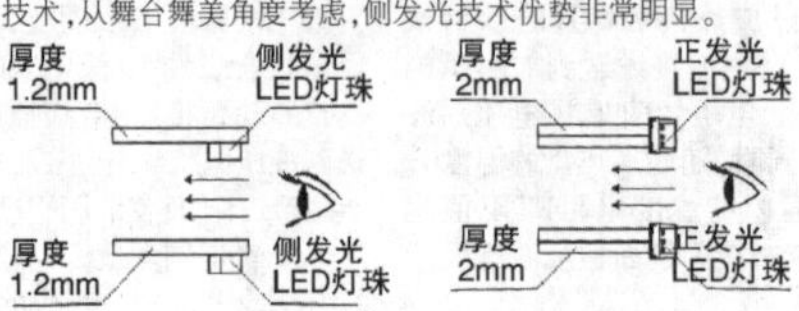

侧发光LED透明屏　VS　正发光LED透明屏

——更广泛的观看视角

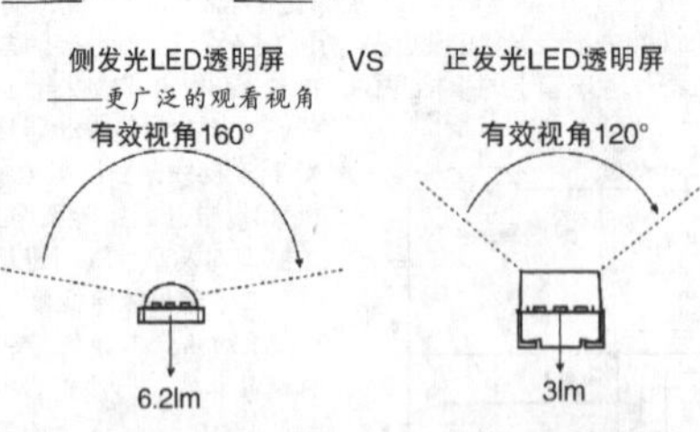

侧发光LED透明屏　VS　正发光LED透明屏

正发光LED透明屏可视角度仅为120°，对于180°的舞台来说，现场的观看视角范围非常小，导致舞台两侧的观看者完全感受不到舞台视觉特效。而侧发光LED透明屏可视角度则可达到160°，具备了更广的观看视角，让舞台两侧的观众同样可享受到极致的舞台视觉盛宴。

——更均匀的亮度分布

正发光LED透明屏由于灯珠两侧支架的遮挡，亮度从中间最佳位置沿两侧递减，过低的亮度导致舞台两侧的观众根本看不清屏体上的影像。而侧发光LED透明屏没有支架的遮挡，亮度从屏体正前方沿两侧递增，正前方与左右上方均为最佳观看面，让舞台整体呈现效果更好。

（本文原载第12期2版）

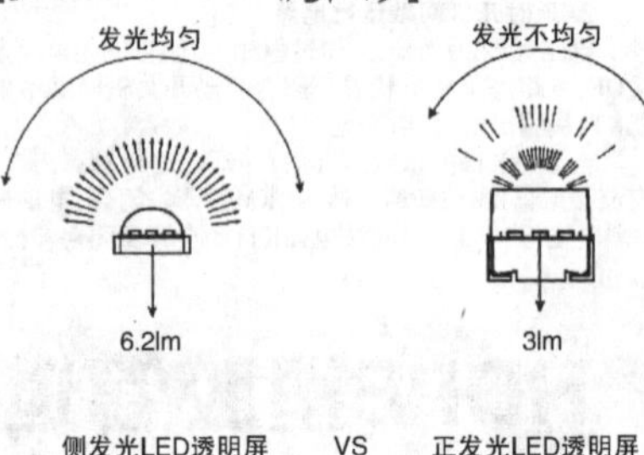

侧发光LED透明屏　VS　正发光LED透明屏

——更可靠的质量保证

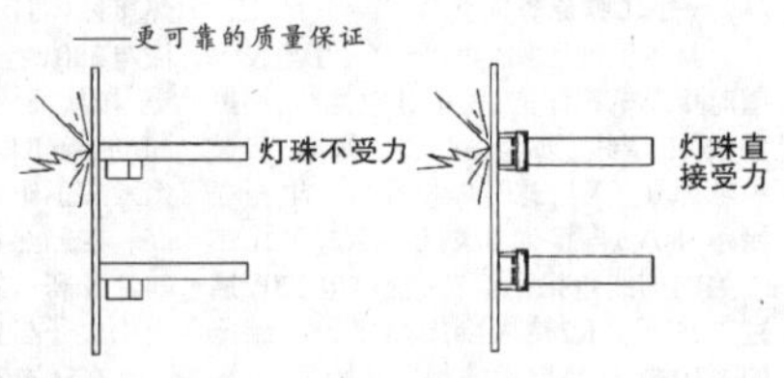

侧发光LED透明屏　VS　正发光LED透明屏

租赁LED透明屏需要根据使用的地点、舞台场景需要，频繁的装卸和反复使用，磕磕碰碰在所难免，所以对于产品的耐用性要求非常高。由于正发光LED透明屏自身结构的缺陷，在发生碰撞和跌落时，灯珠直接受力，极易造成屏体死灯。而侧发光LED透明屏在设计之初，就考虑到了如何降低由于拆装而带来的产品损坏以及损坏后的维修方便性问题。

——更高的通透率

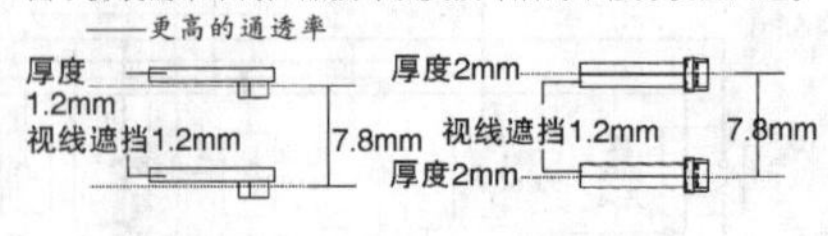

侧发光LED透明屏　VS　正发光LED透明屏

众所周知，LED透明屏是因为克服了传统LED显示屏片状结构对舞台的遮挡特性，突破了传统屏对场景空间营造形成的设计限制，越来越受到舞台舞美设计师的青睐！但是正发光LED透明屏却只有75%，甚至出现了只有48%通透率的"LED透明屏"，已经完全失去了透明屏存在的意义。而壹品光电侧发光LED透明屏则能将通透率提高至85%，才能真正呈现舞台三维空间的立体感与真实感和表现力。◇徐惠民

光传输系统的技术维护

随着光纤技术的发展，有线电视网络从同轴电缆网络升级到以光缆为超干线或主干线的HFC网络，因而光传输系统成为HFC网络的重要组成部分。一个完整的光传输系统主要由光发射部分、光缆干线和光接收部分组成，任一部分出现问题，都可能导致网络瘫痪，因此对光传输系统要以技术维护为主，以故障抢修为辅，技术维护的主要任务是保持线路和设备的性能符合指标要求，使系统正常运行。

1 光发射部分的技术维护

光发射部分是光传输系统的核心部分，一般由前馈干线放大器、光发射机、光放大器和光分路器组成，其功能是把前端的射频信号转换成光信号，并把光功率按不同的比例分成多路光信号，使其在光纤中传输。这部分的设备比较昂贵，对外界环境要求较高，因此技术维护要做到：

(1)机房配备足够容量的不间断电源UPS，机房温度要保持在25 ℃左右，各种设备的面板要保持无尘土。

(2)对光发射机和光放大器进行检测，检查和分析各项运行数据，判断光发射机的射频输入电平和输出光功率、光放大器的输入和输出光功率是否正常。

(3)检查声光报警装置、各种按键和指示灯的状态是否正常，检查电源插头、电缆接头、尾纤接插头等各种接插头有无松动或脱落，检查各种设备接地是否良好。

(4)检查和整理光缆终端配线柜，检查尾纤有无受压、受牵引或过度弯曲。

2光缆干线的技术维护

光缆干线的主要功能是传输光信号，其敷设方式分为地埋和架空两种，架空光缆由于费用低而常被采用，但容易被人为破坏和受环境条件影响而损坏，因此主要谈谈架空光缆的技术维护。

(1)经常巡查光缆干线线路，每月至少一次徒步巡线，重要路段要重点巡查，主要检查光缆的垂度是否过大、挂钩的间隔密度是否合适、吊线与其他线路交叉处的防护装置是否符合规定。

(2)检修、加固水泥杆和拉线，清理吊线上的吊挂物。

(3)检查光缆干线的防雷设施，定期进行测试、检修，保证性能良好。

(4)检查预留光缆盘绕半径是否符合规定、捆扎是否牢固，检查光缆接头盒的防水性能、固定是否牢靠。

(5) 用光时域反射仪对整条光缆干线进行衰减特性、熔接头损耗和光链路损耗的测试，对损耗超标的熔接点要重新熔接。

3 光接收部分的技术维护

光接收部分的主要设备是光接收机，其功能是进行光/电转换，并对射频信号放大，它一般安装在野外，工作环境较差，因而更要注意维护。

(1)检查光接收功率的射频输出电平是否正常。

(2)检查光纤尾纤和光接收机有无进水，光接收机里的尾纤有无受压、受牵引和过度弯曲，光纤连接器是否松动是否洁净。

(3)检查光接收机的供电电压是否正常(最好配备不间断电源UPS)、电缆接头接触是否良好。

(4)检测光接收机的接地电阻是否符合要求。

(5) 检测整条光链路的主要技术指标C/N，C/CSO，C/CTB，并对数据进行分析。

总之，光传输系统的维护是一项长期而艰巨的工作，我们必须了解各个部分的性能指标及检测方法，并做好各种数据的记录，建立原始档案，便于维护时作参考。

◇辽宁　孙书静

广播电视常用技术英汉词汇对照表(七)

在应用广播电视设备中，往往有很多英文简写出现在设备上，为了方便同行对广电设备上的英文熟知，特摘录以下常见用于广播电视技术行业的英汉词汇对照表。为了查询方便，本表以英文字母排序进行汇集整理。在查阅对应含义时，特别要注意部分简写的真实含义，容易出现混淆，同时在本技术行业应用中，约定的简写才可以简写，否则简写容易出现歧义。

(未完待续)(下转第229页)

◇湖南　李　斐

英语简写	英语词汇	中文含义
J		
JB	Junction Box	接线盒
JCTA	Japan Cable Television Association	日本有线电视协会
	Julian Date	儒略日期
JPEG	Joint Photographic Experts Group	联合图片专家组
JSB	Japan Satellite Broadcasting Inc	日本广播卫星公司
JTC	Joint Technical Committee	联合技术委员会
K		
KB	Keyboard	键盘
	knit	密接
L		
LAN	Local Area Network	局域网
LBC	Low Bit-rate Coding	低码率编码
LC	Lossless Coding	无损编码
LCD	Liquid Crystal Display	液晶显示器
	Light Coupled Device	光耦合器件
LD	Laser Diode	激光二极管
LDTV	Low Definition Television	低分辨率数字电视
LED	Light-Emitting Diode	发光二极管
LF	Low Frequency	低频
LFE	Low Frequency Response	低频响应
LFO	Low Frequency Oscillator	低频振荡器
LI	Level Indicator	电平指示器
LMDS	Local Microwave Distribution System	本地微波分配系统
LNA	Low Noise Amplifier	低噪声放大器
LO	Local Oscillator	本地振荡器
LPF	Low Pass Filter	低通滤波器
LRC	Longitudinal Redundancy Checking	纵向冗余校验
LS	Light Source	光源
LSD	Large Screen Display	大屏幕显示器
LSI	Large Scale Integrated Circuit	大规模集成电路
LSN	Local Supervision Network	本地监测网
LTC	Longitudinal Time Code	纵向时间码
LVD	Laser Vision Disc	激光电视唱片
LVR	Laser Video Recording System	激光视盘录制系统
	launching point	发射点
LSB	Least Significated Bit	最低有效位
M		
MAC	Multiplexed Analog Components	复用模拟分量
MAN	Metropolitan Area Network	都市网
MAPI	Multimedia Application Programming Interface	多媒体应用编程接口
MATV	Master Antenna Television	共用天线电视
MC	Main Control	主控
	Media Composer	非线性媒体编辑系统
	Motion Compensation	运动补偿
	Multimedia Communication	多媒体通信
MCI	Media Control Interface	媒体控制接口
MCPC	Multi-Channel Per Carrier	多路单载波
MCR	Master Control Room	主控制室
	Mobile Control Room	转播车，移动控制室
	MD Magnetic Drum	磁鼓
MDM	Multimedia Data Management	多媒体数据管理
MDOP	Multimedia Data Operation Platform	多媒体数据操作平台
MF	Medium Frequency	中频
	MIC Microphone	传声器，话筒
MIDI	Musical Instrument Digital Interface	乐器数字接口
MMDS	Multi-Channel Microwave Distribution System	微波多点分配系统
MODEM	Modulator And Demodulator	调制解调器
MOL	Maximum Output Level	最大输出电平
	MON Monitor	监视器，监听器。
MPC	Multimedia Personal Computer	多媒体个人计算机
MPEG	Moving Picture Experts Group	活动图像专家组
	Moving Pictures Expert Group	运动图像专家组
MPO	Maximum Power Output	最大功率输出
	Music Power Output	音乐功率输出
MR	Memory Read	存储器读出
MSC	Main service Channel	主业务信道
MT	Microwave Transmission	微波传输
	Magnetic Tape	磁带
MTS	Modem Termination System	调制解调器终接系统
MTSC	Mobile Telephone Switching Center	移动电话交换中心
MTU	Maximum Transfer Unit	最大输出单元
MTV	Music Television	音乐电视
MVDS	Multimedia Video On Demand System	多媒体视频点播系统
MVL	Master Video Library	主视频数据库
MWS	Micro wave Station	微波站
	multicrypt	多密
	multiplex	复用
	multiplexer(MUX)	复用器
MJD	Modified Julian Date	修正的儒略日期
MSB	Most Significant Bit	最高有效位
	MUX Multiplexer	复用器
	mask	掩码
MBPS		兆比特每秒

启航！中国唱片上海重启黑胶唱片生产线

5月9日，刚刚完成从中国唱片总公司整体改制更名的“中国唱片集团有限公司”在沪宣布，推出中国唱片黑胶复兴计划，时隔20年后在上海重建黑胶唱片生产线，正式生产“中国智造”的黑胶唱片。

中国唱片集团斥资从德国引进了一套由黑胶母版刻纹设备、母版制版设备、全自动黑胶唱片压片机组成的完整生产系统。目前在全球范围内不超过十条，意味着在暌违20多年后，中国再度拥有完全自主的黑胶唱片生产能力。5月9日，这套具备全球领先水平、有着整套完整工序的黑胶生产线在上海虹漕路421号61幢上海联合光盘有限公司的“UOD黑胶工坊”正式投入生产运行，未来将逐步提高产能与品质，激活和释放中国唱片的百年积淀。

记者二次专程深入“UOD黑胶工坊”，跟随已经有着50年黑胶唱片一线技术、生产和管理经验的二位“老法师工匠”裘洲龙和王龙海先生的脚步，充分了解了目前世界顶级的黑胶生产线是怎么样打造的。制作黑胶，设备固然重要，更重要的是工程师的从业经验、明锐的耳力和专业的鉴赏力。十八岁加入中国唱片的王龙海工程师在黑胶行业工作了半个世纪，他说：“黑胶唱片的技术那么多年几乎没有变化，唯独变化的是现代的电脑控制技术和全新的制造理念。”

地处上海市区的中国唱片（上海）有限公司属下的上海联合光盘有限公司的“UOD黑胶工坊”要在上海这样严格的环保条件下通过环评，实在是下足功夫的了。那么先了解一下黑胶唱片的整个生产流程吧！

在“UOD黑胶工坊”，最醒目的是刻纹工作室：这个刻纹工作室主要用于黑胶唱片的原始母版——胶片的刻纹。工作室由德国专业的建筑声学环境设计公司JV. ACOUSTICS Audio-and Acoustic Consulting的创始人、全球著名声学工程师Jochen Veith先生2017年专赴上海，亲自设计并监督“UOD黑胶工坊”刻纹工作室的声学环境项目，2018年3月，刻纹工作室通过声学环境检测，正式交付使用。工作室的特点是静音、避震、隔音、悬浮。

在这刻纹工作室内安装了来自德国Pauler Acoustics（老虎鱼）提供的音源传输系统、监听系统和NEUMANN VMS-80刻纹设备。Pauler Acoustics是一家德国专业从事录音、混音、音源修复及DMM母盘制作等音频服务公司，几十年来为全球黑胶压片工厂提供DMM黑胶母盘直刻服务。2010年起，Pauler Acoustics为中国唱片黑胶复兴计划提供黑胶母盘直刻服务，2017年加入“UOD黑胶工坊”项目，为“UOD黑胶工坊”提供全套刻纹设备的组配、安装及音频服务。

制作一张顶级质量的黑胶唱片，刻纹机是至关重要的设备！这是国内独一无二的刻纹机！由图片中右上方的显示屏可见，刻制的黑胶唱片纹槽在高倍显微镜下，显露清晰，绝对操控着刻纹的质量。

黑胶制作的第一道工序是音频刻纹。在这间“悬浮”避震、全国唯一的刻纹室里，只有一师一徒二人：师傅邵善均和徒弟沈宇航。二十年前中国唱片黑胶线仍在时，“末代传人”邵善均已经对这套系统操控非常熟练。刻纹师需要对音频非常熟悉，要在刻纹之前和过程中修补瑕疵，计算参数，确保在有限空间达到音质最好。不用任何修复，刻纹前即设定好全部参数是最理想的情况，但几乎不可能。需要刻纹师反复听、反复调节参数，才能达到最佳效果和记录密度。

在刻纹时，刻纹师将音源通过音源传输系统，将音源传输到刻纹机，刻纹机上的刻纹头将音频信号转换成振动信号，通过刻纹刀将振动的信号，以机械波的方式记录在一张旋转的硝化棉纤维胶片上面。

在完成刻纹后，记录有信号的胶片必须在72小时内送至制版室。确认胶片没有缺陷问题后，裘洲龙和徒弟们首先对其进行表面金属化（镀银）操作，用6种溶液（清洗、脱脂、润湿等）清洗后再进行化学喷淋。经过预镀镍、电铸镍（至将近0.25毫米），剥离后完成头版。头版可以直接压盘，但寿命仅800–1000张。为提高头版的利用率，头版需要经过表面处理后，再需要继续电铸，得到金属镍二版。二版可以当作金属唱片进行直接审听。二版通过审听后，可继续电铸镍制成三版。制成的三版经过背面抛光、中心冲孔、外圆切割并整体成形，即可作为压片母版进行压片。

那么为什么中国唱片还坚持用胶片刻纹的方案呢？因为胶片刻纹制造出来的唱片保真度更高，接近母带，刻纹宽度可以达到0.03mm。而DMM铜版刻纹（20世纪70年代的技术）制造的唱片的刻纹宽度较浅而窄。DMM铜版唱片尽管在声场、密度、声音饱满度上略逊于胶片，但制作工序上省去头版及其化学喷银等溶液处理等工序，可以直接制作三版，杂质也比较少。

制版用的去离子水的制备设备

用于制版的去离子水的电导率要求很严格，但是“老法师工匠”的要求更是到了严苛地步！采用CD、DVD制版的用水标准，媲美于半导体工艺的用水标准，离子水的电导率竟高达16.9MgΩ！

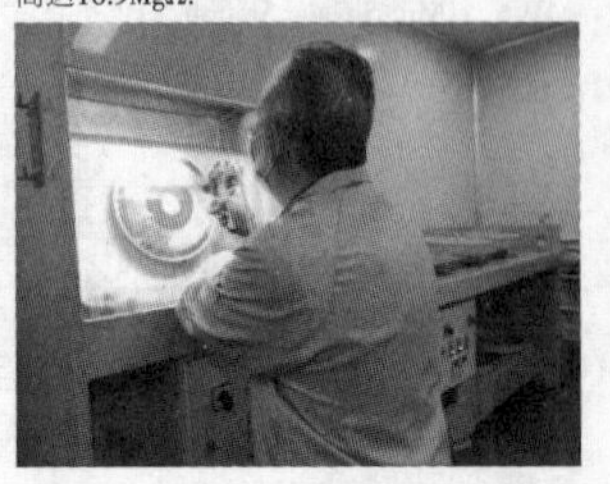

化学喷银，使胶片表面金属化。

预电铸镍

使用高精密度冲孔机（控制精度高达10μm），对三版进行中心孔定位。中心孔越准唱片的偏心就越小。在高倍显微镜下，唱片模版的纹槽清晰可见。

压片模板冲外圆和成型一体机

在完成母版的制作后，就可以进入黑胶唱片的压片工序。

所有的全自动压片机上方都安装了排气风口，排出的废气经过排风管道的VOC治理后排出室外，有效地对废气进行了管控。

这是由两台全自动压片机组成的压片工序。操作过多种压片机的王龙海认为这两台机器的性能是目前世界最优，“结构紧密，一对一的液压系统，有效地确保了压片机的系统压力的稳定性。”由于全自动压片机处于全封闭环境内操作，由此模温非常均匀，可靠地保障了黑胶唱片的优异音质。单机班产量可达1000张黑胶唱片。

在“UOD黑胶工坊”内，可以看到闭环的全自动供料系统，不仅满足了无尘无灰无气味环保要求，还杜绝了任何细微杂质的渗入，严格工艺要求，从原材料到成品，全管道输送，绝对没有外界接触。来自荷兰和法国的优质的黑胶唱片氯醋共聚树脂粒料，有力地保证着黑胶唱片基片的内在质量。

在“UOD黑胶工坊”，动力保障更是生产出一张张高质量黑胶唱片之根本！引进英国原装腾飞燃烧器的燃气锅炉，配上自动控制台，在有几十年操作经验的司炉工的作业下，系统输出的蒸汽压力可以稳定地高达13kg/cm²，确保了压片作业饱和蒸汽稳定在10bar/cm²；一台压片机配置一台液压机的方式，确保了模压时的压力更是稳定地高达200kg/cm²；闭环的冷却水系统，确保了稳定的冷却水的压力、流量和温度。这些将有力地确保压片质量和压片稳定的生产周期35秒/张。

液压动力机组

随着“UOD黑胶工坊”的落地，中国黑胶复兴计划已经随之启动！中国唱片（上海）有限公司总经理章利民向记者介绍：首批“中国制造”黑胶唱片即将出版问世，其中包括与上海音乐学院联合推出的“上音”品牌黑胶唱片《梦临汤显祖》、交响曲《丝路追梦》，以及赵季平创作作品交响组曲《乔家大院和大宅门》、新乐府新民乐唱片《五行》、谷峰唱片《风带我走吧》、叶蓓唱片《流浪途中爱上你》、黄龄唱片《来日方长》等。章利民表示，“UOD黑胶工坊”不仅仅是一条黑胶生产线，它更是一个体验和传播黑胶文化的黑胶艺术工坊。顾客可以在这里实现同步录音、定制专属唱片。未来，黑胶工坊将引入更多的合作伙伴，带动整个与黑胶相关的文创产业链。“我希望黑胶高品质的音乐享受不仅仅属于音乐发烧友，也可以属于每一个普通人。”

中国唱片集团（上海）有限公司副总经理，上海联合光盘有限公司总经理俞建耀向记者介绍：中国唱片此次重启的黑胶生产线包括从音频刻纹、金属制版到黑胶压片的一整套完整工序系统，目前在全球范围内不超过十条。意味着在别离20多年后，中国再度拥有完全自主的黑胶唱片生产能力，不仅能满足中唱的产品开发需求，还能为国内、亚洲及国际市场提供加工服务，提升国内黑胶唱片整体市场水平，大大地加快了交货周期，整个过程可控。有着110年历史的中国唱片加上拥有50年黑胶唱片一线技术、生产和管理经验的“老法师工匠”团队，“UOD黑胶工坊”生产出的黑胶唱片的品质将会站立在国际行业的前茅。

◇本报记者　徐惠民

2018年6月10日出版
实用性 启发性 资料性 信息性
第23期
（总第1960期）
国内统一刊号:CN51-0091 定价:1.50元 邮局订阅代号:61-75
地址:(610041)成都市天府大道北段1480号德商国际A座1801 网址:http://www.netdzb.com
让每篇文章都对读者有用

ARM笔记本硬伤

今年，微软继续推出了三款搭载了骁龙835的Win 10S笔记本。有些朋友甚至觉得ARM架构的笔记本会取代X86架构的笔记本，不过就目前来看还为时过早。

刚出台的微软技术报告说，目前的ARM架构平台有以下几点问题：

1.无法运行64位程序。2.不支持Hyper-V虚拟机技术。3.专为手机平台开发的UWP在ARM Win10上依然难用。4.所有需要调用OpenGL 1.1.以上版本API的游戏无法运行。5.只有ARM64位驱动才能适配和安装。6. 专为Windows平台开发优化的App可能工作不畅。

运行游戏方面的限制不是什么大问题，毕竟AMR笔记本追求的就是低功耗与长续航，因此配置肯定不高，与不能打游戏也不矛盾，不过无法运行64位程序就很尴尬了，64位的应用程序已全面代替了32位的程序，无法运行64位应用程序会在日常使用的过程当中导致效率大大下降。各位在选择ARM架构的笔记本之前也要考虑好这些问题。

当然就目前来看，在使用Office系列产品、播放4K视频都没有问题。

（本文原载第11期11版）

固态硬盘优化设置技巧

有部分用户反映即使装了SSD，还是出现了开关机速度慢、系统卡顿等现象。除了使用不当以外，固态硬盘的优化设置没有做好也会造成这些现象！

AHCI模式

优化SSD的第一步首先就是要确保你的磁盘读写模式为AHCI，不过对于如今的电脑系统来说，基本都已经是Windows 7或Windows 10系统，只要按照正常流程安装系统，磁盘模式一般会自动设置为"AHCI"。

不过，如果电脑系统比较老旧或者在安装系统的时候误选为IDE等模式，那也不需要着急，只需要做以下几步即可：

① 点击win+R键，进入运行对话框；

② 输入Regedit进入注册表；

③ 选择路径"HKEY_LOCAL_MACHINESYSTEMCurrentControlSetServicesmsahci"；

④ 右键修改磁盘模式为"0"，重启即可。

TRIM功能

TRIM是一个非常重要的功能，它可以提高SSD的读写能力，减少延迟。所以安装操作系统后一定要确认TRIM功能是否开启。

① 打开开始菜单栏，输入搜索cmd，右键以管理员模式运行命令提示符；

② 输入命令：fsutil behavior query DisableDeleteNotify；

③ 如果返回值是0，则代表TRIM处于开启状态；

反之如果返回值是1，则代表TRIM处于关闭状态。

4K对齐

所谓4K对齐，实际指的是4K高级格式化，要求硬盘扇区4K对齐。4K高级格式化标准规定，硬盘扇区大小从当前的512字节迁移至4096字节(或4K)。这项更改会提高格式化效率，从而有助于硬盘提供更高的容量，同时提供改进的错误纠正功能。

如果发现自己的SSD并没有4K对齐也没有关系，可以搜索并下载上面的软件Paragon Alignment Tool对SSD进行无损4K对齐。

关闭系统还原

平时使用固态硬盘时候，大家一般不会注意这个方面，不过有反馈表明系统还原会影响到SSD或者TRIM的正常操作，进而影响SSD的读写能力。

关闭系统还原非常简单，大家只需要简单几步即可完成：

① 右键单击此电脑并点击属性；

② 点击系统保护选项卡；

③ 点击下方配置；

④ 在新弹出的窗口中，点击"禁用系统保护"，并点击下方"删除"系统还原点。

关闭磁盘索引

平时的搜索并不很多时，完全可以关闭索引来让系统临时搜索。这样能大大延长固态硬盘的寿命。凭借SSD硬盘的高随机读取性能，临时搜索并不会比索引慢多少，但对于SSD的寿命维护却大有好处。

关闭磁盘索引操作过程如下：

① 进入此电脑，右键你的固态硬盘分区，点击属性；

② 点击常规选项卡；

③ 取消勾选下方"允许索引此驱动器上文件的内容"，点击确定。

注：有时候可能会需要你以管理员权限操作，执行管理员权限即可

关闭磁盘碎片整理

磁盘碎片整理的工作机制是重新将存储在磁盘中的文件按照一定的顺序重新读写一遍并整理，有些人喜欢在HDD上整理磁盘碎片，觉得不整理没法用，其实这种方法并不提倡；而到了将擦写次数视为生命的固态硬盘而言，更加不能做了，无异于自取灭亡。

固态硬盘的闪存存储特性决定了其擦写次数是有限的，一旦超过限额，磁盘将无法写入成为废盘。因而，固态硬盘进行磁盘碎片整理实在是一种近乎自杀的行为。

关闭磁盘碎片整理操作步骤：

① 右键任意磁盘分区点击"属性"；

② 选择"工具"选项卡；

③ 选择"立即进行碎片整理"；

④ 选择"配置计划"；

⑤ 取消勾选"按计划运行"，即可关闭磁盘碎片整理计划。

（本文原载第11期11版）

职业矿机有望拉低显卡价格

全球最大的专业矿机公司比特大陆已经成功研发出适用于以太坊ETH挖掘算法蚂蚁矿机F3。这种矿机不仅功耗极低，而且能以一敌八台显卡矿机。当这种矿机全面上市，算力暴增，显卡挖矿的效率将无限降低，显卡售价也将会逐渐回归到合理范围。

比特大陆是一家专门制造专业矿机的公司，通过研究不同虚拟货币的挖掘算法，制造出超大算力的专业挖掘ASIC芯片，打造高性能、低功耗矿机，其中最出名就是挖掘比特币的蚂蚁矿机S9。

目前挖以太坊ETH的用户很多，一旦专为ETH币研发的蚂蚁矿机F3研制成功，显卡挖矿就显得价值很低，矿工不会再购买显卡矿机挖。也许这对于日益高涨的显卡价格来说是个好消息，当然还有闪存颗粒的影响。

由于以太坊ETH所采用的ETHASH挖掘算法是需要大量缓存空间才能实现高性能运算，所以原本显卡是最好的选择。但比特大陆另辟蹊径，将DRAM的位宽加大，同时提高缓存大小，这样就能避免缓存空间耗尽而不能进行有效运算的问题。

据悉每一台F3矿机拥有三块算力板，每块算力板上用6颗针对ETH算法研发的ASIC芯片，仿照显卡做法，每颗ASIC芯片搭配32颗128MB DDR3闪存颗粒，那么一台矿机下来共计72GB的缓存可供使用，目的就是攻克ETH算法难关。挖比特币的S9矿机只用了512MB缓存，那么F3矿机价格肯定不便宜。约估一台F3算力有1GH/s的计算力，而GTX 1060 6G显卡才20MH/s，RX 580 8GB也才30MH/s。

（本文原载第11期11版）

电动汽车电池的寿命问题

电动汽车让人最关心的除了续航、充电速度以外，还有一个成本问题—电池寿命。

目前的动力电池分为镍氢电池(仅丰田车使用)、铅酸电池主(低速电动车，比如老年车)、锂电池(2017年前为磷酸铁锂电池，2017年开始将三元锂作为行业标准)。

那么我们就来说下主要的锂电池。

磷酸铁锂电池的特点是循环寿命长，可以达到2000次循环以上；充放电倍率高，也就是可以有更大的充放电电流；安全性好，弯曲穿刺高温都没问题。缺点是能量密度低一些，同样的续航需要使用更多的电池，相应增加了车重和成本；一致性差一些，需要更好的电池管理系统；低温衰减比较明显，0℃时容量会降低10%左右，而-20度时容量会降低30%左右。在冬天，同样的车在南方和北方表现差距很大。拿续航只有70公里的秦(比亚迪)举例，2000次循环也可以支撑秦纯电行驶14万公里左右。

再说三元锂电池，特斯拉就一直采用三元锂电池，特点是能量密度高，同样体积重量下，电容量大；电池一致性好，生产技术成熟。理论上循环寿命在1500次左右，当然实际中保证完全充放电循环在800次左右是没有问题；如果控制电池放电在25%~75%之间，实际使用可以达到1200次以上。目前已上市的三元锂电池电动车在续航200公里左右，1次完整循环实际可以行驶也在180公里，800次循环可以走14.4万公里，再算上正常的衰减，12万公里也是没什么压力的。假设1天60公里，可以使用10年。而如果注意浅充浅放，维护好电池的话，1200次循环，15万公里，基本覆盖了家用车的使用寿命。

至于磷酸铁锂电池和三元锂的安全性问题，三元锂材料虽然容易热解，但是不代表三元锂电池不安全；磷酸铁锂材料不易热解，但是不代表磷酸铁锂电池就是安全的。国内的电动汽车增速太快，很可能会因缺乏质量的监管带来大量的低质产品，这些才是真正的安全隐患。

PS：完全循环：指的是电池充满电，然后放完，算一个循环。如果每天从100%用到75%，然后充满，那么4天才算一个完整循环，寿命可以达到10年。

（本文原载第11期11版）

海信MTK5505机芯LED液晶彩电软件在线升级方法

海信采用MTK5505机芯开发了K360系列液晶彩电，MTK5505机芯主板如图1所示。主芯片数模小信号处理电路采用MT5505，DDR2和DDR3采用NT5CB64M16AP-CF，USB接口电路采用FEL-QFP48，伴音功放电路采用TSA5727或TAS5707+TAS5707A。

适用机型：海信LED32K360、LED39K360X3D、LED40K360X3D、LED42K360X3D、LED46K360X3D、LED48K360X3D、LED55K360X3D等液晶彩电，其中带X3D的机型具有3D功能。

图1 MTK5505系列机器对应的电路主板

海信MTK5505机芯LED液晶彩电在线软件升级方法如下：

在线升级MTK5505应用主程序，包括升级工具软件MTKTools的安装与设置。MTKTools驱动程序的安装：MTK-Tools2.4 8.07.rar软件压缩包包含了MTKT00l的2.48.07版本，CP210x_VCP_Win2K_XP.eXe为调试升级工具CP210x的驱动程序。见图2所示。

图2

安装驱动程序，安装过程中选择默认安装即可，见图3所示。

图3 驱动程序的安装

MTKT001的2.48.07工具软件可直接使用其执行文件，建议路径为英文。

调试、升级工具的硬件设备连接：用USB转串口线将电脑与电视相连。其中，USB端连接电脑，串口端连接电视，见图4所示。

图4

如果是初次连接，电脑将初次识别USB硬件设备，将cp210x的安装目录加入扫描目录，Windows会找到驱动自动安装(需要安装两次驱动)。如图5和图6所示。

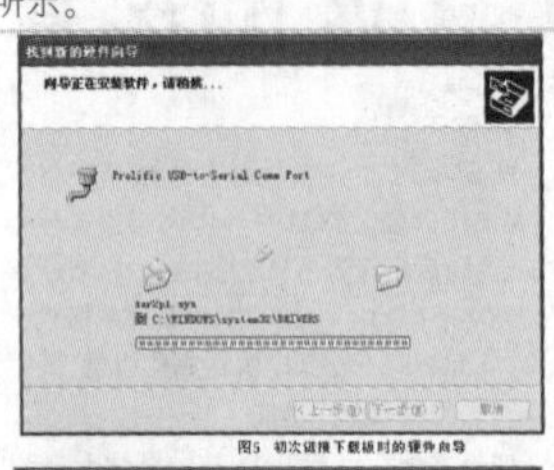

图5 初次连接下载板时的硬件向导

图6 安装成功以后的提示框

MTKTool工具的使用：MTKTool是一个绿色免安装软件工具，该文件夹下共有图7所示的文件。

图7

其中，MtkLog文件夹下存放着Mtk-Tool的使用记录，用户每运行一次Mtk-Tool，MtkTool将会把用户的运行时间记录在以文件运行时间为文件名的txt文件中，便于用户跟踪。如图8所示。

将电脑与电视机连接以后，双击图7红线圈中的"FlashTool.exe"文件，打开MtkTool工具。如果出现错误如图9，则说明相应的端口没有设置好。

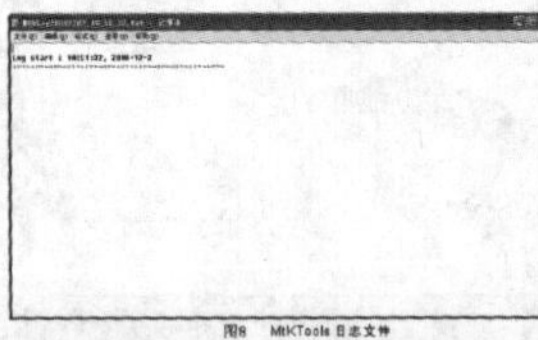

图8 MtkTools日志文件

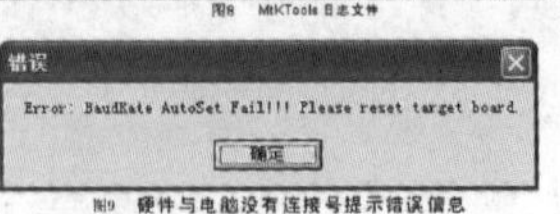

图9 硬件与电脑没有连接号提示错误信息

可暂时忽略这些错误，点击"确定"进入MtkTool主界面，如图10所示。在本例中，芯片类型为MT5505，软件中选中MT5505。从MTKTool中可以选择如下设置：

1.当前Flash芯片型号；

2.电脑与芯片通信的端口；

3.通信的波特率；

4.要进行升级的*.bin文件；

5."Browse"可以选择要升级的文件；

6."Upgrade"进行升级；

7.其他区域选择默认设置。

图10 MTKTool主界面

打开"设备管理器"，如图11所示，查看是哪个端口连接了电视设备。

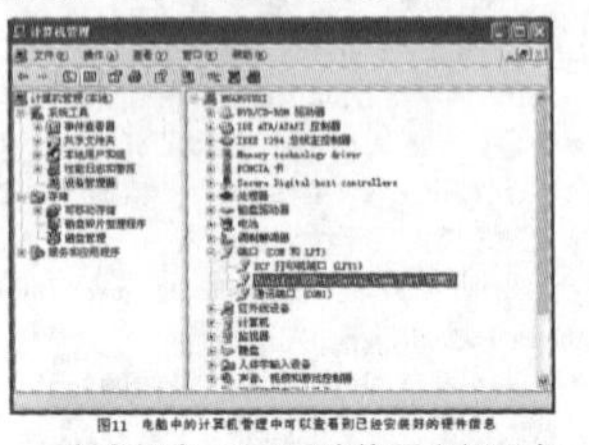

图11 电脑中的计算机管理中可以查看到已经安装好的硬件信息

在本例中，COM4连接了电视设备，所以在MtkTool工具上的端口选择框中的COM4。同时根据芯片类型，选择相应的波特率。本例中波特率选择115200，"Auto Set Flash BaudRate"选择自动，如图12所示。

图12 MTKTool设置

注意：要根据Flash芯片类型，决定是否将"WindOW"菜单下的"Auto Set Flash BaudRate"选项去掉。

点击按钮"Browse"，选择升级文件所在的目录，添加升级文件，然后点击"Upgrade"进行升级。升级成功后，出现界面信息如图13所示。

图13

出错信息解决方法：

1.无法连接。

如果第一次使用，因为没有选择正确的COM，所以会出现以下错误窗口。同时，如果COM没有正确的设置，也会出现下面图14的窗口。

图14 无法连接硬件的提示信息

解决方法：选择正确的COM端口。

另外，如果电视没有开机，或是硬件连接出现问题，也会提示此信息。

2.程序运行出错。

如果程序出错，造成电视死机，有些情况下会使MTKT001无法响应用户操作的错误，甚至在"任务管理器"中也无法将MTKTool exe进程删除。

解决方法：将电脑端USB口连线拔掉，在"任务管理器"中将MTKTool.exe进程删除，然后重启电脑。

◇海南 孙德印

液晶电视花屏故障的检修步骤

液晶电视出现花屏故障时，可按照以下三个步骤来进行检修：

一、进入总线，调整屏参数

在维修花屏故障时，本着先软后硬的原则，可先进入总线找到屏参一项，试调该项数据，看故障能否排除。

提示：在维修中，若不知道故障机进总线的方法，因原机遥控器缺失而无法进入总线，这时可先看菜单中有无恢复出厂设置一项，若有，可先选中此项并确认，看故障能否排除。接下来，查看逻辑板的上屏线插座引脚功能，看有无LVDS信号格式选择端，若有则可改变其电平试试。若要改为高电平，则将该脚通过一只1kΩ电阻接在3.3V上；若要改为低电平，则将该端通过一只100Ω电阻接地。

二、检查上屏线插头

轻轻按动上屏线插头，看故障现象有无变化。也可先拔下上屏线，观察其端头中的金属触点(俗称金手指)是否脏污，若金属触点有发黑现象，则用橡皮将触点擦拭干净，然后再插好插头即可。

提示：在检测中，不可拆除上屏线外面包裹的起电磁屏蔽作用的胶布，否则会出现彩色镶边或彩色拖尾现象。

三、测量LVDS信号端电压

用万用表测量主板或逻辑板上LVDS插座中各信号端的直流电压，正常时电压值为1.2V左右，且每组信号线之间电压也有0.1V~0.3V的电压差。若某路信号端直流电压与1.2V相差较大，则重点检查该路信号传输电路中的排阻、电感等元件，也可先用洗板水清洗LVDS信号传输电路，然后用吹风机吹干。再检查各元件引脚有无虚焊现象。

检修小技巧：在检修花屏或满屏移动彩条故障时，为了判断主板上各数据端是否输出了LVDS数据信号，可人为交换主板上LVDS插座中数据线的位置，观察故障现象有无变化，若有变化，则表明主板输出了信号。若主板上LVD5插座中某数据端无论与哪条数据线相连，故障现象都不变，则说明主板未输出此路LVDS信号，这时重点检查该路中的排阻、电感等元件。若与逻辑板一侧的某端口相连的信号线无论与主板上LVDS插座中的哪一个数据端相连，故障现象无变化，则表明逻辑板上与该端口对连的电路有故障。

目前，液晶电视已大量采用了VBO上屏方式，它属于交流耦合方式，无法用上述测电压的方法来判断花屏故障范围，但可以借鉴以上方法和更换上屏线来判断。

◇四川 刘亚光

液晶电视图像亮度异常的检修步骤

液晶电视出现图像亮度异常故障时，可按照以下七个步骤来进行检修：

1.在无信号(蓝屏)时，输入多类信号源进行观察，若图像亮度异常情况下无变化，则说明故障原因是背光异常，接下来按第2步进行检修；若亮度异常情况下有变化，应重点检查主板及逻辑板电路。对于图像亮度暗的故障，可先进入总线，查看屏参是否正确。

2.测量背光驱动电路的供电是否正常，若不正常，则检查开关电源电路。

3.测量逻辑板上的VGH电压是否正常，若不正常，则检查VGH电压形成电路。

4.检查背光驱动电路的升压电路及亮度调节电路是否正常。也可在背光驱动电路接上相应的假负载进行检查，如正常，则表明故障部位在背光源，这时可用LED灯条检测工具对背光源进行检测，以确认背光源有无问题。

5.若确认背光源有问题，则拆开液晶屏，先进行以下直观检查。背光源连线及插座是否接触良好，LED灯珠的芯线处有无发黑损坏现象，LED灯珠的引脚有无开焊现象。然后上电观察灯管或LED灯条的发光情况，若某一串LED不发光，则先检查该灯串的连接线，再外加3V~4V的直流电压，或者用指针万用表的电阻挡(数字万用表的二极管挡)对该灯串中的每只LED进行检测。

6.对于逻板与背光驱动板之间有连接排线的，先拔下该连接线试机，若故障排除，则表明故障是逻辑板对背光驱动板的误控所致，即逻辑板上的自动光控功能出现了异常。从实际使用情况看，在正常情况下，即使拔下自动光控功能排线(即停用自动光控功能)，对收视效果也无影响。

7.对电视机进行软件升级。

◇四川 刘亚光

Excel职场实战技巧三则

Excel是使用频率非常高的办公软件之一，这里介绍几条职场实际中经常会涉及的操作技巧。

技巧一　限制重复录入

实际工作中，往往会要求限制重复的录入，此时可以借助数据验证实现这一要求：选择需要限制重复录入的单元格区域，切换到"数据"选项卡，在"数据工具"功能组依次选择"数据验证→数据验证"，打开"数据验证"对话框，切换到"设置"选项卡，在"允许"下拉列表选择"自定义"，如图1所示，在下面的文本框输入"=COUNTIF(B$1:B1,B1)=1"，确认之后关闭对话框。

以后，当重复录入名单时，会弹出图2所示的警告框，从而可以及时发现错误。

①

②

技巧二　不使用公式实现中国式排名

有时可能会要求将数据使用中国式排名的方式，即并列排名不占名称。借助数据透视表可以不使用公式实现中国式排名。

例如图3所示的数据表，插入数据透视表，将"姓名"字段拖拽到"行"区域，将"成绩"字段拖拽到"∑值"区域进行求和，再次将"成绩"字段拖拽到"∑值"区域进行求和，也就是显示"成绩2"；右击打开"成绩2"的"值字段设置"对话框，切换到"值汇总方式"选项卡，将计算类型设置为"最大值"，切换到"值显示方式"选项卡，选择"降序排列"，此时看到的就是图4所示的中国式排名效果了。

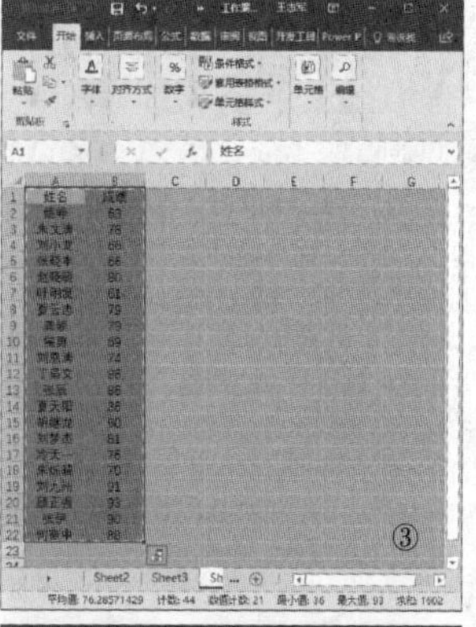

③

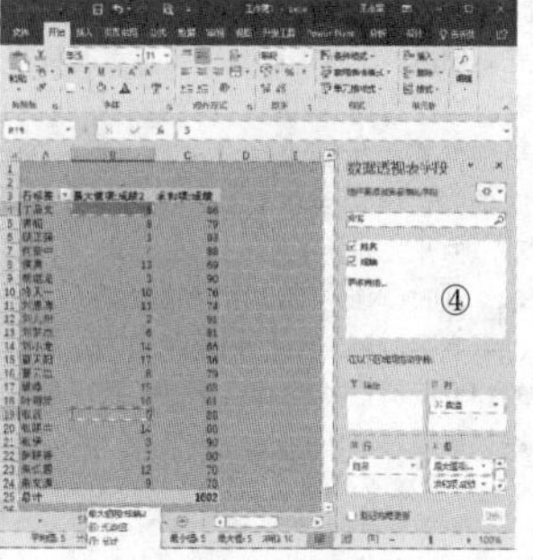

④

技巧三　合并单元格添加连续序号

很多时候，我们需要在图5所示的A列为合并单元格添加连续的序号，由于实际数据的繁复性，手工添加序号既麻烦而且也不利于后期的更新，此时可以借助公式实现。

选择A列相应的合并单元格区域，在编辑栏输入公式"=MAX(A$1:A1)+1"，这里的MAX函数可以返回一组数值中的最大值，"+1"可以保证序号的连续性，按下"Ctrl+Enter"组合键，随后就可以看到图6所示的连续序号效果了。

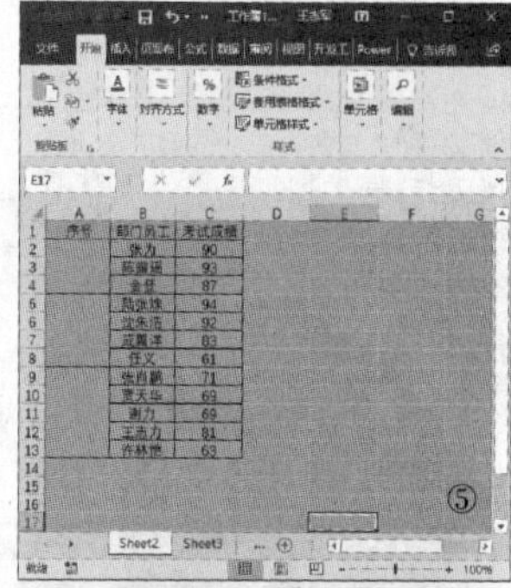

⑤

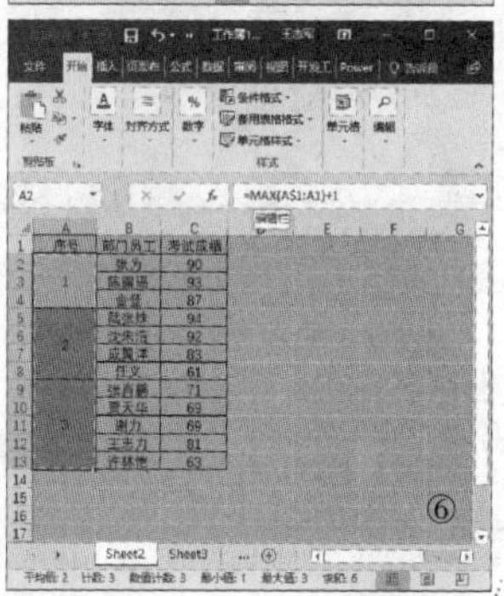

⑥

◇江苏　王志军

三步快速实现在线安装纯净系统

众所周知，Windows操作系统在使用一段时间之后基本上都会变慢，其原因是用户安装了较多的应用软件和存储了过多的数据文件。此时，可以通过恢复操作系统原始安装时的备份，或者是从网上重新下载系统的GHO镜像文件进行二次安装。虽然使用Ghost技术进行操作系统的恢复比较方便快捷，但仍存在系统补丁更新和应用软件捆绑等问题，有没有操作更为简易的系统安装方式呢？建议大家不妨试一下"盘云装机助手"这个小软件，只需简单的三步操作就能快速实现在线安装纯净系统。

1.从官网下载"盘云"程序

在确保自己原操作系统网络畅通的前提下（有线、无线均可），到https://www.panyun.com/systemtool/down/?d下载systemtool_setup_1.0.2.exe，这个"盘云"程序的大小为18.9MB。

2.选择待安装的操作系统及应用软件

双击运行程序，点击"立即安装"按钮，软件会提示我们"选择要安装的操作系统"，依次提供了Windows 10、Windows 8、Windows 7、Windows XP；比如选择了"Windows 10"之后又会提示"选择要安装的系统版本"：专业版、家庭版或企业长期服务版，再点击"下一步"按钮进行原"系统资料备份"，像"我的文档""QQ聊天记录"以及"收藏夹"等均可根据自己的实际情况进行勾选，再点击"下一步"按钮进行新系统的"选择要安装的软件"操作，在此可勾选QQ、360浏览器或腾讯电脑管家等自己需要的软件（如图1所示），点击"下一步"按钮，软件提示："系统安装会清除原系统盘所有数据！请确认数据已完整备份并开始安装！"点击"确定"按钮。

3.操作系统的自动下载和安装

此时就开始进入待安装系统的下载过程，同时底部有"安装过程中请保持电源稳定，不要开关电源"的提示（笔记本电脑最好是将外接电源接通）；接下来会进行"正在获取硬件驱动和安装组件"的操作，这些都是全自动的，包括最终的"正在获取你选择的软件"过程，下载结束后也会自动安装应用软件（如图2所示），最终我们就会得到一个"纯"Windows 10操作系统。

操作确实非常方便，大家不妨一试。

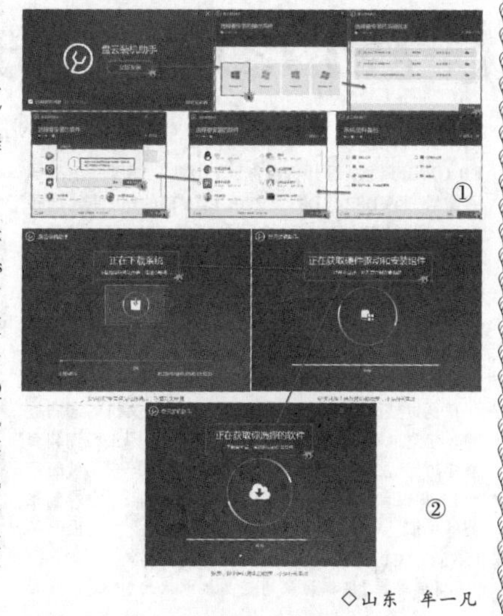

①　②

◇山东　牟一凡

昭阳E47A电脑开机不显示维修一例

接修一台联想E47A笔记本电脑，故障现象是开机后各种指示灯与正常开机时一样点亮，风扇不转动（对比同型号机器发现属于正常现象，一般运行一段时间后温度升高了才转动），但显示屏没有任何显示，查资料得知该机型显卡容易出问题（此机型集成显卡被屏蔽，只有AMD Radeon HD6370M独显工作）。

拆开机器取出主板，板号为DAOKL9MB6F1，测CMOS电池电压正常，仔细观察主板，发现显卡背面PCB板过孔有很明显的虚焊现象（即圆形焊点不饱满，估计是时间过长造成的那种虚焊），如附图所示，于是将858热风枪调到400度左右，涂上焊宝对这些过孔焊点进行加热，待焊宝沸腾时停止加热，冷却后再将PCB板清洗干净，装机并长时间烤机，一切正常，故障排除。

◇安徽　陈晓军

洛贝Y50-90W型阿迪锅(电气锅)的构成、电路精解

一、锅体内部构成

洛贝Y50-90W型阿迪锅的锅体内部主要由控制器（安装在操作面板里面)、电源板、膜片、压力开关、传感器、热熔断器、加热盘等构成,如图1所示,电气图如图2所示。

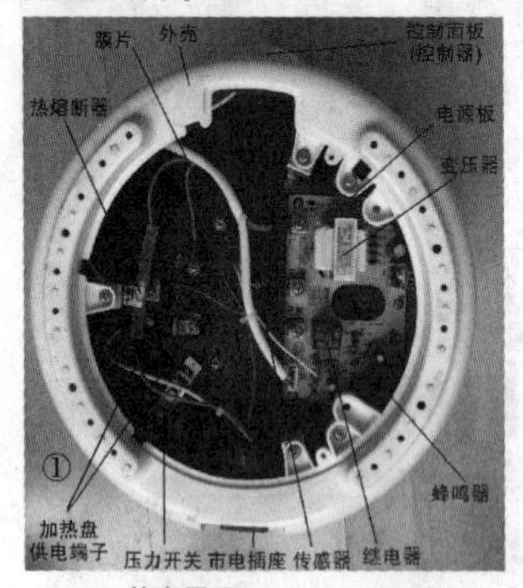

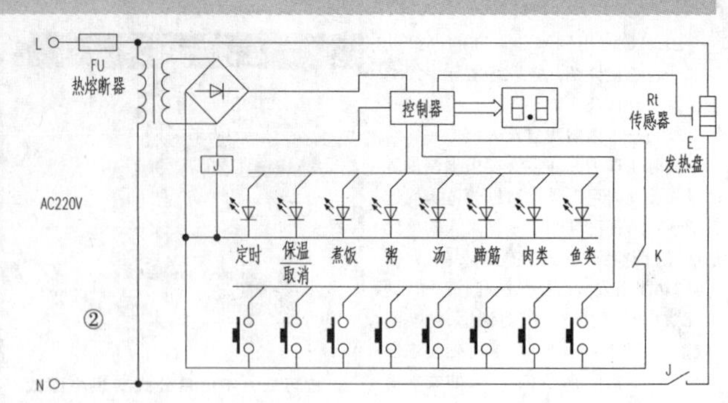

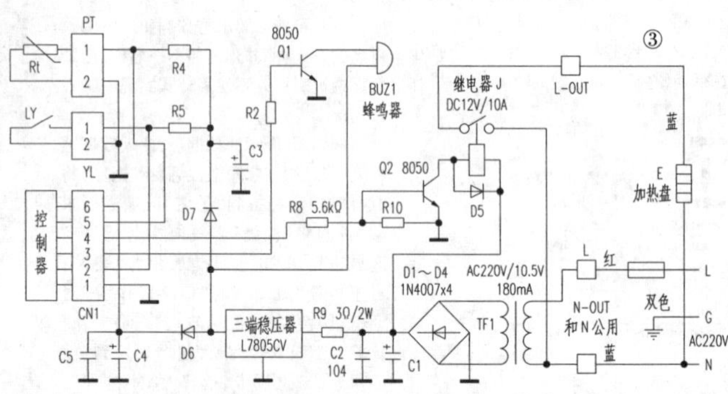

二、基本原理

1.电源电路

参见图3,220V市电电压经热熔断器Fu(220V/10A/125℃)输入后,不仅通过继电器J的触点为加热盘E供电，而且经电源变压器TF1降压，从它的次级绕组输出10.5V左右（与市电电压高低有关)的交流电压。该电压通过D1~D4桥式整流,C1和C2滤波后输出12V（空载为15V左右)直流电压,不仅为J的驱动电路供电,而且经R9限流,利用三端稳压块(L7805CV)稳压输出5V直流电压。该电压分3路输出：第1路直接为蜂鸣器供电；第2路经D7降压为4.3V，利用C3滤波,通过R4、R5为温度、压力检测电路供电;第3路经D6降压为4.3V,利用C4和C5滤波,通过连接器CN1给控制器(微处理器电路)供电。

2.加热、保压电路

因加热控制基本相同，下面以煮饭为例进行介绍。电路见图2、图3。

需要煮饭时，按下控制面板上的煮饭键,被控制器内的CPU识别后，它第1路输出蜂鸣器驱动信号，该信号经连接器CN1的③脚进入电源板，通过R2限流，利用Q1倒相放大,驱动蜂鸣器BUZ1发出“嘀”的一声，表明操作信号被CPU识别并输出控制信号;第2路输出煮饭指示灯控制信号使其发光，表明进入煮饭状态；第3路通过CN1的④脚输出4.25V高电平加热信号，该信号经R8、R10分压限流，利用Q2倒相放大，为继电器J的线圈提供驱动电压,使它内部的触点闭合,接通加热盘E的AC 220V供电回路,E得电后开始加热，使锅内的温度和压力逐渐升高。当压力达到70kPa,使内锅发生弹性膨胀达到设置要求后，锅底的弹性膜片受压向下移动，推动压力开关YL动作，它的触点闭合，通过CN1的②脚为控制器提供低电平检测信号，被控制器内的CPU识别后执行保压程序，控制该锅进入保压状态。

3.保温电路

当保压程序结束后，进入保温状态。进入保温状态后,CPU第1路输出控制信号使煮饭指示灯熄灭;第2路输出控制信号点亮保温指示灯，表明该压力锅进入保温状态;第3路输出低电平的停止加热信号,使继电器J的触点释放,加热盘E停止加热；第4路输出蜂鸣器驱动信号,驱动蜂鸣器BUZ1多次鸣叫,提醒用户饭已煮熟；第5路输出控制信号，使其进入保温状态。

保温期间,当锅内温度低于60℃时，传感器Rt的阻值增大,5V电压经R4与Rt取样后，通过CN1的⑤脚为控制器提供检测电压增大，控制器内的CPU将该电压与内部存储器存储的该电压对应的温度值比较后，通过CN1的④脚输出高电平信号,如上所述,加热盘E开始加热，使锅内温度逐渐升高；当温度达到80℃时Rt的阻值减小，经取样后为CN1的⑤脚提供的检测电压减小，被控制器内的CPU识别后，通过CN1的④脚输出低电平信号,加热盘E停止加热。这样,锅内温度在控制器、Rt的控制下保持在60~80℃。

4.过热保护电路

该机采用了两种过热保护方式:一种是控制器通过检测的温度达到设置后,输出停止加热信号,并通过显示屏显示故障代码,蜂鸣器鸣叫报警来实现的;另一种是通过一次性热熔断器Fu来实现的。

当干烧或温度、压力检测电路异常，导致加热盘E加热温度逐渐升高。当温度达到设置的过热保护值,使传感器Rt的阻值变小到需要值,通过CN1的⑤脚为控制器提供的电压减小,控制器内的CPU将该电压与存储器内存储的电压/温度值比较后，确认加热盘过热，开始执行过热保护模式。此时,CPU不仅输出停止加热的信号，使E停止加热,而且控制蜂鸣器鸣叫,显示屏显示故障代码E3，提醒用户进入过热保护状态。

当继电器J的触点粘连、驱动管Q2的ce结击穿等原因,导致加热盘E的加热温度持续升高。当温度达到125℃时Fu熔断，切断市电输入回路,E停止加热,以免加热盘及相关配件过热损坏，实现过热保护。

◇内蒙古　宋秀媛

巧改电路修复德生PL737收音机无法关机故障

故障现象：一台德德生PL737的收音机出现无法关机。

分析与检修:查找相关资料得知,可按压机身后面的RESET键,通过恢复设置功能来排除故障。但笔者按此法操作后,发现过一段时间又是老样子,怀疑开关机电路异常。相关电路见图1。

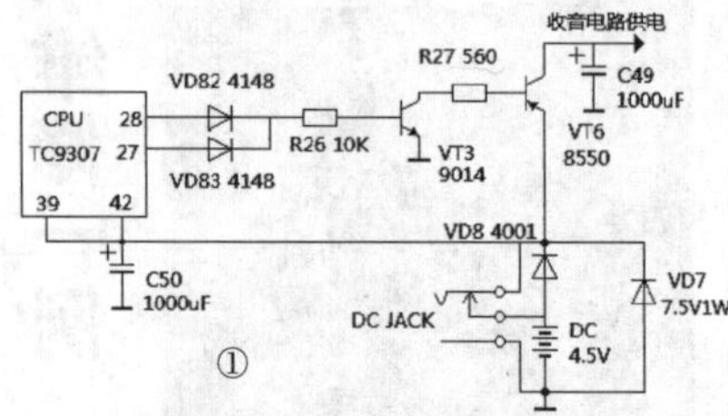

安装好电池，4.5V电压经VD8隔离送至CPU(TC9307AF)的㊴脚使其得电工作。此时,按下POWER ON/OFF键执行开机操作,CPU的㉗、㉘脚输出高电平信号,经VD82、VD83及R26送至VT3的b极使其饱和导通,通过R27使VT6饱和导通,于是4.5V电压经VD8、VT6为负载供电。关机过程刚好相反。

造成无法关机的原因实质上是VT3没有完全截止,导致VT6始终为负载供电。无意中找到德生PL747的原理图，发现CPU（TC9307AF）与VT3基极间的VD82、VD83已换为两只1k电阻,即R90、R91。估计这是厂家通过技改来解决此类机芯无法正常关机的通病故障。在控制板反面找到了VD82和VD83,因正面安装有液晶屏,无法用烙铁拆下二极管,干脆剪掉它的玻璃管部分,只保留引脚部分,再找来两只1k电阻小心焊到保留的引脚上,如图2所示。经这样处理后,彻底根除了PL737不关机故障。

【编者注】根据该机的开关机电路的特点，技改时不必拆除VD82和VD83，只要在它们的两端分别并接一只1k电阻即可。这样，不仅在开机状态下可确保VT3的饱和导通，而且省时省力。

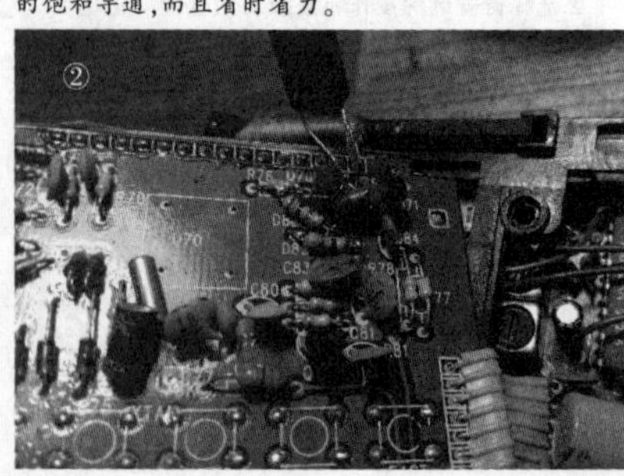

◇安徽　陈晓军

注册电气工程师备考复习——电气安全2

(紧接上期本版)

(5)【5.8】时间/区域的说明 →《效应通规》P41-12

如表1所示，左手到双脚的通路，交流15Hz至100Hz的时间/电流区域简要说明→《效应通规》P41-12-表11

如图2所示，电流路径为左手到双脚的交流电流(15Hz～100Hz)对人效应的约定时间/电流区域 →《效应通规》P41-20-图20

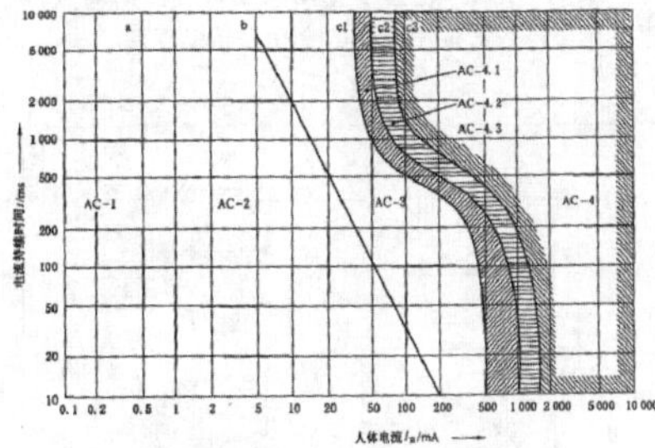

图2 电流路径为左手到双脚的交流电流(15Hz～100Hz)对人效应的约定时间/电流区域

(6)【5.9】心脏电流系数(F)的应用 →《效应通规》P41-13

(1) 不同电流路径的心脏电流系数F →《效应通规》P41-13-表12

(2)路径为左手到双脚人体电流的换算

计算式：$I_{ref}=F\times I_h$←………【《效应通规》P41-13】

表2 不同电流路径的心脏电流系数F

电流路径	心脏电流系数
左手到左脚、右脚、或双脚	1.0
双手到双脚	1.0
左手到右手	0.4
右手到左脚、右脚或双脚	0.8
背脊到右手	0.3
背脊到左手	0.7
胸膛到右手	1.3
胸膛到左手	1.5
臂部到左手、右手或到双手	0.7
左脚到右脚	0.04

5. 直流电流的效应

(1)【6.1】感知阈和反应阈 →《效应通规》P41-13

在与交流类似的研究条件下测得的反应阈约为2mA。

(2)【6.4】电流的其他效应 →《效应通规》P41-14

接近100mA时，通电期间，四肢会有发热感，在接触的皮肤内感到疼痛。

300mA以下横向电流通过人体几分钟时，随时间和电流量的增加，可引起可逆的心律失常、电流伤痕、烧伤、头昏以及有时失去知觉。超过300mA时，往往会失去知觉。

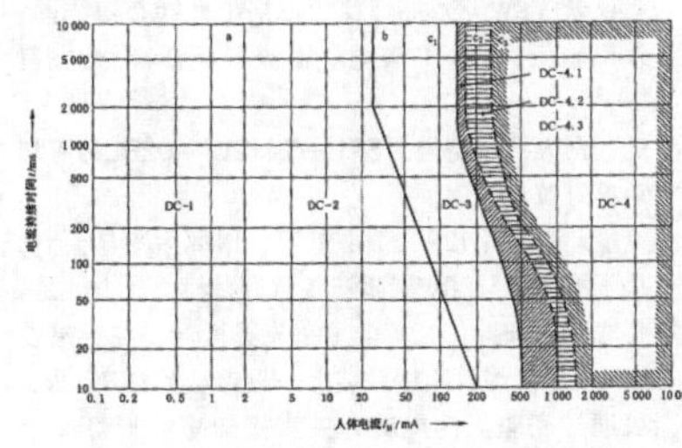

图3 电流路径为纵向向上的直流电流对人效应的约定的时间/电流区域

表1 左手到双脚的通路，交流15Hz至100Hz的时间/电流区域简要说明

区域	范围	生理效应
AC-1	0.5mA的曲线a的左侧	有感知的可能性，但通常没有被“吓一跳”的反应
AC-2	曲线a至曲线b	可能有感知好不自在地肌肉收缩但通常没有有害的电生理学效应
AC-3	曲线b至曲线c	可强烈地不自主地肌肉收缩。呼吸困难。可逆性的心脏功能障碍。活动抑制可能出现。随着电流幅度而加剧的效应。通常试有预期的器官破损。
AC-4注	曲线C1以上	可能发生病理-生理效应，如心搏停止、呼吸停止以及烧伤或其他细胞的破坏。心室纤维性颤动的概率随着电流的幅度和时间增加。
	C1-C3	AC-4.1心室纤维性颤动的概率增大到5%
	C2-C3	AC-4.2心室纤维性颤动的概率增大到大约50%
	曲线C3的右侧	AC-4.1心室纤维性颤动的概率超过50%

注：电流的持续时间在200ms以下，如果相关的阈被超过，心室纤维性颤动只有在易损期内才能被激发。关于心室纤维性颤动，本图与在从左手到双脚的路径中流通的电流效应相关。对其他电流路径，应考虑心脏电流系数。

表3 左手到双脚通路的时间/电流区域简要说明

区域	范围	生理效应
DC-1	2mA的曲线a的左侧	当接通、断开或快速变化电流流通时，可能有轻微的刺痛感
DC-2	曲线a至曲线b	实质上，当接通、断开或快速变化的电流流通时，很可能发生无意识的肌肉收缩，但通常没有有害的电气生理效应。
DC-3	曲线b右侧	随着电流的幅度和时间增加，在心脏中很可能发生剧烈的无意识的肌肉反应和可逆脉冲成形传导的紊乱。通常没有镇预期的器官损坏。
DC-4注	曲线C1以上	有可能发生病理-生理学效应，如心搏停止、呼吸停止以及烧伤或其他细胞的破坏。心室纤维性颤动的概率也随着电流的幅度和时间而增加。
	C1-C2	DC-4.1心室纤维性颤动的概率增加到约5%
	C2-C3	DC-4.2心室纤维性颤动的概率增加到约50%
	曲线C3的右侧	DC-4.3心室纤维性颤动的概率增加到大于55%

注：电流的持续时间在200ms以下，如果相关的阈被超过，则心室纤维性颤动只有在易损期内才能被激发。在这个图中的心室纤维性颤动，与路径为从左手到双脚而且是向上流动的电流效应相关。至于其他的电流路径，已有心脏电流系数予以考虑。

(3) 【6.5】时间/电流区域的说明 →《效应通规》P41-14

如表3所示，左手到双脚通路，时间/电流区域简要说明

└→《效应通规》P41-14-表13

如图3所示，电流路径为纵向向上左手到双脚的直流电流对人效应的约定时间/电流区域

└>——→《效应通规》P41-20-图22

6. 计算实例

(1)偏差系数F_D

人体总阻抗的测定及其结果的统计分析 →《效应通规》P41-21-附录A

(2) 人体总阻抗Z_T →《效应通规》P41-23

1) 接触电压100V/200V，电流路径为双手到双脚，干燥，双手为中等面积，双脚为大面积

└→《效应通规》P41-23-例1

2) 接触电压100V/200V，手到手，干燥，小面积 →《效应通规》P41-24-例2

3) 25V，双手对躯干并联，盐水润湿，大面积 →《效应通规》P41-24-例3

4) 1000V及以上，坐在地上，头部接触高压 →《效应通规》P41-24-例4

二、试题练习

1.2016年上午第1题：

50Hz交流电通过人身达一定数量时，将引起人身心室纤维性颤动现象，如果电流通路为左手到右脚时这一数值为50mA，那么，当电流通路变为右手到双脚时，引起发生心室纤维性颤动相同效应的人身电流是多少？

(A)30mA (B)50mA (C)62.5mA (D)100mA

答案:[C]

解答过程：依据规范GB/T 13870.1-2008表12及5.9计算公式，两种不同路径产生的心室纤维性颤动效应相同，要求I_{ref}电流相等。故有：

$50\times1=I_h\times0.8$ 解得 I_h=62.6mA 选答案C

2.2017年上午第1题：

在某外部环境条件下，交流电流路径为手到手的人体总阻抗Z_T如下表所示。已知偏差系数$F_D(5\%)=0.74$，$F_D(95\%)=1.35$。一手到一脚的人体部分内阻抗百分比分布中膝盖到脚占比为32.3%，电流流过膝盖时的附加内阻抗百分比为3.3%。电流路径为一手到一脚的人体总阻抗为手到手人体总阻抗的80%。请计算在相同的外部环境条件下，当接触电压为1000V，人体总阻抗为不超过被测对象5%，且电流路径仅为一手到一膝盖时的接触电流值与下列哪项数值最接近？(忽略阻抗中的电容分量及皮肤阻抗)。

接触电压(V)	不超过被测对象95%的人体总阻抗ZT值(Ω)
400	1340
500	1210
700	1100
1000	1100

(A)2.34A (B)2.45A (C)2.92A (D)3.06A

答案:[C]

解答过程：依据GB/T 13870.1-2008中3.1.10条，$Z_T(50\%,U_T)$相等，有：

$$\frac{Z_T(5\%,U_T)}{0.75}=\frac{1100}{1.35}$$ 得$Z_T(5\%,U_T)$=602.963

一手到膝盖的总阻抗：0.8×(1-32.3%+3.3%)×602.96=342.483

电流路径一手到膝盖的接触电流值：$\frac{1000}{342.483}$=2.92A 选答案C

(全文完)

◇江苏 陈洁

“点动”开关应用两例

一、光控“点动”开关LED

本电路可实现通过光敏电阻“点动”控制LED的显示，即用光照射一下光敏电阻RG，就可实现LED亮，再用光照射一下光敏电阻RG（时间要比上次要久些）可实现LED熄灭。电路见附图1所示：

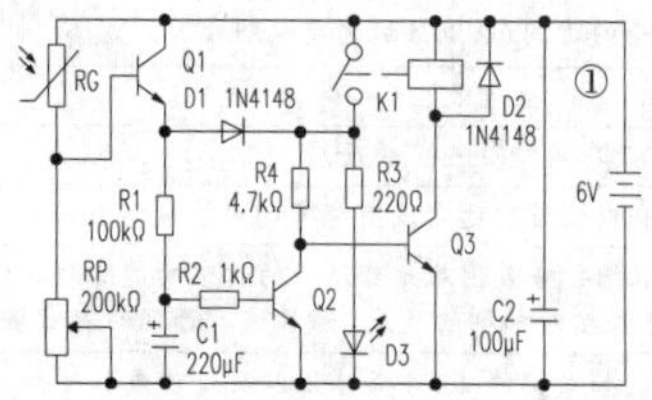

图1电路工作过程：

1.当电路上电后，光敏电阻RG受到一个短时间的光照时，三极管Q1导通，Q1发射极输出的电流分成两部分：一部分走D1,R4,Q3的基极使Q3导通，Q3导通后，继电器K的线圈中有电流流过，常开触点吸合，电源经限流电阻R3点亮发光二极管D3，同时电源经R4，Q3的基极继续维持Q3的导通，形成一个自锁的功能，这时候即使光敏电阻RG上已经没有光照时，发光二极管D3仍能保持亮的状态。Q1发射极输出的电流另一部分经R1给电容C1充电，由于光照时间短，所以Q1的开通时间也很短，电容上只充了一点电荷，不足以使Q2导通，Q2还是保持的截止状态。

2.要想熄灭LED，只需给光敏电阻RG一个长时间的光照，让三极管Q1的导通时间更长一些，从而使电解电容C1上的充电电压达到使三极管Q2饱和导通。三极管Q2饱和导通后，Q2集电极的电压接近0V，使Q3截止，继电器释放，常开触点弹起，发光二极管D3熄灭。

3. 设计区别点 本电路的关键在于两次光照的时间不一样，第一次短时间，第二次长时间。因为第一次短时间，所以电容C1上的充电电压较小，不会改变电路的状态。

二、“声控”点动开关电路

本例电路为声控开关电路，而且是点动开关。如可通过两次掌声进行控制开关开，两次击掌控制开关关。电路图图见图2所示。

电路图说明：

本例电路沿着信号传输方向可分为三个模块：

一是由咪头MK1，运放uA741组成的掌声采集以及信号放大模块；

二是由NE555组成的单稳态触发电路，可对放大的交变电压信号进行整形输出；

三是由CD4013和继电器组成的开关触发电路。

电路图原理：

整个电路的信号流向很明显，分析起来没有那么复杂：当外界安静时，由于电容C1隔直流的作用，运放的反相输入端没有信号输入，运放输出高电平。由555芯片组成的单稳态电路也不会被触发，开关不动作。

当外界有声音时，咪头将声音信号转换为交变电压信号，经电容C1输入至运放反相输入端进行放大后经电容C2输出负脉冲信号。调节电阻R7，可以调整电路对声音信号的灵敏度。

运放输出的负脉冲信号输入至NE555的②脚，触发单稳态电路，在NE555的③脚输出一个方波信号。

输出的方波信号输入至CD4013，作为D触发器的时钟信号。从两个D触发器的接法可以看出，S和R都被拉低到低电平，这样D触发器的输出在时钟信号为上升沿时，Q=D。

所以在第一个脉冲过来时，1Q=0，2Q=1，三极管截止；第二个脉冲过来时，1Q=1，2Q=1，此时三极管Q1导通，继电器动作，常开触点闭合。此时若外界没有声音时，开关将一直保持闭合状态。

第三个脉冲过来时，也就是再次检测到外界有掌声时，1Q=1，2Q=0，三极管继续保持导通状态；第四个脉冲过来时，1Q=0，2Q=1，三极管截止，继电器释放，常开触点释放。

这里每一个脉冲过来都表示MIC检测到一次外界的声音信号。

设计区别点：

本例电路难点在于理清两个D触发器的输出，可以用示波器查看输出波形的变化来帮助理解。

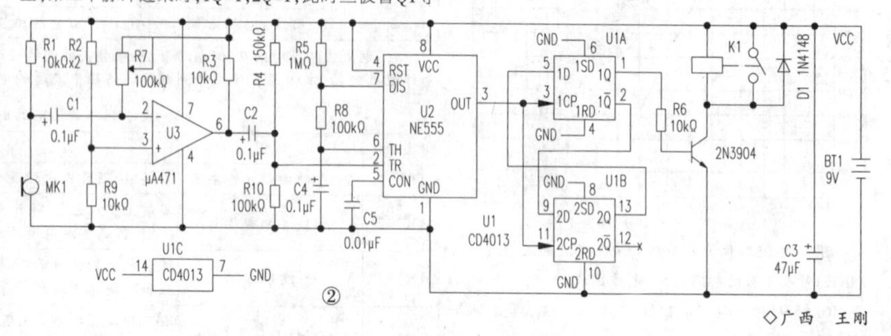

◇广西 王刚

面向高速USB端口和工业应用故障保护方案

Maxim 宣布推出MAX22505 ±40V高速USB故障保护器，帮助设计者排除任何故障对USB口的损害，包括高达±40V的地电位差，避免了竞争方案参数折中。器件可用于保护24V交流或40V直流供电的工业设备数据线及电源线，方案尺寸缩小50%以上，以支持工业应用。

当今工业环境中，开发人员仍在不断地努力减小方案尺寸，提高生产力和产量，保持更高的系统稳定性和更长的正常运行时间。因此，由于连接器尺寸变得更小，自动化设备开始采用USB口替代RS232口。随着工业环境采用USB口支持实时诊断、可编程逻辑控制器(PLC)的编程/服务或摄像头视觉系统，以获取更快的通信速度，需要对USB口的过压和地电位差等故障提供有效保护，同时还要兼顾高达480Mbps的高数据率要求。这些系统可能发生对主机侧和设备侧的同时损害，需要实现高压故障保护的独特方案。目前市场上已有的USB故障保护方案无法同时兼顾USB的工作速度和数据线、电源线的限压/限流保护。所以，市场上的现有方案成本昂贵，且不能为高速USB提供有效的故障保护。

MAX22505是业内唯一能够提供工业高速USB故障保护 (480Mbps)，并可以灵活地支持主机或设备侧应用，包括便携式 (OTG) USB的解决方案。器件可保护设备不受来自电源和数据线上的过压或负压、以及设备之间地电位差造成的损害。与其他方案相比，器件可将方案尺寸减小50%以上，同时在恶劣环境下确保可靠通信，以及实现高成效、更简单的设计。支持包括楼宇自动化、工业PC、PLC以及USB诊断端口等应用。

主要优势

· 可靠通信：防止过压、负压、地电位差造成的损害；集成VBUS/GND电源线 ±50VDC保护；集成D+/D-数据线 ±40.7VDC保护。

· 小尺寸：相比竞争方案，尺寸减小50%以上

· 高性能：支持高速率(480Mbps)、全速(12Mbps)和低速(1.5Mbps) USB工作速率

◇四川 李文

节能灯检修改造9例

例一：FSL牌85W4U节能灯，灯管崭新，不能点亮。

拆开外壳发现保险丝炸裂、4只整流二极管1N4007背面PCB板上铜箔烧毁，进一步测量发现4只整流二极管全部击穿，但开关管、滤波电容完好。分析认为应该是进水造成短路的结果。换上一只0.5A保险丝、从备板上取下4只好的4007换上、用Φ3mm铜丝修复铜箔连线后该灯恢复正常。

例二：星光牌30W螺旋形节能灯不亮。

拆开外壳，遍查所有应该怀疑的元件，没有发现什么问题，后来用放大镜查看，发现只是扼流圈一只引脚漆包线霉断造成，拆下重绕后恢复正常。

例三：东北人牌28W中螺旋三基色节能灯不亮。

查保险丝没断、整流管、高压滤波电容正常，在线测两只开关管也正常，各电阻也无损坏的迹象，加电测开关管中点电压偏差太大（一只270V，一只35V），拔掉插头，拆下开关管测量（用R×1K挡）发现其中一只已漏电（cb极反向电阻只有200K），换管后节能灯恢复正常。

例四：松日牌2U9W节能灯失效。

拆开查看电路板上元件并无烧焦痕迹，用R×1K挡测量板上器件，发现4.7μ/400V开关管整流滤波电容漏电（正反向电阻都只有40K左右），换新品后恢复正常。

例五：松日牌2U9W节能灯不亮。

拆开发现印版铜箔大面积烧毁，测开关管、整流二极管均击穿，保险丝熔断，估计可能是进水造成。显然该印版已无检修的价值。测灯丝正常。用一修复过的同型号备板替换后该灯恢复正常。

例六：OPPLE牌36W吸顶灯不亮。

测2D形灯管正常。测电子镇流器板上保险丝熔断、开关管击穿、与发射极串联的贴片电阻烧毁（阻值标号已看不清）。由于该板所用贴片元件甚多，标号又不清楚，估计修复的难度较大，改用一本洋牌40W广告灯箱专用镇流器替换后修复。

例七：菲利浦直管式36W荧光灯修复改造。

该灯属于老式铁心镇流器荧光灯，镇流器虽然没坏，但是氖泡坏了却没地方买，恰好手头有多只从废品店淘到的型号为XG－YJ2×40E的广告灯箱专用镇流器，用其中一只替换老式铁心镇流器后，荧光灯恢复正常。

例八：老式8W荧光桌灯改造一例。

老式8W荧光桌灯用的也是小型铁心镇流器，效率较低，用8—12W电子镇流器板替换，效果良好。

例九：一型号为STL—T412W—02BL的可移动桌灯改造一例。

此灯原用12W H型灯管，损坏后不易买到，故干脆用一只20W聚星三基色灯替换之。方法是：将底座中安装的12W电子镇流器拆除，在原来安装H型灯管的管座位置装上一只螺旋形灯座，插头线通过底座上的电源开关直接向螺旋形灯座供电。这样做的好处是显而易见的，不再赘述。

◇福建 蔡文年

办公大楼电话的调整

对于几层甚至几十层楼的办公大楼，每当人事的调动、办公室的移动，就要涉及电话的调整。而面对几十门到几百门的电话，如何快速地定位、调整到位，确实是件很麻烦的事。本文介绍管理群体电话的经验，有助于群体电话的管理。

基本知识：

1.常用工具：

1)网络寻线测试器：如图1所示，能快捷、准确地在众多紊乱的线缆中找出需要查找的那一对线缆，能对线并能测试线路的状态。

图1 寻线测试器

2)网线钳：如图2所示，压接电话线水晶头RJ11、网线水晶头RJ45；

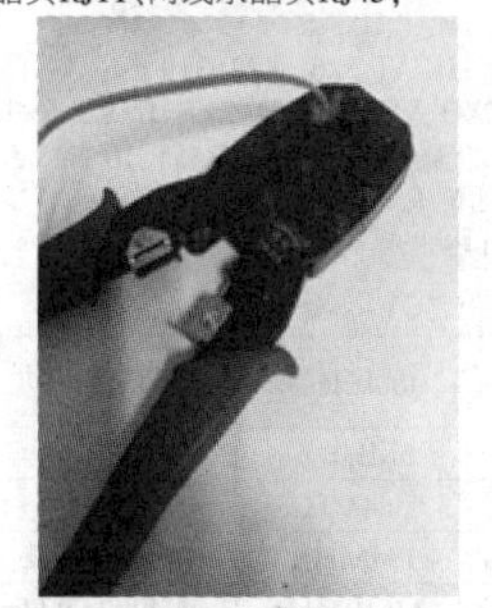

图2 剥线钳

3)打线刀如图3所示，剥线头和压接配线架上的连接线。

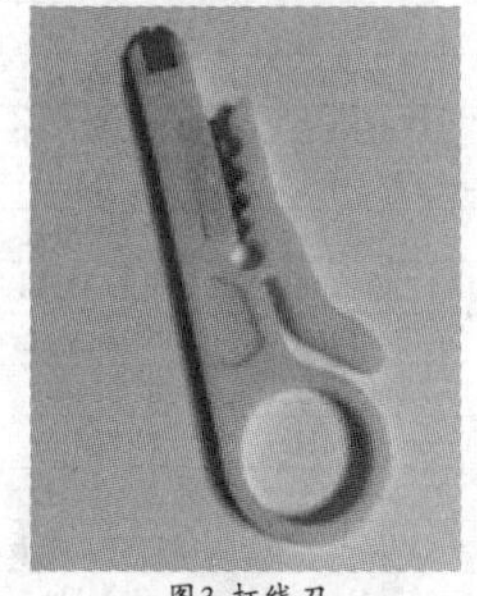

图3 打线刀

4)检修电话：如图4所示，用于测试配线架上电话线路是否有信号，借助它还能测出端子的电话号码。

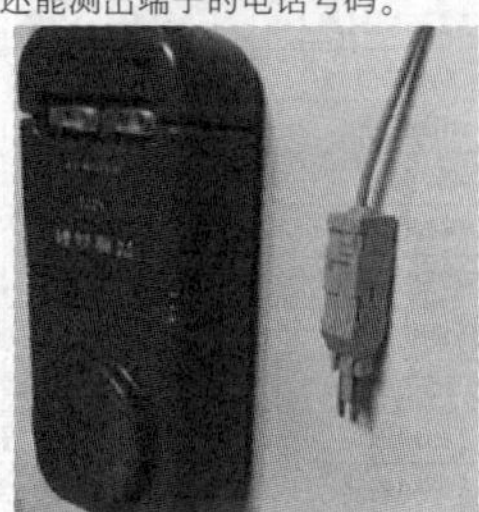

图4 检修电话

2. 电话线路的工作原理：如图5所示，每门电话与程控交换机的连线必然经过电缆AB、经过弱电井配线架BC、经过电缆CD、经过机房总配线架DE、经过电缆EF最后到电话程控交换机。其中办公室到弱电井也即AB段一般采用网线，BC、DE间要用短接跳线连接。

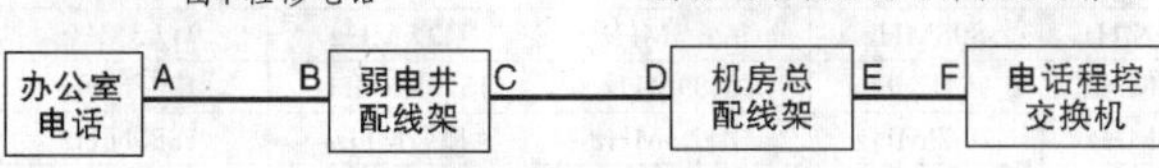

图5 电话线路连接原理图

3.机房配线架实物图：如图6所示。其中：

图6 机房总配线架

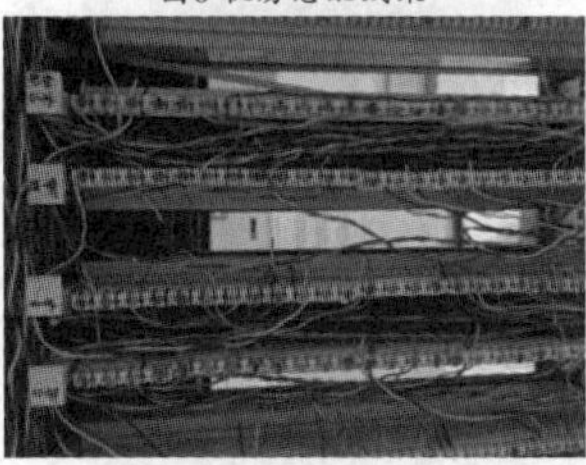

图7 与程控交换机相连的正面

1)与程控交换机相连的部分：正面如图7所示，背面如图8所示。

图8 与程控交换机相边的背面

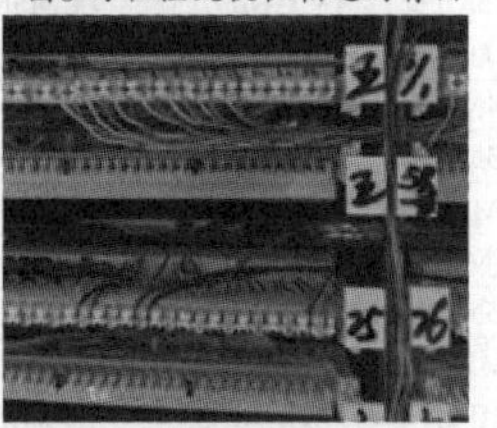

图9 与各楼层弱电井相连的正面

2)与各楼层弱电井的连接：正面如图9所示，背面如图10所示。

图10 与各楼层弱电井相连的背面

4.弱电井配线架实物图：如图11所示，其中与网线相连的是各个办公室的电话端，与电缆相连的是机房配线架端子。

图11 各楼层弱电井配线架

平时准备

1.测出机房配线架上各端子的电话号码：如图12所示，用检修电话在图7上测出各端子的电话号码。

图12 测各端子电话号码

2.制出电话号码明细表：将上一步骤测得的电话号码按如图13所示制出电话号码明细表，便于以后的查找、检修和调整。

局端机架	槽号	电话号码	楼号	房间
1A 01	0	89109705	1	301
	1	89109836	1	308
	2	89109335	5	503
	3	89109509	3	306

图13 电话号码明细

检测对应的端子：

办公室电话端口与弱电井配线架上对应的端子：

办公室电话端口：按如图14所示，将寻线测试器工作方式调到寻线模式。

图14 测试电话模块端

在弱电井配线架上，用寻线测试器的接收器按如图15所示检测出响声最大的端子便是电话插口上所对应的端子。

机房到弱电井：

如图9所示，机房各层配线架与弱电井的配线架一一对应，如五层从右往左第3个端子，则与五层楼弱电井的配线架上从右往左第3个端子是同一根线相连。

如果按上步骤找的一对端子不是同一根线，则可能是施工单位接线混乱。可以按图16所示在机房发出信号，按图15所示寻出声音最响的端子便是同一根线相连。这种方法最为准确。

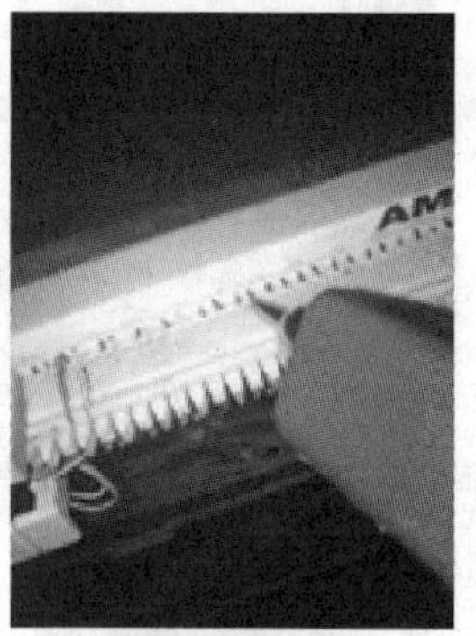

图15 寻电话端口

图16 机房与弱电井相应端子的寻线

电话调整

1.同一楼层：

同一办公室：

几个电话相同：在弱电井的配线架上，先将几个相同电话号码的端子用短接线相连，再连到与机房相连的配线端子上如图17所示；也可以在办公室将前后电话机用电话线直接并接，如图18所示。

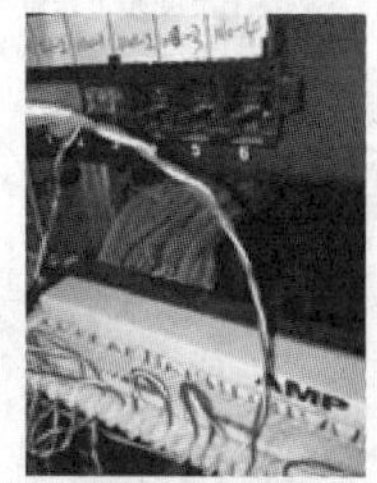

图17 配线架上相同电话的连接

图18 相同电话通过电话机并线

两个电话不同：先用寻线测试器，在弱电井的配线架上找出两个要交换电话号码的对应的端子，再将这两个端子的跳线对调一下。

不同办公室：先在弱电井的配线架上用寻线测试器找出两个电话插座所对应的端子，然后将两个端子的跳线对调一下。

2.不同楼层：

先用寻线测试器，在机房配线架上找出两个要调整电话号码的端子，再将这两个端子的跳线对调一下就调整好了。

新增号码：

在机房的配线架上，用跳线将新增电话号码的端子，跳接到楼层配线架上空闲的端子，并记住该端子的序号。

用寻线测试器在弱电井配线架上找出与电话插座相对应的端子。

在弱电井配线架上用跳线将按第一步找到的端子与第二步找到的端子相连起来。

◇江苏 倪建宏

电气电路中晶振应用及其选型

在电气工程与自动化专业中，众多的主控电路中，均离不开振荡电路，而在实际应用中，振荡电路的构建基本由晶振来完成。在实际教学中，往往只浮于应用，而对晶振知识了解甚少，本文就针对电气电路中常用的晶振进行介绍。

晶振一般叫做晶体谐振器，是一种机电器件，是用电损耗很小的石英晶体经精密切割磨削并镀上电极焊上引线做成。这种晶体有一个很重要的特性，如果给他通电，他就会产生机械振荡，反之，如果给他机械力，他又会产生电，这种特性叫机电效应。他们有一个很重要的特点，其振荡频率与他们的形状，材料，切割方向等密切相关。由于石英晶体化学性能非常稳定，热膨胀系数非常小，其振荡频率也非常稳定，由于控制几何尺寸可以做到很精密，因此，其谐振频率也很准确。根据石英晶体的机电效应，我们可以把它等效为一个电磁振荡回路，即谐振回路。他们的机电效应是机-电-机-电。的不断转换，由电感和电容组成的谐振回路是电场-磁场的不断转换。在电路中的应用实际上是把它当作一个高Q值的电磁谐振回路。由于石英晶体的损耗非常小，即Q值非常高，做振荡器用时，可以产生非常稳定的振荡，作滤波器用，可以获得非常稳定和陡削的带通或带阻曲线。

晶振是石英振荡器的简称，英文名为CRYSTAL，它是时钟电路中最重要的部件，它的作用是向显卡、网卡、主板等配件的各部分提供基准频率，它就像个标尺，工作频率不稳定会造成相关设备工作频率不稳定，自然容易出现问题。由于制造工艺不断提高，现在晶振的频率偏差、温度稳定性、老化率、密封性等重要技术指标都很好，已不容易出现故障，但在选用时仍可留意一下晶振的质量。晶振在应用具体起到什么作用微控制器的时钟源可以分为两类：基于机械谐振器件的时钟源，如晶振、陶瓷谐振槽路；RC(电阻、电容)振荡器。一种是皮尔斯振荡器配置，适用于晶振和陶瓷谐振槽路。另一种为简单的分立RC振荡器。基于晶振与陶瓷谐振槽路的振荡器通常能提供非常高的初始精度和较低的温度系数。RC振荡器能够快速启动，成本也比较低，但通常在整个温度和工作电压范围内精度较差，会在标称输出频率的5%至50%范围内变化。但其性能受环境条件和电路元件选择的影响。需认真对待振荡器电路的元件选择和线路板布局。

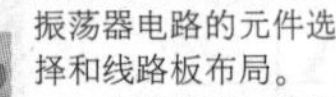

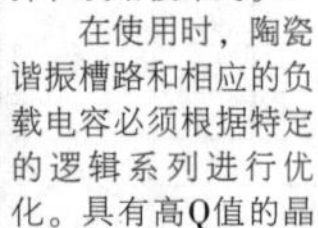

在使用时，陶瓷谐振槽路和相应的负载电容必须根据特定的逻辑系列进行优化。具有高Q值的晶振对放大器的选择并不敏感，但在过驱动时很容易产生频率漂移(甚至可能损坏)。影响振荡器工作的环境因素有：电磁干扰(EMI)、机械震动与冲击、湿度和温度。这些因素会增大输出频率的变化，增加不稳定性，并且在有些情况下，还会造成振荡器停振。上述大部分问题都可以通过使用振荡器模块避免。这些模块自带振荡器、提供低阻方波输出，并且能够在一定条件下保证运行。最常用的两种类型是晶振模块和集成RC振荡器(硅振荡器)。晶振模块提供与分立晶振相同的精度。

硅振荡器的精度要比分立RC振荡器高，多数情况下能够提供与陶瓷谐振槽路相当的精度。选择振荡器时还需要考虑功耗。分立振荡器的功耗主要由反馈放大器的电源电流以及电路内部的电容值所决定。CMOS放大器功耗与工作频率成正比，可以表示为功率耗散电容值。比如，HC04反相器门电路的功率耗散电容值是90PF。在4MHz、5V电源下工作时，相当于1.8ma的电源电流。再加上20PF的晶振负载电容，整个电源电流为2.2ma。陶瓷谐振槽路一般具有较大的负载电容，相应地也需要更多的电流。相比之下，晶振模块一般需要电源电流为10ma~60ma。硅振荡器的电源电流取决于其类型与功能，范围可以从低频(固定)器件的几个微安到可编程器件的几个毫安。一种低功率的硅振荡器，如MAX7375，工作在4MHz时只需不到2ma的电流。在特定的应用场合优化时钟源需要综合考虑以下一些因素：精度、成本、功耗以及环境需求。

晶振是控制CPU的时钟频率的，也就是产生高低电平的周期(产生一个高电平，和一个低电平为一个周期，)一般说来次频率越高，电脑在单位时间里处理的速度越快晶振本身并不产生振荡，但它会以一个固定的频率与外电路发生谐振，前提是外电路的振荡频率必须与晶振的固有振荡频率相一致，起码也要非常接近，否则电路将停振。关于测试，一般业余情况下用万用表测有电阻(指表针动)则已损坏(振荡频率很低的表针也会略摆，但马上归零)，表针不动(电阻无穷大)，有可能好，有可能引线开路。

常用于电器电路中的晶振型号大全

1.有源晶振引脚

有源晶振型号纵多，而且每一种型号的引脚定义都有所不同，接法也不同，下面介绍一下有源晶振引脚识别：有点标记的为①脚，按逆时针(管脚向下)分别为②、③、④。

有源晶振通常的用法：一脚悬空，二脚接地，三脚接输出，四脚接电压。

有源晶振不需要DSP的内部振荡器，信号质量好，比较稳定，而且连接方式相对简单(主要是做好电源滤波，通常使用一个电容和电感构成的PI型滤波网络，输出端用一个小阻值的电阻过滤信号即可)，不需要复杂的配置电路。相对于无源晶体，有源晶振的缺陷是其信号电平是固定的，需要选择好合适输出电平，灵活性较差，而且价格高。有源晶振是由石英晶体组成的，石英晶片之所以能当为振荡器使用，是基于它的压电效应：在晶片的两个极上加一电场，会使晶体产生机械变形；在石英晶片上加上交变电压，晶体就会产生机械振动，同时机械变形振动又会产生交变电场，虽然这种交变电场的电压极其微弱，但其振动频率是十分稳定的。当外加交变电压的频率与晶片的固有频率(由晶片的尺寸和形状决定)相等时，机械振动的幅度将急剧增加，这种现象称为"压电谐振"。

(a) 内部结构 (b) 顶视

压电谐振状态的建立和维持都必须借助于振荡器电路才能实现。附图是一个串联型振荡器，晶体管T1和T2构成的两级放大器，石英晶体XT与电容C2构成LC电路。在这个电路中，石英晶体相当于一个电感，C2为可变电容器，调节其容量即可使电路进入谐振状态。该振荡器供电电压为5V，输出波形为方波。

2.有源晶振与无源晶振

晶振分为无源晶振和有源晶振两种类型。无源晶振与有源晶振的英文名称不同，无源晶振为CRYSTAL(晶体)，有2个引脚，体积小，需借助于时钟电路才能产生振荡信号；有源晶振叫做OSCILLATOR(振荡器)。有4只引脚，体积较大。

3.方形有源晶振引脚分布：

(1)正方的，使用DIP-8封装，打点的是1脚。1-NC；4-GND；5-OUTPUT；8-VCC

(2)长方的，使用DIP-14封装，打点的是1脚。1-NC；7-GND；8-OUTPUT；14-VCC

4.说明：

(1)电源有两种，一种是TTL，只能用5V，一种是HC的，可以3.3V/5V

(2)边沿有一个是尖角，三个圆角，尖角的是一脚，和打点一致。

(3)石英晶体封装类型：49/U，49/T，UM-5，49/S，尺寸：5×7mm²，6×3.5mm²，5×3.2mm²，4×2.5mm²

贴片晶振(OSC)尺寸：SMD(3.2&TIMES;5，6×3.5，5×7，3.2&MES;5，6×3.5，5×7)。

全尺寸、半尺寸晶振：49/U、49/T、49/S、49/SMD、50/U/0/T、UM-1、UM-5。

圆柱形晶振尺寸：1.5×5、2×6、3×8、3×9、3×10。

5.常用晶振型号

工作温度为-40~+85℃

石英振荡器系列：全尺寸、半尺寸钟振、(5×7、6×3.5、5×3.2、4×2.5)石英晶振系列：HC-49/U、HC-49/S、HC-49/SMD、50U、UM-1、UM-5

音叉晶体系列：JU/AT 2×6、3×8、3×9

贴片系列：TCXO、VCXO SMD(5×7、6×3.5、5×3.2、4×2.5)陶瓷系列：ZTA、ZTT、ZTB CRB455、10.7M

6.常用频率(见附表)

◇四川省广元市职业高级中学校 贾鹏

32.768kHz 标准的计时参考方案	100kHz	200kHz	340kHz	400kHz	455kHz
600kHz	1.8432MHz	2MHz	2.68MHz	3MHz	3.2MHz
3.575611MHz	3.579MHz	3.579545MHz	3.64MHz	3.6864MHz	4MHz
4.140MHz	4.032MHz	4.09MHz	4.096MHz	4.194MHz	4.195MHz
4.1952MHz	4.25MHz	4.332MHz	4.433MHz	4.433619MHz	4.49923MHz
4.5MHz	4.91MHz	4.915MHz	5MHz	5.927MHz6MHz	6.431091MHz
6.772MHz	7MHz	7.2MHz	7.3728MHz	7.6MHz	7.732MHz
7.9296875MHz	8.192MHz	8.38MHz	9.216MHz	9.6MHz	9.8MHz
9.83MHz	9.8304MHz	10MHz	10.01MHz	10.238MHz	10.240MHz
10.245MHz	10.25MHz	10.7MHz	10.8MHz	11.013MHz	11.0592MHz
11.15MHz	11.288MHz	11.5MHz	12MHz	12.288MHz	12.5MHz
12.6MHz	12.8MHz	13MHz	13.25MHz	13.5MHz	13.56MHz
14MHz	14.31818MHz	14.74MHz	14.745MHz	14.7456MHz	15.36MHz
15.4MHz	15.5MHz	16MHz	16.367667MHz	16.368MHz	16.384MHz
16.8MHz	16.9344MHz	17.28MHz	17.734MHz	17.734475MHz	18.432MHz
19.2MHz	19.3125MHz	19.44MHz	19.68MHz	19.6608MHz	19.8MHz
20MHz	20.25MHz	20.945MHz	21.24MHz	21.245MHz	21.4MHz
21.47727MHz	21.504MHz	22.1184MHz	23.040MHz	24MHz	24.0014MHz
24.431MHz	24.5535MHz	24.576MHz	24.6MHz	25MHz	26MHz
26.05MHz	26.8MHz	26.975MHz	27MHz	27.145MHz	27.7MHz
28MHz	28.8MHz	28.224MHz	28.63MHz	29.4912MHz	29.5MHz
30MHz	31.5MHz	32MHz	、32.1MHz	32.256MHz	33MHz
33.333MHz	33.86MHz	33.868MHz	33.8688MHz	35.4689MHz	36.860MHz
37MHz	38.4MHz	38.85MHz	39.168MHz	40MHz	40.32MHz
42.105MHz	42.496MHz	44MHz	44.545MHz	45MHz	45.1MHz
48MHz	49MHz	50MHz	54MHz	56MHz	56.448MHz
60MHz	61.5MHz	65MHz	66.66MHz	67.750MHz	70MHz
70.5MHz	73.720MHz	75MHz	76.8MHz	85.38MHz	90MHz
96MHz	100MHz	106.95MHz	110.52MHz	112.32MHz	125MHz
128.45MHz	130MHz	150MHz	153.6MHz	225MHz	243.5MHz
280MHz	307.2MHz	310MHz	311.06MHz	315MHz	360MHz
433.92MHz	446MHz	465MHz	704MHz	842.5MHz	881.5MHz
897MHz	897.5MHz	898MHz	926.5MHz	942.5MHz	947.5MHz
1016MHz	1323MHz	1441MHz	1489MHz	1575.45MHz	1747MHz
1747.5MHz	1750MHz	1842MHz	1842.5MHz	1847MHz	1880MHz
1960MHz	1964MHz				

有线电视电缆接头优劣的鉴别

有线电视电缆接头的质量与系统的稳定性和防水性能等密切相关，所以必须学会鉴别

电缆接头的优劣，以下提供几点经验供同行参考。

1.F头锁紧套的内螺纹里侧一定要有镂空槽

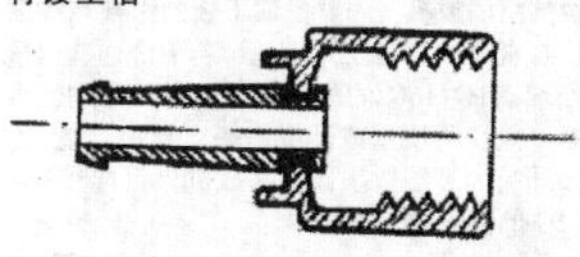

图1 有镂空槽的F头示意图

F头锁紧套属于非贯穿型内（阴)螺纹里侧接近底部必须加工出一圈镂空槽(见图1),这样螺纹才能攻透,分支器、分配器的接头(阳螺丝)才能旋到底压紧电缆套管,保持良好接触。

有些厂家生产的劣质F头没有加工出镂空槽(见图2),分支器、分配器的接头往往难于旋到底，不能紧压电缆套管,日子久了可能造成接触不良的故障,而又很难查出来，或者为了将接头旋到位,加大用力,又往往造成分支器、分配器接头螺纹损坏,特别是铝质螺纹更容易损坏。

图2无镂空槽的F头示意图

2.F头插针与绝缘板及接头壳体之间要静配合

-9,-12普通F头通常配有插针，插针分为前端的插针和后端的电缆芯套管两部分，这两部分与绝缘隔板之间都要求静配合，即要稍为多用一点力才能插进去,不能松动摇摆,另外要注意绝缘板中心孔的中心度要好,不能有偏心现象。F头插针后端的电缆芯套管以开1~2条槽为宜,不开槽(圆管状)或开4条槽者均不便施工或不易夹紧电缆芯线。绝缘隔板与接头壳体之间也应为静配合，不应有过大的缝隙。

有些厂家生产的F头型电缆接头的配合间隙较大，甚至绝缘板中心孔明显偏心,造成插针偏心,影响电气参数,这类产品不宜采用。

3.防水接头的电缆防水功能要认真检验

防水接头最后旋紧的那个套管末端内侧通常安放一个约10cm宽的电缆防水皮圈,当这个套管逐步旋紧时,放置防水皮圈的长度位置逐步缩小，迫使防水皮圈的内径缩小,紧紧压住电缆外护套,以起到防水的作用。但有些厂家生产的防水接头在旋紧套管时，防水皮圈的内径不会缩小或缩小程度不够而起不到防水作用，因此要把检验电缆防水效果作为重要的质检项目,方法是:拿一个防水接头,用手将最后那个套管逐步旋紧,如果能够使电缆防水皮圈的内径缩减到原来的一半左右，则认为这个防水接头的防水功能合乎要求、当然最好是用电缆实际做一个接头来检验。另外,防水皮圈的质量至关重要，优质防水皮圈是用硅橡胶做的，通常呈现半透明状，手感柔软,易压缩,富弹性,不易老化变质。

◇辽宁　孙书静

广播电视常用技术英汉词汇对照表(八)

在应用广播电视设备中,往往有很多英文简写出现在设备上,为了方便同行对广电设备上的英文熟知，特摘录以下常见用于广播电视技术行业的英汉词汇对照表。为了查询方便,本表以英文字母排序进行汇集整理。在查阅对应含义时,特别要注意部分简写的真实含义,容易出现混淆,同时在本技术行业应用中,约定的简写才可以简写,否则简写容易出现歧义。

(未完待续)(下转第239页)

◇湖南　李　斐

N		
NAB	National Association 0f Broadcasters	(美国)全国广播工作者协会
NAOD	Near Audio-On-Demand	准点播音频
NBC	National Broadcasting Company	(美国)全国广播公司
NC	Network Computer	网络计算机
	News Cutter	新闻编辑系统
	Noise Criterion	噪声尺度
NDB	Network Data Base	网络数据库
NEB	Noise Equivalent Bandwidth	噪声等效带宽
NHK	Nippon Hoso Kyokai	日本广播协会
NI	Noise Index	噪声指数
NII	National Information Infrastructure	(美国)国家信息基础设施
NIM	Network Interface Module	网络接口模块
NB-IS-DN	Narrow Band-ISDN	窄带综合业务数据网
NLE	Non-Linear Editing	非线性编辑
NLES	Non-Linear Editing System	非线性编辑系统
NMT	Network Management Terminal	网络管理终端
NNI	Network-Network Interface	网络一网络接口
	Network-Node Interface	网络节点接口
NO	Network Operator	网络运营者
NT	Network Terminal	网络终端
NTE	Network Termination Equipment	网络终接设备
NTSC	National Television System Committee	(美国)国家电视系统(制式)委员会
NVOD	Near Video On Demand	准视频点播
NDA	Non Disclosure Agreement	保密协议
NIT	Network Information Table	网络信息表
O		
OAB	One-to-All Broadcast	单向广播
OAN	Optical Access Network	光纤接入网
OAW	On-Air Workstation	播出工作站
OB	Outside Broadcast	实况广(转)播
ODN	Optical Distribution Node	光分配节点
OFC	Optical Fiber Cable	光缆
ONU	Optical Network Unit	光网络装置
OO	Object Oriented	面向对象
OOP	Object-Oriented Programming	面向对象编程
OS	Operation System	操作系统
OSS	Optimal Stereo Signal	最佳立体声信号
OTDM	Optical Time Division Multiplexing	光时分复用
OTT	Optical Transmission Technology	光传输技术
OWA	One-Way Addressable	单向寻址
	oxide resume power	氧化还原电位
	out-of-the-box	拆盒即可使用的
OSD	On Screen Display	屏幕显示
OSI	Open Systems Interconnect	开放系统互连
P		
PA	Power Amplifier	功率放大器
PAM	Pulse Amplitude Modulation	脉冲幅度调制
PAS	Public Address System	扩声系统
PBX	Private Branch Exchange	专用小交换机
PC	Perceptual Coding	感知编码
	Picture Coding	图像编码
PCI	Peripheral Component Interconnect	外围部件互连(总线)
	pixel	像素
PCL	Play Control List	播放控制表
PCM	Pulse Code Modulation	脉码调制
PDA	Pulse Distribution Amplifier	脉冲分配放大器
PDH	Pseudo-synchronous Digital Hierarchy	准同步数字系列
PDN	Public Data Network	公用数据网
PE	Phase Encoding	相位编码
PFM	Pulse Frequency Modulation	脉冲频率调制
PIO	Parallel Input Output	并行输入输出
PL	Private Lines	专用线路
PM	Phase Modulation	相位调制
P-PSN	Public Packet Switched Network	公共包交换网络
PS	Power Supply	电源
	Packet Switch	数据包交换机
	Program Stream	节目码流
PSC	Program Switching Center	节目切换中心
PSE	Packet-Switched Exchanger	分组交换机
PSN	Public Switching Network	公共交换网
PSTN	Public Switching Telecommunication Network	公共交换电信网
PTV	Pay Television	付费电视
	Projection Television	投影电视
PW	Pulse Width	脉宽
	present/following flag	当前/后续标志
	parity	奇偶
	hierarchy	分层
PAT	Program Association Table	节目关联表
PCM-CIA	Personal Computer Memory Card International Association	个人计算机存储卡国际协会
PDG	Private Data Generator	专用数据发生器
PES	Packet Elementary Stream	打包基本流
PID	Packet Identifier	包标识符
PMT	Program Map Table	节目映射表
PPC	Pay Per Channel	按频道付费
PPV	Pay Per View	按次付费
PSI	Program Specific Information	节目特定信息
	proprietary	专有
Q		
QAM	Quadrature Amplitude Modulation	正交调幅
QCIF	Quarter Common Intermediate Format	四分之一通用中间格式
QOS	Quality-of-Service	业务质量
QSIF	Quarter Standard Intermediate Format	四分之一标准中间格式
QPSK	Quaternary Phase Shift Keying	四相相移键控
	quaternary phase shift	四相相移
	quadrature	正交调幅

一套实用的时尚音响系统方案

如今4K电视宣传很到位，很多家庭都购买了大屏幕高清电视机，1080P、4K这些专业词语对普通用户也熟知。除看广电的传统节目外，现在的多数高清电视机多内置网络播放模块，可实现网络视频在线播放功能，节目丰富多彩。笔者一直认为如今的高清电视机在功能上讲已超前，其音质已跟不上画质的升级，部分音响厂家推出了声霸等一些电视伴侣为电视机配套，这是其中一个方法，我们也可外接其他音响器材，与电视机一起配合即可组建一套高品质娱乐系统，在此笔者先介绍一个有特色的音响产品。

一、内置功放的蓝光DVD播放机（先锋BD111FS）

数码产品，你可以尝鲜，在第一时间购买到也意味着要付出高价；也可以购买实用与实惠的商品，也意味着仅付出平价即可。如今由于4K蓝光光盘播放机上市，早期生产的2K蓝光光盘播放机大多降价或清仓处理，各大品牌都有影响，降价或清仓处理的商品也不乏一些精品。

先锋BD111FS蓝光接收机是日本先锋公司推出的蓝光家庭影院组合的主机，是由先锋电子（中国）投资有限公司负责在国内销售，外观如图1所示，该机可实现BD、DVD、CD等多种光盘播放，该机内置多路功放，具有多种输出与输入端口，比如HDMI高清输出，色差信号与复合视频输出，2组外接HDMI高清输入，光纤输入、模拟音频输入，FM天线接口等，如图2所示。

打开该机上盖，可看到内部由4大部分组成，蓝光光驱、电源板、音视频核心主板、功放板组成，如图3所示。

该机的音视频核心主板相对复杂一些，采用了BD经典方案，ARM高速处理器作音视频处理，该机移置了高端AV功放的部分方案，采用ADV7622作HDMI切换，除蓝光机本身占用一组HDMI高清输入接口外，还有两组HDMI高清输入，1组HDMI高清输出。内置专业的音频DSP CS 495314作音频处理可实现多种音效，如图4所示。

该机在电源部分也下足了用料，采用多组优质高频变压器，多只大容量滤波电容，如180UF/450V与100UF/450V优质电解，采用1000UF/50V电解为26V低电压滤波，如图5所示。早期的国产DVD机内部高压滤波电容多为100UF/450V或47UF/450V，如今很多DVD生产厂家为节约成本滤波电容再次降到用1只22UF/400V或10UF/400V，真不知该说什么好。即使对比于进口某些大品牌的蓝光光盘播放机（如图6所示），该机的用料也让人放心。该机有如下特点：

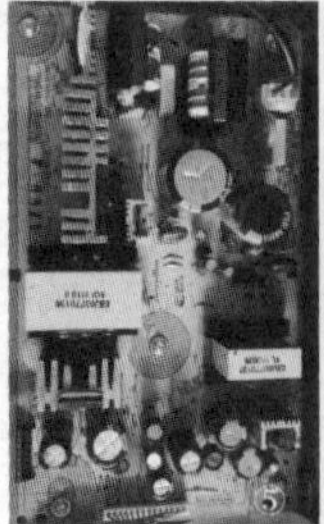

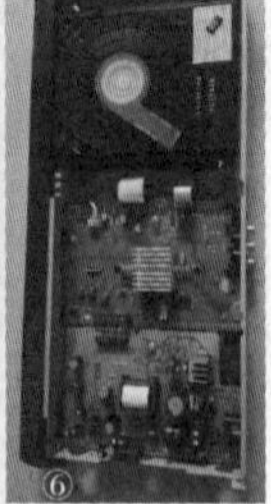

1.1080P/24Hz胶片电影显示模式

该机可设置分量和HDMI视频信号的输出分辨率，可1080P、1080i、720P、576P与576I等多种模式。特别是1080P显示模式具有24Hz与50Hz选择，若与高端电视相配，24Hz可平滑承现胶片电影素材，如图7所示。

2.由于采用音频DSP，该机可实现多种音效。

STD：可欣赏动人的自然声音，

BYPASS：按照多声道环绕声信号录制的方式通过软件来播放它。

低音加强：加强左右两个前置扬声器和重低音扬声器的低音效果。

清晰语音：此模式可使语音更清晰，改善语音的音质。

游戏：可以在玩游戏时欣赏更多虚拟声音

夜晚：可以在夜间以低音量观看电影时使用，

音乐补偿：在播放MP3文件或其他压缩音乐时，可以提高音质。

响度：可以改善低音和高音。

3.数字功放2.1声道输出

CS 495314可以实现多声道解码，其实该机是按5.1 HD解码的思路来设计的，包括电源板与音频DSP处理板与功放板，不知何种原因，或许是相关专利因素，5.1数字功放板的输出部分有3路部分元器件没装配，只当作2.1功放使用，如图8所示。

虽然说明书标识了该机的放大器功率输出（RMS），总数：560W，前置：180W×2（4欧姆），重低音扬声器：200W（3欧姆），但笔者对这种标法持保留意见。经笔者测试，测试样机其数字功放IC供电为直流26.8伏，在这个电压下即使用4通道的数字功放，通过桥接与并联，最大也仅做到一百多瓦。在搭配音箱时应以实际听感为主，建议搭配50W以内的左右声道音箱与低音炮音箱较好。若追求理想效果，可把功放功率输出控制在30W+30W+30W来搭配音箱最理想。由于用音频DSP处理，可以方便通过菜单来设定左右声道音量与超低音量以及音箱的位置，可获得较佳的听感，如图9所示。可通过面板按键控制或遥控器操作来选择输入信号，如图10所示。

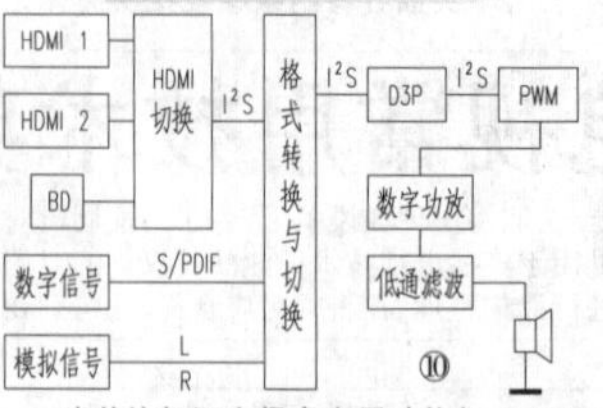

当然该机还有很多实用功能如：1.DRC动态范围控制，此功能允许在较低的音量下观看电影而不丢失声音的清晰度，可通过菜单操作。2.AV同步功能，通过设定声音的延时时间获得最佳听感。笔者推荐BD111FS机主要原因是清仓品价平，具有较高的性价比。无论国产货或是进口货，质优价平才是好商品。

二、搭配组合方案

1.一套HIFI 2.1音响系统

由于BD111FS本身可实现BD、DVD、CD等光盘播放，内部又是DSP数字功放放大，功放工作原理方框图如图11所示。数字功放的声音很纯净，进口的家用数字功放机很贵，若变通使用，BD111FS也可定位于高端音响系统，可仅用于播放CD唱片，那我们只需搭配一套发烧级的书架音箱与一个低音炮箱，若搭配适当就可组成一套HIFI的2.1音响系统，如图12所示的5寸HIFI音箱与图13所示的10寸低音炮箱，该方案有别于市场上那些中、低端2.1有源音响系统。

2.高品质、低成本的2.1客厅影院系统

一些高端电视机具有网络播放功能，某些早期的电视机没有网络功能，即使有网络功能但由于监管部门限制或禁止安装某些应用软件或其他原因另外配置一个网络播放盒。如今网络播放盒技术发展快，产品众多，厂家竞争大，特别是网络的冲击，出现了很多"特供"销售的商品，用户要有选择性的购买。

由于4K电影文件存储量大，高级享受需一定的经济作支撑。即使采用硬盘存储几百部4K电影也需要很多个硬盘；若以网络传输4K电影对带宽有一定的要求，对使用者需开通VIP会员才能观看，除商业使用外，家用4K普及还需一个过程，1080P的网络播放机可满足多数家庭的需求。笔者选用实用平价的高清网络播放机，内置多款正版的影视点播软件与直播软件，如图14所示。若平价选购，4核处理器1G+16G的配置机也可满足要求，当然专业场所使用或让机器兼容更多功能，比如升级为高端数字音频播放机，可选用3G+32G的高配定制版机器。

BD111本身可播放BD光盘、DVD光盘外，由于该机有两个外置HDMI输入接口，与高清网络播放机、网络电影播放机、高清数字电视机顶盒、高清卫星电视接收机配合使用，利用这些外置信号源的HDMI高清输出接口，用HDMI线与高清电视机相连。通过HDMI切换选择观看光盘电影或网络海量电影。现在七、八百元就可买到一台时尚外观的32英寸高清电视机，如图15所示，这类电视机功能强大，接口众多。很多家庭都有一些闲置的音箱，如早期一些组合音响配套的音箱，我们可节约发烧，利用有限的资金与部分闲置的音箱（如图16所示）与BD111FS及大屏幕电视机一起组建一套高品质、低成本的2.1声道小型客厅影院系统。

3.对电视机外置扩音，改善电视机的音质

部分大屏幕电视机保留了模拟音频输出接口与数字音频输出接口，少数进口的高端大屏幕电视机只保留了光纤输出接口，我们可以把电视机输出的模拟音频信号或数字音频信号传输给BD111FS，来进行电视音响升级改造。为节省开支，业余条件下也可DIY，可用6寸~10寸的超低音喇叭作超低音箱，用3寸~6寸的优质全频单元（如图17与图18所示）作音箱，如图19所示是装配调试好的4寸低音的两分频音箱（根据个人爱好，当然全频音箱也可增加高音，分频点可取10kHz左右）。

4.与其他外置音源组合多功能娱乐系统

该机有FM接收功能与外置模拟音频信号输入功能，可与手机、平板电脑、台式电脑、笔记本电脑、游戏机等数码产品组合使用，可搭建个人数字音乐系统。

很多家里都有一些小屏幕液晶显示器，如淘汰或闲置的15—27寸电脑的显示器，这些显示器大多只有VGA接口，可通过HDMI转VGA线把BD111FS与电脑的显示器相连，可组建个人数字娱乐系统。

◇广州 秦福忠

2018年6月17日出版 实用性 启发性 资料性 信息性

第24期 国内统一刊号:CN51-0091 定价:1.50元 邮局订阅代号:61-75

地址:(610041)成都市天府大道北段1480号德商国际A座1801 网址:http://www.netdzb.com

(总第1961期) 让每篇文章都对读者有用

谜与解谜者，谁更胜一筹？

——读《码书》

1586年10月15日星期三早上，苏格兰玛丽女王受到叛逆罪的庭审。主要证据是截获的玛丽与安东尼·贝平顿的来往信件。它们经过一番伪装，表面看上去很普通，实际上包含了一起阴谋——针对伊丽莎白女王的刺杀计划。英国情报部门成功破译密码，遏制了一起尚未成型的凶案，最终把玛丽·斯图亚特送上了断头台。

《码书》的开篇，再现玛丽女王受审始末，密码牵系生死和国运。《码书》是一部描写"编码与解码的战争"的书，作者西蒙·辛格曾任职BBC资深节目制作人，显然深谙。对于怎样做到有料又有趣，抓住广大受众的心理，该书涉及专业的编码知识，采用故事串连的构架，务必做到"内行看门道，外行看热闹"。重大的历史事件，周到的分析解读，人物的生平经历，缜密的技术理论，线性的发展进程，组合成这一部饶有趣味的科普历史作品。

"玛丽之死"暴露了传统的单套字母替代式密码法的弱点。这场编码与解码的战役，后者取胜一筹。谜与解谜，相互推动。弗吉尼亚多套字母密码法继之而起。然而，多套字母的使用程序过于复杂，使得它在接下来的两个世纪里，备受冷落。巴泽里的同音替代式密码法尝试把加密层面转移到音节或加入同音法，这种增强式单套字母密码法一度成功。查理·巴贝奇和弗里德里奇·卡西斯基的突破，再度让破译者占据了上风。19世纪晚期，大众对密码术兴趣浓厚，掀起了儒勒·凡尔纳、爱伦·坡、柯南·道尔等一批与密码术相关的文学作品。谈情说爱，国宝偷盗，遗嘱确立，机要传达，都离不开密码。

电报的发明让密码进入机械化时代。20世纪上半叶的世界，历史的主题是战争。战争的胜利很大程度取决于情报，情报之关键则取决于密码与解码技术。这一时期的书写是《码书》最惊心动魄、精彩纷呈的部分。温斯顿·丘吉尔在1923年写了一篇文章，提及1914年9月俄国海军破译了一艘沉没的德国战舰上的军事文件，这些军事文件后来转交给了英国，"信息一再被英国人拦截并解译的德国舰队指挥部，等于是摊开牌来和英国指挥部打"。德方为了避免第一次世界大战中在密码技术上的惨败，决定在"二战"中的通讯广泛采用当时最先进的"奇谜"机。也就是说，"奇谜"机能否被破解，等于能否掌控战争主动权。

"二战"传奇无可计数，有些人永远值得铭记。英国布莱切利公园如今被公认为现代密码术和现代计算机的发源地。正是在这里，阿兰·图灵和他的伙伴们发明了名为"炸弹"的解码机器，成功找到破解"奇谜"的钥匙。图灵的"人工智能"设想和"图灵实验"奠定了现代计算机的逻辑工作方式，这位伟人的生命后来终结于那一个被咬了一口的毒苹果。《码书》并不止于讲故事，故事是由人缔造的，每一个活生生的人，都在等待我们解读。图灵的故事让人忧伤，纳瓦霍人则带来安慰。太平洋岛屿的这个土著部落拥有独特的语言系统，纳瓦霍人承担了太平洋战争中美方密语通话员的职责，他们的密码是少数有史以来从未被破解的密码之一，1982年，美国政府确定8月14日为"纳瓦霍密语通话员国定纪念日"。这也意味着，在人类学意义上保护少数民族和古老语言的意义。

硝烟渐散，和平缓至，密码战依然不会停歇。《码书》后部三分之一，叙述重心集中在技术讲解，专业性强，普通的阅读是有难度的，真正的技术毕竟只对少数人开放。我们只要明白，密码术正在以日新月异的姿态占领日常生活的每个区域。随着互联网时代的到来，每一个人迟早都会被裹挟进入这场战争。社会的发展是诸多力量作用的结果。其中最明显的两种力量是办公自动化的发展和突破通讯壁垒的国际互联网的建立。毫无疑问，信息技术越来越普及，应用的领域不断扩大，隐私、财产等安全忧虑也越来越让人焦灼。

密码到底能否成为足够有力的盾牌？在《码书》的末尾，作者说量子密码是一套破解不了的加密系统，它将为编码与解码的战争画上终止符，胜利荣耀归于编码者。真的吗？拭目以待。

◇文/赵青新

(本文原载第12期2版)

再谈区块链

说到区域链，首先想起的是加密货币；没错，以比特币为代表的爆炸性增值(从2009年的0.005人民币/枚到2017年末最高值的2万美元/枚)会让许多人误以为加密货币就是区域链。

其实区域链融合了分布式架构、P2P网络协议、加密算法、数据验证、共识算法、身份认证、智能合约等方面的内容，解决了中心化模式存在的安全性低、可靠性差、成本高等问题。除了这些优点，区块链技术凭其自身优越的安全特性，在不可靠的网络上进行安全传输。

相比以往单一的中央认证系统(CA)，区域链在安全性和可靠性上要提高了很多，至少需要篡改或者攻破其数据网络51%的节点才行，攻击难度可想而知；加上攻破单一节点后，还需互相对节点数据进行自行验证，剩余节点也可以正常维持整个区块链系统，可以有效抵抗分布式拒绝服务(DDoS)；同时基于节点共识，也不需要第三方认证平台。

伴随着智能芯片的越来越强大，物联网IoT (Internet of things)的应用从理论逐步走向实际应用。因此，LoT及其设备的安全市场也引起重视，采用区域链技术对LoT进行安全保护的成本和有效性比传统单一的CA技术要可行的多。

不过目前而言，区块链技术还不够成，在实际应用中还存在安全风险，例如区块数据的可靠性会随时间降低，配套软件可能存在漏洞，甚至在保护数据安全的同时也保护了不法的数据，因此在大规模运用前还存在技术上的讨论。最后不要忘了，如果量子计算机成功研发出来，其算法对区域链也是破坏性的，当然量子计算机的实际应用可能要到10~20年后去了。

警惕假区域链

鉴于2017年下半年加密货币市场的炒作，有大批盲目的投资者涌入加密货币市场，期望一夜暴富。有些加密货币背后确实有项目或财团做支持，而还有些加密货币却是专门蒙骗投资者血汗钱的陷阱！

最近的行情暴涨，许多在2017年9月管制措施下放弃ICO的项目又死灰复燃，转向海外寻求ICO。

所谓ICO，简单来说是投资者向项目方投资比特币或者以太坊这种数字货币中的硬通货，按一定比例兑换成项目的代币。项目代币在交易所上市后，投资者可以变现。就像股市打新股一样，优质的项目代币在交易所上市后，会拉升一波价格。此时，投资者可以将手中的项目代币兑换成比特币或者以太坊，获得较高的收益。

对于出海的ICO项目，尤其是国内的项目失去了监管方(美国的ICO项目有SEC进行监管)，导致ICO项目鱼龙混杂。借着ICO火热之机，一些诈骗分子就乘虚而入了。

这些骗子打着区块链技术的幌子进行圈钱，因为基于以太坊的代币发行完全没有任何技术门槛。只需要10分钟，个人就可以完全制造一种代币，然后在网上找几张老外的照片号称是创始人和技术人员，胡编乱造一下项目的线路图和应用。然后在国外的聊天群中(比如Telegram)让投资者给自己打币，并承诺丰厚的利益。投资者投资后，就会出现客户人员态度恶劣、项目更新迟迟没有、交易所上市计划各种拖延。在收到一定量的以太坊后，骗子就跑路了。由于国内禁止虚拟货币交易，因此国内投资者几乎无法进行维权，投资也就送进骗子的钱包里了。

还有一种高级点的骗钱方式。投资者用以太币或者比特币买入骗子的代币，这些代币最初也会成功运作到交易平台上市，让投资者误以为币价刚上市，会节节高升。紧接着骗子会让这些代币大大跌破发行价，而用以购入代币的以太币或比特币则被骗子出售。

往往投资者对于代投的背景和信用无从查起，本身自己对于投资加密货币也是心急求成的心态，只要代投号称海外有优质项目渠道，一般都很容易拿到以太币，然后消失在投资者的视线。最新曝出的一名号称北大毕业的代投者，骗取了200余个以太坊，价值100余万人民币就跑路了；价值金额更大的诈骗也不在少数。

根据Coinmarketcap网站最新的统计显示，2018年后在交易所上市的187种ICO加密货币，176种出现过破发的情况，破发率为94%。目前，仍有156种加密货币处于破发状态，占比为83.4%。

(本文原载第12期11版)

电子科技博物馆"我与电子科技或产品"

本栏目欢迎您讲述科技产品故事，科技人物故事，稿件一旦采用，稿费从优，且将在电子科技博物馆官网发布。欢迎积极赐稿！

电子科技博物馆藏品持续征集：实物；文件、书籍与资料；图像照片、影音资料。包括但不限于下列领域：各类通信设备及其系统；各类雷达、天线设备及系统；各类电子元器件、材料及相关设备；各类电子测量仪器；各类广播电视、设备及系统；各类计算机、软件及系统等。

电子科技博物馆开放时间：每周一至周五9:00—17:00，16:30停止入馆。

联系方式

联系人：任老师 联系电话/传真：028-61831002

电子邮箱：bwg@uestc.edu.cn 网址：http://www.museum.uestc.edu.cn/

地址：(611731)成都市高新区(西区)西源大道2006号

电子科技大学清水河校区图书馆报告厅附楼

海尔HG-2560V高清彩电自动关机检修三例

例1：自动关机

开机的瞬间有高压建立的声音，同时测量开关电源输出电压，+B电压上升后，又降低到正常时的四分之一，但测量微处理器送入电源板的ON/OFF电压为高电平，判断保护电路启动。

开关电源初级电路采用厚膜电路STR-S6709，副电源取自主电源，待机采用降低主电源输出电压和切断行振荡电路电源供电的方式。

该机在待机控制电路V804基极的R818、R821之间的A点，外接七路检测二极管，对开关电源各路输出电压和行输出电压进行检测。当因负载短路或整流滤波电路开路，造成被检测电压严重降低或失压时，相应的检测二极管导通，将待机控制电路的A点电压拉低，迫使待机控制电路的V804由导通状态变为截止状态，V803和VD826导通，迫使开关电源输出电压降低，进入保护状态。

1.测量关键点电压，判断是否保护

由于保护时采取降低主开关电源输出电压的方式，如果开机的瞬间有+B电压输出，然后降为正常时的四分之一左右，同时测量微处理器送入电源板上的ON/OFF电压仍为开机时的高电平，即可判断是进入保护状态。

在开机后进入保护前的瞬间，测量附图中电源检测二极管VD821、VD830、VD832、VD834、VD601和行输出检测二极管VD832、VD833的负极电压，或测量上述二极管的正向电压。如果哪个二极管负极开机瞬间无电压或二极管有正向电压，即可判断该路检测电路引起的保护。也可在解除保护后测量上述二极管电压，哪个二极管负极开机无电压或二极管有正向电压，则是哪路故障检测电路引起的保护。

2.短暂解除保护，确定故障部位

1）从A点采取措施解除保护状态：将待机控制电路与保护检测电路连接的A点断开，切断保护电路对待机控制电路的控制，解除保护，开机观察故障现象。

2）从检测电路解除保护：逐个断开各路故障检测电路与待机控制电路的连接，即逐个断开电源检测二极管VD821、VD830、VD832、VD834、VD601和行输出检测二极管VD832、VD833的正极，并重新启动电视机试之。如果断开那路保护电路，开机退出保护状态，则是该检测电路引起的保护。

本例按照上述方法维修。开机的瞬间，对各路检测二极管负极的被检测电压进行测量，发现VD834的负极电压很低。该电压为伴音功放电路供电，断开功放电路外部的保险电阻RF651后，开机VD834的负极电压恢复正常，出现光栅和图像，只是无伴音。判断伴音功放电路发生短路故障，引起保护电路启动，自动关机。对伴音功放电路N651(TA8218)进行检测，⑨脚与⑬脚之间短路，更换TA8218后，故障排除。

例2：有时自动关机，关机前出现水平亮线或图像缩小

根据维修经验，估计是场输出电路发生故障，引起行输出二次供电电压失压，进入保护状态。由于该机多数时间可正常收看，偶尔发生自动关机故障，估计是电路接触不良。对为场输出N351电路供电的电源进行检测，发现行输出变压器T452的⑦脚外接保险电阻RF703(0.47Ω/1W)引脚有一个黑圈。补焊后，开机不再发生自动关机故障。

例3：自动关机

开机瞬间，对电源板的各路检测二极管负极的被检测电压进行测量，未发现异常。再对行输出检测电路的二极管负极电压进行检测，也未见异常。最后采取解除保护的方法，将附图中的A点断开，开机后不再保护，但无伴音，估计故障在小信号处理电路。而造成小信号处理电路引起保护和无伴音的只有检测电路的VD601。对VD601的负极电压进行测量，无电压。检查相关电路，发现电阻R620断路、烧焦，估计N603(KIA7805)或其负载电路N601(MSP3410/00)有短路故障。测量N603的①、③脚之间电阻很小，怀疑N603内部短路。更换N603和R620后，开机不再保护，声光图出现，故障排除。

◇海南　孙德印

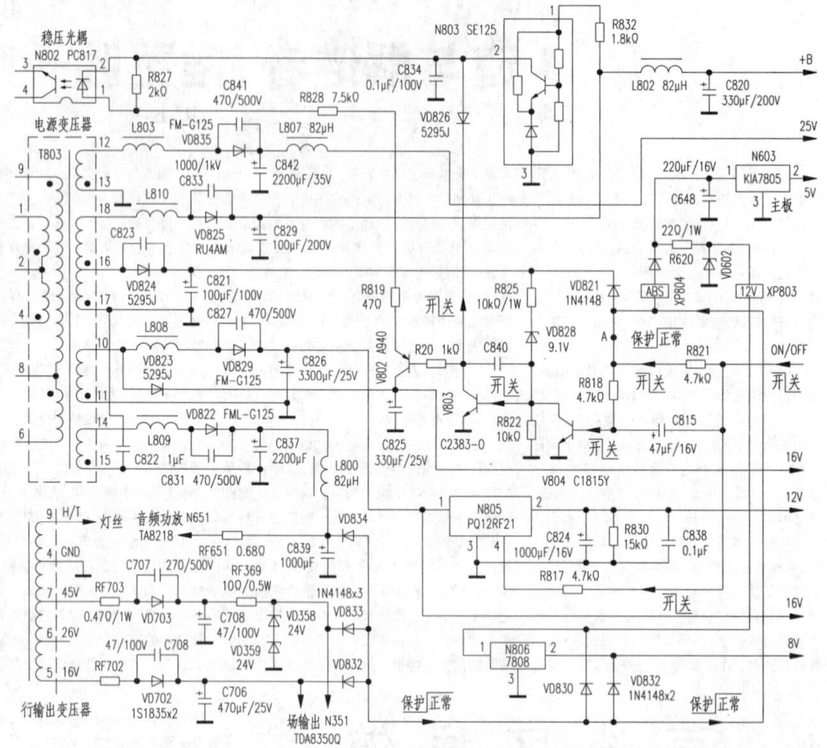

海尔L32N01液晶彩电不开机

故障现象：开机三无，指示灯亮后熄灭

开机瞬间指示灯亮，说明副电源已经启动工作，指示灯亮后熄灭，判断是保护电路启动。

海尔L32N01液晶彩电是海尔32英寸平板彩电的主流代表机型之一，其电源板为开关电源与背光灯二合一板。其中开关电源部分由三部分组成：一是以集成电路FAN7529(IC901)为核心组成的PFC功率因数校正电路，将整流滤波后的市电校正提升到+390V，为主、副开关电源和背光灯升压输出电路供电；二是以集成电路A6069H(IC902)为核心组成的副开关电源，产生+5V和+20V电压，+5V为主板控制系统供电，+20V电压经开关机电路控制后产生VCC电压，为PFC和主电源驱动电路供电；三是以集成电路LD7523PS(IC903)为核心组成的主开关电源，产生+24V、+12V电压，为主板和背光灯振荡驱动控制电路供电。背光灯逆变器振荡驱动电路采用OZ9976GN。

查看分析该机电源板图纸，该电源板设有以Q970为核心组成的过压保护电路。发生过压故障时，击穿过压检测稳压管，向Q970输入高电平触发电压，Q970导通，将副电源稳压光耦IC950的①脚电压拉低，IC950截止，副电源IC902停止工作，保护电路启动，整个开关电源停止工作。电源过压保护电路工作原理见附图所示。

根据上述工作原理分析：发生自动关机故障，指示灯同时熄灭，则是以Q970为核心的过压保护电路启动。维修时，可采用测量关键点电压判断是否保护电路启动。发生自动关机故障，指示灯同时熄灭时，测量保护电路Q970的b极电压。该电压正常时为低电平0V，如果变为高电平0.7V以上，则是该过压保护电路启动。将副电源稳压光耦IC950的①脚电压拉低，造成副电源停止工作。

为了确定故障范围，也可采用解除保护的方法维修。全部解除过压保护的方法是将Q970的b极对地短路。逐路解除保护的方法是：+24V过压保护电路断开D971，+12V过压保护断开D951。如果断开哪路保护检测电路后，开机不再保护，则是该电压过高引起的保护。

本例测量保护电路Q970的b极电压，开机的瞬间为高电平0.7V，判断保护电路启动。采取解除保护的方法维修：拔掉电源板输出连接线，将开关机控制端PS-ON接+5V输出端，提供开机高电平，将Q970的b极对地短路解除保护。通电测量电源输出+12V和+24V电压正常，判断保护检测电路误保护，对保护检测电路进行在路电阻检测，未见异常。考虑到稳压管在路无法检测其稳压值，更换试之。当更换稳压管ZD952时，故障排除。

◇海南　孙德印

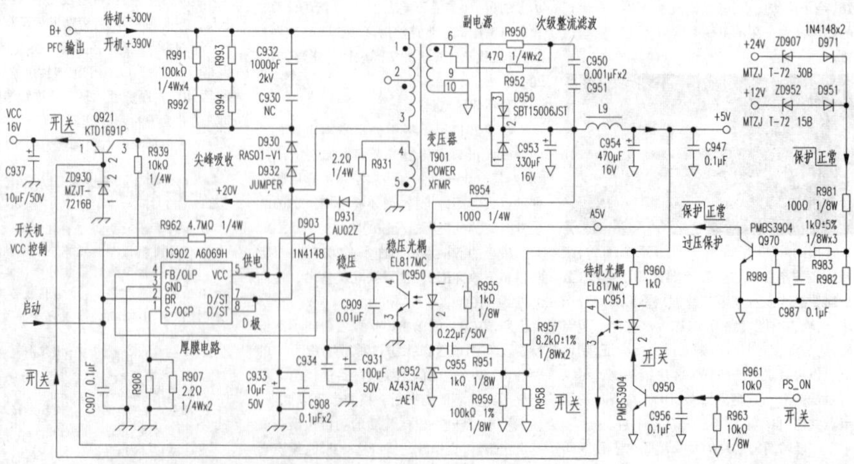

遭遇“请在微信客户端打开链接”的问题

【发现问题】

前几天在组织全校教师进行省高考综合改革政策在线培训时遇到一个难题，这个在线视频直播采取的并非以往使用浏览器打开网页的方式，而是通过手机微信端来进行的。本以为解决这个小问题会非常简单，无非就是在手机微信中打开直播页面后再点击其右上角的三个点图标，选择其中的“复制链接”后粘贴到手机QQ中“我的电脑”，最后到电脑端QQ上将它再复制粘贴到浏览器中即可（或者在电脑上下载使用微信电脑端程序来进行操作），但浏览器却在访问该页面时弹出“请在微信客户端打开链接”的提示信息（如图1所示），怎么办呢？

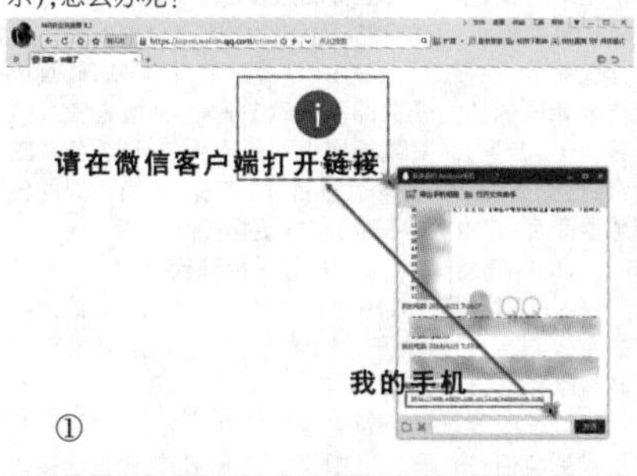

【解决问题】

微信官方公众号做这样的限制主要是为了与用户进行互动（包括获取参与者的相关信息），但对于集体统一在线观看显然是不适合的，特别是600余人如果都同时使用手机微信进行视频直播，网络数据量是比较大的。百度了下这个问题后发现比较难“破解”，目前比较可行的做法是进行数据“抓包”，操作起来很麻烦。其实换一种思路，问题就简单多了，那就是让手机作为“中介”进行数据转接，把手机微信正在直播的视频内容同步到电脑端（连接显示大屏）即可。具体解决步骤如下：

1.电脑端Win 10系统下进入“连接”等待状态

点击Win 10左下角的徽标，选择其中的“连接”项，系统就会出现“已准备好让你以无线方式连接”的提示（如图2所示），即进入连接等待状态。

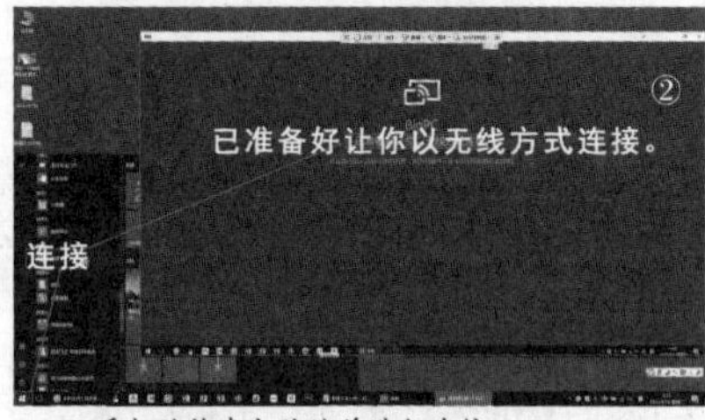

2.手机端搜索电脑端并进行连接

以华为Mate 9手机为例（其他类型手机基本相似），在首页点击“设置”项，然后点击其中的“设备连接 蓝牙、打印”，接着再点击“多屏互动”项进行可连接设备的搜索，很快就会提示找到当前已经准备好连接的电脑端“BigPC”并进行连接，最终显示“BigPC已连接”（如图3所示）。此时，手机端的信号已经被同步显示到电脑端。

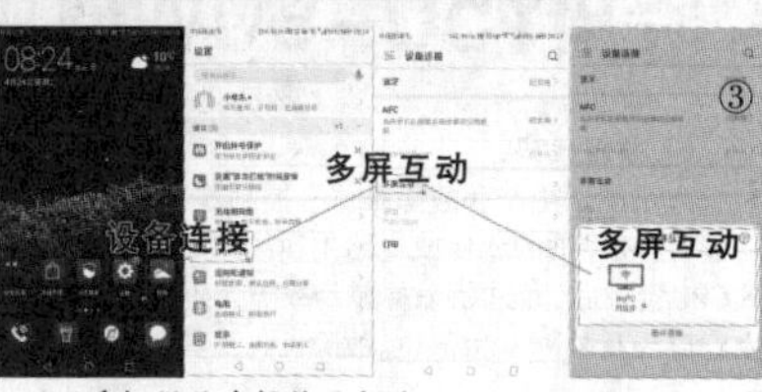

3.手机微信直播转至电脑

在手机上运行微信进入视频直播页面，并且调至最大化；同时注意将手机上其他的程序（比如QQ）关闭，尽量减少外界干扰。现在，与电脑端连接在一起的显示大屏已经同步显示出手机微信的视频直播画面了（如图4所示），问题得到解决了。

◇山东 杨鑫芳

台式电脑网络显示正常但不能上网的故障检查方法

笔者家里有两台前年和去年自己组装的电脑，一台通过内置无线网卡在无网线连接的房间上网，另一台通过路由器的网络端口直接插入网线上网。因为用网线直接插入路由器网络端口的电脑是小孩用的，而且小孩早已出国留学不在家，想到电子产品长期不用会出毛病的，就隔段时间打开电脑使其工作几个小时。前两天开机后发现电脑不能登录QQ，后来发现浏览器也打不开了！但电脑任务栏右下角的网络图标显示又是正常的。对右下角的网络图标点右键，打开“网络和共享中心”，从打开的“控制面板”上看到网络又是连接正常的，详见图1所示。

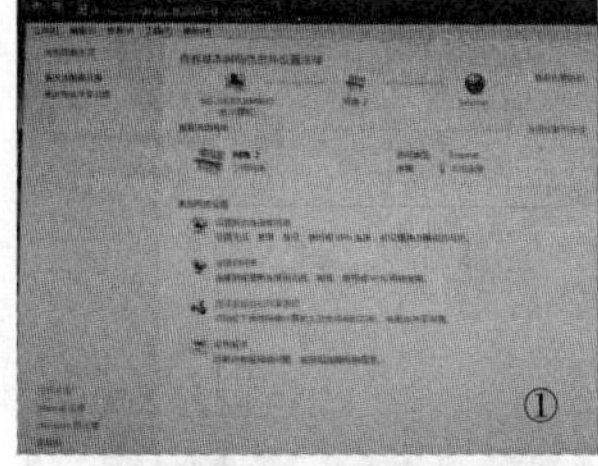

除通过与路由器输出端口直接连接的电脑打不开网络外，其他通过无线网络的、内置无线网卡的电脑和手机均可正常上网。原以为是浏览器出问题了！在一时找不到其他原因情况下，先将360浏览器卸载后重装，哪知道卸载浏览器后，因为网络不正常，连“浏览器”都没法搜索了。打开360安全卫士上的“软件管家”，点击“360软件管家”页面，找到“浏览器”，点击后等待很久没反映，后来显示网络不正常。最后将电脑电源关闭后，将连接电脑的网线直接与“光猫”的输出端口连接，重启电脑，发现能正常上网了！如此，查出台式电脑不能上网的故障了！原来问题出在路由器的网络输出端口上，4个输出端口的指示灯都不亮了，正常情况下网线插在哪个端口上，相应的该端口上的指示灯应该发光的，但路由器4个与电脑连接的输出的端口逐一试过都没有反映，说明路由器内部连接电脑网线的端口无输出信号，详见图2所示。

TP-LINK

TP-LINK路由器非正常状态指示灯图，所示为网线所插第3个网络接口指示灯不亮（从左数起为第4个），无信号输出。

②

从图片上，可以看到中间4个输出到电脑的端口，指示灯都不亮了，也就是从电脑端来的网线插在路由器上后，路由器无输出信号给电脑，故电脑打不开网络。但路由器无线部分又是好的，另一台台式电脑是内装无线网卡上网的，手机也是用的路由器发射的无线信号上网的，看来只是有线部分坏了！还第一次遇到这种故障，换一台路由器即可解决问题。图3是TP-LINK路由器正常工作时指示灯亮灯原图片，可以从原正常工作的图片中看到，网线是插入第2个（从左至右数为第3个，中间4个为输出端口）接口的，指示灯已发光，显示正常工作状态。

◇贵州 马惠民

配制电动伸缩门遥控钥匙很简单

笔者单位入口处使用的深圳产红门牌电动伸缩门，配备了几把遥控器钥匙实现开关门操作，后来由于单位私家车辆增加，领导准备向厂家多购买几把遥控钥匙，厂家出价一百元一把，并且还要好几个月后才能交货，于是找笔者帮忙看能否尽快配到钥匙。

从单位拿来一把原装的钥匙，拆开后发现主芯片是HS2260A-R4，查资料得知HS2260A是CMOS工艺制造的低功耗通用编码电路，每个电路都有用户可灵活改变的地址码和数据码，电路都有省电模式，可用于无线电遥控/红外发射，与台湾普城公司生产的PT2260/PT2262/PT2264系列芯片功能上完全兼容。由于PT2260是固定码输出，其①脚至⑧脚（A0~A7）为地址编码输入端，可进行三态编码（即低电平、高电平或悬空三种状态），共有6561（即3^8）种编码状态，只要新配制的遥控器地址位与原遥控器一样设置就行了，另外还要注意发射晶振频率一致，该遥控器使用的是430MHz晶振，于是上网查找相同配置的遥控器配件，没想到卖家还真多，下单后几天就收到货，照着原遥控器焊好地址码（如图1所示），试机一切正常。

若地址码焊接无误还是无法实现遥控功能，要检查晶振频率是否一致外，还要注意HS2260A芯片⑬脚与⑭间的外接振荡电阻大小是否与原遥控器一致，该电阻通常是3.3MΩ（如图2所示），不排除某些厂家更改了该电阻的大小可能。

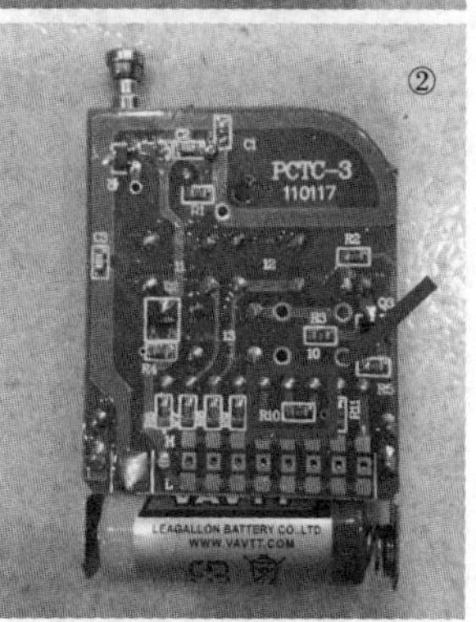

◇安徽 陈晓军

洛贝Y50-90W型阿迪锅(电气锅)的故障代码与常见故障检修

一、故障代码

为了便于生产和故障维修，控制器具有故障自诊功能。当被保护的元件或电路出现故障后，被控制器内的CPU检测后，通过显示屏显示故障代码，提醒故障发生的原因及故障发生部位。故障代码及其含义如表1所示。

表1 故障代码及其含义

故障代码	E1	E2	E3	E4
含义	传感器断路	传感器短路	加热盘超温	压力开关失灵

二、常见故障检修

1.电气系统常见故障检修

(1)通电后无反应

该故障的主要原因：1)供电线路异常，2)电源电路或其负载异常，3)控制器异常。

首先，检查电源插座有无220V左右电压输出，若没有，检修或更换电源插座及其线路；若电压正常，用电阻挡测量该锅的电源线插头间阻值，若阻值为无穷大，说明电源线开路或热熔断器Fu、电源变压器TF1的初级绕组开路。

若电源线开路，维修或更换即可。若TF1的初级绕组开路，用相同的变压器更换，并检查整流管D1~D4和滤波电容C1、C2是否短路即可。若Fu熔断，应检查是否因加热盘E过热所致，若不是，则说明Fu自身损坏，用相同的热熔断器更换即可；若是，则检查加热盘E是否变形，若是，修复或更换；若E正常，检查继电器J的触点是否粘连、驱动管Q2的ce结是否击穿；若它们正常，检查温度、压力检测电路是否正常，若异常，则修复或更换传感器、压力开关；若它们也正常，则检修或更换故障控制器。

若电源线插头间的阻值为2k左右，说明电源电路或控制器异常。此时，测三端稳压器L7805CV的③脚有无5V电压输出，若有，测CN1的⑥脚有无4.3V电压，若有，检查控制器及连线；若没有，检查D6、CN1。若L7805CV的③脚无电压输出，测C1两端有无15V左右电压，若没有或较低，查C1、C2、D1~D4；若C1两端电压正常，查R9、L7805CV。若L7805CV的③脚输出电压低，而它的①脚电压正常，则悬空③脚，若③脚电压恢复正常，则检查C3~C5及负载；若③脚电压仍低或略低，则查L7805CV。

确认故障发生在控制器后，首先要检查控制器内CPU的供电是否正常，若不正常，查供电线路；若正常，查按键电路是否正常，若异常，检修按键电路；若正常，检查CPU或更换控制器。

(2)不加热、显示屏亮

该故障主要原因：1)加热盘及其供电电路异常，2)电源电路异常，3)控制器异常。

首先，按煮饭或煮粥键时，检查相应的指示灯能否发光，若不发光，检查操作键电路和CPU；若能，说明加热盘E或其供电电路异常。此时，测E的供电端子有无220V左右的交流电压，若有，说明E开路(可通过测量E的阻值进一步，正常时的阻值为50Ω左右)；若没有供电，测驱动管Q2的b极有无导通电压输入，若有，检查Q2、继电器J；若没有，检查CN1的④脚有无4.25V的高电平输入，若有，检查Q2的be结是否短路、R8及线路是否开路即可；若没有，检查控制器及CN1的连线。

(3)蜂鸣器鸣叫，显示屏显示故障代码E1

该故障说明进入传感器断路保护状态。该故障的主要原因：1)环境温度过低，2)连接器PT、CN1引脚接触不良或线路开路；3)传感器Rt断路，4)控制器异常。

首先，检查环境是否温度过低，若是，则将该锅移至温度正常的环境下使用；若环境温度正常，检查PT、CN1及连线是否正常，若异常，修复或更换即可；若正常，检查传感器Rt是否正常(室温下的阻值为60k左右，阻值大小与室温高低有关，即温度越高时阻值越小，反之亦反)。若Rt异常，更换相同的传感器即可；若Rt正常，则检修或更换控制器。

(4)蜂鸣器鸣叫，显示屏显示故障代码E2

该故障说明进入传感器短路保护状态。该故障的主要原因：1) 传感器Rt短路；2)R4断路；3) 控制器异常。

首先，检查传感器Rt是否正常，若Rt异常，更换相同的传感器即可；若Rt正常，则检查R4是否断路，若是，用相同的电阻更换即可；若R4也正常，则检修或更换控制器。

(5)蜂鸣器鸣叫，显示屏显示故障代码E3

该故障说明进入加热盘过热(超温)保护状态。该故障的主要原因：1)干烧或加热盘E变形，2)压力开关LY异常，3)传感器Rt变质，4)膜片变形，5)控制器异常。

首先，检查是否发生干烧现象，若是，按要求加水使用即可；若未干烧，检查加热盘E是否变形，如是，修复或更换即可；若E正常，说明锅内电路出现问题。拆开底盖后，检查压力开关LY是否正常；若异常，修复或更换相同的压力开关即可；若LY正常，则检查膜片是否变形，若是，修复或更换相同的膜片即可；若膜片正常，检查传感器Rt是否性能变差，若是，更换相同的传感器即可；若Rt正常，则检修或更换控制器。

(6)蜂鸣器鸣叫，显示屏显示故障代码E4

该故障说明进入压力开关失灵保护状态。该故障的主要原因：1)压力开关LY异常，2)连接器LY、CN1及其线路异常，3)控制器异常。

检查压力开关LY及其连线是否正常；若异常，修复或更换相同的压力开关即可；若正常，则检查连接器LY和CN1的引脚是否脱焊，若是，补焊即可；若正常，检查R5是否断路，若是，更换即可；若正常，则检修或更换控制器。

2.保压、限压系统常见故障检修

保压、限压系统常见故障的检修方法如表2所示。

◇内蒙古 宋秀媛

表2 保压、限压系统常见故障及检修方法

故障现象	故障原因	检修方法
合盖困难	密封圈未安装好或异常	重新安装或更换
	浮子阀卡住推杆	拉动，让其活动自如
	锅盖自锁组件异常	修复或更换
开盖困难	放气后浮子阀未落下	用筷子等物品轻压浮子阀，使其落下
	锅盖自锁组件异常	修复或更换
锅盖漏气	锅盖未锁定	重新锁定
	密封圈未安装或有异物或破损	安装、清理或更换
	锅盖异常	修复或更换
浮子阀漏气	浮子阀密封圈上有异物	清理密封圈
	浮子阀密封圈破损	更换
限压放气阀漏气	限压放气阀密封圈	修复或更换
	限压放气阀固定螺母松动	紧固
限压放气阀不能正常排气	限压放气阀密封圈	修复或更换
	限压放气阀的防堵罩有脏物	清理
	限压放气阀的阀芯有异物	清理

防雨防湿LED灯不亮故障检修实例

故障现象：近日雨水偏多，将工地上的LED灯损坏了数只。

分析与检修：打开损坏的LED灯察看，未发现水渍，说明不是因下雨所致，接着检查，发现C2鼓包，怀疑它是因过压损坏。由于工地距县城有点远，决定自己修复损坏的LED灯。为了便于维修，根据实物绘制的电路图如图1所示。

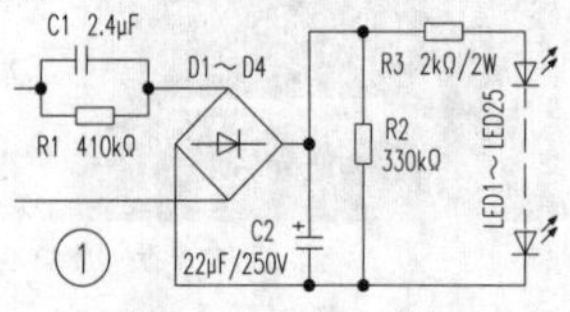

用相同的电解电容更换C2后，再用3V干电池逐一检查灯板上的灯珠，发现4颗灯珠不能点亮，说明它们已损坏。用斜口钳剪掉这4颗灯珠，保留正、负两个极点，找到4颗散装的LED灯珠，分别对应正、负极接入电路，检查无误后通电，LED灯亮。但1分钟后，LED灯开始闪烁，很快烧毁。经检查，发现刚换上去的4颗LED灯珠损坏，怀疑是功率等参数不同造成的。因受条件限制，只好将损坏的LED灯珠正、负极短接，进行应急修理。同时，为了确保该LED灯的安全使用，将CBB型降压电容C1（2.4μF）换成0.22μF/400V电容，并拆掉R2，短接R3，如图2所示。检查无误后通电，剩下的21颗LED灯点亮，虽然亮光略低，但不影响正常施工。

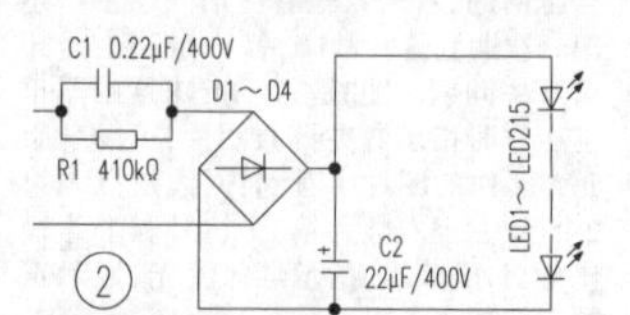

【提示】因照明用的LED工作电流多为15mA，容量为1μF的CBB电容就可输出69mA电流，而本电路内C1的容量为2.4μF，所以需要利用2k大电阻R3进行限流。这种限流方法不仅浪费电能，而且故障率高。因此，笔者通过降低C1容量的方法来降低LED的工作电流，不仅节能，而且降低了故障率。

【注意】1.因市电电压允许有±7%的波动，使得大部分地区的市电电压都偏高于220V，所以在改制电路时应留有一定余地。当然，若市电电压低于220V，自然不用担心对LED灯的威胁。

2.C2的作用是通电瞬间防止电压突变，对LED起到一定的保护作用。应用时，对容量大小要求不严，但耐压不能低于400V。

3.市电电压经C1降压，再经C2滤波，产生的直流开路电压可达到300~320V，所以不要认为电路中有“降压电容”就掉以轻心。如果降压电容接在零线上，碰到“火”线是会伤人的。因此，在使用此类供电方式的LED灯时，人体最好不要接触LED灯的金属部分，以免发生意外。

◇四川 李长学

注册电气工程师备考复习——电气安全3

本文将《电流对人和家畜的效应第2部分：特殊情况》GB/T 13870.1-2008简称为《效应特规》，把该规范的知识点作一个索引，方便读者查找学习。文中符号同前。

一、规范索引

1. *范围* →《效应特规》P1

具有直流分量、具有相位控制和具有多周波控制的交流电流通过人体的效应，仅适用于频率在15Hz ~ 100Hz之间的交流电流。

所给出的数据适用于：持续时间在0.1ms ~ 10ms（包含10ms）之间的脉冲电流

持续时间在10ms以上的脉冲电流，应照GB/T 13870.1-2008图20中的数据。

2. *术语* →《效应特规》P1

(1)【3.1】频率系数F_f

频率为f时产生相应生理效应的阈电流值与50Hz/60Hz时的阈电流值之比。

(2)【3.6】比致颤能量Fe(W·s或A^2·s) →《效应特规》P2

在给定条件(电流通路、心脏时相)下，引起一定概率的心室纤维性颤动短时单向脉冲电流的最小I^2t值。

(3)【3.7】致颤电荷量F_q(C或A·s)

在给定条件(电流通路、心脏时相)下，引起一定概率的心室纤维性颤动短时单向脉冲电流的最小It值。

(4)【3.9】电容放电的电击持续时间t_i

由放电开始到放电电流降到其峰值的5%时所需要的时间。(t_i = 3T)

3. *频率100Hz以上的交流电流的效应* →《效应特规》P3

对于约为几十伏的接触电压，人体皮肤阻抗大致与频率成反比降低，500Hz的皮肤阻抗大约仅为50Hz时的十分之一，可忽略不计。在这些频率是，人体阻抗降为其内阻抗Z_i。

(1)【4.2】频率范围在100Hz以上直至(并包括)1000Hz的交流电流的效应

(1)【4.2.1】感知阈

感知阈频率系数 →《效应特规》P4-图1

(2)【4.2.2】摆脱阈

摆脱阈的频率系数 →《效应特规》P4-图2

(3)【4.2.3】心室纤维性颤动

电击时间大于一个心搏周期(约1s)且电流纵向通路通过人体躯干时，心室纤维性颤动频率系数 →《效应特规》P5-图3

(2)【4.3】频率范围在1000Hz以上直至(并包括)10000Hz的交流电流的效应

(1)【4.3.1】感知阈

感知阈频率系数 →《效应特规》P5-图4

(2)【4.3.2】摆脱阈

摆脱阈的频率系数 →《效应特规》P6-图5

(3)【4.4】频率范围在10000Hz以上的交流电流的效应 →《效应特规》P6

(1)【4.4.1】感知阈

频率在10kHz~100kHz之间时，感知阈大约有10mA上升到100mA(方均根值)。

(2)【4.4.2】摆脱阈

(3)【4.4.3】心室纤维性颤动

(4)【4.4.4】其他效应

4. *特殊波形电流的效应* →《效应特规》P7

(1)【5.1】概述

具有直流分量的正弦交流电流

具有相位控制的正弦交流电流

具有多周波控制的正弦交流电流

适用于频率为15Hz~100Hz的交流电流。

(2)【5.2】等效的量值、频率和阈值 →《效应特规》P7

I_{rms} → 所涉及的特殊波形电流的方均根值

I_p → 所涉及的特殊波形电流的峰值

I_{pp} →所涉及的特殊波形电流的峰峰值

I_{ev} → 与所涉及的特殊波形具有相同效应的等效正弦电流的方均根值

(3)【5.3】具有直流分量的交流电流的效应 →《效应特规》P7

①【5.3.1】波形，频率和电流阈值

典型波形如图2-1所示(图中的粗黑线)。即：

纯直流、纯交流以及各种交直流比率的合成波形 →《效应特规》P8-图6

②【5.3.2】惊跳反应阈

③【5.3.3】摆脱阈

60Hz交流峰值7.07mA和直流30mA分别作为纯交流和纯直流的接触电流阈值。

$I_{acpk}=7.176\times e^{(-0.143\times DC)}-0.1061$←【《效应特规》P8】

男人、女人和儿童的摆脱阈 →《效应特规》P9-图7

1) 50Hz/60Hz交直流合成波形的99.5百分位的摆脱阈

计算式：$I_{acpk}=12.890\times e^{(-0.06939\times DC)}-0.1905$←【《效应特规》P9】

或$I_{acpk}+I_{dc}=7.176\times e^{(-0.143\times DC)}-0.1061+DC$←【《效应特规》P9】

摆脱阈曲线 →《效应特规》P9-图8

2) 99.5百分位女人的摆脱阈计算式：

$I_{acpk}=8.523\times e^{(-0.1049\times DC)}-0.1260$←【《效应特规》P9】

3) 9.5百分位女人的摆脱阈计算式：

$I_{acpk}=6.3945\times e^{(-0.1388\times DC)}-0.0945$←【《效应特规》P9】

④【5.3.4】心室纤维性颤动阈

1)【5.3.4.1】含有特定的交流与直流比例的波形 →《效应特规》P10

等效纯正弦交流电流I_{ev}所引起的危险程度相同：

电击持续时间大于约1.5倍心搏周期：

$I_{ev}=\dfrac{I_{pp}}{2\times\sqrt{2}}$←【《效应特规》P10】

电击持续时间小于约0.75倍心搏周期：

$I_{ev}=\dfrac{I_p}{\sqrt{2}}$←【《效应特规》P10】

电击时间在0.75 ~ 1.5倍心搏周期之间时，电流幅值从峰值向峰-峰值变化。有待进一步研究。

对于持续时间几秒或更长时间的50Hz/60Hz正弦交直流合成电流：

没有抵消瞬时反向电流，交直流的峰值($\sqrt{2}\times I_p$)与纯交流有效值(I_p)等同

不存在瞬时反向电流，交直流的峰峰值($2\times\sqrt{2}\times I_p$)与纯交流有效值($I_p$)等同

2)【5.3.4.2】交流整流电流的实例 →《效应特规》P11

《效应特规》P12-图10表示的半波和全波整流波形的电流峰值等于其峰-峰值。等效交流电流I_{ev}公式如表4所示。

表4 等效交流电流I_{ev}计算公式

整流波形	电击时间大于1.5倍心搏周期	电击时间小于0.75倍心搏周期
	$I_{ev}=\dfrac{I_{pp}}{2\times\sqrt{2}}=\dfrac{I_p}{2\times\sqrt{2}}$	$I_{ev}=\dfrac{I_{pp}}{\sqrt{2}}=\dfrac{I_p}{\sqrt{2}}$
半波	$I_{ev}=\dfrac{I_{rms}}{\sqrt{2}}$	$I_{ev}=\sqrt{2}\times I_{rms}$
全波	$I_{ev}=\dfrac{I_{rms}}{2}$	$I_{ev}=I_{rms}$

5. *具有相位控制的交流电流的效应* →《效应特规》P12

(1)【6.1】波形、频率和电流阈值

对称波形，不对称波形。

(2)【6.2】惊跳反应阈和摆脱阈 →《效应特规》P13

(3)【6.3】心室纤维性颤动阈(相位控制角大于120°时，预计会提高)

①【6.3.1】对称控制：→《效应特规》P14

电击持续时间大于约1.5倍心搏周期 → I_{ev}具有与所涉及波形的电流相同的方均根值

电击持续时间小于约0.75倍心搏周期 → I_{ev}为与所涉及波形的电流有相同峰值的电流的方均根值

②【6.3.2】不对称控制：

电击持续时间小于约0.75倍心搏周期 → I_{ev}为与所涉及波形的电流有相同峰值的电流的方均根值

6. *具有多周波控制的交流电流的效应*

(1)【7.1】波形和频率 →《效应特规》P14

频率控制度：

$p=\dfrac{t_s}{t_s+t_p}$←【《效应特规》P14】

式中：p → 频率控制度

t_s → 导通时间

t_p → 不导通时间

t_s + t_p = 工作周期

导通期间电流的方均根值 →$I_{1rms}=\dfrac{I_p}{\sqrt{2}}$

工作周期期间的电流方均根值 →$I_{2rms}=I_{1rms}\times\sqrt{p}$

(2)【7.2】惊跳反应阈和摆脱阈

(3)【7.3】心室纤维性颤动阈 →《效应特规》P15

①【7.3.2】电击持续时间大于约1.5倍心搏周期

阈值取决于功率控制度p

p接近1，与相同持续时间的正弦交流电流的方均根值相同

p接近0.1，电流导通期间的电流的方均根值I_{1rms}与持续时间小于0.75倍心搏周期的交流电流的阈值相同

②【7.3.3】电击持续时间小于约0.75倍心搏周期

电流导通期间的电流的方均根值I_{1rms}与相同持续时间的正弦交流电流的方均根值相同

7. *混合频率下等效电流阈值的估算* →《效应特规》P16

(1)【8.1】感知阈和摆脱阈

(2)【8.2】心室纤维性颤动阈

受相应频率系数影响的所有电流分量的方均根值

$I_{ev}=\sqrt{\sum_{i=1}^{n}\left(\dfrac{I_i}{F_i}\right)^2}$←【《效应特规》P16】

式中：F_i → 频率系数

8. *重复脉冲电流对心室纤维性颤动阈的影响* →《效应特规》P16

(1)【9.1】脉冲间隔为1s及以上的多重脉冲的心室纤维性颤动阈

电流大小，持续时间，GB/T 13870.1-2008图20及图22

脉冲之间的间隔等于或大于一个正常心搏周期

(2)【9.2】脉冲间隔为1s以上的多重脉冲的心室纤维性颤动阈

①【9.2.1】概述

两个相邻脉冲的间隔时间低于约1s时，其累积效应可能引起心脏功能紊乱。重复脉冲的累积效应可能导致心室纤维性颤动。

连续脉冲中的首个脉冲电流可用GB/T 13870.1-2008图20及图22来评估。用于第二个脉冲电流的心室纤维性颤动阈值会降低至首个脉冲电流阈值的65%左右。递减过程会一直持续下去，直至几个脉冲后，其阈值达到一个最小值。该值可能仅为首个脉冲阈值的10%或更低。

"持续"决定"初始阈值"；"间隔"产生"累积"；"重复"降低"阈值"

可能出现的最不利情况下连续脉冲的心室纤维性颤动阈的估算值

└→《效应特规》P17-表1

②【9.2.2】实例1 →《效应特规》P17

1)情况一

某个由四个单向矩形脉冲组成的连续脉冲，流过左手和双脚之间的人体躯干，每个脉冲峰值大小为100mA，持续时间为0.01s。假设脉冲之间的时间间隔为0.5s，即《效应特规》P17图14。确定当脉冲电流向上(脚处于正极)通过人体是，是否有发生心室纤维性颤动的危险。

单个脉冲作用时，从GB/T 13870.1-2008的图22(P41-20)查得持续时间为0.01s(即10ms)的心室纤维性颤动阈值为500mA。

依据GB/T 13870.2-2016《电流对人和家畜的效应第1部分：特殊情况》P17表1，可知：

第2个脉冲引起的心室纤维性颤动阈值 → 325mA (65%×500 mA)

第3个脉冲引起的心室纤维性颤动阈值 → 211mA (42%×500 mA)

第4个脉冲引起的心室纤维性颤动阈值 → 135mA (27%×500 mA)

由GB/T 13870.1-2008的图22可知，每个0.01s、100mA的脉冲单独作用时不会产生有害的生理效应(DC-2区)。如果间隔0.5s的四个脉冲都产生最大的累积效应以降低心室纤维性颤动阈值，第四个电流脉冲的阈值可能会低至500mA的27%，即135mA。由此可见，即使间隔时间仅为0.5s，给脉冲序列中的脉冲也不大可能产生使人陷入危险的境地的扰动。心室纤维性颤动的危险比较小。

(未完待续)(下转第245页)

◇江苏 键谈

有源晶振的EMC方面的设计考虑

电子线路中的晶体振荡器也分为无源晶振和有源晶振两种类型。无源晶振与有源晶振的英文名称不同，无源晶振为crystal(晶体)，而有源晶振则叫做oscillator(振荡器)。无源晶振是有2个引脚的无极性元件，需要借助于时钟电路才能产生振荡信号，自身无法振荡起来，所以"无源晶振"这个说法并不准确；有源晶振有4只引脚，是一个完整的振荡器，里面除了石英晶体外，还有晶体管和阻容元件。

有源晶振不需要DSP的内部振荡器，信号质量好，比较稳定，而且连接方式相对简单(主要是做好电源滤波，通常使用一个电容和电感构成的PI型滤波网络，输出端用一个小阻值的电阻过滤信号即可)，不需要复杂的配置电路。相对于无源晶体，有源晶振的缺陷是其信号电平是固定的，需要选择好合适输出电平，灵活性较差，价格相对较高。对于时序要求敏感的应用，还是有源的晶振好，因此可以选用比较精密的晶振，甚至是高档的温度补偿晶振。有些DSP内部没有起振电路，只能使用有源的晶振，如TI的6000系列等。有源晶振相比于无源晶体通常体积较大，许多有源晶振是表贴的，体积和晶体相当，有的甚至比许多晶体还要小。

有源晶振是用石英晶体组成的，石英晶片之所以能当为振荡器使用，是基于它的压电效应：在晶片的两个极上加一电场，会使晶体产生机械变形；在石英晶片上加上交变电压，晶体就会产生机械振动，同时机械变形振动又会产生交变电场，虽然这种交变电场的电压极其微弱，但其振动频率是十分稳定的。当外加交变电压的频率与晶片的固有频率(由晶片的尺寸和形状决定)相等时，机械振动的幅度将急剧增加，这种现象称为"压电谐振"。压电谐振状态的建立和维持都必须借助于振荡器电路才能实现。

由于振荡，就不可避免干扰。因此，在实际应用中，要预防振荡源成为干扰源，特别是EMC应用方面，以下是一些建议，从原理图设计到PCB布局，请同行在设计中有益参考。

1.有源晶振封装形式

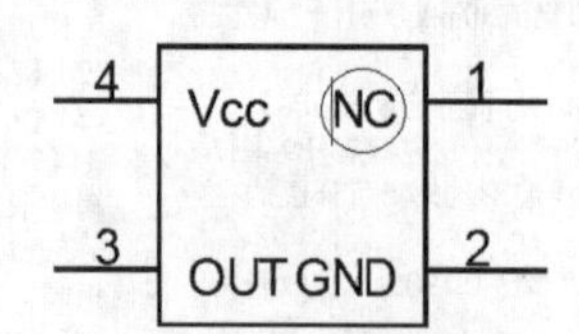

对应的PCB封装图如下：

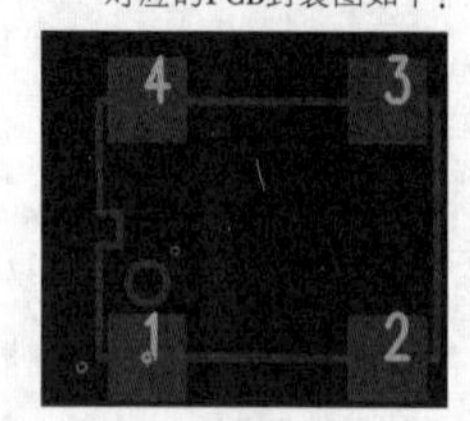

方形有源晶振引脚分布：

(1)正方的，使用DIP-8封装，打点的是1脚。1-NC；4-GND；5-Output；8-VCC。

(2)长方的，使用DIP-14封装，打点的是1脚。1-NC；7-GND；8-Output；14-VCC。

BTW：

(1)电源有两种，一种是TTL，只能用5V，一种是HC的，可以3.3V/5V

(2)边沿有一个是尖角，三个圆角，尖角的是一脚，和打点一致。

Vcc out

NC(点) GND

有源晶振为四角方形或矩形金属盒子，看着标称一面(顶)，左下空脚，右下地，左上VCC(5V)，右上输出。接上电源可以用示波器看到波形。

有源晶振通常的用法：一脚悬空，二脚接地，三脚接输出，四脚接电压。

有源晶振不需要处理器的内部振荡器，信号质量好，比较稳定，而且连接方式相对简单(有源晶振的VCC端不要直接接VCC，要做好电源滤波，典型的接法J使用一个电容和电感构成的PI型滤波网络如下图所示：

2. 晶振分有源晶振和无源晶振，根据有源晶振(晶体振荡器)的功能和实现技术的不同，可以分为以下四类：

(1)温度补偿晶体振荡器(TCXO)。

其对温度稳定性的解决方案采用了一些温度补偿手段，主要原理是通过感应环境温度，将温度信息做适当变换后控制晶振的输出频率，达到稳定输出频率的效果。

特点：用热敏补偿网络来提高石英晶体的温度特性指标，可满足较宽温度范围的需要；频率范围：1~40 MHz；频率稳定度：5&TImes;10-6~5&TImes;10-7。

(2)普通晶体振荡器(SPXO)。

这是一种简单的晶体振荡器，通常称为钟振，完全是由晶体的自由振荡完成。这类晶振主要应用于稳定度要求不高的场合。

特点：直接反映所用石英晶体的性能；可工作频率范围通常为1KHz~250MHz；频率稳定度为10-4~10-5；一般用于本振源或中间信号。

(3)压控晶体振荡器(VCXO)。

这是根据晶振是否带压控功能来分类，带压控输入引脚的一类晶振叫VCXO。

特点：频率可随外加调制电压而改变；频率范围：1~250MHz；频率稳定度：普通晶振压控为≤(1~2)&TImes;10-3fo/n2，高稳晶振可微调10-7。频率微调或锁相同步。

(4)压控温补振荡器(VC-TCXO)。

很好理解，就是结合压控和温补这两项功能。

目前这几种晶体振荡器主要还是进口为主，而日本KDS是全球三家最大的生产商之一，KDS即是日本大真空株式会社(DASHINKU CORP)，成立于1951年，至今已有50多年的历史。是全球领先的三大晶振制造商之一。其制造工场主要分布在日本本土、中国大陆、中国台湾、泰国、印度尼西亚等十个制造中心。其中天津工场是全球晶振行业最大的单体制造工厂。也是全球最大的TF型(主要是32.768KHz)晶振制造工厂。

3.原理图设计方面

(1)晶振电源去耦非常重要，建议加磁珠，去耦电容选两到三个，容值递减。

(2)时钟输出管脚加匹配，具体匹配阻值，可根据测试结果而定。

(3)预留的电容C1，容值要小，构成了一级低通滤波，电阻、电容的选择，根据具体测试结果而定。

4.PCB设计方面

(1)在PCB设计是，晶振的外壳必须接地，可以防止晶振的向往辐射，也可以屏蔽外来的干扰。

(2)晶振下面要铺地，可以防止干扰其他层。因为有些人在布多层板的时候，顶层和底层不铺地，但是建议晶振所在那一块铺上地。

(3)晶振底下不要布线，周围5mm的范围内不要布线和其他元器件(有的书是建议300mil范围内，大家可以参考)，主要是防止晶振干扰其他布线和器件。

(4)晶振不要布在板子的边缘，因为为了安全考虑，板卡的地和金属外壳或者机械结构常常是连在一起的，这个地我们暂且叫做参考接地板，如果晶振布在板卡的边缘，晶振与参考接地板会形成电场分布，而板卡的边缘常常是有很多线缆，当线缆穿过晶振和参考接地板的电场是，线缆被干扰了。而晶振布在离边缘远的地方，晶振与参考接地板的电场分布被PCB板的GND分割了，分布到参考接地板电场大大减小了。

(5)当然时钟线尽量要短。如果你不想让时钟线走一路干扰一路，那就布短吧。还有一点，关于晶振的选择，如果你的系统能工作在25M，就尽量不要选50M的晶振。时钟频率高，是高速电路，时钟上升沿陡也是高速电路，需要考虑信号完整性。

◇上海 李默绰

PSK——1501T型通讯电源的原理分析与检修

笔者最近遇到一款PSK——1501T型通讯电源，其故障现象：无输出，表头无指示，荧光数码管不亮，笔者将其进行了简单原理剖析和检修，如下。

分析与检修：从故障现象看，应该是电源部分出了问题。拆开机壳，加电测电源变压器次级有16V交流输出，测滤波电容两端有约22V直流电压，再测背板上稳压调整管TIP42C发射极(稳压电源输入端)也有22V电压，但其集电极(稳压电源输出端)对地电压为零，显然该调整管已损坏，拆下测其发射结已开路。查TIP42C为PNP型大功率达林顿管(115V、65W、6A)，因手头无同型号管，考虑用一只9015加一只3DD15A组成达林顿复合管以替代之。具体方法是：将3DD15固定在背板散热器上，然后将9015的c极与3DD15的b极焊接在一起，e极与3DD15的c极相连作为复合管的e极，9015的b极作为复合管的b极，3DD15的e极作为复合管的c极，接好三根引线：蓝线(电源输入线)改接3DD15的c极，红线(电源输出线)改接3DD15的e极，黄线(原接调整管b极)改接在9015的b极，其他接线照旧，即使电流从3DD15的C极流入，e极流出。改接完成检查接线无误后将电路板复位，加电，15V电压表已满偏；将钮子开关掰向输出一边，红色荧光数码管发光，显示15V；旋转电压调节旋钮，可使电压表上显示的电压数值在0--15V之间连续变化；将电压表示数调在5V左右，接上充电插头线可给手机电池充电，电流表示数表示此时充电电流约为100MA；继续充电约半个小时，观察表头示数稳定无变化，此时手摸调整管散热片微温，估计应该可以使用。至此，检修完毕。复合管电路构成见下图，供参考。

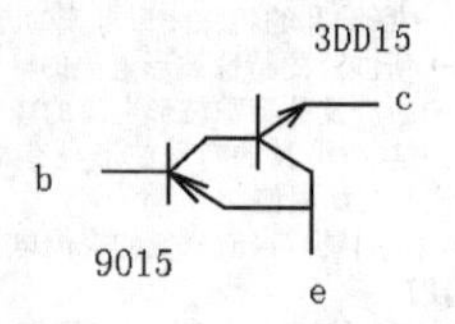

◇福建 蔡文年

“TREADMILL”牌跑步机维修心得

学校体育馆的三台“TREADMILL”牌跑步机(外形与结构参见图1~图6)均出现不同故障,不能正常使用,后勤老师安排笔者前去检修。

故障现象:

到现场检查后,三台跑步机的故障情况如下:一台跑机步跑板皮带驱动正常,跑板坡度在升降时不顺畅,有严重的卡阻现象,机器在执行升降动作时有“格吧…格吧”的响声,站在跑板上还感觉到机架随着响声在扭动,有些不安全;另一台跑步机跑板皮带不能驱动,跑板坡度升降正常,操作面板显示正常;第三台跑步机的升降杆端头螺丝齐根断在螺孔内,导致跑板整体塌陷歪斜无法使用。

检修过程:

先将升降有严重卡阻问题的跑步机侧向放倒,以便于检修。检查发现升降杆一边端头的紧固螺丝已经严重脱出,在操作跑步机做升降运动时,螺丝端头有蹭在机架边沿的现象,圆头螺丝的端头已经已被蹭下许多铁屑,机架边沿的油漆也都被刮掉。检查升降杆另外一端的圆头螺丝,也有脱出的现象,只不过还没有在升降时刮到机架。用内六角扳手将升降杆两边端头的螺丝紧固到位,但不能上得太紧,以免影响升降运动的灵活度(也就是太松太紧都不行)。再给升降丝杆上加些机油,开动机器试升降几次,跑板坡度升降动作匀速顺畅。检修时还发现,由于疏于日常的维护和保养,机架多出螺丝松动,两个扶手的手柄也摇摇晃晃,经全部检查紧固后,机器回复正常。同时告知体育馆老师,要经常检查上述螺丝的固定情况,随时发现问题就要趁轻解决,不要等到了不能使用了才大修,这样不但影响机器的正常使用,有时还会出现安全问题。

将升降杆端头螺丝齐根断到螺孔的跑步机驱动板,调换到跑板皮带不驱动的跑步机上,并紧固机器所有螺丝,给升降丝杆加油,经过以上处理后,机器功能恢复,跑板皮带驱动正常,跑板坡度升降自如顺畅。

将坏掉的皮带驱动电路板带回检查,发现N沟道MOSFET驱动功率管损坏,用好板进行对比测试,没有发现其他问题。此管的型号为IRFP460,TO-247封装,VDS=500V,ID=20A,购回新管和一盒断丝取出器,换掉坏掉的驱动功率管,取出断到螺孔内的螺丝,装配好机器,此机器功能恢复正常,只是在机器装配时费了些周折(也许是主管电气设备而对于机械装配的知识和技术欠缺吧)!

还有其中一台机器的磁性紧急停车的钥匙弄丢了,此钥匙有防止使用者摔倒时机器能够紧急停车,使用时用夹子夹在使用者袖头处或拴在手腕上即可。用老师经常在白板上用的磁性贴扣代替,磁性材料的直径约为2cm,在贴扣的边沿打两小孔,拴上绳子,刚好能代替原先的磁性紧急停车钥匙,使用效果非常理想。

经过上述检修的三台跑步机,已经正常工作了半年多。

①

②

⑤

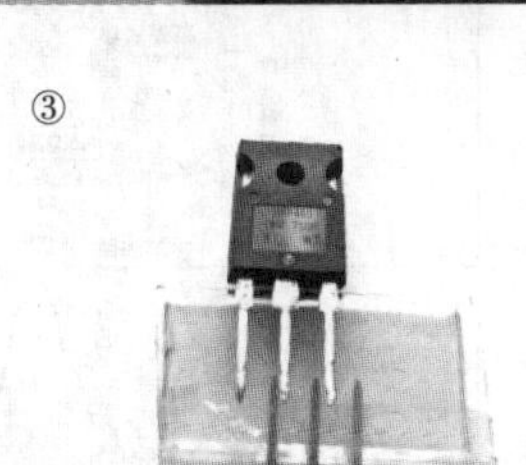

③

④

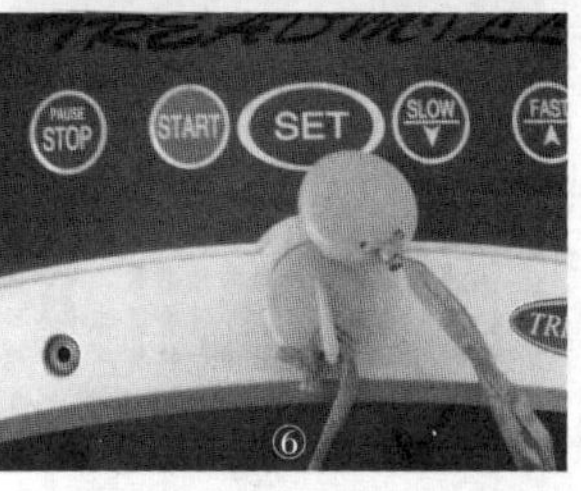

⑥

◇内蒙古 邓绒娟 党创吉

超级电容的充电和应用

此前曾发表过“超级电容应用初探”一文。最近一段时间一直在试验超级电容的充电和应用。

一、超级电容的充电:

超级电容由于额定电压低只有2.7伏,通常是串联起来充电,经过实验如果不是很多电容串联均压,十只以内可以不考虑电压均衡的问题。在此先后采用了以下方法:

1.太阳能电池板充电:用额定电压18伏10瓦光伏板给8只1000法拉2.7伏电容串联后充电,在强阳光照射下,以0.5安电流充电,大约一个小时就充好了,但是达不到18伏电压,只有15~16伏。

2.蓄电池充电;用已经充满电的12伏蓄电池给超级电容充电,在超级电容电压很低时,一定要串联变阻器限制充电电流,否则会造成电流击穿。可以以2安稳定电流充电,充电电流会随着电容电压升高会逐渐降低,调整变阻器保持电流仍维持2安。如果有恒流源设备,用恒流源恒定电流充电最为理想。

3.稳压电源充电:由于一般的开关稳压电源的电压都设计成固定的几个数值,不适合超级电容的电压,所以自已动手装了一台可调稳压电源采用LM317可调稳压集成块的标准电路,可以从1.4伏连续调到14.8伏(由于变压器输出只有15伏)。将四只1000法2.7伏电容串联作为一组,将可调稳压电源调到10伏后,再接通被充电容,稳压源电压会下降到7伏左右(原因可能是稳压源内阻大、容量小),随着电容电压上升,充电电流减小,稳压源电压逐渐上升,经过大约半小时,电压上升到9.76伏左右,此时充电电流已经下降到0.1~0.2安,充电就结束了。两组分别充电,后再串联,电压可以达到18.5伏。

二、超级电容的应用:

1.用于LED照明:用12伏6瓦LED灯作为负载,将充到12左右的超级电容作为电源,按照计算5只1000法串联充电到13.5伏,存储能量为Q=CU=1000/5×13.5=2700安.秒,实际试验只能正常照明大约10到15分钟,电容电压下降灯具照度下降,电容电压下降到8伏左右时就不能正常工作了。

2.用儿童玩具车作为负载,100法2.7伏电容两并两串,C=100法拉,充电到5伏,可以使小车行驶30到50米距离(视行驶的路面不同而异),用自制充电器充到5伏只需要5分钟就可以了。

3.设想:以上两种应用,超级电容都不可能放出全部电能。要充分放出超级电容贮存的电能,只有用在内阻很小的负载如直流电动机的启动,如果电容容量足够大,可以提供数十安培甚至百安培的启动电流。1000法拉电容的端子采用螺栓连接,直径达到10mm,附图为1000法拉,2.7伏电容。

再一种应用就是为充磁设备供电,电阻很低的励磁线圈,可以提供很大电流,可瞬间将超级电容的电量转化成磁能。

◇请作者联系本报

传感器的基础知识(1)

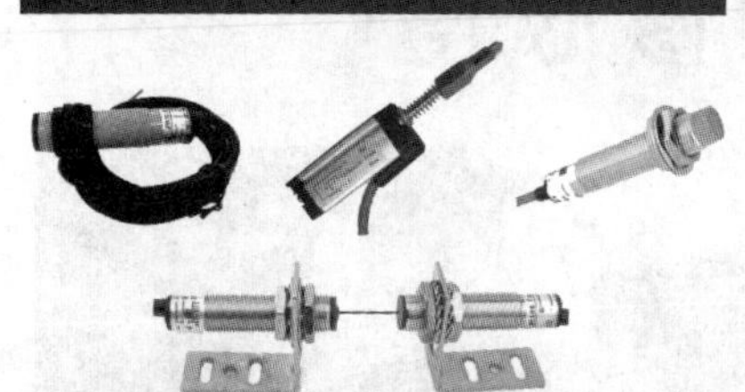

传感器(transducerr)是一种检测装置,将能感受到被测量的信息,按一定规律变换成为电信号或其他形式的信号输出,以满足信息的传输、处理、存储、显示、记录和控制等要求。传感器广泛应用各个领域,如工业、农业、航天技术、军事工程、机器人、资源开发、海洋探测、环境监测、安全保卫、医疗诊断、交通运输、家用电器等。传感器的外形,如图1所示。

一、传感器的简介

传感器的简介,如表1所示。

二、传感器的接线示意图

传感器的接线示意图,如表1所示。

三、接近开关串联和并联使用方法

接近开关串联和并联使用方法,如图3所示。

四、安装注意事项

·当近距离安装两个以上接近传感器时,为了防止相互干扰引起误动作,请保持如下所示距离安装。

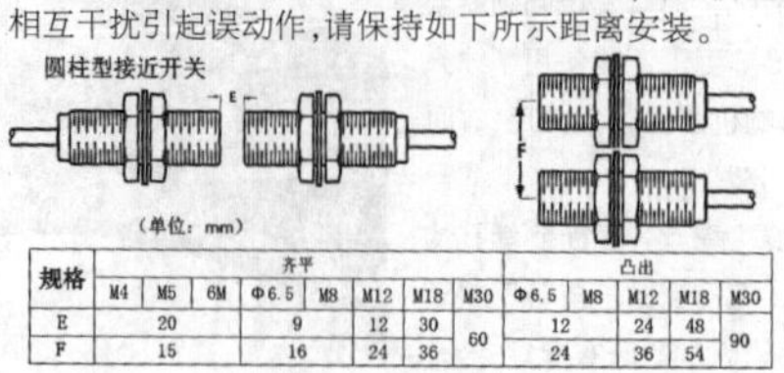

规格	齐平								凸出				
	M4	M5	6M	Φ6.5	M8	M12	M18	M30	Φ6.5	M8	M12	M18	M30
E	20			9		12	30	60	12		24	48	90
F	15			16		24	36		24		36	54	

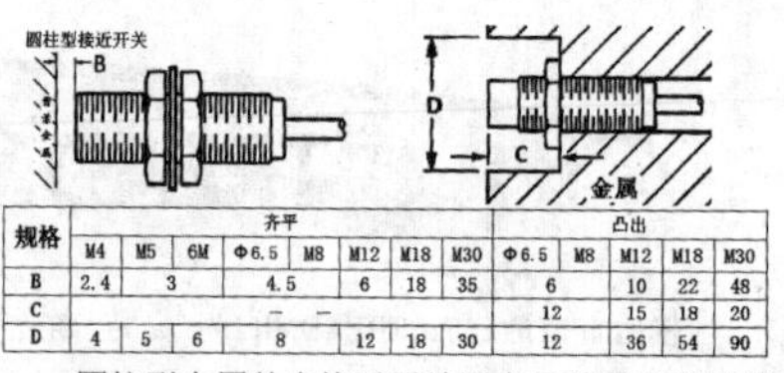

规格	齐平								凸出				
	M4	M5	6M	Φ6.5	M8	M12	M18	M30	Φ6.5	M8	M12	M18	M30
B	2.4	3		4.5		6	18	35	6		10	22	48
C				—	—				12		15	18	20
D	4	5	6	8		12	18	30	12		36	54	90

·圆柱形金属外壳接近开关因产品前端有塑胶端盖,故产品前后部分的安装扭矩不同。

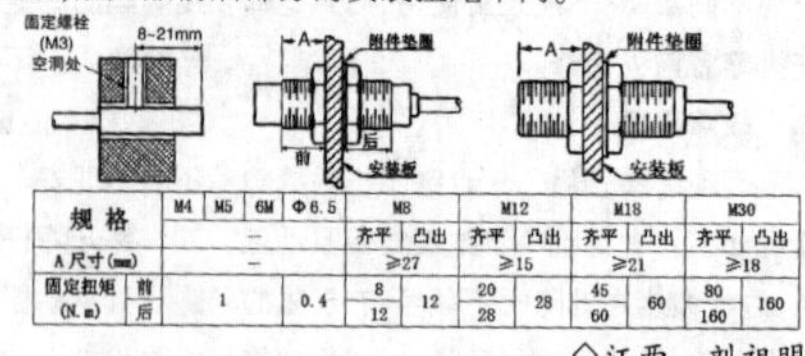

规格		M4	M5	6M	Φ6.5	M8		M12		M18		M30	
		—				齐平	凸出	齐平	凸出	齐平	凸出	齐平	凸出
A尺寸(mm)		—				≥27		≥15		≥21		≥18	
固定扭矩(N.m)	前	1			0.4	8	12	20	28	45	60	80	160
	后					12		28		60		160	

◇江西 刘祖明

(未完待续)(下转第 248 页)

表1

序号	名称	描述	示意图	备注
1	光电传感器	光电传感器将可见光线及红外线等的"光"通过发射器进行发射,并通过接收器检测由检测物体反射的光或被遮挡的光量变化,从而获得输出信号。	发射器和接收器 发光元件 光接收元件 反射型 检测物体 反射光 发射器 发光元件 透过型 信号光 检测物体 被信号光遮挡 接收器 光接收元件 发射器和接收器 发光元件 回归反射型 检测物体 反光板 光接收元件 被信号光遮挡	由发射器的发光元件进行发光,并通过接收器的光接收元件进行接收。
2	接近传感器	接近传感器能够代替限位开关或微动开关等机械式开关,无需接触即可检测出检测物体的接近情况。 多用于检测一种名为卡爪的夹具,而非直接检测工件。接近传感器的检测物体仅为金属。	高频磁场 检测物体(金属) 内部电路 检测线圈 无金属 有金属	通用型
			有铝 无铝	铝检测型
3	超声波传感器	超声波传感器正如其名,是使用超声波测量距离的传感器。由传感器头发射超声波,并再次通过传感器头接收目标物反射回来的超声波。超声波式传感器可通过测量从发射到接收的"时间"来测量到目标物的距离。	距离: L	超声波式传感器的1个超声波元件可进行发射和接收两种操作。
4	图像识别传感器	图像识别传感器可使用相机拍摄到的图像辨别目标物的有无或差异。	图像 识别黑与白的明暗差 识别轮廓差异,从而辨别形状/方向的差异 辨别亮度的差异	传感器头(相机)拍摄的图像穿过镜头后,通过光接收元件(主要CMOS)被转换为电信号。
			黑白 彩色 白到黑的浓淡识别 通过三原色进行的全色识别 目标物为相同形状的深蓝色和深绿色时 由于几乎没有浓淡差,因此无法辨别 可直接以颜色差异辨别	光接收元件为彩色型。由于与采用黑白两极灰度级进行识别的黑白型不同,是将接收的光信息分析为三原色(RGB)后识别各自的灰度级。
5	安全光栅	安全光栅也就是光电安全保护装置,在现代化工厂里,人与机器协同工作,在一些具有潜在危险的机械设备上。安全性光栅更自由,更灵活,并且可以降低操作者疲劳程度。	被测物体位移 通过光栅转换 莫尔条纹移动 通过光电元件转换 正弦波 整形转换 方波 逻辑电路转换 脉冲	通过发光器发射光信号,接收器直接接收光信号,形成保护光幕,受光器监控光幕的通断状态,并把光幕的通断信号通过内部电路处理,直接输出低电平(通光时)或高电平(挡光时),通过传输线送到PCL或者报警器报警电路,从而实现设备停止或者发出安全报警。
6	激光传感器	利用激光技术进行测量的传感器。它由激光器、激光检测器和测量电路组成。	线性CCD阵列 镜片 信号处理器 被测物体a 被测物体b 镜片 半导体激光器 起始距离 量程	

中央广播电视总台发布4K电视技术标准

近日，北京国际电视技术研讨会(ITTC2018)在北京召开。会上，中央广播电视总台发布了4K超高清技术规划，同时发布了两份由中央电视台组织编制的4K超高清电视技术标准。

一年一度的北京国际电视技术研讨会(ITTC2018)在北京再次拉开帷幕。中宣部副部长、中央广播电视总台台长慎海雄出席开幕式并讲话，国家广播电视总局总工程师王效杰、国家广播电视总局科技司司长许家奇以及姜文波、钱岳林、王联、梁晓涛等来自广电总局、中央广播电视总台和各地方台的众多领导和代表一同出席。在ITTC2018主题报告上，中央电视台党组成员姜文波就中央广播电视总台4K超高清技术规划做报告。他表示，发展4K超高清电视是央视在新时代深化广电供给侧改革、引领广播电视行业发展的必然选择。

本届研讨会以融合媒体、4K超高清、5G网络、人工智能、大数据应用等当前科技热点的最新发展和应用前瞻为重点，超过500名广电行业的专家学者和业内人士就推动融媒体技术平台建设以及当前国内外传媒的新技术、新趋势等议题进行了交流。

开幕式上，中宣部副部长、中央广播电视总台台长慎海雄发表重要讲话。慎海雄说，习近平总书记在今年4月全国网络安全和信息化工作会议上强调，核心技术是国之重器，要加速推动信息领域核心技术突破，要遵循技术发展规律，做好体系化技术布局，优中选优、重点突破。广播电视是重要的意识形态阵地、宣传思想文化阵地，也是新兴技术手段应用推广的重要平台。随着互联网技术的突飞猛进，传统电视行业也面临着挑战，同样有重大机遇，大力推进和普及4K超高清电视技术，能让越来越多的家庭回归到电视机前，拥有家庭影院般的观影体验！这不仅是电视机产业推进供给侧结构性改革的重要机遇，也是整个电视行业包括宣传思想文化阵地，重新赢得发展机遇的一个重大的契机。

中央广播电视总台将真抓实干，时刻保持紧迫感。一方面要加大投入，力争短时间内在超高清电视节目制作上有突破，而且不断有新突破，让更多经典电视作品呈现到每个家庭，让家庭回到精彩的电视屏幕前。

另一方面，要建设强大有影响力的自主可控的新媒体平台，三台融合一体齐发力，形成电视、广播、网媒三位一体的全媒介多终端传播渠道。

希望借助这个平台，请各位专家、同行和朋友，多提宝贵意见和建议，进一步优化技术流程、打破原有壁垒、加快创新发展，引领和创立新媒体技术标准，推动广播电视行业新的变革和飞跃。

研讨会开幕式由姜文波主持并就中央广播电视总台4K超高清技术规划做报告。他指出，发展4K超高清电视是央视在新时代深化广电供给侧改革、引领广播电视行业发展的必然选择。

一是要综合考虑4K超高清产业发展程度和当前央视制播现状，加快推进建设4K试验频道制播系统，计划于今年10月1日开通4K超高清试验频道，之后三年按阶段推进全台4K超高清技术体系建设，及时跟踪国际上4K技术发展的最新成果，快速实现央视向全4K超高清制播升级转型。

二是采用4K频道和互动电视相结合，通过有线电视网、直播卫星网、三大运营商网络为全国所有家庭提供4K电视服务，积极开展技术创新，培育电视服务新模式，确立央视作为4K超高清时代的引领者地位，提升央视的传播力和影响力，推动央视实现跨越式发展。

三是要在2018-2021年，通过建设央视4K超高清电视技术体系，提高4K超高清节目年生产能力，撬动文化、信息和电子产业数万亿的产业规模增量。

主题报告会上，正式发布了两份由中央电视台组织编制的4K超高清电视技术标准，即《中央广播电视总台4K超高清电视节目制播技术规范》和《基于4K超高清图像+环绕声/三维声的家庭影院配置规范》，借此次研讨会进行集中宣讲，以此大力地推动和加快促进全国4K制播技术体系的规范。

总体要求

围绕总台4K 超高清电视发展战略，打造一个全新的4K超高清电视制播技术体系，全面支持4K的“采、编、播、存、传”，通过 4K超高清试验频道开展应用实践，并推广到全台各频道，确立总台作为全国4K超高清时代的引领地位，满足广大人民群众对4K超高清电视节目的迫切需求，推动文化、信息、电子产业快速发展。

建设目标：

2018年—2021年，完成全台4K超高清频道技术系统建设，具备每天约100小时的4K节目制作能力。

分阶段目标：

第一阶段(2018年4月—12月)：完成一个4K超高清试验频道制播系统建设，具备每天6个小时的4K节目制作能力；试验频道在2018年10月开通。

第二阶段(2019年1月—2020年6月)：完成新闻制作平台建设，在4K试验频道新闻板块提供播出节目；完成体育、纪录片、综艺等3到5个频道4K 超高清制播系统的建设，具备每天30小时的4K节目制作能力。

第三阶段(2020年7月—2021年底)：将4K试验频道转换为4K综合频道，并陆续完成新闻、电视剧、少儿等其他4K超高清频道制播体系建设，具备每天60个小时的4K节目制作能力；为应对北京冬奥会需求，2021年开展8K超高清技术试验，为北京2022年冬奥会8K信号制作提供支撑。

4K采集制作系统

根据央视4K超高清发展的总体要求，依据4K超高清电视高清晰度、宽色域、高动态范围和环绕声/三维声等技术标准，新建36个4K演播室、7辆4K转播车、9套外场制作系统和后期制作系统。

总控

2018年，为适配2018年4K超高清试验频道开播，4K超高清演播室采用浅压缩3G信号传输交换。

2019-2021年，为保证4K 超高清电视制作质量，演播室应用采用无压缩码率(12G)制作，需要在复兴路和光华路总控机房各建设1套IP 信号调度系统，互为备份，每个IP信号调度系统的核心交换能力为50T，骨干网络为100G，端口接入为 25G/50G/100G，支持4K无压缩信号接入能力不少于80路，满足全台4K节目制作需求。

4K频道播出

完成15个4K超高清频道播出系统及编码压缩传输系统等建设，具备向有线电视、直播卫星、三大电信运营商IPTV传送信号的能力。

为加强节目版权保护，不仅采用信道加密(CA)技术对 4K电视频道进行保护，还应采用数字版权管理(DRM)对4K节目内容进行管理，这样可同步采集用户收看4K电视频道的用户收视数据，为4K节目制作和运营提供大数据技术支持。

“央视专区” 4K互动电视平台

“央视专区” 4K互动电视平台是央视按照点播方式向用户提供4K超高清电视的服务平台，采用数字版权管理对“央视专区”内4K超高清电视节目进行管理，并根据用户的收视行为和台内节目评价，按照个性化节目推荐方式向用户提供4K电视服务，满足广大用户自主点播收看4K超高清电视节目需求。

为适配“央视专区”4K互动电视平台及其他新媒体平台的4K直播，完成集成发布平台4K系统建设，具备“央视专区”等新媒体端并发20路4K直播信号的分发能力。

今年以来，“央视专区”4K互动电视平台陆续在北京、上海、广东等7省市有线电视网络提供4K点播服务，4K电视用户本月将达到500万。计划今年完成在全国有线电视网络中的部署，4K电视用户可达2 000万，预计2021年“央视专区”4K互动电视用户将超过1亿。

鉴于三大电信运营商固定宽带网和5G移动宽带网的快速发展，“央视专区”4K互动电视平台将与三大运营商合作，通过三大运营商向全国数亿用户“央视专区”4K互动电视服务，预计2021年，“央视专区”4K互动电视用户将超过1亿。

◇北京 李文忠

广播电视常用技术英汉词汇对照表(九)

在应用广播电视设备中，往往有很多英文简写出现在设备上，为了方便同行对广电设备上的英文熟知，特摘录以下常见用于广播电视技术行业的英汉词汇对照表。为了查阅方便，本表以英文字母排序进行汇集整理。在查阅对应含义时，特别要注意部分简写的真实含义，容易出现混淆，同时在本技术行业应用中，约定的简写才可以简写，否则简写容易出现歧义。

(未完待续)(下转第249页)

◇湖南 李斐

R		
RAID	Redundant Array of Inexpensive Disc	廉价磁盘冗余阵列
RAM	Random Access Memory	随机存取存储器
RBDS	Radio Broadcast Data System	无线广播数据系统
RBW	Reference Bandwidth	参考带宽
RCC	Route Control Center	路由控制中心
RDS	Radio Data System	广播数据系统
RF	Radio Frequency	射频
RFA	Raman Fiber Amplifier	拉曼光纤放大器
RIU	Remote Interface Unit	远端用户单元
RMS	Root Mean Square	均方根值，有效值
ROM	Read-only Memory	只读存储器
RP	Radio Paging	广播寻呼
	Record Pointer	记录指针
RT	Radio Text	广播文本
RTA	Real Time Analyzer	实时分析(仪)，频谱分析(仪)
RTCA	Real Time Control Area	实时控制区
RTS	Real Time Simulator	实时模拟
	Real Time System	实时系统
RTV	Real Time Video	实时视频
RVC	Remote Video Conference	远程视频会议
RVS	Remote Video Surveillance	遥控视频监视
RZ	Return to Zero	归零(码)，复零
RS	Read-Solomon	里德-所罗门
	rpchof	余数多
	Remainder	项式系数
	rising/falling edge	上升/下降沿
	rpchof Remainder Polynomial Coefficients, Highest Order First	多项式余数，高阶在先
	ranking list	排名
	radix point	小数点
S		
SA	Source Address	源地址
SAN	Small Area Network	小区网络
	Storage Area Network	存储区域网络
SARFT	State Administration of Radio Film and TV	(中国) 国家广播电影电视总局
SAW	Surface Acoustic Wave	声表面波
SAWF	Surface Acoustic Wave Filter	声表面波滤波器
S-CD-MA	Synchronous-Code Division Multiple Access	同步码分多址方式
SCE	Single Channel Encoder	单信道编码器

调音台死机的原因与解决方法

数字调音台的主要特征是模拟信号进入调音台后，首先进行模数转换，将信号变为数字流，调音台内部以数字方式进行运算。因此，信号在出调音台前，就没有了模拟的概念，一旦出现死机，处理器崩溃，正常的输出也就无从保证了。下面就来说一说调音台死机的原因以及解决方法。

外部原因

一、电源

连接调音台的这路电源，如果平时连接了其他大功率用电器，那么在用电器启动时，就会产生一个大的电压瞬变。瞬间降低了调音台的供电端电压。而调音台本身的变压器对这个电压变化的调整能力是有限的，一旦超过所能够允许的限度时，机器通常便会罢工；如果不罢工，电压超常的变化也可能将噪声带人系统中。另外，在一些地区，由于用电负荷增长，尤其是在夏天，白天可能电压足够，到了晚上，用电负荷增大后，晚间的市电电压降低较多，这对于数字调音台来说，如果变压器不能够应付这种变化，就有可能出现死机。

二、静电

南方气候相对湿润一些，由于空气湿度相对较大，人身体以及物体表面电荷难以大量积聚。而北方则不然，空气相对比较干燥，人身体穿着不同材质的衣服，经常会聚积不同的电荷。而安装了调音台的空间，通常为了控制声音的反射，经常会在地面上铺设地毯，但地毯本身对电荷的疏导是不利的。这在相对干燥的秋、冬季节比较明显。操作人员的手与调音台表面刚"亲密接触"，就开始"过电"了，这个瞬间的电流，可以产生上万伏特的电压。当这个电压冲击电路，会使得一些器件超出承载的极限，于是死机就出现了。所以房间里的电荷尽快疏导出去。铺设相对导电性能好一些的地毯，对调音台进行接地处理，操作人员少穿易产生静电的服装，做好电荷的疏导。

三、灰尘

大量的灰尘进入到机器内部，在各个接触点以及表面堆积，易产生电荷以及电位器接触不良等负面作用。打开数字机的机盖，通过肉眼就可以判断出来是否有灰尘堆积。安装除尘装置时，可以用强力电吹风清除表面的灰尘，必要时，可使用精密仪器清洁剂喷洒在需要清洁的位置，等挥发完毕就可以通电测试了。这种情况的处理，对使用时间较长且常年缺乏维护的调音台是有效的。

内部原因

不同规模的数字调音台对大量的状态、参数、数据的处理能力也是不同的。对于大型工程处理文件，或是时间长度较大、自动化记忆使用较大的文件，会导致反应速度慢甚至死机。对于这种情况，需要尽量把工程文件分散处理。如一个60分钟的复杂工程文件，可以每20分钟存为一个文件，用3个文件来记录整个工作，这样在很大程度上降低了死机的风险。

数字调音台类似于电脑，调音台的死机现象一般通过重启，80%的情形下，症状就可以消失了，但这是治标不治本的办法。调音台有时在某一个状态下执行操作总是死机（录制数字调音台），而且原因不好找。好在任何一部数字调音台都有一个重要的存储状态——出厂设置，标记为Default Setting，可以调用这些参数，将调音台恢复到初始状态，这样死机的情况基本可以消失了。

数字调音台也有自己的操作系统，在系统内运行自己的软件。有一些硬件的驱动存在缺陷可能也是造成死机的根源。一般厂商会对自己数字调音台的硬件和操作系统提供免费的升级服务，升级时，需要一台连接网络的计算机辅助。一般的设备在用户使用过程中会反馈大量的信息，厂商根据这些信息解决问题并且修改补充完善软件，使软件硬件都进行提升。需要注意的是，由于升级过程存在风险，请在升级前做好数据的保护，并且特别注意，升级过程当中千万不能断电，否则会带来不可弥补的损失。

大多数字调音台都有自检的程序，开机后，设备会检测自身的状态，如果出现问题，会提示出来，同时提供出错编号，如果有维修手册，就好找到原因了，对症下药，问题可以迎刃而解。如果调音台因老化不太好找到死机的原因，那么还是请大家向有经验丰富的专家求教，尽快在其帮助下解决问题。

◇江西　谭明裕

选购专业卡包音箱的六大攻略

如何选购专业卡包音箱呢？对于卡包音箱小白来说，这是令人头疼的问题。音箱在整个音响系统中扮演着重要的角色，而好的专业音箱则会为音响效果增色不少，因此，我们在选购专业卡包音箱的时候，掌握一些技巧是十分有必要的。今天小编就给大家分享下选购专业音箱的几个技巧，希望给朋友们带来帮助！

一、查看卡包音箱的各项技术参数

音箱的技术参数是衡量一个音响优劣的标准，它包括有效频率范围、阻抗、灵敏度、额定功率、指向性、失真等。

1.在查看有效频响范围的时候，厂家需要提供频响曲线的变化情况并且说明此频响范围是按何种标准测得，如果只标出频率响应范围是没有意义的。

2.额定功率也是需要注意的一项指标，选购时必须弄清是按什么标准测试，标明的是额定功率还是峰值承受功率，因为各国乃至各厂在功率值的标定上是有差别的，有的标明是短期最大噪声功率、峰值承受功率、音乐功率、瞬时承受功率，数值往往比额定功率大许多倍。同时，各国的测量方法和标准也不一样，像日本的JIS标准往往要比国际IEC标准宽一些。

3.如果其他因素相同，一般建议选择功率大的音箱，因为这样的产品有功率余量，在大功率放音时不易引起失真。

4.音箱阻抗应与放大器匹配，不能过大或过小，过小的话会损坏设备。

5. 音箱灵敏度也要适中，比较合适的是100dB/W/m左右的声压级或更高一点的。

6.音箱的频响主要选其下限，应选40Hz以下作为下限标准，通常达到高的标准简单，而低音达标较难。

二、卡包音箱灵敏度

音箱的效率、音箱的承受功率和放大器的输出功率决定了音箱输出声压级。通常，音箱的效率愈高，放大器推起来就愈省力，露天演唱会现场需要大音量，所以常用高效率音箱。音箱的灵敏度越高，对放大器的最低输出功率及音箱的承受功率要求越低。

三、预算好卡包音箱费用

在一套音响系统中对音箱的投资比例应该是最大的。如果是自己组合音响，音箱的投资大概要占音响系统投资的40%左右，这样才能确保声质量。

四、据用途选购卡包音箱

音箱的种类不同，其音色特点也大相同。欧美音箱的音色和音质较好，英国音箱富有感染力，美国音箱强调音响性，德国音箱则注意音响与音乐的兼容性，国产音箱质量不断在提升，物美价廉；日本音箱价格比较亲民，外观较华贵，近年来在音质方面也有很大的突出。

一般组建专业音响系统选用动态强劲的音箱，而只是欣赏音乐的话，用音质优美的音箱就足够了。

五、查勘卡包音箱外观

选好音箱后，一定要仔细检查外观，看有没有划伤或开裂，接线插口是否牢固，防护网罩有无松动等。音箱不要选太花哨的，庄重大方最好。

六、选熟悉的歌曲试听

试听是选购音箱一个重要的环节。选自己熟悉的歌曲，曲风要多样，来测试音箱对哪类音乐重放效果更好。试听时最好准备与之搭配的放大器推动试听，以获取更好的效果。

◇江西　谭明裕

收音机集成电路CXA1191M维修数据

CXA1191M系日本索尼公司生产的超外差式全波段收音机的专用集成电路，它曾被许多种牌号的收音机所采用，其电气性能相当不错，收音机的灵敏度、选择性和信噪比均比较好。笔者在检修德生(TECSUN)牌R1012型12波段收音机时，十分留意地将其核心器件——集成电路CXA1191M的工作电压和在路电阻通过精心地测试并整理出来，分别列于表1和表2中，以方便广大读者朋友在维修含有该集成电路的收音机时参考。考虑到读者手中万用表种类及型号的多样性，故在表1中采用500型(指针式)和M840D型(数字式)两种类型的万用表进行测试；而表2则采用500型和MF30型两种常用的指针式万用表进行测试。此外，在测试工作电压时，波段开关被掷向中波(MW)波段，并调谐至无电台位置，收音机的电源电压为3V；测试在路电阻时，波段开关仍处于中波(MW)波段。

◇郑州工业应用技术学院　王水成

表1

万用表	项目	1	2	3	4	5	6	7	8	9	10	11	12	13	14
500型万用表直流10V挡	脚号	1	2	3	4	5	6	7	8	9	10	11	12	13	14
	电压（V）	0.8	2.6	1.45	1.1	1.25	0.85	1.25	1.25	1.25	1.25	0	0	0	0.2
	脚号	15	16	17	18	19	20	21	22	23	24	25	26	27	28
	电压（V）	0	0	0	0	1.2	0	1.45	1.05	1.0	0	2.4	2.95	1.45	0
M840D型万用表直流20V挡	脚号	1	2	3	4	5	6	7	8	9	10	11	12	13	14
	电压（V）	0.84	2.68	1.48	1.13	1.26	1.46	1.26	1.26	1.26	1.26	0	0	0	0.19
	脚号	15	16	17	18	19	20	21	22	23	24	25	26	27	28
	电压（V）	0	0	0	0	1.44	0	1.49	1.14	1.04	0	2.67	2.98	1.48	0

表2

万用表	表笔	项目	1	2	3	4	5	6	7	8	9	10	11	12	13	14
500型万用表R×1k挡	红表笔接地	脚号	1	2	3	4	5	6	7	8	9	10	11	12	13	14
		电阻（kΩ）	10.5	45	29	7.0	7.0	9.5	7.0	7.0	7.0	7.7	0	0.95	0	2.2
		脚号	15	16	17	18	19	20	21	22	23	24	25	26	27	28
		电阻（kΩ）	8.2	1.9	8.2	0	∞	0	48	19	35	17.5	13	6.7	25	0
	黑表笔接地	脚号	1	2	3	4	5	6	7	8	9	10	11	12	13	14
		电阻（kΩ）	6.8	12.5	7.5	5.4	5.4	250	5.4	5.4	5.4	6.1	0	9.5	0	2.2
		脚号	15	16	17	18	19	20	21	22	23	24	25	26	27	28
		电阻（kΩ）	7.5	1.9	8.2	0	7.2	0	7.5	7.6	7.5	7.4	7.5	5.2	5.8	0
MF30型万用表R×1k挡	红表笔接地	脚号	1	2	3	4	5	6	7	8	9	10	11	12	13	14
		电阻（kΩ）	10.5	68	48	10.7	10.7	18	10.7	10.7	10.7	11.1	0	1.0	0	2.3
		脚号	15	16	17	18	19	20	21	22	23	24	25	26	27	28
		电阻（kΩ）	17	2.0	17	0	∞	0	60	27	44	17	25	13.5	48	0
	黑表笔接地	脚号	1	2	3	4	5	6	7	8	9	10	11	12	13	14
		电阻（kΩ）	10.5	18	16	10	10	220	10	10	10	10.5	0	1.0	0	2.2
		脚号	15	16	17	18	19	20	21	22	23	24	25	26	27	28
		电阻（kΩ）	10.7	1.8	17	0	15.8	0	16.2	16.5	16.2	14.8	15	11.4	13	0

灯丝直流供电故障一例

近日修理了一台前胆(12AX7)后石(场效应管)功放，故障现象主要是音量变小失真增加，原来音量电位器放在9点钟位置时音量比较合适，现要放在11点位置。首先检查了前级12AX7胆管电路，高压供电正常，栅漏电阻阴极电阻等无问题，灯丝也是亮的，另换胆管试试，故障依旧。进一步检查灯丝供电，正常应是12.6V，实测9.5V，显然灯丝供电出了问题。见12AX7灯丝供电电路，测两个滤波电解电容容量严重不足，已由原来的2200uF降到100uF左右，失效变质，造成供电不足。原因找到，更换上两个3300uF的优质电解电容，灯丝电压恢复到12.6V，故障排除。

该故障简单，排除容易，但却引起我高度重视。故障的特点是比较隐蔽，不容易引起注意，如果是灯丝长期供电不足，阴极热度不够，将使胆管长期处于阴极中毒状态，使管子早衰。通过这次排除故障，使我认识到：一、如果不是特别需要，采用灯丝交流供电还是比直流供电来的可靠且简单。二、如果采用直流供电，滤波电解电容一定要用优质的电解电容，那些很便宜的杂牌普通电解电容尽量少用。三、应定期检查灯丝直流供电的电压是否正常，在高温下一般普通铝电解电容易变质，及时发现，防患未然。

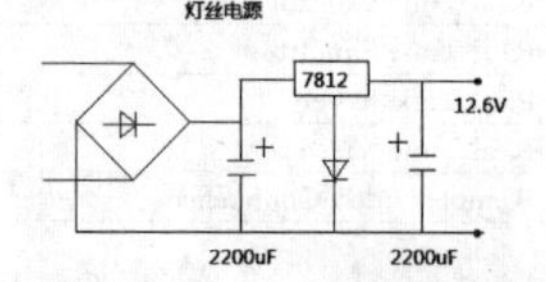

2018年6月24日出版 实用性 启发性 资料性 信息性

第25期 国内统一刊号:CN51-0091 定价:1.50元 邮局订阅代号:61-75

地址:(610041)成都市天府大道北段1480号德商国际A座1801 网址:http://www.netdzb.com

(总第1962期) 让每篇文章都对读者有用

小议量子计算机

最近，量子计算机频繁出现在公众视野，在这里简短地为大家讲述一些有关量子计算机的历史和一些理论构成。

历史

量子力学是在20世纪初由马克斯·普朗克、尼尔斯·玻尔、沃纳·海森堡、埃尔温·薛定谔、沃尔夫冈·泡利、路易·德布罗意、马克斯·玻恩、恩里科·费米、保罗·狄拉克、阿尔伯特·爱因斯坦、康普顿等一大批物理学家共同创立的；与相对论一起被认为是现代物理学的两大基本支柱。

量子计算机的概念则是1982年，由理查德·费曼提出用量子系统构成的计算机来模拟量子现象以大幅度减少运算时间。不过直到1994年，由彼得·秀尔提出的量子质因子分解算法已经轻易对银行及网络等处的RSA加密算法进行破解而构成威胁之后，量子计算机才引起人们的注意。

理论

传统的半导体计算机(比特计算机，在0和1的二进制系统上运行)靠控制集成电路来记录及运算信息，量子计算机则希望控制原子或小分子的状态（量子计算机使用量子比特来存储信息。量子比特存储的信息可能是0、可能是1，或者有可能既是0也是1。），记录和运算信息。因此量子不像半导体只能记录0与1，可以同时表示多种状态。打个比方，把半导体比成单一乐器，量子计算机就像交响乐团，可以同时处理多种不同状况。彼得·秀尔(Peter Shor) 证明了量子计算机能做出离散对数运算，而且速度远胜传统计算机。

1个量子比特可以存储2种状态的信息，也就是0和1；2个量子比特就可以存储4种状态的信息，3个8种，4个16种。量子计算机的性能随着"量子比特"的增加呈指数增长，而传统计算机按"比特位"呈线性增长。总有那么一个临界点(理论上是50个量子比特)，量子计算机的性能就会超过传统计算机。

制造难度

不过在实际环境中，量子相干性很难保持。在量子计算机中，量子比特不是一个孤立的系统，它会与外部环境发生相互作用，导致量子相干性的衰减，即"消相干"。因此，要使量子计算成为现实，一个核心问题就是克服消相干。量子编码是迄今发现的克服消相干最有效的方法，其中量子纠错码是目前研究的最多的一类编码，其优点为适用范围广，缺点是效率不高。

量子计算机看似美好，但目前还有许多挑战，最大的问题在于这些计算机的精度相比传统计算机实在是低太多了(受"消相干"影响)；一些微小的扰动，都可能带来极大的破坏。需要足够多的量子比特(量子越多其出错的方式呈现指数级增长）和低的错误率才能实现真正的超越。

2017年，IBM在和ionQ公司进行了一次只有5个量子比特的量子计算机比赛，两家开发的量子计算机分别只有35%和77%的运算正确率。如果是有成千上万个量子比特，那量子计算机恐怕根本不可能得到正确的结果。而且5个量子比特的计算机现阶段远远落后于我们手中的笔记本电脑。

实际案例1——D-Wave系列量子退火机

2007年，加拿大计算机公司D-Wave展示了全球首台量子计算机"Orion(猎户座)"，它只是利用量子退火效应来实现量子计算，作为特定领域进行专门计算，只能叫做量子退火机而非标准量子计算机。2017年，已经开发出第四代2000量子比特的量子退火机2000Q，其首个客户为著名的F22和F35的生产商洛克希德马丁公司以及洛斯阿拉莫斯国家实验室(LANL)、谷歌(Google)、美国宇航局(NASA)等公司，售价也高达1500万美元。

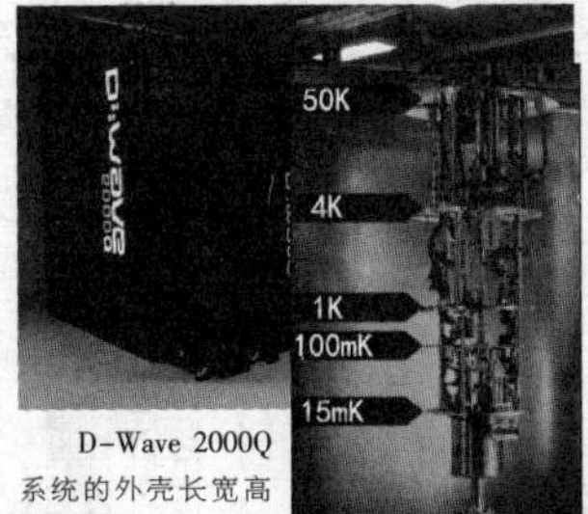

D-Wave 2000Q系统的外壳长宽高大约是3×2×3(米)，其包含的硬件包括了复杂的低温制冷系统、防护罩、I/O系统，只为了支持一个指甲盖大小的QPU。制冷系统占据了D-Wave 2000Q的大部分物理体积。量子处理器(QPU)需要在绝对零度(-273.15℃)附近的温度才能运行——屏蔽磁场、隔离震动和外部因素的干扰都需要绝对零度的低温环境。还要将量子计算机放到比地球磁场弱50000倍(基本相当于没有磁场)、大气压比地球小100亿倍(基本相当于真空)的环境中，以保持量子状态的稳定。

IBM50个量子比特的量子计算原型机

这些都是通过闭式循环冰箱实现的，它实现了0.015K(-273.135℃)的低温环境。D-Wave的"干燥"稀释制冷机使用了液氦制冷剂。

温度由顶端的室温逐层递减，直到QPU部分接近绝对零度。(50K:-223.15℃,4K:-269.15℃,1K:-272.15℃,100mK:-273.05℃,15mK:-273.135℃,绝对零度:-273.15℃)

QPU

D-Wave的QPU由容纳着若干铌制微型环的晶格组成，每个晶格是一个量子比特。在低于9.2K的温度下，铌会成为超导体并显露量子力学效应。

在量子态下，电流会同时向两个方向流动，这代表量子比特正处于叠加状态，即同时处于"0"和"1"两个状态。在问题解决过程的最末端，这种量子叠加态会坍缩回"0"或"1"两种状态的其中一种。

实现由单个量子比特到多个量子比特组成的QPU的进步，需要量子比特间的互联以进行信息交换。量子比特之间通过耦合器相联，后者同样是超导体环。量子比特和耦合器之间的互连，和管控磁场的控制电路共同创造了一个可编程的量子元件的集成结构。

当QPU得到问题的解决方案时，所有的量子比特会在它们的最终状态下稳定下来，而它们承载的数值将会以比特串的形式反馈给使用者。

D-Wave 2000Q系统最多能装下2048个量子比特和5600个耦合器。为了实现这个规模，其使用了128000个约瑟夫逊结，这也让D-Wave 2000Q的QPU在当时成了有史以来最为复杂的超导集成电路。

D-Wave的系统耗能低于25千瓦，其中大部分用于制冷及操控前端服务器。水冷系统的需求和一个厨房龙头所能提供的水量相当，其所需的空调水平是同等规模系统的十分之一。

实际案例2——Bristlecone量子处理器

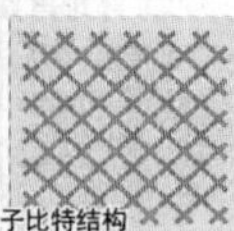

Bristlecone与量子比特结构

Bristlecone则是Google实验室公布的最新一代的72位量子处理器，报告称其错误率只有1%。

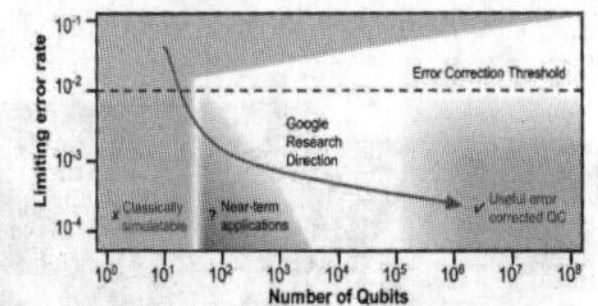

前面介绍了量子的状态是非常不稳定的，所以仅有50个量子比特是远远不够的，因为量子比特的量子纠缠会出错，只有足够多的量子比特和低的错误率才能实现真正意义的量子霸权。根据Google的说法，当量子计算机的错误率低于1%，数量接近100个量子比特时就可以达到量子霸权（即超越目前所有计算机性能)。

当然，Bristlecone是谷歌实验室2018年3月才公布的量子处理器，具体的实际应用环境同样需要大量且繁琐的保护措施才能继续运行。

小结

中科院超导量子芯片

量子计算机还有很多实现的方法，核心原理都是为了进入量子力学奇怪和反直觉的世界(包括叠加态以及纠缠、隧穿)，加快计算速度。国内中科院采用的是超导+多光子的方法；谷歌、IBM想出的办法是用超导回路；英特尔希望用传统的硅晶体管；ionQ则是使用离子。至于要通用的标准量子计算机，科学家表示还有很长一段时间才能实现。

(本文原载第12期11版)

等离子显示屏寻址电路分析及维修方法

等离子显示屏是一款主动发光的电子显示器件。本文以松下MD-50H11CJB型号显示屏为例，介绍等离子显示屏寻址电路工作原理及维修方法。

一、寻址电路作用简介

如图1所示，等离子显示屏面板的每一个显示发光单元均有Y（扫描电极）、X（维持电极）、A（地址电极）三个电极，寻址电路的作用是向A电极提供寻址脉冲，为每一个发光单元中的Y电极的放电创造必要条件。

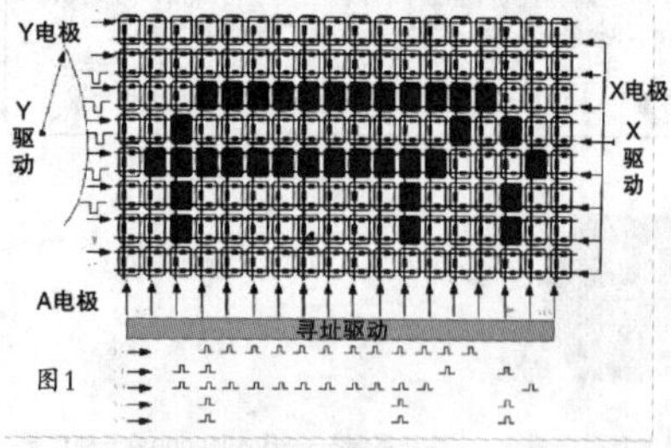

图1

二、寻址电路分析

1.寻址电路主要板卡介绍

松下MD-50H11CJB等离子显示屏寻址电路分布在3块电路板上，分别为C1板、C2板、C3板。寻址电路C1板、C2板、C3板的板号分别为 C1：TNPA4432，C2：TNPA4433，C3：TNPA4434，如图2、图3、图4所示。它们的作用是将逻辑板送来的数据、时钟和控制信号进行缓冲，向TCP软排线上的COF芯片（如图5所示）提供数据、时钟和控制信号，最终经COF芯片向等离子屏上每一个放电腔（子像素点）提供寻址开关脉冲，决定每个子像素的发光与否。

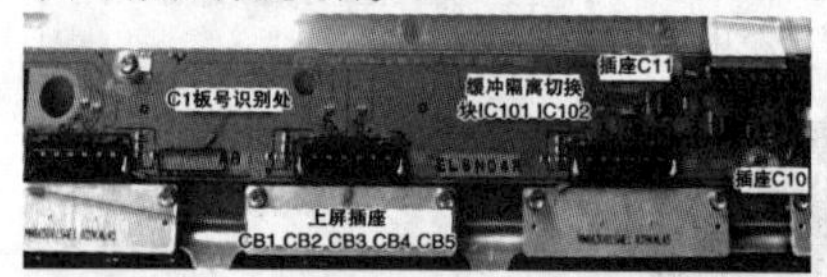

图2 C1板实物图

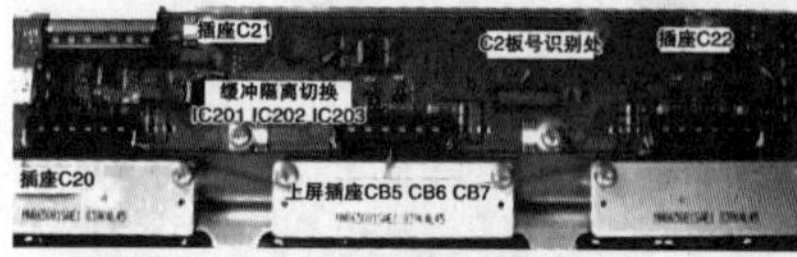

图3 C2板实物图

图4 C3板实物图

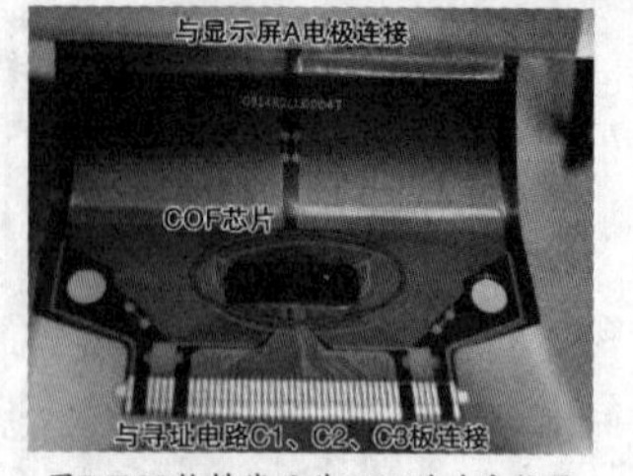

图5 TCP软排线及其COF芯片实物图

2.寻址电路信号流程分析

图6为寻址电路信号流程框图。从逻辑 D板产生的寻址数据、时钟和控制信号，一路由插座 D31（D31接口电路如图7所示）输出，转经 C1板插座C11，送入缓冲隔离块IC101/IC102(VHCT541A)的②~⑨脚，切换后再从其⑪~⑱脚输出，分别至上屏插座CB1/CB2/CB3/CB4/CB5 的㉔~㉙、㉛、㉜、㉞~㊲、㊴~㊹脚（CB1接口输出电路如图8所示），而后至C1板的COF驱动芯片；另一路由插座D32输出，转经C2板插座C21，送入缓冲隔离块 IC201/IC202(VHCT541A)的②~④、⑥~⑧脚/②~⑨脚（缓冲隔离芯片VHCT541A相关电路如图9所示），切换后再从其⑫~⑭、⑯~⑱脚/⑪~⑱脚输出，分别至上屏插座CB6/CB7/CB8 的㉔~㉙、㉛、㉜、㉞~㊲、㊴~㊹脚，而后至 C2板的COF驱动芯片。同时，寻址数据信号和控制信号由 D32 转接C2板插座C22 至C3板插座C32，再送入缓冲隔离块IC301/IC302/IC303/IC304 (VHCT541A)的②~⑨脚，切换后再从其⑪~⑱脚输出，分别至上屏插座 CB9/CB10/CB11的㉔~㉙、㉛、㉜、㉞~㊲、㊴~㊹脚，而后至C3板的COF驱动芯片。另外，能量恢复和维持驱动信号也由插座 D32 输出，转经C2 板插座 C21，送入缓冲隔离块IC203(VHCT541A)的②~⑦脚，切换后再从其⑬~⑱脚输出，送至插座 C22 的㊹~㊾脚，而后转入 C3 板插座 C32 的⑤、⑦~⑫脚，再由C3板插座C33 的⑤~⑪脚送入维持板的插座SS23。从维持板插座SS23 输入的 VDA75V 电压，转接至C3板插座C33的①、②脚，再送至上屏插座CB1~CB11的③~⑤、⑦~⑨、59~61、63~65脚。由插座D31/D32输入的P5V电压，转成C1-5V/C2-5V/C3-5V电压，分别送至C1/C2/C3板中的缓冲隔离块IC101/IC102/IC201/IC202/IC203/IC301/IC302/IC303/IC304(VHCT541A)的⑳脚，为其提供工作电压。由C3板形成的C3-5V电压，经过电阻R362(1KΩ)隔离后产生的5V-DET检测电压，送入插座C32的④脚，再经C2板插座C22的52脚转接、插座C20的①脚转接，C1板插座C10的⑳脚转接、插座C11的55脚转接，最后反馈到逻辑D板插座D31，用于检测5V电压是否正常。

图6

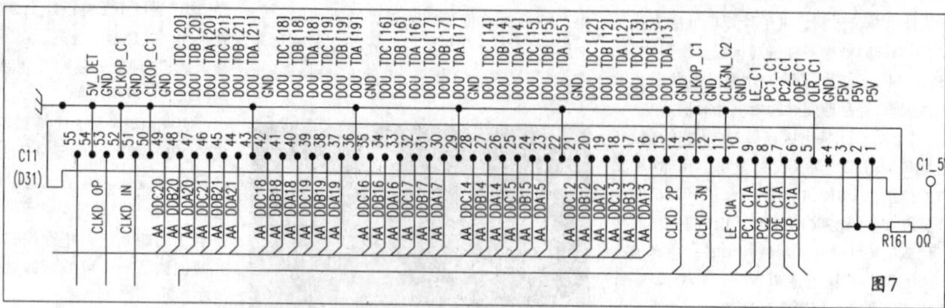
图7

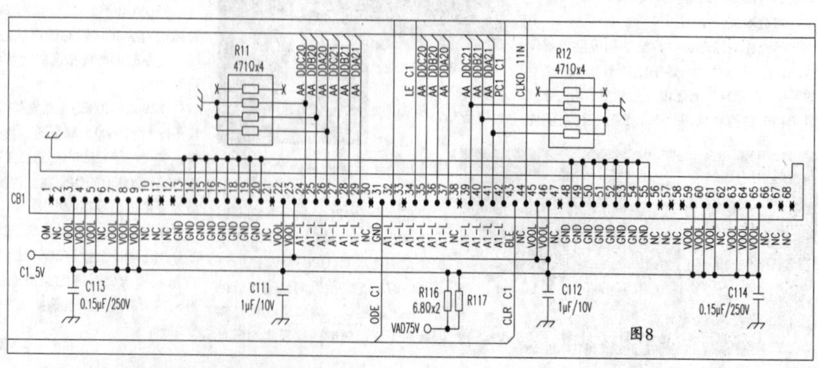
图8

三、寻址电路的维修方法

等离子显示屏寻址电路出现故障，显示屏上主要表现为竖线、黑带等现象，通过肉眼就能很直观进行判断。在实际维修过程中，维修人员可以通过比对竖线、黑带等故障位置进行判断，方法如下：

第一步：首先根据屏幕故障位置对应找到C1或C2或C3板的位置；

第二步：本作先简后繁的维修思路，应先检查寻址电路 C1/C2/C3 板与逻辑板之间的连接线有没有松动或接触不良的情况；

第三步：若正常，再按照图6所示的信号流程，检查C1或C2或C3板上相关插座上的工作电压是否正常，如VDA75V、P5V、隔离缓冲芯片VHCT541A电压（维修参考数据表）等；

第四步：若电压均正常，用示波器测量寻址数据信号和时钟控制信号波形是否正常，波形可参考下图10中地址脉冲波形；

（未完，图9、图10和表1见下期）

Office 2019预览版本使用报告

2017年9月27日，微软在Ignite 2017大会上宣布将在2018年后期发布下一代Office——Office 2019的正式版本，目前已经可以试用预览版本，这里向朋友们报告这个被泄露出来的预览版本的一些情况。

一、下载和安装

需要提醒的是，与以前的版本不同，Office 2019不再提供镜像包，用户必须完全借助下载器在线安装，而且不再支持Windows 10以下的平台，Office 2019自带预览版密钥，无需手工激活。但如果Windows 10是内部预览版本，那么即使安装了Office 2019也无法正常激活。

和正式版本一样，预览版本也必须借助下载器安装，由于微软暂时还没有发布官方下载工具，因此这里需要首先准备一款第三方下载工具——Office Tool Plus，这是一个用于自定义安装、激活、管理Office软件的小工具，具体步骤如下：

第1步：卸载Office软件

首先请从官方网站https://otp.landian.la/index.html下载最新版本的Office Tool Plus，运行之后切换到“管理”选项卡，在“卸载”选项卡点击“卸载全部”按钮，将当前系统中所安装Microsoft Office删除，删除完成之后请重新启动系统，这一步骤至关重要，请不要省略。

第2步：清除激活数据

再次运行Office Tool Plus，切换到“激活”选项卡，切换到“配置”选项卡，在这里点击“卸载所有密钥”按钮，清除原有的Office激活数据。

第3步：下载安装文件

切换到“下载”选项卡，将“通道”改成“Dogfood”，根据系统版本选择“x86”或“x64”，其余选项不需要更改(如图1所示)，点击“开始下载”按钮，一般5分钟左右即可完成，结束之后会显示“下载完成”的信息。

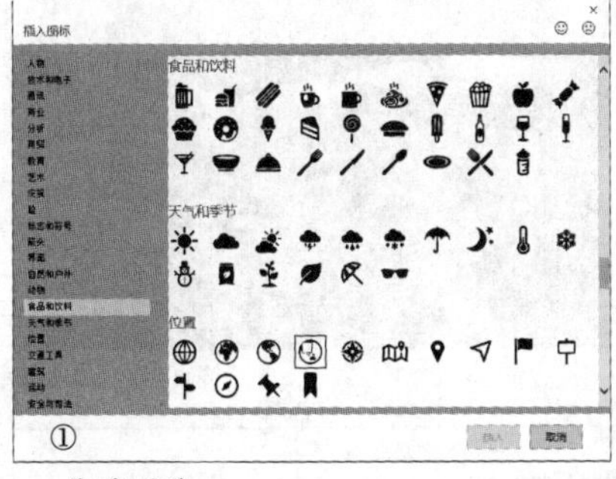

①

第4步：安装

切换到“安装”选项卡，勾选需要安装的Office组件，一般是勾选Word、Excel、PowerPoint即可，语言自然是“zh-cn”，在“Office套件”文本框将原有的安装代码手工修改为“ProPlus2019Retail”；切换到“可选设置”选项卡(如图2所示)，勾选“自动激活”复选框，并在下面的“更新源”设置为“http://officecdn.microsoft.com/pr/ea4a4090-de26-49d7-93c1-91bff9e53fc3”，这是为了保证以后更新之后不会倒退到Office 2016。

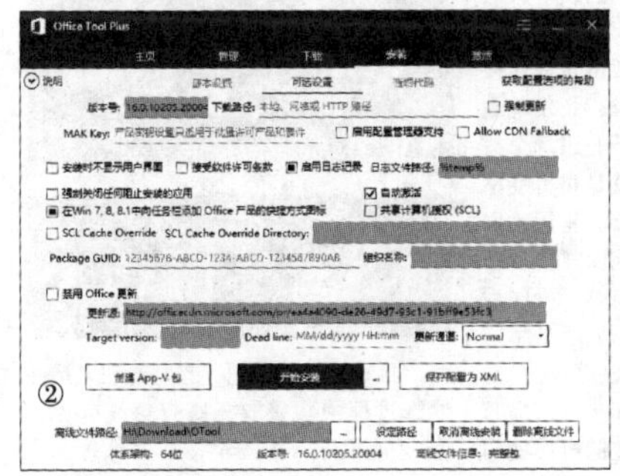

②

上述设置检查无误之后，即可点击“开始安装”按钮正式安装Office 2019，稍等片刻即要完成，Office组件会出现在开始菜单中，当然组件名称仍然会显示为2016，但打开相关组件之后，在“帐户”对话框可以显示“2019”的字样(见图3所示)，同时标题栏上还会显示“Preview”的信息。

③

二、各组件的新变化

由于目前发布的Office 2019暂时还只是一个预览版本，因此这里的变化并不是很多，但各个组件还是有一些令人耳目一新的亮点，例如在切换工具栏标签页的时候，都会出现相应的过渡动画，这在过去的Office套件中是不曾出现的，在这里简单介绍一下。

1.Excel

Excel 2019新增了多组功能强大的函数，例如IFS(多条件判断)、CONCAT(多列合并)和TEXTJOIN(多区域合并)等，对于那些经常处理庞大数据的用户来说，这些新增加的函数一定可以有效提高工作效率。如图4所示，这些函数直接就可以使用。

例如IFS函数，条件判断一般会选择IF函数，当条件多于两种时，就需要多组IF函数进行嵌套。如果嵌套的层级过多，不仅书写上会有麻烦，后期排错也会相当繁琐。有了IFS函数，可以将多个条件并列进行展示，语法结构类似于“IFS(条件1，结果，条件2，结果，条件3，结果，……)”，最多可支持127个不同条件，大大提高了用户的办公效率。

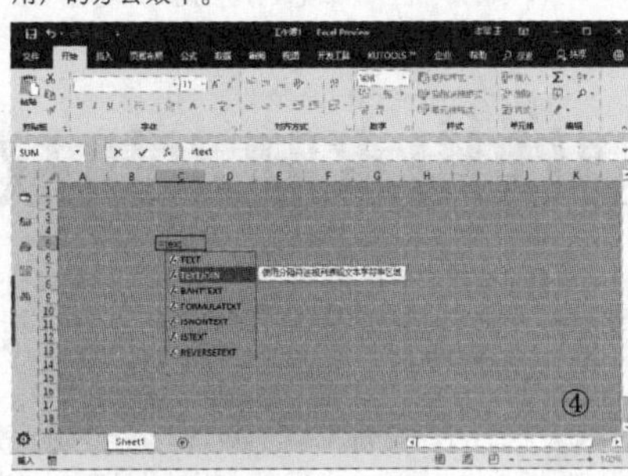
④

2.Word

我们可以发现这里新增加的内置字体，这些字体全部属于汉仪字库，都是一些书法感很强的字体风格。切换到“视图”选项卡，可以看到这里增加了一个名为“沉浸式学习工具”的新功能，点击后文档界面将会发生变化，在“沉浸式学习工具”页面中(如图5所示)，我们可以快速改变列宽、页面颜色、文字间距，甚至能够调整音节和选择朗读文字，对于校园用户来说，这一功能可以说是相当实用。

Word 2019同时增加了全新的翻页模式，其被命名为“横版”。在这个翻页模式下，多页文档会像书本一样将页面横向叠放，连翻页的动画也非常像传统的书本一样。这样的翻页模式可以看作是为平板设备量身定做，当然对于PC用户来说可能远不如传统的翻页模式来得容易使用。

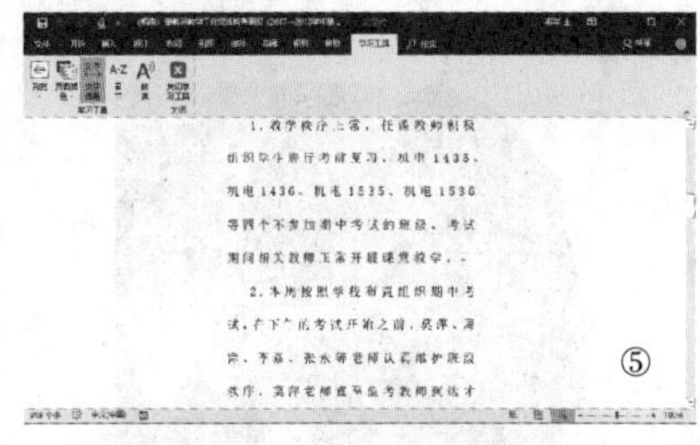
⑤

3.PowerPoint

切换到“审阅”选项卡(如图6所示)，这里新增了一个“墨迹书写”功能，这个功能和PS上的“画笔”功能差不多，其实就是个着色画笔。在这里，我们可以选择不同的颜色来填充笔迹线条，同时还能调节笔迹的粗细程度等。利用墨迹书写功能，可以让你快速在PPT上添加符号和批注，对于经常讲解PPT的用户来说十分有用。

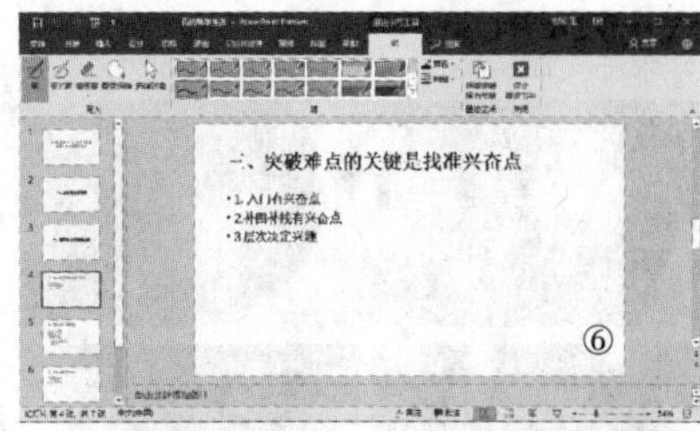

⑥

无论是Word或是PowerPoint组件，这里都提供了在线图标的功能，增加了各种新奇有趣的图标(如图7所示)，在线图标中囊括人物、技术和电子、通讯、商业、分析等26个类别的图标，种类齐全，而且还可以对图标进行颜色填充、描边、缩放等基本操作，这些图标一定能够为你的Word文档或者PowerPoint文档增添不少色彩。值得一提的是，所有的图标都可以借助PowerPoint填色功能直接换色，甚至拆分后分项填色。

三、结语

总的来看，其实Office 2019预览版添加的新功能并不多，对比Office 2016，更像是一个升级版而非颠覆之作，Excel中的所谓新函数也已经在Office 365中得到体现。不过，相信在Office 2019正式版本发布时，微软在发布会上承诺的实时语言翻译、Second Light、Sphere球体交互设备、PICO RPOJECTION投影交互技术等应该会正式提供，让我们拭目以待吧。

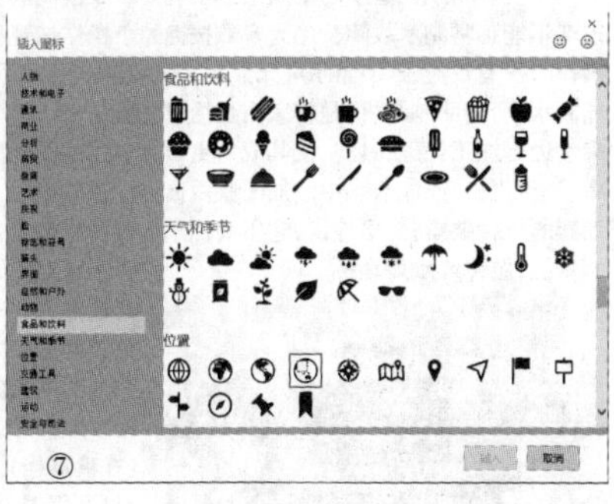

⑦

◇江苏　王志军

洛贝Y50-90W型阿迪锅(电气锅)的易损器件拆装方法与故障检修实例

一、易损器件的拆装方法

1.密封圈的更换

首先,轻轻用手拉出密封圈,再更换相同的密封圈即可,如图1所示。

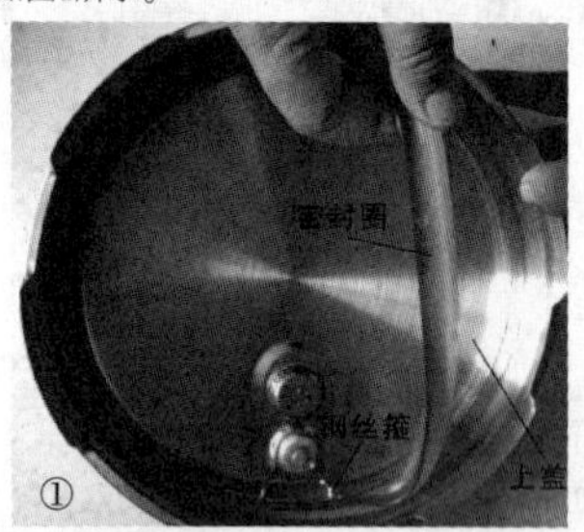

①

【注意】更换密封圈时要安装到位,以免密封不严。另外,更换密封圈时不能拆卸钢丝箍,以免损坏密封圈。

2.限压阀的拆卸方法

第1步,用力拔掉限压阀的防堵罩,如图2所示;第2步,用钳子松动固定限压阀阀芯的螺母,如图3所示;第3步,用手拧掉固定限压阀阀芯的螺母,如图4所示;第4步,拔掉限压阀的阀门,如图5所示;第5步,拨动密封圈,如图6所示;取下的密封圈与限压阀阀芯,如图7所示。

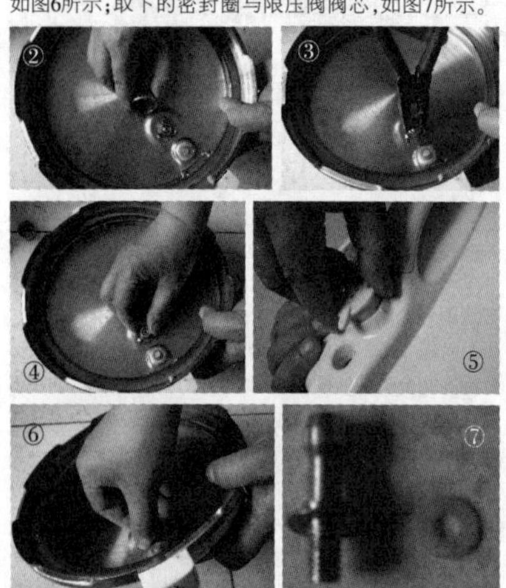
② ③ ④ ⑤ ⑥ ⑦

【注意】安装限压阀阀芯上的密封圈要到位,以免密封不严,产生漏气的故障。

3.浮子阀的拆卸方法

第1步,用尖嘴钳子松动固定浮子阀的螺母,如图8所示;第2步,用手拧掉固定浮子阀的螺母,如图9所示;第3步,取下浮子,如图10所示;取下的密封圈与浮子阀,如图11所示。

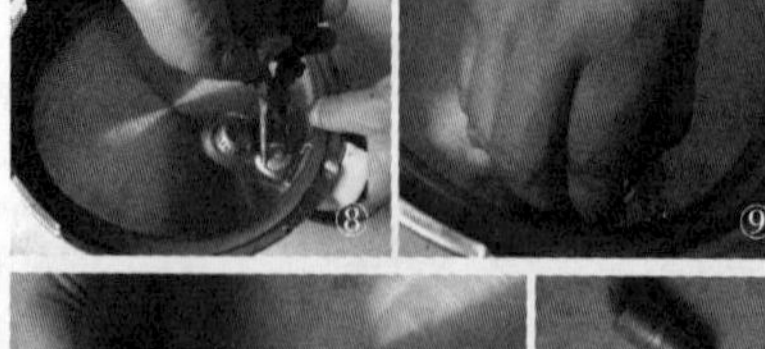
⑧ ⑨

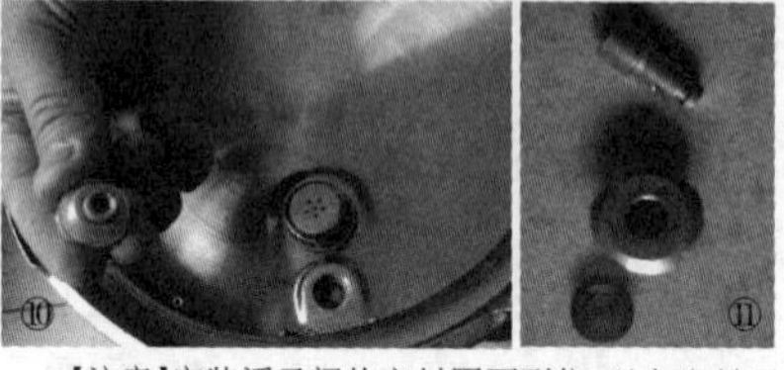
⑩ ⑪

【注意】安装浮子阀的密封圈要到位,以免密封不严,产生漏气故障。

二、故障检修实例

例1:洛贝(Luby)Y50-90W型阿迪锅通电后,无反应

分析与检修:通过故障现象分析,说明电源电路未工作或控制器异常。

首先,用万用表的750V交流电压挡测电源线接阿迪锅侧有225V电压输出,说明电源线正常,故障是锅内电源电路或控制器异常所致。拆掉底盖,测量三端稳压器L7805CV的③脚无电压,说明电源电路未工作。测变压器TF1的初级绕组无220V市电电压输入,怀疑热熔断器FU熔断。断电后,用蜂鸣器挡测FU的确断路,怀疑是因加热盘过热损坏。检查加热盘、内锅没有变形,怀疑加热盘驱动电路异常。在路检测该电路主要元件时,发现继电器J的触点短路,检查其他元件正常,用相同的继电器和热熔断器更换后,故障排除。

例2:洛贝(Luby)Y50-90W型阿迪锅按煮饭、煮粥键时,相应的指示灯亮,但不加热

分析与检修:通过故障现象分析,说明控制器内的CPU已经接收到煮饭指令,并且已输出控制信号,故障是因控制器或加热盘及其供电电路异常所致。

拆掉底盖后,用万用表的200Ω挡测量加热盘的阻值为53Ω,说明加热盘正常,用万用表的20V直流电压挡测CN1的④脚电压为4.25V,说明控制器已输出高电平加热信号,故障是由加热盘供电电路异常所致。测驱动管Q2的b极有导通电压输入,而其c极电压为16V,说明Q2内部开路,更换后,加热恢复正常,故障排除。

例3:洛贝(Luby)Y50-90W型阿迪锅通电蜂鸣器报警,显示屏显示E1

分析与检修:通过故障现象分析,说明该机加热传感器开路保护状态。该故障的主要原因:1)环境温度过低,2)连接器PT、CN1引脚接触不良或线路开路;3)传感器Rt断路,4)控制器异常。

室内温度正常,说明锅内电路异常。检查PT、CN1的引脚焊点正常,并且连线也正常,剥掉PT的连线后,测传感器Rt的阻值几乎为无穷大,而正常时为60k左右,说明Rt开路。用相同的传感器更换后,故障排除。

例4:故障现象:洛贝(Luby)Y50-90W型阿迪锅不定期出现不加热故障,故障发生后蜂鸣器鸣叫报警,且显示屏显示故障代码E4。

分析与检修:该机出现故障代码E4,说明压力传感温控器(温控开关)出现问题。故障出现后,拔掉电源线,端起电压力锅轻轻在桌面上磕几下,再插入电源线后故障消失,说明内部连线接触不良或电路板有元件引脚脱焊。拆掉后盖,检查连线正常,怀疑电路板有元件的引脚脱焊。取出电路板察看,发现连接器CN1的2个引脚脱焊,如图12所示。对CN1的所有引脚焊点进行了补焊,将电路板复位后通电,按下煮饭键后敲击电路板,加热始终正常,故障排除。

⑫

◇内蒙古 宋秀媛

TN400HL型饮用水制水机故障维修1例

一台TN400HL型家用饮用水制水机出现不能正常制水故障,绝大多数按键操作时没有反应,LCD显示屏无显示,不能制水。所谓的制水机,是将家用生活自来水进行加工处理、过滤,使其成为更干净、杂质更少,或能给水中添加一些微量元素的一种装置,严格地讲,它不能称作制水机,应称为水处理机。

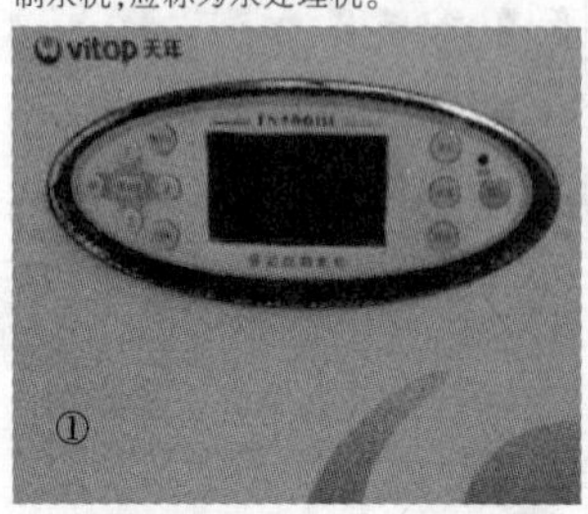

①

该制水机外形样式见图1。正面有多个操作按键和显示屏,按键可用来进行功能选择,显示屏可以显示当前的工作模式。

由图2可见,面板上共有11个按键。打开外壳后,发现内部有两块电路板,而11个按键全部集中在与图2面板上显示屏区域对应的一块电路板上。将该板与其他电路间的接插件拔开,测量各个轻触按键的相应触点均不通,且有接近无穷大的电阻值,说明没有触点漏电或短路故障。于是,用万用表的低阻欧姆挡(蜂鸣器挡)测量按键相应触点之间的电阻,万用表始终显示阻值无穷大,且无蜂鸣声,说明故障原因可能是按键长期不用,触点氧化,导致触点在操作按压时相应触点不能联通,也不能向电路发出控制命令。将11只按键全部更换,并将印制板与整机电路之间的接插件插接好后,按压各个按键,均有相应的蜂鸣器叫声,显示屏也有功能切换的内容显示,以为故障排除了,但装好外壳试验,发现大部分按键在触按时按不动,仅有个别的按键有反应,打开机壳后,再次试着操作按键,均有正常反应。仔细观察后,发现左边按键操作柄的高度明显于右边两个按键的操作柄如图3所示。这就是整机装配好后,为什么有的按键按不动,是因为操作柄较高的按键顶住了面膜的塑料皮,无需操作,按键的触点即已处于操作后的状态,所以操作时按它不动。于是用与能按得动的按键相同的按键更换后,并在印制板与安装固定桩之间垫上适当厚度的纸片或塑料片,调节按键操作柄与面板塑料皮之间的间距,最终调整得使所有按键均能操作有效。再次装配整机,接通水路和电源,开机操作,一切正常,故障排除。

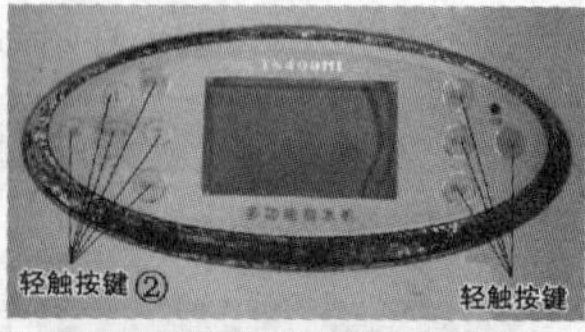

②

③

此维修实例说明,有时修理人员在维修过程中要采取一些应急或变通措施,才能根除一些怪异故障。

◇运城市 鲁学礼

注册电气工程师备考复习——电气安全4

(紧接上期本版)

2)情况二

另一种情况是，每个脉冲具有相同的100mA峰值，脉冲的间隔时间仍为0.5s，但每个脉冲的作用时间增加至1s，即《效应特规》P18图15。这种情况下 存在心室纤维性颤动的危险吗?

单个脉冲作用时，从GB/T 13870.1-2008的图22(P41-20)查得持续时间为1s(即1000ms)的心室纤维性颤动阈值(c1曲线)为150mA。

依据GB/T 13870.2-2016《电流对人和家畜的效应第1部分：特殊情况》P17表1，可知：

第2个脉冲引起的心室纤维性颤动阈值 → 98mA (65%×150 mA)

第3个脉冲引起的心室纤维性颤动阈值 → 63mA (42%×150 mA)

第4个脉冲引起的心室纤维性颤动阈值 → 41mA (27%×150 mA)

由此可见，，第1个脉冲不可能引发心室纤维性颤动，但是，第2、第3、第4个脉冲引发心室纤维性颤动的可能性逐渐增加，是累积效应而引起。

3)情况三

还有一种情况是，每个脉冲具有相同的100mA峰值和1s的持续时间，但每个脉冲之间的间隔为1s而不是0.5s，即《效应特规》P18图16。分析确定是否有发生心室纤维性颤动的危险。

由GB/T 13870.1-2008的图22(P41-20)可知，每个脉冲单独作用时都能够引起心脏的可逆扰动（DC-3区），但脉冲之间长达1s的时间间隔使得其扰动在该序列中下一个脉冲开始前已衰减殆尽。因此，只存在极少的累积效应甚至没有，此脉冲序列引起心室纤维性颤动的危险很低。

(3)【9.2.3】实例2 →《效应特规》P19

对占空比是50%的断续直流电流，其引起心室纤维性颤动的可能性可用与该脉冲序列中单个脉冲作用时间相同的另一单个不重复矩形脉冲来估算。

单个不重复单向矩形脉冲电流与相同周期正弦交流电相比，引起心室纤维性颤动的可能性，单向矩形脉冲电流比相同周期正弦交流电高出约10倍。

9. 电流通过浸入水中人体的效应 →《效应特规》P19

(1)【10.1】概述

(2)【10.2】水溶液和人体的电阻率

典型人体组织的电阻率 →《效应特规》P20-表3

(3)【10.3】通过浸入水中人体的传导电流

(4)【10.4】电流通过浸入水中人体的生理效应

(5)【10.5】电流阈值

(6)【10.6】本质安全电压值

10. 短时单向单脉冲电流效应 →《效应特规》P22

(1)【11.1】概述

(2)【11.2】短时单向脉冲电流的效应

① 电容器放电的峰值电流计算：

$I_{C(p)}=\frac{Uc}{R_i}$ ←【《效应特规》P22】

式中：$I_{C(p)}$→ 电容器放电的峰值(A)

U_c → 电容器开始通过人体放电时的电压(V)

R_i → 初始人体电阻(Ω)

② 比致颤能量F_e确定

1) 矩形脉冲：$F_e=I^2_{DC}\times t_i$ ←【《效应特规》P23】

式中：I_{DC} → 矩形脉冲电流的量值(A)

t_i → 电击持续时间(s)

2) 正弦脉冲：$F_e=\frac{I^2_{AC(P)}}{2}=I^2_{ACrms}\times t_i$ ← 【《效应特规》P23】

式中：$I_{AC(p)}$ → 正弦脉冲电流的峰值(A)

I_{ACrms} → 正弦电流的方均根值(A)

t_i → 电击持续时间(s)

③ 时间常数为T的电容器放电

$F_e=I^2_{C(p)}\times\frac{T}{2}=I^2_{Crms}\times t_i$ ←【《效应特规》P23】

式中：$I_{C(p)}$ → 电容器放电的峰值(A)

I_{Crms} → 持续时间为3T的电容器放电电流的方均根值(A)

对《效应特规》P24图18的情况下，有下列关系式：

$I_{DC}=\frac{I_{AC(p)}}{\sqrt{2}}=\frac{I_{C(p)}}{\sqrt{6}}$ ←【《效应特规》P23】

$I_{Crms}=\frac{I_{C(p)}}{\sqrt{6}}$ ←【《效应特规》P23】

(3)【11.3】电容器放电的感知阈好痛觉阈

人用干燥的首握住大电极时，随电容器电荷量和充电电压而变的感知阈和痛觉阈

└→《效应特规》P25-图19

(4)【11.4】心室纤维性颤动阈

① 概述

心室纤维性颤动阈取决于脉冲电流的波形、持续时间和量值，脉冲开始时的心脏时相，电流在人体内的通路和个人的生理特点。

②【11.4.2】举例 →《效应特规》P26

二、计算实例

示例1 →《效应特规》P26

电容器对人体放电的效应：电容器容量C = 1μF，充电电压10V，100V，1000V和10000V，

电流通路：手到脚，人体初始电阻假定R_i = 1000Ω，时间常数T = 1ms，即电击持续时间t_i = 3T = 3ms，比致颤能量$F_e=I^2_{Crms}\times t_i\approx\frac{W_c}{R_i}$。

解答过程：电击的效应如表5所示。

示例2 →《效应特规》P27

电容器对人体放电的效应：电容器容量C = 20μF，充电电压10V，100V，1000V和10000V，

电流通路：手到脚，人体初始电阻假定R_i = 500Ω，时间常数T = 10ms，即电击持续时间t_i = 3T = 30ms，比致颤能量$F_c=I^2_{Crms}\times t_i\approx\frac{W_c}{R_i}$。

解答过程：电击的效应如表6所示。

(全文完)

◇江苏 键谈

表5 1μF电容器对人体放电的效应

充电电压U_c(V)	10	100	1000	10000
放电电流峰值 $I_{C(P)}$(A)：$I_{C(P)}=\frac{U_c}{R_i}$	0.01	0.1	1	10
放电电流方均根值(A)：$I_{Crms}=\frac{I_{C(p)}}{\sqrt{6}}$	0.0041	0.041	0.41	4.1
致颤电荷量 F_q(A·s)：$F_q=I_{C(P)}\times T$	0.01×10^{-3}	0.1×10^{-3}	1×10^{-3}	10×10^{-3}
放电能量 W_c(W·s)：$W_c=\frac{1}{2}\times C\times U_c^2$	0.05×10^{-3}	5×10^{-3}	0.5	50
比致颤能量 F_c：$F_c=I^2_{Crms}\times t_i\approx\frac{W_c}{R_i}$	0.05×10^{-6}	5×10^{-6}	0.5×10^{-3}	50×10^{-3}
生理效应	轻微	不适	致痛	多半会发生心室纤维性颤动

表6 20μF电容器对人体放电的效应

充电电压 U_c(V)	10	100	1000	10000
放电电流峰值 $I_{C(P)}$(A)：$I_{C(P)}=\frac{U_c}{R_i}$	0.02	0.2	2	20
放电电流方均根值(A)：$I_{Crms}=\frac{I_{C(p)}}{\sqrt{6}}$	0.008	0.08	0.8	8
致颤电荷量 F_q(A·s)：$F_q=I_{C(P)}\times T$	0.2×10^{-3}	2×10^{-3}	20×10^{-3}	200×10^{-3}
放电能量 W_c(W·s)：$W_c=\frac{1}{2}\times C\times U_c^2$	10^{-3}	0.1	10	1000
比致颤能量 F_e：$F_e=I^2_{Crms}\times t_i\approx\frac{W_c}{R_i}$	–	–	–	–
生理效应	轻微	致痛	危险，但多半不会发生心室纤维性颤动	危险，多半会发生心室纤维性颤动

一款降低可调光LED电磁干扰的简单电路

本设计实例介绍一款降低可调光LED电磁干扰的简单电路。其设计很新颖，它差不多能满足降低电磁干扰要求，但又不完全如此。令你吃惊的是，电路产生的传导电磁干扰刚好超出你必须满足的限制，而这个电磁干扰当中至少有部分来自可调光LED。

LED的亮度变化，我们是通过对LED的电流进行脉宽调制(PWM)控制；所产生的脉冲电流波形便是产生电磁干扰的罪魁祸首。LED调光需要采用PWM控制，但它产生的电磁干扰也必须予以抑制。

下面的原理图显示了一种抑制电磁干扰的简单方法。

图中的黄色和蓝色部分，分别是抑制前后的LED调光电路。左边的黄色电路浅显易懂。晶体管Q1的开关控制LED电流的通断。然而，从+5V电源吸收的电流也随之上下变化，电磁干扰便由此产生。

右边蓝色部分是改进后的电路。它增加了一个由Q3和Q4组成的恒流源。恒流源的电流在Q2关断时流过LED，在Q2导通时不流过LED。和左边的黄色电路一样，LED上脉冲电流的占空比对LED亮度进行控制，但是从+5V电源吸收的电流几乎保持恒定，因此几乎没有电磁干扰产生。

的确，这两个电路有一个差异是相位相反。右边的驱动器使用的元器件比左边的多了不少，并且其消耗的电能也比左边要多。但是，如果你能够承受这些成本，那么电磁干扰降低的收益也可能很值。

◇湖北 朱少华 编译

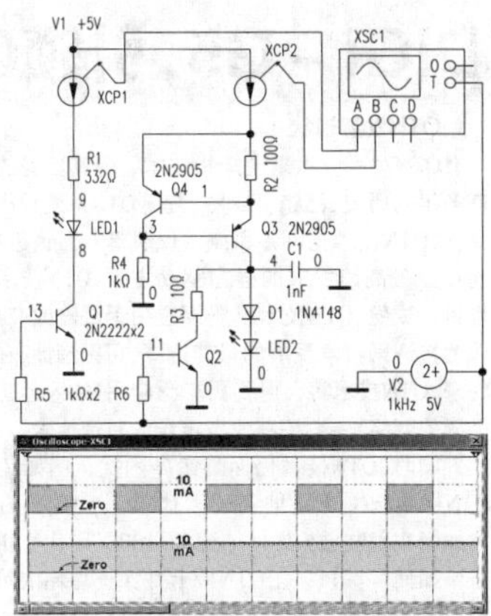

图1：PWM控制LED的电磁干扰抑制

某液压电梯增加电气控制防沉浮再平层功能的改造

液压电梯大多用于楼层数不多，但载重量较大的场所。电梯载重的变化和液压元件间隙密封等因素影响，电梯轿厢在平层位置会下沉或上浮。本文依据电梯提前开门原理，实现液压电梯在轿厢门开启状态下的再平层，以消除液压电梯装卸重物后出现的下沉或上浮缺陷。

1.基本原理

轿门开启再平层与电梯提前开门过程有所类似，前者是在轿门和厅门开启状态下轿厢作向上或向下爬行。因此其控制和安全性必须符合国标GB-7588-2003上有关规定。其基本条件是：①在开门区域；②只能是运行在低速爬行状态。轿厢是否在电梯门区位置的检测是门开再平层的首要条件，为了确保安全，轿厢在门区的位置监测必须用三个信号，即上门区信号、中门区信号和下门区信号。若原液压电梯控制系统中只有一个或二个门区信号，则必须再增加二个或一个门区信号。例如，在原来已有上、下平层两个门区信号的基础上再增加一个中门区信号。

电梯提前开门功能通常是通过短接门锁回路来实现的。一般都需要额外增加一块提前开门板，该板有若干个继电器构成，将继电器线圈和触头按一定的逻辑顺序要求进行连接，来达到所需的继电器动作时序。其中一种短接门锁板如图1所示，短接门锁板DJMS-C端子功能如表1所示。液压梯在轿门开启再平层中也需要采用短接门锁的方法，因此同样需要额外增加一块这样的短接门锁板。

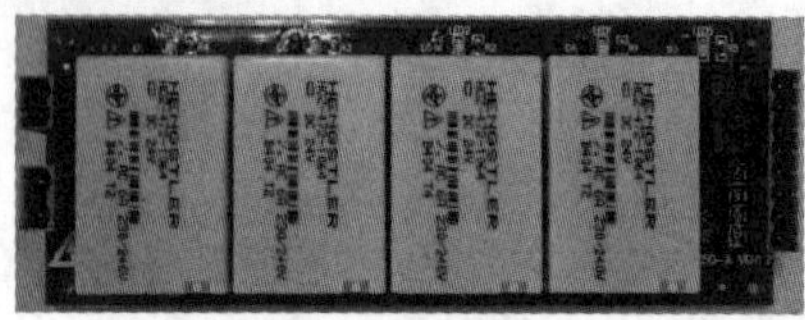

图1 短接门锁板

原液压电梯使用三菱FX2N-80MR可编程序控制器为主控制器，组成3层3站系统。考虑到改造成本，在不增加PLC点数增加再平层功能，利用原输入点X45、X46、X47和输出点Y17改作再平层用。新增的材料有：中门区磁开关“MQZ”、短接门锁板AP1、短接门锁接触器KJSM。液压电梯外加短接门锁板的轿门开启再平层电控原理如图2所示。

表1 DJMS-C引脚功能说明

端子		端子符合	定义	说明
输入端子P1	P1.1	MQS	上门区平层信号	轿顶磁开关按上、中、下等距离垂直安装，隔磁板长度建议为300mm，轿厢平层准确时，隔磁板同时插入3个磁开关。
	P1.2	MQX	下门区平层信号	
	P1.3	MQZ	中门区平层信号	
	P1.4	EN	开门使能	非快车与非下行状态时为低电平。
	P1.5	KM+	闭合门锁信号输入	请求闭合门锁时，接入24VDC电压。
	P1.6	KM-		
	P1.7	24V+	工作电源24VDC+	最好直接利用主控制器电源，电源容量不小于280mA。
	P1.8	24V-	工作电压24VDC-	
输出端子P2	P2.1	24V-	电源24VDC-	接入电梯控制器
	P2.2	MK	门锁短接反馈	
输出端子P3	P3.1	MS1	短接门锁触头	接入电梯门锁回路
	P3.2	MS2		

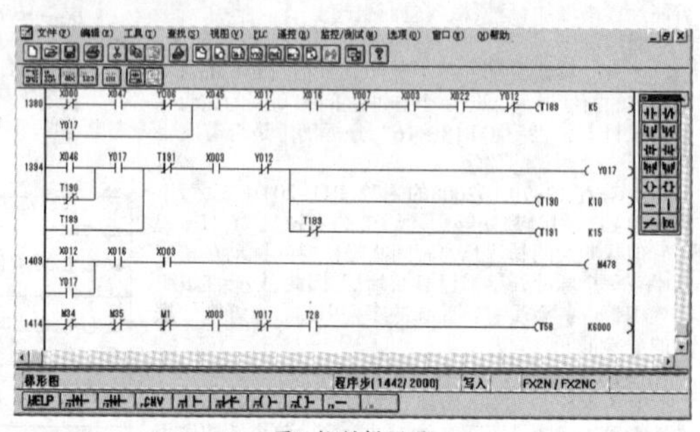

图3 控制梯形图

图2中“AP1”门锁短接控制板DJMS-C，“VML”是控制快速电磁阀接触器，“MQS”是上门区平层磁开关，“MQZ”是中门区平层磁开关，“MQX”是下门区平层磁开关，“KY”为安全接触器，“KZP1”是门锁短接中间继电器，“KJSM”是门锁接触式继电器。将三个门区平层信号接入短接门锁控制板进行轿厢位置识别，非快速运行状态作为短接门锁的使能信号，其工作过程如下：

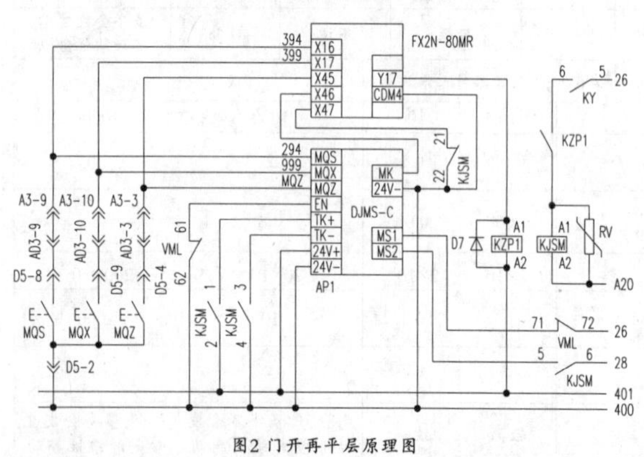

图2 门开再平层原理图

上平层信号MQS、中平层信号MQZ（新增）、下平层信号MQX都有信号时，说明液压电梯在门区位置，使能信号有效。当液压电梯在开门状态下出现沉降，此时下平层信号MQX就会丢失。PLC检测到上平层信号和中平层信号存在，而下平层信号丢失时，输出短接门锁信号给短接门锁控制板AP1。短接门锁控制板根据上平层信号、中平层信号、下平层信号的动作时序，以及电梯运行状态，只有电梯在非快速时，且三个平层信号时序正确情况下才给出短接门锁信号，同时将该信号反馈给PLC。PLC在得到门锁闭合信号后，起动电梯低速向上蠕动运行。电梯上行至下平层信号出现时，停止运行，并释放门锁短接接触器。

同样电梯轿厢在平层位置，若因某个原因使轿厢上浮，则上平层信号MQS丢失，而中平层信号MQZ和下平层信号MQX都存在，电梯就会向下再平层。

2. 梯形图编制

按照上面的门开再平层工作过程，不难得到PLC控制的向上再平层梯形图，如图3所示。除此之外还需考虑到短接门锁接触器触头粘连的检测和再平层期间的召唤屏蔽等，因篇幅不再一一说明。

改造后，该电梯在装载或卸载重物后便能自动回归到原平层位置，达到了改造的目的。也符合液压电梯工程施工质量验收标准中的规定。

◇江苏 键 谈

DIGI-G5，引领OTN3.0，助力5G承载网

OTN发展现状

OTN对于应用来说是新技术，但其自身的发展已有多年的历史，已趋于成熟。随着OTN系列标准的逐步完善，OTN技术在设备和测试仪表等方面也进展迅速。而在业务高速发展的强力驱动之下，OTN技术及实现也日益成熟，OTN技术已局部应用于试验或商用网络。作为传送网技术发展的最佳选择，可以预计，在不久的将来，OTN技术将会得到更广泛应用，成为运营商营造优异的网络平台、拓展业务市场的首选技术。

同时，OTN技术仍面临诸多困扰，例如，如何将OTN从城域/骨干延伸到5G承载/接入？5G X-Haul的技术如何实现收敛？如何加速“后100G”时代光传输的推进？如何实现1T以上OTN板卡并保证功耗依然满足需求？等一系列的问题值得深思。

OTN3.0大势所趋

OTN3.0的应运而生很好地解决了OTN发展中遇到的以上问题。

OTN3.0的优势非常显著，专门针对移动承载进行了优化，可支持400G传输及1T以上大容量线卡，灵活可变的超100G OTN速率，同时每100G端口功耗比上一代降50%。通过优化硬件和软件设计，OTN 3.0 真正能满足5G承载中L1层的需求，成为5G承载中L1层的理想选择。它和底下的光层交叉（ROADM），上面的分组交换或三层路由共同组成了完整的多层次的5G承载网。每个层次上可以独立交叉或交换，最大限度地减低了网络时延，扩大了网络容量。

DIGI-G5开启OTN3.0时代

Microsemi致力于OTN和5G X-Haul的研究开发，希望把OTN 3.0的巨大优势引入到5G承载中去。Microsemi资深产品经理郎涛表示，DIGI-G5是第五代OTN芯片，也是第一款支持OTN 3.0的芯片，开启了OTN 3.0时代。DIGI-G5具有单片600G的OTN交换处理能力，支持灵活的超100G速率，在时延，时间戳精度，功耗等设计上都做了大幅度优化和改进，能完全满足OTN3.0和5G承载的要求。

利用DIGI-G5，设备制造商可以开发出大于1T比特容量的OTN板卡，满足大容量OTN/WDM设备的要求。DIGI-G5常见的设备和应用主要包含，核心/城域P-OTP平台1Tbps+线卡，600G Flex/Muxponders，数据中心互联4.8T 1RU复用转发器，紧凑型免矩阵城域平台800G分布式OTN交叉。

DIGI-G5实现了带宽容量的飞跃，提供了丰富的新式OTN3.0接口，并集成了美高森美的第二代CryOTN安全引擎，有助于实现灵活的加密光连接。

金灶T300电热茶艺炉故障检修

一、故障现象：接通 电源后开机，数码管无显示、蜂鸣器不响，整机不工作。

分析检修：电热茶艺炉在接通电源后，无任何反映，说明交流电源未进入内部电路或其内部电路板上保险管烧毁及

开关电路不工作等。拆开其后盖，首先查看保险管F1，用表测其已开路，但不是烧黑开路的现象，有可能是日久损坏。再用表测电容C1两端，无短路现象，电容E1两端有正常的充放电现象，基本判断电源后级没有问题，故障就是保险管自身损坏所致，用一个完好的保险管换上后，接通电源，此时蜂鸣器嘀的一声响，说明电源电路工作正常，再按开关工作键，数码管显示888，把茶壶放到其座上，数码管显示茶壶温度，再按泡茶开关，茶壶开始加热，故障排除。

这说明保险管断路，不一定是电路有短路，保险管自身损坏也较常见。

二、故障现象：接通电源后，开机数码管显示，加热、消毒都正常，蜂鸣器也响，但就是加水泵不受控制，一直处于抽水工作状态。

分析检修：电热茶艺炉在接通电源后，开机数码管显示，加热、消毒都正常，说明其交流开关电源电路、加热、消毒控制电路都正常，判断故障在抽水控制电路、单片机微控制器(S3F9454)等其他元件有问题，其电源板控制电路见附图。拆开其后盖，首先目测其电路板上没有元件烧黑异常现象，接着用表测抽水泵控制电路的各元件，三极管Q2、Q3、Q4、Q5，电阻R25、R26、R27、R28、R29，电容C7、C9、C10、E4等，发现三极管Q5的C、E之间呈短路状态，把三极管Q5从电路板上焊下后再用表测C、E之间呈短路（B、E之间只有30Ω左右的阻值），随即找同型号管子(D882)换上后，电热茶艺炉抽水泵不在一直处于抽水工作状态，接着按手动加水开关，抽水泵受控开始抽水，再按一下手动加水开关，抽水泵停止抽水，至此故障排除。

◇河南　韩军春　陈中强

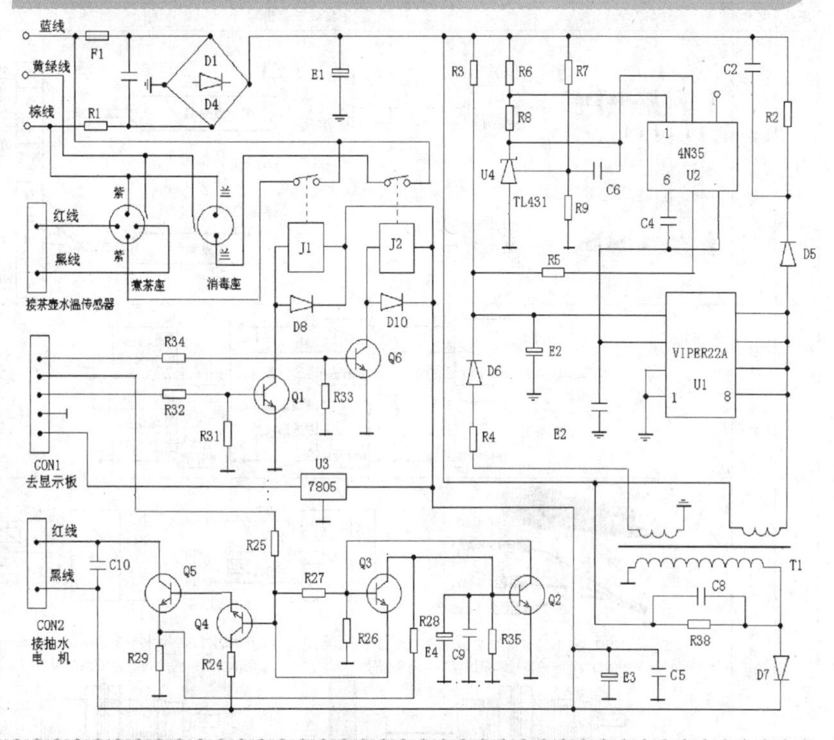

干式变压器与油浸式电力变压器的选择

1.关于干式变压器

干式变压器是指铁芯和绕组不浸渍在绝缘油中的变压器。干式变压器冷却方式有自然空气冷却(AN)与强迫空气冷却(PF)两种。干式变压器结构类型有固定绝缘包封(SCB型)和不包封绕组结构两种。从高低压绕组的相对位置看有同心与交迭式两种。同心式结构简单，制造方便，大部分干式变压器采用这种结构。交迭式主要用于特种变压器制造。

2.干式变压器规格

以SCB-11—1250KVA/10KV/0.4KV干式变压器为例，来解释干式变压器型号的意义：在上面型号规格中，S表示三相电力变压器，C表示变压器绕组为树脂浇成型固体，在C字母位置上G表示绕组外绝缘介质为空气，B为泊式绕组，在B的位置上R表示缠绕式绕组，11是系列号，1250KVA为变压器额定容量，10KV为变压器一次侧额定电压，0.4KV为变压器二次侧额定电压。

3.干式变压器技术参数

干式变压器技术参数有：①频率50Hz，②空载电琉，要求少于4%，③低压耐压强度：2KV/min无击穿，④绝缘电阻低压侧不少于2MΩ，⑤绕组连接方式：/Y/yn0，与D/yn0，⑥线圈允许温升100K，⑦散热方式：自然风冷或温控风冷，⑧噪声系数小于30dB。各种容量干式变压器(SCB型)损耗参数如表1所示。

4.干式变压器运行环境要求

干式变压器运行对环境要求如下：①环境温度-10--45°，②空气相对湿度：日平均不大于95%，月平均不大于90%，③海拔高度1600米以下(在额定容量下)。

5.干式与油浸式变压器各自优缺点

在造价上干式变压器比油浸式变压器贵。容量上油浸式变压器的容量比干式变压器做得更大。在地下层，楼层中及人员密集场所需使用干式变压器。油浸式变压器在独立变电所使用。箱式变电站一般用干式变压器。场所空间较大时，使用油浸式变压器，空间较为拥挤时，使用于式变压器。区域气候条件较潮湿时，使用油浸式变压器。需要"防火防爆"的场所使用干式变压器。干式变压器承受负荷的能力要比油浸式变压器差。干式变压器应在额定容量下运行。而油浸式变压器充许短时过载。

6.SCB型干式变压器与SGB型变压器区别

在绕制线圈方面：SCB型干式变压器低压线圈采用箔绕。绕组结构：采用铜箔单层缠绕，层间材料含有潜伏性固化剂的环氧树脂及下级复合箔。绕组材料：采用导电率极佳的无氧铜，含铜量99.99%。SGB型干式变压器低压线圈采用线绕。绕组结构：圆筒式线圈，多根普通玻璃丝包扁铜线。

SGB型干式变压器抗短路能力要强于SCB型干式变压器。

在散热方面，SCB型干式变压器要好式SGB型变压器。在带负载损耗方面，SCB型干变要低于SGB型干式变压器。在温升方面，SCB型散热要好干SGB型。

7.SGB、SCB、S13型电力变压器价格比较

以额定容量1250KVA电力变压器为例，在网上找同类型厂家报价进行比较。SGB11—1250KVA/10KV/0.4KV、SCB11—1250KVA/10KV/0.4KV、S13—1250KVA/10KV/0.4KV电力变压器，浙江温州某厂报价分别为93800元/台、95600元/台59600元/台。从此于以看出SCB型与SGB型价格差别不大，干式变压器是油浸式变压器价格的1.5倍左右。

8.S13型油浸式电力变压器损耗参数

S13型油浸式电力变压器损耗参数如表2所示。

从表1与表2得知，干式变压器空载损耗比油浸式变压器要大。干式变压器负载损耗却比油浸式变压器要小。

9.电力变压器选用导则

在选用变压器时应参照GB/T17468—2008《电力变压器选用导则》和GB4208—2008《外壳防护等级(IP代码)》，选用适合场所环境要求的电力变压器。

选用电力变压器的一般原则：在选用变压器技术参数时，应以变压器整体的可靠性为基础，综合考虑技术参数的先进性和合理性、经济性，结合运行方式，提出技术经济指标。同时还要考虑可能对系统安全运行、环保、节材、运输和安装空间等方面的影响。

10.电力变压器选用实例

某工业平台新建冷轧带钢厂原设计三台变压器(1250KVA变压器2台，400KVA1台)用SCB型干式变压器。业主单位主管向笔者咨询这3台变压器价格。笔者根据这个厂场地、环境和负荷情况，建议冷轧带钢厂改选油浸式密封式S13—M型电力变压器。这个厂接受了笔者的建议，既节省了大量的宝贵资金，又既经济又高性能地满足了生产要求。油浸式电力变压器技术成熟、自然空气冷却、质量稳定、抗短路能力强、适合高湿高温环境、过载能力强、寿命长、价格是干式变压器的三分之二左右。所以，除非有消防要求选用干式变压器要求，否则，应优兄选用油浸密封式电力变压器。

◇江西　陶波

表1

额定容量KVA	160	250	400	500	630	800	1000	1250
空载损耗W	550	720	980	1160	1380	1520	1770	2090
负载损耗W	2130	2760	3990	4800	5960	6960	8130	9690

表2

额定容量KVA	160	250	400	500	630	800	1000	1250
空载损耗W	200	290	410	480	570	700	830	970
负载损耗W	2310	3200	4520	5410	6200	7500	10300	12000

传感器的基础知识(二)

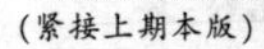
(紧接上期本版)

表2

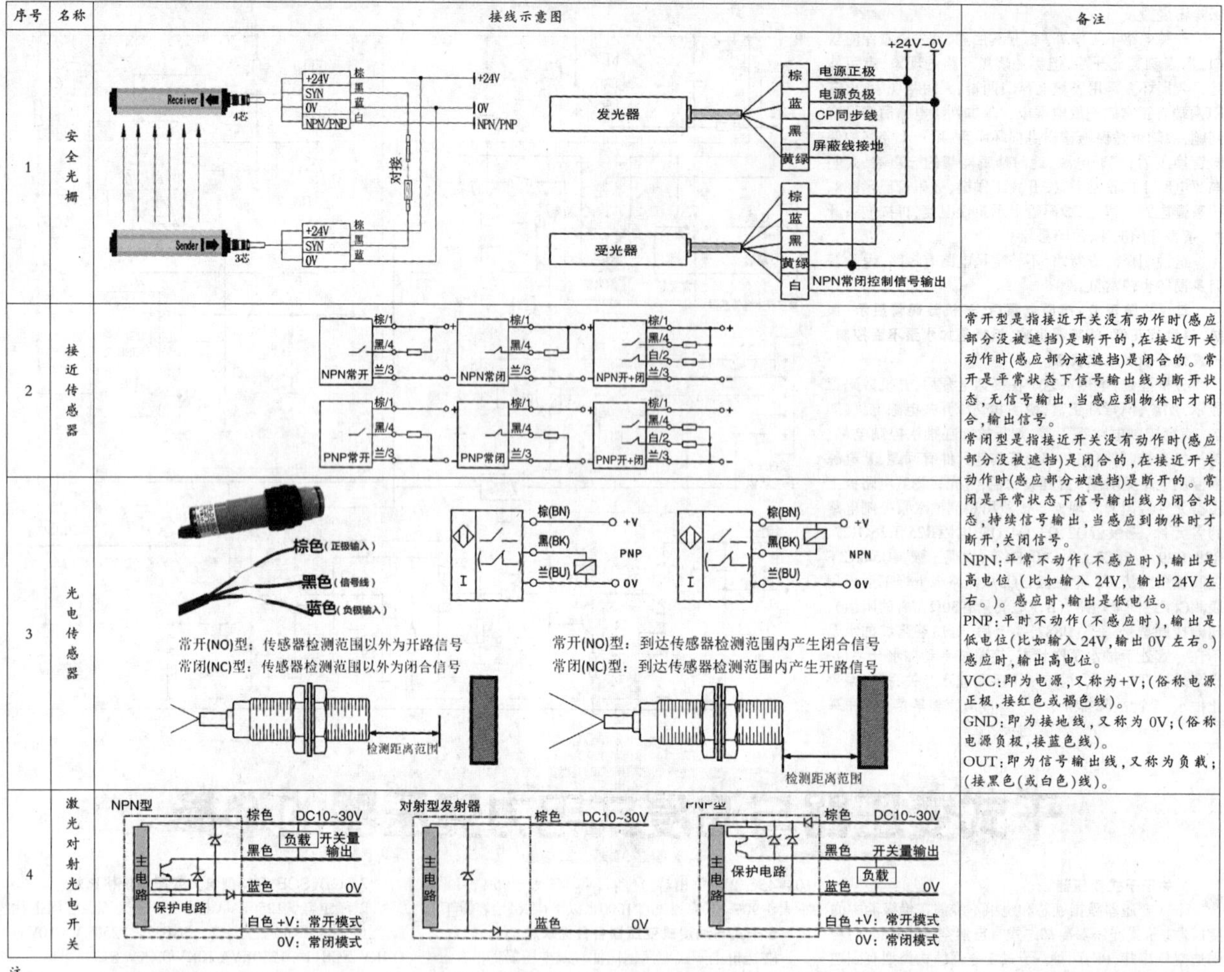

序号	名称	接线示意图	备注
1	安全光栅	Receiver 4芯: +24V 棕, SYN 黑, 0V 蓝, NPN/PNP 白 → +24V, 0V, NPN/PNP; Sender 3芯: +24V 棕, SYN 黑, 0V 蓝; 对接。发光器:棕 电源正极,蓝 电源负极,黑 CP同步线,黄绿 屏蔽线接地;受光器:棕,蓝,黑,黄绿,白 NPN常闭控制信号输出;+24V–0V	
2	接近传感器	NPN常开、NPN常闭、NPN开+闭;PNP常开、PNP常闭、PNP开+闭(棕/1,黑/4,白/2,兰/3)	常开型是指接近开关没有动作时(感应部分没被遮挡)是断开的,在接近开关动作时(感应部分被遮挡)是闭合的。常开是平常状态下信号输出线为断开状态,无信号输出,当感应到物体时才闭合,输出信号。 常闭型是指接近开关没有动作时(感应部分没被遮挡)是闭合的,在接近开关动作时(感应部分被遮挡)是断开的。常闭是平常状态下信号输出线为闭合状态,持续信号输出,当感应到物体时才断开,关闭信号。 NPN:平常不动作(不感应时),输出是高电位(比如输入24V,输出24V左右。)。感应时,输出是低电位。 PNP:平时不动作(不感应时),输出是低电位(比如输入24V,输出0V左右。)感应时,输出高电位。 VCC:即为电源,又称为+V;(俗称电源正极,接红色或褐色线)。 GND:即为接地线,又称为0V;(俗称电源负极,接蓝色线)。 OUT:即为信号输出线,又称为负载;(接黑色(或白色)线)。
3	光电传感器	棕色(正极输入),黑色(信号线),蓝色(负极输入);棕(BN) +V,黑(BK),兰(BU) 0V;PNP;NPN 常开(NO)型:传感器检测范围以外为开路信号 常闭(NC)型:传感器检测范围以外为闭合信号 常开(NO)型:到达传感器检测范围内产生闭合信号 常闭(NC)型:到达传感器检测范围内产生开路信号 检测距离范围	
4	激光对射光电开关	NPN型:主电路,保护电路,棕色 DC10~30V,黑色 负载 开关量输出,蓝色 0V,白色 +V:常开模式,0V:常闭模式;对射型发射器:主电路,棕色 DC10~30V,蓝色 0V;PNP型:主电路,保护电路,棕色 DC10~30V,黑色 开关量输出,负载,蓝色 0V,白色 +V:常开模式,0V:常闭模式	

注:

直流电源应使用绝缘变压器,并确保稳压电源纹波$V_{pp}\leq 10\%$。如有电力线,动力线通过开关引线周围时,防止开关损坏或误动作,将电金属管套在开关引线上并接地。开关使用距离请设定在额定距离的2/3以内,以免受温度和电压影响。严禁通电接线,应严格安接线输出回路原理图接线。

表3

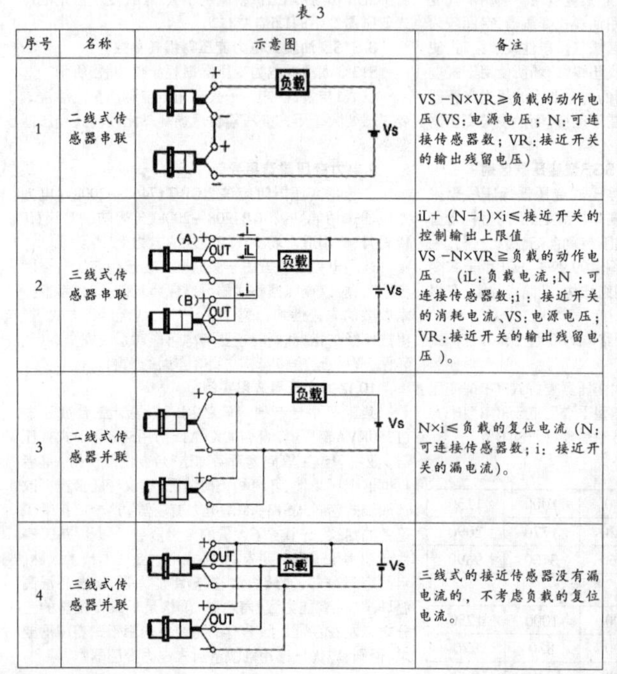

序号	名称	示意图	备注
1	二线式传感器串联	负载,Vs	VS -N×VR≥负载的动作电压(VS:电源电压;N:可连接传感器数;VR:接近开关的输出残留电压)
2	三线式传感器串联	(A) OUT iL,(B) OUT,负载,Vs	iL+(N-1)×i≤接近开关的控制输出上限值 VS -N×VR≥负载的动作电压。(iL:负载电流;N:可连接传感器数;i:接近开关的消耗电流、VS:电源电压;VR:接近开关的输出残留电压)。
3	二线式传感器并联	负载,Vs	N×i≤负载的复位电流(N:可连接传感器数;i:接近开关的漏电流)。
4	三线式传感器并联	OUT,负载,Vs,OUT	三线式的接近传感器没有漏电流的,不考虑负载的复位电流。

(全文完)◇江西 刘祖明

Silicon Labs推出满足物联网增长需求的新型高集成度PoE IC

面向IP摄像机、无线接入点、IP电话和智能照明等应用领域

Silicon Labs(亦称"芯科科技")推出了两款全新的以太网供电(PoE)受电设备(PD)系列产品,为各种物联网(IoT)应用提供一流的集成度和效率。Silicon Labs的Si3406x和Si3404系列产品在单个PD芯片上包含了所有必要的高压分立元件。新的PD IC支持IEEE 802.3 PoE+受电能力、效率超过90%的灵活的电源转换选项、强大的睡眠/唤醒/LED支持模式以及出色的抗电磁干扰能力。这些功能可帮助开发人员在高功率、高效率PoE PD应用中降低系统成本且加快产品上市步伐。

IoT的快速扩张正在推动IP摄像机、智能照明灯具、功能丰富的视频IP电话、先进的802.11无线接入点和智能家电等应用对于PoE+连接的需求。这些需要更高功率的应用驱动了对于支持PoE+标准的PD器件的需求增长。例如,带有云台/变焦和加热元件的最新电机定位IP摄像机会对电源造成严重的负载。PoE+技术带来30瓦的输出功率,从而能够支持这些苛刻的应用任务。Silicon Labs的Si3406x系列产品适用于家居、商业和工业环境,是新型PoE+使能的IoT产品的理想PD接口解决方案。

Si3406x IC集成了PoE+ PD应用所需的所有电源管理和控制功能,把10/100/1000BASE-T以太网连接提供的高压转换为稳定的低压输出供电。通过使用经济的片外元件,同时保持高性能,优化的架构最大限度地减少了印制电路板(PCB)面积和片外BOM成本。与Si3406x系列产品互补,Si3404 IC为低功率15W PoE PD应用提供兼容802.3 Type 1标准的高性价比产品。Si3404在极小封装内集成了低功率PD应用所需的全部接口和控制功能。

Si3406x IC集成了二极管电桥和瞬态浪涌抑制器,可直接连接至以太网RJ-45连接器。稳压器的开关频率可通过一个简单的外部电阻器进行调整,以避免不必要的谐波。集成的同步驱动器可以控制次级侧场效应晶体管(FET)以提高功率转换效率。通过自动维护功率签名(MPS)功能,在睡眠模式下保持与PSE交换机的连接。

Si3406x系列产品的电流模式控制开关稳压器支持多种隔离和非隔离电源拓扑结构。该稳压器由一个集成的电源开关FET作为补充。这种灵活性以及Silicon Labs完整的PoE PD参考设计使得开发人员能够更轻松的部署关键电源子系统。

户户通接收机常见故障检修6例(上)

1. 乐百视ABS-A488海尔Hi2307MP+Hi3123E+AV2028方案户户通接收机无信号。机主描述的故障现象是无信号且整机反应慢（比如按下遥控器上某键大半天才有反应），拆机目测板号为ABS-A488-Hi V3,没有进水痕迹，测量F头插座处LNB供电正常，主板5V、3.3V、2.5V和1.2V供电均在正常范围内。此情况下根据维修经验判断大多是调谐芯片AV2028旁27M晶振有问题，但是代换晶振后无效。与正常机器对比发现AV2028第⑤、⑥脚QP、IP输出电压差不多，第③脚AGC电压也在正常的1.9V左右，看来只有更换AV2028试试了。准备拆AV2028时发现该机读卡器排线靠近AV2028，厂家为了防止排线松脱就涂上许多深褐色胶，而涂抹时多余的胶把Hi2307MP与Hi3123E间元件全覆盖了，此时突然想起维修液晶电视时遇到的所谓“发财胶”，联想到这台机器也可能是胶漏电造成的故障。马上将热风枪打到250度左右边加热边用镊子铲除，如图1所示，全部去除后通电试机发现一切正常，包括反应慢故障也完全消失。

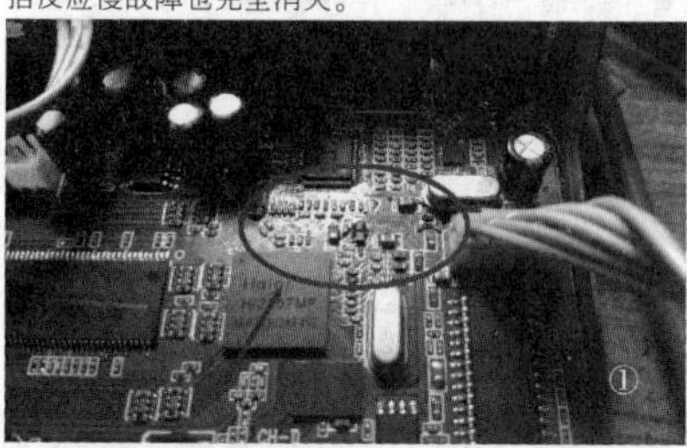

2. 天地星TDX-688H（上海高清HD3601+RDA5815M方案）进水导致无信号。测量F头处无极化电压输出，拆开机器发现RDA5815M与F座间有明显的水迹，用酒精清洗干净后测量发现PBC板上铜箔有断裂点，飞线后信号恢复正常，如图2所示。不过收看几分钟后显示异常3，说明机器内智能卡与机器不对应，打电话询问机主也不清楚原卡在哪儿，只好改写模块串号来解决问题。由于该机使用广宏M51位置锁定模块，版本号为2206000B，可以使用网上下载名为RDAwriteIMEItoolV8.00.04软件来改写模块串号，方法也很简单：将USB转TTL小板与模块DBG_RX、DBG_TX脚连接，手工输入IMEI串号后点击“开始”按钮，再打开接收机电源，稍等片刻即可完成串号改写操作，如图3所示，虽然此时进入“系统设置”→“CA信息”里查看CWE（代表的含义分别是：1：是否解出码流；2：是否机卡配对；3：是否序列化）项值已为“YNY”，不过可以正常收看电视节目。

3.锐锐科RK-YF2005-CA10通电无任何反应。拆机将电源板与主板间排线拔下，测量各组电压均为0V，说明故障出现电源板。该机电源供电原理如图4所示，主要以SP7623HP为核心组成，通过测量发现主滤波电容C1两端电压消失缓慢，说明开关电源没有起振。从原理图可以看出SP7623HP第②脚外接电阻R1（2.2M）为启动电阻，当开关电源正常工作后将由R14、D6和C3为其供电，再次通电测量发现第②脚电压在7-14V波动，断电后检查R1阻值正常，R14、D6和C3也正常，看来SP7623HP本身损坏。从零件盒中找来8只引脚的同型号芯片，查资料得知第⑦脚为空脚，将其剪掉后装上，机器恢复正常工作。

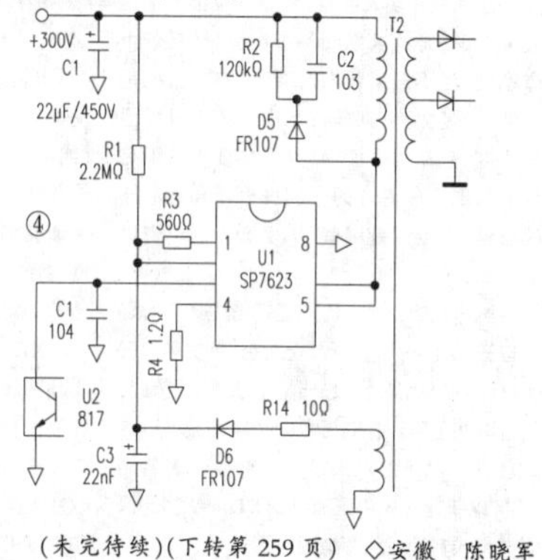

（未完待续）（下转第259页）

◇安徽 陈晓军

广播电视常用技术英汉词汇对照表(十)

在应用广播电视设备中，往往有很多英文简写出现在设备上，为了方便同行对广电设备上的英文熟知，特摘录以下常见用于广播电视技术行业的英汉词汇对照表。为了查询方便，本表以英文字母排序进行汇集整理。在查阅对应含义时，特别要注意部分简写的真实含义，容易出现混淆，同时在本技术行业应用中，约定的简写才可以简写，否则简写容易出现歧义。

（未完待续）（下转第259页）

◇湖南 李斐

SCMS	Serial Copy Management System	成套复制管理系统
SCN	Space Cable Network	（通信）卫星CATV节目传送网络
SDB	Switched Digital Data Interconnect	交换数字广播
SDH	Synchronous Digital Hierarchy	同步数字系列
SDI	Serial Digital Interface	串行数字接口
	Standard Data Interface	标准数据接口
SDMA	Space Division Multiple Access	空分多址
SDN	Synchronous Digital Transmission Network	同步数字传输网络
SDTV	Standard Definition Television	标准清晰度电视
SE	Sound Effect	音响效果
SEA	Sound Effect Amplifier	音响效果放大器
	Special Effect Amplifier	特技放大器
SEG	Special Effect Generator	特技发生器
SI	Service Information	（数字电视）业务信息
SIO	Serial Input /Output	串行输入/输出
SLA	Semi-conductor Laser Amplifier	半导体激光放大器
SMF	Single Mode Fiber	单模光纤
SMS	Subscriber Management System	用户管理系统
SNG	Satellite News Gathering	卫星新闻采集系统
SNR	Signal to Noise Ratio	信噪比
SONET	Synchronous Optical Network	同步光纤网
SPG	Sync-Pulse Generator	同步脉冲发生器
SPI	Synchronous Parallel Interface	同步并行接口
SPOT	Satellite Positioning and Tracking	卫星定位与跟踪
SS	Small Scale Integrated Circuit	小规模集成电路
ST	Studio	演播室
STC	Satellite Tracking Center	卫星跟踪中心
STM	Synchronous Transfer Mode	同步转移模式
STS	Satellite Transmission System	卫星传输系统
SW	Short Wave	短波
	scramble/descramble system	加扰/解扰系统
	simulcrypt	同密

SCS	simulcrypt synchronizer (SCS)	同密同步器
SC	Smart Card	智能卡
SAS	Subscriber Authorization System	用户授权系统
SCR	Scrambler	加扰器
SCS	Simulcrypt Synchroniser	同密同步器
SDT	Service Description Table	业务描述表
SIG	Service Information Generator	业务信息发生器
SMS	Subscriber Management System	用户管理系统
SPDU	Session Protocol Data Unit	会话协议数据单元
ST	Stuffing Table	填充表
STB	Set Top Box	机顶盒
SMI	storage media interoperability	存储媒体互操作性
	self-correlation	自相关
	scale factor	比例因子
	segment package	段封装
	secret key	密钥
T		
TA	Terminal Adapter	终端适配器
	Traffic Announcement	交通广播
	Trunk Amplifier	干线放大器
TAD	Trunk Adapter	干线适配器
TBC	Time Base Corrector	时基校正器
TC	Temperature Coefficient	温度系数
	Time Code	时间码
	Transfer Control	传输控制
TCC	Television Control Center	电视控制中心
TDA	Trunk Distribution Amplifier	干线分配放大器
TD-CDMA	Time Division-Code Division Multiple Access	时分-码分多址
TDM	Time Division Multiplexing	时分复用
THD	Total Harmonic Distortion	总谐波失真
TOS	Tape Operating System	磁带操作系统
TP	Test Point	测试点

XTZ HI-FI 99.25高端书架式音箱评测与试用感受(上)

作为一名音响发烧友，在看过由著名演员王志文、左小青等主演的电视剧《天道》后，对于剧中的主人翁丁元英在剧中有过的一席话记忆犹新："当一个人决定购买一套音响的时候，从某种意义上讲这就是一种标志了，首先标志着生存能力，其次标志着生活品位。毕竟，这是文化消费而不是生存的必须……音响(HiFi)断不是生存的必须，是人生达到某个状态，标志性的消费水准，与精神品位有关"。

音响于许多人而言，可能一生都未想过去拥有，或是欲求之而不得；也可能随着生命推进，到下一个状态时有新的变化，或是延续，或是摒弃；这能体现出一个人对生活的态度，生命的态度，精神上的要求。于是我们需要有一套好的音响去诠释和宣泄好的心情，感受家庭温馨、小富即安的小资情调。

挑选音响，首要的问题是要先选一对好的音箱，然而对于普罗大众而言，纵览名牌云集的HI-FI音箱市场，总感觉无从下手。为此，笔者以20余年玩音响无数的经验积累，认真向您推荐以下这对来自北欧瑞典的著名品牌：XTZ新近进入中国市场的XTZ-99.25高保真书架式音箱。见图1、图2、图3。

①

②

③

该音箱的定位为高档HI-FI书架式音箱，11000元的定价作为进口知名品牌音箱，的确不算太贵；202×370×320mm(W×H×D)箱体并不是很大，但放在30多平方左右的房间里倒也显得比较和谐。你可别小看这种体积不太大的书架箱，笔者曾在广州白天鹅音响展上见到一对体积很小的意大利小名琴书架箱，记得当时是用的一对美国的马克·莱文森单声道甲类功放来推动它，在层高达4.5米、近200平方米的展览大厅中声如洪钟，气定神闲的播放贝多芬的第五和第九交响曲，那音质细腻美艳、声场和气势至今难以忘怀！

XTZ 99.25音箱给我的第一印象就是自身的档次很HI、做工精致细腻、外观端庄大气、绝对算得上是音箱中颜值很高的翘楚级宝贝。其流行元素非常符合北欧人审美情趣，产品以经典黑和优雅白两种款式提供给广大发烧友，其外观雅逸：通体晶莹玉润的黑色(或白色)钢琴烤漆非常有品位，让人倍感简约、精致、低调、奢华！曾听一位美术界的设计大师说"简洁就是最美"，当时并没有感觉，见过该音箱后方知此话有深意，虽不敢苟同"最美"二字，但美确实不假！

XTZ 99.25的箱体采用了挪威森林盛产、质地坚硬的北欧樟子松加工成16毫米厚、木纤维长而致密的中密度纤维板材，并在箱体内部叠加板壁厚度、增加必要的高强支柱以改变大面积的平坦内壁，保证该箱体的结实和高度稳固。箱体内部则是用XTZ最擅长的声学分析技术精确测试计算后粘贴的高阻尼纤维材料及吸音棉等，以有效减弱和最小化箱体内部的杂波乱反射及驻波的形成，消除干扰谐振成分，为喇叭单元提供了最佳的运行环境，确保声音的高度准确和高保真还原。

在喇叭单元的选择上，99.25音箱采用了与众不同的Fountek的带状高音单元，所谓带状高音喇叭，其原理是给放置在匀强磁场中的导电铝质薄膜施加音频电流，电流产生的磁场与匀强磁场相互推斥、吸引，使薄膜受力振动发声。由于近年来钕磁体等超强磁性材料的广泛使用，振膜材料也由铝金属箔改进为复合材料，(大多使用Kapton基底，印刷纯铝导体)，使得带式扬声器性能大为改善，强度和韧性大大改善，内阻增加到4-8欧姆，不再使用变压器转换阻抗，功率也可以轻易做到10W以上，效率也提高到90分贝以上，其优良的声学属性和音质音色得到了广大HI-FI发烧友的认可。见图4、图5、图6。

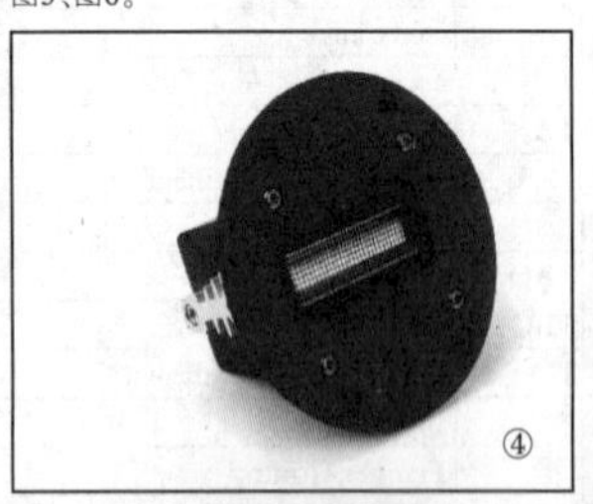
④

⑤

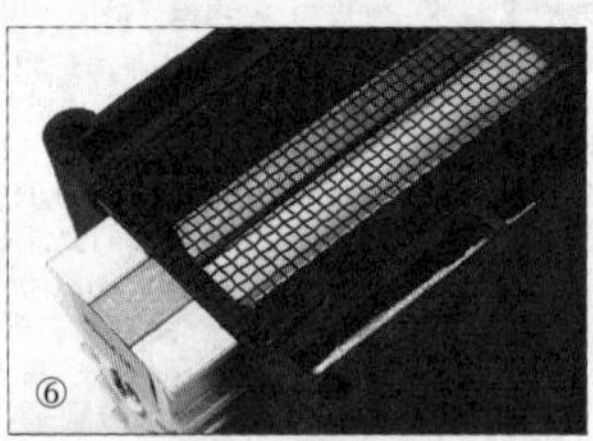
⑥

区别于传统球顶丝膜高音单元的是，带式高音听感频谱可以做得更宽，尤其高频上限可达40kHz，这是球顶高音所无法企及的高度，因而容易表现更多的音乐细节和多次高频泛音，当真有一种余音绕梁三日不绝的韵味。而且，带式高音喇叭的频率下限也可以做到很低，能够很好地和中低音喇叭频响曲线无缝对接，让高音到低音的过渡更加的自然，全频域听感更加平衡和鲜活。

XTZ的这只带式高音喇叭为树脂铝箔三明治结构，其振膜非常轻薄，厚度仅仅只有18微米，可见加工之精细精准！该振膜经过320℃硬化处理的松香—铝—松香的三明治夹层结构组成超薄的带状纸盆，强度和韧性得到大大改善！磁体系统是两排固化在陶瓷碳钢模塑底盘上的高效钕磁铁，钕铁硼磁铁是当今自然界磁力最强的天然磁体。而鱼骨形的铝质接点有极低的连接抗阻性和良好的导热散热性，当超薄的带状纸盆相遇高强度的钕铁硼磁场时奇迹就出现了：它们被精确的安装在由数控机床加工而成的纯铝号角型波导管中，组合成一只外观如号角喇叭般的带状号角高音单元，这种相貌奇特的高音单元在海外高端音箱上时常可见，足见XTZ设计制造这对音箱的选材投入和诚意。测试数据表明，该喇叭可轻松超越40kHz的高频延展，听感纤细顺滑，也可以轻松承受超过10W的功率驱动，其电声指标堪称优异。

中低音单元选用了挪威著名的SEAS中低音喇叭，SEAS(SCANDINAVIANELECTRO ACOUSTIC SYSTEMS的缩写，中文名：西雅士)是世界著名的喇叭单元生产厂家，成立于1948年的挪威。提起西雅士喇叭，老一辈的骨灰级发烧友立马就会想到西雅士Excel黄金系列中中低音喇叭单元，在21世纪初，该单元喇叭在大陆的售价就超过1500元/只。很多烧友都对这个品牌顶礼膜拜，我也曾买过一对Excel黄金系列中的 E0042 W18NX001单元来DIY自己打磨的一对金丝楠木书架箱，当年那股得意的劲就别提啦，因而对西雅士清醇干净、瞬态很好，解析力奇佳、自然耐听的音质和略带甜润风格的声音记忆深刻，也倍加崇敬！见图7。

⑦

致电XTZ中国区总部，得知这对99.25 HI-FI音箱的中低音单元喇叭正是选用与当年高贵的Excel黄金系列作为参考依据度身向SEAS公司量身订制的一款高档喇叭单元，尺寸为6.5寸。SEAS是世界上唯一一家能够提供高纯度，压铸和机器加工镁质纸盆的公司。SEAS的Excel镁锥盆喇叭以其高清晰度，低失真和准确的声音再现闻名于世，表面处理过的镁锥体极轻却很坚固，可有效加强瞬态响应、降低了惰性共振。为了达到最大精度，每个锥体都是专用设备从整片镁上单独切割加工而成。其柔如眼皮、弹性一流的天然橡胶边环确保不会出现边缘共振。铸模一体化铝合金金属盆架是一种通透的"高流动"设计，在弹波的上方和下方都能使声音无损穿透。铝合金盆架则能确保高效的散热并绝无磁性，使得音圈在T型磁场中的上下移动不会受到来自盆架的干扰，令喇叭效率更高，振动更纯粹。该强磁体与超轻纸盆组合保证了高效率和良好的瞬态响应。T形极片上下两面安装的重型铜环可减少非线性和调变失真，并且拓宽过载负荷空间。

还有一点特别之处在于，该中低音喇叭单元的锥盆中部被设计成类似于子弹头相位锥模样的防尘罩，其作用与单纯的相位锥有异曲同工之作用：即此椎体可以对喇叭所发出声波的相位进行干预与修正。具体而言，我们知道喇叭音盆上的任何一点，在振动发声时，所发出的声波都是按照其具体频率，以一个特定扩散角度往四周传播的，并不是单独地朝人耳的方向传播，而其中频率越高，单个声波的波长和所携带能量都较低频声波要短和少；因而这就造成了以下两种情况的出现：其一：音盆内侧振动点所发出的声波，会有很大一部分是先传播至音盆另外一侧再反射出去，而这就造成同一个信号由于有部分是直射到人耳、另外一部分则是经过反射才到人耳，因而在听觉上会出现时间差和相位差，并且反射的信号和直射信号形成干涉的话，容易出现驻波的现象。其二：中高频信号的离轴扩散角度(也就是我们所讲的指向性范围)较窄，尤其是锥盆式音盆，中高频信号会天然地趋于"聚焦"，导致空间感不够开阔。针对上述的情况，通过增加相位锥，在很大程度上可以对问题加以有效改善。由于相位锥本身并不随音盆共同振动发声，因而当音盆发声时，通过在音盆中间位置增加相位锥，音盆内侧所发出的声波能够及时得到反射，从而有效地修正其反射角度和相位，并缩短时间差；同时，相位锥的反射使用，也能够显著地扩宽中高频信号的扩散角度，让中高频声波能够在更宽阔的空间内进行良好的传播，从而令喇叭发声的声像定位精准。

音箱前端设有黑色透声网罩，网罩边缘四角内部埋设磁铁，因而可以吸附于箱体正面，听音时可以轻易取消以杜绝音箱面板可能产生的绕射及衍生失真，而且绝不影响音箱表面的整体光洁度，没有扣眼带来的烦心感，令面板观感精致，再一个重要的功能就是有效地防护家里好奇心重的小孩子抠戳相对脆弱易损的扬声器，保护音箱意外损坏，尤其是对相对脆弱的带状高音喇叭单元的保护更是必不可少的措施之一。

(未完待续)(下转第260页)

◇成都 辨机

2018年7月1日出版 实用性 启发性 资料性 信息性

第26期 国内统一刊号:CN51-0091 定价:1.50元 邮局订阅代号:61-75

地址:(610041)成都市天府大道北段1480号德商国际A座1801 网址:http://www.netdzb.com

(总第1963期) 让每篇文章都对读者有用

BIOS和UEFI

BIOS是英文"Basic Input Output System"的缩略词,直译过来后中文名称就是"基本输入输出系统"。UEFI全称Unified Extensible Firmware Interface,即"统一的可扩展固件接口",是一种详细描述全新类型接口的标准,是适用于电脑的标准固件接口,旨在代替BIOS(基本输入/输出系统),UEFI旨在提高软件互操作性和解决BIOS的局限性。

▸ Standard BIOS Features
▸ Advanced BIOS Features
▸ Advanced Chipset Features
▸ Integrated Peripherals
▸ Power Management Setup
▸ PNP/PCI Configuration
▸ PC Health Status
▸ Frequency/Voltage Control
▸ MD DISK(PXE/DOL)
Load Optimal Defaults
▸ BIOS Security Features
Save & Exit Setup
Quit Without Saving

↑↓←→:Move Enter:Select PU/PD/:Value ESC:Exit F1:General Help
F7:Previous Values F9:Optimized Defaults F10:Save

Configure Time and Date. Display System Information...

v02.64 (C)Copyright 1985-2008, American Megatrends, Inc.

所有的电脑都会有一个BIOS,用于加载电脑最基本的程序代码,担负着初始化硬件,检测硬件功能以及引导操作系统的任务。而UEFI就是与BIOS相对的概念,这种接口用于操作系统自动从预启动的操作环境,加载到一种操作系统上,从而达到开机程序化繁为简节省时间的目的。传统的BIOS技术正在逐步被UEFI取而代之,在最近新出厂的电脑中,很多已经使用UEFI,使用UEFI模式安装操作系统是趋势所在。

UEFI相比BIOS具有以下优势:

1.通过保护预启动或预引导进程,抵御bootkit攻击,从而提高安全性。

2.缩短了启动时间和从休眠状态恢复的时间。

3.支持容量超过2.2 TB的驱动器。

4.支持64位的现代固件设备驱动程序,系统在启动过程中可以使用它们来对超过172亿GB的内存进行寻址。

5.UEFI硬件可与BIOS结合使用。

说得直白些,UEFI就是为了替代BIOS而生的;在功能上,UEFI的扩展性和执行能力,远比简陋的BIOS高级,可以在UEFI界面下看到图形界面,可以使用鼠标操作,可以让启动时自检过程大为简化。

BIOS/UEFI主要又分为四种:

Phoenix BIOS

Phoenix BIOS又分为两种产品:1.Phoenix Award BIOS(Phoenix公司收购了Award BIOS后的产品),这种BIOS产品主要面向ODM以及入门级市场产品,功能简单,授权费用相对较低;2.Phoenix BIOS/UEFI,主要面对高端台式机等产品,BIOS/UEFI特点是功能强大,定制化程度高,授权费用要贵一些。

AMI BIOS

AMI公司(American Megatrends Incorporated)出品的BIOS系统软件,AMI BIOS最大的特点是功能强大,支持OEM厂家定义的地方多,并且授权费用比较低廉。AMI的主要产品又分为AMICORE和AMI Aptio。前者是传统BIOS,后者是UEFI。

Insyde bios

主要用于英特尔芯片的笔记本电脑采用,insydeh2o是其UEFI产品的代表作,不少笔记本电脑使用的都是Insyde的insydeh2o UEFI。

Byosoft bios

第四家得到Intel授权的BIOS公司。主要服务于OEM厂商,B主要产品时EFI BIOS。

(本文原载第13期11版)

Intel 760p固态盘发布

Intel近日发布了760p SSD新品,该SSD和三星新发布的860系列SSD一样,都采用最新的64层3D堆栈闪存,不同的是760p是NVMe M.2接口,走PCIe ×4通道。

760p采用Intel自家的闪存颗粒,Intel表示他们设计的3D堆栈闪存比竞品更先进,有着20%的容量密度提升。作为600p的取代者,760p的性能最高是600p的2倍,同时运行功耗缩减一半。

读写方面,128GB的顺序读取是1640MB/s、写入650MB/s、4K读取105K IOPS、4K写入160K IOPS。

512GB可以达到顺序读写最高3230MB/s和1625MB/s,4K也有340K IOPS读取速度和275K IOPS写入速度。

耐用性方面,5年质保,128GB的擦写量是72TBW,平均无故障时间160万小时。

其中128GB 529元,256GB 799元,512GB 1499元。

对比三星860系列,760p的性价比会高很多。以860系列较低端的860 EVO 250GB为例,同样采用TLC闪存颗粒,860 EVO受SATA接口的带宽限制,最高连续读写速度仅为560/520MB/s,但其定价达到94.99美元,仅比760p 256GB便宜14.01美元,性能却相差那么多。

当然不可否认三星860系列的耐用性是比较好的,寿命对比上一代提升较大。

不过需要注意的是Intel 760p SSD不支持Win7系统,仅支持Win10系统,需要下载集成NVME驱动的Win7才能使用且兼容性较差。

(本文原载第13期11版)

MX150满血版和非满血版区别

MX150是NVIDIA新推出的一款比较主流的热门笔记本显卡,可以看作是上一代九系GT940MX的升级换代产品。据NVIDIA的官方说法,MX150显卡比上一代的940MX性能提高了30%,比起第七代酷睿处理器上的集显HD Graphics 620,性能更是提高了263%。

英伟达的GeForce MX150显卡基于16nm Pascal核心打造,GP108架构,功耗更低,配备384个CUDA、16个ROP单元、64bit位宽、2GB GDDR5显存,主要为轻薄笔记本提供更良好的性能和续航体验。

顾名思义,MX150分为一个是拥有25W TDP的完整版MX150(即满血版),还有一个是8W TDP的低功耗版MX150(非满血版)。从功耗来看,就知道相差很大,性能上自然就有了较大的区别。本来MX150就属于低功耗显卡了,因此非满血版个人认为完全是个鸡肋。

25W满血版和8W低功耗特别版MX150显卡在核心频率、像素填充率以及纹理填充率等方面都存在区别。

MX150满血版(完整版)

频率:1469MHz~1532MHz;

像素填充率:23.5GPixel/s

纹理填充率:35.3 GTexel/s;

设计功耗:25W

MX150非满血版(低频版)

频率:937MHz~1038MHz或1252MHz~1341MHz;

像素填充率:20GPixel/s;

纹理填充率:30 GTexel/s

设计功耗:8W

因此,建议大家在购买前,一定要查看下笔记本参数中的显卡具体信息部分,有时候个别不法销售商会用非满血版冒充满血版,以免买到性能缩水的阉割版MX150显卡。已经入手MX150显卡的同学,可以用CPU-Z软件检测下显卡信息,查看下频率、像素填充率、纹理填充率等参数,看看买到的是满血版还是缩水非满血版。

(本文原载第13期11版)

创维42L98SW液晶彩电不开机维修两例

例1：红色指示灯亮，但不开机

分析与检修：测量电源板5V电压输出，只有4.8V左右，且抖动。遥控开机后，红色指示灯变为绿色，测量主电源24V和12V有输出，但瞬间变为0V，呈三无状态。根据故障分析，发生自动关机故障，多为保护电路启动所致。

创维42L98SW液晶彩电采用P40T0S型电源板，电源板电路由三部分组成：一是以集成电路L6563(IC601)为核心组成的PFC功率因数校正电路，将整流滤波后的市电校正后提升到+380V为主开关电源供电；二是以集成电路A6159H (IC608)为核心组成的副开关电源，产生+5V电压和VCC电压，+5V为主板控制系统供电，VCC电压经开关机电路控制后，为主电源驱动电路供电；三是以集成电路L6599(IC607)为核心组成的主开关电源，产生+24V、+12V电压，为主板和背光灯板供电。

查找和分析该机型电源板，发现围绕开关机控制电路，设有以模拟可控硅Q605、Q606为核心组成的保护电路。笔者将保护相关电路挑选出来绘制如图1所示。模拟可控硅外接集成电路LM393(IC600)为核心组成的过流检测电路和D637、ZD601、ZD611组成的过压检测电路。发生过流、过压故障时，保护检测电路向Q606的b极送入高电平，保护电路启动，将待机光耦IC603的①脚电压拉低，开关机电路IC603、Q609截止，切断PFC电路和主电源的VCC供电，PFC电路和主电源停止工作。

由于该保护电路的作用，当开关电源发生过压、过流故障时，多会引起保护电路启动，进入保护状态，开关电源停止工作，看不到真实的故障现象，给维修造成困难。如果开机的瞬间，开关电源启动，并在开关电源变压器的次级有电压输出，几秒钟后开关电源停止工作，输出电压降到0V，多为保护电路启动所致。维修时，通过测量关键点电压和解除保护的方法，确定是哪路保护电路启动，在顺藤摸瓜找到引发保护的故障元件。

判断保护电路是否启动的方法是：在开机的瞬间，测量保护电路的Q606的b极电压，该电压正常时为低电平0V。如果开机时或发生故障时，Q606的b极电压变为高电平0.7V以上，则是以Q606、Q605为核心的保护电路启动。

由于Q606的b极外接过压保护和过流保护两种保护检测电路，为了确定是哪路检测电路引起的保护，可通过测量隔离二极管D620、D632、D623、D625的正极电压确定。如果哪个隔离二极管正极电压为高电平，则是相关的检测电路引起的保护。

确定保护之后，可采解除保护的方法，开机测量开关电源输出电压和负载电流，观察故障现象，确定故障部位。为了防止开关电源输出电压过高，引起负载电路损坏，建议先接假负载测量开关电源输出电压，在输出电压正常时，再连接负载电路。

全部解除保护：将Q606的b极对地短路，解除保护，开机观察故障现象。逐路解除保护：对于过压保护电路，断开检测电路D620、D632；对于过流保护电路，分别断开D623、D625。每解除一路保护检测电路的隔离二极管，进行一次开机实验，如果断开哪路保护检测电路的隔离二极管后，开机不再保护，则是该电压过高引起的保护。

本例为避免解除保护后电源板输出电压过高，造成主板、背光灯板等负载电路损坏。采用拆下电源板，在12V输出端接一个摩托车12V灯泡，在24V输出端由两个12V灯泡串联作假负载，在副电源+5VSB输出端和开关机控制ON/OFF端跨接500Ω电阻，提供开机高电平。通电开机，测量24V输出电压上升到15V左右降为0V，同时假负载灯泡亮后熄灭。

在开机的瞬间，测量保护电路Q606的b极电压，由正常时低电平0V，变为高电平0.7V以上，确定该保护电路启动。由于Q606的b极外接过压保护和过流保护检测电路，采取测量Q606的b极各个保护检测电路隔离二极管正极电压的方法，判断是哪个保护检测电路引起的保护。测量过压保护电路隔离二极管D632、D620的正极电压均为低电平，说明不是过压保护检测电路引起的保护。再测量过流检测电路隔离二极管D623的正极电压，开机瞬间高达15V，判断+12V过流保护检测电路引起的保护。边开机边测量以IC600(LM393)的①、②、③脚为核心组成的+12V过流检测电路，开机⑧脚有15V供电，③脚的12V-IN输入电压正常，但②脚无12V-OUT电压输入。测量主电源开机的瞬间有12V-OUT电压输出，判断故障在IC600的②脚外部电路，检查②脚外部电路元件，发现分压电路C6001(104)和R6704两端电阻为0Ω，怀疑C6001击穿。将其拆除后，R6704两端电阻恢复正常，判断C6001击穿，用普通104PF电容器代换后，开机不再保护。但假负载指示灯亮度不稳定，测量12V电压在8V~9V之间波动，24V输出电压在22V~23V之间波动，副电源输出的+5VSB电压在4.7V~4.9V之间波动。

根据电路原理分析，如果主电源的稳压控制电路发生故障，只会引发主电源输出的12V和24V不稳定，副电源的稳压控制电路发生故障，会引起副电源输出电压不稳定，同时副电源还为PFC驱动电路IC601提供PFC-VCC电压，为主电源驱动电路IC607提供VCC-PWM电压，所以怀疑副电源稳压控制电路或副电源与主电源共用部分电路发生故障所致。测量市电整流滤波后的+300V电压正常，测量PFC电路输出电压为375V正常，测量副电源辅助绕组D609整流、C682滤波后的VCC电压在9V~10V之间波动，低于正常值16V。测量副电源厚膜电路IC608(L61590)的②脚VCC电压在10V~11V之间波动，判断两个VCC供电过低，引起开关机控制后的副电源厚膜电路和PFC、主电源驱动电路VCC供电过低，驱动输出脉动不足，造成电源板输出电压过低且不稳定。试将滤波电容C682由原来的47μF/25V改为100μF/25V，将IC608的②脚滤波电容C652由原来的4.7μF/25V改为47μF/25V。通电开机后，假负载灯泡不再闪烁，测量副电源输出的5V和主电源输出的12V和24V均达到正常值，不再抖动。拆下假负载和并联在+5VSB输出端与开关机控制ON/OFF端跨接的500Ω电阻后，通电试机，故障彻底排除。

例2：开机瞬间有12V、24V输出，然后下降为0V

分析与检修：根据故障现象，判断保护电路启动。开机的瞬间测量过压保护电路的Q606的b极电压果然为高电平0.7V。

采取解除保护的方法维修：将Q606的b极与e极短接后，开机不再出现自动关机故障，测12V、24V有稳定的输出，电视机的图像和伴音均正常，判断保护电路引起误保护。在路测量过压保护电路元件未见异常，怀疑检测电路稳压管漏电，稳压值下降造成误保护。逐个测量保护检测电路隔离二极管D620、D632、D623、D625的正极电压，发现D632的正极电压为高电平，判断24V过压检测电路稳压管D637漏电。用27V稳压管代换后，故障排除。

◇海南 孙德印

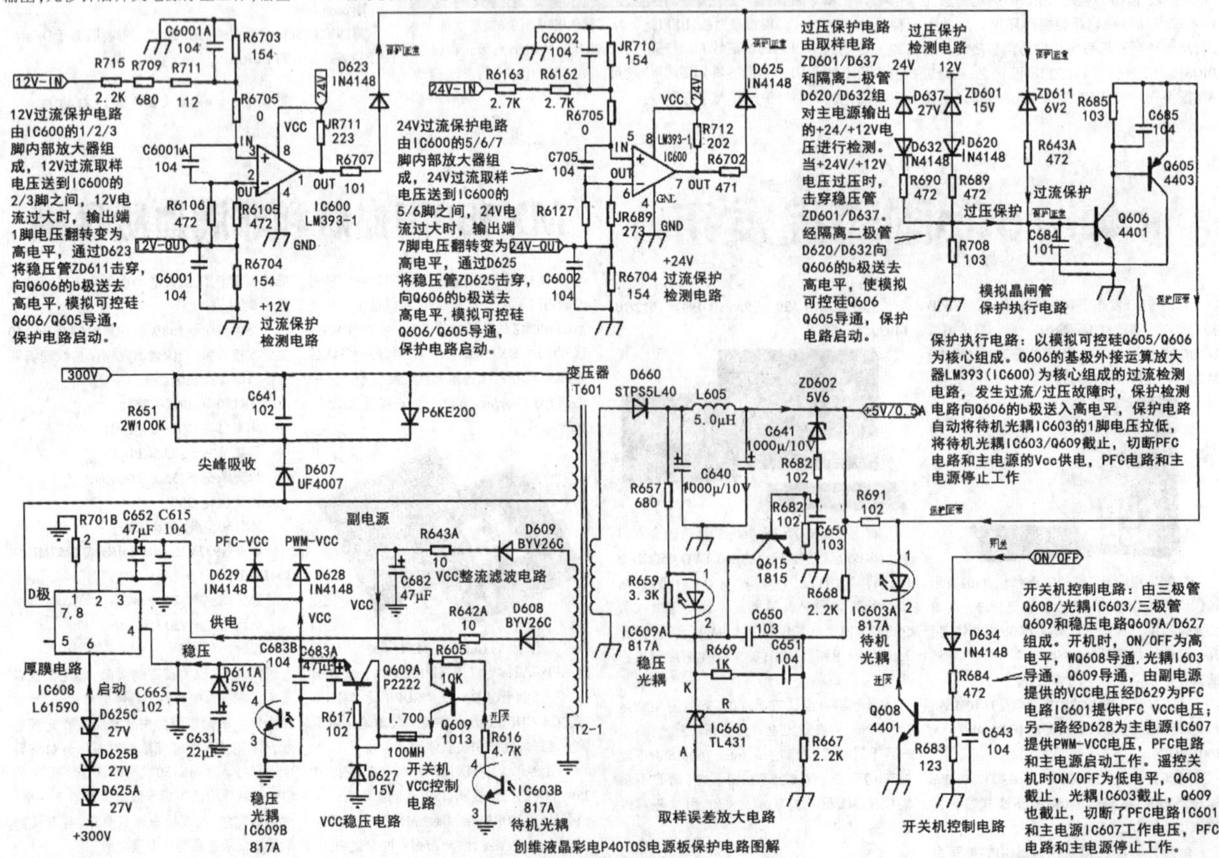

创维液晶彩电P40T0S电源板保护电路图解

巧解两例Office运行故障

微软的Office办公组件在我们平时的工作和学习中使用率非常高，不过也经常会因用户的误操作或系统其他原因而出现运行故障，比如笔者最近遇到的Excel"菜单丢失"和Word"停止工作"两例运行故障。

1.Excel的"菜单丢失"运行故障

某同事在Excel中按Alt键并进行鼠标拖动复合操作时，不小心把菜单给弄"丢"了——整个窗口中只剩下表格数据，其他的都不见了(如图1所示)。"鼓捣"了半天也没能恢复，即使是关闭Excel之后再重新打开也无效，难道要重新安装Office吗？

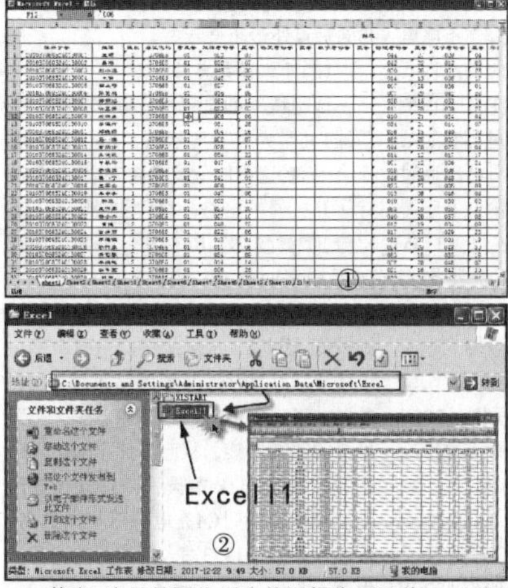

其实，这只是因为用户的误操作而致使Excel"记忆"并保存了用户的习惯，在Excel中有个名为"EXCEL11.XLB"的模板设置文件，它就是专门负责保存用户操作习惯的文件。要想恢复Excel的菜单(包括恢复其他的设置)，只要将这个已经保存有"不显示菜单"设置的旧EXCEL11.XLB删除即可，它的保存位置是C: Documents and Settings Administrator Application Data Microsoft Excel。由于EXCEL11.XLB是个隐藏型文件，必须要在"我的电脑"中先通过点击"工具"-"文件夹选项"-"查看"项，将其中的"显示隐藏的文件、文件夹和驱动器"项选中后再点击"确定"按钮；接着，再到C: Documents and Settings Administrator Application Data Microsoft Excel文件夹中就会发现这个EXCEL11.XLB文件，选中后删除它，再重新运行之前打开的Excel文件，Excel就会恢复出一个默认的带菜单显示的正常界面(如图2所示)。

2.Word 2010的"已停止工作"运行故障

某同事使用"某管家"的"系统清理""电脑加速"及"电脑诊所"等功能对自己的Win 7系统进行了一番彻底"打扫"，结果发现双击打开Word文件时出现"Microsoft Word已停止工作"的错误提示(如图3所示)，重新安装了一次Office 2010，仍然无效。

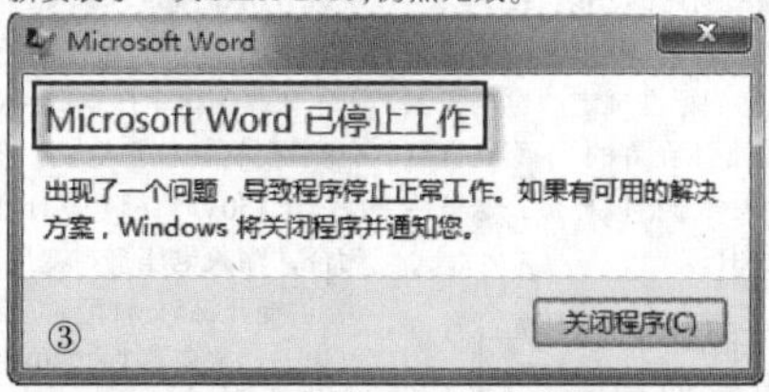

③

Word 2010的这种"停止工作"故障根源在于模板受损和注册表信息有误，或者是插件加载操作的不兼容造成的。首先，进行Word模板的"修复"操作：这个过程其实就是删除已经记录了错误启动信息的Word模板，而当再次启动Word 2010时让它重新再生成一个"干净"的正常新模板。双击桌面上的"计算机"图标，找到保存有Word模板的"C: Users Administrator AppData Roaming Microsoft Templates"文件夹(如图4所示)，将其中的Normal.dot、NormalOld.dot和NormalOld.dotm之类的旧模板文件全部都按Delete键删除掉。

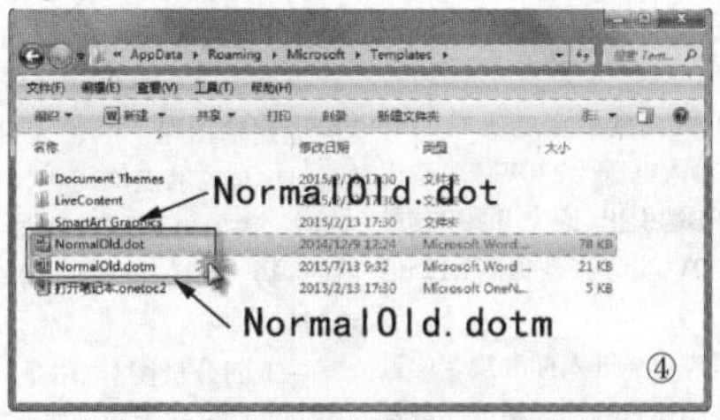

④

接着，进行注册表中错误Word注册信息的修复——重命名原来保存错误信息的注册分支项信息：点击"开始"菜单并在"搜索程序和文件"文本框中输入"Regedit"后回车，打开Win 7的注册表编辑器之后分别定位于HKEY_CURRENT_USER Software Microsoft Office 14.0 Word和HKEY_LOCAL_MACHINE SOFTWARE Microsoft Office Word Addins项(如图5所示)，将"Word"和"Addins"分别重命名为"Word2"和"Addins2"(修改成其他的名称也可以)。

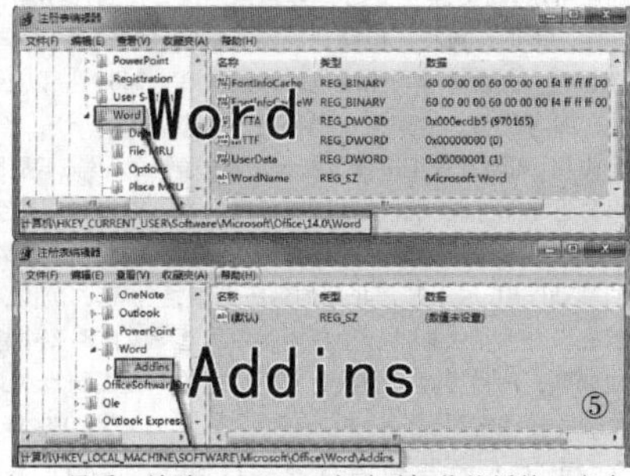

⑤

最后，清除Word 2010启动时加载的插件：点击"开始"菜单，运行"Microsoft Office"下的"Microsoft Word 2010"(因为通过双击.docx文件的方式来调用打开Word 2010程序会引起"停止工作"故障)，然后点击"文件"-"选项"-"加载项"，在弹出的"Word选项"窗口的最下方"管理"处，选择"COM加载项"并且点击后面的"转到"按钮；接着，在弹出的"COM加载项"窗口中就会看到若干个Word 2010程序启动时加载的项目(前面有对勾)，将对勾全部取消之后点击"确定"按钮(如图6所示)，最后退出Word 2010。

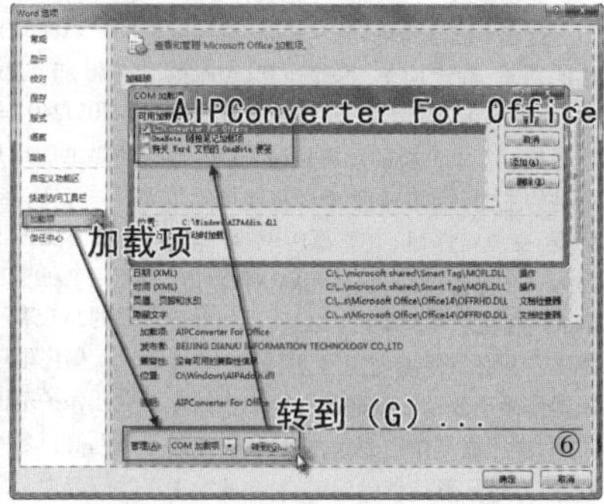

⑥

此时再次尝试打开任意Word文件时，刚刚"停止工作"的Word 2010终于能够正常运行了。

◇山东　牟晓东

明基MS614投影仪自动关机检修一例

指示灯			状态和说明
POWER	TEMP	LAMP	
电源事件			
橙色	关闭	关闭	待机模式。
绿色闪烁	关闭	关闭	打开电源。
绿色	关闭	关闭	正常工作。
橙色闪烁	关闭	关闭	• 由于投影机非正常关闭，没有进行正常冷却，因此需要90秒钟进行冷却。 • 电源关闭后，投影机需要90秒钟进行冷却。 • 投影机已自动关机。如果您尝试重新启动投影机，它将再次关闭。如需帮助，请与经销商联系。
灯泡事件			
橙色闪烁	关闭	红色	投影机已自动关机。如果您尝试重新启动投影机，它将再次关闭。如需帮助，请与经销商联系。
关闭	关闭	红色	1. 投影机需要90秒钟进行冷却。或者 2. 如需帮助，请与经销商联系。
热事件			
关闭	红色	关闭	投影机已自动关机。如果您尝试重新启动投影机，它将再次关闭。如需帮助，请与经销商联系。
关闭	红色	红色	
关闭	红色	绿色	
关闭	红色	橙色	
红色	红色	红色	
红色	红色	绿色	
红色	红色	橙色	
绿色	红色	红色	
绿色	红色	绿色	
绿色	红色	橙色	
橙色	红色	红色	
橙色	红色	绿色	
橙色	红色	橙色	
关闭	绿色	红色	
关闭	绿色	绿色	

①

接修一台明基MS614 DLP投影仪，故障现象是开机几分钟后便自动关机，拔下220V电源线后重新插上再开机还是如此，将自动关机后投影仪上的指示灯状态与说明书上的故障代码对比，发现是热事件造成的故障(如图1所示)，不过拆开机器开机发现内部4只风扇在开机时均能正常运转(注：要将灯泡盖检测开关按下才能开机)，关机后对相关部位进行灰尘操作后故障依旧。

看来不是散热问题导致的自动关机故障，因笔者之前维修过中电DLP63M教学一体机，其中有不少就是色轮上有灰尘导致自动关机的毛病，那么同样是DLP工作方式的这台明基MS614 DLP投影仪会不会也是色轮问题导致的故障呢？看来只有试试才知道了。先将色轮与主板间的两根连线取下(如图2所示)，其中白色排线为色轮马达驱动供电线，另一根黑线是色轮的位置传感器接线，接着将镜头旁色轮固定螺丝拧下，朝镜头方向移动即可取下色轮，再拆开色轮上的位置传感器，发现传感器上有很多灰尘(如图3所示)，用棉签小心将灰尘除干净后，装好机器通电试机一切正常。

②　③

◇安徽　陈晓军

直接实现Apple ID转"美国"区域

由于某些原因，你可能希望将Apple ID的账号区域更改为"美国"，其实，我们并不需要更改支付方式，也可以将Apple ID从中国区顺利转到美国区，首先请关闭家庭共享并使用美国的IP地址，接下来请将iTunes更新至最新的12.6.3.6版本，然后按照下面的步骤进行操作。

从"帐户"菜单下完成登录，接下来选择"查看我的账户"，按照提示再次输入密码进行登录(如附图所示)，在"Apple ID摘要"小节选择"更改国家或地区"，一步一步点击下去，到达支付信息页面，点击"PayPal"，再点击"Log in to Paypal"，此时会跳转到PayPal页面，接下来登录与否都可以，从页面底部选择"取消"以返回商家，此时iTunes会进行刷新，再次选择"美国"，此时支付页面会出现"NONE"选项，账单地址从百度搜索之后输入一个就可以了。

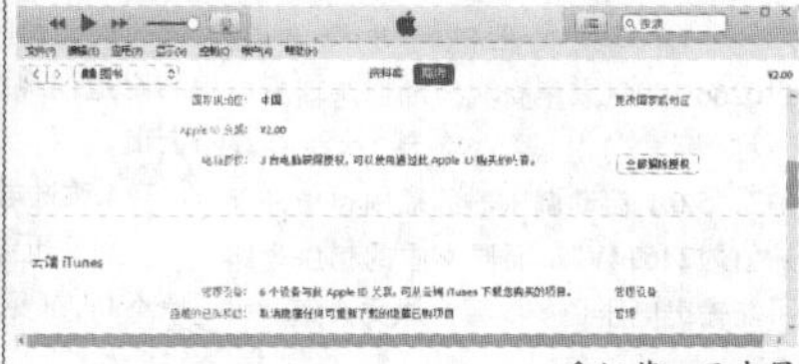

◇江苏　王志军

全自动交流稳压电路、国家标准及电路改进

最近查阅关于稳压电源的技术资料，看到《电子报》2016年46期有一篇题目为《一款高精度、高性能的全自动交流稳压电路》的文章，介绍了一款可以输出一定功率的交流稳压电路，控制电路原理正确，供读者学习稳压电路知识具有一定参考价值，但作为一个产品付诸实际应用，却要遵守相关国家标准。《电子报》近年来经常刊登涉及国家标准的文章，为国家标准的普及应用起到了积极的推动作用。这里结合46期的稳压电路，首先谈一下相关标准在稳压电路中的落实问题，然后推荐一款具有实用价值的交流稳压器电路。

中华人民共和国行业标准SB/T10266/1996《家用交流自动调压器》，就是用来规范稳压器、稳压电路的生产、试验、运输、保管和安装等问题的。

1.稳压器、稳压电路的额定功率

46期原文(以下简称"原文")说稳压电路的"额定功率为2.5kW"且"只要对变压器作微小改动，就可以增加或减小额定的功率"。

这里需要注意的两点：一是，稳压电路的功率、额定功率，不能使用kW作单位，而应使用kVA作单位。kW是有功功率的单位，电动机的功率单位是kW；变电站的主变，工厂企业学校里使用的变压器，交流稳压器、交流稳压电路产品，作为一个电源产品，它使用kVA作单位，kVA是视在功率的单位。二是，作为交流稳压器都必须使用变压器，原文说"对变压器作微小改动"就能改变功率是不现实的。变压器制作完成后，变压器所使用的铁芯材料、形状就已确定，对应的功率也被确定。"对变压器作微小改动"，原文未说明如何操作来实现"微小改动"。是否改变线圈的匝数，改变漆包线的线径，这些都不能改变变压器的功率。另外，若要改变稳压电路的额定功率，除了变压器以外，原文电路中的两只继电器K1和K2、熔断器FU、输出插座CZ，其型号规格都要进行相应的调整，尤其是功率容量增大时，不是"对变压器作微小改动"就能解决问题的。另外，额定功率从2.5kVA继续增大时，其输出端已经不能使用原文图示的电源插座啦。单相电源插座的规格通常为10A，电流增强型可达16A，这时插座的外形尺寸已经变大。我们可以看出，耗电量较大的空调，出厂时电源线上不配置电源插头，说明书中会提示并推荐外接一只适当型号规格的断路器。较大功率的稳压电路，其输出端应使用适当规格的接线端子。因此，原文所说的"只要对变压器作微小改动，就可以增加或减小额定的功率"是不现实的。

2.关于"高精度、高性能"问题

中华人民共和国行业标准SB/T10266/1996《家用交流自动调压器》(以下称"标准")中，第5.6条是"过电压保护"，"5.6.1 自动调压器的输出过电压保护值为246±4V"。而原文中的稳压电路可能输出电压是多少呢？原文介绍，"当输入电压为170~270V时，稳定输出电压范围为200~240V"；又说"当输入电压高于240V时，K2吸合，K1释放，此时输入被接到T的B端，使输出电压得到降低"。所以，"当VIN=240~270V时，VOUT=210~240V"。以上描述在理论上似乎站不住脚。一是，当"K1释放时"，输入被接到T的A端，不是原文描述的"B端"；二是，当输入电压达到270V时，输出电压将达到247.5V，已经达到标准规定的过电压保护值的范围，这是不允许的。下面结合原文电路图中相关部分给以分析，这里将其复制为本文图1。

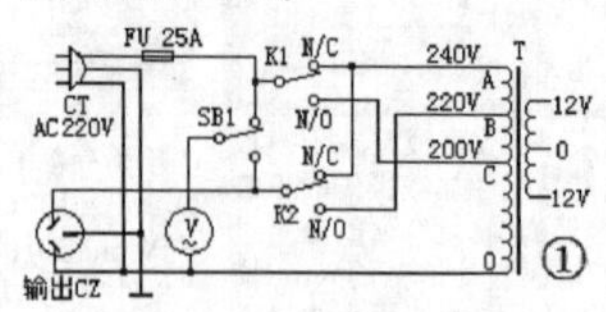

我们看一下247.5V输出电压是如何计算出来的：输入电压270V时，K1释放，270V电压接至变压器T的A端（参见图1，A点的额定电压240V是原文的文字部分提供的），该端额定电压是240V，实际施加电压是额定电压的1.125倍(270V/240V=1.125)，于是将变压器T各绕组上的电压提高到额定电压的1.125倍。这样，当输入电压为270V时的输出电压从变压器B端引出，原文介绍B端的额定电压是220V，实际应是提高1.125倍后的247.5V。

输出电压有可能进入标准规定的过电压保护范围，还宣称"高精度、高性能"，有点名不副实。

关于交流稳压器的稳压精度，标准规定，伺服式交流稳压器输出电压的稳压精度为±4%，即当额定输出电压为220V时，稳压后的输出电压应为211.2~228.8V。根据笔者多年从事交流稳压器售后服务的经验，实际输出电压精度明显高于标准的规定。当输入电压或负载变化时，经由稳压器稳压后的电压，在稳压器自带的指针式输出电压表上，指针几乎总在220V上。当然稳压器自带的电压表精度不高时，不排除输出电压相对于额定电压220V会有少许误差的可能。46期文章介绍的稳压电路属于转接式，其稳压精度按标准规定允许稍低，但由于其控制电路过于简单，原文称其输出电压范围在200~240V之间，稳压功能应属较差，算不上"高精度"，甚至不能满足标准规定的允许输出电压范围。

3. 缺少过电压保护电路

由以上分析可知，原文稳压电路输出电压的波动过大，在有可能危害负载设备的情况下，而未采取保护措施，是违反相关标准技术要求的。实际上市售的交流稳压器都有过电压保护功能，无论是伺服式，还是转接式，否则不能上市。

4.改进电路

原文电路用于交流稳压器，使用价值不高，主要是稳压精度不够，同时缺少过压保护功能。图2是一款工业产品稳压器的一次电路，图3是相应的控制电路。表1是不同输入电压时的继电器动作情况，表中的符号"√"表示相应继电器动作吸合，表中空位表示继电器不动作。

(1)稳压原理简述

根据图2和表1中记录的继电器动作规律分析稳压过程。图2中的开关K1掷向"市电"一侧时，稳压器无稳压功能，输出电压与市电电压相同。K1掷向"稳压"一侧时，稳压器进入稳压状态。当市电电压低于150V时，继电器J1~J3的触点均不闭合，输入电压接在变压器T的150V抽头上；经开机5分钟延时后继电器J4的触点闭合，变压器T的230V抽头电压通过J3、J4触点送往输出端，显然输出电压得到大幅度提升。当输入电压达到175V时，J2、J4的触点闭合，输入电压接到180V抽头上，这时输出电压也被提升，但幅度比上一种情况要小。当输入电压在190V左右时，J2、J3、J4的触点闭合，输入接在180V抽头上，输出电压则从200V端引出，电压提升约20V。当输入电压在220V左右时，J1、J2、J4的触点闭合，市电输入与稳压器输出端经J1、J3、J4触点直接连通，输入电压不经升压和降压直接送到输出端。当输入电压超过220V时，J1~J4的触点均闭合，输入接至230V抽头，输出电压从200V抽头引出，呈降压态势。J4用于开机延时送电和过电压保护。

下面分析图3电路是如何控制四只继电器按上述规律动作而实施稳压的。

(2) 稳压用继电器动作过程

参见图2、图3，变压器T的14V抽头输出的电压经D1~D3整流、C1滤波后，给继电器J1~J4的线圈供电，由R12和稳压管DW1组成的稳压电路为其他电路供电。A1~A4是四运放LM324，在这里用作电压比较器。R17~R19组成的分压回路，及R13、R14组成的分压回路，给比较器A1~A3提供基准电压；其值按A2、A3、A1的顺序依次增大。因此，电位器RP1中间头送来的取样电压高低变化时（这里的取样电压，是对市电输入电压的取样，市电输入电压加在继电器J1-COM公共端，经D4整流、C3滤波、RP1调整获得取样电压)，会出现表1所示的继电器动作规律；比较特殊的是市电输入为220V左右时，J1的触点闭合，由于R22和D10的反馈作用，将使A3基准电压升高，所以J1的触点闭合时J3的触点释放。此后，如果市电电压继续升高，取样电压相应升高，会使J3的触点处于闭合状态。

(3)开机保护电路

该稳压器通电瞬间J1~J4均释放，变压器T处于大幅升压状态，其14V抽头电压会很高，这可能危及元件安全，为此设计了开机保护电路。14V端的电压经D5整流，C2滤波，R3、R4分压，击穿稳压管D6后加到V1的e极；由于R11、C4的充电时间常数很大，V1的b极电压在开机瞬间较低，因此V1导通，抬高了RP1中间头上的电压，加到A1~A3的输入端，J1~J3的触点迅速闭合，通过其触点对变压器抽头的转换连接，从而降低了输出端电压，14V端的电压降低后，V1的e极电压随之降低，同时C4充电电压逐渐提高，致使V1截止，J1~J3进入正常的稳压动作程序。

(4)开机延时与过压保护电路

刚开机通电时，稳压管DW1输出的8.2V电压经R27向C9充电（长延时)，或经开关K2及R28充电(短延时)。当C9上电压足以击穿稳压管DW2时，三极管V6、V7导通饱和，继电器J4的触点闭合，稳压器输出端有电。

如果因为输入电压异常增高或者负载电流突然减小，致使稳压器即将送出的电压（即继电器J3-COM公共端的电压)过高。该电压经取样，由D7整流、C5滤波、RP2调整后得到的过压信号使A4输出端变高，V5导通，C9经V5放电，最终使J4的触点释放，输出端断电，保护了用电设备。

◇内蒙古　宋秀媛

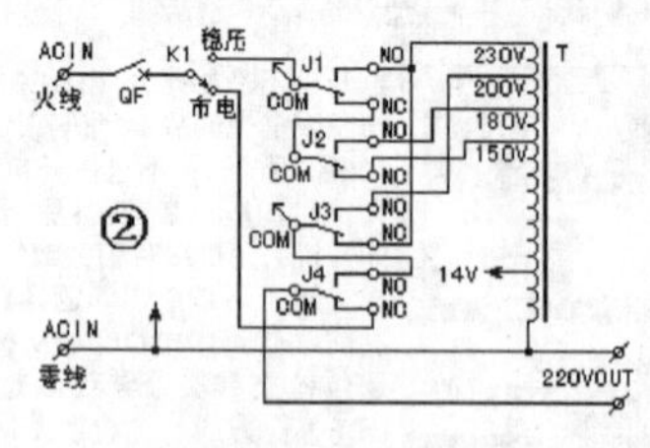

表1 输入电压变化时的继电器动作情况

继电器号＼输入电压	<150V	175V	190V	220V	>220V
J1				√	√
J2		√	√	√	√
J3			√		√
J4	√	√	√	√	√

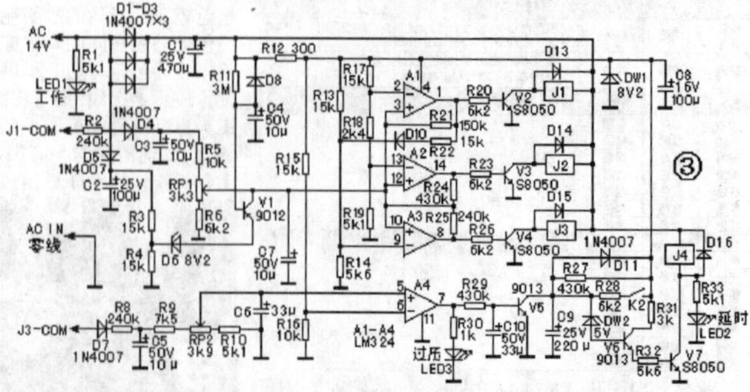

多自由度机器人运动控制系统的设计及制作(一)

2018年四川省职院校技能竞赛“电子产品设计及制作”赛项赛题解析

一、任务书

1.竞赛任务

按照赛题要求,根据下发的技术资料、元器件及配件完成多自由度机器人运动控制系统的下列工作任务:

1)PCB设计任务:按照赛题功能与技术要求部分的相应要求,根据给定的电路原理图,并根据约束条件和Altium软件,绘制印刷线路板图。

2)焊接装配任务:根据给定的元器件清单和套件完成步进电机驱动板的焊接装配。

3)系统装配任务:根据提供的系统接线图,完成电源、主控板及多自由度机器人的系统安装和接线。

4)运动控制任务:根据功能与技术要求中相应部分的要求,编写相应控制代码并进行软硬件联合调试,使其达到规定功能与技术要求。

注:由选手根据自身情况自行选择以STM32F103VET6、AT89S52或者以IAP15W4K58S4为核心的主控板完成比赛任务,但实现的功能必须满足本赛题要求。PCB设计任务必须按照电子文档下发的原理图设计,不得做任何改动。

2.功能与技术要求

1)系统功能描述

多自由度机器人如图1所示,主要由丝杆支架,驱动部件迷宫平台组件等组成,通过外接的主控板的程序代码控制驱动部件,可以控制迷宫组件在多个自由度方向的运动,进而控制迷宫组件中摆放的走珠沿着指定的轨迹运动。

图1 多自由度机器人示意图

多自由度机器人运动控制系统主要由驱动电源、主控板及多自由度机器人等组成,其系统接线图如图2所示。

步进电机1 蓝红绿黑
步进电机2 蓝红绿黑
步进电机3 蓝红绿黑
引脚接线
CP+:接单片机I/O口(自行设定引脚)
CP-:GND
DIR+:接单片机I/O口(自行设定引脚)
DIR-:GND
EN+:悬空
EN-:GND
注意:CP+和DIR+需要接在主控板的I/O上,由参赛选手自行设置

图2 多自由度机器人运动控制系统接线图

2)印制电路板设计

绘制一个机器人运动控制板,印制电路板设计任务要求如下:

(1)根据赛项下发电子文档的PCB文件夹中给定的机器人运动控制板原理图,在赛项给定的PCB外形尺寸进行印制电路板的设计,设计过程中RFID读卡器的天线采用赛题给定的PCB天线;

(2)线路板约束规则要求:采用双层板,最小间距6mil,最小线宽8mil,过孔最小孔径15mil,过孔最小直径30mil,敷铜最小间距20mil;

(3)绘制完成后要求生成以下文件图3所示:

完成整个工程后,输出BOM表,保存为PDF格式。

完成整个工程后,输出PCB文件。

(4)各参赛队在设计PCB时,不得改变给定的PCB文件板面尺寸大小、已给定的元器件及安装固定孔的位置。

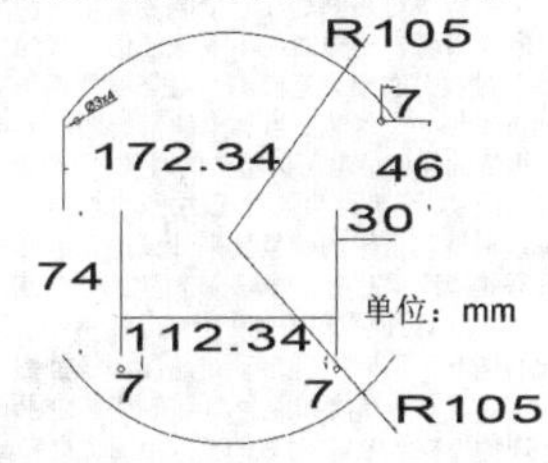

图3 机器人运动控制板PCB尺寸布局示意图

3)多自由度机器人运动控制系统的装配

(1)步进电机驱动板装配。

根据提供的步进电机驱动板原理图、材料清单及焊接套件完成电路板焊接装配任务,装配工艺按照典型电子产品装接工艺要求执行。各参赛队选手在裁判长宣布比赛后30分钟内完成下发元器件的核查,若元器件缺损可以申请更换,超时申请元器件将按照每申请一个扣1分计入总成绩,参赛选手焊接完驱动板后需将焊接好的驱动板替换组委会提供的驱动板。

(2)系统装配。

根据多自由度机器人运动控制系统接线图(下发U盘中包含该接线图)完成控制器整机装配任务。主控板由选手自行以STM32F103VET6、AT89S52或者以IAP15W4K58S4为核心。

4)多自由度机器人运动控制系统功能要求

走珠在迷宫平台组件中行进时,若功能要求指定行进轨迹时必须按照现场下发的行进图所示的行进轨迹标号行进至各标号位置,走珠中心距离数字标号位置最大不得超过0.5cm,否则视为未完成比赛任务。

参赛选手自行选择核心板上四个LED灯和三个按键,用以完成比赛任务。LED灯和按键的编号以及功能定义如图4所示。

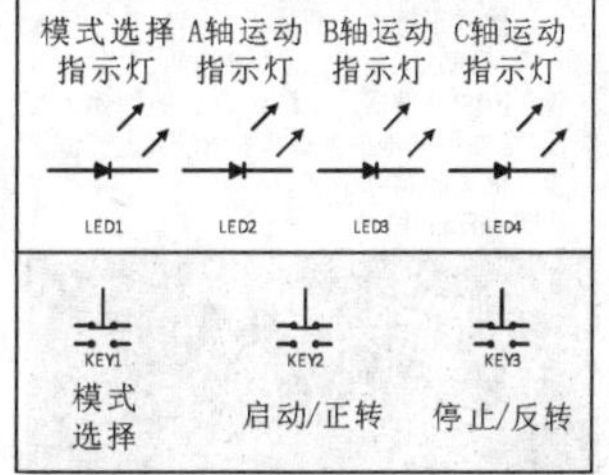

图4 LED灯和按键的编号以及功能定义

按照下列要求编写程序代码并下载到主控板完成相关比赛任务。

(1)功能要求。

a)初始化:系统上电后,蜂鸣器鸣叫一声,时长1秒。同时LED1以1Hz的频率至少闪烁4S以上然后熄灭。迷宫平台组件处于多自由度机器人运行位置最下端且通过简易水平仪对其姿态进行校平;

b)模式选择:通过模式选择按键(KEY1)进行模式选择,通过模式选择指示灯(LED1)的闪烁频率表示工作模式编号:工作模式1(LED1以2Hz的频率闪烁)、工作模式2(LED1以4Hz的频率闪烁)、工作模式3(LED1以8Hz的频率闪烁);

c)工作模式1(基本运动):通过模式选择按键(KEY1)选择工作模式1,此时LED1以2Hz的频率闪烁然后熄灭。按“KEY2”键启动机器人。此时机器人的三个轴同时正向转动,迷宫组件匀速上升,在此过程中必须保持迷宫组件处于水平状态。运行3秒后,按“KEY3”键,使机器人的三个轴同时反向转动,迷宫组件匀速下降。运行2秒后,按“KEY1”键,机器人停止运动。用LED2、LED3、LED4三个灯表示三个轴的步进电机的工作状态:转动时灯点亮,不转时灯熄灭。

d)工作模式2(迷宫基本运动):系统上电后通过模式选择按键(KEY1)选择工作模式2,此时LED1以4Hz的频率闪烁。按“KEY2”键启动机器人。自行设定运行路线,控制走珠沿着自行设定的路线,行进至13号点或者7号点处(若从1号点处出发,必须行进至13号点处;若从35号点处出发,必须行进至7号点处。否则视为未完成该任务,该任务得分为0分);控制走珠停止在13号点或者7号点处,要求走珠停止位置距离13号点或者7号点处不超过0.5cm,否则视为未完成停止任务。停止到位后,驱动蜂鸣器发出声音4S以上,在滚珠行进过程中可以按“KEY3”键随时停止机器人运动。此时,迷宫组件必须处于水平静止状态。用LED2、LED3、LED4三个灯表示三个轴的步进电机的工作状态:转动时灯点亮,不转时灯熄灭。

e)工作模式3(迷宫提高运动):系统上电后,通过模式选择按键(KEY1)选择工作模式3,此时LED1以8Hz的频率闪烁。控制迷宫平台组件处于多自由度机器人运行位置最下端且处于水平静止状态,将下发的走珠摆放在迷宫24号点处。按“KEY2”键启动机器人。按照24—33—20—16—21—30—7—14的数字顺序控制走珠行进到各个数字标号位置;控制走珠停止在14号点处,要求走珠停止位置距离14号点处不超过0.5cm,否则视为未完成停止任务。停止到位后,驱动蜂鸣器发出声音4S以上。此时,迷宫组件必须处于水平静止状态。用LED2、LED3、LED4三个灯表示三个轴的步进电机的工作状态;转动时灯点亮,不转时灯熄灭。

(2)其他要求。

a)功能测试时由选手操作控制系统,向裁判现场演示上述功能接受裁判评判;

b)选手作品完成作模式2(迷宫基本运动)的时间必须控制在2分钟以内,否则该部分比赛时长得分为0分,每超时10%,总成绩扣1分;

c)选手作品完成工作模式3(迷宫提高运动)的时间必须控制在5分钟以内,否则该部分比赛时长得分为0分,每超时超过10%,总成绩扣1分。

d)工作模式2(迷宫基本运动)及工作模式3(迷宫提高运动)的计时时间起点是选手按下“KEY2”键,迷宫平台组件开始运动,终点是走珠抵达指定位置且迷宫平台处于水平静止状态。

3.提交方式

PCB图存储在组委会下发的U盘上提交。各队完成的全部文件存放在“2018SCJNDS××”(2位数字,竞赛队工位号,在参赛队报到后通过抽签获得)文件夹中。提交的电子文件采用统一命名规则(类型名+工位号),不得以其他名称命名电子文件。因保密要求,任何文件中不得出现参赛院校名称、设计者姓名;电子文件名称不符合命名规则,体现学校信息的,该项得分为零。示例:工位号为“02”的参赛队,建立的文件夹名称为“2018SCJNDS02”,印制板图文件的文件名为“印制板图02”,扩展名为默认。

参赛队需确认成功提交竞赛要求的文件,监考人员在监考记录单中情况记录栏做记录,并与参赛队一起签字确认。

提交的文件清单如下:

序号	文件夹名称	包含的文件名称及要求
1	PCB设计文件	生成的BOM表(PDF格式)、PCB图(除BOM表外,其余文件均必须为Altium默认文件格式。)

(未完待续)(下转第365页)

◇四川 刘朗

手机摄像头技术趣谈

说到手机,自然少不了摄像头,全球首款搭载内置摄像头的手机是日本于2000年11月发售的夏普J-SH04,内置了11万像素CCD摄像头并搭载了一块96×130像素液晶屏。

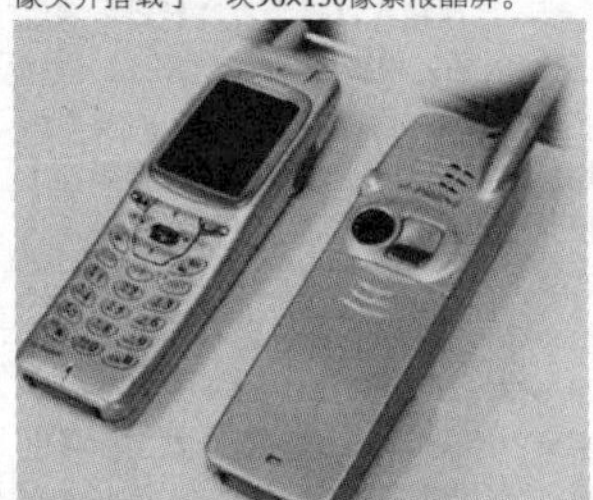

国内逐渐开始盛行带摄像头的手机大概是2005年,当时主流像素基本为30万,照片效果用现在的眼光看简直是惨不忍睹。

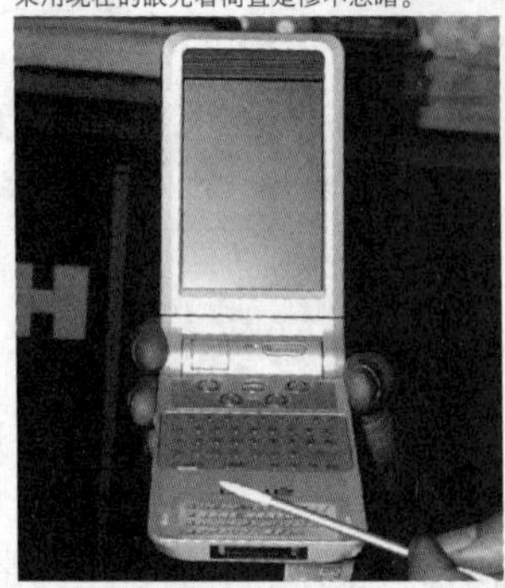

而最早的前置摄像头刚开始是出现在PDA(掌上电脑)上的,2002年3月SONY在当时其旗下的旗舰级PDA——PEG-NR70上设计了一枚可以前后旋转的摄像头。

后来诺基亚成为第一个将前置摄像头同时也是卡尔蔡司镜头放入手机的厂商。

当然还有许多各种各样有关手机摄像头的世界第一,我们就不一一描述了;今天主要为大家介绍当今各大厂商采用的特色技术。

f/1.8超大光圈

对于手机摄像曝光度来说,光圈越大,快门就可以更快;反之,光圈越小,快门也就越慢,从而保障照片的进光量充足。同时快门时间也影响到抖影,如果快门时间长了,会因手抖而出现成像模糊(即使有防抖光圈也有影响)。因此在夜晚或者光线昏暗的环境拍照时,为了保证足够的进光量,一般只有两个选择:提高手机的ISO(感光度)或者使用更大的光圈。

虽然并不是说光圈越大的手机暗光成像就一定越好,毕竟成像水平还同时受到感光元件、图像处理器、光路的设计等因素的影响,但是如果其他的参数大抵相同,大光圈意味着更优秀的暗光拍照。

UltraPixel技术

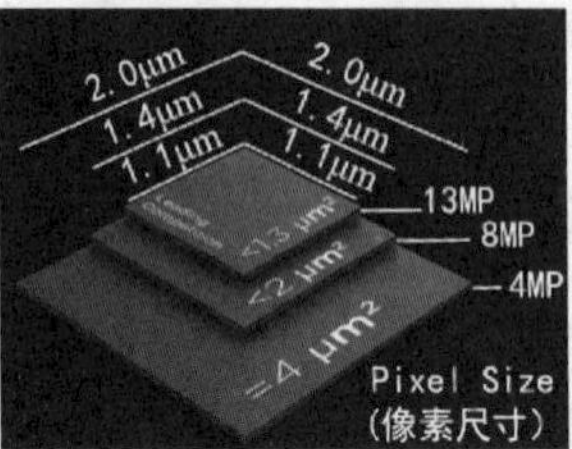

这里主要指的是像素(Pixel)和感光元件的关系。在感光元件面积一定的情况下,像素越高,pixel size(单个像素尺寸)就越小,理论上图像的噪声越大,动态范围幅度更小,并且可能受到弥散圆的影响,即像素之间的互相影响。反之,pixel size越大,图像的噪声和动态范围也就可以控制的更好,而且受弥散圆的影响也更小。苹果此前一直采用800W的低像素,很大的原因就是为了保持大pixel size。也就是说,对于第二种(屏幕、图片上的像素),自然是像素越大越好,对于第一种(CMOS的像素)来说,相同感光元件面积下,像素越大,成像反而越差。

这也是为什么苹果的800W像素比其他1200W像素的手机拍照效果要好,500W像素的单反照相效果甩1600W像素的手机相机几条街,只是单从感光元件面积上讲,就不能只看单一的像素值。

Motion Eye 相机堆叠记忆芯片

手机摄像头传感器主要为背照式和堆栈式的CMOS结构。堆栈式CMOS又是背照式CMOS的升级版本,具有高像素化、高性能化及小型化的特点。

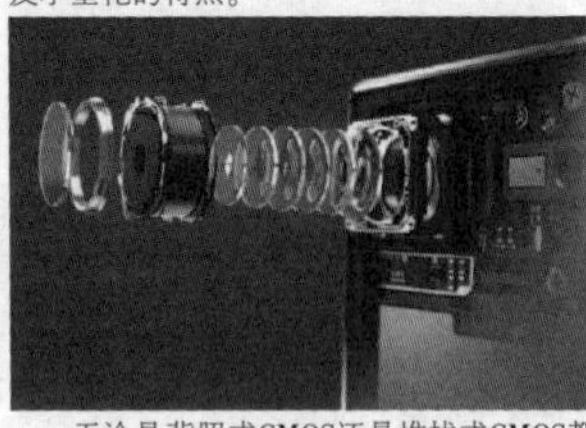

无论是背照式CMOS还是堆栈式CMOS都是两层的,而Motion Eye相机堆叠记忆芯片传感器创新的采用了三层堆叠式,这种传感器的核心技术是在像素层和信号处理电路层之间加入了一层DRAM缓存。

这个DRAM层有什么作用?它能够明显提高数据读出速度,允许用户以最小的失真来拍摄快速移动物体的静态照,此外还支持每秒1000帧拍摄1080P超慢速动作电影,是IMX318芯片的8倍。该芯片还支持每秒60帧的4K视频录制。全新的三层芯片能够在1/120秒内读取1930万像素图片,是IMX318芯片的4倍。减少了读取每个像素行的时间间隔,对于缺乏机械快门来控制曝光的智能手机尤其重要。

全像素双核对焦

目前最基本的对焦方式有反差对焦、相位对焦和激光对焦。这些传统的传感器一个像素只有一个光电二极管,也就是一半像素是被遮蔽的。

而双核对焦则是在一个像素点里有两个光电二极管,这样能在不遮盖任何像素的前提下有效完成相对差检测,对焦侦测系统被分布到每一个像素,当一个像素的两个光电二极管的像的信号可以重合的时候,则判断为合焦成功。而当两个信号无法重合的时候,则可以根据两个像的偏差量来计算出完成合焦所需的镜片驱动量,这样一来对焦速度自然更迅速。并且通过这样的设计可以在不影响画质的情况下同时实现自动对焦和图像捕捉功能。这样对焦精度和速度都会有相应的提升,无需牺牲成像像素,对焦的有效范围也更广。

还有一种叫相位对焦,双核对焦的对焦

单像素的结构
每个像素有2个独立的光电二极管

相差检测AF时(a)
每个光电二极管独立接收光线

(注)实际二极管并无颜色区分

相差检测AF时(b)
在不同位置分别获得2个信号即可进行相差检测自动对焦

成像时
拼合2个光电二极管积蓄的电荷A与B作1个像素进行读取

像素是由两个完整的像素组成,PDAF对焦像素则是由遮蔽了1/2面积的2个像素组成。PDAF所使用的相位对焦点是通过单个光电二极管遮盖一半,利用单个像素点来获得像差信息进行相位检测对焦的。因此,双核对焦使用完整的两个像素进行对焦检测,比PDAF整整大了4倍的通光量。也是双核对焦速度比PDAF快了100%的原因。

普通PDAF Sensor　全新双核对焦 Sensor

遮蔽像素点　不遮蔽像素点

随着对全面屏屏占比的要求越来越高,前置摄像头的技术也在不断提升,除了弹出式结构的摄像头,还会出现屏下摄像头的产品。

(本文原载第14期11版)

21700电池

2018年2月初,特斯拉宣布与松下联合研发的新型21700电池开始量产,并强调这是目前可量产电池中能量密度最高且成本最低的电池,三星SDI也推出了相同规格的新型电池21700,既然作为目前电动汽车界的领军企业,特斯拉带动全球锂电巨头纷纷转向21700电池,能否刮起型号变更的大风?

2017年7月,特斯拉推出了第四款车型Model 3,其中售价最低3.5万美元,也是至今为止价格最亲民的车型。其续航里程有354公里和499公里两款。而能让特斯拉推出如此平民级电动车的关键,在于其使用了加粗加长的升级版电池——21700电池。

21700电池的产生也是受特斯拉对Model 3的成本要求催生的产物。在Model 3项目成立之初,马斯克就给这款车定了3.5万美金的售价,但如果还是采用原来的18650电池,就会产生两种结果,要么保证续航超出定价,要么保证定价降低续航能力,因此在目前技术上既要续航保证的同时又要降低成本,就催生出了21700电池。

优势

21700电池的单体与成组能量密度都大为提高,以特斯拉生产的21700电池为例,从18650型号切换至21700型号后,电池单体电池容量可以达到3~4.8Ah,大幅提升35%,成组后能量密度依然提升20%。

从列表也可以看出18650型号和21700型号的"18"表示直径18mm,65表示高度65mm,0表示圆柱形的电池;同理,21700电池也是按此命名。

正极配料 → 正极涂布 → 正极制片
负极配料 → 负极涂布 → 负极制片
→ 烘烤 → 极片、隔膜隔膜分切
↓
化成 ← 封口 ← 注液 ← 滚槽 ← 入壳 ← 卷绕/叠片
↓
分容 → 包装 → 出厂

红字表示18650变为21700生产线要更改的部分

电池型号	规格(mm*mm)	电池单体容量(mAh)	电池单体重量(g)	电池系统能量密度(Wh*kg)	电池系统成本($/Wh)	电池系统售价($/Wh)
18650	18*65	2200~3600	45~48	250	171	185
21700	21*70	3000~4800	60~65	300	155	170
参数对比				+20%	-9%	-8%

由于降低了单体使用数量,再加上其他配件使用量降低,在保证同等容量前提下,动力电池系统重量得到本质优化。特斯拉改用一套新型21700电池之后,系统相比目前的电池减少10%重量。

并且目前18650生产线通用生产变更为21700的成本较低。从存量产线的角度来看,电池厂商由原来的主流18650转型到21700较为便利,产线设备可以通用切换到21700较为容易,不会投入太高的设备技改费用及新增设备投资。产线改造主要涉及中后段的分切、卷绕、装配、化成等环节,针对半自动线的模具调整费用较低。

既然能将电芯尺寸做大,进而提高电芯容量,那为什么不采用尺寸与容量更大的电芯?

一般来说,圆柱电芯的物理尺寸增加不止提升能量密度,同时会降低电芯循环寿命和倍率等性能。据测算,容量每提升10%,循环寿命大约会降低20%;充放电倍率降低30%~40%;同时电芯会有20%左右的温升。

如果持续增大尺寸,电芯安全性和适配性都会降低,无形之中增加新能源汽车安全隐患和设计难度,这就是为什么更大尺寸圆柱电池26500、32650等未能规模化占据主流市场的原因。

劣势

不过相比18650电池,21700电池寿命更短、同等容量充电时间更长与安全性更低。对于电动汽车来说,安全永远是第一位的,为了避免大电池温升过高出现火灾,电池散热系统必须设计更加合理。

此外,由于18650电池有很长的历史发展积淀,适配性很强,形成了很大市场空间和应用范围,除了应用于电动汽车领域外,还可以在笔记本电脑、3C数码、无人机、电动工具等其他领域看到。对于21700新电池而言,则还没有形成有效的产业链,虽说技术成本上降低了,但是从单一的市场环节来说,推广成本还有阻碍。

特斯拉之所以现在就采用21700电池,是因为手握50万辆左右Model 3订单,加上需求量极大的太阳城(Solar City),特斯拉才会在千兆工厂大规模投产。但这种方式仅限于特斯拉,对其他绝大部分厂家来说很难。

国内

国内的动力电池市场近几年才慢慢展开,去年才将三元锂设为行业标准,因此绝大部分产线都是为生产18650电池而设定,甚至某些企业未来几年的产能都是为18650而准备。

目前国内锂电生产企业正处于规模化的产线建设投资期,预计今年年内的有效产能预计在60~70GWh左右,短期锂电的产能供给端建设基本完成,未来新增投资增速将趋缓,福斯特、比克动力、智航新能源、德朗能、天鹏电源、亿纬锂能等近两年大幅扩产的企业产线均以18650为主。

不过国家对动力锂电池能量密度的要求是2020年动力电池单体能量密度要突破300Wh/kg,动力电池系统能量密度达到260Wh/kg。目前最好的18650电池也达不到这个技术要求,大部分国产电池的密度都在100~150Wh/kg之间。介于电池产品型号改进远比材料进步更加快速和实用,所以下一步通过增加体积来提高能量密度的更高效的电池是毋庸置疑的。

在工信部制定的《电动汽车用动力蓄电池产品规格尺寸》征求意见稿中,目前推荐的圆柱电池型号只有18650和32650两种,如果这个政策一旦施行,很有可能意味着国内市场21700电池通往新能源汽车市场的大门已被关闭。

不过国内部分18650电池企业也表示了对特斯拉21700路线的认可,并且也在进行相关布局。如果企业自身通过研发对材料性能改进的实力不强,能量密度的提升最直接的方式就是通过物理方式可以做大型号提升能量密度。比克、福斯特、猛狮、天鹏等圆柱电池企业都宣称将在未来产能扩充中投产21700电池。其中比克电池表示,比克18650电池量产后能量达到3.5Ah,下一步将开发21700电池,通过结合高镍与硅碳,实现21700电池量产能量达6.0Ah,更为快速的是天鹏、福斯特等公司,天鹏二号生产基地已配置的设备生产21700型产品,产品能量密度可达200~240Wh/kg。

当然,新能源汽车市场在快速发展、政策也在不断变化,续航、充电速度、安全性都是对电池要求的最重要因素,至于哪个优先放在首位都是视发展阶段而定。

(本文原载第14期11版)

NVIDIA Ray Tracing

光线追踪是大家熟悉而又陌生的技术，去过电影院的人肯定见过，然而除了计算机图形领域的研究者，外界对该技术的了解知之甚少。

光线追踪是现代电影生成或增强特殊效果所依赖的一种技术，比如逼真的反射、折射和阴影。正是这些效果的运用打造出了科幻史诗片中的星际战士。这种技术会使飙车场景令人血脉偾张，使战争片的火焰、烟雾和爆炸场景看起来像身临其境。

光线追踪生成的影像与摄影机拍摄的影像很难区分开来。真人电影将计算机生成的效果与真实拍摄的影像无缝融合在一起，而动画电影则通过光线和阴影隐匿用数字方式生成的场景，力求达到摄影机拍摄般的传神效果。

提及光线追踪，一种很简便的方法就是立即环顾玩家的四周。玩家看到的物体被光束照亮，现在转过身，追踪这些光束从玩家的眼睛向后到与光线交互的物体的路径，这就是光线追踪。

但在过去，计算机硬件的速度不够快，无法实时使用这些技术，比如在视频游戏中。电影制作人可以随心所欲地花时间来渲染单个帧，因此他们会在渲染场中离线渲染。而视频游戏画面转瞬即逝。因此，人们依赖于另一种技术来处理大部分实时图形，即光栅化。

什么是光栅化？

长期以来，实时计算机图形一直使用一种称为"光栅化"的技术在二维屏幕上显示三维物体。该技术速度快，且效果足够好，尽管它仍然比不上光线追踪所能达到的水平。

借助光栅化技术，可以在屏幕上通过用于创建物体3D模型的虚拟三角形或多边形网格创建物体。在这种虚拟网格中，每个三角形的角(称为顶点)与大小和形状不同的其他三角形的顶点相交。每个顶点关联着大量信息，包括其在空间中的位置以及有关颜色、纹理及其"正常形式"的信息，这些信息用于确定物体所朝向的表面的形式。

计算机随后将3D模型的三角形转换为2D屏幕上的像素或点。可以根据存储在三角形顶点中的数据为每个像素分配一个初始颜色值。

进一步像素处理或"阴影处理"，包括基于场景中的光线如何碰撞像素来改变像素颜色，以及将一个或多个纹理应用于像素，从而结合生成应用于像素的最终颜色。

这种技术的计算量异常大。一个场景中的所有物体模型可以使用多达数百万个多边形，4K显示器中有近800万个像素。而且，屏幕上显示的每个帧或图像通常会在显示器上每秒刷新30到90次。

此外，还要使用内存缓冲区(为加快运行速度预留出来的一点临时空间)在即将到来的帧于屏幕上显示之前预先渲染这些帧。还需使用深度或"z缓存"存储像素深度信息，以确保在屏幕上显示像素的x-y屏幕位置上的顶层物体，并且顶层物体背后的物体保持隐藏状态。

这正是图形丰富的现代计算机游戏依赖于性能强悍的GPU的原因。

什么是光线追踪？

光线追踪技术与此不同。在真实世界中，我们看到的3D物体被光源照亮，且光子可以在到达查看者的眼睛以前从一个物体反弹到另一个物体。

光线可能会被某些物体阻挡，形成阴影，或可能会从一个物体反射到另一个物体。比如我们看到一个物体的图像反射在另一个物体表面的情景。然后会发生折射－光线穿过透明或半透明物体(如玻璃或水)时发生变化的情况。

光线追踪通过从我们的眼睛(观景式照相机)反向追踪光线捕捉这些效果，这种技术是IBM的Arthur Appel于1969年在《Some Techniques for Shading Machine Renderings of Solids》中首次提出的。此技术可追踪通过2D视表面上每个像素的光线的路径，并应用到场景的3D模型中。

十年后才迎来下一个重大突破。Turner Whitte在1979年发表论文《An Improved Illumination Model for Shaded Display》，阐述了如何捕捉反射、阴影和反射，他目前就职于NVIDIA研究事业部。

Turner Whitted在1979年发表的论文帮助光线追踪技术在翻拍电影领域的运用实现飞跃发展。利用Whitted的技术，当光线遇到场景中的物体时，根据物体表面上碰撞点处的颜色和光照信息可以计算出像素的颜色和照明度。如果光线在到达光源之前反射或通过不同物体的表面，则根据所有这些物体的颜色和光照信息可以计算出最终的像素颜色。20世纪80年代的其他两篇论文为计算机图形革命奠定了其余的知识基础，这场革命颠覆了电影的制作方式。

1984年，Lucasfilm的Robert Cook、Thomas Porter和Loren Carpenter详细介绍了光线追踪如何结合众多常见的电影制作技术(包括动态模糊、场景深度、半影、半透明和模糊反射)，而这些效果当时还只能依靠摄影机制作。

两年后，加州理工学院Jim Kajiya教授发表论文《The Rendering Equation》，完成了将计算机图形生成方式移植到物理学的工作，更好地展现了光在整个场景中的散射方式。

将这项研究与现代GPU结合起来取得了显著的成果，计算机生成的图像捕捉的阴影、反射和折射能够以假乱真，与真实世界的照片或视频很难区分开来。正是这种真实感让光线追踪开始征服现代电影制作领域。

这种技术的计算量同样非常大。正因如此，电影制作人才依赖于大量的服务器或渲染农场。而且，渲染复杂的特殊效果可能需要花上几天甚至几周的时间。

可以肯定的是，许多因素都会影响光线追踪的整体图形质量和性能。实际上，由于光线追踪的计算量异常大，此技术通常用来渲染场景中视觉质量和现实感受益于此技术更多的部分，而场景的其余部分则使用光栅化进行渲染。光栅化仍能提供出色的图形质量。

未来将如何发展？

随着GPU性能日益强悍，下一阶段理应是让更多人享受到光线追踪技术带来的好处。例如，借助光线追踪工具(如Autodesk的Arnold、Chaos Group的V-Ray或Pixar的Renderman)和性能强悍的GPU，产品设计师和建筑师使用光线追踪在几秒内即可生成逼真的产品模型，促进他们更加有效的协作，并省去昂贵的原型设计环节。

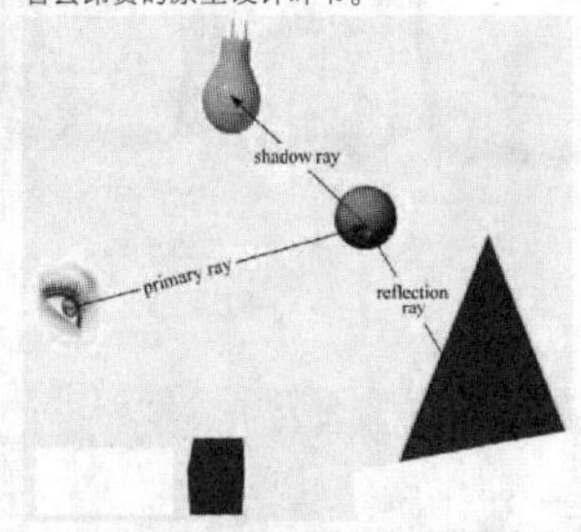

光线追踪已经向建筑师和照明设计师证明了它的价值，他们正在利用这些功能对光线与设计如何交互进行建模。

随着GPU的计算能力日益提升，视频游戏将成为此技术的下一个前沿阵地。NVIDIA在星期一宣布推出NVIDIA RTX。这是一种光线追踪技术，可为游戏开发者提供电影级画质的实时渲染。它是NVIDIA在计算机图形算法和GPU架构领域经过10年努力所取得的成果。

它包含在NVIDIA Volta架构GPU上运行的光线追踪引擎。它的设计支持通过各种接口进行光线追踪，立足于此，NVIDIA与微软紧密合作，通过微软新的DirectX Raytracing (DXR) API提供全面的RTX支持。

为了帮助游戏开发者利用这些新功能，NVIDIA还宣布GameWorks SDK将添加一个光线追踪降噪模块。更新版GameWorks SDK即将推出，其中包含光线追踪区域阴影和光线追踪光泽反射。

所有这一切都有助于游戏开发者和其他人将光线追踪技术应用到他们的工作中，以创造更真实的反射、阴影和折射。

如此一来，玩家在家中玩游戏时便会享受到更多如同电影院好莱坞大片的电影级画质，有更好的视觉效果及游戏体验。缺点还是有的：玩家得自己做爆米花了。

(本文原载第15期11版)

希捷展示全球最快机械硬盘：480MB/s 首用双臂读写！

2018年3月22日，希捷在Open Compute计算峰会上，展示了全球最快的机械硬盘。这款重新设计的HDD其实基于一个非常简单的原理，那就"众人拾柴火焰高"，引入了两个驱动机臂(Mach.2技术)，每个电机臂带有8个磁头，上电后同轴独立运行。

首用双臂读写！希捷展示全球最快机械硬盘：480MB/s相较传统的单电机8碟16头硬盘，双电机臂意味着可以传递/检索多一倍的数据，也就是读写性能翻倍(类似Raid 0)。

以演示盘为例，其连续数据传输速度达到了480MB/s，较普通7200转、SATA3硬盘极值(235MB/s)直接翻番，即使对标最高端的15K(15000转)，也快了60%。

同时，希捷也秀了另外一块肌肉，宣布HDD的另一个关键单元"盘面"技术上，HAMR(热辅助磁记录)达到了工业标准。

HAMR是希捷提高存储密度的解决办法，即用一束接近居里点温度(138℃，磁性材料永久失去磁性的温度)的特殊激光，去加热磁存储介质(瞬时超400℃)，从而降低写入数据时的矫顽力。希捷已经制造完成20TB的HAMR硬盘，密度每平方英寸2Tb(现在的PMR/SMR都没超过1.5Tb)。可靠性方面，HAMR硬盘的磁头寿命已经达到6000小时(等价于记录3.2PB数据)，是目前工业标准的20倍。更给力的是，希捷准备在Exos企业级产品线上同时引进HAMR和Mach.2技术，不过具体上市日期不详，按照此前的说法，最快2019年下半年。

◇北京 中华

(本文原载第15期11版)

笔记本选购杂谈

对于购买笔记本来说，除了品牌效应以外，大多数还是优先考虑性价比；很多人都有不同的预算选择，我们先单从价位上来分析性能与配置。

价格区分

2000元以内，只能选一些平板电脑，如果是要品牌和质量保证的，尽量选1000~2000元之间的；毕竟现在组装一台平板对于山寨厂家来说是非常容易做到的事，而为了低价和利润空间很多配件都是二手或者淘汰下来的产品，往往在参数上做文字游戏，因此1000元以下的平板还真不如买一些799元以上的国内以性价比比较出名的手机(比如小米、魅族、360等)。至于笔记本电脑，那就更不要买了，电脑各部件比平板成本要高出许多，可想而知2000元以内的电脑是什么概念，买到手用不到一周就恨不得丢掉。

2000~3000元，其CPU基本是Braswell及其升级版Apollo Lake，主打一些廉价的上网本或者超薄本，看看720P的视频、上上网，处理下办公文档还是没有问题，做得好的品牌也就在续航上有些突破。至于什么玩游戏、做设计，特别是3D类的游戏和设计，基本就不要指望了，做工讲究更是无稽之谈。

3000~5000元，算是主流配置的一部分了，一般CPU可以用到第五代以上的i5，配有单独的显卡，能满足一些中、低端的游戏要求；不过能同时满足固态盘(256G)和8G内存要求的配置很少，基本有的话都接近4999元了。

5000元以上，主流中高端游戏本都是这个价位以上，其配置就不在这里一一细说了，想必买游戏本的朋友一般都对配置了如指掌。更高价位的，追求的品牌效益、设计和质感等都不能单一用价格来衡量了。

核心数

如今CPU发展很迅速，早已过了只以单核、双核、四核等核心数来衡量性能的时代。就拿2000多元区间的Apollo Lakel(英特尔的凌动处理器)来说，都有双核和四核之分；但是主流笔记本厂商做这样的产品不多，更多的是山寨厂家。当然这也不代表该处理器就很弱，会玩的甚至用解锁工具提高Apollo Lake的功耗，将N4200(主频2.2GHz)功耗提升至10W，其多线程分数和A10-7850K之间只差7个百分点，单线程达到80%。

因此，用户的定位对于选择笔记本来说非常重要，有时候所谓的性能浪费就是这种情况。如果不玩游戏，选一款设计精美、售价相对高一些(3、4000元)的上网本也不是不可以的。

AMD还是Inter

2017年AMD的CPU算是打了个漂亮的翻身仗，不过这仅限于主机平台。虽说AMD的APU(集显)确实做得不错，但从综合性能上看，特别是3000~4000元价位还是建议选Inter的平台；Ryzen系列用在笔记本上的还不是很多，多年来Inter和Nvida搭配的产品性价比还是很高的。至于R7 2700U和R5 2500U相关笔记本，起码要等到下半年才开始考虑，毕竟物以稀为贵，刚出货即使原本设定的低价位也会被销售商自己抬高。

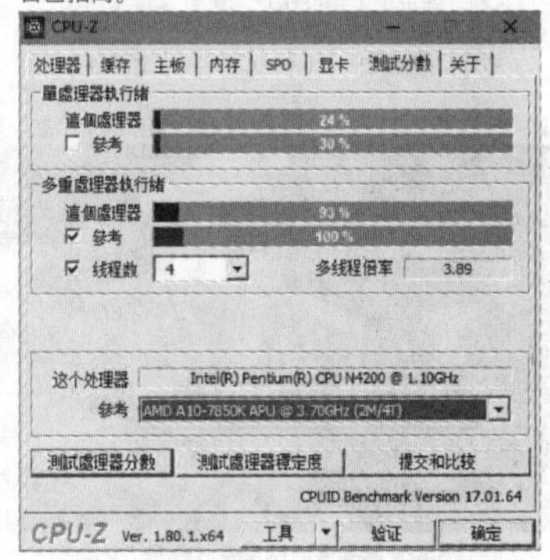

(本文原载第15期11版)

笔记本电脑上的冷知识

首先,笔记本上分布着各种各样的小孔(不一定都有)。

恢复孔

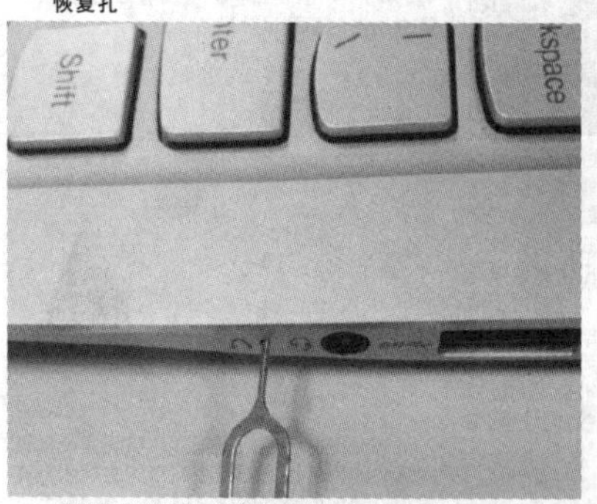

少数商务笔记本会配备这种恢复(出厂设置)的小孔,在关机状态下用曲别针等硬物捅它一下就会触发BIOS层面的引导,出现类似System Recovery模式的选项开关,可将系统恢复到出厂状态。

重启孔

很多超薄本和平板二合一类设备都会在机身两侧或主机背面加上一个印有"Reset"标识的小孔,也就所谓的复位孔或重启孔。当系统变得不稳定或卡顿频频时,直接用曲别针捅它一下就能强制重启,免去了点击开始菜单选择重启按钮然后耐心等待开始重启的过程。

断电孔

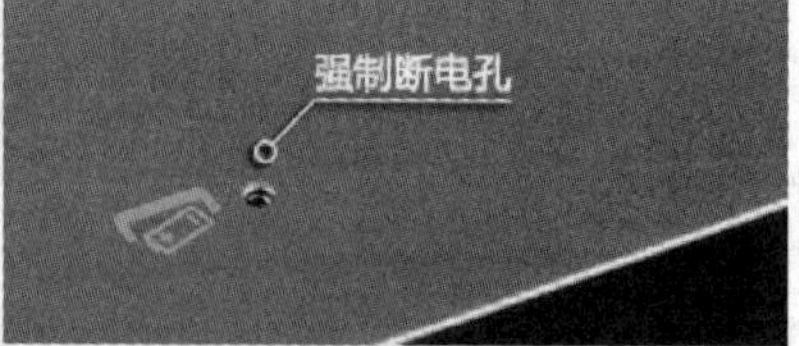

如今绝大多数笔记本已经不再支持换电池,而是将锂电池内嵌到底盖里。这种设计虽然有利于瘦身,增加可靠性,但当笔记本遭遇死机等现象时,就需要我们长按电源键10秒甚至更长才能切断电源了。当你长按电源键都无法关机时又该怎么办?有些笔记本D面靠近电池的位置会增加一个印有电池图标的小孔,通过它可以一下切断电池和主板之间的供电。

MIC采集孔

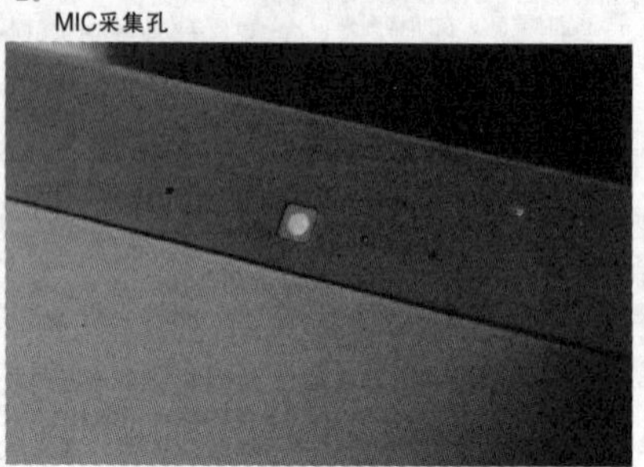

随着视频聊天的流行,用户对声音传输的品质要求越来越高,过滤背景杂音已经成为最基本的功能;因此,笔记本几乎都在屏幕顶部摄像头两侧开了2个细小孔洞,构成了双MIC的阵列方案,这种矩阵式的MIC可以实现更好的降噪和过滤作用,远离扬声器的它们也能避免啸叫现象,在聊天或录音时可较为完美地还原你的声音,即便在嘈杂环境中个人智能助理Cortana也能在矩阵麦克风帮助下识别语音命令。

电源线

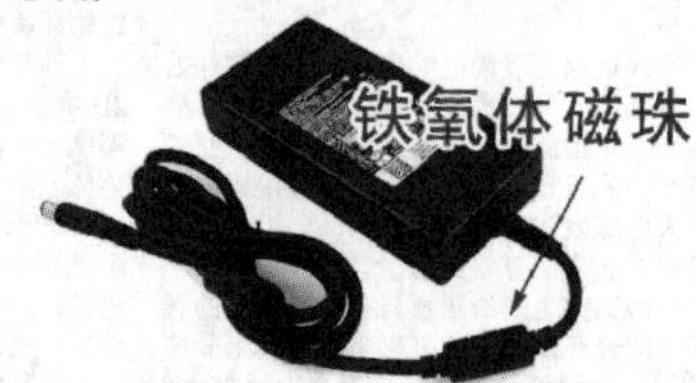

又叫"铁氧体磁珠",磁珠和电感的内部结构差不多;两者构造的区别:电感是在铁氧体材料外面绕线,磁珠是线材外面包裹铁氧体。两者使用的区别:电感把高频信号反射回去,磁珠把高频信号吸收变成热量。

多说一点,磁珠主要用在电源输入端,吸收线路上的高频信号,减小电磁干扰和射频干扰。不过既然磁珠能吸收高频信号,那需要保留高频信号的地方肯定不能用磁珠的了。例如射频信号、高速数据线等。因此射频信号如果要滤除杂波,一般用声表滤波器;而高速数据线要滤除杂波,一般用共模滤波器。

C面的处理器贴纸

CPU那张小纸贴背面,印有该型号CPU内部的构造图。

(本文原载第18期11版)

支付二维码知多少

现在手机支付已经变成我们最常用的支付手段了,在手机支付时不是"你扫我"就是"我扫你",那么两种方式有何区别?

静态扫码

也就是俗称的"我扫你"(客户扫商家),路边摊、菜市、杂货店等贴在墙上或者打印好的二维码就属于静态条码。

静态扫码易被篡改和携带木马或病毒,支付风险最高,风险防范等级最低。从2018年4月1日起,无论使用何种交易验证方式,同一客户单个银行账户或所有支付账户、快捷支付单日累计交易金额应不超过500元。

动态扫码

在超市或者其他门店购物付款时,出示微信或支付宝付款码给收银员的二维码,俗称"你扫我",就属于动态扫码。

同时我们会发现有时候没有开流量,店员扫过手机上的付款二维码后,一样能付款成功,这又是为什么呢?

在没有网络的时候,手机支付也可以生成离线码。支付软件给每个支付账户配了一个独一无二的身份识别,叫做种子数据。

离线的时候,支付软件上的程序会根据算法、种子数据、时间等等,生成一个特别的二维码。扫码枪扫描后,会把这个码的数据返回给支付软件核对,一旦核对上了,就算支付成功啦。

因此在这个过程中我们的手机可以没有网络,但扫码枪和商家的系统以及支付软件的系统,必须都连接到网络上。否则就不能够核对,也就没法付钱。如果大家更换了登陆的账户,种子数据也会改变。所以说动态码安全级别相对要高的多,不要担心别人的账户会用了你的离线码。

动态扫码支付宝根据风险防范能力、交易验证方式的不同分为A、B、C三级,同一客户单日累计交易限额分别为自主约定、5000元、1000元。

防范等级	验证方式	同一客户单日限额	
		个人银行账户	支付机构(含所有支付账户)
A	数字证书或电子签名两类以上的有效验证	自主约定	自主约定
B	不包括数字证书或电子签名两类以上的有效验证	5000元	所有支付账户5000元 所有快捷支付5000元
C	不足两类有效验证方式	1000元	所有支付账户1000元 所有快捷支付1000元
D	无论使用任何验证方式	500元	所有支付账户500元 所有快捷支付500元

日常使用的支付宝和微信,一般使用指纹、密码验证,安全防范能力相对较高,单日限额是5000元。对于一些风险较低的,限额1000元,而一些银行类高安全级别的,可以自主约定,也就是不受限制。

2018年4月1日支付宝、微信扫码限额后,对于一些生意很好的小商家(比如卖菜和卖早点的)影响是很大的。特别是卖早点的朋友,一天收入超过500元后,就需要另花时间单独扫每位顾客的码,本来就是赶时间的生意,这样一来效率自然会受到影响。

除此之外,如果每天收入超过500元,这些店家要么收现金,要么还需要准备扫码枪一类的设备,需要增加额外的成本。

关于支付宝微信扫码限额以及静态扫码和动态扫码限额的区别,相信大家都清楚了吧,你觉得限额是让移动支付更安全了呢,还是使用更不方便了呢?(本文原载第18期11版)

G4560——仍是最具性价比的CPU

2018年第1季度,作为去年最具性价比的奔腾G4560的升级品奔腾G5400,G5500,G5600(双核心四线程,需搭配H310/B360主板)上市了;虽说其主频达到了3.9GHz,但售价也接近千元。而对于G4560来说,散装也就不到400元(最初的售价290元左右,由于板具性价比已被炒至盒装400元左右),搭配大厂H110的主板,一般650-750就能拿下。

在权威评测机构测试下,1080p分辨率状态下游戏及应用运行评级:G4560力压i34代cpu,战平i5 2500k,与i3 6100的差距也只有一点点,而G4560只是后者价格的一半!

不过G4560的集显为HD610,也只能满足于办公和视频;如果只是轻度玩玩网游之类,可以小小升级一下,将G4560变为G4600(550元左右)。毕竟现在独立显卡涨得太厉害了,购入非常不划算。

第二季度或者上半年各大厂商的H310主板都相继上市了,如果第八代赛扬G5400再降点价,也许又会变为2018年相对性价比高的搭配。

Totalrating Applications & Games (Full HD)
Information in percent

Intel Core i5-7600K
Intel Core i5-6600K
Intel Core i5-6500
Intel Core i3-6100
Intel Core i5-2500K
Intel Pentium G4560
Intel Core i3-4330
AMD FX-6300
AMD A10-7890K
Intel Pentium G4400
AMD Athlon X4 880K
Intel Pentium G3440
Intel Celeron G3900
Intel Celeron G1840

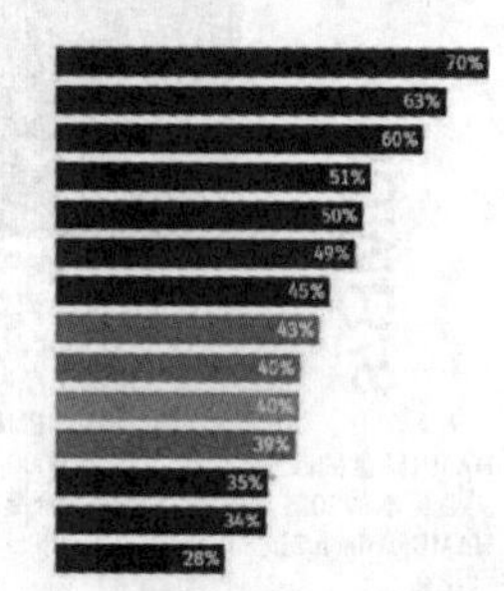

(本文原载第18期11版)

户户通接收机常见故障检修6例(下)

(紧接上期本版)

4.TCL TJS5052-S20-CA01-L户户通接收机仅收到24套节目。测量F头处电压发现接收左旋信号时LNB供电输出为20.7V，而接收右旋节目时供电电压仅0.2V，与正常13V相比明显异常。为便于维修实绘出极化供电原理，如图5所示，当接收左旋节目时，主芯片HD3601送来3.3V高电平信号经R128、R130分压使Q18导通，经R125拉低Q21基极电位使Q21导通，由电源板送来的21V经Q21和D11隔离后约20.7V送到室外LNB单元；当接收右旋节目时，HD3601送来低电平使Q18和Q21均截止，此时21V经过Q501、R518和D1组成的串联稳压电路以及D10、D11隔离后送至室外单元，因D1为15V稳压二极管，所以此时送到室外的电压为：15V-Q501BE压降-D10压降-D11压降≈13V。而此机接收右旋节目时仅0.2V左右，说明Q501根本没有导通，经查Q501内部开路，实物如图6所示，用同型号S8050代换后全部节目收视正常。

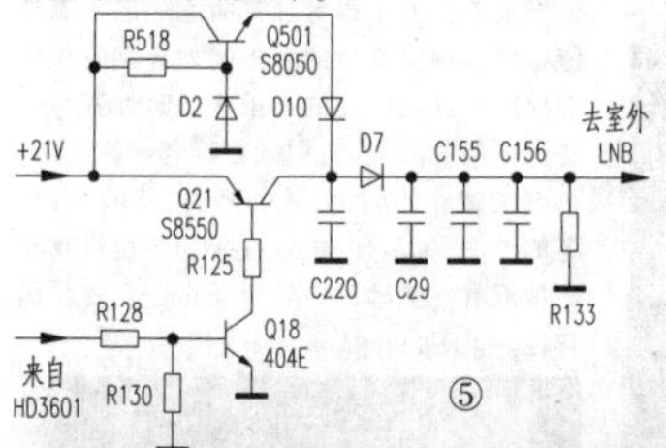

5.新大陆户户通接收机进水导致无信号。开机测量F插座处无LNB电压为0V，拆开机器发现F座内芯靠近PCB板处已经锈裂开，如图7所示，先用酒精清洗干净，由于生锈不容易上锡，所以用棉球蘸点强力助焊剂涂上，吃上锡后再与PCB板上焊点焊牢，通电试机一切正常。

6.TCL TJS3052-K20-L户户通开机无法正常启动。此机通电开机后自动进入如图8所示的软件升级界面，同时前面板显示"0000"代码，参考资料得知此类故障大多是DDR1内存芯片虚焊或者8M闪存内软件有问题造成的。首先用风枪对DDR1进行补焊无效，看来要重写机器固件。该户户通接收机闪存芯片为兆易创新GD25Q64BZ1G(U4)，属于BGA24封装。由于本人没有相应的BGA24烧录座子，只好飞线解决，可U4上焊点实在太小无法直接飞线，只好找来一块户户通接收机废板，将GD25Q64BZ1G安装上，再从铜箔飞线到CH341编程器上，如图9所示，将从网上下载得来的硬件配置和版本一样的软件烧录好再装上机器，通电开机一切正常。可能有人会问，这样重新刷写机器软件不要进行序列化操作吗？其实只要主芯片GK6105S和24C128内数据没有动过是不必序列化，后来笔者进入"系统设置"→"CA信息"里查看CWE项值仍为"YYY"也验证了这一点。另外要提醒一点的是：若软件是131版且要使用固化基站功能的话，必须将下载得到的软件用"国科户户通修改器"修改数据内部模块串号和基站信息，如图10所示，否则刷写软件后会出现异常3故障。

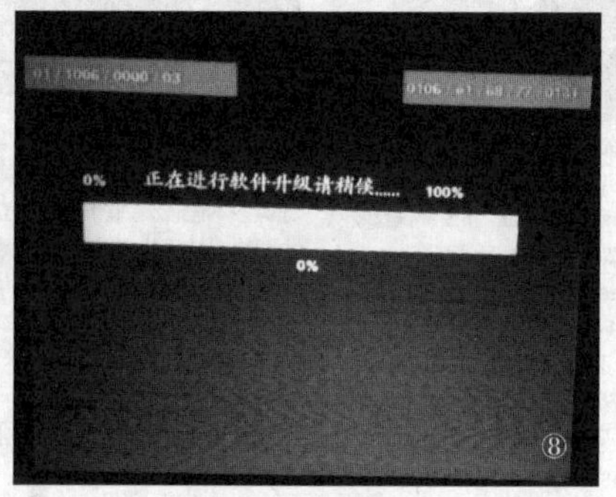

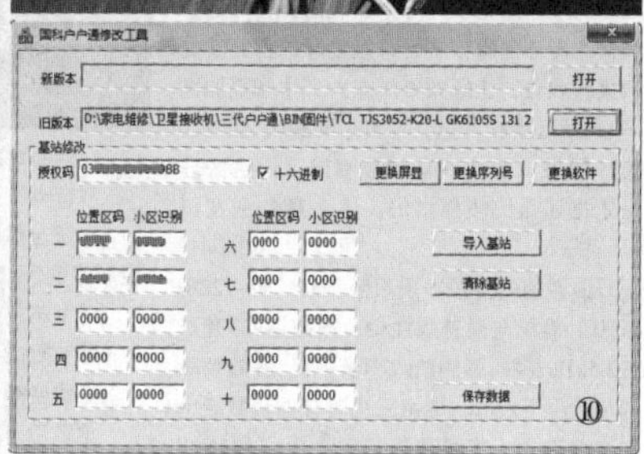

(全文完)

◇安徽 陈晓军

广播电视常用技术英汉词汇对照表(十一)

在应用广播电视设备中，往往有很多英文简写出现在设备上，为了方便同行对广电设备上的英文熟知，特摘录以下常见用于广播电视技术行业的英汉词汇对照表。为了查询方便，本表以英文字母排序进行汇集整理。在查阅对应含义时，特别要注意部分简写的真实含义，容易出现混淆，同时在本技术行业应用中，约定的简写才可以简写，否则简写容易出现歧义。

(未完待续)(下转第369页)

◇湖南 李斐

TPS	Tracking Pilot Signal	跟踪导频信号
TS	Transport Stream	传送码流
TSC	Television Standard Converter	电视制式转换器
TVM	Television Monitor	电视监视器
TVS	Television Studio	电视演播室
TVT	television translator	电视转发器(差转机)
	transport stream	传送流
	trans-control	转移控制
	tcimsbf two´s complement integer msb (sign) bit first	2的补码，高位(符号位)在先
TCP	Transport Control Protocol	传输控制协议
TDT	Time and Date Table	时间和日期表
TPDU	Transport Protocol Data Unit	传输协议数据单元
TS	Transport Stream	传送流
	tuple	元组
	transmitter	发射机
	transposer	差转机
TOT	Time Offset Table	时间偏移表
	teletext	图文电视
U		
UA	User Agent	用户代理
UDP	User Data Protocol	用户数据协议
UDTV	Ultra High Definition TV	特高清晰度电视
UHF	Ultra-High Frequency	特高频
ULF	Ultra-Low Frequency	超低频
UNI	User Network Interface	用户网接口

UP	User Plane	用户平面
UPI	User Premises Interface	用户室内接口
USS	United States Standard	美国标准
USSB	United States Satellite Broadcasting	美国卫星广播(公司)
UV	Ultra Violet	紫外(线)
UW	Ultrasonic Wave	超声波
	user nibble	用户节目内容分类
UTC	Universal Time, Co-ordinated	坐标化的通用时间
	universal serial bus	串行总线
UDP	User Datagram Protocol	用户数据报协议
	uimsbf unsigned integer most significant bit first	无符号整数，高位在先
UTC	Universal Time Coordinated	世界协调时
	unit´s digit	个位
V		
VAM	Video Access Module	视频接入模块
VAN	value Added Network	增值网络
VAS	value Added Service	增值业务
	Video Animation System	视频动画系统
VB	Virtual Bench	虚拟装置
VCA	Voltage Controlled Amplifier	压控放大器
VCD	Video CD	数字激光视盘
	Variable Capacitance Diode	变容二极管
VCP	Video Cassette Player	盒式放像机
VCR	Video Cassette Recorder	盒式录像机
VD	Vertical Drive	场驱动

XTZ HI-FI 99.25高端书架式音箱评测与试用感受(下)

(紧接上期本版)

从技术层面而言，该音箱属于典型的两单元两分频倒相式设计，音箱背面设有倒相孔和高低频分开的4音柱接线盒；倒相孔位于背面上方，可通过附送的圆柱状高密海绵塞的堵塞与开放，使99.25音箱在密闭和倒相式两种工作模式间转换，获取不同的聆听感受。接线盒内四枚大型纯铜镀金的接线端子位于音箱背面下方，接线端中间有两条同样镀金的短路铜片将左声道高低音喇叭及右声道高低音喇叭两两连通时，可以用一对喇叭线和功放连接工作；而对音质有较高要求的发烧友，可以在此把那两条连接高低音喇叭的短路铜片去掉，然后用两对不同材质的发烧喇叭线来玩双线分音；即用发烧级6N无氧铜喇叭线作为低音传输，4N纯银喇叭线作为高音传输，这种靠双线分音以求改善提升音质音色的方法，为烧友们依靠简单方式提升音质音色带来可能。事实上，这种双线分音的接线法可以令声音的高频和中低频在传输过程中有更低阻抗、更佳的纯度和更大的动态响应，尤其是对于高频信号的传输，由于多股银铜细丝的绞合展宽了传导体的表面积，降低了线材的传导阻碍，从而可以更好的抑制其高频集肤效应，让低频更加有力、中频更加饱满、高频延展性更佳。其实以我的玩机经验，实际效果虽然并不是非常明显，但这些理论依据还是比较靠谱的，感兴趣的朋友可以一试。

该音箱的分频器采用经典的二阶-12dB/oct 0.5o等纹波误差线性相位滤波器；分音点在3.5kHz左右，频响曲线相当平直，有效频段内起伏小于±2dB，电路采用对音质衰减最小的音频专用大容量聚丙烯纸介电容和5N空气芯低阻抗线圈，具有良好的抗磁饱和特性，令音乐细节清晰、瞬态响应出色、较小相移。值得一提的是，XTZ仍然坚持自己的传统设计风格，在音箱的倒相孔上做足文章：XTZ 99.25 LCR上端有一个大口径的倒相口，在此孔处通过使用XTZ提供的低音反射海绵塞，可以人为地改变较低边界频率，使其在其倒相式和气垫密闭式音箱两者间转换，从而得到两种风格迥异的听音感受。分音器也允许用户进一步的调整，该音箱接线柱处配备跳线以改变高音的特点：即音箱接线盒上设有两只针对高音调节的短路插座，可通过短路插的插入和拔取组合成多种状态，即可获得从-4dB到+3dB多种状态的高音单元调整。用户可以根据随音箱的说明书指南分别拔或插这两只短路环，并结合倒相高密度海绵孔塞对于音箱声音的调节作用，从而获得多种不同的聆听感受。这些额外的动手调整和设置取决于您家听音环境房间的大小和形状，以及对房间的声学处理（譬如在房间墙壁上挂一两张厚的羊毛壁画、厚重窗帘或在地板上铺一张地毯等等），还有就是音箱在房间的摆放位置等等因素。正所谓"法去定法，存在决定意识"，你大可不必遵循什么食古不化的传统音箱摆位及调音手段，只要听感舒适即可！当然这需要您亲自动手边调整边试听，慢慢的折腾，乐在其中…… 其实要获得良好的声音听感，整套音响调试的作用是非常重要和必要的，而这对书架箱看是简洁平淡，其实内藏玄机，极大地拓宽了音箱的适用性。调试得当，将会得到声音的质感明晰、音色醇厚，音乐味偏暖偏甜或偏冷艳，高频细腻飘逸、亮丽优雅的多种效果，听起来有相当的感染力和亲切感。见图8、图9。

⑧

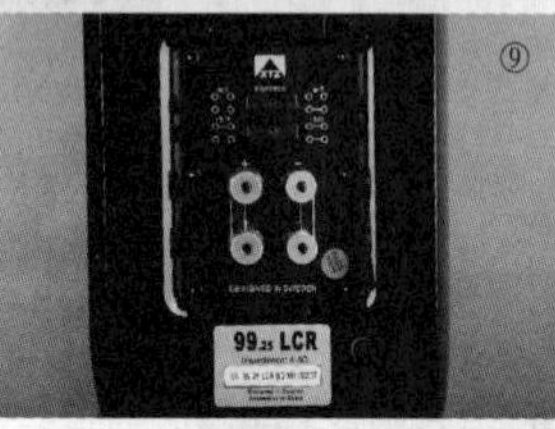

⑨

厂商提供的指标如下：

高音喇叭：铝带式高音

中低音单元：1×180mm (6.5") 锥盆喇叭(金属镁盆,天然橡胶,SEAS特别订制)

频率响应：45Hz~40KHz (+/- 3dB)

额定阻抗4~8Ω

灵敏度87 dB (2,83 V/1 m)

承载功率300W

产品尺寸：202×370×320mm (W×H×D)

重量：10 kg /只

此次试听所配置的音响器材如下：(见图10)

⑩

音箱：XTZ99.25 高保真HI-FI音箱，(配重型贵族胡桃木实木架)

音源1：天逸TY-i30高保真多媒体播放器

音源2：Qriginal A8SE 高保真CD机

功放：天逸AD-3 HI-FI甲类功放

线材：荷兰银彩88 SLTECH G5同轴线

手机：三星note8

挪威西亚士SEAS喇叭早已被发烧圈公认为世界上最好的喇叭单元之一，和丹麦绅士宝Scan speak、丹麦丹拿Dynaudio、英国ATC并称为四大世界顶级扬声器品牌。在众多的西亚士中低音喇叭中，让玩家记忆深刻的就是他所首创的金属镁盆Excel黄金系列中低音喇叭单元。金属镁盆不但质量极轻，刚性也超强。动态响应快，喇叭瞬间爆发力强，声音清晰度高，更容易做到收发自如，绝无拖泥带水的听感。此次我所听的XTZ 99.25之中低音就是以这款喇叭的技术参数为蓝本向挪威SEAS公司度身定制的喇叭单元，再搭配上高频延展性极佳的Fountek的带状高音高音单元，使得这次试听充满期待。

播放由MARCO PoLo（马可波罗音像艺术）编号8.225939录制的《陆春龄笛子艺术荟萃》，可以很好的印证XTZ带式高音喇叭单元带给我的极好的听感享受：笛子作为中国传统乐器中专门用于表现高音的乐器，在乐队中有光芒四射的魅力，而能将这款乐器的演奏技巧发挥到极致的，莫过于国宝级的大师陆春龄了，他所演绎的南派名曲《鹧鸪天》在这套搭配中显得极其悠扬、舒缓和惊艳，笛声有极好的空气感将周围的环境净化得尤如水晶般空明。丝丝气流从竹笛中潺潺淌出，仿佛神韵天成画外仙音，笛声的多次谐波泛音在室内经过无数的衍射与空气同在，丝丝入扣的缠绵于我的耳畔，其时月华当空，清风徐来，人世间的一切烦尘俗念，都随着袅袅音韵在夜色中消失得无影无踪。见图11。

⑪

试听《绛州大鼓现场实录》，编号：WAVE MOTION WMP GCD 010 双CD碟。此碟可以让瞬态不佳、动态偏小的音箱立马现形！这是山西绛州鼓乐艺术团在香港、台南和北京巡回表演是的现场录音，是当年的香港的发烧录音大师冯炜国先生的得意之作，这张CD的动态凌厉程度可以用16个字来形容：那就是声如惊雷、势如飓风、瀚如烟海、烈如火焰！而且该碟的现场感和广袤的空间感均臻为一流，是测试音响器材动态能力和瞬态能力不可多得的天碟。也许正是得益于XTZ99.25独特的镁金属盆喇叭的先天优势，感觉在播放这张天碟时不仅仅是震撼，声音的质感、速度和解析力也非常了得！可以明显的听出《秦王点兵》中的卒鼓、校鼓、将鼓、帅鼓、响板、钹、得锣之音色的区别，特色极其鲜明。鼓声虽然响成一遍，但各鼓间前后左右的定位都能感受到。尤以鼓阵左右前后侧中的小钹、响板、马铃、得锣定位声最为明显，坐在音响前欣赏，让人仿佛置身于鼓阵之中与鼓手一齐欢呼雀跃、和韵而舞的真实感油然而生。11秒时鼓声骤停，鸦雀无声，随后正后方传来一声惊天动地的炸响！我冷不丁被这劲道十足的大鼓吓得赫然变色！虽然是区区的6.5寸的中低音单元喇叭，但明显感觉脚下的地板都在颤抖！可见该音箱动态之威实再已到了静如山持岳峙，动若霆雷万钧的可贵高度！见图12。

⑫

试听弦乐协奏曲方面：朋友们一致认为小提琴的音色是最考器材的，一套音响不论在那个环节上出了问题，小提琴的音色都会走调，琴声要么尖涩刺耳，让人不堪忍受，要么瘦薄干瘪，音色暗淡无光。好的音响组合在播放小提琴独奏时，琴声听上去应该是明亮高贵，饱满甜润，极高频部分的音乐线条纤细顺滑，延伸至听域范围之外也不会有丁点扎耳的感觉。中频更应该是通透厚实而富于质感，并兼有木质的温暖，琴腔的共鸣丰润多汁。擦弦、跳弓、弹拨、勾弦等特技演奏的质感真实可信。有鉴于此，我特意选播了DG录制的穆特小提琴独奏新版《四季》(片号463259-27)，穆特的演奏技艺早已名扬世界，曾被伟大的音乐巨匠冯、赫伯特·卡拉扬赞誉为"自年青梅纽因之后最伟大的青年音乐天才"。她的演奏既豪放、冲动，又温柔、沉静。近年来琴艺更日渐精进，几乎已达到炉火纯青的神韵境地。因而她对新版"四季"的诠释充满了创作的激情和浪漫的风格，被发烧圈认为是本世纪最美妙的小提琴独奏曲之一。当晶莹流畅的琴声自穆特的手指间如春潮般喷涌而出时，丝丝缕缕的音乐味顿时如五月的花信风般弥满空间，引领着听者一路走来，仿佛走过春的明媚、夏的旖旎、秋的丰盈、冬的冰清，琴声如歌，让在坐的各位级我深深地沉醉在美妙的音乐中而忘记了器材的存在。见图13。

⑬

最后笔者以著名的管弦乐名曲Suppe(苏佩)的轻骑兵序曲来小试声场，当2分44秒管弦乐齐奏时，强劲雄浑的声场仿佛已破墙而出：小提琴、中提琴、大提琴好像还在身边数米内演奏，而双簧管、单簧管以及圆号、大管的声音已仿佛离我有数十米之遥。打击乐和嘹亮的军号则更象来自遥远的招换，笔者眼前幻化出了成千上万的轻骑兵在辽阔的战场上排着整齐的方阵英勇挺进的巨大场景……见图14。

⑭

试听表明：这对来至北欧、源于挪威森林的瑞典小精灵，除了有相当高超的北欧匠人精神荟萃，将音响艺术和家私艺术集于一身、成就了它非同凡响的高颜值外，音质音色的上佳表现也给我相当深刻的印象！以著名的北欧进口品牌和傲人的四大世界顶级扬声器品牌作为该音箱的品质保障，相信11000元的市场售价的确物有所值，对得起它的售价。也值得钟情于欧陆声Hi-Fi书架箱的发烧友为它买单！

(全文完)

◇成都 辨机

联通2G用户注意了

China unicom中国联通

4月12日，中国联通发布了一则通知，部分省份正在进行2G基站减频退服换机活动，拟关停低话务基站101个；之后，联通又于13日在官方微博上回应称，公司的确正在有序推进2G网络的减频工作，将帮助2G用户向4G网络消费进行升级。

这意味着联通要着手准备陆续关闭2G网络了。

从今年1月底开始，联通就已经在多个省市部署2G网络退服工作了，还要求市场线严禁继续发展2G业务；而另一大运营商中国移动，也早就筹划着逐步关停2G网络，还在部分地区关闭了3G网络。

国外的一些运营商，如美国的AT&T、澳大利亚沃达丰、加拿大Bell等，都已经在去年陆续关停了2G网络。

在经历了3G、4G网络的更迭和普及之后，如今2G网络已经成了运营商的一个比较大的包袱。要知道2G网络的资费特别低，但基站的能耗却很高。在很多地区，差不多是在亏本运营。对运营商来说，关闭2G网络能在很大程度上帮助他们减少部分运营成本。

另外2G网络落伍不说，还占用着一些比较优质的网络频段，比如900 Mhz和1800 Mhz。如果将这些频段应用于3G或者4G网络中，也会为运营商省下很大一笔基站建设成本。并且工信部在2017年底也发文允许运营商在GSM频段上部署NB-IoT系统。

在全球都已经进入5G网络的布局阶段的大背景下，推动原有的2G用户进行网络升级也是一种大势所趋。目前，三大运营商都已经开始在部分城市实施5G网络的部署试验了。

当然有相当一部分的2G用户都是老年人或者低收入用户，要升级到3G或者4G网络，费用无论如何都比之前廉价的2G套餐要高上许多；手机花费也会从200左右的功能机变为至少600左右的智能机；一些2G用户也没有太多网络流量的使用习惯和知识，流量扣费也是个难以忽视的问题。

在一些部分偏远的地区，基站数量部署不足，可能还会面临着信号变差的问题。

运营商已经提出将为2G用户提供网络升级的优惠活动，多多少少在一定程度上补贴用户的部分升级成本。

目前在联通的所有用户中，2G用户占比约为2%，以2017年末联通总用户数2.84亿户来计算，此次需要升级的用户数大概在500万左右。

但联通也表示，现有2G用户的服务在升级的过程中不会受到影响，他们还将采取免费更换手机卡、赠送体验流量、优惠购机等多种措施，协助这些用户升级为4G网络。

大家不必担心联通会突然断网，可以在一段过渡期内慢慢完成网络升级，不过2G网络的关闭是必然的趋势。

（本文原载第20期11版）

推荐一款高效的文件搜索器

作者最近把电脑系统升级到win10了，发现win10自带的搜索功能确实比较难用，速度慢不说有时还挺麻烦。偶然接触到一个文件搜索器，用起来还挺方便特向大家推荐一下。

Everything

该搜索工具可以极速搜索、瞬间定位文件，在输入搜索词时即时显示匹配结果，对于我们的工作非常有效率。

使用起来也极其简单，键入搜索词，所有匹配的文件或文件夹都会实时显示，再配合快捷键打开 Everything 搜索窗口，搜索文件就变成一件极其轻松、高效的事情了。

第一次会有一个索引数据初始化过程，但它通过读取 NTFS USN 日志建立索引，所以索引速度也极快。

Everything 从 1.3.3.653 Beta 开始添加了 64 位版，这样在 64 位系统下就更加高效稳定了，要使用 Everything 64 位版，将 Everything_x64.exe 重命名为 Everything.exe 即可。

打开程序后，需要到菜单 Tools->Options->General->Language 中选择「简体中文」，切换为中文界面。

缺点

由于工作原理的限制，Everything 目前只支持 NTFS 和 ReFS 3.x 文件系统，因此年代久一点或者采取FAT32 文件系统的则不能使用。

如果你是FAT32 文件系统则推荐Quick Search，当然它也同时支持FAT32 文件系统和NTFS文件系统，只是速度相对Everything要稍微慢一些。

（本文原载第20期11版）

手机电池趣谈

丰厚的市场利润让手机的更新换代现在已经到了一年一代的速度了，不过相比什么CPU、屏幕、摄像头等部件的技术提升，有一个关键部位的技术提升始终显得动静不大，那就是电池。

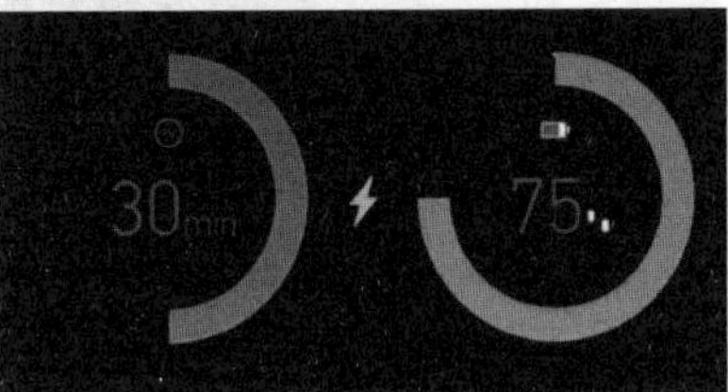

在近几年的手机发布中，有关电池的卖点要么是采用大容量的电池（非密度），要么是关于充电速度的提升（即快充）；而电池在容量密度和体积关系上几乎没有改变，为什么电池本身的发展这么难，我们还得先从手机电池的历史看起。

从手机诞生之日起，就伴随有手机电池了。1983年，世界首款手持移动电话模拟机大哥大DynaTac8000X经过10年的研发终于在美国上市；既然是移动电话，那就需要电池。

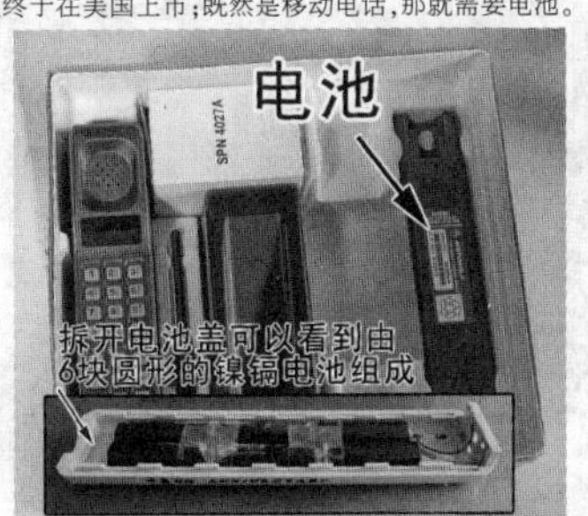

当时用的是由6块圆形镍镉电池（Nickel-Cadmlum Battery）组成的一套输出电压为7.5V的电池组，充电时间为10小时，通话时间20分钟。

到了1992年，第一款GSM制式的手机Nokia1011虽然还是采用镍镉电池，不过由于是封装设计的镍镉电池包，因此体积减小了不少；虽然电池系统依然为7.5V，但是待机时间已经达到12个小时，通话时间3小时。

1996年，摩托罗拉推出StarTAC手机（俗称：掌中宝），其采取的手机电池第一次突破性地使用了镍氢电池，让同体积电池容量有了显著提升，也使手机重量第一次降到88克以内，同时电池电压也变为3.6V。

不管镍镉电池也好，镍氢电池也好，因为其材料特性，都存在记忆效应，也就是买到手机的当天，先充电12小时以上；甚至使用一段时间后，还要将电池使用完毕再进行一次长时间的充电。不然其电池衰减会变得很厉害，这与如今手机使用的锂电池是截然相反的充电方式。

锂电池早在1980年就由牛津大学发表在其研究报告中，而商用的锂电池直到1992年才由索尼推出，鉴于当时技术成本，锂电池的造价还很高；直到21世纪初，锂电池材料技术的不断革新，以及制造技术的进步，容量与成本才降低到大众消费水平，这也是21世纪初手机才走进千家万户的原因之一。

当然，真正促使锂电池完全取代镍电池的重要原因还是智能机的推出。毕竟功能机对电量的消耗不高，而智能机随着CPU的发展，虽然在控制功耗方面不断提升，不过大家别忘了软件（主要是游戏的画质和帧数要求、高清视频以及多开等）对电量的消耗也是不断提升。对于长时间使用手机的人来说，单自带的锂电池都无法满足要求，更不要提镍电池了。

为了解决续航问题，商家们想尽各种方法。有的用双电池，有的用异形电池（即手机内部空间除了部件外全部铺满电池）。当然最广泛的还是推出快充技术，不过要知道在短时间内输入大量的电量对电池本身伤害还是比较大的，一般使用快充2年左右锂电池就面临衰减的风险。

科学家也着力解决采用新材料的电池。但是要知道，材料的能量密度越大，固然续航能力更久，但安全隐患也就更大，并且电池供电效率还要受环境温度的影响。通过前面介绍的锂电池的发展历史，我们也知道一个新材料用到电池要差不多25年甚至更长的时间，短时间很难得到突破。

（本文原载第20期11版）

记 账 软 件

为大家推荐几款简单易用的手机记账软件，希望可以帮助大家更好的理财。

网易有钱

支持平台：Android/iOS

App亮点：功能强大、知名度高

网易有钱在完善“手动记账”功能的基础上，支持自动一键同步银行卡、信用卡、支付宝账单，实现了记账的自动化和智能化。

网易有钱

网易有钱囊括了收支统计、投资追踪、负债提醒、资产分析等功能，可以深度追踪财富变化，并对收支资债全面透视，帮人们省去时间的同时，收集更全面完整的财务数据，留下更加清晰的资产管理记录。

网易有钱还为用户提供了现金、银行卡、股票、基金、存款、应收应付等全方面资产的一站式管理。

可萌记账

扫码下载

支持平台：Android/iOS

App亮点：粉可爱，女生专用

该款软件能在视觉上带给人强大愉悦感，大到页面布局，小到图标形状，都是一致的可爱。稚嫩萌物的漫画风、少女心爆棚的马卡龙颜色地运用，以及成堆的柔和圆弧线条的存在，让女孩没有拒绝的理由。

除了提供简单的收支记录以及清晰明了的饼状图理财报表以外，它还有贴心的欲购单和事件日提醒。另外，在个人中心页面还设有话费充值通道和一些小游戏，可玩性十足。

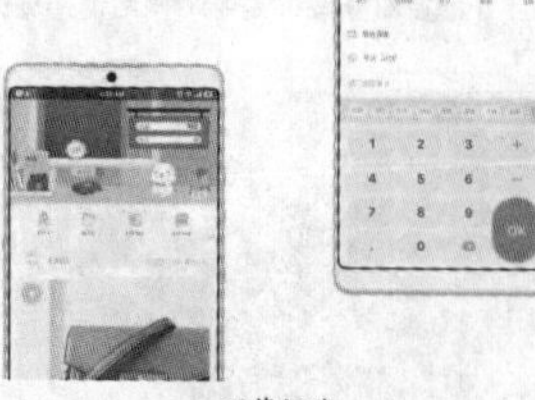

可萌记账

口袋记账

扫码下载

支持平台：Android/iOS

App亮点：界面简洁、理财分析

口袋记账app是一款简洁大气的手机记账应用，于其他的记账软件稍有不同，口袋记账app除了可以记录用户每日财务收支开销情况之外，还能统计和分析你的理财情况，颇有参考意义的。

口袋记账的所有设计都遵循简洁、易用的原则。在产品的最新版本里，“明细”、“钱包”、“报表”这些高频主功能模块用切换方式代替了旧版的点击弹出方式，大大提高了页面切换的效率和便捷性；“记一笔”页面直接根据用户消费支出的情景来设计页面信息排序，比如，买一件ONLY衬衣花了300元现金，对应的信息分别是：分类（衣服）、金额（300）、账户（现金）、备注（买了一件ONLY衬衣），如果用户不想记录得这么详细，也可以直接输入金额直接完成一笔记账。

另外，口袋记账采用扁平化的设计风格，以精美的时光轴来展现收支明细，用卡片拟物的方式来展现银行卡、用日历的方式来标识每月每天的消费情况，让记账变得赏心悦目。

随手记

扫码下载

支持平台：Android/iOS

软件亮点：界面清新、容易上手

随手记是一款不错的记账软件，在同类软件中算是做得非常不错的。对于喜欢记账而且善于理财理账的你，金蝶随手记APP相信是个不错的选择。

随手记记账App界面非常简洁小清新，智能财务分析，拍照记账省时省力，绑定银行卡自动记账，可购买基金产品。适合刚毕业白领记录月支出和理财菜鸟。

简洁记账

扫码下载

支持平台：Android

App亮点：功能设置简洁、页面清爽

“麻烦”是习惯了智能生活的现代人常常挂在嘴边的一句话，很多懒人都在为给生活减负，追求着极简的物件和生活方式。对于这类人来说，别说让他们拿出纸笔记录每日开销了，就算是让他们在手机上用寻常记账软件在手机上随意记录，他们也会觉得五花八门的记账功能让人费神。

「简洁记账」就是专门为这类怕麻烦的人群而生的，除了含基本操作的设置侧栏以及主界面之外，「简洁记账」再没有一个多余的成分。这是一款实用到没什么乐趣可言的应用，除了能在“每日壁纸”中简单更替首页的壁纸之外，用户几乎无法做任何个性化设定。

在这个软件上，你只能做两件事，那就是根据软件提供的“快速记”模板进行简单而全面的记账，以及通过饼状图跟折线图来查看/分析自己近期的财务状况。它甚至简单到没有提醒记账功能，不过简洁的数据记录使得这款软件有可传输性强大的优势。

旅行记账本

扫码下载

支持平台：Android

App亮点：专为旅途而生，是账本也是出游日记本

为了纪念一年中难得的几次出门旅游，我们通常会选用某些特定的方式将其记录下来，或是拍几张美景在朋友圈晒晒，或是拍组合照供自己日后回忆，但是如果每过一个城我们都以记账的方式将其完整记录，那么我们的旅行会不会变得更有意义？

「旅行记账本」是广大旅友们的福音，它能够有效记录旅途过程中错综复杂的花费，通过你或者一起出行的好友简单的语音同步记录，就能帮你理清你在旅途中花费的每一分钱。同时，你记下的每一笔账又都会在不经意间成为你出行日记的一部分，你在完成旅行记账时，也会在不费心的情况下收获一本出行小日记。

（本文原载第21期11版）

笔记本接口不够？Macbox来凑

现在笔记本是越做越薄了，不过带来的缺点就是为了追求超薄厚度，接口也砍掉了不少；还有的将USB接口改为Type-C，虽然这也是趋势，但在过渡阶段难免会与传统的USB接口发生冲突。比如最新发布的MacBook，仅保留了一个Type-C接口和耳机接口。如果需要同时接上鼠标、外接键盘、游戏手柄、移动硬盘甚至显示器则变得非常麻烦。

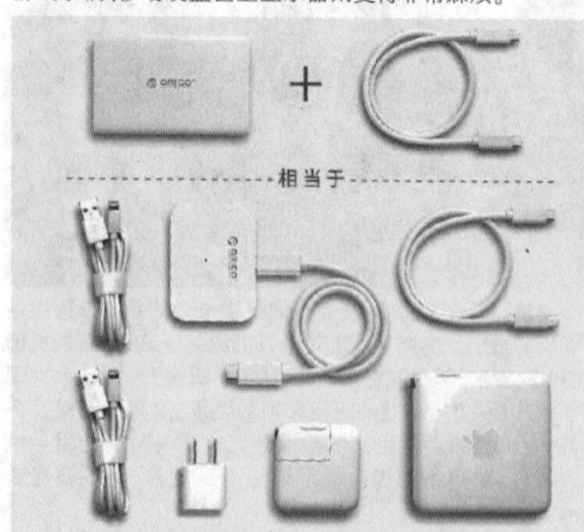

在这种市场需求下，ORICO公司顺势推出了MacBox扩展坞，一款集灵巧充电器与强大扩展坞于一身的创新组合。能为MacBook提供充沛电力和多功能数据、影音、网络扩展功能。

MacBox的特别之处在于接口可以不断叠加，一直延伸，同时为数个设备充电。MacBox提供40W PD供电能力，扩展出3个USB3.0-A接口，支持5Gbps数据高速传输。它能够智能匹配充电设备，替代手机、平板和电脑充电器，实现快速充电，做到真正的轻便、精简出行。

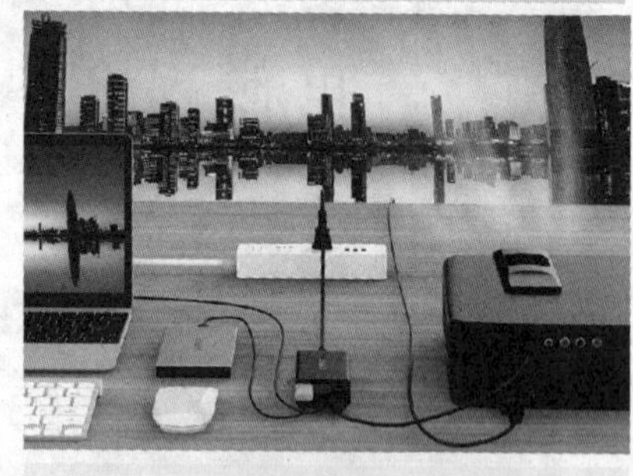

同时，MacBox还支持华为mate10/mate10pro等智能投屏技术。将手机连接显示器、电视即可扩展出大屏，变身电脑主机。手机内容直接同步到大屏，可以更清晰的处理PPT、Word以及复杂的Excel表格。设想一下，对一个经常短期出差的商旅人事来说，外出只带一部手机，就能够处理几乎大多数的文件和重要内容，可谓是真正的“减负”。

顺带MacBox在给手机扩展大屏的时候，同样能够给手机充电，持久续航不断电。

iPhoneX、iPhone8/8Plus隐藏着令其他手机望而却步的PD快速充电能力，MacBox让此功能得以轻松实现。Type-C接口支持USB3.0，5Gbps传速，大大超过了目前USB2.0接口480Mbps的速率，USB 3.0还可以支持高达3A的电流，这就意味着充电速度也将获得质的飞越，带给用户风驰电掣般的充电体验。

4K @30Hz输出

MacBox支持HDMI 4K接口，意味着如果你家的电视有HDMI接口，那么通过拓展坞可以将电脑屏幕投射到大屏电视上，观影视觉更震撼清晰。无需进行设置，简单便捷，插上就可以使用。

MacBox扩展坞支持100~220V宽幅电压，自适用不同国家和地区，能在全球大多数地方使用。支持多重保护，采用耐高温聚碳酸酯外壳纯绝缘材质，内外兼修，安全可靠。

（本文原载第21期11版）

CPU 针脚史

一些小白用户可能对什么型号的CPU配什么样的主板根本不了解，认为只要是主板就可以随便配个CPU了，要知道CPU需要与主板的接口连接才能进行工作。从CPU诞生到现在，出现了引脚式、卡式、触点式、针脚式等各式各样的接口。目前CPU的接口都是针脚式接口，对应到主板上就有相应的插槽类型。CPU接口类型不同，在插孔数、体积、形状都有变化，所以不能互相接插。

在AMD Ryzen处理器发布前的近十年里，英特尔在处理器市场上一家独大，AMD的实力极为微弱。不少人认为，AMD之所以没有从市场上彻底消失，最大的原因是因为反垄断法的存在，英特尔需要这样一个名义上的对手。

这种情况下，英特尔开始疯狂"挤牙膏"，每一代新处理器的性能提升都十分有限，但接口却频繁更换。英特尔创始人提出的摩尔定律，在英特尔产品上已然失效。在商业利益的驱使下，没有竞争对手的英特尔自然会选择利润最大化的产品策略。而最让人恼怒的莫过于七代和八代酷睿处理器，都是LGA1511的针脚接口然而却必须换主板才行。

Intel

先来看看Intel的接口史，从早期的LGA 775接口开始，2004年推出LGA 775，一直到2010年才结束，产品涉及从Prescott奔腾4到Yorkfield QX9770等近百款产品。在LGA 775年代，915/925芯片组无法升级到奔腾D系列；而奔腾D CPU对应的早期945/955芯片组也升级不了"酷睿"系列，所以即便是接口相同，依然无法兼容，"换CPU就要换主板"的传统在这时候就已经存在了。

2008年，Intel全新的Core i系列处理器上市了，也是长达10年之久的全面压制AMD的开始。首批上市的是定位旗舰Intel Core i7，而针脚接口为LGA1366。

2009年又发布了定位稍低的LGA1156接口(Nehalem架构32nm)，对用经典的CPU有赛扬G1101，奔腾G6950、6951、6960，i5 750等。

2011年，Intel发布了新的LGA1155接口(Sandy Bridge架构32nm)，LGA1156只存活了一年多点时间就被取代，对应的CPU有：赛扬G440、G460、G465、G470、G530、G540、G550、G555；奔腾G630、G850；酷睿i3：2100、2120、2130；酷睿i5：2300、2310、2500、2500K；酷睿I7：2600、2600K。

同时还有22nm的Ivy Bridge架构，对应的CPU有：赛扬G1610、G1620、G1630；奔腾G2020、G2030、G2120；酷睿i3：3220、3225、3240；酷睿i5：3450、3550、3570、3570K；酷睿i7：3770、3770K。好在这两代产品都可以共用H61/B75 /Z77主板。不过Intel高端产品LGA1366也被LGA2011所取代，更可恶的是LGA2011又分为3个版本：LGA2011、FCLGA2011、LGA2011-3，互不兼容也让玩家无奈。

2013年，Intel又发布了LGA1150接口(Haswell架构22nm)，对应的CPU有赛扬G1820、G1830、G1840、G1850；奔腾G3220、G3260、G3258、G3420；酷睿I3：4130、4150、4160、4170；酷睿I5：4430、4440、4570、4590、4670、4670K；酷睿I7：4770、4770K、4790、4790K。主要使用H81/B85 Z87/Z97主板。

2015年，Intel又发布了LGA1151接口(Skylake架构14nm)，对应的CPU有赛扬G3900、G3900T、G3900E、G3900TE、G3902E、G3920；奔腾：G4400、G4400T、G4500、G4500T、G4520；酷睿i3：6100；酷睿i5：6400、6500、6600K；酷睿i7：6700、6700K。主要使用H110/B150/B250 Z170/Z270。目前这一代产品在市面上仍然有售。

2016年8月，Intel又发布了LGA1151接口(Kabylake架构14nm)，对应的CPU有赛扬G3930、G3950；奔腾G4560、G4600、G4620；酷睿i3：7100、7350K；酷睿i5：7400、7500、7600K；酷睿i7：7700、7700K；酷睿i9：7900X、7960X、i9 -7920X、7820X、i9 -7800X、7940X、i9-7980XE。主要使用H110/B150/B250 Z170/Z270。

2017年8月，Intel又发布了LGA1151接口(Cannon Lake架构14/10nm两种规格)，对应的CPU有酷睿i3 8100、8300、8350K；酷睿i5：8400、8500、8600K；酷睿I7：8700、8700K。主板则必须换为最新的300系列。

从2013年到2017年初发布的产品性能提升比，不难看出为什么Inter会被广大玩家戏称为牙膏厂了。

AMD

当然AMD同样也是不断更换针脚接口，只不过多数情况下其下一代CPU可以延用上一代的接口，当然肯定会影响其性能的发挥。2006年，AMD发布了Socket AM2接口（940针脚），取代了原有的Sock 754和Sock 939接口。2007年AMD推出的Socket AM2+，与AM2接口完全相容，因此也出现了AM2接口产品刷新一下BIOS就当成AM2+使用。

2009年，AMD推出了新一代的AM3接口，拥有938针物理引脚，AM3处理器可以兼容用940针脚的AM2/AM2+插槽主板，不过反过来AM3主板不能兼容AM2/AM2+处理器。

2011年，AMD推出AM3+接口，和上一代一样同样可兼容AM3封装接口的系列处理器。不过由于供电问题，并不是所以AM3主板都能兼容AM3/AM2/AM2+。同年发布的还有APU打桩机系列，对应的接口为Socket FM1(905针脚)。

2012年，AMD又推出Socket FM2处理器，由于接口只有904个针脚，因此与Socket FM1不兼容。

2014年推出的Socket FM2+接口，依然可以向下兼容FM2的CPU。

而2017年，AMD终于打了一个漂亮的翻身仗，接口也变为主流的AM4(1331针脚)，其中黑色为地线，红色为CPU核心供电(99个)，橙色为CPU NB供电，粉色为内存供电，可以兼容ryzen锐龙处理器，及Am4接口的第七代APU（如A12-9800、A10 9700等挖掘机架构，不过性价比方面还是选择锐龙系列，没有之一）；并且2018年最新上市锐龙2代系列也是支持的。

接口的意义

针脚接口越多处理器功能越强大，这一点是毋庸置疑的。从技术上看，先讲Intel，Nehalem构架支持DDR3内存和整合GPU，有必要更换成1156接口，更不用说支持三通道DDR3的1366接口了。Sandy Bridge大幅提高GPU和Ivy Bridge支持PCI-E 3.0标准同样需要升级为1155接口。Skylake的14nm工艺和DDR4内存支持也是必须更新接口的。

另外主板接口也有非常大的变化要求，PCI-E总线从2.0变3.0，存储接口从SATA 3Gbps慢慢进化到SATA 6Gbps到M.2/U.2接口，USB接口从2.0到3.0再到3.1，主板更换也是必需的。

至于AMD，基本跨越两代也是必须更换主板的，不然就会出现性能瓶颈或者小车抗大炮的现象。只不过在Intel压制AMD的那几年里，每一代性能提升也就5%-10%左右，同时还需要更换价格不菲的主板，自然引起了消费者的不满。以至于2018年第一季，AMD与Inter在市场销售上几乎打成平手，当然最实惠的还是广大DIY玩家。

（本文原载第23期11版）

StoreMI技术

目前AMD二代Ryzen(锐龙)和最新主板X470已经发售上市，并且保持着AMD主板的一贯风格，就是对上一代主板的兼容，第一代的Ryzen主板X370/B350/A320也可以点亮第二代Ryzen；更让人欣慰的是第二代Ryzen主板-- X470也可以点亮一代Ryzen。那么最新的X470主板和上一代主板有哪些区别呢？

首先要知道Ryzen系列CPU提供了20条PCIe 3.0通道，上一代主板普遍设计是将其中16条给了X16显卡插槽，4条给了NVMe SSD；在芯片组的拓展能力上，X470和X370是完全一致的，只有8条PCIe 2.0通道。对比Intel 8代酷睿的Z370芯片组提供了24条PCIe 3.0通道，AMD在主板芯片组仍需要加油追赶，还有一个按官方的说法是X470提供的电源稳定性更好了。

不过X470主板有个黑科技AMD StoreMI，其功能类似于Intel的傲腾内存技术。

AMD StoreMI就是将电脑的HDD、SSD和部分内存(最高占用2GB的DDR4内存）组成一个存储的整体，对原本读写较慢的HDD进行加速，让机械硬盘在读写文件时也能快速提升。

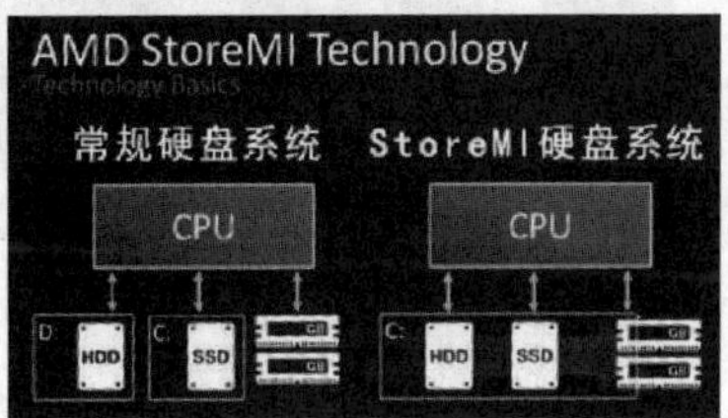

在我们传统使用电脑的模式下，文件存放地址是需要我们用户手动管理的，但是在AMD StoreMI开启的情况下，系统智能学习算法不断优化常用文件位置，将经常访问的文件迁移到读写速度最快的存储设备上。与Intel的傲腾内存区别在于Intel是用M.2接口的傲腾内存作为HDD的加速缓存，而AMD StoreMI则直接利用内存作为加速缓存，不占用M.2接口。只要你是X470主板，在官网上下载相应的AMD StoreMI软件，根据提示安装就可以使用了。需要注意的是，安装后软件列表里会将HDD和SSD生成一个叫TDD的分区，生成以后就不要乱删除这个软件了，否则会造成分区表报废，如果要卸载一定要认真阅读删除向导以免造成不必要的损失和麻烦。

X470和X370芯片组的区别

芯片组	X470	X370
CPU 接口	AM4	AM4
CPU 超频	可	可
内存超频	可	可
PCI-E 2.0 总线程	8	8
原生 USB3.1 Gen2	2	2
原生 USB3.1 Gen1	6	6
USB 2.0	6	6
SATA 3.0	4	4
磁盘阵列	支持	支持
AMD StoreMI	免费使用	付费使用

（本文原载第23期11版）

积碳——汽车发动机的顽疾

产生原理

积碳是发动机在工作过程中,机油和燃油中不饱和烯烃和胶质在高温状态下不完全燃烧产生的残留物,没有及时随尾气排出而堆积在系统内的各个位置,从而形成一种黑色的焦着状的物质,人们称之为"积碳"。它一般呈海绵状,能够吸附汽油,让燃烧不完全的汽油再变积碳,以致恶性循环,积碳越变越厚,严重的甚至会将进气门堵塞一半。

积碳的形成需要一个漫长的过程,形成时间长短与汽车的使用环境、发动机结构、机油、汽油、驾驶员操作都有一定的关系。它会沉积在发动机各个部位,比如节气门,进气歧管,喷油嘴(歧管喷射或者缸内直喷),进、排气门背部,燃烧室内壁,活塞顶端,排气系统,废气再循环系统,曲轴箱通风系统,三元催化转化器等。

危害

积碳会影响改变发动机的结构参数,降低发动机性能,影响汽车的正常使用。严重积碳时,会出现发动机冷启动困难,怠速抖动,发动机动力下降,加速困难,发动机耗油量上升,尾气污染物排放增加等故障。

形成原因

比如堵车或者车辆长时间怠速、低速行驶和超短距离行驶(10分钟或5公里之内)。这属于汽车耗损性驾驶,会造成气缸温度低,燃油燃烧不充分,加重积碳形成。更夸张的是现在的汽车非常智能化,有自适应学习功能,能够自动的适应驾驶习惯并提供最佳的控制状态。如果汽车长时间在城市使用,长时间处于怠速、低速行驶状态,发动机转速很少超过2000转,变速箱经常处于低速挡,平均车速不高于30公里/小时。汽车控制电脑会将这种状态记录下来,并默认为是你的驾驶习惯,并且根据这种习惯来控制车辆。

解决方法

让汽车偶尔跑跑高速,会清除部分积碳和减缓积碳的生成速度。有实验表明,对于积碳不是很严重的汽车,在高速上运行两个小时,可以清除30%的积碳。所以,对于经常在城区低速、怠速行驶的车辆,最好每隔2000公里就跑跑高速,这对于清除积碳和延缓积碳的生成有很大的作用。

同时当发动机处于高转速、高负荷状态,变速箱一般处于最高档,经常急加速和急减速,汽车处于一种非常激进的亢奋状态。汽车控制电脑也会将这种状态记录下来,并默认为成是你的驾驶习惯,并据此来控制车辆。渐渐的你的车就会变得油门反应灵敏,加速迅猛,换挡积极,处于一种良好的积极进取状态。

至于说拉高速会让发动机磨合的更好,会让气缸壁和曲轴磨出镜面效果,那纯属空谈。发动机在高速时磨损量一定会大于低速时的磨损量,拉高速只会让发动机磨损的更差,镜面效果也不是在拉高速过程中形成的。在经济车速时(一般90公里/小时左右)才是正常的一般驾驶状态,这时汽车的磨损是最小的。

(本文原载第24期11版)

破壁机选购误区

如今我们对生活质量要求越来越高了,对于食物来说,加工次数越多、营养越少、热量越多、添加剂越多,因此自己动手做饭能保证一定的卫生健康。而对于牙口不好的老年朋友来说,破壁机(大功率食物搅拌机)是一个不错的选择。

不过在这里要提醒一下,对于牙口正常的人特别是小朋友来说,尽量少用这些辅助消化类机器(搅拌机、榨汁机、破壁机等等);在消化系统吸收能力正常的情况下,长期使用此类产品吃流食会造成消化系统的严重退化以及影响牙齿的健康发育。

回到主题,我们在选购破壁机的标准是能将食物打的越细越容易吸收。不过在选购时往往有些概念上的误区,这里提醒一下。

刀片

很多人都认为破壁机的刀片是越锋利越好,其实这是错误的,真正好用的料理机刀片应该是钝而坚韧的。在高速旋转速度下,锋利的薄刀片打食物磨损程度可以想象。所以,大家在选购全营养料理机时一定要注意看它的刀片是不是钝刀、是不是不锈钢材质。除此之外,刀片的叶数、角度和细节设计也是会影响成品的细腻度的。

加热

破壁机(搅拌机)在高速运转时会产生热量,国外主要是用来打碎水果和蔬菜,由于产生的热量会破坏食物营养,因此国外的破壁机要么加冰、要么通过制冷功能来实现降温。国内有些厂商却非常适应地走"中国特色",考虑到中国老年人喝不惯冰的东西,非常"接地气"打着"养生"的口号推出加热功能,要喝热的才养生。。。这个跟破壁机推出的初衷也是有悖的。

从营养角度来看,植物的营养物质,如蛋白质、脂肪、碳水化合物、矿物质、维生素和植物生化素等,主要贮藏在植物细胞的液泡和基质中,外面包裹着一层细胞壁。如果边打边煮,豆类中的B族维生素和植物生化素,更容易在高温的情况下被氧化分解。而先把豆子煮熟再打,就可以最大限度地保留维生素和植物生化素,从这点看,也是不用带有加热功能的机器为好。

另外,杯子里增加加热装置后,由于容杯要求更耐热,所以一般会采用PC材料或玻璃材料。玻璃材料重,易碎,抗冲击力差,有破碎的风险,而PC材料则在高温高湿的情况下,会释放双酚A。杯子增加了加热管后,杯底容易发黄,不易清洗,加热管也容易损坏等。

功率

可能一些消费者有这个逻辑,既然要求将颗粒打的越细越好,那当然是刀片转速更快了,而转速又跟功率有关,选个大功率的肯定没错。因此市场上破壁机的功率从主流的1200W慢慢提升到了1500W甚至有2500W的产品出现。

实际上食物的粉碎效果还和杯体的扰流设计有关;一个好的破壁机会让食材在刀片的高速转动下会形成上下翻卷的漩涡,能有效防止容杯底部及边缘的食材沉积搅拌不到位,从而使所有食物都能被分解并搅拌均匀。大功率带来的噪音也是显而易见,如果杯体的扰流设计设计的好,同样在低功率低噪音的情况下可以打得粉碎。

然后就是功率参数的问题,输出功率越大,料理机的性能越强大。真正用来加工食物的是输出功率,而很多机器标识的功率是指机器的输入功率。

最后选购时要注意安全,现在破壁机一般都带有取下杯体后防止刀片继续转动的设置,这一点很重要,较新的产品能达到16000~30000转/分钟的速度,如果取下杯体还在运转那是非常危险的。

(本文原载第24期11版)

光纤尾纤与光纤跳线

光纤尾纤和光纤跳线是光纤网络中两种常用网络连接的产品。它们有许多共同的特点,在某些方面也存在一些差异。下面我们就通过结构来谈谈光纤跳线和光纤尾纤的相似性和差异性:

结构对比

光纤尾纤,是指光纤线缆只有一端有连接头,而另一端是一根光纤线缆纤芯的裸纤,需要通过熔接与其他光纤线缆纤芯相连。

光纤跳线,是指两端带有连接器的一根短的光纤线缆。在光纤线缆的两端的连接器类型既可以是相同的,也可以是不同的。

LC/UPC-SC/UPC双工单模9/125 OS2光纤跳线　　SC/UPC单工单模9/125 光纤尾纤

光纤尾纤和光纤跳线在结构上有很多共同点。它们都有单模和多模的光纤类型可选,而且它们都可以制成单工和双工的连接头类型。无论是光纤跳线还是光纤尾纤,都可以与多种光纤连接器连接,包括FC,SC,ST,LC,MTRJ,MPO,MU,E2000等。

ST/PC-ST/PC双工多模(OM1)光纤跳线62.5/125　　ST/PC单工多模62.5/125 光纤尾纤

光纤尾纤和光纤跳线在结构上主要区别是,光纤跳线是一根两端带有连接器的固定长度的光纤线缆,光纤尾纤是两端只有一端有带有连接器的光纤线缆。除此之外,一根完整的光纤跳线可以切割成两根长度较短的光纤尾纤。

LC/PC-LC/PC 双工多模(OM3)光纤跳线50/125　　LC/PC 单工多模(OM3)光纤尾纤50/125

(本文原载第24期11版)

机箱电源结构简介

机箱电源供电原理就是将市电进入电源，通过EMI将交流电转换为直流电再通过一次侧、主变压器到最后的二次侧部分讲纯净的电提供给硬件，保证使用的稳定性以及长久性，机箱电源的用料和设计关系到其质量和性能。

EMI滤波

EMI滤波系统在电源中的作用是过滤掉市电中的杂质，主要是滤掉高频的杂波和干扰的信号。如果没有EMI滤波电源，电源会产生电磁辐射影响到整个平台的使用。EMI滤波系统使输入电流更加纯净不会干扰硬件工作。一般普通的电源都会有一、二级EMI滤波。有的电源把一级EMI滤波做在输入电源线脚上，有的电源则将其做在PCB板上。完整的两级EMI滤波电路能有效滤除电流的杂波，减少电源内部电磁干扰。一级EMI至二级EMI电路的连线添加了磁环来抑制电磁干扰。

整流桥

电流经过滤波后进入PFC，首先通过整流桥，整流桥将交流电转换成直流电。整流桥在工作时都会有不少发热量，设计优秀的电源会将整流桥锁在散热片上，有的电源会把两块整流桥直接设计在PCB板上，这样做没有考虑到充分的散热，是不合理的。

PFC

从整流桥出来的电流进入PFC（Power Factor Correction，即功率因素校正）。交流电成波浪状，采用PFC的电源可利用不仅是波峰和谷峰附近的电能，提高利用率。主电容（PFC电容）除了滤波外，还起着贮存电量以保证突然断电时有一定的电量支持电脑硬件作出反应的作用。主电容一般标有容量、耐温和耐压三项数值，最主要的是容量规格。一般来说，较低功率的电源，主电容容量数值与额定功率数值最低为0.5:1。额定功率越大，比值越大，800W以上的电源这项比值甚至会达到1:1。较好的额定500W电源的主电容容量一般为330μF。

PFC又分为主动式PFC和被动式PFC。被动式PFC就是一个体积较大的电感线圈，它的功率校正因素最高也只能去到0.8，而且输入电压范围不能太宽。不过这种结构胜在成本低，一般低端电源都采用被动式PFC。

主动式PFC由电感线圈，滤波电容、开关管以及控制IC等元器件组成。它的功率校正因素可以轻松达到99%以上，输入电压范围也可达到90~240V，但成本也相应提高不少。

变压器

现在的变压器主要采用双管正激结构和LLC结构，在400W以下的电源中双管正激结构表现优于LLC结构；在400W以上都采用LLC结构设计，LLC又分为LLC半桥和LLC全桥。LLC谐振结构的电源都会与DC-DC模块共同出现，DC-DC模块很容易辨别出来，多数DC-DC模块都是在电源二次侧电路部分，并且都是用两个PCB版竖起来放置。一般来说这种结构的电源转换率能做到白金标准，相较于双管正激结构，它的成本较低，动态性能较弱，可以通过无脑堆料增加电容的方式弥补缺陷。

稳压系统

电源稳压结构有单路磁放大、双路磁放大或者DC-DC结构。这种结构会影响+12V、+5V和+3.3V的输出的电压偏移。其中DC-DC的控制性能最强，其次是双路磁放大，最差的结构则是单路磁放大。

单路磁放大，将+3.3V单独分出一路输出，它的特征是主变压器附近会有一个小线圈。而+12V和+5V由PWM芯片控制。因此+12V高负载时会对+5V输出电压造成很大影响。而在稳流结构的位置会有两个线圈分别给+12V和+5V进行稳流。

双路磁放大，将+5V和+3.3V独立出来，这种结构的特点是在主变压器附近会有两个小线圈，稳流结构的位置会有3个大线圈对应+12V、+5V和+3.3V。因为+5V和+3.3V独立出来，+12V高负载时对其他两路输出电压的影响会有所减少。这是一种从单路磁放大进化而来的结构，解决了单路磁放大使用上出现的部分缺陷。

DC-DC结构，从+12V取电直接降压成+5V和+3.3V然后输出，因此+12V的额定功率可以无限制地做大。这种结构是最容易辨别的，在稳流结构的位置上会有一块垂直的PCB，上面带有两个线圈。

电源保护IC芯片

电源都会设计保护芯片，可以监控+12V、+5V和+3.3V的输出，实现各路输出的UVP（低电压保护）、OVP（过电压保护）、OCP（过电流保护）、SCP（短路保护），同时部分控制芯片还提供了OTP（过温度保护）或-12 V UVP（低电压保护）的功能，当超出片内设定值后，会自动停止工作，保护电源内部及平台上各配件及元件的运行，内部设计有过载保护以及防雷击功能，可保证整个电源稳定工作。

（本文原载第26期11版）

SSD之主控芯片

SSD分很多种，根据接口、大小等不同有多种分类，目前最常见的是SATA接口的2.5寸规格以及PCI-E通道的M.2 2280硬盘，U.2接口、AIC插卡式SSD硬盘主要用于工作站、服务器等市场，消费级市场比较少见。

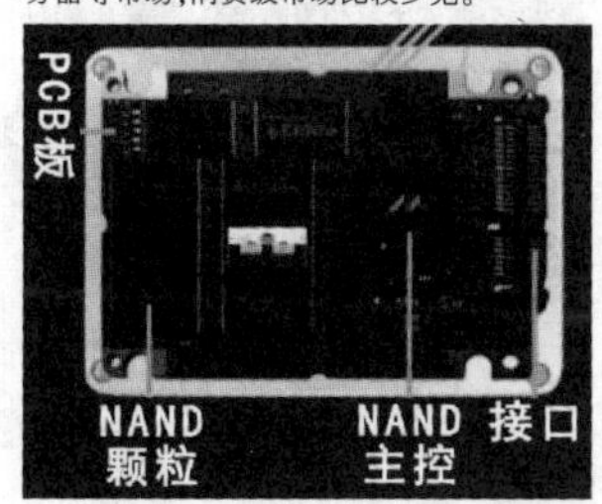

不论哪种规格尺寸，SSD硬盘内部的结构都是差不多的，通常包括PCB（含供电电路）、NAND闪存、缓存芯片、SSD主控、接口等。

最核心的部分其实就是NAND闪存和主控，从成本上来说NAND闪存大概能占SSD硬盘物料成本的70%或更多，目前128GB到1TB容量的SSD通常要使用2~8颗闪存芯片，主要来自三星、东芝、美光、西数（闪迪被西数收购）、英特尔、海力士等公司，其中三星、西数、英特尔一般是自用较多，第三方品牌的SSD硬盘通常使用东芝、美光较多，海力士除了自用之外在消费级SSD上很少见，OEM市场居多。此前已经有不少文章提到闪存这里就不一一细说了。

缓存芯片，不是SSD硬盘中必需的，这主要取决于主控类型；当然有缓存颗粒肯定更好，因为缓存通常是DDR3或者DDR4，容量256MB到4GB之间，频率在1600到3200MHz之间，性能远高于NAND闪存，配备缓存可以大大提升SSD硬盘的性能，尤其是写入性能。

主控芯片的成本占据SSD硬盘10%~15%的比例，不是最贵的部件，不过也非常重要的，它决定着SSD的算法能力。这里主要为大家介绍一下目前各大主控有哪些。

美系主控芯片

有Marvell、SandFroce（已被希捷收购）等。其中当属Marvell（俗称马牌）最为有名，耐久性也特别好，长时间使用不掉速。

Marvell的主流SATA主控一共有88SS9187、88SS9188、88SS9189、88SS9190四款。其中88S9187是Marvell第三代产品，支持SATA 6Gbps接口，8通道设计，另外还支持ECC、硬件AES加密等功能，支持Toggle DDR/ONFI 2接口。而88SS9188则精简到了4通道，其他技术规格基本相同；88SS9189是第四代产品，规格上和88SS9187差不多，一样是支持8通道32CE闪存，核心频率比上代的高一点，闪存接口升级到Toggle DDR 2/ONFI 3，并且支持TLC闪存；88SS9190则是四通道的精简版。88SS1074是Marvell第五代SATA主控，使用28nm CMOS工艺制造，支持DEVSLP休眠技术，支持15nm工艺的SLC/MLC及TLC闪存，还支持3D堆栈闪存，支持ONFI 3/Toggle DDR 2闪存接口，支持256bit AES加密，主控支持Marvell第三代的NANDEdge纠错及LPDC低密度奇偶校验技术，这对TLC闪存SSD尤为重要，用这款主控的主要有浦科特M7V、闪迪X400和金士顿UV400。

三星主控芯片

三星除了NAND出名外，主控技术也是非常优秀的，说得夸张点其主控做的能将TLC跟低端的MLC比。三星的主控基本上都是自家的SSD在用。830系列使用是MCX主控；而840及840 Pro使用的则是MDX主控；850 Pro/840 EVO用的是MEX主控；850 EVO 500GB以下的和750 EVO用的是MGX主控；在最新的860系列固态硬盘中，除了全新的64层V-NAND闪存（之前都是32层V-NAND闪存），还采用了全新的MJX控制器。

MCX是200MHz的三核ARM 9核心，缓存容量256MB；MDX的核心则换成300MHz的三核Coretex-R4处理器，缓存容量512MB；MEX则是把频率提升至400MHz，并且加入了TurboWrite技术的支持，缓存容量1GB；MGX采用双核主控，优化了低容量下的随机性能；MJX控制器，采用精进的ECC算法，提高了Linux的兼容性。

台系主控芯片

有JMicron、瑞昱、VIA威盛、群联Phision、SMI慧荣等品牌。最出名的当属群联，除了主控技术优势之外，群联背后还有东芝入股，所以他们可以提供主控、闪存以及固件的一体方案，SSD厂商只要购买他们的方案就能快速生产出SSD硬盘。SMI相对弱些，不过其价格更低性价比也不错，也获得了国内外SSD厂商的青睐。台系主控目前是SSD市场上的主流，甚至连英特尔的SSD硬盘都有采用。

不少低端入门级TLC SSD使用的就是慧荣的SM2256和群联的PS3110主控技术。还有JMF608、SM2246XT、PS3109等几款没有外置缓存的入门级主控都是廉价SSD的首选。

国产主控芯片

从2015年以来，国内厂商也陆续加大存储市场的投资，相对于NAND的巨额投资和技术垄断，SSD主控芯片要容易得多（ARM内核、DDR物理层等IP授权），再加上国内半导体基金对存储芯片的扶植，国产主控今年开始崭露头角，目前有江波龙、国科微、忆芯、华澜微电子、中勃、一方信息等公司。相信在不久的将来使用国产主控芯片的SSD会越来越多。

最后就是PCB以及外壳等其他部件是SSD中最便宜的，这部分没多少技术含量，成本也就10%左右。

（本文原载第26期11版）

LifeSmart 量子灯

你有没有想过根据自己爱好或房间空间的大小来随意组装一款灯饰？如今LifeSmart智能灯系列推出了全新产品“量子灯”，为广大用户打造一套有趣的全新智能灯光产品，解锁智能灯光的全新玩法。通过单元灯、控制器、连接器与底座，可置入无限数量的量子灯，实现不同的造型和色彩呈现。

这款量子灯最大的特点就是随意组合造型，用户可以根据自己喜欢的样式进行不同造型的拼接。每一个单独的量子灯是规则的六边形设计产品尺寸为：86mm×74.5mm×30.5mm。

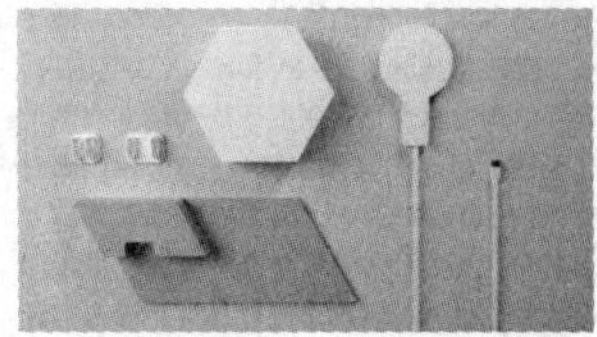

量子灯套装

首次购买这款量子灯套装的时候，官方会提供灯体、底座、控制模块、链接器、固定器等几个模块，通过以上模块的相互组合就可以实现随意的造型。

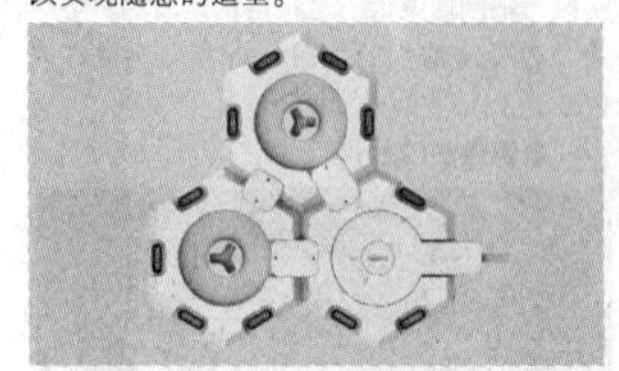

背部连接方法

整个量子灯的使用方式很简单，控制器一侧接入灯体的背面(锁定)，另外一侧USB接口接入电源后通电即可点亮。

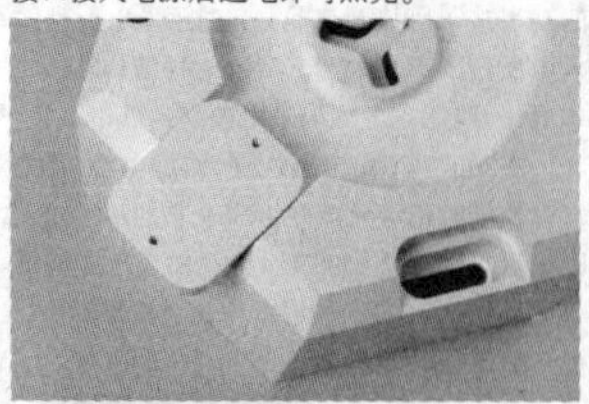

固定器和链接器分别插入对应的接口中

想要连接多个设备时，通过链接器和固定器插入灯体背面对应的5pin接口即可实现多个灯体模块的链接。整个链接采用简单的模块化设计，使用非常的方便。

底座采用宽体和加强筋的设计

底座采用宽体结构，稳稳地贴合桌面，保证多个灯体链接后提供更大的重心支持，以保持稳定性。底部也增加了加强筋的设计，提升底座的使用寿命。

由于采用了六边形的设计，6面均支持拼接，所以用户可玩的造型也非常多。经过整体的拼接体验可以感受到首先是模块化的拼接方式操作很简单，用户只需要极低的学习成本就可以学会如何拼接。其次是灯体加链接器重量仅有55g左右，即便做大规模拼接重量也会很轻便，不但适合固定在底座上做摆放，还可以悬挂在墙体表面做家居装饰品。

另外该款智能灯还有一个卖点就是支持多色彩的灯光氛围调节。根据官方数据显示，这款量子灯支持1600000019+种不同的色彩，几乎所有的色彩都可以通过这款灯显示出来。

除了纯色显示外，这款量子灯还可以实现多重色彩的显示，让用户有更多的玩法。同时这款产品的电源输出为DC 5V=2A，单灯最大功耗小于5W，不但可以通过正常家用电启动，充电宝同样也可以点亮。

拼接完成的效果也没有缝隙，加上无色差和暗角的效果，整体拼接后的效果整体性也更强。

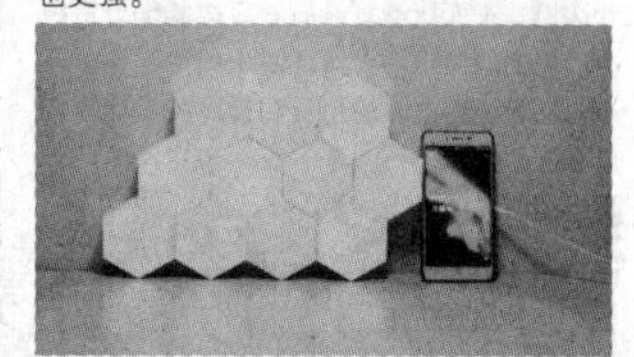

还有专用的手机App，App不但支持亮度、静态的色彩调节等还支持动态的色彩调节，同时App内也预设了多款主题供用户选择。如果用户还没找到自己心仪的色彩，无论是静态还是动态色彩，用户都可以通过App来自主调节。

该产品还支持声控设计，通过App右下角类似灯泡的图标开启。开启后用户通过声音就可以唤醒这款量子灯。更有意思的是开启听音功能后，产品可以自动根据音乐节奏来调节灯光的节奏，实现光与声音的巧妙结合。

这款LifeSmart量子灯对比其他智能灯泡来说，造型简约百变，可玩性更高。在享受生活乐趣的同时，也兼具了实用性的功能。另外，最主要的是产品的价格也比较划算，目前众筹价格3个灯块+2个链接器以及1个底座和一个控制器供电线的价格仅售99元，入门门槛可谓相当低了。

(本文原载第50期11版)

手机进水后的措施

现在手机更换或者维修的最大两个原因，一个是碎屏，另一个就是进水了。那么假如我们的手机不幸掉进水里了，我们第一时间该做些什么呢？

手机在进水后一定要立刻关机，然后将手机放平在地面或者桌子上，可拆卸电池的就拆卸电池，不能拆卸电池的至少可以平躺着手机把SIM卡槽取出来，切记不能再自作聪明将手机竖起把水从SIM卡口流出来，更不能用力甩出来，因为上下这么用力一甩很可能将水从上方甩出去也同样能将水从下方甩进来。然后用纸巾尽可能地将手机表面和听筒的水渍擦干。

如果只是被水冲到或者淋到了，可以使用吹风机进行风干，不过有一点需要确认，那就是不要对着听筒以及任何的开孔处吹风。更不能对手机进行“加热”(比如热吹风、电炉子等等)是万万不可以的。用冷风吹干手机，注意只是吹手机的表面15分钟就可以了(过程中不要翻动手机)。如果是被水浸泡了一定时间，那需要更长的冷风吹时间。

如果手机被侵入了腐蚀性液体，那基本没得治了，只能看运气，毕竟腐蚀性液体对元器件伤害是不可预计的。另外流传的手机进水放在大米堆里进行吸水的方法也不是很有效的，其吸水性还不如麦片、方便面渣、猫砂等物；进水自救优先还是选择吹风机用冷风吹，其次才是这些吸水物质。

最后吹完以后不要立刻开机更不要充电，一般都要等半天以上再开机比较稳妥。

(本文原载第50期11版)

一款特殊的转接卡

我们都知道M.2SSD是无法在老主板上安插使用的，而银欣最近发布了一款特殊的转接卡，可以直接在PCI-E ×16扩展插槽上安装一块M.2 SSD，运用在老机器上能直接让你数据传输运转如飞。

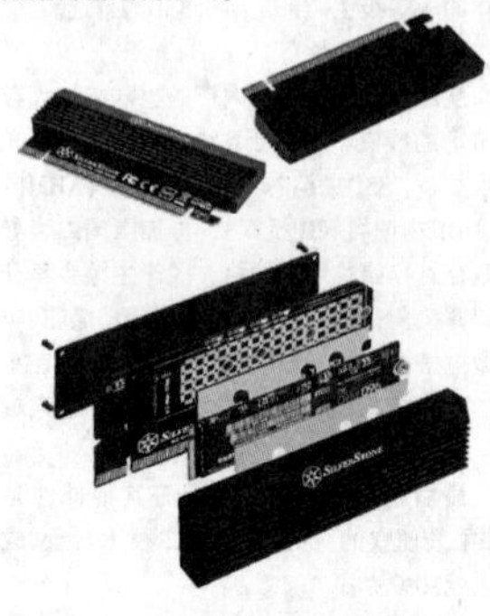

银欣的这款SST-ECM23仅支持一块M.2 SSD，在长度30-80毫米的设计上配备了双侧铝质散热片和单侧散热贴，即使PCB电路板本身也针对散热做了优化，背部增加了一个特殊的铜质网格层。

两个LED灯在使用时能显示SSD是否在工作，需要注意的是，银欣这款转接SSD设备由于走的是PCI-E通道，它仅支持AHCI或者NVMe SSD，不支持SATA SSD，另外实际带宽为PCI-E 3.0×4，正好适合单块M.2 SSD。

如果你需要多插几块M.2 SSD的话，可以考虑华硕、华擎或者微星的这种PCI-E×16 SSD转接卡，都能同时安装4个M.2固态硬盘，性能不俗但是成本也很高，如果只用一块M.2 SSD的话银欣这款是非常具有性价比的。

(本文原载第50期11版)

云 电 脑

云电脑的快速发展给很多手机和平板用户带来方便性，也给那些舍不得更换电脑硬件的用户(尤其是现在配一台中高配置的电脑)带来了一种全新的体验和节省开支，关于如何安装云电脑的方法也五花八门。这里为大家推荐一款名为“极云普惠”的云电脑给大家带来不同平台(手机、平板和电脑)情况下，如何安装云电脑畅玩游戏的方法。

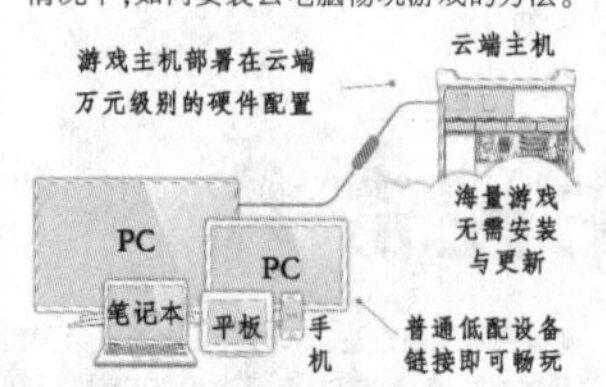

手机和平板上安装云电脑畅玩游戏

手机和平板这类移动设备的快速发展逐渐取代了PC电脑的很多用途，但是玩大型端游还是很多手机和平板无法完成的事情，云电脑的普及现在就能解决手机和平板玩大型端游的问题。

首先我们在手机和平板(目前仅限安卓系统)上通过应用宝、360、百度、豌豆荚等应用商店上搜索“极云普惠云电脑”就能看到极云普惠的云电脑App，总大小约10M。就是这10M大小的App能让你手机和平板秒变成高配电脑，而云电脑平台里的云游戏并不需要自己进行下载和更新，直接就能登录账号畅玩。

电脑上安装云电脑畅玩游戏

这里就是云电脑的优势所在，很多我们带不动了的台式和笔记本电脑扔又舍不得扔，换硬件又划不来，但是偶尔又想使用这台电脑打几把游戏。这时我们也只需要访问“极云普惠云电脑官网”在下载页面安装云电脑客户端，文件大小也不过10M。同样我们打开云电脑登录使用也可以直接畅玩云游戏，不需要下载和更新游戏，需要注意的是电脑必须为Win7以上的操作系统。

未来趋势

在现在IT行业高速发展的情况，5G网络的到来将让云电脑变得更加受大众使用。现在很多人可能还不知道“云电脑”这个概念是什么，现在大家知道手机、平板和带不动的游戏的电脑如何安装云电脑玩游戏，不用再去强行更换硬件了。

附：极云普惠云电脑官网：

https://www.ji-cloud.cn/

(本文原载第50期11版)

PC播放HDR有讲究

HDR全称High-Dynamic Range，中文名高动态范围图像，此前我们讲过一些有关HDR的小知识，不过随着RTX2080显卡的发布，又激起了不少朋友对画面追求极致的心中涟漪。

不过要知道HDR主要是针对专业的蓝光机等播放器，因此PC无论是在解码还是渲染还是输出方面，都需要手动详细配置每个环节。并且硬件方面的要求不仅高还很繁琐。

色彩模式(色彩编码)

电脑屏幕都是液晶屏或者OLED屏幕，发色基础是RGB(red红、green绿、blue蓝)三原色像素点，通过发射出三种不同强度的电子束，使屏幕内侧覆盖的红、绿、蓝磷光材料发光而产生色彩，能够比较完美地将数字信号转换成为可见光。

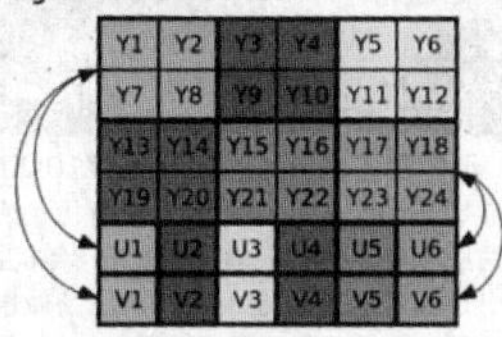

不过在电视机上，RGB就不一定适用了。这要从电视机的发展史讲起，在摄制影片时，通常采用三管彩色摄像机或彩色CCD摄影机进行取像，然后把取得的彩色图像信号经分色、分别放大校正后得到RGB，再经过矩阵变换电路得到亮度信号Y和两个色差信号R-Y(即U)、B-Y(即V)，最后发送端将亮度和两个色差总共三个信号分别进行编码，用同一信道发送出去。这种色彩的表示方法就是所谓的YUV色彩空间表示。采用YUV色彩空间的重要性是它的亮度信号Y和色度信号U、V是分离的。如果只有Y信号分量而没有U、V信号分量，那么这样表示的图像就是黑白灰度图像。

彩色电视采用YUV空间正是为了用亮度信号Y解决彩色电视机与黑白电视机的兼容问题，使黑白电视机也能接收彩色电视信号。与RGB视频信号传输相比，它最大的优点在于只需占用极少的频宽（RGB要求三个独立的视频信号同时传输）。其中"Y"表示明亮度(Luminance或Luma)，也就是灰阶值；而"U"和"V" 表示的则是色度(Chrominance或Chroma)，作用是描述影像色彩及饱和度，用于指定像素的颜色。"亮度"是透过RGB输入信号来建立的，方法是将RGB信号的特定部分叠加到一起。"色度"则定义了颜色的两个方面—色调与饱和度，分别用Cr和Cb来表示。其中，Cr反映了RGB输入信号红色部分与RGB信号亮度值之间的差异。而Cb反映的是RGB输入信号蓝色部分与RGB信号亮度值之同的差异。

因此最开始的黑白电视只需显示YUV(亦称YCrCb)，色彩空间的明度信号即可完美兼容。由于这个历史原因，视频特别是源于光盘、广播电视信号的视频，基本上都使用YUV色彩空间，直到今天也依然如此。

模式转换

现在的HDR视频基本来源于UHD BD光盘，因此将YUV信号转换成为RGB信号，也成了HDR视频播放当中必不可少的一环。Windows自带的EVR渲染器(Enhanced Video Renderer)在这方面的表现不怎么理想，如果解码器输出YUV信号到EVR进行渲染，那么EVR只会进行低精度的转换，大大影响画质。HDR视频的色彩较为丰富，负面影响尤为明显。

现在流行的视频普遍以8bit、10bit居多；10bit视频对比8bit，灰阶更加平滑，同样画质的视频体积更小，但与此同时解码所需要的性能也提高了不少。

针对不同位的视频格式，采用的解码器也不一样。

8bit解码

视频播放器要播放一个视频，流程通常是视频分离器(分离视频流、音频流、字幕等)→解码器(解码视频、音频)→渲染器(渲染出最终图像)，YUV转换成RGB这一步，可以发生在解码步骤当中，也可以发生在渲染步骤当中。既然渲染器不给力，那就让解码器来做。

这里为大家推荐一款比较实用的解码器—LAV(开源免费)。

下载地址：https://github.com/Nevcairiel/LAVFilters/releases/

让解码器只输入RGB 8bit信号到EVR中，不让EVR参与YUV→RGB的转换。我们需要借助LAV解码器来实现这点。

以PotPlayer为例，在PotPlayer的"全局滤镜优先权"一栏，添加系统滤镜或者外部滤镜(取决于你使用LAV安装是绿色版，下文以绿色版为例)。将LAV绿色版压缩包解压到一个文件夹，目录不要含中文，添加当中的"LAVVideo.ax" 就可以添加LAV视频解码器了。接着将PotPlayer当中的"LAV Video Decoder"设置为强制使用，双击进入设置。可以在"Output Formats"一栏看到各种输出格式。这时候只勾选RGB32、RGB24两个即可，其他都取消勾选。保存设置，如此一来播放器解码的时候就只会输出RGB 8bit信号，EVR渲染器就不会做低质量的转换处理了。

10bit解码

ULTRA HD Blu-ray

2015年蓝光联盟正式确定了UHD BD的规格，之后越来越多的片子推出了UHD BD碟片。而UHD BD内的片子规格有几个关键点，分别是H.265(HEVC)的编码，10-bit色深以及HDR色彩（高达BT.2020色域）。因此，10bit色深这个规格越来越多地出现在了各种视频当中。

如果你的CPU足够强劲，那么可以使用软解来播放10bit视频，和硬解相比这也更不容易出错。但是如果你觉得视频卡顿，恐怕就需要考虑硬解了。如何才能正确硬解10bit视频？首先得判断显卡是否有能力支持10bit视频的硬解。

硬解和GPU相关，先来说说显卡方面。NV的硬解技术为PureVideo，要比较好地解码4K HEVC 10-bit视频，需要PureVideo VP7或以上规格的技术。那么有什么NV显卡支持这个规格呢？到了帕斯卡这一代，包括GP102、GP104、GP106、GP107、GP108核心，全部都配备了PureVideo VP8，硬解4K HEVC 10-bit视频无压力；但上一代就比较诡异了，只有GM206(包括GTX 950、GTX 960)支持PureVideo VP7，其他都只支持VP6。而目前中端一点的显卡价格大家都比较清楚，都上涨了不少。

至于AMD和Intel的GPU；AMD GPU的硬解技术是UVD，只有UVD 6.3或以上的版本，才能够硬解4K HEVC 10-bit视频。AMD的独显目前只有RX 400系列、RX 500、Vega系列有能力硬解，以及Stoney Ridge之后的APU可以硬解。

Intel的GPU硬解技术是Intel Quick Sync Video，只有Broxton(最新一代Atom，已停产)，以及Kaby Lake(第七代酷睿)以上才能够硬解4K HEVC 10-bit视频。

如果你对电脑各个配件不是很了解的话，还有一个最简单的判断GPU是否可以硬解4K HEVC 10-bit视频的方法——使用DXVAChecker这款小软件即可。如果看到"HEVC_VLD_Main10"一栏中有显示"4K"或者"QFHD"，那就说明GPU可以硬解4K HEVC 10-bit视频。

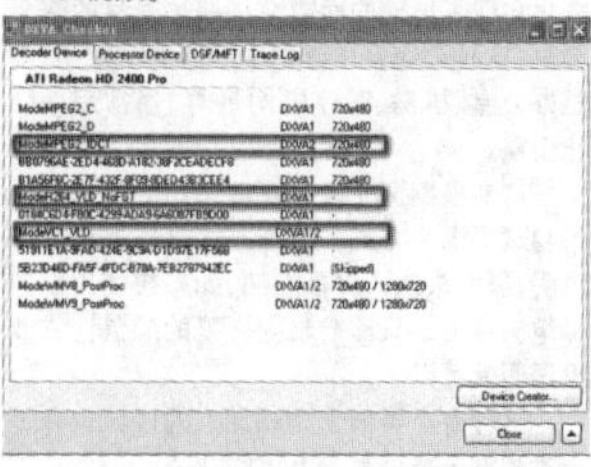

DXVAChecker下载地址：http://bluesky23.yukishigure.com/en/DXVAChecker.html

另外，LAV解码器仍然对于10bit视频拥有较好的解码功能。在LAV解码器当中，可以在"Hardware Acceleration"处选择硬解方式，目前常用的一般是两种硬解，一种是"DXVA2(native)"，另一种是"DXVA2 (copy-back)"。

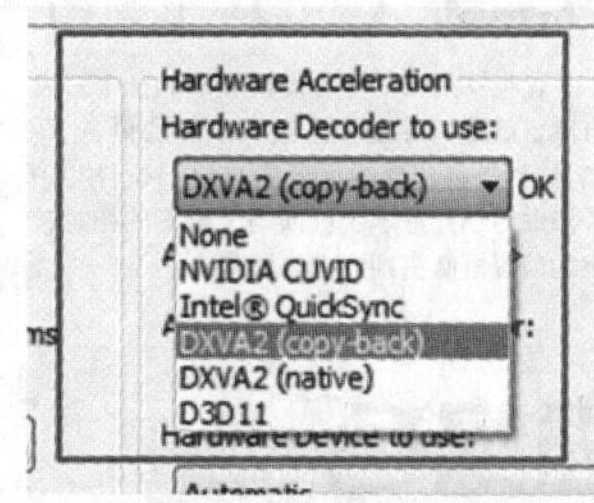

这两种硬解的区别在于，native会把数据完全交给GPU处理，而copy-back会多出一个回传到内存给CPU处理的步骤。从效率的角度来说，native会更高一些。但是，如果要硬解10bit视频，并不推荐使用native。

总之，性能足够强劲的话，还是推荐使用CPU软解，容错率要高得多。另外，无论哪种硬解，都只对色彩空间是YUV 4:2:0的视频有效，遇到YUV 4:4:4之类的高规格还是会软解的。

如果用madVR渲染的话还要注意版本，madVR在0.9之后的版本才开始支持DXVA YUV 4:2:0的10bit解码输入。另外，软解虽然费CPU，但也可以把更多的GPU资源留给madVR渲染器，以获取更高的画质，因此如果CPU性能够强，还是软解更合适。

渲染器

HDR视频的色域是BT.2020，而电脑显示器绝大多数只能支持色域BT.709；如果直接播放HDR视频，那么色彩甚至会比普通的视频更加黯淡，这时就必须需要渲染器进行处理了。

这里推荐给大家的是madVR视频渲染器，很早的时候，madVR就已经加入了BT.2020色域转换的选项；而在近期版本，madVR还出现了专门的"HDR选项卡"，在当中就可以设置将HDR色域处理成普通的SDR色彩了。

madVR下载地址：http://www.madvr.com/

仍然以PotPlayer为例。将madVR下载后解压到一个文件目录当中。在PotPlayer"全局滤镜优先权" 一栏添加外部滤镜，接着添加madVR目录当中的 "madVR.ax" 或者"madVR64.ax"(取决于系统是否64位)，然后将madVR设置为强制使用，双击进行配置。

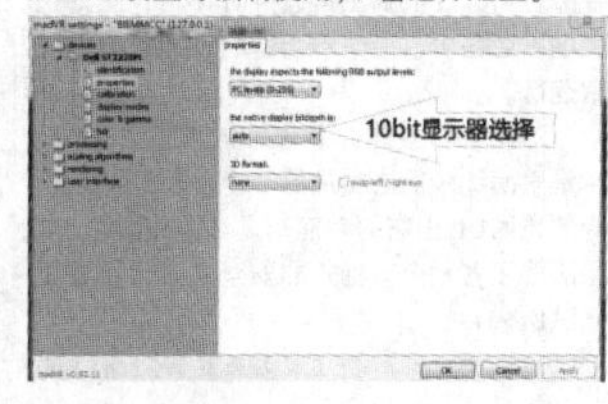

在madVR"devices"当中，可以看到当前的显示器，然后展开显示器的菜单，可以看到"hdr"选项。如果你的显示器是非HDR的，那么选中"convert HDR content to SDR by using pixel shader math"即可。当然也可以通过软件自动识别，选择"let madVR decide"，一般情况下都不会发生错误。

如果你用的是支持HDR的屏幕，例如某些电视机或者高端显示器，那么可以选择"passthrough HDR content to the display"，这样会直接把HDR不经由转换，原封不动地进行输出。而如果你用的是广色域屏幕但色域不是BT.2020，例如色域是Adobe99%的设计专用屏幕，可以选择"process HDR content by using pixel shader math"，这样HDR色彩会经过转换处理，显示更加准确。

而如果你的屏幕经过校色仪校准，并且让校色软件(例如DispalyCal)生成了3DLUT校色档案，并且校色软件支持将其输出到madVR当中，那么可以选择选项后带有"using an external 3DLUT"的选项，一般情况下就不要选了。

当然使用madVR渲染器的缺点就是比较吃GPU资源，如果你用的是目前主流的中高端显卡，那么madVR值得强烈推荐。

音频设置

虽然这里讲的是HDR画面，不过你的音频输出设备只是普通的2.0、2.1音箱甚至只是耳机，那么声音可能就会出现破音等失真的情况，会对影片的观赏性大打折扣。

LAV滤镜也提供了解决方案。仍然以PotPlayer为例，将"LAVAudio.ax"添加到PotPlayer当中并设置强制使用，然后双击"LAV Audio Decoder"进行配置。点击"Mixing"选项卡，这里面的功能是和混响相关的，可以将多声道混响为双声道的立体声。勾选"Enable Mixing"，并选择"Stereo"，然后确保"LFE Mix Level"数值为0即可。如此一来，就算用双声道的音箱、耳机播放环绕声的HDR视频，也不会出现破音等情况了。

PS:如果观看的是正版UHD BD碟片，播放软件不能使用PotPlayer这样普通的播放器了。正版的UHD BD带有AACS 2.0防盗版技术，需要经由认证的软件才能播放。目前只有正版的PowerDVD才可以播放UHD BD，破解版的无法播放。这个软件并不便宜，支持UHD BD的版本售价为580元人民币。不过购买某些UHD BD光驱，可能会获赠这一软件。

其次，要播放正版UHD BD光盘还需要CPU支持SGX。该技术是英特尔特有，而且只存在于部分Kaby Lake以及Sky Lake之后的CPU中，AMD所有平台、英特尔的X99等其他平台的CPU一律无法播放版权限制的UHD BD。也就是说要看正版4K HDR蓝光碟，AMD平台再贵也不行。

（本文原载第51期11版）

下一个手机风向标——屏下摄像头技术

现在的手机除了比性能以外，外观也是打动消费者的一个主要因素。在目前流行的全面屏以及未来可能流行的柔性屏中，从美观上讲，谁家的屏占比越高谁就能在消费市场博得消费的喜爱；不过和曾经的前置指纹按钮（现在已经升级为屏下指纹解锁了）一样，前置摄像头也是目前阻扰屏占比最大的困扰，前置摄像头的重要性就不用说了吧，除了早期的满足自拍，现在越来越多的技术也应用在前置摄像头了，比如即将在5G物联网时代大放异彩的3D深度摄像技术，对于3D深度摄像技术而言，其前置摄像头不再是单一的一个独立摄像头，更是一系列的模块组，这也是为什么有些全面屏手机的刘海屏会显得很宽。至于一些厂家采用的升降前置摄像头，特别是OPPO FIND X的升降结构，其实从手机向着超薄的厚度发展方向看，也是一种无奈之举。

为了显得屏幕更完美，不少厂家已经在潜心研究各种方案的前置摄像组。下面我们就简要地说一下。

调光玻璃

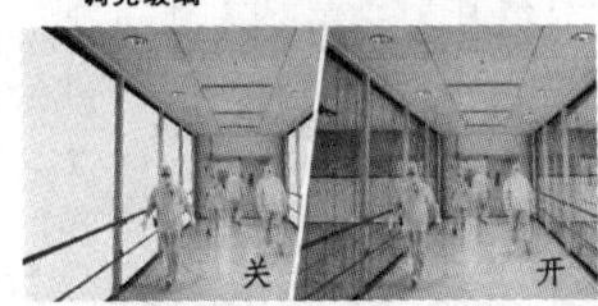

首先我们来了解下调光玻璃的原理，调光玻璃又称为雾化玻璃，是一种智能型高档功能玻璃，通过电压控制调光玻璃在散射（透光不透明）态和透射（透明）态之间变化。这一变化实现了玻璃的通透性和保护隐私的双重要求。这种玻璃背广泛用于酒店的浴室中、高档办公室、机房、医疗机构等等，通常用来防止偷窥。

这是根据调光玻璃原理采用的一种全新的隐藏摄像头方式，这种方式是将屏幕变得透明，摄像头放入屏幕内部，如果想使用前置摄像头自拍，只需要改变屏幕的颜色让它变得透明就可以了。

这种有点类似于"障眼法"的设计也算是一种视觉上将屏幕最大化的捷径。

半嵌入式

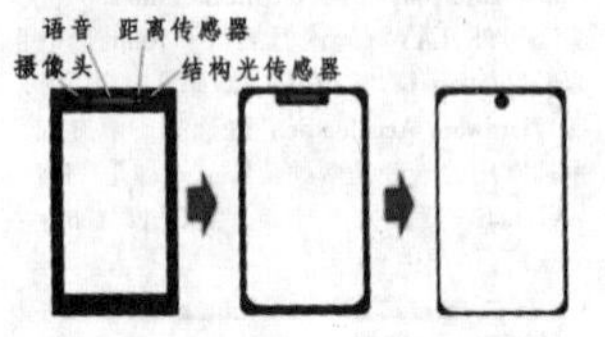

这也算是目前为止比较成熟的一个过渡方案，就是将除前置摄像头以外的语音、距离、结构光等传感器尽量简洁化，只留出2、3个极细的小孔置于手机顶端，剩下的相对较大的前置摄像头则嵌入与屏幕中。

这样的话屏幕既可以保证正常的显示效果，又能保证摄像头的透光效果，效果上与开孔摄像头相当。

屏下摄像头

这种方案算是目前业内最新技术，也可以视为一种黑科技，完全舍弃了边框摄像头模块。主要是由索尼和三星基于各自现有的技术进行合作开发的屏下摄像头技术。

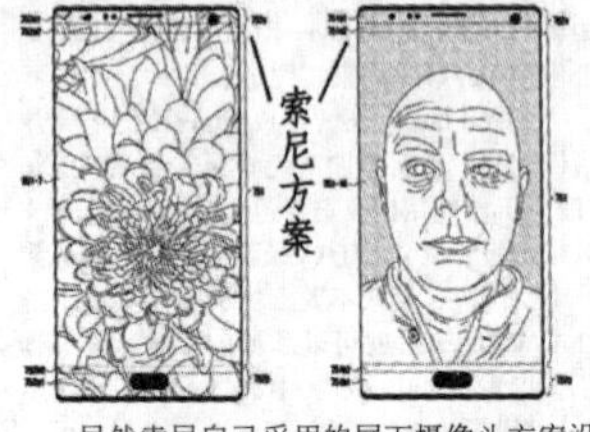

虽然索尼自己采用的屏下摄像头方案没有舍弃Home按键，单看其上方的摄像头等元器件的位置似乎和传统全面屏手机没有太大的改变；但别忘了索尼手机在屏幕材料上的优势，其通透效果非常好，类似于一面显示薄片盖在手机上方，这块薄片不仅能显示色彩，同时对Home键和摄像头元件有"穿透性"的作用，绝对称得上是当代黑科技了。

而三星的优势则在于其先进的OLED柔性屏技术，本身OLED屏幕就具有优良的透明基底以及超薄的特性；早在2018年6月就曝出过三星屏下摄像头原型机已经做出来了。不过似乎三星准备在2019年内（如果进展顺利的话）推出全球首款柔性可折叠屏幕手机Galaxy X时才将这一技术真正推向市场。

届时，两家公司如果（目前索尼和三星也在洽谈这方面的合作）整合出相关的技术方案；到时候又会在智能手机中掀起一波技术热潮。

（本文原载第52期11版）

一款Win10超强绿色系统维护工具

现在Win10用的人越来越多了，不过Win10不好的地方就是附加的程序太多了，时间久了有时候会变得越来越慢，很多人也喜欢通过第三方系统优化软件来减少不必要的系统更新、升级等等。然而很多第三方优化软件（比如X60等）都带有很多广告，或者是一些插件捆绑，这里为大家推荐一款名为Dism++的第三方系统管理软件，虽然只有1MB大小，却集系统清理、系统优化、系统热备、驱动管理等功能于一身，最关键的是非常"干净"，没有什么附加的捆绑或者推荐。

Dism++共包含三个版本，x86、x64和ARM64版，并且都是绿色版，解压后就能运行。接下来，一起来看看Dism++的特色功能：

空间回收

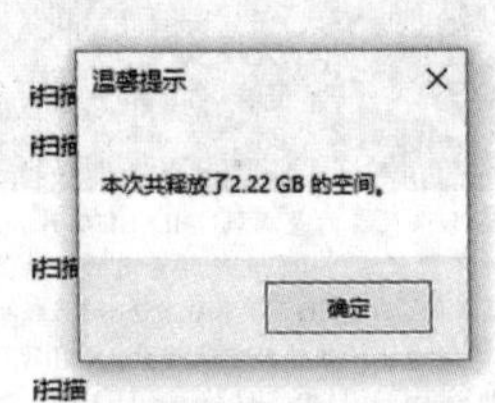

Dism++的清理范围很广，无论Windows安装记录、临时文件、DMP文件，还是系统传递优化、下载缓存、NET程序集缓存，统统可以被扫描并快速清理。并且不用担心Dism++的清理会误删除掉一些重要文件，它会在用户勾选到一些敏感文件时智能弹出提示。

系统优化

展开标签后，会发现这里包含了很多的优化方案：比如禁用Windows Defender、关闭在应用商店中查找关联应用、关闭商店锁屏推广、关闭小娜等等，大多都是同类软件中较为少见的专门针对Win10的优化模块。值得一提的是，Dism++将所有功能都设计成了按钮样，除了操作更方便以外，也更便于优化过度后的快速恢复。

另外，还有关闭Windows Update的选项，对于一些不喜欢升级更新系统的朋友来说非常适用，当然关闭自动更新有时会导致系统无法接收到微软的安全更新，也很可能为系统造成安全隐患。

热备（修复）系统

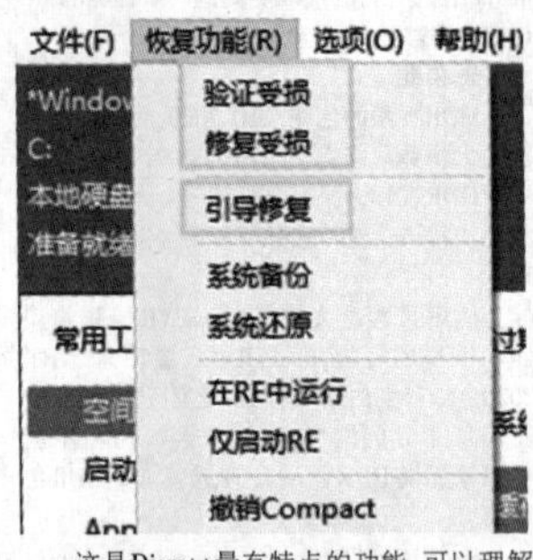

这是Dism++最有特点的功能，可以理解为ghost的Windows版。装好系统后，通过"常用工具"→"工具箱"→"系统备份"将系统备份下来，等待系统出现故障或者小毛病时，再利用相同的步骤将备份恢复回去。短短几步，电脑就能轻松恢复正常。而最优秀的地方，是备份时可以在电脑正常运行时开启，比如边看电影边备份，完全不会影响系统备份的正常运行。

对比各种各样的系统维护工具，Dism++算是里面比较简洁实用的一个，没有向导、没有漂亮的UI，但它的功能却是难得的实用。如果厌倦了各种全家桶式的安全工具，不妨试一试Dism++。

（本文原载第52期11版）

18种语言的翻译笔

现在出国旅游的人越来越多，不过多数人基本懂的只有英语，先不说熟悉与否，单是一个欧洲几日游，就有俄、法、德、意、西班牙、葡萄牙等平时大家少有接触的语言环境要接受考验，另外韩日等邻近国家也是旅游热点。因此首先对翻译工具的要求肯定是越多越好。

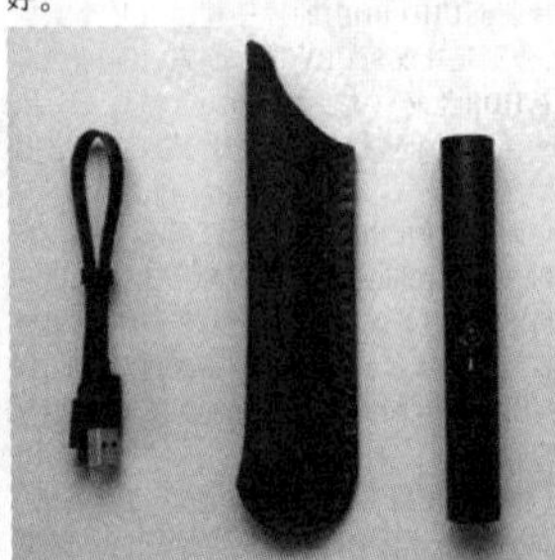

这里为大家介绍一款搜狗出品的传录音翻译笔，只需要蓝牙就可以和手机APP连接，随时说话，随时翻译；通过它所搭载的深度神经网络机器翻译，该款录音翻译机不仅支持录音速记、对话翻译，还支持无比同声传译功能，准确度高达90%，录音速记达到了400字/分钟的识别速度。

翻译笔底部是micro USB接口，充电只需一个小时左右而续航可以做到录音240分钟，待机72小时，并且还提供一个挂绳口。由于搜狗翻译笔采用的是圆柱形设计，平放在桌面上很容易滚动，所以搜狗特别做了两个防滚动的凸起。同时还搭配使用的挂绳，另一端还有一个弹簧扣，可以扣在包包上。

翻译笔最上边是麦克风孔1，往下是7颗LED灯，麦克风孔2，采用高清数字双麦克阵列和美国SynapticsR远场拾音芯片，支持6米远场高清录音，录音键是那一颗圆形带红点的按键，录音时还支持实时速记，采用搜狗自有的语音识别技术，录音的同时可以转化成文字，最快每分钟识别400字。

由于录音翻译笔不带显示屏，所以翻译的内容要通过蓝牙连接手机后在手机上查看，同时采用深度神经网络机器翻译技术可以实现同声传译，并且确保正确率在90%，讲话的同时只需要三秒钟就可以在手机上显示出需要翻译的语言。

这款翻译笔只有30g的重量，主打的还是便携与实用。翻译只需两个按键，红色与蓝色按键。以中英文互译为例，蓝色按键可以中译英红色按键可以英译中，需要哪两种语言的互译需要在App上设置一下，搜狗翻译笔支持18种语言的互译，覆盖了世界上200多个主要国家和地区。

该产品附赠一个保护套，一根micro USB的数据线，售价为398元。

（本文原载第52期11版）

本文从实际出发，只是研究怎么做对我们更有力，而不是我们应该怎么做，可能你经过几十年养成的思维习惯，不容易一下子改变，但是，拒绝改变自我的人，就不可能有提高和超越。希望能弃砖引玉，让老友《电子报》的读者能够耳目一新，也许这只是我的臆想，我想尝试一下！

控制自我从容迎接挑战之二：刨根问底

我的小孩物理成绩不是很好，我对他做的一道题提出异议的时候，他不以为然，我问他根据什么得出的结果时，他回答根据增反减同，而我进一步问他什么是增反减同的时候，他回答没有因为什么，就是根据增反减同，这是老师说的。这是个不求甚解、照猫画虎的典型例子。

我有一个徒弟，他在学校也是学电子的，有一天，在分析电路图的时候，我发现他的思路有些混乱？为了搞清楚原因，我问他三极管为什么能够放大。他给了我一个莫名其妙的回答，他说："我心里知道，可说不出来！"我接着问，"既然你心里知道，那为什么你说不出来呢？"我们约定第二天他来讲给我听，结果他胸有成竹的来了，什么空穴电子的好一个讲，等他讲完了，我问他，你知道你自己在讲什么吗？这次他自己也不好意思笑了，因为他只是把书上的东西背下来而已。他根本就没有理解，三极管到底为什么能够放大！

因为没有真正掌握，所以遇到问题必然无法解决。我认为学习技术必须一步一个脚印。有人学了很多年，结果也不是高手，主要原因就在于没有去理解，没有去真正弄明白。应该学到真正明白，学到可以给不懂的人能讲清楚的程度，学到可以应对各种提问。哪怕慢一点，哪怕一次只学习一个问题，也必须彻底弄明白。总之，不求甚解地学了十个问题，不如融会贯通掌握一个问题。

◇林锡坚

（本文原载第39期2版）

智联万物　有爱添翼

爱立信亮相中国电信天翼智能生态博览会

近日，爱立信携5G及物联网最新技术和应用亮相2018中国电信天翼智能生态博览会，助力中国电信展示蓬勃壮大的天翼物联产业联盟和智能终端生态圈。

作为中国电信的紧密合作伙伴及天翼物联产业联盟的发起会员，爱立信针对中国电信的商业特点，向客户和产业伙伴展示了一系列创新应用：

5G+AI远程诊断白内障：5G+AI 是5G时代的最强组合。本次爱立信携手中山大学中山眼科中心人工智能专科/眼科学国家重点实验室林浩添教授团队和中山大学计算机学院无人系统研究所黄凯教授团队，向公众展示了国内首个5G训练的AI机器人远程诊断白内障，预计将极大高针对白内障病人的检查效率。依托中山大学中山眼科中心全国领先的诊疗实力，可以更好地帮助白内障病人在最佳治疗期预约治疗，普惠广大基层医疗覆盖的人口。

5G+AR智能制造：5G+AR将是5G时代最先发生的应用场景。AR将助力智能制造升级和消费体验升级。本次爱立信携手合作伙伴阿依瓦科技有限公司展示了AR技术如何提高制造维修效率和消费体验前移。爱立信全球消费者实验室研究报告指出，前移的可定制化的超级消费体验将是智能制造的一个强有力的驱动力。在爱立信展台，参观者可以体验如何足不出户地将家电和汽车与自己的真实家居环境融合起来，选择最中意的款型并可定制化下单。

此外，爱立信还展示了5G远端渲染VR眼镜、DCP连接管理平台、物联网加速器使能平台以及物联网检测方案。需要重点指出的是，随着物联网的快速发展，入网终端呈现出很大的多样性，如何与网络良好配合正成为日益增长的挑战。爱立信专业的EDAV入网检测服务已经为全球众多的顶级运营商完成专业的入网检测服务，提前帮助芯片、模组和终端改正问题，保证入网工作顺畅，提高最终用户体验，并将为蓬勃兴起的中国电信物联网产业的发展发挥重要保障作用。

展会期间，爱立信参加了中国电信"新一代中国电信物联网开放平台"的启动发布仪式，爱立信DCP连接管理平台在该仪式上获得了中国电信颁发的特别贡献奖。

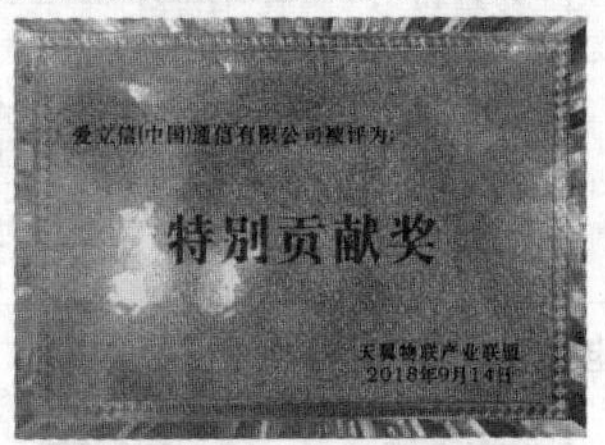

（本文原载第39期2版）　◇爱立信中国

为下一场购物狂欢打造前瞻性的网络

一年一度的"双十一"刚刚落下帷幕，不知大家是否都尽情享受了一场购物狂欢？大多数人或许不会意识到自己悄然间产生并传输了多少数据。事实上，如果您正在使用能够连接至互联网的智能手机或平板电脑，那么您就已经在产生数据了。根据的一项调查显示，至 2019年智能手机用户预计将达到25亿，且这一数字仍在持续增长，而这还不包括与手机和平板电脑相连的服务器和计算机，以及也在产生着数据的所有其他设备。

若想全面了解数据的使用量，我们必须考虑到两大技术趋势——物联网(IoT)和5G所带来的影响。

在物联网中，大量传感器、仪表和其他机器通过与网络进行连接，为各种应用创造更多价值并提升其效率。例如，在整个楼宇中部署传感器可以对供暖、照明及其他环境条件进行监测。而在如外科手术这样更为复杂的场景中，医生可远程使用机械臂和体内的传感器，精确找到切口位置以进行手术。此外，物联网技术也被广泛应用在互联网汽车、家庭、办公室乃至城市中。据预测，至2020年互联设备的数量将呈现惊人增长，达到307亿。

而第五代移动通信技术（即我们所熟知的5G）的崛起有望实现更高的带宽和更低的延迟，在为各种设备提供网络技术支持的同时，促进更大范围的内容消费。因此，已有预测称至2028年。随着中国运营商开始对5G技术展开测试并对基础设施部署进行规划，网络速度、覆盖范围和网络容量都将成为关注焦点。

为何要打造具有前瞻性的网络？

根据，今天的消费者们对于手机非常依赖。研究显示，超过三分之二的Z世代(年龄段在13~22岁)消费者，会直接通过社交媒体进行购物，如果网络加载速度太慢，则有60%的人表示不会再使用该应用或网站。

当我们把目光聚焦电子商务领域，阿里巴巴去年"双十一购物狂欢节"就实现了高达250亿美元的交易额，今年更是达到了约307亿美元(2135亿人民币)，也将该购物节变成了全球最大的购物盛会。同样，腾讯也在微信端推出了"小程序"并将其打造成为一种新的在线购物平台，消费者无需离开微信即可通过小程序直接购买商品！随着中国市场成为全球奢侈品牌强劲的增长动力，许多外国知名品牌也开始利用微信的这些新功能推出平台限定的新产品，以充分挖掘市场潜力。例如，英国家用电器品牌戴森(Dyson) 就充分挖掘了微信作为社交电子商务平台的潜力，其。而像迪奥（Dior)和迈克高仕(Michael Kors)这样的国际奢侈品牌为刺激销量，在。随着社交电子商务越来越受欢迎，各种购物节也层出不穷地满足着消费者的购物欲，因此在线零售商的销量也变得更加可观。

然而您是否考虑过在线交易背后所产生的海量数据？因为除了购买，消费者还须在短短几秒内通过银行系统验证进行付款，这离不开一个稳定可靠的网络。在快节奏的数字世界中，"前瞻性"也被赋予了新的意义。与其说是尽力赶超必然之势，不如说是强调基于当前的趋势提前进行规划。

打造前瞻性网络的战略

以下五大战略将助力您打造前瞻性的数据中心网络基础设施：

·统筹规划—在进行技术改造之前，企业需要充分了解正在使用的设备。数据中心管理者最关心的问题便是可扩展性，他们既希望升级至灵活的基础设施又追求成本控制。因此，在开展下一步行动之前，企业首先需要了解当前使用到的距离及光纤类型。

·了解自身成本结构—在衡量各种选项的成本与收益后，可以从财务角度出发，选择符合企业目标的光纤类型和连接解决方案。布线供应商计算器能够为这一过程提供帮助。

·为灵活性做好规划—在进行规划时，可以选用8芯、12芯或24芯光纤束将基础设施扩展至更高的带宽。您的规划应该能够支持各种光纤类型及增长策略，以满足未来应用所需。举例来说，如果一家企业拥有12芯光纤基础设施，但它决定转而采用8芯光纤的应用(例如100−GB 4×25解决方案)，那么就要制定相应策略来优化其光纤基础设施的使用，同时维持100%的利用率。

·与模块化相结合—确保数据中心面板兼容各种光纤模块，以便当数据中心需要扩大时也无需对机箱做出改动。技术人员可简单地通过更换模块以提高数据速率。理想情况下，布线和机箱只需部署一次，而当需要向更高速度升级时，仅需对端点做出调整。

·管理当前及未来的基础设施—自动化基础设施管理(AIM)系统可清晰地显示网络状态，并帮助您找到问题根源。这对于作出明智决策并快速响应至关重要，也有助于您更好地对基础设施进行管理。

在数据中心管理方面，前瞻性不应只是加大投入并采用新技术以规避那些难以避免的变化。相反，企业应提前预测变化，并将其视作必须实施的持续性战略，以满足技术不断进步所带来的需求。

将数据中心升级至更高速度对于所有企业与机构而言都是一个必然趋势，而升级的过程不该是繁琐或昂贵的。为实现更高的网络容量，仔细评估各类选项并规划升级路径非常重要。最终，您的数据中心将成为一个灵活、经济高效，并可满足未来数据需求的平台。

提供未来所需的更高带宽和速度

本文所提到这些购物趋势不仅仅只发生在中国，远在大洋彼岸的美国也有着自己的"黑色星期五"(Black Friday)。随着用户尽享互联网提供的便利和按需连接，全球对数据的需求也呈指数级增长。行业报告显示，至2021年，全球数据中心流量预计将增加两倍。

带宽需求的指数级增长向在线零售商们提出了一个关键问题：我们是否仍有能力在明年"双十一"到来之前，提供足够的带宽和速度？相信有了前瞻性网络基础设施的加持，低速网络(低带宽)将不会成为明年"双十一"再创新纪录的绊脚石，我们拭目以待。

（康普企业网络北亚区副总裁陈岚）

（本文原载第47期2版）

LED液晶电视ICE3B0365J+FAN7530+CM33067P+HV9911NG电源方案原理分析与故障检修

何金华

一、电源方案概述

ICE3B0365J+FAN7530+CM33067P+HV9911NG电源方案是专门为LED液晶电视提供的电源组合方案，整个电源是将常规开关电源与背光驱动二合一，也称二合一电源驱动方案，该方案主要用于三星大屏幕液晶显示屏，为整机信号处理电路、背光灯、显示屏提供所需工作电压，本文主要以长虹ITV46920DE液晶电视为例，介绍ICE3B0365J+FAN7530+CM33067P+HV9911NG电源方案的电路工作原理和维修方法。

长虹ITV46920DE液晶电视使用三星LED液晶显示屏，显示屏型号为 LTA460HF07，电源驱动组件型号为HPLD469A。HPLD469A电源驱动组件中，整机待机 5V电压形成电路采用控制芯片 ICB3B0365J；PFC电路控制芯片采用 FAN7530；12V/140V 形成电路控制芯片采用 CM33067P；LED 背光灯控制芯片采用 HV9911NG。

二、电源技术规格与实物图

1.电源技术规格

表1 电源技术规格

项目	接口位号	技术参数	
		电压	电流
输入	PD801	100VAC~240VAC；50HZ~60HZ	4.5A
输出	CNM801	CON9001/CON9002	STB5.3V
		12V	170V*6
	1A	7A	90MA*6

2.电压实物正面布局图

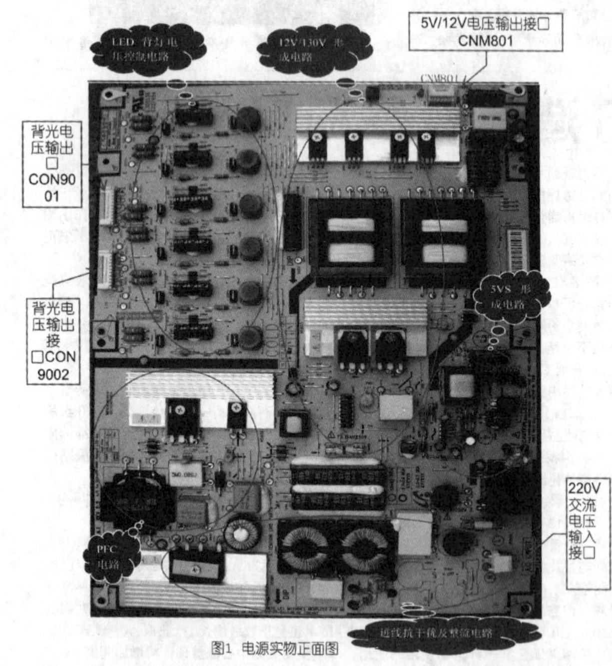

图1 电源实物正面图

3.电源实物反面布局图

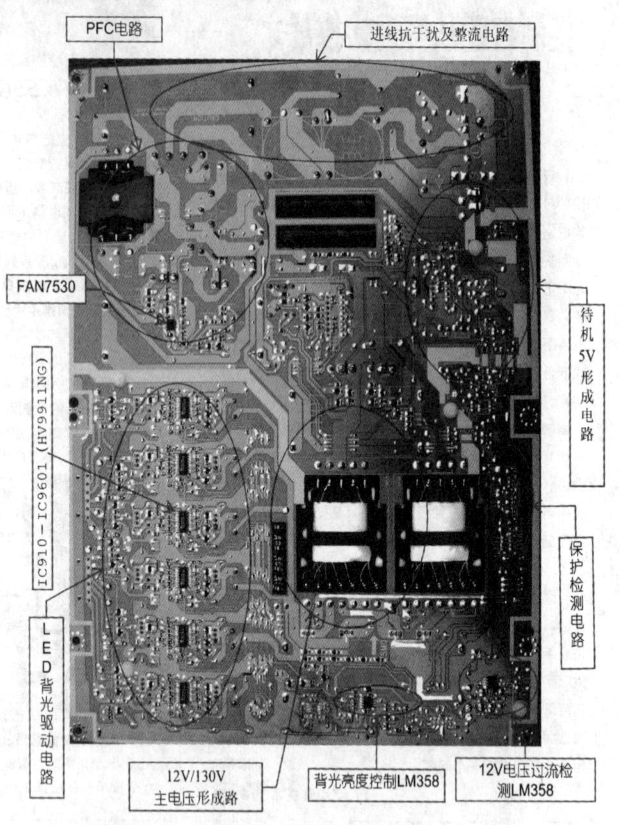

图2 电源实物反面布局图

4.电源各接口引脚功能

(1)CNM801输出接口，见表1所示。

(2)CON9001输出接口，见表2所示。

(3)CON9002输出接口，见表3所示。

三、电源电路框图(见图3所示)

四、进线滤波及抗干扰电路分析

如图4所示，220V 交流市电从 PD801 输入，经保险电阻 FS801S(T6.3A/250Vac)后，经由 LX801S、LX802S、CX801S、CX802S、CY801S、CY802S 组成的进线抗干扰电路，其中VX801S 为压敏电阻，NT801S 为热敏电阻(防止市电电压或电流过高时，损坏后级电路)。再经 BD801S 进行桥式整流后，输出约300V 的全波直流电压，通过 LP802、CP801、CP805 组成的低通滤波电路后，输出到后级PFC电路。当PD801进入的220V市电电压过高时，压敏电阻VX801S导通增强，使保险电阻FS801S(T6.3A/ 250Vac)上的电流增加而熔断。当负载电流过高时，在热敏电阻NT801S上的电流增大，热量增加，阻值增大，整个电路中电流

表2 CNM801输出接口引脚功能

引脚	符号	功能	引脚	符号	功能	引脚	符号	功能
1	+12V	12 电压输出	5	GND	地	9	GND	地
2	+12V	12 电压输出	6	GND	地	10	PS_ON	开待机控制(高电平开机)
3	GND	地	7	+5VS	待机 5V 输出	11	INT_DIM	亮度控制(本机未用)
4	+12V	12 电压输出	8	NC	空	12	BL_ON	背灯开关控制(高电平打开)

表3 CON9001输出接口引脚功能

引脚	符号	功能	引脚	符号	功能
1	OUT1+	LED 背灯 1 供电输出正端	4	OUT2−	LED 背灯 2 供电输出负端
2	OUT1−	LED 背灯 1 供电输出负端	5	OUT3+	LED 背灯 3 供电输出正端
3	OUT2+	LED 背灯 2 供电输出正端	6	OUT3−	LED 背灯 3 供电输出负端

表4 CON9002输出接口引脚功能

引脚	符号	功能	引脚	符号	功能
1	OUT4+	LED 背灯 4 供电输出正端	4	OUT5−	LED 背灯 5 供电输出负端
2	OUT4−	LED 背灯 4 供电输出负端	5	OUT6+	LED 背灯 6 供电输出正端
3	OUT5+	LED 背灯 5 供电输出正端	6	OUT6−	LED 背灯 6 供电输出负端

被减小,保护了后级电路。LX801S、LX802S为公共通道,它是绕在同一磁环上的两只独立的线圈,圈数相同、绕向相反,在磁环中产生的磁通相互抵消,磁芯不会饱和,主要抑制对称性干扰。CY801S、CY802S为共模电容,主要抑制非对称性干扰。CX801S、CX802S为差模电容,主要抑制对称性干扰。

五、待机5V电压形成电路分析

1.待机5V电路简述

本电源待机5V电压形成主要以芯片ICB801(ICE3B0365J)为核心组成电路,图5为以ICE3B0365J为核心组成的待机5V形成电路原理图。ICE3B0365J是一款低功耗、高效率、内含MOS开关管的电源管理芯片,其空载待机功耗最低可达<100mW,输入电压最高可适应270VAC,在低功耗模式下的输出电压纹波可以减少到1%。同时,芯片内部还具有过热、过压、过流等保护功能,图6为ICE3B0365J内部电路框图,表5为ICE3B0365J引脚功能及工作电压值。

2.待机5V电源的启动

如图5,220V电压接通时,整流后的300V电压,经PFC电路(此时PFC电路不工作)进入开关变压器TB801S初级绕组,再经FB801加到ICB801(ICE3B0365J)第④脚和⑤脚。此时,ICB801(ICE3B0365J)内部电流源向第⑦脚VCC端外接电容充电,第⑦脚电压开始上升,在第①脚软启动电容的控制下,当⑦脚电压上升到18V时,ICB801(ICE3B0365J)内部振荡器开始工作,输出开关脉冲送往内部MOS开关管,ICB801(ICE3B0365J)内部开关管开始导通,300V电压经ICB801(ICE3B0365J)第③脚输出经RB815到地,形成电流。

同时,在开关变压器TB801S的2个辅助绕组上将产生感应电动势,一组经DB809整流、C816滤波后,形成约20.2V电压,经RB806加到开待机控制电路,通过开待机控制将电压送到PFC电路和12V/130V形成电路,分别向ICP801(FAN7530)和ICM801(CM33067P)供电。另一路经DB807整流后,形成16V电压,通过DB811向ICB801(ICE3B0365J)第⑦脚供电,以保证ICB801(ICE3B0365J)能持续稳定的工作,图7、图8为主要元器件正反面位置对照图。

3.尖峰脉冲抑制电路

图5中,二极管DB808、电阻RB804、电容CB802组成尖峰脉冲抑制电路。当ICB801(ICE3B0365J)在导通和截止时,在ICB801(ICE3B0365J)内部MOS管D级上将形成高频、高压的脉冲电压,此脉

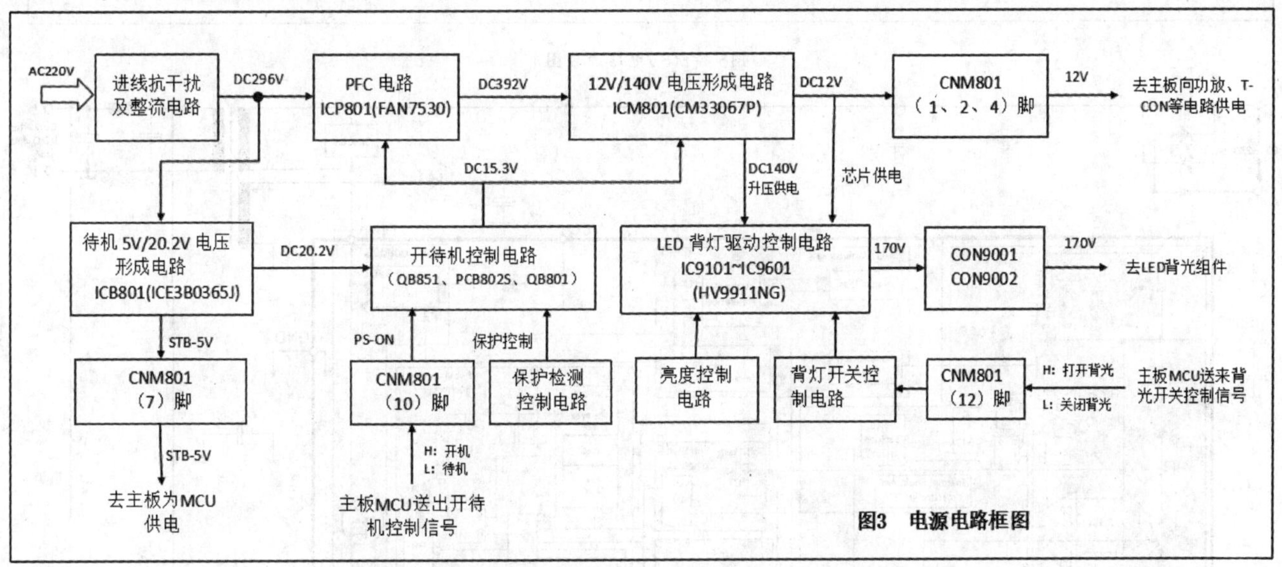

图3 电源电路框图

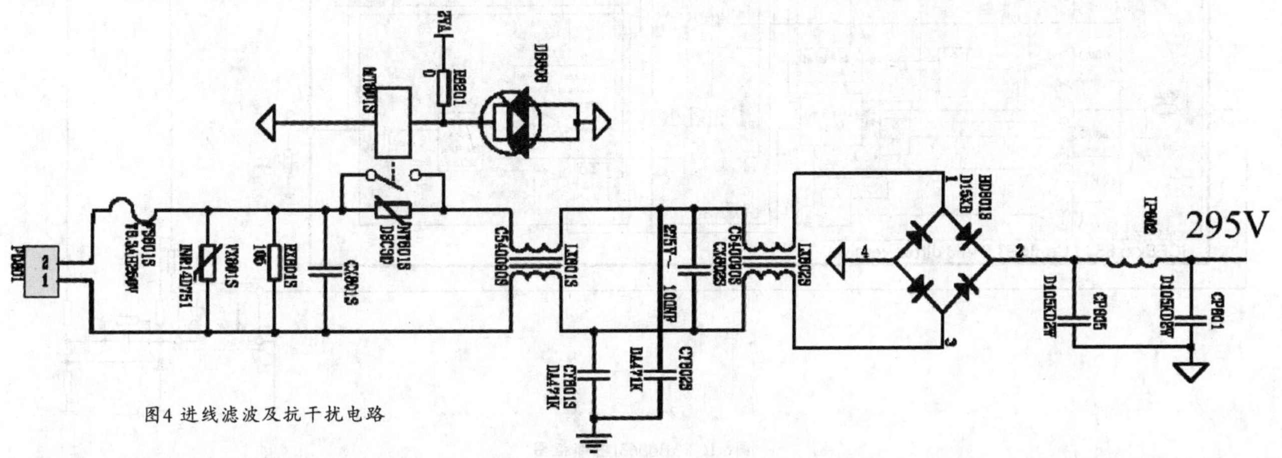

图4 进线滤波及抗干扰电路

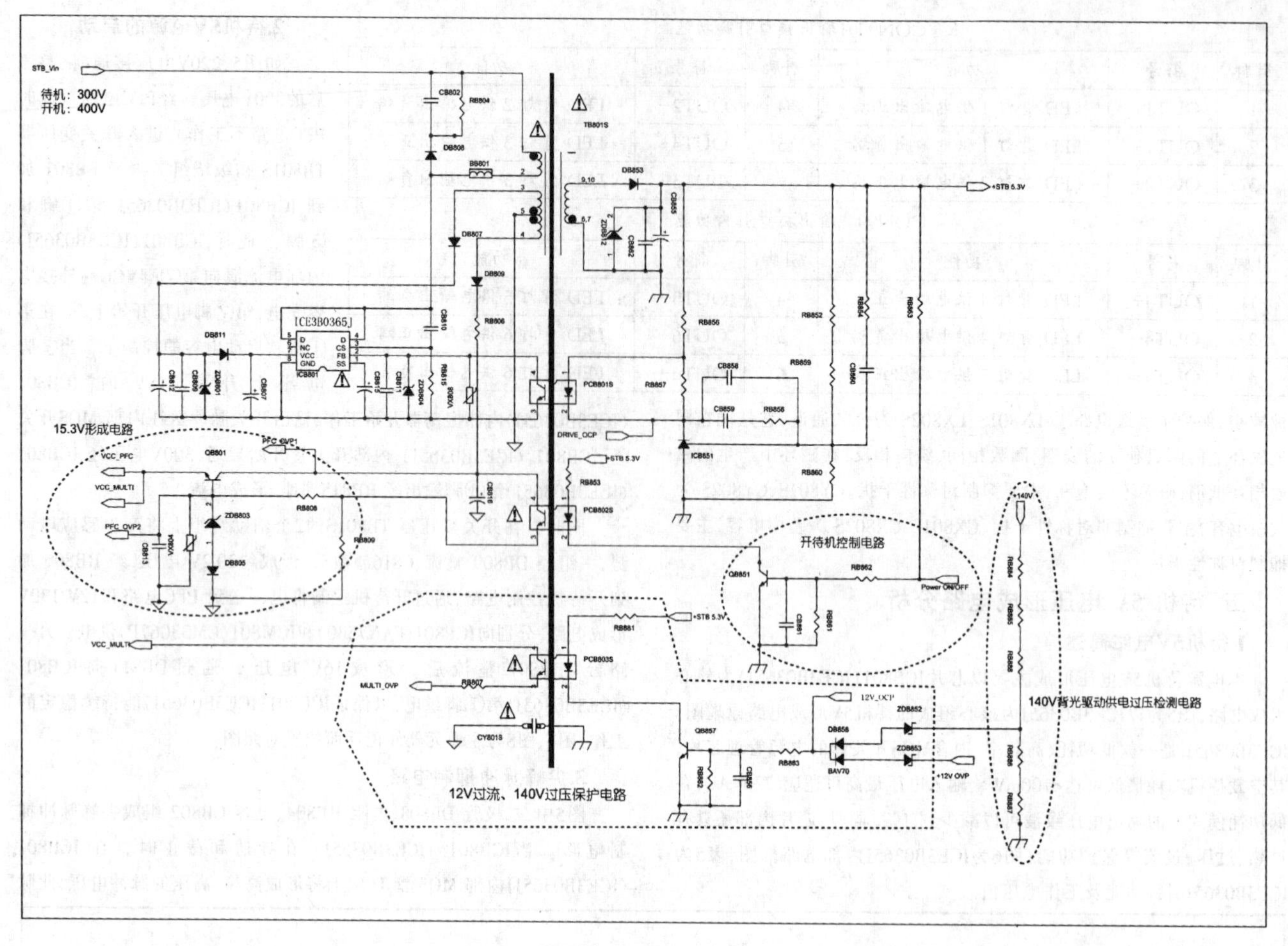

图5 待机5V电路原理图

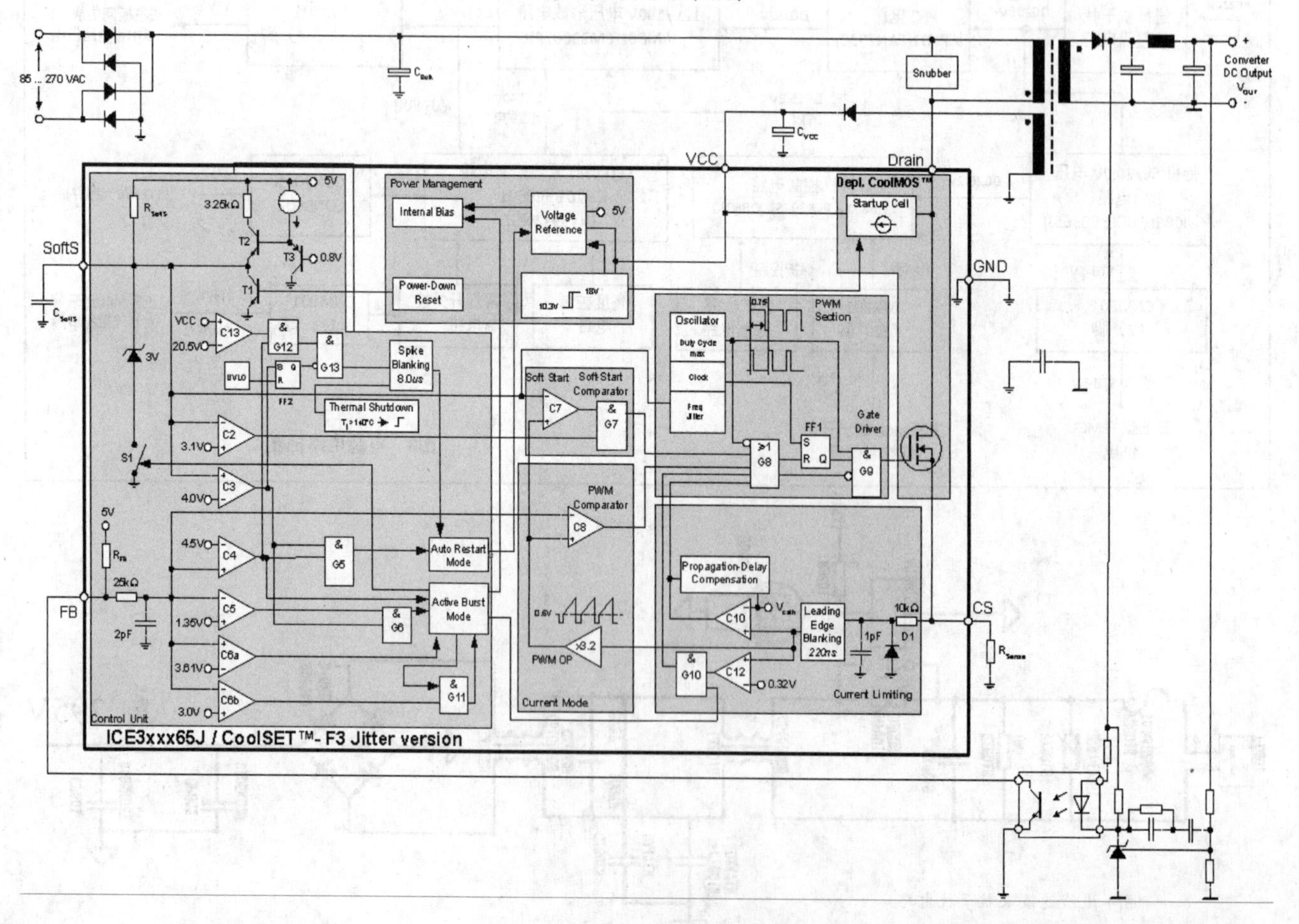

图6 ICE3B0365J内部框图

表5 ICE3B0365J引脚功能及实测电压

引脚	符号	引脚功能及描述	实测电压
1	SoftS	软启动：通电时，通过内部电流源向此脚外接电容充电，使电压慢慢升高而启动IC，采用该启动方式可以有效减小启动时大电流对开关管的冲击。	3.38V
2	FB	反馈端：内接误差放大器，通过对此脚外接取样电路电压检测，控制IC内部振荡器频率，以控制振荡电路输出脉冲宽度，以稳定输出电压。	1.78V
3	CS	过电流检测：当流过开关管电流过大时，此脚检测到外接电阻上的电压降上升到0.32V后，振荡电路关闭。	0.02V
4/5	Drain	内部MOS管D极：此脚接变压器初级绕组，通过内部MOS管与地导通与截止，在变压器上产生磁通。同时，在通电时，通过此脚向IC内部提供一次开机开启电压。	392V
6	N.C	空	0V
7	VCC	IC供电端	16.4V
8	GND	接地	0V

冲对ICB801（ICE3B0365J）内部MOS管将造成很大冲击。为了保护ICB801（ICE3B0365J）不被此尖峰脉冲袭击损坏，二极管DB808、电阻RB804、电容CB802组成的尖峰脉冲吸收电路，将快速泄放掉此高频高压脉冲。

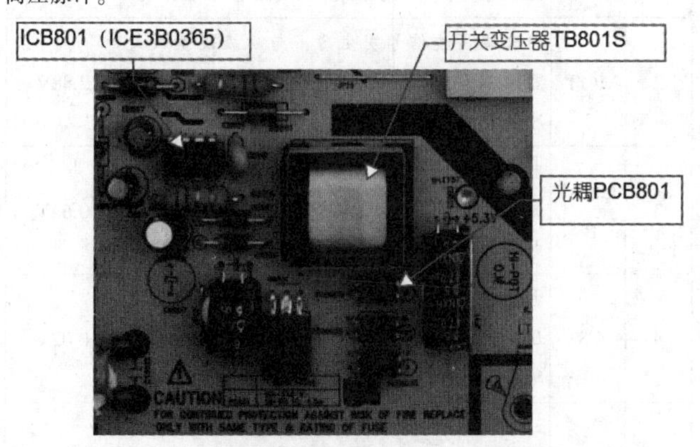

图7 5V待机电路主要元器件正面位置对照图

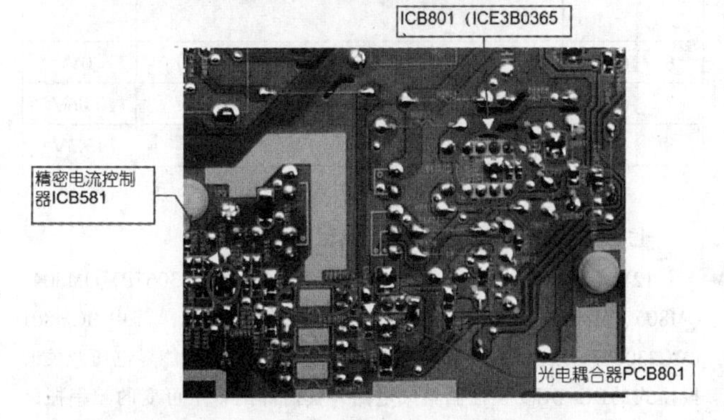

图8 5V待机电路主要元器件反面位置对照图

4.次级5V输出电路

开关变压器TB801S次级产生的感应电动势由DB853整流、CB855滤波后形成5V直流电压向主板MCU提供工作电压。

5.稳压控制电路

当DB853整流、CB855滤波后输出的电压高于5V时，经电阻RB852、RB859与电阻RB860分压后加到精密电流控制器ICB851控制极（R极）的电压随之升高，其A-K极间电流增大，光电耦合器PCB801S第①-②脚内部发光二极管导通增强，发光增强，第③-④脚间光电接收管导通增强，ICB801（ICE3B0365J）第②脚电流增大，ICB801（ICE3B0365J）内部误差放大器输出控制指令，控制ICB801内部MOS管的导通程度降低，输出电压下降至5V额定值。当输出的电压低于额定电压5V时，控制过程与上述相反。

6.开关管过流保护电路

当某种原因导致ICB801（ICE3B0365J）内部MOS开关管导通时间过长，其电流急剧增大时，电阻RB815上的电流将急剧增大，RB815上的电压急剧升高，当RB815上的电压降高于0.32V时，ICB801第③脚内部比较器启动，将直接切断送入开关管G极的开关脉冲，电源进入保护状态。

7.整机开待机控制电路

整机开待机控制电路如图9所示，主要由QB851、PCB802S、QB801为核心电路组成。开机时，主板输出PS_ON（高电平），经插座CNM801第⑩脚输入电源板，经电阻RB862与电阻RB861分压后加到NPN三极管QB851基极，形成0.83V电压，三极管QB851导通，5V电压经电阻JP813、R853、光耦PCB802S第①-②脚，经QB851（C）-（e）及到地形成电流。光电耦合器PCB802S③-④脚内部导通。辅助绕组产生的20.2V电压经电阻RB806、光电耦合器PCB802S③-④脚，再经电阻RB808与电阻RB809分压后，形成约15.7V电压加到MOS管QB801栅极，QB801导通，其源（S）极输出约15.2V电压，向PFC电路芯片ICP801（FAN7530）及12V/130V电压形成电控制芯片ICM801（CM33067P）提供工作电压，PFC电路及12V/130V电压形成电路同时被启动而进入工作状态。

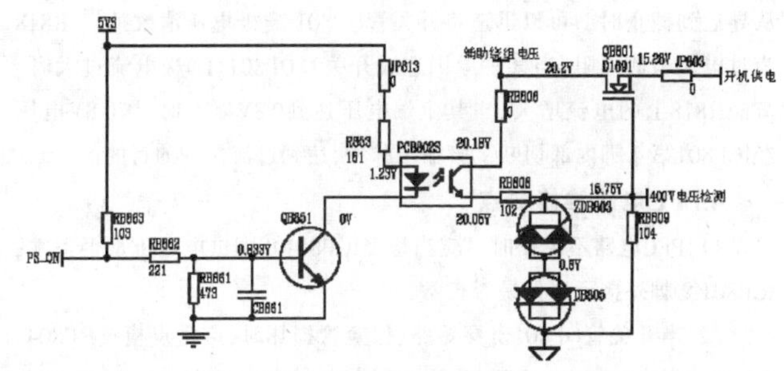

图9 整机开待机控制电路

待机时，主板MCU送来PS-ON低电平信号，QB851截止，PCB802S截止、Q801截止，QB801（s）极输出电压被切断，PFC电路芯片ICP801（FAN7530）及12V/130V电压形成电控制芯片ICM801（CM33067P）无工作电压而停止工作，整机进入待机状态。

六、PFC（功率因数校正）电路

PFC（功率因数校正）电路如图10所示，该电路主要由控制芯片ICP801（FAN7530）、开关管QP801及二极管DP802等元器件构成，图11为ICP801（FAN7530）内部电路框图，表6为ICP801引脚功能及实测电压。

1.PFC电路的启动

待机时，主板上CPU发出待机指令，图9整机开待机控制电路中QB851、QB801截止，QB801（S）极输出的15.3V电压被切断，图10中ICP801（FAN7530）的⑧脚（供电脚）无电压，PFC电路不工作，图10中LP801、BP802//BP803、DP802无电流流过，LP801次级绕组无电流送入ICP801（FAN7530）过零检测第⑤脚。

当主板上CPU发出开机指令后，图9整机开待机控制电路中QB851、QB801导通，QB801（S）极输出约15.3V电压加到图10中ICP801（FAN7530）的⑧脚，ICP801（FAN7530）内部电路启动，从其第⑦脚输出脉冲，经RP804、RP805、DP803加到开关管QP801（G）极，QP801导通，桥式整流后的295V电压经LP801初级绕组、BP802//BP803、QP801(D)-(S)极、RP818到地形成电流，此时，电感LP801初级绕组电流逐步增大，储能开始增加，当LP801初级绕组电流、开关管QP801电流、RP818电流上升一定程度，使RP818上端形成的电压达到0.8V以上时，该0.8V作为电流检测电压送到ICP801(FAN7530)的④脚，ICP801将关闭其⑦脚输出脉冲，开关管QP801截止。

开关管QP801截止后，LP801初级绕组储备的电动势与295V串联叠加，经DP802向负载提供工作电压。

2.PFC电路稳压控制

从DP802负端输出的电压高于设定值400V左右时，通过电阻RP802、RP806、RP809、RP813、JP833与电阻RP819、RP820分压得到的电压将高于2.5V，该2.5V电压送到控制芯片ICP801(FAN7530)第①脚，经内部误差放大器放大后去调整⑦脚输出的驱动脉冲宽度，以降低开关管QP801的导通时间，最终使PFC电压下降。

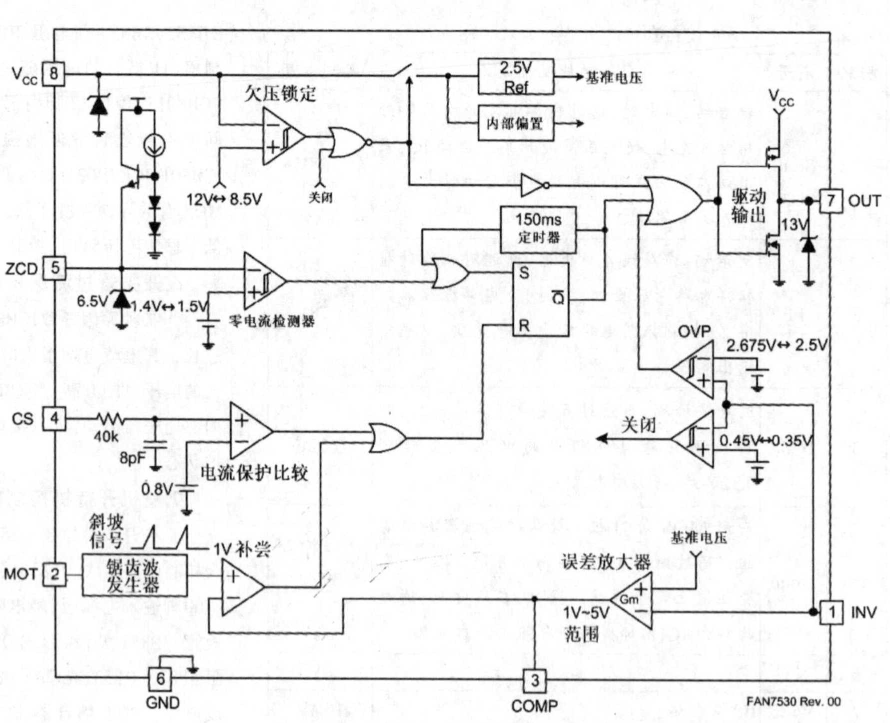

图11 ICP801(FAN7530)内部电路框图

随着负载对电流的消耗，当DP802负端输出的电压低于设定值400V左右时，稳压控制过程与上述相反，如此反复，以保证PFC电路输出电压的稳定。

3.其他电路分析

二极管DP803和电阻RP805为快速卸放元件，在开关管QP801从导通到截止时，可以迅速将开关管QP801栅极电压泄放掉。R818为过电流检测电阻，当某种原因造成开关管QP801(D)极电流过大时，流经R818上的电流增大，当其上端电压达到0.8V以上时，该0.8V电压经ICP801第④脚内部切断⑦脚输出脉冲，达到过流保护的目的。

4.PFC电路维修要点

(1)PFC电路不工作时，应当检查ICP801⑧脚供电电压是否正常；ICP801②脚外接元器件是否正常；

(2)当开关管QP801击穿短路、保险管损坏时，应重点检查RP804、RP805、RP818、DP803、DP804及控制芯片ICP801(FAN7530)，这些元器件往往同时被烧坏，需一并更换，否则更换的换机可能会再损坏；

(3)当开机瞬间PFC电路输出电压高于400V，有时高达500V以上，或输出电压过低时，应重点检查稳压控制电路RP802、RP806、RP809、RP813、JP833、RP819、RP820等元件。

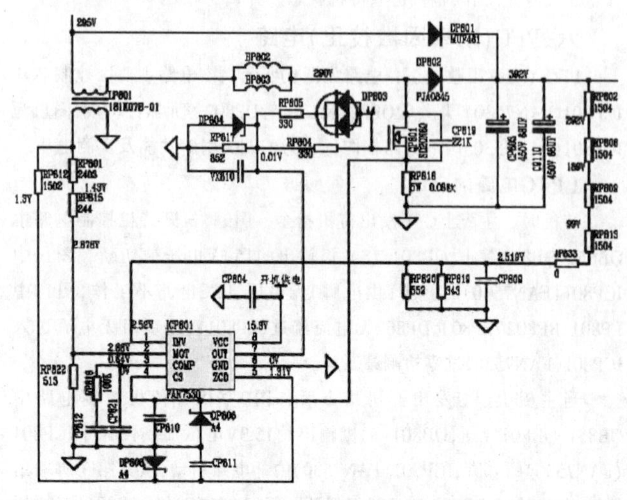

图10 PFC(功率因数校正)电路

引脚	符号	引脚功能及描述	实测电压
1	INV	内部误差放大器的反相输入端，用于PFC输出电压检测，稳定输出电压。当该脚电压高于2.67V及低于0.45V时，PFC电路关闭。	2.52V
2	MOT	内含锯齿波信号发生器，与后级误差放大器比较，输出控制信号，去控制⑦脚输出脉冲的关断。	2.88V
3	COMP	内部误差放大器的补偿引脚，外接RC电流补偿元件，对(1)脚输入的误差电压进行电流补偿。	0.64V
4	CS	电流检测，当开关管电流增大，导致该脚电压上升到0.8V以上时，内部关断⑦脚输出脉冲。	0.02V
5	ZCD	过零检测，用于检测储能电感中电流，当该脚电压低于1.4V时，控制内部脉冲从⑦脚输出。	1.32V
6	GND	地	0V
7	OUT	开关脉冲输出，驱动外接开关管	0.06V
8	Vcc	芯片供电脚	15.3V

表6 ICP801(FAN7530)引脚功能及工作电压

七、12V及140V主电源形成电路

12V及140V电源压形成电路由以ICM801(MC33067P)、QM804、QM805、TM801S、TM802S、ICM857为核心元器件构成，其中，ICM801(MC33067P)是电源核心驱动芯片，该芯片是一款高性能零电压开关谐振模式的DC-DC变换控制集成电路，其内部配备了可变的频率振荡器、可触发单稳态定时器、温度补偿参考、高增益宽带误差放大器等电路，可实现双路高电流的推挽驱动输出。图12为ICM801(MC33067P)内部电路框图，图13为以ICM801(MC33067P)为核心组成的12V及140V主电源形成电路原理图，图14为12V及140V主电源形成电路主要

器件印制板正面布局图，图15为12V及140V主电源形成电路主要器件印制板反面布局图。

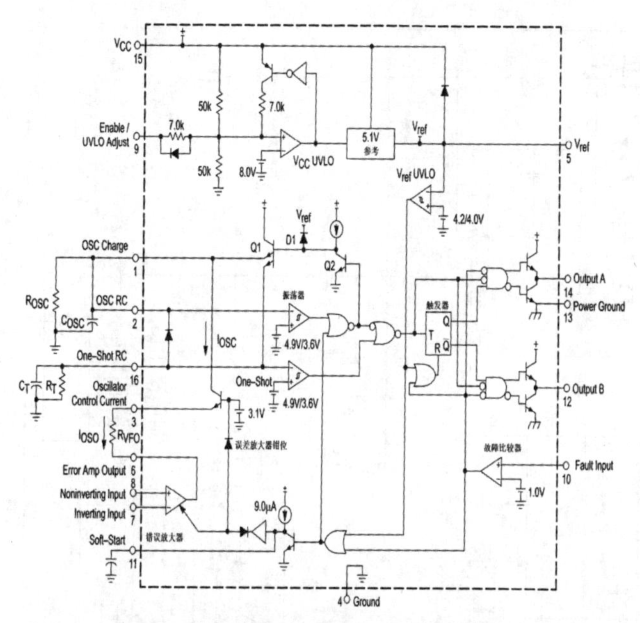

图12 ICM801(MC33067P)内部电路框图

图14 12V及140V主电源形成电路主要器件印制板正面布局图

图15 12V及140V主电源形成电路主要器件印制板反面布局图

1.12V/140V主电源的启动

当电视机收到开机指令时，开待机控制电路 QB801 源极输出15.3V供电电压，此电压一路送到 PFC电路ICP801(FAN7530)第⑧脚，启动PFC电路。另一路将送到图13中ICM801(MC33067P)第⑮脚，第⑮脚为ICM801(MC33067P)供电脚，该脚得到约15.3V 供电后，内部产生5V 基准电压，经内部电流源向第⑪脚外接软启动电容CM827充电，当充电电压达到5V时，内部缓冲器、误差放大器开始工作，在ICM801(MC33067P)的⑥、⑦、⑧脚外接器件的作用下，ICM801(MC33067P)①、②脚内部振荡电路开始工作，振荡信号经过放大从ICM801(MC33067P) 第⑫、⑭脚交替输出驱动脉冲信号。表7为ICM801(MC33067P)引脚功能及工作电压表。

表7 ICM801(MC33067P)引脚功能及工作电压表

引脚	符号	引脚功能及描述	实测电压(V)
1	OscCharge	振荡器充电	4.28
2	Osc RC	振荡频率设定	4.28
3	OscControlCurrent	振荡器控制电流	2.59
4	Gnd	地	0
5	Vref	基准电压滤波端	5.05
6	Error Amp Out	误差放大器输出端	1.98
7	Inverting Input	误差放大器反相输入	1.98
8	Noninverting Input	误差放大器同相输入	1.98
9	Enable/UVLO Adjust	启用/欠压锁定调整	14.79
10	Fault Input	过压保护输入(该脚超过 1V 保护)	0
11	CSoft-Start	振荡器软启动	4.93
12	Drive Output B	驱动脉冲输出 B 端	6.05
13	Power Gnd	电源接地端	0
14	Drive Output A	驱动脉冲输出 A 端	6.25
15	VCC	芯片供电	15.25
16	One-Shot RC	外接触发器定时元件	2.95

如图13所示，ICM801(MC33067P)第⑫、⑭脚交替输出的驱动脉冲信号，分别通过电阻 RM813和RM810送到MOS 管 QM815、QM816 及 QM813、QM814 组成的两组推挽放大电路，当 ICM801(MC33067P)第⑫脚输出高电平，⑭脚输出低电平时，QM815 和 QM814导通。15.3V电压通过功率MOS 管 QM815、电容 CM823、变压器 TM803 初级绕组、功率 MOS 管 QM814 到地，在脉冲激励变压器 TM803 初级①-⑧绕组内部形成①正⑧负电流；

当 ICM801(MC33067P)第⑫脚输出低电平，第⑭脚输出高电平时，推挽电路 MOS 管 QM813、QM816 导通。15.3V电压通过 MOS 功率管 QM813、变压器TM803初级绕组、电容 CM823、功率 MOS 管 QM816 到地。在脉冲激励变压器 TM803 初级①-⑧绕组内部形成⑧正①负电流；由此完成一个完整的驱动周期，如此反复，在TM803初级绕组内部形成持续不断的交变电流。

TM803次级2个绕组分别为⑤-⑦绕组、③-④绕组，如图13所示，TM803⑥脚与④脚为同名端，⑤脚与③脚为同名端，TM803的⑤-⑥绕组、③-④绕组输出的脉冲分别推动QM804、QM805轮流工作在开关状态。全过程如下：

当ICM801⑫脚输出低电平、⑭脚输出高电平驱动脉冲时，QM813、QM816导通，激励变压器TM803的①-⑧绕组流过的电流为①正⑧负，2个次级绕组(⑥-⑤绕组和③-④绕组)电流流向为⑥正⑤负、④正③负，④-③绕组输出的脉冲使功率MOS管QM805反偏截止，⑥-⑤绕组输出的脉冲经RM811送到功率MOS管QM804(G)极，QM804导通。PFC电路送来的400V电压经BM802//BM803、保险丝FSM801S、QM804(D)-(S)、开关变压器TM801S-TM802S初级绕组向CM820充电，在开关变压器TM801S、TM802S初级绕组中形成电流。

当ICM801⑫脚输出高电平、⑭脚输出低电平驱动脉冲时，QM815、QM814导通，激励变压器TM803的1-8绕组流过的电流为8正1负，2个次级绕组(⑥-⑤绕组和③-④绕组)电流流向为⑤正⑥负、③正④负，⑥-⑤绕组输出的脉冲使功率MOS管QM804反偏截止，④-③绕组输出的脉冲送到功率MOS管QM805(G)极，QM805导通，CM820上充得电压经开关变压器TM801S初级绕组、QM805(D)-(S)极回到CM820负端，CM820完成放电，由此在开关变压器TM801S、TM802S初级绕组中再次形成电

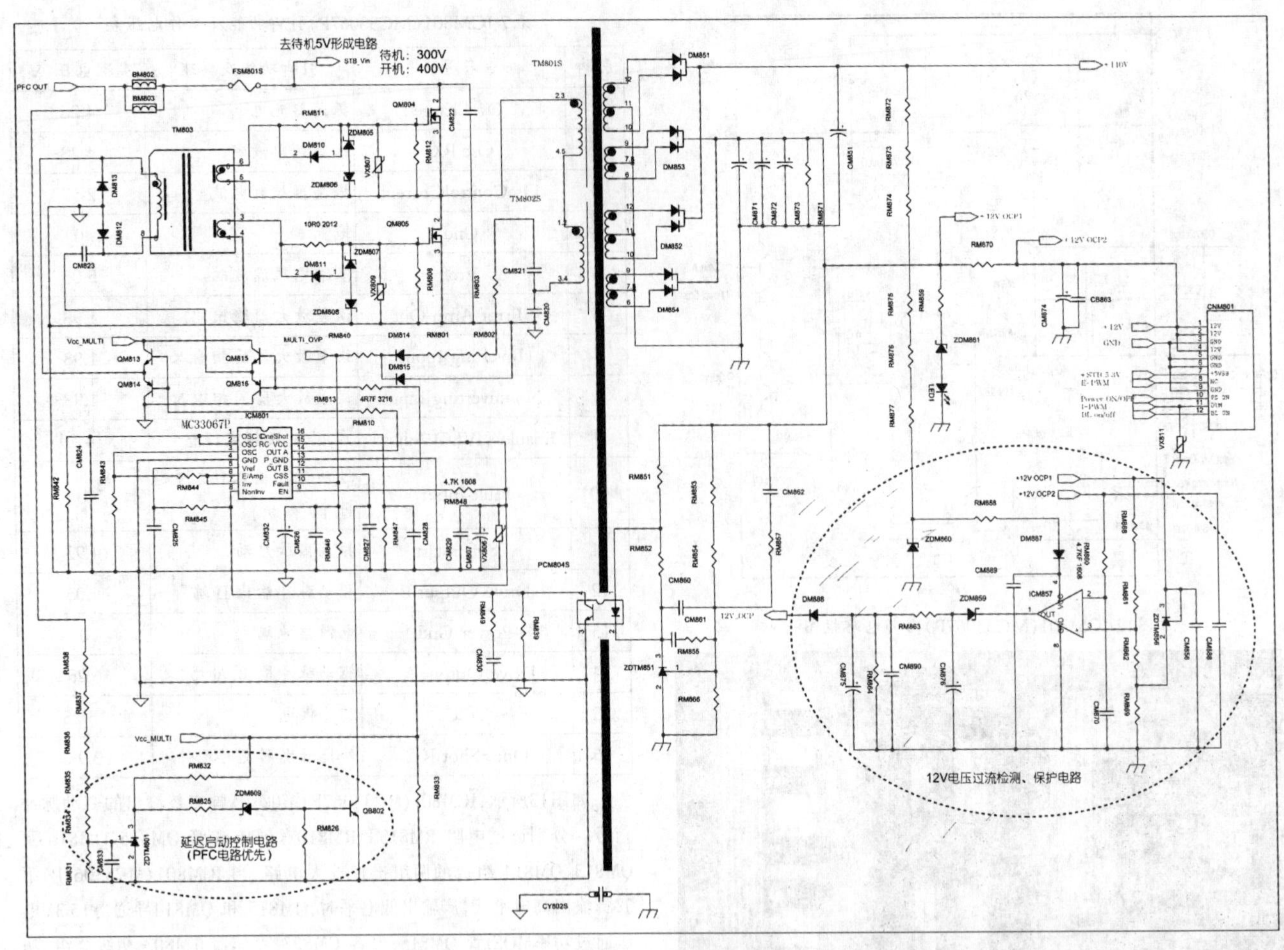

图13 12V及140V主电源形成电路

流。

以上如此循环，QM804、QM805两个MOS功率开关管轮流工作，在开关变压器TM801S、TM802S初级绕组中产生相应的交变电流，通过开关变压器TM801S、TM802S初次级各绕组向负载供电。

2.12V/140V电压输出电路

如图13所示，开关变压器TM801S与TM802S初级绕组串联、次级绕组输出的脉冲电压经整流后并联，其中DM851与DM852整流后由CM851滤波合并形成140V电压，向背光驱动电路供电；DM853与DM854整流后由CM871、CM872、CM873滤波合并形成12V电压经接口CNM801向主板电路供电。

3.12V/140V稳压控制电路

12V/140V电压的稳压控制电路由RM851、RM852、RM853、RM854、RM866、ZDTM851、PCM804S及芯片ICM801⑧脚内部电路组成，该电路通过对12V电压的高低进行检测来实现稳压控制。当某种原因使12V电压升高时，RM866上分得的电压升高，比较器ZDTM851①脚电压超过2.5V，其③-②脚间电流增大，光电耦合器PCM804S①-②脚电流增大，其③-④脚电流水之增大，ICM801⑧脚电压下降，⑧脚内部误差放大器输出控制电压去控制振荡器的振荡频率，进而控制ICM801(MC33067P)第⑫脚、第⑭脚输出的脉冲频率，使升高的12V电压回到12V正常值。当某种原因使12V电压降低时，控制过程与上述相反，以确保12V电压的稳定。

4.12V 过流保护电路

12V 过流保护电路由ICM857为核心电路组成。如图13所示，12V和 140V电压形成后，140V电压经电阻 RM872、RM873、RM874、RM875、RM876 、RM877降压，ZD860稳压，在经RM858、DM887送到ICM857第⑧脚，为 ICM857 提供工作供电。

12V电压主要为主板电路提供工作电压，为实现12V过流保护，在12V输出电路上串联电流检测电阻RM870，当某种原因造成主板电路异常，12V电流异常增大时，RM870两端电压降加大，而RM870两端分别经RM860、RM868、RM861送到ICM857②、③脚，ICM857②、③脚内部比较器翻转，从其①脚输出高电平反向击穿二极管ZDM859后再经RM863、DM888、RB883送到QB857 (b) 极，QB857导通，光电耦合器PCB803S导通，15.3V电压经PCB803S③-④脚、RB807后形成MULT1_OVP电压，图13中MULT1_OVP电压将升高，ICM801⑩脚电压升高，ICM801内部关闭驱动脉冲，12V/140V电压形成电路被关闭。

5.故障检修要点

(1)保险丝FSM801S熔断、开关管QM804、QM805击穿或炸裂。

如遇此故障，因重点检查电容CM822、DM810、DM811、R808、R812等器件有无变质，输出整流二极管DM851、DM852、DM853、DM854是否击穿短路。往往QM804、QM805击穿或炸裂，RM810、RM811、DM810、DM811、ZDM805、ZDM806、ZDM807、ZDM808可能一并损坏，维修时，应同时更换损坏元件，否则，有可能更换的保险丝、MOS开关管在开机瞬间再次损坏。

(2)电源不启动，12V/140V无输出。

A.检查ICM801⑮脚15.3V电压是否正常；

B.检查ICM801①、②、③脚外接元器件是否变质或损坏；

C.检查ICM801⑫脚、⑭脚外接电阻R813、R810及激励管QM813、QM814、QM815、QM816是否变质；

D.电阻RM846是否变质或开路，当电阻RM846变质或开路，ICM801⑩脚电压超过1.0V时，ICM801内部将处于保护状态；

E.软启动控制电路有元件变质或损坏，包括RM838、RM837、RM836、RM835、RM834、CM833、QB802、CM827等。

F.以上检查无异常考虑更换芯片ICM801。

八、LED背光驱动电路

1.LED背光驱动电路概述

背光驱动电路由6块HV9911NG作为核心驱动芯片，HV9911NG是一款电流模式控制的LED驱动器IC，专门用于控制单开关PWM升压或降压变换器，可实现固定频率或恒定关断时间模式，在恒定频率模式下，可以使用SYNC引脚同步或外部时钟。该芯片还包括一个0.25A的电流源应用和0.5A的栅极驱动器。

在调光方面，HV9911NG提供了一个TTL兼容的PWM调光输入，可以接收0–100%的高达数千赫频率的外部控制信号来实现背光调节。图16为HV9911NG内部电路框图，表8为HV9911NG引脚功能及实测电压表，图17为以HV9911NG为核心组成的背光驱动电路电路原理图，图18为以HV9911NG为核心组成的背光驱动电路印制板正面主要元件分布图，图19为以HV9911NG为核心组成的背光驱动电路印制板反面主要元件分布图。

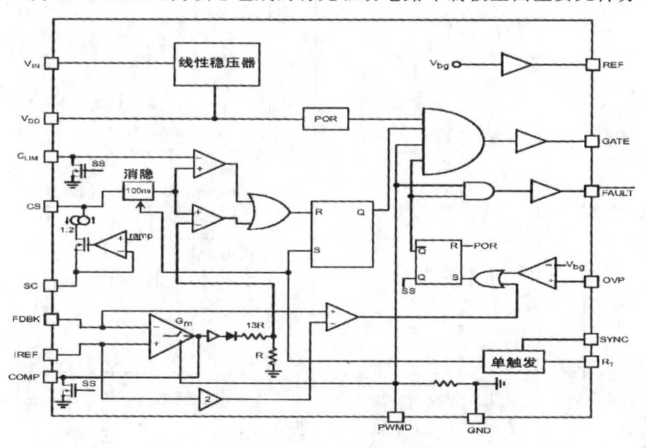

图16 HV9911NG内部电路框图

表8 HV9911NG引脚功能及实测电压表

引脚	符号	引脚功能及描述	实测电压(V)
1	VCC	内部线性稳压电源电压输入	11.86
2	VDD	内部电路供电输入	7.73
3	GATE	升压开关脉冲输出	0.12
4	GND	地	0
5	CS	升压MOS开关管电流检测输入	0.02
6	SC	斜波补偿电流检测	0.61
7	RT	频率与时间设定	6.93
8	SYNC	同步脉冲，可控制振荡器锁定在最高振荡频率(实际未用)	1.62
9	CLIM	通过REF引脚的外接电阻分压，实现内部放大器电流限制，该脚也可以作为软启动使用	0
10	REF	参考电压输入	1.24
11	FAULT	LED背光电流驱动驱动输出	0.02
12	OVP	过电压保护，当该脚电压超过1.25V时，芯片输出开关脉冲关闭	0.67
13	PWMD	背光亮度调节控制	3.6
14	COMP	内部放大器的补偿网络	0.22
15	IREF	内部放大器参考电压设置	0.46
16	FDBK	LED背光驱动电流检测反馈	0.01

图18 背光驱动电路印制板正面主要元件分布图

图19 背光驱动电路印制板反面主要元件分布图

2.LED背光驱动电路工作过程

如图17，背光驱动电路采用6块HV9911NG作为6路LED驱动电压的控制管理，每路LED驱动电路完全相同，下面分析其工作过程。

当电视机接收到开机指令后，主板发出的开待机控制信号打开12V和140V主电压形成电路，140V通过图17中的R9006、R9005、R9004进行分压，形成2.5V电压使ZDT9001导通，Q9002(b)极电压降低而导通，其(e)极12V电压从其(c)极输出，加到6块HV9911NG芯片的①脚，6块HV9911NG芯片同时得电进入工作状态。

同时，主板MCU送来的背光开关控制高电平指令(BL-ON/OFF)经R9013加到Q9003(b)极，令Q9003导通、Q9004截止，5.2VSTB电压经R9016、R9017形成约3.8V电压加到6块HV9911NG芯片的⑬脚，6块HV9911NG芯片内部与门逻辑电路被打开，HV9911NG芯片③脚输出用于升压的开关脉冲，HV9911NG芯片⑪脚输出用于控制背光电流的驱动脉冲。此时整个背光驱动电路被正式启动。

如图17所示，以其中一路IC9101为例，从芯片③脚输出的升压开关脉冲经Q9102、Q9103组成的缓冲放大电路放大后驱动MOS开关管Q9101工作在开关状态，当Q9101导通时，140V电压仅储能电感L9101–Q9101(D)极–Q9101(S)极–R9102–地形成回路，此时利用电感L9101两端电流不能突变的特性，在L9101内部进行储能；当Q9101截止时，Q9101内部储备的电能转换为电压与140V进行叠加，经续流二极管D9101//9105后，由电容C9110滤波形成约170V的电压向LED背光灯串供电，从显示屏内部背光灯串流出的电流在IC9101⑪脚控制下，经Q9104(D)–(S)极、R9121到地形成回路，背光灯被点亮。

3.LED背光亮度控制电路

亮度控制电路由R9017及6块HV9911NG的⑬脚内部电路构成，当主板MCU送来亮度控制信号(E–PWM)时，该调光控制信号经R9017后形成PWMD信号分别送入6块HV9911NG的⑬脚内部，同时调整6块

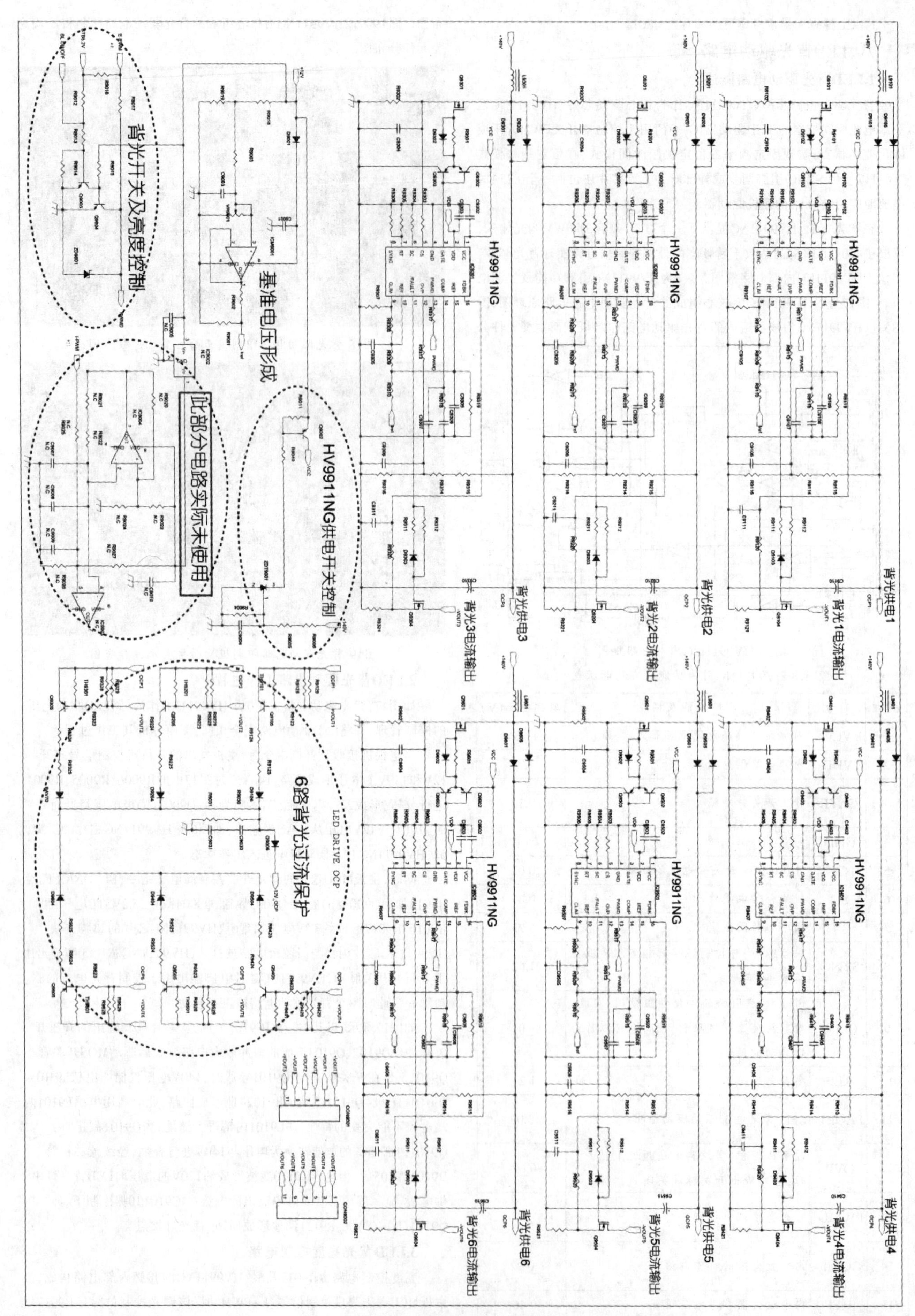

图17 背光驱动电路电路原理图

HV9911NG③脚、⑪脚输出脉冲的宽度，达到通过调整显示屏内部LED灯串供电电压和电流而调整LED背光亮度的目的。

4.LED背光电压、电流检测与稳定电路

仍然以芯片IC9101组成电路为例，如图17所示，升压MOS开关管Q9101(S)极与地之间的电阻R9102为电流检测电阻，在该电阻上的压降经R9203送入芯片HV9911NG的⑤脚内部，内部电路将根据⑤脚输入的反馈电压调整③脚输出脉冲宽度，HV9911NG的⑤脚输入的电压大小与③脚输出的脉冲宽度成反比，用以稳定LED背光电压。

同理，LED灯串电流流过MOS管Q9104(D)-(S)极，再经R9121到地，在R9121上形成的压降经R9120反馈到IC9101⑯脚内部，内部电路根据⑯脚反馈电压调整⑪脚输出脉冲，从而调整Q9104的导通程度，也就调整了LED灯串的电流大小，以保证LED灯串电流稳定，⑯脚输入电压大小与⑪脚输出脉冲成反比。

5.LED灯串过流保护电路 当显示屏内部6路背光中只要其中一路电流过大时，12V/140V电压形成电路都将被关

闭而进入保护状态，如图17，该保护电路由Q9105、Q9205、Q9305、Q9405、Q9505、Q9605为核心电路组成，为6路背光电流检测保护电路。以Q9105组成电路为例，当显示屏内部与+VOT1、-VOT1连接的灯串电流过大时，流经R9128//R9129电阻电流增大，两端压降增大，Q9105(b)-(e)极正偏而导通，从其(c)极输出高电平经R9124、R9125、D9104、Q9006后形成12V_OCP电压，该高电平最终形成MULT1_OVP电压送到图13中ICM801⑩脚，ICM801内部关闭脉冲输出，12V/140V电压形成电路被关闭，整机处于保护状态。

九、维修实例列举

例1：不开机，指示灯不亮

分析与检修过程：通电指示灯不亮，测待机 5V 无输出。

分析引起无待机 5V 电压的原因有(1)进线抗干扰电路及整流电路故障引起无 300V 电压输出；(2)PFC 或 12V/130V 形成电路故障造成保险丝溶断；(3)待机 5V 形成电路本身故障，造成无电压输出；

经查保险管 FS801S(T6.3AH250V)已溶断。此时，怀疑可能后级有电流过大或短路现象造成保险管 FS801S(T6.3AH250V) 溶断。用万用表在路测量电容 CP803(450V68uF)两端，发现阻值为0Ω，说明确实存在短路现象。逐一断开检查与CP803正端连接的大功率元器件，发现12V/140V 形成电路MOS功率开关管QM804、QM805均已被击穿，取下QM804、QM805后，短路现象消失。进一步检查周围元器件，发现电阻RM810、RM811开路性损坏，查其他元器件无异常后，同时更换保险丝FSM801S、QM804、QM805、RM810、RM811后，通电试机，故障排除。

例2：不开机，指示灯不亮

分析与检修过程：通电指示灯不亮，测待机5V仅有 3.1V。待机5V电压低应首先检查稳压控制电路中的取样比较电路相关元件，经检测，光耦PCB801S第①脚 4.5V正常，第②脚3.5V 基本正常，误差电压比较器ICB851(R)极2.46V基本正常，在路检测取样电路各元件，发现R860阻值为7.5K左右，阻值偏小(正常因为10K)，拆下R860单独测量阻值正常，观察R860处印制板上有密封胶，怀疑密封胶下方有漏电情况，用刀片清除密封胶，再用酒精清洗R860及周围，印制板晾干后，装入R860，待机5V恢复正常，故障排除。

例3：通电指示灯亮，不开机

分析与检修过程：指示灯亮，遥控开机，发现指示灯闪烁，表明整机CPU工作基本正常，测电压输出的12V、140V主电压为0V。

造成12V、140V主电压为0V的原因一般有：

(1)开待机控制电路故障故障，未能打开 PFC电路及12V/140V 形成电路的15.3V供电；

(2)12V/140V形成电路本身故障引起无电压输出；

(3)、PFC电路故障引起PFC 电压无法达到400V，保护电路启动关闭12V及140V 形成电路控制芯片ICM801(CM33067P)。先测CNM801第⑩脚开待机控制信号高电平正常，再测PFC控制芯片ICP801(FAN7530)第⑧脚供电脚无电压。判断故障在开待机控制电路或15.3V电压形成电路，测15.3V形成电路三极管QB801(c)极电压为20V，正常，(b)极电压为0.8V不正常(正常应为16V左右)，断开(b)极连接的保护电路，(b)极电压仍然为0.7V，再测量(b)极连接的稳压二极管ZDB803，发现正反向阻值均为470Ω左右，说明ZDB803已击穿短路，更换新的16V稳压二极管后，通电试机，12V、140电压正常，整机故障排除。

例4：通电指示灯亮，不开机

分析与检修过程：通电指示灯亮，遥控开机指示灯闪几下熄灭又闪烁，如此反复，开机测待机5V供电在2V-5V反复跳变，遥控关机，待机5V电压稳定。

根据测试结果分析，5V电压跳变与开待机状态有关（因为待机时指示灯不闪烁），5V形成电路与开待机相关的电路为开待机本身电路和以QB801为核心组成的15.3V供电电路，既然可以进行遥控开关机，说明开待机电路本身正常，应重点检查以QB801为核心组成的15.3V供电电路及其负载电路。

经检测发现QB801(e)极对地阻值仅为16Ω左右，表明QB801输出的15.3V负载有短路现象，经逐一断开15.3V供电后级负载，当断开12V、140V形成电路中推挽三极管QM815、QM816时，短路现象解除，判断QM815、QM816击穿，更换后故障排除。

例5：通电开机声音正常，显示屏黑屏

分析与检修过程：通电指示灯亮，二次开机后伴音正常，说明主板电路基本工作正常，12V电压形成电路正常，从整机背后观察背光灯没有点亮，怀疑故障在背光驱动电路。

造成背光驱动电路不工作的原因一般有：

(1)背灯开关控制电路故障，造成背光开起失败；

(2)亮度控制电路故障，引起背光灯控制芯片HV9911NG无控制信号输出；

(3)背光灯控制芯片HV9911NG供电电路故障，造成背光灯控制芯片无法进入工作状态；

(4)140V电压形成电路故障，造成140V电压丢失；

(5) 背光灯控制芯片HV9911NG本身及外围电路故障。测12V、140V形成电路输出的140V电压正常，再测背光控制芯片HV9011NG第③脚背灯开关控制电压3.8V正常，第⑮脚亮度控制电压 1.7V 正常，测HV9011NG 第①脚发现没有供电。

如图17，芯片HV9011NG①脚VCC电压来自Q9002，而Q9002受控于ZDT9001，当140V电压正常，ZDT9001导通、Q9002导通，Q9002(c)极才会输出12V电压，测Q9002(e)、(b)极电压均为12.2V，说明Q9002已截止，再测ZDT9001③脚也为12.2V，说明ZDT9002也处于截止状态，再测其①脚为0.3V(正常应为2.5V)，检测外围，发现电容C9004漏电，更换C9004后，故障排除。

海信RSAG7.820.1947二合一电源板原理分析与检修

贺学金

一、总体介绍

海信RSAG7.820.1947电源组件(简称海信1947板)采用电源部分与LED驱动部分二合一的方案，主要应用在海信LED37T28P、LED32T28KV等液晶彩电中。该组合电源输出电压:5V S/0.8A;12V/2A;160V~200V/0.3A。

该电源组件主要由PFC电路、副电源电路、主电源、LED驱动电路四部分组成。PFC电路采用NCP33262芯片,副电源采用STR-A6059H,主电源采用NCP1396AG,LED驱动控制电路采用OZ9986AGN。实物图解见图1、图2。

电路结构如图3所示。接通电源后,首先副电源启动,5VS输出给主板上的CPU供电。开机后,主板上的CPU发出PS-ON开机指令给电源电路,通过待机控制电路将PFC电路和主电源接通,PFC电路工作,将市电整流后的300V脉动电压转换为380V左右的直流电压，为主电源供电。主电源工作后,输出+12V和200V电压。同时,主板送来背光开启控制信号SW和背光亮度控制信号BRI,LED驱动电路开始工作,背光点亮。

二、电路分析

1.EMI滤波电路

图4是EMI滤波电路和PFC电路。F901是保险丝,RT801是限流电阻,RV801是压敏电阻,R801~R803是泄放电阻。C801、C802是差模滤波电容,C803、C804是共模滤波电容,L803、L804是共模电感。

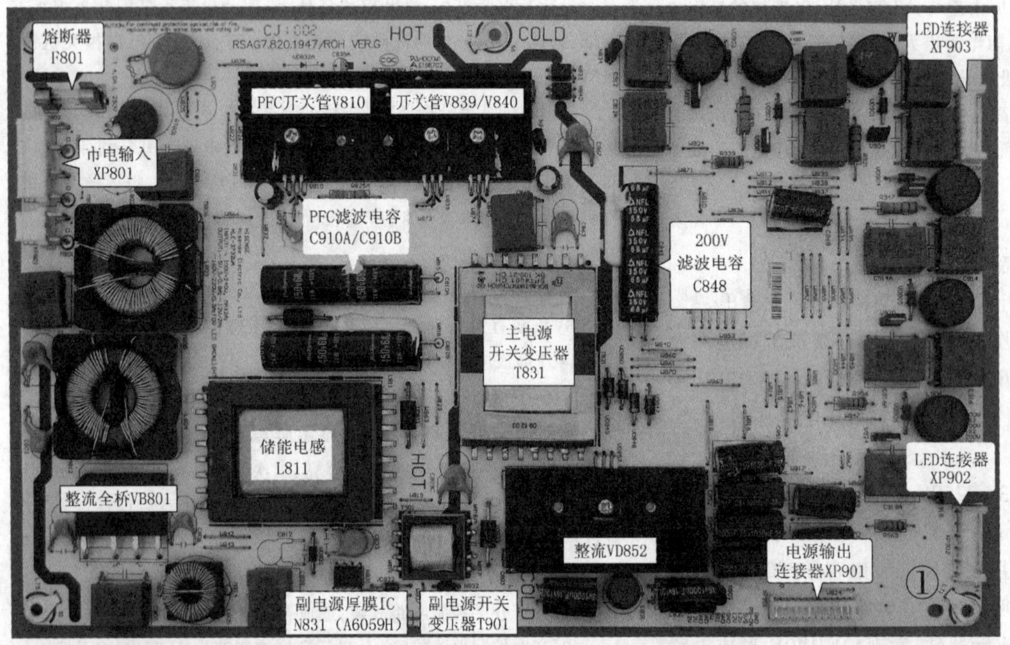

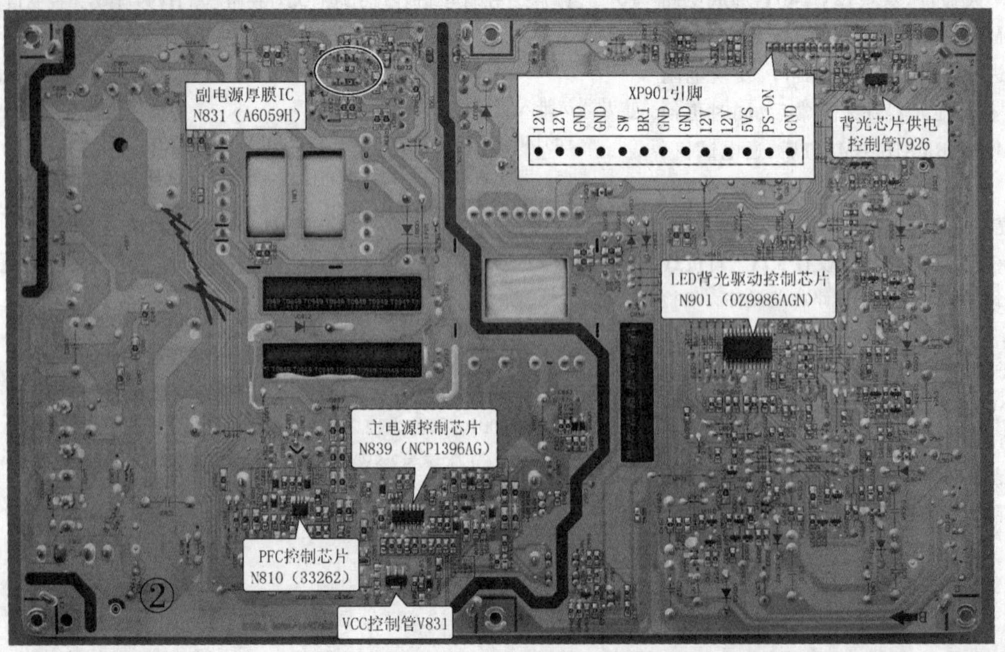

AC220V电压经EMI滤波电路进行滤波后，由VB801整流,C807、L805、C808滤波,形成100Hz脉动直流电压即VAC电压（待机状态为300V左右，开机状态为220V左右)。

2.PFC电路

PFC电路由PFC控制芯片N810（NCP33262，丝印号为33262))、开关管V810、储能电感L811、续流二极管VD812、滤波电容C810A、C810B等组成。待机时,NCP33262的⑧脚VCC近似0V,故PFC电路不工作,此时,PFC的作用只是把300V左右的脉动电压进行滤波,故PFC输出端输出300V直流电压,供副电源用。开机时,N810的⑧脚有约15V电压,PFC电路起振，此时PFC输出电压约380V,供副电源、主电源使用。

(1)NCP33262简介

NCP33262是安森美公司生产的临界模式PFC控制器,内含2.5V基准电源、PWM电路、逻辑电路、定时器、乘法器、锁存器、零电流检测器、过电压比较器、欠电压锁定电路和快速启动电路等。NCP33262引脚功能及实测数据见表1。

(2)启动工作过程

二次开机后,开关机控制电路输出的VCC1电压经R815限流,VZ812稳压,C814、C816滤除杂波加到N801的⑧脚,经内部电路给软启动脚②脚外

表1 NCP33262的引脚功能及实测数据

引脚号	符号	功能	电压(V)
①	VFB	反馈引脚,该引脚接收一个正比于PFC输出电压的电压信号,该电压用于输出调整、输出过电压保护、输出欠压保护	2.45
②	COMP	软启动端,该引脚为低电平时,芯片驱动无输出	2.07
③	MULTIN	市电脉冲电压检测输入	1.44
④	CS	过电流检测输入	0
⑤	ZCD	过零检测输入	3.81
⑥	GND	芯片地	0
⑦	DRV	驱动脉冲输出	2.35
⑧	VCC	芯片供电脚。供电范围为:8.75~18V,启动电压为13.25V	14.79

接电容充电，电压升高后,N810内部电路开始工作，⑦脚便输出驱动方波脉冲,加到MOS管V810的栅极,使其处于导通与截止状态。在驱动脉冲为高电平时,V810导通,储能电感L811的⑧-①脚电流增大并开始储能;在驱动脉冲为低电平时,V810截止,储能电感L811开始释能,经过VD812整流,在C810上形成约380V的PFC电压。VD815、R820为灌流电路,VZ811是V810的G极过压保护二极管。VD811为开机浪涌电流保护二极管。

储能电感L811次级⑤-②绕组感应的电压经R817A、R817送到N810的⑤脚,提供过零检测信号,通过该信号控制N810⑦脚的输出与关闭。

(3)稳压控制

R826~R828、R895、R809与R829、R830构成PFC输出取样电路。当PFC输出升高,N810的①脚反馈电压升高时,调节⑦脚输出激励脉冲的占空比,使PFC输出下降;同理,当PFC输出下降时,反馈给①脚的电压下降,使⑦脚脉冲宽度改变,使PFC输出电压升高,这样使PFC输出电压保持在380V左右。

(4)过流保护

V810的源极所接电阻R825A、R825为工作电流检测电阻，检测所得电压送入N801的④脚。当④脚电压超过时,过流保护电路启动,IC停止工作。

3.副电源

副电源电路由厚膜电路N831(STR-A6059H,丝印号A6059H)、开关变压器T901等构成,如图5所示。

(1)STR-A6059H简介

STR-A6059H是三肯公司开发的脉宽调制开关电源电路，内置一只耐压650V的功率型场效应管和电流型脉宽调制控制电路,具有过电流和过载保护功能,电磁噪声小,功耗低。采用DIP-8封装,引脚功能及实测数据见表2。

表2 STR-A6059H的引脚功能及实测数据

引脚号	符号	功能	电压(V)
①	S/OCP	内部MOSFET开关管源极	0
②	BR	保护检测输入	6.15
③	GND	接地	0
④	FB/OLP	稳压控制反馈输入,内设过压限制电路	0.92
⑤	VCC	供电端	16.70
⑥	NC	空脚	—
⑦	D/ST	内部MOSFET开关管漏极	待机300;开机380
⑧	D/ST	内部MOSFET开关管漏极	待机300;开机380

(2)启动工作过程

待机状态,PFC输出的+300V电压，经开关变压器T901初级①-③绕组为N831的⑦脚、⑧脚内部开关管D极供电,并通过⑦脚、⑧脚内部的启动电路向⑤脚外部C835充电,当C835上的电压达到芯片要求的启动电平时,N831开始工作,内部振荡驱动电路产生的激励脉冲,推动内部的MOSFET开关管工作于开关状态,其脉冲电流在开关变压器T901中产生感应电压。

T901的④-⑤绕组产生的感应电压经R837限流、VD832整流、C835滤波后，得到18V左右的直流电压。此电压分两路送:一路经R837B加到N831的⑤脚，为其提供正常工作状态下的电源电压；另一路送待机控制电路。T901次级⑩-⑥绕组产生的感应电压,经过VD833整流,C838、L831、C839组成的π型滤波器滤波后，形成+5V电压（即5VS电压)。5VS电压去向:一是送主板,为主板控制系统供电;二是送LED驱动控制电路。

(3)稳压过程

稳压控制是由三端误差放大器N903、光耦合器N832及N831④脚内部电路来完成的。当某种原因使5VS有升高的趋势时,取样电阻R843、R841∥R842分压升高,即N903的R极电压升高,则K极电压下降,使稳压光耦合器N832导通程度加大,使N831的④脚电压下降,经N831内部电路处理后,控制内部的MOSFET管激励脉冲变窄,使5VS降到正常值。同理,当5VS有下降趋势时,稳压与上述相反,使5VS保持不变。

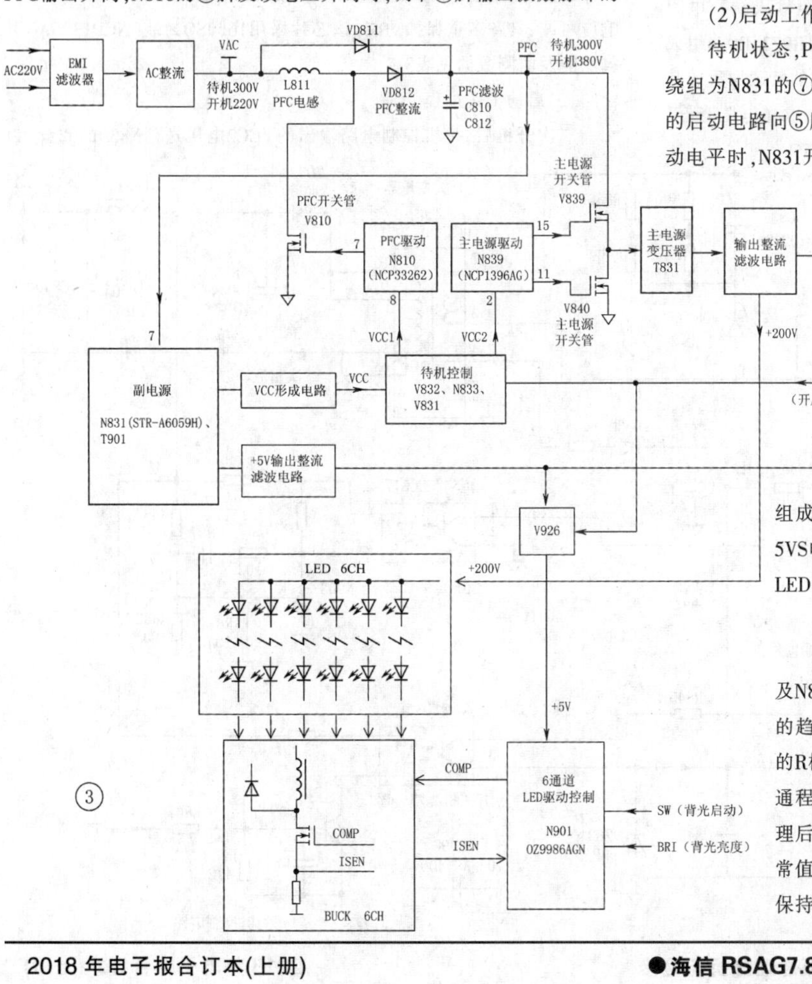

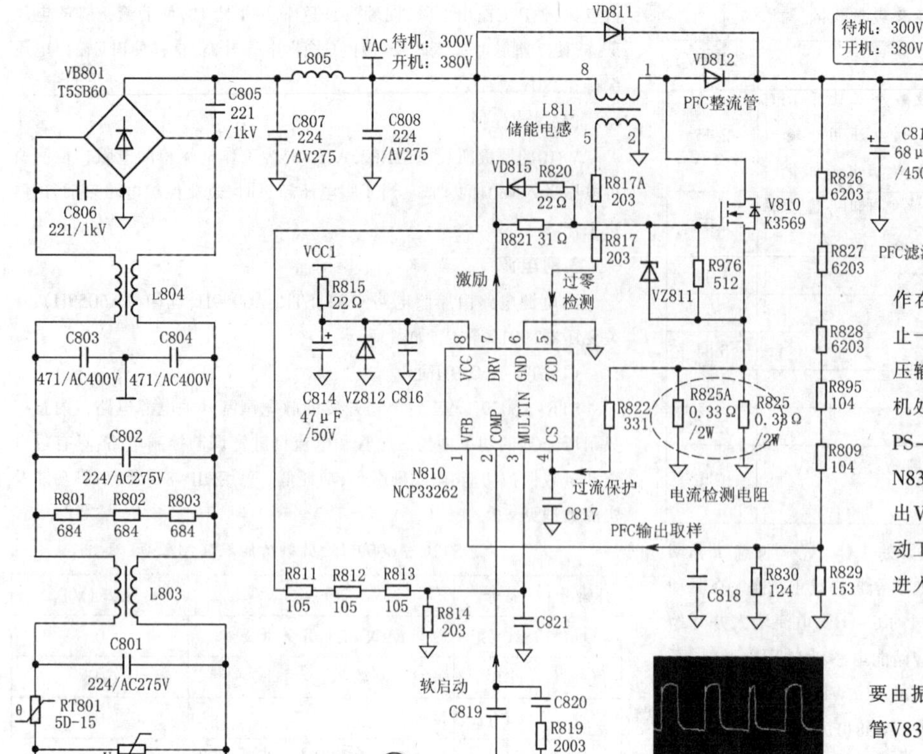

(4)保护电路

过流保护电路：N831的①脚是内电路MOSFET管的S极，也是内电路的过电流检测脚，通过外接电阻R831接地。当电流过大，①脚电压达到保护设定值时，内部保护电路启动，副电源停止工作。

欠压保护电路：N831的②脚是掉电、欠电压检测输入端。电阻R952、R972、R823、R974组成市电电压检测电路，电阻R973、R974组成VCC(+18V)电压检测电路，当市电电压过低，或者VCC的负载加重或其他原因引起VCC电压下降时，输入到N831的②脚检测取样电压降低，当低到电路设计的阈值时，电路保护，停止工作。

(5)待机控制电路

待机控制电路主要由V832、N833、V831及外接元件构成，采用控制PFC驱动块和主电源振荡驱动块VCC1电压的方式。电视机工作在待机状态时，PS-ON为低电平，V832截止→N833截止→V831截止，V831无VCC1电压输出，此时，PFC电路和主电源不工作，整机处于待机状态。二次开机后，主板送来的PS-ON由低电平转为高电平，V832导通→N833导通→V831导通，V831导通后，从e极输出VCC1(约15V)电压，PFC电路和主电源启动工作，为主板和背光灯驱动电路供电，整机进入开机状态。

4.主电源

主电源采用LLC半桥功率转换电路，主要由振荡驱动集成块N839(NCP1396AG)、开关管V839和V840、开关变压器T831等构成，如图6所示。主电源在二次开机后工作，输出12V、200V电压，为主板和LED背光灯串供电。

(1)NCP1396AG简介

NCP1396AG是安森美公司生产的半桥LLC谐振模式控制器，内置高电压端和低电压端MOSFET管驱动电路。其工作特点为：频率范围宽(50kHz~500kHz)：驱动电压最高可达600V，最低频率可精确控制到±3%；空载时振荡频率可设置到100ns-2μs(电源耗能大为降低)，软启动响应可调；具备多重保护功能。该芯片采用16脚SO封装。NCP1396AG引脚功能及实测数据见表3。

(2)启动工作过程

二次开机后，待机控制电路输出的VCC2电压送到N839的⑫脚，为

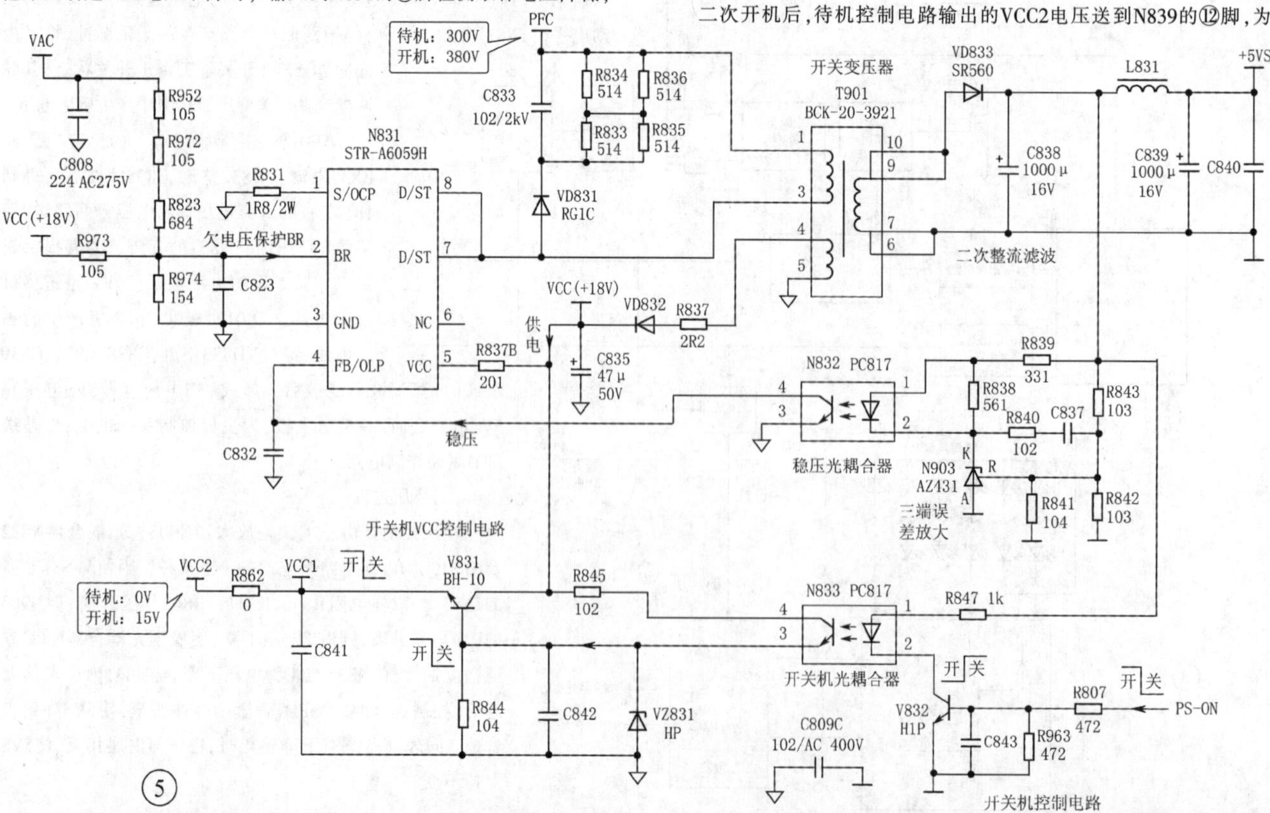

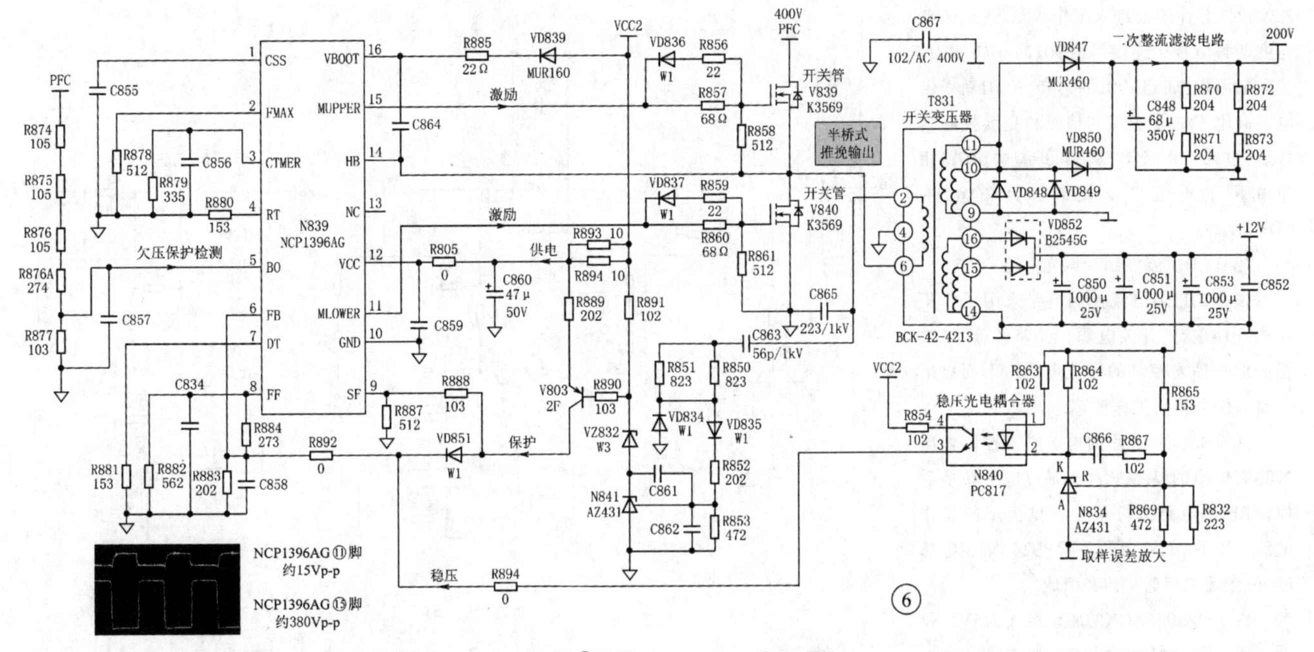

⑥

芯片供电。PFC电压经过R874~R876与R877分压后送入N839的⑤脚进行欠压检测。N839的⑯脚是上桥开关管激励电路的供电端,⑯脚与⑭脚还跨接一只电容C864,组成自举升压电路。

当N839的⑫脚得到供电，⑤脚的欠压检测信号也正常时,N839开始正常工作,从⑮、⑪脚输出频率相同、相位相反的开关激励信号(图中标出了波形),分别送至上桥开关管V839和下桥开关管V840的栅极,控制两只开关管轮流导通和截止。当V839导通的时候,V840截止,此时PFC电路输出的380V电压流过V839的D-S极后进入T831⑥脚，再从②脚流出,经过C865到地,对C865充电。在V839截止、V840导通的时候,C865进行放电，放电路径是:C865右端→T831②脚→T831⑥脚→V840→C865左端(热地)。在V839和V840轮流导通和截止过程中,T831的次级绕组产生感应电压。

T831次级输出的感应电压经整流滤波得到+12V和+200V左右的电压,+12V为主板和背光灯驱动电路供电,+200V左右的电压直接为LED灯串供电(LED驱动电路不工作时,+200V输出端电压会升至340V左右)。

表3 NCP1396AG的引脚功能及实测数据

引脚号	符号	功能	电压(V)
①	CSS	软启动控制端	3.58
②	FMAX	最高频率设置,外接电阻到地	0.54
③	CTIMER	外接振荡定时电容	0.11
④	RT	外接振荡定时电阻	1.94
⑤	BO	欠压保护检测信号输入	1.40
⑥	FB	稳压反馈信号输入,控制振荡频率	2.31
⑦	DT	死区时间设置	1.25
⑧	FF	快速保护检测信号输入	0.38
⑨	SF	延迟保护检测信号输入	0.01
⑩	GND	接地	0
⑪	MLOWER	下功率管激励输出端	6.91
⑫	VCC	芯片供电端	15.12
⑬	NC	空脚	—
⑭	HB	半桥连接,上功率管地	227
⑮	MUPPER	上功率管激励输出端	229
⑯	VBOOT	上功率管激励电路供电端(自举端)	242

(3)稳压过程

稳压控制是由三端误差放大器N834、光耦合器N840及N839⑥脚内部电路来完成的。当+12V有升高趋势时,电阻R865与R869∥R832分压后的电压也随之升高,N834的R极电压升高,K极电压下降，稳压光耦合器N840导通加强,N839⑥脚电压升高,对N839内部振荡频率进行控制,使其次级输出的各路电压稳定。当+12V电压有下降的趋势时,稳压过程与上述正好相反。

(4)保护电路

欠压保护电路:NCP1396AG具有欠压保护功能，其⑤脚是欠压保护检测端,启动电压必须高于1.05V,否则电源处于自锁状态。

在主电源中,N841、V803和N839⑧、⑨脚内部相关电路组成快速故障检测电路。变压器T831③脚输出的脉冲信号经VD835整流、C862滤波后得到的直流电压加到N841的R极。正常情况下,N841、V803处于截止状态。当因某种原因导致电源中的稳压电路出故障不能进行稳压时,T831③脚输出的脉冲电压就会升高,N841、V803进入导通状态。这时,VCC2电压就会通过R889、V803、R888以及VD851、R892、R884加到N839的⑧、⑨脚,然后通过内部电路的作用关闭振荡电路和激励脉冲输出电路,使⑮、⑪脚无脉冲信号输出,主电源停止工作。

5.LED背光驱动电路

海信1947电源组件的LED背光驱动电路以驱动控制芯片OZ9986AGN构成,驱动6路LED灯条,LED 供电电压为200V 左右,灯条两端的电压为 120V 左右,如图7所示。其特点是:采用了降压(BUCK)型开关电源;没有升压(BOOST)电路,LED的供电电压直接由主电源提供。

(1)OZ9986AGN简介

OZ9986AGN是美国凹凸公司生产的6通道LED驱动控制芯片,采用24脚封装，其引脚功能及实测数据见表4。应注意:24脚封装的OZ9986AGN芯片与30脚封装的OZ9986SN芯片区别很大，前者是一款降压的LED驱动芯片,只有LED灯串恒流控制驱动(有6路)的功能,而后者内部集成PWM升压变换控制（有3路）和LED灯串恒流控制驱动(有6路)两种功能。

(2)启动工作过程

二次开机后,PS-ON由低电平转为高电平,V925导通,V926导通,V926的c极输出+5V电压，为OZ9986AGN芯片的⑨、㉓脚提供工作电压。主板送来高电平的点灯控制电压从连接器XP901的⑤脚(SW)送入电源板,再送到N901使能控制端(ENA)⑯脚,该脚为高电平(高于

2.2V)时,芯片才会进入工作状态。主板送来亮度调整信号从连接器XP901的⑥脚(BRI)送入电源板,加到N901的㉔脚。N901获得供电、高电平的使能控制信号和亮度控制信号后,进入工作状态,从⑩~⑮脚输出6路相位相同的电流平衡控制脉冲COMP1~COMP6。

(3)LED恒流控制和调光电路

该板的LED恒流控制电路采用了降压模式(BUCK)的开关电源,有6路结构、参数相同但是独立控制的恒流电路,下面以第一路为例分析其工作原理。

如图8所示,芯片内电流平衡控制输出端⑮脚输出的PWM脉冲,通过电平转换后控制BUCK电路给灯条一提供恒定的工作电流。BUCK电路由开关管V924、储能电感L906、续流二极管VD906组成。

由于OZ9986AGN的驱动脉冲为5V的驱动,而电路中MOS的驱动电平需要10V左右,所以在电路中需要一个电平变换电路。该电路由V921、V922、V923构成。OZ9986AGN芯片的⑮脚(COMP1)输出驱动脉冲。COMP1脉冲为低电平时,V921导通,将V922的基极电位拉低使其截止,此时V923导通,输出低电平脉冲,使恒流控制管V924截止。COMP1脉冲为高电平时,V921截止,将V922的基极电位拉高并使其导通,此时V923截止,输出高电平脉冲,加至恒流控制管V924的G极,使其导通。

当MOSFET管V924导通时,在电感L906中感应出左"-"右"+"的感应电动势,续流二极管VD906关闭。LED的供电电压(200V)通过LED灯串后,通过电感L906,经V924后经电阻接地,形成回路。导通过程中,电感中电流线性上升,见图9(a)。当V924关闭时,由于电感电流不能突变,在电感L906中感应出左"+"右"-"的感应电动势,续流二极管VD906导通。电流经电感L906,续流二极管VD906,LED灯串形成回路。在此过程中,电感中电流线性下降,见图9(b)。在下一个工作周期时,脉冲为高电平时重新将MOSFET管V924打开,从而进入下一个工作周期。Θ

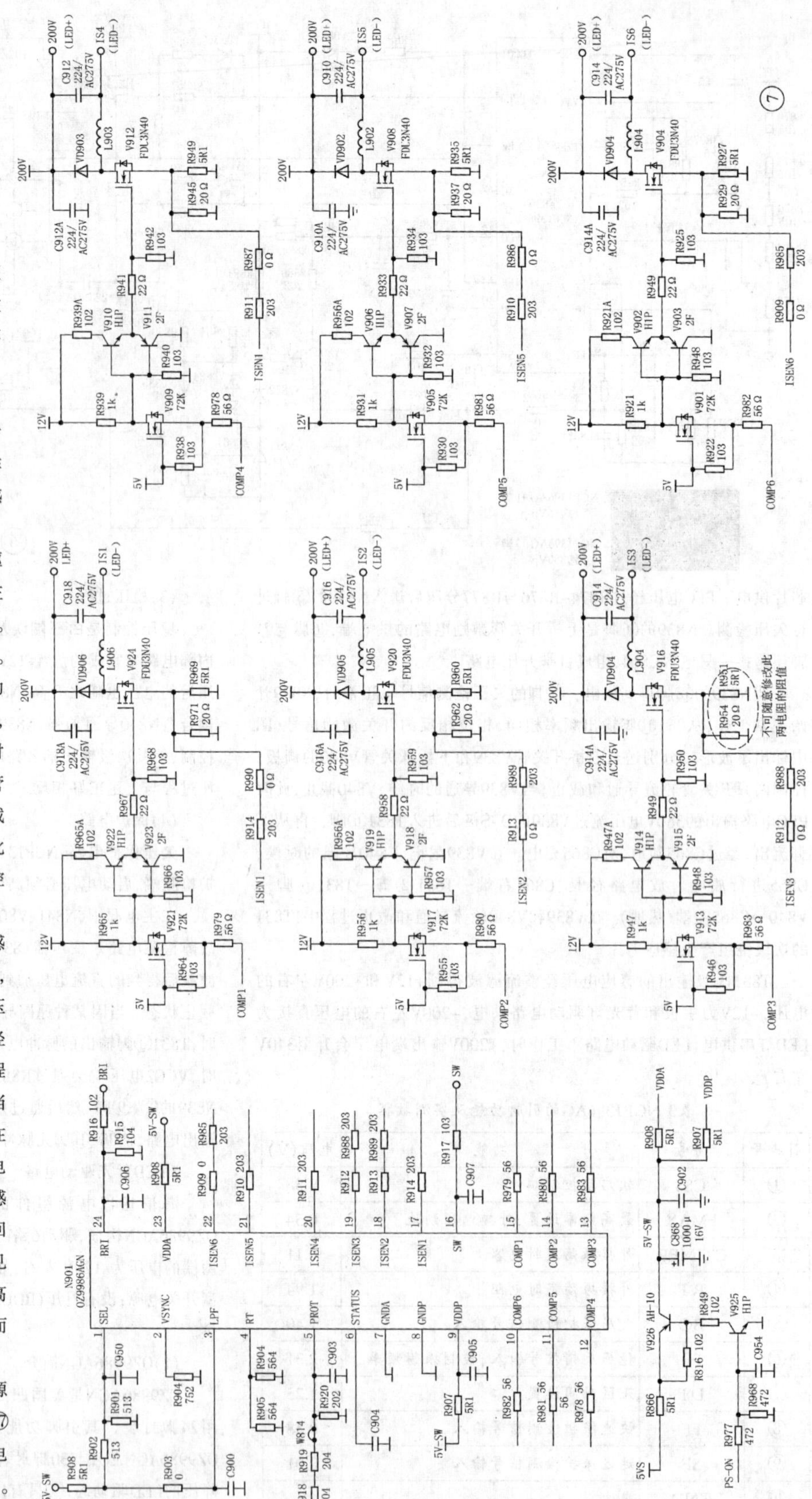

电阻R971与R969并联,接在V924的源极和地之间,作为灯串电流检测电阻,与⑰脚内部电路共同组成LED灯串电流检测电路。LED灯串电流正常时,⑰脚电压约0.2V。LED灯串电流越小,在并联电阻上形成的电压就越低;LED灯串电流越大,在并联电阻上形成的电压就越高。OZ9986AGN根据反馈电压的高低调整⑮脚输出脉冲的占空比,使LED灯串的电流恒定不变。当V924和LED背光灯发生过流故障时,⑰脚电压达0.25V时,OZ9986AGN关闭⑮脚输出,进入保护状态。不考虑C918时,电感L906电流实际就是LED的电流;通过R971∥R969的电流并不是LED的电流,而是V924的源极电流,用它来模拟、近似求出LED的电流。通过选择R971、R969这两个电阻的阻值就能设定恒定电流的大小。LED灯串电流的计算公式为:I_{LED} (mA) = 250/R_{ISEN} (Ω),(其中R_{ISEN}为R971与R969并联)。

6路恒流电路中的电流检测电阻的阻值一样,恒流开关管的性能参数一样,6路LED电流检测电压送入OZ9986AGN内的电流平衡控制器,该模块对6路LED电流进行比较后调整6路COMP的占空比,控制每

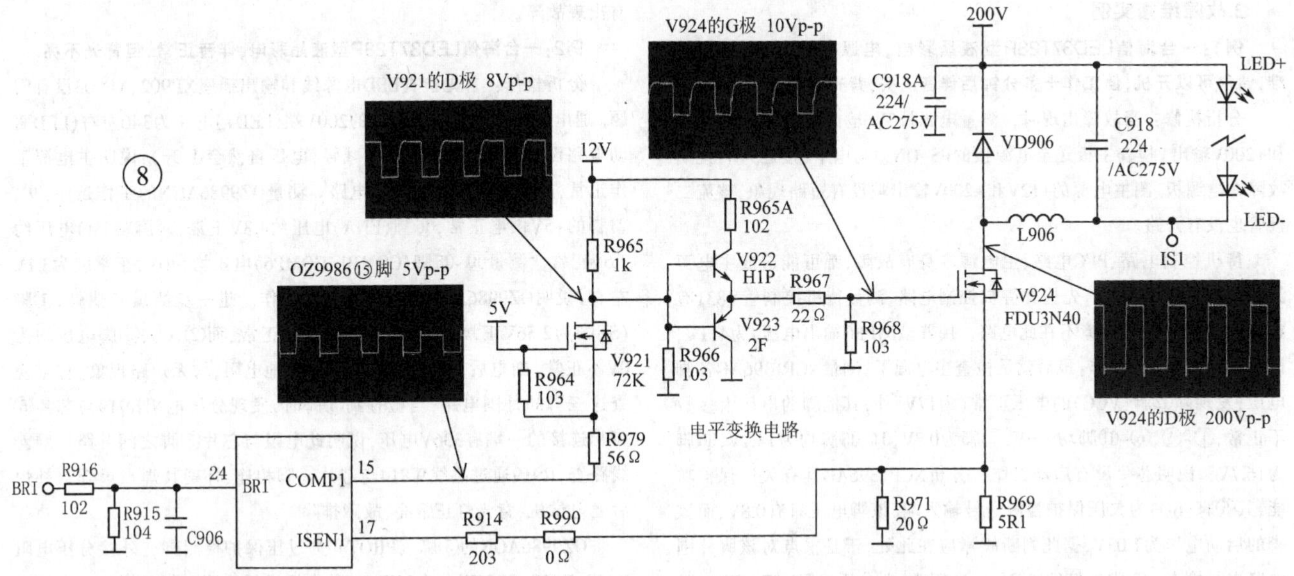

表4 OZ9986AGN引脚功能及维修数据

引脚号	符号	功能	电压(V)
①	SEL	PWM调光输入电平	2.54
②	VSYNC	PWM调光同步信号输入脚。如果不需要,则接一电阻	0.48
③	LPF	芯片补偿脚	5.12
④	RT	芯片工作频率设定脚	0.71
⑤	PROT	过电压保护	0.98
⑥	STATUS	降压电路指示	1.12
⑦	GNDA	信号地	0
⑧	GNDP	功率地	0
⑨	VDDP	功率部分供电端	5.14
⑩	COMP6	第六路电流平衡控制	3.04
⑪	COMP5	第五路电流平衡控制	3.07
⑫	COMP4	第四路电流平衡控制	3.14
⑬	COMP3	第三路电流平衡控制	3.18
⑭	COMP2	第二路电流平衡控制	3.13
⑮	COMP1	第一路电流平衡控制	3.02
⑯	ENA	使能端	4.23
⑰	ISEN1	第一路的电流检测	0.20
⑱	ISEN2	第二路的电流检测	0.20
⑲	ISEN3	第三路的电流检测	0.20
⑳	ISEN4	第四路的电流检测	0.21
㉑	ISEN5	第五路的电流检测	0.21
㉒	ISEN6	第六路的电流检测	0.20
㉓	VDDA	信号部位供电端	5.12
㉔	DIM	BRI调光信号输入	2.63

只恒流开关管的开/关时间比例,使每路LED灯串的电流一致,确保6路LED灯串发光强度均匀,这样就实现了对LED灯串的均流控制。

亮度调节电路。来自主板的亮度控制信号BRI加到芯片㉔脚,控制内部电路,调整COMP脚输出的PWM脉冲的占空比,达到调节亮度的目的。

(4)保护电路

灯条供电过压保护电路。OZ9986AGN的⑤脚(PROT)为供电检测端,外接分压电阻R918、R919、R920对加在LED+端的电压进行检测。正

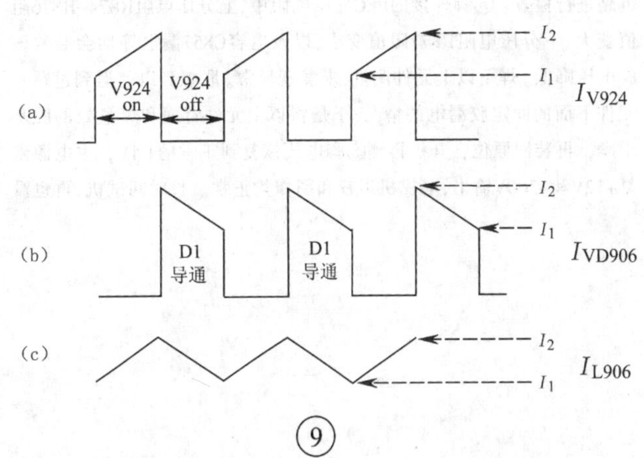

常时,LED+端的电压约200V,⑤脚电压约1V。当加在LED+端的电压过高时,加至⑤脚电压达到3V,内部过压电路启动,停止输出电流平衡控制脉冲COMP。

LED灯串过流、开路保护电路。OZ9986AGN通过ISEN引脚检测对LED恒流控制电路起到过流、开路保护作用。当任一LED灯串发生短路故障时,相应的ISEN脚(ISEN1~ISEN6)电压超过大约0.5V,相应的COMP脚(COMP1~COMP6)将关闭;当任一LED灯串发生开路故障时,相应的ISEN脚电压为0V,相应的COMP脚也将关闭。

三、故障维修

1.摘板维修

海信1947板可以从电视上摘下单独维修。该板可以不接入任何负载、不对任何信号做短接,只需要保证交流220V进入电源组件就可以输出5VS电源(+5V)。维修PFC电路和主电源时,找到电源板与主板连接的插座上的开/待机端(标为PS-ON),用一个1kΩ左右的电阻将该端与5VS输出端相连,模拟主板输出的开机信号,让PFC电路和主电源进入工作状态。

维修LED背光驱动电路部分时,需要给电源板与主板连接的插座上的PS-ON、SW、BRI三个端子同时施加高电平以模拟二次开机,驱动集成电路OZ9986AGN才会启动工作,其方法是:用一个1kΩ左右的电阻将PS-ON端与5VS输出端相连;用一个4.7kΩ左右的电阻将SW端与5VS输出端相连;用一个68kΩ左右的电阻将BRI端与5VS输出端相连。由于OZ9986AGN具有LED灯条断路保护功能,因此,必须接上合适的假负载,才能使背光驱动电路长时间工作。假负载可以采用6个2kΩ/100W的滑动变阻器,阻值调到约2kΩ。

2.故障维修实例

例1：一台海信LED37T28P型液晶彩电，电源指示灯亮，开机困难，偶尔可以开机，但工作十多分钟后伴音消失，背光熄灭。

分析检修：当故障出现时，测量电源板5VS输出正常，但无+12V和+200V输出。检查主板送至电源板的PS-ON为高电平(接近5V)，说明故障在电源板。测主电源的+12V和+200V输出端没有短路现象，整流二极管也没有开路。

待机控制电路、PFC电路、主电源本身有故障，都可能造成主电源无+12V和+200V输出。先检查待机控制电路，测量待机控制管V831有17V电压输出，说明故障不在此电路。接着检测PFC输出电压，为411V，说明PFC电路已经工作。最后就是检查主电源了，测量NCP1396AG各脚电压，发现除⑫脚(VCC)的电压正常(为17V)外，其他脚的电压大多数不正常，①-④、⑥-⑪脚均为0V，⑤脚为0.8V，⑭、⑮脚均为14.7V，⑯脚为16.7V，说明芯片没有启动工作。分析NCP1396AG具有欠压保护功能，其⑤脚(BO)为欠压保护检测信号输入端，该脚电压只有0.8V，而该脚的启动电压为1.05V，据此判断故障应在此处，于是重点对该脚外围电路进行检查。⑤脚外接的PFC分压电阻中，上分压电阻R874~R876阻值变大、下分压电阻R877阻值变小，以及电容C857漏电等均会导致该脚电压降低。焊下以上元件测量，未发现异常。联想到以前遇到过贴片元件下面的固定胶漏电的情况，于是将以上元件背面和焊盘处的胶刮干净，再装回原位，开机再测⑤脚电压恢复到正常的1.4V，主电源恢复+12V和+200V输出，电视机声音和图像均正常。长时间试机，再也没有出现故障。

例2：一台海信LED37T28P型液晶彩电，伴音正常，但背光不亮。

分析检修：首先检查LED电源线和输出插座XP902、XP903没有问题。通电后测量XP902、XP903的200V端(LED+)电压为340左右(LED驱动电路没有工作，200V的负载减轻，电压自然会上升)，说明主电源工作正常，故障发生在背光驱动电路。测量OZ9986AGN的工作条件，⑨、㉓脚的+5V供电正常，⑯脚(ENA)电压约4.3V正常，㉔脚(DIM)电压约2.6V正常。测量⑩~⑮脚(COMP1~COMP6)电压均为0V，正常应为3.1V左右，说明OZ9986AGN芯片没有启动工作。进一步测量其他脚，①脚(SEL)为2.56V正常，③脚(LPF)为5.13V正常，而②、④、⑤脚电压均为0V不正常。断电后分别测量这三脚的对地电阻，均无短路现象。仔细检查这三脚的外围电路，当检查到⑤脚时，发现分压电阻R919与芯片⑤脚相连接的一端有336V电压，说明此电阻与芯片⑤脚之间开路。顺着线路查，R919通过跳线W814与芯片⑤脚相连，怀疑其焊点虚焊。补焊后通电试机，背光灯正常亮，故障排除。

OZ9986AGN的⑤脚(PROT)为过压保护检测脚，外接分压电阻R918、R919、R920对加在LED+端的电压进行检测。若LED+端的电压过高，⑤脚电压达到3V会实施过压保护。OZ9986AGN同时也有欠压保护的功能，当加在LED+端的电压过低(主电源发生故障或LED灯珠短路等原因引起)，加至⑤脚的电压低于0.1V时，内部短路保护电路启动，停止输出COMP脉冲。

HV320WHB-N80型一体化逻辑板电路分析及故障维修

贺学金

目前,不少的液晶电视机采用一体化逻辑板,这种逻辑板和液晶屏一体化不可拆。一体化逻辑板损坏后,在没有压屏机的情况下,不能整体更换逻辑板,将导致液晶屏报废。如果能对一体化逻辑板进行元件级修理,就可以让液晶屏起死回生,因而一体化逻辑板具有很大的维修价值。本文介绍HV320WHB-N80型一体化逻辑板的电路原理与维修方法。

一、电路分析

飞利浦(PHILIPS)32PHF5055/T3液晶彩电中采用的HV320WHB-N80型一体化逻辑板,芯片配置方案是:时序控制器(主芯片)为NT71712MF6-000、电源管理芯片(或称DC-DC变换IC)为6861AAQ、伽马校正芯片为i7991。图1是该逻辑板电路组成方框图。

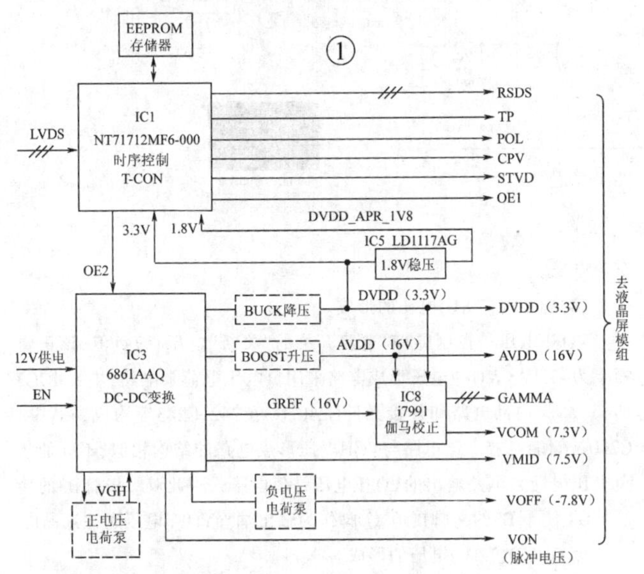

1.DC-DC转换电路

DC-DC转换电路也叫TFT偏压电路,其作用是将主板送来的12V电压转换成各种屏内的行、列驱动电路所需的电压,同时还为逻辑板各单元电路提供工作电压。

HV320WHB-N80型一体化逻辑板的DC-DC转换电路由集成电路IC3(6861AAQ)及外接元件组成,如图2所示。

DC-DC转换电路的供电电压:主板提供的上屏电压(12V)。输出电压有以下几种:①DVDD(3.3V),该电压既作为主芯片和伽马校正芯片的工作电压,同时还送往屏基板行、列驱动电路为其供电;②AVDD(16V),既作为伽马校正块的工作电压,也作为屏基板行、列驱动电路的工作电压;③GREF(16V),作为伽马校正的基准电压;⑤VON,控制屏TFT薄膜开关MOS管"导通"的脉冲电压;⑥VOFF(-7.8V),控制屏TFT薄膜开关MOS管"关断"的电压;⑦VMID(7.5V),为行、列驱动电路供电。

6861AAQ是一款为TFT液晶屏驱动电路提供偏置电压的开关电源芯片,内含振荡器、激励电路、正电压电荷泵和负电压电荷泵形成电路、一个缓冲放大器以及高压开关控制模块。工作电压范围8V~14V,典型供电12V。该芯片采用48引脚7mm×7mm的QFN封装方式。6861AAQ这块芯片集成度高,功能齐全,只需少量的外围元件就可以产生逻辑电路(TCON电路)所需的各种稳压电源。

6861AAQ采用了多种不同的电路来完成DC-DC的转换工作。DVDD(3.3V)的产生是由12V供电经过串联降压开关电源(BUCK)电路完成;AVDD(16V)的产生是由12V供电经过并联型升压开关电源(BOOST)电路完成;VMID、GREF这两种电压由6861AAQ直接输出;VON的产生是先由正电压电荷泵电路形成VGH直流电压,再经6861AAQ内部的高压开关控制电路变换为VON脉冲电压;VOFF的产生是由负电压电荷泵电路完成的。

(1)DVDD(3.3V)电压的形成。

DVDD电压是由IC3的⑬~⑰脚内部电路及外接的储能电感L1、续流二极管D1、滤波电容C227~C232组成一个串联型降压型的开关电源(BUCK电路)形成的。IC3的⑯/⑰脚加上电源电压,芯片开始工作。IC3的⑬/⑭脚输出幅度约12Vp-p,周期约1.3μs的高频开关脉冲。经续流二极管D1整流,C227~C232滤波,产生DVDD(3.3V)直流电压。IC3的⑩脚为DVDD电压的反馈脚,外接分压电阻对DVDD输出电压进行取样,取样电压经⑩脚回送到IC3的内部,控制脉冲的占空比,从而实现稳压控制,但在该板中,⑩脚接地。

DVDD电压要送往很多电路,除为逻辑板上的主芯片、存储器和伽马校正芯片供电外,同时还送往屏基板行、列驱动电路为其供电。另外,还有一路送到1.8V形成电路,该电路采用了一块1.8V的三端稳压器IC5(LD1117AG),其输入电压为3.3V,输出电压为1.8V,记为DVDD_APR_1V8。

(2)AVDD(16V)电压的形成。

AVDD(16V)电压是由IC3的㉕~㉛脚内部电路及外部电路形成的。IC3的⑯/⑰脚加上电源电压,同时,⑨脚(使能控制脚)加上高电平后,由IC3㉕、㉖脚内部电路和外接的储能电感L2、续流二极管D2、滤波电容C216~C218组成一个典型的升压电路(Boost),将主板电路提供的12V电压经过升压电路变换成为16V左右的电压AVDD,该电压经过控制开关TR1成为16V左右的AVDD电压。

电路原理是:IC3的㉕、㉖脚输出幅度15Vp-p,周期约1.3μs的高频开关脉冲,该脉冲电压和升压电路输入的DC电压12V串联叠加,并通过D2向C216~C218充电,并在C218上形成16V电压,该电压高于升压电路输入的DC电压(12V),即进行了升压。该16V电压要经过TR1控制后才能输出AVDD电压。TR1是一只N沟道场效应管,起开/关控制作用。该管的导通与截止由IC3的㉚脚控制。正常工作时,IC3的㉚脚为高电平(10.2V),使TR1的G极电压为高电平10.2V,TR1导通,16V电压通过S-D极给负载供电。R242、R2111是输出电压的取样电阻,取样电压经㉛脚回送到IC3的内部,控制驱动脉冲的占空比,从而实现稳压控制。

AVDD电压去向:一是送到电源管理芯片6861AAQ 的②脚,用于形成伽马校正电路所需的基准电压GREF电压(即VREF)和液晶屏所需的VMID电压(即HVAA电压);二是送伽马电路,为其提供工作电压;三是送屏内的驱动电路,为其提供工作电压。

(3)VGH(31.5V)电压和VON脉冲电压的形成。

VGH电压形成电路采用正电压电荷泵电路(两级串联),主要由IC3的㊱、㊳脚内部电路和外接元件C251、C250、D5、D4、C253、C254等构成。C251、D5、C257为第一级正电压电荷泵电路,C250、D4、C253、C254为第二级正电压电荷泵电路,其中,C251、C250是储能电容。

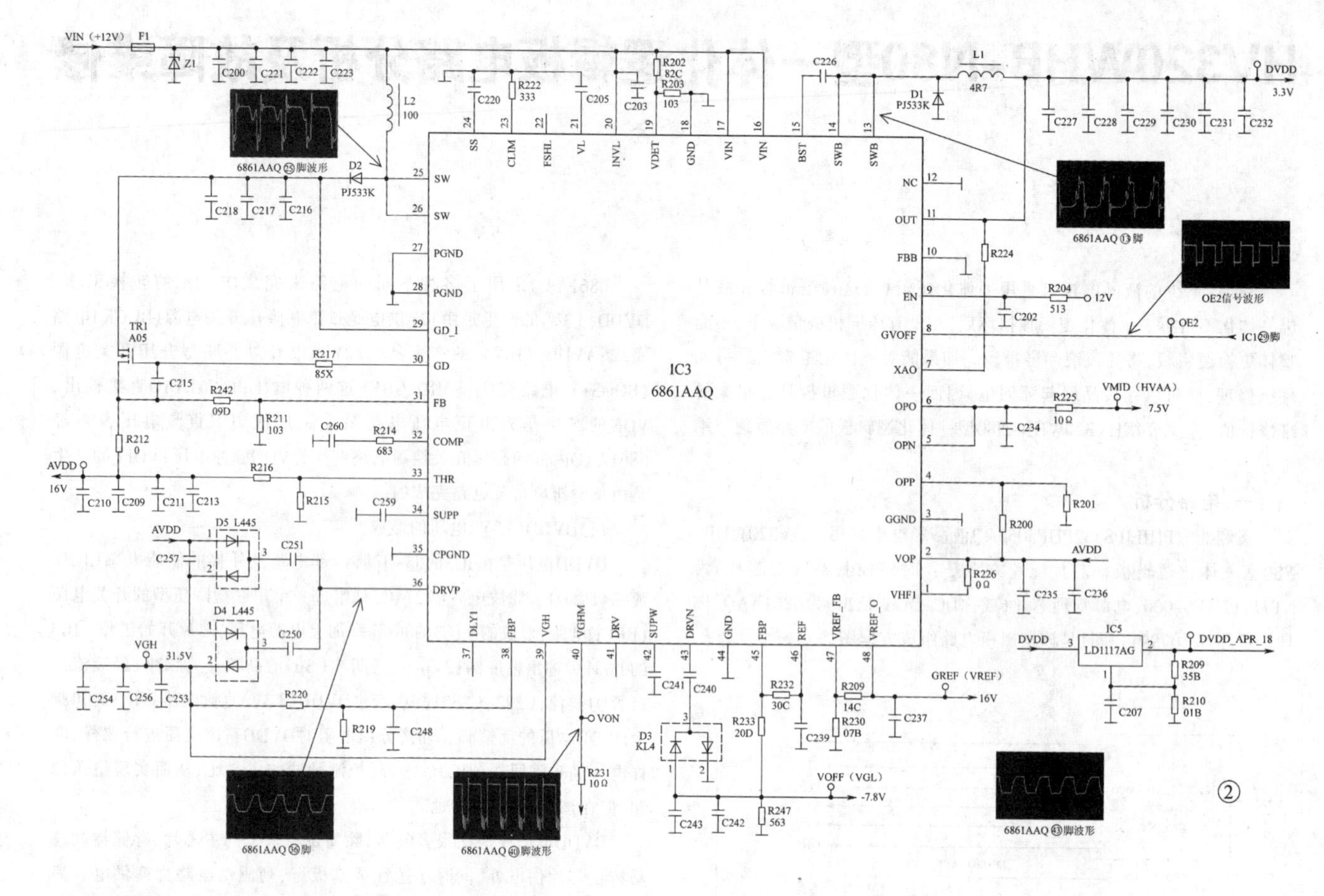

工作时，16V的直流电压（AVDD）作为输入电压，加到双二极管D5的①脚，储能电容C251的右端加上由IC3的㊱脚输出的DRVP脉冲信号，D5的②脚作为输出端，接有电容C257。当DRVP为低电平时，AVDD电压（16V）经D5上面的那只二极管向C251充电，C251储能；当DRVP为高电平时，C251通过D5下面的那只二极管向C257放电。重复进行以上过程，就可在第一级正电压电荷泵电路的输出端（D5的②脚）获得一个约24V的直流电压。

第一级正电压电荷泵电路输出的24V电压作为第二级正电压电荷泵电路输入电压，加到双二极管D4的①脚，储能电容C250的右端也是加上由IC3的㊱脚输出的DRVP脉冲信号，D4的②脚作为第二级正电压电荷泵电路的输出端，接有滤波电容C253、C254。其工作原理与第一级正电压电荷泵电路基本相同，经过第二级正电压电荷泵电路的再次升压，就可在第二级正电压电荷泵电路的输出端（D4的②脚）获得一个约31.5V的直流电压，即VGH电压。在VGH电压输出端接有由R220与R219组成的电阻分压电路，得到的取样电压回送到IC3的㊳脚，进行输出VGH电压的稳压及幅度调整。

VON是控制屏TFT薄膜开关的“导通”电压，为脉冲信号，而正电压电荷泵电路输出的VGH电压是一个31.5V左右的直流电压，这就需要一个控制转换电路，将VGH直流电压转换成VON脉冲信号，才能送到液晶屏栅极。这个转换电路集成在IC3内部。正电压电荷泵电路输出的VGH直流电压从㊴脚送入IC3内部。VGH到VON转换需要在IC3的⑧脚（GVOFF）加上一个控制信号，这个控制信号在板上标为OE2，由时序控制芯片IC1的㉙脚输出送来。OE2控制信号的频率、占空比、时序关系都是由时序控制芯片设定的软件来控制的，而软件设定依据就是液晶屏参数、接收信号标准、图像显示要求等条件。IC3内部的高压开关控制模块电路在⑧脚的OE2开关控制信号的作用下，将VGH直流电压转换为液晶屏栅极驱动脉冲信号VON（图2中标出了VON的波形），从㊵脚输出，并送到液晶屏。用万用表进行直流电压测量时，VON电压一定会小于VGH电压，本电路实测VON的直流电压为25.1V，小于31.5V的VGH直流电压。

（4）VOFF（-7.8V）电压的形成。

VOFF电压是控制屏TFT薄膜开关的“关断”电压，为负值，该逻辑板上为-7.8V。VOFF电压形成电路采用负电压电荷泵电路，主要由IC3的㊸~㊺脚内部电路和外接元件C240、D3、C242、C243等构成，其中，C240是储能电容。该电路与VGH电压形成电路的结构相似，不同的是负电压电荷泵电路输出的VOFF电压是负电压，因此双二极管D3的接法与D4不同，D3的②脚接地，①脚作为输出端。VOFF电压送往液晶屏

（5）VMID（7.5V）电压的形成。

VMID电压（即HVAA电压），它由电阻分压，再经IC3的④、⑤、⑥脚内部缓冲放大器缓冲后形成。利用AVDD电压，经由R200、R201电阻分压获得与所需的VMID电压基本相等的电压（约7.5V），该电压送入IC3的④脚内部的电流缓冲放大器，经缓冲后从⑥脚输出VMID电压（约7.5V）。虽然产生的VMID与④脚输入的电压高低基本相同，但VMID的驱动能力显著增大。VMID电压送往液晶屏。

（6）GREF（15.9V）电压形成。

GREF电压（即VREF电压），由IC3的①、㊼、㊽脚内部电路形成。16V的AVDD电压从①脚输入到IC3内部，从㊽脚（VREF_G）输出15.9V的VREF电压，作为伽马校正的基准电压，送往伽马校正IC。IC3的㊼脚（VREF_FB）为VREF电压的反馈脚，外接分压电阻R209、R230对VREF输出电压进行取样，取样电压经㊼脚回送到IC3的内部，从而实现稳压控制。该板中把VREF电压测试点标为GREF，GREF电压送伽马校正芯片。

2.时序控制电路

时序控制电路由集成块IC1（NT71712MF6-000）为核心构成，如图3所示。该电路负责将主板送来的LVDS信号（即低压差分信号）转换成RSDS（即微幅差分信号），同时还形成栅极驱动电路和源极驱动电路工作所需的各种辅助控制信号，包括TP、POL、CPV、OE1、STVD等。时序控制器IC1外挂E^2PROM存储器IC2（BL24C32），存储有液晶屏参数。

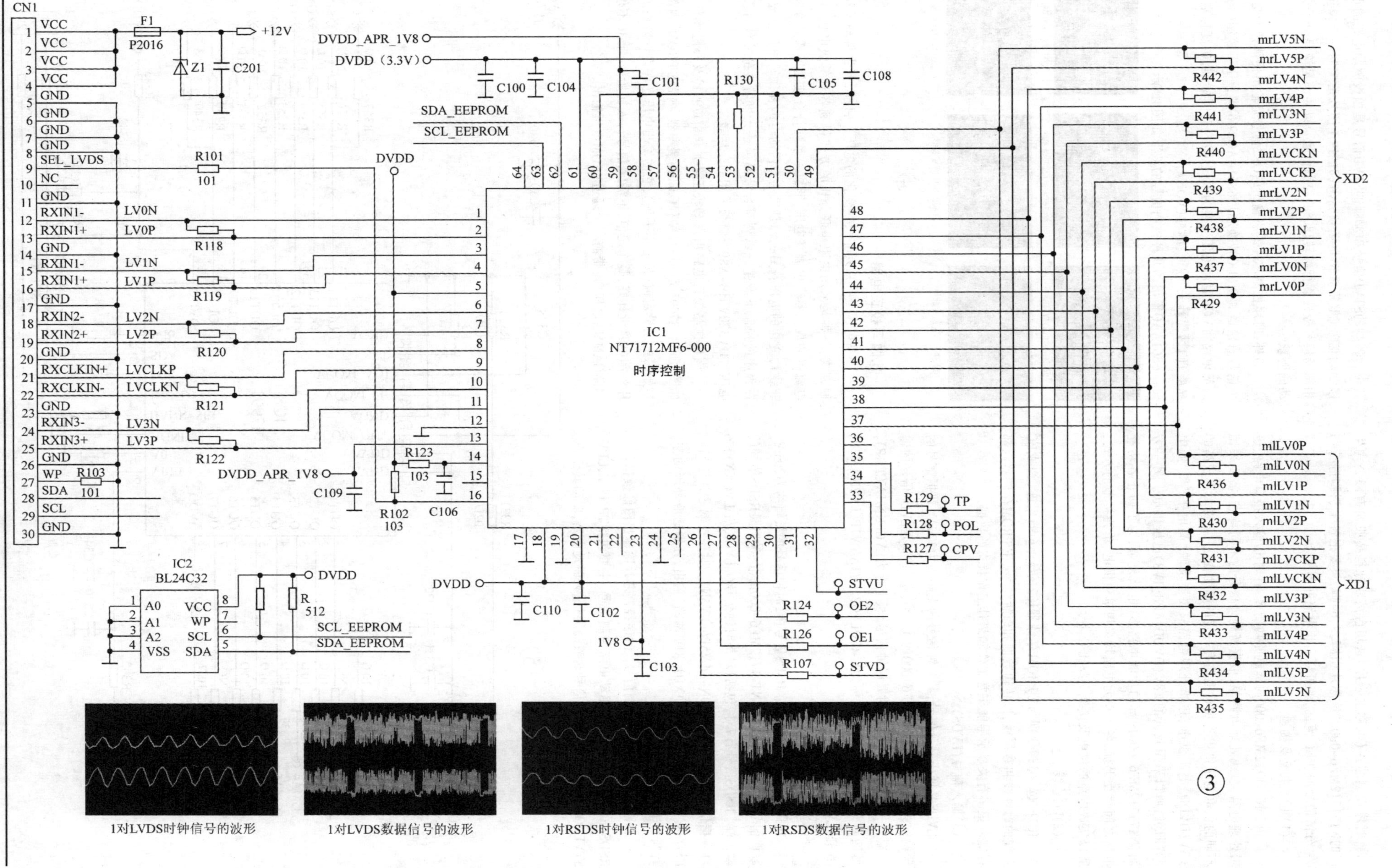

1对LVDS时钟信号的波形　1对LVDS数据信号的波形　1对RSDS时钟信号的波形　1对RSDS数据信号的波形

时序控制芯片(也称主芯片)选用台湾联咏科技股份有限公司生产的NT71712MF6-000。该芯片引脚多,64脚,只要把各个引脚进行归类,分清信号的性质、流向,就可以看出电路并不复杂。

(1)电源供电及接地。

由于NT71712MF6-000内部电路功能多,有输出/输入接口电路、逻辑处理电路、总线处理电路等,根据所处理信号的不同特点,需要采用不同的供电电压供电。接口电路有一定的幅度变化,需要采用较高的3.3V(DVDD)电压供电;逻辑处理电路只要能反映"高电平"和"低电平"即可,所以采用较低的1.8V(DVDD_APR_1V8)电压供电。另一方面,NT71712MF6-000内部的功能电路多、电路复杂,为了防止各功能电路之间相互干扰,各个单元电路均采用单独供电、单独接地的方式,所以集成电路的供电及接地引脚比较多。

(2)I²C总线。

IC1的㊷、㊸脚分别与E²PROM存储器IC2的⑤、⑥脚相连,构成I²C总线的时钟线和数据线,以传输数据和时钟信号。E²PROM存储器内部存储着很多有关显示屏能正常工作和最佳工作状态的数据。

(3)输入信号(LVDS)。

LVDS是低压差分信号,其时钟信号的振幅约为30mV,数据信号的振幅约为0.3V。NT71712MF6-000的①~④、⑥~⑪脚是LVDS信号的输入端。一共有5对信号,一对是时钟信号(板上标为LVCLKN/LVCLKP),另四对是数据信号(板上标为LV0N/LV0P、LV1N/LV1P、LV2N/LV2P、LV3N/LV3P)。

(4)输出信号。

1)图像数据信号RSDS。RSDS信号中,时钟信号的振幅约为20mV,数据信号的振幅约为0.3V。NT71712MF6-000的㊲~㊿脚是RSDS信号的输出端。RSDS信号有7对,包括1对是时钟信号(mLVCKP/mLVCKN)和6对数据信号(mLV0P/mLV0N~mLV5P/mLV5N)。时序控制芯片输出的RSDS信号分成左右两路(即XD1、XD2两路)输出,分别送液晶屏的左、右两个半屏。

2)液晶屏驱动电路控制信号。时序控制芯片除输出图像数据信号RSDS外,还要输出液晶屏驱动电路控制信号,主要包括TP、POL、CPV、STVU、OE1、STVD等。这些信号送液晶屏行、列驱动电路,驱动其工作。其中,㉖脚的STVD信号和㉜脚的STVU信号是栅极驱动电路的垂直位移起始信号(重复频率是场频);㉞脚的POL信号是控制一个像至素点相邻场信号极性逐行翻转180°的控制信号,以便满足液晶分子交流驱动的要求。

另外,时序控制芯片㉙脚输出的OE2信号是输出使能控制信号,这个信号直接送到DC/DC转换芯片6861AAQ的⑧脚,用于控制6861AAQ内部电路将VGH直流电压变换为规定标准(时间标准、幅度标准)的液晶屏TFT薄膜开关"导通"脉冲(VON)。

6861AAQ输出的几种控制信号的波形如图4所示。

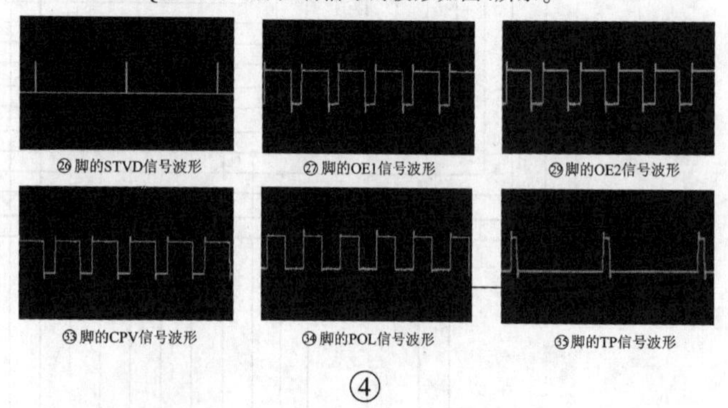

㉖脚的STVD信号波形　㉗脚的OE1信号波形　㉙脚的OE2信号波形

㉝脚的CPV信号波形　㉞脚的POL信号波形　㉟脚的TP信号波形

④

3.伽马校正电路

伽马电压是一系列非线性变化的电压。目前,产生伽马电压有两种方式:一种是采用电阻串联分压的方式得到各种等级电压,再通过电流缓冲放大器产生伽马电压,形成一系列符合液晶屏透光度特性的非线性变化的电压;另一种是采用专门的可编程伽马电压生成芯片,在程序的控制下产生一系列符合液晶屏透光度特性的非线性变化的电压。HV320WHB-N80逻辑板采用的是后者。

该板伽马校正电路由伽马校正芯片IC8(i7991)及外围元件构成,如图5所示。i7991是一块可编程Gamma缓冲器,内置E²PROM,内部已设初始二进制设定值(掉电不丢失),它的输出电压已在设计阶段通过芯片外围电路设计好,是个定值,不需I²C信号写入初始值。该IC不仅产生14路GAMMA电压,还带有一个通道VCOM电压输出。

⑤

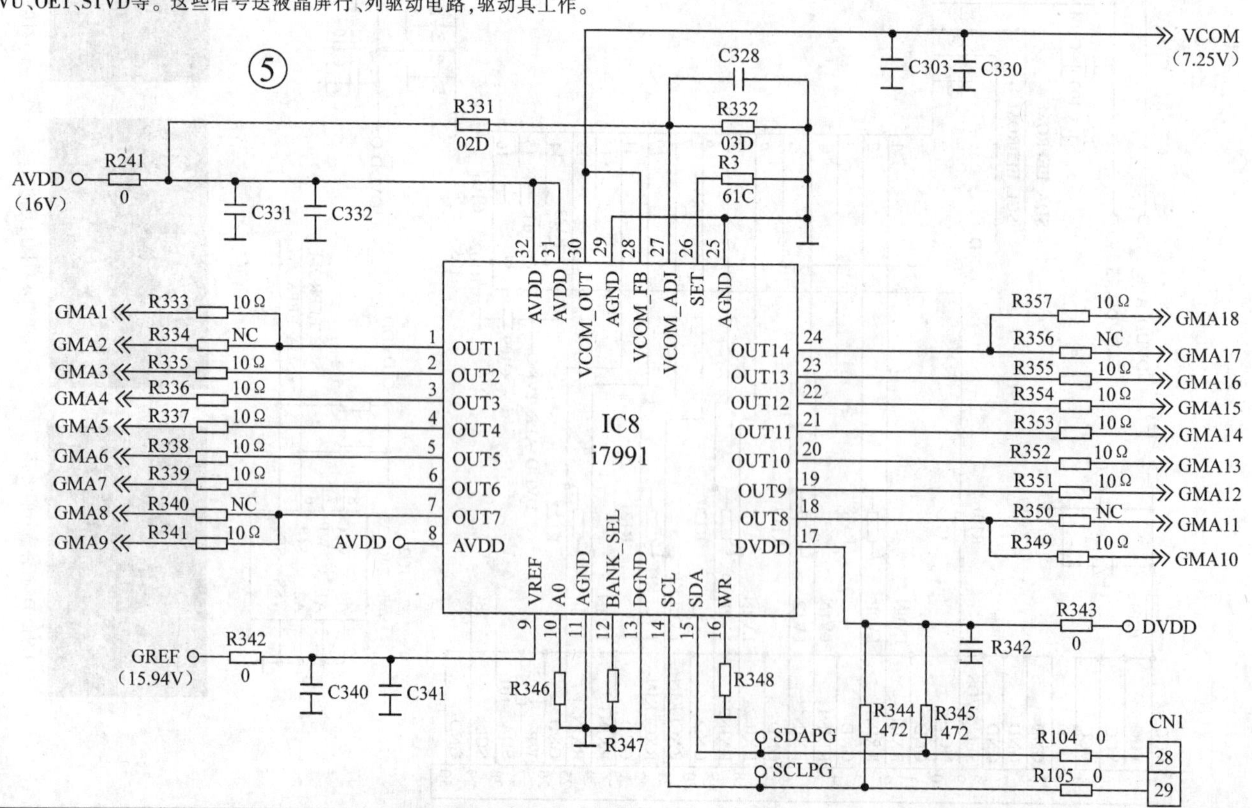

当DC/DC电路给IC8的⑧、㉛、㉜脚送来AVDD(16V)供电，给⑰脚送来DVDD(3.3V)供电，给⑨脚送来基准电压GREF(16V)后，IC8内部电路工作。IC8的⑭脚(SCL)是I²C总线时钟端、⑮脚(SDA)是I²C总线数据端，连接到LVDS插座CN1的㉙、㉘脚，构成I²C总线，但该机未用。GAMMA校正块IC8内部电路工作后，从①~⑦、⑱~㉔脚输出14路伽马电压，送液晶屏的源极驱动电路，以进行伽马校正。

伽马校正芯片i7991除了产生伽马电压之外，还形成公共电极电压VCOM。VCOM大约是GREF的一半左右。VCOM作为公共电极电压，其驱动能力的高低直接影响到屏模组的性能。该逻辑板中，利用AVDD电压，采用电阻R331、R332分压，产生一个与所需的VCOM电压基本相等的电压(约7.2V)，从㉗脚输入到i7991内部，然后通过i7991内部的一个电流缓冲放大器缓冲后，从㉚脚输出7.2V左右的VCOM电压，㉚脚输出的VCOM电压与㉗脚输入的电压基本相等。这样就可在电压不变的情况下，输出电流增大，驱动能力加强。

需注意的是：该逻辑板中，伽马校正芯片i7991输出的VCOM电压为直流电压，还需经IC4、IC6(均为12111)分别转换成VCOML、VCOMR脉冲信号后，才送往液晶屏的公共电极。由IC4构成的控制转换电路的结构与IC6相同，这里以IC4为例，相关电路如图6所示。AVDD电压加到IC4的⑦脚，伽马校正芯片i7991输出的VCOM电压加到IC4的③脚，从液晶屏内部送来的脉冲信号经C300、R300送到IC4的②脚，经内部电路变换，从⑥脚输出VCOML脉冲信号。

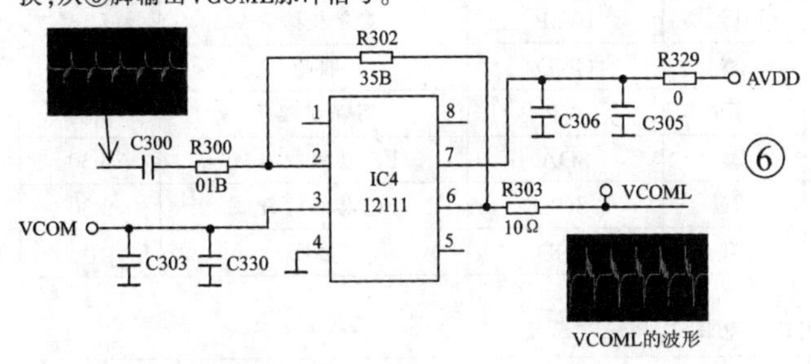

⑥

二、故障维修

1.一体化逻辑板的检修方法

一体化逻辑板的检修方法与独立逻辑板大同小异。

(1)直观检查。观察保险、电源管理芯片、整流二极管、滤波电容、伽马校正芯片等易损元件是否炸裂、烧黑或颜色异常等；元器件引脚有无虚焊、脱焊，引脚间短路；印制线路有无断裂现象。检查LVDS线插座是否接触不良。触摸芯片温度，若严重发烫，说明芯片损坏。

(2)测电阻。测量逻辑板上供电输入电路中的保险有无开路，若保险烧断，说明后级供电电路短路，一般为12V滤波电容或AVDD滤波电容中的某一个电容短路；测量各供电测试点的对地电阻，判断是否存在短路或阻值变小；测量各IC的信号线的通断，以判断印制线铜箔是否断裂或双面线路板的过孔是否不通。

(3)测电压。测量逻辑板上几个重要测试点电压是否正常，包括逻辑板的供电电压VCC、DC/DC电路输出电压(DVDD、AVDD、VGH、VOFF、GREF等)、主芯片的供电3.3V和1.8V、伽马校正电路的供电(AVDD、DVDD)以及输出的GMA电压等。若异常，先查其滤波电容，再查负载电路是否短路。

(4)测波形。逻辑板上，一些重要波形在印制板电路板上都设有测试点。波形的形状、幅度、周期都有严格的要求，通过检测观察波形便能快速而准确地查出故障部位。

对于独立逻辑板，当测得DVDD、AVDD、VGH、VGL、GAMMA等电压中某一电压值不正常时，可将逻辑板与液晶屏之间的排线从逻辑板输出插座上取不来，即可判断故障发生在逻辑板上，还是发生在液晶屏的内部。对于一体化逻辑板，由于它和液晶屏之间不可拆，给故障范围的判断带来了很大的困难。不过，一体化逻辑板大多在各电压输出端串有0Ω电阻(需要花较大时间清理线路，才能找到这些电阻)，这为我们判断故障范围提供了方便，必要时可暂时焊下某一0Ω电阻，再进行测量，如图7所示，若逻辑板上某测试点的电压(或对地电阻)恢复正常，说明故障在液晶屏的内部；否则，故障在逻辑板上。

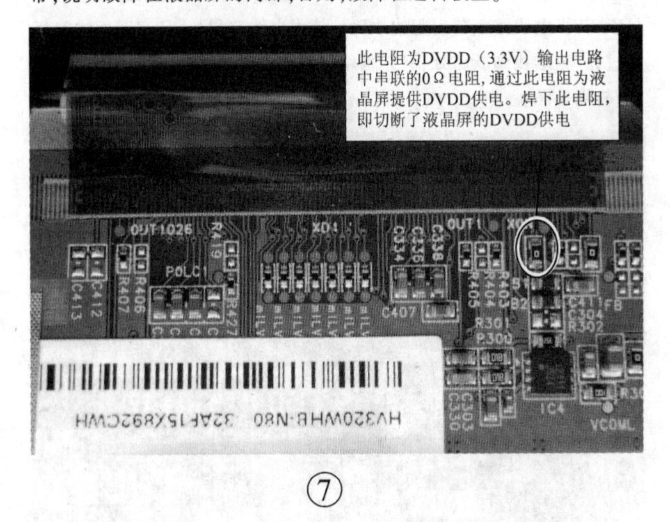

⑦

2.维修实例

例1：一台飞利浦(PHILIPS)32PHF5055/T3液晶彩电，开机灰屏，伴音及操作正常。

根据故障现象分析，电源及背光电路部分工作正常(该机采用三合一主板)，问题可能出在屏或逻辑板上。拆机后通电，检查主板LVDS接口，测得上屏电压12V及LVDS信号输出端电压均正常，说明主板应该工作正常，基本确定故障在屏组件上。该机逻辑板与屏是一体的，逻辑板型号是HV320WHB-N80。直观检查逻辑板没有发现问题，通电测试逻辑板上关键点电压(如图8所示)，12V供电正常，DVDD点电压为3.26V，DVDD_APR_1V8点为1.78V，这三点电压正常，但其他点(AVDD、VGH、VOFF、GREF等)均为0V。断电后测几个电压为0V的测试点对地电阻值，均无短路现象，说明故障发生在DC-DC转换电路。

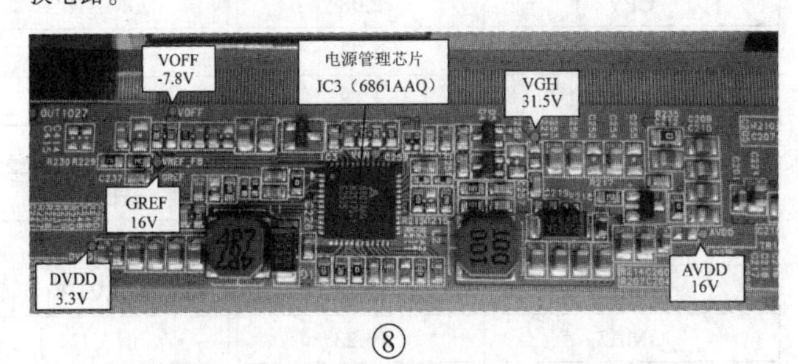

⑧

由于DC-DC转换电路有正常DVDD电压输出，说明电源管理芯片IC3(6861AAQ)已获得12V的VCC供电，分析AVDD、VGH、VOFF几路电压形成电路同时出现故障的可能性不大，几路电压同时无输出可能是电源管理芯片6861AAQ没有得到EN使能控制电压所引起的。于是测量IC3⑨脚(EN)的电压，果然为0V，正常应为高电平(约12V)。IC3⑨脚通过电阻R204(513)接在12V供电上的，检查IC3⑨脚没有虚焊现象，怀疑R204假焊。补焊R204后，通电试机，AVDD、VGH、VOFF、GREF等点电压恢复正常，故障排除。

例2：一台飞利浦(PHILIPS)32PHF5055/T3液晶彩电，屏幕很亮，图像整体发白，图像层次感很差。

分析故障部位应在伽马电路中。通电后测量伽马电路输出的GMA1~GMA18电压(如图9所示)，均为0V。手摸伽马校正芯片IC8(i7991)基本没有温升，怀疑集成芯片没有工作。检查芯片的供电情况，⑧、㉛、㉜脚(AVDD)电压为16左右，⑰脚(DVDD)电压为3.26V，正常，但⑨脚(VREF)的基准电压为0V,正常应为16V左右。检查⑨脚外接电阻R342(0Ω)正常,测量⑨脚对地电阻,没有短路现象,判断DC-DC转换电路没有GREF(或VREF)电压输出或其供电线路有问题。测量DC-DC转换电路中的GREF点(接6861AAQ的㊽脚)电压为正常值16V,说明是GREF供电线路中断引起的故障。该供电线路很长,且有双面线路板的过孔,很难找到断路处,只好采用飞线方法接通线路。接通线路后试机,故障排除。

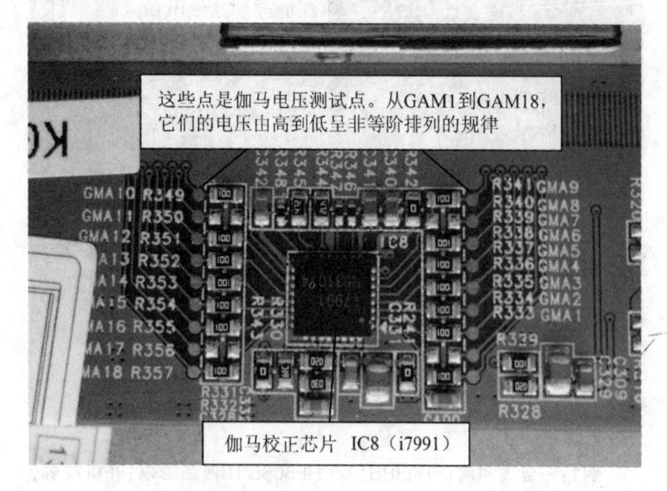

⑨

三、测试数据

飞利浦(PHILIPS)32PHF5055/T3液晶彩电中,HV320WHB-N80型一体化逻辑板在正常工作状态的电压见表1~表5。

表1 逻辑板LVDS信号输入接口引脚功能、电压

脚号	符号	功能	电压(V)
①~④	VCC	12V供电	12.23
⑤~⑧	GND	接地	0
⑨	SEL_LVDS	LVDS数据格式选择	0
⑩	NC	空脚	0
⑪	GND	接地	0
⑫	LV0N	差分数据0-	1.24
⑬	LV0P	差分数据0+	1.16
⑭	GND	接地	0
⑮	LV1N	差分数据1-	1.23
⑯	LV1P	差分数据1+	1.14
⑰	GND	接地	0
⑱	LV2N	差分数据2-	1.22
⑲	LV2P	差分数据2+	1.12
⑳	GND	接地	0
㉑	LVCKN	差分时钟-	1.20
㉒	LVCKP	差分时钟+	1.17
㉓	GND	接地	0
㉔	LV3N	差分数据3-	1.24
⑮	LV3P	差分数据3+	1.16
㉖	GND	接地	0
㉗	WP	写保护端子	3.30
㉘	SDA	I²C总线数据线	3.30
㉙	SCL	I²C总线时钟线	3.30
㉚	GND	接地	0

表2 逻辑板上测试点电压

测试点	电压(V)	测试点	电压(V)	测试点	电压(V)
AVDD	16	GMA17	0.74	OUT1	7.77
CPV	2.08	GMA18	0.38	OUT1026	6.85
DVDD	3.23	GREF	15.8	OUT2049	0
DVDD_APR_1V8	1.78	LP1	0	OUT10	0
DIO	0	LP2	0	POL	1.60
FB	3.23	mrLV0P	1.15	POLC2	0
GMA1	15.60	mrLV0N	1.18	SCL_EEPROM	3.22
GMA2	15.18	mrLV1P	1.15	SDA_EEPROM	3.22
GMA3	13.23	mrLV1N	1.18	SCL PG	3.23
GMA4	12.53	mrLV2P	1.14	SCL PG	3.23
GMA5	11.60	mrLV2N	1.18	SHL	3.23
GMA6	10.71	mrLVCKP	1.16	STVD	0
GMA7	9.97	mrLVCKN	1.16	STVU	0
GMA8	8.18	mrLV3P	1.14	TP	0.21
GMA9	7.95	mrLV3N	1.18	VCOML	7.26
GMA10	7.42	mrLV4P	1.15	VCOMR	7.23
GMA11	7.22	mrLV4N	1.18	VD	3.23
GMA12	5.62	mrLV5P	1.14	VREF_FB	1.21
GMA13	4.88	mrLV5N	1.18	VGH	31.5
GMA14	3.95	PWRC	3.23	VMID	7.64
GMA15	3.06	OE1	2.24	VON	25.1
GMA16	2.36	OE2	2.14	VOFF	-7.8

表3 DC-DC转换集成电路6861AAQ引脚电压

脚号	符号	电压(V)	脚号	符号	电压(V)	脚号	符号	电压(V)
①	VREF_I	15.95	⑰	VIN	12.73	㉝	THR	1.32
②	VOP	15.95	⑱	GND	0	㉞	SUPP	16.04
③	OGND	0	⑲	VDET	1.57	㉟	CPGND	0
④	OPP	7.63	⑳	INVL	12.73	㊱	DRVP	3.81
⑤	OPN	7.64	㉑	VL	4.91	㊲	DLY1	4.84
⑥	OPO	7.64	㉒	FSEL	11.57	㊳	FBP	1.21
⑦	XAO	3.23	㉓	CLIM	0.61	㊴	VGH	31.5
⑧	GVOFF	2.12	㉔	SS	4.84	㊵	VGHM	25.3
⑨	EN	12.42	⑮	SW	12.38	㊶	DRN	0.98
⑩	FBB	0	㉖	SW	12.38	㊷	SUPN	12.71
⑪	OUT	3.25	㉗	PGND	0	㊸	DRVN	11.24
⑫	NC	0	㉘	PGND	0	㊹	GND	0
⑬	SWB	3.21	㉙	GD_I	16.05	㊺	FBN	0.21
⑭	SWB	3.21	㉚	GD	10.18	㊻	REF	1.21
⑮	BST	7.97	㉛	FB	1.21	㊼	VREF_FB	1.21
⑯	VIN	12.73	㉜	COMP	0.78	㊽	VREF_O	15.93

表4 时序控制器NT71712MF6-000引脚电压

脚号	电压(V)	脚号	电压(V)	脚号	电压(V)	脚号	电压(V)
①	1.17	⑰	0	㉝	2.07	㊾	1.14
②	1.14	⑱	3.23	㉞	1.60	㊿	1.18
③	1.17	⑲	0	㉟	0.21	51	0
④	1.12	⑳	3.23	㊱	0	52	3.23
⑤	3.22	㉑	0	㊲	1.15	53	1.03
⑥	1.17	㉒	0	㊳	1.18	54	3.23
⑦	1.12	㉓	1.79	㊴	1.15	55	0
⑧	1.15	㉔	0	㊵	1.18	56	0
⑨	1.16	㉕	0	㊶	1.14	57	0
⑩	1.17	㉖	0	㊷	1.18	58	0
⑪	1.13	㉗	2.24	㊸	1.16	59	1.79
⑫	0	㉘	0	㊹	1.16	60	0
⑬	1.79	㉙	2.13	㊺	1.15	61	3.23
⑭	3.22	㉚	3.22	㊻	1.18	62	3.23
⑮	0	㉛	2.14	㊼	1.15	63	3.23
⑯	2.96	㉜	0	㊽	1.18	64	2.78

表5 伽马校正芯片i7991引脚电压

脚号	符号	电压(V)	脚号	符号	电压(V)	脚号	符号	电压(V)
①	OUT1	15.58	⑫	BANK_SEL	0	㉓	OUT13	2.36
②	OUT2	13.18	⑬	DGND	0	㉔	OUT14	0.37
③	OUT3	12.48	⑭	SCL	3.23	㉕	AGND	0
④	OUT4	11.57	⑮	SDA	3.23	㉖	SET	0.66
⑤	OUT5	10.69	⑯	WR	0	㉗	VCOM_ADJ	7.25
⑥	OUT6	9.95	⑰	DVDD	3.23	㉘	VCOM_FB	7.25
⑦	OUT7	7.92	⑱	OUT8	7.44	㉙	AGND	0
⑧	AVDD	16.02	⑲	OUT9	6.62	㉚	VCOM_OUT	7.25
⑨	VREF	15.94	⑳	OUT10	4.88	㉛	AVDD	16.05
⑩	A0	0	㉑	OUT11	3.96	㉜	AVDD	16.05
⑪	AGND	0	㉒	OUT12	3.06			

超薄LED彩电背光灯驱动IC维修资料

孙德印

1.AP3039M升压驱动电路

AP3039M是LED背光灯专用升压输出驱动控制电路，内含参考电压发生器、振荡电路、逻辑控制电路、驱动放大器，输出升压激励脉冲信号，设有输入供电UVLO欠压保护、输出电压过压OVP保护和升压开关管过流保护电路。输入工作电压范围5~27V，工作频率400 kHz~1MHz。应用于创维168P-P26DWC-00、海信RSAG7.820.2031等电源+背光灯板中，采用QFN-3X3-16和SOIC-14两种封装形式，AP3039M引脚功能见表1。

表1 AP3039M引脚功能

引脚		符号	功能
SOIC-14	QFN-3X3-16		
1	15	UVLO	18V供电电压分压取样检测输入
2	16	OV	升压输出过压保护检测输入
3	1	EN	点灯控制输入，高电平点灯启动，低电平关闭
4	2	VIN	18V供电输入
5	4	VCC	内部稳压电路VCC供电输出
6	5	OUT	升压激励脉冲输出
7	6	GND	接地端
8	7	RT	内部振荡电路外接电阻
9	10	CS	升压开关管过流保护输入
10	9	GND	接地端
11	10	SHDN	同步信号输入输出，保证于AP3608同步工作
12	11	FB	稳压检测反馈输入，从AP3608的10脚反馈输入
13	13	COMP	稳定闭环控制外接补偿电容
14	14	SS	软启动外接电容器
–	3、12	NC	空脚
–	–	EP	散热片，接地散热

2.AP3041升压和调流驱动电路

AP3041是LED背光灯电流模式升压控制和电流控制驱动集成电路，包含LED驱动的所有功能，主要实现单端拓扑直流/直流转换器。AP3041范围从5 V的输入电压27V。其操作频率可调从100 kHz到1 MHz。AP3041内置UVLO欠压保护、升压输出过压OVP保护和输出短路保护等功能。应用于康佳KIP+L060E01C1-01等电源+背光灯板中，AP3041引脚功能见表2所示。

表2 AP3041引脚功能

引脚	符号	功能
1	CT	电容器设置关闭延迟时间
2	OV	输出电压过压保护检测输入
3	UVLO	供电欠压保护检测输入
4	EN	点灯控制电压输入
5	VIN	IC供电电压输入
6	VCC	VCC供电外接陶瓷滤波电容
7	OUT	升压电路开关管驱动脉冲输出
8	GND	接地端
9	FAULT	调光电路开关管驱动脉冲输出
10	RT	频率设置外接电阻
11	CS	升压开关管过流保护检测输入
12	SC	斜坡补偿外接电容
13	SS/COMP	时间控制和误差放大器外接电路
14	FB	电压反馈脚，参考电压是500 mv
15	PWM	数码亮度控制脉冲输入
16	FLAG	故障检测输出，未采用，空脚

3.BALANCE6P升压和调流驱动电路

BALANCE6P是康佳在电路图上的命名，通用型号为OZ9906，是高效率开关型大屏幕LED背光控制专用芯片，可同时平衡驱动6路独立的LED灯条回路，可选择2~6通道背光灯串，每路都是单独控制，当出故障时单独关闭这一路，其他路不受影响。具有高效电流调节、支持完毕模拟和PWM调光，用户定义移相PWM调光功能，内部PWM调光频率可与外部脉冲同步、用户定义过电流保护阈值，故障检测状态输出等功能。设有过流保护、过功率保护、LED灯串开路保护、短路保护、故障检测输出保护等多种保护功能。应用于KPS+L140E06C2-02等电源+背光灯板中，BALANCE6P采用28脚封装形式，引脚功能和维修数据见表3。

表3 BALANCE6P引脚功能

引脚	符号	功能
1	SEL	内部PWM同步率选择
2	ENA	点灯控制电压输入
3	VREF	基准电压输出
4	ADIM	模拟亮度控制电压输入
5	STATUS	状态检测电压输出
6~8	DRV1~3	LED灯串均流控制驱动输出1~3
9	VCC	芯片工作电压输入
10	GNDP	数字电路接地
11~13	DRV4~6	LED灯串均流控制驱动输出4~6
14	GNDA	模拟电路接地
15~20	ISEN1~6	LED灯串电流检测1~6
21	PWM	数字调光设置
22	SCPT	设置短路保护阈值
23	RT	外接定时电阻设置操作频率
24	TIMER	保护延迟时间设定
25	VSYNC	内部PWM同步信号输入
26	LRT	外接但电阻设置内部调光频率
27	PDIM	内部PWM占空比控制
28	LPF	内部PWM同步低通滤波器

4.BD9204F升压和调流驱动电路

BD9204F是罗姆公司的生产的3通道LED控制芯片，可驱动3个升压与调流电路同时工作，BD9204F输入工作电压范围7V到15V，内置振荡器、5V基准电压稳压器、逻辑控制和升压驱动、调流控制等电路，工作频率300kHz。具有供电欠压UVLO保护、升压过压OVP保护、升压开关管过流OCP保护等保护功能，应用于海信RSAG7.820.2232等电源+背光灯板中，采用SOP28脚封装，其引脚功能见表4所示。

表4 BD9204F引脚功能

引脚	符号	功能
1	VREF	模拟调光信号输入
2	FAIL	异常状态检测输出
3	SS	接软启动电容器
4	RT	工作频率设定
5	OCP3	第3通道过流保护检测输入
6	PGND	功率输出电路接地
7	N3	第3通道升压驱动脉冲输出
8	OCP2	第2通道过流保护检测输入
9	N2	第2通道升压驱动脉冲输出
10	OCP1	第1通道过流保护检测输入
11	N1	第1通道升压驱动脉冲输出
12	STB	点灯控制输入
13	VCC	12V工作电压输入
14	VREG	内部稳压器输出
15、27、28	ILED1~3	第1~3通道LED电流反馈输入
16~18	COMP1~3	第1~3通道误差放大器输出
19	SEL	功率选择设置输入
20	UVLO	输入电压欠压保护检测
21	GND	模拟电路接地端
22	PWM	PWM数字调光信号输入
23~25	OVP1~3	第1~3通道过压保护检测输入
26	CP	关闭定时器外接电容
21	VCC	电源供电输入
22	VREF5V	5V基准电压输出
23	N	升压驱动脉冲输出
24	DC-GND	升压驱动电路接地端
25	CS	升压开关管电流检测输入
26	CP	滤波器设定外接电容器
27	SS	软启动时间设定外接电容
28	FB	误差放大器输出

5.BD9261升压和调流驱动电路

BD92614是罗姆公司的生产的4通道LED控制芯片，内含升压驱动电路和均流控制电路两部分，设有稳压器、振荡器、逻辑控制电路、放大驱动电路、电流控制电路、过流、过压检测和保护电路等。应用于海尔JSL4065-050等电源+背光灯板中，BD9261引脚功能见表5。

表5 BD9261引脚功能

引脚	符号	功能
1	OVP	升压输出过压保护检测输入
2	LED-LV	LED反馈电压设定
3、4、11、12	LED1~4	LED电流控制输出1~4
5、6、9、10	PWM1~4	外部PWM调光信号输入(LED1~4)
7	LSP	LED短路保护电压设定
8	LED-GND	LED电路接地
13	VREF	模拟调光整流电压输入
14	ISET	外接LED电流设置电阻
15	AGND	模拟电路接地
16	RT	升压驱动振荡器外接定时电阻
17	SLOPE	外接相位补偿电阻
18	FAIL	异常检测输出
19	UVLO	低电压误动作防止检测输出
20	STB	点灯控制使能输入

6.BD9264FP升压和调流驱动电路

BD9264FP是罗姆公司的生产的4通道LED控制芯片，内含升压驱动电路和均流控制电路两部分，设有稳压器、振荡器、逻辑控制电路、放大驱动电路、电流控制电路、过流、过压检测和保护电路等。应用于创维168P-P26ETU-05等电源+背光板中，引脚功能见表6。

表6 BD9264FP引脚功能

引脚	符号	功能
1	OVP	升压输出过压保护检测输入
2	LED-LV	LED反馈电压设定
3、4、11、12	LED1~4	LED电流控制输出1~4
5、6、9、10	PWM1~4	外部PWM调光信号输入(LED1~4)
7	LSP	LED短路保护电压设定
8	LED-GND	LED电路接地
13	VREF	模拟调光整流电压输入
14	ISET	外接LED电流设置电阻
15	AGND	模拟电路接地
16	RT	升压驱动振荡器外接定时电阻
17	SLOPE	外接相位补偿电阻
18	FAIL	异常检测输出
19	UVLO	低电压误动作防止检测输出
20	STB	点灯控制使能输入
21	VCC	电源供电输入
22	VREF5V	5V基准电压输出
23	N	升压驱动脉冲输出
24	DCDC-GND	升压驱动电路接地端
25	CS	升压开关管电流检测输入
26	CP	滤波器设定外接电容器
27	SS	软启动时间设定外接电容
28	FB	误差放大器输出

7.BD9393FP升压和调流驱动电路

BD9393FP是罗姆公司的生产的6通道LED控制芯片，内含升压驱动电路和均流控制电路两部分，设有稳压器、振荡器、逻辑控制电路、放大驱动电路、电流控制电路、过流、过压检测和保护电路等。特点：1.PWM调光功能；2.有多种LED输出支路通道选择；3.LED 1~6路输入具有40V的耐压值；4.集成块内部增设1个LDO输出端子VREF 5V，可以作为外围电路提供电源电压；5.较宽范围的VCC电压(9-35V)；6.通过RT脚可调芯片工作频率100K~1000KHz；7.有PWM1、PWM2调光端子，可以每3路LED背光灯串进行分别调光，同时还可以改变内部参考电压来实现模拟调光。应用于创维168P-P32ETU-00等电源+背光灯板中，BD9393FP采用HSOP28脚封装，引脚功能见表7。

表7 BD9393FP引脚功能

引脚	符号	功能
1	PGND3	数字电路接地3
2	N	升压驱动脉冲输出
3	SEL	未用,接地
4	FAIL	未用,接地
5	UVLO	24V欠压检测,正常该脚有2.5V左右的电压
6、7	PWM2	PWM亮度控制信号2、1
8	VCC	VCC芯片供电电压输入
9	EN	背光开启信号,高电平开启
10	VREF5V	5V基准电压输出
11	AGND	模拟电路接地
12	RT	振荡频率外接设置电阻
13	SLOPE	振荡频率外接设置电阻
14	ISET	外接LED工作电流设置电阻
15	VREF	外接LED工作电压设置电阻
16	CP	外接保护电路动作延迟时间电容器
17	FB	调光控制输入
18、25	PGND1、2	数字电路接地1、2
19~24	LED1~6	LED灯条电流检测1~6
26	SS	外接软启动电容器
27	OVP	升压电路过压检测输入
28	CS	升压MOSFET开关管S极电流检测

8.CAT4026升压和调流驱动电路

CAT4026是安森美公司的背光灯驱动控制电路，内含振荡电路、LED开路、短路保护电路、亮度调整控制电路、6通道LED恒流控制电路等。由CAT4026为核心组成的LED控制电路,外围电路简单,是一种低成本、高效的大面板 LED背光解决方案。其特点为:自适应反馈控制电路,提高升压电路工作效率;适应PWM脉冲和模拟电压调光控制方式;灯串开路保护(OCA);灯串局部短路保护(SCA);热关断保护(150℃);自动闲置掉电模式。应用于长虹欣锐HSM40D-4MC等电源+背光灯板中,CAT4026引脚功能和维修参考数据见表8所示。

表8 CAT4026引脚功能和维修数据

引脚	标注	功能	开机电压/V
1	VDD	电源供电输入	5.2
2	PWM	脉冲控制亮度信号输入	3.3
3	ANLG	直流亮度控制信号输入	5.2
4、6、8、	BASE1~3	均流的b极驱动信号输出1~3	2.2
5、7、9	RSET1~3	电流设定电阻检测信号输入1~3	1.0
10	OCA	过压检测输入,大于1V时保护	0.7
11	C1	LED正极电容	3.5
12、14	NC	空脚	5.2
13	VA	内部负极参考电压输出	1.8
15	VC	负极电压补偿	1.8
16	IFB	灌流信号输入,控制LED正极电流,最大输入1mA	1.9
17	FLT-SCA	LED短路信号输出,电流灌入IC内部MOS管	5.2
18	C3	接地	0
19	FLT-OCA	LED开路信号输出,电流灌入IC内MOS管	5.2
20、22、24	RSET4~6	电流设定电阻检测信号输入4~6	1.0
21、23、25	BASE44~6	均流的b极驱动信号输出4~6	2.1
26	VCS	最低的LED负极检测输入	3.5
27	SCA	最高的LED负极检测输入	0
28	GND	集成电路接地	0

9.DDA009DWR LED驱动控制电路

DDA009DWR是背光灯和照明LED驱动控制电路，输出两路对称激励脉冲,驱动输出电路MOSFET开关管工作于开关状态,并具有点灯控制、亮度控制、基准电压输出、输出电压检测、过压保护等功能,应用于海尔DPS-77AP等电源+背光灯板中,采用24脚封装,其引脚功能见表9所示。

表9 DDA009DWR引脚功能

引脚	符号	功能
1	VCC	工作电压输入
2、3	GD1、2	激励脉冲1、2输出
4	GND	接地端
5	VREF	基准电压输出
6	UCDLY	外接阻容器件
7	PWMDC/CT	PWM供电外接电容
8	PWMCT	PWM电路外接电容
9	LCT	LCT电压输出
10	DIM	亮度调整电压输入
11	BRNO	供电检测输入
12	BLON	点灯控制电压输入
14、13	UC1、2	输出电压欠压输入1、2
15	LATCH	锁定电压
16	OVPADJ	过压保护调整
17	OV	过压保护取样电压输入
18	VCOMP	软启动电容连接
19	OCADJ	输出取样和过流保护调整
20	OC	输出取样和过流保护输入
21	ICOMP	灯管电流调节误差放大器输出
22	SS	外接软启动电容
23	FMAX	外接频率钳位电阻
24	FMIN	外接定时电阻

10.iW 70116升压和调流驱动电路

W7011是美国加利福尼亚州坎贝尔iWatt (爱瓦特)公司推出的6通道高精度LED背光驱动电路,适用于大尺寸液晶显示面板。内置升压驱动电路和LED调流驱动电路,提高LED背光灯串的供电,并对LED背光灯串电流进行调整和控制,为不同的电流和电压配置允许最大的灵活性。调光支持SPI接口控制和直接相移PWM方式控制。内置包括过热关机、过电流和过电压保护,以及LED灯串开路、短路检测等功能。W7011的引脚功能见表10所示。

表10 iW7011引脚功能

TQFP-11封装引脚	符号	功能
1	VSYNC	SPI调光模式垂直同步数字输入
2	PWM-PIN	直接PWM调光脉冲输入
3	ADIM-PWM	模拟调光控制电压输入

4	GNDD	数字电路接地
5	CLKIN	外部时钟脉冲输入
6	MISO	SPI 串行外设接口数据输出
7	SCK	SPI 串行外设接口时钟输入，高电平 3.3V 有效
8	MOSI	SPI 串行外设接口数据输入，高电平 3.3V 有效
9	CSB	SPI 串行外设接口片选，高电平 3.3V 有效
10	LDO5-A	内部模拟电路 5V 供电稳压器外接补偿电容器
11	LDO5-D	内部数字电路 5V 供电稳压器外接电补偿容器
12	VIN	IC 供电电压输入
13	VSSA	模拟电路接地
14	RLS	短路阈值电压设置，通过电阻设置
15	FAULTB	故障检测输出，低电平有效
16	VDIV	升压供电欠压保护比较器输入，参考电压 1.2V
17	EN	点灯使能控制输入，高电平有效 33V
18	RT	开关频率可编程外接电阻，接地 128kKz，接 LDO5-A 为 179 kKz
19	SS	软启动电路外接电容器
20	VCPMP	升压驱动电路回路补偿
21	VFB	升压检测电压反馈输入（1.2V 固定值）
22	CS	升压 MOSFET 开关管电流反馈输入
23	GDRV	升压驱动脉冲输出
24	PGND	升压输出电路接地
25	S6	接第 6 路调流开关管 S 极
26	D6	接第 6 路调流开关管 D 极
27	G6	接第 6 路调流开关管 G 极
28	S5	接第 5 路调流开关管 S 极
29	D5	接第 5 路调流开关管 D 极
30	G5	接第 5 路调流开关管 G 极
31	S4	接第 4 路调流开关管 S 极
32	D4	接第 4 路调流开关管 D 极
33	G4	接第 4 路调流开关管 G 极
34	GNDA	电路板接地端
35	S3	接第 3 路调流开关管 S 极
36	D3	接第 3 路调流开关管 D 极
37	G3	接第 3 路调流开关管 G 极
38	S2	接第 2 路调流开关管 S 极
39	D2	接第 2 路调流开关管 D 极
40	G2	接第 2 路调流开关管 G 极
41	S1	接第 1 路调流开关管 S 极
42	D1	接第 1 路调流开关管 D 极
43	G1	接第 1 路调流开关管 G 极
44	CPLL	锁相环补偿输出/外部时钟输入

11.iW70166升压和调流驱动电路

W7016是美国加利福尼亚州坎贝尔iWatt（爱瓦特）公司推出的6通道LED背光驱动电路，内置一个升压驱动电路和6各LED调流驱动电路及其MOSFET开关管，提高LED背光灯串的供电，并对LED背光灯串电流进行调整和控制。iW7016提供高热补偿性能，弥补了正向电压不匹配，使用对话功能专有数字电源管理和专利BroadLEDTM自适应切换模式电流调节技术。iW7016有多个功能保护电路，采用逐周期检测，以确保系统的可靠性，并提供一致的操作，被广泛应用在国产和进口LED液晶彩电中。W7016的引脚功能见表11所示。

表11 iW7016引脚功能

引脚	符号	功能
1	GNDLED	内部 MOSFET 驱动电路接地
2	D1	内接第 1 路调流开关管 D 极，外接第 1 路 LED 灯串负极
3	S1	内接第 1 路调流开关管 S 极，外接电流检测电阻
4	D2	内接第 2 路调流开关管 D 极，外接第 1 路 LED 灯串负极
5	S2	内接第 2 路调流开关管 S 极，外接电流检测电阻
6	D3	内接第 3 路调流开关管 D 极，外接第 1 路 LED 灯串负极
7	S3	内接第 3 路调流开关管 S 极，外接电流检测电阻
8	S4	内接第 4 路调流开关管 S 极，外接电流检测电阻
9	D4	内接第 4 路调流开关管 D 极，外接第 1 路 LED 灯串负极
10	S5	内接第 5 路调流开关管 S 极，外接电流检测电阻
11	D5	内接第 5 路调流开关管 D 极，外接第 1 路 LED 灯串负极
12	S6	内接第 6 路调流开关管 S 极，外接电流检测电阻
13	D6	内接第 6 路调流开关管 D 极，外接第 1 路 LED 灯串负极
14	PWM1	第 1 路 PWM 调光电压输入，拆除（100K）
15	PWM2	第 2 路 PWM 调光电压输入，拆除（100K）；PWM 单一调光时为空脚
16	PWM3	第 3 路 PWM 调光电压输入，拆除（100K）；PWM 单一调光时为空脚
17	PWM4	第 4 路 PWM 调光电压输入，拆除（100K）；PWM 单一调光时为空脚
18	PWM5	第 5 路 PWM 调光电压输入，拆除（100K）；PWM 单一调光时为空脚
19	PWM6	第 6 路 PWM 调光电压输入，拆除（100K）；PWM 单一调光时为空脚
20	LDO5-A	内部模拟电路 5V 供电稳压器外接补偿电容器
21	LDO5-D	内部数字电路 5V 供电稳压器外接电补偿容器
22	ADIM	模拟调光控制电压输入
23	V2P5	模拟调光电路参考 2.5V 电压
24	FAULTB	故障检测输出，低电平有效
25	EN	点灯使能控制输入
26	VFB	升压检测电压反馈输入
27	VCOMP	升压驱动电路回路补偿
28	CS	升压 MOSFET 开关管电流反馈输入
29	GDRV	升压驱动脉冲输出
30	VDIV	升压供电欠压保护比较器输入，参考电压 1.2V
31	VIN	芯片工作电压输入
32	VSSA	模拟电路接地

12.iW 7019升压和调流驱动电路

iW7019是8通道LED背光驱动器，可为2D和3D 液晶电视提供更优良的画质、并进一步降低生产成本。iW7019集成了丰富的特性，头、尾对齐的两种模式脉宽调制（PWM）调光方式可以帮助减少动态模糊；12位高分辨率的局部调光可以帮助提高对比度。iW7019还集成了10V栅极驱动的DC/DC升压控制器、电流吸收器，以及能帮助降低高昂LED binning成本的iWatt专利BroadLED数字电流调节技术。

iW7019丰富的性能使其成为侧光式、直下式和分区侧光LED液晶电视的理想选择。它最大可输出85V电压，驱动多达八个通道的LED灯串，每通道电流在2D和3D模式分别可达200 mA和450mA。iW7019输入电压范围达9V到28V，能够兼容目前电视的电源系统，不需配置额外的电源。全面的调光模式使一颗IC支持偏光式(PR)(1)、快门式(SG) (2) 3D电视以及2D电视成为可能。BroadLED技术和全面的调光模式，解决了液晶电视设计中的性能、尺寸及成本等关键问题。iW7019采用TQFP-44和SOP-32两种封装形式，其引脚功能见表12所示。

表12 iW7019引脚功能

TQFP-44封装引脚	SOP-32封装引脚	符号	功能
1	×	NC	空脚
2	14	LED6	6路灯串负极回路
3	××	NC	空脚
4	15	LED7	7路灯串负极回路
5	17	LEDGND	LED驱动电路接地
6	17	LEDGND	LED驱动电路接地
7	16	LED8	8路灯串负极回路
8	×	NC	空脚
9	18	VFB	升压检测电压反馈输入（1.2V固定值）
10	19	DPGND	功率输出电路接地
11	20	CS	升压MOSFET开关管电流反馈输入
12	21	GDRV	升压驱动脉冲输出
13	22	VCOMP	驱动电路回路补偿
14	23	RT	开关频率可编程外接电阻(100K/150K/200K)
15	24	UVLO	升压电路供电电压欠压保护检测输入
16	25	LDO5-A	内部模拟电路5V供电稳压器外接电容器
17	17	LEDGND	LED驱动电路接地
18	17	LEDGND	LED驱动电路接地
19	26	LDO5-D	内部数字电路5V供电稳压器外接电容器
20	27	RLS	3V/6V/9V/12V短路阈值电压设置，默认6V，通过电阻设置
21	28	VIN	IC供电电压输入
22	29	CSB	从SPI串行外设接口片选，低电平有效，高电平5V定义为逻辑电路
23	30	SCK	SPI串行外设接口串行时钟输入，高电平5V定义为逻辑电路
24	31	FAULTB	故障检测输出，低电平有效，外接100K电阻到LDO5-A
25	32	EN	点灯使能控制输入，高电平有效，定义为5V
26	1	VSYNC/PWM	垂直同步选择，可选PWM控制，高电平有效，定义为5V
27	2	VREF2P5	模拟调光2.5V参考电压外接电容器
28	17	LEDGND	LED驱动电路接地
29	17	LEDGND	LED驱动电路接地
30	3	MOSI	SPI串行外设接口输入，主输出/从输入，高电平有效，定义为5V
31	4	MISO	SPI串行外设接口输入，主输入/从输出，高电平有效，定义为5V
32	5	ADIM/ISET	模拟调光电压输入/测试脚
33	6	CPLL	锁相环补偿输出/外部时钟输入
34	7	AVSS	内部稳压器回路接地
35	8	UNUSE	未使用的通道数量设置
36	9	LED1	1路灯串负极回路
37	10	LED2	2路灯串负极回路
38	17	LEDGND	LED驱动电路接地
39	17	LEDGND	LED驱动电路接地
40	11	LED3	3路灯串负极回路
41	×	NC	空脚
42	12	LED4	4路灯串负极回路
43	×	NC	空脚
44	13	LED5	5路灯串负极回路
EP	-	EXPGND	TQFP44封装形式散热片接地端

13.iW7023升压和调流控制电路

iW7023是高有效率新型LED的驱动IC，适用于使用数组LED背光灯串的中型LCD面板。内含2个升压驱动电路和16路降压型均流控制电路及其调流MOSFET开关管，采用专有数字电源管理和专利申请中自适应切换模式LED电流调节技术，通过动态电压控制两个外部升压或降压型转换器来优化系统效率，选择尽可能低直流输出电压，以维持LED灯串的最低编程电流，保持最低功耗，16路均流控制电路最大电流匹配达到±2%。并可通过一个高带宽动态SPI接口进行PWM调光。iW7023适用于边缘式调光LED电视、边缘式调光类医疗、工业监控器等。iW7023采用逐周期保护技术，设有供电欠压保护、升压过压保护、过流保护、LED灯串开路保护、短路保护功能。采用PWM调光，12位时调光范围为1%到99.98%；10位时为1%到99%。iW7023采用TQFP-64封装形式，其引脚功能见表13所示。

表13 IW7023引脚功能

引脚	符号	功能
1	EPGND	芯片底垫裸露铜皮接地，高电流驱动回路地
2	FBGND	信号电路接地
3	FB	升压电路输出电压取样反馈输入
4	EPGND	芯片底垫裸露铜皮接地，高电流驱动回路地
5	LED01	接1通道LED灯串负极
6	NC	空脚
7	LED02	接2通道LED灯串负极
8	EPGND	芯片底垫裸露铜皮接地，高电流驱动回路地
9	EPGND	芯片底垫裸露铜皮接地，高电流驱动回路地

10	LED03	接3通道LED灯串负极
11	NC	空脚
12	LED04	接4通道LED灯串负极
13	EPGND	芯片底垫裸露铜皮接地,高电流驱动回路地
14	EN	点灯使能控制输入,接高电平5V
15	LDO5	内部LDO输出和模拟电路5V供电
16	LDO3	内部LDO输出和模拟电路3V供电
17	EPGND	芯片底垫裸露铜皮接地,高电流驱动回路地
18	VIN	IC供电电压输入
19	AVSS	内部LDO回路地
20	RISET	电流设置外接电阻
21	EPGND	芯片底垫裸露铜皮接地,高电流驱动回路地
22	LED05	接5通道LED灯串负极
23	LED06	接6通道LED灯串负极
24	EPGND	芯片底垫裸露铜皮接地,高电流驱动回路地
25	EPGND	芯片底垫裸露铜皮接地,高电流驱动回路地
26	LED07	接7通道LED灯串负极
27	NC	空脚
28	LED08	接8通道LED灯串负极
29	EPGND	芯片底垫裸露铜皮接地,高电流驱动回路地
30	SCK	SCK串行时钟信号输入,逻辑高电平3.3V
31	MOSI	MOS主输入/从输出,逻辑高电平3.3V
32	MOSO	MOS主输出/从输入,逻辑高电平3.3V
33	SCB	芯片选择设置输入,逻辑高电平3.3V
34	NC	空脚
35	FAULTB	故障检测输出,低电平有效
36	EPGND	芯片底垫裸露铜皮接地,高电流驱动回路地
37	LED09	接9通道LED灯串负极
38	NC	空脚
39	LED10	接10通道LED灯串负极
40	EPGND	芯片底垫裸露铜皮接地,高电流驱动回路地
41	EPGND	芯片底垫裸露铜皮接地,高电流驱动回路地
42	LED11	接11通道LED灯串负极
43	NC	空脚
44	LED12	接12通道LED灯串负极
45	EPGND	芯片底垫裸露铜皮接地,高电流驱动回路地
46	XO	外接晶振或同步时钟脉冲
47	SYNCLK	多芯片系统外部时钟输入,逻辑高电平3.3V
48	EPGND	芯片底垫裸露铜皮接地,高电流驱动回路地
49	CPLL	锁相环补偿输出
50	AGND	模拟电路接地
51	VSYNC	垂直同步信号输入,逻辑高电平3.3V
52	EPGND	芯片底垫裸露铜皮接地,高电流驱动回路地
53	LED13	接13通道LED灯串负极
54	NC	空脚
55	LED14	接14通道LED灯串负极
56	EPGND	芯片底垫裸露铜皮接地,高电流驱动回路地
57	EPGND	芯片底垫裸露铜皮接地,高电流驱动回路地
58	LED15	接15通道LED灯串负极
59	LED16	接16通道LED灯串负极
60	EPGND	芯片底垫裸露铜皮接地,高电流驱动回路地
61	TESTEN	数字测试引脚
62	EXTLD03	外部LDO3启用,通过100k上拉LDO5
63	TEST	模拟测试引脚
64	EPGND	芯片底垫裸露铜皮接地,高电流驱动回路地

14.LD7400升压驱动电路

LD7400是通嘉公司生产的异步电流模式LED背光灯升压控制器,输入电压范围10.5~28V。输出的升压电路稳定LED背光的亮度,有效地管理MOSFET开关管的热瞬态响应和简化回路补偿。内部设有斜坡补偿电路,输入电压欠压锁定电路和输出电压短路保护电路,电流限制电路,可编程频率控制振荡器和热保护电路。应用于长虹715G5654-P01-001-002等电源+背光灯板中,LD7400引脚功能和维修数据见表14。

表14 LD7400引脚功能和维修数据

引脚	符号	功能	参考电压/V
1	FB	反馈电压输入	2.49
2	COMP	误差放大器补偿	2.45
3	RFW	工作频率设置与点灯控制输入	1.27
4	CS	升压开关管电流检测反馈输入端	0
5	DIM	调光控制电压输入端	2.73
6	GND	接地端	0
7	DRV	升压开关管激励脉冲输出	5.4
8	VCC	电源VCC输入	12.2

15.MAP3201升压和调流驱动电路

MAP3201是LED背光灯专用驱动控制电路,内设升压输出驱动电路和背光灯电流控制驱动电路,具有升压开关管电流检测保护、输出电压检测保护,电流调整管电流检测保护等功能。应用于海信RSAG7.820.5482等电源+背光灯板中,其引脚功能见表15。

表15 MAP3201引脚功能

引脚	符号	功能
1	VCC	工作电压输入
2	ISET	LED短路检测
3	GATE	升压驱动脉冲输出
4	GND	接地
5	CS	升压MOSFET电流检测输入
6	AUTO	保护启动方式设定
7	RT	工作频率设定
8	SYNC	同步信号输入
9	CLIM	电流限制设置
10	REF	5V参考电压输出
11	PWMO	PWM调光驱动输出
12	OVP	升压输出过压检测输入
13	PWMI	PWM调光输入
14	COMP	误差放大器输出补偿
15	FBP	背光灯亮度控制正相输入
16	FBN	背光灯亮度控制反相输入

16.MAP3204升压和调流驱动电路

MAP3204是LED背光驱动芯片,内含振荡器、升压驱动、调光驱动、过流、过压检测保护电路,外部PWM调光,灯串电流由外部电阻设定。输入电压范围7V~36V,应用于TCL40-RT3210-DRF2XG等背光灯板中，采用TSSOP的16脚和SOIC的20脚两种封装方式，MAP3204的两种封装方式引脚功能见表16。

表16 MAP3204引脚功能

引脚		符号	功能
TSSOP16	SOIC20		
1	2	VDD	内部参考电压输出
2	3	FSW	振荡器外接定时电阻
3	4	COMP	外接补偿电路
4	5	GND1	接地1
5	6	ISET	LED灯串电流设置
6	7	PWMI	PWM亮度调整电压输入
7	8	EN	点灯控制输入，高电平开启
8~11	9~12	FB4~1	LED灯串电流控制4~1
12	15	OVP	过压保护检测输入
13	17	GND2	接地2
14	19	CS	升压开关管过流保护输入
15	20	GATE	升压激励脉冲输出
16	1	VCC	工作电压输入
–	16	VLDO	稳压器
–	13、14、18	NC	空脚

17.MP3388升压和调流驱动电路

MP3388是美国MPS公司生产的LED背光灯驱动控制电路，设有升压驱动控制电路和均流控制电路两部分，内含稳压器、振荡器、逻辑控制、驱动输出、点灯使能控制、LED背光灯串电流控制、亮度调整等电路和升压MOSFET开关管，具有升压电路过流、过压保护和背光灯串开路、短路保护功能。可驱动8路LED背光灯串，设计者可根据需要增减LED灯串数量和每个灯串LED灯的数量，如果是增加每个灯串LED灯数量，灯串供电最高可达50V。工作频率625kHz或1.25MHz。具有转换效率高(达到80%)、工作电压宽(4.5V~28V)、封装体积小(4mm×4mm)的特点。应用于海尔LE22T3等彩电背光灯板中，采用QFN24和SOIC28两种封装形式，引脚功能见表17。

表17 MP3388引脚功能

引脚		符号	功能
QFN24	SOIC28		
1	5	EN	点灯使能控制，高电平点灯，低电平关闭
2	6	OSC	工作频率设置，接VCC时1.25MHz；接地时6.25kHz
3	7	FSFT	调光脉宽频率设置
4	8	PWMO	脉宽调制外接电容器
5	9	GND	接地端
6	10	PWMI	外部调光脉冲信号输入
7~10	11~14	LED8~5	LED电流反馈输入8~5
11	16	ISET	LED灯串电流设置
12~15	18~21	LED4~1	LED电流反馈输入4~1
16	22	OVP	升压输出取样输入
17	23	PGND2	内部升压MOSFET开关管S极接地端2
18	24	PGND1	内部升压MOSFET开关管S极接地端1
19	28	SW2	内部升压MOSFET开关管D极2
20	26	SW1	内部升压MOSFET开关管D极1
21	1	VFAULT	外部供电MOSFET管开/关控制输出
22	2	COMP	内部比较器外接补偿电路
23	3	VIN	IC供电输入
24	4	VCC	5V基准电压输出
–	15、17、25、27	NC	空脚

18.MP3394升压和调流驱动电路

MP3394是LED背光灯驱动控制电路，内含稳压器、振荡器、逻辑控制、驱动输出、点灯使能控制、LED背光灯串电流控制、亮度调整等电路，具有升压电路过流、过压保护和背光灯串开路、短路保护、欠压锁定和热关断功能。升压驱动和4路LED均流控制电路，LED灯串电流和工作频率由外部电路设定，LED灯串电流调节精度可达到2.5%。输入电压在5V到28V之间，脉宽调制PWM调光，应用于TCL 81-PBE024-PW4、81-PBE039-PW1、IPE06R31A等电源+背光灯板中，采用TSSOP16EP、SOIC16和SOIC20三种封装方式，16脚和20脚封装的引脚功能见表18。

表18 MP3394引脚功能

引脚		符号	功能
TSSOP16EP SOIC16	SOIC20		
1	1	COMP	升压转换器补偿，外接陶瓷电容到地
2	2	EN	点灯控制电压输入，大于1.8V打开，低于0.6V关闭
3	3	DBRT	PWM亮度调整电压输入，直流电压范围0.2V至1.2V
4	5	GND	接地端
5	7	OSC	振荡器外接定时电阻
6	8	ISET	LED电流设置
7	9	BOSC	数字脉宽振荡器外接定时电阻，电压1.22V
8~11	10~13	LED4~1	LED背光灯串反馈输入4~1
12	14	OVP	升压输出电压过压保护取样电压输入
13	17	ISENSE	升压输出开关管过流保护输入
14	18	GATE	升压激励脉冲输出
15	19	VIN	供电电压输入，输入范围5~28V
16	20	VCC	VCC供电电压，内部5.8V稳压器输出
	4、6、15、16	NC	空脚

19.OB3350升压驱动电路

OB3350是ON BRIGHR(昂宝)公司推出的LED背光灯驱动控制电路，内含参考电压发生器、检测逻辑控制电路、振荡器、驱动输出电路、电流检测电路、亮度控制电路等。工作电压8~35V，工作频率100Hz~1kHz具有复杂的保护机制，包括输出过压保护、过流保护、开路保护、过热保护等，应用于长虹长虹HSS25D-1MF 180和MPU25D-2M8 210等电源+背光灯板中，采用8脚封装形式，引脚功能见表19。

表19 OB3350引脚功能

引脚	符号	功能
1	VIN	芯片工作电压11~12V，启动10V以上，低于8V停止工作
2	GATE	升压驱动脉冲输出，驱动外部MOSFET开关管
3	GND	内部电路接地端
4	CS	升压开关管过流保护输入，调节驱动占空比，

5	FB	LED电流反馈输入,设置LED背光灯电流 I=VFB/R
6	COMP	误差放大器输出补偿,对BOOST升压环路进行补偿
7	OVP	升压输出电压过压保护输入
8	PWM	外部PWM亮度调整输入,接收100Hz到1khz低频PWM信号

20.OB3354调流控制电路

OB3354是LED灯串均流控制专用集成电路,内含亮度调整电路、驱动输出电路、电流反馈检测电路等,对4路LED背光灯串电流进行调整和控制,设有故障检测和保护输出电路。应用于TCL TV5001-ZC02-01等电源+背光灯板中,OB3354采用16脚封装,引脚功能见表20所示。

表20 OB3354引脚功能

引脚	符号	功能
1	GND	接地端
2	VDD	5V供电输入端
3	PWM	亮度调整控制输入
4、6、11、13	BASE1~4	LED灯串调流控制输出1~4
5、7、10、12	ISET1~4	LED灯串电流反馈输入1~4
8	VFB	稳压控制电路
9	FAULT	故障检测到电路
14	DHC	LED背光灯串电流检测
15	SCP	LED背光灯串短路检测
16	OVP	输出LED+电压过压保护反馈输入

21.OZ9902升压和调流驱动电路

LED背光驱动部分采用的OZ9902是双路LED背光灯驱动芯片,内含振荡器、驱动输出、过流、过压检测保护电路,外部PWM调光,灯串电流由外部电阻设定。OZ9902引脚功能和维修数据见表21。

表21 OZ9902引脚功能和维修数据

引脚	符号	功能	对地电压/V
1	UVLS	LED输入电压欠压保护检测	5.1
2	VCC	12V工作电压输入	12.0
3	FNA	点灯控制ON/OFF输入	5.2
4	HREF	基准电压输出	5.0
5	RT	工作频率设定和主辅模式设定	1
6	SYNC	同步信号输入/输出,不用时悬空	0
7	PWM1	第一通道PWM调光信号输入	3.5
8	PWM2	第二通道PWM调光信号输入	3.5
9	ADIM	模拟调光信号输入,不用时设定为3V以上	2.6
10	TIMER	保护延时设定	0
11	SSTCMP1	第一通道软启动和补偿设定	1.8
12	SSTCMP2	第二通道软启动和补偿设定	1.8
13	ISEN2	第二通道LED电流取样	0.3
14	PROT2	第二通道PWM调光驱动输出	12.0
15	OVP2	第二通道过压保护检测输入	2.1
16	ISW2	第二通道OCP检测输入	0
17	ISEN1	第一通道LED电流取样输入	0.3
18	PROT1	第一通道PWM调光驱动输出	12.0
19	OVP1	第一通道过压保护检测输入	2.1
20	ISW1	第一通道OCP检测输入	0
21	GND	接地端	0
22	DRV2	第二通道升压MOSFET驱动输出	3.4
23	DRV1	第一通道升压MOSFET驱动输出	3.5
24	FAULT	异常情况下信号输出,未用	0

22.OZ9902C升压和调流驱动电路

OZ9902C是LED背光灯专用驱动控制电路,内设升压输出驱动电路和背光灯电流控制驱动电路,具有升压开关管电流检测保护、输出电压检测保护,电流调整管电流检测保护等功能。其引脚功能见表22。

表22 OZ9902C引脚功能

引脚	符号	功能
1	UVLS	输入电压欠压保护检测,正常值3.3V,低于3V保护启动
2	VCC	OZ9902C工作电压输入
3	ENA	芯片开启/关闭控制输入,高电平2V以上开启,低电平0.8V以下关闭
4	VREF	基准电压输出
5	RT	芯片工作频率设定和主副模式设定
6	PWM	PWM调光输入
7	ADIM	模拟调光信号输入,不用时设定为3V以上
8	TIMER	关断时间延迟设定
9	SSTCMP	软启动和补偿设定
10	ISEN	LED电流检测输入
11	PROT	调光MOSFET驱动输出
12	ISW	升压MOSFET电流检测输入
13	OVP	输出过压检测输入
14	GND	接地端
15	DRV	升压MOSFET驱动输出
16	FAULT	错误状态输出

23.OZ9957升压和调流驱动电路

OZ9957是罗姆公司的生产的背光控制专用控制芯片,它是单路LED驱动芯片,内含振荡器、参考电压发生器、相位调整、电流管理器和过压、过流保护电路等,应用于海信RSAG7.820.2031等电源+背光灯板中,其引脚功能见表23。

表23 OZ9957引脚功能

引脚	符号	功能
1	SYNC	同步信号输入
2	RTCT	振荡器工作频率设定脚
3	RPT	同步信号输出
4	GNDA	模拟地
5	PSET	PWM调光信号输入
6	PWM	PWM调光信号输入
7	ISEN	LED电流检测
8	IS	升压MOS管工作电流检测
9	SSCMP	软启动和补偿脚
10	OVP	过压保护检测
11	TIMER	OCP、OVP、OLP保护延时设定
12	ENA	点灯控制始能端
13	VCC	工作电压输入
14	VREF	参考电平输出
15	DRV	外部MOS管驱动信号输出
16	GNDP	功率地

24.OZ9967GN升压和调流驱动电路

OZ9967GN是凹凸公司的生产的6通道LED控制芯片，含升压驱动电路和均流控制电路两部分，设有参考电压发生器、升压驱动高频振荡器、升压驱动电路、调光低频振荡器、均流控制电路、逻辑控制保护电路等，具有升压过流、过压检测保护电路和LED背光灯串开路、短路保护等。输入电压范围6~33V。应用于创维168P-P32EWM-04、168P-P39DWM-00等电源+背光灯板中，OZ9967GN采用28脚封装，其引脚功能见表24。

表24 OZ9967GN引脚功能

引脚	符号	功能
1、3、5、7、9、11	CCMPB1~6	开关信号控制 1~6 通道
28、2、4、6、8、10	ISENB1~6	电流信号检测 1~6 通道
12	GNDP	电源供电接地
13	DRV	升压 MOSFET 开关管驱动信号输出，脉冲幅度 5VP-P
14	VREF	基准电压 5V 输出
15	CT	高频振荡器定时电阻和电容，0~1.7V 锯齿波，直流 0.2~0.3V
16	GNDA	信号电路接地
17	ISW	MOSFET 电流检测输入
18	VIN	供电电压输入，供电范围 6~40V
19	ENA	开关信号控制，高于 2V 启动，低于 0.8V 停止工作
20	SSTCMP	软启动以及环路补偿
21	LCT	低频振荡器定时电阻和电容，内部调光频率设定
22	UVLS	输入电压过压保护，低于 1.4V 停止工作，高于 1.5V 启动工作
23	DIM	调光控制信号输入，可接受线性直流电压，实现内部 PWM 调光
24	STATUS	控制状态指示，正常时高电平，当 LED 开路短路时，输出低电平
25	TIMER	外接电容延迟，充电至 3V 时，均流控制关闭，同时该脚开始放电，当放电至 0.1V 时，均流控制重新开始工作。
26	OVP	升压取样输入，过压时该脚超过 2.37V 停止工作，低于 2.27V 重新启动；欠压时该脚低于 0.1V 停止工作，上升到 0.1V 重新启动
27	RANGLED	LED 通道短路保护设定，当任一通道 COMP1-6 电压高于该脚电压 4 倍，则该 LED 通道将会被关闭，其他通道正常工作

表25 OZ9986引脚功能和维修数据

引脚	符号	功能	工作电压/V	电阻	
				正向阻值/kΩ	反向阻值/kΩ
1	RT	定时电阻设定工作频率	0.52	180	173
2	VSEN	过电压和过驱动保护阈值	1.68	2.61	2.6
3	ISW3	升压功率 MOSFET 的电流检测 3	0	99Ω	100Ω
4	ISW2	升压功率 MOSFET 的电流检测 2	0	99Ω	100Ω
5	ISW1	升压功率 MOSFET 的电流检测 1	0	100Ω	100Ω
6	SSTCMP	升压转换器的软启动和补偿	1.48	1.88	2552k
7	GNDA	模拟电路接地	0	0	0
8	DRV3	升压功率 MOSFET 驱动器输出 3	2	2.6Ω	3.3Ω
9	DRV2	升压功率 MOSFET 驱动器输出 2	2	2.2Ω	2.8Ω
10	DRV1	升压功率 MOSFET 驱动器输出 1	1.99	2.4Ω	2.7Ω
11	GNDP	电源接地	0	0	0
12	VDDP	电源供电输入	5.1	∞	39.6k
13	COMP6	LED 灯串均流控制输出 6	4.54	∞	12300k
14	COMP5	LED 灯串均流控制输出 5	4.69	∞	12120k
15	COMP4	LED 灯串均流控制输出 4	4.55	∞	12340k
16	COMP3	LED 灯串均流控制输出 3	4.69	∞	12250k
17	COMP2	LED 灯串均流控制输出 2	4.71	∞	12180k
18	COMP1	LED 灯串均流控制输出 1	4.53	∞	12550k
19	ENA	芯片使能点灯控制	4.56	10.89k	10.88k
20	ISEN1	LED 灯串电流检测 1	0.24	102Ω	102Ω
21	ISEN2	LED 灯串电流检测 2	0.24	102Ω	102Ω
22	ISEN3	LED 灯串电流检测 3	0.23	102Ω	102Ω
23	ISEN4	LED 灯串电流检测 4	0.24	102Ω	102Ω
24	ISEN5	LED 灯串电流检测 5	0.23	102Ω	102Ω
25	ISEN6	LED 灯串电流检测 6	0.24	102Ω	102Ω
26	VDDA	信号电源输入集成电路	5	∞	1172k
27	DIM	调光控制输入	2.6	5.2k	5.2k
28	SEL	直流电压来设置 VSYNC 与 PWM 调光频率比	5	∞	245k
29	VSYNC	同步信号或 PWM 调光频率设定	0.53	24.5k	24.4
30	LPF	锁相环补偿	5	∞	39.6

25.OZ9986 升压和调流驱动电路

OZ9986是LED背光驱动电路，提供6个驱动输出通道，用以驱动背光发光二极管，推荐VDDA、VDDP供电电压4.5~5.5V，运行频率100~200kHz，均衡开关频率300~1.5MHz，采用30脚SSOP和30JIAO SOP封装。OZ9986引脚功能和维修数据见表25。

26.OZ9998 升压和调流驱动电路

OZ9998是LED背光驱动电路，提供8个驱动输出通道，用以驱动背光发光二极管，外部PWM调光，灯串电流由外部电阻设定，应用在 LED液晶彩电、LED液晶彩显中。OZ9998引脚功能见表26。

表26 OZ9998引脚功能

引脚	符号	功能
1	PWM	外部 PWM 调光输入，进行全局灯串的调光，小屏幕 LED 彩电的 PWM 调光频率设置在 15~20kHz，PWM 高电平需大于 2.4V
2	ISEN1	灯串电流反馈输入 1，与灯串 1 的负极相连接，在芯片内部检测电流，调整输出
3	ISEN2	灯串电流反馈输入 2，与灯串 2 的负极相连接，在芯片内部检测电流，调整输出
4	ISEN3	灯串电流反馈输入 3，与灯串 3 的负极相连接，在芯片内部检测电流，调整输出
5	ISEN4	灯串电流反馈输入 4，与灯串 4 的负极相连接，在芯片内部检测电流，调整输出
6	GNDA	小信号电路接地
7	ISEN5	灯串电流反馈输入 5，与灯串 5 的负极相连接，在芯片内部检测电流，调整输出
8	ISEN6	灯串电流反馈输入 6，与灯串 6 的负极相连接，在芯片内部检测电流，调整输出
9	ISEN7	灯串电流反馈输入 7，与灯串 7 的负极相连接，在芯片内部检测电流，调整输出
10	OVP	过压保护输入，正常工作 OVP 一般设置在 1.6~1.8V，高于 2.0V 时，进入保护状态
11	ISET	电流设置，外接电阻 RISET(mA)=600/RISET/kΩ
12	RT	设置模块工作频率，一般设为 500 kHz
13	ENA	使能脚，大于 2.4V 开启
14	ISW	MOSFET 开关管过流保护输入，内部保护电压为 0.5V
15	ISEN8	灯串电流反馈输入 8，与灯串 8 的负极相连接，在芯片内部检测电流，调整输出
16	LDR	驱动输出
17	VREF	内部 5V 基准电压
18	GNDP	功率电路接地
19	VIN	工作电压输入，范围 4.5~33V
20	SEL	单芯片使用通道定义，使用 ISEN1~ISEN4，则 SEL=NC；使用 IXEN1~ISEN6 时 SEL=VREF；使用 ISEN1~ISEN8 时，SEL=GNDA
21	COMP	大于 8 路输出时多个芯片级联使用同步脚
22	SSTCMP	软启动和反馈环路补偿
23	NC	空脚
24	STATUS	LED 状态输出，正常时为高电平约 5V，出现灯串开路、短路保护、过压保护、过热保护时，变为低电平

27.PF7004升压和调流驱动电路

PF7004是LED背光灯和LED照明均流控制专用控制芯片，内含点灯控制电路、欠压保护电路、偏置电路、编程控制电路、调光电路和4路调流驱动输出电路及4路LED电流反馈输入检测电路，设有背光灯短路检测和背光灯开路检测电路。应用于创维715G4581-P02-W30-003M等电源+背光灯二合一板中，PF7004引脚功能见表27。

表27 PF7004引脚功能

引脚	符号	功能
1	COMP	补偿电压输出，接背光灯电源稳压电路
2	DIM	光控制电压输入端
3	EN	点灯控制电压输入，高电平启动
4	VCC	工作电压输入
5、12、7、10	OUT1~4	第 1~4 路调流驱动电压输出，接调流开关管 G1~G4
6、11、8、9	CS1~4	第 1~4 路 LED 电流反馈输入，接调流开关管 S1~S4
13	GND	接地端
14	SLP	LED 背光灯短路保护检测输入，LED 灯串开路时将该电压提升
15	VSEF	基准电压输入，设置反馈电压的高低
16	VFB	LED 背光灯短路保护检测输入，LED 灯串开路时将该电压拉低

28.PF7900S升压驱动电路

PF7900S是LED背光灯BOOST驱动控制专用控制芯片，内含内部偏置与参考电压发生器、振荡器、欠压、过压、过流保护比较电路、稳压反馈控制和驱动输出电路等。应用于海尔715G5792-P01-003-002M、长虹715G5193-P02-000-002M等电源+背光灯板中，PF7900S引脚功能见表28。

表28 PF7900S引脚功能

引脚	符号	功能
1	FB	反馈稳压输入
2	GM	外接补偿电路
3	RT	外接定时电阻
4	CS	过流保护输入
5	DIM	调光控制电压输入
6	GND	接地端
7	OUT	升压激励脉冲输出
8	VCC	工作电压输入

29.PF7903BS升压和调流驱动电路

PF7903BS是LED背光灯驱动控制电路，内含偏置电路、参考电压产生电路、软启动电路、振荡器、升压驱动输出电路、调流驱动电路、电流检测电路等。设有过压保护、过流保护、欠压保护、过热保护电路。应用于海尔715G5827-P03-000-002H等电源+背光灯板中，采用SOP-8封装形式，引脚功能见表29。

表29 PF7903BS引脚功能

引脚	符号	功能
1	DIMOUT	亮度和调流驱动输出
2	GM	外接定时电阻、电容器
3	FB	输出取样 FB 和电流反馈输入端
4	OVP/DIM	过压检测输入
5	CS	升压开关管电流检测输入
6	GND	接地端
7	OUT	升压激励脉冲输出
8	VCC	工作电压输入

30.RT8482 升压驱动和调流控制电路

RT8482是台湾立崎科技公司推出的高电压大电流LED背光灯驱动控制电路，内含1.5A功率开关管和恒流驱动电路。输入电压范围4.5V~40V,输出电压可高达50V,可工作于升压、降压模式,转换效率高达90%。RT8482采用贴片双列和四面16脚封装形式,引脚功能见表30。

引脚	符号	功能
1	GBIAS	偏置电压外接滤波电容
2	GATE	升压开关管的G极激励脉冲输出
3	NC	空脚
4	ISW	升压开关管S极电流检测输入
5	NC	空脚
6	ISP	LED供电电流检测正相电压输入
7	ISN	LED供电电流检测反向电压输入
8	VC	环路补偿外接电阻、电容
9	ACTL	背光灯亮度模拟设置
10	DCTL	背光灯亮度数字调整
11	SS	软启动外接电容器
12	NC	空脚
13	EN	点灯使能控制输入
14	OVP	输出电压检测和过压保护输入
15	VCC	工作电压输入
16	GND	接地端

31.RT8566升压和调流驱动电路

RT8566是台湾立崎科技公司推出的LED背光灯驱动控制电路,内含升压驱动电路和恒流驱动电路。可为8条LED灯串通道供电,并进行调光和电流控制，每个通道可提供120mA的电流，工作电压范围9V~28V,工作频率可调范围100kHz到1MHz,采用PWM调光电路,LED背光灯串电流可选择和调节,LED电流回路反馈脚最高电压0.6 V，自动检测并断开任何无关的或开路的LED背光灯串，具有OVP / UVP过压和欠压保护、升压开关管过流保护、LED灯串过流保护等多种保护功能;应用于TCL TV3231-ZC02-01(B)等背光灯板中,采用TSSOP-28脚封装形式,其引脚功能见表31。

表31 RT8566引脚功能

引脚	符号	功能
1	OVP	升压后输出电压检测输入,高于1.2 V或低于0.6 V时保护
2	RISET	LED电流设置外接电阻
3	DCTL	模拟调光电压输入
4	ACTL	数字调光PWM输入
5	CT	振荡频率定时控制输入
6	STATUS	工作状态控制输出
7	PWM-OUT	PWM输出,未用,空脚
8	RT	工作频率外接定时电阻
9	VC	内部电压转换外接补偿电路
10	SS	软启动外接定时电容
11	EN	点灯控制输入,高电平开启,低电平关闭

长虹LM41iS机芯液晶电视信号流程分析及故障检修

刘亚光

一、LM41iS机芯基本结构和电路组成

LM41iS 机芯以联发科技股份有限公司(MTK)一体化芯片MT5505为核心,该芯片是一种高端电视信号处理芯片,通过在电路、软件、芯片等层面的系统性技术集成,采用Andriod 4.0 智能操作系统,搭建开放式平台,实现电视、超强多媒体文件播放、支持HDMI1.4、网络在线、全网浏览器、智能多屏互动、智能语音控制、用户自主安装应用程序等智能电视功能。机芯还支持支持无线上网、3D功能, 全高清显示立体图像,视觉冲击震撼。该机芯采用I²C总线控制方式,主芯片、DDR、程序存储均采用BGA形式封装。

LM41iS 机芯以MTK5505 为核心并基于Andriod 4.0操作系统开发适应中低端智能电视市场,是一款性价比非常高的平板电视机芯。基本功能包含1 路RF 输入、1 路AV 输入、1 路YPbPr 接口 (兼容高清信号)、1 路VGA输入、2 路HDMI 输入、1 路AV 输出、3 路USB2.0 接口、1路LAN 网络接口、1 路数字音频输出。在主板布局上,所有输入和输出接口均在主板上,既方便了整机生产调试,又方便后面的用户连接使用。

该机芯具有省电功能 (电源管理模式), 当本机用做PC的显示终端,且用户使用的PC无输出信号

时,约60秒后液晶电视将自动关闭,进入待机省电模式;当按本机power、节目加/减键或遥控器上power、节目加/减键或PC再次输出信号时,液晶电视将自动打开。本机芯做到真正的即插即用功能,使得电视机很方便作为电脑终端显示设备,无须单独配备安装软件。 机芯有在线升级功能,网络连接轻松实现新功能升级。LM41iS 机芯液晶电视包括的型号如表1所示。

表1 LM41iS机芯典型型号

机芯	典型机型
LM41iS	3D32B4000i、3D39B4000i、3D42B4000i、3D42B4500i、3D47B4000i、3D47B4500i、3D50B4000i、3D50B4500i、3D55B4000i、3D55B4500i 等。
LM41iSD	3D47B4000i、3D50B4000i、3D55B4000i、3D55B8000i、LED32B4500i、LED42B4500i 等。
ZLM41A-iJ	3D42B2080i(L63)、3D42B2080i、3D42B2180i(L63)、3D42B2180i、3D42B2280i(L63)、3D42B2280i、3D42C3000i、3D42C3080i、3D42C3300i、3D46C2000i、3D46C2080i、3D46C2180i、3D46C2280i、3D47C3000i、3D47C3080i、3D47C3300i、3D50C2000i、3D55C2000i、3D55C2080i、3D55C2180i、3D55C2280i、LED32C3070i、LED32C3080i、LED42C3070i、LED32C3080i、LED42C3070i、LED42C3080i、LED42D30 等。

长虹LM41iS主要由电源板、遥控接收板、按键板(K板)、主板等印制板组件和屏组件组成组成。它们的功能如表2所示。

从机芯电路来看,长虹LM41iS 机芯液晶电视主要由电源电路、射频电路、音视频处理电路、模拟和数字音视频输入输出接口电路、多媒体处理电路、伴音功率放大电路、系统控制电路及键控电路组成。整机电路组成框图如图1所示, 机芯中应用的主要集成电路作用如表3所示。

表2 长虹LM41iS机芯印制板组件和屏组件功能简介

序号	组件名称	功能描述
1	主板组件	主板组件是液晶电视中对各种信号进行处理的核心部分。在系统控制电路的作用下,承担着将外部输入的信号转换为统一的液晶显示屏所能识别的数字信号的任务。其中从高频头输入的 CVBS 信号,或从 AV、VGA、HDMI、HDTV(YpbPr)端子和网络输入的信号全都在 MT5505 中进行 8bit 和 10bit 的信号处理,经过格式变换处理产生 LVDS 信号直接给屏显示。从各端口输入的声音信号进入 MT5505 进行音量控制、音效处理后,输出到伴音功放放大,推动扬声器播放出声音。
2	遥控接收板组件	遥控接收板组件由一个工作指示灯和一个遥控接收头构成。用户通过该组件使用遥控器可以对液晶电视方便地进行操作,以及知道液晶电视所处的工作状态。
3	内置电源板组件	将 AC 220V 转换成所需要的+12V 、+5Vstb、+5V 等直流电。
4	按键板组件	触摸按键板组件有 7 个功能按键。用户通过该组件可以对液晶电视方便地进行操作。
5	屏组件	液晶屏用以将来自主板经处理后的图像信号进行图像显示 。

二、LM41iS机芯整机供电系统分析

LM41iS机芯的电源板只有 1 路电压+12V_IN 输出,+12V_IN 电压通过 DCDC、LDO(如 SY8204、SY8205 等)变成 5V、3.3V、1.2V 等供主芯片UM1、DDR、EMMC、高频调谐器等使用,通过场效应管 AO4803 转成+12V 给液晶屏和伴音功放供电。+12V_IN 电压还通过 DCDC、LDO 产生+5VSB、+5V_SW、3V3SB给 MCU、按键板、红外接收器等待机电路供电。具体的供电关系如图2所示。

三、LM41iS机芯遥控系统分析

长虹LM41iS机芯遥控系统的基本组成如图3示。

1.遥控系统的供电

从图2可知,LM41iS机芯遥控系统的供电电压主要包括+5VSB、3V3SB、AVDD3V3、AVDD1V2、DVDD3V3和VCCK等几种, 其中电压AVDD3V3、AVDD1V2、DVDD3V3和VCCK都是+5V_SW分别经过U02、U7稳压所产生。

在遥控电路中,+5VSB通过插座CON05给遥控信号接收电路、LED指示灯电路供电,给以QP2为主组成的待机/开机控制电路供电。+5VSB电压经过Q5之后,转换成3V3SB电压,给遥控电路中的本机按键电路、系统复位电路、以QA02为核心组成的背光灯启动控制电路等供电。

电视机进入二次开机后,+5VSB还通过开关电路U6输出+5V_SW电压。+5V_SW电压除了直接给遥控系统中的以QA01为中心组成的亮度控制电路、用户存储器UM6(M24C32-W)、背光灯启动控制电路等供电, 还经过U7稳压, 输出VCCK、AVDD1V2电压给主芯片内的MCU供电。+5V_SW同时经过U02稳压,输出DVDD3V3电压给主芯片、整机控制程序存储器U1供电。DVDD3V3经过FB01、C103、C116组成的LC电路

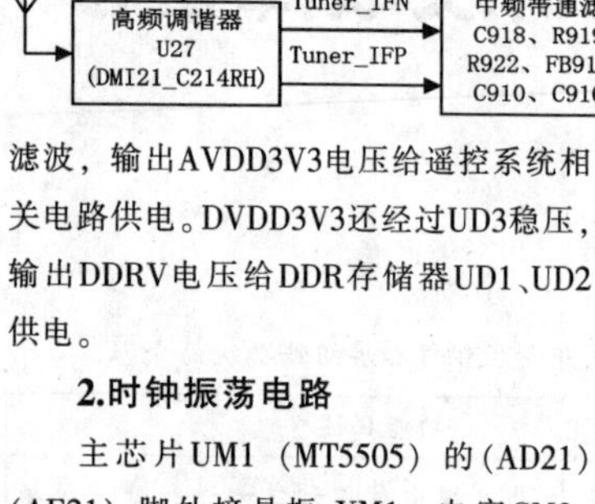

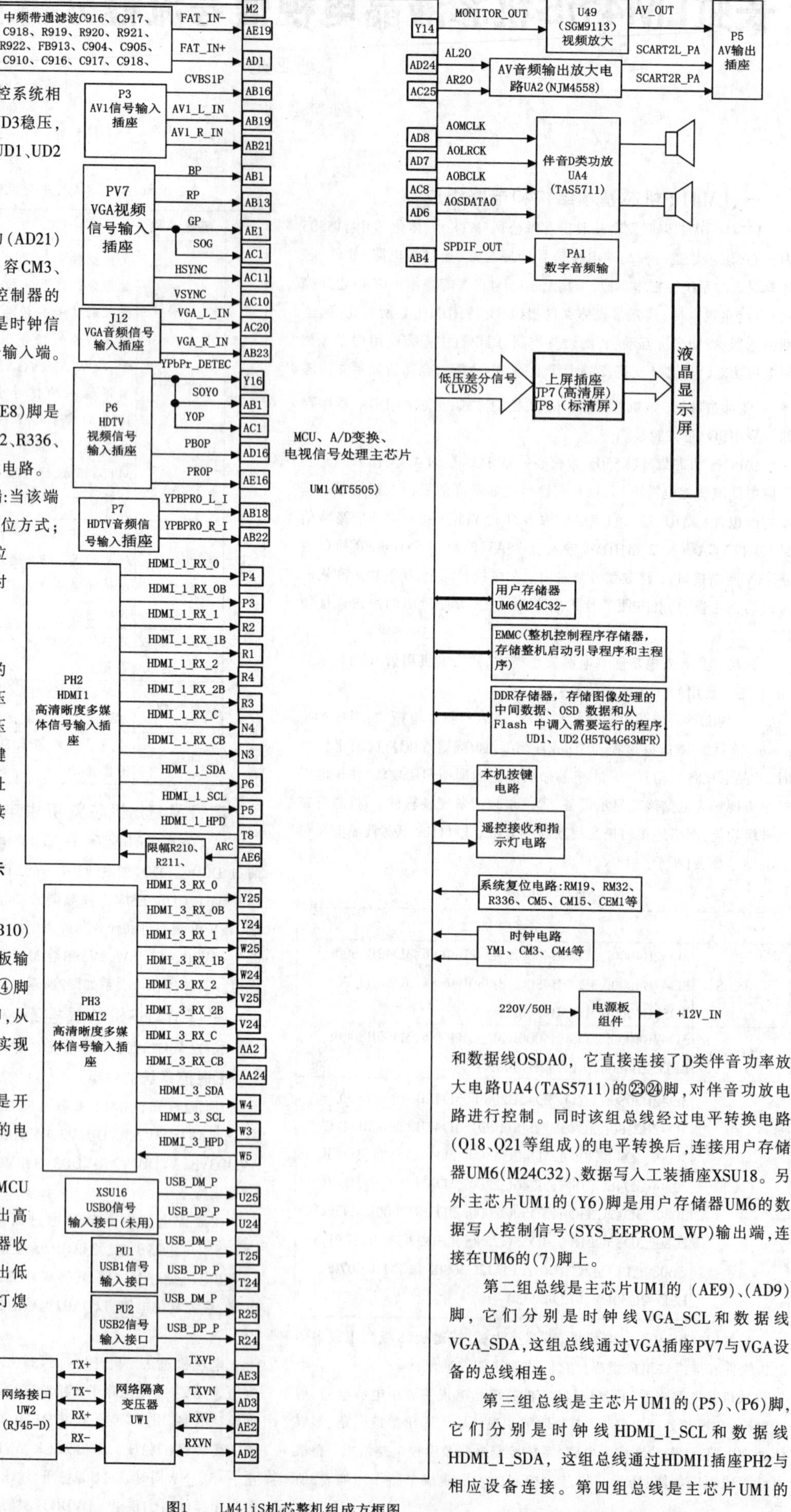

图1　LM41iS机芯整机组成方框图

滤波，输出AVDD3V3电压给遥控系统相关电路供电。DVDD3V3还经过UD3稳压，输出DDRV电压给DDR存储器UD1、UD2供电。

2.时钟振荡电路

主芯片UM1（MT5505）的（AD21）（AE21）脚外接晶振YM1、电容CM3、CM4及集成块内部电路组成微控制器的时钟振荡电路，其中（AD21）脚是时钟信号输出端，（AE21）脚是时钟信号输入端。

3.复位电路

主芯片UM1（MT5505）的（AE8）脚是外部复位端，外接由RM19、RM32、R336、CM5、CM15、CEM1等组成的复位电路。

（W9）脚是复位方式设置端：当该端为高电平（或悬空）时，为内部复位方式；若该端为低电平时，为外部复位方式。该端电平由RM10、RM66对电压3V3SB分压决定。

4.本机按键电压输入

主芯片UM1（MT5505）的（AB7）（AB9）脚是本机按键电压输入端，按键板电路产生的电压经插座CON4进入主芯片内，按键电压经过A/D转换后，变换成地址数据，从程序存储器相应单元读出程序，完成相应控制功能。

5. 遥控信号输入和指示灯控制电路

主芯片UM1（MT5505）的（AB10）脚是遥控信号输入端，遥控接收板输出的遥控信号OIRI经插座CON5④脚进入UM1（MT5505）的（AB10）脚，从程序存储器相应单元读出程序，实现遥控控制功能。

UM1（MT5505）的（AB8）脚是开机、待机指示灯控制端，其输出的电平经过插座CON5②脚，指示灯。

接通电源瞬间，主芯片中的MCU进入正常工作之前，（AB8）脚输出高电平，LED指示灯点亮，微控制器收到二次开机指令后，（AB8）脚输出低电平，在完成二次开机后指示灯熄灭。

6.总线及其外挂电路

本机芯总共有5组总线，分别连接不同的电路。

第一组总线是主芯片UM1的（R6）、（R7）脚，它们分别是I²C总线的时钟线OSCL0和数据线OSDA0，它直接连接了D类伴音功率放大电路UA4（TAS5711）的㉓㉔脚，对伴音功放电路进行控制。同时该组总线经过电平转换电路（Q18、Q21等组成）的电平转换后，连接用户存储器UM6（M24C32）、数据写入工装插座XSU18。另外主芯片UM1的（Y6）脚是用户存储器UM6的数据写入控制信号（SYS_EEPROM_WP）输出端，连接在UM6的（7）脚上。

第二组总线是主芯片UM1的（AE9）、（AD9）脚，它们分别是时钟线VGA_SCL和数据线VGA_SDA，这组总线通过VGA插座PV7与VGA设备的总线相连。

第三组总线是主芯片UM1的（P5）、（P6）脚，它们分别是时钟线HDMI_1_SCL和数据线HDMI_1_SDA，这组总线通过HDMI1插座PH2与相应设备连接。第四组总线是主芯片UM1的

表3 LM41iS机芯主要集成电路作用

序号	位号	型号	主要作用
1	UM1	MT5505AKDI (或 MT5505AKDI/B)	主处理芯片,在内部完成各种音视频信号的解码处理,将信号转变成 LVDS 信号和音频信号分别送到屏和伴音功放。主芯片也包括了 OSD 显示、MCU 控制功能。
2	UM6	M24C32-W	用户存储器,存储 MAC、屏参和 HDMI KEY 等数据
3	UD1,UD2	H5TQ4G63MFR	DDR3,存储图像处理的中间数据、OSD 数据和从 Flash 中调入需要运行的程序。
4	U1	THGBM4G5D1HBAIR	EMMC,存储整机启动引导程序和主程序
5	U6	AOZ4803A	场效应管,将待机和时序控制电路的 5VSB 转换为 5V,将电源 12V 转换为+12V 。
6	U7	SY8205	DC-DC 电源转换电路,给主芯片核心提供 1.26V 电源。
7	U8	SY8204	DC-DC 电源转换电路,将 12V 转换为 5V 待机电源,给系统供电。
8	U9	AZ1117H-3.3	低压差线性稳压器 LDO,给数字高频调谐器提供 3.3V 电源。
9	U10	AP1117-ADJ	低压差线性稳压器,给 DRAM 提供电压。
10	U27	DMI21-C2I4RH	高频调谐器
11	U49	SGM9113YC5G	AV 输出的视频放大。
12	UA2	NJM4558	运算放大器,AV 输出的音频放大。
13	UA4	TAS5711	数字 D 类伴音功率放大器,最大输出功率可达 20W。
14	U02	AZ1084S-3.3	低压差线性稳压器 LDO, 将 5VSW 转换为 3.3V,给主芯片等供电。
15	UW1	CH16101CG	网络变压器,耦合 PHY 芯片和外部网络
16	UD3	AP1084K33G-13	低压差线性稳压器 LDO,给 DDR 提供 1.5V 电压。
17	Q5	AP2120N-3.3TRG1	低压差线性稳压器 LDO,分别给主芯片提供待机 3.3V 电压和为 I/O 口提供 3.3V 电压。

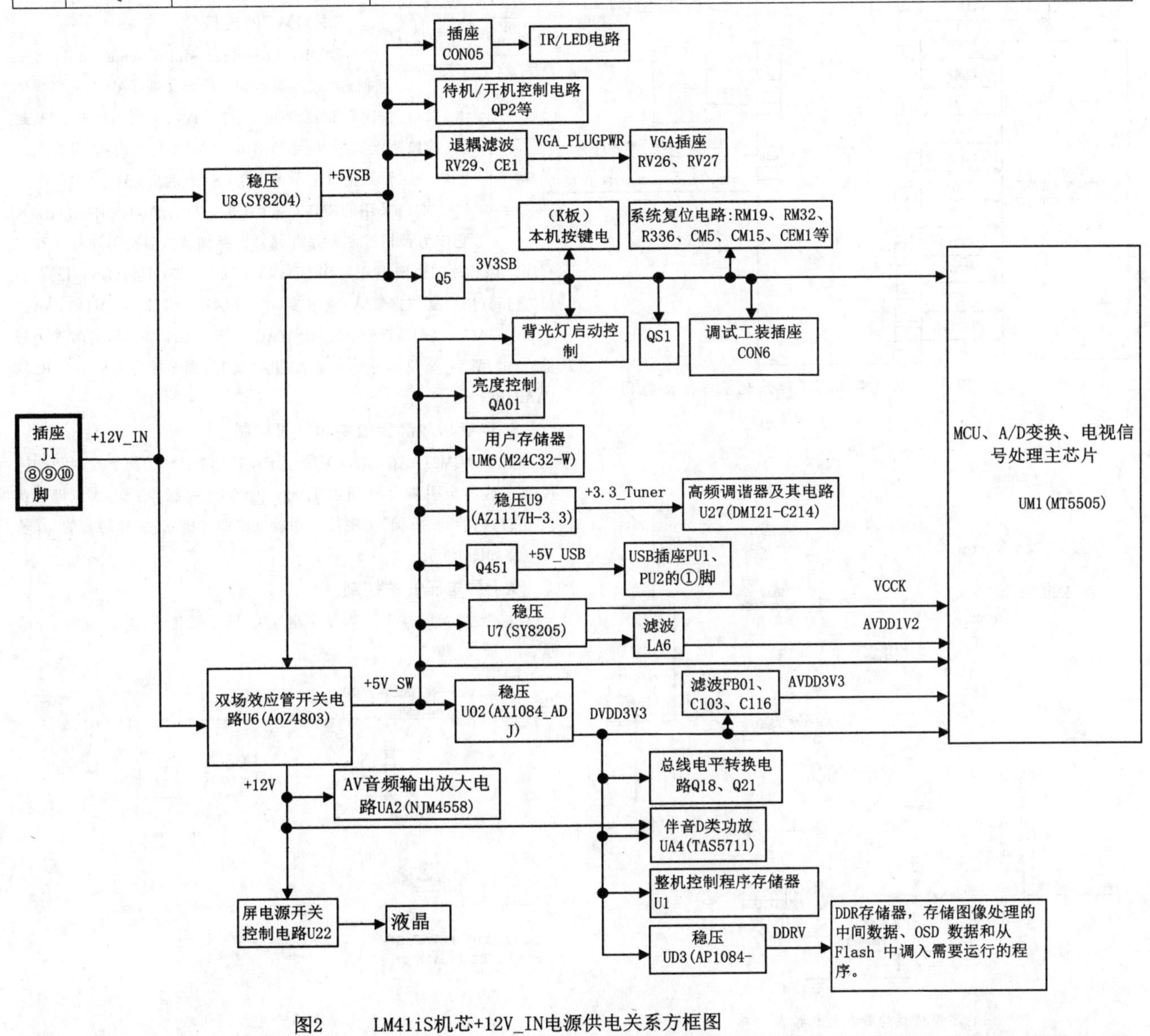

图2　LM41iS机芯+12V_IN电源供电关系方框图

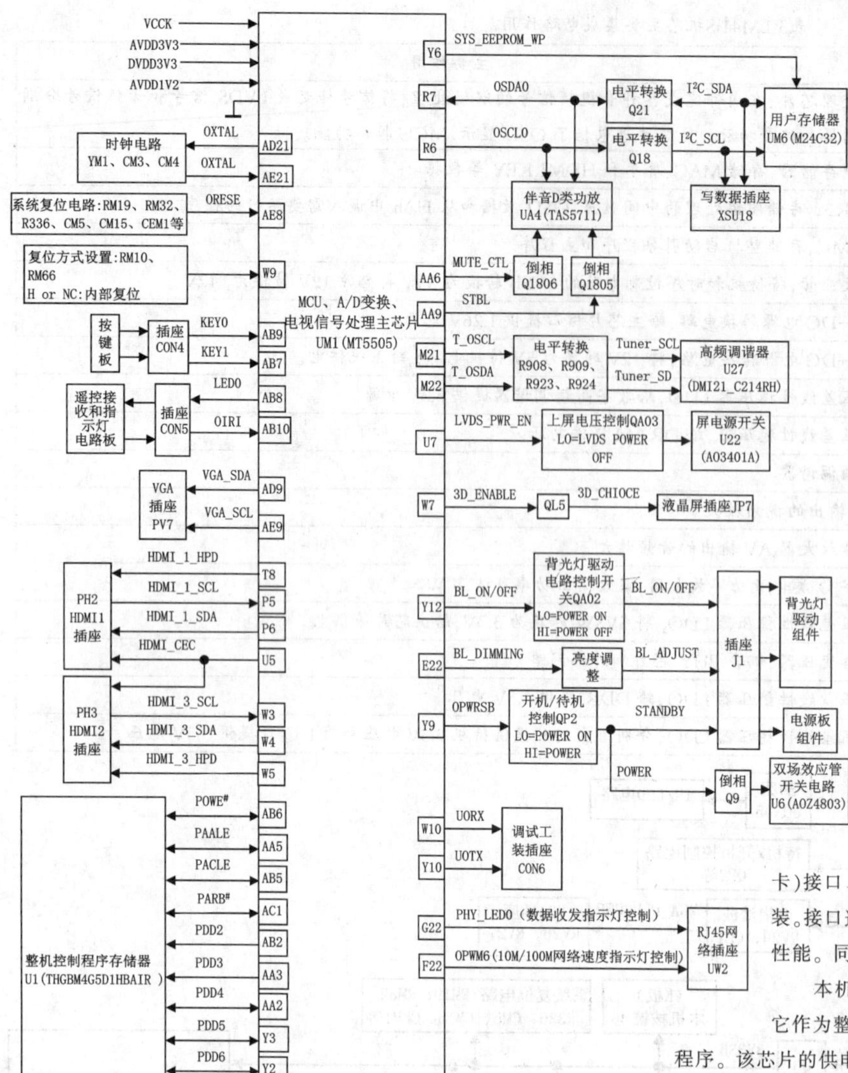

图3 LM41iS机芯遥控系统基本组成框图

(W3)、(W4)脚，它们分别是时钟线HDMI_3_SCL和数据线HDMI_3_SDA，这组总线通过HDMI2插座PH3与相应设备连接。主芯片UM1的(T8)、(W5)分别是HDMI1、HDMI2的热插拔检测信号HDMI_1_HPD、HDMI_3_HPD的输出端，这个信号将作为信号源设备是否对HDMI设备发送TMDS信号的依据。热插拔检测的作用是当数字显示器通过HDMI接口与信号源设备相连或断开时，信号源设备能够通过的HPD引脚检测出这一事件，并做出响应。HDMI线插到设备上(比如电视)后，Hotplug引脚会被拉高，信号源设备端(比如笔记本)检测到这个高电平信号后才会发送HDMI信号。UM1的(U5)脚是CEC信号输出端。

第五组总线是主芯片UM1的(M21)、(M22)脚，它们分别是时钟线T_OSCL和数据线T_OSDA，这组总线通过电平转换电路(R908、R909、R923、R924等组成)后，变换成Tuner_SCL、Tuner_SDA，连接高频调谐器U27(DMI21_C214RH)，对其进行频道转换、调谐等功能控制。

7.EMMC的连接

EMMC(Embedded Multi Media Card)是一种嵌入式多媒体卡，内部集成了MMC(多媒体卡)接口、快闪存储器设备及主控制器，采用小型的BGA封装。接口速度高达每秒52MBytes，EMMC具有快速、可升级的性能。同时其接口电压可以是1.8V或者是3.3V。

本机采用的EMMC芯片是U1(THGBM4G5D1HBAIR)，它作为整机控制程序存储器，存储整机启动引导程序和主程序。该芯片的供电电压是DVDD3V3，U1的 (H3)(H4)(H5)(J2)(J3)(J4)(J5)(J6) 是数据输入\输出接口，分别连接主芯片UM1的(AA2)(Y3)(Y2)(Y1)(AB6)(AA5)(AB5)(AC1)脚。U1的(W6)脚是时钟信号输入端，(W5) 脚是指令信号输入端，它们分别连接主芯片的(AB2)、(AA3)脚。

8. 伴音功放静音控制和待机控制

主芯片UM1(AA6)、(AA9)脚用于伴音功放UA4的静音控制和待机控制。这两个引脚分别通过Q1806、Q1805，控制伴音功放电路UA4(TAS5711)的⑲、㉕脚，实现伴音功放电路的待机、开机和静音的功能，其电路如图4所示。

9.上屏电压开关控制

主芯片UM1 的(U7)脚是上屏电压开关控制端，其电路如图5所示。

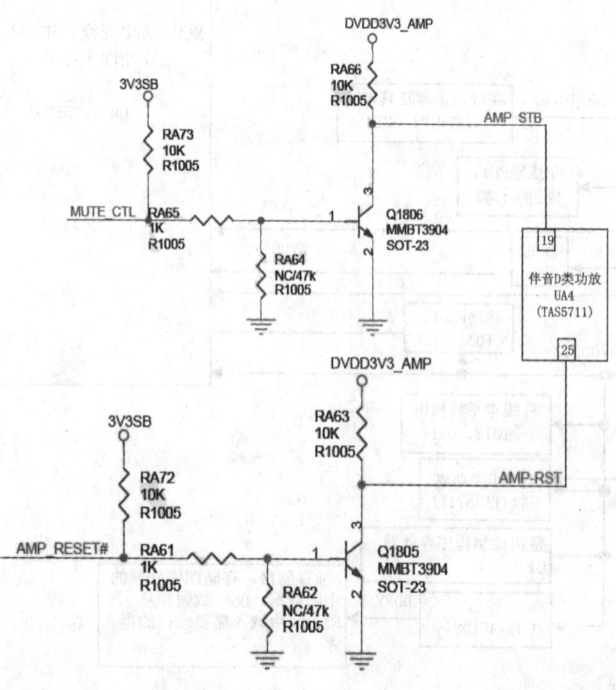

图4 伴音功放静音和待机控制电路

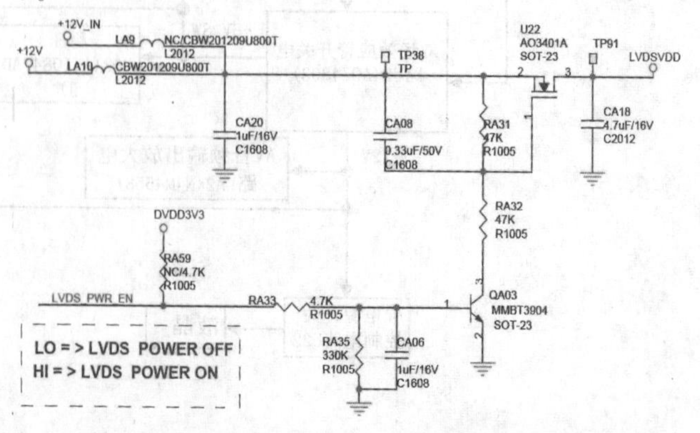

图5 上屏电压开关控制电路

当电视机待机时,一方面+12V_IN输入为0V,所以开关U22源极无输入电压,同时主芯片UM1 的(U7)脚输出低电平,QA03截止, U22栅极为高电平,U22截止,所以U22漏极无上屏电压输出,液晶屏驱动电路停止工作。

电视机由待机转为二次开机时,主芯片UM1的 (U7)脚输出高电平,QA03饱和导通,U22栅极变成高电平,U22导通,同时+12V_IN输入,U22漏极输出上屏电压LVDSVDD,经上屏插座送入逻辑板电路,使液晶屏能够工作。

10. 3D功能选择

主芯片UM1 的(W7)脚是屏的3D功能选择端。(W7)脚输出的控制电压经过QL5送到上屏插座JP7的㊷脚,实现3D功能的转换。

11.开机/待机控制电路

主芯片UM1 的(Y9)脚是开机/待机控制端(OPWRSB),该控制电路如图6所示。

当UM1 的 (Y9) 脚输出低电平时,QP2截止,QP2集电极变为高电平,此高电平(STANDBY)经插座J1①脚送至电源组件,使电源组件进入工作状态,电源组件正常输出+12V_IN电压,为整机供电,电视整机进入工作状态。同时,QP2集电极输出的高电平(POWER ON/OFF),使Q9饱和导通,Q9集电极变为低电平,U6的④脚也随着变为低电平,U6内相应场效应管导通,所以从U6③脚输入的+12V_IN电压从U6的⑤⑥脚输出。与此同时VCCK1电压送至Q10基极,使Q10饱和导通,Q10集电极也变为低电平,U6的②脚随着变为低电平,U6内另一个场效应管导通,所以从U6①脚输入的+5VSB电压从U6的⑦、⑧脚输出(包括+5V、+5V_SW、+5V+USB),给相应负载供电。

当UM1 的(Y9)脚输出高电平时,QP2饱和导通,QP2集电极输出低电平,该低电平(STANDBY)经插座J1①脚送至电源组件,使电源组件处于待机状态,电源组件无+12V_IN电压输出,整机处于待机状态。同时,QP2集电极输出的低电平 (POWER ON/OFF), 使Q9、Q10都截止,Q9、Q10集电极军变为高电平,U6的②、④脚变为低电平,U6内两个场效应管都截止,所以U6的⑤、⑥、⑦、⑧脚都无输出,相应负载电路停止工作。

12. 背光灯开关控制 (BL_ON/OFF) 和背光灯亮度控制 (BL_ADJUST)

背光灯开关控制和背光灯亮度控制如图7所示。

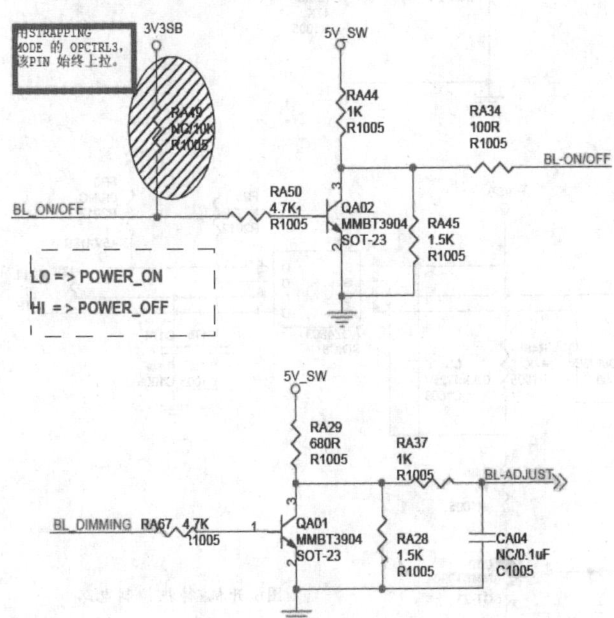

图7 背光灯开关控制和背光灯亮度控制电路

主芯片UM1 的 (Y12)脚是背光灯开/关控制端,QA02及其周围电路组成背光灯开/关控制电路。当电视机二次开机时,UM1 的 (Y12)脚输出低电平,QA02截止,其集电极输出高电平(BL_ON/OFF),经插座J1的③脚送到背光灯组件,背光灯组件被开启工作,点亮背光灯。

主芯片UM1 的(E22)脚是背光灯亮度控制端, QA01及其相关元件组成背光灯亮度控制电路。当主芯片UM1 的(E22)脚接收到逆变器状态信号 (INVERTER_STATUS) 后, 该脚即输出PWM0信号(BL_DIMMING)经QA01倒相放大,输出相应电压(BL_ADJUST),经插座J1②脚送往逆变器电路,控制逆变器输出电压的高低,从而达到亮度控制的目的。

13. 调试工装插座连接

主芯片UM1 的(W10)(Y10)脚连接调试工装插座CON06,在流水线上,通过这个插座连接调试工装,完成电视机的调试工作。

14. 网络速度和数据收发指示灯控制

主芯片UM1 的(G22)脚连接RJ45网络插座UW2的⑪脚,控制插座中的黄色LED灯,黄灯的状态表示网络是否畅通,是否有数据收发。若黄灯常亮,表示网络不通,没有数据的收发;当黄灯闪烁,表示网络畅通,有数据的收发。

主芯片UM1 的(F22)脚连接RJ45网络插座UW2的⑨脚,控制插座中的绿色LED灯, 绿灯的状态表示网络速度。绿灯不亮, 网络速度是10M;绿灯常亮,网络速度是100M。

四、LM41iS机芯信号流程分析

LM41iS机芯图像信号处理电路参见机芯电路图和图1所示整机组成方框图。该机芯具有TV、AV、VGA、YPBPR、USB(3路)、高清晰度多媒体信号(HDMI1、HDMI2)和LAN网络信号等多种输入形式。这些信号直接送至视频解码芯片MT5505 进行相关的解码、A/D 变换、视频处理和格式变换后,变成统一格式的上屏信号送往液晶屏。而伴音信号送往伴音功放进行功率放大。下面对信号的输入、数字处理和信号输出进行分析。

1.信号的输入

(1)TV信号的输入。

TV信号输入高频调谐器U27(DMI21_C214RH),经过调谐选台、高频放大、变频,产生出图像中频信号和伴音中频信号,从U27的(7)(8)脚输出,经CM71、CM72耦合,中频带通滤波器的滤波,输入到主芯片UM1(MT5505)的 (AE19)(AD19)脚,TV信号经主芯片内电路的解调,产生出相应的图像信号和音频信号。

U27的②脚是高频调谐器3.3V供电端。5V_SW电压通过U9 (AZ1117H_3.3) 稳压产生出+3.3V_Tuner电压, 并经过C154、C157、C924、C925、C926、C931、C932等电容滤波, 送入高频调谐器的②脚。U27的⑤脚是高频调谐器的接地端。

U27的⑨脚是高放AGC电压输入端,用于控制高频放大器的增益。高放AGC电压来自主芯片UM1(MT5505)的 (M20)脚。

U27③、④脚分别是时钟线(SCL)和数据线(SDA),它们通过隔离电阻R909、R908与主芯片MT5505 (M21)、(M22)脚连接。通过这组总线,主芯片对高频调谐器进行控制。若无正常的总线信号对高频头进行控制,将引起TV无图、无声故障。若该路总线短路,还将引起二次不开机故障。

(2)AV信号输入。

AV信号从插座P3输入。其中视频信号CVBS1P从插座P3的①脚输入,经电容CV28耦合至主芯片UM1的(AB16)脚。

AV的两路音频信号AV1_L_IN、AV1_R_IN分别从插座P3③、⑤脚输入, 分别经电容C184、C191耦合, 送至主芯片UM1的 (AB19)(AB21))脚。

(3)VGA信号输入。

RP、GP、BP三基色信号分别从VGA插座PV7①、②、③脚输入，经电容CV26、CV23、CV20耦合，分别送至主芯片UM1的（AB13）、（AE12）、（AB12）脚。

VGA的行、场同步信号（HSYNC、VSYNC）从插座XV7 ⑬、⑭脚输入，送至UM1的（AC11）、（AC10）脚。SOG信号送入UM1的（AC12）脚。

VGA音频信号（VGA_L_IN、VGA_R_IN）从插座J12的③、②脚输入，经电容CA73、CA74耦合送至主芯片UM1的（AC20）（AB23）脚。

(4)高清信号（YPBPR）输入。

高清亮度信号Y0P从插座P6(1)脚输入，经电容CV10耦合，进入主芯片UM1的（AC15）脚。蓝色差分量PB0P从插座P6③脚输入，经电容CV12耦合，进入主芯片UM1的（AD16）脚。红色差分量PR0P从插座P6⑤脚输入，经电容CV31耦合，进入主芯片UM1的（AE16）脚。

高清信号源的音频信号（YPBPR0_L_IN、YPBPR0_R_IN）分别从插座P7的①、②脚输入，分别经电容C231、C233耦合至主芯片UM1的（AB18）、（AB22）脚。

(5)USB信号输入。

本机芯设置2个USB接口。

插座PU1是USB1接口，当其插入相应的外设时，USB的数据USB_DM_P1、USB_DP_P1分别输入到主芯片UM1的（T25）、（T24）脚。插座PU2是USB2接口，当其插入相应的外设时，USB的数据USB_DM_P2、USB_DP_P2分别输入到主芯片UM1的（R25）、（R24）脚。

USB信号在主芯片中经过解码产生出相应的数字视频信号和数字音频信号。

(6)HDMI多媒体数字信号输入。

本机芯有2组HDMI多媒体数字信号接收端口。

插座PH2是HDMI1信号输入接口。HDMI_1_RX_0、HDMI_1_RX_0B、HDMI_1_RX_1、HDMI_1_RX_1B、HDMI_1_RX_2、HDMI_1_RX_2B、HDMI_1_RX_C、HDMI_1_RX_CB等信号分别输入主芯片UM1的（P4）（P3）（R2）（R1）（R4）（R3）（N4）（N3）脚。时钟线HDMI_1_SCL和数据线HDMI_1_SDA分别经隔离电阻RH56、RH57连接连接在主芯片UM1的（P6）、（P5）脚，这样HDMI1设备能够与UM1进行通讯。

插座PH3是HDMI2信号是输入接口。HDMI_3_RX_0、HDMI_3_RX_0B、HDMI_3_RX_1、HDMI_3_RX_1B、HDMI_3_RX_2、HDMI_3_RX_2B、HDMI_3_RX_C、HDMI_3_RX_CB等信号分别输入主芯片UM1的（Y25）（Y24）（W25）（W24）（V25）（V24）（AA25）（AA24）脚。时钟线HDMI_3_SCL和数据线HDMI_3_SDA分别经隔离电阻RH62、RH63连接连接在主芯片UM1的（W4）（W3）脚，这样HDMI2设备能够与UM1进行通讯。

另外，当PH2或PH3接口连接HDMI设备时，UM1的（W5）脚或（T8）脚输出HDMI热插拔检测信号，经过插座PH2或PH3的⑲脚送往HDMI设备，发送端HDMI设备启动DDC通道，而读取接收端EDID的信息，然后进行HDCP的交互，如果双方认证成功，则视频、音频正常工作，否则联接失败，不同系统会有不同的处理。

HDMI接口⑬脚是一个CEC端，CEC（ConsumerElectronics Control），即消费电子控制，是为所有通过HDMI线连接的家庭视听设备提供高级控制功能的一种协议，用户通过一个遥控器、主芯片（U5）脚和HDMI接口⑬脚即可对这些连接的设备进行控制。CEC是实现单线控制的功能端，它是做扩展用的，实际产品根据需要选用。

(7)LAN网络信号输入。

本机芯都支持基本的网络功能。由网线传送来的网络信号从插座UW2输入，送给网络变压器UW1，经过网络变压器的信号传输、阻抗匹配、波形修复、信号杂波抑制和高电压隔离后，网络信号直接送入主芯片UM1的（AE3）（AD3）（AE2）（AD2），在主芯片中进行物理层的处理、数据链路层的处理。

2.数字处理电路

在上述视频输入信号中，TV信号、AV信号属于模拟的隔行扫描格式的，YPbPr高清分量信号、VGA输入的RGB信号是模拟的逐行信号，HDMI信号、USB信号、LAN网络信号是数字信号。

TV信号、AV信号送入主芯片后，需要经过开关选择、视频解码、A/D变换、格式变换等处理，将隔行扫描格式的图像信号转换成逐行格式图像信号，此过程中，需要外部帧存储器UD1、UD2共同完成。

VGA输入的模拟RGB信号进入主芯片后，经过模数转换，变换成

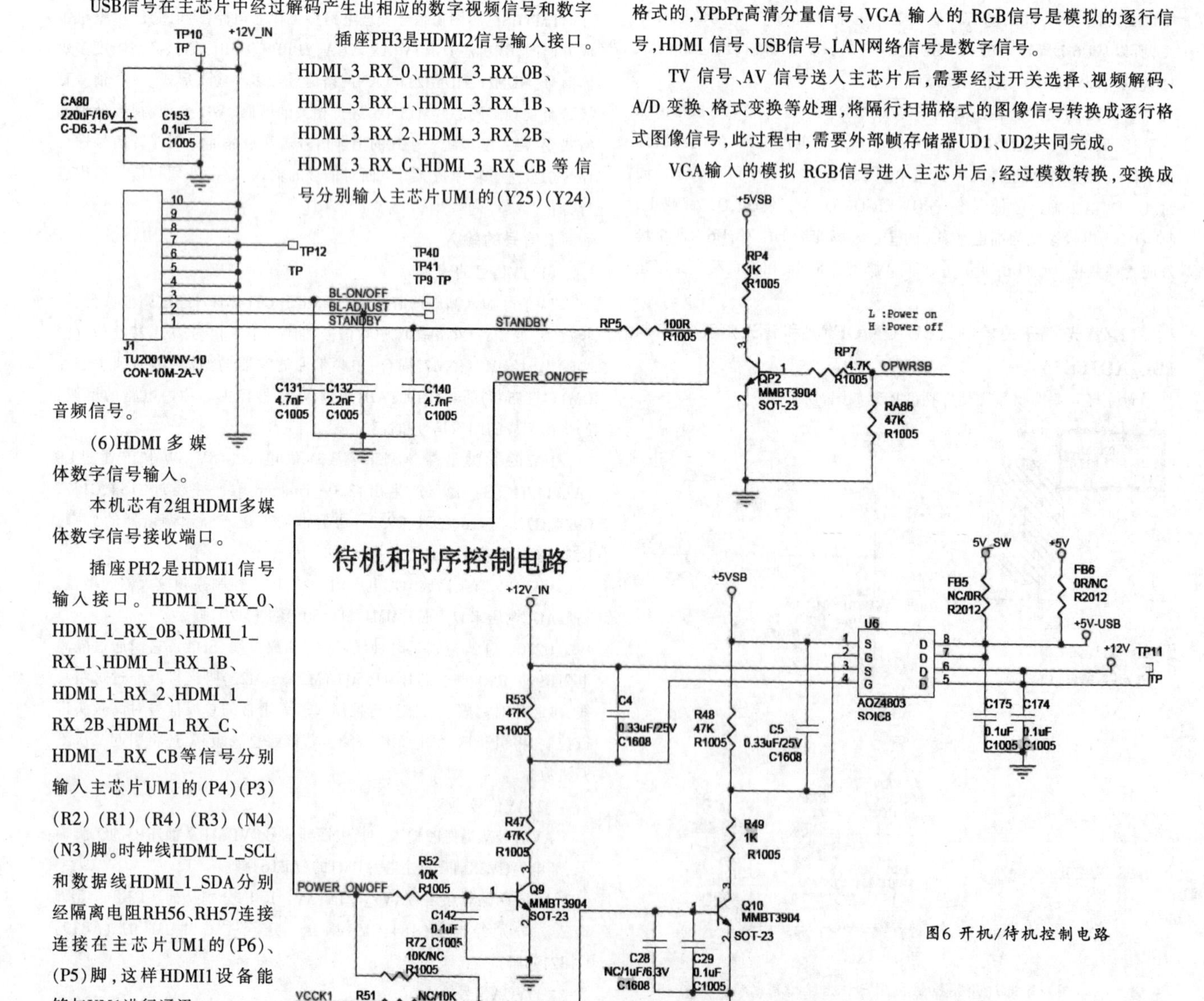

图6 开机/待机控制电路

数字RGB信号与输入的其他数字信号进行切换。

高清分量信号YPbPr进入主芯片后，经过模数转换，产生出高清晰度的数字分量信号和行场同步信号，高清晰度的数字信号经SCRAT电路处理后送入总线控制及PIP选择电路。

HDMI接口输入的信号由HDMI接收器进行数字音、视频分离，分离出的数字视频信号再与VGA的RGB基色信号、USB接口输入的数字信号起进入DV电路处理后，送入总线控制及PIP选择电路中。

LAN网络信号在主芯片中进行物理层的处理和数据链路层的处理。

上述信号经转换，又经视频处理、图像实时缩放、3D色度空间转换、3D滤波器、屏显菜单形成、Gamma校正、格式变换等处理，首先形成包含RGB基色信号、行场同步信号、时钟信号和使能信号等TTL数字信号，再由内部相关电路将TTL信号通过编码转换成低压差分信号LVDS，形成的LVDS信号最后由主芯片相应引脚输出。

上述7种信号源伴音部分在主芯片中然后进行音效处理、模数变换、DSP 等处理，变换得到数字音频信号（支持 AAC、MP3、WMA、HE-AAC、AC3、LPCM 等格式），从主芯片UM1相应引脚输出。

3.信号的输出

主芯片UM1的（A16）（B16）（A17）（B17）（A18）（B18）（A19）（B19）（A20）（B20）分别是LVDSTX-AO0P、LVDSTX-AO0N、LVDSTX-AO1P、LVDSTX-AO1N、LVDSTX-AO2P、LVDSTX-AO2N、LVDSTX-AOCKP、LVDSTX-AOCKN、LVDSTX-AO3P、LVDSTX-AO3N信号的输出端，它们通过上屏插座JP8送往标清显示屏，以显示彩色图像。

主芯片UM1的（A16）（B16）（A17）（B17）（A18）（B18）（A19）（B19）（A20）（B20）输出的LVDSTX-AO0P、LVDSTX-AO0N、LVDSTX-AO1P、LVDSTX-AO1N、LVDSTX-AO2P、LVDSTX-AO2N、LVDSTX-AOCKP、LVDSTX-AOCKN、LVDSTX-AO3P、LVDSTX-AO3N信号还和（D16）（E16）（C17）（C16）（E17）（D17）（C19）（C18）（E19）（D19）等引脚输出的LVDSTX-AE0P、LVDSTX-AE0N、LVDSTX-AE1P、LVDSTX-AE1N、LVDSTX-AE2P、LVDSTX-AE2N、LVDSTX-AECKP、LVDSTX-AECKN、LVDSTX-AE3P、LVDSTX-AE3N信号，通过上屏插座JP7送往高清显示屏，以显示高清彩色图像。

另外，主芯片UM1的（Y14）脚输出模拟的彩色全电视信号，它经过U49（SGM9113）视频放大后，送往AV输出接口P5的③脚，作为AV 视频输出。

作为伴音部分，从主芯片UM1的（AD8）（AD7）（AC8）（AD6）脚分别输出主时钟信号（AOMCLK）、串行音频数据时钟信号（AOBCLK）、串行音频数据左/右时钟信号（AOLRCK）、串行音频数据信号（AOSDATA0）送往数字音频功率放大电路U22（TAS5711）进行功率放大，推动扬声器播放电视伴音。

主芯片UM1的（AD24）（AC25）还输出两路模拟音频信号（AL20、AR20），经UA2（NJM4558）放大，作为AV音频信号从AV输出接口P的①、②脚输出。

主芯片UM1的（AB4）脚还输出一路SPDIF数字音频信号输出，它经过插座PA1、数字同轴线与外部音响设备连接。它支持TV、AV、分量、HDMI 、USB、网页模式下的伴音输出。

五、LM41iS机芯总线数据及其调整方法

1.工厂模式菜单（M模式）进入方法

（1）使用用户遥控器的型号是RL78B。按下遥控器“信源”键，屏幕上显示输入选择菜单，在菜单消失前，依次按数字键“0816”，即可进入工厂模式设置菜单。

（2）遥控关机即可退出维修模式。

2.工厂模式菜单及其设置

操作人员按“向上/向下”键选择调节的项目，通过“向左/向右”键调节每个项目的参数。

LM41 iS机芯工厂模式（即M 模式）主要包括工厂选择、系统信息、调谐设置、声音设置、设计模式、SSC、出厂设置、背光亮度、能效检测等菜单。每个菜单的屏幕显示内容及其含义如下：

索引1：工厂选择（菜单如图8所示）

产品型号及屏参：整机仅进行确认，不作更改。

M 软件版本：LM41iS-V1.00023-EMMC

编译时间：DEC 7 2012 09:56:47

索引 1 工厂选择

产品型号	3D47B4500i
屏参选择	CHM_M470F12_01_L
PQ 版本	1.10-1130
AQ 版本	013
FP 版本	1.04
网络激活状态	激活时间：2012-12-26
生产手动网络激活	>
商场手动网络激活	>

图8

备注：

（1）选择对应的产品型号和屏参后，重启电视获取显示；

（2）PQ 版本号为画质版本号，不能调整，不存储；

（3）AQ 版本号为声音版本号，不能调整，不存储；

（4）FP 版本号为屏参版本，不能调整，不存储；

（5）网络激活状态根据激活状态信息显示。

索引2：系统信息（菜单如图9所示）

检查MAC地址，设备ID，条码信息。IP地址（网络连接）等有数据显示。

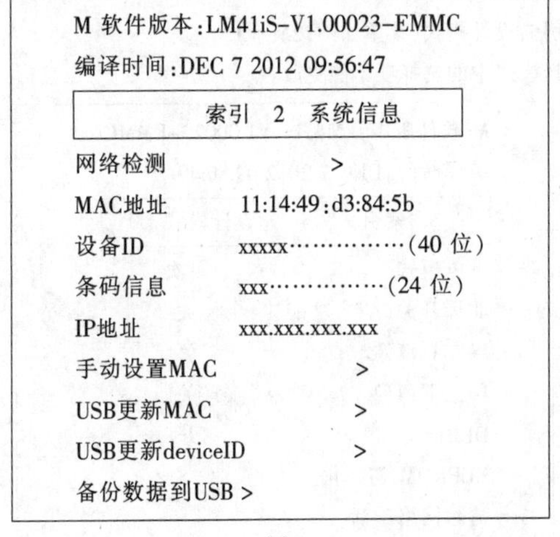

M 软件版本：LM41iS-V1.00023-EMMC

编译时间：DEC 7 2012 09:56:47

索引 2 系统信息

网络检测	>
MAC地址	11:14:49:d3:84:5b
设备ID	xxxxx……………（40 位）
条码信息	xxx……………（24 位）
IP地址	xxx.xxx.xxx.xxx
手动设置MAC	>
USB更新MAC	>
USB更新deviceID	>
备份数据到USB >	

图9

备注：

（1）选择网络检测，调用网络设置程序，设置完成后，回到当前。

（2）MAC 地址从EEPROM 读取显示，无MAC 地址提示“00:00:00:00:00:00”。

（3）设备ID 从EEPROM 中读取，无设备号码显示“error”。

（4）条码信息从EEPROM 中读取，需要存储，默认值为“NO PID”。

（5）IP 地址从EEPROM 中读取，如果没有文件，提示“读取IP 地址错误，请检查网络连接！”。

索引3：调谐设置（菜单如图10所示）

预设频道：按预先写好的频点载入节目。

M 软件版本:LM41iS-V1.00023-EMMC
编译时间:DEC 7 2012 09:56:47

索引 3 调谐设置	
模拟数字搜台	>
预设频道	>
彩色制式	PAL
伴音制式	D/K

图10

备注:

(1)模拟数字搜台根据当前电视源通道启动频道自动搜索功能。

(2)预设频道按预先写好的频点载入节目。

(3)彩色制式可调节彩色制式,模拟频道时有效。

(4)伴音制式可调节伴音,模拟频道时有效。

索引4:声音设置(菜单如图11所示)

音量和平衡选择

M 软件版本:LM41iS-V1.00023-EMMC
编译时间:DEC 7 2012 09:56:47

索引 4 声音设置	
音量控制	23
平衡	0

图11

备注:

(1)音量控制用于设置声音线性曲线,有3 个点:0、50、100,左右键切换;

(2)调节当前通道的音量,默认音量设置为30;

(3)平衡用于检查左右扬声器的平衡,预设 $-\frac{50}{0}/50$ 三个参数,可左右键切换。默认为0;

索引5:设计模式(菜单如图12所示)

设计模式中的选择项不能更改。

M 软件版本:LM41iS-V1.00023-EMMC
编译时间:DEC 7 2012 09:56:47

索引 5 设计模式	
上电模式	一次
非标开关(ATV 功能)	关
屏左右镜像	关
屏上下镜像	关
DEBUG	开
EEPROM 初始化	>
清除网络激活	>
应用程序清理	>
酒店模式	开

图12

备注:

(1)上电模式可以选择一次或两次,需存储,默认为两次,每次开机自动识别。

(2)非标开关仅ATV 源有效,需要存储,默认为开。

(3)屏左右镜像、屏上下镜像不能调整,不做存储,只能从配置文件中读取,并显示。

(4)酒店模式可以设置为开关,需要存储,默认为关,当预置功能为开时,整机具有酒店电视功能,用户可以进入相应菜单进行设置。

索引6:SSC、DDR和LVDS扩频(菜单如图13所示)。

M 软件版本:LM41iS-V1.00023-EMMC
编译时间:DEC 7 2012 09:56:47

索引 6 SSC	
LVDS SSC %	2
MEM SSC %	10
LVDS LEVEL	5

图13

备注:此索引包含了DDR 跟LVDS 扩频,可调整,但是不存储,每次开机默认值从配置文件写入。

索引7:出厂设置(菜单如图14所示)

所有参数设置为出厂状态

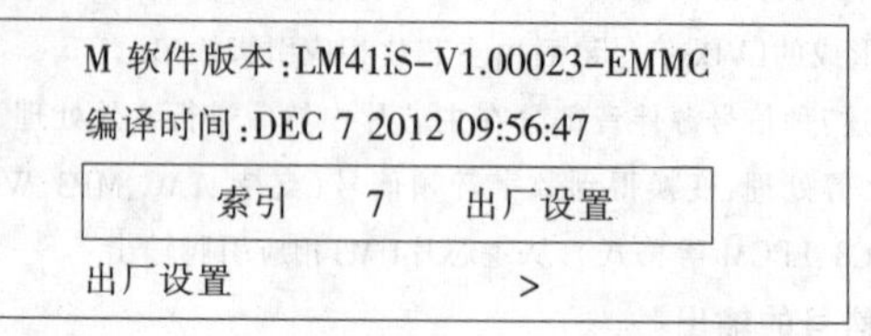
M 软件版本:LM41iS-V1.00023-EMMC
编译时间:DEC 7 2012 09:56:47

索引 7 出厂设置	
出厂设置	>

图14

备注:执行出厂设置后,电视机设置为出厂参数状态。

(1) ATV 的数据设置默认值;

(2) 设置国家频道表;

(3) ATV设置默认台标;

(4) 清理用户数据;

(5) 设置网络相关数据;

(6) 根据具体项目清理与设置相关数据。

索引8:背光亮度调节(菜单如图15所示)

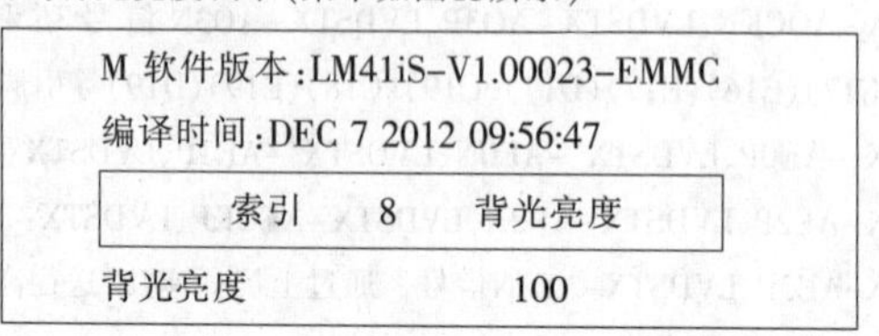
M 软件版本:LM41iS-V1.00023-EMMC
编译时间:DEC 7 2012 09:56:47

索引 8 背光亮度	
背光亮度	100

图15

备注:此索引做背光调整检查,步长为50,调整后要存储,默认值为100。

索引9:能效检测(菜单如图16所示)

M 软件版本:LM41iS-V1.00023-EMMC
编译时间:DEC 7 2012 09:56:47

索引 9 能效检测	
PAL开关	开
能效检测	>

图16

备注:

(1)APL 开关,默认为开。

(2)能效检测用于生产线上。

六、LM41iS机芯整机软件升级方法

LM41iS机芯整机软件升级方法主要有网络在线升级、USB向导升级、U盘强制升级和工装升级四种。这里主要介绍前三种软件升级方法。

1. 网络在线升级方法

网络状态下检测到新版本的软件,自动升级,请按照屏上提示操作。

2. USB向导升级方法

说明:

(1)升级包文件名为chandroid_update.zip，请确保升级包完整，文件名和包内文件均不能改动。

(2)采用分区格式为FAT32的U盘。将升级文件放在U盘根目录下。

升级步骤：

(1) 进入U盘向导升级界面方式：进入升级界面有两种方法。

方法1：在正常开机完成后，将U盘插入USB端口，电视上会显示如图17所示提示框，提示框会停留10秒，在此过程中，选择“软件升级”，即可进入软件升级界面。

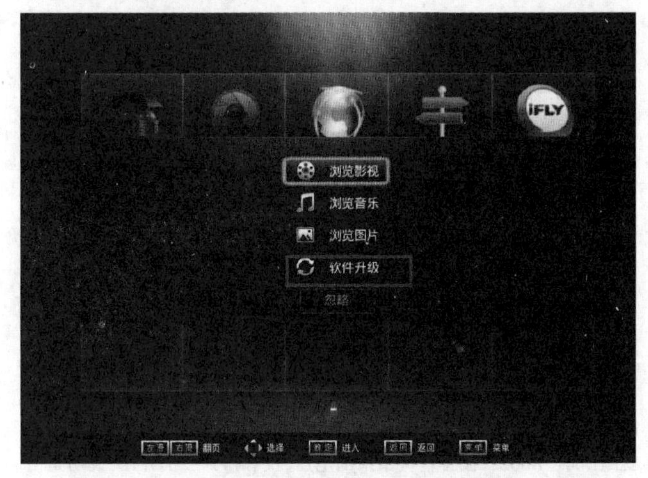

图17

方法2：如没能用方法1进入，请按以下步骤进入软件升级界面：

1) 按“菜单”键进入选择菜单，并选择进入“整机设置”，如图18所示。

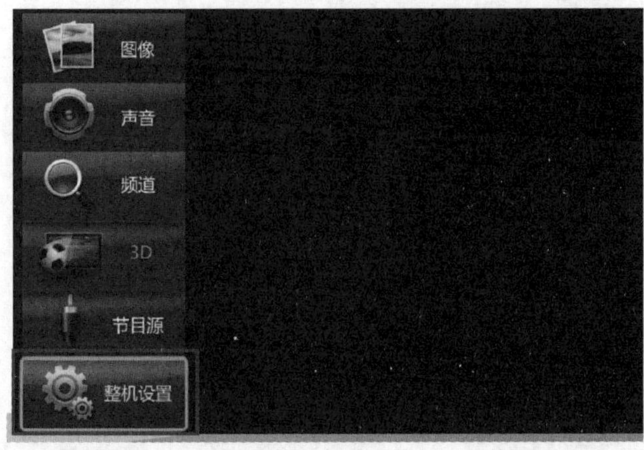

图18

2) 在“整机设置”菜单中，选择进入“系统设置”，如图19所示。

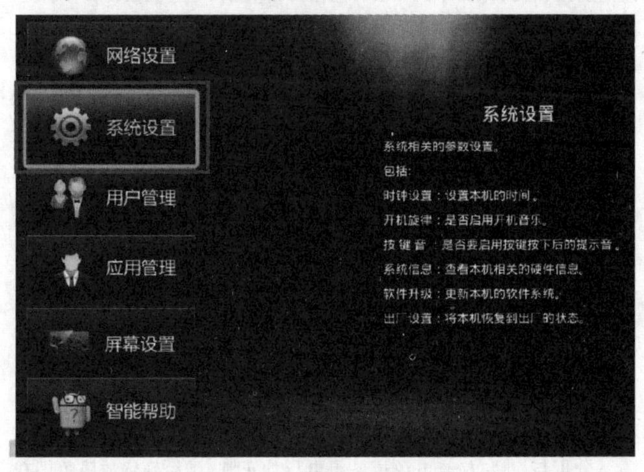

图19

3) 在“系统设置”菜单中，选择进入“软件版本和升级”菜单，如图20所示。

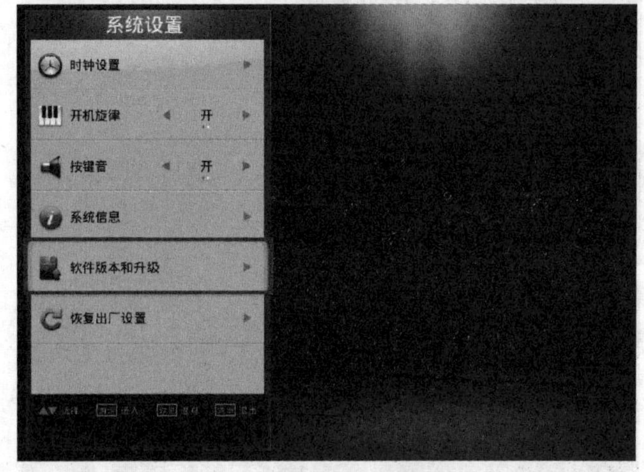

图20

4) 在“软件版本和升级”菜单中，选择进入“手动升级”，即可进入升级界，如图21所示。

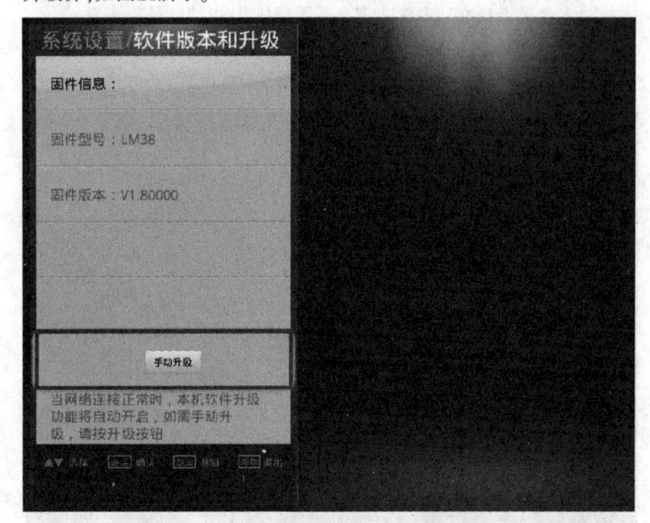

图21

5) 引导升级步骤1完成后，屏幕上显示如图22所示提示框，然后点击“下一步”。

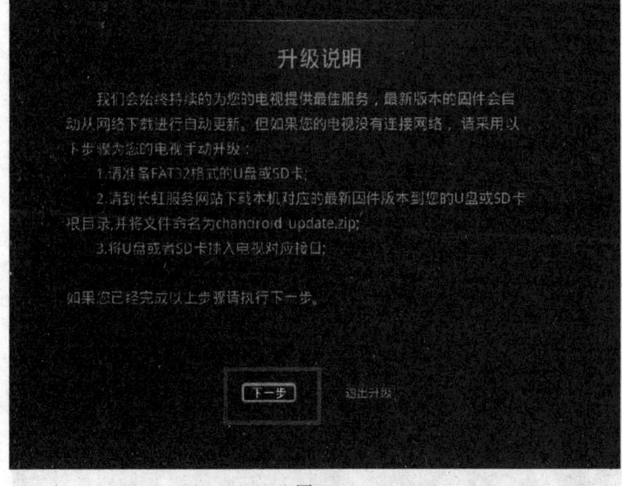

图22

6)如检测到软件升级包和软件版本号，如图23所示，请点击“升级”。

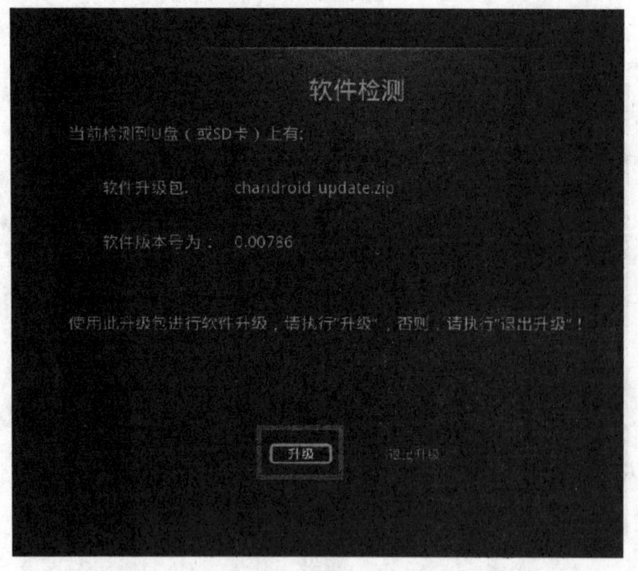

图23

7)如出现图24所示界面，请检查：

a) U盘是否插在USB端口，U盘是否损坏，USB端口是否正常；

b) U盘中根目录下是否存在唯一的文件名为chandroid_update.zip的文件。

图24

8) 如出现图25界面，请确认升级文件是否正确，完整，有没有损坏。

图25

3.U盘强制升级方法

(1)按照设计通知的软件版本要求，从存档处领用LM41is机芯对应的usb升级软件。文件名: upgrade_CN5505ICS_EMMC.pkg，将该文件拷贝到usb盘根目录下。

(2)将u盘插入USB1或USB2端口，重新开机。

(3)开机后系统自动进入升级过程，屏幕显示"系统正在升级中，请勿断电"提示语。

(4)升级完后，系统自动重启。

七、LM41iS机芯故障检修实例

例1:机型:3D47C30001(LM41A-IJ 机芯)

故障现象:不开机，且冒烟

分析与检修:将主板通电，发现U6表面冒烟，赶紧断电。检查该芯片的输出端脚⑤、⑥、⑦、⑧等脚有短路现象。顺着电路查找发现是贴片电容短路引起。在断开C826处时，短路现象消失，拆下此电容，测量发现它已经短路。更换电容C826，故障排除。

例2:机型:3D5584500i(LM41iS 机芯)

故障现象:开机指示灯亮，二次开机后屏亮了一下就变黑

分析与检修：该机电源板型号为HSM40D-4MD120。检查电源板12V输出正常，给CN404的12V和PS-on、BL-on和PWM间接一个4.7K电阻，通电测L量插座CON707 的LED+和LEDl_4之间的电压只有46V。也就是D601、D602二极管整流出来的电压，没有得到二次升压，说明是由LED背光驱动U701(CAT4026V)等元件组成的二次升压电路出现了问题。

检查相关电路，发现U701的㉕脚对地短路。断开U701的㉕脚外接电路，测㉕脚还是对地短路，判断U701(CAT4026V)损坏。更换U701，再检查其㉕脚外围元件，没有明显损坏，通电测LED+和LED1_4之间的电压有162V。将电源板装上电视机试机，电视机屏幕亮度恢复正常，故障排除。

例3:机型:3D4284000i(LM41iS 机芯)

故障现象:雷击后黑屏

分析与检修:开机指示灯闪烁，有伴音，但黑屏，背光灯不亮。测电源板HSM40D-4MA有12V输出，点灯控制信号与调光控制信号为高电平，但LED驱动没有高压产生。LED驱动电压由一路单独的NCP1251组成的电路产生，测NCP1251的⑤脚对地已短路，更换NCP1251后，开机测次级电压输出高达200V后马上掉下去，分析稳压、取样电路有问题。检查相关电路，发现光耦与TL431均短路。更换光耦合TL431后，次级输出有160V，但还是点不亮屏示屏。测LED驱动芯片CAT2026的供电为OV，在路测对地电阻，发现没有短路。查供电器件，发现由Q709与IC701组成的12V转5V电路中的三极管均已开路。更换这些三极管后，LED芯片供电正常，背光灯点亮，机器正常工作，故障排除。

例4:机型:LED42C2000I(LM41iS 机芯)

故障现象:指示灯亮不开机

分析与检修:此机已确认主板故障，先检查主芯片UM1的供电和复位电路，都正常。交流开机后PS-ON反馈电压有输出，电源板输出高电压，但主板BL-ON、BL-ADJ无输出电压。检查主芯片的几路供电，发现待机和时序控制电路U6没有12V和5Vs两路电压，有输入没有输出，于是检查U6(AOZ4803)的②脚在开机瞬间没有电压跳变，逐一检查U6的②脚外围电路，发现②脚外接的电阻开路，更换此电阻，通电试机，故障排除。

例5:机型:LED50C2000I(LM41iS 机芯)

故障现象:有开机音乐声，屏背光亮，但无图像。

分析与检修:检查电源板各组电压均正常，已经确定故障范围在主板，测试主板输出的LVDS信号引脚电压，均在0.9~1.7V，电压正常。

当检测到上屏电压12V时，发现此处电压只有6V左右，所以故障明显是逻辑板供电不足导致的。断开上屏线，电压仍然只有6V左右。检查U22(WP1N)供电脚为12V，但输出脚还是只有6V左右，测试逻辑版供电保险正常，对地电阻600Ω左右，属于正常范围，怀疑是U22变质。短接U22的12V供电输入和输出端，开机后图像和声音正常，说明U22确实损坏，代换U22后，故障排除。

例6:机型:3D55B4500I(LM41iS 机芯)

故障现象:不开机

分析与检修:通电开机，发现此机指示灯亮，但不开机。根据电路图分析，主板开机时从主芯片的Y9脚输出开待机控制信号，使 QP2截止，QP2集电极输出约5V的高电平，通过J1的①脚输出到电源板，控制电源二次开机。于是检查J1第①脚STB-POW无高电平输出，进一步检查开待机电路后，发现C142短路。更换此贴片电容C142，通电试机，电视机正常开机，故障排除。

例7:机型:3D50B4000I(LM41iS机芯)

故障现象:不开机，指示灯也不亮

分析与检修:检测电源电路，无12.3V电压输出，说明12.3V电压形成电路及进线抗干扰电路存在故障。在路检测Q2和C1对地电阻，以及保险管F1，这些元器件均正常，说明390V支路无短路故障。检测IC1的(5)脚电压为9V，该电压比正常值低，检测该引脚外围元件没有发现故障，于是怀疑IC1损坏。更换IC1后，电视机正常开机，故障排除。

例8:机型:3D55B8000i(LM41 iSD 机芯)

故障现象:屡烧电源开关管

分析与检修:本机电源板是HSM40S-1M23，逆变器的24V电源供电电源管击穿，造成外围元器件大面积损坏。先后更换U401(NCP1251A)、光耦、推动管Q502和Q503，取样电阻R502等，开机24V可正常输出，电视机工作了。但在老化过程中，电源管又烧了，换后正常，不定时还会烧。对外围小器件通检，未发现异常。在清洗电路板的时候发现有条印制线已烧糊，并有断裂的可能。用一导线短接这根印制线，长时间试机，电源板正常工作，故障排除。

例9:机型:HSS30D-1M5(LM41iS 机芯)

故障现象:不开机

分析与检修:此故障现象说明12.3V形成电路有故障，故障可能是12.3V负载问题，也可能是初级部分有故障造成。

首先测试12.3V整流二极管D405和32V整流二极管D304的对地电阻，发现D304对地阻值较低，说明LED驱动电路或32V整流滤波电路有元器件短路。顺电路检查，发现LED升压功率管Q401对地短路，升压二极管D401短路损坏。更换Q401、D401后，故障排除。

例10:机型:3D55B4500I(LM41iS机芯)

故障现象:不开机，指示灯不亮

分析与检修:拆开后盖，目测保险管没有炸裂。通电测试12.3V电压，只有1V。测试IC1(LD7538)的⑤脚供电电压VCC，正常。测试IC1的各脚电压，发现②脚电压为0V，异常。测试Q4基极，有0.65V电压，说明交流检测电路起控。短接Q3的C、E极，开机，12.3V电压恢复正常。断电恢复电路，检测Q3的工作状态，发现Q3基极无电压，顺着该电路检查，发现电容C10漏电。更换C10后，故障排除。

例11:机型:3D42B4000i(LM41iS机芯)

故障现象:不开机，指示灯微闪

分析与检修:开机测电源板输出电压在3V左右摆动，拔掉主板至电源板的供电排线，在路测主板没有明显短路，说明故障在电源板且电源工作在弱振荡状态下。检查电源管理芯片的供电在17V左右基本正常，外围器件在路测也没有明显异常，试着取掉光耦，电压还是升不起来。测量开关变压器的低压供电整流二极管D301的负端电压为0V，测供电输出的负载没有短路现象，分析电源在弱振荡工作状态下，开关变压器的低压绕组也应该输出几V的电压才对，电压输出为0V，只能是变压器内部开路。检查发现变压器低压绕组的接线断线了，重新焊接后，电源板工作正常，电视机正常开机工作。

例12:机型:某机电源板HSS30D-1M5(LM41iJ机芯)

故障现象:HSS30D-1M5电源不开机

分析与检修:此故障现象说明12.3V形成电路有故障，故障可能是12.3V负载问题，也可能是初级部分有故障造成。首先测试12.3V和D304的对地电阻，发现阻值较低，顺电路检查，发现Q401和D401损坏，更换后，故障排除。

例13:机型:3D42B4500i(LM41iS机芯)

故障现象:不开机

分析与检修:通电检测电源没有待机电压5V输出，测量整流输出端的滤波大电容C1两端电压有300V，再测量IC1的⑥脚电压为0V，该脚为IC1供电端，往前检测发现整流二极管D11已经击穿，更换整流二极管D11后通电，电压输出正常，故障排除。

例14:机型:3D42B4500i(LM41iS机芯)

故障现象:花屏

分析与检修:此机故障为花屏，但有声音。针对此故障，先改屏参试一下。进入总线，发现菜单显示机型已经不是3D42B4500i，屏参也不是42寸的，把机型改为3D42B4500i，关机开机后图像已经不再花屏。因为是商场样机，仔细观察发现图像颜色与其他电视相的颜色要淡一些。再进入总线看，发现机型在3D42B4500i下有几种屏参，参照机号把屏参改为M420F12-D3-L后关机，重新开机，图像颜色也恢复正常。

TCL PE521C0型(电源+LED背光驱动)二合一板原理与检修

王绍华

TCL PE521C0(二合一)电源板是TCL公司近年重点推出的一款性能优异的二合一电源板。该电源板具有结构简单、性能稳定,适用电源电压范围宽(102V~264V),保护功能完善等优点。图1是它的电路结构方框图。由图1可看出,该电源板主要由输入整流滤波电路、开/待机控制电路、功率因数校正(PFC)电路(控制芯片NCP1607)、PWM电路(即主电源,控制芯片NCP1397A)、背光控制与驱动电路(控制芯片MAP3204)、等电路组成。下面先就电源各部分电路工作原理作一具体介绍,然后再对该型电源检修进行分析与说明,最后给出维修实例。

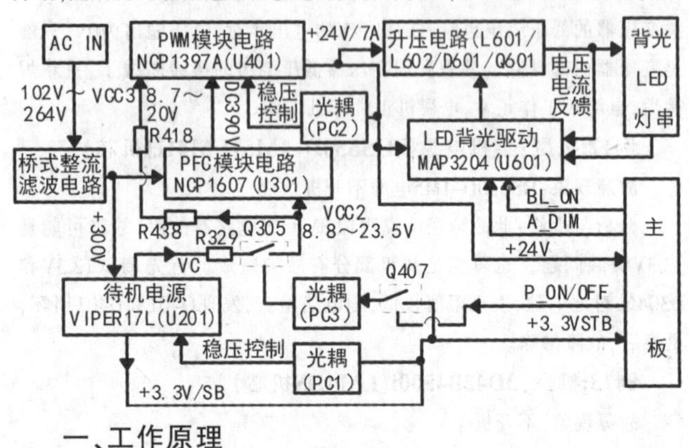

一、工作原理

1、市电输入、整流滤波与PFC电路

该型电源市电输入与市电整流滤波电路主要包括EMC电路与市电整流滤波电路(又称300V形成电路)。其工作过程是:市电经保险管F1、电感LF1、抗高压压敏电阻RV1、进入抗干扰滤波电路。电阻RD1~RD4、CX1等的作用是避免高压或其它电网杂波进入开关电源。LF2、LF3、CX2、CY1、CY2、等构成EMC电路,以消除开关电源对电网的干扰。滤除干扰后的市电经全桥D101全波整流、C101滤波后得到约+300V的脉动直流电压VAC。该型电源的PFC(功率因数校正)电路的工作原理是:当待机电路经Q305(S4160T)e极输出的VCC2(市电正常时实测约+17V)电源送至U301的⑧脚时,U301开始工作,第⑦脚对外输出开关脉冲信号,使开关管Q301、Q302轮流工作于开关状态。功率管QW1、QW2并联工作于甲类工作状态。在它们导通期间,其电能转化为电感LP01的磁场能储存起来,在它们截止期间,其LP01的磁场能转化为电能,经D301整流、CE2~CE5滤波后得到约90V电压。该电压与经D103、D104续流后送入PFC电路输出端,与D301整流后得到90V的PFC提升电压同相迭加,得到约390V VBUS电压。LP01次级④、⑥绕组的感应电压作为过零检测电压,经电阻R324送至U301的⑤脚,以保证FPC提升电压始终与市电电压同相位。VBUS电压的第一路经R301、R303~R305分压后,为控制芯片U301的①脚提供反馈电压。该电压与④脚送入的功率管QW1、QW2电流检测信号电压,在U301内部乘法器进行处理。当负载变重(比如图像亮度增大或声音变大)时,VBUS电压会瞬时降低,导致送至U301①脚的取样电压变低。与此同时,电源输出电流也会增大,所以电流取样电阻R322、R330~R333两端电压降增大,即经R323送至Q303的b极电压升高→导通增加→c极(即U301②脚的电压降低)→U301⑦脚输出的矩形脉冲电压宽度变宽→功率管QW1、QW2导通时间延长→输出电压瞬时升高→电源输出功率变大。反之亦然。从而保证CE2~CE5正极输出的VBUS电压基本不变。顺便指出,VBUS电压的第二路送至PWM电路QW3的D极,作为功率输出级的工作电源。

2、PWM主电源电路

当来自待机电路的VCC2电压经R438限流后,作为VCC3(约+17V)电压送到PWM电路控制芯片U401(NCP1397A)的电源端⑫脚。于是,U401内部振荡器开始工作,⑪脚与⑮脚交替输出脉冲开关信号,当⑮脚输出正脉冲信号时,开关管QW3导通→来自PFC电路的VBUS电压经QW3→TS2②、⑤绕组→⑥、⑦绕组→电容C409到地形成电流。当⑪脚输出正脉冲信号时,开关管QW4(QW3截止),由于电磁感应,TS2⑥、⑦/②、⑤绕组两端的感应电压均与原来电压的方向相反。于是,电容C409两端的感应电压与TS2⑥、⑦/②、⑤绕组两端的感应电压同相迭加→经C409右端→TS2的⑦、⑥端→⑤、②端→QW4到地形成电流。然后周而复始,重复上述过程。显然,变压器TS2的次级绕组将会产生感应电压,该电压经二极管DS2、DS3整流、C413、C414、L401及C415~C417作π型滤波后输出+24V电压,除一路留作背光电路使用外,其余作为主电源送往主板。

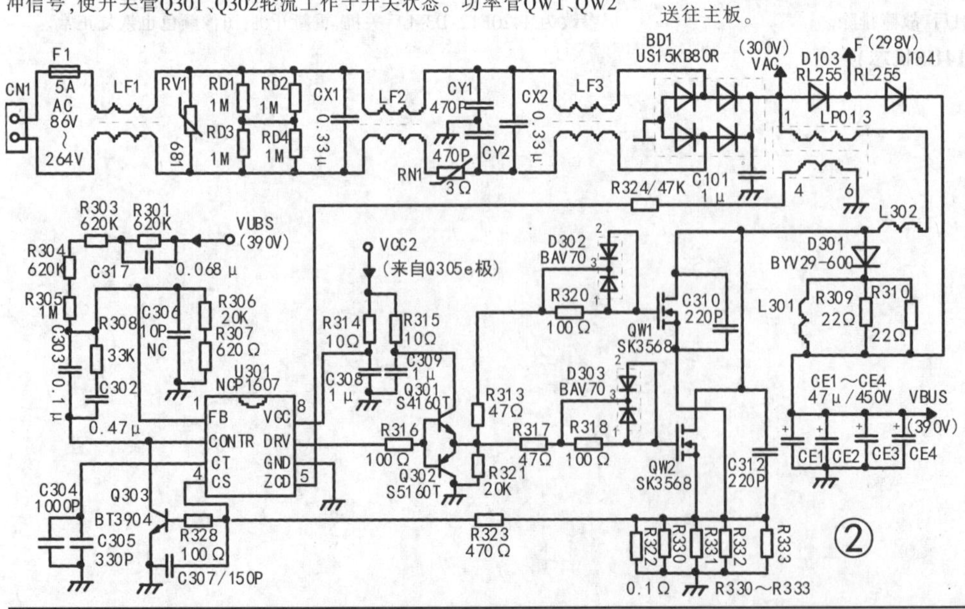

该PWM电源的稳压电路主要由光耦器PC2(TLP781)、基准电压比较器U402(TL431)及它们周围元件组成。取样电压来自滤波电容C414正极,其工作过程是:当负载变重导致输出约+24V电压降低时,经电阻R428加至光耦器PC1初级①脚的电压降低,由于基准电压比较器U402在PC2②脚设定的基准电压不变→故流过光耦器PC2初级①、②脚(发光二极管)的电流下降→PC 2次级③、④脚(光敏三极管)内阻变大→U401的⑥脚(电压反馈端)电压下降→U401⑪、⑮脚输出的脉冲宽度增加→开关管QW4、QW3导通时间延长→对开关

变压器TS2的注能增加→保持输出电压不变。当负载变轻导致输出电压升高时的稳压过程与上述相反,在此不再赘述。

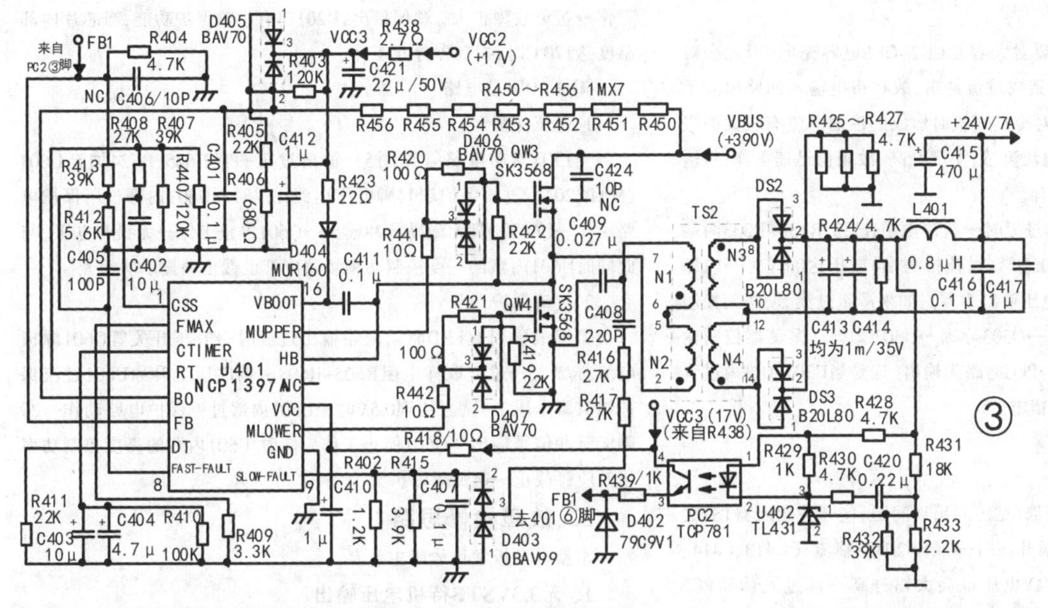

③

3、待机电源电路

该电源的待机电源电路见图4所示,其工作原理是:市电整流滤波后得到的+300V的VAC电压,经D103续流后作为F电压,经D206、R201、R202、TS1的⑦、⑥绕组送入电源控制块U201(VIPER17L)的⑦、⑧脚(电源开关管漏极兼启动电源端)。于是,U201内部的振荡器开始工作→内部功率场效应开关管工作于开关状态→向开关变压器TS1注入电能→在开关管截止期间,①、③绕组的感应电压经D204、D202整流、C204、C215滤波、R207限流及D205钳位后得到约+17V电压→U201电源端②脚获得电源→替代启动电源使U201继续工作。C204正端约+20V电压经R212后作为VC电压,由Q305控制后又作为VCC2电压送往PFC及PWM电路。在U201内部功率场效应开关管截止期间,TS1次级⑧、⑨绕组产生的感应电压,经DS1整流、C208、C209、L201及C210滤波后得到+3.3VSB待机电压,然后插座P1送往主板。稳压原理是:当负载变重导致输出+3.3VSB电压降低时,经电阻R222加至光耦器PC1(TCP781)初级①脚的电压降低,由于②脚电位被基准电压比较器U202(AZ431)锁定→故流过光耦器PC1初级①、②脚的电流下降→PC1次级③、④脚内阻变大→U201的④脚(输出电压反馈端)电压上升→U201内部脉宽调制器输出的脉冲宽度增加→内部场效应功率开关管导通时间延长→对开关变压器TS1的注能增加→电压上升保持输出电压不变。反之亦然。顺便指出,图3中TS2初级绕组并联的R205、C201及D201是高压吸收电路,防止U201内开关管在截止期间,TS1⑥、⑦绕组感应出过高的脉冲电压将其击穿。图4中的Q407、Q305及PC3等构成开/关机控制电路。工作过程是:来自插座P1①、⑫脚的高电平开机信号经R437送到Q407的b极→Q407导通→光耦器PC3(TCP781)初级①、②脚有电流通过→次级③、④脚内阻降低→Q305的b极高电平→Q305导通→e极送出VCC2电压→主电源工作→插座P1⑤~⑧脚送出+24V电压,彩电开始工作。反之亦然。

④

4、LED驱动电路

本型电源的LED驱动电路见图5。在主电源工作后,产生的+24V电压通过插座P2的①~④脚,经R636限流后对LED背光驱动块U601(MAP3204)的⑯脚供电。于是,MP3204内部的振荡电路开始工作,经过整形的开关激励脉冲信号从U601的⑮脚输出,由R604、R603送到升压开关管Q601(2SK2920)的栅极,使开关管工作于开关状态。在开关管截止瞬间,储能电感L601、L602感应出的自感电动势的相位是左负右正,经D601整流、C603滤波得到约+80V电压,与主电源送来的+24V电源供电电压的方向同相,于是两电压同相迭加,得到约+104V(不同机型,不同亮度输出电压有所不同)输出电压,然后送到背光电压输出插座P3的①~④脚。通过插排送往显示屏的4路LED背光灯串组的电源输入LED+端。4路LED背光灯串组末端LED1-、LED2-、LED3-、LED4-由P3的⑨~⑫脚分别经R647~R644送往U601的⑪、⑩、⑨、⑧脚(上述脚分别接至内部四只亮度控制功率场效应管的漏极)。另外,主板上MCU送出的亮度调节信号P_DIM、背光点亮信号BL_ON,由插座P2的⑩、⑧脚分别经R611、R612送至控制芯片U601亮度调节端⑥脚、背光点亮控制端⑦脚。当亮度控制电平增大时→U601⑥脚电平升高→内藏亮度控制功率场效应管栅极电平升高→导通程度增加→通过的电流增大→LED灯串组流过的电流上升→显示屏变亮。反之亦然。当U601使能端⑦脚为低电平时→U601内部的振荡器停振→⑮脚无激励脉冲输出→升压管Q601停止工作。同时,U601内部的亮度控制功率场效应管也截止→LED背光灯串组无电流流过→显示屏无光。当U601使能端⑦脚为高电平时→U601内部的振荡器工作→⑮脚有激励脉冲输出→升压管Q601开始工作。U601内部的亮度控制功率场效应管导通→LED背光灯串组有电流流过→显示屏点亮。

5、保护电路

(1)、市电输入与PFC电路

1)过压保护

当市电输入电压高于264V时(相关电路见图2),压敏电阻RV1将会击穿,使交流输入保险管F1熔断,达到保护之目的。若RV1失效导致或PFC电路本身故障而使输出的VBUS电压过高时,经R301~R305加至控制芯片U301(NCP1607)①脚的电压将会过高→内部的过压保护电路动作→VBUS电压为零→PWM主电源停止工作→整机得以保护。

2)过流保护

在冷机开机时,由于需要对大容量CE2~CE5电容充电,因此会对市电整流二极管及相关元件造成过流冲击,故在市电输入回路串入了负温度系数热敏电阻RN1。对冷机开机时形成的浪涌电流有较大的限制作用。开机后因RN1上有电流流过,温度升高,故阻值迅速下降,对输入电路造成的影响可忽略不计。

当PFC电路(见图2)输出过流时→检测电阻R322、R330~R333两端电压升高→经R323送到U301④脚(过流检测端)电压达0.6V时→内部过流保护电路动作→VBUS电压输出为零。如果严重过流,使送到控制管Q303 b极电压大于0.7V时→Q303导通→U301②脚(振荡器控制输入)为低电平→振荡器停振→PFC电路无输出。这是当U301④脚内过流保护电路失效时的另一保护措施。

(2)、PWM主电源电路

1)过压保护

当PWM主电源的稳压环路(见图3)出现问题,使开关变压器TS2次级绕组产生的感应电压大幅升高时→经DS2/DS3整流、CC413、C414、L401、C415等滤波得到的+24V电压也会大幅升高→流过光耦器PC2①、②脚电流大增→③、④脚(光敏三极管C、E极)内阻大幅下降→加在稳压管D402阴极电压超过11V时(注:虽然D402的标称稳压值为9.1V,由于产品的离散性,实际为8.5~11V的一个范围)→D402齐纳击穿→U401(NCP1397A)⑧脚因失去反馈电压振荡器而停止工作,整机得以保护。另外,在输出过压时→开关变压器TS2初级绕组产生的感应电压也会大幅升高→经C408、R416、R417耦合、D403整流、C407滤波后加至U401⑨脚的故障检测电压将大于动作阈值3.2V→U401内部的振荡电路停止工作→PWM主电源输出电压为零→整机进入保护状态。这也可理解为另一途径的过压保护。

2)过流保护

当+24V电压输出过流时→将导致输入的VBUS电压降低→经电阻R450~R456加至U401⑤脚(欠压保护端)电压降低→当低于3V时→内部欠压/过流保护电路动作→整机得到保护。

(3)、待机电源电路

1)过压保护

当市电整流滤波送来F(约+300V)电压过高(见图4)或稳压环路出现故障时均会导致输出的+3.3VSB待机电压过高→开关变压器TS1①、③绕组产生的感应电压将升高→D204、D202整流、C204滤波经R207送往控制芯片U201(VIPER17L)电源端②脚的电源电压亦升高→超过稳压管D205[(79C20V)、它的稳压范围为17~23V]过压保护动作阈值23.5V时→D205齐纳击穿→U201因失去电源而停止工作→整机得以保护。

2)过流保护

当稳压环路出现故障或输出过流导致+3.3VSTB待机电压过低时→TS1①、③绕组输出的感应电压下降→经D204、R211、R208加至U201③脚(反馈电压控制及异常保护)脉冲电压将低于1.6V→内部欠压/过流保护电路动作→待机电源停止工作→避免故障扩大。顺便指出,U201还有过热保护功能,当芯片内部温度达170℃时,振荡器停止工作。

(4)、LED驱动电路

1)过压保护

当LED驱动电路(见图5)输出过压→经R625、R624加至U601(MAP3204)过压保护端⑫脚电压达到1.2V时→U601内部过压保护电路动作→U601⑮脚无激励脉冲输出→Q601停止工作→无提升电压。与此同时U601内藏的亮度控制功率场效应管也截止→显示屏无光。

2)过流保护

当因故障引起LED驱动电路输出过流时→升压开关管Q601源极电流必增大→过流取样电阻R605~R608两端电压上升→U601过流保护端⑭脚电压上升,当达到0.5V时→U601内部过流保护电路动作→⑮脚无脉冲信号输出→Q601停止工作,同时U601内藏的亮度控制功率场效应管截止→避免故障扩大。

二、故障检修思路

本型电源板常见故障主要有:

1、无3.3VSTB待机电压输出

无+3.3V待机电压输出,首先应检查U201⑧脚电源启动端是否有约+300V电压。如果没有,可进行电压逆向追踪,直至检查到市电的输入、整流滤波电路。若查得U201⑧脚有约+300V电压,再测U201电源端②脚对热地在开机瞬间是否有大于15V的启动电压。若没有,在测得TS1①、③绕组外接的整流滤波电路正常的情况下,说明U201内部电路损坏。如果有,可断开去主板的+3.3V/SB电压试机,检测C208正极是否有待机电压输出。若有输出,且电压很高,表明故障是输出过压所致,问题在稳压控制环路。如果输出电压基本正常,则表明主板+3.3V/SB电压负载有短路故障。若仍无输出,表明故障在电源本身(比如,稳压控制环路)。可作进一步检查。表1是U201的引脚功能与待机时在路对热地参考电压。

表1 U201(VIPER17)引脚功能与在路对热地实测电压

脚号	符号	功能	电压(V)	脚号	符号	功能	电压(V)
1	GND	接地	0	5	BR	欠压保护输入(未用)	0
2	VDD	电源端	16	6	NC	空脚	/
3	CONT	反馈电压与异常保护	2.2	7	DRAIN	内藏功率管D极/启动	290
4	FB	输出电压控制	1.2	8	DRAIN	内藏功率管D极/启动	290

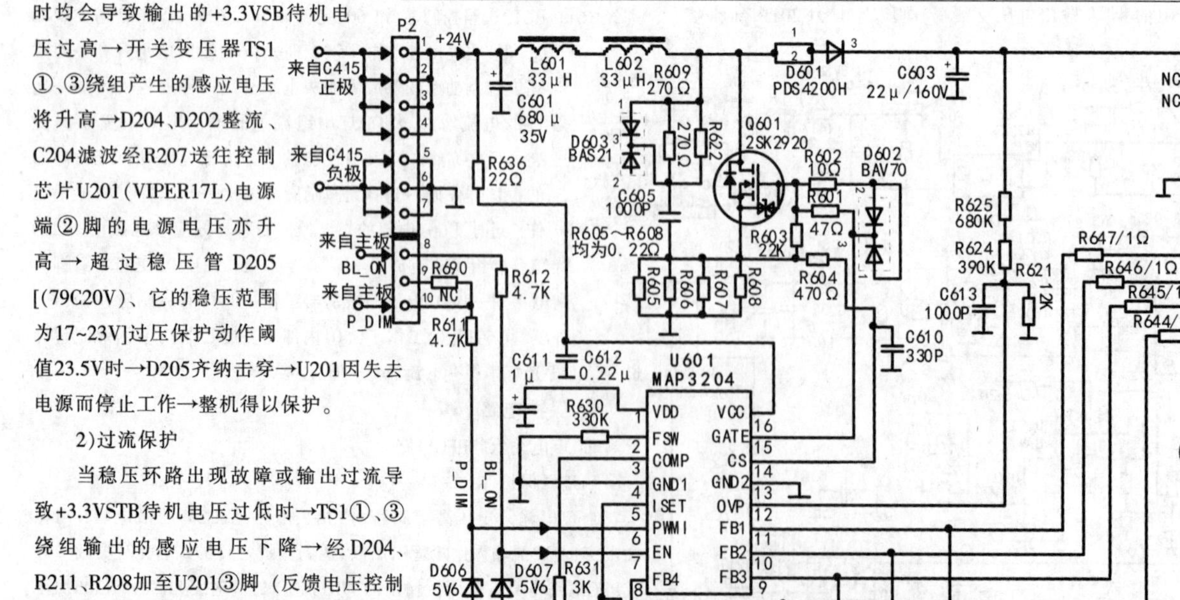

2、无+24V电压输出

没有+24V主电压输出，应先检测输出控制管Q305的C极有无约+20V电压到达(见图4)。若无,要先排除待机电源方面的故障。如果有,再测Q305e极是否则有约+17V的VCC2电压输出。如没有,说明开/待机电路有问题或开机信号根本就没有送到电源板。可查P1的①脚是否有约+3V的开机电平,如果没有,说是问题在主板(不在本文讨论之列,在此省略。),若有,说明开/待机控制电路有故障,需进一步检查。假定Q305e极有约+17V的VCC2电压输出，可再测PFC电路是否有正常的VBUS电压输出。如果没有,说明市电输入、整流滤波电路有故障(见图2)。若没有约+90V的提升电压,说明FPC电路有问题。可先查U301电源端⑧脚是否有约+17V电压,若正常,可在开机瞬间用示波器检测U301⑦脚是否有激励脉冲波形(或有大于+1V的直流电压)输出,如果有,可能因故障引起保护电路动作或Q301、Q302与QW1、QW2等构成的激励与输出电路有故障。假若在开机瞬间U301⑦脚没有激励脉冲信号输出,极可能是U301已经损坏,可更换试之。为方便读者检修,表2列出了U301引脚功能及在正常工作下的实测电压，供参考。 如果上面对VBUS电压检测结果是正常的，则表明无+24V电压输出的故障应在PWM电源电路。应查控制芯片(见图3)U401电源端⑫脚有无约+17V电压。若正常,在开机瞬间,迅速检测U401⑪、⑮脚有无激励脉冲波形或+2.8V的直流电压输出。如果正常,可检查U401⑤脚是否有约+12.5V电压,假若过低或为零,说明欠压保护电路R450~R456之中有开路。若⑤脚电压正常,可在开机瞬间,再查U401故障检测端⑨脚电压,若大于+3V,则表明故障是过压保护电路动作所致,在确认U401②~④脚外接元件无问题的前提下,说明稳压环路出现问题。如果上述检测U401⑪、⑮脚没有激励脉冲波形或+2.8V的直流电压，则说明U401损坏,表3是U401的引脚功能与正常工作时在路对热地参考电压,供参考。

3、电源带负载能力下降

该故障主要是电源内阻变大所 表3 U401 (NCP1397A)引脚功能与在路对热地实测电压致。具体表现是:负载变化(比如声音变大、亮度变大)时,输出电压+24V明显下降并波动,甚至引起过流保护电路动作,导致黑屏。检修这类故障应先查市电整流滤波电路输出的VAC(+300V)电压是否正常。若发现电压偏低,应对整流滤波电路进行检查。比如,整流全桥D101中的 四只整流管,是否有的正向电阻变大、热敏电阻RN1阻值是否变大、滤波电容C101容量是否减小等。如果查得整流VAC电压正常,应再查VBUS电压(+390V)是否正常。若发现偏低,应对D103、D104、D301的正向电阻是否变大、电容CE2~CE5是否失容及功率管QW1/QW2饱和压降是否变大等进行检查。若查得VBUS电压正常,接下来就应对PWM电路中的整流管DS2/DS3的正向电阻是否变大、电容C413~C415是否失容及功率管QW3/QW4是否饱和压降变大等作“测量法”或“替换法”检查。

4、背光灯不亮

背光灯不亮,说明LED灯串的供电或控制电路可能存在故障。应首先检查控制芯片U601(MAP3204)⑯脚(电源端)是否有约+24V电源电压,开关管Q601漏极是否有≥+24V电压,⑥脚(亮度控制)、⑦脚(背光点亮)是否分别有大于+2V的电压到达。否则应对电源供给及控制信号的发出及传输电路进行排查。假定上述脚供电正常,应再检查升压输出端是否有约+80V提升电压。如果没有,问题极可能是升压电路(包括Q601、L601、L602、D601、C603等) 或负载发生了故障。接下来应检查LED驱动控制芯片U601⑮脚是否有开关脉冲(直流电压约+1.5V)输出。假若查得开始有输出,但随即消失,则可能是过流保护电路(含过流保护电路本身故障,比如过流取样电阻阻值变大或焊点接触不良)动作所致,这可从U601⑲脚是否大于0.5V电压来判断。若是,应对负载或保护电路本身进行检查。如果查得故障非过流保护所致,则说明故障有可能是因输出插座P3与插头接触不良而开路,引起过压保护所致(这类过压保护,因电压未到达LED灯串,所以灯串不会瞬间点亮)。可从开机瞬间U601过压保护端⑫脚是否有大于1.2V电压来判断。如果有这个值的电压,就可确认故障是这个原因所致。若在开机后一直没有输出,说明MAP3204可能已损坏,应考虑用替换法检查。为了帮助大家检修,表4给出了MAP3204引脚功能与在路实测电压,供参考。

5、开机瞬间点亮,随后黑屏

开机后显示屏能瞬间闪烁,表明有电压瞬时加在LED灯串上,之后变为黑屏,显然电压又消失了。导致该故障现象一般是因为输出的点灯电压过高或保护电路本身有问题,引起过压保护电路动作所致。可在开机时迅速检测LED电路的点灯输出电压,若明显高于+105V,在输入电压+24V正常的情况下(否则应对电源进行检修),很可能是U601⑮脚输出的驱动脉冲占空比过高造成。应检查U601②脚外接频率设置电阻R630是否变值。若点灯输出电压正常,则应是过压保护电路本身存在故障。比如，取样电阻R624、R625阻值变小或R621阻值变大、开路或虚焊等均会导致过压保护电路误动作,从而形成该故障。

表2 U301 (NCP1607)引脚功能与在路对热地实测电压

脚号	符号	功能	电压(V)	脚号	符号	功能	电压(V)
1	FB	输出反馈	2.1	5	CZD	市电过零检测	0.2
2	CONT	反馈与异常保护	0.5	6	GND	热地	0
3	CT	振荡路定时电容	0.7	7	DRV	开关激励脉冲输出	2.1
4	CS	过流保护信号输入	0.01	8	VCC	电源端	17.5

表 3 U401 (NCP1397A)引脚功能与在路对热地实测电压

脚号	符号	功能	电压(V)	脚号	符号	功能	电压(V)
1	CSS	软启动放电	0.3	9	SLOW-FAULT	故障检测信号输入	0.8
2	FMAX	最高振荡频率钳位	0.7	10	GND	热地	0
3	CTIMER	定时时间设置	1.2	11	MLOWER	低端激励脉冲输出	2.7
4	RT	最低振荡频率钳位	0.6	12	VCC	电源端	16.0
5	B0	欠压保护	12.5	13	NC	空脚	/
6	FB	输出反馈	6.5	14	HB	半桥式连接	1.3
7	DT	死区时间	0.4	15	MUP-PER	高端激励脉冲输出	2.8
8	FAST-FAULT	跳过-禁止输入	0.8	16	VBOOT	自举升压	2

三、故障检修实例

例1、整个电源无输出

按下电源开关后,待机指示灯不亮。包括+3.3VSB待机电压及+24V电压均无输出。考虑到主电源与待机电源同时发生故障的机率较小,因此,故障发生在市电的输入与整流滤波电路的概率比较大。于是,首先检查市电整流滤波后的+300V电压是否正常。经查,电压为零。然后往前查,发现市电输入保险管F1(5A)已经熔断。开始怀疑滤波电容C101或CE2~CE5击穿或严重漏电。通过检查,果然发现CE2已击穿，更换损坏元件后试机,发现限流热敏电阻冒烟,赶紧关机,这表明还有地方有短路故障。接下来再

表4 U601（MAP3204）引脚功能与各脚在路对冷地实测电压

脚号	符号	功能	电压(V)	脚号	符号	功能	电压(V)	脚号	符号	功能	电压(V)
1	VDD	内部参考电压输出	10	7	EN	背光点亮控制	2.3	13	GND2	接地2	0
2	FSW	外接频率设置电阻	0.3	8	FB4	LED灯串电流控制4	3.5	14	CS	过流保护检测输入	0
3	COMP	外接升压转换补偿	0.2	9	FB3	LED灯串电流控制3	3.4	16	GATE	激励脉冲输出	1.5
4	GND1	接地1	0	10	FB2	LED灯串电流控制2	3.4	18	VCC	工作电源	23.5
5	ISET	灯串电流设置	0.4	11	FB1	LED灯串电流控制1	3.5				
6	PWMI	亮度调整输入	2.4	12	OVP	过压保护检测输入	0.6				

对整流全桥D101的四个整流管进行检测，结果发现其中两个已经击穿，更换D101后试机，电源恢复输出，故障排除。

例2、二次开机红色待机指示灯刚转换为绿色，随后又变为红色。

经检测，市电整流滤波电路产生的+300V电压正常，但没有+24V主电压输出。再次试机，发现在开机瞬间，+24V端电压约为+20V，随后就降为零。说明该故障有可能是保护电路动作所致。主电压值偏低，有可能是输入电压不足，也有可能是PWM电源的稳压环路出现问题。为了确定故障范围，决定先查一下PFC电路输出端VBUS电压，结果发现只有约+300V，这说明PFC电路完全没有工作。接下来，对PFC电路进行检查。经查，在刚开机时，控制芯片U301激励脉冲输出端⑦脚有激励脉冲输出，但随即消失。看来故障有可能是保护电路动作所致！于是，在U301过流保护端④脚对地接上万用表（直流0.5V电压档）试机，结果发现电压表显示约0.3V后马上降为零。显然，故障系过流保护电路动作无疑。接下来，确定是真过流，还是保护电路本身有问题？本着先易后难的原则，先检测五个过流保护取样电阻（见图2）R322、R330~R333，果然发现R322（0.1Ω）一端疑似虚焊。重新加焊后开机，检测U301脚对地电压几乎为零。复原电路后开机，故障不再出现。

例3、故障现象同上

经查，+300V的VAC电压正常，这表明电源输入、整流滤波电路工作正常。接下来测PWM电路工作芯片U401⑫脚电源端约+17电压正常，这表明待机电源也没问题！于是，在U401⑮脚对热地接上电压表试机，发现在开机瞬间，有接近+3V的直流脉冲输出，但随后消失。显然，这是保护电路动作的表现。接下来在开机时检测U401⑥反馈端电压，发现始终为零，测量该脚对地电阻值几乎为零，表明有元件短路。最后查出光耦器PC2③、④脚击穿，稳压管D402也击穿。将两损坏的元件更换后试机，故障排除。

例4、电源在负载变重时自动保护

经观察，发现自动关机几乎都是发生在电视声音、亮度较大时。显然，故障是负载变重时导致输出电压降低从而引起电源输出过流，进而引发电源过流保护电路动作所致。看来电源的带负载能力差。电源的带负载能力差，说白了就是电源内阻变大。根据维修经验，这通常是电源的大容量滤波电容失容，主电压整流管正向电阻变大、反向漏电或参数达不到要求、电源开关管饱和压降变大或某个电路未工作等所致。于是，首先查市电整流输出端VAC电压正常，表明市电整流管和滤波电容正常。接下来测量PFC电路输出的约+390V VBUS电压也正常且稳定，显然故障应在PWM主电源电路。对+24V输出电压进行监测，发现声音在开大时电压明显下降。于是重点对它的整流、滤波元件进行认真检查，结果发现整流半桥DS2（B20L80）的输出端②脚的焊点有一圈明显的裂纹，表明DS2完全失去作用。重焊后试机，故障排除。

例5、按待机键后不能待机

按下待机键后不能关机，但在按下待机按键的同时，遥控器上的信号灯能同步闪烁。据此可排除遥控器故障，问题应在主板或电源板上的开/待机控制电路。于是，首先测量待机电源电路（见图4）Q407的b极电压，发现在按遥控器开/待机键时，Q407的b极电压能够对应高、低变化，看来问题在电源板上的开/待机控制电路。由工作原理部分的开/待机工作过程得知，在按下待机按键时，Q407的b极应为低电平，控制管Q305的b极也应为低电平，Q305截止，VCC2电压为零，PFC、PWM电源电路因失去工作电源而停止工作，+24V电源输出为零，整机处于待机状态。于是，在按下待机按键后，测量控制管Q305的b极确为低电平。看来，Q305的c、e极间已经击穿。焊下Q305测量，果然如此。更换新品后试机，故障消失。

例6、黑屏但有伴音

经查，LED背光灯串不亮。分别对背光驱动块U601（见图5）的电源端⑯脚、亮度控制端⑥脚及背光点亮控制⑦脚的电压进行检查，均未发现异常。再查升压电路的+24V输入电压也正常，但输出端却没有提升电压。因此，基本可确定故障是因以U601为主的LED驱动电路有故障，或因保护电路动作而未工作所致。于是，决定先从保护电路查起。经试机检查U601过流保护端⑭脚与过压保护端⑫脚电平，均未达到保护动作值。据此，表明故障在以U601为主的LED驱动电路有问题。经过用放大镜仔细观察电路焊点，未发现虚焊与开裂现象。焊下U601第②脚振荡器振荡频率设置电阻R630（330K）测量，发现阻值已变为无穷大，更换后试机，故障排除。

长虹两款大屏幕液晶电视维修要点与检修实例

刘光乾

长虹大屏幕液晶电视在市面上有一定的拥有量。大屏幕液晶电视的维修，与普通电视的维修通常类似，但也有局部电路有些差异。针对有维修基础的电视维修人员来说，维修的关键要点才是关注的重点，因为坏的这部分电路概率很大。本文主要针对长虹ZLS59G、ZLH74G机芯的电视相关维修要点及检修实例进行整理，以方便同行参考。

一、ZLS59G-i/ ZLS59G-iP-1/ ZLS59G-iP-3机芯（适用机型32Q1F / 40Q1F / 43Q1F / 49Q1F / 50Q1F 55Q1F / 58Q1F）

（一）信号流程分析及关键点测量数据

此处主要介绍长虹液晶电视（ZLS59G-i/ ZLS59G-iP-1/ ZLS59G-iP-3机芯）的图像信号的接收及处理、声音信号的接收及处理和整机系统控制过程、整机供电系统。

1.图像信号流程：AV、HDMI、VGA、YPbPr、USB及网络和经过调谐器解调后的TV视频（CVBS）信号直接送至视频解码芯片MSD6A628进行相关的解码，A/D变换，视频处理和格式变换，最后实现将不同的输入格式变成统一的上屏信号格式。

2.伴音流程：AV,HDMI,VGA,YPbPr,USB，网络输入的伴音信号和射频信号经调谐器解调后输出的TV音频信号直接输入到MSD6A628进行音效处理，输出的音频信号进入到伴音功放TPA3110LD2中进行功率放大，最后送入扬声器。

3. 整机供电系统：电源板只有1路电压+12V_IN输出，+12V_IN电压通过DCDC、LDO（如SMSH6000A1、TPS54428等）变成5V,3.3V、1.5V,1.15V等供主芯片、DDR、EMMC等使用，通过场效应管AO4803转成+12V给液晶屏和伴音功放供电。待机时，+12V_IN电压通过DCDC、LDO产生+5Vstb、+3.3Vstb给MCU,按键板，红外接收器等待机电路供电。

（1）整机电源组成与分布，见图1。

（2）主板上各电源电压（有效值）见表1。

电压名称	测试位置	测试值
+12V_IN	插座CON19的⑧、⑨、⑩脚ZLS59G-i机芯	+12.3V±0.6V
+12V_IN	插座J3的①脚ZLS59G-iP-1机芯	+12.3V±0.6V
+12V	U6的第⑤、⑥PIN脚	+12.3V±0.6V
+12V_Panel	电容C161正极	+12.3V±0.5V
12V_3D	电阻R364靠近U1001一端ZLS59G-i机芯	+12.3V±0.5V
+5VSB	电感L14靠近U1一端	+5.2V±0.2V
VDDC_VSENSE	电感L1靠近C58一端	初始：+1.25V±0.05V 开机后：+1.15V±0.05V
VDDC_CPU	电感L4靠近U10一端	+1.15V±0.05V
+5V_Normal	U6输出端（⑦、⑧脚）	+5.2V±0.2V
+1.5V_DDR	电感L2靠近U9一端	+1.52V±0.05V
+3.3V_Normal	U5输出端（靠近C18）	+3.3V±0.2V
+3.3V_StandBy	U2输出端（靠近C8）	+3.3V±0.2V
V_TUN	U25输出端（靠近C1234）	+3.3V±0.2V

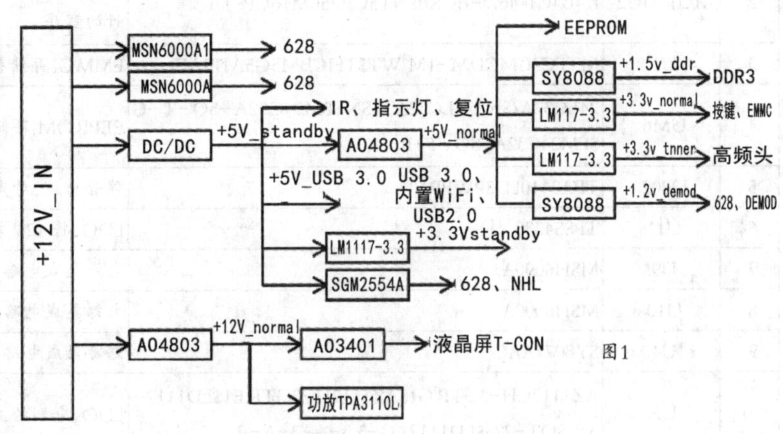

图1

（四）主板上各主要芯片功能及插座位置及定义：

（1）主要集成电路及其功能如表2。

（2）ZLS59G-i/ ZLS59G-iP-1/ ZLS59G-iP-3机芯主板插座位置示意图及其定义见表3。

（二）典型故障维修流程及实例

1.典型故障分析流程。

（1）正常通电开机三无（包含无开机画面、无指示灯、无背光）检查维修流程入图2。

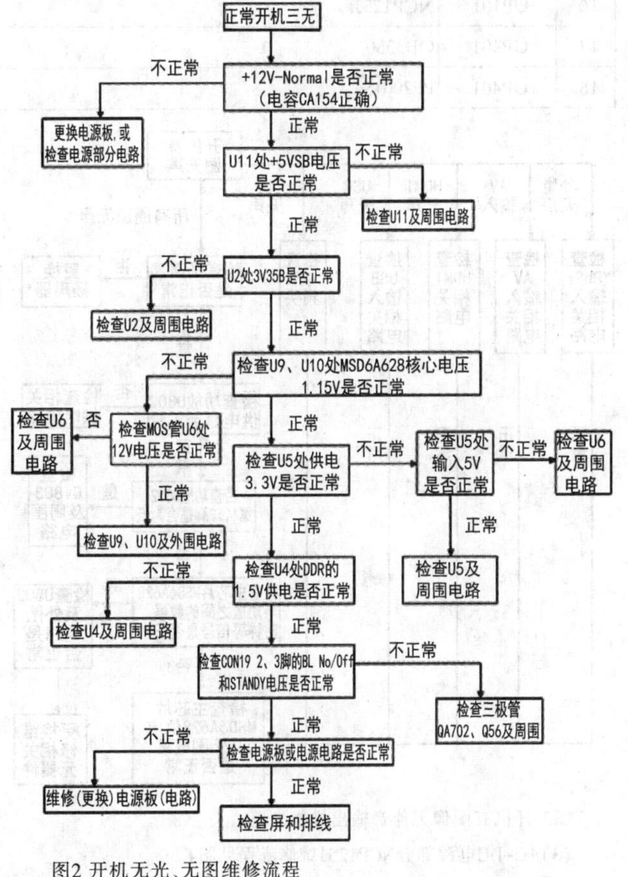

图2 开机无光、无图维修流程

（2）正常通电开机有图像，无声音检查维修流程如图3。

表 2

主板			
序号	位号	型号	主要功能
1	U201	MSD6A628VX-W4	主处理芯片，在内部完成各种音视频信号的解码处理，将信号转变成LVDS信号。
2	MU1 MU2	K4B4G1646D-BCK0$NT5CB256M16CP-DI	DDR3,存储图像处理的中间数据、OSD数据和从Flash中调入需要运行的程序。
3	U1	MTFC4GMCDM-1M WT$THGBM5G5A1JBAIR	EMMC,存储整机启动引导程序和主程序
4	UM6	24LC32A/SN$24LC32AT/SN$FM24C32A-SO-T-G $FM24C32A-SO-T-R	EEPROM,存储MAC、屏参和HDMI KEY等数据
5	U802	TPA3110LD2PWPR	伴音功放,对声音信号进行处理和放大
6	U11	TPS54328	LDO,将12V转为5V_STB,给系统供电
7	U9	MSH6000A	电源集成电路,给主芯片核心供电1.15V
8	U10	MSH6000A	电源集成电路,给主芯片核心供电1.15V
9	U4	SY8077AAC	电源集成电路,给DDR供电1.5V
10	U2	AZ1117CH-3.3TRG1$AZ1117H-3.3TRE1$LD1117-3.3 SOT-223$LD1117AG-3.3-AA3-A-R	LDO,分别给主芯片提供待机3.3V和I/O口3.3V
11	U5	AZ1117CH-3.3TRG1$AZ1117H-3.3TRE1$LD1117-3.3 SOT-223$LD1117AG-3.3-AA3-A-R	LDO, 5VSW转3.3V,给主芯片等供电
12	U25	AZ1117CH-3.3TRG1$AZ1117H-3.3TRE1$LD1117-3.3 SOT-223$LD1117AG-3.3-AA3-A-R	LDO,给TUNER供电3.3V
13	U6	AO4803A$AO4803AL$WPM4803-8/TR	场效应管,5vSB转5V,电源12V转+12v
14	U651	H16101MC$PSF-16211$S16013 LF	网络变压器,耦合主芯片和外部网络
15	U3	R840	驱动/控制集成电路,CVBS高频信号解调
16	UP101	NCP1251	AC-DC转换器
17	UP401	OB3350	液晶屏背光供电控制IC(仅32寸)
18	UP401	PF7001S	液晶屏背光供电控制IC

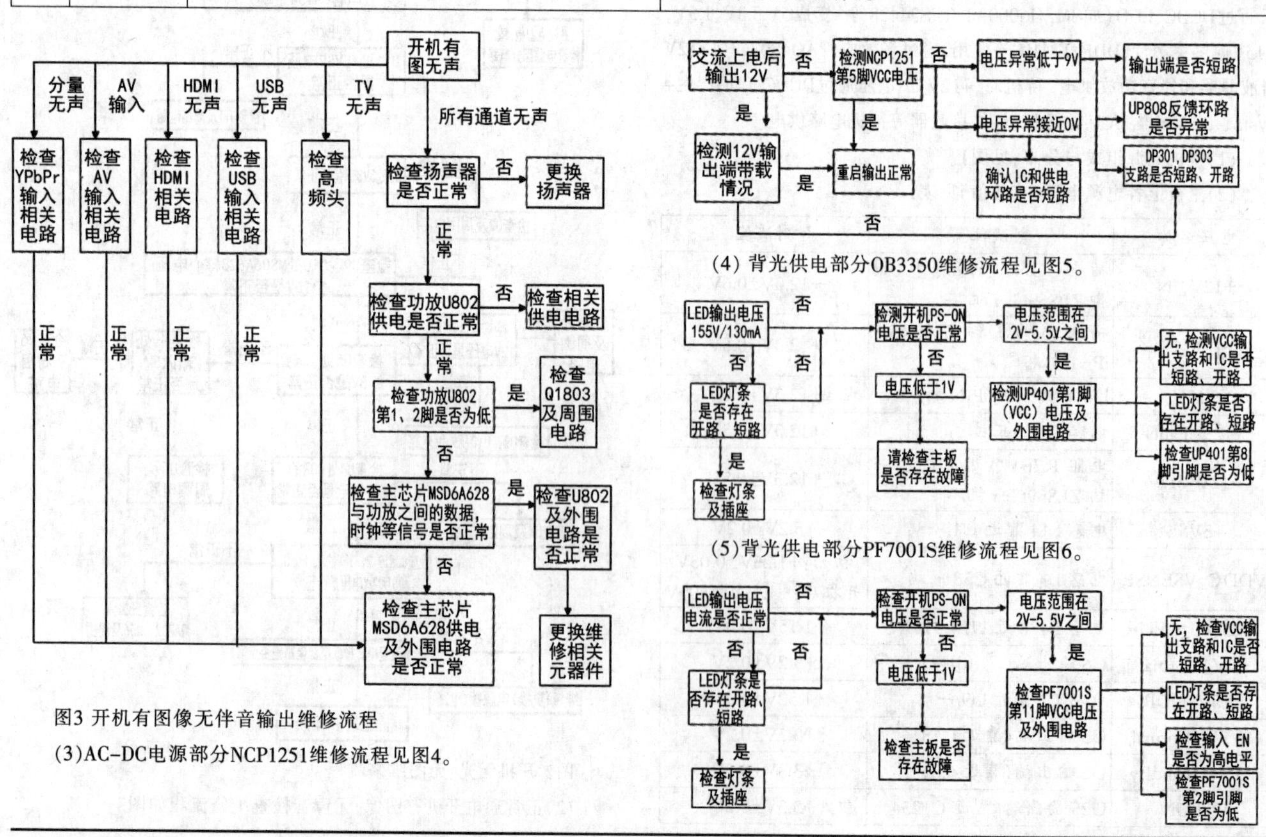

图3 开机有图像无伴音输出维修流程

(3)AC-DC电源部分NCP1251维修流程见图4。

1.维修实例。

(1)故障现象:有声音无图像,开机也不出LOGO,背光亮。

原因及处理:检查上屏的连接线没接好;接好上屏线。

(2)故障现象:不开机,各路电源均正常。

原因及处理:DDR3(MU1、MU2)周围电阻虚焊或连焊。

(3)故障现象:开机花屏。

原因及处理:上屏插座连焊或虚焊;上屏线连接不良;

(4)故障现象:有图像无声音(或一边无声音)。

原因及处理:LA13、LA14、LA15、LA16个别电感损坏或者存在虚焊、连焊,TPA3110D功放芯片存在虚焊、连焊。更换器件重新焊接。

(5)故障现象:TV下无图像、无声音,也无雪花点,但AV 正常。

原因及处理:检查高频外围是否工作正常(包括预中放、总线、电源等),若正常高频头(R840)仍然没有输出,则高频头(R840)失效。

(6)故障现象:液晶电视不受控(包括指示灯亮但不开机、遥控器和本机键对其不起作用等)原因及处理:检查DDR3、EMMC、MSD6A628元件和外围电路焊接情况,重焊后正常。

(7)故障现象:无法获取网络地址。

原因及处理:检查网络环境是否正常,检查网络变压器及其外围同路是否正常,如外围电路没有问题,则更换主芯片;

(8)故障现象:USB设备不识别。

原因及处理:检查USB接口供电5V是否正常,检查外围电路是否有虚焊或者连焊,重新焊接。

(9)故障现象:HDMI无信号。

原因及处理:检查HDMI接口及其外围电路是否有虚焊或者连焊,重新焊接。

(10)故障现象:YPbPr无信号。

原因及处理:检查YPbPr视频接口及其外围电路是否有虚焊或者连焊,重新焊接。

(11)故障现象:YPbPr有图无音。

原因及处理:检查YPbPr音频接口及其外围电路是否有虚焊或者连焊,重新焊接。

(12)故障现象:AV无信号或者有图无音。

原因及处理:检查AV接口及其外围电路是否有虚焊或者连焊,重新焊接。

(13)故障现象:AV输出无信号。

原因及处理:检查AV输出接口及其外围电路是否有虚焊或者连焊,重新焊接。

(14)故障现象:无规律死机。

原因及处理:检查DDR3(MU1、MU2)MSD6A628(U201)以及供电电路、外围电路,是否有虚焊、连焊,印制板连线过孔是否正常导通。

备注:1)如更换FLASH器件,如U1(MTFC4GMCDM-1M WT $THGBM5G5A1JBAIR),更换完毕后需要写入程序,否则整机不能工作;2)如更换液晶屏,请注意使用配套的上屏线,同时请一定进工厂模式选择正确的屏参,并按遥控器“确认”键进行确认。否则整机可能会花屏等。

(三)视工厂模式设置及升级注意事项

1.ZLS59G-i/ ZLS59G-iP-1/ ZLS59G-iP-3机芯在线升级方法及步骤有三种方式,如下:

(1)在线升级入口。

发布网络升级的通知提示,在服务器放置通知提示后,电视开机连接服务器成功后自动弹出,提示界面上无操作按钮。

(2)U盘升级入口。

1)手动进工具箱进行U盘升级从设置菜单进入在线升级子菜单选择U盘升级。

2)强制升级将升级文件放入U盘的根目录下(保证升级文件唯一),将U盘插入USB口,待机状态下开机,系统自动进入升级过程,在升级过程中,不要掉电;升级完成后,自动开机。

2. 进入工厂菜单按照如下顺序按下遥控器上的按键:“菜单”→“情景模式”→“标准模式”→“上”→“右”→“右”→“0”→“8”→“1”→“6”。

二、ZLH74G-i/iT系列机芯(适用机型 D3P系列、Q3T系列)

(一)整机信号流程分析及关键点测量数据

主要介绍长虹液晶电视(ZLH74G-i机芯)的图像信号的接收及处理、声音信号的接收及处理、整机系统控制过程和整机供电系统。

1.图像信号流程。

高频头输出的TV信号、AV信号、直接送入主芯片Hi3751ARBCV551进行视频解码、A/D变换、格式变换等,最后将不同格式的输入信号变成统一的VBO信号输出。

HDMI和USB输入的数字信号、网络信号进入Hi3751ARBCV551,经过视频解码等处理后形成统一的VBO上屏信号。

2.伴音信号流程。

AV、HDMI、网络输入的伴音信号,射频信号经调谐器解调后输出的TV音频信号直接输入到Hi3751ARBCV551进行音效处理,输出的音频信号进入到数字伴音功放TAS5719中进行功率放大,最后送入扬声器。

机芯信号流程见图7。

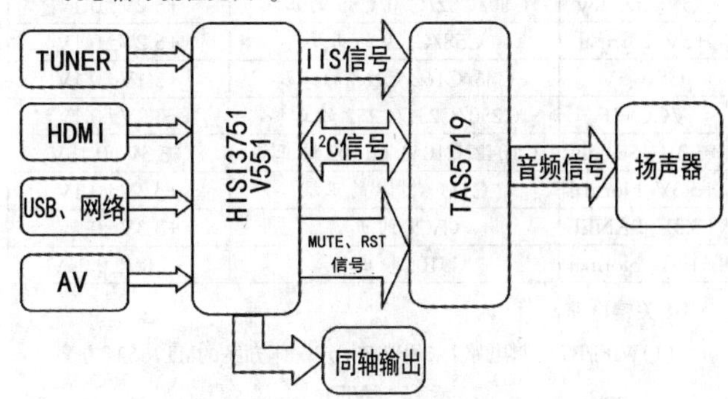

3.整机供电系统。

(1)基于ZLH74G-i系列机芯的整机都按照最新的电源标准,电源板只输出1路电压到主板:+12V_IN。其中+12V_IN通过MOS开关输出LVDSVDD给TCON供电,+12V_IN通过MOS开关输出+12V_Normal,+12V_IN还通过DC-DC(TPS56528DDAR)输出+5V_Standby,+12V_Normal除了给功放供电,还通过DC-DC生成0.95V、1.05V、5V供IC和USB使用,而+5V_Standby给红外遥控、指示灯等待机电路供电,同时+5V_Standby通过MOS开关输出+5V_Normal、通过DC-DC生产+3V3_Standby、+DDR_1V2和+2.5V_DDR,+5V_Normal通过LDO生成+3.3V_Normal、+3V3_Tuner、+1.8V_Normal,分别给主IC周边电路、EMMC和TUNER供电。

D3P、Q3T系列标准主板部分电源组成如图8所示。

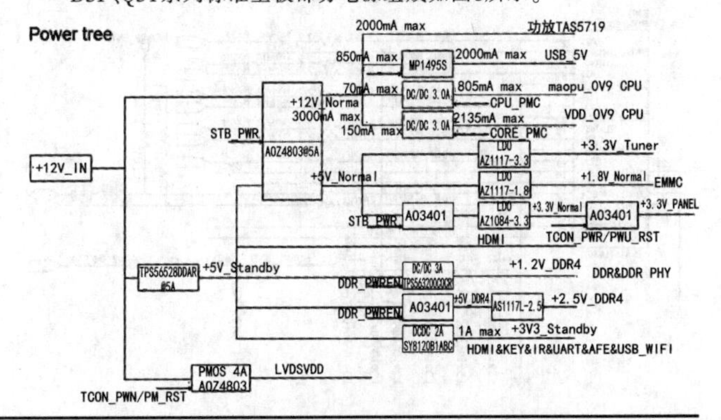

(2)主板上主要供电电压。

ZLH74G-i机芯主要供电电压如下表：

电压名称	测试位置/测试点	测试值
+12V_Normal	C65 正端	+12V±0.5V
LVDSVDD	CA10 正端	+12V±0.5V
CPU_PWR	C1020 的正端	CPU_PWR，根据芯片差异，电压范围如下：+0.90V~+1.15V
	C1021 的正端	
	C1026 的正端	
	C1104 的正端	
	CS43 的正端	
	CS44 的正端	
VDD_PWR	C1024/C1025 的正端	VDD_PWR，根据芯片差异，电压范围如下：+0.90V~+1.0V
	C1027 的正端	
	CS22/CS27/CS55 的正端	
	C146 的正端	
+1.2V_DDR	CD67/CD68 的正端	+1.2V±0.075V
	CD69/CD72 的正端	
	CD2/CD48/CD49 的正端	
	CD22/CD58/CD59 的正端	
	CD23/CD25/CD29 的正端	
	CD1/CD3/CD5/CD9 的正端	
+2.5V_DDR	C166 的正端	+2.5V±0.06V
	CD35/CD36 的正端	
	CD15/CD16 的正端	
+5V_Standby	C60/C62/C70/C85 的正端	+5.2V±0.1V
+5V_Normal	C58/C129 的正端	+5.2V±0.1V
USB_5V	C86/C162/C163 的正端	+5.1V±0.1V
VCC-IF	C250/C251/C252 的正端	+3.3V±0.1V
+3.3V_ Standby	C1042/C1043/C1103 的正端	+3.3V±0.15V
+3.3V_Normal	C117/C118 的正端	+3.3V±0.1V
+3.3V_PANEL	CV26 的正端	+3.3V±0.1V
+1.8V_Normal	U105 输出端	+1.8V±0.05V

4.关键电路。

(1)WiFi/BT控制电路：采用WiFi-BT一体方案的MT7662T方案

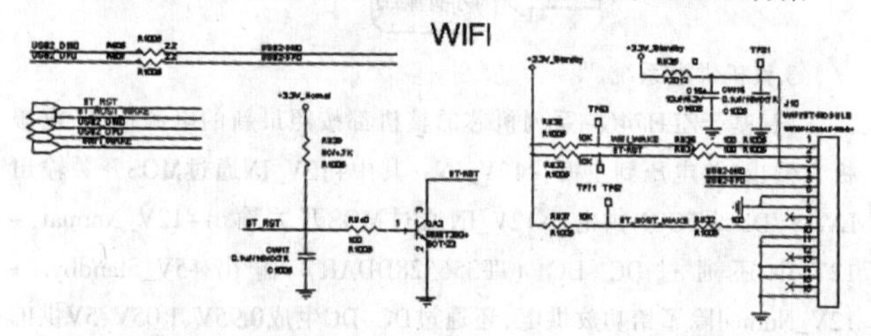

ZLH74G-i机芯使用板载MT7662T方案（wifi和BT二合一），WIFI_WAKE(wifi唤醒)和BT_HOST_WAKE(蓝牙遥控器唤醒)功能由模块自己控制。

(2)HDMI2、串口电路兼容设计：HDMI的第②脚、第⑭脚分别是串口的TX、RX。

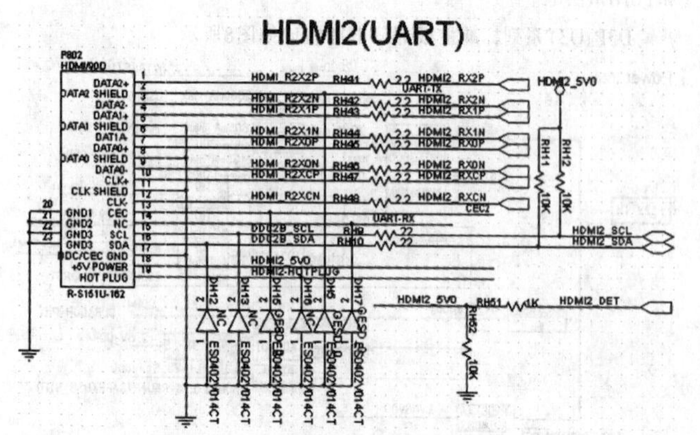

(3)HDMI1带ARC功能：HDMI的第⑭脚为ARC功能脚。

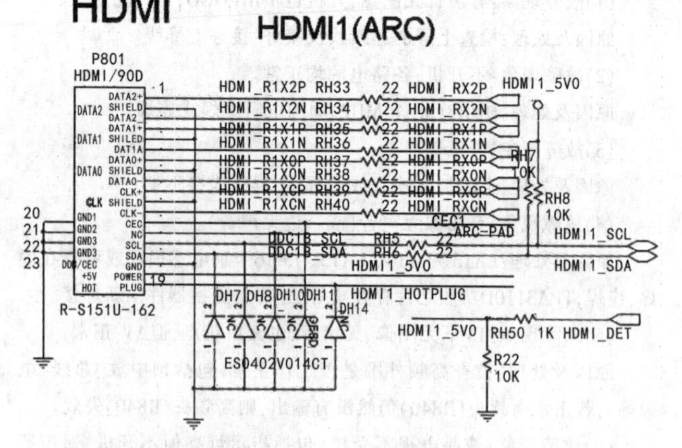

(4)POWER_ON控制电路。

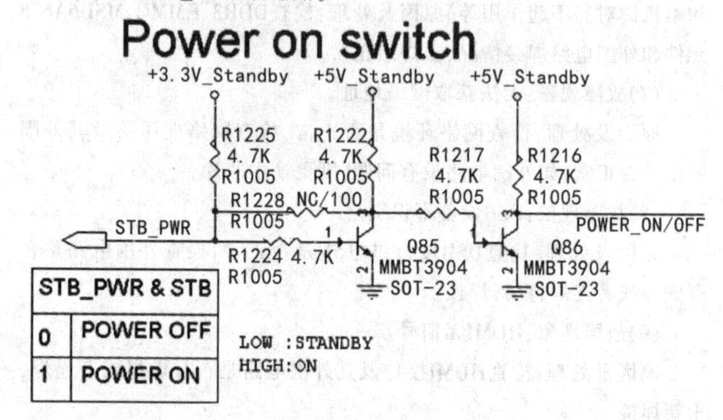

(5)+5V_Standby转+5V_Normal电路、+12V_IN转+12V_Normal电路。

+5V_Standby to +5V_Normal

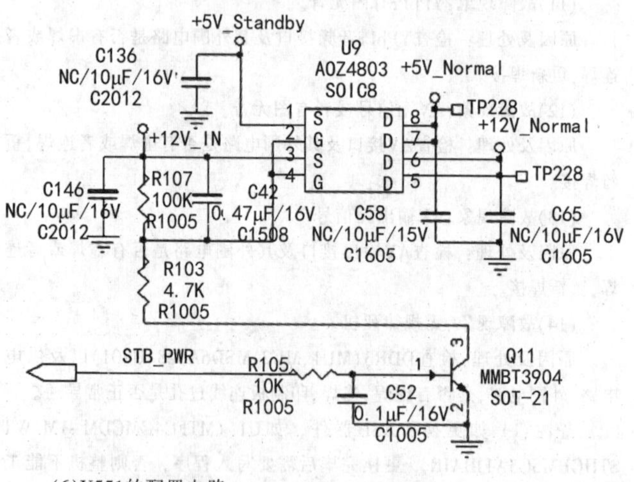

(6)V551的配置电路。

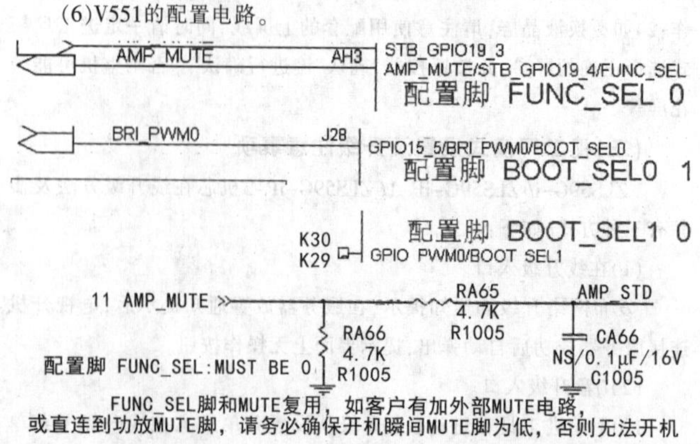

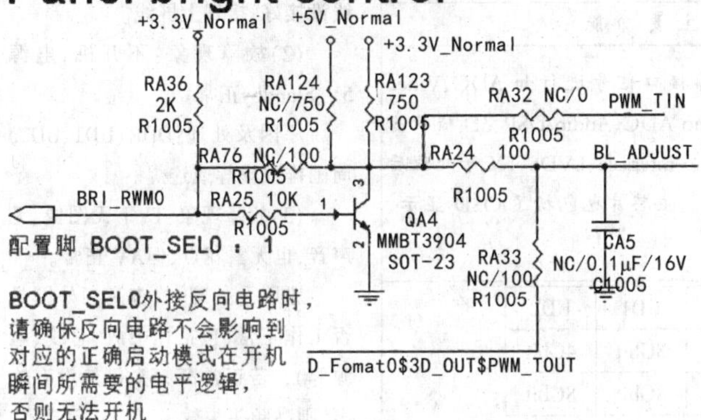

(7)长虹配置脚：MODEL1位电源板背灯电压检测脚，背灯电压正常时为3.3V，背灯电压异常时未0V，DDR_DET暂未使用，TCON_DET为标准屏和TCONless屏的配置脚，TCON_DET为低时为标准屏，TCON_DET为高时为TCONLESS屏，软件启动时会自动检测该IO口的电压值，根据检测结果启动不同的流程。

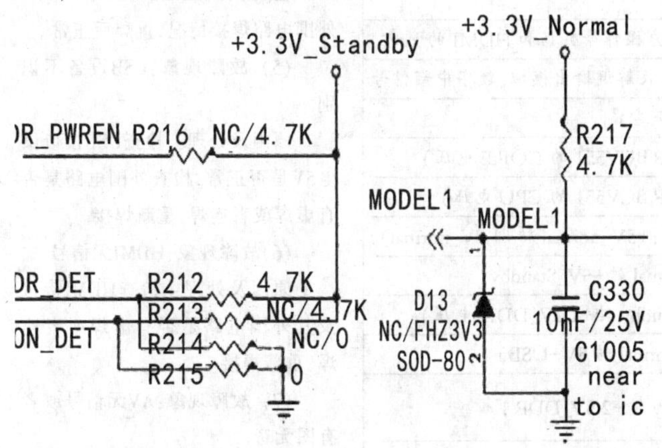

(8)DDR4供电电路：1.2V和2.5V。

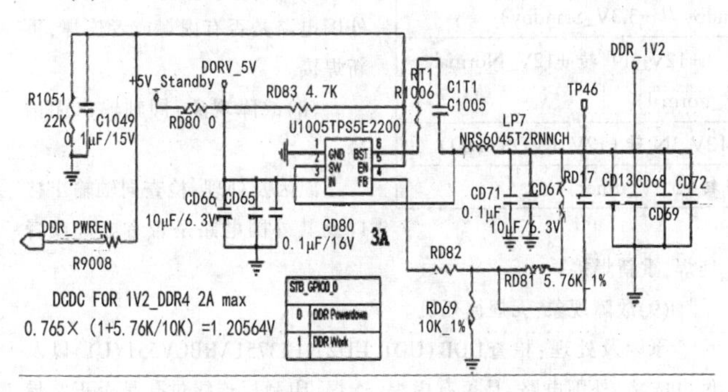

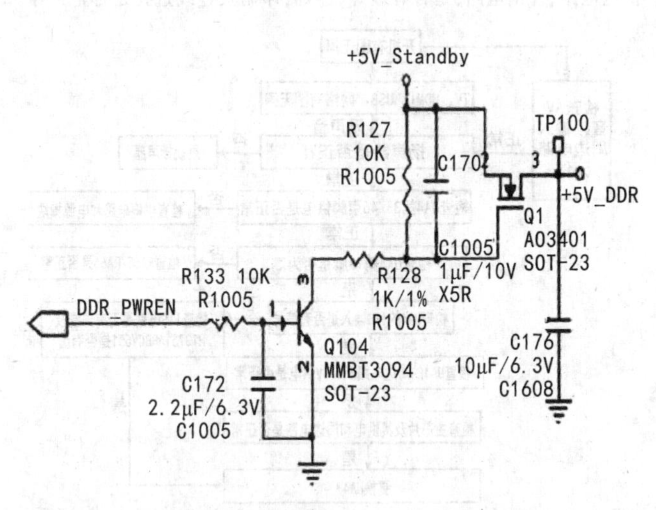

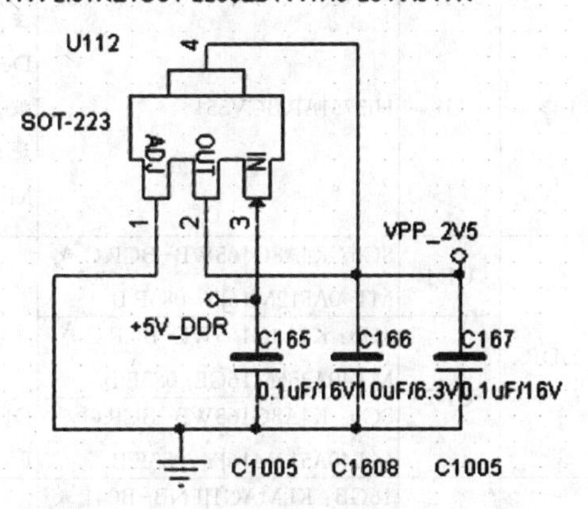

(9)CPU_PWR、VDD_PWR输出电路：CPU_PWR、VDD_PWR由主芯片通过CPU_PWM和VDD_PWM进行控制，CPU_PWR，根据芯片差异，电压范围如下：+0.90V~+1.15V，VDD_PWR，根据芯片差异，电压范围如下：+0.90V~+1.0V。

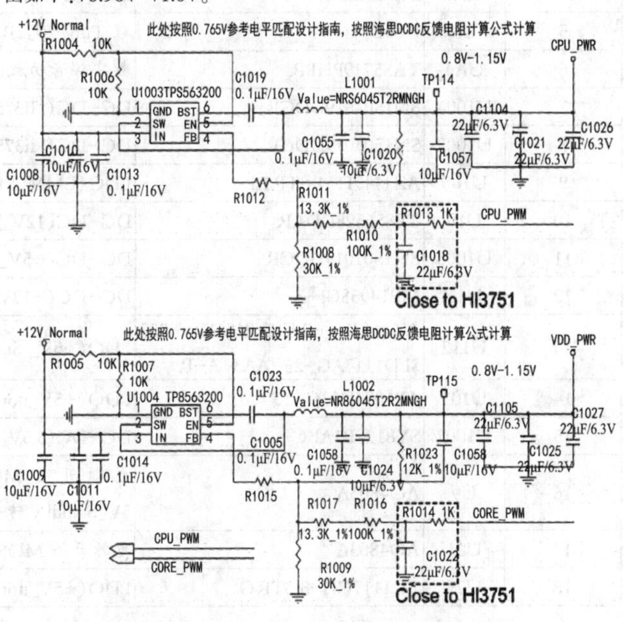

5.主板上各主要IC型号及功能及主要插座定义。

(1)主要IC型号及功能。

(2)主要插座定义。

序号	位号	连接对象	功能描述
1	J1200	电源板	+12_IN(①、②、③、④、⑨、⑩脚)；GND(⑤、⑥、⑦、⑧脚)；NC(⑪、⑭脚)；AGND(⑫脚)；BL-ON/OFF(⑬脚)；BL-ADJUST(⑮脚)；STB(⑯脚)
2	J0002	扬声器	伴音输出：L+(①脚)；L-(②脚)；R-(③脚)；R+(①脚)；
3	J11	按键&USB	KEY0-0(⑳脚)；USB_5V(⑰、⑱、⑲、⑳脚)；GND(②、⑤、⑧、⑪、⑭、⑮、⑯脚)；USB2_DP1(④脚)；USB2_DM1(③脚)；USB3-DP(⑦脚)；USB3-DM(⑥脚)；USB3-RXP(⑨脚)；USB3-RXN(⑩脚)；USB3-TXP(⑫脚)；USB3-TXN(⑬脚)
	J9	指示灯	L-LED1-(①脚)；L-LED1+(②脚)
	J26	红外遥控	+5VSB(①脚)；GND(②脚)；IR(③脚)
	CON1	EEPROM写数据	EEWP(①脚)；SDA(②脚)；SCL(③脚)；GND(④脚)；5V(⑤脚)
	JPA1	屏插座	51PIN上屏线插座

主板			
序号	位号	型号	主要功能
1	U1	Hi3751ARBCV551	主处理芯片，对各接口信号进行如ADC、Video Decoder、Scaler、Audio ADC、Audio DSP、3D梳状滤波、多媒体解码、De-interlace、LVDS TX等处理后送到屏和伴音功放。主芯片也包括了OSD显示、MCU控制功能。
2 DDR	UD1	8Gb：K4A8G165WB-BCRC 或 MT40A512M16JY-083E:B	（表：UD1 / UD2） 1.5GB：8Gbit / 4Gbit 2GB：8Gbit / 8Gbit
	UD2	4Gb：K4A4G165WE-BCRC 或 MT40A256M16GE-083E:B	
		8Gb：K4A8G165WB-BCRC 或 MT40A512M16JY-083E:B	DDR4，存储图像处理的中间数据、OSD数据和从EMMC中调入的需要运行的程序
3 EMMC	UM1	16GB：KLMAG1JENB-B041 或 THGBMHG7C1LBAIL	EMMC，存储整机控制程序
		8GB：KLM8G1GEME-B041 或 THGBMHG6C1LBAIL	
4	UM5	24LC32A/SN	EEPROM，存储用户操作等数据和HDMI的key
5	U3	R842	硅Tuner IC，RF接收解调输出模拟、数字中频信号
6	UA4	TAS5719PHPR	数字伴音功放(主声道)
7	U1004	SN1501019DDCR	DC-DC(Hi3751ARBCV551的CORE电压)
8	U1003	SN1501019DDCR	DC-DC(Hi3751ARBCV551的CPU电压)
9	U105	AZ1117H-1.8TRE1	LDO(EMMC供电：+5V_normal转+1.8V_normal)
10	U10	TPS56528DDAR	DC-DC(12V_Normal转+5V_Standby)
11	U1005	SN1501019DDCR	DC-DC(+5V_ Standby转+1.2V_DDR电压)
12	U11	MP1495SGJ-Z	DC-DC(+12V_Normal转5V-USB)
13	U112	AZ1117H -2.5TRE1SOT -223 $LD1117AG-25-AA3-A-R	LDO(+5V_ Standby转+2.5V_DDR)
14	U103	AP1084D33G-13	LDO(+5V_normal转+3.3V_normal)
15	U1007	SY8120B1ABC	DC-DC(+5V_Standby转+3.3V_Standby)
16	U9	AO4803A	电源开关MOS (+12V_IN转+12V_Normal、+5V_Standby转+5V_normal)
17	U21	AO4803A	电源开关MOS(+12V_IN转+12V_LVDSVDD)
18	U25	AZ1117CH-3.3TRG	LDO(+5V_normal转+3.3V_tuner)

(二)常见问题及处理

1.常见故障维修思路。

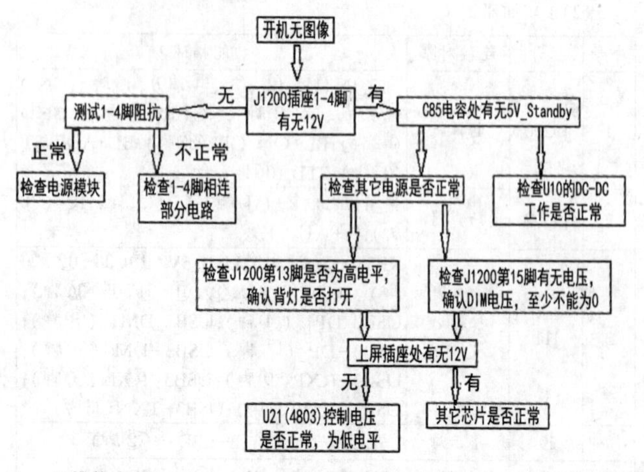

2.维修实例。

(1)故障现象：开机花屏或有声音无图像，开机也不出LOGO，背光亮。

原因及处理：检查上屏的连接线没接好；接好上屏线。

(2)故障现象：不开机，电源5V_Standby正常。

原因及处理：DDR(UD1、UD2)周围排阻虚焊或连焊。

(3)故障现象：TV下无图像、无声音，也无雪花点，但AV正常。

原因及处理：检查高频外围是否工作正常(包括预中放、总线、电源等)，若正常高频头仍然没有输出，则高频头失效。

(4)故障现象：液晶电视不受控(包括指示灯亮但不开机、遥控器和本机键对其不起作用等)

原因及处理：检查DDR、EMMC、Hi3751ARBCV551元件和外围电路焊接情况，重焊后正常。

(5)故障现象：USB设备不识别。

原因及处理：检查USB接口供电5V是否正常，检查外围电路是否有虚焊或者连焊，重新焊接。

(6)故障现象：HDMI无信号。

原因及处理：检查HDMI接口及其外围电路是否有虚焊或者连焊，重新焊接。

(7)故障现象：AV无信号或者有图无音。

原因及处理：检查AV接口及其外围电路是否有虚焊或者连焊，重新焊接。

(8)故障现象：同轴输出无信号。

原因及处理：检查同轴输出接口及其外围电路是否有虚焊或者连焊，重新焊接。

(9)故障现象：无规律死机。

原因及处理：检查DDR(UD1、UD2)、Hi3751ARBCV551(U1)以及供电电路、外围电路，是否有虚焊、连焊，印制板连线过孔是否正常导

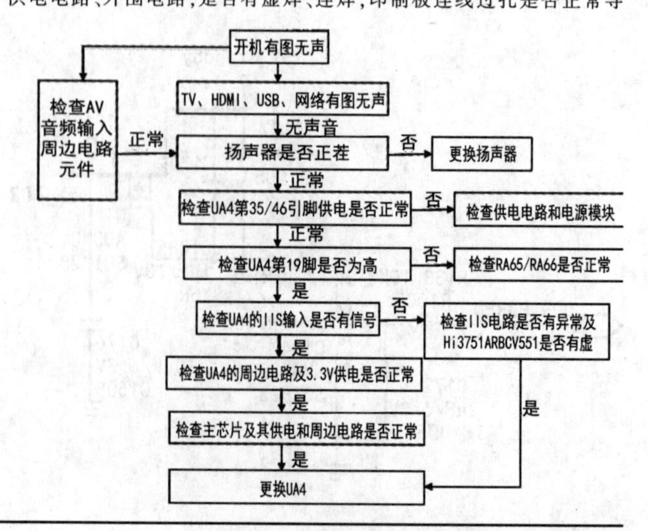

通。

(10)故障现象:开机后蓝牙遥控器能正常操作,遥控关机后,再按遥控不能开机。

原因及处理:检查蓝牙&WIFI模组(J11)第⑨脚(BT_HOST_WAKE)是否有虚焊和连焊。

(11)故障现象:整机有图像,无伴音。

原因及处理:检查伴音功放(UA4)供电12V、3.3V是否正常,检查PIN23、PIN24的I2C是否连接正常,检查功放IIS输入信号是否正常,确认RESET、MUTE脚功能是否正常。

(12)故障现象:整机无WIFI和蓝牙。

原因及处理:检查WIFI和蓝牙模组J11及周边是否有虚焊、连焊。

(13)故障现象:整机按键无效。

原因及处理:检查主板上按键相关电路是否正常,进行按键操作后,按键电平变化是否正常,检查转接板上分压电阻是否有虚焊、连焊,若上述检查均正常,最后确认按键是否变质或失效。

(三)工厂模式设置及注意事项

1.ZLH74G-i系列机芯在线升级方法及步骤。

(1)USB升级。

第1步,将升级程序拷贝到U盘根目录。

第2步,在交流关机或待机状态下将U盘插入USB 接口。

第3步,交流上电,按遥控器或本机按键开机,按住本机按键的OK键,待屏幕出现“系统正在升级中,请勿断电!!”后松开按键,系统开始升级。

第4步,升级完成后电视会自动重启来完成升级。

(2)在线升级。

第1步,确保整机已连接网络,且网络能正常访问外网。

第2步,长按遥控器“设置”键,进入“全部设置”—“支持”—“系统升级”。

第3步,在弹出的“系统升级”页面中,点击“检查更新”按钮,系统会自动检查和升级。

2.进入工厂菜单。

按“设置”键后,进入“情景模式”的“标准模式”,依次按“上-右-右”键调出“数字键”,依次按数字键“0”“8”“1”“6”,进入工厂菜单。

3.工厂菜单及其设置。

索引1:工厂选择

产品型号及屏参:整机仅进行确认,不作更改。

索引2:系统信息

检查MAC地址,设备ID。IP地址(网络连接)等有数据显示。

索引3:调谐设置

预设频道:按预先写好的频点载入节目,另有MBoot编译时间、MW版本。

索引4:声音设置

PQ升级、AQ升级、屏数据升级、Pmic升级、Tcon升级、OD开关

索引5:设计模式

设计模式中的选择项不能更改。

索引6:SSC

DDR和LVDS扩频参数。

索引7:背光亮度

快速进行背光调整,电视要正常工作,仅屏显示亮度变化。

索引8:能效检测

索引9:DTV

索引10:出厂设置

最后的调试工序,所有参数设置为出厂状态。

创维高清彩电数字板维修实例

兰　虎

创维数字电视的社会拥有量较大，维修体量也非常大。在社会维修站中，对创维电视的维修资料难以获取，故在资料汇集中，特汇集了十二款数字板的维修实例，予以介绍，以此对社会力量维修创维电视作一参考。

一、5D20(5D25)数字板故障维修实例

5D20、5D25数字板正面

5D20、5D25 数字板反面

(一)5D20数字板检修要点

(1)首先测U7\U8\U9 三个稳压IC 有无3.3V 的电压输出，如果无输出，应测其地电阻，如果阻值为需或几十欧说明KPTV 损坏。

(2)5D20数字板供电电感损坏较多，对于灯闪，应先查供电及供电电感。

(3)DPTV 造成灯闪的较多，对于一些很怪不常见的故障一般都为DPTV损坏。

(4)总线及复拉电也是检查的重点。

(二)5D20、DPTV 的散热片的拆卸方法

很多维修在更换芯片时，不先将散热片取下，就用风枪拆芯片，结果吹了很久，手臂转的酸痛，还是取不下，不知道是怎么回事，原因就是没有把散热片取下。方法是：用斜口钳剪去散热片和芯片之间的白胶用力剪即取下，最好找散热片和芯片之间的间隙的地方更容易取下。

(三)快速查找芯片是否虚焊的方法

有些维修师用烙铁拖焊的技巧不是太熟练，喜欢用风枪焊接，但是风枪焊接的最大缺点就是易造成虚焊。虚焊又很难发现，在这向大家介绍三种判断芯片是否虚焊的方法：

①把数字板芯片的管脚和座的视线相平行，如果看到焊盘和管有空隙，说明虚焊。②用手按着怀疑虚焊的IC，开机如果故障消失说明虚焊。③用刀片轻轻划芯片管脚中间，如果有某一个脚歪了说明此脚虚焊。现特介绍一种快速查找动态存储器和芯片之间的铜皮是否有断路的方法：

创维数字板，图像干扰的较多，而造成此故障的原因最多的就是动态存储器坏或动态存储器之间的线路开路等原因。对于直线路是非常复杂的很难查找，因为大部分数字板是用了四块存储器，而且是并联在一起线路很多。这种快速的方法：以6D95 为例说明：首先把DPTV6730 的㊳~⑯脚加焊锡全部短路，然后把万用表电阻挡黑表笔数字接地，红笔击测动态存储器的每只脚，正常的阻值应为0 欧，若为无穷大说明此脚线路开路(注：空脚除外)。

(四)维修实例

1. 故障现象：不开机

原因：测U9 无3.5V 电压输出，经查FB23 开路，此电感损坏较多。

2. 故障现象：不开机

原因：14318MHz晶振坏。

3. 故障现象：条纹干扰

原因：造成横线或竖线干扰的原因大概有：①动态存储器坏。②动态存储虚焊。③R86、R87、R88、R89 开路造成BA、WE、CAS、RAS信号不能送到DPTV 的⑭、⑲、⑩、⑩脚。④动态存储器供电不良或动态存储和DPTV 之间的通讯线断，对于线路断的可用前面介绍查找断路的检修方法进行检修。⑤DPTV 虚焊或损坏，虚焊较多。

4. 故障现象：TV 雪花干扰AV 正常

原因：TV解码VPX3226 与DPTV6630 之间的数据传输不良造成，经查为PN1 排阻虚焊。

5. 故障现象：AV/TV 均无图蓝屏

原因：测U8、3.3V 稳压IC，无3.3V 输出，检查发现FB21 供电电感开路损坏较多。

6. 故障现象：AV 负像，TV，P 卡白底色

原因：DPTV6630坏或DPTV6630 中断⑳与⑳脚之间电路漏电导致Y 信号A/D 转换异常所致，CIT 漏电。

7. 故障现象：AV/TV 向自串扰，显示TV 的字符图像是AV 图像。

原因：DPTV 内部切换电路损坏更换即可。

8. 故障现象：不开机

原因：测3.3V 供电正常，再测DPTV6630 中断信号电压异常，发现R12开路。

9. 故障现象：AV 正常TV 不良

原因：TV 复位电路R63 开路造成。

10. 故障现象：不开机

原因：测3.3V 供电正常，再查发现R8 虚焊，此电阻为总件电阻。

11. 故障现象：TV 图像为AV 通道图像，且图像不动

原因：因为TV 行，场同步信号和时钟信号没有送到DPTV 造成，经

查为RNS 排阻开路。

12. 故障现象:场不同步

原因:出现场不同步的原因一般为场同步信号不良造成。此机型场同步信号是从DPTV6620 的㉟输出,测其电压偏低,更换DPTV 6620故障排除。

13. 故障现象:TV 正常,AV 无图

原因:测3.3V正常,AV/TV 切换电压也正常,怀疑AV信号滤波元件不良,把C12 拆下测量严重漏电,更换故障排除。

14. 故障现象:灯不停闪

原因:测3.3V 和总线电压,3.3V电压在1.7~3.3V 之间闪动,总线电压也闪动,怀疑DPTV损坏,更换DPTV 故障排除(注:此故障在5D20、5D25 机芯中,故障率较高,DPTV 损坏率占全部故障的60%左右)。

15. 故障现象:TV 彩色不良

原因:此现象一般出在彩色解码电路,此板的解码IC 是VPX3226,首先更换其外接晶振20.25MHz,无效,最后怀疑VPX3226 损坏,更换故障排除。

16. 故障现象:粉红色竖条干扰

原因:DPTV 与动态存储器数据不良,用烙铁拖焊动态存储器,故障排除(此故障较多)。

17. 故障现象:TV 无彩色,AV正常

原因:更换TV 解码ICVPX3226,外接晶振20.25MHz,故障排除。

18. 故障现象:搜台不停台

原因:CT1、C119 不良,可把它们直接拆下重装。

19. 故障现象:VGA 有重影

原因:C136 漏电造成。

20. 故障现象:VGA 小画面消失

原因:VGA 小画面形成的电路主要有U1 (DPTV) U5A(TLC2932) U12(74LS05),怀疑锁相电路有问题,更换TLC2932 故障排除。

21. 故障现象:TV 正常,AV 无图

原因分析:在5D20 系列的检修中,很多是DPTV 解码 损坏造成的,导致的AV 无图,AV无彩色故障。此故障没有必要先更换DPTV,而是先用软件看故障是否能解决,具体的方法是:开机进入维修模式,将菜单翻到SERVICE OPT10N3 一页,按节目键选择AVDECODER 一项,按音量加减键将设置由原CVD1 改为VPX3226C。退出维修模式,关机重启,维修工作即告完成。这是因为:在本机的数字处理板上(除DPTV内部以外)VPX3226C内部也包含有一套完整的彩色解码电路,在长期使用中DPTV 因为高温为原因。内部彩色解码电路损坏的较多,此时除更换更昂贵的DPTV 以外,本机数字板上的双解码电路配置,允许我们将AV 的彩色解码切换到由VPX3226代偿后断续使用,从而避免不必要的更换DPTV,如果按上述软件排除的方法不能修复,只有更换DPTV进行修复。

分别输入不同的信号测试如:TV、ypbpr 、AV、VGA 等,根据现象大体区分故障部位。

手摸感温法,当修不开机故障时,开机用手摸三端稳压IC 或芯片表面时,温度不是很烫,是否在开机一会很烫,(正常的温度应不是很烫,而且根据开机时间的长短逐渐升高的)。当在修时好时坏的软故障时可用风枪轻微加热法,如修干扰时,可和加热法对动态存储器加热,故障就很容易找到。

二、5D26 数字板故障维修实例

(一)检修思路

(1)如果是不开机故障,首先查U7、U8、U9 是否有3.3V 输出而后再测U13是否有2.5V 电压输出,如果无输出或电压低测各输端对地电阻,如果对地短路极有可能是DPTV 损坏。

(2)如果稳压IC 输出电压都正常:应查各路供电电感,5D26 系列中电感的损坏率较高,而后查总线是否正常复位等。

(3)如果无AV 或无TV 输出,顺其信号查找很容易维修。

(二)实物版图

5D26 数字板正面

5D26 数字板反面

(三)维修实例

1. 故障现象:不开机

原因:首先测DPN 供电3.3V,此电压为0.5V,判断有可能供电有短路现象,自测U9 三端稳压IC,其阻值为零欧,说明有短路,使用断路法检修断开DPTV 供电端短路排除,说明DPTV6720 内部供电端口对地击穿,更换故障排除(注:在5D26 系列中,DPTV3.5V 供电端对地击较多占全部故障的60%,由于DPTV 发热量较大,所以损坏较多)。

2. 故障现象:图像采条干扰

原因:首先拖焊一下DPTV 无效,怀疑DPTV 内部彩解码电路损更换故障排除。

3. 故障现象:黑屏有字符,能开机,无图像

原因:DPTV㉜脚模拟供电电感FB4 开路造成。另,FB22 开路也会造成此故障。

4. 故障现象:图像有拉丝黑白线条干扰,有字符,AV 无图

原因:测U4 无3.3V 电压输出,测其③脚无5V输入,经前级查发现FB5 供电电感开路,更换故障排除。

5. 故障现象:图像背景过亮,有点像负像

原因:CBT 坏(16V/220μF 电解电容)。

6. 故障现象:AV 干扰TV 正常

原因:测DPTV�52脚供自2V,比正常值2.5V 偏低,把滤波电容C4 悬空测量,C4 严重漏电,更换故障排除。

7. 故障现象:TV/AV 无图白色斜条和扫描线

原因:TV/AV滤波电容C12 开路。

8. 故障现象:图像有蓝色雪花点干扰

原因：DPTV 损坏。

9. 故障现象：VGA 场不同步

原因：FB51 开路造成场同步信号中断。

10. 故障现象：不开机

原因：测Ub 无输出电压，再测输入端5V没有，把电容C154A 拨开发现C154A的正常与其铜皮断开氧化造成Ub 无5V 输入电压。

11. 故障现象：不开机

原因：14318MHz晶振坏。

12. 故障现象：TV 图暗，AV 无图

原因：R70、R66、R22、R41 全部烧坏(四个电阻阻值为100 欧)。

13. 故障现象：图像横线干扰

原因：动态存储器坏(注：检修图像干扰的与5D20 检修步骤一样，不再重叙)。

14. 故障现象：不工机

原因:R8、R9 开路。

15. 故障现象：AV 无输出

原因：C94(10μF)耦合电容坏。

16. 故障现象：红屏

原因：R4开路。

17. 故障现象:TV/AV 像不良

原因：FB67 开路。

18. 故障现象：图像不良

原因：R30 坏。

19. 故障现象：TV 白屏AV 无像

原因：FB5 开路。

20. 故障现象：AV 无像

原因：C154 漏电。

21. 故障现象：不开机

原因：FB22、FB39A、FB35、FB47 其中任何一个损坏都会造成不开机。

22.不开机

原因：FB40 开路。

三、5D60 数字板维修实例

5D60 数字板正面

(一)检修分析

5D60 系列数字板故障的5D20、5D26 及平相拟因为它们的PCB 板排线一样，而D560 比5D20 又省去了很多元件，下面我给大家介绍常见故障维修步骤：

(1) 如果不开机故障首先测U7、U8、U9 是否有3.3V 电压输出，如果无电压输出应测其对地端是否短路，如果短路极有可能DPTV损坏造DPTV 损坏极高。

5D60 数字板反面

(2)如果3.3V 无对地短路，测得3。3V 闪动，总线电压大幅度跳动。由此可判断DPTV损坏或DPTV某供电电感损坏造成，在5D60 系列数字板中，DPTV6610 损坏率占全部故障的80%，电感损坏占15%，其他占5%。

(3)输入不同的信号进行故障判断，如AV/TV/S-Video/VGA/VUY等，如果输入以上几种信号全部无图像，肯定是DPTV6610坏或DPTV每个供电电感坏，如果无AV 或TV 单独一路无输出，应首先查这些普通信号是否从主板上送到DPTV6610 相应脚，如果信号已送到DPTV输入脚那么即可判断DPTV损坏。

(4)如果是检修图像上有网纹干扰，横竖线干扰的故障，首先从动态存储器着于修，先从外观上看动态存储器及DPTV 有无虚焊，(虚焊较多)，干扰故障的检修可参阅5D20 系列中讲解的维修步骤进行维修。

(二)实例

1. 故障现象：开机光栅呈桶状光栅

原因：数字板造成光栅异常的肯定与DPTV 内部的变频电路，有无怀疑DPTV 损坏，更换故障排除。

2. 故障现象：开机图像发白

原因：电容：C30、C31 损坏。

3. 故障现象：开机行幅达不满且不可调

原因：DPTV损坏。

4. 故障现象：不开机

原因：用万用表测U9输出3.3V 电压 很低，怀疑U9对短路测其对地电阻阻值为0欧，怀疑DPTV 供电端口内部击穿把DPTV 取下，测对地阻值600 欧正常，更换DPTV 故障排除。

5. 故障现象：图像水印干扰，与负像现象相似

原因：此现象为DPTV6610㉓、㉔脚外接，电压基准电容C20、C22、C154、C17、C42、C79 其中一个漏电造成。

6. 故障现象：不开机

原因：供电感FB23 开路，此电感损坏较多，如果办事处没有此电感，可用保险电阻代替或直接短路即可。

7. 故障现象：AV 无图

原因：测DPTV6610⑱、⑱脚复合视频输入电压1.3V 左右正常，说明DPTV6610损坏，更换故障排除。

8. 故障现象：不开机

原因：14.318MHz晶振坏。

9. 故障现象：图像拉丝干扰

原因：IC、U2 损坏。

10. 故障现象：不开机

原因：总线电阻R8(100Ω)电阻开路。

11. 故障现象：黑屏左上角有一个小屏幕

原因:FB1 损坏。

12. 故障现象:无图回扫线

现象:U9 短路。

13. 故障现象:黑屏

原因:FB3、FB4 开路。

14. 故障现象:AV 无图TV 白屏

原因:FB13 坏。

15. 故障现象:不开机行电路异响

原因:U7 稳压IC 短路。

四、5D66 数字板维修实例

5D66 数字板正面

5D66 数字板反面

1. 故障现象:不开机

原因:测U9(AMS1084CT)无3.3V 输出,再测其对地阻值为0Ω,正常值为300Ω左右,怀疑DPTV6720内部供电端口损坏。更换DPTV6720 故障排除。5D66 系列数字板DPTV6720 内部3.3V 供电端口对地击穿较多,占全部故障率比例80%,维修时特别注意。

2. 故障现象:黑屏

原因:R10 开路。

3. 故障现象:黑屏有字符,无图像

原因:FB4、FB5 开路。

4. 故障现象:TV 信号无彩色像信号弱似的一样,且AV 无输出

原因:DPTV6720 坏。

5. 故障现象:图像发白

原因:C30 漏电。

6. 故障现象:不开机

原因:14318MHz 晶振坏。

7. 故障现象:图像干扰

原因:U2 动态存储器虚焊。

8. 故障现象:不开机

原因:FB22 开路。

9. 故障现象:AV/TV串扰

原因:DPTV 损坏。

10. 故障现象:图像干扰

原因:C20、C22、C154 其中一个漏电造成。

六、5D70 数字板维修实例

5D70数字板正面

1. 故障现象:TV 行场不同步AV正常

原因:VPC3230 坏。

2. 故障现象:AV、TV 黑屏有字符,VGA 正常

原因:有字符,VGA 正常基本上说明TDA9332 工作正常,故障极有可能在解码电路当有万用表测NV320⑦⑥脚(VREFIN)时,此脚步电压为0V,正常为1.4V左右,查其外围元件发现Q1 三极管B-E结开路,更换故障排除。

3. 故障现象:不开机

原因:测TDA9332 第⑬脚HBLK 信号电压为4V 左右,正常值为0.8V左右。说明TDA9332 内部电路损坏造成此电压升高,更换TDA9332 损坏,此故障在5D70 毓中较为常见,望大家注意。

4. 故障现象:场幅下半场不满,把C42(0.1μF)电容改为(82NJ),5D70 系列数字板早期此电容用的都为0.1μF的,如遇到场幅调不大更改即可。

5. 故障现象:图像亮度过高,且带有回扫线

原因:测TDA9332 第㊹脚电压为3.2V 左右,此脚为黑电平检测脚正常应为6.5V 左右,怀疑C48 不良更换故障排除。

6. 故障现象:AV、TV 无彩色

原因:彩色解码器VPV3230 损坏。

7. 故障现象:场中心偏彩不可调

原因:C14 漏电造成。

8. 故障现象:场散

原因:场中心设定电路,C42 开路。

9. 故障现象:AV/TV 黑屏,VGA 正常

原因:测u4 供电偏低,78L05坏(U9)。

10. 故障现象:AV/TV 不同步

原因:彩色解码IC、VPC3230 坏。

11. 故障现象:冷机开机黑屏

原因:NV320 基准确性频率异常,R37 断路。

12. 故障现象:暗场偏绿,亮场偏紫

原因:查红基色钳位电路R22 开路。

13. 故障现象:无字符场不同步

原因:同步转换IC74HC1530 坏。

14. 故障现象:图像闪动

原因:闪动频率较高,查VPC3230 输出的场同步信号,R85 虚焊。

15. 故障现象:场锯齿干扰

原因：场同步形成电路C801 坏。

16. 故障现象：不开机

原因：查NV320 供电3.3V 对地短路，更换NV320 故障排除。

17. 故障现象：AV 输出端子无输出

原因：查NV320 无输信号，更换NV320 故障排除。

18. 故障现象：图像只有上半场且中间有一条水平亮线

原因：测TDA9332①脚VD-无电压输出，更换TDA9332 故障排除。TDA9332扫描驱动各引脚功能如表1所示。

表1 TDA9332扫描驱动各脚功能

脚号	脚名	电压(V)	功能
1	VDRIVEA	1.26	场驱动 A
2	VDRIVEB	1.29	场驱动 B
3	EWOUT	3.34	E-W(东西校正输出)
4	EHTIN	1.68	EHT 补偿输入用以控制
5	FLASH	0	快闪检测输入脚
6	GND	0	接地脚
7	DIGSVP	5.01	数字电源去耦端
8	HOUT	3.4	行扫描信号输出端
9	SANDC	0.7	沙堡脉冲输出
10	SCL	4.4	数据串口

19. 故障现象：TV 雪花干扰

原因：NV320损坏。

20. 故障现象：AV.S 端子不同步

原因：R115 开路。

21. 故障现象：图像上有拉丝干扰

原因：动态存储器U2B 损坏。

22. 故障现象：图像暗

原因：黑电平检测外接二极管，D1 损坏造成。

23. 故障现象：AV/TV 图像红色彩斑干扰，VGA 正常

原因：VGA 正常分析故障肯在解码或变频电影更换动态存储器U2A、U2B 故障排除。

24. 故障现象：图像暗

原因：测ABC 电压，D4 负极为10V，正常为3V左右，测黑电平检测D1 的正极为5.8V。正常应为6.7V左右，怀疑D1 性能不良，更换故障排除。

25. 故障现象：AV、TV 状态，光栅粉红色无图且中间有两条锯齿带干扰

原因：动态存储器U2B 损坏。

26. 故障现象：图像下半部分不定时抖动。

六、5D76 数字板维修实例

1. 故障现象：不开机

原因：供电电感L5开路。

2. 故障现象：图像暗

原因：D3 二极管损坏。

3. 故障现象：图像亮度过高

原因：C68、C57、C92 其中一个漏电。

4. 故障现象：AV、TV 串扰

原因：DPTV6730 损坏。

5. 故障现象：无彩色图闪动

原因：14.318MHZ晶振坏。

6. 故障现象：TV 缺色

原因：TDA8601 损坏。

5D76 数字板正面

7. 故障现象：不开机

原因：测U1输出电压只有0.5V 左右，怀疑负载有短路，把DPTV6730 取再测对地阻值无短路现象，更换DPTV6730 故障排除。

8. 故障现象：图像上有干扰线

原因：动态存储器损坏。

9. 故障现象：VGA 图像场不同步

原因：电阻R235 开路造成VGA 场同步信号中断。

10. 故障现象：彩条干扰

原因：DPTV6730 坏。

11. 故障现象：TV 无图，AV正常

原因：电阻R246 开路，造成TV 信号无法送到DPTV 变频。

12. 故障现象：图像枕形失真且不可调

原因：测TDA9332的③脚E/W电压只有0.7V左右，正常应为3.8V左右与实际值相差较大，更换TDA9332故障排除。

13. 故障现象：不开机

原因：测DPTV 供电正常而后又测TDA933 供电脚⑰脚电压只有3V 左右，因为此脚供电是9V，经过D11 二极管降压获得8.2V 左右的电压怀疑二极管，D11 不良，更换故障排除。

七、5D90 数字板维修实例

(一)故障检修流程

1. 灯闪

检修范围：1、VPC3215坏 2、DDP3310 坏 3、某一个供电电感开路 3、I²C 总线电阻R256或R255开路造成或CPU 无正确识别数字板而引起灯闪。

2. 不开机

检修范围：1)DDP3310 坏；2)Z201 20.25MHz 晶振坏；3)VD204 不良；4)Z202 5MHz 晶振坏；5)VPC3215⑱脚到DDP3310 的㊸之间开路。

3. 黑屏

1)Z202 坏；2)C240 或C241 某一个漏电；3)VD205 击穿；4)VD203击穿；5)L210 坏造成无12V 供电。

4. 能开机，有行叫声过一会烧行管

1) VPC3215 坏；2)ZD201 20.25MHZ 晶振坏；3)DDP3310 坏；4)VPC3215 外围⑱脚到DDP3310㊷脚之间的元件主要有L214、L215、L259；5)VD204 坏。

5. 无图像(如有条件可先检测VGA 是否正常)

1) VPC3215 坏；2)R203 开路；3)DDP3310；4)L215、L214、L259 不良。

6. 彩色失真及马赛格

1) VPC3215 坏；2) 动态存储器 M5412222A-25J 虚焊或损坏，更换时最好用同型号更换，不可用一般的4M 存储器找换，如换错会造成

灯闪。

7. 技术更改

由于生产的原因，有部分数字板的VGA 耦合电容被错装为电阻造成VGA图像发白，需要改型号为：C233、C234、C235 更改为10Nr 电容即可解决。

8. 偏蓝色

开机测DDP3310 的㉖脚输出电压4.7V 正常，而测V210 的集电极电压偏高，测其V210的b 极电压10.1V 正常，怀疑V210：C、E结击穿，测直流偏置电阻R243 阻值为无穷大开路，更改R243、220Ω电阻故障排除。

9. 缺红色

开机测视放的红栓输入电压偏低，而数字板DDP3310 的㉔脚电压4.7V 正常，进一步检测㉔脚外围元件，发现V203 的E极电压偏高造成，V204 截止，于是测量V203 及外围元件发现V203 C、E结已击穿，更换V203 故障排除。

(二)维修实例

1. 灯闪

故障分析：开机测数字板供电，开机瞬间有5V，然后降低并灯闪，根据经验应该是IC 短路或供电电感开路造成CPU无法正确识别到数字板上的IC，检查数字板各供电无短路，查I²C 总线也没有开路，维修陷入了困境。无意中用表测量了，+5V 对地电阻只有2K，而正常为10K左右，无非是IC 内部有局部断路，代换VPC3215 故障排除。

2. TV、AV 无图，VGA 正常

故障分析：根据VGA 正常，可以大致判断DDP3310 无故障而只有TV、AV 无图，问题主要在VPC3215及外围元件测量VOPC3215 的㊷脚亮度信号输入脚电压 2.5V 正常。测其外围元件C206、C204、R204、R203发现R203 100Ω电阻开路更换该电阻开机正常。

3. 黑屏

测视放板的R、G、B 电压偏低，再测量DDP3310 的R、G、B 输出电压也偏低，说明是由于DDP3310输出电压偏低而引起的黑屏，测DDP3310 的相关引脚在测量⑨脚电压时发现，⑨脚电压为0.1V，关机测其对地电阻只有30K甚或与正常时的180K左右相差太大，于是其外围元件发现VD205正反向漏电。

4. 马赛格

对于马赛格现象主要是数字电路出现故障造成图像暂存数据丢失造成的。在经过D/A 转换后就会出现马赛格现象，首先先轻敲数字板，发现故障现象会随敲击的节奏而变化，怀疑动态存储器虚焊造成数据丢失，于是补焊动态存储器，再开机故障排除。

5. 黑屏

开机屏幕无光，调高加速极电压有回扫线，说明是黑屏，于是检测视放R、G、B 输入电压偏低，DDP3310的R、G、B 输出电压与正常的4.7V偏低很多，于是检测了DDP3310 的相关引脚、供电、晶振、行逆程脉冲⑰脚暗平衡检测脚，发现⑰脚电压接进5V 而正常时，只有0.3V 左右，查其外围元件发现VD203 已击穿，更换故障排除。

6. VGA 无图像

故障分析：开机械AV、TV 图像场正常而VGA 图像一闪后无图像，看现象有点向同步识别的故障，查VGA 的行场同步输入到VPC3215电路正常，而VGA 的行同步处理是在VPC3215 内部处理的，于是代换了，VPC3215、20.25MHz晶振故障依旧。难道是VGA 的R、G、B 处理上出了故障吗？代换DDP3310故障依旧，莫非是VPC3215 和DDP3310 之间的通讯出了问题吗？于是查VPC3215 的⑱、⑲脚时钟输出脚到DDP3310的㊸、㊷电路，当代换L215 后VGA 图像正常，测其电感L201未开路应该是该电感性能不良造成的VPC3215 和DDP3310 之间的通讯中断而无VGA 图像。

7. 开机行尖叫声，过一会烧行管

故障分析：开机测DDP3310 行激励输出脚⑧脚电压为2.2V 正常，查DDP3310 的供电，时钟场无故障，测时钟输入脚㊸、㊷脚电压也正常，于是代换了DDP3310 故障依旧，于是查前面的VPC3215电路，测量供电I²C 总线晶振时钟输出脚电压场正常，代换晶振和VPC3215 故障依旧，于是维修陷入了困境，先把此块数字板放在一边，换另一块数字板维修。在维修时候发现测量⑲脚时也会出现行频尖叫声，于是回过头来重修前面的那块板，检查⑲脚的外围元件当代换L201 时故障排除，由于此电感性能不良造成行频偏移烧行管。

8. 黑屏

故障分析：开机检测DDP3310 的㉔、㉕、㉖脚电压偏低说明黑屏是由于DDP3310 工作不正常造成的，于是测量相关的引脚⑨脚⑰脚及供电，晶振I²C 总线等场正常，根据以往的经验该机出现黑屏5MHz 晶振损坏较多，于是更换该晶振故障排除。

9. 字符闪无图像

分析：因为手机的字符是从CPU 送到DDP3310 来的，于是先查DDP3310 的相关脚未见异常，代换DDP3310 故障依旧，由于手机不但是无字符不正常而且还无图像是不是前面电路VPC3215 有故障引起的呢？测其外围的相关引脚电压无异常，代换VPC3215 故障排除。

10. 灯闪不开机

分析：开机测数字板各供电场正常，供电电感也无不开路现象，于是代换 VPC3215、DDP3310 故障依旧。为什么 CPU 总是识别不到VPC3215、DDP3310 呢？莫非是总线开路，于是测量数字板插口外总线到各IC 的电阻，发现DDP3310 的时钟 电阻阻值变大了很多，将隔离电阻R255 拆下来测量已提进开路值，更换故障排除。

11. 水平亮带

分析：开机发现该水平亮带的下有亮，而上部偏暗有点向场压缩的感觉，而测场输出脚V+、V-都为0.2V 与正常值1.25V 相关太远，于是检查DDP3310 的供电，晶振I²C 总线及相关的时钟输入脚等，电压场正常，代换DDP3310 故障，找来IC 手册查看发现与㉙脚有外接电容，但并未说明作用莫非是场振荡的，于是测量该脚电压只有0.3V 与好板的2.4V 相差太远，测量 其对地电阻已短路，检查发现贴片电容C236 已短路更换之故障排除。如DDP3310关键点参见表2。

12. 行不同步

VPC3215 时钟20.25 晶振不良。

IC 关键点参数(以胜利9802数字表测)

表2 DDP3310

引脚	电压	电阻	功能	引脚	电压	功能
12	0.1V	1.2M	场同步输出	55	3.9V	I2C 总线
17	3.98V		图像信号出	56		
18	2.33V		23/32MHZ 时钟	58	0.7V	VGA 行同步信号输入
19	2.3V		13.5/10M 时钟出	62	2.5V	模拟亮度输入
30	1.9V		主时钟出	63	1.5V	色变输入
31	4.8V	10K	数字供电	68	2.59V	基准峰值电平
54	4.9V		复位信号			

八、6D72 数字板维修实例

1. 故障现象：图像中间有几条黑带

原因：64WP 动态存储器坏。

2. 故障现象：开机图像偏色而后变成红屏

原因：R07 开路，使R0 信号不能到达Q07 使Q7 截止，使基极电板和基极电压偏高。

3. 故障现象：场幅不满且有水平干扰线

原因:TDA9332 损坏。

4. 故障现象:图像无彩色

原因:20.25MHz晶振坏。

6D72数字板正面

5. 故障现象:TV、AV 场不同步

原因:CD211、CD208、CD209、CD210 中其中一个漏电。

6. 故障现象:彩色不良

原因:更换色解码VPC3230 无效,发现RP8、RP9 排阻损坏。

7. 故障现象:有字符无图像且有绿线闪动

原因:VPC3230 损坏。

8. 故障现象:无图、有字符但字符扭

原因:PW1235总线,SCL 断路。

9. 故障现象:黑屏

原因:VPC3230 损坏。

10. 故障现象:缺色

原因:Q07、Q08、Q09 贴片三极管任何一个损坏都会造成缺(在6D72 系列中损坏较多)。

11. 故障现象:有图像无字符

原因:VP 信号线断路。

12. 故障现象:图像水印干扰

原因:VPC3230 损(在6D72系列中,此故障较多,所以VPC3230 损坏极多)。

13. 故障现象:绿色光栅

原因:VPC3230 损坏。

14. 故障现象:图像暗

原因:BCK 电路二极管DD3 损坏。

15. 故障现象:场幅不满白屏回扫线

原因:TDA9332 损坏。

16. 故障现象:图像偏色,暗红色

原因:RD30 开路,150Ω电阻。

17. 故障现象:彩色很谈

原因:VPC3230 损坏。

18. 故障现象:不开机

原因:测量TDA9332,HBLK 电压异常,更换TDA9332 故障排除。

19. 故障现象:开机满屏粗彩条干扰

原因:PW1235损坏。

20. 故障现象:TV、AV正常,VGA 图像不良

原因:A/D 转换IC,AD9883 不良。

21. 故障现象:不开机

原因:RD28 开路(此电阻为PW1235 复位信号串連电阻)。

22. 故障现象:不开机

原因:测TDA9332⑰脚供电电压只有3V 左右,更换降压二极管DD10 故障排除。

23. 故障现象:不开机

原因:12MHz晶振坏。

24. 故障现象:行场不同步

原因:CD224同步。

25. 故障现象:AV/TV正常Y、U、Y地输出

原因:Y、U、Y 转换IC、TDA1287 损坏。

26. 故障现象:不开机

原因:R041、RD40开路。

27. 故障现象:红色竖带

原因:PW1235坏或虚焊。

九、6D76/6D78 数字板故障实例

6D76数字板正面

1. 故障现象:热机满屏干扰

原因:U3 2.5V 稳压IC 工作不稳定造成。

2. 故障现象:无TV

原因:R26/100Ω电阻虚焊。

3. 故障现象:场压缩

原因:测TDA9332①脚V-输出电压为0.8V 偏低,怀疑C225 漏电更换故障排除。

4. 故障现象:图像闪动

原因:14.318MHz频率不稳,更换故障排除。

5. 故障现象:黑屏

原因:C306短路,R186 烧焦造成,R186 为8V给三基色三极管放大三极管供电保护电阻C306为滤波容。

6. 故障现象:TV、AV 串扰

原因:DPTV6730 损。

7. 故障现象:点状干扰

原因:存储器U11、U12 损坏。

8. 故障现象:竖线干扰

原因:DPTV 虚焊造成。

9. 故障现象:无VGA 输出

原因:接人信号显示,60Hz无图,U19/P15V300Q 损坏(此IC 为转换开关)。

10. 故障现象:无VGA 输出

原因:切换至VGA 模式无任何反应,检查发现R5-200Ω电阻断路造成VGA 行同步信号中断。

11. 故障现象:不开机

原因:SCL 信号对地短路。

12. 故障现象:不开机

原因:测U2 即3.3V 稳压器输出为1.7V,再测其对地且值为0Ω,更换DPTV故障排除。

13. 故障现象:VGA 图像模糊

原因:U19/P15V300Q损坏。

14. 故障现象:图像只有下半场

原因:U15/TDA9335 损坏。

15. 故障现象:彩色不良

原因:DPTV 损坏。

16. 故障现象:白屏

原因:U5/3.3V 稳压IC 短路,即DPTV-3D 的⑱脚模拟电源供电对地短路。

17. 故障现象:不开机

原因:测TDA9332、SDA、SCL 无断路和短路故障,各路供电正常,试换TDA9332、6730 等无效,茫然中将挂在总线上的4 个箝位二极管D5、D6、D7、D9 悬空开机正常(在怀疑此二极管损坏时可先把定悬空实验)。

18. 故障现象:绿屏回扫线

原因:绿基色通通不良,经查Q15击穿所致。

19. 故障现象:输入信号显示蓝屏无图像

原因:DPTV6730 损坏。

20. 故障现象:有字符无图像

原因:DPTV6730 坏。

21. 故障现象:满屏粗条线干扰

原因:C189 短路,此电容为动态存储器WE 信号外接电容。

22. 故障现象:开机有白色模带干扰,老化一会图像无彩色,闪动扭曲。

原因:14.318MHz晶振坏。

23. 故障现象:图像太亮

原因:R40开路(75Ω)电阻。

24. 故障现象:AV2 图像暗

原因:R34、R41 开路,此电阻为y 信号分压电阻。

25. 故障现象:图像上部有蓝色横线干扰

原因:动态存储器损坏。

26. 故障现象:TV 无彩色且飘移AV 雪花点干扰

原因:测稳压IC、U5 只有1.8V 电压输出,正常应为3.3V,更换故障排除。

27. 故障现象:不开机

原因:C70 短路,此电容为SCL 对地滤波电容。

十、6D90数字板维修实例

1. 故障现象:VGA 彩色不良

原因:CCF032 芯片损坏。

2. 故障现象:无光

原因:LM1269 坏。

3. 故障现象:无消磁功能

原因:ICM01程序不良,更换即可排除。

4. 故障现象:不开机

原因:ICM10供电端口对地短路,更换ICM10 故障排除。

5. 故障现象:不开机

原因:ZM01 二极管坏。

6. 故障现象:不开机

原因:RM4(680 欧)电阻开路。

7. 故障现象:不开机

原因:RM158电阻开路。

8. 故障现象:不开机

原因:CM84 电容漏电造成不开机。

9. 故障现象损:VM 失调

原因:QM31 坏。

10. 故障现象:PDVD 状态干扰

原因:ICM10 坏。

11. 故障现象:AV2 无像

原因:RM1 电阻虚焊。

12. 故障现象:VGA 彩色不良

原因:RM183、RM60开路。

13. 故障现象:花屏

原因:ICM10损坏。

十一、6D92 数字板维修实例

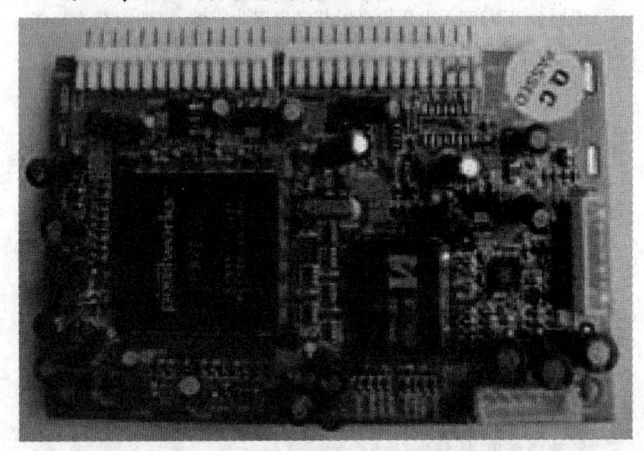

6D92数字板正面

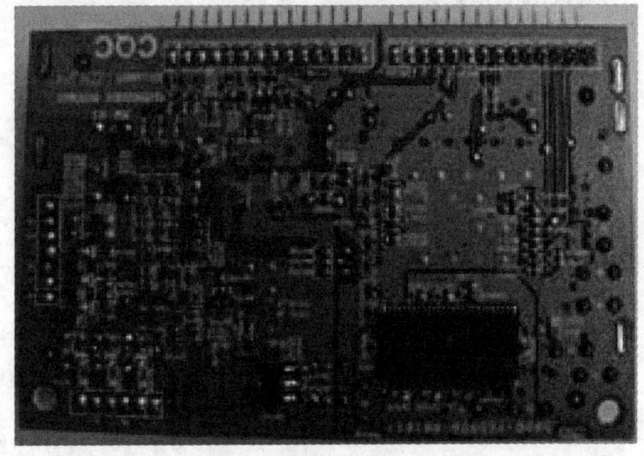

6D92数字板反面

1. 故障现象:屏幕右边花屏左边正常

原因:此故障一般属于解码电路损坏造成,更换解码PW/235 故障排除。

2. 故障现象:图像静止不动

原因:电阻RN144 开路或虚焊,此电阻为QN102 的偏置电阻(此电阻较多)。

3. 故障现象:花屏图像抖动

原因:动态存储器损坏。

4. 故障现象:缺红色

原因:FB701开路造成R0 无法送到SMT9886 所以缺红色。

5. 故障现象:白点干扰

原因:MST9886 内部解码电路损坏,更换即可解决。

6. 故障现象:图像水印干扰

原因:MST9886 损坏。

7. 故障现象:不开机

原因:PW1235㊵、㊶脚外接晶振XN301(10MHZ)坏。

8. 故障现象：屏幕下半场有三条白色竖线干扰

原因：动态存储器损坏。

9. 故障现象：交流开关机图像正常，遥控开关机图像不良

原因：复位信号隔离电阻RN322 虚焊，造成PW1235无法复位。

10. 故障现象：不开机

原因：测供电3.3V和2.5V均正常，再测SDA 数据线，电压1.9V~4.9V之间变化，正常应为3.4V~4.4V之间变化，怀疑PW1235 坏，更换故障排除。

11. 故障现象：场中心下偏移调总线无效

原因：PW1235损坏。

12. 故障现象：白屏

原因：测UN303无电压输出因其对电阻为零欧，说明负载有短路，取下PW1235 再测阻值正常，更换PW1235 故障排除。

十二、6D95/6D96 数字板维修实例

1. 故障现象：开机字符位置偏

原因：14.318MHz晶振坏。

2. 故障现象：不开机

原因：总线对地短路。

3. 故障现象：横线或竖线干扰

原因：①存储器坏，②存储器和DPTV6730 之间的线路断，可用前面介绍的短路检修法检修。

4. 故障现象：无VGA 输出

原因：9.5V330 损坏。

5. 故障现象：图像发白

原因：DPTV6730 坏。

6. 故障现象：无TV、AV 有VGA

原因：DPTV6730 坏。

7. 故障现象：U6/2.5V 稳压IC 坏

8. 故障现象：TV、AV 图像发白，VGA 正常

原因：C91/22uF/10V 漏电。

9. 故障现象：TV 白屏

原因：DPTV6730 坏。

10. 故障现象：开机列出IC 列表（使进入工厂模式一样）

原因：MST9883 供电短路或MST9883 损坏。

11. 故障现象：图像暗

原因：CLP 信号（R、G、B 直流恢复信号未加到主板）R145 开路。

12. 故障现象：老化三分钟以后TV 和AV 场无图像

原因：3.3V 滤波电容C197 不良，漏电将3.3V 拉低为1.6V，造成DPTV6730 不工作。

13. 故障现象：AV 蓝屏，TV 无图白带干扰

原因：FB38 开路。

14. 故障现象：不开机

原因：14.318MHz晶振坏。

十三、6M20 数学板维修实例（6M23 相同）

1. 故障现象：图像及菜单竖线干扰

故障原因：一般造成此种故障的原因大概有三种：①动态存储器损坏造成不能暂存图像数据。②DPTV6730 与动态存储之间的连接线断路。③DPTV6730 或动态存储器虚焊造成。

2. 故障现象：黑屏

原因：RN2 排阻开路（此排阻是DPTV6730 与程序存储器通讯线串联）。

6D95数字板正面

6D96数字板正面

3. 故障现象：不开机

原因：测DPTV3.3V 供电端口短路，更换DPTV6730 故障排除。

4. 故障现象：黑屏并带有回扫线

原因：DPTV 与Flash 之间的8 位通讯线中断，检查发现RN1开路。

5. 故障现象：不开机

原因：CPU 复位脚⑲脚对地短路，检查发再C178 不良。

6. 故障现象：黑屏

原因：24C64数据丢失（注：24C64 数据丢失的较多引起很多怪故障）。

7. 故障现象：100Hz状态下无字符

原因：Flash损坏，内置字符 发生器损坏。

8. 故障现象：消磁时间过常，开机时画面抖动很久

原因：Flash内部消磁程序出错，更换即可。

9. 故障现象：无声音，其他正常

原因：2464 数据丢失。

10. 故障现象：黑屏，调高帘栅有回扫线不能遥控

原因：不能遥控肯定给CPU 部分电路有关，经查R71 开路，造成CPU 无复位电压而导致黑屏。

LG电视维修应用六例

隗 朝

一、LG LED 电视几种常见灯条不良维修方法

LG LED电视中，V13系列灯条出故障一般不良现象是黑屏（灯珠损坏），V14系列灯条一般亮斑故障(灯帽脱落)。少数更换灯条后返修，实际在更换灯条时注意以下几个问题，就可以避免不必要的返修。

(1)注意LED灯珠性能一致性问题。

LED灯珠是工作在串联模式，其中一个损坏就要更换全部不能，不能只换一个。实际维修中发现，大多数情况是一个灯珠彻底损坏，还有3-4灯珠性能已经变差。我们通过点亮全部灯条观察，看到哪几个个灯珠过亮或者过暗，那就说明几个灯珠性能已经变差了，如果不处理早晚会返修。

(2)处理好LED灯珠散热问题。

LED灯珠工作时会产生热量，热量是通过导热胶传递给后面的支撑组件。如果粘贴不紧，会造成LED灯珠温度过高，故障率也会升高。

(3)降低LED灯珠工作功率。

降低LED的工作功率，避免灯珠长时间工作在高负荷状态，可以有效延长灯珠寿命，这主要通过软件升级实现。

步骤图解：

1.检查不良LED灯珠

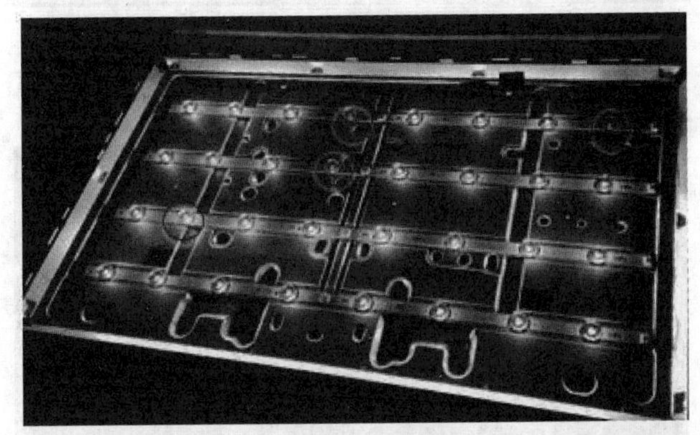

我们通过点亮全部灯条观察，发现有几个个灯珠过亮或者过暗，说明这几个灯珠已经不良，如果不全部处理早晚会返修，最好全部更换新的灯条。

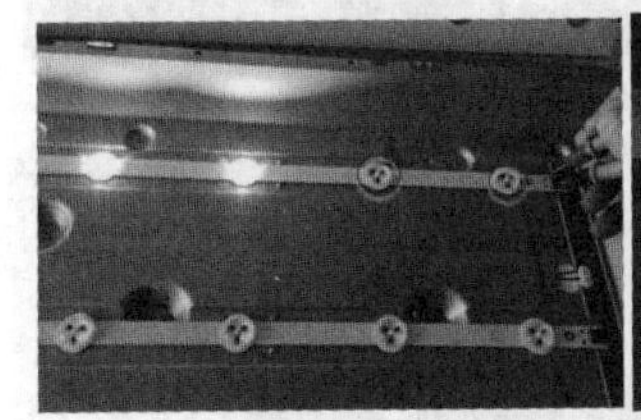

按压每一个灯珠，确保每一个LED和后背粘贴牢固。如果哪一个有缝隙，就要用专用的"导热双面胶"加固。导热双面胶的作用不仅是把LED灯珠沾紧，更重要的作用是：把LED灯珠工作时产生的热量，快速的传递到后背，降低LED温度，延长使用寿命。推荐使用"优比胜"导热双面胶，规格：0.2mm厚，12mm宽。

灯条换好后，用绝缘导线把所有中间接头都短接，避免以后出现接触不良现象。特别是55LA 55LN的。大尺寸接头众多，其中一个接头接触不良就会引起电源板保护，所以要特别注意。

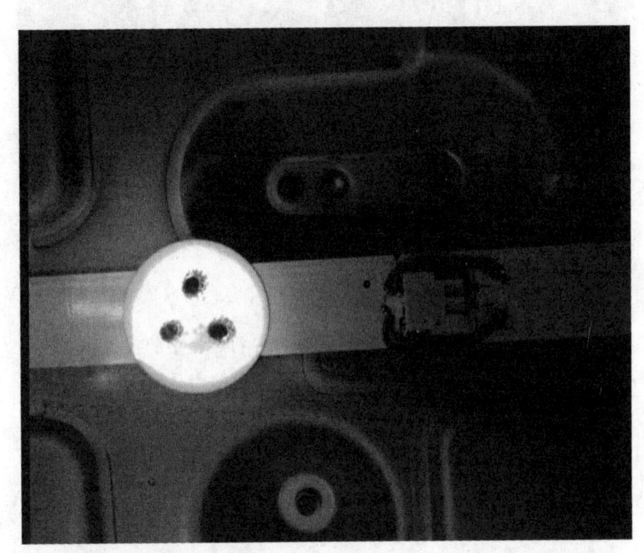

2.灯罩脱落维修方法

将松脱的灯罩，全部取下来，没有松的用手拧一下，看看是否松脱。

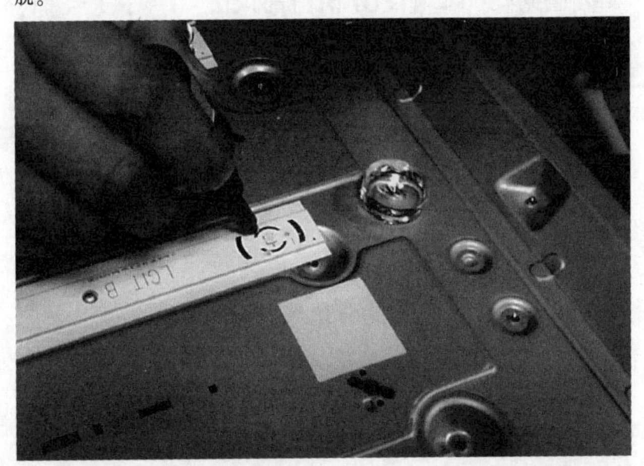

取下来的灯罩先使用无影胶涂在3个点上，注意不能涂抹过多，然后对准灯帽安装，注意灯帽是否安装水平。

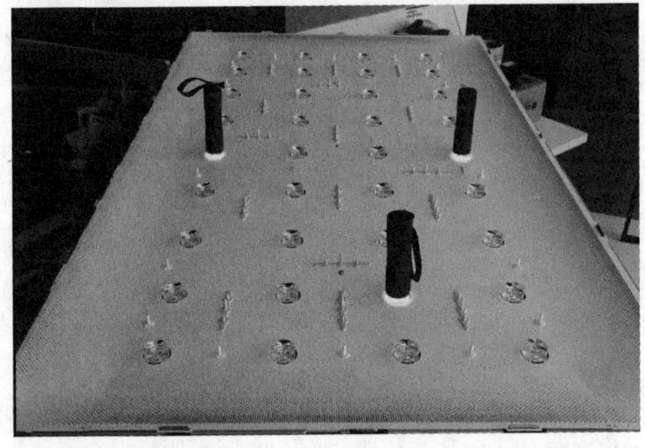

接着用紫外线照射几分钟，无影胶会固化，无影胶比较特殊，不用紫外线照射永远不会固化。

注意：由于手电筒功率比较小，无影胶固化不彻底，还要用T8000胶把所有灯帽两边都加固，不然有可能返修。

用胶加固后的灯珠样子。

推荐使用“维修佬”T8000胶。需要注意的是 T8000胶只需要在灯帽两边滴一滴即可，不能滴太多胶。

3.软件升级

登录LG官网：www.lg.com.cn，点击第一行栏目中的：售后服务中心；在搜索产品服务支持处，输入并选择正确的产品型号，例如：输入47LN54，即可看到下面自动跳出的型号，鼠标选择即可。

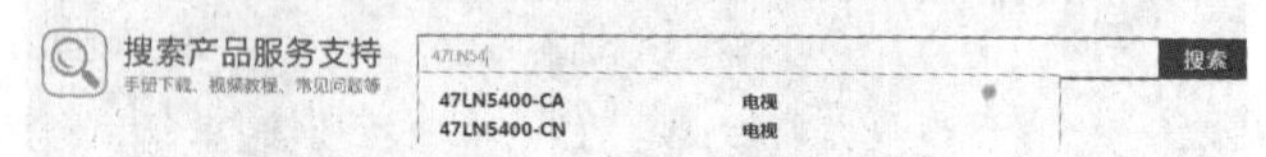

在产品支持下面，即可看到手册和软件更新选项点击：软件更新

LG 47LN5400-CN产品支持

电视/音频/视频 > 电视 > LG 47LN5400-CN

下载
手册与文档
软件更新

保修信息
整机：1年
零件：3年
更多

LG 47LN5400-CN

搜索其它型号

选择升级的压缩包(Software File)下载至电脑。

· SOFTWARE FILE(VERSION 03.03.01)

文件名	发布日期	文件大小
Software_Upgrade_Guide_China.pdf	07/30/2015	682K
Software_File_(Version_03.03.01).zip	07/30/2015	54,141K

在电脑上将用于升级的USB设备的根目录下，新建“LG DTV”的文件夹，解压程序包，然后把解压后的升级程序复制到”LG-DTV”里面，这样升级使用的U盘就做好了。

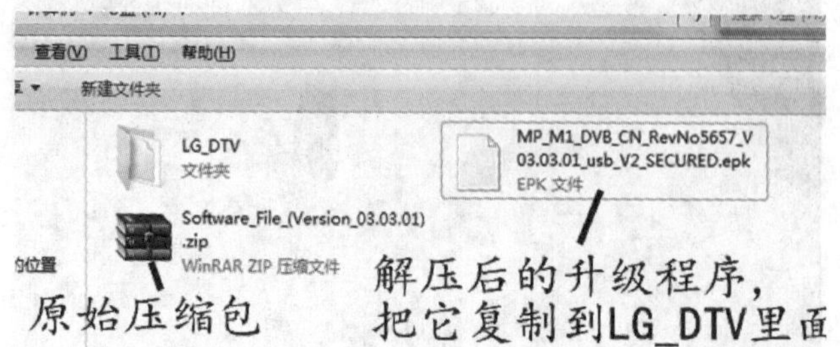

关机状态下，插入U盘。开机几分钟后，电视机会自动识别到新的升级程序，点击升级，电视机升级完成后自动会重启。

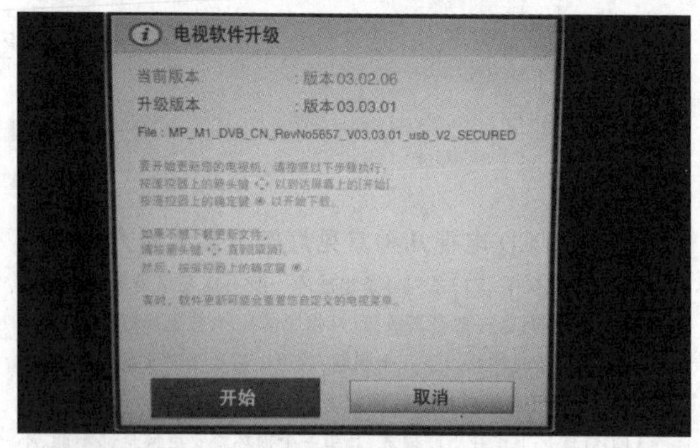

升级完成后，打开菜单。把节能模式调成“最小节能”，背光调成“60”左右，其它不变。

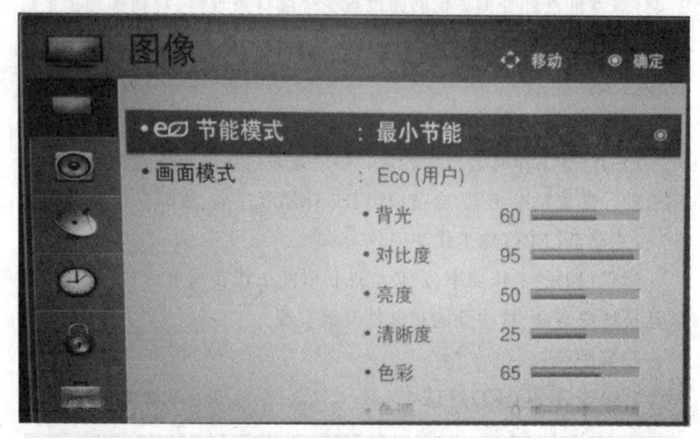

4.LN519C的升级方法

注意：LN51XX升级程序和方法和LN5400不一样，升级U盘制作方法一样。

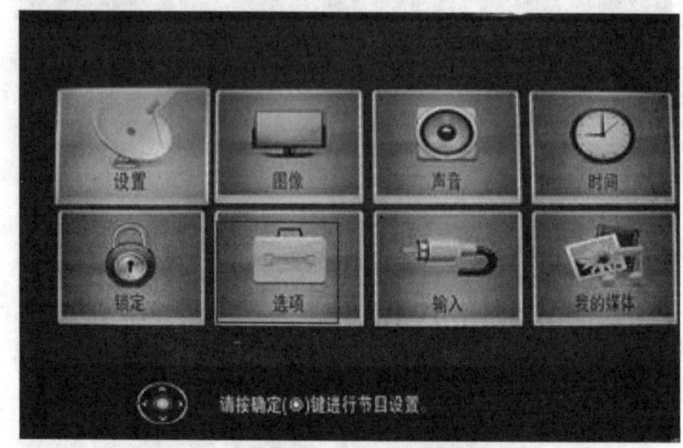

(1)插入U盘，开机，按“菜单键”进入如上画面

(2)把光标移动到“选项”上

(3)连续按遥控器上连续按”数字7键”7次或者”喜爱节目键” 7次。

(4)进入电视软件升级(专业)界面

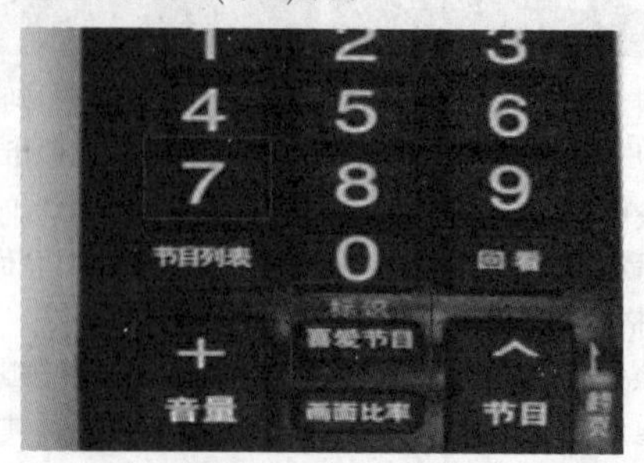

二、LG LED 电视灯条替换使用灯条孔位不一致维修方法

型号:LN LB

故障现象:关于LB LN灯条更换时某些型号,灯条由于不提供,相同尺寸相同系列灯条进行替换使用时,由于灯条孔位与原型号孔位不一样导致灯条无法正常使用

故障原因:由于LB LN系列,相同尺寸,相同系列机器但是背光部分灯条孔位不统一。

维修方法:由于灯条孔位不一样。某些灯条的灯珠位在背光纸的下面,现在我们需要在背光上灯珠位使用壁纸刀划开一个小口即可。使灯珠漏出来,原灯珠孔位,我们进行修补,覆盖一般每个维修站都有废弃的屏幕,我们需要从旧屏上拆取偏光成(材质与背光纸类似,切耐高温,不变形),剪切长方形,已备维修使用。

步骤图解:

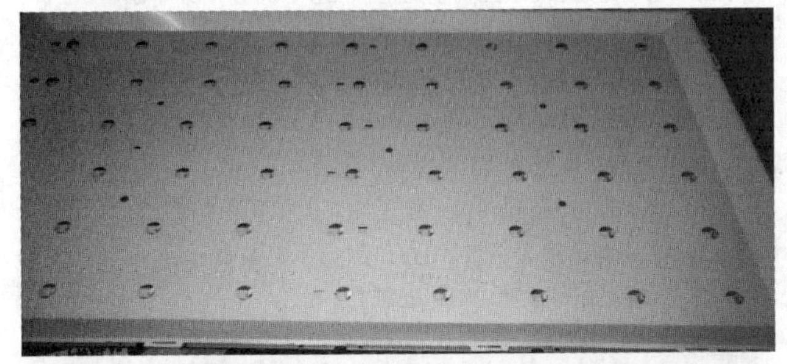

灯条替换故障,孔位不一致故障

工具:壁纸刀,剪刀,胶水,偏光成

将灯珠使用壁纸刀划出

灯珠划出后所需要偏光成剪成长方形

剪成长方形后中间部分剪出豁口

剪好后涂抹胶水

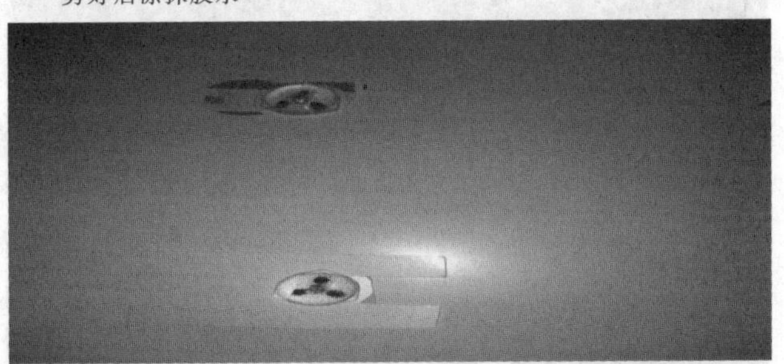

涂抹胶水后插入灯珠下部,刚好卡住,遮挡原先灯珠位

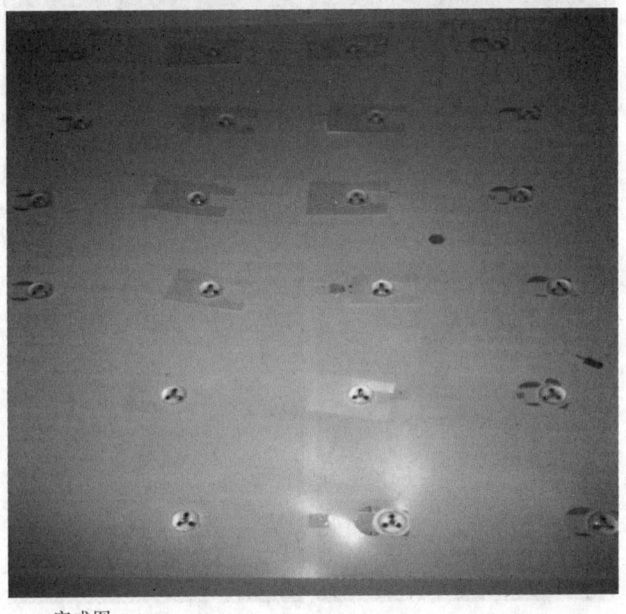

完成图

总结:此方法可以正常替换相同系列相同尺寸的机器背光更换。

三、LG 等离子电视关于 60PB560H 黑屏有声音维修报告

型号:LG 60PB560H-CA

故障现象:开机后黑屏有声音,主板无VA供电不能正常工作!

VA供电线插件坏！

故障说明：开机后有声音无图像，在暗环境下可以看出屏幕有暗光，偶尔开机能正常下，通过测试Z板VA插件端无供电，测试电源板插件有54V电压，取下插件后发现已烧焦，判断为该插件不良！

维修方法：(1)开机后有声音无图像，在暗环境下可以看出屏幕有暗光，初步判断Y板工作正常！(2)断开主板到逻辑板排线，短接逻辑板AUTO-GEN通电自检，可以看到屏幕还是很暗的光，并伴随测试画面间隔出现，排除主板问题！(3)由于亮度是由Z板控制，测试其VS，VA供电发现无VA电压，转测电源板插件VA为54V正常，取下插件后发现已烧焦，重新焊接连接线后试机正常！

首先断开主板排线，短接逻辑板自检端口通电试机故障依旧，排除主板故障！

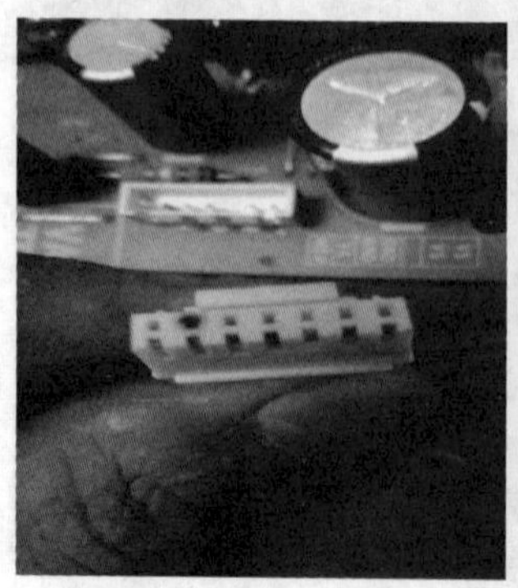

通过对主板各供电测试（VS为203V，M5V为5V，VA为0V正常为54V)，判断是由于无VA供电导致Z板不能正常引发该故障！

换测电源板VA插件 54V电压正常，取下插件发现已经烧焦！

直接将VA供电线剪开焊接在电路板该铜箔线上，试机正常！

等离子电视部件板维修判断方法：

(1)判断电源板好坏，只需脱开电源板所有负载接插件，输入220V交流电压后其它输出电压与各插件标注值一样即判断电源板正常，常见故障：不通电，不开机！

(2)主板引起黑屏，花屏，画面干扰判断方法，大部分等离子TV逻辑板都有自检端口，(AUTO-GEN)，断开主板排线，短接自检端后通电，模组正常时会交替出现标准红绿蓝画面，常见故障：不开机，黑屏，无声音，画面扭曲！

(3)逻辑板正常工作的条件，5V(由电源板产生)和18V/15V供电(由Y板工作后产生)，其主芯片工作后指示灯会闪烁，常见故障：黑屏，负像，画面延迟！

(4) 判断Y板是否正常工作方法，Y板正常工作时应该有平稳的低频声音（声音很大，断断续续为不正常）测试变压器次级各输出电压(VSC，VY、至逻辑板、Z板18V/15V供电，板上均有标注各输出电压值)是否正常，在路测试保险管是否开路，驱动管是否短路来判断，另外当缓冲板严重短路也会引起Y板不能正常工作，可以断开单独测试Y板，常见故障：黑屏，画面有细的单色花点，负像！

(5)缓冲板好坏判断方法，可直接测试每个芯片外围的贴片电容是否短路来判断，常见故障：画面对称上/下部分黑屏，花屏，单一细横线，或满屏竖的花细竖条纹！

(6)Z板判断方法，和 Y板一样正常工作时应该有平稳的低频声音（声音很大，断断续续为不正常）在路测试保险是否开路，驱动管是否短路，常见故障：图像发暗，负像，花屏！

(7)当画面出现单一竖带或竖线时为屏模组故障！

四、LG 液晶电视 39LN5400 黑屏有声音 LED 灯珠不良的维修

型号：39LN5400-CA

故障现象：由LED背光灯珠不良引起的LED背光不亮，黑屏但是有声音。

维修方法：

(1)39LN5400背光LED只有2根灯线。

(2)开机测量电源板输出的LED+对地有236V。说明电源板输出的背光供电正常。

(3)拆开屏模组。直接用万用表二极管档测量每个LED灯，如果灯是好的，用表测量时会亮的。逐个检查，发现有一个LED灯短路，一个LED灯开路，由于整个背光的36个灯全是串联，有一个开路就会导致全部不亮。

(4)更换有故障的两个LED灯珠，试机正常。

步骤图解：

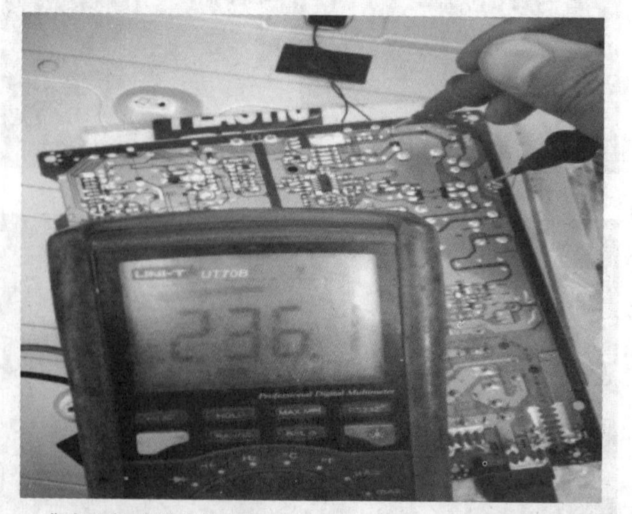

背光不亮，直接短路POWER-ON，BL-ON，和3.5V，还是不亮。测试电源板LED+对地电压为236V，基本判断电压升压正常。

基本怀疑背光板有故障，拆开屏，取下灯珠表面的透镜，逐个用万用表二极管档位测量每个LED灯珠，如果灯珠正常会发光的，如果开路和短路也是直接测量出来的，如图测量的这个灯珠就是好的。

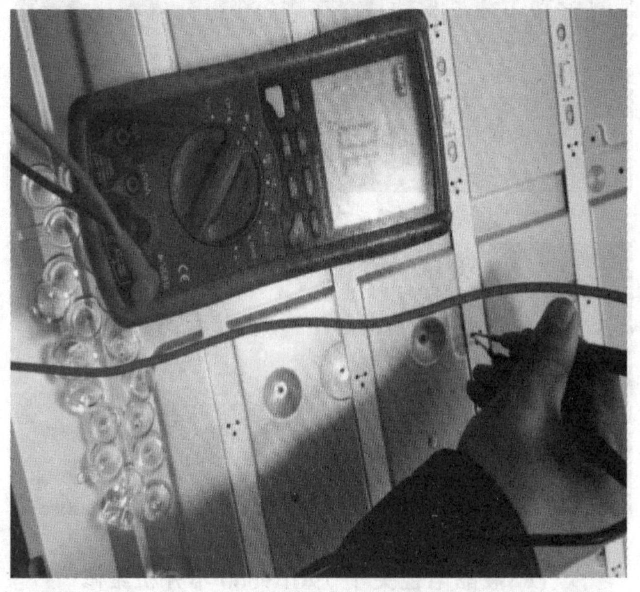

测量到第二条灯条上面发现一个灯珠开路的，拆开背光组件后，观察得知：每个灯珠都是串联，整个背光组件有4个灯带，每个灯带有9个灯珠，总计就是36个灯珠串联，如果有一个灯珠开路，会导致整个灯板都不亮。

找到一个灯珠开路的，还得每个灯珠继续检查完，还是在第二条灯带上面找到了一个灯珠短路的。检查完36个灯珠，发现一个短路，一个开路。

由于灯带，灯珠都不提供，只能在淘宝上面买，拆灯珠不能用烙铁，烙铁容易让下面的白色灯带损坏，用热风枪恒温380度，不能用高温。

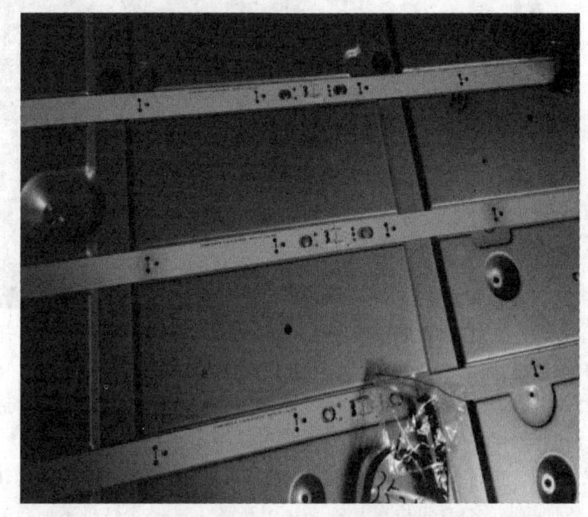

用热风枪小心低温换上灯珠后，注意不要把灯带给烤黄了，焊接的时候用380度的温度吹灯珠30秒钟，时间吹少了，又担心焊接不牢固。

图中所示为灯珠的透镜，起到分散光线的作用，为了检测LED灯珠，全拆了，现在一个一个的装回去，我的方法是：每个小透镜有3个脚，每个角上点一滴502胶水。注意别把胶水滴到LED灯珠上面了，否则背光有阴影。

安装好偏光板,在黑的环境下点亮背光,亮度均匀,OK!接下来安装LCD面板

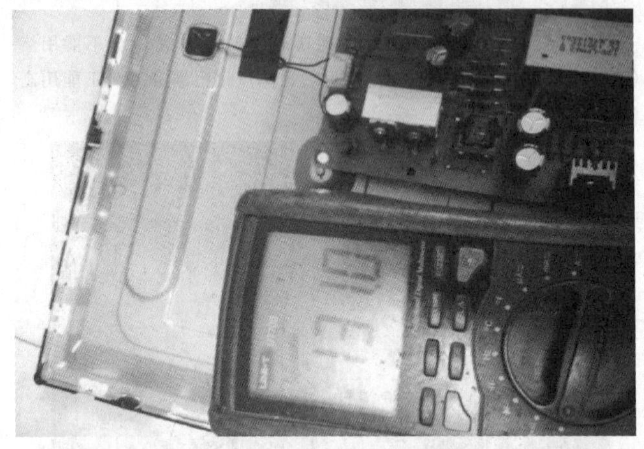

背光修复后,再次测量电压,LED+为131V,我们的电源板LED-是接有控制电路的,图片所示背光亮起来时候是131V,整个背光板有36个灯珠串联,这样每个灯珠的工作电压就是131除以36等于3.63。在每个灯珠的工作电压范围内。

总结:我们查到有开路或者短路的LED灯珠的时候,必须更换灯珠;假如短路的灯珠没检查出来,解决了开路灯珠,整个灯板还是会工作,但每个LED的工作电压就变化了,所以要检测每个灯珠。

附:推荐在淘宝上购买可替换的灯珠LATWT470RELZK??3528LED,其参数如下

【产品型号】:LATWT470RELZK??3528LED

【产品牌子】:LG(韩国LG)

【正向电流】(IF):400 mA

【功耗】(PD):1460mW

【正向电压】(VF):3.05-3.65V(250mA)

五、LG液晶电视不开机的维修

型号:47LS4100-CA

故障现象:通电指示灯亮,不开机。

故障说明:由部件D261损坏造成的电源板不良故障导致不开机。

维修方法:

(1)通指示灯亮,测3.5V正常,说明待机电路正常.

(2)按开关机键,电源指示灯由红色变为白色,power脚电压由0V变为3V,说明主板控制正常。

(3)测电源板12V.24V没有输出,说明故障在电源板,测PFC电压为398V(正常),说明故障在12V与24V产生电路的前级或次级,测次级24V整流输出电路,发现24V对地短,顺次前查,发现肖特基二级管D261击穿,更换后正常。

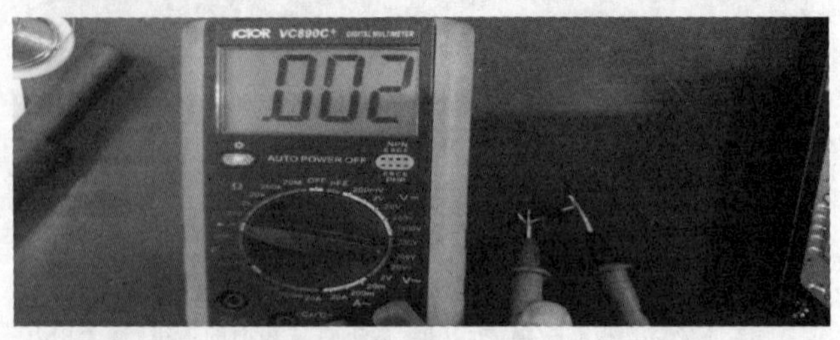

损坏元件实测阻值

修复后在路实测阻值

损坏元件位置

六、LG液晶电视关于79UB9800不开机维修

型号:79UB9800-CA

故障现象:遥控能正常开关机操作,机器黑屏

故障说明:由不良部位RL101(主电源交流电压控制继电器)造成电源板不良。

待机指示灯亮,二次开机指示灯有变化,无声无图,测试主板开机poweron电压3.0V正常,电源板PFC380V为200多V并慢慢下降,由于该电路不能正常工作,导致12V24V二次电源电路不能工作,判断为电源板不良!

维修方法:

(1)二次开机,无声无图,测试主板poweron开机电压3.0V正常,电

源板PFC380V为200多V并慢慢下降，由于该电路不能正常工作，导致12V24V二次电源电路不能工作，判断为电源板不良！

(2)测试待机电压3.5V正常，开机继电器能听见吸合声，测试450V电容两端开机瞬间200多V后慢慢下降，测试300V整流桥堆交流输入为0V！

(3)通过电路查看，220V交流电压通过防干扰滤波电路后，通过继电器RL101控制后到300V整流桥堆，开机状态下测继电器线圈两端12V电压正常，测控制触点另一端无电压，判断为继电器不良！

(4) 更换继电器RL101后开机测试450V滤波电容两端为390V，试机正常！

图解步骤：

(1)测待机3.5V电压正常，主板poweron电压正常，开机能听到继电器吸合声！

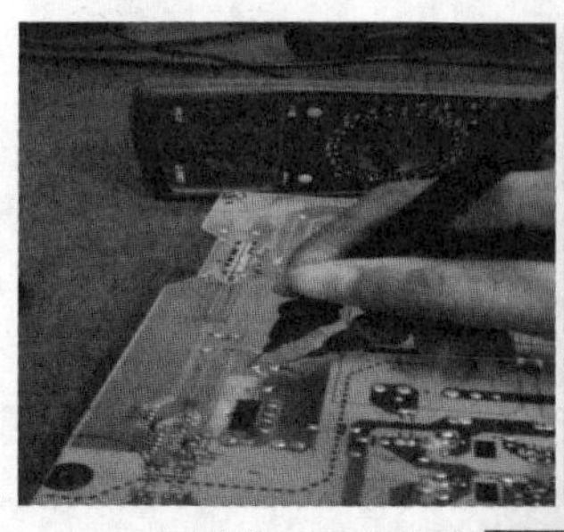

(2) 开机测450V电容两端从200多V慢慢下降到10多伏，判断为前级交流输入电路不良！

(3) 开机测交流控制继电器RL101线圈控制两端12V正常，测控制触点另一端无电压，判断为继电器不良！

(4) 更换继电器RL101后开机测450V电容两端390V正常，试机正常！

该机器由于尺寸原因设计了主电源单独控制继电器RL101和开机瞬间浪涌电流限制继电器RL102

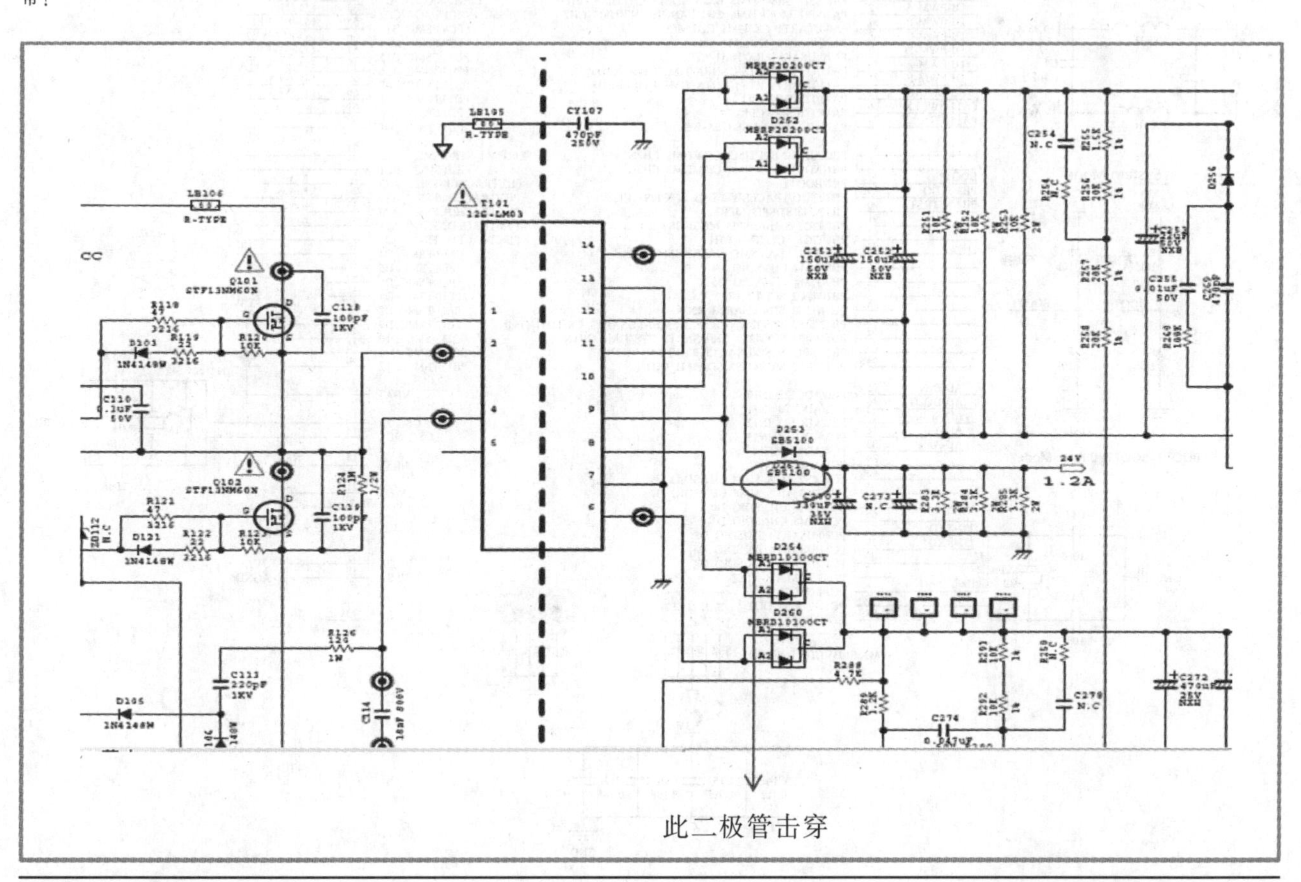

水果机器人PCB版图设计实训实践案例

刘桄序　黄　琳　刘光乾　张国胜　刘小军　罗　晨

本文为2018年四川省高职大学生电子产品设计与制作技能竞赛的赛题案例，介绍使用AltiumDesigner18软件的应用。对学生实训来讲，主要达到以下目的：

①了解AltiumDesigner18软件，学会如何使用和操作。

②熟悉该软件绘图环境、各元器件、各个功能模块、界面环境设置方法和文件管理方法。

③理解并掌握用AltiumDesigner18软件绘制电子电路原理图和PCB板的基本方法。

水果机器人控制器原理图由CPU电路单元、人机接口电路单元、传感器测量电路单元、A/D电路单元、功率输出电路单元、电源电路单元等几部分组成，每一单元电路都有若干种选择，印刷线路板的外形结构也有若干种选择。根据不同的组合可以组成水果采摘机器人控制器原理图。各单元电路的选择方案指定各单元电路和外形结构，组成完整的控制器原理图和外形结构。

根据上述赛题原则，在实训过程中作为参考载体，完全按照要求执行。作为学习AltiumDesigner18软件和参加电子产品设计制作技能大赛的参考。具体实施如下：

一、收集资料

不同的抽题有不同的要求，但基本方法都是一致的。以其中任意题为例作为实训的载体：第一部分——CPU部分（见图1a、图1b）采用的是STM32F103VET6_TQFP100，STM32F系列属于中低端的32位ARM微控制器，该系列芯片是意法半导体(ST)公司出品，其内核是Cortex-M3。该系列芯片按片内Flash的大小可分为三大类：小容量（16K和32K）、中容量（64K和128K）、大容量（256K、384K和512K）。芯片集成定时器、CAN、ADC、SPI、I2C、USB、UART等多种功能。

1.MCU简介

中央处理器（英文Central Processing Unit，CPU）是一台计算机的运算核心和控制核心。CPU、内部存储器、输入/输出设备是电子计算机三大核心部件。其主要功能是解释计算机指令以及处理计算机软件中的数据。CPU由运算器、控制器、寄存器及实现它们之间联系的数据、控制和状态的总线构成。差不多所有的CPU的运作原理可分为四个阶段：提取（Fetch）、解码（Decode）、执行（Execute）和写回（Writeback）。CPU从存储器或高速缓冲存储器中取出指令，放入指令寄存器，并对指令译码，并执行指令。所谓的计算机的可编程性主要是指对CPU的编程。

（1）ARM的Cortex-M3核心并内嵌闪存和SRAM

ARM的Cortex™-M3处理器是新一代的嵌入式ARM处理器，它为实现MCU的需要提供了低成本的平台、缩减的引脚数目、降低的系统功耗，同时提供卓越的计算性能和先进的中断系统响应。ARM的Cortex™-

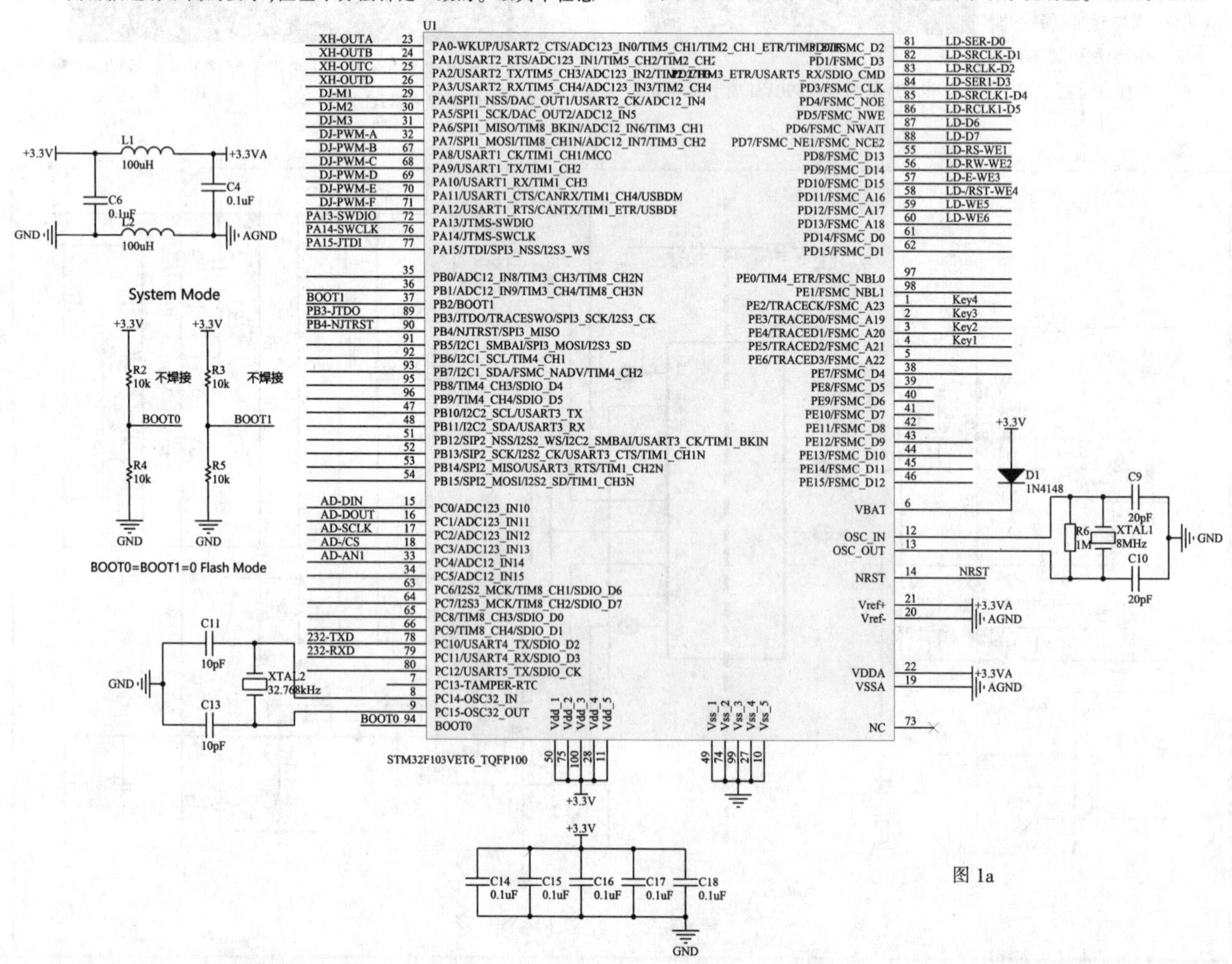

图 1a

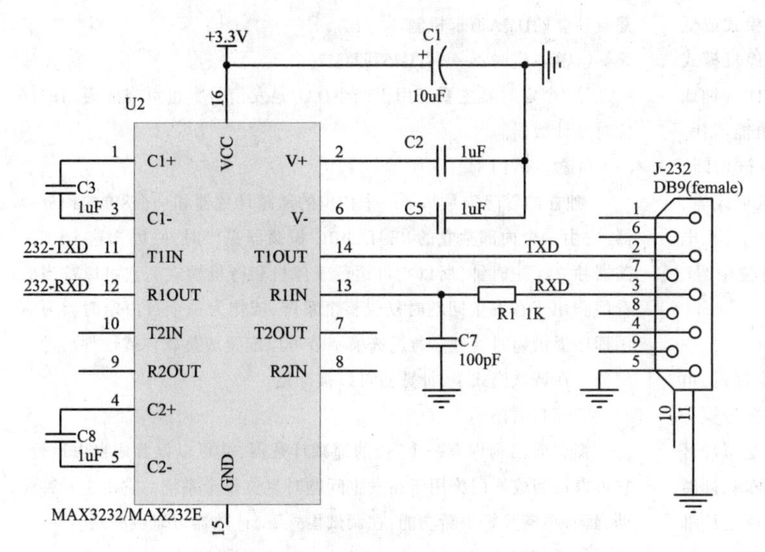

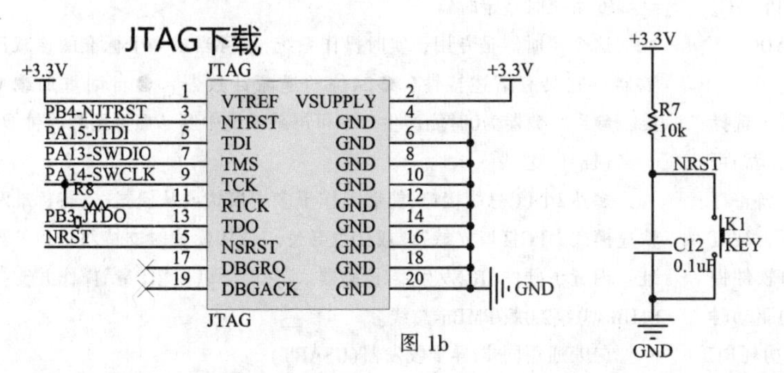

图 1b

M3是32位的RISC处理器，提供额外的代码效率，通常在8和16位系统的存储空间上发挥ARM内核的高性能。

(2)内置闪存存储器

高达512K字节的内置闪存存储器，用于存放程序和数据。

(3)CRC(循环冗余校验)计算单元

CRC(循环冗余校验)计算单元使用一个固定的多项式发生器，从一个32位的数据字产生一个CRC码。在众多的应用中，基于CRC的技术被用于验证数据传输或存储的一致性。在EN/IEC 60335-1标准的范围内，它提供了一种检测闪存存储器错误的手段，CRC计算单元可以用于实时地计算软件的签名，并与在链接和生成该软件时产生的签名对比。

(4)内置SRAM

多达64K字节的内置SRAM，CPU能以0等待周期访问。

(5)FSMC(可配置的静态存储器控制器)

它具有4个片选输出，支持PC卡/CF卡、SRAM、PSRAM、NOR和NAND。

功能介绍：● 三个FSMC中断源，经过逻辑或连到NVIC单元。●写入FIFO。●代码可以在除NAND闪存和PC卡外的片外存储器运行。●目标频率fCLK为HCLK/2，即当系统时钟为72MHz时，外部访问是基于36MHz时钟；系统时钟为 48MHz时，外部访问是基于24MHz时钟。

(6)LCD并行接口

FSMC可以配置成与多数图形LCD控制器的无缝连接，它支持Intel 8080和Motorola 6800的模式，并能够灵活地与特定的LCD接口。使用这个LCD并行接口可以很方便地构建简易的图形应用环境，或使用专用加速控制器的高性能方案。

(7)嵌套的向量式中断控制器(NVIC)

能够处理多达60个可屏蔽中断通道(不包括16个Cortex™-M3的中断线)和16个优先级。● 紧耦合的NVIC能够达到低延迟的中断响应处理。● 中断向量入口地址直接进入内核。● 紧耦合的NVIC接口。● 允许中断的早期处理。● 处理晚到的较高优先级中断。● 支持中断尾部链接功能。● 自动保存处理器状态。● 中断返回时自动恢复，无需额外指令开销该模块以小的中断延迟提供灵活的中断管理功能。

(8)外部中断/事件控制器(EXTI)

外部中断/事件控制器包含19个边沿检测器，用于产生中断/事件请求。每个中断线都可以独立地配置它的触发事件(上升沿或下降沿或双边沿)，并能够单独地被屏蔽；有一个挂起寄存器维持所有中断请求的状态。EXTI可以检测到脉冲宽度小于内部APB2的时钟周期。多达112个通用I/O口连接到16个外部中断线。

(9)时钟和启动

系统时钟的选择是在启动时进行，复位时内部8MHz的RC振荡器被选为默认的CPU时钟，随后可以选择外部的、具失效监控的4~16MHz时钟；当检测到外部时钟失效时，它将被隔离，系统将自动地切换到内部的RC振荡器，如果使能了中断，软件可以接收到相应的中断。同样，在需要时可以采取对PLL时钟完全的中断管理(如当一个间接使用的外部振荡器失效时)。多个预分频器用于配置AHB的频率、高速APB(APB2)和低速APB(APB1)区域。AHB和高速APB的高频率是72MHz，低速APB的高频率为36MHz。参考图2的时钟驱动框图。

(10)自举模式

在启动时，通过自举引脚可以选择三种自举模式中的一种：●从程序闪存存储器自举。●从系统存储器自举。●从内部SRAM自举。自举加载程序(Bootloader)存放于系统存储器中，可以通过USART1对闪存重新编程。

(11)供电方案

●VDD=2.0~3.6V：VDD引脚为I/O引脚和内部调压器供电。●VSSA，VDDA=2.0~3.6V：为ADC、复位模块、RC振荡器和PLL的模拟部分提供供电。使用ADC 时，VDDA不得小于2.4V。VDDA和VSSA必须分别连接到VDD和VSS。●VBAT=1.8~3.6V：当关闭VDD时，(通过内部电源切换器)为RTC、外部32kHz振荡器和后备寄存器供电。

(12)供电监控器

本产品内部集成了上电复位(POR)/掉电复位(PDR)电路，该电路始终处于工作状态，保证系统在供电超过2V时工作；当VDD低于设定的阀值(VPOR/PDR)时，置器件于复位状态，而不必使用外部复位电路。器件中还有一个可编程电压监测器(PVD)，它监视VDD/VDDA供电并与阀值VPVD比较，当VDD低于或高于阀值VPVD时产生中断，中断处理程序可以发出警告信息或将微控制器转入安全模式。PVD功能需要通过程序开启。

(13)电压调压器

调压器有三个操作模式：主模式(MR)、低功耗模式(LPR)、关断模式。●主模式(MR)用于正常的运行操作。●低功耗模式(LPR)用于CPU的停机模式。●关断模式用于CPU的待机模式：调压器的输出为高阻状态，内核电路的供电切断，调压器处于零消耗状态(但寄存器和SRAM的内容将丢失)该调压器在复位后始终处于工作状态，在待机模式下关闭处于高阻输出。

(14)低功耗模式

支持三种低功耗模式，可以在要求低功耗、短启动时间、多种唤醒事件之间达到佳的平衡。●睡眠模式在睡眠模式，只有CPU停止，所有外设处于工作状态并可在发生中断/事件时唤醒CPU。●停机模式在保持SRAM和寄存器内容不丢失的情况下，停机模式可以达到低的电能消耗。在停机模式下，停止所有内部1.8V部分的供电，PLL、HSI的

RC振荡器和HSE晶体振荡器被关闭，调压器可以被置于普通模式或低功耗模式。可以通过任一配置成EXTI的信号把微控制器从停机模式中唤醒，EXTI信号可以是16个外部I/O口之一、PVD的输出、RTC闹钟或USB的唤醒信号。●待机模式在待机模式下可以达到低的电能消耗。内部的电压调压器被关闭，因此所有内部1.8V部分的供电被切断；PLL、HSI的RC振荡器和HSE晶体振荡器也被关闭；进入待机模式后，SRAM和寄存器的内容将消失，但后备寄存器的内容仍然保留，待机电路仍工作。从待机模式退出的条件是：NRST上的外部复位信号、IWDG复位、WKUP引脚上的一个上升边沿或RTC的闹钟到时。

(15)DMA

灵活的12路通用DMA(DMA1上有7个通道，DMA2上有5个通道)可以管理存储器到存储器、设备到存储器和存储器到设备的数据传输；2个DMA控制器支持环形缓冲区的管理，避免了控制器传输到达缓冲区结尾时所产生的中断。每个通道都有专门的硬件DMA请求逻辑，同时可以由软件触发每个通道；传输的长度、传输的源地址和目标地址都可以通过软件单独设置。DMA可以用于主要的外设：SPI、I2C、USART，通用、基本和高级控制定时器TIMx，DAC，I2S，SDIO和ADC。

(16)RTC(实时时钟)和后备寄存器

RTC和后备寄存器通过一个开关供电，在VDD有效时该开关选择VDD供电，否则由VBAT引脚供电。后备寄存器(42个16位的寄存器)可以用于在关闭VDD时，保存84个字节的用户应用数据。RTC和后备寄存器不会被系统或电源复位源复位；当从待机模式唤醒时，也不会被复位。实时时钟具有一组连续运行的计数器，可以通过适当的软件提供日历时钟功能，还具有闹钟中断和阶段性中断功能。RTC的驱动时钟可以是一个使用外部晶体的32.768kHz的振荡器、内部低功耗RC振荡器或高速的外部时钟经128分频。内部低功耗RC振荡器的典型频率为40kHz。为补偿天然晶体的偏差，可以通过输出一个512Hz的信号对RTC的时钟进行校准。RTC具有一个32位的可编程计数器，使用比较寄存器可以进行长时间的测量。有一个20位的预分频器用于时基时钟，默认情况下时钟为32.768kHz时，它将产生一个1秒长的时间基准。

(17)定时器和看门狗

大容量产品包含多2个高级控制定时器、4个普通定时器和2个基本定时器，以及2个看门狗定时器和1个系统嘀嗒定时器。下表比较了高级控制定时器、普通定时器和基本定时器的功能：

①高级控制定时器(TIM1和TIM8)。

两个高级控制定时器(TIM1和TIM8)可以被看成是分配到6个通道的三相PWM发生器，它具有带死区插入的互补PWM输出，还可以被当成完整的通用定时器。四个独立的通道可以用于：●输入捕获。●输出比较。●产生PWM(边缘或中心对齐模式)。●单脉冲输出配置为16位标准定时器时，它与TIMx定时器具有相同的功能。配置为16位PWM发生器时，它具有全调制能力(0~100%)。在调试模式下，计数器可以被冻结，同时PWM输出被禁止，从而切断由这些输出所控制的开关。很多功能都与标准的TIM定时器相同，内部结构也相同，因此高级控制定时器可以通过定时器链接功能与TIM定时器协同操作，提供同步或事件链接功能。

②通用定时器(TIMx)。

内置了多达4个可同步运行的标准定时器(TIM2、TIM3、TIM4和TIM5)。每个定时器都有一个16位的自动加载递加/递减计数器、一个16位的预分频器和4个独立的通道，每个通道都可用于输入捕获、输出比较、PWM和单脉冲模式输出，在大的封装配置中可提供多16个输入捕获、输出比较或PWM通道。它们还能通过定时器链接功能与高级控制定时器共同工作，提供同步或事件链接功能。在调试模式下，计数器可以被冻结。任一标准定时器都能用于产生PWM输出。每个定时器都有独立的DMA请求机制

③基本定时器——TIM6和TIM7。

这2个定时器主要是用于产生DAC触发信号，也可当成通用的16位时基计数器。

④独立看门狗。

独立的看门狗是基于一个12位的递减计数器和一个8位的预分频器，它由一个内部独立的40kHz的RC振荡器提供时钟；因为这个RC振荡器独立于主时钟，所以它可运行于停机和待机模式。它可以被当成看门狗用于在发生问题时复位整个系统，或作为一个自由定时器为应用程序提供超时管理。通过选项字节可以配置成是软件或硬件启动看门狗。在调试模式下，计数器可以被冻结。

⑤窗口看门狗。

窗口看门狗内有一个7位的递减计数器，并可以设置成自由运行。它可以被当成看门狗用于在发生问题时复位整个系统。它由主时钟驱动，具有早期预警中断功能；在调试模式下，计数器可以被冻结。

⑥系统时基定时器。

这个定时器是专用于实时操作系统，也可当成一个标准的递减计数器。它具有下述特性：●24位的递减计数器。●自动重加载功能。●当计数器为0时能产生一个可屏蔽系统中断。●可编程时钟源。

(18)I²C总线

多达2个I²C总线接口，能够工作于多主模式或从模式，支持标准和快速模式。I²C接口支持7位或10位寻址，7位从模式时支持双从地址寻址。内置了硬件CRC发生器/校验器。它们可以使用DMA操作并支持SMBus总线2.0版/PMBus总线。

(19)通用同步/异步收发器(USART)

内置了3个通用同步/异步收发器(USART1、USART2和USART3)，和2个通用异步收发器(UART4和UART5)。这5个接口提供异步通信、支持IrDA SIR ENDEC传输编解码、多处理器通信模式、单线半双工通信模式和LIN主/从功能。USART1接口通信速率可达4.5兆位/秒，其他接口的通信速率可达2.25兆位/秒。USART1、USART2和USART3接口具有硬件的CTS和RTS信号管理、兼容ISO7816的智能卡模式和类SPI通信模式，除了UART5之外所有其他接口都可以使用DMA操作。

(20)串行外设接口(SPI)

多达3个SPI接口，在从或主模式下，全双工和半双工的通信速率可达18兆位/秒。3位的预分频器可产生8种主模式频率，可配置成每帧8位或16位。硬件的CRC产生/校验支持基本的SD卡和MMC模式。所有的SPI接口都可以使用DMA操作。

(21)I²S(芯片互联音频)接口

2个标准的I2S接口(与SPI2和SPI3复用)可以工作于主或从模式，这2个接口可以配置为16位或32位传输，亦可配置为输入或输出通道，支持音频采样频率从8kHz到48kHz。当任一个或两个I2S接口配置为主模式，它的主时钟可以以256倍采样频率输出给外部的DAC或CODEC(解码器)。

(22)SDIO

SD/SDIO/MMC主机接口可以支持MMC卡系统规范4.2版中的3个不同的数据总线模式：1位(默认)、4位和8位。在8位模式下，该接口可以使数据传输速率达到48MHz，该接口兼容SD存储卡规范2.0版。SDIO存储卡规范2.0版支持两种数据总线模式：1位(默认)和4位。

(23)控制器区域网络(CAN)

CAN接口兼容规范2.0A和2.0B(主动)，位速率高达1兆位/秒。它可以接收和发送11位标识符的标准帧，也可以接收和发送29位标识符的扩展帧。具有3个发送邮箱和2个接收FIFO，3级14个可调节的滤波器。

(24)通用串行总线(USB)

内嵌一个兼容全速USB的设备控制器，遵循全速USB设备(12兆位/

秒)标准,端点可由软件配置,具有待机/唤醒功能。USB专用的 48MHz 时钟由内部主PLL直接产生(时钟源必须是一个HSE晶体振荡器)。

(25)通用输入输出接口(GPIO)

每个GPIO引脚都可以由软件配置成输出(推挽或开漏)、输入(带或不带上拉或下拉)或复用的外设功能端口。多数GPIO引脚都与数字或模拟的复用外设共用。除了具有模拟输入功能的端口,所有的GPIO引脚都有大电流通过能力。 在需要的情况下,I/O引脚的外设功能可以通过一个特定的操作锁定, 以避免意外的写入I/O寄存器。 在APB2上的I/O脚可达18MHz的翻转速度。

(26)ADC(模拟/数字转换器)

内嵌3个12位的模拟/数字转换器 (ADC),每个ADC共用多达21个外部通道,可以实现单次或扫描转换。在扫描模式下,自动进行在选定的一组模拟输入上的转换。 ADC接口上的其它逻辑功能包括:● 同步的采样和保持。● 交叉的采样和保持。● 单次采样 ADC可以使用DMA操作。 模拟看门狗功能允许非常精准地监视一路、多路或所有选中的通道,当被监视的信号超出预置的阀值时,将产生中断。 由标准定时器(TIMx)和高级控制定时器(TIM1和TIM8)产生的事件,可以分别内部级联到ADC的开始触发和注入触发, 应用程序能使AD转换与时钟同步。

(27)DAC(数字至模拟信号转换器)

两个12位带缓冲的DAC通道可以用于转换2路数字信号成为2路模拟电压信号并输出。这项功能内部是通过集成的电阻串和反向的放大器实现。

这个双数字接口支持下述功能:

● 两个DAC转换器:各有一个输出通道。● 8位或12位单调输出。● 12位模式下的左右数据对齐。● 同步更新功能。● 产生噪声波。● 产生三角波。● 双DAC通道独立或同步转换。● 每个通道都可使用DMA功能。● 外部触发进行转换。● 输入参考电压 VREF+。

DAC 通道可以由定时器的更新输出触发, 更新输出也可连接到不同的DMA通道。

(28)温度传感器

温度传感器产生一个随温度线性变化的电压,转换范围在2V<VDDA<3.6V之间。温度传感器在内部被连接到ADC1_IN16的输入通道上, 用于将传感器的输出转换到数字数值。

(29)串行单线JTAG调试口(SWJ-DP)

内嵌 ARM的SWJ-DP接口, 这是一个结合了JTAG和串行单线调试的接口,可以实现串行单线调试接口或JTAG接口的连接。JTAG的TMS和TCK信号分别与SWDIO和SWCLK共用引脚,TMS脚上的一个特殊的信号序列用于在JTAG-DP和SW-DP间切换。

(30)内嵌跟踪模块(ETM)

使用 ARM 的嵌入式跟踪微单元(ETM),STM32F10xxx通过很少的ETM引脚连接到外部跟踪端口分析(TPA)设备,从CPU核心中以高速输出压缩的数据流, 为开发人员提供了清晰的指令运行与数据流动的信息。TPA设备可以通过USB、以太网或其它高速通道连接到调试主机, 实时的指令和数据流向能够被调试主机上的调试软件记录下来, 并按需要的格式显示出来。TPA硬件可以从开发工具供应商处购得,并能与第三方的调试软件兼容。

2.传感器信号处理电路

第二部分传感器信号处理电路(见图2)主要由LM393构成,LM393是双电压比较器集成电路。输出负载电阻能衔接在可允许电源电压范围内的任何电源电压上,不受 Vcc端电压值的限制。此输出能作为一个简单的对地SPS开路(当不用负载电阻没被运用),输出部分的陷电流被可能得到的驱动和器件的β值所限制。当达到极限电流(16mA)时,输出晶体管将退出而且输出电压将很快上升。

(1)放大

放大器提高输入信号电平以更好地匹配模拟-数字转换器(ADC)的范围,从而提高测量精度和灵敏度。此外,使用放置在更接近信号源或转换器的外部信号调理装置,可以通过在信号被环境噪声影响之前提高信号电平来提高测量的信号-噪声比。

(2)衰减

衰减,即与放大相反的过程,在电压(即将被数字化的)超过数字

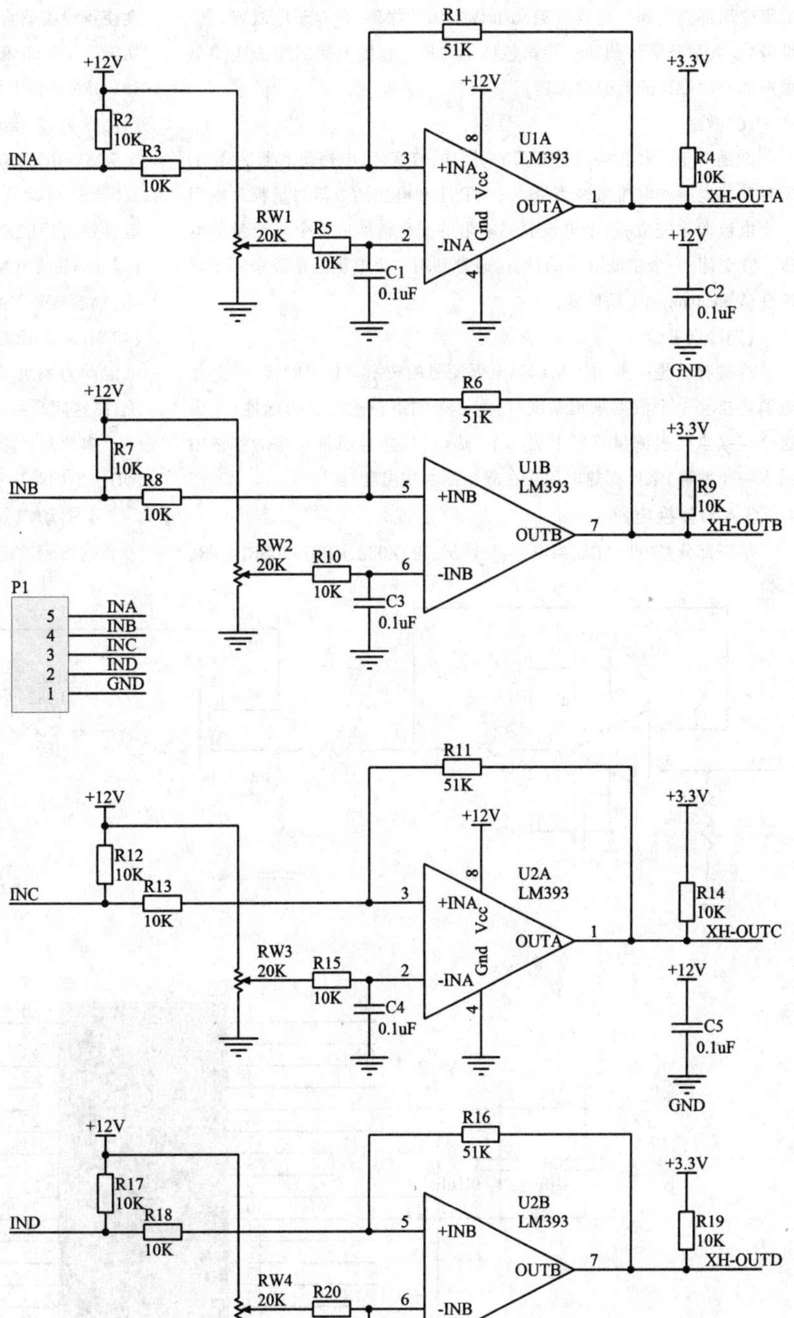

图2 时钟驱动电路

化仪输入范围时是十分必要的。这种形式的信号调理降低了输入信号的幅度,从而经调理的信号处于ADC范围之内。衰减对于测量高电压是十分必要的。

(3)隔离

隔离的信号调理设备通过使用变压器、光或电容性的耦合技术,无需物理连接即可将信号从它的源传输至测量设备。除了切断接地回路之外,隔离也阻隔了高电压浪涌以及较高的共模电压,从而既保护了操作人员也保护了昂贵的测量设备。

(4)多路复用

通过多路复用技术,一个测量系统可以不间断地将多路信号传输至一个单一的数字化仪,从而提供了一种节省成本的方式来极大地扩大系统通道数量。多路复用对于任何高通道数的应用是十分必要的。

(5)过滤

滤波器在一定的频率范围内去处不希望的噪声。几乎所有的数据采集应用都会受到一定程度的50Hz或60Hz的噪声(来自于电线或机械设备)。大部分信号调理装置都包括了为最大程度上抑制50Hz或60Hz噪声而专门设计的低通滤波器。

(6)激励

激励对于一些转换器是必需的。例如,应变计,电热调节器,和RTD需要外部电压或电流激励信号。通常RTD和电热调节器测量都是使用一个电流源来完成,这个电流源将电阻的变化转换成一个可测量的电压。应变计,一个超低电阻的设备,通常利用一个电压激励源来用于惠斯登(Wheatstone)电桥配置。

(7)冷端补偿

冷端补偿是一种用于精确热电偶测量的技术。任何时候,一个热电偶连接至一个数据采集系统时,您必须知道在连接点的温度(因为这个连接点代表测量路径上另一个"热电偶"并且通常在您的测量中引入一个偏移)来计算热电偶正在测量的真实温度。

3.A/D转换电路

第三部分是串口AD转换电路(见图3),由TL082、ADS7950SBDBTR、和一个遥感电位器组成。TL082是一通用的J-FET双运算放大器。其特点有:较低的输入偏置电压和偏移电流;输出设有短路保护;输入级具有较高的输入阻抗;内建频率补偿电路;较高的压摆率。

ADS79xx是一个12/10/8位多通道模拟数字转换器系列。下表显示了该产品系列中的所有12个设备。该器件包括一个基于电容的SAR A/D转换器。 与固有的样品和保持。该装置可接受2.7V至5.25V的大范围模拟电源。非常低的功耗使得这些设备适合于电池供电和隔离电源。向上的应用程序。广泛的1.7-V到5.25-V的I/O供应范围方便了与最常用的CMOS数字主机的无胶接口。串行接口由cs和sclk控制,方便。 连接微处理器和DSP。输入信号用CS的下降边缘进行采样。它使用SCLK进行转换、串行数据输出和读取串行数据。这些设备允许汽车对预选通道进行排序或手动选择下一个转换周期的通道。有两个软件可选择的输入范围(0到2.5 V和0 V到5 V),四个单独配置可使用的GPIOs(在TSSOP封装设备的情况下)和每个通道的两个可编程报警阈值。这些特性使得设备适合于大多数数据采集应用。提供的设备吸引人的低功耗功能。 TSSOP和㉜引脚VQFN封装和4/8通道设备可在30针TSSOP和24针VQFN封装中使用。特性点击折叠内容1-MHz采样率串行设备系列产品系列12/10/8位分辨率零延迟20 MHz串行接口模拟供应范围:2.7至5.25V I/O供电范围:1.7至5.25V双SW可选单极,输入范围:0至2.5 V及0至5V自动及手动选择12,8,4通道的模式-通道设备可以共享16通道设备占用的两个可编程报警级别,每个通道4单独配置用于TSSOP软件包Devic的可配置的GPO 埃斯。一个用于QFN器件的GPIO,典型的功耗:14.5 mW(VA=5V,vbd=3V),1 MSPs功率-下行电流(1A)输入带宽(47 MHz,3 dB)38-,30-Pin TSSOP和32-,24-Pin QFN封装。 PLC/IPC电池动力系统、医疗仪器、数字电源、触摸屏控制器、高速数据采集系统、高速闭环系统等的应用。

串口AD转换电路:将模拟量(一般为电压值)转换为数字量,串行A/D输出的是串行数据,并行AD直接输出相应的字节位并行数据。

4.驱动电路

电机驱动(见图4):将电源的电能转化为机械能,通过传动装置或

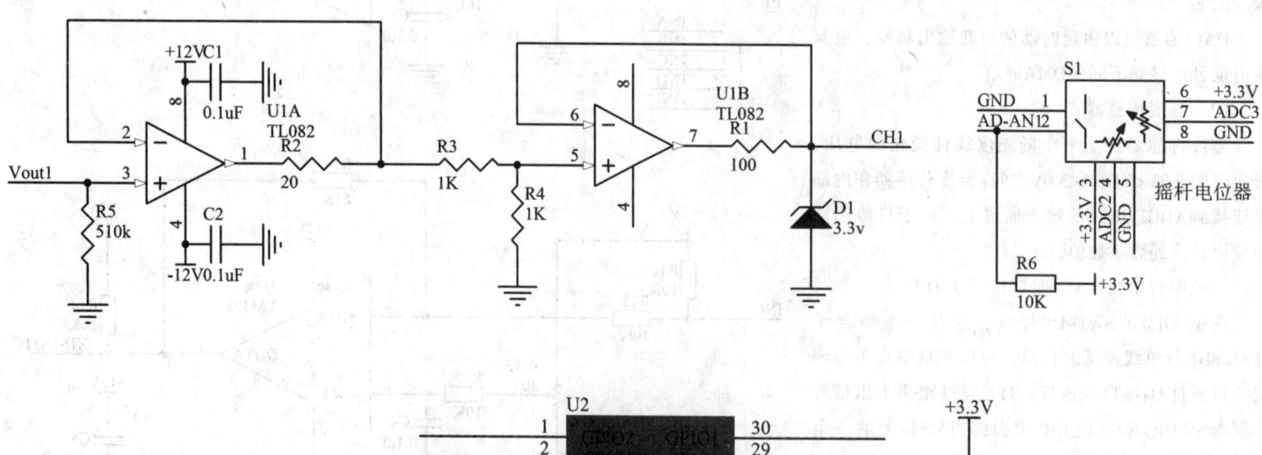

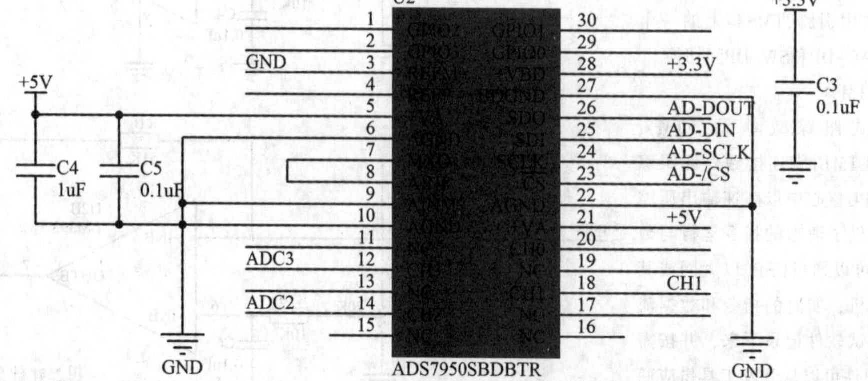

图3 AD转换电路

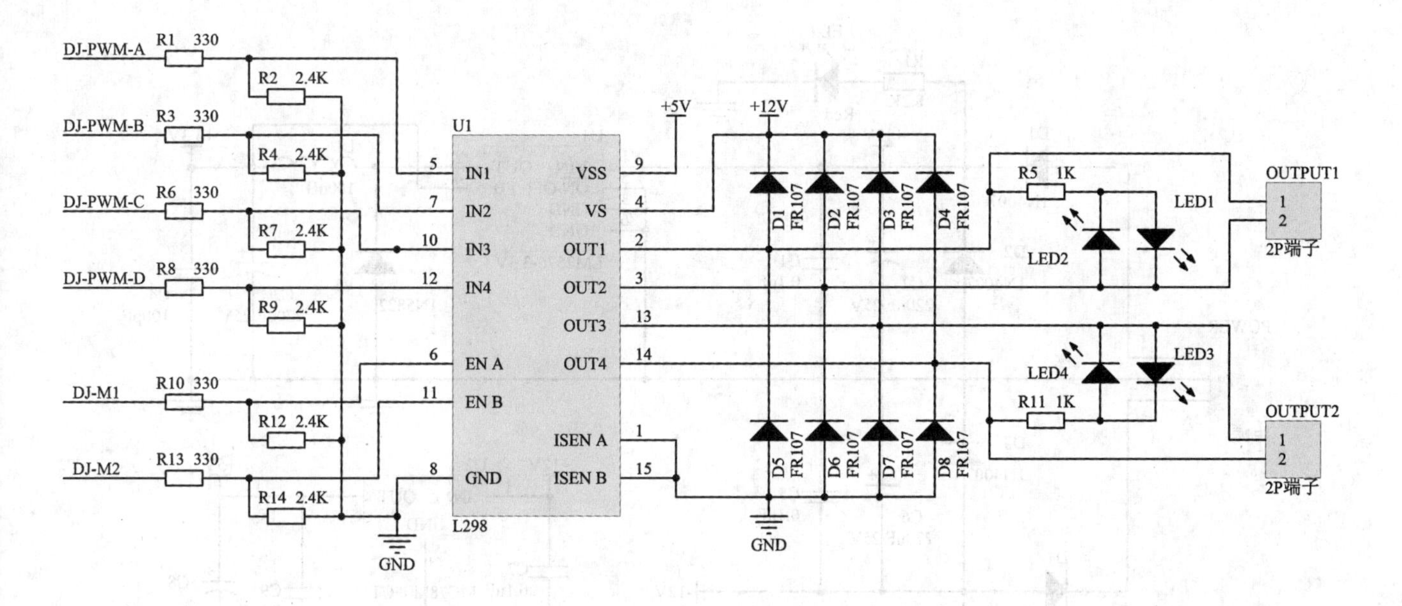

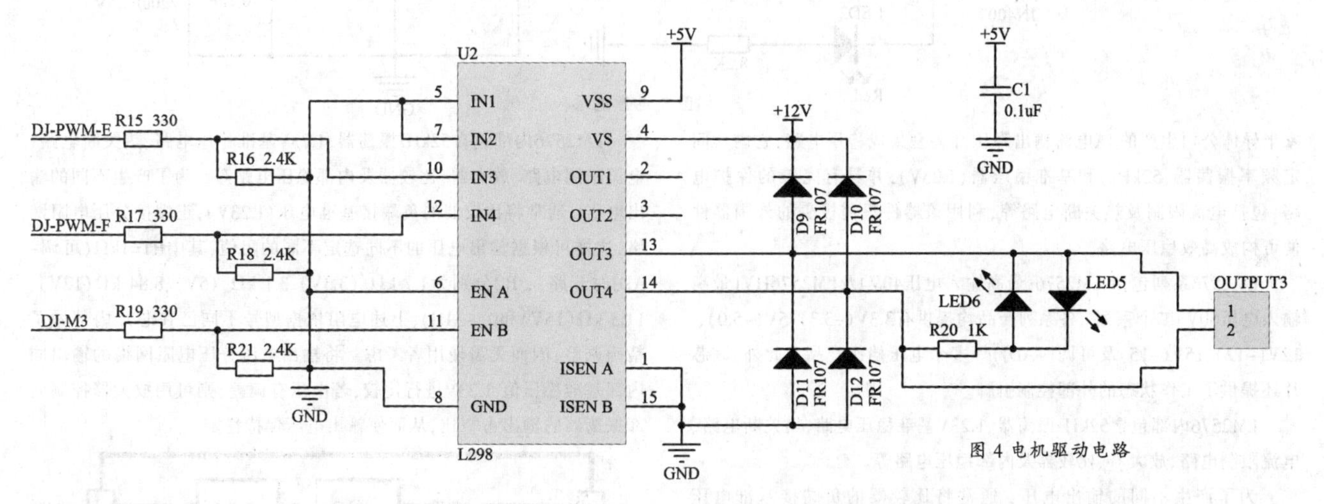

图4 电机驱动电路

直接驱动车轮和工作装置。

①输出电流和电压范围，它决定着电路能驱动多大功率的电机。

②效率，高的效率不仅意味着节省电源，也会减少驱动电路的发热。要提高电路的效率，可以从保证功率器件的开关工作状态和防止共态导通(H桥或推挽电路可能出现的一个问题，即两个功率器件同时导通使电源短路)入手。

③对控制输入端的影响。功率电路对其输入端应有良好的信号隔离，防止有高电压大电流进入主控电路，这可以用高的输入阻抗或者光电耦合器实现隔离。

④对电源的影响。共态导通可以引起电源电压的瞬间下降造成高频电源污染；大的电流可能导致地线电位浮动。

⑤可靠性。电机驱动电路应该尽可能做到，无论加上何种控制信号，何种无源负载，电路都是安全的。

DRV 841×2是高性能，集成双全桥电机驱动器与先进的保护系统。由于H桥MOSFET的低RDS(ON)和智能栅极驱动设计，这些电机驱动器的效率可达97%。 谎言和散热器，以及这些设备是节能应用的好人选。DRV 841×2需要两台电源，一台12伏的GVDD和VDD，另一台高达50V的PvdD。DRV 841×2可在500 kHz的开关频率下工作，同时仍能保持精确的c。 控制效率高。这些设备还拥有一个创新的保护系统，保护装置免受可能损坏系统的各种故障条件的影响。这些保障措施电路保护、过流保护、欠压保护和两级热保护。DRV 841×2有一个限流电路，可以防止在负载过渡期间设备关闭。NTS，如电机启动。可编程过流检测器允许可调电流限制和保护水平，以满足不同的电机要求。DRV 841×2有独特的独立供应和接地引脚为每个半桥。这些引脚可以通过外部并联电阻提供电流测量，并支持多台电动机。具有不同的电源电压要求。characteristic(s)高效率功率级(高达97%)，低RDS(ON)MOSFET(TJ=25°C下110 mΩ)工作电压可达52V，DRV 8412(功率垫下降)：在双全桥模式下最多可达2×3-A连续输出电流(2×6-A峰值)，或6-A并联模式连续电流(12-A峰值)。

DRV 8432(功率垫向上)：在双全桥模式下可达2×7-连续输出电流(2×12-A峰值)，或14-A并联模式连续电流(24-A峰)。

PWM工作频率高达500 kHz

集成自保护电路(包括欠压、过温、过载和短路)

可编程逐环限流保护

每座半桥的独立电源和地脚

智能闸门驱动与交叉传导预防

不需要外部缓冲或肖特基二极管

刷直流和步进电机

三相永磁同步电动机

机器人与机器人控制系统

执行器和泵

精密机器

Tec驱动

LED照明驱动

5.电源部分

第五部分电源电路由LM2576构成(见图5)，LM2576系列是美国国

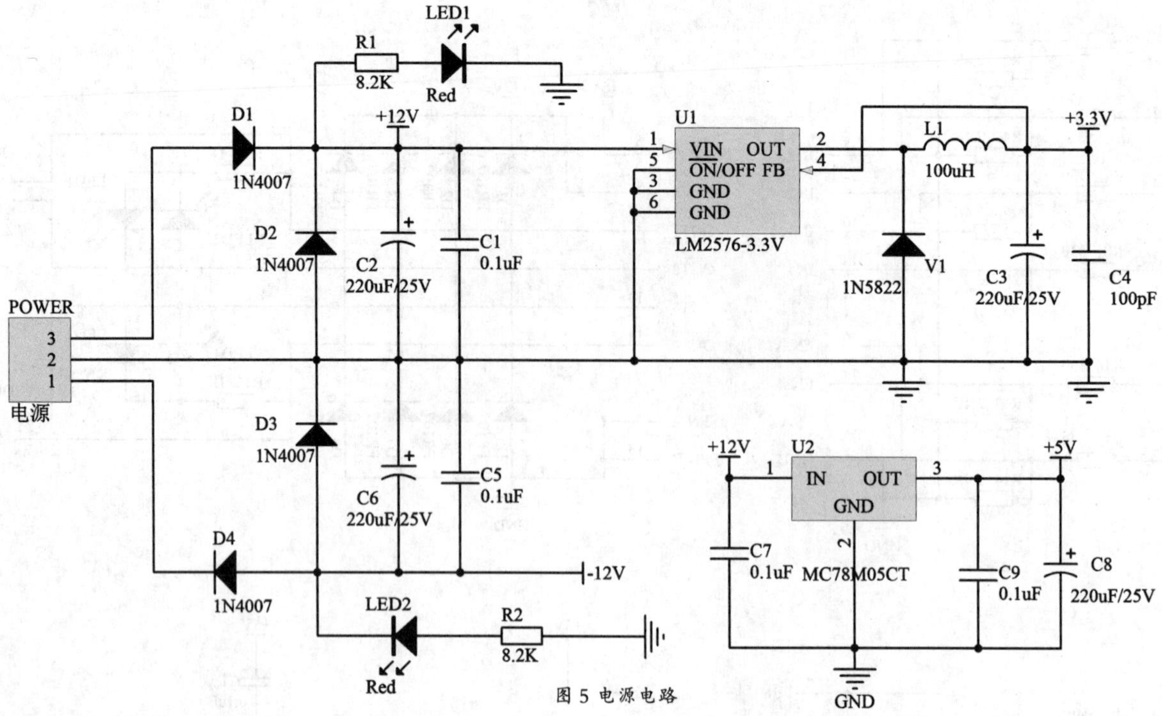

图 5 电源电路

家半导体公司生产的3A电流输出降压开关型集成稳压电路，它内含固定频率振荡器（52kHz）和基准稳压器（1.23V），并具有完善的保护电路，包括电流限制及热关断电路等，利用该器件只需极少的外围器件便可构成高效稳压电路。

LM2576系列包括 LM2576（最高输入电压40V）及LM2576HV（最高输入电压60V）二个系列。各系列产品均提供有3.3V（-3.3）、5V（-5.0）、12V（-12）、15V（-15）及可调（-ADJ）等多个电压档次产品。此外，该芯片还提供了工作状态的外部控制引脚。

LM2576内部包含52kHz振荡器、1.23V基准稳压电路、热关断电路、电流限制电路、放大器、比较器及内部稳压电路等。

为了产生不同的输出电压，通常将比较器的负端接基准电压（1.23V），正端接分压电阻网络，这样可根据输出电压的不同选定不同的阻值，其中R1=1kΩ（可调-ADJ时开路），R2分别为1.7 kΩ（3.3V）、3.1 kΩ（5V）、8.84 kΩ（12V）、11.3 kΩ（15V）和0（-ADJ），上述电阻依据型号不同已在芯片内部做了精确调整因而无需使用者考虑。将输出电压分压电阻网络的输出同内部基准稳压值 1.23V进行比较，若电压有偏差，则可用放大器控制内部振荡器的输出占空比从而使输出电压保持稳定。

LM2576特性：

最大输出电流：3A；

最高输入电压：LM2576为40V，LM2576HV为60V；

输出电压：3.3V、5V、12V、15V和ADJ（可调）等可选；

振东频率：52kHz；

转换效率：75%~88%（不同电压输出时的效率不同）；

控制方式：PWM；

工作温度范围：-40℃~+125℃

工作模式：低功耗/正常两种模式可外部控制；

工作模式控制：TTL电平兼容；

所需外部元件：仅四个（不可调）或六个（可调）；

器件保护：热关断及电流限制；

封装形式：TO-220或TO-263。

LM2576内部框图：

LM2576的内部框图如图6所示，该框图的引脚定义对应于五脚TO-220封装形式。

LM2576内部包含52kHz振荡器、1.23V基准稳压电路、热关断电路、电流限制电路、放大器、比较器及内部稳压电路等。为了产生不同的输出电压，通常将比较器的负端接基准电压（1.23V），正端接分压电阻网络，这样可根据输出电压的不同选定不同的阻值，其中R1=1kΩ（可调-ADJ时开路），R2分别为1.7 kΩ （3.3V）、3.1 kΩ （5V）、8.84 kΩ（12V）、11.3 kΩ（15V）和0（-ADJ），上述电阻依据型号不同已在芯片内部做了精确调整，因而无需使用者考虑。将输出电压分压电阻网络的输出同内部基准稳压值 1.23V进行比较，若电压有偏差，则可用放大器控制内部振荡器的输出占空比，从而使输出电压保持稳定。

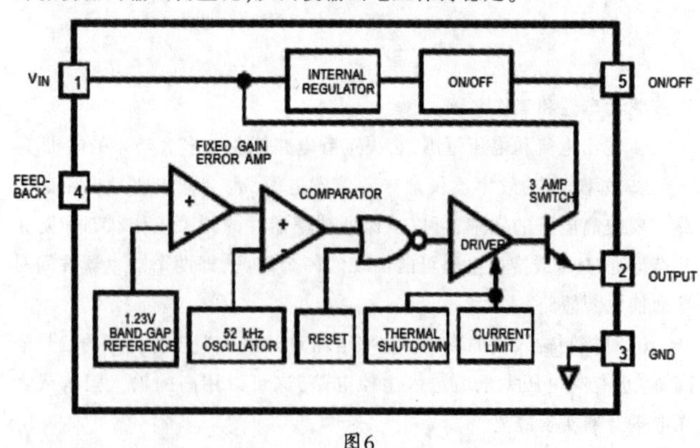

图6

由图5及LM2576系列开关稳压集成电路的特性可以看出，以LM2576为核心的开关稳压电源完全可以取代三端稳压器件构成的MCU稳压电源。

LM2576引脚功能（见图7）：

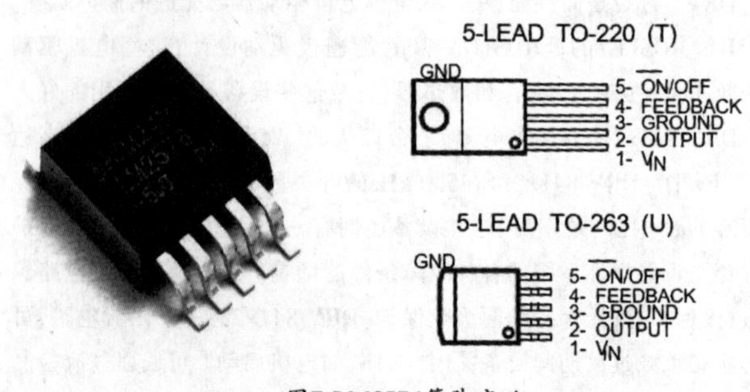

图7 LM2576管脚定义

(1)VIN——输入电压端,为减小输入瞬间电压和给调节器提供开关电流,此接脚应接旁路电容CIN;

(2)OUTPUT——稳压输出端,输出高电压为(VIN-VSAT),输出低电压为-0.5V。

(3)GND——电路地;

(4)FEEDBACK——反馈端;838电子

(5)ON/OFF——控制端,高电平有效,待机静态电流仅为75μA

LM2576绝对最大额定值:

绝对最大额定值(注1)

最大电源电压	
LM2576	45V
LM2576HV	63V
通/断管脚输入电压	-0.3V≤V≤VIN
对地输出电压(稳态)	-1V
功耗	内部限定

工作定值

工作结温范围	
LM2576/LM2576HV	$-40^{\circ}C \leq T_J \leq +125^{\circ}C$
保存温度范围	-65°C至+150°C
最大结温	150°C
最小静电放电额定值	
(C=100pF, R=1.5kΩ	2kV
引线温度	
(焊接,10秒)	260°C
电源电压	
LM2576	40V
LM2576HV	80V

LM2576工作原理:

为了产生不同的输出电压,通常将比较器的负端接基准电压(1.23V),正端接分压电阻网络,这样可根据输出电压的不同选定不同的阻值,其中R1=1kΩ(可调-ADJ时开路),R2分别为1.7 kΩ(3.3V)、3.1 kΩ(5V)、8.84 kΩ(12V)、11.3 kΩ(15V)和0(-ADJ),上述电阻依据型号不同已在芯片内部做了精确调整因而无需使用者考虑。将输出电压分压电阻网络的输出同内部基准稳压值 1.23V进行比较,若电压有偏差,则可用放大器控制内部振荡器的输出占空比从而使输出电压保持稳定。

LM2576外围元件的选择

(1) 输入电容CIN

要选择低ESR的铝或钽电容作为旁路电容,防止在输入端出现大的瞬间电压。还有,当你的输入电压波动较大,输出电流有较高,容量一定要选用大些,470μF-10000μF都是可行的选择;电容的电流均方根值至少要为直流负载电流的1/2;基于安全考虑,电容的额定耐压值要为最大输入电压的1.5倍。千万不要选用陶瓷电容,会造成严重的噪音干扰!Nichicon的铝电解电容不错。

(2) 肖特基二极管

首选肖特基二极管,因为此类二极管开关速度快、正向压降低、反向恢复时间短,千万不要选用1N4000/1N5400之类的普通整流二极管!

(3) 储能电感

可以看datasheet中的电感选择曲线,要求有高的通流量和对应的电感值,也就是说,电感的直流通流量直接影响输出电流。为什么呢?LM2576既可工作于连续型也可非连续型,流过电感的电流若是连续的为连续型,电感电流在一个开关周期内降到零为非连续型。

(4) 输出端电容COUT

推荐使用1μF-470μF之间的低ESR的钽电容。若电容值太大,反而会在某些情况(负载开路、输入端断开)对器件造成损害。COUT用来输出滤波以及提高环路的稳定性。如果电容的ESR太小,就有可能使反馈环路不稳定,导致输出端振荡。这几乎是稳压器的共性,包括LDO等也有这一现象。

LM2576应用电路(一):

由LM2576构成的基本稳压电路仅需四个外围器件,其电路如图8所示。

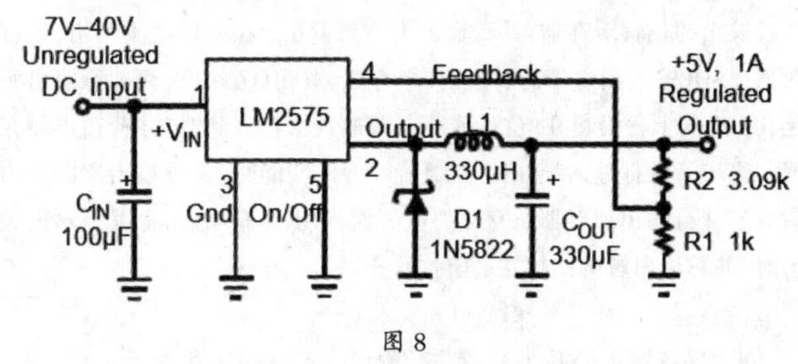

图 8

电感L1的选择要根据LM2576的输出电压、最大输入电压、最大负载电流等参数选择,首先,依据如下公式计算出电压·微秒常数(E·T):

E·T=(Vin - Vout)&TImes;Vout/ Vin&TImes;1000/f (1)

上式中,Vin是LM2576的最大输入电压、Vout是LM2576的输出电压、f是LM2576的工作振荡频率值(52kHz)。E·T确定之后,就可参照参考文献所提供的相应的电压·微秒常数和负载电流曲线来查找所需的电感值了。

该电路中的输入电容Cin一般应大于或等于100μF,安装时要求尽量靠近LM2576的输入引脚,其耐压值应与最大输入电压值相匹配。而输出电容Cout的值应依据下式进行计算(单位μF):

C≥13300 Vin/ Vout&TImes;L (2)

上式中,Vin是LM2576的最大输入电压、Vout是LM2576的输出电压、L是经计算并查表选出的电感L1的值,其单位是μH。电容C铁耐压值应大于额定输出电压的1.5~2倍。对于5V电压输出而言,推荐使用耐压值为16V的电容器。

二极管D1的额定电流值应大于最大负载电流的1.2倍,考虑到负载短路的情况,二极管的额定电流值应大于LM2576的最大电流限制。二极管的反向电压应大于最大输入电压的1.25倍。参考文献中推荐使用1N582x系列的肖特基二极管。

Vin的选择应考虑交流电压最低跌落值(Vac-min)所对应的LM2576输入电压值及LM2576的最小输入允许电压值Vmin(以5V电压输出为例,该值为8V),因此Vin可依据下式计算:

Vin≥(220Vmin/Vac-min)

如果交流电压最低允许跌落30%(Vac-min=154V)、LM2576的电压输出为5V(Vmin=8V),则当Vac=220V时,LM2576的输入直流电压应大于11.5V,通常可选为12V。

LM2576应用电路(二):

LM2576构成的升压型扩流的应用电路(见图9)。

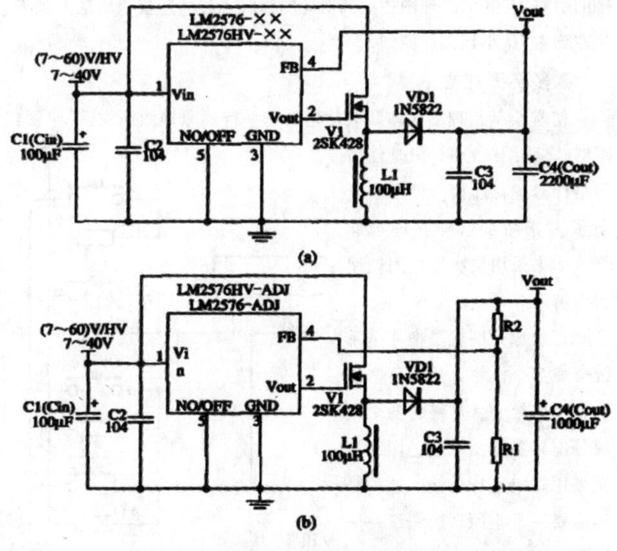

图9 (a)固定输出式;(b)可调输出式

6.数据缓存与输出接口

本部分电路功能由74HC595组成。74HC595是一个8位串行输入、并行输出的位移缓存器;并行输出为三态输出。在SCK 的上升沿,串行数据由SDL输入到内部的8位位移缓存器,并由Q7´输出,而并行输出则是在LCK的上升沿将在8位位移缓存器的数据存入到8位并行输出缓存器。当串行数据输入端OE的控制信号为低使能时,并行输出端的输出值等于并行输出缓存器所存储的值。而当OE为高电位,也就是输出关闭时,并行输出端会维持在高阻抗状态。

特点:

8位串行输入 /8位串行或并行输出存储状态寄存器,三种状态

74HC595是具有三态输出功能(即具有高电平、低电平和高阻抗三种输出状态)的门电路。输出寄存器可以直接清除。具有100MHz的移位频率。

输出能力:

并行输出,总线驱动;串行输入;标准中等规模集成电路

595移位寄存器有一个串行移位输入(Ds),和一个串行输出(Q7´),和一个异步的低电平复位,存储寄存器有一个并行8位的,具备三态的总线输出,当使能OE时(为低电平),存储寄存器的数据输出到总线。

参考数据:

Cpd决定动态的能耗,

Pd=Cpd×VCC×f1+∑(CL×VCC^2×f0)

F1=输入频率,CL=输出电容 f0=输出频率(MHz) Vcc=电源电压

7.显示及按键电路

显示电路通过74HC595电路驱动8位数码二极管(见图10),按键功能则是:(1)开关。(2)AUTO (自动调整当画面显示的过大或者过小事会自动调整到满屏)。(3)预设。(4)菜单。图11为按键电路。

二、连接原理图

通过对原理图的原理的学习使我们所学知识理解更透彻,也让我们对PCB板的绘制更有信心。

1.新建PCB工程

新建一个PCB工程,命名为"期末技能"添加一个新的原理图,命名为"期末技能"大小设置为将2号赛卷结构外形结构添加进工程。

点击文件→新的→原理图,创建原理图。建好原理图后,双击原理图右下角空白处,弹出对话框,选择Template更改纸张大小(见图12、图13),大小为A1。

先将CPU部分复制粘贴到新建的原理图,然后根据CPU上需要连接的引脚,在其他原理图中找到对应的引脚连接。连接采取从上到下,从左到右,从小到大的原则。

2.多层图建立

初学绘制原理图大多数人使用的是平行式原理图结构,一张图纸不够,多张图纸绘制,只是使用网络标号进行连接。但工程复杂了多张图纸这样管理很麻烦,如果采用层次原理图就迎刃而解了。

层次原理图就是把一个系统分成多个模块,然后每个模块也可以细分,最终将各个模块分配到各张图纸上,图纸直接采用端口进行连接。这种结构需要一个主原理图图纸——工程顶层图纸。

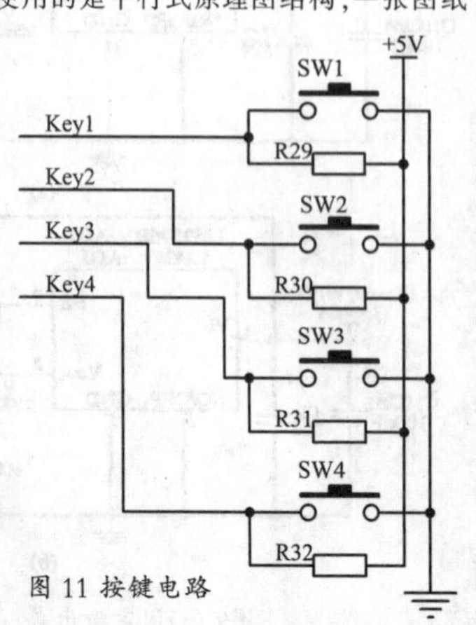

图 11 按键电路

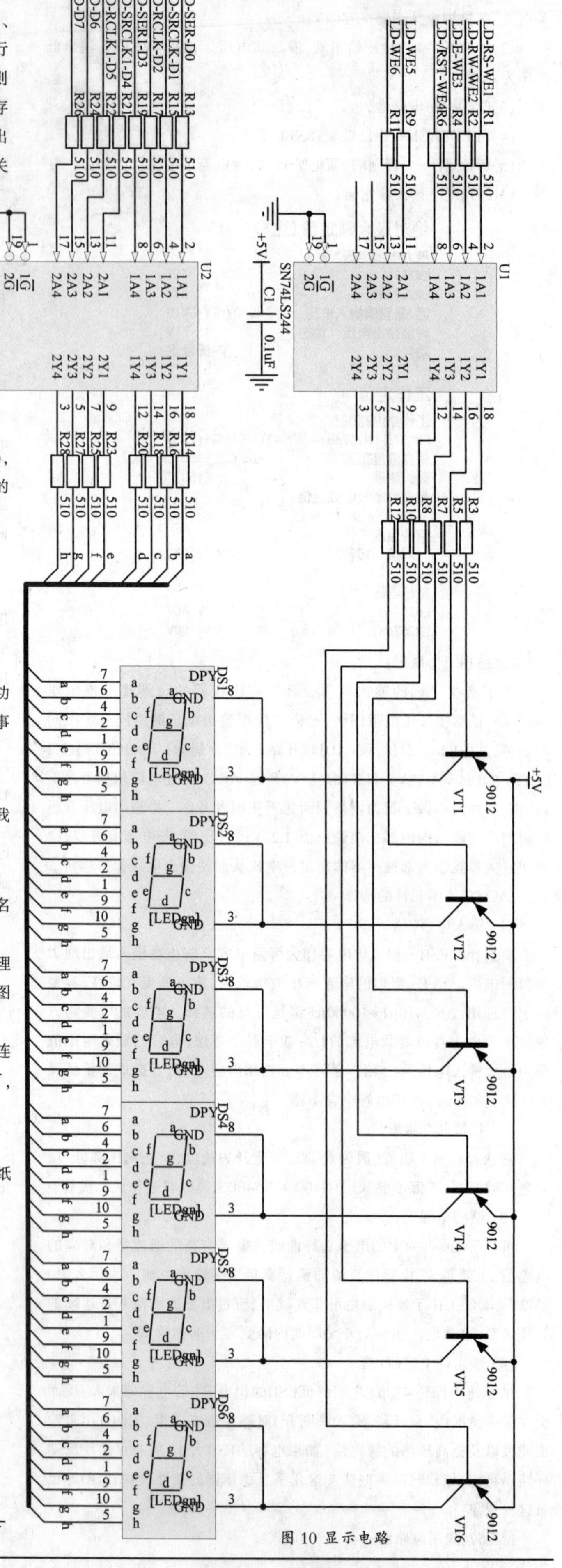

图 10 显示电路

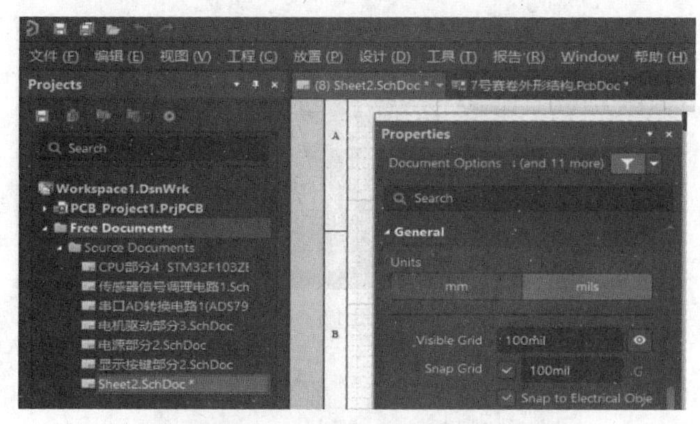

图 12

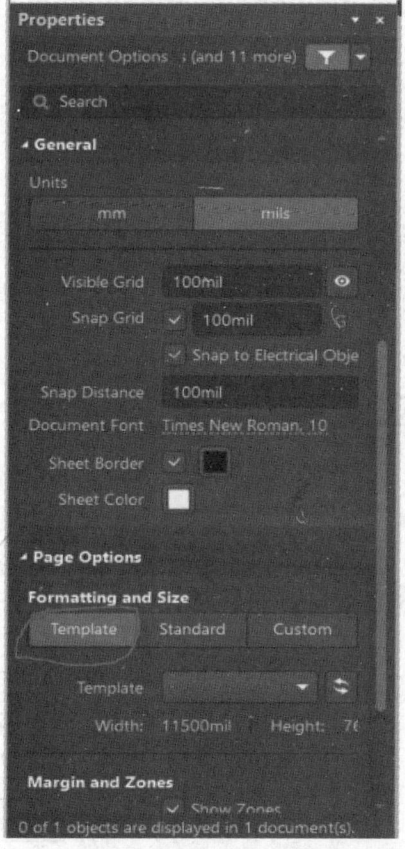

图 13

多图纸结构一般是通过图表符(sheet symbol)形成,一个图表符对应一个子图纸(见图14)。

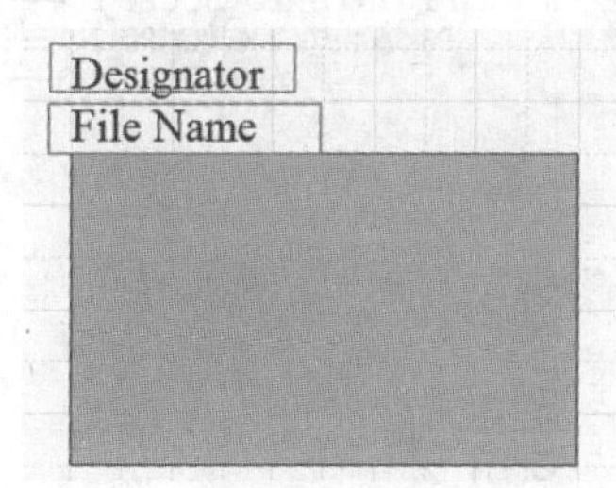

图 14

在上层原理图图纸放置图表符,通过图表符与子图纸进行连接,而子图纸也可以通过图表符与更底层的图纸连接。

通过"设计-create sheet symbol from sheet "为每张图纸生成图表符"Designer"是标识符,若标识符包含有Repeat关键字的语句,还能实现多通道功能。

"File Name"输入想要调用的子图纸文件名称(不分大小写),则可实现对子图纸的调用。

(1)层次结构

①自上而下:在主原理图图纸下,通过"Design Create sheet from symbol"、"Design》Create HDL file from symbol》Create VHDL file from symbol"与"Design》Create HDL file from symbol》Create Verilog file from symbol "等命令创建子图纸、底层VHDL文件和底层Verilog文件。

②自下而上:在主原理图图纸下,通过"Design》Create symbol from sheet or HDL "和"Design》Create symbol from sheet or HDL "、"Design》Create Component from sheet "等命令创建图表符和顶层元件。

③混合原理图/HDL文件层次:这种情况下,图表符通过不同的文件名称来调用HDL文件或原理图当子图纸中的端口与图纸入口不匹配(包括名字和IO类型)时,可以通过"Design》Synchronize Sheet Entries and Ports"来同步(操作步骤见图15)。

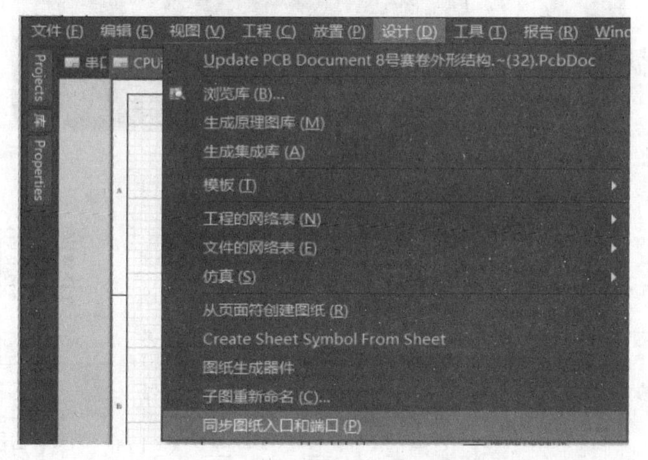

图 15

若想重命名一个图表符对应的子图纸,一般的思路是先改子图纸的名称,然后再改图表符的"file name",最后编译工程。现在AD提供了重命名子图纸的功能"Design》Rename Child Sheet",出现浮动的十字光标,点中想重命名的图表符

(2)各类网络标识符

由于我们使用到多图纸功能,这时需要考虑图纸间的线路连接。

在单个图纸中,我们可以通过简单的网络标号"Net Label"来实现网络的连接;而在多图纸中,网络连接涉及到的网络标识符比较多,下面具体介绍:

最基本的网络标识符是网络标签(net labels)。在单个图纸内,它们可以代替导线来表示元件间的连接,在多图纸设计中,其功能未变,只能表示单图纸内部的连接。

端口(Port)既可以表示单图纸内部的网络连接(与net labels相似),也可以表示图纸间的网络连接。

端口(Port)在多图纸设计中,可用于纵向连接和横向连接。横向连接时,可以忽略多图纸结构而把工程中所有相同名字的端口连接成同一个网络。纵向连接时,需和图表符、图纸入口相联系——将相应的图纸入口放到图纸的图表符内,这时端口就能将子图纸和父系图纸连接起来。

跨图纸接口(Off Sheet connectors)提供了介于端口和网络标号的作用。当一个图表符调用多个子图纸时,这些子图纸间的网络连接就可以跨图纸接口实现——在这些子图纸中放置跨图纸接口,当接口匹配时就能连接起来。注意,跨图纸接口的连接作用只限于这一组子图纸间的连接,一般情况下不要用于其他图纸结构的连接。

电源端口(也叫电源对象)完全忽视工程结构,并与所有的参与链接的图纸上匹配的电源端口连接起来。

连接原理图我们采用的是自下而上的层次化设计,因为这样更高效、简洁。在创建好工程,把原理图添加进工程后开始为每张原理图进行连接和添加端口,以实现子原理图与顶层图纸的链接。之后再通过

"设计-create sheet symbol from sheet "为每张图纸生成页面符，然后连接好页面符后就完成了原理图的连接，最后在进行电气检查、修改(操作步骤见图16、图17)。

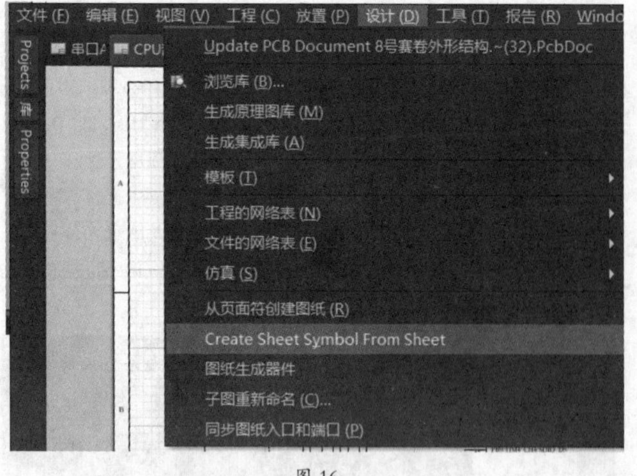

图 16

图 17

顶层图纸(见图18)。

3.子原理图

①CPU部分电路连接(见图19)。

②传感器信号调理电路连接(见图20)。

③串口AD转换电路连接(见图21)。

④电机驱动部分电路连接(见图22a、图22b)。

⑤电源部分电路放置于原理图中(见图23)。

⑥显示按键部分电路(见图24)连接。

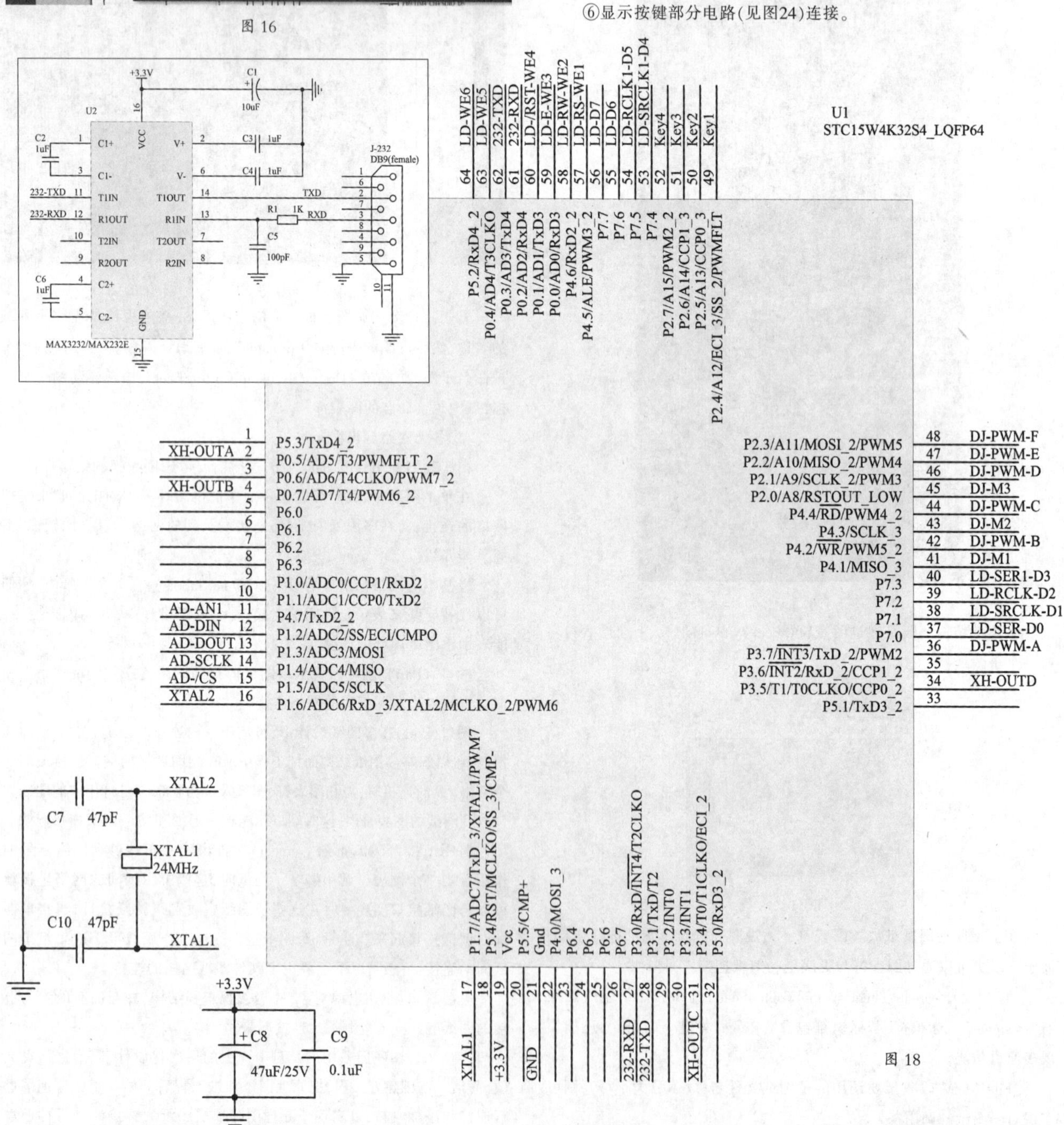

图 18

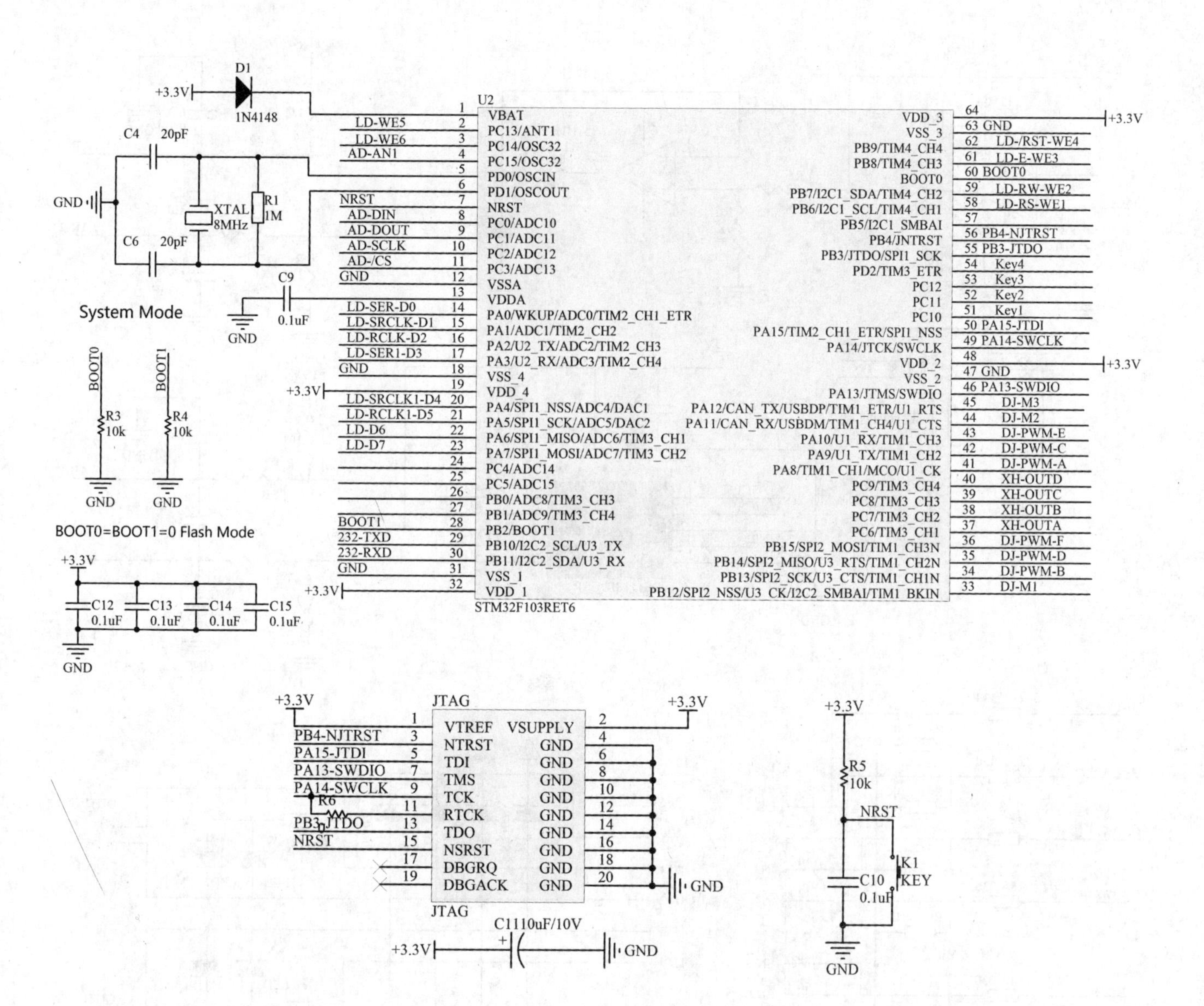

图 19 CPU 电路

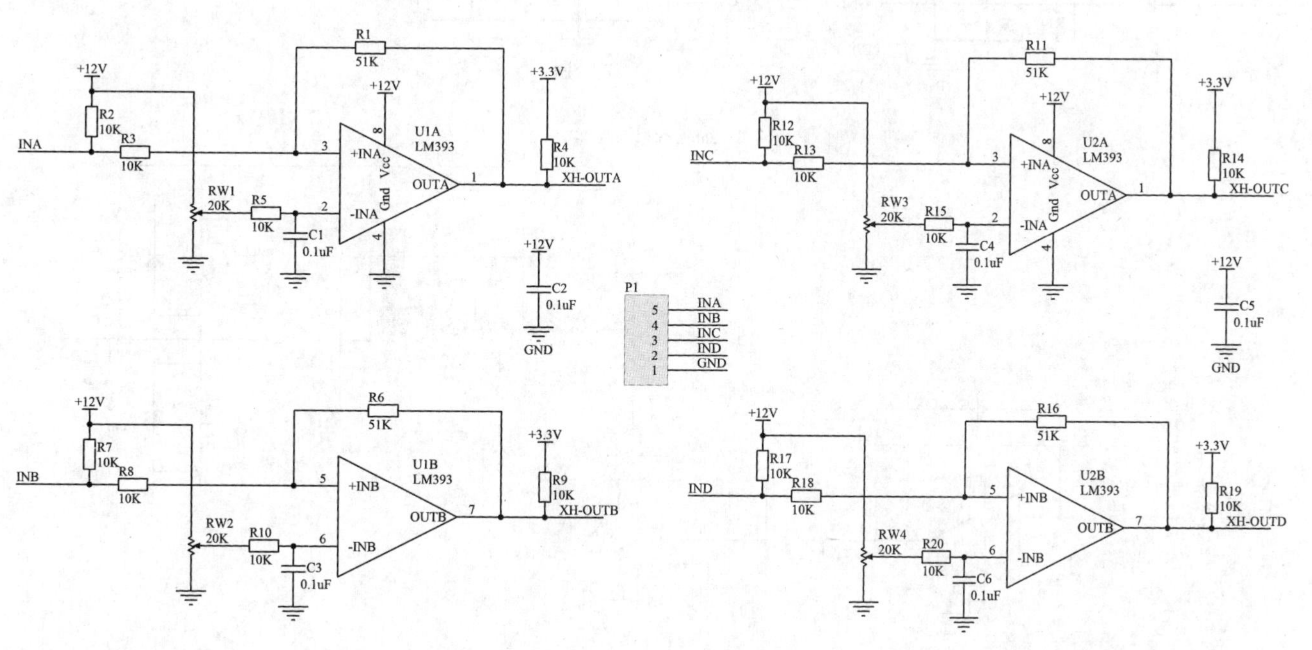

图 20 传感器信号调理电路

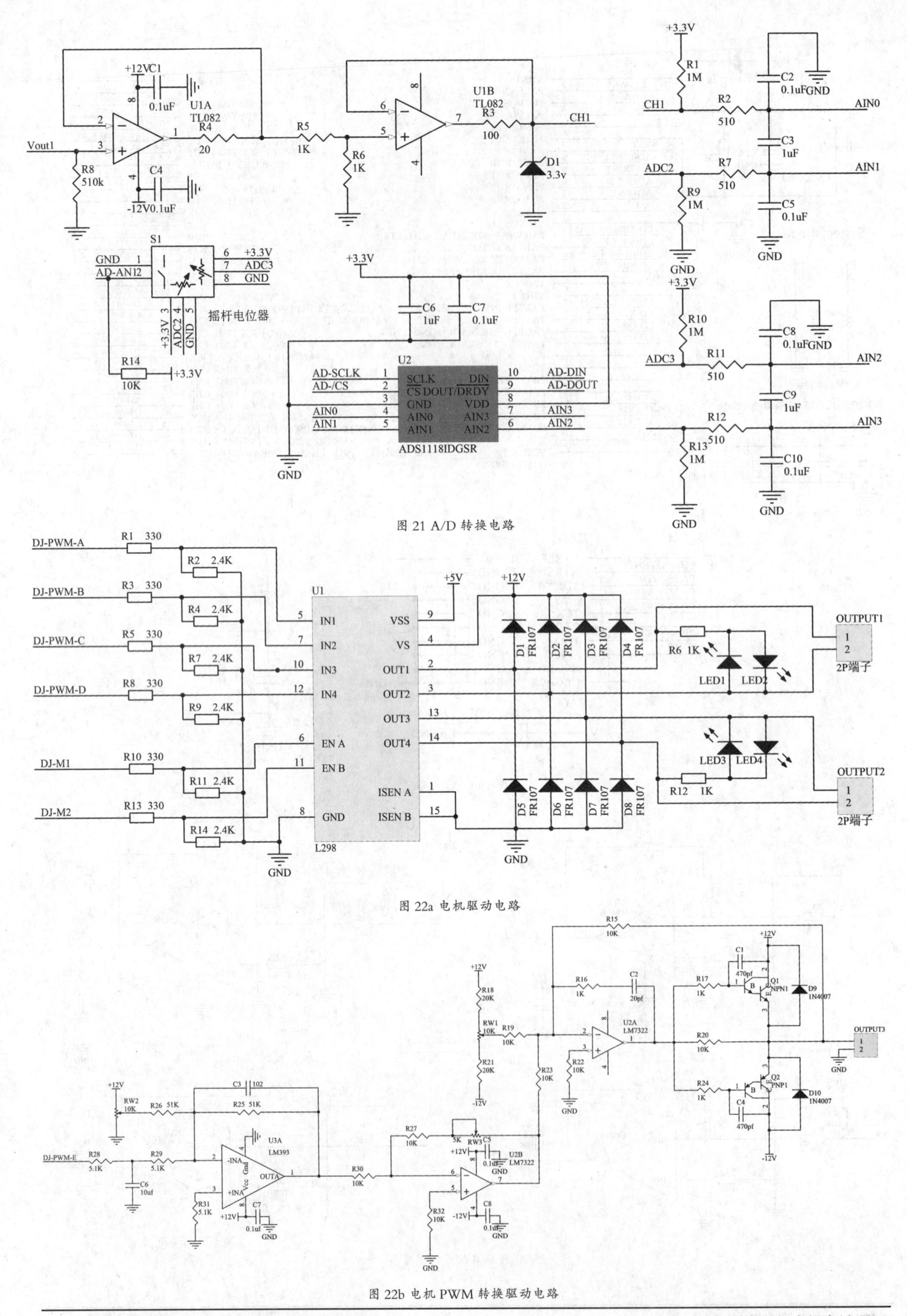

图 21 A/D 转换电路

图 22a 电机驱动电路

图 22b 电机 PWM 转换驱动电路

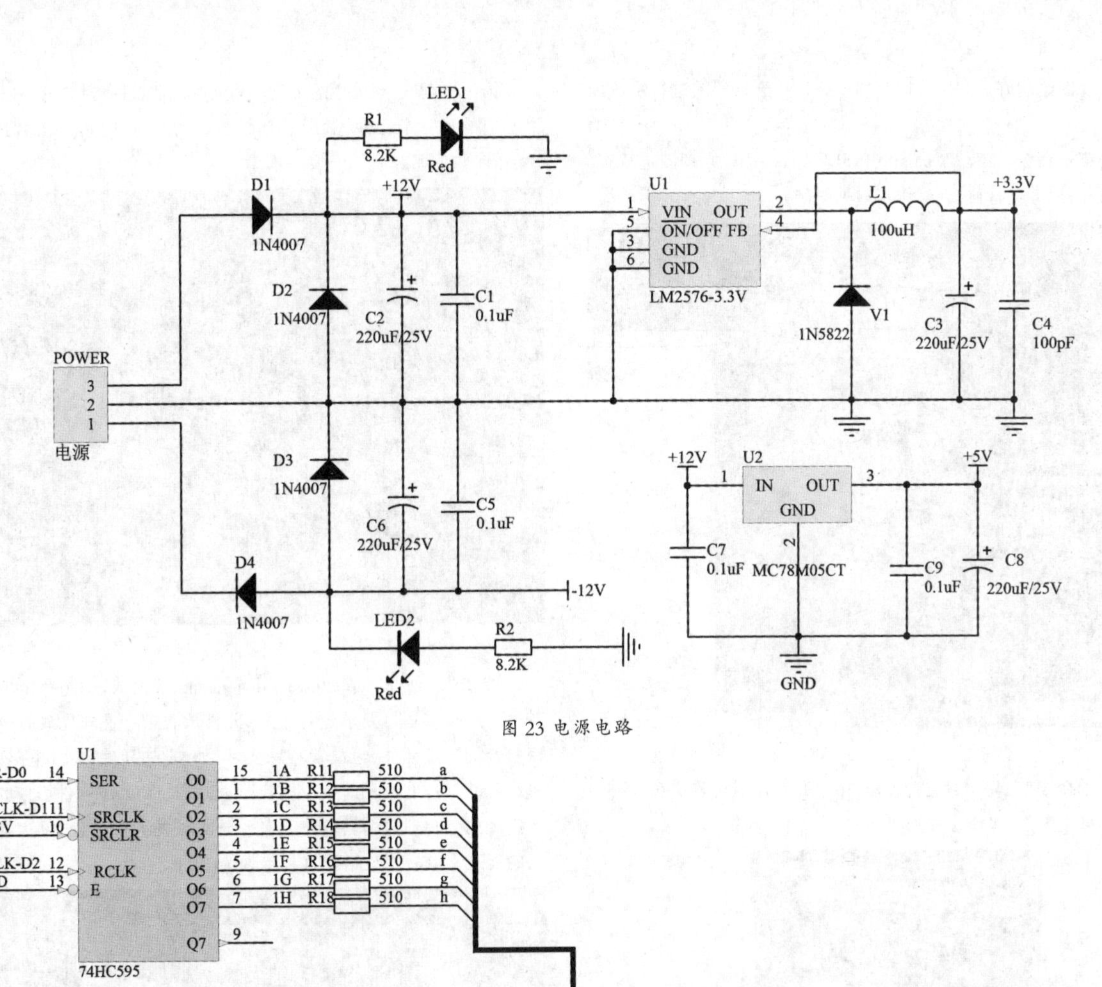

图 23 电源电路

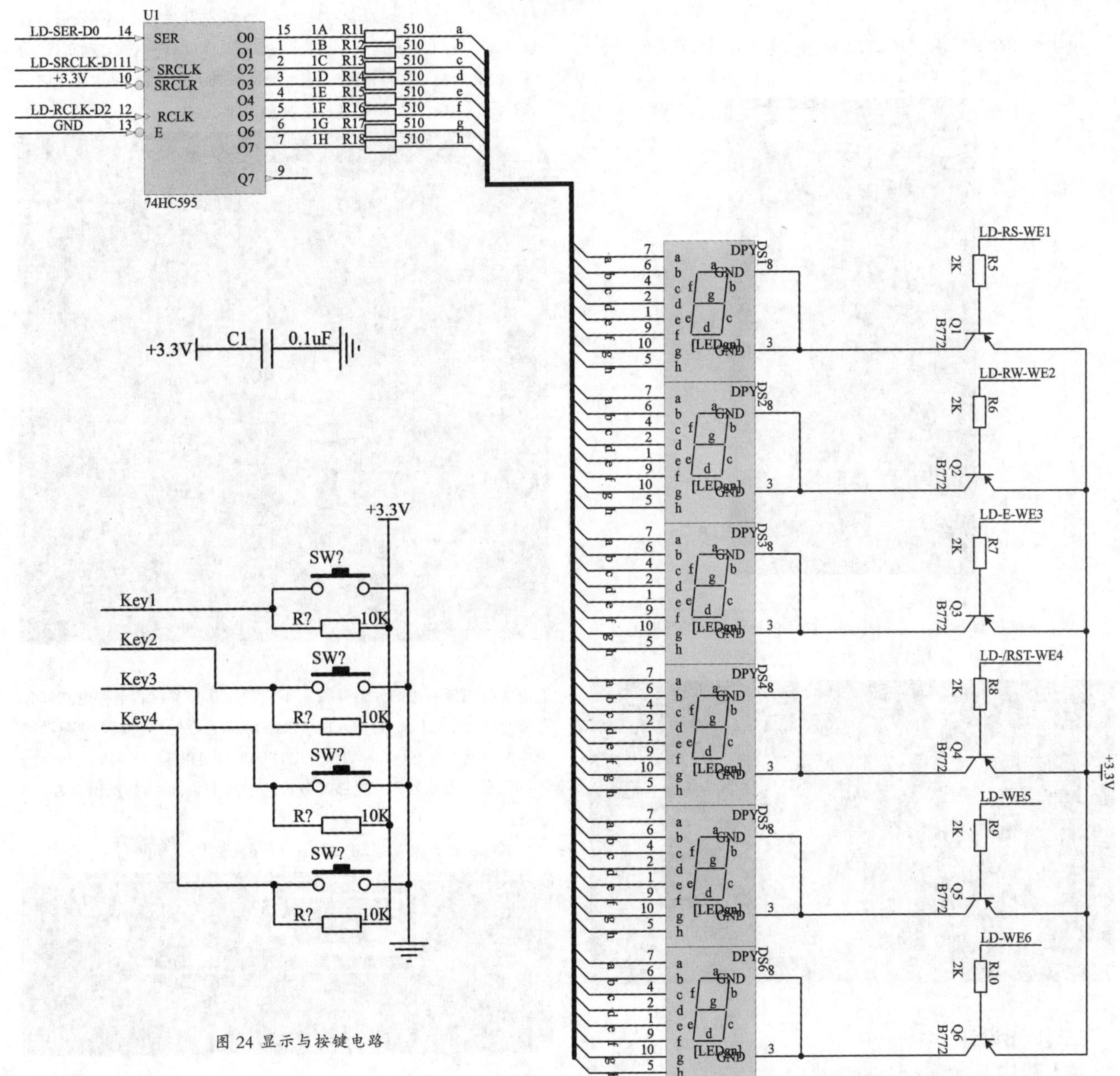

图 24 显示与按键电路

⑦将原理图绘制好后利用快捷键“T” → “N”给原理图进行快速标注。

⑧点击菜单命令“工程”“Compile PCB Project…”对原理图进行查错，并对有错的地方进行修改(操作步骤见图25)。

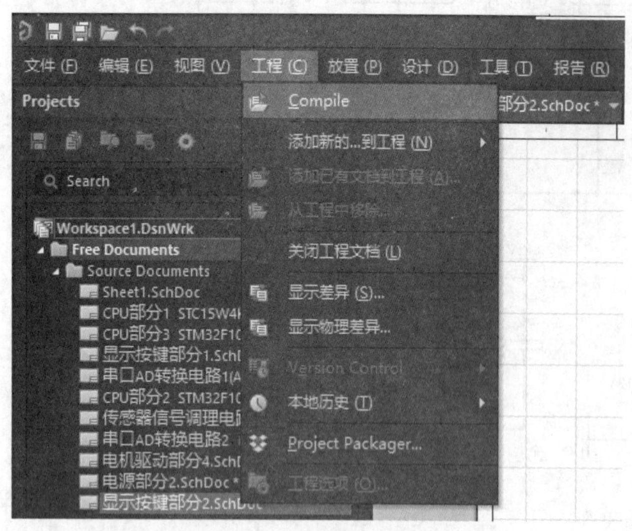

图 25

⑨在菜单命令“工具”“封装管理器”中检查原理图封装信息，确保每个元器件封装无误(操作步骤见图26)。

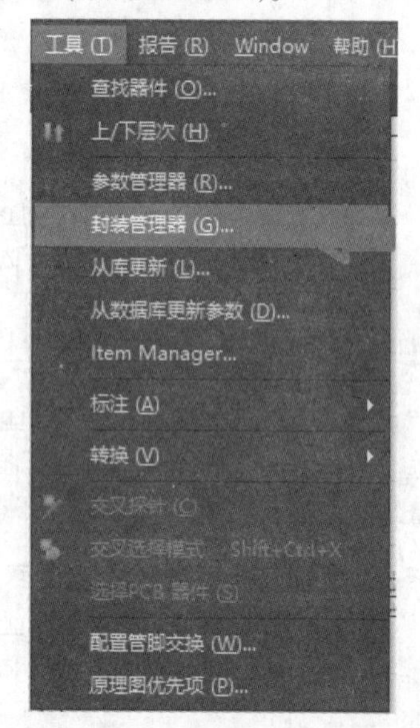

图 26

⑩点击菜单命令“设计”“Update…”确认信息将会在“2号赛卷结构外形结构”生成元件(见图27)。

元件列表

Drag a column header here to group by that column

183 Components (183 Selected)

选中的	位号	注释	Current Fo...	设计项目ID	部件数量	图纸名
	C22	1uF	0805C	Cap	1	串口AD转换电路1(ADS
	C23	0.1uF	0805C	Cap	1	串口AD转换电路1(ADS
	C24	0.1uF	0805C	Cap	1	传感器信号调理电路1.
	C25	0.1uF	0805C	Cap	1	传感器信号调理电路1.
	C26	0.1uF	0805C	Cap	1	传感器信号调理电路1.
	C27	0.1uF	0805C	Cap	1	传感器信号调理电路1.
	C28	0.1uF	0805C	Cap	1	传感器信号调理电路1.
	C29	0.1uF	0805C	Cap	1	传感器信号调理电路1.
	C30	0.1uF	0805C	Cap	1	显示按键部分2.SchDoc
	C31	1uF	0805C	Cap	1	电机驱动部分1.SchDoc
	C32	1uF	0805C	Cap	1	电机驱动部分1.SchDoc
	C33	1uF	0805C	Cap	1	电机驱动部分1.SchDoc
	C34	1uF	0805C	Cap	1	电机驱动部分1.SchDoc
	C35	0.1uF	0805C	Cap	1	电机驱动部分1.SchDoc

图 27

三、PCB设计

画好原理图后，就是完成PCB的布局了。

第一步：点击菜单栏的工具→封装管理器，进去封装管理器页面，选中左边的每一个元件，然后选择封装时的元器件，再点击右边的验证(操作步骤见图28)。

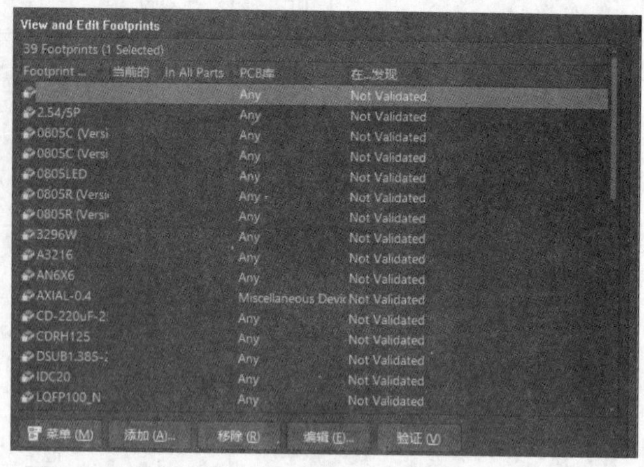

图 28

第二步：通过“ update pcb document.....”生成PCB(操作步骤见图29)，之后按照题目要求进行布局，元件放置顺序遵守先放置与结构紧密配合的固定元件，再放置特殊元件，如：发热元件、集成电路；最后放置小元件，如：电阻、电容、二极管等。布线是通过AD软件“自动布线”功能实现的，布线过后是修改，调整没连上线的元件位置，以达到我们满意的程度。最后修改错误直到错误为0为止。

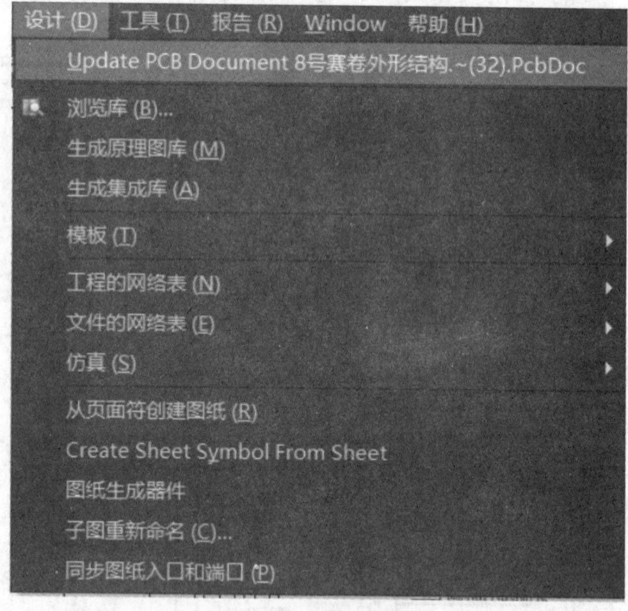

图 29

①将图纸右边的元器件按照不同的用途分类，如：电源电路部分放置与PCB板左上角，将输入插头POWER布置在“A”位置；电机驱动部分电路放置与左下角，输入插座OUTPUT1、OUTPUT2、OUTPUT3布置在D位置；传感器信号调理电路部分放置于右上角，输入插座P1布置在B位置。

②电源部分输入插头POWER布置在A位置(见图30)。

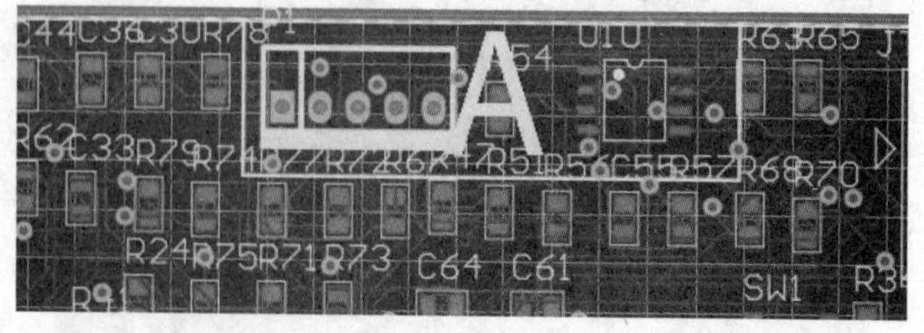

图 30

电机驱动部分输入插座OUTPUT1、OUTPUT2、OUTPUT3布置在D位置(见图31)。

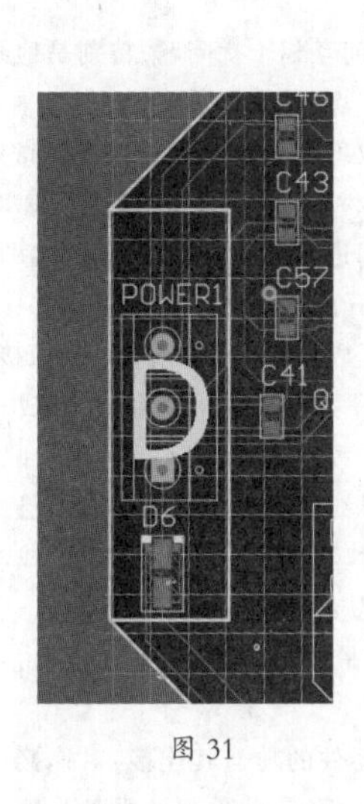

图 31

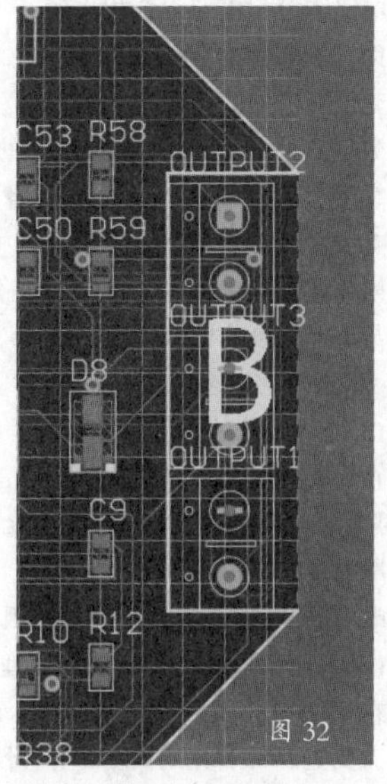

图 32

传感器信号调理电路输入插座P1布置在B位置(见图32)。

③将所有元器件布好后,点击菜单“布线”“自动布线”“全部”(见图33)。

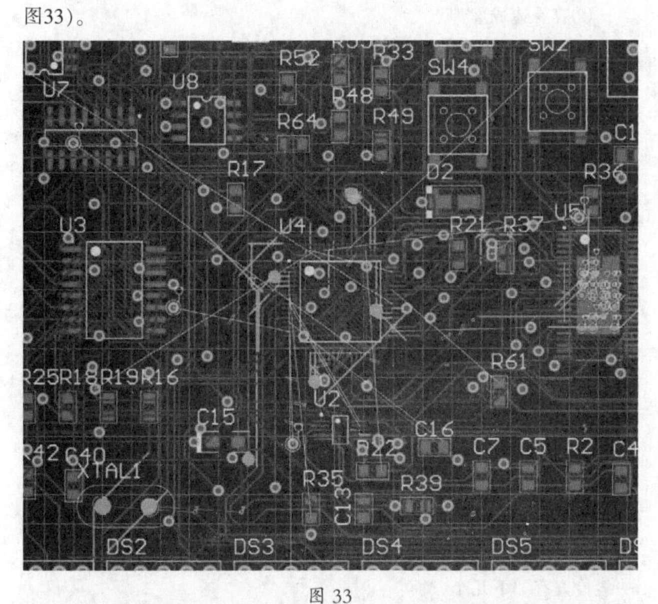

图 33

④布线后点击菜单“工具”“设计规则检查”对PCB进行查错,修改无误后即可(见图34)。

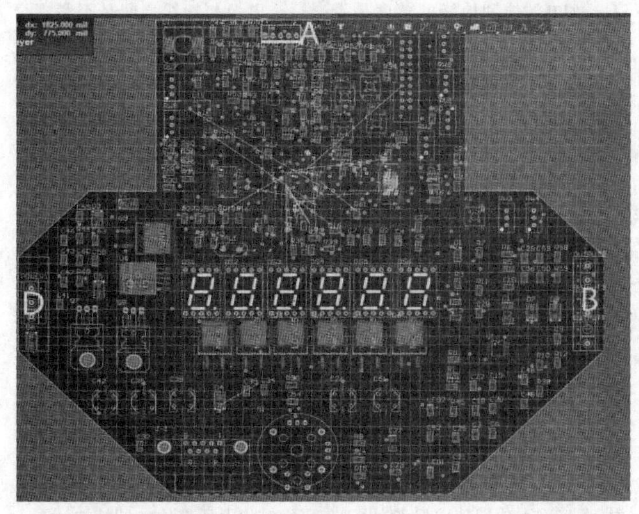

图 34

未布线的PCB(见图35)

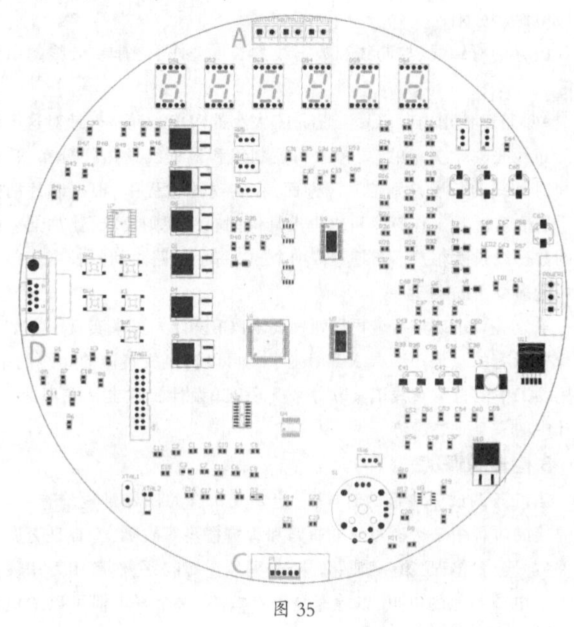

图 35

完成后的PCB(见图36)

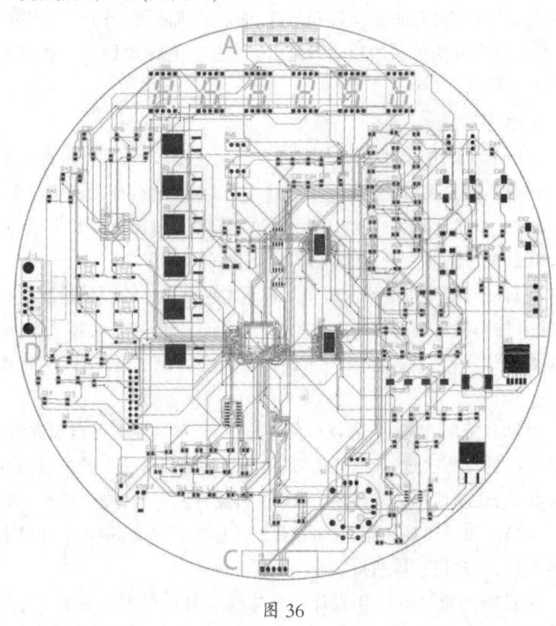

图 36

四、总结

经过明确的分工和相互的学习,我们收获了很多,其中有很多次长时间找不出原理图和PCB板的错误,几度想要放弃,但最后还是坚持下来了,经过网上资料和同学们的帮助终于完成了任务。在进行任务的过程中我们学习了原理图的层次化设计、PCB板的基本排布规则等,为以后的实践操作积累了经验。

1.布线流程

点击菜单栏的设计→update schematics→把最后一个文件前的勾去掉,然后执行以下步骤:

点击“执行更改”

再点击“生效更改”

然后到PCB文件那里就可以看到封装的文件了。

接着就是排布的问题,再然后就是布线的问题了。

2.PCB排布设计

布线PCB设计中要注意的问题PCB设计中要做到目的明确, 对于重要的信号线要非常严格的要求布线的长度和处理地环路,而对于低速和不重要的信号线就可以放在稍低的布线优先级上。

重要的部分包括：

电源的分割

内存的时钟线，控制线和数据线的长度要求；高速差分线的布线等等。

A项目中使用内存芯片实现了1G大小的DDR memory，针对这个部分的布线是非常关键的，要考虑到控制线和地址线的拓扑分布，数据线和时钟线的长度差别控制等方面，在实现的过程中，根据芯片的数据手册和实际的工作频率可以得出具体的布线规则要求，比如同一组内的数据线长度相差不能超过多少个mil，每个通路之间的长度相差不能超过多少个mil等等。

当这些要求确定后就可以明确要求PCB设计人员来实现了，如果设计中所有的重要布线要求都明确了，可以转换成整体的布线约束，利用CAD中的自动布线工具软件来实现PCB设计，这也是在高速PCB设计中的一个发展趋势。

3.检查和调试

当准备调试一块板的时候，一定要先认真的做好目视检查，检查在焊接的过程中是否有可见的短路和管脚搭锡等故障，检查是否有元器件型号放置错误，第一脚放置错误，漏装配等问题，然后用万用表测量各个电源到地的电阻，以检查是否有短路，这个好习惯可以避免贸然上电后损坏单板。调试的过程中要有平和的心态，遇见问题是非常正常的，要做的就是多做比较和分析，逐步的排除可能的原因，要坚信"凡事都是有办法解决的"和"问题出现一定有它的原因"，这样最后一定能调试成功。

4.PCB布线

在PCB设计中，布线是完成产品设计的重要步骤，可以说前面的准备工作都是为它而做的，在整个PCB中，以布线的设计过程限定最高，技巧最细、工作量最大。PCB布线有单面布线、双面布线及多层布线。

布线的方式也有两种：自动布线及交互式布线。

在自动布线之前，可以用交互式预先对要求比较严格的线进行布线，输入端与输出端的边线应避免相邻平行，以免产生反射干扰。必要时应加地线隔离，两相邻层的布线要互相垂直，平行容易产生寄生耦合。

自动布线的布通率，依赖于良好的布局，布线规则可以预先设定，包括走线的弯曲次数、导通孔的数目、步进的数目等。一般先进行探索式布经线，快速地把短线连通，然后进行迷宫式布线，先把要布的连线进行全局的布线路径优化，它可以根据需要断开已布的线。并试着重新再布线，以改进总体效果。

对目前高密度的PCB设计已感觉到贯通孔不太适应了，它浪费了许多宝贵的布线通道，为解决这一矛盾，出现了盲孔和埋孔技术，它不仅完成了导通孔的作用，还省出许多布线通道使布线过程完成得更加方便，更加流畅，更为完善，PCB板的设计过程是一个复杂而又简单的过程，要想很好地掌握它，还需广大电子工程设计人员去自已体会，才能得到其中的真谛。

(1)电源、地线的处理

既使在整个PCB板中的布线完成得都很好，但由于电源、地线的考虑不周到而引起的干扰，会使产品的性能下降，有时甚至影响到产品的成功率。所以对电、地线的布线要认真对待，把电、地线所产生的噪音干扰降到最低限度，以保证产品的质量。对每个从事电子产品设计的工程人员来说都明白地线与电源线之间噪音所产生的原因，现只对降低式抑制噪音作以表述：众所周知的是在电源、地线之间加上去耦电容。尽量加宽电源、地线宽度，最好是地线比电源线宽，它们的关系是：地线>电源线>信号线，通常信号线宽为：0.2~0.3mm，最经细宽度可达0.05~0.07mm，电源线为1.2~2.5 mm，对数字电路的PCB可用宽的地导线组成一个回路，即构成一个地网来使用（模拟电路的地不能这样使用）用大面积铜层作地线用，在印制板上把没被用上的地方都与地相连接作为地线用。或是做成多层板，电源，地线各占用一层。

(2)数字电路与模拟电路的共地处理

现在有许多PCB不再是单一功能电路(数字或模拟电路)，而是由数字电路和模拟电路混合构成的。

因此在布线时就需要考虑它们之间互相干扰问题，特别是地线上的噪音干扰。

数字电路的频率高，模拟电路的敏感度强，对信号线来说，高频的信号线尽可能远离敏感的模拟电路器件；对地线来说，整人PCB对外界只有一个结点，所以必须在PCB内部进行处理数、模共地的问题，而在板内部数字地和模拟地实际上是分开的它们之间互不相连，只是在PCB与外界连接的接口处(如插头等)。数字地与模拟地有一点短接，请注意，只有一个连接点。也有在PCB上不共地的，这由系统设计来决定。

(3)信号线布在电(地)层上

在多层印制板布线时，由于在信号线层没有布完的线剩下已经不多，再多加层数就会造成浪费也会给生产增加一定的工作量，成本也相应增加了，为解决这个矛盾，可以考虑在电(地)层上进行布线。首先应考虑用电源层，其次才是地层。因为最好是保留地层的完整性。

(4)大面积导体中连接腿的处理

在大面积的接地(电)中，常用元器件的腿与其连接，对连接腿的处理需要进行综合的考虑，就电气性能而言，元件腿的焊盘与铜面满接为好，但对元件的焊接装配就存在一些不良隐患如：

①焊接需要大功率加热器。

②容易造成虚焊点。

所以兼顾电气性能与工艺需要，做成十字花焊盘，称之为热隔离(heat shield)俗称热焊盘(Thermal)。这样可使在焊接时因截面过分散热而产生虚焊点的可能性大大减少。多层板的接电(地)层腿的处理相同。

(5)布线中网络系统的作用

在许多CAD系统中，布线是依据网络系统决定的。网格过密，通路虽然有所增加，但步进太小，图场的数据量过大，这必然对设备的存贮空间有更高的要求，同时也对象计算机类电子产品的运算速度有极大的影响。而有些通路是无效的，如被元件腿的焊盘占用的或被安装孔、定们孔所占用的等。网格过疏，通路太少对布通率的影响极大。所以要有一个疏密合理的网格系统来支持布线的进行。

标准元器件两腿之间的距离为0.1英寸(2.54mm)，所以网格系统的基础一般就定为0.1英寸（2.54mm）或小于0.1英寸的整倍数，如：0.05英寸、0.025英寸、0.02英寸等。

(6)设计规则检查(DRC)

布线设计完成后，需认真检查布线设计是否符合设计者所制定的规则，同时也需确认所制定的规则是否符合印制板生产工艺的需求，一般检查有如下几个方面：

①线与线、线与元件焊盘、线与贯通孔、元件焊盘与贯通孔、贯通孔与贯通孔之间的距离是否合理，是否满足生产要求。

②电源线和地线的宽度是否合适，电源与地线之间是否紧耦合(低的波阻抗)在PCB中是否还有能让地线加宽的地方。

③对于关键的信号线是否采取了最佳措施，如长度最短、加保护线、输入线及输出线被明显地分开。

④模拟电路和数字电路部分，是否有各自独立的地线。

⑤后加在PCB中的图形(如图标、注标)是否会造成信号短路。

⑥对一些不理想的线形进行修改。

⑦在PCB上是否加有工艺线，阻焊是否符合生产工艺的要求，阻焊尺寸是否合适，字符标志是否压在器件焊盘上，以免影响电装质量。

⑧多层板中的电源地层的外框边缘是否缩小，如电源地层的铜箔露出板外容易造成短路。

通过本次PCB线路板绘制项目实验实训，学生们基本上对AltiumDesigner18软件有了初步的认识和了解，并熟悉和掌握了使用AltiumDesigner18软件进行电路图的设计和绘制方法。

通过这次实训不仅丰富了学生理论知识，提高了他们的实践能力，还培养了他们独立思考、勇于克服困难以及团队协作的精神。

电子爱好者手册　电子创客案例集

2018 年电子报合订本

（下册）

电子报编辑部　编

四川大学出版社

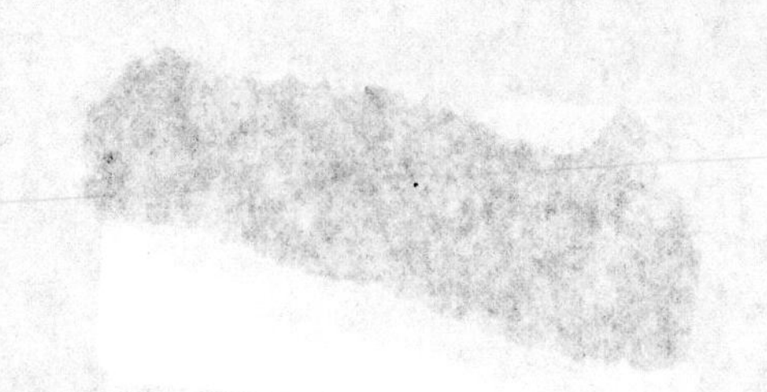

目 录

一、新闻言论类

二、维修技术类

1.彩电维修技术

2.电脑、数码技术与应用

三、制作与开发类

1.基础知识与职业技能

2.制作与开发类

3.职业技术与技能类

四、卫星与广播电视技术类

五、视听技术类

1.音响实用技术

2.视听产品介绍

六、专题类

1.创新技术类

2.娱乐硬件类

附　录

广　告

2018年7月8日出版 ▌实用性 ▌启发性 ▌资料性 ▌信息性

第27期 国内统一刊号:CN51-0091 定价:1.50元 邮局订阅代号:61-75

地址:(610041)成都市天府大道北段1480号德商国际A座1801 网址:http://www.netdzb.com

(总第1964期) 让每篇文章都对读者有用

今年世界杯上的"黑科技"

四年一届的世界杯足球赛除了运动员精彩的表演外,场内外一些新颖的"黑科技"也成为另一大看点。

VAR——球场外的裁判

为了尽量避免误判,减少争议,今年世界杯国际足联推出了VAR(Video assistant referees,影像助理裁判系统)。通过技术手段把场内拍摄到的实时画面传输到后台控制中心,由其他助理裁判进行辅助观察、整理、剪辑,然后第一时间发回赛场。

这样做的好处是能有效减少主裁判的误判,当然这也有可能导致VAR的结论与主裁判相违背。针对这种情况,国际足联制定了一个应对的条款,最终判罚权依然是当值的主裁判。但相比之前主裁判独掌大权的时代,VAR的出现注定会让球场上的比赛更加公平。

装有NFC芯片的比赛用球

作为球场上的关键道具,每届世界杯比赛用球都会成为球迷关注的亮点。这届世界杯的比赛用球"电视之星18",与往届用球都不一样,不只在外观上充满现代气息,更在球内放入了一枚NFC芯片。这块NFC芯片可以记录足球的运行轨迹、球员射门的力度以及足球是否出界等信息。这样不仅可以辅助裁判进行现场判断,更能帮助每个球队的教练在赛后根据场上数据进行相应的调整部署。

"电视之星18"并非在开幕战俄罗斯队对沙特队的比赛上第一次使用,此前,它的使用地点是太空,在国际空间站,宇航员安东·什卡普列罗夫与随机工程师阿列戈·阿尔杰米耶夫穿着世界杯标志的衣服,在零重力的状况下进行传球。当然,在足球内放置芯片不是从本届世界杯开始的,早在2006年德国世界杯,这项技术便已经出现。事实证明,这项技术确实非常有效,因此发展到今天,不仅世界杯采用了这项技术,一些大型赛事中的足球都用这项技术来记录球场上的数据。

从20世纪80年代开始,每一届世界杯用球都融入了新的科技元素。80年代的世界杯,防水性能被纳入足球设计,绿茵场上的水战也能一样精彩;到了90年代,激烈的对抗,让耐久度和稳定性成为用球设计中不可忽视的内容;1998年,世界杯用球第一次变成了彩色的,毕竟这时彩色电视收看已很普遍;2010年,世界杯用球颜色多到11种,用8块表皮以热黏合技术拼接,足球更圆了。上届和本届世界杯,足球的表皮只剩下6块,这就意味着,球的性能更好了。毕竟,6块皮无缝拼出来的球体,要比当年32块手缝出来的圆多了。与此同时,更圆的足球也让比赛多了更多不确定性,这是因为,表皮块数减少,意味着球面接缝也在减少,球体更为光滑,其射出后,在空气中的飞行轨道将更为难以预测,特别是在角球、任意球和点球时。

除了更圆,这届世界杯用球还有一个特点——环保,使用甘蔗提取物制成,采用了三元乙丙橡胶聚合技术,与从矿物中提取聚合物相比,从植物中提取,可以减少碳氢化合物的排放。

智能球鞋

球员是足球比赛的主角,球员身上也少不了诸多黑科技产物。

球员在球场上不断奔跑,虽然能够通过摄像机以及足球辅助判断球员的运动轨迹,但是对于球员的实时状况掌控可能会有一定偏差。阿迪达斯发布了一款加入智能传感器的球鞋,它能让球迷通过传感器看到球员实时动作,及时为教练提供第一手准确资料。

VR技术让您身临其境

说到观看比赛的体验,如今各种超高清大屏显示器加上大流量传输技术,已经让许多球迷大呼过瘾。但是想要身临其境地感受世界杯的魅力,好像除了去现场,别无他法,但是真的如此吗?

本届俄罗斯世界杯除了采用UHD+HDR(超高清晰度+高动态范围成像)信号,还使用360°VR技术为球迷呈现更为精彩的视觉盛宴。球迷可以通过VR如身临其境般感受本届世界杯的热烈氛围,能直接"站"在球场当中感受球员在自己身旁穿行的快感。为了带来更高清的VR视觉体验,球场内安装了37个高清运动相机,其中有八个双摄像头相机用来增强画质,UHD、HDR、SDR等各种视频源一应俱全。

当然,球场上的黑科技不止于此,还有如GoalControl-4D球门线判别系统能够精确测定足球是否越过门线,人墙喷雾可以帮助裁判员在草皮上画线,一分钟后便会自动消失等等。足球运动本身就非常受人欢迎,如今借助科技的进步,其魅力展示得更加淋漓尽致。

◇山西 刘国信

(本文原载第28期2版)

2018"物联网+区块链"应用峰会摘要

日前,物联网智库与亦来云联合主办的「2018"物联网+区块链"应用峰会」在上海隆重举行。作为业界首场物联网与区块链融合探索盛会,本次会议首次将"物链网"概念进行详细解读;聚集物联网与区块链专业人士,展示最丰富的落地应用案例;多家观点争锋,共话物链网发展之道。

峰会邀请到了国家级权威研究机构中国信息通信研究院区块链专家;早期在区块链业务进行布局的跨国科技巨头IBM和微软的高管;新锐的区块链联盟盗火者区块链应用联盟发起人;区块链驱动的智能万维网亦来云;物联网行业的分布式账本技术IOTA中国区推动者IOTAChina和BiiLabs;中国高性能计算、服务器、云计算、大数据的领军企业中科曙光;以及在能源领域有着深入研究的能链科技等。

"物链网"概念出世,各家观点争锋

在"物链网"认识方面,各位嘉宾从不同的角度进行了解读。其中物联网智库创始人彭昭分别从物联网的发展以及区块链的定义解读上,用实时数据解读了物联网与区块链的融合趋势,并表示物链网具备4大应用价值:实现物联网资产的证券化ABS、打通供应链管理SCM过程中的孤岛、强化RFID/NFC等技术的溯源、追踪和存证的能力、持续推动物联网上下游的价值流动。

中国信息通信研究院区块链专家卿苏德则从区块链的4个认识误区开始,厘清区块链概念。他表示,区块链是一种多方维护、全量备份、信息安全、可编程的分布式总账本技术。我们对其认知,存在以下4个误区:

·误区一:区块链=比特币

·误区二:区块链是万能的,拿着锤子找钉子

·误区三:区块链一定要发币,一定要挖矿

·误区四:区块链是不可篡改的

在澄清概念后,卿苏德博士又深入分析了物联网在设备安全、个人隐私、架构僵化、多主体协同、通信兼容等方面的痛点,并表示区块链技术将帮助物联网进行降低成本、隐私保护、跨主体协作、可证可溯、身份鉴权等方面的改进。

盗火者区块链应用联盟发起人则表示,分布式物联网遇见分布式账本技术,是天作之合:区块链技术不仅可以改善物联网的合规性,还可改善物联网的功能和成本效益。

多场景落地,"物链网"大有可为

在场景落地方面,两大跨国科技巨头IBM、微软分别行业布局以及平台生态构建的角度,做出了干货分享。IBM全球企业咨询服务部中国区块链业务总监马世韬表示,企业间开展协作需要用区块链。传统的基于点对点、EDI方式的信息交换低效、昂贵、脆弱,而通过关键数据上链,可实现共识性、存在性、无法篡改,进而实现业务网络内参与方的高效协作,具有很好的共识性、存在性和不变性。区块链为产业协作构建生态平台奠定了信任的基石。马总在会议中还重点向大家解读了区块链应用场景:食品安全与溯源、汽车租赁、数字身份、物流冷链、全球贸易生态等。

微软首席架构师兼区块链技术生态合作负责人黎超则从区块链生态解决方案的角度向大家展示了微软区块链的生态与实践。并表示基于Azure,用户可以轻松部署多种区块链平台。

助力物联网安全,从实践开始。中科曙光安全产品事业部技术总监梅颖给我们带来基于区块链的物联网安全解决方案的分享。

为未来而生,区块链推陈出新

亦来云执行顾问张玉新为我们带来了区块链驱动智能万维网的亦来云的详细介绍,他表示亦来云未来将从区块链与智能合约、Elastos Carrier、Elastos Runtime、Elastos SDK等四层面方面助力物联网安全。

·区块链及智能合约:区块链作为操作系统的信任区实现"可信"。亦来云主链通过与比特币联合挖矿共享算力,依托比特币的POW机制保证可信度。同时亦来云还通过侧链提供服务和扩展第三方应用,以集群服务的方式提升区块链层面的计算能力,避免主链负载过重。亦来云支持在侧链上运行智能合约实现"可信计算",可以灵活扩展区块链能力,但会严格限制合约的使用范围,仅用于针对数据资产的可信计算。

·Elastos Carrier:是一个完全去中心化的P2P网络服务平台,是亦来云支撑去中心化应用开发和运行的重要基础设施。

·ElastosRuntime:运行于客户的设备之上,实现"可靠运行时环境"。开发者通过开发Elastos DApp来实现使用(播放)数字资产的功能。VM保证数字资产运行于区块链控制范围内,为用户提供消费/投资数字内容的能力。

·ElastosSDK:传统意义的App,可以通过包含亦来云的SDK来扩展能力,获得身份鉴权、可信记录等区块链典型能力。

专为物联网而生的分布式账本技术IOTA中国区负责人、IOTAChina创始人熊志敏以及Biilabs创始人朱宜振向我们介绍了IOTA的应用场景以及生态建设。IOTA是第一个跳脱传统区块链架构的分散式账本技术(DLT),它使用称为Tangle的无块协议,使机器能够安全地交换数据和金钱。这也是推进物联网生态系统共享数据经济的第一步,为移动、能源、工业4.0等新应用和商业模式开创了新的道路。

最后,会议特别邀请到亦来云、能链科技、IBM和微软的企业代表组织圆桌论坛,就物联网与区块链融合现状、未来"物链网"发展趋势等问题进行了深入探讨!

关于物联网智库

在浩瀚的物联网界有一家专注物联网领域、深入行业研究的服务机构,从智能家居到智能制造,从LPWAN到5G,再从边缘计算到区块链……物联网智库不断跟踪前沿趋势、汲取百家文锋观点、提供行业趋势分析、分享独家深度见解。从《物联网—未来已来》到《物联网沙场"狙击枪"》再到《智联网—未来的未来》;从《中国物联网产业全景图谱》到《全国低功耗广域网络市场全景调研与市场预测报告》再到《中国物联网平台调研报告》、《中国蜂窝物联网模组市场调研与预测报告》等;承办上百场专业的物联网沙龙与峰会。在物联网路上,我们一直在行动!

物联网智库创始人彭昭的专著《智联网·未来的未来》

以书会友——智联网&LPWAN研讨暨新书发布会由物联网智库主办、电子工业出版社、工信智创咖啡和星河互联协办。现场聚集了物联网行业的专家、百余位物联网从业者、以及物联网智库忠实粉丝,共话技术、趋势、资本等热点话题。物联网智库创始人彭昭、物联网智库联合创始人兼CEO兼LPWAN全国低功耗广域网络联盟秘书长赵小飞分享了新书精华并进行现场签售。

◇本报记者 徐惠民

(本文原载第28期2版)

创维47E82DR液晶电视灰屏

一台创维47E82RD液晶电视通电背光就亮,但灰屏,无声。开机测逻辑板的供电为0V,正常时应该为12V。拔掉上屏线,测上屏线供电仍为0V,说明逻辑板和屏的12V供电电路未短路,故障应该在主板上。该机上屏电压工作原理:开机后,软件运行到一定程度时,主芯片便输出3V左右的电压,加到电阻R351右端,则Q41饱和导通,集电极电压约0.3V,相当于R532下端接地,这样R349和R352对12V进行分压,中间点得到了8.5V电压。该8.5V电压通过R353加到U31的④脚(G极),即G电压为8.5V,S极电压为12V,那么G-S电压就是:V_{GS}=8.5V-12V=-3.5V,G-S电压为负值,就是工作时G极电压比S极电压低,则P沟道场效应管U31导通,从D极输出上屏电压12V。检查主板的上屏电压控制块U31(型号为9435A),如图1所示。测量D极(⑤、⑥、⑦、⑧)脚电压为0V,不正常,正常应为12V。测S极(①、②、③)脚电压为12V,正常。测G极④脚电压为12V,不正常,正常应为8.5V。P沟道场效应管要导通,G极电压必须低于S极电压。G极电压为12V,S极电压为12V,即G-S电压VGS=12V-12V=0V,说明场效应管因没有控制信号而截止。测量控制三极管Q41,Q41丝印号为1E,集电极电压为12V,不正常,正常为0.3V。基极电压为0V,不正常,正常应为0.7V。测R351两端电压均为0V,不正常。正常时左端应为0.7V,右端应为3V,说明主芯片没有给上屏控制电路输出上屏"开"的信号。主板给电源板输出了电源控制"开"的信号,给背光板输出了"开"的控制信号,为什么就不输出上屏"开"的信号呢?主芯片厚此薄彼,说明主芯片凶多吉少,可能坏了。打开屏蔽罩,如图2所示。只见主芯片上有一大块黑色散热片,看不到主芯片型号。在主芯片旁边有两块DDR,型号为H5TQ1G630FR。在主芯片旁边还有一块NAND型号K9F1G08UOD。继续修电视,通电发现了一个怪异现象:背光竟然是在通电瞬间就亮了,显然不正常。正常背光应在通电后约8秒钟才亮,且没有开机音乐,当然也有可能开机音乐设置为"关"的状态。分析可能是没等软件运行完主芯片就输出背光"开"信号,这样看来,还不一定是主芯片损坏了,也许另有隐情。经验告诉我,检修任何电路都必须先查供电。

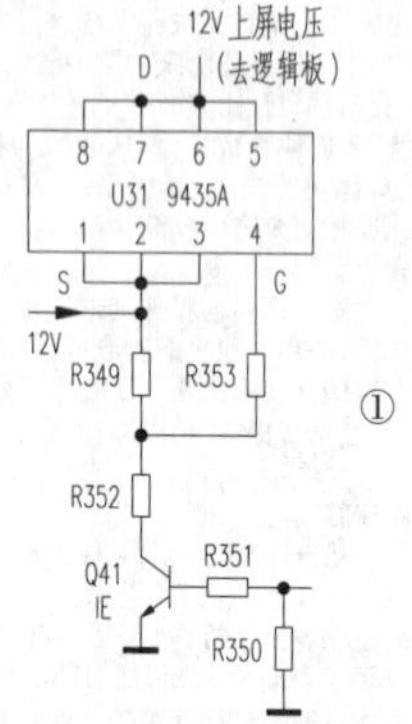

先测开关电源输出的5Vsb、12V、24V都正常,用示波器测纹波不大,说明开关电源正常。接下来检查主板上的DC—DC转换电路。于是根据实物画出电路图,如图3所示。该机主板上有七个DC—DC转换电路。其U17、U18在屏蔽罩内,其余的五个在屏蔽罩外。

U8型号为AS1117L33,把5Vsb转换成3.3Vsb,③脚输入5V,②脚输出3.3V。U18型号为MP8708EN,把电源输出的12V电压转换成5V常态电压,转换方式是直流—交流—直流。U17型号MP14820S,把5V转换成1.5V电压,转换方式是直流—交流—直流。U4型号为LD1084-33,把5V常态电压转换成常态3.3V电压,③脚输入4.5V电压,②脚输出3.3V电压。U10型号110SG,把常态3.3V转换成1.2V电压,③脚输入3.3V电压,②脚输出1.2V电压。U19型号MP8708EN,把电源输出的12V转换成1.1V电压,转换方式是直流—交流—直流。U28型号LM78D05,把电源输出的12V转换成5V,供高频头等使用,①脚输入12V,③脚输出5V,它与1117、1084系列引脚功能不同。检测待机3.3Vsb正常,纹波不大。测U19输出电压为1.12V正常,纹波不大。测屏蔽罩内的U18输出的5V、U17输出的1.5V均正常,纹波不大。测U10输出为0.3V,不正常,正常应为1.2V,输入脚电压也为0V,不正常,正常为3.3V。追踪到U4,测U4输出为0V,不正常,正常为3.3V,输入脚为0V不正常,正常为4.5V。既然5V正常,那么只能是二极管D36开路。用表测二极管D36正端为5V,正常,负端为0V不正常,正常为4.5V,说明二极管D36开路无疑。更之,通电,测3.3V、1.2V恢复正常,出现蓝屏,且听到开机音乐,输入信号,一切正常,故障排除。小结:本机是因常态的3.3V、1.2V电压丢失,导致软件无法运行完毕,出现了刚通电背光就亮,且无开机音乐的死机状态。

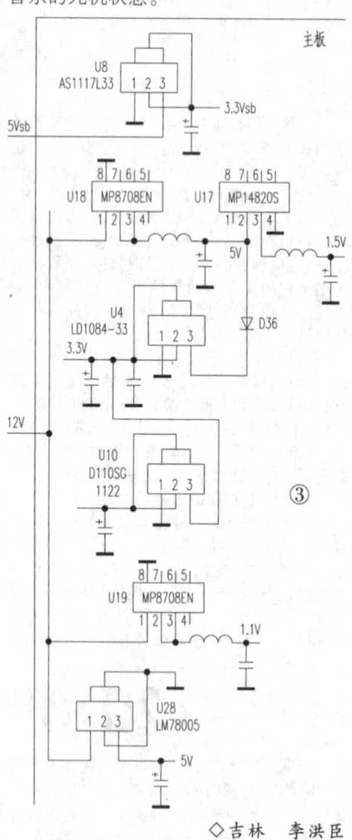

◇吉林 李洪臣

等离子显示屏寻址电路分析及维修方法

(紧接25期本版) 缓冲隔离切换芯片VHCT541A维修参考数据表:

引脚号	引脚符号	引脚功能(V)	引脚电压(V)	引脚号	引脚符号	引脚功能	引脚电压(V)
①	G1	切换控制电压输入端	0	⑪	Y8	信号输出通道8	0.8
②	A1	信号输入通道1	2.9	⑫	Y7	信号输出通道7	0.8
③	A2	信号输入通道2	2.9	⑬	Y6	信号输出通道6	0.9
④	A3	信号输入通道3	2.7	⑭	Y5	信号输出通道5	3.9
⑤	A4	信号输入通道4	2.7	⑮	Y4	信号输出通道4	3.9
⑥	A5	信号输入通道5	2.7	⑯	Y3	信号输出通道3	3.9
⑦	A6	信号输入通道6	0.7	⑰	Y2	信号输出通道2	4.9
⑧	A7	信号输入通道7	0.7	⑱	Y1	信号输出通道1	4.9
⑨	A8	信号输入通道8	0.7	⑲	G2	切换控制接地	0
⑩	GND	芯片接地端	0	⑳	VCC	芯片供电端	4.9

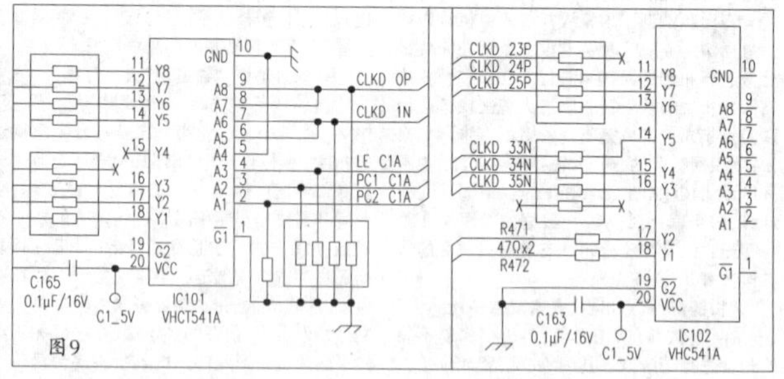

图9

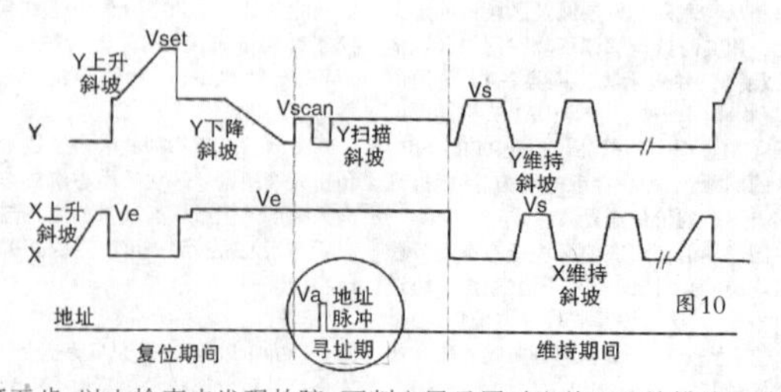

图10

第五步:以上检查未发现故障,可判定显示屏对应的TCP软排线上的COF驱动芯片损坏,或与TCP软排线连接的显示屏电极损坏,此时,故障的修复只能通过专业的修屏工厂进行维修处理了。

(完)

◇何金华

鸿合视频展台维修实例

例一：HV-8800不通电

一台鸿合HV-8800视频展台出现不通电的故障现象，具体表现为：接入电源适配器，电源指示灯不亮，按开机键，也无反应。测量适配器输出电压为12.1V，正常。拆机后测量主板上保险管（FUSE）正常，继续测量D1（如图1所示），发现呈导通状态，将D1焊下测量，已经击穿短路。D1（型号为P6KE16A）是瞬态抑制二极管，在本机中起电源浪涌防护的作用，它可以将进入电源的浪涌尖峰干扰电压吸收掉，使电路中各芯片得到有效保护。用相同型号元件更换后，插入适配器，电源指示灯点亮，按开机键，指示灯变为蓝色，展台正常开机，检查各种功能，均正常，故障排除。

在鸿合展台中，根据型号不同，电源供电分12V和5V两种方式，所以瞬态抑制二极管也有两种型号，供电为12V的采用的P6KE16A，供电为5V的采用的是P6KE6.8A，在维修时首先要确认电源电压是否正确，再通电检测。

例二：HV8100开机黑屏

接入电源适配器，电源指示灯点亮，展台能正常开机，但投影机信号输出端口无信号。拆机检查保险管（FUSE）两端电压正常（12V），继续检查发现R110发烫。拔掉适配器查看电路走向，发现12V电压经R110向U17（7805）供电，用万用表检查U17①脚和③脚对地电阻，发现U17输出端（③脚）对地电阻为0Ω，呈对地短路状态。为判别是U17损坏还是负载短路，用电洛铁将U17的③脚焊开，测量③脚对地电阻，有350Ω左右，再测负载部分，仍为0Ω，说明负载严重短路。

通过观察和测量，发现U17主要为U11、U12、U13、U14、U15等集成电路供电，为准确判断是哪个芯片损坏，采用逐个焊下再测量的方法，当取下U12时（如图2所示），不再短路，说明是U12损坏，U12的型号是PI5V330，该IC是4通道2选1高性能视频信号切换开关，用相同型号元件更换后，展台恢复正常工作。

例三：HZ-V220展台开机有图像，但图像无法放大和缩小

一台鸿合HZ-V220展台，开机后出现正常图像，无法放、缩小。在检测中发现除了无法放大、缩小外，亮度及图像冻结等按键也无反应，但操作灯光和信号切换按键，均正常。

由此看来所有失效的按钮都与摄像头有关，用一个好的摄像头换上，图像正常，所有按键均可正常操作。

例四：HV8100无法开机

一台鸿合HV8100展台，插上适配器后，电源指示灯点亮，按电源键，无法开机，用遥控器操作，仍然无法开机。

拆机后检查供电电压为12V，正常；触摸各芯片，也无异常。用示波器测量中央处理器晶振波形和频率如图3所示（晶振实际频率为11.0592MHz），由此可以基本肯定中央处理器没有问题，尝试更换按键板后故障依旧，仍然无法开机。

此时决定采用最小系统法来检查，先拔掉主板上除按键板外所有插头，然后插入适配器后按开机键，这时能正常开机了，说明故障源在外围电路。于是逐个恢复拔掉的插头检查，当恢复到遥控接收插头时，故障出现，马上更换红外接收头，但故障依旧；取下接收头，又可以正常开机，看来故障就只有遥控接收头的连接线了。用万用表检查，果然有条线断路。由于遥控接收头连接线与摄像头连接线在同一线束内，更换整组线束后，展台恢复正常，不管是用遥控器还是本机按键，操作均正常，故障排除。

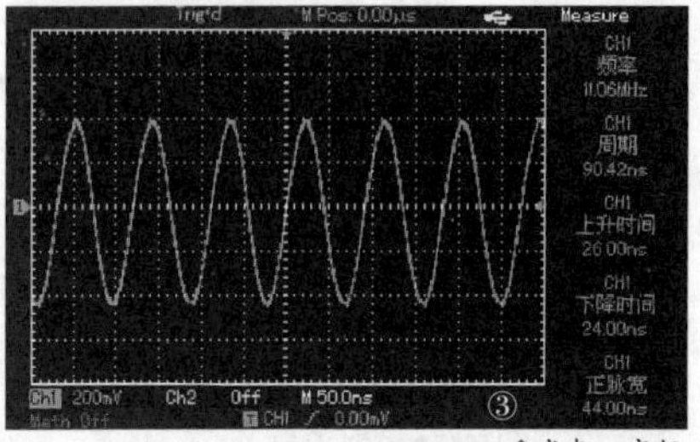

◇成都　宇扬

快速解决iPhone几个常见问题

一、解决iPhone 8的关机冲突问题

手头有一台iPhone 8，最近出现一个令人尴尬的情况，如果按下侧边键和“音量+”或“音量-”进行关机操作，一不小心就会弹出紧急联络的界面，这是怎么回事呢？

正确的关机操作是首先按下“音量+”，迅速按下“音量-”，接下来按下侧边按钮10秒就可以了。或者，也可以进入设置界面，依次选择“通用→关机”即可。

如果你不想看到紧急联络的界面，可以进入“设置→SOS紧急联络”界面（如图1所示），在这里关闭“使用侧边按钮呼叫”的选项，立即就可以生效。

二、解决iPhone 8/x更换屏幕之后的自动光感问题

由于某些原因，如果需要为iPhone 8或iPhone x更换屏幕，无论是更换拆机而来的原装屏，或进更换国产的第三方屏幕，如果直接更换，前置光感响应都会罢工，虽然不影响电话、信息的接收，但显然是很不方便。

经过分析，这应该是屏幕的参数与以前的屏幕无法对应，导致iOS 11在系统级别方面出现错误。如果无法从售后获得帮助，可以在开机状态下拆除自带屏幕，然后将屏幕零件导入购买的原装屏幕或第三方屏幕之内，接下来依次安装自动光感器、相机、距离感应器、指纹模块，这样就可以解决光感的问题了。

三、抢救更新失败的iPhone 8 Plus

手头的一台iPhone 8 Plus在iTunes进行刷机，但操作时却卡在进度条，而且无法退出，即使关机重启，仍然是显示这一进度条。经过摸索之后，发现可以按照下面的步骤进行操作：

按下“音量+”按钮，松开之后再按下“音量-”，接下来按住侧边按钮10秒左右，直至屏幕变为空白，再次按住侧边按钮，直至出现“连接iTunes”的提示信息，这时就可以连接到iTunes进行正常的更新操作了。

四、解决iPhone拍照无声的问题

最近在使用iPhone拍摄照片时出现一个尴尬的问题，系统已经更新至11.4，在使用内置的“相机”拍摄照片时没有声音，但奇怪的是人像模式和正方形模式都有声音，照片模式却是没有声音…

其实，这是因为用户在拍摄照片时使用了“实况”模式，也就是说使用了所谓的Live模式，该功能在6s或SE或更新的机型提供，这个功能可以将静态照片转换为短片，但仍然是照片格式，只要使用3D Touch重压照片，即可进入动态播放的模式，这种模式下拍摄的照片是没有声音的。

解决的办法很简单，进入相机界面，点击屏幕顶部的小圆心图标（如图2所示），在这里直接关闭实况功能就可以了。

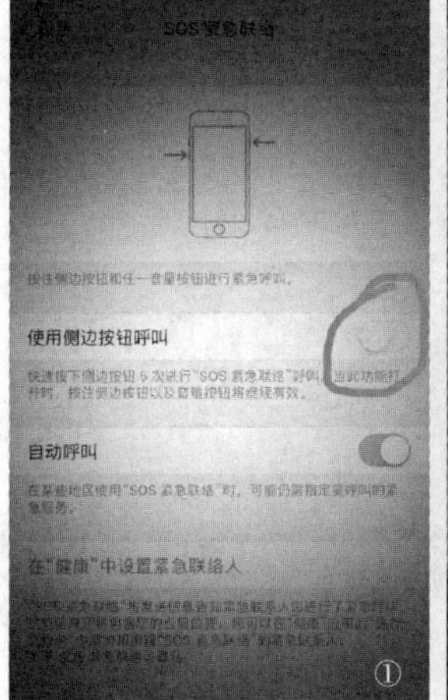

◇江苏　王志军

下载论文有妙招

众所周知，中国知网是国内获取论文资源最重要的途径，除高校或研究机构可以直接下载外，其他人员想下载都要支付很贵的费用，其实我们可以通过“全国图书馆参考咨询联盟”来免费获取相关的论文资源。

具体的操作方法是：首先在浏览器输入“www.ucdrs.superlib.net”登录到“全国图书馆参考咨询联盟”官网，若出现如图1所示的“对不起”提示框则说明输入的网址有误。接下来按作者、主题等方式并选择图书、期刊、报纸等类别查找到自己需要的论文，找到后会发现系统有两种方式来获得论文：文章下载和邮箱接收全文（如图2所示），如果论文有文章下载链接则直接点击保存到电脑合适位置即可，如果没有则只能通过“邮箱接收全文”方式来获取（如图3所示），填入邮箱地址和验证码，稍等几小时后便会收到相关的论文资源（如图4所示），为保证一定能接收到邮件，建议大家使用QQ邮箱。◇安徽　陈晓军

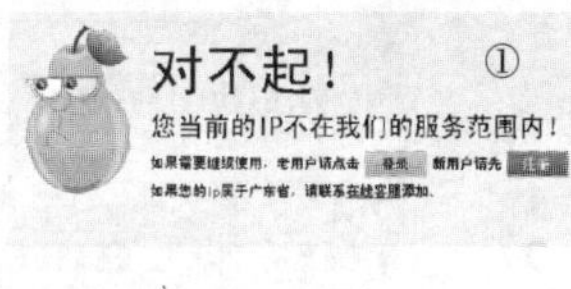

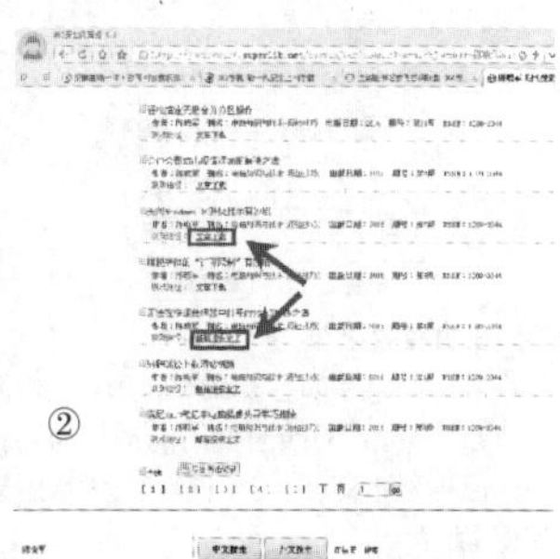

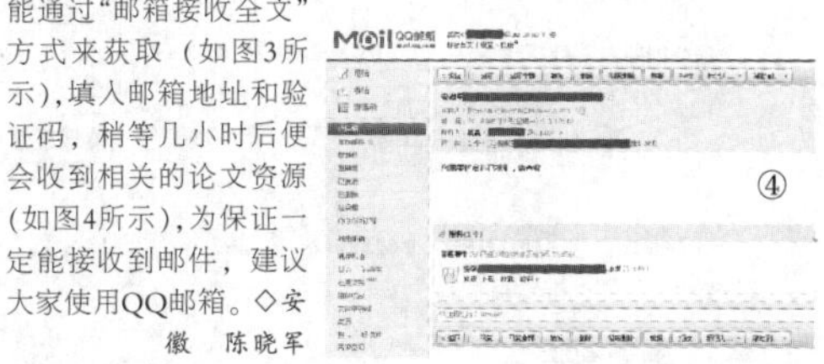

空调器典型故障检修分析

1.压缩机不运转

目前空调器压缩机采用的启动器多由运转电容兼任。压缩机供电是由电脑板控制板上的继电器提供,因此,压缩机运行绕组没有供电,应查电脑板上是的继电器及其激励电路。单冷空调器的压缩机不运转的主要故障原因:1)供电线路异常,使压缩机因无供电而不能工作;2)压缩机启动器或过载保护器异常,引起压缩机不能启动或者启动后不能正常运转;3)制冷系统严重堵塞,导致压缩机过载,引起过载保护器动作。该故障的检修流程如图1所示。

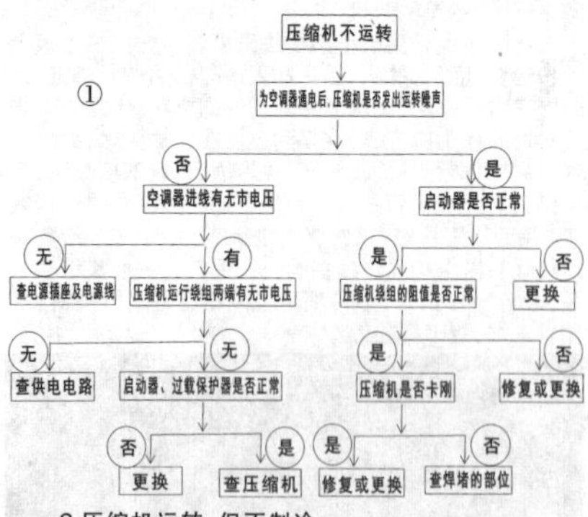

2.压缩机运转,但不制冷

压缩机运转,但不制冷的主要故障原因:1)配管与室外机、室内机连接部位漏;2)冷凝器漏;3)蒸发器漏;4)压缩机异常。而冷暖式空调器的四通换向阀漏也会产生该故障。该故障的检修流程如图2所示。

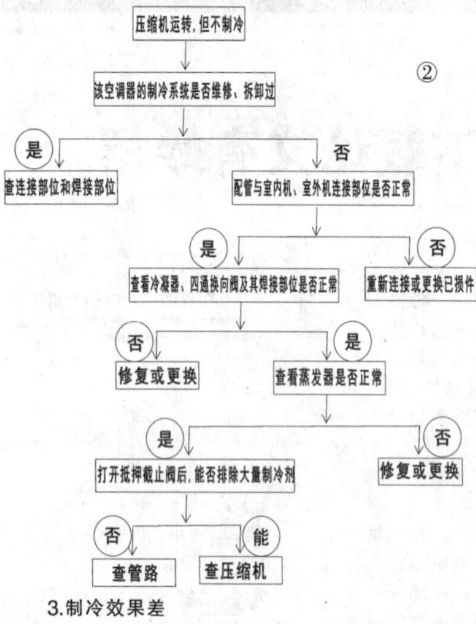

3.制冷效果差

制冷效果差的主要故障原因:1)制冷系统泄漏,2)通风系统异常,3)四通换向阀损坏,4)高压、低压配管的保温棉层不良,5)压缩机性能差。该故障的检修流程如图3所示。

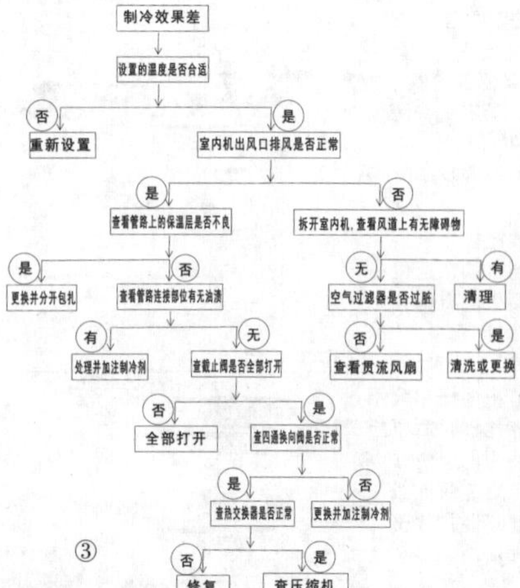

4.制冷正常,但不制热

制冷正常,但不制热的主要故障原因:1)四通换向阀及其供电电路异常,2)与单向阀并联的毛细管堵塞。该故障的检修流程如图4所示。

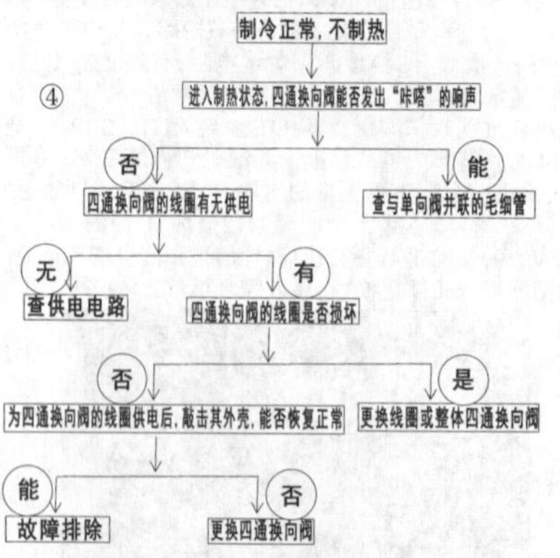

5.制冷正常,但制热效果差

制冷正常,但制热效果差故障的主要原因:1)温度检测电路异常,2)四通换向阀或单向阀异常。该故障的检修流程如图5所示。

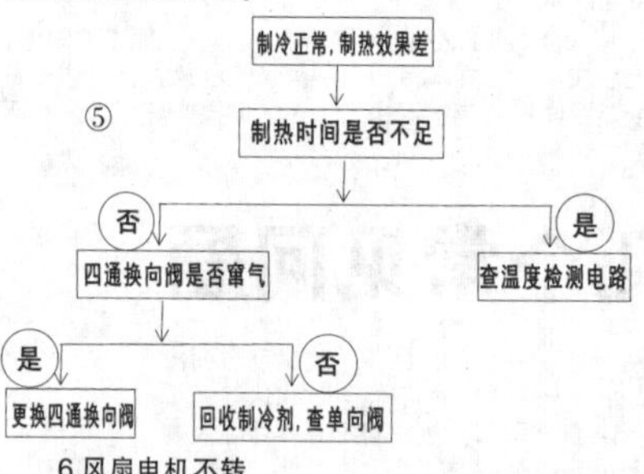

6.风扇电机不转

风扇电机不转的主要故障原因:1)供电电路异常,2)启动电容(运转电容)损坏,3)电机损坏。该故障的检修流程如图6所示。

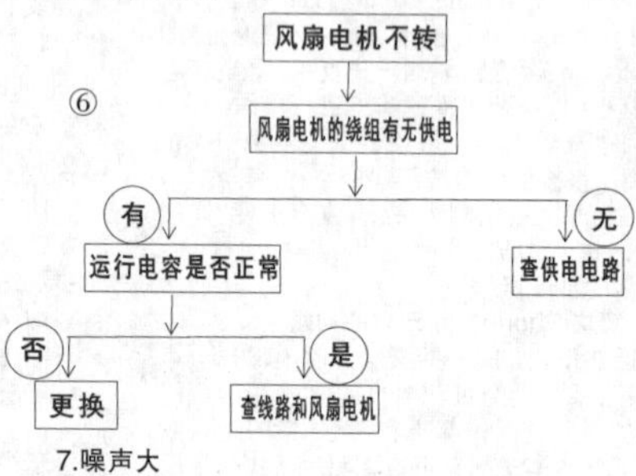

7.噪声大

噪声大的主要故障原因:1)空调器安装的位置不平,压缩机运转后产生共振;2)风扇与其他部件或异物相碰;3)风扇或风扇电机损坏。该故障的检修流程如图7所示。

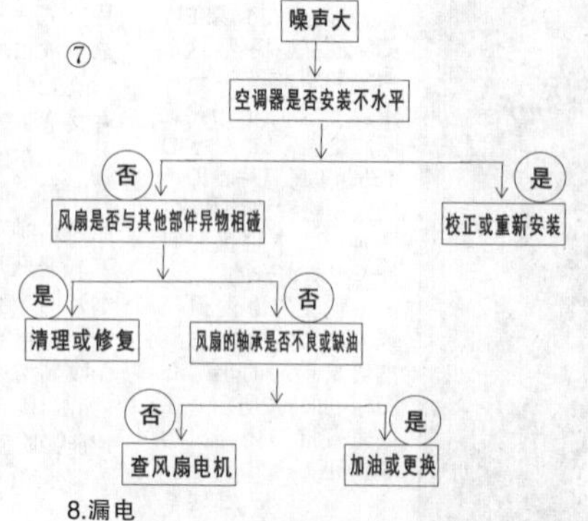

8.漏电

漏电的主要故障原因:1)接地线脱落,2)风扇电机漏电,3)压缩机漏电,4)电源线漏电。该故障的检修流程如图8所示。

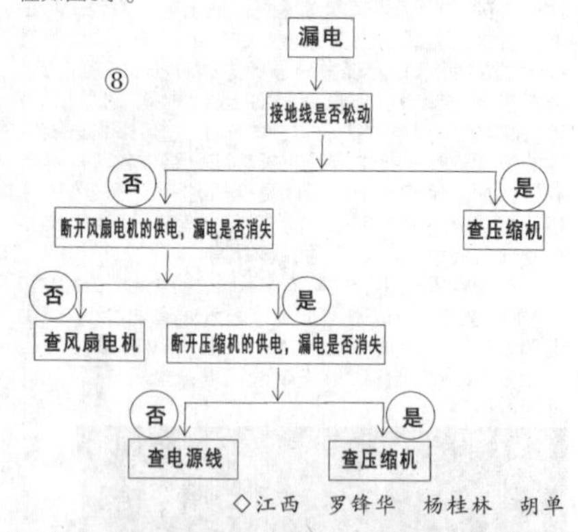

◇江西 罗锋华 杨桂林 胡单

ACA(北美)ATO-BGRF32型电烤箱温控器修复记

故障现象:一台北美牌电烤箱开启烧烤功能后,上管加热棒在设置的温度为250℃时不发红,下管加热棒正常,说明上管加热棒或其供电电路异常。拆开电烤箱后壳,用万用表测得上管加热棒的阻值为47Ω,下管的阻值为50Ω,说明加热棒正常。因本机有上管温控器、下管温控器和烤箱内壁温控器3个温控器,于是把上管温控器(AC250/16A)两柱头上的柱座用鳄鱼夹夹紧后通电,结果上、下管加热棒都发红,说明上管温控器损坏。当地没有此类温控器,于是网购一只同型号温控器(见图1),但装机后故障依旧。调换上、下管温控器后通电,上管加热棒红了,说明所购配件有问题。经仔细分析,能否通过调节旋钮中间的小磁心(图2中铜旋柄中间的那个小白点)使其恢复正常使用呢?于是用小一字螺丝刀伸进铜柄里,顺时针转了1圈,通电还是老样子,无意间顺时针旋转到底,温控器上的弹簧片反转后,再逆时针旋转小磁心,边调试边试机,直至上、下管加热棒一样红,则说明温控器能正常工作了,故障排除。

①

②

◇江苏 陈惟国

多自由度机器人运动控制系统的设计及制作(二)

2018年四川省职院校技能竞赛“电子产品设计及制作”赛项赛题解析

(紧接上期本版)

二、评分标准

1、规则

2、任务与功能验证评分表

3、安全操作规范评分表

评分项	评分点	赋分	得分
操作安全规范	安全用电	2	
	物品摆放	1	
	规范操作	1	
	环境清洁	1	

4、电子设计工艺评分表

工位号:	评分点	赋分	得分
电子设计(20%)	PCB文件命名正确,错误不得分	2	
	将绘制的原理图更新到PCB中,错误不得分	2	
	设置PCB板层、板框大小正确,错误不得分。	3	
	RFID天线设置正确,错误不得分。	3	
	元件轮廓不能超出板框,PCB布局整齐,规范	2	
	元件的布线连接正确,无遗漏和错误,布线不能走锐角线	5	
	进行设计规则检查,生成BOM文件	3	

评分项目	评分标准	分值	评分方式
安全操作规范(5%)	安全用电、环境清洁及操作规范	5	过程评分(主观)
电子设计工艺(20%)	输出BOM表	3	结果评分(主观)
	PCB设计(分档次整体评价)	12	
电子装接工艺(25%)	指定电路板装配元器件摆放、焊点质量、板面清洁、焊接完成度等整体分档次评价。	20	结果评分(主观)
	系统装配	5	
任务与功能验证(50%)	基本要求	17	结果评分(客观)
	提高要求	43	
扣分项	超过规定时间补领元器件(每个)	-1	过程评分(客观)
	更换功能电路板(限1次)	-10	
	更换竞赛平台(限1次)	-10	
	违纪扣分	酌情	裁判长
总计	100		

任务与功能验证评分表

工位号:			是否用代替板		是	否
序号	作品功能	测试指标	测试结果		分值	得分
1	初始化	蜂鸣器鸣叫1S	有	无	1	
2		LED1闪烁频率1Hz	有	无	1	
3		LED1闪烁时长4S	有	无	1	
4		迷宫平台校平	是	否	1	
5	模式选择	通过KEY1键可以切换模式	有	无	1	
6		模式1(LED闪烁频率2Hz)	是	否	2	
7		模式2(LED闪烁频率4Hz)	是	否	2	
8		模式3(LED闪烁频率8Hz)	是	否	2	
9	模式1	按“KEY2”键平台上升	有	无	2	
10		平台上升过程中保持水平	是	否	1	
11		按“KEY3”键平台下降	有	无	2	
12		平台下降过程中保持水平	是	否	1	
13		按“KEY1”键平台停止运动	有	无	1	
14		LED1闪烁频率2Hz,LED2、LED3、LED4的亮灭与步进电机工作状态保持一致	有	无	2	
15	模式2	按“KEY2”键启动机器人	有	无	1	
16		1号点出发行至13号点; 35号点出发行至7号点; 二选一	有	无	5	
17		按“KEY3”键停止机器人工作	有	无	3	
18		任务结束后迷宫组件处于水平静止状态蜂鸣器鸣叫4S以上	是	否	1	
19		任务完成时间				
20		LED1闪烁频率4Hz,LED2、LED3、LED4的亮灭与步进电机工作状态保持一致	是	否	5	
21	模式3	按“KEY2”键启动机器人	有	无	1	
22		走珠运动顺序为:24-33-20-16-21-30-7-14(每走到一个点加1分)	有	无	8	
23		任务结束后迷宫组件处于水平静止状态蜂鸣器鸣叫4S以上	有	无	1	
24		任务完成时间				
25		LED1闪烁频率8Hz,LED2、LED3、LED4的亮灭与步进电机工作状态保持一致	有	无	5	
裁判签字			总分(满分50)			

5、装接工艺评分表

工位号:	电子装接工艺	赋分	得分
无错焊漏焊(参考标准:每处扣1分;扣完为止)		5	
元件整齐(参考标准:元器件划伤、烫伤、变形每处扣1分;贴片元件偏移、扭动每处扣1分;直插件安装高度、剪腿不规整每处扣1分;扣完为止)		5	
焊点质量(参考标准:虚焊、连焊每处扣2分;焊锡过多、过少每处扣1分;焊点拉尖、毛刺每处扣2分;焊点粗糙、不规整每处扣1分;扣完为止)		10	
板面清洁		5	
补领元件		扣1分/个	

三、竞赛技能要求及测试说明

1、PCB绘制计任务要求

绘制一个机器人运动控制板，印制电路板设计任务要求如下：

(4) 根据赛项下发电子资料的PCB文件夹中给定的机器人运动控制板原理图，在赛项给定的PCB外形尺寸进行印制电路板的设计，设计过程中RFID读卡器的天线采用赛题给定的PCB天线；

(5) 线路板约束规则要求：采用双层板，最小间距6mil，最小线宽8mil，过孔最小孔径15mil，过孔最小直径30mil，敷铜最小间距20mil；

(6) 绘制完成后要求生成以下文件：

完成整个工程后，输出BOM表，保存为PDF格式。

完成整个工程后，输出PCB文件。

(4) 各参赛队在设计PCB时，不得改变给定的PCB文件板面尺寸大小、已给定的元器件及安装固定孔的位置。

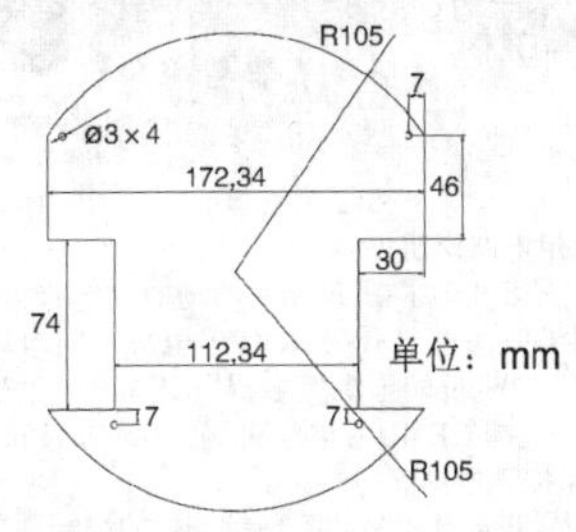

2、THB6128测试板说明

端子说明

信号输入端：

(1)CP+：脉冲信号输入正端。

(2)CP-：脉冲信号输入负端。

(3)U/D+：电机正、反转控制正端。

(4)U/D-：电机正、反转控制负端。

(5)FREE+：电机脱机控制正端。

(6)FREE-：电机脱机控制负端。

电机绕组连接：

(1)OUT2B：连接电机绕组B相。

(2)OUT1B：连接电机绕组B-相。

(3)OUT2A：连接电机绕组A相。

(4)OUT1A：连接电机绕组A-相。

工作电压的连接：

(1)VM：连接直流电源正。

(2)GND：连接直流电源负。

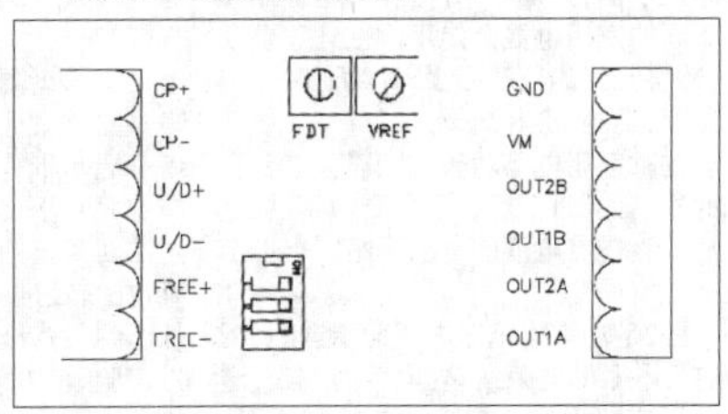

(未完待续)

◇四川 刘 朗

电动机星角降压启动控制器及其应用

三相异步电动机在较多场所采用星-三角降压启动,该控制线路是典型的电动机启动控制电路之一。以前采用继电器-接触器控制,随着PLC的出现和应用深入,目前一般使用PLC进行控制。由于PLC成本较大,常用的控制电路没有启动时间的设定,需要在应用程序中进行调整。若增加起动时间设定,则成本更大。本文设计了一款低成本通用的三相异步电动机星-三角降压启动控制器。该控制器有6点输入和6点输出的开关量控制点。控制器除了提供可与外部电器连接的18个端子外,还板载一个I/O扩展端口。

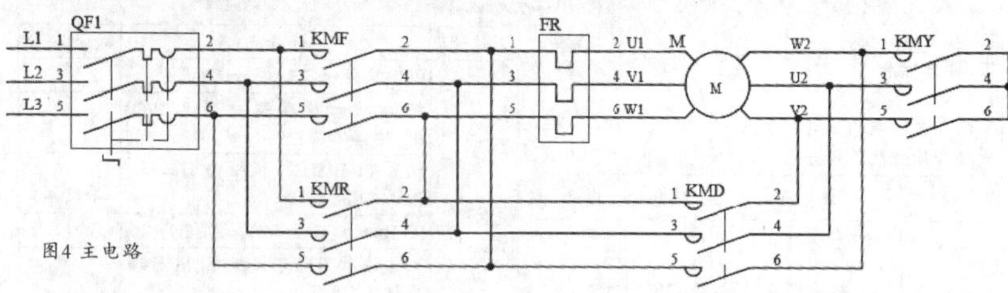

图4 主电路

1.控制器结构

电动机星角启动控制器由STC11F60XE单片机、6路光电隔离开关量输入、6路光电隔离开关量输出、直接由220V提供电源,电源电压范围160V~240V,输出触头容量为1A/250AC。该控制板的实物如图1所示,板上各输入和输出端子的排列如图2所示。启动时间通过CN2口上的跳线来设定,通常设置范围是1s~256s,特殊要求可设置更长时间。采用8位二进制方法设置,如图3所示,图中"▌"表示短接,"∶"表示断开,默认设定值为8s。

图1 控制器

2.应用电路说明

三相异步电动机星角降压启动的主电路如图4所示。图中QF1为空气开关,KMF为电机正转电源接触器,KMR为电机反转电源接触器,KMY为电动机绕组Y形连接接触器,KMD为电动机绕组Δ形连接接触器,FR为热保护继电器。

采用异步电动机星角降压控制器的控制原理如图5所示,图中控制器输入端连接的有:FR为电机热保护热继电器常闭触头,M/A为点动/连续运行方式选择开关,按钮SBT为停止按钮,按钮SBZ为电机正转启动按钮,按钮SBF为电机反转启动按钮。控制器输出端连接的有:KMF为正转电源接触器线圈,KMR为反转电源接触器线圈,KMY为电机Y形连接接触器线圈,KMD为电机Δ形连接接触器线圈,接触器线圈电源均为220VAC,HL为指示灯。该线路可实现电动机正反转、点动或连续运行。当只需要正转时,可省去X4端子的按钮。若不需要点动操作,必须用导线将X1端子连接到公共端子上。

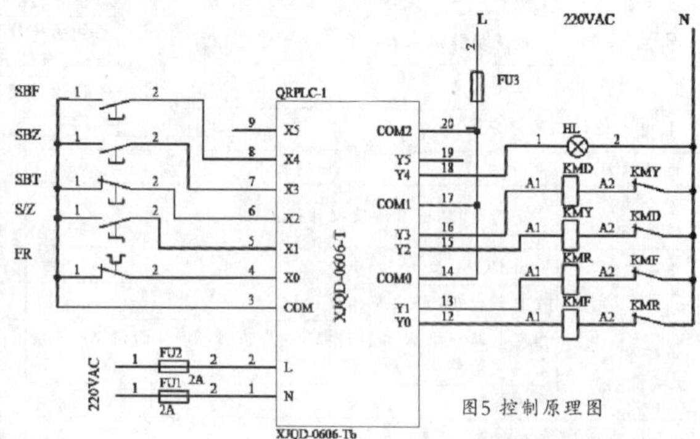

图5 控制原理图

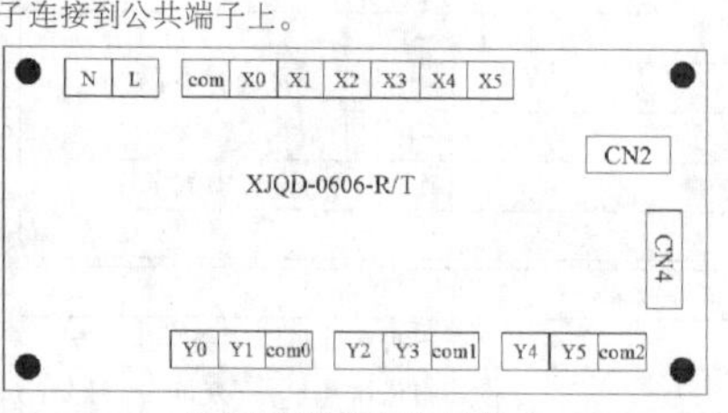

图2 控制器输入输出端子

设定1s　设定10s　设定255s　设定256s

图3 起动时间设置

由于电机所接负载不同,启动的时间长短也不同。本控制器以1秒为基本单位,通过二进制端口"CN2"来设定启动时间,默认设定值为8s,跳线状态为。使用异步电动机星角降压启动的接线示意如图6所示,图中接触器、热继电器等电器应根据控制电动机的容量确定。

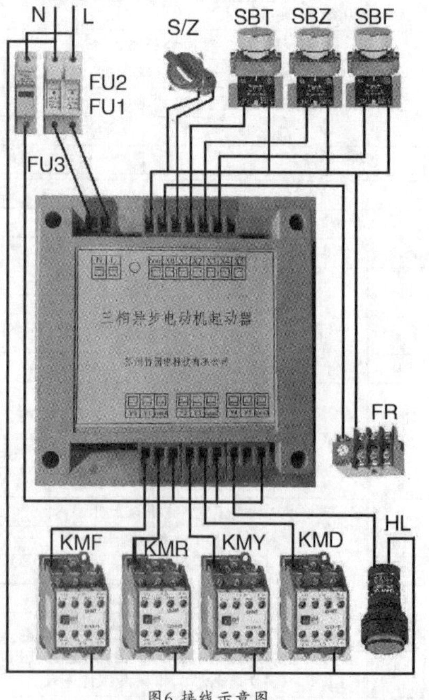

图6 接线示意图

◇江苏　陈洁

自制家用电器功率显示器

在家用电器的维修、调试、改造等等的实践操作中,常常需要知道电器的工作功率情况,比如是满功率还是半功率,又比如满功率持续了多长时间等等。这就需要一个电器功率表。在淘宝网上搜索发现,有电器功率表而且数量还不少,但是基本上都是数字显示的,而数字显示的对我们电子爱好者来说,用的时候没有指针式的方便,价格也不便宜。考虑到这些情况,笔者设计了一款家用电器功率显示器,并把它制作出来,笔者在几种不同的家用电器上使用,感觉效果很好,购买元件的花费很少。具体情况介绍于后面,供各位同仁参考。

这款家用电器功率显示器,笔者自制的成品如图1所示。图中显示,有总电源插头,还有电器的电源插座,有指示表。

图2是功率显示器电原理示意图。图中,J为电器的电源插座,电器的火线、零线接插座的火线、零线;B为电变压器,实际是电流变流器,起电流的耦合作用,N1为变压器的初级,N2为变压器的次级;D为整流二极管;A为电流表表头,这里用毫安级的就可以。

几点说明:

1、变流器B的制作。任何小型变压器都可以作为制作B的基体,对功率的要求很小,所以体积越小越好,越有利于整体的装配。小型变压器的照明市电接入端作为B的N2级,而B的N1级需要制作,方法是,选取一段家庭装修用的2.0的电源线,在小型变压器的铁芯上饶2圈就行了。

2、功率显示器的显示刻度。电流表表头直接显示的是电器的交流电流,功率的显示则是间接的,种种因素造成功率的显示不会是线性的,功率的显示刻度需要实验确定,这里用家用电磁炉来确定比较好,因为家用电磁炉通常具有从小到大八级的功率工作模式。笔者通过实验确定的功率的显示刻度如图1中的白纸所示,供参考。

3、为安全起见电源插座J要接好地线一极,总电源插头要用三个极的,也就是三相插头。

笔者用自制的电器功率显示器对一款电饭锅的工作功率的显示结果如图3所示。

①

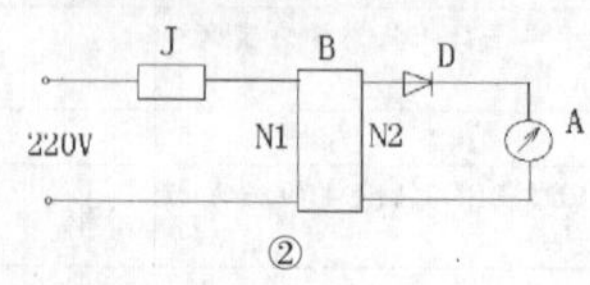

②

③

◇西安　范逢君

DKL型肯迪隆体感格斗勇士玩具机器人简介

一、前奏：

DKL型肯迪隆体感格斗勇士玩具机器人，是一种拟人化的智能玩具，深受小朋友(特别是小男孩)的喜爱，常常玩得爱不释手。这种体感格斗勇士玩具机器人，造型很酷，很威武。这种拟人型机器人与儿童电视节目中吸引人的科幻故事相仿，于是更激发了他们对实体机器人的衷情。这种可遥控的体感格斗勇士机器人外形及遥控器见图1所示。几种结构如图2所示；

二、外形结构特点：

1. *外形结构*

这一对机器人，除了外形色彩有少许区别外，其内部结构、遥控器配置、电路原理均相同（虽然配置的晶振均为12MHz，但工作频率稍有差别，所以可用各自相应的遥控器，分别进行遥控）。

机器人的左、右脚及腿部，除安置了一对可充电电池外还安置了包括电动机等行走机构。因此重心很低，行走很稳当。由于行走不采用复杂的跨步方式，而是滚轮前后移动。而且由于左脚和右脚的滚轮，均由各自的电机配合变速机构分别驱动，所以不仅可自由地前进、后退，还可以灵活地左、右转弯或者在原地转圈。

上半身胸部内也安置了一个小型直流电机和变速机构，可自由地左右转身和扭动，还可通过杠杆式联动机构，带动左、右上臂像拳击运动那样，进行左右挥拳击打，配合身体的左右扭动，包括头部也可随着挥拳击打而活动，十分逼真特具实体感。

三、控制和驱动电路

(一)*主控电路*

驱动主控电路安置于机器人的背包箱内，打开背包呈现的主控电路如附图2

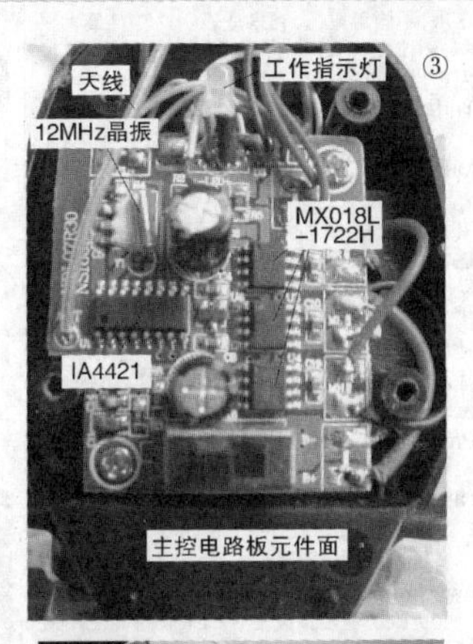

所示。主控电路板(元件面)参见图3；非元件面参见图4所示。

(1)IA4421：由图可见主控收发集成模块为IA4421，IA4421是一种全集成单片低功耗、多频道FSK收发器，其特点是采用无须申请注册的433MHz、868MHz、915MHz频段的具体应用。晶振采用12MHz，符合FCC和ETSI认证相关规定。且是一种低成本、高集成度、且无需统调易于批量生产并适用于儿童玩具应用的集成电路。其内部集成了高频功率放大器(PA)、低噪声放大器(LNA)、I/Q转换混频器、基带滤波器及放大器、I/Q解调器等所需的RF功能总集成，仅需晶振和少量退耦电容器即可。此外，还具有PLL特性和快速时间特性，允许快速跳频。它还可旁路和多径衰减各类干扰，具有可靠的无线全链抗干扰能力和特性。(PLL)锁相环的高精度性在任何指定频段，可工作于多个频道。另外，接收器的基带带宽(BV)，可通过程序来调节各种不同的偏差，以满足数据传输率和晶振误差要求。电路块引脚及应用参考电路参见图5。

(2)MX018L1722H：该型机器人控制电路的输出驱动电路采用了三片MX018L1722H(参见图3所示)。它是一种八引脚有刷直流电机驱动IC。其引脚功能分别为：【(1)脚为Vcc(逻辑控制电源端(2)脚为INa(输出状态1为正转逻辑输入)(3)脚为INb(输出状态1为反转逻辑输入(4)脚为功率电源端Vdd(5)脚为OUTb(输出状态0为反转输出(6)脚为逻辑控制接地端AGNd(7)脚为输出功率管接地端PGNd(8)脚为正转输出OUTa)。

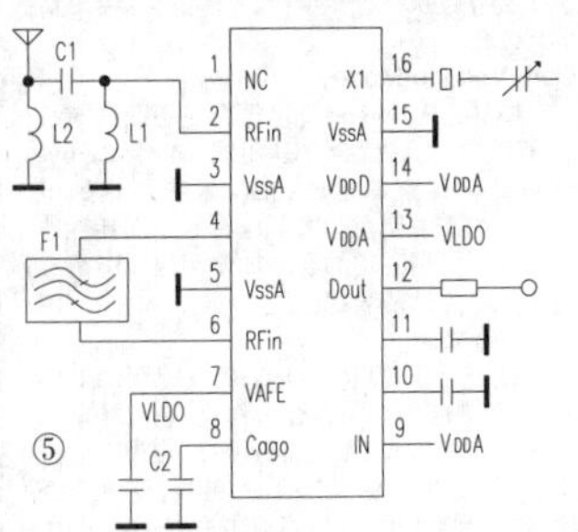

可工作于2.4G的功率输出模块。它是一种由有刷直流电机8位驱动IC驱动并控制的芯片，工作电压(2V~8V)/1A；H桥电路结构，内部设置了温度检测(温度高于150℃时功率管将自动关断；低于150℃时能自动恢复。)】；

(3)低待机电流<0.1uA；

(4)低导通内阻(用MOSFET功率开关管，在800mA时，功率管内阻：0.38欧姆；在200mA时，功率管内阻：0.35欧姆)；

(5)输入信号最低高电平〉2.4V(Vcc3V正常连接时驱动电流200uA)。

(6)遥控距离在电池充足的情况下一般可达8米~10米。

(二)*遥控发射主控芯片IC2(IA4421)简介*

本机遥控主控芯片为16引脚的IA4421，该芯片是全集成单晶片低功耗多频道FSK收发器，常应用于无需申请注册的433M、868M、915M频段的短距离遥控，符合FCC和ETSI认证相关规定。是低成本高集成度的一种无需统调的短距离无线收发两用芯片。也可以说是该遥控器进行操控的一种最简单片微处理器CPU，内部集成了高频功率放大器(PA)；低噪声放大器（LNA）；I/Q转换混频器；基带滤波器；放大器；I/Q解调器等所需的RF功能集成。仅需晶振和少量退耦电容，具有PLL特性，具有快速时间特性，允许快速跳频、旁路多径衰减，有可靠的无线链抗干扰能力和特性。并具有(PLL)锁相环的高精度性，可在任何指定频段使用多个频道。接收器的基带宽(BV)，可通过程序来调节各种不同的偏差，以满足数据传输率和晶振误差要求。

为了更透彻地介绍IA4421及本文内容，特摘录了有关该芯片的特点简介如下：

内部数据滤波和时钟获取

RX同步格式识别

SPI兼容串口控制接口

为微控制器提供时钟和复位信号

16位RX数据FIFO

两个8位的TX数据寄存器

任务周期低功耗模式

标准的10MHz参考晶振

唤醒定时器

2.2~3.8V的工作电压

低功耗

低待机电流(0.3μA)

小巧16PIN TSSOP封装

支持短的数据包(3个字节以下)

RF参数具备极好的温度稳定性

典型的应用：

远程控制

家居安防门禁与报警系统

无线键盘/鼠标/和其他PC外围设备

玩具控制

遥控车门开关

胎压监控

遥感测量

(三)手柄遥控电路

手柄遥控电路置于遥控手柄内（包括遥控电源电池：四节五号干电池，参见图6）。

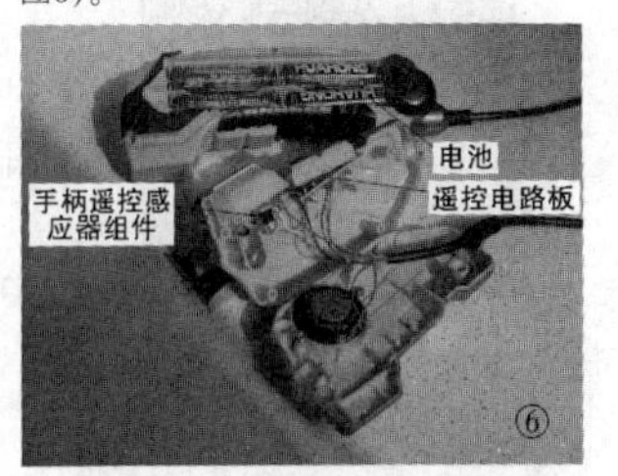

具体电路板的元件面电路如图7所示（电路板号为“KDL07130/NS1605”），手柄遥控电路主芯片是特制的贴胶电路。与其相配的外围主要控制电路也是一片多频道收发电路IA4421。可便于与主机器人相匹配。

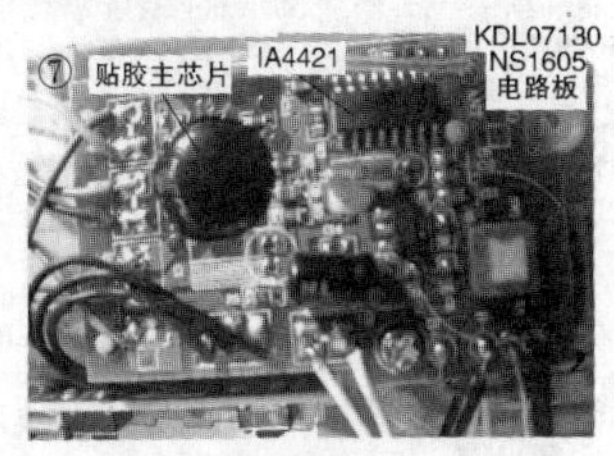

2.不完美之处的改进

前面介绍了该型玩具机器人的诸多特点和优点，但在设计上也存在不少不足之处，尤其是它的充电方式非常累赘，原本配置的内置可充电电池容量就较小，运行不了多久就需要补充电能。这时就必须用专配的螺丝解刀拆卸下机器人的脚部零件，拆出可充电电池，再用专配的充电接插件接上专配的充电器充电（见图8所示）。若小孩不慎弄丢了其中一个配件，就不能方便地甚至不能进行再充电，机器人就不能继续玩耍了。

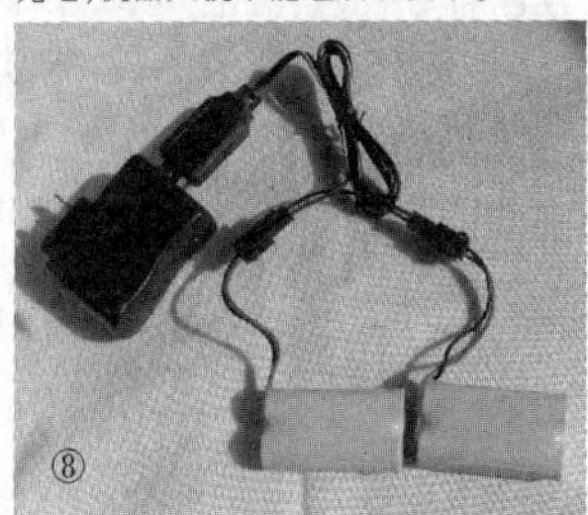

如果可充电电池容量选大些，可玩耍得久些，而不必频频进行充电，也可弥补这一缺点。对此，笔者则直接在其双脚的跟部各设置了一个充电接插口，就可随时方便地进行充电了。

◇四川　阿秋

巧解功耗设置

不知道大家有没有发现，在使用笔记本特别是轻薄本（比如经典的i5-8250U与MX150搭配）时，插上电源和使用自带电池电量时，软件（游戏、设计）的流畅度会感到明显的不一样。这是因为低压版的笔记本处理器在考虑到离开电源需要高续航时加入了智能功耗设置，也就是俗称的功耗墙。

我们可以用官方的Intel Extreme Tuning Utility这款软件对处理器进行多项细致调节，也就是解锁功耗墙。

进入软件后可以看到最左边的几个选项，见图。从上到下依次为"系统信息、保存的脚本、主要设定：全部-核心-缓存-显卡-其他、压力测试、Benchmark测试、历史记录"

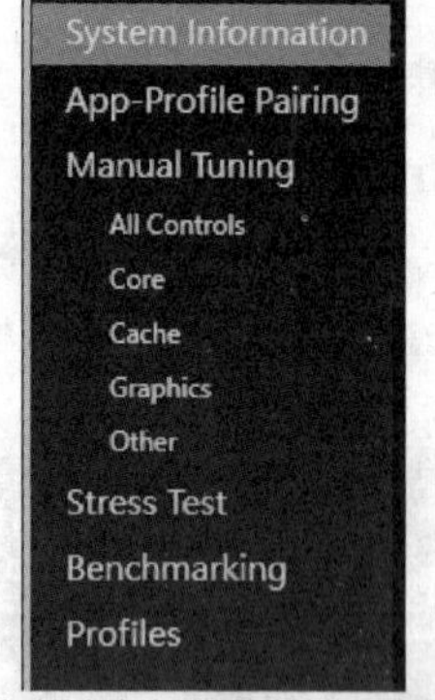

然后是各个选项的具体功能，也是本文更改功耗设定的主要依据：

Reference Clock

处理外频，作为移动端处理器，不建议调整。超过1Mhz以上的调整会导致死机，1Mhz以下会导致系统严重卡顿，一般都保持默认的100Mhz。

Core Voltage Mode

默认是Adaptive，一旦调整了下面的核心电压，应用之后就会立刻变成Static，Adaptive意味动态调整的电压，Static意味固定的电压，一般来说使用动态电压有利于功耗性能的平衡，使用固定的会增加使用温度但是会有更稳定的性能表现。

Core Voltage

核心电压，默认是Default，这对于CPU的发热/频率起着至关重要的作用，它与频率成正比，与发热成正比，而且发热与频率成正比，这里面就存在一个权衡，警告：这是一个比较危险的选项，调整并点击Apply会立即生效，过低会导致断电重启，过高轻则断电重启，重则CPU击穿报废，最好不要轻易改动。如果要调整，建议进行微调，边调边查。

Dynamic CPU Voltage Offset

电压浮动微调，原理基本同上。

Intel(R) Turbo Boost Technology

CPU睿频开关，这个要参考你的CPU是否有这项技术，有的话默认是开启。

Turbo Boost Short Power Max Enable

短时最大睿频，俗话就是CPU鸡血开关，会在短时间提高频率超过默频以提升瞬间体验，这里也是默认开启。

Turbo Boost Power Max

这里最大可以拉到512W，这个不是即时选项，不同于电压，它只是表示这功耗最大限制，建议在57W以上，即时不调其他选项，拉大它也有可能有性能提升。

Turbo Short Boost Power Max

与Turbo Boost Power Max同理。

MultipLiers

倍频调节，这个就是影响性能的主打因素，可以直接通过滑块拉动，要注意的是这里需要和电压配合，拉2倍频或者4倍频一般来说不需要动电压，但更高的话就需要适当加压，ES以及MX版的CPU在这里不作限制，但是也要注意电压温度，如果没有改进CPU的降温措施的话尽量少用或者短时间超频，不然轻则蓝屏死机重则烧毁CPU。

Processor Graphics Ratio Limit

显卡频率，此选项每增加1倍频，表示GPU核心增加50MHz。

右下角还有个Save，等你觉得设置得差不多了就可以保存了，之后想用打开直接找App-Profile里面应用就可以。

更改功耗设置以后，如果长时间使用最好配上一个好一点的笔记本散热器，当然动手能力佳的朋友再将导热硅脂换为液金硅脂更好，还可以将温度降低10℃~15℃左右。

（本文原载第28期11版）

服务器内存技术盘点

由于服务器内存在各种技术上相对个人电脑来说要严格得多，它强调的不仅是内存的速度，更注重内在纠错技术能力和稳定性。其中最让人熟悉也是最惊讶的当属热插拔技术，即在不关闭系统，不切断电源的情况下取出和更换损坏的内存，还有服务器的硬盘、电源和板卡等部件都能即插即用。因为服务器及系统除了扩展性外还必须对随机发生的意外情况有及时的恢复能力和灵活性。

当然还有类似的技术，下面我们就来简单为大家介绍一下几种常见的内存技术。

Parity技术

该技术常常使用在普通的内存上，同位检查码被广泛地使用在侦错码上，它们增加一个检查位给每个资料的字元（或字节），并且能够侦测到一个字符中所有奇（偶）同位的错误，但Parity有一个缺点，当计算机查到某个Byte有错误时，并不能确定错误在哪一个位，也就无法修正错误。

ECC技术

ECC技术（Error Checking and Correcting）即纠错技术，相比普通内存上使用的PARITY技术，ECC正如其名字一样，"错误检查和修正"，ECC不仅能发现错误，而且能纠正这些错误，这些错误纠正之后才能正确执行下面的任务，确保服务器的正常运行。最开始应用这种技术的是EDO内存，SD也有应用，而ECC内存主要是从SD内存开始得到广泛应用，而新的DDR系列、RDRAM也有相应的应用，主流的ECC内存其实是一种SD内存。

Chipkill技术

Chipkill技术算是ECC技术的改进版，是IBM公司为了解决目ECC技术的不足而开发的，是一种新的ECC内存保护标准。因为ECC技术只能同时检测和纠正单一比特错误，如果同时检测出两个以上比特的数据错误，ECC则无能为力。Chipkill技术保证了内存子系统的容错性，解决此难题。

Register技术

Register即寄存器或目录寄存器，在内存上的作用可以理解成书的目录，通过Register，当内存接到读写指令时，该技术会先检索此目录，接着进行读写操作，若所需数据在目录中则直接取用不再进行读写操作，极大提高了服务器内存工作效率。

FB-DIMM技术

FB-DIMM，全称Fully Buffered-DIMM，全缓冲内存模组，是Intel在DDR2基础上发展出的一种新型内存模组与互联架构。其能极大提升系统内存带宽并增加内存最大容量。FB-DIMM技术是Intel为了解决内存性能对系统整体性能的制约而发展出来的，在现有技术基础上实现了跨越式的性能提升，同时成本也相对低廉。

最直观的分辨服务器内存与普通内存条的方法就是看条子上的字有没有带ECC模块。

（本文原载第28期11版）

DIMM服务器内存条盘点

在服务器领域，目前使用的内存条类型（DIMM）主要有三种：UDIMM、RDIMM和LRDIMM。

UDIMM

全称Unbuffered DIMM，即无缓冲双列直插内存模块，指地址和控制信号不经缓冲器，无需做任何时序调整，直接到达DIMM上的DRAM芯片。UDIMM由于在CPU和内存之间没有任何缓存，因此同频率下延迟较小。

数据从CPU传到每个内存颗粒时，UDIMM需保证CPU到每个内存颗粒之间的传输距离相等，这样并行传输才有效，而这需要较高的制造工艺，因此UDIMM在容量和频率上都较低。

RDIMM

全称Registered DIMM，带寄存器的双列直插内存模块。RDIMM在内存条上加了一个寄存器进行传输，其位于CPU和内存颗粒之间，既减少了并行传输的距离，又保证并行传输的有效性。由于寄存器效率很高，因此相比UDIMM，RDIMM的容量和频率更容易提高。

LRDIMM

全称Load Reduced DIMM，低负载双列直插内存模块。相比RDIMM，LRDIMM并未使用复杂寄存器，只是简单缓冲，缓冲降低了下层主板上的电力负载，但对内存性能几乎无影响。

此外，LRDIMM内存将RDIMM内存上的Register芯片改为iMB（isolation Memory Buffer）内存隔离缓冲芯片，直接好处就是降低了内存总线负载，进一步提升内存支持容量。

区别

UDIMM由于并未使用寄存器，无需缓冲，同等频率下延迟较小。此外，UDIMM的另一优点在于价格低廉。其缺点在于容量和频率较低，容量最大支持4GB，频率最大支持2133 MT/s。此外，由于UDIMM只能在Unbuffered模式工作，不支持服务器内存满配（最大容量），无法最大程度发挥服务器性能。在应用场景上，UDIMM不仅可用于服务器领域，同样广泛运用于桌面市场。

RDIMM支持Buffered模式和高性能的Registered模式，较UDIMM更为稳定，同时支持服务器内存容量最高容量。此外，RDIMM支持更高的容量和频率，容量支持32GB，频率支持3200 MT/s。缺点在于由于寄存器的使用，其延迟较高，同时加大了能耗，此外，价格也比UDIMM昂贵。因此，RDIMM主要用于服务器市场。

LRDIMM可以看作RDIMM的替代品，其一方面降低了内存总线的负载和功耗，另一方面又提供了内存的最大支持容量，虽然其最高频率和RDIMM一样，均为3200 MT/s，但在容量上提高到64GB。并且，相比RDIMM，Dual-Rank LRDIMM内存功耗只有其50%。LRDIMM也同样运于服务器领域，但价格较RDIMM更贵。

类型	技术	频率	容量	性能	应用	售价
UDIMM	DDR4/DDR3/DDR2/DDR/SDRAM	266-2133	32MB-4GB	低	桌面服务器	低
RDIMM	DDR4/DDR3/DDR2/DDR	333-3200	512MB-32GB	中	服务器	中
LRDIMM	DDR4/DDR3	1333-3200	16GB-64GB	高	服务器	高

（本文原载第28期11版）

Intel3xx系主板简介

第8代酷睿刚发布时，只有一个Z370主板能搭配，很没有性价比。终于熬了半年时间，等来了H370/B360/H310主板的上市，现将主要参数做个对比。

PCIe 3.0

现在的电脑基本所有的内部硬件都是通过PCIe通道与CPU互联进行数据交换，比如显卡、声卡和NVMe SSD等，所以PCIe 3.0通道数目的多少会直接影响平台内部能互联硬件的数量。

比如发烧友要装双卡GTX1080，一张顶级显卡需要占用PCIe 3.0×16通道才能不产生带宽瓶颈，组建双卡则要32条，只有Z370主板芯片组（16条CPU直连PCIe 3.0+16条芯片组转接PCIe 3.0）才能满足要求。

I/O接口

I/O接口全称为(Input/Output Interface)，指输入输出接口，是电脑与外部设备进行数据交换的通道，它们会相对慢得多，鼠标键盘外部设备不需要太高的带宽，它们数据传输和运行速度对比CPU来说太慢了。I/O通道数目的多少直接决定能插多少个U盘，多少个显示器等外设。

USB 3.1

现在的USB接口主要分为三种，一种是USB 2.0接口，接口带宽为480Mbps，还有一种是USB 3.1 Gen1接口（也就是USB 3.0），它的理论带宽为5Gbps，最后一种USB 3.1 Gen2（缩写为USB 3.1），理论带宽可以高达10Gbps，接口的理论带宽自然越高越好。

CNVi无线网卡

CNVi是Intel下一代无线网卡技术，在芯片组集成无线网卡的MAC（蓝牙和WIFI模块）部分，让主机摆脱传统的外接无线网卡，减少了PCIe和USB通道占用情况。该网卡采用2×2 802.11ac Wave2协议，理论带宽达到1734Mbps，是2×2 802.11AC理论传输带宽的两倍。2×2 802.11ac Wave2支持多入多出，即可以同时连接数个设备传送和接入数据，即电脑能接收无线网络，也能充当WIFI发射器或者WIFI信号增强器，十分方便。

（本文原载第28期11版）

芯片组	Z370	H370	B360	H310
CPU接口	LGA1151	LGA1151	LGA1151	LGA1151
内存频率	i7/i5 2666MHz i3以及以下2400MHz	i7/i5 2666MHz i3以及以下2400MHz	i7/i5 2666MHz i3以及以下2400MHz	i7/i5 2666MHz i3以及以下2400MHz
超频	支持	不支持	不支持	不支持
直连PCIe 3.0配置	1×16/2×8/1×8&2×4	1×16	1×16	1×16
PCIe 3.0总线数	24	20	12	6
I/O接口数	30	30	24	14
USB及USB3.1	14(10)	14(8)	12(6)	10(4)
USB3.1 Gen1	10	8	6	4
USB3.1 Gen2	0	4	4	0
SATA 3.0接口	6	6	6	4
M.2接口	3	2	1	0
磁盘阵列	支持	支持	不支持	不支持
傲腾技术	支持	支持	支持	不支持
CNVi无线网卡	不支持	支持	支持	支持

华人薪星一号不开机速修一例

接修一台亚太7号华人薪星一号卫星接收机，故障现象是打开电源开关后，前面板红色指示灯亮一下即熄灭，其他反无任何反应，初步怀疑主板有元件短路导致的保护性故障。

拆开机器取下电源板测量3.3V、5V、12V和24V都正常，但接上主板后3.3V仅为1.7V左右，其他各组电压也随之下降，此种情况要么是负载有短路现象，要么是电源板带负载能力变差，可手摸主板无元件发热，看来问题出在电源身上。

仔细观察电源板发现标识C9（1000uF/10V）的电容顶部有鼓包现象，如图1所示，拆下后发现该电容是+3.3V滤波电容并且容量基本为0，找来1000uF/16V电容代换后可以正常开机，接上室外单元收视也恢复正常，如图2所示，故障完全排除。

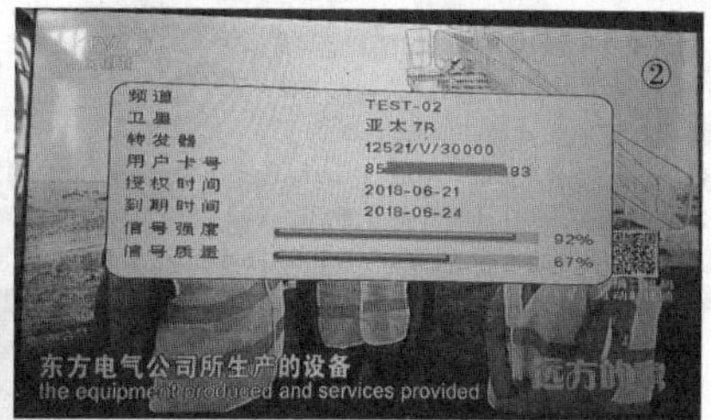

◇安徽　陈晓军

广播电视常用技术英汉词汇对照表(十二)

在应用广播电视设备中，往往有很多英文简写出现在设备上，为了方便同行对广电设备上的英文熟知，特摘录以下常见用于广播电视技术行业的英汉词汇对照表。为了查询方便，本表以英文字母排序进行汇集整理。在查阅对应含义时，特别要注意部分简写的真实含义，容易出现混淆，同时在本技术行业应用中，约定的简写才可以简写，否则简写容易出现歧义。

◇湖南　李　斐

VDA	Video Distribution Amplifier	视分放大器
VDT	Video Display Terminal	视频显示终端
VE	Video Engineer	视频工程师
VEQ	Video Equalizer	视频均衡器
VES	Virtual Editing System	虚拟编辑设备
VESA	Video Electronics Standard Association	(美国)视频电子标准协会
VF	Video Frequency	视频
VG	Video Graphics	视频图形
VGA	Video Graphics Array	视频图形阵列(显示卡)
VHF	Very High Frequency	甚高频
VHS	Video Home System	家用视频系统
VIP	Visual Image Processor	视频图像处理器
VITC	Vertical Interval Time Code	场消隐期时间码
VITS	Vertical Interval Test Signal	场消隐期测试信号
VLC	Variable Length Coder	可变长度编码器
VLSI	Very Large Scale Integrated Circuit	超大规模集成电路
VOD	Video-On-Demand	视频点播
VR	Virtual Reality	虚拟现实
VRC	Vertical Redundancy Checking	垂直冗余检验
VS	Video Server	视频服务器
	Video Session	视频会议
VSM	Video Service Module	视频业务模块
VSB	Vestigial Side-Band	残留边带
VSS	Virtual Studio System	虚拟演播室系统
VT	Visual Telephone	可视电话
VTR	Video Tape Recorder	磁带录像机
	vertical blanking interval	场逆程
W		
WA	Wireless Access	无线接入
WAN	Wide Area Network	广域网
WAU	Wireless Access Unit	无线接入单元
WBA	Wide Band Amplifier	宽带放大器
WBR	Write Buffer Register	写入缓存器
W-CDMA	Wide Band-CDMA	宽带码分多址

WD	Wavelength-Division	波分
WDM	Wavelength Division Multiplexing	波分复用
WDMA	Wavelength Division Multiple Access	波分多址
Web TV	Web Television	网络电视
WFM	Wave Form Monitor	波形监视器
WLAN	Wireless Local Area Network	无线局域网
WORM	Write Only Read Many	一次性写入多次读出(光盘)
WS	Working Storage	暂存器
WV	Working Voltage	工作电压
WSS	Wide Screen Signalling	宽屏幕信令
X		
	XBS Extra Bass System	超低音系统
	XDR External Data Representation	外部数据表示
	X-FMR X-FORMER	变压器
	XL Inductive Reactance	感抗
	XM Cross Modulation	交调
	XIC Transmission Interface Converter	传输接口转换器
	XIR Extreme Infrared	远红外线
	XPNDR Transponder	转发器，应答器
	XPT Cross Point	交叉点
	XT Cross Talk	串音，串扰
	XVTR Transverter	变换器
	xor	异或
Y		
YEDFA	Ytterbium Erbium Co-Doped Fiber Amplifier	镱铒光纤放大器
	Y/C Luminance/Chrominance	亮度/色度
	Y-signal Luminance Signal	亮度信号
Z		
ZA	Zero Adjustment	调零，零点调整
ZCP	Zero Crossing Point	过零点
ZP	Zero Potential	零电位
ZIT	Zone Information Table	网络群信息表

（完）

海恩视听荣获DynamiKKs!
德国动能中国大陆(含港澳)总代理
标志着成都影音营销迈向新征程

成都海恩视听的前身为在成都夙负盛名,是成立于1991年的成都Hi-Fi音响音乐中心。目前,海恩视听代理经销的主要有A-capella、ARC、Bryston、Blumenhofer、Bergmann、EAR、Einstein、HRS、Daniel Hertz、Gryphon、German Highend、MBL、M&K Sound、LINN、PMC、Sim2、Transparent、V.D.H等二十余个世界著名音响品牌。

海恩视听的主事者从事音响行业工作已有十几年了。他因酷爱音乐而在二十世纪八十年代中期开始,逐渐成为一个无可救药的音乐音响发烧友,索性将自己的喜好变为了所从事的职业。凭着多年来听音乐、玩音响的体验,他认为一套音响靓声与否的关键在于玩音响的人对系统的认知程度,这个"系统"就包含了器材本身的素质、器材与器材之间的搭配以及器材在听音空间中的调整。对此,海恩视听称之为"靓声源自对系统的认知"!海恩视听的服务正是以此来展开的。

经过DynamiKKs!德国动能大中华区总代理台湾典立音响有限公司授权,海恩视听取得了DynamiKKs!中国(含香港和澳门)的总代理权,全权负责DynamiKKs!在中国(含香港和澳门)的销售和推广工作。

标志着成都影音业不再是区域性销售,成都也将成为全国影音营销中心之一。

DynamiKKs!简介:

DynamiKKs!总裁Mr.Ulf Moning是一位非常资深,有创造力的电子工程师和喇叭设计者。在早年,他曾经担任世界某著名音箱大厂首席设计工程师,专门负责设计高素质的单体及喇叭。曾经造成音响界所震惊的内凹式高音单体,附有金属相位锥的中音单体,及双磁铁驱动振膜的低音单体,皆出自他创造性的设计。

因有这些傲人的成就,他倾心全力研发如艺术般的顶级音响器材,使其所设计制造的产品能融入高品位的生活当中。于是造型极具现代艺术价值,问世至今得过无数奖项,让世人对于喇叭的设计概念有了全新突破的DynamiKKs!喇叭终于诞生。

DynamiKKs!热销主要型号:

Athos

类型:2.5音路落地低音反射式喇叭

频宽:29Hz-22KHz-3dB

灵敏度:95dB(1W/1m)

平均抗阻:6欧姆

外观体积(WHD):51×190×76cm

重量:185公斤

使用单体:采用1.75寸号角高音一支,12寸纸盆中音一支,15寸纸盆低音两支,高音与中音采同轴设计

Monitor 12.18

类型:三音路三单体低音反射式与气垫式落地喇叭

频宽:33Hz-24KHz-3dB

灵敏度:97dB(1W/1m)

平均抗阻:6欧姆

外观体积(HBT):123×65×70cm

重量:100公斤

使用单体:采用PM4振膜压缩式号角一支,12寸纸盆振膜中音单体一支,18寸纸盆低音单体一支

Monitor 10.15

类型:三音路三单体低音反射式与气垫式落地喇叭

频宽:33Hz-24KHz-3dB

灵敏度:96dB(1W/1m)

平均抗阻:8欧姆

外观体积(WHD):113×50×60cm

重量:79公斤

建议扩大机功率:100瓦以上

使用单体:采用1.75寸PM4振膜压缩式号角一支,10寸纸盆振膜中音单体一支,15寸纸盆低音单体一支

Monitor 8.12

类型:三音路三单体低音反射落地喇叭

频宽:34Hz-22KHz-3dB

灵敏度:93dB(1W/1m)

平均抗阻:6欧姆

分频点:150Hz/1800Hz

外观体积(WHD):104×40×50cm

重量:54公斤

使用单体:采用44mm压缩式高音单体,8寸纸盆中音单体,12寸纸盆低音单体

NUVIZ HUD头戴式显示器技术特点介绍

文中图像是一款荣获"2018CES最佳创新奖",分辨率为800×480的HUD(Head-Up Display)头戴显示器,该款型号为NUVIZ HUD的显示器是迄今为止唯一一款融合导航、静动像摄像、信息娱乐、电话管理等多项功能,通过车把无线选项控制器操控的视听设备,由美国NUVIZ公司专为摩托车手开发。该机的外挂式设计使得用户很容易地将其选项控制器安装在自己喜欢的全罩式安全头盔上,NUVIZ HUD具体的亮点特色主要有:

特色1:LCOS技术确保显示始终生动鲜活

NUVIZ HUD应用的专利技术的核心是LCOS(Liquid Crystal On Silicon)有源矩阵式微显示技术,借助与智能手机的连接,该技术方案能将本机光学系统生成的图像及包括车速、时间、海拔高度等信息投射至漂浮在车手眼睛前方4m视线范围内的虚拟图形界面上。在明亮的光照下,像素密度为3175dpi的图像色彩显示生动鲜活,颜色多达1600万种。为了在任何环境下都能正常显示,该机还可以根据周边的实时光照情况对显示亮度进行调整。

特色2:NUVIZ App的加盟使设备更实用

NUVIZ HUD的实用得益于NUVIZ App应用的加盟,该款软件应用能在未来的功能拓展和特性提升时,提供简单、免费的更新和集成。与专门的智能手机应用配对使用可以帮用户实现:第一,规划并保存最佳骑行路线;第二,收藏最喜欢的车手;第三,即时欣赏用本机拍摄的照片和视频;第四,查看NUVIZ传感器收集的骑行统计数据;第五,直接分享来自Spotify、Pandora、Apple Music,或Google Play等社交网站提供的音乐和信息;第六,为方便旅行者周游世界提供国际地图。

特色3:诸多优点集成使体验无后顾之忧

NUVIZ HUD作为NUVIZ公司第一款全功能HUD旗舰机,经过精心设计它赋予用户许多优点:第一,速度限制、路线建议、控制直观带来的少分心便于车手目视前方安全骑行;第二,视线范围内的定制信息使骑行体验增强;第三,诸多现代技术的应用确保旅程中骑行与娱乐无干扰地两不误;第四,可戴手套使用,以及雨雪天气的全天候适应性给车手骑行提供了方便;第五,GPS的设置使用户无需通过手机来寻找目的地;第六,消除了非一体化机型有更多支架和线缆使头盔一团糟的囧像。

特色4:灵活的摄像头让骑行增色不少

NUVIZ HUD的相应按钮一旦被按下,照片与视频拍摄即刻快速完成。其内置的高清动作摄像头可以捕捉像素高达800万的照片和1080p/30fps的高清视频,通过蓝牙可将拍摄的照片和视频传输至用户的智能手机,或直接记录在128GB的microSD卡上。该款安装在球型接头上的摄像头,其拍摄角度的调整非常容易,并且在通过支架连接到头盔后,还能通过一个实时的视图对摄像头作进一步的调整。

NUVIZ HUD的外形尺寸为148×58×28mm(宽×高×深,以下同。),重为0.24kg(含电池),参考价为699美元。

2018年7月15日出版 实用性 启发性 资料性 信息性

第28期 国内统一刊号:CN51-0091 定价:1.50元 邮局订阅代号:61-75

地址:(610041)成都市天府大道北段1480号德商国际A座1801 网址:http://www.netdzb.com

(总第1965期) 让每篇文章都对读者有用

爱立信与中国移动联合发布《5G与智能工厂研究报告》

日前，在2018世界移动大会·上海(MWC上海)期间举行的"2018 GTI峰会·上海"——"中国移动5G联创中心成果发布会"上，由爱立信与中国移动研究院共同编写的《5G与智能工厂研究报告》(以下简称"报告")正式发布。

报告从智能工厂背景及趋势、智能工厂对连接的需求与挑战、5G智能工厂解决方案、智能工厂应用案例等几个维度，阐述了5G网络能力如何很好地满足智能工厂连接需求，以及智能工厂解决方案的具体实践。

连接是智能工厂的基础

当前，经济发展瓶颈引发了"再工业化"浪潮，全球主要大国充分意识到"智能制造"之重要，从国家层面全力引导支持，纷纷出台相应政策积极筹划布局。例如，中国政府2015年5月推出《中国制造2025》战略规划，以高新技术和网络为依托，站在更高的起点上重构制造业产业链，把向服务转型、向智能制造升级作为制造业升级转型的关键方向。

智能工厂作为实现智能制造的重要载体，是指以先进的信息网络技术和先进的制造技术深度融合，实现工厂生产操作、生产管理、管理决策三个层面全部业务流程的闭环管理，继而实现整个工厂全部业务流程上下一体化业务运作的决策、执行自动化。

相较传统工厂，智能工厂中各类传感器、机器人被大量使用；基于大数据、云平台的智能分析工具将帮助企业实现更为科学的决策；同时，生产的本地性概念不断被弱化，由集中生产向网络化异地协同生产转变，信息网络技术使不同环节的企业间实现信息共享，实现全球范围内的资源高效协作和配置。

报告认为，先有大连接才有大数据，才有智能，才有智能生产制造的未来。"连接"是智能工厂的基础，网络是连接的载体。网络连接是智能工厂的基础，打造低时延、高可靠的网络基础设施是实现全要素各环节的泛在深度互联的前提。

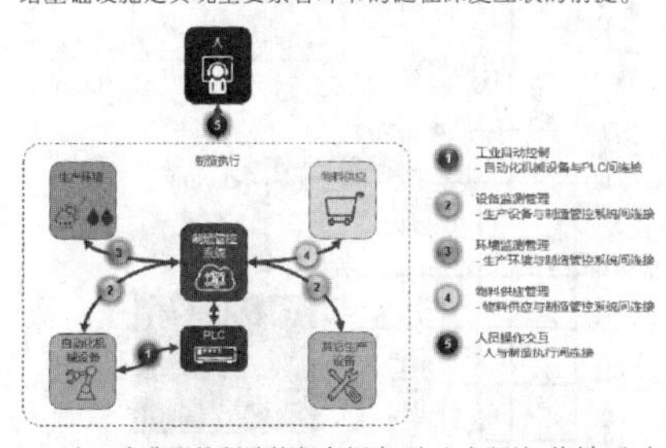

在一个典型的制造执行车间内，由生产环境、物料、生产设备、PLC(可编程控制器)、制造执行控制系统、人这六类要素构成的工厂中，主要有五大典型生产制造场景，每个场景都有对连接的不同需求：工业自动控制场景，需要自动化机械设备与PLC间的连接；设备检测管理场景，需要生产设备与制造管控系统间的连接；环境检测控制场景，需要生产环境与制造管控系统间的连接；物料供应管理场景，需要物料供应与制造管控系统间的连接；人员操作交互场景，需要人与制造执行间的连接。

五大场景接入+三张切片+三朵云

随着网络的演进，5G即将在2020年迎来商用，其超低时延、超高可靠性、海量连接、超大带宽等特性，将为智能工厂的实现打下坚实基础。

通过采用毫米波技术、增加带宽技术、微基站技术、高阶MIMO(大规模天线)技术、波束赋形技术等创新以及支持网络切片功能，使得5G在工业领域关注的速率、时延、终端连接数、可靠性、安全性、电池寿命六个指标上优势突出。

报告指出，对于一个典型的厂区，5G智能工厂解决方案为——五大场景接入+三张切片+三朵云。

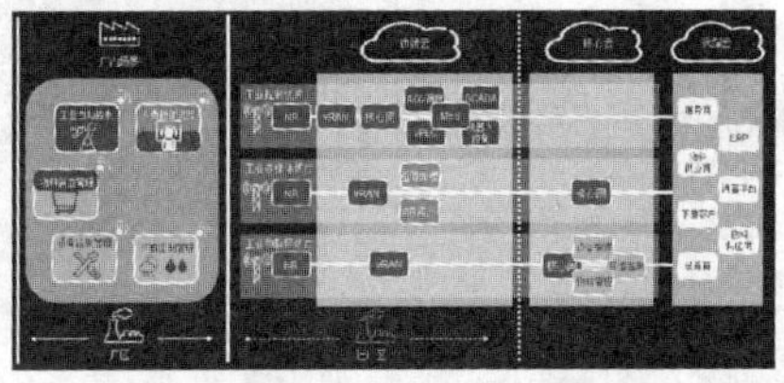

五大场景接入包括：工业自动控制、设备检测管理、环境检测控制、物料供应管理、人员操作交互。五大场景中各终端设备、传感器通过5G模块接入5G网络；终端根据场景的不同，选择合适的5G模块。如设备检测管理、环境监测管理、物料货架监测管理符合物联网场景，需要低功耗终端模块，可采用5G的NB-IOT(窄带蜂窝物联网)接入。针对五大工厂场景业务需求，需要设计相应接入方案、切片方案、部署方案。

5G采用切片网络方式，对于某个工厂可提供多个网络切片，根据工厂具体连接需求对网络要求特点，可构建三张切片：

工业控制切片：uRLLC低时延高可靠通信类网络连接需求，适用于对可靠性、时延敏感要求高的业务领域，尤其是在工业自动化控制、机器人调度、远程操控业务领域。

工业多媒体切片：eMBB增强型移动宽带网络连接需求，移动性强、高带宽，适用于大数据量的业务领域，如人员通过AR、高清视频交互场景。

工业物联网切片：mMTC大规模物联网连接需求，低成本、低能耗、小数据包、海量连接，适用于终端接入数量大的业务领域，如物料监控、设备监控、环节监控。

5G网络资源深度云化，根据承载内容及部署位置，可分为运营商运营的边缘云、核心云，以及工厂或其他相关企业的远端云。边缘云：距离工厂最近的云，主要承载接入网，及对时延、安全性要求最高的工厂应用；核心云：距离工厂较远，主要用于承载核心网络及对时延、安全性要求不高的应用；远端云：相对于运营商运营的云来讲，其他部署云为远端云，包括工厂自己的云，以及与工厂业务往来的设备商、上游物料供应商、下游客户、销售平台、其他工业内容供应商的数据云。

中国移动-爱立信南京智能工厂打造示范基地

具体实践方面，中国移动与爱立信联手开展5G智能工厂改造应用试点，该试点由江苏移动提供网络环境，爱立信南京工厂作为改造对象。该智能工厂解决方案覆盖了设备检测管理、环境监测管理、物料供应管理、人员操作交互四种场景，包括智能螺丝刀等共7个具体应用解决方案，主要聚焦于工业物联网及多媒体。

场景	应用解决方案	切片
工业自动控制	四大场景	工业控制切片
设备监测管理	智能螺丝刀	工业物联网切片
	测试设备预防性维护	工业物联网切片
	关键设备状态监控	工业物联网切片
	流水线效率分析	工业物联网切片
环境监测管理	生产环境监控	工业物联网切片
物料供应管理	智能料盒	工业物联网切片
人员操作交互	ANDON系统	工业物联网切片、工业多媒体切片

由于当前5G还没商用，南京工厂采用平滑过渡方案，场景较多选择物联网、多媒体，在4G的网络环境下即可实现一定效果；当5G商用后，整体解决方案扔可延续，只通过升级终端模组等方式，便可实现效果提升。

目前，中国移动-爱立信南京智能工厂在继续测试这些用例的成熟度和进一步产品化方案，同时开展更多创新用例的开发，结合网络性能测试，打造智能制造应用的示范基地。

5G网络在智能工厂中应用，不但能够降低工厂投资与运营成本，同时工厂与其供应商及其客户之间商业模式也将发生变化。

中国移动-爱立信南京智能工厂项目计划在2018年继续开发更多的创新方案，陆续部署3000左右的连接数量，通过降低人力，提高产能和改善质量，并可以每年节约500万的成本，同时进行行业推广复制，在其他制造业领域探索创新应用，推动智能制造技术在工业领域的规模落地。

(本文原载第30期2版)◇李 欣

"北京"牌电视机：填补了我国电视机生产之空白

编前语：或许，当我们使用电子产品时，都没有人记得或知道老一批电子科技工作者们是经过了怎样的努力才奠定了当今时代的小型甚至微型的诸多电子产品及家电；或许，当我们拿起手机上网、看新闻、打游戏、发微信朋友圈时，也没有人记得是乔布斯等人让手机体积变小、功能变强大；或许，有一天我们的子孙后代只知道电子科技的进步而遗忘了老一辈电子科技工作者的艰辛……

成都电子科技大学博物馆旨在以电子发展历史上有代表性的物品为载体，记录推动电子科技发展特别是中国电子科技发展的重要人物和事件。

1958年，我国制造出了第一台电视机。到今年已有60年了，从"大脑袋"电视，到液晶电视，再到现在的"超薄"电视，越来越高端。小小电视机，大大不容易，它不仅见证了中国电视制造从无到有，再到不断在全世界创造多个第一的历程，更见证了科技人员为完成这一项项科技创新所付出的艰苦努力。本期我们来回顾下我国第一台电视机生产背后有着怎样不为人知的故事？

为向国外看齐，1957年国家决定发展电视广播业，把研制电视接收机的任务交给了天津无线电厂。天津无线电厂为尽快攻下电视机的研制任务，成立了由顶级技术人员和工人组成的8人课题组。由于都没见过电视机，更谈不上深入了解和掌握电视机的有关知识了。在资料及其匮乏的情况下，8人小组迎难而上，边干边学，边实践，变外行为内行。

1958年初，小组确定了"采用国产电子管器件、电视接收和调频接收两用，控制旋钮在前方"的设计方案。对设计各部分，小组分块实验，攻克难题，如大电流磁偏转技术超高压产生和绝缘技术，电磁干扰隔离和屏蔽技术以及电视图像和伴音质量的高保真技术等等。历时两个月，在1958年3月初，第一台实验电视机样机组装起来了。当然，这台样机的实验并不是一帆风顺的，突出的问题是电视机特有的电磁干扰图像。针对此样机在性能和结构上存在的问题，小组又采用了各种有效措施。重中之重，"牵牛要牵牛鼻子"(特别是图像性能指标攻克)。

1958年3月17日晚，我国电视中心在北京第一次试播电视节目。电视机荧屏上清楚地出现了广播员的图像及声音，样机试用与整机检测考核百分之百通过。于是，我国第一台黑白电视机研制成功了！为了纪念这台电视机的诞生，命名为"北京"牌，填补了我国电视机生产之空白。

(本文原载第32期2版)◇张振友

创维168P-P420XM-20型恒流板电路分析与故障检修(上)

创维168P-P420XM-20/5800-P420XM-0200恒流板应用于创维42E320W、42E350D、42E350E、42E360D、42E5CHR等液晶彩电中。该恒流板采用OZMicro公司的OZ9967方案，采用两片OZ9967GN，构成两组LED背光驱动电路，为七路LED灯串供电（每路电压约50V，电流约110mA）。

一、电路分析

创维168P-P420XM-20恒流板有两组LED背光驱动电路，该恒流板实物图解见图1所示。两组LED背光驱动电路的组成及元器件基本相同，且结构对称。但有所不同的是，元件编号为2开头的驱动电路驱动屏上方的三路灯串，元件编号为1开头的驱动电路则驱动屏上方的四路灯串，共驱动七路灯串。每组驱动电路均由背光控制电路、升压电路、恒流/均流控制电路三大部分组成。下面以其中一组LED背光驱动电路为例分析，另一组电路工作原理与此相同。

1.背光控制电路

背光控制电路主要由OZ9967GN内外部电路构成，如图2所示。OZ9967GN是美国凹凸公司生产的6通道LED控制芯片，内含参考电压发生器、升压驱动高频振荡器、升压驱动电路、调光低频振荡器、电流平衡控制电路、保护电路等。该芯片输入电压范围宽（6V~33V），IC本身具有升压电路过流、过压保护和LED背光灯串开路、短路保护、欠压锁定等功能。OZ9967GN采用28脚封装，其引脚功能见表1。

在电视机二次开机后，电源板输出的24V电压从排插CN100的①~⑤脚进入恒流板，经熔断器F100后送往升压电路，同时还经电阻R115、R215限流后为OZ9967GN的⑱脚供电。二次开机后，主板送来的背光灯开启ON/OFF控制电压为高电平（约4.9V），经排插CN100的⑫脚、R100加到芯片的使能脚⑲脚（高电平有效，正常工作时电压为3.8V）。OZ9967GN的⑱脚获得正常的供电电压，⑲脚获得高电平开启电压后，芯片内部振荡电路开始工作，其振荡频率由⑮脚外接的定时电阻和定时电容大小决定。振荡电路产生振荡脉冲，经过整形的开关激励脉冲信号从OZ9967GN⑬脚输出，经R116送到升压开关管Q100的G极，使开关管工作在开关状态。

2.升压电路

升压电路如图3，升压电路由储能电感L100、MOSFET开关管Q100、续流管（升压二极管）D100和D101、滤波电容C115和C115组成，将24V供电提升到LED灯串需要的电压（50V左右），为LED灯串供电。

当OZ9967GN⑬脚输出驱动脉冲为高电平时，场效应管Q100导通，+24V电压经L100、Q100的D-S极、R119~R121到地，形成电流回路。流过储能电感L100的电流线性上升，在L100中产生的感应电压为左正右负，电感L100储能。此时，升压二极管D100、D101正极电压低于负极电压而截止，由滤波电容C114、C115向LED背光灯提供电流。当OZ9967GN⑬脚输出驱动脉冲为低高电平时，场效应管Q100由导通变为关断，由于L100中电流不能突变，L100中的感应电压极性反向，变为左负右正，该感应电压与输入的+24V直流电压叠加，并通过续流管D100∥D101向C114∥C115充电，则C114两端电压（泵升电压）高于输入的+24V直流电压，此时电感释放能量，向负载提供电流，并补充C114∥C115单独向负载供电时损失的电荷。

（未完待续）

◇四川 贺学金

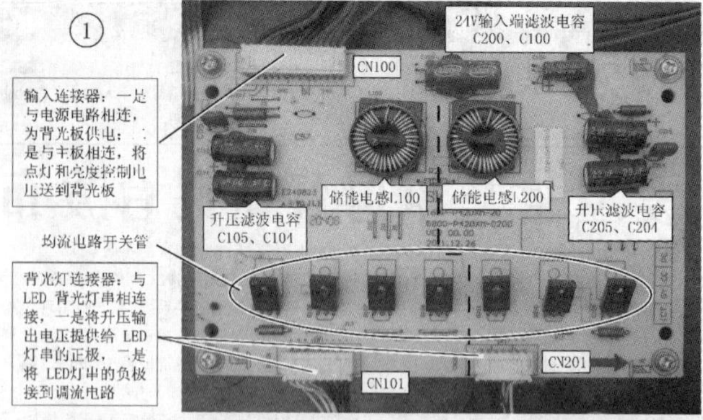

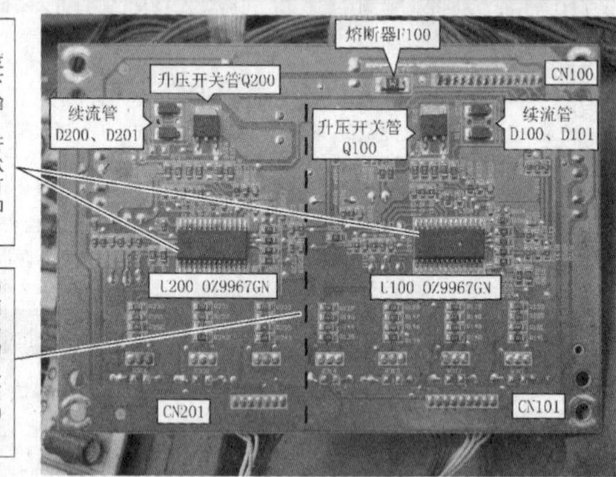

背光驱动控制IC：在主板点灯和亮度调整电压的控制下启动工作，一是输出升压激励脉冲，推动升压电路的开关管工作在开关状态；二是对LED灯串电流进行控制和调整

虚线左、右边各为一组驱动电路，两组电路组成及电路元件相同。左边的驱动电路驱动屏上部的3根灯条；右边的驱动电路驱动屏下部的4根灯条

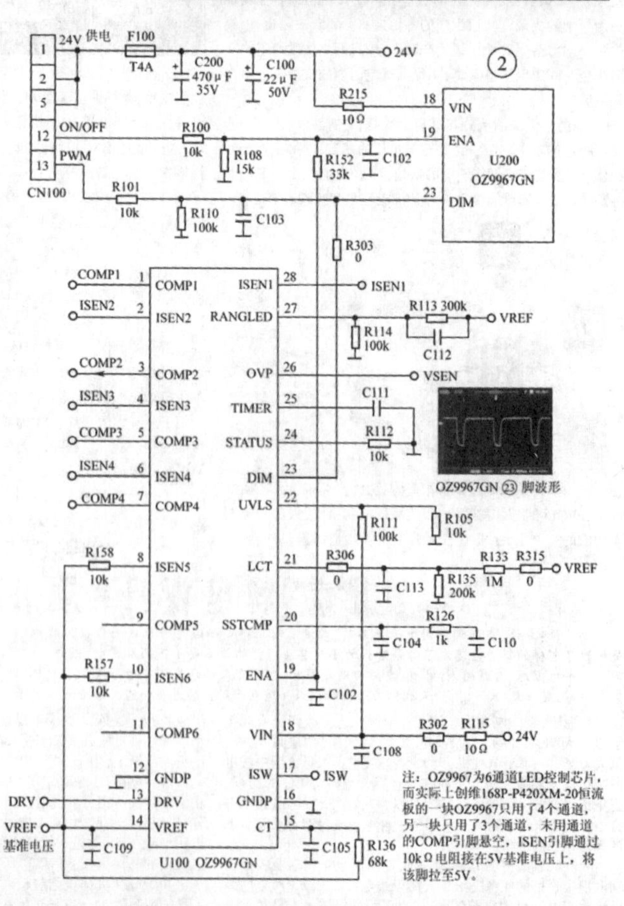

表1 OZ9967GN引脚功能和实测数据

引脚	符号	功能	电压(V)
①	COMP1	第1通道电流平衡控制	3.5~4.1
②	ISEN2	第2通道LED电流检测	0.22
③	COMP2	第2通道电流平衡控制	4.2~4.7
④	ISEN3	第3通道LED电流检测	0.21
⑤	COMP3	第3通道电流平衡控制	3.2~4.1
⑥	ISEN4	第4通道LED电流检测	0.22
⑦	COMP4	第4通道电流平衡控制	3.2~4.1
⑧	ISEN5	第5通道LED电流检测	4.97
⑨	COMP5	第5通道电流平衡控制	0.02
⑩	ISEN6	第6通道LED电流检测	4.97
⑪	COMP6	第6通道电流平衡控制	0.02
⑫	GNDP	功率地	0
⑬	DRV	升压驱动脉冲输出	2.06
⑭	VREF	芯片内部5V参考电压输出	4.97
⑮	CT	升压驱动信号工作频率设定	0.99
⑯	GNDA	信号地	0
⑰	ISW	升压MOSFET电流检测输入端	0.08
⑱	VIN	IC供电脚	23.4
⑲	ENA	芯片工作使能端。高于2V开始工作，低于0.8V停止工作	3.88
⑳	SSTCMP	软启动和环路补偿	2.78
㉑	LCT	低频振荡器频率设定（内部PWM调光）；采用外部PWM调光时，该脚设置在1V左右	0.79
㉒	UVLS	输入电压欠压检测输入	2.15
㉓	DIM	调光控制信号输入	2.25
㉔	STATUS	保护状态输出端。该板未用，通过电阻接地	0
㉕	TIMER	IC保护延迟时间设定	0
㉖	OVP	升压输出电压过压检测输入	1.76
㉗	RANGLED	LED短路保护设定	1.24
㉘	ISEN1	第1通道LED电流检测	0.22

借助DiskGenius软件拷贝系统盘文档

同事送来一台因蓝屏无法进入正常桌面状态的HP笔记本电脑，要求笔者重装一下系统，不过这台电脑桌面上有几个重要的Word文档要求拷贝下来。本以为这是小事，心想桌面文件都是保存在原机"C:\Users\Administrator（与使用者登录的用户名相同）\Desktop"目录下，只要用带PE的U盘启动电脑后进入到该目录下将相应的文档复制到合适位置即可。

笔者使用大白菜PE系统启动电脑后，进入计算机双击C盘时没想到弹出图1所示的对话框，很明显是无法访问C盘。此时才想起这台电脑之前出现0x00000024蓝屏代码估计就是与磁盘无法正常读写有关（注：0x00000024蓝屏代码通常表示NTFS.sys文件出现错误从而无法使操作系统正常读写使用NTFS文件系统的磁盘），就在无计可施之时突然想到PE里自带的DiskGenius软件，因该软件可以恢复磁盘数据，按理讲读写磁盘里正常的数据更应没有问题。于是双击运行DiskGenius软件，定位到"C:\Users\Administrator（与使用者登录的用户名相同）\Desktop"目录下发现那些重要的文件还在（如图2所示），右击它们再复制到指定的文件夹（如图3所示），打开发现这引动文件都完好无损，问题得以完美解决。

◇安徽　陈晓军

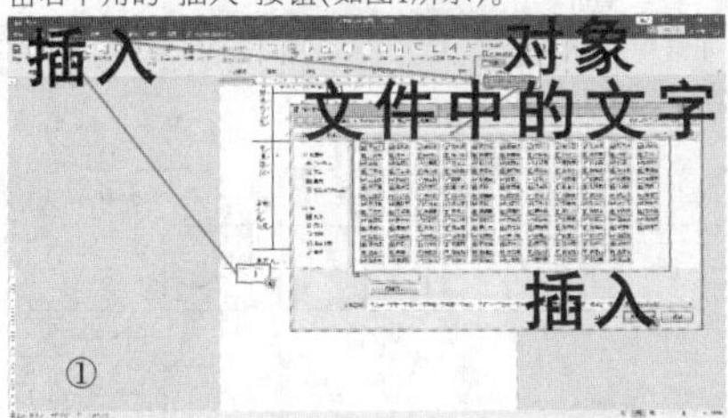

①

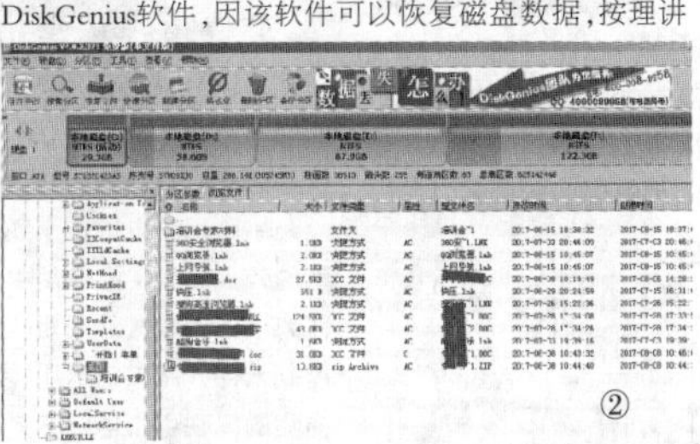
②

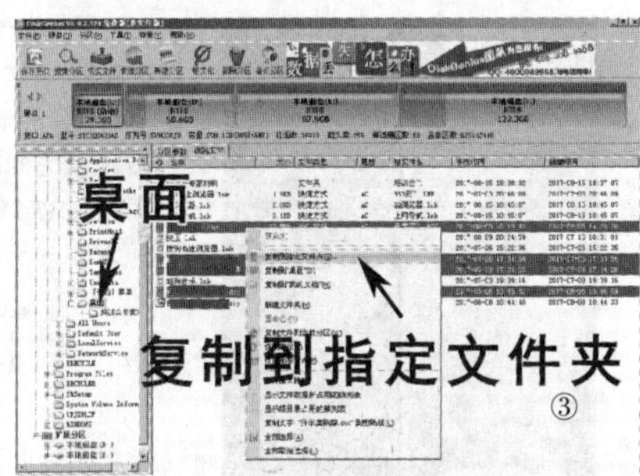

③

多个Word小文件有序双面打印技巧

【发现问题】

前些天接到"任务"：将部分教职工的"XX审批表"进行排序双面打印，每人一个单独的Word文件（两张固定格式的A4尺寸表格）。如果将这些文件（161个）逐一打开进行双面打印，想想就知道这样的常规操作会非常繁琐且极易出错，怎么办呢？

【解决问题】

首先双击打开第一个Word文件（王学华.doc），按Ctrl-End组合键将鼠标定位于该文件的末尾；接着执行"插入"-"对象"-"文件中的文字"菜单命令，在打开的"插入文件"对话框中定位存放所有审批表文件的目标路径，按Ctrl-A组合键进行全选操作；由于已经打开了第一个文件，此时应该在按住Ctrl键的同时再用鼠标点击"王学华.doc"将它排除在"全选"区域之外，然后点击右下角的"插入"按钮（如图1所示）。

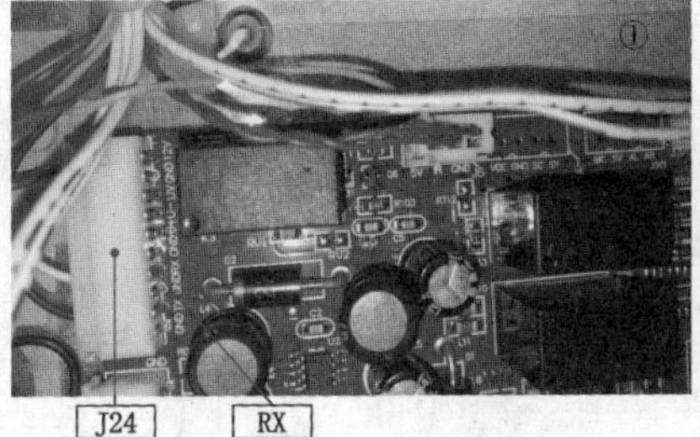

①

稍微等待一会儿，Word就会将其他160个文件读取并有序插入进来。由于Canon LBP3500打印机不支持自动双面打印，因此需要进行手工半自动式操作：首先按Ctrl-P组合键调出打印项，接着点击"设置"将"打印所有页"的默认选项先设置为最下方的"仅打印偶数页"，再点击"打印"按钮进行偶数页内容的打印；当161张偶数页信息全部打印结束之后，再将它们正面朝上放入打印机走纸盒，再次执行"打印"命令，这次需要设置进行"仅打印奇数页"操作（如图2所示）。

经过以上两步操作之后，很快就完成了多个Word小文件的有序双面打印任务，效率非常高。

②

◇山东　杨鑫芳

高科GK-8000A实物展示台不能缩放故障维修一例

故障现象：客户送修时描述，展示台开机后图像正常，但无法放大、缩小。

检修过程：通电试机发现该机除不能放大、缩小外，图像冻结、亮度、负片、自动等功能都不起作用，但有按键感应的声音（该机采用触摸按键），操作有反应的按键只有信号切换按键和灯光按键。根据这些现象分析，出现故障的功能按键均与摄像头有关，怀疑摄像头有问题，先更换摄像头试机，故障依旧，看来故障不在摄像头，与控制摄像头的信号电路有关。

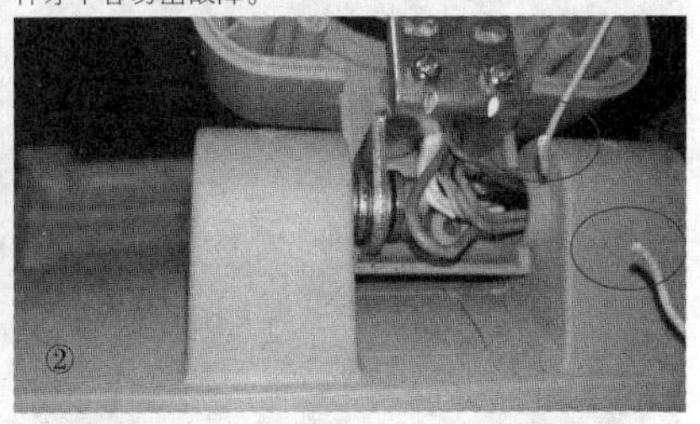

①

于是拆卸下面板，仔细观察主板，该机控制信号由J24插座输出至摄像头（如图1所示），插上电源开机，用示波器测量J24的RX脚，按放大、缩小按键时有脉冲信号输出，说明控制信号已经发出，问题是在摄像头和连线部分。

由于摄像头已经替换过，可以暂时排除摄像头的问题，连线的可能性较大，用万用表测试，发现RX这路呈开路状态（白色线），拆开摄像头臂检查，果然发现白色线已经断开（如图2所示），将白色线接通后试机，所有功能键都正常，故障排除。

故障原因是摄像头要经常转动，原来装配时布线太紧，长时间使用后造成断线，恢复摄像头臂时，要特意多转动几次摄像头，确保连线没有绷紧的现象，这样才不容易出故障。

②

◇成都　宇扬

解决忘记取消Watch配对的尴尬

如果入手了全新的iPhone，而且已经将以前使用的iPhone转让给他人，当然在转让之前已经对iPhone进行还原，但尴尬的是却忘记了与已有的Apple Watch取消配对。这就麻烦了，Apple Watch始终无法与新的iPhone配对成功，该怎么办呢？

我们当然不需要再去找到那位买主，只要在Apple Watch上按下数码皇冠按钮，选择齿轮图标进入设置界面，依次选择"通用→还原"（如图1所示），接下来点击"抹掉所有内容和设置"，耐心等待片刻就可以了。接下来，访问https://www.iclou.com/，使用Apple ID登录，选择"查找我的iPhone"，在所有设备列表下选择"***的Apple Watch"（如图2所示），在页面右侧选择"抹掉Apple Watch"。

完成上述操作之后，在新iPhone打开"Watch"，按照提示与Apple Watch进行配对操作就可以了。

◇江苏　王志军

①

②

菲尼克斯24V电源无电压输出故障检修1例

故障现象：一台菲尼克斯QUINT-PS-100-240AC/24DC/5的24V/5A电源无24V电压输出，并且DC OK指示灯不亮。实物见图1。

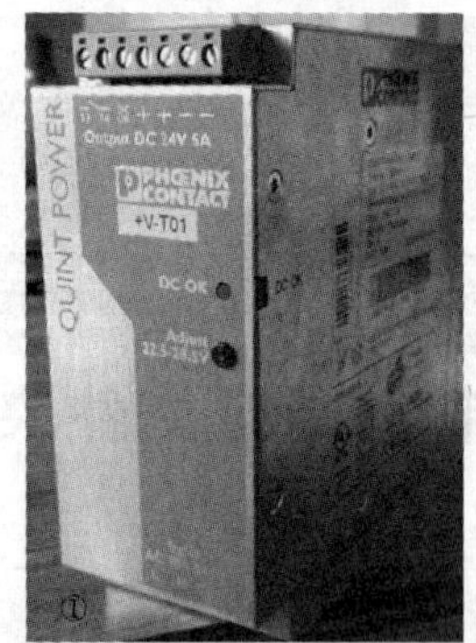

①

分析与检修：用万用表测量直流输出端无电压，确认电源损坏。用特制一字起拆下梅花螺丝，取下外壳后，测图2中开关管13N80的各脚电压，G极电压为0.42V，D极电压为330V，S极电压为0。因电路处于空载状态，判断G极电压正常，怀疑开关管异常。但是，焊下13N80，将一块9V层叠电池接在它的G、S极上，测量Rds为0.9Ω，说明13N80能导通，怀疑PWM电路异常。测量PWM芯片的供电电压Vdd为2.17V，而正常时应在10V左右，怀疑Vdd形成电路异常。根据图3所示的实物绘制出Vdd电路的原理图，如图4所示。测量MOS管D4NK50Z的G、D、S极电压分别为1.85V、2.17V、2.17V，确认该电路异常。断电后，测量MOS的D、S极间电阻正常，而限流电阻R1的阻值为17M左右，怀疑它的阻值变大。最初，笔者以为图4中的13.2V稳压管是只三极管（见图3），所以对于R1的阻值也没吃准。

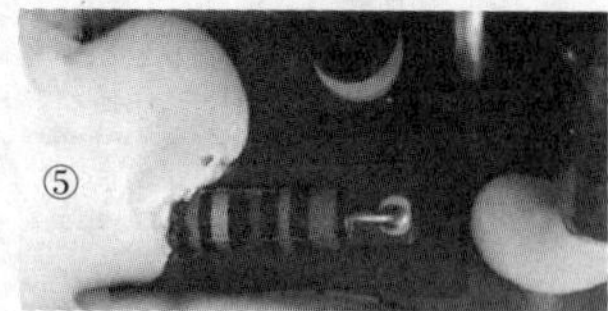

②

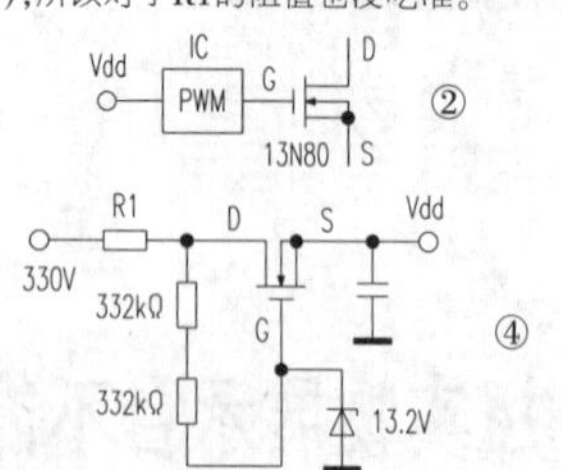

④

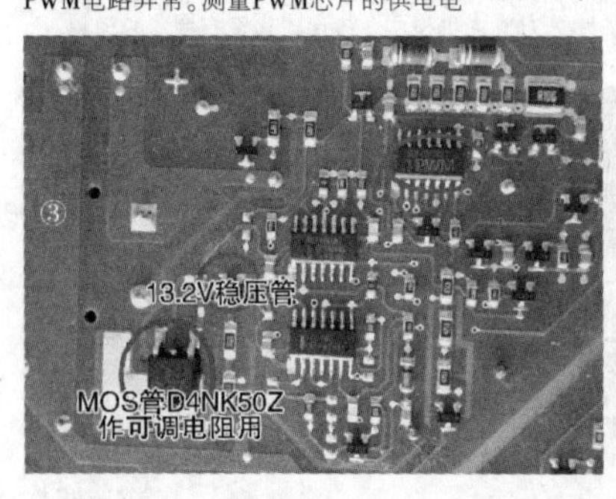

③

参见图5，R1的色环为绿蓝棕银蓝，但当时因棕色和银色较难辨认，导致读数有极大的偏差。因很难确定R1的阻值大小，决定通过在R1两端并联电阻的方法判断R1是否正常，阻值从大到小试验。首先，用200k电阻并在R1两端，测得电源输出电压为5.1V，改用100k电阻并联，测得Vdd电压为5.3V，电源输出电压升至9V左右，说明有戏！再用47k电阻并联后，测得Vdd为9.3V，输出电压为24V，说明电源电路恢复正常。此时，测量图4中的MOS管各极电压：V_G=13.2，V_D=318V，V_S=9.5V，同时发现所谓的"三极管"有一个极是悬空的，显然它是稳压二极管。回过头来，再根据R1的色环反复推算，确定它的阻值为5.61Ω（功率估计为3W）。因手头没有此类大功率电阻，用5只560Ω/0.25W碳膜电阻并联后替换R1，电源电压恢复正常，故障排除。

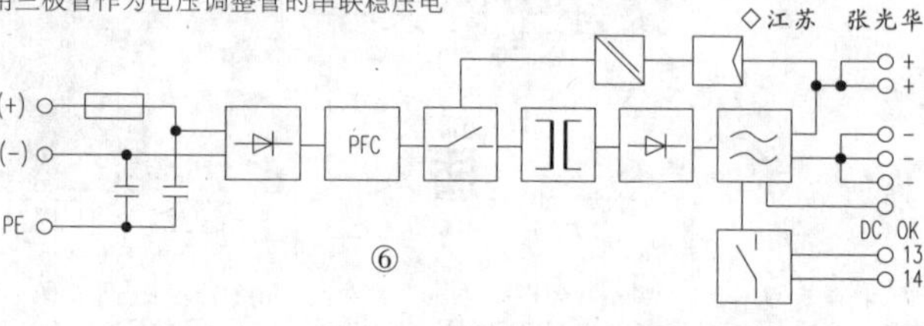
⑤

串联稳压电源选用MOS管作为调整管的较少见，实际应用中多使用三极管作为电压调整管。因为三极管属于电流控制元件，所以与电压控制元件MOS管搭建的串联稳压电路略有差别！就是使用MOS管作为电压调整管的串联稳压电路，应在MOS管的G、S极间并联一只电容！如果没有电容的存在（GS的结电容很小），通电瞬间在Vdd未建立时，U_{GS}接近13V，MOS管处于饱和导通状态，DS极间阻值比较小，势必有很大的冲击电流流过MOS管，可能会导致一系列元件损坏。由于G、S极之间并联的一只电容，通电瞬间因电容两端电压不能突变，所以，G、S极间电压为0，这可以保证MOS管处于截止状态，D极约300V高电压不会送给负载。随后，在串联的2只332k电阻提供的充电电流作用下，GS极电压开始建立，并逐步升高使MOS管开始导通，Vdd逐步建立，最终达到设计值。而常规的使用三极管作为电压调整管的串联稳压电路完全可以不需要在b、e极并联电容，因为可以通过设定合适的b极电流来限制通电初始电流。

关于R1的作用和取值，有的观点认为，R1用于降低调整管的功耗。确实，很多串联稳压电路使用串联电阻来降低调整管的功耗，但本电路中的R1只能认为是保险电阻，因为电路的平均工作电流不会超过50mA。原设计值5.61Ω的电阻流过50mA电流时产生的压降还不到0.3V，相对320V的MOS管压降来说可以忽略不计。不过，R1的取值会影响电路的动态响应电流，但由于电路平均电流不大，所以R1的取值可以考虑适当取大一些，这样可以提高电路的保护能力！建议R1的取值为100~200Ω，这样既可以保证电路最大可以提供1A左右的动态电流，又可以保证电路的冲击电流限制在一定的范围！

该电源因电流大将R1烧坏（表面看不出痕迹），致使电路不能正常工作。另外值得一提的是，说明书中介绍该电源有PFC功能（见图6），但电路板上并没有该电路。笔者在维修过程中得到了湖南王学文老师的悉心指导，在此表示感谢！

【编者注】通过对该文的分析，有两个问题：1）认为R1用5只560Ω/0.25W代换，在动态电流较大时功率可能不够。2）在D4NK50Z的G、S极两端并接电容，其效果是否不如并在13.2V稳压管两端。

◇江苏 张光华

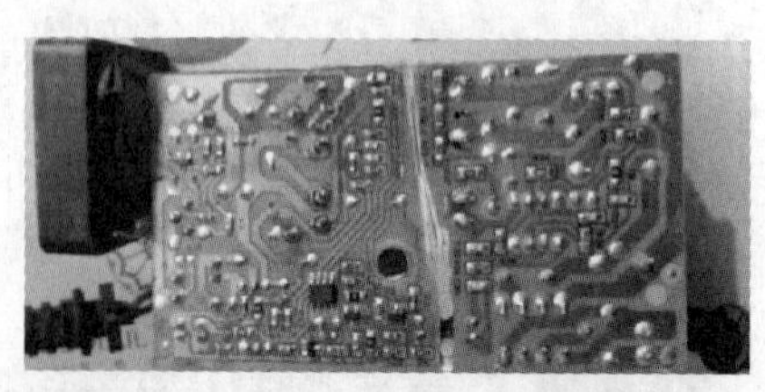

⑥

组合电路板法快速修理电动车充电器的技巧

由于平时经常修理各种电动车充电器，所以平时手头上积攒了很多不同型号的废旧充电器。主要是用来拆卸一些有用的元件。这样，维修时不仅比较顺手，而且能废物利用。下面给大家介绍一种通过组合电路板的方法，来维修充电器的快速修理小经验。

当遇到一台损坏比较严重，修复难度较大的充电器的时候，比如初级电路或次级电路严重烧坏了，特别是那些使用贴片元件的电路板，没有必要花费更多的时间来逐一的换零件了，可以找一块同型号的电路板，重新把两块电路板好的那部分组合在一起。这样的维修方法再简单不过了。只有你想不到，没有做不到的事情。就看你动不动脑去想办法。

比如，笔者修的这台捷安特电源，以及使用较多贴片元件的充电器电源等，以前也这样做过。这些电路板都是采用贴片元件，如果用原配件更换的话那就太麻烦了。所以对于有些电路板因为初级电路或者次级电路大部分零件都烧坏了，笔者就另找一块相同的已坏充电器电路板，把两块好的电路板重新组合在一起。经这样处理后，不仅和出厂时的性能几乎一样，而且简单易行。具体的操作方法如下。

首先把两块电路板上的开关变压器和光耦焊下来，然后把两块电路板的初级和次级，沿着厂家标注的分隔线锯开。接着把两块好电路板对接后用铸工胶粘好，如附图所示。这种胶粘接强度特别好，粘接后要用电吹风加热，可以凝固的快一些。当然，为了方便，也可以用热熔胶来粘接。电路板粘接好后，再把开关变压器和光耦焊上去，就可以正常使用了。

【注意】1）开关变压器应选用次级电路烧坏的那只，以免出现损坏开关管等异常现象；2）安装前，需要仔细检测光耦和误差放大器431这两个元件，确定是好的，再安装到电路板上，以免因稳压失控导致开关管等元件损坏。

◇内蒙古 夏金光

多自由度机器人运动控制系统的设计及制作(三)

2018年四川省职院校技能竞赛“电子产品设计及制作”赛项赛题解析

(紧接上期本版)

输入信号接口

输入信号共有三路,它们是:①步进脉冲信号CP+,CP-;②方向电平信号U/D+,U/D-③脱机信号FREE+,FREE-。它们在驱动器内部的接口电路相同(见输入信号接口电路图),相互独立。

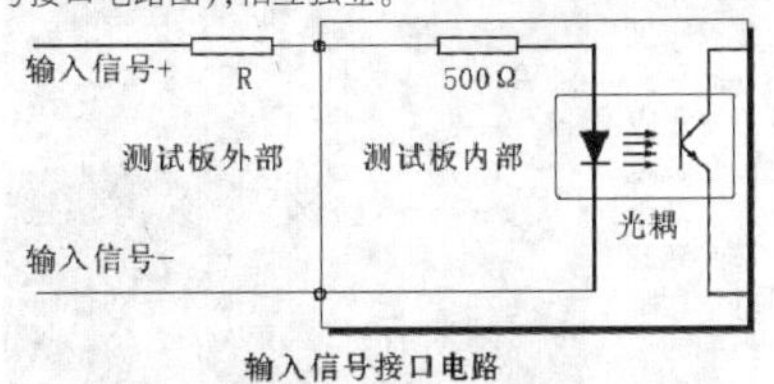

输入信号接口电路

该输入信号接口的特点是:用户可根据需要采用共阳极接法或共阴极接法。

1.共阳极接法:分别将CP+,U/D+,FREE+连接到控制系统的电源上,如果此电源是+5V则可直接接入,如果此电源大于+5V,则须外部另加限流电阻R,保证给驱动器内部光藕提供8—15mA的驱动电流。输入信号通过CP-加入。此时,U/D-,FREE-在低电平时起作用。

2.共阴极接法:分别将CP-,U/D-,FREE-连接到控制系统的地端(SGND,与电源地隔离),+5V的输入信号通过CP+加入。此时,U/D+,FREE+在高电平时起作用。限流电阻R的解释与共阳极接法相同。

细分数设定

细分数是用测试板上的拨盘开关设定的,只需根据细分设定表上的提示设定即可。细分后步进电机步距角按下列方法计算步距角=电机固有步距角/细分数。例如:一台1.8°/40=0.045°

位1,2,3 ON-0,OFF-1	000	001	010	011	100	101	110	111
细分数	1	2	4	8	16	32	64	128

电机相电流设定

电机相电流是用测试板上的电位器(VREF)来设定,使驱动器输出电流与电机相电流相一致。驱动器额定工作最大电流为2A。

电流衰减方式设定

通过FDT端子的电压,依据下表可选择电流DECAY方式。

FDT电压	DECAY方式
3.5V~	SLOW DECAY
1.1V~3.1V 或 OPEN	MIXED DECAY
~0.8V	FAST DECAY

3.驱动板原理图(步进电机装配图见第29期6版)。

电机1:信号输入(图2)

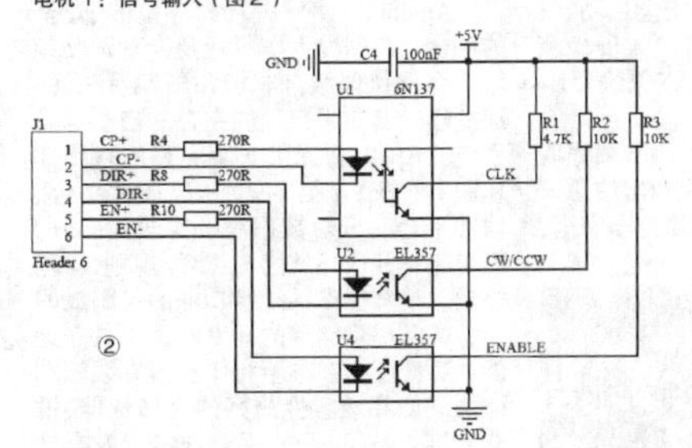

电机2:信号输入(图3)

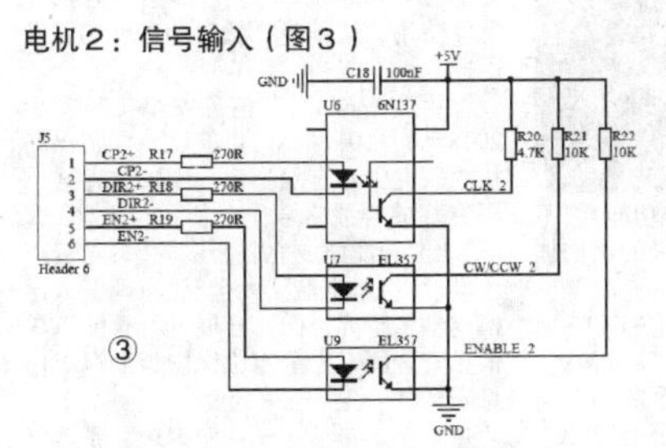

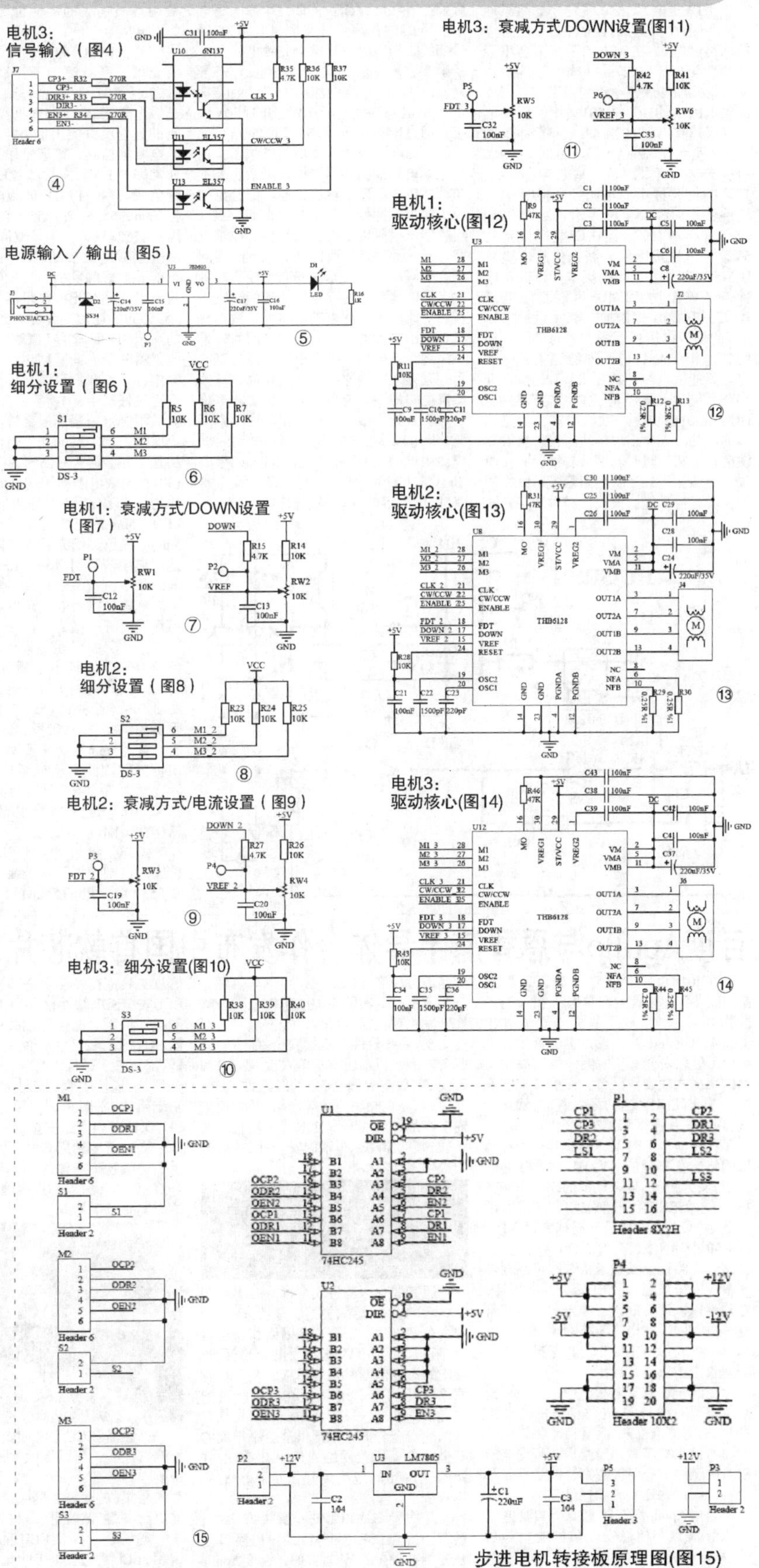

步进电机转接板原理图(图15)

一种微功耗人体感应楼道灯

现在大多数楼道灯使用声控，存在一定的误动作，而且少有静态电流低于1mA的产品。一款静态电流不足0.3mA的人体感应灯可以适应全天候工作！因为静态耗电非常小！本文介绍的就是笔者近期试验成功的一款微功耗人体感应灯电路。

图1就是这款人体感应灯电路原理图。在图1中，静态时由C1，R1串联给控制电路供电，其在50Hz的阻抗不会小于820K！电流小于0.27mA！如此小的静态电流仍然能够保证电路可靠工作！因为控制电路中的HC-SR501模块的静态电流仅仅只有不到0.07mA！电路整体静态电流不会大于0.2mA！所以，0.27mA的供给电流完全可以满足控制电路的需要！有事R1回路提供的电流经全桥QL进行极性校正后经C5储能平滑再经R4限流C3储能平滑，DZ限幅在C3两端得到约5V直流电压供给红外线人体感应模块HC-SR501，由于此模块本身设计了一款低压差微功耗CMOS串联稳压电路HT7533三端稳压集成电路，可以适应4-28V的输入电压！而我们平时广泛使用的功能相似AS1117系列稳压集成电路完全不能适应微功耗要求！LM317系列和78系列显然更不能适应微功耗要求。HC-SR501模块是一款低成本，功能完善的红外线人体感应模块，模块提供灵敏度调节和延时时间调节功能，另外，模块只要添加一只光敏电阻器就可以方便地实现光控功能。模块已经预留了光敏电阻器的安装位置和好姐妹焊盘。模块输出端OUT输出高电平时约为3V。低电平为0，当模块接收到移动的人体发射的微弱红外线时，模块的OUT端输出高电平。经R3限流为线性光耦LCR-0202提供初级工作电流，其次级光敏电阻器呈低阻态，触发双向可控硅VS导通，VS导通短路了R1！电路电流增大，此时，C5端电压由静态时的约为8V上升到50V以上！通过R4的电流也增大到约5mA！此电流足以满足模块工作所需电流了！这也是本电路的巧妙的转换控制系统静态与动态供电问题！解决曾经广泛讨论的单火线供电问题。由于使用光耦为双向可控硅提供触发回路，既解决了控制电路与开关元件双向可控硅的电流回路问题，也解决了开关元件双向可控硅的触发电流问题！因为双向可控硅的触发电流相对比较大，而控制电路为了微功耗设计输出电流通常不会很大。而且如果不采用光耦隔离，势必小于工作与双向可控硅存在共地连接点。这样势必导致触发电路的设计变得复杂一些。本电路巧妙引入光耦很好地解决了上述两个问题！图1电路还增加了一个保护元件，功率热敏电阻，自恢复保险丝RT。如果要求不高，RT可以使用普通的电阻或者省略。限流电容的选择可以根据负载确定，作为人体感应灯，通常使用在楼道或者卫生间，对照度要求不会很高，推荐使用0.68μF的耐压630V无极性电容，也可以使用容易购买的高性价比的耐压275V的X2电容。

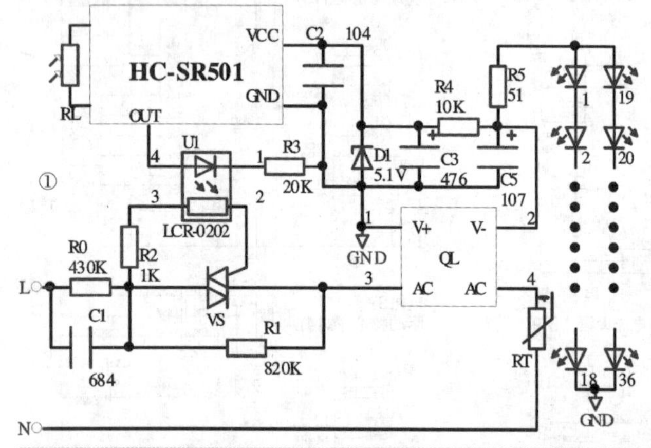

关于U1，U1为输出端为光敏电阻器的光耦，笔者解剖了一只LCR-0202光耦，初级为一只绿色发光二极管，初级为光敏电阻器。由于此光耦相对难以得到，我们完全可以使用手头常用的LED和光敏电阻器自制，笔者制作了一些灵敏度非常高的光耦，方法是：LED用5mm平头绿色或者白色LED！光敏电阻器使用直径5mm的5528（或者5539）硫化镉光敏电阻器，5528只适合触发双向可控硅，对于触发灵敏度比较高的单向可控硅，5528可能导致误触发！此时，我们可以使用暗阻更大的5539光敏电阻器作为光耦的次级。5539的通用性要优于5528，使用5mm的黑色热缩套管将LED的平头端与光敏电阻器的受光面紧贴用打火机火焰加热固定，此时，我们可以用手（温度比较高，女士最好戴手套）将管脚部分压紧压扁！然后再套上一层热缩套管或者贴上标签以保障光耦内部的光密封性！最好的办法是先用直径4.5mm的透明热缩套管将LED和光敏电阻器固定（标称4.5mm直径的透明热缩套管刚好可以套上5mm的LED和5mm的光敏电阻器），再套上一层5mm的黑色热缩套管，这样的效果很好，透明热缩套管可以观测LED与光敏电阻器的相对位置是否正确，黑色热缩套管可以确保光密封性。两层热缩套管加固可靠性要好一些。

当然，我们也可以使用2×5×7的绿色LED配合光敏电阻器完成光耦的自制，此时，我们将光敏电阻器的受光面紧贴LED的一个平面（5×7平面），将光敏电阻器的引脚进行90°折，套上一节7mm左右长度的5mm热缩套管固定，引脚可以根据需要同侧引出或者180°方向引出。固定后再套上一节长度约20mm的热缩套管加热固定，并注意引脚处压紧压扁！这样便于固定引脚。

这样，我们就得到了高灵敏度高性价比的自制光耦了！光敏电阻器推荐购买5539和少量的5528！LED推荐购买5mm平头白发白白色LED或者5mm的白发绿绿色LED！当然，2×5×7mm的扁平绿色LED白发绿也可以购买一些。使用白色LED的灵敏度要明显高于绿色LED，触发单向可控硅，使用5539，白色LED只要0.3μA的初级电流就可以可靠的触发小电流单向可控硅MCR-100系列和BT169D系列。而使用绿色LED则相对要大一些，初级电流消耗通常不会要求2μA以上。但白色LED相对驱动电压略高于绿色LED。

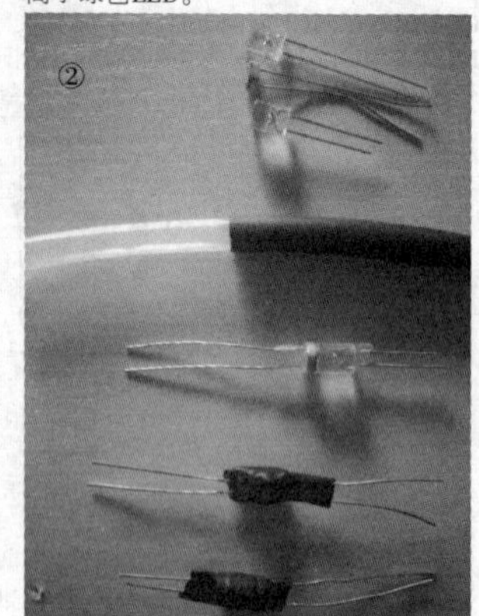

图2从上到下依次为2×5×7白发绿绿色LED；光敏电阻器5539；5mm的白发白平头LED；套进5mm黑色热缩套管与4.5mm的透明热缩套管；已经用4.5mm透明热缩套管固定的5mm平头LED和5mm光敏电阻器；已经制作成功的2×5×7与5539的180°引脚引出的光耦和5mm平头LED与5539制作成功的180°引出引脚的光耦。

暑假期间，这篇文章可以作为职校同学们的暑假活动制作。制作一款实用的楼道灯或者卫生间灯是不是有成功的感觉？双向可控硅可以使用常用的97A6之类的1A双向可控硅。电路可以不设开关，24小时工作。

使用这个自制光耦还可以设计出一款静态不耗电的触摸开关，在光耦的初级串联2只2M以上的电阻直接接市电火线，利用人体电阻触摸电阻就可以改变光耦输出状态，非常灵敏。同学们完全可以发挥想象设计出更多的电路来。

◇湖南 王学文

百度Apollo与恩智浦半导体合作发布中国首款芯片级ECU信息安全解决方案

在2018百度开发者大会上，百度Apollo携手全球最大汽车电子和人工智能物联网芯片公司恩智浦半导体(NXP Semiconductors)共同发布中国首款芯片级ECU信息安全解决方案，推出高安全性的集成式软硬件平台，保护汽车电子控制单元（ECU）安全，强强联手，软硬一体，深入芯片层保障控车安全。

在智能汽车时代，随着车载信息娱乐网络、车车通信（V2V）和车路通信（V2I）成为主流，越来越多的ECU部署在车上。车上ECU功能越来越多，实现的代码量增加，潜在的代码漏洞越来越突出；ECU通过CAN协议交互，而CAN的仲裁机制、无源地址域和无认证域等问题带来很大安全隐患；而ECU资源的有限性，导致难以设计有效的安全方案。而随着汽车以太网层安全逐渐牢固，汽车网关和ECU将成为APT攻击、供应链攻击等新型攻击的重要目标。

在汽车信息安全领域中，软件更新空中下载（OTA）、先进驾驶员辅助系统（ADAS）等高度互联、高度自动化车辆特性和所产生的车载通信都需要高安全的ECU软硬件安全保护方案，以防止未经授权侵入或恶意侵入和操纵车辆。

百度Apollo汽车信息安全实验室以提供智能汽车信息安全防护能力为目的，联合研究机构、高校、车企、芯片合作伙伴进行深度技术研究，为汽车信息安全保驾护航。实验室的汽车信息安全解决方案主要包括：网络服务安全、车内网络安全、系统软件及连接安全、CAN安全四个方面。目前已有车辆入侵检测防御系统、车载防火墙、安全升级套件、安全网关、自动驾驶黑匣子等产品，并加速车辆中产品和解决方案的部署应用，增强互联、高度自动化车辆的安全性，并为客户提供附加值。

恩智浦车内信息安全解决方案为四层纵深的安全体系，通过安全接入界面、安全车载网关、安全车载网络和安全运算，阻止非法访问并进行攻击检测，阻断攻击的影响范围并修复损害。在汽车智能网联化的当下，ECU面临更加严苛的信息安全要求，恩智浦的全面系统具有纵深的安全防护体系提供全生命周期的安全服务，适应网络式的生态系统，并就预先设想的应用场景进行系统的风险分析。

此次发布的ECU安全解决方案中，恩智浦提供CSE &HSM底层API接口及物理层通信信息安全防护，百度Apollo信息实验室在硬件安全特性基础上提供ECU安全SDK软件栈和ECU安全攻击检测防护机制。通过在相关ECU，如制动器、ADAS、车门控制单元中集成安全功能，提供基于硬件芯片级的安全启动、安全升级、通信安全、接入认证、入侵检测防御系统，阻断黑客入侵CAN总线及E-CU，保护车内网络安全。

通过百度和恩智浦两大团队强强联手，提供软硬一体的芯片级ECU信息安全解决方案，深入芯片层保障控车安全，该方案有以下特点：

高性能：ECU上增加安全功能后，不影响其性能，可以提供微秒级的通信加密响应；

易集成：部署在网关或相关ECU；无需更改电路，无需更改原有软件架构；

多场景：提供ECU软/硬多种安全调用、ECU定级安全自检、全链路ECU安全交互、轻量化ECU密钥分发、多个业务相关的ECU同步安全更新固件等场景。

百度 Apollo汽车信息安全实验室：

Apollo是一个开放的、完整的、安全的平台，将帮助汽车行业及自动驾驶领域的合作伙伴结合车辆和硬件系统，快速搭建一套属于自己的完整的自动驾驶系统。Apollo将提供一套完整的软硬件和服务系统，包括车辆平台、硬件平台、软件平台、云端数据服务等四大部分。百度还将开放环境感知、路径规划、车辆控制、车载操作系统等功能的代码或能力，并且提供完整的开发测试工具。此外，百度还会在车辆和传感器等领域选择协同度和兼容性最好的合作伙伴，推荐给接入Apollo开放平台的第三方合作伙伴使用，进一步降低自动驾驶的研发门槛。

百度Apollo汽车信息安全实验室于2018年4月19日揭幕，目前已与中国汽车技术研究中心有限公司、中国信息通信研究院成为战略合作单位；与一汽、奇瑞、北汽新能源成立联合实验室；与清华大学、北京航空航天大学、北京理工大学建立学术研究合作，开展进行智能汽车信息安全研究，全方位保护智能汽车信息安全。

◇云南 李云程

关于变频器“端子控制启/停”参数设置及称谓的探讨

电子报2017年第5期有一篇题目为《对“一例污水提升泵站变频调速与自动控制电路及调试参数设定”一文的讨论》的文章，对2016年47期《一例污水提升泵站变频调速与自动控制电路及调试参数设定》一文中的描述上的瑕疵进行了探讨与改进，具有一定积极意义，但5期文章中“‘5变频器参数设定该水泵变频器由端子控制启/停’有错”之说，值得研究。

一、“变频器由端子控制启/停’有错”之说的探讨

变频器的启/停控制，以及其他诸多控制，通过变频器的控制端子实现，这是很正常的，而5期文章称“‘由端子控制启/停’有错”之说似有不妥。实际上，5期文章插图中使用中间继电器KA1、KA2、KA3的常开触点控制变频器启、停，就是端子控制的具体应用。

既然5期文章推荐使用了端子控制的方法，而又说“‘由端子控制启/停’有错”，这里就涉及端子控制方法的称谓问题。

在变频器的控制应用与参数设置过程中，端子控制是一种常用的控制手段。变频调速行业的资深专家张燕宾先生撰写的《变频调速600问》一书中，就有通过端子进行操作控制的专门章节，例如机械工业出版社2012年1月第1版出版的《变频调速600问》一书中，表5-1《操作方法的选择功能举例》介绍了参数“运行命令选择”的设置方法，若将艾默生TD3000变频器“运行命令选择”的功能码F0.05设定为1，如表5-1所示，就选择了“端子控制”，将变频器“运行命令”的控制权交给了控制端子，就是5期文章认定为“有错”的所谓“端子控制”。可见“‘由端子控制启/停’有错”之说并不成立。

表5-1 操作方法的选择功能举例(部分)

变频器型号	功能码	功能名称	数据码	数据码含义
艾默生TD3000	F0.05	运行命令选择	0	键盘控制
			1	端子控制
			2	通讯控制

二、变频器控制端子的功能

变频器的控制端子可以实现很多功能，这些功能有的是出厂时，由制造厂通过硬件电路及软件程序赋予的，无须使用方人员干预就具有的功能。有些变频器控制端子功能是不确定的，须由使用方技术人员通过设置参数，使相应端子具有特定的功能。(例如富士5000G11S/P11S变频器就有一些固定功能端子)如图1所示。其中⑬、⑫、⑪端子通过连接电位器可以对变频器的运行频率进行调整；C1和⑪端子输入DC4mA~20mA电流信号时，也可调整变频器的运行频率；端子FWD与公共端子CM接通闭合时，变频器驱动电动机正转运行，断开时减速停止；端子REV与公共端子CM接通闭合时，变频器驱使电动机反转运行，断开时减速停止。

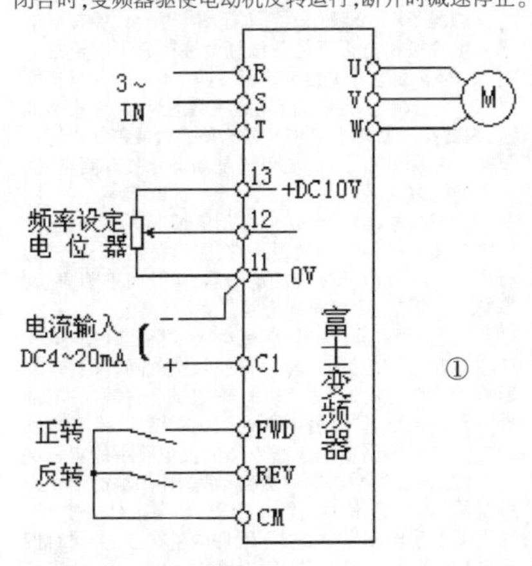

表1:每个多功能端子可选择使用的功能

设定值	端子对应功能	设定值	端子对应功能
0	控制端闲置	13	频率设定通道选择端1
1	多段速控制端子1	14	频率设定通道选择端2
2	多段速控制端子2	15	频率设定通道选择端3
3	多段速控制端子3	16	简易PLC暂停控制
4	多段速控制端子4	17	三线式运转控制
5	正转点动控制	18	直流制动控制
6	反转点动控制	19	内部定时器触发端
7	自由停机控制	20	内部计数器复位端
8	外部设备故障输入	21	内部计数器清零端
9	加、减速时间选择端子1	22	闭环控制失效
10	加、减速时间选择端子2	23-28	保留
11	频率递增控制(UP)	29	内部计数器时钟端
12	频率递减控制(DW)	30	外部脉冲输入

顺便说一句，变频器输出频率的调整通常有多种方法，以上所述功能的实现，要通过参数设置的方法使其有效，否则这些端子应悬空，也不具有以上描述的功能。但是这并不与“无须使用人员干预就具有相应功能”相矛盾。这些端子可通过设置参数使其功能生效或无效，功能生效了，它的功能是确定的，是不可变更的；功能无效时，可视同没有这些端子，而不能改变这些端子的功能与用途。

三、多功能控制端子的应用实例

变频器的另外一些端子可能会因参数设置的原因具有诸多不同功能，甚至有的可具有几十种功能，通过参数设置和选择，使端子具有参数确定的某一功能。

下面通过一个变频器多段速运行的实例，来说明的多功能端子的使用。

变频器的多段速运行可使用端子控制法。这种方法首先要通过参数设置使变频器工作在端子控制的多段速运行状态，并使变频器的若干个输入端子成为多段速频率控制端，然后对相关功能参数进行设置，预置各档转速对应的工作频率，以及加速时间及减速时间。之后即可由逻辑控制电路、PLC或上位机给出频率选择命令，实现多段速频率运行。

博世力士乐CVF-G3变频器共有7个多功能端子X1~X7，每个多功能端子都有一个参数来设置它的功能，与这7个端子对应的参数是L-63~L-69，可由参数将多功能端子设置为表1中二十几个功能中的一种，例如可将L-63设置为1，L-64设置为2，L-65设置为3，L-66设置为4。

这几个参数设置的意义在于：一是确定了变频器运行在多段速运行方式，二是多功能端子X1、X2、X3、X4成为多档转速输入控制端子，而且确定了X1对应着4位二进制数中的最低位，X4对应着4位二进制数中的最高位。转速的切换由多功能控制端上外接开关的通断状态及其组合来实现，如图2和表2所示。图2中每个继电器触点的通断状态对应着4位二进制数中的一个位，触点闭合(on)，相应位为1。触点断开(off)相应位为0。图3中4个触点均断开，即这个二进制数为0000。触点通断状态及其组合对应的频率(转速)档次见表2。

接着预置各档转速对应的工作频率，以及加速时间、减速时间。

在上述博世力士乐CVF-G3系列变频器中，可将功能参数码b-1设置为9，确定了变频器的运行频率和运行方式由外部多功能输入端子控制；通过L-63~L-66设置了多功能输入端子X1~X4为多档转速控制端，已如上述；通过L-18~L-32这15个功能参数码预置15档转速的运行频率；通过功能参数码b-7(加速时间1)、b-8(减速时间1)、H-42(加速时间2)、H-43(减速时间2)、H-44(加速时间3)、H-45(减速时间3)、H-46(加速时间4)、H-47(减速时间4)预置各档转速的加减速时间，之后即可由逻辑控制电路、PLC或上位机给出频率选择命令，控制图2中触点KA1~KA4的通断状态及其组合，实现多段速频率运行。每个段速运行时间的长短由触点KA1~KA4的状态确定，一旦状态变化，就意味着结束上一个段速而开始新一个段速的运行。

表2:端子开关状态与转速档次对应关系

指定端子接点输入信号组合				对应的二进制数	选择的频率档次
X4	X3	X2	X1		
off	off	off	on	0001	1
off	off	on	off	0010	2
off	off	on	on	0011	3
off	on	off	off	0100	4
off	on	off	on	0101	5
off	on	on	off	0110	6
off	on	on	on	0111	7
on	off	off	off	1000	8
on	off	off	on	1001	9
on	off	on	off	1010	10
on	off	on	on	1011	11
on	on	off	off	1100	12
on	on	off	on	1101	13
on	on	on	off	1110	14
on	on	on	on	1111	15

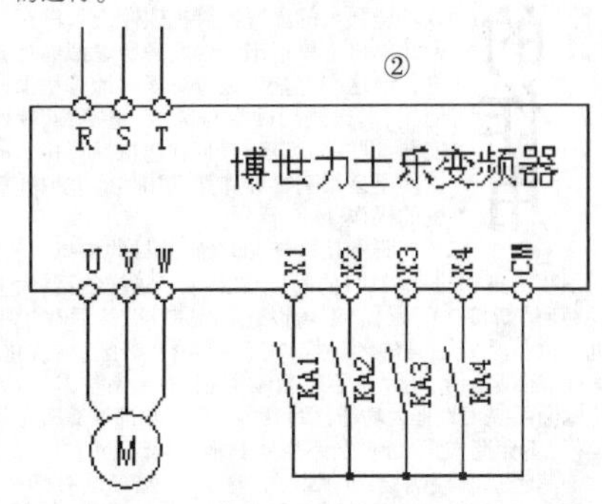

由上所述可知，端子控制是变频器应用中的一种重要技术手段。在国际标准、国家标准及其他标准规范没有对“端子控制”给出明确定义的情况下，业内人士约定俗成的“端子控制”称谓并无不妥，是一种正确的功能称谓。

◇山西 田鹏伟

浅谈复杂控制系统的安装、调试与试验

最近一年多时间，作者参与某船中修，承担安装、调试并试验其操控系统。该操控系统比较复杂，由多个分系统构成，既有机械、电气，又有液压、气压系统，且其控制系统由10台计算机共同构成。在安装，调试并试验该操控系统的过程中，颇费了一番功夫，从中收获了一些宝贵的经验，特总结出来，供自控专业调试与修理人员参考。

一、知识储备

复杂控制系统一般由多个分系统所构成，总的来看，复杂控制系统一般由系统电源，多个控制器，信号处理模块，通讯模块，数据采集与存储电路，显示器及专用仪表，输入输出设备，执行机构等构成。系统所包含的传感器，执行机构较多，信号通道多，信号处理比较繁杂，初学者理解起来有比较大的困难。这要求调试人员必须有较丰富的知识储备，主要是自动控制原理的把握，调试人员需要具有扎实的PID控制，模糊控制，自适应控制，最优控制理论等基础知识。要对数字电路，模拟电路的知识有深刻理解并能够熟练掌握。具体来讲，不仅要熟悉工业控制计算机、单片机、PLC、功率放大器的原理与具体应用，各种通信方式的原理与应用，电机控制原理，液压控制系统，高压气系统，也要熟悉比例阀，各种泵，液位计、流量计、温度传感器、压力传感器，微电机的原理与调试方法。

二、系统安装

系统安装前，需要先做一些准备工作，主要是将设备的完工文件中设备装配图及说明文件找出来，对照实物仔细研究，确定安装的步骤。在安装实施过程中，在有可能与其他专业产生交叉或者妨碍的地方，请现场调度员或者现场总师出面协调工作，确保安装工作不出现纰漏，防止发生安装后妨碍其他专业的情形或者被其他专业妨碍的情形。安装好控制系统的台体，执行机构，传感器等之后，可以进行系统连线。

三、分系统调试

各分系统是相对独立的，不同的分系统有不同的功能，需要单独对分系统进行研究，理解其原理和工作流程。分系统一般由电源模块，控制模块和少量传感器，执行机构，显示仪表等所构成。

要做好分系统的调试，要在理解原理上下功夫。要仔细阅读完工文件中有关各分系统的技术说明书，对照原理图，仔细理解分系统工作原理，并阅读调试细则，了解分系统的各控制电路，各传感器的调试技巧。

在对各分系统进行逐一调试阶段，由于整机尚未联调，使得某些分系统可能要进行一些模拟信号的发送以配合调试。此时，要明确的了解如何正确地进行信号的模拟，从而方便地实现该分系统的调试，若不清楚如何模拟信号，则可以联系设备厂家，请厂家协助指导。

四、整机系统联调

完成各分系统的调试后，可以进行系统联调。系统联调是系统调试的最后阶段，是考核复杂控制系统的软硬件自主工作正确与否的最后验证工作，该工作比较复杂。在最终通电前，需要对系统进行最后的检查，确保系统内部各连线正确，并仔细检查系统的电源线路及执行机构的控制线路的绝缘情况。只有绝缘良好的前提下，才能对系统进行通电并作最后的联调。各分系统功能正常，整机系统联调结束，需要对系统进行长期拷机，拷机时间结束后，整个调试工作初步结束。

五、系统试验

系统试验是进行系统功能考核的最后一环，该环节是将设备工作于真实工作环境中一定的时间，考核系统的功能，可靠性，从而验证设计工作的正确性。试验前要仔细阅读该试验大纲，按照试验大纲中的要求，对于试验中需要提供的工况与试验环境，要提前与总厂技术人员进行沟通，告知需要提供的环境，试验的时机，以方便总厂进行试验时提前做好妥善的安排，便于试验顺利进行。要按照大纲要求完成所有试验，并达到所规定的试验时间，做好详尽的试验记录，作为后续试验故障分析和性能评估的有效依据。

六、注意事项

一是要注意在接线时，严格按图施工，若有改动的地方，一定要在图纸中特别标注。接线完毕后，将接线图和实际接线进行仔细的核对。二是按布线规范对电缆进行捆扎固定。三是对系统进行可靠的接地。四是对系统的电源线路和控制输出线路的绝缘值进行测量，绝缘值符合设计指标才能通电，否则，分别对系统进行检查，排查绝缘值低的原因。五是在系统通电前，单独测试系统电源及其各电源模块的空载状态的输出电压值，其输出在设计指标范围内才能为各分系统通电，否则需要对电源系统进行检查，调试和调整。

◇广东 申传俊 陈文

让计算机虚拟系统发挥更大的作用

——《常用工具软件》(第4版)教学心得

段欣主编的《常用工具软件》(第4版)(高等教育出版社)("十二五"职业教育国家规划教材)是依据教育部《中等职业学校计算机平面设计专业教学标准》几经修订而成的计算机平面设计专业的配套教材，全书采用模块教学方式，共分6个模块，其中第1模块为系统工具，内含5个系统工具软件，依次为软件1：硬盘分区魔术师partition magic，软件2：一键GHOST，软件3：驱动精灵，软件4：windows优化大师，软件5：虚拟机vmware workstation。

在教学第1模块时，若按顺序进行，加上职中学生好动、好奇的特点，则在软件1——硬盘分区魔术师partition magic的教学过程中就会造成很多麻烦，比如系统硬盘被格式化、系统崩溃、黑屏等现象此起彼伏，不仅会使教师疲于应付，显得教学活动忙乱无章，正常教学活动无法进行下去，还会妨碍后续的教学活动的开展，更会使使用同一机房的其他专业学生无法继续使用。即便是教师严格防范，学生也按章操作，软件操作也只能是在最关键的最后一步取消，否则会使机房的所有计算机操作系统面目全非。这也就不能使学生全面掌握软件的使用，体会软件的功能，使软件失去应有的作用。

教材上关于虚拟机vmware workstation的简介是这样的：vmware workstation是一款功能强大的虚拟计算机软件，可以在一台计算机上模拟出一台或多台虚拟的计算机，而这些完全可以像真正的计算机那样使用，可以进行硬盘分区、系统安装、软件安装、网络浏览等。任何在虚拟计算机上的操作不会影响物理计算机和其他虚拟计算机的操作。

既然是这样，那么在教材的编排上，为何不将虚拟机排在模块1的第1个软件？若这样的话，大家(特别是新接这门课程)就可以先讲虚拟机，然后在虚拟机上进行系统工具的各种操作——不论是分区、格式化、优化，还是备份、还原。不但教学彻底，演示完整，学生完整体会系统工具强大功能，而且可以保证物理计算机正常运行，不会造成太大麻烦，不影响其他教学活动的进行。

笔者这学期刚接这门课程，在进行第1模块教学时，就是先进行虚拟机的教学，教会学生安装和设置虚拟机，然后在虚拟机上进行硬盘分区、系统安装、驱动升级、系统备份还原、软件安装、系统优化等操作。实践证明，这样的安排，不但使整个第1模块教学进行顺利，而且使学生全部掌握了教材中系统工具的全部功能，教学效果很好。

教材是服务于教学的，教材的编排更要以教学任务的完成为最终目的。笔者以为，教师也不能局限于教材的编排，应合理安排和运用教材，大胆调整，往往会取得事半功倍的效果。

◇陕西 李挺

重新认识家用漏电保护器

社会经济在不断发展，大家的生活水平和居住条件也得到了改善，家中电器越来越多，电器在用时候如何保障家用电器的安全和人身安全是很重要的问题。不少人认为接装了家用漏电保护器就万事大吉的错误观点。

家用漏电保护器是在用电器发生漏电故障或人体触电时实施保护的设备，家庭电路漏电时，通过火线与零线的电流不相等，漏电保护器中有一特殊装置，检测到这一差异后，便切断电源，漏电保护器，有的地方俗称"触电保安器"或"保命器"。

按照《农村低压电力技术规程》要求，家用普遍安装了低压漏电保护器，以防止触电伤亡、电气火灾等事故的发生。

家用漏电保护器又被叫做漏电断路器，主要的作用是在于当家用电器发生漏电故障以及对人身有致命危险时，可以起到一定的保护作用，并且具有过载和短路保护功能很多人认为，只要安装了漏电保护器，就可以杜绝触电伤亡事故的发生。事实上，很多原因都会造成漏电保护器拒跳，从而起不到保护作用。因此，充分分析漏电保护器拒跳的原因，纠正人们思想认识上的错误，对防止触电伤亡事故的发生，有着极为重要的作用。目前，安装家用漏电保护器是最可靠、最简便的家庭用电安全防护措施，但是在我国生产厂家技术还没有统一的规范。这就要求我们在选用时一定要认真阅读厂家的生产说明书，按照上述各项参数和性能作选择。在安装时也要分清相线L、零线N和保护线PE，尽量不要安装使用单极开关的漏电保护器，在平常使用时还要注意运行中的维护和检查。

家用漏电保护器安装方法很重要，在安装的时候必须严格的区分火线、中性线和保护线，设备外壳要连接地线。漏电保护器的中性线应该接入漏电保护回路，接零保护线应该接入漏电保护器的中性线电源侧，不能接到负荷侧。经过家用漏电保护器后的中性线不能接设备外露的部分，设备外壳接地线应该单独接地。

一、家用漏电保护器负载侧的中性线不能和其他回路并用。

二、家用漏电保护器标有负载侧和电源侧的时候，应该严格的按照规定安装。

三、安装完家用漏电保护器之后，不能撤掉低压供电线路和电气设备的接地保护措施。

四、家用漏电保护器安装完毕之后，应该操作试验按钮，来检验一下漏电保护器的工作性能是否能够正常工作，如果一切正常，才能够投入使用。

五、漏电保护器的火线零线不能接反时，当发生漏电情况时开关会跳闸，漏电保护器有两种开关结构，及单触头开关型和双触头开关型。单触头开关型在动作时，只切断表明火线(L)的那一侧，这种漏电保护器决不可以反接的，否则不会起到保护作用，会有触电危险的，使电源的火线并不能断开，而引起设备与人身伤害。无论单触头开关型或者双触头开关型漏电保护器，进线接反是不会出现"一合闸马上跳闸"的现象。但是，作为电气施工人员应该养成规范的好习惯，按照要求正确接线。漏电保护器是通过检测进入保护器的两条线路的电流是相likely同而工作的。当进入保护器的线路电流不相等时，即电器有漏电时，保护器跳闸。

新安装的漏电开关，应在带电情况下，用试验按钮检查漏电保护性能是否正常，以后每1-3个月试验检查一次。漏电开关脱扣动作后，应及时查明原因，等排除故障后，方可再次合闸。

漏电保护器是一种用于电气电路中的电气自动安全开关，有电磁式和电子式两种结构，家用单相漏电保护器一般采用零序电流型，属于电子式结构的一种自动开关，主要由自行脱扣器、零序电流互感器、电子触发器等三大部分组成，其常见故障主要有以下三种：一是意外漏电时保护器不能自行脱扣，二是一旦脱扣后无法合上即产生滑扣，三是保护器内发出"吱吱"响声。

漏电保护器并非"保命器"，很多原因都可以造成其拒跳，广大农电职工和用户都要有清醒的认识，防止因一时的大意，造成触电伤亡事故的发生。

漏电开关故障的处理方法提要，漏电开关跳闸的原因有三种：接头未接好，接触不良引起发热，造成触头烧坏而跳闸；负载有短路或漏电而跳闸；漏电开关本身有故障跳闸有两种情况：一是漏电，二是漏电保护器损坏。漏电开关不能正常合闸：1、检查漏电开关复位按钮是否复位。按复位按钮后可以正常合闸。2、检查漏电开关接线是否正确。不正确并重新接线。3、检查漏电开关负荷侧的线路绝缘，如果短路接地，需要排除故障后才能正常合闸。如果和电器灯具没有关系那就不是漏电，可能是漏电开关有问题，换一个准能解决。

新安装的漏电开关，应在带电情况下，用试验按钮检查漏电保护性能是否正常，以后每1-3个月试验检查一次。漏电开关脱扣动作后，应及时查明原因，等排除故障后，方可再次合闸。

漏电断路器开关跳闸，有些人觉得很麻烦，但我劝你不要这样想，因为断路器的每次跳闸，都意味着拯救了一次电器的生活或用户的生命。过载保护，是断路器的一项基本功能，任何漏电断路器，都有这项功能。比如，断路器预定值为16A，而电路中的实际电流为17A，此时，断路器就会自动跳闸。添加的附件的断路器，要观察附件是否有变化，如果附件无变化，则也是由于电路过载。加了附件的断路器，会同时拥漏电和断路器本身的功能和附件的功能。

◇常州 葛强 刘志成

中国广电入主后的新CIBN互联网电视

广电网络"跨界融合、汇聚力量、保护促长"南宁高峰论坛暨友好网联盟第八届年会于5月24日在南宁五象山庄开幕，国家广电总局科学技术委员会副主任杜百川、国家广电总局广科院互联网所所长国家NGB秘书长施玉海、国家广电总局广播电视规划院广播电视标准研究所所长李庆国，工信部电信研究院副主任杨崑、中国广播电视工业设备协会秘书长吕新杰、广西壮族自治区新闻出版广电局副局长吴晓丽等嘉宾以及24家联盟单位的董事长、总经理、副总经理、总工程师和来自华为、未来电视、国安广视、科大讯飞等合作单位共计100余人参会。

国广东方网络(北京)有限公司总经理毛卫兵做了题为《携手CIBN互联网电视，打造DVB+OTT开放共赢新生态》的主题演讲。以下是演讲的主题演讲稿，供未能到场的同行参考。

中国广电入主后的新国广东方

国广东方是互联网电视运营公司，中国广电基本定位是全国有线电视网络的整合主体，全国有线电视互联互通平台的建设主体，也是代表行业正面应对三网融合的市场主体。2016年5月，中国广电拿到基础电信牌照，成为继三大运营商之后的第四基础电信运营商。2018年4月，中国广电成为国广东方第一大股东，我本人上任总经理，这次我第一次在新的岗位上出差。

如今的国广东方是这样的——

·OTT集成播控、内容服务牌照的授权单位之一；

·国内第一家获得CDN牌照的OTT牌照运营商；

·负责中国国际广播电视网络台(CIBN)互联网电视业务；

·负责中国广电宽带电视视频业务整体运营。

当前，国广东方既有全量的牌照资质又有中央媒体的公信力，具备全国广播电视网络视频业务的运营资格，是有差异化优势的牌照运营公司。

中国广电宽带电视

图为：中国广电宽带电视业务

中国广电的宽带电视业务浓缩在上面这张PPT上。这个体系的建设是基于互联互通平台。

互联互通有四个层面——

第一，与三大运营商互联互通；

第二，广电体系内部有线、移动、卫星互联互通；

第三，各省网公司互联互通；

第四，最终实现全国广电用户的互联互通。

中国广电宽带电视的业务架构设计从传统媒体到新媒体、到长视频、短视频做了打通。

简单介绍一下这些业务。

今后视频领域的运营收入可能占比40%左右。和媒体属性相关延伸出来的垂直领域，是我们一定要关注的重点。比如与教育关联的培训和线上线下消费的结合，再比如以统一的云平台支撑分立的智慧家庭体系，让所有用户互为用户，让所有渠道互为渠道。

视频中国专区打造全网节目极速播出平台，全国各地接入的电视内容进行智能化实时处理，并于播出后10分钟内快速上线到专区，形成可精准搜索的节目片段、可自动聚合的电视专题内容产品包，为观众提供海量社会新闻、影视剧集、养生保健、综艺娱乐等节目，以短视频产品模式满足中国广电宽带电视用户快速锁定感兴趣的内容，节约收视时间成本。

视频团购产品依托于中国广电融合媒体运营云平台，面向企业、个人提供版权节目的团购活动。聚合演唱会、音乐会、发布会、小众电影或纪录片的垂直市场线下服务，以最低的市场价格、最新的节目内容、最优的节目质量向用户提供视频内容订购服务，让用户第一时间参与到明星粉丝团活动、近距离感受现场带来的音视觉冲击。

视频圈是物联网化的电视端新产品，让看电视的即时分享成为可能。不同职业、不同经历的人们可以因为共同喜欢节目组成视频圈，交流观剧体验，相互推荐喜欢的节目和游戏，还可以多人团购喜爱的节目，花更少的钱，收获更多的精彩。

整个架构中运用到大数据分析和人工智能，可以根据用户反馈，发现这一周排行热度最高的频道是什么？在10分钟以内最热门的栏目是什么？在一周之内你看过的影片是什么？还有AI语音的运用，只要说出你要什么，相应的服务就会呈现。现在正在运营一个宽带电视2.0版，这些和国广东方的平台是打通，这个工作正在进行。

国广东方的审核团队每天都要去国际台总编室参加编前会，每周五都要集中汇报一次，审核能力大家放心。在内容方面，完全是可管可控的，完全符合总局的要求。

国广东方特色内容和服务

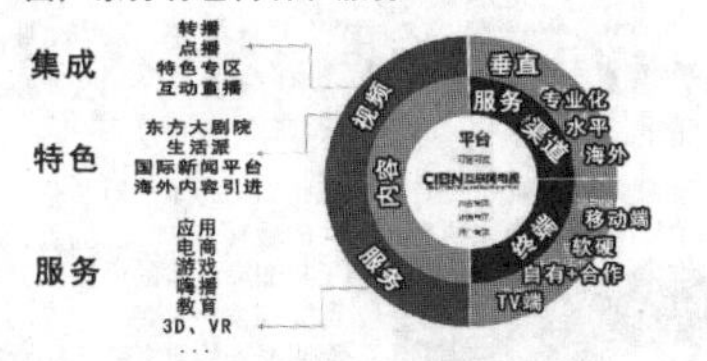

图为：国广东方全产业链布局

国广东方集成的内容提供点播、转播、特色专区、互动直播等多种形式的服务。我们跟阿里大文娱集团合作，通过国网跟阿里进行战略对接，具体到微观层面是CIBN互联网电视平台和优酷的对接，这也是一个创新模式。更新一部片，全网同时更新。这个更新不只是电影电视剧，包括网大、网剧、网综等，都可以实现同步更新。

国广东方的内容建设不追求泛娱乐，不走寻常路，立志做有情怀有品质的内容，追求国际化和专业化，具体体现在什么层面呢？

"东方大剧院"是国广东方孵化得很成功的一个特色内容产品，可以在线买票观看优秀戏曲演出的实况转播，也可以点播观看，社会用户很认可，领导也很认可。"生活派"目前主要是一个服务于PGC的项目。"东方文艺院线"聚焦在文艺电影和文艺内容产品的建设。

"嗨播"是音乐垂直领域推出第一家聚焦化的垂直平台，本月底将协办推出2018年国际莫扎特钢琴大赛。"签约歌手"是我们投资的中国首档职业歌手音乐对战类综艺节目，联手北京卫视通过网台互动的方式，助力音乐新生力量成长，致敬百年华语乐坛。

2017年开始，基于用户对短视频内容需求的快速增长，CIBN互联网电视通过充分研究家庭用户对差异化内容的需求，TV端对内容质量的要求及TV端新媒体业务商业模式的变化，推出"生活派"短视频。通过聚合、原创等形式，聚集了大量优质的PGC短视频内容，内容涵盖影视、综艺、娱乐、财经、军事、健康、游戏、生活、时尚、旅游等多个内容分类，内容底量接近50万条，日更新800条左右，并积累了丰富的短视频运营经验。

CIBN全球购专注于打造视频购物新零售平台，精选优质供应商及商品。与环球购物、央广购物、家有购物、风尚购物、好享购物等五家国家级电视购物台，美的电器、小狗电器、苏泊尔等百余家品牌供应商建立了合作，涵盖家电数码、美食健康、服装鞋帽等八大品类产品。CIBN全球购跟黑龙江广电龙江网络、天津广电社区平台、辽宁IPTV鹏博士等成功合作，智能终端合作伙伴包括TCL、乐视、小米、创维等。CIBN全球购还建立了全链条服务体系、自有呼叫中心及仓储物流体系。

"CIBN互联网电视"在教育方面起步较早，这些年积累了很多经验，我们先后定制了四款教育终端，每一款终端都充分地发挥了我们的各项优势，比如内容运营、资源整合、项目运作、技术研发、平台搭建等。另外，我们也与教育主管部门建立很好的合作关系，希望借助我们的资源，一方面立足有线电视领域，一方面携手教育主管部门，打通学校与家庭，充分利用我们的资源整合与运营能力，逐步有序的上线更多教育内容、教育产品、教育服务。

国广东方技术平台解决方案

国广东方的广电运营商的方案，可以实现一点接入全网展现。

1. 专线或互联网连接
2. 介质数据同部分发
3. 业务数据交互

运营商市场

为广电、电信联通、移动运营商提供解决方案

CIBN互联网电视核心业务平台

平台对接+广电内网代理+节点部署+APP/SDK

图为：国广东方运营商市场解决方案

此外，我们正在研发一个云+智能主机的平台。现在智慧家庭可以挖掘的潜力非常大。

具体落地层面，我们正在推进两大平台具体对接，国网虽然入主国广东方才一个月，但是业务打通已经进行。我刚才介绍的各特色业务，其承载的大平台是整合在一起的，欢迎有线省网与我们探讨合作，落地方式灵活多样。

中国广电 国广东方 互联互通

> CIBN互联网电视进入全国省级有线网络

> 中国广电宽带电视，进入国广东方渠道

我们要做包容开放的平台，引入符合人民群众的需要的内容，欢迎产业链合作伙伴加入。

图为：国广东方欢迎产业链合作伙伴加入

也希望各省推荐有价值在全国推广的业务，也可以反向输出，来推广到其他省。

◇北京　李文荐

虚焊引起的九洲DVS-798村村通不开机故障

接修一台九洲DVS-798村村通中九二代接收机，机主送来时描述的故障现象是机器不开机。接手后发现前面板电源按钮已陷入机内，当时以为是开关导致的故障，拆开机器发现KDC-A01-1型开关推动杆断开，用502胶水黏合便成功修复，此时通电才发现只有前面板红色电源指示灯点亮，其他无任何反应，看来这才是真正的故障。

测量电源板输往主板的5V和24V均在正常范围内，主板上由U11和L23组成的3.3V DC/DC电路输出电压正常，为主芯片U1(GK6105S)提供核心供电的U12(1117-1.2C)输出电压正常，3.3V经D12(IN4007)降压形成的2.5V DDR内存供电也正常。测量晶振Y1两脚电压分别为0.55V和0.53V，与其他机器比较也正常，看来问题出在系统软件、主芯片或DDR芯片身上了。通过目测发现DDR芯片U3(W9425G6JH)部分引脚焊点不够饱满，怀疑DDR芯片存在虚焊现象，于是将其涂上焊宝，同时将858风枪调至400℃左右慢慢吹，在吹的过程中用镊子按压DDR芯片，在按压过程中能听到明显的"吱吱声"，这说明确实存在虚焊现象，如附图所示，冷却后用酒精清洗干净，通电试机一切正常。

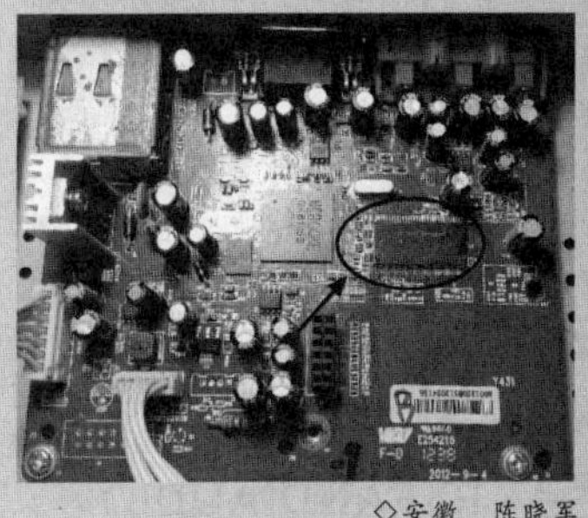

◇安徽　陈晓军

LG HU80KA 4k超高清激光投影机

文中图像是一款荣获"208CES最佳创新奖"的投影机，该款型号为HU80KA的小型便携式4K超高清激光投影机由LG公司开发。该款适合家庭影院用的投影机）借助0.47英寸的投影显示芯片，可以以最高2500流明的亮度投出100-200英寸大的画面，提供直接与反射式投射两种投影方式。因为兼容支持HDR(HDR 10)显示，所以投影在屏幕上的图像画质更加逼真艳丽。为获得更加饱满的声音呈现，音频单元的设计允许用户通过HDMI/蓝牙轻松连接包括条形声棒在内的其他扬声器。这一新款投影机本领之大是它能够轻松将来自USB闪存驱动器、笔记本电脑、视频游戏控制台，也或是蓝光播放器等娱乐系统的视频或图像投射到任一表面上让观者欣赏。该机提供HDMI、光纤、以太网，以及蓝牙无线等多种连接方式，在常规功能操控方式外，还能借助外接键盘和鼠标来完成。HU80KA具体的亮点特色主要有：

特色1：轻小便捷的设计理念有可见优势

HU80KA一改以往大多数投影机通常偏大偏重偏难安装的弊端，采取了轻小便携的设计理念，这款颇具挑战性的方案实践的结果是，投影机的体积仅是市场上大都型号的一半大小，但音视频质量丝毫不逊色，没有任何牺牲。该机可以放置在家里的任何角落，墙上、地上甚至天花板上，它都可以完美运行。考虑到便携性，设计人员甚至还给它配备了一副拉环。

特色2：新型投影机的用途几近无所不能

HU80KA已不是传统意义上的仅放大媒体内容的投影机，而是除通过USB驱动器播放媒体内容外，还提供时兴的网络应用，通过搭载的LG Web OS智能TV系统，用户可以借助其接口在线享用大部分流媒体服务提供的包括4K在内的各种流媒体内容。另外，还允许用户安装第三方应用以拓展更多内容，因而具有极高的易用性，比较符合当前的主流观影模式。

HU80KA为外形尺寸165×165×47mm，重为6.4kg，2018年3月8日印度市场的参考价为99999美元。

Sony XBR-77A1E 4K OLED电视机

文中图像是一款荣获"2018CES创新奖"的77英寸4K OLED电视机，该款型号为XBR-77A1E的超清HDR(High Dynamic Range)电视机由索尼公司开发。在HDR高动态范围显示上，该机提供HDR10、Hybrid Log-Gamma和Dolby Vision三种方式，在声音单元，该机整合了最新开发的"世界第一"个Acoustic Surface?屏幕声场系统。XBR-77A1E可以输入来自Netflix等网站的视频节目欣赏，也允许用户通过其Chromecast功能从Android、iOS移动设备，或笔记本电脑中挑选YouTube或Netflix等网站节目上传至本机大屏幕观赏。该机设有2个数据库，它们的联合作用能有效充分抑制屏幕噪声，使显示画面的分辨率提高，从而确保实时图像的视感更清晰。XBR-77A1E具体的亮点特色主要有：

特色1：图像引擎的强处理能力保障了养眼画质的呈现

XBR-77A1E采用的X1™Extreme图像芯片其实时图像处理量相比4K Processor X1™图像处理引擎要强40%以上，搭配4K X-Reality PRO™图像处理引擎的使用，4K HDR图像的画质得到了进一步的增强。这得益于双引擎对每一场景各个部分进行分析及与特殊图库的样本比对并分别独立处理后，在画面的质感、对比度、颜色和边缘等诸方面取得了与图库样本的最佳匹配。加上能对800多万自亮像素中的每一个单独进行精确控制，因而阴影处的更多细节看得一清二楚，每一个场景的景深感也分外鲜明，且画面呈现更加锐利清晰，又不乏逼真。

特色2：两项针对性技术确保图像颜色逼真自然

XBR-77A1E在画面颜色上的保障与提升采取了两个措施：一是Object-based HDR remaster动态逐项重塑技术的应用，它通过对图像颜色和对比度的优化与增强，使画面暗的地方变得更暗，亮的地方更亮，而不暗不亮的地方的还原更精确，以确保每一场景画面的质感与景深的真实；二是Super Bit Mapping™ 4K HDR超级位映射技术的加盟让画面影像的颜色层次呈现更自然。该技术在强大的14位信号处理中，通过分解8或10位信源的纯色带，并将其转换成高出64倍多的等价14位做法，使得其他电视常见的4K HDR色带最小化。

特色3：媲美视觉欣赏的音频技术措施

XBR-77A1E为使声音质量与效果媲美视频图像，采取了多项措施：第一项，应用了最新开发的Acoustic Surface™屏幕声场技术，该技术通过电视背后的两个执行器震动屏幕，以营造画面和声音易让人沉浸的和谐氛围；第二项，通过ClearAudio+醇音技术对电视伴音的微调营造身临其境的感觉；第三项，借助DSEE (Digital Sound Enhancement Engine)技术使压缩数字音乐恢复原本自然宽敞平滑的音色；第四项，通过S-Force Front Surround前环绕模拟技术创设出合适的音量、时间延迟和声波频谱，使得仅左右两个扬声器通道就营造出自然的三维声场，从而享受到更丰富的高保真音质。

XBR-77A1E的外形尺寸为1721×997×99mm，重37.8kg(无支架)，参考价为20000美元。

2018年7月22日出版

实用性 启发性 资料性 信息性

第29期

国内统一刊号:CN51-0091 定价:1.50元 邮局订阅代号:61-75

地址:(610041)成都市天府大道北段1480号德商国际A座1801 网址:http://www.netdzb.com

(总第1966期)

让每篇文章都对读者有用

爱立信携手四川联通完成联通首例5G插件现网测试

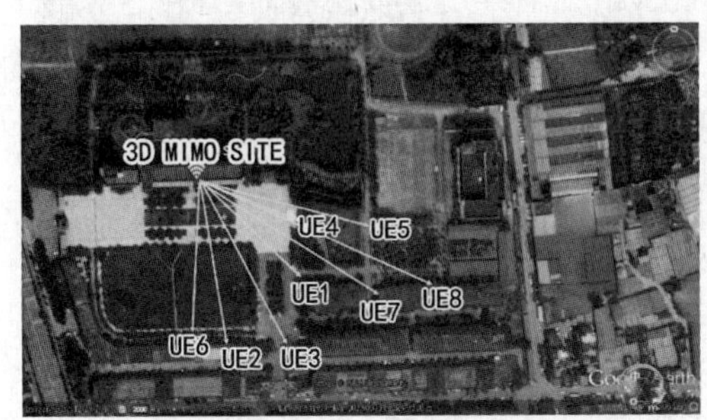

近日，中国联通四川公司携手爱立信在成都率先实现5G插件——TDD Massive MIMO的现网商用。Massive MIMO技术是5G的基石，本次在4G现网中率先使用该5G插件，不但有效缓解了现网容量需求，也为5G的引入积累了技术经验，从而为4G到5G的平滑演进奠定了坚实的基础。

中国联通4G网络历经四年多的建设，聚焦区域的覆盖水平已经日臻完善。经过2017年无线流量的大释放，进入2018年，在国家提速降费的大背景下，联通2I2C和不限量套餐快速推广，无线网络整体流量和单用户流量继续呈现快速增长态势。联通4G现网话务密度和集中度已经达到了世界领先水平，在此基础上预估2018年下半年还会有大幅增长。为了更好地支撑业务发展，实现“全面保持用户感知明显领先”的目标，需要使用和储备更多先进的网络容量建设手段，尤其需要确保聚集的高价值区、口碑场景等优先使用先进的高容量方案。

四川爱华学院属于话务极高区域，现网已经扩容多载波，并使用了TDD载频吸收话务量，但话务增长仍有潜力，正是亟需使用先进高容量手段的场景。TDD Massive MIMO技术基于传统终端，具备现网引入的条件，可快速实现容量增益。

四川联通携手爱立信将本站点作为TDD Massive MIMO的联通现网全国首个商用站点。从现网定点测试结果看，SU-MIMO和MU-MIMO都能达到预期的效果。8流情况下，小区峰值达到300Mbps以上，为传统2天线小区理论峰值的三倍，原小区边缘用户则分享Massive-MIMO中的波束赋形带来的信号质量改进，用户感知的速率也明显提升。

从基于现网商业用户的话务统计看，TDD Massive MIMO吸热效果惊人，Massive-MIMO小区相比之前TDD 2T2R小区流量增长2.83倍，用户数增长3.76倍。大大缓解了站点拥塞和释放了压抑流量，并且周边小区和站点流量和用户数没有发生显著下降。 频谱效率提升接近2倍，并且基于现有小区平均使用的空间分集流数看，随着用户负荷的增加，频谱效率会进一步提升。

四川联通副总经理凌海波指出：“校园市场是‘五高一地’战略场景之一，拥有庞大的用户群体及旺盛的消费力，同时网络容量需求极大；目前许多校园基站在FDD扩容已至三载波的情况下，但仍难以满足日益增长的容量需求。

四川联通大胆创新，将Massive MIMO这一5G技术在4G网络中先行部署，大幅提升频谱效率，最大限度利用已有站址和频谱资源，显著改善无线网络的覆盖和容量，无需新终端即可最大程度有效服务于现网用户。事实证明，该方案能有效解决超高话务场景，特别是FDD难以继续扩容区域的容量需求，具有良好的推广应用价值。”

爱立信中国联通业务部CTO张永涛表示：“爱立信非常荣幸与中国联通成功开展此次测试，作为中国联通重要的战略合作伙伴之一，爱立信希望通过领先的技术、专业知识以及全球规模助力中国联通应对4G容量的快速增长需求，打造4G精品网络，实现用户感知的领先。在面向5G的建设中，率先在4G现网实现5G关键技术的商用，也为以后5G的快速部署积累了成功经验。”

Massive MIMO既能通过波束赋形(Beamforming)功能提升用户的信道质量，又能借助空分复用(SDMA)功能提高系统容量，因此成为4G和5G网络的高容量必选技术。爱立信该款Massive MIMO产品采用先进的eCPRI接口和面向5G的新平台，有利于C-RAN的部署以及未来技术演进，并且使得信道估计更加准确，解调性能更高；另外，爱立信在多UE配对算法上更加灵活，可有利于充分发挥Massive-MIMO提升小区容量的潜力。

(本文原载第30期2版)

◇李　欣

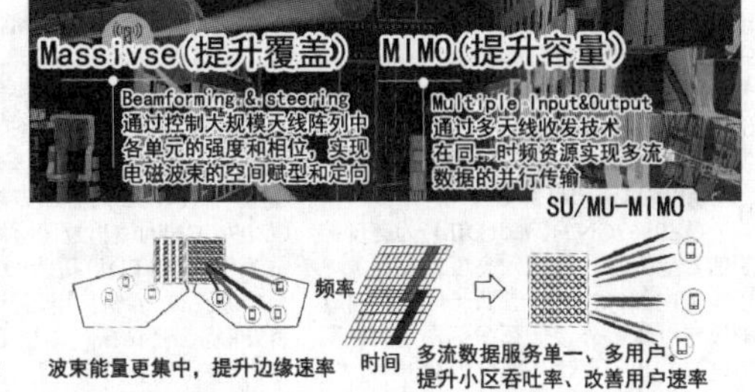

为何自动化仍需人际互动?

在过去的几年中，对于自动化如何改变工业运作的讨论变得越来越普遍。有些人可能会问：机器人是否会最终替代我们的工作，人类的劳动力又将会发生什么变化?

客观而言，人工智能(AI)型机器人的兴起的确为制造、运输和物流等行业带来了改进。例如，机器人能够在保持专注度的同时，执行单调乏味的、重复性的工作任务，并且没有出错的风险。它们还能接近人类不易触及的地方，并能够更准确地对库存进行评估和盘点。

此外，据麦肯锡咨询公司预测，至2030年，8亿人的工作岗位可能会消失。因此也就不难理解为什么工人们会感受到“未来”的威胁。但这仅仅是一种假设。事实上，在制造、运输和物流领域中，自动化将明显提高生产效率，但人类的角色仍不可或缺。

制造业中的“人情味”

随着工业4.0时代（Manufacturing 4.0)的到来，包括采用工业物联网(IIoT)、云计算和认知计算等技术进行数据采集和交换，由此带动自动化行业向更好的方向发展。

这一新的方法将使管理人员能够获得运营情况的全面可视性，并捕获每个流程的相关数据。这些最终将由人类而非机器进行分析的信息将提高生产效率，进而实现成本节约。此外，IIoT技术也可用于实时监测原料库存，使工作人员能够监管库存并进行补货，以持续提高生产力并避免某一环节出现问题，例如当某种涂料或汽车的部件存量不足的时候。

汽车行业是制造业中利用自动化来推动生产的重要领域。美国Troy Design & Manufacturing (TDM) 是底特律一家专注于金属冲压的公司，也是福特汽车公司的子公司。该公司采用了斑马技术的解决方案，在其位于芝加哥的改装中心，需要一个自动追踪系统来对其每天超过150次的车辆改装进行每个步骤的监督以及指导。

TDM与斑马技术的合作伙伴Lowry Solutions携手合作，通过射频识别(RFID)技术实现了强大的车辆追踪功能。Lowry作为斑马技术的合作伙伴，凭借其对产品的熟悉度，以及TDM在进行广泛调查研究后了解到业界对于斑马技术的青睐，最终选择了斑马技术的固定式 RFID 读取器和集成天线。

最终，基于RFID技术的自动化工作流程实现了更精确的可视化和数据采集，为设备效率和产量树立了更高的标准。通过部署车辆追踪基础设施，TDM体验到了RFID自动化的诸多优势。如今，经营者更专注于执行自身的工作任务，其工作流程得以简化，纸质归档和追踪的工作量也相应减少了。

展望未来，TDM希望能够更具创新性，尤其是借助RFID技术的实施。摒弃了基于纸质的手动追踪，90%以上的业务如今已实现自动化，并由人眼进行监察，最终实现了生产力的提高。

总之，正如TDM所强调的，自动化将在制造业的每个阶段推动流程的完善，但当涉及如何最好地利用数据实现最高效率时，人际互动仍然是最根本的，对于作出响应和制定决策至关重要。

运输和物流领域中的“人情味”

自动化对运输和物流领域显然益处颇多。在仓库中，通过移动计算机和扫描仪实现的自动化能够确保为员工提供最新的库存信息。而如今随着消费者期望在一小时之内完成送货服务，这一点非常重要也是不小的挑战。

移动计算机的采用使库存检查变得更加高效，最新的版本可扫描70英尺以外的条码，能够节约员工的时间，以完成仓库中的其他工作任务，同时还能节约能源。

在完成了有序顺畅的库房操作后，下一个环节则是物流运送。自动化能够为地面与空中货物及包裹运输建立一个更智能、更互联的配送网络，以实现实时决策的制定，改善装卸操作。

通过捕获负载强度和拖车容量等数据，企业如今能够获得有价值的洞察，实现最高的业绩水平和盈利能力。在这一过程中，人际互动会监测货物满载与否，也需要人类的思考来决定车辆何时可以出发并进行重要的货物交付。

如今这一全新的智能规划至关重要，因为电子商务和对即时交付的期望推动了“按需经济”的兴起，而物流公司必须紧跟这一步调。这也推动了企业对于能够进一步优化装卸流程速度、准确性和效率的解决方案的需求。

展望未来

自动化将为制造、运输和物流行业带来许多振奋人心的新发展。随着工业4.0的兴起，工业5.0也即将到来，推动通过IIoT实现更具成本效益的运营。技术将推进可视化和数据采集，以提高生产力。

自然有人会担心人类可能被机器取代，但自动化也有可能创造新的工作岗位。例如在运输和物流领域，随着无人机技术在运送消费品方面的应用越来越多，将有望看到专业无人机管理人员的增长。这听起来并不那么遥远。

此外，在仓库中，如果无人驾驶叉车的数量增加，原本的驾驶人员很有可能变成监督操作的角色。或更好的情况是，他们的时间可用于完成企业内更具挑战性的任务。

显然，自动化要想顺利进行仍将需要人类以某种形式作出响应或进行互动。最终一些传统的岗位将减少，但无疑也会创造出新的岗位，并在需要之处进行重新调遣。我们正在走向一个全新的人工智能(AI)的世界，但仍会一如既往地需要人类的智慧，这是实现高效运作的重中之重。

(本文原载第30期2版)

◇斑马技术全球总监Jim Hilton

创维168P-P420XM-20型恒流板电路分析与故障检修(下)

(紧接上期本版)

3.恒流和均流控制电路

恒流和均流控制电路由电流调整三极管Q106~Q109、LED电流检测电阻R144 //R145、R146 //R147、R148 //R149、R151//R152及OZ9967内部电路组成。OZ9967GN在亮度控制PWM信号的控制下，从①、③、⑤、⑦脚输出均衡控制脉冲信号COMP1~COMP4，控制Q106~Q109进入开关状态。以第一路为例，当COMP1为低电平时，Q106导通，VLED电压经LED灯串1、Q106和R144//R145到地，LED灯串1中有电流流过，LED灯串1发光；COMP1为高电平时，Q106截止，电流通路被切断，LED灯串1因无电流流过而不发光。LED灯串1电流在电阻R144//R145两端产生压降，形成LED电流检测电压，送入OZ9967GN的㉘脚内部电流平衡控制器。从电路来看，这是一个典型的负反馈电路，在LED电流变化时，能自动调整输出的COMP1电平高低，改变Q106的导通程度，可以使流过Q106的电流控制在LED灯串1的设计值上，从而实现对LED灯串1的恒流控制。其他几路恒流控制电路原理与此相同。

四路恒流控制电路中的电流检测电阻R144//R145、R146//R147、R148//R149、R151//R152的阻值一样，电流调整三极管Q106~Q109的性能参数一样。四路LED电流检测电压送入OZ9967内的电流平衡控制器，该模块对四路LED电流进行比较后调整四路COMP的占空比，控制每只电流调整管的导通/截止时间比例，使流过每只电流调整管的电流一致，即流过每路LED灯串的电流一致，确保四路LED灯串发光强度均匀，这样就实现了对LED灯串的均流控制。

4.PWM调光控制电路

OZ9967GN的㉓脚(DIM)为亮度控制信号输入端，可输入亮度控制直流电压实现内部PWM调光，调光频率通过㉑脚设定（㉑脚外接低频振荡器定时电阻和电容），也可采用外部PWM控制方式。如果要实现外部PWM调光，则只需将㉑脚设定为1V左右，输入PWM信号到㉓脚，亮度跟随所输入的调光PWM占空比改变而调节。

该板采用外部PWM调光。主板控制系统输出的调光PWM信号（频率为120Hz）从背光板输入排插CN100⑬脚进入，经R101、R110分压，C103滤除干扰杂波后加到OZ9967GN的亮度控制信号输入端㉓脚。当㉓脚PWM调光脉冲在高电平期间，OZ9967GN内部电流平衡控制器保持正常输出，即COMP脚为低电平，控制Q106~Q109导通，LED灯串发光；㉓脚为低电平时，内部电流控制器暂停输出，COMP脚为高电平，控制Q106~Q109截止，LED灯串不发光。调整液晶电视的亮度时，进入㉓脚的调光PWM脉冲的占空比将会发生改变（亮度调为0时，PWM的占空比最小；亮度调为100%时，PWM的占空比最大），芯片输出的COMP脉冲的占空比随之发生改变，从而使Q106~Q109导通和截止时间比发生改变，这样就可调整LED中流过恒定电流的时间比例来调整光输出量，从而达到调节亮度的目的。

5.保护电路

(1)供电欠压保护

当背光板的供电电压过低时，背光驱动控制IC将关断驱动信号的输出，防止损坏电路。OZ9967GN的㉒脚(UVLS)是电源欠压保护检测输入端。背光板的24V供电经过电阻R111、R105分压后送到该脚。当该脚电压低于1.4V，芯片停止工作；当电压上升到1.5V时，芯片将会再次启动工作。

(2)输出过压、短路保护

升压输出电路C115两端并联了R134与R137//R156分压取样电路，对输出电压VLED进行取样，反馈到OZ9967GN的输出过压检测端㉖脚。正常工作时，VLED电压为50V，该脚电压为1.8V左右。若输出电压升高，则㉖脚也将升高。当因故障(如升压电路的+24V输入电压过高、灯串开路等)使升压电路输出电压过高时，加至㉖脚的电压超过2.37V，芯片内部保护电路启动，关闭升压驱动信号(DRV)的输出。如果LED通道全部连接好，㉕脚(TIMER)脚开始对此脚外接电容C111充电，充电至3V时，LED电流平衡控制器将关闭，同时该脚开始放电，当放电至0.1V时，电流平衡控制器重新开始工作。在任何时候，㉖脚电压下降至2.27V时，芯片重新启动工作，输出升压驱动信号。如果至少一个LED通道开路，当㉖脚电压超过2.37V，关闭升压驱动信号(DRV)的输出，㉕脚不会动作。当VLED电压下降使该脚至2.27V时，驱动信号恢复并且忽略掉开路的LED通道继续工作。而当㉖脚输入的电压超过3V时，过压保护电路动作后，芯片通常不会重新启动工作。

当输出电压短路到地（如滤波电容C114、C115击穿或LED灯串对地短路）或整流二极管D100、D101开路，VLED电压下降，使㉖脚电压下降至0.1V时，芯片将关闭DRV输出；当㉖脚电压恢复至0.1V以上时，芯片恢复工作。

(3)升压开关管过流保护

为防止控制电路失效，导致升压开关管过流损坏。OZ9967GN的⑰脚(ISW)是升压开关管电流检测输入端。升压开关管Q100的S极电阻R119~R121并联为电流取样电阻，其上端取样电压通过R125送到OZ9967GN⑰脚。当Q100电流过大，反馈到该脚电压达到0.5V时，芯片会认为MOSFET过流，关闭⑬脚输出的升压驱动脉冲信号，开关管Q100停止工作，直到下一个周期重新恢复工作。⑰脚正常电压在0.2V~0.3V。

(4)LED开路保护

LED开路保护功能也是由过压保护电路完成的。如果多个灯串开路，将会造成VLED输出电压升高，使㉖脚输入的电压超过2.37V，保护电路动作，升压电路停止工作，进入开路保护状态。但不会对㉕脚(TIMER)脚外接电容C111充电。当㉖脚输入的检测电压下降至2.27V时，芯片重新输出驱动信号，并且忽略开路的LED通道继续工作。

(5)LED短路保护

OZ9967GN的㉗脚为LED短路保护设定脚。芯片输出的5V基准电压(VREF)经过电阻R113、R114分压后送到该脚，正常电压在1.2V。当任何一通道COMP1~COMP6电压高于该脚电压的4倍，则该LED通道将会关闭，其他通道正常工作。

(6)保护状态信息输出

OZ9967GN的㉔脚为保护状态输出端。正常工作时该脚输出低电平，当LED出现开路、短路故障时，该脚输出高电平。该脚可作为主板的异常报警信号或者作为保护动作信号，送到主板上的CPU电路，以便CPU在背光板出现故障时控制整个液晶电视机进入保护性待机状态。实际上，该背光板并没有利用保护状态输出信息来实现保护待机功能，因此将㉔脚通过电阻接地。故该背光板出现故障时，只是背光灯不亮，其他电路(开关电源、主板信号处理电路等)仍在工作。

二、故障检修

例1：一台创维42E350E液晶彩电，开机后黑屏幕，伴音正常。

分析检修：仔细观察LED灯串根本不亮。168P-P420XM-20恒流板有两组LED背光驱动电路，两组驱动电路同时出现故障的情况不多见，因此，检修时重点检查两组驱动电路的共用电路。首先在恒流板的输入插座CN100处测量，+24V供电正常，背光开启控制ON/OFF为高电平，也有调光PWM信号，说明故障发生在恒流板。接下来检测各LED灯条供电端对地没有短路，升压开关管没有击穿，熔断器F100没有开路现象。开机时测量两组升压电路输出端电压，都是只有23.8V，说明两组升压电路都未工作，分析是两片OZ9967GN的基本工作条件异常而引起的。分别测量两片OZ9967GN的VIN、ENA、DIM脚电压，发现两片OZ9967GN芯片的DIM脚（㉓脚）电压都为0V，说明DIM控制信号丢失。顺着线路检查，发现PWM信号传输通道中的电阻R101一端虚焊。补焊后试机，故障排除。

例2：一台创维42E350E液晶彩电，屏幕上亮下暗。

分析检修：168P-P420XM-20恒流板采用两组LED背光驱动电路，一组驱动屏上边的3根灯串，一组驱动屏下边的4根灯串。分析故障应是屏幕下边的灯串有问题，或其驱动电路有故障。为区分故障发生在哪一组驱动电路，分别测量两组升压电路输出端电压，发现元件编号为2开头的那组为49.3V，正常；元件编号为1开头的那组为40.6V，虽然可以升压，但提升电压偏低，故障就发生在这组驱动电路的升压电路。

检查编号为1的升压电路，测量升压开关管Q100的G极有0.1V左右电压，比正常值(2V左右)低很多。后改用示波器测量Q100的G极波形，发现有波形，但不正常，是间歇的脉冲信号，如图4中上面一个波形。采用对比测量法，测量正常工作的那组驱动电路，其升压开关管Q200 G极的波形如图4中下面一个，是连续的脉冲信号。检查N100(OZ9967GN)⑬脚(DRV)的电压，也是只有0.1V(正常应约2V)，输出脉冲也是间歇的，说明N100在不断地停止，又不断地重新启动工作，可能是升压电路的保护电路启动。于是测量N100⑰脚(ISW)电压为0V，正常应0.15左右；㉖脚(OVP)电压为2.36V，正常应1.8V左右。分析故障是因OVP脚的过压保护检测电压过高而引起的，怀疑过压保护检测部分元件变值失效。分别将分压电阻R134、R137和R156焊下来测量，发现R137的阻值已由10kΩ增大到了23kΩ。用10kΩ贴片电阻更换R137后，故障排除。

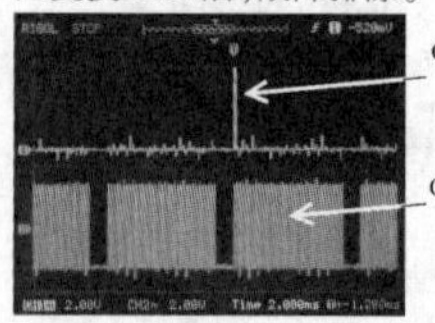

④

提示：OZ9967GN㉖脚(OVP)的过压保护原理比较复杂，该脚电压超过2.37V，过压保护电路启动，立即关闭驱动输出，等灯供电电压下降，该脚电压下降至2.27V时，芯片再次启动驱动输出。因此，这种情况下升压电路并不是完全不工作，而是间歇工作，就会出现本例故障，即对输入电压仍有一定的提升作用，但是提升作用不足。OVP脚输入的电压超过3V时，过压保护电路动作后，芯片通常不会重新启动工作，升压电路就完全不工作了。另外，检修具有多组电路结构相同、对称设计的背光灯驱动电路，对比测量电路工作电压或波形，便能快速找出故障点。

(完)

◇四川　贺学金

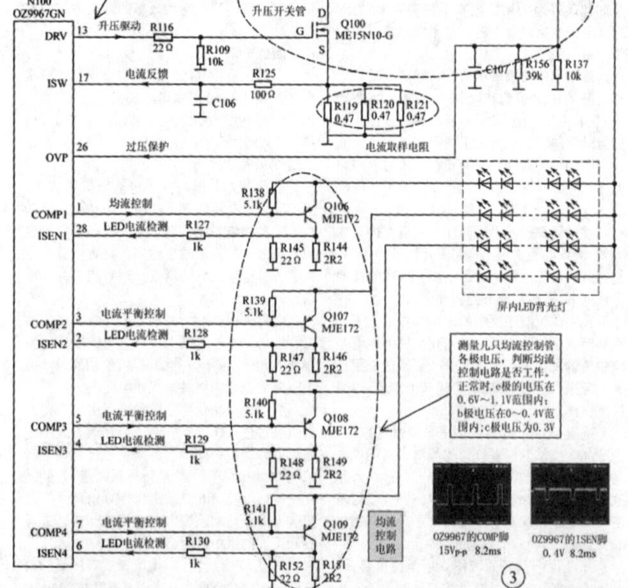

③

巴可OV-808大屏常见故障分析及维护方法

巴可OV-808是由比利时巴可(Barco)公司生产的DLP专用背投拼接大屏显示设备，主要用于演播室、会议室等场所，市场拥有量相对较小。根据功能需求和墙面实际显示区域面积（长宽尺寸），可设计成3(层)×9(列)、3(层)×6(列)等多种投影墙拼接模式。每个单元主要由一台IU和一台PU及反射箱体、双层树脂屏幕等设备和器材配套组成。该产品价格昂贵、故障率很高，受市场技术垄断与配件垄断，维修费用更是高得惊人。为了保证设备能够正常运行，减少故障发生率和费用支出，笔者尝试探讨一下该设备的维护方法，在维护设备过程中遇到了一些难题并研究解决，在这里谈点粗浅的经验。

一、OV-808单元屏常见故障

根据教学和会议显示需要，我院采用了3(层)×9(列)模式、80英寸显示单元，每单元的PU和IU型号分别为Overview D2 PU XCA 2DVI和Overview D2 IU 180W。自2009年建成以后，几乎每年都有故障出现，现象各异。常见故障有：IU电源烧坏，IU点灯器烧坏，IU灯泡烧坏，IU风扇故障，IU死机；PU花屏，PU黑屏，PU不启动、重影等。其中有一种花屏故障，故障率最高，我们先来分析一下这种故障。

1.设备断电产生奇特花屏故障分析

在设备遇到停电，然后来电再开机总会有设备损坏，于是就怀疑是停电再来电，电压不稳造成设备损坏。但这个怀疑很快被否定了，因为我们手动关闭设备电源开关时也会出现同样的故障。比如，为了保证设备安全，我们在放假前关闭设备电源开关而处于断电状态，收假后打开电源开关，这样开机也会有设备损坏。我们向厂商技术人员请教，技术人员解释说："类似故障在其他单位也经常出现，增加开关机次数，故障率明显增加，为了避免大量设备损坏，建议开机后就不要关机。"，并说："某单位一次断电，然后来电竟烧坏6台。"，本故障防不胜防，厂商技术也无可奈何，我们使用大功率的UPS电源解决意外停电是一种较好的措施，但不能解决实质问题。

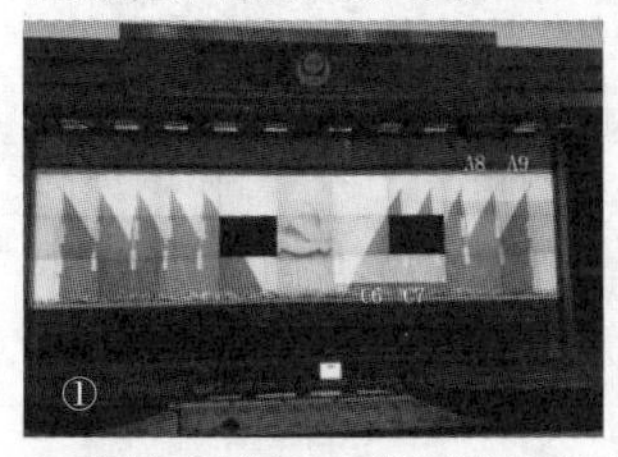
①

故障原因分析，日常设备使用率不高，大多时间处于待机状态，不断电情况下设备出现故障的概率要低很多。从这一现象规律来看，故障是来电瞬间损坏了设备，有点像静电损坏，而这时设备处于待机状态。开机后出现的故障大多为一种特殊的花屏，特点是某单元画面上面三分之二与下面三分之一的颜色不同、有颜色重叠，如图1中C6、C7和A8、A9。从这一现象来看，是PU出了问题。原因有三种可能：一是电路有接触不良；二是DMD驱动电路有故障；三是视频处理芯片(或图像处理芯片)有故障。

据有关资料显示，DMD成像系统大体可以由图像处理电路、存储器和主驱动控制电路等几部分构成。图像处理电路主要完成图像的解码和显示格式的转换；存储器主要用于图像的帧缓存和程序存储；主驱动控制电路主要是发出控制信号控制其他几部分的工作，保证全系统按照严格而统一的时序协调地工作。

首先分析是否是接触不良故障？平日里确实有信号线接触不良产生黑屏或花屏现象，通过更换机器位置或更换信号线的方法能够排除故障，通过试验不是DVI线和接口接触不良的问题，那么会不会是机内接触不良呢？如果是机器内部接触不良的话，在断电后突然出现故障，那么只有一种可能就是：长期散热不好使某元件焊点变虚，断电后因热胀冷缩原因产生虚接。按照信号传输、处理或转换的流程，我们先检查故障是否在信号通道？本PU有两路DVI信号通道，通过更换通道信号输入检验，故障依旧。

其次我们判断是否是DMD驱动IC或周围电路有故障？用该机自带蓝屏信号试验，显示正常。蓝屏信号是存储在存储器中的测试信号，不需要经过图像处理这个环节，这同时也可以证明该机色轮和DMD芯片是正常的。

最后我们来分析：有DVI信号时输入时，经过视频处理器去驱动DMD显示为花屏；在没有DVI信号输入时，设备自带兰屏信号驱动DMD显示正常。所以无论是静电损坏还是热胀冷缩虚焊，都可以判断是视频处理芯片(图像处理芯片)或周围电路出了问题。这是该机固有的通病，厂商技术人员是常常通过更换板子来解决问题的。

为了防止类似故障再次出现，笔者对大屏系统的供电及安全性进行了详细的检查，发现大屏箱体的地线是通过一根小铜线简单环绕接在了室内地线上，铜环的颜色已成黑色(如图2所示)，用万用表测试发现已经严重虚接。重新加装两根地线并加固，这样可以排除静电带来的隐患。同时通过除尘和保养设备来改善设备散热环境，排除因散热问题带来的隐患。对这几台设备修复以后，用其中一台来做试验，关机断电20分钟后开机，没有故障出现，这样的操作在半年内进行了10次，设备启动和运行均正常。

②

2.其他常见故障分析

巴可OV-808背投大屏设备是一种比较娇气的设备，其IU电源烧坏、IU点灯器烧坏、IU风扇故障、IU过热保护、IU死机以及PU花屏、PU黑屏、PU不启动、重影等故障均有发生。

IU作为电源箱和灯箱，为设备提供工作电源和两个灯泡驱动电压，内部产生高温和高压。在市电不稳和通风散热不良的情况下，会出现电源烧坏、点灯器烧坏的故障，也会影响PU的启动和正常运行。PU作为信号传输、信号处理、CPU控制系统、DMD显示系统等高度集成和高度精密的设备，受到供电不稳、静电、灰尘、散热不良等因素的影响，容易出现花屏、黑屏、不启动、死机等故障现象。

如果设备因某种原因出现故障，我们应根据设备的故障特点从使用和维护的角度去做好防护，延长设备使用寿命。

二、巴可OV-808设备维护保养

作为厂商技术人员，可对巴可OV-808大屏设备进行全面的测试，根据检测报告进行有针对性的维护、调试和保养，这需要30万~50万的经费作保障；作为业余维护者，在没有专业设备的情况下，只有通过长期的学习、研究和实践，作一些简单的调试和维护，比如大屏亮度均匀度调试、拼接对齐调试、聚焦调试，设备除尘、风扇维护、线路接口保养等。

1.过滤网清洁

从IU空气过滤网上积累灰尘的速度看，该设备每半年就应该对过滤网除尘一次，如果一年不除尘就会严重影响设备散热了，因为该设备即使在待机状态下风扇也在旋转，这样灰尘会不停地吸附到过滤网上。按厂家的要求，该过滤网是一次性的，需要半年或一年更换一次。按市场报价，一个过滤网多则一千元，少则几百元，全部更换一次过滤网要几万元，而且要不断地更换下去。

笔者仔细分析了该过滤网的材质和结构(如图3、图4所示)，该滤网采用德国进口的铝合金及进口绵质材料制成，严格控制设备的进风量，灰尘过滤度达98%以上，有效地保证了大屏幕核心部件的清洁要求，是大屏幕所必需的耗材。

③

为了节约经费，就想办法为过滤网除尘。最有效的办法是用高压风枪为过滤网除尘，通过反复地对每一折叠缝隙的清洁，可将90%以上的灰尘除去，使得过滤网恢复如初。这样一个过滤网每半年清洁一次，可以重复使用多次。图3是较新的过滤网，每半年进行一次除尘，可以重复使用多次；图4是太旧的过滤网，多年灰尘沉积，灰尘已粘在了过滤网上，无法清理，只有更换。

④

2.IU风扇维护

过滤网后面是IU的主风扇（如图5所示)，机器内部还有电源风扇和板卡小风扇。主风扇无论是开机还是待机状态，都在旋转，时间久了就会因缺少润滑油而被磨损，出现噪音增大、风扇叶剐蹭、过热保护等故障。每两年对风扇进行一次加油(专用油脂)保养，可使设备保持较好的工作状态。

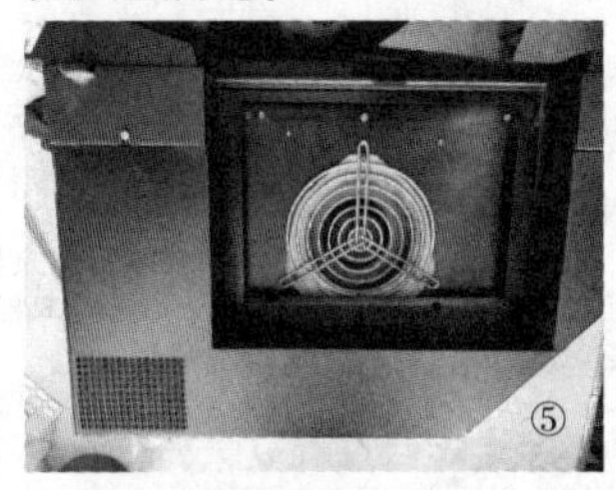
⑤

3.光学部分清洁

OV-808大屏的光学系统，除灯泡在IU内，其他成像光学部件是封装在PU内一个金属盒内，并与镜头连接。由于通风散热的需要，盒内会有灰尘撒落在色轮和镜面上，清洁后会使投影更加清晰。但作为业余维护者，尽可能地不去打开封装，以免造成设备损坏。

4.其他部件清洁

除了对上述主要部件进行清洁保养外，对IU、PU内部板卡、电源盒、进风口、出风口等各个角落进行完整清洁，可以排除灰尘进一步污染造成的隐患；对于设备接口、排线以及外部线路接头用专用清洁液除锈，可以排除因接触不良造成的重影等故障。

三、后记

做好设备的维护，首先要了解设备的工作原理和性能特点，了解设备的维护方法和措施。由于该设备资料缺乏，只是从实践中探索如何去做好维护保养，防止故障发生，处理方法难免有不妥之处，望各位专家能够指正。

DMD芯片是美国德州仪器公司生产的，应用在各种品牌的DLP投影机，高档的DLP投影机有巴可、科视、松下等品牌。中国的科技发展也在日新月异，希望在不久的将来，能够用中国芯生产出更多更好的设备。

◇天津 吕建刚

TP-LINK路由器不工作故障检修1例

故障现象：家用一台TL-WR847N型TP路由器使用几年后，突然所有指示灯不亮了。

分析与检修：通过故障现象分析，怀疑电源电路异常。电路板实物如图1所示。

用万用表检查电源适配器输出的9V供电正常，拆机测D2电压正常，测DC-DC变换器芯片AP3502EM②脚工作电压正常。为了便于检修，根据实物绘制的原理图如图2所示。

从图2可以看出，③脚为电压输出端，与电容C222、C223、C208及电感L16组成一个LC滤波电路，为主芯片和内存供电。⑤脚为反馈输入端，通过R149与③脚相连，若⑤脚电压超过1.1V，过压保护电路起控；若该脚电压低于0.3V，则振荡器进入弱振状态，实施过流保护。

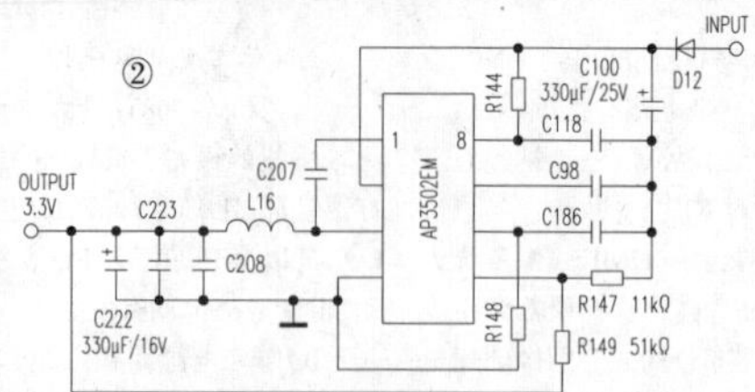

测③脚无电压输出，说明电源电路未工作或进入保护状态。断开L16，测③脚电压为3.5V，说明芯片正常，怀疑滤波电容或负载异常。在路检测C222的两端阻值只有几欧姆，确认发生短路故障。察看C222顶部没有鼓包，拆掉C208，测量对地电阻仍较小，拆掉C223后恢复到几百欧，说明C223短路。用相同的电容更换后恢复好电感，通电指示灯亮，接入网络试机，路由器恢复正常。

为了便于同行维修该电路，测得AP3502EM正常工作时的各脚电压如附表所示。

◇安徽　许军　余明华

脚位	1	2	3	4	5	6	7	8
功能	自举升压控制	供电	电压输出	接地	反馈信号输入	补偿端，用于调节控制回路	使能输入端，用于打开或关闭调节器	软启动控制信号输入
电压(V)	8.08	9.0	3.33	0	0.91	1.3	8.78	1.73

ETR2ZB智能呼叫系统常见故障检修实例

ETR2ZB型呼叫器常用在医院、疗养院、敬老院等场所，具有结构简单、使用方便等优点。整机由主机、显示屏(走廊)、分机、电话机等构成。

主要参数：额定电压为220V+22V、频率为50Hz+1Hz；额定功率为15W、静态功耗为10W。该系统使用日久后，会产生一些故障，笔者将典型故障的维修实例整理出来，供大家维修时参考。

例1：按下分机开关键后，主机正常报号，但医护人员无法在分机上销号，红色指示灯恒亮，只能用主机的外接电话机挂断或断开市电，十分麻烦。

分析与检修：拆开分机察看后，发现微动开关的周围发黑，有明显的氧化物及脏污迹象，滴入1~2滴无水酒精反复按压开关进行清洗，多可排除故障；若无效，则更换相同的微动开关。

清洗时，对于较新的分机，只需按压几十次即可；对于使用了超过10年的老呼叫器，按压次数需150次或以上，才能取得良好清洗效果。

例2：分机开关按下后，嘟嘟地响，绿灯亮(正常时变色发光二极管为红色)，有时主机能正常显示，有时走廊屏显示，但主机均无报号音。

分析与检修：通过故障现象分析，说明该系统发生了死机故障。维修时，只需将主机断电15秒钟以上，再通电即可排除；若不能排除，再拆机维修。

例3：主机报号后不久黑屏。

分析与检修：该故障通常有两种可能：1)主机电源板上的稳压器L7824CV、L7805CV、C5(4700μF/50V)损坏，2)显示控制板自恢复保险RTX坏。导致这些元件的损坏的主要原因是电压波动。因此，在排除故障后，最好在市电输入端加装一只电源滤波器。

例4：主机报号异常，拨号与实际床号不符，且游离不定。

分析与检修：经现场测量，主机内L7824CV的输入端①脚25.5V直流电压，输出端③脚有23V左右电压，仔细观察，发现附近的电解电容C5的引脚端有少许黄色颗粒，确认它已爆浆(漏液)，焊下测量，已失效。用相同的电容更换C5后，测L7824CV的①脚输入端电压升至35V，③脚输出电压稳定在24V，试用一切正常。

另外，主机报号异常，有的是因RTX自身损坏所致。维修时，可将其由0.5A改为0.75A，经长期使用效果较好。

【提示】FAX损坏后，还可能会产生走廊显示屏黑屏的故障。

◇江西　万军

美的牌CXW-200-TJ8035A型抽油烟机不启动故障检修1例

故障现象：一台美的牌CXW-200-TJ8035A型抽油烟机最近出现了按开机键，风机不转的故障，并且按照明灯键，照明灯也不亮。

分析与检修：根据厂家给出的产品说明书控制示意图(见图1)可知，照明灯是一个独立的控制电路，只要公共电源正常，灯泡正常，控制电路无问题，照明灯就应该点亮。由于按下开机轻触按键开关，风机也不转。考虑到两个控制电路同时出故障的可能性不大，所以怀疑公共电源部分可能出现故障。于是，拆下电源板，在待机状态下测输入电源滤波电容(10μ/400V)两端电压为零，这显然不正常。顺藤摸瓜往前查，发现四只市电整流二极管的电源输入端没有AC 220V电压输入，说明供电线路异常。拔下抽油烟机电源板(见图2)上连接器P401的插头，测量上面的AC 220V电压正常。看来，插座P401至市电整流二极管的电源输入端极有可能出现开路。但是，测量插座P401的两个焊点至市电整流二极管的电源输入端并没有开路现象。当把市电输入插头重新插回插座P401、按下照明灯按键后，照明灯居然点亮。再按下开机按键，风机也立即转动起来。据此，表明故障原因是插座P401与它上面的插头接触不良！观察电源板上的导线、插头、元件等上面有很多油渍，手摸在上面粘手，原来电源板盒盖板四周边缘与下方的盒板并没有采取密封措施，使油烟窜入电源板盒内，造成裸露的金属件氧化，从而导致接触不良故障现象的产生。为了避免该类故障再次发生，用乙醇(用95%医用酒精也行)将电源板彻底清洗(包括里面的其他插头插座)，烘干后，在电源板盒盖板四周边缘均匀涂上一层704密封硅橡胶后，再上紧盖板固定螺钉，故障排除。

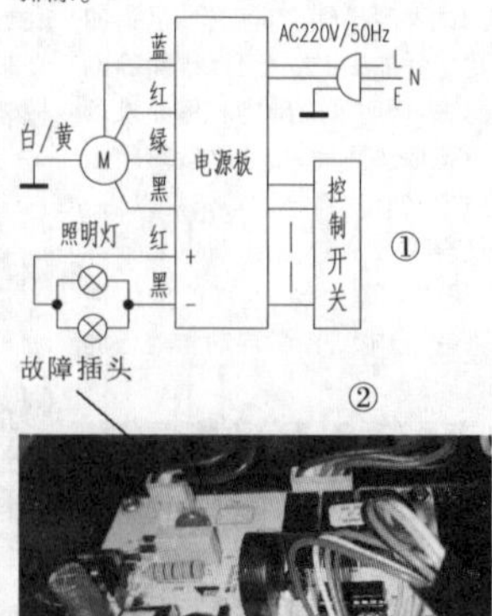

◇湖北　王绍华

松下NE-BS803微波炉维修一得——检修要注意细节

故障现象：一台代购刚到的松下NE-BS803型蒸汽微波炉首次使用因为插入220V电源导致不能使用。

分析与检修：拆开检修，发现压敏电阻10D221击穿，电路板上和压敏电阻相连接的一段铜箔烧毁，保险丝(熔丝管)及整流桥均完好。换上相同型号的压敏电阻，并且在电路板烧毁铜箔部位连接与原来大约相同的连线后装机测试。开机后微波炉显示等正常但不能工作，主要是负责功能切换的无极调节旋钮失效，转动旋钮没有任何反应。因为自己第一次接触这种微波炉，而且没有任何资料可以参考，所以检修有一定难度。用户表示如果修不好就当废品卖掉，笔者觉得新买的东西还没有使用实在是太可惜！决定想方设法也要把它修好。把微波炉搬到家里来，打开仔细研究，发现这台微波炉在运输过程中被摔过，除炉门边上有一条纵向裂缝外，炉门一角内侧有一个圆形的断痕，相对应的炉箱内侧可能就是炉门开关！用手拨动这个机构，再转动调节旋钮，立即实现了微波炉各项功能的调节切换。原来是这样！询问用户炉门上摔掉的凸柱还有没有，结果保存得很好。用胶粘上等干燥后，通电试机一切正常，几千元的微波炉就这样起死回生了。

现在，许多人通过代购渠道购买国外的电子产品。不少电器产品都使用110V电源供电，虽然都购置了配套的电源变换器，但是还有不少人一不小心就把电源插头插入了家庭的220V的电源插座上，以致刚刚到家的新电器一次没用就遭遇不测！使不少家庭一瞬间由喜变悲。实在可惜！其实现在国内的许许多多电器产品并不比国外的差。但是还是有不少人费劲巴力的搞代购，以致到货的东西不是被摔坏就是自己插错电烧坏，实为痛惜。

作为业余维修来说，有些电器见得少，缺资料。这就更需要在维修中不断积累经验，注意细节！才能避免在维修中走弯路，把简单的问题复杂化。

◇河北　张　湛

如何在电源设计中应用电阻器

市场上有各种各样的供电电源，这些电源设计中采用的多种电阻器更是大大拓展了选择范围。为明确起见，本文所涉及的电源是指具有高达几千伏固定直流输出的电源设备。无论何种应用，电源设计人员都必须了解所适用领域的具体安全或环境规定，以及实际的电气性能。本文将重点介绍如何使用电阻来调节电源输出并保护电源不出故障。

电源的分类通常取决于输入是交流还是直流，以及使用何种类型的调节方式来提供正确的直流输出，通常是开关模式或线性模式。工频线电压通常为AC-DC电源供电，而电池或任何其他直流电源则提供DC-DC供电。这些DC-DC转换器使用开关模式技术将输入电压调节为更高(升压)或更低(降压)的输出电压。

现成的电源适于许多市场和常规用途，但在某些情况下需要定制设计。

线性稳压器

要了解组件在电源中的作用，有必要了解电源工作的基本原理。许多工程师都记得设计一个如图1所示的电路。该电路使用齐纳二极管为负载(R2)提供恒定电压。R1用于提供最小电流以保持齐纳二极管处于恒定击穿状态，并提供负载电流。

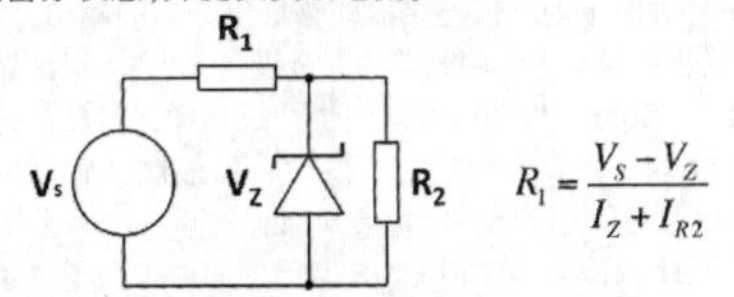

图1：一个简单的齐纳二极管稳压器电路

此类系统适用于功率较低且供电电压和负载都相当稳定的电路。如果负载电流降低或电源电压突然增加，则可能会超出齐纳二极管的额定功耗。这种电路中的电阻很容易选择，只要其额定功率符合齐纳二极管和负载的组合功率要求即可。

对于供电电压或负载可能变化的电源，串联设计可以使用传输晶体管(pass transistor)，这将确保负载电流稳定，并可将电压输出降低到所期望的范围。

图2示出了这种电路。这些设计通常使用IC或低压差(LDO)稳压器来调节负载电源。由R1和R2形成的分压器感测并设置相对于参考电压的电压输出。如果电路具有固定输出，则分压器位于内部；对于其他应用，可以在外部放置一两个电阻。

选择电阻值以提供所需的比率，最重要的考虑因素是精度。如果比较器电路具有高增益和高输入阻抗，则可以使用图1中的公式轻松计算最差情况下的数值，首先选R1最大值和R2最小值，然后选R2最大值和R1最小值。这些计算可显示出与期望输出的最大电压偏差。

开关电源

由于串联的传输器件和负载都会消耗能量，线性电源可能效率比较低。随着负载上压降的增加，效率会更低。

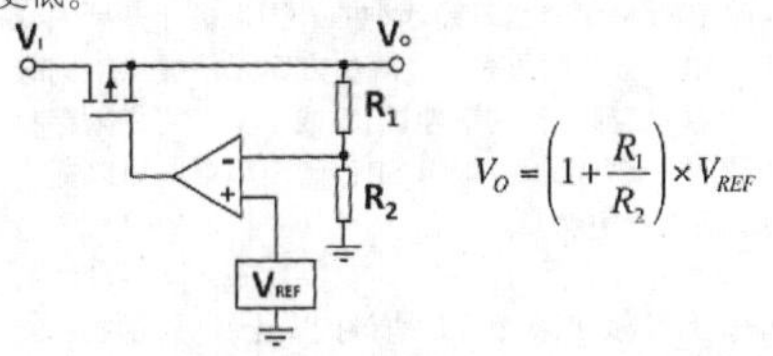

图2：线性串联稳压器简图

为提高效率，设计师经常使用另一种电源拓扑结构。开关电源(SMPS)采用未经调节的输入直流电压，并以高频率(10kHz至1MHz)进行切换。占空比决定整流和平滑后的直流输出电压。

SMPS输出的调节也使用分压器，但是要调节开关频率和占空比。通过避免线性稳压器压降带来的损失，SMPS可实现高达95%的效率。由于高频变压器和滤波器/储能电容器尺寸要小得多，SMPS也可能比类似功率的线性AC-DC电源设计更紧凑。

SMPS的主要缺点是它要求必须有最小负载，空载状态可能会损坏电源。为避免这种情况，设计人员经常使用一个功率电阻作为假负载。如果主负载断开，该电阻器可以用于吸收最小的特定负载电流。当然，假负载电阻也会有功耗，从而影响整体电源效率，因此在选定电阻时需要考虑这个因素。规避该问题的另一种方法是当负载开路时在输出端使用分流电阻。出于安全目的，SMPS设计也会采用其他电阻器。低阻值、高功率电阻器通常可防止过压情况。而限流设计则可防止短路。

此类开关技术也可以用于DC-DC转换器设计，将直流电压的一个值调节为另一个值。降压转换器在工作原理上非常类似于前述的SMPS设计。升压转换器则使用电荷泵技术输出比输入端更高的电压。这两种技术都使用类似方法来调节输出电压并提供电路保护。

电阻器在电源设计中的其他用途

放电电阻器主要用于对电路中的电容器进行放电。它们与负载并联，在AC-DC和DC-DC转换器中分别用于对平滑电容器和储能电容器进行放电。电源关闭后，电容器保持充电状态，有可能对用户造成伤害，因此需要放电。当为这项任务选择电阻时，需要权衡两点：它们应具有足够高的阻值，以便当电路工作时耗电很少；为给电容器快速放电，其阻值又要足够低。

浪涌限制电阻器可以限制AC-DC电源在初次接通并且储能电容器充电时可能引起的浪涌电流量。这些电阻通常阻值很低，并且与交流电源线串联。对于更高功率的电源，通常使用负温度系数(NTC)电阻器来达到这一目的。这些电阻的阻值随自身发热而下降。使用此类电阻器的一个缺点是在工作期间必须保持恒定以确保维持为低阻值。第三种方案是使用脉阻(pulse-resistant)电阻器，这些电阻器的功率通常以焦耳为单位。它能比采用瓦为单位的正常持续功率标度更好地表述其功能。

平衡电阻器用于在使用多个电源时调制负载电流。通常，与使用单个高功率大电源相比，并联设置使用多个DC-DC转换器可以更便宜、更节能、更紧凑。在设计此类电路时，不能简单地将输出连接在一起，必须采用一个方法来确保平均分担负载。图3显示RSHARE电阻填平了转换器输出之间的余差。

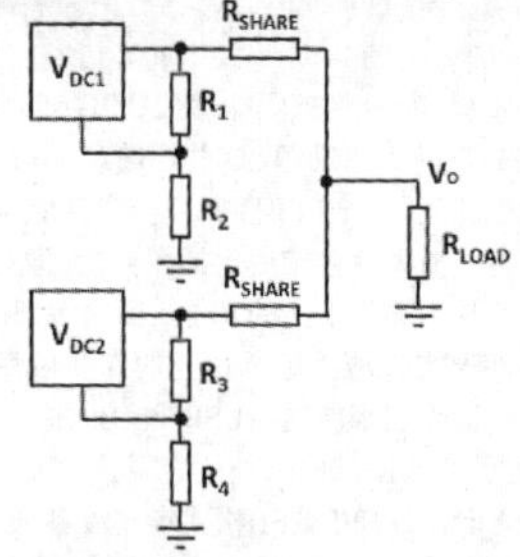

图3：平衡电阻在DC-DC转换器之间分担负载

这种负载分担方法也用于其他类型的电源设计，特别是那些使用功率晶体管的设计。并联多个晶体管为负载供电，负载分配电阻在串联中使用。

另一种需要平衡的场合如图4所示。在这种情况下，储能电容器与直流电源输出串联。电解电容器的漏电流起的作用类似于跟电容器并联的电阻，如图中的RL1和RL2。这些阻值可能会有相当大的变化，并且由于它们在整个输出端起分压器的作用，可能会导致电容器两端的压差超过电容器额定值。匹配的电阻器RB1和RB2抵消了这种效应。

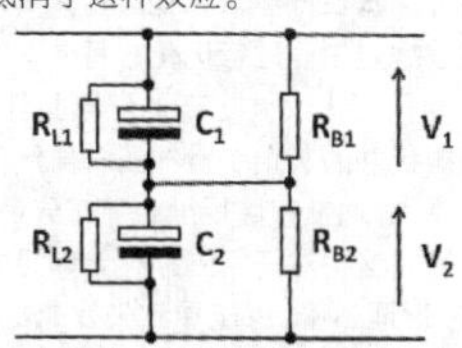

图4：平衡电阻器确保输出电容器两端的电压相等

高压分压器用于向调节电路提供反馈。这些电阻器通常还有其他次要作用，例如监测除颤器中的高压电源，以及为储能电容器充电并在期望的充电电平下关断电源。

高电流检测用于测量供电电流。这种测量方法采用分流电流表原理，需要串联一个低值电阻，并测量其上的压降以计算电流大小。此类电路设计必须综合考虑电阻的选择，一方面要求低阻值以最大限度地减少发热和功耗，另一方面又要求高阻抗以便于测量。

总结

几乎所有电源设计中的电阻选择都有不同的特性优先级和性能要求，包括需要能够处理高电压、大电流和高功率的电阻器，以及需要低容差的电阻器。通常还需要电阻具有特定的属性，如浪涌抑制能力或负TCR等。

◇湖北 朱少华 编译

(上接第28期6版)

4.步进电机装配图(图16)

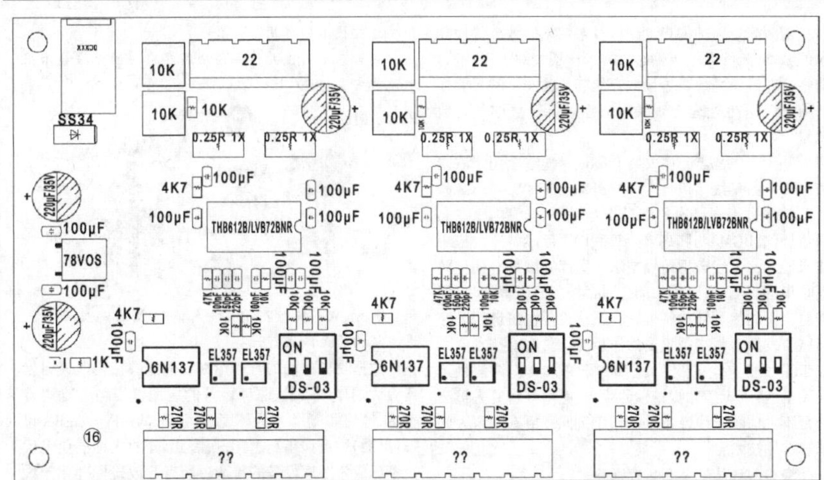

5.三轴步进电机驱动材料清单

产品名	三轴步进电机		型号			备注
			分品名			
元件名称	型号	封装	属性	用量	位置	
电容	100nF	0805	贴片	29	C1, C2, C3, C4, C5, C6, C9, C12, C13, C15, C16, C18, C19, C20, C21, C25, C26, C28, C29, C30, C31, C32, C33, C34, C38, C39, C41, C42, C43	
电容	1500pF	0805	贴片	3	C10, C22, C35	
电容	220pF	0805	贴片	3	C11, C23, C36	
电阻	0.25R 1%精度	2512	贴片	6	R12, R13, R29, R30, R44, R45	
电阻	270R	0805	贴片	9	R4, R8, R10, R17, R18, R19, R32, R33, R34	
电阻	1K	0805	贴片	1	R16	
电阻	4K7	0805	贴片	6	R1, R15, R20, R27, R35, R42	
电阻	10K	0805	贴片	21	R2, R3, R5, R6, R7, R11, R14, R21, R22, R23, R24, R25, R26, R28, R36, R37, R38, R39, R40, R41, R43	
电阻	47K	0805	贴片	3	R9, R31, R46	
电解电容	220uF/35V	CAPC2-8	直插	5	C8, C14, C17, C24, C37	
电位器	10K	3362P	直插	6	RW1, RW2, RW3, RW4, RW5, RW6	
发光二极管	LED	0805	贴片	1	D1	
二极管	SS34	DO-214AC/SM	贴片	1	D2	
端子		KF301-6-5MM	直插	3	J1, J5, J7	
端子		KF301-4-5MM	直插	3	J2, J4, J6	
DC电源座		DC005_5.5-2.1MM	直插	1	J3	
拨码开关	DS-03	DS-03	直插	3	S1, S2, S3	
芯片	6N137	SMD-8 6.3MM	贴片	3	U1, U6, U10	
光耦	EL357	SOP-4 P2.54	贴片	6	U2, U4, U7, U9, U11, U13	
芯片	THB6128/LV8728MR	MFP30KR	贴片	3	U3, U8, U12	
三端稳压器	78M05	TO252	贴片	1	U5	

USB存储棒的广泛应用

智能存储控制器能够在嵌入式应用中充分释放市场领先的可移除存储标准的潜力。

从外部看,很少有东西能够比USB存储棒(或U盘)或SD格式的存储卡更简单,这些存储产品每个都包含有一个闪存阵列、一个USB接口和一个存储控制器,为基于文件的非易失性存储提供通用支持。但是,大多数通用型设备并不提供下述的功能,来容易地支持通过物理紧凑外形实现覆盖范围广泛的许多应用案例:各种各样的系统现在都将支持USB或SD外围设备作为标准,可适用于除数据存储以外的应用。

这些方面使得USB或SD格式存储设备成为构建增强功能、可靠性和安全性等增值应用的绝佳平台。为确保高运行时间和安全操作,存储的可靠性至关重要。传统的USB和SD控制器通过执行磨损均衡(wear leveling)等操作来保持闪存的寿命和有限写入的耐久性。但是,这些设备专为大众市场应用而设计,与嵌入式应用有不同的要求。它们通常针对多媒体文件和文档等批量数据存储进行了优化,而嵌入式系统具有极其多样的功能,并具有除永久存储之外的不同要求。

嵌入式系统需要一个可靠的非易失性存储解决方案,可针对传感器数据更新和来自其他实时监控器的数据等小量数据应用而进行优化。写入文件系统的配置文件可能与用于大文件更新的配置文件差别很大,而表示传感器状态的某个变量在正常操作期间可以重新写入数百万次。通常存储地址也非常分散,导致非常不平衡的访问。这将对任何闪存存储单元的可靠性造成挑战,如果管理不善,可能导致失效或故障,尽管该阵列中的其余部分却很少使用。

嵌入式系统的设计人员还需要确保更新已正确完成,并且非易失性内存的内容不会因为在完成工作之前由于停电或任务崩溃导致的写入失败而过时。这就是为嵌入式环境优化的存储控制器的关键所在,它能够包括为各种嵌入式应用提供可靠的非易失性存储所需的功能。

此外,通过结合支持定制算法的能力,可以使存储设备的效用最大化。采用一个智能控制器,并可通过应用程序编程接口访问的丰富功能,存储控制器可以成为嵌入式系统的关键组件,或充当智能协处理器,充分利用可移除闪存的优势。

如果能够将加密和其他安全技术嵌入到独立于主机CPU的存储设备,将可以极大地提高系统的抗篡改能力,并为智能移动存储开辟了新的市场。通过将安全功能内置到已批准的USB存储棒或SD卡中,系统管理员可以确保拒绝接受未经保护的外围设备。基于大众市场USB存储控制器的现成解决方案无法提供相同级别的功能、可靠性和安全性,而集成了支持可靠闪存存储所需核心功能的可编程USB存储控制器则可以提供这些,甚至更多功能。

系统开发人员可使用自定义特性来实现各种增值功能。例如,如果系统提供有效的安全证书,这些功能可以确保系统只能读取或写入设备的信息,因而可以用来防止IP盗窃或通过非常难以保护的接口引入恶意软件,但仍支持在终端设备中使用可移除存储。例如,通过这种方式,制造商可以保留维护工程师安装软件更新或访问运行时间数据的授权,且具有可以验证的额外好处。

为了安全访问闪存阵列,存储控制器需要支持有效的加密基元(encryption primitives),这些基元可以经由用户应用组合到解决方案中。访问定制硬件是进一步的要求。

为了增加保护,设备本身可能包括生物识别技术或传感器,以确保它只能在特定的位置使用。例如,USB或SD卡上基于GPS的传感器可以检查设备是否在核准位置上使用,如果在该区域外使用,则会触发警报。这些额外的传感器和功能可以为制造商提供时间限制和位置锁定键,这些键仅在存储单元存在时才起作用。这样可以支持多种面向服务的业务模型,并且是桌面型闪存控制器所不具备的功能。

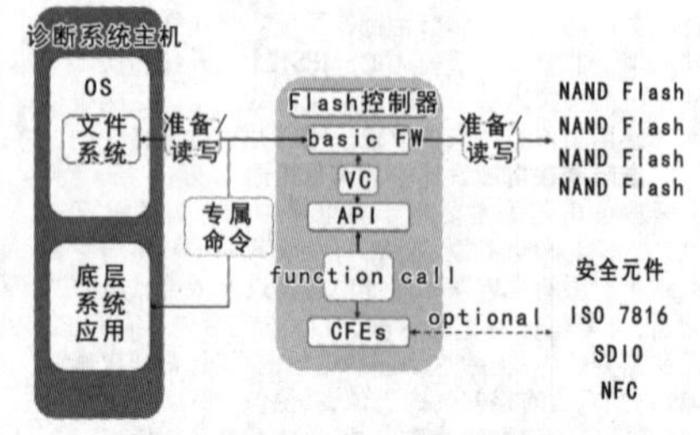

Hyperstone为了设计其智能闪存控制器,考虑到了这些方面以及许多其他要求。作为标准,控制器本身需要执行许多对嵌入式系统非常重要的功能。例如,磨损均衡算法考虑了小量写入和零散数据,并可自动整合这些元素以确保更高效和可靠的运行。通过集成一个应用程序接口(API),还可以通过用户定义的功能扩展智能存储控制器的全部功能。

该API能够提供所需的许多服务,以支持USB和SD存储的增值应用。开发人员可以在核心服务之上构建更广泛的增值应用,能够访问USB驱动器或SD模块上的定制硬件。为了支持这些,控制器可以提供16个通用I/O线路,可配置为SDIO、SPI或I²C接口。通过这些接口,可以连接数字传感器、RF收发器和其他附加元件。例如,用户可以配置I/O线路以支持ISO7816协议,这样可以集成订户身份模块(Subscriber Identity Module,SIM)等专用外设来代表存储控制器执行身份验证。每次读取或写入都可以检查其安全状态,并在数据传入和传出卡闪存阵列过程中对数据进行加密和解密。这可确保在移动存储丢失或被盗时,其中的数据能够得到保护。

USB模块可以充当安全连接器,只有当认证模块插入I/O端口时,才允许对系统进行调试和测试访问。模块外表面上的外部连接器能够提供必要的端口,但是,某些应用不需要如此高的安全级别,供应商可以选择使用USB端口作为向客户提供升级和增强产品的方式。例如,内置于模块中、并由存储控制器管理的MEMS麦克风可以增加音频录制功能。

在Hyperstone架构中,客户自己的固件扩展不依赖于底层的闪存技术。不同格式闪存之间的差异由控制器本身的内置功能处理,用户二进制文件可以使用传统写入进行更新,并且能够使用存储控制器固件上的地址范围锁定来防止无意或有害的写入。一旦固件已经加载到设备上,就可以删除它的更新能力。架构还支持冗余固件以及错误检测和纠正,可确保在固件的一个副本如果损坏或更新失败时不会危害到设备。

开发Hyperstone存储控制器所使用的是许多工程师都熟悉的标准软件工具,支持一个基于GNU的编译器工具链。为了调试,采用了Eclipse IDE和GNU调试器(GDB)。

通过为增值应用实施硬件和软件的安全性保证(hooks),Hyperstone的闪存控制器可实现全新类别的存储设备。这些设备不仅可以提高存储单元本身的可靠性和安全性,还可以充当抗御对物联网(IoT)和工业物联网(IIoT)系统攻击的主干。通过可编程I/O访问硬件外设,存储模块本身也可以成为智能设备。借助于使用GPS接收器、编码器和加速计等MEMS传感器,存储模块远不止再是简单的数据存储库,而是能够打开全新可移除存储设备大门的全新技术。

◇河北 杨清

基于蓝牙/Wi-Fi/ZigBee的医疗设备无线接入大升级

随着病患监护的自动化以及对数据读数准确性需求的激增,无线数据传输必将成为一项关键医疗技术。那些旨在确保医患数据读数存储与传输安全的行业标准将帮助医生处理无线联网医疗设备日益增长的数据量。

基于上述几点,本文将介绍三种能够应用于联网医疗设备的无线接口:蓝牙(Bluetooth)、Wi-Fi及ZigBee,并探讨不同层次的安全与互操作性问题。在血糖监测仪(BGM)与胰岛素泵等联网医疗设备上的应用结果显示,无线数据传输技术在医疗领域具有简化数据收集、简化病患监护和简化设备控制的显著优势。凭借更突出的便利性与精确性,无线设备在21世纪医疗领域中发挥着越来越重要的作用,然而,这项技术同时也带来了安全性问题。医生与研究人员能否信赖无线设备?鉴于无线数据传输的优点,医生与研究人员又能否不去信赖无线设备?或者,下列问题更有利于人们了解这项技术:

哪些无线技术适合医疗设备

这些技术的作用是什么

是否需要对医疗设备通用程序应用的无线技术采取无线安全措施

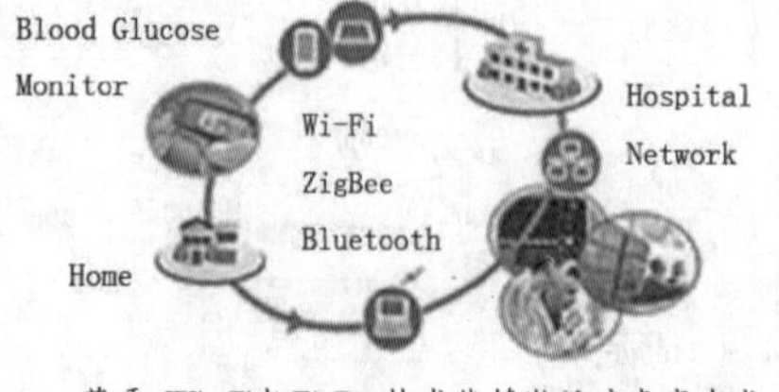

蓝牙、Wi-Fi与ZigBee技术能够激活病患家中或医疗机构的无线医疗设备

数据收集方面的行业标准如何能够让无线设备发挥更大的作用 无线医疗设备的使用地点可以是患者家中、医院和辅助生活环境。蓝牙、Wi-Fi与ZigBee设备(见图)均可在市场上购得,因此,开放式标准化无线技术已成为医疗设备的首选。所有开放式标准化无线技术都使用了一部分国际通用于未授权医药设备的工业、科学和医药频段(ISM频段),并符合行业标准与行业协会的相关要求,可确保不同厂家生产的设备具有互操作性。

设备内部的芯片

微控制器是医疗设备的核心,其常见的外围设备包括计时器、数/模转换器和USB接口。通过集成医疗设备(如血糖监控仪等)所需的几乎所有功能,微控制器提供了一个能够让医疗设备厂商专注于软件开发的可靠且低成本的硬件平台。

为了满足美国食品和药物管理局的相关安全性要求,许多设计者将设备的传输功能与主要医疗功能分离。例如,即使在无线收发机出现故障的情况下,血糖监测仪(BGM)仍须继续记录仪器的读数。但是,新一代可穿戴式设备受到严格的空间限制,元件数量必须最少化。这些设备必须采用单一微控制器。

◇湖北 汪程

破解汽车制动防抱死故障的玄机妙理（上）

1.汽车制动防抱死ABS装置常见故障的类型、诊断方法

A.关于ABS系统

ABS系统是汽车尤其是重型车非常重要，非常关键的系统——制动防抱死系统。

常见汽车在制动过程中ABS装置停不住车，车轮抱死；在ABS规定起作用以外的低速行驶中制动时，ABS装置工作，在制动踏板上有振动感；ABS故障警告灯亮为其他各种症状。作为维修程序，要先依据ABS装置发生的不正常现象进行判别。拔开调节器接头或继电器，在ABS装置不工作状态时，如果症状消失，则是ABS装置有故障；如果症状没有变化，则可断定为普通制动系统有故障。对于配有自诊断系统的ABS装置，要充分利用这一功能来进行电子控制系统的故障诊断。对于各车型的具体诊断过程，要参照各汽车制造厂的维修手册来进行。

由于ABS工作是否正常直接影响到汽车行驶的安全性，不同的车型以及同一车型但生产的时间不同而装用的ABS型号不一定一样，所以正确的诊断、排除步骤和方法显得非常重要。

各型汽车ABS都具有故障监测和自诊断功能，当ABS出现故障时，诊断与排除的一般步骤如下。当ABS出现故障时，可通过以下方法直观检查，以缩短时间。检查驻车制动器是否完全放松，开关是否正常；检查制动液高度是否正常，液压装置和制动管路有无泄漏；检查车轮上的制动器部件，有无拖滞存在，还要确定制动器工作是否正常；检查ABS、ECU插头的连接是否良好，压力调节器搭铁线是否可靠连接，所有ABS的熔断器、继电器是否完好，插接是否牢固；检查有关控制部件如轮速传感器、电磁阀、压力指示开关、电动油泵等连接是否良好；检查蓄电池电压是否在正常范围之内，正负极柱的导线是否连接可靠；检查车轮轴承的磨损、损坏情况，如轴承磨损严重或损坏会使车轮摆动。ABS故障信息是以代码的形式存入存储器中，由于ABS生产厂家的故障代码不尽相同，检修时应对照其使用说明书进行。故障代码读取方法一般有以下三种：一是采用自诊断方法，利用特定指示灯的闪烁来读取故障码，一般是通过ABS ECU启动端搭铁的方法来实现；二是利用专用诊断仪直接读取串行数据和故障码，这只需将专用诊断仪与ABS诊断接口相连接即可；三是利用汽车仪表控制板的信息显示系统直接读取故障码。在排除ABS故障后应将故障代码从存储器中清除，以便下次诊断检测与维修使用。

B.ABS系统的可靠性

ABS系统一般都具有很高的可靠性，通常无须进行定期的特别维护，但在使用、检修过程中应该特别注意以下要点：ABS与常规制动系统是不可分割的。常规制动系统一旦出现问题，ABS就不能正常工作。因此，要将两者视为一个整体进行维修。当制动系统出现故障时，应该首先判断出是常规制动系统的故障，还是ABS的故障；在点火开关处于接通(ON)位置时，不要拆装系统中的电气元件和线束插头；不可向ECU供给过高的电压，不可用充电机直接启动发动机。用充电机给蓄电池充电时，要把蓄电池上的电缆线拆下后再进行；高温环境也容易损坏ECU。在对汽车进行烤漆作业时，应将ECU从车上拆下。在汽车上进行电焊机作业时，必须拔下电子控制器线束插头；在对有高压蓄能器的ABS进行维修之前，一定要先卸压，使蓄压器中的高压制动液完全释放，以免高压制动液喷出伤人；不要使车轮轮速传感器和传感器齿圈沾染油污或其他脏物，否则，轮速传感器产生的车轮轮速信号就可能不够准确，影响系统的控制精度，甚至使系统无法正常工作。其次，不要敲击和碰撞传感器，以免传感器发生消磁现象，安装传感器的齿圈时也只能压装；当更换轮速传感器或移动位置后，应检查传感头与齿圈的间隙是否符合规定；制动液要做到及时检查、补充，需要更换或添加时，必须使用符合本车规定的制动液。对制动液压系统进行维修后，或者在使用过程中感觉制动踏板变软时，应按照相应维修要求的方法和顺序对制动系统进行空气排除。大多数ABS中的压力调节器、电子控制器和轮速传感器都是不可修复的，如有损坏，一般要求由专业维修人员整体更换；更换轮胎时尽量选用汽车生产厂推荐的轮胎，若要换用其他型号的轮胎，应该选用与原厂所用的轮胎外径、附着性能和转动惯量相近的轮胎，但不能混用不同规格的轮胎，否则会影响ABS的控制效果。在对ABS故障检修的过程中，不能盲目拆卸，应该综合考虑多方面的因素，认真分析，查找原因，逐项排除故障。

2.ABS的检修程序及技巧

ABS是在机械制动系统上增设ABS ECU、液压控制传感器，制动时与机械制动系统共同作用。如果机械制动器出现问题，ABS系统也不能正常工作。所以必须保证机械制动系统工作正常可靠。如果在行驶中发现ABS故障警告灯闪亮，说明ABS有故障，但不必惊慌。因为ABS失效，机械制动器仍然会发挥作用。

要想进一步确定仅仅是ABS故障警告灯故障还是ABS有故障，可用如下方法判断：将汽车停在平坦路面，启动发动机，踏下制动踏板，脚底如果没有震颤顶力，可初步判定ABS失效；在40~50min/h速度时紧急制动，停车后观察路面擦迹，如果四轮均无拖迹，且方向未偏，表明ABS依然良好，仅维修ABS故障警告灯即可。如果某车轮有拖迹，方向朝拖迹方向偏转，表明ABS存在故障。踩下制动踏板，感觉绵软没有震颤受力感，表明制动系统里混有空气。应及时进行排气，方法和机械制动系统相同。ABS故障警告灯亮不一定就是电控系统出了毛病，不要轻易怀疑ECU。在正确维护和ECU不曾进水的情况下，它是很少损坏的。为了在排除故障时少走弯路，平时要加强新技术的学习，阅读有关资料。但实际诊断故障时，又不能完全依赖资料，而要动脑分析。ABS出现故障后，其现象与普通制动系统基本相同，ABS故障也能使汽车行驶跑偏、发响、抖动、制动踏板震动等。因此，ABS出现故障后要及时检修，否则，可能影响行车安全，出现行车事故。常见ABS系统的检修程序及技巧如下。

ABS的检修内容包括一般检查、检查轮速传感器、检查压力调节器、检查回油泵及排除ABS内的空气等。一般检查包括以下内容：检查制动液储液罐内的油量和真空助力器真空接头；检查制动系统各接头的密封性，不能有松动、渗漏、油管凹瘪和锈蚀等现象；检查轮毂轴承、转向、轮胎；检查车轮转速传感器的间隙（H=0.5~1.7mm为正常）是否正常；跟踪路试。如果车轮只有拖印，说明ABS不起作用；如果部分拖印，还有部分压印，说明ABS工作不稳定；如果有压印，但制动距离超过标准，说明ABS的控制压力偏低或车轮制动器不良。

检查轮速传感器：支起车轮，拔下轮速传感器的接线插头并转动车轮，用示波器检测其电压输出波形，这个脉冲波形应该均匀并且随车轮转速的加快波形也在变化。也可以用欧姆表检查轮速传感器的电阻值，一般在600~2300Ω为正常。电阻太小为线圈短路，电阻过大为连接不良，电阻非常大为断路，线圈与外壳导通为搭铁。如果没有仪表，可以用舌头感觉电流法来检查。从轮速传感器上引出两根导线，并用舌头接触，转动车轮，若舌头上麻木感觉能随转速的升高而增强，说明传感器良好。

检查压力调节器：连续开闭点火开关，听调节器的电磁阀，有“啪嗒”“啪嗒”的响声为正常。用欧姆表测其电阻值(30~60Ω为正常)，或拔下调节器加直流电压(≯12V)，电磁阀有“啪嗒”“啪嗒”的响声为正常。如果没有响声，可以在加电压的同时，用手感觉调节器是否振动，有振动就说明电磁阀心卡住，没有振动就说明电路有问题。

检查回油泵：打开点火开关，回油泵有转动的声音为正常，回油泵电动机的电阻在15~90Ω为正常。

排除ABS内的空气：将车轮支起，让车轮以7km/h的速度转动(ABS处于工作状态)，再按普通液压制动排空气的方法操作；用回油泵排空气。关闭点火开关，将储液罐加满油，在制动分泵处接一小管，并导入油杯，以防制动液四处飞溅；连续踏动制动踏板约40次，使油路建立起油压，然后踏下踏板不动；打开点火开关，回油泵运转，将油路中的空气排出。

ABS的工作性能必须十分可靠，并且还必须具备自诊断功能，使用者根据故障码就能较快地找出并排除故障，从而缩短诊断过程。在提取故障码之前，应首先检查驻车制动，当确认其没问题后，再按要求提取故障码。需要提起注意的是，故障码提示只是故障的范围或可能的原因，而非一个确定的故障或原因。当故障代码显示传感器故障时，不要立即拆检传感器，要首先检查电路各连接插头与插座接触是否良好，是否有脏污、锈蚀、断路或短路等现象，然后再检查传感器或用新传感器作对比实验。有些安装在变速器上的传感器其磁仑厂会吸附一些铁屑而工作不良，只需拆下传感器并清除磁芯上的污垢即可。在进行维修前，必须先给ABS卸压(油路压力很高，如果忽视这项作业可能会使压力油喷出伤人)，并切断ABS的电源。卸压的方法很简单，只需关闭点火开关，反复踏动踏板约30~40次，直到感觉不到阻力为止。卸压之后，维修中要注意传感器的安装位置，车型不同其传感器的安装位置也有区别。传感器的齿圈一般压在轮毂上，也有的安装在差速器或变速器内，或者安装在万向传动轴的一侧。有的ABS传感器齿圈就安装在制动盘上，与不带齿圈的制动盘无两样，因制动盘磨损而更换时，如果不加以区别，而更换上未装齿圈的制动盘，就会使ABS失去作用。另外，注意传感器的安装位置，也可防止反复拆卸而损坏传感器。更换制动衬块时，应按各车规定的排气顺序，拧松放气螺钉，再压分泵活塞（此项作业的目的是将油管内的制动油排除，防止分泵的污垢被压入油路中引起ABS ECU作出错误的操作，或损坏其他部件），然后取下制动衬块。定期冲洗制动系统，排除油路中的空气。注意：每种ABS都有规定的放气方法，各车轮分泵的放气顺序也不相同。

3.判断汽车ABS故障

电子式汽车ABS在工作过程中，是电子控制系统对人的制动动作进行了参与和干预，所以，驾驶员在踩制动踏板过程中，会出现一些与传统经验相背离的现象，有些是正常的ABS的反映而不是故障，应加以区别。比如：当发动机启动后，踩下制动踏板，踏板有可能弹起，这表示ABS已发挥作用；反之，发动机熄火后踩制动踏板，踏板会有轻微下沉现象，这表示电子防抱制动解除，均属正常现象。当踩下制动踏板并转动转向盘时，可感到轻微振动，这也是正常现象。当ABS工作时，制动踏板会有轻微振动或有下沉现象也并非故障；此外，高速行驶时，有时会出现制动警告灯点亮情况，这说明在上述工况中出现了车轮打滑现象，而ABS产生保护动作，并非故障。

对ABS的故障检测，可分非自诊故障检测和自诊故障检测（ABS故障码显示故障检测）。非自诊故障检测可分一般检查、元件检查和线路检查。一般检查包括观察ABS车轮速度传感器、控制单元以及接线有无锈蚀、松脱、接触不良或潮湿现象；检查车轮速度传感器与脉冲发生齿圈间的间隙（标准值为0.5~1.0mm）；检查齿圈的齿有无破损或脱落；检查车轮轴承有无松动，元件检查包括测量ABS车轮速度传感器线圈电阻（标准值为700Ω~1.1kΩ）；测量传感器上两接头与传感器外壳的绝缘电阻应为无穷大；转动车轮时车轮速度传感器应有0.1~0.2V交流电压输出。

（未完待续）

◇湖北 刘道春

机器视觉光源基础及选型指导(一)

机器视觉系统就是利用机器代替人眼来作各种测量和判断。它是计算机学科的一个重要分支,它综合了光学、机械、电子、计算机软硬件等方面的技术,涉及计算机、图像处理、模式识别、人工智能、信号处理、光机电一体化等多个领域。图像处理和模式识别等技术的快速发展,极大地推动了机器视觉行业应用的发展。

一、前言

机器视觉系统又称工业视觉系统,其原理是:将感产品或区域进行成像,然后根据其图像信息用专用的图像处理软件进行处理,根据处理结果软件能自动判断产品的位置、尺寸、外观信息,并根据人为预先设定的标准进行合格与否的判断,输出其判断信息给执行机构。

机器视觉检测系统采用CCD照相机将被检测的目标转换成图像信号,传送给专用的图像处理系统,根据像素分布和亮度、颜色等信息,转变成数字化信号,图像处理系统对这些信号进行各种运算来抽取目标的特征,如面积、数量、位置、长度,再根据预设的允许度和其他条件输出结果,包括尺寸、角度、个数、合格/不合格、有/无等,实现自动识别功能。

从功能上讲,机器视觉系统主要具有三大类功能:一是定位功能,能够自动判断感兴趣的物体、产品在什么位置,并将位置信息通过一定的通讯协议输出,此功能多用于全自动装配和生产,如自动组装、自动焊接、自动包装、自动灌装、自动喷涂,多配合自动执行机构(机械手、焊枪、喷嘴等);第二功能是测量,也就是能够自动测量产品的外观尺寸,比如外形轮廓、孔径、高度、面积等测量;三是缺陷检测功能,这是视觉系统用得最多的一项功能,它可以检测产品表面的相关信息,如:包装正误,包装是否正确、印刷有无错误、表面有无刮伤或颗粒、破损、有无油污、灰尘、塑料件有无穿孔、雨雾注塑不良等。

机器视觉系统相对于人工或传统机械方式而言,具有速度快、精度高、准确性高等一系列优点。随着工业现代化的发展,机器视觉已经广泛应用于各大领域,为企业及用户提供更优的产品品质及完美解决方案。

一套完整的视觉检测系统主要包含图像采集部分和图像分析部分,而图像采集部分主要有工业相机、工业镜头以及机器视觉光源承担,今天我们主要介绍机器视觉光源的相关基础知识及选型技巧。首先我们需要了解,机器视觉中的光源起到哪些作用。

二、机器视觉光学镜头接口

光学镜头是机器视觉系统中必不可少的部件,按焦距可分为短焦镜头、中焦镜头,长焦镜头;按视场可分为广角、标准,远摄镜头;按结构分为固定光圈定焦镜头,手动光圈定焦镜头,自动光圈定焦镜头,手动变焦镜头、自动变焦镜头,自动光圈电动变焦镜头,电动三可变(光圈、焦距、聚焦均可变)镜头等。按接口类型可分为C型镜头、CS型镜头、U型镜头和特殊镜头。

1.C型镜头

C型镜头法兰焦距是安装法兰到入射镜头平行光的汇聚点之间的距离。法兰焦距为17.526mm或0.690in。安装螺纹为:直径1in,32牙.in。镜头可以用在长度为0.512in (13mm)以内的线阵传感器。但是,由于几何变形和市场角特性,必须鉴别短焦镜头是否合用。如焦距为12.6mm的镜头不应该用长度大于6.5mm的线阵。如果利用法兰焦距尺寸确定了镜头到列阵的距离,则对于物方放大倍数小于20倍时需增加镜头接圈。接圈加在镜头后面,以增加镜头到像的距离,以为多数镜头的聚焦范围位5-10%。镜头接长距离为焦距/物方放大倍数。加一个5mm接圈,一个C口镜头可以接CS口的相机。

2.CS型镜头

CS型镜头可以直接接在CS口的相机上,但是即CS mount镜头不能与C mount相机一起使用。

3.U型镜头

U型镜头为一种可变焦距的镜头,其法兰焦距为47.526mm或1.7913in,安装螺纹为M42×1。主要设计作35mm照片应用,可用于任何长度小于1.25in(38.1mm)的列阵。

在数字图像处理领域,有一套含有两种接口规格(C mount和CS mount)的标准镜头装配。由此产生了四种组合方式,如下图所示。其中之一不匹配:即CS mount镜头不能与C mount相机一起使用。

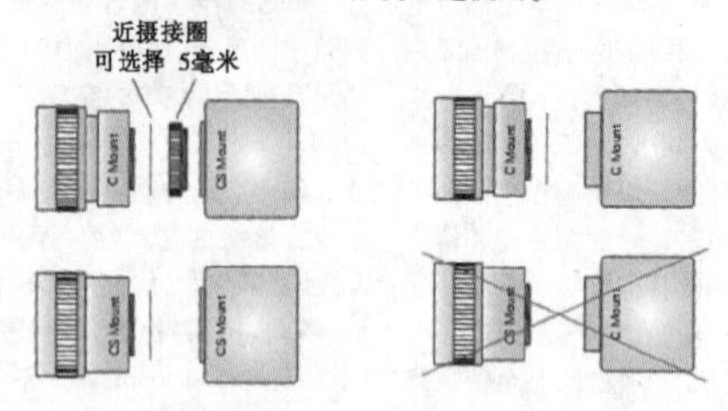

机器视觉系统中,镜头相当于人的眼睛,其主要作用是将目标的光学图像聚焦在图像传感器(相机)的光敏面阵上。视觉系统处理的所有图像信息均通过镜头得到,镜头的质量直接影响到视觉系统的整体性能。下面对机器视觉工业镜头的相关专业术语做以详解。

4.失真

可分为枕形失真和桶形失真,如下图示:

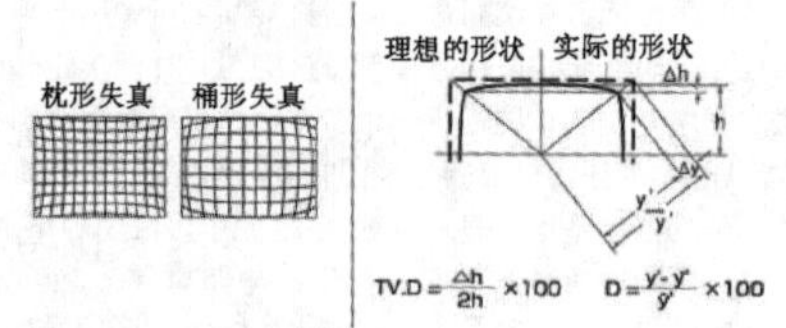

5.电视失真:

实际边长的歪曲形状与理想的形状的百分比算出的值。

6.光学倍率

主要点与成像的关系:放大率是指成像大小与物体的比

物体侧　H　H'　成像侧

NA　NA'

H=前主点
H'=后主点

光学倍率(M)= 有效感应尺寸 (V)or(H) / 视野(V)or(H)　光学倍率(M)= $\frac{y'}{y}=\frac{a'}{a}=\frac{NA'}{NA}$

(Magnification)
监视器倍率:照相机对物体摄影,在TV监视器上显示时的倍率。传感器的尺寸与监视器的尺寸的不同,使得倍率有所不同

7.监视放大

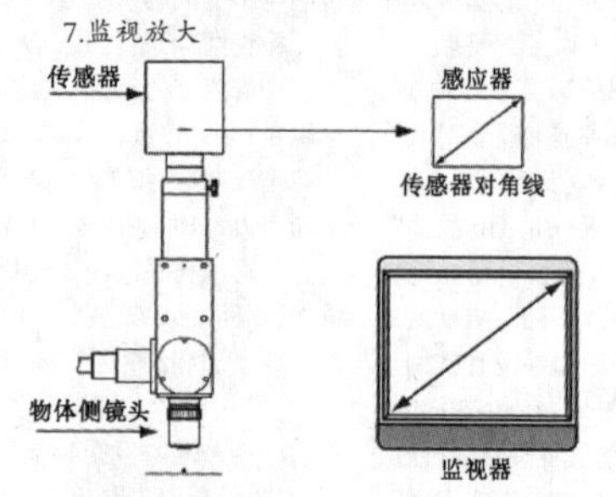

计算方法:

$\frac{\text{监视器对角线}}{\text{传感器对角线}}$×光学倍率=监视器倍率

例:VS-MS1+10x镜头1/2"CCD照相机,14"监视器上的成像 $\frac{25.4\times14}{8(mm)}\times10(x)=444.5x$

0.1mm的物体在监视器得到的是44.45mm的成像

※有时根据TV监视器的扫描状态,以上的简易计算将有一些变化。

8.解析度

表示了所能见到了2点的间隔0.61x 使用波长(λ)/NA=解析度(μ)

以上的计算方法理论上可以计算出解析度,但不包括失真。

※使用波长为550nm

9.解像力

1mm中间可以看到黑白线的条数。单位(lp)/mm.

10、MTF(Modulation Transfer Function)

成像时再现物体表面的浓淡变化而使用的空间周波数和对比度。

11.工作距离(Working Distance)

镜头的镜筒到物体的距离

12.O/I(Object to Imager)

物像间距离即物体到像间的长度。

13.成像圈

成像尺寸φ,要输入相机感应器尺寸。

14、照相机 Mount

C-mount: 1" diameter×32 TPI: FB: 17.526mm

CS-mount: 1" diameter×32 TPI: FB: 12.526mm

F-mount: FB:46.5mm

M72-Mount: FB 厂家各有不同

15.视野(FOV)

视野指使用照相机以后看到的物体侧的范围

照相机有效区域的纵向长度(V)/光学倍率(M)=视野(V)

照相机有效区域的横向长度(H)/光学倍率(M)=视野(H)

*技术资料上的视野范围是指由光源及有效区域的一般数值计算出来的值。

照相机有效区域的纵向长度(V)or(H)=照相机一个画素的尺寸×有効画素数(V)or(H)来计算。

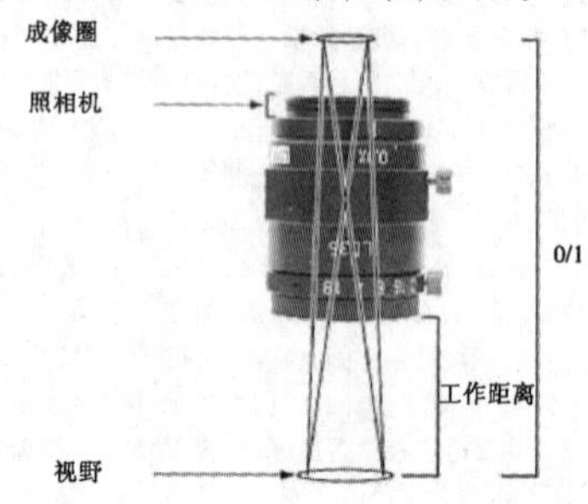

16.景深

景深是指成像后物体的距离。同样,照相机侧的范围称为焦点深度。具体的景深的值多少略有不同。

17.焦距 (f)

f(Focal Length)光学系的后主点(H2)到焦点面的距离。

18.FNO

镜头从无限远时,亮度表示的数值,值越小越亮。FNO=焦距/入射孔径或有效口径=f/D

19.实效F

有限距离时镜头的明亮度。

实效F = (1 +光学倍率)× F#

实效F = 光学倍率 / 2NA

20、NA(Numerical Aperture)

物体侧的 NA = sin u x n

成像侧的NA'= sin u'x n'

如下图所示 入社角度 u, 物体侧折射率n, 成像侧的折射率' n'

NA = NA'×放大率

物体侧　U　U'　成像侧

对于Macro镜头,NA=M/2xF,NA' =1/2×F　NA=NA'×光学倍率　NA' =NA/光学倍率

(未完待续)

◇宜宾　李定川

让机顶盒物尽其用

电视早已进入数字化时代，随之而来的机顶盒已是必不可少的。而且每个机顶盒大部分用户只会配一台电视机，如果有两台电视机只好再买一个机顶盒。那么用一个机顶盒可否联两台电视机呢？答案是肯定的。

也许有人会说就是多花点钱，再买个机顶盒就完事了，这又何必呢。是的，但对那些靠微薄退休金度日的老年人来说，再买一个机顶盒，还要每月付二个机顶盒的月租费，长年累月经济开支可不是个小数目。愿意自己动动手，动动脑筋的朋友不妨试一试改造一下，不仅可以减少一些经济开支还可增添些生活的乐趣。

以社会保有量较大的华数机顶盒（杭州摩托罗拉科技有限公司）产的HMC210F-D机顶盒（以下简称机子）为例，说说改造的方法和步骤，相信只要有一点电工基础和动手能力的人，看过后都能改造成功。

该机顶盒的面板操控部分，有电源待机/唤醒键，M 菜单键，上下频道转换键，左右音量调节键，和OK确认键。还有一块显示屏及一个遥控信号（简称红外接收器）接收装置，安装在面板里面。

机子后背有电源输入口，用外置电源适配器将交流AC 220V变换成直流DC 5V/2A供电。输入信号有：一路射频输入，是接有线电视电缆线的。另一个网络接口可接网线。输出信号有三路，一路是分量输出：Y Pb Pr L R。另一路是双声道L R音频和视频V输出。再一路是射频输出（无实用价值）。本机还有一个串行接口（RS232 DB9母口），是人机对话等多功能接入口。它的右侧是插卡口。该机的两路输出信号（分量/AV）是同时直通输出的，没有经电子开关切换控制，所以在改造时不用打开机子的盖。只需从那个RS232串行接口处接一个加长的遥控器红外接收器（自制作）。就能解决在两个不同空间遥控一台机顶盒工作。给改造工作提供了便利。

家中客厅和卧室大多数只是一墙之隔，白天在客厅看电视较多些，午休或晚上习惯在卧室看电视。客厅和卧室两台电视机同时使用的时间不多。如果将客厅电视机和卧室的电视机改造成合用一个安装在客厅里（或卧室）的机顶盒。而且可在客厅或卧室里随意遥控电视机。也算是物尽其用。

要达此目的可以把客厅电视机和卧室电视机和机顶盒接成分量输入和AV输入，（现有电视机标配都有上述几种输入接口）。分量输入接法是用Y，Pb，Pr，L，R共五条线分别将机子和客厅电视机对应的插孔连接。再把机子上的复合视频插孔（CVBS）用AV线（共三条）中的黄色线连接到卧室电视机的AV1的V孔中（一般用黄色线），再从卧室电视机上的L R两孔引二条音频线（红，白色线）到机子的L R上，这时会发现机子上的L R孔已被分量输出线占用。解决办法是，动手做二个"一分为二"的转接口，使二台电视机共用一组音频输出信号。到此两台电视机的音频视频信号线都已经连好了。接下来是机子装在客厅和卧室两个不同空间，看电视时怎样才能遥控同一个机顶盒，查阅本机串行口的接线可知，上排左起①号脚是+5V供电脚，上排第⑤号脚是信号脚是接红外线接收头的。第⑥号脚是GND接地。红外线接收头也有三条引脚，将其正面对已，左侧脚是正电源输入，连线到串行口的①号脚。中间是信号脚用线连至串行口⑥号脚。右侧是GND接地脚，连到串行口的⑤号脚。为了不改变机子的电路，要用一只串行口接头（RS232公头）和合适长途的三条线对应上述线位与红外线接收头连好，（线位不能搞错，这是改造成败的关键）。这时把串行口RS232公头与机子插座插牢，将连红外线接收头的连线及AV三条线一起穿过墙洞，将AV线与卧式电视机的AV输入口接好。将接收头贴到便于遥控器直射到的合适位置。这项改造工作也就完成了。如想要在客厅和卧室同时看电视也行，只是内容是相同的。

备注：改造所需的二支莲花插头和一个红外线接收头，再加一个RS232串行口公插头三种元件，在电子市场都能买到，而且价格总共不超10元。感兴趣的朋友可以试试。

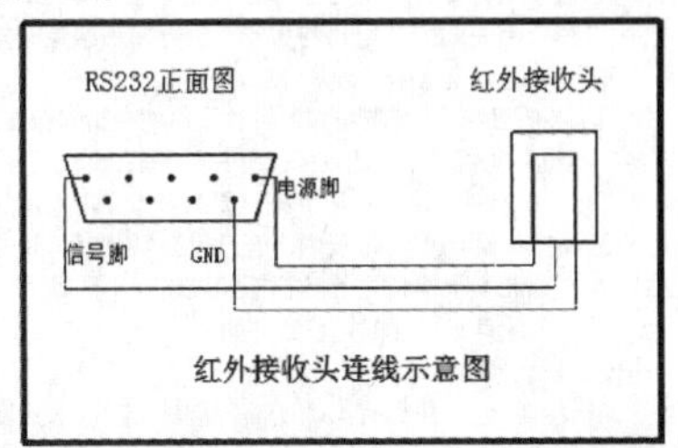

红外接收头连线示意图

◇浙江　潘仁康

智慧广播：移动互联网和智能语音技术赋能传统广播

通过内置的智能语音助手，智能音箱在语音对话环节拥有近似于人的能力，从而实现特定场景下的语音上网，形成了移动互联网场景下，万物互联的新认知和新入口。智能音箱如小家电一般进入日常生活空间，也融入广播听众的各个收听场景中。这对广播媒体将带来什么影响？

音频领域被纳入"万物互联"

自2014年亚马逊推出Echo智能音响之后，谷歌、微软、苹果先后发布了Google Home、Invoke、HomePod等智能音箱。在国内市场，从BAT到中小创业团队，都相继推出自己的智能音箱产品，如：叮咚（叮咚TOP、叮咚二代）、小雅AI音箱、联想智能音箱、问问音箱、天猫精灵X1、AliGenie语音助手、小爱同学、月石、raven H等等。目前，国内涉足智能音箱的企业已经接近50家。

智能音箱的爆发及应用将是音频领域的一场革命。通过人机语音互动，实现"万物互联"的"隔空操作"，将音频领域纳入"万物互联"的生态链中。以语音为入口的智能语音产业链逐渐形成，并以音频领域内容与服务的拓展、用户数据挖掘和增值服务为盈利点。未来，以物联网为基础的商业模式将成为主要趋势。

音频产业是智能语音产品的内容基石

智能语音产品在语音技术、智能平台的赋能下，化身管家、秘书、朋友，甚至表演家，去满足用户日益升级的精神需求。在人工智能技术的进步、音频产业的发展、资本与消费端推动三大条件的助力下，智能语音产品从基础服务到扩展服务，最后发展到生活场景的指挥和控制。

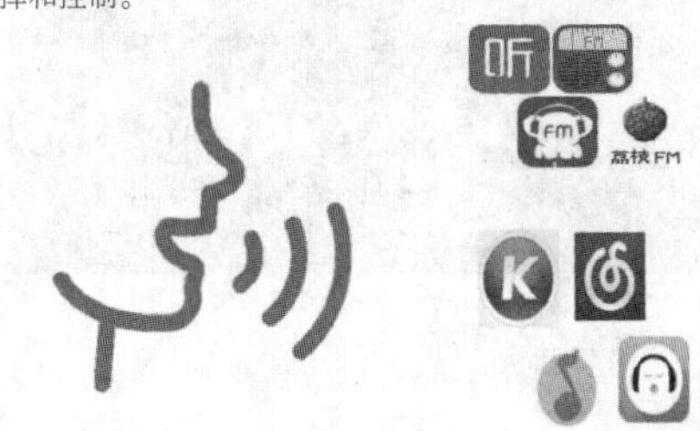

其中，音频产业的发展是智能语音产品服务的主要内容基石，既承载了用户的好奇心也承载了用户的情感寄托。

广播节目音频化向智慧广播升级

智能语音产品实现了更便捷的人机信息交互，为移动场景以及智能家居场景的音频消费，提供更广阔的空间。

移动场景和居家场景的主要伴随媒体是广播。在移动互联网的影响下，广播媒体具有了涵盖传统广播的音频媒体属性，形成了广播线性直播流与网络音频流媒体共生的生态。智能语音产品又将进一步推动这种生态，向智慧广播的音频化生态转型和升级。

在现有基础上，主题化播客音频流应用样态将多维度地推进广播节目的音频化传播。比如，美国国家公共广播电台（NPR）就与亚马逊、谷歌、苹果公司签订合作协议，成为智能语音产品的默认新闻提供商。

广播音频产品消费更细分、个性化

智能语音产品通过智能语音助手的指挥和控制实现人机信息交互，彻底解放了人类的双眼与双手。它的应用势必引导音频产品消费市场更为细分化、垂直化、对象化和个性化。

智能语音产品在提供音乐服务的基础上，融合了传统收音机的功能，使广播等传统音频媒体的传播通路得以进一步延伸，为传统广播媒体的发展带来新的机会。据美国国家公共电台与爱迪生研究的联合调查显示，70%的智能音箱用户购买设备后收听了更多的音频，收听内容也十分多元化。在听众消费习惯改变后，他们更希望能随时随地听到自己喜欢的广播节目。因此，越来越多的广播电台在尝试使用播客。

美国智能语音产品的市场应用反映出，智能语音产品不仅提供了收听平台，还将内容与平台实现集成，在延伸传统广播传播通路的同时，也使广播媒体更为智慧化和智能化。

未来，移动互联网及智能语音技术的发展及应用将改变传统广播媒体的存在生态。广播向着智慧和智能方向演变，广播的传输路径也将以平台为主，广播的传输样态在保留线性传播方式的基础上，也将以更多地以播客形式存在。因此，智慧广播将会以更加不像传统广播的方式而生存和发展。

◇云南　罗明宇

隐士音响豪华全号角系统技术特点

号角并不是一样新鲜事物。您一定做过这样的事：用手围成一圈放在嘴上，让声音传得更远。这其实就是运用到了号角原理。事实上，我们的嘴巴和耳朵都和号角结构相似，只不过耳朵是倒过来的。号角的本质就是一个声音集束放大器，能够将原先四处扩散的声音集中起来，提高声压级。号角在扬声器的历史上也早有出现，最早的留声机就是号角扬声器。那么，号角扬声器都有哪些优点呢？

首先是灵敏度高。由于号角的增压结构，喉口位置的振膜受到的机械阻力很大，因此振膜的振动幅度很小，这就节省了很多用来克服空气阻力的做功，提高了电-声转换效率。此外，因为号角对声波的收束作用，声波传递的指向性很好，大部分可以直接到达听者，不用承受房间反射带来的衰减。

其次是瞬态响应好。同样是由于号角增压结构的原因，与安装在音箱中的喇叭相比，号角喇叭中振膜的行程会减小到无号角时的约1/10。这样就能实现快速的启动刹车，这是一般的其他喇叭无法比拟的优势。

第三是保真度高。由于号角指向性好的优点，大部分是直接声，也就不会在房间反射中掺杂音染，同时声波的一致性强，所以细节丢失就少。号角的声音一般听起来感觉嘹亮却又让耳朵放松，就是这个道理。

第四是聆听区域广。有趣的是，虽然号角本身指向性强，但只要是其覆盖的范围，都是效果上佳的聆听区域，这也是由于其直接声的特性。使用一般的喇叭要从各方面考虑房间环境，不断调整来达到不同位置的声音反射至"皇帝位"时效果更好，也正因此换个座位之后其平衡性就迅速下降了。同理，号角系统因此具有更好的环境适应能力。

为什么是全号角系统？

上文已经提到，号角具有灵敏度高、瞬态响应好、保真度高、聆听区域广的优点，其音质受到发烧圈的普遍认可，所以很早就有人提出过全号角系统的概念。然而，号角虽有诸多优点，但是有一点是它绕不过去的坎：体积。基于声学原理，号角的开口大小取决于截止频率的周长，同时，越是低频的声波波长越长，20Hz时波长已达17米，对应的圆形号角开口是5.4米，即使采用1/4号角也达到了1.35米。相对于开口而言，长度的问题则更加严重，如果使用直号角和四寸的喉口，那么长度就会达到16米左右。即使是中频，其开口直径也达到约450毫米，长度400毫米左右。体积带来的问题不光是价格方面的，更是制造和应用方面的——即使造出16米长的号角来，也没有房间可以放。正因为号角巨大的体积，Hi-end领域往往采用一种混血系统：中音高音采用号角，而低音采用纸盆。这类系统的音质可以说也是相当优秀了，唯一的遗憾是由于中音的号角与低音的纸盆效率上相差太多，所以在两者的分频点左右频段的过渡比较突兀。

在隐士音响之前，并非没有人尝试过全号角系统，只不过在低音方面，这些先行者们采用了折叠号角和螺旋号角。隐士音响在号角技术方面的奠基人Bruce Edgar博士就曾推出过里程碑式的Edgarhorn泰坦系统（如图1），采用的正是折叠号角。折叠号角的原理也很简单，就是在箱子里通过特别设计的隔板使声音在不断变向的过程中延展，如图2所示。而螺旋号角则形同一个鹦鹉螺的形状，在旋转中不断延展，如图3所示。这些设计解决了低音号角的体积问题，满足了系统效率上的匹配，但美中不足的是，曲折的声路导致声音延迟问题以及低音相位和细节的丢失。

图1（从左至右）Sam Saye先生、Bruce Edgar博士、Jacky Dai先生及Edgarhorn泰坦系统

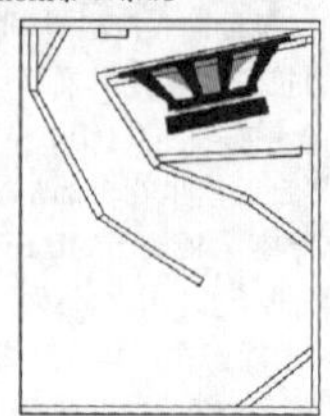

图2 折叠号角示意图

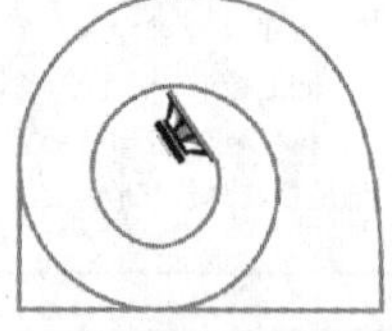

图3 螺旋号角示意图

隐士音响力图制造出不妥协的全号角系统。通过应用碳纤维材料、直径达十寸的钛膜与达六寸的喉口（另篇介绍），我们大大减轻了号角的重量，减少了号角的长度，并由此提出了新的全号角系统（如图4）。虽然该系统的体积依然比较庞大，但满足家庭标准高度房间的尺寸要求，同时占地面积不大。从音质方面来说，前述低音号角的问题也都得到了极大的改善。

图4 隐士音响全号角系统

为什么是碳纤维？

什么样的材料制作号角更好？首先我们要知道，为了达到引导声音集束的效果，号角的内壁应该隔音能力越强越好，尤其是防止穿透力极强的低频穿过号角壁；其次，号角的材料必须要具有比较低的声染，不能在声音中添加太多"味道"；最后，该材料需要能良好地抑制共振。

为了制作出音质优良的号角，人们曾做过多种尝试，包括金属的、塑料的、木头的。这其中，木质号角以其低声染、隔音好、难共振的特性，长久以来得到音响界的普遍认可。木质号角之所以成功，是因为木头的纤维结构。同光一样，声音在进入不同的介质时，一部分反射、一部分折射。在号角的情况里，反射的部分回到号角内部，而折射的部分继续穿透号角壁。在号角使用纤维材质的情况下，由于并非匀质材料，所以声音实际上是不断地在进入新的介质，因此其折射的部分衰减会很快，也就无法穿透号角，而大量试图外溢的声能则能够通过反射被集中在号角里。另外由于匀质的物体共振频率统一，所以更容易引发共振，而作为纤维材料的木头则不然——这也是为什么通常认为号角重一些较好，因为越重越不容易振动。至于声染的问题，首先木头本身的音色比较舒服，不尖利，其次由于其不易共振，添加的音染声压也是极小的。

随着现在新材料的迅速发展，出现了玻璃纤维和碳纤维。这两种材料基于和木头同样的纤维结构的原因，也具有相当优良的声学特性。首先得到应用的是玻璃纤维。木纤维的纤维质较粗，肉眼可见，而玻璃纤维则细达头发丝的1/5-20/1。更细的纤维意味着同样厚度下玻璃纤维有更多纤维层数，因此其性能比木头更加优良。碳纤维比玻璃纤维还要更加优越，其纤维丝细达头发的1/50。并且，不同于木头与玻璃纤维的无序排布，碳纤维呈规则的层状排布，层与层之间借范德华力连接在一起，这就使得碳纤维同样厚度下的纤维层数远大于木头和玻璃纤维。除了声学性能上的优点外，碳纤维的其他物理性质也非常优异。它的密度仅为1.78克/立方厘米，不到钢的1/4，强度却是钢的10倍左右，这使得如图5中的号角设计成为了可能，大大减少了超低音号角的占地面积。另外，碳纤维的热膨胀系数仅为约0.7*10^-6 /K，而玻璃纤维约4.8*10^-6 /K，木头则大约8.0*10^-6 /K（具体取决于材料内部分类）。也就是说，在温度变化的情况下，碳纤维号角的变化是最小的，其内部曲线也因此能保持稳定。

图5 隐士音响E20号角设计

虽然从理论上证明了碳纤维作为号角材料的优越性，但其制造上的难度还是不容忽视的。隐士音响在没有任何前人踏足的情况下，经过长期的摸索和实践，自主开发出了碳纤维号角的整套制造工艺，并在此向您呈现世界上首款碳纤维全号角系统。

隐士音响豪华号角系统

隐士音响是一家设计、制造和销售Hi-End音响产品的公司2016年创立于美国加州。

英文品牌名ESD Acoustic，来源于品牌共同创始人姓氏的首字母：美国号角设计泰斗Dr. Bruce Edgar、励磁驱动头设计泰斗 Mr. Sam Saye、资深发烧玩家Mr. David Dai以及Dr. Bruce Edgar 和Mr. Sam Saye的关门弟子Mr. Jacky Dai。

隐士音响（杭州）有限公司，是ESD Acoustics LLC. 于2017年在中国杭州设立的全资子公司。四位品牌创始人基于音乐爱好者追求修身养性、超然物外的生活哲学，定中文品牌名为"隐士"。

公司立足Dr. Bruce Edgar 、Mr. Sam Saye等资深工程师成熟的技术理念和经验平台，运用现代先进的设计工具，进一步验证、改良和提高原有的设计，整合中国强大的制造能力和经典的传统工艺，用新技术、新材料、新理念，做出秀外慧中的Hi-End产品。

专注于突破创新

横空出世的碳纤维圆号角和励磁驱动头组成的全号角系统，打破传统技术和材料的桎梏，为用户带来无与伦比的高保真听音体验。

技术创新的甲类功放等电子设备，安装于运用中国传统卯榫木结构设计的机箱内，在有效减震的同时，使原本冷冰冰的电器摇身一变为完全融入家居的艺术收藏品，彰显音乐爱好者的艺术品位。

拥有隐士号角系统，您拥有的将是一座完美的音乐殿堂。号角系统超高灵敏度、约85%直接声的特性，在忠实重现音乐的同时，将极大程度降低对家庭空间的设计需求。而且，您将发现：您不再会孤独地坐在唯一的"皇帝位"上欣赏，只因绝大部分空间都是"皇帝区"，您和家人、朋友将同赴"现场"共沐音乐之光，从而使您兼顾音乐享受和居家生活的需求。

始于概念、精于钻研、忠于理想，为您提供最高品质的听音体验，是"隐士音响"的终极追求。

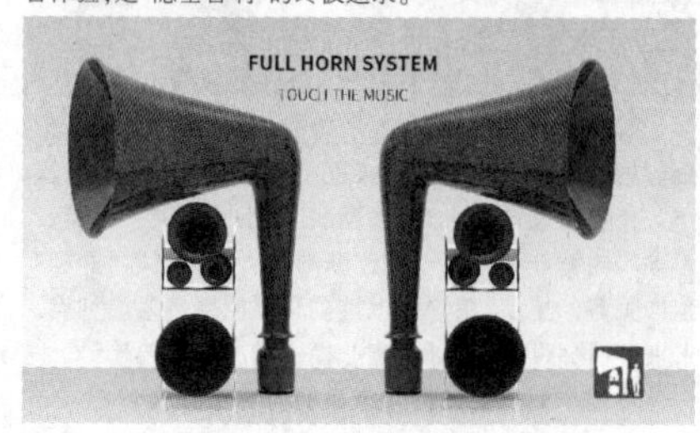

2018年7月29日出版 实用性 启发性 资料性 信息性

第30期 国内统一刊号:CN51-0091 定价:1.50元 邮局订阅代号:61-75

地址:(610041)成都市天府大道北段1480号德商国际A座1801 网址:http://www.netdzb.com

(总第1967期) 让每篇文章都对读者有用

高速网络升级平台助力实现数据中心转型

消费者和企业都在驱动着数据服务的指数级增长，数据中心运营商必须不断寻求可提供更高网络速度的途径。企业级数据中心必须既能支持当前应用，又能为面向未来的新的实时应用做好准备。

高速网络升级平台(HSM)是一项能够提升网络数据传输能力的技术，可让管理人员确保其网络满足未来需求，并提供所需的运营保障。

为何选择HSM？

数据中心流量模式已不同从前。如今网络流量主要是东西向流量(数据中心内)，是南北向流量（往返于数据中心之间）的10到20倍。随着网络需求的增速不断提升，过去对应用的支持力度已无法满足当前及未来所需。例如远程教育、医疗、甚至远程手术，这些应用都有赖于瞬时、可靠、超低延迟数据网络。

实时分析的出现改变了企业对数据中心的看法。就传统而言，数据中心管理人员专注于网络的正常运行时间，致力于确保服务的持续运行及其安全性。大多数情况下，数据中心被视为一笔开销，但随着数据开始成为新型货币，并且实时应用的出现延伸出对更低延迟的需求，一个能够维持良好运行的数据中心就成了企业的一种竞争优势。从前数据中心管理人员的职责只是确保一切正常运行，而如今他们还需要负责提供更高的性能和更低的延迟，以确保公司的竞争力。

何为HSM？

随着数据中心网络向着更高性能和更大容量方向的演进，HSM是一条必由之路。一个高容量物理层基础设施系统的HSM设计能够持续使用多年。它通过采用全新的基础设施设计方法，可以为尚未在数据中心得以部署的新型高速光纤系统做好充分的准备。HSM融合了多模和单模光纤技术的最高带宽和最低损耗，其平台是一个完整的产品组合，全部能够支持更高速的数据中心连接，且具有很高的配置灵活性：

·可互换的8芯、12芯和24芯光纤MPO模块可支持任何应用，管理员无需重新配置其光纤干线。

·超低损耗单模和多模光纤可最大限度地提高当前基础设施的损耗预算和生命周期。

· OM5宽带多模光纤可实现100G及更远距离的双工传输

成功实现网络升级的要素

数据中心管理人员面临的基本挑战就是如何制定当下需要做出改变的决策，这些改变需要给未来不同的光纤类型、网络数据交换规则和距离需求提供支持。他们必须在能够控制成本的情况下采用足够灵活的基础设施以适应未来需求，以下是一些关键策略：

了解当前选择以及未来需求何在—你需要清楚地了解当前使用到的距离及光纤类型，以及你距离能够满足未来需求的带宽容量还有多远。

能够满足未来网络速度需求的途径有很多种，而多模光纤(MMF) 已取得了创新性进展。例如，OM5宽带多模光纤的容量是OM4光纤的四倍，同时仍具兼容性。当使用OM5宽带多模光纤时，新的光纤收发器能够在超过400米的链路距离内、以更高的速度 (100G) 进行传输。而挑战就在于如何保持综合布线设计的同时，面向更长的距离提供更高速的支持。

大部分决策的制定都取决于你打算何时起步。短短几年前，40G曾被认为是下一个“高速”光纤，但如今100G光纤已经迅速取而代之。交换机技术和光纤技术的结合让40G光纤的应用退出了历史舞台。

了解自身成本结构—衡量各项选择的成本与优势，选择能够经济高效地满足企业目标的光纤类型和连接解决方案。布线供应商的计算器在这里可以派上用场。

为灵活性做好规划—您可以选用8芯、12芯或24芯光纤束，在通向更高带宽过程中的每一步都需确保基础设施的规模适当。如果一家企业拥有12芯光纤基础设施，但它决定转而采用8芯光纤的应用 (例如100-GB 4×25解决方案)，那么就要制定相应策略来优化其光纤基础设施的使用，同时维持100%的利用率。您的规划应该能够支持各种光纤类型及增长策略，以满足未来应用所需。这方面并不存在放之四海皆准的通用解决方案。

与模块化相结合—选择适用于各类光纤模块的面板，以支持数据中心的发展。当数据中心需要扩大时也无需对机箱做出改动，技术人员可简单地通过更换模块以提高数据速率。理想情况下，布线和机箱只需部署一次，而当需要向更高速度迁移时，仅需对端点做出调整。

管理当前及未来的基础设施—基础设施管理(AIM)工具可清晰地显示您的基础设施，帮助您基于充分的信息更轻松地做出明智的决策，并对中断迅速作出响应，且从长远角度来看，这也使基础设施更加健康，也更易于管理。

了解升级所需的时间框架—虽然当前需求迫在眉睫，但可能过不了多久，数据中心就需要再次迁移至更高的速度。选对路径和供应商将有助于你在市场竞争中抢先一步。鉴于新的实时服务需要更大的数据中心容量，HSM路径也应该整装待发，以确保其能够应用于可实现容量扩张的光纤网络。同时它还可以简化规划与网络升级策略，并能够利用企业在数据中心基础设施中进行的投资。应用的保证涵盖整个物理网络层，但也着重于确保对光纤网络链路的支持。

所有大型企业及机构都会需要HSM，而升级的过程不该是痛苦且昂贵的。企业应首先带着要实现高容量的想法，仔细评估各种选项，并使用合适的HSM产品来制定网络升级路径。数据中心将成为灵活且经济高效的实时计算平台，为数字时代下的企业赋予竞争优势。

（本文原载第32期2版）

◇陈岚 康普企业网络北亚区副总裁

5G，安全至上

互联终端和移动应用要求无线接入网络具有高恢复能力、安全可靠且能够保护个人隐私的功能，5G系统的设计充分考虑了这些要求。

爱立信目前发布的最新白皮书《5G安全性——打造值得信赖的5G系统》介绍了助力5G系统可信性的5个核心属性：恢复能力、通信安全、ID管理、隐私和安全保证。这5个要素有助于构建值得信赖的通信平台，推动创建一系列新服务，如形形色色的物联网用例。

与前几代技术一样，5G有望成为互联社会不可或缺的组成部分。5G安全提供的信赖度能够满足目前终端用户、运营商和监管机构对未来用例的需求。

这种信赖不仅源于一系列安全功能，还因为系统设计原理和实施准则均是在纵观全局、了解并预测风险的思维指导下完成。简而言之，5G安全并非附加功能而是其内在属性。

要创建安全的系统，需要纵观全局，而不是只单独关注某个部分。这正是3GPP、GSMA、ETSI、IETF和ONAP等组织联合制定5G标准体系的原因，每个组织涵盖不同的方面和/或专注于特定部分。

恢复能力
安全保证
通信安全
5G安全性(可信性)
隐私
ID管理

助力5G系统可信性的5个属性

此外，了解相关风险及如何应对这些风险至关重要。出现危机的成本与采取应对措施的成本必须两相权衡。这正是3GPP在制定5G体系安全基础规范时所做的。

里程碑：5G安全标准化

3GPP的安全标准化组织(SA WG3)于2018年3月完成了第一版5G安全标准(3GPP TS 33.501)的制定。爱立信一直是3GPP(SA WG3)的主要推动者和贡献者。这一具有里程碑意义的事件是多年的标准化前期研究与近两年的标准化工作的结晶。爱立信是5G安全研究(3GPP TR 33.899)项目的调研方，该项目起止时间为2016年6月至2017年8月。

5G系统将超越当前版本(名为3GPP R15)而不断演进，推出新的以及增强型的功能，实现形形色色的用例，如NR V2X的车联网、NR语音(VoNR)和增强的NR与 LTE共存方式。当然，5G安全性将与5G系统功能一起演进，并成为5G系统功能的组成部分。

爱立信最新报告《5G的行业影响》中显示，79%的行业受访者表示“对数据安全和隐私性的担忧”是5G普及的绊脚石。此外，在《2017年5G进度调研报告》中，网络安全被准备部署5G的运营商列为5G第三大重要功能。

（本文原载第34期2版） ◇李 欣

TCL LED液晶彩电40-ES2310-PWA1XG电源+背光板原理与维修(上)

TCL LED液晶彩电电源板采用的型号为40-ES2310-PWA1XG,编号为:08-ES231C1-PW200AA,是将开关电源与背光灯驱动电路合二为一的组合板。开关电源集成电路采用FAN6754,输出24V、12V和3.3V电压,为主板和背光灯驱动电路供电。背光灯驱动电路采用MAP3204S,将24V电压升压后为4路LED背光灯串供电,并进行均流控制。该板应用于TCL L32F3270B、L32F3200B、L23F3200B、L23F3220B、L23F3270B等26英寸~32英寸液晶电视中。

40-ES2310-PWA1XG电源+背光灯二合一板实物图解见图1所示,电路组成方框图见图2所示,分为开关电源和背光灯驱动电路两部分。

开关电源部分主要由驱动控制电路U201(FAN6754)、大功率MOSFET开关管QW1、变压器TS2为核心组成,为负载电路提供+24V和12V、3.3VSB电压。背光灯驱动电路部分由MAP3204S(U601)、开关管QW2、储能电感L601、续流D601、滤波C601、C602为核心组成,将24V电压提升,为4路LED背光灯串正极供电,同时对LED灯串负极电流进行调整和控制。

一、电源电路原理

TCL 40-ES2310-PWA1XG电源+背光灯二合一板的开关电源电路见图3所示,由抗干扰、市电整流滤波电路和主电源两部分组成。

1.抗干扰和整流滤波电路

市电输入和抗干扰电路、整流滤波电路如图3上部所示。F1为保险管,F1在输入电流过大时熔断,以保护电路。RT1为热敏电阻,限制开机电流。

LF1、CX1、CY3、CY2、LF2组成抗干扰电路,滤除市电电网干扰信号,同时防止开关电源产生的干扰信号窜入电网。RD1~RD4为泄放电阻,在交流输入关断时,对CX1电容放电,以满足安全电压要求。

滤除干扰脉冲的AC220V交流电压,通过桥堆BD1~BD4和CE1、DE2整流滤波,产生+300V左右直流电压,为主副电源电路供电。

2.主电源电路

主电源电路以集成电路FAN6754(U201)、开关管QW1、变压器TS2为核心组成。遥控开机后启动工作,产生24V、12V电压,为主板和背光灯电路供电。12V压降压后形成3.3VSB电压,为主板控制系统供电。

1)FAN6754简介

FAN6754是开关电源专用驱动控制电路,内含振荡器、比较器、计数器、供电电压取样、取样保护、激励放大电路等,固定输出电压13V。FAN6754引脚功能见表1所示。

表1 FAN6754引脚功能

引脚	符号	功能
①	GND	接地端
②	FB	稳压反馈输入
③	NC	空脚
④	HV	启动电压输入
⑤	RT	计数器外接定时电阻
⑥	SENSE	过流保护输入
⑦	VDD	电源供电输入
⑧	GATE	激励脉冲输出

通电后,市电整流滤波后产生的+300V电压经变压器TS2的初级⑥-④绕组为开关管QW1的D极供电。AC220V市电经R401、R402降压,D401整流后为U201的④脚提供启动电压。主电源启动工作,U201从⑧脚输出激励脉冲,推动QW1工作于开关状态,其脉冲电流在开关变压器TS2中产生感应电压。其中TS2的①-②绕组感应电压经D404、R406整流、限流、C404滤波后产生的直流电压经R407,为U201的⑦脚提供VDD工作电压,替换下启动电压,为U201供电。

开关变压器TS2中次级绕组⑩脚输出的感应电压,经DS1整流、C409、C424滤波后产生24V电压,为背光灯升压输出电路供电。TS2中次级绕组⑧/⑨脚输出的感应电压,经DS2整流、C206、L201、C205、C202滤波后产生12V电压,为背光灯驱动和主电路板电路供电。12V电压再经P5小电路板降压后,产生3.3VSB电压,为主板控制系统供电。

3)稳压控制电路

稳压控制电路由精密基准电压源U401 (TL431)作为误差放大器,通过光电耦合器PC1(TLP781),对电源初级的驱动电路U201的②脚PB内的PWM调制电路进行控制。

电源次级输出的24V、12V直流电压由R425、R411与R428//R429分压取样后,加到U401的①脚控制端,与内部2.5V基准电压进行比较得到误差电压,控制PC1的①-②脚发光二极管流过的电流,进而改变PC1的④、③脚内部光敏三极管的内阻,即改变加到U201的②脚的反馈电压,通过U201内部PWM调制作用改变U201的⑧脚输出的方波脉冲占空比,从而实现输出电压的稳定。

4)浪涌尖峰抑制

浪涌尖峰吸收回路由D405、R403、C405组成。MOSFET开关管QW1由饱和翻转至截止瞬间,急骤突变的D极电流在TS2的初级⑥-④绕组产生峰值很高的反向电动势,极性为上负下正,并加到QW1的D-S极间,这时D405正向导通给C405充电,随后C405又通过R403放电,将浪涌尖峰电压泄放,以保护MOSFET开关管QW1不被击穿损坏。

5)过流保护电路

U201的⑥脚通过R405外接的电阻R418,R418是开关管QW1的S极电流检测电阻。当QW1导通时,D极电流在R418上产生的电压降加到U201的⑥脚,即内电流检测比较器同相输入端,对开关管QW1的电流进行检测。如果流过QW1的D极电流过大,则S极电流在R418上的压降会升高,加到U201的⑥脚电压升高,经内部电路比较控制后,关断U201的⑧脚方波激励脉冲输出,MOSFET开关管QW1截止,以防过电流击穿MOSFET功率管。

二、电源电路维修

TCL 40-ES2310-PWA1XG电源+背光灯二合一板开关电源电路发生故障时,主要引发开机三无故障,维修时可通过电阻测量和电压测量的方法进行。一是测量关键点电压,判断故障范围;二是测量主要器件的电阻,判断器件好坏。为了观察和维修比较直观和方便,可到电工商店购买24V (功率60W)低压灯泡做假负载用。

1.保险丝熔断

测量保险丝F1是否熔断,如果已经熔断,说明开关电源存在严重短路故障,主要对以下电路进行检测。一是检测交流抗干扰电路CX1、CY2、CY3和整流滤波BD1-BD4、CE1、CE2是否击穿漏电。二是检查主电源开关管QW1是否击穿,如果击穿,进一步检查主电源尖峰吸收电路和稳压控制电路是否正常。

(未完待续)

◇海南 孙德印

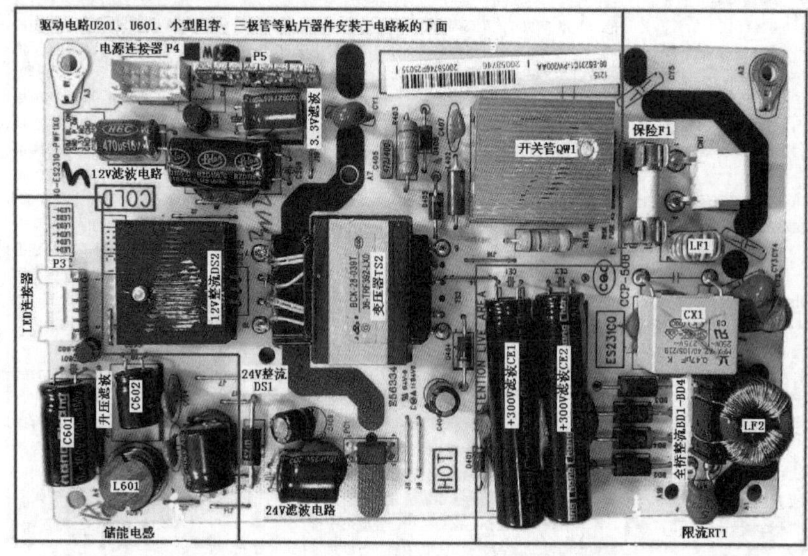

图1

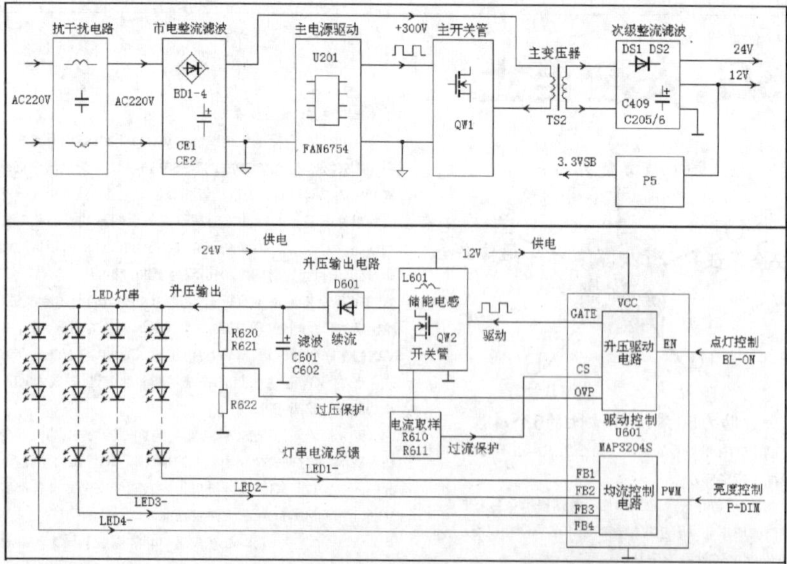

图2 TCL 40-ES3210-PWA1XG电源+背光灯二合一板电路组成方框图

用电脑机箱散热风扇给充电的手机降温

夏天来临，发现给手机充满电后手机背盖位置手感温度较高，将手机揣入裤兜后都能感觉发烫。这时如果马上使用手机的话，那手机电池的温度更不容易降下来了！长此下去肯定对手机电池的使用寿命不利，而且现在的智能手机不像以前的手机可以随意更换电池的，所以延长手机电池的使用寿命很重要，否则就要花不少钱去换电池了！

在夏天气温较高地区，如果能在手机充电时给手机降温肯定对手机电池有好处！现在介绍一种简单的方法，用电脑机箱散热风扇给充电的手机降温，但要对机箱风扇稍作些改动。

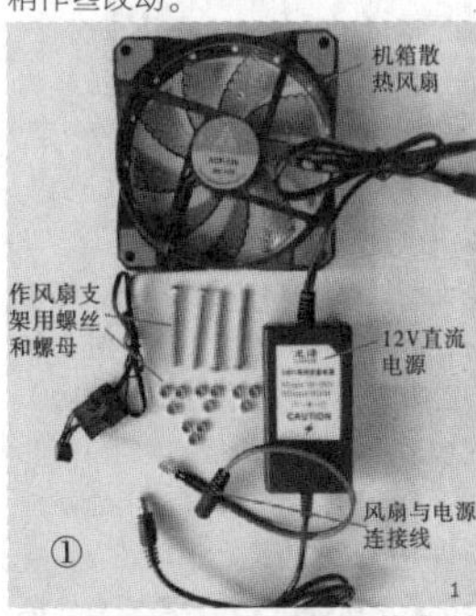

图1所示为主要的配件和材料：图片中风扇是电脑用的12V电压的"机箱散热风扇"，螺丝直径为4mm，长度为45mm，配相应直径的螺帽12颗备用；1个12V的直流电源；1根连接散热风扇接口与直流电源接口对接的连接线；8个平垫圈；另外还需要2个长尾票夹，作放手机的支架之用，长尾票夹规格为32mm的那种。

组装方法是：先将2颗螺帽上入螺丝中(注：用1个螺帽不能固定住想要的位置，会上下移动的，只有用两个螺帽互相靠拢并拧紧后才不会移动)，紧固在离螺丝头20mm位置处，并放上1个平垫圈，此为散热风扇进风高度，也就是散热风扇平放时进风高度为20mm。4颗螺丝都穿入螺帽紧固好，并放上1个平垫圈后再穿入机箱风扇的4个固定孔位，各放上1个平垫圈后用螺帽紧固好即可，详见图2所示。

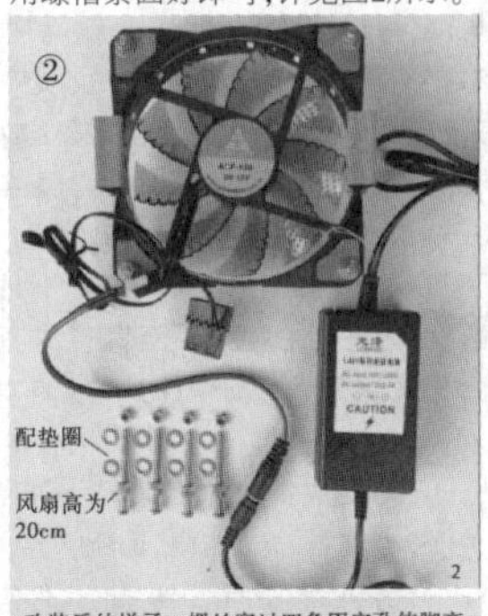

改装后的样子，螺丝穿过四角固定孔使脚高20mm。下为进风，上为吹风。

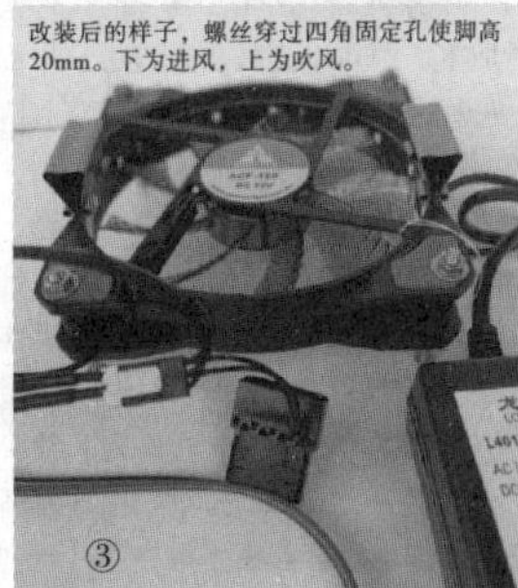

图3为机箱散热风扇改装后的图片，两端对称用长尾票夹夹上后，去掉"长尾"也就是钢丝手柄。

完成后的侧面图片如图4所示。注意：安装时要使风扇的风是从下面进风向上吹的，辨别风扇那面是往外吹风，要看风扇扇叶凹面是向外吹风的。

侧面图片，2长尾夹作手机支撑架，去掉钢丝。

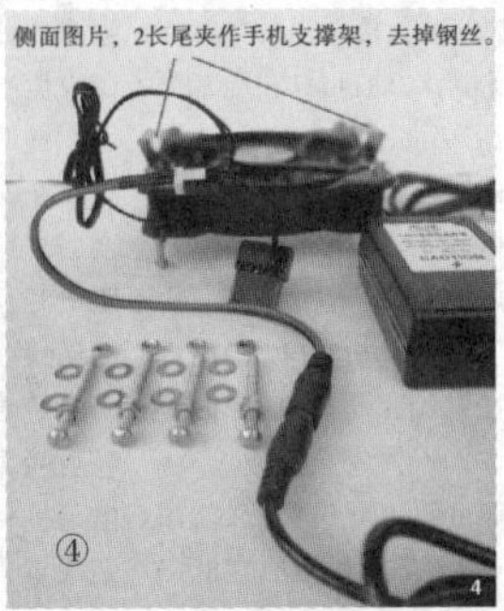

如图5是用改造好的电脑机箱散热风扇给正在充电的手机降温，经过用电脑机箱散热风扇散热以后，手机充满电后手感温度没有明显发烫，与常温一般，也就是手机背面电池位置，感觉不到有发热情况，使用手机的舒适感比以前好多了。

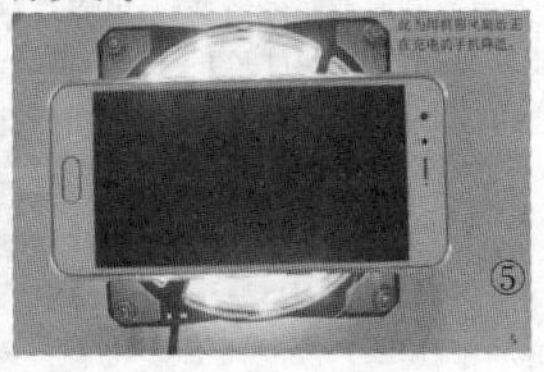

◇贵州　马惠民

复制带图片的工作表有技巧

某些情况下，我们需要复制带有图片的工作表，但如果直接复制、粘贴的话，粘贴之后原有的图片将会出现变形的情况，如果图片比较多，逐一手工调整将相当麻烦。其实，我们可以利用选择性粘贴解决这一问题。

第1步 设置图片属性

单击当前工作表中任意一个图片，按下"Ctrl+A"组合键，选中所有图片，右击选择"大小和属性"(如图1所示)，设置属性为"随单元格改变位置和大小"。

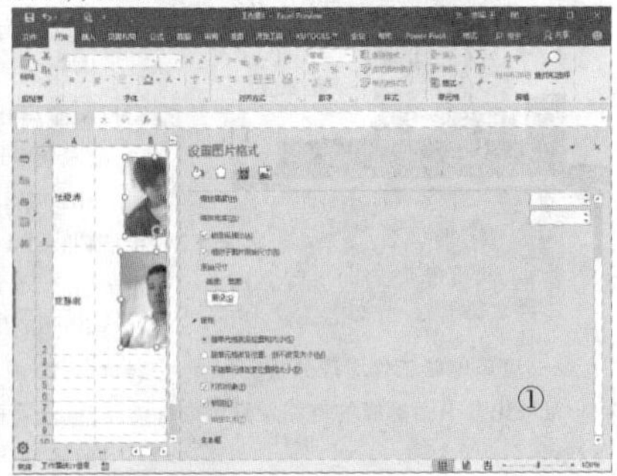

第2步 复制粘贴

拖拽鼠标选择需要复制的行或单元格，按下"Ctrl+C"组合键，将其复制到剪贴板。切换到目标工作表，按下"Ctrl+V"组合键进行粘贴，此时看到的是如图2所示的变形效果。

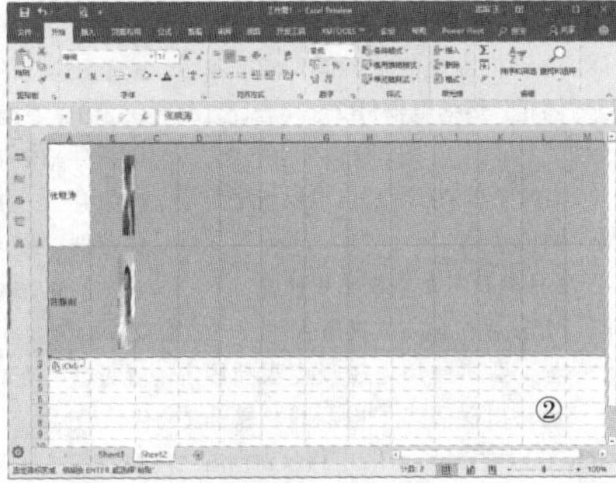

第3步 以列宽方式粘贴

单击源工作表左上角的行列交叉外，全选工作表，按下"Ctrl+C"组合键进行复制；切换到目标工作表，单击A1单元格，右击选择"选择性粘贴→选择性粘贴"(如图3所示)，在这里选择"列宽"。

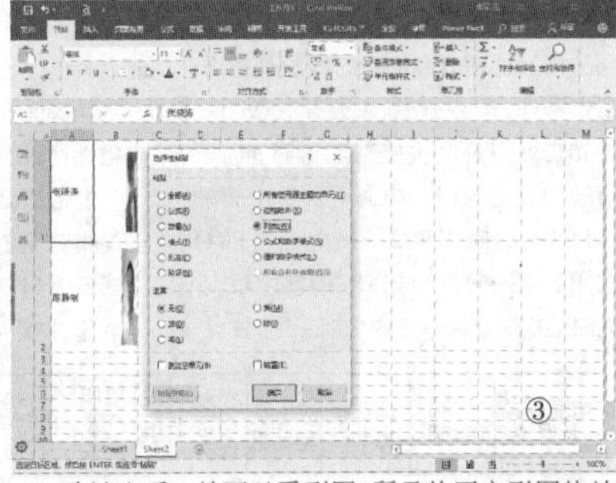

确认之后，就可以看到图4所示的不变形图片效果。

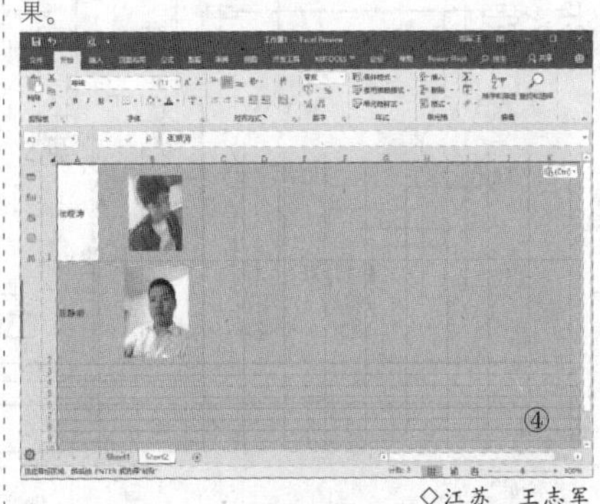

◇江苏　王志军

刷写BIOS解决三茗软件无法使用的问题

近日接到某学校管理员求助电话，说是前几年安装的班班通项目机房内有两台神舟DZ-H9970C电脑无法正常启动。笔者来到机房，开机发现两台电脑开机均出现如图1所示对话框，很明显是安装的三茗EDU机房管理软件V8.3没有注册激活且超过试用次数导致的故障，虽然选择"开放模式"可以正常启动电脑，不过系统不再受到保护，学生任何操作也就无法还原，这样不便于对机房进行管理。无奈之下将故障现象通过电话告之系统集成商，集成商技术员回复是该电脑安装三茗软件后会自动激活，无需使用USB加密狗或序列号来注册，同时建议将软件重装试试。

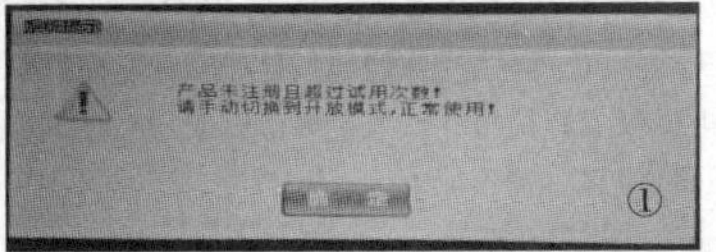

手动方式切换到开放模式后顺利进入到操作系统界面，在电脑里找到了集成商保存的三茗软件安装文件，于是重新安装软件，没想到重启后提示未找到保护卡(如图2所示)，该电脑使用纯软件版还原软件，何来什么还原卡呢？后来无意中发现有问题的两台机器开机时不显示"神舟"LOGO标识而是显示华擎ASRock主板LOGO，询问管理员得知这两台机器出现过不开机故障，售后通过更换同型号主板排除了故障，此时笔者才茅塞顿开：主板UEFI BIOS有问题。于是进入CMOS查看UEFI BIOS版本发现正常电脑版本是FM2A88M-HD+ P1.50J，而这两台机器UEFI BIOS版本号为FM2A88M-HD+ P1.50(如图3所示)。

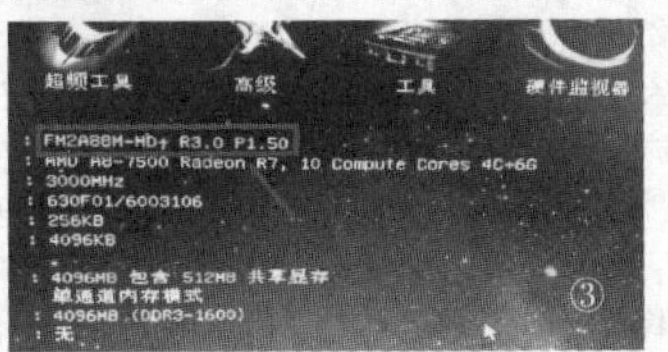

再次电话联系集成商并告之详情，第二天技术人员通过邮箱发来名为F288HD31.50J升级文件让笔者刷写UEFI BIOS，从扩展名可以看出是对应P1.50J版本，该机UEFI BIOS升级方法很简单：将升级文件复制到FAT32/16/12格式的U盘并插入电脑中，开机按DEL键进入CMOS设置界面，在Tool选项下运行Instant Flash工具项，稍后系统便自动找到升级文件提示对应的版本号(如图4所示)，点击确定后便自动刷写BIOS程序(如图5所示)，需要注意的是在刷写过程中不能断电(若售后更换主板时将坏主板上存储UEFI BIOS程序的25Q64BIOS芯片拆下装到新主板估计就不会出现此故障了)。刷写BIOS程序后，两台电脑上三茗EDU机房管理软件V8.3恢复正常，估计是BIOS中有类似于SLIC作用的代码，三茗EDU机房管理软件会通过访问BIOS程序来确定是否为合法用户。

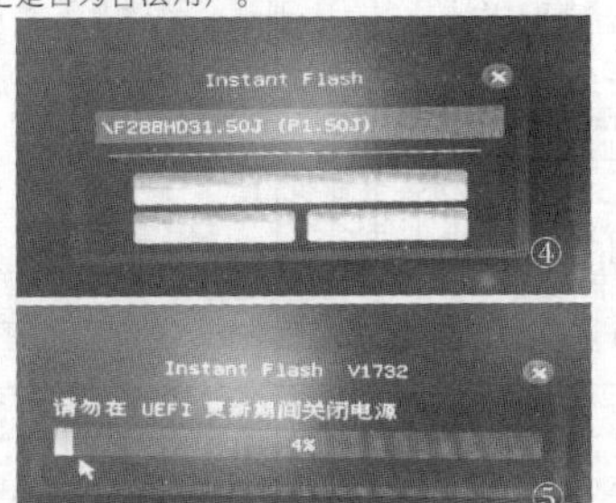

◇安徽　陈晓军

M7130型平面磨床的电气原理及故障检修实例

M7130型平面磨床的主要结构由床身、工作台、电磁吸盘、砂轮箱等部件构成，其实物外形如图1所示。磨床可以用机械方法将工件固定在工作台面上，也可以使用电磁吸盘吸持铁磁性的工件。

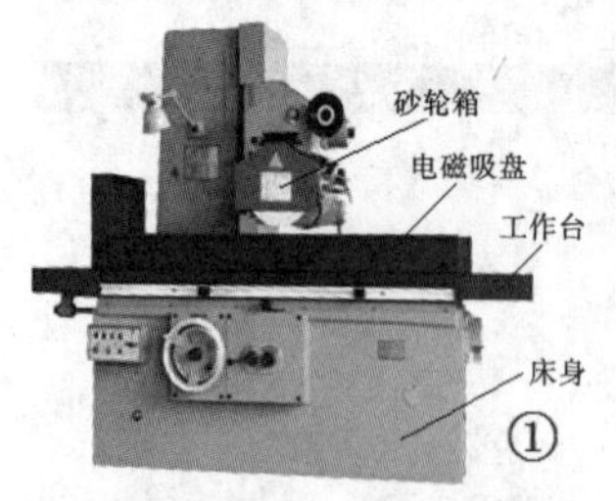

一、磨床电路工作原理分析

M7130型平面磨床的电路原理图如图2所示。

1.电动机主控电路原理分析

M7130平面磨床由电源开关QS1接通电源，砂轮电动机M1和冷却泵电动机M2由交流接触器KM1控制其运行与停止；热继电器FR1对其进行过载保护。液压泵电动机由交流接触器KM2控制运行与停止。热继电器FR2对其进行过载保护。

由熔断器FU1对三台电动机进行短路保护。

2.辅助控制电路原理分析

(1)使用机械方式夹持工件

当工件不使用电磁吸盘吸持固定时，可将电磁吸盘的电源线从接插件XP2(图2中的14区。图2电路从左向右共划分了1~14个区号，以方便查找元件和分析原理)上拔下，这时电流继电器KA的线圈中几乎没有电流，其触点KA(在图2中的9区)断开。为了能让磨床在不使用电磁吸盘的情况下继续加工工件，即交流接触器KM1和KM2的线圈具备通电工作条件，须将充磁、去磁开关QS2(在8区和12区)扳向“去磁”挡，这时，电源的L1端通过电源L1→电源开关QS1→熔断器FU1→熔断器FU2→热继电器FR1的常闭触点→热继电器FR2的常闭触点→充磁、去磁开关QS2的“去磁”挡触点→按钮SB2的常闭触点，送达电动机M1的启动按钮SB1。之后工件如果已由机械方式夹持固定好并处于待开机状态，就可按压启动按钮SB1（在8区），接触器KM1线圈得电后吸合，其常开辅助触点KM1(在8区)闭合自锁，接触器的主触点(在2区)闭合，砂轮电动机M1和冷却泵电动机M2开始运转。

操作按钮SB3(在9区)，可使接触器KM2线圈得电并由其常开辅助触点自锁，液压泵电动机M3启动运转。

SB2(在8区)是电动机M1和M2的停止按钮，SB4(在9区)是电动机M3的停止按钮。

电动机出现过载等异常情况时，热继电器FR1或 FR2的常闭触点（在8区）将断开，电动机停机受到保护。

(2)使用电磁吸盘吸持工件

使用电磁吸盘吸持工件时，须将电磁吸盘通过接插件XP2(在14区)与电路连接好，并将充磁、去磁开关QS2扳向“去磁”挡，这时电流继电器KA线圈中有正常的电流流过，电流的流通路径是：桥式整流器V的正极输出端（在11区）→QS2-2充磁挡位的开关触点(在12区)→接插件XP2（在14区)→电磁吸盘线圈(在14区)→接插件XP2(在14区)→电流继电器KA的线圈（在13区）→QS2-3充磁挡位的开关触点(在12区)→桥式整流器V的负极输出端(在11区)。正常的电磁吸盘电流使电流继电器KA的触点(在9区)闭合，交流接触器KM1和KM2的线圈具备通电工作条件，之后三台电动机启动、停止与保护的操作过程与使用机械方式夹持工件时的情况相同。

(3)电磁吸盘控制电路分析

电磁吸盘是磨床工作台上用来固定工件的一种夹具。它与机械夹具相比，具有夹紧迅速、操作简便、一次能吸牢多个小工件等优点。缺点是不能吸持铝、铜等非磁性材料的工件。

电磁吸盘使用直流电源，M7130型平面磨床通过变压器T2将220V交流电压降低为145V，经整流后得到约127V直流电压，作为电磁吸盘的电源。

电磁吸盘通过转换开关QS2的控制，共有3种工作状态，即“充磁”“松开”和“去磁”状态。

将QS2(在8区和12区)置“充磁”状态，电磁吸盘经过QS2的“充磁”触点使吸盘线圈得到下正上负的直流电压，电磁吸盘产生电磁吸力，可将工件吸持牢固。此时电流继电器KA线圈(在13区）中有正常电流，其触点KA（在9区)闭合，接通磨床3台电动机的启动控制电路电源，磨床可以开机运行。电流继电器KA触点在此连接的作用是，如果由于电源电压偏低或电磁吸盘开路导致吸盘吸力不足或丧失，触点断开，砂轮电动机将断电，防止工件从吸盘上飞出造成意外。因此这是一种安全保护的技术措施。

工件经电磁吸盘夹持并加工完毕，将转换开关QS2扳向“松开”挡位，切断电磁吸盘YH的直流电源。由于工件具有剩磁而不易取下，须对电磁吸盘进行去磁，即将转换开关QS2扳向“去磁”挡位，电磁吸盘在串联电阻R2的情况下接入上正下负的直流电源，该电源极性与“充磁”时的极性相反。调节电阻R2的阻值的大小，可以调节去磁电流的大小，达到既能充分去磁又不致反向磁化的目的。去磁结束，将QS2扳回“松开”挡位，即可将工件取下。

二、平面磨床电磁吸盘失去电磁吸力故障维修1例

一机修厂来电话告知，一台M7130型磨床的电磁吸盘失去吸持力不能固定工件，请求修理。

到达修理厂询问操作师傅后，观察电磁吸盘上面正好有一工件，闭合充磁开关，移动工件，仍然可以移动，果然是电磁吸盘不能工作了。接着关闭磨床电源总开关，验电证实磨床已经断电后，测量电磁吸盘的直流电阻为79Ω，而对地绝缘电阻为0，说明电磁吸盘绕组已经接地。磨床吸盘使用的直流电源，是经过变压器降压后整流获得的，具有隔离的作用，这样电磁吸盘绕组接地虽然是一个不安全因素，但它应该不是电磁吸盘失磁的原因，所以这个故障暂未考虑。

在暂时未能发现故障原因的情况下，将相关电路的接线螺丝全部紧固一遍，对断股的、裸铜部分过短的线头重新进行技术处理，并整理了相关线缆，通电试机，喜出望外，固然将故障排除了。但好景不长，过了一个星期，机修厂方面又打电话说磨床再次出现相同故障，去到磨床现场试机，电磁吸盘确实不会吸了，这次初步认定电磁吸盘有毛病，随即从配电箱给电磁吸盘的供电电缆查起，这是一条三芯电缆，包括正极线、负极线和地线，三芯电缆从配电箱出去，在一个线缆拐弯处有一个接头，接头的另一端去向电磁吸盘。

据现场的磨床操作师傅介绍，磨床工作时，磨削工件的砂轮不动，是工作台、电磁吸盘夹持着工件往复运动对工件实现加工。工作台的往复运动使三芯电缆线不断扭动，且有冷却液可能侵蚀到线缆，所以三芯电缆在拐弯处发生断裂，那次是磨床操作工自己将断裂处接通，接线时并未区别三条芯线功能上的区别，接好后包上绝缘胶布居然恢复了功能。

现在发现三芯电缆的接头处似有污渍，准备将绝缘胶布撕开重新包裹一下，打开后发现接线错误，如图3(a)和(b)所示。其中(a)图是正确的接线，(b)图是错误的接线。错误就在于将直流正极线与接地线PE接反啦。

错误接线为什么能工作一段时间呢？由图3可见，直流电源的正极通过PE接地线形成通路，使电磁吸盘获得电源，吸盘得以工作。由于电磁吸盘的直流电源本来是一个不接地系统，所以没有产生其他异常。而后来为什么又不能工作了呢？经检查是PE接地线与接地螺丝经过多年持续运行，振动使其螺丝松动，接触不良，而这颗螺丝与其他螺丝不在一处，此前的检查没有涉及到它。这颗螺丝处的导线导通时，电磁吸盘可以工作；导线接触不良或开路时，吸盘就罢工不干了。

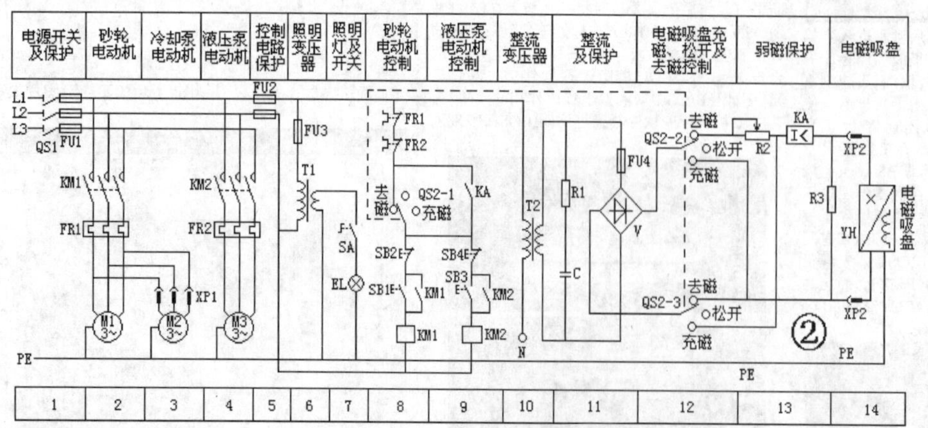

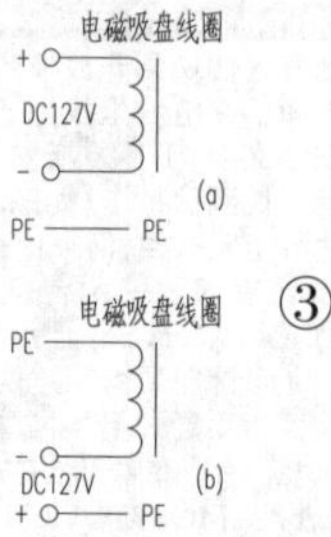

将三芯电缆的错误接线给以更正，可靠连接，并用绝缘胶布包裹好。将电磁吸盘的接地线清理污渍，连接紧固，通电试机，磨床恢复正常，长期运行未再出现类似故障。

◇山西 杨德印 李刚

述说电流反馈放大器(上)

电流反馈放大器(CFA)在大约三十年前就开始流行了,当时Comlinear、Elantec和ADI公司已能提供集成电路形式的产品。自那以后,大量专业技术被开发出来,电流反馈放大器在无数系统中得到应用。然而,至今仍有人对电流反馈放大器抱有误解。

首先,是一些潜在用户习惯于传统运放的两个输入端呈现高阻抗,对输入端采用低输出阻抗缓冲器的放大器感到不适应。还有些人仍然在质疑"电流反馈"这个字眼的正确性。一些自称为先知者的人不顾三十年来无数成功的应用事实,总是试图推翻数十年来已被广泛接受的结果。本文将尝试使用PSpice仿真方法来消除常见的误解,以支持三十年来被广泛接受的电流反馈放大器知识。

电流反馈放大器的基本工作原理

我在早前的博客中介绍过电流反馈放大器,在那篇文章中我展示了如何用基本电路模块构建电流反馈放大器。图1再次显示了这个电路,其中包括:

(a)一个具有高输入阻抗和低输出阻抗的输入电压缓冲器(Q_1到Q_4);(b)一对电流反射镜(Q_5到Q_7,Q_8到Q_{10});(c)一个输出电压缓冲器(Q_{11}到Q_{14})。

在图2a所示的功能框图中,电流反馈放大器通过外部电阻R_G和R_F被配置为负反馈工作的同相放大器。(为了更加简单,威尔逊反射镜被当做基本反射镜,缓冲器被当做具有无限大输入阻抗和零输出阻抗的单位增益电压放大器)。增益节点是理解电流反馈放大器工作原理的关键,它的等效对地阻抗采用一个大电阻R_{eq}(10^5~10^6W)并联一个小电容C_{eq}(约1pF)进行建模。

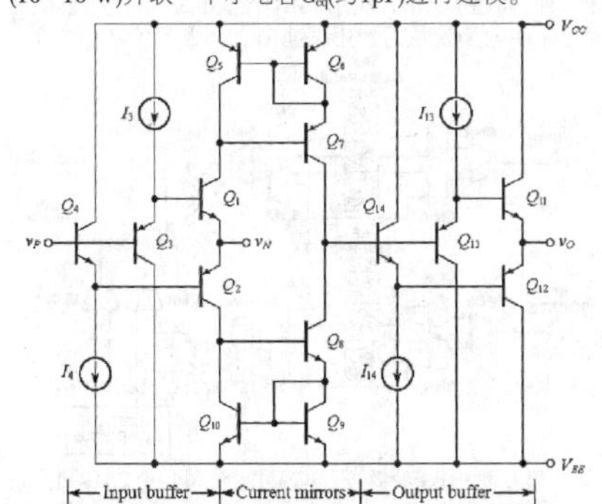

图1:简化后的电流反馈放大器(CFA)电路图

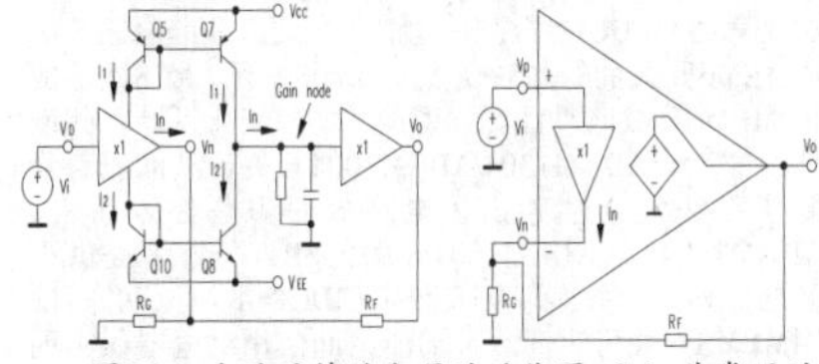

图2(a):电流反馈放大器的功能图;(b):其常用的电路符号

在没有外部网络的条件下,图1中被Q_1和Q_2抽取的电流是相等的,即$I_1=I_2$。当存在如图2a所示的外部网络时,通过KCL可以得出$I_1=I_2+I_n$。电流反射镜在增益节点复制I_1和I_2,因此进入这个节点的净电流就是图中所示的I_n。增益节点对I_n进行响应,会产生电压$z(jf)I_n$,其中$z(jf)=R_{eq}||(2\pi jfC_{eq})^{-1}$。该电压随即被缓冲到输出端,产生:

$$V_o=z(jf)I_n \quad (1)$$

表明我们可以将电流反馈放大器简化为图2b。在V_n节点应用KCL可以得到:

$$I_n=\frac{V_n}{R_G}+\frac{V_n-V_o}{R_F}$$

令$V_n=V_p=V_i$,将I_n代入公式(1),然后进行归集,就能巧妙地表达闭环增益A:

$$A(jf)=\frac{V_o}{V_i}=A_{ideal}\frac{1}{1+1/T(jf)} \quad (2)$$

其中:

$$T(jf)=\frac{z(jf)}{R_F} \quad (3)$$

是环路增益,而:

$$A_{ideal}=1+\frac{R_F}{R_G} \quad (4)$$

是理想极限T→∞时的A值。顺便提一下,A_{ideal}也叫噪声增益。

让我们通过返回系数分析来研究T的物理意义。如图2b所示,为了应用这种技术,需要:

(a)将信号输入接地,使得电路处于休眠状态;(b)在从属源的输出端断开环路;(c)将测试信号Vf注入反馈网络;(d)找到被从属源返回的信号Vr,然后令:

$$T(jf)=-\frac{V_r}{V_f} \quad (5)$$

由于输入缓冲器保持$V_n=0$,R_G不抽取电流,因此一定有$I_n=(0-V_f)/R_F=-(1/R_F)V_f$,表明从$V_f$回来的仅是电流,而非电压。因此将这种反馈称为电流反馈是合情合理的。通过检查发现,$V_r=zI_n=z[-(1/R_F)V_f]$,因此应用公式(5)得到公式(3)。现在可以作出以下考虑:

基本的电流反馈放大器是一种互阻抗型放大器,它根据对电流I_n的响应产生电压V_o,其开环增益为:

$$a(jf)=z(jf) \quad (6a)$$

单位为V/A。在负反馈工作时,I_n是误差信号。该电流源自I_1和I_2之间的失衡,与这种失衡是如何产生的无关。

令I_f代表I_n从输出端反馈回来那部分电流,表达式为$I_f=-\beta V_o$,那么就有:

$$\beta=\frac{1}{R_F} \quad (6b)$$

其中β被称为反馈系数,单位是A/V。很明显,T=aβ。也就是说,由于Vo使信号围绕反馈环路传输,首先被RF相除产生电流,然后与z(jf)相乘再产生电压。这就是环路增益的由来。

在直流时,C_{eq}当作开路,环路增益值为:

$$T_0=\frac{R_{eq}}{R_F} \quad (7a)$$

这个值一般很大,因为在精心设计的电流反馈放大器应用中,$R_F \ll R_{eq}$。

随着频率的提高,C_{eq}开始起作用,造成|z(jf)|随着频率发生滚降,直到达到频率点f_t,在该频率点$|z(jf_t)|=R_F$,或者忽略R_{eq},$(2\pi f_tC_{eq})^{-1}$=RF。求解f_t得到:

$$f_t=\frac{1}{2\pi R_FC_{eq}} \quad (7b)$$

换句话说,f_t是|T(jf)|下降到单位1或0dB时的频率。因此根据公式(2),f_t代表闭环增益的-3dB频率,也称为闭环带宽。

在应用电流反馈放大器时,我们可以用R_F来建立想要的闭环带宽,用R_G来建立想要的独立于带宽的闭环直流增益。与传统运放相比,这是电流反馈放大器的一个独特优势。

为了研究其瞬态行为,可以将电流反馈放大器看作一个纯粹的R-C网络($R=R_F$,$C=C_{eq}$),其中的电阻电流$(V_i-V_o)/R_F$不是"直接"通过R_F本身传输到C_{eq},而是通过电流反射镜"间接地"完成。只要与时间常数:

$$\tau=R_FC_{eq} \quad (7c)$$

相比通过反射镜的延时可以忽略,那么对输入阶跃的响应将是受τ支配的指数瞬变,不存在摆率限制,这是电流反馈放大器的另一个独特优势。当R_F约为$10^3\Omega$、C_{eq}约为10^{-12}F时,τ将处于纳秒范围内,表明非常快的动态变化。

我们发现,除了增益节点外,电流反馈放大器中的每个节点都呈现出低的电阻(约为$1/g_m$),因此以其自己的杂散电容形成的极点和与增益节点相关的极点相比发生在高得多的频率点;只要满足条件$R_F \gg 1/g_m$。电流反馈放大器的数据手册中规定了RF的最佳值。根据公式(7b),增加R_F将直接减小闭环带宽。然而,R_F减小到推荐值以下会使增益节点的极点更加靠近其他高频极点,从而减小相位余量,降低电路的稳定性。尤其要注意,当我们用传统运放实现积分器时,在电流反馈放大器的反馈路径中放入电容可是个坏主意。由于电容的阻抗随频率增加而减小,进而降低电路的稳定度,因此必须使用其他类型积分器,比如Deboo积分器。

示例

我们希望使用图3所示的PSpice电路来验证上述论点。该电路基于一种假想的电流反馈放大器,这种放大器被配置为增益为10的同相放大器。当我们断开实际电路中的环路时,必须避免破坏它的直流偏置条件。如果将测试电压直接串在输出节点和反馈网络之间就能巧妙地满足这个约束条件,如图所示。我们先验证电路的开互阻抗增益z(jf)、反馈系数β(jf)和环路增益T(jf)。为了使T(jf)可视化,我们可以绘制-V(R)/V(F)曲线;为了使|z|可视化,我们可以绘制V(R)/I(Vsense)曲线。如果采用1/β(而不是β),就可以将1/|β|和|z|显示在一张图中,然后清晰地看出|T|是两张图的对数差。我们可以通过绘制|z/T|或-V(F)/I(Vsense)来查看|1/β|。

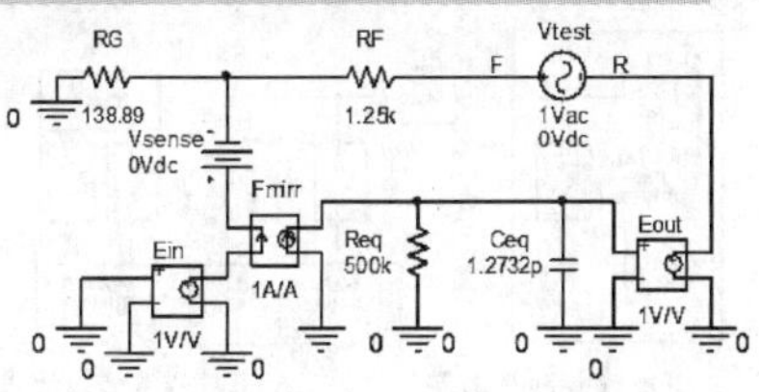

图3:示例的测试电路。

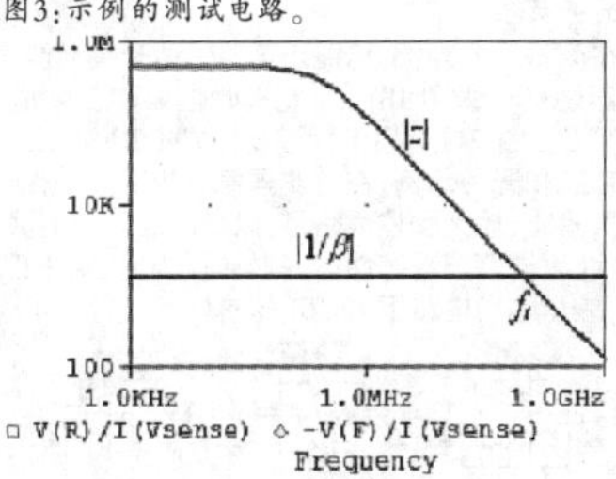

(b)

图4:根据图3所示电路得到的曲线图:T0=400,ft=100MHz

参考图4,我们使用光标测量方法证实直流跨导增益等于R_{eq}(500k V/A),|1/β|等于R_F(1.25k V/A),因此直流环路增益是T_0=500/1.25=400,这与光标测量结果是一致的。|z|和|1/β|曲线在100MHz点相交,这个点也是|T|下降到单位1的频率。这个频率与通过公式(7b)计算得到的f_t是一致的。

下面使用图5所示的电路来验证针对单位交流电压的闭环响应,并且(在用单位电压步距代替输入源之后)验证瞬态响应。响应结果如图6所示。光标测量表明,交流响应峰值在9.975V(而不是理想的10.0V)。这与公式(2)预测的约$-1/T_0$(=-1/400或-0.25%)的误差一致。此外,交流响应在f_t(=100MHz)时下降到一半的功率值。

将上述误差以物理的方式显示出来是一件有意思的事:为了维持V_o=9.975V,反射镜必须给R_{eq}提供9.975/(500x10^3)≅20μA的电流。通过反射镜动作,这个电流必须与I_n相符,表明图2a所示的由R_F抽取的电流和由R_G抽取的电流之间存在20uA的失衡。具体地说,R_F抽取的电流要比R_G小20uA,因此当R_G下降1.0V时,R_F将下降9.0-1.25x103x20x10-6=9.0-0.025V=8.975V。最终KVL确认V_o=1.0+8.975=9.975V或-25mV的误差。

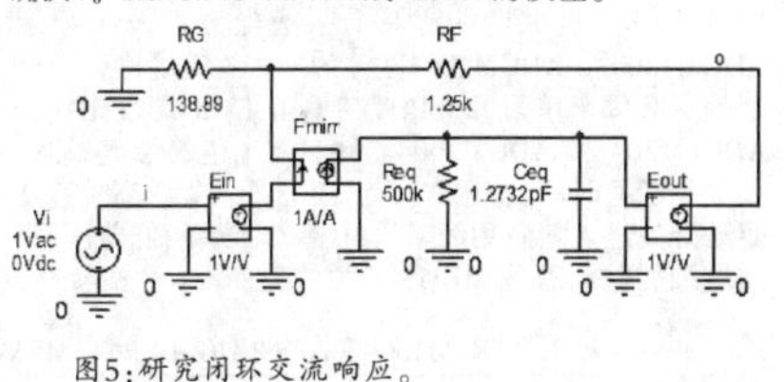

图5:研究闭环交流响应。

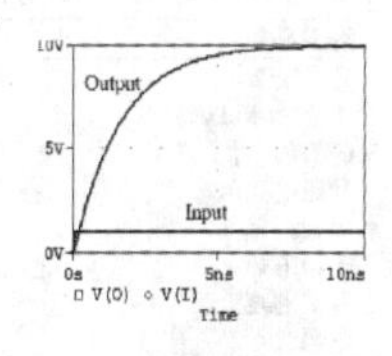

图6:图5电路对单位交流和单位阶跃输入的交流和瞬态响应

(未完待续)

◇湖北 朱少华 编译

基于MEMS技术的KO开关应用

开关功能是所有电子测试仪器仪表中的一项基本关键功能。由于待测器件(DUT)的复杂性提高,通道/引脚数量和功能增加,因而测试类型和所需测试数量也随之增加。并且每个器件评估需要进行数百项测试,特别是在自动测试设备(ATE)中,因此测试速度非常重要。

对于ATE测试仪器仪表,典型测试设备设置的高级别方框图如图1所示。

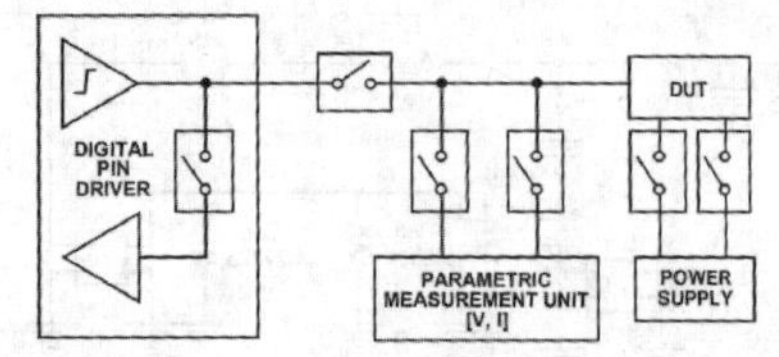

图1. 连接到待测器件的典型ATE测试系统,使用指定的开关

在测试设备外部,可能还需要辅助开关功能,特别是在器件接口板 (DIB) 上,它有时也被称为测试接口单元(TIU)。图 2显示用于待测器件的ac/RF测试设置的此类功能和开关示例。在待测器件的测试板上,通常需要信号滤波、放大和校准路径,以提供足够的测试灵活性,从而改进测试系统性能,例如最大限度地降低本底噪声、减少印刷电路板 (PCB) 的损耗。

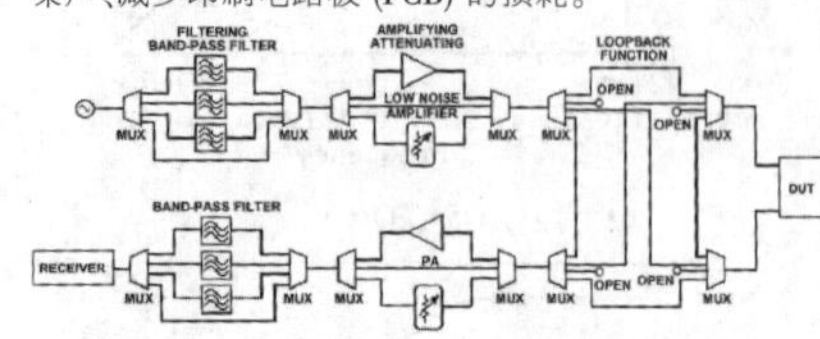

图2. 显示开关功能复杂性的AC/RF DIB示例

使用的开关类型取决于信号类型和所需性能。很多高性能固态开关也用于 ATE 测试设备。但是,当 dc PMU 信号和高速数字/RF 信号需要在共同测试路径上传输,而且只能产生很小的信号损失和失真时,仍然需要大型 EMR 开关。但是,EMR存在一些局限性。它们体积大,驱动速度慢,使用寿命也非常有限,从布线的角度来看,很难设计到 PCB 中,需要外部的高功率驱动器电路,返工复杂繁琐。

MEMS 开关优势详解

1.MEMS 开关技术

ADI 的MEMS开关既具备EMR的优点, 同时尺寸大幅缩小,而且还提高了RF额定性能和使用寿命。有关MEMS开关技术的详细讨论,请参见"ADI革命性 MEMS开关技术基本原理"。在测试仪器仪表中,开关尺寸非常重要,可决定在测试设备仪器电路板或待测器件接口TIU板上能够实现的功能和通道数。图3显示ADGM1304 0Hz/dc至14 GHz带宽、单刀四掷(SP4T) MEMS开关,被放置在典型的3 GHz带宽双刀双掷 (DPDT) EMR之上。就体积差异来看,尺寸可缩小90%以上。

图 3. ADGM1304 5 mm × 4 mm × 0.95 mm LFCSP封装(与典型RF EMR进行比较)

除了 MEMS 技术的物理尺寸优势之外,MEMS 开关的电气和机械性能也具有很大优势。表 1 显示ADGM1304和 ADGM1004器件的一些关键规格, 与典型的更高频率单刀掷 (SPDT) 8 GHz EMR 进行比较。ADGM1304 和 ADGM1004器件具有出色的带宽、插入损耗和切换时间,使用寿命为 10 亿个周期。高带宽是驱动开关进入新应用领域的关键。低功耗、低电压、集成电源的驱动器是 MEMS 开关的另外几大关键优势。

ADGM1004具有较高的静电放电(ESD)额定值,人体模型(HBM)的 ESD 额定值为 2.5 kV,电场感应器件充电模型(FICDM)的 ESD 额定值为 1.25 kV, 从而进一步增强了易用性。

2.MEMS 开关应用示例

过去, 要在ATE测试设备中实现dc/RF开关功能,必须使用 EMR开关。但是,由于存在以下问题,使用继电器可能会限制系统性能:

(1)继电器开关的尺寸较大,必须遵守"禁区"设计规则,这意味着它要占用很大面积,缺乏测试可扩展性。

(2) 继电器开关的使用寿命有限, 仅为数百万个周期。

(3)必须级联多个继电器,才能实现需要的开关配置(例如,SP4T配置需要三个SPDT继电器)。

(4)使用继电器时,可能遇到PCB组装问题,通常导致很高的PCB返工率。

(5)由于布线限制和继电器性能限制,实现全带宽性能可能非常困难。

(6)电器驱动速度缓慢,为毫秒级的时间量级,从而限制了测试速度。

图5至图7显示了MEMS开关如何消除这些限制,增强其在 ATE应用中的价值。图4和图5显示了典型的dc/RF开关扇出应用原理图,分别使用 EMR 开关以及ADGM1304 或 ADGM1004 MEMS开关。

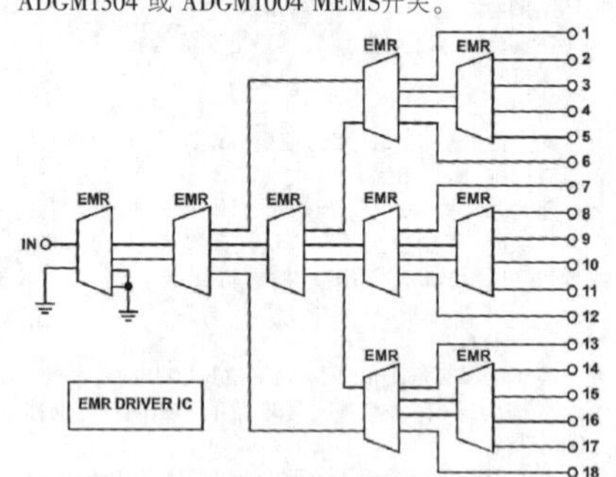

图4. 示例 DC/RF 扇出测试板原理图, 九个DPDT 继电器的解决方案

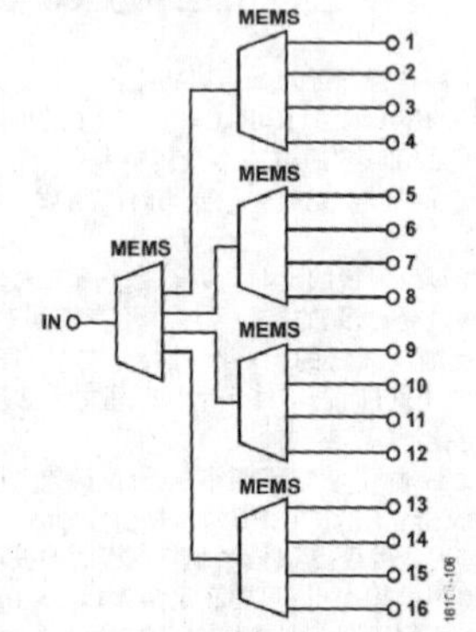

图5. 示例DC/RF扇出测试板原理图, 五个ADGM1304或ADGM1004 MEMS开关的解决方案

图6显示了实现这两个原理图的视觉演示PCB的照片。该演示中使用扇出16:1多路复用功能。 图5中的继电器为DPDT EMR继电器。需要九个DPDT继电器和一个继电器驱动器IC,来实现18:1多路复用功能(八个 DPDT继电器只能产生14:1多路复用功能)。物理继电器解决方案显示在图7左侧,该图说明了继电器解决方案占用了多大的面积、保持布线连接之间的对称如何困难,以及对驱动器IC的需求。

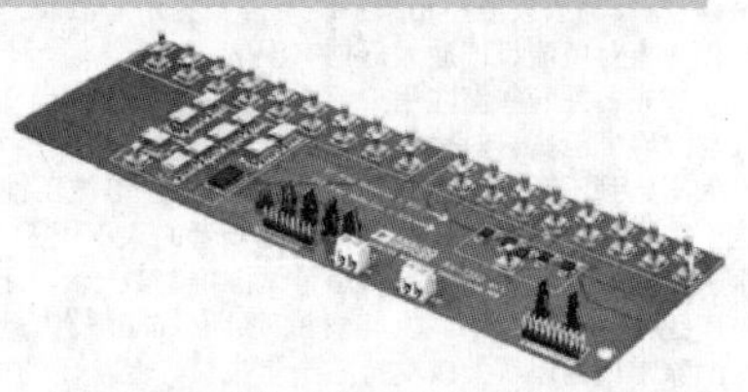

图6. DC/RF扇出测试板的视觉比较,16:1多路复用功能,使用九个EMR开关(左)和五个MEMS开关(右)

图5和图4右侧显示了相同的扇出开关功能, 仅使用五个 ADGM1304或ADGM1004 SP4T MEMS开关,因而得以简化。从图5和图4右侧可看出,占用PCB面积减小,开关功能的布线复杂性降低。按面积计算,MEMS开关使占用面积减少68%以上,按体积计算,则可能减少95%以上。

ADGM1304和ADGM1004 MEMS开关内置低电压、可独立控制的开关驱动器;因此,它们不需要外部驱动器 IC。由于MEMS开关封装的高度较小(ADGM1304的封装高度为0.95mm,ADGM1004的封装高度为1.45mm),因此开关可以安装在PCB的反面。较小的封装高度增大了可实现的通道密度。图7显示了另一个测试设备开关使用示例。该图显示连接高速或RF待测器件的测试接口的典型原理图,使用EMR作为开关元件。在本例中,评估电子设备需使用高速RF信号和数字/DC信号。

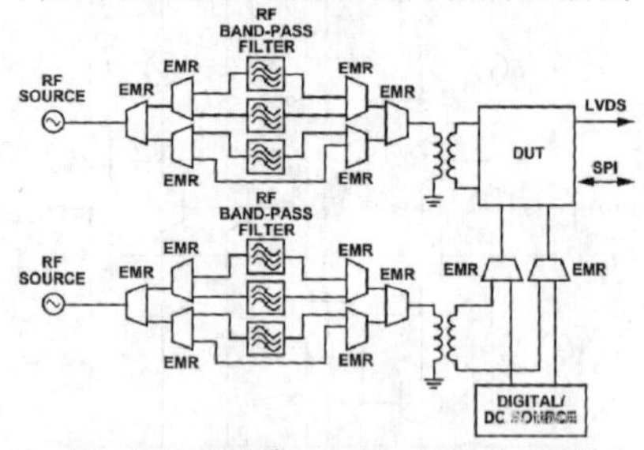

图7. 示例RF和数字/DC DIB,使用14个EMR开关

图7所示的解决方案使用继电器作为开关解决方案。需要14 个SPDT继电器来实现带通滤波器选择、数字信号路由、DC 参数测试功能。需要级联继电器。使用MEMS开关的等效解决方案如图8所示。图8显示使用 MEMS开关时功能增强型测试接口简化设计。此设计仅需六个ADGM1304/ADGM1004开关, 从而显著降低了布线复杂性和占用电路板面积。整体而言,ADGM1304 或 ADGM1004开关的SP4T配置可提供更多功能通道, 并实现更多数字和DC参数测试功能:使用MEMS开关可实现八种功能, 而使用继电器仅实现四种功能。MEMS开关具有 14 GHz宽带宽、0 Hz/dc工作频率、小尺寸封装和低电压控制特性,这种解决方案更加灵活,延长了使用寿命,减小了占用面积,能够同时实现高精度高速数字信号路由和较宽带宽的RF信号路由。

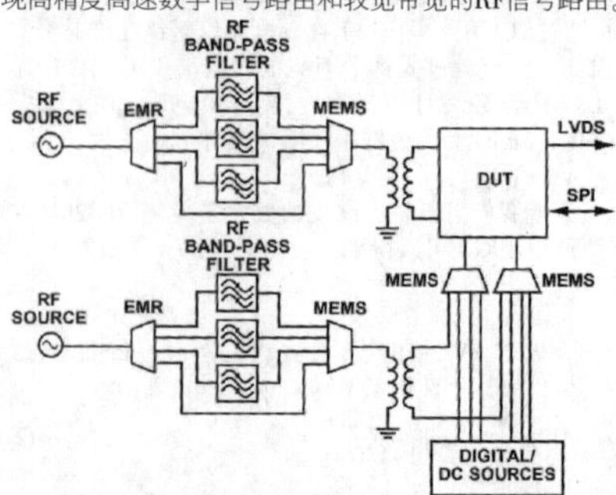

图8. 简化和增强的RF和数字/DC DIB,使用六个MEMS开关

随着器件复杂性和测试要求提高, 从最佳性能和空间效率的角度来看,实现ATE解决方案的难度很大。由于DC/数字和RF功能现在成为普遍要求, 开关也成为ATE自动测试解决方案的必不可少的部分。ADI的MEMS开关技术独树一帜,与传统的RF继电器解决方案相比,它提升了测试功能和性能,而且占用的PCB面积更小。ADGM1304和 ADGM1004 SP4T MEMS开关具有精密DC性能和宽带RF性能,采用小尺寸SMD封装,驱动功率要求较低,使用寿命长,ESD可靠性增强。这些特性使得ADI公司的MEMS开关技术成为所有现代ATE设备的理想通用开关解决方案。 ◇广西 李 贺

表 1. ADGM1304和ADGM1004 SP4T MEMS 开关与典型 8 GHz SPDT EMR 规格比较

开关参数	ADGM1304 MEMS	ADGM1004 MEMS	8 GHz EMR（典型值）
开关配置	SP4T	SP4T	SPDT (1 Form C)
工作频率(3 dB)	0 Hz/dc至14 GHz	0 Hz/dc至13 GHz	0 Hz (dc)至8 GHz
LFCSP尺寸	4 mm × 5 mm × 0.95 mm	4 mm × 5 mm × 1.45 mm	8.0 mm × 9.4 mm (TO-5)
导通电阻(R_{ON})	1.6 Ω（典型值）	1.8 Ω（典型值）	0.15 Ω（最大值）
导通泄漏	5 nA	5 nA	5 nA
驱动寿命	10亿周期（最小值）	10亿周期（最小值）	1000万个周期（典型值）
开关速度	30 μs（典型值）	30 μs（典型值）	4 ms（最大值）
电源	3.3 V (10 mW = 3.3 V x 2.9 mA)、集成驱动器	3.3 V (10 mW = 3.3 V x 2.9 mA)，集成驱动器	5 V (280 mW)，需要外部驱动器
插入损耗(IL)	0.4 dB（典型值，6 GHz）	0.6 dB（典型值，6 GHz）	0.8 dB（典型值，6 GHz）
关断隔离	24 dB（典型值，2.5 GHz）	24 dB（典型值，2.5 GHz）	27 dB（典型值，3.0 GHz）
功率额定值	36 dBm，±6 V dc	32 dBm，±6 V dc	1 Amp，28 [illegible]
ESD额定值，RF端口 (HBM，FICDM)	100V; 500V	2.5 kV; 1.25 kV	未指定

破解汽车制动防抱死故障的玄机妙理(下)

(紧接上期本版)

线路检查要根据厂家提供的数据，在拆下ECU插头后测量接头，并检查插头与插座接触是否良好，如图1示出了本田汽车公司ABS、ECU插座接口，线路检查可按以下步骤进行：拆下ABS的ECU线束插头，测量插头“22”和“5”与搭铁之间绝缘电阻应为无穷大；测量插头“4”与搭铁之间的绝缘电阻应为无穷大；插头“4”和“5”之间电阻应为700Ω~1.1kΩ，否则应检查车轮速度传感器与ECU间的线路。

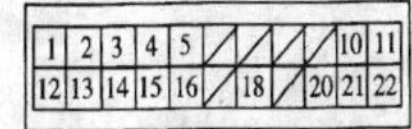

图　本田(94)ACCORD ABS的ECU插座接口

在线路检查中，液压执行机构的电磁阀继电器、油泵继电器和电磁阀线圈电阻是必须检查的内容，如各线圈电阻值应符合标准、各电器的供电电压也应基本正常，否则应检查系统的电源电压或线路上的熔丝工作是否正常。进行ABS的自诊故障检查时，首先应认识到，所有的ABS都具有故障自检能力，并备有安全保险功能。这是因为，如果ABS出现故障，而不具备故障自检和安全保险能力的话，将会给行车安全带来严重的后果，当ABS出现故障时，系统能将故障以编码形式显示给驾驶员，同时自动切断防抱死的所有动作，恢复到不采用ABS时的驾驶员控制，即实现常规控制保证行车的基本安全。一般车辆在ABS中某一部位被自检出故障后，则点亮制动警告灯，同时ECU上的LED自检指示灯(也称诊断指示灯)闪动。也有的车辆是在短接检测插头后，通过仪表板上的自检指示灯闪动来读取故障码号，然后再对照表格找出对应的故障所在，为检修提供依据。

用跨线短接法读取ABS故障码的操作程序：如福特汽车采用跨线短接方法读取ABS故障码的操作程序：首先要找到ABS的诊断插头，该插头多装在发动机室内的前减震器附近，而EEC-IV车种的ABS诊断插头则装在行李箱后座椅背的隔板旁。诊断插头有三个插孔，其颜色和功能为：黄/绿线或黑线为搭铁；褐/红线为触发线；白/蓝线为ABS由自诊灯闪示输出。然后接通点火开关，测试时使用LED灯，连接ABS自诊灯输出端，再用跨接线将触发线与搭铁端短接2~4s，LED自检指示灯及仪表板上的ABS故障警告灯就会闪示故障码号，并可对应查到故障内容。如：11，88：ECU及电路不良；12，99：ECU不良；21：制动总泵主油压阀或其电路不良；22，51：左前轮进油阀或其电路不良；23：左前轮出油阀及其电路不良；24，52：右前轮进油阀或其电路不良；25：右前轮出油阀及其电路不良；26：后轮进油阀或其电路不良……在系统维修之后，若无故障存在，故障码会自动清除，当车轮速度传感器自身或其电路不良时，无法给ABS的ECU提供车速信号时，ECU将ABS转换成普通制动系统，用以保证制动系统的安全。福特汽车ABS车速传感器检测的基准值为：电阻值=800~1400Ω；电压=0.1~0.4V。

当ABS的电子单元(ECU)接通电源，即接通点火开关后，车速达到一定时，就要进行规定的检查，启动了行驶中的监测机能，当系统出现故障时，首先ABS功能被停止，进入普通制动装置状态并且点亮在仪表板上的ABS故障警告灯，故障的数据代码可以通过自诊电路，通过ECU内设置的发光二极管（LED）的亮、灭，或通过ABS故障警告灯的亮、灭显示出来，调取故障代码时，可先短接检测插头并接通点火开关，也可连续两次接通点火开关的方式触发故障码显示。此外可以使用专用的诊断工具装置与诊断接口相连接，记入产生的故障，再对故障项目进行显示。在检查内容上有以下几个方面：当接通点火开关之后，ECU通入电源时要作如下检查：首先是微处理器的性能检查，包括当强制发生电路故障时能确认错误、调出ROM内存的数据确认没有变化、写入RAM内存的数据确认能正常读出，检查A/D转换的输入确认没有问题，并确认微处理器内部通信正常；其次再检查电磁阀继电器的动作，对电磁阀继电器的电源进行通、断确认是否正常，然后再对警告性能的内存进行检查，可经微处理器确认报警功能是否正常。在起步时主要是对周边线路的检查，首先检查油压系统电动机是否运转，所有车轮速度传感器产生的信号是否准确进入ECU，电磁线圈电阻是否达到标准以及电磁阀在通、断电条件下是否动作来确认系统在车辆起步时能否进入工作状态。在正常行驶中，如果出现故障时，经ECU确认，可将故障存入ECU内部，检查时，可调取故障代码，查阅对应的故障内容。

对ABS控制系统首先要检查电路中的12V或5V电源电压是否正常，检查12V电压时可通过ABS动作时或油泵电动机启动电流瞬时间的压降来进行判断。ABS工作时，电磁阀继电器一定要进行工作，ECU可以对该继电器的工作进行监视。对运算电路中的运算结果进行比较，也是ECU的功能，一般在ECU内设置两个运算电路，进行相同的运算以便相互比较、监视，来保证较高的可信度，并将异常作早期检测，同样也可对各种车轮速度信号和输出信号作相互比较，使其得到相同的确认结果，此外还可对ECU的时钟信号进行检查，并检查ROM中的数据以确认程序正常。

经安全保险系统检查到异常信息时，可中断ABS，返回到常用机械制动系统(不使用ABS)，并在ECU内存入故障编码，调取时通过ECU内的LED、ABS故障警告灯或专用设备就可以读取码号，各生产厂家都会在车辆出厂说明书上说明ABS的性能和故障编码对应的故障内容。

当点火开关一接通，ABS ECU就立即对其外部电路进行自检。这时，制动警告灯亮起，一般3s后熄灭。如果灯不亮或一直亮，均说明ABS电路中有故障，应对其进行检查；ABS ECU对制动压力调节器电磁阀的检查，是通过控制阀的开闭循环实的；发动机发动后，车辆第一次到达60km/h，ABS系统自检完成。如果在上述自检过程中，ECU发现异常，或在制动过程中ABS工作失常，ECU就停止使用ABS，这时，制动警告灯亮起并储存故障代码，汽车的仪表板上有两个制动警告灯：一个是黄色灯，称为ABS灯(标ABS或ANTIOCK)；另一个为红色，标为BRAKE灯。BRAKE灯由制动液压力开关和液面开关及驻车制动开关控制，当红色警告灯亮时，可能是制动液不足、蓄压器的制动液压过低或是驻车制动器开关有问题，这时ABS防抱死控制和普通制动系统均不能正常工作，应停车检查故障原因，及时排除故障。如果只是黄色ABS灯常亮，则说明ABS ECU已发现防抱死控制系统有故障，这时汽车制动时将无防抱死功能，因此也要检修。

在检修ABS系统故障时，应先取出ABS ECU储存的故障代码，以便得到故障部位提示，准确、迅速地排除故障，不同车型有不同故障显示方式，有以下几种：在ABS有故障时，仪表板上的ABS故障警告灯就会闪烁，或是ABS ECU盒上的LED闪烁，直接显示故障代码；将检查插接器或ABS ECU盒上的有关插孔跨接，使仪表板上的ABS灯闪烁来显示故障代码；采用专用故障检测仪器读取故障代码。

ABS排气与普通制动系统稍复杂一些，应注意以下几点：在进行排气操作前，应把制动助力控制装置断开，使制动系统处于无助力状态；断开ABS ECU，以使排气过程ABS电子控制系统不起作用，避免ABS对排气造成影响；ABS排气时间要比普通制动系统长，消耗的制动液多，需边排气边向制动总泵储液罐添加制动液，使储液罐制动液液面保持在“max”与“min”之间；刚刚放出的制动液一般不能重新使用，如果要用，需在加盖的玻璃瓶中静止三天以上，待制动液中的气泡排尽后才能再用；在排气过程中制动踏板要缓缓地踩，不能过猛，这与普通制动系统一样；不同形式的ABS，其排气程序可能会有些不同，应参照相应的维护手册进行排气操作。一些ABS排气时可让油泵工作(打开点火开关，有的需运行发动机)，在加压情况下可使排气更快、更彻底。

4.汽车ABS故障的现象及其原因分析和排除

汽车ABS故障的诊断步骤一般是：分析故障现象—初步直观检查—读解故障代码—利用工具仪器深入检查，确定故障部位和原因—排除故障。常见汽车制动系统ABS故障现象如下。

装有ABS的汽车制动时，轮胎与地面应有压痕而不是拖痕。若汽车以30~40km/h速度行驶制动时，轮胎与地面有拖印，说明ABS有故障。但需注意，当车速低于10km/h时，ABS将不起作用。汽车在制动后期会出现轮胎拖死拖滞印痕，这属于正常现象。制动不良的现象即制动不灵，制动时汽车侧滑(不能沿直线行驶)，制动发咬等。ABS一般有两个报警灯：制动报警灯(红色，标BRAKE)和防抱报警灯(黄色，标ABS或ANTILOCK)，两个报警灯在发动机启动时都亮。启动后，防抱报警灯继续亮3~5s，而当发动机正常工作、汽车行驶或制动时，这两个报警灯均应熄灭，若还亮或间歇性闪烁，说明制动系统有故障。

ABS实际上是一套电子控制电路，其故障也即多发生于电路和继电器上。ABS一般都有自检功能和后备功能，系统一旦出现故障，警告灯便有规律地闪动，对照有关说明即可查出故障原因。同时ABS自动切断，汽车恢复传统的行车制动方式。

ABS发生故障时，如果缺乏ABS故障代码表及有关维修资料，可用万用表对电路、继电器进行检查，并对传感器和电磁阀进行检查、试验，如果均为正常，则应更换控制器。电磁阀和传感器均可进行单体试验、检查，如果有故障，应更换新件。在对ABS进行检查时，必须将其电源断开。

传感器性能的好坏，与平时的使用维护关系很大。而传感器，尤其是轮速传感器工作性能不好时，便无法准确感知车轮的转速信号，ABS就不可能正确控制车轮防抱机构工作。因此，对于安装ABS的汽车，应对轮速传感器进行定期检查、清理。轮速传感器的工作情况也可通过其工作状态的输出电压波形来观察。如图2即为轮速传感器故障波形之一，该故障是转子齿圈有一个齿槽被异物填埋，感应信号中便减少了一个波谷。这种情况下，轮速传感器输出的转速信号不准确。因此，必须拆下转子齿圈，将齿槽清理干净，并检查转子齿圈各齿牙有无损坏现象，齿牙损坏会影响传感器中电磁线圈的感应电流强度，也即影响传感器的输出电压波形，最终导致转速信号不准确。如图3所示为轮速传感器故障波形之二，该波形的波谷、波峰呈规律性变化。说明转子齿圈安装不良、有偏心现象。当转子齿圈随车轮一起旋转时，转子齿圈的齿顶距传感器近，感应电压高；转子齿圈的齿顶离传感器远，感应电压低。对于偏心转子齿圈应重新调整其安装位置，使转子齿圈的各齿顶与传感器极轴之间的间隙保持一致。轮速传感器的信号感应部分主要是电磁感应线圈。当其发生故障时，线圈的阻值将发生变化。因此，检查电磁感应线圈最简便的方法是利用万用表测量线圈的电阻值。电磁感应线圈损坏后，一般无修复价值，应更换新件。

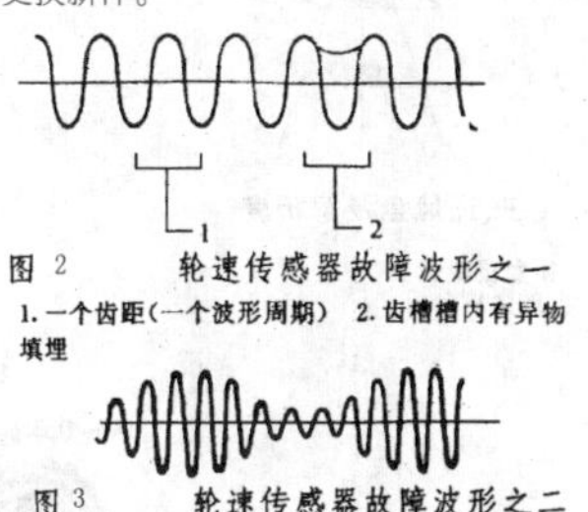

图2　轮速传感器故障波形之一

1.一个齿距(一个波形周期)　2.齿槽槽内有异物填埋

图3　轮速传感器故障波形之二

制动压力调节器的可能故障有：制动压力调节器电磁阀线圈不良；制动压力调节器中的阀有泄漏。用欧姆表检测电磁阀线圈电阻，如果电阻无穷大或过小时，均说明电磁阀有故障，应予以更换；加电压试验：将制动压力调节器电磁阀加上其工作电压，看阀是否正常动作，如果不能正常动作，则应更换制动压力调节器。对继电器施加其正常的工作电压，看继电器能否正常动作；若能正常动作，则用欧姆表检测继电器触点间的电压和电阻，正常情况下触点闭合时的电压应为零。若电压大于0.5V，说明触点接触不良；用欧姆表检测继电器线圈电阻，电阻值应在规定的范围内。

(全文完)

◇湖北　刘道春

机器视觉光源基础及选型指导(二)

(紧接上期本版)

21.边缘亮度

相对照度是指中央的照度与周边的照度的百分比。

22.远心镜头s

主光线与镜头光源平行的镜头。有物体侧的远心,成像侧的远心,两侧的远心行头等方式。

23.远心

Telecentricity是指物体的倍率误差。倍率误差越小,Telecentricity越高。Telecentricity有各种不同的用途,在镜头使用前,把握Telecentricity很重要。远心镜头的主光线与镜头的光轴平行,Telecentricity不好, 远心镜头的使用效果就不好;Telecentricity可以用下图进行简单的确认。

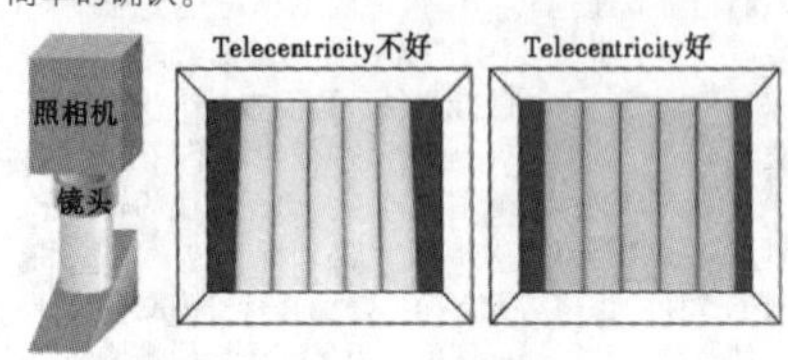

24.景深 (DOF)

景深(Depth of Field)可以用以下的计算式计算出来:

景深=2×Permissible COC×实效F / 光学倍率^2=允许误差值 / (NA×光学倍率)

(使用的是0.04mm的Permissible COC)

$$2\left(\frac{\text{允许误差值}\times\text{实效F}}{\text{光学倍率}\times\text{光学倍率}}\right)=\text{DOF}$$

$$\frac{\text{允许误差值}}{\text{NA}\times\text{光学倍率}}=\text{DOF}$$

允许 根据使用者的不同,权限也有所不同

不允许 VSI使用0.04mm的直径

中心点焦点的位置

允许 DOF 不允许

三、通风盘及解析度

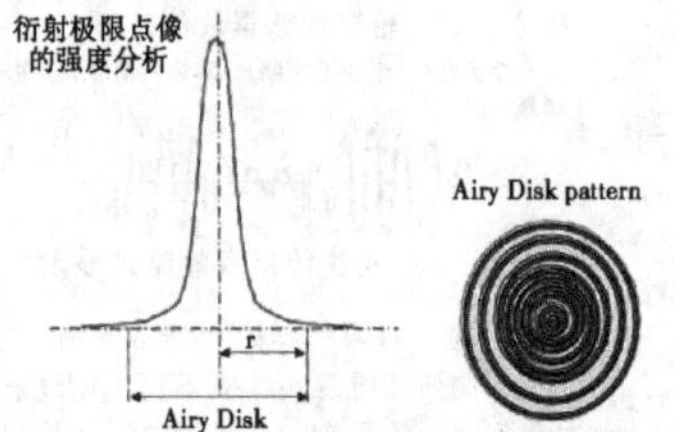

Airy Disk是指通过没有失真的镜头在将光集中一点时,实际上形成的是一个同心圆。这个同心圆就叫做Airy Disk。Airy Disk的半径r可以通过以下的计算公式计算出来。这个值称为解析度。r= 0.61λ/NA Airy Disk的半径随波长改变而改变,波长越长,光越难集中于一点。例:NA0.07的镜头波长550nm r=0.61×0.55/0.07=4.8μ

1. MTF及解析度

MTF(Modulation Transfer Function)是指物体表面的浓淡变化,成像侧也被再现出来。表示镜头的成像性能,成像再现物体的对比度的程度。测试对比性能,用的是具有特定空间周波数的黑白间隔测试。空间周波数是指1mm的距离浓淡变化的程度。

黑白矩阵波中,黑白的对比度为100%.这个对象被镜头摄影后,成像的对比度的变化被定量化。基本上,不管什么镜头,都会出现对比度降低的情况。最终对比度降低至0%,不能进行颜色的区别。

$$B=\frac{I_{max}-I_{min}}{I_{max}+I_{min}}$$

$$A=\frac{I_{max}-I_{min}}{I_{max}+I_{min}}$$

上图分别显示了物体侧与成像侧的空间周波数的变化。横轴表示空间周波数,纵轴表示亮度。物体侧与成像侧的对比度由A、B计算出来。MTF由A,B的比率计算出来。

解析度与MTF的关系:解析度是指2点之间怎样被分离认识的间隔。一般从解析度的值可以判断出镜头的好坏,但是实际是MTF与解析度有很大的关系。图4显示了两个不同镜头的MTF曲线。镜头a 解析度低但是具有高对比度。镜头b对比度低但是解析度高。

$$\text{MTF}\quad M(\nu)=\frac{B}{A}$$

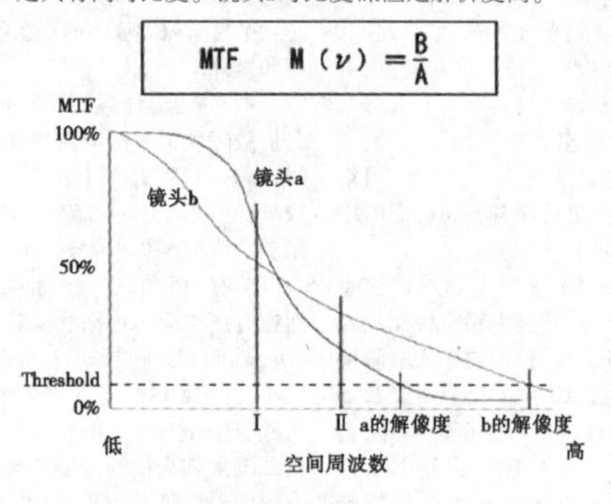

1.照亮目标,提高亮度;

2.形成有利于图像处理的成像效果,降低系统的复杂性和对图像处理算法的要求;

3.克服环境光干扰,保证图像稳定性,提高系统的精度、效率;

通过恰当的光源照明设计, 可以使图像中的目标信息与背景信息得到最佳分离, 这样不仅大大降低图像处理的算法难度,同时提高系统的精度和可靠性,但非常遗憾,目前没有一个通用的机器视觉照明系统,可以应对不同的检测要求,因此针对每个特定的案例,都需要设计适应的照明装置,以达到最佳效果,而不合适的照明,则会引起很多问题,机器视觉光源如此重要,却往往被很多人忽视。

目前机器视觉光源主要采用LED (发光二极管),由于其形状自由度高,使用寿命长、响应速度快、单色性好、颜色多样、综合性价比高等特点在行业内广泛应用:

2.形状自由度

一个LED光源是由许多单个LED组合而成的,因而跟其他光源相比,可做成更多的形状,更容易针对用户的情况,设计光源的形状和尺寸。

3.使用寿命长

为了使图像处理单元得到精确的, 重复性好的测量结果, 照明系统必须保证相当长的时间内能够提供稳定的图像输入。LED光源在连续工作10,000到30,000小时后,亮度衰减,但远比其他型式的光源效果好。此外,用控制系统使其间断工作,可抑制发光管发热,寿命也将延长一倍。

4.响应速度快

LED发光管响应时间很短, 响应时间的真正意义是能按要求保证多个光源之间或一个光源不同区域之间的工作切换,采用专用控制器给LED光源供电时,达到最大照度的时间小于10s。

5.颜色多样

除了光源的形状以外, 得到稳定图像输入的另一方面就是选择光源的颜色。甚至相同形状的光源,由于颜色的不同得到的图像也会有很大的差别。实际上,如何利用光源颜色的技术特性得到最佳对比度的图像效果一直是光源开发的主要方向。

四、综合性运营成本低

选用低廉而性能没有保证的产品, 初次投资的节省很快会被日常的维护、维修费用抵消。其他光源不仅耗电是LED光源的2–10倍,而且几乎每月就要更换,浪费了维修工程师许多宝贵的时间。而且投入使用的光源越多,在器件更换和人工方面的花费就越大,因此选用寿命长的LED光源从长远看是很经济的。

机器视觉照明技术基础知识:

1.照射方式

选择不同的光源, 控制和调节照射到物体上的入射光的方向是机器视觉系统设计的最基本的参数,它取决于光源的类型和相对于物体放置的位置, 一般来说有两种最基本的方式:直射光和漫射光,所有其他的方式都是从这两种方法中延伸出来的。

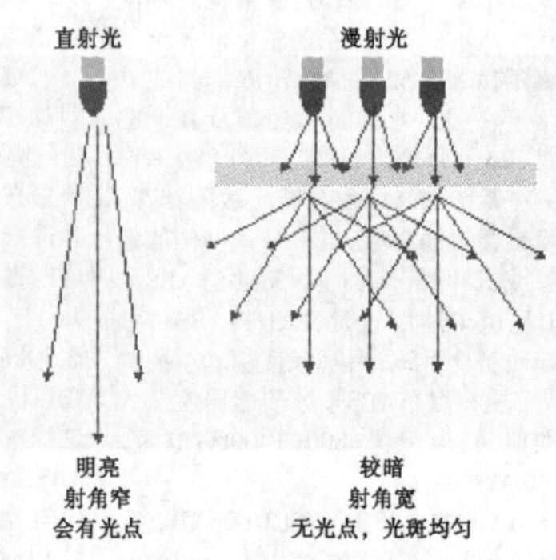

(未完待续)

◇宜宾 李定川

2018中国大数据应用大会论坛集汇(一)

编前语:2018年7月10日-12日,第三届中国大数据应用大会在成都召开,在本届大会中的具体论坛如何,现将嘉宾大咖们的演讲资料整理如下,以获得我们更加全面地对当前大数据的技术和应用了解。

百度谭待:从互联网到区块链

谭待,百度首席架构师兼区块链实验室主任

很荣幸和大家来分享一下在区块链这个技术领域它的应用和挑战,区块链可以给互联网带来什么新的价值,以及区块链将如何与大数据、人工智能去产生这种奇妙的化学反应。

区块链在技术领域的应用

首先,相信在座的大多数来宾在今年的各种场合已经听说过区块链的基本原理和特色了。区块链出现在比特币加密产品的内部,随着比特币的成功,越来越多的人关注到了区块链的价值,大家发现区块链其实是构建价值体系的一种非常行之有效的方法,所以比特币就成了一个特殊的机制了出来,那么区块链不只是在数字货币这个方面,而是在各个通用技术方面解决问题。

对于当前来说区块链的特性是非常重要的,因为我们都知道互联网非常善于解决的是信息的传递问题,但是对于信息的真实性和完整性,其实传统的互联网技术一直没有很好的解决方法。其实我们可以选择一些中心化的平台,通过这些中心化的平台这些主体的背书来解决信息的可信的问题,但是这种中心化的方式也会带来新的挑战,比如说在一些新兴领域,我们还没有机会找到这样的一个中心化的平台,在整个P2P的乱象就是一个很好的说明。

第二对于中心化的平台来说它天生就会趋向于垄断,趋向于更多的商业价值,而且整个行业的扩展速度,以及行业的服务水平都会受制于中心化的本身的扩展速度和服务水平,所以它既违背了互联网开发的衷心也违背了互联网发展的潜能。

我们来看区块链,通过区块链的分布式帐本核心的加密,区块链可以很好地解决信息的完整性的问题,真实性的问题,可追溯的问题,而且它可以以一种数字化的方式来建立起多方互相协作信任的机制。

现在在很多领域上有不少的创新者已经开始探索用区块链去改变行业,改变世界。大数据是很多行业的应用,那么它同时也是人工智能发展的一个核心的基石。随着现代信息化的各种技术程度的普及,我们会发现问题在于我们把多个企业的信息进行打通,让其发挥更大的价值,这就是区块链值得探索的地方。

回到刚才的话题,从这个角度来看,区块链和互联网的关系也非常的明朗,区块链浪潮的来临并不是要取代互联网,而是让互联网发展得更好,区块链可以作为价值互联网的重要的基础设施去推动互联网新一轮的进化,而且在技术上区块链可以和人工智能和大数据来互相促进来发挥更大的价值。

区块链与大数据、人工智能的化学反应

很多的人都看到了区块链的能量,但必须要承认的是现实这种美好的未来还是有不少的距离。那么如何跨越这条鸿沟呢?有两个关键的问题是一定要解决的,第一个是对于整个区块链技术来说,我们需要一个在功能上和性能上真正可用的一个操作系统的解决方案。第二个关键就是说对于区块链我们需要在加密数据货币之外去诞生更多真正有影响力和具有规模性的区块链的产业落地,去作为标杆作为示范去创造真正的用户价值,吸引真正的用户。

所以我们先来第一个挑战,整个区块链的挑战,有几个问题要攻克,第一个是性能的问题,第二个问题就是安全问题,其实安全问题和性能问题是一个双生的问题,因为现在我们可以看到技术方案它在尝试改变区块链的性能,但是这些方案都会或多或少的涉及区块链的机制的改变这会带来新的性能改变。而且区块链是开放的机制,这会给机制攻防带来更多的问题。

针对这些问题百度提出了自己的方案,百度超级链,是百度自主研发的一个系统,超级链的核心的设计宗旨是我们希望广大的使用者都可以广泛地使用区块链,同时我们希望更好地解决,或者说是平衡区块链的性能问题和安全问题。在设计上的话,百度超级链原生的支持侧链和平链去支持区块链一体的网络。在设计上每一条平行链会采用超级计算节点和监督结点。超级计算结点它会参与到整个区块链计算的,而监督结点则不参与整个区块链的记账,但是可以访问区块链的网络,并且去监督和选举超级结点,对于每一条平行链可以选择自己的算法,这样开发者就可以根据不同的应用场景不同的需求去通过不同的共识算法在区块链的安全性等方面进行折中解决实际的问题。

在整体的问题上,百度的超级链拥有三大核心技术亮点,首先是刚才说过的超级结点技术,通过超级节和监督结点我们可以最大化的优化区块链的性能,现在在整个超级链已经实现了单链十万GPS。

百度超级链的第二个技术就是链路技术,对于区块链应用来说PTS只是应用的部分,对于区块链核心来说是智能合约,智能合约是会涉及到操作事务等等方面,所以百度使用了智能合约分置技术,可以自动地分解为并行结算,超级链的最后一个技术亮点就是异体网络技术。对于开发者而言,把没有向下依赖的逻辑,通过侧链等进一步的提升,通过技术的亮点,超级链实现了性能上的飞跃,同时支持通用的智能合约,使区块链的成本进一步地降低。

除了底层区块链操作系统的研究,超级链之外,百度也一直在探索,我们如何找到适合超级链区块链的模式,作出产品发觉区块链的最大价值,让区块链和大数据和人工智能和现有的互联网技术结合在一起,形成一个强强的组合,所以在这儿我也想跟大家分享一个非常有意思的例子。

百度基于超级链在5月份推出的一个图腾项目,大家都知道在移动时代,智能手机的出现,所有的用户只要你愿意举起手机按下按钮你就可以生产在这个世界上独一无二的图片,但是还有一个很残酷的事实就是这样一个独一无二的图片不可能得到版权的保护。我们可以通过区块链来建立一个版权的保护平台,让每一个摄影者的图片都得到版权的保护。首先基于超级链技术,形成一个版权供应链,通过这个链我们就可以取得这个图片的分发追踪溯源的过程,在过去要做版权的确权流程,对于图片生产者来说他需要花费巨大的人力成本,而在这样的过程下,可以很快在区块链的协助下就能完成。

我想说一下区块链不是这个各图腾的全部,依靠区块链这个技术其实并不能产生撬动或者是改变图片版权生态的一个方案。我们还是回到刚才的流程,对于一个图片的生产者来说,区块链提供了非常便捷的版权纯正服务,这样可以基于区块链的平台进行版权的登记和注册,如果仅仅只是解决版权的登记和注册是不够的,因为如果你不帮助作者去解决后面的维权问题检测问题,那么这个登记和注册意义就很小了,我们可以通过人工智能分析全网的图片,进行比对,这样对于一个图片生产者而言可以方便地跟进自己的版权,而且很方便地跟踪是谁侵犯了他的版权,另外百度作为一个图片的分发渠道也会加快建设生态,引导用户进一步的保护图片生产者的权益,这样就构成了一个非常完善的解决方案,我们可以看到在这个方案里边区块链有非常核心的价值,我们必须把大数据把人工智能结合在一起,才能形成一个真正具备实际效果,有用的解决方案。

区块链用信息技术的方式来解决安全和可信的问题,它是互联网的一个重要的补充解决了传统的互联网没有解决的问题,它作为基础设施来推动下一轮的互联网的革新。区块链可以与传统的互联网、大数据进行结合,而且只有通过这样的结合才能形成真正有效的解决方案。基于当下的区块链我们急需一个可行的操作解决方案。

作为互联网的领先企业之一,百度一直在关心各种前沿的技术,我们非常相信区块链具有互联网价值,它可以很好的解决互联网的真相的问题,今年百度也成立了区块链的实验室,刚才我们介绍的超级链其实就是百度区块链实验室推动的操作系统解决方案,那么在接下来我们还将进一步的推动超级链开源开放去推动超级链的全网部署,去打造一个全生态,大家会看到第三方的应用基于区块链超级链的应用和落地。

◇会记

吉兆GME1014F型10kW电视发射机功放过载维修一例

故障现象:发射机开机后,第16个功放盒LOAD红灯亮,LOAD表示功放盒有过载故障。

故障分析:

发射机输出功率8KW,激励0.9W。过载报警是功放盒反射功率检测电路检测到反射功率过大,从而LOAD灯亮报警。

功放盒出现过载报警通常有几种情况:

1.激励过大导致功放盒输出功率过大,从而检测的反射功率过大。

2.功放盒输出部分有开路导致全反射,使反射功率过大。

3.功放盒内部的各功率放大电路输出不匹配,导致功率合成有部分功率被吸收电阻吸收,如果吸收电阻被烧坏也可能出现过载报警。

维修步骤:

1.降激励器功率至0.4W,过载现象依旧存在,排除激励过大问题。

2.取下PA46拆盖检修,观察RF输出部分,有明显的发黑迹象,仔细观察发现RF输出头有虚焊现象,遂用刀片刮亮发黑部分,重新焊接。试机故障依旧。

3.怀疑是不是反射功率检测电路出现问题,从而导致的误报警,遂取下PA46检查反射功率检测电路,用数字万用表二极管挡测检波二极管D2正向电压0.7V,反向电压无穷大正常,量匹配电阻R2、R3、R10均正常。检查吸收电阻R1有100欧姆也正常。

4. 用网络分析仪测功放盒增益,给功放盒加13dBm的激励,功放盒并未出现过载报警,故怀疑是不是8合1合成器有故障导致PA46反射功率过大。

5.用网络分析仪接PA46所接的合成器输入口,测其驻波比为50,再任取一个输入口测试驻波比为2.02,两组数据对比分析可判断故障出现在合成器内部。

6.拆下8合1合成器开盖检查,发现PA46所接的输入口对应的合成线路被烧开路,合成吸收电路板被烧毁,导致PA46功率不能输出,全反射致PA46过载报警。更换新的电路板和输入线,可恢复正常。

经验总结:合成器内部线路和电路板被烧毁,可能是因为焊锡长时间在空气中氧化造成虚焊,高频电路在虚焊处容易打火而烧毁线路。所以合成器也应该定时清理灰尘和排除虚焊。

◇贵州 谢利华

Axiim Q UHD超高清媒体中心接收机

文中图像是一款荣获"2018CES创新奖"的UHD超高清媒体中心接收机，该款型号为Q UHD的接收机是"世界第一"款符合WiSA(Wireless Speaker & Audio Association)技术协定，其6个符合HDCP2.2的HDMI输入均兼容HDR显示方式的4K接收机，由美国Axiim公司开发。本机视频制式兼容4K/60fps和1080p/3D；音频制式兼容Dolby TrueHD和DTS-HD Master Audio，其设置的任何一个输入接口均可接纳来自蓝光播放器、游戏机和流媒体设备的信号。Q UHD提供的连接方式非常丰富，除6路HDMI输入接口外，还支持CEC和ARC输入、千兆以太网、802.11ac WiFi无线输入、蓝牙无线输入，以及USB和eSATA外置硬盘输入。其连接至电视机的HDMI输出支持HDMI2.0、HDCP2.2、CEC和ARC。该机可以单独使用，也可以和Axiim WM系列的所有无线扬声器捆绑使用。Q UHD具体的亮点特色主要有：

特色1：WiSA技术应用确保与扬声器完美连接

Q UHD应用了具有短距离通信、高实时性，以及高节点容量等特点的WiSA技术，该技术方案能确保本机以无线方式稳定向包括所有Axiim扬声器产品在内的任何同样兼容WiSA的扬声器(如，Klipsch、Bang和Olufsen等)传输优质的96KHz/24bit高清音频信号，并能确保各品牌产品之间的互操作性，以便生产厂家有针对性地开发能满足消费者所需特性和价格点的音频/视频产品。

特色2：Q mobile app优化声音方便操控

Q UHD提供兼容iOS和Android的Q Mobile App移动应用程序，借助该应用和WiFi的连接，一来可以在家里任何地方采用手机无缝控制所有设备；二来通过为所有输入设备提供的显示图标快速选择输入信源；三来可对诸多输入快速切换；四来通过可预置的10段均衡器、自定义音量、校正每一扬声器的距离，以及根据自己的个性化偏爱对声音进行设置。

Q UHD的外形尺寸为287x45x207mm，重1.15kg，参考价999美元。

Meta 2 AR宽视野头盔

文中图像是一款荣获"2018CES创新奖"的AR(Augmented Reality)增强现实头盔，该机型号为Meta 2的FOV(Field Of View)宽视野头盔由美国Meta公司开发。与该公司第一代产品相比，该款2.5K的显示器分辨率(2560x1440)大幅提升。该机允许媒体内容在空间以上下、左右、前后、倾斜、偏转、滚动等6种方式自由运动。借助位置追踪传感器和一个720p的前置RGB摄像头，Meta 2允许用户通过双手进行运动控制。为便于3D图形创建和编辑，该机拥有点击、双手旋转、扩大和缩小等新手势识别能力。Meta 2的本质是能够通过强有力的光学引擎将高分辨率的逼真内容与真实的物质世界交汇，其透明遮阳板设计的用意是便于用户清晰看到自己周围的环境情况。Meta 2具体的亮点特色主要有：

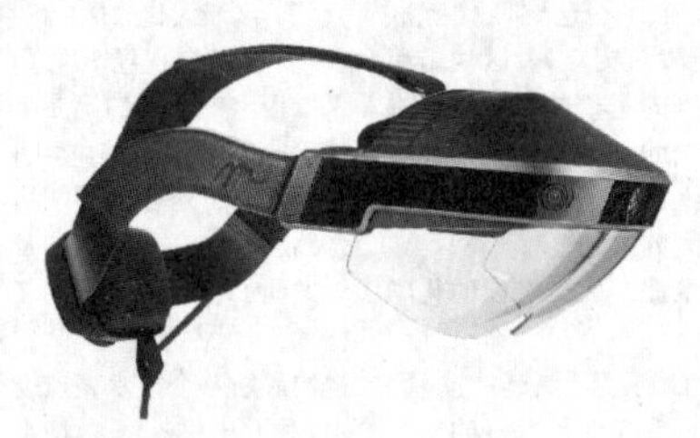

特色1：更广阔的视野营造了更身临其境的体验

Meta 2的FOV可视角经过一个曲面半反射屏的反射比其前者机型大大拓宽，用户可以很容易地在Meta 2的90°视野覆盖区域内触摸、抓取、推送和拉出令人惊叹的照片级逼真3D全息图。有了如此宽的可视角，足以让观者从三维立体图像获得逼真的沉浸体验，同时保持了AR增强现实特性的自然性，而且无论是对建造3D建筑模型，还是学习人体解剖学都非常有利。

特色2：Unity SDK助力AR体验增强

Meta 2同时面向企业提供Unity SDK开发者工具包，支持开发人员在应用中借助Unity 3D图像引擎构建用手直接触控虚拟3D内容，以满足通过AR操纵汽车、用AR模拟手术等一些计算量很大的场景的需要。除了为创作3D图像的设计师打造直观、高质量的AR应用创造条件外，还能实现各种应用与Meta工作区的互动，甚至于创建适合定制个性化AR体验的空间操作环境。另外，Meta 2 AR头盔的SDK也兼容支持SteamVR和WebVR。

Meta 2的重为0.5kg，参考价为1495.00美元。

宽带网络的演进

如今，用户对宽带服务和更高带宽的需求之高可以说是前所未有。城市和农村地区正在加速网络部署，除住宅用户外，运营商还考虑将企业和公用事业网络中的一切连接到小基站，全面推进4G和5G部署。

目前的网络采用包括光纤、铜缆和无线在内的技术，电信运营商、有线电视运营商和国有公用事业单位都在建设或考虑建设宽带网络，以满足不断增长的带宽需求。本文将介绍中国宽带市场格局的变化趋势，运营商如何满足不断增长的带宽需求，以及新技术将如何帮助他们克服挑战。

不断变化的宽带市场格局

从历史角度看，运营商与当地政府合作，确保京沪广深等一线城市配备强大的网络基础设施，从而营造吸引外资的互联网文化。

鉴于投资回报率的需求，农村地区往往会被忽视。然而，随着中国不断致力于成为科技超级大国，这种情况已经发生了变化。作为其基础设施支出的一部分，中国正计划在全国范围内推出高速互联网，包括农村地区。

在一线城市，当地政府已开始智能城市规划布局，通过将数万个传感器、摄像头、小基站、Wi-Fi接入点和其他设备连接起来，运用自动化技术帮助城市降低运营成本并提高生活质量。这符合李克强总理在政府工作报告中提出的"互联网+"计划，该计划旨在通过物联网提高效率，将中国的制造业和基础设施相连接。

智能城市网络离不开基础设施的建设，包括光纤、铜缆和无线网络。从本质上讲，网络运营商、公用事业单位和政府都在争先恐后地部署速度更快、带宽更高的网络。然而，他们面临着三个方面的挑战：成本、供电和获得许可。

成本 带宽需求呈爆炸式增长，越来越多的消费者要求高达1 Gbps的服务，也让技术无法以合理的每比特成本来实现交付。建立网络的前期成本非常高：网络端点的光纤建设高达构建新网络成本的80%，而当前铜缆网络存在着有限的速率范围曲线、固定无线接入容量以及干扰问题。

网络成本推动着对宽带网络实现多种功能的更高需求，从而推动住宅宽带交付以外的多种收入流：如无线(即将会成为5G)前传和回传、公用事业监控和数据采集(SCADA)传输以及商业服务。

供电 网络中的每个边缘节点都需要供电，而这些电源可能来自本地公用事业单位网格。正是这一要求推动了城市、公用事业单位和传统运营商之间的全新合作关系。除电网供电外，运营商正通过以太网供电(PoE)来连接网络中的某些设备。

获得许可 在城市中，智能城市网络需要基于位于各处的设备来构建，而城市或其他运营商需要获得许可才能将设备部署于灯柱、电线杆、街道设施或楼宇中。从这一层面上来说，城市和公用事业单位因其通常拥有能够放置设备的灯杆、电线杆和街道设施而更具影响力。

技术的演进

运营商可以通过在其基础架构中结合新技术来降低每比特带宽的成本。以下是一些可参考的选项：

光纤 尽管可用的网络技术各不相同，但由于光纤能够提供更高的带宽，宽带服务正围绕光纤进行融合以满足未来需求。在设计这些网络时需要考虑灵活性和成本：灵活适应不同技术的能力（如有线电视过渡至无线网络)；通过使用波分复用(WDM)等技术来控制成本，以扩展现有光纤网络的带宽容量。

G.fast 在短于1000英尺(约305米)的环路中，G.fast技术作为DSL的高速形式可通过现有双绞线电缆提供1 Gbps的速率。例如，运营商可在公寓大楼内部署光纤，并利用G.fast在楼宇内通过双绞线提供高速宽带。

WDM PON 当前大部分网络建设的最后一里路都是使用无源光网络(PON)。WDM通过在光纤中添加新的波长来扩展PON的容量。这在过去几年中显著带动了带宽的提升，因为NGPON2能够在单一波长上提供1 Gbps服务。

固定无线接入 通过挖隧道的方式安装光纤太过昂贵，而G.fast又有无法达到的地区，而固定无线接入就成了能为家庭或企业提供点对点(PtP)或点对多点(PtMP)的服务。该技术通常由无线互联网服务提供商(WISP)提供，而非传统的电信运营商或有线电视运营商。由于5G能够提供更高的带宽，从4G移动无线到5G的转变将显著提升固定无线接入的可行性。

运营商会根据不同类型的地区结合采用这些技术。中国的电信运营商已经开始构建以5G为主的网络，因此需要考量以上所有技术。例如，在可能的情况下利用WDM来增加现有光纤和PON网络的容量。

(本文原载第37期2版)

◇杨亚俊 康普运营商网络大中国区及韩国通信事业部销售总监

2018年8月5日出版
实用性 启发性 资料性 信息性
第31期
国内统一刊号:CN51-0091 定价:1.50元 邮局订阅代号:61-75
地址:(610041)成都市天府大道北段1480号德商国际A座1801 网址:http://www.netdzb.com
(总第1968期)
让每篇文章都对读者有用

缔造出卓越音效,且物美价廉

Bowers & Wilkins 宝华韦健推出全新 600 系列音箱

Bowers & Wilkins 600 系列第六代大幅提升了其固有的超值特征和声效性能。新 600 系列让高端音质唾手可得,并融入了 Bowers & Wilkins 的尖端技术和领先设计。

近日,赫赫有名的英国音响品牌 Bowers & Wilkins 在2018成都国际音响展上推出了其第六代 600 系列扬声器,并表示已在中国市场隆重登场。

会上,Bowers & Wilkins的厂家代表介绍了Bowers & Wilkins以及600 系列的历史和新一代 600系列的特性:Bowers & Wilkins 600 系列曾因超值和优良性能而获得众多奖项。现在,Bowers & Wilkins 推出了全新系列,汇集四个款式的扬声器和搭配的超低音音箱,较上一代来看增加了一些改良特征。新 600 系列通过先进的技术、考虑周全的风格和战胜价格更昂贵的对手的能力,以极具竞争力的价格打造了更高的音效品质标准。本系列还是黑胶唱片爱好者和希望改善身临其境的5.1 环绕音效体验的用户的理想选择。

"600 系列是步入 Bowers & Wilkins 高标准音频体验的绝佳切入点。"Bowers & Wilkins 的首席营收官 Richard Campbell 谈到,"新 600 系列表现出 John Bowers 缔造最佳音质并为音效设定新标准的使命的原始精神。"

最初在 Bowers & Wilkins 的旗舰 800 系列钻石版中使用过的更高端技术,成就了这一突破性的品质和价值。新 600 系列是融合了引人瞩目的 Continuum Cone 中音单元。该振膜材料由 Bowers & Wilkins 独家开发制造,用于改善标志性 Kevlar 音盘的清晰度和音准。新 600 系列各型号均使用了 Continuum Cone 振膜材料,实现了叹为观止的识别力和现实主义水准。

新 600 系列还引用了其备受赞誉的升级版退耦双顶高音单元,呈表现出更加清晰和准确的高频音效。此技术与旗舰型号 603 中用上的全新纸盆低频单元相配,确保浑厚强劲的低音响应。

据介绍,新系列分为亚光黑和缎光白两色,型号包括:

·603:作为本系列的旗舰版也是最大的扬声器,这款落地式音响缔造了无与伦比的力量、准确度和音感,搭配退耦双顶高音单元、Continuum Cone 振膜材料的 FST 中音单元,及双纸盆低音单元。

·606:这款小型音箱可配合脚架或作为书架式使用,缔造了令人震撼的清晰度和声音纯度,及卓越的低音扩展,与退耦双顶高音单元和 6.5 英寸 Continuum Cone 振膜相结合

·607:虽然是本系列中最小的型号,但这款可配合小型脚架或作为书架式音箱,通过 5 英寸的 Continuum Cone 振膜材料单元,亦能提供卓越的低音响应和识别度。

·HTM6:轻薄专业的中置扬声器,具备强劲力量和非凡的精密度,并搭配退耦双顶高音单元,配合 5 英寸 Continuum Cone 振膜单元。

·ASW610XP、ASW610 和 ASW608:让此系列锦上添花的是三款卓越的超低音音箱,选自于以往 600 系列,并进行特征更新,以匹配新系列。(本文原载第43期2版)◇李丹

国产百亿亿次超算技术实现新突破

据报道,我国自主研发的新一代百亿亿次超级计算机"天河三号"E级原型机完成研制部署,并已经顺利通过分项验收。这是继"神威太湖之光"后,我国又一代自主研发的超级计算机。

据悉,在系统层面,"天河三号"采用的是三种国产自主高性能计算和通信芯片,分别是"迈创"众核处理器(Matrix-2000+)、高速互连控制器和互连接口控制器。另外,包括四类计算、存储和服务结点,计算处理、高速互连、并行存储、服务处理等硬件分系统,以及系统操作、并行开发、应用支撑和综合管理等软件分系统,均是我国自主设计。

据了解,"天河三号"是我国E级计算机(百亿亿次超级计算机)研制计划的一部分。这一计划于2016年启动,共分为两期启动,第一期的任务是研究"E级计算机关键技术",将研制三台E级原型样机,其中就包括此次的"天河三号",而在项目的下一期,则将具体研制E级计算机。

按照计划,预计在2020年,我国将打造出全自主的、具有国际领先水平的新一代"天河三号"E级超级计算机,其运算能力将比"天河一号"提高200倍。从运算能力来看,当前超算第一名是美国的"Summit",其浮点运算速度峰值每秒高达20亿亿次(200PFlops)。若"天河三号"的运算能力比"天河一号"提高200倍,那就意味着其浮点运算速度峰值每秒可达94亿亿次(940PFlops),是"Summit"的近5倍,这或将助力我国重夺超算第一的宝座。

至于应用方面,依托"天河三号",将构建超级计算与云计算、大数据和人工智能深度融合的高性能计算服务平台,用于长效高分辨率气候气象预报、大规模航空航天数值风洞、脑科学与基因工程等一系列超大规模计算与模拟。

◇综合

编前语:或许,当我们使用电子产品时,都没有人记得或知道老一批电子科技工作者们是经过了怎样的努力才奠定了当今时代的小型甚至微型的诸多电子产品及家电;或许,当我们拿起手机上网、看新闻、打游戏、发微信朋友圈时,也没有人记得是乔布斯等人让手机体积变小、功能变强大;或许,有一天我们的子孙后代只知道电子科技的进步而遗忘了老一辈电子科技工作者的艰辛……

成都电子科技大学博物馆旨在以电子发展历史上有代表性的物品为载体,记录推动电子科技发展特别是中国电子科技发展的重要人物和事件。目前,电子科技博物馆已与102家行业内企事业单位建立了联系,征集到藏品12000余件,展出1000余件,旨在以"见人见物见精神"的陈展方式,弘扬科学精神,提升公民科学素养。

一枚小小芯片开创了电子技术历史的新纪元

60年前,杰克·基尔比发明了集成电路,从此取代了晶体管,可以说这一发明不仅奠定了现代微电子技术的基础,而且改变了我们生活的世界,因为如果没有他的发明,就不会有计算机的存在,信息化时代也只能空谈。2000年,杰克·基尔比因发明集成电路而获诺贝尔物理学奖。诺贝尔奖评审委员会的评价是:"为现代信息技术奠定了基础"。

1947年12月23日,第一块晶体管在贝尔实验室诞生,从此人类步入了电子发展的时代。因晶体管发明而备受鼓舞的工程师们开始尝试设计高速计算机,由晶体管组装的电子设备,还是太笨重了,工程师们设计的电路,还需要几英里长的线路,还有上百万个的焊点组成,建造它的难度可想而知。至于个人拥有计算机,更是一个遥不可及的梦想。

1958年,34岁的基尔比加入德州仪器公司。"能不能将电阻、电容、晶体管等电子元器件都安置在一个半导体单片上?"针对以上情况,基尔比提出了一个大胆的设想,如何让整个电路的体积大大缩小,基尔比开始尝试开发相位转换振荡器的简易集成电路。

1958年9月12日,基尔比成功地实现了把电子器件集成在一块半导体材料上的构想,他将锗晶体管在内的五个元器件集成在一起,基于锗材料制作了一个叫做相移振荡器的简易集成电路,这就是世界上第一块集成电路的诞生过程,而这一天,被视为集成电路的诞生日。这枚小小的芯片,开创了电子技术历史的新纪元——为开发电子产品的各种功能铺平了道路,并且大幅度降低了成本,使微处理器的出现成了可能,让我们现在习以为常一切电子产品的出现成为可能。

1959年2月6日,基尔比向美国专利局申报专利,这种由半导体元件构成的微型固体组合件,从此被命名为"集成电路"(IC)。基尔比被誉为"第一块集成电路的发明家"。

60年过去了,谁能够想象到现在这些小小的芯片,已经影响了整个人类社会,渗透到我们每一天的生活。(本文原载第40期2版)◇文 摘

电子科技博物馆"我与电子科技或产品"

电子科技博物馆开放时间:每周一至周五 9:00~17:00,16:30 停止入馆。

联系方式

联系人:任老师 联系电话/传真:028-61831002

电子邮箱:bwg@uestc.edu.cn

网址:http://www.museum.uestc.edu.cn/

地址:(611731)成都市高新区(西区)西源大道 2006号

电子科技大学清水河校区图书馆报告厅附楼

TCL LED液晶彩电40-ES2310-PWA1XG电源+背光板原理与维修(中)

(紧接上期本版)

2.保险丝正常

如果测量保险丝F1未断，指示灯不亮，主要是开关电源电路未工作。首先测量大滤波电容CE1、CE2两端有无300V电压，如果无300V电压，检查AC220V市电整流滤波电路CE1、CE2，检查市电输入电路和整流桥BD1-BD4是否发生开路故障。如果有300V电压输出，检查U201的④脚有无启动电压，无启动电压检测启动电路R401、R402、D401是否烧断。如果300V电压和启动电压正常，则检测集成块的其他引脚电压和对地电阻，通过电阻和电压检测判断U201是否损坏，必要时，代换U201试试。另外，主开关电源的负载电路发生严重短路故障，也会造成无电压输出。主开关电源次级整流二极管DS1、DS2容易坏，该整流二极管和CRT电视机用的整流二极管是有区别的，这里用的整流二极管为肖特基二极管，特点为正向压降低、电流大。

3.电源电路维修实例

例1：开机三无，指示灯不亮

分析与检修：指示灯不亮，说明开关电源电路异常。通电测试开关电源无电压输出，测试大滤波电容CE1、CE2两端没有电压，检查保险丝F1烧断，说明开关电源有严重短路故障。测量CE1和CE2两端电阻值很小，测量开关管QW1的D极和S极之间电阻为0Ω，说明QW1击穿。其S极电阻R418由正常时的0.18Ω增大到100Ω。更换保险丝F1、QW1和R418后，故障排除。

例2：开机三无，指示灯不亮

分析与检修：开机测试大滤波电容CE1、CE2两端电压300V正常，测量开关电源有24V和12V电压输出，但无3.3VSB电压输出，判断故障在P5小电路板上。由于无该小电路板电路图，检查P5电路元件未见异常，使用5V三端稳压值替换P5，在输出端串联两个二极管降低1.4V后，得到3.6V电压，再串联10Ω/1W电阻，得到3.3V左右电压，为主电路板供电，获得成功。

三、背光灯电路原理

背光灯驱动电路见图4所示。由驱动控制电路和升压输出电路两部分组成，对4条LED背光灯串进行供电和电流调整。

1.驱动控制电路

背光灯板驱动控制电路由集成电路MAP3204S(U601)为核心组成。一是输出升压激励脉冲，推动升压电路将24V供电提升，为LED背光灯串供电；二是对LED背光灯串的电流进行控制。

1) MAP3204简介

MAP3204是LED背光驱动芯片，内含振荡器、升压驱动、调光驱动、过流、过压检测保护电路，外部PWM调光，灯串电流由外部电阻设定。输入电压范围7V~36V，采用TSSOP的16脚(命名为MAP3204)和SOIC的20脚(命名为MAP3204S)两种封装方式，两种封装方式引脚功能见表2。该机采用的是20脚SOIC封装形式。

2)、启动工作过程

遥控开机后，开关电源输出的+24V为升压输出电路供电，12V电压经R630为U601的①脚提供VCC供电。遥控开机后主板经连接器P4的⑫脚送来的BL-ON点灯电压，经R616送到U601的⑧脚，背光灯电路启动工作。U601从⑳脚输出GATE升压激励脉冲，推动升压输出电路将供电电压提升，为4路LED背光灯串正极供电。同时4路LED背光灯串的负极电流反馈到U601的⑨~⑫脚，对LED背光灯串负极电流进行控制。

2.升压输出电路

1)升压工作原理

升压输出电路由开关管QW2、储能电感L601、续流D601、滤波C601、C602为核心组成。U601启动工作后，从⑳脚输出GATE升压驱动脉冲，推动QW2工作于开关状态。QW2导通时，24V经L601、QW2的D-S极到地，在L601中储存能量，产生左负右正的感应电压。QW2截止时，在L601中产生左正右负的感应电压，L601中储存电压与24V电压叠加，经D601、向C601、C602充电，产生LED+输出电压，经连接器P3的⑤、⑥脚输出，将4路LED背光灯串点亮。

2)升压开关管过流保护

升压开关管QW2的S极外接过流取样电阻R610、R611。开关管的电流经过取样电阻时产生的电压降反映了开关管电流的大小，该取样电压经R629反馈到U601的⑲脚。当开关管QW2电流过大，输入到U601的⑲脚电压过高，达到保护设计值时，U601内部保护电路启动，停止输出激励脉冲。

3)输出电压过压保护

升压输出电路C601、C602滤波后产生的LED+输出电压，经R620、R621与R622分压取样，反馈到U601的⑮脚。当输出电压过高，反馈到U601的⑮脚检测电压达到保护设计值时，U601内部保护电路启动，停止输出激励脉冲。

3.均流控制电路

1)均流控制原理

均流控制电路由U601的⑨~⑫脚内外电路组成。LED背光灯串连接器P3的①~④脚是LED背光灯串的负极回路，产生LED1-~LED4-反馈电压，分别送到U601的⑨~⑫脚FB1~FB4内部均流控制电路。

内部均流控制电路对返回的灯串电流检测和比较，对4路LED背光灯串电流进行调整，确保各个灯串电流大小相等，LED背光灯串发光均匀稳定。背光灯电流由U601的⑥脚外部R614//R615决定。

2)调光电路

主板经连接器P4的⑪脚送来的P-DIM调光控制电压，经R617送到U601的⑦脚，输入一个占空比可调的方波信号，对调光驱动电路的频率或脉宽进行调整和控制，控制LED点亮或者熄灭的时间比，达到调整LED背光灯亮度的目的。

四、背光灯电路维修

表2 MAP3204/S引脚功能

引脚		符号	功能
TSSOP16	SOIC20		
①	②	VDD	内部参考电压输出
②	③	FSW	振荡器外接定时电阻
③	④	COMP	外接补偿电路
④	⑤	GND1	接地1
⑤	⑥	ISET	LED灯串电流设置
⑥	⑦	PWMI	PWM亮度调整电压输入
⑦	⑧	EN	点灯控制输入，高电平开启
⑧	⑨	FB4	LED灯串电流控制4
⑨	⑩	FB3	LED灯串电流控制3
⑩	⑪	FB2	LED灯串电流控制2
⑪	⑫	FB1	LED灯串电流控制1
⑫	⑮	OVP	过压保护检测输入
⑬	⑰	GND2	接地2
⑭	⑲	CS	升压开关管过流保护输入
⑮	⑳	GATE	升压激励脉冲输出
⑯	①	VCC	工作电压输入
-	⑯	VLDO	稳压器
-	⑬、⑭、⑱	NC	空脚

TCL 40-ES2310-PWA1XG电源+背光灯二合一板的背光灯电路发生故障，主要引发开机黑屏幕故障，可通过观察背光灯是否点亮，测量关键的电压，解除保护的方法进行维修。

1.背光灯始终不亮

1)检查背光灯电路工作条件

首先检查LED驱动电路工作条件。测升压输出24V和驱动电路12V供电是否正常，供电不正常检查开关电源电路。测量P4的⑫脚BL-ON点灯电压是否高电平，P4的⑪脚P-DIM控制电压是否正常，点灯和调光电压不正常，检查主板控制电路。

24V和12V供电正常，测量U601的①脚是否有VCC供电，无VCC供电是①脚外部降压电阻R630烧断，多为U601内部电路短路或外部电容C606击穿所致。①脚VCC供电正常，测量U601的②脚VDD电压是否正常，无VDD电压多为U601内部稳压电路损坏，或②脚外部电容器C607击穿。

2)区分故障范围

LED驱动电路工作条件正常，检查U601的⑳脚有无激励脉冲输出。无激励脉冲输出，则故障在U601及其外部电路，否则故障在升压输出电路、调光电路或LED背光灯串。常见为升压开关管QW2损坏，储能电感L601局部短路，升压电容器C601、C602容量减小、击穿等。

(未完待续)

◇海南 孙德印

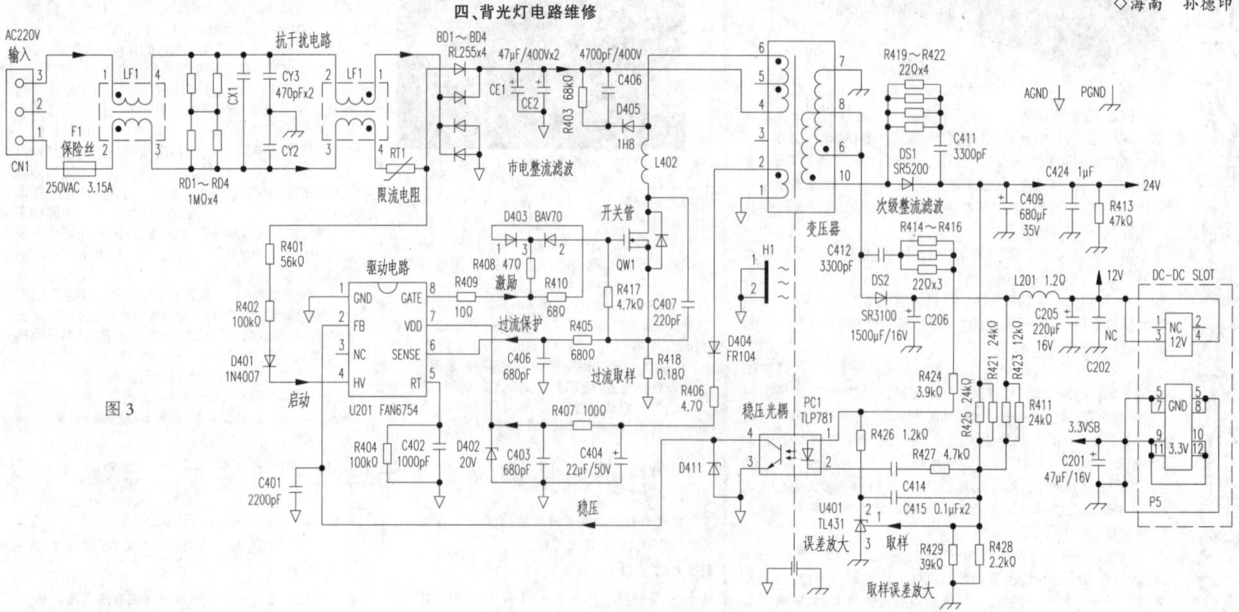

图3

给手机里的图片配上背景音乐图文详解

利用“时光小视频”App可以轻松给手机里收藏的图片、照片以及视频配上自己喜欢的背景音乐：首先从手机应用市场搜索找到“时光小视频”这个软件并下载，下载完成后会在手机屏幕上看到如图1所示小图标。

①

如要制作带背景音乐的图片，从手机屏幕上找到已下载好的“时光小视频”小图标，并点击打开，再点击下面中间的“+”号，打开如图2所示添加图片页面。

②

从打开的图2中可以看到，添加方式有“拍摄”“从相册选择”两种添加图片方式。这里选择“从相册选择”添加图片，点击后就打开了相册中添加图片的页面。从打开的相册中可以看到，所有的图片处于待选状态(如图3所示)。

③

接下来从打开的相册中勾选想要制作带背景音乐的图片，也可以是视频，这里选择的是图片。这里要注意，最多可选择30张图片来制作，尽量选择最高限额，也就是30张图片，否则制作好后时间太短，一首曲子或一个段落没放完就戛然而止，就不完美了！勾选好要的图片后，点击右上角的“创建”，然后就会进入到制作页面(如图4所示)。

④

等待制作完成后，下面就会听到制作好的图片或视频播放默认的背景音乐了！但其默认的背景音乐和播放风格不一定是我们想要的，需要从10个不同的播放风格中选择自己喜欢的。这里说明一下，播放风格中的“原片”“抖音”不会去掉原图片下端的文字说明(如果有的话)，其他播放风格不会显示原图片中下端的文字说明。播放风格就是图片自动播放时的切换、显示方式不同，可逐一点击播放试之，从中选择自己喜欢的。

选择好播放风格后，接下来就是添加自己想要的音乐了！点击右上角的“编辑”后，就打开了添加音乐的页面。再点击左下角的“音乐库”，会看到默认的音乐列表，音乐列表中有多种音乐可选，譬如：动感、经典老歌、轻音乐等。也可逐一点击试听，如果没有喜欢的音乐，可在上方的搜索栏内输入想要的音乐。该“时光小视频”制作软件搜索音乐很“强大”，一般凡输入想要的音乐都能搜索出来。选择好想要的音乐后，点击“使用”，就完成了背景音乐的选择(如图5所示)！

⑤

最后点击“创建/分享”，在打开的“创建/分享”页面中可以看到有发送到“朋友圈”“QQ”等(如图6所示)。如要保存到手机图片文件中，就要点击“下载”(右边的那个箭头符号)，点击后会看到“正在并保存”绕圈进度指示条，保存过程需要二分多钟(如图7所示)。

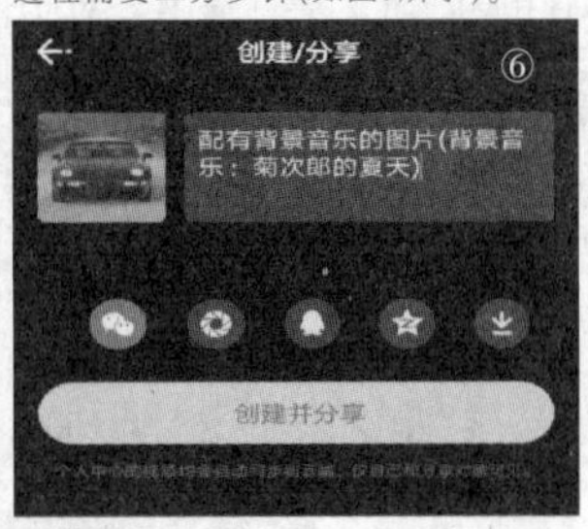

⑥

保存进度指示条绕圈完成后，就回到“时光小视频”页面，然后退出。

退出后，打开手机相册，在“相机”里会找到刚才制作好的带背景音乐的图片，为方便以后查找可将配有背景音乐的图片集中在一个新建的“配有背景音乐的图片文件”夹中(如图8所示)。

⑦

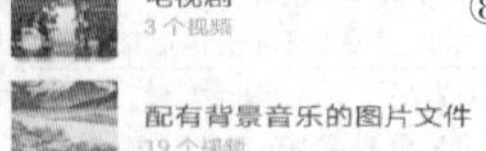

⑧

手动屏蔽Apple Watch的OTA更新

如果你的第一代和第二代的Apple Watch已经更新至WatchOS 4.0或更高版本的系统，那么估计已经开始饱受耗电和卡顿的折磨了，其实无论Apple Watch是什么版本、什么系统，早晚都会出现这样的问题。除了寄回售后帮忙降级回WatchOS 3.0之外，按照下面的步骤可以避免即将到来的下一个OTA更新。

在iPhone上打开“Watch”应用，依次进入“通用→用量→软件更新→删除”(如附图所示)，在这里删除储存在本机的OTA更新文件，如果没有发现“软件更新”这一项目，则可以跳过这一步骤；访问https://www.ibeta.me/，进入极客白鼠根据地网站，选择“屏蔽 OTA 软件更新”，选择安装至Apple Watch，按照提示安装描述文件，完成安装之后重新启动Apple Watch就可以了。

在上述网站安装的其实是一个Apple TV的描述文件，当然也可以从苹果网站自行下载，这个描述文件会将原本指向Apple Watch更新服务器的配置文件更改为指向Apple TV的更新服务器，这样自然是无法成功得到更新包，Apple Watch当然是以为当前系统已经是最新版本。另外，这个描述文件有时间限制，因此你可能还需要这一时间之前安装更新版本的描述文件。

◇江苏 王志军

电压力锅爆炸故障检修1例

故障现象：一红双喜牌ASH60-100型1000W电压力锅接通市电后，数码管无规律闪烁，且无法开机煮饭。

分析与检修：通过故障现象分析，判断是电源或微处理器电路工作异常所致。经检测，电源板上的C6两端电压不足且波动，认为是C6或三端稳压块78L05有问题，把它们拆下来检测是好的，将这两只元件换新后，但故障依旧。仔细察看电路，发现该5V电压是通过D6(1N4007)隔离降压后对单片机供电的，如图1所示。测量C6两端电压在低于4.5V波动，认为可能单片机供电电压偏低引发显示紊乱，于是用一只肖特基二极管(因肖特基二极管电压降比1N4007要小得多)替换D6，试图适当提升单片机供电电压，结果无效。

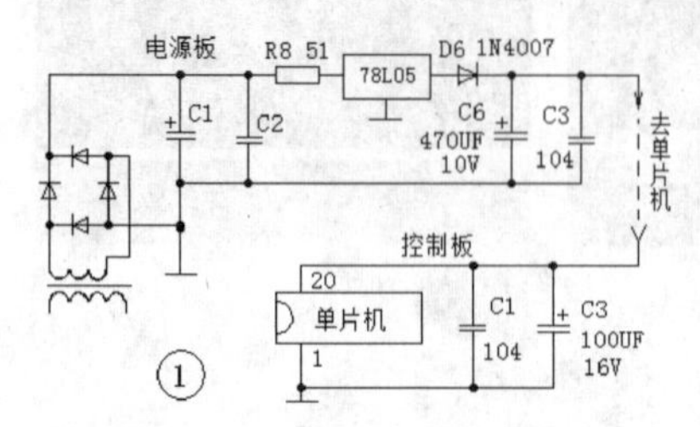

【编者注】图中有两个C3，一个与C6并联，另一个与C1并联，判断与C6并联的为C5。

由于拆电脑板检查比较麻烦，便拔掉电源板与电脑板的连线，再测C6两端有稳定的5V电压，说明电源电路基本正常，故障发生在负载。于是，把D6还原为1N4007后拆出电脑板，凭经验判断，滤波电容的故障率较高。首先，怀疑单片机供电端⑳脚外接的滤波电容C3(100μF/16V)异常。察看C3的顶部没有鼓包，经检测发现C3的容量只有10μF左右，说明它已严重失容。用一只相同的电解电容更换后，这时数码管显示稳定。

【编者注】C3容量不足时通常不会引起5V电压低的故障，只有C3漏电时才会引起5V供电低的故障。所以，本例故障中C3在失容的同时还伴随漏电。

故障修复后，煮饭会有较硬发黑的锅巴，于是顺时针调整了压力开关，试图通过减小压力来排除故障。但调整后，在煮饭时锅盖会被揭起，降压排气阀飞出去，锅内未熟的米饭喷撒满地。

对于调整压力开关引发煮饭时发生爆炸问题，觉得莫名其妙，这是两码事，两者既无关系，又没有理论根据。请教经验丰富的师傅，有的建议笔者查一查压力开关的控制管Q4(SS8050)，但查该管是完好的；有的建议更换压力开关，但用新购的压力开关替换并适当调整后无效，甚至调到最低位置还是无效，不管煮饭还是烧水，都会爆炸。邻居被吓得劝笔者赶紧当废品卖掉，真是丈二和尚摸不着头，感觉无从下手。把它放置两天后，经冷静琢磨，怀疑该产品是冒牌货。仔细观察，发现电源板(见图2)的电路元件编号不规范，控制板的LED指示灯与外面可视孔无法对正，并且控制板安装的欠妥，所以怀疑锅盖用料欠佳且制造不精密，造成弦压力强度不足而产生"爆炸"故障。

参见图3，用外径千分尺测锅盖边缘的3个不同位置，取平均值约为0.52mm，用相同方法检测三角牌电压力锅的锅盖厚度约为0.8mm，该红双喜牌电压力锅的锅盖厚度薄约0.3mm。正巧手头有个三角牌电压力锅，其锅盖尺寸刚好吻合，于是采用移花接木法进行替换实验，结果煮饭正常，证实原锅盖质量不合格。

既然是锅盖不合格，究竟问题在哪里呢？仔细对比后发现，不仅铁皮较薄外，而且锅盖边缘6段折弯的弯度不够90°，从而导致锅盖抗压力能力变差。因此，当煮饭压力接近设定值时，锅盖就被脱出而引发"爆炸"。此时，用扳手逐个将边缘的6段折弯处适当调整，如图4所示。经过这样处理后，煮饭再也不爆炸了。

【注意】调整时要均匀，6段要一致，使之成为90°即可。

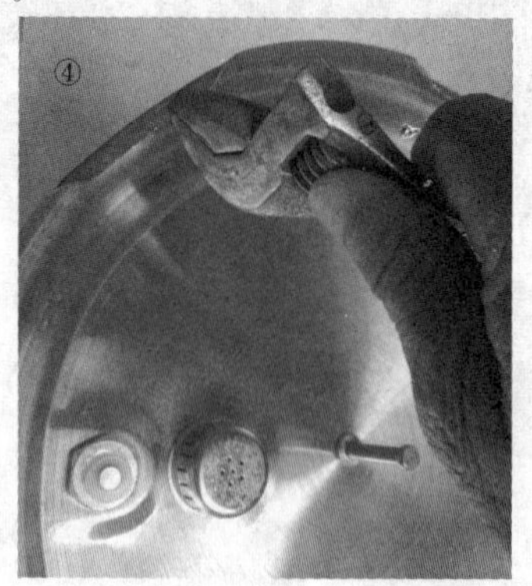

◇福建　谢振翼

逆变器"机头"故障检修1例

这是一款捕鱼用的号称1200W特功能高效逆变器控制板，俗称"机头"。该控制板的实物正、反面照片如图1、图2所示。通过图1、图2可以看出，该控制板的做工比较粗糙。为了便于检修，根据实物绘制出电路原理图，如图3所示。

原理简介：单结晶体管BT33及外围元件组成驱动源，驱动逆变管3DD102导通、截止。3DD102导通期间，变压器T将电场能转变为磁场能储存在L1中；3DD102截止期间，L1中的磁场能又转变为电场能，通过升压线圈L2提供给负载。负载由单向可控硅TYN612、鱼斗、金属棒等组成。其中，L3、K224等组成TYN612触发电路，三极管C9012及外围元件控制BT33的工作。

当鱼斗离开水面时，蓄电池正极的12V电压通过40Ω(75Ω)、1N4007连接另一只1N4007的负极，从而抬高了C9012的b极电压，使C9012截止，BT33停止工作，逆变管3DD102停止工作，以免发生意外。

经检查，发现放电电阻100kΩ/2W开路，其他元件正常，用相同的电阻更换后，故障排除。而另一块板子为BT33损坏，更换单结晶体管BT33后故障排除。修复后的两块控制板交付用户使用，反映正常。

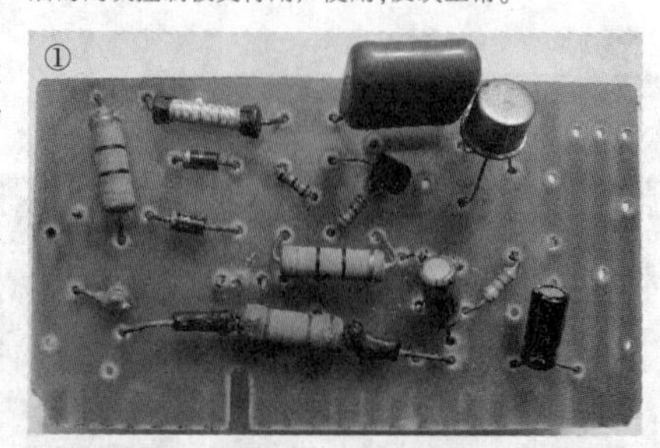

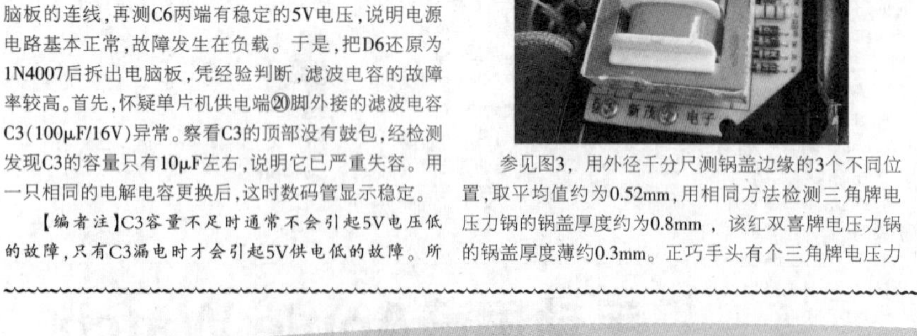

注：图中脚号排序见图3所示，括号内的参数为另一块板子元件参数；虚线内电路仅供分析用，并非真实电路。

◇山东　黄杨

（紧接上期本版）

另一种观点？

有人可能仍然不喜欢电流反馈放大器输入端之间的缓冲器，甚至认为电流反馈这个名称不够好。如果能够使用输入端之间呈现很高阻抗的电流反馈放大器模型是最好的，这样我们就能以大家熟悉的分压型运放电路来表达反馈系数。

$$\beta=\frac{R_G}{R_G+R_F} \tag{8a}$$

要让这种替代模型起作用，需要以这样的方式来控制开环增益：确保替代模型维持与公式(3)相同的环路增益。我们可以通过下列表达式达到这个目的：

$$T(if)=\frac{z(if)}{R_F}=\frac{z(if)}{R_G||R_F}\times\frac{R_G||R_F}{R_F}=\frac{z(if)}{R_G||R_F}\times\frac{R_G}{R_G+R_F}=a(if)\times\beta$$

其中β与公式(8a)中的相同，开环增益现在就是电压增益：

$$a(if)=\frac{z(if)}{R_G||R_F} \tag{8b}$$

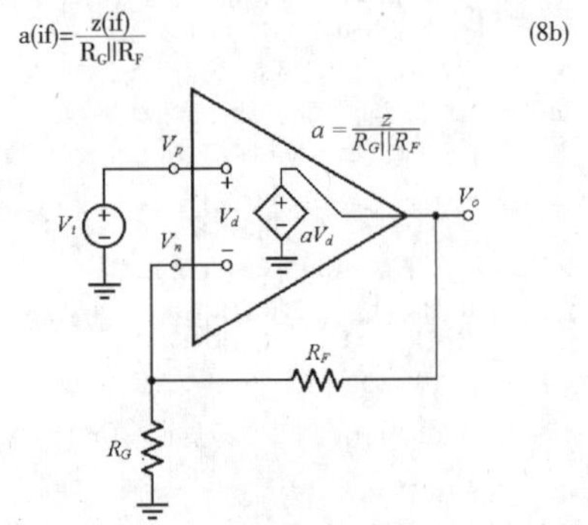

图8：尝试采用具有以下开环增益的电压反馈放大器(VFA)建立电流反馈放大器模型 $a=z/(R_G||R_F)$

这就是图8所示的替代电流反馈放大器模型，是串联-并联反馈的经典例子。事实上，我们本来也可以通过双端口分析开发这种模型，方法是将整个电路分解为两个虚构的子电路，一个是$\beta=1/A_{ideal}$的反馈网络，一个是基本放大器，但需要做一些修改，将反馈网络的加载因素考虑进去。参考图2a，我们将基本电路视为使用输入缓冲执行类型$I_x=-V_x/(R_F||R_F)$的V-I转换，使用反射镜执行电流极性反转$I_y=-I_x$，最终使用增益节点执行类型$V_y=zI_y$的I-V转换，进而获得公式(8b)中的整体增益$a=V_y/V_x$。

鉴于环路增益T等于图2b的增益，因此没必要为了这个电压反馈放大器电路重复PSpice仿真，因为它会产生与电流反馈放大器相同的输出图形。举例来说，在直流输入$V_i=1.0V$时，两种电路都会产生$V_o=9.975V$的直流输出，见图7。但内部电路是怎么工作的？下面的比较揭露了真相：

我们已经知道，当$V_i=1.0V$时，图6所示的电流反馈放大器电路需要20μA的输入误差电流才能维持$V_o=9.975V$。结果，R_G抽取1.0/138.89=7.200mA，而R_F抽取7.200-0.0020=7.180mA。

我们立马注意到，在图8所示的电压反馈放大器电路中，R_G和R_F抽取相同的电流9.975/(138.89+1250)=7.182mA，因此电压反馈放大器模型不能如实代表实际的电流反馈放大器！另外，根据公式(8b)，电压反馈放大器的开环直流增益a0=500x103/(138.89||1.25x103)=4000V/V，反馈系数β=0.1，因此为了维持$V_o=9.975V$，电压反馈放大器需要的输入误差电压V_d=9.975/4000≅2.5mV。2.5mV从哪儿来？通过检查，我们发现$V_d=V_i-V_n$=1.0-0.1x9.975=2.5mV。同样，电压反馈放大器电路无法匹配由电流反馈放大器的输入缓冲器建立的条件$V_n=V_i$！

为什么内部电压和电流存在差异呢？因为负反馈系统的双端口描述是不精确的，只是近似，虽然这通常很好，而且在许多情况下甚至很精确，但如果我们在实验室建立电流反馈放大器电路，并且测量其反馈网络的实际电压和电流，就会得到电流反馈放大器电路的数据，而不是电压反馈放大器电路的数据！结果就是，使用（不精确的）电压反馈放大器模型验证（精确的）电流反馈放大器模型的无效性是错误的！电压反馈放大器模型是一种抽象，可以方便环路增益T的手工计算，但无法精确地反映电流反馈放大器的实际物理工作。

输入缓冲器的输出电阻效应

上述分析是假设使用理想的缓冲器，但实际上缓冲器具有一定的局限性。影响电流反馈放大器工作最

述说电流反馈放大器（下）

主要的因素是输入缓冲器的非零输出阻抗，这个阻抗我们在图9a中用电阻r_n进行了建模。下面将通过r_n进行扩展分析，记住，新的结果必须在$r_n\to0$时匹配上述结果。（实际上rn不必达到0，它只需小到产生的效应可以忽略即可。）

我们发现，r_n的存在并不影响z，因此只需要研究反馈系数β，方法是将输入接地($V_i=0$)，在电流反馈放大器的输出端断开环路，将外部测试电压V_o注入反馈网络，找出反馈电流I_f，然后让If=-βV$_o$。从图9b可以看到，当$r_n\to0$时，R_f抽取的所有电流都将来自输入缓冲器。但是当$r_n\neq0$时，R_F的电流将在R_G和r_n之间分流，I_f值将下降，造成β值减小。

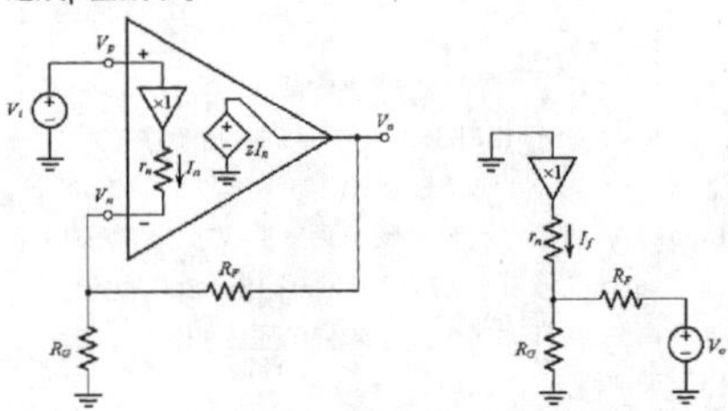

图9：用于研究输入缓冲器输出电阻r_n影响的电路

为了找出I_f，我们综合一下V_o-R_G-R_F网络，然后让$I_f=(0-V_{Th})/(r_n+R_{Th})$，其中$R_{Th}=R_G||R_F$，$V_{Th}=V_oR_G/(R_G+R_F)$。通过代入和归集后得到：

$$\beta=-\frac{I_f}{V_0}=\frac{1}{R_F+r_n(1+R_F/R_G)} \tag{9}$$

表明在图5a所示的图形中，$r_n\neq0$将导致1/|β|曲线上升，而直流增益T_0和交叉频率f_t都下降，变成：

$$T_0=\frac{R_{eq}}{R_F+r_n(1+R_F/R_G)}\qquad f_t=\frac{1}{2\pi[R_F+r_n(1+R_F/R_G)]G_{eq}} \tag{9a}$$

同样，时间常数增加到：

$$\tau=[R_F+r_n(1+R_F/R_G)]G_{eq} \tag{9b}$$

（顺便提一下，如果继续使用“不精确的”电压反馈放大器模型，$r_n\neq0$会将输入缓冲器的V-I转换改变为$I_x=-V_x/(r_n+R_G||R_F)$，进而使|a|曲线向下，同时1/|β|曲线保持不变，最终维持与电流反馈放大器模型相同的T。）

图10显示了r_n=25Ω对我们所讨论的电路的影响。正如预期的那样，|z|曲线保持不变，而1/|β|曲线向上转移，从1250V/A到1250+25x10=1500V/A。因此现在T0=500/1.5=333.3，ft=83.33MHz，τ=1.91ns。当直流输入为1.0V时，根据公式(2)，直流输出变成10/(1+1/333.3)=9.970V。所有这些数据都得到了PSpice光标测量的确认。

r_n的一个不良影响是使闭环带宽一定程度上依赖于噪声增益$1+R_F/R_G$，见公式(9a)。因此如果将例子中的电流反馈放大器配置为电压跟随器($R_G=\infty$)，可以得到f_t=1/(2πx1275x1.2732x10-12)≅98MHz，但如果把它配置为增益10，其带宽将下降到接近83MHz。这个数据与传统运放相比还是很有优势的，因为后者的噪声增益增加到10倍将导致带宽减小至十分之一，从100MHz减小到10MHz。为了达到带宽独立于噪声增益的理想条件，电流反馈放大器的集成电路设计师需要努力让rn尽可能小。事实上，一些电流反馈放大器在输入缓冲器周边使用局部反馈来将r_n减小到只有几个欧姆。

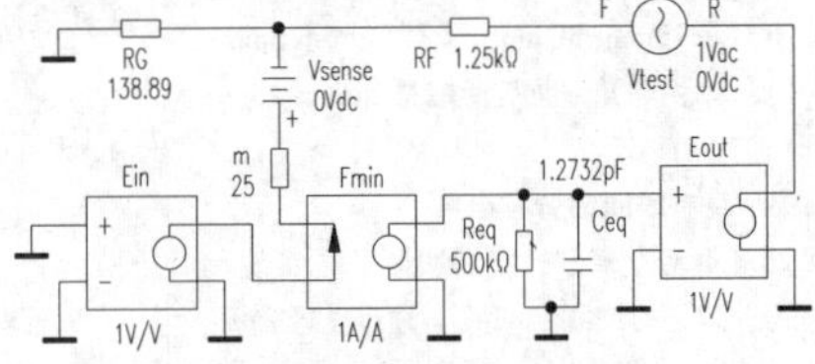

图10：使用PSpice研究rn的影响

电流反馈还是电压反馈？

有人可能会说，只要$r_n\neq0$，输入引脚之间就会出现电压下降$V_p-V_n=r_nI_n$。这意味着反馈从电流类型变成电压类型了吗？如果是这样，r_n该选什么值？1Ω，1mΩ？，或是1fΩ？为了解决这个问题，可以在V_n节点处应用R.D.Middlebrook的双注入技术，这个节点也称为反馈环节中的求和节点。这种技术要求，在将电路置于休眠状态之后，在同一节点注入两个单独的激励，分别称为串联测试电压和并联测试电流。每个测试信号都将导致前向干扰（分别是V_f和I_f），同时伴随着来自相反方向的干扰返回(V_r和I_r)。如果我们定义：

$$T_v=-\frac{V_r}{V_f}\qquad T_i=-\frac{I_r}{I_f} \tag{10}$$

环路增益T就变成：

$$\frac{1}{1+T}=\frac{1}{1+T_v}+\frac{1}{1+T_i} \tag{11a}$$

将公式(10)代入公式(11a)，经归集后求解T得到：

$$T=\frac{(V_r/V_f)\times(I_r/I_f)-1}{2-V_r/V_f-I_r/I_f} \tag{11b}$$

图11显示了本例要求的测试电路。在我们的例子中，光标测量给出的直流值是T_{i0}≅400，T_{v0}≅2000，T_0=333.3，完全满足公式(11a)。再次运行相同的电路，但将rn从25Ω降低到0.025Ω以仿真趋于理想的输入缓冲器，可以得到T_{v0}≅2x106，T_0≅T_{i0}=333.33，这种情形几乎完全是电流反馈。事实上，由于1/(1+2x106)+1/(1+333)≅1/(1+333)，在这种情况下我们可以跳过电压注入测试，只进行电流注入测试来节省时间和工作量。

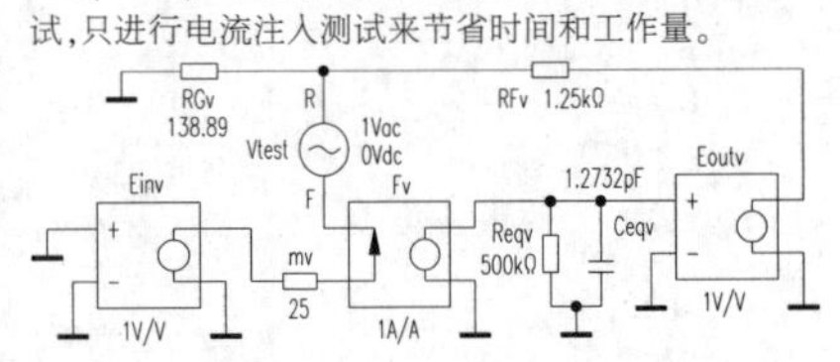

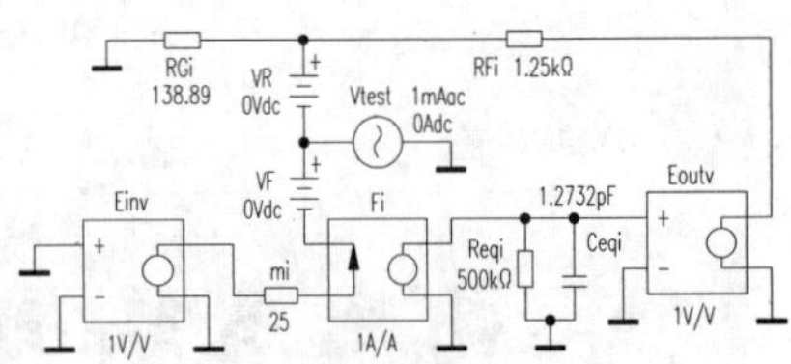

图11：使用PSpice研究求和节点处的反馈类型（这种仿真已由Walt Jung独立完成验证）

如果我们现在对图8所示的另一种模型进行电流注入测试，仍然会得到相同的T_i吗？考虑到这种模型具有无限大输入阻抗，$I_f\to0$，因此$I_r\to I_{test}$，$T_i\to\infty$，这很难说是一个真的电流反馈放大器！（事实上，图8的电路要求电压类型注入才能获得正确的T，从而确认其电压反馈放大器之名。）总之，电流反馈放大器不是电压反馈放大器——电流反馈放大器就只是电流反馈放大器！

我们想知道反馈路径上某给定点的电流和电压反馈组成是由什么决定的。答案是，T_i和T_v满足条件：

$$\frac{1+T_i}{1+T_v}=\frac{Z_f}{Z_r} \tag{12}$$

其中的Z_f和Z_r分别是从信号注入点正向和反向看过去的阻抗。举例来说，在图11a所示的电路中，$Z_f=r_n$=25Ω，Z_r=RG||RF=125Ω，这就确认了在直流时(1+400)/(1+2000)≅25/125。显然，对rn=RG||RF(本例中为125Ω)来说，求和节点处的电流和电压反馈刚好是50对50（通过设定Ti=Tv=400，PSpice可以确认这点）。

但电流反馈放大器电路在设计时要很好地充分满足条件$r_n \ll R_G||R_F$，确保电流类型反馈占据主导。如前所述，一些电流反馈放大器使用输入缓冲器周边的局部反馈取得真正小的r_n值。

结论

在精心设计的电流反馈放大器应用中，电流反馈名副其实，它显示了反馈给求和节点的信号的主要性质，暗示了内部电路（增益节点除外）以固有的快速电流模式工作。

使用双端口技术将电流反馈放大器改为串-并联配置是替代人工计算环路增益T的一种流行方法，但它不能解决其他重要问题，比如正确呈现真实的反馈类型。如果也考虑输出缓冲器的非零输出阻抗，那么电流反馈放大器将呈现从输入经过反馈网络和增益节点到输出的直通情况；双端口分析没有考虑到这种情况，而返回系数分析提供了准确的结果。

（全文完）

◇湖北 朱少华 编译

PMSM电机矢量控制之电流采样原理分析

本文分析了PMSM电机磁场定向控制(FOC)器的电流采集硬件电路，包括母线电流采样和相线电流采样的电路分析。以下电路是业界常用、稳定、经典的不二之选，工作之余，在此与同像分享一下

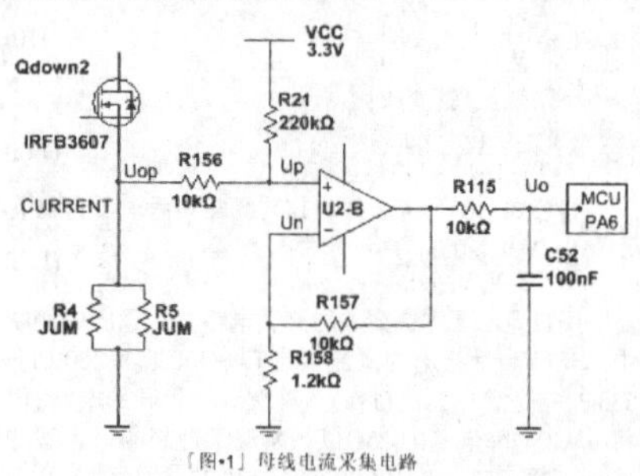

「图•1」母线电流采集电路

$$\frac{Vcc-Up}{R_{21}}=\frac{Up-Uop}{R_{156}} \quad (1-1)$$

$$\frac{U_U-U_N}{R_{157}}=\frac{U_N}{R_{158}} \quad (1-2)$$

$$U_N-U_P \quad (1-3)$$

整理后，代入数值得：

$$U_P=\frac{10Vcc+220U_{OP}}{230} \quad (1-4)$$

$$U_N=\frac{1.2}{11.2}U_O \quad (1-5)$$

$$U_N=U_P \quad (1-6)$$

最终，推出：

$$U_O=1.34V+8.93U_{OP} \quad (1-7)$$

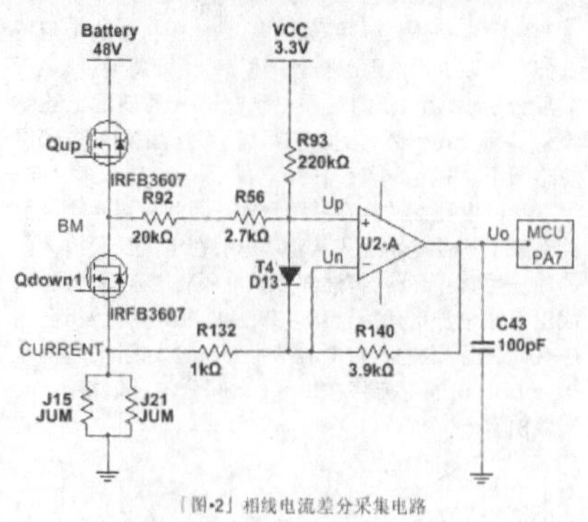

「图•2」相线电流差分采集电路

1.当MOS管IRFB3607处于正向导通状态时，电流在一定范围内会使二极管D13处于不导通状态（Up-Un<0.7V)，但是电流超过阈值后，便会使二极管D13导通，并将电压嵌制在0.7V。当MOS管IRFB3607处于反向导通状态时，其体二极管也起到电压钳制作用，电路工作原理相似。

$$\frac{V_{CC}-U_P}{R_{93}}=\frac{U_P-U_{BM}}{R_{92}+R_{56}} \quad (2-1)$$

$$\frac{U_O-U_N}{R_{140}}=\frac{U_N-U_{OP}}{R_{132}} \quad (2-2)$$

$$U_N=U_P \quad (2-3)$$

令 $R_{92}+R_{56}=R_1$，代入止式(2-1)，整理得：

$$U_P=\frac{R_1V_{CC}+R_{93}U_{BM}}{R_1+R_{93}} \quad (2-4)$$

$$U_N=\frac{R_{132}U_O+R_{140}U_{OP}}{R_{132}+R_{140}} \quad (2-5)$$

$$U_N=U_P \quad (2-6)$$

整理以上各式可得：

$$U_O=\frac{R_1(R_{132}+R_{140})}{R_{132}(R_1+R_{93})}V_{CC}+\frac{R_{93}(R_{132}+R_{140})}{R_{132}(R_1+R_{93})}U_{BM}-\frac{R_{140}(R_1+R_{93})}{R_{132}(R_1+R_{93})}U_{OP} \quad (2-7)$$

分析(2-7)式可知，第一项应该是基准电压，必须有 $\frac{R_1(R_{132}+R_{140})}{R_{132}(R_1+R_{93})}V_{CC}=\frac{1}{2}V_{CC}$，第二项和第三项的系数应该相等，即 $\frac{R_{93}(R_{132}+R_{140})}{R_{132}(R_1+R_{93})}=\frac{R_{140}(R_1+R_{93})}{R_{132}(R_1+R_{93})}$，以此获取下桥臂 MOS 管的管压降值。但是，当把两个等式组成方程组求解参数时，发现方程组无解！说明没有一套合适的电阻参数同时满足如上两条件。既然如此，我们改变一哈策略，只要求满足等式 $\frac{R_1(R_{132}+R_{140})}{R_{132}(R_1+R_{93})}V_{CC}=\frac{1}{2}V_{CC}$ 就可以，另一等式可以不满足。最终化简等式(2-7)可得：

$$U_O=\frac{R_1(R_{132}+R_{140})}{R_{132}(R_1+R_{93})}V_{CC}+\frac{R_{140}(R_1+R_{93})}{R_{132}(R_1+R_{93})}(U_{BM}-U_{OP})+\frac{1}{2}U_{OP} \quad (2-8)$$

正如式(2-8)所示，第一项为基准电压常数 $\frac{1}{2}V_{CC}$，第二项为下桥臂 MOS 管管压降，第三项为母线康铜丝上的压降，随电流的变换而变换！

2.当MOS管IRFB3607处于截止状态时，二极管D13将电压嵌制在0.7V，使得输出始终为高电平。

◇安徽 黄洋

提高电感线圈Q值七则

Q值是衡量电感器件的主要参数，是指电感器在某一频率的交流电压下工作时，所呈现的感抗与其等效损耗电阻之比.电感器的Q值越高，其损耗越小，效率越高。品质因数Q是反映线圈质量的重要参数，提高线圈的Q值，可以说是绕制线圈要注意的重点之一。那么，如何提高绕制线圈的Q值呢，下面介绍具体的方法：

1.根据工作频率，选用线圈的导线

工作于低频段的电感线圈，一般采用漆包线等带绝缘的导线绕制。工作频率高于几万赫，而低于2MHz的电路中，采用多股绝缘的导线绕制线圈，这样，可有效地增加导体的表面积，从而可以克服集肤效应的影响，使Q值比相同截面积的单根导线绕制的线圈高30%~50%。在频率高于2MHz的电路中，电感线圈应采用单根粗导线绕制，导线的直径一般为0.3mm~1.5mm。采用间绕的电感线圈，常用镀银铜线绕制，以增加导线表面的导电性。这时不宜选用多股导线绕制，因为多股绝缘线在频率很高时，线圈绝缘介质将引起额外的损耗，其效果反不如单根导线好。

2.选用优质的线圈骨架，减少介质损耗

在频率较高的场合，如短波波段，因为普通的线圈骨架，其介质损耗显著增加，因此，应选用高频介质材料，如高频瓷、聚四氟乙烯、聚苯乙烯等作为骨架，并采用间绕法绕制。

3.选择合理的线圈尺寸

选择合理的线圈尺寸，可以减少损耗外径一定的单层线圈(φ20mm~30mm)，当绕组长度 L与外径 D的比值 L/D=0.7时，其损耗最小；外径一定的多层线圈L/ D=0.2~0.5，用t/D=0.25~0.1时，其损耗最小。绕组厚度t、绕组长度L和外径D之间满足3t+2L=D的情况下，损耗也最小。采用屏蔽罩的线圈，其L/D=0.8~1.2时最佳。

4.选定合理屏蔽罩的直径

用屏蔽罩，会增加线圈的损耗，使Q值降低，因此屏蔽罩的尺寸不宜过小。然而屏蔽罩的尺寸过大，会增大体积，因而要选定合理屏蔽罩的直径尺寸。

当屏蔽罩直径Ds与线圈直径 D之比满足如下数值即 Ds/D=1.6~2.5时，Q值降低不大于10%。

5.采用磁芯可使线圈圈数显著减少

线圈中采用磁芯，减少了线圈的圈数，不仅减小线圈的电阻值，有利Q值的提高，而且缩小了线圈的体积。

6.线圈直径适当选大些

线圈直径适当选大些，，利于减小损耗在可能的条件下，线圈直径选得大一些，体积增大了一些，有利于减小线圈的损耗。一般接收机，单层线圈直径取12mm~30mm；多层线圈取6mm~13mm，但从体积考虑，也不宜超过20mm~25mm的范围。

7.减小绕制线圈的分布电容

尽量采用无骨架方式绕制线圈，或者绕制在凸筋式骨架上的线圈，能减小分布电容15%~20%；分段绕法能减小多层线圈的分布电容的1/3~1/2。对于多层线圈来说，直径D越小，绕组长度L越小或绕组厚度t越大，则分布电容越小。应当指出的是：经过浸渍和封涂后的线圈，其分布电容将增大20%~30%。

总之，绕制线圈，始终把提高Q值，降低损耗，作为考虑的重点。

◇河北 李凌

一款双触发电子开关

CD4098属于双可重触发单稳态触发器，其内部集成了两个单稳态触发器。它常常被用于延时开关的设计。通过一些改进，可以用其实现双向触发开关的功能。双向触发电子开关的特点是按下与松开的两个动作都会使得开关给出一个输出信号。也就是说，按下开关的一瞬间给出一个脉冲信号，松开开关的瞬间同样给出脉冲信号。

基于这个原则，首先需要解决的就是如何区分按下与松开两个动作。利用力敏电阻，配合使用电压比较器LM393就可以实现对两个动作的区分。按下开关时，力敏电阻阻值变大，它所处的分压电路的电压分配将发生改变，这一变化将使得电压比较器产生一个标准的上升沿电压信号。相反地，松开开关将使得力敏电阻的阻值减小，这会使得LM393输出一个下降沿电压信号。

按下开关与松开开关的两个动作被转换成数字信号以后，就需要利用CD4098将其转换为脉冲信号。改变CD4098的外围电路可以使得其触发方式与输出脉冲的宽度发生改变。将CD4098内部的两个触发器分别设置为上升沿与下降沿触发并将它们的输出用与门联系起来。两个触发器分别由LM393输出的上升沿信号与下降沿信号触发。接受到来自LM393的任何信号变化，CD4098都将输出一个脉宽恒定的脉冲信号。这样一来，一个双触发的电子开关便设计完成。

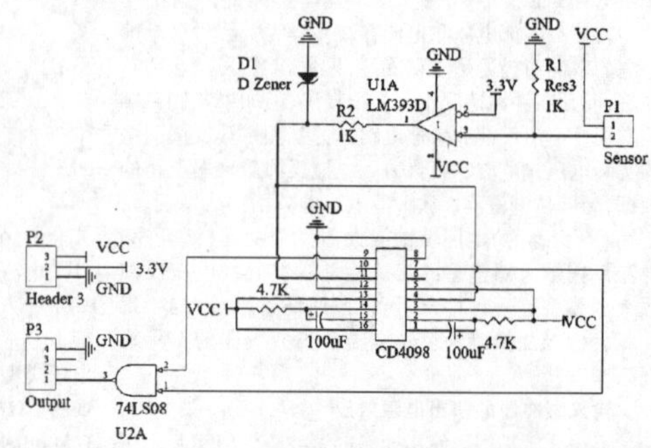

◇中南大学物理与电子学院 温宇豪

主柜与副柜合力无功补偿的工作原理与电路接线

1.主柜与副柜合力无功补偿概述

由于变压器容量大，需要补偿的容量大，电容器分组超过15组都可设置主、副柜合力无功补偿。主柜与副柜合力无功补偿是一种就地无功补偿的技术进化。是由就地分散补偿集中到变电所补偿的－种变形方式。如果变压器3200KVA以上，设电容器分组70组，这个情况下，用一个控制器控制70路电容器投切是根本不可能的，一是当时还未生产70路无功补偿控制器，二是投切循环周期太长。这样，就只有采用多主柜加副柜的补偿方案，－个车间供电线路设一个主柜，多个车间多个主柜，再设一个副柜补偿分散负荷及功率因数提升。

2.主、副柜进电接线位置与主、副柜CT安装位置

要研究主、副柜合力无功补偿的工作原理，就必须先确定主、副柜合力无功补偿电容器柜进电接线的位置，以及主、副柜CT的安装位置。这两类位置决定了主副柜补偿点位与CT检测电流是不是包含对应的补偿后电流。主柜先工作，副柜后工作。所以，主柜应靠负荷端进电；副柜应靠变压器端进电。主柜CT应能检测到所有负载电流以及主柜电容器补偿电流。副柜CT应能检测到所有负载电流、主柜电容器电流、副柜电容器电流。按照以上要求，设计主、副柜合力无功补偿的电气系统图如图1所示。

3.主、副柜合力无功补偿的工作原理

从图1分析研究，主、副柜合力无功补偿的工作原理。在图1中，I1为变压器10KV初侧(高压侧)电流，I2 为变压器低压侧 (0.4KV/0.23KV) 的工作电流，IC1为主电容器柜工作电流，IC2 为副电容器柜工作电流，I_{AL}为变压器所带生产及管理区负载电流。图1中，CT1为主柜电流检测电流互感器，CT2为副柜电流检测电流互感器。I_{CT1}为CT1一次侧电流，I_{CT21}为CT1二次侧电流，I_{CT2}为CT2–次侧电流，I_{CT2}为CT2二次侧电流.。根据基尔霍夫电流定律可列出下列方程：

$$I_{CT1}=I+Ic1 \quad \cdots\cdots (1)$$

$$I_{CT2}=IAL+IC1+IC2 \quad \cdots\cdots (2)$$

$$I_1=I_2/K \quad \cdots\cdots (3)$$

式(3) 中K为变压比。

$$I_3=I_{CT12} \quad \cdots\cdots (4)$$

$$I_{CT2}=I_{CT1}/n \quad \cdots\cdots (5)$$

$$I_{CT22}=I_{CT2}/n \quad \cdots\cdots (6)$$

式(5)、(6)中n为电流互感器变比系数。

设该台变压器所带生产区和管理区负载的有功功率为P，生产和管理区感性负载占用电网的无功功率为Q_X，主柜补偿量为Q_{C1},副柜补偿量为Q_{C2}。则主柜补偿后与副柜补偿后的功率因数分别为cosφ1和cosφ2。

$$\cos\varphi 1=\frac{P}{S1}=\frac{P}{\sqrt{P^2+(Q_X-Q_{C1})^2}} \quad \cdots (7)$$

$$\cos\varphi 2=\frac{P}{S2}=\frac{P}{\sqrt{P^2+(Q_X-Q_{C1}-Q_{C2})^2}} \quad (8)$$

式(7)、(8)分别为主柜补偿后与副柜补偿后的视在功率。

(7)与(8)表达了主柜与副柜合力无功补偿的工作原理。在设计时，要避免主柜投切振荡。具体设计原则为：变压器满负荷时，主柜全部电容器投入时功率因数在0.9以下，可以设计cosφ1=0.80配置主柜补偿容量。副柜电容器加主柜电容器全投入保证cosφ2=0.98 。cosφ1与cosφ2之间的配置值差越大越不容易投切振荡。有些工厂是由几个设备布置相同的车间组成，应根据生产组织及工艺配置主、副柜电容器组数及补偿量。当运行中出现副柜投切振荡时，可通过控制器参数设定退出几组电容器，使补偿量不处于临界边际位置。由于负载减少，当主柜电容全部投入可使功率因数达0.95时，可改设主柜功率因数目标值为0.98，副柜退出运行。还可在主柜上设两个控制器，－个目标功率因数设0.80 ，另一个设0.98，通过转换开关选择其中之一投入运行。负荷大时，投0.80控制器，副柜也投入。负荷小时，投0.98控制器，停副柜。

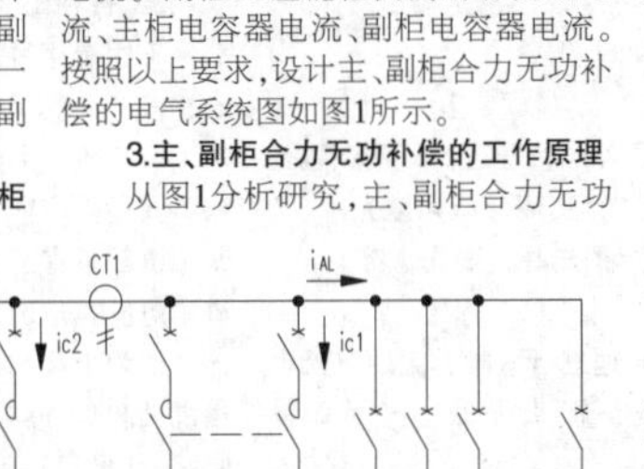

4.主、副柜合力无功补偿的电路接线

根据主副柜合力无功补偿的工作原理，画出其电路接线图。设主副柜均补偿10路。主副柜合力无功补偿控制器接线图如图2所示。注意接线：B、C端子两相进电，不能与CT所在相同相。否则，控制器工作不正常。主副柜电流检测CT安装位置，及主副柜安装接线位置如图1所示。主副柜合力无功补偿的电路接线图如图2所示。

◇江西　陶波

简述超级电容技术的应用及发展前景

一、概述

超级电容器(Supercapacitor ultracapacitor) 又叫双电层电容器(Electrical Double–Layer Capacitor)，它不但具有电容的特性，同时也具有电池特性，是一种介于电池和电容之间的新型特殊的储能元器件。超级电容器是利用活性炭多孔电极和电解质组成的双电层结构获得超大电容量的。众所周知，传统电容器的面积是导体的平板面积，为了获得较大的容量，导体材料卷制得很长，有时用特殊的组织结构来增加它的表面积。传统电容器是用绝缘材料分离它的两极板，一般为塑料薄膜、纸等，这些材料通常要求尽可能的薄。超级电容器在分离出的电荷中存储能量，用于存储电荷的面积越大、分离出的电荷越密集，其电容量越大。

超级电容器的极板面积是基于多孔炭材料，该材料的多孔结构允许其面积达到2000m2/g，通过一些措施可实现更大的表面积。超级电容器电荷分离开的距离是由被吸引到带电电极的电解质离子尺寸决定的。该距离和传统电容器薄膜材料所能实现的距离更小。 这种庞大的表面积再加上非常小的电荷分离距离使得超级电容器较传统电容器而言有惊人大的静电容量，故称其为"超级电容器"。超级电容器拥有比传统电容器高出数千倍的电容值，目前常用的超级电容器的电容量是(0.1F~5000F)，最高可达上万F(法拉)。

与利用化学反应的蓄电池不同，超级电容器的充放电过程始终是物理过程，性能十分稳定。它具有功率密度大、重量轻、体积小、充电时间短、安全系数高、使用寿命长、低温特性卓越、免维护、节约能源和绿色环保等诸多特点。因而其用途极其广泛，发展前景非常看好，世界各国在此方面的重视程度和研发投入正在快速提高。

超级电容器的出现，填补了传统电容器和各类电池间的空白。它最初在电力系统得到广泛的应用，此外用作起重装置的电力平衡电源，可提供超大电流的电力；用作车辆启动电源，启动效率和可靠性都比传统的蓄电池高，可以全部或部分替代传统的蓄电池；用作车辆的牵引能源可以生产电动汽车、替代传统的内燃机、改造现有的无轨电车；用在军事上可保证坦克、装甲车等战车的顺利启动(尤其是在寒冷的冬季)、又可作为激光武器的脉冲能源等。基于超级电容器的诸多优异性能，它的实际应用范围几乎遍及所有领域。

二、超级电容器与传统蓄电池及新型蓄电池的比较

1.与同样大小的蓄电池相比，超级电容器所能储存的能量小于蓄电池，但其功率性能却大大优于蓄电池。因为超级电容器可以高速率放电，且尖峰电流仅受内阻和超级电容器大小的限制，所以在储能装置的尺寸大小由功率决定时，采用超级电容器是较优方案。

2.超级电容器在其额定电压范围内可以充电至任意电压值，放电时可以放出所储存的全部电量，而蓄电池只能在很窄的电压范围内工作，而且过放电会造成蓄电池永久性损坏。

3.超级电容器可以安全、频繁的释放能量脉冲，但蓄电池频繁的释放能量脉冲则会大大降低其使用寿命。

4. 超级电容器有极快速充电特性，而快速充电则会加快蓄电池损坏。

5.超级电容器充放电循环寿命可达几十万次，而蓄电池一般数百次。

6.超级电容器的主要性能指标与其他类型电池的对比数据(见下表)：

三、超级电容器在社会各领域内的应用简介

1.运输业。

混合动力汽车、电动汽车、小型电动车、车辆低温启动、轨道车辆能量回收、电动叉车、轮式集装箱起重机、航空航天领域等。

2.工业。

电力系统的直流屏储能系统、不间断电源系统(UPS)、电信系统、远程抄表、电梯、税控收款机等。

3.绿色再生电源。

太阳能发电系统、风能发电系统、各类应急启动电源。

4.军事领域。

战车混合电传动系统、舰用电磁炮、坦克低温启动、激光武器的脉冲能源等。

(未完待续)

◇青海　李玉宁

常用动力电源性能对比表

指标	铅酸蓄电池	氢镍蓄电池	锂离子蓄电池	超级电容器
能量密度（Wh/kg）	30～40	60～80	170	4～5
功率密度(W/kg)	200～300	500～800	600～800	4000
使用温度(℃)	-30～60	-20～55	-20～55	-40～85
安全性	一般	一般	一般	好
使用寿命（次数）	300～400	500～800	1000	>100000
有无污染	有	有	无	无

2016~2022年我国超级电容器细分产品规模预测(亿元)

年份	交通运输	工业	新能源	装备等其他
2016	31.24	25.42	18.04	7.30
2017	36.86	29.97	20.76	9.41
2018	43.28	34.69	24.30	10.74
2019	49.66	40.04	28.34	11.96
2020	55.92	45.26	31.54	13.29
2021	62.59	50.37	34.88	15.16
2022	69.50	55.57	38.92	17.01

机器视觉光源基础及选型指导(三)

(紧接上期本版)

直射光:入射光基本上来自一个方向,射角小,它能投射出物体阴影;

漫射光:入射光来自多个方向,甚至于所有的方向,它不会投射出明显的阴影

2)反射方式

物体反射光线有两种不同的反射特性:直反射和漫反射

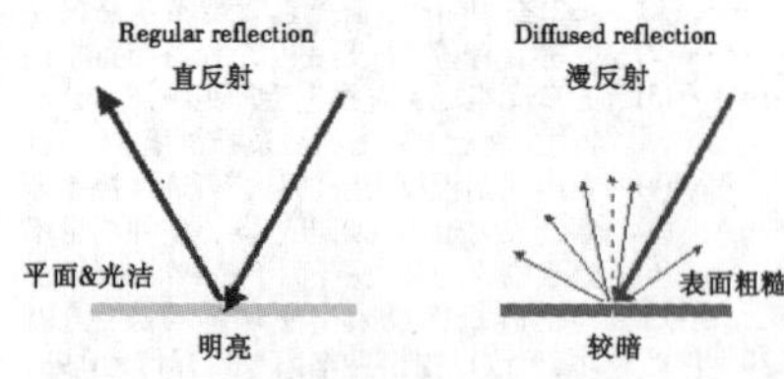

直反射:光线的反射角等于入射角。直反射有时用途很大,有时又可能产生极强的眩光。在大多数情况应避免镜面反射。

漫反散:照射到物体上的光从各个方向漫散出去。在大多数实际情况下,漫散光在某个角度范围内形成,并取决于入射光的角度。

3)颜色

光谱中很大的一部分电磁波谱是人眼可见的,在这个波长范围内的电磁辐射被称作可见光,范围在400nm至760nm之间(有的人可以观测到380nm-780nm),即从紫色380nm到红色780nm。

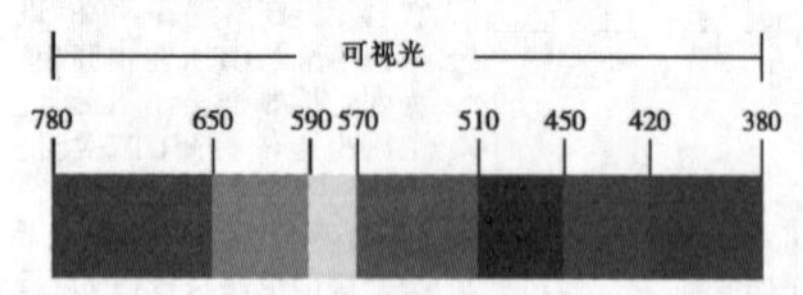

可见光光谱

色环就是在可见光光谱中的色彩进行排序,形成红色连接到另一端的紫色,机器视觉种应用到色环通常包括6种不同的颜色,分为两大类:暖色和冷色,暖色由红色调构成,冷色来自蓝色调,通常用相反色温的光线照射,图像可以达到最高级别的对比度,相同色温的光线照射,可以有效滤除,因此灵活利用色温特性,对我们选择光源很有帮助。

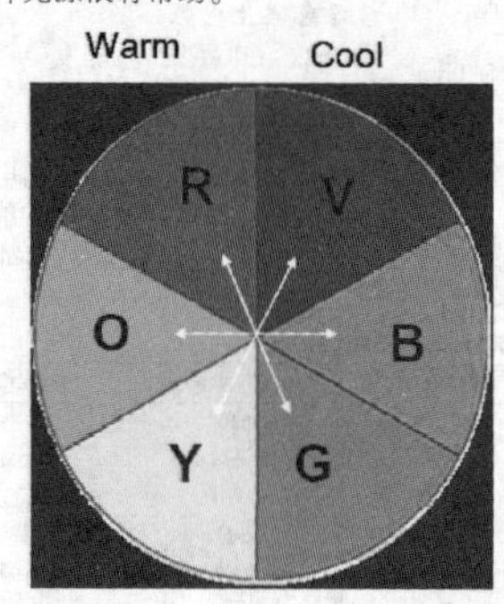

4)明视场和暗视场

明视场是最常用的照明方案,采用正面直射光照射形成,而暗视场主要由低角度或背光照明形成,对于不同项目检测需求,选择不同类型的照明方式,一般来说暗视场会使背景呈现黑暗,而被检物体则呈现明亮。

5)光源分类

目前主要有以下集中分类方式:

a)颜色

常用光源颜色集中在可见光范围,主要有白光(复合光)、红色、蓝色、绿色,另外红外光也比较普及,而紫外光由于各种原因,应用较少。

b)外形

各厂家会根据不同光源外形特性进行分类,也是目前的主流分类,比如环形光源、环形低角度光源、条形光源、圆顶光源(碗光源/穹顶光源)、面光源等。

c)工作原理/特性

不同的应用方式或者原理进行分类,主要有无影光源、同轴光源、点光源、线光源、背光源、组合光源以及结构光源等。

图像传感器

相机能否采集到照明得当的待检验元件图像,不仅仅取决于镜头,还取决于相机内的图像传感器。图像传感器通常使用电荷耦合装置(CCD)或互补金属氧化物半导体(CMOS)技术将光线(光子)转换成电信号(电子)。

本质上来讲,图像传感器的工作就是采集光线,然后将光线转换成数字图像,该数字图像在噪影、灵敏度和动态范围方面保持平衡。图像是像素的集合。微弱的光线通常产生暗像素,而明亮的光线则会产生较明亮的像素。很重要的一点是,必须确保相机的传感器分辨率适合应用。分辨率越高,图像将拥有越多的细节,测量则将越准确。元件尺寸、检测公差及其他参数将决定所需的分辨率。

视觉处理

视觉处理是指从数字图像中提取信息,这可以在基于PC的外部系统中进行,也可以在独立式视觉系统内部进行。视觉处理是由视觉软件分步骤进行的。首先,从传感器中获取图像。在某些情况下,可能需要进行预处理,以优化图像,并确保所有必要的特征都突显出来。接着,视觉软件将定位具体的特征,进行测量,并将这些测量结果与指定规格进行比较。最后,作出决策,并将结果发送出去。

虽然机器视觉系统的许多机械组件(如光源)都提供类似的规格,但视觉系统的算法能够将它们区别开来,当我们对不同的解决方案进行比较时,视觉系统的算法应当位于需要评估的关键组件列表首位。视觉软件将根据特定的系统或应用来配置相机参数,作出通过-未通过决策,与工厂车间进行通信,以及支持HMI开发。

通信

由于视觉系统经常使用各种现成的组件,这些组件必须能够与其他机器组件相协调,并且能够快速、轻松地连接到其他机器组件。通常,这是通过离散I/O信号或数据来实现的,主要是将这些信号或数据通过串行连接发送至一台设备,以供记录或使用。

离散I/O点可以连接到可编程逻辑控制器(PLC),PLC将使用这些信息来控制工作单元或指示器(如堆栈指示灯),或者直接连接到螺线管,该螺线管可用于触发不合格产品剔除装置。

串行连接式数据通信可以传统的RS-232串行输出或以太网的形式进行。有些系统采用较高层级的工业协议,如以太网/IP,可以连接到显示屏等设备或其他操作界面,提供适用于应用的操作界面,从而方便流程的监控和控制。

五、各种工业相机的选用

不同应用领域对工业相机的需求不同,催生了工业相机产品的多样性。为满足不同行业、不同领域客户对工业相机产品的特殊需求,通常工业相机的生产厂家不仅提供多个系列供客户选择,而且每个系列的工业相机都具有多种型号、多种像素、不同色彩和不同分辨率可供客户选择。

作为工业相机的老牌生产厂家,维视图像的工业相机具有高分辨率、高速度、高精度、高清晰度、色彩还原好、低噪声等特点。相机包括:USB2.0系列、USB3.0系列、GigE千兆网系列、1394接口系列、VGA接口系列、科学级相机等几个系列。其次,为满足不同客户的不同需求,公司还提供工业相机的OEM服务。

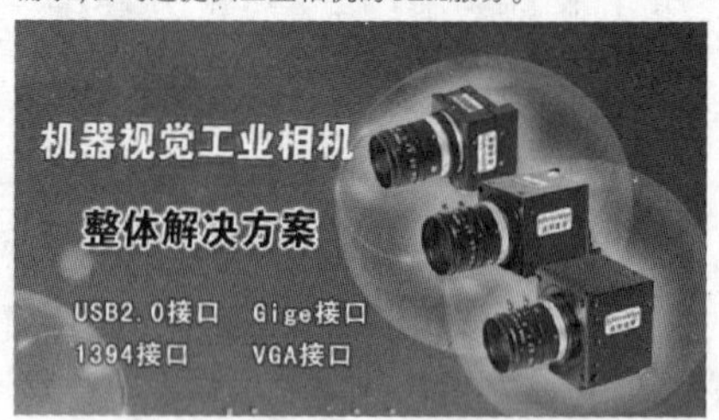

下面就简单介绍一下几个比较有代表性的系列产品:

USB工业相机系列:维视MV-VD USB2.0接口CCD工业相机采用帧曝光CCD作为传感器,并具有彩色,黑白两类产品。图像质量高,颜色还原性好。其广泛应用于工业生产线在线检测、智能交通,机器视觉,科研,军事科学,航天航空等众多领域,相比于CMOS数字相机,无论是静态采集还是动态采集,均可以得到无变形的高质图像。

千兆网接口高速工业相机系列:该相机由机器视觉行业国内领先品牌维视图像设计生产,在640*480的分辨率下可以达到120fps的帧率,可以用于普通的高速需求,实时传输,具备超高性价比。其中MV-EM1400万像素高分辨工业相机是维视工业相机中的一个典范,该相机的断点续传功能是国内外同款工业相机都无可比拟的性能优势,加之高像素、低价格的高性价比,助力中高端行业用户以最低的成本组建性能最优的视觉系统。

MV-VGA百万像素系列:VGA系列百万像素带十字线VGA工业相机集图像采集、处理、显示于一体,采用高质量的传感器芯片和当前性能最强大的专用图像处理DSP,图像清晰度高,色彩艳丽,边沿轮廓分明,智能化程度高,搭建系统成本低,直接VGA接口显示设备,不需要连接电脑来显示,提高了显示速度,节省了成本,可连接工业显微镜头、显微镜进行图像观察,可接本公司的MV-VGA100 VGA图像采集卡进行图像采集、分析和处理,是工业显微检测的最佳解决方案。

总之,工业相机的市场需求完全取决于客户、市场的需求。行业需求的提升,进而促进工业相机的多样性发展。维视图像贴近市场需求,以客户为中心,逐步完成对全球合作伙伴及客户的一站式顾问服务。

(全文完)

◇宜宾 李定川

2018中国大数据应用大会论坛集汇(二)

京东刘海锋：海量商品的数据智能

刘海锋，京东基础架构副总裁

京东是一家电商企业，不是零售的公司，你可能会认为它是物流的企业，实际上京东是一家大数据的企业。在京东高速发展的今年当中积累了大量的海量数据，商品的数据是基石，是整个产品技术的核心。商品的数据有它独特的特点，也有一些非常不一样的挑战。商品的数据首先可以认为它是多模态的数据，它有非结构化的图片、结构化的文本、标题属性结成。同时商品的数据又是一个平台的数据加上用户生成的数据合成的数据的模型，商品的图片标题、颜色、时码这些数据都是由平台的采销录入，商品的评价、派单打分，商品数据的多模态，加用户它就构成了独特的技术的挑战。

随着公司业务的发展，在过去五年间京东的商品规模增加了几十倍，今天有百亿的商品规模，可以看到京东目前的成单量和GMV有基本的线型的关系。在未来还会扩充品类，数据也会持续的增加。

海量的商品数据如何去存储，对一家粗犷的企业，一台数据处理器就可以解决，那么对于百亿的商品那么我们需要有一个平台来解决商品的数据存储的问题，分而治之我们有四个系统，来满足我们商品数据的存储，构成我们海量商品的架构。用分布式的数据库来存储商品化的原本的数字。商品是存在着冷热不均的情况，我们可以去搜索热点的数据。数据不是静止的，是流动的，那么你还要研发一些平台来的观测数据走线。

对于京东来说最核心的一个载体就是图片。海量的商品图片，JFS是基于图片存储的要求，它在2013年自主研发，经过五年的迭代，我们会在今年下半年做一个开源社区。整个商品图片的存储是经过上传的服务去可靠地传输到多个数据中心，至少存在两个中心三台极其不同的磁盘上，外围有不同的图像处理的服务。在内容分发网络去做边缘的加速，最后解决体验的问题。商品的结构化的是经过多级的类目，类目又创建一个表，然后来完成，我们建立了弹性数据库来解决问题。我们可以兼容地对大的表进行可透明的扩展的分片。然后同时做无缝迁移使得应用开发者不需要关心商品数据的扩展。我们把热点的数据缓存在我们的大的服务当中，大家看到在京东所有的内容都是用内存的方式去存储，包括广告的文本内容、推送服务等等。

数据在整个数据中心是流动的是动态的，需要数据的走向来完成可靠的数据传输，把数据做实时的索引，商品价格的一个变化可能会印发广告和策略的调整，我们通过GMP自主研发的技术来做这个项目。把商品数据存储的问题解决了之后，就要去做对商品数据的处理，有方便的需求第一个是敏捷，我们需要多种的框架对文本的处理有大量的处理方法，我们需要有一个方法来计算多种管理。第三房做资源智能化的调度，我们构建了一个大规模的生态的集群，我们也在今年年初加入了CRF平台，它可以告诉数据中心的操作系统。

异地多活，我们在北京有三个IDC，广东和江苏也有，形成了三地五中心的布局。我们能够做透明的数据同步目前，让上层的应用产品的开发都需要关心底层存储的细节。在商品数据的存储和计算的基础设施构建之后，我们近两年主要的工作就是做数据的智能化，接下来分两个方面给大家做一个介绍，首先是图片的智能，第二是文本的智能，我们用AI去重塑商品系统，大家可以看到过去京东图片的增长，图片规模快速扩展我们整个IDC和CD的流量都会成倍地增加，这样我们整个IT的成本就会增长，所以我们必须要对图片做智能的压缩，做图片的压缩可以降低我们的运营成本，同时还可以提升用户的体验。用户在挑选商品的时候主要是用的流量。我们推出了一个技术，它可以把所有的图片大小降低30%。在今年年初我们推出了DBT的新的技术，它可以在YOP的技术上缩小将近50%，可以减少带宽，并且提升了终端用户加载，特别是对商品自身的特性，在这个过程当中我们还通过优化压缩了三倍。我们有千亿级的图片的规模。

第二个重要的应用就是图片的合成。实际上大家都知道，对于任何一家电商来说，我们有很多的活动或者是做广告，那么在之前这些图片都是由UED，就是用户体验的人工去编辑的。从去年下半年开始我们做了一个工作，在今年上半年已经实现了1%的图片是由机器合成的。这分成三个部分，把商家的原图做智能的扣图，第二个是学习UED的智能排版，第三个是系统功能的工作，把扣图以及美学排版和高质量的合成，我们有很多的图片都是由机器合成的。我们当前机器合成的图大概占了商品总数的1%，预计两年之后这个比例可能是15%到20%，也就是说常见的活动商品图都是由机器来做。实际上之前很多设计师对排版的经验是可以学习的，那么这个工作自然会衍生成商品详情页的排版，实际上以前是由商家来做的，按照美观的一些规则去做制作，这个需要有很多人工，那么现在可以用机器去做，在整个算法来做商品页的自动合成，这样可以减少很多，当然现在这个工作还在进行当中，还需要一些时间去落地。当然图片的智能化还有图片的相似形的搜索，这个主要是图片去建索引。我们对图片的翻译做自动化，京东的全球化的战略要把本土卖的商品卖到其他地方。我们结合智能排版的技术去做自动化的图片的翻译来实现快速的全球化的商品推送。

第二部分我给大家说一下商品文本数据，商品文本数据最智能化的个性化广告，搜索。这两年我们基础做的一个基础服务，名字叫商品知识图谱。对商品的基础的数据它的工业数据和用户生成的数据去做进一步的挖掘和抽象。第一对商品的工业数据是做属性的清晰，去做类目的进一步的抽取，对用户的评价去做情感和关键词的挖掘，形成了一个中间的知识服务，或者说是图片数据。我们有两百条大型的数据的编辑，向上赋能很多智能的应用，除了搜索和个性化的索引之外还有很多应用的服务。

举两个简单的例子，来说明商品图谱和一般的搜索公司构建的真实世界的，以及公司构建的一些搜索的架构是如何的，比如说姚明、篮球这是真实存在的，它会更好地去验证和校准。对于商品图片有很多的问题在工业界和学术界还没有很好的解决。比如说第一个例子，核心产品词的识别，这是一个经典的命名识别的问题，在商品词里边有一个独特的挑战，因为这个词是商家自己录入的，怎么样真实找到核心商品的标题，这个目前学术界的一些文章和算法都没有很好地去解决，我们更多的方法是通过规则、知识库建立一个模型来解决。而且在整个产品词里边它会有更多，比如说牛仔短裤它的概念词更多。

评论关键词的抽取，因为这个是用户收入的，口语话非常的严重，那么我们要把这个口语话设置为一个高质量的标签，需要有一个很好的方法才能构建我们商品评价的语意的知识库。基于商品图谱，除了广告、搜索之外，我们还建立了智能客服机器人，这个是成都的一个研发团队来做的，基于商品图谱来去优化和赋能。

另外一个智能应用就是写作机器人，图片由机器合成，一些商品的导购语和活动的短文也可以由机器去合成。它基于知识图谱的一些标签和推理和检索能力，加上机器深度学习的语言的生成去部分的节省人工去创造的成本，然后去让很多的活动，很多的内容营销的短文由机器去写。

在商品数据领域我们主要做的几个工作就是首先存储，然后就是计算，以此为基石向上去构建知识图谱，以进一步去优化我们很多智能化的服务，在商品的大数据领域实际上跟其他的行业有很多不一样的挑战，在这个过程当中我们取得了一些进展，当然还有很多的工作都在开展过程当中，希望能够得到更多的建议和指导。

◇会记

三代中九户户通接收机检修8例(上)

1. 天诚TCD-699ABS-CA09进水导致开机无信号强度和质量。根据维修经验判断是LNB极化供电异常导致的，测量F头处电压仅0.36V，看来判断正确。拆开机器先用酒精将F头与调谐芯片前清洗干净，目测发现高频耦合信号用的RC15已经掉件且RC15焊盘一端锈断了。因焊盘损坏无法补上贴片电容，所以用203瓷片分立元件来代替，再从LNB极化供电隔离二极管直接飞线到F头内芯焊盘上，如图1所示，开机故障完全消失。

2. 天诚TCD-699ABS-CA09通电开机无任何反应。拆开机器测量发现是电源板无任何电压输出造成的故障，该电源板是以SD6834为核心的PWM开关电源芯片组成，进一步检查发现其2脚外接的R3和R11两只3Ω峰值电流取样电阻已烧断。因找不到同阻值的贴片电阻，于是用1.2Ω色环电阻代替焊上，如图2所示，通电试机一切正常。

3. 天诚TCD-699ABS-CA08开机无信号显示001信号中断，LNB供电正常。拆开机器目测F头至调谐芯片RDA5815S之间有污迹，用酒精清洗干净后通电试机正常，但收看一会儿后画面黑屏(并非信号中断，类似信号弱)，LOCK信号锁定灯同时熄灭，代换27M晶振无效。测量RDA5815S四个信号输出BBIP、BBIN、BBQN和BBQP电压为1.05V，而正常电压大多为1.40V左右，AGC电压为正常的1.91V左右，更换RDA5815S后故障依旧，怀疑更换的RDA5815S芯片有问题，拆下准备再更换一枚时发现BBIP、BBIN、BBQN和BBQP引脚间有污迹，将焊盘清洗干净后再装上原机RDA5815S芯片，如图3所示，长时间观看一切正常。

4.TCL TJS3052-K20户户通开机无任何反应。拆开机器检查发现电源板5V和24V输出全为0V，很明显故障出在电源板身上。单独给电源板通电检查发现主滤波电容C501两端有323V电压，而通过L501和FB501与之相连的另一支主滤波电容CE519两端电压却为0V，仔细观察发现L501引脚已断裂，如图4所示，找一个体积差不多的电感代换后故障恢复正常。

5.卓异ZY-5518A-CA01G开机且慢收不到任何节目。通电试机发现在LOGO界面时间确实过长，并且自动进入系统界面，但执行手动或自动搜索均无反应，看来高频调谐电路有问题，因为高频调谐芯片通过I2C总线与主芯片通信，当外挂设备出现问题时主芯片便无法得知其工作状态，从而造成前述古怪毛病。测量RDA5815S四个信号输出BBIP、BBIN、BBQN和BBQP电压仅为0.32V左右，与正常1.40V电压相差较大，代换RDA5815S(RU1)，如图5所示，试机故障已排除。

(未完待续) ◇安徽 陈晓军

德国Audionet Planck CD机 & Watt合并式放大器的完美组合

民间对德国音响的评价向来是“声音平和、精准与严谨”。起初笔者入行之前，凭着数次的试听实在是感觉不出这番感觉。但借着今年参加慕尼黑音响展之际，以更全面的方式去欣赏德意志的音响、音乐演奏及日常生活，才逐步理解到何以见得这种评价。毕竟音响产品源自人对音乐的理解与执着，而我接触到的德国人与德国音乐，恰恰反映出的正是如此。

Audionet的产品虽然看似不太起眼，但这家音响品牌的设计理念是“简单、好用、耐看、好听”，也就是说它并不会让您觉得他是一种看似非常美丽的艺术品，它只是直白地跟您说着，“快接上扬声器，我的任务就是要让它出声”。仿似笔者认识的德国人一样，专心一致地完成自己理应完成的工作。

而这次介绍的Audionet Planck CD机&Watt合并式放大器，恰好是经历过厂方搬迁、人员变动后的产品。原以为Audionet会否经过这次改动后会有所改革，但当第一次看到这对“最佳拍档”之后，才发现它的本质依然是这样，只是外观稍有不同而已。

听到音乐的呼吸

Audionet有别于其他音响公司，品牌创始人Thomas Gessler先生并非是一位音响技术工程师或这方面的从业人士；他仅仅是一名在电子元件及自动生产方面任职管理层员工。在1994年因机缘巧合方才组织了一班来自德国波鸿大学的技术人员，这班人曾一起聚集在大学的地下车库中，深层次地攻坚一个个高级发烧音响重播的问题，揣摩出那些能带来聆听音乐奇迹的先进技术。直至今时今日，即便是经过公司变动后，Audionet依然是由一班科学家来掌控。

而Audionet公司推出的音响产品，除去较为传统的CD机、功率放大器外，亦有制造网络播放器、电源处理器、音响附件，甚至更推出了CARMA（计算机辅助室内分析仪）这种用于测量和评估视听室声学特性的软件，以及RCP、aMM和iMM这类管理音乐程式。

能够制造出种类繁多、功能丰富的音响产品，Audionet对声音风格亦有一份执着。引用品牌创始人Thomas Gessler先生的评价——“最重要的一点是，我想听到音乐的呼吸。”Audionet的音响器材除了表现出如同真实播放原声的瞬态表现外，更能展现出高频没有衰减、灵动飘逸；且气势宏大、很多难以捕捉的细节都能一一展现等优势，让影音爱好者一耳朵听到Audionet的产品，就会让人感到出乎意料的惊喜。

兼具两种讯源的CD机

先来看看担当讯源角色的Audionet Planck CD机。这是Audionet CD机产品中终极参考级的机型，官方宣称这是一部前所没有的，具有高精细播放性能的CD机；而且要比享有盛名的VIP和ART系列更胜一筹。

何以见得这部CD机这么优秀呢？原来在Audionet Planck CD机的外壳制作方面，就以非铁磁的石板组建而成，能够优化在CD机工作时会出现的不良谐振。抛弃现代主打的吸入式CD结构，选用顶盖直接放置式的结构，并且利用实心铝材制作，加入隐藏螺丝的设计，并配以铁氟龙滑盖，使整机无形中显露出高级、奢华的感觉。

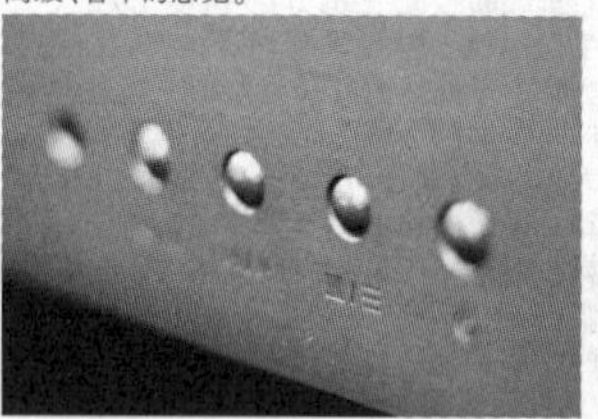

而讲到性能方面，Audionet Planck CD机，机内加入了分立式输出模块与高速宽带高性能A级输出驱动，电流电压转换器包含了能保持恒定温度和声音中性的高精度电阻和定制云母电容，而且电源供应更为细分为讯号读取、数模转换、输出等部分，彼此不会互相干扰。而CD光头更是采用目前最高等级之一的CD-PRO 2LF，并在顶部加入一块厚至8mm铝板进行巩固，加强不良谐振的消除。

除了CD机功能外，其实Audionet Planck CD机更可以充当成为一部解码器。留意机背配备输入接口上，是包括了USB、S/PDIF和光纤输入，并且最高支持24bit/192kHz，对于兼顾玩CD和数字文件的影音爱好者来说，一机具备支持两种讯源可以说十分方便。另外，该机还提供RCA、光纤和AES/EBU的数字输出，模拟输出则是提供RCA和XLR两种，同时该机还支持搭配自家的Ampere外接式电源，可专门供电给模拟电路使用。

做好硬件基础

至于担当放大角色的Audionet Watt合并式放大器，具备相当出众的输出功率，在8Ω的负载下，能够输出每声道167W；而在4Ω则是拥有每声道284W的实力，对于不少书架式扬声器及小型座地式扬声器而言，驱动起来可谓是毫无难度。

从外观来看，Audionet Watt合并式放大器依然是以走方正正，非常规矩的风格设计，面板中央有一个小型显示屏、音量旋钮、简单的开关与操作按键以及耳机输出接口。但为了消除机器工作时产生的不良谐振，该机与Audionet Planck CD机一样以铝合金物料制造外壳，并且同样加上了隐藏式螺丝，给人相当简洁的感觉。

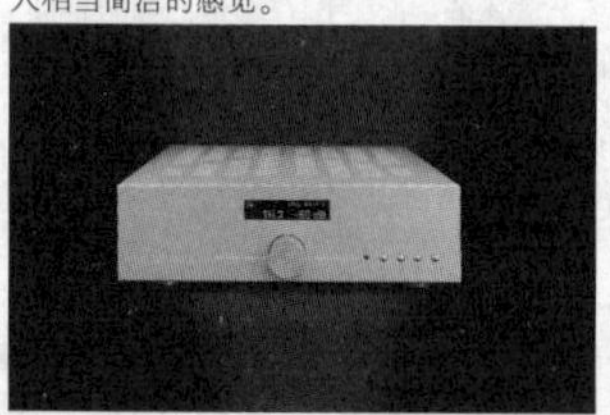

但讲到机内，Audionet Watt合并式放大器就值得详细介绍了。该机的电源部分设计扎实，输入与讯源读取部分以一个50V的环形变压器供电，功率放大则是用2个700V的环形变压器处理，并搭配以高达200000 μF的电容，确保机器以充沛的电能量下进行工作。以单声道单路进行设计，分开左右两声道独立工作，并且确保有独立的电源供应，保证互不干扰。整个电路不仅通过优化磁性能和电容性能而设计，形成最短的讯号路径；更采用高级音响专用零部件，机内以镀金纯银线进行连接。同时除了支持一般讯源模拟讯号接入外，还支持MM/MC唱头的讯号，以同样单声道进行处理，确保降低串音的可能性。

至于在接线端子方面，具备三组镀金铁氟龙绝缘的RCA端子和一组镀金XLR Neutrix端子；输出则是有两对Furutech镀铑扬声器端子和耳机输出端子外，还同样采用镀金铁氟龙绝缘处理的Pre Out端子，使影音爱好者能够使用Audionet Watt合并式放大器以Bypass模式进行连接，以迎合家庭影院爱好者搭配使用。

精准表现真实声音

当日进行搭配测试两部机的是同样来自德国的Fischer&Fischer的SN 270座地式扬声器。在试音室中，笔者先是选择山本刚三重奏的《What a wonderful World》进行聆赏；这张专辑内的同名歌曲是以低音提琴Solo起头，强劲的中低音会相当考验系统的控制力，及后的架子鼓、钢琴与低音提琴合奏，则是适合对比测试分离度、定位。而在两部机搭配这对扬声器的重放下，这些难关通通解决，低音下潜速度快速，没有太大残留的余响使人感动十分爽快，而定位与分离度亦表现出色，每件乐器的细节都能够听得非常清晰。

而当换到李克勤的《复刻II》，则是将克勤“0瑕疵”的表现尽数表现出来。音准、吐息、换气这些是克勤演唱时的最大优势，而整套搭配下，这些优势被大大的加强，让每一首经典金曲都演绎得相当传神，动听。

XGIMI CC Aurora 极米无屏电视

文中图像是一款荣获“2018CES创新奖”投影机（也称无屏幕电视），该款型号为CC AURORA的投影机也可以说是一套集视听欣赏于一体的便携式无线影剧院系统，由中国成都极米技术有限公司开发。

该机整合了携带无声散热的JBL音频系统，需要时它也可当JBL蓝牙音箱使用，而且JBL应有的优异声音性能不减。该机在分辨率上兼容720p高清和4K超高清，借助本机提供的水平和垂直梯形校正，可以使16:9/4:3的投影画面在虚拟屏幕上精准显示。CC Aurora设置了很强的无线传输能力，除兼容802.11a/b/g/n/ac等多个协议的WiFi外，还提供4.0版BLE(Bluetooth Low Energy)低功耗蓝牙传输，同时还兼容AirPlay、DLNA、Miracast三大无线技术，为的是实现3D系统信号的准确传输。该款使用Android 5.1.1操作系统的影音设备能够存储10部影片和4000首歌曲，其投影单元采用的是基于RGB-LED的DLP投影方案，几乎可以从任何角度将图像投射到屏幕上，内置可以使用4小时的20000mAh电池。CC AURORA具体的亮点特色主要有：

特色1:图像足够清晰的像素与亮度根由

CC AURORA能使大达180英寸的图像显示足够清晰，主要归功于两个因素：一是以正方形像素来代替常规菱形像素的方案让显示图像更加清晰生动，画面高端品质显现；二是相比其他便携式无线投影方案，其最高亮度率（亮度达350ANSI流明）的光性能确保了投影画面中诸多细节的完美真实呈现，即使使用地周围有颇强环境光，也丝毫不影响图像的清晰显示。

特色2:惬意观赏来自多种方式与设备的视频节目

CC AURORA带到哪哪儿都能借助无线网络无屏幕完好投射最大180英寸的图像，除传统的坐着看外，还可以惬意地躺在床上观赏投影至天花板上的电影、电视、音乐会等高清和超高清节目，或来自Netflix、HBO、YouTube等网站提供的流视频节目，非常适合野营和开party时使用。为了增加节目来源，本机提供三种方法获取：一是通过镜像显示器连接本机与智能手机、PC、平板电脑、笔记本电脑；二是通过HDMI端口连接本机与电视盒/游戏机；三是通过本机USB接口连接硬盘驱动器和U盘。

特色3:XGIMI Assistant助功能拓展与操控一臂之力

CC AURORA借助兼容iOS和Android的XGIMI Assistant应用软件增加了以下几项用途：一是可以将手机作为遥控器更快捷方便地操控与管理本机功能；二是能让手机上的音视频资源在本无屏幕电视上分享，而且享用的步骤简化；三是本无屏幕电视上的内容也可以镜像方式同步到手机上，并支持通过手机进行控制；四是能使无屏幕电视之间的连接更简单容易。

CC AURORA的外形尺寸为138×119×135mm，重为1.5kg，参考价为389美元。

2018年8月12日出版 实用性 启发性 资料性 信息性

第32期 国内统一刊号:CN51-0091 定价:1.50元 邮局订阅代号:61-75

地址:(610041)成都市天府大道北段1480号德商国际A座1801 网址:http://www.netdzb.com

(总第1969期) 让每篇文章都对读者有用

创新智能产品构建未来美好生活

智能带来的不仅是解放双手,更让家务和家庭生活变得更有趣。日前,在中国国际智能产业博览会(简称智博会)的智慧家庭体验区,智能洗衣机、智能冰箱、智能衣柜、智能咖啡机、智能净化器、智能音箱等智能设备齐齐亮相,着实让参观者大开眼界。

据介绍,智能洗衣机能自动识别衣服的面料、颜色等,并根据识别的信息选择程序,添加洗衣液,不需任何人工操作,便可将衣服洗净烘干。同时智能洗衣机还有空气洗功能,也就是干洗,可以用来洗大衣、羊绒等高级面料。

而智能冰箱的功能不仅有食材管理、美食菜谱,还有音乐、视频、商城,更令人向往的边看电视边做饭、及时购买食材添置冰箱,都可以通过智能冰箱直接实现。在现场,工作人员向观众展示了智能冰箱独特的"食材管理"功能,在显示屏上点击添加食材,设置保质期,冰箱就可以自动监测食材的新鲜程度,在食材下面显示其保质期。而对于即将过期的食材,将其选中,食材下方还会出现使用该食材制作的美食,均有视频及步骤操作。

事实上,对于智能"未来家"的体验不仅仅表现在家用电器上。在智慧家庭体验区里,还有一个摆着衣柜和装有多传感网络的模拟卧室,虽然衣柜里面的光线显得微不足道,但当研发人员用一块遮光布遮住外部光线时,在短短十几秒内就能清楚地看到衣柜里的光线不断增加,智慧家庭网络的态势感知可通过实时感知环境来自动调节光线。据了解,这套多传感网络的功能远远不止这些,比如,如果家里的煤气阀门没有关,多传感系统会像人的神经元反射一样,启动报警系统,通过报警系统把信息传送给排风扇,同时启动关闭燃气阀门,避免家庭安全事故的发生。

在智能家居+人工智能馆,一款由无毒橡胶制作的"萌萌哒"小蜥蜴抱住了一支支儿童牙刷。据工作人员介绍,小蜥蜴叫"Xrush",肚子里藏有一个传感器,将它绑在儿童牙刷上,它可以记录下儿童刷牙的动作,分析刷牙质量,通过手机App,家长可实时看到孩子牙齿的清洁指数。此外,这款App上还有儿童刷牙教学视频,从孩子3岁起开始学习,通过一次次练习和监督,让孩子养成正确的刷牙习惯。

其实,小小的牙刷体现的是"大数据"分析的优势,而"大数据"分析已经成为智慧健康时代的必备技能。在智博会上展出了新一代的大健康人工智能体脂检测仪器——"变啦体脂检测一体机"。据研发方介绍,"变啦体脂检测一体机"是变啦智能健康减脂技术的组成部分,其中包含变啦App软件、变啦智能体脂秤等智能硬件,使用人工智能算法进行分析做出精准评估,通过肥胖监测技术和代谢评估技术让用户更加了解自身的健康状态,预防慢性疾病。

除了对身体健康的监测和管理,智能设备的研发带来的还有更有趣的运动体验。在国外友好城市和国家专题展区,由中国和荷兰共同研发的"超级球场"吸引了众多小朋友们。

"超级球场"是集游戏设备、门禁、智能管理等为一体的系统。其有10种游戏模式,既可以单人玩也可以实现多人对抗。它可以通过游戏采集的数据,分析出使用者的踢球速度、反应能力、命中率和腿部力量。

在智博会上还展出了一个"凌云自平衡两轮智能电动车"。这款两轮电动车因其采用了机械陀螺仪,能保持在静止和行驶状态下稳定不倒。现场资料显示,这款车车体宽不到1米,车长不到3米,充一次电可续航150公里以上。其小型化、轻量化、电动化的特点,十分适用于拥挤的城市。这款"不倒车"还取消了方向盘,采用鼠标操控汽车,可以完全解放驾驶员的左手和左脚。此外,用户还可以将手机屏幕完全映射在车内的24英寸曲面屏上。

"不倒车"的解决方案创新而奇特,而停车楼的解决方案也不赖。在中澳合资公司澳大利亚伊士顿集团(中国)产品展区,一款伊泊智能停车楼模型吸引了车友们的目光。据介绍,在讲究效率的前提下,虽然这款智能停车楼大约占地仅50平方米,但可建到25层,每层停4台车,也就是说在50平方米的场地上,可停下100台车。

除了硬件带来的出行便捷,在软件上,智博会也为人们带来了惊喜。在北京思源政通科技集团展台前,"一个App畅享城市所有服务"的广告语尤其醒目。据介绍,有了这款App,出行只需带一部手机,即能坐公交、乘地铁、信用支付、看病就医,体验政务服务、社区服务等。吃穿游、购娱行,看似不能通过同一应用实现的场景正逐步变为现实。

展会时间虽然短暂,但带给观众的是一场全方位的智能盛宴。这些前沿科技成果将带来人工智能产品的革新,惠及更多民众的生活。

◇山西 刘国信

(本文原载第38期2版)

早已成往事的"飞跃"牌黑白电视机

电视机可以说是近40年来,人们生活发生日新月异变化的一个缩影,从这里人们能感受到科技带来的可喜变化。从黑白到彩色,从"凸面"到"平板"再到"曲面",从手动拨台到智能遥控,从标清屏显到超高清,再到互联网云电视,我国的电视机步入了又一个"新时代"。

屏幕是外凸的,铁皮外壳因为氧化闪着古铜色的光,按钮还能转动,发出"咔哒"的响声……在电子科技博物馆里我们可以看到广播电视单元展厅内摆放的一台"飞跃"牌黑白电视机。

据了解,"飞跃"牌电视是上海的老牌轻工产品,在那个年代也曾一度风光无限,不仅以优良的产品质量,雄厚的技术力量和完善的服务赢得了市场和口碑,供不应求,而且在1984年就提出了上门服务,调换等售后服务的概念,这在当时是革命性的举动。

资料显示,生产"飞跃"牌电视机的是上海无线电十八厂,后来并入无线电四厂名下。当彩电开始风行之后,只出产黑白电视机的无线电四厂没有迈过这道坎,在90年代初停止了生产。1996年,上海无线电四厂宣布倒闭后就没有再生产任何"飞跃"牌电视机,而且至今也没有转让"飞跃"的商标。从此"飞跃"电视机销声匿迹,当年的产品也成了绝唱。

如今,"飞跃"等黑白电视机早已淡出了人们的视野,多数人也不知道过去电视要用天线才能收看,但由电视串起的回忆却见证了一个时代的发展和变化。

◇王 铭

(本文原载第38期2版)

编前语:或许,当我们使用电子产品时,都没有人记得或知道老一批电子科技工作者们是经过了怎样的努力才奠定了当今时代的小型甚至微型的诸多电子产品及家电;或许,当我们拿起手机上网、看新闻、打游戏、发微信朋友圈时,也没有人记得是乔布斯等人让手机体积变小、功能变强大;或许,有一天我们的子孙后代只知道电子科技的进步而遗忘了老一辈电子科技工作者的艰辛……

成都电子科技大学博物馆旨在以电子发展历史上有代表性的物品为载体,记录推动电子科技发展特别是中国电子科技发展的重要人物和事件。目前,电子科技博物馆已与102家行业内企事业单位建立了联系,征集到藏品12000余件,展出1000余件,旨在以"见人见物见精神"的陈展方式,弘扬科学精神,提升公民科学素养。

电子科技博物馆"我与电子科技或产品"

本栏目欢迎您讲述科技产品故事,科技人物故事,稿件一旦采用,稿费从优,且将在电子科技博物馆官网发布。欢迎积极赐稿!

电子科技博物馆藏品持续征集:实物;文件、书籍与资料;图像照片、影音资料。包括但不限于下列领域:各类通信设备及其系统;各类雷达、天线设备及系统;各类电子元器件、材料及相关设备;各类电子测量仪器;各类广播电视、设备及系统;各类计算机、软件及系统等。

电子科技博物馆开放时间:每周一至周五 9:00—17:00,16:30停止入馆。

联系方式

联系人:任老师 联系电话/传真:028-61831002

电子邮箱:bwg@uestc.edu.cn

网址:http://www.museum.uestc.edu.cn/

地址:(611731)成都市高新区(西区)西源大道2006号电子科技大学清水河校区图书馆报告厅附楼

TCL LED液晶彩电40-ES2310-PWA1XG电源+背光板原理与维修(下)

(紧接上期本版)

2.背光灯亮后熄灭

1)引发故障原因

如果开机的瞬间有伴音，显示屏亮一下就灭，则是LED驱动保护电路启动所致。引起升压电路过压保护的原因，多为升压输出取样电路元件发生变质所致，开关电源24V供电升高，也会引起过压保护电路启动。

引起升压开关管过流保护的原因，多为升压续流管D601、滤波电容C601、C602漏电或LED背光灯串内部短路所致，少数为QW2的S极过流保护取样电阻R610//R611阻值变大所致。

2)解除保护方法

解除保护的方法是强行迫使U601退出保护状态，进入工作状态，但故障元件并未排除。因此解除保护后通电试机的时间要短，需要测量电压时提前确定好测试点，连接好电压表，通电时快速测量观察电压，观察电路板器件和背光灯的亮度情况，避免通电时间过长，造成过大损坏。

升压电路过压保护电路解除保护方法是：在过压分压电路的电阻R622两端并联4.7kΩ电阻，降低取样电压。

升压电路过流保护电路解除保护方法是：在过流保护取样电阻R611//R610两端并联0.1Ω电阻，降低取样电压。

3.背光灯电路维修实例

例1：开机黑屏幕，指示灯亮

分析与检修：指示灯亮，说明开关电源正常，有伴音，但液晶屏不亮，仔细观察LED灯串根本不亮。检查LED驱动电路的工作条件，测24V和12V供电正常，测量U601的①脚无VCC供电。检查①脚外部电路，发现限流电阻R630烧焦，测量U601的⑯脚对地电阻小于正常值，判断U601内部电路击穿损坏。更换R630、U601后，故障排除。

例2：图像一半暗

分析与检修：通电试机，发现开机画面一边较暗，初步定为屏与背光板问题。检查背光板，测量供电电压正常，升压输出电压LED+正常，但P3的①~④脚中的LED1-~LED4-电流反馈电压，有两路高于正常值。将偏高的LED-回路插针与正常的LED-插针对调，原来显示屏发暗的一边改变到另一边，判断问题可能出在U601内部均流控制电路发生故障。更换U601(MAP3204S)后试机正常。备注：后又遇到多例此类故障。(全文完)

◇海南 孙德印

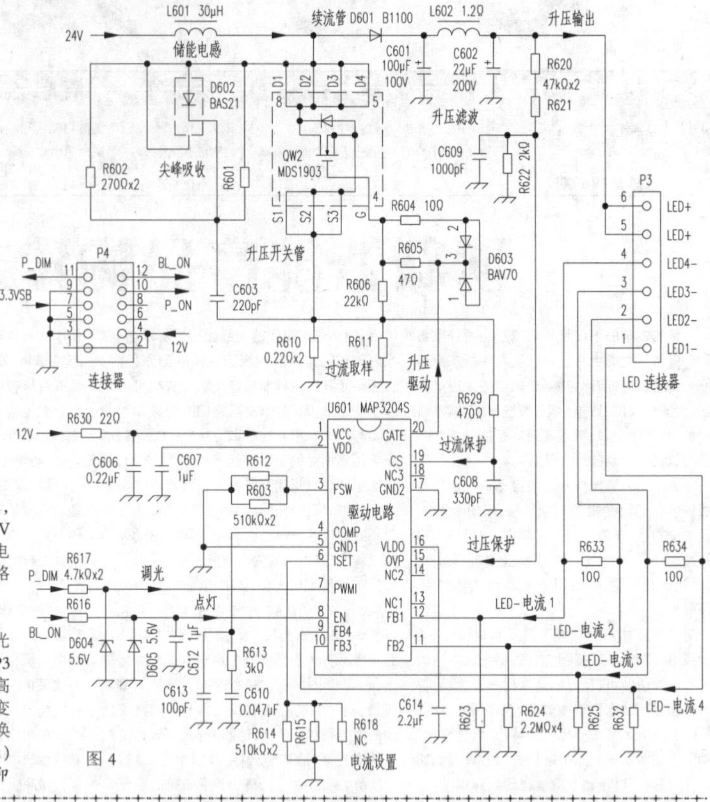

图4

海尔LH48U3000开机无反应快修

接修一台收看过程中突然三无的海尔LH48U3000液晶电视，初步估计故障出在电源部分。拆开机器用电压挡测量PFC输出端+B滤波电容E1两端电压为330V，说明PFC部分没有工作，但市电输入部分正常。根据过去维修经验，液晶电视电源次级整流管易损坏导致PFC电路不工作。此电源板(型号SHG5005A-199E)上标识D201A-D201D(MBR5150)四支二极管引起笔者注意，从图1所示原理图可知这四支二极管是主板+12V供电整流管，工作电流较大。立马用二极挡测量D201A两端发现已击穿，由于四支不可能全部击穿，只好一只一只拆，当拆下D201C检查发现已击穿。用手里现成的SR5100代换，如图2所示的位置，试机故障消失。

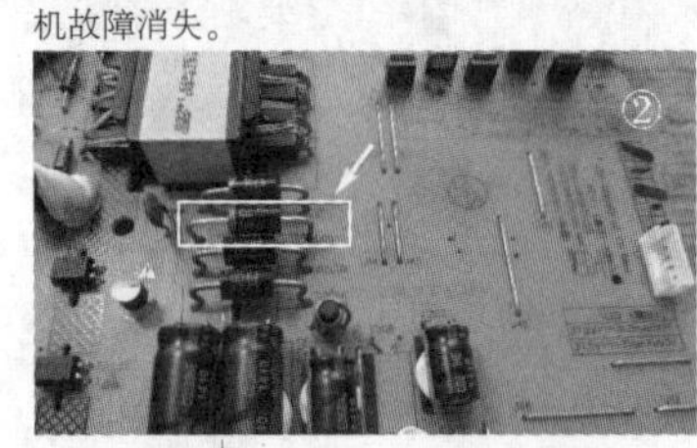

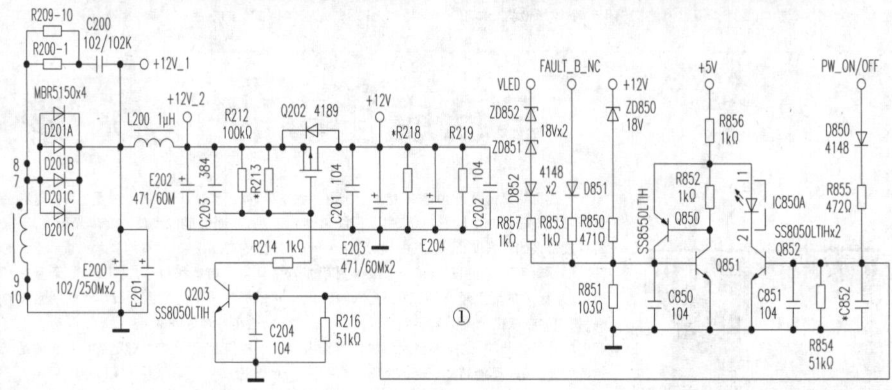

◇安徽 陈晓军

雷击损坏液晶电视维修三例

最近接修了三台雷击损坏的液晶电视机，皆为三无指示灯不亮，所有操作无效。

例一：创维24E600E(8M06机芯)

采用电源/恒流二合一板，型号：168P-P24EQB-03、5800-P24EQB-0300，VER：00.00。此板的EN7插座只标有12V、ENA(背光开关控制)、PWM(背光亮度控制)，没有无5V及常见的5VSTB待机电压。测12V输出电压为零。检测场效应管QB1(JCS7N65FB即7A/650V)所有脚均击穿短路。更换QB1后试机仍三无灯不亮。续测贴片电源芯片UB2(73E48)的①、⑤脚间阻值仅139Ω，明显异常。更换UB2后实测板12V输出电压为12.15V，ENA为4.33V，PWM为5.06V。接通电视信号图声出现，一切正常。

例二：夏普LCD32Z120A在待机中被雷击损坏

该机的电源板型号：RUNT-KA770WJQZ。测场效应管Q7009、Q7010(4D5N60F即5A/600V)均已击穿短路。用07N65GX(7A/650V)代换，试机，指示灯亮三秒后熄灭，再开关机无法启动。续查电源管理芯片IC7002(MIP2G7MD. 单6脚)、贴片三极管Q7004(2X0)、Q7022(WC36)皆损坏，更换已损坏的元件后试机正常。备注：贴片三极管Q7004(PNP)可用贴片2SA1015代换，Q7022(NPN)可用贴片2SC1815代换。

之前修过夏普同系列机型LCD32G120A，电源板型号相同。收看中遭雷击，同样出现三无指示灯不亮故障。除上述已损坏的元件外，还查到了贴片电阻R7041、R7042(100Ω×2)，贴片稳压二极管D7018(TU)也分别开路、短路损坏。备注：D7018更换时可用大于15V稳压二极管代换，正极接地。

例三：创维24S161W(8R07机芯)

采用电源/恒流二合一板：168P-P24AWN-00、5800-P24AWN-0000。该板上CN8插座上标有12V和5V输出。上电后测这两组电压皆无。查场效应管Q61(2SK3673即10A/700V)击穿短路，电阻R63(0.39Ω/3W)表面已经开裂，测阻值已经开路。更换已经损坏的元件后试机，屏亮一下随即黑屏三无。此板背面无贴片元件，背光控制电路为一块单独小板，通过CN6接口接入主电路。检查小板上背光控制芯片IC1(0Z9910BSN贴片双16脚)，测多脚对地阻值比正常值明显偏低，更换后再试机，电视成功修复。

◇福建 郭志伟

背景音乐的"无缝"拼接法

平时我们在进行微课、婚庆等视频剪辑合成时，一般都会添加节奏较为舒缓的背景轻音乐来烘托气氛，同时也能起到一定的抵消现场噪音的作用。但我们所添加的背景音乐与已经剪辑好的视频长度通常是不同步的，而且也很难重新再找到一段时间长度非常吻合的音乐进行二次替换，如果对音频文件进行手工剪切和拼接的话，既费时且非常容易乱了音乐的节奏，怎么办呢？

此时最好的选择是使用Audition音频处理软件来进行半自动"无缝"拼接，也就是在尽量减少节奏"突变"的基础上进行背景音乐重新合成。Audition的"重新混合"功能通过使用节拍检测、内容分析和频谱源分隔技术来确定音乐中N多的节奏过渡点，然后进行计算并重新排列节奏来创建合成出符合时间段需要的音频。具体操作如下：

比如现在我们已经在Edius中对视频完成了剪辑操作，其持续时间段约为1分11秒，而导入的背景音乐时长约为56秒，音频比视频短缺15秒的时间。

1.将音频插入到多轨会话中

打开Audition CC 2017导入"背景音乐.wav"，在左上方区域内右击该文件选择"插入到多轨混音中"–"新建多轨会话"项，然后在弹出的对话框中保持默认路径和文件名并点击"确定"按钮（如图1所示），进入Audition的多轨会话编辑状态。

2.借"重新混合"对音频进行自动分析并拼接

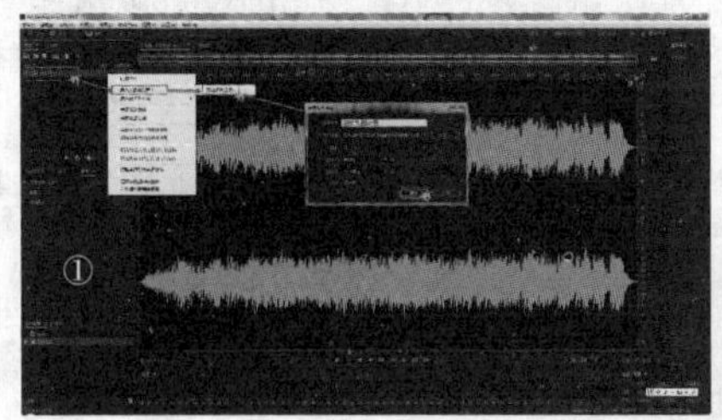

点击右上方"轨道1"选中该音频波形，再点击左侧中间"属性"区域中"重新混合"下的"启用重新混合"按钮，此时Audition就会开始先进行"正在分析剪辑30%，剩余时间：7秒"操作；然后就会提示"目标持续时间：0:56.131"，直接在该时间段提示上点击设置为"1:11:16"（1分11秒），回车。现在，Audition就会迅速自动将中间的"短缺15秒"生成补足（两段波浪曲线标志之间的波形），所补的部分是原背景音乐中间的完整节奏拼接（如图2所示），试听后发现并无生硬的剪辑对接痕迹，效果非常不错。

3.导出生成新的音频文件

在新的音频波形上点击右键选择"导出缩混"–"整个会话"项，然后在弹出的对话框中按照提示进行文件的保存（比如桌面上"二次混音.wav"），点击"确定"按钮。最后再返回到Edius中将这个音频文件导入，与原视频剪辑片段基本吻合（如图3所示），合成导出即可。

值得注意的是，在Audition中对此类的背景音乐进行"无缝"拼接不仅仅是可以增加时长，同样也可以进行"减缩"——将中间的部分重复节奏删减，操作方法完全相同，大家不妨一试。

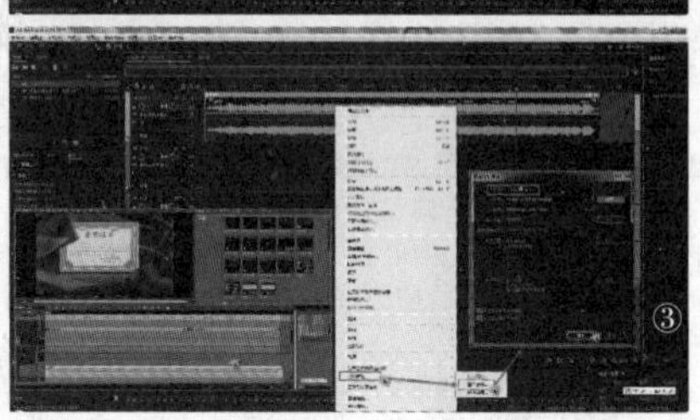

◇山东　杨鑫芳

联想G470电脑大短路维修一例

接修一台联想G470笔记本电脑（板号LA-6751P），机主描述的故障现象是不开机。接手后按下电源开关无任何反应，插上电源适配器发现指示灯熄灭，说明机器存在严重短路故障。该机隔离保护电路如图1所示，用二极管档测量VIN对地电阻正常，但测量P2、P3及公共点B+处对地电阻均为0Ω，拆下隔离管PQ302检测发现已击穿，原型号是SI4459，用参数相近的FDS9435A代换后P2处对地阻值恢复正常（如图2所示）。接下来就是要找出短路元件了，因本机预留了隔离点，因此可以逐个断开这些隔离点来查找故障点，当断开标识号为PJ505的隔离后（如图3所示），公共点B+处对地不再短路，说明1.5VP支路有问题，仔细观察发现PQ501旁两只帖片电容（应该就是图3中的PC502和PC503）颜色变深，（如图4所示），怀疑已经击穿损坏，用热风枪吹下后测量果然有一只已经击穿短路，在料板上找来体积差不多的电容换上后，测量公共点B+对地阻值已经正常，接上电源适配器开机一切正常。

从实物图可以看出PC502和PC503被海绵覆盖，并且又位于触控板下方，容易吸潮，估计时间一长就导致电容损坏了。

◇安徽　陈晓军

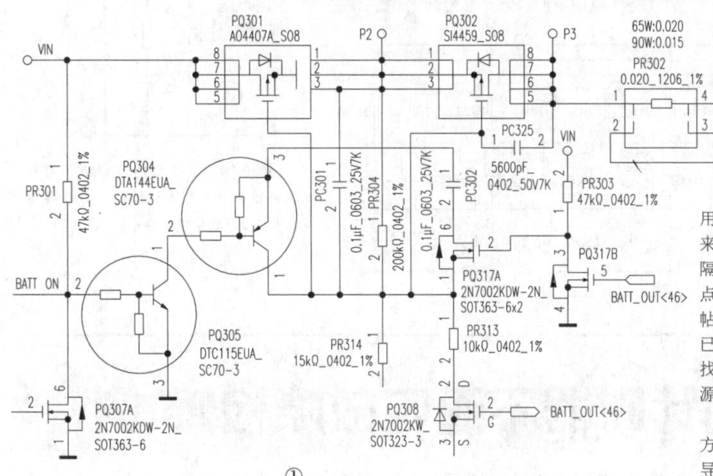

①

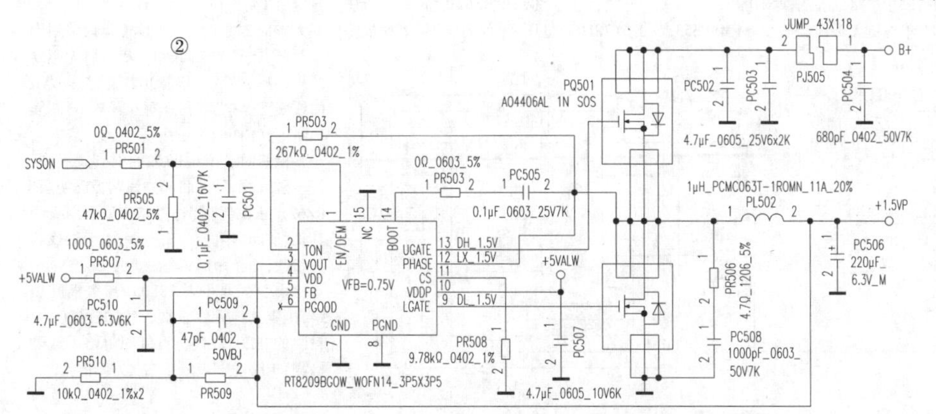

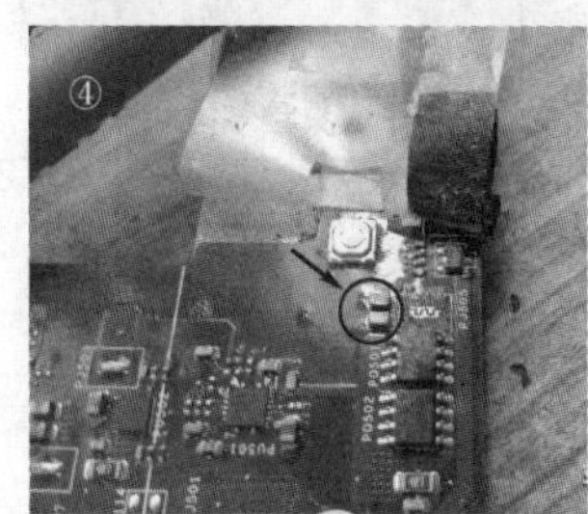

钢化玻璃制备企业温度控制故障维修1例

普通玻璃非常易碎，经过钢化以后，就非常的结实，应用更安全，不易伤人。钢化玻璃还可以热弯，使玻璃既有强度又有一定的弧度，所以钢化玻璃应用非常广泛。

加工制备钢化玻璃时，首先要打开电脑控制台，设置需要钢化玻璃的厚度和对应的温度后升温，温度升好后，调整所需精确温度、加热时间，再将玻璃放在片台上，传送到加热炉内。

达到加热时间后，用调整好的风压通过风栅吹向玻璃使其冷却，形成了钢化玻璃。

一、钢化玻璃制备主电路

某钢化玻璃企业的一条生产线使用15只固态继电器SSR和同等数量的电炉丝(加热丝)组成加热装置，并由温度传感器检测每一个加热区域的温度，传感器与电脑连接，根据设定的温度值和传感器检测到的数据，向固态继电器发送控制信号，调节固态继电器导通与断开的时间比，实现温度的控制。调温电路的主电路见图1。

图中每一个元件的编号均为3位数字，其中百位的1是第一条生产线上的元件编号；十位上的数字相同的为A、B、C三相一组；个位数是元件在每一组中的编号。

二、固态继电器的特性

图1电路中，固态继电器SSR是控温、调温的关键元件，所以应了解它的基本特性。SSR由输入电路、触发电路和输出电路3部分组成。输入电路有分立器件和SMT表面贴装工艺之分；输出电路的功率组件可分为塑封双向可控硅（双向晶闸管）工艺和单向可控硅（单向晶闸管）反向并联工艺。一般10~40A的SSR采用塑封双向可控硅封装，50~100A的SSR采用塑封单向可控硅反并联封装。单向硅反并联的技术指标要好于双向硅工艺，它的特点是阻断电压高，过载能力强，散热条件好，抗冲击能力强，电流可达上千安培。

固态继电器SSR有过零触发型和随机触发型2种：

过零型SSR用作开关，从开关的意义上讲，等同于普通的继电器或接触器。我们通常所说的固态继电器多数为过零型的，这种固态继电器只能用作开关，不能用于调压。只要在输入端加有适当的输入信号，其输出端即相当于处在导通状态，输入信号的持续时间与输出端的导通时间相等。

随机型SSR主要用于斩波调压，它的输入控制信号必须是与电网同步且上升沿可在0~180°范围内改变的方波信号时，才能实现调压。单一固定的电压信号或0~5V的模拟信号不能使其调压。显而易见，随机型SSR与普通的继电器或接触器截然不同。有一点在使用中必须注意，各类随机触发型、可调节输出电压的固态继电器，内部作为输出触点的器件均为可控硅，且都是依靠改变可控硅导通角来实现调压的，所以输出电压的波形不是正弦波，而是存在高次谐波，对电网有一定的污染。

三、控制电路报警提示故障

图1电路具有保护功能完善、运行可靠性高的特点，但突然有一天系统发出报警信号，提示电炉丝RL112加热区域的温度偏低，且温度调控无效。

系统中使用的固态继电器SSR的型号为SAM40150D，是一种额定电压为480V、最大工作电流为150A、控制输入为直流、负载电压为交流、过零触发型固态继电器。电脑控制系统向SSR发送的是直流信号，如图2所示。输入信号在t1时刻发出，但固态继电器是过零触发型的，所以只有到了t2时刻电源过零时，SSR才被触发导通。触发信号至t3时刻结束，之后SSR在t4时刻电源过零时关断。

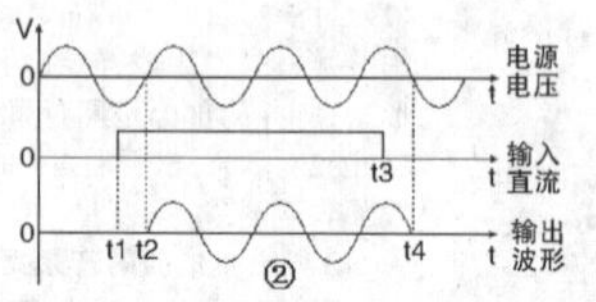

自动控制系统在一个固定的时间周期内，调节触发信号的占空比，实现对温度的恒温控制。

发现故障报警后，随即停电对提示故障的电炉丝RL112支路进行排查，检查熔断器FU112完好，接着重点检查固态继电器SSR112，因为这种器件属于半导体器件，出故障的概率较高。拆除SSR112的4条外连线，测量其输入端，未能发现异常，再用万用表测其输出端的正、反向阻值均为无穷大，判断它正常。接着将这只固态继电器的输入线接插件插入SSR的输入端插孔，并将FU112与SSR的连线接通，暂时不接与RL112之间的连线，在采取必要安全防范措施的前提下通电测量，用万用表测得SSR悬空的那一端与相线L1、L3之间电压为388V，与零线N之间的电压为224V。这个测量结果似不正常，因为这时虽然通电，但未进入运行状态，所以SSR的输入端应该没有控制信号输入。于是，拔掉SSR输入端的接插件后测量，结果居然与上次相同。这样的测量结果又好像SSR不正常。采用对比法，将能够正常控温的其他回路的SSR进行同样的测量，结果与SSR112测量结果相同。

通过以上测量数据认定固态继电器损坏显然不妥，因为怀疑故障的固态继电器与能够正常工作的固态继电器测量结果是相同的。无奈之间，尝试更换故障率较低的电炉丝RL112，并恢复电路后通电试机，结果故障排除啦。原来是电炉丝出现故障导致了系统报警。

四、故障原因分析

经过查阅固态继电器的相关技术资料得知，固态继电器输出端的负载电压如果为交流电的话，在输出端双向可控硅的作为输出开关的两端并联有一个RC阻容吸收回路，如图3所示。图中A端相当于经过熔断器FU112连接相线L2，由于RC吸收回路的存在，在B端测量到电压就不难理解啦。

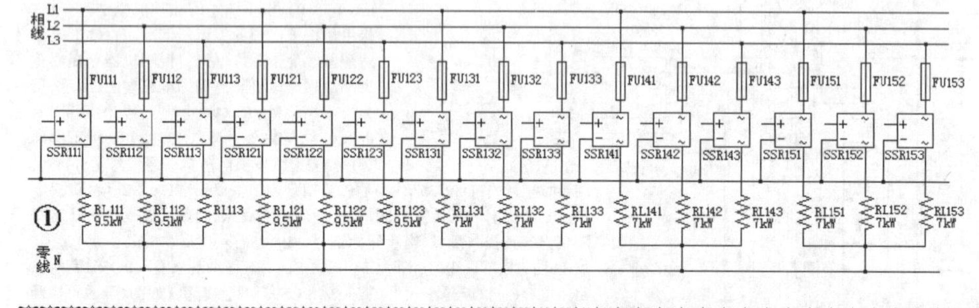

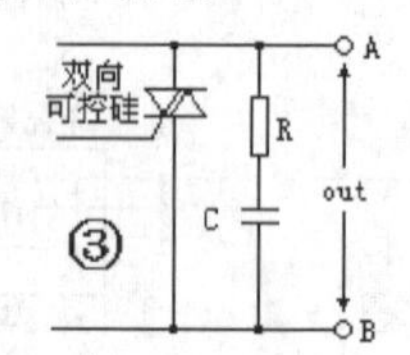

【提示】RC吸收回路可以吸收可能出现的过电压(浪涌电压)，并对改善电压上升率dv/dt有好处。

◇山西 杨电功

科迪博24小时数显倒计时器不通电故障检修1例

故障现象：按压SET钮，LED屏始终不亮。

分析与检修：通过故障现象分析，怀疑电源电路异常。为了便于检修，根据实物绘制了电路原理图，如附图所示。

单片机无标识，估计为FM8PS53或HC18P013；电源电路采用阻容降压限流方式，经贴片TVS管BZ62钳位、三端稳压器(78L05)稳压后，为继电器、单片机等供电。通电初态LED屏无显示，按定时设置键SET后方可显示。最小定时1小时，最大定时24小时，递增时长为1，采用倒计时制，定时结束时，单片机⑥脚无驱动信号输出，贴片三极管J6截止，继电器K的线圈无供电，其常开触点释放，五芯插座断电，LED屏熄灭。

检修时，发现BZ62的引脚脱焊，轻轻一碰就掉了，其底部的线路板已变黑，BZ62无正反向标识，用500型万用表测其正、反向电阻均为无穷大，也无法找到其参数，估计为24V瞬态抑制二极管。接着检测，发现贴片78L05的3个极间短路，检查其他元件正常。78L05用TO-92封装的78L05替换，再复原电路后通电检测，定时功能恢复正常，故障排除。

◇山东 黄杨

锂电池失效的分类和失效的原因

在能源危机和环境污染的大背景下，锂离子电池作为21世纪发展的理想能源，受到越来越多的关注。但锂离子电池在生产、运输、使用过程中会出现某些失效现象。而且单一电池失效之后会影响整个电池组的性能和可靠性，甚至会导致电池组停止工作或其他安全问题。

近年来国内外发生了多起与电池相关的起火爆炸事故：美国特斯拉MODEL S电动汽车起火事故、SAMSUNG NOTE7手机电池起火事故、武汉孚特电子厂房起火、天津SAMSUNG SDI工厂起火等。

1.锂电池失效的分类

为了避免上述出现的性能衰减和电池安全问题，开展锂电池失效分析势在必行。锂电池的失效是指由某些特定的本质原因导致电池性能衰减或使用性能异常，分为性能失效和安全性失效。

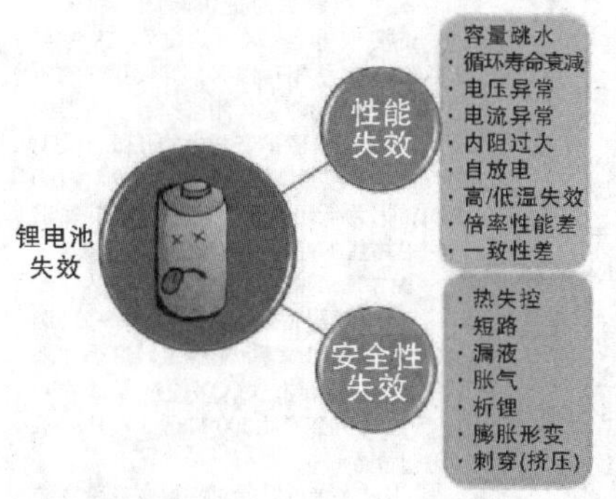

常见锂电池失效的分类

2.锂电池失效的原因

锂电池失效的原因可以分为内因和外因。

内因主要指的是失效的物理、化学变化本质，研究尺度可以追溯到原子、分子尺度，研究失效过程的热力学、动力学变化。

外因包括撞击、针刺、腐蚀、高温燃烧、人为破坏等外部因素。

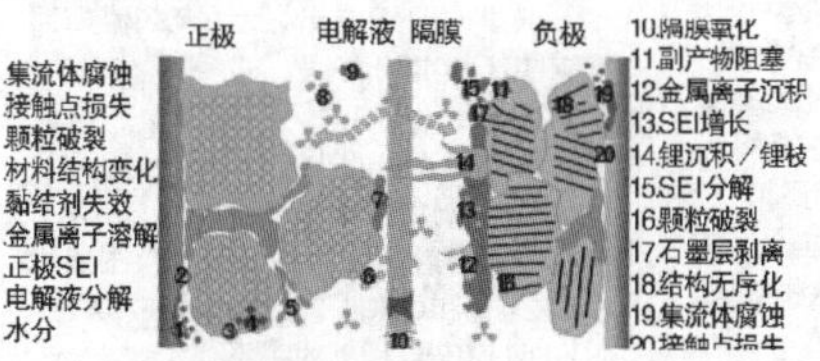

锂电池失效的内部情况

3.锂电池常见的失效表现及其失效机理分析

(1)容量衰减失效

"标准循环寿命测试时，循环次数达到500次时放电容量应不低于初始容量的90%。或者循环次数达到1000次时放电容量不应低于初始容量的80%"，若在标准循环范围内，容量出现急剧下滑现象均属于容量衰减失效。

电池容量衰减失效的根源在于材料的失效，同时与电池制造工艺、电池使用环境等客观因素有紧密联系。从材料角度看，造成失效的原因主要有正极材料的结构失效、负极表面SEI过渡生长、电解液分解与变质、集流体腐蚀、体系微量杂质等。

正极材料的结构失效：正极材料结构失效包括正极材料颗粒破碎、不可逆相转变、材料无序化等。LIMN2O4在充放电过程中会因JAHN-TELLER效应导致结构发生畸变，甚至会发生颗粒破碎，造成颗粒之间的电接触失效。LIMN1.5NI0.5O4材料在充放电过程中会发生"四方晶系-立方晶系"相转变，LICOO2材料在充放电过程中由于LI的过渡脱出会导致CO进入LI层，造成层状结构混乱化，制约其容量发挥。

负极材料失效：石墨电极的失效主要发生在石墨表面，石墨表面与电解液反应，生产固态电解质界面相(SEI)，如果过度生长会导致电池内部体系中锂离子含量降低，结果就是导致容量衰减。硅类负极材料的失效主要在于其巨大的体积膨胀导致的循环性能问题。

电解液失效：LIPF6稳定性差，容易分解使电解液中可迁移LI+含量降低。它还容易和电解液中的痕量水反应生成HF，造成电池内部被腐蚀。气密性不好引起电解液变质，电解液黏度和色度都发生变化，最终导致传输离子性能急剧下滑。

集流体的失效：集流体腐蚀、集流体附着力下降。上述电解液失效生成的HF会对集流体造成腐蚀，生成导电性差的化合物，导致欧姆接触增大或活性物质失效。充放电过程中CU箔在低电位下被溶解后，沉积在正极表面，这就是所谓的"析铜"。集流体失效常见的形式是集流体与活性物之间的结合力不够导致活性物质剥离，不能为电池提供容量。

(2)内阻增大

锂电池内阻增大会伴随有能量密度下降、电压和功率下降、电池产热等失效问题。导致锂离子电池内阻增大的主要因素分为电池关键材料和电池使用环境。

电池关键材料：正极材料的微裂纹与破碎、负极材料的破坏与表面SEI过厚、电解液老化、活性物质与集流体脱离、活性物质与导电添加剂的接触变差(包括导电添加剂的流失)、隔膜缩孔堵塞、电池极耳焊接异常等。

电池使用环境：环境温度过高/低、过充过放、高倍率充放、制造工艺和电池设计结构等。

(3)内短路

内短路往往会引起锂离子电池的自放电，容量衰减，局部热失控以及引起安全事故。

铜/铝集流体之间的短路：电池生产或使用过程中未修剪的金属异物穿刺隔膜或电极、电池封装中极片或极耳发生位移引起正、负集流体接触引起的。

隔膜失效引起的短路：隔膜老化、隔膜塌缩、隔膜腐蚀等会导致隔膜失效，失效隔膜失去电子绝缘性或空隙变大使正、负极微接触，然后出现局部发热严重，继续充放电会向四周扩散，导致热失控。

杂质导致短路：正极浆料中过渡金属杂质未除干净会导致刺穿隔膜或促使负极锂枝晶生成导致内短路。

锂枝晶引起的短路：长循环过程中局部电荷不均匀的地方会出现锂枝晶，枝晶透过隔膜导致内短路。

电池设计制造或电池组组装过程上，设计不合理或局部压力过大也会导致内短路。电池过冲和过放的诱导下也会出现内短路。

(4)产气

在电池化成工艺过程中消耗电解液形成稳定SEI膜所发生的产气现象为正常产气，但是过度消耗电解液释放气体或正极材料释氧等现象属于异常放气。常出现在软包电池中，会造成电池内部压力过大而变形、撑破封装铝膜、内部电芯接触问题等。

4.正常电芯与失效电芯气体成分分析

电解液中的痕量水分或电极活性材料未烘干，导致电解液中锂盐分解产生HF，腐蚀集流体AL以及破坏黏结剂，产生氢气。不合适电压范围导致的电解液中链状/环状酯类或醚类会发生电化学分解，会产生C2H4、C2H6、C3H6、C3H8、CO2等。

(1)热失控

热失控是指锂离子电池内部局部或整体的温度急速上升，热量不能及时散去，大量积聚在内部，并诱发进一步的副反应。诱发锂电池热失控的因素为非正常运行条件，即滥用、短路、倍率过高、高温、挤压以及针刺等。

(2)电池内部常见的热行为

析锂即在电池的负极表面析出金属锂，是一种常见的锂电池老化失效现象。析锂会使电池内部活性锂离子减少，出现容量衰竭，而且会形成枝晶刺穿隔膜，就会导致局部电流和产热过大，最终造成电池安全性问题。

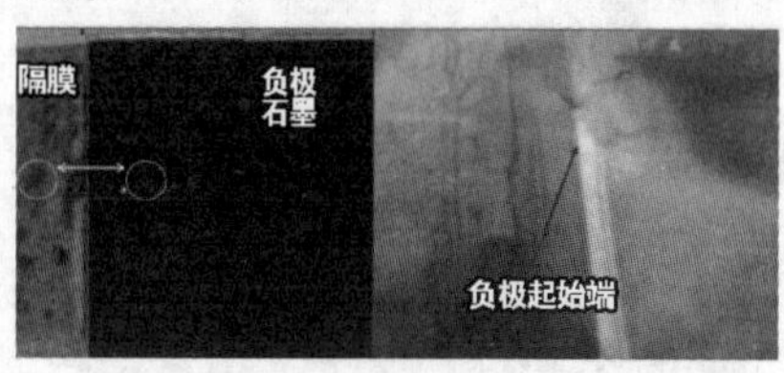

失效电池常见析锂图片

中国失效分析已在机械领域和航空领域得到系统性的发展，而在锂电池领域还未得到系统的研究。电池企业及材料企业各自开展锂离子电池失效分析的研究，但多偏重于电池制造工艺和材料的研发制备，以提高电池性能、降低电池成本为直接目标。未来研究院所与相关企业可加强合作交流，力求建立与完善的锂离子电池失效故障树和失效分析流程。

◇河北　娄云峰

单位：%

	气体成分	CO_2	C_2H_4	C_2H_6	C_3H_6	C_3H_8	H_2	CH_4	CO
水分过量	正常电池	0.3	62.21	1.99	0.32	0.58	15.05	3.08	16.63
		0.11	52.90	1.69	0.27	0.49	15.98	2.62	14.14
	失效电池	0.05	59.83	13.49	0.42	0.36	57.98	1.17	9.20
内短路	正常电池	0.13	59.59	1.98	0.30	0.57	9.29	3.05	15.09
	失效电池	86.80	0.10	2.10	0.10	0.30	8.70	1.80	0.10

编号	T/℃	化学反应	热量/$J \cdot g^{-1}$	说明
1	90~120	SEI 膜分解	—	—
2	110~150	Li_xC_6 与电解质反应	350	钝化膜破裂
3	130~180	PE 隔膜熔化	-190	吸热
4	160~190	PP 隔膜熔化	-90	吸热
5	180~500	$Li_{0.3}NiO_2$ 与电解质的分解	600	释氧温度约 200℃
6	220~500	$Li_{0.45}NiO_2$ 与电解质的分解	450	释氧温度约 230℃
7	150~300	$Li_{0.1}Mn_2O_4$ 与电解质的分解	450	释氧温度约 300℃
8	130~220	溶剂与 $LiPF_6$ 反应	250	能量较低
9	240~350	Li_xC_6 与 PVDF 反应	1500	剧烈的链增长
10	660	铝集流体的熔化	-395	吸热

具备瞬时完成电路特性测量的小工具(上)

一、频谱测试

能否同时产生所有频率的频谱?

当然可以,白噪声发生器就可以同时产生幅度相同的所有频率,更简单更快速!

电路中的噪声通常都是有害的,任何好电路都应该输出尽可能低的噪声。尽管如此,在某些情况下,一个特性明确且没有其他信号的噪声源就是所需的输出。

电路特性测量就是这种情况。许多电路的输出特性可通过扫描一定频率范围内的输入信号并观测设计的响应来测量。输入扫描可以由离散输入频率或扫频正弦波组成。干净的极低频率正弦波(低于10 Hz)难以产生。处理器、DAC和一些复杂的精密滤波可以产生相对干净的正弦波,但对于每个频率阶跃,系统必须稳定下来,使得包含许多频率的顺序全扫描很缓慢。测试较少的离散频率可能较快,但会增加跳过高Q现象所在的关键频率的风险。

白噪声发生器比扫频正弦波更简单、更快速,因为它能高效地同时产生幅度相同的所有频率。在被测器件(DUT)的输入端施加白噪声可以快速产生整个频率范围上的频率响应概貌。在这种情况下,不需要昂贵或复杂的扫频正弦波发生器。只需将DUT输出连接到频谱分析仪并观察即可。使用更多的均值操作和更长的采集时间,产生的目标频率范围上的输出响应就更精确。

DUT对白噪声的预期响应是频率整形的噪声。以这种方式使用白噪声可以快速暴露出意外行为,例如怪异的频率杂散、奇怪的谐波以及不希望出现的频率响应伪像。

此外,细心的工程师可利用白噪声发生器测试测试仪。测量频率响应的实验室设备在测量已知平坦的白噪声发生器时应产生平坦的噪声曲线。

在实际应用方面,白噪声发生器易于使用;体积小,足以实现紧凑的实验室设置;便于携带,适合现场测量;并且价格低廉。具有大量设置的高质量信号发生器非常灵活,十分吸引人。但是,多功能性会妨碍快速频率响应测量。设计良好的白噪声发生器不需要任何控制,却能产生完全可预测的输出。

1.噪声讨论

电阻热噪声,有时称为约翰逊噪声或奈奎斯特噪声,是由电阻内部电荷载子的热扰动产生的。此噪声大致是白噪声,接近高斯分布。在电学方面,噪声电压密度由下式给出:

$$VNOISE = \sqrt{4kBTR}$$

其中:kB为波尔兹曼常数,T为温度(单位K),R为电阻。

噪声电压是由流过基本电阻的电荷的随机移动引起的(大致为R × INOISE)。表1显示了20°C时的一些例子。

表1. 各种电阻的噪声电压密度

电阻	噪声电压密度
10Ω	0.402nV/√Hz
100Ω	1.27nV/√Hz
1kΩ	4.02nV/√Hz
10kΩ	12.7nV/√Hz
100kΩ	40.2nV/√Hz
1MΩ	127nV/√Hz
10MΩ	402nV/√Hz

一个10 MΩ电阻就代表一个402 nV/√Hz宽带电压噪声源与标称电阻串联。R和T的变化仅以平方根形式影响噪声,所以放大后的电阻衍生噪声源相当稳定,可作为实验室测试噪声源。例如,从20°C改变为6°C时,电阻从293 kΩ变为299 kΩ。噪声密度与温度的平方根成正比,因此6°C的温度变化引起的噪声密度变化相对较小,约为1%。同样,对于电阻,2%的电阻变化引起1%的噪声密度变化。

考虑图1:一个10 MΩ电阻R1在运算放大器的正端产生白色高斯噪声。电阻R2和R3放大该噪声电压并送至输出端。电容C1滤除斩波放大器电荷毛刺。输出是一个10 μV/√Hz白噪声信号。

本例中增益(1 + R2/R3)较高,为21 V/V。

即使R2很高(1 MΩ),来自R2的噪声与放大后的R1噪声相比也是无关紧要的。

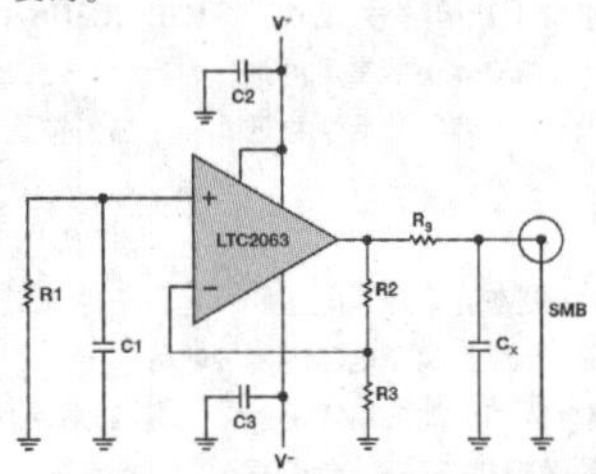

图1. 白噪声发生器的完整原理图。低漂移微功耗LTC2063放大R1的约翰逊噪声。

电路的放大器必须具有足够低的折合到输入端电压噪声,以便让R1作为主要噪声源。原因是电阻噪声应主导电路的整体精度,而不是放大器。出于相同的原因,电路的放大器必须具有足够低的折合到输入端电流噪声,以避免(IN × R2)接近(R1噪声 × 增益)。

2.白噪声发生器中可接受放大器电压噪声

表2显示了增加独立信号源引起的噪声增加。从402 nV/√Hz到502 nV/√Hz的变化按对数算只有1.9 dB,或0.96功率dB。运算放大器噪声约为电阻噪声的50%,运算放大器VNOISE的5%不确定性仅让输出噪声密度改变1%。

表2. 运算放大器噪声贡献

R_{NOISE} (nV/√Hz)	放大器 e_n	折合到输入端总计
402nV/√Hz	300	501.6nV/√Hz
402nV/√Hz	250	473.4nV/√Hz
402nV/√Hz	200	449.0nV/√Hz
402nV/√Hz	150	429.1nV/√Hz

白噪声发生器只能使用一个没有会产生噪声的电阻的运算放大器。这种运算放大器的输入端必须具有平坦的噪声曲线。但是,噪声电压往往不能精确定义,并且随着生产、电压和温度的不同而有很大的差异。

其他白噪声电路可能基于齐纳二极管工作,但其可预测性非常差。不过,对于μA电流,寻找最佳齐纳二极管以获得稳定噪声可能很困难,尤其是在低电压(<5V)情况下。

一些高端白噪声发生器基于长伪随机二进制序列(PRBS)和特殊滤波器。使用小型控制器和DAC可能就足够了;但是,要确保DAC不产生建立毛刺、谐波或交调产物,可能只有富有经验的工程师才能胜任。另外,选择最合适的PRBS序列也会增加复杂性和不确定性。

二、频漂问题

低功耗零漂移解决方案

此项目主要有两个设计目标:

● 一款易于使用的白噪声发生器必须是便携式的,也就是采用电池供电,这意味着其必须是微功耗电子设备。● 发生器必须提供均匀的噪声输出,哪怕频率低于0.1 Hz及以上。

考虑到上述噪声讨论及这些关键限制条件,LTC2063低功耗零漂移运算放大器符合这一要求。

图2. 袖珍型白噪声发生器原型

10 MΩ电阻的噪声电压为402 nV/√Hz,LTC2063的噪声电压大约为其一半。10 MΩ电阻的噪声电流为40 fA/√Hz,LTC2063的噪声电流小于其一半。LTC2063的典型电源电流为1.4μA,并且总电源电压可降至1.7 V(额定电压为1.8 V),因此LTC2063对电池应用是非常理想的。根据定义,低频测量需要很长的建立时间,因此该发生器必须由电池长时间供电。

LTC2063输入端的噪声密度约为200 nV/√Hz,噪声在整个频率范围内可预测且保持平坦(±0.5 dB以内)。假设LTC2063的噪声是热噪声的50%,而运算放大器电压噪声改变5%,则输出噪声密度仅改变1%。

设计保证零漂移运算放大器没有1/f噪声。有些器件比其他更好,而更常见的是,宽带规格错误或1/f噪声远高于数据手册中给出的值,特别是对于电流噪声。一些零漂移运算放大器的数据手册噪声曲线不会下降到mHz频率区域,可能是为了掩盖1/f噪声。斩波稳定运算放大器可能是解决办法,它能在超低频率时让噪声保持平坦。另外,高频噪声凸起和开关噪声不得损害性能。这里显示的数据支持使用LTC2063来应对这些挑战。

1.电路说明

薄膜R1 (Vishay/Beyschlag MMA0204 10 MΩ)产生大部分噪声。MMA0204是少数几个兼具高品质和低成本的10 MΩ选择之一。原则上,R1可以是任何10 MΩ电阻,因为信号电流非常小,所以可忽略1/f噪声。对于该发生器的主要元件,最好避免使用精度或稳定性可疑的低成本厚膜芯片。

为获得最佳精度和长期稳定性,R2、R3或RS可以是0.1%薄膜电阻,例如TE CPF0603。C2/C3可以是大多数电介质电容中的一种;C0G可用来保证低漏电流。

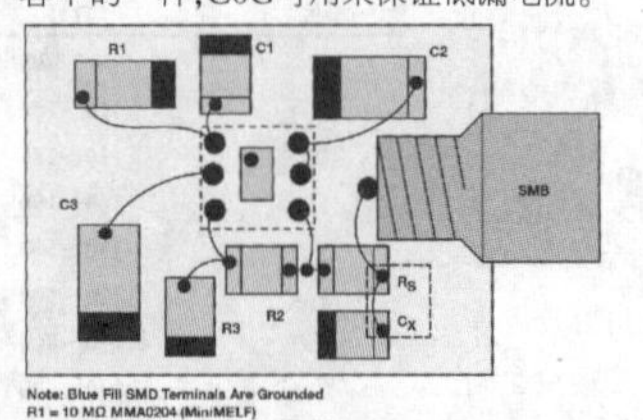

图3. 装置布局

2.部署情况

环路面积R1/C1/R3应减至最小,以确保EMI抑制性能最佳。此外,R1/C1应该加以很好的屏蔽,以防电场影响,这将在EMI考量部分进一步讨论。尽管不是很关键,但R1应避免较大温度变化。有了良好的EMI屏蔽,热屏蔽往往是足够的。

应避免VCM范围内的LTC2063轨到轨输入电压跃迁区域,因为交越可能产生较高且稳定性较差的噪声。为获得最佳效果,V+至少应使用1.1 V,输入共模电压为0。

请注意,10 kΩ的RS似乎很高,但微功耗LTC2063具有较高输出阻抗,即使10 kΩ也不会将LTC2063与其输出端的负载电容完全解耦。对于该白噪声发生器电路,导致峰化的一些输出电容可以是设计特性,而不是危险。

输出端看到的是10 kΩ RS和一个50 nF接地电容CX。此电容CX将与LTC2063电路相互作用,导致频率响应出现峰化。此峰化可用来扩展发生器的平坦带宽,就像扩音器中的孔眼扩大下端一样。假设使用高阻抗负载(>100 kΩ),因为低阻抗负载会显著降低输出电平,并且还可能影响峰化。

3.可选调谐

在高频限值时,有几个IC参数(例如ROUT和GBW)会影响平坦度。如果不使用信号分析仪,CX的推荐值为47 nF,这通常会产生200 Hz至300 Hz (-1 dB)的带宽。

不过,CX可以针对平坦度或带宽进行优化,典型值为CX = 30 nF至50 nF。要获得更宽的带宽和更高的峰值,请使用较小的CX。要使响应衰减更快,请使用较大的CX。

关键IC参数与运算放大器电源电流有关,低电源电流的器件可能需要稍大的CX,而高电源电流的器件很可能需要小于30 nF的电容,同时实现更宽的平坦带宽。

这里的曲线突出显示了CX值如何影响闭环频率响应。

4.测量

输出噪声密度与CX(RS = 10 kΩ,±2.5 V电源)的关系如图4所示。输出RC滤波器能有效消除时钟噪声。该图显示了CX = 0和CX = 2.2 nF/10 nF/47 nF/68 nF时输出与频率的关系。

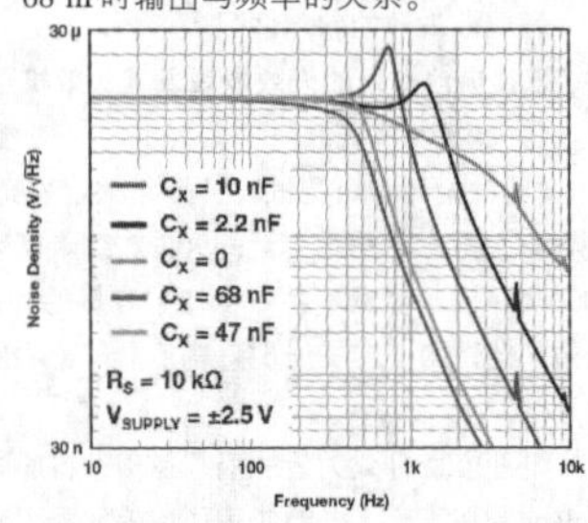

图4. 图1所示设计的输出噪声密度

CX = 2.2 nF时表现出轻微的峰化,而CX = 10 nF时峰化最强,然后随着CX增大逐渐下降。CX = 68 nF的迹线显示没有峰化,但平坦带宽明显较低。最佳结果是CX约为47 nF时;时钟噪声比信号电平低三个数量级。由于垂直分辨率有限,无法精确判断输出幅度平坦度与频率的关系。该图使用±2.5 V电池电源产生,但设计允许使用两枚纽扣电池(约±1.5 V)。 (未完待续)

◇王 虎

五颜六色说内涵

电路中器件和材料的颜色，丰富了电子电工技术的内涵，使得这一技术更为多姿多彩。本文列举了颜色在这一领域的部分作用，可望抛砖引玉。

1. 导线颜色的用法

①三相线L1、L2、L3：三根相线对应的颜色分别是：红、绿、黄。

②单相线L：红、绿、黄色中任选一色，在一个空间里布线，相线只能用一种颜色，不可以三色混用，选用的颜色要与总开关同相线的颜色一致。

③零线N：淡蓝色。

④中性线：蓝色或黑色。

⑤接地线PE：黄绿条纹线。

⑥直流电的正极(+)负极(-)：蓝色。

2. 按钮开关颜色的寓意

按钮开关指电力系统或设备控制系统等使用的功能开关。

选色原则：依按钮被操作(按压)后所引起的功能的信息来选色。常选用红、黄、绿、蓝、黑、白和灰色作为按钮开关的颜色。

①红色按钮：红色寓意“停止”“断电”或“事故”，是开关的常闭点，含有危险、紧急的意思。

同时具有“复位”“停止”与“断电”功能的用红色按钮；紧急停止必须使用红颜色蘑菇头型按钮，且采用旋转复位式开关。

②绿色按钮：寓意“起动”“通电”、运行、接通功能，含有安全、正常的意思，开关的常开点。在安全条件下操作或正常状态下准备正常起动；接通一个开关装置；起动一台或多台设备。允许选用黑色、白色或灰色按钮替代。

③黄色按钮：寓意“警告”“注意”“异常”，含有提高警惕、加强观察的意思。在出现不正常状态时操作、干预；参与抑制反常的状态；避免不必要的变化(事故)。

④蓝、黑、白、灰按钮：没有固定的含义。如果是一钮双用的“起动”与“停止”或“通电”与“断电”，也就是交替按压后改变功能的，不能用红色按钮，也不能用绿色按钮，而应选用黑、白或灰色按钮；用于单一“复位”功能的，用蓝、黑、白或灰色按钮；按压时运动，抬起时停止运动(如点动、微动)，应用黑、白、灰或绿色按钮，最好用黑色按钮，不能用红色按钮。

3.指示灯颜色的含义

指示灯可用的颜色有红、黄、绿、蓝和白色，多数情况下，指示灯与相应颜色的按钮开关有对应关系。

①红色指示灯：在一般工作运用中常将红色信号灯作为电源指示；紧急情况，危险状态或须立即采取行动；压力、温度超越安全状态；因保护器件动作而停机；有触及带电或运动的部件的危险。

常用于下列场合的指示：断路器分闸、接触器断开、相序错误、超载、极限限位动作、变频器故障、锚定、夹轨、防爬器放下、铁楔放下、极限偏斜、开锁指示、电梯工作指示、吊具油泵停止。

②绿色指示灯：安全、正常状态，允许进行，压力、温度在正常状态；自动控制系统运行正常；在一般工作运用中绿色信号灯作为合闸指示。

常用于下列场合的指示：电动机点动、断路器合闸、接触器接通、各机构正常、启动就绪、解锚、松轨、防爬器提起、铁楔提起、夹轨器、锚定测试、上下架连接指示、闭锁、吊具油泵启动。

③黄色指示灯：不正常，注意，不正常状态；临近临界状态；压力、温度超过正常范围；保护装置释放；仅能承受允许的短时过载。如：减速限位动作、锚定接近、着箱指示。

④蓝色指示灯：强制性，表示需要操作人员采取行动，输入指令。

⑤白色指示灯：没有特殊意义的其他状态，如对红、黄、绿或蓝存在不确定时，允许使用白色；一般信息；用作“执行”确认指令时；指示测量值。

在不可逆控制回路中，根据标准化的要求，应该使用白色信号灯作为电源状态指示。

4.色环电阻识别技巧

电阻是电子电路中最常用的电子元件，色环电阻就是在普通的电阻封装上涂上不同颜色的色环，用来表示电阻的阻值等信息，保证在使用电阻时不管从什么方向来观察，都可以清楚的读出它的阻值。

电阻的基本单位有：欧姆(Ω)、千欧(kΩ)、兆欧(MΩ)，换算关系是：1兆欧(MΩ)=1000千欧(kΩ)=1000000欧(Ω)。

平常使用的色环电阻分为四环和五环两种表示方法。

四色环电阻的识别：前二环为数字，第三环表示阻值的倍率(零的个数)，最后一环为误差。误差通常是金、银和棕色，金的误差为±5%，银的误差为±10%，棕色的误差为±1%，另外偶尔还有以绿色代表误差的，绿色的误差为±0.5%。

有一个小口诀：棕一红二橙是三，四黄五绿六为蓝，七紫八灰九对白，黑是零，金五银十表误差。即黑0，棕1，红2，橙3，黄4，绿5，蓝6，紫7，灰8，白9；金5%，银10%。

例如，图1左边电阻的阻值和误差是：

从左向右数，第一道色环表示阻值的最大一位数字，第二道色环表示阻值的第二位数字，第三道色环表示阻值倍乘的数，第四道色环表示阻值允许的误差(精度)。红、紫、橙、金对应的阻值是27000Ω(27kΩ)、误差±5%。

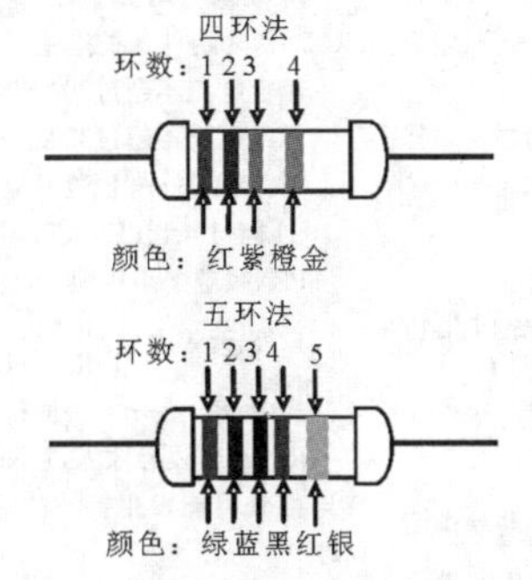

图1 电阻色环法图例

五环电阻的识别：前三环为数字，第四环表示阻值倍率(零的个数)，最后一环为误差。误差表示方法与色环电阻相同。

例如，图1右边电阻的色环是绿、蓝、黑、红、银，对应的阻值是：56000Ω(56kΩ)，误差±10%。

如果色环电阻不好分辨出那个是第一个色环，下面4个方法可以帮助识别。

技巧1：先找标志误差的色环，从而排定色环顺序。最常用的表示电阻误差的颜色是金、银，绝不会用做电阻色环的第一环，所以在电阻上只要有金环或银环，就可以基本认定这是色环电阻的最末一环。

技巧2：棕色环是否是误差标志的判别。棕色环既常用做误差环，又常作为有效数字环。常常在第一环和最末一环中同时出现，使人很难识别谁是第一环。在实践中可以按照色环之间的间隔加以判别。比如对于一个五道色环的电阻而言，第五环和第四环之间的间隔比第一环和第二环之间的间隔要宽一些，据此可判定色环的排列顺序。

技巧3：在仅靠色环间距还无法判定色环顺序的情况下，还可以利用电阻的生产序列值来加以判别。比如有一个电阻的色环读序是：棕、黑、黑、黄、棕，其值为100×104Ω=1MΩ。误差为1%。属于正常的电阻系列值；若是反顺序读：棕、黄、黑、黑、棕，其值为140×100Ω=140Ω，误差为1%。显然，按照后一种排序所读出的电阻值，在电阻的生产系列值中是没有的，故后一种色环顺序是不对的。

技巧4：仔细观察误差环的宽度比数字环的宽度要大些，宽度大的就是最末的误差环。

5.色点(色带)电容的读数

电容是电子电路中最常用的电子元件，色码电容就是在普通的电容封装上涂上不一样的颜色的色带或色点，用来表示电容的容量、误差等参数。

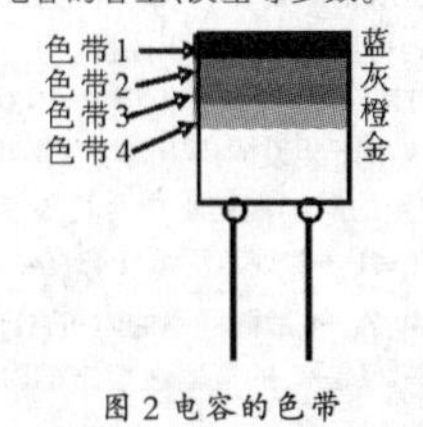

图2 电容的色带

电容的基本单位有：微微法拉(pF)、微法拉(μF)和法拉(F)，换算关系是：$1F=10^6\mu F=10^{12}pF$。

色带表示法与电阻器的色环表示法类似，颜色涂于电容器的一端或从顶端向引线排列。色码一般只有4种颜色，前两环为有效数字，第三环为倍率(零的个数)，单位为pF，第四环为误差。各种颜色代表的数字与色环电阻相同。如图2，电容的色带是篮灰橙金，对应的数值是68000pF，即0.068μF，误差是±5%。

◇河北 梁志星

简述超级电容技术的应用及发展前景

(紧接上期本版)

5.日常生活

各类手电筒、应急照明灯储能系统、智能三表(电水气)、电动工具、电动玩具、家电控制器、数码产品、电容触摸笔等。

6.各类医疗设备

四、超级电容器的发展前景与趋势

1.超级电容器的发展前景

超级电容可以广泛应用于辅助峰值功率、备用电源、存储再生能量、替代电源等不同的应用场景，在工业控制、风光发电、交通工具、智能三表、电动工具、军工等领域具有非常广阔的发展前景，特别是在部分应用场景具有非常大的性能优势。根据美国能源局测算，超级电容的市场容量从2007年的40亿美元，增长到2013年的120亿美元，中国市场超级电容2013年则达到了19.2亿元人民币。一旦汽车等应用大规模打开，市场将迎来快速的爆发。超级电容将与锂电池形成互补，共同推动新能源汽车发展步伐；石墨烯助力超级电容，性能有望大幅提升；超级电池(碳锂电池)成为超级电容发展的新方向。

2.2016~2022年中国超级电容器发展趋势

超级电容器广泛地应用于数码产品、智能仪表、玩具、电动工具、新能源汽车、新能源发电系统、分布式电网系统、高功率武器、运动控制领域、节能建筑、工业节能减排等各个行业，属于标准的低碳经济核心产品。超级电容器作为产品已趋于成熟，其应用范围也不断拓展，在工业、消费电子、通讯、医疗器械、国防、军事装备、交通等领域得到越来越广泛的应用。从小容量的特殊储能到大规模的电力储能，从单独储能到与蓄电池或燃料电池组成的混合储能，超级电容器都展示出了独特的优越性。

◇青海 李玉宁

注册电气工程师备考复习——防火及接地(1)

本文把规范GB 14050-2008、GB 16895.21-2011、GB/T 16895.10-2010、《建筑设计防火规范》GB 50016-2014、GB 50054-2011、GB 50058-2014、GB 12158-2006中的重要知识点作一个索引,方便读者查找学习。文中符号同前。符号"( )"中的是规范中的条文号。

一、规范索引

1.《系统接地型式及安全技术要求》GB 14050-2008

(1)系统接地的型式定义→"规范汇编"→P43-5【4】

①TN系统→"规范汇编"→P43-5【4.1】

根据中性导体和保护导体的组合情况,TN系统的型式有TN-S、TN-C和TN-S三种。TN-S系统→"规范汇编"→P43-5图1;TN-C系统→"规范汇编"→P43-5图2;TN-C-S系统→"规范汇编"→P43-5图3。

② TT系统→"规范汇编"→P43-5【4.2】,图4

③ IT系统→"规范汇编"→P43-5【4.3】,图5

(2)对系统接地的安全技术要求→"规范汇编"→P43-6【5】

①【5.1】基本要求,其中有:预期接触电压≤50V;或不论接触电压大小,切断时间≤5s;IT系统,发生第一次故障时,不要求自动切断供电,但必须发出警告信号。凡可被人体同时触及的外露可导电部分,应连接到同一接地系统。

系统中应尽量实施总等电位联结,应考虑实施辅助等电位联结的要求。辅助等电位联结导体应与区域内的下列可导电部分互相连接。

② TN系统→"规范汇编"→P43-6【5.2】

系统中所装设的用于间接接触防护的保护电器特性,在规定的时间内切断其供电,应满足下式:

$Z_S I_a \le U_0$←"规范汇编"P43-6-式(1)

式中:Z_S→故障回路的阻抗(Ω)

I_a→保证保护电器在规定的时间内自动动作切断供电的电流(A)

U_0→对地标称电压(V)

③ TT系统→"规范汇编"→P43-7【5.3】

系统中所装设的用于间接接触防护的保护电器特性,应满足下式:

$R_A \times I_a \le 50V$←"规范汇编"P43-7-式(2)

式中:R_A→电气装置的外露可导电部分与大地间的电阻(Ω)

I_a→在系统出现接地故障时保证保护电器能自动动作电流(A)

当保护电器为剩余电流动作保护装置时,式中I_a为额定剩余电流动作电流$I_{\Delta n}$;

当保护电器为过电流保护电器时,I_a为下述两者之一:

a.具有反时限特性的保护电器,为保证电器在5s内自动动作的电流

b.对具有瞬时跳闸特性的保护电器,为保证瞬时跳闸的最小电流

④ IT系统→"规范汇编"→P43-7【5.4】

系统发生相导体与外露可导电部分(或地)之间的第一次阻抗可以忽略的故障时,如果电阻值满足下式,则不一定需要切断供电。

$R_A \times I_d \le 50V$←"规范汇编"P43-7-式(3)

式中:R_A→电气装置的外露可导电部分与大地间的电阻(Ω)

I_d→相导体与外露可导电部分之间出现阻抗可以忽略的第一次故障时的电流(A),计及泄漏电流和电气装置总对地阻抗

2.《低压电气装置 第4-41部分:安全防护 电击防护》GB 16895.21-2011

(1)通常允许采用的保护措施→"规范汇编"→P45-5【410.3.3】

(2)对故障保护的要求→"规范汇编"→P45-6【411.3】

①保护接地和保护等电位联结→"规范汇编"→P45-6【411.3.1】

②在故障情况下的自动切断电源→"规范汇编"→P45-6【411.3.2】

【411.3.2.2】对于不超过32A的终端回路,其最长的切断电源时间见"规范汇编"P45-7表41.1。【411.3.2.3】在TN系统内配电回路和【411.3.2.2】规定之外的回路,其切断电源的时间不允许超过5s。

【411.3.2.4】在TT系统内配电回路和【411.3.2.2】规定之外的回路,其切断电源的时间不允许超过1s。

【411.3.2.5】对标称电压大于交流50V或直流120V的系统,发生故障时,其电源输出电压能在5s以内下降至等于或小于交流50V或直流120V,则其自动切断电源时间(不是出于电击防护考虑)的要求可不满足【411.3.2.2】、【411.3.2.3】或【411.3.2.4】。

【411.3.2.6】应按【415.2】的规定采取辅助等电位保护等电位联结措施。

③附加保护→"规范汇编"→P45-7【411.3.3】

应根据【415.1】的规定采用剩余电流保护器(RCD)作为附件保护措施:

额定电流不超过20A普通插座(有例外)

额定电流不超过32A的户外移动式设备

(3)TN系统→"规范汇编"→P45-7【411.4】

①【411.4.1】PEN或PE导体对地的可靠有效连接。PEN线应多点接地,减少PEN线中断

户外,无等电位:$\frac{R_B}{R_E} \le \frac{50}{U_0-50}$←"规范汇编"P45-7

式中:R_B→所有并联接地极的接地电阻(Ω)

R_E→当线导体通过不连接到保护导体的外界可导电部分可能发生接地故障时的对地最小接触电阻(Ω)

U_0→对地标称交流电压方均根值(V)

②【411.4.2】供电系统的中性点或中间点应接地。如没有或未从电源设备引出,则应将一个线导体接地。▲留意"注1"和"注2"

③【411.4.3】用一根导体兼作保护导体和中性导体(即PEN导体)。且不应插入任何开关或隔离器件。

④【411.4.4】保护电器特性以及回路阻抗应满足下列要求:

$Z_S I_a \le U_0$←"规范汇编"P45-7

式中:Z_S→故障回路的阻抗(Ω),包括下列部分的阻抗:电源;电源至故障点的线导体;和故障点和电源之间的保护导体

I_a→在【411.3.2.2】或【411.3.2.3】规定的时间内能使切断电器自动动作的电流(A)。

采用剩余电流保护器时,器动作电流是按照【411.3.2.2】或【411.3.2.3】规定的时间内切断电源的剩余动作电流。▲留意"注"—5×$I_{\Delta n}$

U_0→标称交流线对地电压(V)

⑤【411.4.5】可用作TN系统的故障保护的保护电器(间接接触防护):

过电流保护电器;

剩余电流保护器(RCD)。★留意"注1"

剩余电流保护器(RCD)不应用于TN-C系统。

(4)【411.5】TT系统→"规范汇编"→P45-8

①【411.5.1】共用接地板,多个保护器串联,中性点或中间点应接地,将一线导体接地。

②【411.5.2】TT系统中通常应采用RCD作故障保护。选用过电流保护器有条件。

③【411.5.3】采用剩余电流保护器作故障保护的条件:切断电源的时间符合【411.3.2.2】或【411.3.2.4】的要求;和$R_A \times I_{\Delta n} \le 50V$←"规范汇编"P45-8

式中:R_A→外露可导电部分的接地极和保护导体的电阻之和(Ω);

$I_{\Delta n}$→RCD的额定剩余动作电流(A)。▲留意"注1~注4"

④【411.5.4】采用过电流保护器的条件:

$Z_S \times I_a \le U_0$←"规范汇编"P45-8

式中:Z_S→故障回路的阻抗(Ω),包括下列部分的阻抗:电源;电源至故障点的线导体;外露可导电部分的保护导体;接地导体;电气装置的接地极;电源的接地极。

I_a→在【411.3.2.2】或【411.3.2.4】规定的时间内能使切断电器自动动作的电流(A)。

U_0→交流或直流线对地标称电压(V)

(5)IT系统→"规范汇编"→P45-8【411.6】

①【411.6.1】带电部分应对地绝缘或通过一足够大的阻抗接地。

②【411.6.2】外露可导电部分应单独地、成组地或共同地接地。应满足条件:

交流系统 $R_A \times I_d \le 50V$;直流系统 $R_A \times I_d \le 120V$

式中:R_A→外露可导电部分的接地极和保护导体的电阻之和(Ω);

I_d→发生第一次接地故障时,在线导体和外露可导电部分之间的阻抗可忽略不计的情况下的故障电流(A);I_d值考虑了泄漏电流和电气装置的总接地阻抗。

③【411.6.3】IT系统可以采用下列监视器和保护电器:IMD;RCM;绝缘故障定位系统;过电流保护器;RCD。

④【411.6.4】发生第一次故障后在不同带电部分又发生第二次故障时,自动切断电源的条件应按如下要求:

外露可导电部分通过保护导体连接到同一接地系统时,与TN系统情况相似,满足条件。

中性导体或中间导体不配出:$2 \times I_a \times Z_S \le U$←"规范汇编"P45-9

配出中性导体或中间导体:$2 \times I_a \times Z_S' \le U_0$←"规范汇编"P45-9

式中:U_0→线导体与中性导体(或中间导体)之间的标称交流电压或直流电压(V)

U→线导体之间的标称交流电压或直流电压(V)

Z_S→包括线导体好保护导体载内的故障回路的阻抗(Ω)

Z_S'→包括中性导体和保护导体载内的故障回路的阻抗(Ω)

I_a→按【411.3.2.2】中对TN系统规定的时间内或按【411.3.2.3】规定的时间内,使保护电器动作的电流(A)

▲留意"注1~注3"

外露可导电部分成组地或单独地接地,条件如下。

$R_A \times I_a \le 50V$←"规范汇编"P45-9

式中:R_A→外露可导电部分的接地极和保护导体的电阻之和(Ω);

I_a→按【411.3.2.2】的表41.1中用于TT系统或【411.3.2.4】规定的时间内,能使切断电器自动动作的电流(A)。▲留意"注4"—5×$I_{\Delta n}$,

(6)功能特低电压(FELV)→"规范汇编"→P45-10【411.7】

(7)保护措施:双重绝缘或加强绝缘→"规范汇编"→P45-10【412】

(8)保护措施:电气分隔→"规范汇编"→P45-11【413】

(9)保护措施:采用SELV和PELV特低电压→"规范汇编"→P45-12【414】 (未完待续)

◇江苏 键 谈

2018中国大数据应用大会论坛集汇(三)

小米赵辉华：亿级大数据应用

赵辉华，小米大数据产品总监

今天我分享的内容包含三个方面，是小米的业务和大数据积累，还有大数据在小米的典型的应用场景，最后是用户都非常关心的隐私保护策略。

小米的业务和大数据积累

在大数据领域里边，小米应该要向各位在座的老师、专家来学习，但是，在大数据里边小米有很多的探索，这个是雷总讲的铁人三项，对小米来说为什么是一个小公司呢？当小米只有三个人的公司的时候，我们做了这样一个系统，当有一百个员工的时候我们做手机，当手机做好了之后就向市场去卖，记着我们就做了小米商场，当小米的人数达到一千人，小米的用户数量超过千万的时候，这个时候我们大量的数据汇集起来，小米就针对这些用户的需求，针对我们手里边有的数据我们开始做云服务，开始做金融，开始做电视和其他的硬件设备的探索。所以对小米来讲这样的一个铁三项是一个旋风图，它每走一步，并是一开始都有很大的规划，我们要把每一个词要做好，是需要有大量的人力和巨大的投入，所以我们是从一个小的团队慢慢地成长起来，我们从一个小公司逐渐的做大数据的一个历程。在这个铁人三项里边，每一个都有我们大数据的支持。

最近是小米忙着上市，大家在网上看到的文章很多都在争论，小米到底是什么类型的公司，小米应该跟哪个公司来对标，对它进行估值，它有一些互联网的服务，有手机，有自己做的新零售的东西，还有硬件的一些产品，这对小米多元化的经营，对小米的公司定位来讲会引起一些困惑。

我们自己是这样定位的，我们认为小米不仅仅是一个手机公司，雷总把小米描述成一个移动互联网公司，这个在我们看来还不够，我们是一个智能设备的公司，我们也是一个新零售公司，它归结到最后我们是一家数据公司。

对小米来讲我们的三亿的小米用户，这是小米的所有业务的起点，如果没有小米的用户那么我们小米后续所有的业务来讲都无从谈起，所以对手机的硬件平台，具有流量的入口，在三亿的用户当中，我们有超过数千万小米应用，这些都应用都沉淀在我们的云服务中间，数据量的话，比如说像小米生态链，我们还有合并77家生态链的公司，当然现在这个数字要比这个大一些。

对生态链来讲有丰富的产品线，主要是围绕家具产品来展开，我们知道有小米手环这个也是有千万的级别。我们为了支持这些小米的业务和硬件业务，我们的云服务在背后有了大量的成本和人力来建设云服务。目前我们的总存储量远远超过两百PP。

这个是用户产生的文件的数量大概有这么多，对于小米的生态数据来讲，我们对BAT这些公司来讲有资深的特色，对于BAT来讲他们的社交数据、搜索数据，他们在单一个沉淀出来的数据是其他公司没有办法比拟的，对于小米来讲有这么多的生态链的数据，我们的多样性的数据是一个特色，我们看到有来自手机端用户使用的数据，还有围绕家具场景，日常生活汇集起来的数据，在我们看来是用户通过小米的平台所产生的这些行为数据是我们后续在大数据建设的核心竞争力，这也是给我们大数据带来的挑战，怎样把这些异构的数据，以及半结构化的数据整合起来一起来支持核心业务，这也是我们技术上面所面临的挑战。我们大数据有这样的规划，我们有一个高级AI层，B就是指大数据这一层，还有下面的基础能力和基础架构，是C，在云计算这个层面，对于我们的这样的技术团队大多数的人力和资源都放在了基础能力就是C这个层面，在大数据的业务中间，我们的工作来讲主要是为了支持公司现有的业务，现有的核心业务，比如我们的销售，我们的手机，我们的手机生产，还有就是品质革命，在过去的2017年，如果说整个小米只有一个核心关键词的话，那就是品质，雷总对我们的要求也是说大数据在品质上面能够为公司，为手机的生产，为手机的使用能够做什么贡献，这也是我们团队的一个主要的任务。

小米典型的应用场景

首先讲一下大数据的全局搜索，我们现在已经有接入了16类的垂直内容，日均用户量是1600万，日均请求量是四千多万，这也是在去年前年这两年里边信息流里边发展非常快，小米的信息流的业务的增长速度也非常的快。

在新零售这个领域，在产品渠道方面我相信大家都会遇到一个共同的痛点就是在销售渠道的串货，在价格攻防战里边是最头疼的问题，小米刚刚进入的线下市场里边我们面对的挑战也是这个方面，所以大数据我们会支持公司里边在对渠道管理，对渠道的串货，乱价，刷机都做一些应对。除了这个之外我们还对用户群进行深度的运营，对我们的品牌和售后体系的搭建来做支持。

在小米的大数据里边一个业务块是现金贷，很多户金做的是用户来审核这样一个体制，小米是因为手里边有大量的数据，我们预先会知道每个用户风险，小米是通过邀请制，对他在信用方面状况比较好的人的话，我们会给他推送邀请，所以小米在现金贷方面的逾期率和防欺诈方面是非常非常低的。在金融风控体系方面，就是在邀请方面，我们在还款的阶段，催收这些方面我们都会对每一个环节来预控，我们会积累用户的行为数据来判断。

对金融业务来讲，征信数据是最重要的，对于小米来说我们是缺乏来自银行的数据，我们也缺乏向淘宝的数据，我们的数据是来自低层，量非常大，它没有那么密集的基层的行为数据，所以我们大数据的任务就是把海量的行为数据对它进行分析，对一个用户来讲他的行为模式里边有各种各样的行为模式在手机平台能够记录下来，这些行为模式我们从中间通过机器学习的方式去寻找它与一个人的逾期风险，以及还款风险相关的特征。

比如说我们所挖掘的数据，这个不是根据专家或者说是业务员发觉的数据，一个人手机里边的金融的数据，手机是30天不激活，同时手机里边他会在三个小时时间里边会几台账号上面有活跃，而且在排名前十名有包括三个的金融应用，我们就会看这三个特征关联性似乎是一个没有意义的场景，但是我们的数据发现三个数据关联起来的时候，就代表这个人的逾期和欺诈的风险特别的高，类似于这样的发现我们做了很多。

接下来我们会跟金融团队一起来配合，把我们的金融，所做的个人的应用，把金融服务整合到小米系统里边，包括像销售，包括像它的智能设备的使用，包括与我们在，特别是与健康相关的智能设备，数据的采集和后续健康服务方面都可以关联起来，来打造全生态的金融服务。

接下来就是大数据和AI，六千万是比较保守的数字，我预计这个量应该是在八千万或者是更高一些，这么多的联网设备在各个方面汇集了一个用户全范围的健康，跟他的行为方式相关的数据，在这些数据里边会构建千万级的场景，我们对这些场景如何进行融合来建立用户的行为模式，还有语音控制，交互等等这些都是具体的技术手段。比如在我们所做的智能助手的引擎是以语音控制作为切入点，对小爱作为交互，你通过语音可以控制小米电视与各种智能家庭的设备，以及手机来做出互动。这个是由人主动操控的互动，在我们所理解的智能助理的生态里边我们更强调的是沉默交互，就是说对于用户下一个动作，他下一个动作是做什么，然后你事先我们的智能助理能够预测到，预测到以后你就事先为他准备这个服务，这样使人的体验能够大幅度得到提升。

隐私保护策略

根据我刚才讲的这些，大家会感受到新的能力的诞生，当然也会有人担心隐私的泄露，小米是做系统的，对小米公司来说，如果让用户感知到我们在隐私方面有任何的漏洞，这对小米来说这是灾难，所以对小米的隐私控制来讲是公司级别里边是最高级别的一件事情，我们对个人的隐私来讲是用户不愿意为人所知，对公司来讲本身他的风险也非常大，在大数据的使用和隐私这样的平衡中间我们的观点是我们需要寻求一个平衡点，使用户来得到数据分析，得到人工智能对数据的好处，同时又不损害个人数据的保护，大数据的创新不能对隐私的担忧得到停止。如何来实现这一点是今年在5月份刚刚发布的是欧盟的GDPR的这个政策，它与我们小米公司做的隐私保护的方面做的工作是一样的，所以我们投入了大量的人力来做这个事情，我们把GDPR的原则是欧洲的，但是我们也逐渐地引入到中国来。

这在隐私保护里边有五个方面，用户的授权，用户数据的可善处有几个方面，在这些里边，除了用户协议来讲，用户协议是不够的，很多人都是不看的，我们会有很显目的方式让客户看到对关键信息的参与程度，当他不愿意自己的数据销售优化的时候，我们可以用一些手段让这个用户的手段删除他的数据。

我们去年在评比中间小米的隐私保护得到了业界的认可，排在了手机类的厂商第一位。小米在所有大数据的应用探索，目的只有一个，就是让每一个人都能享受科技的乐趣。

◇会记

三代中九户户通接收机检修8例(下)

(紧接上期本版)

6.思达科808G户户通接收机前面板无显示。拆机检查发现3.3V正常，主板通往前显示板的DAT、CLK两根线已取下，拆下前面板发现按键公共端铜箔已经被割断，如图5所示，估计前维修者以为是按键有问题而采取的临时措施。笔者接上DAT、CLK以及铜箔后发现按键和数码管无反应，更换CSC725(U1)芯片后显示正常，但不断弹出菜单选项，不过测量按键没有发现漏电现象，怀疑数码管有问题，从料板上找来ALH3RC28F04代换原机的JH-2803ASR1R，通电试机一切正常。

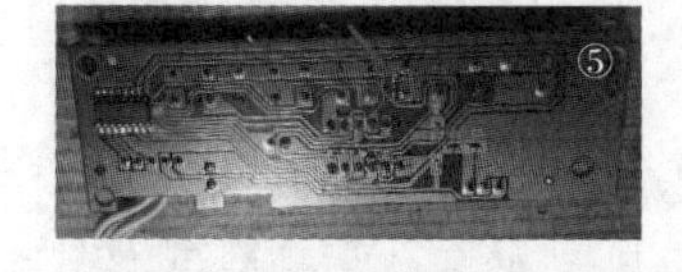

7.卓异ZY-5518A-CA01G进水导致无信号强度及质量。测量机壳外F头无极化电压，但拆开机器测量内部F头内端与PCB连接处却有极化电压，这说明F头内部已经被雨水腐烂，从料板上拆一块装上，如图6所示，试机收视完全正常。

8.卓异ZY-5518A-CA01E开机只能收到24套节目。开机测量发现极化供电始终为18V，该机极化切换电路如图7所示，主要是通过控制Q6的导通与截止来实现13/18V电压切换，根据维修经验判断8550三极管易击穿，可测量发现其CE极完全正常，通过原理图可知当Q7击穿也会使Q6处于导通状态，测量Q7果然击穿，用1AM代换后发现机器只能收到35套节目，再检查发现Q1不良，这使得Q7无法正常导通，再将Q1代换，如图8所示，通电试机59套节目顺利收看。

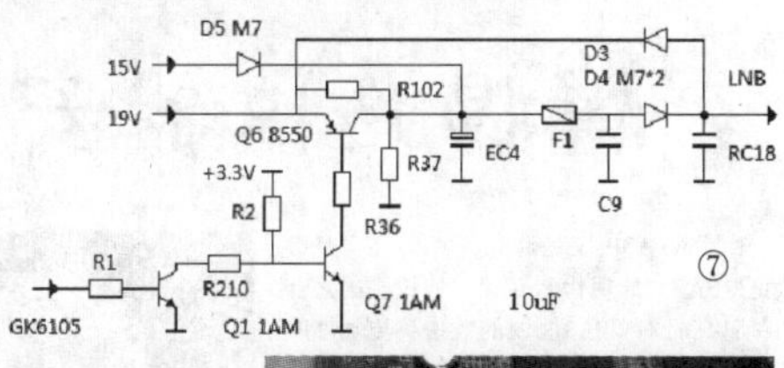

◇安徽 陈晓军

Lansche Audio旗舰No.8.2营造出难以匹敌的音色和动力

位于德国与瑞士边境的德国喇叭厂Lansche Audio成立于1990年，公司的名称是以老板Lansche的名字来命名的，起初叫做Ingenieurburo Lansche，后来到了2003年把公司名字改成Lansche Audio，不过在此之前已经在2003年推出收款采用半主动式设计的旧版NO.3，2008年将Corona离子高音重新修改升级。

Corona离子高音单元，灵敏度大约在93到96dB之间。到了Lansche Audio接手后，Corona离子高音经过改良和升级灵敏度已经提升到了99dB(1m/W)。Corona的离子高音有一个特点，那就是把所有的震荡线路高压供应，真空管都装在一个圆桶里，圆通的前段就是号角，成为一个整体的离子高音单体。

Corona离子高音靠着内部8mm长的电弧发声，这个电弧的面积只有传统高音单体的五分之一，质量更只有传统高音单体十万分之一(空气的质量)，上限可以延展到150kHz。

离子高音单元

型号:Corona

阻抗:6.4 Ω (最低 5.6 Ω)

灵敏度:98 dB / 1 W / 1 m

频率范围:1500 Hz ~150 kHz ±3dB

体积:16×16×30 cm

威虹音响获委任成为德国靓时捷(Lansche Audio) 中国总代理，靓时捷(Lansche Audio)全线产品业务由威虹音响全权负责。

首次接触Lansche Audio扬声器，是年前在一个本地影音展览会中，听过身高六、七尺，神高神大的No.8.1(AV及纯音乐)示范后，对其音色之准绳度和爆棚动态之凌厉（真的爆到七彩)已有初步了解。然而，发烧友都知道，音响展的厅房从来不是“聆听”的理想环境，到场的HIFI友都志在聆听音响器材的潜质而已。今天，当我在一个良好试音环境中，亲耳试听Lansche Audio最新旗舰No.8.2，我可以告诉你，音效比音展中的No.8.1实在胜出太多。或者No.8.2始终是新一代旗舰，比No.8.1好声兼全面毫不稀奇；另外是开声播放场地，“正规”的聆听环境令器材显示所长，反之音响展中的示范，有时候更令发烧友留下负面印象。

今日在The Sound Chamber中环陈列室试听的一对No.8.2，据说已是每天唱足九小时，连续煲足三个月，左右声道前障板一共4颗八寸中/低音单元，跑到声箱背后，见到2颗18寸长冲程纸盆单元（主动式以1200瓦Class D功放推动)，虽事先已看过“新产品情报站”文字介绍，看见18寸直径单元实物，总难免忍不住发出“哇”一声！要这6个单元百分百熟透，特别是双18寸，所需时间相信不少。未开声之前，我还担心声音会有点过紧生硬情况，但播唱过一些现场演唱会录音、大编制交响乐、抽鼓等，其声音平衡度之准确、音色之迷人、音乐感之丰富和爆棚气势之宏伟，已令我倾倒。整体而言，No.8.2不仅是音响业界历来设计理念及效果表现上最具野心作品之一，而且声音水准之高，是当今High End市场上，个别百万元扬声器难以企及者，在芸芸超级扬声器中，它竟然成为我心目中“抵买”的品种。

评论Lansche Audio扬声器产品，焦点当然离不开哪个会“发光”的Corona电离子高音单元“Plasma Tweeter”。究竟这个主动式电离子单元会发出怎么样的高音效果？跟一般半球型丝膜、金属或者铝带高音，声音上又有什么分别？怎么会产生出红光？其发音原理.....？的确令我十分好奇。近距离窥探“号角”深处，脸颊上感受到一种“热”，但温度总不至于太高(高音声箱两旁的缝隙是散热用)。查找资料，早于1996年Mr Rudiger Lansche (Lansche Audio老板)就委托Corona Acoudtic 设计了这款完全不需要介质，而直接驱动空气的高音单元，我们看见的那束紫红光，就是其高压放电的现象。由于电离子高音的设计与生产是异常复杂，成本高昂，现今使用此单元技术的扬声器厂家，除了Lansche Audio外，还有A-capella。但二者之分别，具Lansche Audio称：不似我们用变压器有源驱动，Acapella是使用Line Input来驱动的；另外，我们的电离子光球为8mm，比Acapella的4mm大一倍，有更佳的频宽特性。

这对售价高达港币180万的扬声器，是集经验与智慧于一身的设计，重播表现之高档，在同价及同样单柱式扬声器之中，绝对无出其右。特别印象深刻者是No.8.2散发出的高频延伸和音色效果，与一般的扬声器分别颇大，如果用“上的高、去的尽”来形容，未免太过普通，而且不够贴切，表达不出它的电离子技术之优点。直接描述听到的天碟录音播唱效果，相信会更佳容易，希望读者亦较易理解。重播现场录音，The Weavers Reunion At Carnegie Hall，透过No.8.2播唱现场热烘烘的气氛逼真慑人，如果器材系统偶有差池，例如前后级不匹配，扬声器的延伸不足，又或者高、中频分频衔接不佳，录音的像真度和现场气氛立即打上折扣。在一套Spectral前后级推动下，听完Ramblin Boy又听Guantanamera，再听Goodnight Irene，就发觉它是一对近乎完美的大型座低扬声器，空气感、空间感、乐声细节、吉他勾弹的质感等，音效已经好到令我手心出汗。在恣意将前级音量加大，这时候电离子高音仍毫无半点刺耳感觉，高音绝不会失控“飚”出来，反之，一切都是顺滑悦耳，透明感十足，它horn咀的形状，令扩散角度尤其广阔，所有单元，声箱都好像完全消失了。不讳言，起初还担心主动式发声的高音单元，还原出的金属质感(例如录音中的steel吉他、banjo等)，会否带点夸张甚至刮耳，然而它重播的拨弦声效是明亮、清晰、细滑，没有任何杂质，兼且速度飞快。

此外，中音之丰满和高密度，加上立体音像，针尖式的人声和乐器定位，身材“宏硕”的NO.8.2亦同样轻易做到。传统智慧告诉我们，喇叭越巨型，越难搞出惊人的定位效果，但我相信No.8.2确实例外。Guantanamera中Pete Seeger的歌声，到Goodnight Irene,Ronnie Gilbert的圆浑嗓音，很想用完美二字来形容，不单定位感靓绝，真的是触手可及，感情和韵味之浓烈，更达无懈可击境界。

设计扬声器实乃牵一发动全身，由年前No.8.1进化到今日的No.8.2，骤眼看使用的单元直径和数量已有明显变化。过往有些扬声器厂家，在设计高档型号时用多一个低音单元，结果弄巧成拙，令音效变的差劣，这些列子屡见不鲜。Lansche Audio的No.8.2背后障板上装嵌两个18寸纸盆大低音，取代No.8.1的两个15寸铝盆。再看扬声器前方的最顶和最低位置，两个大大的孔，远看还以为是低音单元，细问下才知道原来是背后两个18寸大单元的管道出气口。厂方称从此管道释放出的低频能量，比背后单元直接输出的量感还多。这完全牵涉到声箱设计中，低频调谐管道结构，以及对单元背波能量之控制。

从网页读到No.8.2的技术规格，低频可下潜至15Hz。对发烧友来说，低频当然越多月过瘾，但不得不承认，低频越多，问题也接踵而来，例如低频多过笼令谐振满室，叫人难受。至于前窄(14.7寸)后阔(20.5寸)，高大威猛的No.8.2，背后再加两个18寸直径超低音单元，要玩得好它，非要四、五百平方尺不可吧。当然，越大的空间播放，肯定对它百利而无一害。不过据我今日聆听陈列室的一对No.8.2，是以较大toe-in角度内凹，背障板距离后墙(一整片落地玻璃，盖上一层薄薄纱帘)亦顶多十几寸。会出现严重的低频反射吗？奇怪地......没有！

我还在播放RR《红魔鬼》一些爆棚乐段之际，跑到喇叭背后，将身贴近两个大单元，还以为会被轰到遍体鳞伤，头晕目眩。出乎意料地，我只感觉到一浸一浸，不是想象中那么沉重的低频，从单元中渗透出来，一旦返回皇帝位，马上便见真章。圣桑《骷髅之舞》末段，那种开山劈石式的爆棚劲度和气势，其浩瀚气魄和丰厚下围，低音卷滚而来，场面壮阔，乃是我听过的所有同价位扬声器之中最好的一对。若然逐件乐器计分，No.8.2播放弦乐、铜管乐、定音鼓和敲击乐器的音色与像真度，各项都几乎可取满分。特别是重播弦乐独奏或合奏，它表现卓越，效果之佳可算独步天下。

警惕路由器安全

由于WPA3协议是建立在名为"同等身份认证"(SAE)的现代密钥建立协议基础之上的，所以，针对WPA3协议的攻击将更加难以实施。传统的攻击方式是黑客需要在无线路由器的WiFi信号范围内才可以抓取传递中的数据，从而进行破解攻击。新型攻击方法无需捕获完整的EAPOL 4次握手数据；只需单个EAPOL帧中的RSN IE (Robust Security Network Information Element，鲁棒安全网络信息元素)数据即可；就可以随心所欲展开攻击并控制路由器。

黑客使用三种工具就可以完成攻击，攻击的软件有Hcxdumptool v4.2.0或更高版本，Hcxtools v4.2.0或更高版本，以及Hashcat v4.2.0或更高版本。第一个工具会抓取必要的连接框架并将其转储到文件中，第二个工具将保存的数据转换为Hashcat可以读取的格式，第三个工具会对路由器的加密信息进行破解。

这种新型攻击技术的有以下几个“优点”：

a.无需普通用户的参与——因为攻击者直接与AP通信(又称“无客户端”攻击)；

b. 无需等待普通用户和AP之间完成4次握手；

c.无需重传EAPOL帧(可能导致无法破解的结果)；

d.普通用户无需发送无效密码；

e. 当普通用户或AP离攻击者太远时，也不会丢失EAPOL帧；

f.无需修复nonce和replaycounter值(速度更快)；

g.无需特定的输出格式(pcap、hccapx等)——最终数据将显示为常规十六进制编码字符串；

这种攻击方式减少了访问路由器并寻找密码所使用的时间，但不会减少破解保护这些密码的加密所需的时间。破解密码所持续的时间取决于用户设置路由器密码的复杂性，如果用户不是使用路由器出厂默认的账户和密码，那么黑客破解密码应该会花很多时间。为了更好地保护自己家中的路由器免受攻击，建议使用“大写字母+小写字母+数字+符号”这种形式的密码会相对安全些。

鉴于对网络安全方面的考虑，这里就不列出具体的攻击过程步骤了。

(本文原载第42期11版)

■实用性 ■启发性 ■资料性 ■信息性

2018年8月19日出版

第33期

(总第1970期)

国内统一刊号:CN51-0091 定价:1.50元 邮局订阅代号:61-75

地址:(610041)成都市天府大道北段1480号德商国际A座1801 网址:http://www.netdzb.com

让每篇文章都对读者有用

5G测试基站正陆续开通 成都大力推动5G产业加快发展

5G已成为最热门的话题,随着独立组网标准的冻结,全产业齐发力,5G已经从实验室走入人们的生活。成都5G产业现状如何?

近日,成都市组织召开了推进5G产业发展现场办公会和座谈会。参与会议的有华为技术有限公司成都研究所、成都泰格微波技术股份公司、中国电信西部信息中心、成都海威华芯科技有限公司等地,详细介绍5G技术研发、5G试点城市建设、5G产业布局及企业运营发展等情况。

在华为技术有限公司成都研究所,通过实时大屏幕,华为在深圳演示了科幻一幕——利用5G技术支持的全息投影应用,可以让相隔千万里的人们"同桌畅聊"。在华为看来,5G技术的创新将带来百亿量级的联接。

成都泰格微波技术股份公司是5G企业的另一个代表,这是一家从事军、民用微波器件、组件和系统的研发、生产和销售的高新技术企业。据泰格微波董事长、总经理吴传志介绍,目前,已申请5G相关发明专利10余项。

在中国电信西部信息中心,已经能看出未来5G是什么样子。该中心与电子科技大学、四川大学、西南交通大学共同组建了"云计算高校联合实验室",获国家计算机网络应急技术处理协调中心授予西部信息中心"国家级数据安全中心"。电信相关负责人表示,预计2025年,5G将为成都带来1100亿直接经济增量。

在成都海威华芯科技有限公司,据介绍,该公司的第二代半导体GaAs芯片主要用于5G通信的手机和基站的射频前端,作为核心的功率放大器芯片,是5G通信不可或缺的芯片。在5G通信的中频段,海威华芯的GaAs HBT技术已经在3.5GHz测试可用,技术水平与世界先进水平一致。目前公司已承担四川省经信5G专项,已加入中国移动牵头成立的5G联合创新中心,5G相关的专利已经申请了40余项。该公司正在着力研发VCSEL激光器,让人脸识别更精准。

成都正在积极推进5G试点城市建设,电信、移动、联通集团公司均将成都纳入国家发展改革委批复的5G试点城市。目前,移动已在省公司营业厅、电信在西部信息中心、联通在春熙路开通了5G测试基站。下一步将在成都天府国际机场、龙泉车联网基地、天府软件园、二环路、科学城等区域陆续开通试验站。成都市经信委成立了专项工作小组,广泛调研5G技术研发,跟踪把握5G发展方向和产业机遇,筹组5G专家咨询组和5G产业创新发展联盟。

成都发展5G有一定基础,华为、诺基亚贝尔、爱立信都在成都设有研发中心,成都还拥有一批天线、射频器件、微波芯片等5G上游企业,能够为5G系统设备生产厂家提供配套。成都正在积极协调,收集评选5G示范应用项目、建设车联网试验基地和无人驾驶测试场、推动产业链研发企业与电信运营商协作,促进产业链上下游及相关企业协同,尽快形成和完善成都5G产业生态圈。

◇摘编自成都市经信委官方微信

按需经济时代来临,Android应用助力仓储运营

电子商务是推动全球经济发展的关键动力,且正在全球范围内蓬勃发展。根据《2017年世界电子商务报告》显示,中国稳居全球规模最大、最具活力的电子商务市场地位。2017年,中国电子商务交易总额达29.2万亿元,同比增长11.7%,B2C销售额和网购消费者人数均排名全球第一。那些熟悉智能设备且时刻保持互联的消费者不断提高购物期望,推动了零售商、制造商和物流企业携手合作,来满足按需经济时代日益增长的消费者需求。

斑马技术近期发布的《未来订单履行愿景调查》显示,89%的受访者认同电子商务正驱动着对于更快交付的需求。至2023年,78%的物流企业期望提供当日送达服务,至2028年40%的物流企业期望能够实现两小时内送达。此外,研究还指出库存查找、减少缺货和补货效率是物流企业实现全渠道订单履行的主要挑战。

要想适应新的需求和挑战,仓储和库存管理是亟待解决的主要难点。想要满足消费者对全渠道产品交付及订单履行的期望,则需要改善仓储现状来提高生产力和效率。当仓库需要从生命周期临近终结的传统Windows系统迁移时,采用Android系统将获益良多,其在助力仓库顺利运作的同时,还能适应市场的波动。

Android应用在仓储运营中的优势

面对从Windows CE升级的挑战,Android已然成为下一代平台的首选。首先,其一大关键的卖点是能与一系列遗留系统兼容运行,随着Windows产品在未来两到三年内逐步淘汰,这一优势变得越来越重要。企业因此也可以无需重置后端系统或是重新培训操作人员。

另一大优势在于Android为用户所熟悉,是全球消费者最为广泛使用的移动操作系统(OS)。仓库拣货员早已不再使用需要进行一长串输入的旧式键盘,而是使用带有图形用户界面(GUI)的全触摸屏。全触摸屏已经成为消费级智能终端普遍采用的界面,其不仅有助于提高生产效率,还能大幅减少错误的发生。

此外,Android还有助于实现更快速的采用及使用,尤其是在千禧一代中——未来全球劳动力的关键群体。根据《斑马技术2020仓储前瞻性研究》,仓库管理者估计新员工需要培训50个小时,才能达到最高的生产效率。而他们明确希望能将培训时间缩短至36个小时,也意味着提高20%的生产效率。对于为了满足季节性需求而雇用的临时员工,使用装载了熟悉的操作系统(例如Android)的设备能够帮助其降低学习曲线。

例如,斑马技术基于Android系统的全新MC3300手持式移动数据终端,其旨在帮助零售商和物流供应商提高配送中心、仓库和库存管理的生产效率。MC3300拥有明亮的大屏触摸式显示器,实现了直观的基于Android的触摸式界面。这一产品特性为员工提供了其所需的灵活性来降低学习曲线,并且能在快节奏的后台和仓库环境中提高效率。

另外,Android提供了一个安全的平台,其中包含一系列管理应用程序编程接口(API),使仓储IT部门能够防止数据泄漏并强化合规性。IT管理人员可通过加强网络配置和采用相应的策略来保护企业数据。斑马技术的Mobility DNA套件就是一个例子。Mobility DNA可通过企业级特性增强Android OS,以实现终极控制。该软件套件包括一系列独特的工作效率、管理和开发工具,用于实现更轻松的集成以及优化的业务效率。对于倾向自带设备(BYOD)的企业,IT工作人员还可选择配置工作文件,在操作系统层面实现个人与企业数据的分离。

在过去几年中,黑客和病毒对Android智能手机与设备的攻击倒逼着Android安全性的提升。当前Android平台的安全机制是通过利用缓解(Exploit Mitigation)和设备加密来确保设备、数据和应用程序的安全。此外,管理API使用户能够在其设备组上实施策略控制。

亚瑟士(ASICS)公司的欧洲子公司ASICS Europe BV就是充分展现Android设备正如何改善仓储运营很好的一个案例。亚瑟士(ASICS)由日本鬼冢八喜郎创立,是跑鞋、休闲鞋类及服装领域的领先设计者和制造商。

最近,亚瑟士(ASICS)启动了全新协同型仓库管理系统(WMS),并期望能够更新其欧洲仓库中曾一直采用的移动设备组。在转而采用了斑马技术基于Android的全新移动终端后,ASICS德国仓库的员工能够快速提高其生产效率,并为公司节省成本。

总体而言,重新评估未来仓储的运营能力变得越来越重要。Android的应用能够推动劳动生产力及仓储运营的准确度,且具有强大的安全性和用户友好型功能。同时也能助力企业获得性能优势,使企业能够更有效且更准确地管理库存,进而提升竞争力,以满足当今按需经济下的消费者期望。

(本文原载第42期2版)

◇斑马技术亚太区技术总监Tom Lee

5G时代手机成本将加剧

目前,5G技术还未实现正式商用,相关企业的专利许可费就已出炉了。随着爱立信、高通公布了5G专利收费标准,近日,又有消息称华为公布了5G专利费收费方案(疑似)。

据称,华为公布的5G专利收费标准为:只要厂商使用华为的专利,统一的收费标准为4%,这也意味着,一款4000元的5G手机,厂商需要向华为交160元的专利费。而高通之前公布的5G专利收费标准为:单模5G手机专利收费4%,多模5G手机(包含3G/4G/5G网络)专利收费是5%,还是以4000元的5G手机,采用了高通这两种不同的方案后,所有的加起来分别要给交付专利费是160元和200元(不管用不用高通芯片都收费)。

对比起来与高通差别不是很大,仅在多模这一块比高通低40元。这个差价与爱立信的收费标准差不多,爱立信首席知识产权官古斯塔沃表示:对于高端手持设备,爱立信的5G专利许可费设定为每部5美元(按1:7的汇率计算,约为35元);对低端手持设备,专利许可费最低低至每部2.5美元。也就是说现在买一部5G手机,就已知专利费就得交高达395元。

对此,业界评论认为,这部分钱,手机厂商还得算在消费者头上,而且这仅仅只是其中三家的专利费。随着爱立信、高通、华为公布了5G专利收费标准,相信诺基亚、三星的5G收费标准也不会太远了。这就意味着5G时代,手机没有便宜货了!

◇林 一

三星BN44-00260A电源+背光灯板维修实例

三星液晶彩电采用的BN44-00260A电源板，型号全称为：H32HD-9SS BN44-00260A，是集开关电源与背光灯逆变器于一体的二合一板。其中开关电源部分集成电路采用ICE3BIK0665J+FAN7530组合方案，输出+5VS、+5VM、+12V电压；背光灯驱动电路采用SEM2006。该板主要应用于三星LA32B450C4H、LC32B457C6H、LA32B460B2等液晶彩电中。

三星BN44-00260A电源+背光灯板实物和工作原理图解见图1所示，电路组成方框图见图2所示。该二合一板主要由三部分组成：一是由驱动电路FAN7530(UP801S)和大功率MOS开关管QP802S、储能电感LP801S、PFC整流滤波DP805、CP815为核心组成的PFC电路，将供电电压提升到+380V，为主电源和背光灯升压输出电路供电；二是由厚膜电路ICE3BR0665J(UM801S)、变压器TM801S为核心组成的主电源，将+380V转换为+5.3V、13V电压，为主板和背光灯驱动控制电路供电；三是背光灯部分见图1上部文字。

例1：开机无电源指示，试机时偶尔开机正常

根据维修经验以为是电容鼓包故障，拆机发现主电源电路DB802处线路板焦黄。在路测DB802正、反向阻值未短路，拆下测量不良。根据图3所示原理图，该管正极接开关变压器TM801的⑤脚，是VCC整流二极管，采用的是工频管1N4007，曾有网友反驳是U4007，经仔细查看确认为1N4007，其工作频率较低。由于实际工作频率较高，所以容易损坏，用快恢复管代换后试机正常。

例2：无电源指示

拆板通电，测次级无任何输出，次级阻值正常。测开关电源驱动电路UM801S(ICE3BR0665J)的⑦脚CM803处有16V以上启动电压，而CM804处无VCC电压，表明PWM块没有启振。在路测UM801S阻值无明显异常，稳压光耦PC801S的③、④脚阻值正常，外围电阻、电容、二极管无明显异常。试更换DM802、CM803、CM804无效。再仔细检查，发现稳压管ZD804反向电阻在50kΩ，但测ZD803负极对地阻值时发现阻值远远要大于50kΩ，表明ZD804有漏电。拆下测量果然漏电，由于ZD804漏电导致开关电源驱动电路UM801S的⑦脚电压不足，PWM块不能正常启振。用12V稳压管代换后正常。

例3：开机后有伴音，屏幕亮一下即灭

开机后指示灯亮，几秒钟后伴音出现，屏幕上刚显示出图像，马上熄灭，判断背光灯板电路保护电路动作。

对背光灯板电路的供电、控制电压进行检查，均正常。开机的瞬间，用数字表交流电压挡，黑表笔接地，红表笔搭接输出连接器的插头外皮，通过电磁感应测量交流输出电压，开机后的几秒钟内有150V左右的交流感应电压输出，当灯管刚亮时，马上消失。将图2所示的升压变压器TI801S和TI802S输出电压比较，发现TI801S的瞬间输出电压低于TI802S的输出电压。将TI801S和TI802S输出连接器的灯管对调后，依然是原TI801S变压器的输出电压低，判断TI801S内部短路。更换TI801S后，故障排除。

例4：开机后有伴音，无光栅

开机后指示灯亮，有伴音，但显示屏无光栅。测量背光灯供电，推动电路的13V和振荡驱动控制电路的VDD电压均正常。测量升压输出电路的380V供电为0，但测量开关电源PFC输出的380V电压正常。检查升压输出供电电路，发现图2所示的380V供电电路的电感BD901烧焦，开关管QI820、QI821击穿短路。更换QI820、QI821，BD901用普通电感代换后，故障排除。

◇海南　孙德印

背光灯部分：主要由振荡与控制电路SEM2006(UI801)、激励推动电路QI801~QI806、推动变压器DT801S与升压输出电路开关管QI820、QI821、升压变压器TI801S、TI802S三大部分组成。电源部分次级输出的13V电源直接为推动电路供电，同时经RI803//RI804降压后产生的VDD电压为背光灯振荡与控制电路UI801供电，PFC电路输出的380V电压为升压输出电路QI820、QI821供电。开机后，主电路控制系统向背光灯电路送去ON/OFF点灯高电平送到UI801的16脚，背光灯电路启动工作，UI801输出DRV1和DRV2激励脉冲，经激励推动电路QI801~QI806放大后，通过DT801输出激励脉冲，激励半桥式输出电路QI820、QI821轮流导通截止，其脉冲电流在升压变压器TI801S、TI802S中产生感应电压，通过互感作用，在次级高压绕组产生接近于正弦波的交流高压，经高压连接器去点亮液晶显示屏内部的背光灯管。

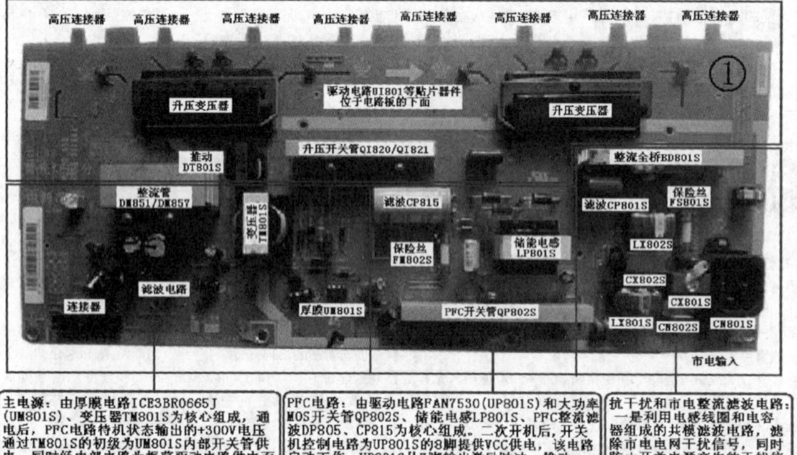

主电源：由厚膜电路ICE3BR0665J(UM801S)、变压器TM801S为核心组成，通电后，PFC电路待机状态输出的+300V电压通过TM801S的初级为UM801S内部开关管供电，同时经内部电路为振荡驱动电路供电而启动工作，内部开关管脉冲电流在TM801S中产生感应电压，经整流滤波后，一是形成+5.3V、13V电压，为主板供电；二是产生VCC电压，经开关机控制后为PFC驱动电路供电，PFC启动后将主电源供电提升到+380V。

PFC电路：由驱动电路FAN7530(UP801S)和大功率MOS开关管QP802S、储能电感LP801S、PFC整流滤波DP805、CP815为核心组成。二次开机后，开关机控制电路为UP801S的8脚提供VCC供电，该电路启动工作，UP801S从7脚输出激励脉冲，推动QP802S工作于开关状态，与LP801S和PFC整流滤波电路DP805、CP815配合，将供电电压和电流校正为同相位，提高功率因数，减少污染，并将供电电压B+提升到380V，为主开关电源和背光灯升压输出电路MOS开关管供电。

抗干扰和市电整流滤波电路：一是利用电感线圈和电容器组成的共模滤波电路，滤除市电电网干扰信号，同时防止开关电源产生的干扰信号窜入电网。二是通过全桥BD801S、电容CP801S将交流市电整流滤波，由于CP801S容量较小，产生100Hz脉动直流电压，送到PFC电路。

长虹LT32510液晶彩电精选维修实例

长虹LT32510液晶彩电很少出故障，但出故障后及时排除对使用者来说再好不过。下面就是笔者的维修实例，仅供参考。

例一：故障现象：开机无图、无声

检修过程：开机后电源指示灯不亮，用遥控开关机，无变化。打开后盖，初步判断电源故障。电源电路板实物如图1所示，电路图见图2。用万用表测C901一端无电压，测F901一端有市电压220V。焊开F901检测断路，换上F901，开机故障排除。

例二：故障现象：有声音，有背光，无图像

检修过程：开机有声音，无图像，能遥控，说明控制电路完好，估计故障在图像处理电路。如果电视长期使用后出现背光很弱，也会导致"无图像"。拔掉逆变器电路板的一个端子，有明显变化，7个端子拔掉(见图3)，没有背光，确认该背光灯是好的。更换图像处理控制电路即逻辑板，无变化，维修陷入僵局。拔掉逻辑板输入插座，无变化。拔掉逻辑板输出端子2插座，出现半幅光栅，初步判断液晶控制板有问题，也就是负载出现过载，导致无图像。同时更换K3341TP板和k3342tp板(见图4)，开机故障排除。

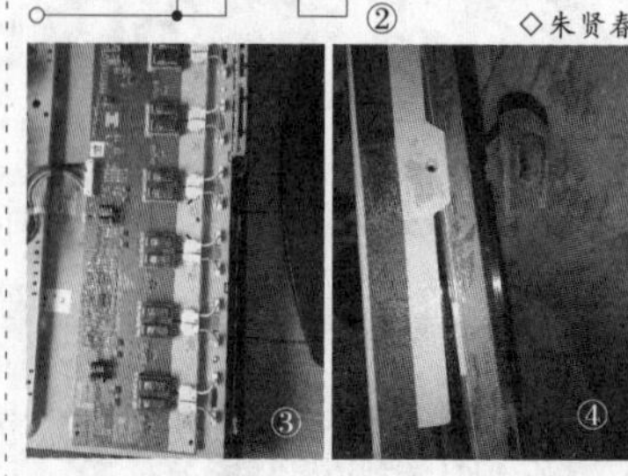

◇朱贤春

“拍”，莫忽视“白平衡”

一、何谓“白平衡”？

在我们日常进行相片拍摄和视频录制时，如果遇到拍出的画面颜色与肉眼看的颜色不一致（甚至误差较大）的情况，极有可能是相机或录像机的白平衡设置出现了问题。因为不管是室外晴天、多云还是室内灯光环境下，我们的固有观念仍会“坚持”将白色的物体视为白色、将绿色的物体视为绿色——眼睛能修正外界光源变化造成的色偏问题。但真实情况却是：当物体处于不同的环境光源中时，它们所反射回的光的颜色也会发生相应的变化，但相机或录像机却会“忠实”地将这些数据记录，由此便导致照片或录像出现让我们眼睛看起来感觉的“偏色”。要想避免这种偏色、拍摄出符合眼睛正常感觉的画面，我们必须正确调节相机或录像机的白平衡设置，或者使用相关的软件进行后期调整。

二、相片拍照的白平衡设置及后期调整

1.Nikon D610单反相机的白平衡设置

常见的数码相机都提供了较为丰富的白平衡设置功能，以Nikon D610单反相机为例，一般情况下我们直接选择调用其预设白平衡即可，具体设置方法如下：

D610提供了从自动、白炽灯到晴天、阴天等共七种白平衡预设，尤其是第一种“自动白平衡AUTO”项具有极高的准确率，一般在大多数情况下都能获得较好的色彩还原。D610白平衡设置的方法是先按一下机身上的“MENU”菜单按钮，然后在“白平衡”上按“OK”按钮，此时就可以从七个预设选项中选中第一项“AUTO自动”后再次按“OK”按钮即可（如图1所示）。

2.使用PhotoShop CS 6进行相片的白平衡调整

首先在PS中打开待处理的白平衡失真图片，按Ctrl-M组合键调出“曲线”对话框；然后在该窗口中点击下方三个小吸管图标中的最后一个“在图像中取样以设置白场”项，到图片中找到一处本该为白色的区域点击一下，PS很快就会以此区域的颜色值为“白色”基点来调节整个图片（整个画面立刻就会发生变化），感觉比较正常后就点击“确定”按钮（如图2所示），最后在PS中对修改后的图片进行保存操作即可。

三、视频录像的白平衡设置及后期调整

1.Panasonic HDC-HS900摄像机的白平衡设置

摄像机和相机的白平衡设置基本类似，以Panasonic HDC-HS900摄像机为例：首先点击其触摸屏上的“MENU”菜单项，接着点击“拍摄设置”-“图像调整”项，在弹出的“图像调整”功能区域内找到“白平衡调整”，点击即可通过两侧的黑色小箭头来进行白平衡调整（如图3所示），最后点击“退出”按钮。

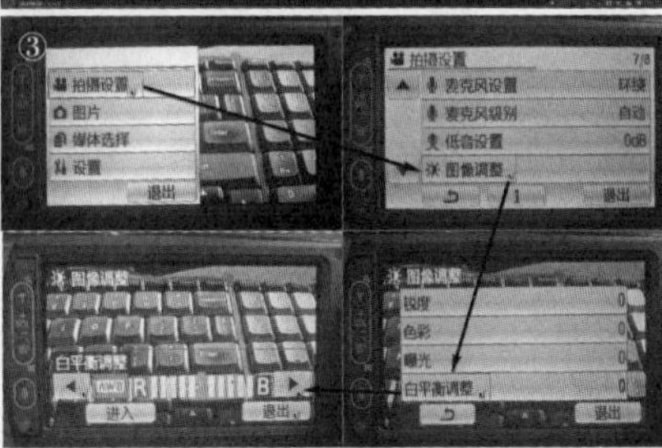

2.使用Edius 6.55进行视频的白平衡调整

首先在Edius中将待处理的视频素材片段导入素材库，然后再拖进视频/音频时间线；在时间线上点击选中它后再到右上方从“素材库”切换至“特效”选项卡，点击“视频滤镜”-“色彩校正”，将其中的“三路色彩校正”拖至时间线的视频素材上；接着，双击Edius主界面右下角“视频布局”下的“三路色彩校正”项（会弹出“三路色彩校正”窗口），此时，拖动时间线上的播放指针至某画面中出现有本该为我们眼睛视为“纯白色”对象的状态，点击一下这个“白色”对象，Edius的“三路色彩校正”就会将该状态值重新定义为“白色”，该视频片段其他区域的相关颜色也均会根据对比值而发生相应的变化；同时，我们也会从感觉上看到白平衡基本上已恢复正常（如图4所示）。如果感觉不太满意的话，还可以在“三路色彩校正”的第三个“白平衡”色盘中拖动中间的小滚珠来手工调节，当然也可以综合调节左边的“黑平衡”和“灰平衡”，最终达到一个比较满意的正常白平衡状态，最后再点击“确定”按钮即可。

◇山东　杨鑫芳

电脑经常死机的一个重要原因

自家使用的一台组装电脑，出现天气较热时频繁死机的故障现象，即使有时不死机，操作响应也相当迟钝。

最初以为是风扇不转所致，但通过观察，证明风扇运转正常，怀疑故障可能是内存不足或内存条金手指接触不良所致（所配内存条容量为4G），将内存条金手指用无水乙醇清洗后试机，故障依旧。试更换容量更大的内存条试机，仍不见效。终于有一天机器开机后刚刚运行开机程序不到10秒钟（开机程序需要10秒钟，10秒钟倒计时结束后出现开机画面）就死机了。于是，又怀疑CPU有问题，准备换一个试试。

拿掉CPU上面的风扇固定卡，取下风扇和CPU散热器后，就露出了CPU，抹掉CPU上面的散热硅脂，观察发现CPU表面颜色发黄，这显然是高温烘烤所致。然而，风扇运转正常，为何CPU温升会这么高呢？难道是散热器有问题！当把散热器翻个面观察时，发现只有中间大约1cm²的面积上沾有散热硅酯，其余地方根本没有。这是什么原因呢？仔细观察散热器的固定圆环，发现其直径稍小（组装机的师傅可能当时没注意），在风扇固定卡压下后，散热器的散热翼下方边缘恰好与散热器的固定圆环接触，阻挡散热器的底座不能进一步向下移动到与CPU的上表面紧密接触（实际上只有中间有一点点接触），导致CPU运行中因散热不良而过热，从而出现本故障。于是，用什锦锉刀将散热翼下方边缘锉掉一圈，然后再在CPU上方均匀涂上一层散热硅酯，装上散热器，将风扇固定卡压下复位后再拿下来，取下散热器观察，发现整个散热器的底座均沾满了一层散热硅酯，表明修理有成效。重新装上散热器试机，电脑顺利开机。

该电脑还有一个毛病，就是屏幕有时不停闪烁，有时自动运行某个程序（比如自动登录QQ）或出现多个相同页面，最后终于发现是“回车键”和“P”键复位不是很好（实际仍处于接通状态）。换一个新键盘后，上述故障全部排除。电脑不仅不再死机，而且操作响应快，开机时间也均变短。故在此提醒大家，当电脑出现频繁死机，操作响应迟钝时，不妨先查一下CPU的散热问题，可能会收到事半功倍的效果。

◇武汉　王绍华

Apple Watch开机白苹果的解决方法

Apple Watch在更新系统之后，由于某些原因，有时会出现开机白苹果的问题（见附图所示），常规的解决方法是同时长按Digital Crown（数码皇冠）和侧边按钮10秒以上实现强制重启，但往往需要多次尝试才能顺利开机，有时根本就是无法显示开机画面，最后是一个红色的感叹号，提示访问www.apple.com/help/watch…

其实，我们还可以使用下面的方法尝试解决这一问题：

在开机时，按住侧边按钮不放，直至出现白苹果的Logo图标，持续两秒左右再松开，这样就可以一次性顺利进入表盘。如果这一方法仍然无效，只能联系苹果官方售后了。

◇江苏　王志军

ACER P1185投影仪通电无反应检修一例

接修某培训学校一台ACER P1185 DLP投影仪，故障现象是通电无任何反应，初步怀疑是供电板问题。

小心拆开机器，发现该机主板与电源板是通过3*2排针连接的，而点灯板与电源板则通过2*2排针连接在一起的。将电源板拆下单独通电测量PFC输出端电容两端电压为正常的381V左右，测量其送往主板的12V、3.3V电压都正常（6个接点，其中12V和GND各占两个，1个3.3V和1个控制接点）。不过仔细观察发现这6个排针焊点有虚焊现象，这会导致送往主板的供电以及主板送来的控制信号有问题，于是用烙铁一一补焊（如附图所示），装机并通电发现待机指示灯呈红色，按下后机器能开机，但马上LAMP灯闪烁报警关机，看来灯泡或点灯电路有问题，考虑到主板与电源板间排针有虚焊现象，干脆将点灯板与电源板间的4个排针也补焊一下，再次装机通电测试一切正常，长时间开机也正常，故障顺利排除。

◇安徽　陈晓军

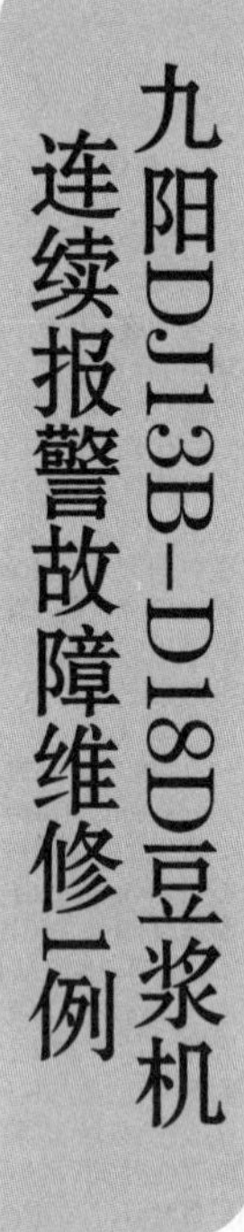

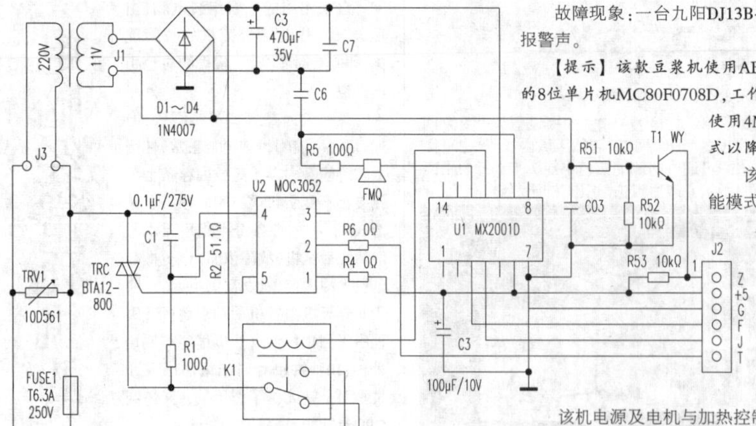

①

②

故障现象：一台九阳DJ13B-D18D型豆浆机不工作，蜂鸣器发出连续报警声。

【提示】该款豆浆机使用ABOV单片机有限公司生产的28脚SOP封装的8位单片机MC80F0708D，工作电压在主频1~4MHz状态下(该款豆浆机使用4MHz晶振)为2.2~5.5V，该芯片支持节电模式以降低功耗。

该机采用3只按键控制，按动选择键有6种功能模式可供选择，设有专门的轻松洗按键，通过5只发光二极管显示工作过程。

分析与检修：插电后试机，在果汁模式下电机转动正常，能够完成程序；豆浆模式下，加热到一定时间后发生连续报警，无法完成程序。根据经验，判断电源电路、微处理器电路基本正常，故障多发生在温度检测电路。拆机察看，该机电源及电机与加热控制在一块电路板上，如图1所示；电脑控制、发光二极管与按键在另一电路板上，如图2所示。

在豆浆模式下，测量温度检测信号的电压值随着加热温度的升高，从0.5V逐渐升至2V左右后直接降为0，此时机器发出连续报警声音，所有按键失去作用。断电后，拔出温度传感器RT的接头，用电阻挡测量热敏电阻的阻值为无穷大，随着温度降至常温后，阻值能从无穷大减小至87k左右，但仍高于正常值，怀疑该热敏电阻性能变差。用相同的热敏电阻更换后试机，各种模式下工作正常，故障排除。

【提示】机器恢复正常后，在豆浆模式下，从开始加热直至沸腾，测得温度检测电压从0.46V逐渐升至2.9V左右。

◇河南　赵占营

美的C21-ST2106电磁炉不加热通病检修1例

故障现象：通电后风扇正常运转，面板操作也正常，但不能加热。

分析与检修：据用户反映，该电磁炉以前刚开机时能加热，工作一会就不能加热了，最后发展到完全不能加热。该机采用触摸型操作面板，消除了因按键接触不良引发的故障。拆开外壳后察看，发现线路板有一处短接跳线脱焊。该机线盘感应线与IGBT输出端的连接是通过线路板上的一段U型跳线完成的。由于工作在大电流状态下，且焊锡较薄，天长日久，最终导致脱焊。补焊后，故障排除。

据笔者的维修经验，大部分电磁炉采用通过加宽敷铜板的方式直接把线盘感应线与IGBT连接起来。而该机此处却采用跳线设计，不太合理，增加了故障率。后来又遇到多台此款电磁炉不加热故障，皆为该U型跳线脱焊所致。

◇山东　张明磊

奔腾电磁炉不启动故障排除1例

故障现象：一台奔腾PIB11型电磁炉通电后，电源开关按键指示灯闪亮，按动开关键，整机无任何反应。

分析与检修：据用户反映，出现该故障，停放少则一天，多则一星期，插电后又可正常使用。但使用几天后，又会出现该种故障，使用的具体天数没有规律。根据用户的主诉分析，该故障多发生在控制电路上，有可能是面板上的开关按钮日久氧化漏电所致，也可能是CPU引脚及外围元件引脚脱焊所致。

打开电磁炉的后盖，卸下控制面板，用万用表在路逐一检测各个控制按钮，导通灵敏，阻值也未见异常。用放大镜仔细观察CPU的各脚及外围元件，未见元件引脚有明显脱焊的。故障在何处？无奈，只好将CPU的各脚涂上松香水，又仔细加焊了一遍。装机通电试机，居然顺利启动，工作正常。以为故障已排除，交由用户使用。但二十多天后，用户又将该电磁炉送来，反映老病复发，并告知修后用的时间较长，这是以前没有过的。修后用的时间长，说明加焊是有作用的，难道是加焊不彻底？于是，对CPU的引脚重新过焊，然后加电试机，电磁炉又能恢复正常工作。用户取走一星期后，又拿着该电磁炉第三次登门，说病根没除，又犯了！无奈，笔者只好告诉用户，电磁炉先放这，留下电话，修好后打电话通知你。几次返修表明，怀疑元件引脚脱焊是错误的。冷静思考，既然不是脱焊，会是CPU的性能不良？感觉也不是的，因为CPU的供电电压低，且功率小，鲜见出现异常。那么分析后认为，只能是电路漏电导致，于是，清洗控制面板线路间的污物，然后放阳光下晒干，装机后故障依旧。怪哉！自己感到有点儿打怵了，甚至想退钱给用户。故障面前要当硬汉，不可当逃兵，于是，决定知难而进！正在犯愁，一个小小的回忆，给本次维修送来了柳暗花明。记得十年前，登门给一位用户维修一台长虹牌29英寸CRT彩电，故障现象为菜单功能紊乱。这是此类彩电的典型通病故障。更换菜单按钮，电视立马恢复正常使用。仅用了3个月，用户反映又犯了老毛病。不可能啊，换的新按钮，怎会呢？登门检查，的确菜单功能出现紊乱。焊下菜单按钮，用万用表的R×10k挡检测，并未漏电，另换上一个新的，紊乱现象消失。笔者对此颇感纳闷，这也成为笔者心中的一个解不开的疙瘩。因此，笔者想到将电磁炉的8个按钮都换新，看能否排除故障。于是，从开关按钮开始，拆下后万用表检测，8个按钮均未发现问题。用8只同类型、正常的轻触开关更换后试机，电磁炉启动工作了。可又出现了一个异常现象，即开机后，电磁炉右侧最高挡，即2100W的功率指示灯长亮，不受控制。按动功率减按钮，只能从右侧第二个功率指示灯，依次灭两下，然后又自动恢复回去。这是什么原因导致的呢？难道是更换按钮出现了短路？用放大镜仔细查看电路的相关部分，并未发现有问题。通过耐心检查，发现原来是2100W功率指示灯漏电，用相同的发光二极管更换后故障排除，交用户使用半年始终正常。

◇青岛　宋国盛

嵌入式系统中不同视频接口类型的快速、低成本桥接

嵌入式系统开发人员正在利用移动处理器的创新、广泛接纳的MIPI标准接口,以及新一代低成本图像传感器和显示器，构建高性能低成本的产品，但仍然需要解决许多挑战。

随着性能的快速提升，如何预测所需的接口类型和数量？如何在利用这些处理器具备的创新特点的同时,又保留对传统显示器和/或图像传感器巨大投入的价值？如何快速、低成本地桥接不同接口类型,确保设计成功?

本文将介绍与迁移到新接口和桥接新旧设备相关的影响和设计问题，并介绍一些可行的解决方案和应用方法。

桥接新旧视频接口

人们对创新的低成本视频桥接解决方案的需求正与日俱增。例如,构建监控系统、无人机或DSLR摄像头的设计人员想要利用上热门移动应用处理器(AP)的最新创新。为此,他们通常必须将信号从专有的传统图像传感器接口转换到大多数AP上采用的移动MIPI CSI-2图像传感器接口。

如果设计人员构建的是下一代虚拟现实 (VR)耳机,则需要对来自单个MIPI DSI接口的视频进行转换并拆分到两个MIPI DSI显示器上。这样不仅提升了系统性能,同时产品沉浸效果更强(图1)。如果AP仅提供单个DSI接口或其中一个可用接口已经专门用于其他功能,如何向这些新兴应用提供支持呢?

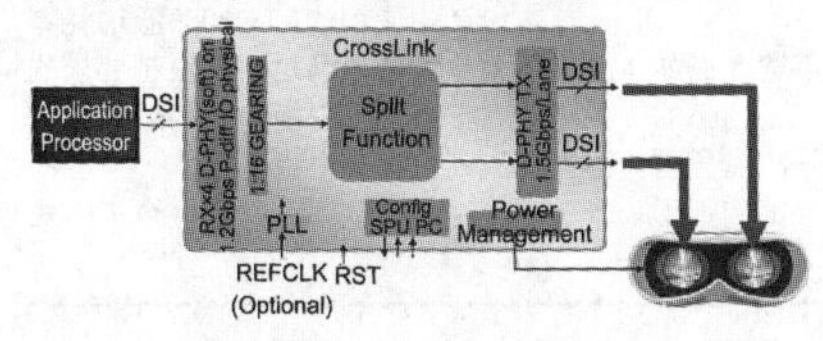

图1：视频桥接解决方案可用于在传统应用处理器上扩展端口数量,或提高带宽及整体性能。(来源：LATTICE SEMICONDUCTOR)

同样,人机接口(HMI)解决方案或智能显示器的开发人员可能也希望保留对工业级显示器巨大投入的价值。但要做到这一点,他们必须从OPENLDI/LVDS或专用接口桥接到移动AP上的CSI-2接口。

有时候，可能需要将多个视频流汇总到一个更大的帧输出,从而创建深度感知或增强现实系统。这时候，就需要一个位于摄像头传感器和图像处理器之间的桥接解决方案,可及时地在同一个点捕捉多个CSI-2输出并实现最小延时。这就需要通用引脚控制。多个合成的视频流也需要共享同一个时钟，且在某些情况下，可能需要单独的上电程序。要实现每个功能,就需要可轻松定制的I/O。

MIPI移动处理器的应用甚至已经深入到了传统工业应用,例如汽车制造业。随着汽车电子设备和摄像头数量的不断增长，汽车的高级辅助驾驶系统(ADAS)和信息娱乐子系统需要更多的视频桥接功能。

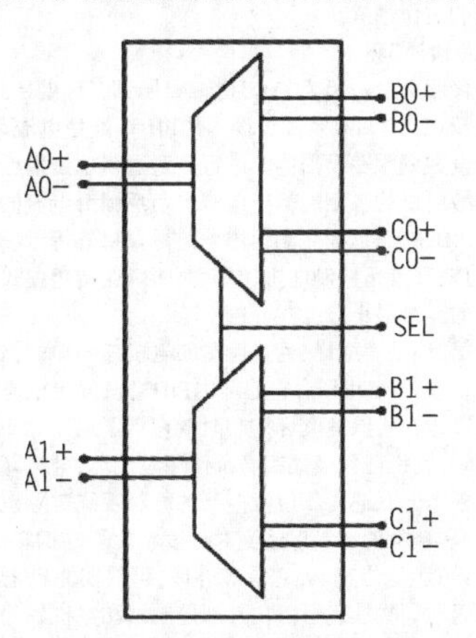

图2:TEXAS INSTRUMENTS HD3SS3212 2通道多路复用器/解复用器无源开关功能框图,可用于在电路板上发送信号，速率高达10 GBPS。(来源：TEXAS INSTRUMENTS)

摄像头最初开发用于帮助驾驶员在倒车时进行观察，现在制造商利用摄像头可提供车辆的全方位视角。例如，一些汽车制造商正在用摄像头取代后侧镜,从而减少空气阻力并提高燃料效率。设计人员构建的视频桥接解决方案使制造商能够汇总多个图像传感器的数据并将其通过单个CSI-2接口传输到AP。

通用开关

为了解决基础桥接解决方案的需求，设计人员一般会使用通用型开关。TEXAS INSTRUMENTS的HD3SS3212是通用2通道多路复用器/解复用器无源开关的典型实例，用于在电路板上两个位置之间发送信号(图2)。该器件兼容MIPI DSI/CSI、FPDLINKII、LVDS和PCIE GEN IIII标准，支持高达10 GBPS的数据速率。

设计人员可将该器件用于任何需要0至2 V共模电压范围和1800 MVPP差分幅值的接口应用。自适应跟踪可确保通道在整个共模电压范围内保持不变。

HD3SS3212附带多种工具和支持软件,包括用于USB TYPE-C MINIDOCK板的评估模块和评估板,以及带视频和充电支持的参考设计。

可编程解决方案

解决该问题的另一个方法是使用半定制或定制视频桥接解决方案。但这些解决方案通常专注于适用范围相对狭窄的应用，有着较长的开发周期和较高的非经常性工程(NRE)成本,ASIC就是一个典型。

为了弥补通用和定制视频桥接解决方案之间的差距，视频桥接器器件需要结合设计灵活性和较短FPGA开发周期,以及特定应用型标准产品(ASSP)的功能性能。针对这些特性,我们不妨了解下LATTICE SEMICONDUCTOR CROSSLINK LIF-MD6000 MASTER LINK评估板及其可编程ASSP (PASSP)(图3)。CROSSLINKIF-MD6000随该评估板提供,在LATTICE的DIAMOND设计软件中充当空闲IP。每个PASSP通过移动FPGA结构包围着两个MIPI D-PHY硬块。器件上每个MIPI D-PHY块均具有多达四个数据通道和一个时钟，用于支持传输和接收(TX和RX)。D-PHY传输高达4K超高清分辨率,速率为12 GB/S。两组可编程I/O支持多种接口和协议，包括MIPI D-PHY、MIPI CSI-2和MIPI DSI，以及CMOS、RGB、MIPI DPI、MIPI DBI、SUBLVDS、SLVS、LVDS和OPENLDI。

相邻的FPGA结构包含5,936 LUT、180 KB的块RAM,以及47 KB的分布式RAM。LUT沿可编程功能单元(PFU)中的专用寄存器分布,用作逻辑、算术、RAM和ROM功能的基础构件。可编程路由网络连接PFU块。

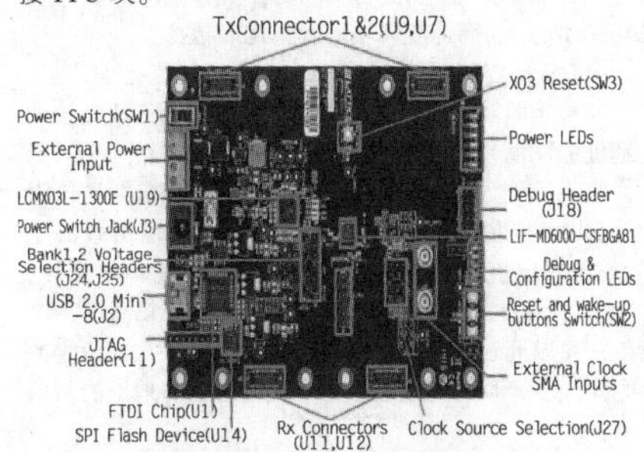

图3:CROSSLINK LIF-MD6000 MASTER LINK评估板能让您快速开发定制视频接口解决方案并通过LATTICE的DIAMOND软件配置CROSSLINK IP。(来源:LATTICE SEMICONDUCTOR)

各列带可编程I/O组的SYSMEM嵌入式块RAM(EBR)、嵌入式I2C和嵌入式MIPI D-PHY散布在PFU列之间。通过LATTICE的DIAMOND设计软件可配置PFU块并对每个设计进行布线。

配置和设置过程有多种支持工具和软件供选择。除了桥接器件,LIF-MD6000 MASTER LINK评估板还向FTDI添加了MINI USB B型连接器，使用SPI将FTDI添加至CROSSLINK电路，使用JTAG和GPIO资源将FTDI添加至X03LF器件。同时您还可以浏览多个演示、可选TX/RX链路板的信息和其他说明文档。套件还包括两个接口板、LIFMD-IOL-EVN SMA IO连接接口板和一个分线IO链路板。此外,LIF-MD6000 RASPBERRY PI开发板包括了一个参考设计和CROSSLINK软IP,以便将两个RASPBERRY PI图像传感器连接到一个RASPBERRY PI处理器板。

为简化和加快开发,LATTICE SEMICONDUCTOR为四种常见的视频桥接解决方案提供预先设计好的软IP模块。第一种解决方案展示的是如何桥接多个CSI-2图像传感器到单个CSI-2输出(图4)。这种解决方案适用的应用包括设计中的AP未提供支持图像传感器输入数量的足够接口，或图像传感器和成像数据之间存在处理延时的情况。

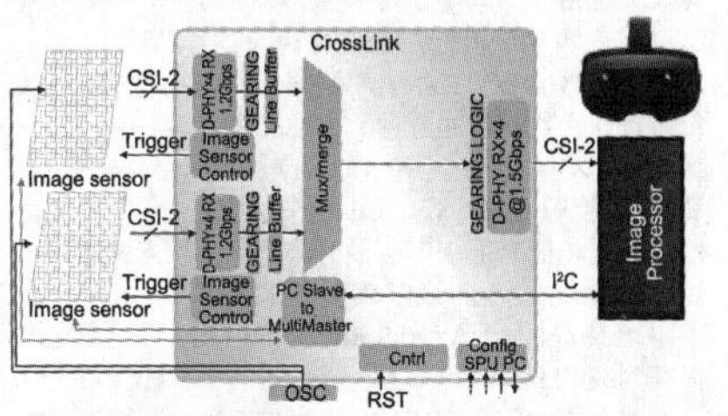

图4:预配置软IP为设计人员提供了一个简化的解决方案，用于将创建深度感知的两个MIPI CSI-2图像传感器的输入转换为图像处理器上的单个MIPI CSI-2接口。(来源:LATTICE SEMICONDUCTOR)

第二种解决方案专注于1:2和1:1 DSI显示接口桥接。这种IP目标针对上升的带宽要求超出显示能力，而处理器持续提供高性能接口功能的应用环境。通过将旧显示器替换为新显示器，您可以在升级设计的同时保留巨大的AP投入。这种桥接方式还可将单个源的输出扩展为两个DSI显示器,而非一个。

第三种示例解决方案提供了使用LIF-MD6000器件时CMOS到MIPI D-PHY接口桥接的关键IP。虽然MIPI D-PHY最初是开发用于解决智能手机中摄像头和显示器的互连问题，但是现在许多处理器和显示器仍然使用RGB、CMOS或MIPI D-PHY接口。在带有RGB接口的处理器和带有MIPI DSI接口的显示器之间，或者是带有MOS接口的摄像头和带CSI-2接口的处理器之间,该解决方案可充当桥接器。

第四种摄像头接口桥接器解决了AP和早期图像传感器之间不匹配的问题。虽然现在许多AP使用MIPI CSI-2接口,一些高分辨率的图像传感器则使用专用的次LVDS输出格式。这种桥接器解决了这两种接口类型之间不兼容的问题。该桥接器还可用于LVDS、CSI-2、HISPI以及其他格式的相互转换。

总结

随着设计人员越来越多地将最初为移动手持设备开发的元器件用于更多的应用，他们常常遇到系统中的设备无法直接相连的情况。有时,AP上的接口类型或数量与系统的图像传感器或显示器不匹配。

对于一些基础的多路复用器/解复用器应用,现成的标准模拟开关可能就能满足需求。但随着设计人员执行一些更加复杂的桥接任务，如转换不兼容的接口、组合多个视频流、或将视频流拆分至多个接口,基于FPGA的可编程桥接解决方案则具有多项优势。

首先，这些解决方案能够让您利用旧有设备的现有投入,即使您将设计迁移到新的AP以及MIPI接口的图像传感器和显示器时仍然适用。其次,通过实现不同接口的多种设备之间的桥接，这些桥接解决方案使您可以选择更多种类的元器件。最终,您可以实现更大的设计灵活性。

◇湖南 闵新

具备瞬时完成电路特性测量的小工具(下)

(紧接上期本版)

图5的Y轴表示放大后的平坦度。对于许多应用，1 dB以内的平坦度即够用，<0.5 dB比较典型。这里，CX = 50 nF最佳（RS = 10 kΩ，VSUPPLY ± 1.5 V）；CX = 45 nF，不过55 nF也可以接受。

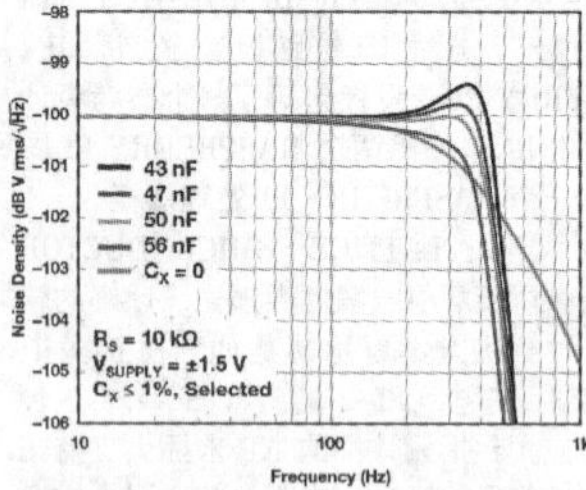

图5. 图1所示设计的输出噪声密度的放大视图

高分辨率平坦度测量需要时间；对于此曲线(10 Hz到1 kHz，平均1000次)，每条迹线大约花费20分钟。标准解决方案使用CX = 50 nF。所示的43nF、47nF和56nF迹线(全部CS < 0.1%容差)与最佳平坦度相比有很小但明显的偏差。添加CX = 0的橙色曲线以表明峰化提高了平坦带宽(对于Δ= 0.5 dB，从230 Hz提高到380 Hz)。

对于恰好50 nF电容，串联2 × 0.1μF C0G可能是最简单解决方案。0.1μF C0G 5% 1206很容易从Murata、TDK和Kemet购得。另一种选择是47 nF C0G(1206或0805)；此器件更小，但可能不那么常见。如前所述，最佳CX随实际IC参数而变化。

我们还检查了平坦度与电源电压的关系，参见图6。标准电路为±1.5 V。将电源电压改变为±1.0 V或±2.5 V时，峰化有较小变化，平坦度也有较小变化(因为VN随电源而变化，热噪声占优势)。在整个电源电压范围内，峰化和平坦度的变化均为约0.2 dB。该曲线表明，当电路由两个小电池供电时，幅度稳定性和平坦度良好。

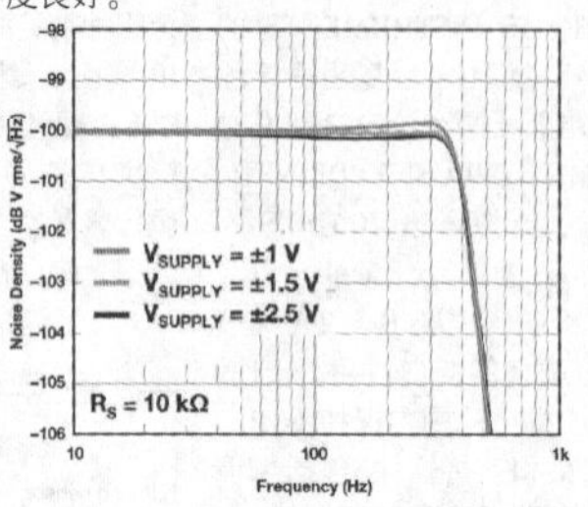

图6. 各种电源电压对应的输出噪声密度

对于此原型，电源电压为±1.5 V时，平坦度在0.5 dB以内，频率最高约为380 Hz。在±1.0 V电源下，平坦度和峰化略有增加。对于±1.5 V至±2.5 V电源电压，输出电平没有明显变化。总Vp-p（或V rms)输出电平取决于固定的10μV/√Hz密度以及带宽。此原型的输出信号约为1.5 mV p-p。在某些非常低的频率(mHz范围)，噪声密度可能会超过规定的10μV/√Hz。对于此原型，已经证实在0.1 Hz时，噪声密度仍然保持在10μV/√Hz。

就稳定性和温度而言，热噪声占主导地位，因此对于T = 22 (±6)°C，幅度变化为±1%，这一变化在图上几乎不可见。

5.EMI考量

该原型使用带聚酰亚胺绝缘层的小铜箔作为屏蔽层。此箔片或翼片缠绕在输入元件(10 M + 22 pF)周围，并焊接到PCB背面的接地端。改变翼片的位置对EMI灵敏度和低频(LF)杂散风险有显著影响。实验表明，偶尔出现的低频杂散是由EMI引起的，该杂散可通过非常好的屏蔽来防止。使用翼片，在没有任何附加高导磁合金屏蔽的情况下，原型在实验室中的响应很干净。频谱分析仪上没有出现主电源噪声或其他杂散。如果信号上出现过多的噪声，则可能需要额外的EMI屏蔽。

当使用外部电源而非电池时，共模电流很容易加到信号上。建议将仪器接地与实心导线连接，并在发生器的供电线中使用CM扼流圈。

6.限制

总有一些应用需要更多带宽，例如完整音频范围或超声波范围。在几μA的电源电流下，更高的带宽并不现实。凭借大约300 Hz至400 Hz的平坦带宽，基于LTC2063电阻噪声的电路可用于测试某些仪器的50 Hz/60 Hz主电源频率，例如地震检波器应用。该范围适合测试各种VLF应用(例如传感器系统)，因为频率范围低至0.1 Hz以下。

输出信号电平较低(<2 mV p-p)。后续的LTC2063配置为具有5倍增益的同相放大器，加上另一个RC输出滤波器，可提供同样受控的300Hz平坦宽带噪声输出，而且幅度更大。在不能使闭环频率范围最大化的情况下，反馈电阻两端的电容可以降低整体带宽。在这种情况下，RS和CX的影响在闭环响应的边缘较小，甚至可以忽略。

三、结语

本文所述的白噪声发生器是一种小型但重要的工具。随着测量时间的延长，低频应用的标准仪器——一种简单、可靠、便携的设备，几乎可以瞬时完成电路特性测量——成为工程师工具箱中受欢迎的补充工具。与具有众多设置的复杂仪器不同，该发生器不需要用户手册。这种特殊设计的电源电流很低，这对于长时间VLF应用测量中的电池供电操作至关重要。当电源电流非常低时，不需要开关。采用电池工作的发生器还能防止共模电流。

本设计中使用的LTC2063低功耗零漂移运算放大器是满足项目限制要求的关键。它支持使用由简单同相运算放大器电路放大的噪声产生电阻。

◇王 虎

基于PLC控制伺服电机的三种方式

伺服电机速度控制和转矩控制都是用模拟量来控制，位置控制是通过发脉冲来控制。具体采用什么控制方式要根据客户的要求以及满足何种运动功能来选择。

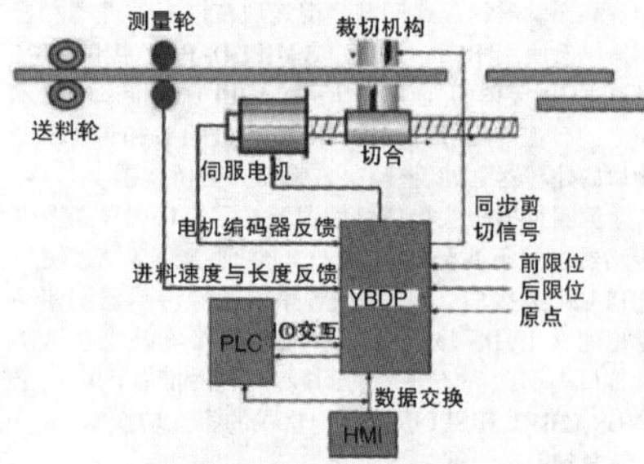

接下来，给大家介绍伺服电机的三种控制方式。

● 如果您对电机的速度、位置都没有要求，只要输出一个恒转矩，当然是用转矩模式。

● 如果对位置和速度有一定的精度要求，而对实时转矩不是很关心，用速度或位置模式比较好。

● 如果上位控制器有比较好的闭环控制功能，用速度控制效果会好一点。如果本身要求不是很高，或者基本没有实时性的要求，用位置控制方式对上位控制器没有很高的要求。

就伺服驱动器的响应速度来看：转矩模式运算量最小，驱动器对控制信号的响应最快；位置模式运算量最大，驱动器对控制信号的响应最慢。

对运动中的动态性能有比较高的要求时，需要实时对电机进行调整。

● 如果控制器本身的运算速度很慢(比如PLC，或低端运动控制器)，就用位置方式控制。

● 如果控制器运算速度比较快，可以用速度方式，把位置环从驱动器移到控制器上，减少驱动器的工作量，提高效率；

● 如果有更好的上位控制器，还可以用转矩方式控制，把速度环也从驱动器上移开，这一般只是高端专用控制器才能这么做。

一般说驱动器控制的好坏，有个比较直观的比较方式，叫响应带宽。

当转矩控制或速度控制时，通过脉冲发生器给它一个方波信号，使电机不断的正转、反转，不断的调高频率，示波器上显示的是个扫频信号，当包络线的顶点到达最高值的70.7%时，表示已经失步，此时频率的高低，就能说明控制的好坏了，一般电流环能做到1000HZ以上，而速度环只能做到几十赫兹。

1.转矩控制

转矩控制方式是通过外部模拟量的输入或直接的地址的赋值来设定电机轴对外的输出转矩的大小，具体表现为例如10V对应5Nm的话，当外部模拟量设定为5V时电机轴输出为2.5Nm：如果电机轴负载低于2.5Nm时电机正转，外部负载等于2.5Nm时电机不转，大于2.5Nm时电机反转（通常在有重力负载情况下产生)。可以通过即时的改变模拟量的设定来改变设定的力矩大小，也可通过通讯方式改变对应的地址的数值来实现。

应用主要在对材质的受力有严格要求的缠绕和放卷的装置中，例如绕线装置或拉光纤设备，转矩的设定要根据缠绕的半径的变化随时更改以确保材质的受力不会随着缠绕半径的变化而改变。

2.位置控制

位置控制模式一般是通过外部输入的脉冲的频率来确定转动速度的大小，通过脉冲的个数来确定转动的角度，也有些伺服可以通过通讯方式直接对速度和位移进行赋值。由于位置模式可以对速度和位置都有很严格的控制，所以一般应用于定位装置。

应用领域如数控机床、印刷机械等等。

3.速度模式

通过模拟量的输入或脉冲的频率都可以进行转动速度的控制，在有上位控制装置的外环PID控制时速度模式也可以进行定位，但必须把电机的位置信号或直接负载的位置信号给上位反馈以做运算用。

位置模式也支持直接负载外环检测位置信号，此时的电机轴端的编码器只检测电机转速，位置信号就由直接的最终负载端的检测装置来提供了，这样的优点在于可以减少中间传动过程中的误差，增加了整个系统的定位精度。

4.谈谈3环

伺服电机一般为三个环控制，所谓三环就是3个闭环负反馈PID调节系统。最内的PID环就是电流环，此环完全在伺服驱动器内部进行，通过霍尔装置检测驱动器给电机的各相的输出电流，负反馈给电流的设定进行PID调节，从而达到输出电流尽量接近等于设定电流，电流环就是控制电机转矩的，所以在转矩模式下驱动器的运算最小，动态响应最快。

第2环是速度环，通过检测的电机编码器的信号来进行负反馈PID调节，它的环内PID输出直接就是电流环的设定，所以速度环控制时就包含了速度环和电流环，换句话说任何模式都必须使用电流环，电流环是控制的根本，在速度和位置控制的同时系统实际也在进行电流(转矩)的控制以达到对速度和位置的相应控制。

第3环是位置环，它是最外环，可以在驱动器和电机编码器间构建也可以在外部控制器和电机编码器或最终负载间构建，要根据实际情况来定。由于位置控制环内部输出就是速度环的设定，位置控制模式下系统进行了所有3个环的运算，此时的系统运算量最大，动态响应速度也最慢。

◇李 伟

常规继电器驱动电路中三极管选用原则

继电器的应用电路图,如图1所示。用NPN三极管用来驱动继电器时,NPN型三极管输入高电平时,NPN型三极管T饱和导通,继电器线圈通电,触点吸合。NPN型三极管输入低电平时,NPN型三极管T截止,继电器线圈断电,触点断开。

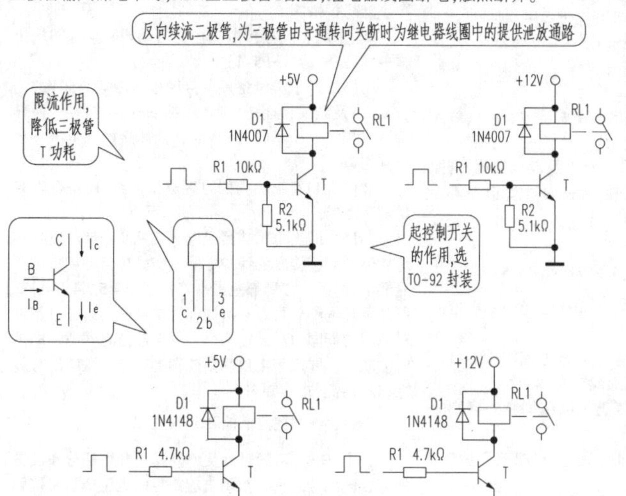

图1 继电器的应用

常规继电器的外形及参数,如图2所示。选择继电器时要注意其参数,如额定工作电压、直流电阻、吸合电流。如果了解其参数,可以查阅相关的规格书。

触点参数	
触点形式	1H
接触压降	典型值:15mV (10A下测量) 最大值:100mV (10A下测量)
触点材料	$AgSnO_2$
触点负载	阻性负载:35A 250VAC 感性负载:35A 277VAC (cosø=0.8) 1s:9s
最大切换电压	277VAC
最大切换电流[1]	35A
最大切换功率	9695VA
机械耐久性	1×10^6次
电耐久性	3×10^4次 (35A 250VAC,阻性负载,85℃,1s通9s断)

备注:(1)继电器引出的电路应设计足够的载流截面,避免发生过热现象。

性能参数		
绝缘电阻		1000MΩ (500VDC)
介质耐压	线圈与触点间	4000VAC 1min
	断开触点间	2500VAC 1min
浪涌电压(线圈与触点间)		6kV (1.2/50μs)
动作时间(额定电压下)		≤15ms
释放时间(额定电压下)		≤10ms
线圈温升(额定电压下)		≤70K (触点负载电流35A,50%额定电压激励,环境温度85℃)
冲击	稳定性	98m/s²
	强 度	980m/s²
振动		10Hz～55Hz 1.5mm 双振幅
温度范围		-40℃～85℃ (线圈施加保持电压)
湿度		5%～85% RH
引出端形式		印制板式
重量		约36g
封装方式		防焊剂型

备注:上述值均为初始值。

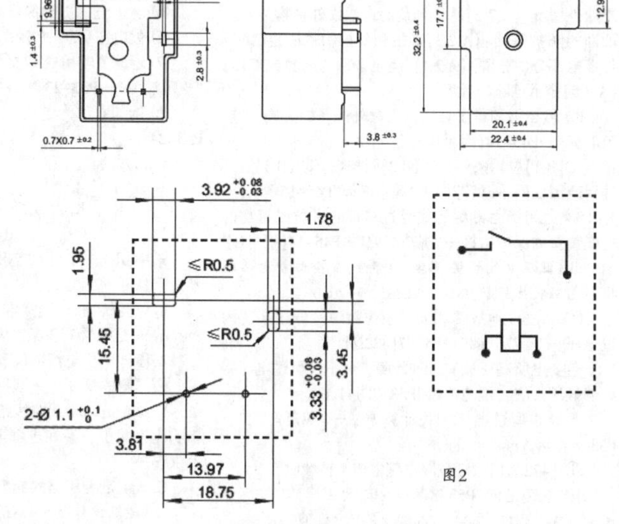

图2

继电器驱动电路中三极管参数选择,如表1所示。目前继电器驱动电路中三极管为8050及901X系列中NPN型三极管。8050三极管参数,如图3所示。

图3、表2、表3

触点参数			
触点形式	1H	1Z	
		NO	NC
接触电阻	≤100mΩ (1A 6VDC)		
触点材料	$AgSnO_2$, AgCdO		
触点负载(阻性)	10A 277VAC 10A 28VDC	10A 277VAC[1] 10A 28VDC[1]	5A 250VAC
最大切换电流	15A	10A	5A
最大切换电压	277VAC /28VDC		250VAC
最大切换功率	2770VA /280W		1250VA
机械耐久性	1×10^7次		
电耐久性	1H: 1×10^5次 (10A 250VAC,阻性负载,室温,1s通9s断)		
	1Z: 5×10^4次 (NO:5A/NC: 5A 250VAC,阻性负载,室温,5s通5s断)		

备注:(1)NC端不加负载情况下适用。

性能参数		
绝缘电阻		100MΩ (500VDC)
介质耐压	线圈与触点间	1500VAC 1min
	断开触点间	750VAC 1min
动作时间(额定电压下)		≤10ms
释放时间(额定电压下)		≤5ms
冲击	稳定性	98m/s²
	强 度	980m/s²
振动		10Hz～55Hz 1.5mm 双振幅
湿度		5%～85% RH
温度范围		-40℃～70℃
引出端方式		印制板式
重量		约10g
封装方式		塑封型、防焊剂型

备注:上述值均为初始值。

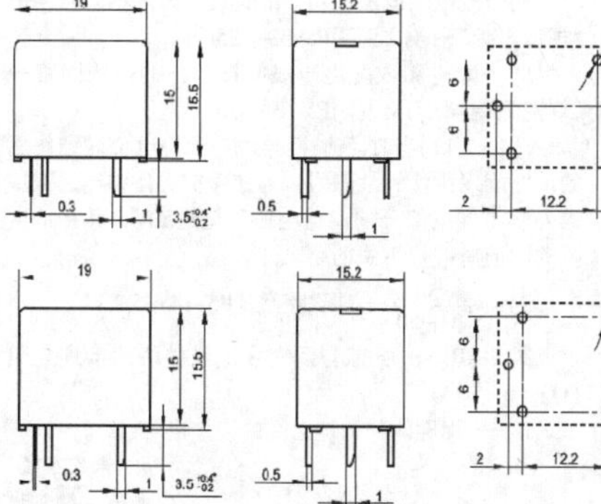

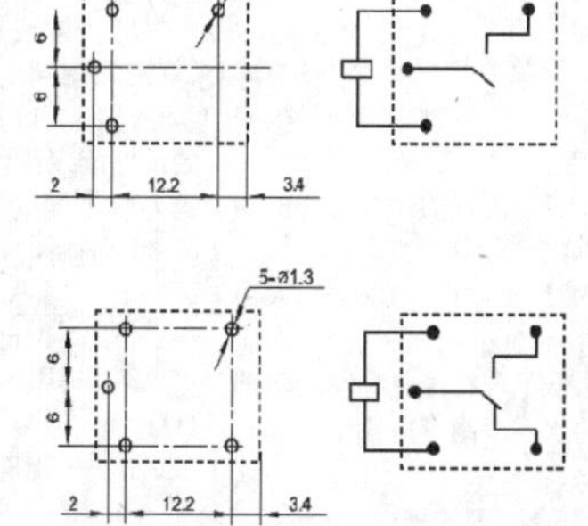

8050

■■绝对最大额定值(Ta=25℃)

项 目	符 号	额定值	单 位
集电极—基极电压	V_{CBO}	40	V
集电极—发射极电压	V_{CEO}	25	V
发射极—基极电压	V_{EBO}	6	V
集电极电流	I_C	800	mA
集电极耗散功率	P_C	300	mW
结 温	T_j	150	℃
存储温度	Tstg	-55~150	℃

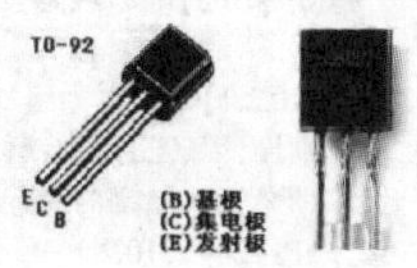

■■电参数(Ta=25℃)

项 目	符 号	最小值	典型值	最大值	单位	测 试 条 件
直流电流增益	h_{FE}	85		300		V_{CE}=1 V, I_C=100 mA
集电极-基极截止电流	I_{CBO}			0.1	μA	V_{CB}=35 V, I_E=0
发射极-基极截止电流	I_{EBO}			0.1	μA	V_{EB}=6 V, I_C=0
集电极-基极击穿电压	BV_{CBO}	40			V	I_C=0.1 mA, I_E=0
集电极-发射极击穿电压	BV_{CEO}	25			V	I_C=2 mA, I_B=0
发射极-基极击穿电压	BV_{EBO}	6			V	I_E=0.1 mA, I_C=0
基极-发射极电压	V_{BE}			1	V	V_{CE}=1V, I_C=10 mA
集电极-发射极饱和压降	$V_{CE(sat)}$			0.5	V	I_C=500 mA, I_B=50 mA
基极-发射极饱和压降	$V_{BE(sat)}$			1.2	V	I_C=500 mA, I_B=50 mA
电流增益-带宽乘积	f_T	100			MHz	I_C=50 mA, V_{CE}=10 V
共基极输出电容	Cob		9	20	PF	V_{CB}=10 V, I_E=0, f=1 MHz

表1 继电器驱动电路中三极管的参数选择

序号	项目	计算公式或说明	备注
1	吸合电流	继电器工作吸合电流=功率/标称电压或标称电压/线圈电阻	
2	三极管功率 P_{CM}	大于继电器工作吸合电流的两倍,P_T≈集电极功耗 $P_C=V_{CE}\times I_C$。	直流放大倍数大于100以上,选插件封装。
3	三极管集电极电流 I_{CM}	大于继电器吸合电流的两倍以上	
4	三极管耐压 V_{CBO}	大于继电器工作电压的两倍	$V_{CBO}≈V_{CEO}$=继电器的额定电压×2
5	三极管基极电流	三极管基极电流=(继电器的吸合电流/放大倍数)×2或(继电器的额定电压/线圈电阻)×2	工作时基极电流应为计算值的2倍以上。
6	三极管基极电阻	三极管基极电阻=(继电器工作电压-0.7V)/基极电流	一般情况下选取2~5KΩ。
7	二极管	一般选取二极管1N4148或1N4007。	

◇江西 刘祖明

注册电气工程师备考复习——防火及接地(2)

(紧接上期本版)

⑽ 附加保护→"规范汇编"→P45-13【415】

① 附加保护：剩余电流保护器(RCD)

② 附加保护：辅助等电位联结

如果不能肯定辅助等电位联结的有效性应判定可同时触及的外露可导电部分和外界可导电部分之间的电阻R是否满足下式要求：

在交流系统内 $R\leq\frac{50V}{I_a}$；在直流系统内 $R\leq\frac{120V}{I_a}$

式中：I_a → 为保护电器的动作电流(A)，对于剩余电流保护器(RCD)为$I_{\Delta n}$(A)，对于过电流保护电器为5s内动作的电流(A)

⑾ 基本保护的保护措施→"规范汇编"→P45-14【附录A】

①【A.1】带电部分的基本绝缘

②【A.2】遮栏或外护物(外壳)：【A.2.1】带电部分及除外情况；【A.2.2】易于触及的遮栏或外护物的水平顶面的防护等级；【A.2.3】遮栏和外护物的固定，以及与带电部分的分隔；【A.2.4】满足条件的遮栏或部件；【A.2.5】警示危险的标牌。

⑿ 阻挡物和置于伸臂范围之外的保护措施→"规范汇编"→P45-14【附录B】

①【B.1】应用条件。②【B.2】阻挡物。③【B.3】置于伸臂范围之外，伸臂范围见"规范汇编"P45-15图B.1。

⒀ 适用于由熟练的或受过培训的人员或管理的电气装置的保护措施→"规范汇编"→P45-14【附录C】

3.《低压电气装置 第4-44部分：安全防护电压骚扰和电磁骚扰防护》GB/T 16895.10-2010

(1) 高压接地故障和低压系统故障时低压系统的过电压→"规范汇编"→P53-7【422.2】

若变电所高压侧有接地故障，以下类型过电压将影响低压系统，"规范汇编"P53-7图44.A1。

不同类型过电压相关计算方法→"规范汇编"→P53-8表44.A1

①【422.2.1】工频故障电压幅值及持续时间

按"规范汇编"P53-8表44.A1计算得出的U_f实际值≤故障持续对应图44.A2曲线上的U_f允许值。

低压系统的PEN导体为多点接地情况下，U_f计算式：

$U_f=0.5\times R_E\times I_E$←"规范汇编"P53-7

②【422.2.2】工频应力电压幅值及持续时间

按"规范汇编"P53-8表44.A1，计算得出的工频应力电压（U_1和U_2）的幅值与持续时间≤"规范汇编"P53-8-图44.A2

③【442.2.3】电压限值计算的要求→"规范汇编"→P53-9

表44.A1要求的场所，允许的工频应力电压不应超过表表44.A2规定。

表44.A1要求的场所，允许的工频故障电压不应超过-图44.A2所示值。

由公共配电系统低压供电的装置应满足【422.2.1】和【422.2.2】的要求。满足上述要求的可能措施是，例如：将高压接地配置和低压接地配置之间分开；改变低压系统的系统接地；降低接地电阻R_E。

(2)【422.3】TN和TT系统中性导体中断时的工频应力电压：此应力电压高达$U=\sqrt{3}\times U_0$

(3)【422.4】配出中性导体的IT系统发生接地故障时的工频应力电压：此应力电压高达$U=\sqrt{3}\times U_0$

(4)【422.5】线导体与中性导体之间发生短路时的工频应力电压：在5s内能高达$U=1.45\times U_0$

(5) 大气过电压或操作过电压保护→"规范汇编"→P53-9

①【443.1】一般规则

②【443.2】耐冲击电压(过电压类别)的划分

③【443.3】过电压抑制的设置

【443.3.1】固有过电压抑制→"规范汇编"→P53-10

【443.3.2】保护过电压抑制

【443.3.2.1】基于外界影响条件的保护过电压抑制架空线或含有架空线，且年雷暴日数T_d>25日；▲留意"注1和注2"

【443.3.2.2】基于风险评估的保护过电压抑制

依据"规范汇编"→P53-24附录C中的公式，计算出基于等效并成为等效长度d。若符合下式条件，则需采取过电压防护：$d>d_c$

式中：d → 建筑物的供电线路的等效长度（最大值1km）(km)

d_c → 临界长度，以km计。对涉及群众建筑，例如大型住宅建筑物、教堂、办公楼、学校的后果，其值等于$\frac{1}{N_g}$；对于涉及单体建筑，例如住宅建筑物、小型办公楼的情况，其值等于$\frac{2}{N_g}$；为每年每km^2的闪电次数。

④【443.4】设备要求的耐冲击电压值→"规范汇编"→P53-11-表44.B

(6) 防止电磁影响的措施→"规范汇编"→P53-11

(6) 欠电压保护→"规范汇编"→P53-22

(7) 附录B应用在架空线上过电压抑制的导则→"规范汇编"→P53-23

(8) 附录C对约定长度d的确定→"规范汇编"→P53-24

计算方法：

$d=d_1=\frac{d_2}{K_g}=\frac{d_3}{K_1}$←"规范汇编"P53-24

$d\leq 1km$

式中：d_1 → 低压架空供电线路到建筑物的长度，不大于1km

d_2 → 建筑物低压地下非屏蔽线路的长度，不大于1km

d_3 → 建筑物高压架空供电线路的长度，不大于1km

高压地下供电线路的长度可以忽略

带屏蔽的低压地下线路的长度可以忽略

K_g = 4 是基于架空线路和地下非屏蔽线缆间雷击影响比率减少，系在土壤电阻系数为250·m条件下计算求得

K_1 = 4 是变压器的典型递减系数

4.《建筑设计防火规范》GB 50016-2014

(1) 防火距离

① 室外变、配电站与乙、丙、丁、戊类仓库的防火间距→"规范汇编"→P1-15-表3.4.1

② 甲类仓库之间及与室外变、配电站的防火间距→"规范汇编"→P1-15-表3.5.1

③ 民用建筑与10kV及以下的预装式变电站的防火间距不应小于3m。

(2)【5.4】平面布置→"规范汇编"→P1-34【5.4.12】

(3)【10.2】电力线路及电器装置→"规范汇编"→P1-56

【10.2.1】架空电力线与甲、乙类厂房(仓库)，可燃材料堆垛，甲、乙、丙类液体储罐，液化石油气储罐，可燃、助燃气体储罐的最近水平距离应符合→"规范汇编"→P1-24-表10.2.1

5.《低压配电设计规范》GB 50054-2011

电气装置的电击防护 ▲此节内容与规范GB 16895.21-2011附录A/B/C【P45-14】类似

(1)【5.1】直接接触防护措施→"规范汇编"→P5-12

绝缘；采用遮栏或外护物；采用阻挡物；置于伸臂范围之外

①【5.1.2】标称电压超过交流方均根值25V容易被触及的裸带电体，应设置遮栏或外护物。防护等级要求，采取了两项措施后可除外

②【5.1.6】按该规范第5.1.2条设置的遮栏或外护物与裸带电体之间的净距，应符合下列规定：

采用网状遮栏或外护物时，不应小于100mm；采用板状遮栏或外护物时，不应小于50mm。

③【5.1.9】采用防护等级低于现行国家标准的阻挡物时，遮挡物与裸带电体的水平净距不应小于1.25m，阻挡物的高度不应小于1.4m

④【5.1.11】伸臂范围应符合下列的规定

伸臂范围如图2-18所示→"规范汇编"→P5-13-图5.1.11

⑤【5.1.12】剩余电流动作保护器不能单独作为直接接触防护措施

(2)【5.2】间接接触防护的自动切断电源防护措施→"规范汇编"→P5-13

①【5.2.2】Ⅰ类设备预期接触电压限值为50V的场所要求；及条文说明→"规范汇编"→P5-37：在干燥环境下当接触电压不超过50V时，人体接触此电压不会受到伤害。

②【5.2.4】建筑物内的总等电位联结，应符合下列规定：共4条。

③【5.2.5】当电气装置或电气装置某一部分发生接地故障后间接接触的保护电器不能满足自动切断电源的要求时，尚应在局部范围内将本规范第5.2.4条第1款所列可导电部分再做一次局部等电位联结；亦可将伸臂范围内能同时触及的两个可导电部分之间做辅助等电位联结。局部等电位联结或辅助等电位联结的有效性，应符合下式的要求：

$R\leq\frac{50}{I_a}$←"规范汇编"P5-14式5.2.5

式中：R → 可同时触及的外露可导电部分和装置外可导电部分之间，故障电流产生的电压降引起接触电压的一段线路的电阻(Ω)；

I_a → 保证间接接触保护电器在规定时间内切断故障回路的动作电流(A)。

局部等电位联结的作用→"规范汇编"→条文说明P5-37-图3

辅助等电位联结的作用→"规范汇编"→条文说明P5-38-图4

④【5.2.8】TN系统中配电线路的间接接触防护电器的动作特性，应符合下式的要求：

$Z_s\times I_a\leq U_0$←"规范汇编"P5-14式5.2.8

式中：Z_S → 接地故障回路的阻抗(Ω)；

U_0 → 相导体对地标称电压(V)。

⑤【5.2.9】TN系统中配电线路的间接接触防护电器切断故障回路的时间，应符合下列规定：

【1】配电线路或仅供给固定式电气设备用电的末端线路，不宜大于5s；

【2】供给手持式电气设备和移动式电气设备用电的末端线路或插座回路，TN系统的最长切断时间不应大于"规范汇编"P5-14表5.2.9的规定。

⑥【5.2.10】在TN系统中，当配电箱或配电回路同时直接或间接给固定式、手持式和移动式电气设备供电时，应采取下列措施之一：

【1】应使配电箱至总等电位联结点之间的一段保护导体的阻抗符合下式的要素：

$Z_L\leq\frac{50}{U_0}\times Z_S$←"规范汇编"P5-14式5.2.10

式中：Z_L → 配电箱至总等电位联结点之间的一段保护体的阻抗(Ω)。

U_0 → 相导体对地标称电压(V)。

【2】应将配电箱内保护导体母排与该局部范围内的装置外可导电部分做局部等电位联结或按该规范第5.2.5条的有关要求做辅助等电位联结。

同一配电箱或配电箱干线直接引出的不同回路→"规范汇编"→条文说明P5-39-图5

同一配电箱或配电干线间接引出的不同回路→"规范汇编"→条文说明P5-39-图6

⑦【5.2.11】当TN系统相导体与无等电位联结作用的地之间发生接地故障时，为使保护导体和与之连接的外露可导电部分的对地电压不超过50V，其接地电阻的比值应符合下式的要求；

$\frac{R_B}{R_E}\leq\frac{50}{U_0-50}$←"规范汇编"P5-14式5.2.11

式中：R_B → 所有与系统接地极并联的接地电阻(Ω)；

R_E → 相导体与大地之间的接地电阻(Ω)。

(未完待续)

◇江苏 键谈

2018中国大数据应用大会论坛集汇(四)

中科曙光郭庆：领航数据智能，创新数字未来

中科曙光大数据总工程师 郭庆

中科曙光，一直致力于为客户提供数据的支撑，借这个机会跟大家分享一下我们在大数据方面的技术积累和应用案例。

今天我们从IT进入了数字经济，我们看到每年两位数字的提升，政府布局整个发展当中数字经济也是作为一个很重要的支撑，成都就特出了"一芯一品打造数字经济"这样的一个方向，这也是通过数字经济发展区域经济的一个重要的布局。数字经济在整个发展过程中推动了产业的发展。同时也在我们的这样一个社交上，我们的媒体，我们的餐饮等各个领域带来了生活方式的改变。接下来我给大家分享一下，我们站在曙光的角度参与的一些领利用数据技术给行业带来的转变的案例。

第一个是交通的案例，这是湖北的一个地方，我们现有的一个公交路线的制定都是一个固定的线路，它往往很难根据我们城市运转的情况做调整，而我们就在宜昌去分析了各线路各区域交通出行的规律。这样举个例子，比如说某一条线路，681，在早上早晨的高峰会动态的调度以及加快班车的频率。在它空闲的时候我们其实利用后台的分析技术动态调整它的路线，通过公交电子的车牌把它变成682，或者是281，可能现在比较繁忙的路线，为我们缓解公交的拥堵来提供便利。

第二个案例是在安全领域，大家知道我们整个社会大街小巷布满了摄像头，这些摄像头在最后的追踪的事件当中能起到很大的作用。我们在新疆去年承建了高新区的安全摄像头的项目，我们接入了1.2万的摄像头，我们利用人工智能识别的技术，对车、人，以及属性进行分析，然后利用大数据技术进行上万路规模的多摄像头数据融合的分析。大家知道新疆反恐的工作比较严峻，我们对人逗留做一些分析，我们也会跟其他的一些数据结合分析，分析大家的出行的情况，以构建更好的安全环境。

第三个案例是医疗领域，中央电视台有一台节目叫《机智过人》我们开发了一个医疗的阅片机器人，我们在那个节目里边邀请了三甲医院放射科的主任，我们可以看到机器人阅片的速度与专家是一样的，我基于叶片机器人来辅助诊断。

我提的这些案例里边大家都可以看到大数据在我们社会转型过程中已经起到了很好的支撑，曙光也为我们行业提供了很好的技术支撑，在数字经济的发展浪潮当中我们也嗅到了这个发展趋势，我们曙光在构建自主核心方面也做了布局，2015年曙光就发布了一个数字中国的计划，曙光我们在计算方面，数据方面方面，以及通过业务创新方面为我们各行各业的用户带来用户的转型和提升。

在整个技术的布局当中，我们非常注重自主可控的核心技术，今年习近平总书记在网信办提出核心技术是国之重器，我们要注重核心技术的积累去构建一个稳定可靠的信息技术的基石。围绕着这样一个核心技术，曙光我们从高效的计算技术到数据的存储分析和处理，以及人工智能的推理和整个安全可靠的四个维度我们都做了非常扎实的布局。

下面我就从这四个方面给大家做一个汇报：

第一个是计算。我想了解曙光的嘉宾都了解，曙光是做高性能计算的一家科技企业。二十余年来我们一直专注于对计算不懈的追求，也积累了我们的竞争优势。大规模的数据中心用电是一个非常头疼的问题，每年的电费会带来昂贵的费用，在几年前我们就发布了一个冷版式的液能服务机，已经有效地降低了功耗。在去年我们发布了全浸泡式的，就是CPU这样的一个核心组建装再一个有特殊的液态的里边，通过室温的流转来降低机器的热量，相比以前的使用降低了40%的能耗。现在一个黑科技已经由科幻大片变为了现实。

高性能的计算，曙光这几年也是一直在承担国家的高性能计算机超级计算的研制计划，我们和几个科研院所合作，在未来的几年我们会进一步的研制下一代的中国计算机，我相信我们未来会取得更好的性能的成绩。

第三我想计算技术一直在持续的发展，曙光也是一直在布局面向未来的计算技术，比如说我们和一个公司合作研究量子面向计算的技术，我们和自动化所联合开展自动计算的合作，我们和寒武纪面向智能计算，我相信这些计算都会落地到我们实际的应用当中，为大家带来更多的计算。这样复杂的计算如何更好地管理应用，曙光通过这么多年的软件系统为用户提供更好的便捷的服务。

第二点是数字经济。讲大数据应用也好，其中一个非常重要的就是数据，我们先讲数据资产从数据当中挖掘价值，曙光我们在数据层面也做了很多年的积累，大家知道高性能计算本身背后就需要很大的存储系统做支撑，我们也是从做高计算开始就做海量分布式的研究，我们从2012年承担了一个EB级的计划，通过云储存可以带来IOPS的提升。我们在国家气象局，应该是当时面向气象的亚洲，提供了单PW23GP分布性的并行储存器。大家可以看到我们在储存技术这一块做了很多年的铺垫。

另外在存储之上，现在我们是需要面向不同的异构分析处理引擎，我们也是在大数据的计算平台上我们做了多年的产品的积累，我们有一款大数据的平台产品，已经有十年的研发，现在万亿级的数据能够快速的支撑一些算法。利用业务模型的结合，为各行各业的用户帮助他们挖掘出价值。

第三点讲大数据实际上和人工智能是紧密相关的。去年我们在曙光在青岛发布了一个计划，我们经过小一年的发展也系统的构建了我们在人工智能方面的技术生态，我们简单来说叫ABCDE，A可能是人工智能大规模的算法，我们通过自己的一个平台，能提供简单的选择去做一些推理的模型。B就不用说了，实际上在大数据和人工智能结合的过程当中，我们在国家的一些重大的研究的课题里边做了很好的支撑，比如说我们和大气所去年承建了国家的地球数据模拟系统，通过将近三十G到50P的数据量来研究数据的演变，这里边有大量的数据去做有效的支持。C是计算，刚才我提到了曙光我们专注于做计算，现在我们结合GPU，异构结算等各方面的计算手段来提供计算和硬软件的支撑。D就是各行业的应用，大数据和人工智能都是最终要为人类带来价值，我们这些年来与各厂商建立了紧密的合作关系，帮助用户和实现数据的落地实现。最后曙光需要一个完整的系统，我们是中科院的智慧城市的产业联盟，我们也一直致力于建立一个完整的技术生态，今年在人工智能这个方向，我们得到了发改委和重大专项的支持，承建了面向中小企业的开源AI项目的建设项目，未来我们会给很多中小型的创业企业提供人工智能的计算软硬件平台，为我们整个产业的生态提供支撑。

最后一点我们讲安全。安全已经是一个非常重要的性能化的展现环节，我们现在说大数据也好，人工智能也好，都是为我们服务的。我们成立了几个运维中心，运维中心通过了双认证，可以有效地保证我们用户和政府数据的安全性，同时我们也是一直在致力于联合中科院的研究院所基于国产化的这样一个芯片上的整个的整机，软硬件生态的建设，我相信了解曙光的一定了解我们在这方面会陆陆续续地出来一些产品，不同的版本出现。

以上是我们在四个方面，曙光立足于自主可控做的产业布局，我们也希望通过这四个方面我们的自主技术能够为我们政府和产业升级提供有利的支撑，能够为我们的科研机构，我们的技术创新能够赋能，能够为我们的很多企业在转型过程当中，增加收入，降低成本，提供有利的技术支撑。

在政府这一块，大家看到曙光从部委到省市一级我们提供大量的软硬件的技术支撑，比如说人民银行二代国库的系统就用了我们相应的技术。最后在政府这一块我们利用刚才说的城市云为我们当地的政务提供支撑，值得一提的就是2009年我们在成都就建立了第一家面向市民的政务系统，相信各位嘉宾你的生活很多都会应用到这个产品服务。

第二个是科研机构，大家知道曙光是中科院下属的一家公司，我们一直为中科院的一百多个核心的各个领域的研究院所提供我们计算的支撑，同时我们这些年也担负了一个职责，就是将中科院的一些技术成果进行转化，因为大家知道曙光是一家上市公司，也是中科院旗下的一个成长非常好的公司。我们和大气所成立了一家公司，基本上PM2.0的值都是由这家公司提供的。我们还和一家军工遥感技术的公司合作，我们会利用更多的现有的经验助力我们的科研机构，希望各类企业都能见到曙光不同程度的软硬件服务，为提供服务技术的支撑，赋能企业在大数据方面的提升。

曙光作为数字经济的赋能者，曙光从诞生起就是解决了曙光一号从无到有的历史的蜕变，这么多年来我们一直不遗余力地专注于技术的研发和积累，第二个讲情怀，作为曙光这样的一个企业，我们曙光一号就是为了打破西方对我们的限制，所以作为中国IT国家的队，我们将不遗余力地承担起中国数字经济发展的责任，我们也非常希望与同行们一起，通过我们自主可控的一些技术，为我们的数字经济添砖加瓦，做我们技术的支撑，让人民的生活更加美好，能让我们国家变得更加美丽。

◇会记

不流于俗的DynamiKKs！Monitor 8.12音箱

成都海恩视听获得德国动能DynamiKKs！中国内地(含港澳)代理后,我们有更多机会来认识DynamiKKs！的产品。

01

DynamiKKs！的诞生

说起DynamiKKs！的老板Ulf Moning从事音响业的经验,跟许多音响厂类似,他早在学生时期就对喇叭设计很有兴趣。1980年代时在Mannhein一家音响店找到工作，正式进入音响圈。到了1992年他自己开一家名为Music & Design的音响店。后来又跟一位真空管扩大机设计者Roman GroB合作开了一家Musicconnection的店。二人会合作的原因是当时Ulf Moning已经设计出高效率喇叭,很自然地会想搭配小功率管机,而Roman GroB就是这方面的能手,能做2A3,300B等管机。在1997年时，他们二人合作参加当时的法兰克福音响展(后来改为慕尼黑音响展),同年就合作开了Musicconnection这家店，还成立Dynavox喇叭品牌,第一件推出的喇叭就是3.0。后来因为双方对产品的观念有落差，最后导致分手。事实上DynamiKKs！是Ulf Moning早在1993年就创立的品牌,属于Dynavox旗下。到了2009年分手，由于他没有注册Dynavox,所以无法继续使用这个商标,就把DynamiKKs！拿出来注册,成为他拥有的品牌。

02

动态不能被压缩

从DynamiKKs！这个名字,可以知道他非常注重喇叭的Dynamic动态范围,他认为喇叭的动态范围不能被压缩，这样才能再生录音时的音乐动态范围。也就是因为这样的思维,所以高效率,号角,压缩式高音单体这些元素用在他家喇叭上也就显得理所当然了。至于为何要把Dynmic改成DynamiKKs！？那两个K是大写,后面还加了惊叹号,我猜是为了能通过注册吧。否则这个字通用字,按理不能通过注册的。

DynamiKKs！目前的喇叭产品分为几个系列,K系列只有K1一型;Columns系列也只有一型Columns 10;Ultima也只有一型，名称就叫Ultima;db8.3也就只有一型;还有一型书架型喇叭名为Monitor 8，名称来源就是取自那个8寸同轴高音号角单体;最后就是Monitor系列,共有三型。

DynamiKKs！的Monitor系列有三型,最早推出的是Monitor 10.15，也就是中音单体10寸,低音单体15寸,后来才推出更大的Monitor 12.18与更小的Monitor 8.12。为何会有这种两个方正木箱结合的外观呢？DynamiKKs！的老板Ulf Moning说那是受到建筑学派Bauhaus的影响,事实上,我们朗朗上口的“Form follows the function”就是Bauhaus所喊出来的。在这种功能领导外观的思维下，自然会产生Less is more的美学,一切设计都采用减法,把与功能无关的装饰都舍去,慢慢就成了线条简单,注重功能的风格,DynamiKKs！的Monitor系列完全就是Bauhaus风格的展现。

03

尊古法的设计

仔细阅读这三型喇叭的规格，发现都是三音路设计。设计原理一样,只不过使用的高音,中音,低音单体不同。高音都是压缩式号角单体,但Monitor 8.12的号角横样与其他两型不同。再来就是中音，低音单体尺寸的不同。三者都是高效率喇叭，灵敏度分别为93dB（Monitor 8.12),96dB（10.15）与97(12.18)，平均阻抗分别为6欧姆(Monitor 8.12),8欧姆(10.15),6欧姆(12.18)。至于频率响应,看了会觉得钱花得有点冤枉,Monitor 8.12的频宽34Hz-22kHz-3dB,10.15频宽33Hz-42kHz-3dB,12.18频宽同样也是33Hz-24kHz-3dB,这样的频宽有差吗？但这三对喇叭的价格却差很多。至于重量,Monitor 8.12净重54公斤,10.15净重79公斤,12.18净重100公斤。看到重量的差别,让我感到价格的差异是有价值的。

或许看到那么大的中音单体与低音单体，许多人会期待Monitor 8.12能发出很低沉,量感很足的低频段。而Monitor 8.12的低频规格可以达到34Hz，看上去也能发出很低沉的低频。其实不然,DynamiKKs！的Monitor系列是古典经典喇叭的设计理念，采用那么大的中音单体与低音单体，要的并不是很多的低频量感,或一般人习惯的软Q低频,而是想要求的中频段以下的宽松感，以及能够跟压缩式号角高音单体的速度反应一致性。它的纸盆中音单体与低音单体前后冲程很短,取其速度反应很快的优点，而舍弃更多的量。其实这就是设计上的取舍,如果想要获得更多的量,冲程势必要更大,此时就会影响到中高频段的清晰性与中低频段的速度反应。

毕竟,Monitor 8.12那个8英寸中音单体涵盖的频域是150Hz~1,8kHz,一般的8寸单体已经可以拿来做低音单体了。您可以看到Gryphon喇叭的低音单体最大就是8英寸而已。至于那个12寸单体,它只负责150Hz以下频域，为了跟号角压缩式高音单体的速度搭配,它也必须在暂态反应上有卓越的反应,所以也必须牺牲一些低频的量来跟上中音单体,高音单体的速度反应。

04

低频干净反应快速

通常，这种古董喇叭经典设计的低频听起来都带点刚性,低频尾巴很短,收束很快,而非一般时下喇叭的丰软带着尾巴的低频。事实上，时下许多喇叭的低频量感与软Q特性有很大部分是因为低音单体“余震”所造成的“失真”,但大部分音响迷不明就里,反而以为这才是对的低频,反而误解控制力很好,余震很少的低频是“量感不足”。这就好像一般人在小空间内听音响，习惯于中低频与低频峰值的“加味”,一旦在大空间听音响时,少了中低频与低频峰值的加味，反而说人家低频量感不足。

了解Monitor 8.12的设计理念之后,回头来看Monitor 8.12吧。它的高音和中音采用同轴设计,共用一个方形箱体,箱体是密封的,里面塞有吸音棉。同轴设计的好处大家都知道,相位失真低。而底下那个12英寸低音单体则另有一个大箱装它,采用低音反射式。

来到背面，可以看到中高音箱体有三组喇叭接线端,一组是插入式香蕉座,另两组则是专业用端子，一个靠近香蕉插，一个则远离。而低音箱则有另一个专业用端子。从扩大机来的喇叭线只能用香蕉插，那个专业端子家用的扩大机无法使用。而原厂则附有一条两端专业头的连接线，连接中高音箱体那个比较远的端子跟低音箱端子。

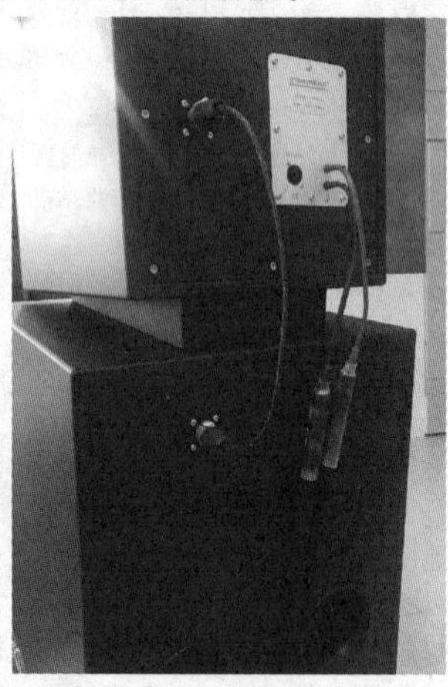

05

另类接法

假若用家用错了，把靠近香蕉插那个专业端子与低音箱体连接,会产生什么后果呢？也不会怎么样，此时传送给低音单体的音乐讯号没有经过分音器，低音单体所产生的是全频段的音乐。不过,因为低音单体本身就有机械性的自然滤波作用，所以也不能发出太高的频域。

其实,Monitor 8.12的这种端子设计也给用家提供了另外一种玩法,那就是用“错误”的接法,让低音单体全频域发声,此时反而能获得更宽松的中频段。不过,此时也要注意低频段的解析力是否会受到影响。我建议用家可以两种接法都试试看，看自己的音响系统适合哪种接法。

06

压缩式高音单体

Monitor 8.12的高音单体振膜很特殊,那是以Polymer材料为基底,再以蒸镀法在上面附着钛金属，直径有44mm，搭配上直径105mm的号角，形成独特的压缩式号角高音单体。这个铝制圆号角拥有稳定的指向性,可以让高频维持和缓的滚降，同时也增大了最佳聆听区域。大家可不要小看这个高音号角的形状,由于是装在中音轴心处,而且尺寸不小,势必会影响到中音单体的发声。因此,高音号角背面的形状要怎么设计到不会阻挡中音单体声波的传递,那就是学问了。从这个号角的背面形状来看，好像带有导波器的功能。

Monitor 8.12的8英寸纸盆中音单体以前来自西班牙Beyma，而12英寸纸盆低音则来自美国。这是以前的资料,不知道现在有没有改变？从外国媒体对DynamiKKs！的工厂采访中，我也看到DynamiKKs！架子上有大量BMS单体,这是德国一家位于Hannover的喇叭单体厂,成立于1994年，制造各种单体,包括15寸单体与压缩式单体等。在网络上搜索Monitor 8.12所使用的高音号角。发现以前所使用的号角跟10.15与12.18一样,只是尺寸较小，但现在我听这对Monitor 8.12号角却跟那两对不同,反而是更db8.3一样。有可能是UIF Moning发现这种号角效果好过原本的,也有可能与拿来的号角缺货,所以才改用。

Monitor 8.12的低音单体负责150Hz以下频域，中音单体负责150Hz-1800Hz频域，1800Hz以上则给压缩式高音单体负责。分频网络采用Butterworth & Bessel设计，二阶分音。另外再巧妙地结合单体本身的机械性滤波性能,达到整体四阶分音的效果。分音器放置在上面那个小箱内，避免底下低音单体的能量对分音器产生影响。

07

Less is more

Monitor 8.12的箱体由三部分组成,最底下是一个底座,再来是低音箱体,低音箱体之上才是中,高音箱体。安装时先把低音箱体嵌入底座,再把中音箱体嵌入低音箱体顶部的冲接槽内,组装十分简单,凸显了设计者的巧思。假若您从侧面观察，就会发现Monitor 8.12的中音箱体与低音箱体都各有一个5度的仰角与俯角，这样的做法是要对聆听这产生声聚焦,提升定位感。此外,也让低音与中音高音做更整体的融合。最后还有一个功效,那就是降低地板对于低频的反射。从外观上,您会以为Monitor 8.12的箱体板材就是一般的MDF，其实那是多层板材组成，而且越往外层,板材就越薄越硬,借着这种不同的材料结构来避免箱体的共振。

聆听Monitor 8.12的场地在我家开放式大空间,由于我有更大的Monitor 10.15,刚好就可以跟Monitor 8.12来个AB比较。搭配的后级是Audio Valve Baldur 70单声道后级，每声道70瓦。前级则是COS D1 Pre+DAC充任,数位讯源则用CH Precision D1 SACD作为转盘。这套组合我是为了搭配我的Monitor 10.15而找的,用来搭配Monitor 8.12应该很适当，做为AB比较也很公平。

（下期待续）

2018年8月26日出版 实用性 启发性 资料性 信息性
第34期 (总第1971期)
国内统一刊号:CN51-0091 定价:1.50元 邮局订阅代号:61-75
地址:(610041)成都市天府大道北段1480号德商国际A座1801 网址:http://www.netdzb.com
让每篇文章都对读者有用

安卓9.0的一些特色

Google已经推送了最新一代安卓系统安卓9.0,并以美式食物代表"派(Pie)"作为版本号命名,也就是Android Pie。在全新的Android 9操作系统中,融入了大量的人工智能技术,系统能够根据用户在使用过程中展露的习惯与偏好,让手机变得更加智能和便利。

那么首先来看看安卓9.0有哪些新特性:

AI深度学习与预测

Alpha Go几次战胜了世界围棋冠军,让谷歌旗下的DeepMind人工智能名声大噪。在Android 9中,谷歌针对智能手机的电池续航问题,通过植入DeepMind深度学习算法带来动态电量管理(Adaptive Battery)以及Android用户一直无法满意的自动亮度调节功能。

其中,动态电量管理不同于目前已有的节点模式,是利用机器学习技术自动学习用户的习惯,记录下高频使用的应用和场景,从系统层级对硬件性能进行的调节来延长电池使用。自动亮度功能同样是学习、记录用户的亮度设置,在长期使用中演变为符合使用者习惯的自动亮度调节。对于已经设置过低耗电模式、应用待机模式以及后台限制的用户,在升级Android 9后,所有设置都会被动态电量管理继承,并立刻做出相应的性能调节适配。

借助AI学习预测,谷歌让应用更加"碎片化"地以App Actions和Slices的形式呈现在Android 9之中。

App Actions类似于此前在Moto、索尼等机器上出现的场景触发应用,只不过谷歌这次是以AI学习的方式将其植入到系统中。在原生Android 9中,用户处于特定的场景(比如工作、连接耳机等)中,系统会自动识别,并在应用抽屉中给出相关应用提示。

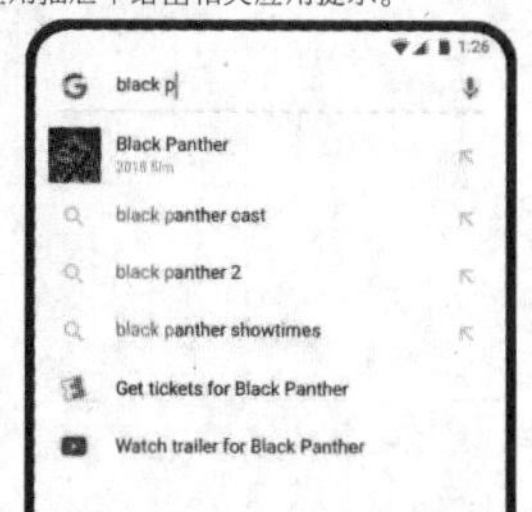

Slices是将应用的部分功能提取出来,类似于目前流行的"负一屏"与小程序的结合,但谷歌是将它整合在了系统搜索功能中。比如在搜索栏中输入"滴滴回家",搜索结果就会直接包含滴滴的叫车界面。无论是App Actions还是Slices,都需要第三方应用开发者做出相应的适配才可以使用。

随机模拟mac地址

每个网络设备都有一个mac地址,这是它们在网络中的硬件识别码。通过mac地址,可以对网络进行管理,例如在路由器中可以对mac建立一个黑名单,禁止某些设备连WiFi等等。而在安卓9.0当中,加入了随机模拟mac地址的功能,这可以破除很多限制。安卓9.0的这项新特性主要是为了隐蔽你的mac地址以防止信息追踪,保护用户隐私。在安卓9.0中,你可以在开发者选项中开启这一特性。

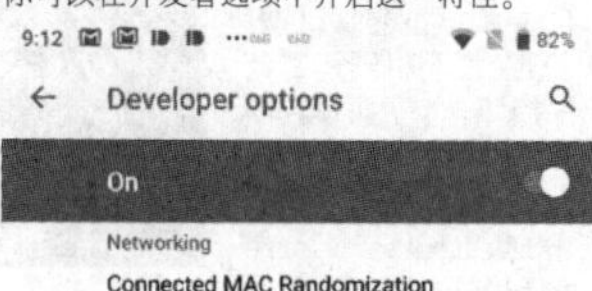

比如在同一网络下大家都会共用路由器,但有些有管理权限的人会进入路由器,在路由器中将你的手机设置为限速。如果你使用安卓9.0,随机模拟mac地址,那么就没法根据mac来限定你的手机网速了。

WiFi测距与定位

手机定位早成为大家出行时的使用习惯。不过在信号不好的地方或者说手机GPS信号很弱的情况下,如果有WiFi信号那也可以利用。

肯定有人会误解,"都连上WiFi了还需要定什么位啊?!"这里先解释一下,安卓9.0新增的利用WiFi测距离的功能,主要是指Google新增了对IEEE 802.11mc的支持,这是一个无线网络测量距离的规范。使用WiFi RTT的特性,手机可以测量在不同的热点之间进行移动的耗时,从而计算得出具体的定位。就是说这一特性并不要求你连接到WiFi,只需要周围有3个或者以上的WiFi热点,那么定位的精度就可以达到一两米。

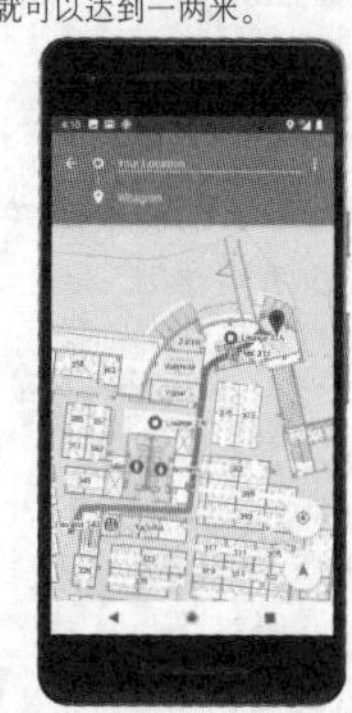

安卓9.0的这一新特性,对于即将来到的5G物联网非常有用,例如你进入到卫生间后可以自动为你开灯,无需安装复杂的传感器。或者在商场内进行定位也完全不是问题了——几乎每家门店都有WiFi热点,这对于不熟悉商场位置的家庭或者情侣来说非常实用。

无线连接Android Auto

很多人已经习惯使用手机连接汽车的车机,让手机的部分功能投射到汽车当中,汽车也能够使用手机的功能了。使用iPhone可以连接到车机使用CarPlay系统,使用安卓可以连接到车机使用Android Auto。虽说市面上已经出现了第三方无线连接CarPlay的方案了,不过现在连接车机一般都需要使用数据线,在之前,Google已经让Pixel和Nexus手机支持Android Auto的无线连接;如果用安卓9.0,就可以无线连接Android Auto了。

"刘海屏"

随着"刘海类"的全面屏大爆发,谷歌在Android 9中将这一类屏幕称作"凹口屏",并系统级地提供了对18:9以上比例刘海屏的显示支持,从而让应用可以充分利用有效显示区域。

借助原生支持,Android 9会通过调整状态栏高度将应用内容与屏幕缺口区域分开。如果应用种还有游戏、视频、图片等沉浸式内容,开发者可以通过Android 9的对应接口,围绕刘海进行全屏布局,简化了应用适配的难度。

"双摄像头"

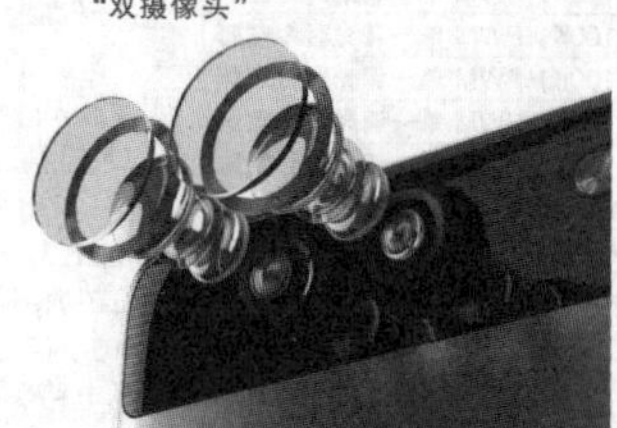

和"刘海屏"一样,在双摄流行后,Android 9也提供了该硬件的原生配套功能,包含前置或者后置双摄组合。谷歌从系统层级为这些双摄像头组合提供了背景虚化、深度感知以及立体影像等功能。同时,谷歌也为搭载Android 9的机器开放了外置摄像头连接功能。

多蓝牙连接

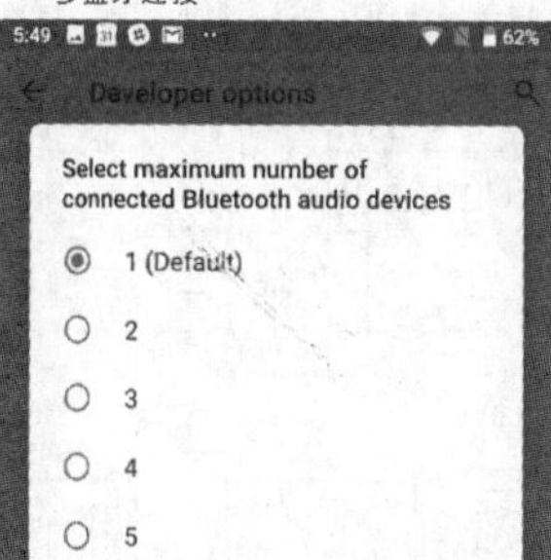

Android 9支持同时连接五个蓝牙设备,比如某些用户会连接多个蓝牙耳机、蓝牙音箱以及鼠标和键盘,现在就不需要重复手动连接了。不过并不意味着你能用5个蓝牙设备同时播放音频,毕竟蓝牙的带宽就摆在那里,你可以连接这些蓝牙设备后,就可以快速切换,无需再重新匹配连接。

DNS over TLS

现在常用的网络连接有很多都存在比较大的安全问题。例如DNS机制:当访问某个网站时,需要DNS服务器把域名解析为IP地址,但在连接DNS服务器的时候往往不是加密的,因此DNS很有可能被劫持,你输入正确的网址却被跳转到其他网站;又例如普通的HTTP,网页的内容并没有被加密,很容易被别有用心的人插入广告之类的其他内容。

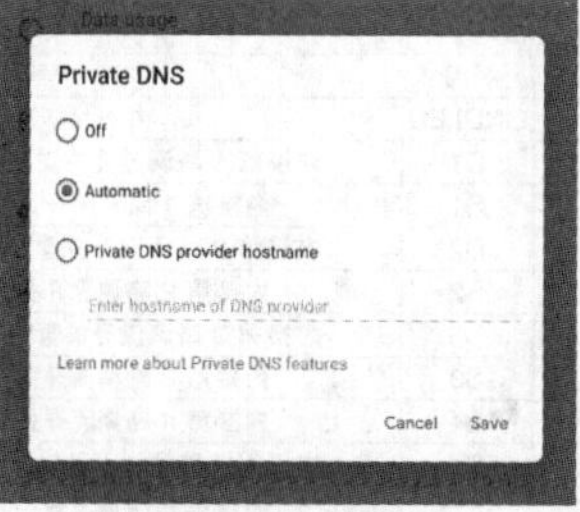

在安卓9.0中,系统内置了DNS over TLS的支持。如果DNS服务器支持TLS连接,那么就能以加密的方式连接DNS服务器。安卓9.0还强行使用HTTPS连接网页,只要站点支持HTTPS,那么就会使用加密连接。这也意味着手机上网突然弹出一个运营商广告的情况大大减少了。

另外Android 9还包括Dashboard时间管理(类似iOS12屏幕使用时间功能),夜间模式,界面调整等新特性。不过至于中国用户能否体验到原生的安卓9.0功能,这就不好说了。

在此前的Android 9测试阶段,除了Pixel系列以外,谷歌还向索尼Xperia XZ2、小米MIX 2S、诺基亚7 Plus、OPPO R15 梦境版、vivo X21、一加6等机型开放了测试。接下来的正式版会优先支持谷歌Pixel系列升级,包括华为、小米在内的其他Android手机厂商正在准备相应的Android 9定制ROM。

(本文原载第42期11版)

康佳液晶电视检修四例

例1：型号LED32F2000E，板号35017303，三合一主板

故障现象：待机指示灯亮，不开机。

观察主板没有发现明显的烧焦、电容鼓包等现象。用表测VDW961输出的12V电压正常，开机瞬间测VDW951输出的电压升到180V左右，逐步下降110V，初步判定背光电路正常。把思路转移到开关机控制电路（如图1所示）。从图1中可以看出，N801(SY8009A)DC-DC转换器④脚为5V，①脚开机应该为高电平3.2V，待机时为低电平0V，也就是微处理器送来开机信号电压3.2V左右时，③脚输出1.2V左右的电压，使得V805导通（见图2所示），V803(WPM9435)的⑧脚D极输出5V，为小信号处理电路以及可控3.3V和可控的2.5V电源电路供电。测N801的④脚5V正常，①脚按开机按钮时有3.2V电压，符合工作原理，测③脚开机电压为0V，待机也为0V，说明N801有问题。拿放大镜看，发现N801有裂痕。把N801拆除，发现电路板有明显黑色痕迹，说明温度过高造成N801损坏，初步判定此处有漏电现象或轻微打火。换一块新的SY8009A，把②脚翘起，用一导线连接到地，涂上硅脂。试机3小时，手摸N801芯片温升基本正常，故障排除。

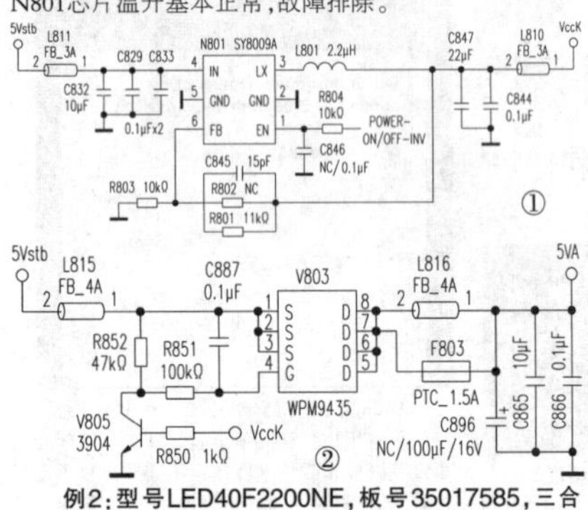

例2：型号LED40F2200NE，板号35017585，三合一主板

故障现象：开机出现"智能电视启动中"，无法进入桌面。

硬件或软件出现这样的问题都会产生这现象。本着先软后硬的维修原则，首先进入康佳技术服务平台http://www.4008800016.cn/KonkaTSP/login，利用本机的条形码，进入"康佳电视串号检测"网页查找，查看屏信息及有关程序信息，再返回到平台，下载有关升级程序，解压到U盘。将U盘插到主板的USB接口，按着"待机按钮"不放，打开电视电源，只见U盘指示灯亮了一下就熄灭，无法读取U盘里的升级文件。无独有偶，另一个用户也送来了一台同型号的机器，故障是背光一闪就灭，反复启动。笔者将后送来的这台机器修好，再将两台机器的N506(W25X08A)FLASH芯片对调，后一台机器能开机，原先的那台还是故障依旧。再测N510(K9F2G08U0C)FLASH芯片（如图3）的⑫脚、㊲脚3.3V供电正常，其他供电也正常。是不是内存或主芯片有接触不良的现象？决定对内存和主芯片N501(MSD6I981BTC)加热，冷却之后，开机，奇迹出现，能进入桌面了，反复开机一切正常。

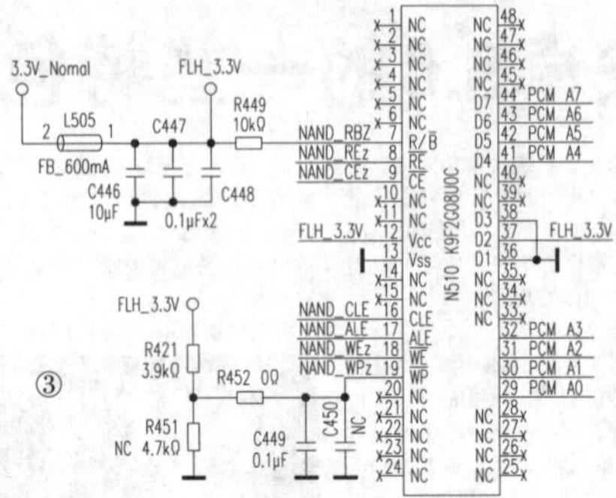

例3：型号LED43K35A，板号35020376，三合一主板

故障现象：能听到开机的音乐声，能隐隐约约看到屏幕上的画面。

从故障现象看，问题应该在背光电路。检查LED电路供电电路发现VD751已经损坏。更换同型号，开机发现电压瞬间从200V下降到110V稳定，说明机器还有问题。继续查找，没有发现其他元件损坏。为了快速判断是背光电路保护还是保护电路本身出现问题。将N701的⑧脚直接接地，通电故障依旧，怀疑背光灯有问题。用背光灯测试仪测量，发现两组灯条电压不一，一组70V，另一组42V明显不对称，初步怀疑灯条损坏。拆开屏傻眼了，两组灯条一组25颗灯珠，一个是15颗灯珠，难怪用测试仪测电压不一。找来图纸一看，供电采用的是串联模式，检查各连接，没有发现问题。装好屏，没有想到通电试机，背光亮了，试机一小时左右，没有问题。准备装机，发现背光灯插座有轻微的"哧哧响"响，仔细一看，原来插座⑤脚有点打火，再拿放大镜一看，⑤脚的针已经发黑了，原来故障就出在插座接触不良。把接⑤脚的灯条线直接焊到电路板上，试机一切正常。这时测xs701的⑦脚稳定在180V左右。

例4：型号LED43X2700B，板号35020665，三合一主板

故障现象：开机指示灯亮，屏幕无任何显示。

用户说：开机能放十几分钟，后就出现屏幕无任何显示。遥控试机能开关机，确定开关机电路没有损坏，估计故障在背光电路和灯条。开机测背光电压VDW961/VDW962只有38V左右，VBL测试点100V正常。再测灯条座XS701的⑦脚和①脚电压，发现100V没有，怀疑背光控制电路N712(OCP8172)保护。用测试仪测⑦脚和①脚，发现灯条不亮，说明灯条有问题。拆屏后，发现灯条为9根，每根5颗灯珠。用测试仪逐一测试每根灯条，灯全部能点亮。仔细观察灯条的插口，发现左边起第一根和第九根座有打火现象。用刀片切除氧化层，用导线连接（图4），测试一切正常。装回屏，试机正常。

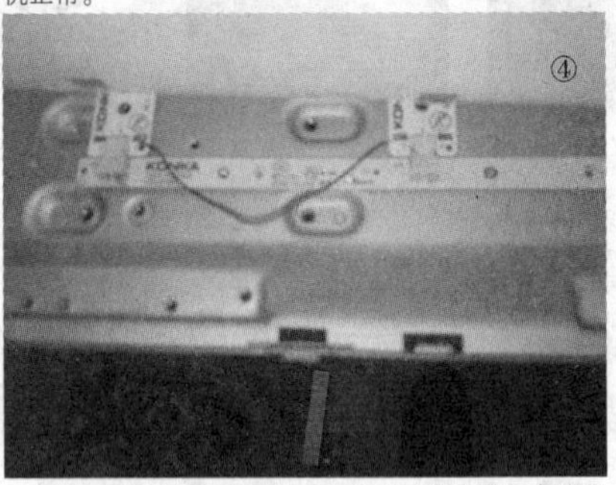

◇安徽 余明华

全新LED背光灯驱动电路iW7016维修资料

表1 iW7016引脚功能

引脚	符号	功能
①	GNDLED	内部MOSFET驱动电路接地
②	D1	内接第1路调流开关管D极，外接第1路LED灯串负极
③	S1	内接第1路调流开关管S极，外接电流检测电阻
④	D2	内接第2路调流开关管D极，外接第1路LED灯串负极
⑤	S2	内接第2路调流开关管S极，外接电流检测电阻
⑥	D3	内接第3路调流开关管D极，外接第1路LED灯串负极
⑦	S3	内接第3路调流开关管S极，外接电流检测电阻
⑧	S4	内接第4路调流开关管S极，外接电流检测电阻
⑨	D4	内接第4路调流开关管D极，外接第1路LED灯串负极
⑩	S5	内接第5路调流开关管S极，外接电流检测电阻
⑪	D5	内接第5路调流开关管D极，外接第1路LED灯串负极
⑫	S6	内接第6路调流开关管S极，外接电流检测电阻
⑬	D6	内接第6路调流开关管D极，外接第1路LED灯串负极
⑭	PWM1	第1路PWM调光电压输入，拆除(100K)
⑮	PWM2	第2路PWM调光电压输入，拆除(100K)；PWM单一调光时为空脚
⑯	PWM3	第3路PWM调光电压输入，拆除(100K)；PWM单一调光时为空脚
⑰	PWM4	第4路PWM调光电压输入，拆除(100K)；PWM单一调光时为空脚
⑱	PWM5	第5路PWM调光电压输入，拆除(100K)；PWM单一调光时为空脚
⑲	PWM6	第6路PWM调光电压输入，拆除(100K)；PWM单一调光时为空脚
⑳	LDO5-A	内部模拟电路5V供电稳压器外接补偿电容器
㉑	LDO5-D	内部数字电路5V供电稳压器外接电补偿容器
㉒	ADIM	模拟调光控制电压输入
㉓	V2P5	模拟调光电路参考2.5V电压
㉔	FAULTB	故障检测输出，低电平有效
㉕	EN	点灯使能控制输入
㉖	VFB	升压检测电压反馈输入
㉗	VCOMP	升压驱动电路回路补偿
㉘	CS	升压MOSFET开关管电流反馈输入
㉙	GDRV	升压驱动脉冲输出
㉚	VDIV	升压供电欠压保护比较器输入，参考电压1.2V
㉛	VIN	芯片工作电压输入
㉜	VSSA	模拟电路接地

iW7016是美国加利福尼亚州坎贝尔i-Watt（爱瓦特）公司推出的六通道LED背光驱动电路，内置一个升压驱动电路和六路LED调流驱动电路及其MOSFET开关管，提高LED背光灯串的供电，并对LED背光灯串电流进行调整和控制。iW7016提供高热补偿性能，弥补了正向电压不匹配，使用对话功能专有数字电源管理和专利BroadLEDTM自适应切换模式电流调节技术。iW7016有多个功能保护电路，采用逐周期检测，以确保系统的可靠性，并提供一致的操作，被广泛应用在国产和进口LED液晶彩电中。

iW7016具有以下特点：

1.工作电压范围9V到36V。

2.支持6通道LED背光灯驱动，每通道最高输出电压85V。

3. 采用专利BroadLED™自适应切换模式，实现最大效率高电流匹配，匹配精度达±2%。

4.2D模式每通道平均电流300mA，3D模式每通道平均电流600mA，PWM控制上升到25%。

5.内部集成直流-直流升压驱动控制电路，输出10V的MOSFET门驱动电压，可编程开关频率从100kHz到208kHz，内设软启动电路，限制浪涌电流。

6.支持两种直接PWM调光模式：仪式多个直接PWM输入和多个PWM输出；二是单一直接与相移PWM输入，多个PWM输出，低EMI和低输出纹波。

7.支持PWM尾巴转变模式。

8.全面的保护功能：一是LED开路故障检测；二是LED短路故障检测；三是过热关机；四是升压驱动过流、过压和欠压保护；四是升压供电欠压保护。

9.采用SOP32封装形式。

iW7016的应用电路图见图2所示，引脚功能见表1所示。

◇海南 孙德印

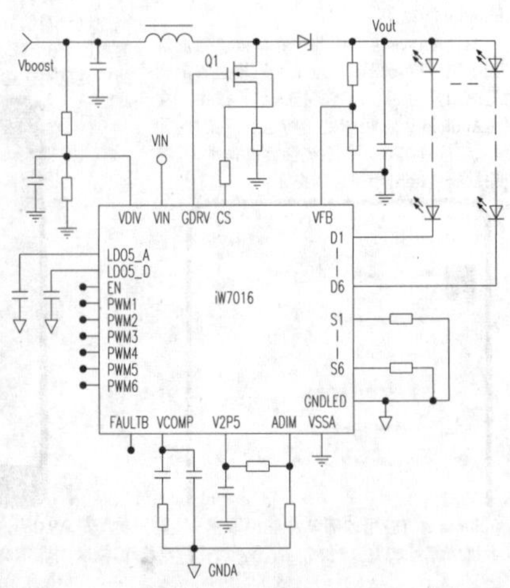

计算机显卡贴片电容短路故障维修经验谈

一台台式计算机开机无任何反应，打开机箱拔下主板电源排线，找到插排绿色PG信号线，电源加电后用万用表电压挡测量有5V电压，用镊子把PG信号线与地线短路，电脑电源风扇转动，测量各组电压都正常，判断电源没有问题；测量电源开关按键也正常，初步判断为主板上有故障。

引起计算机不开机有很多原因，为了快速判断出故障，先把主板上的显卡、内存等插接件都去掉，只留下CPU和风扇，按电源键电脑启动CPU风扇转动。关机，再插上内存条开机，能启动没有问题，当插上显卡时再开机不能启动，拆下其他机器上的显卡装上，计算机启动正常，判断为显卡故障引起计算机保护。这是一块标有NVIDIA英伟达牌子的显卡(见图1所示)。

①

一般显卡硬件故障维修有难度，首先检查一下故障到底在哪里，计算机独立显卡供电一般为12V，把稳压电源调整到12V，再把显卡上风扇插头拔掉，给风扇单独加上电压，让风扇转动；给显卡风扇插座上插上一只单独的带线插头，接上12V电源（根据风扇电源线红色为正级黑色为负极加电），观察稳压电源上电压、电流表显示情况。如果12V电源一加电马上掉电为零，因为稳压电源有短路保护，短路了也不至于损坏，马上断开12V电源，用万用表欧姆挡测量插座上12V两端阻值为零，看来板子上有硬件短路故障，接下来维修的关键是如何找到显卡上的短路元件。先观察显卡表面没有元器件烧毁的痕迹，卡上有两只场效应管子D472A和D452A，根据经验场效管容易击穿损坏。

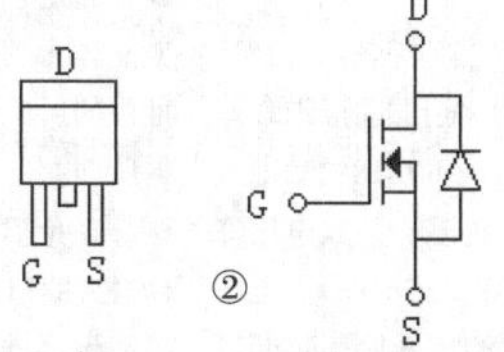

②

用万用表欧姆挡先来测量和12V电路有直接导通的元件，一只表笔接12V插座上，另一只表笔测量元件，果然两只场效应管的D极、S极都短路并和风扇12V插座正负电极导通（场效应管外观和引脚图如图2所示），用936调温电烙铁先分别加热挑开两只场效应管的S极，再用欧姆挡测量管子D极、S极都不短路，看来故障不在管子上，随即将引脚还原。接着用欧姆挡一只表笔接12V插座，另一只往后测量，发现三只固态电容也和12V插座短路，把恒温电烙铁调到最高温度，加热板子上电容电极取下三只560μF/4V固态电容，用欧姆挡测量，其中有一只电容几乎短路，阻值只有6Ω，也没有充放电现象。找来一只固态电容进行更换，安装时要找个细钢针，在电路板背面针眼孔先加点焊锡再用恒温电烙铁加热后用针把孔捅开，再插入三只固态电容焊接还原。

此时用欧姆表再测板子上12V插座还是短路，维修陷入困境。冷静下来仔细想想，分析一下，固态电容耐压4V，并且和场效应管、12V电源插座都导通，说明12V电源是经过场效应管降压以后再经过固态电解电容滤波，给后级电路或芯片供电，用欧姆挡再测量板子上固态电解电容两只脚，阻止是6Ω左右，再测12V插座，阻值0Ω，由此判断短路点在固态电解电容电路之前，应重点检查这些部位。在检查时发现有一些小的贴片电容（如图3所示），测量两脚都是短路，随后决定用外接电路加大电流法查找短路元件。

找一个3Ω/5W的陶瓷电阻，把稳压电源电压调整到7V左右（用低压安全一些），稳压电源正极接电阻，电阻另一端接显卡12V风扇插座正极，稳压电源负极接风扇插座负极，开始给显卡加电，观察稳压电源电流情况。加电以后7V电压有所下降，电流从1A开始，逐步调整加大稳压电源电流，这个时候陶瓷电阻开始发热，不用管它，用手触摸显卡上贴片电容以及附近的贴片元件，没有温升；当电流调整到3A时，发现三排贴片电容开始发热烫手，立即断开稳压电源，故障很可能就在这排贴片电容中。用两把电烙铁逐只去掉贴片电容测量，第一只完好，测量到第二只时发现短路，这时再测量风扇12V插座两端，阻值约600Ω，故障到此找到。

分析认为小贴片电容与电源电路连接为高频滤波电容，找一个废旧的显卡在电源附近摘取一个同样大小的贴片电容装上，在显卡风扇插座上再加上12V稳压电源检测，电流表显示380mA左右，至此显卡12V电源短路故障修复，插上风扇，装入计算机，试机一切正常。

一只显卡贴片电容短路，竟引起计算机罢工，这也说明计算机保护功能很完善，当12V电源有短路故障时，计算机开机瞬间检测到禁止电源启动，从而保护其他设备，防止故障扩大，以上维修经验仅供同行参考！

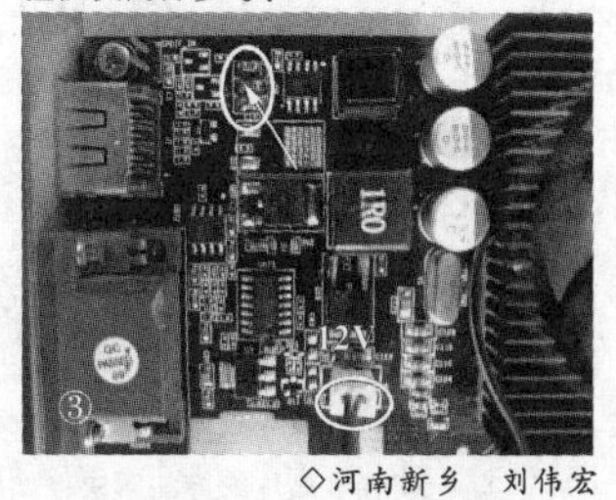
③

◇河南新乡 刘伟宏

禁用『USB配件』服务，提高安全防护等级

如果你的iOS设备已经更新至12.0系列的版本，那么可以禁用“USB配件”服务，以提高安全防护等级。

进入设置界面，选择“触控ID与密码”(iPhone X是“面容ID与密码”)，按照提示输入密码(如附图所示)，在这里检查“USB配件”是否已经被禁用，这个选项是保证当iOS设备连接在其他的设备上(例如PC或Mac)，而且已经保持一个小时的锁屏状态，那么除非用户输入锁屏密码，否则iOS设备将自动屏蔽USB端口，以阻止其他设备对iOS设备内数据的访问，防止个人资料被非法窃取。

如果需要启用USB配件以保证iOS设备与PC或Mac设备的连接，那么可以手工启用“USB配件”服务，这样可以保证数据的正常传输。

◇江苏 王志军

借Au的降噪消除音频水印

在进行日常电视栏目包装或婚庆视频等剪辑制作时，通常我们都会选择从网上下载免费的AE模板，只需简单地替换其中的图片或修改文字就能快速输出自己想要的视频文件，非常方便。但下载的AE模板中的声音素材文件却总会随机出现女声“AudioJungle”的音频水印信息，虽然我们可以使用其他的声音文件来替换，但会导致原画面与配音节奏恰到好处的配合失了水准；另外我们还可以到网上搜索对应的无水印背景配音文件，但匹配难度较大，因为声音文件的人工预览检索效率是很低效的，如此大海捞针般的定位搜索非常耗时。最为简单直接的解决方法就是使用Audition将音频水印进行手工清除，其原理等同于对声音进行“降噪”（把噪声信息从声音中“减掉”），只不过需要用“AudioJungle”纯水印样本文件来取代噪声的取样文件，具体操作方法如下：

1.下载音频水印样本文件并导入Au

从网上下载“AudioJungle水印样本.wav”(地址：https://pan.baidu.com/s/1gSFfYX5JugrKmZ44NF8jWg)，长度为1.8秒，大小是313KB；运行Audition CC 2017，将水印样本和待处理的“科技感电视广播新闻片头.mp3”导入。

2.从“水印样本”中进行“取样”

在Audition左上方窗口区域双击导入的“AudioJungle水印样本.wav”，然后在右侧的预览窗口区域执行双击操作，此时就会将该声音的波形全部选中（反白状态）；接着点击鼠标右键，选择其中的“了解声音模型”项，Audition会弹出提示：“将捕捉当前的音频选区并将其加载为声音模型，以便在下次启动‘声音移除’效果时使用”，点击“确定”按钮(如图1所示)。

①

点击执行“效果”-“降噪/恢复”-“声音移除（处理）”菜单命令，在弹出的“效果-声音移除”窗口中点击“保存当前的声音模型”按钮，将该取样文件定位存储至Audition的默认路径(比如“声音模型.srm”)，最后点击“应用”按钮关闭该窗口(如图2所示)。

3.从素材音频中将音频水印消除掉

与上一步操作类似：先双击左上方窗口区域导入的“科技感电视广播新闻片头.mp3”，接着再双击右侧预览窗口区域进行全选操作，再次点击执行“效果”-“降噪/恢复”-“声音移除(处理)”菜单命令，此时Audition就会在弹出的“效果-声音移除”窗口默认加载刚刚捉取的水印信息，可点击左下角的播放按钮进行试听，效果已经相当不错了——之前在第9秒左右混合的“AudioJungle”水印基本上完全被消除掉了(如图3)，点击“应用”按钮再返回主界面再次试听，结果非常令人满意。

最终，别忘了再执行“文件”-“另存为”菜单命令，将已经去除“AudioJungle”水印的MP3文件保存为“科技感电视广播新闻片头【无水印】.mp3”，点击“确定”按钮之后再到Windows环境下调用对应的音频播放软件进行测试，音频水印确实已经基本消失了，效果非常不错。

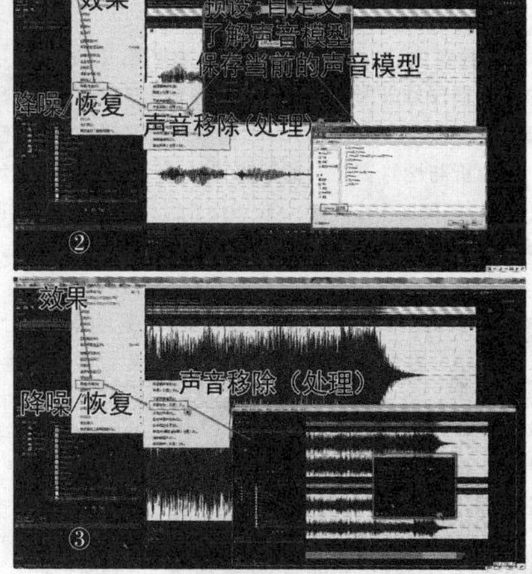

②
③

◇山东 杨鑫芳

“移花接木”巧修电磁炉电源电路

故障现象：一台美的SH-208型多功能电磁炉，通电后无任何反应。

分析与检修：通过故障现象分析，怀疑电源电路异常。拆开后，检查电源12A保险管完好，拆掉发热线盘及炉面温控探头，为了保险起见，焊开保险管的一端，在它的位置串入一只100W灯泡（白炽灯），加电后测量C4（5μF/400V）两端有315V电压，说明C4、谐振电容C5（0.3μF/1200V）以及IGBT功率管H20R120基本正常。在检查电源输出的5V和18V电压输出端电压都为0，说明电源电路有故障。检查时，发现电源模块U91（FSD200）已开裂，限流电阻R90（22Ω/2W）开路，只有D90（1N4007）正常。由于手头无此电源模块，想使用电源模块VIPer12A代换，电路板上预留了安装位置，于是拆掉FSD200，再把VIPer12A安装到U92的位置，将EC90（10μF/400V）和R90、D90换新后，加电后瞬间限流电阻冒出一丝青烟就夭折了，刚换上去的电源模块也报废了，是新的电源模块有问题？还是开关变压器坏了？因使用万用表不能准确测量出开关变压器的好坏，最后决定再换上一块输出功率大的VIPer22A试一下，结果故障依旧，怀疑开关变压器在高频、高电压的情况下呈短路状态，因很难买到这种开关变压器，重新绕制又比较麻烦，最后决定用手头闲置的电源适配器改造后为主板供电。于是，挑选两个直流电压输出为9V的，电流大于350mA充电器，对于拆不开的充电器用钢锯锯掉外壳，里边的变压器次级绕组输出电压为11V左右，将两个变压器次级串联后，就能得到21V左右的交流电压。当串联后，电压不升高反而降至2V以内，说明同名端接反了，只要调换到另一个输出端上即可，再把整流电路板上的电容和三端稳压器（选用L7818）组装好，如图1所示。

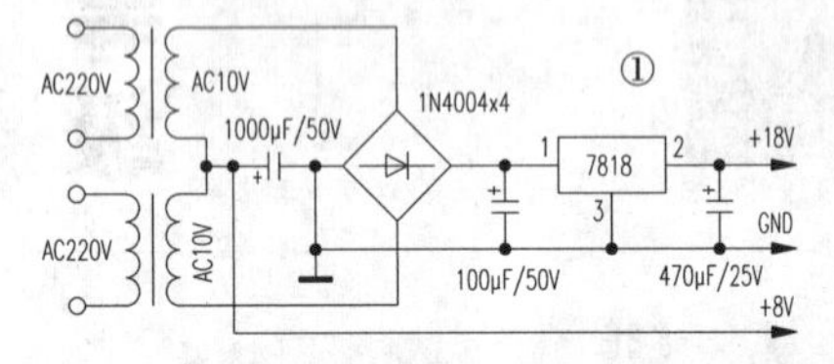

电路连接好后不要急于接入主板电路，将18V/3.6W风扇直接连接到稳压器的输出端上，进行带载运行15分钟，等7818工作稳定后，再测一下7818的输出电压，因为有的三端稳压器热稳定性能差会造成电压降低，或者负载过重也会造成电压下降。当7818输出电压跌至16V左右，就会造成功率管IGBT因激励不足而发热严重，工作时间稍长就会导致IGBT损坏；当7818输出的电压稳定在18V时，供给稳压器L7805的输入电压为9V左右后，就可以将18V接入D93的负极孔内，9V接在D92的负极孔内，拆除EC90，把GND线接入EC90的负极孔内，将风扇的引线插好，先不接通发热线盘和炉面温控探头，即不让主电路工作。此时接通电源后，蜂鸣器发出嘀嘀声，控制面板上的所有发光二极管闪亮一下后熄灭，只有火锅指示灯和1800W指示灯点亮，数码管显示为EO，散热风扇旋转，此时只有开关机键起作用，而且按键内的发光二极管闪亮，其余所有按键都失灵。当按下关机键后，蜂鸣器发出嘀的一声，同时火锅指示灯和1800W指示灯熄灭，散热风扇继续旋转30秒后关闭，此时再检测5V、18V以及315V供电是否正常，若正常，就可以焊掉100W灯泡，装回保险管，把发热线盘和温控探头接入电路，再用两面胶带把两个变压器固定到机内允许的地方，最后安装好电磁炉上盖，在锅具里放上少量的水，接通电源后面板上的所有发光二极管闪亮一下，蜂鸣器发出嘀的一声复位音，数码管也闪亮一下后熄灭，只有开关机键内的发光二极管闪亮，说明电磁炉已进入了待机状态。按下开机键后，电磁炉开始加热，操作一下所有按键看是否有效，若正常就完事大吉了。

改装时，对于热性能稍差的三端稳压器，可以采取安装散热片的方法解决；如果手头有L7812等不同输出值的三端稳压器，只要在三端稳压器的接地端串入不同稳压值的二极管，就可以得到不同数值的输出电压，如在L7812的接地端接入一只6.2V稳压管（正极接地、负极接7812的接地端），就可以替代L7818使用了。变压器最好选用5W或以上的双10V输出并带有中心抽头的，桥式整流滤波后在开路状态下容易造成输出电压虚高，避免在两组电路同时呈开路状态下检测电压，以免损坏三端稳压器。对于整体比较薄的电磁炉（如格兰仕C20-F3E等）可以选用闲置的笔记本电脑电源适配器进行改造，选用ADP-60DB（输出电压为19V、电流为3.16A）、联想42T4416（输出电压20V、电流为3.25A）等体积较小的精密型稳压电源。

改装时，先用钢锯在外壳中间位置慢慢锯，锯到金属屏蔽层后，再用一字口螺丝刀将其外壳撬开，拆除电路板上的220V插座、互感滤波器以及热敏保险电阻（编者注：疑为压敏电阻）等，保留1.5A /220V保险管，连通220V相对应的电路，这样可使电路板缩小一些，再参照图2所示电路组成降压、分压电路，就可以得到稳定的18V和8V电压。例如，一台格兰仕C20-F3E电磁炉通电后无反应，经检查电源14A保险管完好，加电后桥堆有310V电压输出，但5V和18V供电都为0V，说明电源电路异常。检查后，发现限流电阻R12（22Ω/2W）烧断，电源模块VIPer12A损坏，在220V电源中串入100W灯泡，先不接线盘和炉面温度传感器，把18V供电的引线接入D02的负极孔内，8V供电的引线接入D03的负极孔内，电源的负极接在FGND的焊点上，把散热风扇插好，具体操作步骤如前所述。

【编者注】*若安装位置许可，建议改装时保留互感滤波器及压敏电阻，以免降低开关电源的性能。*

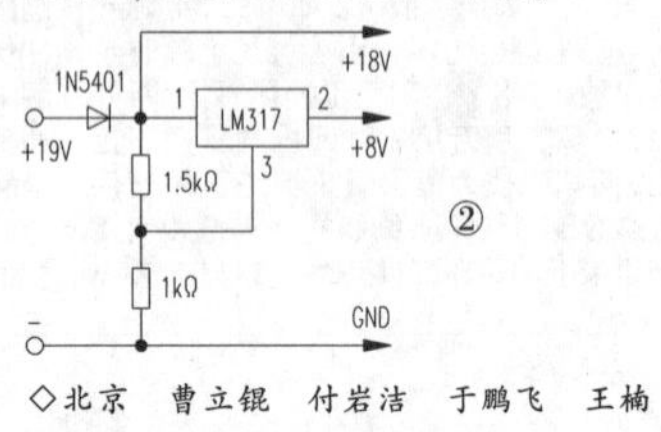

◇北京　曹立锟　付岩洁　于鹏飞　王楠

德海DH2000光柱式液位计无显示故障检修1例

故障现象：一台水处理污泥池的国产德海DH2000光柱式液位计无任何显示。

分析与检修：首先，测量220V电源正常，说明仪器内部异常。将仪表拆下后并打开后盖，看到电源板和数据板之间的一组排线有3根从数据板侧的焊接处断开（见图1），并扭搭接到一起，检查其他元件正常，重新焊接这3根线头，复原后通电，结果还是没有任何显示，怀疑电源电路异常。为了便于维修，根据实物绘制出电源电路原理图，如图2所示。

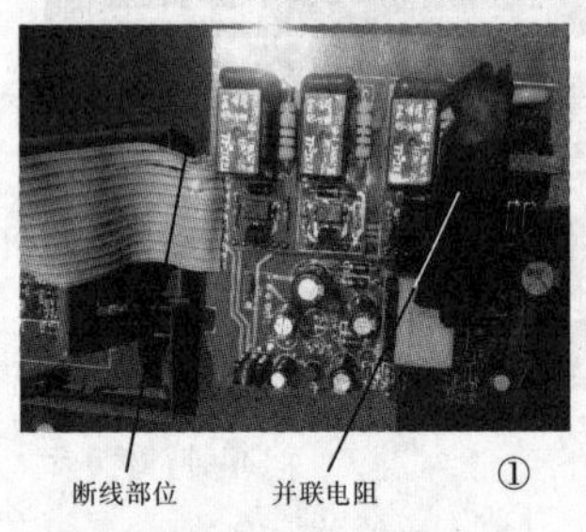
断线部位　并联电阻　①

参见图2，测电源板上接口处的220V电压正常，再测滤波电容C2两端电压为0（正常时为310V左右），说明开关电源异常。检查时，发现保险电阻R1（33Ω/1W）的阻值为无穷大，但表面没有烧毁的痕迹。拆下R1后，发现它下面有一部分被烧掉，并粘在电路板上，说明该电阻是过流烧毁的，那问题肯定出在开关电源或负载电路。检查C2、整流堆BR、开关电源集成块正常，并且开关变压器TR1及其负载元件也正常，于是考虑更换R1试一试。因手头没有33Ω/1W电阻，就用3只100Ω/1W的电阻并联（实测阻值为32.9Ω）后代替后通电，显示恢复正常，故障排除。

【编者注】*保险电阻R1（33Ω/1W）改用3只100Ω/1W的电阻并联后代替，会降低其过流保护功能。*

现在返回来再分析整个过程，既然是负载过流导致保险电阻R1烧毁，可现在又查不出负载有任何的问题，那唯一可能引发故障的根源，就是这3根线断裂后碰触到一起所导致的。通电后，测量这3根线的电压，确认1号线是24V供电的正极，2号线是负极。因此，当1、2号线碰在一起，引起24V供电短路，导致开关电源瞬间过载，R1烧毁才是它的职责所在。

◇江苏　庞守军

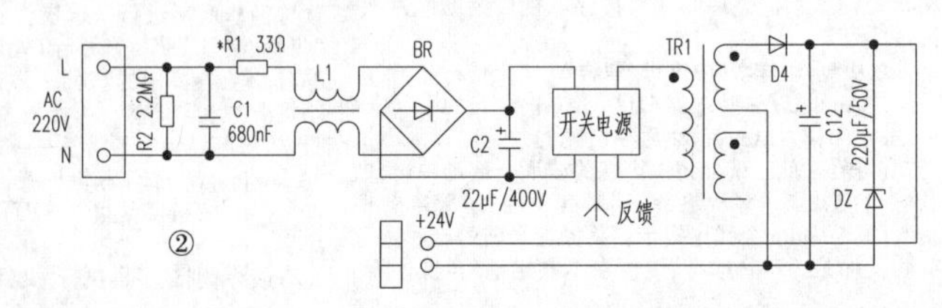

双管正激电路工作过程分析

在双管正激开关电源的调试过程中，后级DC/DC变换电路采用了无损吸收的双管正激电路，其电路形式如下：

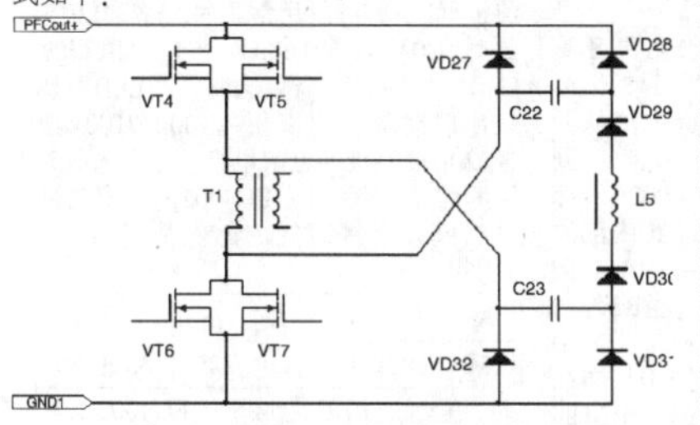

图1.带无损吸收电路的DC/DC电路拓扑图

双管正激电路有着较高的可靠性，这种形式的无损吸收电路对改善上下功率管的开关轨迹也有较好的效果。下面先分析一下电路的工作过程：

先来了解一下它的工作过程分析

设电路的起始工作状态为开关管关断，变压器副边处于续流状态。此时上下管子同时开通，那么电路会经历以下几个过程：

阶段1. 管子开通的瞬间其结电容既可发电到零，410V的直流母线电压加在由C23、VD30、L5、VD29、C22组成的谐振网络上形成串联谐振，由于二极管VD29、VD30的反向阻断作用使得最终的谐振结果是C23、C22上的电压保持在410V的母线电压。

阶段2.上下管开通，变压器原边流过电流向负载提供能量。

阶段3.经过占空比D的导通之后功率管开始关断，由于此时变压器原边仍流过负载电流，因此在关断初期由这个负载大电流给C22、C23以及管子的结电容线性充放电，在此过程中始终保持下管结电容上的电压和C22上电压之和为410V同样上管结电容上电压与C23上电压之和为410V，同时变压器原边绕组上电压相应下降。由于负载大电流的线性充放电作用这个阶段维持时间很短，其结果为上下管结电容、C22、C23上电压均为205V左右。

阶段4.从这一时刻起由于变压器原边电压已经下降到零因此副边续流二极管开始导通其电流逐渐增大，同时整流二极管上电流逐渐减小，在这一阶段整流与续流二极管同时导通，变压器副边电压钳位在零，而在变压器原边励磁电感上电压也保持在零，变压器的漏感与结电容、吸收电容谐振，功率管上电压以正弦形式继续升高、吸收电容C22、C23上的电压相应减小以维持其和为410V。当原边电流由负载电流谐振下降到励磁电流后副边整流二极管关断结束换流。但是由于二极管的反向恢复，原边漏感上还会出现几个周期的反复振荡一直到整流二极管完全关断，此时变压器原边只流过励磁电流，因为这段时间也非常短。所以励磁电流几乎没有衰减。

阶段5.此时变压器原边励磁电感与结电容、吸收电容进行谐振，励磁电流继续给电容充、放电使得结电容上电压以较大的谐振周期继续振荡上升，吸收电容上电压继续减小，但是由于吸收电容比结电容要大很多，因此谐振电流主要流经吸收电容这就使得吸收电路对功率管有较好的吸收作用。如果励磁电感所储藏的能量比较大则功率管上的谐振电压会超过410V的母线电压，此时钳位二极管VD27、VD32将导通将其电压钳在410V励磁电感中的能量将直接回馈到直流母线，而吸收电容C22、C23上的电压也会放到零电位。当励磁电流振荡到零之后由于结电容上电压的作用又会反向振荡，励磁电感上电流反向增大，功率管上电压谐振减小，变压器原边电压由负电压逐渐回升，当其电压达到零之后如果继续振荡下去，变压器原边会出现正电压，而功率管又处于关断无法向副边传递能量，因此这个振荡能量会立即被吸收到副边使得原边谐振电路处于最终的稳定态。此时上下功率管上电压为205V的均分电压并一直保持到下个周期管子再次开通。

阶段6.原边关断。负载电流通过续流二极管续流。至此一个完整的工作周期结束。

波形不对称产生的原因

上面是对这个电路的理想分析，上下功率管上的DS波形应该是完全对称的。但是实际上由于器件参数的离散性、上下管的驱动、布线的不一致性会导致上下功率管DS波形会有较大偏差，表现为一个管子(比如说下管)关断时其DS上电压早就上升并钳位在母线电压而此时上管的谐振包络线还远远没有达到母线电压。如下图2所示：

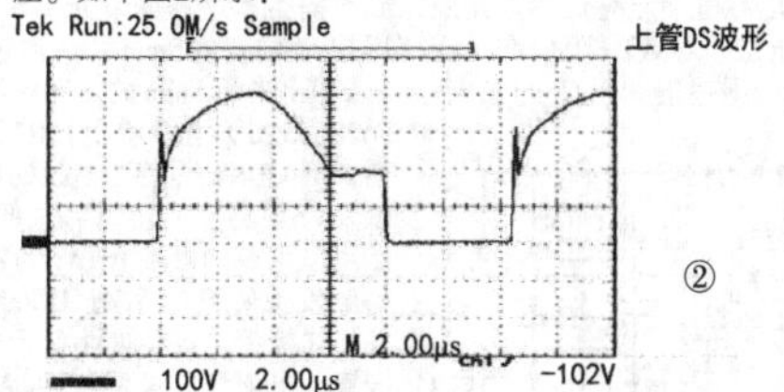

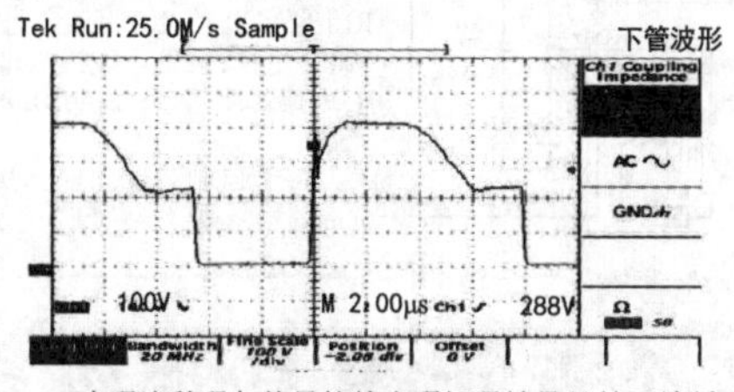

出现这种现象的最简单直观解释就是从管子关断开始流经上下谐振支路的电流不一样，而这种区别产生的原因来自上下功率管由于关断时间的不一致，即当一个管子上电流已经衰减到零时而另外一个管子上还有电流。这样上下两个谐振支路上电容就会积累不同的电荷产生不同的电压这样自然会导致上下管的谐振波形不一致。为了证实这点将上下两个管子关断时的DS波形拍下做个对比(图3)。

其中上面的波形对应下管的关断、下面的波形对应上管的关断。从波形可以看出下管的关断的确比上管要快。为了继续验证，将驱动变压器的两组驱动做了上下调换，从试验看出上下管的DS波形几乎完全对称，通过在下管驱动反抽回路里适当地串联一个小电阻以减低其关断速度也可以得到同样的结果，其波形如图4所示。至此已经可以说是功率管由于关断时间的不一致而导致了上下管波形的不对称。

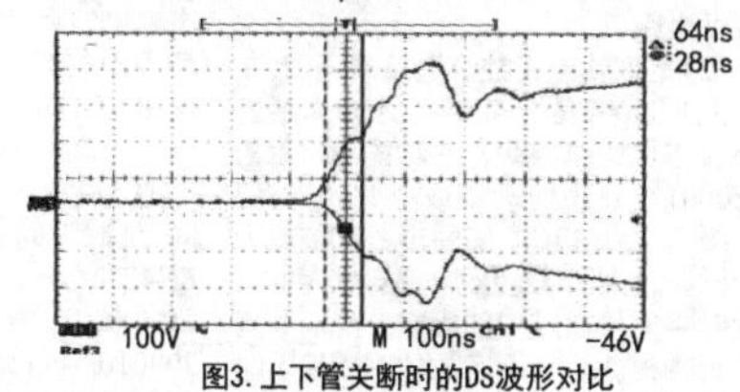

图3. 上下管关断时的DS波形对比

L 波形不对称问题的解决方法

这种现象对于电路的正常工作产生的影响在于：如果波形严重不对称会导致上下功率管关断时其DS结电容上积累的能量相差很大，能量小的那一路钳位二极管根本就不参与工作而能量大的那一路却有很长时间会通过钳位二极管向直流母线回馈能量导致其二极管温度高可靠性下降严重时会损坏二极管，因此有必要将其不对称性降低到一定范围内。解决方法是尽量调整使得上下管的关断时间一致。因此在PCB布线时上下管走线要尽量对称、绕制变压器时两个驱动绕组要尽量一致。而在PCB板、驱动变压器、驱动参数都已既定的条件下，其不对称性也定了比如说都是下管电压高而上管电压低只是不对称的程度稍有区别，这时就可以在关断速度快的那一路的驱动反抽电路里串进一个小电阻人为地将其关断速度降低以达到与另外一路同步，但是这样做会影响整机效率、使得功率管的温升提高所以须折中考虑。

有的也采取将变压器励磁电感加大的方法来解决这个问题，就本人理解这种方法没有解决根本问题，这只是将励磁能量加大使得上下管的能量都积累到一定程度使得钳位二极管都导通相当于强制性地将波形拉对称并没有减轻钳位二极管的负担。而且漏感的相应增大还会延长动态转换时间。

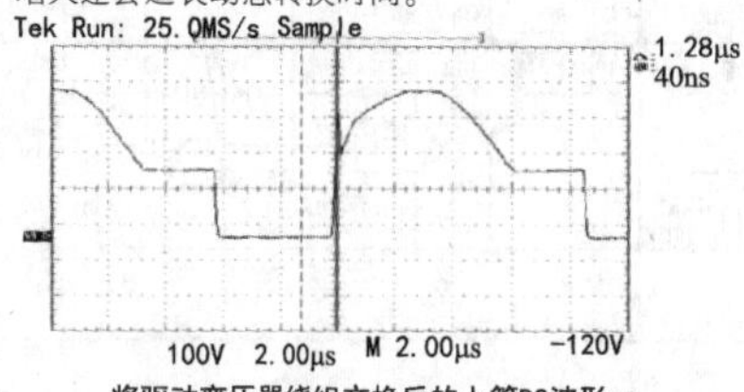

将驱动变压器绕组交换后的上管DS波形

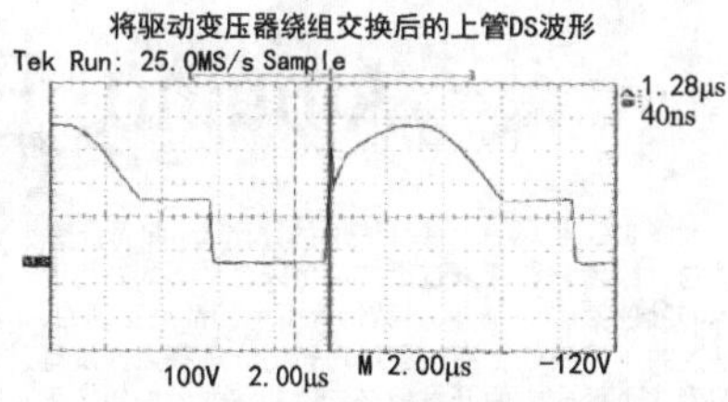

图4. 将驱动变压器绕组交换后的下管DS波形

◇广西　胡文中

IOT应用SUB 1-GHZ：长距离、稳健耐用、超低功耗

目前，物联网(IOT)市场正处于持续的大幅增长，而越来越多的设备也被连接至云端。

家庭自动化等应用的发展允许人们可以在房间中装配照明、取暖和报警系统。而借助这个系统，我们能够通过移动设备开关电灯或设定合适的取暖温度。此外，报警系统还能在触发时向移动设备发送通知，例如当有人闯入房间或车库时。

凭借各式各样不同的无线连接技术，将低功耗设备连接至云端在如今已经成为可能。而随之而来的新问题却是如何为应用选择最合适的无线连接技术。

利用SUB-1 GHZ波段进行通信的独特之处在于，在保证整体链接稳健耐用的情况下能够提供最远的范围和最低的功耗。

长距离：

在一半的频率下提供两倍的范围：通常来说，频率越低则范围越广。由于衰减与波长是成正比的，所以像SUB-1 GHZ等较低频率能够比高频率传输的更远。

提供房屋整体和周边区域覆盖：由于穿墙性会随着频率的增加而衰减，所以相较于2.4GHZ，SUB-1 GHZ具有更强的物体穿透力。此外，较低频率在房屋角落中的性能更佳，从而提供了更好的室内覆盖。

窄频带能力：SUB-1 GHZ解决方案能够在窄频带模式下运行，在降低干扰概率的同时凭借增加的链路预算提高了覆盖范围。

稳健耐用：

避免频带拥塞：与涵盖BLUETOOTH、ZIGBEE和WI-FI的2.4GHZ波段相比，SUB-1 GHZ ISM 波段主要用于低占空比链路，并且不太可能相互干扰。

更少的干扰影响：SUB-1 GHZ解决方案可以在窄频带模式下运行，从而降低了干扰概率。

跳频：借助TI15.4 STACK软件，工程师能够在FCC波段下实现更广的范围，同时通过执行跳频来提供针对带内干扰的更好防护。

超低功耗：

具有比其他技术更低的功耗：在SUB-1 GHZ中，工程师能够利用更少的传输功率实现与2.4GHZ一样的传输范围，因此SUB-1 GHZ解决方案非常适合用于由电池供电的应用。例如，SIMPLELINK™ SUB-1 GHZ CC1310无线微控制器(MCU)能够提供业内最低的功耗。

由一颗纽扣电池供电运行数年：SUB-1 GHZ往往在更加安静的环境中运行，这意味着接收端不太可能受到其他发射器的影响，从而减少了重试次数并提高了电池使用寿命。

凭借一颗纽扣电池提供20KM的传输范围：相较于BLUETOOTH、ZIGBEE和WI-FI，SUB-1 GHZ是唯一能够通过简单软件覆盖整幢建筑的技术，从而降低了总体功耗。

◇湖北　张咔

一种微功耗声光控灯电路

声光控灯电路已经很多，有分立元件构建的低成本电路，也有门电路构建的低功耗电路，本文介绍的是一款微功耗，低成本的声光控灯电路，它是利用红外线感应处理模块EG4002C构建的一款低成本，高性能，焊点少，可靠性高的声光控灯电路。

图1是这款声光控灯电路原理图，在图1中，EG4002是一款专门为人体感应红外线信号处理电路，其功能与常用的BISS0001红外线处理集成电路相同，但将二级运放做在IC内部固定的30倍放大器而没有输入引脚。另外，将封锁时钟与延时时钟信号通过内部固定分配而共用一个时钟源。第一级运放的同相输入端也没有引出脚。这样就将BISS0001原来的16个引出脚简化成了8个引出脚，引出脚减少了一半！图1电路是在EG4002经典电路的基础上，增加一级三极管放大电路，并且将传感器由热释电传感器改成了电容式咪头，电路做成微功耗电路，EG4002的静态电流一般不会超过0.06ma，电路的静态电流主要由咪头偏置电路决定，R11的取值影响电路的静态电流同时也影响电路的灵敏度，R11取值大，电路静态电流降低而灵敏度也同时降低，R11取值减小，电路的静态电流增大，同时灵敏度也增大。实验R11取值20K-30K比较合适，当R11取值20K时，电路的静态电流约为0.24ma，工作电流约为0.3ma。这样，我们可以将限流电阻R1取值430K，这样电路可以提供约0.5ma的静态电流，完全可以满足电路静态电流的要求。电路的工作电流可以不考虑R1的影响，因为电路工作后，R1被短路！C11的端电压会升高到约60V！所以，此时可以不必考虑R1的影响了。R4*C5决定电路的延时时间和封锁时间，延时时间T1=100000T0，封锁时间与EG4002的后缀有关，本文使用的是EG4002C，相应的封锁时间为T2=7000T0；当我们取R4的单位用KΩ，C5的单位用nF，此时，则计数出的T0的单位相应的则为μs；T0与R4，D5的关系为：T0=0.4*R4*C5*R4/(R4-20K)。调节R4与C5的取值可以调节延时时间，但R4的取值最好不要低于100K，图1电路中的D6用于防止电路处于凌晨和傍晚光线明暗变化时可能导致的振荡现象。R7与光敏电阻RL2构建光控电路，白天环境光线比较强，RL2阻值比较小，与R7分压使EG4002C的③脚电压低于0.2VDD(0.66V)时，EG4002C的输出端⑥脚一直保持低电平输出。当环境光线低于设定光强时，此时，③脚电压高于0.2VDD而解除对输出的封锁。如果没有D6，电路可能在⑥脚输出高电平点亮灯后灯光照射到光敏电阻RL2上导致RL阻值变小而封锁⑥脚的高电平输出，但D6的加入，一旦⑥脚输出高电平立即通过D6使③脚强制输入高电平而保持⑥脚的输出，直到延时时间到跳变。

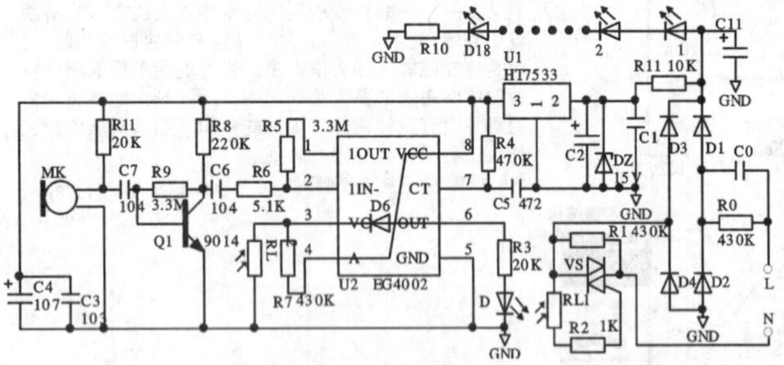

图1电路当咪头MK接收到声音信号，MK内部场效应管阻值发生变化经C7耦合Q1基极改变Q1的基极电流从而改变Q1的集电极电压经C6耦合到EG4002C的反相输入端经EG4002C内部第一级运放放大后送到EG4002C内部的第二级运放进行30倍放大，经内部解调电路处理在⑥脚输出高电平，经R3为白色发光二极管(或者绿色发光二极管)D提供工作电流，D发光传输到与D封装在一起的光敏电阻RL1的受光面使RL1的阻值变小，双向可控硅VS得到门极触发电流而导通，VS导通短路R1，此时，由C0为电路供电。由于C0的容抗远小于R1的阻抗，所以，电路工作电流增大，C11端电压上升到约60V，VS未导通时，430K大电阻串联在回路中电流很小，C11端电压约为9V，所以，LED灯串没有达到所需工作电压而不能点亮！由于EG4002C的⑥脚输出高电平，VS导通，短路R1，回路电流增大，C11端电压上升，LED灯串得到所需工作电压而发光照明。如果D使用超高亮度的5mm平头白色发光二极管，RL1使用5mm的硫化镉光敏电阻5628(5528不推荐使用)，R3的阻值可以增大到430K！电路有1μA的电流就可以触发VS导通！实验时可以低到0.3μA仍然可以可靠的触发VS(VS为97A6)。电路的触发灵敏度非常高，D如果使用绿色发光二极管，灵敏度略低于白色发光二极管，电流可以设置在10μA以上。D和RL1也可以使用成品线性光耦LCR-0202，此时，触发电流适当增大，图1中R3取值20K 适合LCR-0202等成品线性光耦。

关于自制线性光耦，我们可以将5mm的白色或者绿色LED的发光面与光敏电阻5628的受光面紧贴，然后用5mm的黑色热缩套管将光敏电阻与LED固定就可以得到一只自制的高灵敏度线性光耦。自制时注意将光敏电阻和LED的引脚处压扁以防管脚短路同时防止漏光。因为5628的灵敏度很高。

C0的取值根据所用LED功率合适取值，一般我们可以用常用的0.5W的LED，此时，C0可以取0.68μF。C11可以根据LED灯串的串联个数选取，在LED取18只串联时，C11可以使用100μF/100V或者220μF/100V的电解电容。为了选取元件的需要，下面列出EG4002的后缀与延时时间及封锁时间的比例关系：T1/T2值。

A	B	C	D	E	F	G
5	10	14	20	25	33	50

笔者选用的是常用的EG4002C，其延时时间与封锁时间的比例为14，也就是当封锁时间为1S时，延时时间为14S。总时间周期为15S。EG4002的CT端充电回路为VDD经R4为C5充电，而C5的放电则通过内部开关固定一个20K的放电电阻。

为了获得稳定的工作电压VDD，电路使用了一片低功耗串联稳压集成电路HT7533为EG4002C提供稳定的3.3V工作电压。AS1117不能在这个电路中使用，因为AS1117的静态功耗比较大，不适合微功耗场合使用。HT75系列微功耗低压差串联稳压集成电路是一款性价比非常高对的微功耗稳压集成电路。非常适合微功耗场合使用。这个稳压集成电路广泛应用在人体感应红外线处理电路中。该集成电路的电压调整管为MOS管，驱动电流极微！HT7533的引出脚与类似的AS1117系列的输入与输出引脚相反，取代AS1117时应该对调输入与输出引脚(我们可以网购廉价的AS1117稳压模块，然后对调输入与输出引脚换上HT7533就可以得到一个微功耗3.3V稳压模块)。

◇湖南　王学文

Arduino：三个强大但是被忽视的用途

大多数工程师在工具箱中看到Arduino时都不会选择它，因为它看起来过于的简单以至于不太好用或者不能胜任某些功能。大多数情况下他们都是正确的，但是这并不是我们要在这里所讨论的，有些人并没有意识到这个低成本的开发板是一款非常强大的转换工具，下面向大家介绍Arduino三个强大但是常被忽视的用途：

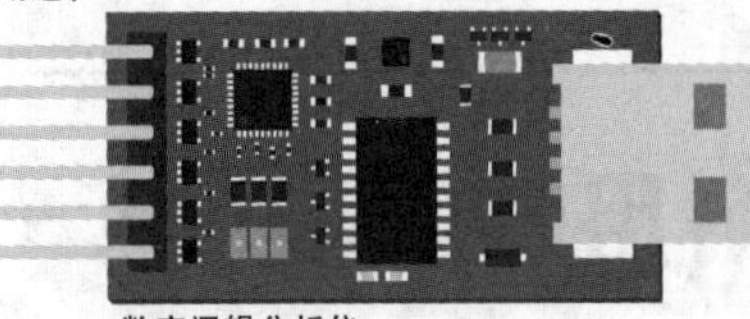

一、数字逻辑分析仪

开源逻辑嗅探器(OLS)是一个简单的软件工具，它实现了数字逻辑分析仪的功能特性(图1)。OLS客户端是基于Java语言的，可以在大多数操作系统上运行。

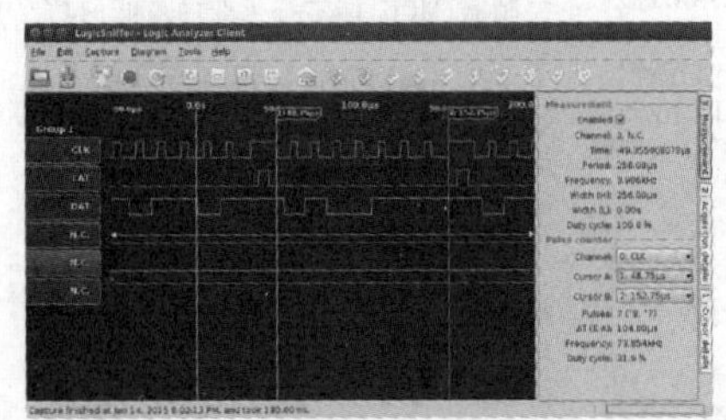

图1：开源逻辑嗅探器(OLS)是一款简单的软件工具，它实现了数字逻辑分析仪的功能特性

由于其简单的串行协议，很多开源工具比如Bus Pirate、Logic Pirate当然也包括Arduino都对OLS提供基础的支持，零外部组件(不包括电线)以及Andrew Gillham的开源代码，你可以对Arduinl UNO进行编程设置，将它变成一款数字逻辑分析仪。

下面列举了基于ATmega328的Arduino可供大家使用的功能特性：

- 最大4Mhz采样速率
- 1024采样
- 6通道
- 屏蔽触发
- 比例可调的前向/后向记录
- 充当一系列参数测量工具：频率、周期、工作周期等

它可能没有什么特别亮点的特征，但是有时它能够给你提供足够的支持，我经常使用Arduino或FPGA来验证通信协议以及一些功能代码。

二、AVR编程器

对于很多在校大学生来说，价格往往会在很大程度上影响我们的决定。在这个例子中我指的是对于微控制器系统都需要购买一个编程器，也许你想在PCB上永久集成这个功能，或者只想看看如何"手动"对AVR器件进行编程，无论如何在我看来Arduino的这个惊人实现让我非常地喜欢。

这个过程非常地简单，实际上这个工程(sketch)现在已经集成到所有新版本的Arduino IDE中了，具体操作如下：

(1)打开IDE，选择File->Example->ArduinoISP2。

(2)编译然后将工程上传到开发板。

上面的操作完成后，你就可以使用Arduino的Pin10、11、12和13管脚(分别对应RESET/MOSI/MISO/SCK)对你的AVR器件进行编程，剩下唯一要做的就是将这些标志添加到makefile文件中或使用avrdude命令行：-p -c avrisp -b 19200

三、UART(串口)转USB

这个方面可能觉得有点儿显而易见了，Arduino板上集成了FTDI USART-to-USB芯片，对于引出大部分MCU管脚的Arduino产品比如Arduino UNO R3，你可以仔细地从插座上讲ATmega DIP芯片取出，你可以将串行管脚(RX和TX)用于其他的功能，我发现我经常这样做，我喜欢将选项菜单编程到我的微控制器程序中，有时候一个简单的接口就可以让实时运行的系统改变模式或者请求的数据，从而节省你数小时的调试时间。图2是这种编程菜单的一个非常好的例子，这是我设计的校园公交跟踪系统的编程菜单。

```
---------------- System Status --------
    Tour         0
    GPS src      USART2
    Sim type     clean
    Output       USART1
---------------- WDT configuration --------
    WDT:         Enabled
    WDT pre:     1:4096
---------------- Query GPS ------------
?: help          s: gps String    t: Time          p: Position
l: Latitude      g: lonGitude     v: Velocity      m: map
h: Heading       d: Date          i: GPS sIgnal status
---------------- Change system mode ------
o: tOggle source of NMEA strings between simulation and USART2
c: Change USART used by printf
k: Kick simuation ahead 30 seconds
f: conFigure GPS to 9600 baud RMC
F: configure GPS to Factory defaults
R: Reboot the system
```

图2：对总线跟踪系统自定义菜单

如果你拥有这样一块板卡，谁会知道它会像瑞士军刀一样有如此多的功能呢？希望我们已经鼓励大家重新拿起自己的Arduino开始探索电子世界的新领域。如果你借助这些工具做了一些很酷的事情，不妨也分享给大家。

◇Daniel

变频器加速过流与减速过压原因分析与加/减速时间设定方法

无论是高压变频器还是低压变频器，无论是恒转矩负载还是恒功率负载，或是二次减转矩负载，都需要在变频器参数中设定加速时间和减速时间。加速时间是变频器从最低频率加速到最高频率所需要的时间。减速时间是变频器从最高频率减速到0Hz所需要的时间。在进行变频器参数设定时，必须对变频器的加减速时间进行设定。如果加速时间设定过短则会使变频器报“过流”故障停机。如果减速时间过短则会使变频器报“过压”故障停机。为什么这两个参数设定不当会导致过电流和过电压故障停机呢？目前为止，还没有看到有关的理论分析的文章。本文从电机学理论出发，较详细地分析了变频器加速时间过短与减速时间过短，导致加速过流与减速过压的原因，并提出这两个参数的设定方法。

1.加速时间过短的过电流分析

从电机学可知电动机运行时涉及同步转速n0，实际运行速度n，转矩M。电机在加速过程中，时间变化从t1到t2。同步转速的n01到n02变化对应于时间变化t1到t2。实际转速变化在电机加速过程对应于同步转速n01和n02，是n1和n2。理想的加速过程是实际转速以最短的时间t接近同步转速n0，使转差率S最小。如果设定变频器加速时间过短，则会出现同步转速从0开始几秒钟就升到了最高运行频率转速n_{max}；而电机的实际运行转速n却由于机械阻力的巨大，上升缓慢。例如，同步转速到了40Hz，而此时实际运行转速却还在20Hz。这时电机运行的转差率为0.5。由此可知，加速时间过短会使实际运行的转速变化跟不上同步转速的变化，使转差率S过大。负载阻力越大，电机运行转差率越大。电动机转差率越大为什么电运机的运行电流会越大呢？

异步电动机等值电路归算到定子侧如图1所示。电动机转差率S≈0和S=1的两种特殊运行情况是空载和起动瞬间。S≈0时运行电流最小，S=1时运行电流最大。在图1电路中，r1，x1，x2′，r2′，xm，rm都是固定参数$\frac{1-S}{S}r2'$是变动的阻值。这个变动的电阻是机械负载的等效电阻。负载大这个变动电阻就小；负载小这个变动电阻就大。从图1可知，总电流I1但与$\frac{1-S}{S}r2'$有关，而且还主要取决于它。总电流I1的计算公式如下：

$I_1=U_1/\{Z_1+Z_m/\}$…………(1)

式①I_1—电机相电流，A；U_1—电机相电压，V；Z_1—定子阻抗，Ω；Z_2'—转子折算到定子侧的阻抗，Ω；Z_m—定子励磁阻抗，Ω；S—转差率；r_2'—转子折算到定子侧的电阻，Ω。

从式以上分析中可以知道：加速时间过短导致变频器过电流的原因是：实际运行速度跟不上同步转速增速，导致转差率升高，从而导致附加电阻减少，电机运行电流超过变频器设定值而跳闸。要使变频器在加速时不过电流应该增加加速时间保证在加速过程中转差率控制在不发过流故障跳闸信号。以上分析是基于电机负载在额定负载范围内。

2.加速时间过短过电压分析

在图1的电路中，$\frac{1-S}{S}r2'$是一个附加电阻，在附加电阻中，会发生损耗$I_2^2\frac{1-S}{S}r2$。这部分损耗并不是转子电路中的电功率损耗，而是一种表征异步电动机的机械功率。异步电动机转速与运行状态关系如下：当0<S <1时，异步电动机作机械运行，电机产生的机械功率是正值，并且附加电阻所产生的功率$I_2^2\frac{1-S}{S}r2$也是正值，异步电动机输出机械功率。

在$-\infty<S<0$时，$I_2^2\frac{1-S}{S}r2$变为负值。这时异步电动机输入机械功率变为发电机。

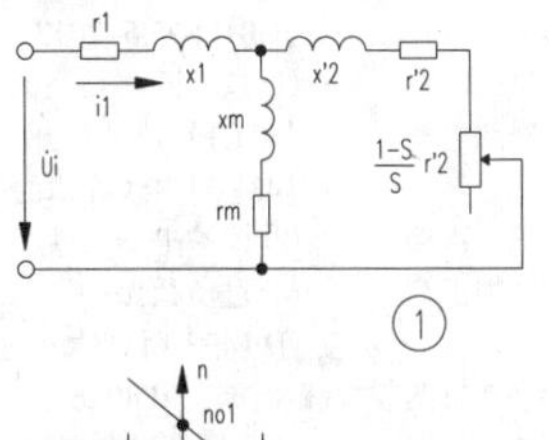

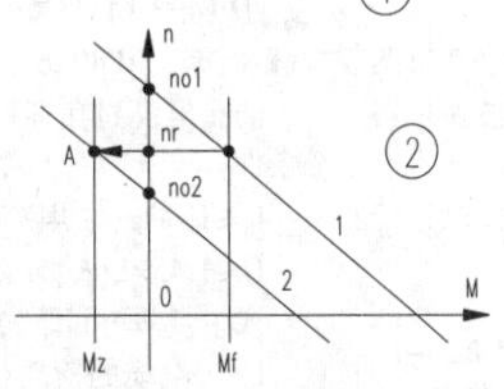

异步电动机在发电状态下，机械特性曲线如图2所示。电动机在运行电动机状态下时的机械特性曲线为1。机械负荷为Mf。在电机减速时，从机械特性曲线1滑落到机械特性曲线2. 减速到机械特性曲线2时，同步转速为n_{02}，由于机械负载的惯性的影响，实际上运行速度并没有及时降到n_{02}以内，仍然在n_{02}到n_r以内。这时电动机运行在机械特性曲线2的A点。这时电动机的状态是：工作在机械特性曲线第Ⅲ象限，实际运行转速n_r高于同步转速n_{02}，转矩的方向与转速的方向相反，产生制动转矩，电动机处于发电状态。从能量守恒定理来看：这是由机械转动惯量所贮存的机械能转化为电能。此时的三相异步电动机已成为交流发电机，所发电压：

U1=4.44kfNΦ……………(2)

(2)式中U1—定子相电压；k—绕组系数；f—频率；N—每相绕组匝数；Φ—每对极磁通量。

交流发电机所发电压的频率为：

$f=\frac{Pn}{60}$ ………………………… (3)

(3)式中f—频率；P—极对数；n—转速。

把(3)式代入(2)式中，得

$U1=4.44kN\frac{Pn}{60}\Phi=Ce\Phi n$ …… (4)

(4)式中Ce—电机结构常数。

从(4)式中可知，异步电动机工作在发电状态下所发出的电压与高出同步转速的实际运行速度成正比，实际运行速度高出同步转速越多，发电输出电压越高。当异步电动机工作在发电机状态下，变频器直流母线电压由两部分叠加组成：电网输入电压整流电压Ud，和发电产生的电压U1，即母线直流电压为Ud+U1。当Ud+U1超过过电压保护设定值时，变频器发出过电压保护故障信号并停止输出。

3.加减速时间设定方法

机械设备的功率越大，加速时间越长。一般30kW以内的机械设备的加速时间设在20S以内。30kW到75kW内设在30S以内。以上数据只是经验数据。在变频器加减参数设定时，可把加减速时间设大一点，再以4S为台阶进行调整，以不发生保护动作为原则，进行微调。

◇江西 陶波

MY4J继电器为什么带不起370W单相电机?

某食品厂电工试制食品运输机时，用欧姆龙(OMRON) MY4J塑封式小型继电器带370W输送机电机。在试车过程中，出现控制继电器释放停机时，继电器触点出现严重的放电弧光，触点试几次就烧坏。电工说，这个继电器触点电流为3A，而电机运行电流只有1.8 A，怎么会烧继电器触点呢？本文从理论分析入手找到烧继电器触点的原因。

这台单相电机接线因为触点分断时出现剧烈的电弧，原因是继电器触点在切断370W单相电机负荷时，在触点两端产生了超过了额定电压的高压。高压击穿了触点之间的空气产生放电，出现电弧烧坏了触点。所以，要分析这个继电器带不起370W单相电机负载，就应该计算出继电器断开时触点两端的电压究竟有多高。因为缺少该型电机详细的电气参数，所以只能定性地分析触点两端的过渡电压。

把触点KA看作是-个变量电阻R_{KA}，t=0及以前时间$R_{KA}=0$；在继电器触点断开前触点的电阻随接触状态慢慢增大。断开以后阻值为常闭触点之间的绝缘电阻，应是兆欧级。触点电阻用R_{KA}表示。为了简化计算，把这台电机看成是感性负载即R--L串联。设定电机的电感量为L亨，电阻为R欧姆。假设断开瞬间，施加在R_{KA}上的电压为工频AC220V正弦电压最大值310V。已知分断前电机运行电流为1.8A。用拉普拉斯变换先求分开时的过渡电流象函数I(S)，再反拉氏变换求I(S) 的原函数i(t)。R_{KA}两端的电压$U_{KA}=R_{KA}\ i(t)$。运算电路图如图2所示。根据基尔霍夫电压定理得以下方程式：

$-U(S)+R_{KA}I(S)+R\,I(S)-Li(0)+SL\,I(S)=0$ ······ (1)

式中$U(S)=\frac{310}{S}$，i(0)=1.8。

把以上数据代入(1)式，解方程并整理得：

$I(S)=\frac{310+1.8L}{S(SL+R+R_{AK})}$ ································· (2)

通过反拉氏变换求I(S) 的原函数i(t)。

$F1(S)=310+1.8L$

$F2(S)=S(SL+R+R_{AK})$

解$S(SL+R+R_{AK})=0$方程的根S1=0，$S2=-\frac{R+R_{AK}}{L}$

F2(S) 的一阶导数为$F2'(S)=2SL+R+R_{AK}$

$F1(S1)=310+1.8L$

$F2'(S1)=R+R_{AK}$

$F1(S2)=310+1.8L$

$F2'(S2)=-(R+R_{AK})$

$i(t)=L^{-1}I(S)=\frac{F1(S1)}{F2'(S1)}e^{s1t}+\frac{F1(S1)}{F2'(S1)}e^{s2t}$

$=\frac{310+1.8L}{R+R_{AK}}e^{0t}-\frac{310+1.8L}{R+R_{AK}}e^{-\frac{t}{\tau}}$ ····················· (3)

时间常数$\tau=\frac{L}{R+R_{AK}}$。

KA常开结点在分断时，过渡电压U_{AK}为

$U_{AK}=R_{KA}\ i(t)=\frac{R_{AK}(310+1.8L)}{R+R_{AK}}(1-e^{+\frac{t}{\tau}})$ ········· (4)

解析(4)式的物理意义如下：1.8L是电感在过渡过程中的附加电源电压，过渡结束以后，初始电流为0，附加电压为0。在触点断开以后触点承受最高电压为310V。触点断开的距如果细分是随着时间慢慢增大的。触点的电压随电感放电消能慢慢减少，如果不能消弧，则电弧形成续流，断不开负载，将触点烧坏。

在 (4) 式中是把断开瞬间正处于正弦波最高电压时的过渡电压。如果电压过零时断开KA触点弧光最少。工频正弦波周期$T=\frac{1}{f}=0.2s$，半个波出现的周期为0.1s，即0.1s会出现-次最高电压。MY4J动作时间为20ms，在MY4J动作时间内会出现两次最高电压。KA触点承受过渡电压包含两个方面的电压：电源电压和电感反峰电压。电感反峰电压与初态电流和电感量成正比例。假设电机的电感量为200H，则KA触点断开时承受最高电压670V。高电压击穿转换结点空气进行强热放电极易烧坏触点。

MY4J继电器触点带负载的能力数据如下：电阻负载AC220V，3A；电感负载(cosΦ=0.4，$\frac{L}{R}$=7ms。370W单相电机运行电流1.8A为额定电流2倍多，时间常数也大大高于07ms。所以，MY4J继电器带不起370W单相电机。原因如上计算分析所示。在选择单相电机控制电器最好是选家用接触器，如正泰NCHB—20/2P，价格不贵网购17元/只，不可用小型继电器来控制单相电机。

◇江西 陶波

注册电气工程师备考复习——防火及接地(3)

(紧接上期本版)

⑧【5.2.15】TT系统配电线路间接接地接触防护电器的动作特性,应符合下式的要求:

$R_A \times I_a \leq 50V$←"规范汇编"P5-14式5.2.15

式中:R_A → 外露可导电部分的接地电阻和保护导体电阻之和(Ω)。

⑨【5.2.19】在IT系统的配电线路中,当发生第一次接地故障时,应发出报警信号,且故障电流应符合下式的要求:

$R_A \times I_d \leq 50V$←"规范汇编"P5-14式5.2.19

式中:I_d → 相导体和外露可导电部分间第一次接地故障的故障电流(A),此值应计及泄漏电流和电气装置全部接地阻抗值的影响。

⑩【5.2.23】IT系统的配电线路中,当发生第二次接地故障时,故障回路 最长切断时间不应大于"规范汇编"→P5-15表5.2.23的规定,

【5.2.24】IT系统的配电线路符合该规范第5.2.21条第1款规定时,应由过电流保护电器或剩余电流保护器切断故障回路,并应符合下列规定:

【1】当IT系统不配出中性导体时,保护电器动作特性应符合下式的要求;

$Z_c \times I_c \leq \frac{\sqrt{3}}{2} \times U_0$← "规范汇编"P5-14式5.2.24-1

②【2】当IT系统配出中性导体时,保护电器动作特性应符合下式的要求:

$Z_d \times I_c \leq \frac{1}{2} \times U_0$← "规范汇编"P5-14式5.2.24-2

式中:Z_c → 包括相导体和保护导体的故障回路的阻抗(Ω);

Z_d → 包括相导体、中性导体和保护导体的故障回路的阻抗(Ω);

I_c → 保证保护电器在表5.2.23规定的时间或其他回路允许的5s内切断故障回路的电流(A)。

U_0 → 相导体对地标称电压(V)。

(3)【5.3】SELV系统和PELV系统及FELV系统→"规范汇编"→P5-15

6.《*爆炸危险环境电力装置设计规范*》GB 50058-2014

爆炸性环境的电力装置设计→"规范汇编"→P8-11

(1)【5.1】一般规定

(2)【5.2】爆炸性环境电气设备的选择

①【5.2.2】危险区域划分与电气设备保护级别的关系

爆炸性环境内电气设备保护级别的选择→"规范汇编"→P8-12-表5.2.2-1

电气设备保护级别与电气设备防爆结构的关系→"规范汇编"→P8-12-表5.2.2-2

②【5.2.3】防爆电气设备的级别和组别

气体、蒸气或粉尘分级与电气设备类别的关系→"规范汇编"→P8-13-表5.2.3-1

Ⅱ类电气设备的温度组别、最高表面温度和其他、蒸气引燃温度之间的关系如"规范汇编"→P8-13-表5.2.3-2。

▲留意规范条文说明5.2.3中的"例如"后面内容→"规范汇编"→P8-46

③【5.2.4】当选用正压型电气设备及通风系统时,应符合规定:共有7条,留意条文中数值。

(3)【5.3】爆炸性环境电气设备的安装→"规范汇编"→P8-13

(4)【5.4】爆炸性环境电气线路的设计→"规范汇编"→P8-14

(5)【5.5】爆炸性环境接地设计

7.《防止静电事故通用导则》GB 12158-2006

(1)【4】放电特点与引燃能力→"规范汇编"→P44-3

(2)【5】静电防护管理措施:方案、人员、检查、标志与记录→"规范汇编"→P44-4

(3)【6】静电防护技术措施:基本、固态、液体、气态→"规范汇编"→P44-4

(4)【7】静电危害的安全界限:→"规范汇编"→P44-7

【7.3.1】电荷量达到2×10^{-7}C以上可能感到电击。人体电容100pF时,发生电击的人体电位约3kV,不同人体电位的电击程度见该规范附录C。→"规范汇编"→P44-9

8.《低压电气装置 第4-43部分:安全防护过电流保护》GB16895.5-2012

(1)按照回路特征的要求

【431.1】线导体的保护→"规范汇编"→P49-5

【431.2】中线导体的保护→"规范汇编"→P49-5

(2)保护电器特性

(3)过负荷保护

①【433.1】导体与过负荷保护电器之间的配合→"规范汇编"→P49-6

防止电缆过负荷保护电器的工作特性应满足的两个条件:

$I_B \leq I_n \leq I_z$← "规范汇编"P49-6-式(1)

$I_2 \leq 1.45 \times I_z$← "规范汇编"P49-6-式(2)

式中:I_B → 回路的设计电流(A)

I_z → 电缆的持续载流量(A)

I_n → 保护电器的额定电流(A)▲"注1"

I_2 → 保证保护电器在约定时间内可靠工作的电流(A)

▲ "注2-注5";

附录B中的图→"规范汇编"→P49-11-附录B-图B.1

②【433.2】过负荷保护电器的位置→"规范汇编"→P49-6

③【433.3】过负荷保护电器的省略→"规范汇编"→P49-6;P49-12-附录C

④【433.4】并联导体的过负荷保护→"规范汇编"→P49-7;附录A中各图

(4)短路保护

①【434.1】预期短路电流的确定→"规范汇编"→P49-7

②【434.2】短路保护电器的位置

长度不超过3m;危险减至最小

③【434.3】短路保护电器的省略

▲附录D中各图→"规范汇编"→P49-12-附录D,图D.2

④【434.4】并联导体的短路保护

⑤【434.5】短路保护电器的特性

【434.5.1】分断能力不得小于安装处的预期最大短路电流,及例外情况

【434.5.2】切断的持续时间

持续时间不超过5s,导体绝缘由最高温度上升到极限温度的时间t计算:

$t=\left(\frac{k \times S}{I}\right)^2$←"规范汇编"P49-8-式(3)

式中:t → 持续时间(s)

S → 导体截面积(mm2)

I → 有效的短路电流方均根值(A)

k → 取决于导体材料的电阻率、温度系数和热容量以及相应的初始和最终温度的系数。

常用材料绝缘的线导体的k值→"规范汇编"→P49-8-表43A

(3)【434.5.3】母线槽盒母线系统要求

(5)过负荷保护与短路保护之间的配合→"规范汇编"→P49-9

①【435.1】用一个电器提供的保护

②【435.2】由分开的电器分别提供的保护

二、计算实例

1.某一远离厂区的辅助生产房屋的照明配电箱系统图,电源来自地区公共电网。找出图中有几处不符合规范的要求,并逐条说明正确的做法。

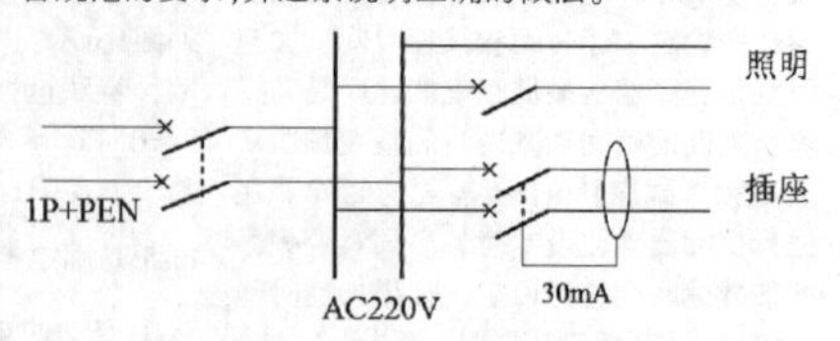

解答过程:

(1)依据《低压配电设计规范》GB 50054-2011第3.1.4条规定:在TN-C系统中不应将保护接地中性线隔离,严禁将保护接地中性线导体接入开关电器。GB 16895.21-2011第411.4.3条和JGJ16-2008第7.5.2条也有此规定。

(2)依据《低压电气装置 第4-41部分:安全防护 电击防护》GB 16895.21-2011第411.4.5条规定:剩余电流动作保护电器(RCD)不应用于TN-C系统。在TN-C-S系统中采用RCD时,在RCD的负荷侧不得出现PEN导体。应在RCD的电源侧将PE导体从PEN导体中分接出来。GB14050-2008第5.2.3条也有此规定。

(3)依据《低压配电设计规范》GB 50054-2011第3.1.12条规定:采用剩余电流动作保护电器作为间接接触防护电器的回路时,必须装设保护导体。

2.某变压器的配电线路如下图所示,已知变压器电阻R_T=0.02Ω,图中为设备供电的电缆相线与PEN线截面相等,各相线单位长度电阻值均为6.5Ω/km,忽略其他未知电阻、电抗的影响,当设备A发生相线对外壳短路故障时,计算设备B外壳对地故障电压为下列哪项数值?

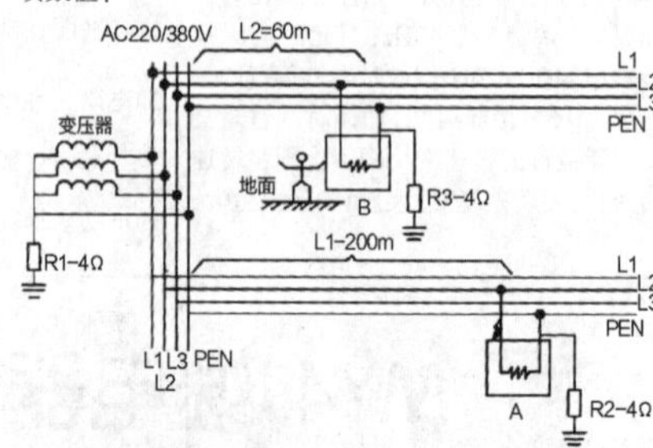

A. 30.80V B. 33.00V C. 33.80V D. 50.98V

解答过程:此类题目只要画出正确的等效电路图,就能求得正确答案。

根据题干线路可以看出,设备A处发生对外壳短路后,与短路点便有3条支路连通,等效电路如下图,图中电源到短路点相线的电阻R_{L1}=6.5×0.2=1.3Ω,电源到短路点保护线的电阻R_{PEN1}=6.5×0.2=1.3Ω,电源到B外壳保护线的电阻R_{PEN2}=6.5×0.06=0.39Ω。

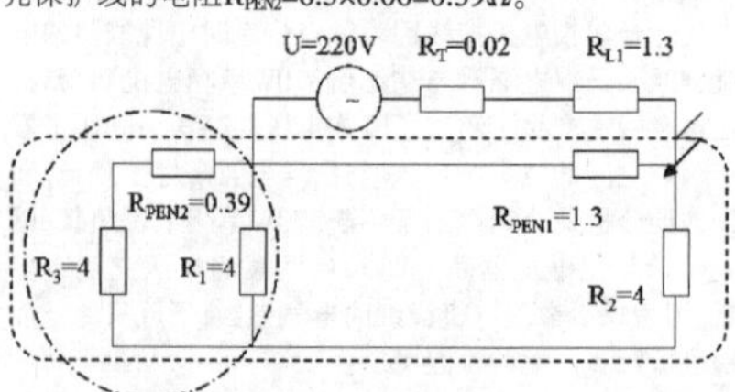

题目要求的是电阻R_3上的电压。

点划线围成的等效电阻为:$R_4=\frac{4\times4.39}{4+4.39}\approx2.09$

虚线围成的等效电阻为:$R_5=\frac{1.3\times6.09}{1.3+6.09}\approx1.07$

电阻R_3的电压:$U_{R3}=\frac{4}{4.39}\times\frac{2.09}{6.09}\times\frac{1.07}{1.07+1.3+0.02}\times220=30.8V$

选答案A (本文完)

◇江苏 键 谈

2018中国大数据应用大会论坛集汇(五)

富士康陈永正：工业互联网创造工业新机遇

陈永正，富士康工业互联网股份有限公司董事长

今天讲大数据我介绍一下工业互联网，尤其是工业数据方面怎么样的应用。

讲到工业互联网就讲到中国制造，2025，或者是中国做制造强国，国家很清楚地说了2045年我们做第一流的工业强国，根据这个精神去年习近平总书记发表了重要的讲话，里边讲到工业互联网是实施制造强国的途径，我们把制造实体经济制造加上互联网，加上大数据加上人工智能，这样融合到一起，人工智能改变我们生产的流程，达到我们工业强国的目的。到2025年还有二十多年，政府有政策支持，国家有资金投入，产业发展有方向，这些全部结合在一起，我相信未来二十多年是我们扬眉吐气的机会。

去年工业互联网的平台把我们企业内部的数据收集起来做分析，跟应用配合来支撑产业转型升级，制造业的流程不断优化，平台通过了工信部的第一批的五个可信任平台的认证，从单纯的人工，到有六万个机器人，平均四个工人有一个机器人配合，下一步计划机器人要翻一番以上，未来机器人跟我们的人工是一个紧密配合的状况，相信在工业互联网会持续地降低我们的成本，增加我们的效率。

工业互联网的体会以及核心

第一个我们要采集数据，采集数据的设备，我们智能的设备是第一个。第二个是智能的网关，采集了数据之后怎么样把这些数据控制起来，这个是控制方面，第三个是传感器，互联网的技术。第四个是要联网，第五个是必须要有一个云处理，第六个是必须要有一个平台做数据分析，大数据平台。第七个我们工业App。我们要做工业互联网就必须要有这七个部分。我们所积累的经验和技术是紧密结合的，我相信大家看到世界上比较成熟的工业互联网平台，不管是GE的还是西门子的大部分都是连接自己的设备，他们是从自己的设备销售之后把设备连接起来，开始分析，再上下游相容，我们不是，我们从制造业起来是德国的、欧洲的美国的设备都有，所以我们工业互联网的技术都是在各种不同的设备上收集数据，用自己产生的一些设备我们来增加工业互联网的实现。

如何收集设备，如何收集数据和传输

有各种的设备你如何收集设备，如何收集数据和传输，因为在工业方面传输也是一个问题。如果有工厂自动传输的ATP，传送的车辆，如果说车辆跑快了，数据会跟不上，所以在未来尤其是过去联网的设备不那么多，你把设备用线拉一拉，那么未来不一样，未来我们希望工业互联网普及以后，工厂里边所有的数据都是互联。一般的数据达不到，必须要设置工业的网络。我们也开展自己的5G，所以工厂的网都是要用5G的网络，用自己的工厂自有的网络来做。频率可能还要用一些工厂专有的一个频率，或者是公共的频率来做工业互联网。所以这一点我们一方面跟中国移动，中国移动是我们上市时候的战略投资，另外一方面我们要用现有的公共的网络5G，未来可能还有私有的5G的网络。

到了数据的分析，决策，这里边有大量的数据发生在这里。再来就是工业互联网的应用，这里我举一个例子，我们在富士康有一条生产线，三百个人来运营这个生产线，一年要做150万的设备，330个人要一个月时间可以生产150万个的设备。第一步是自动化，所有的机器自动化流程，又把人工智能采取动态的生产流程，减少了人工工作人员。第二个我们的质量，从1%的不良品一直到万分之七的不良品。第三个更厉害的是我们从150万的设备一个月我们现在生产三百万的设备。做这条线不容易，因为它最后打包装箱，由机器人来做，非常的不容易，我们花了一年的时间来做，这代表着什么呢？代表着工业互联网及时在我们内部来做都还有一个十年的时间，因为我们富士康集团里边在不同的生产流程，不同的产生上面都有机会一步步往前走，都有机会做到所谓工业互联网达到降低成本，提高质量的这样一个功能。所以我们对未来是有底气的，我们说的确工业互联网是能达到我们所谓讲中国作为一个制造的强国，产业升级的确是可以做到这一步的。

工业互联网的两个重点：信息化和是智能化

我们讲工业互联网讲了两个重点，一个是信息化一个是智能化，其实富士康我们自己叫自己是一个六流的公司，要做到信息化，信息流、技术、资金、人员，过程物流来进行数据，经过这六流你才能做数据分析，在这个智能化的过程里边有几个比较关键，刚才我讲到了物联网平台，大数据和人工智能，但是还有一个非常重要的就是影像的识别，我们开始用影像来做大量的数据采集。富士康因为我们买了集团，我们买了夏普，夏普是百年老店，我们占70%的股份，就是做的8K的技术，从摄像机，从8K的面板、以及高效能的运算，我们必须要有大量的运算能力来处理8K的视频，这个我们富士康都有这个技术，所以未来工业互联网应用在8K上面可能是非常关键的，就是在影像的识别方面。

我们总结一下刚才我讲的三个网，工业网、物联网还有互联网，这三个网，六流就是我们公司的信息流，配合我们的工业网关收集，以及九个的应用，产生我们自己工业互联网的应用，这等于是富士康集团，或者说是工业互联网我们一直在致力于做的事情。

富士康的未来：产业升级

下一步上市以后，我们会碰到一个大家遇到的问题，下一步要做什么？这个其实在跟我们上市的时候，上市之前国家对我们的期望，富士康能够把我们这四十年积累的经验和数据，跟自动化的经验拿出来跟中国的企业分享，能够帮中国的企业升级转型，尤其是对中小企业甚至是做父母。那么在这里我们上市公司里边除了与工业互联网相关的设备跟分析以外，我们特别成立了一个科技服务的单位，那这科技的单位就是要对外赋能，所以我们在工业互联网实施的第一步就是把我们自己的内部做好，我刚才讲到生产线，我们目的就是希望我们公司80%、90%的生产线都是这样，目前可能只有20%，我们还会先前走，上下游我们有四到八万的供应商，我们会把供应商打通，再下来就是中小企业，就是把我们的经验总结成一个很简单的网关或者是传感器，做一个能使中小企业使用的东西，这就是我们看到的未来的发展。

我们也很兴奋，富士康社会上有将近一百个工业互联网的平台，在不同的应用方面大家都在做，我觉得这是一个好事，做工业互联网必须要是生态型的，我们立志并不是做独家的，我们是希望跟各个工业平台能够连接，形成一个生态系统。包括互联网的公司，阿里、腾讯、百度都是我们的上市合作公司，我们加互联网，他们要加制造，所以两边在一起是一个互联的，而不是的互相竞争的关系，因为这个行业太大了，中国有几百万家，中小微企业有上千万家，怎么把这些企业转型，这是一家能够做的，而是一个生态能做的，我希望社会上的伙伴能跟我们一起来，能真正把中国的产业升级，中国做制造强国的愿景实现出来！

◇会记

认识广播电视安全播出指挥调度平台

指挥调度平台(Command platform)：具备广播电视安全播出应急指挥调度和日常管理功能的技术系统。

安全播出工作是广播电视的生命，随着广播电视和现代科技的发展，广播电视的监管能力和应急指挥调度需要更新更便捷的技术系统，来保证安全播出日常管理工作和应急处置工作的顺利进行。

广播电视安全播出指挥调度平台管理系统是支撑各级广播影视行政部门、安全播出指挥调度机构开展安全播出日常管理及应急调度指挥业务的信息化平台，由总局指挥调度平台和省级指挥调度平台两级平台构成，使总局指挥平台和省级指挥平台通过丰富的接口进行相互间的信息交互，在业务、数据上实现融合。

一、发展趋势

国家广播电影电视总局安全播出调度中心计划在全国建立起广播电视安全播出指挥调度平台管理系统，实现总局、省级和地级市3级应急指挥与协调，逐步变得规范化、制度化。

建立全国广播电视安全播出保障体系，汇总上报全国广播电视节目及境外卫星电视监 管平台播出情况，组织协调重大宣传活动期间的广播电视安全播出工作，制定紧急状态下确保中央广播电视节目安全播出的技术方案和调度流程，在紧急状态下，对全国广播电视传输覆盖网的运行管理和资源统一调配，并协调与党中央、国务院相关部委的有关事宜，承办总局领导交办的其他事项。

下一代的广播电视安全播出管理到底怎样定义及实施，取决于下一代体系结构和下一代的业务需求，需要我们承担更多的研究，以进一步更新管理概念和实现手段。

二、主要功能及技术难点

广播电视安全播出指挥调度平台管理系统软件主要需要总局、省局、地市3级配合进行，实现层次化的3 级应急指挥和协调。总局指挥平台主要功能是为广电总局对省级重要播出管理部门的安全播出日常管理及针对突发事件的应急调度指挥提供信息化平台和技术支撑。省级指挥平台处于一个承上启下的层次，对上向总局维护本地各类基础数据，对总局的工作指挥进行反馈，提交各类申请与报告；对下向各地市局发出指挥要求，收取各类申请与报告，并进行处置或指导。

1.系统中包括：信息交换、重要保障、操作管理、安播资源、报表统计和系统管理等功能模块。

2.安播资源中的组织机构库信息将以树型结构展示，清晰简洁，台站信息库与组织机构库信息相关联，各组织机构单位信息均有台站信息。

3.系统可对安播资源中的组织机构库和台站信息库进行维护管理，每天将信息的变化记录在特定格式的TXT 文件中，以FTP 方式将该文件上传到总局指挥平台的服务器上，达到数据的共享，如若传输失败，需用户手工修改，再次进行补传。

4.管理安全播出日常信息及针对突发事件的应急调度指挥提供信息；

5.报表统计突发事件及日常安全播出信息。

三、技术关键

广播电视安全播出指挥调度平台管理系统的技术关键主要分为以下几点：

1.指挥平台按照中央和地方分级建设、互联互通、安全高效、资源共享的原则进行构建，以支撑现有的日常安全播出管理和应急指挥调度业务。

2.各级平台的边界和接口。

3.系统对安播资源库的建设将以组织机构库为基础，首先建立起一套可以存储全国范围内的单位与部门结构信息，设计还应能够表现各个组织机构所关联的人员编制信息与各类办公及其他电话信息。在此基础上生成相应的播出单位台站信息库，一个机构单位可以同时生成一种或多种类型的播出台站，各类型的播出单位台站数据结构不同，拥有各自的技术系统和相关设备。

◇李 磨

不流于俗的DynamiKKs! Monitor 8.12音箱(二)

(接上期本版)

08

高频有所不同

许多人一定认为Monitor 8.12与Monitor 10.15的声音一定是一样的,差别只在音乐规模感的大小而已,因为从规格上来看几乎一样啊。其实这样的说法也对,在基本声音特质上,Monitor 8.12与10.15是一致的走向,中频宽松饱满,音像浮凸;高频细节很多,一点都不勉强;低频速度反应很快,尾音短,而且扎实。不过,二者在高频的表现上还是有所不同,Monitor 8.12的高频比较外放些,活泼些,相比之下10.15的高频就比较细柔些,成熟些。可以这么说,Monitor 8.12的高频听起来比10.15还要年轻,还要清晰。

再者,10.15的声音的确比Monitor 8.12还要宽松些,这是可以理解的,15英寸低音单体与10英寸中音单体所表现出来的音乐规模感,当然比8英寸中音,12英寸低音还要来得宽松,推动空气的量也比较多。不过,假若您的聆听空间不大,请优先选择Monitor 8.12,太多的低频量对小空间是没有好处的。

Monitor 8.12跟10.15一样,如果仔细搭配扩大机与线材,加上适当的喇叭摆位与聆听座位的选择,就有机会达到我所说"微观之美,巨观之美,以及凝气成形"的境界。尤其是中频的宽松饱满特质,使得许多乐器听起来除了能够获得浮凸的形体之外,更使许多音乐听起来像真的。

09

听爵士乐很棒

如果要我说Monitor 8.12最大的优点,那就是唱爵士乐时,它的凝真程度与热烈的活生感是一般喇叭所难以相比的。一方面由于它的宽松特质,另一方面则来自乐器与人声形体的饱满浮凸,还有一项优点,那就是爵士乐套鼓中的脚踩大鼓噗噗声短促扎实,带着刚性,虽然少了软Q味道,但更接近真实。就是这几个优点,使得Monitor 8.12唱起爵士乐时特别真实,特别接近现场。

如果听古典音乐呢?当您听小编制乐曲时,Monitor 8.12的清晰宽松也是一般喇叭难及的,例如小提琴与钢琴的奏鸣曲,小提琴,钢琴,大提琴的三重奏,或者弦乐四重奏等,Monitor 8.12都能表现出清晰又宽松的特质,而且音乐活生感非常好。一般喇叭的乐器形体,线条会比较细,比较小,整体音乐规模感也会比较小。而Monitor 8.12的乐器形体大,线条饱满浮凸,音乐规模感又大,这使得小编制的演奏栩栩如生,如临现场。

当我听大型管弦乐,如RR那张"Tutti"或柴可夫斯基"第五号交响曲"等时,不经过比较,一样感到非常满足,好像一切都不缺。不过,当我跟家里其他大喇叭做比较时,就会发现Monitor 8.12在管弦乐的最低音域的量感会少一些,这会使得低频基础的厚度减少一些,管弦乐的低频软Q弹性也会少一皮。这是我以绝对值得标准去做比较的,比较的喇叭是Gryphon pantheon。

10

听起来很像真的

Monitor 8.12听起来流行音乐呢?我听李娅莎"Live 台北骚故事"时,整体音乐活生得很,就好像在小Pub现场一般。除了Bass的低频软Q程度稍微弱些,其他都太棒了。李娅莎的形体浮凸在伴奏之前,音场内的透明感非常好,嗓音与伴奏的乐器听起来很直接,明显感受到经过的录音关卡很少,所以才能维持那么直接的声音。老实说,Monitor 8.12的声音特质之一也就是直接,这种直接的特质再加上录音的直接,听起来就更像是真的。

如果听江蕙这类流行音乐呢?虽然脚踩大鼓与Bass合力营造的噗噗声不是软Q那种,而是扎实短促的,但我认为这更贴近真实。太软太多的低频往往是喇叭低音单体控制力不佳,加上低频峰值加料所造成的,只是一般人不愿意面对现实而已。

11

小声听细节多

Monitor 8.12还有一个优点,那就是深夜小声听音乐时,音乐中的细节还是很清楚,中频段与低频段能维持宽松的感觉,不像一般喇叭,小音量听时音乐中好像少了很多东西。假若您经常必须小音量听音乐,Monitor 8.12真的是很好的选择。

Monitor 8.12适合搭配晶体机吗?我相信这是很多人想问的问题。聆听Monitor 8.12时,我也曾经搭配过几部家里现成的扩大机,包括Gryphon Diablo。如果以低频表现来论,搭配Diablo的确比Audio Valve Baldur 70还好,不仅催逼得更低沉,量感也更多,而且也比较软质。不过,由于Diablo是综合扩大机,我从CH Precision D1输出给Diablo,所以在中频段与高频段方面的表现无法做比较,因为我跳过传统前级直接入后级的,声音的直接程度听起来不同。我认为Monitor 8.12一样能够搭配晶体扩大机,不一定非真空管机不可,只是要注意线材搭配,因为线材可以补足最后那一口气。

12

真实活生,不流于俗

DynamiKKs! Monitor 8.12是一对"尊古法"设计的喇叭,虽然只是在压缩式高音单体前加上号角滤波器,不能算是传统号角喇叭,但它却能表现出超多的细节与宽松的中频,低频,这种声音表现跟古董经典喇叭类似。如果您想要的是真实的音乐,而且又是不流俗的喇叭,一定要找机会去听听看Monitor 8.12,它会让您有新鲜的体验。

Monitor 8.12

类型:三音路三单体低音反射落地喇叭

频宽:34Hz~22KHz -3dB

灵敏度:93dB(1W/1m)

平均抗阻:6欧姆

分频点:150Hz/1800Hz

外观体积(WHD):104×40×50cm

重量:54公斤

使用单体:采用44mm压缩式高音单体,8寸纸盆中音单体,12寸纸盆低音单体

Monitor 8.12音箱小结:

1:箱体造型设计简约,采用巧妙脚架连接低音箱与中高音箱,分音器置于中高音箱体,避免低频振动的影响。

2:尊古法设计,采用压缩式高音单体与大尺寸纸盆单体。

3:细节多,声音宽松,声音真实活生。

4:小音量聆听时,仍能保有细节与平衡性。

(全文完)

德生最新便携式高保真蓝牙耳放BT-90

TECSUN BT-90是德生公司研发的又一款便携式高保真蓝牙耳放,它在BT-50的基础上增加免提接听电话功能、NFC蓝牙快速连接功能。免提接听电话功能方便用户在使用手机欣赏音乐时接听电话;NFC蓝牙快速连接功能方便用户连接手机蓝牙进行无线传输。

BT-90的体积和重量只有BT-50的一半左右,电池可续航5小时以上,完全满足日常使用。但如果您更喜欢BT-50的变态续航,建议购买后者。

相比去年上市的BT-50,BT-90确实小巧得多,而且更精致。

支持APT-X依然是卖点之一。

和手机比较一下,确实很迷你!

有黑白两色可供选择。

快速操作说明

- 耳机插口
- 麦克风
- 蓝牙指示灯(蓝色) 闪烁:连接中 常亮:已连接
- 充电指示灯(红色)(关机状态下) 常亮:充电中 灭灯:已充满
- 多功能键 长按:开/关机 短按:暂停/播放 连按2次:等待蓝牙设备连接
- 通话功能 短按:接通/挂断电话 长按:拒接电话
- NFC感应区(面板中心区域)
- 短按:切换节目 长按:调节音量大小
- USB声卡/充电插口(底部)

两种颜色选择:黑色/白色(哑光)

BT-90 采用4.2蓝牙芯片,支持APTX无损音频传输,因此能够完美播放出接近CD的高保真音质。

侧面功能按键

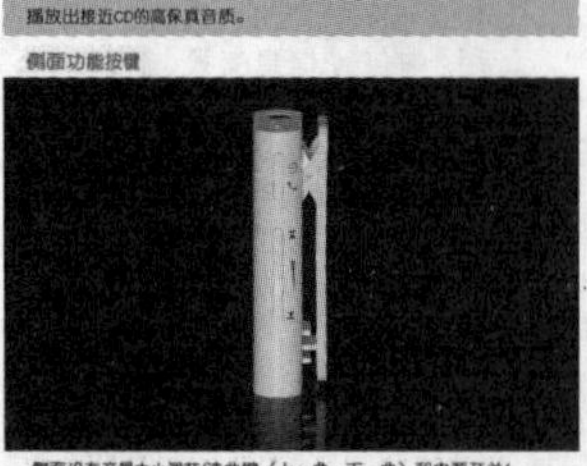

侧面设有音量大小调节/选曲键(上一曲、下一曲)和电源开关/免提通话键。

顶部耳机插座

顶部设有3.5mm耳机插口、蓝牙/充电指示灯、麦克风。

备注:BT-90的耳机插口,不适用带有音控或话筒的4节3.5耳机插头。

NFC 蓝牙快速连接

将BT-90紧贴您的手机背面NFC感应区,BT-90将快速和您的手机蓝牙连接(有些老款手机不具备NFC快速蓝牙连接功能)。

背扣设计

BT-90 简洁小巧的机身设计,约15克的重量,随身携带非常方便。

Micro USB插座

底部设有Micro USB插座,供5V电源充电或连接播放设备作外置USB声卡(DAC解码器)之用。

免提功能

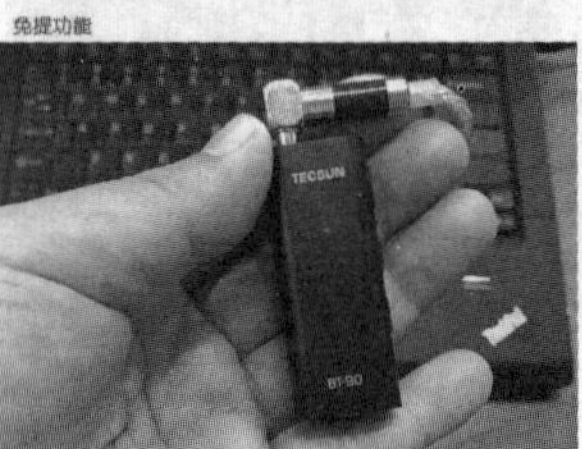

BT-90设置有通话咪头和免提功能,您在连接手机欣赏音乐的时候,也可以从容不迫的接听电话。

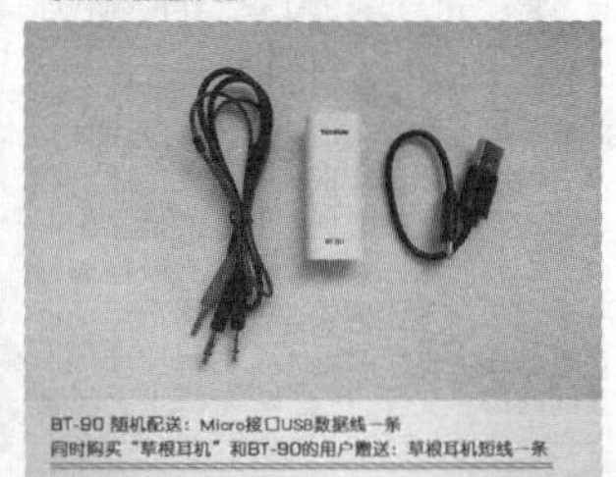

BT-90 随机配送:Micro接口USB数据线一条

同时购买"草根耳机"和BT-90的用户赠送:草根耳机短线一条

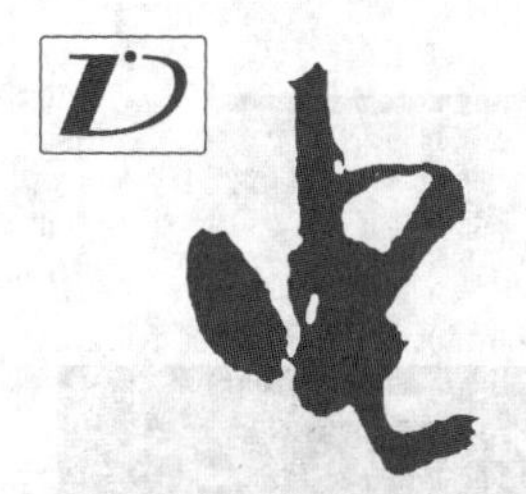

2018年9月2日出版 实用性 启发性 资料性 信息性

第35期 国内统一刊号:CN51-0091 定价:1.50元 邮局订阅代号:61-75

地址:(610041)成都市天府大道北段1480号德商国际A座1801 网址:http://www.netdzb.com

(总第1972期) 让每篇文章都对读者有用

编前语:或许,当我们使用电子产品时,都没有人记得或知道老一批电子科技工作者们是经过了怎样的努力才奠定了当今时代的小型甚至微型的诸多电子产品及家电;或许,当我们拿起手机上网、看新闻、打游戏、发微信朋友圈时,也没有人记得是乔布斯等人让手机体积变小、功能变强大;或许,有一天我们的子孙后代只知道电子科技的进步而遗忘了老一辈电子科技工作者的艰辛……

成都电子科技大学博物馆旨在以电子发展历史上有代表性的物品为载体,记录推动电子科技发展特别是中国电子科技发展的重要人物和事件。目前,电子科技博物馆已与102家行业内企事业单位建立了联系,征集到藏品12000余件,展出1000余件,旨在以"见人见物见精神"的陈展方式,弘扬科学精神,提升公民科学素养。

电子科大博物馆获赠微波电真空器件

卫星需要的几百W功率来自什么器件?雷达需要的几千W功率来自什么器件?核反应堆加热的需要几兆W功率来自什么器件?当一个3mm波段的信号产生上百W功率的时候,你能忽略它如此出色的表现吗?所有的这些都来自微波电真空器件!

日前,从电子科大博物馆获悉,中国振华电子集团宇光电工有限公司向电子科技博物馆捐赠了包括行波管、返波管、发射速调管和真空灭弧室等在内的藏品20余件。

据介绍,振华作为三线建设的重点企业之一,在几十年的发展历程中,为国家重点工程和国防建设做出了贡献,为"两弹一星"、北斗二号、探月工程等多项国家重点工程提供了保障,填补了多项国内技术空白,创造了多项国家第一。比如中国的第一代晶体管计算机就诞生在振华,但是由于多种原因这些中国智造的产品并没有以实物形式保存下来,这也是行业的损失。振华表示,如今能把BB1行波管等产品放在电子科技博物馆保存和展示,这让他们感到非常欣慰。

据了解,此次振华捐赠给电子科大博物馆的行波管、返波管、发射速调管等都属于微波电真空器件。微波电真空器件其实是微波里面最古老的器件,当第一台雷达发明的时候,就已经有了微波电真空器件,那个时候是电子管的时代,所以微波电真空器件最早被人们叫做超高频电子管。它的原理是将电子加速发射,使其在电磁场中按一定规律运动,在运动过程中将电子的能力交给电磁场,产生高频的电磁场能量。

然而随时晶体管、集成电路时代的到来,微波领域的这些古老的电子管也受到了微波固态电路和集成电路的巨大冲击,一度在很长一段时间看起来很落寞,在大部分的频段和中等功率以下的领域,微波电真空器件退了出来,把位置让给了很小、很方便、很容易制造的固态器件,从此微波电真空器件一直主要坚守在大功率、超高频的军用领域——卫星领域、雷达领域、核物理领域等,而这些领域都代表着一个国家的国防技术水平。

(本文原载第34期2版)

◇张 伟

Simon PDA:智能手机的"前辈"

手机,从像砖块又大又重,到"轻""薄";从单色小屏,到多彩大屏;从打电话、发短信,到智能化、多种功能;从少数有钱人的奢侈品,到普通百姓的日常用品……手机在一次一次的更换变迁中已经不知不觉地改变了你我的生活方式,当然更是一次观念和意识形态的革命。

饮水思源,我们现在在使用着功能强大的智能手机时,也不要忘记当初那些为现代科技做出卓越贡献的手机"前辈"。

据资料显示,智能手机的"老祖宗"并不是苹果。而是在1994年,美国南方贝尔BellSouth公司和IBM公司联合推出的Simon PDA cellphone。Simon PDA在当时所创造的"世界第一"并不只有一个,它不仅仅是世界上第一台触屏手机,同时也还是第一台搭载了数据通讯功能的智能手机。它内置1MB只读内存和1MB运行内存,搭载了一个长4.5英寸、宽1.4英寸的黑白触摸LCD屏,配有一支手写笔。可通过支持触屏的黑白手写笔实现所有操作。Simon PDA之所以被归为智能手机,是因为他具备了当时其他手机没有的种种电话功能,这款手机集手提电话、收发电子邮件、个人数码助理、传呼机、传真机、日历、行程表、世界时钟、计算器、记事本、电子邮件、游戏等功能于一身。并且还能够插入一张特殊的PC卡人之后运行第三方应用。

最重要的是这款手机在当时售价为899美元,约合现在的1435美元,如果折算过来,应该要比iPhone 7 Plus更贵,可谓卖肾都买不起。不过即便如此,南方贝尔BellSouth公司和IBM公司依旧售出了至少5万部Simon手机。这在一定程度上也表明了当时人们对新兴科技产品的追求。

(本文原载第42期2版)

◇明 林

OLCD 简介

显示发光
高分子间隔壁
透明电极
光补偿膜
液晶分子
塑料薄膜板
微型彩色滤光片
黑色矩阵
偏振镜
液晶层
光漫射膜
液晶取向剂
led边缘灯

在下一代显示屏技术中我们经常看到OLED、QLED、ULED、MicroLED等字眼,现在又有一个OLCD技术(Oraganic Liquid Crystal Display)加入进来。

OLCD是一家来自英国剑桥名为FlexEnable的公司,专门开发工业化柔性显示器与传感器有机电子产品。与众多的下一代LED技术不同,OLCD有着相对高性能和低成本的优势,是目前较为成熟的大尺寸、低成本、高亮度的柔性显示器技术。

OLCD以柔性低温有机薄膜晶体管(OTFT)底板技术为基础,该技术可通过目前采用TAC和PET等低成本塑料底层的TFT-LCD生产线生产出来。与非晶硅相比,OTFT底板的电气性能更加出色,这让塑料LCD能够具有与玻璃LCD相同的显示质量和可靠性,还拥有着较好的延展性,同时更加纤薄、轻巧,并且防碎,能够适应各种表面。

目前FlexEnable公司4.7英寸OLCD屏的厚度可以做到0.3mm,再加上背光0.5mm,整块柔性OLCD屏的厚度为0.8mm,曲率半径为10mm。

而OLED作为当前主流的柔性显示技术,因为是自发光显示,内部没有和传统的TFT-LCD一样的液晶分子,因此在柔性OLED常使用的衬底可以更好地结合在塑料衬底,包括PET、PEN等,也有使用金属箔衬底的,其他还有超薄玻璃衬底,从而使OLED显示器能够实现弯折等柔性显示功能。

但是,目前尺寸稳定性成为塑胶基板柔性OLED屏制作中的最大挑战。尺寸变化过大使得光罩对位变得极为困难,也限制了晶体管设计的大小,同时容易在有机与无机材料层界面间产生内应力,导致在弯曲时造成层与层间的剥离,这使得生产大尺寸柔性OLED面板时的技术难度要求更高,这也是导致目前大尺寸OLED面板的成本还较高的一大原因,大范围使用仍有一定的困难。

就目前技术来说OLED要比OLCD柔性更好,但是成本高;OLCD则在大尺寸上更具成本优势;相信随着时间的推移,两者会不断改进各自的劣势,未来显示技术的争取会更加精彩。

(本文原载第29期11版)

55英寸杂牌液晶电视机改装实例

一台55英寸的液晶电视机出现无图像无声音，屏幕灰屏，按下遥控音量菜单都不会出现字符，但是背光亮，遥控开关电视机正常。据用户讲电视是正常看着看着突然变灰屏了，电视机没有遭受任何硬物的碰撞，而且屏幕没有任何划痕破损现象，初步排除电视机屏幕坏的可能。打开后盖，查了主板电压都正常，查看逻辑板输出的电压只有10多伏，正常的应该是28V左右，怀疑逻辑板有问题。由于是杂牌电视机，逻辑板没有标出型号，因此很难找到一样的逻辑板。而且液晶电视铭牌上标识的尺寸都和实际的屏幕尺寸不符，实际尺寸都小于铭牌标识的尺寸，因此必须要用尺子量一下内屏的对角线长度再除以2.54，这样才是该电视机的实际英寸。然后再根据该屏幕的实际尺寸以及屏幕的型号和输入排线组数(大屏幕一般都有两组排线输入)选择主板和逻辑板。抱着试试看的心情，在淘宝上搜索到该屏幕可配套的一套主板和逻辑板，决定自己动手改装电视机。

首先，把原有的主板和逻辑板都拆除，装上新配置的主板和逻辑板，接好连接线，插上屏幕输入排线，见图1、2。

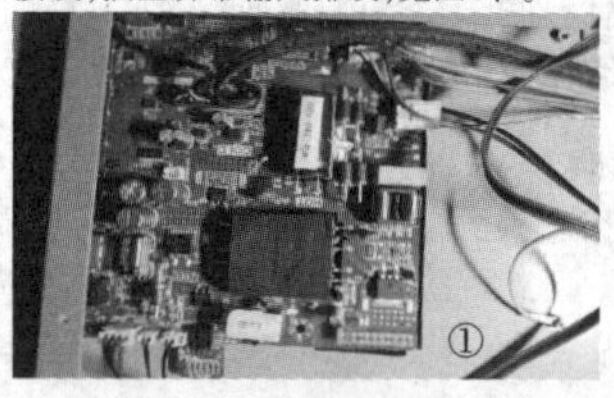
①

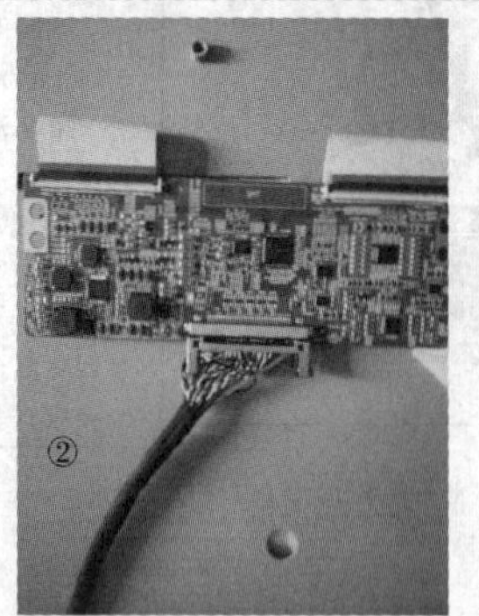
②

检查接线无误后接通电源，屏幕马上点亮，按一下遥控器菜单，发现屏幕显示的字符倒了(见图3所示)，需要进入工厂模式进行调试。

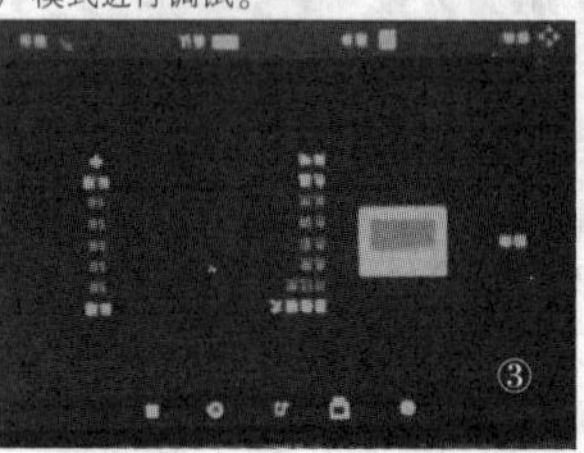
③

重新打开电视机，马上按下遥控器的菜单键，再输入1147，动作要快在5秒钟内完成。此时屏幕出现工厂模式菜单选项，进入第七项，按确定，详见图4、5。

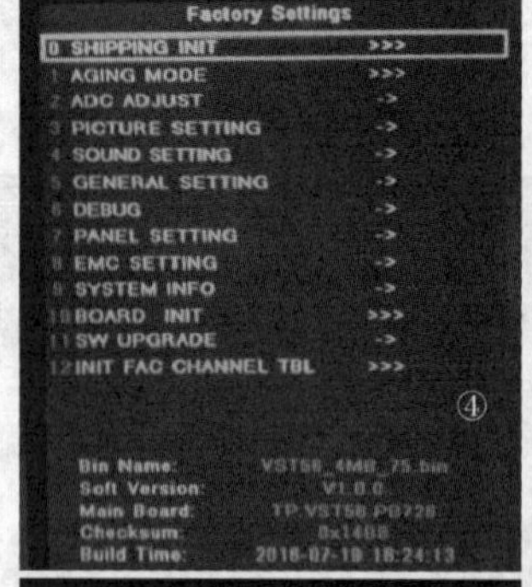

④

⑤

再进入第十项，把原来关的选项打开(见图6所示)，此时屏幕字符显示正常。

⑥

接上信号，图像没有花屏，图像声音正常，见图7。

⑦

退出工厂模式，电视机改装成功！

◇浙江 钟武军

实例分析彩电高压打火

行输出打火故障常发生在潮湿季节，行输出变压器又是最常见的打火部件，这一部件的打火又常称作高压打火。行输出变压器打火是CRT彩电的一种常见故障，对于不同的打火部位，应当具体分析，采取相应的判定方法和处理技巧。电视机内如果高电压间绝缘不良，就会导致放电打火，因空气电离和导电而产生臭氧及电弧光，大多数情况下还可以听见“嗞嗞”或“噼啪”的打火声，这是一种很常见的故障现象。轻微的间断的打火故障，只是表现为屏幕上的瞬间噪点及伴音中的瞬间“嚓”声干扰。连续的打火故障，对图像和伴音的干扰也是连续的。这一部件高压打火所产生的高压脉冲易串入图像解码、伴音、AV转换等小信号处理电路，对各种晶体管和集成电路造成损坏，严重的高压打火甚至危及显像管，引起电极开路、玻壳破裂等。因此，对各种打火故障，都应及时处理。本文结合实例分析行输出变压器中几种较严重、较特殊的打火故障。

一、高压帽严重打火

一台长虹C2188彩电出现高压帽打火故障。当时按照常规的操作，先用万用表表笔放掉残余高压，用无水酒精清洗相关部位，晾干后再涂抹灭弧灵，故障排除。但几个月后旧病复发，症状加重，就在机壳外也可见到大团火花。

这次开壳发现，高压帽已经出现几道裂缝，根据经验判断，必须更换高压帽后才能彻底修复，但更换高压帽有两大难题：一是高压引线难以穿进帽中，当然在高压引线上抹上有一定润滑作用的灭弧灵也可以基本解决问题，不过要求帽上的穿线孔和高压线必须粗细相当（最好孔比线略小一点），而当时没有准备合适的配件；第二个难题是，高压嘴卡簧不易在高压帽内安装牢固，经常就发现很多换过高压帽的机器，因高压帽吸合不良重新出现打火故障。面对此机破烂不堪的高压帽，维修者进行了大胆试验。

仍然先进行清洗，用报纸擦干净原先的灭弧灵，再用酒精棉球清洗高压帽及高压嘴，用电吹风吹干后在高压嘴周围涂上704胶，再扣好高压帽，然后在各裂口处补加704胶以填满，并使周围的胶涂抹均匀，以盖住高压帽的外沿。因该胶堆积较多时有流动性，立即用宽透明胶带将整个高压帽粘在显像管玻壳上，以保证硅橡胶在需密封处的堆积厚度。然后立即通电试验，打火症状消失。

704胶的表面固化时间为3~30分钟，室温固化时间为12~24小时。但实践证明该胶未凝固时绝缘性能也很好，所以通常在未固化时试机，以便发现薄弱环节，并及时处理。不过，试机正常后最好隔半天以后再使用电视机。

维修中发现有人采用502胶等来密封高压帽，由于机内的冷热变化等原因，高压帽很快就会硬化松脱。而704胶原本就用于电热器具的密封，固化后具有橡胶一般的弹性，耐高温性能优良，并且当需要更换行输出变压器时，也容易取下高压帽。

行输出变压器最常见的打火部位在高压帽周围，大量的维修实践表明，用704硅橡胶代替普通灭弧灵，维修行输出变压器高压帽周围打火效果最为理想。

二、高压线打火

一台熊猫3636型彩电高压线中部打火。这是一种较特殊的情况，其高压线从中部包扎过，前修理者显然是剪断高压线后换上了一只从旧行输出变压器上剪下的高压帽部分。这种做法，高压帽故障是排除了，但引线中部接头的绝缘处理却相当困难，尽管缠了一大堆电工胶布，高压仍不断外泄。为了确保安全，只得更换掉整只行输出变压器。

三、高压包附近打火

一台长虹CK53A型彩电，开机时出现骇人的连续“噼啪”声，响声之大，好像放鞭炮，同时屏幕上出现一些花纹。

为避免损坏其他元件，不能开机试验太久。开盖后直观检查，只见高压帽密封完好，周围非常干净，也未发现任何异常。据经验，危害最大的打火根源是+B电压太高。于是断开行输出级电路，用假负载先检验电源电路，结果+B正常。又因该机已有几个月未使用，恐有接触不良隐患，经敲击印制板反复试验，+B一直正常。从打火的常见位置来看，无外乎高压帽周围、行输出变压器高压绕组附近和偏转线圈等处。既然现在无法确诊，只得开机再试。恢复行输出级供电，先焊脱一条行偏转线圈引线后试机，结果打火声消失，屏幕呈一条竖直亮线。于是认为是行偏转线圈内部打火，但更换一只偏转线圈后试机，打火又立即出现。因实在无法分辨打火声的具体位置，只得凭经验换掉整个行输出变压器，故障终于排除。拆下打火的行输出变压器的磁芯，见其内部和磁芯接触处有一部位呈黑色碳化状，显然是打火留下的痕迹。

为了弄清楚脱开行偏转线圈后打火消失的原因，经试验，在脱开行偏转线圈时，由行输出变压器产生的视放电源为155 V(正常值为185 V)，说明相应的高中压均有所降低，以致打火消失。分析认为，拔下行偏转线圈后，行输出电路没有逆程期的振荡过程，只相当于一个开关电源，行输出管集电极脉冲电压峰值为+B。但此时的开关脉冲宽度比逆程脉冲宽，两者综合的结果使高压大约下降到(155—115)/(185—115)≈57%左右。过去在修理长虹D2962A屡烧行管故障时，拔掉偏转线圈后通电试机不再烧行管，也是这个道理。

四、隐蔽的打火故障

以上的打火故障位置不同，但都是可以感知的，还有一类较隐蔽的打火故障（因没有火花，称为打火似乎不够准确），维修中可能会使人大走弯路。

一台菊花C471A型彩电，出现场不同步的故障，有时偶尔又能稳定一会儿，调节场同步电位器能使之稳定一下，很快又失步，但开机时间较长后，调节不再有效果。

测同步分离与行场振荡集成电路IC501(TA7609 P)的⑦~⑭脚电压正常，用示波器观察⑭脚输出的同步信号、⑫脚场同步输入信号均正常，但⑩脚锯齿波的周期在不同步时变化很大，大约增大一倍，检查场同步电位器R427、定时电容C405等又都正常，换掉与振荡有关的所有元件及IC501后，故障仍未排除。于是开始怀疑场振荡电路可能受到了强烈的干扰，极有可能是行输出或电源部分产生了高强度的打火电磁干扰。但通过在静处细听(为了避免头部过分靠近高压部位，可用一报纸卷成长纸筒，小的一端插入耳朵，大的一端去探测机内各部位)和在暗处细看，都未发现打火放电迹象。

该机属东芝X－56P机芯，其行输出变压器T503的聚焦电压和加速极电压由一分离的电位器提供，阳极高压由高压包用引线引入电位器后，再引入高压帽，结构较松散。维修者在无意间将手中螺丝刀的金属部分靠近了高压引线端部，忽感整个胳膊被强烈震动了一下，关机后摸电位器部件有一点温热，说明其绝缘不良。高压辐射最有可能通过其附近引线而干扰电路。再次试机时，试将其附近几条引线再靠近一点，立即出现典型的噼啪声及电火花，这些引线中有灯丝电压、地、190V电压等。将几条引线尽量远离此部件后试机，场同步一直保持良好。应急时可以就这样勉强使用，但最好还是更换掉此行输出变压器，以免绝缘性能更差时危及电路元件。

经分析，此机行输出变压器绝缘性能变差后使高压与附近地线等低压之间的电场增强，而这种电场又是不稳定的，变化的电场就产生变化的磁场，从而形成电磁波向外辐射，其中的低频成分就对场振荡造成了较严重的干扰。

◇辽宁 林漫亚

索尼BDP-S360蓝光DVD机主板电路简析与故障检修要点(1)

一、主板电路组成

索尼(SONY)BDP-S360蓝光DVD机主板实物如图1、图2所示。

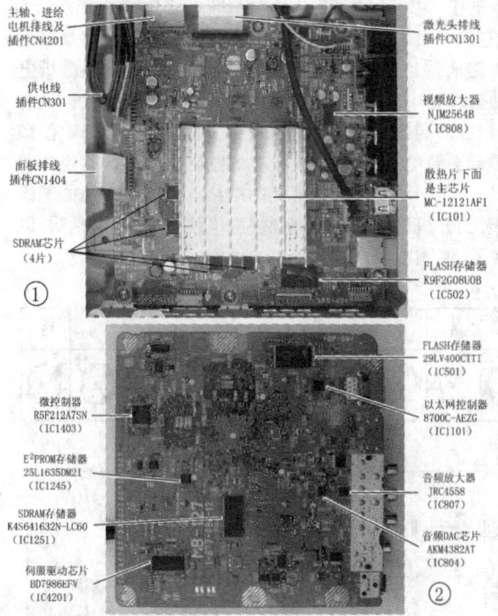

索尼(SONY)DBP-S360蓝光DVD机采用MC-10121AF1方案，主芯片MC-10121AF1是日本电气株式会社(NEC)专为BD/DVD播放器生产的超级单芯片，全面支持多种格式的BD-ROM光盘、包括AVCHD格式在内的DVD-ROM光盘和CD光盘的播放。该芯片集成了RF信号处理器、数字信号处理器、数字伺服处理器、两路高清视频解码器(支持MPEG-2/MPEG-4 AVC/H.264视频解码以及JPEG数码相片解读)、音频解码器(支持Dolby 7.1声道、DTS 5.1、DTS-HD 7.1声道音频解码)、图形显示控制器、视频编码器、以太网控制器、HDMI控制器以及两个CPU,另外还集成有一个安全处理器、两个DDR2接口、USB 2.0接口等电路。该芯片可将激光头拾取的光盘信息直接处理成数字音频信号输出，并处理成多种编码方式的模拟视频信号输出,同时也可输出SD(标准清晰度)或HD(高清晰度,最高为1080p)的数字视频信号。MC-10121AF1采用BGA封装形式。

图3是该机主板信号流程框图，主芯片MC-10121AF1与外挂的两片FLASH、五片SDRAM、二片FLASH芯片以及一片E²PROM芯片等构成一个容量为4GB空间的BD/DVD数字信号处理和高清视频/音频解码系统，将从BD-ROM驱动器上激光头送来的信号进行数字信号处理、数字伺服处理、视频解码、音频解码、视频编码等多种信号处理。主芯片输出的模拟视频信号送到视频放大器NJM2564B,经放大后输出。主芯片输出的数字音频信号经音频DAC芯片AKM4382AT转换成模拟音频信号，再经运放JRC4558进行放大后输出。主芯片MC-10121AF1内置HDMI发送器，直接输出HDMI信号。该机可以连接互联网，主芯片与以太网控制器8700C-AEZG配合工作，以便更新播放器的软件和实现BD-LIVE(蓝光网络互动)功能。主芯片还集成了伺服处理电路，将激光头读取数据时的聚焦误差信号、循迹误差信号和光盘旋转误差信号转换成聚焦伺服控制信号、进给伺服控制信号、循迹伺服控制信号、主轴伺服控制信号，输出到伺服驱动器BD7986EFV,经驱动放大到足够功率，然后分别去驱动聚焦线圈、进给电机、循迹线圈、主轴电机，使激光头能准确地跟踪光盘，完成信息的读取。

二、供电系统电路简析与故障检修要点

1.电路简析

检修主板必先查供电，查供电必须了解主板中各单元电路供电的来龙去脉。该主板中各单元电路供电特点：多分组供电，不同功能的单元电路，有着不同要求的工作电压，有12V、5V、3.3V、6.8V、-9V、-5V等很多种，大多是由DC/DC直流电压变换电路将电源板送来的12V、6V、-9V电源电压变换而来的；大量采用输出受控的供电电路(采用电子开关或可控稳压器)，即有很多单元电路的供电是受到微处理器控制的，微处理器可以根据机器的工作状态，关断某些单元电路的工作。这些特点必须在修理主板时加以注意。

图4是主板供电流程图。UNSW 12V、UNSW 6V、UNSW -9V都是由电源板送来的非受控电压，是机器接通电源时就有的；DR -SW5V、DR -SW12V则是由电源板送来的受控电压，这两组电压都是在按遥控器上电源键(或本机面板电源键)开机后才有的。DC/DC直流电压变换电路少数的采用降压型稳压集成块(如79M05T),更多的是采用开关型的DC/DC变换芯片。

2.故障检修要点

主板上的DC/DC直流电压变换电路为各单元电路供电，当这些电路的供电不良，会表现出多种多样的故障现象，如不能开机、无图像、无声音、不读盘等。

对于降压型稳压集成块，检修方法是：若查到某个稳压器没有输出，可测量其输入电压。若输入电压正常，则检查负载和控制端(设有输出控制端的稳压器),若都正常，则为稳压集成块本身损坏。

对于开关型的DC/DC变换芯片，检修方法是：若查到某个DC/DC变换器没有输出，可测量其输入电压。若输入电压正常，检查控制端是否正常，若控制端也正常，再检查输出电感、续流二极管等元件是否正常，若正常，则为集成块本身损坏。在实际维修中，以输出电感不良居多。

对于供电电路中的电子开关，检修方法是；若查到某个电子开关没有输出，可测量其输入电压。若输入电压正常，检查控制端是否正常，若控制端也正常，则为电子开关管损坏。

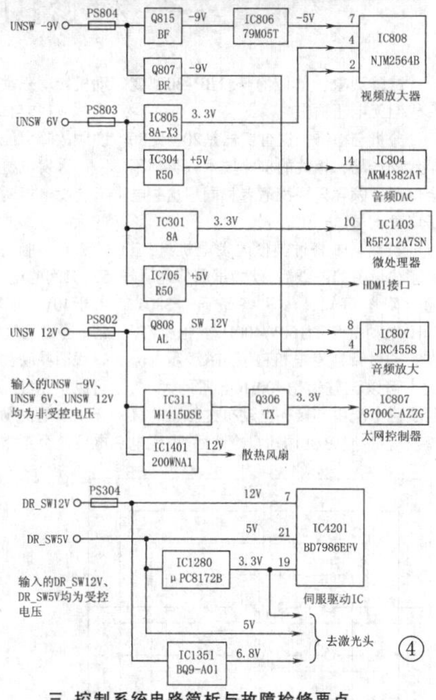

三、控制系统电路简析与故障检修要点

1.电路简析

该机控制系统微处理器采用R5F212A7SN，它作为整机的控制中心。R5F212A7SN是瑞萨科技公司推出的一种低功耗、高性能CMOS16位单片机，最突出的优点是片内集成了48K可重复编程的FLASH程序存储器，2.5K片上RAM，具有高速执行指令的能力和高速运算处理的能力；内置了时钟发生器、看门狗、低压检测、串行模块等；同时具备在线仿真及下载用户程序，方便调试和用户升级程序。

图5是R5F212A7SN在该主板上的应用电路简化图。R5F212A7SN的⑩脚为供电端，电压为3.3V；㊻脚~㊾脚接收面板键控信号输入端；㉔脚是遥控信号输入端，静态电压为3.2V，按下遥控器按键时跳变为1.8V左右，若异常则检查遥控器、遥控接收头及信号输入电路；㉝脚为电源开/关控制信号(ATA-P)输出端，待机时为低电平(0V)，开机时为高电平(3V)，该信号送到电源板，控制电源板输出或关断可控电压DR -SW5V、DR -SW12V。另外，微处理器还输出控制信号到DC/DC电路，控制DC/DC电路的输出与关断，并且还有与主芯片之间的通讯电路，只是这些电路复杂，未能完全清理出来。

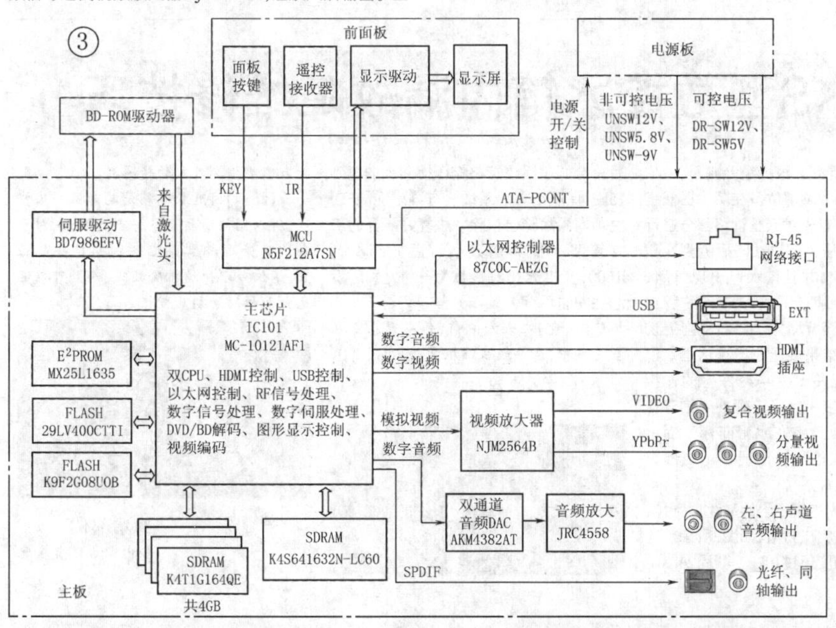

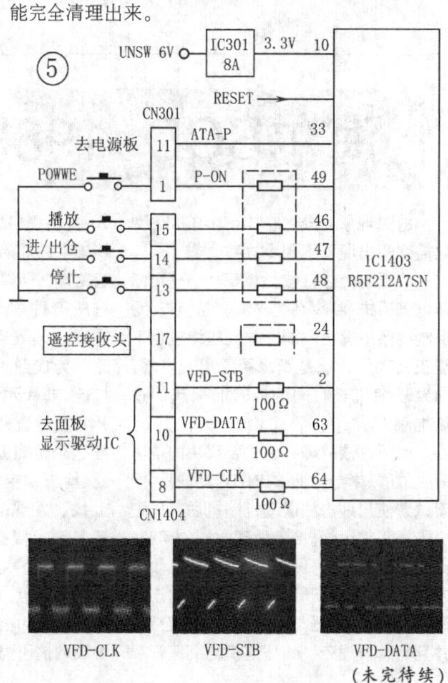

(未完待续)

◇四川 贺学金

偶然中的必然

——检修BP-30变频机无电压输出故障的体会

故障现象：单位的一台BP-30型变频机组无电压输出

分析与检修：这台机器是20世纪80年代的产品，相关的机电技术人员都不会修了，领导只好找笔者和同事这些电子修理人员试一试。

虽然从未修过类似的发电机组，但看了该设备的图纸后，就尝试着修理了。通过附图可知，该设备是通过380V/50Hz电动机带动160V/400Hz发电机F工作，通过调整发电机F的励磁线圈电流大小可以调整输出400Hz电压的大小，而励磁电流由连接在电动机主轴上的直流发电机(励磁机)提供。检查后，发现电动机转动正常，但怎么调整手动调压电位器W1和自动调压电位器W2都无效，说明故障可能发生在励磁回路中。

因发电机励磁线圈并联在励磁机的直流发电机两端，直流发电机输出电压的大小又受励磁机本身励磁线圈LQ电流大小控制。首先，测量励磁机的输出端52、51间的电压为2V，技术资料介绍应大于40V，说明励磁机或其相关电路异常。因励磁线圈LQ也同样与主发电机励磁线圈并联在直流发电机输出端，所以可以采用"断开法"判断故障部位，即断开主发电机励磁线圈，检查励磁机输出电压是否正常。开机后，测得励磁机的输出端52、51之间有60V的直流电压，说明直流励磁机正常，确认故障在发电机的励磁部分。该发电机的励磁电路通过2组并联的碳刷接入发电机的励磁线圈中，检查时发现其中一组碳刷架上并联的铜片竟然断裂了，怀疑是长期震动导致的。检查其他部位正常，用铜片加工了一块相同的短路片，安装在碳刷架上，开机后调整W1，电压输出竟然正常了，说明故障就是因该铜片断裂所致。

回想故障的排除过程，虽然是偶然发现的故障点，但是若不能认真分析电路的工作原理、合理的故障分析、准确的测量关键点数据，也不会将故障定位锁定在主发电机的励磁电路上，这也是偶然中有必然的结果。因此，在今后的维修中还要继续提高电路分析、故障判断，以及仪表测试的能力。

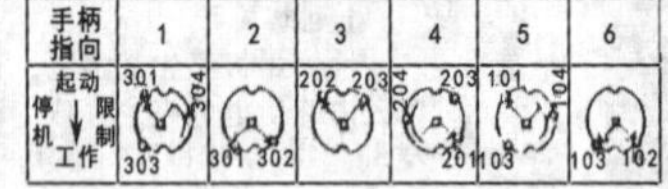

HK触头位置

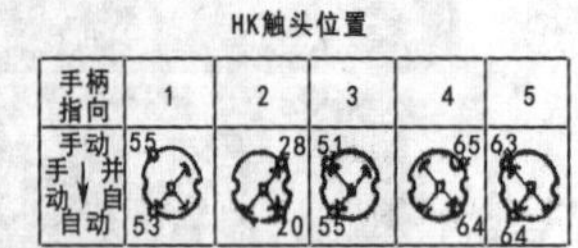

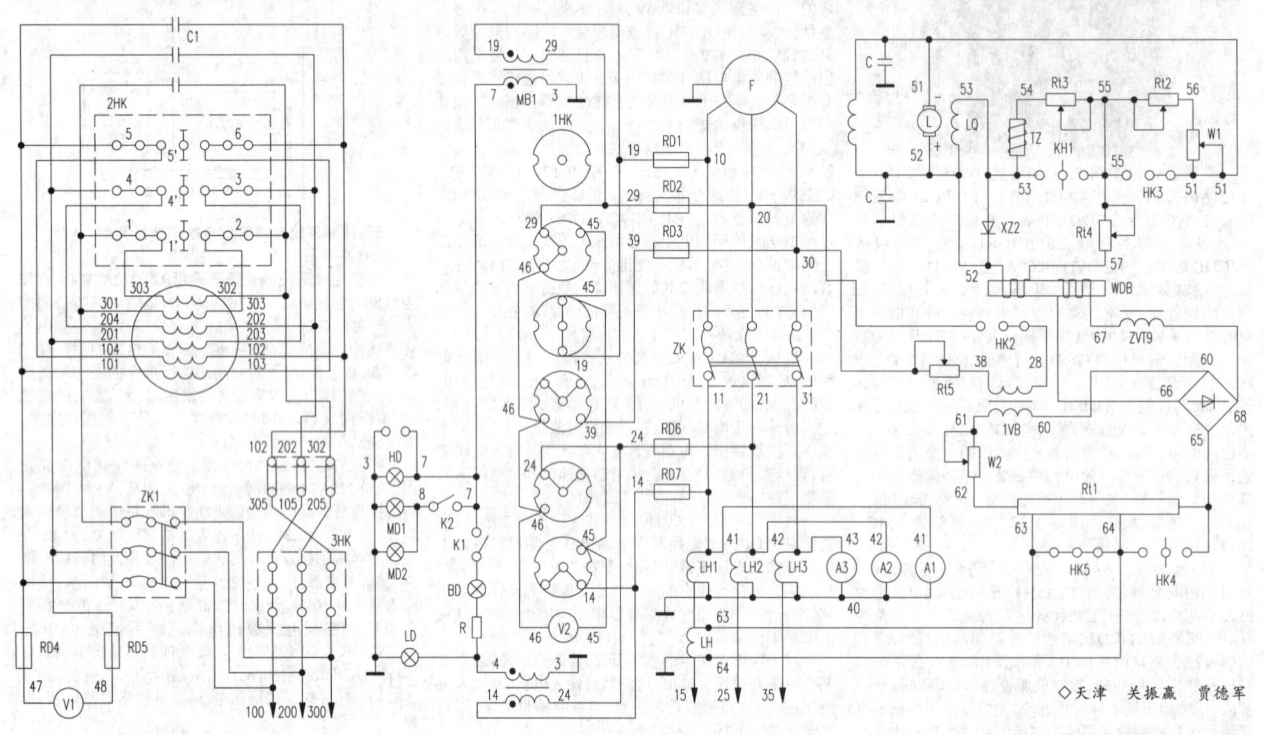

◇天津 关振赢 贾德军

海尔BCD-198KS型数控冰箱内漏故障维修技巧

故障现象：一台海尔BCD-198KS型数控冰箱出现了不制冷故障

分析与检修：通过故障现象分析，怀疑电气系统、制冷系统异常。经检查，发现制冷系统发生内漏，并且压缩机也不能正常工作。这是制冷系统出现内漏，导致压缩机长时间的运转而引起的过热抱轴。

对于这该故障，首先要解决的是压缩机故障。换上了新的PTC启动器后，接着试着使用敲击法震动压缩机后，压缩机恢复正常运转。接着处理内漏的问题，对制冷系统进行分段打压检漏。具体的方法是：分别断开高、低压管路的连接管，即断开过滤器与电磁阀之间的管路，并且将管口焊死；将压缩机的高压管断开，并将管口焊死。根据经验判断，电冰箱出现内漏的故障部位多在蒸发器低压管路端，所以首先对低压管路部分进行打压检漏。当压力超过10kg后听到冷藏室发出漏气声，并且排水口出现气泡，原以为找到故障点了，停止对系统管路打压，并从冰箱背面排水口右侧附近切开背板检查，结果内漏处不在这里。但是这个位置是冷藏室与冷冻室的连接处，检查铜铝接头完好。顺着毛细管往上找，发现故障点在冰箱商标下面位置，铜铝接头的附近出现了一个砂眼(见图1)。

处理时，先把管子上的氧化层刮掉，用铸工胶加上铝皮封堵，如图2所示。这种胶的抗压强度超过10kg。凝固24小时后，给低压系统管路打压检漏，加压到15kg，保压三天后系统没有再出现漏气，说明内漏故障已根除。恢复好断开的所有管路，抽真空数小时后加制冷剂R600，开机冰箱制冷恢复正常，最后发泡并安装后背板。

【注意】在未发泡前，传感器暴露在空气当中，会导致压缩机常转不停，并且千万不要损坏外露的传感器。

【提示】因这款冰箱是笔者第一次修理，所以切割面积大了一点。因此，对于每次的修理都需要记住铜铝接头的位置，不仅可以快速排除故障，而且可以避免大面积的切割后背板。

砂眼

①

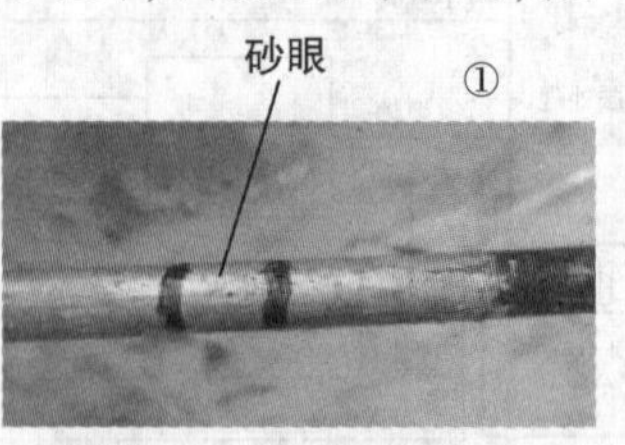

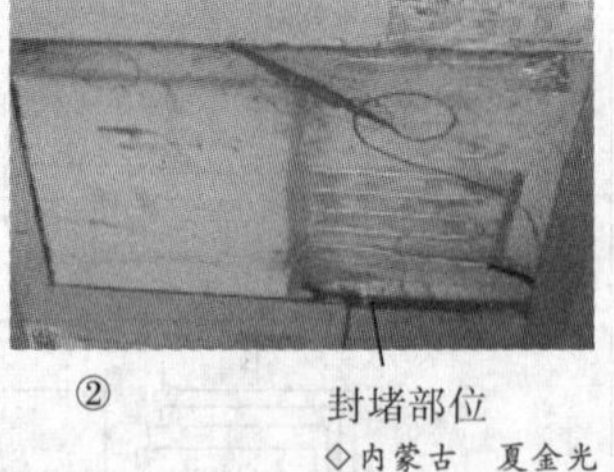

②

封堵部位

◇内蒙古 夏金光

基于树莓派的315m无线模块应用

今天给大家分享一下一款基于树莓派智能车库的应用，可以利用iOS自带的家庭App，实现Siri语音轻松开门，开车回家再也不用掏遥控器啦！

树莓派

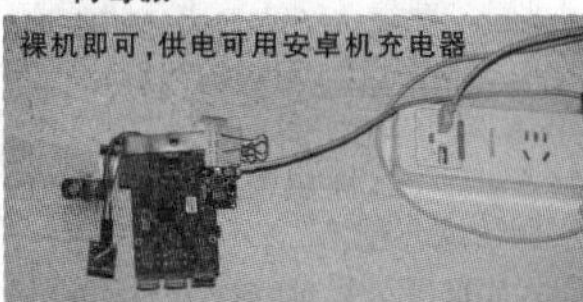

ASK/OOK 315M或433M 无线发射、接收模块各一枚

根据您家车库门边上那个小盒子的遥控频率（315MHz或433MHz频率）来选择无线模块。它是一个无线接收器+继电器的组合体，用来接收遥控钥匙的信号和控制车库门电机的运转。有一根长20cm的无线接收器的天线。准备好车库小盒子频率相同的无线发射模块、接收模块各一枚。笔者家里是D开头的遥控器，配了个433MHz的模块，接收+发射+邮费一共5块钱。

杜邦线 母对母 最少3根

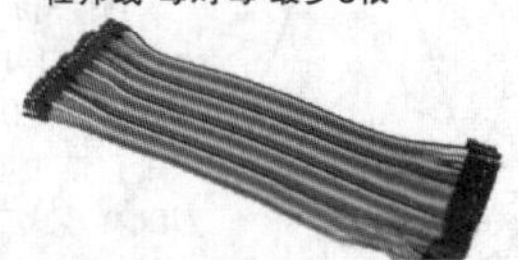

接下来将无线模块和树莓派上像针一样的东西互相连起来，目的是让树莓派给无线模块供上电，控制无线模块发信号。节省的办法是用废旧的电线拆出来一些铜丝，直接缠绕到针上面。缠得太粗还容易短路！最方便的是准备3根母对母杜邦线。

搭建环境

然后安装树莓派，根据开箱图文教程即可。

乌鸦学话

装好树莓派系统后，就可以开始让树莓派乌鸦学话，学学遥控器的发射信号，把自己伪装成遥控器。

"听一听"

要想让树莓派模仿你手里的车库遥控器发射开门信号，首先要知道这个信号是什么内容，这这这看不见摸不着的怎么能知道啊？这时候就到无线接收模块大显身手了，我们要让树莓派和无线接收模块"听一听"遥控器的葫芦里卖的什么药。

以下涉及到一点点电子设计入门知识，按说明使用即可：

首先把5块钱买到的接收模块两侧的针对应接到树莓派的VCC针和GND针上，哪个是VCC哪个是GND呢？绿色的电路板上面会有印刷的英文字母白字，对应的针就是了。它们代表的是高电位和地电位（或者说0电位），VCC接5V的VCC，GND接GND，这步是为了给模块供电；其次把接收模块中间两个针中任意一个接到树莓派BCM模式下的18号针上，这步是为了"听"遥控器发了什么样的信号，这样才好乌鸦学话呀。"听一听"的硬件就连接完毕了。

在树莓派的命令行里执行：

```
sudo apt-get install python-pip
sudo pip install bitstring
git clone https://github.com/loblab/rfask.git
```

一路安装，如果没有出现error字样就说明安装成功。

```
cd rfask-master
cp ask_config_sample.py ask_config.py
```

安装完毕后，我们就来使劲按遥控器看看会出现什么啦：

```
python ask_rx.py -d 1 &
```

这时屏幕会显示正在监听遥控信号，狂按你的遥控器开门按钮，每按一下，屏幕应该会显示一行看起来像乱码一样的英文加数字，这就是你遥控器葫芦里卖的药，已经被你成功"听"到啦。记下来这串数字+英文乱码。

用文本编辑器（比如记事本或者Vim）打开ask_config.py文件，照葫芦画瓢地把这串码组合成与hello world相同的格式。比如：

```
'dakaichekumen': ['PWM', 5.0, 1.0, 8.0, 0.75, 1.0, '0x0011223344'] ,
```

不要忘记加结尾的逗号哦。

如果你每次按遥控器收到的这串数字+英文乱码不完全一样，那也没有关系，找一个出现次数最多的，记它就好啦。

"说一说"

到这里已经完成了遥控信号"听一听"的部分，接下来要实现树莓派开车库门，只需要乌鸦学话"说一说"，把学到的码发出去就行了，这时候把无线接收模块拔下来，插上无线发射模块，发射模块的VCC和GND插在原位，但模块的中间那根针，接在树莓派的BCM模式14号针脚上。

在树莓派的命令行中执行，只需要一行代码：

```
python /home/pi/rfask-master/ask_tx.py dakaichekumen
```

车库门就打开了；

狂按遥控器的关门按钮，重新"听一听"，"说一说"关门信号，车库门就关上了。

◇贵州 楚云

组合PWM与R2R数模转换器提高其性能

将PWM和小型R-2R梯形DAC相结合可同时提高双方的性能，它能显著减小PWM纹波，还能提高数模转换器（DAC）的分辨率。

本设计实例利用一个八电阻阵列和三个引脚，将底部的2R从连接到地改为连接到PWM输出，对R-2R梯形DAC进行了重构（图1）。

在梯形结构中，VCC分为8段，每一级（0% PWM）到相邻更高级（100% PWM）的空隙由PWM填充。这种方法可以将纹波减小到1/8，同时分辨率也会增加额外3个高阶比特。或者你也可以从原始PWM占空比值的顶部拿走这3个比特，然后将其时钟速率乘以8。这样仍能实现8:1的纹波减小，但时钟速率的增加会将PWM噪声进一步压到滤波器的底部，得到更大的衰减。

仿真

我对这种混合方法进行了仿真。

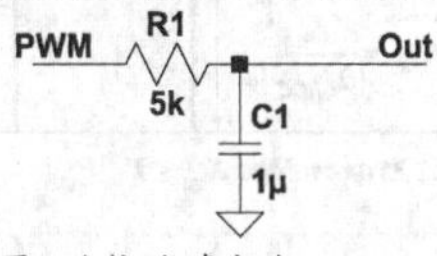

图2：比较/仿真电路。

要与传统的简单低通滤波器（图2）进行比较，你应记得R-2R梯形结构的输出电阻是R，因为我建议将阵列中的两个电阻并联起来形成R（单个电阻是2R），一个10kΩ的阵列产生5kΩ的输出电阻。这就是我在传统方法中使用的电路，其中的1μF电容是相同的。我将PWM设为50%的占空比，因为这时会产生最差的纹波。仿真结果（图3）显示传统方法有约4mV的波纹，而第一种方法（在原8比特基础上增加3个新的比特）生成的纹波是493μV，相当于传统方法的1/8。第二种方法（将PWM时钟提高8倍，总比特数仍然是8）产生的纹波仅61μV，大约是原始纹波的1/65。

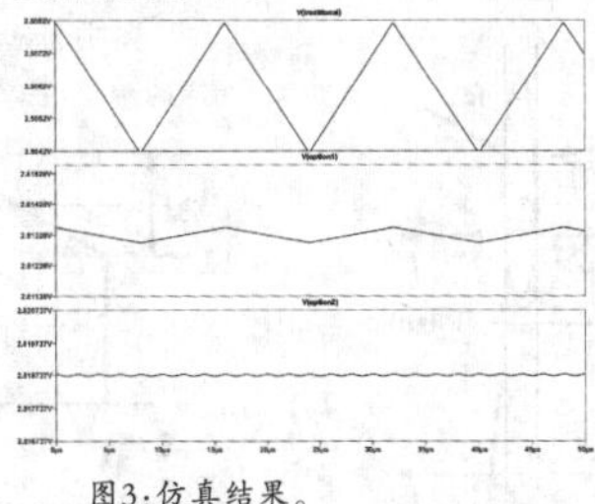

图3：仿真结果。

图4a（PWM+低通）和图4b（11位混合）是将电压从0V缓慢地一步步调到5V的复杂仿真结果。滤波器中的电容特意选用了很小的值，以便我们能看清这种情况下的纹波。在正常的R-2R梯形中增加一个阶梯状图形（图4b中的红色），以便显示PWM是如何从一级移动到下一级，甚至越过R-2R梯形顶部直到5V。

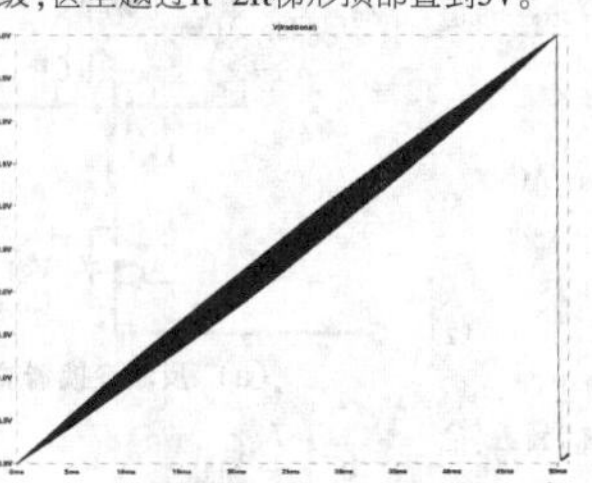

图4：仿真得到的基本PWM DAC（图4a，上）和混合DAC（图4b，下）的纹波。

用数字控制振荡器（NCO）技术代替PWM也一样可行。数控振荡器（增加一个值到累加器并输出进位）比PWM更有优势，因为它可以减小50%设置点附近的纹波（通过增加转换频率），这是简单PWM表现最差的地方。

用任何其他的DAC也行得通：只需将PWM/NCO/任何信号连接到最低有效位。

测试

下面是一些测试结果：我本来打算使用容差是±2%的电阻阵列，±1%甚至±1/2%的电阻阵列也找得到，不过我手头没有，所以我就用单个精度为1%的电阻。我将运行于16MHz的ATmega328处理器的定时器timer1设定为给8位PWM使用，并使用10位ADC开展测量。由于PWM、R-2R和ADC参考的都是VCC，我们可以忽略这个因素，针对8级中的每一级只检查从ADC读取的值，PWM则设为0%和100%。理想情况下，第一步的100%输入对下一步应该没有任何影响。

0%	000	07E	0FE	17E	1FF	27F	300	381	
100%		07D	0FD	17D	1FE	27F	2FF	37E	3FF
Expected	000	07F	0FF	17F	1FF	27F	2FF	37F	3FF

这些值看起来非常合理。然后我使用了一种技术，借助ATmega328的功能，使用与生成PWM相同的定时器来设定模数转换，我把这种技术称之为"Slow-scilloscope"。这样我们就可以测量给定PWM周期内的纹波。图5是带低通滤波器的传统PWM（绿色）和混合（黑色+红色）的合成图。这两种方案都使用了非常小的电容，以便能看清纹波。

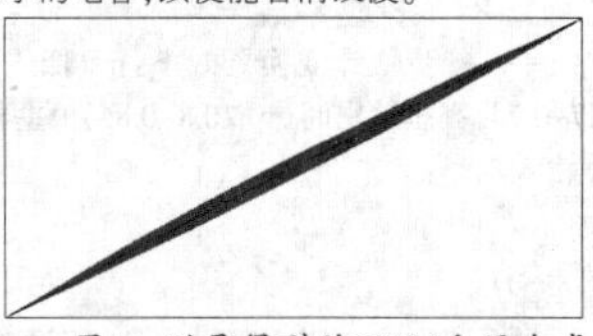

图5：测量得到的PWM和混合式DAC的纹波。

图6显示了在每种混合设置下的非同步模数转换的曲线，允许结果中的纹波作出（或多或少）随机的变化。这次使用了一个较大的电容以便获得更加真实的结果。

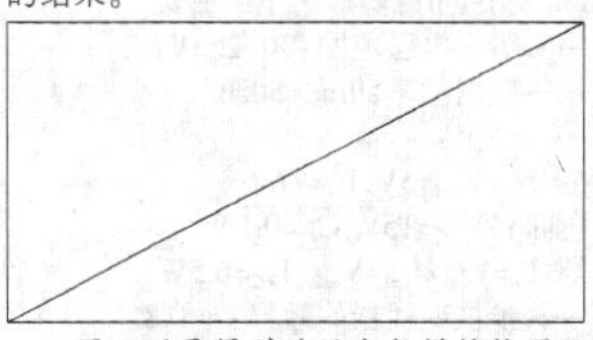

图6：测量得到的混合数模转换器纹波，电容为最终值。

总之，我们已经看到，PWM可以填充R-2R DAC阶跃之间的空隙，R-2R梯形结构可以显著减小通常由PWM加上低通滤波器产生的纹波，或者两者兼有。

◇湖北 朱少华 编译

图1：混合式PWM/R-2R DAC。

以NCP1015主控芯片为例详解开关电源设计(一)

一、概述

开关电源的设计是一份非常耗时费力的苦差事，需要不断地修正多个设计变量，直到性能达到设计目标为止。本文step-by-step 介绍反激变换器的设计步骤，并以一个6.5W 隔离双路输出的反激变换器设计为例，主控芯片采用NCP1015。

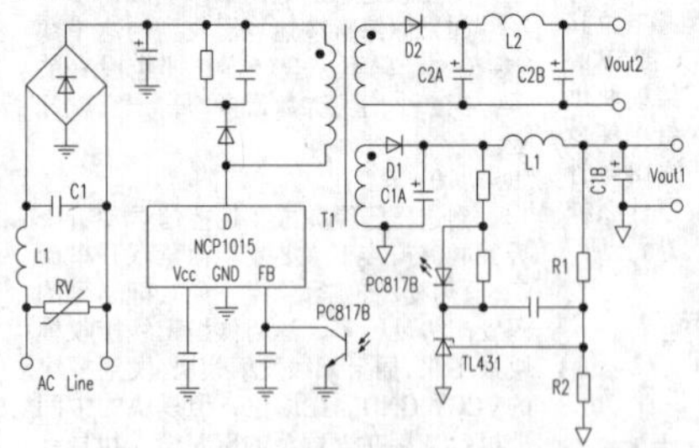

图1 基于NCP1015的反激变换器

基本的反激变换器原理图如图 1 所示，在需要对输入输出进行电气隔离的低功率(1W~60W)开关电源应用场合，反激变换器(Flyback Converter)是最常用的一种拓扑结构(Topology)。简单、可靠、低成本、易于实现是反激变换器突出的优点。

二、设计步骤

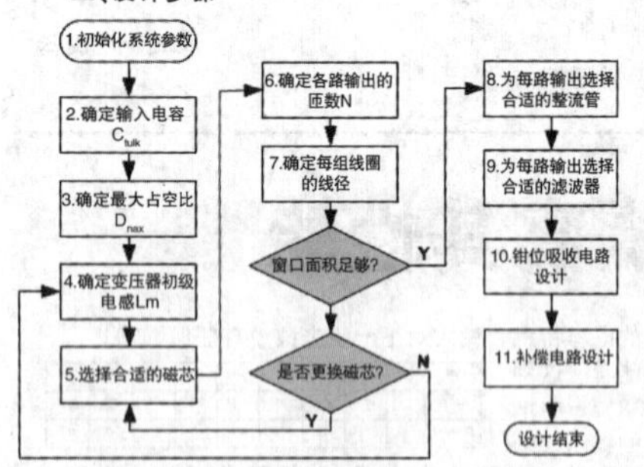

图2 反激变换器设计步骤

接下来，参考图 2 所示的设计步骤，一步一步设计反激变换器。

1.Step1：初始化系统参数

——输入电压范围：Vinmin_AC 及Vinmax_AC

——电网频率：fline(国内为50Hz)

——输出功率：(等于各路输出功率之和)

$$P_o = V_{out1}\times I_{out1} + V_{out2}\times I_{out2} + \cdots \tag{1}$$

——初步估计变换器效率：η (低压输出时，η取0.7~0.75，高压输出时，η取0.8~0.85)根据预估效率，估算输入功率：

$$P_{in} = \frac{P_o}{\eta} \tag{2}$$

对多路输出，定义KL(n)为第n 路输出功率与输出总功率的比值：

$$K_{L(n)} = \frac{P_{o(n)}}{P_o} \tag{3}$$

单路输出时，KL(n)=1.

> (范例)Step1：初始化系统参数
> ——输入电压范围：90~265VAC
> ——电网频率：fline=50Hz
> ——输出：
> (主路)V_{out1}=5V，I_{out}=1A；
> (辅路)V_{out2}=15V，I_{out2}=0.1A
> 则：$P_o=V_{out1}\times I_{out1}+V_{out2}\times I_{out2}$=6.5W
> ——预估变换器的效率：η=0.8
> 则：$P_{in}=\frac{P_o}{\eta}$=8.25W
> K_{L1}=0.769，K_{L2}=0.231

2. Step2：确定输入电容Cbulk

Cbulk 的取值与输入功率有关，通常，对于宽输入电压(85~265VAC)，取2~3μF/W；对窄范围输入电压

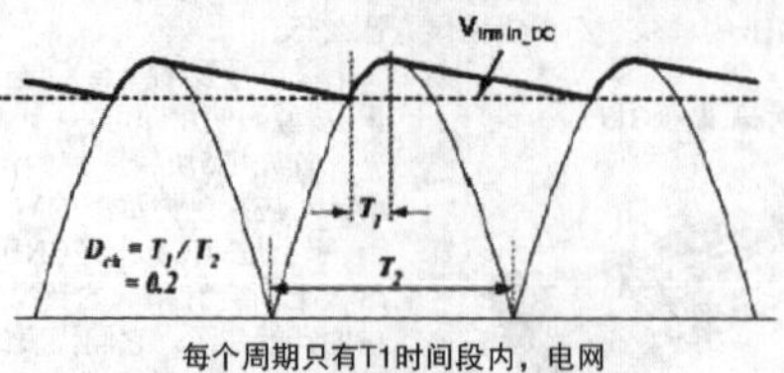

图3 Cbulk电容充放电

(176~265VAC)，取1μF/W 即可，电容充电占空比Dch 一般取0.2 即可。

一般在整流后的最小电压Vinmin_DC 处设计反激变换器，可由Cbulk 计算Vinmin_DC：

$$V_{inmin\_DC} = \sqrt{(\sqrt{2}V_{inmin\_AC})^2 - \frac{P_{in}\times(1-D_{ch})}{C_{bulk}\times f_{line}}} \tag{4}$$

> (范例)Step2：确定办理入电容
> ——宽压输入，取2~3μF/W：Cbulk取20μF即可，实际设计中可采用15μF+4.7μF的两个400V高压电解电容并联。则：Cbulk=19.7μF。
> ——计算整流后最小直流电压：
> $V_{inmin\_DC}=\sqrt{(\sqrt{2}V_{inmin\_AC})^2-\frac{P_{in}\times(1-D_{ch})}{C_{bulk}\times f_{line}}}$=98V

3. Step3：确定最大占空比Dmax

反激变换器有两种运行模式：电感电流连续模式(CCM)和电感电流断续模式(DCM)。两种模式各有优缺点，相对而言，DCM 模式具有更好的开关特性，次级整流二极管零电流关断，因此不存在CCM 模式的二极管反向恢复的问题。此外，同功率等级下，由于DCM模式的变压器比CCM 模式存储的能量少，故DCM 模式的变压器尺寸更小。但是，相比较CCM 模式而言，DCM 模式使得初级电流的RMS 增大，这将会增大MOS 管的导通损耗，同时会增加次级输出电容的电流应力。因此，CCM 模式常被推荐使用在低压大电流输出的场合，DCM 模式常被推荐使用在高压 小电流输出的场合。

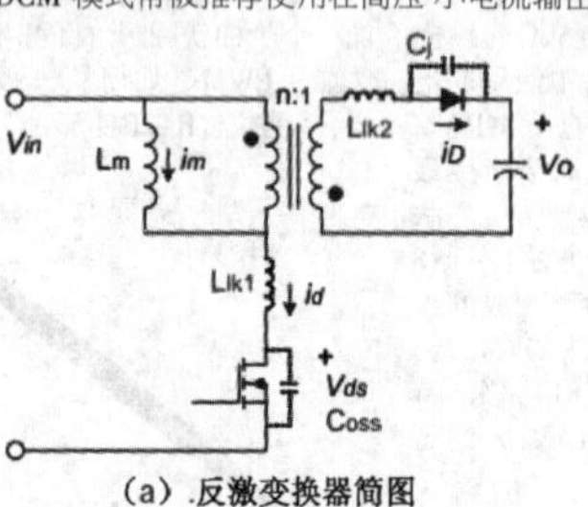

(a) 反激变换器简图

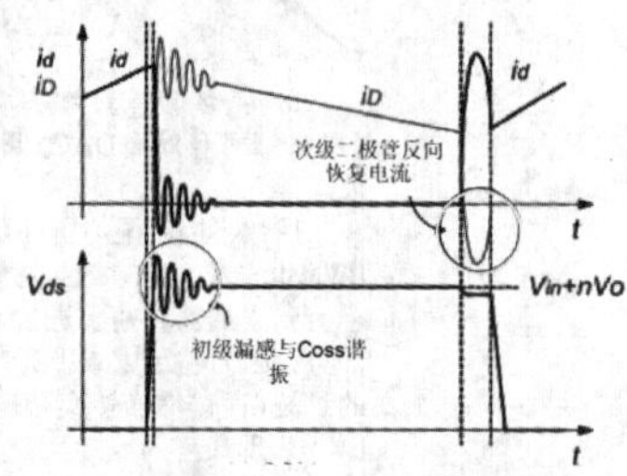

(b) .CCM模式运行

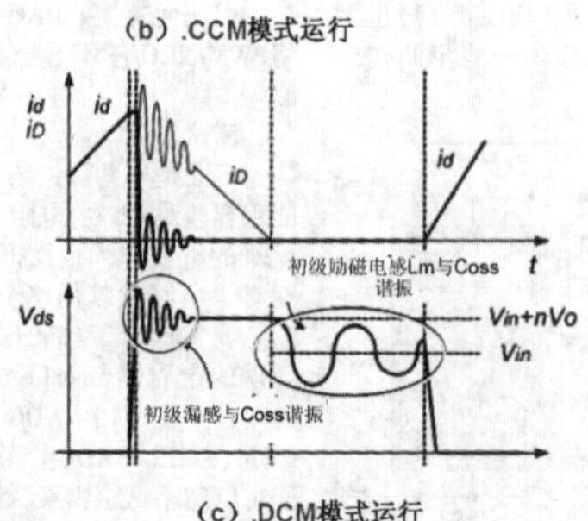

(c) .DCM模式运行

图 4 反激变换器

对CCM 模式反激变换器而言，输入到输出的电压增益仅仅由占空比决定。而DCM 模式反激变换器，输入到输出的电压增益是由占空比和负载条件同时决定的，这使得DCM 模式的电路设计变得更复杂。但是，如果我们在DCM 模式与CCM 模式的临界处 (BCM 模式)、输入电压最低(Vinmin_DC)、满载条件下，设计DCM 模式反激变换器，就可以使问题变得简单化。于是，无论反激变换器工作于CCM 模式，还是DCM 模式，都可以按照CCM模式进行设计。

如图 4(b)所示，MOS 管关断时，输入电压Vin 与次级反射电压nVo 共同叠加在MOS的DS 两端。最大占空比Dmax 确定后，反射电压Vor(即nVo)、次级整流二极管承受的最大电压VD 以及MOS 管承受的最大电压Vdsmax，可由下式得到：

$$V_{or} = \frac{D_{max}}{1-D_{max}}\times V_{inmin\_DC} \tag{5}$$

$$V_D = \frac{V_{inmax\_DC}}{V_{or}}\times V_o + V_o \tag{6}$$

$$V_{dsmax} = V_{inmax\_DC} + V_{or} \tag{7}$$

通过公式 (5)(6)(7)，可知，Dmax 取值越小，Vor越小，进而MOS 管的应力越小，然而，次级整流管的电压应力却增大。因此，我们应当在保证MOS 管的足够裕量的条件下，尽可能增大Dmax，来降低次级整流管的电压应力。Dmax 的取值，应当保证Vdsmax 不超过MOS管耐压等级的80%；同时，对于峰值电流模式控制的反激变换器，CCM 模式条件下，当占空比超过0.5时，会发生次谐波震荡。综合考虑，对于耐压值为700V(NCP1015)的MOS管，设计中，Dmax 不超过0.45 为宜。

> (范例)Step3：确定最大占空比 D_{max}
> ——NCP1015 需工作于 DCM 模式，低压满载时，占空比最大，此时：D_{max}=0.45
> ——由公式(5)计算反射电压：
> $V_{or}=\frac{D_{max}}{1-D_{max}}\times V_{inmin\_DC}$=80V

4. Step4：确定变压器初级电感Lm

对于CCM 模式反激，当输入电压变化时，变换器可能会从CCM 模式过渡到DCM 模式，对于两种模式，均在最恶劣条件下(最低输入电压、满载)设计变压器的初级电感Lm。由下式决定：

$$L_m = \frac{(V_{inmin\_DC}\times D_{max})^2}{2\times P_{in}\times f_{sw}\times K_{RF}} \tag{8}$$

其中，fsw 为反激变换器的工作频率，KRF 为电流纹波系数，其定义如下图所示：

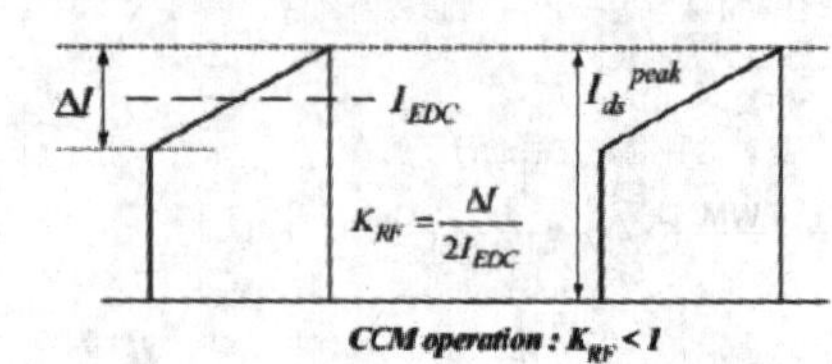

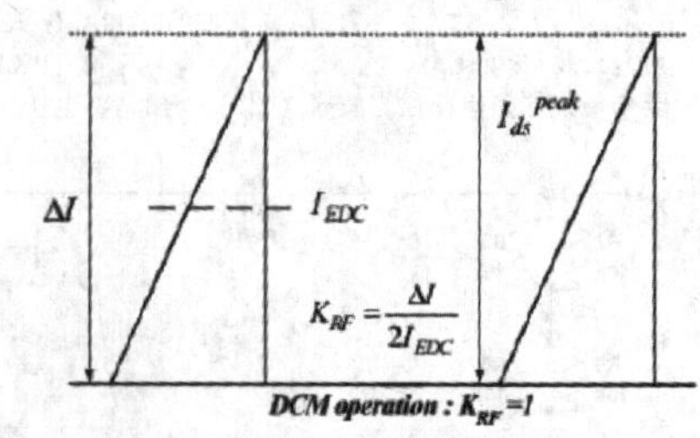

图5 流过MOS管的电流波形及电流纹波系数

(未完待续)

◇云南 刘光乾

电接点式压力表液位控制电路

电接点压力表通过管道与被控制的液体连通，液位的变化转变为压力的变化；而压力的变化，转变为压力表内开关触点的变化，表征为开关的闭合或打开，最终驱动或停止电动机-水泵机组的运行状态，达到控制液位的目的。常用电接点压力表的结构等如图1所示。

实际中，电接点压力表通过管道安装在水池的下方，以方便取得液体压力信号。一般绿针P1为下限(低液压)触点，引出线标号为2，红针P2为上限(高液压)触点，引出线标号为3，两者根据需要人为调节设定；黑针指示液体压力的实时值，引出线标号为1。当黑针转动到与绿针重合时，1、2导通，低位开关P1闭合；当黑针转动到与红针重合时，1、3导通，高位开关P2闭合。

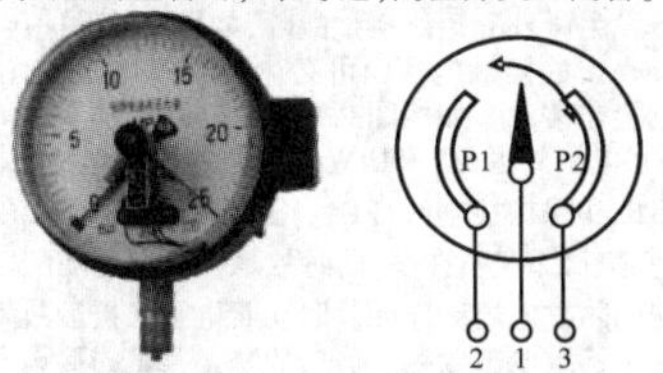

电接点压力表实物图　　压力表接线图

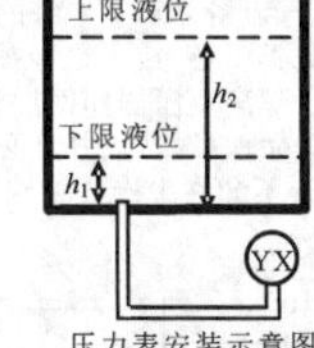

压力表符号图　　压力表安装示意图

图1　电接点压力表外形和表述图

1. 高液位停低液位开液位控制电路

当液位达设定下限水位h1时，启动电动机-水泵机组，为水池注水；当液位达设定上限水位h2时，电动机-水泵机组停止供水；除此以外的其他液位，机组不工作，处于待机状态。供水系统比如水塔上水就属于这种情况。

电原理图如图2所示。电路具有手动和自动两种工作方式，由转换开关SA完成手动切换。电接点压力表可采用YX-150型，P1、P2分别为下限位和上限位开关。

手动控制工作过程：

闭合三相电源开关QF，电路接通电源。右旋转换开关SA至"手动"位置，触点⑤→⑥接通，①→②、③→④断开。按压启动按钮SB1，交流接触器KM线圈得电，主开关KM闭合并自锁，电动机-水泵机组运转，工作指示灯HL1亮起，表示水泵向水池内注水；人工观察水池注满后，按压停止按钮SB2，交流接触器KM线圈失电，自锁解除，主开关KM打开，机组停转，工作指示灯HL1熄灭，停止指示灯HL2亮起。

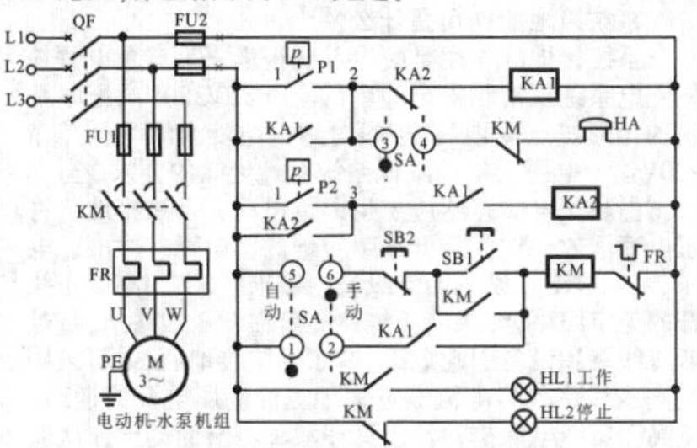

图2　高位停低位开液位控制电路

自动控制时的工作过程：

闭合三相电源开关QF，电路接通电源。左旋转换开关SA至"自动"位置，触点⑤→⑥断开，①→②、③→④接通。若液位处在图1中h1和h2之间任意位置，开关P1、P2均处于关断位置，控制电路不工作，停机指示灯HL2亮起。当液位下降到设定下限液位h1时，电接点压力表开关P1闭合，触点1→2导通，继电器KA1线圈得电吸合并自锁，交流接触器KM线圈经由①→②、KA1得电，主开关KM导通，电动机-水泵机组启动注水，同时工作指示灯HL1亮起，停止指示灯HL2熄灭。注水过程中，即使水压上升后下限开关P1打开，由于继电器KA1的自锁作用，接触器KM线圈依然得电，主开关闭合，机组仍继续运行注水。

当液位上升到上限液位h2时，电接点压力表开关P2闭合，1→3导通，继电器KA2线圈得电闭合，其动断开关打开，继电器KA1线圈失电，所有动合开关KA1打开，交流接触器KM线圈失电，主开关KM打开，电动机-水泵机组停机，注水结束，同时工作指示灯HL1熄灭，停止指示灯HL2亮起。

电铃HA作为运行中出现故障而停机报警使用。电铃HA报警时，停机指示灯HL2同时亮起，通知排除故障。

无论自动还是手动，任何情况下出现故障，按压停止按钮SB2，都能及时停机，故SB2又称急停按钮。

所有熔断器均为短路保护器件，FR为热保护继电器，当电动机因过载而过热时，能自动切断交流接触器线圈回路而停机。

控制电路工作在线电压(380V)状态下，安装时务必注意良好的绝缘工艺，尤其与液体靠近的地方更要小心，谨防漏电。考虑到安全问题，可在电路的×处断开后接入一个双线圈隔离降压变压器(100W足够)，初级接380V，次级为控制电路低压交流供电，当然，控制电路的所有元器件的额定工作电压要相应改变。

2. 高液位开低液位停液位控制电路

只需对图2液位控制电路的接法稍加改造如图3，即可改造为高液位排水、低液位停机电路，可用于积水排涝、排污等自动控制。

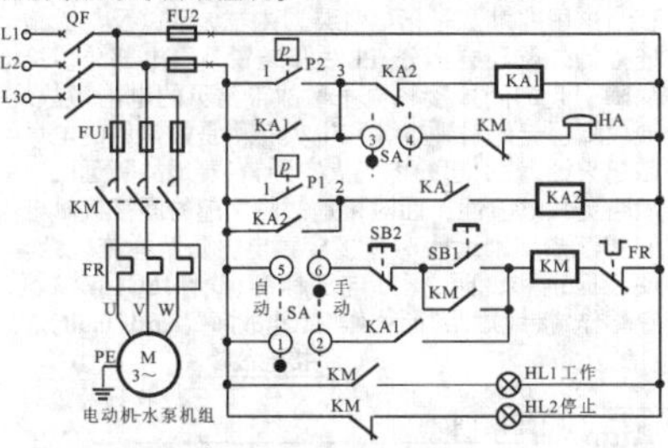

图3　高位停低位开液位控制电路

手动控制时的工作过程：

闭合三相电源开关QF，电路接通电源。右旋转换开关SA至"手动"位置，触点⑤→⑥接通，①→②、③→④断开。按压启动按钮SB1，交流接触器KM线圈得电，主开关KM闭合并自锁，电动机-水泵机组运转，工作指示灯HL1亮起，表示水泵开始排水；人工观察下降到合适液位或排完时，按压停止按钮SB2，交流接触器线圈KM失电，主开关KM打开，电动机停转，工作指示灯HL1熄灭，停止指示灯HL2亮起。

自动控制时的工作过程：

闭合三相电源开关QF，电路接通电源。左旋转换开关SA至"自动"位置，触点⑤→⑥断开，①→②、③→④接通。若液位处在图1中h1和h2之间任意位置，开关P1、P2均处于关断位置，控制电路不工作，停机指示灯HL2亮起。

当液位上升到警戒液位h2时，电接点压力表开关P2闭合，1→3导通，继电器KA1线圈得电并自锁，所有动合触点KA1闭合，交流接触器KM线圈经由①→②、KA1得电，主开关KM导通，电动机-水泵机组启动排水，同时工作指示灯HL1亮起，停止指示灯HL2熄灭。

排水过程中，即使水压下降导致上限开关P2打开，由于继电器KA1的自锁作用，交流接触器KM线圈依然通电，机组继续运行排水。

当液位下降到下限液位h1时，电接点压力表开关P1闭合，1→2导通，继电器KA2线圈得电闭合，使继电器KA1线圈失电，KA1所有动合开关打开，交流接触器KM线圈失电，主开关KM打开，电动机-水泵机组停机，排水结束，同时工作指示灯HL1熄灭，停止指示灯HL2亮起。

◇河北　梁志星

RCD断路器频繁跳闸故障分析的一点补充

在《小区RCD断路器频繁跳闸原因剖析与改进措施》一文中，笔者认为正确找到了故障的根源，采取了有效的措施，是理论联系实际的文章，让读者受益匪浅。但有几处需要补充，不妥处敬请同仁斧正。

1. 原文图2标注不当

文章中将改进后的电路标识为TN-C、TN-C-S、TN-S三段接地方式，该标识值得商榷，因为不同的保护方式各具不同的保护性能。

笔者认为，原文中图2接地方式可分为TN-C、TT两段。因为铠装不允许与QF1的出线端的PEN线连接，否则将故障依旧。也就是说铠装接地点B与电源端的N不应该有电气联系——"独立于电源端的接地点"，这完全符合GB14050-2008之"4.2条 TT系统"的定义："电源端有一点直接接地，电气装置的外露可导电部分直接接地，此接地点在电气上独立于电源端的接地点"。因此，改进后的电路实际上将接地方式由TN-C方式改装成了局部TT方式。

如果希望将TN-C方式改装成TN-C-S方式，则须按本文的图3进行电路连接：将4×50电缆的金属铠装与A端作金属连接(注意铠装不能与QF1出线端的N线连接)，并在B点接地，同时引出保护线PE。

2. 对原文中关于QF1和QF4同时跳闸的原因分析，谨作如下补充

参看本文图4，由结点电流定律：

$$I_1+I_2+I_3=I_\Sigma$$

当三相平衡时$I_1+I_2+I_3=0$，故流过PEN线的电流也为0，则QF1中RCD的剩余电流也为0，B点重复接地不会导致QF1误动作。

如果三相不平衡，$I_\Sigma \neq 0$，PEN线中的电流将在BA线路段的阻抗Zx上产生电压，该电压使得有电流I_{jd}经过接地电阻R_B、R_A回到中性点，则流过剩余电流保护装置的电流将少了I_{jd}：

$$(I_1+I_2+I_3)-I_{PEN}=I_{jd}=I_\Delta$$

因此产生了剩余电流$I_{jd}=I_\Delta$，若$I_\Delta>I_{\Delta N}$($I_{\Delta N}$为保护装置的动作电流)则QF1跳闸。

用户通常是单相负载，它产生的不平衡电流流经PEN线，不平衡电流越大，I_{jd}越大。足以使QF4跳闸的过电流，不平衡电流无疑很大，形成很大的I_{jd}，导致QF1也跳闸。而QF2、QF3的过电流额定值总是大于QF4，QF4过流时不会使QF2、QF3跳闸，便造成了越级跳闸。

注意越级跳闸的原因不是过电流，而是剩余电流使然。

顺便指出，三相+N线的漏电保护开关，三根相线和N线都必须穿过保护器内部的磁环，若N线不穿过磁环，三相不平衡电流产生的剩余电流使开关跳闸。然而保护线却是不允许穿越磁环的，若保护线穿过磁环，对地漏电流不能产生剩余电流，无法作漏电保护。在TN-C方式中，N线和保护线为同一根线，因此无法解决这个冲突，故TN-C方式中不能使用RCD。保护线有时需要重复接地，如前面分析，重复接地也会导致保护开关误动作，这是TN-C方式中不能使用RCD的另外一个原因。

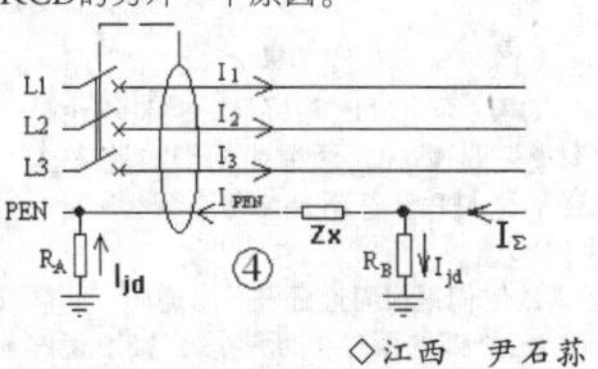

◇江西　尹石荪

何为接地故障、配电系统的接地如何设置以及系统接地和保护接地的作用

笔者很早就学习到接地故障，系统接地和保护接地。今天总结谈谈三者之间关系和大家学习。所谓接地故障是指相线、中性线等带电导体与地间的短路，如图1所示。这里的"地"是指电气装置内与大地以及与大地有连接的外露导电部分、PE线和装置外导电部分。接地故障引起的间接接触电击事故最常见的电击事故。接地故障引起的对地电弧和电火花则是最常见的电气短路起火源。就引起的电气火灾而言，接地故障远比一般短路更具危险性，而对接地故障引起的间接接触电击的防范措施则远比对直接接触电击防范措施复杂。为便于区别和说明，国际电工标准（简称IEC标准）不将它称作"接地短路"而称作"接地故障"（earth fault）。

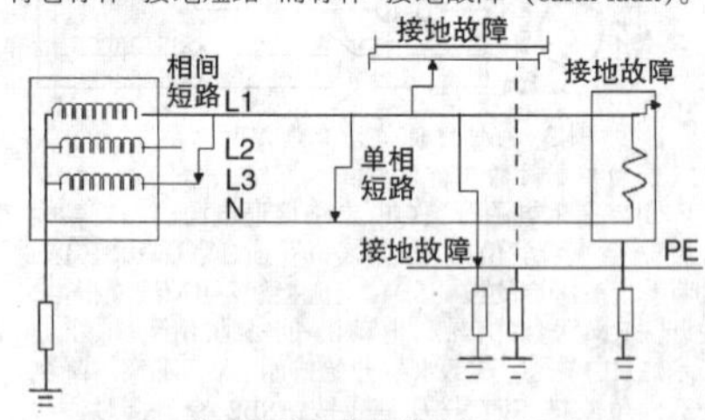

图1 接地故障和带电导体间的短路

配电系统的接地如何设置？

每一配电系统都要考虑两个接地如何设置的问题。如图2所示。一个市电源带电导体的一点（通常是电源处自电源星形结点即中性点引出线上的一点）的接地的设置；另一个是电气装置内外露导电部分（例如电气设备的金属外壳）的接地的设置。前者称系统接地，后者称保护接地。两个接地各有其作用，不能混淆。

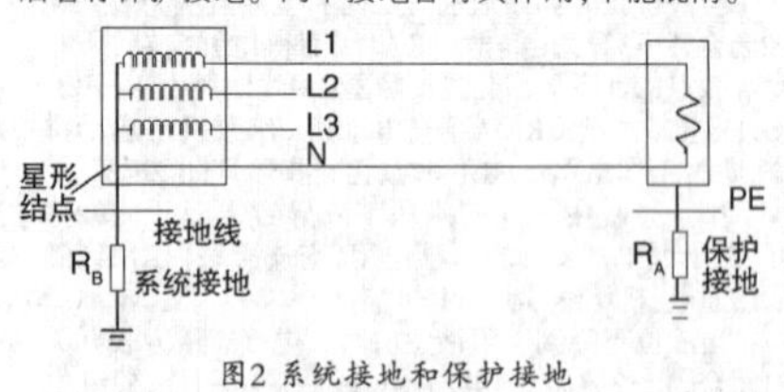

图2 系统接地和保护接地

系统接地的作用是什么？

系统接地的作用是配电系统提供一个参考电位并使配电系统正常和安全地运行。一220/380V的配电系统的星形结点接地后，相线对地电位就大体"钳位"在220V这一电压上从而降低系统对地绝缘的要求。当发生雷击时配电线路感应产生大量电荷，系统接地可将雷电荷泄放入地，降低线路对地的雷电瞬态冲击过电压，避免线路和设备的绝缘被击穿损坏。又如高低压共杆的架空线路，如果高压线路坠落在低压线路上，将对低压线路和设备引起危险。有了系统接地后，就可以构成高压线路故障电流通过大地返回高压电源的通路，使高压侧继电保护检测出这一故障电流而动作，从而消除这一危险。当低压配电线路发生接地故障时，系统接地也提供故障电流经大地返回电源的通路，使低压线路上的防护电气动作。

如果不做系统接地，如图3所示，当系统中一相发生接地故障时，另两相对地电压将高达380V。由于没有返回电源的导体通路，故障电流仅为两非故障相对地电容电流胡向量和，其值甚小，通常的过电流防护电器不能动作，电击致死危险很大。另外电气设备和线路也将持续承受380V的对地电压，对设备绝缘安全也是不利的。

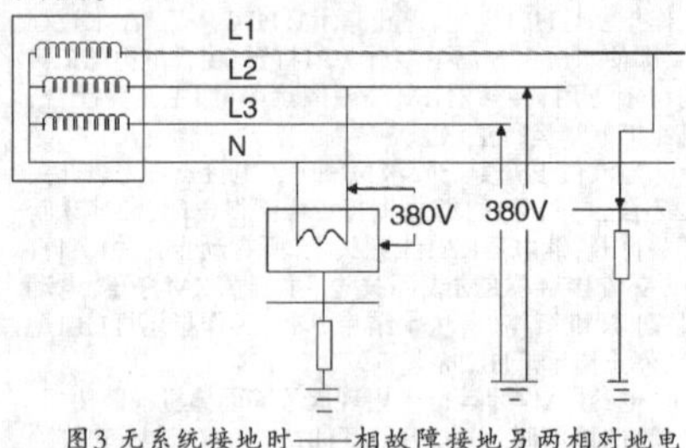

图3 无系统接地时——相故障接地另两相对地电压达380V

也有不做系统接地的配电系统，那是为了特殊的需要，它需要补充一些安全措施。这将在以后有关IT系统有关在IT系统没有必要在发生第一次接地故障时就切断电源。因为IT系统在电源端不做系统接地，或经高阻抗接地。当系统内发生第一次接地故障时故障电流没有直接返回电源的通路，只能通过另外两个非故障相导体对地电容返回电源。由于容抗甚大，电容电流甚小，不引发点击危险，可只报警而不切断电源，以维持供电的不间断，保证重要设备的连续供电。只有发生第二次接地故障转变成相间短路时才切断电源。它与电源端作系统接地的TN系统和TT系统有很大的不同。

保护接地的作用

保护接地的作用是降低电气装置的外露导电部分在故障时的对地电压或接触电压。如图4所示，低压电气设备发生碰外壳短路接地故障，如果未做保护接地，设备外壳上的接触电压Ut可高达220V相电压，电击致死的危险非常大。如按图3做了保护接地，建立故障电流I_d返回电源的通路，则Ut立即减少为故障电流I_d中接地电阻R_A和保护接地线（PE线）上产生的电压降$I_d(R_A+Z_{PE})$，其值比220V小许多，同时故障电流还能使配电线路首端的防护电器动作而及时切断电源，接触故障设备的人可不致电击致死。同理，为防止常见的接地电弧火灾，也必须设置保护接地。

保护接地对电气安全是十分重要的，除某些情况外（如电气设备为双重绝缘的Ⅱ类设备，或是特低电压供电的Ⅲ类设备，或虽是金属外壳的Ⅰ类设备，但其供电采用了隔离变压器作保护分隔等）电气装置的外露导电部分做保护接地，并且必须保证保护接地的导通，在PE线上不允许串接开关或熔断器以杜绝PE线开断。

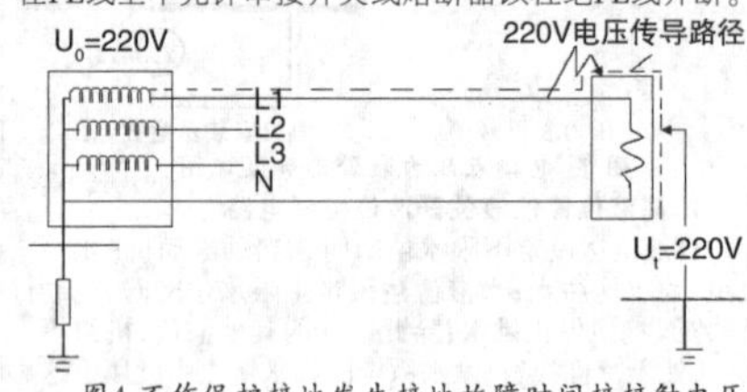

图4 不作保护接地发生接地故障时间接接触电压达220V

◇山西 韩伟

场效应管N沟道和P沟道简单的判断方法

相信很多硬件工程师在使用电子测量仪器的时候大家都需要了解MOS管，更何况更多的初学者，场效应管目前是应用较多的单个器件之一，特别是功率控制方面。但在应用场效应管中，具体如何区分其极性呢？下面一起看看MOS管的判断方法。

1.MOS的三个极怎么判定？

MOS管符号上的三个脚的辨认要抓住关键地方：

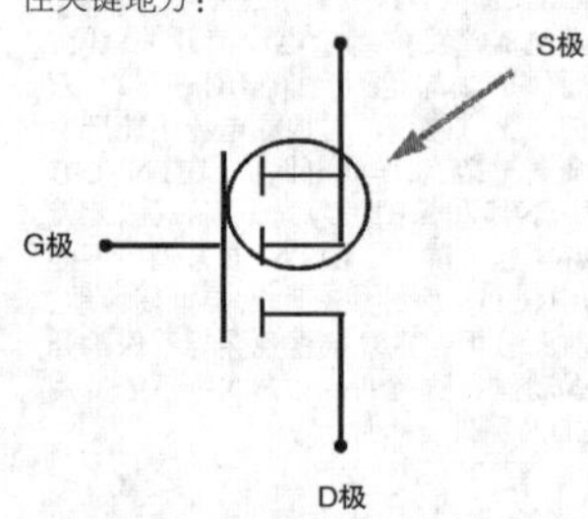

G极，不用说比较好认。S极，不论是P沟道还是N沟道，两根线相交的就是。D极，不论是P沟道还是N沟道，是单独引线的那边。

2.他们是N沟道还是P沟道？

三个脚的极性判断完后，接下就该判断是P沟道还是N沟道了：

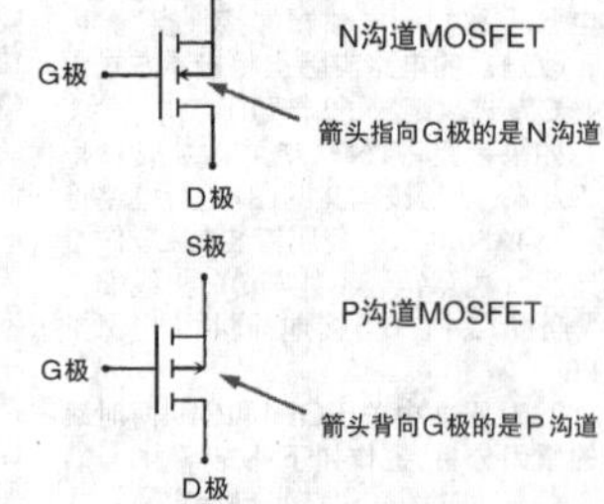

当然也可以先判断沟道类型，再判断三个脚极性，判断沟道之后，再判断三个脚极性。

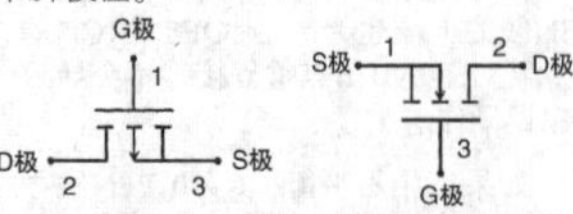

3.寄生二极管的方向如何判定？

接下来，是寄生二极管的方向判断：

它的判断规则就是：N沟道，由S极指向D极；P沟道，由D极指向S极。

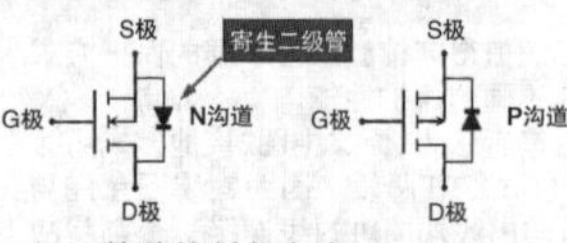

4.简单的判断方法

上面方法不太好记，一个简单的识别方法是：（想象DS边的三节断续线是连通的）

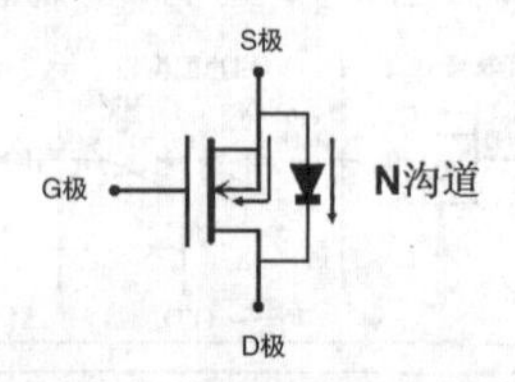

不论N沟道还是P沟道MOS管，中间衬底箭头方向和寄生二极管的箭头方向总是一致的：要么都由S指向D，要么都由D指向S。

5.MOS管能干吗用？

在我们天天面对的笔记本主板上，MOS管有一个很重要的作用：开关作用。

以上MOS开关实现的

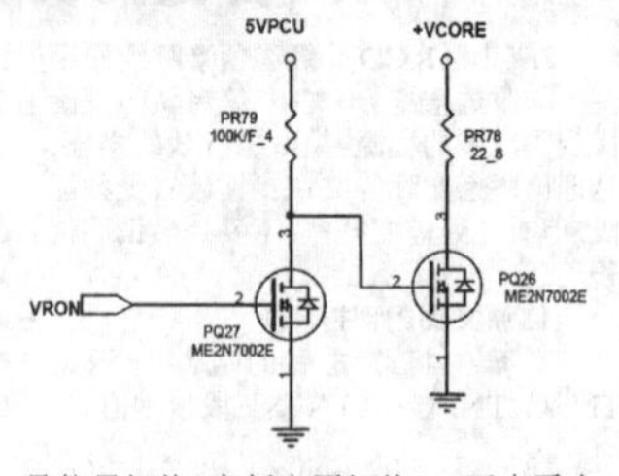

是信号切换（高低电平切换）。再来看个MOS开关实现电压通断的例子吧，MOS开关实现电压通断的例子：由+1.5V_SUS产生+1.5V电路

前面的例子，你能总结出"MOS管用做开关时在电路中的连接方法"吗？其实关键就是：确定哪一个极连接输入端；哪个极连接输出端。

◇云南 刘光乾

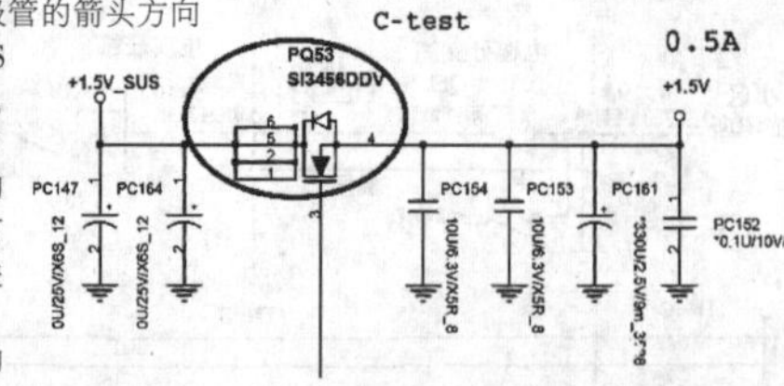

2018中国大数据应用大会论坛集汇(六)

张宏科：智慧标识网络及其应用

张宏科，下一代互联网互联设备国家工程实验室主任

和大家分享的报告是汇聚了我们多年研究的成果的结晶，今天报告的主题是智慧网络，我们从国际国内重大需求和国际性出发看看网络方面面临的挑战从而提出我们的研究思路，最后和大家分享我们的研究成果。

报告背景

互联网随着应用规模的不断扩大，现有的网络受到严重的挑战。也就是说60年前设计的互联网到今年原理基本上没变，只是一些计算程度的提高从而带来更多的便利。同时也暴露出很多难以解决的问题，迫切需要创新性的网络体系系统来解决，这是从国际上来看。从国内的重大科技需求来看，高铁这个特殊行业便随高速移动下的数据传输，现在的网络很难达到。在工业制造方面，工业制造需要网络具有实时的、可靠的、成规模性几大特点，而依靠现在的网络技术难以实现。这一些技术方面有一些天空的网络，有一些低速的需要大动态的，高持续的网络传输，现在的网络也难以达到，所以全世界把这个网络作为最迫切的研究。大家看这些未来网络的设计和构思，大家比较熟悉SEN，NFV等等一些新的网络技术，我们国家也极为重视，从而启动国家重大专业项目，总而言之设计出一个新的网络是非常具有挑战性的。

如何突破

如何突破？我们首先要了解现有网络的原理以及现有网络的运行机制从而找到它的原始设计根源和原始的弊端。互联网不是一开始设计出来的，而是通过几个计算机连接起来达到的，创新这个网络技术也是很难的。现有这些问题，比如说安全性，移动性这些原始设计的问题，要综合有效解决也是具有挑战性的。

我们团队通过两百多人三十年的研究，首先在IPV6的研究，我们发现网络原始设计的弊端和根源，从而找到第一代网络标识，第二代智慧网络。为什么要设计标识网络，为什么要设计智慧网络？它能解决现有网络的严重设计弊端吗？答案稍后揭晓。

我们来看一下第一个阶段，我们的团队通过近十年的研究，我们研究出了国内的最早的IPV6路由器，也转移给了企业，企业也上市了。

下面我们简单地要结一下，IP网络有几个基本的特性：大家看一种网络支持一种协议，一种系统，IPV是一种协议一种性，IPV6，7，一种网络一种标识，一种定义，一种协议，应用也是，一套应用一套标签，一套系统，显然前后也不兼容，也不灵活。安全性、移动性这些重大弊端，原始设计从网络有了这些问题就有，那么我们解决也是头痛治头。因此我们特别标识网络，标识是以标识为特征，我们为什么不能统一标识，兼容呢。网络一套标识，一套定义？大设计都要标识化，人都有一个身份证号，车有一个车牌号，因此我们特别标识网络，而且设计要把安全性、移动性从设计的机理上来解决掉，是标识网络的初级。

那么如何突破新型网络的机理建设的问题，内生支持安全和移动性的新网络通信机制，我们国家的网络从没有到有设计新型的网络机理，大家看我们引入了状态，网络拓扑状态支持库，网络功能支持库，网络新能支持库，设计一个新的网络，我们通过大量的测试仪器来测试网络的状态和情况，我们设计的时候就把网络的功能、状态和性能设计出来，这样我们就能感知到网络的状态，这些大量的知识库也就是大家所说的数据库。大数据是非常重要的，对我们这个网络的设计。我们引入了标识，传统的网络容易攻击，新的网络采用了用户和网络分离机制有效地解决了网络的安全性，这样攻击、欺骗有效地克制了。

传统的网络移动之后要中断再重新连接，新的网络通讯不中断，这就是从机理上来解决它的安全性移动性。在网络的安全性方面，现有的安全性下得到了一个本质上的解决，移动性从高移动下的大数据，数据传输也能行，过去是中断1.5秒，现在客户体验也得到了大的提升。我们自己的网络，三个要素自己掌握，这个技术在2008年就转给中兴通讯，所以说中兴的订单还是比较多的，这个是我们标识网络形成的一些标准。总而言之，我们设置标识网络实际上是两个标识之间的协议在通信，V4V6只是一个标识的通性，也就是现有的AP的解析影射，标识的划分类似于IP地址的划分，这几个技术我们完全自己掌握，标识的影射完全可以取代现有的IP地址的现有划分，IP地址的解析影射，而且它是我们的一个特例，完全是自己掌握技术，按照现有的标识网络推动，现在推V4V6，V4一个标准，V4一个标准，跟现有的网可以能很好地兼容而且完全自主化，能完全的实现这就是标识网络。

标识网络

我们为什么要做智慧网络？什么是智慧网络呢？智慧网络是自动调整或者是适配网络资源、应用资源来为用户按需地提供高质量的服务。这句话很容易理解，这样显然要标识技术。还要数据库这个技术，还要人工智能这个技术，才能自动为客户提供满意的服务，所以这个是用几个技术来支撑智慧网络的设计目标。我们说是以智慧为标识协同，大数据和人工智能为基础来设计这个网络，那么真正地在标识网络基础上设计一个从理论原则上，通过这么多年我们发现现有的IP网络，我们设计了这个SINET，相当于有了GPS我们要做北斗，通过几十年的努力现在看到了非常好的前景，原来我们大量的交流比较少，这几年随着它的成熟和推广应该说到了一个程度，那么这就是说解释为什么，大家看我们是一个三层两用的从体系架构上我们引入了，相当于大脑要控制这个网络，让它运行，让它的根据客户的需求来传，怎么样适应客户的需求，相当于一个大脑来控制这个实体的网络。应用和网络之间，服务和网络之间都是一个架构。我们同样也是应用了标识，引入了之间的影射，引入了网络的功能，网络的性能，网络的拓扑状态，数据库，各种影射，各种标识来进行智慧和智能化的感知、协同来调动网络和实时的网络让它按照用户的需求去工作。

我们举两个例子：第一个例子是高铁。现在的高铁是我们服务网络的协同，现在的高铁用户只能在一个资源上用，不能协同一个网。能不能哪个网好就用哪个网呢？这是一个简单网络协同的例子，这个主要是解决高移动下，高速数据传输和现有的网能够朴实结合的网。工业制造规模大了以后，网络要实时，要可靠，现在的网络IP网是尽力而为的，以太网，从网络上讲没有一个网络可以支持实时，几个终端几个机器可以实现实时终端，网络大了以后我们的设备不能做到实时可靠，你说工业制造能行吗？大规模以后实时可靠吗？需要网络技术支撑，我们本身在工业制造这个领域，当初设计这个东西是为了验证我们的SINET设置的可靠性，那么这个专业已经转了，三十年的成果，V6我们转化了，我们转让给企业，企业上市了。我们转让了转让经费五六千万，这还是我不忍心少要了一些。我们的目标是从国际跟踪到最后主导发展的情况，这个是我们在本领域的一些报告，这个是很多位院士，大家看这个成果评价还是比较高的。

现有的一些网络新技术如SDN，NFV等验证了我们SINET的特性，我们是综合具有这些特性，我们SINET在现有网络也是这种思路，它对我们是个互补，我们天生的就具备这些功能和性能，所以说可见我们这个设计是正确的，有效的。但是并不是说我们比这几个SDN好，并不是说现在从事这个工作的人没有意义，千万没有这个意思，我们说这是一种技术上，这是从功能上，从技术上大家看移动性、安全性解决的，我们以往出现部分，我们SINET是比较好的，因为前面这种SDN以前也碰到过，只是不知道这个名字，几十年前就碰到过这样的状态，这是我们的网络在高铁环境下的应用在高铁它是专门，它在全国有百十多个基地维修基地来解决高铁上的每秒420兆以上的高速传输，我相信大家看到的真正用上移动环境下的大数据传输，大家还没有看到第二个真正用上这么高的传输。那么我们要解决车的大数据传输，以前车上都是用了很多的硬盘都是数据信息，大量的拷进去，现在数据比较大，到了控制台就可以拥有这些数据，还有高铁有一些轴承，要知道它的好坏也是工业控制，我们高铁的这三个应用应该说是非常成功的。

在传统的智能制造行业和电信行业，应急通讯这一块，总而言之这是我们通过三十年的努力，我们设计了以IP网络连接发现问题，从不会做到会做，到设计第一代第二代，最近我们要做普适，从一个网络要适用，兼容现有的网络和外来的网络，这个技术估计在年底我们就会有应用成果出来，这个是最近几年的工作，总而言之我们通过努力在工程应用方面，变革性的一些突破，比如说V6技术，通过我们标识网络稍微地改进，完全的自主化，V6V4我们可以完全地不受国外的IP网络的制约，我们完全自己管控。我们自己做我们的通信网络，不影响别人，这个是能够支持在V6推广的同时加入标识网络的理念，很容易推广起来，这是一个重大的变革。

还有一项变革，这个是天空地海网络，国家要投入三个多亿，要推动新的网络技术的支撑。还有在智能制造方面，刚刚在推广，那么估计在工业制造方面有非常大的空间，因为它需要新的网络技术来支撑实施可靠，规模性的工业制造行业，这是信息制造。还有我们高铁，因为我是来自北京交通大学的，那么借着高铁专网解决高移动下的大数据传输自然而然，现在的网络做不到，我们的网络能做到。

◇会记

开启客厅影院新时代
全景声电视音响强势来袭

Dolby Atmos(杜比全景声)电视音响在近两年出现喷井式增长,归其原因,乃是它切合大众用户的需求,不仅彻底地解决超薄智能电视声音干瘪无力、嘶哑干涩等极度影响观感的问题,且利用最先进的音频技术给用户带来不一样的“3D音效”体验,让客厅变得“栩栩如生”,感受电影院般的极致体验。

市面上的全景声电视音响形态各异,最常见的有两种:一种是条形Soundbar,另一种是扁平式Soundbase。下面介绍介绍的是天逸最新上市的基座型Soundbase悦享六号。

让你身临其境的“音享”体现

天逸悦享六号采用目前最先进的Dolby Atmos(杜比全景声)技术和算法研发生产,是一款专为时尚家居打造的全景声音响产品。它比传统的5.1/7.1环绕声增加了顶置天空声道,形成了垂直方向的第三个维度,营造全景声或3D环绕声。Dolby Atmos技术采用基于声音对象的录音方式:在录音时同时记录声音对象的声音信息及方位信息,在解码时根据所设置的声道实时地计算出来每一个声道所对应的声音数据:响度、延时等来重现这个声音对象的真实空间定位以及它的移动轨迹,给使用者提供全方位的更强烈的包围感。

时尚简约的外观设计

区别于天逸首款全景声Soundbar“悦享一号”的分体式设计,悦享六号采用扁平式Soundbase(基座)的设计,将功放及喇叭单元至于同一个箱体内,这样的一体式设计对座式电视、曲屏电视简直是一大福音,用户可以将电视机直接置于悦享六号箱体之上,摆放灵活,节省空间之余也能保证声音的指向性更明确。

悦享六号外观典雅,简洁大方。它采用黑色亮光烤漆精工而成,固化温度400度高温烤漆处理,具有耐腐蚀、抗潮湿、耐高温的特点。整体设计典雅简约,尽显贵族气质,外型与家居环境浑然一体,彰显个性时尚。

2.8寸宽屏TFT彩屏显示器,图形化操作界面,显示更细腻。全中文菜单,简单明了,操作方便,外行也可快速上手。功放的主要功能都可以通过面板上的按键来实现,在注重美观时,同样也注重实用性,体现出设计师对于简约型和易用性的追求。

再看悦享六号的背板,整齐划一的功能接口一览无遗。它支持4组HDMI输入、1组HDMI输出,它采用了Silicon Image的最新HDMI处理芯片,支持HDMI2.0及HDCP2.2标准,它支持60帧频,色编码为4:4:4的4K视频信号,能满足至今为止最高标准的家用视频标准。除有4组HDMI的输入端口之外,悦享六号还提供了1组光纤和1组同轴数码输入,还有1组立体声模拟音频输入。另外,还留有一个数字式蓝牙接口,可以插入天逸配套专用的蓝牙接收器(支持APTX),这样就可以将手机或电脑上的音乐通过无线方式推送到电视音响之上。

悦享六号配备小巧精致的红外接收遥控。纯黑色细腻拉丝工艺,柔软灵敏的橡胶按钮,触感细腻。它可长距离,大范围接收信号,反应迅速,使用方便。

从上至下一网打尽 全面支持主流音视频格式

支持Dolby Atmos、Dolby TrueHD及向下兼容其它音轨格式

用料顶级奢华

悦享六号功放部分采用三片DSP方案,其两片为美国ADI公司的sharc浮点DSP,21487以及21489,另外一片DSP为美国Cirrus Logic公司的CS48560,这三片DSP的处理能力十分强大,前两片ADI芯片负责完成全部的杜比全景声解码,第3片CS48560 DSP负责进行声场后处理,包括声场虚拟及声场扩展,并且还要进行音效的调整及喇叭的声色校正。三片DSP完成杜比全景声的解码及音效后处理,效果卓越一流。功率放大部分采取美国TI公司最新最先进的数字放大器(D类放大器),提供强劲的功率输出。完美的解码及声场处理加上强大的驱动功率,能重现出卓越的全景式环绕音效,让你在家也能有身临其境的影院享受。

悦享六号全景声音响整箱多达12只高品质喇叭单元,内置8个声道。正面有左、中、右三个声道,由2个3英寸全频喇叭和2个3英寸中低音、2个3/4英寸球顶丝膜高音构成两分音工作方式,两侧由两只3英寸中低音构成左右环绕,顶部由两只3英寸全频喇叭构成反射式顶置声道。正面由两只5英寸的低音喇叭产生强劲的超重低音。

高音采用轻质球顶高音单元,保证清晰的保真效果;采用3英寸中低音喇叭单元,精选天然原木纸盆材料,音色表现好,灵敏度高,低音稳,中音靓,声音特性十分平顺自然,明快清晰,并且刚性颇佳,对于瞬时反应和听感的细节,都有很好的表现;独特之处还在于它内置两只5英寸超重低音单元,低频延伸至40Hz,低频延伸与力量感实力非凡,无论是贝斯还是低音鼓,都清晰可辨,下潜深沉而有弹性。该机喇叭单元的组合保证细节纤毫毕现,动态凌厉,声音收发自如,绝不拖泥带水。

悦享六号全景声音响每一个声道均采用独立腔室,确保每个声道声音的分离度。每只喇叭均采用DSP技术做了精确频响校正及音色调节,用户可自行选择设置个性化场景。所有的喇叭均采用高灵敏度低失真度的设计,音质上佳,声音淳厚温暖,低音气势磅礴。

高规格声学设计

告别粗制滥造

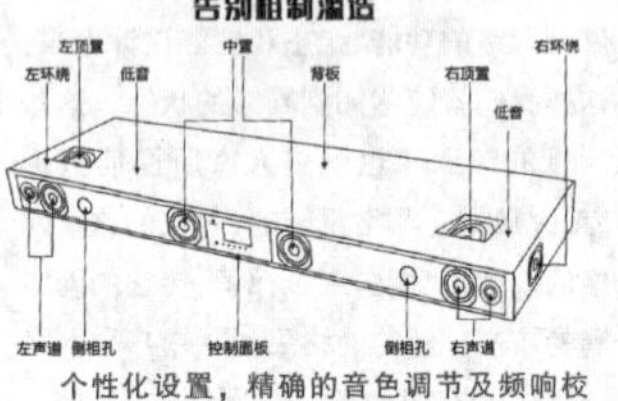

个性化设置,精确的音色调节及频响校正

悦享六号全景声音响为你提供个性化设置,音响内设五种模式选择:纯音模式、音乐模式、电影模式、新闻模式、自定义模式;可供用户选择。也可以选择自定义模式,按照自己的喜好,设置个性化场景,自行设置喜欢的效果,保存参数,形成特有的听音模式。

悦享六号利用先进的DSP技术将5.1.2共八个声道的每一只喇叭的音色及频响均进行了精确的校正。经过硬件、软件及电声工程师的反复调校,将音箱的频响曲线校正到理想的平直状态,降低了音频输出的失真度,使声音更加均衡,音色更出彩。公司组织了多次音乐专业人士的试听体验,不断改进才定型。无论是看电影还是听音乐,均有优异的声音表现。

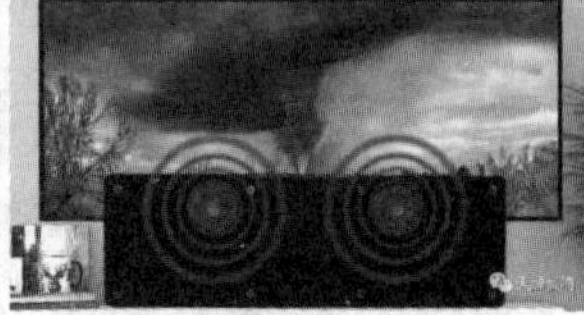

杜比全景声音效,诠释影院级体验

杜比全景声客厅影院音响的独特之处在于,它可以让声音精确地在三维空间内部署和流动,而不会受到声道的限制。悦享六号的表现非常突出,无论是对白、寂静场景还是旋风画面,都能营造出异常清晰、饱满、细致而有深度的音效。所有的画面都能通过音效刺激你的感官,让你心潮澎湃,带来全方位的娱乐震撼。顶置喇叭的高度感会让您沉浸在故事情节之中,从而营造出完整的音频氛围并逼真地呈现物体移过头顶的感觉。双五寸的低音单元,带给你强劲震撼的体验。

听音乐时,悦享六号又会给你极强的音乐感染力,它的高音清晰顺滑,中音淳厚温暖,低音厚重有力、气势宏大。声场层次分明定位清晰、声音细节丰富又不毛糙,无论是看电影还是听音乐,悦享六号都能给你一流的视听享受。

2018年9月9日出版　实用性　启发性　资料性　信息性

第36期　国内统一刊号:CN51-0091　定价:1.50元　邮局订阅代号:61-75

地址:(610041)成都市天府大道北段1480号德商国际A座1801　网址:http://www.netdzb.com

(总第1973期)　让每篇文章都对读者有用

“游戏”手机史

在当今手机竞争日趋激烈，同质化严重的市场环境下，好几个厂商推出了游戏手机，比较出名的有小米旗下的黑鲨、努比亚的红魔、雷蛇的Razer Phone、华硕的ROG；这几款手机除了与其他旗舰手机相比配置顶尖以外，其外设(例如带震动体感的手柄)和散热装置也是独一无二的，同时还配有专门的图形驱动优化。事实上历代手机都伴随着“专业”的游戏手机，甚至说有些手机就是为了玩游戏而开发的，通话只是附加功能。下面我们就来回顾一下在手机发展史上那些比较经典的游戏功能性强的(游戏)手机。

1993年11月IBM发布的PDA Simon是世界上第一款内置了游戏的手机。也是全触屏设计。屏幕为一块4.5英寸单色LCD屏幕，分辨率为160 x 293，手机附带手写笔。它只有一款内置的益智类游戏Scramble，玩法是通过移动板块让画面或数字排布正确。除了打电话、还能发邮件和传真，内置了地址簿、日历、事件表、计算器、世界时钟。在当时看来，无疑算得上一款“智能机”了。

1994年，一家总部位于丹麦Stvring的厂商Hagneuk发布了一款名叫“Hagenuk MT-2000”的GSM手机，内置的游戏是《俄罗斯方块》。和IBM Simon一样，MT-2000也不是游戏手机，但它曾经被认为是世界上第一款配有可编程按键的手机，也是首款采用内置天线的手机。

值得一提的是，出厂商Hagenuk也是世界最早的移动端数字(Digital)游戏的开发商之一。其游戏开发中心Cetelco也在之前开发过移动端模拟(Analog)游戏。

曾经的功能机时代的霸主诺基亚登场了，有一款风靡至今的游戏伴随着1997年12月发布的诺基亚6110登场了，那就是《贪吃蛇》，同时还内置了另外两个游戏：Memory和Logic。另外，诺基亚6110还是第一部搭载ARM处理器的GSM手机，并且诺基亚6110支持通过红外连接进行双人联机。

2002年11月，诺基亚发布了一款造型与众不同的、真正意思上的游戏收机诺基亚N-Gage。其横置布局和屏幕两侧的按键符合玩游戏时的操作方式。其配置为ARM920T CPU、3.4MB机身存储(ROM)、最高512MB存储卡拓展、塞班OS v6.1和N-Gage Arena服务等配置。玩家可通过蓝牙和N-Gage Arena联网来实现面对面联机。

鉴于第一代N-Gage在设计上的缺陷和销售市场的不理想，诺基亚随后又在2004年4月推出了升级版N-Gage QD，不过比起第一代除了软件上的升级外反而阉割了部分功能，比如取消了MP3音频播放、FM收音机还有GSM频段(三频边双频)。当然这两款手机都显得非主流而销量不高。

同年，三星推出了一款面向欧洲市场的智能游戏手机Gizmondo，采用64bit 400MHzCPU (CPU也是ARM9系列)，128位图形解析芯片(GoForce 3D 4500)，操作系统采用的是Windows CE.NET系统，支持GSM900/1800/1900MHz，具备摄像功能、蓝牙功能，支持MP3/WMA/WMV/MPEG-4等文件播放功能，可以看出造型和Nokia N-Gage很相似。

2005年1月，LG发布了一款游戏手机KV3600，采用当时流行的侧翻盖和双屏幕设计，翻盖前外观比较正常，翻盖后就变成了一台游戏机。翻盖后，居中的2.2英寸屏幕两边是立体声双扬声器。手机的另一部分是键盘。除了传统按键，键盘左右还各有一个组方向键。

硬件方面，KV3600采用了ATI w2320图形加速芯片，是首个有3D图形加速芯片的手机。KV3600的3D游戏运行能力是当时最强。而且该机还有加速度传感器，用户可以在玩某些游戏时通过倾斜手机来控制游戏内物体。

不过遗憾的是KV3600只在韩国市场独家销售，仅支持CDMA网络，很快就被人们遗忘。

LG KV3600发布一年后，三星也推出了设计理念类似的机型SPH-B5200。两者都有加速度感应器、3D图形加速芯片和游戏键盘；不同的是SPH-B5200采用了双向滑盖设计，也就意味着该机不需要两块屏幕。把屏幕向上滑，SPH-B5200就是个正常的滑盖手机，只不过多了个圆形方向键。把屏幕向侧面滑，手机就变成游戏机，上面是屏幕，下面是横置游戏键盘，包括两组方向键。不过不知道为什么，SPH-B5200也是只在韩国销售。

2011年2月，索尼爱立信发布了Xperia PLAY。由于有着索尼游戏掌机PSP Go(2009年10月发布)的设计经验，因此Xperia PLAY与PSP Go非常相似。在普通安卓机的基础上，索爱给Xperia PLAY加了实体PS游戏按键，并把它们以侧向滑盖的方式整合到了机身中。由于安卓系统支持模拟器，所以玩家可以利用实体按键，在Xperia PLAY上玩各种老游戏，比如SNES和GBA平台的游戏。

2015年的IFA上，宏碁发布了一款安卓游戏手机，名叫“掠夺者6(Predator 6)”，隶属于专注游戏的掠夺者系列。这款手机搭载了联发科X20芯片组、4GB内存、震动回馈系统、6英寸显示屏、2100W后置单摄和正面四个杜比扬声器。不知道什么原因，最终该机并没有发售。

随后就是现在熟悉的手机市场了，2017年雷蛇发布了Razer Phone，除了骁龙835，8+64GB以外，最有特色的还是屏幕120Hz高刷新率、UltraMotion防撕裂技术、HDR支持和音质顶级的正面双扬声器。Razer Phone也是目前屏幕刷新率最高的手机、唯一一款有画面防撕裂技术的手机。

接着2018年初，小米发布了黑鲨游戏手机，除了传统的硬件性能优势(骁龙845，8GB内存)外、其液冷散热和4000mAh电池也是一个巨大亮点。操作方式优化则靠一个外接手柄实现。外接手柄内置340mAh电池，通过蓝牙连接，使用时可被固定在手机左侧。

紧接着不到一周时间，努比亚又发布了红魔电竞游戏手机，虽说骁龙835的处理器相对弱了一点，不过也是主打散热和RGB灯效，其中散热部分采用了风冷、石墨和增加机身热辐射性能的方法加强了散热。

华硕推出的ROG手机则是把游戏手机的理念做到了极致，手机采用了风冷、石墨和增加机身热辐射性能的方法加强了散热。ROG Phone有史无前例的3个USB Type-C接口和一个3.5毫米音频接口。这么多接口有两个作用，一是充电时线材不影响握持，二是用来连接外设。ROG Phone有4种外设：风冷散热器、手柄、屏幕扩展坞和桌面拓展坞。屏幕扩展坞可以把手机变成一个微型“游戏本”。桌面拓展坞可以把手机画面输出到显示器上，并允许键鼠操作。其中散热采用了三个叠加的散热层。最外层是石墨散热板，中间是铜制均热板，最内层是3D真空腔散热(内含液体)。

(本文原载第30期11版)

长虹液晶电视检修实例(上)

例1.机型:55D2000I(ZLS59GID机芯)

故障现象:不定时黑屏

分析与检修:该机开机后,发现偶尔出现黑屏故障。代换电源板(电源板型号:HSL55D-1MG)后试机,仍然出现偶尔黑屏现象。拆开屏检查LED灯条,开机时灯条发光正常。检查灯条接头,接头正常。拍打灯条接头时,背光出现闪烁现象。将灯条与接头短接,开机后不再出现黑屏现象,故障排除。

例2.机型:3D42C2000I(ZLM41GIJ机芯)

故障现象:开机后黑屏

分析与检修:该机开机10分钟左右出现黑屏,经检查发现是背光保护已启动。代换电源板(电源板型号:HSM30D-8M3)后试机,黑屏现象仍然出现。拆开屏检查LED灯条,开机时发现一路灯条不亮,用电源检测器测试灯条都正常。控制该机8条背光的电路是U2,测量U2输出的PWM电压,发现比正常值略低。更换U2后长时间试机,黑屏现象消失,故障排除。

例3.机型:LED32H8(OEM_新世纪_V69T)

故障现象:灰屏

分析与检修:该机开机后显示灰屏,更换主板后仍然灰屏,判定显示屏已损坏。但更换屏后故障依然出现,说明显示屏是正常的,于是又怀疑软件不正常。查阅资料得知该机软件只有一种版本,将该版本软件V69TK.bin解压,并拷贝到U盘根目录下,然后将U盘插入到电视机的USB接口,接着开机,发现电视机指示灯快速闪烁几下后熄灭。反复开关机,灰屏现象仍未解决。

上述现象说明软件刷新没能完成,可能是原主板软件正常。检查上屏线正常,但将上屏线插头调换方向后重新插入试机,故障排除。

例4.机型:LED49C1080N(LJ2P)(XA6A-IP机芯)

故障现象:灰屏

分析与检修:测量主板上UD2的②脚有12.4V电压输入,UD2的③脚输出正常5V_STB电压。测量UD4(3.3V_STB端)有3.3V电压输出,UD1(1.15V_STB)有1.20V电压,测量插座CN11的⑤、⑦脚的KEY电压均为正常的3.3V,测量结果未发现异常。

短接CN11插座⑦脚到地,人为二次开机,这时测量QM5上屏电压12.2V已经输出,测量背光输出供电为0V(已接入负载),测量UB601(L6599D)的⑫脚有11.5V供电电压,测量QB601三个引脚的电压依次为0.1V、385V、0.1V,断电后发现这些电压消失极快,大约几秒钟,385V的PFC电压就下降到了10V以内。测量QB601栅极与漏极之间阻值,发现其阻值仅有143Ω(二极管挡),而测量QB602栅极与漏极之间阻值则为948Ω,这说明QB601栅极与漏极之间阻值明显偏低。根据阻值测量结果分析,要么是QB601损坏,要么是其栅极与漏极之间的QB614变质或者UB601内部损坏。取下QB601、QB602、QB201及其散热器(三颗MOS管固定在同一个散热器上),在线测量QB601栅极、漏极两个焊盘之间的阻值,发现阻值是168Ω(二极管挡),取下QB614(3CG3906M),又测量QB601栅极、漏极两个焊盘之间的阻值仍然是168Ω(二极管挡),这说明故障在集成块UB601。

更换集成块UB601,然后恢复取下的元器件和散热器,试机,图声正常,故障排除。这时测量QB601栅极与漏极之间阻值约为215Ω(二极管挡)。

例5.机型:65Q2EU(ZLM60H-1-8机芯)

故障现象:屡损电源组件

分析与检修:电源组件坏造成电视机开不了机,更换电源组件HSL85D-2SE480-W后试机,指示灯亮,但二次开机无反应,此时注意到指示灯已经熄灭,测量检查发现已换的电源板已损坏。又找一块同型号电源组件装上试机,二次开机时,发现电视机只有左下角大约20cm长的背光点亮,正观察故障现象时,却听见"砰"的一声,电源组件又一次损坏。

仔细检查电源组件,发现Q501、Q502已经击穿短路,保险管F101已经烧断。查阅图纸得知,Q501、Q502两MOS管是背光驱动输出电压的开关管。Q501、Q502被击穿可能是屏内部背光灯条局部短路造成的,导致仅局部LED灯点亮。另外该机的两串LED灯以串联方式接入二合一电源组件的背光驱动输出插座,由于局部短路故障存在,会强行将LED+输出电压拉低,导致Q501、Q502工作电流过大而被烧坏。

在装后罩时发现于电视机是平放在桌面上的,后罩装不上。至比分析认为是曲面电视机放置不正确,导致电机机曲面弧度发生变形,引发模组内部灯条被短路。曲面电视一定要在下面垫上凸型工装垫,将电视机放在原装泡沫上静置一段时间,电视机的曲面屏弧度基本恢复到正常状态,这时重新更换电源组件,试机故障消失。装上后罩开机观察两天,故障不再出现,确认电视机屡损电源组件的故障已修复。

例6、机型:58U1(ZLS59G-i-1机芯)

故障现象:黑屏

分析与检修:开机后观察,并未发现黑屏现象,试机两天还是没有发现黑屏现象。使用网络模式观看电视,按照处理第三方软件的方法清理软件,恢复出厂设置后,交付用户,用户使用2个月后又出现黑屏(冷机时要通电10~30分钟,屏才会亮),后来无论通电多长时间,屏都不会亮。

拆开后罩,测量PFC、ADJ、BL-ON等电压都正常,测量背光驱动电压为265V,该电压偏高,怀疑故障在灯条上。将屏抬起后,检查发现灯条上的发光二极管不是不亮,而是微亮。测量发光二极管两端电压都为2.4V(正常应为6V),用力按压灯条各连接处,没有发现接触不良的地方。有时通电一段时间,背光会亮,代换电源板故障依旧。后来测量各灯条端电压,有一条为110V,其他都为29V,这样故障范围就缩小在端电压为110V的灯条上。测量中间接头阻值,其中有一接头阻值在500KΩ~1MΩ之间波动,用线连接两头,通电后,背光灯亮,黑屏故障排除。

例7.机型:55U1(ZLS58机芯)

故障现象:花屏

分析与检修:开机后出现花屏故障,观看5分钟左右花屏现象才消失,图像恢复正常。此机器已经更换过CELL、逻辑板、主板,故障仍然没有解决。再次开机,仔细观察故障现象,屏幕出现花屏时还伴有暗的竖带,过一会还出现移动的竖带。由于图像信号已经上屏,初步可以排除主板。检查逻辑板,发现逻辑板(格式变换集成块)开机不久温度迅速上升。断开逻辑板到屏的两组排线后,逻辑板温度恢复正常。由于CELL已经更换过,所以怀疑排线出现问题,检查时发现排线有被腐蚀的现象。更换排线后开机,花屏故障排除。

备注:排线被腐蚀,造成排线漏电,引起花屏故障。

例8.机型:40Q1N(ZLM60HIS机芯)

故障现象:开机运行到开机画面时,出现死机现象

分析与检修:首先对软件进行升级,升级完后进入系统,能够正常使用。遥控关机后再次开机,又在开机画面出现死机。检查各个核心供电电压均正常。只好更换EMMC,并通过编程器重新刷写软件后,死机故障排除。

例9.机型:S40(801平台)

故障现象:无WIFI显示,无法连接网络

分析与检修:该机器开机正常,连接WIHF时收不到任何信号。根据故障现象,判断WIFI模块部分出现了故障。因为可以正常开机,所以主板故障的可能性很小。

首先测试WIFI模块的供电端,主板上的供电插座5V正常,插座③脚电压为0V,也正常。然后测试WIFI模块插座,接地端也正常,所以判断无线模块故障。更换无线WIFI模块后故障依旧。取下连接线插座进行检测,发现红线与白线断头,而且外观看不出来。因为是0V电压,接地端不接在模块板上面,也测不出,容易被忽略。重新把插头线焊接好,插上电路试机,故障排除。

此故障容易忽略的地方是接地的位置,因为只有供电端是5V,地线与数据传输线电压都是0V,连接线开路就不容易被发现。

例10.机型:50D3700(ZLM61HIPJ2机芯)

故障现象:灰屏

分析与检修:该电视机声音正常,背光亮,但无图像。该机主板为电源、背光、主板、逻辑板四合一板。由于背光亮,有声音,说明电源电路、背光电路正常,故障在主板或逻辑板电路。为快速区分故障是在主板,还是逻辑板电路,首先测量U23(3401)MOS管是否输出12V上屏供电,有12V输出说明故障在逻指板电路,无12V输出则为主板电路故障。该机实测U23有12V电压输出,所以故障在逻辑板电路。

该机逻辑板电路原理同Q3T机型。测量U804(G2510)的⑪、⑫、㉑、㉒脚有12V电压输入,测量D801正极、负极电压均为12V,测㉕脚EN端为5V正常电压,测量U54(WPM3407)的②脚的AVDD电压为0V,正常应为16.1V,说明芯片未起振。

断电测量AVDD端对地电阻值约为230Ω(二极管挡测量),而正常值应为890Ω左右。断开R515,测得AVDD端对地电阻值恢复正常。测量U56无异常,测量D804负极对地电阻值仅180Ω(二极管挡测量),而正常值为∞。沿着电路查找,发现AVDD电压还经过R589给U806(G2582)供电。断开R589,D804负极对地电阻值恢复正常(为∞)。测量U806供电端对地电阻值为180Ω,阻值偏小。用热风台取下U806(G2582),测U806在印制板上供电端对地电阻值恢复正常,所以判定U806(G2582)损坏。更换U806,恢复断开的电阻,试机图像出现,灰屏故障排除。

例11.机型:60Q3R(ZLS69Hi机芯)

故障现象:搜索不到5G信号

分析与检修:该机安装好之后发现用WiFi上网时搜索不到5G信号(2.4G信号正常),用手机能搜到5G信号。CHiQ系列电视从第二代已经开始支持5G的WiFi上网功能。由于该机是新购机,所以怀疑路由器信道设置上存在问题。进入路由器查看,5G信道设置为自动状态,其范围是36~165。将信道范围设置到160,保存设置,重启路由器后,测试发现电视机已经能够正常搜索到路由器的5G信号,问题解决。

注:常用的5G信道分为两部分:36~64,149~165,国内使用149、153、157、161、165等。

例12.机型:49J1000(OEM机芯)

故障现象:无图无声

分析与检修:通电,测量电源板输出到主板的12V供电电压为0V。断电,测量12V输出端对地阻值接近0Ω,说明12V输出端对地短路。

将电源板与主板之间的连接线断开,测量主板12V电压输入端对地阻值正常,所以确认电源板12V输出端对地短路。检查电源板,发现12V整流二极管D401(SR5100L)短路。更换D401后,测量12V输出端不再对地短路。尝试通电,测量12V输出端电压仍然为0V。继续检查,发现U401(LNK6767)、U201(FA5696)损坏。更换U401、U201后,12V电源输出正常。将电源板与主板连接后,图声正常,电视机故障排除。

例13.机型:50Q3T(ZLM65H-IP-1机芯)

故障现象:开机出现红绿蓝自检画面

分析与检修:处理主板和CELL的连接排线后故障依旧,怀疑屏参不对。通过工装查看打印信息发现屏参正常,说明主板工作正常,故障范围在逻辑板和CELL上。

测逻辑板的供电,发现3.3V供电只有2.9V左右,并且U3T(MST7665EAZ)发烫严重。断电测试3.3V供电端对地阻值,发现只有20Ω左右,不正常。切断3.3V供电端与MST7665EAZ之间的电路,3.3V供电端对地电阻恢复正常,MST7665EAZ也不在发烫。更换MST7665EAZ,通电后电视机工作恢复正常,说明故障排除。

例14. 机型:LED58C3000ID(ZLM41H-IS-2机芯)

故障现象:灰屏

分析与检修:最近一段时发现LED58C30001D、58Q1F、58Q2F等58英寸机器都采用了V580HJ1-LE6屏,而这个屏出现灰屏的故障率比较高,在排除主板和上屏线嫌疑后,确定故障在屏本身。

检查发现屏本身故障造成的灰屏,主要是液晶屏的TAB驱动模块内部短路所致。此款屏左右分别是4个,共计8个TAB驱动模块,应急的时候可以直接把确定短路的TAB直接撕掉即可。如果无法测量出具体那一边或者那一个TAB短路,可以首先断开逻辑板至CELL面板(CELL即液晶显示面板)之间的一个排线来判断。如果断开其中一个排线,屏幕某半边有正常的图像,说明这一边TAB没有短路,这样比较下来就可以确定是左边TAB,还是右边的TAB短路。然后把屏拆开,把短路的那边4个TAB全部撕掉即可。然后把屏装回模组,通电试机即可。撕掉的TAB不会对整体图像造成较大的影响,对CELL本身也不会有较大影响。

例15.机型:3D50C2000i(ZLM41A-IJ机芯)

故障现象:不定时重启

分析与检修:该机不定时重启,近期故障越发频繁。重启时能看见屏幕显示 smart home的开机LOGO,并有开机音乐声。尝试升级软件,发现软件升级过程中也会出现重启现象,并导致彻底启动不起来的问题。重新升级才能恢复,于是怀疑是硬件故障。

监测重启瞬间,12V电源电压有下跌现象,怀疑电源板带负载能力异常。代换电源板后,重启现象仍然存在。测量主板控制信号,发现PS_ON电压约1.8V,该电压偏低。将PS_ON信号线与主板断开,然后通过10KΩ电阻直接接在12V上,试机观察不再出现自动重启故障,说明主板输出的PS_ON控制电压异常导致重启故障。

检查PS_ON信号传输电路,发现三极管QP2不正常。更换QP2通电,测量PS_ON控制电压恢复到3V左右,电视机正常启动,屏幕出现画面。观察一段时间,电视机不再出现重启故障现象,说明故障排除。

(未完待续)

◇四川 刘亚光

索尼BDP-S360蓝光DVD机主板电路简析与故障检修要点(2)

(紧接上期本版)

2.故障检修要点

这部分电路异常，也会表现出多种多样的故障现象，如不开机、面板VFD显示屏无字符显示等。

(1)不开机

电源板、主板有问题，都会出现这种故障现象。要区分故障发生在哪块板子上，可先测量电源板待机时输出的非可控电压是否正常，若不正常，则故障一般在电源板；若为正常，在按POWER键后，测主板插座CN301⑪脚(ATA-P)是否有电源开启控制电压(即开机信号)输出，正常应有高电平的电压(约3V)输出，否则说明微处理器没有开机信号输出，故障发生在主板上的微处理器电路；若主板有开机信号送到电源板，再测电源板是否有正常的非可控电压输出，若无输出，说明电源板有故障，若输出正常，说明故障与电源板无关，只需检查主板即可。

对于微处理器电路有问题而引起的不开机故障，检修时先用放大镜观察微处理器R5F212A7SN引脚是否有短路、虚焊现象，周边电路元件是否虚焊，印制线是否短路、断路，双面线路板过孔有无发霉、断路。然后再测量微处理器⑩脚供电是否正常，若异常，则检查其供电电路IC301是否损坏。在按POWER键时测量㊾脚是否为0V低电平，若不是，则说明POWER按键接触不良或键控信号输入电路中断。经以上检查，仍不能排除故障的，对业余维修人员来说，很难排除故障了，因为微处理器的复位电路和它与主芯片的通讯电路都不明确(主芯片和SDEAM存储器采用BGA封装)，无法对这些电路进行检查。

(2)某控制功能失效

面板键控信号输入端㊻脚~㊾脚，电压约3.3V，按下按键的瞬间为0V，若异常则检查按键电路。遥控信号输入端㉔脚，静态电压为3.2V，按下遥控器按键时跳变为1.8V左右，若异常则检查遥控器、遥控接收头及信号输入电路。

(3)面板上的VFD显示屏无字符显示

面板上的显示驱动电路、主板有问题，都会出现这种故障现象。检修时，先测量接插件CN1404⑪脚、⑩脚、⑧脚电压或波形，正常时电压分别为2.5V、0.1V、2.9V，图6中给出了其波形。若异常，则检查R5F212A7SN②脚、㊸脚、㊹脚及CN1404之间的线路；若正常，则检查面板显示驱动电路。

四、伺服驱动电路简析与故障检修要点

1.电路简析

该机加载电机驱动和伺服驱动电路采用BD7986EFV，该集成块是一块六通道的驱动电路，可以驱动加载电机、三相主轴电机、进给电机、聚焦线圈、循迹线圈、倾斜线圈。BD7986EFV在该机主板上的应用电路如图6所示。激光头拾取的信号送到主芯片内部的数字伺服控制电路和数字信号处理电路，进行一系列处理，处理成聚焦伺服控制信号、进给伺服控制信号、循迹伺服控制信号、倾斜伺服控制信号以及主轴伺服控制信号，然后送到驱动电路BD7986EFV，经电平变换与驱动放大后，输出驱动电压，送主轴电机、进给电机、聚焦线圈、循迹线圈、倾斜线圈，控制激光头准确拾取光盘信息。BD7986EFV的⑨脚、⑩脚是加载电机驱动输出端；㊴脚~㊷是进给电机驱动输出；㊺脚~㊼脚是三相主轴电机W相、V相、U相驱动电压输出端，①脚~⑥脚是霍尔检测信号输入端，通过霍尔传感器把转子位置反馈回控制电路，使其能够获知电机相位换向的准确时间；⑫脚、⑬脚是循迹线圈驱动输出端；⑭脚、⑮脚是倾斜线圈驱动输出端；⑰脚、⑱脚是聚焦线圈驱动输出端。

2.故障检修要点

这部分电路异常，会表现出托盘不能进出仓，不读盘等故障现象。

当该机出现以上故障时，首先要检查主板连接BD-ROM驱动器的排线及其插座有无接触不良的现象，可取下有关排线后重插，看故障是否被排除。对于不读盘故障，其故障原因很多，如伺服控制电路有问题、伺服驱动电路有问题以及伺服系统中的各执行部件(主轴电机、进给电机、聚焦线圈、循迹线圈、倾斜线圈)损坏等，其中执行部件和伺服驱动电路的故障概率较高，而主芯片内部的数字伺服控制电路故障概率较小。检修时可拆开BD-ROM驱动器的上盖，观察激光头的初始动作是否正常，以便缩小故障范围。若激光头没有复位动作，有可能是进给电机有问题，也可能是进给驱动电路损坏；若激光头物镜无聚焦搜索动作，有可能是聚焦线圈开路，也有可能是聚焦线圈驱动电路损坏。在排除各执行部件本身损坏后，应重点对其驱动电路进行检查，检修时应测试以下几处电压：

(1)检查IC的供电。BD7986EFV的⑦脚、㉚脚、㉝脚、㊽脚是12V供电端，㉑脚、㉖脚是5V供电端，⑲脚是3.3V供电端。三组供电电压都是受控制电压，需在开机后测量。若异常，在电源板送到主板的DR_SW12V、DR_SW5V正常情况下，应重点检查供电电路中的熔断器PS304和DC/DC变换器IC1280。

⑥

(2)对于加载电机不转故障，按面板上的"OPEN/CLOSE"键，若VFD显示屏有"OPEN/CLOSE"显示(说明按键和微处理器电路正常)，可测量BD7986EFV⑨脚、⑩脚之间是否有±4V驱动电压输出，若无输出，IC内部的加载电机驱动电路可能损坏。

(3)对于激光头不复位(进给电机不转)故障，在托盘入仓后的瞬间，测量BD7986EFV㊴脚、㊵脚之间和㊶脚、㊷脚之间是否有驱动电压输出。正常均有0.5V左右的电压输出，否则，IC内部的进给电机驱动电路可能损坏。

(4)对于激光头物镜无聚焦搜索动作故障，在激光头复位后的瞬间，测量BD7986EFV⑰脚、⑱脚之间是否有驱动电压输出。正常时，其电压应有-0.4V→0V→0.4V的变化。若无输出，IC内部的聚焦线圈驱动电路可能损坏。

(5)对于主轴不转故障，在聚焦搜索期间，测量BD7986EFV的㊺脚、㊻脚、㊼脚(电机W相、V相、U相驱动电压输出端)的直流电压，正常时均约5.5V；再用交流电压挡测量任意两脚之间的交流电压，正常时均为6.5V左右。同时，还要检查①脚~⑥脚(霍尔检测信号输入端)的直流电压，正常时均约6.5V。否则，IC内部的主轴电机驱动电路可能损坏。

五、视频放大和视频输出电路简析与故障检修要点

1.电路简析

该机中，大部分信号处理(如RF信号处理、数字信号处理、数字伺服控制、解码、视频编码等)都是在主芯片MC-10121AF1内部进行的，但需要和外部的程序存储器(FLASH)、用户参数存储器(E²PROM)、数据存储器(SDRAM)等配合工作才能完成。

视频放大和视频输出电路主要由视频放大器NJM2564B(IC808)构成，电路和波形图如图7所示。NJM2564B是一款用于HD(高清)信号的、内置有LPF(低通滤波器)的双电源6通道视频放大器，内置分量视频信号用的LPF可用切换开关来对应于逐行扫描信号和HD信号，还内置有Y/C混合器，可将S视频的亮度信号(SY)和色度信号(SC)混合形成复合视频信号(V)。NJM2564B主要引脚功能及电压见表1。

表1 NJM2564B主要引脚功能及电压

引脚	符号	功能	电压(V)
②	V+S	5V供电	4.91
④、⑨、㉔、㉙	V+	3.3V供电	3.24
⑦、⑬、⑳、㉕	V-	-5V供电	-5.0
③	SCIN	S-色度信号输入	0.63
⑧	SYIN	S-亮度信号输入	0.34
⑩	YIN	亮度信号输入	0.31
⑫	PBIN	蓝色差分量信号输入	0.64
⑭	PRIN	红色差分量信号输入	0.63
⑲	PROUT	红色差分量信号输出	0.13
㉑	PBOUT	蓝色差分量信号输出	0.17
㉓	YOUT	亮度信号输出	0.25
㉖	SYOUT	S-亮度信号输出	0.19
㉘	VOUT	复合视频信号输出	0.19

主芯片MC-10121AF1将激光头拾取的碟片信息进行一系列处理(RF信号处理、数字信号处理、视频解码、视频编码等)，直接输出模拟视频信号。主芯片输出的S视频的色度信号(SC)和亮度信号(SY)分别从③脚、⑧脚送入NJM2564B，经低通滤波和放大后分别从㉚脚、㉖脚输出(该机没有安装S-视频输入插座)。在NJM2564B的内部，还将SC和SY信号混合形成的复合视频信号，经放大后从㉘脚输出。主芯片输出的分量视频Y、PB、PR分别从⑩脚、⑫脚、⑭脚输入NJM2564B，经低通滤波和放大后分别从㉓脚、㉑脚、⑲脚输出，并送分量视频输出端子。

2.故障检修要点

这部分电路损坏，会出现采用复合视频输出方式、色差分量输出方式时无图像或图像异常故障现象。需强调的是，视盘机出现无图像或图像异常故障时，只有在伴音正常的情况下，才可判断故障发生在解码电路之后的视频信号处理电路(根据MPEG解码声图互锁原理，即图像、声音之中只要有一种输出正常，即能证明视频解码器、音频解码器均正常工作)。

首先排除视频输出插座接触不良的现象，再对NJM2564B进行检查。检修时应测试以下几处电压：

(1)测量IC的三组供电电压，若异常，则检查其供电电路中的DC/DC变换器。

(2)测量各信号输入、输出脚直流电压或波形，判断IC是否损坏。若IC有正常的信号输入，但无信号输出或输出异常，则说明IC已损坏。播放活动图像信号时，信号输入、输出脚直流电压会随图像内容变化而波动。

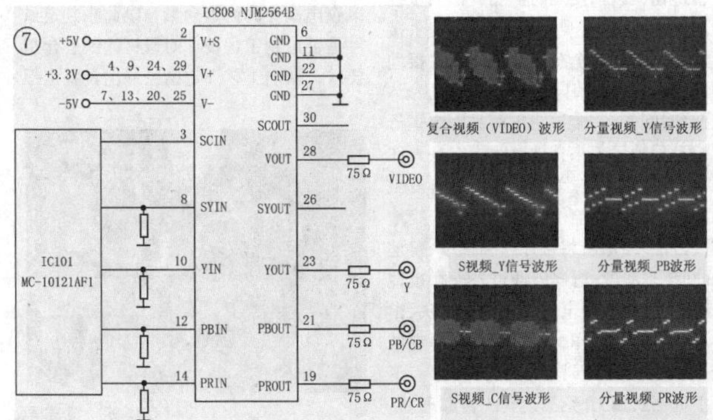

(未完待续)

◇四川 贺学全

空调漏水故障分析与检修

当出现空调室内机漏水/挂机漏水、中央空调漏水、柜式空调机漏水、中央空调出风口滴水、空调室外机漏水的情况时，该怎么处理？

一、中央空调漏水的原因及解决办法

1.回答这个问题之前，我们必须了解一点，任何空调都可能存在漏水的现象。如果空调的排水系统不畅，导致冷凝水溢出引发漏水。另外，空调连接的冷凝水管末端保温层没有做好，结露严重时也可能会引发滴水。

2.中央空调和其他空调形式一样，有着严格的安装规范，一般在安装中央空调时，施工人员和现场工程师非常注重水的问题。空调漏水的最大隐患来自供水压力，如果水管或PPR管无法承受水压，极有可能出现漏水，所以中央空调水系统管路安装工艺显得非常重要，中央空调工程会以3倍的水压测试管道，防止水压加大造成漏水。

3.一般情况下，一个正规的中央空调安装公司会有严格的质量控制节点，中央空调水系统极少出现漏水的情况，反而氟系统中央空调因为没有重视漏水问题，造成漏水泡顶的事却较多。因此，中央空调是否漏水主要取决于安装技术。

二、柜式空调机漏水的原因及解决办法

1.将新接的位置拆开试机，若在断口处冷凝水出水顺畅、室内机漏水的问题消除则是新接处的工艺不妥造成、只要后段排水管不堵，重接妥问题就解决了。

2.若试机时室内机仍会漏水，很可能是保留在室内机里的、已老化变脆的排水管由于重新连接时的拉扯而出现裂痕，从而产生漏水故障。

拆卸室内机下部进风面板，顺着柜机中部的接水槽下来的原装排水管寻找漏点（或被包扎带覆盖）和管接头的脱口处，更换已老化开裂的旧管或复原，问题就解决了。

三、中央空调出风口滴水的原因及解决办法

1.出风口的面板，不少客户总要选铝合金面板，以为挺拔耐用，价格也高；而工程塑料面板感觉上显得软了一点，且档次可能也不高。于是几乎都选用铝合金面板。殊不知工程塑料(ABS)面板同样很坚实，安装后与铝合金的面板效果上没有什么两样。同时，因为工程塑料材质对冷热的变化没有像铝合金那么敏感，因此当空调送风口的冷风向外吹，与室内较高的空气相交时，不会像铝合金材质面板那样，马上出现水凝气和结露滴水。因此，从严格的意义上来说，应该淘汰铝合金面板。

2.中央空调的设置也非常重要。大热天到家后开启空调，往往想一步到位把温度定在25℃以下，如果空调安装公司事先设置合理的话，应让它启动后先出风，有点凉意，再自行逐步降温，使出风口面板的温度逐步降低，以适应室内的较高温度，不应一步到位使出风口的面板温度骤降而产生结露滴水。

3.部分空调安装通风管道时安装的不到位，通风口四壁连接不平整、不密封，也会造成出风口面板结露滴水现象。当然，中央空调出风口滴水多由前两种原因所致。

四、空调室外机漏水的原因及解决办法

制热时室外机化霜会有大量的水，就算不化霜也会有冷凝水，买空调的时一般随机带一个塑料排水口。它装在室外机底板上的位置后，在排水口上安装排水管，很多时候安装工很懒，并未安装这个排水口。

五、空调室内机漏水/挂机漏水的原因及解决办法

1.室内机安装不牢固造成移位：室内机固定挂板安装固定不牢固，时间长了发生移位，导致排水管引出位置的一侧偏高，造成排水困难。

2.室内机机体的水平位置安装不当：室内机的水平位置倾斜，管路口位置过高，导致结露水外排受阻。

3.排水管不良：由于排水管老化松弛或弯曲成波浪形状，造成排水不畅。

4.配管上结露水：由于管路上的保温材料质量太差、过薄或未完全包裹，引起结露，从而产生滴水故障。

5.引出室外的排水管被人为堵住或排水口被赃物堵住，造成结露水无法排出，从而产生滴水故障。

6.热交换器滴水

(1)过滤网赃物过多或过滤网破损，甚至未安装，导致蒸发器沾满灰尘引起亲水铝箔亲水性变差，制冷时蒸发器形成的结露水不能滴入接水槽内，而是落在接水槽外面，最终从底壳渗出后滴入室内。

(2)空调系统内氟利昂不足引起室内机蒸发器结冰，冰融化形成的水珠不能滴入接水盘内。

◇江西 谭明裕

KN-903劲牛微电脑充电器故障修理1例

故障现象：插上电源，充电指示灯不亮，蜂鸣器无声响。

分析与检修：分析有坏件，元件开路。用万用表测三端稳压器 7805输出端无电压，而它的输入端有电压，仔细观察发现稳压器输出脚焊点有裂纹，需补焊。因元件不多，先不忙补焊，继续查找。蜂鸣器不响，检查发声压电晶体扬声器是好的；寻找与发声有关的元件，2×9脚集成块的⑥、⑦脚并联了一只标注3.58的三电极压电晶体，剪去中间一脚，用了外边两脚。用镊子轻轻碰时，接集成块的⑥脚的一端松动，也需补焊，再查别的地方正常，于是将以上有裂纹和松动的部位补焊后插上电源，指示灯亮，蜂鸣器有声，充电器恢复正常。

◇北京 赵明凡

俄罗斯产ΦU-2型铁素体检测仪故障维修1例

故障现象：核电安装公司焊接研究理化实验室的一台俄罗斯2002年生产的ΦU-2型铁素体检测仪，见电路图1，管理员在从新整理搬动设备的平台布局排放后，在开机做实验时，指示灯能亮，但只听到内部变压器发出的交流"嗡嗡"声，微安电流表指针一直在零位不能偏转，换用各种标准试块都没有反应。

分析与检修：打开盖子检查，发现一根黑色带圈线鼻子的接地线a脱落了，里面还有一个螺母，没有发现其他问题。询问管理员，他说只从后面外壳下方掉了一个接地接线柱，没有发现别的异常。

由于笔者第一次接触这个仪表，为了便于检修，按照实物画出电路原理图，如图2所示。

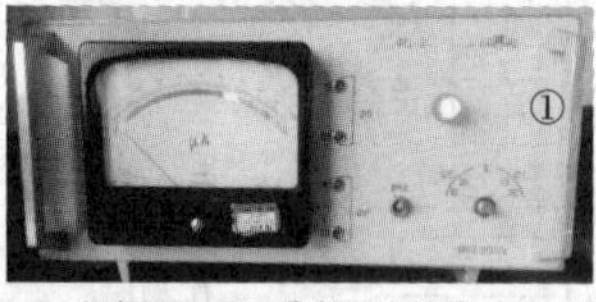

①

②

根据图2可以看出，这根接地线a就是调整、转换和指示显示电路的回路点，它的脱落，就意味着电路没有形成通路，肯定是不会工作的。询问管理员，他说这个接地钮，以前使用时需要旋松后做接地连接线。从笔者观察判断来看，这个接地旋钮，中间有个孔应该是插入式接地方式，而不是旋松压好接地线后再旋紧。因此，时间长了，接地钮里面的固定螺母就松动后掉了下来，他以为没有多大作用，也就没有管它。为了避免日后再发生同类故障，笔者给他讲解了正确的接地连接方法。当笔者将接地钮和螺母、接地线a回装到原位，这样就通过外壳和接地线b形成回路，通电后插入标准试块，指针出现了偏转动作，经过管理员标定试验，设备恢复了正常功能，故障排除。下面根据图2、图3介绍简述其工作原理。

图3为内部电感线圈B1-1和B1-2的实物外形，孔A为做母材铁素含量测试试验时，是插入标准件和测试件的实验孔。在插入时有一个有底的塑料套管，每次就将标准件或试件放入套管后再插入到孔A内，即可使用不同规格的试件来做实验。当把标准件插入A后，再根据标准件的铁素含量形成磁场的强弱所产生的电感量通过L1，再按照换算表来调整Φ5和Φ7的电位器，得到标准的电感电流从μA电流表中读出，最后将试件插入孔A所显示的电流值，对应换算表就可以查出试件的铁素含量，以此来判定试件是否达到工程设计对母材的铁素含量要求，做出工艺评定结论并出具鉴定报告。

③

◇江苏 庞守军

用于无线传感器网络应用的超声波传感器

随着技术的进步，无线网络的使用日益普及。无线传感器网络（WSN）允许远程收集数据以供审查。我们已经写过关于物联网文章，它是真实世界的应用程序。在本文中，我们将详细介绍WSN技术，它与物联网的关系，受益于无线传感器网络的行业，以及超声波传感器如何适应您的无线传感器网络。

什么是无线传感器网络(WSN)技术?

无线传感器网络（Wireless Sensor Networks, WSN)是一种分布式传感网络，由部署在监测区域内大量的廉价微型传感器节点组成，通过无线通信方式形成的一个多跳的自组织的网络系统，其目的是协作地感知、采集和处理网络覆盖区域中被感知对象的信息，并发送给观察者。传感器、感知对象和观察者构成了无线传感器网络的三个要素。它的末梢是可以感知和检查外部世界的传感器。

无线传感器网络监测的是什么?

温度、声音、压力或者更多。

无线传感器网络(WSN)和物联网有什么区别?

无线传感器网络听起来与应用中的物联网非常相似。无线传感器网络是物联网领域的一部分。作一个形象的比喻，在物联网中传感器被比喻成物联网的手，手指，眼睛和耳朵等感官。传感器需要连接到物联网平台，以便传达他们收集的信息。无线传感器网络(WSN)是作为数字世界的桥梁。通过云服务或数据库，物联网作为一个中心，使用所有收集的数据来开发有意义的解释。

使用无线传感器网络和物联网的行业

智慧城市

无线传感器网络使传感器形成局部物联网，实时地交换和获得信息，并最终汇聚到物联网，形成物联网重要的信息来源和基础应用。智慧城市就是运用信息和通信技术手段感测、分析、整合城市运行核心系统的各项关键信息，从而对包括民生、环保、公共安全、城市服务、工商业活动在内的各种需求做出智能响应。例如：智能停车是一种监控城市停车位的解决方案；废物管理允许监测容器中的垃圾水平，从而优化路线。节省劳动力成本和污染汽车排放；监控交通拥堵以优化步行和驾驶路线；智能照明可根据天气情况在街灯中实现自适应照明。根据我国智慧城市的发展现状工采网提供两款相对应的超声波传感器解决方案。

超声波传感器 – MB1004是一款专门有高低电平报警信号输出的接近传感器，可测范围可达213cm，适用于行人检测、停车检测等。当行人进入检测范围内，MB1004就会输出由低电平变成高电平的报警信号。同时它也具备输出目标具体距离的功能，通过RS232输出距离数据。MB1004是一款非常低成本的人体检测超声波传感器。

垃圾桶超声波传感器 – MB7139是一种用于检测垃圾桶容量的抗天气超声波传感器。这个传感器是我们在垃圾桶内测试的最佳推荐的传感器。有高输出声功率与连续可变的增益，能实时自动校准，有噪声抑制算法等特点，能有效地实现无噪声距离读数。

智能计量

无线传感器用于采集监测区域内油井监测电机温度，电流，储油罐的液位参数和油井的起停操作，如果采用有线的方式传输，则存在布线难度大的困难，所以无线传感器网络将监测到的数据通过GPRS网络的方式接入互联网，监测总站通过网页浏览的方式即可了解到油站的监测情况为了更好地测量油箱液位工采网提供的液位超声波传感器 – MB7389专门用于测量油，水。该传感器是一种具有成本效益的解决方案。精度范围–查找，低电压操作，节省空间，低成本，和IP67的天气预报阻力。hrxl–maxsonar–wr传感器线提供高精度高分辨率超声接近在空气中探测和测距。该传感器线的特点是1毫米分辨率、目标尺寸和操作电压补偿。为了提高精确度，更好地拒绝外部噪声源，内部速度的温度补偿以及可选的外部温度补偿。hrxl–maxsonar–wr/wrc模型是可用的在5米或10米的模型中。这个超声传感器可以探测到从1毫米到30厘米的物体的物体。最大的范围。超过30厘米的物体通常被报告为30厘米。接口输出格式是脉冲在RS232(MB7360系列)或TTL(MB7380系列)中，宽度、模拟电压和数字串行。工厂校准是标准的。

智能农业

WSN特别适用于以下方面的生产和科学研究。例如，大棚种植室内及土壤的温度、湿度、光照监测，珍贵经济作物生长规律分析与测量、葡萄优质育种和生产等，可为农村发展与农民增收带来极大的帮助。采用WSN建设农业环境自动监测系统，用一套网络设备完成风、光、水、电、热和农药等的数据采集和环境控制，可有效提高农业集约化生产程度，提高农业生产种植的科学性。

传感器使用包括：

农业无人机(绘图领域，种植，作物监测，灌溉)

农业机器人(倾向于种植，除草，施肥和收获。)

监测牲畜(健康和福祉，喂养)

iSweek

无人机超声波传感器MB7052是一款拥有IP67防护安全等级的超声波传感器，可以防护灰尘吸入，可以短暂浸泡。PVC材料封装，具有一定的抗腐蚀能力。在存在杂波干扰的户外环境中，能良好地去除杂波检测得到最大目标的距离信息。传感器的分辨率可达1cm，可测距离长达7.65米。因此它是一款适用于户外环境的低功耗产品，例如无人机系统。同时，它在电池供电的物联网智能设备领域中也得到了广泛的应用。

随着无线网络的不断发展，无线传感器网络和物联网有可能改变更多行业，制造业，农业，供应链和基础设施已经转变和加强。为此人们越来越关注这一问题，以使其成为一种更容易适应的解决方案。

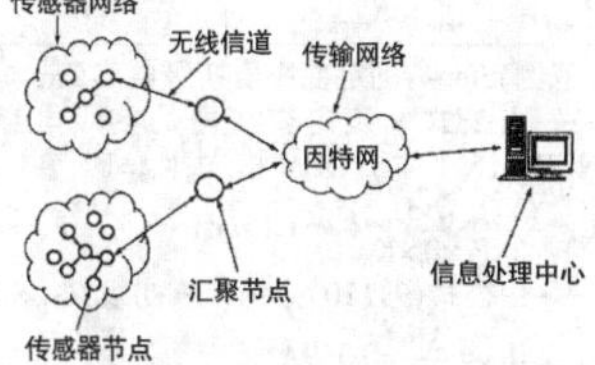

◇浙江 王敏

无线充电的实现方式

1.无线充电到底是什么情况，怎么实现无线充电?

无线充电是怎么回事，顾名思义就是充电不要插线。类似与WiFi一样，很方便。理论上可以随时随地给手机等电子设备供电。

但无线充电暂时还不能像WiFi一样传输那么远的距离，现在成熟的方案只能在10mm以内的距离实现无线充电，一般为3~5mm左右的距离比较好，这类无线充电的技术采用的是磁感应无线充电技术。

随着技术的成熟，预计在未来的2~3年，无线充电的充电距离可以达到10~30cm左右，基本可以满足随时随地自由不受束缚的充电需求。

要实现无线充电需要一个发射端和一个接收端。

发射端就是无线充电器，接收端就是手机等。在发射端有一个线圈，接收端也需要一个线圈。发射端通过控制板和线圈发射能量，接收端通过控制板和线圈接收能量，这样就可以实现无线充电。

如下图的Nokia手机的无线充电情况，手机放在无线充电器上就可开始充电，无需通过USB接口连接充电。

只要有无线充电器和带无线充电的手机就可以充电。无线充电器通过Micro USB连接到普通的充电器或者笔记本等就可以正常工作，把带无线充电的手机放在上面就可以开始充电。如下图所示，通过USB连接好无线充电器就可以充电。

连接无线充电器进行充电

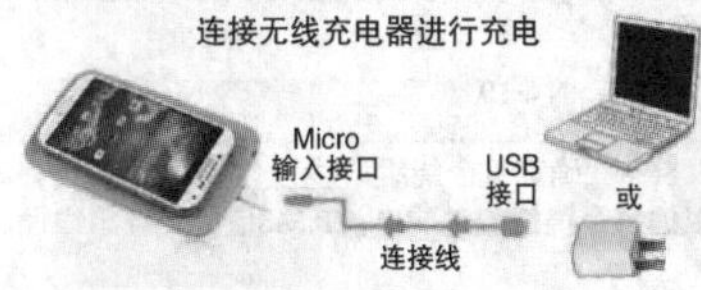

2.为什么需要无线充电?

无线充电先对与传统的有线充电有几大你不得不选择它的优点：

a.没有线的缠绕，简洁美观，看起来舒服，生活品质更高；

b.不用经常插拔，即放即充，方便快捷，让你的手机永不缺电；

c.不用担心三星和苹果接头不兼容的问题，支持Qi等标准的无线充电器都能充电；

d.不存在充电接听电话触电的风险，完全规避了安全问题，可以随时接听电话；

e.让电池工作的寿命更长，由于即放即充，让电池用不缺电，电池寿命更长；

f.不需要有线接口，很多产品可以做成全封闭防水产品。

3.是什么原理，什么技术?

一般意义上的手机无线充电原理，就是电能转换为磁场，磁场通过空气传输，磁场再转换为电能的过程。

无线充电的原理通俗意义上的理解与变压器有些类似，变压器磁场耦合的回路是磁导体，无线充电磁场耦合的回路是空气而已，磁介质不同而已。

业内无线充电一般有四大技术：磁感应技术、磁共振技术、微波技术和电场耦合技术。接触到主要的是两大技术，磁感应技术和磁共振技术，现在量产的产品基本都是磁感应技术的产品。

其中主流的技术是磁感应技术和磁共振技术。一起回顾一下基本的物理知识，电场和磁场的情况。

磁感应无线充电技术

就是当给发射线圈通过交变的电信号，交变的电场通过发射线圈将产生变化的磁场，变化的磁场对它周围的线圈的磁耦合作用，由法拉第电磁感应定律得，变化的磁场将产生电场。

因此发射端线圈产生的磁场将穿过接收端线圈，接收线圈将产生电场，如果在接收线圈端接上负载的话将会产生电流。

4.无线充电效率可以达到多少，充电有多快，有没有辐射?

充电效率一般指接收端和发射端一起的整体效率，但不含适配器的效率(5V适配器效率一般为90%左右)。

其实充电快慢与是无线充电器和有线充电器没有直接关系。无线充电器也可以充得快的，有线充电器也有充的慢的。

充电快慢是由提供恒流充电时候的充电电流的大小决定的，一般也是无线充电器的规格决定的，有些无线充电器提供的电流大，有些无线充电器提供的电流小。

辐射大小，我们暂时还没有一个量化指标，后续也会找专业结构测试对比一个数据分析给大家。

只是大致给大家一个概念，辐射一定有，但辐射并不大，并不用担心。主要是几个原因：一是手机充电功率只有5W左右，属于小功率；二是距离短，只有25px以内，对周围辐射小；三是发射和接收端都有磁隔离片，对周围的辐射小；四是工作频率低，工作频率在110KHz~205KHz，对人体的辐射小。

5.无线充电器的构成?

无线充电器主要由三大部分构成：主板、线圈和外壳。其中主板直接决定无线充电器的功能和性能，是无线充电器最为核心的模块。主板主要由主控芯片、驱动芯片、功率器件(MOS)、电阻电容及PCB板等构成。线圈一般是标准的模块，相关的无线充电标准有严格规定其结构尺寸参数等。

以NCP1015主控芯片为例详解开关电源设计(二)

(紧接上期本版)

对于DCM 模式变换器，设计时KRF=1。对于CCM 模式变换器，KRF<1，此时，KRF 的取值会影响到初级电流的均方根值（RMS），KRF 越小，RMS 越小，MOS 管的损耗就会越小，然而过小的KRF 会增大变压器的体积，设计时需要反复衡量。一般而言，设计CCM 模式的反激变换器，宽压输入时(90~265VAC)，KRF 取0.25~0.5；窄压输入时(176~265VAC)，KRF 取0.4~0.8 即可。

一旦Lm 确定，流过MOS 管的电流峰值Idspeak 和均方根值Idsrms 亦随之确定：

$$I_{dspeak}=I_{EDC}+\frac{\Delta I}{2} \tag{9}$$

$$I_{dsrms}=\sqrt{\left[3\times(I_{EDC})^2+(\frac{\Delta I}{2})^2\right]\times\frac{D_{max}}{3}} \tag{10}$$

其中：

$$I_{EDC}=\frac{P_{in}}{V_{inmin\_DC}\times D_{max}} \tag{11}$$

$$\Delta I=\frac{V_{inmin\_DC}\times D_{max}}{L_m\times f_{sw}} \tag{12}$$

设计中，需保证Idspeak 不超过选用MOS 管最大电流值80%，Idsrms 用来计算MOS 管的导通损耗Pcond，Rdson 为MOS 管的导通电阻。

$$P_{cond}=I_{dsrms}^2\times R_{dson} \tag{13}$$

> (范例)Step4：确定变压器初级电感 Lm
> ——由公式 8 确定变压器的初级电感 Lm，由于NCP1015 工作于 DCM 模式，K_{RF}=1：
> $L_m=\frac{(V_{inmin\_DC}\times D_{max})^2}{2\times P_{in}\times f_{sw}\times K_{RF}}$=1.19mH
> ——由公式(9)(10)分别计算初级 Idspcak 和 Idsrms：
> $I_{dspeak}=I_{EDC}=\frac{\Delta I}{2}$=0.369A
> $I_{dsrms}-\sqrt{\left[3\times(IEDC)2+(\frac{\Delta I}{2})2\right]\times\frac{D_{max}}{3}}$-0.143A
> -------计算 MOS 导通损耗：
> $P_{cond}=I^2_{dsrms}\times R_{dson}$=0.224W

5. Step5：选择合适的磁芯以及变压器初级电感的匝数

开关电源设计中，铁氧体磁芯是应用最广泛的一种磁芯，可被加工成多种形状，以满足不同的应用需求，如多路输出、物理高度、优化成本等。

实际设计中，由于充满太多的变数，磁芯的选择并没有非常严格的限制，可选择的余地很大。其中一种选型方式是，我们可以参看磁芯供应商给出的选型手册进行选型。如果没有合适的参照，可参考下表：

图6 不同形状的铁氧体磁芯及骨架

Output Power	EI core	EE core	EPC core	EER core
0-10W	EI12.5 EI16 EI19	EE8 EE10 EE13 EE16	EPC10 EPC13 EPC17	
10-20W	EI22	EE19	EPC19	
20-30W	EI25	EE22	EPC25	EER25.5
30-50W	EI28 EI30	EE25	EPC30	EER28
50-70W	EI35	EE30		EER28L
70-100W	EI40	EE35		EER35
100-150W	EI50	EE40		EER40 EER42
150-200W	EI60	EE50 EE60		EER49

选定磁芯后，通过其Datasheet 查找Ae 值，及磁化曲线，确定磁通摆幅ΔB，次级线圈匝数由下式确定：

$$N_p=\frac{L_m\times I_{dspeak}}{\Delta B\times A_e} \tag{14}$$

其中，DCM 模式时，ΔB 取0.2~0.26T；CCM 时，ΔB 取0.12~0.18T。

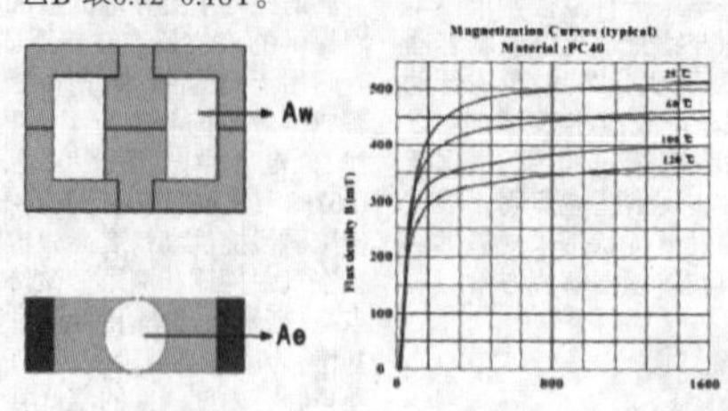

(a) 磁芯窗口面积及磁通横截面　(b) 磁化曲线

图7 磁芯特性

> (范例)Step5：选择合适的磁芯并确定初级电感 Lm 的匝数
> ——磁芯选择 EFD20，查看磁芯手机可知，Ae=31mm2
> ——DCM 模式，磁通摆幅ΔB 取 0.21T，由公式(14)计算初级电感 Lm 匝数：
> $N_p=\frac{Lm\times Idspeak}{\Delta B\times A_e}$=68

6. Step6：确定各路输出的匝数

先确定主路反馈绕组匝数，其他绕组的匝数以主路绕组匝数作为参考即可。主反馈回路绕组匝数为：

$$N_{s1}=\frac{V_{out1}+V_{F1}}{V_{or}}\times N_p \tag{15}$$

则其余输出绕组的匝数为：

$$N_{s(n)}=\frac{V_{out(n)}+V_{F(n)}}{V_{out1}+V_{F1}}\times N_{s1} \tag{16}$$

辅助线圈绕组的匝数Na 为：

$$N_a=\frac{V_{auk}+V_{Fa}}{V_{out1}+V_{F1}}\times N_{s1} \tag{17}$$

> (范例)Step6：确定各路输出的匝数
> ——由公式 15 确定主路输出的匝数：
> $N_{s1}=\frac{V_{out1}+V_{F1}}{V_{or}}\times N_p$=5
> ——由公式 16 确定辅路匝数：
> $N_{s(n)}=\frac{V_{out(n)}+V_{F(n)}}{V_{out1}+V_{f1}}\times N_{s1}$=14
> ——IC 供电绕组电压为 20V，由公式 17 确定辅助绕组匝数：
> $N_a=\frac{V_{auk}+V_{Fa}}{V_{out1}+V_{F1}}\times N_{s1}$=19

7. Step7：确定每个绕组的线径

根据每个绕组流过的电流RMS值确定绕组线径。

$$D=2\times\sqrt{\frac{I_{rms}}{\rho\times\pi}} \tag{18}$$

初级电感绕组电流RMS：

$$I_{prms}=I_{dsrms} \tag{19}$$

次级绕组电流RMS 由下式决定：

$$I_{secrms(n)}=I_{dsrms}\times\sqrt{\frac{1-D_{max}}{D_{max}}}\times\frac{V_{or}\times K_{L(n)}}{V_{out(n)}+V_{F(n)}} \tag{20}$$

ρ为电流密度，单位：A/mm2，通常，当绕组线圈的比较长时(>1m)，线圈电流密度取5A/mm2；当绕组线圈长度较短时，线圈电流密度取6~10A/mm2。当流过线圈的电流比较大时，可以采用多组细线并绕的方式，以减小集肤效应的影响。

$$A_w=\frac{A_c}{K_F} \tag{21}$$

其中，Ac 是所有绕组导线截面积的总和，KF 为填充系数，一般取0.2~0.3。

检查磁芯的窗口面积(如图 7(a)所示)，大于公式21 计算出的结果即可。

> (范例)Step7：确定每个绕组线径
> ——初级 Lm 线径：$D_p=2\times\sqrt{\frac{I_{rms}}{\rho\times\pi}}$=0.151mm
> ——同理可计算出次级主路及次级辅路绕组线径：D_{s1}=0.531mm，D_{s2}=0.188mm。所以，初级线圈可选线径为 0.16mm 的漆包线；次级主路绕组可选择线径为0.22mm 的漆包线，三根并绕；次级辅路可选择线径为0.18mm 的漆包线。

8. Step8：为每路输出选择合适的整流管

每个绕组的输出整流管承受的最大反向电压值VD(n)和均方根值IDrms(n)如下：

$$V_{D(n)}=V_{out(n)}+\frac{V_{inmax\_DC}\times(V_{out(n)}+V_{F(n)})}{V_{or}} \tag{22}$$

$$I_{Drms(n)}=I_{dsrms}\times\sqrt{\frac{1-D_{max}}{D_{max}}}\times\frac{V_{or}\times K_{L(n)}}{V_{out(n)}+V_{F(n)}} \tag{23}$$

选用的二极管反向耐压值和额定正向导通电流需满足：

$$V_{RRM}\geqslant 1.3\times V_{D(n)} \tag{24}$$

$$I_{F(n)}\geqslant 1.5\times I_{Drms(n)} \tag{25}$$

> (范例)Step8：为每路输出选择合适的整流管
> 由公式 22、公式 23 分别计算每一路整流二极管的最大反向耐压值，和电流 RMS 值。
> ——次级主路：V_{D1}=30V，I_{Drms1}=1.77A
> 所以，可选用 SK360，或 SR360。
> ——次级辅路：V_{D2}=92V，I_{Drms2}=0.188A
> 所以，可选用 SS1200。

9. Step9：为每路输出选择合适的滤波器

第n 路输出电容Cout（n）的纹波电流Icaprms(n)为：

$$I_{caprms(n)}=\sqrt{I_{Drms(n)}^2-I_{out(n)}^2} \tag{26}$$

选取的输出电容的纹波电流值Iripple 需满足：

$$I_{ripple}\geqslant 1.2\times I_{caprms(n)} \tag{27}$$

输出电压纹波由下式决定：

$$\Delta V_{out}=\frac{I_{out(n)}\times D_{max}}{C_{out(n)}\times f_{sw}}+\frac{I_{dspeak}\times V_{or}\times R_{c(n)}\times K_{L(n)}}{V_{out(n)}+V_{F(n)}} \tag{28}$$

有时候，单个电容的高ESR，使得变换器很难达到我们想要的低纹波输出特性，此时可通过在输出端多并联几个电容，或加一级LC 滤波器的方法来改善变换器的纹波噪声。注意：LC 滤波器的转折频率要大于1/3开关频率，考虑到开关电源在实际应用中可能会带容性负载，L 不宜过大，建议不超过4.7μH。

> (范例)Step9：为每路输出选择合适的滤波器
> ——次级主路：由公式 26 可得：
> Icaprms1=1.46A
> 可选择两个 470μF（16V）的 Rubycon 电解电容组成CLC 滤波器，L 取 1μH。
> ——次级辅路：
> Icaprms1=0.12A
> 可选择两个 100μF（25V）的 Rubycon 电解电容组成CLC 滤波器，L 取 3.3μH。

10. Step10：钳位吸收电路设计

如图 8 所示，反激变换器在MOS 关断的瞬间，由变压器漏感LLK 与MOS 管的输出电容造成的谐振尖峰加在MOS 管的漏极，如果不加以限制，MOS 管的寿命将会大打折扣。因此需要采取措施，把这个尖峰吸收掉。

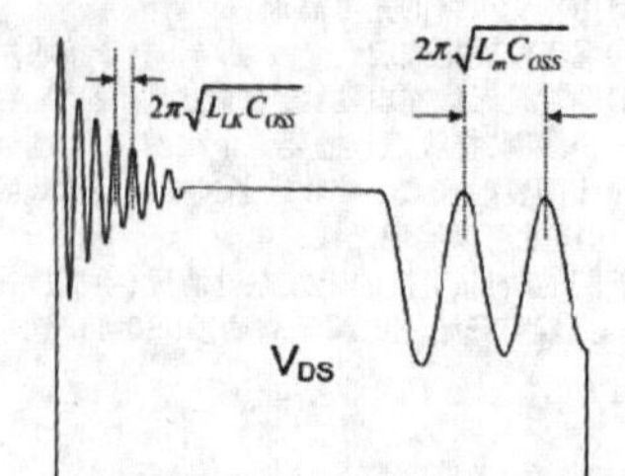

图8 MOS管关断时漏极电压波形

反激变换器设计中，常用图 9(a)所示的电路作为反激变换器的钳位吸收电路(RCD钳位吸收)。

RClamp 由下式决定，其中Vclamp 一般比反射电压Vor 高出50~100V，LLK 为变压器初级漏感，以实测为准：

$$R_{clamp}=\frac{2\times V_{clamp}\times(V_{clamp}-V_{or})}{L_{Lk}\times f_{sw}\times I_{dspeak}^2} \tag{29}$$

(未完待续)

◇云南　刘光乾

李柳河信用社零线带危险电压的发现与解决

2016年取暖期前，在李柳河信用社燃煤锅炉改造为燃油锅炉的工作中，安装燃烧机时安装人员在碰触其外壳时有明显的电击感。于是在锅炉房现场用万用表测量出电源箱内零线对地电压大于AC 70V，超过了干燥环境的接触电压限值AC 50V、潮湿环境的接触电压限值AC 25V；经查为燃烧机自身故障现下为零线碰壳；锅炉房地面潮湿，接地和等电位连接工作没有做到位。安装燃烧机工作只能暂时中断。

这样，信用社的零线对地带危险电压，是存在危害的：

1.多数非专业人员认为将三极的空开拉闸后就彻底断电了，就可以放心地在电路上作业了，实际上零线对地的危险电压仍会造成电击。

2.零线对地的共模电压会影响信息设备的工作。

3.锅炉房地面潮湿，且没有局部等电位连接，零线对地的危险电压，增大了相关人员的危险。

信用社负责人联系到的电工提出的结论与解决方案是：信用社内部线路负荷分配严重不均衡、线路老化，造成零线对地带危险电压，需要将整个信用社的线路全部重新敷设。这显然在时间上和成本上都不是信用社所能接受的。

李柳河信用社锅炉房的电源来自营业厅办公室的电源箱，现场查看后发现信用社地处农村，进线电源线是三根相线和一条中性线，无PE线，配电系统应属于TT系统，但从信用社大院内接地体处单独引进了一条PE线至电源箱，再由这条PE线给各个负荷回路引出单独的PE线，且电源进线处零线对地就带有AC70多伏的电压。经测量、分析并参照王厚余先生的《建筑物电气装置600问》，得出的结论是：零线对地AC70V电压是因为信用社和附近几个村子公用的上一级变压器中性线上的对地电压降传导来的；造成变压器中性线上对地电压升高至危险电压的原因之一是负荷不均，但更主要的原因是农村各家各户的水井中潜水泵漏电后，用户不修理、不更换水泵。更危险的是将漏电保护器也拆了！这样水泵的漏电流经井水、大地回流至变压器中性点工作接地处，变压器中性线对地电压升高。参照王先生讲述的TN系统中任一相接大地故障的分析见本文图 1所示。

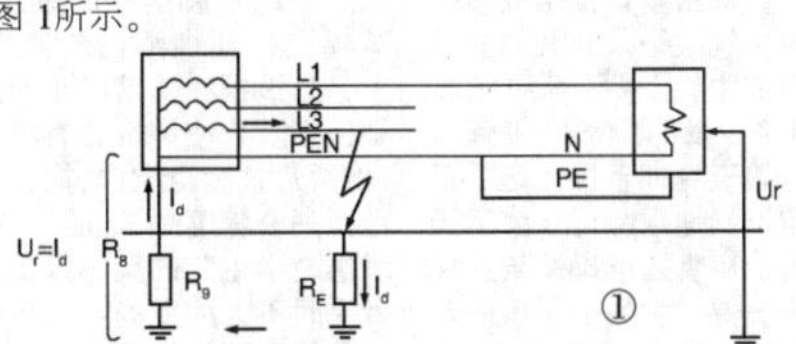

图7.6 TN系统一相接大地、设备外露导电部分带故障电压

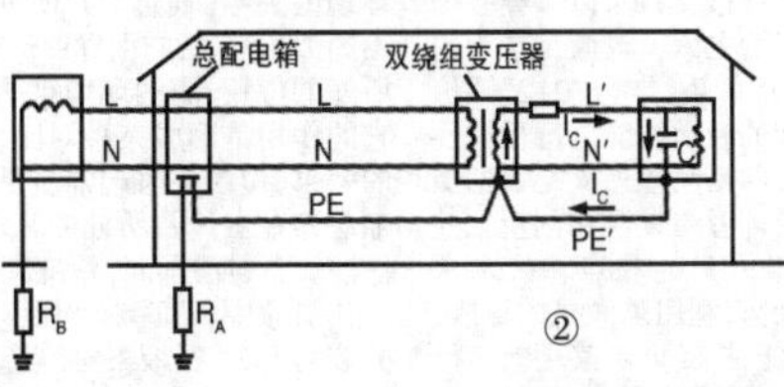

解决方案是：利用一台1：1的双绕组变压器，将信用社配电箱内除了四条进线电源线外，其他电气线路改成局部TN-S，并在变压器二次侧将中性点与PE线连接，见图2所示。

这样处理后零线对地电压为零伏，解决了零线对地有危险电压的问题。

其次，在锅炉房锅炉下方地面下埋设两圈间距为600mm的40mm×4mm的镀锌扁钢（如图3所示），锅炉的接地与其连接在一起，实现锅炉与大地间的等电位连接。

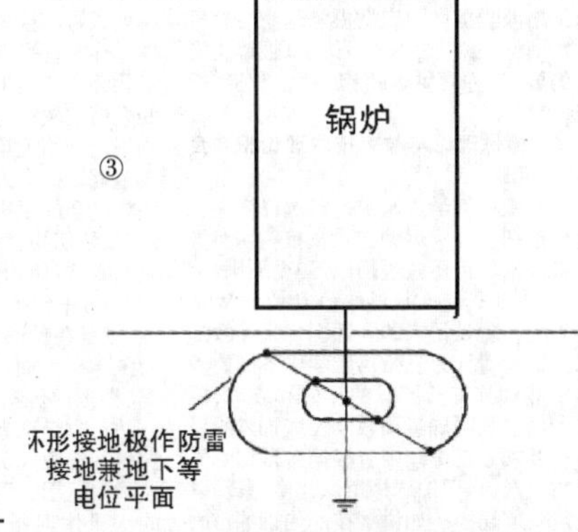

这样，李柳河信用社的供电系统出现的对地有危险电压的故障得到解决。

层叠电池电压偏低的再利用

目前数字万用表等其他测量工具常用9V或(6伏)层叠电池作为供电电源，但由于层叠电池容量有限，使用一段时间后，显示屏幕上就会出现欠压提示，需要尽快更换上新电池，否则会影响测量精度。

多年的实践经验中发现，将拆卸下来的电池用万用表测量电压多为7.6V左右，笔者有多块这种电池弃之可惜，想到“层叠”不就是将多片电池重叠在一起吗？既然它有7.6V的电压，说明电池组里面一定某片电池内阻变大或电压偏了。于是小心打开电池铁壳，看到它是由6片1.5V(12×10×6 mm^3)串联组成的（如图1），分别对每块电池进行测试，发现有两片电压偏低1.1V、0.8V，其余四块均为1.4V，将电压偏低的两片电池去掉，换上从另外拆开的层叠电池组里电压在1.2V以上的两片电池，将它们串联压紧并在周围缠上绝缘材料，(注意每块电池有裸露黑色粉末状的面为正极，不要搞反)放回原壳内敲紧。这样处理后的电池组还可以继续使用一段时间。对于有些不易买到这种电池的地方，采用此方法无疑是将层叠电池二次利用变废为宝，既经济又能解决一些实际问题。

另外拆散的层叠电池块(1.2V以上)还可以用在其他耗电低的电路上。如：用两或三片可作电子音乐片的电源，也可以用于发光管做的显示电路中(图2)；单片电池可作为耗电低的石英电子表电源(图3)等等。层叠电池的其他部分也有用，如铁外壳可制作屏蔽罩或小功率三极管的散热片；电池纽扣接头可用作其他电源的接头。总之层叠电池电压偏低时不要丢弃，把它用在其他耗电低的线路上发挥“余电”是可行的。这样既保护了环境，又节约了成本，何乐而不为呢。

顺便说一下，可充电的电池组(Ni－Cd、Ni－MH)等，如充电充不进去或放电过快等，都存在着个别电池内阻变大或损坏的问题，将有问题的电池替掉并换上同种电池，可使电池组正常工作。

◇周建国

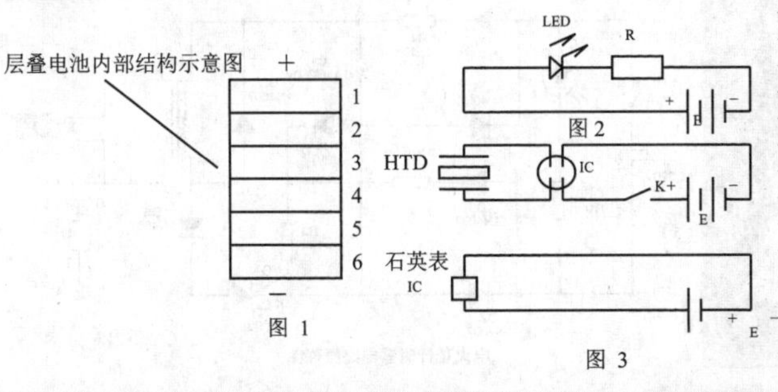

图 1 图 2 图 3

揭开“插座测试器”神秘的面纱

当我们购置新房或房屋装修完成验收时，往往需要对插座的接线进行检测，查看接线是否正确，在许多家庭中，一般会用电笔测量插座上是否有电，并确定插座上的插孔哪个是火线，但这种测量方式不能确定零线、地线是否正确连接。现在，有一种新的检测小工具，即所谓的“插座测试器”，它不仅能检测插座火、零、地三线是否接错，还能检测控制线路中的漏电开关是否正常。

插座检测器可能有不少人见过或者用过，它是房屋验收必备工具之一，插在插座上，通过三个发光二极管的亮或灭来判断插座接线是否正确，不懂原理的可能觉得很神秘，甚至有点高科技的意思，下面我们就剖析一个常用的插座测试器，来揭开“插座测试器”神秘的面纱。目前市场上插座测试器多种多样，五花八门，但基本结构和功能都差不多，笔者根据市场上购买的插座测试器实物绘制了电路图，希望大家对其有所了解，甚至制作一个。

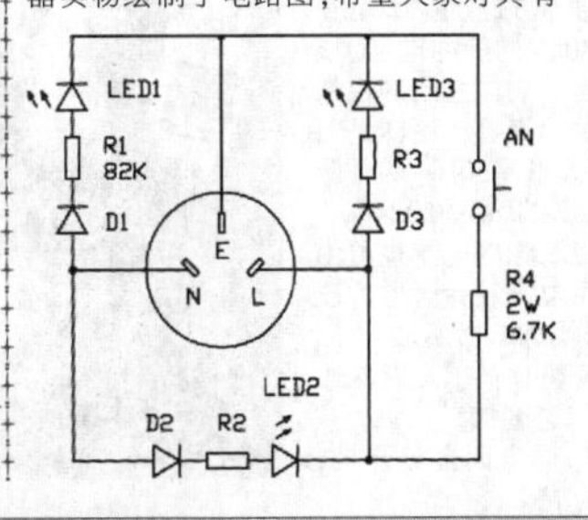

检查结果及原因

LED1	LED2	LED3	原因
灭	亮	亮	接线正确
灭	亮	灭	缺地线
灭	灭	灭	缺火线
灭	灭	亮	缺零线
亮	亮	灭	火零接错
亮	灭	亮	火地接错
亮	亮	亮	火地接错并缺地

三孔插座采用的是我国的标准接线方法，即：零线在左，火线在右，上面的是地线。插座测试器接入三个整流二极管1N4007是因为LED的反向耐压通常都达不到220V，所以接入整流二极管1N4007以保护发光二极管的PN结不被反向电压击穿损坏，3个82k电阻起限流作用。上面表格内容反映了检测出现的各种情况以及产生的原因，以便帮助查找问题。

当按下测试按钮AN时，在线路正常的情况下控制线路的漏电开关应立即跳闸。如果按下测试按钮，漏电开关不动作，其原因有两种：第一种是被检测插座零线与地线接反，在这种情况下，尽管插座测试器指示为正确接线，但漏电开关不会动作。第二种是被测插座内接线正确，但线路上的漏电开关已损坏需要维修或更换。

◇内蒙古 韩世文

微格教学摄像理论与技巧

微格教学作为一个有控制的教育教学系统，是对教师进行职前培养和在职培训课堂教学技能的理论和有效方法。现代教育技术手段贯穿在微格教学的角色扮演、反馈评价的全过程，教育技术人员利用摄录像设备科学、准确、及时、完整地记录受训者扮演"教师"教学行为，可以从视听两方面为指导教师和受训者提供反馈评价依据，这是微格教学实施过程中的一个重要环节。

微格教学有独特的摄像目的、执机方式、被摄对象和时空范围，它与新闻报道、宣传教育的摄像不同，微格教学技术人员应更新摄像理念，对画面的构图原则、景别的选取、镜头的设计以及镜头的组接等方面位运用现代教育技术理论予以重新认识。

通过多年的实践和理论研究，总结出微格教学摄像要遵循摄像理论与教育技术理论相结合的3个原则，掌握镜头设计的要点，并熟练运用镜头"组""接"的技巧。

1.摄像理论与教育技术理论相结合的3个原则

在微格教学摄像中，对选择镜头角度和景别、镜头运动方式及镜头切换等拍摄技术的运用应遵循以下3个原则。

1.1　导向性与训练的目的相结合　导向性，就是记录的画面引导指导教师和受训者看什么。微格教学中不同的教学技能训练有其不同的目的和要求，摄像人员必须明确各项教学技能训练的目的和要求。在记录中应根据各项训练的目的要求，合理地选择摄像角度、景别以及镜头的切换。如讲解技能的训练目的是：传授知识和方法、引起学习兴趣、启发思维、表达思想感情、提高能力。在教学行为方式上是"以语言讲述为主"，主要是教师讲、学生听的接受式学习。因此，记录画面应以"教师"为中心。根据受训者的教态(如表情、目光、口型、手势、体态等)的变化，采用近景和特写镜头，适当切换些反映学生听讲和师生之间感情交流的中景镜头。又如提问技能的训练目的是：激发学习动机、揭示和解决矛盾、复习巩固、反馈教学信息。在教学行为方式上是教师问、学生答，它是师生情感活动最丰富的交流方式。因此，记录画面应以"师生"交流为中心，用全景体现"师生"双边的教学行为。也可采用画中画或左右画面等组合方式，分别用近景突出"教师"提问的面部表情、手势，用中景表现学生回答的姿态。摄像人员应掌握导向性与训练目，的相结合的原则，忌教学技能训练目的不明确了以致滥用景别和组接方式，致使导向性模糊或错误。

1.2准确性与直观性相结合　准确性，就是及时准确地捕捉受训者容易忽视的教学细节。直观性是微格教学的显著特点，而及时准确是拍摄的关键。摄像人员及时准确地记录，使受训者在反馈评价中"用自己的眼睛看自己"，检查教学技能掌握程度如何，教学行为是否得当。如板书技能的训练中，记录画面应以黑板为中心。板书设计以全景记录，对板书中明显的错误和不足处，如"教师"笔顺错误或错别字，则由全景推至板书错误处以特写或定格镜头记录。又如演示(实验)技能的训练中，记录画面应以演示物为中心，组接少量的"教师"讲解时的表情镜头。为检查受训者操作是否正确规范，用近景准确地跟踪记录演示操作过程。摄像人员应掌握准确性与直观性相结合的原则，忌从"学生—黑板—老师"反复切换，"懒汉"拍摄，只闻其声，不见其人，致使画面准确性和直观性欠佳。

1.3评价性与完整性相结合　评价性，就是在反馈评价过程中，以指导教师为主导，受训者为主体，录像记录为依据，根据评价指标体系，结合"2+2"评价方法，对受训者的教学技能进行形成性评价。摄像人员的摄像理念支配着拍摄技术的运用，受训者的失误和创新之处的记录体现摄像人员的观点和技术水平。通过重放录像，利用录像机的重放、慢放、暂停等功能，把受训者某项教学行为放大，对其产生强烈的刺激，使其由直观认识到抽象思维，对训练中出现的问题的矫正成为可能并行之有效。摄像人员应掌握评价性与完整性相结合的原则，完整地记录受训者技能训练的全过程。忌记录不完整、画面模糊、停顿时间过短、特技过多、音响效果差，致使无法进行反馈评价。

在实践中，以上3个原则的综合运用能有效地整合微格教学的诸因素，使摄录、评价、训练一体化复合，达到良好的教学目的。

2.微格教学摄像中的镜头设计

镜头设计是指在拍摄过程中，依据构图原则合理地使用各种镜头。一般摄像理论中将运动镜头分为推、拉、摇(横摇和竖摇)、移、跟、进退和升降等7种，由于微格教室的摄像机是固定安装的，其运动方式是通过鼠标或按键控制云台和镜头，在同一时刻只能进行一个动作，故微格教学摄像中镜头的运动方式较为单一，可分为推、拉、摇(横和竖)几种，这就应精心设计镜头。

2.1 推镜头：教学细节的突出强化　推镜头主要突出和放大受训者教学技能训练中的重点和难点。通过"推"使画面的取景范围由大变小，被摄主体由小变大，起到突出教学细节的作用。它引导甚至"强迫"评价者对被摄主体的注意。推镜头时起幅和落幅的景别变化要显著，落幅应根据训练目的停在适当的景别上，且被摄主体落在画面最佳结构的中心位置。为使评价者看清画面，忌镜头"推"得过快。摄像中，推镜头常用于受训者板书姿势笔顺、实验仪器的操作、面部表情、"学生"的反应以及及时捕捉受训者平时不太注意的一些教学细节，如不良的习惯性动作等。

2.2 拉镜头：教学氛围的有效渲染　拉镜头主要表现受训者及其所处位置、环境的关系。通过"拉"使画面由近到远、由局部到整体，它引导评价者对被摄主体所处的位置、周围环境氛围的整体思考。它的作用是形成某种对比、反衬或比喻的效果。拉镜头时起幅应是被摄主体，落幅应停在主体及所处的环境位置上。为使评价者看清画面，忌镜头"拉"得过快。

摄像中，拉镜头常用于受训者书写的姿势形态到板书在黑板上的整体布局，"教师"提问到整个教室学生的思考和讨论，实验操作近景到实验仪器物品的全景，尤其是受训者不太注意的师生情感交流和课堂气氛等。

2.3 摇镜头：教学空间的和谐组合　摇镜头主要展示受训者的横、纵向空间，说明起幅与落幅画面之间的空间联系。通过"摇"使画面内容不断变化，弥补摄像画幅较小的缺陷。它起到给评价者对受训过程一个完整的印象和增大信息量的作用。摇镜头起幅落幅要准确，由全景中速均匀而平稳地摇摄完成。摇摄只是表现的手段，不是表现的目的，忌从"教师"摇到"学生"，再从"学生"摇到"教师"的频繁的交替。

摄像中，摇镜头常用于受训者讲解时在黑板前或学生中经常走动，扫视整个课堂气氛、实验操作过程以及所有仪器物品。

微格教学摄像中的镜头设计，要求我们对每个镜头到底要表现什么，受训者从中能学到什么应心中有数。要把握最佳时机，起幅和落幅准确而有意义。做到用力均匀，避免忽快忽慢，一顿一顿地断续运动。

3.微格教学摄像中的镜头"组""接"

由于安装在微格教室同一墙上的后摄像机(主镜头)主要拍摄"教师"，前摄像机(次镜头)主要拍摄"学生"，镜头的组接是通过特技机现场切换完成，故微格教学摄像中镜头的"组""接"与一般摄像理论中镜头的组接有所区别。

3.1　镜头的"组"　微格教学中，镜头的"组"是指同一幅画面由主次两个镜头组合而成。通常主次镜头可采用左右组合、上下组合，左(或右)上(或下)角画面叠加于另一个画面以及中间画面叠加于另一个画面等"画中画"的组合方式。如提问技能的训练中，"师生"的对话用左右画面组合，"教师"提问的近景用角画面叠加于"学生"思考的中景上。又如语言技能的训练中，"教师"的近景放于中间且叠加在"学生"听的全景上。镜头组合时，要注意两个画面的大小比例和位置关系。

3.2　镜头的"接"　微格教学中，镜头的"接"是指前后画面流畅连贯的连接。通常按照逻辑或时间顺序、动接动、静接静等连接方式。如导人技能的训练中，用全景引入"学生"刚上课的表现和课堂气氛，接一中景呈现"教师"的导入过程，即大景别到小景别的连接。又如强化技能的训练中，用近景突出"教师"某一强化方式，接一全景引出"学生"的群体反应，即小景别到大景别的连接。"动接动、静接静"是镜头组接的一般规律，若确有必要"动接静"或"静接动"，也须待"动"停下后再接"静"镜头，或"静"运动后再接"动"镜头。要注意画面内动作的完整性。

镜头"组""接"时，要注意画面的流畅连贯，时空的自然转换以及最佳的切换时机。应采用淡入淡出、划等方式中速切换，忌用叠印、飞人、翻转等方式故意制造效果。过多地使用纯技巧方式，会给人以不真实感而怀疑其准确性，影响反馈评价的效果。

◇辽宁　林漫亚

电火花计时器的维修方法

现在全国普通高级中学所有的物理实验室都有如图1所示的电火花计时器，它能够将物体的运动情况定时地记录在普通的一条白色纸带上，供学生使用刻度尺进行分析和计算。电火花计时器在物理实验教学中使用率颇高，有六七个学生实验都必须使用它，损坏率也颇高，因此实验仪器管理老师掌握电火花计时器的修缮，是很有必要的一件事，在这里愿和同行们对维修的方法进行一些切磋。

如图2是本人根据实物绘制的普通电火花计时器电路原理图：S1闭合，交流电压220V电流正半周经S1、D1、R1、C1、D2对电容C1充电，而负半时电流经D3、R2、D5、D4、S1导通，当稳压二极管D5上电压达到稳定值9V时，通过R3触发单向晶闸管T1的G极使其导通，此时正半周储存在电容器C1上的电压，通过变压器T2的初级、晶闸管T1放电，于是在变压器T2的次级产生高达约30kV的脉冲电压，该电压经放电针、墨盘纸、在被运动物体拖动的白纸带上能打出一系列放电燃烧时的点迹，这样是每隔一周放电一次，因交流电的频率是50Hz，两个脉冲放电点迹的时间间隔为20ms，即每隔0.02s打一个点。高压变压器T2产生的高压脉冲电流也可由接线柱X1、X2引出，供其他需用电火花计时器的仪器使用。该原理图元器件编号均为笔者所加。

电火花计时器的主要故障表现有：①无火花放电，不能打点；②虽有放电，但点迹轻淡。

故障检修：拆开故障机后，插电闭合S1开机，有电源指示灯的电火花计时器正常应该发光，若不然，常是电源线断路造成。当电源指示灯发光后，正常的计时器应能听见和看到放电针、墨盘纸之间放电打火的声音和现象，在电容C1两端用数字表测量时红表笔接电容器上端A点，黑表笔接电容器下端B点，用直流挡测约128V，换交流挡测约156V。若观察不到放电打火现象，直流电压无或偏低，应检查电容器的正半周充电电路元件，特别是储能电容C1的阻值是否有变，若无交流电压或偏低，应检查电容器放电电路、稳压二极管D5、晶闸管T1。

单向晶闸管T1(1A400V)的测量方法：将其拆下，用万用表R×1Ω挡，红表笔接晶闸管的负极K，黑表笔接正极A，这时表针无读数，然后在黑表笔连着正极A的同时，用黑表笔触碰控制极G，这时表有读数，将黑表笔再离开G极，这时表针仍有读数不变，说明晶闸管完好可用，否则应更换此管。

高压变压器T2的检查可使用万用表R×K挡，直接测量X1、X2的两端，其阻值约有3kΩ，否则应该判断次级断路或是短路，再找到故障点予以排除。

由于电火花计时器原理简单，元器件少，维修难度较低，还可找一只同规格能正常工作的电火花计时器与故障机点对点地关机测电阻或开机测电压，对比着来查找故障元件，因此对电火花计时器进行维修绝非难事。

◇广西　张晓宇　刘莉敏

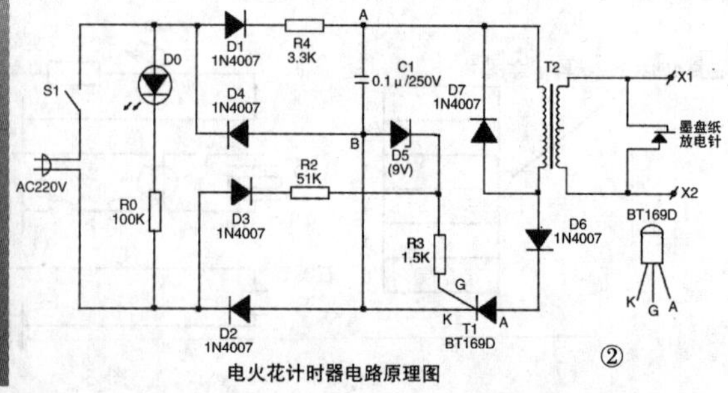

电火花计时器电路原理图

数字中波(DRM)在张家港中波发射台的成功应用

20世纪初，525kHz~1610kHz的中波波段被划为国内无线广播使用，此后中波调幅广播得到了快速发展，一度也成为覆盖面最广、收听率最高音频广播，但由于本身缺点，信号质量差，易被干扰，特别是调频广播的出现，目前模拟中波广播已经被边缘化，基本上只是政治意义存在，如没有实质上技术突破，有可能被淘汰的命运，在这现状下，数字研发是中波新生的唯一途径。欧洲早期的DAB+，美国NRSC-5C，1989年开始，DRM技术在欧洲开始提出，目前被广泛应用。

DRM充分利用数字音频压缩技术和数字编码传输技术的最新成果，保留模拟调幅广播优点，也解决了模拟调幅广播的缺点。而且可不改变现有的频率规划和频谱分配，只要在原模拟发射机(PDM、PSM、DX系列等)增加相应的数字化改造模块就可以了，数字化门槛很低，易于实现从模拟到数字的平稳过渡。譬如在国内，2004年9月，江苏省中波发射台和法国泰雷兹公司联合进行了中波数字广播(DRM)测试，效果非常好。

在2016年初，张家港中波发射台利用江苏应急广播试点在张家港的时机，把数字中波(DRM)作为其中的一路应急通道，资金上有了保证后，张家港中波发射台和北京崇信众城科技有限公司合作，成功改建数字中波(DRM)。下面介绍数字中波广播(DRM)在张家港应急广播系统中情况：

一、中波数字信道应急广播在张家港应急广播系统中的作用

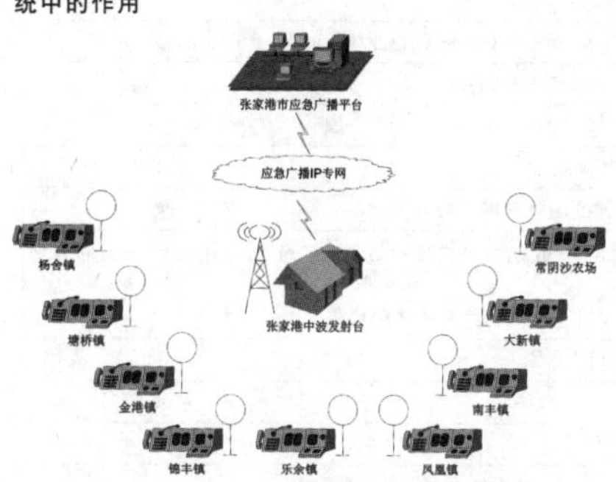

中波数字信道应急广播系统在整个张家港应急广播体系中起着重要的作用，最初在全市九个乡镇部署了中波数字信道接收终端，将应急广播信号接入到乡镇公共广播系统，完成应急广播传输覆盖的任务。

二、模拟中波发射机的数字改造

现有的中波发射体系是模拟发射系统，要使它完成数字信号的发射任务需对激励系统，天调系统等进行改造、调试。

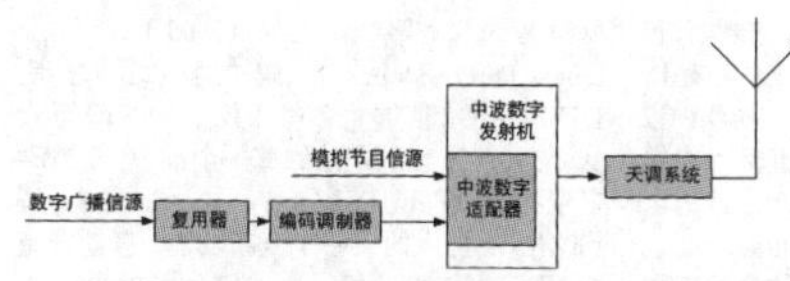

改造要达到能建立多模式(模拟、数字)切换的中波广播发射系统、测量各种工作模式下发射机的功率、效率等性能指标、测试相邻频道同播时模拟与数字之间的相互影响、路测数字广播接收情况等。改造主要设备有复用器、编码调制器、中波数字适配器等。整个系统需要设备有：

序号	名称	单位	数量
1	应急广播消息接收验证适配器	台	1
2	数字中波发射机适配器	台	1
3	数字中波复用编码调制器	台	1
4	中波数字信道应急广播接收适配器	台	9
5	中波接收天线	台	9
6	网络交换机	台	1

通过中波数字化改造后，中波发射台能对应急广播节目的DRM编码、信令复用、发射覆盖。当中波应急广播局端设备接收到中波DRM信号中的信令后，经过身份核实并解析判断该广播属于本地寻址广播时，在终端设备控制下唤醒相关应急广播设备（调频音柱设备、定压广播设备），与此同时，终端设备实时解码DRM信号中的压缩音频，以模拟音频输出给后续的本地广播设备，完成应急播报。我们把中波应急广播局端设备放置在市应急播控中心、镇应急广播中心、村广播室、企事业单位广播室，用于实现本级应急信号的中波接收和寻址控制。

三、数字中波(DRM)在应急广播中能实现自动播出控制

我台以中波频率1557kHz备机作为改造成数字中波发射机，原来的模拟发射机为北广的PDM机，不启用应急广播时，平时可作为模拟中波发机正常使用。中波数字信道广播的工作流程包括节目信令的数据复用、信道编码、射频适配、功率推送、天馈线发射等几个环节，播出体系采用模拟制式与数字制式轮播的技术形式，在平时状态下采用模拟制式进行播出，在应急广播启动时采用数字制式进行播出。

改装后的数字中波发射机(DRM)，工作模式采用应急广播消息接收适配器直接控制发射机备机采集器

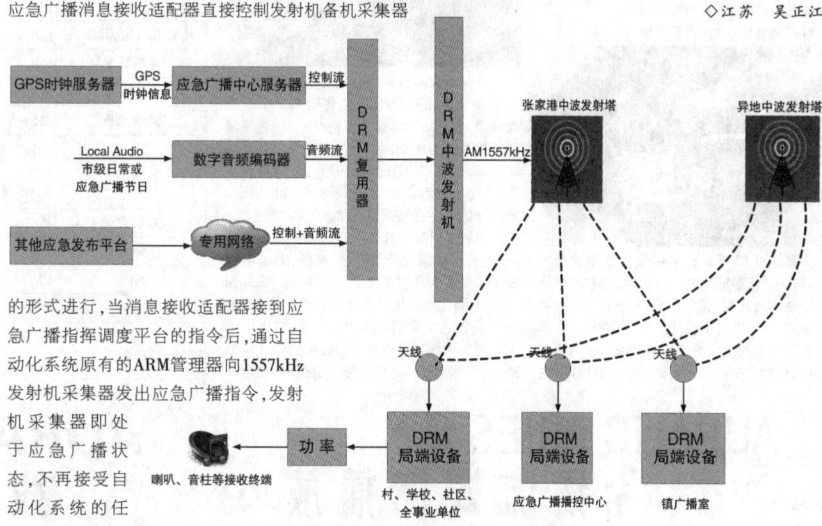

张家港应急广播数字中波系统图

的形式进行，当消息接收适配器接到应急广播指挥调度平台的指令后，通过自动化系统原有的ARM管理器向1557kHz发射机采集器发出应急广播指令，发射机采集器即处于应急广播状态，不再接受自动化系统的任何指令，同时判断发射机的工作状态，如果处于主机播出状态，则关主机，倒换天线状态，备机采集器将备机工作模式置为数字播出模式，开启备机。如果处于备机播出状态，则通过备机采集器将备机置为数字播出模式。如果1557kHz处于停播状态，则通过备机采集器将备机置为数字播出模式，开启备机。在应急广播命令解除之前，发射机处于不关机状态，直到接到应急广播解除命令为止，恢复正常播出状态，同时将备机的工作模式恢复为模拟播出制式。为了平时测试方便，系统设计了1557kHz的备机的工作制式(数字/模拟)的灵活切换模式，通过播出制式切换器来实现，播出制式切换器提供了手动和自动两种工作模式，当处于手动工作模式时，通过设备的按钮来切换1557kHZ的工作制式，当处于自动工作状态时，通过1557kHz备机采集器输出的IO信号输入给播出制式切换器进行控制。播出制式切换器的IO输出直接输送给发射机的数字适配器，最终能实现发射机播出制式的切换。

RS232
1557kHz主机
1557kHz备机
备机采集器
RS232
RS422
假负载
数字适配器
IO
主机采集器
播出制式控制器

2017年初，应急系统全部安装调试后的测试，完全达到了预期，在2017年3月也通过了省局的验收，其中数字中波(DRM)各项技术指标在应急系统中也全部达到了要求。

虽然我台的数字中波(DRM)目前只是作为应急广播，而且由于接收终端价格昂贵，还不能大面积推广，但作会有益探索，我们和苏州中波发射台高工还是对数字发射的强场进行了测试，实测强场强度能完全覆盖全市，空旷处基本都能达到50db以上，收听效果也非常理想，达到了CD音质，比普通模拟广播低6-10db就能清楚收听到节目，坚信随着科技发展，数字中波接收终端成本达到平民价格后，中波广播将会焕发出新的活力。

◇江苏　吴正江

无线蓝牙降噪便携头戴耳机
JVC HA-S88BN

近年来JVC在耳机产品方面持续发力，一直都是新品不断，JVC的木振膜音频产品都给爱好者留下了很深的印象，JVC对产品的创新也是许多厂商值得学习的地方。JVC推出的头戴降噪耳机，同样也有许多创新点，性价比也不错。

这款JVC降噪耳机型号是JVC HA-S880BN，外包装相对国产耳机来说有些普通，非常简约。拆开包装，耳机以黑色为主，转轴与腔体外壳边缘采用银色点缀，显得很有档次，大厂的设计水平可见一斑。耳机腔体外壳采用亮面设计，出街使用颜值足够高，但容易留下指纹和油污，需要经常擦拭。耳机耳罩部分采用蛋白皮材质，柔软有弹性。笔者也长时间佩戴体验过，能将整个耳部包裹其中，不会对耳朵造成压力，佩戴感觉十分舒适。

耳机头梁部分也采用蛋白皮质材料包裹，与头顶接触的地方十分柔软。耳机的伸缩调节也试过几次，非常扎实，不会有松松垮垮的感觉。耳机的按键功能丰富，满足所有蓝牙连接下的操作。所有按键都集中在右侧腔体上，依次为：降噪开关键、播放/暂停键（也

可接听电话）、耳机音量加减键、3.5mm音频输入，micro USB充电接口以及蓝牙开关键。不同于其他蓝牙耳机，在S880BN的左侧腔体上还有NFC感应区，使用带NFC的安卓设备即可快速将设备与耳机蓝牙配对。

再来看看耳机的配件，耳机包装内除了充电线，3.5mm音频线之外，还附赠一个耳机收纳袋，在不用的时候将耳机收起来，还能起到保护耳机的作用。

耳机使用2.4GHz蓝牙传输，经过笔者实测，在办公室环境中，使用手机与耳机相连，五六米的地方连接都很正常。

试听器材我们选择了iPhone7作为播放前端，进行了试用，对于网友们来说，iPhone7应该不需要笔者再过多介绍了，在砍掉了3.5mm耳机口后，无线蓝牙耳机已经成为苹果主推的新产品，甚至到现在AirPods耳机都供不应求。而各大耳机厂商也都相继推出蓝牙耳机新品，可见未来的市场竞争一定会愈演愈烈。

为了能有高品质的无线音频，我们也使用了飞傲X7二代进行了音乐方面的试听。以此更全面地挖掘这款耳机的声音表现。打开耳机蓝牙，红蓝灯交替闪烁，开始将手机与耳机配对，配对完成后即可开始欣赏音乐了。按照官方的说法关闭降噪听音乐时耳机有27小时的续航时间，仅开启降噪使用有线听音乐续航时间能达到35小时。降噪时间达35小时，时间虽长，但具体降噪效果怎么样呢？不听歌，仅开启降噪以后降噪效果比较明显。在办公室用基本听不到环境声了，连敲击键盘的声音也几乎听不到了。除了在办公室使用，笔者还带着这款耳机坐了回地铁，地铁在刚加速的时候车内的风声和车轮与轨道的摩擦声还是很大的，带上这款降噪之后风声基本没有了，刺耳的摩擦声也相应减小，如果是在机场的话，这个降噪效果也足以够用。

再来说说音质，我们试听音乐的时候为了能有更好的音质体验，将降噪关闭进行试听。试听的歌曲以流行为主，也试听了一些乐器独奏。笔者觉得这款耳机中低频很有弹性，一些男声摇滚听起来非常带感，使用蓝牙连接时，细节也能比较好的保留，基本不输有线连接时的音质。在出街使用的时候用蓝牙与手机连接也非常方便，使用起来非常轻松。

总结：

JVC HA-S880BN这款耳机市场参考价1199元，功能也非常丰富，降噪、NFC俱全，对于想体验降噪的朋友来说非常值得入手。这款耳机做工也非常不错，佩戴体验感觉也很好。我们也希望JVC在降噪上再创新，为我们带来更好的降噪耳机产品。更多精品耳机，尽在十月成都展。

JVC HA-S880BN 技术参数如下：

型号	「HA-S88BN」
形状	便携包耳式
输出/最大通讯距离	Bluetooth 标准规格 Power Class2/约 10m※2
对应 Bluetooth 配置	A2DP/AVRCP/HFP/HSP
编解码器	SBC
内容保护	SCMS-T 方式
频响范围	8Hz~25,000Hz(使用附带的耳机线)
电池续航时间	无线：约 27 个小时※1(关闭降噪功能时)/约 16 个小时※1(开启降噪功能时) 有线：约 35 个小时※1(开启降噪功能时)
充电时间	约 3.5 小时
降噪功能	○
NFC	○
电源	DC3.7V、内置锂电充电电池
重量	约 195g
附件	充电用 USB 线、耳机线、便携袋

AURALiC ARIES G2
无线流媒体播放

ARIES G2 无线流媒体播放器，可以通过家中的无线网络播放 NAS 或 USB 移动存储器当中的音乐文件，也可以让您通过网络流媒体服务和网络电台欣赏高品质音乐。您还可以为其内置一块 2.5 寸固态或机械硬盘，ARIES G2 将会成为一台全功能的音乐服务中心：通过其内置的专利软件，您更可以方便自如地对“音乐图书馆”进行管理。为了达到最精确的数字处理水平，ARIES G2 采用了最新的电流隔离技术和超纯净电源控制技术，并装备了双飞秒时钟（Dual Femto Clocks）与屏蔽 EMI 干扰的一体化铝制机身。ARIES G2 的出现，为数字流媒体产品树立了全新的标准。ARIES G2，可以通过 Lightning Link 接口（声韵音响专利传输接口）、高速 USB2.0 音频接口、AES/EBU、数字同轴和光纤接口，准确、可靠地将数字文件传输到数字解码器当中。ARIES G2 的核心处理器比过去的 ARIES 流媒体桥快了 50%，而系统内存和数据存储量则是原来的两倍。这意味着 ARIES G2 可以更加自如地处理 DSD512 和 PCM 32bit/384K 的文件，并将数据丢失的可能性降至最低。凭借声韵音响所开发的 Lightning 流媒体技术，ARIES G2 可以通过无线网络连接您所收藏的所有数字音乐文件，并可以提供：设备播放列表，内存缓冲，无缝播放，完美的多房间控制等功能。ARIES G2 除了使用 Lightning DS 软件进行控制，最新的设备固件提供了浏览器接入接口，让您可以在各种智能终端（手机、平板电脑、个人计算机）对 ARIES G2 进行设置。此外，ARIES G2 在兼容 AIRPLAY 的同时，还是一部经过认证的 RoonReady 终端，可以无缝集成 Roon 软件。ARIES G2，是现在市场上最为灵活的流媒体设备。

AURALiC VEGA G2
数字解码中心

VEGA G2，一款可以完美应对当今所有数字音乐格式的解码中心，最高支持 DSD512 和 PCM 32bit/384K。同时，VEGA G2 还具有强大的流媒体功能，可以直接读取您的音乐文件。VEGA G2 采用了全新设计的电路架构，以声韵音响开发的 Tesla Platform 运算平台为基础，对音乐数据进行缓冲、处理和精密校准后，传输给我们订制的解码芯片。得益于极其精确的“双 72 飞秒时钟”（Dual 72 Femto Master Clocks），VEGA G2 在音响行业中实现了一个创造性的突破：解码器能够无视外部信号频率，而完全独立地处理数字信号。这意味，VEGA G2 不需要锁定数字源的时钟频率，就可以对数据进行缓冲。因为摆脱了外部时钟的限制，使得 VEGA G2 可以完全消除数字源及数字传输中的抖动（jitter-free）。VEGA G2 搭载了最新升级的 Tesla Platform 运算平台，采用四核心处理器，1GB DDR3 内存和 4GB 存储空间。同时，全新的 Galvanic Isolation 电流隔离技术，可以将不同电路之间传输的数据进行物理隔离，配合超低噪音的双电路线性电源（Dual Low-Noise Linear Purer-Power）所供应的纯净的电力，使得 VEGA G2 能够将各类干扰、噪音降至最低，忠实还原音乐文件的每一个细节。全被动音量控制（Fully Passive Volume Control），是 VEGA G2 提供的又一个全新功能。声韵的音响为 VEGA G2 设计了一个非常独特的电阻衰减网络来进行音量控制：音量设置后，就不会再有电流进入控制组件中，将外界干扰降低至零。再配合 ORFEO 甲类输出模块，令 VEGA G2 展现出令人难以置信的音乐还原能力。

2018年9月16日出版
实用性 启发性 资料性 信息性
第37期
（总第1974期）
国内统一刊号:CN51-0091 定价:1.50元 邮局订阅代号:61-75
地址:(610041)成都市天府大道北段1480号德商国际A座1801 网址:http://www.netdzb.com
让每篇文章都对读者有用

图形API发展史

现在手机同质越来越严重，又有厂商推出游戏手机：小米旗下的“黑鲨”、努比亚旗下的“红魔”以及雷蛇 Razer Phone；其CPU还是和其他旗舰机一样都是骁龙835或845、主要卖点在于散热、温控等。殊不知很多人在追求硬件的同时，图形的API渲染对于游戏的流畅程度同样重要。

我们拿目前最流行的手游《王者荣耀》举例，仔细观察《王者荣耀》登入界面的左上角，可以发现有“O2,T”“O2,F”等字样，视设备不同，还会出现“O3,T”“O3,F”“V,T”“M,T”，这些字样其实就标明此时的《王者荣耀》所使用什么图形API来运作，以及是否使用多线程优化，字样的含义具体如下：

O2：使用OpenGL ES 2.0 API

O3：使用OpenGL ES 3.X API

M：使用Metal API（iOS平台特有）

V：使用Vulkan API（安卓平台特有）

T：使用多线程（多线程True）

F：使用单线程（多线程False）

这些图形API在效率上有优劣之分，使用不同的API会极大程度影响流畅度，这也是为何有人用上骁龙845反而没有骁龙660流畅的原因。

下面就大致从年代顺序上讲讲手机图形API的发展。

OpenGL ES 2.0

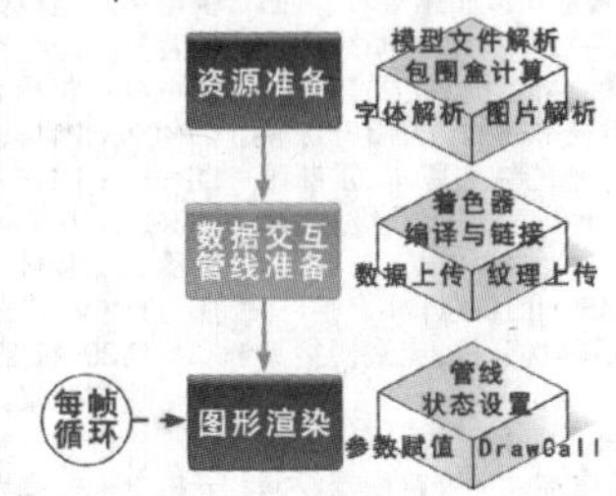

OpenGL ES由OpenGL（PC端）演化而来，精简了OpenGL的大量内容，以适配移动设备，几乎所有的手机都会支持OpenGL ES这个图形接口。OpenGL ES 2.0版本于2007年3月发布，安卓2.0（NDK）/安卓2.2（JAVA）、iOS5以后的版本，以及黑莓OS、WebOS等平台都支持OpenGL ES 2.0，普及率非常高。

不过OpenGL ES 2.0针对不同的硬件，需要游戏提供不同的纹理包进行适配，不同的GPU（比如PowerVR、Mali、Adreno、Tegra等）需要不同的纹理包，非常麻烦。这也是为什么《王者荣耀》显示是“O2”基本上都会卡顿的主要原因之一。

OpenGL ES 3.X

这是OpenGL ES 2.0的升级版本。安卓4.3、iOS7以后的版本支持OpenGL ES 3.0，安卓5.0之后的版本支持OpenGL ES 3.1，安卓6.0以后的版本支持OpenGL ES 3.2。苹果在iOS8开始主打Metal图形API，不再以OpenGL ES为重点。

OpenGL ES 3.X使用了统一的ETC2/EAC纹理格式，不再需要为不同的硬件区分纹理包，而且使用了新版的着色语言，增强了纹理功能；而3.1版本中支持通用计算着色器、3.2版本中支持新的ASTC纹理格式等改进，也都大大拓展了OpenGL ES的应用范畴，提升了效率。

目前OpenGL ES 2.0和3.X还处于长时间并存的情况，OpenGL ES 3.X兼容旧版，在支持OpenGL ES 3.X的设备上，游戏依然可以使用OpenGL ES 2.0的接口。也因为如此，目前仍有不少游戏使用OpenGL ES 2.0，这主要是出于兼容性方面的考虑。

Metal

从iOS8开始，Metal API逐渐替代了OpenGL ES，现在Metal已经成了iOS和macOS的专用图形API。Metal的运行效率有多高？举个例子，同样配置在macOS上《魔兽世界》和《星际争霸2》从OpenGL换用到了Metal，性能可以提高了50%。目前，iOS上的一流游戏大作基本都使用了Metal，这一方面能够使用更华丽的特效，另一方面也能够保证游戏的流畅度。因此《王者荣耀》中看到“M,T”的显示，那么就完全无需担心会卡顿和掉帧了。

Vulkan

2015年，Vulkan在当年游戏开发者大会（GDC）上发表。直到安卓7.0发布时（2017年初），才正式加入Vulkan API以提升安卓的图形性能。Vulkan的优点和Metal类似，远比OpenGL ES高效，能够访问OpenGL ES所不及的GPU特性，Vulkan相较于OpenGL ES 3.X，对图形性能的提升也是巨大的。

相对于Metal只能作用于iOS和macOS；Vulkan则是支持更多的平台，除了安卓，还支持iOS、Windows、Linux甚至任天堂Switch等平台。Vulkan更适用于了8核心乃至10核心的处理器等多线程SOC，相信越来越多的游戏厂商和手机厂商都会发布支持Vulkan的接口。

一般说来如果游戏界面显示“V,T”，那意味着得到了安卓上最好的优化。

（本文原载第27期11版）

双WiFi

双通路Wi-Fi（2×2 Wi-Fi）顾名思义是在单路Wi-Fi的基础上增加了一根天线。通过两根天线共同作用实现数据双发双收，由此大大提高手机连接Wi-Fi信号的数据吞吐量以及接收信号范围。从而保证了手机上更稳定的连接、实现更快速的下载速度，并大大降低网络延迟，避免卡机。

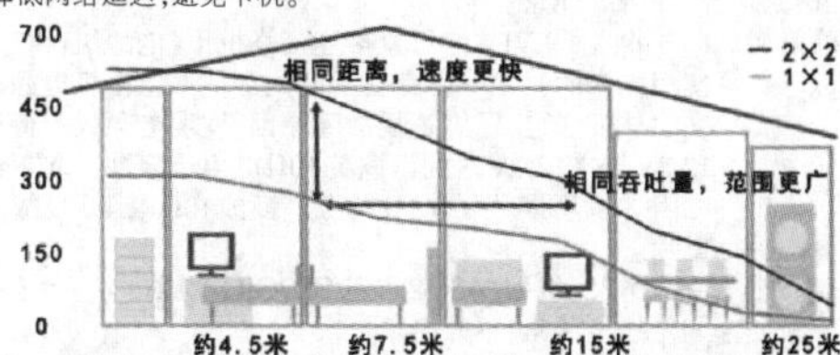

在覆盖上，2×2 与 1×1 相比大大拓展了覆盖范围，甚至在难以到达区域速度快至2倍，如果房屋有更大面积和更多墙体，性能提升甚至可能更高。

在网速上，即使在受限的互联网/DSL连接条件下，2×2也能实现更快的下载速度及更流畅的视频体验。特别是在丢包率上，终端在Wi-Fi空中发了100个数据包，丢了5个包，它的“丢包率”大概就是5%。从丢包率角度来看，丢包率大于5%的概率情况，2×2 Wi-Fi只有5%，1×1 Wi-Fi则将近90%的概率，1×1 Wi-Fi更容易丢包。虽然这不代表1×1 Wi-Fi丢包严重，但其100个包丢了5个包的概率就比2×2 Wi-Fi高。

在时延上，2×2 和1×1在同样的情况下，计算数据时延大于40毫秒的概率，2×2 有3%的概率会超过40毫秒时延，而1×1有12%的概率会超过40毫秒时延。这就意味着，1×1和2×2 在同样的网络环境下，2×2 的时延表现会更好。

简而言之，2×2的优势在消除厚砖和混凝土墙壁的住宅和办公区域中的网络死角上尤为明显，能让用户在整个住宅或办公区域都能享受几乎不卡顿的视频、更快速的下载和卓越的连接体验。

目前，高通旗下中高端移动平台（包括骁龙845、骁龙710、骁龙660移动平台等）均已支持双通路Wi-Fi（2×2 Wi-Fi）技术。

（本文原载第27期11版）

iOS12 降到 iOS11.4

虽然说iOS12已经面市一段时间了，不过有的用户反应会出现各种bug或者是使用不习惯。下面就说下如何将iOS12降级为iOS14.4版本。

准备工作

1. 首先需要一台苹果Mac OS系统电脑（Windows系统电脑也可以）。

2. 然后在电脑上下载和安装最新版的iTunes 12软件工具，注意：如果是 Windows系统要区别32位和64位系统，64位系统必须安装iTunes 64位版本，32位系统必须安装iTunes 32位版本（附官方下载地址：https://www.apple.com/cn/itunes/download/）。

3. 在电脑上下载iOS 11.4正式版固件，大家可以自行百度或者在http://iphone.265g.com/news/170570.html里选相对应的手机版本。

4. 做好数据备份工作。

正式操作

1. 将iPhone设备通过数据线与电脑进行连接，打开刚才下载的iTunes 12工具，这个时候iTunes工具会弹出对话框提示“您要允许这台电脑访问此iPhone上的信息吗”，点击“继续”即可。同时iPhone也会弹出对话框“要信任此电脑吗”，这个时候必须点击“信任”，还会要求输入解锁密码再次确认（不点击信任的话，是无法完成后面的工作的，所以这个时候千万看仔细一点，不要误以为是病毒感染电脑之类的就立马点击“不信任”）。

2. 成功连接之后，会看到iPhone当前的是系统版本是最新的iOS 12系统版本信息，需要在下方点击一下“检查更新”按钮；操作方式为按住电脑键盘上的“Shift”键不放，并且鼠标同时点击“检查更新”」（注意：如果直接点击“检查更新”，iTunes会默认升级系统，而不是恢复系统；因此必须“Shift键+检查更新”）。

3. 接下来会出现一个选择固件的界面，比如提前在电脑上下载好的“iPhone设备的iOS 11.4”正式版固件并选择“打开”。然后iTuns 12工具会自动提取固件同时提示：在iPhone上输入口令来继续此次iOS更新，这时直接点击下方的“继续”；然后 iPhone会收到了6位数字的口令，将口令输入来自iTuns 12工具的对话框当中，点击“继续”，iPhone会自动重启，自动会进行系统安装，具体安装时间跟设备性能有关，最长时间也就20分钟，这段时间只需要不断电，耐心等待就行了。

（本文原载第30期11版）

(紧接上期本版)

长虹液晶电视检修实例(下)

例16:机型:55Q3T (ZLM65HIS2机芯)

故障现象:遥控器语音控制功能失控

分析与检修:电视机开机后,操作遥控器上的按键都正常,联网后按遥控器"语音"键,屏幕上有"语音"字符显示,对着遥控器说话,电视机没反应,判定遥控器损坏。

拆开遥控器(型号:RBE900VC),取下轻触塑料薄膜按键,找到语音接收模块N1。该模块是BGA类型,用热风枪重新焊接N1后,故障排除。

例17:机型:50Q3T (ZLM65HIS2机芯)

故障现象:语音直播收不到台

分析与检修:该机使用移动宽带,使用遥控器语音功能收看不到中央电视台,搜索无结果。通过U盘刷机(ZLM65HIS2-V100030)后,故障没有排除。在工厂菜单恢复出厂设置,故障还是没有排除。于是更换网络,使用手机热点接收,故障依旧。远程查看用户家网络联通情况,IP地址和访问路径都正常,查不出网络上有问题。再次进入工厂菜单恢复出厂设置后,先不连接用户家网络,而是先连接手机热点,能正常搜索到中央台节目,然后断开手机热点,连接上用户的移动宽带后,搜索到中央台节目,故障排除。

例18:机型:43Q2N (ZLM60H-i-8机芯)

故障现象:光闪

分析与检修:一台43Q2N电视机,客户反映电视机背光闪烁,1~2天就要出现一次。观察两天一直不出现故障,反复观看客户录制的视频,发现背光闪时,电视机声音一直正常。该机使用的是HSL70D-1SG480-I二合一电源组件,分析故障原因有以下几个方面:

1.背光灯串存在接触不良现象。

2.电源板PFC电路间歇性工作,致使390V跳变,进而影响背光驱动输出跳变。

3. 背光驱动电路故障引起背光驱动输出电压跳变。

4.主板输出的BL-ON背光开关信号,以及PWM背光亮度控制信号跳变。

5.用户的电源电压不稳定,严重偏离。

由于一直无法观察到故障,也无法测量到故障时的电压。轻拍电视机也无反应,反复了解故障前后的情况,得到关键信息。用户说晚上故障容易出现,有时候还出现2~3次,有时早上起来放,开机就只有声音没有图像,多开几次才有,要不就拍一下电视才会有图像。检查故障电视机显示屏,没有发现内部有明显接触不良现象,处理屏内部插头、插座的焊点后,观察使用一一段时间没有出现上述故障,确认故障排除。

例19:机型:55D3P (ZLH74G-i-1机芯)

故障现象:搜索不到5G网络信号

分析与检修:机器搜索无线信号2.4G工作正常,5G信号搜索不到,使用手机搜索路由器5G信号正常。对路由器进行检测,用户使用(斐讯K2)大空间穿墙路由器。首先将路由器名称改为默认名称,测试无效。对用户密码进行更改为纯数字或纯英文字母依然无效。对信道进行更改,当更改到149~165时,电视能搜到5G信号,工作正常。

例20:机型:55U1(LJ7F)(ZLS58G-i机芯)

故障现象:不开机

分析与检修:直观检查,发现电源板保险下面有烧黑现象。用二极管挡测量,背光驱动电路整流二极管DP407短路,驱动管QP204、QP206短路,PFC驱动电路UP202(FA1A00)的⑥、⑦脚之间短路,UP202的⑤脚外接电阻RP508开路,电阻RP223、RP231、RP231开路,PFC驱动管QP205短路,保险被烧开路,初步判定背光灯条局部短路造成上述元器件损坏。

背光驱动电路的输入电压是PFC电路输出的380V,方便背光电源输出高电压大电流,但也是这个原因,背光驱动短路也会迅速造成PFC驱动功率管QP205的过流损坏。更换上述被损坏的元器件后故障排除。

例21:机型:UD49D6000I(ZLM60HIS机芯)

故障现象:主场景正常,进入电视自带播放器状态后,电视机出现有声音无图像的灰屏现象

分析与检修:进入工厂菜单的第五项,选择"应用程序清理",电视机重启后恢复正常。此类现象比较常见,每当出现此种情况,进入总线后可以看到乱码显示,而且机器型号和屏参项是空白的。此问题的产生一般与用户下载安装第三方软件有关。下载的软件过大,电视内存不足,就是卸载了所有软件也不能恢复正常,只能恢复出厂设置,或者进行应用程序清理才能解决问题。建议用户定时清理,少装非系统软件。

例22:机型:50Q3T (ZLM65HIS2机芯)

故障现象:屏幕中部出现蓝色竖带

分析与检修:此机显示屏的型号是C500U15-E3-A。刚开机时,图像声音都有,但在屏幕中部出现两条蓝色竖带。根据一般经验判定,此故障与液晶屏组件有关,应检查逻辑板,以及逻辑板连接线。

拆机检查逻辑板连接液晶屏的两组排线,其中一组排线的接头处有两路引线靠在一起,将其分开,通电开机正常,故障排除。

例23:机型:UD42C6080ID (ZLS47His机芯)

故障现象:死机

分析与检修:开机后机器停留在长虹LOGO界面,不能继续运行。从电脑里面导出升级软件到U盘,将U盘插入电视机,然后再次开机,系统显示升级中请稍候,大概5分钟左右,机器升级完成。连接无线网络,打开视频软件正常,所有播放功能正常,但是关机后再次开机,机器能正常开机,开机音乐正常,但是黑屏,背光不亮,液晶屏模模糊糊有图像显示。打开后罩,测量背光电压为33V,说明背光没有工作,正常工作电压应该是42V左右。

检测背光取样升压电路,未发现故障,从最初开机可以显示长虹LOGO,以及升级后可以正常观看,判断不应该是灯条出现问题。检测主板背光控制电路,发现背光控制电路没有工作,再次分析该机原始故障为死机,升级后出现主芯片坏掉的概率很低。查看升级软件版本为1.00022,是该机最原始的软件版本,重新下载软件,系统中最高版本为1.00046,再次升级,故障排除。

例24:机型:55Q2N (ZLM50HIS机芯)

故障现象:关机2~3小时后再次开机,无线网络又要重新连接

分析与检修:电机机关机,等3小时后再次开机WIFI连接断开,需要重新手动连接。怀疑路由器没网络信号,可是手机和电脑联网正常。出问题时检测电视机网络,发现网关都是0.0.0.0.,证明电视机关机后过一段时间与路由器联系断开了,问题也跟路由器设置有关系。路由器有个IP租期,可以把地址租期设置成2880分钟即可。电视中有一个快速联网功能,原则上在IP租期以内,短按 POWER键待机,开机时可以直接与原来的网络连接继续使用。超期则会主动断开重连,解决问题的根本办法是长按关机键关机,或是交流断电。

例25:机型:LED55B10TP(L2M)(ZLM41GE机芯)

故障现象:更换逻板后图像倒立,无法调整屏参

分析与检修:此为触摸教育一体机,原机故障是开机灰屏,背光亮无图像,经过检查发现机器逻辑板损坏。更换逻板后,图像倒立。于是进入工厂菜单里面调整屏参,显示乱码,无法获取屏参调整项,初步判定这是软件故障引起的。于是使用U盘对整机进行升级,使用软件版本为ZLM41GE-V1.52。升级时发现有升级成功的动作,但是升级后,工厂菜单还是显示乱码,于是尝试使用工装对整机写 MBOOT引导程序,尝试多次无法写入。

更换主板,但故障和原机一样,图像仍倒立,工厂菜单还是乱码。再次使用U盘对整机进行升级,软件版本为ZLM41GE-V1.52,升级成功,但故障依旧。继续使用工装写MBOOT引导程序,写入成功,接着又用U盘对整机进行升级,升级成后,再进入工厂菜单,菜单显示正常,故障排除。

例26:机型:120A4LXP(P5系列)

故障现象:屏幕亮度非常暗,无法显示图像

分析与检修:此机是P5系激光投影机。开机,光机能投出微弱的光,但屏幕上没有任何显示。拆机直观检查各组件之间的连接线,发现主板与DLP间的LDVS排线接触不良。把主板这边的排线插头进行清理,重新插入插排,并用硅胶固定,通电试机,故障排除,图像显示恢复正常。

例27:机型:UD84D10TS(LG4Q)(JX-04机芯)

故障现象:OPS无信号

分析与检修:一台UD84D10TS(LG4Q)电视机,屏幕能显示电脑启动画面,但是启动不起来。从OPS模块的HDMI口输出信号到电视机前置HDMI1,将电视机切换到HDM1时,能看见电脑的界面。

经过检查,发现TV启动后,OPS模块风扇转动,但是屏幕提示"PC正在启动"字样,却无PC启动画面。将信号源切换到HDMI1,屏幕显示PC界面,说明OPS模块系统正常。并且其显卡能从HDMI口输出信号,同时也说明OPS转接板供电电路、主板加载到OPS模块的控制信号都是正常的。怀疑OPS块经过转接板输入主板的HDMI信号异常,或主板OPS模块信号通道异常。

将OPS模块的HDMI输出信号接入TV主板CON6插座,试机正常,说明主板正常。沿着原有连接线查找,发现插在CON6的HDMI线的另一端是前置HDMI1口,明显错误。CON6插座是OPS模块信号的输入端,将CON6、CON21插座的HDMI线位置交换,试机,故障消失。

例28:机型:55E8(ZLM65HIS机芯)

故障现象:图闪

分析与检修:开机有画面显示,声音正常,但背光闪烁。该机采用二合一电源板,电源板型号为JUC6.692.00169992。测背光电压输出在144V~145V之间轻微跳变,因背光闪,所以重点检测背光驱动输出电路和灯条。

用灯条测试仪对灯条进行检测,灯条亮度正常,没有闪烁现象,因此判定背光驱动电路存在故障。背光恒流驱动电路以UCC25710集成电路为核心组成。初步检测UCC25710的外围阻容元件和引脚的对地阻值基本正常,但其①脚的供电电压为11.2V,有些偏低,怀疑供电不足造成UCC25710无法正常工作,从而使输出的背光电压异常造成光闪烁。对UCC25710的①脚外围电路进行检查,没有发现异常,检测CP410、CP411、CP409、CP414、CP413、CP423、DP406、DP404、DP405、DP407、CP428等外围元件均正常,所以怀疑UCC25710本身性能不良。更换UCC25710,开机后背光稳定,图声一切正常,故障排除。这时再测量①脚电压为11.5V,背光输出电压是稳定的166V。

例29:机型:55U1(LS58GI4X机芯)

故障现象:指示灯亮,不开机

分析与检修:通电指示灯亮,本机按键开机和遥控开机电视机都无反应,打印信息自检过后停在POWER DOWN。

先把ZLS58GI4X-V1.00082版本升级程序软件拷贝到U盘,把U盘插到电视机上,电视机通电,同时快速点击电脑"回车"键,字符停止后,输入小写的cu,电视机开机,U盘灯开始闪烁,进入升级状态,等升级完成后,故障排除。

例30:机型:43Q2N (ZLM60HIS机芯)

故障现象:图像过大,满屏呈现有规律的黑色竖线

分析与检修:一台43Q2N电视机更换主板后,出现图像过大、左右各半边图像,且满屏呈现有规律的黑色竖线。怀疑屏参不对,进入总线调整为对应的屏参后,故障依旧。又怀疑软件问题,软件升级后,故障仍然没有排除。

无意中对比新旧主板,发现新主板上屏接口电路未装电阻RA102、RA124,而旧主板则安装了这两个电阻。拆下旧主板上的RA102、RA124,安装到新主板上,通电试机,故障排除。

例31:机型:UD43D6000i (ZLM60HIS机芯)

故障现象:交流开机时背光闪烁

分析与检修:检查时发现,当三用表表笔触碰PF7001的⑦脚时背光就会亮,点亮之后,屏幕亮度均匀。背光亮起之后,长按遥控器关机键关机,再开机,背光正常点亮且不会闪烁,一旦交流关机后再开机就会出现闪烁现象。

将主板LVDS信号直接连接修机王(电源组件仍旧使用原来的),也一样存在背光闪烁现象。该机电源板之前被维修过,仔细查找故障原因,发现电源板上待机12.3V与主12.3V之间串联的10Ω电阻已烧焦。取下该电阻才发现误用了0.1Ω电阻。换成10Ω电阻后,故障排除。

例32:机型:43Q2F(ZLS59GIQ2机芯)

故障现象:不开机

分析与检修:该机通电后,检查各路电压都正常,但出现灰屏和无开机音乐声等现象,初步判断微控制器相关电路出现故障。

用三用表二极管挡测量DDR供电电路(电感L2一端)输出端对地阻值在20Ω~50Ω之间变化(正常值为144Ω),说明故障就在该供电电路中。仔细观察,发现本机的400V滤波电容被更换过,且该处印制板被清洗过,本机故障应该是市电过高导致滤波电容损坏引起的。现在怀疑是当时的滤波电容电解液泄露导致DDR漏电,造成不开机故障。对 DDR(UM1)涂上助焊剂后,用风枪加热,待冷却后试机,电视机工作恢复正常,故障彻底排除。

(全文完)

◇四川 刘亚光

索尼BDP-S360蓝光DVD机主板电路简析与故障检修要点(3)

(紧接上期本版)

六、音频数/模变换、音频放大及输出电路简析与故障检修要点

1.电路简析

这部分电路主要由音频数/模变换器AKM4382AT(IC804)、音频放大器JRC4558(IC807)等组成,电路如图8所示。

AKM4382AT是一款噪声低(112dB)、采样速率为192kHz的24位2通道音频DAC,+5V供电,采用TSSOP超小型封装,16引脚。AKM4382AT引脚功能及电压见表2。

表2 AKM4382AT引脚功能及电压

引脚	符号	功能	电压(V)
①	MCLK	主时钟输入	1.60
②	BICK	位时钟	1.64
③	SDTI	音频串行数据输入	1.63
④	LRCK	左右时钟	1.63
⑤	PDN	复位,低电平有效	3.27
⑥	CSN	芯片选择	3.27
⑦	CCLK	控制数据输入	3.27
⑧	CDTI	控制数据输入引脚(串行模式)	0
⑨	AOUTR-	右声道的负模拟输出	2.40
⑩	AOUTR+	右声道的正模拟输出	2.40
⑪	AOUTL-	左声道的负模拟输出	2.41
⑫	AOUTL+	左声道的正模拟输出	2.41
⑬	VSS	地	0
⑭	VDD	电源	4.91
⑮	DZFR	左声道零输入检测	4.91
⑯	DZFL	左声道零输入检测	4.91

经解码芯片MC-10121AF解压后的音频数据送到音频数/模变换器AKM4382AT的①脚~④脚,将数字音频信号变换成模拟音频信号,从⑨脚~⑫脚输出,送到运算放大器JRC4558进行放大,经放大后的模拟音频信号从其的①脚、⑦脚输出送音频输出插座。在输出端接有静音控制电路。

2.故障检修要点

这部分电路损坏,会出现无声音、小声、噪声大等故障现象(图像正常)。故障检查步骤和要点如下:

(1)先排除音频输出插座接触不良的故障。

(2)检查静噪电路。静噪电路中的Q816(XAA)为6个引脚的贴片元件,是由两只NPN管组成的复合晶体管。可测量其②脚、⑤脚电压,正常时约为-9V,若为正电压,可判断是静噪电路误动作,应对静噪控制电路进行检查。

(3)检查音频放大器JRC4558。音频放大器及之后的音频输出电路,属于模拟电路部分,可采用干扰法来迅速缩小故障范围。若干扰JRC4558的输出端①脚、⑦脚有声,而干扰其输入端②脚、③脚、⑤脚、⑥脚无声,说明故障发生在这级电路。先测量双运放④脚(-9V供电)、⑧脚(+12V供电),若不正常,则检查其供电电路;双运放供电正常,一般是双运放损坏。判断双运放是否损坏的方法是通过测量各引脚在路电阻、电压,并与正常值相比较,若测量值与正常值悬殊得大,则说明双运放已损坏。JRC4558引脚功能及电压见表3。

表3 JRC4558引脚功能及电压

引脚	符号	功能	电压(V)
①	OUT1	通道1输出	0
②	IN1(-)	通道1反相输入	1.25
③	IN1(+)	通道1同相输入	1.25
④	VEE	负电源	-9.24
⑤	IN2(+)	通道2同相输入	1.25
⑥	IN2(-)	通道2反相输入	1.25
⑦	OUT2	通道2输出	0
⑧	VCC	正电源	11.89

(4)检查音频DAC。故障确认方法是,播放时用高阻耳机监听输出端⑨脚~⑫脚是否有模拟音频信号输出,也可用示波器观察有无信号波形,若无信号输出,说明故障在音频DAC及之前的电路。音频DAC(AKM4328AT)的检查方法:1)测量电源端⑭脚有无+5V工作电压,若无电压或异常,则检查供电电路;2)检查有无正常的数字音频信号输入,可用示波器观察输入引脚(①脚~④脚)是否有正常的信号波形来判断,无示波器时也可采用测电压的方法判断,正常时,①脚(MCLK)、②脚(BICK)、④脚(LRCK)在停止和播放时都应有信号波形,并且在停止和播放时电压均约1.6V,③脚(SDTI,音频数据输入端)在停止时无波形,直流电压为0V,而在播放时有波形,直流电压约1.6V。如果音频DAC的供电和数字音频输入信号正常,而无模拟音频信号输出,则故障在音频DAC及其外围电路,先检查外围元件,如果外围元件正常,则是音频DAC损坏,需要更换该芯片。

如果音频DAC的①脚~④脚输入信号异常,则故障在主芯片MC-10121AF1与AKM4328AT之间的数字音频信号传输电路(一般是某信号线断路)或者是主芯片MC-10121AF1的音频接口损坏。先检查传输电路,如果传输电路无问题,则是主芯片MC-10121AF1的音频接口损坏,需要更换主芯片。主芯片MC-10121AF1采用BGA封装形式,且芯片也难买到,业余条件下一般是不能进行更换的。

(未完待续)

◇四川 贺学全

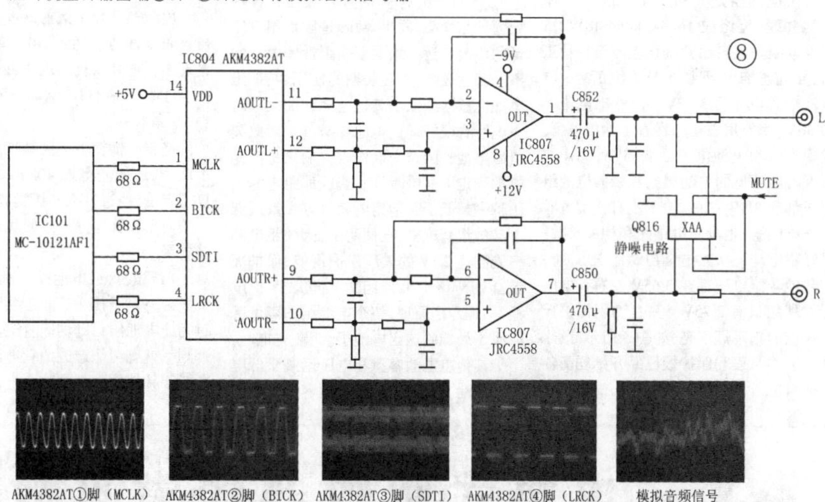

AKM4382AT①脚(MCLK) AKM4382AT②脚(BICK) AKM4382AT③脚(SDTI) AKM4382AT④脚(LRCK) 模拟音频信号

提高Excel操作效率的三个小技巧

对于职场用户来说,Excel是每天不可或缺的办公软件之一,这里介绍可以在Excel中提高操作效率的三个小技巧:

技巧一 快速定位公式

常规的方法是按下"Ctrl+G"组合键,打开"定位"对话框,再点击左下角的"定位条件"按钮,才能打开"定位条件"对话框,在这里选择"公式",此时才可以完成所有带公式单元格的选择任务。其实可以选择更为简单的方法,切换到"开始"选项卡,在"编辑"功能组依次选择"查找和选择→公式"(如图1所示),随后即可快速定位当前区域中所有带公式的单元格了。

技巧二 用好Shift键

选中一列,按住Shift键不放,等光标变成双向箭头时,拖拽边框,可以快速调整两列的位置,不再需要借助辅助列进行剪切、移动、粘贴等繁琐的操作。

按住Shift键不放,光标靠近行号,变成双向箭头时拖拽鼠标,可以快速插入多个空行。按住Shift键不放,单击左上角的"关闭"按钮,可以关闭所有已经打开的工作簿窗口。

技巧三 排序也可以撤消

排序是非常频繁的操作之一,但往往在排序之后,你会发现需要撤消,当操作步数比较多了,撤消并不是一件容易的事情。在排序操作之前,首先在空白列输入连续的序号,排序操作之后(如图2所示),对序号列进行"升序"排序,就可以快速返回排序之前的状态。

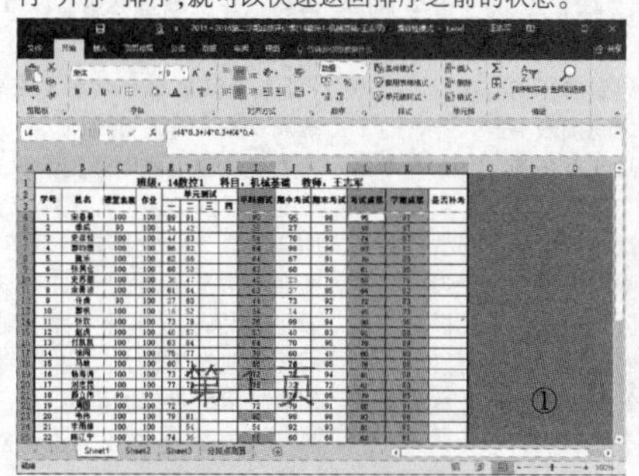

◇江苏 王志军

磷酸铁锂电池维护技巧与建议

笔者的48V/20AH磷酸铁锂电池组因严重衰减，导致骑行距离由原来的45km，在一个月内快速下降到不足10km，决定亲自动手检查维修。为查找故障，骑行至电池自动保护断电后拆出电池，如图1所示；拆开不锈钢壳，如图2所示；拆掉绝缘外壳后，终于看到电池组了，如图3所示。

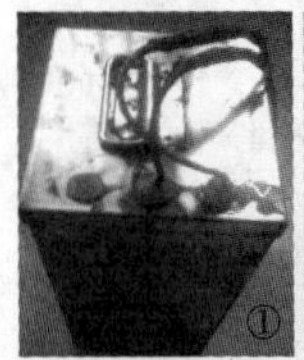

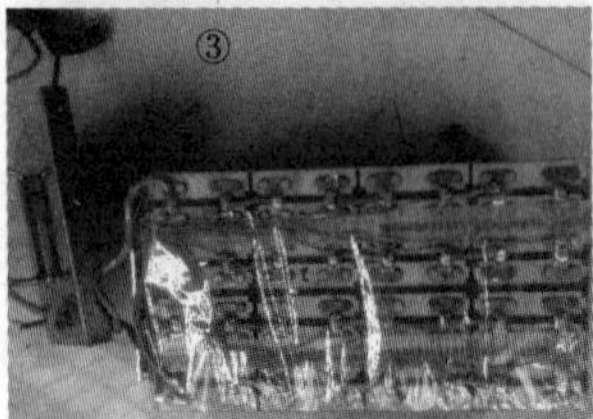

该电池组是先将2个10A的单体电池并联，再组成16串，构成48V/20A的电池组。察看后，确认电池组外观正常，并且连接片、保护板及接线正常。该电池组总电压为54.7V，但输出电压仅为36V。用万用表逐一检查电池组电压，发现有一组电池电压为2.55V（图4内红框为电压低的电池组），其余的电池组电压都在3.5V左右。由于没有铁锂电池的维修经验，也没有电路图和相关参数，只好将电池再次充电至自动停止。此时，测其他各组电压都在3.65V左右，电压低的那组只有2.75V，并且均衡保护板上对应的指示灯不亮，如图5所示。散热片已发热，表明保护板已经开始均衡各电池组电压，此时再测总输出端电压为57.41V，怀疑电压低的电池组或均衡保护板异常。

查阅资料得知，该磷酸铁锂电池均衡保护板的主要特性：充电时，当电池组中任何一组电池的电压达到3.7V，保护板就切断充电电路以防止电池过充；放电时，当电池中任意一组电池的电压低于2.5V时，保护板切断对外供电，以防止电池过放（笔者曾因此推过几次车回家）。当对应组电池电压高于3.5V，保护板才开始均衡。看来，故障是因那组电压低的电池所致。这主要是因铁锂电池的不一致性较严重，在长期的使用中，那组电池电压逐渐低于其他电池，加之平时充电没有很好地让电池均衡（笔者原装铅酸电池曾因过充而报废，后来每次充电都设定了充电时间），造成那组电池电压越来越低于其他组电池（容量就远低于其他组）。这样，在使用中，因该组电池率先到达2.5V的欠压保护阈值，保护板就会切断整个电池组的供电以保护电池。根据木桶原理，整个电池组的容量就取决于最低的这组电池了。而在充电时，由于其他组电池容量和电压远高于低电压组电池，在低电压组电池容量远没充满的情况下，其他组电池的电压已达到保护板关断电压，于是切断了整个电池组的充电。如此恶性循环，造成低电压组充不满电，导致整个电池组的容量越来越低，表现在使用上就是骑行距离越来越短。

虽然电池有均衡保护板，但这种均衡效果十分有限。它的原理是：对高过设定电压的电池组进行放电，达到设定电压后，再开启充电电路对整个电池组进行充电，让"后进"电池组有机会达到与其他组相同的电压。但这种放电电流不可能做得特别大，否则发热量和器件寿命又成了问题。笔者曾插上充电器让电池组自动均衡充了一整天，电压低的电池组电压仅上升至3.33V，效率实在太低了，只好手动均衡了。笔者用一铁锂单组电池专用充电器，单独对低电压电池组进行充电，并适时监测该电池组电压。充电的时间取决于该电池组的剩余容量和充电电流。充到额定电压后，静置1~2h，再将电池充满。无明显的电压下降后，用原装充电器给整个电池组充一次电，就可以正常使用了。

【提示】*铁锂单组电池专用的充电器的输出电压为3.65V。若手头没有专用充电器，也可以找一块输出电压可调的DC—DC功率模块，将输出电压设定为3.65V后代替。*

笔者的铁锂电池经维护后，又恢复了活力，还能骑行近40km，算是基本恢复了容量。经过这么一折腾，总结出以下几条使用铁锂电池的经验和建议，供读者参考。

1）磷酸铁锂电池充电满时，不要急于拔掉充电器插头，一定要留有充足的时间让电池组自动均衡，让各组都充满。否则，就有可能造成个别电池组电压逐渐低于其他组而影响整个电池组的正常使用。

2）若电池组容量短期出现断崖式下降，在排除物理外力因素外（如摔车导致部分电池脱落等），一定要考虑到电池组的均衡问题。对此比较懂且有一定动手能力的读者，最好拆开电池进行手动均衡。

3）电池外壳最好不要用不锈钢外壳，不仅会增加成本，而且维护时比较难拆。

4）如发现电池组使用异常，一定要及时维护，以免长时间后导致电池组不可逆损坏。

5）建议最好有一定电子基础的人使用磷酸铁锂电池，因为此种电池的最大毛病在于电池组之间的性能不一致。在有均衡保护板的情况下，整组电池都坏掉的可能性不大。维修时，若因某组电池性能衰减而报废整组电池（或报修被宰价），就太不划算了。

6）不建议网购磷酸铁锂电池组。因网购的此类电池组多是电动汽车淘汰的二手电池组，性能参差不齐，若不懂得维护方法，将很快报废。对于有动手能力的读者，可购全新的电池自己组装。

7）不要在没有均衡保护板的情况下使用电池组，容易造成部分电池组的过充、过放或个别电池组性能越来越差，缩短电池组的使用寿命。

8）维护时必须严格按操作规则进行，不能短路。由于电池内阻小，短路会瞬间导致它冒烟损坏，甚至会引发火灾、爆炸等危险事故。

9）因为拆卸、安装均衡保护板的顺序不正确极易导致其损坏，所以维护时轻易不要拆卸均衡保护板。

◇四川　李德鹏

电热式驱蚊器的常见故障检修

电热式驱蚊器由于使用时无明火、无烟尘、安全卫生，所以其在夏季应用相当普及。电热驱蚊器是一种结构简单的小家电产品，由发热元件、电源指示灯、限流电阻、外壳组成，整个驱蚊器的实际电耗功率仅为3~5W。

电热式驱蚊器其主要核心部件是PTC发热元件，这种用钛酸钡陶瓷材料的半导体元件，具有自动恒温的性质，能使自身温度始终保持在其居里点附近，从而保证使驱蚊药片维持稳定恒量地散发，达到驱蚊的目的。

电热驱蚊器由于在夏季使用频繁，有时也会发生一些故障问题，但因为这种小电器产品的电路结构极其简单，所以一般性常见故障均能自行动手检修排除。下面介绍一些常见故障的检修方法，供大家在检修时参考。

1.接通电源后指示灯不亮，金属导热片也无任何温度

首先，检查电源插头及插座是否正常，若异常，维修或更换即可；若正常，检查电源线与盒内发热元件之间有无脱线、脱焊等情况。其次，检查PTC发热元件是否损坏。

2.电源指示灯亮，但盒面上金属导热片无温度，或导热片时热时冷，即不能正常加热驱蚊

该故障主要原因：1）可能是金属导热片因长期加热而使其表面产生氧化物层而影响发热，此时可用废钢锯片刮净导热片上的氧化层，再用细砂纸打磨即可；2）PTC电热元件异常，因该电子元件是陶瓷制品，质地硬而脆，意外撞击和碰跌均会使元件碎裂损坏或击穿；3）发热元件与导热板之间接触不良。

3.电热器指示灯不亮，但金属导热片发热正常

此类故障很容易排除。首先，检查指示灯回路中的限流电阻有无烧毁或损坏及脱焊现象；其次，检查发光二极管或氖泡指示灯是否断线或烧坏即可。

4.电热器金属导热片产生感应电或严重漏电

当在使用过中换取驱蚊药片时，金属导热片有麻电和严重电击感，一般常见故障是发热元件PTC与导热片之间的绝缘云母片已破损，造成导热片与电极直接接触，如果一旦电源火线与电极碰在一起，此时人体触及金属导热片则会发生触事故。检修的方法是拆开发热元与导热片，取出破损的绝缘层，将电熨斗中的云母片剪成与其相同的形状，夹放在发热元件与导热片之间，再用钳子将导热片各脚与发热元件夹紧固定，装回原处即可修复。

5.驱蚊器驱蚊效果差或者发热量大造成蚊香片挥发时间快

造成以上故障原因情况分析，一般应是盒内PTC电热元件已出现问题。PTC电热元件它具有自动恒温的功能，能在正常工作电压时保持绝对的恒温值效果，如果一旦电热元件出现故障问题，那么恒温作用便会失控。检测时，可用万用表电阻挡对其进行检测，一般此类发热元件在常温条件下，正常时阻值为2.5~10k左右，如果测试的阻值超过20k，说明该元件已变值，用相同的元件更换即可排除故障。为了，更准确的判断电热元件的性能好坏，可采用串灯法来判断PTC元件的好坏。具体的操作方法如下。

首先，拆开驱蚊器外壳后取出电热元件片，找一根带电源插头的导线和一只100W的白炽灯（灯泡），将灯泡一端接电热片一端，灯泡另一端和电热片另一端分别接插头电源线两端，将连线接好插头后插入电源插座内（操作试验时必须注意安全，以防发生电击事故），通过灯泡发光情况进行判断。当接通电源后灯泡正常发光，几秒钟后，灯泡会渐渐变暗直至熄灭，当切断电源后再接通电源时灯泡再次渐暗至完全熄灭，说明被测的电热元件性能良好。如果接通电源后灯泡不亮、长亮，或灯泡能渐暗但不能完全熄灭，则说明电热元件片损坏或性能差，用参数相同的电热元件更换后即可修复。

◇浙江　刘文珍

从接口定义和实现两个方面，深入理解AWbus-lite(一)

在使用AWBus-lite对设备进行管理时，无论设备处于AWBus-lite拓扑结构中的哪个位置，只要其能够提供某种标准服务，就可以使用相应的通用接口对其进行操作。本文将从接口的定义和实现两个方面，深入理解AWbus-lite工作的原理。

在基于AWBus-lite总线拓扑结构的设备管理框架中，无论一个设备处于AWBus-lite总线拓扑结构中的哪个位置，只要其能够提供某种标准服务，就可以使用相应的通用接口对其进行访问。那么，这究竟是怎样实现的呢？本文将深入探讨AWBus-lite，为您揭开AW-Bus-lite的神秘面纱，使您对AWBus-lite有更加深入的了解，在具有这些足够的了解后，你将有能力独立开发一些设备的驱动，当后续遇到一些AWorks暂不支持的设备时，可以自行开发设备相应的驱动。

1.通用接口的定义

合理的接口应该是简洁的、易阅读的、职责明确的，为了便于维护，通用接口由广州致远电子有限公司进行统一的定义，用户通常不需要自行定义通用接口。目前，常用的功能都已经被标准化，定义了相应的通用接口。

作为一种了解，下面以LED为例，从接口的命名、参数和返回值三个方面阐述在AWorks中定义接口的一般方法。

1.1 接口命名

在AWorks中，所有通用接口均以"aw_"开头，紧接着是操作对象的名字，对于LED控制接口来说，所有接口都应该以"aw_led_"作为前缀。

在接口的前缀定义好之后，应该考虑需要定义哪些功能性接口，然后根据功能完善接口名。对于LED来说，核心的操作是控制LED的状态，点亮或熄灭LED，为此，可以定义一个设置(set)LED状态的函数，比如："aw_led_set"。

使用该接口可以设置LED的状态，显然，为了区分是点亮还是熄灭LED，需要通过一个额外的参数来指定具体的操作。

每次开灯或关灯都需要传递额外的参数给aw_led_set()接口，显得比较繁琐。为了简化操作，可以为常用的开灯和关灯操作定义专用的接口，这样就不需要额外的参数来对开灯和关灯操作进行具体的区分了。比如，使用on和off分别表示开灯和关灯，则可以定义开灯的接口名为："aw_led_on"，关灯的接口名为"aw_led_off"。

在一些特殊的应用场合中，比如，LED闪烁，用户可能并不关心具体的操作是开灯还是关灯，它仅仅需要LED的状态发生翻转。此时，可以定义一个用于翻转(toggle)LED状态的专用接口，比如："aw_led_toggle"

1.2 接口参数

在AWorks中，通用接口的第一个参数往往用于表示要操作的具体对象。显然，在一个系统中，可能存在多个LED，为了区分各个LED，可以为每个LED分配一个唯一编号，即ID号。ID号是一个从0开始的整数，例如，系统中有两个LED，则编号分别为0、1。基于此，为了指定要操作的具体LED，通用接口的第一个参数可以设定为int类型的id。

对于aw_led_set接口，其除了使用id确定需要控制的LED外，还需要使用一个参数来区分是点亮LED还是熄灭LED，这是一个二选一的操作，对应参数的类型可以使用布尔类型：aw_bool_t。当值为真(AW_TRUE)时，则点亮LED；当值为假(AW_FALSE)时，则熄灭LED。基于此，可以定义aw_led_set()接口的原型为(还未定义返回值)：

aw_led_set(intid,aw_bool_ton);

对于aw_led_on、aw_led_off和aw_led_toggle接口来说，它们的职责单一，仅仅需要指定控制的LED，即可完成点亮、熄灭或翻转操作，无需其他额外的参数。对于这类接口，参数仅仅需要id，这些接口的原型可以定义如下(还未定义返回值)：

aw_led_on(intid);

aw_led_off(intid);

aw_led_toggle(intid);

1.3 返回值

对于用户来说，调用通用接口后，应该可以获取到本次执行的结果，是执行成功还是执行失败，或是一些其他的有用信息。比如，在调用接口时，如果指定的id超过了有效范围，由于没有与无效id对应的LED设备，操作必定会失败，此时必须返回通过返回值告知用户操作失败，且操作失败的原因是id不在有效范围内，无与之对应的LED设备。

在AWorks中，接口通常返回一个aw_err_t类型的返回值来表示接口执行的结果，返回值的含义已被标准化：若返回值为AW_OK，则表示操作成功；若返回值为负数，则表示操作失败，此时，用户可根据具体的返回值，查找aw_errno.h文件中定义的宏，根据宏的含义确定失败的原因；若返回值为正数，其含义与具体接口相关，由具体接口定义，无特殊说明则表示不会返回正数。AW_OK是在aw_common.h文件中定义的宏，其定义如下：

#defineAW_OK 0

错误号在aw_errno.h文件中定义。比如，在调用LED通用接口时，若id不在有效范围内，则该id没有对应的LED设备，此时接口应该返回-AW_ENODEV。注意：AW_ENODEV的前面有一个负号，以表示负值。

基于此，将所有LED通用接口的返回值类型定义为aw_err_t，LED控制接口的完整定义详见表1，其对应的类图详见图1。

表1 LED通用接口(aw_led.h)

函数原型	功能简介
aw_err_t aw_led_set(int id, aw_bool_t on);	设置LED的状态
aw_err_t aw_led_on(int id);	点亮LED
aw_err_t aw_led_off(int id);	熄灭LED
aw_err_t aw_led_toggle(int id);	翻转LED的状态

<<interface>>
led

+aw_led_set()
+aw_led_on()
+aw_led_off()
+aw_led_toggle()

图1 LED接口类图

这些接口都已经在aw_led.h文件中完成了定义，无需用户再自行定义。上述从接口命名、参数和返回值三个方面详细阐述了一套接口定义的方法，旨在让用户了解接口的由来，加深对接口的理解。实际中，定义接口并不是一件容易的事情，需要尽可能考虑到所有的情况，接口作为与用户交互的途径，一旦定义完成，如非必要，都应该避免再对接口进行修改。否则，所有依赖于该接口的应用程序都将受到影响。因此，当前并不建议用户自定义通用接口，通用接口的定义应由广州致远电子有限公司统一规划、定义、维护和管理。

2.接口的实现

作为一种范例，下面以实现LED接口为例，详细介绍AWorks中实现接口的一般方法。

2.1 实现接口初探

在AWorks中，硬件设备和驱动统一由AWBus-lite进行管理，因此，对于LED这一类硬件设备，其实现是属于AWBus-lite的一部分。LED有4个通用接口函数，其中的aw_led_on()和aw_led_off()接口可以直接基于aw_led_set()接口实现，详见程序清单1。

程序清单1 aw_led_on()和aw_led_off()接口的实现

```
1  aw_err_t aw_led_on(intid)
2  {
3      retumaw_led_set(id,AW_TRUE);
4  }
5
6  aw_err_t aw_led_off(intid)
7  {
8      retumaw_led_set(id,AW_FALSE);
9  }
```

实现接口的核心是实现aw_led_set()和aw_led_toggle()这两个接口。对于不同的底层硬件设备，LED实际控制方式是不同的，比如，最常见的，通过GPIO直接控制一个LED，简单范例详见程序清单2。

程序清单2 aw_led_set()的实(GPIO控制LED)

```
1  static const int g_led_pins[]={PIO2_6,PIO2_5};
2  int aw_led_set(intid,aw_bool_t on)
3  {
4      if (id>sizeof (g_led_pins)/sizeof(g_led_pins[0])){
5      retum-AW_ENODEV; //无此ID对应的LED
6      }
7      aw_gpio_set(g_led_pins[id],! on);//假定GPIO输出低电平点亮LED
8      retum AW_OK;
9  }
```

也有可能是通过串口控制一个LED设备。例如，通过发送字符串命令控制LED的状态，命令格式为：set <id> <on>，其中，id为LED编号，on为设置LED的状态，要点亮LED0，则发送字符串："set 0 1"。这种情况下，aw_led_set()的实现范例详见程序清单3。

程序清单3 aw_led_set()的实现(UART控制LED)

```
1  int aw_led_set(intid,aw_bool_t on)
2  {
3      char buf[15];
4      aw_snpnintf(buf,15,"set%d%d",id,on);
5      aw_serial_write(COM1,buf,strlen(buf));
6      return AW_OK;
7  }
```

总之，底层硬件设备是多种多样的，不同类型的LED设备对应的控制方式也会不同。

定义通用接口的目的在于屏蔽底层硬件的差异性，即无论底层硬件如何变化，用户都可以使用通用接口控制LED。显然，如果直接类似程序清单2和程序清单3这样实现一个通用接口，那么随着LED设备种类的增加，同一个接口的实现代码将有越来越多不同的版本。

在一个应用程序中，一个接口不能同时具有多种不同的实现，因此，这样的做法有着非常明显的缺点：多个不同种类的LED设备不能在一个应用中共存，更换硬件设备，就必须更换通用接口的实现，使用何种设备就加入相应设备的控制代码进行编译。例如，系统中有几个直接通过GPIO控制的LED，同时也存在几个通过UART控制的LED，那么，类似程序清单2和程序清单3这样直接实现通用接口的方法，就无法组织代码了，因为不可能同时将程序清单2和程序清单3所示的代码加入工程编译。显然，需要更好的办法来解决这个问题。

2.2 LED抽象方法

在使用几种控制方式不同的LED硬件设备时，虽然它们对应的aw_led_set()和aw_led_toggle()接口的具体实现方法并不相同，但它们要实现的功能却是一样的，这是它们的共性：均要实现设置LED状态和翻转LED状态的功能。由于一个接口的实现代码只能有一份，因此，这些功能的实现不能直接作为通用接口的实现代码。为此，可以在通用接口和具体实现之间增加一个抽象层，以对共性进行抽象，将两种功能的实现抽象为如下两个方法：

aw_err_t (*pfn_led_set)(void*p_cookie,int id,aw_bool_t on);

aw_err_t(*pfn_led_toggle)(void*p_cookie,int id);

相对于通用接口来说，抽象方法多了一个p_cookie参数。在面向对象的编程语言中(如C++)，对象中的方法都能通过隐式指针p_this访问对象自身，引用自身的一些私有数据。而在C语言中则需要显式的声明，这里的p_cookie就有类似的作用，当前设置为void *类型主要是由于具体对象的类型还并不确定。

为了节省内存空间，同时方便管理，可以将所有抽象方法放在一个结构体中，形成一张虚函数表，比如：

```
struct awbl_led_servfuncs{
    aw_err_t(*pfn_led_set)  (void*p_cookie,int id,bool_t on);
    aw_err_t  (*pfn_led_toggle) (void*p_cookie,int id);
};
```

由于LED的实现属于AWBus-lite的一部分，因此，命名使用"awbl_" 作为前缀。这里定义了一个虚函数表，包含了两个方法，分别用于设置LED的状态和翻转LED。

(未完待续)

◇云南 刘光乾

以NCP1015主控芯片为例详解开关电源设计(三)

(紧接上期本版)

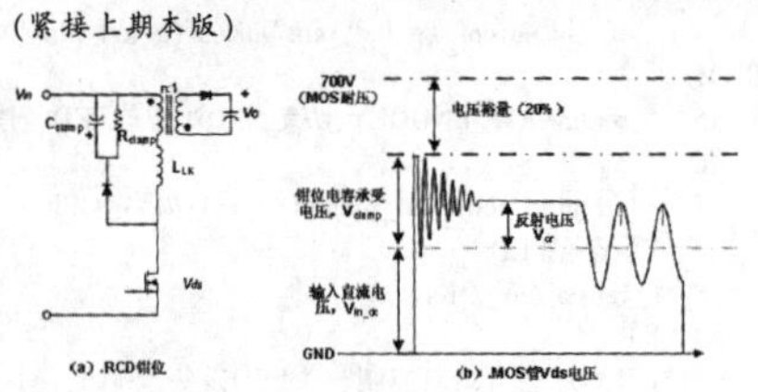

图 9 RCD 钳位吸收

CClamp 由下式决定，其中Vripple 一般取Vclamp 的5%~10%是比较合理的：

$$C_{clamp}=\frac{V_{clamp}}{V_{ripple}\times f_{sw}\times R_{clamp}} \tag{30}$$

输出功率比较小(20W 以下)时，钳位二极管可采用慢恢复二极管，如1N4007；反之，则需要使用快恢复二极管。

> (范例)Step10：吸收缓冲电路设计
>
> ——计算 R_{Clamp} 由下式决定
>
> $R_{clamp}=\frac{2\times V_{clamp}\times(V_{clamp}-V_{or})}{L_{LK}\times f_{cw}\times I^2_{dspeak}}=25k\Omega$
>
> ——C_{Clamp} 由下式决定：
>
> $C_{clcmp}=\frac{V_{clamp}}{V_{ripple}\times f_{cw}\times R_{clamp}}=3.8nF$

11. Step11：补偿电路设计

开关电源系统是典型的闭环控制系统，设计时，补偿电路的调试占据了相当大的工作量。目前流行于市面上的反激控制器，绝大多数采用峰值电流控制控制模式。峰值电流模式反激的功率级小信号可以简化为一阶系统，所以它的补偿电路容易设计。通常，使用Dean Venable提出的Type II 补偿电路就足够了。

在设计补偿电路之前，首先需要考察补偿对象(功率级)的小信号特性。

如图8 所示，从IC 内部比较器的反相端断开，则从控制到输出的传递函数(即控制对象的传递函数)为：

$$H(s)=\frac{V_{out}(s)}{V_{FB}(s)} \tag{31}$$

附录分别给出了CCM模式和DCM模式反激变换器的功率级传递函数模型。NCP1015工作在DCM 模式，从控制到输出的传函为：

$$H(s)=\frac{V_{out}(s)}{V_{FB}(s)}=k\times\frac{m}{m+m_a}\times\frac{V_{out1}}{R_s\times I_{dspeak}}\times\frac{1+\frac{s}{w_z}}{1+\frac{s}{w_n}} \tag{32}$$

其中：

$$w_p=\frac{2}{R_{Load}\times C_{out}},\ w_z=\frac{1}{Esr\times C_{out}},\ R_{Load}=\frac{V^2_{out1}}{P_o}$$

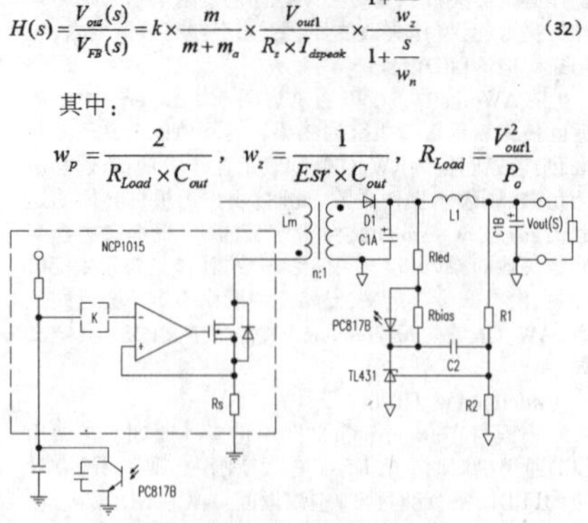

图10 反激变换器反馈回路

Vout1 为主路输出直流电压，k 为误差放大器输出信号到电流比较器输入的衰减系数(对NCP1015 而言，k=0.25)，m 为初级电流上升斜率，ma 为斜坡补偿的补偿斜率(由于NCP1015内部没有斜坡补偿，即ma=0)，Idspeak 为给定条件下初级峰值电流。于是我们就可以使用Mathcad(或Matlab)绘制功率级传函的Bode图：

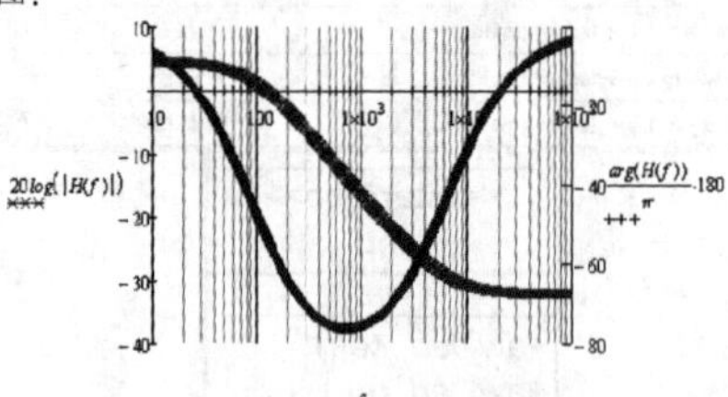

图11 功率级传函Bode图

在考察功率级传函Bode 图的基础上，我们就可以进行环路补偿了。

前文提到，对于峰值电流模式的反激变换器，使用Dean Venable Type II 补偿电路即可，典型的接线方式如下图所示：

通常，为降低输出纹波噪声，输出端会加一个小型的LC 滤波器，如图 10 所示，L1、C1B 构成的二阶低通滤波器会影响到环路的稳定性，L1、C1B 的引入，使变换器的环路分析变得复杂，不但影响功率级传函特性，还会影响补偿网络的传函特性。然而，建模分析后可知：如果L1、C1B 的转折频率大于带宽fcross 的5 倍以上，那么其对环路的影响可以忽略不计，实际设计中，建议L1 不超过4.7μH。于是我们简化分析时，直接将L1直接短路即可，推导该补偿网络的传递函数G(s)为：

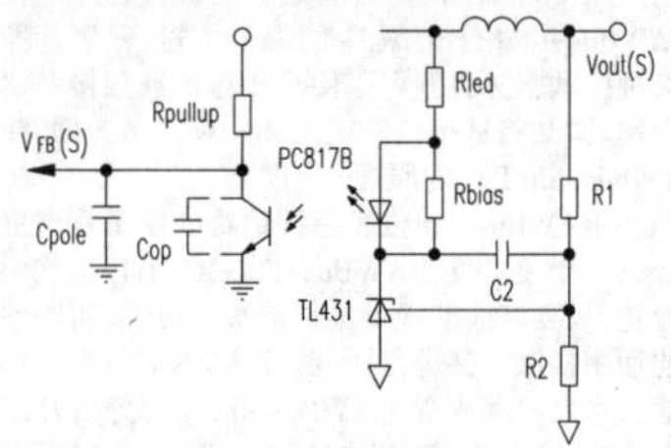

图12 Type II 补偿网络

$$G(s)=\frac{V_{FB}(s)}{V_{out}(s)}=-\frac{R_{pullup}\times CTR}{R_{Led}}\times\frac{1+\frac{w_z}{s}}{1+\frac{s}{w_p}} \tag{33}$$

其中：

$$w_z=\frac{1}{R_1\times C_z},\ w_p=\frac{1}{R_{pullup}\times(C_{pole}+C_{op})}$$

CTR 为光耦的电流传输比，Rpullup 为光耦次级侧上拉电阻(对应NCP1015，Rpullup=18kΩ)，Cop 为光耦的寄生电容，与Rpullup 的大小有关。图 13(来源于Sharp PC817 的数据手册)是光耦的频率响应特性，可以看出，当RL(即Rpullup)为18kΩ时，将会带来一个约2kHz左右的极点，所以Rpullup 的大小会直接影响到变换器的带宽。

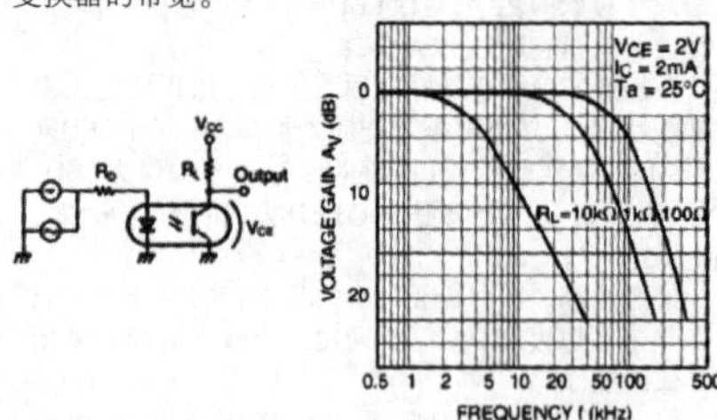

图13 光耦的频率响应

k Factor(k 因子法)是Dean Venable 在20 世纪80 年代提出来的，提供了一种确定补偿网络参数的方法。

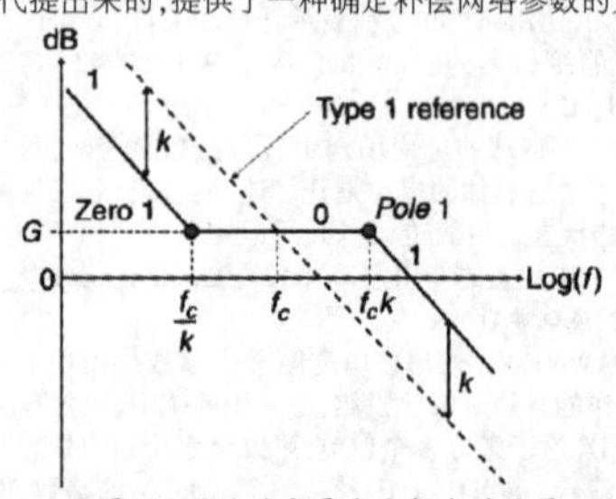

图14 k因子确定零点和极点的位置

如图 14 所示，将Type II 补偿网络的极点wp 放到fcross 的k 倍处，将零点wz 放到fcross的1/k 处。图 12 的补偿网络有三个参数需要计算：RLed，Cz，Cpole，下面将用k Factor 计算这些参数：

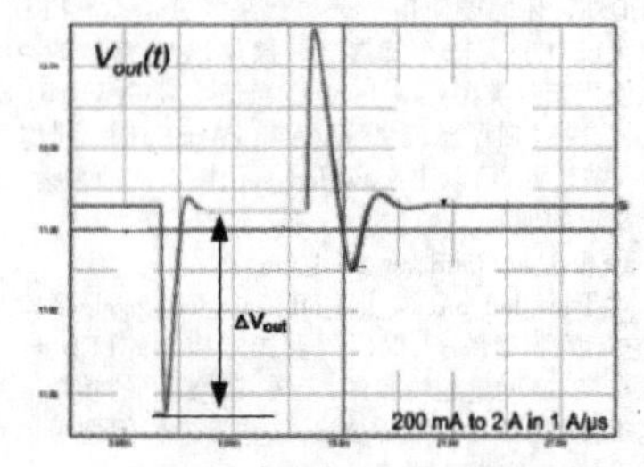

图15 动态负载时输出电压波形

——确定补偿后的环路带宽fcross：通过限制动态负载时(△Iout)的输出电压过冲量(或下冲量)△Vout，由下式决定环路带宽：

$$f_{cross}=\frac{\Delta I_{out}}{\Delta V_{out}\times 2\times\pi\times C_{out}} \tag{34}$$

(未完待续)

◇云南　刘光乾

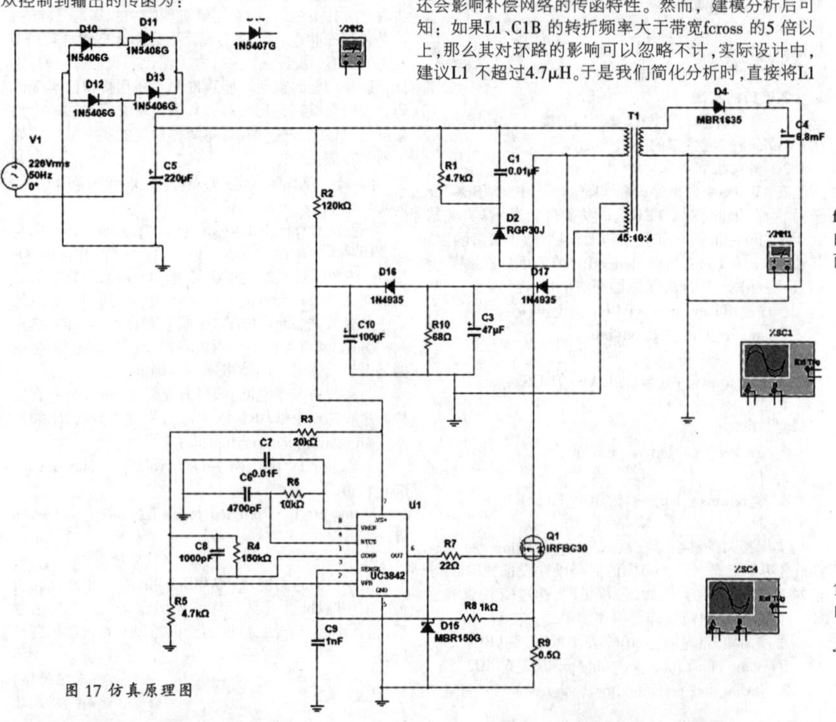

图 17 仿真原理图

农用电动机磁力启动器设备的升级与改造

(一)农用电动机磁力启动器设备的改造目的

电动机磁力启动器结构简单，使用安全方便，被广大农民朋友广泛使用。市面上销售的成品电动机磁力启动器大多以交流接触器为中心，辅以电流过载热继电器做保护原件，实现电动机的启动，停止，缺相保护。

在使用过程中，经常出现由于设备使用日久，螺丝锈蚀，热元件调整不当，或自身损坏，以及交流接触器自身主触头接触不良，或者三相供电电源缺相，运行而保护元件不动作，造成烧毁电动机的情况时有发生，显现了不尽人意的问题。

近年来，市面上又出售了一种以JD5系列电动机综合保护器为代表的产品，很受欢迎，显示了很多优势。启动，运行，保护性能有了很高的保障，电动机被烧毁的情况减少了很多。JD5系列电动机综合保护器厂家只提供一种接线方式，在实际应用中，可以有多种安装接线方式等。读者朋友可以自行研究。至于安装调试，使用方法，请详见该产品使用说明书。JD5保护器的工作原理在此不赘述。

但是，在应用中，还有很多不足。设备操作人员必须在现场手动操作，能不能实现远距离遥控呢？

市面上有很多成品遥控器，价格便宜，遥控性能很好，遥控输出功率任选，遥控距离任选，适应电源电压任选，能不能把这种遥控器与JD5系列电动机综合保护器结合在一起，让农民朋友们更安全可靠操作，实现远距离控制启动设备，更完善的保护电动机不被烧毁？本人在长期的安装、使用、维修中发现这一问题，对电动机磁力启动器做了如下升级改造，使用中效果很好，愿在此展现出来，与大家共同分享商榷，不妥之处，恳请斧正。

(二)升级改造的元器件选择

输入电压380V，遥控距离开阔地500米，交流接触器CJT1-10A，线圈电压380V，天正公司产品。

遥控器有两种方式。第一种输出方式是开一关状态。控制交流接触器J2。第二种遥控器的输出方式是三相电源电压输出型，是可以直接驱动交流接触器J2的。这种遥控器输入端与输出端的相序必须搞明白，一般规律是检测同一相输入端与输出端电压等于0来确认。

(三)改造过程说明

升级改造后的电路原理：K3-手动停止按钮；K4-启动按钮；M1-主接触器线圈；K5-主接触器辅助常开接点；a-b为JD5综合保护器的电源输入端；c-d JD5综合保护器的输出开关；K1，K6-加装接触器J2的主触头；K2,-加装接触器J2的辅助常闭触头；M2-改装加入的接触器J2的线圈。

启动过程说明：遥控器控制开机，M2得电，改装加入的J2接触器吸合，K6送电到E点，主接触器J1吸合。此时K2断开，K1吸合。

停止过程：遥控器控制停机，M2失电断开，主接触器线圈M1失电断开。电动机停止工作。此时改装加入的接触器J2辅助常闭接点K2闭合状态，不影响设备的手动操作。需要注意的是K1与K2的动作时间有间隔，如果这个间隔不够要求，那么就可以再加装时间继电器，其通电的线圈与J2的线圈M2并联就可以了。

这样的改造好处是如果A相缺电，J1，J2都不工作，保护状态；如果B相缺电，J2可以工作，J1不工作，保护状态；如果C相缺电，J2不工作，J1也不工作。这样不论三相电的哪一相缺电，电路都不工作，从而保护了电动机不被烧毁。

JD5综合保护器的电路保护功能非常完善而先进，断相、过载保护非常灵敏，并且脱扣保护时间和工作电流都可以做精确调整。安装要求与说明详见该产品的使用说明书。

(四)结语

使用效果描述：农民朋友田间作业时，不论身在何处，身上带着遥控器，随时随地就可以控制抽水电动机的工作与停止，不必担心烧毁现象。很多的朋友都是几十亩地或者一百亩地以上的用户，非常乐于接受这样的改造、升级磁力启动设备。这种改造升级方法也可适用于大型交流启动设备的改造。感兴趣的朋友可以试一试，验证一下，以便大家共同提高，使得这种磁力启动装置使用更便捷，保护更完善，更受广大农民朋友的欢迎与青睐。到老百姓田间地头做电动机磁力启动保护器的升级改造，也算是一项很不错的就业项目吧！

◇辽宁 裴启明

一例奇特故障的检修

有一部DX-10型数字调幅中波发射机，频率为639 kHz，载波功率为10 kW。这台机器发生了奇特的故障，其检修过程如下(下面所指“开机”为“开高压”，“关机”为“关高压”)。

1.故障现象

(1)一上高压，就有功率及电流指示，入射功率8 kW，反射功率0，总电流超过60A；开机后，马上过流关高压，无法自动上高压。

(2)无法升降功率。

(3)低压时，调制编码A36板的“功放关断”灯不亮。

2.故障分析

整机反射功率为0；过流后可以自动关机，无法自动开机；试机过程未见功放板损坏。

以上现象说明，整机的负载部分(包括天调网络)基本完好。

3.检修过程

(1)直观检查及简单测试 1)关机后，直观检查机器各部分，无元器件损坏，各个接插件接触良好；2)低压下，测各板的供电，供电基本正常。如调制编码A36板，B+：标称值为5 V，实测5.8 V左右，正常；保险管两端压降0.1 V，正常。B-：标称值为-2.18V左右(低压时)，正常。

(2)降低负荷进行试验 1)做法：关机后，甩开部分功放板230V供电保险，只让6个二进制及1~8号功放板工作；2)试机：上高压，有功率及电流指示，入射功率2 kW，反射功率为0，总电流约10A，无法升降功率。

(3)在控制板上，人为“关断功放”试机：现象同上，说明功率与电流基本上不受控制板控制。那么，功率与电流从何而来？是否为虚值？

(4)验证表头指示的“功率与电流”是否为虚值 1)做法：加大负荷，合上9~16号功放板的供电保险；2)试机：上高压，有功率及电流指示，入射功率4 kW，反射功率为0，总电流约20A；无法升降功率；配电盘电流表指示，本机电流约20A。

由此看来，表头指示的功率与电流为实际值，并非虚值。

(5)表头功率及电流从何而来 1)在“关功放”条件下，上高压，在调制编码A36板短路环上，测并通电压，0.2 V左右，应理解为感应电压。2)甩开A36板12bit数字信号输入线，甩开A36板的B+保险，开高压，现象不变。3)上高压后，在功放母板XT-45.46上，测开通电压：42个大台阶的为-1.08V，6个小台阶的为-0.97 V，推动级的为-2V。这说明，所有功放都开通。4)在前述2)的基础上，甩开A36板B-的供电，试机，上高压后，无功率及电流指示。

这说明，表头原有的“功率及电流指示”源自A36板B-的存在。看来，问题出在A36板B+的供电。

(6)查A36板供电 1)查A36板+5V测试点TP2为0，无电压。经查，B+保险出端与TP2之间短路线，开路。处理后，上低压，A 36板“功放关断”灯亮。2)试机，一切正常！

◇辽宁 孙永泰

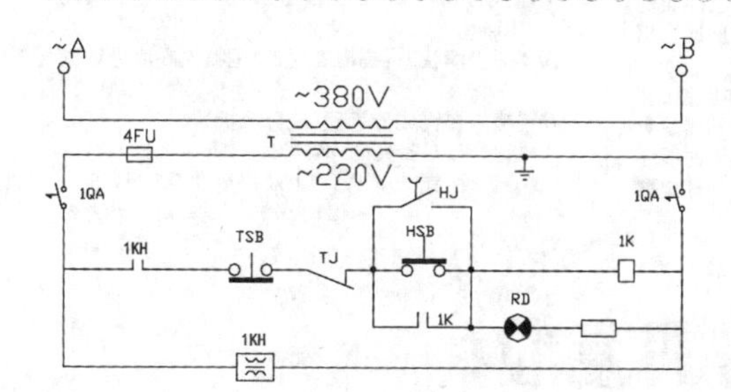

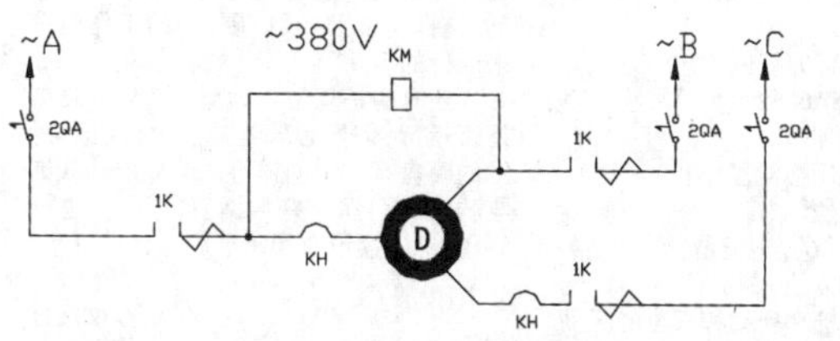

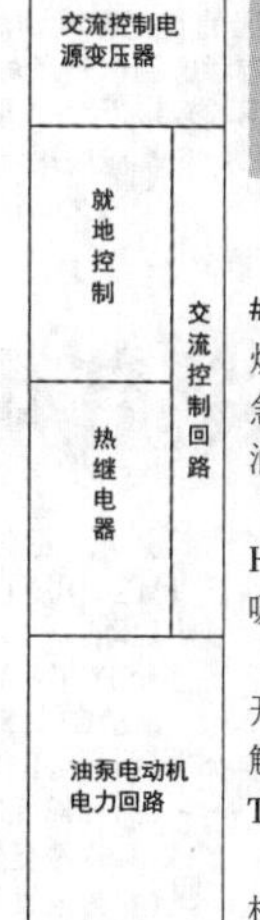

由于辅助接点卡涩引起的电机不能停车故障

2017年9月的一天，我厂#2炉磨煤机#2油泵出现不能停车故障，当时由于#2炉磨煤机#2油泵管路出现漏油，需要紧急停车。由#1油泵来为#2炉磨煤机提供润滑。

当时，交流接触器1K、合闸继电器HJ、跳闸继电器TJ、闭锁继电器BSJ全部吸合。

紧急情况下，拉开电机的动力电源开关才让电机停了下来。而此时交流接触器1K、合闸继电器HJ、跳闸继电器TJ、闭锁继电器BSJ依然全部吸合。

仔细查找原因，先打开由开关至电机的三相负荷。送上操作直流及动力电源，再次试验。按动就地启动按钮HSB，交流接触器1K吸合后、合闸继电器HJ、跳闸继电器TJ、闭锁继电器BSJ全部吸合，按下就地停止按钮TSB，交流接触器1K、合闸继电器HJ、跳闸继电器TJ、闭锁继电器BSJ依然全部吸合。看图纸，问题应该出在1K交流接触器上，由于1K交流接触器在断电后仍然在吸合，导致合闸继电器HJ、跳闸继电器TJ、闭锁继电器BSJ全部吸合，全部“锁死”。

将交流接触器1K上的“1”及与就地启动按钮的保持接点联线拆下，单独送电试验交流接触器1K，吸合与断开一切正常。安上辅助接点试验，出现断电后仍旧不释放状态。更换辅助接点后一切正常，辅助接点在交流接触器吸合后的卡涩，最终导致了电机不能停车故障。

◇黑龙江 古铁钧

波峰焊DIP及THT通孔插装焊接工艺解析

电子产品生产厂家DIP波峰焊锡机（波峰焊）主要用于传统THT通孔插装印制电路板电装焊接工艺，以及表面组装与通孔插装元器件的混装工艺，波峰焊其高温液态锡保持一个斜面，并由特殊装置使液态锡形成一道道类似波浪的现象，所以叫"波峰焊"；适用于波峰焊工艺的表面组装元器件有矩形和圆柱形片式元件、SOT以及较小的SOP等器件。

DIP波峰焊锡机工作原理：电子产品生产厂家用于DIP及SMT红胶工艺的波峰焊锡机一般都是双波峰或电磁泵波峰焊机。

下面以双波峰焊机的工艺流程为例，来说明波峰焊的工作原理：

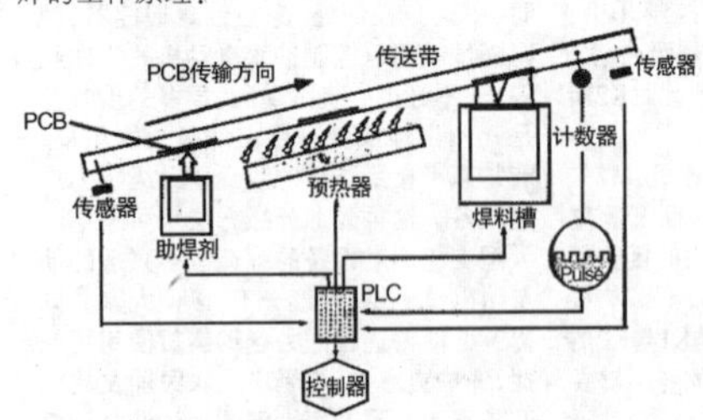

DIP插件波峰焊锡机整机工作原理流程图

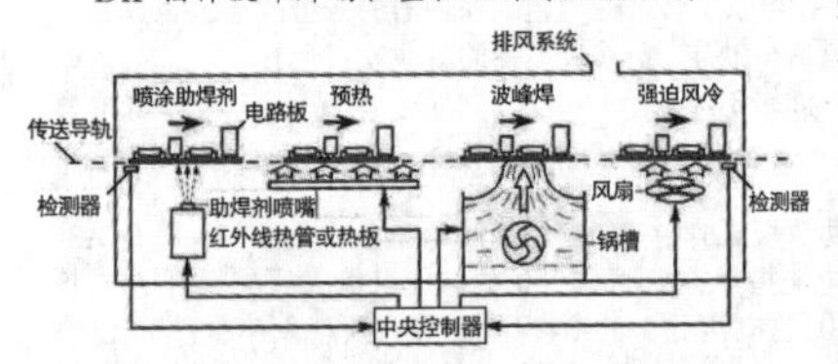

DIP插件波峰焊锡机焊接工艺流程图

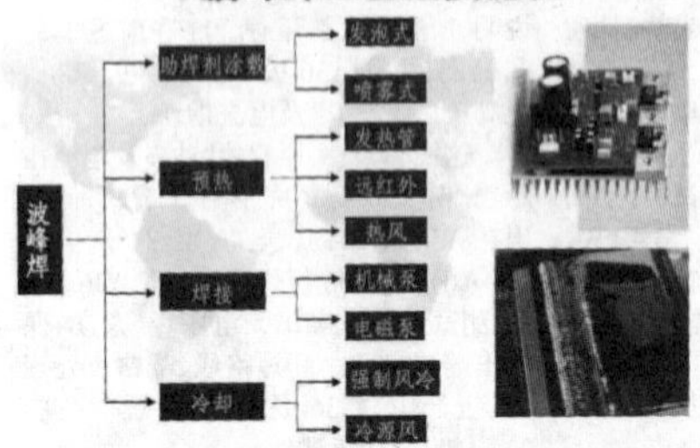

DIP插件焊接发展及优点：

随着电子产品的大批量生产，手工采用烙铁工具逐点焊接PCB板上引脚焊点的方法，再也不能适应市场要求、生产效率与产品质量。于是就逐步发明了半自动/全自动群焊(Mass Soldering)设备与全自动焊接机。全自动焊接机最早出现在日本，作为黑白/彩色电视机的主要生产设备。八十年代起引进国内，先后有浸焊机、单波峰焊机等。八十年代中期起贴插混装的SMT技术迅速发展，又出现了双波峰焊锡机。

波峰焊是指将熔化的软钎焊料（铅锡合金），经电动泵或电磁泵喷流成设计要求的焊料波峰，亦可通过向焊料池注入氮气来形成，使预先装有元器件的印制板通过焊料波峰，实现元器件焊端或引脚与印制板焊盘之间机械与电气连接的软钎焊。根据机器所使用不同几何形状的波峰，波峰焊系统可分许多种。

与手工焊接技术相比，全自动流动焊接技术明显的拥有以下优点：节省电能，节省人力，提高效率，降低成本，提高了外观质量与可靠性，克服人为影响因素，可以完成手工无法完成的工作。

常用DIP波峰焊流程：将元件插入相应的元件孔中→预涂助焊剂→预热→过波峰焊锡炉→冷却→切除多余插件脚→AOI检测。

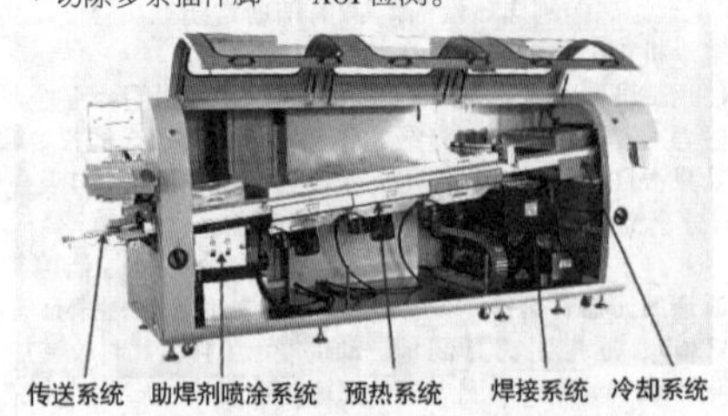

当完成点胶(或印刷)、贴装、胶固化、插装通孔元器件的PCB线路板从波峰焊机的入口端随传送带向前运行，通过焊剂发泡(或喷雾)槽时，印制板下表面的焊盘、所有元器件端头和引脚表面被均匀地涂覆上一层薄薄的焊剂。

波峰焊在使用过程中的常见参数主要有以下几个：

1.预热：

1)"预热温度"一般设定在90~110度，这里所讲"温度"是指预热后PCB板焊接面的实际受热温度，而不是"表显"温度；如果预热温度达不到要求，则易出现焊后残留多、易产生锡珠、拉锡尖等现象；

SMA类型	元器件	预热温度(摄氏度)
单面板组件	通孔器件与混装	90~100
双面板组件	通孔器件	100~110
双面板组件	混装	100~110
多层板	通孔器件	115~125
多层板	混装	115~125

2)影响预热温度的有以下几个因素，即：PCB板的厚度、走板速度、预热区长度等；

(1)PCB的厚度，关系到PCB受热时吸热及热传导的这样一系列的问题，如果PCB较薄时，则容易受热并使PCB"零件面"较快升温，如果有不耐热冲击的部件，则应适当调低预热温度；如果PCB较厚，"焊接面"吸热后，并不会迅速传导给"零件面"，此类板能经过较高预热温度；

(2)走板速度：一般情况下，建议把走板速度定在1.1~1.2米/分钟这样一个速度，但这不是绝对值；如果要改变走板速度，通常都应以改变预热温度作配合；比如：要将走板速度加快，那么为了保证PCB焊接面的预热温度能够达到预定值，就应当把预热温度适当提高；

(3)预热区长度：预热区的长度影响预热温度，在调试不同的波峰焊机时，应考虑到这一点对预热的影响；预热区较长时，温度可调的较接近想要得到的板面实际温度；如果预热区较短，则应相应的提高其预定温度。

2.锡炉温度：

以使用63/37的锡条为例，一般来讲此时的锡液温度应调在245至255度为合适，尽量不要在超过260度，因为新的锡液在260度以上的温度时将会加快其氧化物的产生量。

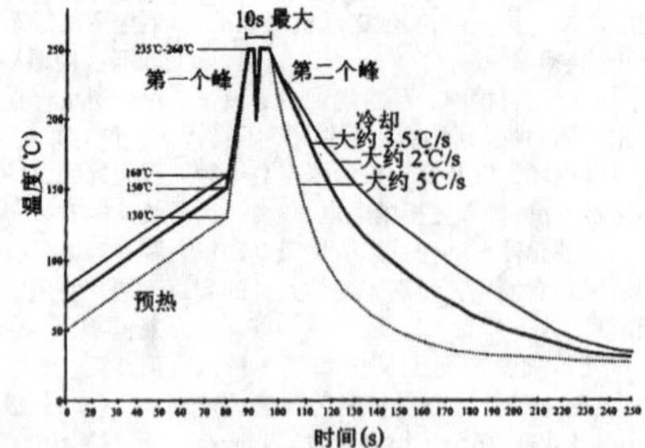

双波峰焊理论温度曲线

3.链条(或称输送带)的倾角：1)、这一倾角指的是链条(或PCB板面)与锡液平面的角度；2)、当PCB板走过锡液平面时，应保证PCB零件面与锡液平面只有一个切点；而不能有一个较大的接触面；3)、当没有倾角或倾角过小时，易造成焊点拉尖、沾锡太多、连焊多等现象的出现；当倾角过大时，很明显易造成焊点的吃锡不良甚至不能上锡等现象。

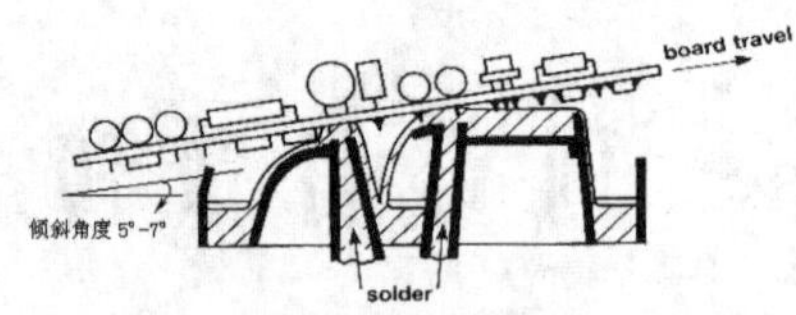

双波峰焊接示意图

4.风刀：

在波峰炉使用中，"风刀"的主要作用是吹去PCB板面多余的助焊剂，并使助焊剂在PCB零件面均匀涂布；一般情况下，风刀的倾角应在100左右；如果"风刀"角度调整的不合理，会造成PCB表面焊剂过多，或涂布不均匀，不但在过预热区时易滴在发热管上，影响发热管的寿命，而且会影响焊完后PCB表面光洁度，甚至可能会造成部分元件的上锡不良等状况的出现。注：风刀角度可请设备供应商在调试机器进行定位，在使用过程中的维修、保养时不要随意改动。

DIP波峰焊的生产管理指导说明：

①预热温度：峰值温度100~130℃(焊接面焊盘上的温度)

②锡槽温度：250~260℃

③搬送链速：0.8~1.4m/分(根据基板种类，有所不同)

④焊接时间：1次：2~3秒 2次：2~3秒 合计4~6秒(最大10sec)

⑤焊锡浸渍状态：锡槽高度、根据喷流高度进行调整

⑥锡槽内焊锡成分管理(成分分析)

·分析频率：1~3次/半年(导入初期：1~4次/月)

·成分管理：铜浓度0.5~1.0% 铅浓度0.1%以下

◇云南 刘光乾

STC单片机的冷启动和复位

STC单片机是一款增强型51单片机，完全兼容MCS-51，还增加了新的功能，比如新增两级中断优先级，多一个外中断，内置EEPROM，硬件看门狗，具有掉电模式，512B内存等。还支持ISP下载，不用编程器，只要一个MAX232和一些廉价的元件就能写程序，可擦写10万次。因此是一款很好用的单片机。

1.STC单片机的冷启动

STC的程序分引导区和程序区。引导区的代码主要负责ISP在线烧录。而STC的冷启动顺序就是先从引导区然后启动到程序区的。而热启动就是普通的51启动方式，只能从程序区头部开始重新执行。所以你必须冷启动。另外STC提供了一个特殊的寄存器地址，通过设置他能通过软件实现硬复位的功能直接跳转到引导区。

2.STC单片机的冷启动和复位形式

STC单片机冷启动和复位是什么，现以STC12系列为例说明。

冷启动，单片机掉电，电量放光后上电，为冷启动。

复位，单片机不掉电，使用复位管脚对其复位（还有其他类型的复位：看门狗，IAP_COUNTER控制软复位）。这些属于热启动。

3.STC单片机的复位方式

以STC12C5A60S2系列单片机为例：

(1)外部RST引脚复位。

(2)外部低压检测复位。

(3)软件复位。

(4)掉电复位/上电复位。

(5)看门狗复位。

4.STC单片机冷启动和复位的区别

区别就是复位启动是强制进行重新启动（前提就是你的电脑必须已经开着），而冷启动就是你关机后重新进行启动，这样是按照电脑（硬盘）的工作原理来进行的。

还有的是复位启动是不管你的硬盘是否运行，都要强制重启，这样的话，对你的硬盘有一定的损害。而冷启动就等电脑（硬盘）保存好数据后，再一次进行启动，对硬盘没有损害。

◇张凯恒

速修户户通接收机3例

1. 米塔其LT-3500E-CA05A开机前面板红色电源灯一明一暗闪，电源发现"滋滋"声。拆开机器发现电源板输出3.3V、5V、15V和19V四组电压，通电测量3.3V主供电在3V与3.3V间跳变，将维修电源调到3.3V为主板供电在700mA左右并且能正常机，这说明主板没有问题。目测发现电源板3.3V滤波电容C15（1000uF）轻微鼓包，可更换后故障依旧，甚至更换电源芯片U1（DL0165R）也不行，看来还是外围元件有问题。后来测量U1第②脚VCC供电为10V，如图1所示，而芯片手册上电压是12V，怀疑外接电容C2（47uF）有问题，如图2所示，拆下检查发现容量仅20uF，后来47uF/50V代换后故障完全消失。估计是电容容量下降造成芯片VCC供电不足，从而引起芯片间歇式工作。

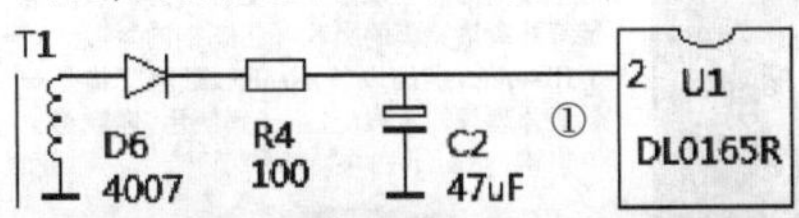

2.井冈山JGS-AS01-AB接收机收看过程中不停地弹出菜单画面以至无法正常观看节目。拆开机器将前面板线拔下，通电试机完全，说明问题出在前面板上，检查发现面板按键没有漏电现象，怀疑按键显示芯片FD650B或3位数码管有问题。记得检修亚太5号数码接收机时数码管易出问题，于是也将本机数码管拆下，通电故障不再出现。该机3位数码管YL3631CMR-BDAB共12线（其中第⑫脚为空脚），从旧中九接收机上拆个XR-C3633HR（其中第⑥脚为空脚）装上发现一位不显示，于是将原⑥脚飞线到⑫脚，如图3所示，通电试机一切正常。

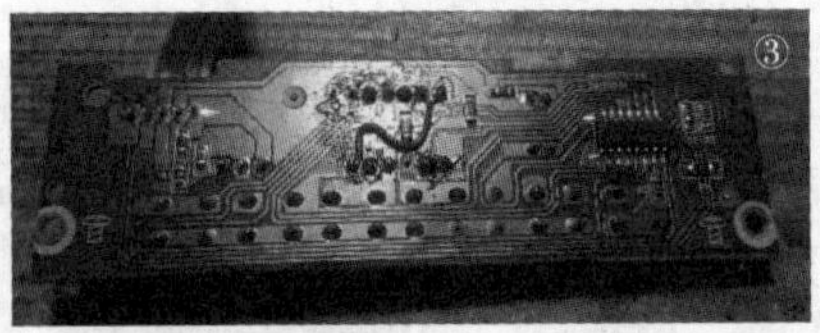

3.宽宏KH211-G接收机通电开机后前面板红灯闪烁，无开机画面。从维修经验判断红灯闪烁应该是电源带负载能力差或负载有短路现象，将维修电源调到5V接入主板出现过流保护，说明主板+5V这路有元件短路。+5V主要送至+1.2V、3.3V变换电路以及读卡芯片等，考虑到前面板红灯还在闪，说明+3.3V支路应该没有问题，而核心供电+1.2V因电流较大出现问题可能性比较大。该机1.2V DC/DC电路主要以STI3408（丝印S10BJB）为核心构成，拆下该芯片发现主板+5V对地不再短路，如图4所示，测量其③、④脚发现已击穿。STI3408应用电路及输出电压计算公式如图5所示，与LP3218（丝印AS11DA）、SY8009A/B（丝印CU2、CU3和S14开头）等应用电路完全一样（⑥脚封装的有一脚是空脚），于是从料板上找来LP3218装上，通电试机完全正常。

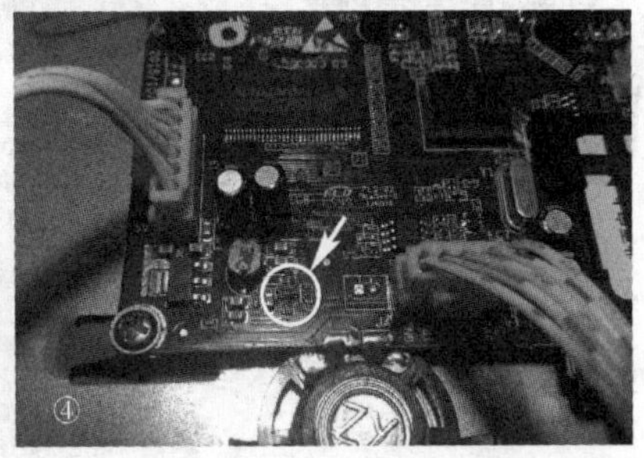

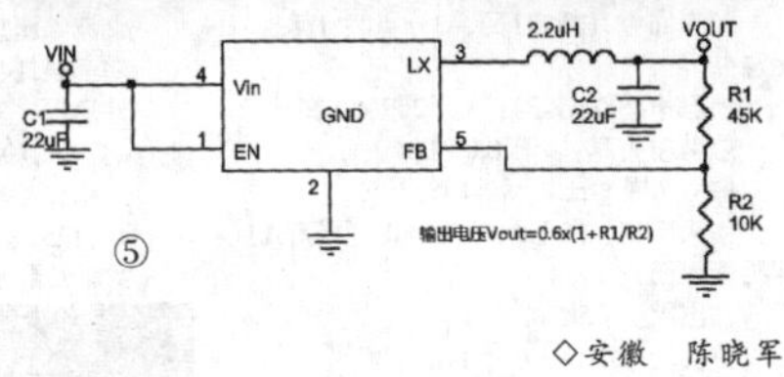

◇安徽 陈晓军

自制转换接口，让卡拉OK麦克风发挥余热

在20世纪八九十年代，卡拉OK曾经风靡全球，基本每个家庭都要置办一套带有卡拉OK功能的家庭影院，有空就叫上朋友嘶吼两嗓子，可以说卡拉OK是一个时代的文化。

进入21世纪，电脑、手机等信息化产品丰富了人们的生活，卡拉OK因其体积庞大且扰民等缺点，渐渐地淡出了人们的视野，被当做电子垃圾丢掉。

近几年，全民K歌App席卷全国，我的老妈也深陷其中，而且对音效越来越讲究，非要买一只200多元的k歌麦克风。我就想起家里还有一只高级卡拉OK麦克风，这种600Ω阻抗的动圈麦克风，虽然灵敏度较低，但可以滤掉一些瑕疵。加上简单的转换接口，便可以接入手机，成为既廉价又实用k歌麦克风。

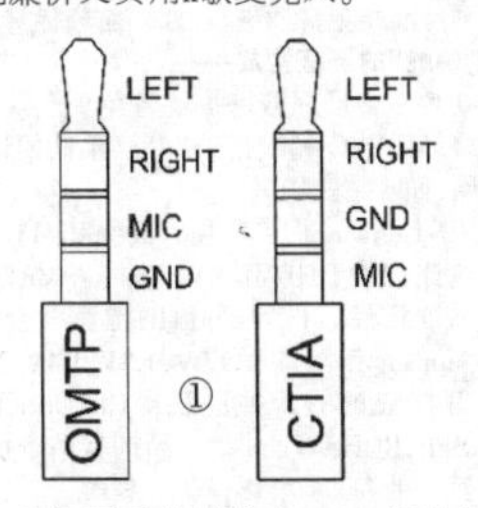

我们需要的材料有3.5mm四阶耳机插头、3.5mm耳机插座、6.35mm麦克风插座各一个以及导线若干。需要注意的是，手机四阶耳机插头是有两种标准的，分别为国家标准（OMTP）和国际标准（CTI-A），如图一。我们可以通过测量手机原配耳机插头各点间阻值来判断（单元8-32Ω，线控1.3kΩ左右），或者根据手机型号在网络查询。

于是我按照图二进行制作，将一个3.5mm耳机插座和一个6.35mm麦克风插座接到一个3.5mm四阶耳机插头上。焊接检查无误后接上设备测试，发现手机并没有检测到外接麦克风，声音仍然在手机自带麦克风录制，而且在开关外接麦克风的时候手机音量会增大。

由于手机原配耳机麦克风引脚和GND之间的电阻为1.3kΩ左右，而动圈麦克风关闭时阻抗为无穷大，打开时阻抗为600Ω，所以不能正确被手机识别。我对电路进行了改进，在麦克风回路串联一个1μF的电容来做隔离和耦合，防止麦克风开关带来的阻值变化造成误操作，同时在麦克风信号输入端与GND之间并入一个1.3kΩ的电阻来模拟线控，电路如图三：

改进之后问题完美解决，自制k歌麦克风大功告成。

但是在实际应用中，由于麦克风灵敏度和手机放大能力的差异，可能会出现录制音量过小的情况。我们可以增加话放电路，网络上的话放电路版本很多，建议选择一个5~9V单电源供电的版本以实现小体积和电池供电。如图四。

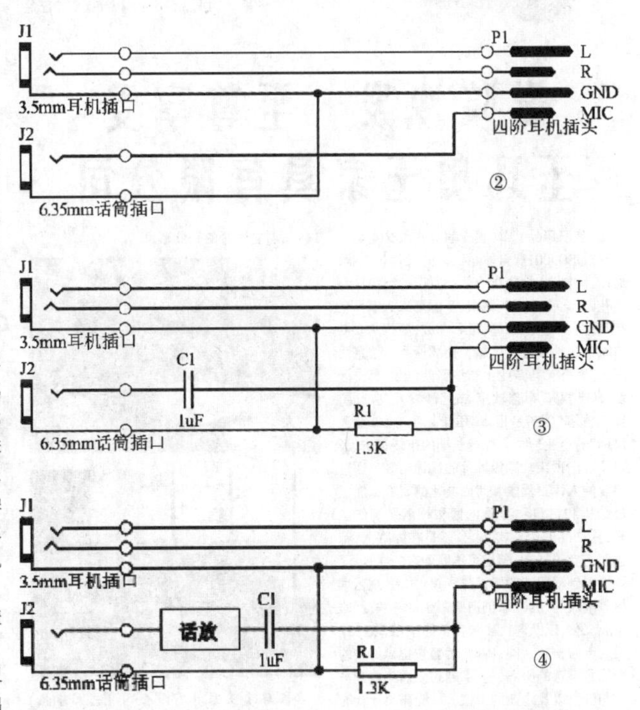

◇河北 王乐扬

上海名线屋资料

名线名声是一群热爱音响，深知音响搭配乐趣的爱乐者所创立，以代理推广世界各国知名音响品牌为己任。

除零售及批发业务，我们更提供专业技术支援服务，强大的专业团队致力为每位客户提供最优质的售前及售后服务。

2018成都国际音响展出新品

1.Strunmento N°1 歌匠一号旗舰前级

输入端子：两组平衡XLR、非平衡RCA及三组平衡XLR

输出端子：两组平衡XLR和一组非平衡RCA

增益：范围-90分贝/+10分贝

增益分辨率：0.5分贝

频率回应（额定1瓦、-3分贝）：1赫兹~1兆赫兹

瞬态率(8欧姆处)：大于200伏/微秒

总谐波失真：小于0.05%

信号/噪声比：大于105分贝

输入阻抗：15千欧姆，150pF（平衡式或非平衡界面）

输出阻抗：5欧姆

待机功率消耗：小于1瓦

主交流电压（50-60赫兹）：100、110~115、220~230、240伏

最大功率消耗：50瓦

外形尺寸和重量：450×120×450mm(宽×高×深)，28kg

运输尺寸和重量：580×300×580mm(宽×高×深)，38kg

2.Strumento N°8 歌匠八号单声道后级

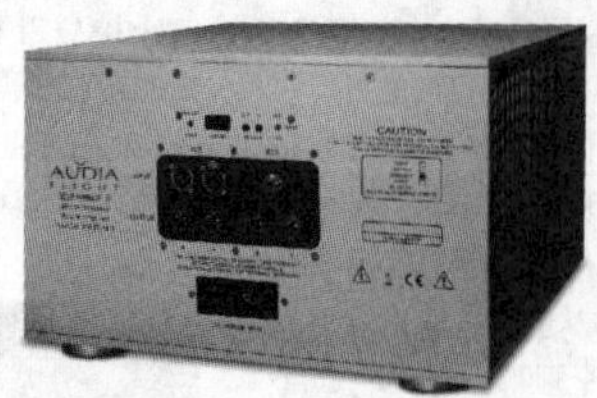

每个声道的额定输出功率（负载8/4/2欧姆）：500瓦/1000瓦/2000瓦

输入灵敏度：额定1.41伏

频率回应(额定1瓦、-3分贝)：0.3赫兹~1兆赫兹

瞬态率(8欧姆处)：大于200伏/微秒

总谐波失真：小于0.05%

信号/噪声比：110分贝

非平衡式界面输入阻抗：7.5千欧姆

平衡式界面输入阻抗：7.5千欧姆

阻尼系数(8欧姆处)：大于1000

交流电压(50-60赫兹)：220伏

功率消耗：最大3300瓦

外形尺寸和重量：450×280×500mm(宽×高×深)，95kg(每台)

运输尺寸和重量：580×410×700mm(宽×高×深)，125kg(每台)

3.盟主爱将音箱

驱动单元：

高音单元：1只1英寸凹半球体陶瓷振膜高音(Indra Ceramic)

中音单元：1只3.5英寸陶瓷凹入式音盆中音

低音单元：2只7英寸nomex-kevlar凹入式音盆中低音

灵敏度：89分贝

频率响应：28Hz~25KHz

阻抗：4欧姆

建议功率：50至200瓦

接线方式：一对多用途喇叭线接线柱

声箱尺寸：

重量：

104高×26宽×41深(mm)

50.8kg(每只)

4.CARDAS CLEAR BEYOND XL旗舰电源线

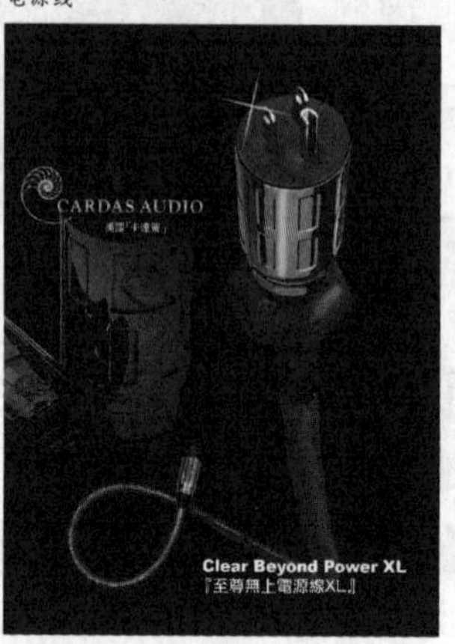

Clear Beyond Power XL『至尊无上电源线XL』除设有标准版本，配备了Cardas全新制作，使用纯铜金属导电体、并分别镀上银及铑铂金的E-5 15A美式插头及IEC尾插款式外，还备有可额外付费选购的20A IEC尾插款式

5.法国NEODIO 尼奥 零震动脚垫B1

NEODIO创始人Stéphane先生花了14年的时间才成功设计出的第一款产品就是号称零震动(ZERO VIBRATION)的ORIGINE B1。B1的产品用料、技术及音色表现均是业界顶级。能够将音响性能发挥至极限，音色超级细致，层次分明有序，极富临场真实感，所有产品保证百分百法国制造。

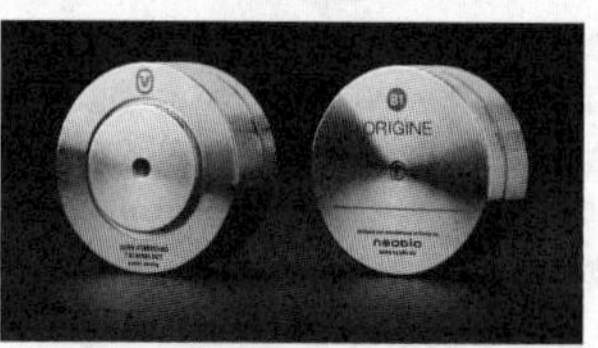

6. 德国Alto-Extremo 乐陶 旗舰NeoFlex系列磁浮脚垫

如果你正在寻找一种效果最好最独特的脚垫？NeFLeX系列磁浮避震器将满足这两个要求。它们是基于磁场相互排斥原理来设计的。中间有两个非常强大的钕钇磁铁，器材的重量全部落在钕磁铁之上，所有的震动能量都被脚垫完美的吸收并在脚垫内耗散。对于Hi-end级别的设备，NeoFlex磁浮脚垫是一款最为理想的承载配件，一旦使用，你就再也不想错过NeoFlex的磁浮脚垫了！

7.WAYcables TWELVE喇叭线

采用纯银制作的TWELVE喇叭线是旗舰产品，搭配的插头使用了WBT-0681 Ag纯银插头(纯银触点直接镀白金，橡胶减振器，无金属基体)，连接方式也改为压接。WAYCABLES之前采用的所有技术，这次同样施加'TWELVE'上，更特别的是线身每一根都是独立的，等于是总共分为4根线，外径每根粗达20nm。

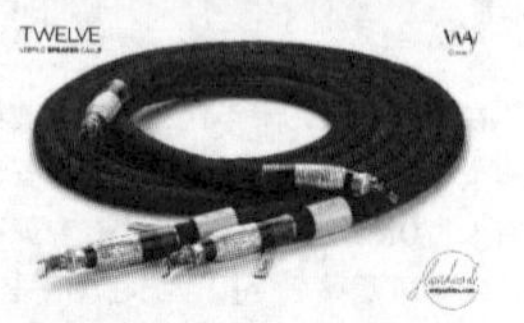

影院沙发 至尊享受
玉环奥王家具有限公司

(艺家臻品)玉环奥王家具有限公司是一家通过ISO9001质量体系认证的现代化企业，集设计，制造，销售于一体。总部坐落在有"海上花园"之称的海滨城市，全国第二大家具生产基地——浙江玉环，毗邻宁波，温州两大港口城市，地理位置优越，交通便利、信息快捷。奥王家具专业生智能影院沙发 真皮沙发 真皮软床 布艺软床 布艺沙发系列产品，我们秉承"创新是根本，质量是生命，效益是目标"的企业理念。经过长期的市场调研，汲取了各国顶级软床设计师的设计精髓，通过专业的人体工程学和时尚文化的研究，加上对结构和材料和准确把握和精湛和制作工艺，其产品无论在实用上，还是在睡眠上，都达到了完美结合，满足了不同顾客的喜好，深得国内外消费者的好评与青睐。本着"用艺术彰显潮流与经典，靠创造感悟生活与关爱"的企业文化，以及对优质与完美的承诺，取得业内人士的一致认同。同时，为客户提供优质的产品和满意的服务，以卓越的品质来提升员工的价值以及企业的价值，从而赢得社会的信赖，树立良好的企业形象。

◇玉环奥王家具有限公司（艺家臻品）

JIB-Germany Technology GmbH
德国蟒蛇音响科技有限公司
JIB-Germany 简介

JIB-Germany以生产高级Hi-Fi及家庭影院音视频线材在欧洲久负盛名，其总部位于以追求严谨标准近乎苛刻而著名的德国首都柏林，JIB-Germany知名Hi-Fi线材(业内以"蟒蛇"著称)在美国、加拿大、日本、澳洲等地区稳踞Hi-Fi至尊席位。在世界的目光聚焦中国的2009年，JIB-Germany系列Hi-Fi产品随着夏季的热带飓风登陆中国市场并迅速抢占了高端音、视频线材的中国市场。

JIB-Germany "蟒蛇" 的创始人-Jürgen Isaak Bauer既是一名出色的音响工程师，又是一位狂热的音响发烧友。蟒蛇的诞生历经其十余年的专业削琢，力求挑战发烧界挑剔、苛刻、力求完美的最高境界。产品外观神秘而奢华形如蟒蛇，尖端技术和顶级材料的完美结合令其传感细腻、声音通透让听者无法抗拒仿佛吹弹即破，音震感、层次感、定位感、空气感、透明感、弹跳力…蟒蛇的霸气聆听无遗！

"蟒蛇"的导体构成——

PC-OCC by Furukawa（来自日本Furukawa的6N 99.9999%单晶无氧铜）、99.9997%纯金、纯银镀金、纯银，保证信号传输的纯度而避免音质失真，如蟒蛇般稀有。

"蟒蛇"的屏蔽构成——

高频率多层屏蔽保护信号免受干扰，外被高级环保PVC并增加高密度、柔韧的顶级尼龙网，如蟒蛇般华贵。

JIB-Germany相关产品：高级Hi-Fi及家庭影院连接线，HDMI、DVI，DisplayPort等高级高清连接线。作为国际HDMI协会会员，JIB-Germany且已取得1.2V，1.3V 1.4V 2.0V ATC等权威证书，并已获得CE，CES，UL，THX，SPE，ROHS等证书，产品拥有多个技术及外观专利并获多个影音产品奖项。

JIB-Germany的经营理念是："以尖端的音响技术，精致细微的做工，完美高贵的音质，带给音响发烧友至高无上的享受！"

2018年9月23日出版 实用性 启发性 资料性 信息性

第38期 国内统一刊号:CN51-0091 定价:1.50元 邮局订阅代号:61-75

地址:(610041)成都市天府大道北段1480号德商国际A座1801 网址:http://www.netdzb.com

(总第1975期) 让每篇文章都对读者有用

物联网与WIFI安全

对于日益临近的5G网络，除了速度的提升外最大的感受应该是万物互联了。但在便捷的背后很多人可能会忽略其网络安全，毕竟从2002年WiFi正式商用算起，2004年在第一代WiFi的基础上推出WPA2，CCMP取代了WPA的MIC、AES取代了WPA的TKIP，虽说当年提高了一定的安全性，不过经过十几年的市场应用早已被黑客完全攻破。正是在这一背景下，WiFi联盟公布了最新的WPA3加密协议，以求改善物联网、加密强度、防止暴力攻击、公共WiFi这四大安全性。不过想要享受最新最安全的WiFi网络，用户现有的无线设备必须更换。

首先高通将于6月份在骁龙845芯片中率先支持WPA3加密协议。而其他支持WPA3协议的设备将在Computex(台北电脑展)大展上公布。支持WPA3的设备上，将会贴有"WiFi-CertifiedWPA3"的标签。支持WPA3协议的设备将会向下兼容WPA2协议的设备，但是要向上支持WPA3协议就需要更换新设备。鉴于许多用户很少关心路由器的安全问题，采用WPA3协议的设备普及还需要一段时间。

WPA3协议四大升级热点

1. 更强大的加密算法。WPA3拥有比WPA2更强大的加密算法。它可以应对工业领域、国防领域和政府领域的安全加密应用。

2.防止暴力破解。WPA3不会受到KRACK的攻击，是因为应用了Dragonfly协议。并且WPA3对于用户猜测WiFi密码的次数加以严格限制。黑客通过自己的"字典"，对密码进行暴力破解的攻击已经无效。

3.改善物联网设备的安全性。现在接入无线路由器的智能家居设备越来越多，WPA3支持一键式设置，只有按下按钮才能联网，让物联网设备连接更安全。

4.保护公共WiFi。机场、咖啡厅、购物中心等公共场合的WiFi不需要密码连接，存在安全隐患，但许多人都不在意它的安全性。WPA3使用了特殊的加密技术，让接入设备和无线路由器之间的连接拥有独特的密钥。即使是开放的WiFi，设备与路由器之间传输数据也不会暴露在网络中。

有人也许会说，WPA2不是有KRACK的加密设置吗？殊不知自从WPA安全协议被破解数年后，WPA2也在2017年被破解。黑客可以通过名为"KRACK" 的安全漏洞，破解WPA2安全协议，从而获得无线路由器的WiFi密码。

每天全球有数十亿的设备使用WPA2安全协议，它被破解后产生的后果难以想象。但是从使用者到厂商，并没有针对WPA2被破解后采取措施。甚至有许多人并不知道WPA2已被破解，依然认为它是最安全的加密协议。用户也没有修改自己路由器的密码，12345678依然蝉联2017年度使用最多的密码。

KRCK攻击会直接影响了作为家庭网络中枢的无线路由器，作为家庭或者微小企业的路由器或AP上，根本没有实力针对攻击作出相应修复更新软件。另一方面，用户在安装好路由器后，很少再去到管理后台对设备进行升级，不能及时更新最新的固件保护自己的安全。

(本文原载第27期11版)

骁龙710和845

5月24日，高通正式发布全新700系列首款移动CPU——骁龙710，它可以看作是骁龙660 AIE(660的人工智能版)的升级版。当然和今年的旗舰处理器骁龙845相比还是有不少的差距(首款旗舰级5G处理器骁龙855最快也要今年底才会推出)。

首先来看参数对比表。

从核心参数对比来看，骁龙710相比骁龙845采用的是相同的第3代Kryo CPU架构，同为目前最先进的10nm FinFET工艺，此外内存存储、AI与其他方面的支持也几乎一样。不同的地方则主要是CPU核心数、主频、GPU、基带版本四个方面。骁龙710在目前中高端CPU中表现出色，尤其是相比骁龙820/820次旗舰CPU有架构、低功耗、AI加持等优势，相比骁龙660也有明显的性能提升，相信会成为新一代中高端神U。

目前跑分测试成绩来看，骁龙710的跑分性能大约与骁龙821相当，新版安兔兔V7中，骁龙710跑分在18万分左右，相比跑分20万左右的骁龙835仅低了2万分，而相比跑分26万+的骁龙845旗舰机则有较大的差距，骁龙660AIE的跑分为14万分左右。(本文原载第27期11版)

对比机型	高通骁龙845	高通骁龙710
产品架构	第3代Kryo CPU架构	
制造工艺	10nm FinFET	
核心主频	4个A75大核(2.8GHz)+4个A55小核(1.8GHz)共八核设计	2个A75大核(2.2GHz)+6个A55小核(1.7GHz)共八核设计
GPU型号	Adreno 630	Adreno 616
内存规格	LPDDR 4X	
存储规格	UFS 2.1	
网络制式	LTE Cat.18	LTE Cat.15
快充支持	支持QC4.0+快充，双路并行充电	
AI支持	支持，AI芯片	
其他支持	蓝牙5.0、支持双路WiFi、支持全面屏、支持双摄像头	

由于长时间从事技术工作，不免有人要用羡慕的眼光询问，技术是怎么学成的，于是我在电子报发表了《技术是怎么练成的》一文，面对读者的好评，我内心充满了愧疚，因为根本的东西我没有在文章中阐述，所以就有了写此文的冲动。同时我发现有不少搞技术的朋友，为了生活和工作中的烦恼所困惑，很多人甚至在痛苦中挣扎，本文希望尝试给他们提供帮助，直面危机直面烦恼，能愉快的工作和学习是多么开心的事情呀！

控制自我从容迎接挑战之一：从计划和积累开始

有不少朋友都曾经信誓旦旦要通过努力学习来改变自己的命运，可是真正坚持到最后的人却凤毛麟角。是的，很多人都遵循了这样一个"轨迹"：先给自己制定好一个大的计划，然后你就会努力了，可是现实却是在经过短时间的热情激荡之后，接下来就觉得这个计划真的很遥远，最后就是灰心和懈怠。或许你又制定了另一个计划，然后又重复以前，直到最终一无所获。

之所以会出现这样的结果，依我的经验来看，主要是计划不够细。我看过一个关于王健林的视频，王健林问大家的目标，现场有很多年轻人上来就嚷着将来要做首富，王健林说这好呀有志气，只是你准备通过什么步骤成为首富呢？在场的几个年轻人顿时无语了。由此可见盲目的大目标毫无意义，因为大的目标都是通过小的目标堆积而成的！你有一个超级大的计划是最好了，关键是你要明白你这个超级计划需要什么？而怎么样才可以把这些需要都凑齐了！

在我看来，一旦给自己制定了一个十年的计划，那么最好是再把这个大计划分成十份，就是有一个一年的计划，然后是这一年里每个月的计划，最后制定每天的计划，甚至每分钟的计划。计划必须详细，应该掌握什么知识，多少时间可以掌握，计划进度表和实际进度表时刻对照，从而鼓励和鞭策自己，时刻提示自己不要延误时间，时刻检验自己的进度。

制定好详细的计划后，接下来坚持积累就很重要了。我有个同事偶尔喝喝可乐，结果在他的办公地点到处都是可乐瓶。这从反面证明了积累是多么的重要。

在我看来，天天学习所积累的知识是成为"大神"的关键。其实我们所见过的技术"大牛"，相信他们都是靠积累知识成功的。默默地坚持，必定比打鸡血的豪言壮语有意义得多！有的人做了一辈子技术工作，也没有把自己的工作弄明白，其中的关键就是有没有长时间的用心研究了，如果你研究了一天，然后把这一天得出的结论重复了365天。那你的水平也就应该算是一天的水平。所以，做好详细计划和坚持积累是成功的第一步。

◇林锡坚

夏普LCD-40E66A电视自动开关机的摸索处理过程

一台夏普LCD-40E66A电视机开机后图像、声音正常,数秒或数分钟,有时到半小时后自动关机,绿色的LED电源指示灯长亮。一会儿又自动开机,开机后的图像、声音正常,如此反复,使其不能正常收看电视节目。

从自动开机后图像、声音还是正常的现象来看,初步认定为某个元件的热稳定性差,或者印刷板上的元件有脱焊现象,更或者是某个小环节电路的性能不稳定导致的等,引起系统保护动作,使小继电器跳电,恢复好后又开机了。前两个方面花点力气是能够解决的,难在于性能不稳定。

一、常规处理

打开电视机的后盖板,先清理灰尘。机子内部有四块大印刷板:电源板、背光板、视频驱动板、信号处理板即主板。认为问题应该在前两块板子上,后两块板子发热元件不多,自己也没法处理,太精密了,只能扫扫灰。用放大镜观察各板的焊接节点,对怀疑有脱焊的地方进行补焊,结果故障依旧。

在开机中,利用播放时间较长的情况时,摸一下每个集成块、功率二极管和三极管等的发热情况,都不太热。不过,还是松开散热板上的螺丝,重涂散热膏,再上紧螺丝。也曾用棉花球沾酒精,涂抹会发热的元件,来检查热稳定性差的问题,还是无功而返。紧固背光板到每个背光灯管的金属卡扣,再用尖嘴钳夹紧金属卡扣、滴油处理等方法,故障依旧。

电视机长期使用后电解电容易于老化,容量会减少,在印板上又不便于用万用表测量其好坏,特别是藏在散热板下面的300V整流电容,也很难取下来。便在印板后面并联一个参数相近的电容,如图1所示。同时也顺带在背光的60V电源和主板的5V、12V电源上的滤波电解电容处,都各自并联了一个参数相近的电容。使其各输出电压的滤波电容的容量增加,提高输出电压的稳定性。试机还是同样的故障现象。

小继电器频繁地跳电,是否会是内部触头坏了呢?买来一个12V的小继电器,费了好大的劲,才从散热板里面卸掉。而新的其焊接脚又对不上,便添加引线焊接在印板的后面,如图2所示。另外,图2中的电解电容是并接在小继电器两端的,防止小继电器吸合中的抖动现象,不过稍有延迟现象。通电试机故障依旧。

查阅各种资料,询问家电维修高手,仍旧没有效果。其中有人提出修改软件,这个方法没做过,只好试一试。在开机时,先按住电视机的"音量-"和"视频"键,通电,此时进入K模式,屏幕左上角显示绿色的"K"字样,此时手松开。再同时按下电视机"音量-"和"频道-"键,此时出现英文字母屏幕。用遥控将光标移动到第二行设置"ERROR NO RESET 0",按下"确定"键数字5变为0,关机去保护到此完成。重启电视上显示是"0",见图3所示,但故障依旧。

备注:直译下栏目,依次为:英制尺寸、故障没复位、普通模式、安全控制、电源故障原因、正常待机原因、故障待机原因。移动光标,只有两页,有些菜单不能进入修改。

顺着逆变的主回路中,可以找到一个互感器T7600,为逆变电流取样元件。用分流的办法试试,如图4所示,并接电容为102P。开机观察没有跳电,过了两小时后,出现几次跳电,虽然没有根除问题,但是出故障的时间有明显的变长。这说明现在的逆变工作电流增大了,管子本身性能下降,造成波形不好,或者逆变的负载太重。查了一下逆变管K3562的额定电流6A,虽然加了分流电容,减弱过流保护,也不担心会损坏,暂时保留着该电容。

二、深度分析

以上种种办法都收效甚微,黔驴技穷,该机也找不到图纸,印板上的保护电路又较为复杂,决定对电路深入分析测绘一下电路图。花了几天时间,边查找边理解边修改,从草图到CAD画图(见图5),终于知道电源板的大体结构了。简化的局部电路图中未标电阻和电容的编号,只标了三极管和二极管的编号。虽然多遍浏览电路图,再反复对照印板元件修改,难免会有错误,所以此图仅供参考。

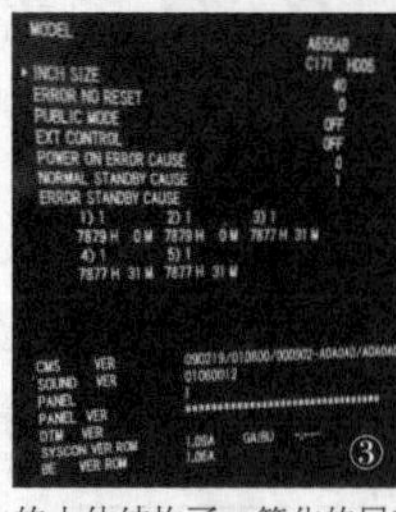

逐步分析逆变回路、待机电源回路、系统保护、主回路放电的电路结构和功能。

第一步

逆变回路中的过电流保护动作时,过流保护信号进入集成块IC7603,便无驱动电压给逆变管Q7601和Q7602,逆变停止工作,传递给后面会使小继电器跳电。此过电流保护前面已经做过试验了,作用不明显。

那过压保护是通过电容C7609取样,进入集成块IC7603。在此不清楚集成块内部的情况,因而不能将其信号短路,又加之是片状元件,怕损坏,就只能旁路分压。试一试,无作用。

在进入逆变管中,有FR7010等三只快熔电阻串接,是否有发热的闪断现象,使300V电压瞬间丢失而逆变失败呢?并接整流二极管IN4007在其两端,无作用。对逆变电路的控制集成块IC7603和外围阻容元件常规检查,仍然无功而返。

对主回路的电解电容老化问题,也试过并联电容,作用不明显。

第二步

待机电源回路由集成块IC7905(TNY264)和周围元件组成,见电路图的右下角部分。回想现象:跳电后,绿色的LED电源指示灯长亮,说明有待机电源。虽然电视机上绿色电源指示灯长亮,是否存在瞬间闪烁跳电现象呢?一个简单的办法:切断交流信号输入端,即挑掉电阻R7964,所有的交流信号源被切断,无交流保护。开机观察,无作用。

摸下集成块TNY264,手感温度不是很热,网上推荐用10W功率的集成块TNY266换2.5W的TNY264,不易发热。而待机逆变压器T7901上的A绕组整流二极管D7904、D7910发热,但也能正常工作,便在印板上各并接一个IN4007,以求分流分热。集成块TNY264的⑤脚上300V接线中也串入了快熔电阻R7914,在其两端仍然并接二极管,防止热失效。

第三步

在局部原理图5的左下角部分,集中了几路系统保护。正常开机时三极管Q7302截止,Q7300和Q7301导通,经光耦IC7900使小继电器得电闭合。三极管Q7302的基极上汇集了五路保护,来切断小继电器的电源,即跳电。经二极管D7302的~12V交流的过压保护;经二极管D7308的+60V过压保护;经二极管D7112汇合的主板+12V过流保护、逆变变压器T7001过热保护;经二极管D7923的待机B绕组5V的过压保护;经二极管D7123背光的过流保护。任意一路动作,都会使三极管Q7302导通而切断光耦,使小继电器跳电。

因为是瞬间跳电,先旁路掉Q7302基极的干扰信号。在三极管Q7302的基极上并接RC元件(2.2kΩ、470μF),试机有一些效果,但偶尔还是要跳几次,是否问题就在这里呢?

背光+12V经二极管D7123背光的过流保护。+12V过流时,Q7806导通,+12V电压经Q7806的e-c极到D7123,控制三极管Q7302导通,光耦IC7900失电关断。理解原理后,挑开D7123一端,开机观察,无作用。

主板+12V过流保护。主板+12V过流时经取样电阻R7155A、B到四运放IC7300内部比较后输出过流信号,与逆变器过热保护二极管一起并联输出,再经电阻、二极管D7111、D7112到三极管Q7302的b极,使Q7302导通,光耦IC7900失电关断。取样电阻R7155A、B是两根倒U型的金属电阻丝,不便短路。在二极管D7111和D7112之间,连线短路到地,开机观察,无作用。

断开D7301逆变~12V交流的过压保护电路检测信号,开机观察,仍旧无作用。

待机5V过压保护。待机电源出现过压时,到达D7921击穿电压时,三极管Q7908导通,经D7923使控制三极管Q7302导通,光耦IC7900失电关断。由于待机电源是正常的,认为该保护系统是正常的。

第四步

主回路放电的输入口有电流取样L7801和电压取样电阻R。过电流保护时,对峰值放电。市电的过压交流信号,也是对峰值放电。担心误动作,将控制回路中的小元件直接撤除。对电流互感器L7801的二次侧,也并接一个小电容,开机观察,无作用。

第五步

视线又回到主逆变回路中,逆变管的性能不稳定、负载重。换K3562,故障现象没有改善。+60V的三个滤波电解电容稍微发热,难道是四个大功率20kΩ并联的泄放电阻引起?去掉两个后,电视节目基本正常了。观看4小时节目,只有一次跳电。难道逆变器多了四个泄放电阻就过载了?后将逆变的四个泄放电阻改为一个,试机未出现故障。

最后整理:

1.四个泄放电阻改为一个,减少了逆变管的电流。

2.再将背光电源60V整流的220μF滤波电解电容改为470μF,电解电容不热了,这有利于长期运行。

3. 每个逆变电源的整流输出端再增加一个小电容,滤掉高次谐波。

4.将电阻R7304和R7305改成串联接法,即减少待机电源的泄流。

5.短接二极管D7300,相对提高三极管Q7302的保护门槛。

6.恢复原小继电器及线包两端的吸收电解电容。

多余的话:抱着不服输的态度,秉承坚持不懈的工匠精神,花了那么多精力,给大家提供一种思路和参考。

◇成都 张生

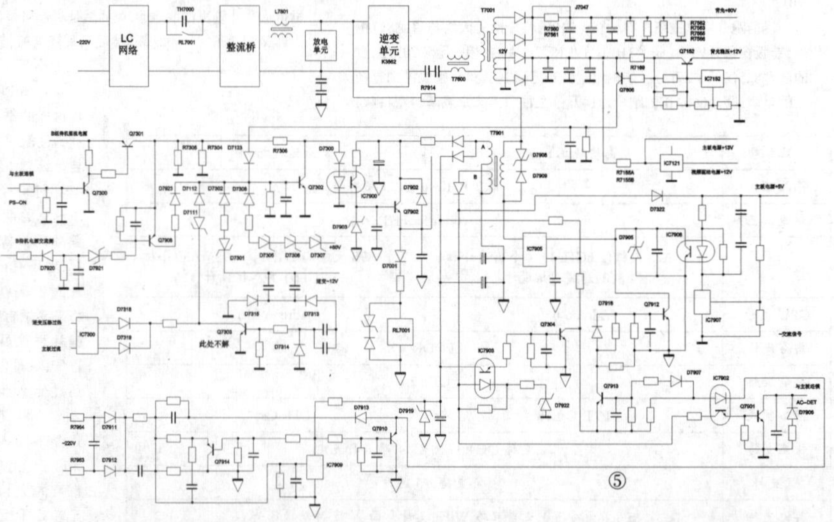

索尼BDP-S360蓝光DVD机主板电路简析与故障检修要点(4)

(紧接上期本版)

七、HDMI接口电路简析与故障检修要点

1.电路简析

超级单芯片MC－10121AF1内置HDMI发送器，因此只需外接HDMI插座即可。HDMI接口电路如图9所示。HDMI接口信号包括：一对时钟对信号(TXC＋/TXC－)；三对数据对信号(TMDS0 +/ TMDS0 －、TMDS1 +/ TMDS1－、TMDS2+/ TMDS2－,为差分信号),用来传输音视频数据以及辅助数据;CEC是一个可选通道，用来支持一些高级用户功能,如红外遥控等;热插拔检测信号(HPD),该信号作为HDMI连接的识别信号;I²C_SCL、I²C_SDA是I²C总线串行时钟、串行数据信号,用于构成通讯电路。

HDMI接口的⑲脚是热插拔检测信号(HPD)输入端,当HDMI接口与外部HDMI设备如彩电等连接后，该脚送入一个高电平到主芯片IC101，其内部的CPU检测到该信号为高电平后，认为HDMI已连接,然后,主芯片IC101与外接HDMI设备通过I²C总线进行通讯,通讯正常后控制IC101开始向外部HDMI设备输出信号。在没有连接外部HDMI时,HPD为低电平,IC101据此判断没有连接HDMI设备,不输出HDMI信号。因此,HDMI接口的⑲脚是HDMI接口关键测试点。

2.故障检修要点

这部分电路损坏，会出现连接HDMI插孔时没有图像和声音，或图像和声音质量不佳等故障现象。

HDMI接口检查要点如下：

(1)先用放大镜观察HDMI插座引脚是否脱焊、走线是否断线,如果有这些情况,则进行补焊、接通线路。

(2)测量HDMI插座⑱脚(+5V电源)电压是否正常,若异常,则检查供电电路。

(3)测量HDMI插座⑲脚(热插拔检测信号HPD输入端)电压是否为高电平(接近5V)。如果为0V,一般是HDMI插座内部接触不良(HDMI线和外接HDMI设备正常的情况下),可换HDMI插座试之。

(4)检查HDMI插座的⑮脚、⑯脚总线电压是否正常。正常均约为4.9V,若异常,很可能是总线上接的上拉电阻损坏。

(5)用示波器测量三对差分数据线(TDMS0 +/ TDMS0 －、TDMS1 +/ TDMS1－、TDMS2+/ TDMS2－)和一对时钟信号线(TXC+、TXC－)上是否有信号波形,或者用万用表测量直流电压。有正常信号输出时，数据线和钟信号线上都应有相应的信号波形，直流电压均为2.9V左右。如果无信号波形,或者直流电压为0V,都说明无信号。如果三对差分数据线和1对时钟信号线上都无信号(故障表现为无图像、无声音),而HDMI插座⑱脚+5V供电正常，⑲脚热插拔检测信号HPD也为高电平，⑮脚、⑯脚与主芯片之间的I²C总线也正常,则可判断是主芯片MC－10121AF1的HDMI接口损坏,需要更换主芯片;如果三对差分数据线和一对时钟信号线中,只是某一、两线上无信号,而其他线上有正常信号(故障表现为图像质量、声音质量不佳),故障一般是主芯片至HDMI插座的信号传输线路断线,只要找出断路的线,接通断路的线路即可恢复正常。

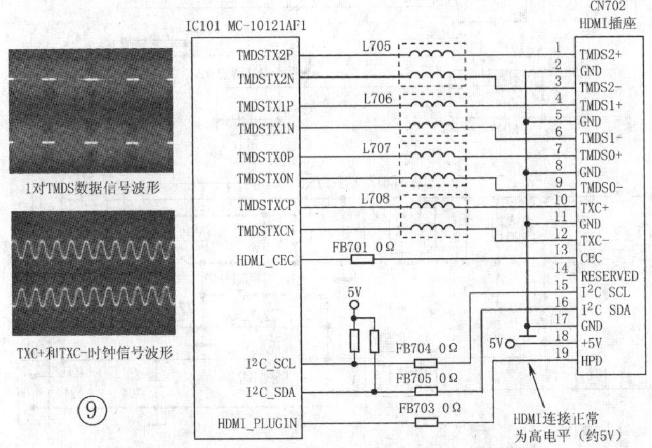

1对TMDS数据信号波形

TXC+和TXC-时钟信号波形

⑨

八、网络接口电路简析与故障检修要点

1.电路简析

该机具有LAN(100)端子即RJ－45以太网络接口,用于连接互联网,以便更新播放器的软件和实现BD－LIVE(蓝光网络互动)功能。

该机的网络接口电路如图10所示。U1101(8700C－AEZG)是一片8位微处理器芯片，也可称为以太网控制器或以太网收发器,俗称网络芯片、网卡芯片。8700C－AEZG是一款完全集成的和符合成本效益的单芯片快速以太网接口芯片，支持IEE－802.3定义的10Mbps和100Mbps自适应的以太网收发器。CN1101是RJ－45网络接口插座。网络信号通过有线网络接口(RJ－45)进入主板后，首先由网络变压器处理,然后将双绞线网络信号送入网络收发器8700C－AEZG的㉘脚、㉙脚、㉛脚、㉜脚的双绞线接口电路。网络信号经过8700C－AEZG处理后，由⑯脚~⑱脚、㉑脚输出数字信号送往主芯片MC－10121AF1,由主芯片内部电路解析出以太网MAC地址等信息,从而实现网络连接。

IC1101 8700C-AEZG

IC101 MC-10121AF1

1 nINT/TX_ER/TXD4; 2 MDC; 3 CRS/PHYAD4; 4 MDIO; 6 TX_EN; 16 RXD2/MODE2; 17 RXD1/MODE1; 18 RXD0/MODE0; 21 RX_ER/RXD4; 23 TXD0; 24 TXD1; 36 COL/RMII/CRS_DV; 14 CLKIN/XTAL1

28 TXN; 29 TXP; 31 RXN; 32 RXP

CN1101 RJ45网络接口

VDD3.3 7、25、30、33、35 +3.3V

nRST 5 R1101 +3.3V C1101 复位电路

+3.3V X1101 50MHz V50.0 0D9L

⑩

2.故障检修要点

这部分电路损坏，会出现不能连接网络的故障现象。

检查步骤和方法如下：

(1)检查RJ－45网络插座是否接触不良,引脚是否虚焊。这是故障的多发部位。RJ45网口易发生的故障是引脚失去弹性、歪斜,与水晶头接触不良,可用镊子小心、仔细地校正,一般可排除故障。

(2)检查RJ－45插座到以太网收发器芯片(87000C－AEZG)之间的通讯线路是否断线,并测量这些线路对地电阻值。如果电阻值过低,则87000C－AEZG内部已经短路。这种情况多数是雷雨天气使用,雷电高压由网线进入机器,会在瞬间将以太网收发器芯片击穿。遇到这种故障,直接对以太网收发器进行更换即可。

(3)检查以太网收发器及外围电路。对于以太网收发器87000C－AEZG,主要应检测该芯片的供电电压、复位信号、时钟信号以及各数据传输引脚的对地阻值。+3.3V供电引脚为⑦脚、㉕脚等,若无供电电压或异常,则检查供电电路。用万用表检测⑤脚复位端(复位信号为低电平有效)的电压值,正常复位后的稳态电压接近3.3V。如果电压过低，检查R1101是否开路,复位电容C1101是否漏电;如果稳态电压正常,可替换C1101检查其是否失效。芯片的⑭脚外接50MHz晶振X1101。用示波器检测晶振引脚的信号波形,正常时应有0.8VP－P 50MHz的正弦波形。若无时钟信号,用相同频率的晶振替换。

除上述引脚及接地脚外，其他引脚为各种控制、数据传输端。先目测这些引脚有无短路、虚焊现象,如有,可直接进行处理。

如果以上检查均为正常，则可能是以太网收发器87000C－AEZG已损坏,可更换该芯片试之。另外,主芯片内部的网络模块电路部分损坏也可能出现不连接网络的故障,不过,这种情况并不多见。

(全文完)

◇四川 贺学金

简单实现iOS设备的系统降级

出于尝鲜的心态,很多朋友率先安装了最新版本的iOS 12,但由于种种原因,可能在更新系统之后,有一些不满意,那么该如何降级到以前的版本呢?

首先请访问官方网站或第三方网站,例如威锋网，根据自己的iOS设备型号(如附图所示),下载需要降级到的iOS系统的版本固件,文件扩展名为.ipsw。将需要降级的iOS设备与计算机连接,打开iTunes,发现iOS设备之后,按住键盘上的Shift键,MacBook设备请按住Alt键,在右侧窗格点击"检查更新"按钮,此时会弹出一个对话框,选择已经下载的系统固件进行降级,耐心等待片刻,直至iTunes提示系统更新完成,按提示重启系统就可以了。

当然，如果是从其他的版本进行降级,操作步骤与此类似。

◇江苏 王志军

欧易普ZX7-250ML IGBT逆变直流弧焊机工作原理与故障检修实例

欧易普ZX7-250ML IGBT逆变直流弧焊机社会占有量较大，为了便于读者掌握此类弧焊机的故障检修技能，本文介绍它的工作原理和故障检修实例。

1.基本原理

此焊机输入AC220V/380V电压，先由桥式整流滤波电路将220V/380V交流电转变为直流电压后，通过IGBT及其驱动电路组成逆变电路变换为几十千赫兹的交流电，再经变压器降压、整流滤波后，输出大电流低压，供焊接用。

2.电路组成

此机电路主要由两块大板组成，板号为HT-328E的水平放置，位于机内顶部；板号为HT-421B 垂直放置，位于机内侧面。两块板子皆为双面电路板，其正反面皆附着一层软胶状透明防潮保护膜。HT-328E板由贴片和常规元件组成，贴片元件组成逆变驱动信号产生及保护电路，常规元件组成±24V电源、±15V电源转换及逆变末级输出电路。HT-421B板由整流滤波及AC220/380V供电转换电路等组成，如附图所示。

3.转换原理

当供电为AC220V市电（实际为AC121~257V的范围）时，150V瞬态抑制二极管D3（1.5KE150CA）击穿导通，U2工作，其③、④脚内部的光敏管导通，④脚接地，三极管TR1（S8050）b极无偏置处于截止状态，场效应管Q1、Q2（MD11N60S）的G极因15V稳压管Z2钳位，有大约14.4V偏压而处于导通状态，继电器J1、J2、J3线圈得电，其常开触点闭合。J1延时闭合并短接RT1、RT2，电路随之进入正常工作状态，延时时间由R12（150k）、C8（47μF/50V）的参数决定。J3的触点闭合后，6只470μF/450V（实际为390μF/400V）滤波电容的中点与市电一端相连，形成约620V倍压电路，为逆变电路供电。

当供电为AC380V（实际电压大于AC257V）时，150V瞬态抑制二极管D1、D2（1.5KE150CA）及15V稳压管Z1击穿导通，光耦U1、U2同时工作，Q1的G极因U1的③、④脚内部光敏管导通接地无偏压而截止，J2、J3的线圈无供电不动作，AC380V经整流及六只电容滤波后，形成约540V电压为逆变电路供电。

当供电电压低于AC150V（实际低于AC121V）时，D1、D2、D3、Z1均不导通，U1、U2不工作，TR1饱和导通，c极接地，Q1、Q2均无偏压截止，J1、J2、J3无供电回路不动作，浪涌电流限制正温度系数热敏电阻RT1、RT2（RTC-19P）通电加热后阻值变大，无法继续供电，逆变电路不工作，电焊机停止焊接。

【注意】J2的线圈与J3并联，原以为是并联使用，但其各触点并未完全与J3对应触点并联，估计作为备用，通过跳线用来替换损坏的J3。

整流堆RBG1、滤波电容C1、C2（33μF/450V）组成±24V电源供电电路，通过接插件CN1接至CN8，为±24V电源供电。市电为AC220V时，CN1输出电压约DC310V；市电为AC380V时，输出电压约DC540V。

4.检修实例

一台欧易普ZX7-250ML IGBT逆变直流弧焊机，工作时机内突然冒浓烟，但焊机还可以工作。

分析与检修：通过故障现象分析，怀疑HT-421B板的滤波电容异常。此板外侧为电路焊点及覆铜箔走线，无元件标号，内侧为安装元件，标号压在元件下面，很不方便定位查找。经查6只电解电容中，上部两只鼓包开裂，下部一只微鼓包，实测容量约150μF，这些电容管脚皆放倒焊接，很不容易拆卸。

电解电容鼓包开裂，很可能是与6只电解电容并联的100kΩ/2W分压电阻（均压电阻）损坏所致。依次检查这6只电阻，发现下部的3支100kΩ/2W电阻全部开路，难怪电容过压鼓包。在路测整流堆焊点及CN1相关点之间电阻正常，判断此板问题不大。将这3只损坏的390μF/400V电解电容和3支100kΩ/2W电阻全部换新后，故障排除。

此故障与分压电阻开路有关，好在用户处置及时，故障未进一步扩大。

◇山东 黄杨

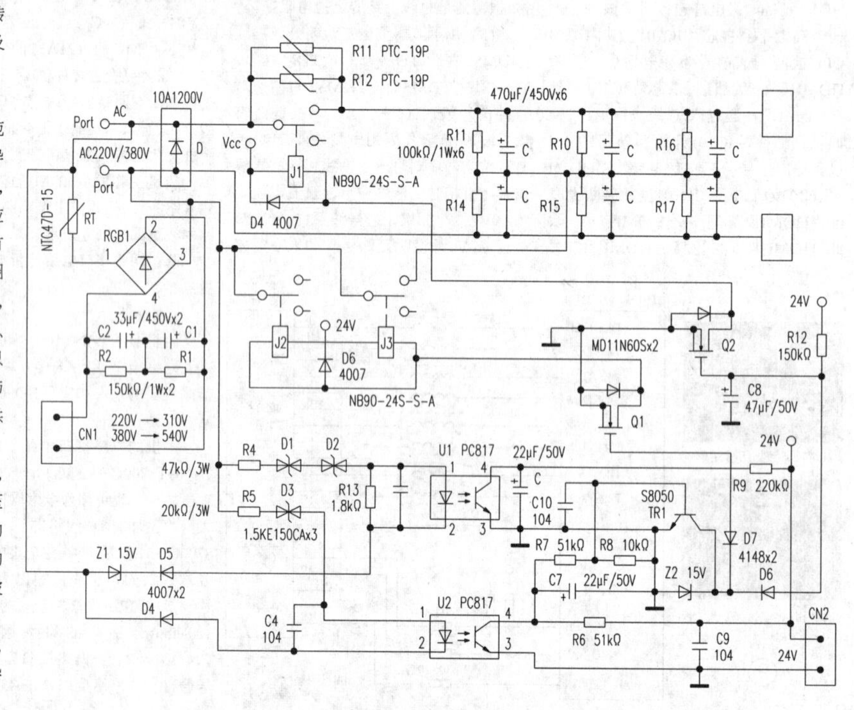

家用电器使用的铝漆包线故障修复1例

铝漆包线的焊接工艺比较复杂，粗一些的铝漆包线可以采用熔焊工艺，细一些的铝漆包线只能采用钎焊工艺。家用电器用铝漆包线的直径通常小于1mm，焊接时只能采用锡焊工艺，但需要专用助焊剂（铝钎剂）或铝焊专用焊锡丝。这种专用助焊剂或专用焊锡丝的成本高（使用、保管要求高），如1卷（大约1kg左右）1mm铝焊专用焊锡丝价格高于100元，远超过一台普通家用电器的价值。

家用电器使用的铝漆包线多发生接触不良故障，故障部位通常在漆包线端头与软铜线接触处。一般制造工艺是刮除漆包线端头的漆皮后，缠绕在铜导线裸头上，再用锡焊焊接。然而，这种锡焊焊接的质量很难保证，导致很多新产品就会发生时好时坏等莫名其妙的故障，让用户非常烦恼。因此，维修铝线接触不良故障时，不宜采用锡焊工艺。最简单有效的工艺是，从软铜线内取出一股长约10cm的细铜线，将其紧紧缠绕在铝、铜线的复合接头上，大约缠绕10圈即可。虽然缠绕了10圈，但会产生几十上百个接点，足以根除接触不良的故障。最后，套上绝缘套管，再将线圈绑扎即可。

开始前，先要鉴别是否为铝漆包线。用刀片轻轻刮掉漆包线端头的漆包皮，若露出的裸线是红铜色，则是铜漆包线；若露出的裸线是银白色，则是铝漆包线。

笔者曾经用这种简易工艺修复一个家用吸尘器、一个台风扇，效果都很棒。最近修复的是佛山市南海区康钻电器厂生产的FT-40型台风扇。几乎全新的就坏了，用户非常气愤，把风罩、扇叶摔坏后扔了，被人拿给笔者维修。通电试机时各挡都不转，迅速用长改锥头拨动扇叶，竟然转起来了，似乎是电容故障。但过了一天，无论如何都不能转了，怀疑电动机或线路异常。测量电源插头的两根线始终不通，检查线路和电容是好的，最后确认电动机内部接触不良。拆开电动机后，第1步，解开绕组绑扎线，轻轻退掉绝缘套管，退不掉的就用小刀轻轻割开；第2步，将细如发丝的铜线紧紧缠绕在铝铜线复合接头上，大约十圈。此时，测量电源线通，电阻为数百至上千欧姆，说明线圈已接通；第3步，套上绝缘套管，将线圈绑扎后装机；第4步，配上扇叶风罩。这样，未花一分钱就根除了故障。

◇湖南 元增民

从接口定义和实现两个方面，深入理解AWbus-lite(二)

(紧接上期本版)

针对不同的硬件设备，都可以根据自身特性实现这两个方法。GPIO控制LED的伪代码详见程序清单4，UART控制LED的伪代码详见程序清单5。

程序清单4抽象方法的实现(GPIO控制LED)

```
1  static int_led_gpio_set (void*p_cookie,int id, aw_bool_t on)
2  {
3     //设置LED的状态,aw_gpio_set()
4     retum AW_OK;
5  }
6
7  static int_led_gpo_toggle(void*p_cookie,intid)
8  {
9     //翻转LED,aw_gpio_toggle()
10    retum AW_OK;
11 }
12 static const struct awbl_led_servfuncs_g_led_gpio_drv_funcs={
13    _led_gpio_set,
14    _led_gpio_toggle
15 };
```

程序清单5抽象方法的实现(UART控制LED)

```
1  static int_led_uart_set (void*p_cookie,int id, aw_bool_ton)
2  {
3     //发送相应命令,设置LED的状态
4     retum AW_OK;
5  }
6
7  static int_led_uart_toggle(void*p_cookie,intid)
8  {
9     //发送相应命令,翻转LED的状态
10    retum AW_OK;
11 }
12
13 static const struct awbl_led_servfuncs_g_led_uart_drv_funcs={
14    _led_uart_set,
15    _led_uart_toggle
16 };
```

显然，_g_led_gpio_drv_funcs和_g_led_uart_drv_funcs分别是使用GPIO和UART控制LED的具体实现，它们在形式上是两个不同的结构体常量，在同一系统中是可以共存的。

2.3 抽象的LED服务

当对不同的LED硬件设备抽象了相同的pfn_led_set和pfn_led_toggle方法后，在通用接口aw_led_set()和aw_led_toggle()的实现中，就无需再处理与硬件相关的具体事务，只需要找到相应设备提供的相应方法，然后调用这些具体硬件设备提供的方法即可。

在调用设备提供的方法时，由于方法的第一个参数为p_cookie，p_cookie代表了具体的设备对象，调用方法时，需要传递一个p_cookie给下层，用于在具体实现时，访问设备对象中的具体成员，起到“p_this”的作用。由于在aw_led_set()接口的实现中，并不需要直接操作具体设备，因此，无需知道p_cookie的具体类型，仅需起到一个传递的作用；在调用相应的方法时，传递给下层驱动使用。

既然要传递p_cookie，那么，必然要获得一个p_cookie并保存下来，显然，p_cookie代表了具体设备，只能由具体设备提供，同时，抽象方法也是由具体设备提供的，为此，可以将抽象方法和p_cookie定义在一起，形成一个新的类型，以便在具体设备提供的抽象方法的实现时，将p_cookie一并提供，即：

```
struct awbl_led_service{
const struct a wbl_servfuncs*p_servfuncs;//设备的驱动函数
void *p_cookie;//驱动函数的p_cookie参数
```

为了便于描述，将其称之为“LED服务”。其中包含了由驱动实现的抽象方法和传递给驱动函数的p_cookie。其中，p_servfuncs为指向驱动虚函数表的指针，比如，指向_g_led_gpio_drv_funcs或_g_led_uart_drv_funcs，p_cookie为指向具体设备的指针，即传递给驱动函数的第一个参数。此时，在aw_led_set()接口的实现中，无需再完成底层硬件相关的操作，仅需调用LED服务中包含的pfn_led_set方法即可，其范例程序详见程序清单6。

程序清单6 aw_led_set()实现(1)

```
1  struct awbl_led_service*_gp_led_serv;
2  int aw_led_set(int id,aw_bool_t on)
3  {
4     struct awbl_led_service*p_serv=_gp_led_serv;
5     if(p_serv=NULL){
6        retum-AW_ENODEV;
7     }
8     if(p_serv->p_servfuncs->pfn_led>set){
9        retump_serv ->p_servfuncs ->pfn_led_set(p_serv->p_co okie,id,on);
10    }
11    retum-AW_ENOTSUP;
12 }
```

程序中，使用了一个全局变量_gp_led_serv指向当前一个有效的LED服务，显然，其只有在赋值后才能使用，暂不考虑其如何赋值，仅用以展示pfn_led_set方法的调用形式。

实际中，具体的LED设备往往不止一个。比如，使用GPIO控制的LED设备和使用UART控制的LED设备，它们都可以向系统提供LED服务，这就需要系统具有管理多个LED服务的能力。由于LED设备的数目无法确定，可能动态变化，因此，选用单向链表进行动态管理。为此，在struct awbl_led_service中增加一个p_next成员，用于指向下一个LED服务。即：

```
struct awbl_led_service{
   struct awbl_led_service  *p_next;//指向下一个LED服务
   const struct awbl_led_serv funcs*p_servfuncs;//设备的驱动函数
   void  *p_cookie;//驱动函数的p_cookie参数
};
```

此时，系统中的多个LED服务使用链表的形式进行管理。那么，在通用接口的实现中，如何确定具体该使用哪个LED服务呢？在定义通用接口时，使用了ID号区分不同的LED，ID号是唯一的，显然，某一ID的LED必然属于某一确定的硬件设备，若一个硬件设备在提供LED服务时，包含了该硬件设备中所有LED的ID号信息，那么，在通用接口的实现中，就可以根据ID找到对应的LED服务，然后使用驱动中提供的方法完成LED的操作。为此，可以在LED服务中再增加一个ID信息，以表示对应硬件设备中所有LED的ID号。

在一个LED硬件设备中，可能包含多个LED，例如，MiniPort-LED扩展板，包含了8个LED，但一般来讲，一个LED硬件设备中所有LED的编号是连续分配的，基于此，仅需知道一个硬件设备中LED的起始编号和结束编号，就可以获得该硬件设备中所有LED对应的编号，例如，一个硬件设备中LED的起始编号为2、结束编号为9，则表示在该硬件设备中，各个LED的编号分别为：2、3、4、5、6、7、8、9，共计8个LED。为此，可以定义一个LED服务信息结构体类型，专门用于提供LED服务相关的信息，例如：

```
struct awbl_led_servinfo{
   int start_id;  //本LED服务的起始LED编号
   int end_id;  //本LED服务的结束LED编号
};
```

由此可见，在LED服务信息中，当前仅包含起始编号和结束编号两个信息。LED服务信息是与具体设备相关的，因此，可以在LED服务中新增一个指向LED服务信息的指针，以便在具体设备在提供p_cookie和抽象方法的实现时，将设备支持的LED编号信息一并提供，LED服务的完整定义详见程序清单7。

程序清单7完整的LED服务类型定义(awbl_led.h)

```
1  struct awbl_led_service{
2     struct awbl_led_service  *p_next;  //指向下一个LED服务
3     const struct awbl_led_servinfo  *p_servinfo;  //LED服务信息
4     const struct awbl_led_servfuncs  *p_servfuncs;  //设备的驱动函数
5     void  *p_cookie;  //驱动函数的p_cookie参数
6  };
```

由于在LED服务中新增了LED编号信息，那么，在通用接口的实现中，就可以根据设备提供的LED编号信息，找到id对应的LED服务。基于此，aw_led_set()函数的实现详见程序清单8。

程序清单8aw_led_set()实现(2)

```
1  int aw_led_set(int id,aw_bool_t on)
2  {
3     struct awbl_service*p_serv =_led_id_to_serv(id);//获取该ID对应的LED服务
4     if(p_serv=NULL){
5        retum-ENODEV;
6     }
7     if(p_serv->p_servfuncs->pfn_led_set){
8        retump_serv ->p_servfuncs ->pfn_led_set(p_serv->p_cookie,id,on);
9     }
10    retum-AW_ENOTSUP;
11 }
```

程序中，调用了_led_id_to_serv()函数以获取ID号对应的LED服务。_led_id_to_serv()函数通过遍历LED服务链表，将id与各个LED服务中的ID信息进行对比，直到找到id对应的LED服务(即id处于该LED服务的起始编号和结束编号之间)，具体实现范例详见程序清单9。

程序清单9获取ID号对应的LED服务

```
1  aw_local struct awbl_led_service*_gp_led_serv_head=NULL;
2  aw_local struct a wbl_led_service*_led_id_to_serv(int id)
3  {
4     struct awbl_led_service  *p_serv_sur =_gp_led_serv_head;
5     while(p_serv_cur! =NULL){
6        if ((id>=p_serv_cur->p_servinfo->stqrt_id)&&(id<=p_serv_cur->p_servinfo->end_id){
7           retump_serv_cur;//找到id对应的LED服务,返回该LED服务
8        }
9        p_serv_cur=p_serv_cur->p_next;
10    }
11    retumNULL;//未找到id对应的LED服务,返回NULL
12 }
```

其中，_gp_led_serv_head是一个模块内部使用的全局变量，初始值为NULL，表示初始时系统中无任何有效的LED服务。同理，可实现aw_led_toggle()接口，详见程序清单10。

程序清单10 aw_led_toggle()实现

```
1  int aw_led_toggle(int id)
2  {
3     struct awbl_led_service*p_serv =_led_id_to_serv(id);//获取该ID对应的LED服务
4     if(p_serv=NULL){
5        retum-ENODEV;
6     }
7     if(p_serv->p_servfuncs->pfn_led_toggle){
8        retump_serv->p_servfuncs->pfn_led_toggle(p_serv->p_cookie,id);
9     }
10    retum-AW_ENOTSUP;
11 }
```

至此，实现了所有通用接口。显然，由于当前并不存在任何有效的LED服务，因此，_gp_led_serv_head的值为NULL，致使_led_id_to_serv()的返回值为NULL，最终导致通用接口的返回值始终为-AM_ENODEV。

(未完待续)

◇云南　刘光乾

以NCP1015主控芯片为例详解开关电源设计(四)

(紧接上期本版)

——考察功率级的传函特性，确定补偿网络的中频带增益(Mid-band Gain)：

$$R_{Led}=CTR\times\frac{R_{pullup}}{10^{-\log(|H(f_{cross})|)}} \tag{35}$$

——确定Dean Venable 因子k：选择补偿后的相位裕量PM(一般取55°~80°)，由公式 32 得到fcross 处功率级的相移(可由Mathcad 计算)PS，则补偿网络需要提升的相位Boost 为：

$$Boost=PM-PS-\frac{\pi}{2} \tag{36}$$

则k 由下式决定：

$$k=\tan(\frac{Boost}{2}+\frac{\pi}{4}) \tag{37}$$

——补偿网络极点(wp)放置于fcross 的k 倍处，可由下式计算出Cpole:

$$k\times f_{cross}=\frac{1}{2\times\pi\times R_{pullup}\times(C_{pole}+C_{op})} \tag{38}$$

——补偿网络零点(wz)放置于fcross 的1/k 倍处，可由下式计算出Cz：

$$\frac{f_{cross}}{k}=\frac{1}{2\times\pi\times R_1\times C_z} \tag{39}$$

(范例)Step11：补偿电路设计

——确定补偿后的环路带度 f_{cross}：ΔV_{out}=250mV，I_{out}=0.8A，C_{out}=940μF：

$$f_{cross}=\frac{\Delta I_{out}}{\Delta V_{out}\times2\times\pi\times C_{out}}=542Hz$$

——考察功率级的传函特性，确定补偿网络的中频带增益(Mid-band Gain)：

$$R_{Led}=CTR\times\frac{R_{pullup}}{10^{-\log(|H(fcross)|)}}=1k\Omega$$

——确定 Dean Venable 因子 k：取 PM=70°(即 7π/18)，PS=-100°(由 Mathcad 计算得出)，则 Boost=PM-PS-90

$$k=\tan(\frac{Boost}{2}+\frac{\pi}{4})=3.24$$

——补偿网络零点(Wz)放置于 fcross 的 k 倍处，由公式 38 计算出 Cpole，Cop=2nF：

$$C_{pole}=\frac{1}{2\times\pi\times R_{pullup}\times k\times f_{cross}}-C_{op}=680pF$$

——补偿网络零点(Wz)放置于 fcross 的 1/k 倍处，可由下式计算出 C_z：

$$C_z=\frac{1}{2\times\pi\times R_1\times\frac{f_{cross}}{k}}=220pF$$

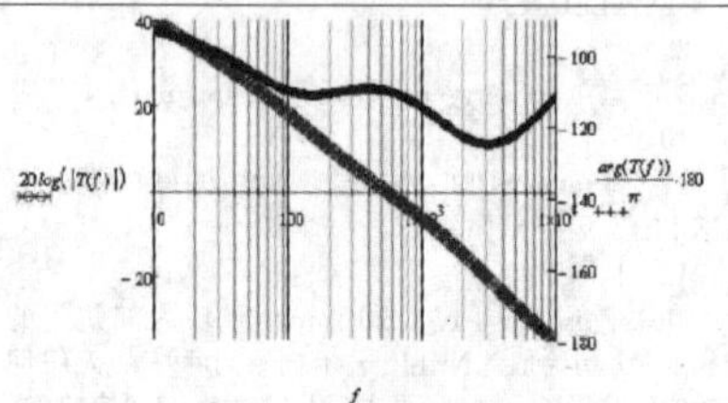

图16 补偿后的幅频-相频特性

三、仿真验证

计算机仿真不仅可以取代系统的许多繁琐的人工分析，减轻劳动强度，避免因为解析法在近似处理中带来的较大误差，还可以与实物调试相互补充，最大限度地降低设计成本，缩短开发周期。

本例采用经典的电流型控制器 UC3843 (与NCP1015 控制原理类似)，搭建反激变换器。其中，变压器和环路补偿参数均采用上文的范例给出的计算参数。

仿真测试条件：低压输入(90VAC，双路满载)

1.原理图见图17所示。

2. 瞬态信号时域分析见图18

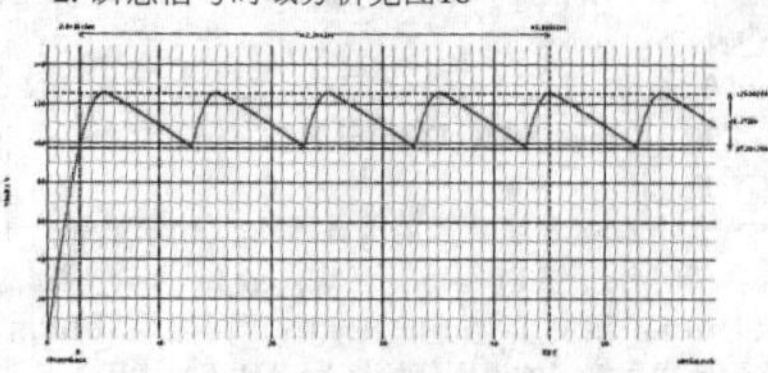

图18 启动60ms内整流桥后电压波形

从图 18 可以看出，最低Cbulk 上的最低电压为97.3V，与理论值98V 大致相符。

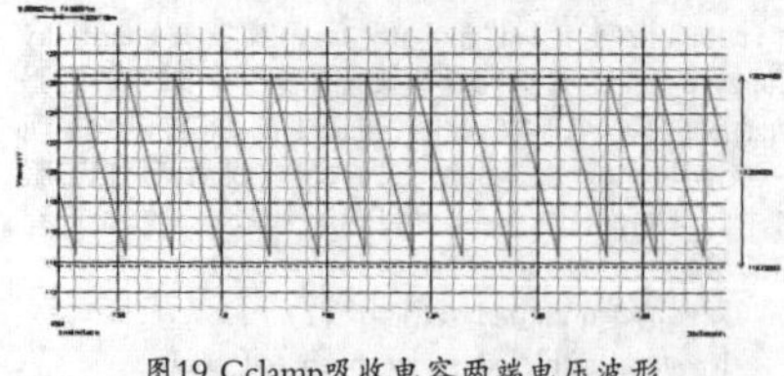

图19 Cclamp吸收电容两端电压波形

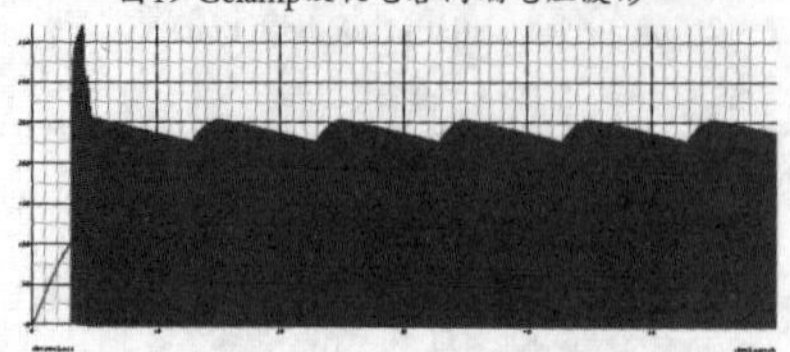

图20 启动60ms内mos管DS电压波形

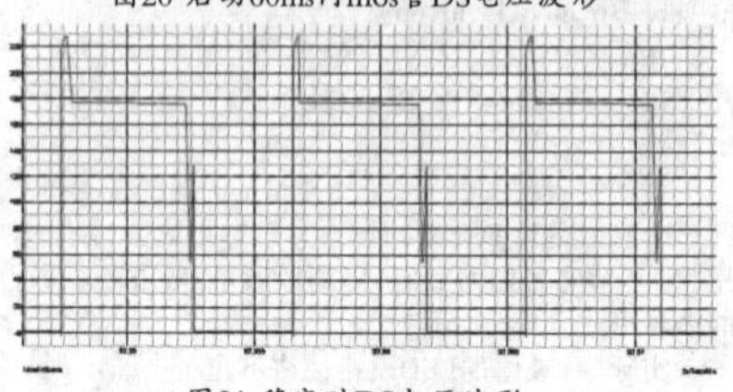

图21 稳定时DS电压波形

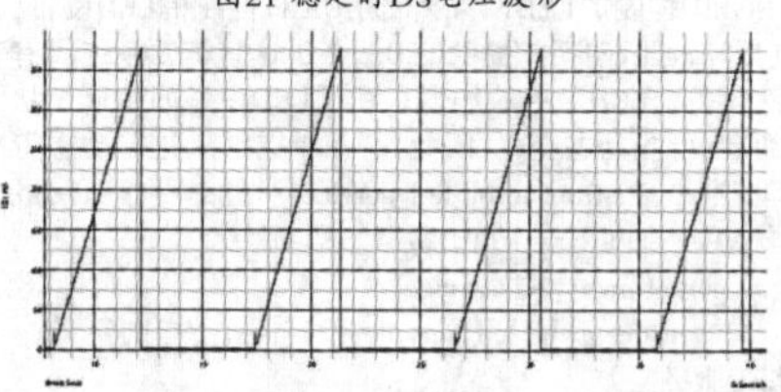

图22 电感电流波形

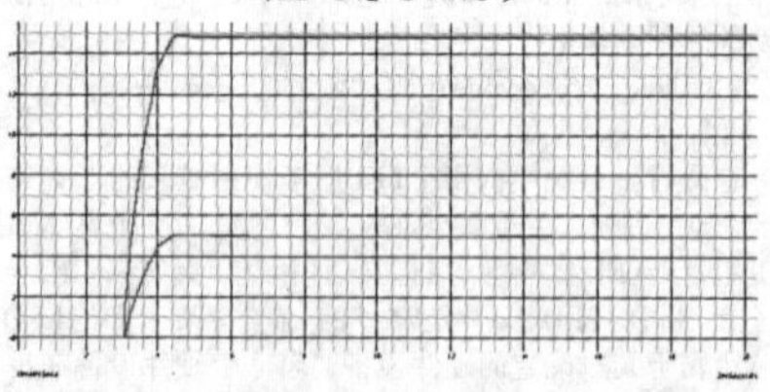

图23 输出电压启动波形(红线为15V辅路，绿线为5V主路)

3. 交流信号频域分析。

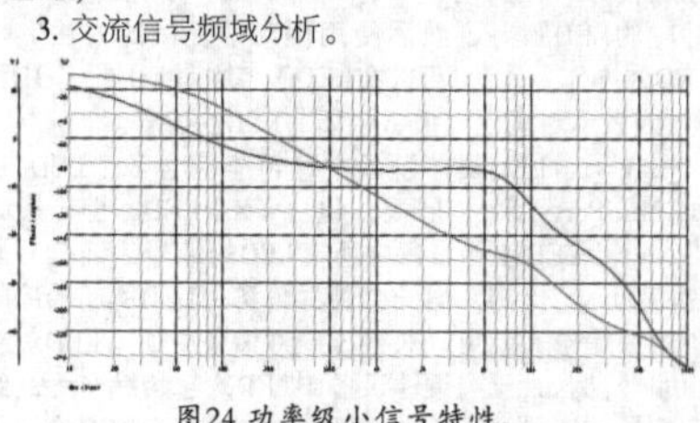

图24 功率级小信号特性

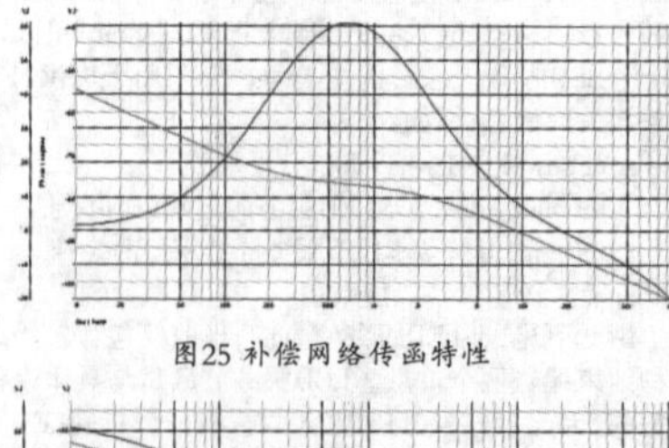

图25 补偿网络传函特性

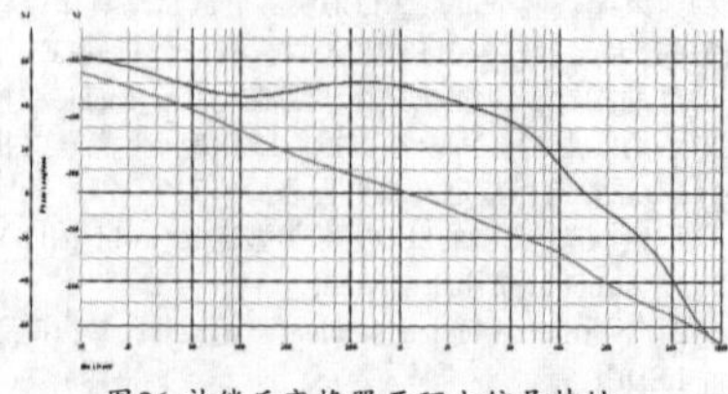

图26 补偿后变换器开环小信号特性

4. 动态负载波形测试

测试条件：低压输入，满载，主路输出电流0.1A-1A-0.1A，间隔2.5ms，测试输出电压波形。

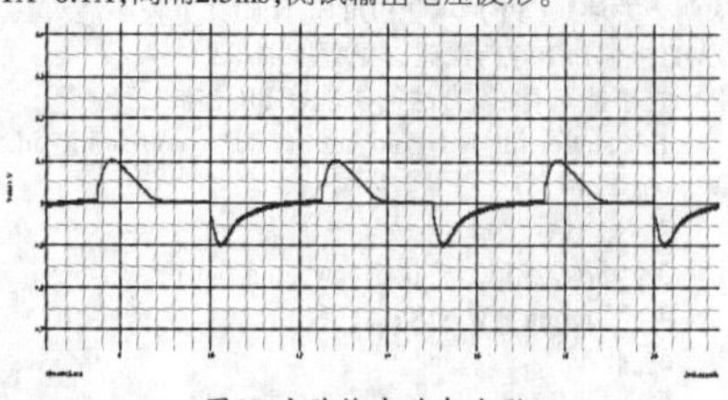

图27 主路输出动态波形

四、PCB 设计指导

1. PCB layout——大电流环路包围的面积应极可能小，走线要宽。

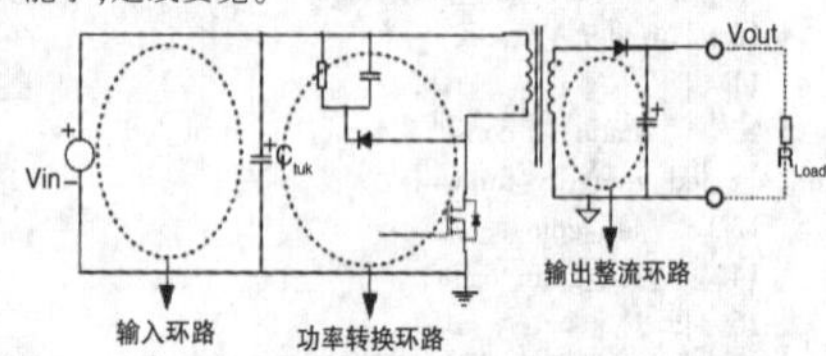

图28 PCB layout——大电流环路

2. PCB layout——高频(di/dt、dv/dt)走线

a. 整流二级，钳位吸收二极管，MOS 管与变压器引脚，这些高频处，引线应尽可能短，layout 时避免走直角；

b. MOS 管的驱动信号，检流电阻的检流信号，到控制IC 的走线距离越短越好；

c. 检流电阻与MOS 和GND 的距离应尽可能短。

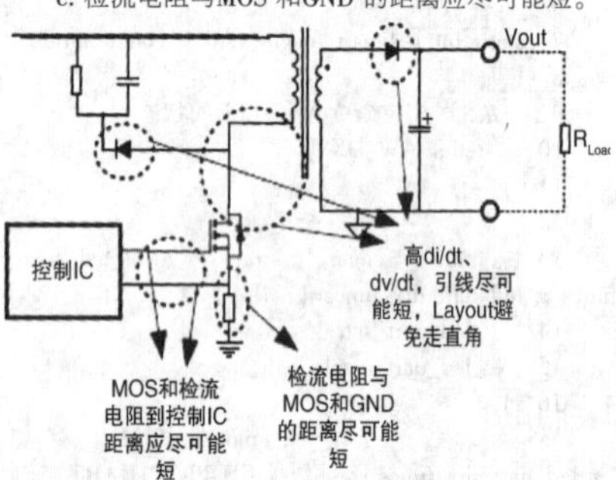

图29 PCB layout——高频走线

3. PCB layout——接地

初级接地规则：

a. 所有小信号GND 与控制IC 的GND 相连后，连接到Power GND(即大信号GND)；

b. 反馈信号应独立走到IC，反馈信号的GND 与IC 的GND 相连。

次级接地规则：

a. 输出小信号地与相连后，与输出电容的负极相连；

b. 输出采样电阻的地要与基准源(TL431)的地相连。

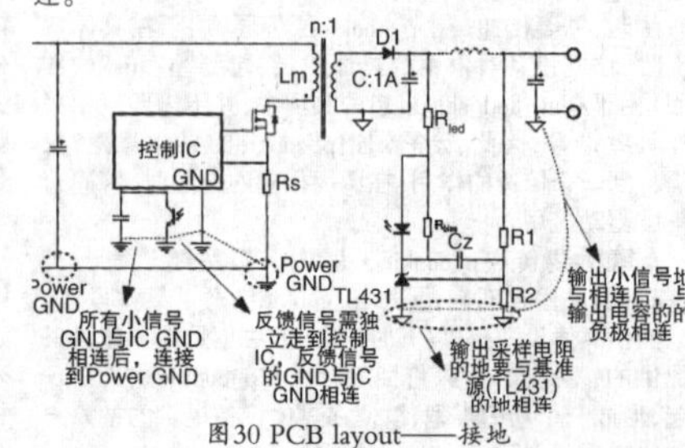

图30 PCB layout——接地

五、总结

本文详细介绍了反激变换器的设计步骤，以及PCB 设计时应当注意的事项，并采用软件仿真的方式验证了设计的合理性。同时，在附录部分，分别给出了峰值电流模式反激在CCM 模式和DCM 模式工作条件下的功率级传递函数。(全文完)

◇云南 刘光乾

干簧管液位控制电路

液体的液位控制，广泛应用于水池、水塔、水井、水箱、石油化工、造纸、食品、排涝和污水处理等行业开口或密闭储罐各种液体的液位控制，被测介质可以是水、油、酸碱液、工业污水等各种导电或非导电液体。

液位的控制，可以是两个方面：液位低于一定限度时，启动电动机-水泵机组，使液体能得到及时的补充，比如水塔；液位高于或达到一定限度时，启动电动机-水泵机组，将液体及时排出，比如地道桥积水或污水池等。

液位信号的获取，通常采用限位式控制方式，如压力、液位高限或低限，这些物理量转换为电信号后进而驱动执行电路，完成既定目标。

常用的控制器（传感器）有干簧管式、电接点压力表式、晶体管电路式和球形液位控制器等。本文介绍干簧管液位控制电路。

1. 元器件介绍

1)干簧管开关和干簧管液位控制器(SL)

干簧管开关：由一组或几组导磁金属簧片封装在充有惰性气体的玻璃管中组成的元件，每组簧片既能导磁又能导电，起开关电路和磁路的双重作用，如图1。对于常开型：当干簧管在外加永久磁场或电磁场的作用时，干簧管中的两根簧片分别被磁化，在两根簧片接近的地方产生异性磁极而吸引，两根簧片相接触使电路导通。反过来，当磁场取消时，簧片依靠本身的弹性力恢复原状，两簧片分离，电路断开，这样便完成了一个开关的作用。常闭型干簧管原理可自行分析。干簧开关有许多优点：由于接点密闭在充满惰性气体的玻璃管中，不易腐蚀、氧化和污染，接点免于维护；接通或释放的时间只有1~3毫秒，仅为电磁继电器的1/5~1/10，可以作为速动开关使用；由于接点部分使用了金、铹、钯合金镀层，寿命长，开关约为106~107次。

干簧管液位控制器：见图2。由2只或以上的干簧管开关作为主控元件，置于绝缘导管中，浮子连同环形磁钢套在导管外面，浮球随液位的高低上下移动，当磁环浮动到干簧管外周时，干簧管内的开关受磁场作用或开或关，输出一个液位信号，启动控制电路动作，最终使电动机-水泵机组启动或停止，从而实现液位高低的改变。导管上部为接线盒，内设接线端子，下部密封。导管的长度可以调节，使用时垂直于液面固定。

2)转换开关(SA)

又称组合开关。它是刀开关的另一种结构形式，是一种多挡位、多触头、能够控制多个平面回路的手动电器，它是左右旋转的平面操作，外形如图3所示。其控制容量比较小，结构紧凑，常用于比较狭小的空间，如机床设备控制电路中，作电源引入开关或电路功能转换开关等。也可以用它来直接启动或停止5千瓦以下小功率电动机或使电动机正反转，倒顺等。照明电路也常用它来控制。

图3 转换开关外形图

转换开关有单极、双极和多极之分，在开关的上部装有定位机构，它能使触头处在一定的位置上。额定持续电流有10、25、60、100A等多种。定位角有30°、45°、60°、90°等几种。

表1 转换开关通断表

编号	左	0	右
1—2	+		
3—4	+		
5—6			+
7—8			+
9—10	+		
11—12	+		
13—14			+
15—16			+
+表示连通			

转换开关主要由手柄、转轴、弹簧、凸轮、绝缘垫板、动触片、静触片、接线柱和绝缘杆组成。它的动、静触点分别叠装于数层绝缘座内，动触点与方轴相连，每层的动触点与方轴一起转动，使动静触点接通或断开。之所以又称为组合开关，是因为绝缘座的层数可以根据需要自由组合。在液位控制中，多用于"自动"和"手动"的转换。

图4是一款转换开关的图形和符号，表1是它在左旋和右旋两个部位时8个开关对应的通断情况。

3)其他器件

继电器、交流接触器、各种按钮开关、指示灯等也都是常用器件，因为有太多的资料可以查询，不再赘述。

2. 高位停低位开液位控制电路

水塔供水系统就属于这种情况，当液位降到设定下限水位时，启动电动机-水泵机组，为水塔注水；当液位达设定上限水位时，电动机-水泵机组停止运转。

电原理图如图5所示。

电路具有手动和自动两种工作方式，依靠转换开关SA完成切换。干簧管液位控制器采用GSK-1或YW-67型，接线方式采用图2(c)形式，其中SL1常开，SL2常闭，分别为液位下限和上限干簧管。

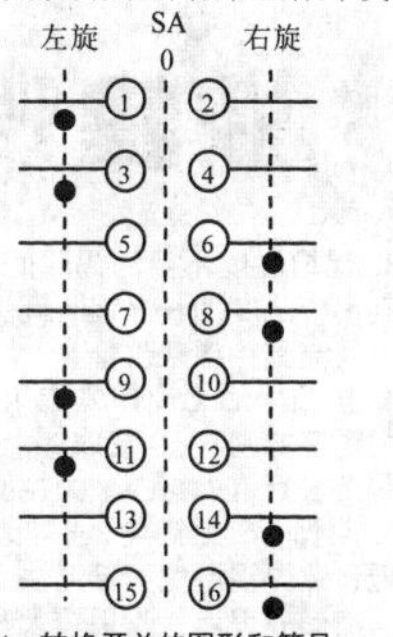

图4 转换开关的图形和符号

手动控制时的工作过程：闭合三相开关QF，电路接通电源。右旋转换开关SA至手动位置，触点⑤—⑥接通，①—②、③—④断开。按压启动按钮SB1，交流接触器KM线圈得电，主开关KM闭合并自锁，电动机-水泵机组运转，工作指示灯HL1亮起，表示水泵向水箱注水；人工观察水箱注满后，按压停止按钮SB2，交流接触器失线圈电，自锁解除，主开关KM打开，电动机停转，停止指示灯HL2亮起，工作指示灯HL1熄灭。

自动控制时的工作过程：闭合三相开关QF，电路接通电源。左旋转换开关SA至自动位置，触点⑤—⑥断开，①—②、③—④接通。若浮子(液位)处在图2(b)位置，磁环远离干簧管，电路不工作，停机指示灯HL2亮起。当液位下降到液位h_1时，磁环磁场使干簧管SL1闭合，继电器KA线圈得电并自锁，交流接触器KM线圈得电，主开关KM导通，电动机-水泵机组启动注水，同时工作指示灯HL1亮起，停止指示灯HL2熄灭。注水过程中，即使浮子上升、下限干簧管SL1打开，由于继电器KA的自锁作用，机组继续运行。当液位上升到上限液位h_2时，在磁环磁场作用下，干簧管液位控制器常闭开关SL2打开，继电器KA线圈失电复位，2个动合开关打开，交流接触器KM线圈失电，主开关KM打开，电动机-水泵机组停机，注水结束，同时工作指示灯HL1熄灭，停止指示灯HL2亮起。

电铃HA作为运行中出现因故障而停机报警使用。电铃HA报警时，停机指示灯HL2同时亮起，通知排除故障。

在任何情况下出现故障，按压停止按钮SB2，都能及时停机，故SB2又称急停按钮。

FR为热保护继电器，当电动机因过载而过热时，自动切断控制电路电源停机。

控制电路工作在线电压（380V）状态下，安装时务必注意良好的绝缘工艺，尤其是干簧管液位控制器置于液体中，更要小心，谨防漏电。考虑到安全问题，可在电路的×处断开后接入一个双线圈降压变压器(100W足够)，为控制电路低压供电，当然，控制电路的所有元器件的额定工作电压要相应改变。

3. 高位开低位停液位控制电路

只需对干簧管液位控制器的接法稍加改造如图2(d)，上述电路即可改造为高液位排水、低液位停机电路，可用于积水排涝、排污等自动控制，如图6所示。

手动控制时的工作过程：闭合三相开关QF，电路接通电源。右旋转换开关SA至手动位置，触点⑤—⑥接通，①—②、③—④断开。按压启动按钮SB1，交流接触器KM线圈得电，主开关KM闭合并自锁，电动机-水泵机组运转，工作指示灯HL1亮起，表示水泵为水箱排水；人工观察水箱到合适水位时后，按压停止按钮SB2，交流接触器线圈失电，主开关KM打开，电动机停转，停止指示灯HL2亮起，工作指示灯HL1熄灭。

自动控制时的工作过程：闭合三相开关QF，电路接通电源。左旋转换开关SA至自动位置，触点⑤—⑥断开，①—②、③—④接通。若浮子(液位)处在图2(b)位置，因磁环远离干簧管，电路不工作，停机指示灯HL2亮起。当浮子上升到上限液位h_2时，磁环磁场使干簧管SL2闭合，继电器KA线圈得电并自锁，交流接触器KM线圈得电，主开关KM导通，电动机-水泵机组启动排水，同时工作指示灯HL1亮起，停止指示灯HL2熄灭。排水过程中，即使浮子下降、上限干簧管SL2打开，由于继电器KA的自锁作用，机组继续运行。当浮子下降到下限液位h_1时，在磁环磁场作用下，干簧管液位控制器常闭开关SL1打开，继电器KA线圈失电，所有开关KA打开，交流接触器KM线圈失电，主开关KM打开，电动机-水泵机组停机，排水结束，同时工作指示灯HL1熄灭，停止指示灯HL2亮起。

◇河北 梁志星

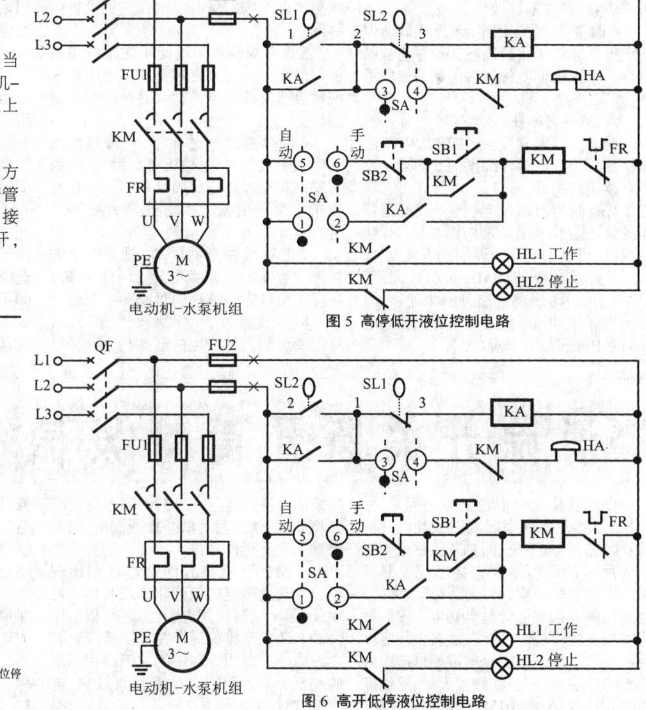

图5 高停低开液位控制电路

图6 高开低停液位控制电路

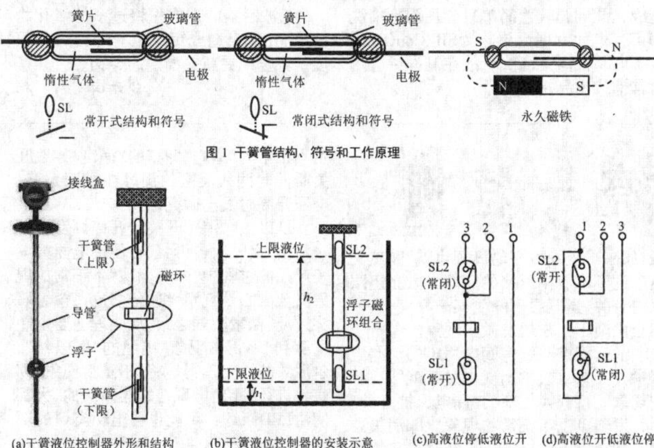

图1 干簧管结构、符号和工作原理

(a)干簧液位控制器外形和结构 (b)干簧液位控制器的安装示意 (c)高液位停低液位开 (d)高液位开低液位停

图2 干簧液位控制器结构安装和接线图

波峰焊接的缺陷不良原因分析

一、沾锡不良

这种情况是不可接受的缺点，在焊点上只有部分沾锡。分析其原因及改善方式如下：

1.外界的污染物如油、脂、腊等，此类污染物通常可用溶剂清洗，油污有时是在印刷防焊剂时沾上的。

2.SILICONOIL通常用于脱模及润滑之用，通常会在基板及零件脚上发现，而SILICON OIL不易清理，因之使用它要非常小心尤其是当它做抗氧化油常会发生问题，因它会蒸发沾在基板上而造成沾锡不良。

3.常因贮存状况不良或基板制程上的问题发生氧化，而助焊剂无法去除时会造成沾锡不良，过二次锡或可解决此问题。

4.沾助焊剂方式不正确，造成原因为发泡气压不稳定或不足，致使泡沫高度不稳或不均匀而使基板部分没有沾到助焊剂。

5.吃锡时间不足或锡温不足会造成沾锡不良，因为熔锡需要足够的温度及时间WETTING，通常焊锡温度应高于熔点温度50℃至80℃之间，沾锡总时间约3秒。调整锡膏黏度。

二、局部沾锡不良

此一情形与沾锡不良相似，不同的是局部沾锡不良不会露出铜箔面，只有薄薄的一层锡无法形成饱满的焊点。

三、冷焊或焊点不亮

焊点看似碎裂，不平，大部分原因是零件在焊锡正要冷却形成焊点时振动而造成，注意锡炉输送是否有异常振动。

四、焊点破裂

此一情形通常是焊锡，基板，导通孔，及零件脚之间膨胀系数，未配合而造成，应在基板材质，零件材料及设计上去改善。

五、焊点锡量太大

通常在*定一个焊点，希望能又大又圆又胖的焊点，但事实上过大的焊点对导电性及抗拉强度未必有所帮助。

1.锡炉输送角度不正确会造成焊点过大，倾斜角度由1到7度依基板设计方式一般角度约3.5度角，角度越大沾锡越薄角度越小沾锡越厚。

2.提高锡槽温度，加长焊锡时间，使多余的锡再回流到锡槽。

3.提高预热温度，可减少基板沾锡所需热量，曾加助焊效果。

4.改变助焊剂比重，略为降低助焊剂比重，通常比重越高吃锡越厚也越易短路，比重越低吃锡越薄但越易造成锡桥，锡尖。

六、锡尖（冰柱）

此一问题通常发生在DIP或WIVE的焊接制程上，在零件脚顶端或焊点上发现有冰尖般的锡。

1.基板的可焊性差，此一问题通常伴随着沾锡不良，此问题应由基板可焊性去探讨，可试由提升助焊剂比重来改善。

2.基板上金道（PAD）面积过大，可用绿（防焊）漆线将金道分隔来改善，原则上用绿（防焊）漆线在大金道面分隔成5mm乘10mm区块。

3. 锡槽温度不足沾锡时间太短，可用提高锡槽温度加长焊锡时间，使多余的锡再回流到锡槽来改善。

4. 出波峰后之冷却风流角度不对，不可朝锡槽方向吹，会造成锡点急速，多余焊锡无法受重力与内聚力拉回锡槽。

5.手焊时产生锡尖，通常为烙铁温度太低，致焊锡温度不足无法立即因内聚力回缩形成焊点，改用较大瓦特数烙铁，加长烙铁在被焊对象的预热时间。

七、防焊绿漆上留有残锡

1.基板制作时残留有某些与助焊剂不能兼容的物质，在过热之，后餪化产生黏性黏着焊锡形成锡丝，可用丙酮（*已被蒙特娄公约禁用之化学溶剂），氯化烯类等溶剂来清洗，若清洗后还是无法改善，则有基板层材CURING不正确的可能，本项事故应及时回馈基板供货商。

2. 不正确的基板CURING会造成此一现象，可在插件前先行烘烤120℃两小时，本项事故应及时回馈基板供货商。

3. 锡渣被PUMP打入锡槽内再喷流出来而造成基板面沾上锡渣，此一问题较为单纯良好的锡炉维护，锡槽正确的锡面高度（一般正常状况当锡槽不喷流静止时锡面离锡槽边缘10mm高度）。

八、白色残留物

在焊接或溶剂清洗过后发现有白色残留物在基板上，通常是松香的残留物，这类物质不会影响表面电阻质，但客户不接受。

1. 助焊剂通常是此问题主要原因，有时改用另一种助焊剂即可改善，松香类助焊剂常在清洗时产生白斑，此时最好的方式是寻求助焊剂供货商的协助，产品是他们供应他们较专业。

2.基板制作过程中残留杂质，在长期储存下亦会产生白斑，可用助焊剂或溶剂清洗即可。

3.不正确的CURING亦会造成白班，通常是某一批量单独产生，应及时回馈基板供货商并使用助焊剂或溶剂清洗即可。

4.厂内使用之助焊剂与基板氧化保护层不兼容，均发生在新的基板供货商，或更改助焊剂厂牌时发生，应请供货商协助。

5.因基板制程中所使用之溶剂使基板材质变化，尤其是在镀镍过程中的溶液常会造成此问题，建议储存时间越短越好。

6.助焊剂使用过久老化，暴露在空气中吸收水气劣化，建议更新助焊剂（通常发泡式助焊剂应每周更新，浸泡式助焊剂每两周更新，喷雾式每月更新即可）。

7.使用松香型助焊剂，过完焊锡炉候停放时间太九才清洗，导致引起白班，尽量缩短焊锡与清洗的时间即可改善。

8. 清洗基板的溶剂水分含量过高，降低清洗能力并产生白班。应更新溶剂。

九、深色残余物及浸蚀痕迹

通常黑色残余物均发生在焊点的底部或顶端，此问题通常是不正确的使用助焊剂或清洗造成。

1. 松香型助焊剂焊接后未立即清洗，留下黑褐色残留物，尽量提前清洗即可。

2.酸性助焊剂留在焊点上造成黑色腐蚀颜色，且无法清洗，此现象在手焊中常发现，改用较弱之助焊剂并尽快清洗。

3.有机类助焊剂在较高温度下烧焦而产生黑斑，确认锡槽温度，改用较可耐高温的助焊剂即可。

十、绿色残留物

绿色通常是腐蚀造成，特别是电子产品但是并非完全如此，因为很难分辨到底是绿锈或是其他化学产品，但通常来说发现绿色物质应为警讯，必须立刻查明原因，尤其是此种绿色物质会越来越大，应非常注意，通常可用清洗来改善。

1.腐蚀的问题：通常发生在裸铜面或含铜合金上，使用非松香性助焊剂，这种腐蚀物质内含铜离子因此呈绿色，当发现此绿色腐蚀物，即可证明是在使用非松香助焊剂后未正确清洗。

2.COPPERABIETATES是氧化铜与ABIETIC ACID（松香主要成分）的化合物，此一物质是绿色但绝不是腐蚀物且具有高绝缘性，不影影响品质但客户不会同意应清洗。

3.PRESULFATE的残余物或基板制作上类似残余物，在焊锡后会产生绿色残余物，应要求基板制作厂在基板制作清洗后再做清洁度测试，以确保基板清洁度的品质。

十一、白色腐蚀物

第八项谈的是白色残留物是指基板上白色残留物，而本项目谈的是零件脚及金属上的白色腐蚀物，尤其是含铅成分较多的金属上较易生成此类残余物，主要是因为氯离子易与铅形成氯化铅，再与二氧化碳形成碳酸铅（白色腐蚀物）。在使用松香类助焊剂时，因松香不溶于水会将含氯活性剂包着不致腐蚀，但如使用不当溶剂，只能清洗松香无法去除含氯离子，如此一来反而加速腐蚀。

十二、针孔及气孔

针孔与气孔之区别，针孔是在焊点上发现一小孔，气孔则是焊点上较大孔可看到内部，针孔内部通常是空的，气孔则是内部空气完全喷出而造成之大孔，其形成原因是焊锡在气体尚未完全排除即已凝固，而形成此问题。

1.有机污染物：基板与零件脚都可能产生气体而造成针孔或气孔，其污染源可能来自自动植件机或储存状况不佳造成，此问题较为简单只要用溶剂清洗即可，但如发现污染物为SILIConOIL因其不容易被溶剂清洗，故在制程中应考虑其他代用品。

2.基板有湿气：如使用较便宜的基板材质，或使用较粗糙的钻孔方式，在贯孔处容易吸收湿气，焊锡过程中受到高热蒸发出来而造成，解决方法是放在烤箱中120℃烤两小时。

3.电镀溶液中的光亮剂：使用大量光亮剂电镀时，光亮剂常与金同时沉积，遇到高温则挥发而造成，特别是镀金时，改用含光亮剂较少的电镀液，当然这要回馈到供货商。

十三、TRAPPED OIL

氧化防止油被打入锡槽内经喷流涌出而机污染基板，此问题应为锡槽焊锡液面过低，锡槽内追加焊锡即可改善。

十四、焊点灰暗

此现象分为二种（1）焊锡过后一段时间，（约半载至一年）焊点颜色转暗。（2）经制造出来的成品焊点即是灰暗的。

1.焊锡内杂质：必须每三个月定期检验焊锡内的金属成分。

2. 助焊剂在热的表面上亦会产生某种程度的灰暗色，如RA及有机酸类助焊剂留在焊点上过久也会造成轻微的腐蚀而呈灰暗色，在焊接后立刻清洗应可改善。

某些无机酸类的助焊剂会造成ZINCOXYCHLORIDE可用1%的盐酸清洗再水洗。

3.在焊锡合金中，锡含量低者（如40/60焊锡）焊点亦较灰暗。

十五、焊点表面粗糙

焊点表面呈砂状突出表面，而焊点整体形状不改变。

1.金属杂质的结晶：必须每三个月定期检验焊锡内的金属成分。

2.锡渣：锡渣被PUMP打入锡槽内经喷流涌出因锡内含有锡渣而使焊点表面有砂状突出，应为锡槽焊锡液面过低，锡槽内追加焊锡并应清理锡槽及PUMP即可改善。

3.外来物质：如毛边，绝缘材等藏在零件脚，亦会产生粗糙表面。

十六、焊点

系因焊锡温度过高造成，立即查看锡温及温控器是否故障。

十七、短路

过大的焊点造成两焊点相接。

1.基板吃锡时间不够，预热不足调整锡炉即可。

2.助焊剂不良：助焊剂比重不当，劣化等。

3. 基板进行方向与锡波配合不良，更改吃锡方向。

4.线路设计不良：线路或接点间太过接近（应有0.6mm以上间距）；如为排列式焊点或IC，则应考虑盗锡焊垫，或使用文字白漆予以区隔，此时之白漆厚度需为2倍焊垫（金道）厚度以上。

5.被污染的锡或积聚过多的氧化物被PUMP带上造成短路应清理锡炉或更进一步全部更新锡槽内的焊锡。

◇云南 刘 乾

消除开关断开筒灯发微亮一特例

今年盛夏的一个晚上一觉醒来，大约2–3点钟，发现房间内三只筒灯有两只发微亮，一只不亮。即刻我敏感地联想到大厅内的筒灯是否也会出现类似现象。走到大厅一看24只筒灯6只发微亮。据此现象我初步估计是当初电工安装时将发微亮的8只筒灯的红、蓝两根线接反所造成的后果。（红、绿两根筒灯出线的正确的接法应该是：红线接火线、蓝线接零线）因该灯是在2015年安装的，但在之前的3年之内却从未见到这一不正常的现象的出现。为了探个究竟，我没有立即去将筒灯上红、蓝两根线重新调接，而是想静观几天再作考虑。

从第二天我就开始留心仔细地观察，发现发微亮的筒灯非半夜时均无此现象。因半夜时民用电明显减少，相电压升高，两线反接的筒灯在开关断开时就会发微亮。说明此现象的有无跟相电压的高低有关：即电压高，筒灯发微亮；电压低，筒灯不发亮。

又因台风来袭、暴雨下降、气温变低，原来半夜发微亮的筒灯也就"黯然失色"。这不难看出反接的筒灯发微亮还跟气温有关。当气温下降到某一程度，它就不会出现不正常的发微光现象。

最近因控制厨房间内用电的"漏电保护开关"失灵，常出现未过载就"跳闸"的现象。待我换上新的"漏电保护开关"后，发现以上不正常的现象立即消失殆尽。综合以上的分析，又经过多日的观察，发现反接的筒灯半夜发微光的"罪魁祸首"是失灵的"漏电保护开关"。是它产生不正常的"感应""惹"的"祸"！导致开关断开时两线反接的筒灯在夜深人静、电压升高时发出微亮之光！

从以上"消除开关断开筒灯发微亮一特例"又一次告诉我，在使用电器或电子产品的过程中，一旦出现"不正常的现象"，要耐心地观察、细心地分析，摸着石头过河、探索解难之路，从原理上要彻底了解到"不正常现象"出现的"所以然"，尔后才能心安理得地将"不正常现象"彻底地进行根除！因现在翻建新房的，大都使用LED筒灯，可能也会出现类似的现象，写上一文，仅供有一定动手能力者参考！

◇浒浦高级中学 徐振新

认识AES67标准

AES67是一个开放的网络数字音频标准，它是基于IP网络架构，采用现有的IT网络协议，实现低时延、高性能的专业音频传输的互用性指导方针。它的开放协议与可兼容性，极大地推动了数字音频技术基于IP网络架构之上的发展。

国际音频工程协会

AES67标准产生的背景

从广播电视音频系统的发展进程来看：从使用诸多线缆的模拟音频系统，到引入了"同步"概念的数字音频系统，再到TDM音频矩阵系统，进而到基于以太网实现多个工作间网络互联音频系统，接下来到基于IP架构下实现远程互通互联（工作间之间、不同地域之间）的网络音频技术，如今已形成基于IP架构下的多地点集中式分布系统。音频技术能力的演进，IT技术的发展，让整个音视频技术行业搭上了IT技术的顺风车，音频行业也面临AoIP（Audio over Inter- net Protocol，互联网协议架构下的音频）时代的到来。

目前媒体网络联盟MNA（Media Networking Alliance）通过的网络协议有四个，Livewire、Ravenna、QLAN、Dante。这四个协议分别对应着业内用的最好的四个厂家，The Telos代表Livewire，Lawo代表Ravenna，QSC代表QLAN，雅马哈代表Dante。但是，不同网络协议间是互不兼容的，这对于用户来说非常麻烦。因为用户大部分选择的不是某一个品牌，而是一个系统，这个系统里可能有很多不同设备，有的设备用这个协议，有的用那个，这些设备往往不能互通。现在就是有这么一套互通的机制——AES67，能够把不同的协议联通在一起。当前，Dante、Livewire、Ravenna、QLAN四个协议所覆盖的厂家已经达到90%以上，这意味着AES67标准能打通市场上90%的设备，并解决了用户最棘手的问题。

AES67标准的关键技术

1.同步机制

网络上任何地点的接收端通过一个公共时钟，可以与其他接收端同步回放，公共时钟可以保证所有流均被以相同的速率采样和还原，同一速率的多个流可以被轻易合成。公共时钟的同步是通过IEEE 1588-2008精准时钟同步协议来实现的，IEEE 1588协议使软件和硬件相结合，无需额外的时钟线，依然使用原有的以太网数据线来传递时钟信号，组网简单、高效。

2.媒体时钟

发送端网络上承载的数字音频根据媒体时钟进行采样，或者将其采样频率按照媒体时钟进行转换；接收端用它来播放数字媒体流，媒体时钟与网络时钟具有固定关系，媒体时钟较之网络时钟拥有更精确的速率，速率应该与音频采样频率一致。本标准支持三种采样频率：44.1kHz、48kHz、96kHz。

3.编码

编码是音频信号数字化为可组成流的数据包序列的方法，有效载荷的格式定义了音频采样的编码。AES67标准支持有效载荷格式包括L16和L24。L16是一种非压缩音频数据采样的编码格式，L24是L16的一种扩展。16位或24位无压缩音频数据采样值是以符号整形的二进制补码来表示的。其中，L16的范围是-32768到32767。

4.传输

传输定义了经过编码、打包之后的媒体数据，在网络层和传输层上的操作。本标准中，网络层的媒体数据包应该基于IPV4来传输；传输层应该使用实时传输协议（RTP）来传输音频数据信息，使用实时传输控制协议（RTCP）来传输控制信息，设备应使用UDP协议来传输RTP数据包。

实时传输协议为数据提供了具有实时特征的端对端传送服务，目的是提供时间信息和实现流同步。实时传输控制协议负责管理传输质量，在当前应用进程之间交换控制信息，提供流量控制和拥塞控制服务。

AES67标准的发展前景

随着媒体融合的进一步深化，传统的数字音频传输技术在扩展性和建设成本等方面的弊端日益明显，难以满足新业务的需求。AES67协议标准作为一种现有各种网络音频系统之间互联互通的解决方案，可以实现不同协议的网络音频系统之间的相互。随着基于以太网的数字音频传输技术的不断完善，AES67标准将会在高质量音频传输应用方面发挥更大的作用。

◇湖南 李 杰

公开征求对《无线电发射设备销售备案实施办法（暂行）（征求意见稿）》的意见

2016年修订的《中华人民共和国无线电管理条例》（以下简称《条例》）规定，销售应当取得型号核准的无线电发射设备应当办理销售备案。为了贯彻落实《条例》规定，规范各省、自治区、直辖市无线电发射设备销售备案工作，落实"放管服"改革要求，工业和信息化部（无线电管理局）起草了《无线电发射设备销售备案实施办法（暂行）（征求意见稿）》。

联系电话：010-68206253

传 真：010-68206220

地 址：北京市西城区长安街13号工业和信息化部无线电管理局（邮编：100804）。请在信封上注明"无线电发射设备销售备案实施办法意见反馈"。

附件：无线电发射设备销售备案实施办法（暂行）

工业和信息化部无线电管理局

2018年8月22日

无线电发射设备销售备案实施办法（暂行）

（征求意见稿）

第一条 为加强无线电发射设备管理，规范无线电发射设备销售备案的实施及监督管理，根据《中华人民共和国无线电管理条例》和相关法律法规，制定本办法。

第二条 在中华人民共和国境内进行无线电发射设备销售备案，以及对无线电发射设备销售备案的监督管理，适用本办法。

本办法所称无线电发射设备，是指依照《中华人民共和国无线电管理条例》第四十四条规定应当取得型号核准的无线电发射设备。

第三条 国家无线电管理机构对全国无线电发射设备销售备案工作进行监督指导，建立全国统一的无线电发射设备销售备案信息平台（以下简称信息平台），推进销售备案的网上办理及备案信息的管理、公示、查询等工作。

省、自治区、直辖市无线电管理机构（以下简称省级无线电管理机构）负责本行政区域内的无线电发射设备销售备案的实施及监督管理，依法查处违法行为。

第四条 省级无线电管理机构在实施无线电发射设备销售备案管理过程中应当遵循公开、公正、高效、便民的原则。

第五条 销售无线电发射设备的，应当在销售前或开始销售后5个工作日内通过信息平台向其注册地的省级无线电管理机构办理销售备案手续，并对备案信息的真实性负责，接受有关部门依法实施的监督管理。

第六条 备案信息应当包括经营主体信息和销售设备信息。

经营主体信息应包括经营主体名称、统一社会信用代码、联系人及联系方式、实体经营场所地址或网络销售平台名称和网址以及相关证件等。

销售设备信息应包括设备类型、生产厂商名称、设备型号、型号核准代码、型号核准有效期等。

地方法规规章对其他备案信息有明确规定的，依照地方法规规章执行。

第七条 对首次申请备案的经营主体，省级无线电管理机构在收到备案材料后，材料齐全、符合法定形式的，应当在5个工作日内通过信息平台向其发放备案主体编号（编码规则见附件）和所对应的二维码。

第八条 销售无线电发射设备应当在实体经营场所或网络销售平台标明销售备案主体编号或所对应的二维码。

第九条 联系人及联系方式、实体经营场所地址或网络销售平台名称和网址等经营主体备案事项发生变更，或终止销售某型号无线电发射设备的，应当在5个工作日内通过信息平台办理变更手续。新增销售某型号无线电发射设备的，应当在新增设备销售前或开始销售之日起5个工作日内通过信息平台办理变更手续。

第十条 有下列情形之一的，应当及时通过信息平台办理备案注销：

（一）终止销售无线电发射设备的；

（二）营业有效期届满的；

（三）营业执照被依法吊销或企业法人已办理注销登记的；

（四）法律、法规、规章规定的其他情形。

第十一条 无线电发射设备销售备案经营主体名称、统一社会信用代码、设备信息等有关情况应当通过信息平台向社会公众公开。

第十二条 依据《中华人民共和国无线电管理条例》第七十七条规定，销售应当取得型号核准的无线电发射设备未办理销售备案的，由省级无线电管理机构责令改正；拒不改正的，处1万元以上3万元以下的罚款。

第十三条 省级无线电管理机构应当对无线电发射设备销售备案情况进行监督检查，对提供虚假备案材料、未及时办理变更手续等行为，由省级无线电管理机构责令改正；拒不改正的，由省级无线电管理机构通过信息平台定期向社会公布有关情况。

第十四条 无线电管理机构及其工作人员对涉及商业秘密和公民个人隐私的信息有保密的义务。

第十五条 本办法自2018年XX月XX日起施行。

无线电发射设备销售备案主体编码规则

一、编码规则

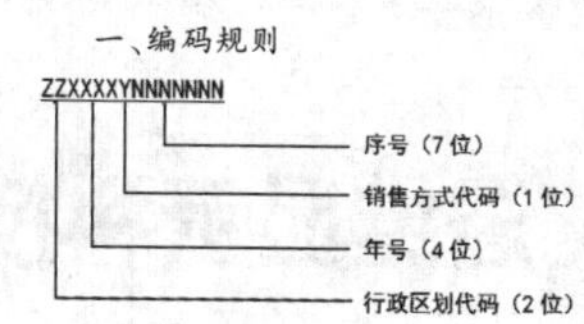

二、行政区划代码

北京市	11	天津市	12
河北省	13	山西省	14
内蒙古自治区	15	辽宁省	21
吉林省	22	黑龙江省	23
上海市	31	江苏省	32
浙江省	33	安徽省	34
福建省	35	江西省	36
山东省	37	河南省	41
湖北省	42	湖南省	43
广东省	44	广西壮族自治区	45
海南省	46	重庆市	50
四川省	51	贵州省	52
云南省	53	西藏自治区	54
陕西省	61	甘肃省	62
青海省	63	宁夏回族自治区	64
新疆维吾尔自治区	65		

三、销售方式代码

"0"表示仅在实体经营场所销售无线电发射设备；

"1"表示仅在网络平台销售无线电发射设备；

"2"表示同时在实体经营场所和网络销售平台销售无线电发射设备。

KECES凯乐系列产品技术特点

KECES(中文名:凯乐)是台湾一家专业制造线性电源、隔离牛、耳放的HIFI厂家,其母公司为著名的慧康电子有限公司。公司原为全球多家知名音响品牌做OEM业务,技术实力雄厚、质量优秀,特别是在电源部分更具有不可比拟的技术实力,在业界享有极高声誉。在多年的业务发展中,KECES不断地投入研发力量,在HIFI产品上进行深耕,逐步形成了以现行电源,隔离变压器为主力,耳机放大器及解码为辅的产品链。公司秉承质量、声效一流为宗旨,为全球烧友带来了多款高素质HIFI产品及调声产品。

KECES新品P3线性电源

KECES 新品P3是在旗舰线性电源P8的线路基础上进行简化,以更低的门槛提供电流适中的产品,令性价比大幅提升。在与需外接电源的器材接上后,可大幅度提升器材的声音表现能力。而P3的可用范围也相当广,从数播、笔电一路到唱放等外置供电设备,都是它可适应的范围。

功能方面,P3提供双输出版本,输出电流为3A+3A,电压规格则为5V-16V可选,更重要的是每组输出有三个不同电压可选,玩家可根据自己的器材情况进行选择。而电压的选择方式比起早期的产品便捷多了,仅需在通过输出插座旁边的三档拨动开关就能够轻松选择。

KECES旗舰级线性电源P8拥有单输出、双输出两个版本,单输出版本电流为8A,电压规格为9-20V;双输出版本电流为4A+4A(单个输出口为4安培电流),电压规格为5-24V,均可根据要求选择!外加一组USB type A的5V/1A输出(单双输出版本均具备)。

KECES P8线性电源

P8的箱体采用4mm全铝合金制作,能以隔离EMI/RFI的电磁干扰;内部使用高质量的环形变压器,每组输出都有独立接地,不仅具有超低纹波噪音,而且百分百静音,没有恼人的哼声和震动。前面板有一个OLED的屏幕,可显示当前的电压和电流输出状况。内部具有多重保护线路,在意外发生时,可免您的器材受到损伤。

KECES BP系列平衡电源净化处理器

KECES BP系列平衡电源净化处理器共有三款,最小的是BP-600,最大的是BP-2400,中间一款则是BP-1200。分别提供有两、四、八组输出,内建600VA、1200VA、2400VA的环形变压器,能以提供充沛的电流,还能让输出电源更加干净。相较于EI型变压器,环形变压器具有高效率、低辐射磁场、低电流声,及体积小的优点,更适合精密电脑设备、HIFI器材使用。

插座使用的是2个为一组的美国Hubbell医疗实验室级别插座,每组插座都独立连接线,彼此分离,可让不同插座彼此间的干扰降至最低。为设备提供标准的0地电位。另外内建电压侦测线路,当输入的电压过低或过高的时候,都会启动保护。全铝合金制成的机箱,具有屏蔽效果,顶板还蚀刻有KECES的商标字样,是为高贵不贵的电源选择。

KECES S3解码、耳放、前级一体机

作为多功能一体机,S3具备模拟输入口(RCA和XLR均有),可作为一台纯耳放或者纯前级使用。数字接口方面常见的光纤、同轴、USB也都具备。作为高标准的耳放,在耳机口设置上,常见的四芯平衡口和6.3mm非平衡口都有。

心脏部分,即解码部分,选用的便是ESS ES9026PR0解码晶片,一共两枚,每声道只用一枚。这款晶片的解码能力,让USB输入最高可支持32bit/384kHz PCM与DSD256(Native)取样率,Coaxial与光纤亦可支持至24bit/192kHz PCM与DSD64(DoP),规格相当强悍。

KECES S125后级功放

KECES以DAC与电源处理器闻名,今年也推出自己的后级功放了!这是台不折不扣的A/B类后级,精巧机箱内蕴藏充沛功率!它在8欧姆阻抗下可输出125瓦功率,阻抗降为4欧姆时,功率提升至225瓦,不仅如此,S125还可桥接成单声道机种,此时功率一跃而为360瓦/8欧姆,可说是非常实用。

除了兼具桥接输出外,S125也同时备有RCA单端输入与XLR平衡输入,可供连接的前端设备更为广泛。S125也配备过载保护电路与温度感测,过载或温度过高时便会启动,借此保护扩大机与喇叭的安全。

KECES Ephono唱放组合

KECES新品Ephono唱头放大器,结合自家擅长的电源处理技术,组成Ephono主机,再加上Ephono Power线性电源供应器的两件式设计。输入部分,Ephono可支持MM、MC两种规格的唱头输入,在输入端子之间有一个拨杆让用家切换MC/MM。不仅如此,MC唱头还有56/100/220欧姆三段整阻抗匹配,以及60/66/72dB三段增益控制可以调整,MM唱头也有40/46/52dB三段增益控制调整功能,另外,原厂也强调RIAA的精准度在0.2dB之内。输出端则提供RCA非平衡、XLR平衡各1组。

该系列产品由润丰名线坊代理,欢迎爱好者前往体验。

江苏艾洛维显示科技股份有限公司

inovel 艾洛维®

激光电视专家

江苏艾洛维显示科技股份有限公司是一家专业从事智能投影设备研发及生产的高科技企业,拥有优秀的软硬件技术研发团队,掌握了数十项国家专利,旗下生产的激光电视产品拥有完善的产品体系,是国内激光电视领导品牌。针对中高端用户,艾洛维拥有完善的激光电视产品线,例如VH710、V8C、V9、V10等一系列激光电视产品,与此同时艾洛维旗下智能投影也是其亮点,让其产品得到进一步的补充。艾洛维秉承用户体验至上,产品为王的理念,不断改变人们的生活方式,致力于让激光电视走进千家万户,让客厅掀开革命性视听体验。

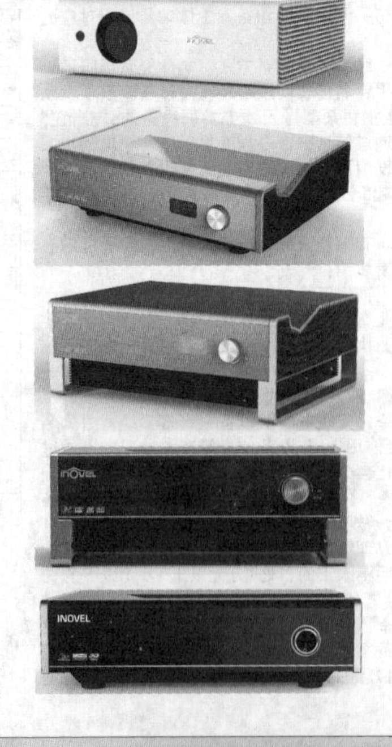

深圳市白雪投影显示技术有限公司

SNOWHITE 白雪

让 视 界 不 同

深圳市白雪投影显示技术有限公司成立于2002年,安徽白雪投影显示技术有限公司成立于2017年。是一家专业研发、生产与销售投影银幕的高科技公司。;白雪品牌旗下的SNOWHITE白雪已成为中国投影行业的高端品牌,在中国大陆投影业内享有盛誉,得到投影商家及终端用户的一致好评。

经过近几年的发展,白雪投影幕在中国高端投影银幕市场占有较大份额。与诸多世界一流投影企业合作,紧跟世界投影技术的发展,为客户提供完美的视觉享受。

公司目前推出"家庭影院投影幕"、"数字影院投影幕"、"超大银幕定制"、"3D影院系统"、"球幕影院系统"。

白雪公司按照国际标准化模式建立了市场导向型的管理体系,完善并发展了一流的生产、营销、环保控制手段和质量控制体系,在全球投影行业率先通过ISO9001:2008质量体系认证、欧盟CE认证、ROHS认证、FCC认证、ETL、国家高新技术企业等认证。

新时期,白雪公司将继续以高科技战略转型为重心,以科技创新和机制创新为动力,以发展和提升为主旋律,向国际化、高科技型现代化企业的目标迈进,成为世界级投影行业的领军者,建设成为全球最大的投影产品制造企业,将白雪品牌打造成世界投影行业的第一品牌,最终使白雪公司最大限度地得到发展并服务社会。

2018年9月30日出版 ▌实用性 ▌启发性 ▌资料性 ▌信息性

第39期 （总第1976期）

国内统一刊号:CN51-0091 定价:1.50元 邮局订阅代号:61-75

地址:（610041）成都市天府大道北段1480号德商国际A座1801 网址:http://www.netdzb.com

让每篇文章都对读者有用

小议云安全与隐私

最近很多Vivo NEX或者Oppo Find X的用户反应，在使用某些软件时会莫名其妙地出现手机摄像头上升或者是提示XX软件正在录音。当然鉴于Vivo NEX系统设置因为是升降摄像头的缘故，网友也戏称Vivo NEX是流氓鉴定机。不过深层次却反映了各种App直接扒光用户隐私的安全问题。

那么我们就来归下类，哪些App和设备极易入侵隐私，值得我们引起注意？

WiFi共享类

这种共享类App天生就伴随着泄漏隐私的风险。不少朋友都会使用WiFi共享类App（不一定是WiFi万能钥匙）来尝试蹭网，但是此类App之所以能让你连上某些加密WiFi，靠的必然是庞大的WiFi密码数据库。而这数据库之中，是否会存在用户不知情下泄漏出去的隐私？这是非常值得担忧的。

这些WiFi共享App，意味着把无线网络的隐私给对方展现，对个人隐私的威胁尤其大，不要因为免费网络就将的隐私安全拱手送给这些App开发商。

广告过滤类

网络连接请求

广告管家想要设置一个VPN连接（可被用于监控网络流量）。请只在您信任该来源的情况下才接受此请求。在VPN处于活动状态时，您的屏幕顶部会显示 🔑 图标。

漫天发布的广告确实招人讨厌，因此一些用户就安装了过滤广告的App，不仅能够过滤掉网页广告，甚至还能够过滤掉App的广告推送乃至内置广告。我们要搞清楚这类广告过滤App的原理：这类App会利用VPN建立本地网关，将用户所有网络连接的流量置于自己的监控之中。一旦流量某些内容和广告过滤规则匹配，那么广告就会从流量中删除。

这意味着利用网关接管你手机所有的流量，不仅能对广告为所欲为，对其他流量也能够为所欲为。实际上也发生过不良App商暗中植入恶意代码劫持流量的事件。

安全/杀毒类

由于安全类软件所获取权限综合最多，其流氓程度也是最大。那么既要使用安全类软件清理、杀毒，又要防范其自身篡改权限。我们可以选择安全App的部分功能，例如垃圾清理、冻结后台等等，可以选择一些开源的工具来代替，这样使用才会相对更加安全。

云盘类

现在手机都自带云盘备份功能，虽然说可以在多平台同步资料，随时随地无缝更换新设备使用；不过对于个人忌讳的资料同样有非常大的风险，对于大数据时代，单单在搜索引擎中输入“来自iPhone”“来自DCIM”等类似的关键字就可以找到各种私人资料。

还有云服务商的失误也会导致隐私泄漏，就连苹果的icloud也出现过技术问题。真正重要的隐私和资料还是放在自家的硬盘里比较好，或者有条件购买一部私有云服务器也是个不错的选择。

智能（穿戴）设备类

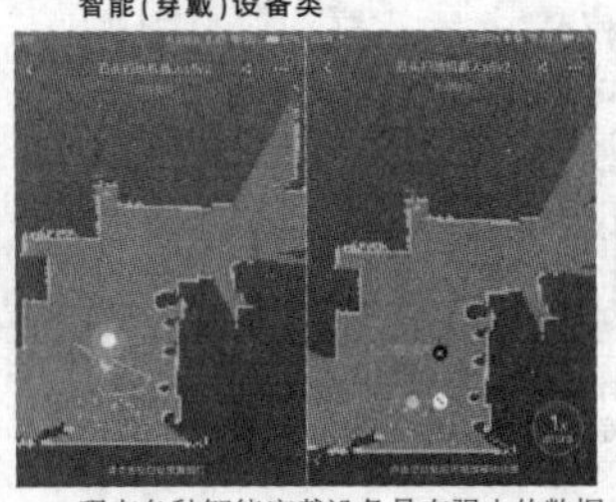

现在各种智能穿戴设备具有强大的数据收集能力，配合其App上传到社区交流，看上去好像很酷，事实上可以通过分析暴露出你的踪迹、生活规律、甚至家居等隐私。

举个例子，扫地机器人会通过激光探头将打扫路线的轨迹展现给你，如果设置的路线是全屋打扫的话，户型布局将一览无遗。还有一个在互联网大佬圈子里广为流传的笑话：某老总的智能手环突然在显示晚上11点有短暂的剧烈运动，其手环记录并发布到相关社区，当然用脚趾想也知道是怎么回事，第二天开会时，大家都不怀好意地笑了。

因此在使用这些设备时，都需要仔细查看上传设置或者数据收集信息，以免不必要的安全泄漏或者尴尬。智能设备还将会越来越普及，希望出台更多关于隐私的保护法律法规和重视程度。

写在最后

随着5G时代的来临，万物互联，会有更多的数据产生，大家一定不要忽视了这些数据的价值和安全，尽早养成一个保护自己隐私的习惯，以免以后生活中产生不必要的麻烦。

PS：安卓在近年来还是越来越注重隐私和安全的问题，原生版本的安卓系统早已经加入了权限管理系统。利用系统的权限管理系统，用户可以控制某个App是否能够使用某项权限。

不过国内还有这样一种情况，比如你禁止某些国产App申请某项权限，反过来该App可能会拒绝打开了。其理由是某权限是功能实现必不可少的组成部分，没有了该权限App拒绝运行等等。

禁用某个权限会让App无法使用相应部分的功能。比如拒绝赋予App摄像权限，那么就无法扫描二维码之类。但是无法使用App内的某个功能，并不能与无法使用某个App相挂钩。假如一个App调用不到摄像头权限，然后拒绝为你提供其他功能，这就是霸王条款，其行为跟流氓软件无异。

按照常理，只有当App调用某个权限时，才会应该发生于激活涉及该权限的功能动作。而“流氓”App会在刚开启应用时，就直接强制执行权限命令。这也是本文开头所说的带升降摄像头的手机在使用某些软件时会莫名其妙地出现摄像头上升或者是提示xx软件正在录音的现象，只是在没有升降摄像头之前，我们不方便察觉哪些权限被改动了而已；不管软件商怎么解释，这种行为就是“耍流氓”！！！

（本文原载第31期11版）

虚位密码

防偷窥密码输入：

******* 123456 *******

乱码输入 正确密码 乱码输入

随着物联网大潮的来临，越来越多的家庭使用上了智能门锁。智能门锁确实非常方便，免去了带钥匙的麻烦；不过有时候智能门锁也有尴尬的地方，比如当着亲朋好友的面按下密码，不想让人家看到但是又难开其口；又或者有监控甚至恶意用微型摄像头盗取密码动作。这时候防止偷窥的“虚位密码”就派上用场了。

“虚位密码”，就是在正确的密码前面和后面加上任意位数的数字，只要中间有连续正确的密码就可开门，这样就能有效防止密码泄漏。

只需要不改变真实密码顺序，前后或中间插入多个数字都可以实现开锁。比如正确密码如果是123456，输入时可以加入（8）（6）（7）123456（0）（2）（3），注意括号内为加入的其他数字。

虚位密码相比固定密码，其安全等级更高，更难被窥探，因此密码泄露风险更小，随意增加长度，每次输入密码有变化，可以相对增加密码的安全性，别人更难获取真实密码。

有的智能门锁设置的密码的长度最长设置是20位，就是虚位密码及密码的总长度不能超过20位。当然虚位密码技术安全等级再高，也依然存在泄露风险，比如通过多次窥探密码输入，可以将密码数字整合对比，找出数组之间的交集，从而获取真实密码，破解门锁密码。

在购买智能锁时尽量选择多方式（指纹锁或者其他生物识别智能锁）的识别方式，密码开锁一般作为附带功能，生物识别的安全性更高，也是智能锁的重要发展方向之一。

（本文原载第31期11版）

用模块维修TCL彩电PL4235副电源

一台40英寸的TCL液晶彩电开机三无，指示灯不亮，判断故障在电源板。拆开电视机查看电源板型号为PL-4235。

一、电源板简介

根据电路元件布局和查找相关资料，该电源板由三部分组成：一是以集成电路L6563(IC2)为核心组成的PFC功率因数校正电路，将整流滤波后的市电校正后提升到+380V为主开关电源供电；二是以集成电路FSQ510(IC9)为核心组成的副开关电源，产生+3.3V/0.2A电压和VCC电压，+3.3V/0.2A为主板控制系统供电，VCC电压遥控开机后为PFC和主电源驱动电路供电；三是以集成电路L6599(IC3)为核心组成的主开关电源，产生+24V/6.8A、+24V/2A电压，为主板和背光灯板供电。

开关机采用控制PFC功率因数校正电路和主开关电源驱动电路VCC供电的方式。接通市电电源后副电源首先工作，产生VCC电压和+3.3VSB/0.2A电压，其中+3.3VSB/0.2A为控制系统提供电源，指示灯点亮。二次开机后开关机控制电路将VCC电压送到PFC和主电源驱动电路，PFC功率因数校正电路和主电源启动工作，为整机提供+24V/6.8A、+24V/2A电压，进入开机状态。

二、测量判断

测量电源板输出端电压均为0V，测量保险丝未断，测量市电整流滤波电容两端有300V直流电压，而副电源无+3.3VSB/0.2A电压输出，判断副电源发生故障。

查找资料获得副电源电路图见图1所示。通电后，市电整流滤波后的+300V电压通过副电源变压器T2的初级绕组为厚膜电路IC9的⑦脚内部MOS开关管的D极供电，同时经RB19、RB20降压后为IC9的⑧脚提供启动电压，副电源启动工作，内部产生的激励脉冲推动内部MOS开关管工作于开关状态，其脉冲电流在变压器T2中产生感应电压，次级感应电压经整流滤波后产生+3.3VSB/0.2A电压，为主板控制系统供电，点亮指示灯。测量IC9的⑦脚+300V电压正常，测量IC9的⑧脚启动电压也正常，但副电源不工作，判断厚膜电路IC9/FSQ510损坏。

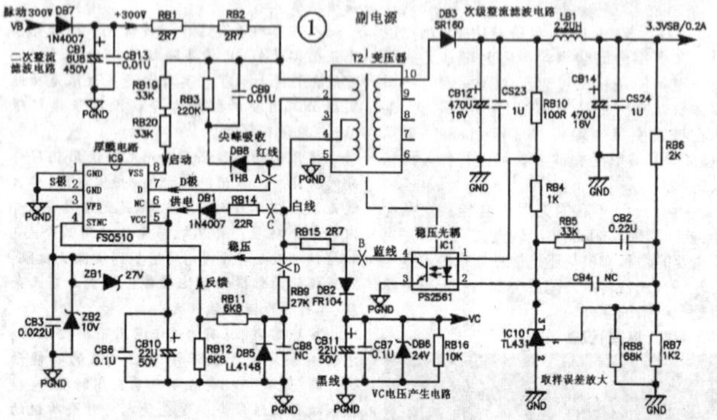

三、模块介绍

由于是上门维修，手中无厚膜电路FSQ510更换，但手中有淘宝购买的万能LCDMK-5V副电源智能模块，见图2所示。是专为维修液晶彩电和显示器副电源而设计的，最大功率可达36W，可代换输出5V和3.3V的副电源初级电路。有红、白、绿、黑、蓝五根引线，其连接代换电路图见图3所示。

1.安装代换副电源说明

1)首先检测副电源相关元件和关键点：一是测量+300V直流电压正常；二是确认开关变压器和次级外部元件正常；三是副电源负载电路没有短路漏电现象。这些关键点和元件正常后，方可进行副电源初级模块的代换。

2)先拆掉原机上副电源的MOS开关管或厚膜电路，把本模块紧靠副电源附近，用螺丝固定在散热片或附近绝缘板上。固定在散热片要注意绝缘问题。

3)将图1中副电源初级电路打叉处在实际电路中断开，按照图3所示把模块各个颜色接线对应接好，注意反复核对绝对不能接错，引线尽量不要延长，否则会影响模块工作。

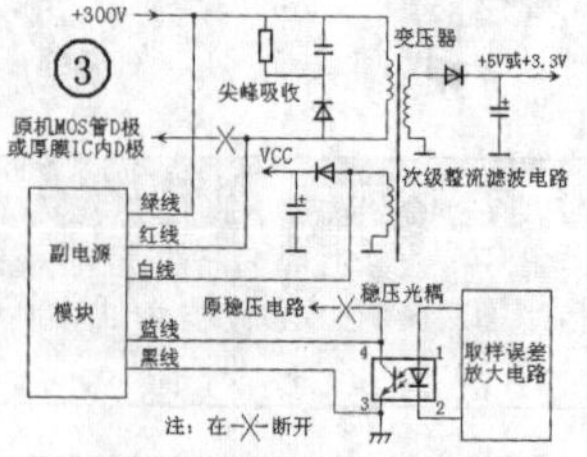

2.模块引线接法说明

1)红线：接副电源变压器初级绕到MOS管D极端或者厚膜块IC内部D极。

2)黑线：接副电源初级的地线上，一般接+300V滤波电容的负极或MOS开关管的S极、厚膜电路的接地脚。

3)蓝线：接原机3.3V或5V副电源稳压光耦的④脚，注意光耦的③脚接地。

4)白线：接原机副电源变压器的初级反馈绕组，接VCC整流二极管的正极。

5)绿线：接原机市电整流滤波后的+300V。

四、代换维修

根据上述模块介绍，进行代换，见图4所示。

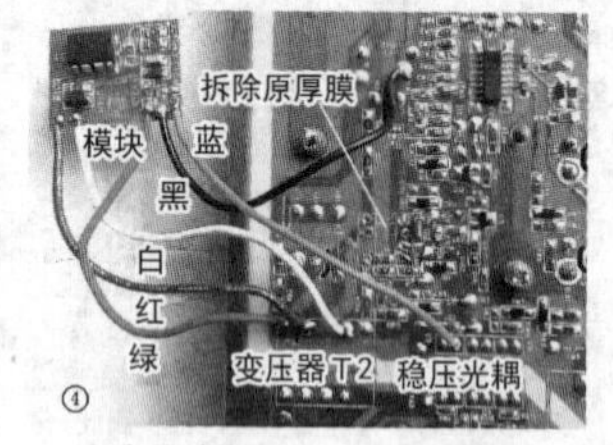

1.代换过程

首先拆除原来损坏的厚膜电路FSQ510(IC9)，避免其代换后对新模块造成影响。

1)红线：接市电整流滤波后的+300V通过副电源变压器初级后，接到副电源变压器T2的初级②脚上，也是FSQ510(IC9)的内部MOS开关管⑦脚连接点。由于IC9已经拆除，所以不必再将IC9的⑦脚引线打叉处割断了。

2)黑线：接副电源初级的地线上，接FSQ510(IC9)的①、②脚接地端连接线上。

3)蓝线：接原机3.3V副电源稳压光耦IC1的④脚，光耦的③脚接地。再将IC9的③脚与IC1的④脚之间引线打叉处割断。

4)白线：接原机副电源变压器T2的初级反馈线圈④脚，也就是接VCC整流二极管的正极。

5)绿线：接副电源变压器T2的初级①脚，也就是接市电整流滤波后的+300V。

经过上述接线后，反复检查无误，进行通电实验，测量副电源输出电压为3.3V，面板指示灯点亮，遥控开机后，电视机恢复正常，故障排除。

6)固定新模块：电源板装复后，将新模块固定在副电源附近的塑料板上，如图5所示。

2.小结和注意事项

1)连接红线时，如果割断连接原来MOS开关管D极引线，如图1中的A点所示，必须注意保留D极连接的尖峰吸收电路。如果将尖峰吸收电路割除，会造成新更换的模块内部MOS开关管击穿，一定要注意。

2)连接蓝线时，最好将稳压光耦④脚的其他电路割除，如图1中的B点所示，避免其他电路对④脚稳压电路的影响，造成新更换的模块输出电压异常。

3)连接白线时，最好将初级反馈线圈的不用电路割除，如图1中的C、D点所示，以减少副电源变压器的负载电流，但要注意保留RB15和BD2的VCC整流滤波电路的供电。该电压遥控开机后为PFC和主电源驱动电路供电，如果割断，会造成PFC电路和主电源电路停止工作。

4)由于新模块功率较小，发热较轻，不必考虑散热问题。可固定在副电源附近的任何位置，最好固定在塑料等绝缘板上，如果固定在金属器件上，由于模块工作在电源板的初级热地板上，要注意绝缘处理。

◇海南　孙德印

彩电非线性失真故障的维修实例

彩色电视机非线性失真可以分为垂直失真和水平失真两种，分别涉及行扫描电路和场扫描电路。彩色电视机图像的非线性失真是一个较常见的故障现象，较小的失真肉眼感觉不出来，此时可以通过电视台发射的标准测试信号发现，而较严重的非线性失真会使图像明显变形导致无法收看正常的节目。

一、垂直失真

电视机场扫描电路出现故障时常常导致垂直失真发生。场扫描电路主要由场同步电路、场振荡电路、锯齿波形成电路、推动与输出电路、场偏转线圈组成。场振荡电路产生场频脉冲，送锯齿波形成电路得到线性良好的锯齿波，锯齿波经推动级放大后再送到后级功率放大，最后锯齿波电流送场偏转线圈，场偏转线圈中的锯齿波电流的线性好坏直接影响电视图像的垂直线性，以上电路中除同步电路外均会对锯齿波电流的线性产生影响。电路中与工作状态和时间常数有关的电阻、电容、晶体管、IC块的参数发生变化是引起非线性失真的主要原因。在维修时一般先检查电路的电压、电流，确定电路的工作状态是否正常，然后再检查与时间常数有关和影响电路工作特性的电阻、电容。

检修实例：一台日立CFI-2125彩电图像垂直方向上部压缩变形。该彩电场扫描电路IC501采用HA51338SP集成块，完成同步、振荡、锯齿波形成放大。场输出电路IC681采用μPC1378H。首先测量IC501相关引脚的直流电压与参考值比较无明显差别，再测量IC681引脚电压，发现③脚电压明显低于参考电压26V。分析电路可知，IC681的③脚是输出级电源，提供给自举升压电路，该电路利用C682在场逆程期间将电源26V自举升高到52V电压。与之相关的器件有自举电容C682，二极管D681。直接测得二极管有明显的正反向电阻，可基本认为正常。拆下C682(100μF)电解电容用万用表看充放电时间，与新的100μF电容比较，发现时间明显偏短，说明容量已经不足。换上电容后故障排除。该电容故障严重时可引起场幅不足，甚至会出现只有一条水平亮线。

二、水平失真

行扫描电路与场扫描电路有较大的不同，行输出级工作在高电压、大电流、高频率开关状态之下。由行振荡电路产生行脉冲送推动电路进行放大后，以适当占空比的开关激励脉冲控制行输出管的导通与关断，该脉冲加到行偏转线圈形成锯齿波电流。要保证行偏转线圈中形成线性良好的锯齿波电流，与行输出管的开关特性和行偏转线圈周边电路的元器件特性是密切相关的。

检修实例：一台TCL2568彩电图像水平非线性失真。该机行输出电路的工作过程是：行推动输出的行频开关脉冲送到行输出管Q421基极，在Q421集电极产生矩形电压，矩形电压经行偏转线圈，再由电容C407、C422构成回路，在偏转线圈中产生锯齿波扫描电流。检查行输出管集电极电压基本正常，调节电感L402失真无明显改善。仔细观察电路板发现与L402并联的电阻R421似乎有裂痕，但补焊后故障依旧。由于不能排除元件参数改变导致的非线性失真，先后更换电感、电容但故障现象仍然存在。根据电路工作原理进一步分析，将故障点集中在行输出晶体管上，怀疑是行管的开关特性不好，使锯齿波电流线性变差，更换行管后故障排除。

在检修过程中，如果发生故障的原因可能涉及多种器件，而且不易准确定位时，一般原则是先检查容易损坏且拆装方便的器件。例如某故障原因与对应电路周边的电阻、电容、晶体管均可能有关，则先查电阻，再查电容(电容中先检查故障率高的电解电容)，最后检查晶体管。当然，这只是一种常规思路，具体问题还是要具体分析，不可一概而论。其中微型计算机CRT显示器的非线性失真故障与彩色电视机非线性失真故障比较相似，也可以采用上述方法并行检修。

◇辽宁　林漫亚

联想Y470不开机故障检修及更改网卡白名单方法

同事的一台联想Y470笔记本电脑出现不开机故障，具体表现是按下开关后电源指示灯和显卡切换指示灯亮，风扇转一会儿即停，屏幕不显示(外接显示器也不显示)。首先怀疑是内存松动导致的故障，但擦干净金手指重新装上甚至更换同型号内存故障依旧，无奈之下使用“最小化系统法”一一排除，当拆下Intel link1000无线网卡后机器正常启动，看来是无线网卡损坏引发的故障。刚好手里有博通BCM94313网卡，装上后开机弹出如图1所示的对话框，看来机器BIOS对无线网卡设置了白名单，只有安装跟原机相同型号的无线网卡才行。

①

通过查找相关资料得知，只要将待更换网卡的硬件ID借助WinRAR、Winhex、和insydeEzH2O三大工具写入电脑BIOS程序即可正常工作。首先从联想官网下载配套的BIOS升级程序，笔者下载的为bios-iqy0203ax32.exe（其实就是自解压程序），用WinRAR程序将其解压到一个合适目录待用(解压后包括BIOS刷写程序InsydeFlash.exe、BIOS文件IQY0203A.bin和BIOS刷写配置文件platform.ini等共计11个文件)。然后在“设备管理器”里找到“网络适配器”项，从中找到所用的无线网卡，通过查看属性找到“硬件ID”一项(如图2所示)，可能有人会问，机器拒绝新网卡安装如何查找网卡ID呢？其实可以先不安装网卡开机，然后使机器进入睡眠状态，装上网卡后再唤醒电脑即可。若网卡已经损坏无法查看，可以根据网卡具体型号在网上找到对应的硬件ID，记住两块网卡的硬件ID都需要找到。比如笔者维修的这台Y470原装的INTEL LINK1000无线网卡硬件ID就是在网上找到的，对应的VENDEV ID为80860084和SUBSYS ID为13158086，而待更换的BCM94313无线网卡就是通过睡眠方法得到其VENDEV ID为14E44727和SUBSYS ID为051014E4。

②

接下来就是修改BIOS文件：使用insyde EzH2O打开刚才解压得到的BIOS文件IQY0203A.bin，加载完成可以看到相应的BIOS信息（如图3所示）。启动WinHex，选择“工具”-->”打开RAM”读取内存并找到”Exh2o” 程序位置，展开节点并选择”整个内存”(如图4所示)，然后点击”确定”打开。成功打开内存后在“搜索” 菜单栏中执行 “查找十六进制数值”项，填入原来网卡的VENDEV ID，比如笔者的Intel Link 1000网卡地址VENDEV ID为80860084，则在搜索框中填入“86808400”进行搜索(注意VENDEV ID顺序是将类似”12345678”的顺序改成“34127856”顺序)，找到后将其更改成待更换无线网卡的VENDEV ID，由于笔者的BCM94313网卡VENDEV ID为14E44727，更改成“E4142747”填入即可(如图5所示)；用同样的方法搜索到SUBSYS ID并值并进行修改，只不过SUBSYS ID的顺序与VENDEV ID顺序不一样，SUBSYS ID是将类似于“12345678”的顺序更改成“78563412”的顺序填入。上述两项值改完后点击工具栏软盘图标以保存修改结果，最后回到insyde EzH2O界面中，直接执行“文件”→“保存”项以保存修改后的BIOS文件。

③

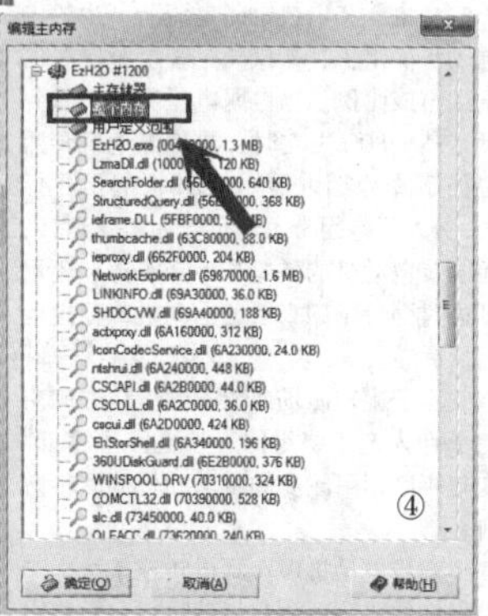
④

最后一步就是刷写BIOS程序了。由于现在修改的BIOS版本很可能与电脑中原BIOS版本相同，所以还需要修BIOS刷写配置文件platform.ini。打开该文件找到“”这一段，将“Flag=2”改为“Flag=0”，即不检查BIOS版本；再将下面一段“”中的” ALL=0”改为” ALL=1”，即修改BIOS中所有内容(如图6所示)，保存并关闭platform.ini文件，这时运行Insyde-Flash.exe程序，一路点击“确定”按钮即可完成BIOS程序的刷写工作，如图7所示，刷写完毕后电脑会自己自动重启，关闭电脑装上网卡重新开机，若前面操作无误的话会则一切正常。

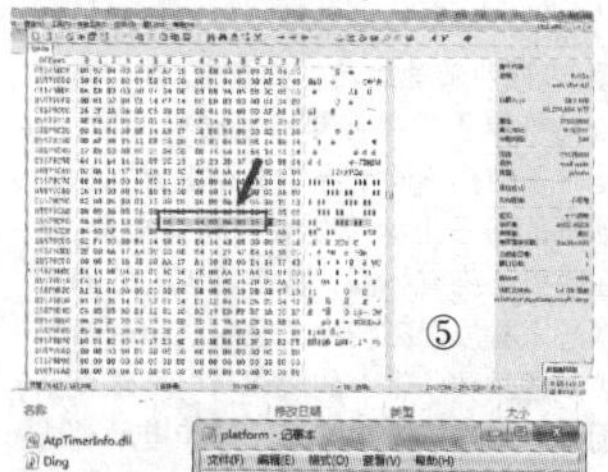
⑤

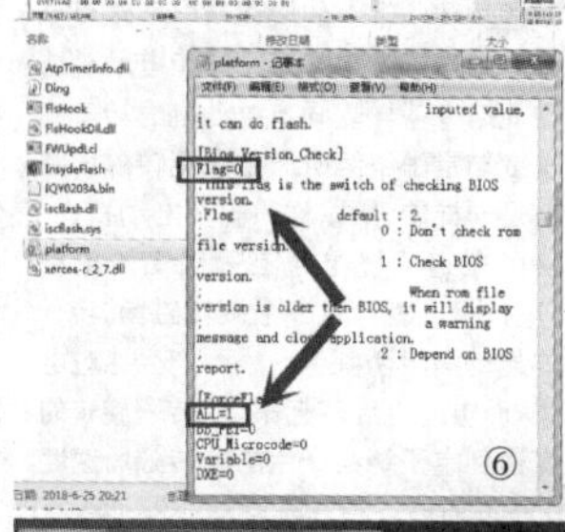
⑥

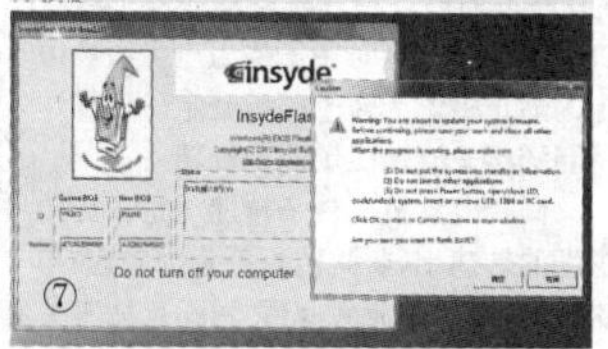

⑦

◇安徽 陈晓军

巧除歌曲“人声”做伴奏

有时候我们会遇到想要K的歌曲伴奏无法从网上搜索下载到的情况，或者是刚刚流行的歌曲还没出现对应的伴奏音乐，怎么办呢？此时最直接的解决方法就是对歌曲进行手工去除“人声”的操作，做成只保留背景伴奏音乐的音频文件就行了，尤其是借助Audition CC 2017的“人声移除”功能，我们可以非常便捷地完成伴奏音乐的制作，方法如下：

首先在Au中将待处理的MP3文件(含歌手演唱音在内)导入进来，双击后进入波形编辑模式；接着，点击“效果”-“立体声声像”-“中置声道提取器”菜单命令，在弹出的“效果-中置声道提取”窗口中点击左上方“预设”并选择设置为其中的第一项“人声移除”，此时Au就会按照默认的中置频率(10060Hz)准备对该歌曲进行处理，我们可以点击左下角的播放按钮来进行试听，如果感觉满意的话就直接点击右侧的“应用”按钮，不满意的话可通过调节“中置频率”处的滑动杆来边听边调(如图附图所示)；其他的选项设置都不用做修改，点击“应用”之后，Au就开始进行“正在应用‘中置声道提取’”操作，当进度至100%后再按Ctrl-S组合键，对处理后的伴奏文件进行存盘操作，这样我们就得到了可以直接K歌的伴奏音乐了。

值得一提的是，不管是使用哪一种音频处理软件来进行歌曲人声的消除操作，其工作原理都是从合成中“减掉”包含有一定成分背景音在内的人声音频，也就是都会对原伴奏声进行微弱的削减。Audition CC 2017的“人声移除”功能在这方面的实现效果确实非常不错，操作又非常方便，大家不妨一试。

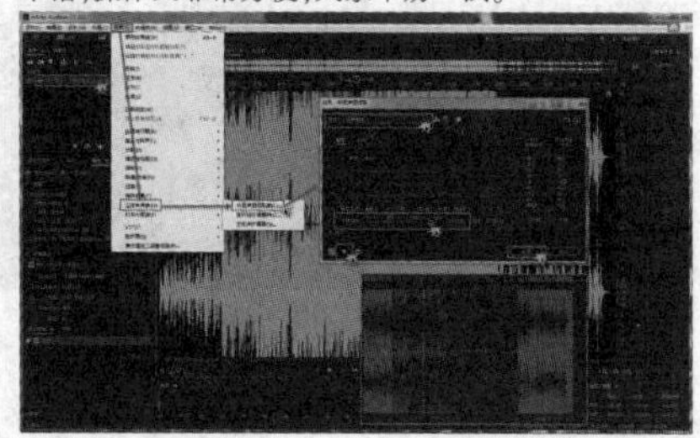

◇山东 杨鑫芳

巧用电吹风排除电脑故障一例

很多DIY爱好者都知道，电吹风可以用来清理电脑主机机箱内的灰尘，能解决不少问题。笔者不久前，借助电吹风另类使用，在不拆机的情况下也成功排除了一起电脑故障。现将检修过程与大家分享：

一台家中常用的台式机，近期感觉系统运行缓慢，各种不好用。于是决定重装系统，在光驱中放入系统安装盘，开机进入BIOS，设置光驱为第一启动，但屏幕随即卡顿不能引导安装，当时顿觉纳闷，前段时间还用过好好的啊，略加思索后取来电吹风，推至凉风挡(注意不宜开启制热)，按一下光驱面板按键，弹出托盘，对准光驱开口往里吹，只需几秒钟，再试已能引导安装系统。此后笔者观察了一个月，每次均能正常安装系统，证明此方法确实有效。

究其原因，主要是光驱内部的核心部件为激光头，非常娇嫩，很怕沾染灰尘，灰尘中往往含有许多带电颗粒，也会吸潮，一般会干扰光头光路，导致电脑不能读盘。吹去这些尘埃，故障随即也就消除了。

◇江西 万军

简单解决PPT中的视频黑屏问题

为了增强演示的效果和说服力，我们经常会在PPT中插入一些视频，但有时会出现这样的尴尬：在正式开始播放视频之前，由于会有一个短暂的静态画面，因此在播放前会显示一个黑块，看起来相当的不美观。解决的办法很简单，我们只要将视频的首帧裁剪就可以了：

选中视频，切换到“播放”选项卡，单击“编辑”功能组的“剪裁视频”按钮，打开“剪裁视频”对话框，单击滚动条最左侧的开始标记(蓝色竖条，如图1所示)，单击“下一帧”按钮，观看画面是否已经不再黑屏，正常显示之后单击“确定”按钮即可。

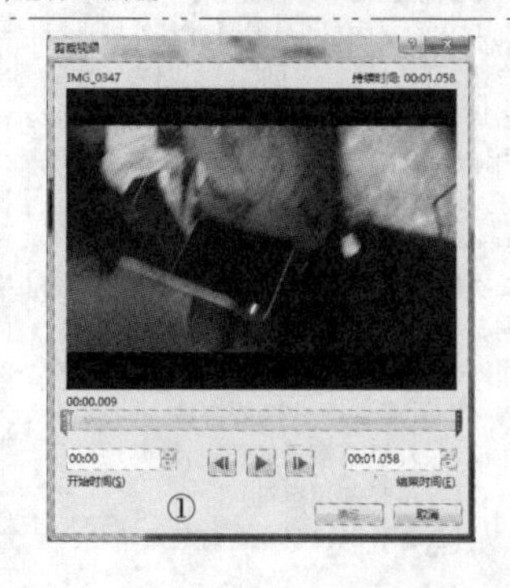
①

如果不允许对视频进行裁剪，那么可以为视频添加一个封面，切换到“格式”选项卡，在“调整”功能组依次选择“海报框架→文件中的图像”(如图2所示)，可以选择本地计算机或网络中的图片，也可以选择联机图片，这样就可以将相应的图片作为首帧。

当然，也可以将视频播放到需要的位置之后暂停，接下来选择“海报框架→当前帧”，也就是说将当前画面设置为视频开始播放之前的表上画面。

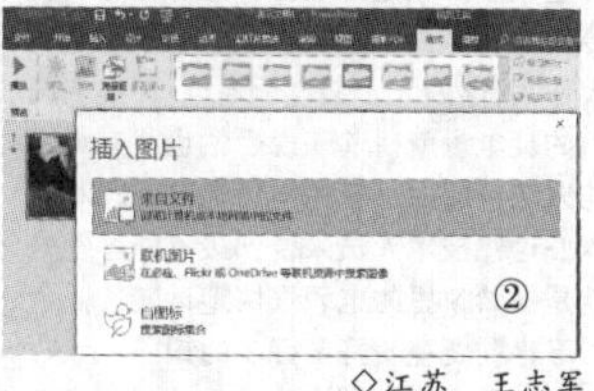

②

◇江苏 王志军

同步电动机励磁装置稳压电路故障维修1例

某企业一台10kV、800kW同步电动机励磁装置，运行中出现故障，励磁柜内冒烟，电动机故障停机。

一、同步电动机简介

为了便于分析该例故障，下面首先介绍一下同步电动机的相关知识。

同步电动机是由直流供电的励磁磁场与电枢的旋转磁场相互作用而产生转矩，以同步转速旋转的交流电动机。同步电动机定子绕组与异步电动机相同，但是转子结构不同于异步电动机，同步电动机的转子上除了装有起动绕组外，还在磁极上绕有线圈，各个磁极的线圈串联起来构成励磁绕组，励磁绕组的两端接线通过转子轴上的滑环与电刷跟直流励磁电源连接。也有无刷同步电动机结构与此略有差异。同步电动机的转子旋转速度与定子绕组所产生的旋转磁场的速度是一样的，所以称为同步电动机。

当在定子绕组通上三相交流电源时，电动机内就产生一个旋转磁场，转子上的起动绕组切割磁力线而产生感应电流，从而电动机旋转起来。在转子旋转的速度达到定子绕组产生的旋转磁场速度的95%左右时，给转子励磁线圈通入直流励磁电流，这时转子绕组产生极性恒定的静止磁场，转子磁场受定子磁场作用而随定子旋转磁场同步旋转。

同步电动机的转子转速与定子旋转磁场的转速相同，其转子每分钟转速n与磁极对数p、电源频率f之间满足如下关系，即n=60f/p。电源频率f与电动机的转速n成一定的比例关系，故电源频率一定时，转速不变，且与负载无关。同步电动机具有运行稳定性高和过载能力大等特点，常用于恒速大功率拖动的场合，例如用来驱动大型空气压缩机、球磨机、鼓风机、水泵和轧钢机等。

同步电动机不带任何机械负荷空载运行时，调节电动机的励磁电流可使电动机向电网发出容性或感性的无功功率，用以维持电网电压的稳定和改善电力系统功率因数。运行在上述状态的同步电动机称为同步调相机，而维持电动机空转和补偿各种损耗的功率则须由电力系统提供。

同步电动机可以运行在过励状态下，其过载能力比相应的异步电动机大。异步电动机的转矩与定子电源电压平方成正比，而同步电动机的转矩决定于定子电源电压和电机励磁电流所产生的内电动势的乘积，即仅与定子电源电压的一次方成比例。当电网电压突然下降到额定值的80%左右时，异步电动机转矩往往下降为额定转矩的2/3，甚至更低些，所以可能因带不动负载而停止运转；而同步电动机的转矩却下降不多，还可以通过强行励磁来保证电动机的稳定运行。

定子旋转磁场或转子的旋转方向决定于通入定子绕组的三相电流相序，改变其相序即可改变同步电动机的旋转方向。

同步电动机仅在同步转速下才能产生平均的转矩。如在起动时将定子绕组接入电网且转子绕组同时加入直流励磁，则定子旋转磁场立即以同步转速旋转，而转子磁场因转子有惯性而暂时静止不动，此时所产生的电磁转矩将正负交变而其平均值为零，故同步电动机不能带励起动。同步电动机的起动通常采用异步起动法。异步电动机的各种起动方案，例如直接起动、降压起动、用变频器和软起动器等也适用于同步电动机。

二、故障现象与测量检查

同步电动机发生故障时曾见电路板上有冒烟现象，停机后目测励磁装置柜内的控制电路板上有元件发热、甚至电路板上也有明显的烧蚀痕迹，烧损电路板安装在图1所示的所谓"集成式可控硅控制器"内。而电路板的结构样式则如图2所示。

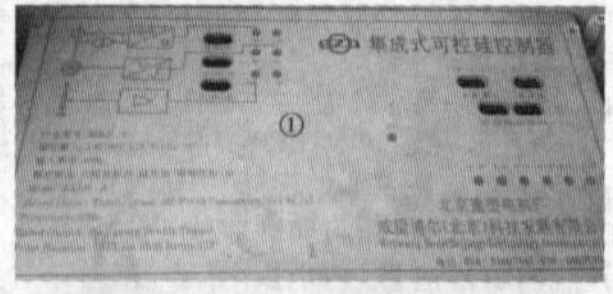

①

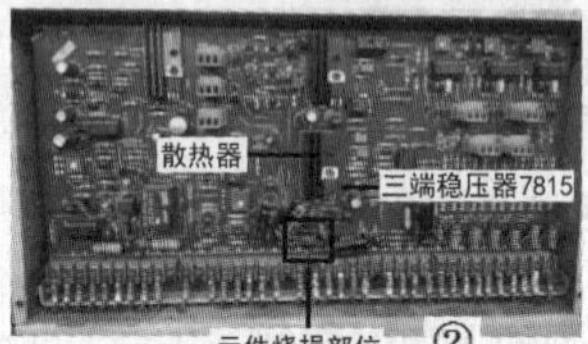

②

根据故障部位绘制的相关电路示意图见图3。根据观察与测量，是图3电路中三相整流桥中的共阴极一组三只二极管D1、D2、D3击穿损坏烧毁。继续检查，将电容器C1和C2焊下，测量其未见异常。将电容器C3和C4焊下，测量也未见异常。对于三端稳压器7815，由于其安装在散热器上，且本身具有过热和过流保护功能，因此最后才给以检查。将其与散热器之间的固定螺丝试图松动并将7815焊下时发现，这颗螺丝根本就未拧紧，焊下7815后测量可见，其左侧两个引脚（分别是输入端和接地端）已经短路，确认已经损坏。7815是TO-220封装的元器件，实物外形见图4。由于其自身保护功能完善，损坏率不高。本案例中的7815损坏原因应为固定散热器的螺丝松动，不能有效散热，加上励磁装置内的散热轴流风机故障停机，最终导致7815长时间高温烘烤而损坏。

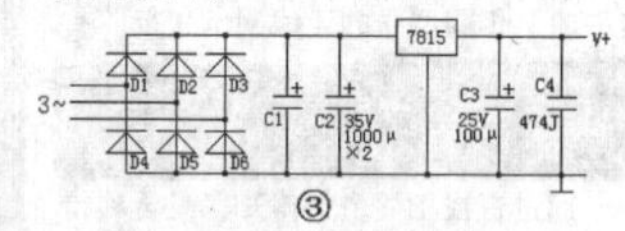

③

三、故障修复与效果

将电路板上三只二极管部位的印制板进行处理，对烧焦的地方彻底清理干净，然后更换损坏的三只二极管。更换三端稳压器7815，并将其与散热器之间涂抹导热材料后用螺丝拧紧。之后通电试机，故障排除。

嘱咐运行人员，尽快修复励磁装置内部的散热风机。并定期检查电路板上所有使用散热器的电子元器件的紧固螺丝，以保证设备能够长期安全运行。

④

◇山西　吉海龙

九阳JYF-30FS19智能电饭锅通电无反应故障维修1例

故障现象：一台九阳JYF-30FS19智能电饭锅通电无任何反应。

分析与检修：通过故障现象分析，说明电源线或机内电源电路异常。检查电源线正常，说明机内的电源电路异常。拆开机器，用蜂鸣挡测量AC220接入处串联的电子磁钢和过热保护器均正常，顺着线路查找，发现供电板上的保险电阻R17（10Ω/2W）有裂纹（见图1），怀疑其损坏。用电阻挡检测R17后确认它已开路，怀疑整流管D1~D4或开关电源芯片U1（JYBL-02）击穿短路。拆下电源PCB板察看，发现滤波电容EC1两脚间的电路板烧焦（见图2），怀疑R17是由于此处放电产生的瞬间大电流所致。用刀片将两脚间清理干净，检查后续电路正常，用250V/2A保险管代替10Ω的保险电阻，通电试机一切正常，故障排除。

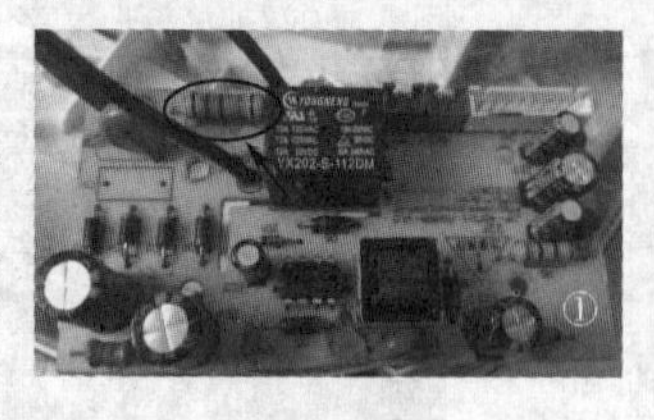
①

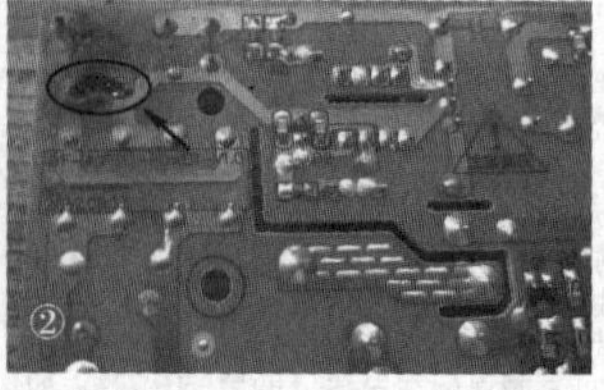
②

◇安徽　陈晓军

DIY空调的方法与技巧

在炎热的夏季里，人们都已经离不开空调了。但是对于各种型号的空调制冷量的选择尤为重要，选的小了不起多大作用，选的大了又过于耗电。传统空调机的耗电量就目前来说恐怕也没有更好的办法来解决。家用电器耗电问题对于我们这些技术人员来说，最不能容忍的就是看着家里的电表飞快地运转。一个月下来需要花费好多好多的银子。于是，笔者就想自己动手，改造一台适合自家用的空调。经过一番努力后改造成功，并且试用了一段时间，完全满足要求，使用效果较好。下面就把改造经验介绍给广大读者。改造方法和技巧如下：

首先，需要选择一套适合自家使用的空调机，笔者选择的是二手的空调机，这样在价格上会便宜很多。室内机使用的是2P-58柜机，室外机选用的是1P-25-28-32，可根据不同的房间体积来选择。

这就面临一个问题，若用1P的室外机带2P的室内机，则需要对室外机进行改造。于是，笔者从回收站买回来一片散热片，具体尺寸大小也可以根据实际使用情况来定。当然，尺寸大一些的相对较好。改装时，把它安装在室外机后壳上，并且要与原来的散热器串接起来做一个二次散热（不要把二次散热器放在机壳内，以免影响散热效果）。安装散热片后，还要把原来的毛细管改换成直径粗一些的毛细管或直接用Φ6的铜管，同时还要考虑内、外机连接管的长短，管路短的用细管，管路长的用粗管。

【注意】*加注制冷剂时够用就行，不可加注的过量，以免引起压缩机过载保护，甚至损坏。*

最后，有条件的读者还需要把室外机散热风扇电机改造一下，原机使用的为6极电机（960转），需重新绕制为4极电机（1440转左右）。虽然转数提高后噪音可能相对大一些，但是比起2P室外机的噪音要小得多。这样，在使用1P压缩机的情况下，室内温度值可以保持在26~27℃左右，对于室内温度要求不是很高的家庭来说，这个温度值不仅可以避免空调病，而且省电节能。

◇内蒙古　夏金光

从接口定义和实现两个方面，深入理解AWbus-lite(三)

(紧接上期本版)

2.4 Method机制

为了使通用接口能够操作到具体有效的LED，必须通过某种方法，将当前系统中所有LED设备提供的LED服务加入以_gp_led_serv_head为头的LED服务链表中。

AWbus-lite提供了一种特殊的"Method机制"，其是一种系统上层和硬件底层相互"交流"的一种方式，可用于系统发现各个硬件设备提供的服务。AWBus-lite提供了Method相关的宏，详见表2。

表2 Method相关的宏(awbus_lite.h)

宏原型	功能简介
AWBL_METHOD_DEF(method, string)	定义一个Method类型
AWBL_METHOD(name, handler)	定义一个具体的Method对象
AWBL_METHOD_END	Method对象列表结束标记
AWBL_METHOD_IMPORT(name)	导入(声明)一个在外部定义的Method类型
AWBL_METHOD_CALL(method)	得到一个已定义的Method类型的ID

1. 定义一个Method类型

AWBL_METHOD_DEF()用于定义一个Method类型，其原型为：

AWBL_METHOD_DEF (awbl_ledserv_get,"awbl_ledserv_get");

其中，method为定义的Method类型名，string为一个描述字符串，描述字符串仅在定义时对method类型进行描述，可以是任意字符串，其他地方不会被使用到。

Method类型具有唯一性，不可定义两个相同的Method类型。Method类型可以看作一个"唯一标识"，用于标记某一类操作，在底层驱动的实现中，凡是能够完成该类操作的设备，都可以使用该"唯一标识"标记一个入口函数，该入口函数即用于完成相应的操作，这样一来，系统就可以通过该"唯一标识"查找所有被标记的入口函数，并依次调用它们，完成某种特定功能。例如，对于LED，为了获取当前系统中所有设备提供的LED服务，可以定义一个获取LED服务的Method类型，范例程序详见程序清单11。

程序清单11 定义Method类型范例程序

AWBL_METHOD_DEF (awbl_ledserv_get,"awbl_ledserv_get");

如此一来，即定义了一个名为awbl_ledserv_get的Method类型，该Method类型即表示了一类操作：获取LED服务。后续在底层设备驱动的实现中，只要一个设备能够提供LED服务，则表示系统可以从中获取到一个LED服务，此时，该驱动就可以提供一个入口函数，用于获取LED服务，并使用该Method类型对入口函数进行标记。这样，在系统启动时，就可以通过查找系统中所有被该Method类型标记的入口函数，然后一一调用它们，以此获得所有设备提供的LED服务。

2. 定义一个具体的Method对象

定义Method对象的本质就是使用Method类型标记一个入口函数，使系统知道该入口函数可以完成某种特定的功能，以便系统在合适的时机调用。为便于描述，在AWBus-lite中，将使用Method类型标记的入口函数称之为一个Method对象。AWBus-lite提供了定义Method对象的辅助宏，其原型为：

AWBL_METHOD(name,handler)

其中，name为使用AWBL_METHOD_DEF()定义的Method类型名，handler为用于完成某种特定功能的入口函数。例如，定义awbl_ledserv_get类型的目的是获取LED服务，因此，该类型的Method对象对应的handler应该能够获取到一个LED服务。handler的类型为awbl_method_handler_t，其定义如下(awbus_lite.h)：

rypedefaw_err_t (*awbl_method_handler_t) (struct awbl_dev*p_dev,void*p_arg);

由此可见，awbl_method_handler_t是一个函数指针类型，其指向的函数有两个形参：p_dev和p_arg，返回值为标准的错误号。p_dev指向设备自身，同样起到一个p_this的作用，该handler运行在哪个设备上，传入p_dev的值就应该为指向该设备的指针；p_arg为void *类型的参数，其具体类型与该入口函数需要完成的功能相关，如果功能为获取一个LED服务，p_arg的实际类型就为struct awbl_led_service **，即一个指向LED服务的指针的地址，以便在函数内部改变指向LED服务的指针的值，使其指向设备提供的LED服务，从而完成LED服务的获取。例如，在GPIO控制LED的设备中，其能够提供LED服务，则应在对应的驱动中，定义一个具体的Method对象，便于系统得到LED服务。范例详见程序清单12。

程序清单12 定义Method对象范例程序

```
1   aw_localaw_err_t_gpio_ledserv_get (struct awbl_dev*p_dev,void*p_arg)
2   {
3       //准备好LED服务：p_serv
4
5       * (struct awbl_led_service**)p_arg=p_serv；//将p_serv提供给系统上层
6       retum AW_OK；
7   }
8
9   //Metod对象列表
10  aw_localaw_const struct awbl_dev_method_g_led_gpio_dev_methods[]={
11      AWBL_METHOD (awbl_ledserv_get,_gpio_ledserv_get),//获取LED服务的Method对象
12      //...其他Method对象
13  }；
```

其中，_g_led_gpio_dev_methods为该设备能够提供的Method对象列表，一个设备提供的Method对象统一存放在一个列表中。该列表的具体使用以及入口函数的具体实现，将在LED驱动的实现中进一步介绍。这里仅用于展示系统上层获取LED服务的原理。

3. Method对象列表结束标记

在程序清单13.12中，将Method对象定义在了一个列表中，AWBL_METHOD_END用于定义一个特殊的标志，表示Method对象列表的结束。其原型为：

AWBL_METHOD_END

该宏无需传入任何参数，其仅用于标识一个Method对象列表的结束。例如，GPIO控制的LED设备只能提供一个Method对象，用于系统上层获取LED服务，那么，在该对象之后，应该使用AWBL_METHOD_END表示列表结束。范例程序详见程序清单13.13。

程序清单13 AWBL_METHOD_END使用范例程序

```
1   //Method对象列表
2   aw_localaw_const struct awbl_dev_method_g_led_gpio_dev_methods[]={
3       AWBL_METHOD (awbl_ledserv_get,_gpio_ledserv_get),//获取LED服务的Method对象
4       AWBL_METHOD_END //对象列表结束
5   }；
```

4. 导入(声明)一个在外部定义的Method类型

当需要使用一个已定义的Method类型时，若Method类型是在其他文件中定义的，此时就需要在使用前对该Method类型进行声明，类似于C语言中的extern。其原型为：

AWBL_METHOD_IMPORT(name)

其中，name为使用AWBL_METHOD_DEF()定义的Method类型名。例如，在程序清单13中，定义了Method对象列表，其中使用到了Method类型：awbl_ledserv_get。在使用前，需要对该Method类型进行声明，范例程序详见程序清单14。

程序清单14 AWBL_METHOD_IMPORT()使用范例程序

```
1   //声明Method类型：awbl_ledserv_get
2   AWBL_METHOD_IMPORT(awbl_ledserv_get)；
3
4   //Method对象列表
5   aw_localaw_const struct awbl_dev_method_g_led_gpio_dev_methods[]={
6       AWBL_METHOD (awbl_ledserv_get,_gpio_ledserv_get),//获取LED服务的Method对象
7       AWBL_METHOD_END //对象列表结束
8   }；
```

5. 得到一个已定义的Method类型的ID

Method类型相当于一个"唯一标识"，有时候，需要判断某一Method对象是否为指定的Method类型。为了便于比较判断，或将"Method类型"作为参数传递给其他接口函数，可以通过该宏获得一个Method类型对应的ID，ID作为一个常量，可以用于比较或参数传递。获取Method类型的ID对应的宏原型为：

AWBL_METHOD_CALL(method)

其中，method为使用AWBL_METHOD_DEF()定义的Method类型名，返回值为该Method类型的ID，其类型为：awbl_method_id_t，该类型的具体定义用户无需关心，ID可以用作比较，只要两个Method类型的ID相同，就表示两个Method类型是相同的，ID也可以作为参数传递给其他接口，以指定一种Method类型。

例如，在AWbus-lite中，提供了一个工具函数，用于查找设备中是否存在指定类型的Method对象，其函数原型为(awbus_lite.h)：

awbl_method_handler_t awbl_dev_method_get(struct awbl_dev *p_dev,awbl_method_id_t method)；

其中，p_dev指定了要查找的设备，即在该设备中查找是否存在指定类型的Method对象，method用于指定Method类型的ID。若查找到该ID对应的method对象，则返回该method对象的入口函数，否则，返回NULL。

例如，有一个p_dev指向的设备，要查找其是否能够提供LED服务，则可以通过该接口实现，范例程序详见程序清单15。

程序清单15 AWBL_METHOD_ CALL()使用范例程序

```
1   awbl_method_handler_t pfn_led_serv=NULL；
2   struct awbl_led_service   *p_led_serv=NULL；
3   pfn_led_serv=awbl_dev_method_get(p_dev,AWBL_METHOD_CALL(awbl_ledserv_get))；
4   if(pin_led_serv! =NULL){   //设备可以提供LED服务
5       pfn_led_serv(p_dev,&p_led_serv);   //获取设备提供的LED服务
6       if(p_led_serv! =NULL){
7           //得到了一个有效的LED服务
8       }
9   }
```

程序中，使用AWBL_METHOD_ CALL () 得到Method类型awbl_ledserv_get的ID，然后传递给awbl_dev_method_get()函数以查找设备中是否存在相应的Method对象，若存在，则得到了一个有效的入口函数，最后使用该入口函数即可得到一个LED服务。

2.5 LED服务链表的初始化

通过程序清单15所示的一个流程，若一个设备能够提供LED服务，则可以从中获取到相应的LED服务。若对每个设备都执行一遍上述流程，并在获得一个设备提供的LED服务后，就将其添加到以_gp_led_serv_head为头的LED服务链表中，则可以收集到系统中所有的LED服务，完成LED服务链表的初始构建。为了便于对所有设备执行某一操作，AWBus-lite提供了一个用于遍历所有设备的接口，其函数原型为：

aw_err_t awbl_dev_iterate (awbl_iterate_func_t pfunc_action,
    void *p_arg,
    int flags)；

其中，pfunc_action表示要在每个设备上执行的操作，p_arg为传递给pfunc_action的附加参数，flags为遍历设备的标志，返回值为标准错误号。

pfunc_action的类型为awbl_iterate_func_t，该类型的具体定义如下(awbus_lite.h)：

aw_err_t (*awbl_iterate_func_t) (struct awbl_dev*p_dev,void*p_arg)；

由此可见，awbl_iterate_func_t是一个函数指针类型，其指向的函数有两个形参：p_dev和p_arg，返回值为标准的错误号。p_dev指向当前遍历到的设备，同样起到一个p_this的作用，当前遍历到哪个设备，在哪个设备上运行pfunc_action函数，传入的p_dev就为指向该设备的指针；p_arg为遍历时提供的附加参数，其值与调用awbl_dev_iterate()函数时传入的p_arg参数相同。

flags为遍历设备的标志，其决定了需要遍历哪些设备，以及pfunc_action函数的返回值是否能够终止遍历过程。可用标志详见表3。

表3 遍历设备标志宏(awbus_lite.h)

标志宏	含义
AWBL_ITERATE_INSTANCES	遍历所有实例
AWBL_ITERATE_ORPHANS	遍历所有孤儿设备
AWBL_ITERATE_INTRABLE	pfunc_action的返回值可以终止遍历

(未完待续)

◇云南 刘光乾

电子元器件修复再利用

业余维修家用电器，各种电子产品，更换电子元器件是常见之事，但有时手头无有，这里结合实践，有些元件，可修复再利用，故此介绍几则如下：

1.自制电烙铁芯。电烙铁芯日久使用易烧损。这里经试验用废旧材料自制，如自制12V交直流烙铁芯，把烧坏的交流220V内热烙铁芯的芯子从瓷套中小心拔出，并认真清理内芯子及瓷套孔。用万用表测量在烧坏的电热壶的电阻丝上截取5Ω长，再仔细绕好电阻丝装入瓷套内，即制成约30W/12V的内热烙铁芯。实验测试证明：焊接质量效果合格。（地质勘查人员，野外接入12V小直流电瓶使用特别方便。）

2.集成块的修复再利用。用CMS1393AP色解码集成电路组装的模拟彩色电视机。（如早期日立CEP—323D）使用日久色度通道出现故障，屏幕一片绿色且亮度失控。起初，曾怀疑显像管极枪老化；及基色管有问题；走了弯路。后仔细分析，再测，测得绿色视放管基极8.6V（正常值：7.6V）此电压由CMS1393AP第⑲脚提供（显然该块内部局部损坏）更换集成块既费时，又费钱。又经分析探究试验，可在其⑲脚与地之间接一只优质5.6KΩ/0.25W碳膜电阻进行分压，试之，屏幕颜色恢复正常，绿色视放管基极电压也同时恢复正常。

3.压电陶瓷片的利用。业余自制简易话筒时，可方便利用压电陶瓷片制作。具体方法是：在压电陶瓷片的两面，先把其污物、锈蚀打磨干净，再焊上导线，（引出线）用一块合适海绵把压电陶瓷片包牢，然后放入准备好的机壳中既可方便使用。

4.报废小型耳机的巧利用。业余条件下，自己动手，可制作一把磁性实用螺丝刀。具体是：找一个废旧耳塞机，将其仔细拆开取出内部的环型耳机用磁铁，先把磁铁套入螺丝刀，便形成磁场，再用502胶水滴固，即成为一个磁性螺丝刀。用此种螺丝刀拧装电器小型仪表螺丝时非常方便。

5.微型开关和整流二极管的利用。电子爱好者手中的积存二极管可动手再利用。如常使用的维修与制作焊接工具一电烙铁。为了节电和避免"烧死"，可小改进，具体是在电路中串一只整流二极管，（用耐压2倍的平方根2乘以220伏，最大允许电流300mA以上的二极管，如，2CP27，也可用2个2CP24串联起来代替）并用微型开关控制装入烙铁手柄上；这样可防"烧死"，同时，也可节电；因其所承受的电压为额定电压的一半，电烙铁所消耗的功率为1/4额定功率，这样既不会将电烙铁"烧死"，也不会使烙铁冷却，可大大延长使用寿命。

6.巧改数字表笔检测IC集成块。实践得知，检修、检测微电子产品疑难问题与特殊故障时，有时需反复探测，仔细测量集成块（IC）相关脚电压，根据电位高低情况判断其好坏。但在操作不慎易用传统表笔打滑短路（特别两脚间）造成更大麻烦，损集块。这里经探索出一简法可避免此种事故之发生。具体是：另找一根模拟表笔，把表笔的触针小改，将其锉成一个半圆，在半圆上焊一根大缝衣针或缝纫机针，再在针上紧紧套上套管（可用细导线抽去里面的铜丝作套管），只露出针尖。测量集成块各脚值时，换上此表笔，无论怎样操作滑动，也不会造成IC两脚之间短路现象，安全方便使用。

7.废旧收音机中的天线线圈的利用。（喇叭引线断后的巧替代）喇叭（扬声器），是将电振动变成声振动的一种器件。其引线断后市面上很难购到，如用一般导线替代，影响音质，有可能因共振声大再次断裂。经发现，如用收音机里的磁棒天线线圈的纱包线作引线，其效果最佳。同行者不妨一试之。

8.淘汰机床照明电源变压器（100W，220V/36V）的巧利用。【制作隔离变压器】

在维修家用电器，安全重于泰山。如修理彩电时，应采用1：1（1比1）隔离变压器来确保安全。业余下，可找两只100W，220V/36V低压，输出36伏的变压器。制作简易隔离变压器；具体是：将36V接头与36V接头相连接即可。两个220V端子分别连接市电和电视电源插头。实践与试验证明，使用效果良好。

9.STR5412电源复合稳压集成块的修复利用。用STR5412集块组装的模拟彩色电视机，如金星C4718型18英寸遥控彩电无光声。经查电源保险丝完好，测行管Q402集电压由正常112V升至250V，导致（TA7698AP）㉚脚因电压过高而迫使行电路停振，造成无光无声；显然故障在电源。

经测STR5412①脚300V，③脚0V，正常，而②脚250V，④脚250V，⑤脚0V异常，故判定其集块内部局部损坏。经分析，现④脚电压为250V，而⑤脚电压仅0V，极可能是GB1的偏置电阻R2开路所致。修复：用一只优质20K/0.5W电阻串一只100KΩ电位器接在⑤脚与④脚之间，试机声光出现，故障排除。

10.巧用电阻并联法修复电位器。电位器（可调电阻）系电子设备、仪器仪表、通信设备、家用电器等最常用元器件、零部件之一。在日久使用中，其内部因受潮而氧化、磨损、摩擦，最易局部损坏。则出现噪声、杂音、音质变差、失真，接触不良等故障现象。笔者在维修中，采用并联之法，可巧用电阻，将电位器的动点与接地端之间并接一支较电位器阻值大2~3倍的固定电阻。这样就改变了原电位器的动态固有特性；也就是电位器旋转角度与其阻值之间的线性关系。显然，其内部接触点在炭膜上的位置必然改变。磨损点问题也就解决了。此法简单、经济、实用，同行、维修者不妨一试。

◇山东 张振友

电饭煲改最简电路

美的（Midea）MB-FZ40M豪华智能电饭煲，功能（精煮、快煮、小米量等7项）正常，但按口感（偏软、标准、偏硬）调不了，按开始后一会就跳变到营养保温，再按开始一切均不起作用，无法煮饭；怀疑锅底热敏电阻坏，因为一按开始就变到营养保温，说明锅底温度很高，这个信息是通过它传递的，但用电表测试无问题，那就可能是微处理器等有故障，后来液晶显示屏又裂坏。无法显示功能。这是一款较老的型号，微处理器80个脚，未装散热片，表面涂了一层胶好像发热烧，型号已看不清，无配件，而且80脚集成块拆下焊上都是很麻烦的事。

由于电饭锅的煮饭电热盘EH1和锅体加热器EH2与锅盖加热器EH3都完好，决定拆去原有控制件，制作一最简电路（见上传附件图1）同样可以煮饭，安装维修还十分容易。

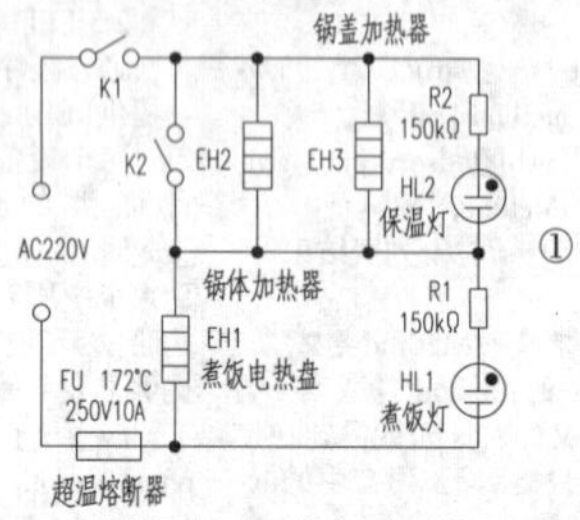

由图可见，K1为电源开关，K2是煮饭和保温开关；当K1、K2合上时，220V电源通过K1、K2加在煮饭电热盘EH1上，此时为煮饭，煮饭灯HL1亮；而R2，保温灯HL2和锅体加热器EH2与锅盖加热器EH3被K2短路，无电压均不工作。本电饭锅额定功率为910W，所以电流I=P/V=910/220=4.1A，即K1、K2容量要选用5A以上的。超温熔断器FU安装在锅底是原有的，把它和煮饭电热盘EH1串联。当K2断开，电源经K1，锅体加热器EH2与锅盖加热器EH3，电阻R2，保温灯HL2与煮饭电热盘EH1，超温熔断器FU串联，进行保温；由于煮饭灯HL1并在煮饭电热盘EH1上，而煮饭电热盘EH1电阻小（58Ω），它两端电压很小，这时煮饭灯HL1不亮，而保温加热器电阻大；锅体加热器EH2电阻720Ω，锅盖加热器EH3电阻1000Ω，并联后为419Ω，这比煮饭电热盘EH1电阻大，两端电压高，此时保温灯HL2亮。保温时电流、功率很小：I=V/R=220/419+58=220/477=0.46A，P=IV=0.46×220=101W，所以保温时热量不大，可长时间保温。

电路没装电源灯，因为无论是煮饭还是保温，总有一个灯是亮着的，所以就用它们兼作电源灯。

因为没有了热敏电阻作温度测试及微处理器控制，整个操作是人工来做的；不过使用过程很简单：把米洗好放内锅并加入适量开水，关上盖，打开K1，然后合上K2（平常K2断开即在保温位），开始煮饭，煮饭灯HL1亮。一般通电10分钟水开始沸腾，出蒸汽，这时把K2断开，进入保温10分钟；再合上K2煮5分钟，之后断开K2又进入保温，以后就让它一直保温，不用人再管，大约60分钟饭即熟。这个过程可写在电饭锅面板上，使用时一目了然：煮饭10分→保温10分→煮饭5分→保温35分。

最后说一点，如果K2用定时器更好（触点容量5A以上），调好时间，到时它自动断电进入保温。

面板开关布置、安装见上传附件图2，供参考。

◇北京 赵明凡

用激光笔和反射片自制地震预报器

地震的准确预报是世界性难题。因为地震具有突发性、偶发性的特点，现在对地壳以下的研究都没有如太空探索那样深入。但只要早预报地震30秒~120秒就能大大减少人员的伤亡和财产损失。

笔者用激光笔、金属反射片和钢球自制了一台地震预报器，它具有成本低（总共不到20元），且灵敏度非常高的特点，地震时往往产生磁力场和重力场的改变。本仪器能及时指示出来从而及时疏散人流。制造如图1。找一片5×20mm的光亮如镜片的不锈钢片，可找门面装潢用的角料裁取。然后和直径10~15mm的钢球用碰焊连接。钢镜片可弯成"L"型，再用棉线吊在木支架上。外面套个玻璃管，有条件的话可用玻璃套抽成真空并密封，以减少气流扰动。激光笔固定在木架上，对着钢镜片，反射射向壁面，能起到放大作用。只要钢镜微微偏转，就会造成激光板投射点的大大移位。凭此可得到地震先兆信息。

该装置原理和DLP激光投影仪有点类似，激光笔好比DLP激光投影仪和激光源，钢镜片反射镜好像DLP芯片上的成千上万个小偏转镜。偏转光线好比投影仪打的光线，墙壁好比荧幕，起到放大和显示作用。

该装置类似1687年牛顿发现的万有引力计算公式。因为二物体质量小，引力根本难以察觉，采用了该装置即便微小的引力，也能放大显示出来，得出万有引力大小与二物体质量乘积成正比，与距离成反比的结论。（跟物体化学和物理结构无关）

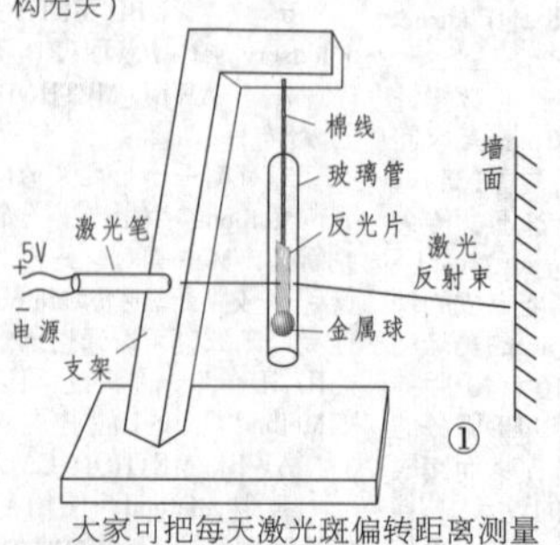

大家可把每天激光斑偏转距离测量记录下来，可画成图表曲线形式，有突变就要高度重视。为了能长期值班使用，笔者用手机充电器5.2稳压电源代替了原激光笔的三粒纽扣电池。当自然灾害发生时，大多要停电，所以可以用手机充电宝来给激光笔供电。激光具有方向性强、单色性好、聚焦细的特点，用在这里非常合适。激光玩具笔、激光教鞭、激光瞄准仪都可使用。注意不要直射眼睛，以免伤害娇嫩的眼睛。

该机可用于厂矿机关、学校公司和部队商场等，起到预防在先的作用，减少生命财产损失。

本机要放在稳固的地方，要远离带磁性的家用电器，如冰箱、音箱、电动机等，以免误报。

◇浙江 华忠

配电网的继电保护及其常见故障探析(上)

1.配电网继电保护及其功用和要求

电力系统继电保护装置的快速性要求,指的是电力系统电力设备在运行中,一旦有短路等等故障时能够在第一时间快速的做出反应动作,也即是继电保护装置能够快速切除电力 系统运行系统中的故障,保护电力设备以及电力系统,从而避免由于电力系统的系统电流短路等等故障造成了电力系统整体的破坏,加强了对电力系统的电力设备及电力系统的保护。

继电保护装置的灵敏性要求是电力系统继电保护装置中最重要的指标,同时也是衡量整个继电保护装置的灵敏度的主要参数。在继电保护装置中它主要指的是当电力系统发生电路故障时,继电保护装置能够对电力系统内的电力设备电力系统的正常运行状况和故障能够有极其灵敏的感受以及动作,达到减轻由于故障的产生给点电力系统整体带来的危害的目的。

当运行的电力系统一旦有电路故障发生时,继电保护装置做出的保护动作能够有效可靠,也即是在保护动作的自动处理中能够最大程度上的杜绝发生拒动以及误动的现象。

当电力系统发生故障时,继电保护装置能够有选择性地切断电力系统中的相关设备,从而使得能够有效保护电力系统中其他没有故障部分的电力设备的正常运行,尽可能地减少由于故障给电力系统负责区域带来的生活以及生产的影响。

配电网继电保护是电力系统中必不可少的重要组成部分,是维护电力系统安全运行的必要设置,当电力系统出现故障导致其不能正常运行供电时,继电保护装置能够及时自动化地向工作人员发出报警信号或者自动地切断电闸等设备装置,来保护电力系统有效运行的安全性和稳定性,避免发生电力事故等危险状况。配电网继电保护是我国电力系统普遍配置的设置保障,在我国继电保护中具有覆盖范围广、应用程度高、普及速度快等特点,是我国电网产业的发展的基础性配备,目前已经成功的覆盖到全国农村、城市电网的各个角落;配电网继电保护是我国电力系统安全有效运行的重要保障。具体表现为其具有高度的自动化安全设施上面,在电力系统发生故障时,其继电保护装置能够通过快速反应报警装备,及时的告知电力工作人员,并且自动化的切断障碍元件,保护整个电力系统安全运行,避免电力危险事故发生,既在一定程度上维护了电网系统的稳定、畅通、安全运行,同时也为减少企业经济损失、保障人民人身安全上做出了有效贡献。继电保护装置的使用更是机器人性化发展的表现。在电力系统出现故障时,由于某些自然、时间、空间地理等原因,不能够让工作人员及时的处理安全故障,这时,继电保护装置会根据事故自身的特点,采取自动化的切断措施,来维护电气设备不受更大的破坏,保障了我国电网运行的安全、高效与稳定。

2.继电保护基本原理及其影响配电网供电可靠性的因素

继电保护装置是在当系统发生故障时只将故障设备切除使停电范围尽量缩小,保证无故障部分继续运行;电力系统发生故障时,要求能快速切除故障以提高电力系统并列运行的稳定性;减少用户在电压降低的异常情况下的运行时间,使电动机不致因电压降低时间过长而处于停止转动状态,并利于电压恢复时电动机的自起动,以加速恢复正常运行的进程;此外,还可避免扩大事故,减轻故障元件的损坏程度;继电保护对其保护范围内的故障或不正常运行状态的反应能力,对于保护范围内故障,不论短路点的位置在哪里,短路类型如何,运行方式怎样变化,保护均应灵敏正确地反应;在保护范围以内发生属于它应该动作的故障时,不应该由于它本身的缺陷而拒绝动作;而在其他任何不属于它动作的情况下,不应该误动作。

继电保护装置是指在电力系统中电气元件由于受到破损不能正常工作,然后继电器通过判断起到跳闸或者发出报警信号的一种自动保护装置。这种装置能够保证机器的安全性以及修复的简单性。这些元素是阶梯运行,缺一不可。通过测量与之前给定元件的物理参量进行准确比较,分析处理信息,然后根据测量的结果比如输出信号的性质,持续时间等判断故障的范围是元件内还是元件外的,最后做出保护措施跳闸或者报警信号的等,通过根据前一命令的指令进行发出信号,跳闸等指令。继电保护的保护分区是为了保护在指定范围内的故障,不属于范围内的不采取控制,这样可以减少因故障跳闸引起的停电区域,也可以将没有影响到的部分继续工作。所以电力系统中每个继电保护的界限划分得很清楚。当电力系统发生故障,继电保护就会及时的切除故障,避免安全事故的发生。

继电保护计算及管理最突出的特点就是不确定性,主要有两方面的原因:一方面是由于继电保护配置、设备的技术参数等相关数据的不确定性。其中最突出的就是保护装置的定值,不同型号的保护装置其定值也不同,并且随着科技水平的不断进步,新的保护装置还会源源不断地研发出来,而定值又是不可预知的,这就造成了数据的多样性和不确定性。另一个重要原因出于保护装置的定值计算上。继电保护计算的内容之一就是保护装置的定值计算,保护装置的定值计算要充分考虑到相关工作人员的从业经验、保护测量方法、电网构造以及从业人员对相关规定把握尺度等因素,但由于上述因素存在的差异,就造成继电保护定值计算的不确定性。配电网的供电可靠性直接关系到用户的实用电的质量,同时也反映了电力企业的供电水平。

影响配电网供电可靠性的主要因素有:一是设计和结构不合理。配电网在结构设计上常用放射式的网状结构,但是在实际的还用当中半径过大会影响供电的质量,所以不能够满足用户的需求。如果设备在使用中出现了故障,就会对供电产生大面积的影响。在一些落后的地区依旧使用单辐射线路,如果在出现故障或者停电的时候,这些线路由于自身的缺点不能够及时的采用转供电的操作,对整个配电网的供电可靠性影响很大。以上这些电网的结构都不是很合理,给电力系统整体运行产生了负面的影响;二是设备故障与线路故障。常见的线路故障一般有地震、雪灾以及暴雨等自然灾害,同时还存在自身的线路老化的问题,虽然这些因素对线路产生的影响是无法避免的,但是做好预防工作还是能减少经济的损失和事故发生的概率。同时由于电网设备没有及时的更新,长时间使用寿命减弱,而且技术水平也相对落后,很容易产生设备事故;三是软件的缺陷。由于在农村的配电网运行和管理方式上还存在很多的问题,而且自动化技术不是很先进,遇到设备故障不能够及时的处理,就会引起一系列的问题。而且部分的电力工作人员的技术水平不足,管理上出现失误,直接影响了配电网的可靠性的提高;四是外界环境的影响。主要是环境方面的影响,在地理条件、自然灾害对配电网的供电可靠性有着很大的影响。在雷、雪天或者台风的影响下,可能会造成线路故障,影响配电网的供电水平。

3.配电网继电保护的常见故障

在电力系统运行中,外界因素(如雷击、鸟害等)、内部因素(绝缘老化,损坏等)及操作等,都可能引起各种故障及不正常运行的状态出现,常见的故障有:单相接地;三相短路;两相短路;两相接地短路;断线等。电力系统非正常运行状态有:过负荷,过电压,非全相运行,振荡,次同步谐振,同步发电机短时失磁异步运行等。电力系统继电保护和安全自动装置是在电力系统发生故障和不正常运行情况时,用于快速切除故障,消除不正常状况的重要自动化技术和设备。电力系统发生故障或危及其安全运行的事件时,他们能及时发出告警信号,或直接发出跳闸命令以终止事件。继电保护对电力系统的安全正常运行具有重要的作用,它能保证电力系统的安全性,还能针对电力系统中不正常的运行状况进行报警,监控整个电力系统。目前我国电力系统继电保护工作还是会存在一些问题,容易出现各种故障,造成电力系统无法正常运行。这要求继电保护工作人员能及时掌握故障产生的原因,并且结合自身工作经验及时解决故障问题,确保整个电力系统的正常、安全工作。

继电保护常见故障主要包括以下方面:继电保护的装置生产属于技术性生产的范畴,其质量的好坏对于保护装置的运行有着直接的影响,如机电型、电磁型继电器零部件的精确度和材质等;整体性能不合格,晶体管保护装置中元器件的运行不协调、性能差异大、质量差,易引起装置的拒动或误动;运行故障,在设备运行过程中,因温度过高会导致继电设备的失灵,具体表现为住变动保护误动、开关拒合,而继电保护工作当中,电压互感器二次电压回路故障是最薄弱环节,电压互感器作为继电保护策略设备的起始点,对于二次系统正常的运行十分重要;隐形故障。对于一些重要输电线路,断路器故障的就地保护可以对监管所有跳闸元件加以确定,且在跳闸元件故障中,所有的远方和就地跳闸的指令才有效。

造成配电网继电保护故障的原因很多,主要表现在以下几个方面:

继电保护装置是电力系统中不可或缺的一部分,是保护电力系统的基础和前提。一般设备有装置元器件的损坏、回路绝缘的损坏以及电路本身抗干扰性能的损坏,具体的表现为整定计算错误,这主要是由于元器件的参数值和电力系统运行的参数值与实际电流传输的参数值相差甚远,从而造成整定计无法正常工作。还有,设备很容易受到外界因素的影响,如温度和湿度。由于设备具有不稳定性,很容易由于温度和湿度的变化而造成定值的自动漂移,有时候也可能是因为设备零部件的老化和损坏造成的。再者,在电力保护系统中,装置元器件和回绝路缘的损坏也容易引起继电故障问题,这主要是在电线管道中三极管被击穿导致保护出口处异常,管道内出现漏电现象,导致整个电力系统内部电流过大,发射出一种错误的信号,在电流回流时导致回路中接地的开关频繁跳闸,于是就会停电,这就是绝缘被刺穿,造成电路中电流的混乱,容易短路或者发生故障。

由于配电网线路的架设路径比较长、所处的地形也较空旷,很少有高大建筑物,因此其遭遇雷击的概率就很大。雷击事故的主要危害在于10kV配电网线路上的绝缘子被击穿或发生爆裂、避雷器发生爆裂、断线以及配电变压器被烧毁等。同时,目前我国正在加强生态文明建设,全国上下都在高绿化,但可能因考虑不周而对配电线路造成严重影响。正对这一问题,首先应当提高防雷的安全意识,普及防雷知识的教育,加强防范意识,对于10kV继电保护防雷注重认识上的提升,提高人们对于10kV继电保护意义的重视;其次,加强对10kV配电线路避雷防雷的硬件设施安装,科学合理地设置避雷器保护,安装避雷针、避雷线,注意降低避雷器的接地电阻,使用高性能的金属氧化物避雷器等,做好防雷的硬件设施准备;再次,建立完备的应急预警机制,提高应对自然事故的能力,能够快速地反映并处理危险事故。

外力作用多表现为客观存在的不规范行为,加上配电网线路十分复杂,经常会将各类线路、建筑物以及堆积物等交跨在一起,大大提高了发生故障的可能性。首先,大部分的配电网线路架都设在公路的边缘,由于现代交通比较繁忙,加之少数驾驶员有违章行为,因此车辆难免会撞到电线杆上,致其倒斜或者断杆;其次,随着城市化建设进程的不断加快,大量市政工程建设项目的数量与日俱增。在施工过程中,由于基面开挖可能破坏地下敷设的电缆以及机械设备超高、超长会触及线路带电部位,因此造成严重的线路故障。

(未完待续)

◇湖北 李平舟

数字万用表应用技巧

1.前言

数字万用表(DMM)是将被测量经过放大之后，再经过数字化处理，最终将测量结果由数字表头以数字的形式显示出来的一种万用表。与模拟式万用表(VOM)相比，它的测量准确度高、分辨力高、电压灵敏度高、测量种类多、功能齐全、过载能力强、抗干扰性好、体积小、重量轻、可靠性高，又由于采用数字形式来显示测量结果，使得读数快捷方便，而且还能从根本上消除因视差所造成的读数误差。总之，数字万用表的众多优点是模拟式万用表所无法替代的，因此在电气、电子、通讯、科研和家电行业等的应用非常广泛。然而，由于数字万用表属于精密电子仪表，如果使用方法不当，将不能获得准确的测量结果，甚至还会造成仪表的损坏。为此，笔者总结长期使用和维护数字万用表(在下文中也称仪表)的方法、要领和技巧，以飨读者朋友。

2.数字万用表操作使用

(1)首先要了解仪表的基本性能

我国市面上数字万用表的品牌和型号多达数百种，常见的国内外型号也有几十种，因此，在使用仪表之前，尤其是那些自己不太熟悉品种的仪表之前，应当仔细阅读随机附带的技术说明书或咨询对该种仪表有使用经验的人员，重点是了解仪表的特点、主要性能、主要技术指标、面板上各机构的功能、测量方法要求和特别的注意事项等。图1为常用的两种数字万用表的外形结构，其他仪表大同小异。

①

(2)必须满足环境条件要求

数字万用表的内部电路对于温度和湿度比较敏感，因此对于使用环境具有一定的要求，如工作场所的温度和相对湿度不得超出仪表技术条件所规定的限度，否则，仪表的准确度指标将无法保证。如DT1000型数字万用表保证准确度的测试温度为23℃±5℃、相对湿度<75%RH，但又专门规定了温度范围，其中工作温度为0℃~40℃(32℉~104℉)，储存温度为-10℃~50℃(14~122℉)。

数字万用表在使用和存放过程中，应当尽量避免阳光直接照射，避免灰尘和各种腐蚀性介质对仪表的损害，还要防止各种形式的机械振动、冲击和跌落现象发生，使其保持清洁干燥，完好无损。

(3)使用前的检查项目

数字万用表在国家颁布的检定目录中属于强检仪表，因此在使用前应确认是否经过政府的质量技术监督部门认可机构的周期检定，以及是否在检定周期之内。检查的主要项目还有：检查仪表的外壳有无严重损伤；检查量程选择开关、按键开关、旋钮等操作机构是否灵活、切换是否准确到位；检查电池的电量是否正常；检查显示屏的显示内容、项目是否齐全、有无缺少笔划现象；检查表笔及其导线的绝缘是否完好、导电性是否良好(一般是在200Ω电阻挡通过短接表笔看显示值是否为零来判别)。

(4)选择开关使用要点

如果对于被测电压或电流的大小事先无法得知，则必须先把选择开关置于电压或电流的最高量程挡位，然后根据测量显示的结果再适当减挡，最好是逐级下调。如果是自动转换量程式数字万用表(如DT-840、DT-860、DT-910等)，那就省心多了，它会根据被测量的大小自动寻找挡位。但这种仪表的测量时间过程较长，比如被测的电量非常微小，但也必须遵循既定的程序规则，大多是先从最高量程开始测量并显示结果，然后自动地逐渐降低量程，直至适当为止。与此相反，DT-960T型则是从最低量程向高量程自动切换的。

在测量较高的电压和较大的电流期间，不要带电切换选择开关的挡位，否则很容易烧伤开关触点及损坏仪表的内部电路。如果情况特殊而确需切换时，应将表笔脱离被测量电路之后，再进行切换。

(5)明确表笔的带电极性

数字万用表与模拟式万用表的表笔的带电极性不同。对于数字万用表，当数字万用表处在二极管测试挡、蜂鸣器挡和电阻挡时，红表笔连接着仪表内部高电位而带正电，黑表笔内接虚地而带负电，这种情况与模拟式万用表电阻挡两表笔的带电极性是完全相反的。当使用数字万用表检测带有极性的电子元器件(如各类半导体器件、电解电容器等)或在路检测相关电路时，要务必特别注意。

(6)测量大电流的操作要点

当被测电流大于或等于200mA时，表笔插头必须换接到大电流专用插孔(如10A或20A，因表而异)。由于绝大多数仪表的大电流挡没有设置过电流保护措施，因此要防止测量过载现象的发生，以免损坏仪表。此外，不得将置于大电流挡的数字万用表长时间串入被测线路中作为大电流测试表使用，通常在大电流下的测量时间最好能控制在30秒钟之内，否则容易损坏内部电路。

(7)测量低值电阻时不可忽视接触电阻成分

如果被测电阻在10Ω以下，则必须考虑表笔线及两只表笔与被测部位之间的接触电阻的成分，因为接触电阻被包含进了测量回路中。因此在测量前应首先检查表笔及其表笔线的自身电阻，方法是把两只表笔的触针短接，并记下屏幕上的显示值，将此值作为底数，在测完电阻后把测得值减去该底数，所得之差才是被测电阻的实际值。此外，对于被测部位也应当进行适当的清污除垢，以排除其影响测量的作用。

(8)必须明确交流电压挡的功能属性

普通数字万用表的交流电压挡属于平均值仪表，而且是按正弦波特性参数设计的，所以它不能直接用于测量锯齿波、三角波、矩形波等非正弦波电压，被测量即便是正弦波电压，如果其波形的失真度较大，仍将不能获得准确的测量结果。这对于脉冲电路、数字化电子系统和广播电视设备中的视频、音频电路，以及工控仪表装置中的非电量电测信号等测量对象而言，均须引起高度重视，否则，测得的结果可能会很离谱，将失去测量的意义。如需准确测量各种非正弦波形的电压有效值，应选用具有真有效值测量功能的数字万用表(如DT980型等)来进行测量。

(9)被测部分的孤立性规则

在测量电阻时，无论被测对象是复杂的系统还是单个孤立的电子元器件，被测部分不得存在除数字万用表测试电流以外的任何电源所形成的电流成分，而且测量者的手指等身体的任何部位均不得接触两个表笔的触针及被测对象的导电部位，以免对被测部分构成分流作用或引入干扰成分，从而造成较大的测量误差。因此，在测量电阻前必须切断被测对象的工作电源或与电源存在一定联系的电路，否则，不仅测量结果无法保证，还有可能损坏仪表或对人身安全构成威胁。即使是测量电压和电流参数，也有必要考虑被测部分的孤立性规则，因为弱小参量下测量结果的准确性是关键问题，而强势参量下测量人员和仪表的安全将成为主题。

(10)必须明确电阻挡的弱电流特性

与模拟式万用表相比，数字万用表电阻挡的内阻要高得多，它所提供的测量电流固然非常微弱，比如在20k挡，DT-830型为75μA，DT-840D型为60μA。如果使用该电阻挡去测量半导体器件各个电极之间的阻值，实际上仪表所提供的测量电流在半导体器件内部的作用根本无法克服其PN结的死区电压，由此测出的阻值要比使用模拟式万用表测出的阻值高出数倍至数百倍，而且两者之间不存在线性比例关系，因此不存在任何的可比性，所以构不成判别其好坏的可靠依据。由此可见，不能选用数字万用表的电阻挡来判别半导体器件的性能，应当改换到二极管测试挡进行判别，而且这是专为测量半导体器件而设的。

(11)必须明确h_{FE}测试挡的适用范围

数字万用表的h_{FE}挡测量的是晶体三极管共发射极直流电流放大系数，由于能直接以数字形式显示出h_{FE}值，对于鉴别和选用晶体三极管来说，实在是太方便了，但鲜为人知的是该挡位适合于测量小功率晶体三极管的h_{FE}，而不适用于大、中功率晶体三极管的h_{FE}的测量，其原因分析如下。

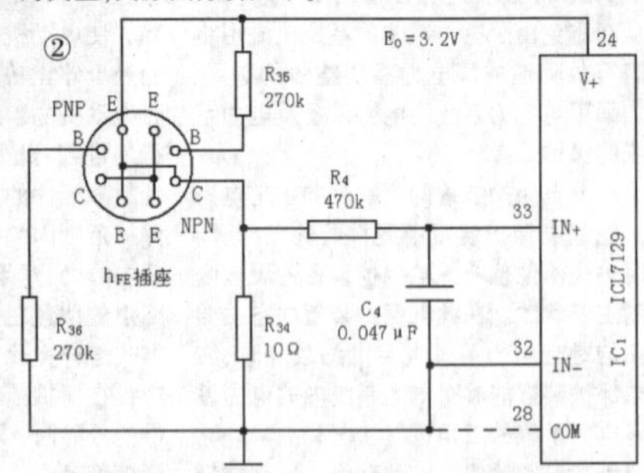

以DT1000型数字万用表为例，图2是其h_{FE}测试电路原理图。8芯插座(h_{FE}插座)专门为插接被测管子而设，每组E、B、C、E的四个插孔按照PNP、NPN分左右两个区域排列，两个E孔已在仪表的内部连通；R_{35}为NPN型被测管子的基极偏置电阻；R_{36}为PNP型被测管子的基极偏置电阻；被测管子的工作电源取自V+至COM之间的电位差，其典型值为E_0=3.2V；R_{34}为被测管子的负载电阻，亦即h_{FE}测量取样电阻；IC_1的IN+和IN-与COM等端子在此组成200mV基本表，用以显示由R_{34}转换而成的取样电压。从图2的基极偏置电路可求得被测管子的基极偏置电流，以PNP型硅管为例，并设被测管子的U_{BE}=0.55V，则

$$I_B=\frac{E_0-U_{BE}}{R_{36}}=\frac{3.2V-0.55V}{270k\Omega}\approx10\mu A$$

由此可见，被测管子的基极偏置电流如此之小，通常仅供测试小功率晶体管之用，而对于中功率和大功率管子而言，10μA的基极电流所引发的集电极电流相当微弱，很可能落到管子的线性工作区(即放大区)与截止区的交界处附近，根本不在放大区的正常范围之内。所以，如果使用普通数字万用表的h_{FE}挡测量大、中功率晶体三极管的h_{FE}，将会产生很大的误差，可能造成h_{FE}示值严重失实，进而对晶体三极管做出错误的判断。

3.使用与保养注意事项

(1)当被测部位的电压高于安全电压(通常情况下规定为36V，特别潮湿的场合规定为12V)时，必须警惕触电事故的发生，应采取可靠的安全防护措施。

(2)不准使用数字万用表测量对其本身正在供电的电池或稳压电源的电压或电流等电参量。

(3)不得将正在进行测量工作中的数字万用表的电池或稳压电源同时为其他装置供电。

(4)测量前应检查各量限、各插口(孔)所能承受的最大电压不得超过规定值。

(5)为节约仪表内部的电池供应，延长其使用寿命，当测试间隔时间较长时，应及时关掉仪表的电源，待再次测量时再打开。

(6)如果长时期(冬天为数十日，夏天为数日)内不打算使用仪表，索性将电池取出另外保存，以防电池漏液而损坏仪表。

(7)使用中若发现屏幕显示出低电压符号，说明电池的寿命即终，应当更换新电池(更换前应首先关闭电源)，以确保测量的准确度。

4.结束语

随着科学技术的发展，数字万用表的品种和规格也越来越多，其电路结构和技术性能方面也是在不断地进步和创新，尤其是多用途仪表和高精度仪表，加之使用环境和被测对象以及使用者的素质也不尽相同，因此，除了掌握上述的各项要领和技巧之外，还要根据所用仪表的技术特点和使用要求，针对具体的测量对象、测量环境和测量要求而采取相应的技术策略，做到具体问题具体分析，具体对待，绝不能一概而论。

◇郑州　王水成

计算机应用于通信网的几种技术

计算机通信网：是计算机技术和通信技术相结合而形成的一种新的通信方式，主要是满足数据传输的需要。它将不同地理位置、具有独立功能的多台计算机终端及附属硬件设备（路由器、交换机）用通信链路连接起来，并配备相应的网络软件，以实现通信过程中资源共享而形成的通信系统。

它不仅可以满足局部地区的一个企业、公司、学校和办公机构的数据、文件传输需要，而且可以在一个国家甚至全世界范围进行信息交换、储存和处理，同时可以提供语音、数据和图像的综合性服务，是未来信息技术发展的必由之路。

广播电视是现代传媒中极为重要的组成部分。随着新技术的快速发展，我国的广播电视事业也进入了一个高速发展期，计算机网络技术作为其中极为重要的一环，在满足广播电视通信、传输以及节目音/视频方面发挥着重要的作用，实现了广播电视事业中数据与信息之间的有机结合。在新时期，数字技术将会成为广播电视发展的主流，而计算机网络技术作为其中重要的载体和传输媒介将发挥出越来越重要的作用。

1.原理

计算机通信的基本原理是将电信号转换为逻辑信号，其转换方式是将高低电平表示为二进制数中的1和0，再通过不同的二进制序列来表示所有的信息。也就是将数据以二进制中的0和1的比特流的电压来表示，产生的脉冲通过媒介（通讯设备）来传输数据，达到通信的功能，这个是osl的物理层，也就是通信的工作原理。

2.传输方式

计算机通信可分为直接式和间接式两种：

直接式是指将两部计算机直接相联进行通信，可以是点对点，也可以是多点通播。

间接式是指通信双方必须通过交换网络进行传输。

3.覆盖广度

计算机通信通常分为局域式、城域式和广域式三类。

局域式是指在一局部的地域范围内（例如一个机关、学校、军营等）建立计算机通信。局域计算机通信覆盖地区的直径在数公里以内。

城域式是指在一个城市范围内所建立的计算机通信。城域计算机通信覆盖地区的直径在十公里到数十公里。

广域式是指在一个广泛的地域范围内所建立的计算机通信。通信范围可以超越城市和国家，以至于全球。广域计算机通信覆盖地区的直径一般在数十公里到数千公里乃至上万公里。

4.主要任务

1）数据传输。既提供网络用户间、各个处理器间以及用户与处理器间的通信，这是计算机通信的基本功能。

2）提供资源共享。包括计算机资源共享以及通信资源共享。计算机资源主要指的是计算机的硬件、软件和数据资源。资源共享功能使得网络用户可以克服地理位置的差异性，共享网络中的计算机资源。以达到提高硬件，软件的利用率以及充分利用信息资源的目的。

3）提高系统的可靠性。计算机通信网可以通过检错，重发以及多重链路等手段来提高网络的可靠性。

4）能进行分布式处理。分布式计算机通信网络可以将原本集中于一个大型计算机的许多处理功能分散到不同的计算机上进行分布处理。一方面可以减轻价格昂贵的主处理器的负担，使主机和链路的成本减低；另一方面，分布处理也可以提高网络的可靠性。

5）对分散对象提供实时集中控制与管理功能。在某些场合下，要求对地理上分散的系统提供几种控制，另外计算机通信网还可以对整个网络进行集中管理以及集中对网络资源进行分配。

6）节省硬件、软件设备开销。对不同类型的设备及软件提供兼容，可以充分发挥这些硬件、软件的作用。

5.计算机通信技术对广播电视发展的影响

信息技术的创新、应用与广播电视的发展是相辅相成的。一方面信息技术的发展为广播电视向数字化、网络化、信息化迈进提供了坚实的技术基础和强劲的革新动力，大大推动了广播电视的发展。另一方面信息化社会对广播电视的服务功能有着更新的要求。同时广播电视自身的服务质量与运行安全也面临着新的考验，广播电视行业在应用已有成熟技术的同时，对信息技术也提出了更高的要求。

1）广播电视网将向下一代多业务网方向发展

通信网络、计算机网络都在向以IP为显著特征的下一代信息网络发展，并逐步形成承载多媒体业务的能力。这种发展态势将给传统的广播电视网带来激烈竞争。

下一代有线电视网络的发展趋势将是数字化、光纤化、双向化、IP化、智能化，其中融合有线电视网络和互联网的数字多媒体网络很可能成为一个主要的发展方向。传统的无线广播电视网与移动通信网相结合，有望形成前景广阔的移动业务综合平台。

2）制播系统将向智能化综合平台方向发展

未来的广播电视制播系统将因智能流媒体技术、网格计算技术、海量存储技术等新技术的应用而向智能化综合平台方向发展。各种计算机新技术的应用将建立起全新的智能媒体信息处理与服务平台，为各种受众提供高质量、权威性、个性化、互动性、智能化以及标准化的综合视音频信息服务。

3）接收终端将向多样化、多媒体化方向发展

随着计算机技术与通信技术的快速发展，接收广播电视节目的不再仅仅是收音机和电视机，还包括计算机终端、手持终端和其他移动终端。其中家庭终端正向以电视机为中心的数字家庭终端和以计算机为中心的数字家庭终端两个方向发展，移动终端向以手持终端为中心的多媒体终端发展。

4）广播电视安全播出将面临新的挑战

首先，广播电视技术设施的系统性、关联性越来越强。很多情况下一处受损，全盘遭殃。其次，先进的发送、传播技术也常常成为别有用心的人实施破坏的重要手段。第三，广播电视系统计算机化程度越来越高，虽然有各种计算机安全防范技术但遭受攻击的可能性也越来越大。此外，随着数字技术的全面应用，数字内容的盗版行为越来越普遍，版权保护形势也越来越严峻。

计算机技术已经在广播电视领域的方方面面得到了广泛的应用，计算机的发明给广播电视媒体带来了技术上的革命，使得广播电视信号的传输方式、节目内容、节目制作效率和质量得到了巨大的提高。广播电视领域的发展促进了计算机技术领域的发展，计算机技术的进步同样推动了广播电视领域的进步，两者相互促进，共同发展。

◇北京　刘琥文

通信电缆国标直径标准

一、电线平方数及直径换算方法知识

电线的规格在国际上常用的有三个标准：分别是美制（AWG）、英制（SWG）和我们的（CWG）。

几平方是国家标准规定的一个标称值，几平方是用户根据电线电缆的负荷来选择电线电缆。

电线平方数是装修水电施工中的一个口头用语，常说的几平方电线是没加单位，即平方毫米。

电线的平方实际上标的是电线的横截面积，即电线圆形横截面的面积，单位为平方毫米。

一般来说，经验载电量是当电网电压是220V时候，每平方电线的经验载电量是一千瓦左右。

铜线每个平方可以载电1~1.5千瓦，铝线每个平方可载电0.6~1千瓦。因此功率为1千瓦的电器只需用一平方的铜线就足够了。

具体到电流，短距送电时一般铜线每平方可载3A到5A的电流。散热条件好取5A/平方毫米，不好取3A/平方毫米。

换算方法：

知道电线的平方，计算电线的半径用求圆形面积的公式计算：

电线平方数（平方毫米）=圆周率（3.14）×电线半径（毫米）的平方

知道电线的平方，计算线直径也是这样，如：2.5方电线的线直径是：2.5÷3.14 = 0.8，再开方得出0.9毫米，因此2.5方线的线直径是：2×0.9毫米=1.8毫米。

知道电线的直径，计算电线的平方也用求圆形面积的公式来计算：

电线的平方=圆周率（3.14）×线直径的平方/4

电缆大小也用平方标称，多股线就是每根导线截面积之和。

电缆截面积的计算公式：

0.7854×电线半径（毫米）的平方×股数

如48股（每股电线半径0.2毫米）1.5平方的线：

0.785×（0.2×0.2）×48 = 1.5平方

二、常用小规格线缆知识

RVVP：铜芯聚氯乙烯绝缘屏蔽聚氯乙烯护套软电缆，电压300V/300V 2~24芯。主要质量指标：线径（包括芯线和编织丝，并不是越粗越好，用杂质铜的要达到电阻标准而做得很粗）、铜芯纯度、编织密度、绞距。用途：仪器、仪表、对讲、监控、控制安装。

RG：物理发泡聚乙烯绝缘接入网电缆用于同轴光纤混合网（HFC）中传输数据模拟信号，此为美国标准，近似等同于国标SYWV系列。主要质量指标：铜芯线径，绝缘厚度，编织材料（市场上多为铝镁丝编织，质量好应该用镀锡铜），编织密度。

UTP：局域网电缆用途：传输电话、计算机数据、防火、防盗保安系统、智能楼宇信息网。常用UTP CAT 5，UTP CAT 5E 带屏蔽型号为 STP。

KVVP：聚氯乙烯护套编织屏蔽电缆用途：电器、仪表、配电装置的信号传输、控制、测量SYWV（Y）、SYKV有线电视、宽带网专用电缆结构：（同轴电缆）单根无氧圆铜线+物理发泡聚乙烯（绝缘）+（镀锡丝+铝）+聚氯乙烯（聚乙烯），（等同美标RG-6，RG-59）。现在市场上多用铝镁丝编织（不能焊接，容易氧化），芯线用铜包铝、铜包钢，以致很多人认为SYWV线比SYV线便宜，但事实上并不是那么回事。

RVV（227IEC52/53）聚氯乙烯绝缘软电缆（截面积：0.5~6.0 芯线数 1~24）用途：电源线，信号线，家用电器、小型电动工具、仪表及动力照明等。此规格线只要符合国标则价格相差不大，但市场上不乏有用杂质铜、线径不够、短米数、电放（芯线铜丝不绞或芯线不绞，这样抗拉能力大大减少，电阻增大）来充数的情况。衍生型号：RVVS：此型号芯线的绞距加密，一般用于广播系统。

AVVR 聚氯乙烯护套安装用软电缆（截面积：0.12~0.5 芯线数1~24）用途：信号、控制。如门禁信号、控制，云台控制等。

HYV、HYA 数据通信电缆（室内外）（芯线直径0.5mm、芯线数2、4、8等）即电话线，用于电话通信及无线电设备的连接以及电话配线网的分线盒接线用等。市场上一般芯线直径是0.4 mm，也有差点的是用钢丝或铜铝合金。另电话线普遍米数不足。

RV、RVP 聚氯乙烯绝缘电缆、聚氯乙烯屏蔽电缆、主要用于设备。

RVS、RVB 适用于家用电器、小型电动工具、仪器、仪表及动力照明连接用电缆，RVS也可用于广播线或代替RVV线。RVB在要求不高的情况下可以代替金银线。

BV、BVR 聚氯乙烯绝缘电缆用途：适用于电器仪表设备及动力照明固定布线用，价格实惠电阻低。在很多连接电源的场合可以多考虑。

RIB 音箱连接线（发烧线、金银线）有些音响线的型号标注上常有“6N”“7N”的字样，其意义是用来表示使用金属材料制作的发烧线的纯度的高低。比如“99.9999%”，就可以用“6N”表示，即说明其纯度是6个9，N前面的数字越大说明音响线的纯度就越高。家庭影院的音响器材是否需要使用品质较高的音响线，关键是要掌握实事求是，量力而行这一原则。对于一般普及型（万元以下）的音响器材无需刻意追求线材的高品质，只要使用一般截面较大一点的铜芯信号线即可。对于较好的家庭影院音响器材，可以考虑使用高品质的音响线。

◇云南　李继飞

飞想音频

NFJ&FXAUDIO®

FX-AUDIO-

飞想®音频

深圳市飞想数码科技有限公司成立于2011，简称飞想音频，创建团队由多名经验丰富热爱音乐的发烧友打造而成，是一家集研发，生产，加工，销售于一体的高新技术企业. 精益求精，飞想音频集力于研发受大众喜爱的发烧HiFi音频功率放大器，发烧音频解码器和耳机放大器等。

对于发烧友最为苦恼的是价格昂贵的HiFi顶级音频产品，于是飞想音频顺势而生，我们产品优秀，价格亲民，不断超越，成为国内外知名HiFi专业音频产品品牌。

KAISFLY启腾视听

KAISFLY启腾，迎合着视听一体化的浪潮应运而生；

追求品至臻，音至纯，画至美，心至善；

通过最优秀、最富有诚意的音响作品，将高保真的音频、完美的画面、炫酷的智能系统结合起来；

为消费者提供物超所值、具视觉享受的高端音响。

启腾不讲究炫目华丽，却始终低调大气，融合工业设计美学，做工精致，彰显美味；

让每一款设计都如同艺术珍品一般；

让每一位拥有者都呈现出与众不同的高雅气息。

启腾视听（Kaisfly）成立于2014年，是一家专业从事智能视听音响产品的科技公司；

拥有优秀的软硬件，声学专家研发团队；致力于为家庭用户打造视听一体化智能音响，组建个性化私家影院。

LACO 力高

力高音響中心 力高音響名綫屋 力高私家影院

- Since 1993 -

作为国内最早的发烧线材专卖店、最早的发烧音响名店之一，成立于1993年的力高音响在影音行业、影音爱好者心目中享有极高的口碑。旗下的力高音响中心、力高音响名线屋、力高私家影院汇聚了ATC、Audio Note、Weiss Audio、JBL、Anthem、Mark Levinson、Lexicon、Paradigm、Kimber Kable、WBT、Tours Power、AIM、PRIMACOUSTIC等涵盖音箱、播放器、放大器、线材、电源、声学材料方面的一系列精品。

★ 每款产品力求精品

用一句通俗易懂的话来形容力高对其销售的产品的要求，当为"力高出售，必为精品"。但凡其销售的产品，首先要通过力高的检验。亲自查看、试听、调试、分析和试用，择优而取之。

★ 精益求精的专业技术

力高音响深深知道专业技术在品鉴和调配音响器材中的重要性，在打造Hi-End视听室、高端家庭影院方面投入了巨大的功夫，在培养具备专业技术水准人才方面投入了许多精力。

在广州海印广场的一楼，力高音响的名线屋、Hi-Fi视听室、家庭影院视听室非常夺目。步入其中，你会发现器材的搭配、音箱的摆放、吸音材料的运用、声学环境的处理都十分专业。

★ 至真至诚的一站式服务

针对客户家中已有音响设备的情况，力高音响不会自私地让客户丢弃它们，而是想方设法将这些器材利用起来。一方面是为客户节省成本，另一方面也是力高身为影音行业的一分子，对影音器材惯有的尊重和爱惜。

"己所不欲，勿施于人"是力高音响多年来的待客之道。它不希望客户购买没用的器材回家，也不希望客户购买的器材在家里发挥不出原有的效果，保证整套系统至少优于体验中心的视听效果，是力高音响一直的销售宗旨。

★ 传播影音文化的责任意识

在力高音响中心，大家可以任意的试听各套器材，工作人员会耐心地一一搭配和演示，并且在交流中给以中肯的评价。这里，不只是一个影音器材售卖处，更是一个体验一流影音、探讨发烧经验的平台。在力高实体店以及其参加的国内外众多影音展会中，它展示国外最新的品牌产品的同时，也将国外先进的影音技术、理念传播到了国内。

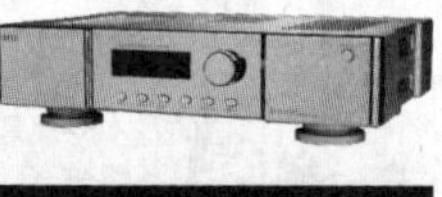

码尼 020MONEY 广州码尼

广州市码尼电子科技有限公司成立于2010年，公司成立以来主要从事投影设备分销及系统集成工程，致力于多媒体教学系统、计算机网络工程、多功能会议系统、大屏幕投影系统、数字化公共广播、监控系统等视讯技术的销售、安装调试和维护。广州码尼自创建以来，以良好信誉、优质的服务、精湛的专业技术水平，已成为众多世界知名企业的合作伙伴；作为多媒体设备的专业供应商及系统集成商，广州码尼公司本着"诚信、公平、合作、创卓越企业"的宗旨，为客户提供免费方案设计：家庭影院、多媒体教室、视频会议、大屏拼接、背投设计、影像展工程设计、弧型投影设计、KTV包房投影、桌面游戏投影等方案！广州码尼公司主要经营范围：投影机：★索尼（SONY）家用投影机中国区总代理 ★索尼（SONY）商用投影机华南区总代理

★索尼（SONY）工程投影机华南区总代理投影幕：

★美视投影幕定制型号中国区代理

駿博音響 AUDIO ACCESS

以积极的心精益求精，努力于最人性化的专业、诚信与技艺，以爱乐人仕主客观之需要为依归，作最良心之建议与推荐。我们不懂他人所熟练的商业化Hi-End音响，因为我们深信，称得上是Hi-End音响制品的本身已无所「最好或最差，而只有相较优秀的说法。

骏博代理之产品——BLACK RHODIUM英国黑金 / INCRECABLE 美国原点 / SONIST美国鉴赏家，均经过长期测试、比较，确定物有所值，加上合理的售价，并结合永久性全方位的售后服务，确保音响迷可以毫无后顾之忧的尽情享受音乐与音响的美妙世界。

increcable®

联络电话：+852 69491324

+86 13826280625

电邮：info@audioaccess.hk

网站：www.audioaccess.hk

宏韵声光

汕头市宏韵声光科技有限公司是一家集咨询、设计、产品销售、工程安装、售后服务等，并以声、光、电为一体的弱电集成企业

公司现是意大利专业音响LSS，东欧Hi-Fi音响（audiosolutions）的中国总代理，并有自主音响品牌 Five，Lsc，灯光品牌DELILED，且是国内多家声、光、电企业的核心合作伙伴。

工程主要承接音乐厅，体育场馆，礼堂，展示展览馆，酒店宴会厅，会议室，酒吧，KTV，私人会所等的（音响、灯光、显示屏、中控的弱电集成）以及楼宇亮化跟环境照明等工程。

演出主要承接大型演唱会、晚会、婚庆等节目的舞台、舞美设计及演出设备的租赁等。

威虹音响

南京威虹音响是国内知名的影音器材运营商，代理有多款价值千万元的发烧器材，将让您一饱耳福。

威虹代理主要代理品牌：德国Blumenhofer布鲁门和夫，离子高音Lansche Audio，Einstein爱因斯坦，巅峰synaestec-audio，奥丁Odeon号角，美国Von Schweikert Audio凡尔登，LAMM莱恩，Aragon阿拉贡，意大利Cammino卡米诺，法国Apertura精准，意大利Klimo克力木，瑞典JR Audio，德国Martion马丁，美国Black Diamond Racing黑钻石配件，瑞典Solid Tech索力达机架配件。

另经销：宝华B&W，丹拿Dynaudio，贵丰Gryphon，ATC，MBL，银彩，Zensati，金宝，爱诗特浓，EAR，LINN，英国和弦Chord，威信，天仙配，宝达，ARC，三角，歌剧之声，世霸，CH，DCS，杰夫罗兰，卡达斯，CSE，盟主，马田，思奔达，CMS，HRS，架宗，NBS，歌匠，爱歌，模范，登峰，范登豪VDH，ART，雨后初晴，诗韵，PASS，万登庭，音乐传真，欧博，斯巴克等等

更多威虹资讯请上威虹官方论坛：bbs.whaudio.com

微信公众号：威虹音响weihong

联系电话：025-84697887

025-84514974

联系微信：zl198990

2018年10月7日出版　实用性　启发性　资料性　信息性

第40期　国内统一刊号:CN51-0091　定价:1.50元　邮局订阅代号:61-75

地址:(610041)成都市天府大道北段1480号德商国际A座1801　网址:http://www.netdzb.com

(总第1977期)　让每篇文章都对读者有用

那些不起眼的手机技术

现在大家选购手机,除了外形还很注重CPU型号和内存大小,兴许在屏下摄像技术兴起前,近两年摄像头升降机(螺旋杆)部件可能也是大家重点关注的地方。不过要当一个真正了解手机配件的行家,还有一些很少引起注重的技术也需要了解一下。

外壳材料

外壳材料有全金属、塑料、玻璃以及陶瓷等,塑料机身现在用的已经不多了,大多数都用全金属或者金属和塑料相结合。在使用全金属机身时有个缺点,信号的接收不是很好,因此中高端手机会将金属切割开一条线,在两者之间采用纳米注塑式天线条以确保信号;低端手机虽说也是金属机身,不过其一头一尾(也有顶部是塑料,剩下是金属的设计)都是塑料材质,然后直接拼合,因为机头是塑料材质,所以不影响信号发射。

屏幕贴合技术

目前手机屏幕大致3个部分,分别为保护玻璃、触摸屏、显示屏,这三部分组合到一块需要进行贴合;三个部分贴合到一块需要贴合2次,在这贴合的过程中就出现了全贴合和非全贴(框贴)之分。

非全贴合就是把双面胶将触摸屏与显示屏的四边固定,这是早期大多数智能手机屏幕的贴合方式,最大的特点就是技术难度低、成本低,当然由于中间有空气层显示效果并不是很好,俗称的大灰屏。随着技术的发展,又有了全贴合技术。目前千元级基本上都采用了全贴合技术,不过跟旗舰机比较其中的差别还是很大的。

全贴合技术主要分为:In Cell 技术、OnCell 技术、OGS / TOL技术。

In Cell 技术

在显示屏内部嵌入触摸传感器,和传统的三层结构相比,In Cell变成了两层:保护玻璃和带触控功能的显示屏,这样能使屏幕变得更加轻薄。

为了提高触控感测信号的准确性以及降低噪音,In Cell屏幕还要嵌入配套的触控IC,所以这种技术的难度较大,良品率较低,所以目前只有在高端机型上应用,苹果和华为的一些高端机等就采用的是这项技术。

On Cell技术

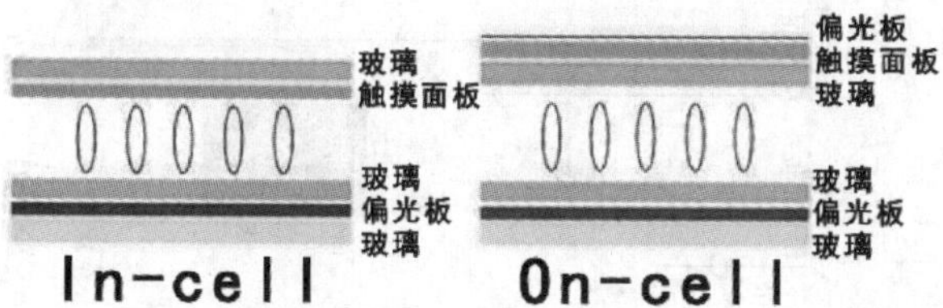

将触摸屏嵌入到显示屏的彩色滤光片基板和偏光片之间,即在液晶面板上配触摸传感器,相比In Cell技术难度降低不少。OnCell多应用于三星Amoled面板产品上,三星的几代盖世系列手机大多采用on cell技术。

OGS/TOL技术

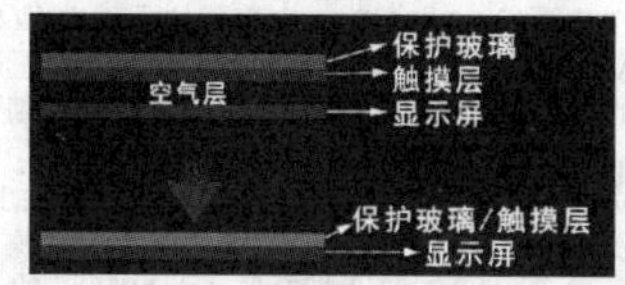

这是目前绝大多数中高端机型手机运用的技术,该项技术是将保护玻璃、触控层和显示屏全部贴合到一块,而这种全贴合方式根据制作工艺不同又分为OGS和TOL两种:

OGS是先把触控层整块强化,然后再切割,切割后触控层旁边就可能出现边缘裂化、边崩的情况,所以需要再次强化一遍,这样就成了OGS单玻璃全贴合。

TOL简单讲就是先切割,把小块强度做高,这样强度也就比OGS强度更高与OGS工艺恰好相反。

GFF技术

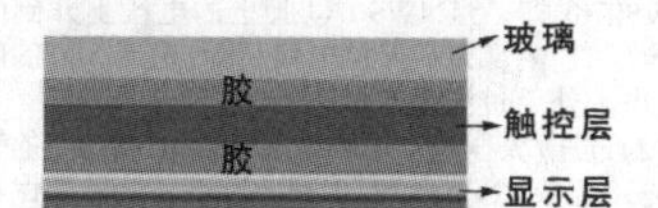

GFF技术的触控层,保护玻璃也是用胶水贴合在一块,不过中间多出了两层ITO导电膜X,也就是说GFF技术是使用表层玻璃黏合触摸屏、ITO导电膜X,然后黏合触摸屏、ITO导电膜Y,再黏合LCD层,共5层。这样就导致屏幕的透光性和亮度都要差。优点是工艺最简单,也是良品率高,成本最低,绝大多数千元机都是采用这种技术(当然也有人认为GFF不是真正意义上的全贴合)。

内存规格

多数时候我们只关心内存大小,却忘了内存也有LPDDR2、LPDDR3、L PDDR4三种规格,根据下表大家可以看出读取速度差别有多大。

内存型号	LPDDR2	LPDDR3	LPDDR4
时钟频率	400MHz	800MHz	1600MHz
带宽	6.4GB/s	12.8GB/s	25.6GB/s
工作电压	1.2V	1.2V	1.1V

LPDDR4一般是旗舰机的专属,千元机一般都采用LPDDR2或LPDDR3内存规格,在内存的速度上就会输于旗舰机。

在闪存方面,旗舰机一般都采用UFS2.1规格,而千元机受制于成本只能使用速度较慢的eMMC。

气压传感器

除了可以用来测量气压外,更多时候是用来辅助测试高度,比如修正海拔误差(可以精确到1米左右),当然也能用来辅助GPS定位立交桥或楼层位置。实际应用中可以帮助我们计算爬的楼层数;气象应用中通过气压变化准确预测天气;地图App可以调用它在导航中识别是否在立交桥上,避免导航混乱。

双路Wi-Fi

手机内部集成两个无线网络模块,骁龙660、骁龙835、骁龙845以及最新的骁龙710都支持双路WiFi;相比于传统手机的单天线,双路路由技术搭载的两个天线可以极大地增强无线信号的搜索能力以及覆盖能力,毕竟两个终究比一个强,双路WiFi在和手机平台以及天线的协调搭配下,可以提升手机原有无线网络一倍的吞吐量,同时因为两个无线模块的应用,在原本传统手机只能共享手机流量作为热点的基础上,双路WiFi技术的手机可以将自己已经连接的WiFi也当做热点进行分享,解决了部分需要付费、账号认证等特殊无线网络的分享问题。

双频WiFi

很容易跟双路WiFi混淆,双频WiFi是两个频率;我们先来讲讲为什么会有两个频率同时存在。此前传统的无线路由器,一般都是单频路由器,仅仅能发射2.4Ghz的单频无线信号,同时在2.4Ghz中又分为13个信道;随着家家户户都普及了无线路由器,因此随便都能搜到10多个无线信号;鉴于无线信号的特点,需相邻6个信道才能基本上杜绝信号干扰,2.4Ghz频率已经逐渐趋于饱和。而双频路由器在发射2.4Ghz频率信号的基础上,增加了发射5Ghz信号的能力,扩充了信号频段也就扩充了信道数量,也提高了信号被干扰的几率。同理,如果手机具有双频WiFi功能,那么手机就拥有搜索并接收2.4Ghz和5Ghz双频的能力。

蓝牙apt-X

越来越多的手机取消了传统的3.5毫米耳机接口,解决方案要么使用转接口、要么使用蓝牙耳机。不过受限于蓝牙最大可用带宽,很难直接传输高品质的音频。apt-X技术则可以对要传输的音频进行重新编解码,在显著降低比特率的同时,使音频传输数据更加完整且低延迟;非常适合更换手机后对音质又有高要求的烧友使用。

(本文原载第32期11版)

康佳彩电KIP+L070E02C1-01二合一电源板电路分析与检修(一)

康佳KIP+L070E02C 1-01二合一电源板（编号为34007905、35016853），输出一组12V/2.5A电源电压和两路160V的LED驱动电压。该电源组件中的开关电源采用FAN6755作为控制器；LED驱动电路采用OCP8122A作为控制器。该二合一电源板适用于康佳LED32HS11、LED32MS92C、LED32HS05、LED32IS97N等液晶彩电。

一、电路分析

1.开关电源

该电源组件只有一个开关电源，主要由FAN6755及相关元件电路组成，输出+12V、+100V电压。+12V电压为主板和背光驱动电路供电，+100V电压为背光升压电路供电。开关电源电路如图1所示。

FAN6755是飞兆半导体公司推出的一款高度集成的用于通用开关电源和包括电源适配器在内的反激式绿色PWM控制器，内含软启动、时钟发生器、比较器、电压控制、激励放大电路等。工作特点是：绿色模式、跳频，具有恒功率的限制和供电欠压保护、开路保护等功能。该芯片最大直流工作电压为30V。当电压为15V时，最大工作电流为2mA。工作温度为-14℃~125℃，当温度小于5℃时，功耗为400mW。FAN6755引脚功能及维修参考数据见表1。

表1 FAN6755引脚功能、维修参考数据

引脚	符号	功能	电压(V)
①	VINS	线电压检测输入，用于保护、恒定输出功率。	3.58
②	FB	输出电压反馈输入，用于稳压控制。	2.77
③	CS	开关管电流检测信号输入。	0.01
④	GND	接地。	0
⑤	GATE	MOSFET开关管激励信号输出。	1.49
⑥	VDD	启动电压/工作电压输入。	17.35
⑦	NC	空脚。	—
⑧	HV	高压恒流源输入端。	298

1)市电输入与全波整流电路

220V交流市电从插座XS901进入后，经由L903、CX901、L901、CX902、L902等元件组成的滤波电路滤除干扰，再由DB908、DB910~DB912组成的全桥整流，C901~C904滤波，得到300V直流电压。

2)电源启动与振荡电路

300V直流电压分两路送：一路经开关变压器TW901的初级⑥-④绕组送到开关管VB901漏极；另一路经电阻RB907、RB917降压后加到NW907的⑧脚，为NW907内部的高压恒流源电路提供启动电压。NW907内部振荡电路启动，从⑤输出PWM脉冲经RB911加到VB901的栅极，VB901工作于开关状态。

电源启动后，VB901产生的脉冲电流通过开关变压器TB901，在其热地侧②-①绕组感应出的脉冲电压，经RB914限流、DB902整流、CB909滤波得到32V的直流电压。再经QB903、ZDB903组成的稳压电路稳压后，形成约17V的电压，经RB908提供给NW907的⑥脚，作为NW907的持续工作电压，取代NW907的⑧脚内的高压恒流源启动电压。

3)次级整流滤波电路

开关电源不仅向液晶电视主板电路提供12V电压，同时也要为二合一板上的背光驱动电路提供12V、100V电压。

TB901次级⑨-⑧绕组输出的脉冲电压经双二极管DB950整流，CB957、CB951、LB950、CB953组成的滤波电路滤波得到12V电压，为主板和背光灯驱动控制电路提供工作电压。TB901的⑪-⑧绕组输出的脉冲电压经DW951整流，CW957、CW954滤波得到100V左右的电压，为LED背光灯升压电路供电。需注意的是：待机时12V输出端电压不是为12V，而是6.5V（即约为正常时的一半），待机时100V输出端电压仅为57.5V。

4)稳压电路

该电路对输出的12V、100V两组电压进行监测来实现稳压控制的。它主要由三端误差放大器UB952、光耦合器UB950及NW907②脚内部的电路组成。RB952、RW961、RB953、RB956组成电阻分压取样电路。12V、100V电压经电阻分压得到的取样电压送到UB952的①脚(R极)。以输出电压升高为例，控制过程如下：

12V/100V电压↑→UB952①脚电压↑→UB952②脚电流↑、电压↓→UB950②脚电流↑、电压↓→UB950导通↑→NW907②脚电压↓→NW907的⑤脚输出的PWM脉冲宽度变窄→开关管VB901导通时间缩短→12V和100V电压↓。

若开关电源输出电压下降，则稳压过程与上述相反。

5)保护电路

(1)过流保护电路。该电路由RB916、RB920及NW907③脚内部电路构成。其中RB916为电流检测电阻。如果出现电源负载过重时，开关管VB901的D-S极电流急剧增大，使RB916上的压降增加，通过RB920加到NW907③脚。当NW907③脚上的电压上升到内部门槛电压时，内部过流保护电路启动，切断⑤脚的脉冲输出，电源处于过流保护状态。

(2)过压/欠压保护电路。该电路由NW907的①脚内外电路组成。NW907的①脚内设电压检测和保护电路。当①脚电压高于5.3V或低于0.7V时，保护电路启动，NW907停止工作。本开关电源的过压保护电路有两个功能：一是市电过压/欠压保护；二是输出过压保护。

市电过压/欠压保护是通过检测输入的市电电压来实现的。市电经DB907整流，再经RB901、RB302、RB903与RB904分压后，送到NW907的①脚。当市电电压过高或过低，达到保护设计阈值时，NW907保护电路启动，开关电源停止工作。

输出过压保护是通过检测12V电压来实现的。该电路由13V稳压管ZD958、检测三极管Q959、光耦U965等组成。当12V输出端的电压超过13V以上时，ZD958击穿，Q959的b极加上高电平，Q959导通，光耦U965导通，其内部光敏三极管导通，U965③脚输出高电平，经VDB915向NW907的①脚注入高电平，NW907据此进入保护状态，开关电源停止工作。

6)待机控制电路

待机控制是对开关电源稳压电路的取样电压进行控制来实现的。该电路由QW953、QW952组成。电视机工作在开机状态时，主板送到二合一电源板的电源开/关控制电压(PS/ON)为高电平，使QW953导通，c极输出低电平，QW952截止，待机控制电路对稳压电路不产生影响，开关电源正常输出12V和100V电压。同时主板送来ON/OFF点灯高电平和DIM调光电压到背光驱动电路，背光驱动电路工作，背光灯点亮。

电视机工作在待机状态时，主板送来的PS/ON控制电压由高电平变为低电平，使QW953截止，c极输出高电平，QW952导通。QW952导通后，相当于将电阻RW964并联在上分压电阻RB952的两端。此时，上分压电阻是RB952和RW964两个电阻并联，下分压电阻仍是RB953和RB956两个并联。由于上分压电阻阻值减小，下分压电阻不变，因此，电阻分压的取样电压将会提高，即加到UB952①脚的取样电压提高了，根据稳压控制原理，开关电源输出电压便会降低。该板待机时输出电压降低到正常值的1/2左右，维持主板控制系统供电。同时主板送来低电平ON/OFF点灯控制电压和低电平DIM调光调整电压，背光灯电路停止工作，进入待机状态。

另外，该板的待机控制电路的工作状态还要受背光电路部分送来的背光保护信号的控制。当背光电路发生故障进入保护状态时，背光电路将输出一个背光电路保护停止工作的信息（为低电平）到待机控制电路，将A点的PS/ON电压拉低，迫使开关电源进入保护待机状态。

（未完待续）

◇四川 贺学全

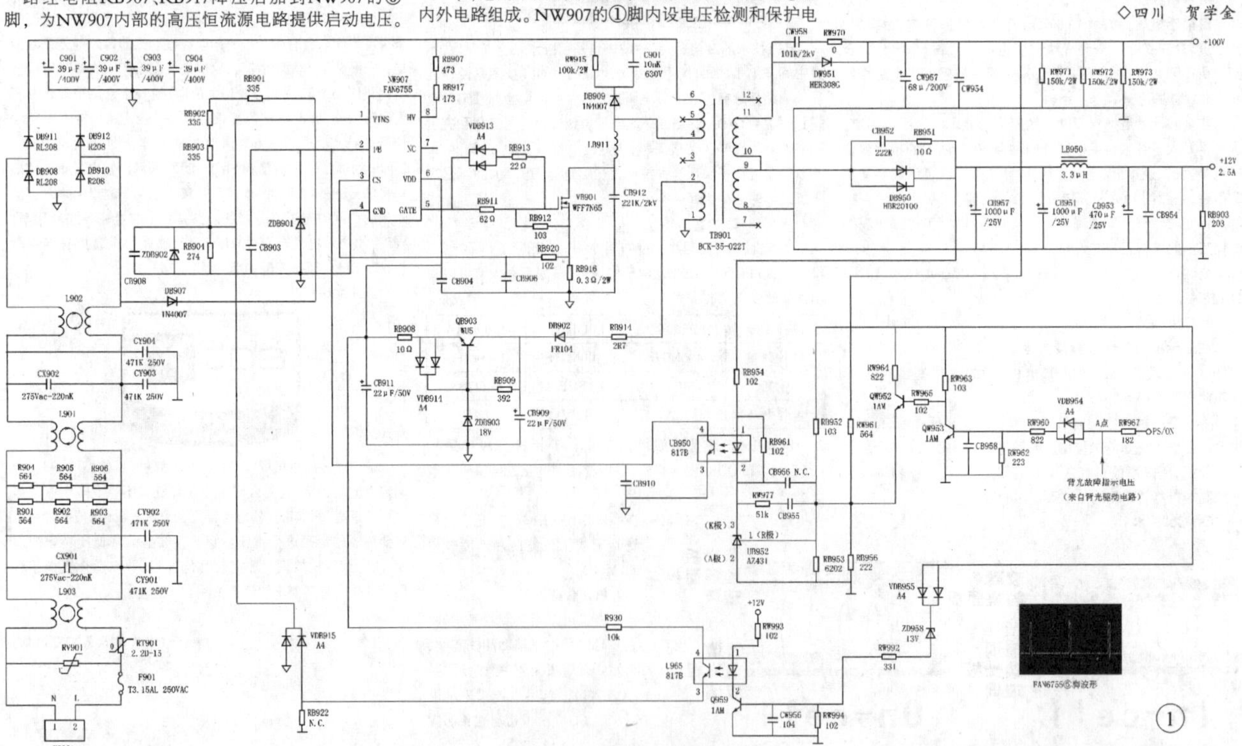

把VIP歌曲“录”下来

很多时候我们都需要从网络上下载自己所喜欢的音乐来进行随时随地地欣赏，比如跑步时携带手机播放音乐，或是刻录成光盘驾车欣赏。但现在很多的音乐都无法通过酷狗等播放软件进行免费下载，比如会提示“此歌曲不能免费下载，可付费后畅享”等等，需要我们付费“开通音乐包”或单曲购买。其实，借助于音频编辑软件Audition的简单几步操作就能快速实现这些VIP歌曲的“下载”，那就是把它“录”下来。

1.准备工作：检查录音设备及录音设置

首先需要检查一下当前计算机的录音设备，右面右下角的小喇叭图标选择其中的“录音设备”项，在弹出的“声音”-“录制”中除了“麦克风阵列”为正常的启用状态外，要确保“立体声混音”项也是处于未禁用状态；接着启动AuditionCC 2018进行歌曲录制前的设置操作，执行“编辑”-“首选项”-“音频硬件”菜单命令，将“默认输入”处默认的“麦克风阵列RealtekHighDefinitionAudio”修改为“立体声混音RealtekHighDefinitionAudio”，点击“确定”按钮，不必理会弹出的“设备更改可能会修改声道映射、输入分配，并可能会影响当前正在进行的回放或录制。是否要继续？”提示，直接点击“是”按钮（如图1所示），完成录制前的准备工作。

2.一边播放歌曲一边执行“录”操作

在Audition中执行“新建音频文件”命令，保持默认的“48000Hz采样率”“立体声声道”项不变，进入“波形”编辑模式，点击底部的红色录音按钮开始进入“录”的状态；同时，打开酷狗播放待“下载”的VIP歌曲，现在就可以看到在Audition的波形轨道上动态出现了对应的音频波形（如图2所示）。

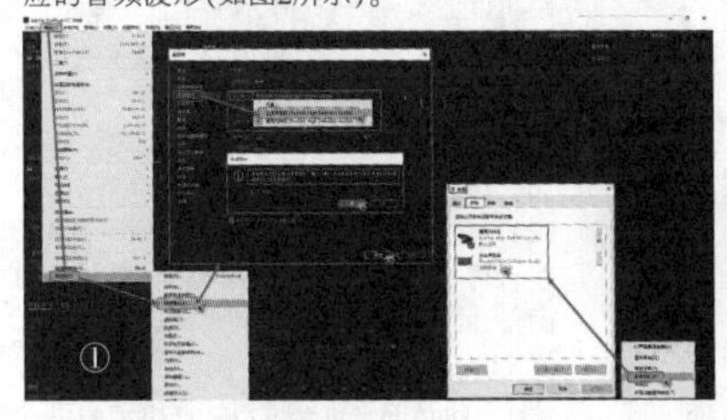
①

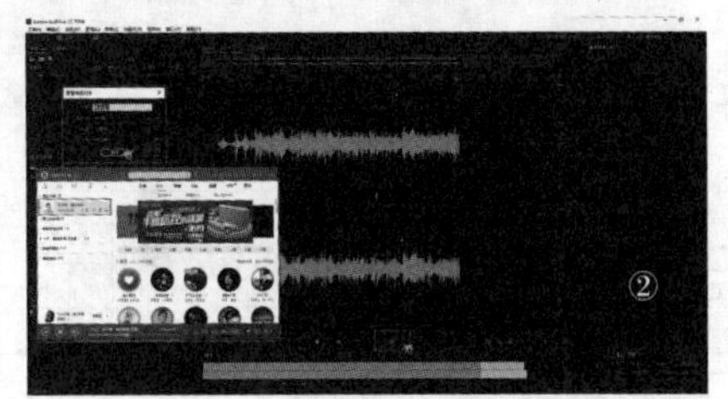
②

需要特别注意的是，在进行这一步操作之前必须把电脑上的QQ、微信电脑端及浏览器等程序关闭，甚至最好不要进行其他多余的操作，目的是防止不相干的程序提示音（比如QQ聊天的滴滴声）被“录”进Audition音频轨道中，因为这是通过电脑声卡的混音进行音频信号的捕捉和记录——我们想要的是纯净的VIP歌曲音频。

3.生成新歌曲的导出操作

当酷狗完整地播放完VIP歌曲之后，我们立即停止Audition的录音，然后检查一下开始和末尾是否有多余的静音和重复片段（有的话删除掉），最好将播放指针移至开头再按空格键监听一次；确认无误后执行“文件”-“导出”-“文件”菜单命令，在“导出文件”窗口中设置好文件的保存位置（比如桌面），文件格式设置为“MP3音频”即可，其他的保持默认，点击“确定”按钮（如图3所示）。

这样，一首完整的VIP歌曲就保存至电脑中了，可以复制到手机内存或刻录至光盘慢慢欣赏了。

③

◇山东 杨鑫芳

激活AirPods的实时『监听』功能

如果你拥有AirPods，而且iPhone X已经更新至iOS 12系列，那么可以激活AirPods的实时“监听”功能，具体操作也非常的简单。

在iPhone进入设置界面，依次选择“控制中心→自定控制”（如图1所示），将“听觉”添加到上面的“包括”附加控制列表；将AirPods与iPhone进行配对连接，如果已经成功配对，可以省略这一步骤。

完成上述的设置之后，下滑激活控制中心，点击“听觉”功能，点击“实时收听”就可以了（如图2所示），当然请提前调整好收听音量。配合AirPods，我们可以在iPhone X上实现10米距离的监听效果，新款iPad也是可以实现的哟。

◇江苏 王志军

① ②

手机投屏，一学就会

虽然我们手机里装的东西越来越多，精彩的照片和视频、随意安装的视频应用等等，可手机屏幕太小了，不能全家人一起分享，也不如大屏看的爽快，怎么办？只需简单几步，小屏瞬间变大屏。

手机投屏电视主要有无线和有线两种方式，先来说说无线方式：

一、无线连接

使用无线连接方式首先要保证电视是智能电视，另外手机和电视需要保持在同一个WiFi网络状态下，苹果和安卓设备设置方法略有不同。

1、苹果设备

从手机屏幕的底部向上滑动打开“控制界面”，点击“AirPlay镜像”选项（如图1所示），直接可以看到电视的名称（如图2所示），点击之后电视就会显示手机的画面。

2、安卓设备

以小米手机为例，首先在电视上打开“无线投屏”或类似Miracast的应用（如图3、图4所示），然后在手机的无线连接方式中打开“无线显示”（如图5所示），这时手机上就会出现电视的名称，连接成功之后手机就可以与电视同屏显示了（如图6所示）。

③

④

如果是投放优酷、腾讯视频等App里的电视剧、综艺节目等，点击“TV”这个按钮后会出现电视名称，点击它即可投屏成功，这个操作苹果与安卓手机并没有什么差别（如图7、图8所示）。

二、有线连接

有线连接需要用到电视的HDMI或VGA接口，其中HDMI接口需要有MHL功能，它指的是移动终端高清影音标准接口（Mobile High-Definition Link），一般在接口上都会有这个标志。另外手机也需要支持MHL功能，不过最近好像支持MHL的手机越来越少了。

1、苹果设备

苹果设备需要使用Lightning数字影音转换器或Lightning至VGA转换器，官方售价都是388元，再使用一根HDMI/VGA线就可以连上电视了。

2、安卓设备

手机需要专用的MHL线，比上面的Lightning转换器便宜一些，使用连接方式都差不多，就不再赘述了。

其实既经济又方便的方式还是无线连接，但如果是比较久远的非智能电视，就只能选择即插即用的有线连接方式了，不过这种情况更建议大家还是使用电视盒子，价格甚至比那些转接线还便宜，无线多屏互动要方便得多。

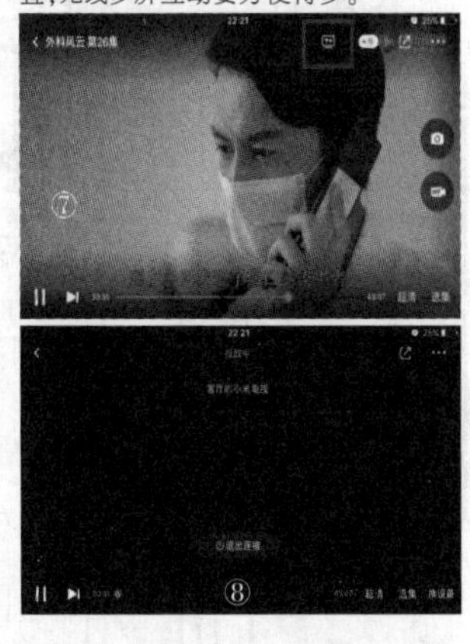
⑦ ⑧

◇江西 谭明裕

澳柯玛FS-40M633(Y)风扇电路故障维修1例

故障现象：同事家的立式澳柯玛风扇在使用中没有了任何显示，同事打开后盖，察看后发现电路板上的两只电容EC1、EC2（2.2μF/400V）鼓包，就找笔者要了两只相同的电容换上去，结果通电后电感L1冒烟了，才感觉到问题有点严重，将电路板取出来，找笔者帮忙修理。

分析与检修：在拿到该电路板后，发现这个风扇的电源部分和一般风扇电路不一样，在这个电路板上的电源5V的正极和交流220V的N线公用，而它的负极单独走线。由于是第一次看到这种电路，为了便于故障分析和检修，按照实物画出全部电路图，如图1所示。

参见图1，220V市电电压由D1整流，EC1、EC2滤波得到310V直流电压。该电压通过电源模块IC1、电感L2、整流管D3和滤波电容EC5构成DC-DC变换器变换后，在EC5两端产生5V电压。5V电压不仅加到微处理器IC2的㉑脚为它供电，而且经R8限流，为红外线接收头REC供电。

经检查，发现L1、R3已损坏，并且看到IC1的表面烧了个坑，并且看不出它的型号，上网查询也没有同类型的风扇电路可以借鉴，那只有另想办法了。根据图1可以看出，需要全部断开这个直流控制供电电路和交流相连的部分，试一试单独给负载供电，也许能够解决问题。首先，将a点和N线分离后上下连接+5V（红线）；将b点和R4断开接5V的负极（黑线），再将c点到4个双向可控硅（双向晶闸管）的线路断开，将双向可控硅的线接到N线上（蓝线），找一个闲置的电流不低于500mA的手机充电器，测试输出电压为5V就可以使用，按照上述电路接好后即可完成改装。改装后的电路见图2，实物如图3所示。

通电后，听到蜂鸣器LS1发出"嘀"的一声，按下开关键S1，数码管有了显示，分别按下各个控制键，数码管分别显示控制结果，LED也都正常了。最后将改装后的电路板交给同事，让他回去安装。再次见面后询问结果，回答说一切都正常，和以前一样好用。

通过这个电路板的改造，悟出一个道理，就是对各种电路的维修，很多时候不单单是换几个元件就能解决的问题，遇到疑难杂症，就需要有耐心，有良好的电子电路理论知识和一定的实践经验，才能排除意想不到的故障难题。只有这样，才能让自己积累更多的实战经验。

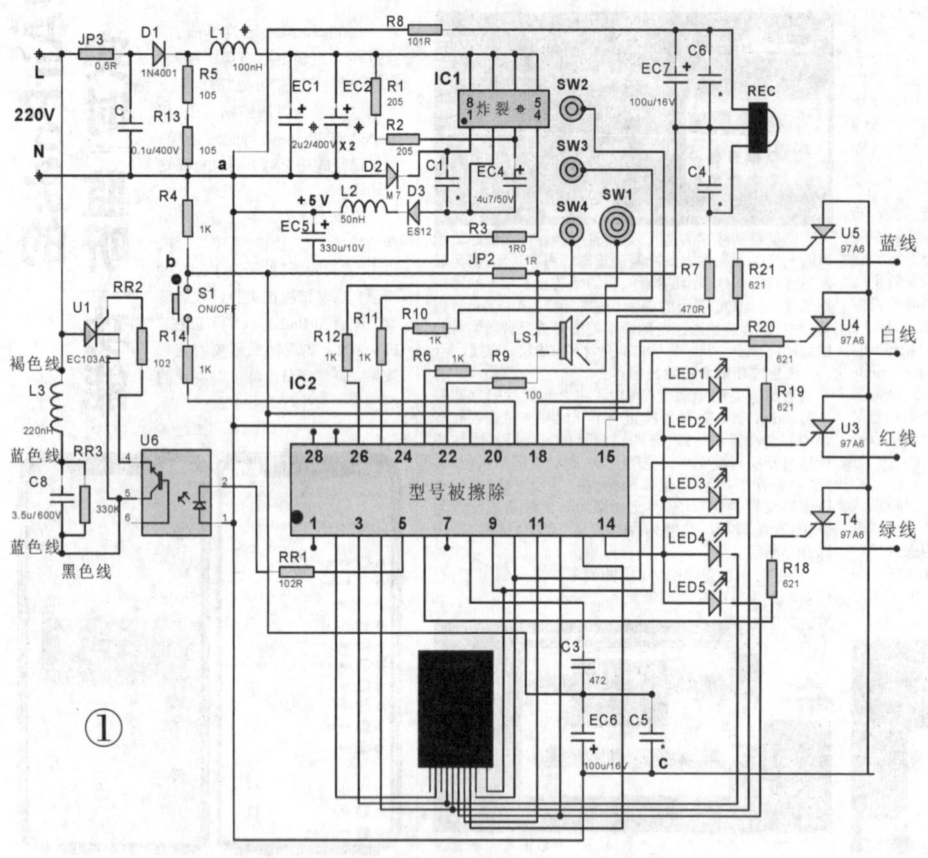

注：C1、C4、C5、C6都是贴片电容，未标注容量，在电路图上用星号进行标记。

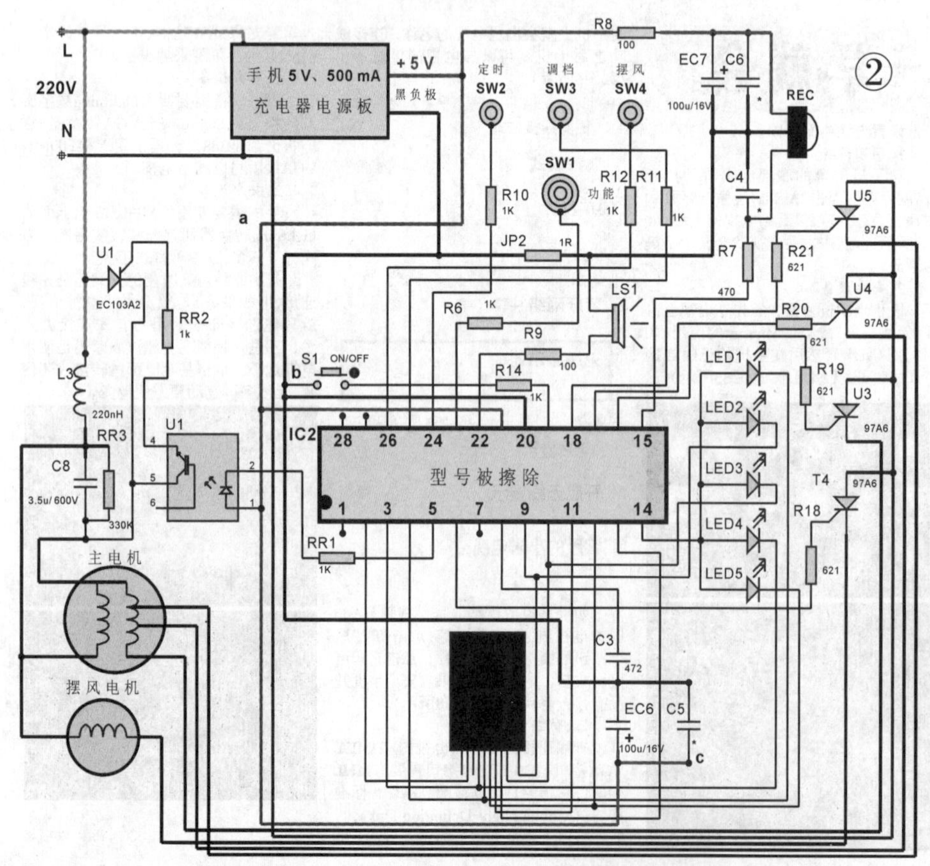

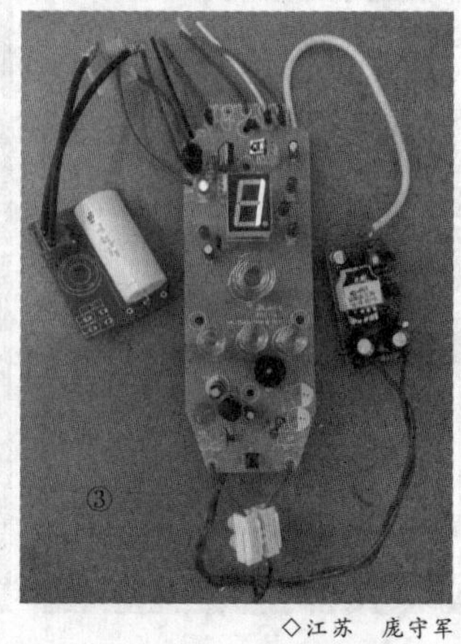

◇江苏 庞守军

相关Modbus的ASCII、RTU和TCP协议(上)

Modbus协议最初由Modicon公司开发出来,在1979年末该公司成为施耐德自动化(Schneider Automation)部门的一部分,现在Modbus已经是工业领域全球最流行的协议。此协议支持传统的RS-232、RS-422、RS-485和以太网设备。许多工业设备,包括PLC,DCS,智能仪表等都在使用Modbus协议作为他们之间的通讯标准。有了它,不同厂商生产的控制设备可以连成工业网络,进行集中监控。

当在网络上通信时,Modbus协议决定了每个控制器需要知道它们的设备地址,识别按地址发来的消息,决定要产生何种行动。如果需要回应,控制器将生成应答并使用Modbus协议发送给询问方。

Modbus协议包括ASCII、RTU、TCP等,并没有规定物理层。此协议定义了控制器能够认识和使用的消息结构,而不管它们是经过何种网络进行通信的。标准的Modicon控制器使用RS232C实现串行的Modbus。Modbus的ASCII、RTU协议规定了消息、数据的结构、命令和就答的方式,数据通讯采用Maser/Slave方式,Master端发出数据请求消息,Slave端接收到正确消息后就可以发送数据到Master端以响应请求;Master端也可以直接发消息修改Slave端的数据,实现双向读写。

Modbus协议需要对数据进行校验,串行协议中除有奇偶校验外,ASCII模式采用LRC校验,RTU模式采用16位CRC校验,但TCP模式没有额外规定校验,因为TCP协议是一个面向连接的可靠协议。另外,Modbus采用主从方式定时收发数据,在实际使用中如果某Slave站点断开后(如故障或关机),Master端可以诊断出来,而当故障修复后,网络又可自动接通。因此,Modbus协议的可靠性较好。

下面我来简单地介绍一下,对于Modbus的ASCII、RTU和TCP协议来说,其中TCP和RTU协议非常类似,我们只要把RTU协议的两个字节的校验码去掉,然后在RTU协议的开始加上5个0和一个6并通过TCP/IP网络协议发送出去即可。所以在这里我仅介绍一下Modbus的ASCII和RTU协议。

下表是ASCII协议和RTU协议进行的比较:

协议	开始标记	结束标记	校验	传输效率	程序处理
ASCII	:(冒号)	CR,LF	LRC	低	直观,简单,易调试
RTU	无	无	CRC	高	不直观,稍复杂

通过比较可以看到,ASCII协议和RTU协议相比拥有开始和结束标记,因此在进行程序处理时能更加方便,而且由于传输的都是可见的ASCII字符,所以进行调试时就更加的直观,另外它的LRC校验也比较容易。但是因为它传输的都是可见的ASCII字符,RTU传输的数据每一个字节ASCII都要用两个字节来传输,比如RTU传输一个十六进制数0×F9,ASCII就需要传输'F''9'的ASCII码0×39和0×46两个字节,这样它的传输的效率就比较低。所以一般来说,如果所需要传输的数据量较小可以考虑使用ASCII协议,如果所需传输的数据量比较大,最好能使用RTU协议。

下面对两种协议的校验进行一下介绍。

1.LRC校验

LRC域是一个包含一个8位二进制值的字节。LRC值由传输设备来计算并放到消息帧中,接收设备在接收消息的过程中计算LRC,并将它和接收到消息中LRC域中的值比较,如果两值不等,说明有错误。

LRC校验比较简单,它在ASCII协议中使用,检测了消息域中除开始的冒号及结束的回车换行号外的内容。它仅仅是把每一个需要传输的数据按字节叠加后取反加1即可。下面是它的VC代码:

BYTE GetCheckCode (const char * pSendBuf, int nEnd)//获得校验码{BYTE byLrc = 0;char pBuf;int nData = 0;for (i=1; i<end; bylrc="" p="" pbuf="" return="" style="line-height: 1.8 ! important; color: rgb(51, 51, 51) ! important; font-family: 'microsoft yahei', serif ! important;">

2.CRC校验

CRC域是两个字节,包含一16位的二进制值。它由传输设备计算后加入消息中。接收设备重新计算收到消息的CRC,并与接收到的CRC域中的值比较,如果两值不同,则有误。

CRC是先调入一值是全"1"的16位寄存器,然后调用一过程将消息中连续的8位字节各当前寄存器中的值进行处理。仅每个字符中的8Bit数据对CRC有效,起始位和停止位以及奇偶校验位均无效。

CRC产生过程中,每个8位字符都单独和寄存器内容相或(OR),结果向最低有效位方向移动,最高有效位以0填充。LSB被提取出来检测,如果LSB为1,寄存器单独和预置的值或一下,如果LSB为0,则不进行。整个过程要重复8次。在最后一位(第8位)完成后,下一个8位字节又单独和寄存器的当前值相或。最终寄存器中的值,是消息中所有的字节都执行之后的CRC值。

CRC添加到消息中时,低字节先加入,然后高字节。下面是它的VC代码:

WORD GetCheckCode (const char * pSendBuf, int nEnd)//获得校验码{WORD wCrc = WORD(0xFFFF); for (int i=0; i<nend; int="" j="0;" wcrc="" style="line-height: 1.8 ! important; color: rgb(51, 51, 51) ! important; font-family: 'microsoft yahei', serif ! important;">>= 1; wCrc ^= 0xA001; } else{ wCrc >>= 1; } } } return wCrc;}

(未完待续)

◇湖北 李文名

从接口定义和实现两个方面,深入理解AWbus-lite(四)

(紧接上期本版)

其中,AWBL_ITERATE_INSTANCES和AWBL_ITERATE_ORPHANS标志用于指定需要遍历的设备,即在哪些设备上执行pfunc_action函数。在硬件设备列表中,定义了当前系统中所有的硬件设备,当设备具有与之匹配的驱动时,才能够变成一个实例,被系统正常使用,而如果一个设备没有与之匹配的驱动,该设备将变成一个孤儿设备,由于没有与之匹配的驱动,因此系统暂时无法使用孤儿设备。AWBL_ITERATE_INSTANCES表示表示需要遍历所有实例,即具有相应驱动的设备。AWBL_ITERATE_ORPHANS表示需要遍历所有的孤儿设备。若要遍历所有的实例和孤儿设备,可以使用或运算同时设定这两个标志。

AWBL_ITERATE_INTRABLE标志用于指定pfunc_action的返回值是否可以终止遍历,若设定了该标志,则在某一设备上运行pfunc_action函数的返回值将可以决定是否终止整个遍历过程:返回值为AW_OK时,不终止遍历,继续遍历其他设备;否则,遍历过程被终止,不会再继续遍历其他设备。若未设定该标志,则遍历过程不受返回值影响,直到遍历完所有需要遍历的设备后结束。

为了获得所有设备提供的LED服务,需要遍历所有实例,并在pfunc_action中执行如程序清单15所示的流程,并将各个设备提供的LED服务添加到以_gp_led_serv_head为头的LED服务链表中。完整的范例程序详见程序清单16。

程序清单16 获取所有设备提供的LED服务

```
1 AWBL_METHOD_IMPORT(awbl_ledserv_get);  //导入获取LED服务的Method类型
2
3 aw_local wtruct awbl_let_service*_gp_led_serv_head=NULL;  //LED服务链表头
4
5 //在每个设备上运行该函数,以获取其提供的LED服务
6 aw_localaw_err_t_led_werv_alloc_helper(structawbl_dev*p_dev,void*p_arg)
7 {
8     awbl_method_handler_t  pfn_led_serv=NULL;
9     struct awbl_led_service  *p_led_serv=NULL;
10
11    //获取指定Method类型对象的入口函数,若存在类型对象,则返回入口函数,否则返回NULL
12    pfn_led_serv =awbl_dev_method_get (p_dev, AWBL_METHOD_CALL(awbl_ledserv_get));
13
14    if(pfn_led_serv! =NULL){  //存在该Method类型的对象,可以提供LED服务
15      pfn_led_serv (p_dev,&p_led_serv);  //调用入口函数,获得LED服务
16        if(p_led_serv! =NULL){  //成功获得一个LED服务
17            p_led_serv ->p_next = _gp_led_serv_head;  //将新的LED服务添加至链表头部
18            _gp_led_serv_head =p_led_serv;  //更新p_serv为新的链表头
19        }
20    }
21    retumAW_OK;
22 }
23 void awbl_led_init(void)
24 {
25    _gp_led_serv_head=NULL;
26       awbl_dev_iterate (_led_serv_alloc_helper, NULL,AWBL_ITERATE_INSTANCES);
27    retumAW_KO;
28 }
```

程序中,由于孤儿设备没有对应的驱动,无法正常使用,显然无法提供LED服务,因此仅需遍历所有实例,遍历标志设定为了:AWBL_ITERATE_INSTANCES。该程序的目的是完成LED服务链表的初始构建,是一种初始化操作,因此,将其入口函数命名为了awbl_led_init(),若需使用LED,则应确保在系统启动时,该函数被自动调用。通常情况下,并不需要由用户手动调用该函数,而是将该函数的调用放在模板工程下的aw_prj_config.c文件中,具体位于aw_prj_early_init()函数中,该函数在系统启动时会被自动调用,从而使系统在启动时自动调用awbl_led_init()函数,详见程序清单17。

程序清单17 awbl_led_init()在系统启动时被自动调用的原理

```
1 void aw_prj_carly_init(void)
2 {
3     //......
4 #ifdefAW_COM_AWBL_LED
5     awbl_led_init();
6 #endif
7     //......
8 }
```

在aw_prj_params.h工程配置文件中,只要使能了某一LED设备,比如,AW_DEV_GPIO_LED,则表示要使用LED,此时,将自动完成AW_COM_AWBL_LED的定义,以此确保当使用LED时,awbl_led_init()会在系统启动过程中被自动调用。核心的原理性程序详见程序清单18。

程序清单18 自动定义AW_COM_AWBL_LED宏的原理(aw_prj_params.h)

```
1 #ifdfAW_DEV_GPIO_LED
2 #defineAW_COM_AWBL_LED
3 #endif
```

至此,完成了LED服务链表的初始化,若系统中存在LED服务,则链表将不为空,在LED通用接口的实现中,只要传人的id正确,_led_id_to_serv()的返回值就不为NULL,进而返回一个有效的LED服务,接着,通过LED服务中实现的抽象方法,即可完成LED相关的操作,例如,设置LED状态、翻转LED状态等。(全文完)

◇云南 刘光乾

用单片机DIY学习型遥控开关

笔者家的卧室，电视机、机顶盒、台式电脑三者（下文均以“三者”称呼）是插在同一个插座上供电的。晚上看完电视，经常会懒得下去拔插座，导致三者均处于待机状态。经用笔者自己DIY的电力测试仪测试，三者的待机功率为18.03W（见图1），还是不小的一个数字。

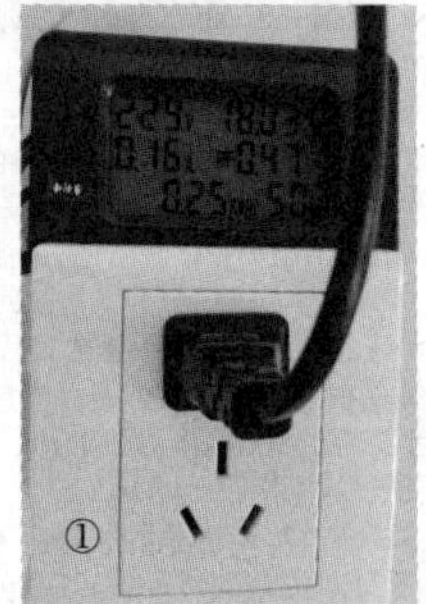

为改善这一状况，笔者决定研究一个能用机顶盒遥控器控制通断的系统，来达到在床上就能切断三者电源的效果。这个系统，必须能够学习机顶盒遥控器某一个不常用的按钮，当学习完毕后，不断按这个按钮，三者插座重复通断。同时，遥控器的其他按钮按下时，系统不响应。

首先在网络上搜索，看到普遍的遥控插座都是配有遥控器的，这个不能充分利用现有的机顶盒遥控器，不实用。接着，笔者又看到一款自学习的遥控插座，是利用现有遥控器学习的，但由于笔者卧室墙上的插座低于电视柜，该遥控插座集成的红外线接收头势必无法接收遥控信号。因此，考虑再三，笔者决定用单片机DIY一个学习型遥控开关。

电路图如图2所示，比较简洁。单片机选用国产宏晶STC12C2052AD，内置时钟。5V充电器可以选用闲置手机充电器，输出500ma以上即可，继电器K用5V的，红外线接收头IR也是常规的。单片机写好程序后，进行调试，按住“设置”键不放，对着红外接收头按遥控器某个不常见按钮，LED灯发生变化（一般是从不亮变为点亮），说明学习成功。此时，松开“设置”键，对着红外接收头按那个刚学习的遥控器按钮，会听到继电器重复通断的声音，同时指示灯LED也会规律开关。调试成功！

单片机程序如下（取自网络，非笔者原创，笔者有修改）：

```
#include <STC12C2052AD.h>
#include <intrins.h>
unsigned char Mazhi; //存储接收的4个字节码值
bit flag=0; //接收成功标志位
sbit IR=P3^2; //红外线接收头接P3.2脚
sbit LED=P1^0;
sbit Shezhi=P1^2;
/******************** 读字节函数********************/
unsigned char Byte_Read (unsigned int add)
{
ISP_DATA = 0x00;//清空数据
ISP_CONTR = 0x84;//打开ISP,设置操作等待时间 12MHz以下0x83 30MHz以下0x80 6MHz以下0x84
   ISP_CMD = 0x01;//字节读命令
   ISP_ADDRH = add>>8;//设置高8位地址
   ISP_ADDRL = add&0x00ff;//设置低8位地址
   ISP_TRIG = 0x46;//发送46h到触发寄存器
   ISP_TRIG = 0xb9;//发送b9h到触发寄存器
   _nop_();//延时
   ISP_CONTR = 0;//关闭IAP 功能
   ISP_CMD = 0;//清空命令寄存器
   ISP_TRIG = 0;//清空命令触发寄存器
   ISP_ADDRH = 0;//清空地址高位
   ISP_ADDRL = 0;//清空地址低位
   return (ISP_DATA);//返回读到的数据
}
/*******************字节编程函数********************/
void Byte_Program(unsigned int add, unsigned char dat)
{
   ISP_CONTR = 0x84;//打开ISP,设置操作等待时间
   ISP_CMD = 0x02;//字节编程命令
   ISP_ADDRH = add>>8;//设置高8位地址
   ISP_ADDRL = add&0x00ff;//设置低8位地址
   ISP_DATA = dat;//要编程的数据先送进ISP_DATA 寄存器
   ISP_TRIG = 0x46;//发送46h到触发寄存器
   ISP_TRIG = 0xb9;//发送b9h到触发寄存器
   _nop_();//延时
   ISP_CONTR = 0;//关闭IAP 功能
   ISP_CMD = 0;//清空命令寄存器
   ISP_TRIG = 0;//清空命令触发寄存器
   ISP_ADDRH = 0;//清空地址高位
   ISP_ADDRL = 0;//清空地址低位
}
/******************** 扇区擦除函数**********************/
void Sector_Erase(unsigned int add)
{
   ISP_CONTR = 0x84;//打开ISP,设置操作等待时间
   ISP_CMD = 0x03;//扇区擦除命令
   ISP_ADDRH = add>>8;//设置高8位地址
   ISP_ADDRL = add&0x00ff;//设置低8位地址
   ISP_TRIG = 0x46;//发送46h到触发寄存器
   ISP_TRIG = 0xb9;//发送b9h到触发寄存器
   _nop_();//延时
   ISP_CONTR = 0;//关闭IAP 功能
      ISP_CMD = 0;//清空命令寄存器
      ISP_TRIG = 0;//清空命令触发寄存器
      ISP_ADDRH = 0;//清空地址高位
      ISP_ADDRL = 0;//清空地址低位
      }
      /
*******************
** 延 时 函 数 ***************************/
void delay(unsigned int b)
{
unsigned int k;
while(b--)
{
for(k=0;k<260;k++);
}
}
/******************** 遥控接收初始化函数********************/
void Yaokong_init()
{
TMOD=0x10; //定时器1采用定时模式和16位模式
IT0=1; //外部中断0下降沿触发
EX0=1; //开启外部中断0
EA=1; //开总中断
}
/******************** 遥控接收中断函数***********************/
void Yaokong() interrupt 0
{
unsigned int Hightime, Lowtime; //临时存储高低电平持续时间
unsigned char i,j;
flag=0; //标志位清零
/*****码值清零******/
Mazhi=0;
Mazhi=0;
Mazhi=0;
Mazhi=0;
/*******************/
TH1=0;
TL1=0;
TR1=1;
while ((IR ==0)&& ((TH1*256+TL1)<5000));
TR1=0;
Lowtime=TH1*256+TL1;//计算引导码低电平时间
TH1=0;
TL1=0;
TR1=1;
while ((IR ==1)&& ((TH1*256+TL1)<2608));
TR1=1;
Hightime =TH1*256 +TL1;//计算引导码高电平时间
if((Lowtime >Hightime)&& (Lowtime<Hightime*3))//判断是否为正确的引导码
{
for(j=0;j<4;j++)
{
for(i=0;i<8;i++)
{
Mazhi[j]=Mazhi[j]>>1;
TH1=0;
TL1=0;
TR1=1;
while ((IR ==0)&& ((TH1*256+TL1)<326));
TR1=0;
Lowtime=TH1*256+TL1;
TH1=0;
TL1=0;
TR1=1;
while ((IR ==1)&& ((TH1*256+TL1)<956));
TR1=0;
Hightime=TH1*256+TL1;
if ((Hightime >Lowtime*2)&& (Hightime<Lowtime*4))
Mazhi[j]=Mazhi[j]|0x80;
}
/***** 延时1ms以跳过结束码*****/
TH1=0;
TL1=0;
TR1=1;
while((TH1*256+TL1)<434);
/******************************/
if (Mazhi+Mazhi==0xff)//判断数据码及其反码是否正确
flag=1; //如果正确,标志位置1
}
/************************** 以下为执行部分**************************/
if(flag==1)
{
if(Shezhi==0)
{
Sector_Erase(0x0000);
Byte_Program(0x0000,Mazhi);
Byte_Program(0x0001,Mazhi);
Byte_Program(0x0002,Mazhi);
}
if ((Mazhi ==Byte_Read (0x0000))&& (Mazhi==Byte_Read(0x0001))&&(Mazhi== Byte_Read(0x0002)))
LED=~LED;
}
/
*********************************************************/
}
/********************** 主函数**************************/
void main (void)
{
Yaokong_init();
}
```

调试成功后，笔者先用电视机遥控器的“菜单”按钮（图3左）让单片机学习，再让机顶盒通用遥控器学习该“菜单”按钮（图3右“学习”键下面的空白键），这样，用一个机顶盒遥控器，就实现了电视机、机顶盒、三者电源的控制。顺便提一下，这个遥控器还用来控制卧室灯，参见前几年《电子报》刊载笔者的《自制可靠不易受干扰的红外遥控开关》。

用一闲置电动车充电器外壳安装该系统，在靠近红外线接收头的地方打一2mm左右的小孔，方便接收遥控信号（图4、5）。三者断电时，整个遥控系统待机功率大约0.36W，可见功耗已经大大降低！（图3）

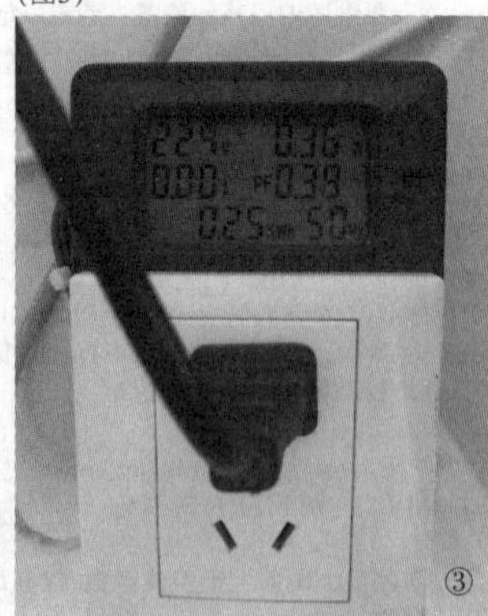

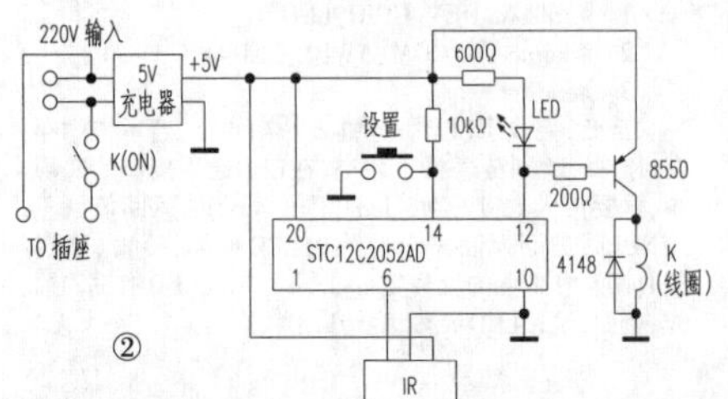

◇江苏 张光华

配电网的继电保护及其常见故障探析(下)

(紧接上期本版)

人为原因一般就是工作不够细心，对系统内各项设备数值的读数观察不够仔细，导致读错设备整定器上的计算数值，导致继电保护故障，且对故障的检查技术水平不够，无法及时准确地发现故障段，从而造成大面积的电路故障问题，导致系统无法正常供电。或者是工作人员在操作时采用的方法不正确，在带电的情况下直接拔除插头，导致保护出口的动作，就容易造成保护装置的逻辑混乱，不能正常发生信号，整个系统就会接受错误的信息，无法正常运转，而且带电拔除很容易导致电源出现问题，长期这样的操作很容易烧毁电源。当工作电源出现问题时，电力系统保护出口处的动作过大，造成电路内波纹系数过高，输出的功率就不够，电压便会不稳定，当电压降低或者电流过大时，如果保护行为不恰当极容易出现一系列的继电保护故障。在继电保护工作中，出现继电保护故障的原因有很多，面对这些故障问题，继电保护的专业人员要具有专业的理论知识，还要有丰富的工作经验，在工作时运用理论知识作为指导，将保护工作做到位，避免不必要的继电保护故障，尽量将损坏缩到最小的范围，在最短的时间内运用合理的方法处理问题

4.加强配电网继电保护的对策及措施

加强配电网继电保护，首先是电力设备的完好状况和质量好坏。质量过关，完好无损的设备能持续发挥其应有的作用，所以要做好电力设备的保养和维护工作。对于电力系统继电保护来说，这些是硬件条件，而软件条件是电力工作人员的素质。电力工作人员要具备良好的职业道德，忠于职守，勤勉工作，还要具备过硬的专业技术水平，能从容处理不同的电力故障，要熟练掌握电力设备的结构和原理，熟知各种不同故障的原因和解决方法。同时做好继电保护信息处理工作，运用自己掌握的知识和电力故障检修设备的信息来检测，在一个合理的时间内找到问题所在，对于一个熟练的工作人员不是什么难事。电力系统作业最怕两种情况的出现，即电力设备损坏和电力系统非正常的大面积停电。继电保护能最大限度地避免这两种现象的出现或减少损失，因此掌握继电保护的信息尤为重要，它能为工作人员提供继电保护和电力设备的基础信息，以便维修人员能知道继电保护的故障问题，能够做到及时维修，排除障碍，保证供电的顺利进行。因此，有必要建立一支技术过硬的技术队伍，这样能让继电保护发挥出应有的作用基于以上对目前我国配电网线路故障，要从根本上改变这种现状，加强配电网继电保护，可以从以下几个方面人手：

坚强思想重视，避免外力影响。线路的管理人员应当从思想上对此加强重视，不断提高自身的综合素质与专业技能，并将其运用到具体的实践中去，从而真正保证电力系统的稳定运行。为了避免外力对配电网线路造成影响，针对实践中存在的问题，可采取以下措施：一是为避免或减少交通车辆碰撞架线杆，可在道路旁的杆塔上喷涂比较醒目的反光漆，或者在电线的拉线上设置反光标志管，这样就能引起驾驶员的注意；对那些已经遭到碰撞的杆塔，要设置一些防撞击混凝土墩，并涂上反光漆；二是可以通过传单、宣传画以及标语等，宣传安全用电及电力设施保护措施，并通过加大执法力度对破坏和盗窃者进行严厉的打击和惩处；三是建立健全配电网线路杆塔和埋地电缆标志牌、警示牌等，同时及时整顿和清理线路防护区内已经危及线路安全的树木；四是加强城建、电力以及规划部门之间的业务联系，将线路事故隐患降至最低。加强技术创新，在塔杆顶端安装避雷针。由于输电线路的弧垂使其中间一段的保护角比近杆塔段要小，加之杆塔的位置也比较高，因此绕击现象就会多发于近杆塔一段。如果在杆塔顶安上避雷针，那么杆塔周围的雷电就会落在避雷针上，再用导线将杆塔与大地相连，从而可以大大降低超过高压输电线路遭绕击的概率。一般而言，绕击减少时会增加反击的机会，但由于安装了可控放电避雷针，不会因为反击而造成跳闸，从而起到了保护输电线路的作用。由于各种环境、气候、地理等方方面面的自然和人为因素的差异，所造成的各种关于10kV配电网系统故障也多种多样。

城镇电网主要是以中低压电网为主，大部分都是采用了35KV以下的电压，电压等级的电网在网络结构以及管理方式上都有很大的差异。在运行方式上存在环网和开环运行的两种方式。继电保护作为配电系统中最基本的保护类型，主要包括以下几种保护方式：首先是电流速断保护，这种方式具有动作迅速、可靠性高的特点，在电流幅值迅速增大的电路起到的一种保护作用。其次是限时电流速断保护，使用这种保护方式，能够保护本线路的全长，而且灵敏性高，除此之外，在满足配电需求的同时，力求最小动作时限。最后是定时限过流保护，主要作为下级线路主保护个本线路主保护的方式。

鉴于继电保护计算及管理系统的上述基本要求，解决保护定值计算的不确定性成为首要问题。而要从根本上解决这个问题，重新研发一种用于继电保护计算及管理的高级语言程序不失为一个好方法。这一高级语言程序首先除了具备其他高级语言程序支持函数、文件调取和访问等特性外，还要具有能够解决专业问题的新数据；再有，具备通用算法，为用户提供便捷的服务。按照该思路，一种名为HT高级编程语言诞生了。

继电保护调试完成后，还要对各项工作进行验收，确保每个程序都没有错误。保护定制或二次回路发生变更时，要对整定后的数值进行核对，同时在完成主设备的改造后还要对试运行进行相关的记录，比如查看继电器接点是否完好、带电触电无烧损或抖动现象以及运行监视是否正常指示灯，通过对继电保护进行维护，才能够保证配电网的安全可靠运行。

5.电力系统配电网继电保护装置的状态检测维修

电力系统发生故障后，工频电气量变化的主要特征：一是电流增大。短路时故障点与电源之间的电气设备和输电线路上的电流将由负荷电流增大至大大超过负荷电流；二是电压降低。当发生相间短路和接地短路故障时，系统各点的相间电压或相电压值下降，且越靠近短路点，电压越低；三是电流与电压之间的相位角改变。正常运行时电流与电压间的相位角是负荷的功率因数角，一般约为20°，三相短路时，电流与电压之间的相位角是由线路的阻抗角决定的，一般为60°~85°，而在保护反方向三相短路时，电流与电压之间的相位角则是180°+(60°~85°)；四是测量阻抗发生变化。测量阻抗即测量点(保护安装处)电压与电流之比值。正常运行时，测量阻抗为负荷阻抗；金属性短路时，测量阻抗转变为线路阻抗，故障后测量阻抗显著减小，而阻抗角增大。不对称短路时，出现相序分量，如两相及单相接地短路时，出现负序电流和负序电压分量；单相接地时，出现负序和零序电流和电压分量。这些分量在正常运行时是不出现的。利用短路故障时电气量的变化，便可构成各种原理的继电保护。此外，除了上述反应工频电气量的保护外，还有反应非工频电气量的保护。

对于目前的电力设备来说，最先进的检修方式还是状态检修。电力设备状态检修是当前电力设备检修方式中耗费最低而技术却是最先进的维修方式。继电装置状态的管理环节主要是要保证电力系统继电装置在运行的初始时是处于健康正常的运行的状态。不仅如此，还应该在电力系统的继电装置运行之前，尽可能地做到对类似设备的型式试验、特殊试验数据以及继电装置出厂试验数据和继电装置中的各元件的出厂试验数据进行详细的了解，此外，对电力系统继电装置的交接试验数据和施工记录等信息也应该有一个具体的了解。

对电力系统继电装置状态进行统计以及指导状态检修工作。这也就是说要对电力系统的继电装置运行状态的统计和分析，同时还要做到管理应用新的技术对继电装置进行详细的监 测和试验而达到准确掌握继电装置的工作运行的状态，从而能够确保整个电力系统电力管理系统以及电力设备的安全。尤其注意的是在对继电装置开展状态检修工作时需要根据继电装置运行的实际的具体状况，合理地去调整继电装置的维修周期而达到合理适度维修继电装置的目的。处理的相关措施要用正确的心态来对待事故，有些继电保护事故发生后要按照现场的指示信号灯来进行处理，要是无法找到其故障发生的原因，或者在断路器跳闸后没有相关的信号灯进行指示，无法来判断其事故发生的原因是设备引起的事故还是人为所引起的事故，在这种情况下往往会跟工作人员的运用措施不利、重视的程度不够等相关的原因有关。如果是人为的事故就必须如实地向上级进行反应，以便分析事故的原因和避免过多浪费时间。

在故障的记录方面要加紧落实微机的事件记录、装置灯光显示的信号、故障录播的图 形，是事故在处理方面最重要的依据。根据有用的信息来作出正确的判断，这是解决问题的关键所在，如果通过系统进行全面的检查，发现一次系统的故障使继电保护系统能够正常的工作，则不存在继电保护事故所处理的问题。如果判断事故出现在继电保护的上面，应尽量地维持其原状，要做好记录，要在故障处理的计划完成后才能进行接下来的工作，从而避免了原始状况被破坏的可能性，造成给事故处理带来不必要的麻烦。在实际的运行过程中，运行人员应该充分的利用站内的设备功能，对事故的现场进行有效的分析，然后做出正确的判断。

继电保护对整个电力系统的正常运转具有重要的作用，它是电力系统正常运作的最基本保障，也是确保电网工作人员安全的必要工作。在继电保护中有很多因素都会影响继电保护，不管是人为的还是设备故障都会造成保护故障问题。因此，技术人员必须具备专业的职业技能，在继电故障发生时采用有效的解决方法，在最短的时间内找到故障的根源，并维修解决故障问题，确保电力系统的安全，为人们提供安全可靠的电力。继电保护是电力系统技术性较强的一个专业，想要迅速及时地判断故障点并不是一件简单的事情，不但要有扎实的理论基础，也需要在长期的工作实践中积累一定的现场经验。明确继电保护故障查找的常见方法，将其融入与实际的故障查找当中，从而保证继电保护的有效运行。

6.结束语

总而言之，我国的电力企业以及国家电网应该高度的重视电力系统的继电保护以及电力系统在运行常见故障的处理，以及其他的预防保护，以便于能够在电力系统的变电运行上能够有自己的运行系统以及研究改变创新能力。在科技快速发展的今天，电力系统的不断更新对继电保护提出更高的要求。为了满足农村配电网对继电保护的要求，就需要科研人员不断研究并提高继电保护装置的性能，使智能化、计算机化、网络化的继电保护技术将会运用到实际中来，使电力系统能够安全、可靠、经济的运行。对电力系统电力设备采取先进的检修方式和继电设备的相关保养的结合检修维护，这也是电力系统中继电保护发展的一种必然，也只有这样电力系统的电力设备才能够提高最可靠性供电产生出巨大的社会效益。配电网继电保护是电力系统与用户间建立供用电关系的主重要环节，它具有点多、线长以及面广等特点，而且实际运行环境比较复杂。因此，只有加强思想重视，不断实现技术创新，才能保障我国电力事业的可持续发展。 (全文完)

◇湖北　李平舟

SMT回流焊炉的炉温工艺曲线设置

随着科技的进步和人们生活水平的提高，人们对智能电子产品的要求是“轻、薄、小、高性能、多功能”，电子产品的小型化和集成化成了其发展的主流方向；表面贴装技术SMT作为第4代封装技术被誉为90年代世界十大新技术之一，以其成本低、集成度高、电子组件重量轻、易于自动化等优点广泛应用于微电子电路，在SMT制程中，电子元器件通过焊盘锡膏过回流焊融化与PCB印刷电路板刚性连接形成组件。

优化好SMT回流焊的焊接效果，人们都知道关键是设定回流炉的炉温曲线，有关回流炉的炉温曲线，许多专业文章中均有报道，但面对一台新的全热风回流炉，如何尽快设定回流炉温度曲线呢?这就需要我们首先对所使用的锡膏中金属成分与熔点、活性温度等特性有一个全面了解，对全热风回流炉的结构，包括加热温区的数量、热风系统、加热器的尺寸及其控温精度、加热区的有效长度、冷却区特点、传送系统等应有一个全面认识，以及对焊接对象——表面贴装组件(SMD)尺寸、元件大小及其分布做到心中有数，不难看出，回流焊是SMT 工艺中复杂而又关键的一环，它涉及到材料、设备、热传导、焊接等方面的知识。

一、SMT回流焊温度曲线设置与工艺流程：

SMT回流焊工艺参数对回流焊温度曲线关键指标的影响，为回流焊接工艺参数的设置和调整提供借鉴；SMT表面黏著技术的回流焊温度曲线包括预热、浸润、回焊和冷卻四个部分，以下为个人在互联网收集整理，如果有误或偏差也请各位前辈不吝指教。电子制造业的SMT回流炉焊接，是PCBA电子线路板组装作业中的重要工序，如果没有很好地掌握它，不但会出现许多“临时故障”还会直接影响焊点的寿命。

SMT回流焊测温仪几乎都有了，可是还有很多用户没有对所有产品进行测温认证、调整温度设置；有的用户使用测温了，却没有掌握焊接工艺要点，又无法优化工艺；这样一来，浪费了大量的电费，产品质量也得不到很好的保障!

正确设定回流炉温度曲线节能环保：

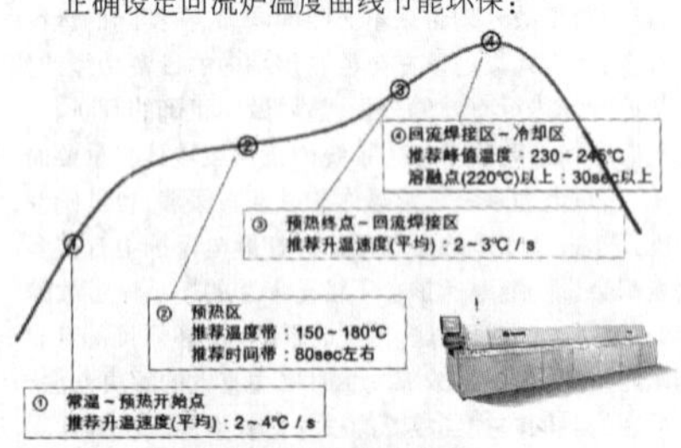

二、SMT回流焊工艺的成本策略

平均每个焊点的回流焊综合投入成本

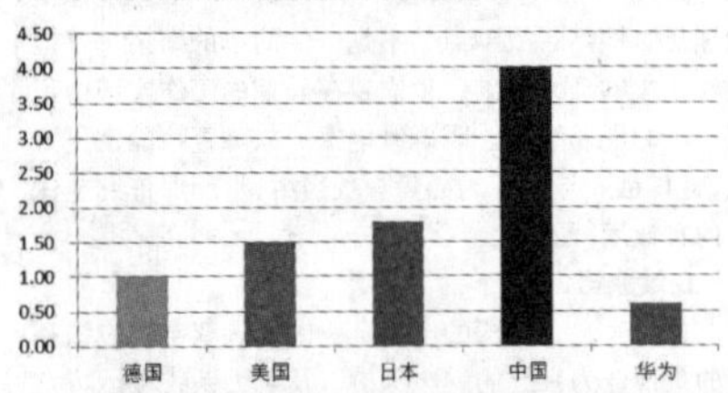

Esamber举例说，如上图，在回流焊工艺上，中国工厂的单焊点回流焊平均投入成本是德国的4倍，是美国的3倍，是日本的2倍多(此核算中不考虑中国较低廉的人工成本、各国的人工成本计算采取一致)。

而同时，中国也有不乏全球回流焊工艺及成本管控最好的SMT制造企业，比如华为，中兴、台达、法雷奥中国SMT工厂、戴尔(中国)等企业，在回流焊、波峰焊、选焊等工艺上不断追求工艺技术先进管控，从焊接零缺陷着手推动无人化闭环控制、定期全面体检防患未然、合理规划保养、工艺及设备的定期稽查、快速故障定位、先进的工艺检测技术、培育工艺专家群等一系列的手段，实现了设备高性能运作，高稼动率运作，长寿运作和人工投入最低化，最终实现综合成本最低化。

三、如何正确地设定回流焊温度曲线：

首先我们要了解回流焊的几个关键的地方及温度的分区情况及回流焊的种类.

影响炉温的关键地方是：

1)各温区的温度设定数值

2)各加热马达的温差

3)链条及网带的速度

4)锡膏的成份

5)PCB板的厚度及元件的大小和密度

6)加热区的数量及回流焊的长度

7)加热区的有效长度及冷却的特点等

SMT回流焊炉温区的工作原理就是当组装PCB板在金属网式或双轨式输送带上，通过回焊炉各温区段的热冷行程(例如8热2冷之大型机，总长5~6m的无铅回焊炉)，以达到锡膏熔融及冷却愈合成为焊点的目的。

SMT回流焊的分区情况：

1)预热区(又名：升温区)

2)恒温区(保温区/活性区)

3)回流区

4)冷却区

另外还有几种不良现象都与预热区的升温有关系，下面一一说明：

1.塌陷：

这主要是发生在锡膏融化前的膏状阶段，锡膏的黏度会随著温度的上升而下降，这是因为温度的上升使得材料内的分子因热而震动得更加剧烈所致；另外温度迅速上升会使得溶剂(Solvent)没有时间适当地挥发，造成黏度更迅速地下降。正确来说，温度上升会使溶剂挥发，并增加黏度，但溶剂挥发量与时间及温度皆成正比，也就是说给一定的温升，时间较长者，溶剂挥发的量较多。因此升温慢的锡膏黏度会比升温快的锡膏黏度来的高，锡膏也就必较不容易产生塌陷。

2.锡珠：

迅速挥发出来的气体会连锡膏都一起往外带，在小间隙的零件下会形成分离的锡膏区块，回焊时分离的锡膏区块会融化并从零件底下冒出而形成锡珠。

3.锡球：

升温太快时，溶剂气体会迅速地从锡高中挥发出来并把飞溅锡膏所引起。减缓升温的速度可以有效控制锡球的产生。但是升温太慢也会导致过度氧化而降低助焊剂的活性。

4.灯芯虹吸现象：

这个现象是焊料在润湿引脚后，焊料从焊点区域沿引脚向上爬升，以致焊点产生焊料不足或空焊的问题。其可能原因是锡膏在融化阶段，零件脚的温度高于PCB的焊垫温度所致。可以增加PCB底部温度或是延长锡膏在的熔点附近的时间来改善，最好可以在焊料润湿前达到零件脚与焊垫的温度平衡。一旦焊料已经润湿在焊垫上，焊料的形状就很难改变，此时也不在受温升速率的影响。

5.润湿不良：

一般的润湿不良是由于焊接过程中锡粉被过度氧化所引起，可经由减少预热时锡膏吸收过多的热量来改善。理想的回焊时间应尽可能的短。如果有其他因素致加热时间不能缩短，那建议从室温到锡膏熔点间采线性温度，这样回焊时就能减少锡粉氧化的可能性。

6.虚焊或“枕头效应”(Head-In-Pillow)：

虚焊的主要原因可能是因为灯芯虹吸现象或是不润湿所造成。灯芯虹吸现象可以参照灯芯虹吸现象的解决方法。如果是不润湿的问题，也就是枕头效应，这种现象是零件脚已经浸入焊料中，但并未形成真正的共金或润湿，这个问题通常可以利用减少氧化来改善，可以参考润湿不良的解决方法。

7.墓碑效应及歪斜：

这是由于零件两端的润湿不平均所造成的，类似灯芯虹吸现象可以借由延长锡膏在的熔点附近的时间来改善，或是降低升温的速率，使零件两端的温度在锡膏熔点前达到平衡。另一个要注意的是PCB的焊垫设计，如果有明显的大小不同、不对称或是一方焊垫有接地(ground)又未设计热阻(thermal thief)而另一方焊垫无接地，都容易造成不同的温度出现在焊垫的两端，当一方焊垫先融化后，因表面张力的拉扯，会将零件立直(墓碑)及拉斜。

8.空洞(Voids)：

主要是因为助焊剂中的溶剂或是水气快速氧化，且在焊料固化前未即时逸出所致。浸润区浸润区又称活性区，在恒温区温度通常维持在150℃±10的区域，此时锡膏处于融化前夕，焊膏中的挥发物进一步被去除，活化剂开始启动，并有效地去除焊接表面的氧化物，PCB表面温度受热风对流的影响，不同大小，质地不同的零组件温度能保持均匀，板面温度差△T接近最小值。曲线形态接近水平状，它也是评估回流炉工艺的一个窗口，选择能维持平坦活性温度曲线的炉子将提高焊接的效果，特别是防止立碑缺陷的产生。通常恒温区在炉子的2，3区之间，维持时间约为60~120s，若时间过长也会导致锡膏氧化问题，以致焊接后飞珠增多。

四、SMT回流焊温度曲线设定技巧

1.初步SMT回流焊炉温设定：

1)看锡膏类型，有铅还是无铅?还要考虑锡膏特性，焊膏是由合金粉末、糊状助焊剂均匀混合而成的膏体。焊膏中的助焊剂(点击助焊剂的特性)主要由溶剂、松香或合成树脂、活性剂及抗垂流剂四类原物质构成。溶剂决定了焊膏所需的干燥时间，为了增加焊膏的黏度使之具备良好流变性加入了合成树脂或松香，活性剂是用来除去合金所产生的氧化物以清洁板面焊盘，抗垂流剂的加入有助于合金粉末在焊膏中呈现悬浮状态，避免沉降现象。

衡量焊膏品质的因素很多，在实际生产中应重点考虑以下的焊膏特性。

(1)根据电路板表面清洁度的要求决定焊膏的活性与合金含量；

(2)根据锡膏印刷设备及生产环境决定焊膏的黏度、流变性及崩塌特性；

(3)根据工艺要求及元件所能承受的温度决定焊膏的熔点；

(4)根据焊盘的最小脚间距决定焊膏合金粉末的颗粒大小。

2)看PCB板厚度是多少?此时结合以上1、2点，根据经验就有个初步的炉温了；

3)再看PCB板材，具体细致设定一下回流区的炉温；

4)再看PCB板上的各种元器件，考虑元件大小的不同、特殊元件、厂家要求的特殊元件等方面，再仔细设定一下炉温；

5)还的考虑一下炉子的加热效率，因为当今汇流炉有很多种，其加热效率是各个不一样的，所以这一点不应忽视掉；

结合以上5方面，就可以设定出初步的炉温了。

2.炉温的详细设定及热电偶的安装步骤：

1)感应温度用的热电偶，在使用和安装过程中，应确保除测试点外，无短接现象发生，否则无法保证试精度。

2)热电偶在与记忆装置或其他测试设备相连接时，其极性应与设备要求一致，热电偶将温度转变为电动势，以连接时有方向要求。

测试点的选取，一般至少三点，能代表PCB组件上温度变化的测试点(能反映PCB组件上高、中低温部位的温度变化)；一般情况下，最高温度部位在PCB与传送方向相垂直的无元件边缘中心处，最低温度在PCB靠近中心部位的大型元件之半田端子处(PLCC.QFP等)，另外对耐热性差部品表面要有测试点，以及客户的特定要求。

SMT回流焊的峰值温度，通常取决于焊料的熔点温度及组装零件所能承受的温度。首先要考虑你的元件，与PCB板，是否能受此温，因为有铅锡膏和无铅的成份不同，有铅的成份为：锡：63%，铅：37%，熔点一般为183.峰值为205~230而无铅的是：锡96.5%；银：3%；铜：0.5%，所以熔点高一般为：217，峰值为：245~250；一般的峰值温度应该比锡膏的正常熔点温度要高出约25~30°C，才能顺利地完成焊接作业。如果低于此温度，则极有可能会造成冷焊与润湿不良的缺点。

3.回流焊接缺陷与不良温度曲线的关系：

以下仅列出不良温度曲线所引起的回流焊接缺陷，其他影响回流焊接质量的因素还包括丝印质量的优劣、贴片的准确性和压力、焊膏的品质及环境的控制等，本文不做阐述。

回流焊接的缺陷　温度曲线的不良之处

吹孔

1)保温段预热温度不足；

2)保温段温度上升速度过快。

焊点灰暗　冷却段冷却速度过缓。

不沾锡

1)焊接段熔焊温度低；

2)保温段保温周期过长；

3)保温段温度过高。

焊后断开　保温段保温周期短。

锡珠

1)保温段温度上升速度过快；

2)保温段温度低；

3)保温周期短。

空洞

1)保温段温度低；

2)保温周期短。

生焊

1)焊接段熔焊温度低；

2)焊接段熔焊周期短。

板面或元件变色

1)焊接段熔焊温度过高；

2)焊接段熔焊周期太长。

广播电视媒体网站IPv6改造实施指南

近日，广电总局科技司向各省广电局、总局直属各单位和中央广播电视总台办公厅印发了《广播电视媒体网站IPv6改造实施指南(2018)》(简称《实施指南》)，用于指导各有关单位顺利推进IPv6相关改造工作。

《实施指南》列出了广播电视媒体网站IPv6改造实施的总体目标：

1.到2018年末，制定IPv6顶层规划，强化重点广播电视媒体网站及应用IPv6服务能力，加快推进全国广播电视媒体网站改造。中央及省级以上广播电视媒体网站系统完成改造，全面支持IPv6访问。新建媒体网站系统、新上业务和应用全面支持IPv6。

2.到2020年末，全面推进广播电视媒体网站IPv6改造。所有地市级广播电视媒体网站系统完成改造，支持IPv6访问。

3.到2025年末，所有广播电视媒体网站相关各类系统及应用全面支持IPv6访问。

《实施指南》提出了四种媒体网站IPv6改造实施方案：

1.媒体网站本地双栈改造；

2.采用IVI技术的媒体网站改造；

3. 采用SPACE6技术的媒体网站改造；

4.运用云托管方式的媒体网站双栈改造。

《实施指南》适用于现存广播电视媒体网站的改造。各级广播电视行政部门政府网站以及各单位的机构网站IPv6改造可参照本指南实施。

相关背景

IPv4地址已经临近枯竭，对互联网高速发展的我国来说这个问题尤为突出，与IPv4相比，IPv6 128位的地址长度可以提供充沛的地址，完全满足未来数十年内互联网应用对IP地址的需求。同时，因为IPv6是固定报头，不像IPv4那样携带一堆冗长的数据，简短报头提升了网络数据转发的效率，使得网络工作效率更高，速度更快，IPv6协议的“超大地址空间”可以从技术上解决网络实名制和用户身份溯源问题，实现网络精准管理。鉴于以上种种优势，国际对IPV6的应用规模不断扩大，在IPV6应用方面我国仍旧相对落后，必须加速前行。

2017年11月26日，中共中央办公厅、国务院办公厅印发了《推进互联网协议第六版(IPv6)规模部署行动计划》(简称《行动计划》)，要求各地区各部门结合实际认真贯彻落实。加快推进基于互联网协议第六版(IPv6)的下一代互联网规模部署，促进互联网演进升级和健康创新发展。

《行动计划》关于2017年~2018年重点工作明确指出：“省级以上新闻及广播电视媒体网站IPv6改造。完成中央及省级新闻宣传媒体门户网站改造，新建新闻及广播电视媒体网络信息系统全面支持IPv6。”

总局举措

为贯彻落实党中央、国务院的战略部署，总局印发了《〈推进互联网协议第六版(IPv6)规模部署行动计划〉任务分工》(新广电办发【2018】22号)，明确了各相关单位的具体工作内容和时间节点。

为指导各级广播电视媒体网站顺利推进IPv6改造工作，广电总局科技司组织广播科学研究院研究编制了《广播电视媒体网站IPv6改造实施指南(2018)》。在总局科技司的指导下，广播科学研究院在对广播电视媒体网站网络现状以及业务发展情况等综合情况进行分析的基础上，结合常用的IPv6改造技术路线，提出了几种IPv6改造实施方案，编制了《实施指南》。

◇北京 胡宓

广播音乐常见格式汇集

听音乐的朋友可能都有自己惯用的音乐格式，以前就多数是MP3，不过近年就多了一些高音质的其他选择，比如Hi -Re 音乐格式 AIFF、WAV、FLAC、ALAC 同 DSD。虽然同时听几种格式都没有问题，不过可以主要用一款的话，买歌、管理、播放都比较方便，究竟边一种 Hi-Res 更适合自己？今次就同大家分析一下，哪款会比较适合。

买歌的考虑：WAV、FLAC 最主流

如果大家自己用 CD 转歌的话，除了 DSD 之外，其他格式都有得转。不过要留意，CD转歌只是 16bit/44.1kHz，并不是 Hi-Res。要听 Hi-Res 主要靠买歌，现时买歌平台又多数用格式？WAV 这个传统格式是主打，FLAC 则是较主要的无损压缩格式，两者多数都可以提供相同的档案规格（例如 WAV 有 24bit/192kHz 选择的话通常 FLAC 都会有）。

以买中文歌为主的HifiTrack为例，主要买到的Hi-Res音乐都是WAV及 FLAC。

HDTracks 算是格式最齐的买歌网，AIFF、ALAC、FLAC 同 WAV 好多时都齐，部分更加有DSD 可以选。

容量的考虑：FLAC、ALAC 最慳位

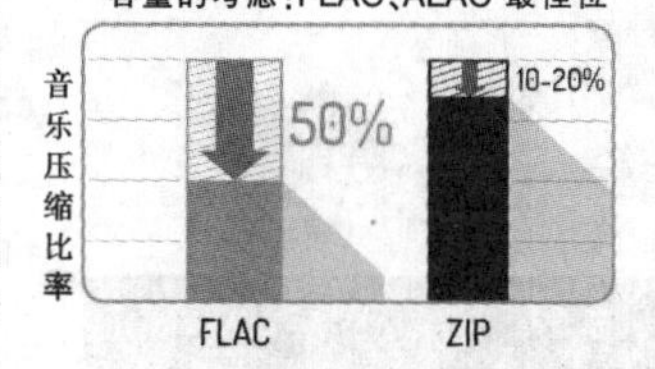

Hi-Res 音乐容量很大、动辄就过百MB，以一首 5 分钟左右的音乐为例，CD 质素（16bit/44.1kHz）的 WAV、AIFF 档案大约是 50MB，FLAC 同 ALAC 就大约 25MB（一半左右）。更高质素的Hi-Res 音乐也是类似，24bit/96kHz 的 FLAC、ALAC 大约是 100MB，24bit/192kHz 则为 200MB，WAV 同 AIFF 两款无压缩格式都要一倍容量，而 DSD64 就约为200MB、DSD128 就是 400MB。虽然现时大家计算机的硬盘空间都够大，不过当要摆相当大量音乐时都要考虑下容量问题，而习惯摆落 DAP、手机播放的用家，因为容量相对有限，无损压缩的 FLAC 同 ALAC 会相对适合。

FLAC 同 ALAC 都大约可以做到 50% 的压缩率，同样音质之下，比起 WAV 同 AIFF 可以省一半容量。

播放的考虑：WAV 最方便

USB/Network Audio	
Format	Sampling Rate / Bitrate
FLAC	up to 192kHz/24bit
DSD	up to 5.6 MHz
AIFF	up to 192kHz/24bit
WAV	up to 192kHz/24bit
ALAC	up to 96kHz/24bit
MP3	up to 48kHz/320kbps
MPEG-AAC	up to 48kHz/320kbps
WMA	up to 48kHz/320kbps

另一个要考虑的因素是兼容性，有时计算机播，有时 DAP 播，多个平台都兼容播放当然更加好。Mac 同 iPhone、iPod 的用家，播 Apple 主理的 AIFF 同 ALAC 都较为方便，原生就支持。不过现时播 Hi-Res 的平台好多，计算机、驳 DAC 译码、DAP、甚至 CD 机、扩音机都可以播，讲到兼容性的话依然是 WAV 最高，基本上绝大部分器材都支持。近年多了 DAC 同 DAP 播到 DSD，通常亦可以播埋 Hi-Res 的FLAC、ALAC，反而 Android 同 iOS 的用家会麻烦些少，因为始终不是为播 Hi-Res音乐而设，有时要付费买 App 先至播到。

以 Yamaha 最新推出的 RX-V81 是列扩音机为例，已经支持晒上述 5 款 Hi-Res 音乐格式，当然，以跨平台来说 WAV 兼容性仍是最好。

Android 同 iOS 可通过安装 Apps 支持Hi-Res 播放，基本上搜寻 FLAC、ALAC 等相关字眼已经有不少选择，免费都有，不过不少都要付费(虽然不是太贵)。

当然，上述只是部分的考虑因素，实际上用家未必有得选。例如某张 Hi-Res 专辑净是得 WAV 买，要听都是要买。又例如有朋友会比较中意 DSD 音乐较大的动态，虽然播放方便，买歌时可能都会拣返 DSD。另外，WAV 虽然兼容性好，但是入 Album Art 等数据又比较麻烦。就算拣了一种格式，都有不同的规格选择，究竟 24bit/96kHz定 24bit/192kHz 已经足够？容量大了自己的是绕又播唔播到分别？对于想试玩 Hi-Res 音乐的朋友，其实 2L Music、HDTracks 等网站都有免费的 sample 音乐可以下载，大家试听下可能会更易拣到适合自己的 Hi-Res 音乐格式。

◇河北 张望城

通信设备通用故障定义与解析

故障是系统不能执行规定功能的状态。通常而言，故障是指系统中部分元器件功能失效而导致整个系统功能恶化的事件。设备的故障一般具有五个基本特征：层次性、传播性、放射性、延时性、不确定性等。

一、分类

1.按故障的持续时间分类

按故障的持续时间可将故障分为永久故障、瞬时故障和间歇故障。永久故障由元器件的不可逆变化所引发，其永久改变元器件的原有逻辑，直到采取措施消除故障为止；瞬时故障的持续时间不超过一个指定的值，并f1只引起元器件当前参数值的变化，而不会导致不可逆的变化；间歇故障是可重复出现的故障，主要由元件参数的变化、不正确的设计和工艺方面的原因所引发。

2.按故障的发生和发展进程分类

按故障的发生和发展过程可将故障分为突发性故障和渐发性故障。突发性故障出现前无明显的征兆，很难通过早期试验或测试来预测；渐发性故障是由于元器件老化等其他原因，导致设备性能逐渐下降并最终超出正确值而引发的故障。因此具有一定的规律性，可进行状态监测和故障预防。

3.按故障发生的原因分类

按故障发生的原因百r将故障分为外因故障和内因故障。外因故障是因人为操作不当或环境条件恶化等外部因素造成的故障；内因故障是因设计或生产方面存在的缺陷和隐患而导致的故障。

4.按故障的部件分类

按故障的部件可将故障分为硬件故障和软件故障。硬件故障是指故障因硬件系统失效。

5.按故障的严重程度分类

按故障的严重程度可将故障分为破坏性故障和非破坏性故障。破坏性故障既是突发性的又是永久性的，故障发生后往往危及设备和人身的安全。而非破坏性的故障一般是渐发性的又是局部的，故障发生后暂时不会危及设备和人身的安全。

6.按故障的相关性分类

按故障相关性可将故障分为相关故障和非相关故障。相关故障也称间接故障，因设备其他元器件而引发，比较难诊断；非相关故障也称直接故障，由元器件本身直接因素所引起，相对相关故障而言比较容易诊断。

除此之外，还可以按照故障的因果关系分成物理性故障和逻辑性故障，按故障的表征分为静态故障和动态故障，按故障变量的值分为确定值故障和非确定值故障等。

二、基本特征

设备的故障一般具有如下五个基本特征：

(1)层次性。复杂的设备，可划分为系统、子系统、部件、元件，表现一定的层次性，与之相关联，设备的故障也具有层次性的特征，即设备的故障可能出现在系统、子系统、部件、元件等不同的层次上。

(2)传播性。元件的故障会导致部件的故障，部件的故障会引起系统的故障，故障会沿着部件一子系统一系统的路径传播。

(3)放射性。某一部件的故障可能会引起与之相关联的部件发生故障。

(4)延时性。设备故障的发生、发展和传播有一定的时间过程，设备故障的这种延时性特征为故障的前期预测预报提供了条件。

(5)不确定性。设备故障的发生具有随机性、模糊性、不可确知性。

三、故障处理

故障处理是继故障检测、健康监控后的过程，是对故障进行确认并采取抑制、定位等处理，保证故障后系统能够正常或降级工作。

在故障处理过程中，首先要进行故障确认，即确认下层上报的故障和本层检测的故障等是否存在相关性，判断故障是否由单一故障引起，还是由于级联故障造成；故障确认后，采用故障代码及数据分析准确地标定故障，在此基础上，发起系统重构请求，通过对系统的重构以屏蔽故障。

值得说明的是，目前故障处理采用静态机制实现，即事先确定不同层级发生的故障类型和故障处理方法，故障类型由故障代码唯一标识，当故障发生时根据故障代码可以进行故障处理。实际情况是，各个层级出现的故障并非都是在地面能够静态确定的。当故障检测机制已经发现了故障，但是该故障在本级无法确定类型和处理方法时，该级将本故障报告至其直接上级，依次类推，直到将不能确认的故障报告至整机级。整机级是故障处理的最高级，对于无法确认故障的处理方法非常关键，因为系统级的故障处理行为会影响到整个系统的正常运行。针对无法确认故障的处理，也有建议采用动态故障处理机制，即采用各种数据融合、智能处理算法等实时确定故障并采取相应的处理方法。

◇湖南 李芥文

龙源音乐
LONG YUAN MUSIC

自创立以来，龙源音乐不变的初心，以"用音乐感动生活"的理念制作高品质音乐，推出了无数的优质作品，希望美妙的音乐成为美好生活的精神依托，龙源音乐的存在让你的生活更美好。

成立近二十年的龙源音乐在寻求多元文化元素的发展中，打造了"龙源音乐""龙源佛音""龙源中国""风华国韵"等系列精品品牌。受到业界内外的肯定，获得国内外奖项无数，其中荣获具有学术性和艺术性的高层次奖项——"中国金唱片奖"。

民族音乐精粹是我们的灵感之源，龙源音乐专注保留传统音乐文化精髓的同时紧跟世界变换的脚步，不仅用传统音乐与现代的对话，更是把传统民族音乐作为与世界交融的语言。大型现代交响京剧组曲《戏说》、芭蕾舞剧《红色娘子军》全剧(45年后第一次重新录制全剧音乐)、歌剧《白毛女》全剧、中国与西方文化交融的火花，音乐与音响发烧唱片的典范，从中国传统民乐音乐作品中甄选出13首精华之作《龙源之声》等作品，无一不是在保留原有民族文化精髓，将作品品质提升到了最完美的音乐状态。同时对作品的准确度、平衡度、音质的透明度和音乐频率的动态等细节都体现了独具匠心的技术运用，完全优于普通唱片的质感，张张值得永久珍藏。

艺术总有相通之处，梵音悠然，民乐之美，流行音乐之跳跃，除了在音乐领域保有自身独特的风格外，更将触角延伸，让音乐与生活走得更近，让更多人领略到音乐的魅力，以音乐为信仰，以美好生活为宗旨，音乐生活美学让平凡的每一天变得更加闪耀，高品质音乐给予生活繁茂生命力的同时，也让世人体会到"自在无界"的音乐态度，与此同时，音乐与生活碰撞出的火花更是生生不息的音乐生命的本质所在。

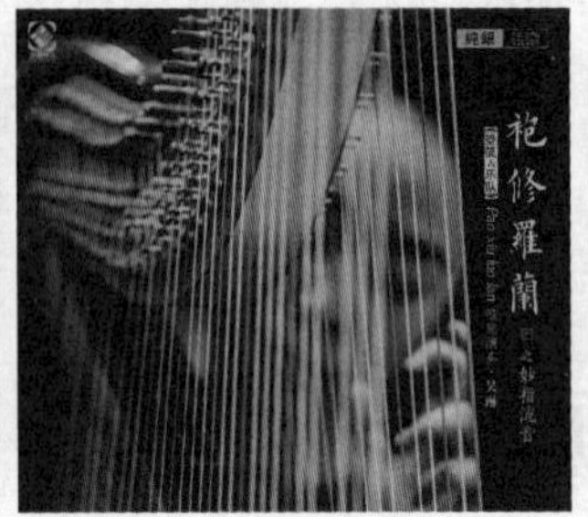

声越美音响

声越美音响是一家专门经营HIEND音响器材的公司，始于2003年。公司成立至今始终按照高要求高标准组建团队，凭着高度的责任感，实惠的价格以及销售高素质品牌的产品，而深受广大合作伙伴和客户的一致好评。我们致力于为客户提供最可靠的互联网与实体店优质、高效的服务。

主营品牌：

日本Esoteric（第一极品）日本Accuphase(金嗓子)英国Tannoy（天朗）美国Pass Labs（柏思）韩国Aurender 英国EAE-YOSHINO 等等

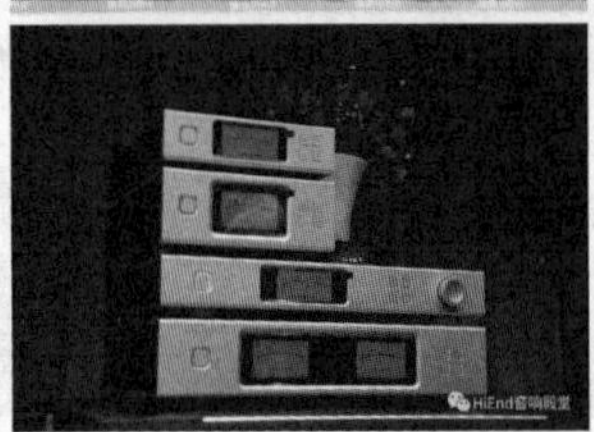

AURALiC——声韵音响简介

AURALiC®
Sound of Innovation

AURALiC是一家走在世界前沿的中国Hi-Fi品牌。自2008年创立以来，AURALiC就从未停止过革新的脚步。从业界第一款通过USB支持DSD128的解码器，到现在一套完善的无线音乐生态体系，不管是硬件设备、软件开发还是用户体验，AURALiC都试图打破常规，向世界演绎全新的Hi-Fi技术成果。在海外，AURALiC的无线音乐代表产品ARIES白羊座，自发售起已在无线Hi-Fi这一新兴领域中占据30%以上的市场份额。解码器VEGA自2013年起连续三年进入Stereophile发烧天书A+榜单——这是权威媒体对AURALiC声音素质的极大肯定。2018年AURALiC带来了开创性的G系列产品，在众多新技术的加持下回放效果又提升到了一个新的高度。目前AURALiC与卡宁科技(北京)有限公司一起，为国内的Hi-Fi发烧友提供最为优质的服务。

国家音乐产业基地(广州园区)

太平洋影音公司

国家音乐产业基地
CHINA MUSIC INDUSTRY PARK

太平洋影音公司
PACIFIC AUDIO & VIDEO CO.

太平洋影音公司成立于1979年1月，出版了新中国第一盒立体声录音带、第一张CD、第一套中国录影集、第一张蓝光CD……开创了新中国音像事业的先河，是中国音像制作出版发行的龙头企业。

经过三十多年的精心经营，"太平洋"发展成为集制作、音像出版、网络音像、网络电子出版、手机出版、发行为一体的大型音像企业。下属机构有广东太平洋电子出版社、广东太平洋影视有限公司、广东太平洋广告公司。2009年创立了"太平洋国际影音联盟"，联合国内大型音像企业共谋发展。

国家音乐产业基地(广州园区)作为全国三大音乐产业基地之一，由太平洋影音公司承办与运营。同时列入了《广东省建设文化强省规划纲要(2011-2020年)》的十项工程之一。

地址：广州市人民北路686号 邮编：510012

发行部电话：020-36236493 传真：020-26184685

办公室电话：020-36236467 传真：020-36236416

公司网站 http://www.pav.cn

淘宝网址：http://pavcn.taobao.com

影音峰荟 荟萃影音精品

影音峰荟 Pinnacle Audio & Video

广州市影音峰荟以诚立司，以信筑业。自创建至今一直坚持以"高质视听、一流品牌、最实价格和最优售后"为置业理念，以努力满足广大音响爱好者的需求为创业宗旨，

十年来孜孜不倦地服务于大众。

我司致力于音响事业的发展，多年来凭借着深厚的实力，受到许多世界著名音响生产商的信赖与支持，并获得了许多知名音响品牌在中国的总代理权。

到目前为止我司已拥有代理权的音响品牌如下：DarTZeel、Daniel Hertz、LeSon、thixar、Meridian、Stenheim、Swisscables、Theta Digital、Vicoustic、

Eau Rouge、Acoustic Signature、Tenor；为了能够更全面、更完美的展示这些世界知名HIFI音响产品的动人魅力，更好的还原音乐精髓，

以及让音乐发烧友有一个非常惬意、舒适的视听场所，我司特邀业内专业设计大师精心设计、斥巨资重新装修了新陈列室设置了高级、先进的试音室。

影音峰荟甘当传播悠久音响文化的先锋，承载弘扬深远音响文化的使命，力求以全心全意的服务，为广大客户获取最舒心、最满意的视听享受。

2018年10月14日出版 ▌实用性 ▌启发性 ▌资料性 ▌信息性

第41期 国内统一刊号:CN51-0091 定价:1.50元 邮局订阅代号:61-75

地址:(610041)成都市天府大道北段1480号德商国际A座1801 网址:http://www.netdzb.com

(总第1978期) 让每篇文章都对读者有用

工业互联网时代的网络安全

万物互联的时代已经到来

互联网改变了人们的生活与工作，并影响到人类社会的各个角落；随着万物智联时代的来临，我们身边联网的智能设备数量剧增。根据Gartner的数据，2017全球物联网设备的数量多达84亿，已远远超过全球人口总数。而到了2020年，物联网设备数量将达到204亿，这意味着每个人身边都有数个乃至数十个联网设备，可见物联网在未来的联网世界中将扮演关键的角色。

全球工业正迈入一个全新的物联网时代，业者对于提升各种作业流程自动化的需求越来越高，进而部署传感器、机器人和远程控制等各种智能联网设备，实现了无缝连接、被管理、并且借助网络安全地进行交互工作，也就是目前被称为工业物联网(IIoT)或工业4.0的产业变革和趋势。然而这股产业自动化的新趋势也扩大了网络安全的范畴，将网络安全的议题延伸至讲求运维技术(Operation Technology, OT)的工业领域中，包括能源、石油与天然气、运输和制造业等。

工业互联网成为网站黑客攻击目标

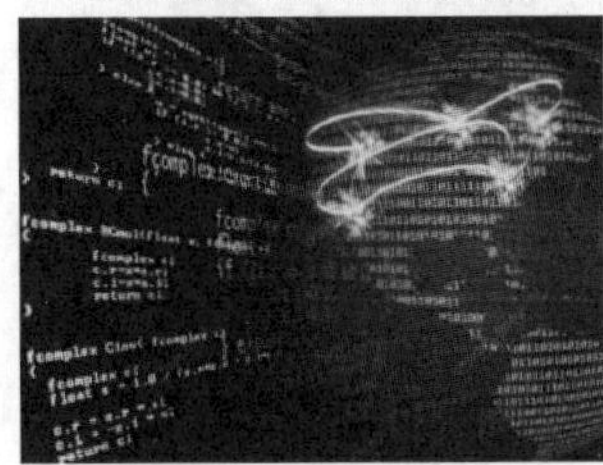

随着工业领域进入工业4.0时代，运维技术(OT)和信息技术(Information Technology, IT)趋于并驾齐驱，IT部门部署软件的目标也是为了让OT通讯更佳以提升工厂设备的生产效率。这种工业化和信息化的融合也意味着未来的安全漏洞将会不仅是数据遗失，甚至扩散和渗透到城市安全、人身安全、关键基础设施安全，乃至国家安全等更广泛的层面，造成的后果日益严重。

例如黑客会运用工厂的网络来散布恶意软件，扰乱通讯协议，打乱生产线上的机器人作业或制造流程，酿成灾难性的安全危机，或导致停机而引起代价高昂的经济损失。根据企业增长咨询公司Frost & Sullivan的估算，一家石油和天然气公司遭到网络攻击的平均损失高达1,300万美元。更糟的情况是，当一个城市的自来水系统遭受网络攻击时，则可能会让用以净水的化学物质混合而改变成分。网络黑客也可能盯上智能型供电和供水系统，或者是一个城市的智能交通信号网络，而造成断电、断水或交通瘫痪。

物联网时代，没有一劳永逸的安全防护

物联网存在的各种安全问题需要物联网设备制造商和终端用户联合采取措施确保设备安全。物联网设备有太多组件，包括处理器、云与Web服务、设备与应用程序，这导致很难兼顾所有这些组件的安全问题。系统的每部分都至关重要，漏洞可能就存在于应用程序、平台、设备、传感器和云中。因此，我们需要接受一种新的安全观念，即"没有一劳永逸的安全防护，安全是个持续对抗的过程"。

设备服务提供商同样需要注重培养防范意识，监控威胁和安全事件，并遵守适当的报告流程，特别是在出现影响其客户的安全漏洞和事件时更要及时报告，与此同时，定期升级操作系统和应用对于确保网络安全也是很重要的。

伴随着国家政策的指引以及行业内对工控安全的行业引导，在相关因素驱动下，工控安全产品应用实例的增多及实际应用效果得到业界的认可，预计在不久的将来，工业控制系统的安全必将迅猛发展。

虽然面对网络安全并没有百分之百安全的解决方案，但目前已经有很多专业组织出版了很多关于工业网络信息安全的建议要求可以参考。如国家标准的《信息系统安全等级保护基本要求》，或是专门针对工业自动化和工业安全的国际标准IEC 62443。而IEC 62443更是目前在全球被广泛采纳和认可的工控系统标准。各国、各行业制定工控相关标准政策都会参考和吸收该标准提供的概念、方法、模型。不论是想有系统地了解工控安全问题及其应对措施，还是想了解部分内容，都可以从该标准入手。

稳定可靠的工业通讯推进工业物联网安全

IEC 62443标准涉及完整的工业自动化控制生态系统，并描述了安全从业人员，系统集成商和控制系统制造商应如何交互并确保其设施和组件的安全性。该标准根据区域和管道模型细分网络，以使用良好定义的接口(信道)，更好地控制系统网络内的接入和安全性。它为工业自动化控制系统安全提供了一个通用准则，专门用于工业自动化的安全管理系统，工业网络安全体系结构指南，以及定义整个系统和整个组件生命周期的安全要求。它的实施有利于组织解决工业网络安全风险。

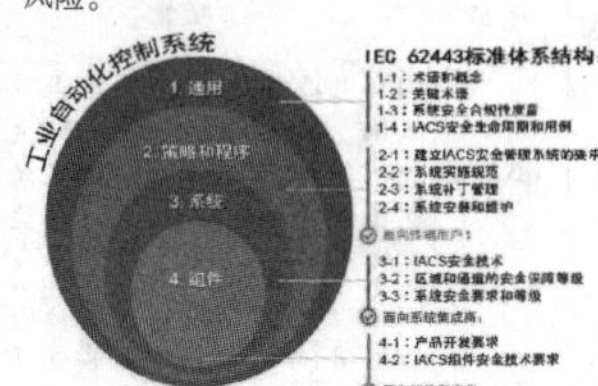

以Moxa为例，不仅有专职的产品安全功能设计工作小组依照国际规范（如IEC 62443)设计产品以满足客户规划系统时的需求，提升产品的安全性和加强产品本身的强固，而且设有产品资产安全实验室，针对产品进行已知漏洞测试及模糊测试(Fuzzy Test)以确保产品没有已知漏洞并有效降低资产安全风险。因此，Moxa的工业通讯产品——工业用交换机、设备服务器、通讯协议交换机，和用于关键系统保护和访问的防火墙及VPN产品，已广泛地应用在上海地铁各个系统中，如PSCADA，而这些地铁线路都经过等保测评机构评定，均符合《信息系统安全等级保护基本要求》二级或三级标准要求。

此外，Moxa更投入众多资源成立专门的网络安全响应小组，汇聚了相关的专家快速响应产品在网络安全方面的事宜；在发现安全漏洞时，以最快的速度回应，协助客户的产品保持在最佳的安全状态，并主动在Moxa企业网站主动公布相关产品、产品弱点与Moxa提出的安全解决方案。而Moxa的客户也可透过订阅RSS收到最新的产品安全相关消息。

◇李崇汉 张 恒

（本文原载第33期2版）

爱立信携手NTT DOCOMO、AGC率先采用窗式天线以支持5G车联网

爱立信携手NTT DOCOMO和AGC，在高速行驶的车辆中展示5G以及窗式天线的特殊用途。

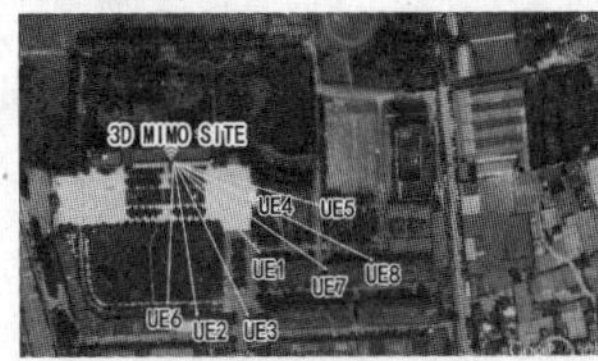

图1：测试现场

近日，三家公司在时速约为100公里的车辆上携手展示了速率高达8 Gbps的5G通信，首创全球纪录。这次演示使用的汽车窗式天线由日本玻璃制造商AGC公司开发，支持28 GHz的5G频段。安装窗式天线不会对车辆设计产生任何负面影响，且从外部看来近乎隐形。

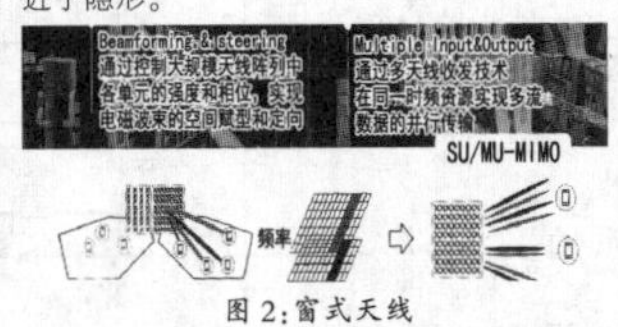

图2：窗式天线

在28GHz频段，无线电波衰减幅度较大且难以长距离传播。通过窗式天线，车辆可使用波束赋形来收发5G无线电波，并将无线电波集中在特定方向，同时多入多出（MIMO）功能可同步传输多个天线的不同数据，加快通信速度。如此一来，行驶中的车辆也能实现稳定高速的通信。

图3：窗式天线的安装

此次演示在日本茨城县国家土地和基础设施管理研究所进行，基于波束赋形和MIMO功能，三方对配备窗式天线的车辆开展了5G通信测试。经测试，当车辆以约100公里的时速行驶时，速率可达8 Gbps，时速为30公里时速率高达11 Gbps。

图4：安装窗式天线的车辆外观

◇李 欣（本文原载第33期2版）

康佳彩电KIP+L070E02C1-01二合一电源板电路分析与检修(二)

(紧接上期本版)

2.LED背光驱动电路

该二合一板的背光驱动电路采用灿瑞公司的OCP8122A方案，主要由驱动脉冲形成和升压电路、PWM调光控制电路组成。背光驱动电路如图2所示。

1)OCP8122A简介

OCP8122A为双路驱动芯片，集成了两个实现最佳效率独立控制的LED驱动器，驱动器输出相移180度，使得芯片在大功率应用时有较小的纹波电流。OCP8122A支持PWM信号对每个通道进行独立的调光，模拟调光同时控制两个通道。OCP8122A有完整的保护功能。例如，MOSFET的过流保护(OCP)、输出对地短路保护(SCP)、输入欠压保护(UVLO)、输出过压保护(OVP)、限流保护。另外，OCP8122A还支持配置适合主从操作的多通道应用，同步实现一个独立单线界面的最小化系统组件。OCP8122A引脚功能及电压见表2。

表2 OCP8122A引脚功能及实测电压

引脚	符号	功能	电压(V)
①	UVLS	VIN电源欠压保护脚。当此脚的电压低于2.7V时，IC的VIN欠压保护功能起作用，输出关闭，只有当电压恢复到高于3V时，IC恢复正常输出。	4.58
②	VCC	VCC为电源供应输入脚，输入电压范围8V~25V。当此脚电压低于6.8V时，IC的VCC欠压保护功能起作用，输出关闭，只有当电压恢复到高于7V时，IC恢复正常输出。	12.15
③	EN	使能脚。高电平(2V~5V)时，IC启动；小于0.4V，IC关闭。	3.74
④	VREG	IC内部5V稳压器输出脚。当此脚电压低于3.6V时，IC的VREG欠压保护功能起作用，输出关闭，只有当VREG电压恢复到高于3.8V时，IC恢复正常输出。	4.78
⑤	RSET	IC的工作频率及多芯片应用主从模式设置脚。通常单芯片应用时，接一个电阻到地，设置工作频率；多芯片主从应用时，主芯片的RSET脚连接电阻到地，从芯片的RSET脚通过一个与主芯片阻值相同的电阻连接到VREG脚。	1.01
⑥	SYNC	同步工作频率输入/输出引脚。通过一个电阻连接到VREG脚；多芯片应用时，将从芯片的SYNC脚与主芯片的SYNC脚短接。	1.50
⑦	PWM1	为1通道PWM调光信号输入脚。调光信号幅度需大于2V，PWM信号占空比由0~100%变化，即可控制LED灯由暗变成最亮。	2.14
⑧	PWM2	为2通道PWM调光信号输入脚。调光信号幅度需大于2V，PWM信号占空比由0~100%变化，即可控制LED灯由暗变成最亮。	2.14
⑨	ADIM	IC模拟调光控制脚。该脚电压在0.5V~1.5V时，LED电流会逐渐增大。采用数字脉冲调光方式时，将该脚设置为2.5V。	2.37
⑩	TIMER	故障关断延迟时间设置脚。外接一个电容，电容大小决定了延迟时间的长短。	0.15
⑪	CMP1	外接电容、电阻设置1通道软启动及补偿脚。	4.50
⑫	CMP2	外接电容、电阻设置2通道软启动及补偿脚。	4.66
⑬	IFB2	2通道LED电流采样输入脚。	0.32
⑭	GATE2	2通道PWM调光驱动输出。	8.50
⑮	OVP2	2通道输出过压保护采样输入脚。	2.89
⑯	CS2	2通道升压MOSFET开关管电流采样输入脚。	0.02
⑰	IFB1	1通道LED电流采样输入脚。	0.32
⑱	GATE1	1通道PWM调光驱动输出。	8.45
⑲	OVP1	1通道输出过压保护采样输入脚。	2.88
⑳	CS1	1通道升压MOSFET开关管电流采样输入脚。	0.02
㉑	GND	接地脚。	0
㉒	SWOUT2	2通道升压MOSFET驱动输出脚。	0.67
㉓	SWOUT1	1通道升压MOSFET驱动输出脚。	0.57
㉔	STATUS	故障状态输出脚。	0.07

2)驱动脉冲形成和升压电路

二次开机后，开关电源输出的+100V(标为VIN)为升压电路供电，同时经R704与R715分压取样后为U701的①脚提供3V以上高电平检测电压；+12V经R703为U701的②脚供电；主板送来的点灯控制电压(ON/OFF)由低电平变成高电平，经R702、R709分压后送到U701的③脚，U701启动进入工作状态，从㉒、㉓脚输出升压驱动脉冲，驱动升压电路的开关管V708、V711工作于开关状态。

升压电路有两个：一个是由储能电感L701、开关管Q711、续流二极管D701和D703、滤波电容CW701组成；另一个则由储能电感L702、开关管Q708、续流二极管D702和D704、滤波电容CW705组成。以第一个为例，当U701㉓脚的驱动脉冲为高电平时，Q708导通，VIN电压(+100V)经储能电感L701、LF701、Q711到地，此时在L701两端产生的感应电压为左正右负，L701进入储能过程，此时续流二极管D701和D703截止，LED由滤波电容CW701供电；当驱动脉冲为低电平时，Q711截止，此时在L701两端产生的感应电压为左负右正，此感应电压与100V叠加并通过D701和D703给LED供电，并对CW701充电，形成电压+VLED，为LED背光灯条供电。电路重复上述步骤完成升压过程，将100V提升到130V~160V。

3)PWM调光控制电路

调光控制电路也有两个，分别由Q710、Q709等组成。主板送来的DIM调光控制信号（PWM脉冲），经R719与R724分压后加到U701⑦、⑧脚，输入的占空比可调的方波信号对U701⑱、⑭脚输出的调光驱动脉冲的占空比进行调整，从而控制Q710、Q709的导通与截止，以便控制LED灯串在单位时间内点亮与熄灭的时间比，从而实现亮度控制。

4)保护电路

OCP8122A具有多种保护功能。当背光灯升压电路和调光电路发生过压、过流、短路、开路故障时，均会进入保护状态，背光灯电路停止工作。

(1)升压开关管过流保护

以第一个升压电路为例，升压开关管Q711的源极经电阻R712、R713并联到地，作为流过Q711电流的取样，R712、R713是电流取样电阻。此电阻上形成的电压经R717反馈到U701的过流保护检测输入端⑳脚(CS1)。若流过Q711的电流过大，在电流取样电阻上形成的电压就越高，CS1脚电压也越高。当CS1脚电压超过近似0.5V的典型阈值时，过流保护功能启动，内部电路会关断㉓脚驱动脉冲的输出，使升压电路停止工作。

(2)输出过压保护(OVP)

仍以第一个升压电路为例，升压电路的输出端接有分压电阻R706、R714，对升压输出电压进行取样，取样电压送到U701的过压保护检测输入端⑲脚(OVP1)。当升压输出电压升高时，OVP1脚的电压会随之升高，当升高到保护设定值3V时，OCP8122A内部保护电路启动，内部电路会关断㉓脚驱动脉冲的输出，使升压电路停止工作。

(未完待续)

◇四川 贺学全

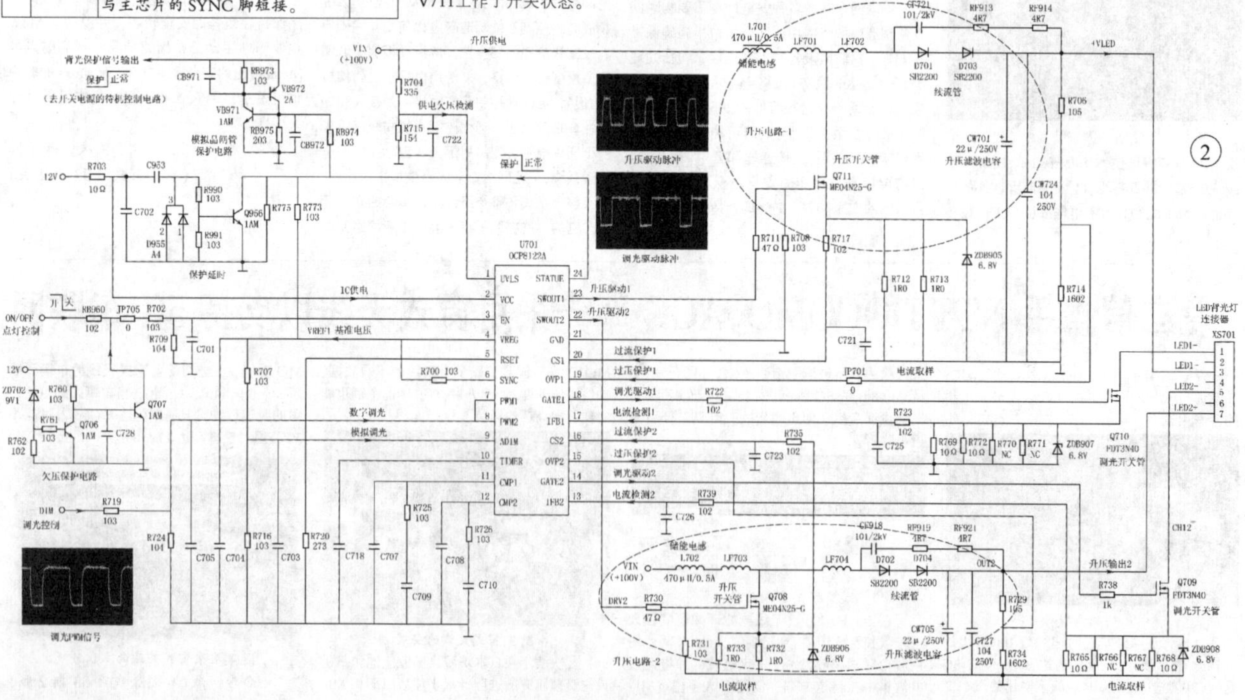

编辑：王友和 投稿邮箱：dzbnew@163.com

精减版Office软件也惹事

周一刚上班就接到领导电话，说是上周帮他电脑重做系统后导致OA平台无法使用。初步估计是浏览器相关Web插件没有安装造成的故障，因为本单位和上级单位使用的是金格iWebOffice2009全文批注OA系统，客户端浏览器必须安装名为iWebOffice2009.ocx的控件才能正常收发文件。

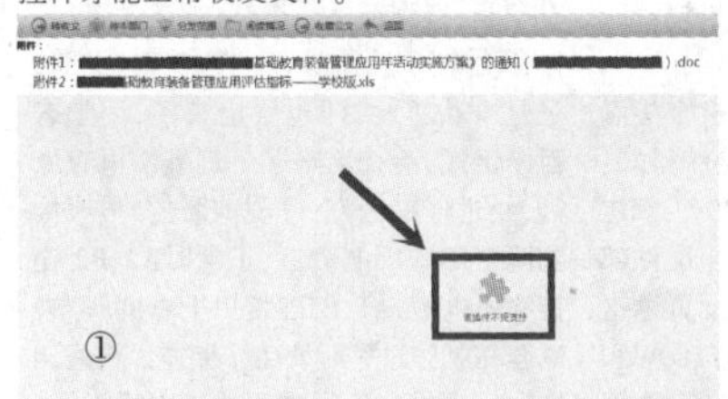

来到领导办公室打开电脑，发现屏幕弹出"该插件不受支持"的提示（如图1所示），这说明iWebOffice2009.ocx插件已经安装。考虑到之前安装的插件可能损坏，于是进入浏览器"Internet选项"→"程序"→"管理加载项"，选择iWebOffice2009 Control一项并将其删除(如图2所示)，关闭浏览器后再重新打开并登录到OA平台，此时屏幕提示要安装相应的软件(如图3所示)，没想到点击同意安装后故障依旧，使用360浏览器并尝试切换不同工作模式还是如此。无奈之下找来一台安装有精减版Office2003的机器，登录至OA平台一切正常，看来还是机器安装的Office软件有问题。

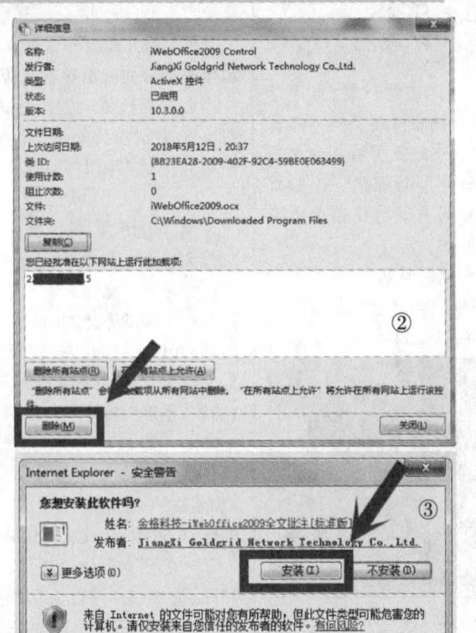

进入"控制面板"→"程序和功能"项发现该机随系统克隆安装的Office2009程序前面有个红色的叉号(如图4所示)，说明此程序安装有问题。将其卸载并重新安装完整版Office2010，再次登录至OA平台发现一切正常(如图5所示)，至此故障才彻底排除。

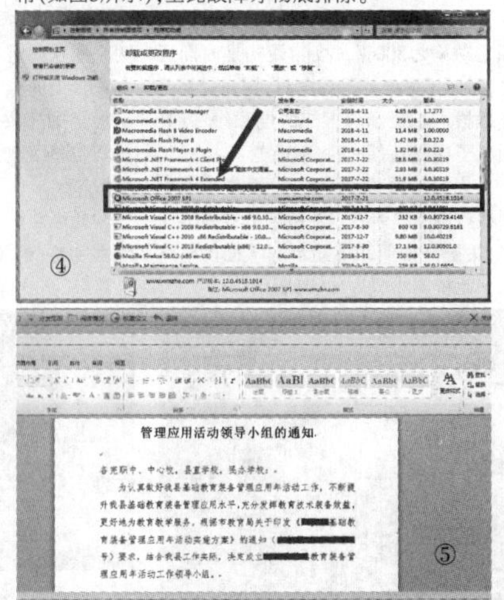

◇安徽　陈晓军

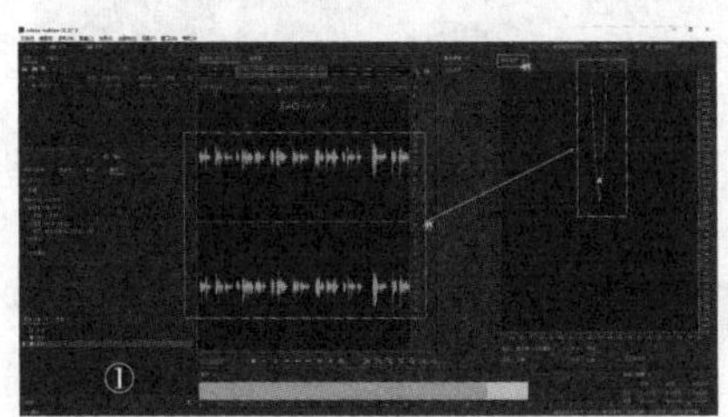

巧用"混响"增强配音立体感

平时我们在进行讲解配音工作时（比如制作教学微课)，一般都会直接使用电脑的麦克风进行音频信号的录制，这样的简易操作得到的就是常规的单声道音频(虽然是左右两个声道中都有音频信息)。比如：打开AuditionCC 2018新建一个波形文件，配音录制结束后仔细观察左右两声道的波形信息后不难发现，二者的相似程度极高，因为是通过一个麦克风拾取的音频信号，这样的音频听起来就显得比较"苍白"，缺少立体感；如果再点击"窗口"-"相位分析"菜单进行检测，两个声道的"合成"音频的指向性夹角(约15°)非常窄，几乎就是纯正的单声道(如图1所示)。

在Audition中，我们可以通过调用"混响"功能来将这样的单声道配音进行简单的处理，增强其立体感，从而极大提高后期的音频合成效果。执行"效果"-"混响"-"混响"菜单命令，在弹出的"效果-混响"对话框中保持默认的预设不变，可点击左下角的预览播放按钮进行试听，同时能够观察到"相位分析"窗口所显示出的音频相位已经完全不是"狭窄"的三角形状态，变成从中心向四周延展的立体方位(如图2所示)，同时也不难听出声音信息已经变得"浑厚"了许多，立体现场感马上就出来了。接着，点击"应用"按钮，再将"混响"处理过的音频信息进行导出保存成MP3文件即可。

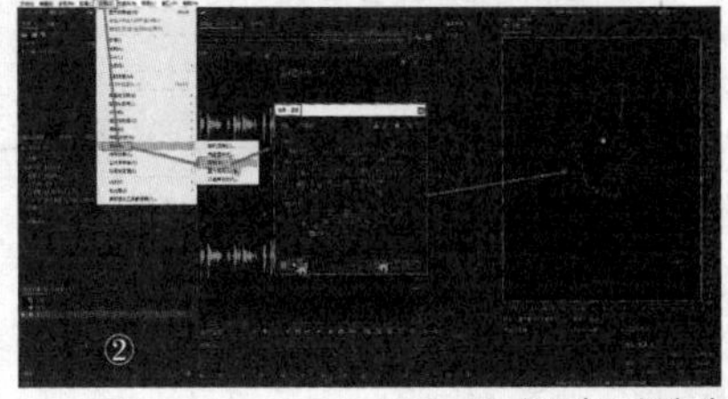

◇山东　杨鑫芳

一只二极管拯救一台激光打印机纪实

我校的一台激光打印机(型号为三星ML-1666)在一次长时间打印的过程中，突然罢工。指示灯不亮，按下开关无任何反应。

打电话请来当地打印机维修售后人员，最后的结论是主板坏了，已经没有维修价值(指的是维修价格已经可以购买一台新打印机)，于是学校只好重新购置一台新打印机。这台坏的打印机交给了笔者，看看是否有维修价值。

说到维修打印机电路是大姑娘上轿——头一回。当拿着十字螺丝刀准备拆卸时，把打印机翻转了好几遍，上下左右前后竟没有找到一个可以拆卸的螺丝。只好放下螺丝刀，实行第二套方案，用一张薄的废弃塑料卡片(电话卡、饭卡、银行卡都可以)沿着塑料壳的缝隙划开。此打印机的外壳是用卡槽方式安装的，取下外壳，电路板就显现出来了。

这款打印机有两块电路板，上面小的一块是打印机CPU芯片板，负责处理弱电信号。下边大的一块是电源板，根据指示灯不亮，确定问题在电源板。将排线拔下，220V加热辊供电插头拔下，把螺丝拧下来，电路板从打印机上彻底拿下来了。

观察电路板，电子元件数量比较少，大部分为分立元件，为便于说明和维修画出部分原理图（见图1所示）。观察电解电容，无鼓包、漏液现象，于是用万用表测试三个保险管，全部正常，说明初级没有元件击穿短路，接着测试变压器次级的滤波电容，当表笔放到C7时，指针马上指到0，并且始终不出现指针回摆现象。心中大喜，再测旁边整流二极管D1(如图2所示)，发现正反向电阻均为0。为进一步确认，将二极管的一端焊下来测量，正反向阻值为零，而再次测量电容，指针打到零后缓慢回摆，说明电路基本正常。再测其他元件，没发现异常。

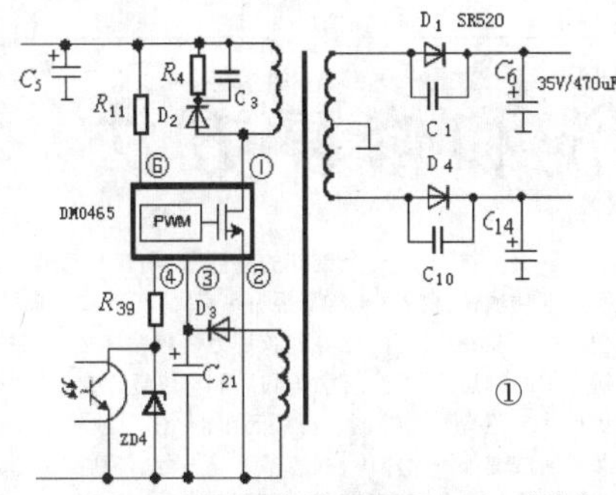

①

这是一个肖特基二极管，型号为SR520。肖特基二极管比较突出的特点是：正向压降低，反向恢复时间小，参数为 20V/5A。通过网络渠道得到一个SR5200更换上，检查无问题，通电试机能够正常打印。就这样，原本一台即将报废的打印机经更换一个小二极管后便起死回生了。

当前我国正在大力提倡节能减排，减少环境污染。这是一件利国利民的好事。作为千万维修人员中的一员，积极响应国家号召，为减少电子垃圾尽自己的绵薄之力而感到高兴。

图2　损坏的二极管

◇河北　黄　骅　刘世敏

HY-300型超级康美韵理疗仪不通电故障检修1例

此理疗仪输入电压为AC220±20V，额定功率为300W。故障最初是时而通电，时而不通电。不通电时，用户轻轻里外插拔一下显示屏下部的电源线，就又通电了，到最后是彻底不通电了。

分析与检修：很显然，故障是因电源线接触不良所致。该故障的维修很简单，关键是如何卸下显示屏下面的电路板。此机实物照片如图1所示。

原以为显示屏下面有固定螺丝，轻轻揭开显示屏表面带粘性的保护薄膜，就可将整个电路板卸下，实则不然，此粘性保护薄膜下面根本没有固定螺丝，揭粘性保护薄膜时，还差点将轻触电源开关按键弄坏。

正确的拆卸方法是：不要动显示屏，首先拆下两边支脚下的螺丝，卸下支脚固定支架，然后再拆下两个半圆状边缘上下的螺丝，两边共12颗，拿下这两个弧状固定槽，然后再逐个拆下弧状固定板上的螺丝，这时就可看到两个弧状板中间还夹有一层石棉垫，小心移开石棉垫及加热板，就可将整个电路板取下。

此电路板是从弧状板的内侧用螺丝固定的，难怪从显示屏外面无法卸下电路板。此电路板如图2所示。

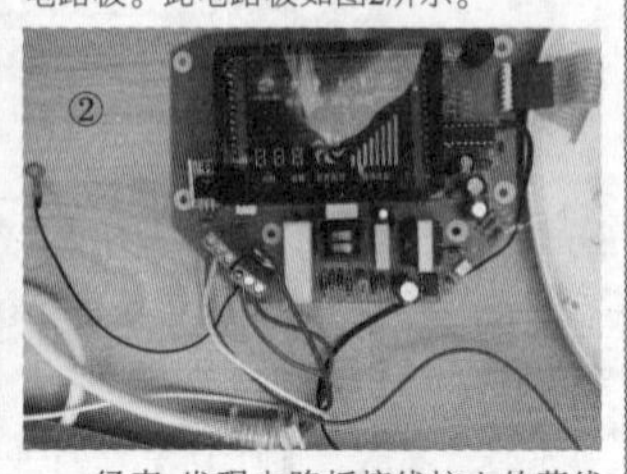

经查，发现电路板接线柱上的蓝线固定螺丝未压好，导致电源蓝线接触不良，发热致使接线柱塑料熔化变形，现已无法使用，用相同的3脚接线柱更换后，故障排除。

复原时，因弧形板弯曲时有一定的弹力，需两个人配合，才能将理疗仪恢复原样。

◇山东 黄杨

半自动洗衣机故障维修2例及感想

例1.幼儿园有一台洗衣机洗涤部分和甩干部分先后出现不运转现象

分析与检修：因为是幼儿园使用，所以初步判断故障是因洗衣量很大且一次性洗的衣物太多，造成电机烧毁所致。

到了现场，发现这台洗衣机个头确实很大，根据洗衣机背面的铭牌得知：该机的额定洗涤输入功率为520W、额定脱水输入的功率为230W。去家电配件部询问520W电机时，售货员称，没见过这么大大功率的洗涤电机，只有180W和150W。尽管失望而回，并不死心，又去网上浏览。当输入洗涤电机520W进行查询，出现："抱歉！没有找到与"洗涤电机520W"相关的宝贝"。由于没有找到匹配电机，暂时搁置一边，忙其他任务去了。

一个星期很快过去了，这个周日有时间，又想起了那台大功率洗衣机。当把后盖打开后，发现洗涤电机功率为180W，甩干电机为60W。购置了2个纯铜电机更换后，故障排除。并嘱咐工作人员采用少量多次的办法进行洗涤和甩干。

例2.一台半自动洗衣机甩干电机运转无力

分析与检修：通过故障现象分析，说明甩干系统异常。本着先易后难原则，开后盖，用手拨动电机转轴非常轻松，排除机械原因，怀疑故障是因甩干电机运行电容容量变小引起的。于是，将电容上标有5μF的左右2根线(见附图的B1、B2)剪断，接到一个新的电容上，通电试机，结果电机不转了，怀疑插座有问题，换到另外一个插口，还是不行，打开洗涤开关，洗涤桶也不转了。此时，已是一头雾水，汗也冒出来了，用咱老百姓话说，治聋治哑了。赶紧断电查原因，经过仔细检查，发现剪断的2根线接到两个不同的电机上，正常时A2、B2连接洗涤电机，A1、B1连接甩干电机。原来电容在制作过程时发生了偏差。将线调换后，再将几件湿衣服放进去甩干桶，能正常甩干，故障排除。

【提示】*静下心来想一想，以上2个例子在判断问题和处理问题时犯了经验错误，没用认真调查，完全根据主观意识作出判断，犯了维修大忌，险些让维修工作陷入误区。*

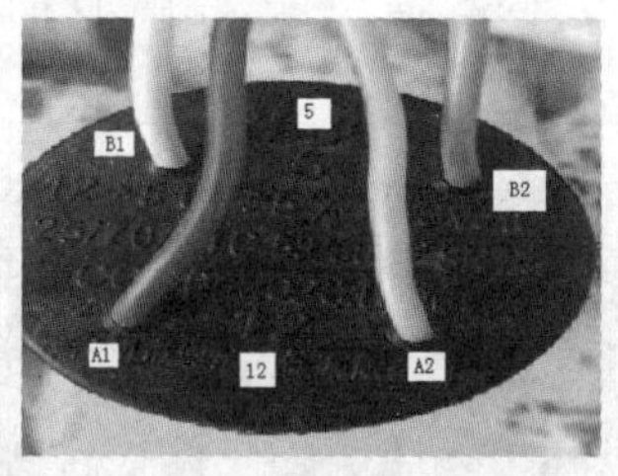

◇河北 刘世敏

舜洁牌ZJ-AS602型智能坐便器不能自动冲便故障检修1例

笔者家的一台舜洁牌ZJ-AS602型智能坐便器，最近出现如厕者还未着垫(即人还未坐到马桶垫上)就自动冲水(正常时应是冲洗烘干后人离开坐垫，才自动冲水)，此时红色着垫指示灯点亮(正常应是用户坐到马桶垫上红色着垫指示灯才点亮)现象。如果此时如厕者着垫如厕完毕后离开，红色着垫指示灯也不能自动熄灭，也不能自动冲水(正常时是人离开着垫圈后，红色着垫指示灯自动熄灭，随即自动冲水)；有时红色着垫指示灯虽然能自动熄灭，但却不能自动冲水；有时红色着垫指示灯又能自动熄灭和自动点亮，间隔不等的时间进行冲水。将电源插头拔下，静候几分钟再插上(让控制器芯片复位)，故障现象不变。

根据故障现象分析，半月形着垫圈里面的静电感应式着垫开关损坏的可能性较大。于是，拆开半月形塑料垫圈、发现静电感应式着垫开关具有三根引线，通过红色插头与控制板上的插座连接(见图1)。顺便指出，半月形塑料垫圈除着垫开关引出线的红色插头与控制板连接外，还有垫圈加热丝引出线的白色插头和垫圈温度控制器引出线的蓝色插头与控制板连接(见图2)。观察着垫开关引出线的红色插头时，发现里面有明显的因受潮生成的铜绿(即硫酸铜结晶)。用无水酒精清洗、烘干、复原电路后试机，上述故障一扫而光，智能坐便器恢复正常使用。

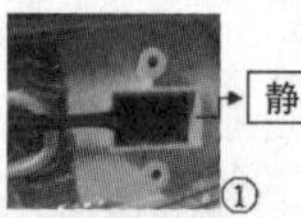

静电感应式着垫开关

①

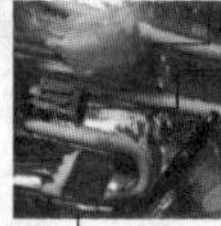

座圈加热丝引线白色插头

热圈温度控制器引线蓝色插头

黑色座圈温度控制器

②

着垫感应开关引线红色插头

◇湖北 王绍华

遥控器的清洗和修复方法

彩电、碟机、数码设备等产品中所配套使用的遥控器，用过一段时间后，会出现接触不良现象，即按压遥控器按键不起作用，或反复使劲按压按键才起作用，且常常是经常按压的那几个键才会出现此类现象。遇到这类故障，一般是按键触点(导电橡胶)和电路板脏污了。维修时，只要用螺丝刀拆开遥控器的外壳，再用医用棉签蘸少许清水，擦洗电路板和按键触点，晾干或用吹风机吹干后重新装好即可使用。

【注意】*切忌使用汽油、高浓度酒精等溶液清洗，以免损伤碳膜。*

有些遥控器按键触点老化，用万能表电阻挡测试按键导电橡胶的电阻，若阻值很大或无穷大，可采用修补的方法来解决。首先，找一个废弃的遥控器，用剃须刀薄刀片，仔细切下功能良好的导电橡胶备用；其次，切下故障遥控器导电橡胶，把功能良好的导电橡胶用万能胶粘在故障遥控器刚才切下的触点位置上，接触牢固后即可恢复正常。

还有些遥控器，电路板元器件出现故障，表现为按压任何按键都不起作用，故障多为晶振、红外线二极管损坏所致。维修时，可以用更换同型号晶振、红外线发射二极管(注意正负极性)的方法来修复。另外，若集成块损坏，无法购到时，可更换新的遥控器。

◇浙江 方继坤

Vivo Z1显示"无法安装设备驱动程序"故障维修1例

故障现象：网购一台vivo Z1手机，第一次连接电脑，显示"正在安装设备驱动程序"，过一会儿，显示"无法安装设备驱动程序"

分析与检修：询问客服，在拨号状态下输入*#*#7777#*#*后，机器自动出现"开发者选项"界面，里面有一项"USB调试"，选中后再连接电脑，就可安装该设备的驱动程序，故障排除。

◇山东 侯金叶

相关Modbus的ASCII、RTU和TCP协议（下）

（紧接上期本版）

对于一条RTU协议的命令可以简单地通过以下的步骤转化为ASCII协议的命令：

1.把命令的CRC校验去掉，并且计算出LRC校验取代。

2.把生成的命令串的每一个字节转化成对应的两个字节的ASCII码，比如0x03转化成0x30,0x33（0的ASCII码和3的ASCII码）。

3.在命令的开头加上起始标记":"，它的ASCII码为0x3A。

4.在命令的尾部加上结束标记CR,LF(0xD,0xA)，此处的CR,LF表示回车和换行的ASCII码。

以下仅介绍RTU协议即可，对应的ASCII协议可以使用以上的步骤来生成。

下表是Modbus支持的功能码：

功能码	名称	作用
01	读取线圈状态	取得一组逻辑线圈的当前状态（ON/OFF）
02	读取输入状态	取得一组开关输入的当前状态（ON/OFF）
03	读取保持寄存器	在一个或多个保持寄存器中取得当前的二进制值
04	读取输入寄存器	在一个或多个输入寄存器中取得当前的二进制值
05	强置单线圈	强置一个逻辑线圈的通断状态
06	预置单寄存器	把具体二进值装入一个保持寄存器
07	读取异常状态	取得8个内部线圈的通断状态，这8个线圈的地址由控制器决定
08	回送诊断校验	把诊断校验报文送从机，以对通信处理进行评鉴
09	编程（只用于484）	使主机模拟编程器作用，修改PC从机逻辑
10	控询（只用于484）	可使主机与一台正在执行长程序任务从机通信，探询该从机是否已完成其操作任务，仅在含有功能码9的报文发送后，本功能码才发送
11	读取事件计数	可使主机发出单询问，并随即判定操作是否成功，尤其是该命令或其他应答产生通信错误时
12	读取通信事件记录	可是主机检索每台从机的ModBus事务处理通信事件记录。如果某项事务处理完成，记录会给出有关错误
13	编程（184/384 484 584）	可使主机模拟编程器功能修改PC从机逻辑
14	探询（184/384 484 584）	可使主机与正在执行任务的从机通信，定期控询该从机是否已完成其程序操作，仅在含有功能13的报文发送后，本功能码才得发送
15	强置多线圈	强置一串连续逻辑线圈的通断
16	预置多寄存器	把具体的二进制值装入一串连续的保持寄存器
17	报告从机标识	可使主机判断编址从机的类型及该从机运行指示灯的状态
18	（884和MICRO 84）	可使主机模拟编程功能，修改PC状态逻辑
19	重置通信链路	发生非可修改错误后，是从机复位于已知状态，可重置顺序字节
20	读取通用参数（584L）	显示扩展存储器文件中的数据信息
21	写入通用参数（584L）	把通用参数写入扩展存储文件，或修改之
22～64	保留作扩展功能备用	
65～72	保留以备用户功能所用	留作用户功能的扩展编码
73～119	非法功能	
120～127	保留	留作内部作用
128～255	保留	用于异常应答

在这些功能码中较长使用的是1、2、3、4、5、6号功能码，使用它们即可实现对下位机的数字量和模拟量的读写操作。

1.读可读写数字量寄存器(线圈状态)：

计算机发送命令：[设备地址] [命令号01] [起始寄存器地址高8位] [低8位] [读取的寄存器数高8位] [低8位]

例：[11][01][00][13][00][25]

意义如下：

<1>设备地址：在一个485总线上可以挂接多个设备，此处的设备地址表示想和哪一个设备通讯。例子中为想和17号(十进制的17是十六进制的11)通讯。

<2>命令号01：读取数字量的命令号固定为01。

<3>起始地址高8位、低8位：表示想读取的开关量的起始地址(起始地址为0)。比如例子中的起始地址为19。

<4>寄存器数高8位、低8位：表示从起始地址开始读多少个开关量。例子中为37个开关量。

<5>CRC校验：是从开头一直校验到此之前。在此协议的最后再作介绍。此处需要注意，CRC校验在命令中的高低字节的顺序和其他的相反。

设备响应：[设备地址] [命令号01] [返回的字节个数][数据1][数据2]...[数据n]

例：[11][01][05][6B][0E][1B]

意义如下：

<1>设备地址和命令号和上面的相同。

<2>返回的字节个数：表示数据的字节个数，也就是数据1，2...n中的n的值。

<3>数据1...n：由于每一个数据是一个8位的数，所以每一个数据表示8个开关量的值，每一位为0表示对应的开关断开，为1表示闭合。比如例子中，表示20号(索引号为19)开关闭合，21号断开，22闭合，23闭合，24断开，25断开，26闭合，27闭合...如果询问的开关量不是8的整倍数，那么最后一个字节的高位部分无意义，置为0。

<4>CRC校验同上。

2.读只可读数字量寄存器(输入状态)：

和读取线圈状态类似，只是第二个字节的命令号不再是1而是2。

3.写数字量(线圈状态)：

计算机发送命令：[设备地址] [命令号05] [需下置的寄存器地址高8位] [低8位] [下置的数据高8位] [低8位]

例：[11][05][00][00]

意义如下：

<1>设备地址和上面的相同。

<2>命令号：写数字量的命令号固定为05。

<3>需下置的寄存器地址高8位，低8位：表明了需要下置的开关的地址。

<4>下置的数据高8位，低8位：表明需要下置的开关量的状态。例子中为把该开关闭合。注意，此处只可以是[00]表示闭合[00][00]表示断开，其他数值非法。

<5>注意此命令一条只能下置一个开关量的状态。

设备响应：如果成功把计算机发送的命令原样返回，否则不响应。

4.读可读写模拟量寄存器(保持寄存器)：

计算机发送命令：[设备地址] [命令号03] [起始寄存器地址高8位] [低8位] [读取的寄存器数高8位] [低8位]

例：[11][03][00][6B][00][03]

意义如下：

<1>设备地址和上面的相同。

<2>命令号：读模拟量的命令号固定为03。

<3>起始地址高8位、低8位：表示想读取的模拟量的起始地址(起始地址为0)。比如例子中的起始地址为107。

<4>寄存器数高8位、低8位：表示从起始地址开始读多少个模拟量。例子中为3个模拟量。注意，在返回的信息中一个模拟量需要返回两个字节。

设备响应：[设备地址] [命令号03] [返回的字节个数][数据1][数据2]...[数据n]

例：[11][03][06][02][2B][00][00][00][64]

意义如下：

<1>设备地址和命令号和上面的相同。

<2>返回的字节个数：表示数据的字节个数，也就是数据1，2...n中的n的值。例子中返回了3个模拟量的数据，因为一个模拟量需要2个字节所以共6个字节。

<3>数据1...n：其中[数据1][数据2]分别是第1个模拟量的高8位和低8位，[数据3][数据4]是第2个模拟量的高8位和低8位，以此类推。例子中返回的值分别是555，0，100。

<4>CRC校验同上。

5.读只可读模拟量寄存器(输入寄存器)：

和读取保存寄存器类似，只是第二个字节的命令号不再是2而是4。

6.写单个模拟量寄存器(保持寄存器)：

计算机发送命令：[设备地址] [命令号06] [需下置的寄存器地址高8位] [低8位] [下置的数据高8位] [低8位]

例：[11][06][00][01][00][03]

意义如下：

<1>设备地址和上面的相同。

<2>命令号：写模拟量的命令号固定为06。

<3>需下置的寄存器地址高8位，低8位：表明了需要下置的模拟量寄存器的地址。

<4>下置的数据高8位，低8位：表明需要下置的模拟量数据。比如例子中就把1号寄存器的值设为3。

<5>注意此命令一条只能下置一个模拟量的状态。

设备响应：如果成功把计算机发送的命令原样返回，否则不响应。

（全文完）

◇湖北 李文名

用SONY数码相机充电器制作万能充电器

自己几年前的红米手机找了出来，用充电器充电时，不停地重启，始终不能开机，打算把手机电池单独进行充电，充满后手机是否可以开机，再加上自己几年来，攒了十几只大大小小的手机旧电池，一直想派上用场，前不久用万用表测量后，发现都已经电量不足了，再不充电，都要报废了，看来制作一个万能充电器就显得急迫了。

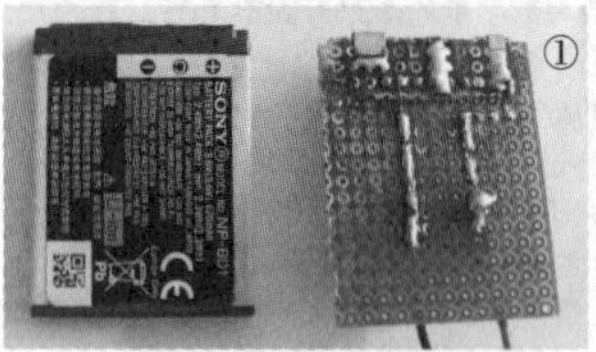

自己的Sony T90数码相机已经很久不用了，数码相机的充电器制作精良，电路保护功能齐全，打算用它制作一个万能充电器。首先，制作充电器转接板，用万能电路板比照数码相机的电池，裁剪一样大小，在电路板上焊接相应电极触片和接线端子，并通过接线端子，将两只测试伸缩勾（这里可以用鳄鱼夹）将充电器的正负极引出(见图1、图2)。接下来找一个银行卡大小的卡片，在卡片顶端两个角处钻两个直径3mm的孔洞，并准备一个橡皮筋，两个强力磁铁备用(见图3)。然后用彩色曲别针用尖嘴钳制作两只电池取电探针，并且将探针中间的塑料皮去除(见图4)。

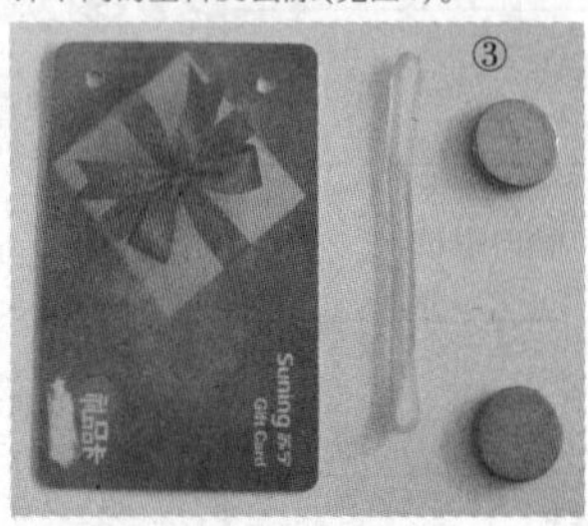

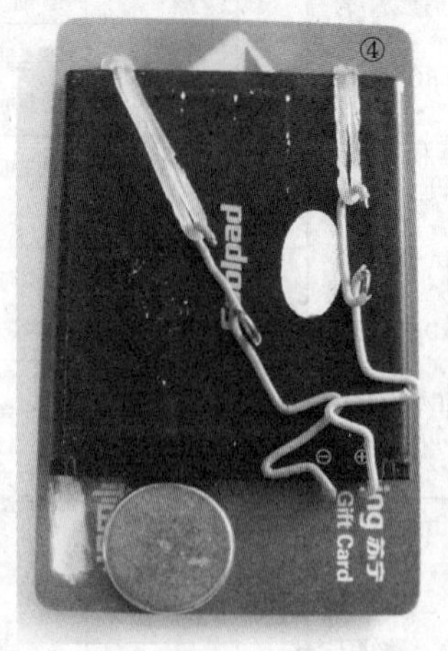

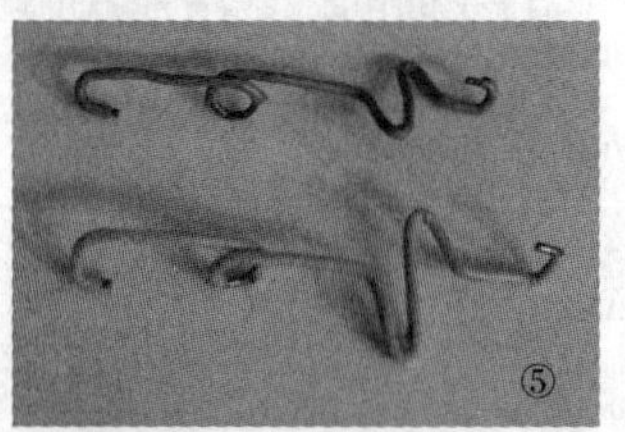

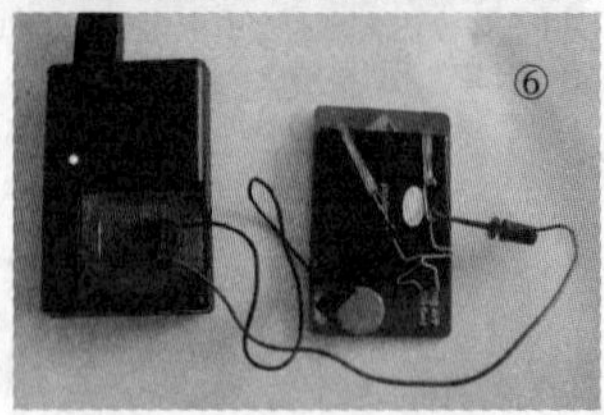

将需要充电的电池用磁铁、橡皮筋及取电探针固定在卡片上，并将取电探针与电池的正负极相连(见图5)。将转接板装在充电器上，并且用转接板上伸缩勾连接到取电探针上，充电器插上电源就可以充电了(见图6)，经过使用，效果很好，充电时充电器上指示灯是黄色，充满后指示灯熄灭。

为了防止线路接反，线路和取电探针最好用不同颜色进行区分。除了用数码相机电池充电器制作万能充电器外，也可以用已经淘汰不用的手机制作，特别有的手机充电时，还有充电动画显示，很有成就感。

◇江苏　周恩会

对三轮或四轮电动代步车充电方式的改装

由于有些代步电动车为分离外接式充电器，什么时候充电，什么时候要插上充电器再插上插排对车进行充电，对于有院落的地方可以在院内充电比较安全，可是对于城市中楼房住户就存在安全隐患，因为城市楼房住户一般没有院子，而储藏室多数开不进代步电动车，高层住户无法充电，有的高层住户从窗子内把插排线扔下来充，由于太高，多个插排在中间在高空连接，也容易分开掉落，砸到地面上的人或高空悬挂危险带电插座，让不知情的人发生触电危险。也存在暴雨或高温暴晒天气用电线路打火的隐患。

为了解决高楼层住户能对三轮、四轮代步车顺利充电的麻烦。现将电路改接如下：首先把充电头座引入车内找一个合适的位置固定好，再在原充电座位置用PNC板做一个盖装在原处，并在中间钻一个小孔，能让220V两芯电源线进入并对盖子周围打上密封防水，电源线车内的一头装一个质量好的小插排固定在车内，最后把充电管装到车内一个合适的位置并固定好，一头插在220V插排中，一头插在车充电座上，电源线的长度根据情况而定，一般如果盘在充电座内大致可以3-5米，再多就放不进去了(如果线不够长，中间可再加一个插排)，车外的线头接一个插头，插到220V电源上即可使用了。

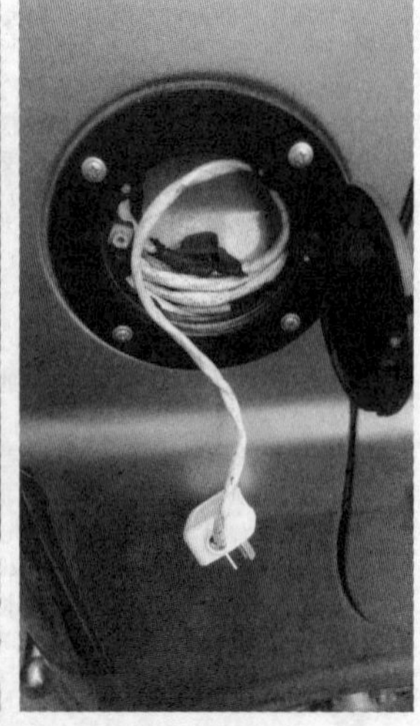

注意事项：

1.充电器固定车内避开易燃品，空间要充足。

2.电源线和插排要选用质量可靠的。

3.可以装一个定时器，避免长时间充电。

4. 防止下雨时通过电源线把雨水引入车内而发生危险。

5. 夏季高温时尽可把车开一条小缝，让充电器散热。

6.定期检查，排除安全隐患。

◇山东　李玉国

巧用一支电阻(1.5MΩ/1W)救活一只显像管(显示器)

用35SX5B型号显像管组装的电脑输出设备显示器。使用日久，动态下出现有图及噪音，但亮度暗，调器亮度电位器，不起作用，有回扫亮线，还有"叭叭"内部打火声。

分析与改进过程：此现象，据理论与实践经验，重点应先从视放、显像管电路入手。动态下，用500型万用表，检测显像管各脚电压，其③脚与④脚之间有正常12V电压；且③脚和⑤脚之间电压在亮度电位器时，可以在10.5V~69.8V范围内变化；但亮度仍较暗；其⑥脚为加速极，电压上升至185V，(较100V供电压高了85V)；继而，再仔细暗处观察显像管⑥脚对地有打火现象。为安全起见，静态下断开⑥脚与显管的引线，通电再测供电电压，发现100V左右的电压正常，且打火声消失。此时再测量已断开供电的加速极⑥脚电压，竟上升高达605V，显然，这600多伏的高压是由于显像管内部漏电所致。故认定显像管内损之。至此，维修人困。

"山重水复疑无路，柳暗花明又一村"。经查阅相关应急修显像管的资料，又经反复试探，可应急小改动，具体是：断开显像管⑥脚105V供电引线，在其⑥脚接了一支合适的1.2MΩ/1W电阻至地后，结果显像管故障排除，恢复正常。(经验证，改用此法，排除显像管内部漏电的故障是有效的，可取)同仁朋友，爱好者，维修中若遇此类故障不妨一试。(顺便说一句：困难九十九，难不倒两只手。动手动脑，节约成本)。

◇山东　张振友

用运算放大器测量电缆中的电流

采用测量电缆上的电压降，便可以方便地测量长电缆中流动的大电流，而无需用复杂而庞大的分流器或昂贵的磁测量方法。但是铜的温度系数(温度补偿系数)为+0.39%/℃，这限制了测量精确度。然而温度传感器可以做出补偿，但仅限于点测量装置，其相关性可能会因电缆长度出现问题。要考虑到2.5℃的电缆温度误差或差异会引起1%的误差。如果在最大电流下至少有10mV的压降，则可用现代零漂移放大器(自动归零，斩波器等)轻松测量。这些放大器提供超低偏移性能，可以精确感测满量程低压降。然后就是如何处理温度系数。本设计实例提出的解决方案利用了大电流电缆是由许多细股组成的这一事实，示例中的AWG 4电缆包含1050股AWG 34线。

具体可从图1中进行分析，运算放大器非反相输入检测电缆负载端的电缆压降。MOSFET处于输出/反馈路径中，这一路径通过温度感测线(通常是用于设置增益的电阻)，在电源处结束。电路迫使该增益设置元件出现压降，且压降正好等于主电缆压降。这种情况下，增益设置元件是嵌入在定制绝缘电缆组件(包括大电流电缆)内的34号标准规格线的单股绝缘线(包漆，如电磁线)。

AWG 34 = 265.8Ω/1000ft

AWG 4 = 0.248Ω/1000ft

例如，0.474 ft. 4号线 = 117.6 μΩ；10 mV 压降 @ Iin = 85A；Iout = 80mA。

由于电缆由1050股线组成，电流会流入MOSFET和增益元件，正比于总电流除以1050。增益元件和电缆均由铜构成，并且处于紧密的热接触中，抵消了输出随温度的变化。反馈电流流出MOSFET漏极，通过RLoad接地，提供接地参考输出电压。

线股解决了其他温度传感器的两个主要问题：

1.导线是跨越整个电缆的“分布式”传感器，能更好地感测整体温度情况；

2. 导线和主电缆一样为铜材料，可实现完美的温度补偿。

实际测试

使用4英尺长的JSC 1666 AWG 4电缆进行测试。沿电缆长度方向切开绝缘层，将34号标准规格电磁线插入绝缘层。电路中使用了NCS333运算放大器。由于运算放大器共模电压与其供电轨相等，因此必须具有轨到轨输入能力(或使用更高的电源)。此外，它应该是零漂移(斩波器)放大器，因为标准轨到轨运算放大器在正轨附近的性能通常较差。

To load
Example
4ga.
1050 strands #34
Embed one lacquered (magnet wire) strand of #34 as gain ratio element
A
Iout =Iin/1050
Vout =Iout*Rload
Rload

图1：使用比例电缆实现大电流测量温度补偿。

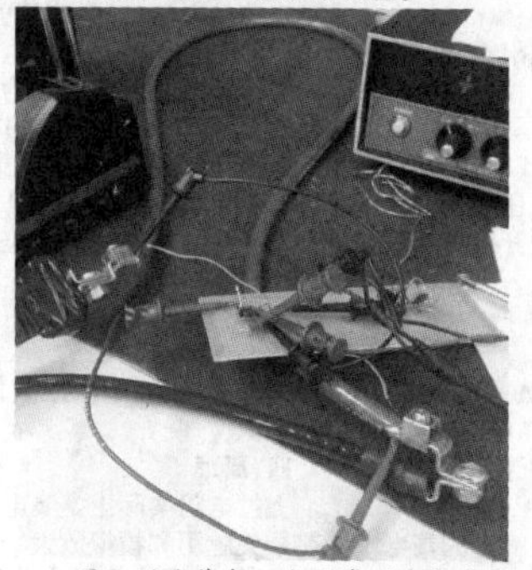

图2：测试装备。由于感测线长度影响绝对精度，因此将其连接到电路板的两根灰色电线为较重规格。

测量值

RLoad = 50Ω 1%

空载时，Vout读数为94μV；

10A负载下，Vout = 454.6mV (5.85%误差)；

58A负载下，Vout = 2.604V (5.7%误差)。

将测试装备放入温控柜中，在室温至100℃温度范围内进行测试。显示的附加误差小于0.1%。有几个因素可能会导致该误差，例如运算放大器偏移漂移，以及电缆终端的电阻和热电偶效应。

造成误差的电线公差

为了解实际电缆结果会怎样，我列出了以下电线数据，显示34号标准规格电线有2%的公差。人们会认为4号标准规格电线的总体公差也差不多。这表明根据标准公差制造的商业电线仅仅因为电缆本身的原因，就会产生4%的精确度限制。电子设备还有其他一些限制因素也会影响精确度，不过用户当然会进行调整，或者与使用的电缆匹配。

最后需要注意的是，制造实现此功能的电缆似乎很麻烦。这个概念是由OEM提出，目的是让OEM可以指定包含一股漆包线的定制电缆作为增益电阻。电动和混合动力汽车有许多大电流电缆，OEM可以利用这一特点消除大的分流。这种方法提供的精确度和温度性能，相对磁感测来说确实具有竞争力，而且成本较低，特别是在OEM量产的情况下。

在小批量的情况下，将感测线包裹或捆扎在电缆外侧，仍会具备分布式温度感测的优点。由于电缆绝缘，在耦合更弱且实际电缆铜温度的时间常数更长的情况下，感测对环境温度更为敏感。

◇湖北　朱少华

AWG	Bare Copper Diameter (inches) NOM	Bare Copper Diameter (inches) MIN MAX	Bare Copper Resistance* (ohms/1000 ft) NOM	Bare Copper Resistance* (ohms/1000 ft) MIN MAX	Area Circ. Mils NOM	Recom. Winding Tension (grams)	Single Build Min Increase (inches)	Single Build Overall Dia. (inches) NOM	Single Build Overall Dia. (inches) MIN MAX
34	.0063	.0062 .0064	261.3	253.2 269.8	39.69	182	.0005	.0069	.0069 .0072
35	.0056	.0055 .0057	330.7	319.2 342.8	31.36	147	.0004	.0062	.0059 .0064
36	.0050	.0049 .0051	414.8	398.7 431.9	25.00	120	.0004	.0055	.0053 .0058
37	.0045	.0044 .0046	512.1	490.1 535.7	20.25	100	.0003	.0050	.0047 .0052
38	.0040	.0039 .0041	648.2	617.0 681.9	16.00	81	.0003	.0044	.0042 .0047
39	.0035	.0034 .0036	846.6	800.2 897.1	12.25	64	.0002	.0039	.0036 .0041
40	.0031	.0030 .0032	1079.2	1079.2 1152.3	9.61	52	.0002	.0034	.0032 .0037
41	.0028	.0027 .0029	1322.8	1322.8 1422.6	7.84	42	.0002	.0031	.0029 .0033
42	.0025	.0024 .0026	1659.4	1659.4 1800.5	6.25	34	.0002	.0028	.0026 .0030
43	.0022	.0021 .0023	2142.8	2592.8 2351.7	4.84	26	.0002	.0024	.0023 .0036
44	.0020	.0019 .0021	2592.8	2351.7 2872.9	4.00	22	.0001	.0022	.0020 .0024

图3：电线数据。(来源：weicowire.com)

Δ/Y接法变压器电源高压侧A相断线时的电压对称分量

三相不对称电压可分解为三相对称的正相序电压和三相对称的负相序电压及零序电压。

正相序电压可为电动机提供正方向的转矩，负相序电压为电动机提供反方向的转矩，反方向的转矩是有害的，它不但降低了电机的转矩，还会使电机的效率大大降低。零序电压使星形接法的三相电压不对称。因此我们有时需要进行对称分量分析。本文同时采用了复数运算法和相量图分析法，两种方法殊途同归，结果完全一致。但后者的物理概念更为清晰。

电机学教材中鲜有Δ/Y接法变压器电源高压(一次侧)一相断线时的电压对称分量分析的例子。通过该分析可以帮助读者深入理解对称分量分析法的物理意义和掌握实际的计算方法。对称分量的表达式：

$$U_+=\frac{1}{3}(U_{AB}+\alpha U_{BC}+\alpha^2U_{CA})\ \cdots\cdots\ (1)$$

$$U_-=\frac{1}{3}(U_{AB}+\alpha^2U_{BC}+\alpha U_{CA})\ \cdots\cdots\ (2)$$

$$U_0=\frac{1}{3}(U_{AB}+U_{BC}+U_{CA})\ \cdots\cdots\cdots\ (3)$$

上式中U+、U−、U0分别表示正序、负序、零序电压。UAB、UBC、UCA为三相电压(角接时相电压等于线电压)。

αU_{BC}、α^2U_{CA}分别表示将相量UBC、UCA逆时针旋转120度和240度。

因此UAB、UBC、UCA必须是已知量才能进行对称分量的计算。Δ/Y接法变压器电源高压(一次侧)A相断线时的电压值的计算方法请参看2015年第37期电子报相关文章及图4。该文给出的三相电压值经整理为：

$U_{AB}=U\angle0°$，$U_{BC}=U\angle180°$，$U_{CA}=U\angle0°$，U为相电压有效值。以UAB为参考相量(令其相位角为0度)，则它们的相量图见图1。

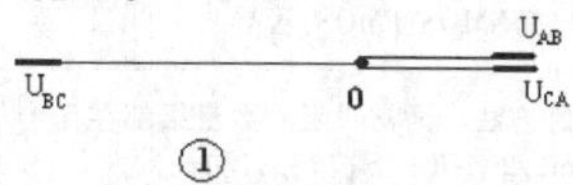

①

将三相电压值分别代入(1)、(2)、(3)式得：

$$U_+=\frac{1}{3}(U\angle0°+\alpha U\angle180°+\alpha^2U\angle0°)$$

$$=\frac{U}{2}\angle-60°\ \cdots\cdots\cdots\cdots\cdots\cdots\cdots\ (1\text{-}1)$$

$$U_-=\frac{1}{3}(U\angle0°+\alpha^2U\angle180°+\alpha U\angle0°)$$

$$=\frac{U}{2}\angle60°\ \cdots\cdots\cdots\cdots\cdots\cdots\cdots\ (2\text{-}1)$$

$$U_0=\frac{1}{3}(U\angle0°+U\angle180°+U\angle0°)=0$$

$$\cdots\cdots\cdots\cdots\cdots\cdots\cdots\cdots\cdots\ (3\text{-}1)$$

因为取U_{AB}为参考相量，故正序分量的U_+的相位就是的U_{AB+}相位。则：

$U_{AB+}=\frac{U}{2}\angle-60°$，将$U_{AB+}$顺时针旋转120度得到$U_{BC+}$：

$$U_{BC+}=\frac{U}{2}\angle(-60°-120°)=\frac{U}{2}\angle-180°,$$

再将U_{BC+}顺时针旋转120度得到U_{CA+}：

$$U_{CA+}=\frac{U}{2}\angle(-180°-120°)=\frac{U}{2}\angle-300°$$

$$=\frac{U}{2}\angle60°$$

三相正序电压的电压幅度都为U/2，U_{AB+}的初相位为负60度，U_{AB+}、U_{BC+}、U_{CA+}相位依次相差120度。由此画出正序分量的对称的三相电压相量见图2。

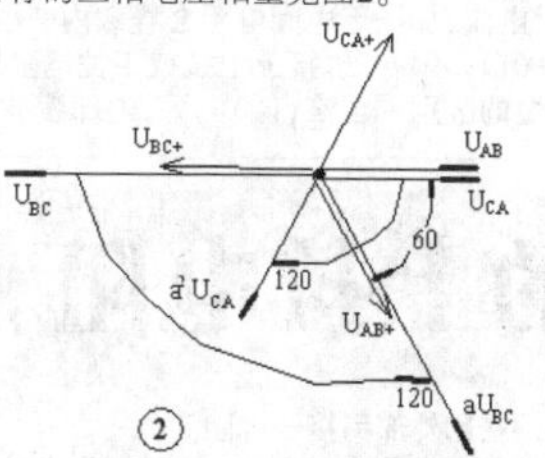

②

用同样的方法可得到负序分量的三相电压相量见图3。U_{AB-}、U_{BC-}、U_{CA-}的幅度都为U/2，以U_{AB-}相位60度为初相，U_{BC-}超前U_{AB-}相位120度，U_{CA-}滞后U_{AB-}相位120度。

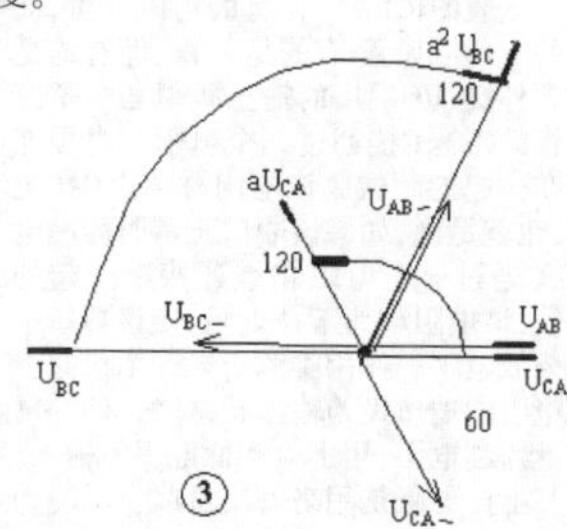

③

将$U_{AB}=U\angle0°$，$U_{BC}=U\angle180°$，$U_{CA}=U\angle0°$代入(3)式，得$U_0=0$。

参看图2、图3，将各对应分量相加，各相电压与对称分量确有下面关系：

$$U_{AB}=U_{AB+}+U_{AB-}+U_0\cdots\cdots\cdots\cdots\cdots\cdots(4)$$

$$U_{BC}=U_{BC+}+U_{BC-}+U_0\ \cdots\cdots\cdots\cdots\ (5)$$

$$U_{CA}=U_{CA+}+U_{CA-}+U_0\cdots\cdots\cdots\cdots\cdots\ (6)$$

如果对称分量不满足(4)、(5)、(6)式，说明分解过程存在错误。

计算结果是正序电压的幅度与负序电压的幅度相等，则正、负转矩的方向相反且相等。若将三相电机接在变压器次级，电动机启动转矩为0，不能启动。

如果正序电压幅度大于负序电压的幅度，则电动机有正向启动转矩，如果负序电压幅度大于正序电压的幅度，则电动机有反向启动转矩。

三相电压平衡度越差，则负序电压的幅度越大。

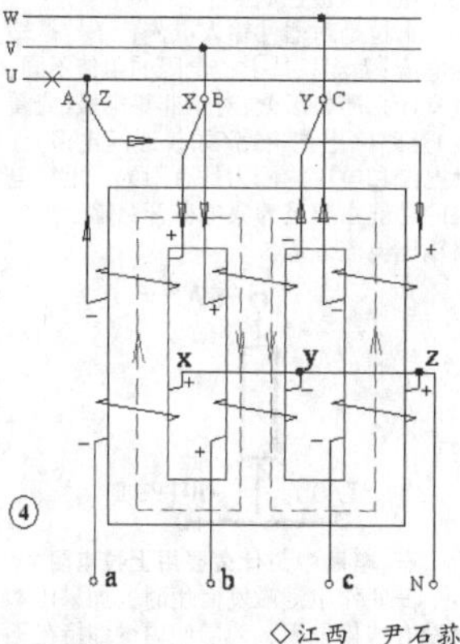

④

◇江西　尹石荪

上拉电阻与下拉电阻的区别

一、定义

上拉就是将不确定的信号通过一个电阻钳位在高电平！电阻同时起限流作用！下拉同理！上拉是对器件注入电流，下拉是输出电流；弱强只是上拉电阻的阻值不同，没有什么严格区分；对于非集电极（或漏极）开路输出型电路（如普通门电路）提升电流和电压的能力是有限的，上拉电阻的功能主要是为集电极开路输出型电路输出电流通道。

二、上下拉电阻作用

1.提高电压准位：

A.当 TTL 电路驱动 COMS 电路时，如果 TTL 电路输出的高电平低于 COMS 电路的最低高电平（一般为 3.5V），这时就需要在TTL 的输出端接上拉电阻，以提高输出高电平的值。

B.OC 门电路必须加上拉电阻，以提高输出的高电平值。

2.加大输出引脚的驱动能力，有的单片机管脚上也常使用上拉电阻。

3.N/A PIN 防静电、防干扰：在COMS芯片上，为了防止静电造成损坏，不用的管脚不能悬空，一般接上拉电阻产生降低输入阻抗，提供泄荷通路。同时管脚悬空就比较容易接受外界的电磁干扰。

4.电阻匹配，抑制反射波干扰：长线传输中电阻不匹配容易引起反射波干扰，加上下拉电阻是电阻匹配，有效地抑制反射波干扰。

5.预设空间状态/缺省电位：在一些 CMOS 输入端接上或下拉电阻是为了预设缺省电位。当你不用这些引脚的时候，这些输入端下拉接 0 或上拉接 1。在I2C总线等总线上，空闲时的状态是由上下拉电阻获得。

6.提高芯片输入信号的噪声容限：输入端如果是高阻状态，或者高阻抗输入端处于悬空状态，此时需要加上拉或下拉，以免收到随机电平而影响电路工作。同样如果输出端处于被动状态，需要加上拉或下拉，如输出端仅仅是一个三极管的集电极。从而提高芯片输入信号的噪声容限增强抗干扰能力。

{电源到元件间的叫上拉电阻，作用是平时使该脚为高电平地到元件间的叫下拉电阻，作用是平时使该脚为低电平上拉电阻和下拉电

阻的范围由器件来定（我们一般用10K）

+VCC

+-------+=上拉电阻

|+------+

|元件|

|+------+

+-------+=下拉电阻

-GND

一般来说上拉或下拉电阻的作用是增大电流，加强电路的驱动能力，比如说51的P1口，还有，P0口必须接上拉电阻才可以作为IO口使用 上拉和下拉的区别是一个为拉电流，一个为灌电流

一般来说灌电流比拉电流要大

也就是灌电流驱动能力强一些}

三、上拉电阻阻值的选择原则：

1.从节约功耗及芯片的灌电流能力考虑应当足够大；电阻大，电流小。

2.从确保足够的驱动电流考虑应当足够小；电阻小，电流大。

3.对于高速电路，过大的上拉电阻可能边沿变平缓。综合考虑

以上三点，通常在1K到10K之间选取。对下拉电阻也有类似道理

四、原理

上拉电阻实际上是集电极输出的负载电阻。不管是在开关应用和模拟放大，此电阻的选择都不是拍脑袋的。工作在线性范围就不多说了，在这里是讨论的是晶体管是在开关应用，所以只谈开关方式。找个TTL器件的资料单独看末级就可以了，内部都有负载电阻根据不同驱动能力和速度要求这个电阻值不同，低功耗的电阻值大，速度快的电阻值小。但芯片制造商很难满足应用的需要不

可能同种功能芯片做许多种，因此干脆不做这个负载电阻，改由使用者自己自由选择外接，所以就出现OC、OD输出的芯片。由于数字应用时晶体管工作在饱和和截止区，对负载电阻要求不高，电阻值小到只要不小到损坏末级晶体管就可以，大到输出上升时间满足设计要求就可，随便选一个都可以正常工作。但是一个电路设计是否优秀这些细节也是要考虑的。集电极输出的开关电路不管是开还是关对地始终是通的，晶体管导通时电流从负载电阻经导通的晶体管到地，截止时电流从负载电阻经负载的输入电阻到地，如果负载电阻选择小点功耗就会大，这在电池供电和要求功耗小的系统设计中是要尽量避免的，如果电阻选择大又会带来信号上升沿的延时，因为负载的输入电容在上升沿是通过无源的上拉电阻充电，电阻越大上升时间越长，下降沿是通过有源晶体管放电，时间取决于器件本身。因此设计者在选择上拉电阻值时，要根据系统实际情况在功耗和速度上兼顾。

从IC（MOS工艺）的角度，分别就输入/输出引脚做一解释：

1. 对芯片输入管脚，若在系统板上悬空（未与任何输出脚或驱动相接）是比较危险的。因为此时很有可能输入管脚内部电容电荷累积使之达到中间电平（比如1.5V），而使得输入缓冲器的PMOS管和NMOS管同时导通，这样一来就在电源和地之间形成直接通路，产生较大的漏电流，时间一长就可能损坏芯片。并且因为处于中间电平会导致内部电路对其逻辑（0或1）判断混乱。接上上拉或下拉电阻后，内部点容相应被充（放）电至高（低）电平，内部缓冲器也只有NMOS（PMOS）管导通，不会形成电源到地的直流通路。（至于防止静电造成损坏，因芯片管脚设计中一般会加保护电路，反而无此必要）。

2. 对于输出管脚：

1）正常的输出管脚（PUSH-PULL型），一般没有必要接上拉或下拉电阻。

2）OD或OC（漏极开路或集电极开路）型管脚，这种类型的管脚需要外接上拉电阻实现线与功能（此时多个输出可直接相连。典型应用是：系统板上多个芯片的INT（中断信号）输出

直接相连，再接上一上拉电阻，然后输入MCU的INT引脚，实现中断报警功能）。

其工作原理是：

在正常工作情况下，OD型管脚内部的NMOS管关闭，对外部而言其处于高阻状态，外接上拉电阻使输出位于高电平（无效中断状态）；

当有中断需求时，OD型管脚内部的NMOS管接通，因其导通电阻远远小于上拉电阻，使输出位于低电平（有效中断状态）。针对MOS 电路上下拉电阻阻值以几十至几百K为宜。

（注：此回答未涉及TTL工艺的芯片，也未曾考虑高频PCB设计时需考虑的阻抗匹配，电磁干扰等效应。）

（1）芯片引脚上注明的上拉或下拉电阻，是指设计在芯片引脚内部的一个电阻或等效电阻。设计这个电阻的目的，是为了当用户不需要用这个引脚的功能时，不用外加元件，就可以置这个引脚到缺省的状态。而不会使 CMOS 输入端悬空。使用时要注意如果这个缺省值不是你所要的，你应该把这个输入端直接连到你需要的状态。

（2）这个引脚如果是上拉的话，可以用于“线或”逻辑。外接漏极开路或集电极开路输出的其他芯片。组成负逻辑或输入。如果是下拉的话，可以组成正逻辑“线或”，但外接只能是 CMOS 的高电平漏极开路的芯片输出，这是因为 CMOS 输出的高，低电平分别由PMOS 和 NMOS 的漏极给出电流，可以作成 P 漏开路或 N 漏开路。而 TTL 的高电平由源极跟随器输出电流，不适合“线或”。

（3）TTL 到 CMOS 的驱动或反之，原则上不建议用上下拉电阻来改变电平，最好加电平转换电路。如果两边的电源都是 5 伏，可以直接连但影响性能和稳定，尤其是 CMOS 驱动 TTL 时。两边逻辑电平不同时，一定要用电平转换。电源电压 3 伏或以下时，建议不要用直连更不能用电阻拉电平。

（4）芯片外加电阻由应用情况决定，但是在逻辑电路中用电阻拉电平或改善驱动能力都是不可行的，需要改善驱动应加驱动电路。改变电平应加电平转换电路，包括长线接收都有专门的芯片。

认识电路中的上拉电阻

上拉就是将不确定的信号通过一个电阻钳位在高电平，电阻同时起限流作用。下拉同理，也是将不确定的信号通过一个电阻钳位在低电平。

上拉是对器件输入电流，下拉是输出电流；强弱只是上拉电阻的阻值不同，没有什么严格区分；对于非集电极（或漏极）开路输出型电路（如普通门电路）提供电流和电压的能力是有限的，上拉电阻的功能主要是为集电极开路输出型电路输出电流通道。

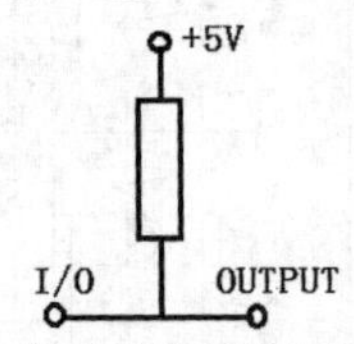

一、电路中为什么要用上拉电阻

一般作单键触发使用时，如果IC本身没有内接电阻，为了使单键维持在不被触发的状态或是触发后回到原状态，必须在IC外部另接一电阻。

数字电路有三种状态：高电平、低电平、和高阻状态，有些应用场合不希望出现高阻状态，可以通过上拉电阻或下拉电阻的方式使处于稳定状态，具体视设计要求而定。

一般的I/O端口，有的可以设置，而有的不可以设置；有的是内置，而有的是需要外接，I/O端口的输出类似与一个三极管的C，当C接通过一个电阻和电源连接在一起的时候，该电阻称为上C拉电阻，也就是说，如果该端口正常时为高电平，C通过一个电阻和地连接在一起的时候，该电阻称为下拉电阻，使该端口平时为低电平，作用类似于当一个接有上拉电阻的端口设为输入状态时，他的常态就为高电平，用于检测低电平的输入。

上拉电阻是用来解决总线驱动能力不足时提供电流的。一般说法是拉电流，下拉电阻是用来吸收电流的。长线传输中电阻不匹配容易引起反射波干扰，加上下拉电阻是电阻匹配，有效地抑制反射波干扰。电阻串联才是实现阻抗匹配的好方法。通常线阻的数量级都在几十ohm，如果加上下拉的话，功耗太大。

电阻串联和拉电阻都是阻抗匹配的方法，只是使用范围不同，依电路工作频率而定，当TTL电路驱动COMS电路时，如果TTL电路输出的高电平低于COMS电路的最低高电平（一般为3.5V），这时就需要在TTL的输出端接上拉电阻，以提高输出高电平的值。但需要注意的是，这种方法并不建议采用，因为其有两个缺点：

1.TTL输出地电平时，功耗大。

2.TTL输出高电平时，上拉电源可能会有电流灌到TTL电路的电源，影响系统稳定性。

对于高速电路，过大的上拉电阻可能边沿变平缓。做输入时，上拉电阻又不吸收电流。做输出时，驱动电流为电路输出电流+上拉通道输出电流。电阻的容性特征很小，可忽略。

下级电路的驱动需求。同样以上拉电阻为例，当输出高电平时，开关管断开，上拉电阻应适当选择以能够向下级电路提供足够的电流。当输出高电平时，开关管怎么回关断呢？CMOS电路的输出级基本上是推拉输出地电平时，下面的MOSFET关断，上面的导通。高电平时反过来。该条只适合OC电路。

二、上拉电阻应用原则

1. 当TTL电路驱动COMS电路时，如果TTL电路输出的高电平低于COMS电路的最低高电平，这时就需要在TTL的输出端接上拉电阻，以提高输出高电平的值。

2.OC门电路“必须加上拉电阻，才能使用”。

3. 为加大输出引脚的驱动能力，有的单片机管脚上也常使用上拉电阻。

4.在COMS芯片上，为了防止静电造成损坏，不用的管脚不能悬空，一般接上拉电阻产生降低输入阻抗，提供泄荷通路。

5.芯片的管脚加上拉电阻来提高输出电平，从而提高芯片输入信号的噪声容限增强抗干扰能力。

6.提高总线的抗电磁干扰能力。管脚悬空就比较容易接受外界的电磁干扰。

7、长线传输中电阻不匹配容易引起反射波干扰，加上下拉电阻是电阻匹配，有效地抑制反射波干扰。

8、在数字电路中不用的输入脚都要接固定电平，通过1k电阻接高电平或接地。

广播播出安全监测的几种方法

播出安全监测(Broadcasting safety monitoring)：对播出的广播电视信号进行监听监看和技术监测，及时发现有害侵扰事件和播出事故，并对相关数据进行汇总、处理、分析和存储。

播出安全监测系统由视音频监测系统和技术指标监测系统组成，对本辖区内播出的广播电视信号进行播出安全监测，并宜具备移动监测能力。

一、音视频监测系统应具备以下功能：

1.对辖区内所有播出节目的音视频进行监听监看；

2.对重要节目的音视频进行实时监听监看；

3.对音视频丢失、静帧等播出异态实时告警，并能按需存储，具备查询检索、回放音视频纪录等功能。

二、技术指标监测应具备以下功能：

1.对本辖区内播出的重要节目信号的关键技术指标进行实时监测；

2.对所监测的技术指标设置报警门限，对载波异常、误码率超限等异态实时告警，并能按需存储；

3.具备对存储纪录的查询检索、统计分析和数据回放等功能。

三、信息化和智能化的监测系统

该系统在局域网环境下运行，不存在受外界攻击与破坏的风险，数据传输效率较高，系统整体安全性较强，是高质量、高效率的广播电视监测系统，能够准确、及时地对广播电视播出内容、传输质量、覆盖效果进行监测，了解各类播出系统是否按照标准技术参数播出，实现数据采集分析和统计编报等功能，能够为安全播出提供强大的技术支持，在很大程度上减轻了监测人员的工作压力，有助于监测部门的信息化发展，真正实现了无纸化办公。

1.信息化——建立信息化管理模式。

信息化系统的工作目标，包括监测广播电视覆盖效果和播出内容、传输质量、保证频道秩序、进行动态监测等，这些工作的共同特点是具有较明显的规律性和模式化流程。如广播电视传输播出质量，应注意信号强度、干扰情况等，在信息化条件下，可以收集各类影响广播电视传输播出质量的因素，按权重系数进行分类对其进行加工，制作为典型的管理模型。如干扰广播电视传输播出质量的因素为天气因素、电磁干扰因素、信道因素等，应用信息化手段进行问题分级，发现电磁干扰的影响较大，其次是传输信道，最后是天气因素，信息化模型可以针对上述三个因素建设，并通过分布式监控的方式在信号传输范围内进行广泛监控，广播电视传输播出的过程中，每当出现质量下降的问题，即通过信息化手段给予快速识别报警，了解问题原因，并及时通知出故障问题的播出前端，派出人员进行处理，整个过程高效有序，免去了传统模式下无法快速甄别问题原因、发生地点的麻烦。

2.智能化——加强监测工作的有效性。

智能化能力体现在两方面：一是对工作信息进行长期存储；二是提升管理模型的分析能力。

信息存储是后续管理工作进一步进行的基础，由于广播电视传输、播出以及频道秩序等均会受到一个以上因素的影响，监测工作不能局限于旧模式，信息存储的价值在于可以在传统监测对象的基础上，记录其他影响广播电视正常工作的情况，人员可以据此调整管理模型，提升监测工作覆盖面。分析能力可以提升管理模型的工作性能，如分布式监控系统，在智能化技术的支持下，如果系统发现问题，可以在存储问题信息的同时，结合此前资料进行分析，将一段时间内不同问题的发生情况进行汇总，了解不同问题的发生率、影响程度，生成电子报表，供人员查阅，从而进一步优化管理模型，提升监测工作的有效性。

又如，对各类播出系统是否按照标准技术参数播出进行监测的过程中，该管理系统可通过制作相关内容的模板进行合法性审核、分析、统计编报等，进行智能化管理，真正发挥监测工作的有效性。

3.系统优势

信息化和智能化的设计，以此构建可以通过扩展、覆盖更大范围的分布式监测系统。具有较强的扩展性以及跨平台性，管理人员能够在控制端直接针对问题进行处理，各分布式工作站还能依托智能化技术和信息化技术实现自身能力的进一步提升。此外，由于系统工作基础是分布式监控平台，即便一个子平台出现问题，其他平台依然可以正常工作。

信息化和智能化的监测系统将传统的人工监测转变为数字化和智能化监测，将传统的技术监测拓展到广播电视播出内容、传输质量、覆盖效果的监测，从结构和配套上对机房以及值班室进行了全面优化和改造，对模拟监测设备以及数字监测设备进行全面深入的日常维护，真正实现了全方位的广播电视安全播出，大大提升了广播电视播出的稳定性与安全性。

◇广东　解广付

广播电视安全播出实施细则分级保障一览表

序号	类别	安全播出保障等级		
		一级保障	二级保障	三级保障
1	电视中心	省级以上电视台/广播电台及其他播出上星节目的电视中心/广播中心	副省级城市和省会城市电视台/广播电台、节目覆盖全省或跨省、跨地区的非上星付费电视频道/广播频率播出机构	地市、县级电视中心/广播中心及其他非上星付费电视频道/广播频率播出机构
2	广播中心			
3	无线发射转播台	中共直属发射台、位于省会城市的省直属发射台、省会城市和副省级以上城市发属发射台	其他省直属发射台、地市所属发射台	县级发射台；县以下转播台参照三级保障要求；
4	卫星地球站、微波站	所有卫星广播电视地球站均按照一级保障要求进行安全播出管理；微波站不分级		
5	光缆传输干线网	(一)基础网络系统：国家光缆干线网络 (二)广播电视业务系统：为卫星提供信号源的业务系统、信号覆盖全国的业务系统、中央和省级重要节目覆盖全省的业务系统	(一)基础网络系统：省(自治区、直辖市)干线网、地市干线网 (二)广播电视业务系统：其他业务系统	无
6	有线广播电视网	(一)前端：省级、省会市、计划单列市，或覆盖用户规模在100万户以上的有线电视前端 (二)分前端：覆盖用户8万户以上的有线电视分前端	(一)前端：覆盖用户规模在10万户以上，100万户以下的有线电视前端 (二)分前端：覆盖用户不足8万户的有线电视分前端	前端：覆盖用户规模不足10万户的有线电视前端

车联网直连通信频段管理规定：5905至5925MHz

为促进智能网联汽车在我国的应用和发展，满足车联网等智能交通信息系统的发展需要，根据《中华人民共和国无线电管理条例》和《中华人民共和国无线电频率划分规定》，结合我国频率使用的实际情况，工业和信息化部无线电管理局研究起草了《车联网(智能网联汽车)直连通信使用5905–5925MHz频段的管理规定(征求意见稿)》。

一、规划5905–5925MHz频段作为基于LTE–V2X技术的车联网(智能网联汽车)直连通信的工作频段。本文中车联网(智能网联汽车)直连通信是指路边、车载和便携无线电设备通过无线电传输方式，实现车与车、车与路、车与人直接通信和信息交换。其所用的无线电设备射频技术要求见附件。

二、在5905–5925MHz频段设置、使用路边无线电设备，应向国家无线电管理机构申请无线电频率使用许可。经批准获得频率使用许可后，路边无线电设备的设置、使用单位，应向所在地的省、自治区、直辖市无线电管理机构申请办理无线电台执照手续。未获得无线电台执照的路边无线电设备，不得发射无线电信号，不受到无线电干扰保护。

三、在5905–5925MHz频段设置、使用车载和便携无线电设备参照地面公众移动通信终端管理，无需办理频率使用许可和无线电台执照手续。

四、生产或者进口在我国境内销售、使用的车联网(智能网联汽车)直连通信无线电发射设备，应按照有关规定向国家无线电管理机构申请并取得无线电发射设备型号核准证。

五、自发文之日起，不再受理和审批5850–5925MHz频段内卫星地球站(测控站除外)新的频率使用许可申请。

六、在5905–5925MHz频段设置使用车联网(智能网联汽车)直连通信无线电设备，不得对同频或相邻频段内依法开展的卫星固定、无线电定位、地面固定等无线电业务产生有害干扰。

七、为保护现有合法无线电业务和车联网(智能网联汽车)无线电设备的正常运行，在5905–5925MHz频段设置使用车联网(智能网联汽车)直连通信无线电设备，原则上应分别距已合法使用的雷达站7km和卫星地球站2km以上。确需在上述范围内部署的，应经无线电管理机构组织协调并批准后方可设置使用。

八、在5905–5925MHz频段设置和使用路边无线电设备前，应做好电磁环境测试工作，最大限度减小无线电干扰和消除无线电干扰隐患。如发生无线电有害干扰时，由受到无线电干扰方报请当地无线电管理机构按照"频带外让频段内、次要业务让主要业务、后用让先用、无规划让有规划"的原则依法协调解决。

九、在5905–5925MHz频段设置使用车载无线电设备和便携无线电设备原则上不受干扰保护；如受到外部有害干扰，可向干扰发生地无线电管理机构提请帮助和协调解决。

车联网(智能网联汽车)直连通信无线电设备射频技术要求

一、工作频率范围

5905~5925MHz

二、信道带宽

10MHz或20MHz

三、发射功率限值

(一)车载或便携无线电设备：每端口23dBm；

(二)路边无线电设备：使用5915~5925频段为每端口26dBm，使用5905~5925MHz或5905~5915MHz频段为每端口23dBm；

(三)最大天线增益3dBi。

四、载频容限

0.2×10^{-6}。

五、邻道抑制比

大于31dB。

六、频谱发射模板要求

距信道边缘偏移频率	10MHz带宽发射功率限值	20MHz带宽发射功率限值	测量带宽
0–1MHz	–18dBm	–21dBm	30kHz
1–2.5MHz	–10dBm	–10dBm	1MHz
2.5–2.8MHz	–10dBm	–10dBm	1MHz
2.8–5MHz	–10dBm	–10dBm	1MHz
5–6MHz	–13dBm	–13dBm	1MHz
6–10MHz	–13dBm	–13dBm	1MHz
10–15MHz	–25dBm	–13dBm	1MHz
15–20MHz		–13dBm	1MHz
20–24MHz		–13dBm	1MHz

七、其他频段特殊保护要求

现有公众移动通信下行接收频段内无用发射限值为–50dBm/MHz

八、通用无用发射要求

频率范围	最大电平	测量带宽
30MHz–1GHz	–36dBm	100kHz
1GHz–12.75GHz	–30dBm	1MHz
1275GHz–26GHz	–30dBm	1MHz

九、相关测试方法另行制定。

15年后的老牌回归：英国Shark Wire鲨鱼Bull Shark电源线

前言

唱机、黑胶唱盘、视频播放机、高清播放机、两声道功放、影音功放和音箱，音响最基本的两声道及多声道配置，对于消费者，这是最基本的认知，每当选择音响时他们总会花不少工夫在这些音响硬件上，可到最后一切又总是那样的不能让人满意。其实当我们回过头来看这些音响硬件，我们会发现其中似乎少了什么，这件产品甚至于某些商家都不一定能认识到它的重要性，也许从事多年营销都还把它看作是音响中的附属品。而这就是被我们常常忽略的音响线。

英国Shark Wire(鲨鱼)音响线

英国Shark Wire(鲨鱼)，曾经风靡大江南北，无论是成品线还是音响线基，都是音响发烧友和音响厂商的首选，但后来因为个中原因，Shark Wire(鲨鱼)逐渐退出中国舞台，直至近些年才又重新出现在公众视野，这也就难怪大家会认为Shark Wire(鲨鱼)是音响界的新人。说到Shark Wire(鲨鱼)，就不得不让我提到另一个业内著名音响品牌——Sitech(银彩)，想来大家看到这里一定会很诧异，Shark Wire(鲨鱼)与Sitech(银彩)有何联系，两者在声音风格上似有很大不同，下面请容我慢慢道来。

这里我们要提到一个人，一个非常勤力且具有绅士风度的荷兰老人——Jacob Gunter。那么他与Shark Wire (鲨鱼)、Sitech(银彩)有着怎样的关系呢？其实他就是Sitech(银彩)的创始人之一。早先他与朋友一起创办了Sitech(银彩)，并负责Sitech(银彩)的技术和全球营销，但随着他与朋友在经营意识、理念上的不统一，最后只好把Sitech(银彩)卖给了现在的主事人。离开银彩后，他又创立了Lieder cable。Lieder是德语，一种德国的音乐。直到后来遇上Shark Wire(鲨鱼)的主事人，言谈甚欢，一拍即合，所以便将Lieder cable和Shark Wire(鲨鱼)合二为一，开创了一个全新的Shark Wire (鲨鱼)。作为音响线，Shark Wire(鲨鱼)并非去美化音乐，而是将经过唱机重播出来的音乐原原本本的传送到功放上，然后由音箱真实的还原。所以有Shark Wire(鲨鱼)，就有唯真的音乐，有永远的快乐。

那么Shark Wire(鲨鱼)又是如何做到让音乐回到真实呢？简单说来就是Shark Wire(鲨鱼)有一个AAA级连接技术(TRIPLE AAA CONNECTION)，该技术可以很好地解决电流的肌肤效应。对于电流，大家都知道它是顺着表面传输，由此会产生一种极肤效应，但如果把多股线径相互交织拧在一起，就不会再有这个效应。但对于多股线来说，与线头的连接就非常关键。该AAA级连接技术(TRIPLE AAA CONNECTION)的关键就在于TAC连接系统，它以碲铜(碲铜，为一种合金，具有高导、节能、无铅环保、易切削加工等性能，是当今工业上的新型特种铜合金材料，先后应用于航天航空、电子、电力、光伏等，目前又成功应用于LED产业。)做外壳，焊接部分采用了纯铜、纯银与20K金，相反焊接中常用的镍(对线材影响很大)Shark Wire(鲨鱼)却是丝毫未用，而这就是Shark Wire(鲨鱼)独有的金银铜紧密结合技术(SAPT 20K)。目前全世界亦只有两家公司撑握这一技术，一家是世界顶级奢侈品Hublot(宇铂)表，他家的手表定价基本都在百万元；另一家就是我们音响界的传奇Shark Wire(鲨鱼)音响线。

除了以上的音响线制作技术，应该说Shark Wire(鲨鱼)在很多方面都有着属于自己的独特设计。如Shark Wire(鲨鱼)虽然没有Logo，但它线材接头处独特的鲨鱼腮印记却能让用家一下就知道这是英国Shark Wire(鲨鱼)。而它的无需煲线则是它的另一卖点。对于音响线，很多音响发烧友都知道是需要经过长时间煲炼才能得到我们最想要的声音，那么Shark Wire(鲨鱼)又是如何做到我们无需煲线就能听到真实的声音呢？其实对于音响线的煲炼，是因为低频走线中间，高频走线外表，在通电一段时间之后，高低音才能平衡。而Shark Wire(鲨鱼)针对这一特点提出了六芒星理论，让线通过正反向绞合，做到正负抵消，使线材形成零阻抗，这一技术被Shark Wire(鲨鱼)称之为多线径多股互绞技术。如果你想剪开线材去看里面的结构，则肯定会让你失望---因为线材绞合非常紧密，一旦剪开，它自己就会崩散，就只能看到线材，而看不到绞合结构。对于Shark Wire(鲨鱼)，其实本身技术应用并不多，但就是这AAA级连接技术(TRIPLE AAA CONNECTION)、金银铜紧密结合技术、多线径多股互绞技术足以让它驰骋江湖数载。

快乐的生活　真实的音乐

既然Shark Wire(鲨鱼)不用煲线，我就直接选上他家的Bull Shark(公牛鲨)电源线做了一番评测。虽然Bull Shark(公牛鲨)算不得Shark Wire(鲨鱼)的顶级产品，但在声音的表现上却也是有板有眼。

之前我曾接触过很多人，他们对于音响线认识并不多，更多的是认为它就是音响的附属品，能出声就OK，今天我特意叫上两位朋友来感受Shark Wire(鲨鱼)，对此本无所谓的朋友经过一些时间的聆听后突发一声感叹“原来音响线的改变如此大”。透过Bull Shark (公牛鲨)，得到的第一印象就是不错的凝聚感，三频段的表现皆很是入耳。马友友的大提琴展现出极好的形体感，线条刻画清晰明朗，低频收放自如，高频的柔美泽丽毫无掩饰地展现在我们面前，弦乐线条顺滑且充满光泽。激昂的乐段真实但不狂放，音乐的张力与活生感都有着不错的表现，给人一种充满愉悦的聆听乐趣。

世界钢琴大师李斯特曾经有过这样一句话“音乐是不假任何外力，直接沁人心脾的最纯的感情火焰，它是从口吸入的空气，它是生命的心管中流通着的血液。”今天音响作为音乐的重播载体，我们该如何享受它的最美呢？待我们静心聆赏，会发觉原来音乐在这里得到了最完美的艺术升华，世界也在这里得到了最完整的再现和表达，可以说音乐就是各种艺术当中第一位的，帝王式的艺术，能够成为音乐那样，则是一切艺术的目的。在这里Bull Shark(公牛鲨)有着清晰明确的线条和层次感，音色细致唯美，干净的声底在《布兰之歌》中的最好的体现。《布兰之歌》一直是音响发烧友所认同的录音上佳的合唱唱片，无论是低频的下潜，还是合唱的融合度都把Bull Shark(公牛鲨)完全表现出来，特别是整个声场，深远宽阔，音乐与人声的每个细节都得到最好的呈现。

在我的印象中很多音响发烧友以为英国音响给人的感觉就是文弱无力，在整体表现上永远都输于美系音响，但我以为有时看事情切不可太过片面，诸如放在我们面前的这根Bull Shark(公牛鲨)在大动态上就颇有气势，大合唱有如山洪迸发，激情处真如万箭齐发，气势恢宏，磅礴大气。低频的下潜深沉有力，有着顺畅的能量输出。播放穆特《卡门》，既能感受到小提琴弦乐的细致真实，音乐的速度感和高解析力，更能充分享受到大编制乐队带来的强大气场，那种良好的平衡感更是很多同类电源线所少有的。

结尾

Bull Shark(公牛鲨)只是Shark Wire(鲨鱼)中的一个型号，也并非顶级的型号，但在声音的表现上却有着自己的真本事，可以让音乐真实地还原出来，更可以让音响得到最好的发挥，真正做到“物尽其用”。它不会特别为某个频段增色，也不会去改变音响原有的特点，所以对于听者来说永远都没有什么特别的刺激，如果一定要我指出Bull Shark(公牛鲨)的不足，我想就是截至现在还没有看到Shark Wire(鲨鱼)的香蕉插产品，如果有这个设计，相信一定会拥有更多更广泛的音响发烧友和音乐爱好者。

(本文原载第31期11版)

云端桌面架构

现在在互联网上进行远程教学和培训的机构越来越多。这种教学方式无需购买任何硬件和软件，只通过租用网络互动直播技术服务的方式，就能实现面向全国的高质量的网络同步和异步教学与培训，完全能满足业务时间进行学习的要求。

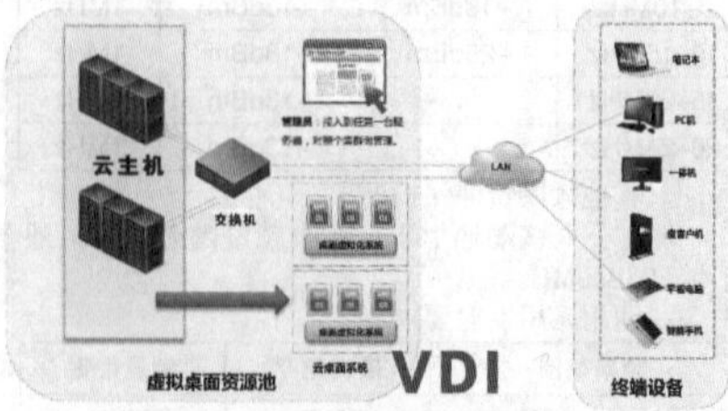

这种教学方式主要采用两种桌面架构类型进行互动展示。一个是传统主流的VDI(Virtual Desktop Infrastructure，即虚拟桌面基础架构)，桌面操作系统集中在数据中心的服务器上；另外一个是近几年新兴的IDV(Intelligent Desktop Virtualization，即智能桌面虚拟化)，桌面操作系统分布在各个本地的客户端上。

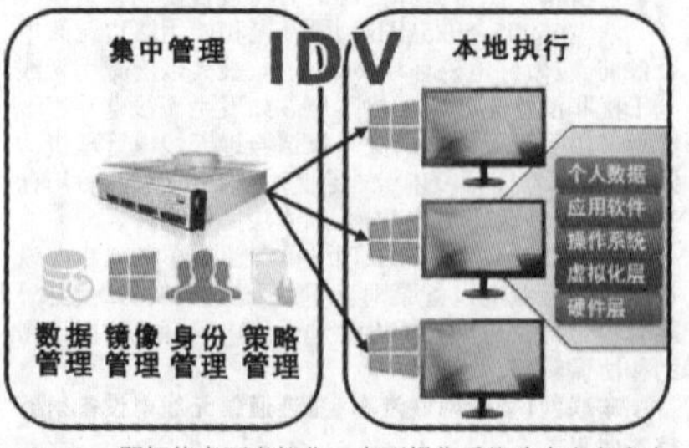

从图表可以看出，VDI与IDV更像是相反的两个技术方向；就目前而言，如果预算充足、注重便捷性、安全性和管理性，可以选用VDI方案；如果预算不高，对使用环境变化没有要求，则可以采用IDV方案。当然也有将两者技术融合在一起使用的情况，同时也是以后桌面架构技术发展的主要方向。

	VDI架构	IDV架构
特色	集中计算、传统技术	分布式计算、新兴技术
优势	云计算构架设计	数据放在终端，断网也能访问
	集中管控	成本可控，主要来自桌面终端成本，服务器端只需控制和管理，无需加载桌面。
	数据安全性高	
	不受地域限制、多种终端	
劣势	建设成本高，需要强大的服务器(高性能CPU和大量内存)；另外还要单独购买VDI终端。	维护麻烦，一旦出现故障，需管理员远程介入处理恢复。
	断网后无法使用，且受带宽延时影响。用户越多对网络环境要求越高	不支持移动办公，对终端依赖性大。
		一般用户都与终端绑定，无法在任意地点访问桌面。
	对管理者有一定的技术要求	数据存放在本地客户端，安全性低

(本文原载第31期11版)

2018年10月21日出版 ■实用性 ■启发性 ■资料性 ■信息性

第42期 (总第1979期)

国内统一刊号:CN51-0091 定价:1.50元 邮局订阅代号:61-75

地址:(610041)成都市天府大道北段1480号德商国际A座1801 网址:http://www.netdzb.com

让每篇文章都对读者有用

植保无人机迈入标准引领新时代

近年来，随着技术的不断进步，我国的无人机行业得到快速发展，特别是由于作业效率高、成本低、适应性强等特点，专业级植保无人机的应用愈来愈广泛。但业内人士表示，当前无人机应用在我国虽然火爆，但同时面临标准不统一、技术不完善、存在安全隐患等挑战。据悉，为规范植保无人机技术标准，提高生产效率，确保安全使用，推动行业有序发展，我国出台的首个植保无人机技术标准——《植保无人飞机质量评价技术规范》，已于今年6月1日起正式实施。

相关数据显示，截至2017年年末，我国拥有植保无人机生产企业277家，国内植保无人机保有量达到1.4万台，作业面积超过1亿亩次。但由于植保无人机标准化滞后，导致行业鱼龙混杂，不仅质量得不到保证，坑农、害农事件时有发生，而且存在安全隐患，严重制约着行业的可持续发展。

业内人士表示，在经历了高速发展后，植保无人机技术得到提升，标准制定就显得十分必要。据了解，为适应生产企业、科研机构、推广单位、农户和政府监管部门对行业标准的迫切需求，原农业部曾于2014年和2015年分别下达《农用遥控飞行器安全技术要求》和《遥控飞行喷雾机试验方法》农业行业标准制定任务。随后，考虑到我国植保无人机现状和发展趋势，植保无人机生产应用特点，农业农村部南京农业机械化研究所联合中国农业机械化协会等单位又将两项标准合并，共同完成了我国首个植保无人机技术规范标准——《植保无人飞机质量评价技术规范》(NY/T3213-2018，以下简称《规范》)。

据悉，该《规范》以安全为首要目标，同时参考了现有国内外标准，以我国现阶段生产、研发、应用和管理等方面的经验和需求为主而制定。主要涉及植保无人飞机产品本身的质量要求，重点考虑了人员安全、公共安全和机具安全等因素。比如，针对植保作业常见的高温高湿环境，规定了温度60℃和相对湿度95%的环境适应性要求；针对作业喷幅精确对接需求，进一步改善重喷漏喷现象，规定了自主控制模式的各向飞行精度不大于0.5m，飞行航迹须使用高精度RTK定位系统测量；针对植保无人飞机作业喷雾量均匀性较差的问题，规定了均匀性变异系数不大于40%；根据主管部门监管要求，明确了作业信息存储和远程监管接入功能。

同时，根据民航和农业部相关法规，规定了空机质量不大于116kg、最大起飞质量不大于150kg；针对民航对无人机活动范围的限制，规定了限高限速限距功能和电子围栏功能要求；针对遥控信号丢失等导致的失控问题，规定了失效保护功能要求；针对田间障碍物的碰撞风险问题，规定了避障功能要求；针对田间工况通讯系统信号易干扰的问题，规定了电磁兼容性要求等等。

业内人士指出，由于目前国外发布的标准与植保无人机直接相关的标准较少，国内相关标准可参照的价值也不高，可以说，这份标准凝聚了研究机构、生产企业、监管部门、专家学者的大量研究和全行业的共识和心血。该标准虽然是推荐性标准，但意义重大。它既是目前对植保无人机的质量要求最权威、最规范的标准，给企业研发生产指明了方向，而且对用户选购时正确鉴别植保无人机质量也有帮助；此外，标准还有利于监管部门实施科学监管。因此，该《规范》的实施，对于规范我国植保无人机的生产经营和推广应用活动，具有划时代的重要意义。

毋庸讳言，无人机行业产业链与普通高科技产品一样，具有研发制造、销售、应用等环节，只有通过创新驱动提升产品质量，加强行业监管，规范市场应用，才能不断走向成熟。植保无人机更属于新兴产业，其安全性、智能化、自动化、作业质量等技术要求还会根据新的情况有新突破、新要求。可以相信，该标准出台后通过一段时间的摸索和实践，必将对推动国内植保无人机行业技术水平的整体提升，促进行业有序健康发展，不断提升中国智慧农业的竞争力，发挥更积极的作用。

◇山西 刘国信

(本文原载第33期2版)

三星正式发布LPDDR5内存芯片

近日三星宣布，成功开发出业内首款LPDDR5-6400内存芯片，基于10nm级(10~20nm)工艺。据悉，该LPDDR5内存芯片单颗容8Gb(1GB)，8GB容量的模组原型也做出并完成功能验证。

其他基本参数还有，内存速度(针脚带宽)最高6400Mbps，是LPDDR4X 4266Mbps的1.5倍。每秒可以传送51.2GB数据(比如高端手机常见的64bit bus)，相当于14部1080P电影(每部3.7GB)。要是PC的128bit BUS，每秒破100GB无压力。

与此同时，功耗比LPDDR4X降低高达30%，主要是得益于动态调节电压、避免无效消耗、深度睡眠等技术加入。

三星的8Gb LPDDR5规格弹性较高，1.1V工作电压下可达6400Mbps，1.05V下可达5500Mbps，供手机、车载平台自行选择。

早在2014年，三星就首先成功量产8Gb LPDDR4内存芯片，之后就开始推进向LPDDR5新标准的过渡。

新的8Gb LPDDR5内存芯片是三星高端DRAM产品线的一部分，后者已经包括10nm级的16Gb GDDR6显存芯片(2017年12月量产)和16Gb DDR5内存芯片(2018年2月份完成)。

LPDDR5内存芯片将用于移动设备如手机、平板、二合一电脑等，该内存芯片将主要服务于5G和AI场景。

位于韩国平泽市的三星工厂将量产LPDDR5、GDDR6和DDR5 DRAM芯片。

(本文原载第32期11版)

Genki--Switch蓝牙接收器

任天堂Switch主机的掌机模式能够随身携带，还能够迅速拆下Joy-Con分给同伴双人以桌面模式游玩，不过在这两种情况下Switch默认无法配对蓝牙无线耳机，因此在公共场合使用显得有些不便。在kickstarter众筹网站上，GENKI品牌发起了一项NS外设配件的众筹活动帮助大家解决这一问题，你现在可以39美元的支持价购Genki的Type-C接口蓝牙音频发射器，最多支持为两个蓝牙音频设备提供单独的音频连接。

该设备有多款对应各种Joy-Con手柄颜色的配色，能够直接将游戏数字音频信号通过蓝牙通讯发送给蓝牙音频外设，能够提供延迟低和高音质的蓝牙音频。支持蓝牙5.0协议，无需单独供电，内置电池长时间续航，是一款非常实用的NS外设配件。

(本文原载第32期11版)

康佳彩电KIP+L070E02C1-01二合一电源板电路分析与检修(三)

(紧接上期本版)

(3)输出对地短路保护

IC正常工作期间，当OVP1/OVP2脚电压低于0.2V时，IC进入锁定模式，关断升压驱动脉冲的输出。当OVP1/OVP2脚电压高于0.2V时，故障解除，IC正常工作。

(4)供电欠压保护

U701的①脚是欠压检测引脚。升压电路的供电电压VIN (+100V)经电阻分压后输入该脚，当此脚的电压低于阈值电压2.7V时，IC内的欠压保护启动，进入锁死状态，IC停止工作。只有当电压恢复到高于3V时，IC恢复正常工作。

(5)LED灯串短路、开路保护

当灯串出现短路故障时，流过灯串的电流增大，在调光MOS管Q710的S极R769、R772并联电阻两端产生较高的电流取样电压，经R723反馈给U701的⑰脚(IFB1)。当该脚电压超过近似0.5V的典型阈值时，内部保护电路启动，IC停止工作。当灯串开路，反馈电压IFB1为0，也会进入保护锁死状态，IC停止工作。

(6)延时保护保护

OCP8122A的⑩脚(TIMER)是关断延迟时间设定脚。当各路保护检测电路送来启控信号时，保护电路不会立即动作，而是TIMER脚内部的电流源开始向外接电容C718充电，充电电流为8μA。在C718充电期间，IC定期的打开调光MOS开关管Q710/ Q709检测故障是否还在，如果C718上电压在上升到3V之前故障解除，那么IC恢复正常工作，C718开始放电。当C718上电压超过3V时故障仍没解除，IC关断并锁定，需重新启动，IC才能进入正常工作状态。这样就能避免出现误保护现象，也就是说只有出现持续的保护信号时，保护电路才会动作。

(7)故障状态信息输出

OCP8122A的㉔脚 (STATUE) 是故障状态输出脚。背光灯电路正常时，㉔脚输出低电平0V；背光电路出现故障时，输出高电平，经RB974触发模拟晶闸管VB971、VB972导通，将待机控制电路A点的电压拉低，迫使开/关机控制电路动作，进入待机保护状态，这时开关电源输出电压降低到正常时的一半左右。

二、故障检修

1.摘板维修

本电源板可以从电视机上摘下单独进行维修，强制电源板工作的方法如下：

1)当电源板输入交流220V电压，12V电压输出端即可输出6.5V左右的待机电压(约为正常值的一半)。此时输出到背光升压电路的电压仅为58V。

2)维修开关电源部分时，先找到插座XS951的开/关机端(PS/ON)，用一只4.7kΩ的电阻将该端与+12V输出端相连，再用一只4.7kΩ的电阻将该端与地端相连，这样开关电源才会输出+12V电压。此时输出到背光升压电路的电压为105V左右。检修开关电源带负载能力差的故障时，可在12V电压输出端连接一个12V摩托车灯泡作假负载。

3)维修LED驱动电路时，将插座XS951的背光开/关端(ON/OFF)和调光控制端(DIM)短路接在一起，用一只4.7kΩ的电阻将该端与+12V输出端相连，再用一只2.7kΩ的电阻将该端与地端相连。还要在LED驱动电路输出端接上假负载，驱动电路才不至于进入保护状态。假负载可采用2kΩ/200W的滑动变阻器。LED驱动电路有两个通道，所以需要两个滑动变阻器(阻值调至1.8kΩ左右)。在背光供电插座XS701的LED1+、LED1-两端接一个变阻器，在ED2+、LED2-两端接一个变阻器。在接好假负载的情况下，强制背光电路工作，升压电路输出电压约170V。

2.故障实例

故障现象1：指示灯不亮，电源板12V输出端电压为0V。

分析检修：通电测量开关电源12V输出端电压为0V。断开电源板与主板的连接线后测量仍为0V，测量12V输出端对地也没有短路现象，怀疑开关电源没有工作。先检查保险管F901正常。测量桥式整流、滤波电路输出电压正常。测量开关电源控制块FAN6755各脚电压，①脚为3.8V，②脚在0V~5V之间变化，③脚为0V，⑤脚在0V~0.2V之间变化，⑥脚在7V~15V之间变化，⑧脚约300V，说明开关电源已经启动工作，应是处于保护状态。测量开关电源100V输出端对地电阻，发现只有几欧姆，可能是背光升压电路中的开关管Q711、Q708击穿短路。先焊下Q711后，再次测开关电源100V输出端对地电阻，明显升高，说明故障就是发生在Q711上，检测其D-S极已短路。用同型号场效应管ME04N25-G更换Q711后试机，故障排除。后长时间通电试机，机器工作正常。

故障现象2：指示灯亮，开机黑屏。

指示灯亮，说明开关电源基本正常。开机时测电源板12V输出端电压，发现开机瞬间有12V电压输出，但约1秒后就降为6.2V，说明开关电源已由开机状态变成了待机状态。其故障原因主要有两点：一是主板输出的开/关机控制电压(PS/ON)异常；二是背光驱动电路发生故障，输出了背光保护信号，将PS/ON电压拉为低电平，强制开关电源工作在待机状态。由于背光驱动电路输出的背光保护信号对PS/ON电压有影响，因此，测量电源板XS951的PS/ON端电压不能准确判断主板送到电源开/关机控制信号是否正常，可先判断背光驱动电路是否输出了背光保护信号。测量背光芯片OCP8122A㉔脚(STATUE)电压为2.6V，说明已输出了背光保护信号，故障发生在背光驱动电路。

先检查背光驱动电路的工作条件，测量OCP8122A①脚(UVLS)电压为4.5V，②脚(VCC)为12V，③脚(EN)为3.6V，均正常(这几脚的电压在保护前和保护后都有变化，应在保护前测)，但⑦、⑧脚无调光控制PWM脉冲输入。检查XS951的DIM端有PWM脉冲信号。怀疑DIM信号传输通道中断，经查，为电阻R719一端脱焊。补焊后试机，故障排除。

(全文完)

◇四川 贺学金

TCL HTV276C机芯液晶彩电总线调整和软件升级

TCL采用HTV276C机芯(也称H1机芯)开发了L20P03CN等P系列液晶彩电。主芯片数/模小信号处理电路采用HTV276C，FLASH RAM采用W25X40AVSN1G，存储器采用AT24C16，中放电路采用R2S10401SP，屏供电开关采用AP2309，伴音功放电路采用TDA1517。

一、总线调整方法

1.进入工厂模式。

先按遥控器上的"menu"菜单键之后，接着按数字"5、6、9、7、8"键，即可进入工厂菜单模式。

2.项目选择与调整。

进入工厂模式后，屏幕上显示调整菜单，按遥控器上的"上/下方向"键或"频道+/-"键选择调整项目，按"左/右方向"键或"音量+/-"键调整所选项目的数据。

二、总线调整内容

TCL HTV276C机芯液晶彩电总线系统调整内容如下：

1.中周的调整。

1)按前述方法进入工厂菜单模式。

2)选择进入"R2S10401"选项，把"VCO Normal"改为"VCO Coll"。

3)调节中周电压为(DC)：2.45V~2.55V。把万用表的挡位调整到直流电压挡，黑表笔接地，红表笔测试中周的电压(红表笔测试PCBA上电阻R115或者电阻R106电压是否为2.5V)，另外用无感调节工具调节中周，使中周的电压值在2.45V~2.55V之间。

4)用遥控器把"VCO Coll"改为"VCO Normal"，退出菜单OK。

备注：如果中周电压调节电压不对，或者调整中周的次序不对，则搜不到台。

2.整机检查。

1)检查TV、AV、PC等各状态图像和声音，PC置XGA(1024X768@60Hz)模式，确认机器正常。打开工厂模式，选老化模式(HEAT RUN，退出时按"POWER"键)，用本机自带红、绿、蓝、白信号检查屏幕上亮点和暗点，确认屏幕正常，进入老化模式。

2)安全检查：

(1)耐压测试：AC3500V、电流8mA、10秒。

(2)绝缘电阻测试：DC 500V、4MΩ以上。

(3)泄漏电流测试：AC 220V/50Hz、小于0.75mA。此项检查在合上后盖以后QC电性能检查以前。

3)检查TV图像声音正常。检查TV强弱信号下图像声音正常。检查高低电压100V/240V时图像正常。

4)检查AV/S-VIDEO IN图像声音输入正常，PC图像声音输入正常。

5)检查遥控器和按键能正常工作，可以控制机器进入待机状态和返回正常工作状态，检查声音图像各模拟量可以正常调节。

说明：HTV276C主板不用进行VGA的白平衡校正，但是一定要进行中周的调整。

3.出厂状态。

检查完成后，进入工厂菜单选择Eep Reset恢复初始设置。

三、软件升级方法

该机芯FLASH程序升级方法和步骤如下：

1.升级工具跟主板的连接。

1)连接方式：将升级工具的并口小板"H1-I2C-PCB"插入电脑后面的并口插座中，将VGA小板"VGATOOL"插入LCD电视的VGA插座中。

2)升级时需给主板上电。

2、升级工具设置。

1)打开Flashpro exe，看到如下图1所示的界面；

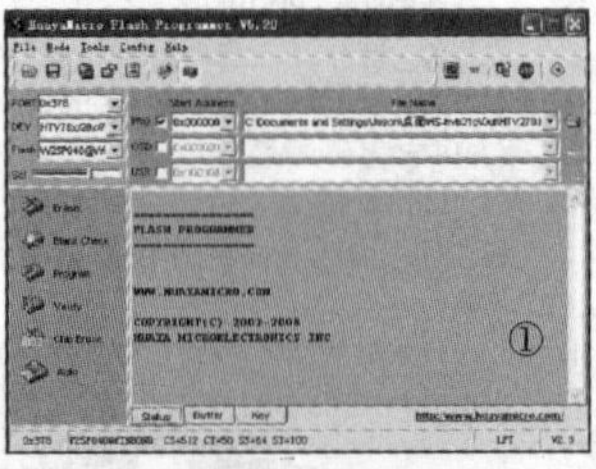

2)将上图1右上部的参数进行如下设置：

设置PORT(0x378)；

设置DEV(HTV76x/28xx/79x)；

设置Flash(W25P040@W)。

3)参照上图1将上述设置下面的Scl调在中间位置，根据电脑速度可以调节升级的快慢，右边是最快。

4)参照上图1在PRG后的框打钩，单击后面的文件夹图标选择要升级的程序，使用默认的文件类型，见图2所示。

5)当升级程序后缀为BIN时，按下图3选后缀为.BIN的文件类型。

3.升级过程。

1)单击图4所示的芯片图标，即可升级。

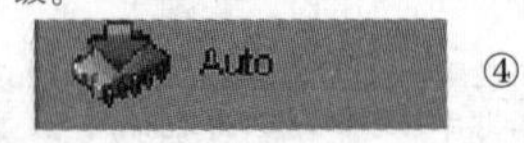

2)当显示类似Consumed22.3 seeond(s)@15：16：36时，表示成功。

4.问题处理。

1)当发现升级提示硬件连接失败时，按图5所示，将Smart H/W前面的钩去掉。

2)当经常升级失败时，将Scl时间往左边调小。

◇海南 孙德印

浅谈MJS3401摄像头的维修

MJS3401摄像头常用于鸿合实物视频展台，有多款展台采用该系列摄像头，鸿合展台在中小学校中有一定的拥有量，所以有一定的维修价值。

一、摄像头组成及工作流程

1. MJS3401摄像头主要由主板、图像传感器组件和镜头三部分组成(如图1所示)。

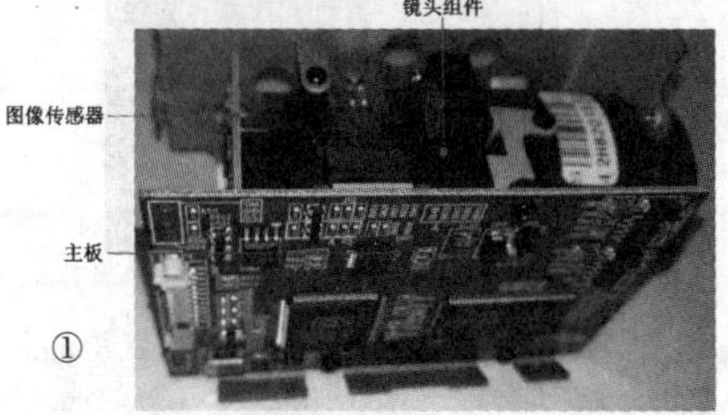

2. 电路工作流程及方框图

摄像头接通电源后，首先启动引导程序，开始自检，聚焦电机和变焦电机有转动的动作，显示器出现开机LOGO，同时检测图像传感器组件是否正常，如果一切正常则摄像头开始工作：来自外部的被摄物体，经过镜片透射到图像传感器，图像传感器进过光电转换，将光学信号为电信号，由图像处理芯片FBS103(DSP)进行图像处理，然后输出信号(VGA、Video、S-video)到显示设备。

电路方框图如图2所示。

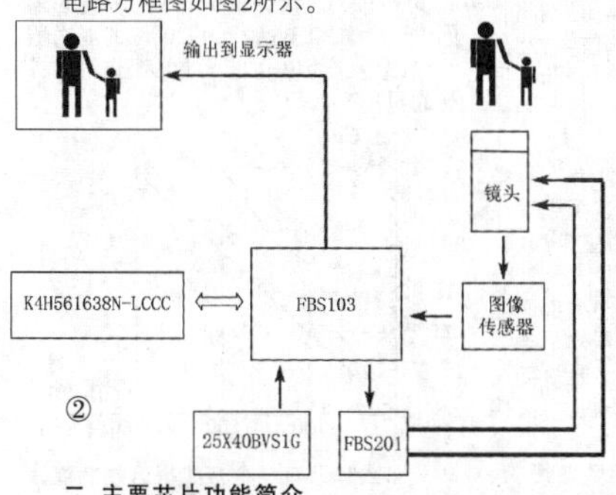

二、主要芯片功能简介

1.该摄像头主要由主板图像传感器和镜头组件构成，主板元件识别图如图3所示。

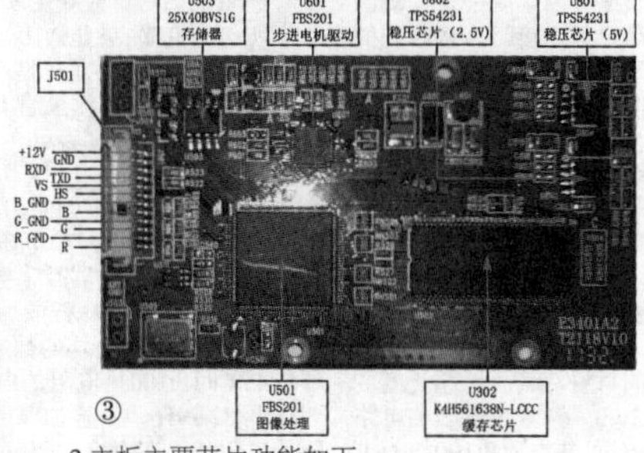

2.主板主要芯片功能如下

FBS103：高清视频处理芯片。主要功能：自动聚焦、中英文OSD、3D降噪、冻结、放转(含90°)、图像存储、回放、画面对比、电子云台等。主要引脚功能为：⑫脚，R信号输出；⑩⑦脚，G信号输出；⑩⑤脚，B信号输出；⑩②脚、⑩①脚，行、场同步信号输出；⑨⑨脚，RXD控制信号，⑩⓪脚，TXD信号。

FBS201：步进电机驱动芯片。主要功能：驱动聚焦电机和变焦电机，实现摄像头聚焦和光学变焦。

25X40BVS1G：存储器，主要存储开机引导程序。

K4H561638N-LCCC:缓存芯片。

TPS54231:DC-DC转换器。

三、常见故障及检修方法

1.无图像

首先整机及摄像头供电电压是否正常，然后检测J1插座上行同步信号是否正常，如果行同步信号异常，一般是FBS103损坏，FBS103在市面上不好买，可采用拆机取得，或者直接更换主板，这样可以快速解决问题；另外一种情况是黑屏，多数是COMS板损坏造成的，判断的方法是：拆开摄像头后，拔掉主板与图像传感器组件之间的排线，如果有开机LOGO出现，说明图像传感器组件有问题，更换图像传感器组件即可排除故障。

2.花屏

花屏故障是MJS3401常出现的一种故障，可以在出现故障时轻轻拍打摄像头，如果故障消失或有所改善，一般都是主板与图像传感器组件之间的排线有问题，拆开摄像头后轻轻拽一下排线，若感觉排线松动，则先更换排线，一般更换排线后即可排除故障。如果拍打摄像头，图像没有变化，常常是图像传感器组件损坏，更换后即可排除故障。

3.无法缩放及无法控制

这种故障一般会理解为按键失灵，其实这不是所有按键失灵，在维修时可以测试下，实际上不起作用的按键都与摄像头关，而其他按键均可正常操作。

检测这种故障时，如果手中有同型号的摄像头，直接替换就可以快速判断出是否是摄像头有问题；如果没有相同型号的摄像头，用MJS同系列摄像头，如MJS3402、MJS3405、MJS3406等，都可以直接替换，只是要注意一点，该系列的摄像头有部分是采用的5V供电方式，这个不能直接使用，否则立即烧毁主板元件。如果不知道手中的摄像头是12V还是5V的，有一个简单的判断方法：观察主板上的元件，12V供电的一般多两个DC-DC转换集成块，就是U801、U802位置处，而采用5V供电的摄像头，主板上少二个集成块（如图4所示)，这两个集成块的作用是将12V的电压转换为5V和2.5V电压。

如果手中没有相同的摄像头替换，可以拆开摄像头，然后采用示波器来检测，将示波器表笔放在J501的⑩脚上，然后开机，等待自检完毕后，按放大或缩小按键，如果示波器有脉冲信号显示，则表明展台主板有控制信号发出，问题出在摄像头；如果没有脉冲信号，则可能是展台主板有问题，以笔者的维修经验，常常是展台主板上的MAX232集成块损坏，直接更换即可排除故障。

如果确定为是摄像头的问题，可以用万用表检测R522、R523、D501、D502，一般是D501损坏的情况比较多见，直接更换即可排除故障；如果手头没有D501，应急维修时，可以直接悍下D501不用，一般不影响使用。

4.开机刚出现LOGO就死机

这种故障表现为，开机后开始从上到下显示LOGO，显示到一部分就停止不动没有任何反应了。这主要是摄像头程序坏了，需更换U503，注意一定要用带有程序的25X40BVS1G更换。

◇成都　宇扬

安全使用他人的Apple ID

有些朋友会使用他人的Apple ID登录系统，主要原因是为了下载某些第三方应用，但如果操作不当，很容易会导致iPhone变砖，甚至被他人恶意敲诈…

进入设置界面，排在最顶端的就是“Apple ID、iCloud、iTunes与App Store”，进入“iCloud”之后有一个名为“查找我的iPhone”的选项，将其关闭(如图1所示)，如果在“Apple ID”界面下退出登录并直接登录他人的Apple ID，那么Apple会给Apple ID的持有者发送一份电子邮件，相关信息都在这里了，Apple ID持有者如果更改密码，那么你将无法从自己的设备游泳该账号，Apple ID持有者可以远程发起查找定位手机、抹除手机或者锁死该手机，接下来除了带着iPhone的购买发票、包装盒去官方直营店之外，恐怕你只能忍痛付费了。

正确的操作方式是依次选择“iTunes Store与App Store”，点击右侧的“>”按钮，点击屏幕顶部的Apple ID(如图2所示)，选择“退出登录”，接下来就可以登录他人的Apple ID，此时Apple ID的持有者将无法对你的iPhone进行任何的操作与更改，无疑是安全多了。

点击并进入系统，注销的这里账号。这里登陆别人账号可以为所欲为，APPLE ID 持有者无法对你手机做任何操作与更改。

◇江苏　王志军

消除讨厌的“打开未知文件”QQ提示

朋友前一阵刚换了新电脑，但在QQ上接收好友的DOC文件后再直接点击“打开”时却遇到了小麻烦：聊天窗口提示“打开未知文件-由电脑管家支持”。本来不是个问题，朋友先是按照提示又点击了下方的“选择计算机上的程序”，接着在弹出的“打开方式”窗口中将推荐的程序Word 2016选中，并且勾选了下方的“始终使用选择的程序打开这种文件”选项，最后点击“确定”按钮，可以正常打开刚刚接收到的Word文件(如附图所示)。但是，如果再到原QQ聊天窗口中重新执行相同的一次“打开”操作的话，相同的“打开未知文件-由电脑管家支持”提示又出现了，也就是刚刚设置好的文件关联是无效的，好奇怪！

笔者首先查看了下计算机的本地Word程序与对应文件的关联，都是正常的；接着按照百度的提示，说是需要使用腾讯的电脑管家的软件管理设置来解决这个问题，于是先卸载了本地计算机上原先安装的360安全卫士，接着在安装好的腾讯电脑管家的“软件管理”-“设置中心”-“其他设置”中，将“未知文件设置：当您打开未知文件时，为您推荐合适软件”项设置为无效，故障依旧没得到解决，看来还是没找到根源所在。后来，笔者索性按照QQ聊天窗口中的提示，直接点击“立即安装”项，下载安装了WPS软件，现在无论是在本地打开DOC文件还是在QQ聊天窗口中点击“打开”，都可以正常调用WPS程序打开DOC文件；既然已经“半正常”了，QQ聊天窗口中的文件关联应该已经由WPS“接手”DOC类型文件，何不再将WPS卸载掉试一下呢？于是卸载掉刚刚安装好的WPS程序，再到QQ聊天窗口中尝试点击“打开”，重新执行一次“选择计算机上的程序”：仍定位至Word程序。结果，问题竟然解决了——QQ直接调用了本地的Word 2016程序打开了这个DOC文件！

看来应该是QQ在被强行截断了与WPS的关联之后，与Word建立了新关联后将之前存储的混乱信息“覆盖”掉，故障也就得以解决。所以说，在遇到某些故障时不一定都要到网上搜索寻求别人的帮助，有时自己多尝试一些看似不太合常理的“解决”方法反倒会有意料不到的收获。

◇山东　杨鑫芳

更换温度变送器导致的故障维修1例

某企业的生产设备中有对重要部位测量温度并显示的需求，前几天发现显示屏显示的温度值不稳定，且在不规则的跳动，运行人员穷尽所有手段，并更换了温度变送器，却出现温度显示值偏低的现象，无奈之间寻求帮助。

该测温显示系统包括温度传感器pt100，它将变化的温度值转换成相应的电阻值；变送器的功能是将pt100监测到的变化电阻值转换成4~20mA的电流信号；PLC显示器将变送器生成的电流信号转换成温度值显示出来。系统框图如图1所示。

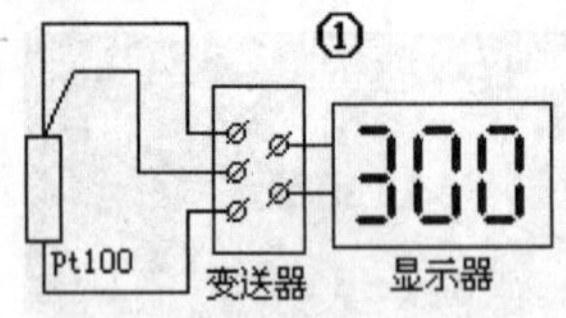

一、pt100的特点简介

温度传感器pt100在使用中大家也习惯性地称其为热电阻。

Pt100中的"100"是指温度为0℃时，Pt100的阻值为100Ω。Pt100的阻值与温度的变化有近似正比的关系，在100℃时它的阻值约为138.5Ω。它的阻值随着温度上升而准匀速增长。Pt100的测温范围为-200~+850℃。

Pt100的阻值和温度可以用以下的近似关系式表示：

$Rt=100(1+\alpha t)$

式中 Rt为温度为t时Pt100的阻值；

100是温度为0℃时Pt100的电阻值100Ω；

α为温度系数，α=0.00392；温度系数在Pt100的全部测温范围内会有少许变化。

t是即时温度。

与半导体热敏电阻相比，Pt100的特点是测量准确、稳定性好、性能可靠，可在-200~+850℃范围内进行温度测量，因此，在自动控制中的应用极其广泛。

1.Pt100热电阻的引线方式

热电阻是把温度变化转换为电阻值变化的一次元件，通常需要把电阻信号通过引线传递到控制装置或者其他一次仪表上。工业用热电阻安装在生产现场，与控制室之间存在一定的距离，因此热电阻的引线电阻对测量结果会有一定的影响。目前，热电阻的引线主要有以下3种方式：

(1)两线制：在热电阻的两端各连接一根导线来引出电阻信号的方式叫二线制。这种引线方法简单，但由于连接导线必然存在引线电阻，这个电阻的大小与导线的材质和长度等因素有关。当测温仪表与两线制热电阻连接时，接收到的是热电阻与引线电阻的串联值，会在一定程度上影响测量的精度，因此这种引线方式只适用于测量精度要求较低，或者距离较近的场合。

(2)三线制：在热电阻根部的一端连接一根引线，另一端连接两根引线的方式称为三线制。采用三线制是为了消除连接导线电阻引起的测量误差。Pt100三条引线的电阻我们将其称作r1、r2和r3，由于三条引线的材料、截面积和长度均相同，因此r1=r2=r3。测量热电阻的电路一般是不平衡电桥，热电阻Pt100作为电桥的一个桥臂电阻，与电桥的连接关系见图2。由图2可见，引线电阻r1和热电阻Pt100串联后构成电桥的一个臂，电阻R_X与引线电阻r3串联后构成电桥的另一个臂。适当调整桥臂电阻R_X的值，使电桥平衡。当电桥平衡时，$R1\times(R_X+r3)=R2\times(Pt100+r1)$。如果这是一个等臂电桥，即R1=R2，再加上r3=r1这个条件，可以认定R_X= Pt100。在电桥上查看R_X的值，即可得知Pt100的电阻值。电桥平衡时，阻抗很高的电压表指示值为0，引线电阻r2没有电流流过。根据以上分析，引线电阻对测量结果的影响已经完全被抵消清除。因此三线制是工业过程控制中Pt100最常用的引线方式。

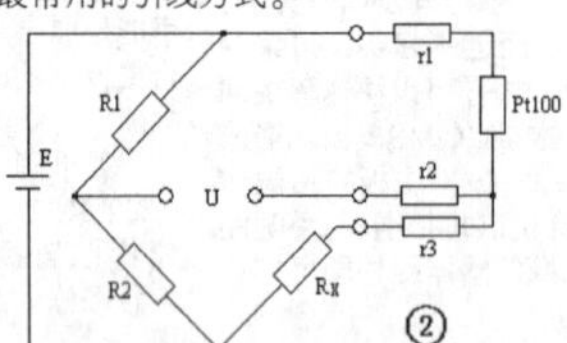

(3)四线制：在热电阻的根部两端各连接两根导线的方式称为四线制，其中两根引线由恒流源为Pt100提供恒定电流I，把Pt100的电阻值转换成电压信号U，如图3所示，再通过另两根引线把U引至测量仪表。由于电压测量仪表的内阻一般很大，所以在引线电阻上的电流极小，可以完全消除引线电阻的影响，四线制主要用于高精度的温度检测。

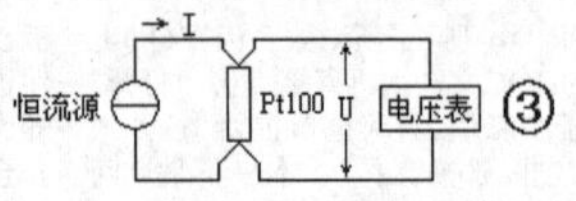

2.Pt100热电阻的种类

根据安装和使用环境等条件的不同，Pt100热电阻有普通型热电阻、铠装型热电阻、隔爆型热电阻和端面型热电阻等几种。

附表：Pt100热电阻分度表

℃	-0	-1	-2	-3	-4	-5	-6	-7	-8	-9
-50	80.31									
-40	84.27	83.87	83.48	83.08	82.69	82.29	81.89	81.50	81.10	80.70
-30	88.22	87.83	87.43	87.04	86.64	86.25	85.85	85.46	85.06	84.67
-20-	92.16	91.77	91.37	90.98	90.59	90.19	89.80	89.40	89.01	88.62
100	96.09	95.69	95.30	94.91	94.52	94.12	93.73	93.34	92.95	92.55
	100.00	99.61	99.22	98.83	98.44	98.04	97.65	97.26	96.87	96.48
℃	0	1	2	3	4	5	6	7	8	9
0	100.00	100.39	100.78	101.17	101.56	101.95	102.34	102.73	103.12	103.51
10	103.90	104.29	104.68	105.07	105.46	105.85	106.24	106.63	107.02	107.40
20	107.79	108.18	108.57	108.96	109.35	109.73	110.12	110.51	110.90	111.29
30	111.67	112.06	112.45	112.83	113.22	113.61	114.00	114.38	114.77	115.15
40	115.54	115.93	116.31	116.70	117.08	117.47	117.86	118.24	118.63	119.01
50	119.40	119.78	120.17	120.55	120.94	121.32	121.71	122.09	122.47	122.86
60	123.24	123.63	124.01	124.39	124.78	125.16	125.54	125.93	126.31	126.69
70	127.08	127.46	127.84	128.22	128.61	128.99	129.37	129.75	130.13	130.52
80	130.90	131.28	131.66	132.04	132.42	132.80	133.18	133.57	133.95	134.33
90	134.71	135.09	135.47	135.85	136.23	136.61	136.99	137.37	137.75	138.13
100	138.51									

3.Pt100热电阻的分度表

所谓分度表，就是Pt100热电阻的阻值与温度变化关系对应的表格。附表所示是-50~100℃常用测量温度的分度表，全部测温范围的分度表可在网站上查阅得到。

这里介绍分度表的使用。①查询零下45℃时Pt100热电阻的电阻值：在附表左数第一列中找到"-40"，在第1行中找到"-5"，从"-40"这一行向右，从"-5"这一列向下，行列相交处的数字82.29就是零下45℃时Pt100热电阻的电阻值，单位为Ω，即82.29Ω。②查询0℃时Pt100热电阻的电阻值：在附表左数第一列中找到"0"，在第8行中找到"0"，这两个"0"相交处的数字100.00就是0℃时Pt100热电阻的阻值100.00Ω。③查询99℃时Pt100热电阻的阻值：在附表左数第一列中找到"90"，在第8行中找到"9"，从"90"这一行向右，从"9"这一列向下，行列相交处的数字就是99℃时Pt100热电阻的阻值138.13Ω。

二、温度测量显示用变送器简介

变送器的种类很多，有两线制、三线制和四线制等。该案例中用户使用的是两线制变送器。两线制变送器，是指将物理量转换成4~20mA标准电流信号，然后通过两根导线将电流信号输出，同时，通过同一对导线为变送器提供工作电源的一种电流输出型变送器。

三线制变送器的电源端使用两条线，信号输出使用两条线，而这两组导线有一条是公用的，所以一共有三条线，称为三线制。

两线制和四线制电流输出型变送器的主要区别是，两线制变送器的两条线既要输出4~20mA电流信号，又要给变送器供电，由于对外只使用两条线，所以接线简单。而四线制变送器的电流信号输出与供电是各自独立的使用两条线，共使用4条线。因此，当PLC的输入通道设定为连接四线制变送器时，PLC只从变送器采集4~20mA的模拟电流信号；而当PLC输入通道设定为连接两线制变送器时，输入通道在采集模拟电流信号的同时，还要向变送器提供一个24V的直流电源，以驱动两线制变送器的工作。

两线制变送器体积很小，手持变送器的照片如图4所示。这种变送器共有5颗接线螺钉，上部两颗螺钉是所谓两线制变送器的电源端和信号电流的输出端，下部的3颗螺钉连接三线制的pt100。三条线的连接去向已在图4中示出。该变送器的标签右下角标记有"0~300℃"的字样，表示pt100将0~300℃的温度变化变换成相应电阻值的变化，变送器将相应变化的电阻值转换成4~20mA的电流信号。

三、更换变送器导致温度显示值偏低的故障原因

1.原始处理办法

本案例中的测温系统出现显示异常后，运行人员按照图1所示的结构框图逐一排查，更换温度传感器pt100，未能排除故障。对PLC的状况进行分析，由于PLC的其余所有功能均未发现异常，所以难以认定PLC出现故障。最后更换变送器，就是图4所示的那个元器件。图4是更换后的变送器，而原来使用的是"0~200℃"的，由于手头缺货或购买不方便，所以就更换了一个图4所示规格的变送器，结果温度显示值是稳定、数字不跳变啦，但显示值偏低，这才引出了本文的话题。

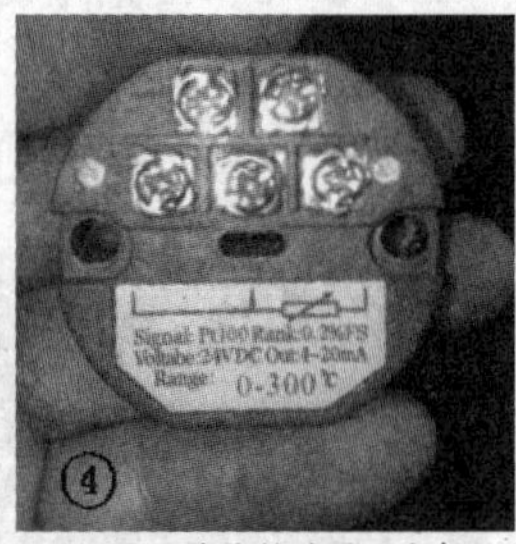

2.显示值偏低的原理分析及故障排除

变送器可以将温度信号变换成4-20mA的电流信号，然后再转换成实际温度值显示出来。但是，对于相同的一个温度值，选用不同温度范围的变送器，变换出来的电流值是不相同的，所以显示出来的温度值也可能是不相同的，其中缘由可根据图5所示曲线进行分析。

由图5可见，0~300℃变送器在实际温度300℃时的输出电流为20mA；如果是0~200℃的变送器，则在实际温度为200℃时的输出电流为20mA。而当实际温度为100℃时，0~300℃的变送器的输出电流为I1=9.3mA，而0~200℃的变送器的输出电流为I2=12mA，这从图5可以直观的看出来。

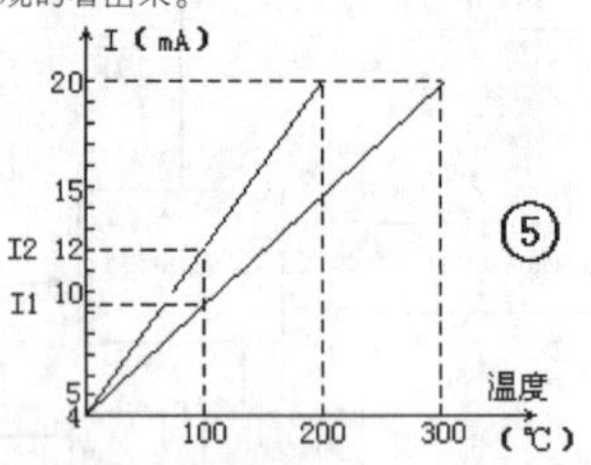

那么有没有一个方法将这些参数计算出来呢？答案是肯定的。

变送器输出电流为4~20mA，其变化范围为20-4=16mA，即0~300℃(或者0~200℃)的温度变化范围，对应着16mA的电流变化范围。对于0~300℃的变送器，100℃时输出电流值可由下式计算：

$I1=4+16(t/300)=4+5.3=9.3mA$

式中4是0℃时的输出电流值，16是温度由0变化到300℃时的输出电流变化范围，t是被测的现场温度。

对于0~200℃的变送器，100℃时输出电流值的计算结果是：

$I2=4+16(t/200)=4+8=12mA$

由图示和计算皆可得出一个结论，选用不同温度范围的变送器，对于一个相同的温度值，其输出电流值是不相同的。

在由电流值转换成温度显示值的过程中，4~20mA的电流值对应着多大范围的温度变化值也是需要设置参数，或者进行软件编程的。

本案例中，只是更换了温度范围不同的变送器，将0~200℃的变送器替换成0~300℃的变送器，而没有修改PLC的显示参数，所以显示值偏低就不难理解了。解决问题的方法有2种，一是选用与原来相同温度范围的变送器，二是修改PLC的显示参数。如果用第2种方法排除故障，显示的温度值的精度会略微降低一些，这要考虑设备对测量显示温度精度的容忍度。

必须说明的是，变送器将电阻值变换为4~20mA电流信号时，是按照pt100的分度表进行的，与图5所示曲线以及用计算式得到的结果会略有一些差异，所以，本文只是对案例中故障原因进行了基本原理的分析，实际工程实践中的相关技术人员应该对此有所了解。

◇山西 刘慧荣

如何电源变换中采用隔离式误差放大器替换光耦合器和分流调节器

设计人员设计隔离式AC-DC、DC-DC或DOSA兼容型电源模块时，面临着以更佳的性能应对市场需求的挑战。本文介绍数字隔离器误差放大器，它可改进初级端控制架构的瞬态响应和工作温度范围。传统的初级端控制器应用是利用光耦合器提供反馈回路隔离，利用分流调节器提供误差放大器和基准电压。虽然光耦合器作为隔离器用于电源中具有成本低廉的优势，但它会将最大环路带宽限制在50 kHz，而且实际带宽会低得多。快速可靠的数字隔离器电路在单封装内集成隔离式误差放大器和精密基准电压源功能，使用该电路可实现极低温漂和极高带宽的精密隔离式误差放大器。隔离式误差放大器能实现250 kHz以上的环路带宽，使得以更高开关速度工作的隔离式初级电源设计成为可能。借助正确的电源拓扑，更高的开关速度可支持在更为紧凑的电源中使用更小的输出滤波器电感和电容。

我们首先将讨论一个反激式转换器拓扑，因为就元器件数目而言，它是最简单的电路。反激式电路使用最少的开关；本例中，仅在初级端使用了一个开关，并在次级端使用了一个整流二极管。简单反激式电路通常用于输出功率相对较低的应用中，但它确实具有高输出纹波电流和低交越频率，因为存在右半平面(RHP)零点。结果，反激式电路需要具备较大输出纹波电流额定值的大输出电容。图1显示采用光耦合器的方式，分流调节器在其中用作隔离式输出电压Vo的反馈电压误差放大器。分流调节器用作精确标准时，可提供精度典型值为 2%的基准电压。输出电压经过分压，然后由内部误差放大器将其与分流调节器的基准电压进行比较，比较结果输出至光耦合器的LED电路。光耦合器LED由输出电压和串联电阻偏置，所需的电流量根据光耦合器电流传输(CTR)特性确定，相关说明可参见数据手册。

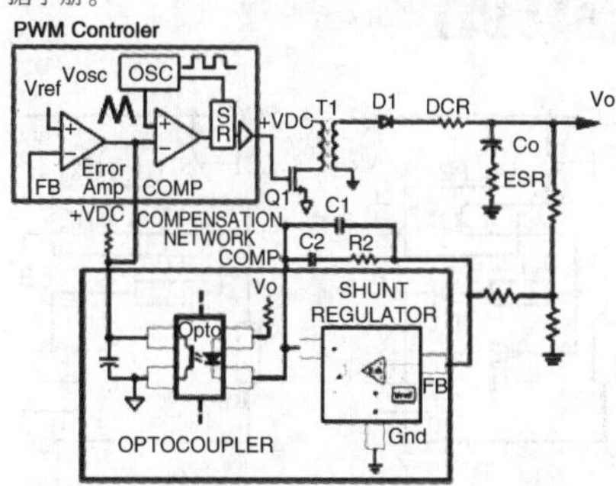

图1. 带光耦合器和分流调节器的反激式调节器框图

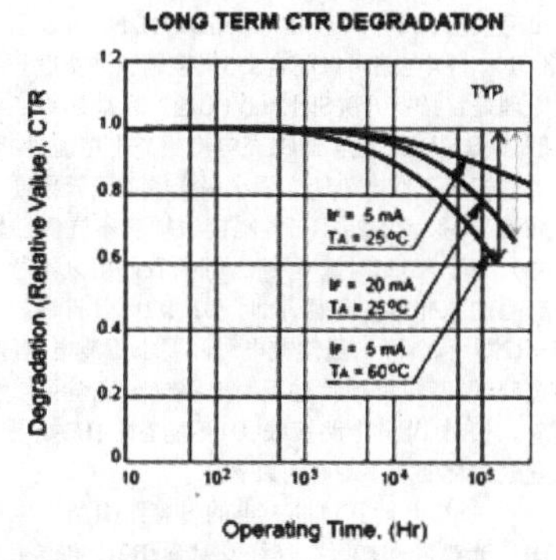

图2. 光耦合器CTR下降

CTR为晶体管输出电流和LED输入电流之比。CTR的特性不是线性的，因光耦合器而异。如图2所示，光耦合器CTR值会在整个工作寿命内变化，对设计稳定性提出挑战。今天设计并测试的光耦合器其初始CTR通常具有 2比1的不确定性，但长期工作在高功率和高密度电源的高温环境下，几年以后CTR将下降40%。将光耦合器用作线性器件时，它具有相对较慢的传输特性（小信号带宽约50 kHz)，因此对电源的环路响应也较慢。对于反激式拓扑而言，较慢的传输特性可能并不存在任何问题，因为该拓扑要求针对降低环路带宽而对误差放大器作出补偿，以便输出稳定。问题在于，随着时间的推移，光耦合器输出特性的变化可能会迫使设计人员进一步降低环路响应，以确保环路的稳定性。环路响应较慢的缺点在于这样做会使瞬态响应性能下降，且负载瞬态之后的输出电压需要更长的时间才能恢复。增加一个更大的输出电容有助于减少输出电压的下降，但会增加输出响应时间。这样做会导致电源设计更复杂且更为昂贵；而尺寸更小、成本更低的解决方案是可以实现的。

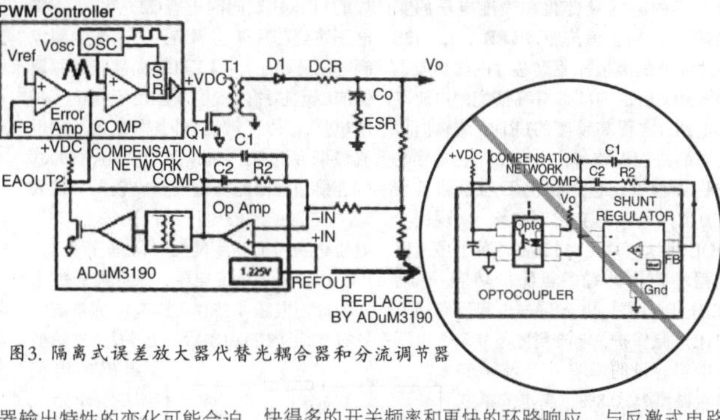

图3. 隔离式误差放大器代替光耦合器和分流调节器

前文说明了光耦合器作为线性隔离器使用时在工作稳定性方面的困难；了解之后，便能检查隔离式误差放大器随时间和极端温度变化提供稳定可靠性能的能力。如图 3所示，现以宽带运算放大器和1.225 V基准电压源部分代替分流调节器和V_{REF}功能，并以基于数字隔离器技术的快速线性隔离器代替光耦合器。器件右侧的运算放大器具有同相引脚+IN（连接至内部1.225 V基准电压源）和反相引脚-IN，可用于隔离式DC-DC转换器输出的反馈电压连接（使用分压器实现连接)。COMP引脚为运算放大器输出，在补偿网络中可连接电阻和电容元件。COMP引脚从内部驱动发送器模块，将运算放大器输出电压转换为调制脉冲输出，用于驱动数字隔离变压器。在隔离式误差放大器左侧，变压器输出信号解码后转换为电压，驱动放大器模块。放大器模块产生EAOUT引脚上的误差放大器输出，驱动DC-DC电路中PWM控制器的输入。

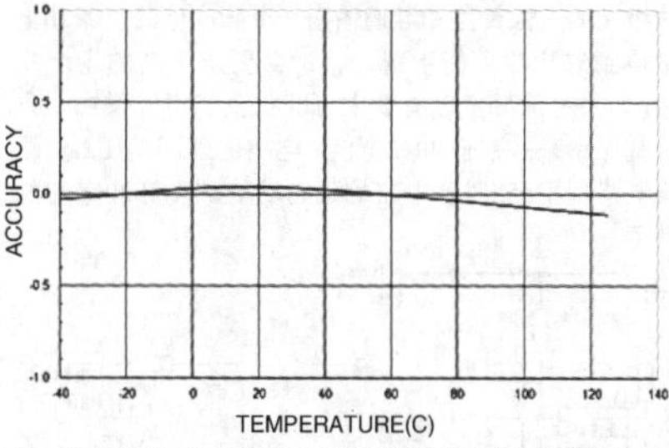

图4. 隔离式误差放大器输出精度与温度的关系

这款最新的隔离式误差放大器的优势包括：基准电压源和运算放大器设计为温度范围内具有最小的失调和增益误差漂移。1.225 V基准电压源电路在温度范围内的精度调整为1%，比分流调节器更精确，且漂移量更低。如图4所示，隔离式误差放大器的典型输出特性在?40°C至 +125°C范围内的变化量仅为0.2%，实现了高度精确的 DC-DC输出。为了保持稳定的输出特性，运算放大器的 COMP输出经脉冲编码，可越过隔离栅发送数字脉冲，然后由数字隔离变压器模块解码回模拟信号，完全解决了使用光耦合器进行隔离时CTR值发生改变的问题。

若应用要求采用反激式电路以提供超乎寻常的快速瞬态响应，则可以利用推挽式拓扑配合隔离式误差放大器实现。推挽式电路如图5所示。图中，两个MOSFET交替开关，对变压器的两个初级绕组充电，然后两个带二极管的次级绕组导通，并对输出滤波器电感和电容充电。推挽拓扑经补偿后极为稳定，并具有快得多的开关频率和更快的环路响应。与反激式电路相同的隔离式 DC-DC设计示例（5 V输入到5 V输出，1.0 A输出电流）现用于采用ADuM3190隔离式误差放大器的推挽式电路中。相比较慢的200 kHz典型反激式设计，推挽式设计具有1.0 MHz开关频率；因此，与一款光耦合器相比，带宽更高的ADuM3190显然是更佳选择。输出滤波器电容从 200 μF(典型反激式)下降至仅27 μF(推挽式)，并增加了一个小型47 μH电感。图6中的波形显示100 mA至900 mA负载阶跃条件下，集成隔离式误差放大器的推挽式电路响应时间仅为100 μs，相比典型反激式拓扑的400 μs，速度提升了4倍。推挽式电路输出电压的改变幅度仅为200 mV，相比反激式电路的400 mV，其改变幅度减少了一半。使用速度更快的推挽式拓扑和带宽更高的隔离式误差放大器，可获得更快的瞬态响应高性能以及更小的输出滤波器尺寸。

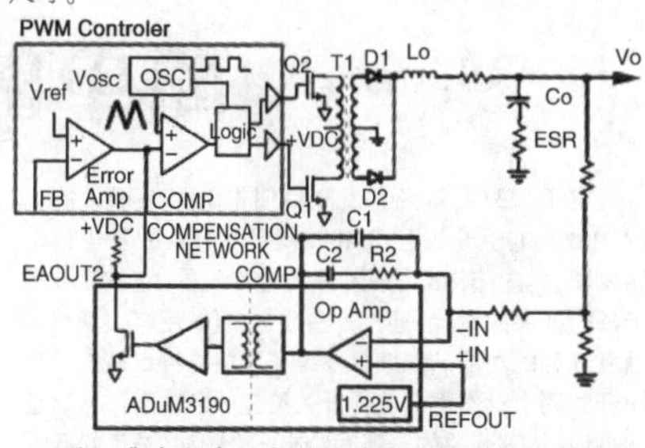

图5. 集成数字隔离器误差放大器的推挽式转换器框图

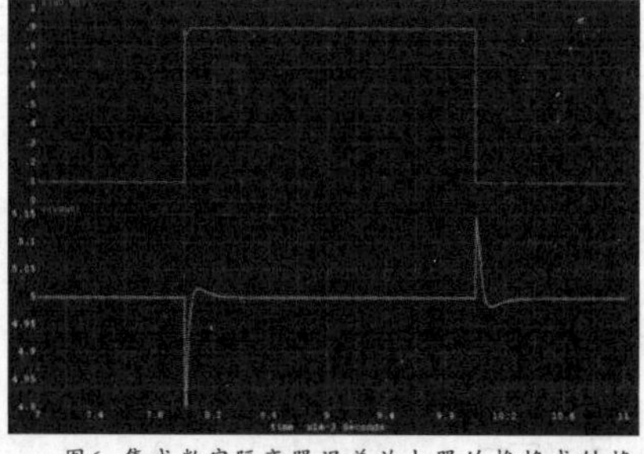

图6. 集成数字隔离器误差放大器的推挽式转换器(100 mA至 900 mA负载阶跃)

使用400 kHz高带宽隔离式误差放大器便有可能实现这些改进，提供更快的环路响应。次级端误差放大器具有 10 MHz的高增益带宽积，比分流调节器速度快大约5倍，可在隔离式DC-DC转换器中实现更高的开关频率(高达 1 MHz)。与在整个寿命周期和温度范围内具有不确定电流传输比的光耦合器解决方案不同，隔离式误差放大器的传递函数不随寿命周期而改变，在?40°C至+125°C的宽温度范围内保持稳定。有了这些性能上的改进，对于希望改善瞬态响应和工作温度范围的隔离式DC-DC转换器电源设计师而言，隔离式误差放大器将成为首选解决方案。◇湖北 朱少华编译

LY1126高性能非隔离恒流驱动芯片的应用

LY1126高性能非隔离恒流驱动芯片工作在谷底开关模式,转换效率高、EMI低、PF可调节至0.92、输出电流自动适应电感的电感量变化和输出电压的变化,真正实现了恒流驱动LED。LY1126高性能非隔离恒流驱动芯片内部集成了功率MOSFET,内部带有高精度的电流取样电路,实现高精度的LED恒流输出和优异的线性调整率,芯片工作在电感电流临界模式,芯片输出不随电感量和LED工作电压的变化而变化,实现优异的OUT调整率。LY1126高性能非隔离恒流驱动芯片具有多重保护功能,包括LED短路保护,电流采样电阻短路保护和1C过温保护,电流精度不受输入电压及电感容量的影响,高电流精度线性调整率±0.8%、高电流精度负载调整率±0.2%、芯片的引脚排列图1、采用DIP-8脚封装、表1是芯片的引脚说明。

工作原理:电路如图1、176~265V的交流电压经保险丝,晶体整流二极管整流,电容C1滤波得到直流电压提供给LY1126高性能非隔离恒流驱动芯片的VCC④脚,同时电容C2充电,当④脚电压达到芯片开启阈值时,芯片内部控制电路开始工作。LY1126高性能非隔离恒流驱动芯片内置稳压器用于钳位④脚的电压,芯片正常工作时,需要的VCC电流极低,所以无需辅助绕组供电,CS的⑧脚连接到内部的峰值电流比较器的输入端,与内部的阈值电压进行比较,当CS的电压达到内部控制阈值时,功率管关断。R4、R5采用高精度电阻,保证可靠的工作。储能电感和芯片工作在电感电流临界模式,当内部功率管导通时,流过储能电感的电流从零开始上升,当LED短路时,芯片工作在低频,CS关断阈值降低,所以功耗很低,当有异常的情况发生时,比如CS采样电阻短路或者变压器饱和,芯片内部快速控制电路会触发保护逻辑控制芯片马上停止工作,进入保护状态。VCC电压开始下降,当VCC到达欠压保护阈值时,芯片将重启,芯片不断地控制负载状态,如果故障解除,芯片重新开始工作。LY1126高性能非隔离恒流驱动芯片具有过热调节功能,在驱动电源过热时逐渐减小输出电流,从而控制输出功率和温升,使电源温度保护在设定值,以提高电路的可靠稳定性。晶体二极管、L电感线圈、电阻R6、电容C3组成滤波稳定电路的直流电压提供给18只LED贴片发光二极管点亮照明。

元器件的选择与注意事项:晶体二极管D1~D4选用1N4007、电容C1、C3选用CD11G的电解电容、C2选用CD110的电容、电阻R1选用0.5W±1%、R2、R3选用1/8W的误差±1%、电阻R4、R5、R6选用1/8W的误差±1%高精度电阻,为什么要选用高精度的呢?首先整个电路工作在高电压电流状态下,输出的直流电压又要保证稳定恒流压,当LED发生短路过热、过温时,芯片内部就可控制关断,从而保护了LED发光二极管的安全。D5选用快恢复二极管,普通晶体二极管不能用,这点要注意、电感线圈L选用成品、贴片发光二极管选用0.5W的。

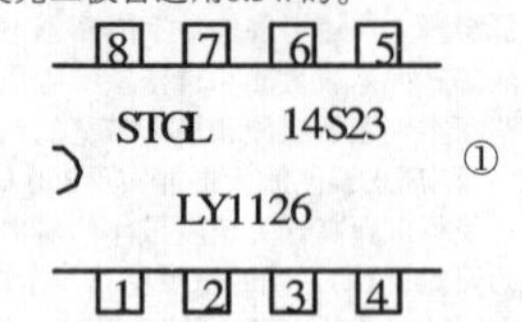

◇江苏 陈春

表一

芯片引脚	引脚名称	功能说明
①	GND	芯片负极
②	LN	线电压补偿输入端
③	GND	芯片负极
④	VCC	电源正极
⑤	DRAIN	内部高压功率管
⑥.⑦	-	空脚无连接
⑧	CS	电流采样端,采样电阻接在①、⑧脚之间

简单的单开双脉冲产生电路

电子报31期曾经刊发一款使用CD4098设计的一款双触发电子开关:"CD4098属于双可重触发单稳态触发器,其内部集成了两个单稳态触发器。它常常被用于延时开关的设计。通过一些改进,可以用其实现双向触发开关的功能。双向触发电子开关的特点是按下与松开的两个动作都会使得开关给出一个输出信号。也就是说,按下开关的一瞬间给出一个脉冲信号,松开开关的瞬间同样给出脉冲信号"。也就是在开关按下与松开的瞬间分别产生一个触发脉冲。电路原理图见图1。该电路使用了LM393、CD4098、74LS08三块集成电路。

单就开关按下与松开产生脉冲而言,实现这个功能的电路完全可以简化一些。图2b就是一款使用交流输入光耦PC814设计的一款简单的双脉冲产生电路,在PC814内部初级电路与常用的PC817不同,PC814初级反向并联了一只红外线发射管,这样,初级电流可以输入交流电流或者我们可以这样说,PC814在直流电路中可以不管他的输入电路的电流极性,电流可以从1脚输入,2脚输出,也可以从2脚输入,1脚输出。按下开关SWZ,光耦得到由VCC经R,C的充电电流而使得其次级光敏三极管饱和和导通。此时,如果我们按照图3a、图3b电路接法,分别可以得到一个高电平输出脉冲或者一个低电平输出脉冲。而松开按钮开关时,SWZ的公共触点与GND接触,此时已经充电的电容器C储存电荷通过电阻R为光耦提供初级工作电流,同样,光耦的次级光敏三极管饱和和导通输出一个脉冲信号。图2b电路得到的脉冲可能不精确,适合要求不高的场合使用。如果对脉冲宽度有要求,此时,我们可以增加一只时基电路来控制脉冲的宽度。电路原理图见图2a。图2a电路利用555时基电路的延时功能实现脉冲宽度的调节。

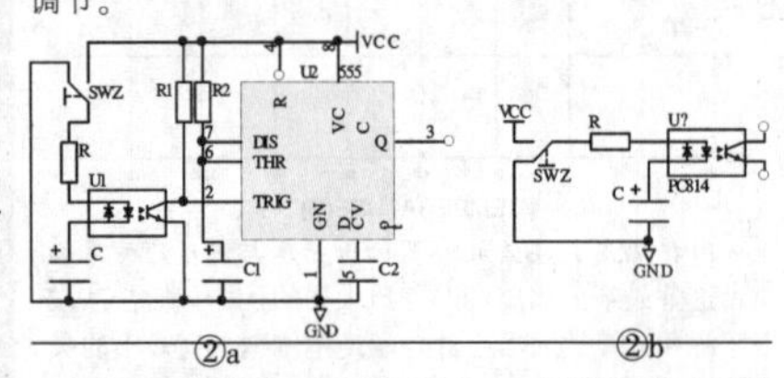
②a ②b

当然,我们也可以利用改变R*C值来粗略调节脉冲宽度。这样就可以省略一只555时基电路。

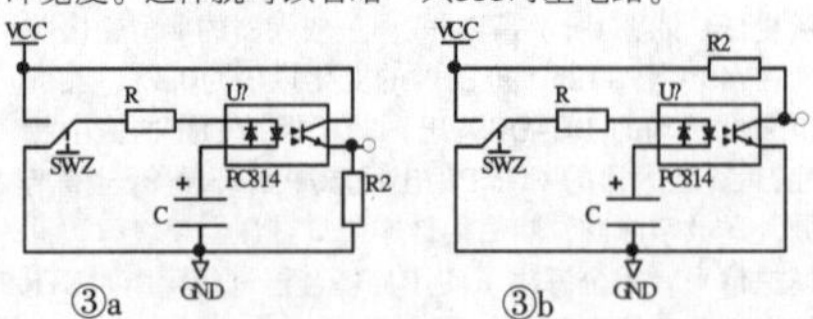
③a ③b

从上述电路比较可以看出,利用交流输入光耦设计的双脉冲产生电路的成本是相当低的。它适合有电源存在的开关电路中,当然,图1电路的适用范围要广泛一些,利用力敏元件采集开关信号可以不考虑开关控制的具体电路,只要采集开关按下与松开的压力信号就可以了。

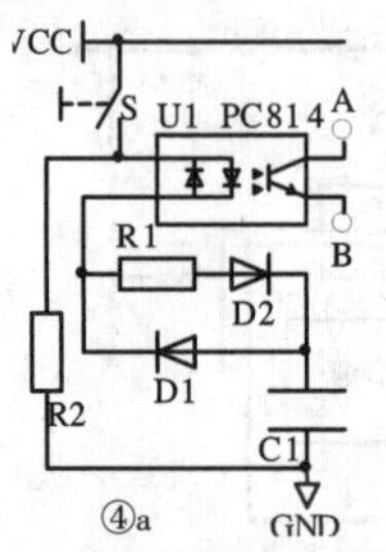
④a

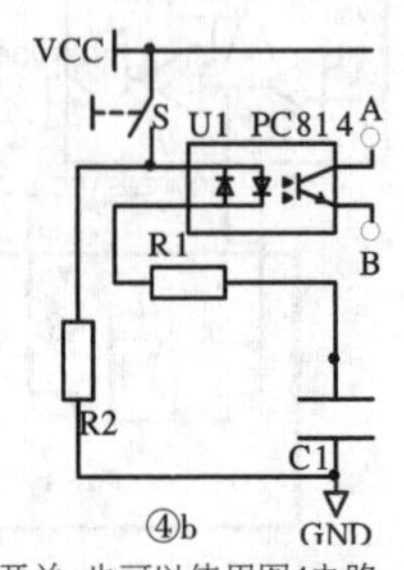
④b

如果我们不想使用转换开关,也可以使用图4电路使用单开单关实现双脉冲产生功能。电路如果对脉冲宽度没有要求,D2可以不用(短路D2),D1也可以不用(断路D1)。图4电路可以配合555来控制脉冲宽度。其工作原理是:按钮开关S闭合,VCC通过光耦初级红外线发射管、R1、D2对电容器C1充电产生充电电流,同时也是光耦初级工作电流使光耦次级光敏三极管导通产生脉冲信号(参考图2a、图3各图接线得到不同极性输出脉冲)。当配合555时基电路使用时,我们可以不考虑开关产生的脉冲宽度问题,此时,D1、D2可以省略。取值R1=R2即可。此时,虽然充电时间要小于放电时间,但通过555时基电路设计的延时电路处理完全可以满足要求。相对于图3电路接线,D1不能省略,D2如果对脉冲宽度对称要求不高时可以省略。

当开关S松开时,已经充电的电容器C1所充电荷通过D1、光耦内部初级红外线发射管、R2放电产生光耦的初级工作电流,光耦次级光敏三极管导通同样产生一个脉冲输出。

这样,我们就可以利用一只单开开关在按下和松开时分别产生一个脉冲输出信号从而实现单开产生双脉冲功能。

◇湖南 王学文

谈农网低压线路的用电安全(上)

1.农村低压配电线路保护防止安全事故的发生

众所周知，配电线路电压为3.6kV~40.5kV，称高压配电线路；配电电压不超过1kV、频率不超过1000Hz、直流不超过1500V，称低压配电线路。配电线路的建设要求安全可靠，保持供电连续性，减少线路损失，提高输电效率，保证电能质量良好。

农村用电触电事故的统计、调查和分析，发现电力线路断线后的带电导体是造成人身触电伤亡的最主要原因，而低压架空线路造成的事故又远比高压线路为多。农网低压配电架空线路断线后带电导线经常被没有防护意识的农民碰触引发人身触电事故。而高压线路一般运行水平较高，有的还具有断线保护或接地保护，因此高压线路断线引发的人身触电事故较少。解决低压架空线路断线引发人身触电事故的途径，就是要在低压配电线路断线后立即切断供电电源。农网低压配电线路一般为三相四线制，负载性质有阻性的、容性的、感性的或是几种性质的混合，断线后的电压分布情况十分复杂。最初的设计思想非常简单，只是想模仿高压线路断线保护装置的原理，但是低压线路的负荷一般都不是集中负荷，而是零零散散地分布在整条配电线路上，导线任意位置的断线一般并不会造成线路首端电流为零的状态，因此无法实现高压线路的那种断线保护。而检测线路末端电压为零的想法也遇到困难，因为三相负荷的不平衡使三相电压不对称带来很大干扰，特别是一些较发达地区，线路上经常带有三相电动机负载，当线路某一相线发生断线时，电动机产生的反电动势会使各相电压不产生较大幅度的变化，因而保护装置无法测出故障的发生，情况就更难处理。因此，用简单的测量电压幅度变化的办法很难准确判断配电线路是否发生断线事故。因此，要准确判断运行中可能出现的各种断线情况，并及时准确地切断电源同时发出声光报警信号遇到了很多困难。

配电线路跨步电压触电事故多是因跨步电压造成，但当事人却不知何故所致；事故均由于操作10 kV支线跌落式熔断器不当造成；操作人安全技术素质低下，遇到单相接地的突发事件，不能正确处理，监护人也不能提供正确有效的处理方法，导致触电事故发生；救护人员不熟悉紧急救护和触电急救知识，发生事故后惊惶失措，不能冷静、妥善处理，以致自己也遭触电；都是等到接地点自然断开，触电者才脱离电源，幸亏抢救及时否则后果更严重；10 kV支线跌落式熔断器等线路设备装置不符合标准，设备验收、运行维护等工作不到位。

配电线路触电事故应吸取的教训：发生类似电弧放电接地短路事故时，首先应设法将短路点切断。如因分支线担负的变压器容量很大，则应先切开配变负荷，再操作熔断器；如因操作不当引起引接线或熔丝头接地的，应该马上用绝缘操作杆把引接线或熔丝断头挑离，使短路点消失，再设法将熔丝管摘下。工作人员站在水泥杆上时，由于短路电流主要通过水泥杆配筋流入大地，水泥杆电阻小，相对的电位差小，因此，流经人体的电流很小，一般不会有麻电感觉。然而人体一旦接触地面，并存在一定距离，由于接地电阻及土壤电阻形成相对的距离电位差，容易使人体因跨步电压触电。防止跨步电压触电的措施是人体不能同时接触电杆和地面；应单脚或双脚并立跳动位移，或者穿绝缘靴。并且跳跃直到跳出危险地区为止。

触电急救必须分秒必争，但不能盲目乱救。触电急救，首先要使触电者迅速脱离电源，同时在脱离电源过程中，救护人员既要救人，也要保护自己；加强工作人员安全技术知识培训的同时，还应加强操作技能和安全教育的培训。

根据农网的实际情况，对保护装置的要求：要适应带有各种不同性质负载的配电线路；要适应农网中各种不平衡负载的运行状态；要在中性线断线时也能准确动作；要能经受因中性线断线引起的相电压升高；要在线路断线后无论导线是否接地都能准确动作；要能及时通知不在现场值班的农村电工及时处理故障；不会因线路开关的正确跳闸而向农村电工发故障信号；要在导线被盗割、变压器被断电时立即通知农村电工；要在本装置被人为破坏(如切断电源)时仍能发出报警信号等等。因此，新型保护装置只有满足了以上所有条件，才能确保农村低压配电网安全、可靠地运行，才能被广大农村电工接受，从而大大提高漏电开关的安装率和投运率，才能在农网真正实行分级漏电保护，才能有效防止农村居民因低压架空导线断线引发的人身触电事故；才能防止因中性线断线引发的家用电器被烧毁；甚至防止供电线路的导线及配电变压器被盗。目前试制成功的供电线路保护装置不但满足了以上要求，还开发出适合其他场合使用的产品。

2.低压配电线路中漏电保护器的应用

剩余电流保护方式整定电流小，发生接故障时，和下级熔断器、断路器之间没有选择性。这种保护只能要求和下级漏电电流动作保护器之间具有良好选择性，该方式多用于安全防护要求高场所，应末端电路装设漏电电流动作保护器，以避免非选择性切断电路。对防止接故障引起电气火灾而设置漏电电流动作保护器，其整定电流小到0.5A，应是延时动作，同时，末端电路必须设有漏电电流动作保护器。如有条件时(如有专人值班维护工业场所)，前者可不切断电路而发出报警信号。智能断路器具有"保护区域选择连锁"功能，这是利用微电子技术使保护更为完善，保证了动作灵敏性和选择性。

漏电保护器的工作原理是根据"电流平衡原理"来动作的，当电路正常工作时，相线电流和中线电流相等，电流向量总和等于零，电流互感器铁芯中感应的磁通向量和也等于零，这时由于电流互感器二次侧绕组无信号输出，漏电保护器脱扣器不动作，电路正常供电。但当电路发生故障或绝缘破损漏电时，电流向量总和不等于零，电流互感器铁芯中感应的磁通使得二次侧绕组产生感应电压，当故障电流达到一定值时，感应电压使漏电保护器脱扣器动作。漏电保护开关是取漏电为动作信号，并在一定的漏电条件下切断漏电线路，以免伤及人身和烧毁设备的装置。漏电保护开关通常和短路、过载等保护元件组装在一起，常有电压型和电流型漏电保护开关之分。两种漏电保护开关都由检测元件、中间元件、执行元件以及检试元件组成。其工作过程是：检测元件将触电、漏电等故障信号检出，送至中间元件；中间元件通过分析判断、放大比较后，由执行元件动作而切断故障线路。

10kV供电线路应深入负荷中心，根据负荷容量和分布，宜使配变电所及变压器靠近负荷中心，系统接线应简单、操作安全、方便维修，并具有一定的灵活性。变压器二次侧至用电设备之间的低压配电级数不宜超过三级。由市电引入的低压电源线路，应在电源的受电端设置具有隔离作用和保护作用的电器。如：断路器、带隔离功能的熔断器等；由本单位配变电所引入的专用回路，在受电端可装设不带保护的开关电器；对于树干式供电系统的配电回路，各受电端均应装设带保护的开关电器；由树干式配电系统供电的配电箱，其进线开关应选用带保护的开关电器，由放射式供电的配电箱，进线开关可选用隔离开关。选择国家认证机构确认的标准产品，优先选用高效节能、环保的电气产品和设备。严禁采用国家已明令禁止的淘汰和高能耗产品和设备；无功补偿优先采用就地补偿方案。线缆截面的选择应根据线路性质、负荷大小、敷设方式、通电持续率等特点，按允许电流和经济电流密度值进行综合经济比较后确定，配电干线截面可适当加大。供电可靠性和电能质量满足规范要求。根据工程的性质、特点、规模、负荷等级、用电量、供电距离等因数，依据国家及行业的相关标准、规范，经过技术经济比较，确定工程的外部电源、自备电源及用户内各类用电设备的供配电系统。

任何配电线路和电器设备均存在不同程度的漏电电流，正常情况下，这种电流很小，不足以形成灾害。但如果配电线路较长，或线路上连接的电器设备较多时，长时间的漏电就会导致线路的绝缘老化，而酿成事故或引发电气火灾。

配电线路和设备泄漏电流值及分级安装的漏电保护动作特性的电流配合一般应满足下述要求：配电线路的漏电保护器的动作电流应不小于正常运行实测电流的2.5倍，同时还应达到漏电电流最大的一台用电设备正常运行泄漏电流实测值的4倍；用于单台用电设备保护时，漏电保护器的动作电流应不小于正常运行实测电流的4倍；用于整个配电干线保护时，漏电保护器的动作电流应不小于正常运行实测漏电电流的2倍。为了保证配电线路的安全，漏电保护开关广泛应用于配电线路的不同部位。不可避免地出现设置上的问题。

在上级漏电保护开关所保护的线路中，泄漏电流应该是自该漏电保护器以下所有线路和设备对地漏电电流之和，由于上级漏电保护器所保护的线路要比下一级所保护的线路长、范围大、设备多，因此，漏电电流也大。这样一来，上级漏电保护开关的动作电流必须大于下级漏电保护开关的动作电流，以形成上、下级之间的选择性动作。但考虑到漏电保护开关的灵敏度，为确保保护的可靠性，一般推荐上一级漏电保护开关的额定漏电动作电流不小于下一级漏电保护器中最大的一台漏电保护器的额定漏电动作电流的1.5倍。

上、下级漏电保护器动作时间的配合，实际上就是上一级漏电保护器的极限不动作时间和下一级漏电保护器额定动作时间之间的配合。上一级漏电保护器的极限不动作时间必须大于下一级漏电保护器额定动作时间最长的一台漏电保护器额定动作时间。在实践中通常采用2种方式来协调上、下级漏电保护器的动作时间上的配合问题：利用上级漏电保护器的延时电路，动作延时时间可以在0.2s、0.4s、0.8s、1s、1.5s和2s的档次中选取；利用漏电保护器的反时限特性，通过对上级漏电保护器额定漏电动作电流的放大整定来取得上、下级漏电保护器实际动作时间上的协调配合。高灵敏度的漏电保护器，要求用电设备和线路有良好的绝缘，由于线路对地分布电容与线路的长度成正比，分布电容大，容易引起误动作。所以，高灵敏度的漏电保护器宜装于较短的线路内，通常用于配电线路的末端保护。采用漏电保护器的配电线路，要注意该线路所连接设备在数量上的限制，避免因漏电保护器漏电电流选择太小，频繁动作使得线路无法正常工作。

对于漏电总保护器的安装，要求在低压配电线路的干线和分支线端处重复接地。低压配电网为三相四线制中性点直接接地系统，应采用漏电总保护器，其后不得有重复接地。前者强调，一旦零线断开，不致对电气设备造成过电压；后者强调人身安全。在TT(接地保护)低压供电系统中，配电变压器接地电阻要求：配电变压器容量为100kVA以上，接地电阻小于4Ω，配电变压器容量在100kVA及以下，接地电阻为不大于10Ω。假如其他保护接地装置的接地电阻为10Ω，则一旦电气设备发生漏电，其电气设备外壳对地电压将达110V以上，大于人体50V的安全电压。因此，要尽量使用漏电总保护器。目前，农村漏电总保护器使用正处于过渡期：农网两改一同价后，工业线与照明线合二为一，综合线上的用户增多，势必造成漏电总保护器投运难度；另外，同价后，配电室由原村电工代管改为供电所直接治理，漏电总保护器的频繁跳闸，将大大增加供电所工作人员的工作量。随着电网的改造，线路状况大有好转，线路泄漏减小。同时，随着小容量、密布点原则的实施，配电变压器应尽量逐渐减少；供电所对用户治理到户后，重新安装的电能表及表箱防窃电功能大大提高，很难再进行一相一地窃电。这一切，又有利于漏电总保护器的投运。

(未完待续)

◇湖北　洪桂香

服务器与PC区别

有时候公司（企业）预算不足时，会用PC（personal computer，即个人电脑）代替专业的服务器，千万别以为是台电脑就可以作为服务器，要知道PC在稳定性和可靠性上跟专业的服务器相比都差得很远。

我们先从各个部件开始简单介绍下服务器配件的不同之处。

CPU

我们经常听到有个人玩家购买E3至强CPU用在PC上，而实际上目前英特尔至强系列的处理器还有铂金、金、银、铜四个等级，对应E7、E5、E3等的分类。

即使在同核心，同频率、架构等级也相等的情况下性能超过I系列的所有CPU。

在服务器CPU中常听到单路、双路甚至八路之分，路是指服务器的处理器数量，不过双路服务器和双核服务器是两个概念。其中的“路”是指服务器物理CPU的数量，即服务器主板上有几个CPU插槽，有几个就是几路，双路自然指该服务器支持两颗物理CPU。而双核是指在一颗物理CPU里装了两个CPU核心；因此双核服务器可以是单路，也可以是双路（目前很少双路服务器是双核的）；双路服务器可以是四核，也可以是八核。

相比单路服务器，双路服务器性能更好，升级空间也较大；相比四路服务器，双路服务器价格低廉，性能不会造成浪费，适用于大多数中小型企业。

内存

前几期的文章我们讲过，如今的PC已经多选用DDR4内存了，DDR内存是在SDRAM内存基础上发展而来的，仍然沿用SDRAM生产体系；DDR内存可以在与SDRAM相同的总线频率下达到更高的数据传输率。

当然除了服务器内存的产品规格之外，服务器还有很多区别于PC内存的特征，例如：ECC、ChipKill、Single Device Data Correction (SDDC)、Spare Row、热插拔技术、内存镜像等，这样的技术大大提升了服务器的稳定性和纠错性能。

硬盘

随着固态盘的技术日益提升，现在的服务器主流都采用三层存储结构：底层为磁带存储，中间为HDD机械硬盘，上层为闪存的SSD。从存储原理上讲，HDD仍然属于机械模拟的存储逻辑，数据放在HDD里保存最为安全，所有的硬盘磁头都跟一个磁头控制器相连，由磁头控制器负责各个磁头的运动；而SSD延迟短、速度更快，作为运算顶层存储介质。而最新代号为“Cascade Lake”的Xeon至强服务器凭借傲腾Optane DIMM内存条的加持，单路系统最大总容量将达3.84TB

主体的HDD按接口类型又分为：SATA硬盘、SCSI硬盘以及SAS硬盘。

SATA，全称Serial Advanced Technology Attachment，又叫串口硬盘，是将主机总线适配器连接到硬盘的总线接口。

SCSI，全称Small Computer System Interface，和SATA硬盘相比，SCSI硬盘接口速度快，主要用于服务器，硬盘性能也比较高，硬盘转速快（可达每分钟7200或10000转，甚至更高），缓存容量大，主流硬盘读写速度大多在30MB/s到60MB/s之间，CPU占用率低，扩展性强，并且支持热插拔。

SAS，全称Serial Attached SCSI，即串行连接SCSI，是新一代的SCSI技术，采用串行技术以获得更高的传输速度，并通过缩短连接线改善内部空间等。SAS是并行SCSI接口之后开发出的全新接口。此接口可改善存储系统的效能、可用性和扩展性，并且提供与SATA硬盘的兼容性。

三者共同点在于均采用串行技术。当采用并行接口时，传输数据和信号的总线是复用的，传输速率会受到一定限制。如若提高传输速率，那么传输的数据和信号往往会产生干扰，导致错误。在这种情况下，串行接口技术就产生了。SATA只能提供单通道和半双工模式，而SAS硬盘支持双向全双工模式，为同时发生的读写操作提供了两路活动通道。

由于成本因素，SATA硬盘只能用在低端服务器领域，而SCSI和SAS硬盘则面向中高端服务器。

主板

介绍完服务器的CPU、内存、硬盘，最后再说统一运行的平台——服务器主板。

从CPU方面讲，服务器主板至少需要支持两个处理器——芯片组不同（双路以上的服务器，单路服务器有时候可以使用台式机主板），多路处理器就更复杂了。

在内存支持方面。由于服务器要适应长时间，大流量的高速数据处理任务，因此其能支持高达十几GB甚至几十GB的内存容量，而且大多支持ECC内存以提高可靠性(ECC内存是一种具有自动纠错功能的内存，由于其优越的性能使造价也相当高)。

在存储设备接口方面，中高端服务器主板多采用SCSI接口、SATA接口而非IDE接口，并且支持RAID（Redundant Arrays of Independent Disks，独立磁盘构成的具有冗余能力的阵列，即磁盘阵列）方式以提高数据处理能力和数据安全性。因此在服务器很多地方都存在冗余：在中档服务器上，硬盘、电源的冗余非常常见的；在高档服务器上面甚至连CPU、内存都有冗余。

服务器的网卡一般都是使用TCP/IP卸载引擎的双千兆网卡，效率高，速度快，CPU占用小，可以同时满足局域网与Internet的不同需求。

所以鉴于服务器的高运作时间，高运作强度，以及巨大的数据转换量，电源功耗量，I/O吞吐量，对服务器主板的要求是相当严格的。

显卡

一般的服务器对显示设备要求不高，一般多采用集成显卡，要求稍高点的就采用普通的显卡。但是作为是图形工作站，那就必须选用高端的Quadro等显卡公司的专业显卡。

系统

服务器中主要的操作系统有两种：windows server和Linux。Windows与Linux有完全不同的发展路径，Linux定位于一个纯净的开源的操作系统，而Windows是一个闭源的图形化大众操作系统；后者版本不同、功能不同、价格也不一样；总的说来windows server操作系统的也非常昂贵。

（本文原载第33期11版）

常用五类光纤传感器原理解析

根据被调制的光波的性质参数不同，这两类光纤传感器都可再分为强度调制光纤传感器、相位调制光纤传感器、频率调制光纤传感器、偏振态调制光纤传感器和波长调制光纤传感器。

强度调制型光纤传感器

基本原理是待测物理量引起光纤中传输光光强的变化，通过检测光强的变化实现对待测量的测量。恒定光源发出的强度为I的光注入传感头，在传感头内，光在被测信号的作用下其强度发生了变化，即受到了外场的调制，使得输出光强的包络线与被测信号的形状一样，光电探测器测出的输出电流也作同样的调制，信号处理电路再检测出调制信号，就得到了被测信号。

这类传感器的优点是结构简单、成本低、容易实现，因此开发应用的比较早，现在已经成功的应用在位移、压力、表面粗糙度、加速度、间隙、力、液位、振动、辐射等的测量。强度调制的方式很多，大致可分为反射式强度调制、透射式强度调制、光模式强度调制以及折射率和吸收系数强度调制等等。

一般反射式强度调制、透射式强度调制、折射率强度调制称为外调制式，光模式称为内调制式。但是由于原理的限制，它易受光源波动和连接器损耗变化等的影响，因此这种传感器只能用于干扰源较小的场合。

相位调制型光纤传感器

基本原理是：在被测能量场的作用下，光纤内的光波的相位发生变化，再用干涉测量技术将相位的变化转换成光强的变化，从而检测到待测的物理量。相位调制型光纤传感器的优点是具有极高的灵敏度，动态测量范围大，同时响应速度也快，其缺点是对光源要求比较高同时对检测系统的精密度要求也比较高，因此成本相应较高。

目前主要的应用领域为：利用光弹效应的声、压力或振动传感器；利用磁致伸缩效应的电流、磁场传感器；利用电致伸缩的电场、电压传感器；利用赛格纳克效应的旋转角速度传感器(光纤陀螺)等。

频率调制型光纤传感器

基本原理是利用运动物体反射或散射光的多普勒频移效应来检测其运动速度，即光频率与光接收器和光源间运动状态有关。当它们相对静止时，接收到光的振荡频率；当它们之间有相对运动时，接收到的光频率与其振荡频率发生频移，频移大小与相对运动速度大小和方向有关。

因此，这种传感器多用于测量物体运动速度。频率调制还有一些其他方法，如某些材料的吸收和荧光现象随外界参量也发生频率变化，以及量子相互作用产生的布里渊和拉曼散射也是一种频率调制现象。其主要应用是测量流体流动，其他还有利用物质受强光照射时的拉曼散射构成的测量气体浓度或监测大气污染的气体传感器；利用光致发光的温度传感器等。

偏振态调制型光纤传感器

基本原理是利用光的偏振态的变化来传递被测对象信息。

光波是一种横波，它的光矢量是与传播方向垂直的。如果光波的光矢量方向始终不变，只是它的大小随相位改变，这样的光称为是线偏振光。

光矢量与光的传播方向组成的平面为线偏振光的振动面。如果光矢量的大小保持不变，而它的方向绕传播方向均匀的转动，光矢量末端的轨迹是一个圆，这样的光称为圆偏振光。如果光矢量的大小和方向都在有规律的变化，且光矢量的末端沿一个椭圆转动，这样的光称为椭圆偏振光。

利用光波的偏振性质，可以制成偏振调制光纤传感器。在许多光纤系统中，尤其是包含单模光纤的那些系统，偏振起着重要的作用。许多物理效应都会影响或改变光的偏振状态，有些效应可引起双折射现象。所谓双折射现象就是对于光学性质随方向而异的一些晶体，一束入射光常分解为两束折射光的现象。光通过双折射媒质的相位延迟是输入光偏振状态的函数。

偏振态调制光纤传感器检测灵敏度高，可避免光源强度变化的影响，而且相对相位调制光纤传感器结构简单、且调整方便。

其主要应用领域为：利用法拉第效应的电流、磁场传感器；利用泡尔效应的电场、电压传感器；利用光弹效应的压力、振动或声传感器；利用双折射性的温度、压力、振动传感器。目前最主要的还是用于监测强电流。

波长调制型光纤传感器

传统的波长调制型光纤传感器是利用传感探头的光谱特性随外界物理量变化的性质来实现的。

此类传感器多为非功能型传感器。在波长调制的光纤探头中，光纤只是简单的作为导光用，即把入射光送往测量区，而将返回的调制光送往分析器。光纤波长探测技术的关键是光源和频谱分析器的良好性能，这对于传感系统的稳定性和分辨率起着决定性的影响。

光光纤波长调制技术主要应用于医学、化学等领域。例如，对人体血气的分析、ph值检测、指示剂溶液浓度的化学分析、磷光和荧光现象分析、黑体辐射分析和法布里一珀罗滤光器等。而目前所称的波长调制型光纤传感器主要是指光纤布拉格光栅传感器(FBG)。

最后介绍从国外进口的三款功能各样的光纤传感器，首先是光纤温度传感器－FOT-L-SD，这是一类非常适合在极端环境下测量温度的光纤温度传感器，这种极端环境包括低温、核环境、微波和高强度的RF等。

FOT-L集所有期望以理想传感器要身获取的优良特性于一体。因此，即使在极端温度和不利的环境下，这类传感器依然能够提供高精度和可靠的温度测量。

再来是光纤压力传感器－FOP-M，FOP-M是专门为宇航和国防的高温领域而设计。FOP-M可以承受150℃ (302°F)的高温。与大多数的传统压力传感器设计不同，FOP-M采用独特的硅晶体振动膜的偏转设计。

FOP-M是苛刻环境压力测量最好的选择。传感器完全不受电磁和射频干扰，内在可靠性适用于危险和高温环境。

最后是光纤折射率传感器－FRI，是一款独特的传感器设计基于冲液Fabry-Perot光学腔体的长度变化，以精确测定流体的折射率。

冲液Fabry-Perot光学腔体的长度与流体样品的折射率呈正比。因此，采用白光干涉技术测量Fabry-Perot腔体长度，即可测定折射率。即使在恶劣的温度、EMI、湿度环境和多变的简易标定情况下，光纤信号调理器依然具备测量折射率的能力。

FRI光纤折射率传感器为业内现有应用提供了更好更可靠的折射率测量，同时，该传感器也具备恶劣条件下持续在线监控流体折射率的新扩展能力。

◇四川省广元市职业高级中学　兰虎

机房正压防尘方法与实施

机房正压防尘：即通过机房新风设备向机房内部持续输入新鲜、过滤好的空气,加大机房内部的气压。由于机房内外的压差，使机房内的空气通过密闭不严的窗户、门等的缝隙向外泄气,从而达到防尘的效果。

工作环境的优劣对设备能否长期稳定运行起到了决定性作用，工作环境涉及机房的空气净化度、温度、防雷、电源、通风、消防、信号源、监控等诸多方面。首先应做好防尘,即要求机房空气净化、卫生干净、通风过滤畅通。

当机房内的气压比周围环境的气压高时，就与周围环境之间形成了气压差值,也就是压差。若机房内的气压比周围环境下的气压值高,可称为机房正压;若机房内的气压比周围环境下的气压值低,则为机房负压。主机房内必须维持一定的正压,主机房与其他房间、走廊间的压差不小于4.9Pa。若机房处于负压环境,即外界气压高于机房气压,就会使外界的未经过净化处理的空气通过密闭不严的窗户、门等的缝隙被吸入机房内,造成机房内灰尘洁净度严重超标，影响设备的寿命,而且容易造成故障。

灰尘来源

1.机房在维护过程中，进出人员会将一部分灰尘带入机房;

2.机房建筑本身产生的灰尘或者机房本身的老化可能产生灰尘;

3.用于维持整个机房环境的温度和湿度的空调系统，也会将少量的灰尘带入机房;

4.机房内为负压,即外界气压大于机房气压,使得灰尘从缝隙内挤入机房;

5.机房围护结构饰面装修、涂层材料选择不当,耐风化性能差,墙面、顶棚、地面等部位气沉、涂层脱落产生灰尘。

灰尘危害

灰尘作为影响电子元器件工作状态的主要危害之一，已成为机房一个不可不防的安全隐患。

1.过多的灰尘如果覆盖在分立电子元器件上,特别是小型元器件上,由于灰尘的隔热作用，可能会导致电子元器件表面散热效果减弱,出现发热现象,如果积淀灰尘长时间得不到清理，由于元器件发热，可能会导致其工作性能发生改变，甚至会导致设备工作的状态发生变化。

2.若播出设备或计算机内部用于传输信号的印刷电路板板面上积满灰尘,由于灰尘的吸湿和腐蚀作用，可能引起电路板上印制线之间的绝缘阻值降低,严重时，可能会引起印制线之间短路或是烧毁电子元器件。

3. 在电路板上的插接件插口内,若积淀灰尘过多，由于干燥的灰尘具备良好的绝缘性能，这可能会导致插接件插针与插槽内触点之间接触不良;在电路板小型集成块插针之间，若积淀的灰尘在潮湿的环境下，可能会造成管脚之间短路,甚至烧毁器件。

4.若设备或计算机内的电源冷却风机或模块冷却风机因轴承转动部分密封不严,灰尘积淀过多,由于灰尘产生的摩擦阻力,经过长时间运行,可能会使风机轴承磨损,产生异响。

防尘措施

1.定期检查机房密封性。定期检查机房的门窗，清洗空调过滤系统,封堵与外界接触的缝隙,杜绝灰尘的来源,维持机房空气清洁。

2.严格控制人员出入。设置门禁系统，不允许未获准进入机房的人员进入机房，进入机房人员的活动区域也要严格控制,尽量避免其进入主机区域。

3.维持机房环境湿度。严格控制机房空气湿度,即要保证减少扬尘,同时还要避免空气湿度过大使设备产生锈蚀和短路。

4.机房分区控制。对于大型机房,条件允许的情况下应进行区域化管理,将易受灰尘干扰的设备尽量与进入机房的人员分开,减少其与灰尘接触的机会。

5.做好预先防尘措施。机房应配备专用工作服和拖鞋,并经常清洗。进入机房的人员，无论是本机房人员还是其他经允许进入机房的人员，都必须更换专用拖鞋或使用鞋套。尽量减少进入机房人员穿着纤维类或其他容易产生静电附着灰尘的服装进入。

6.提高机房压力。建议有条件的机房采用正压防尘，使机房内的空气通过密闭不严的窗户、门等的缝隙向外泄气,从而达到防尘的效果。

设备除尘

机房做好防尘还不够，必须定期除尘,以保证机房的无尘环境。

1.设定合理的除尘周期。

根据机房的具体情况设定合理的除尘周期,并按照机房内部、机房外部、机房设备内部三部分进行分别清洁。

2.谨防静电危害。

拆机清理设备时，首先要避免人员带电对设备造成损害。在清理前应当先穿好防静电服,佩戴除静电环等设备。避免带电拆机,必须在完全断电、设备接地良好的情况下进行，即使是支持热插拔的设备也是如此，以防止静电对设备造成损坏。

3.重点器件的清尘技巧:

(1)印刷电路板的清尘。印刷电路板是发射机和计算机等设备工作的基本硬件,为了避免在清尘时清洁不干净、造成插接件松动和灰尘在机舱内造成二次扬灰,要求对电路板进行拆卸后，拿到专用清尘室去清洁。拆卸电路板时,首先要拔掉接线端子上的接线，以及板上的插接件，拆下的接线和插接件要按电路板上顺序做好标签，电路板上也要进行标记，避免插接时出错。对电路板上的敏感器件要做好安全防护，如测试温度的热敏电阻、弧光监测器件和芯片等,可提前用粘纸遮挡，避免清洁过程中造成损伤。在固定的清洁室,在对电路板及电路板上固定器件进行清尘时，应采取软灰(避免强风造成电路板上器件焊点松动)、软毛毛刷(不能有掉毛现象)刷灰(用力应适中，避免导致对板上器件脱焊)的方式进行。无法刷掉的,可用无水酒精清除的方法，电路板的插接件插槽内积灰可用小型吸尘器去除。

(2)线缆和插接件的清尘。线缆上的积灰可用沾无水酒精的抹布清除;线缆插头上的灰尘,可用吸尘器清除;集成块等插接件表面上的积灰，可用清理电路板积灰的方法清除;对于插接头内的针头,若有氧化,可用棉布球沾酒精擦除;插回电路板插槽时，要对好插接件两边的插槽空隙,也可用热性熔胶堵上,防止灰尘在内部积淀氧化插针。

(3)设备内散热片的清尘。无论是在发射机电源整流器内,还是在计算机内,都安装有散热片，由于散热片沟槽缝隙小且深,在清尘时,会带来一定的难度,一般可先用吸尘器的尖嘴小头在缝隙间吸除浮尘,再用细铁丝缠绕白布条,沾无水酒精深入缝隙内清洁。

(4)电源器件的清尘。电源器件由于工作时,存在静电磁场,且内部结构相对封闭,在工作时,会产生大量热量,一般均自带有冷却风扇，在带有灰尘的冷却风向目标直吹时，很容易导致内部器件积灰。如对电源结构熟悉,可拆解进行清尘处理,清尘时,一般用吸尘器、毛刷和沾无水酒精的棉布即可,在拆解时,要注意内部高压器件,避免意外触电;如不熟悉电源器件结构，可在进风口用强力吸尘器吸取灰尘。

◇贵州　辜迎春

声音档案

2014 年的现在,人们最常使用的保存声音的方式,就是「声音档案」(Audio File)了,您在网络上听到的所有声音,包含 MUZIK ONLINE 上的每一首音乐,YouTube 上影片的声音部分，都是使用某种声音文件格式来储存的。所以,声音档案里面到底装的是什么东西?为什么它可以储存声音?

什么是「数字」?

首先要来厘清一下名词。这系列文章的标题其实是三个字组成的:「数字」、「音乐」和「科技」,大家比较会有疑虑的是「数位」这个字,「数字」到底是什么意思?

「数位」这个字的简单的定义是:「用数字,来描述、处理、保存事情」。也就是说，这一系列的文章也会跟数字和数学很有关联喔!

画素

为了让您更能想象声音档案的运作方式,先介绍一下图片档案。

现在网络上最流行的图片文件格式叫做 JPEG，在 Facebook 上看到的每一张照片，都是使用这个方式储存的。JPEG 档案(以及其他大部分的图片档案)里面装的是什么呢?它里面有很多「画素」(pixel)。

在计算机或手机屏幕上，看到的所有东西，都是由一个一个细小的小方格组成的,因为这些小方格太小了,平常您不会注意到它们的存在，所以我要把它们放大看清楚。

首先,可能会发现一个有趣的事情:在屏幕上你看起来像是全黑的文字,其实它的边缘不是真正全黑的。

在这里您看到的每一个小方格,就是一个「画素」。现代计算机储存一张黑白图片档案的方式，就是测量每一个画素的亮度，然后给它一个范围是 0 到 255 的数字,0 表示最暗(也就是纯黑),255 表示最亮(纯白),中间的数值代表各种不同深浅的灰色。

0	0	0	0	0	0	0	98	230
0	0	0	0	0	0	0	0	19
0	0	0	0	0	0	0	0	230
19	0	0	0	0	0	0	156	255
255	176	47	0	0	0	68	255	255
255	255	255	176	68	19	230	255	255
255	255	255	255	255	230	255	255	255

所以,在黑白图片档案中,每一个画素，就是一个范围是 0 到 255 的数字,集合够多的画素,您就得到了一张图片。

声音档案的「画素」

在声音档案中,与「画素」相对应的东西叫做「取样」(sample)。您可以想样,一个「取样」就是一小段声音,跟「画素」一样,也是用一个数字来代表。不过您可能会想，我们要怎么用数字来形容声音呢?就像在图片档案里,我们用一个数字来描述一小块图片的「亮度」;在声音档案里，我们用一个数字来描述一小段时间内的「空气密度」。

声音档案的运作方式其实超乎想象的简单：您可能还记得在高中物理课的时候学到的,声音是一种「疏密波」,也就是说您大脑觉得的「声音」,其实只是您的耳朵侦测到周遭空气分子的密度变化,传送讯号给大脑后产生的幻觉而已。

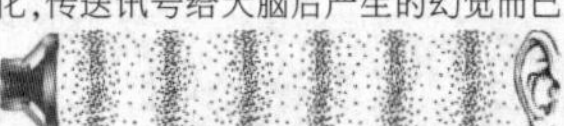

如上图，当左方的喇叭在震动的时候，会造成周围的空气分子在某些地方的密度比较高、有些地方比较低。然后您只要拿一个「空气分子密度侦测器」(俗称「麦克风」),去测量当下的空气密度,当空气密度高的时候,给它一个大数字,而密度低的时候，给它一个小数字就可以了。

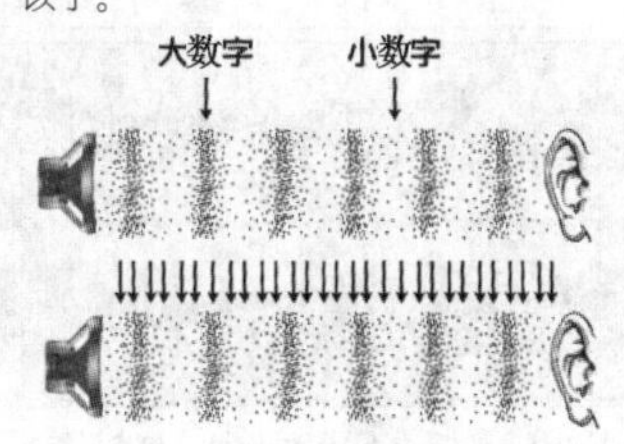

一大堆数字

然后当您不断地、一直一直重复测量空气密度之后，您就会得到一大堆数字。没错,您每天听到的网络上的声音、下载的每一首 MP3 音乐档案,就只是一大堆叙述空气密度的数字而已，计算机可以读取这些数字，然后再透过您的音响重现记录好的空气密度变化。

声音档案的分辨率

声音档案的质量基本上由两个因素决定：第一是我们用多大的数字范围来叙述一个当下的空气密度，第二是我们每一秒钟叙述空气密度几次。我们刚开始说了，一般的黑白图片档案，是用 0 到 255 的数字来表达一个画素的亮度,也就是说,从全黑到全白,图片档案可以记录 256 种不同深浅的灰色。

0　　255

一般声音档案的分辨率比这高得多,从空气最稀疏到最密集,我们是用范围 0 到 65,535 的数字来表示，而在专业用途的声音文件,数字的范围更大。

我们把每一秒钟，声音档案记录空气密度的次数,称为「取样频率」(sample rate)。现在最常被使用的取样频率是 44,100 Hz,也就是每秒钟记录空气密度 44,100 次。

换句话说，在一般您每天使用的声音档案,每一秒钟的声音,就是 44,100 个、范围是 0 到 65,535 的数字。那是非常非常多的数字耶，这也就是我们为什么叫它「数字」音乐的原因了。

还有更多所以您现在知道了，您每天听的声音档案,里面装的只是一大堆、叙述空气密度的数字而已。那么,在人类发明计算机来储存一大堆数字之前,我们又是怎么储存声音的呢?

注 1:在彩色图片中,每一个画素则是用「三个」范围是 0 到 255 的数字表示,分别代表红色、绿色、蓝色的亮度。

注 2:在专业录音设备使用的档案,叙述空气密度的数字范围通常是 0 到 16,777,215。

◇重庆　张顺果

你真的了解功放吗？

功放种类多样，应用的范围很广，大到军工小到家电都有它的身影。正是这些不同的使用环境使得对功放各项性能的要求也不一样，这影响了从研发设计到出厂测试等一系列的环节，所以正确理解功放的应用、掌握不同功放对性能的要求对设计工程师来说是很有必要的。

不同应用的功放对性能的侧重点不同

1.功率足够大。这里对功率的需要程度还有所区分：第一种如驱鸟器及防空警报，由于传播范围大且信号固定，要求功放在工作时必须保持足够的持续的输出功率，此时的要求是很严格的，不允许谎报标称功率；第二种如舞台、KTV等场所使用的专业功放，为了在任意频率下达到设定的声压级效果，也需要很大的输出功率，但由于音乐信号的性质特殊，对功率的要求并没有第一种严格；还有一种如水声功放，工作时信号间断，对持续功率几乎没有要求，若将此类功放设计的过为"坚固"，只会造成浪费。

2.失真足够小。这里的失真也是分频段的：例如HiFi功放，虽然适配的音响中通常带有耐受功率很大的分频器，将难以承载的频段的能量在阻容感器件上消耗掉，但就功放而言，失真还是要在全音频段满足要求；还有一种功放在输入音乐信号后，会立即由本机DSP或其他装置对其进行处理，例如蓝牙功放，所以只要指定频段内失真满足要求即可。

3.特殊场景。以电吉他功放为例，其自身产生的信号微弱，数量级约为毫伏，所以需要很大的放大倍数，失真必然大于HiFi功放。但这并不是问题，首先电吉他的频带较窄，约为1K-6KHz，在输入端可以省了一个滤波器；其次，在实际应用中，演奏者往往会刻意制造出失真以达到电子音的效果。故此类功放在设计时需要格外注意。

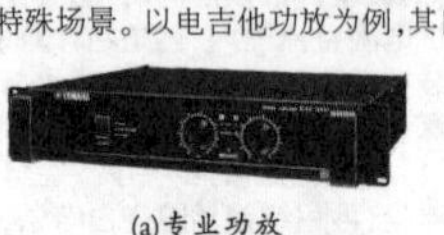

(a)专业功放

(b)HiFi功放

(c)电吉他功放

图1 不同种类的功放

不同功放播放的信号不同

除了某些特殊应用的功放播放正弦波信号外，大多数功放还是以播放音乐信号为主的。然而音乐的分类有很多，如分为轻音乐、重金属音乐、流行音乐等，每一类音乐、甚至每一首音乐的特征都不一样。到底音乐之间有多大区别呢？我们选用占空比和频谱两个参数进行说明。

为了得出不同音乐的占空比，我们根据公式设计了一个小程序：对音乐时间内每一个采样点的数值读取后进行求和，除以所有采样点的最大数值之和，即为音乐的占空比，这里的n为歌曲的位数，可根据需求调整。我们在古典乐、流行音乐和电子舞曲中各选择了一首音乐来进行波形展示和占空比计算。

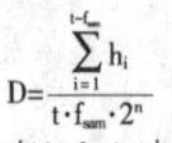

$$D=\frac{\sum_{i=1}^{t \cdot f_{sam}} h_i}{t \cdot f_{sam} \cdot 2^n}$$

在Audacity中，这三首音乐的波形如图2所示。

经过小程序计算后三首音乐的占空比依次为：3.11%、11.73%、28.89%，第三首音乐的能量接近第一首音乐的10倍，可见不同音乐之间的能量差异也是很惊人的。

下面从频谱的角度来分析上述三首音乐。第一首作为钢琴曲，声强的最大值出现在350Hz左右，仅有-33dB，主要频率段为100Hz-1500Hz。第二首是流行音乐，声强的最大值出现在360Hz左右，为-21dB，主要频率段为100Hz-1200Hz左右。第三首为电子舞曲，声强的最大值出现在最低频率处，约为-7dB，主要频率段为20Hz-400Hz。不同音乐的主要频段是有差异的，但是这一点除了大多数做后期的音乐人知道外，工程师涉猎较少，往往会想当然的觉得音乐的频段就是20Hz-20kHz，所以在功放设计时会出现频带浪费等问题。

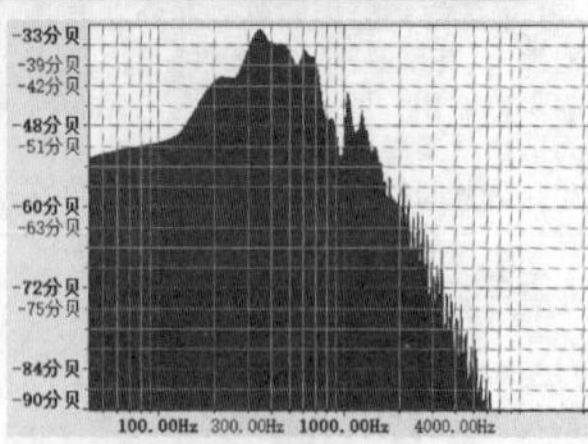

(a) 古典音乐《夜曲作品15,G小调,第三号》在Audacity中的频谱图

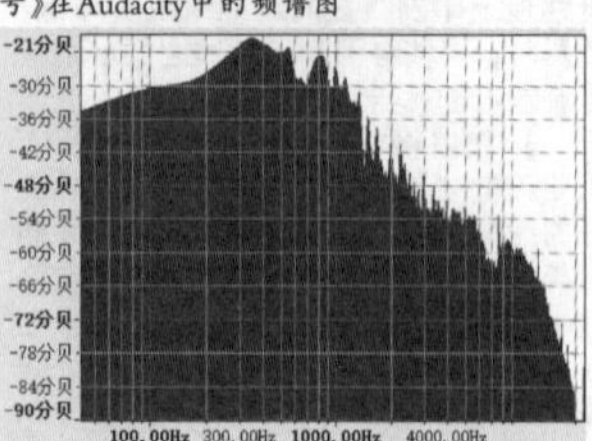

(b)流行音乐《菩萨蛮》在Audacity中的频谱图

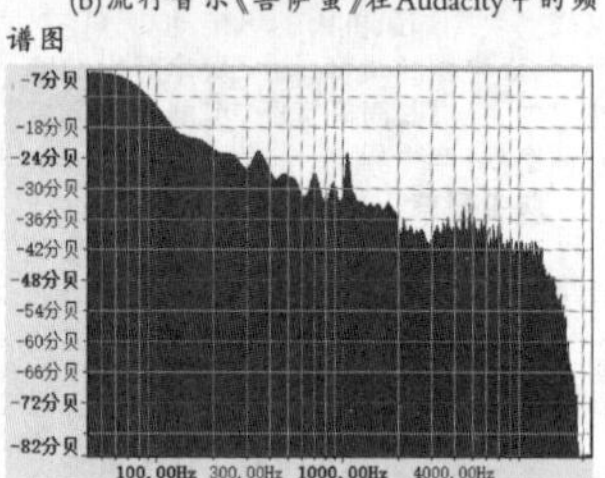

(c) 电子舞曲《Jack My Yum (Original Mix)》在Audacity中的波形图

图3 排行榜中三首歌曲在Audacity中的波形

功率测试的国际标准

上述区别除了在研发设计时需要考虑外，在测试时一样需要注意。本文就功率测试提出参考和建议。

在国际电工委员会(IEC)发布的标准《音响系统设备第三部分：放大器》(IEC 60268-3：2013)中，定义了四种功率，分别为：失真限制输出功率(Distortion-Limited Output Power)、短期最大输出功率(Short-Term Maximum Output Power)、长期最大输出功率(Long-Term Maximum Output Power)和温度限制输出功率(Temperature-Limited Output Power)。

失真限制功率，顾名思义是功放带额定负载，产生额定失真并超过60秒时测量的功率。从定义而言，这一标准主要适用于家用和Hi-Fi等对失真要求较严格的功放。短期最大输出功率指的是给功放输入一个指定的短音频突发信号，1秒内额定负载电阻上消耗的功率。长期最大输出功率指的是给功放输入一个模拟可编程信号源发出的噪声信号，1分钟内额定负载电阻上消耗的功率。最后一个温度限制功率，根据名称就可以知道，指的是在不超过任何元器件的最大允许温度的情况下，放大器能够在指定的环境温度下连续供电4小时的输出功率，需要注意的是测试时电源电压需要调整为功放标称的最大供电电压。这一功率的测试适用于任何类型的功放，若元器件在工作时超过了最大允许温度，可能会对产品造成不可逆的损伤。

看到这里，细心的工程师们可能会有一个疑问：测试信号要如何选择呢？

测试信号的选择

在IEC 60268：2013中规定，在测量失真限制功率和温度限制功率时，除非制造商特别规定，否则使用1000Hz的正弦波进行测试；在温度限制功率的测试中，还要注意输入信号的幅值需要待温度稳定后再进行调整，在调整过程中当功放上的任一器件达到最大允许温度则无需再调整。在测量短期最大输出功率时，使用持续1秒的1000Hz的正弦突发信号；在条件允许的情况下，也可使用模拟可编程信号源发出的1s突发噪声信号来测试。在测量长期最大输出功率时，使用模拟可编程信号源发出1分钟的噪声信号。

噪声信号相比于正弦波信号和音乐信号具有更大更不可预测的动态范围，在使用时需要格外小心，盲目使用很可能烧毁功放。作为替代，建议使用占空比接近30%的音乐信号，一方面可以基本满足播放音乐时的最大功率要求，一方面拥有着可控的动态范围。

针对本文在一开始提出的功放应用对性能要求的三种不同侧重点，在此分别推荐不同的测试标准和测试信号。

1.对功率要求比较严格的功放，建议以长期最大输出功率为主进行测试。在测试信号的选择上，依然像上文中一样进行区分：对于信号固定且输出功率持续的功放，采用固定的正弦波信号测试长期最大输出功率和温度限制功率即可；对于大功率下播放音乐的专业功放，为了保证任意频点的播放效果，必须采用全频段信号进行测试，建议采用占空比接近30%的音乐结合正弦波信号测试长期最大输出功率和温度限制功率；对于声呐类的水声功放，频带较宽，从几百赫兹到几千赫兹，建议按照IEC标准重点测试短期最大输出功率。

2.对失真要求严格的功放，一般不需要以全功率进行测试，主要以失真限制功率为主。在测试可重现全音频段信号的功放时，可用占空比小于10%、10%-20%和20%-30%三种类型的音乐进行循环测试；当功放不可重现全频段信号时，测试信号的选择就尤为重要，若使用上述三种类型的音乐循环测试蓝牙功放，由于低频段时能量较大，会对功放造成不可逆的伤害，故可采用Audacity等其他音频编辑软件对音乐做精准的过滤后用于测试。

3.使用在特殊场景中的功放由于要求差别较大，在此不一一赘述，仅以电吉他所用的功放为例阐明测试标准和信号选择的指导思想。首先，此类应用会刻意产生失真，所以对失真限制功率基本没有要求，只对长期输出最大功率、短期输出最大功率和温度限制功率有要求。其次，电吉他的频段比较特殊，实际带宽大约为1kHz-6kHz，不符合实际音乐的频段，故可直接采用吉他声或电吉他音乐经Audacity衰减处理后作为测试信号。

总结

清楚理解不同类别功放之间具体的差异是设计工程师的必经之路。本文就功放性能要求上的分类、播放信号上的不同进行了举例与说明，以功率测试为例结合IEC标准中的要求给出了不同种类功放应采用的功率测试标准和所用的测试信号，希望对作为设计工程师的各位有所帮助。

◇南京 张晨

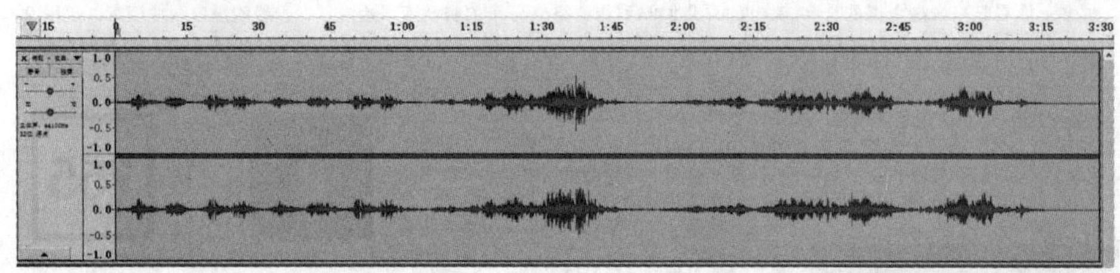

(a) 古典音乐《夜曲作品15,G小调,第三号》在Audacity中的波形图

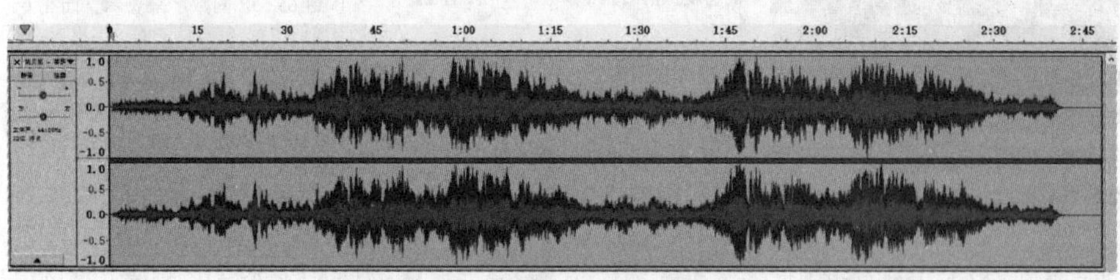

(b)流行音乐《菩萨蛮》在Audacity中的波形图

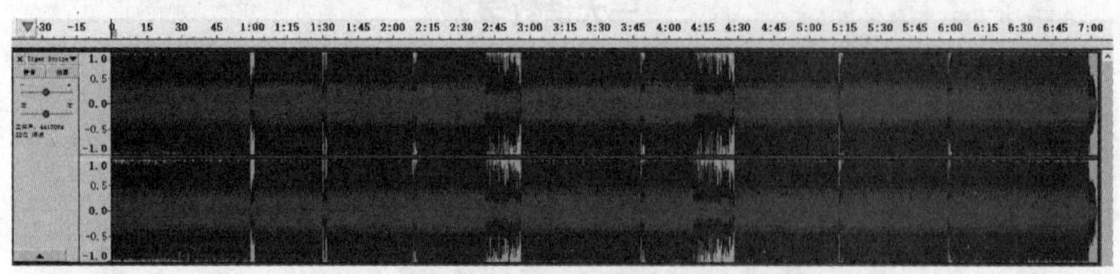

(c)电子舞曲《Jack My Yum(Original Mix)》在Audacity中的波形图

图2 排行榜中三首歌曲在Audacity中的波形

2018年10月28日出版

实用性 启发性 资料性 信息性

第43期

国内统一刊号:CN51-0091 定价:1.50元 邮局订阅代号:61-75

地址:(610041)成都市天府大道北段1480号德商国际A座1801 网址:http://www.netdzb.com

(总第1980期)

让每篇文章都对读者有用

闲置手机二次利用

现在手机换代越来越快，不少人手里都有闲置的手机，虽然性能不是那么强悍，但是把这些手机利用起来还是可以的。

监控

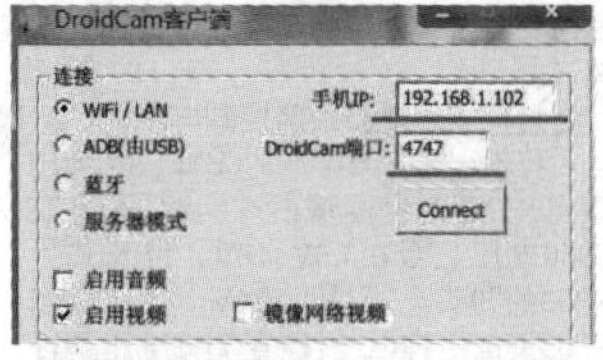

手机的摄像头的清晰度比起电脑摄像头还是说得过去，因此只要在同一局域网或者USB连接下就可以使用。

首先我们在手机端和电脑端分别下载安装好一款名为“DroidCamX”的软件，然后手机上启动DroidCamX，如图1，显示IP：192.168.1.102 端口：4747；再启动PC端，连接方式选择WiFi/LAN，再将手机IP和DroidCam端口填上在手机端界面看到的即可。点击Connect，手机现在的画面已经变成摄像头显示画面了。手机端的画面可能是左右相反的，没关系，先不用理会。这个界面有三个按钮，右上方是自动对焦，中间是亮度开关，下方是退出。虽然手机界面上显示是左右反的，但在电脑上显示出来其实是正常的，如果部分用户仍然不正常可以勾选pc端的“镜像网络视频”。要使用该摄像头，在视频设备里选择DroidCam就可以了，QQ、Skype等各种需要使用摄像头的软件都完美兼容。

使用USB连接要稍微麻烦一点，先下载adb客户端及驱动，把里面adb.exe和Adb-WinApi.dll两个文件放到系统盘的windows/system32文件夹里。再分别在手机端和PC上运行bat文件一次，再运行DroidCam客户端，选择连接方式为“ADB(由USB)”，点击Conect。如果不运行bat或者设置的端口与bat内的不一致，会有错误提示。连接成功后，步骤和局域网使用方式一样。

附DroidCamX下载地址：https://download.csdn.net/download/hunhun1122/9844578

电脑通过手机上网

这里说的不是笔记本通过手机WiFi热点上网，而是没有无线网卡（或者无线网卡失效）连接到手机上再上网的方法。

具体方法：先进入“开发者选项”模式，在“开发者选项里”下拉直到看到“选择USB配置”，点击进入后，启用“RNDIS(USB以太网)”的选项。接着把手机连接到PC后，根据相应的提示开启功能，Win10这样的系统会自动安装驱动，然后PC就会通过手机流量的方式上网了。

设置

本地连接

设为按流量计费的连接

关

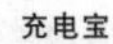
充电宝

目前市面上大多数手机都支持OTG功能(On-The-Go，主要应用于各种不同的设备或移动设备间的联接，进行数据交换。)。首先需要准备一根otg转接头，如果是Type-C接口则需要type-c转USB的otg转接头。

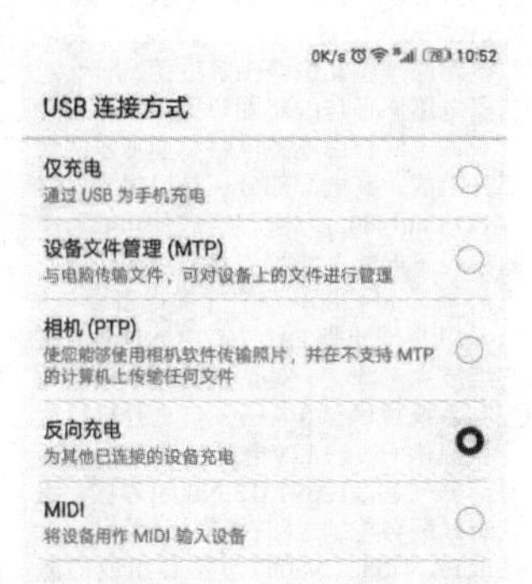

然后在开发者选项中，把USB配置改为“反向充电”选项，或者在设置菜单的其他位置找到“USB连接方式”，选中“反向充电”，就可以让手机给其他设备充电了。不过要注意，有些手机设置了“超级省电”模式的话，需要取消该模式才能进行反向充电。

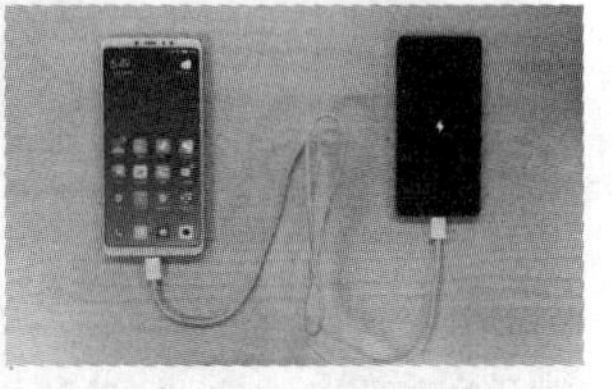

（本文原载第34期11版）

几种USB接口类型区别

现在市场上的USB接口很混乱，主要分为USB2.0、USB3.0、USB3.1 Gen1和USB3.2Gen2。

其中USB2.0和USB3.0很好区别：一个是外观上USB2.0通常是白色或黑色，而USB3.0则是蓝色接口；另一个则是USB公口的标记不一样，USB3.0接口部分标记有“SS”样式，而USB2.0则只标记普通的USB通用标识。

需要注意的是USB3.1 Gen1实际速度和USB3.0是一样的，通常我们口中所说的“USB3.1”其实是USB3.1 Gen2，购买时千万别被奸商口头文字搞混淆；当然USB3.1 Gen2(有些人干脆叫做USB3.2)很好认，跟USB Type-C很像，注意“USB 3.2”与USB Type-C是两码事。严格地说，“USB 3.2”是一项传输标准，而USB Type-C是一种接口标准。“USB 3.2”的接口标准共有三种，分别是USB Type A，USB Type B(Micro USB)以及最新的USB Type-C。

下一代USB标准

至于USB官方组织发布的真正意义上的USB3.2（非口头称的USB3.1 Gen2为“USB3.2”），兼容USB 3.1(USB3.1 Gen1和USB3.1 Gen2)及以下标准的主机和存储设备，同时速率轻松实现了翻倍。从USB 3.0 Promoter Group公布的信息来看，USB 3.2仍然采用SuperSpeed USB层数据速率和编码技术，这点和USB 3.1并没有区别；不过USB 3.2标准却对集线器规范进行更新，支持主机设备和外设在单通道和双通道之间无缝切换。

USB 3.2支持多通道操作，使用USB 3.2主机连接USB 3.2存储设备时，最高可以实现2GB/s的数据传输速率。目前只有使用USB-C线缆（通过USB SuperSpeed 10Gbps USB 3.1认证）时才支持该极限速度。由此看来USB 3.2更像是把两条独立的USB 3.1通道合并，从而对单向传输速率进行了翻倍，原理类似于Thunderbolt 1向Thunderbolt 2进化的过程；至于频宽和数据传输效率的改进则暂时没有提到。

雷电接口(雷电3)

雷电接口(Thunderbolt)是由英特尔主导，拥有极为出色的速度优势，第一代传输速度就做到了10Gbps。不过雷电接口前两代采用的是mini DisplayPort接口，虽然有苹果公司在苹果设备上大量配备推出，但也没有得到普及化。

随着Type-C接口受欢迎逐渐普及，英特尔直接将第三代雷电接口(雷电3)使用Type-C取代原来的DisplayPort的接口形态，接口是Type-C的形状，它的接口速度达到双向40Gbps，可以理解雷电3为使用Type-C物理接口上跑的40Gbps的雷电协议。

一个雷电接口，一条线，就可以连接多个外设，因为雷电同时支持数据、视频、音频和电力的传输。

雷电接口相当于Mini DP+PCI-E。PCI-E意味着你可以把它转换成多种接口甚至给电脑安装一块外置的显卡或声卡。

但目前使用雷电接口的设备还不多，而且它们通常较为昂贵。

最后来一张接口速度图，大家比较一下。

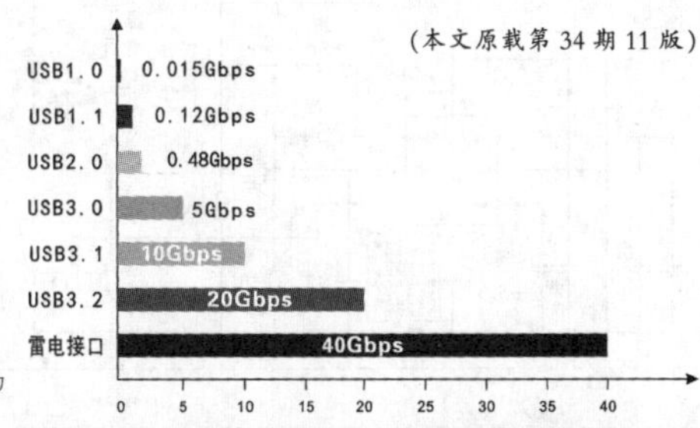

（本文原载第34期11版）

海信RSAG7.820.1235二合一电源板维修图解(上)

海信MST9机芯液晶彩电采用的RSAG7.820.1235电源板，将电源电路+背光灯逆变器合并在一起，叫做LIPS电源。型号为RSAG7.820.1646和RSAG7.820.1977的电源板，其电路结构和输出电压基本相同，可互相代换使用。

海信RSAG7.820.1235二合一电源板应用于海信TLM26P69DX、TLM22V08、TLM22V68、TLM22V68X、TLM26E29、TLM26E29X、TLM26E58、TLM26E58X、TLM26V68、TLM26V68X、TLM3207AX、TLM32E29X等液晶彩电。

一、电源板电路

海信RSAG7.820.1235二合一电源板实物图解见图1所示，海信RSAG7.820.1235二合一电源板开关电源电路原理图和维修图解见图2所示，逆变器电路原理与维修图解见图3所示。

该电源板由电源电路和逆变器两大部分组成。其电源部分一是以集成电路FAN7530(N802)为核心组成的PFC功率因数校正电路，将整流滤波后的市电校正后提升到+380V为主开关电源供电；二是以集成电路FAN7602B(N801)为核心组成主电源，一是待机时为主电路板控制系统提供5VS电压，二是开机后为主板提供+5V、+12V电压。背光灯逆变器部分一是以FAN7313(N803)为核心组成的振荡与控制电路，输出激励脉冲；二是以FAN7382(N804)为核心组成的激励脉冲放大电路，推动半桥式升压电路，产生约1600V/7.5mA高压交流电，点亮屏上的灯管。

待机采用控制+12V和+5V输出电压和PFC功率因数校正电路VCC供电的方式。接通市电电源后主电源首先工作，产生VCC电压和+5VS电压，其中+5VS为控制系统提供电源。二次开机后，开关机控制电路一是将VCC电压送到PFC校正驱动电路，PFC功率因数校正电路启动工作；二是将主电源次级产生的+12V和+5V电压输出，为主板和电源板上的逆变器电路提供电压，进入开机状态。

开机时，电源电路冷地端输出的12V电源经R871、R871降压、C860、C861退耦滤波后变为VCC1电压送到逆变器控制电路N803的⑪脚。ON/OFF点灯控制高电平，通过R880送入N803的⑦脚ENA使能控制端；亮度控制电压经R873加到N803的⑤脚。N803启动工作，内部振荡电路启动，从⑬脚、⑨脚输出激励脉冲电压，经推动变压器T802耦合，送到N804的②、③脚，经N804放大后，从⑦、⑤脚输出，激励MOSFET开关管V803、V804交替导通，在输出变压器T803产生感应电压，其次级的感应电压送到T804~T807四个升压变压器的初级，经过变压器升压后，从次级高压绕组产生交流高压，将背光灯灯管点亮。

海信MST9机芯液晶电源+逆变器板的电源部分除了在PFC功率因数校正电路和PWM电源电路设有开关管过流保护电路外，在电源输出电路设有过压保护电路。背光灯逆变器部分在灯管回路设有过压、过流保护电路。当开关电源或逆变器发生故障时，保护电路启动。

二、电源板维修提示

海信MST9机心1235电源+高压二合一板引发的故障主要有三种：一是指示灯不亮，多为电源部分故障；二是指示灯亮，无图无声，主要是电源+12V、+5V供电电路故障；三是有声无光，则是背光灯逆变器未工作。

如果发生指示灯不亮的故障，故障范围在电源部分。可首先确认器件有没有掉件及连焊。如开机异常，开机测量输出端XP802的⑩脚、⑪脚5V-S是否有5V电压输出，判断故障范围。

1)测量电源板输出5V电压。

开机测量输出端XP802的⑩脚、⑪脚5V-S是否有5V电压输出。若有5V电压输出，则检测待机控制电路电压；若没有5V电压输出，则进行下一步测量主电源电压。

2)测量主电源电压。

测量C810(450V大电解电容)两端电压是否在300V左右(交流220V输入)。若没有，测量前面是否有交流输入或保险丝是否损坏；若有，则测量集成电路N801的①脚电压是否大于2V。若大于2V，说明正常；若小于2V，则说明输入交流电有问题。然后，测量集成电路N801的⑥脚电压，正常应该在12V~18V。若都正常，测量光耦N805电路的R835之间是否有反馈电压差。若有反馈电压差，说明变压器次级有反馈，检查后面的5V-S电压，是否过压保护，保护电路是稳压二极管VZ806；若没有反馈电压差，则检查次级取样误差放大电路N808是否正常。

3)测量待机控制电路电压。

将输出端子XP802的⑫脚STB接5V电压，看是否有12V电压。若没有，则测量三极管V817是否坏掉，栅极是否有电压；若有，则测量电解电容C841是否有14V电压。若没有14V电压，测量VD820或R850是否损坏；若有14V电压，测量V817是否有问题。注意：此处有12V过压保护电路VZ807，若此处过压，一般是V812击穿，则输出电压波动不稳。

若有12V电压，则测量+5V电压是否正常；若没有+5V电压，则检查三极管V813是否损坏。注意：此处+12V控制+5V的输出，只有12V输出正常，+5V才能正常工作。

测量450V大电解电容两端电压是否在360V以上，该机正常值为380V。如果该电压为300V左右，说明PFC校正电路未工作，则检查C830电压是否正常，正常应该在12V~18V；若C830没有12V~18V电压，则检查VCC控制电路的VZ802、V805是否正常，或检查V814是否导通。

4)无5V-S、5V-M、12V输出检测。

首先测量电源电路有无元器件损坏，若没有，则测量集成电路N801的①脚电压是否大于2V。若大于2V，说明电路正常；若小于2V，则说明输入交流电有问题或者是电容C820漏电或损坏。

假如在以上均正常的情况下，还是没有输出。此时，可以将次级的小滤波电感L804和L805去掉，直接测量电容C843和电容C849，空载时C843两端电压为14V~17V，C849两端电压为5.2V。若两电容电压符合上述数值，则应该是小滤波电感L804和L805以后电路的问题。根据以往的经验，一般电容C853损坏的情况比较多。假如5V输出正常，而12V没有输出，一般是V812损坏。

三、电源板维修提示

逆变器电路发生故障时，主要引发有伴音，显示屏不亮或亮后熄灭的故障。前者为逆变器基本电路发生故障，后者为逆变器保护电路启动所致，维修提示如下：

1)检测逆变器振荡控制电路。

将输出XP802排插的⑤脚、⑥脚接5V电压，若逆变器输出有问题，先检查C860电压是否在4.5V~18V，以及芯片N803的⑩脚电压是否为6V。然后检测N803关键引脚电压；检查⑦脚电压是否大于2V，此处大于2V，芯片开始工作；N803芯片的①脚、②脚、⑲脚、⑳脚电压要求大于1V，⑦脚大于2V，⑩脚是基准电压6V，⑱脚电压要求小于2V。

如果过流、过压保护电路动作，一是背光灯管发生开路、漏电故障。二是升压变压器内部发生局部短路故障，可通过感应电压法，检测T804~T807升压变压器的感应电压，并进行对比，找出电压异常的高压输出电路，对相关的升压变压器和灯光进行检查和更换。

2)检测激励升压电路。

若经过以上检测没有问题，则检查驱动变压器T802及芯片N804是否有问题。测量变压器T802是否有输入或输出脉冲电压，T802有脉冲电压输入，则是激励升压电路故障。一是检测激励升压电路N804是否正常，二是检测V803、V804是否击穿、失效。

(未完待续)

◇海南 孙德印

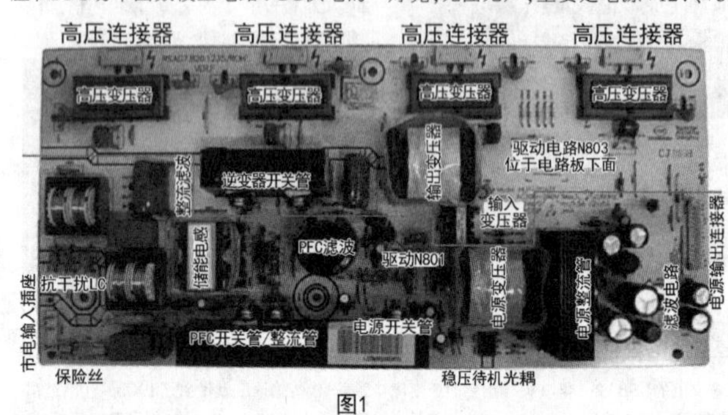

图1

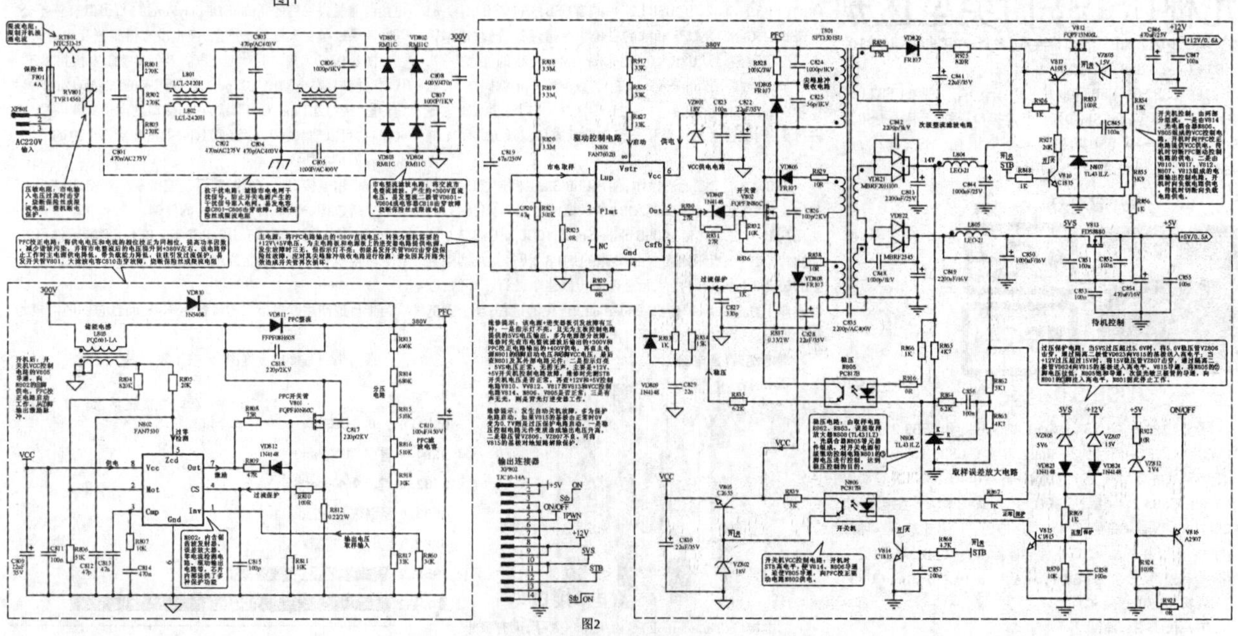

图2

度高HDAP-01高保真数字音频文件播放器无声故障检修

一台度高HDAP-01高保真数字音频文件播放器，播放音频文件无声音，但液晶屏显示的播放时间走动正常，按键操作也正常。

该机属于高保真数字音频文件播放器，采用HD986方案，主芯片HD986负责对音频文件进行传输、处理和解码，同时还对整机进行系统控制，以及输出显示信号到液晶屏（用于显示曲目录、播放时间等信息）。

从故障现象上看，由于按键操作正常，液晶屏显示的播放时间走动也正常，说明系统控制电路和解码电路工作基本正常，即解码主芯片正常，故障可能出在主芯片之后的音频D/A（数字/模拟）转换电路或模拟音频放大电路。

附图是该机的音频D/A转换电路和音频放大电路。主芯片HD986读取存储设备（SD卡、U盘等）中存储的音频文件，经过音频文件进行音频解码处理，解码后的音频数据（DATA）从HD986的㉑脚输出，还从㉒脚~㉔脚分别提供音频D/A变换缺一不可的时钟信号（LRCK、BCK、MCK）给音频DAC芯片。音频数/模转换电路由音频DAC芯片U5（AK4394）为主构成，主芯片HD986输出的数字音频信号从U5的③脚、⑤脚~⑦脚输入，在U5的内部经数字滤波、数/模变换等处理，将数字信号转变为模拟信号，得到的左声道模拟音频信号从㉒脚、㉓脚输出，右声道模拟音频信号从⑳脚、㉑脚输出，送往音频放大电路。音频放大电路采用了两块丝印号为34072集成块（安森美运算放大器MC34072），左、右声道各用一块。在音频信号输出电路中还接有由T1、T5等构成的静音电路。

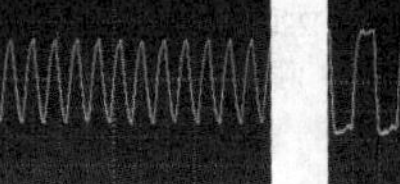

AK4394⑤脚BICK波形

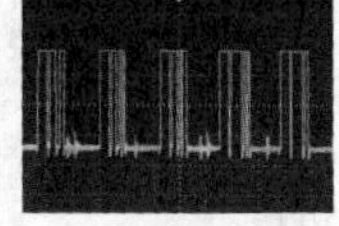

AK4394⑥脚SDATA波形

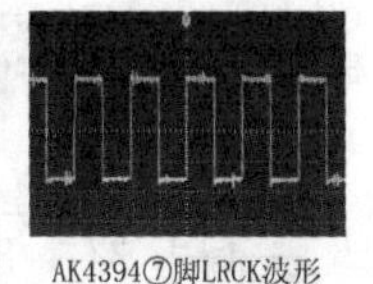

AK4394⑦脚LRCK波形

由以上分析，结合故障现象来看，本故障应对音频DAC电路、音频放大电路以及静音电路进行检查。首先检查静音电路，测量静音控制管T1、T5的基极电压均为负电压，说明静音电路没有实施静音控制，T1、T5的c-e极也没有击穿短路现象，静音电路是正常的。接下来检查信号通道，为缩小故障范围，采用干扰法（手持金属镊子碰触检查点）对模拟音频放大电路进行检查，从输出插座L、R开始，依次往前碰触U3/U5的①脚、⑤脚、⑥脚，均有干扰声响，碰触到信号耦合电容E10、E12、E13、E17的正极仍然有干扰声响，说明音频放大电路正常。至此，将故障部位缩小到了音频DAC电路，对该电路进行深入检查，先测量U5的+5V供电正常，测量输入端③脚、⑤脚~⑦脚有正常波形（图1中已标出），说明数字音频信号已送到U5，测量输出脚⑳脚~㉓脚无波形输出。改用万用表测电压法检查，发现U5的4个输出脚电压接近0V，正常时应在2.5V左右，检查其外接元件均为正常，判定U5本身损坏。从网上购到AK4394，更换后试机，播放时声音恢复正常。

音频DAC芯片AK4394是AKM公司生产的一款高性能立体声DAC，128倍超采样，采样频率高达192kHz，可以接收16bit/20bit/24bit格式的信号，模拟输出采用差分对输出方式，有利于降低噪声干扰。AK4394的引脚功能和维修数据见表1。

附表 AK4394引脚功能和维修数据

脚号	符号	功能	在路电阻(kΩ)		红笔接地
			黑笔接地	电压(V)	
①	DVSS	数字地	0	0	0
②	DVDD	数字电源(+5V)	0.35	0.1	5.01
③	MCLK	主时钟输入	6	3.1	1.39
④	PDN	复位，低电平有效	6	4.9	5.01
⑤	BICK	位时钟输入	6	3.2	1.58
⑥	SDATA	音频数据输入	6	3.2	0.82
⑦	LRCK	左右时钟输入	6	3.2	1.63
⑧	SMUTE/CSN	静音，高电平有效(并行模式)；片选引脚(串行模式)	0	0	0
⑨	DFS0	取样率选择。"L"：正常速度；"H"：双速	0	0	0
⑩	DEM0/CCLK	去加重选择引脚(并行模式)；控制数据时钟引脚(串行模式)	0.35	0.1	5.01
⑪	DEM1/CDTI	去加重选择引脚(并行模式)；控制数据输入引脚(串行模式)	0	0	0
⑫	DIF0	输入数据模式选择0	0.35	0.1	5.01
⑬	DIF1	输入数据模式选择1	0.35	0.1	5.01
⑭	DIF2	输入数据模式选择2	0	0	0
⑮	BVSS	基板接地	0	0	0
⑯	VREFL	低电平参考电压输入	0	0	0
⑰	VREFH	高电平参考电压输入	0.35	0.1	4.97
⑱	AVDD	模拟电源(+5V)	0.35	0.1	4.97
⑲	AVSS	模拟地	0	0	0
⑳	AOUTR-	右声道负模拟音频信号输出	5.5	3	2.48
㉑	AOUTR+	右声道正模拟音频信号输出	5.5	3	2.48
㉒	AOUTL-	左声道负模拟音频信号输出	5.5	3	2.49
㉓	AOUTL+	左声道正模拟音频信号输出	5.5	3	2.49
㉔	VCOM	公共电压输出	5.5	3.7	4.92
㉕	P/S	并行/串行选择引脚。"L"：串行控制模式；"H"：并行控制模式	6	5	0
㉖	CKS0/DZFL	主时钟选择引脚(并行模式)。左声道零输入检测引脚(串行模式)	0	0	0
㉗	CKS1	主时钟选择引脚	0	0	0
㉘	CKS2/DZFR	主时钟选择引脚(并行模式)。右声道零输入检测(串行模式)	0	0	0

◇四川 贺学金

如何取消QQ消息在手机屏幕上方的提示功能

近年来，手机使用的频率越来越多，给我们在生活和工作中提供了很多便利，大家会安装各种App来为我们服务，但是不知道大家有没有碰到和笔者类似的烦恼。笔者平时在使用其他App时，聊天工具微信和QQ的消息提醒也会出现在手机屏幕上方，有时还不是马上消失，每次有消息提醒时还会不停地出现在屏幕上方，严重影响使用其他App，很让人讨厌。当然这时候就会有人会说，可以在QQ软件的设置中，找到"消息通知"，把"通知显示消息内容"关闭，可是试笔者用了很多次，但依然无效果，这是让笔者陷入困境。

经过摸索，终于找到了解决的方法，具体操作步骤如下（这里以安卓手机为例，做一个简单介绍）。

解决办法：依次进入手机系统中的"设置"—"通知栏和状态"—"通知管理"—"第三方应用"，然后找到"QQ"这个应用，点击进去，在其设置界面中，将"横幅提醒"关闭。

当然，不同品牌的手机，设置方法可能有所不同，大家可以参照这个方法去摸索摸索。

◇江西 谭明裕

苏泊尔C21-SDHC16X型电磁炉报警不加热故障检修3例

例1.故障现象：当接插市电时电源指示灯闪亮，按开/关键时指示灯由闪亮转为常亮，接着按功能（如火锅键）时，火锅指示灯亮，同时数码管显示1600W，2秒后数码管显示故障代码E0并报警，不能加热

分析与检修：该电磁炉显示E0表示机内线路有故障。因面板按键能操作，指示灯和数码管也能显示又能报警，说明低压电路基本正常。

拆开机壳，把加热线盘掀开，放在一边，暂时不拆掉线盘两端螺丝，加电后测滤波电容C113两端电压为320V（正常，本地市电约230V）；因加电时风扇能正常转动，在风扇插头处测得电压为19.6V，略高；接下来，测面板与主板的接插件CON101上的+5V与GND两端电压为5.02V，也正常。拆出主板，查找谐振同步电路、市电过压/欠压检测电路、锅具检测电路、电流检测电路等故障易发电路正常，有些棘手。

冷静思考后，以上所测量的电源电路虽然正常，但是负载电路的供电是否正常呢？特别是18V电压，在其他品牌电磁炉中，18V供电的负载多为散热电路、四电压比较器和门控管的激励电路。因风扇能正常运转，所以着手测量其他两个单元的供电情况，在检测IC5（D339）供电端③脚与接地端⑫脚间电压为0V，并且激励电路之前的滤波电容C107两端电压也为0，说明供电电路异常。顺着敷铜板走向仔细查找后，发现该电磁炉的18V供电电路设计别具一格，对四电压比较器和激励电路供电是要通过开关管Q102导通与否，而Q102的导通又要在面板功能键操作之后经由单片机③脚发出一电平指令，使Q101先导通，继而把Q102基极电位下拉Q102才导通，这时Q102集电极输出18V电压，一路输送至IC5③脚，另一路输送往门控管的激励电路。为了便于故障检修，根据实物绘制出相关的供电电路，如图1所示。

根据图1不难看出，风扇能正常运转，说明Q102的e极有18V（实测19.6V）电压，当加电开机时测单片机③脚有1.98V，这时Q101的c极电压为0.05V，可是Q102的c极电压仍为0，怀疑Q102（N2907A）损坏，拆下Q102后测量，它的3个极间阻值为无穷大，说明它已开路，用一只SS8550替换后试机，蜂鸣器不再报警，加热恢复正常，故障排除。

①

例2.故障现象：加电后按开/关和功能键时，数码管显示故障代码E4并报警，无法加热

分析与检修：苏泊尔电磁炉显示故障代码E4表示市电电压过低，但实测市电电压为231V（略高），怀疑市电检测电路异常。

参见图2，AC220V市电电压经D101和D102整流，再经R4011、R4012限流，经过接插件CN1连接，再经R103取样后送给单片机IC1的⑯脚，IC1内部CPU对此电压进行检测比较。当取样电压值符合正常电压范围内时，IC1发出相应加热指令，使电磁炉正常工作。于是，逐一焊脱R4011、R4012和R103的任一个脚后，测量它们的阻值，发现R4011开路。因R1011开路导致取样电压为0，IC1误认为市电电压过低而发出代码E4且不加热。用一只同阻值电阻更换，恢复电路后通电试机，不再显示E4，加热正常，故障排除。

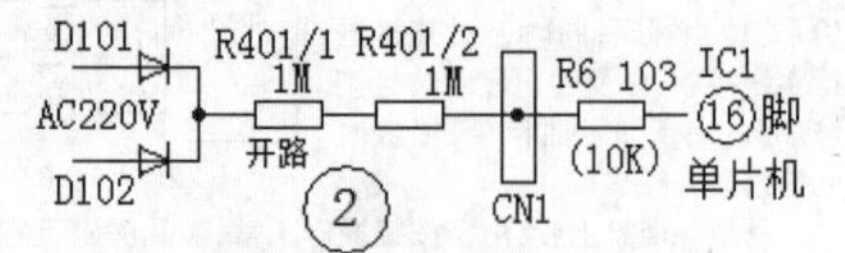

例3.故障现象：通电时先后按开/关键和功能键，现象与例1相似，数码管显示E0，并报警不加热。

分析与检修：苏泊尔电磁炉故障代码E0，表示内部线路出问题。拆出主板，先常规检查，目测外观未发现异常，测量电源电路输出电压正常。本着先易后难的原则，焊脱三大电容（其中300V电压正常，说明其滤波电容C113完好，不必焊脱测量），测量结果都正常。接下来，对故障率较高的同步电路测量（电路见图3）。焊脱加热线圈两端的取样电阻任一个脚后测量阻值，结果发现J3（360k）开路。由于J3开路后，电压比较器IC5的反相端④脚输入的取样电压变为0，从而产生本例故障。用一只同阻值的金属膜电阻更换J3后，测IC5的④、⑤脚电压分别为2.56V和2.76V，恢复正常。安装好各个部件后通电试机，一切正常，故障排除。

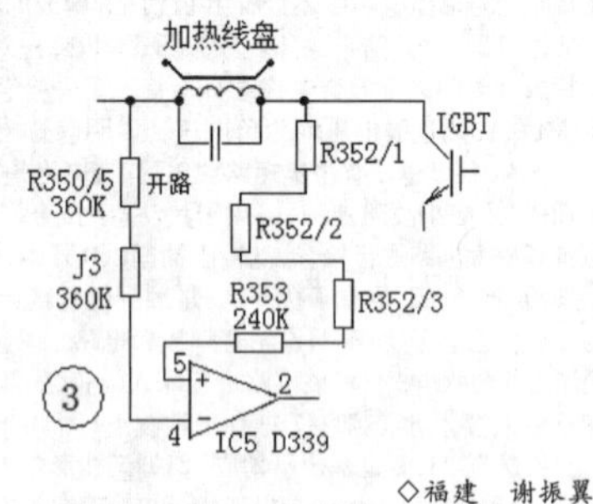

◇福建　谢振翼

带加水功能电热壶故障检修3例

例1.按自动加热按键后不加热

分析与检修：检查后发现，因溢水导致壶底部的电极发生打火，即最内侧的第1圈和第2圈因打火，导致底座的电极接触不良，无法通电，被CPU判断后禁止机器加热，从而产生本例故障。此时，只要把壶在底座上转一个角度，错开壶底电极接触不良的部位，即可使加热功能恢复正常。维修时，用小锯条断面刮净壶底电极接触不良的部位即可修复。

【提示】*对于该故障，若用户用力按按键，往往会导致自动加热按键损坏。维修时，如果没有相同规格按键，可用“自动调温”按键代替进行应急修理。*

例2.电热壶不加水

分析与检修：该故障多因加水直流电机的工作电流大，导致接线端子脱焊所致。维修时，通过察看就可以确认故障部位，补焊后即可排除故障。

例3.加水按键未按下，电热壶就加水

分析与检修：该故障的主要原因加水电路异常。经检查后，发现三极管D882性能不稳定，ce结漏电，相当于在没有“加水”指令的情况下，开关就闭合了，为加水用的直流电机供电，从而产生本例故障。用相同的三极管更换后，故障排除。

◇山东　侯金叶

家用半自动双桶洗衣机脱水桶常见故障剖析

家用半自动双桶洗衣机在家庭中占有很大的比例，此系列洗衣机脱水桶故障占很大比例，笔者对家用半自动洗衣机的故障及处理方法上总结了一系列的经验，供广大电子电气爱好者参考。

家用半自动双桶洗衣机一般都放在卫生间，周围环境比较潮湿、恶劣，洗衣机极易发生故障，现将常见故障现象介绍给广大读者。

家用半自动双桶洗衣机（以下简称洗衣机）80%以上的故障都在脱水桶上，脱水桶又分电气和机械两部分。

电气部分：主要是脱水电机（220V单相电机），和脱水桶一上一下连接，并且洗衣机的电机为了散热而采用开启式。这样，水封损坏后，脱水桶内的水会流入电机内部，由于洗衣水含碱性，具有腐蚀性，电机线圈长期处在恶劣的环境，线圈腐蚀、生锈、霉断、漏电，如果故障初期被发现并及时处理，不仅可避免电机的进一步损坏，而且可避免发生人身安全事故。洗衣机脱水电路比较简单，若电机出现起动无力、有放电声、有胶煳味（起动电容损坏除外），基本可以确定是电机故障。

拆开电机后，在腐蚀不太严重时会看到，腐蚀部位的漆包线已氧化并产生绿色的氧化铜，用竹签轻轻地将氧化铜刮掉，再用酒精洗干净后烘干，涂刷绝缘漆并烘干即可修复；如果腐蚀严重，漆包线有断的（一般腐蚀断也就1~3根），根据漆包线的绕向，用肉眼就能确定哪根线的断头，对号接好后，测量主、副绕组的阻值来判断是否接通。确认阻值正常后，对线圈刷漆烘干。

【提示】*根据电机型号的不同，阻值略有差异，一般主绕组的阻值为70~80Ω左右，副绕组的阻值为160~170Ω左右。*

机械部分：当家用半自动双桶洗衣机使用年限较长，容易引起轴套的润滑油干涸，或长时间不使用引起轴套锈蚀，产生脱水电机起动、转速异常的故障。对于此类故障，用手边转动脱水桶边滴油即可排除。

◇黑龙江　许新德

一款低功耗的有源整流器控制器LT8672

一、引言

LT8672是一款有源整流器控制器，该器件（与一个MOSFET）可在汽车环境中为电源提供反向电流保护和整流。在传统上，这项工作是由一个肖特基二极管承担完成的，相比之下，LT8672的主动保护拥有一些优势：

1.极少的功耗

2.小、可预知、稳定的20mV电压降

另外，LT8672还具有多个旨在满足汽车环境中电源轨要求的特点：

3.反向输入保护至 -40V

4.宽输入工作范围：3V至42V

5.超快瞬态响应

6.整流6VP-P，高达50kHz；整流2VP-P，高达100kHz

7.用于FET驱动器的集成化升压型稳压器之工作性能优于充电泵器件

图1示出了一款完整的保护解决方案。

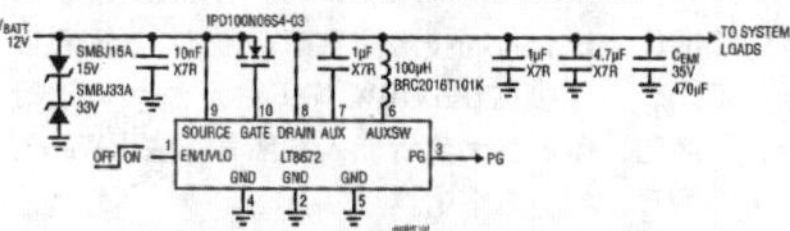

图1：LT8672有源整流／反向保护解决方案

二、对输入纹波整流的快速响应

汽车标准（ISO 16750或LV124）规定，汽车电子控制单元（ECU）能够接受一个具有高达6VP-P（在高达30kHz频率下）之叠加AC纹波的电源。LT8672用于控制外部MOSFET的栅极驱动器足够强大，能处理高达100kHz的纹波频率，从而最大限度减小了反向电流。图2示出了此类AC纹波整流的一个例子。

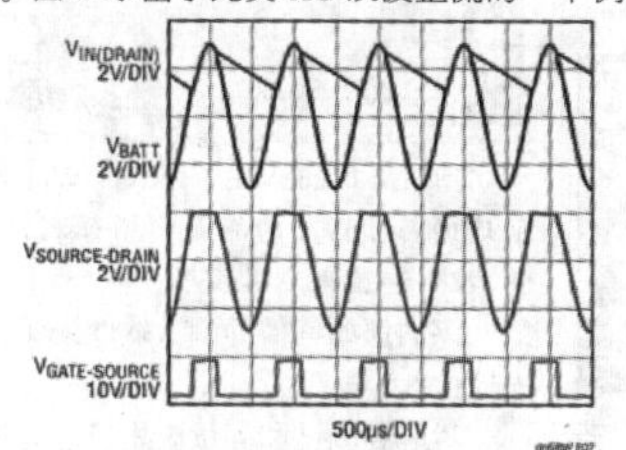

图2：输入纹波的整流

三、与肖特基二极管相比具有低功耗

当采用图3所示的设置时，LT8672（采用IPD100N06S4-03作为外部MOSFET）的性能堪与一个肖特基二极管（CSHD10-45L）不相上下。这里，位于输入端上的一个12V电源用于模仿汽车电压源，而输出端承载了一个10A的恒定电流。图4示出了这两种解决方案在稳态情况下的热性能。当未采取冷却措施时，LT8672解决方案的热性能远胜一筹，达到的峰值温度仅为36°C，而肖特基二极管解决方案的峰值温度则高得多，达到了95.1°C。

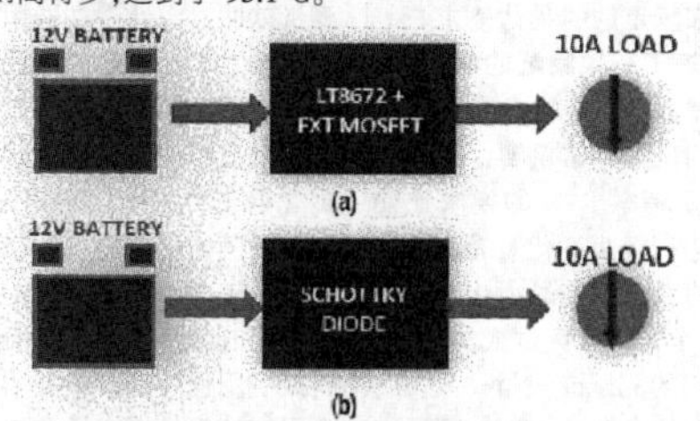

图3：系统配置（a）LT8672控制型系统；（b）肖特基二极管系统

图4：热性能比较（a）LT8672控制型系统；（b）肖特基二极管系统

四、额外的低输入电压操作能力

汽车任务关键型电路必须能够在冷车发动情况下运行，此时的汽车电池电压会骤降至3.2V。考虑到这一点，许多汽车级电子产品被设计成能在低至3V输入的条件下工作。肖特基二极管的可变正向电压降在冷车发动期间会带来一个问题，此时该压降将产生一个2.5V至3V的下游电压，这对于有些系统的运行而言就过低了。相形之下，LT8672解决方案则凭借其稳定的20mV电压降保证了所需的3V，从而简化了电路设计并改善系统的坚固性。

当VBATT降至3.2V时，LT8672控制型系统（a）保持VIN＞3V，因而使LT8650S能保持其输出VSYS稳定在1.8V，而在肖特基二极管系统（b）中，LT8650S的输入电压VIN降至低于其最小工作电压，故而使它无法在其输出VSYS上保持1.8V。

五、集成化升压型稳压器

许多替代型有源整流器控制器采用充电泵为栅极驱动器供电。这些解决方案通常不能提供强大的栅极充电电流和一个稳定的输出电压，因而限制了连续整流的频率范围和性能。LT8672的集成化升压型稳压器可提供一个严紧调节的栅极驱动器电压和强大的栅极驱动器电流。

六、结论

LT8672能够对汽车电源上的高频AC纹波进行整流。该器件采用一个集成化升压型稳压器以驱动一个MOSFET，从而在连续整流过程中实现超快瞬态响应，这相对于充电泵解决方案是一项改进。LT8672采用纤巧型10引脚MSOP封装，其具有整流和反向输入保护功能以及低功耗和一个超宽的工作范围（这对于冷车发动是很可取的）。

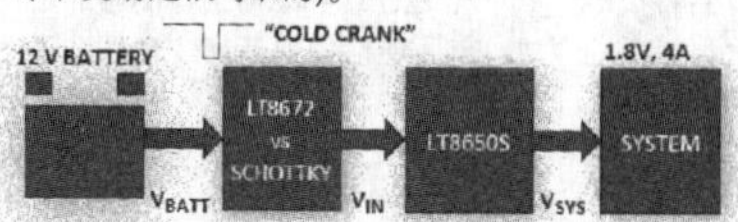

图5：用于冷车发动测试的系统配置

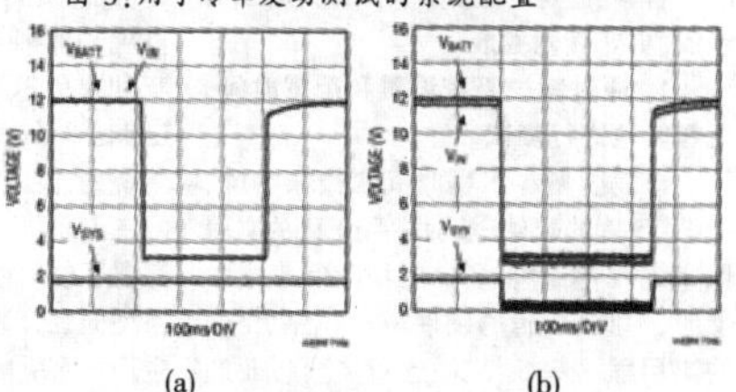

图6："冷车发动"情况下的系统电压比较（a）LT8672控制型系统；（b）肖特基二极管系统

◇湖北 朱少华 编译

2018年"创客中国"创新创业大赛23场专题赛

为贯彻落实党中央、国务院促进"双创"上水平和促进中小企业健康发展的战略部署，工业和信息化部2016、2017年已连续举办两届"创客中国"创新创业大赛，大赛成效显著。"创客中国"品牌引起了社会广泛关注，发掘和培育了一批"双创"优秀项目和团队，涌现了诸多创新成果，在制造强国建设、制造业和互联网深度融合、大中小企业融通发展等方面发挥了积极促进作用，切实推动中小企业高质量发展。

2018年，作为打造"双创"升级版的一项具体举措，工业和信息化部继续举办"创客中国"创新创业大赛，苗圩部长继续担任大赛组委会主席，王江平副部长担任组委会副主席，中小企业局和部信息中心主要领导担任秘书处主任和副主任。大赛秘书处（部信息中心）牵头，会同相关行业协会和地方组织23场专题赛。

◇湖北 李文萧

序号	赛事名称	主办单位
1	2018年创客中国"大健康"创新创业大赛	工业和信息化部信息中心
2	2018年创客中国"产业互联网应用"创新创业大赛	工业和信息化部信息中心重庆市中小企业发展指导局
3	2018年创客中国国电投大数据及智能应用创新创业大赛	工业和信息化部信息中心 国家电投科技管理部
4	2018年创客中国"人工智能"创新创业大赛	工业和信息化部信息中心 全联城市基础设施商会
5	2018年创客中国"互联网+大数据"创新创业大赛	工业和信息化部信息中心 厦门文广传媒集团
6	2018年创客中国"智造与再制造"创新创业大赛	工业和信息化部信息中心 天津市静海区人民政府
7	2018年创客中国"军民融合"创新创业大赛	工业和信息化部信息中心 青岛市经济和信息化委员会
8	2018年创客中国"芯片设计与应用"创新创业大赛	工业和信息化部信息中心 南京江北新区管理委员会
9	2018年创客中国"新能源汽车"创新创业大赛	工业和信息化部信息中心 南充市人民政府
10	2018年创客中国"智能制造"创新创业大赛	工业和信息化部信息中心 福建省股权和创业投资协会厦门分会
11	2018年创客中国"金融科技"创新创业大赛	工业和信息化部信息中心 中国电子商务协会金融科技研究院
12	2018年创客中国"电子商务"创新创业大赛	工业和信息化部信息中心 中国电子商务协会金融科技研究院
13	2018年创客中国"小小创客"创新创意大赛	工业和信息化部信息中心 正天技术有限公司
14	2018年创客中国"绿色工业"创新创业大赛	工业和信息化部信息中心 安徽省界首市人民政府
15	2018年创客中国"物联网+畜牧智造"创新创业大赛	工业和信息化部信息中心 重庆市荣昌区人民政府 中国畜牧兽医学会 重庆市畜牧科学院
16	2018年创客中国"电子信息与信息安全"创新创业大赛	工业和信息化部信息中心 云南省玉溪市人民政府
17	2018年创客中国"智造设计"创新创业大赛	工业和信息化部信息中心 山东发展投资控股集团有限公司
18	2018年创客中国"智慧城市"创新创业大赛	工业和信息化部信息中心 山东省日照市经济和信息化委员会
19	2018年创客中国"SAAS应用"创新创业大赛	工业和信息化部信息中心 四川省经信委
20	2018年创客中国"工业设计"创新创业大赛	工业和信息化部信息中心
21	2018年创客中国"柔性制造"创新创业大赛	工业和信息化部信息中心 常州高新区 常州印刷电子研究院
22	2018年"创客中国"国际创新创业大赛	工业和信息化部中小企业发展促进中心 工业和信息化部信息中心 汇桔网 广州市产业园区商会
23	2018年创客中国"智慧工厂"创新创业大赛	中国中小企业协会 工业和信息化部信息中心 中国中小企业协会智能制造专委会

LabVIEW NXG辅助四个工程应用设计

在Aspencore（前称UBM）2015年进行的一项测试和测量研究中，包括半导体、汽车、国防和航天航空在内的多个行业的工程师列出以下几个方面为其测试开发演变过程中最主要的变化：

“适应快速变化的技术，为终端用户提供测试能力和价值。”

“在更短的时间内设计更复杂的产品”

“获得可根据最新标准进行测试的设备。”

“跟上高速通信和网络带宽（即100GE、400GE等）”。

“保持测试最新一代产品的能力，而不用花费大量资金在即将过时的专用仪器上。”

这些挑战中哪一个最让您和您的工程团队感到压力？ 产品规格的快节奏变化迫使

您用相同或更少的预算来扩展工作台和生产线。 软件对于您驾驭这些新的工程规则至关重要 – 不仅仅是跟上步伐，更要蓬勃发展。

1. 通过减少系统设置和配置时间，更智能地进行测试。

您需要多少工程时间来搜索手册、引脚、正确的硬件驱动程序、正确的实用程序等？ 您需要多少工程时间来搜索手册、引脚、正确的硬件驱动程序、正确的实用程序等？ NI最近对多个行业的400多名工程师进行的调查显示，测试工程师面临的最重要且最常见的困难之一就是在需要连接和集成各种组件的环境中，短时间内完成测量，这些组件通常包含来自不同供应商的仪器。

为了帮助您更智能地进行测试，LabVIEW NXG提供了一些工作流程，可以在正确的时间显示正确的信息，从而提供更多的背景信息和帮助。 以一个常见的任务为例：设置和验证多个仪器。 在LabVIEW NXG中，您可以通过一个统一的视图，立即发现、可视化、配置和记录仪器。 如果机器上尚未安装相应的驱动程序，LabVIEW NXG将为您提供引导，使您在不离开软件环境的情况下查找并安装驱动程序。 安装完驱动程序后，您可以查看文档、示例和NI软面板，以验证您的设置并快速开始首次测量。

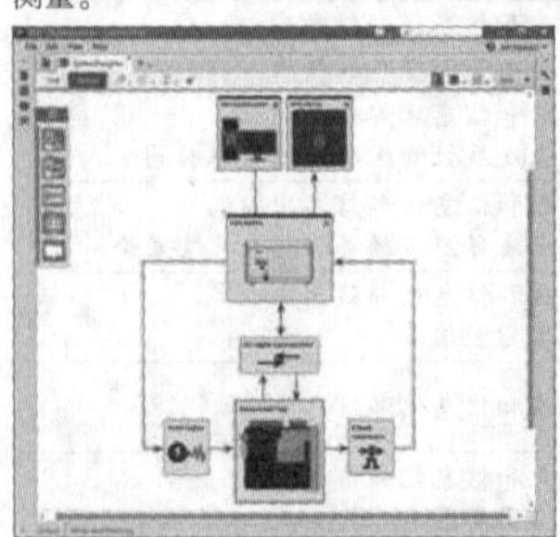

图1. 在不离开LabVIEW NXG环境的情况下直观地发现硬件，管理驱动程序和配置参数。

如果您还没有购买仪器，可以通过硬件目录配置一个脱机系统。 画布会显示您可以使用哪些模块化仪器来构建符合您要求的有效配置。 如果需如果需要扩展到更大型的配置，您还可以在表格视图中配置系统，批量编辑仪器配置，以提高效率。

所有这些新功能都旨在减少您花在常规设置任务上的时间，将更多的时间投入到真正重要的任务：采集测量结果并自定义系统来满足您的具体需求。

2. 通过缩短下一次测量的时间，更快速地进行测试。

首次测量的设置非常重要，但还有其他因素也需要考虑。 新的要求迫使您对测试系统进行反复迭代。 因此，您必须拥有所需的灵活性来最小化测试或测量时间，不仅是第一次测试或测量，还包括下一次未知的测试或测量。 过去，为了实现该级别的自定义，工程师通常使用通用工具来开发和维护专用的系统软件，导致首次测试和后续的测试成本非常高。

在过去的30年中，已经有数十万名工程师使用LabVIEW来抽象仪器测量任务，大大提高了工作效率，图形化编程的直观功能视角使他们受益匪浅。 劳伦斯利弗莫尔国家实验室的工程师Glenn Larkin表示，他们采用LabVIEW而不是传统的方法来开发自动化维护系统，他的三人团队“在15个月的时间内开发和部署了应用程序的最终版本，并进行了原型验证，大约是使用Java或C ++开发应用程序所需时间的三分之一。

LabVIEW NXG基于这种图形化工程开发流程，提供了一个更高效的开发环境来帮助您完成硬件设置、初始测量和分析。 在整个转换到自定义的过程中，您可继续保留当前的工程视图以及配置和分析程序。 LabVIEW NXG为您提供了更高级别的起点，当您需要更高级的分析、逻辑或自动化时，您可以基于已完成的工作快速实现。

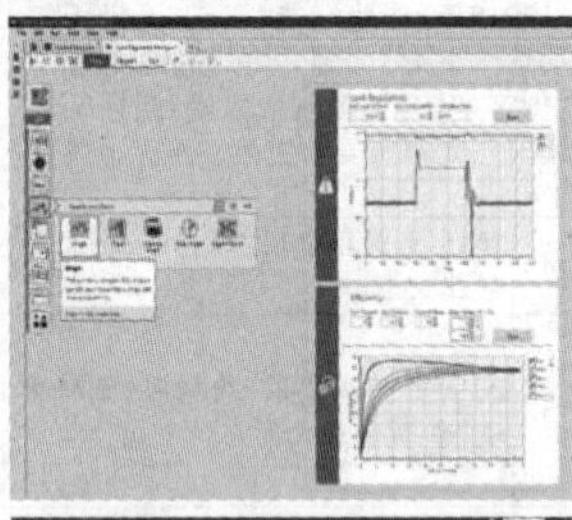

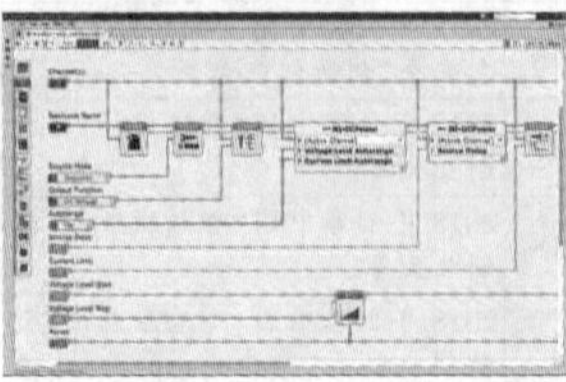

图2. 使用LabVIEW NXG的拖放式设计方法，快速构建并迭代您的测试和测量系统。

3.增加测试软件之间的协作，更智能地进行测试。

对于只有一个人的团队，复用是一个可管理的问题。 但是如果验证工程团队需要不断扩大以跟上公司的发展需求，或者需要管理多个远程开发和部署测试站来控制成本，又或者需要扩大产量或增加批次时，挑战就随之而来。 成功实现这些扩展需要一定程度的标准化以及一套一致的工具、工作流程和基础软件。

作为NI不断投资测试软件的承诺的一部分，LabVIEW NXG和LabVIEW 2017以及数量不断增加的其他NI测试和测量软件，都建立在通用的开放标准软件包技术之上。新的软件包管理器使您不仅能够发布NI或第三方软件，还可以发布您自己的软件。 通常，复用的根本挑战不在于找到应用程序或代码，而是找到正确的硬件驱动程序的正确版本。 LabVIEW NXG中NI软件包管理的一个重要组成部分是定义您所依赖的测试代码或应用程序，以便高效地进行工作。由于NI软件是一个开放的平台，因此这种依赖性关系会存在于测试代码、第三方附件、LabVIEW NXG运行引擎和硬件驱动程序。 这可以减少团队花在主动管理软件配置、依赖关系管理和测试系统复制上的时间。 在NI最近的一项调查中，使用最新版NXG的软件开发人员中有70%的人表示他们很可能会使用LabVIEW NXG来生成可扩展的程序库和系统部署程序。

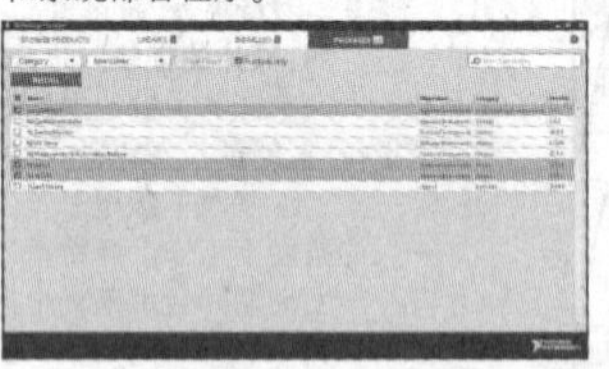

图3. 使用LabVIEW NXG提供的业界标准的开放软件包管理，发布部署和复制测试系统所需的所有软件。

增加测试软件协作和复用取决于您如何发布软件，无论是使用LabVIEW NXG、LabVIEW还是您自己的测试代码。 使用行业标准软件包生成和软件包管理技术来发布软件，迈出标准化的第一步，让您放心地复制您的系统。

4. 将正确的测试数据展示给正确的人，更智能地进行测试。

您是否已经成为工程数据的一个瓶颈？ 是否由于您的原因，您的团队很难及时了解测试的状态，或者您很难提高自己的工作效率，仅仅是因为您只能监测面前的测试，如果是这样，请别苦恼，不只是您碰到了这些问题。NI询问了一群测试、测量和控制工程师，如果他们可以远程访问测试数据，他们会做些什么。

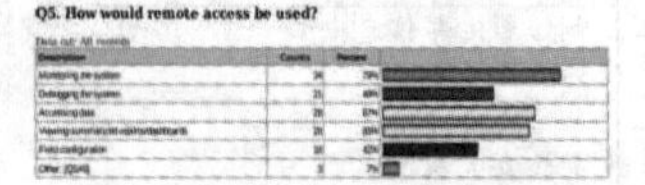

图4.根据NI的一项调查，远程监控和访问数据是工程师将在后续项目中使用基于Web的用户界面的最常见用途。

受访者充分认识到远程访问对监控测试数据和/或访问结果的影响。 通过网络，工程师可以利用一个可访问的工具，帮助整个团队挖掘数据并掌握更多的信息。 网络并不算新技术，但是由于缺乏网络编程经验和IT背景以及管理通信机制需要耗费大量时间，工程师们一直在努力将其集成到他们的系统中。

LabVIEW NXG Web模块为基于Web的界面(WebVI)引入了拖放创建工具，可帮助您增强测试、测量、控制和监测应用程序的功能。 它基于标准的网络技术，用户可以在任何设备(如平板电脑和智能手机）上的任何现代浏览器上查看Web界面，而且无需任何插件。 您可以使用它快速创建基于Web的工程用户界面，通过其直观的通信机制和安全托管平台，您可以快速开发和部署您的Web界面，而无需Web编程专业知识。

如果您的团队拥有网络编程专业知识，您可以使用LabVIEW NXG Web模块来开发基于标准HTML5、CSS和JavaScript技术的界面。 这时，界面可以直接在LabVIEW NXG中通过代码进行自定义，或者嵌入到现有的基于Web的解决方案中。

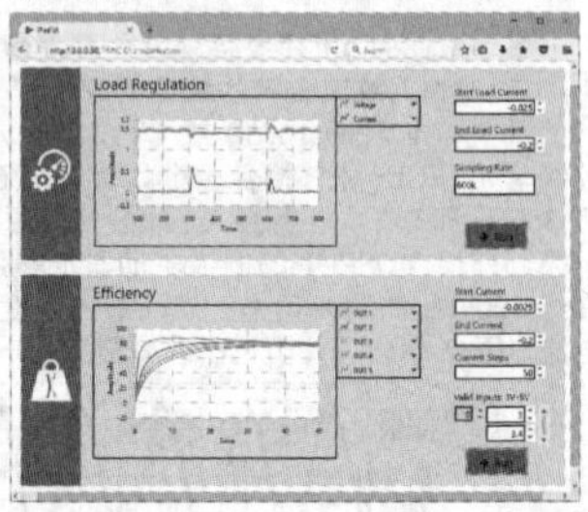

图5.使用LabVIEW NXG Web模块创建的基于Web的界面，增强测试、测量、控制和监测应用程序。

评估您如何借助测试软件来保持领先地位？

考虑到测试和测量应用需求的规模和复杂性，以及供应商提供的各种工具和实用程序，问题不在于是否需要项目软件，而在于如何最好地使用软件来应对工程界日新月异的变化。通过四个关键问题评估软件工具，帮助您更智能地进行测试。软件工具如何帮助您：软件工具如何帮助您：

减少测试系统设置和配置时间？

尽可能减少进行下一次测量的时间？

增加测试软件之间的协作？

将正确的测试数据展示给正确的人？

未来将会如何？

LabVIEW NXG的最新版本是NI在软件中心平台上持续投资30多年的成果之一。 NI的用户定义方法旨在帮助您更轻松地使用各种工具，而不是等待其他人提供测试解决方案，以便您充分利用和引领技术趋势。

您的未来将会如何？ NI已经迫不及待看到您使用LabVIEW NXG来攻克所遇到的重大工程挑战，让未来更快地呈现在我们面前。

关于NI?

NI以软件为中心的平台集成了模块化硬件和庞大的生态系统，助力工程师和科学家应对各种挑战。这一久经验证的方法可让用户完全自主地定义所需的一切来加速测试测量和控制应用的系统设计。 NI解决方案可帮助用户构建超出预期的高性能系统，快速适应需求的变化，最终改善我们的生活。

◇四川科技职业学院　罗晨　梁雄

谈农网低压线路的用电安全(中)

(紧接上期本版)

3.实施低压配电线路保护的技术要求

低压配电线路遍布工业、农业、服务业的各个角落,同时也深入千家万户。不仅专业人员接触,众多非专业人员,包括普通老百姓都会触及,使线路发生故障的概率大大增加。如设计、施工不当。将容易导致人身触电(间接接触),或线路损坏,甚至引起电气火灾。为此,在配电线路设计中,应严格执行《低压配电设计规范》的各项规定,包括加强绝缘.妥善接地。做好等电位联结。但最根本和广泛应用的是做好配电线路保护,正确整定保护电器各项参数,保证在故障时能按要求切断电源,以策安全。

配电线路设计中至少要考虑以下和保护相关的要求;《规范》规定配电线路应装设短路保护、过负载保护和接地故障保护.而且每段配电线路都应满足这三项保护要求;《规范》还规定上下级保护电器的动作应具有选择性,使故障时只切断该故障线路,而上级保护电器不应动作,力求缩小停电范围;电路发生故障时,保护电器应能在规定时间内动作;另一方面,在正常工作和用电设备正常起动时,保护电器均不应动作;导体截面应满足动、热稳定要求,要和保护电器能协调配合,也就是选择的导体类型和截面,应该和保护电器类型和整定值相关联;作为分断短路电流的保护电器,还应具有足够的分断能力。

低压配电线路短路保护的装设要求:所有的低压配电线路都应装设短路保护装置。短路保护装置的装设,应保证线路末端发生短路时保护装置能可靠动作。短路保护装置应能避开线路中短时间过负荷的影响,如大容量异步电动机的启动瞬间等,同时又能可靠地保护线路。低压配电线路的短路保护,通常采用熔断器或低压断路器来完成。

当采用电缆或穿管绝缘导线配电时,熔断器熔体的额定电流应小于或等于电缆或穿管绝缘导线允许载流量的2.5倍;当采用明敷绝缘导线配电时,熔断器熔体的额定电流应小于或等于导线允许载流量的1.5倍,这是由于明敷绝缘导线的绝缘等级偏低,绝缘容易老化的缘故;当熔断器用来保护配电线路末端的短路事故时,熔断器熔体的额定电流应小于或等于线路末端发生单相接地短路或两相短路时短路电流的1/4倍。

短路保护用低压断路器的整定:当采用低压断路器作低压配电线路的短路保护时,由于低压断路器的过流脱扣器具有延时性并且可调,所以短路保护用低压断路器能够避开线路中短时的过负荷电流。无论是采用电缆配电,还是采用穿管绝缘导线,只要采用低压断路器作短路保护,其过流脱扣器的整定值一般小于或等于电缆、绝缘导线允许载流量的1.1倍;当采用低压断路器作为配电线路末端的短路保护时,其过流脱扣器的整定值应小于或等于线路末端发生单相接地短路或两相短路时短路电流的1/3倍。

装设过负荷保护的配电线路,其绝缘导线、电缆的允许载流量,不应小于熔断器熔体额定电流的1.25倍或自动开关长延时过电流脱扣器整定电流的1.25倍。在配电线路的导体截面减小处、配电线路分支处或保护须有选择性的地方,均应装设保护电器。

保护电器应装设在被保护线路与电源线路的连接处,有困难时可装设在距离连接点3m以内便于操作和维护的地方。当从高处的干线向下引接分支线路时,可将保护电器装设在距离分支点30m以内便于操作和维护的地方。但应保证在该段分支线末端发生单相(或两相)短路时,离短路点最近的保护电器能够动作,且该段分支线应有不延燃性外层或穿管敷设。

下列情况的配电线路中,在导体截面减小处或配电线路分支处可不装设保护电器:低压配电线路中的单相短路,回路中相线、中性线连接不良,这种情况容易发现,例如灯会不亮或者熄灭。而占短路80%的接地故障,相线与PE线、电气设备的外露导电部分或大地间的短路却难于觉察。例如PE线PEN线连接松动灯照样亮,如PEN线迸发火花,则容易酿成火灾。配电线路应设置接地故障保护,在发生故障时,保护元件必须能及时自动切断电源,防止人身电击伤亡、电气火灾和线路损坏。TN系统发生接地故障时,用电设备金属外壳接触电位低,故障电流大,一般过电流保护电器可快速切断故障线路。当过电流保护电器不能满足要求时,可采用带有单相接地保护的断路器或设零序电流保护措施。

断路器的单相接地保护功能的实现原理有剩余电流型和零序电流型两种。剩余电流型是利用四个电流互感器分别检测三相电流和中性线(N线)的电流。无论三相电流平衡与否,则此矢量和为零。当发生某一相接地故障时,故障电流会通过保护线PE及与地相关联的金属构件,此时电流为接地故障电流加正常泄漏电流。接地电流达到脱扣器整定电流时,即可报警或驱动短路器动作,实现单相接地保护。零序电流型是在三相上各安装一个电流互感器,检测三相的电流矢量和,即零序电流Io。当发生某一相接地故障时,此时电流为接地故障电流加正常泄漏电流,与脱扣器整定值比较,即可区分出接地电流,实现单相接地保护。带有单相接地保护的断路器到底是剩余电流型,还是零序电流型,以产品样本为准。

IT系统是变压器中性点不接地或经大阻抗接地,用电设备外壳直接接地。发生单相接地故障时,接地电流为电容电流。故障电流为另两相对地电容电流的相量和,故障电流小,不需要中断供电,一般不装设漏电保护。但应由绝缘监察器发出信号,以便及时排除故障。IT系统中的漏电保护器主要用于切除两处异相同时接地故障。应根据具体情况按需要装设。

为了用电安全,采用接地故障保护后,仍需要可靠的接地采用等电位连接。等电位联结的作用是降低故障情况下,电气设备间、电气设备与其他设备间的接触电压,使人体在接触时身体所承受的电压降至最低。在以人为本的今天,电气安全可是重之又重的大事马虎不得。

4.低压配电线路故障及预防

配电线路是电力系统中必不可少的重要组成部分,它的基本特点就是点多、面广、线长,走径复杂,设备质量参差不齐,并且受气候、地理、环境的影响较大,另外,因为配电线路直接连接客户端,供用电情况复杂,这些都直接或间接影响着配电线路的安全运行,造成设备故障率居高不下,故障原因也远比输电线路复杂。

低压配电线路出现故障时,要保证可靠切断电路,又要尽可能缩小断电范围,即有选择性切断,这就对配电设计提出了更高要求,要求有合理配电系统统计,准确计算数据,恰当选择保护电器,正确整定保护电器额定电流、动作电流和动作时间,才能达到预期目。

熔断器反时限特性和断路器长延时脱扣器反时限特性能较好配合,整定电流值合理条件下,具有良好选择性动作,条件是熔断体额定电流比长延时脱扣器整定电流要大一定数值。当故障电流超过断路器瞬时脱扣器整定电流时,则下级瞬时脱扣,而上级熔断器不会熔断。

配电线路故障防范措施:要加大配网建设改造力度,使配网结构、变电站布置趋于合理,提高施工质量和工艺水平,提高线路的绝缘化水平,大力推广使用绝缘导线。对于施工中发现的缺陷隐患要及时消除,对设计、施工不合格的要予以返工;要加强线路巡视工作。对线路有计划性地进行特殊及夜间巡视,进行线路故障巡视时,要细心查线,发现故障及时彻底排除,防止重复跳闸。定期进行电气设备的试验、检修工作,及时处理设备缺陷提高运行水平。如:定期清扫绝缘子、配电变压器,对变压器、避雷器等定期进行电阻测试及耐压试验;加强配电变压器高低压侧熔丝管理,禁止使用不合格保险;加大线路附近树木砍伐力度,保证线路通道符合规程要求,使线路运行不受树木生长干扰;合理安装线路开关设备,配置开关定值,防止线路因故障越级。安装位置要便于巡视检查,便于操作;避免开关停电时涉及面积过大;开关处要配备避雷器。新安装的柱上开关,一定注意导线与开关接线柱的连接,防止松动,防止过热;在雷雨季节到来前,线路、开关及配电变压器要装避雷器,并定期进行绝缘电阻、工频放电电压试验,对不合格或有缺陷的避雷器要进行更换。

我国目前城市、农村低压配电线路大多采用电缆或架空线。随着人们生活水平的不断提高,家用电器品种和数量也越来越多,如洗衣机、电饭锅、电冰箱、空调、电脑、理疗保健器等等。一旦这些家用电器的供电线路由于种种原因发生中性线断线,引起用户端中性点电位偏移。严重时可使某一相的相电压升至高达300V以上,另外相的电压则降低,其危害非常严重。给用户端用电设备造成很大威胁,经常因此类故 障烧毁家用电器。因此,有必要采取有效的预防措施,最大限度地保障用户用电的安全、可靠。

中性线断开原因主要有:管理人员安全意识淡薄,责任心不强,业务水平低下,认识不到中性线在运行中的作用及其断线带来的严重后果,平时疏于巡视检查与维护;各相负荷分配不均匀,使中性线中流过的不平衡电流过大,加之施工人员工艺标准低,其接头多且虚接、氧化等原因,以致烧断中性线;铝导线与变压器低压桩头连接时,未采取铜铝过渡措施直接连接;与铜铝过渡设备线夹压接前未包扎铝包带;与铜铝过渡线鼻子压接前未逐根清除导线的氧化层或与线鼻子型号不匹配。公用中性线使用破旧导线,施工工艺水平差,接头多、虚接、松动、氧化腐蚀,而且长期得不到维护;计量箱的导线进出口无橡胶圈或橡胶垫防护;中性线经过断路器、刀开关、熔体等控制;安装剩余电流动作保护器时将中性线接入相线端子,即使断开保护器也不能断开接入中性线端的相线。

对于单相220 V纯生活用电户而言,中性线断线造成相线无回路,用户家用电器不能工作,缺乏安全用电常识的用户便误认为是线路停电,甚至在不拉开进户刀开关的情况下违章检修作业,易造成单相触电。对于变压器低压侧出口至低压主干线、分支线而言,当中性线断开时,中性点因各相负载不平衡而产生位移。用电负荷大的相,因其阻抗低而分压小,其负载实际承受的电压低于额定相电压220 V,出现灯泡发暗或电器不能正常运转等欠压现象。用电负荷小的相因阻抗大而分压大,负载承受的电压远高于额定电压,甚至接近线电压,造成用户的用电设备因过电压而烧毁。这种中性线断线情况是经常遇到的,特别是在居民楼中更易发生。可见中性线断开后的危害性是很大的。

为防止中性线断线,可采取以下防范措施:在中性线上不能装设熔丝。在中性线上尽量减少接头,并保证接头连接处性能良好与可靠;中性线应保持与相线同等的绝缘水平且与相线的导线截面积相同;架构式安装的变压器到计量箱的导线应穿防老化型PVC塑料管防护,杆挂式单相变压器到计量箱的导线宜采用三芯电力电缆。严禁中性线与相线互换。计量箱的进出导线口应装设橡胶圈或加橡胶垫防止损伤导线,进出计量箱的导线应设滴水弯,防计量箱进水;低压侧及各相线均应装设过流保护。不得用其他金属丝代替熔丝或熔丝选择不当;严禁私自调整低压断路器和剩余电流动作断路器的过电流脱扣器以及调整牵引杆与双金属片的调节螺丝;严禁将相线接入剩余电流动作保护器的中性线端子,将中性线接入相线端子;变压器各相负荷力求平衡根据有关规程要求,配电变压器出口处的负荷电流不平衡度应控制在10%以内;加强线路维护,发现隐患及时消除。每月对变压器及低压电力线路巡视检查1次,对配电箱(室)每周至少查1次,发现隐患及时处理。每季度至少应对低压桩头与导线连接处以及导线接头检修(打开处理后重接)1次。对单相变压器,在低压桩头应加装采用与铝导线进行钳压的铜铝过渡线鼻子与之连接,导线另一端用并沟线夹直接与低压主干线连接;螺母必须拧紧,必要时加装弹簧垫圈;所有电气设备与中性线的连接,均应以并联的方式接到中性线上,不允许串联。加强防雷措施,防止供电线路遭雷击破坏。按照《农村低压电力技术规程》要求,对不符合标准的低压线路进行维修与改造。

在三相负载比较对称情况下,中性线中的电流近似为零;致使用电设备烧毁的直接原因是电压高引起的,当某一相负载电压超过正常范围,达到不能允许的程度时,即可判断为中性线干线已断,这样也可兼顾对相线搭中性线事故的判断。若在干线进入用户端处,安装一个带分励脱扣器的断路器,再由保护单元来取样检测中性干线是否断,若中性线断线则触发跳闸驱动信号使断路器跳闸,以保护后级用户的电气设备不受损害。

(未完待续)

◇湖北 洪桂香

WMZ-03型温度指示仪原理与应用

WMZ-03型温度指示仪系采用热敏电阻作为感温元件，以两节2号干电池作为仪表电源的袖珍型温度量测仪表。该仪表体积小，重量轻，便于携带，量测方便，广泛应用于实验室、医院和工业生产中。图1为该仪表的外形结构。本文将对该仪表的电路原理图、工作原理、主要技术指标、使用方法和维护检修等内容进行介绍。

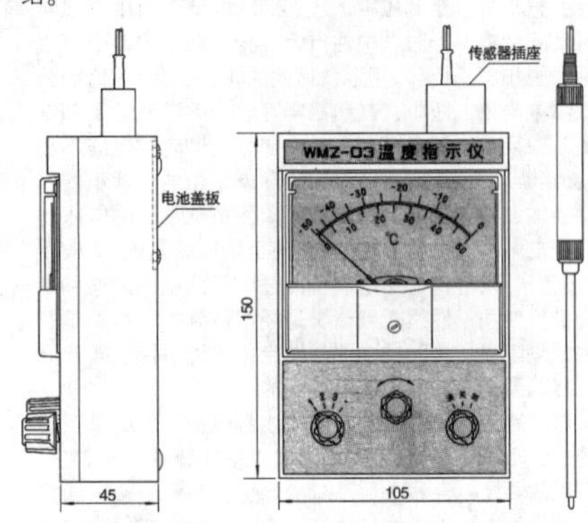

图1 WMZ-03型温度指示仪外形图

1.电路原理图

图2为该仪表的电路原理图。

2.工作原理

WMZ-03型温度指示仪采用桥路作为温度量测电路。电位器RP1作为满度调节；电阻R3(R6、R9)、R14(R7、R10)、R4(R15、R16)与热敏电阻组成桥路的四个桥臂；R11(R12、R13)是校满电阻。当温度量测时，由于热敏电阻阻值的变化，使电桥失去平衡，在表头CB两端产生电压，表头的指针指示出量测的温度值。

3.主要技术指标

WMZ-03型温度指示仪的主要技术指标见表1。

表1 WMZ-03型温度指示仪的主要技术指标

测量温度范围/℃	最小分度值/℃	温度允许误差/℃	测温量程挡数
-50~50	1	±1	2
-50~100	1	±2	2
0~50	0.2	±0.2	3
0~100	1	±1	2
0~200	2	±2	2
0~300	2	±3	2

4.使用方法

该仪表产品出厂时配备有4种测温传感器，分别是NB-23型传感器(见图3)，可用于一般温度测量；ON-70型传感器(见图4)，可用于深水温度测量，自带导线长度100米，测量范围0~+50℃；NP-13A型传感器(见图5)，可用于人的口腔温度测量；NQ-12型传感器(见图6)，可用于人的皮肤温度测量。

WMZ-03型温度指示仪在设计和制造中，对于温度传感器进行了补偿处理，因此在同一温度范围内的传感器可以互换使用。

仪表不用时，右边的旋钮保持在“关”位置，左边的旋钮保持在“”位置(4挡位置)。

右边的旋钮转换到“满”位置，左边的旋钮依次在“1”“2”“3”挡位置，再调节标有“”图形标志的旋钮，使表头指针依次调在“1”“2”“3”挡(“”是空挡)满度值。当1挡测量时，“2”“3”“”是空挡，当“2”挡测量时，“3”“1”是空挡。

传感器感温探头与被测物体(液体、气体)表面或深层接触(插入深度不超过传感器允许部位)，右边的旋钮转换到“测”位置，表头指针即指示出量测部位的温度值。

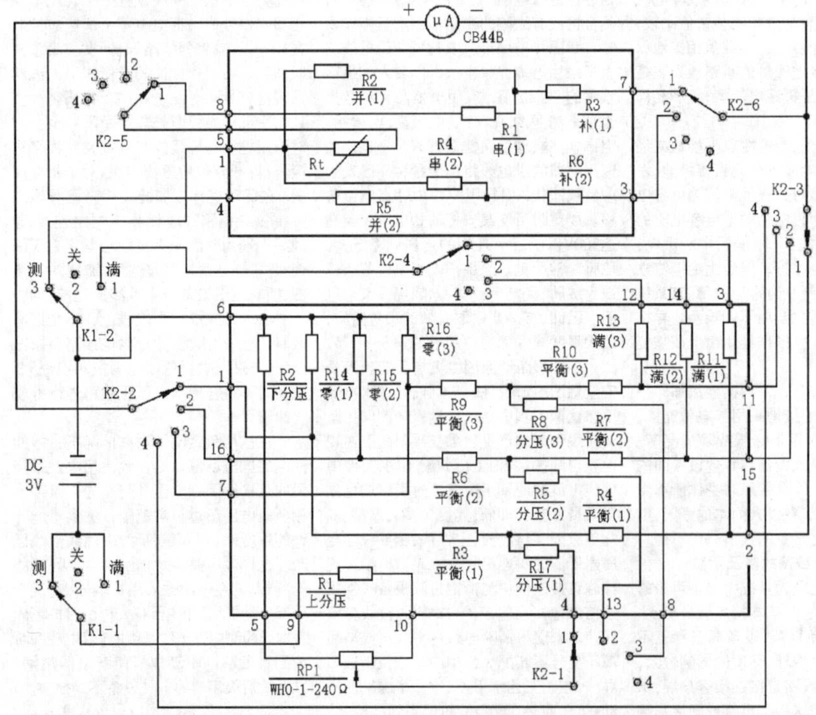

图2 WMZ-03型温度指示仪电路原理图

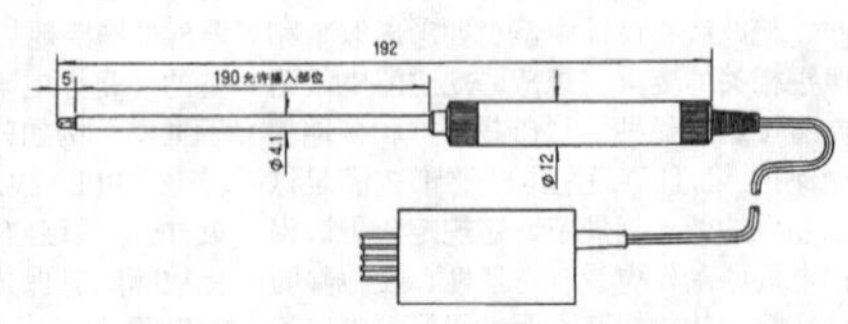

图3 NB-23型传感器外形图

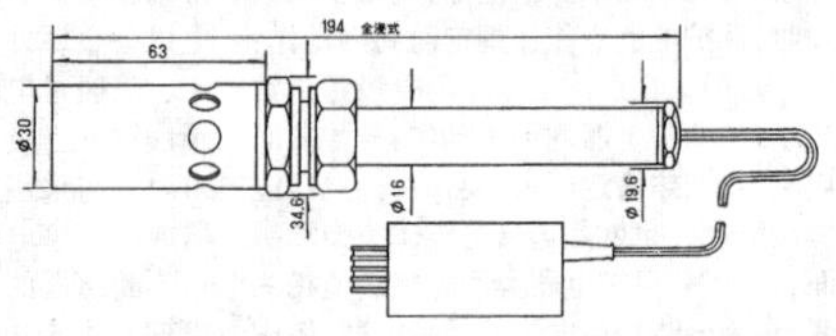

图4 ON-70型传感器外形图

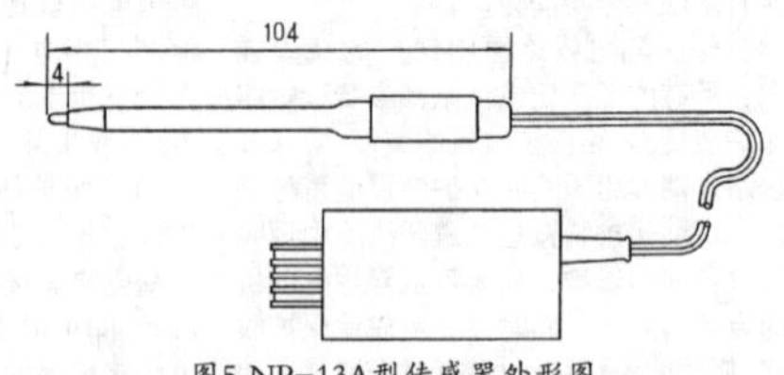

图5 NP-13A型传感器外形图

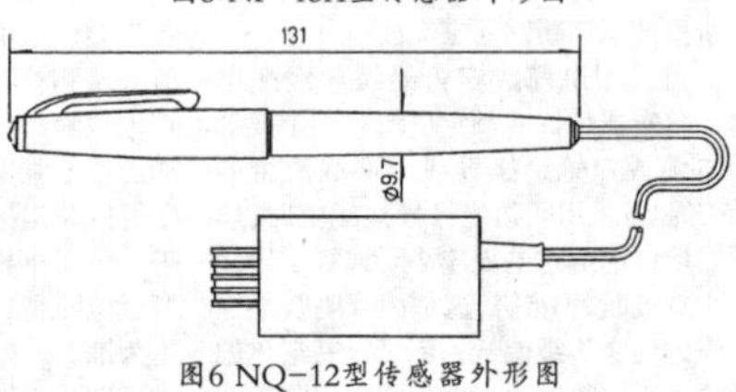

图6 NQ-12型传感器外形图

5.维护及检修

半导体热敏电阻感温元件(外露式)位于传感器的头部，采用玻璃封接，质地较脆，在测温和保管中应防止与硬物体接触，严禁碰撞，以免损坏感温元件头部。

当调整满刻度而电压不够使用时，应及时更换电池，并注意其正、负极性。

本仪表不宜在高电压、大电流以及强磁场下使用，以免损坏仪表及发生触电危险。

本仪表不宜长期安置在有腐蚀性气体及饱和湿度条件下使用，否则极易损坏仪表。

如果长时间(一般指1个月以上)不使用该仪表时，应将干电池从机内取出，以防电池液溢出而损坏仪表的其他元件。

该仪表内部的大部分元件均为精密元件，在修理时不能用普通的电阻等元件代用，对于元件参数的测量应使用足够精度的仪表，不能用普通的万用表等进行。

◇郑州　王水成

通信机房设备除尘的探讨

一、除尘的必要性与优势

灰尘可以说是机房的死敌，机房的除尘如果不到位，再好的设备都会出现问题。由于设备在运行过程中会产生很多热量，为了将这些热量散发出去，通常会采用主动散热的方式排出热量，由于机房的空间狭小，这些设备通常采用风冷的方式进行散热，散热孔与对流的空气配合，将灰尘带入设备内部。除此之外，某些设备工作时会产生高压和静电都会吸引空气中的灰尘。灰尘会夹带水分和腐蚀物质一起进入设备内部，覆盖在电子元件上，造成电子元件散热能力下降，长期积聚大量热量则会导致设备运行不稳定。

除此之外，由于灰尘中含有水分和腐蚀物质，使相邻有印制线间的绝缘电阻下降，甚至短路，影响电路的正常工作，严重时会烧掉设备部件。过多的干灰尘进入设备后，会起到绝缘作用，直接导致接插件触点间接触不良。同时会使设备动作的摩擦阻力增加，轻者加快设备磨损，重则直接导致设备卡死损坏，由此可见灰尘对设备危害是非常大的，所以进行定期全面的除尘是非常有必要的。

二、如何杜绝灰尘产生

1、机房分区控制。对于大型机房，条件允许的情况下应进行区域化管理，将易受灰尘干扰的设备尽量与进入机房的人员分开，减少其与灰尘接触的机会。并设置专门的参观通道，通道与主机区用玻璃幕墙隔开。

2、定期检查机房密封性。定期检查机房的门窗、清洗空调过滤系统，封堵与外界接触的缝隙，杜绝灰尘的来源，维持机房空气清洁。

3、维持机房环境湿度。严格控制机房空气湿度，即要保证减少扬尘，同时还要避免空气湿度过大使设备产生锈蚀和短路。

4、严格控制人员出入。设置门禁系统，不允许未获准进入机房的人员进入机房，进入机房人员的活动区域也要严格控制，尽量避免其进入主机区域。

5、做好预先除尘措施。机房应配备专用工作服和拖鞋，并经常清洗。进入机房的人员，无论是本机房人员还是其他经允许进入机房的人员，都必须更换专用拖鞋或使用鞋套。尽量减少进入机房人员穿着纤维类或其他容易产生静电附着灰尘的服装进入。

6、提高机房压力。建议有条件的机房采用正压防灰尘，向机房内部持续输入新鲜、过滤好的空气，加大机房内部的气压。由于机房内外的压差，使机房内的空气通过密闭不严的窗户、门等的缝隙向外泄气，从而达到防尘的效果。

三、设备重要部件除尘

1.主板的除尘

作为设备的基础硬件，主板堆积灰尘最容易引起问题，主板也最容易聚集大量灰尘。清洁主板时，首先要取下所有的插接件，拔下的设备要进行编号，以防弄混。然后，拆除固定主板的螺丝，取下主板，用羊毛刷子刷去各部分的积尘。操作时，力量一定要适中，以防碰掉主板表面的贴片元件或造成元件的松动以致虚焊。灰尘过多处可用无水酒精进行清洁。对于主板上的测温元件(热敏电阻)要进行特殊保护，如提前用遮挡物对其进行遮挡，避免这些元件损坏而引发主板出现保护性故障。主板上的插槽如果灰尘过多可用皮老虎或吹风机进行清洁，如果出现氧化现象，可以用具备一定硬度的纸张，插入槽内来回擦拭(表面光滑那面向外)。

2.插接件的除尘

插接件表面可以用与清理主板相同的方法清理，插接部分出现氧化现象的，可以用橡皮仔细把金手指擦干净，插回到主板后，在插槽两侧用热熔胶填避缝隙，防止在使用过程中灰尘的进入和氧化情况出现。

3.风扇的除尘

风扇的叶片内、外通常也会堆积大量积灰，我们可以用手抵住叶片逐一用毛刷掸去叶片上的积灰，然后用湿布将风扇及风扇框架内侧擦净。还可以在其转轴中加一些润滑油以改善其性能并降低噪音。具体加油方法是：揭开油挡即可看到风扇转轴，用手转动叶片并向转轴中滴入少许润滑油使其充分渗透，加油不宜过多否则会吸附更多的灰尘，最后贴上油挡。对于风扇与散热片可分离的结构，可以拆下散热片彻底用水清洗，灰尘少的可以用软毛刷加吹气球的方法清理，对于不可分离的散热片，可以用硬质毛刷清理缝隙中的灰尘，同时辅以吹风机吹尘。清洗后的散热片一定要彻底干燥后再装回，重新安装散热片时建议抹上适量导热硅脂增强热传导性。

4.箱体表面的除尘

对于机箱内表面上的积尘，可以用拧干的湿布进行擦拭。注意湿布应尽量干，避免残留水渍，擦拭完毕应该用电吹风吹干。

5.外围插头、插座除尘

对于这些外围插座，一般先用毛刷清除浮土，再用电吹风清洁。如果有油污，可用脱脂棉球沾无水酒精去除。

注意：

清洁时也可使用清洁剂，不过清洁剂需为中性，因为酸性物质会对设备有腐蚀作用，且清洁剂挥发性一定要好。

6.电源部位除尘

电源是非常容易积灰的设备，而且受温度影响严重。拆解电源时一定要注意内部高压，如果没有一定专业知识，不要私自拆开。如不拆解，可以用吹风机强档对着电源进风口吹出尘土，并用硬毛刷隔着风扇滤网清洁一下风扇叶片。

注意：

某些设备不允许用户自行拆卸，否则厂商将不予保修，拆卸前要联系设备生产商进行确认。各部件要轻拿轻放，切不可磕碰；上螺丝时应松紧适中，在需要部位垫上绝缘片；除尘维护后重新装人，接上电缆和电源，试运行一下系统，查看是否有插接不牢或异响。虽然灰尘无法在机房中杜绝，但是保持好的机房环境还是可以大大减少灰尘带来的麻烦，所以日常的防尘才是重中之重。

四、设备除尘注意事项

1.设备除尘应在运维工程师与负责人在场的情况下进行除尘，对除尘过程中遇到的问题及时进行沟通解决。

2. 设备除尘过程中如设备出现故障，应有应急方案。如果在除尘过程中出现设备损坏，应有备用的设备及备件进行替换以保证系统正常的运行。

◇甘肃　分卡宏达

MAC OS与安卓互联

随着VIVO NEX和OPPO FIND X的发布，越来越多的朋友(特别是有刘海屏强迫症)陆续从苹果阵营转移到安卓阵营。不过安卓机和苹果MacOS本身并没有对Android设备的连接支持，所以用数据线连接手机后也无法直接访问内部的空间。对于大文件的传输十分不便。

Android File Transfer

该工具是Android官方专为Mac用户开发，用于管理有线连接Mac电脑的安卓设备储存空间，效率高，体积小。

相比Windows上的MTP传输，使用Android File Transfer更加便利快捷，插入手机程序会自动启用，文件以列表形式显示，十分直观。传输文件时可以看到进度条、传输速度和剩余时间，相比MTP传输大文件时经常中断停止的体验要舒服许多。

HandShaker

来自锤子科技的第三方的无线连接应用，当然也同时支持有线连接方式。使用HandShaker传输文件，需要在手机端安装HandShaker应用(锤子手机出厂自带)，并在同一WiFi网络下进行连接。有线连接需要开启USB配件选项，如果有安装前面提到的Android File Transfer，需要关闭后才能使用HandShaker的有线连接。

由于是基于无线网络的传输，所以传输速度基本上视乎路由器性能决定，不是非常快，但应付一下没有数据线的情况还是绰绰有余的。

除了锤子科技的HandShaker，还有许多第三方无线连接工具可供选择。甚至可以使用一些安卓文件管理App自带的无线传输功能，直接在手机上生成网址或FTP地址供用户传输使用。不过速度和稳定性就不如专业的传输应用了。

adb工具

adb工具即Android Debug Bridge（安卓调试桥）tools，相对于前两种小白使用方法，一般都是有软件基础的人使用的比较多。

在Android官网上下载Android SDK同样集成了adb工具，不过整个过程或复杂许多，所以建议还是使用"终端"安装最为便捷。同样支持有线和无线的连接方式。在使用之前，要确认在Android设备上已经开启adb调试选项。

有线连接方式十分简单，只需连接Mac和手机，手机就会自动弹出adb授权确认，信任该电脑后，即可在"终端"使用adb指令操作。而无线的方式在第一次使用前需要有线连接，并在终端输入adb tcpip 5555，开启端口后方可启用无线连接，输入adb connect 手机ip地址即可。

通过有线或无线连接成功后，输入 adb devices 就能看到当前已经连接的Android设备，就可以开始你所需要的操作了。

（本文原载第33期11版）

电台的模拟信号与数字信号

喜欢无线电的朋友都知道，无线电信号分为模拟信号与数字信号；那么两者有何区别呢。

模拟信号

analog signal，是指用连续变化的电磁波或者物理量所表达的信息，如温度、湿度、压力、长度、电流、电压等等，又称为连续信号，它在一定的时间范围内可以有无限多个不同的取值。当模拟信号采用连续变化的电磁波来表示时，电磁波本身既是信号载体，同时作为传输介质。模拟信号分布于自然界的各个角落，如语音和音频信号、雷达和声呐数据、地震和生物信号等，模拟信号的概念常常在涉及电的领域中被使用。

数字信号

Digital Signal，指自变量是离散的、因变量也是离散的信号，这种信号的自变量用整数表示，因变量用有限数字中的一个数字来表示。在计算机中，数字信号的大小常用有限位的二进制数表示。因为数字信号是用两种物理状态来表示0和1的，比如用恒定的正电压表示二进制数1，用恒定的负电压表示二进制数0；其抗干扰和环境干扰的能力都比模拟信号强很多。

区别

数字信号是离散的而模拟信号是连续的。不同的数据必须转换为相应的信号才能进行传输；模拟信号采用连续变化的信号电压来表示时，它一般通过传统的模拟信号传输线路(例如电话网、有线电视网)来传输。当数字信号采用断续变化的电压或光脉冲来表示时，一般则需要用双绞线，和光纤介质等将通信双方连接起来，才能将信号从一个节点传到另一个节点。

模拟信号的优势是技术难度低，不过抗干扰性差、容易出现噪音，并且保密性也很差；数字信号的优势恰恰相反，语音信号经过A/D转换后，可以进行加密处理，增强了通信保密性；并且数字信号在接受时可以过滤噪音，如果干扰信号太强，数字信号可以再生重发，抗干扰能力更强；数字信号可以传递多种信息，通信功能系统增强，构建成数字通信网。当然数字信号的缺点也很明显，就是成本太高，比如占用频带较宽，技术要求复杂，进行模/数转换时会带来量化误差。

模拟信号转数字信号

在将模拟信号进行数字化处理的过程中，先要进行信号转化。在信号处理中，这个转换的过程称为"模-数"变换(Analog-Digital，简称A/D)，实现A/D变换的工具叫做"模-数"变换器(Analog-Digital Converter，简称ADC)。

A/D变换的实现过程主要包括三个步骤：

采样

模拟信号被等间隔取样，这时信号在时间上就不再连续了，但在幅度上还是连续的。经过采样处理之后，模拟信号变成了离散时间信号。量化每个信号采样的幅度以某个最小数量单位△的整数倍来度量。这时信号不仅在时间上不再连续，在幅度上也不连续了。经过量化处理之后，离散时间信号变成了数字信号。编码将数字信号编码成B位长度的二进制字。ADC还要根据精度、动态范围及实现成本等多个角度选择所需的二进制编码方式。

经过编码处理后得到的信号就是比特流，然后对比特流的处理才是所谓的数字信号处理。

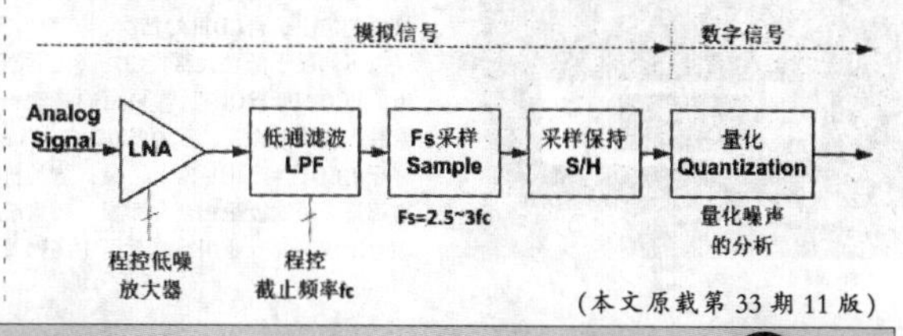

（本文原载第33期11版）

十年磨一剑，方显HI-FI本色(一)

——天逸最新旗舰 CD机TY-1试用及听感评测

说到时下Hi-Fi音响市场占有率较高的国产CD机，就不得不提源自广州天逸的TY-20，该产品至问世以来就以性能稳定、HI-FI味浓郁、音质音色上佳、尤其性能价格比超群而呈热销之势。但纵使该产品好评如潮，毕竟定位为HI-FI入门级产品，难以满足对音质音色和外观要求严苛的发烧玩家的胃口。所以一直以来，天逸都有打造一款中高档CD机的计划。然而受限于生产线超负荷运转、出口产品量大，以及其他量大的主流音响产品的挤压而未能实施。这期间天逸也曾多次为一些国外知名HI-FI品牌OEM过数款中高档CD机，积累丰盈！但自家的CD机生产仍然维持着“一枝独秀”的囧境，毕竟时下的CD机已风光不再，而且逐渐沦为销售势微的小众市场而不能为企业带来业绩的增长……

正当烧友们为之失望的时候，天逸的新品发布会居然亮出了一款专为HI-FI重度发烧玩家度身量造的高档CD机—TY-1 CD机！显而易见，该CD机的出台正是为了兑现对天逸粉丝的承诺，打造一款天逸CD机的形象级旗舰产品，结束多年来天逸CD机一枝独秀的囧境，给天逸的HI-FI玩家足够的信心，坚信天逸一直在发展：不仅仅与时俱进的发展数码高科技音源、全景声影院，而且不忘初心，传统的HI-FI音源也在老树萌新枝，再创新高！(图1)

准确地说，TY-1CD机的发布，是为了完善天逸以1字头命名的高端旗舰HI-FI产品系列的布局：事实上，TY-1CD是专门为天逸目前最高端的旗舰HI-FI双声道前级放大器AD-1PRE、HI-FI双声道纯后级AD-1PA功放度身订制的高端音源。这一点不用我过多的介绍，单就这几台机器放在一起时的外观照片，就不难看出他们之间的配型亲密度和血统传承。(图2)为帮助感兴趣的朋友们对该机的一些技术、用料有更多的了解，尤其是对该机的音质音色及整体听感有较多的感性了解，辨机特别从天逸库房随机抽取一台新机来解剖拍照、配图讲解；并在此基础上搭配试听，以我的真实听感和大家一起交流如下：(图3)

一、产品外观颜值及基础选材篇：

须知这是一个颜值控的时代，内在性能再好的产品，也必须要有较高的颜值为其加分。TY-1CD机作为天逸新一代旗舰音源，在外观设计造型上可谓煞费苦心，采用了和天逸时下最高档次的HI-FI前后级分体式旗舰功放AD-1PRE/AD-1PA外观工艺相同的设计方案，试图与之取得高度一致的维和感。在此我姑且不论AD—1PRE/AD-1PA外观工艺怎样，起码作为天逸的新一代旗舰，代表着天逸时下HI-FI旗舰系列产品形象级外观的至高水平，已经被市场认可，被大部份天逸粉丝认同。(图4)

的确，我的眼中，TY-1CD机有着和AD--1PRE/AD-1PA同样端庄高贵、大气磅礴的外观和精雕细刻的工艺水准，贵气外泄：这是一种简略而不简单的造型：黑白分明的强烈对比、刚劲的硬边锋精细拉丝机箱、配合圆润敦厚的三段磨砂大弧度前脸相互映衬，彰显出相当强烈的立体视觉效果。把美学中的“块面造型”和“线条造型”两大元素都应用到恰到好处，配合按平衡美学原理分布的6只被打磨得晶莹高亮的金属功能按钮、以及包容CD出仓口为一体的巨大的黑色显示屏，整体视觉中，既有传统中国美学的中庸平和，也巧妙地融入了现代数码高科技产品的前沿元素，用一句“高端大气上档次”的俚语来概括实在是再合适不过了！(图5)

笔者注意到，该机除底板外的其余部份、包括背板侧板等箱体，全部都是采用了加工精细靓丽的铝合金电镀染色工艺，近距离观看可见那种铝合金拉丝工艺所特有的金属纹理，以及精心打磨加工钝化后，机箱所微微泛起的丝丝缕缕晶黑色贵气。而金色的高清印刷字符配合真资格的24K镀金信号输入插座，更为该机的档次提升增加了微微的分值。(图6)

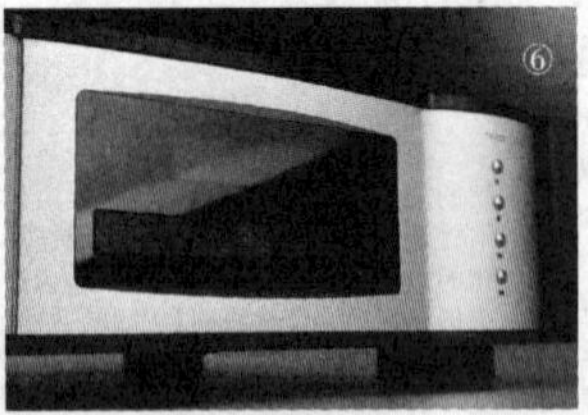

众所周知，CD机的好声基础是建立在实实在在的重量级底座上的，按照音响发烧友们认定俗成的意见，CD机的重量往往可以间接的判定出这台CD机的档次：一般自重3公斤以下都属于低档大路货CD机，记得当年烂市的VCD和低档CD机，都采用的是塑料机芯薄铁皮机箱结构，自重大多在2-3公斤；5到8公斤的CD机可谓HI-FI入门级，这类机箱通常都是采用铁板配铝合金面板，转盘机芯也相对比较讲究专业用料。至于中高档及高档CD机，机箱的用料都是准斤足两的精细拉丝或喷砂铝合金，尤其是面板的厚度甚至超过2、3公分，自重超过8公斤以上。并且采用了手感极佳的全铝合金重量级遥控器为该机的颜值加分，这并非厂家有意“卖铝”，而是刻意增加机箱的重量，稳定和尽量减轻CD转盘读碟时因转动所引发的微小震动。TY-1 CD机自重愈10公斤，绝对是CD机中的重量级翘楚，该机转盘下方还特别加固了敦厚的金属板材，机箱底板四角特别设计安装了如梅花绽放般的蜂巢式5边型多孔金属化震脚钉，这种脚钉能将CD机芯转动时所带来的微小震动吸收化解，也能将来自桌面的外界震动隔离吸收，以有效地减少CD机读碟时因为微小的机械震动所导致的误码率和光头机械失真，最终提升光头的稳定性，延长光头的使用寿命，为好声音打下良好的基础。(图7)(图8)(图9)

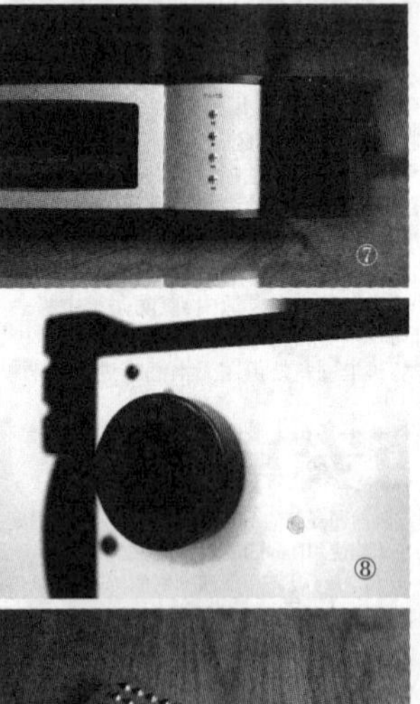

至于TY-1 CD机的机芯转盘，并非随便在市场上找一款档次较高的机芯来配合就了事，事实上，由于近年来数码无损音源的飞速发展，CD机已然如明日黄花，除非是追求声音的音质音色极为严苛的HI-FI资深发烧友，这类烧友极其小众，因而CD机的市场占有率大大锐减，导致很多专门生产CD转盘机芯的名厂大厂都改弦易辙另谋发展去了。由于CD机的量产很小，好芯难求已成为CD机生产厂家的痛点。而天逸作为注重HI-FI经验传承的技术性厂家，在长期的CD机生产使用中对机芯选用有足够的实践经验和满满的信心，并在长期合作的海外转盘生产厂家处专门为TY-1CD机度身订制了足量的特级品机芯转盘，唯有购买量大和长期合作的缘分，才能保证此高级品的正宗货源，才能保证转盘的各项优秀指标，据厂家实测，该转盘失真度和抖晃率极小，读碟能力和模拟使用寿命等试验都达到了相当理想的水平。(图10、图11、图12)

二、技术解读篇：

有了以上良好的基础后，机内的电路就成了好声的关键所在了，电路包括读碟预放、DAC解码电路，整形滤波、音频放大及输出等等。打开TY-1CD机的上盖板，并不能立马见到机内的电路主体，而是有几块大面积的金属黑匣子把偌大的机箱隔离成为四个腔体，每个腔体都屏蔽着各自的电路印版，金属匣子对各个电路印版的电磁干扰有强力的屏蔽作用，可以将相互间的干扰和杂波串扰降至最低，此举的设计为多年来积累的HI-FI传承，看似简单，实则效果明显！(图13)

逐一取下机箱内的隔离黑盒子，机内各部份电路一览无余，以下图为例：其中背板中央一张很大的4层沉金式PCB电路板是该机的主电路板，右边是巨大的环形变压器和交流电转换及进线滤波电源供电电路；机芯中央是碟机的转盘和光头读碟机构，前面为手动功能按键控制电路，液晶显示控制电路；左前方为多路独立直流稳压供电电路板，左后面为音频输出(平衡输出/非平衡)电路板。整机电路布局严谨，经由厚重的金属屏蔽罩隔离后，分工明确，互不干扰。实属发烧大手笔之作。(图14、图15)

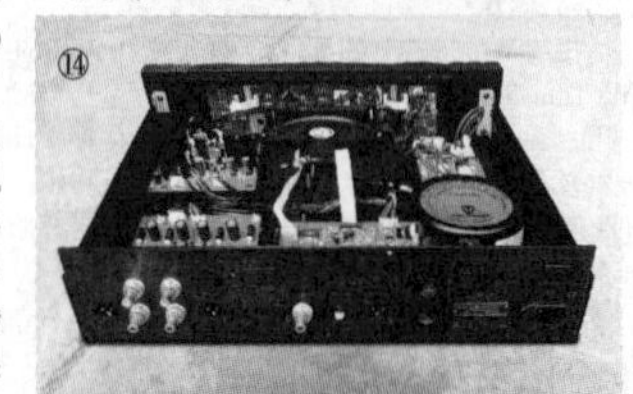

(未完待续)(下转第540页)

◇成都　辨机

2018年11月4日出版
实用性 启发性 资料性 信息性
第44期
国内统一刊号:CN51-0091 定价:1.50元 邮局订阅代号:61-75
地址:(610041)成都市天府大道北段1480号德商国际A座1801 网址:http://www.netdzb.com
(总第1981期)
让每篇文章都对读者有用

为何雷电3数据线价格这么高?

我们在购买雷电3数据线时会发现其价格都很高，0.5米的雷电3线基本都在300元左右，如果长度超过0.5米价格更高。其成本造价主要是由线材和芯片构成所决定。

数据线又分为同轴线和双绞线；同轴线是由一层层的绝缘层包裹着中央铜导体，金属网状层包裹在绝缘层外面构成的，由于外层金属网和中心轴线在同一个轴心上，故称为同轴线。

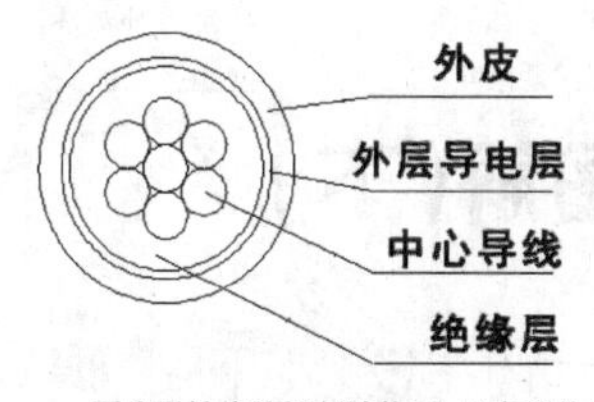

图为同轴线的解剖结构图，从内到外分别为：中心导线、绝缘层、外层导电层(金属网)、外皮。

双绞线则是把两根具有绝缘保护层的导线，按一定螺旋度相互缠绕在一起。

有些信号线就是由若干个双绞线组成，如果需要大功率电力传输，导线就会粗很多；如果需要传输更多组数据，双绞线数量也会更多，线材也会更粗，这也是为什么在同一材质下只通过手感摸线的粗细就可以初步判断线材的质量。

而雷电的数据线则完全是由多组同轴线再加上独立的电力传输线构成的。要知道同轴电缆有金属屏蔽网，外部磁场不能穿过屏蔽层，内部磁场也不能穿过屏蔽层。当信号在同轴电缆内传输时，信号的衰减与传输距离有关；特别是高频信号，传输距离越远，信号衰减越大。为了弥补信号损失，通常会使用同轴放大器对信号进行放大和补偿。

对于长度在0.5m内的雷电数据线，只需要被动芯片即可；而超过0.5m时，则需要主动芯片对信号进行放大；主动芯片和被动芯片价格相差好几倍，因此雷电的数据线普遍不超过0.5m。如果不采用内置芯片的话，是无法获得雷电传输的完整性能；大家在购买时切勿嫌贵贪便宜，购买那种几十元的雷电数据线，其传输速度肯定是有区别的。

(本文原载第34期11版)

骁龙710VS麒麟710

高通的骁龙710和华为的麒麟710都是今年6月底7月初推出的；两者名称上相似，心细的人也能看出两者在定位上有一定的竞争关系。

麒麟710本身会根据麒麟970的功能而做出对应的优化，支持刘海屏和面容解锁，以及更高像素的摄像头等高性能要求的技术，如果按照这个思路来看的话，那么麒麟710还是非常不错的，性能在向麒麟970做着最大的靠近。

不过麒麟710并不会配置内置的NPU芯片，而是借助软件来提升AI性能，这对于目前华为追求的多线程运行、高屏幕分辨率等的要求，还是存在较大差距的。当然相对于代替品麒麟659其CPU性能提升了2倍，GPU性能提升了2.3倍。

骁龙710采用了和旗舰机骁龙845、骁龙850一样的三星10nm LPP工艺。LPP的意思是“Low Power Plus”，属于第二代加强型10nm工艺，相比第一代10nm LPE工艺而言，10nm LPP工艺在同等功耗下性能高出10%，或者同等性能下功耗降低15%，是目前移动端最先进的工艺选择之一。

同时骁龙710集成了第三代AI平台，新的处理器对三个AI计算内核也就是CPU、GPU和DSP进行了全面的优化，包含了支持高端拍摄、语音识别和游戏应用的先进多核人工智能引擎AI Engine。

总的说来，麒麟710是麒麟659的升级替代品，有了质的飞跃，在中端CPU中具有性价比，不过稍弱于骁龙710。首款搭载麒麟710的手机是nova 3i，售价为1999元，相信陆陆续续还有更多的华为机型搭载该芯片。

	骁龙710	麒麟710
架构	Kryo 360	ARM
制程	10nm(LPP)	12nm
核心	2×A75(2.2GHz)+6×A55(1.7GHz)	4×A73(2.2GHz)+4×A53(1.7GHz)
GPU	Adreno 616	Mali-G51
ROM	LPDDR4X	
RAM	UFS2.1	
基带	LTE Cat.15	LTE Cat.12/13

(本文原载第34期11版)

编前语：或许，当我们使用电子产品时，都没有人记得或知道老一批电子科技工作者们是经过了怎样的努力才奠定了当今时代的小型甚至微型的诸多电子产品及家电；或许，当我们拿起手机上网、看新闻、打游戏、发微信朋友圈时，也没有人记得是乔布斯等人让手机体积变小、功能变强大；或许，有一天我们的子孙后代只知道电子科技的进步而遗忘了老一辈电子科技工作者的艰辛……

成都电子科技大学博物馆旨在以电子发展历史上有代表性的物品为载体，记录推动电子科技发展特别是中国电子科技发展的重要人物和事件。目前，电子科技博物馆已与102家行业内企事业单位建立了联系，征集到藏品12000余件，展出1000余件，旨在以“见人见物见精神”的陈展方式，弘扬科学精神，提升公民科学素养。

曾经JAVA界霸主Sun微系统公司

据报道，近日，电子科技博物馆又新获捐赠的藏品，包括SUN公司为摩托罗拉定制的4900型服务器一台，NATRA440型服务器三台，3320型磁盘阵列一台，D240型磁盘阵列一批。这些产品是电子计算机行业发展的重要见证，电子科技博物馆已在计算机单元陈列展出。

本期我们就来聊聊SUN公司，通过查阅资料，了解到这家企业诞生于1982年美国斯坦福大学校园，曾是服务器行业当中一家很有实力的企业，同时也是最早进入中国市场并直接与中国政府开展技术合作的计算机公司。sun公司在1995年开发出了第一个基于JAVA技术的通用软件平台，并且在1997年开始推出其新的64位元服务器家族，同年又成功的开发出了Java 2。依靠它的Solaris和风靡世界的Java程序语言，sun公司不仅打败了包括IBM在内的全部工作站(Work Station)和小型机(Mini Computer)公司，而且成为在操作系统上最有可能挑战微软的公司。

资料显示，sun公司从1986年到2001年，该公司的营业额从2.1亿美元涨到183亿美元，成长率高达平均每年36%，能连续15年保持这样高速度发展，只有微软、英特尔和思科曾经做到过。特别是在2001年的高峰期，sun公司在全球拥有5万雇员，市值超过2000亿美元，当时远远超过Google的1700亿美元和IBM的1600亿美元。它的办公面积超过50个足球场那么大。

在这种情形下，很少能有人冷静地看到高速发展背后的危机，sun公司也是如此。后来由于忽视了来自微软的威胁，同时找不到稳定的利润来源和新的成长点，从此便江河日下，一下从硅谷最值钱的公司沦为人均市值最低的公司，最后不得不接受甲骨文公司伸出的橄榄枝，最终被招致麾下。

现在回首看Sun公司的兴衰史，也只能说是商业世界正常的新陈代谢！

◇李 阳

电子科技博物馆“我与电子科技或产品”

本栏目欢迎您讲述科技产品故事，科技人物故事，稿件一旦采用，稿费从优，且将在电子科技博物馆官网发布。欢迎积极赐稿！

电子科技博物馆藏品持续征集：实物；文件、书籍与资料；图像照片、影音资料。包括但不限于下列领域：各类通信设备及其系统；各类雷达、天线设备及系统；各类电子元器件、材料及相关设备；各类电子测量仪器；各类广播电视、设备及系统；各类计算机、软件及系统等。

电子科技博物馆开放时间：每周一至周五9:00——17:00，16:30停止入馆。

联系方式

联系人：任老师 联系电话/传真：028-61831002 电子邮箱：bwg@uestc.edu.cn

网址：http://www.museum.uestc.edu.cn/

地址：(611731)成都市高新区(西区)西源大道2006号

电子科技大学清水河校区图书馆报告厅附楼

(本文原载第36期2版)

用“假负载”法检修彩电

一、假负载法的使用范围

假负载法虽然使用灵活方便，但在实际维修中并不等于可盲目乱用，所以在使用中要持慎重态度，视具体电路具体故障而定。

1、开关电源输出电压高于额定值时。

此种情况下可用接假负载的方法进行检查，主要好处：一是保护开关管、集成电路、逻辑板、高压板、行输出变压器等重要元器件，以防因电压升高在维修中再次扩大故障范围；二是安全可靠判别故障性质及故障范围。维修实践表明，引起输出电压升高的常见原因有：开关电源稳压环路、电源控制芯片、负载过轻等等。此时接入假负载对电路进行检测，若输出电压仍高，说明开关电源电路工作异常，存在故障；若测得主电压降至正常值或接近正常值，则说明开关电源电路工作正常，故障在负载电路中，在CRT电视机中常遇到这种情况。

2、开关电源输出的主电压明显偏低。

引起此类故障原因：一是开关电源电路本身存在故障；二是负载电路中存在短路电流过载性故障，致使电源负载过重，造成主电压降低。此种情况下用假负载法进行检查，可迅速判定故障发生范围。若接入假负载后电压升至正常，说明故障点在负载电路中；反之，则说明故障存在于开关电源电路中。

3、主电源电压为零。

彩电电路中基本都设置有过压、过流自动保护电路。当输出电压升高或负载过重或自动保护电路本身发生故障时，均可能导致保护电路动作(或误动作)，使开关电源或行扫描电路(CRT)停止工作，从而起到保护作用。此种情况下采用假负载法进行检查，可很快地判明故障原因或故障范围。

4、对某些机型的保护。

在检修开关电源电路故障时，尤其是CRT电视机会因负载过轻，主电压值会大幅度上升，开关管c极反蜂脉冲电压值亦会同步大幅度升高超过额定值，极易造成开关管在瞬间击穿损坏。因此，这类机型在检修过程中是绝对不能将负载全部开路，此种情况下可在主电源输出端加接临时假负载，以确保开关管安全，使开关电源电路工作正常。当然液晶电视机的开关电源板基本都可以脱板维修。

二、假负载的选取

理想的假负载，其工作电流值应与电视机真负载的电流值相同或相近，功耗一般在60W~110W左右。但在日常的实际维修中，更主要的还是考虑通用性与实用性。

假负载可用大功率可调电阻、灯泡。大功率可调电阻作假负载，具有可调稳定，使用范围广、开机冲击电流小的优点；用灯泡作为假负载，由于每次开机时灯泡灯丝处于冷态，故每次开机时冲击电流较大，对某些新型开关电源会造成启动困难，甚至不能启动。不过选用白炽灯泡作为假负载还有一点好处是，可以通过观察灯泡的发光亮度，可迅速判断或估测出主电源电压是否工作正常。若灯泡发光过亮时，则表明主电压过高，应迅速关机。

三、假负载的使用方法

1、接负载端。

1)、将待修机关机断电后，首先将主电源的负载断开；

2)、将假负载一端接地，另一端接在开关电源主电源输出端；

3)、检查无误后通电测试：若测得主电压高于额定值10%以上时，故障一般发生在开关电源电路；若测得主电压正常，则故障发生在负载电路中(CRT电视机中最为常见)；若测得主电压低于额定值10%以下时，则应维修开关电源电路

2、接保险处。

在维修电视机电源中，尤其是平板电视机，若发现无输出，且开关管已经击穿短路或控制集成块损坏等，导致保险烧黑时，代换损坏的元件后切不可通电，更不要带真负载试机。由于维修检测中可能未完全更换所有坏的元件，此时通电有较大风险：再次烧坏更换的元件；再次扩大故障范围。最安全可靠的方法就是去掉保险在保险处接灯泡做假负载。如若灯泡亮表面后级还在短路；若灯泡不亮，且主电压有输出(输出会低于正常值)，此时可去掉灯泡接真负载试机。

◇辽宁　孙永泰

海信RSAG7.820.1235二合一电源板维修图解(下)

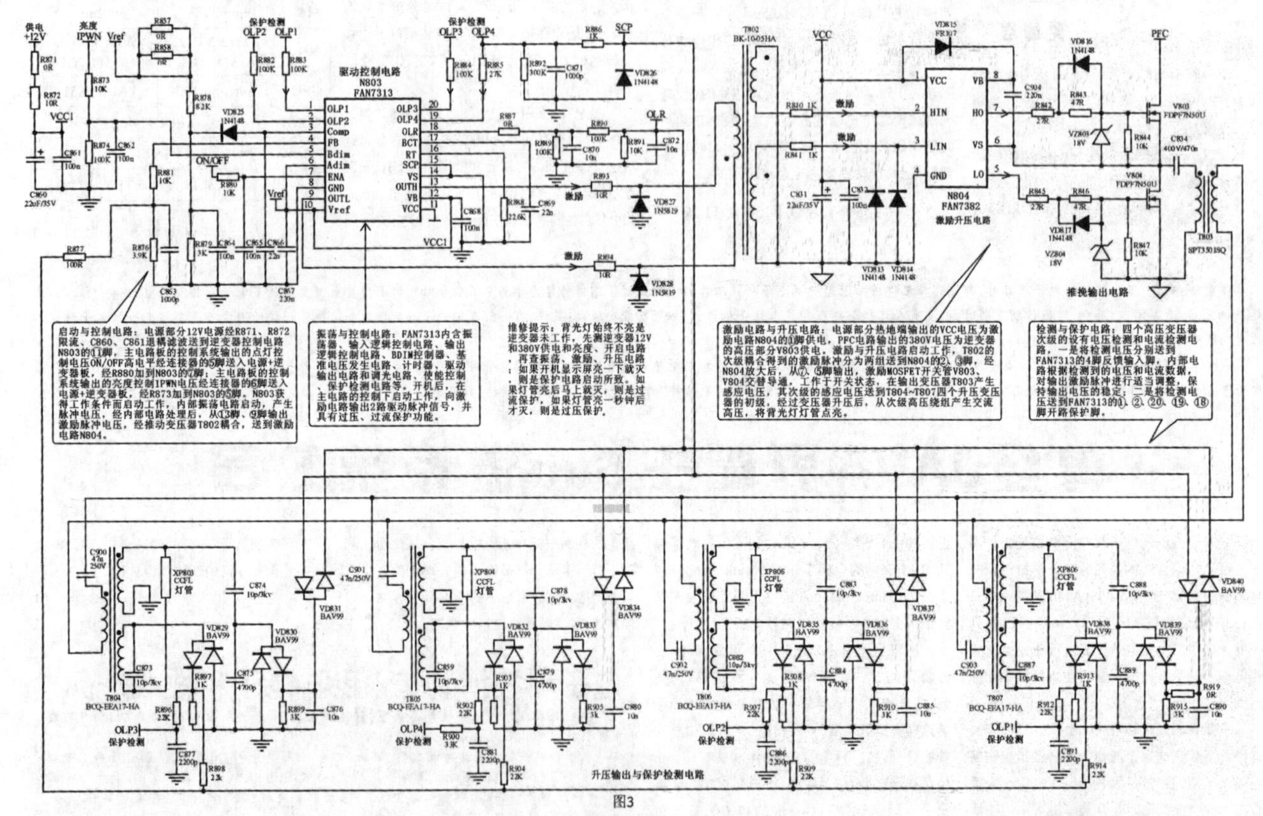

图3

(紧接上期本版)

3)、逆变器无高压输出。

根据故障现象，可分为以下三种情况：

1)、一开机就没有输出。应该是开机瞬间的电压过高，可以将电源板上的电阻R890去掉，电阻R889改为0Ω。假如还是没有输出，应该按照维修步骤，检修电路中的故障元器件。一般此种情况下，损坏比较多的元器件为电容C900、C901、C902、C903。

2)、开机出现海信的LOGO字符，屏暗。这时，可以将电阻R886去掉，看是否可以开机。一般情况下都可以正常开机，这时需要找出是哪一路元器件损坏，可以用万用表依次测量VZ808、VZ809、VZ810、VZ811各点的电压。假如有一路电压低于1V，则说明此路有元器件损坏。举例说明，假如VZ808的电压低于1V，此时出故障的元器件一般是 C877和VD829等。

3)、节能状态下屏闪。重点检查以下三方面：一是MOSFET管V803和V804是否损坏；二是电容C869和电阻R888是否有故障；三是FAN7313是否有故障。

(全文完)

◇海南　孙德印

编辑：王友和　投稿邮箱:dzbnew@163.com

校园网恶意程序的隐匿与清除

今年31期第11版的《小议云安全与隐私》一文从WiFi共享类“万能钥匙”、广告过滤类“广告管家”到云盘类、智能(穿戴)设备进行了影响用户隐私和安全问题分析，如今网络的日益飞速发展确实已经将其“灰色”的一面展现在我们面前，尤其是以病毒和木马程序为代表的各种恶意程序正日趋泛滥成灾，给校园网的正常运行和安全管理造成了极大的麻烦。这些恶意程序到底隐匿在何处？如何进行清除呢？

一、恶意程序的隐匿伎俩

其实不管恶意程序如何变化，它们的运行都与Windows的进程有着千丝万缕的关联，因此检测隐匿恶意程序的最直接方法就是查看Windows操作系统中的活动进程。当然，这要求我们能够熟练分辨正常的系统进程与病毒和木马进程的区别，尤其是那些恶意程序伪装成正常系统进程的进程，比如：

1.偷梁换柱欺骗之术

最具代表性的正常Windows操作系统进程有svchost.exe、explorer.exe、iexplore.exe等，有些恶意程序就仿照这些关键的系统进程名称将自己命名为svch0st.exe、explore.exe、iexplorer.exe等进程。乍看上去似乎没什么区别，一不小心就会被蒙骗，其实它们耍了个偷梁换柱的小花招——将正常进程名中的字母“o”改为数字“0”、字母“l”改为数字“1”，或者增加、减少某个容易被忽略的字符等。

2.李代桃僵映像之术

有时候恶意程序会在运行时生成一个与Windows系统正常进程完全一样的名字，由于使用Windows的“任务管理器”无法查看进程所对应的可执行文件的原因，所以这种李代桃僵的映像欺骗方式也经常是很容易蒙混过关。Windows操作系统的正常进程所对应的可执行文件都位于“C:ystem32”文件夹中（如图1所示），这里面文件和文件夹数量众多(一般是几千个)且运行权限是较高级别的，而恶意程序往往是将自身复制到Windows系统盘的其他文件夹中，再配合使用相同文件名的伎俩，同样也给我们的查找和清除带来一定的难度。

二、清除隐匿的恶意程序

1.利用好Windows的“安全模式”

在默认的Windows正常启动模式下，恶意程序早

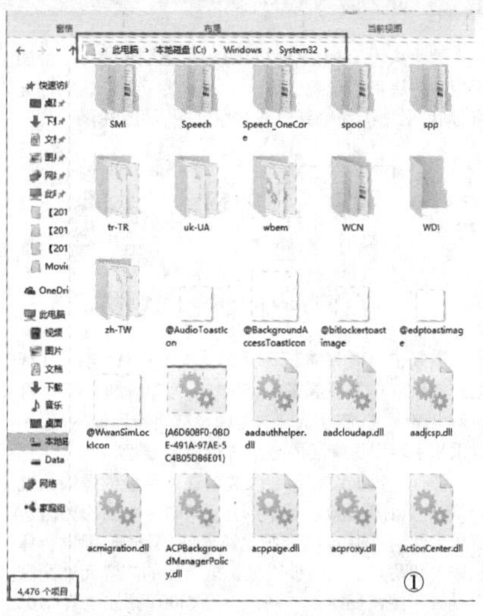

已随系统的启动而运行（甚至是启动级别都是高于杀毒软件），因此经常出现“杀不干净”的情况。此时建议大家在进行隐匿恶意程序的彻底清除操作时，最好是重新启动计算机并长按F8功能键来选择菜单进入到“安全模式”，因为这种模式下只有最基本的系统程序才会运行，而杀毒软件和恶意程序一般都没有运行，此时启动杀毒软件进行全盘杀毒往往是剿杀隐匿病毒和木马的最有效方式。

2.残留代码的隐匿恶意程序

以Office宏病毒和脚本病毒为代表，此类隐匿恶意程序在被杀毒软件清除后往往会生成一些带有病毒残留代码的文件报告，扩展名一般都是.int。正常情况下它们并不影响正常程序的运行，而且也不会传染，不过这会导致Windows系统垃圾的增加，这往往是Windows运行速度越来越慢的罪魁祸首。要想彻底清除这些残留代码，最直接的方法是到Internet上下载相应的专杀工具，比如“Excel宏病毒专杀”、“宏病毒专杀免疫CleanMacro”和一些集成在金山毒霸等杀毒软件中的功能模块，它们都是通过清理系统的注册表来实现的，对于感染率较高的Office宏病毒、脚本病毒的清除非常有效。

3.隐匿恶意程序的“共享”

一般情况下，整个校园网中绝大多数的Windows系统默认都是开启了各分区的“默认共享”功能，再加上用户为传输文件的便利而人为设置的各种权限的共享目录(如图2所示)，这给隐匿恶意程序的快速传播和隐藏提供了绝佳的机会（甚至有时会感染存在于某些用户的U盘和邮箱中）。正是这个原因使得恶意程序在校园网中长期“杀”而不死——单机用户在查杀病毒和木马时，如果校园网中的其他用户正在读写这些文件时，恶意程序就很有可能再生。有时，恶意程序正在对共享目录执行写数据的操作，此时即便对这个共享目录进行过了清除恶意程序的操作，但随后还是不断有文件被感染或持续有新恶意程序文件生成。因此应该是先取消目录的共享功能，然后再对共享目录进行彻底的查杀，杀毒后恢复共享时一定要注意不能开放过高的权限(一般有“读取”的权限即可)，最好是对共享目录加上比较复杂的密码（毕竟能够猜解复杂密码的恶意程序比较少见）。另外，在执行查杀远程共享目录中恶意程序的时候，最起码首先要保证本地计算机的操作系统是“干净”无毒的，而且必须要有对共享目录的最高读写权限（可提前设置一个有着复杂密码的超级管理用户），一旦出现无法查杀的情况，建议到远程计算机上进行“本地”恶意程序的彻底查杀操作。

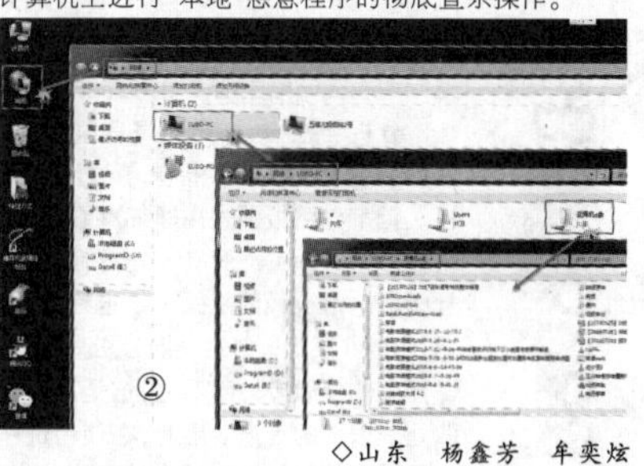

◇山东 杨鑫芳 牟奕炫

斑马GT820打印机打印异常故障排除一例

故障现象：一台斑马GT820条码打印机，每打印一页之后，就出了多页打印纸，打印机便立即停止，面板指示灯亮由绿色长亮变红灯一闪一闪，关电后，再次打印也能正常出纸，也是只打一页，出了多页纸张后又停止，指示灯也是又由绿灯长亮变为红灯一闪一闪。

首先重置打印机（即恢复出厂设置）：(1)关掉打印机电源；(2)拔掉电脑与打印机之间的连接线；(3)当打印机面板指示灯出现长亮绿灯时，按4次指示灯旁边的按键，使其恢复打印机之出厂设置，并连续打印了三张空白页；(4)再按5次，则出现测试打印标签页面的宽度。以上步骤表明该打印机自测正常。

故障原因分析：通过打印机自测，表明该打印机自检正常，说明打印机本身没有问题。那么问题应该出现在驱动程序上，即打印驱动版本与电脑操作系统不匹配，需要和更新打印机驱动程序至最新版本。

排除故障的过程：当接连好打印机电源及数据线后，请进行如下操作。

1.升级打印机驱动程序。开始——控制面板——传真机机打印机——找到ZDesigner GT800 (EPL)——右键——属性——高级——新驱动程序（如图1所示）——添加打印驱动程序向导——下一步——在左侧厂商一栏里，选择ZDesigner——在右侧选择——ZDesigner GT800 (ZPL)——点击下一步——完成。

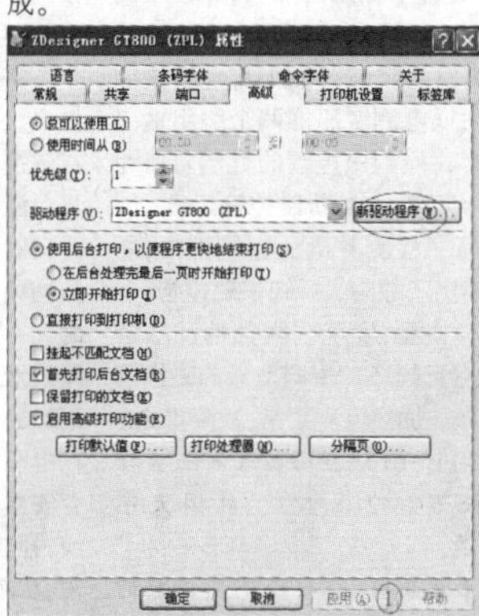

2.点击开始——找到刚才安装好的ZDesigner GT800 (ZPL)打印机名称——右键——打印首选项——点击关于——我们可以看见该打印机的驱动版本为Windows driver for ZDesigner GT800 (zpl) printer version 2.7.03.16，从官方技术工程师那里获悉，此版本为该打印机的最新版本(如图2所示)。

3. 查看打印机安装是否正常，开始——打印机和传真——打印机的图标为ZDesigner GT800 (ZPL)(如图3所示)，表明打印机已正确安装。

4.调节商品价签的打印幅面，点击打印机右键，进入打印机首选项，在大小一栏中，将宽度选为6.6厘米，高度为6.0厘米（当然，不同的价签纸张大小，要根据价签的实际情况来设定），然后点击应用、确定(如图4所示)。

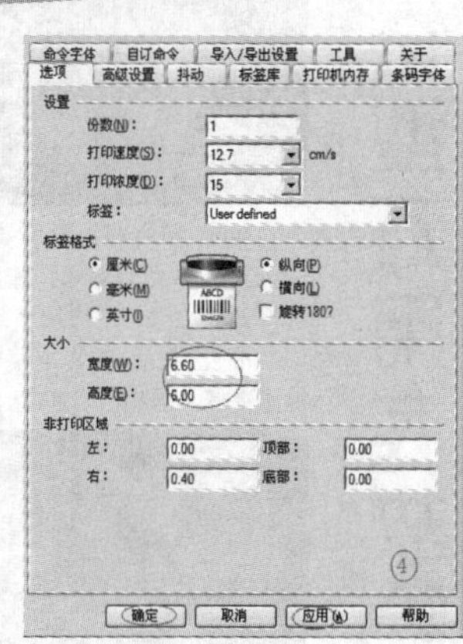

联机测试：再次点击开始——找到传真和打印机——ZDesigner GT800 (EPL) 打印机——属性——打印测试页——确定——打印正常，出了一张价签纸。打印机面板上的指示灯为绿色，长亮。至此，故障已排除。

小结：当打印机出现工作不正常时，我们首先要做的是，恢复出厂设置和更新其最新驱动，当两个步骤均已完成，如果故障依然，那么，问题就该出现在硬件方面了，只得考虑维修打印机了。

◇成都 彬之彬

苏泊尔智能电饭煲电源电路应急修理技巧

故障现象：一台苏泊尔CFXB40FC119-75型智能电饭煲，加电时面板指示灯全亮，并不停地闪烁和“嘀嘀”报警，按开机键没反应无效，无法煮饭。

分析与检修：根据故障现象判断，可能是电源电路出故障，也可能是控制按键漏电或失灵所造成。拆机并拆出电源电路板（见图1）时发现，电源板的焊锡面上的开关电源模块（贴片OB2226AP）发黑，并有烧焦的味道。该模块被一种固定胶覆盖，固定胶全部变色发黑，无疑是这块电源模块出问题了。

①

②

对电源板单独加电测量，输出的12V电压在波动，目测两个滤波电容C102和C107都很完美，既没有鼓包也没有漏液，此波动无疑是这只电源模块工作异常的表现状态。试图把固定胶清除并用汽油清洗，看看是否恢复正常，结果无效。接着用热风吹把模块焊脱，想把IC底部的电路板全面清洗干净也许能恢复正常，结果焊脱模块时傻眼了，该模块已开裂成碎片（如图2 所示）。

因手头没有模块OB2226AP直接代换，想：是否能用应急方法来修理呢？确认。为了便于检修该电源电路，笔者根据实物绘制出基本原理图，如图3所示。

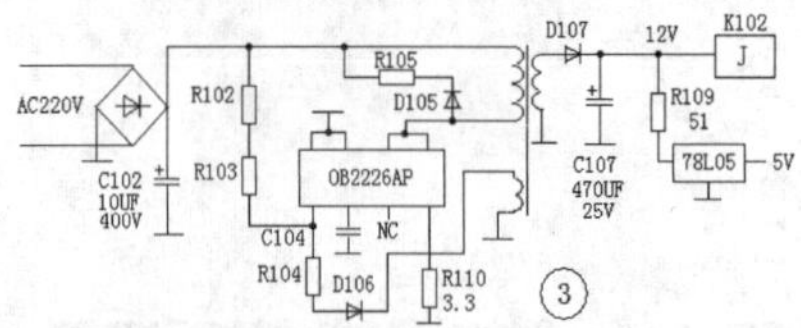

③

看来该电源基本任务是输出12V和5V 电压，12V电压提供继电器线圈工作，5V电压为单片机和指示灯显示电路供电。监此认为这电源没有更特别的内涵，可以采用阻容限流降压的方法进行应急修理。

修理方案如图4所示，改装就在电路板的焊锡面进行，用一只1μF/400V 电容并上一只470k电阻作为阻容降压组件，在图中打X处把电路敷铜箔切断，因电容体积较大就贴放在电路板边缘，把新加的阻容元件两端用导线连接在切断处的两边，在原300V滤波电容C102两端并接一只12V稳压二极管（极性与电容相反），同时把高压滤波电容C102两端与低压滤波电容C107两端的正、负极对应用导线连接起来(如图4所示）。除了拆掉已损坏的模块外，其他元件一律原封不动，就这么简单，改装OK。这样改装好处是：日后有了电源模块，便于恢复原状。

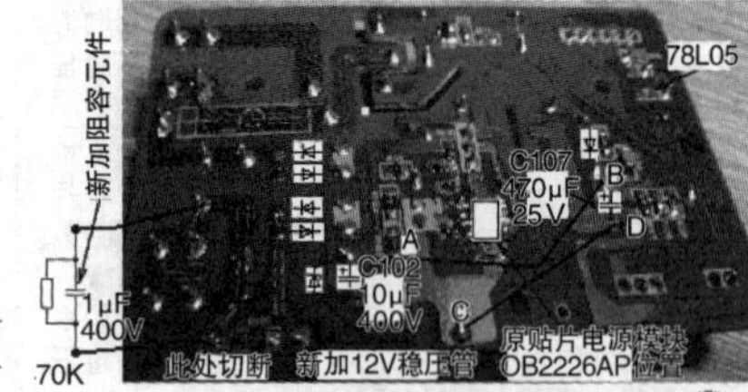

注：C102（10UF/400V）是高压部分300V滤波电容，C107（470UF/25V）是低压部分12V滤波电容。两只电容的正负分别对应相连，如图中A与B和C与D相连。 ④

对改装好的电路板通电测量，C107两端的12V电压稳定，并且三端稳压器78L05输出的5V电压也正常，证明改装成功。恢复电路，插好各个连线，装好外壳通电试机，面板指示灯不再闪烁，按功能键操作正常，显示也正常，在锅里加水，待会儿打开盖子只见水在冒气，说明加热恢复正常，故障排除。

◇福建　谢振翼

BM-6266数字钳型万用表故障维修1例

故障现象：一块型号为BM-6266的数字钳型万用表交流电压挡在使用过程中突然坏了。

分析与检修：打开外壳后察看，电路板正面的元件外观正常，排除了过流烧坏的可能性。拆下电路板翻过来仔细察看，发现印刷电路板与选择开关之间有一处有磨损的痕迹，并且印刷电路板最外圈的一处走线被磨断，如图1所示的红圈处。经过仔细分析后，故障是因选择开关的外缘有一圈毛边，这是厂家铸件后未做处理留下的后患。因此，在使用过程中在转动选择开关时，导致毛边与印刷电路板摩擦，久而久之将电路板上的走线磨断，断裂处正好是选择交流电压挡的位置。

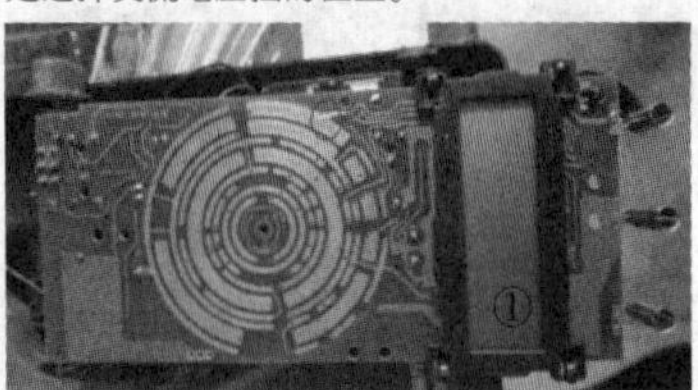
①

首先，将电路板断裂处焊好，焊点不要过大、过高，以免与选择开关产生摩擦；其次，将选择开关边缘的毛边用小刀刮掉，如图2所示的红圈处；最后，装好电路板，安装上电池，转动选择开关各挡一切正常，故障排除。

②

【注意】*取出选择开关时，千万不要弄丢了两颗小滚珠，并且在安装时给滚珠抹上点润滑油。*

【提示】*此次的经验主要是，维修时先要细心的察看电路板有无损坏的痕迹，然后再动手检查电路板上的元件，千万不要盲目地动手拆卸，以免扩大故障。*

◇内蒙古　夏金光

微波炉典型故障维修2例

例1.格兰仕G80F20CSL-B8(GO)微波/光波炉的微波不能加热，光波加热等均正常。

【提示】*格兰仕G80F20CSL-B8(GO)微波/光波炉的输入功率为1300W，微波输出功率为800W，光波输出功率为850W。该机的光波加热电路由两根400W/110V石英管串联组成，故障率较低。*

分析与检修：通过故障现象分析，说明微波加热电路异常。首先，检查高压整流管CL01-12(RG101)的正向电阻为100k、反向为无穷大，初步判断它是好的，用DT9205A数字万用表测高压电容(1.05μ/2100VAC)的容量为1.06μ，说明它正常。接着检测电机AC30V是好的。检查电源变压器时，先断开它各个绕组的接头，测初级绕组的阻值为2Ω，1940V高压绕组的阻值为100Ω，灯丝(3.5V/14A)绕组的阻值为0.01Ω，判断该变压器正常。复原后通电测变压器两个绕组输出的电压正常。此时，检测磁控管的灯丝阻值为0.12Ω，对地阻值为无穷大，判断磁控管正常。因已对主要元件进行了检测并确认它们正常，所以怀疑磁控管内部出了故障。拆卸该磁控管（型号为M24FB-610A）察看，发现它内部的波导管前端有裂纹，说明它已损坏。用同型号的磁控管更换后通电试机，微波加热恢复正常，故障排除。

【提示】*与M24FB-610A型磁控管矿业直接互换还有日本松下2M210-M1、韩国大宇2M219JKE型磁控管。*

【编者注】*对于该故障，直接检测变压器的灯丝绕组有无电压输出，就可以确认故障发生在磁控管及其供电线路上，还是发生在变压器及其供电回路上。确认故障部位后，再对相关的元件进行检测，可事半功倍。*

例2. 惠而浦P-182微波炉通电操作电脑板显示一切正常，但不能加热食物。

【提示】*惠而浦P-182微波炉采用美式结构，输入功率200V/250W，输出频率为2450MHz，输出功率800W。*

分析与检修：仍按上述办法，检测各个主要元件，经检测后确认高压电容0.95μ/2100VAC、高压整流管RG110、转盘电机220V/2.5W全部好的。接着，检测核心部件磁控管2M167B-M16时，发现灯丝、白色铸塑件与铁皮外壳之间已经完全短路，实物见附图。为了降低维修成本，决定对该磁控管进行修复，具体方法如下：

第一步，将焊接在白色铸塑件引出杆上的两根粗漆包线剪断，舍弃铸塑件；第二步，测剪断后的两端阻值为0.2Ω左右，说明灯丝本身是好的；第三步，将一块1mm厚的玻纤绝缘板两端用螺钉固定在原窗口位置，再将绝缘板中间钻两个Φ5的孔，作为穿过高压线及灯丝引线的焊接孔；第四步，穿入引线后焊接在两根粗铜线上，再合上外壳的铁盖。

将修复的磁控管装入机内，通电试机，仍不加热，说明还有故障元件。经检查后，怀疑安装在磁控管灯丝引出口正对面的铁皮外壳上的那只负温度系数热敏电阻KSD202异常，测其阻值为50k，说明它已失效。该热敏电阻串联在变压器初级回路内，用作过热保护。由于找不到合适的元件代替，所以将其直接连通，因为大部分的微波炉上都没有使用这个元件，过流保护是利用220V电源进线处的8A熔丝管来完成的。本机在电源进线处的印制板上留有安装位置，但没有安装熔丝管，是用导线连通的。于是，拆掉导线，补装一只8A熔丝管后通电试机，加热恢复正常，故障排除。

◇成都　王进和

运算放大器的高精度匹配

一些理想的运算放大器（通常简写为op-amp或opamp）配置是假定反馈电阻呈现出完美匹配。但在实践中，电阻的非理想特征会影响各种电路参数，如共模抑制比（CMRR）、谐波失真和稳定性。

运放是一种直流耦合高增益电子电压放大器，具有差分输入，且通常是单端输出。在这种配置下，运放产生的输出电位（相对于电路地）通常比其输入端之间的电位差大数千倍。

精密放大器和模数转换器（ADC）的实际性能通常难以实现，因为数据表规格是基于理想的组件。精心匹配的电阻网络比不匹配的分立元件在匹配精度上高几个数量级，确保数据表规格满足精密集成电路（IC）要求。

在电源方案的单片IC设计中，我们经常会用到精确匹配内部组件的能力。例如，通过精确匹配运放的输入晶体管来提供低失调电压。如果我们非得用分立晶体管来制作运放，那么将会有30mV或更高的失调电压。这种精确匹配元件的能力包括片上电阻匹配。

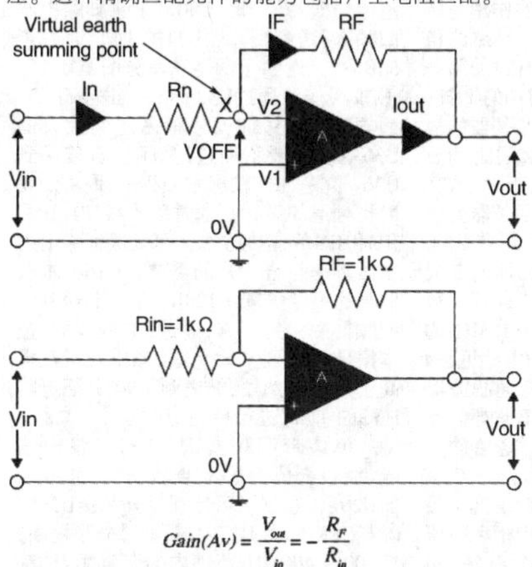

图1：反相运放配置。

集成差分放大器就利用了精确的片上电阻匹配和激光微调。这些集成器件优异的共模抑制依赖于精心设计的集成电路的精确匹配和温度跟踪。

通过使用成对切割（1:1比率）的芯片并将其放置在密闭网络封装中可实现明显的跟踪增益。可以通过使用超高精度电阻（热端或冷端的电阻温度系数在0.05 ppm/oC，相邻的两个芯片显示的温漂轨迹差在0.1 ppm/oC以内）来实现极限增益。为获得最佳跟踪效果，必须使用绝对电阻温度系数非常低的电阻（称为超高精度电阻），这也有助于避免由于温度梯度造成的复杂性。

匹配电阻对许多差分电路的性能都至关重要。比率之间的任何不匹配都会导致共模误差。在这些电路中，CMRR是个重要指标，因为它表明有多少不期望的共模信号会出现在输出中。由这些电路中的电阻引起的CMRR可以使用以下公式计算：

$CMRR=1/2(G+1)/\Delta R/R$（G =增益[放大系数]，R = 电阻[Ω]）

在精密医疗设备（如电子扫描显微镜、血细胞计数设备和体内诊断探头）中，使用高度匹配精密电阻的差分放大器至关重要。

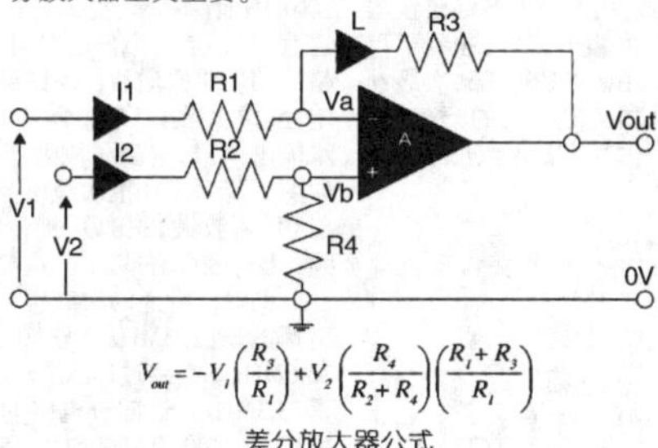

图2：差分放大器。

惠斯登电桥（或电阻电桥）电路可用于多种应用。当今，利用现代运放，我们可以使用惠斯登电桥电路将各种变频器和传感器连接到这些放大器电路。除了将未知电阻与已知电阻进行比较外，惠斯登电桥在电子电路中有许多用途。惠斯登电桥电路其实就是两个简单的电阻串并联组合，当连接在电压源和接地之间的电阻平衡时，在这两个并联支路之间就会产生零压差。

惠斯登电桥电路具有两个输入端和两个输出端，由四个电阻构成，如图3所示的菱形结构。这是惠斯登电桥的典型画法。与运放一起使用时，惠斯登电桥电路可用于测量和放大电阻的微小变化。与使用常规薄膜电阻相比，超高精度电阻的使用可精确地将电桥平衡点接地。所有四个电阻都各司其职，所以其匹配和稳定性对于电桥平衡非常必要。

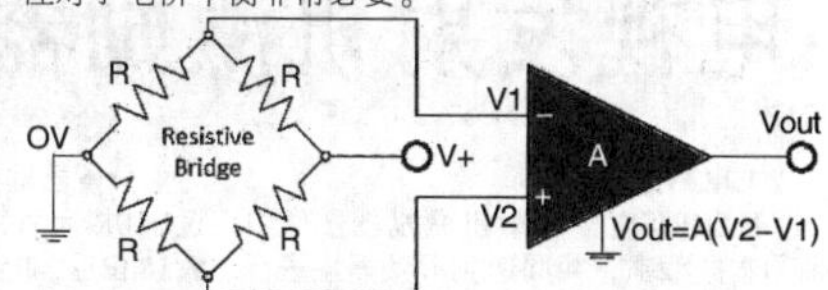

图3：惠斯登电桥差分放大器。

平衡良好的惠斯登电桥差分放大器可用于电站的智能电网电力电路测量。它们也用于太阳能转换器，其中转换器的效率直接取决于使用高稳定电阻的电阻桥的平衡。

精密和低噪声运放通常用于在传感器信号（如温度、压力、光线）进入ADC之前调节这些信号。在这种应用中，输入失调电压和输入电压噪声这两个特定的运放参数对于良好的系统分辨率至关重要。超高精度电阻的低失调和低噪声参数使其成为传感器接口和发送器的理想选择。

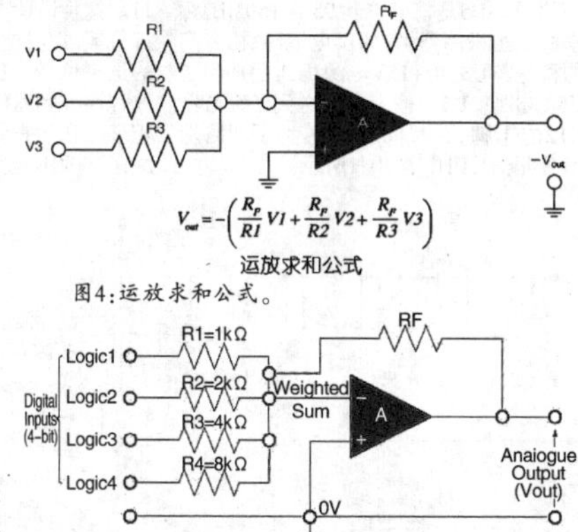

图4：运放求和公式。

图5：数模转换器。

作为参考，高精度电阻用于数模转换器（DAC）输入也可实现更好的结果。通过高精度匹配电阻传递的数字信号使模拟信号输出的噪声和失真更小。Bulk Metal Foil技术的噪声等级为-40dB，使得这种电阻技术成为高端音频ADC/DAC电路中参考和增益电阻的理想方案。低噪声运放在航空电子设备、军用和航天（AMS）RFI设备（包括陀螺仪、GPS芯片组控制放大器和天线方向控制单元）中也非常关键。

◇湖北　朱少华　编译

双三极管恒流源电路实验解析

近期有读者对图1电路的恒流源电路不甚理解，按照作者的解释，图1的三极管VT1的C，B极短接，变成了一个二极管："VT1将集电极与基极短接后接成二极管，所以VT1是二极管。电路中，电阻R1和VT1构成VT2的基极偏置电路，使VT2基极电压恒定，这样，VT2集电极电流恒定，所以VT2变成恒流管。"对于作者的上述表述，笔者不敢苟同。在图1电路中，VT1到底是二极管或者三极管？带着这个疑问，笔者做了一个简单的实验。

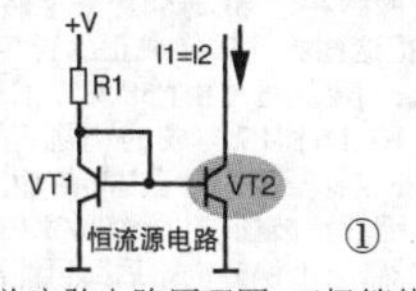

图2为实验电路原理图，三极管使用常用的2SC8050型三极管。R1可以使用10K固定电阻器采取并联的形式联接或者使用一只10K左右的电位器，笔者实验时，使用3只10K的固定电阻代替电位器。

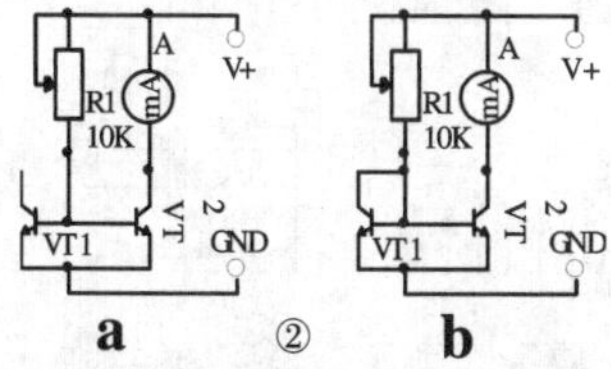

假定作者的表述成立，图1电路可以用图2a电路代替，此时，三极管VT1的集电极悬空，相当于一只二极管，当R1取值10K时，V+取值9V，电流表A的读数由94mA迅速上升到240mA！此时测试VT2的BE结电压约为0.688V，三极管VT2发热严重！随后VT2烧坏；显然，进一步减小R1已经没有意义。短路三极管VT1的C，B极得到图2b电路，此时，当R1取值10K时，电流表A读数由0.8mA，慢慢上升到1.35mA而趋于稳定；此时测试VT2的BE结电压约为0.60V。进一步减小R1的值，当R1取值5K（2只10K电阻并联）时，电流表A读数由1.8mA，此时VT2的BE结电压约为0.61V，随后VT2集电极电流慢慢上升到5.00mA，此时VT2的BE结电压约为0.622而且略有波动，但基本上还比较稳定。进一步减小R1取值，当R1取值3.3K时，电流表A读数由3.3mA（此时VT2的BE结电压约为0.637V），VT2集电极电流慢慢上升，到约14mA时，用手捏一下VT2，VT2的集电极电流又开始下降，然后又慢慢上升然后突然增大超出400mA量程，此时，VT2发热严重。随后VT2烧坏，显然，此前三极管VT2已经饱和导通了。使用2SC8050三极管的直流电流放大系数β值约180，由于2次烧坏VT2，为此，为了保护VT2，在VT2集电极串联一只270Ω电阻，重新搭建电路（电路原理图见图3b）实验，当V+=9V时，R1为10K，此时，VT2集电极电流为0.98mA（VT2的BE结电压约为0.598V），并且慢慢上升到1.07mA而稳定在约1.07mA，此时，VT2的BE接电压约为0.599V；当R1为5K时，相应VT2集电极电流由1.9mA，此时VT2的BE结电压约为0.616V，并且慢慢上升到2.3mA而趋于稳定，此时VT2的BE接电压约为0.617V；继续减小R1到3.3K，此时，VT2集电极电流由3.6mA并且慢慢上升到4.4mA而趋于稳定。此时相应的VT2的BE结电压由0.62V上升到0.625V。笔者在此基础上，为了探讨不同输入电压的影响，将V+改为12V，再次实验分别得出不同R1取值的VT2集电极电流分别为：R1=10K时，VT2集电极电流为1.5mA慢慢上升到1.84mA而趋于稳定；5K时为3.8mA慢慢上升到5.3mA而趋于稳定；3.3K时为20mA而一直上升无法稳定。

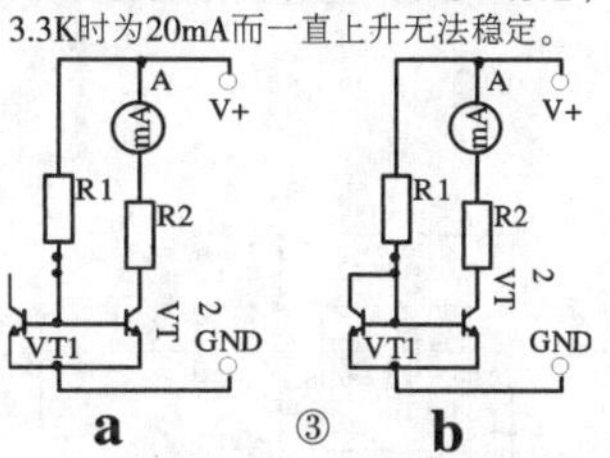

在VT2集电极串联一只270Ω电阻的基础上，笔者再次断开VT1的集电极与基极的联接使VT1集电极悬空，VT1等效为一个二极管（BE结），此时，当R1取值10K时，VT2集电极电流立即由25mA迅速上升而无法稳定；当R1取值5K时，VT2集电极电流立即上升到32.5mA并且稳定在32.5mA，显然，由于VT2集电极270Ω电阻的限流导致VT2集电极电流已经达到饱和状态。

以上实验使用的三极管VT1，VT2为2SC8050，其β值比较大，约为180。为了探讨β值的三极管作为恒流管时对恒流的影响，笔者将VT2换成一只β值约为15的13001三极管，此时，按照图3b电路实验得出：当V+=9V时

R1=10K，Ic2=0.46mA；R1=1K，Ic2=1.7mA；R1=0.5K，Ic2=3.6mA；

当V+=12V时

R1=1K，Ic2=2.66mA；R1=0.5K，Ic2由6.88mA慢慢上升到8.8mA并且在8.7mA附近波动。

实验时，Ic2小于4mA时比较稳定，大于5mA时不太稳定。显然，这种恒流源电路只能适应比较小的电流恒定。而且恒流管不宜使用高β值的三极管而尽可能使用低一些的β值的三极管作为恒流管。高β值的三极管虽然可以使用小的偏置电流，但对温度敏感度相对比较大，这样可能导致恶性循环而失控。实验时用手捏住VT2可以使VT2的集电极电流下降就证明了温度对恒流电流的影响在使用高β值三极管作为恒流管时是非常明显的。

实验也证明不同的偏置电压对恒流电流的影响，所以使用这个电路必须首先保证V+必须是恒定的，实际应用中我们可以使用简单的二极管或者发光二极管的正向压降从恒流源输入电压中取出作为V+使用。当然，此时恒流电流的电源就不再是V+了。

三极管的BE结正向压降与流过BE结的正向电流有关，也与温度有比较密切的关系，在小电流状态，流过BE结正向电流越大，BE结正向电压越大；温度升高，BE结正向压降降低。

◇湖北　王学文

电视发射机激励器96.65MHz电路分析和技术改造(上)

1.电路分析

HARRIS电视发射机激励器图像中频和本振频率，共同送到混频器里进行上变频转换，产生相应频道的射频频率。次级锁相环路的功能，就是利用次级环路的压控振荡器VCO产生一个频率。主锁相环路产生的频率，减去次级频率的分频频率，可以被5整除。二频道的本振频率是96.65MHz，在二分频电路之前是193.3MHz，也就是说主锁相环路压控振荡器的频率是193.3MHz 。次级环路的压控振荡器VCO产生的频率是133MHz，它的10分频是13.3MHz。193.3MHz减去13.3MHz，等于180MHz，这样就可以被5整除了。U5是能够产生95～150MHz频率的压控振荡器，它的供电电源，由专门的稳压器U3，把+15V电源稳压后加到了U5的③脚。U5的输出信号送到了衰减器U12的①脚，衰减6dB后，送到了两路功率分配器HY1中，如图1所示。

分配器输出的两路信号中，一路经过U10放大后，继续分频。另一路被U9放大18dB后，加到了双模预比例分频器U7中，也就是前置分频器。双模预比例分频器，用于由预定的模分频时钟信号，控制分频比例并产生输出信号。双模预比例分频器MC12013，内含CMOS触发器、锁存电路和多路转换器。每个触发器有时钟输入端，用于接收时钟信号。触发器电路被串联地耦合，以便响应时钟信号通过。在预比例分频器的最后一级被计数之前，定时信号在触发器电路被转变成两个半时钟周期信号。当模M=0时，分频次数等于10；当模M=1时，分频次数等于11。这种设计方法，可以快速、精确地进行分频。定时信号，用于产生多路转换器的选择信号。U7的输出信号，送到了可编程序分频器U6中。在U6内部，次级锁相环路压控振荡器VCO产生的频率，变成了100kHz低频信号，以便于进行相位监测。

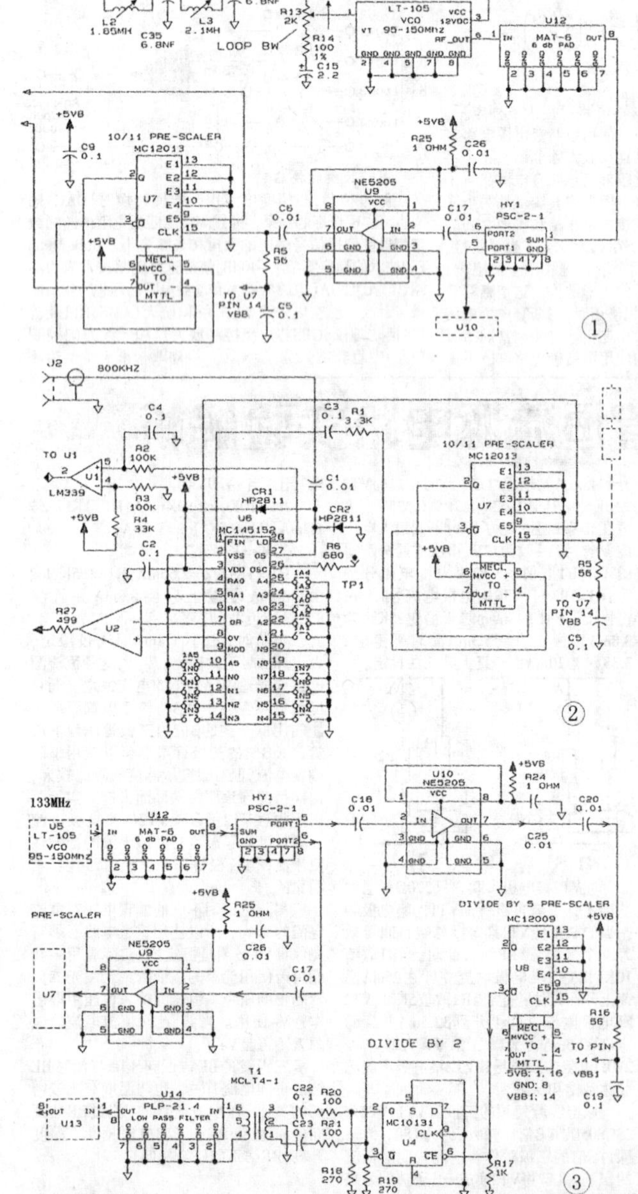

在图2中，从1# 频率合成电路输出的800KHz信号，加到2#频率合成电路的J2上，然后送到可编程序分频器U6中。在U6内部，800KHz信号经过8分频后，也变成了100KHz信号。它与双模预比例分频器输出的次级锁相环路频率，进行鉴相，这两个100KHz信号经过相位比较后，从U6的⑦、⑧脚输出了一个占空因数等同于相位差的周期性脉冲。这些脉冲送到了积分电路U2的②、③脚，U2的①脚就输出和相位差成正比例的直流控制电压。图1中C34、C35、C36、C37、L2和L3，构成了一个椭圆函数低通滤波器。其目的是滤掉积分电路后，可能存在100KHz泄漏频率，提高压控振荡器的稳定性。R13是一个分压器，它的作用是调整锁相环路的增益，保证锁相环路的稳定性，减少噪声干扰。分配器HY1的另一路输出信号，送到了放大器U10的②脚，如图3所示。U10把次级压控振荡器的输出频率，放大18dB后，提供给预比例分频器U8，进行5分频。

例如二频道的次级压控振荡器的输出频率是133MHz，5分频后，变成了26.6MHz。在经过U4又一次2分频，变成了13.3MHz。这部分电路的总分频次数是10次，其作用就是产生9.5～15MHz的次级频率，步进频率是10KHz(电路见图4所示)。U4的输出信号送到低通滤波器U14中，把高于21.4MHz的频率滤掉。然后被6dB 衰减器U13缓冲后，送给放大器U22，继续把增益提高12dB。

单边带混频器的作用，就是把次级锁相环路的10分频频率和主锁相环路压控振荡器VCO的频率进行混频。在图4中，单边带混频器由以下几部分组成：混频器U16和U17、90°分配电路HY2和HY3、功率合成器U18、衰减器U23和U19。主锁相环路回路VCO的输出信号，经过衰减器U31和分配器U32，加到了90o电路HY3的①脚上。而次级锁相环路的10分频信号经过衰减器U23后，增益衰减了6dB。然后，加到另一个90°分配电路HY2的①脚。每个分配电路的C、D端输出信号都送到了两个混频器里，HY2的D端送到了U16的IF端，C端送到了U17的IF端；而HY3的D端送到了U17的LO端，C端送到了U16的LO端。混频器输出的频率成分中，有主锁相环路频率与次级锁相环路的10分频频率的相加频率(和频)，也有相减频率(差频)。U16和U17这两个输出端的和频信号相位相同，而差频信号的相位相差90°。混频器U16、U17输出端的90°相位，加上分配电路HY2、HY3输出端的90°相位，就产生了180o的相位差。由于相位转换的原因，分配电路HY2、HY3输出端的90°相位，反过来又校正了混频电路U16、U17的相位变化量。所以，混频器U16、U17的输出信号中，都有相位相同的下边带和相位差180°的上边带信号。U16的输出信号，送到了0°相位合成器U18的端口1，U17的输出信号，送到了0°相位合成器U18的端口2。在U18内部，下边带信号相加后，从①脚(SUM)输出。而上边带信号相互抵消，在输出端没有上边带成分。下边带信号，也就是差频信号送到了衰减器U19中，衰减了9dB。又通过C30，送到了放大器U20中，放大了18dB。

图5是主锁相环路，由压控振荡器U30和鉴相器U24、积分器U25、200KHz椭圆函数滤波器、衰减器U31、分配器U32，与单边带混频器构成的环路。在这个环路中，能够产生150～300MHz 频率范围的振荡信号。U30从第④脚输出本振频率，送到衰减器U31的①脚，衰减了6dB后，又送到了两路功率分配器U32的①脚。一路通过U32的⑤脚，送到了2分频器U35的⑨脚，2分频后送到放大器U36中。或者不经过2分频，直接送到U36。究竟如何输出本振频率，取决于发射机频道的设置。通过跳接线JP1、JP2、JP3和JP4的连接方式，可以保证输出的本振频率符合用户的需要。U36把本振信号的增益提高了12dB，通过J3送到上变频器中。另一路，通过U32的⑥脚，把本振信号送到了放大器U33中，增益提高了12dB。然后，又送到了90°分配电路HY3的①脚，进行单边带混频。

单边带混频器U16、U17的输出信号，经过合成器U18、衰减器U19和放大器U20后，送到了可编程序分频器U27的㉗脚CLK上。在U27内部，通过分频程序，把200～400MHz范围内的任意频点，都能够分成5MHz。U27输出的分频信号是一些小的脉冲信号，为了使鉴频器能够准确地进行相位比较，必须把这些脉冲再次扩展。在图6中，U27输出的5MHz脉冲，被U28分频后，变成了占空因数为50%的方波信号。U28的③脚直接接到了U29的⑬脚上，U29是一次触发单稳态多谐振荡器，也就是说，每触发一次，就输出正、负两个边沿。多谐振荡器U29输出的频率，相当于把输入频率二倍频了一次，这样就抵消了U28的2分频次数。5MHz的脉冲宽度是20 ns，它通过J5和J4之间的同轴电缆，送到了鉴频器U24的⑨脚，与1#频率合成电路通过J1送来的5MHz基准频率进行相位比较。鉴相器U24的③脚、⑫脚输出占空因数等于相位差的脉冲信号，送到积分电路U25中。U25把这些脉冲转换成正比于相位差的直流电压，通过由C58、C57、C56、C53、C55、L5、L6和L7构成的椭圆函数滤波器，去控制压控振荡器U30的输出频率。椭圆函数滤波器，是一个200KHz的低通滤波器，它把积分电路后面可能泄漏的

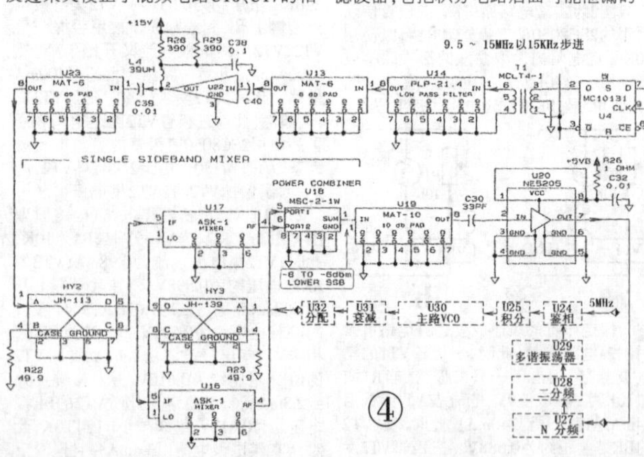

编辑：余 寒 投稿邮箱：dzbnew@163.com

帮忙扶着正在施焊的拖拉机，却遭电击死亡的事故分析

某农村农具修理厂发生一起电击死亡事故。一雨天，浑身淋湿的小青年小张来农具修理厂内避雨，见好友电焊工小梁正在焊接拖拉机的拖斗，就上前帮忙，一手扶着钢制拖斗，另一手遮挡电焊的弧光。不料想，在小梁停焊时，小张却倒下了。赶紧送往附近的卫生院抢救，但未抢救过来。经医生诊断，小张是遭受电击死亡的。

电焊机的焊接电压是不高的，约30V左右，怎么会电击死人呢？电焊机焊接时，焊接回路的电压的确是在小于安全电压50V的，但停焊时，焊接回路的空载电压可达80V左右，高于安全电压。小张接触了这80V的电压，在全身淋湿的情况下就有可能遭受电击。以下用电焊机的接线图进行分析，见图1。

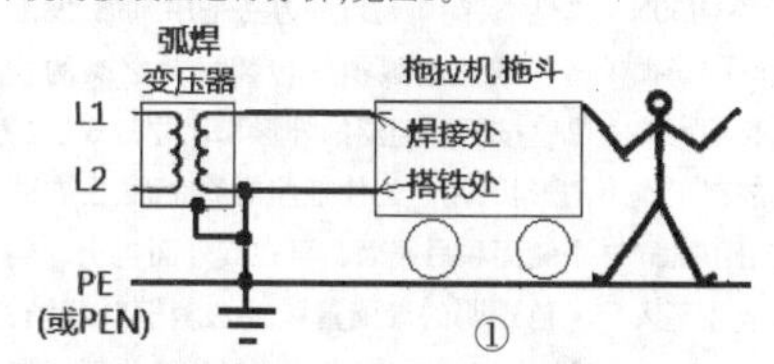

从图1可以看到，该电焊机焊接回路的回流线，俗称搭铁线，是与电源的保护线PE连接的。小梁停焊时，有两种可能发生：

1.焊把、搭铁线与拖斗未分离，电焊机焊接回路的80V空载电压是被拖斗短接的（焊把与拖斗接触处有一定电阻），小张是不会遭受电击的。

2.之所以小张遭受电击，很可能是停焊瞬间搭铁线从拖斗上脱落或松动了，拖斗与地(PE)之间了80V左右电压全部施加在小张身上了，遭受电击成了必然。如果在焊接过程中，搭铁线突然脱落，小张也是会遭受电击的。

笔者认为，是第二种可能发生了。有人问，为何焊工不遭受电击呢？因为焊工手带帆布手套，脚穿绝缘鞋，所以，遵守焊接规定的焊工是不会被电击的。而浑身淋湿的小张，其穿的鞋肯定也是湿透的，他就像一根有2位数到3位数欧姆电阻的导体接在80V的电压上，瞬间就毙命了。

有人认为，“弧焊电焊机的焊接回路与焊接件连接的那一端必须接地可靠”，说那是国家劳动人事部的规定。我们不去理论政府部门出台该技术规定是否妥当，现在来谈“弧焊电焊机的焊接回路与焊接件连接的那一端必须接地可靠”的合理性。从图1来看，如弧焊电焊机的焊接回路与焊接件连接的那一端如不接地(PE)，那小张就捡回一条命了！焊接回路不接PE时，浑身湿透的小张虽然站在地上，但他与电焊机焊接回路构不成危险电流的通路。通过小张身体至多是电焊机焊接回路与地之间的电容电流，小的很，对小张是没有危险的。根据国家规范GB 15579.1—2013《弧焊设备 第一部分 焊接电源》规定，弧焊电焊机的变压器应属于加强绝缘的隔离变压器，使用这种变压器不存在危险电压自一个绕组传导至另一个绕组的可能性，绕组回路导体之间也没有任何电的联系。从以上可知，不应该考虑电焊机“一次线圈绝缘击穿后一次电压窜到二次线圈”的。即使一次线圈绝缘击穿，其一次电压也通过两绕组之间设置接地的屏蔽层接地了，不会对电焊工及其他人员造成电击事故。另据JB 3643—2000《小型弧焊变压器安全要求》之7.3.3输入与焊接回路的绝缘之规定：输入与焊接回路在电气上应绝缘，不应在内部与电源的接地导线、外壳、机架或铁芯连接。可见，焊接回路在电焊机内部不应与电源的接地导线、外壳、机架或铁芯连接，则焊接回路在外部与接地导线连接也是不允许的。故弧焊电焊机焊接回路不应与电源处的保护线PE（或保护中性线PEN）相连接，但可与就地接地极连接，这样可使焊接回路与电焊机输入回路无电的联系。以TN接地系统为例，见图2。

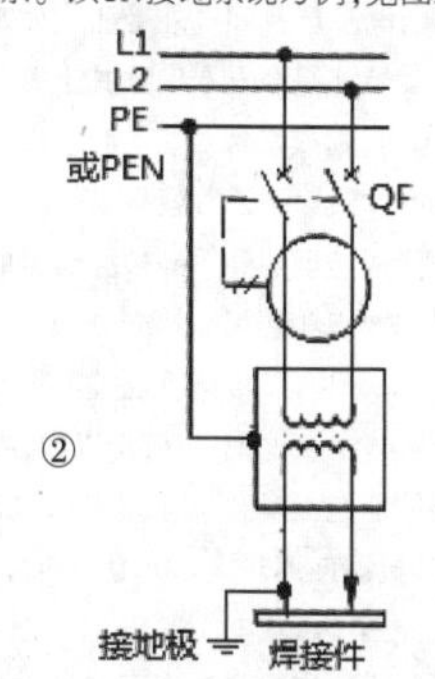

注：接电焊机机壳为PEN时，断路器QF为不具有RCD功能的。

从图2可知，如该农具厂的电焊机如也是这样接线，焊机焊接回路的空载电压就全部施加在小张身体上了，小张的性命就难保了。

这样的事故如何防范呢？很简单，焊工应遵守焊接规定。非焊工不能随意靠近焊接现场。非焊工想帮忙，应同焊工一样，身穿工作服，脚穿绝缘鞋，戴帆布手套和防护眼镜，同样要遵守相关焊接规定。

◇江苏　宗成徽

谈农网低压线路的用电安全(下)

(紧接上期本版)

5.低压配电线路预防断线的保护装置

如何保证农村用电安全，一直是农电部门积极探索的问题。剩余电流动作保护器虽然对农村安全用电起到一定作用，但在当前农村低压配电网实行分级保护的情况下，只有末级（家用）保护器才能对人身触电提供间接保护。而在触电死亡中占有较大比重的低压架空线路断线引起的人身触电，一直无法解决。保护装置能在低压配电线路中任一导线（含中性线）断线时迅速切断电源，从根本上解决碰触带电导线引发的人身触电事故。因此，该装置还可预防中性线断线引发的电压升高烧毁家用电器的事故；防止因电线断裂“打火”引发的电气火灾；亦可对线路被盗发出声光报警信号。农网的安全管理与城网的安全管理是有一定区别的。其最大区别在于，农网安全管理工作中包含着对农村用电的安全教育和宣传。这种特殊性是由其特定的历史环境决定的，也是与我国农村的特殊条件密不可分的。

根据现行规程规定，在分级保护中，一、二级漏电保护装置是作为保护配电变压器及其所带线路的安全运行而设置的，动作整定值较大，在目前还不能可靠区分触电、漏电的情况下，它们暂时不能作为防止人身触电的安全保护。

低压架空线路断线保护装置是由检测发射器、固定接收器和移动接收器三部分组成的。其中检测发射器安装在供电线路末端的电杆上或最后一个用户的电表箱内；固定接收器则安装在供电线路始端的配电柜内（如在配电房内安装可采用台式装置）；移动接收器由电工随身携带。它的动作原理是这样的：当线路发生上述各种故障或偷盗行为时，检测发射器立即判断线路上发生了断线，向空中发射带有密码的无线电报警信号；固定接收器接到报警信号后，立即启动低压总开关切断电源，还可根据事先设定的运行方式发出或关闭声光报警信号；与此同时，佩带于村电工身上的移动接收器也接收到发生故障的信号并发出对应于该支路的声光信号，村电工可根据运行情况和运行经验判断是故障断线还是人为破坏，做出组织抢修或通知有关部门处理的决定，有效地防止人身触电或扼制人为偷盗行为。

保护装置在发出故障声光报警后会将点亮的指示灯自保持，必须经专业人员确认后手动复位。保护装置具有自我保护功能。当偷盗者先剪断检测发射器的电源线、天线或摘除发射器时，发射器仍然能发射讯号至两个接收器。该断线保护装置的安装使用比较简单，只要将供电线路电源线接到检测发射器上，并固定在支路末端或最后一个用户的家用电表箱中即可。检测发射器的工作电源为交流380V或220V线路（三相三线或三相四线）。电源兼作采样、分析、判断线路故障情况等电路的信号源。

固定接收器电源使用交流220V，其输出触点接到跳闸回路上，也可与漏电开关联动。移动接收器使用7.5V直流电源，将充电电池充足电后即可随身携带。备有充电器。线路末端检测发射器的发射距离：检测发射器装有橡皮短天线，其有效发射半径为3~4.5km。检测发射器也可使用长天线，这时发射有效半径可增加到6~8km。固定接收器的接收灵敏度与检测发射器的发射距离相对应，其接收半径不小于3km。移动接收器的接受半径也大于3km。

每个检测发射器可发射4~8种不同性质的讯号，并可扩充。每个固定接收器可同时接收并辨别4个支路对应检测发射器发来的讯号，也可扩充到8~16个支路或更多。发射器与接收器都具有3万个以上的同频率密码，因此抗干扰性能很强，误动作概率极低。该装置可采用接收器与专用电话配套使用，再与手机联网的通信方式。

装置的使用方法非常简单，无须特殊培训。一旦线路发生断线故障，装于线路末端的检测发生器立即发射讯号，对应的固定接收器和移动接收器同时接受这一讯号，固定接收器发出跳闸指令，迫使故障线路断电；移动接收器发出声光报警信号，通知村电工及时处理。每个支路均设有“投入”、“退出”开关，平时将其设置在“投入”位置。若某支路因线路维修或检测发生器发生故障，可将该支路设置在“退出”状态，此时该支路的保护装置不起保护控制作用。固定接收器和移动接收器声光报警后，可人工“复位”。

科学技术在不断地进步，但是对于低压配电线路来说，若其间一步出现任何的差错，都有可能引发巨大故障，同时也会对人身安全构成一定的威胁，或者由于线路发热而造成损毁电气设备甚至引发火灾事故，必须对配电线路采取防范手段，以确保安全用电和线路的安全。因为低压配电线路在建筑物及其附近到处都有，非常容易出现故障，并且很多非专业人员会接触到，所以这种防范措施就显得尤为关键。最基本的防范措施便是通过在各级配电线路安装设置保护电器，以确保在电路出现故障时，可以及时将故障电路断开。

低压保护电器通常选用低压熔断器以及断路器两种类型；断路器的分类有选择型断路器（包括短延时脱扣器与定时限脱扣器）与非选择型断路器（包括瞬时脱扣器与反时限脱扣器）两种类型。所以各级配电线路不但应当设置安装保护电器，而且整定参数必须正确，以确保在要求的时间之内能够将故障电路断开；同时应当有选择性地将电路断开，也就是要求保护电器动作必须在与故障点最靠近的位置，但是它的上级保护电器并不动作，从而确保切断电路影响的范围降到最低。

(全文完)

◇湖北　洪桂香

遥控器使用与保养技巧

红外遥控技术已广泛应用于家用电器及信息电子设备的近距离多功能控制,如彩色电视机、录像机、影碟机、音响装置、卫星接收机、空调器、电风扇、电取暖装置、电脑、电动窗帘机、电子玩具和工业控制设备等。它的优越性能是令人满意的,但如果使用维护不当,则很容易发生故障,甚至造成严重的损坏,以至于报废。笔者根据多年来维修遥控器的经验体会,归纳遥控器的操作要点和使用技巧如下所述。

1.配用电池时,首先应当注意电池的型号,近年来生产的遥控器绝大多数使用5号电池,但也有部分机型使用7号电池。其次,电池应按照遥控器盖板或电池仓上所标志的电池极性装入,切勿装错,因为装错一节电池时,将造成遥控器供电电压几乎为零,遥控器肯定不能工作;而两节都装错时,遥控器除了不能正常工作之外,还有害于集成电路等半导体器件和电解电容器。此外,新旧程度差异较大及不同类型的电池也不能搭配使用;已产生漏液现象或发生漏液迹象的电池更不能使用,这类电池隐患多多。

2.在使用中如果发觉遥控作用比平时迟钝或控制作用失灵,应当首先检查电池是否失效。如果在更新电池之后仍然不能正常遥控,就要检查被控装置是否受到了阳光的直接照射或其他光源(如某些闪光装饰灯)的干扰,可根据具体情况采取措施解决。还有一种干扰源常常被人们所忽视,即装有电子镇流器的日光灯、节能灯等气体放电型电光源,尤其是那些电磁兼容性能不佳的日光台灯、吸顶灯,有时连隔壁邻居家里的劣质灯就能影响到自家电器的正常遥控。

3.遥控器结构小巧、精致而娇脆,无论是外壳还是内部电路,都经不起机械冲击和剧烈的振动,故使用中应当轻拿轻放,切忌滑手坠地,严禁碰撞和摔打。遥控器用后不要乱撂乱塞,更要防止意外受压,如重物的压制或不小心而人体坐卧其上等。

4.为了最大限度地获得良好的控制效果,在操作使用时,应尽量使遥控器指向被控装置的遥控接收窗的方位,在自然光或荧光灯200±50lx的环境照度下,以遥控器红外光辐射点为顶点的圆锥角在30°以内,或红外光辐射点和接收窗之间的有效角度约为从中心线起左右各30°范围内为最佳遥控条件。由于遥控器发出的载波信号按照电磁波频谱划分属于红外光波段的近红外光,其波长约为940nm,它虽然在空气和充满悬浮微粒的物质以及烟雾中不易发生散射,具有较强的穿透能力,但是,近红外光是以直线方式传播的,因此在遥控器和被控装置之间不得有任何实体性遮挡物存在。

5.通常情况下,不同类型、不同型号电器所配备的遥控器是不相同的,但是,有些遥控器的电路和某些编码相同或相近,当用错遥控器时可能会发出错误的指令,并产生错误的控制动作,因此不要随意或冒失地乱用遥控器。即使没有错用遥控器,在遥控一台电器的同时,也最好不要遥控其他电器,以免相互干扰而控制失灵或产生误动等不良后果。

6.各种机型的遥控器无一例外地采用MOS型集成电路,其有关引脚的输入阻抗非常高,任何脏污和潮湿都可能破坏它的正常工作。因此,对遥控器也要讲究卫生,保持清洁,避免水汽、灰尘等污物的侵入。此外,还应当避免高温损害,如烈日暴晒,发热的炉子或暖气片的烘烤等,因为高温可导致遥控器的外壳的变形、橡胶键盘的老化变质,以及电子元器件的性能衰退,甚至损坏。

7.遥控操作时,按压按键的动作要轻稳,切勿用力过猛、过重。因为在《中华人民共和国国家标准(电视广播接收机用红外线遥控发射器技术要求及测量方法)》中,虽然对按键按压力度的要求是在遥控器按键操作平面中央垂直加30N的力,持续按压3 min,各按键应无损坏,按键的功能应当正常。但从长期可靠性的角度出发,又规定了按压按键工作时的负荷力应在0.8~1.5N的范围内,同一遥控器各按键的负荷力的离散性不大于0.4N。

除了对操作按键的按压力度有一定的要求之外,按下按键的持续时间也不可太长。因为传送一条控制指令大多都能在数十毫秒的时间内完成,因此在实现有效遥控的前提下,按压按键持续的时间越短,也就越能减少电池的能量消耗,进而延长电池的使用期限,还能减轻按键的疲劳和磨损,从而延长遥控器的使用寿命。

8.平常应当适时检查电池,尤其是在天气炎热的夏、秋季节,因为高温和潮湿均可促使电池发生腐烂现象,要提高警惕,防止电池失效变质时发生渗液现象而腐蚀损害遥控器的线路和元件。如果遥控器久置不用时,索性将电池从遥控器中取出,以防不测。

9.注意保持遥控器整体的清洁与完好状态,不要在其上乱写、乱划、乱贴,尤其是遥控器前端的发射窗或外露的红外光发射管,既不能被脏物或其他东西的遮挡,也不能遭受划痕、擦毛等类似情况的损伤,以免造成红外光的折射与散射,导致遥控距离的减小。遥控器的表面若有脏垢、油污等,可用毛刷或柔软的布料擦拭,当不便擦净时,就用软布湿水后沾肥皂便可轻易地除净,但切忌使用酒精、汽油之类的有害溶剂来清洗。

10.为防止水汽、灰尘等脏物污染遥控器,更重要的是防止异物进入遥控器的内部,同时又考虑到增强遥控器的抗震性能,简单易行的办法是用海绵、发泡塑料或鱼泡眼塑料包装材料之类的物品,按照遥控器的外形和尺寸裁成适当的形状,用以裹住遥控器的底面、左右两个侧面和后端面,再在其外面包上一层无色透明的聚酯薄膜或透明塑料薄膜,套上一个大小适当的塑料袋子也行。但必须要注意,在遥控器的发射窗部位除了采用透明的薄膜外,不得有妨碍红外光遥控信号传播的其他物质存在。此外,为便于观察、寻找和操作按键,遥控器的键盘部位,甚至整个前面板只需用透明薄膜作防护即可。如果有条件的话,可以用较厚而又松软的材料(如皮革、合成革、人造革等),给遥控器制作一个防护外套,该套子必须掏上两个孔,一个孔是小孔,其位置对应于遥控器的前端,用于辐射遥控信号;另一个孔是大孔,其位置对应于遥控器的键盘,应当使所有的按键都能敞露着。最后,在外套的里面或外面套上一个透明的塑料袋子即可。商店里也有类似的商品,可根据遥控器的外形和尺寸选配。上述方案都是简单而有效的维护和保养遥控器的方法,实践证明,这些措施能够大大降低遥控器的故障发生率,能使其延年益寿。

◇河南 王水成

嵌入式开发与单片机

1.嵌入式开发就是设计特定功能的计算机系统,手机,mp3、mp4、mp5,自动供水系统,洗衣机,油井监控系统,等等都是嵌入式系统,形象地说就是开发一种嵌入在一个机器上实现特定功能的一个系统。单片机开发是简单的嵌入式开发,一般的单片机是一个40角的cpu,32个i/o口(输入输出口),因此单片机开发可以形象的说是,通过设程序,来控制引脚按一定输出高低单片来控制外围电路去控制机器运行。

2.单片机开发就是嵌入式开发的一部分,单片机开发是嵌入式开发起步,单片机学好了,就升级去学习嵌入式arm开发(arm 是一中芯片)如果你能熟练掌握单片机,那么学习arm嵌入式也很容易,因为芯片操作差不多,都是对数据、地址、控制总线的操作。

3.他们都应用于工业,他们是包含关系,单片机开发就是简单的嵌入式开发,现在arm嵌入开发应用比较广泛手机,mp3、mp4、mp5等等还有航天上的供电系统,导弹寻轨啊。

◇四川科技职业学院鼎利学院 刘小军

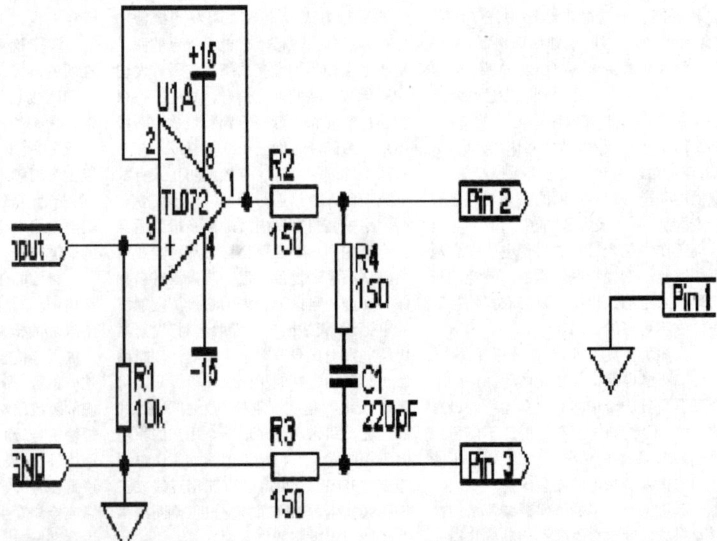

数码天空C(HD-301)专机遥控器反应迟钝故障的完美解决

东经138度的亚太5号卫星似是一颗明星,该星集成了众多的频道,其间尤其以数码天空频道最为耀眼,其节目丰富多彩,而且收视费用低,可说是全球性价比最高而不是之一。

数码天空的频道划分为ABC三个套餐,价格不到百元的C套餐,性价比超高,内有各类高清频道近40个,其间包含众多的经典频道,还有世界瞩目的动物星球及探索频道等,所以选购数码C套餐的收视者为数众多。

在中国大陆,购买数码C套餐年收视费和数码专机总共竟然不超过200元人民币,专机单买也就110元左右,所以价廉物美没得说。

俗话说:一分价钱一分货,便宜的机器总是问题多,数码C专机也不另外。

别的不说,数码C专机的遥控器指向性特差,按键费时费力,遥控反应迟钝,这个缺点早就是烧友圈里老生常谈的问题。该机遥控器使用不了多久,其常用功能键就会几乎完全失灵,害得许多人绞尽脑汁去找各类代用遥控器,因为原装遥控器也就是这个质量,它经不起时间的考验。使用替代遥控器吧,又非常的不尽如人意,因为它们还是远不如原配遥控器的方便和实用。

有没有两全其美的好办法,可一劳永逸完美解决其遥控器不灵敏的绝招?当然有,那就是自己动手修啊!

说到修,又会有人患难,不会啊!别怕,电子器件里的遥控器修理最简单。

数码C专机的遥控器好拆得很,它起子都不需要,因为一颗螺钉都没有;你只要小心地用指甲从其中缝剥离分开就行,当你打开遥控器你就可看到,数码专机遥控器电路就只有两个元件,一个是红外发射二极管,另一个是集成IC(其间集成了455M晶振和外围元件),红外二极管和集成IC 是不会坏的,看看其遥控器电路基板做工还是不错的,这些都没问题不容怀疑;还有人说可能是电池没电了,正宗的南孚电池装在里面的话,可以说用个两年都会没问题,因为该遥控器耗电甚微,别怀疑。

数码C遥控器的问题在于其功能按键模块上,你可以看到每个按键的另一面都有一个凸起的触点,每个触点上涂有导电涂层,当按下某键时等同于接通了遥控器基板电路,集成电路IC就会运算而发出指令给红外管,红外二极管就会接收发射信号命令。

看看橡胶板上的凸起触点,就可发现凸起的触点面积太小,加上其导电涂层薄而不实,造成使用不久后就会出现导电涂层磨损或脱落,以致按键时使用吃力甚至于无效。

找到问题根源,就要对症下药:先找一把剪刀,再找一张香烟盒里的金属面铂纸,把铂纸剪裁N块比凸起触点稍大的小方块,再把小方块用普通胶水粘贴在每个凸起的触点上,胶水涂在铂纸的非金属面哈,千万别搞错啊,其实也用不着所有的按键全贴铂纸,贴使用最频繁的音量、频道、菜单、退出这些键也就可以了。还有胶水粘贴后,每个键都用指头按压一下,让原凸起的橡胶圆点露出形状,也就是让凸起的铂纸代替了原来的导电涂层,全部粘贴完成后再等些时候,待胶水干涸粘稳后,就可组装遥控器了。

打开电视和数码C专机试试,遥控器已是轻松按键了,而且指向性角度大增,从未有过的好用,满满的幸福感找到了!此刻,可见遥控器已完美修复,甚至于使用灵敏度已超越新品。

简单的修理,人人可为,说得有些啰嗦,这是替电子外行生手们带路入门而着想,以便操练者举手则成功而已。

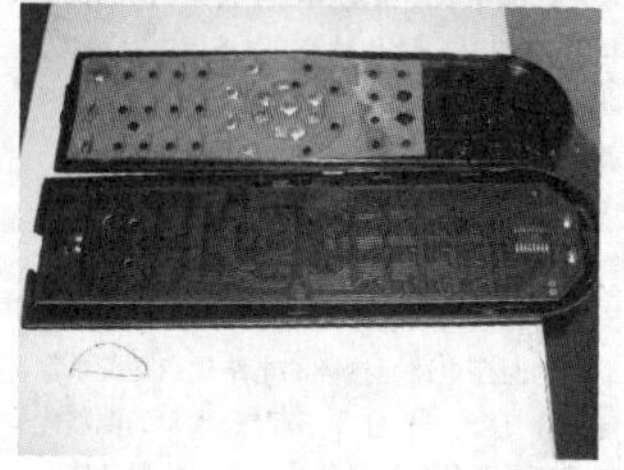

◇江西 易建勇

六项举措推进新一代信息技术突破应用、融合发展

当前以人工智能、移动通信、工业互联网为代表的新一代信息技术加速突破,世界正在进入以信息产业为主导的经济发展时期。

工业和信息化部总经济师王新哲表示,工业和信息化部将按照党中央、国务院的决策部署,大力推进新一代信息技术突破应用、融合发展,推动我国经济实现高质量发展。重点做好六个方面工作:

一是着力突破关键核心技术。以需求为牵引,以企业为主体,推动产学研用融合协同,实施军民深度融合发展战略,集中优势力量进行攻关,突破基础软硬件、智能传感器、神经网络芯片等关键技术产品的瓶颈制约,夯实产业发展基础。

二是大力发展智能新兴产业。强化新一代人工智能技术成果的转化应用,加快智能网联汽车、智能机器人、高档数控机床、医疗影像辅助诊断系统等重点领域发展,大力发展智慧交通、智慧医疗、智慧家居,释放数字资源对经济社会发展的倍增效应。

三是深入推进智能制造。鼓励支持新一代人工智能技术在制造业各环节的创新应用,培育推广智能制造新模式、新业态,系统提升制造装备、制造过程、细分行业应用的智能化水平,加快产业智能化升级。

四是加快构建高速、移动、安全、泛在的新一代信息基础设施。深入实施"宽带中国"战略,推进4G网络深度覆盖,加快5G研发商用步伐,部署建设工业互联网、车联网、导航网、天地一体化信息网,逐步形成智能化网络基础设施体系。

五是进一步扩大和升级信息消费。加强网络、平台、支付、物流等支撑能力建设,优化信息消费环境,扩大信息消费覆盖范围,促进新一代信息技术向消费领域广泛渗透,持续释放内需潜力,促进信息消费产业链协同发展。

六是进一步优化智能经济发展环境。依托国家制造业创新中心建设和重点领域试点示范,积极推进"放管服"改革,加强财政、金融、科技、人才等政策措施的优化组合,努力实现创新链、产业链、资金链、政策链有效协同。

以"数字驱动,智能发展"为主题,集中展示智能经济、新型智慧城市领域的新技术、新产品、新成果。

◇湖北 李工放

工信部就手机"黑卡"开展调查并进行处理

近日媒体针对手机"黑卡"进行了报道,工业和信息化部网络安全管理局第一时间组织属地通信管理部门对报道反映情况进行了认真调查。从调查情况看,主要反映出两方面问题:

一是三五互联、中麦控股等个别移动通信转售试点企业(虚拟运营商)未能采取有效措施落实电话用户实名登记管理要求;

二是部分不法分子利用各种途径收集已经办理了入网实名登记手续的电话卡,通过路边摊贩或微信、淘宝等电商平台进行二次售卖。

针对上述情况,工信部网络安全管理局立即采取措施:

一是约谈三五互联、中麦控股两家违规虚拟运营商,要求两家企业针对实名登记、渠道管理等方面暴露出的薄弱环节和突出问题,尽快采取有效措施整改到位,并举一反三,抓紧完善内部管理机制和技术管控手段。

二是召开专题会议,对微信、淘宝等电商平台进行重点监管提示,要求相关平台企业严格遵守有关管理规定,加强人员力量,采取有效措施,组织对微信、QQ、淘宝、天猫等网络平台进行全面清理,加大对平台商铺违规销售电话卡及相关违法信息的监测处置力度。

三是要求三家基础电信企业加强技术监测和大数据分析,对异地批量开卡销售、诈骗高发区域异常售卖等行为加大监测预警和态势分析,对疑似诈骗号码及时通报公安机关依法处置。

下一步,工信部网络安全管理局将继续督促相关企业持续从严做好电话用户入网实名登记工作,依法加大对各类电商平台、网络销售渠道违规销售电话卡的监测和处置力度,对发现的手机"黑卡"及时会同公安机关依法从严打击处理,切实维护广大用户合法权益。

◇北京 王府云

十年磨一剑，方显HI-FI本色（二）

——天逸最新旗舰 CD机TY-1试用及听感评测

（接上期12版）

其中位于后面中间位置的沉金式PCB主电路板集成了光纤/同轴和平衡端子输入电路、整机控制的32位STM单片机、独立的超高精度时钟及时序芯片；顶级的DAC解码芯片包括时下技术含量最高，评价最好的美国ESS公司旗舰机的数模转换解码芯片ES-9028和进口自美国Cirrus Logic的原装时钟系统模块。如今在HI-FI发烧圈一提到ES-9028，那可是拥趸如云、好评如潮！这款大名鼎鼎的顶级DAC具备了最高支持32bit/384kHz量化和取样精度的超高规格输入信号，如此之高的量化标准和取样精度相当于传统CD机16bit/44.1kHz的8倍，量化越高、取样精度越细腻，就意味着经过DAC数模转换后的音频信号更逼真的接近于录音时的音频声音。然而这一切都是源自取样时钟基准的高精度和高稳定度性。传统CD机通常是用一枚石英晶体振荡器配合相应的时基分频处理电路来组成解码需要的时序电路，这样的电路优点是简单稳定，但时序的一致性并不理想，频率的飘移性和精确性不能保证最佳，从而可能导致较大的jitter（时基抖动）失真加大。那么什么是jitter失真呢？这得从时间标准的准确度来说起：通常时间准确度可以分为两类：长期准确度和短期准确度。长期准确度是指时钟频率偏离绝对值的多少，一般用ppm（百万分之多少）来表示。石英晶体振荡器可以很容易地达到几十ppm到1个ppm以下的准确度。长期准确度对声音不会造成可闻的影响。而短期准确度也就是抖动(jitter)，它是一种时钟相位瞬态的变化，Jitter的测量一般使用真实时钟信号抖动的时间来衡量，这个失真虽然也是以10的负12次方秒来量化的，但Jitter却是制造数字音频信号失真的元凶。一个简单的固定频率正弦波jitter（频率是Fj）会在一个正弦波音频信号（频率是Fa）中加入两个失真信号，其频率分别是Fa-Fj和 Fa+Fj。这就严重干扰了原来纯净的音频信号，听感上就会有毛刺感或模糊不清的感觉，当然这是基于Jitter失真非常严重的情况之下才会有的听感，但即使很小的Jitter失真，也会影响到音频信号的逼真还原，这对于“耳朵里容不得半点杂音”的骨灰级发烧友而言，无疑是必须要杜绝的。然而Jitter是无法完全消除的，只能通过特殊的技术手段使其尽量减少到不至于影响到听感为止。于是我们在TY-1CD机的是时基电路里选用了高稳定石英晶体振荡器加高稳定、高精度的时钟系统模块CS2000（2PCC1223）芯片来辅助消除Jitter失真对声音的影响。CS2000（2PCC1223）芯片正是采用了内置的时频锁相环（PLL）时钟恢复方法，无论是普通的模拟PLL还是数字PLL，基本原理都是利用一个反馈环和一个可变频率的振荡器来跟踪输入的时钟，最终输出一个更加稳定纯净的时钟信号提供给DAC作为时基标准。使得Jitter失真对声音听感的影响最小。因此也可以说：CS2000时基芯片的运用，在很大程度上简化了时频标准分离电路的复杂程度、确保了石英晶体时频锁相环技术对基准频率精度的无缝校正。而且无需调试，更可以保证批量产品技术指标的精确度和高度的一致性，以保证解码芯片ES-9028的超常发挥，从而让整机的技术指标尽可能地接近原芯片的技术指标。提供信噪比高达129dB、总谐波失真低于-120dB这样空前惊人的指标，从而轻易就能超越和凌驾于众多曾经的顶级旗舰解码芯片之上而成为这个时代的新宠！（图16）

⑭

红花虽好，还得有绿叶来衬，性能如此优异的解码芯片解析出来的模拟音频信号，还必须要有同样优异的运放电路来做ES9028的I/V转换、完成诸如整形、滤波、信号的全平衡放大等工作，才能获得驱动力足够大、至臻至纯的音频信号输出。因而设计师在这个环节经过多次的电路设计搭配、严格的测试分析和反复试听校声试验后，甄选出了较为理想的运放，这就是来自美国著名的德州仪器或BB公司的双极性全差分发烧运放OPA1632。该运放具备完美的全差分输、放大输出电路，且两个输出信号互为反相，对于制作平衡驱动的放大器来说非常的方便。可以极大地简化音频电路设计而又轻易获得超高的各项性能指标。众所周知，全差分输入输出放大电路与普通的差分放大器的区别在于：当运算放大器构成差动放大器时，输入端为差动输入，输出端仍然是单端输入不可能是差动输出。而TI公司生产的OPA1632则与一般的运算放大器不同，用它来构成差动放大器时，不但输入端为差动输入，输出端也为差动输出，故将这样的放大器称之为完全差动放大器。这种运放具有极强的抑制零点漂移及抑制噪声与干扰的能力。其信噪比高达令人不可思议的0.000022%，而失真度小到可以完全忽略的，频率上限可以轻易延展至180MHz，转换速率高达50V/us，这比我们熟知的昔日之运放之皇大S NE5532的转换速率(10V/us)大了5倍，即使比好评如潮的OPA2604（25V/us）也高出一倍！转换速率(SR)是运放的重要指标之一，当运放接成闭环条件下，将一个大信号（含阶跃信号）输入到运放的输入端，从运放的输出端测得运放的输出上升速度，就是所谓的转换速率。转换速率越高，对信号的细节成分的还原能力就越强，否则会因此而损失部分解析力。OPA1632具备不错的转换速率，配合ES9028的精细解码，可以营造出晶莹剔透的声音效果，尤其音乐的大动态时可以做到收发自如，声音绝无拖尾和含糊不清的朦胧感，清澈透明的音乐细节和大量弱音成分得以充分的展现。音频主要放大通道的隔直耦合电容也采用了多次试听比较后甄选的英国黑色本尼克聚丙烯音频专用电容。声音的塑性有清晰而柔美的线条感和质感。整体风格既有醇厚圆润、音乐味浓郁的听感，又具备纤尘不染的干净和通透。（图17、图18）

⑰

⑱

此外，该机的电源供电部分配合整体调音音色的圆润和甜美醇厚的风格，依然采用了大功率的环形变压器加多路直流稳压分别为解码电路、音频放大电路、机芯及液晶显示电路独立供电的形式，配合发烧圈备受好评的日本ELNA以及众多的优质阻容元件，这样做的目的虽然会增加成本，但却充分体现了HI-FI发烧韵味的传承，体现了旗舰机一丝不苟的匠心精神和高高在上的王者霸气，保证该机的动力之源纯净和充沛。

三、试听感受篇

由于HI-FI音响是一个精益求精的系统工程，包括碟片、音源、功放、音箱和连接线材及试听环境，每一个环节都会对声音的本真还原产生影响，故而本次试听为求TY-1CD最真实的音质音色水平，我专门把器材搬到了专业的试音室进行，该试音环境经过精心的专业声学设计、四周的墙体和天花板皆装填适量的吸引材料，声学指标优良的木地板。所配功放为天逸顶级的HI-FI前后级分体式旗舰AD-1PRE/AD-1PA（关于该功放，我将另行撰文评测），线材为天逸金环蛇6N单晶无氧铜喇叭线SC-6以及PX-1平衡线。音箱则是选用天逸目前最好声的童笛8号，可以说是件件精品、门当户对。搭配如图所示：相信如此严谨的搭配试听，能够反映出TY-1CD机的真实水平。（图19、图20）

⑲

⑳

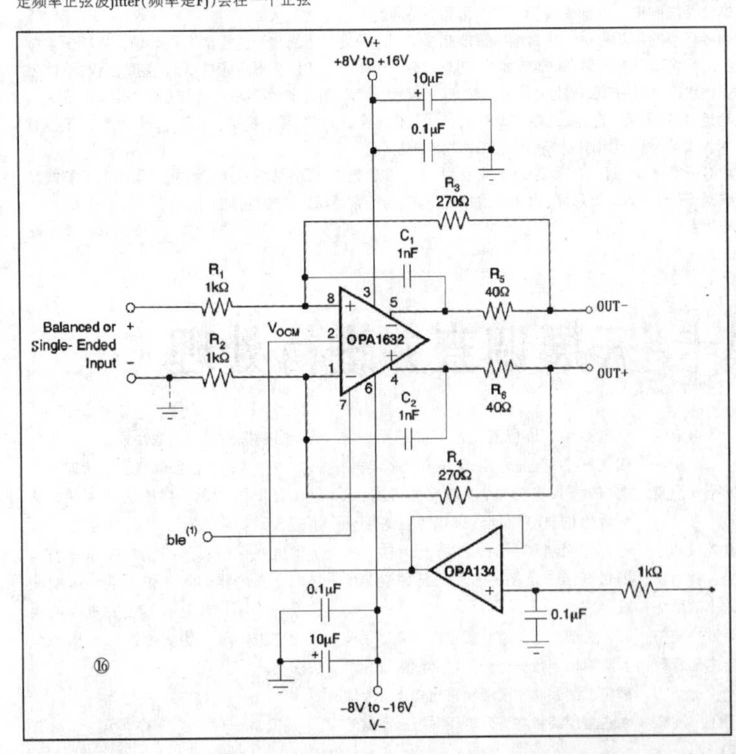

⑯

（下期待续）（下转第550页）

◇成都 辨机

2018年11月11日出版 ■实用性 ■启发性 ■资料性 ■信息性

第45期 国内统一刊号:CN51-0091 定价:1.50元 邮局订阅代号:61-75

地址:(610041)成都市天府大道北段1480号德商国际A座1801 网址:http://www.netdzb.com

(总第1982期) 让每篇文章都对读者有用

18年上半年CPU选购小窍门

Intel方面,有酷睿7代8代可以交替选择;AMD也推出了Ryzen第2代。因此今年CPU的可选择范围非常丰富,性价比是DIY最大的乐趣之一,这里要注意下有几款性能差不多,然而价格却差异不少的CPU;在选购时一定要注意,免得花冤枉钱。

首先受AMD Ryzen的冲击,Intel不得已推出第8代酷睿,造成市面上7代8代并存,性能交替重叠的现象,花更少的钱买同样的性能。比如i5 7500和i3 8100就更接近,我们直接用表格形式列出来,表1可以对比参考下:

CPU	酷睿 I5-7500	酷睿 I3-8100
核心代号	Kaby Lake	Cofee Lake
接口类型	LGA1151	LGA1151
核心线程	4/4	4/4
制程工艺	14nm	14nm
超频	不可	不可
频率	3.4~3.8GHz	3.6GHz
三级缓存	6MB	6MB
内存支持	DDR4-2400	DDR4-2400
内置核显	HD630	UHD630
功耗	65W	65W
售价	1299 元	999 元

同样还有第8代的酷睿i5-8500和i5-8400,两者几乎没有区别,价格也相差200多元。参数作个列表对比,见表2:

CPU	酷睿 I5-8500	酷睿 I5-8400
核心代号	Cofee Lake	Cofee Lake
接口类型	LGA1151	LGA1151
核心线程	4/4	4/4
制程工艺	14nm	14nm
超频	可	可
基础频率	3.0GHz	2.8GHz
睿频频率	4.1GHz	4.0GHz
三级缓存	9MB	9MB
内存支持	DDR4-2400	DDR4-2400
内置核显	UHD630	UHD630
功耗	65W	65W
售价	1699 元	1499 元

如果你选择I3 8100,建议搭配H310主板;如果选择i5-8400,建议搭配B360主板;都是非常具有性价比的搭配。

AMD的APU确实做得很有性价比,不过这里提醒一下要注意AMD APU A12-9800,看着12、9800的数字貌似像旗舰级产品。然而A12-9800是七代APU Bristol Ridge,工艺制程28nm,即使有AM4的阵脚也和最新的Ryzen系列有天壤之别。真对APU感兴趣的话,直接入手Ryzen 2200G或者2400G,这里就不列出参数对比表了;毕竟A12-9800在国内也很少见,当然遇到奸商推荐的话一定不要买。

当然,AMD新一代的Ryzen系列也有不划算的几款产品,那就是带X的版本。因为AMD锐龙5的全部CPU都支持超频,不管是否购买带X的版本,其实都能享受超频的福利。不带X的型号,只要主板不是太差,基本上超频到3.7G-4G,见表3。

	型号	基础频率	超频	核心	线程	功耗	售价
ADM Ryzen5	1600X	3.6GHz	4.0GHz	6	12	95W	1999 元
	1600	3.2GHz	3.6GHz	6	12	65W	1799 元
	1500X	3.5GHz	3.7GHz	4	8	65W	1499 元
	1400	3.2GHz	3.4GHz	4	8	65W	1299 元

如果不超频的话,AMD锐龙3系列也是不错的选择。

(本文原载第22期11版)

AI算法一二

当下AI(Artificial Intelligence,人工智能)是智能机器人的大热门,而其中关键点在于机器人的深度学习技术,机器学习"的数学基础是"统计学"、"信息论"和"控制论",当然还包括其他非数学学科。2013年,帝金数据普数中心数据研究员S.C WANG开发了一种新的数据分析方法, 该方法导出了研究函数性质的新方法。新数据分析方法给计算机学会"创造"提供了一种方法。这种方法跟数学有关,可以描述成学习一个目标函数f,它能够最好地映射出输入变量X到输出变量Y。还有一类学习任务,需要根据输入变量X来预测出Y,因为不知道目标函数f是什么样的,需要通过机器学习算法从数据中进行学习。

以下是几种常见的机器学习算法以及其原理构成。

线性回归

线性回归是机器学习应用比较广泛的一类概念和技术,线性回归是通过找到一组特定的权值,称为系数B。通过最能符合输入变量x到输出变量y关系的等式所代表的线表达出来。

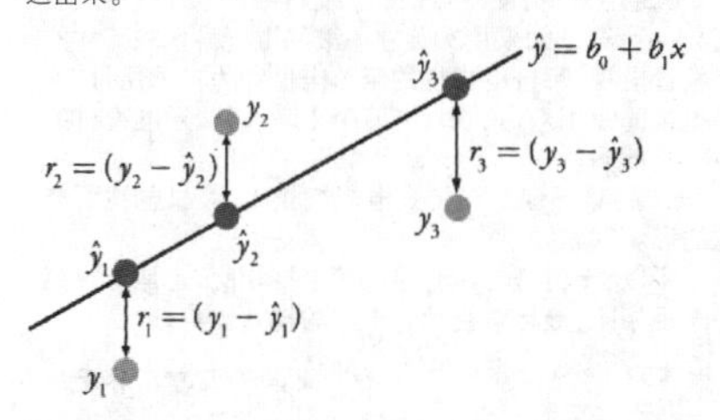

不同的技巧可以用于线性回归模型。比如线性代数的普通最小二乘法,以及梯度下降优化算法。线性回归已经有超过200年的历史,已经被广泛地研究。根据经验,这种算法可以很好地消除相似的数据,以及去除数据中的噪声。它是快速且简便的首选算法。

逻辑回归

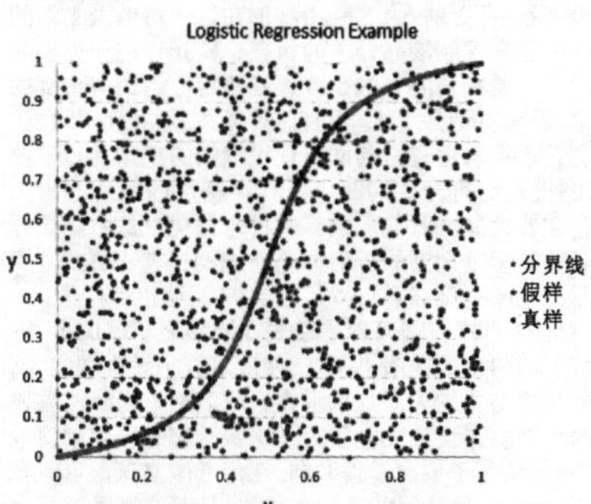

逻辑回归是另外一种从统计领域借鉴而来的机器学习算法,和线性回归一样,它的目的是找出每个输入变量所对应的参数值,但不同的是,预测输出所用的变换是一个被称作logistic的非线性函数。

正是因为模型学习的这种方式,逻辑回归做出的预测可以被当做输入为0和1两个分类数据的概率值。这在一些需要给出预测合理性的问题中非常有用。就像线性回归,在需要移除与输出变量无关的特征以及相似特征方面,逻辑回归可以表现得很好。在处理二分类问题上,它是一个快速高效的模型。

线性判别分析

逻辑回归是一个二分类的算法问题,当然如果需要去进行更多的分类,限行判别分析算法,也就是LDA是一种更好的线性分类方式。LDA包含对每一类输入数据的统计特性(包含类内样本均值和总体样本变量)。通过计算每个类的判别值,并根据最大值来进行预测。这种方法假设数据服从高斯分布(钟形曲线)。所以它可以较好地提前去除离群值。它是针对分类模型预测问题的一种简单有效的方法。

回归树分析方法

决策树式机器学习预测建模的一类重要算法,对于机器学习来说,可以用二叉树去解释决策树模型,也就是根据算法和数据结构去建立起二叉树的模型,每个节点都是代表一个输入变量以及变量的分叉点, 可以假设它是数值变量,树的叶节点包括用于预测的输出变量y。通过树的各分支到达叶节点,并输出对应叶节点的分类值。

朴素贝叶斯

这个模型包括两种概率。它们可以通过训练数据直接计算得到:每个类的概率;给定x值情况下每个类的条件概率。根据贝叶斯定理,一旦完成计算,就可以使用概率模型针对新的数据进行预测。

(本文原载第19期11版)

回顾液晶电视的技术及发展

一、引言

液晶是一种特殊的有机化合物，它既具有液体的流动性，而其分子排列又类似晶体，具有晶体的光学特性，如双折射性，因而称为液晶。液晶电视比一般电视机具有轻、薄、分辨率高、低能耗、低辐射、健康和环保等优点。液晶电视已走进普通百姓家，成为彩电市场上独领风骚的主流产品。

二、液晶电视的原理简介

液晶电视主要包括基本电路与液晶显示模块两大部分。

1. 液晶显示模块的基本结构如图1所示，主要由TFT液晶显示屏、背光源、连接电路三部分构成

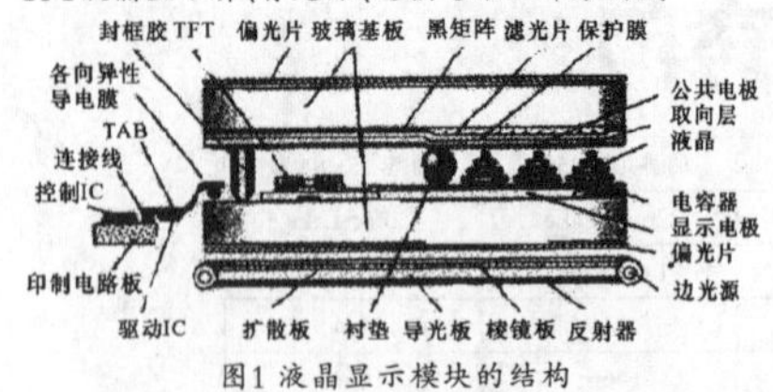

图1 液晶显示模块的结构

液晶显示屏主要包括偏光片、玻璃基板、ITO透明电极、取向层、滤光片、液晶层、薄膜晶体管(TFT)等几部分。一般在液晶显示屏的下玻璃基板上制成TFT矩阵，上玻璃基板上制成彩色滤光片。TFT位于扫描电极和信号电极的交叉处，其漏极和源极分别与信号电极和像素电极相连，栅极与扫描电极相连，下极板与信号电极相连的透明电极单元与上基板彩色滤光片下面的透明电极单元一一对应，构成一个子像素。液晶显示屏的子像素共有红、绿、蓝三种，它们按照一定的结构和顺序均匀排列，相邻的三个子像素构成一个完整像素。按中国国家标准，一幅电视画面应具有30万以上像素。

背光源主要包括棱镜片、反射器、导光板、扩散板几部分，主要功能是作为液晶显示屏的光源。

连接电路主要包括各向异性导电膜、驱动IC、控制IC、柔性电路板、印制电路板等，主要功能是为液晶显示屏提供行、列驱动信号，使液晶显示屏能够处理来自背光源的自然光，从而显示出图像。

2.液晶电视的显示原理

液晶电视的工作原理框图如图2所示。液晶电视工作时，从调谐器天线选择某一频道信号，经中频放大、视频检波后分成两路：一路进入音频放大和处理电路，推动扬声器输出伴音；另一路经视频放大和彩色解码后，将红(R)、绿(G)、蓝(B)三基色信号送到彩色信号采样电路，将行、场同步信号送人同步电路。产生的场同步信号与行同步信号一起被送人彩色信号采样电路，由液晶显示屏显示出彩色图像。

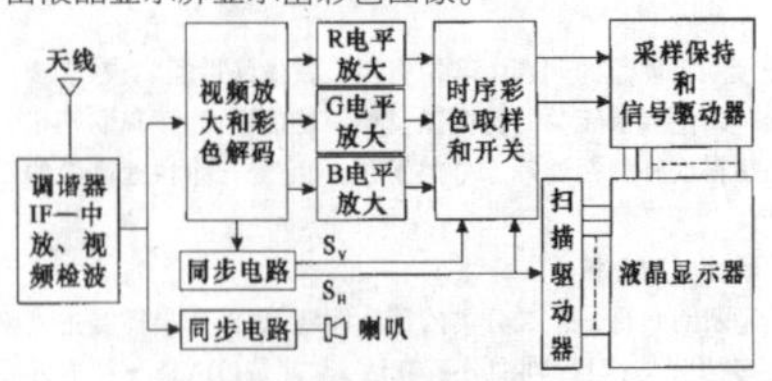

图 2 液晶电视的电路框图

三、液晶电视关键技术的新进展

为了提高液晶电视的画质质量，人们在液晶电视关键技术领域付出了巨大努力，并且逐步走向成熟。

1.亮度方面

为了提高液晶电视的亮度，现在的液晶电视普遍采用了亮度为450~500cd/m²的液晶显示屏，有的产品甚至采用了600cd/m²的液晶显示屏，背光也从最初的CCFL发展到今天的LED，功耗更低，亮度更高。

2.分辨率方面

在液晶问世之初，其分辨率远不如显像管(CRT)，但经过不断努力，现已超过了CRT水平。TFT的分辨率经由320×200像素、640×480像素、1024×768像素、1920×1080像素(俗称2K)、3840×2160像素(俗称4K)，发展到了目前的7680×4320像素(俗称8K)水平。目前液晶电视的分辨率一般为2K和4K，提高液晶显示器分辨率的技术途径主要有利用低阻材料制作TFT的总线和利用低温P-Si制作TFT。

利用低阻材料制作TFT总线方面：考虑到Al的优良特性，目前，在制作TFT总线的材料中，研究和使用较多的是铝，围绕解决铝易形成小丘、化学腐蚀和氧化等问题，先后提出了合金法（如Al-Cu，Al-Si，AI-Si-Cu，Al-Ta，Al-Nd和Al- Ti等)和夹层法（如Mo/A1/Mo，Cr-/A1/Cr，TiN/AI/Ti)。合金法在工艺上相对比较简单，但电阻高；夹层法中riN/A1/Ti夹层可以用干法刻蚀，有利于形成栅线的斜坡，是比较理想的低阻材料。

3.对比度方面

为了提高液晶显示器的对比度，已经采取了一系列措施。例如，采用无光漏的黑色衬垫、采用高亮度的背光源、提高偏振片的性能等。

4.提高显示响应速度方面

为了提高液晶电视的显示响应速度，采用了过激励技术。根据液晶显示原理，液晶显示屏起着光调制的作用。当来自背光源的光线通过液晶显示屏时，液晶分子在外电场调制下，能够调节通过液晶显示屏的光通量。但无论是施加电压开启，还是施加电压关闭都需要一定的时间，如果液晶分子的响应速度跟不上发送给液晶屏的影像速度，看起来就会产生“拖尾”现象。为了解决这个问题，采用了过激励技术，如图3所示。该技术通过在画面变化时施加高于平常电压的方法，来提高液晶显示屏的响应速度。采用过激励技术，现在的液晶电视已经实现了4ms的高速响应速度。

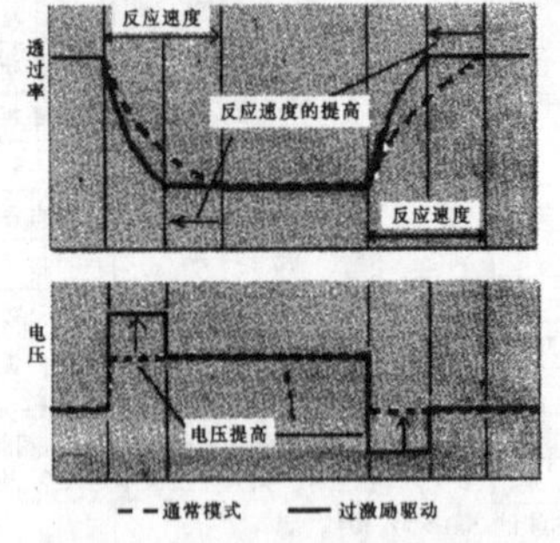

图3 利用过激励技术提高反应速度

5.消除残影方面

液晶显示器与CRT在结构上是不同的。CRT在瞬间显示影像后，到显示下一个画面之前为消隐状态。而液晶电视在现有画面切换到下一个画面之前是持续显示的，由于人眼的视觉暂留现象，便会造成残影。由此可见，对于液晶电视而言，单纯地依靠提高响应速度并不能消除残影。为此，日立首先采取了黑色插入技术，它是通过在各图像帧切换时插入黑色影像，来克服视觉暂留现象，从而大大地降低了液晶电视的残影。

6.引入Y/C分离功能

为了减少彩色图像噪音，更加鲜明地显示电视影像，尤其在大尺寸产品方面，各厂商均引入了分离亮度信号(Y)和彩色信号(C)的Y/C分离功能。

7.提高视角方面

与自发光型显示器件相比，LCD的最大问题是视角。现在解决视角问题的比较有效的方式有平面驱动方式(IPS)和多畴垂直排列方式(MVA)。

IPS方式：IPS方式是把控制液晶分子偏转的一对电极都做在下基板上，利用施加在这一对电极之间的横向电场来控制液晶分子的状态，使光线在通过液晶层时受到调制。IPS方式是改进视角特性的最有希望的技术，因为对于各个视角而言，其黑态最纯，且不敏感，而且在水平和垂直方向均可获得宽阔的视角。但是，传统IPS模式仍有一些问题：其一，在特定的视角方向上仍存在着黄偏或蓝偏现象，这种色偏现象是由液晶分子长轴和短轴之间的折射率差造成的；其二，IPS方式的驱动电压也偏高。

MVA方式：其原理是首先在液晶显示器的上、下基板上均匀形成很多小凸起，使液晶分子垂直取向，起偏器和检偏器的方向互相垂直，所以无电场时液晶显示器为暗态；当施加电压时，这些凸起间产生倾斜电场，使液晶分子偏离垂直取向，在每个像素点上形成多个不同的畴，导致光的透过率增加，从而使通过液晶显示器的光线受到外场的调制，显示出彩色图像。因为MVA方式可以有效改善传统液晶显示器的单畴状态，而单畴状态所造成的液晶层各向异性过强正是导致LCD器件视角过小的原因，所以MVA方式可以有效改善液晶显示器的视角特性。

韩国现代公司在IPS模式的基础上提出了边缘电场驱动模式(fringe-field switching)，使液晶显示器的性能有重大改进，视角和光利用率都十分优异。韩国三星公司开发了边缘电场与垂直排列结合的扩展视角技术，也较好地解决了液晶显示器的视角问题。现在液晶电视在垂直和水平方向的视角都可达到170°以上，液晶电视的视角障碍将成为历史。

8.提高开口率方面

为了抑制IPS方式的色偏，采用了“之”字形电极或弯曲的像素电极结构，从而将每个像素都划分为两个区域。当施加电场时，在这两个区域内，液晶分子分别向相反的方向扭转，使每个像素均可独立地补偿由于液晶分子的长轴和短轴之间的折射率差所造成的色偏，提高了显示质量。然而，这种像素结构与直线型电极结构相比降低了像素的开口率，如图4(a)所示。因为这种像素电极相对于直线型源极总线而言是弯曲的，因此，位于源极总线和像素电极之间的公用电极的形状也要变形为如图所示的形状，从而使其面积也有所扩展，结果使显示区的有效区域(像素电极和公用电极之间的空间)变得狭窄了，从而导致IPS方式液晶显示器的开口率有所下降。为了解决这个问题，松下设计出了新的“之”字形像素结构，如图4(b)所示，不仅像素电极为“之”字形结构，而且公用电极和源极总线均为“之”字形。此外，在虑色片基底上制成的黑色矩阵跟像素电极一样也是“之”字形的。采用这种新的像素结构，使得像素电极和公用电极之间的空间在水平方向被扩大，开口率得以提高，大约为传统像素结构的1.25倍。

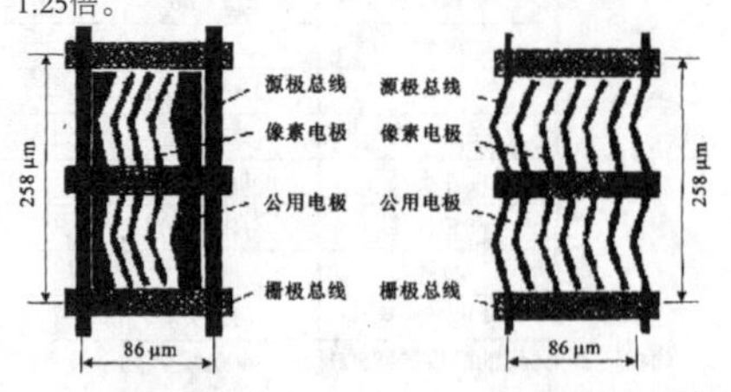

图4a　　图4b

9.场序彩色分割显示法(Field-Sequential C01-or，即RGB时间分割显示)

场序彩色分割法是利用红、绿、蓝三色背光源，按时序分别点亮LCD，同时根据所显示的信息控制透过液晶显示屏的光通量，从而实现时间上的加法混色，显示出彩色图像。该技术对响应时间要求较高，一般为2~3ms。理论计算和实验都表明OCB(Optically Compensated Bend)模式可以实现2 ms的响应速度，可以满足这一要求。又因为P-Si可以实现高速驱动，所以，利用低温多晶硅驱动的、OCB模式的、场序分割显示的液晶显示器已经成为现在研究的热点之一。由于该技术不需要彩色滤光片，且像素数目为普通透过型LCD的1/3，更容易实现高容量、大画面显示，代表了LCD的发展趋势，开发出利用该技术的液晶电视也是下一步研究工作的目标。

四、液晶电视的优势

目前，液晶电视经过多年的发展在技术层次上已经成熟，拥有显像管电视和等离子电视一些无法比拟的优势（当然等离子电视在某些领域也具有特定的优势)。

1.轻薄便携。液晶电视的重量和厚度要远小于传统电视。

2.分辨率高，清晰度高。液晶电视的分辨率已达7680×4320(俗称8K)像素，3840×2160(俗称4K)像素的液晶电视机早已进入百姓家，能够更好地支持数字高清晰度电视节目。

3.对使用者几乎无伤害。液晶电视不易造成视觉疲劳，辐射也近似为0，对使用者的健康伤害可以忽略不计。

4.耗电量低，使用寿命长。按照每台电视机每天使用4.5 h计算，如果用30英寸的液晶电视替代32英寸的显像管电视，每台电视机的年节电量约为71千瓦时。液晶电视的使用寿命一般为5万个小时，比普通电视机的寿命长得多。

5.绿色、环保。与传统电视机相比，液晶电视所造成的环境问题要小得多。

所以，无论是与传统显像管电视相比，还是与等离子电视相比，液晶电视都有一定的技术优势。

◇辽宁　林漫亚

利用量产工具制作加密U盘

由于U盘使用便捷，有很多人会把重要的数据文件存放到U盘里，但是，万一U盘遗失，就有泄露U盘中的重要资料和个人隐私的可能。为了有效地保护好重要文件和个人隐私，比较有效的方法是对U盘进行加密。

网上加密软件很多，各有特点，笔者这里采用另一种方法为U盘加密，就是通过U盘量产工具来对U盘加密，操作非常简单，使用也很方便。

不同的U盘所采用的主控芯片也不同，当然使用的量产工具也不一样，这里以芯邦主控芯片为例加以说明。顺便提示一下，在制作之前，请先备份U盘里面的数据。

对U盘进行量产，首先要知道U盘的主控芯片型号，才能正确选用对应的量产工具。U盘主控型号识别一般都用ChipGenius这款软件，可以直接到网上下载，最好下载最新版本的。下载后运行软件后，就会弹出图1所示的窗口，如果有多个USB设备连接在电脑上，就要选择好对应的U盘，然后就会显示主控厂商和主控型号信息，这里显示的厂商是：ChipsBank(芯邦)，主控芯片型号是CBM2099E。

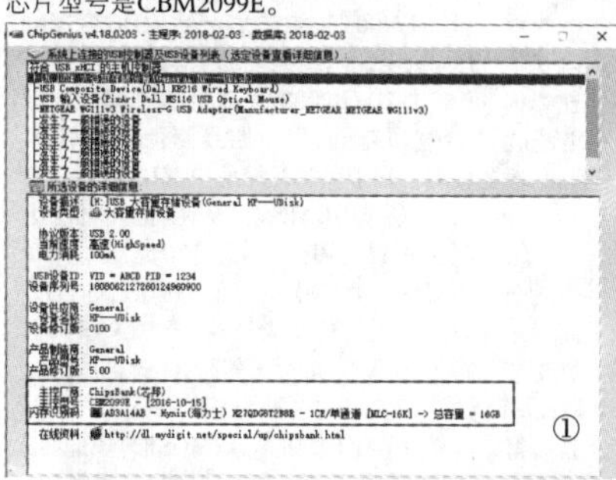
①

接着就需下载芯邦的量产工具，笔者下载的是CBM209X_UMPToolV7100这个版本，下载后运行软件，弹出如图2所示界面，此时软件已经识别出U盘了。如果没有识别出U盘，往往都是软件版本不对，需重新下载。

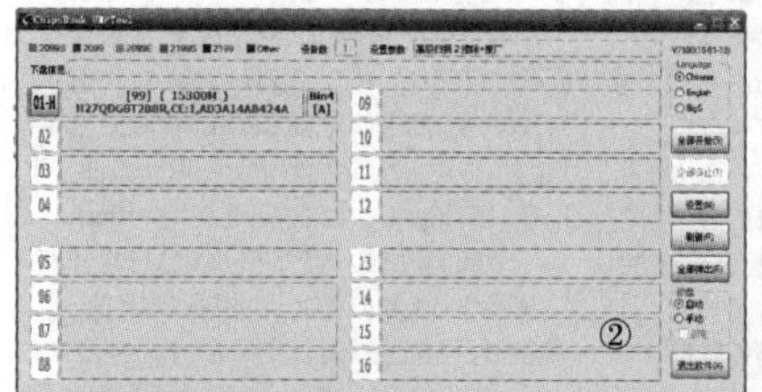
②

在界面中点击“设置”按钮，出现图3所示窗口，此处可以设置一些产品信息，可以根据需要设置，也可以不设置，点击“高级设置”按钮，在“闪盘设置”选项中选择“加密盘”选项(如图4所示)，在密码框中填入密码，这个密码就是U盘加密密码，以后使用U盘就需要此密码。设置好密码后点击确定，返回到图2所示界面，点击“全部开始”按钮，稍等一会，量产完毕后点击“全部退出”按钮，加密U盘就制作好了。

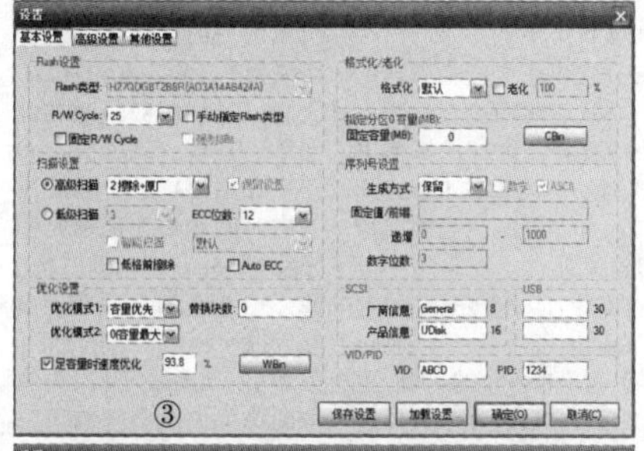
③

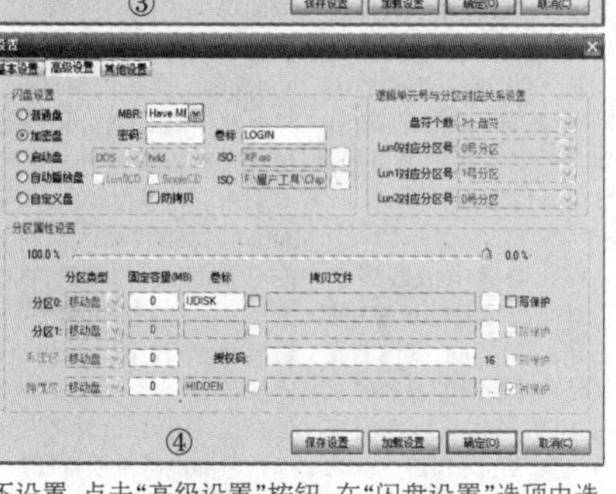
④

接着拔出U盘再插入电脑，打开“此电脑”后，此时电脑显示的U盘信息的不是U盘的真实容量信息（如图5所示，只有输入正确密码后才能显示真实容量信息），不用理会，继续打开此盘符，然后再双击“LoginTool”(如图6所示)，弹出“登录工具”界面(如图7所示)，输入加密时设置的密码，点击登陆，这样就可以正常使用U盘了。

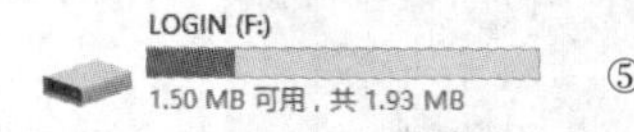

⑤

在以后的使用中，首先要输入密码才能看见U盘中的内容，使用完毕只要拔出(或弹出)U盘，再次插入U盘也需要输入密码，这样有效地保护了重要文件和个人隐私，笔者个人感觉还是很方便的。

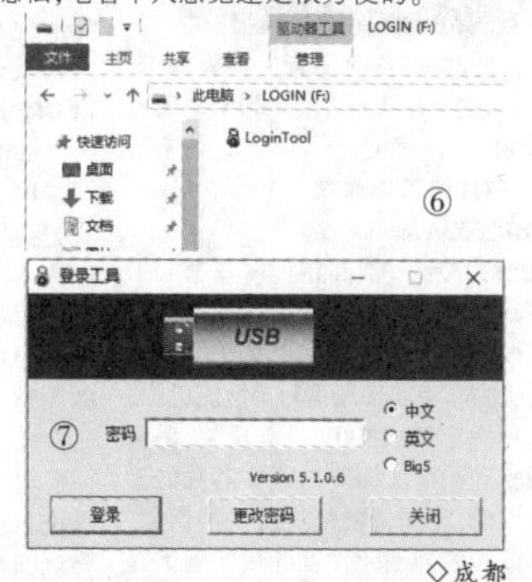
⑥ ⑦

◇成都 宇扬

手工启用Windows Defender的广告软件拦截服务

也许你已经知道，Windows 10其实并不需要安装专业的杀毒软件，因为对普通用户来说，Windows Defender的功能已经完全满足基本使用需求，按照下面的步骤，可以让专业版本的Windows 10用上企业版本才提供的广告软件拦截服务。

按下“Win+R”组合键，打开“运行”对话框，输入“regedit”进入注册表编辑器，依次跳转到“HKEY_LOCAL_MACHINE\SOFTWARE\Policies\Microsoft\Windows Defender”，右击新建一个名为“MpEngine”的项目，接下来在右侧窗格新建一个名为“MpEnablePus”的DWORD(32位)值(如附图所示)，双击修改数值数据为“1”就可以了。以后，我们在运行Windows Defender时，就可以获得“潜在不受欢迎应用(PUA)”的拦截服务，感兴趣的朋友可以一试。

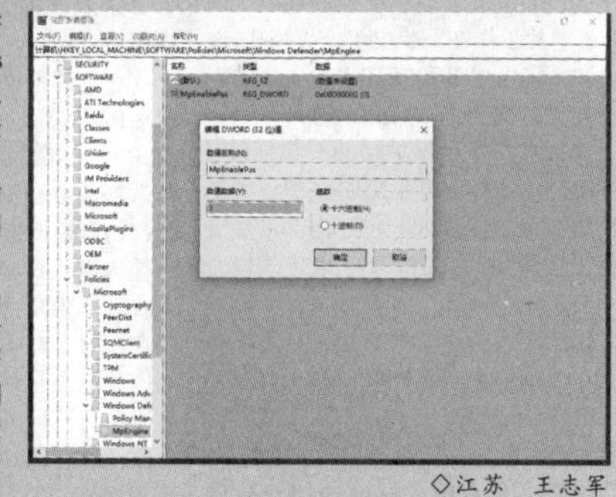

◇江苏 王志军

校正水平“跑偏”的相片二法

如今智能手机的日益普及使得相片拍摄变得越来越平民化，但一不小心可能就会拍出一些水平“跑偏”的相片——拍摄时镜头未放置水平或拍摄的瞬间手指点击产生了轻微的抖动倾斜。如果相片的曝光和色调等参数均正常的话，我们可以使用相关的工具软件来校正这些水平“跑偏”的相片，比如美图秀秀和PhotoShop。

【方法一】使用美图秀秀的“旋转”

美图秀秀是一款普及率较高的免费图片处理工具软件，使用起来较为简单。首先在待处理的水平“跑偏”相片上点击右键，选择“使用美图秀秀编辑和美化”项；接着，点击“美化编辑”选项卡中的“裁剪旋转”并切换至“旋转”项，在“任意角度”处根据实际情况拖动中间的小白圆圈，本案例是大约向左逆时针旋转原相片调至“-3”度(如图1所示)。此时，原相片的“水平”边界已经基本趋于较为符合人眼视觉上的水平感受程度，点击“应用”按钮，最终再执行“保存分享”操作，将经过校正水平“跑偏”的新相片另存为JPG格式文件即可。

美图秀秀的旋转功能只能是进行整数度数的调整，也就是精确度还稍有欠缺，而且也只能通过拖动小圆圈(不能直接输入旋转的角度数值)来调节，但因其高装机率和易用性也足以满足一般的相片旋转调整需求。另外，在“保存分享”之前还建议执行一步“裁剪”操作，将刚刚因旋转而在周边生成的白色边缘剪切掉——除非想要追求另外一种艺术效果（比如结合添加“边框场景”等）。

①

【方法二】使用PhotoShop的“拉直工具”

如果自己的PS水平还可以的话，面对此类图片调整方面的需求当然还是要“求助”于PS CC 2017，利用其内置的CameraRaw滤镜插件来校正水平“跑偏”的相片完全就是“小Case”：

首先运行PS，按Ctrl+Alt+Shift+字母O组合键调出“打开”对话框，将底部的“文件名”后默认的“PhotoShop(*.PSD,*.PDD,*.PSDT)”项设置为“Camera Raw(*.TIF,*.CRW等等)”，这样设置的目的是直接在PS中调用CameraRaw来打开待处理的任意格式的图片文件；接着，选中水平“跑偏”的JPG相片文件，点击“打开”按钮，进入PSCC的Camera Raw滤镜插件工作环境；单击其顶端第七个“拉直工具”，然后在下方相片底部的“跑偏”石阶水平线左侧点击并向右“拉”出一条线，这条线就是告诉PS以此为基准与真正的“水平”去校正，松开鼠标后就迅速实现了水平校正（如图2所示）。此时，PS还会自动切换至“裁剪工具”状态，而且根据刚刚拉直的水平线出现自动包围校正后相片有效区域的矩形框；最后双击图片，结束旋转调整操作，再点击左下角的“存储图像”按钮，将校正好的相片进行存盘操作即可。

PS的Camera Raw滤镜插件在校正水平时不需要设置旋转的角度值，其准确度极高且只需要简单的“点击、拖动”，而且也不像美图秀秀那样再需要手动来进行裁剪，操作起来也是非常简单的，大家可根据实际情况来选择适合自己的操作方法来进行水平“跑偏”相片的校正。

②

欧美LED雪花型灯贴电路剖析

此灯贴为宁波欧美公司生产，负载由6个灯条共48个灯珠串联组成，实物如图1所示，实绘电路如图2所示。

①

注：图2中贴片电阻皆为标称值，未经换算，图中所示电压值为500型万用表DC挡测得，仅供参考。

一、芯片的工作原理

1.BP2832A简介

BP2832A是一款高精度降压型LED恒流驱动芯片。芯片工作在电感电流临界连续模式，适用于85~265VAC全范围输入电压的非隔离降压型LED恒流电源。

芯片内部集成500V功率开关，采用专利的驱动和电流检测方式，芯片的工作电流极低，无需辅助绕组检测和供电，只需要很少的外围元件，即可实现优异的恒流特性，极大地节约了系统成本和体积。芯片内带有高精度的电流采样电路，同时采用了专利的恒流控制技术，实现高精度的LED恒流输出和优异的线电压调整率。芯片工作在电感电流临界模式，输出电流不随电感量和LED 工作电压的变化而变化，实现优异的负载调整率。

芯片具有多种保护功能，包括LED开路/短路保护，CS电阻短路保护，欠压保护，芯片温度过热调节等。内部电路结构框图如图3所示，其引脚功能见表1。

2.启动

BP2832A启动电流很低，当系统通电后，经启动电阻对BP2832A的④脚VCC电容C4进行充电，当VCC达到开启阈值时，电路开始工作。正常工作时，内部电路的工作电流可以低至180μA，并且内部具有独特的供电机制，无需辅助绕组供电。

3.采样电阻与恒流控制

BP2832A工作在电感电流临界连续模式(CRM)中，芯片逐周期检查电感中的峰值电流，CS端连接到内部的峰值电流比较器的输入端，与内部的400mV阈值电压进行比较，当CS电压达到内部检测阈值时，功率管关断。

电感峰值电流为：$I_{PK}=400/Rcs$(mA)

CS比较器的输出还包含一个350ns的前沿消隐时间，这个前沿消隐时间，主要用来延时电流采样，因为在开关导通瞬间会有脉冲峰值电流，如果此时采样电流值并进行控制，会因脉冲前沿的尖峰产生误触发动作，影响电路启动，前沿消隐就是用于消除这种误触发隐患的。LED输出电流为：$I_{LED}=I_{PK}/2$(mA)。

4.电感设计

BP2832A工作在电感电流临界模式，当功率管导通时，流过储能电感L的电流从零开始上升，开始蓄能，到达电流峰值时功率管关闭，此期间电感的导通时间为：$t_{on}=(L\times I_{PK})/(V_{IN}-V_{LED})$。$V_{IN}$为交流输入整流后的直流值，$V_{LED}$为LED负载的正向压降。

当功率管关断时，流过储能电感的电流将从峰值逐渐降低，当电感电流下降到0时，芯片内部逻辑电路再次将功率管导通。

功率管关断时间为：$t_{off}=(L\times I_{PK})/V_{LED}$。

系统工作频率$f=1/(t_{on}+t_{off})$。

储能电感为：$L=(V_{LED}\times(V_{IN}-V_{LED}))/(f\times I_{PK}\times V_{IN})$。

在设计系统时，首先确定I_{LED}，I_{LED}确定后R_{CS}、I_{PK}等也就相应确定了，此时由上式可知，系统频率与输入电压成正比、与选择的电感L成反比；当输入电压最低(或)电感取值较大时，系统频率较低，当输入电压最高(或)电感取值较小时，系统频率较高，因此，在确定系统输入电压范围时，电感的取值直接影响到系统频率的范围以及恒流特性。考虑到系统频率不可过低（例如进入音频范围），也不宜过高(导致功率管损耗过大以及EMI影响)，同时BP2832A设定了最小/大退磁时间以及最小/大励磁时间，因此在设计时，系统频率设定应在规定的频率范围内，SIC955X系列芯片系统频率设定在50~100kHz之间，估测BP2832A也在此频率范围内。

BP2832A设置的最小退磁时间和最大退磁时间分别为4.5μs和340μs。从t_{off}的公式可知，如果采用的电感量很小，导致关闭时间t_{off}很短小于4.5μs，此时电感中的峰值电流会提前下降至0，此时离功率管导通时间4.5μs还有一段时间，这样电感中电流就出现了断续，也即电感电流工作在断续模式(DCM)；反之，如果采用的电感量很大，导致t_{off}很长大于340μs时，当时间达到340μs时，电感中的电流还未下降到0，此时，电感中的电流将从下降到340μs时刻的电流值开始逐渐增大，也即电感电流工作在连续模式(CCM)，电路不会工作在电感电流临界模式，这样就会背离设计值。因此，选择合适的电感量很重要。

5.过压保护电阻设置

在系统中，当LED开路时，由于无负载连接，输出电压会逐渐上升，进而导致退磁时间也会逐渐变短。通过调节BP2832A的②脚ROVP端外接电阻Rovp的阻值来控制相应的退磁时间，就能得到需要的开路保护电压。BP2832A的②脚流出电流约为50μA。

开路时的退磁时间为：$T_{OVP}\approx(L\times Vcs)/(Rcs\times Vovp)$(μs)。

Vcs(400mV)为CS比较器的关断阈值；Vovp为需要设定的过压保护点。

Rovp的电阻值为：$Rovp\approx(130/Tovp)\times10^{-3}$(kohm)

6.保护功能

BP2832A内置了多种保护功能，包括LED开路/短路保护、CS电阻短路保护、VCC欠压保护、芯片温度过热调节等。

当输出LED开路时，系统会触发过压保护逻辑并停止开关工作，同时进入间隔检测状态，当故障恢复后，电路也将自动回复到正常工作状态；当输出LED短路时，系统将工作在5kHz左右的低频状态，功耗很低，同时不断监测系统，若负载恢复正常，则电路也将恢复正常工作；当CS电阻短路，或者电感饱和等其他故障发生，电路内部快速保护机制立即使MOS管停止工作，此时电路工作电源也将下降，当触发欠压保护阈值时，系统将会重启，从而实现了保护功能的触发、重启工作机制。

若工作过程中，BP2832A监测到电路结温度超过过温调节阈值(150℃)时，电路将进入过温调节控制状态，减小输出电流，以控制输出功率和温升，使得系统能够保持一个稳定的工作温度范围。

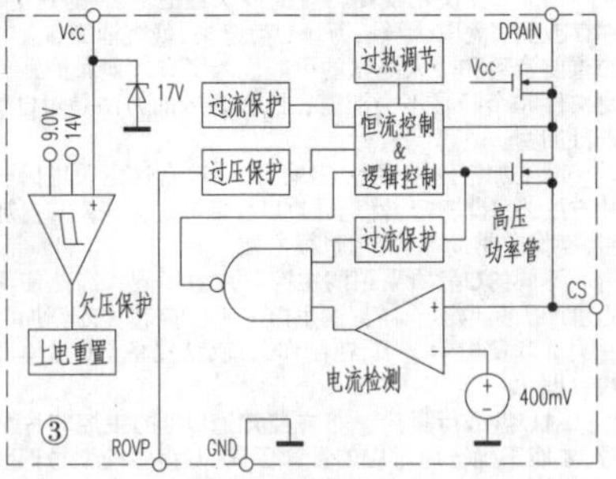

③

二、工作工程

市电电压经DB1(MB10F)整流、C1(10μF/400V) 滤波后产生约DC285V电压。该电压一路经启动电阻R3、R4(564)给芯片U1(BP2832A)的④脚外接的电容C4(棕)充电，另一路经续流二极管D1(E1J)、LED负载及储能电感L1等进入U1的⑤、⑥脚DRAIN端。当C4两端电压达到芯片启动阈值14V时，电路启动并开始工作。当市电电压低等原因，导致U1的④脚电压低于欠压保护阈值9V时，电路停止工作。正常工作时，④脚电压被钳位在17V，实测④脚电压约16.5V。

在U1内部功率管(MOS管)导通时，DC285V电压通过LED的48只灯珠及L1，进入U1内部MOS管漏极，此时L1储能；当MOS管关断时，L1上的磁场能开始通过D1及负载LED等释放，磁场能转变为电场能，向负载供电。

U1的⑦、⑧脚CS端外接电流采样电阻R1 (3.3Ω)、R2 (2.2Ω)，其并联值为1.32Ω，电感峰值电流I_{PK}及LED输出电流I_{LED}分别为：$I_{PK}=400/1.32\approx303$mA；$I_{LED}=I_{PK}/2=151.5$mA。实测$I_{LED}$电流约140mA。

U1的②脚ROVP端外接68kΩ的开路过压保护设置电阻R5，根据其阻值，算得LED开路退磁时间T_{OVP}为：$T_{OVP}\approx(130/R_{OVP})\times10^{-3}=1.91\times10^{-3}$μs；LED开路电压保护点为：$V_{OVP}=(L\times V_{CS})/(R_{CS}\times T_{OVP})\approx158.51\times10^{3}\times L$(V)。因不知储能电感L1的电感量，开路电压保护点V_{OVP}无法算的。

实测在LED负载开路时，测得LED+~LED-间的直流电压约为4V，BP2832A的②脚电压先是反冲至负值，然后回升至约0.05V，同时VCC脚电压也降至约10V，然后回升至约11.4V。此时，再接通LED负载，负载马上点亮，各处电压又恢复到图2中所示的电压值。从测试结果看，在LED负载开路时，系统触发了过压保护逻辑并停止开关工作，同时进入间隔检测状态，在LED负载恢复后，电路自动恢复到正常工作状态。BP2832A在路阻值及各脚直流电压见表2、3。

②

◇山东 黄杨

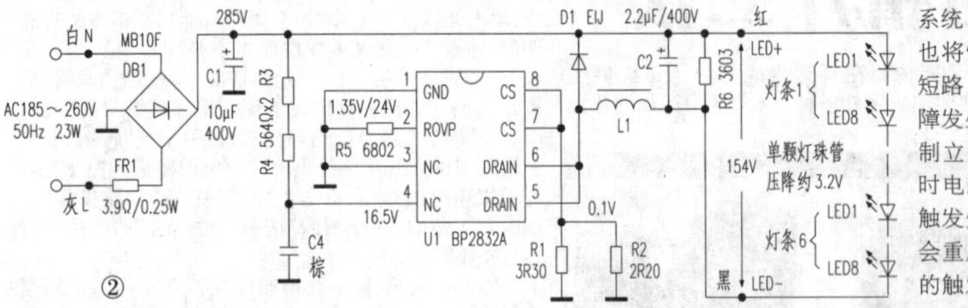

表1

脚号	符号	功能
①	GND	接地
②	ROVP	开路保护电压调节端，接电阻Rovp到地，设置开路电压保护点。开路电压设置与电感L、Rovp及采样电阻Rcs等有关
③	NC	无连接，建议连接到芯片地(Pin1)
④	VCC	芯片电源。VCC钳位电压17V，启动电压阈值14V，欠压保阈值9V，工作电流180μA。
⑤、⑥	DRAIN	内部高压功率管漏极
⑦、⑧	CS	电流采样端，采样电阻Rcs接在CS和GND端之间。LED驱动电流=采样基准电压典型值400mV/(2×Rcs)。电感电流峰值Ipk=400 /Rcs

表2 BP2832A在路阻值(kΩ)(500型表R×1 kΩ挡测)

测量方式 \ 脚号	1	2	3	4	5、6	7、8
黑笔接①脚，红笔测量	0	5.4	0	5.1	17.8	0
红笔接①脚，黑笔测量	0	57	0	∞	∞	0

表3 BP2832A各脚直流电压(500型表DC挡测)

脚号	1	2	3	4	5、6	7、8
电压/V	0	1.35/2.4	0	16.5	130	0.1

采用观察分析法判断电子元器件好坏(上)

在电子维修、电子制作、试验电路，经常与电子元件，电子器件打交道，这里结合实践与验证，采用实用简单法—观察法来观其质量优劣，以便快速判断与排除。故此，精选部分实用件与应用件，供读者参考，现介绍如下：

一、实用器件

1.熔断器

熔断器就是保险丝，是一种安装在电路中，保证电路安全运行的电气元件。熔断器也被称为保险管、熔断体。熔断器会在电流异常升高到一定的程度与一定时候，自身熔断切断电流，从而起到保护电路安全运行之作用。用观察法可判断其损坏。如果，发现熔断器的玻璃壳内壁有黑斑或黄斑，则说明有过流现象。如熔断器烧后的颜色为黑色或炸裂，说明交流严重短路（碰线）。检查目测：熔断器的玻璃壳只是轻微地有黄斑，可能是熔断器本身损坏所致。

实践得知：熔断器的颜色为白颜色或炸裂，则说明直流部位有较重短路。若其烧后的颜色为黄白颜色或炸裂，说明交直流整流部分严重短路造成。与此同时，熔断器松脱、熔断器夹片太松，也会损坏之。还有，其烧后的颜色为无色、也无炸裂，说明，多为过压、过流、过载、轻微短路造成，多数试换同规格后，即可正常工作。

2.传感器

传感器其用途应用较广，尤其在自动化仪表、一次仪表应用中，如压力传感器、温度传感器等。有的温度传感器把感知的温度信号传到单片机（微电脑CPU）中，通过单片机CPU进行控制。原理得知，从温度传感器输入CPU的电压值来分析当前温度是否工作正常，以此来准确判断温度传感器是否异常或不良、内损坏等。其规律是：温度与电压一般是成正比的，也就是温度越高，温度传感器与单片机CPU连接引脚的电压越高。如果不符合此规律，则说明该温度传感器可能异常。更换试之。

与此同时，仔细直观检查感温头是否受剧烈冲击变形损坏。若发现，感温头密封裂纹，则说明该传感器损坏了。再者，传感器的插接件有时接触不良，引脚歪斜，可仔细观察大小公母插头是否正确平整，重插排除异常。

对于热敏电阻材料传感器有的日久产生裂纹，即有水分渗入内部，实践证明，可引起参数恶化，则说明该传感器损坏了。为验证其好坏，用手握住热敏电阻大约5min，用万用表的电阻挡检测阻值，看是否变化；如果有变化，则说明该传感器（热敏电阻）是好的；如果没有变化，则说明该传感器内部损坏了。若发现，传感器感温元件焊点断裂变形，则说明该传感器也损坏了。 对于压力传感器损坏率相对较低，其常见，连线开路、接触不良，输入及输出端阻抗变化异常。现场维修得知，如果检测压力传感器输入端间的阻抗、其输出端间的阻抗为无穷大∞则说明桥路断开了。显然，判断压力传感器损坏。

还有的压力传感器经直观检查可疑损坏者，必须再验证，用万用表电压挡，检测在无施加压力的条件下，传感器的零点输出。正常情况下，该输出一般为mV级的电压。如果超出正常电压，则说明该传感器的零点偏差超出范围。应进一步校验或更换之。

再者，仔细检查传感器无明显裂纹、裂迹、凸起及外伤局部损坏等异常现象，此时，为进一步判断其好坏，可给传感器供电，用嘴吹压力传感器的导气孔，再用万用表的电压挡检测传感器输出端的电压变化情况。如果压力传感器相对灵敏度大，则该变化量明显。如丝毫无变化，则需改用气压源施加压力来检测判断之。

3.变压器

变压器系变换交流电压、电流与阻抗的器件，当初级线圈中通有交流电流时，铁芯（或磁芯）中便产生交流磁通，使次级线圈中感应出电压（或电流），用于改变电压等级。

变压器是在电气、机电器、电子三大领域里，应用最广，最普及的实用件之一。故此，据实践经验与验证得知，判其好坏，可采用直观检查法（即观察、结合触摸或检测速查之）具体是：

（1）仔细观察变压器外层表面绝缘介质颜色若明显出现局部发黑、凸起、碳化现象，据此判断其内局部损坏之。还有的变压器绕组线圈有外露现象；局部打火烧焦的痕迹；外表太脏、引脚间存在污物，等现象（此处易引起变压器漏电）。故判其异常。

（2）实践得知，不同厂家生产的变压器，在同环境下运行，有的易出现，局部焦孔现象，验证该变压器损坏。还有的出现引脚开路、引线松动、断裂、引脚虚焊等异常。硅钢片锈蚀；绝缘材料有焦痕迹；变压器铁芯紧固螺杆松动；变压器线圈断裂现象，也均属异常。

（3）变压器的线圈与线圈间、线圈与铁芯间的绝缘性能，一般家用电器选择500V兆欧表检测，正常绝缘电阻不小于1000MΩ。也可采用万用表10KΩ挡来检测，正常一般为无穷大∞，也就是万用表指针指示不动。如果检测发现为低值，则说明该变压器异常。（可能漏电、局部短路）继而动态下验证：手摸其外壳，一般电源变压器内部匝间短路越严重，则短路电流越大，变压器发热则越严重，也就是向烫手方面发展，并且短路越严重，发热越快。据此特点可判断电源变压器是否出现短路性故障。如电子小型变压器如果短路严重，则其在加电变压后几十秒内会迅速发热发烫。手摸会有烫手之感觉，据此特征判断电子小型变压器是否内部损坏了。与此同时，观其外表，若发现，发黄、局部变色异常现象，肯定内部损坏之。（一般系初级线圈受高温、高热、潮气之影响而烧损）。

（4）经验得知：一般小功率变压器允许温升为40度至50度。（如果该电源变压器所用质量较好的材料，则允许温升在此基础上还可提高一些）此，手摸判断之。对于判断是否短路性故障，一般正常的电源变压器空载电流值小于电流的10%。因此，据该规律可判其是否出现短路性故障，即如果电源变压器空载电流大于满载电流的10%很多，则说明电源变压器可能出现短路性故障。

与此同时，直接验证测量：把电源变压器次级所有绕组全部开路，把万用表调到交流电流500mA挡，再串入初级绕组中。当电源变压器初级绕组接入需要的220V交流市电时，万用表所指示的数值就是电源变压器空载电流值。正常情况下，该空载电流值不能大于变压器满载电流的10%~20%。一般常见电子设备的电源变压器正常空载电流大约为100mA。如果超过太多，则说明该变压器内部局部短路了。

也可采用间接测量法：具体是，在电源变压器的初级绕组中串联一只10Ω/5W的电阻，将电源变压器的次级全部调整为空载。把万用表调至交流电压挡，然后加入正常安全的电到电源变压器，万用表的两表笔测出电阻R两端的电压U，再根据欧姆定律算出空载电流I，根据公式为I=U/R。

与此同时，也可检测电源变压器的空载电压，（参考电压值）将电源变压器的初级接上所需20V市电，把万用表交流调到电压挡位，把表笔接入次级绕组，即依次测出各绕组的空载电压值正常情况下，该检测数值需要符合要求值，一般允许误差范围为：高压绕组小于等于≤±10%，低压绕组小于等于≤±5%，带中心抽头的两组对称绕组的电压差小于等于≤±2%。

4.CRT显像管

CRT显像管系应用频率较高的实用部件。有些故障采用直观法（即目测、观察法）判断CTR显管好坏：

（1）静态下，直接观察显像管，如果发现机械损伤、玻壳破裂、管尾外伤、符件异常、偏转焦烟等异常，则说明该显像管异常。

（2）直接观察显像管无伤后，可以给CTR显像管动态下，通电后再观察。在暗处，如果发现极间有拉火、冒紫光、高压打火、工作电压偏离等现象，则说明该显像管异常。（说明：CTR显像管出现异常现象，有的不可修复，有的可以修复。）

（3）判其显管衰老：若动态下，CTR显像管暗淡、清晰度差、或因某一枪因老化底色变差、白平衡无法调整等异常，则说明该CTR显像管可能老化了。

（4）判断CTR彩管漏气，用观察法，开机时，CTR彩管电子枪内发出"噝噝"声，可以看到管颈内冒紫光。另外，CTR彩管靠近锥体石墨层有1~2cm长透明的，白色或是金黄色，如果变为发黑、暗、则说明该CTR彩管存在漏气现象。

（5）判其CTR彩管黄斑：实践得知，黄斑主要在屏幕纯平管比较多，其是荧光粉长期受强电流轰击老化造成的。黄斑一般在红场信号，蓝屏信号反映不出来，只有在其他信号下才可以看见图像局部反黄。

（6）判断CTR彩管磁化：直观，一般屏幕四周小范围内，多在彩管四个角的某一脚出现色斑，则说明该CTR彩管磁化了。

（7）判其CTR彩管极间跳火：日久使用，三阴极间存在杂质，产生三阴极间放电。极间跳火时，CTR屏幕大面积受磁伴有黑线干扰，时有时无，严重时，图像时有时无地抖动。

5.显示屏（显示器）

（1）放大镜观察法，判断LCD屏幕是否局部损坏。首先打开LCD电视，仔细观察，对屏幕上某一部位出现无光或者黑块的位置做上记号。然后关断电源，再使用10倍放大镜对屏幕进行仔细观察。如果看到屏幕上的无光区有裂纹痕迹，则说明该LCD可能局部损坏了。（说明：液晶显示屏裂纹一般是属于不可修复损坏，只能够采用更换维修处理）。

（2）液晶显示数码屏（判断单体数码管的好坏）观察法，正常的LCD数码管外观上应没有局部变色、颜色均匀、无有气泡、亮度足够、笔画全、没有可见损伤、无可见变形、没有可见崩缺、表面漆层无脱落、底层胶没有裂纹、引脚与本体无松动、引脚与本体无位移等现象。如果出现异常外观，则可能是数码管损坏。

（3）判断数码显示器的好坏：观察有气泡产生，液晶材料变色，出现黑斑或白斑、则说明该数码显示器直流电压驱动，或者交流脉冲电压中有直流分量造成的。

与此同时，如果数码显示器显示状态混乱，或者所有片断全部显示，则一般是数码显示器公共电极悬空，或者输到公共电极，或者异或门是直流电压造成的。

二、应用部件

1.电视机：（CTR电视机）

（1）CRT彩电行输出变压器工作是否正常速判断。直观检查法：直观法查之就是采用眼看、手摸、耳听、鼻闻等来判断。具体是，看外部有没有损坏、拉弧放电、局部烧焦、鼓泡、凹坑、砂眼、磁芯断裂、表面发黄等现象。如果有，则说明该行输出变压器异常。

鼻闻，就是对行变闻臭氧味是否很浓，是否具有烧焦味等来准确判断。

手摸可以在关机后，静态下手摸行输出变压器，如果发现局部某处温度比周围高，则该处可能存在局部短路的现象。特别是高压整流部分损坏时，行输出变压器会发热。如果手摸很热，一般是内部硅堆有问题。（说明：谨慎触摸行输出管外壳是否发热，有时行输出管发烫严重，并非是其出现问题，而是行输出变压器与相关电路引起的）。

（2）观察现象法，判断电视机高压帽嘴附近是否产生打火？

在收看电视节目时，屏幕上出现较多跳动似电波干扰的小圆点，并且在无电视信号的频道上也出现，则说明高压帽嘴附近可能产生打火，只是打火程度并不严重。（说明：实践得知，高压打火严重时，机壳上方能嗅到火时产生的臭氧气体的腥臭味。）

（3）判断电视机内部有无高压和内部高压打火方法。取一只普通铅笔削好，安全地把高压帽从显像管上取下。用铅笔尖放在距高压帽3~7mm时，正常情况下，会产生蓝色火苗，说明该电视机内部有正常的高压。如果出现黄色火苗，则说明该电视机内部电压不足。如果没有火苗，则说明该电视机内部无电压。

与此同时，如果电视机满屏幕出现如同汽车点火系统干扰而造成的麻点时，则说明电视机内部可能存在高压打火。此时，也可以把电视机的后盖打开，安全放在黑暗处，不必接入天线。然后开机，动态下对其仔细观察，如果能够看到高压打火造成的蓝绿光束或光斑，则说明该电视机内部可能存在高压打火。

也可采用听声法来判断电视机内部高压打火。如果扬声器里发出"吱吱"的干扰声，并且与屏幕上出现的干扰同步，在把音量关闭时，也能够听见电视机内部发出很强的"吱吱"声音，则说明该电视机内部可能存在高压打火。

2.背投电视机

采用观察现象法：判断背投影管高压帽高压泄漏。实践得知，如果背头彩电出现整个画面光线较暗，而图像完全散焦，色彩偏色或缺色；调帘栅电压时，其中一枪会影响其他两枪。当背投彩电出现上述故障现象时，则可以判断该投影管存在漏液现象。（说明：背投彩电投影管存在高压帽高压泄漏时，不能通电太久，以免损坏投影管。）

故此，业余简法处理：（如果其高压帽高压泄漏）把背投彩电断开电源，把投影管相应高压线拔掉，再将投影管视放板偏转取下，取出投影管组件，然后把高压帽四周硅胶处理干净，对原高压帽周围均匀涂抹3mm的硅胶，并用起子搅动硅胶，将内部空气泡挤出。处理后把投影管放置几小时，然后装好机，再试机，如果故障排除，说明该背投影管高压帽高压存在泄漏现象。

（未完待续）

◇山东 张振友

电视发射机激励器96.65MHz电路分析和技术改造(下)

(紧接上期本版)

5MHz频率滤掉,防止散杂频率干扰VCO的工作。分压器R44,用来调整锁相环路的增益,保证整个环路工作稳定,抑制噪声干扰。

2、技术改造的目的

HARRIS电视发射机安装了主、备两个激励器,由于已经运行了18年,元器件老化等原因,激励器的图像功率和伴音功率时常出现封锁现象。通过示波器观察功率跌落的原因,发现是96.65MHz本机振荡器波形畸变和幅度衰减造成的。从示波器上看出,正常波形时,正弦波规则整齐,幅度是2V。而出现故障时96.65MHz幅度变成0.6V,而且发生了畸变(见图7)。

为了保证安全播出,我们反复研究图纸资料,决定用激励器A的本振信号,送到激励器B中,让这两个激励器共享一个本振频率。根据实际情况,我们利用本台闲置的高频放大器,设计了切换电路。把一个激励器分配器的输出信号,送到高频放大器中,放大到2V后,输出给切换电路,通过手动切换开关,控制另一个激励器的本振输入。如图8所示,椭圆内标注的是原来从频率合成板输出的96.65MHz本机振频率,现在把Q9接头拔下来,重新接上从中频放大器输出的另一个激励器的96.65MHz本机振信号。这样就可以让分配器把波形和幅度都符合要求的96.65MHz本机振信号,分别送给图像和伴音通道。如果发射机备机激励器本振频率出现异常时,我们可以在第一时间切换到另一个激励器的本振频率输入端,让激励器继续运行。保证了整个发射机的正常工作,为安全播出提供了可靠的保障。

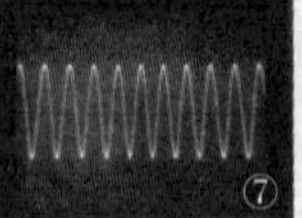

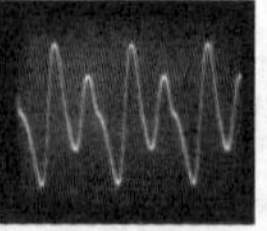

⑦

(全文完)

◇山东 宿明洪

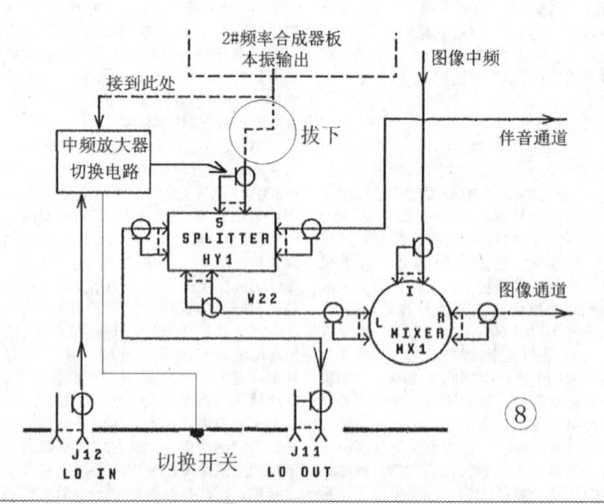

⑥

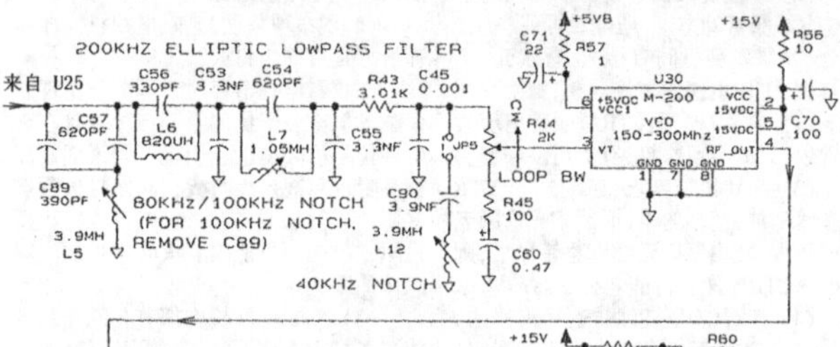

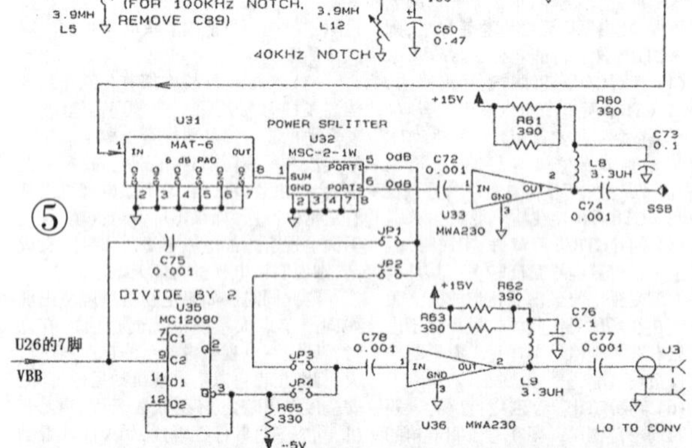

⑤

2#频率合成器板
本振输出
接到此处
图像中频
拔下
中频放大器
切换电路
伴音通道
SPLITTER HY1
图像通道
MIXER MX1
J12 LO IN
切换开关
J11 LO OUT

⑧

用磁感应器毫伏表自制地震预报仪

到目前为止,地震预报还是一个世界性难题。据有关资料报道,地震情况复杂,有的地震能预报,有的则无法预报。现在全球预报地震的准确只有20%多,目前包括美国、日本等发达国家的地震预报仍然处于探索阶段。地震预报还远远没有做到像天气预报那样准确。

1975年的海地大地震,地震预报部门成功预报了。虽然房屋倒塌成千上万,但人员伤亡很少,这是一个成功案例。但1976年的唐山大地震,却没能预报,造成了很大伤亡和财产损失。2008年的汶川大地震同样也没有得到预报,造成伤亡和损失非常巨大,可谓刻骨铭心。地震是由于断层破坏引起的,任何事物发展总是从量变到质变,再从质变到量变,地震也不例外。它从地底下,从下传上而形成,有一个由弱变强的过程。一般人感觉到晃动到破坏性地震的发生只有十几秒时间,这十几秒可谓是黄金时间,但往往来不及躲避逃生。而地震预报可灵敏地发现地震前兆,如重力场和磁力场改变,从而提高预警30秒到几分钟。这段时间可以从容转移逃生、可以关电闸和煤气开关,带上急救包包括:头部保护器具、手机、收音机、绷带纱布,食品和水,可叫上家人和同伴一同逃生,从而大大增加安全系数,减少人员伤亡。要记住不要贪恋财务,而错过最佳时机,可宁信其有,不信其无,有惊无险。一旦报警可当成一次应急演练,宁可十防九空。

笔者参观了不少国内地震科普博物馆,并在市图书馆查阅了大量资料。利用常用的器材:磁铁、漆包线、木支架、塑料管板、毫伏表、晶体管和音乐贺卡,电铃DIY制成了一报警器设备。经调试,试用效果较好,特向读者推荐。

其原理非常简单。其中传感器有动圈、磁阻式、电容器三种。本人选用了动圈式,当线圈切割磁力线;因地震先兆使其微微震动或磁力场、重力场改变,线圈轻微摆动,从而根据物理原理产生感应电流。经毫伏表成千上万甚至十几万倍的放大,使表头显示出来先兆信号。又从表头引出的电信号,经晶体复合三极管放大,驱动继电器吸合从而控制大电压、大电流的鸣响器发出预警,提醒人们做好准备。

下面介绍制作方法。先用木板和木柱,如图1做一支架和底座,找一10mm外径的pvc管子,用锯子锯厚6mm一段。买一塑料垫板,开发票垫的那种。用剪刀剪下30mm直径的圆片两片,然后用502胶水粘成"工"字形状,作为线圈骨架。

用0.1mm粗细漆包线,绕在以上制作的骨架中,大约绕100匝。若要是灵敏度高点,可酌情多绕几十圈,可用绕线机也可手工绕制。引出漆包线的位置需对称,并留有余度,以便吊挂在支架上。

找一或买个U形马蹄形磁铁,当然磁场强度越高越好。如图1,找两块磁铁块,大小相似的。U形磁铁结合后,空大约8mm左右的磁场间隙,可以调节支架上漆包线吊线的位置,使线圈可以自由运动。

线圈二接线可连接老式电子管式真空毫伏表,也可以用当代晶体管和集成电路毫伏表。其中真空管毫伏表较稳定可靠,但要预热却耗电较大,要妥善接地,并使用屏蔽线连接。增益档位可由低倍数到高放大倍数调节。当轻推线圈时,毫伏表指针会随之摆动。若反打表指示,可变换引线极性,如图2.用9014、二极管、2只电阻等连接1个复合管放大器,可变电位器用于调节灵敏度控制,控制响铃阈值。发声器可选用音乐贺卡改造,若要声音大可选蜂鸣器或电铃,继电器触点吸合和断开来控制,从而引起人们警觉。

该装置要放在稳固没有额外干扰振动的地方,最好的话放在山洞里面以隔绝外界一切干扰。可以用玻璃做一个罩子,罩住以免受空气流动干扰。

本预警器可应用在学校、厂矿、机关、部队,可派专人值守,对毫伏表指示位进行记录、辨别、预警,尤其是地震带地区、地震高发区,引起重视,也要结合权威地震台网的预报。把损失降到最低,且人员零伤亡。

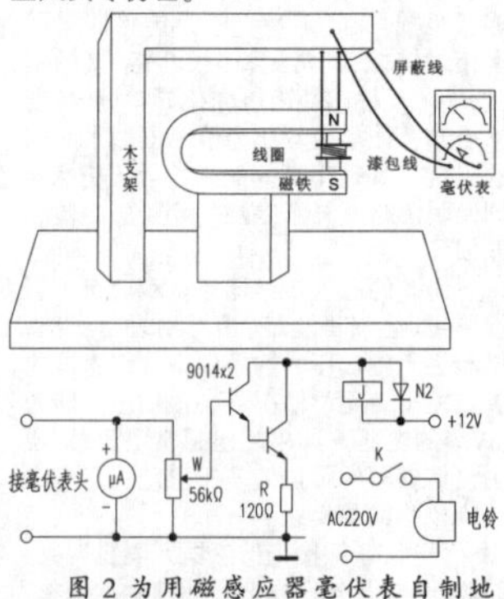

图2 为用磁感应器毫伏表自制地震地震预报仪配图

◇浙江 华忠

三相异步电动机的顺序控制电路(上)

有多台电动机的生产机械一般在启动过程的起始时间是不同的。例如机床中的主轴电动机启动几秒后，进给电动机才能启动。停止时，进给电动机停止，再停止主轴电动机，这叫做电动机的顺序控制。一般都采取“顺序启动，逆序停止”控制方式。

1. 两台电动机顺序启动联锁控制电路

主电路中电动机M1、M2分别由接触器KM1、KM2控制，控制电路中当接触器KM1动作后，KM2才能动作，为此将接触器KM1的常开触点串接在接触器KM2的线圈回路中。见图1：按下启动按钮SB2，KM1线圈通电并自锁，电动机M1启动运行，KM1常开辅助触点闭合，才能通过SB4启动按钮控制接触器KM2通电吸合并自锁，使电动机M2启动运行。SB3为电动机M1停止按钮，按下即停；SB1为电动机M2停止按钮，按下即停。本电路顺序启动、可手动随意停止。

2. 两台电动机顺序启动、逆序停止联锁控制电路

见图2：在图1的基础上，将接触器KM2的常开辅助触点并联在接触器KM1停止按钮SB1的常闭触点两端，即使先按下SB1停止按钮，由于接触器KM2线圈仍然通电，电动机M1也不会停止运行，只有先按下SB3停止按钮，电动机M2停止运行后，再按下SB1按钮，电动机M1才停止运行。实现了启动时电动机M1优先、M2殿后，停止时电动机M2、M1殿后的顺序控制。

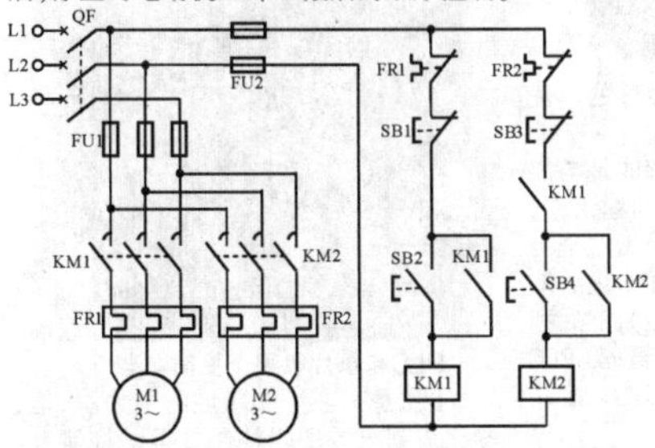

图1 电动机顺序启动联锁控制电路

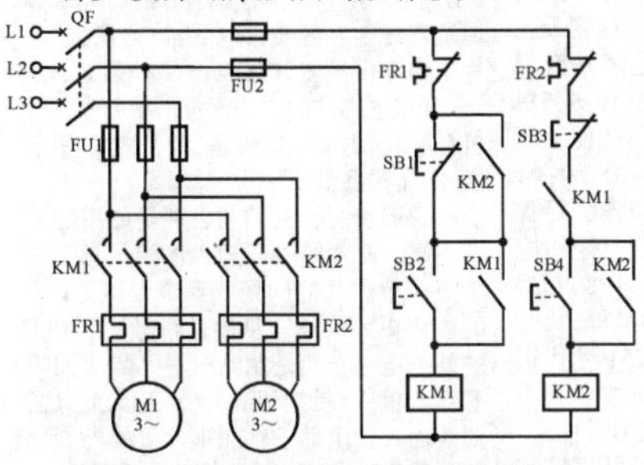

图2 电动机顺序启动逆序停止联锁手动控制电路

3. 按时间原则控制的电动机顺序启动电路

见图3：电动机M1启动后，经过设定时间后，电动机M2自行启动，两者同时停止。

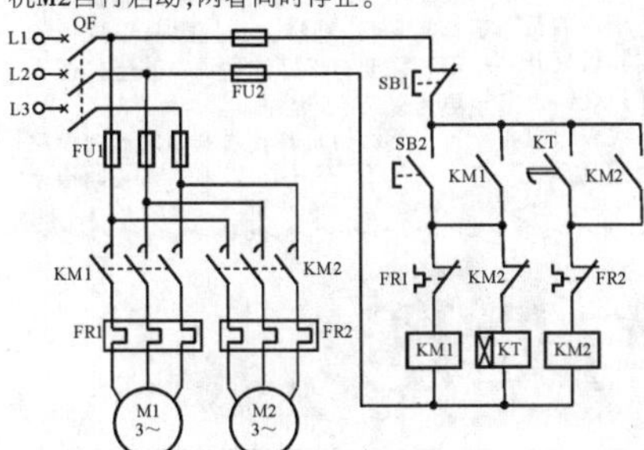

图3 时间继电器控制的电动机顺序启动控制电路

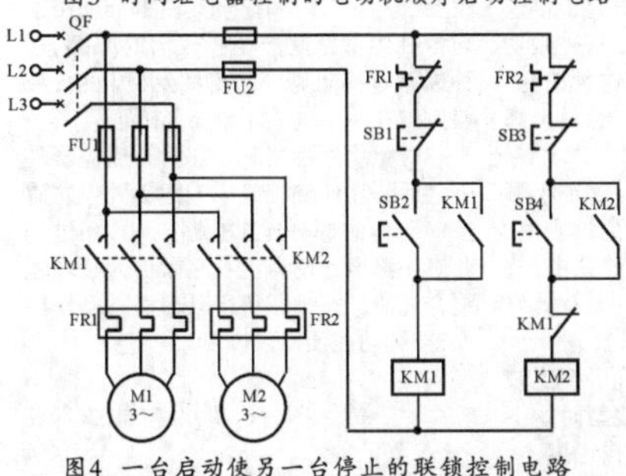

图4 一台启动使另一台停止的联锁控制电路

工作过程：合上三相电源开关QF，按下电动机M1启动按钮SB2，接触器KM1和通电延时型继电器KT的线圈得电吸合，接触器KM1主触点开关闭合并自锁，电动机M1接通三相电源启动运转。当电动机M1工作一定时间(预先设定)后，时间继电器KT延时动作，其延时闭合触点闭合，接触器KM2的线圈得电并自锁，电动机M2接通三相电源启动运转。同时，接触器KM2的动断辅助触点断开，使延时继电器KT断电。停止时，按下停止按钮SB1，接触器KM1、KM2线圈同时断电，电动机M1、M2同时停止运转。

4. 一台启动另一台停止的联锁控制电路

两台电动机，一台启动运转后，如果需要启动另一台电动机，必先使第一台电动机停止运转。

工作过程：接通三相电源，按下电动机M2启动按钮SB4，接触器KM2线圈得电并自锁，M2启动运转。此时按下电动机M1启动按钮SB2，接触器KM2线圈得电吸合并自锁，电动机M1启动运转。同时，接触器KM1的动断辅助触点打开，切断接触器KM2的线圈供电回路，KM2线圈断电释放，KM2主触点打开，电动机M2断电停止运行。

5. 三台电动机顺序启动逆序停止控制电路(1)

1)启动时，M1→M2→M3间隔15秒顺序启动；停止时，M3→M2→M1间隔5秒逆序停止；3台电动机运行过程中，任一台出现过载过流，立即停止运行；任一台出现故障，都能紧急停车。

2)主电路和指示电路。

3台电动机同方向运转，因此主电路采用单向旋转电路。每台电动机设置短路保护、欠压和失压保护、过载保护、接地保护等。保护措施分别由熔断器、接触器、热继电器、接地端子完成，见图5。考虑到控制电路的安全性和指示电路的要求，采用3种交流电压供电：380V电压经由变压器TC降压后获得127V供控制电路以及接触器、时间继电器、中间继电器等线圈回路使用；另有一组6.3V供所有指示灯使用，36V则是供安全照明灯EL专用。

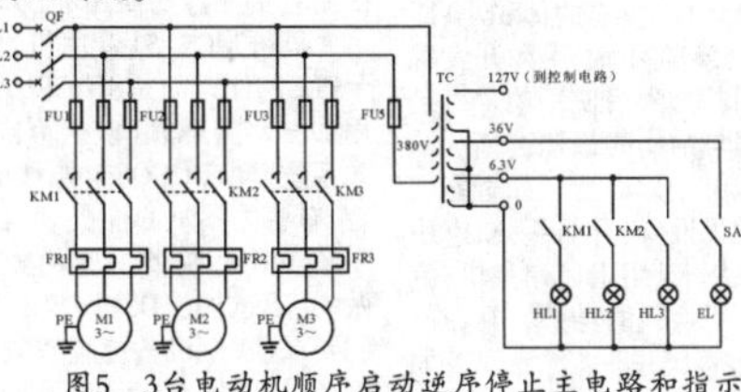

图5 3台电动机顺序启动逆序停止主电路和指示灯电路

主电路3台电动机分别受接触器KM1、KM1、KM3主开关控制：主开关闭合，对应的电动机旋转，对应工作指示灯亮；主开关打开，对应的电动机停转，对应工作指示灯熄灭。

3)控制电路。

见图6：采用时间继电器KT1控制电动机M2的启动时间；用时间继电器KT2控制电动机M3的启动时间。在3台电动机一次相隔15秒(可任意设定)顺序启动后，分别切除KT1、KT2。3台电动机依次相隔5秒（可任意设定)倒序停止。通过按钮SB3、中间继电器KA和2个时间继电器完成逆序停车的要求，即通过中间继电器KA控制电动机M3的停止，并控制时间继电器KT3、KT4通电，完成对电动机M2、M1的停车时间控制。

工作过程：合上三相电源开关QF，电路接通三相电源，变压器TC降压得到交流127V、36V和6.3V三组电压。按压电动机M1启动按钮SB2，接触器KM1线圈得电吸合，主开关KM1闭合并自锁，电动机M1接通三相电源启动运转，接触器KM1动合辅助触点闭合，指示灯HL1亮起；同时时间继电器KT1线圈得电吸合开始延时计时。15秒后，延时动合开关KT1闭合，接触器KM2线圈得电吸合，主开关KM2闭合并自锁，电动机M2接通三相电源启动运转，接触器KM2动合辅助触点闭合，指示灯HL2亮起；同时时间继电器KT2线圈得电吸合并开始延时计时，动断触点KM2打开，KT1线圈断电。15秒后，延时动合开关KT2闭合，接触器KM3线圈得电吸合，主开关KM3闭合，电动机M3启动运转，接触器KM3动合辅助触点闭合，指示灯HL3亮起。电动机M1~M3顺序启动完成。

需逆序停止时，按压逆序停止按钮SB3，中间继电器KA线圈得电吸合并自锁，停止指示灯EL亮起；KA的动断触点打开，接触器KM3线圈断电，主开关打开，电动机M3先停止转动，延时继电器KT3线圈得电开始计时。5秒后，延时继电器KT3动断触点打开，接触器KM2线圈失电，主开关打开，电动机M2停止转动，同时KT3动合触点闭合，KT4线圈得电开始延时计时。5秒后，延时继电器KT4动断触点打开，接触器KM1线圈失电，主开关打开，电动机M1停止转动。同时，动合辅助触点KM1断开，中间继电器KA线圈失电复位，3台电动机全部停止运行。

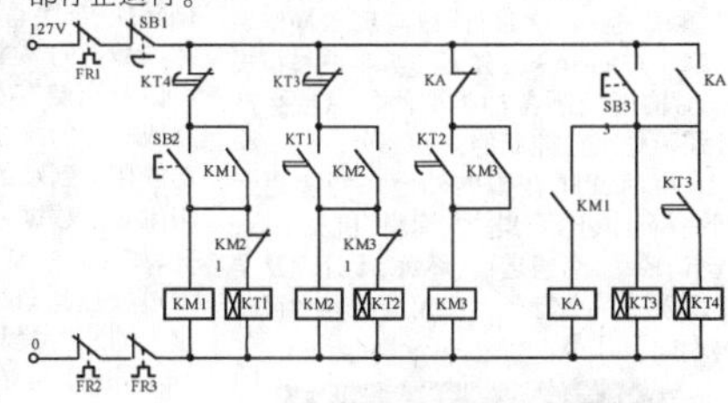

图6 3台电动机顺序启动逆序停止控制电路(1)

SB1为急停开关(“红蘑菇”按钮开关)，出现任何故障，只需按压一下SB1，即可使全部电路断电。

6. 三台电动机顺序启动逆序停止控制电路(2)

见图7：三台电动机按照M1→M2→M3的顺序启动，按照M3→M2→M1的顺序停止，具有短路和过载保护功能。

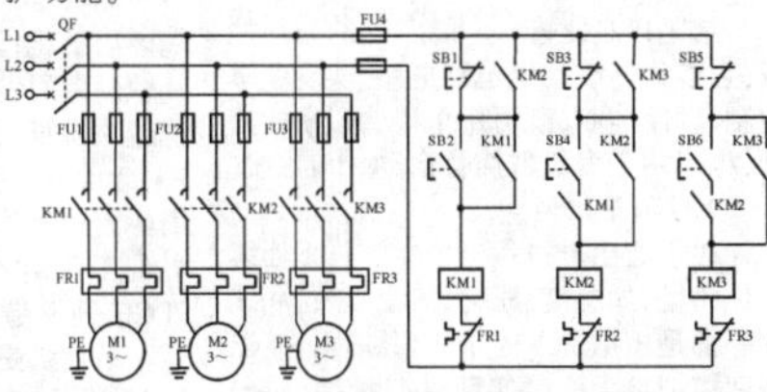

图7 3台电动机顺序启动逆序停止控制电路(2)

工作过程：按下电动机M1启动按钮SB2，接触器KM1线圈得电并自锁，电动机M1启动运转。同时，KM1的辅助动合触点闭合，为M2启动做准备。

按下电动机M2启动按钮SB4，接触器KM2线圈得电并自锁，电动机M2启动运转。同时，KM2的辅助动合触点闭合，为M3启动做准备。

按下电动机M3启动按钮SB6，接触器KM3线圈得电并自锁，电动机M2启动运转。同时，KM2的辅助动合触点闭合。

停止时，只能按逆序进行。按下电动机M3停止按钮SB5，接触器KM3线圈失电复原，自锁解除，KM3主开关打开，电动机M3停止转动。

按下电动机M2停止按钮SB3，接触器KM2线圈失电复原，自锁解除，KM2主开关打开，电动机M2停止转动。

按下电动机M1停止按钮SB1，接触器KM1线圈失电复原，自锁解除，KM1主开关打开，电动机M1停止转动。

先按下SB1、SB2都不能解除自锁使M1或M2停机。

7.三台电动机顺序启动顺序停止控制电路

见图8：电路能够实现3台电动机按顺序启动、按顺序停止的控制，同时具有短路和过载保护功能。

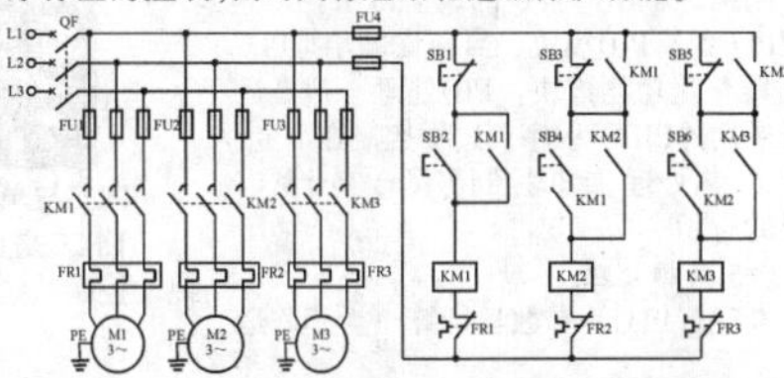

图8 3台电动机顺序启动顺序停止控制电路

工作过程：合上三相电源开关QF，按下电动机M1启动按钮SB2，接触器KM1线圈得电吸合，主开关闭合并自锁，电动机M1启动运转。同时，接触器KM1辅助动合触点KM1闭合，为M2启动作准备；按下电动机M2启动按钮SB4，接触器KM2线圈得电吸合，主开关闭合并自锁，电动机M2启动运转。同时，接触器KM2辅助动合触点KM1闭合，为M3启动作准备；按下电动机M3启动按钮SB6，接触器KM3线圈得电吸合，主开关闭合并自锁，电动机M3启动运转。如果先按启动按钮SB4或SB6，KM1或KM2线圈均不能得电，电动机M2、M3均无法启动运转。

停止时：按下M1停止按钮SB1，接触器KM1线圈失电复位，主开关打开同时自锁解除，电动机M1停转；按下M2停止按钮SB3，接触器KM2线圈失电复位，主开关打开同时自锁解除，电动机M2停转；按下M3停止按钮SB5，接触器KM3线圈失电复位，主开关打开同时自锁解除，电动机M3停转。如果先按停止按钮SB1或SB3，不能解除KM1或KM2的自锁状态，KM1或KM2线圈不能断电，电动机M1或M2无法停止转动。

◇河北 梁志星

PLC和单片机的区别

PLC是什么

PLC = Programmable Logic Controller，可编程逻辑控制器，一种数字运算操作的电子系统，专为在工业环境应用而设计的。它采用一类可编程的存储器，用于其内部存储程序，执行逻辑运算，顺序控制，定时，计数与算术操作等面向用户的指令，并通过数字或模拟式输入/输出控制各种类型的机械或生产过程。是工业控制的核心部分。

目前，PLC在国内外已广泛应用于钢铁、石油、化工、电力、建材、机械制造、汽车、轻纺、交通运输、环保、水处理及文化娱乐等各个行业，使用情况大致可归纳为如下几类。

1.开关量的逻辑控制

这是PLC最基本、最广泛的应用领域，它取代传统的继电器电路，实现逻辑控制、顺序控制，既可用于单台设备的控制，也可用于多机群控及自动化流水线。

2.模拟量控制

在工业生产过程当中，有许多连续变化的量，如温度、压力、流量、液位和速度等都是模拟量。为了使可编程控制器处理模拟量，必须实现模拟量(Analog)和数字量(Digital)之间的A/D转换及D/A转换。PLC厂家都生产配套的A/D和D/A转换模块，使可编程控制器用于模拟量控制。

3.运动控制

PLC可以用于圆周运动或直线运动的控制。从控制机构配置来说，早期直接用于开关量I/O模块连接位置传感器和执行机构，现在一般使用专用的运动控制模块。如可驱动步进电机或伺服电机的单轴或多轴位置控制模块。世界上各主要PLC厂家的产品几乎都有运动控制功能，广泛用于各种机械、机床、机器人、电梯等场合。

4.过程控制

过程控制是指对温度、压力、流量等模拟量的闭环控制。作为工业控制计算机，PLC能编制各种各样的控制算法程序，完成闭环控制。PID调节是一般闭环控制系统中用得较多的调节方法。大中型PLC都有PID模块，目前许多小型PLC也具有此功能模块。PID处理一般是运行专用的PID子程序。过程控制在冶金、化工、热处理、锅炉控制等场合有非常广泛的应用。

5.数据处理

现代PLC具有数学运算（含矩阵运算、函数运算、逻辑运算）、数据传送、数据转换、排序、查表、位操作等功能，可以完成数据的采集、分析及处理。这些数据可以与存储在存储器中的参考值比较，完成一定的控制操作，也可以利用通信功能传送到别的智能装置，或将它们打印制表。数据处理一般用于大型控制系统，如无人控制的柔性制造系统；也可用于过程控制系统，如造纸、冶金、食品工业中的一些大型控制系统。

6.通信及联网

PLC通信含PLC间的通信及PLC与其他智能设备间的通信。随着计算机控制的发展，工厂自动化网络发展得很快，各PLC厂商都十分重视PLC的通信功能，纷纷推出各自的网络系统。新近生产的PLC都具有通信接口，通信非常方便。

简言之，PLC主要是用来实现工业现场自动化程序控制的，但是现在因为其软硬件的发展功能越来越强大，成本也越来越低，其应用不仅限于工业，另外，近年来国家大力推动产业转型，那么工业自动化越来越成为主流，那么作为实现工业自动化的中坚力量PLC控制，PLC前进不错。

单片机是什么

单片机又称单片微控制器，它不是完成某一个逻辑功能的芯片，而是把一个计算机系统集成到一个芯片上。相当于一个微型的计算机，和计算机相比，单片机只缺少了I/O设备。概括地讲：一块芯片就成了一台计算机。它的体积小、质量轻、价格便宜、为学习、应用和开发提供了便利条件。同时，学习使用单片机是了解计算机原理与结构的最佳选择。单片机的使用领域已十分广泛，如智能仪表、实时工控、通讯设备、导航系统、家用电器等。各种产品一旦用上了单片机，就能起到使产品升级换代的功效，常在产品名称前冠以形容词——“智能型”，如智能型洗衣机等

PLC与单片机的区别

1.PLC是应用单片机构成的比较成熟的控制系统，是已经调试成熟稳定的单片机应用系统的产品。有较强的通用性。

2.而单片机可以构成各种各样的应用系统，使用范围更广。单就“单片机”而言，它只是一种集成电路，还必须与其他元器件及软件构成系统才能应用。

3.从工程的使用来看，对单项工程或重复数极少的项目，采用PLC快捷方便，成功率高，可靠性好，但成本较高。

4.对于量大的配套项目，采用单片机系统具有成本低、效益高的优点，但这要有相当的研发力量和行业经验才能使系统稳定。

PLC其实就是一套已经做好的单片几(单片机范围很广的喔)系统。

PLC的梯形图你可以理解成是与汇编等计算器语言一样是一种编程语言，只是使用范围不同！而且通常做法是由PLC软件把你的梯形图转换成C或汇编语言(由PLC所使用的CPU决定)，然后利用汇编或C编译系统编译成机器码！PLC运行的只是几器码而已。梯形图只是让使用者更加容易使用而已。

同样MCS-51单片机当然也可以用于PLC制作，只是8位CPU在一些高级应用如：大量运算(包括浮点运算)，嵌入式系统(现在UCOS也能移植到MCS-51)等，有些力不从心而已。我公司在使用的一套工业系统就是使用MCS-51单片机做的，不过加上DSP而已，已经能满足我们要求(我们设备速度较慢，而且逻辑控制为主，但是点数不少喔，128点I/O呢！！)，而且同样使用梯形图编程，我们在把我们的梯形图转化为C51再利用KEIL的C51进行编译。你没有注意到不用型号的PLC会选用不同的CPU吗！

当然也可以用单片机直接开发控制系统，但是对开发者要求相当高(不是一般水平可以胜任的)，开发周期长，成本高（对于一些大型一点的体统你需要做实验，印刷电路板就需要一笔相当的费用，你可以说你用仿真器，用实验板来开发，但是我要告诉你，那样做你只是验证了硬件与软件的可行性，并不代表可以用在工业控制系统，因为工业控制系统对抗干扰的要求非常高，稳定第一，而不是性能第一，所以你的电路板设计必须不断实验，改进)。当你解决了上述问题，你就发现你已经做了一台PLC了，当然如果需要别人能容易使用你还需要一套使用软件，这样你可以不需要把你的电路告诉别人(你也不可能告诉别人)。

许多人觉得PLC很神秘，其实PLC是很简单的，其内部的CPU除了速度快之外，其他功能还不如普通的单片机。通常PLC采用16位或32位的CPU，带1或2个的串行通道与外界通讯，内部有一个定时器即可，若要提高可靠性再加一个够看家狗定时器足。

PLC的关键技术在于其内部固化了一个能解释梯形图语言的程序及辅助通讯程序，梯形图语言的解释程序的效率决定了PLC的性能，通讯程序决定了PLC与外界交换信息的难易。对于简单的应用，通常以独立控制器的方式运作，不需与外界交换信息，只需内部固化有能解释梯形图语言的程序即可。实际上，设计PLC的主要工作就是开发解释梯形图语言的程序。

PLC和单片机哪个更简单些

PLC是工业控制领域的主力军，能够完成强电的逻辑控制盒运动控制及PID运算；单片机适用于小型自动控制领域及无线控制领域；体积小价格便宜。单片机自身保护差，PLC自身保护强。

PLC控制抗干扰能力比单片机强，PLC适用于中、大型设备，单片机适用于微、小型设备。

总而言之，它们的区别是使用的领域不同，基本控制原理大体相同对于哪个更简单一些的问题，我个人认为PLC的应用更为简单。从硬件设计上讲PLC的外围电路一般是用继电器、隔离器等器件与输入、输出设备相接，PLC上只需要接输入输出端子；而单片机的外围电路就复杂地多了，根据不同的需要设计不同的硬件电路，对于很多应用他的电路都是很复杂的。从软件设计上讲，PLC可以使用梯形图，功能块编程，编程语言更容易学习、理解，相对直观；单片机的编程则需要有很好编程语言基础，逻辑也更为复杂。

◇四川科技职业学院鼎利学院 邓 春 胡永波

遥控器按键受阻的分析与处理

红外遥控发射器(以下简称遥控器)是各种家用电器及信息类电子设备红外遥控系统的主要组成部分之一，它是独立于设备主机的产生遥控操纵指令的手持式有源电子器材。遥控器主要由塑料外壳、橡胶键盘、印刷电路板和电子元器件等部分组成。遥控器由于其结构外形方面小巧娇脆的特点和使用方式上随手随便搁置、操作使用频度高、易滑手落地、易受污染等缘故，所以遥控器的故障率普遍较高，其故障类型按照它的构造原理，可以划分为电气故障和非电气故障两类，本文要讨论的遥控器按键受阻现象就属于后一种类型。

遥控器在使用中若发现无论按压哪个按键其作用效果只能是固定于某一种控制功能上，或者发生遥控功能紊乱、控制失效等异常现象（因发射器型号不同而异），此时务必要首先检查遥控器键盘上是否存在某一个按键被卡进了键孔之内，其次再进行内部电路的检查。

关于按键卡入键孔的原因及对策主要有以下四种情况。

第一种原因是遥控器的外壳大面积破损，或者当外壳的锁扣断裂后没有采取相应的修理措施，由此而造成外壳及电路板都处于非紧固状态下，当某个按键被按下之后，可能会陷入键盘部位的遥控器外壳之下而无法自动返回，该按键之下的键位触点就此而一直处于接通状态，从而影响了遥控器的正常控制功能(无法进行功能切换)。对于这种情况，应首先把按键从键孔中提出，然后再修理遥控器的外壳。

第二种原因是某种异物（如细小颗粒状杂物）掉进了遥控器键盘的键孔里，并把已被按下的按键卡在了键孔中，按键被排挤、压迫而无法自动返回。对此只需把异物从键孔里取出即可。

第三种原因是键盘的键孔内壁比较粗糙，甚至有的还存在注塑成型时留下的毛刺，从而影响按键的动作自由度。

第四种原因是遥控器的外壳上有裂纹，或键盘壳体略有变形，使得个别按键与键孔内壁之间产生了较大的摩擦，这种摩擦直接阻碍了按键的活动自由，致使按键在按下之后不能正常返回。

对于后两种情况，在拆开遥控器外壳之后，用什锦锉或小刀把键孔中妨碍按键动作的部分锉去(或挖去)，经过如此修整打磨，使得键孔略微扩大且内壁整齐光滑，按键即可行动自由，动作自如，按键功能便得以恢复。

◇郑州 王水成

户户通接收机常见故障快维7例

实例1：天诚TCD-699ABS-CA06户户通接收机收不到右旋信号节目。在系统设置里将信号切换到右旋信号时，用万用表测量F头处电压仅3.3V左右，而正常情况应该在14V左右，说明LNB供电有问题。该机极化原理如图1所示，当接收右旋信号时Q18和Q19均截止，此时电源板送来15V经D14、D15隔离后送至室外LNB单元，因接收左旋节目正常，判断D15工作正常。进一步检测发现D14正极有15V电压，而其负极电压极低，如图2所示，更换D14后再测F头处电压已恢复14.1V左右，右旋节目收视正常。

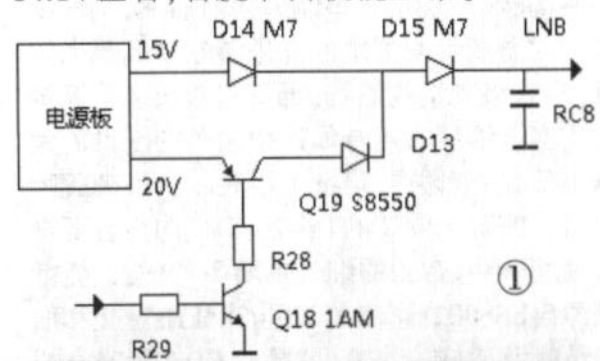

实例2：高斯贝尔ABS-208-GC06户户通接收机有时收台不全，有时提示无信号，测量极化供电始终正常。测量+5V电源板输出时发现为4.5V左右，目测电源板上+5V滤波电容已鼓包，如图3所示，用1000uF/16V电容更换后前术故障均消失，看似复杂的故障原来都是"电容惹的祸"。

实例3：TCL-TJS5052-S20-CA01-L接收机只能接收左旋节目并且无声音。为了先解决收台少问题实绘出极化供电原理图，如图4所示，从图中可知本机电源板极化供电仅输出20V电压，而大多机器都是输出15V和20V两组电压。由Q501(S8050)和D1(15V)组成串联型稳压电路形成15V供电，一路供接收右旋信号使用，另一路为音频放大管QA6(1AM)供电。通电测量Q501集电极电压仅4V多点，这样的电压输出到LNB估计只有3V多，肯定无法收视右旋节目了。用数字表二极管档进一步检测发现Q501(S8050)BCE三脚间阻值不正常，怀疑Q501性能不良，如图5所示，代换Q501后右旋节目收视正常，当然声音也同时恢复正常了。

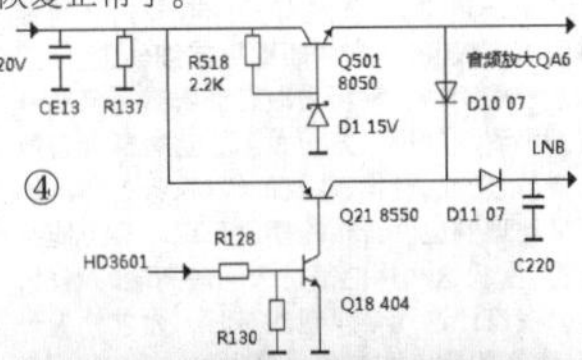

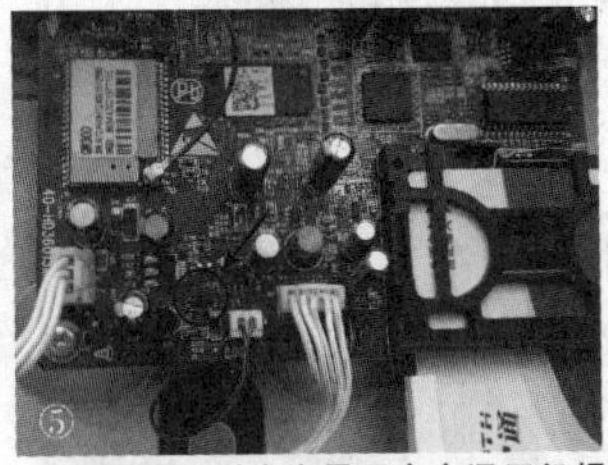

实例4：科海海霸王户户通开机提示无信号。开机发现频道在右旋CCTV1上，而测量F头处电压为18.23V(左旋)，看来极化电路有问题。科海机器极化切换电路一般都在电源板上，查电源板上Q1(S8550)已击穿，如图6所示，更换后右旋信号时13.2V，左旋信号时18.23V，不过机器还是提示无信号。进一步检查发现调谐芯片U5(AV2028)第⑤、⑥脚QP、QN脚输出电压为正常的1V多点，而第③脚AGC电压(RC22正端)也为1V多点，与正常值1.9V相差较大，从料板上拆来AV2018代换后59个台收视正常，如图7所示。

实例5：迈科MK-AS01-AC户户通外接12V电源开机无任何反应。开机检测发现12V已被拉至1V左右，说明接收机主板有短路处，通过手摸发现UP8(RT5047)严重发热。本机UP8是极化供电形成电路，工作原理如图8所示，RT5047是一款高度整合电压调节器与IC接口，专门设计从先进的卫星机顶盒(STB)组件供应电源及控制信号到LNB降控制器的天线或多开关盒，有错误侦测保护(过流保护、过温保护及欠压锁定)，通过第⑥脚控制输出电压在13V/18V间切换。经检查自举升压电容CT31已击穿，如图9所示，用体积差不多大贴片电容代换后，整机恢复正常工作状态。

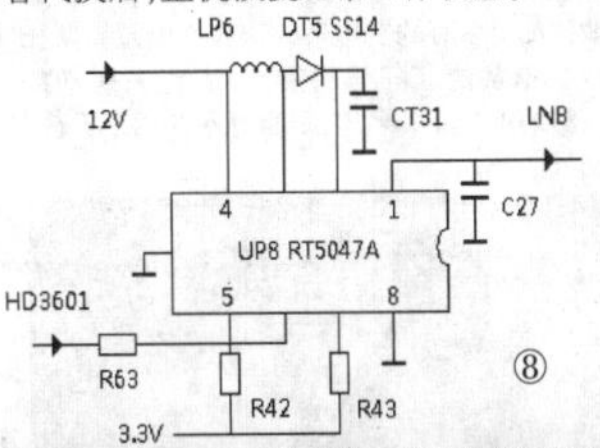

实例6：迈科MK-AS01-AC户户通开机几分钟后显示模块异常1。模块异常1说明定位模块没有工作，通常是4V供电、复位及模块本身损坏造成的故障，经查4V供电为0V并且对地短路。本机4V供电以U207(S47BEB)和L207为核心组成，将12V变换成4V。手摸QW200模块不发热，说明是模块外围元件短路，逐一拆下4V支路滤波电容C255、C256检查正常，当拆下QW200第㊳脚外接滤波电容C105不再短路，如图10所示，通电试机一切正常。

实例7：井冈山JGS-AS01-AB户户通开机无视频输出，其他功能正常。由于其他功能都正常，只是无视频输出，说明视频通道出现问题。该机视频通道如图11所示，来自U1(GX3011B)输出的视频信号经R119匹配后送到视频驱动芯片U12(SGM9113)第①脚，经缓冲放大后从第⑤脚输出，再经D18(A7)钳位保护后送至RCA插座，测量U12第①脚有1V左右电压，而第⑤脚输出端为0V，如图12所示，拆下D18故障依旧，代换SGM9113后故障消失。现在很多机器视频输出单元没有类似SGM9113视频驱动芯片，当此类机器出现无视频输出故障时一般都是主芯片损坏。

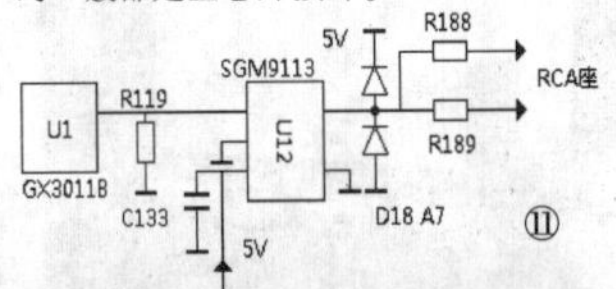

◇安徽 陈晓军

138度亚太5号和134度亚太6C一锅双星之实践

亚太5号和亚太6C是两颗邻星，地理经度相差6度，加上两星的Ku波转发器平均场强在56dB左右，因此信号在我国长江两岸都非常不错，因此一锅双星应该是没有问题。

中央教育电视台在134度亚太6C卫星上，这3个教育台有新闻、电视剧、动物星球等科教节目播出，其内容其实蛮丰富多彩的，值得收看，再者其下发视频格式未变，许多老旧数字机仍然可以正常收看，这在现在是极为罕见的，因为古老的长城平台都升级为MPEG-4格式了。138度的亚太5号，其港澳台节目众多自不必说，长城直播，艺华直播，香港有线，数码天空等其节目确是五彩缤纷，非常好看，免费的不少，收视费也不高。

介于上述优势，笔者本着节俭方便办事的原则，决定在138度亚太5号主收的基础上加上134度亚太6C为偏收。

本人接收138度亚太5号的天线是四川视频电子产的55厘米偏馈天线，增加本振11300的普通KU头，用普通铜电线做KU头支架，因为目前市场上普通KU头很轻，做其支架自然毫无问题。

面对锅面，按照卫星经度排列可知，138度卫星为主焦时，134度卫星的信号发射焦点则在主焦的右边，具体位置需要仔细寻找。

先把固定高频头铜线的另一头，固定在偏馈天线的高频头支架上，再使用卫星寻星仪D-520找星，参数即是中央教育电视台参数12395V27500，经过反复仔细寻找，寻星仪信号强度指示最强为6格，不错的信号了！换以正式接收馈线，开机扫描，中央教育电视台一组3个频道完美接收，音画俱佳，信号余量足够应付一般的雨衰。

因为偏焦头的精准位置处于主焦偏左更是偏下，因此加入的偏焦头对138度卫星的信号反射，几乎没有任何阻碍，为此一锅双星接收非常成功。

(附照两幅如下所示)

◇江西 易建勇

十年磨一剑，方显HI-FI本色

——天逸最新旗舰 CD机TY-1试用及听感评测

(接上期12版)

为试听该机对于大型交响乐及极致动态、庞大声场的效果，我特别选择了"斯特拉文斯基的夜莺之歌及火鸟组曲春之祭"，编号为REFERENCE RECORDINGS RR-70CD，这是一张集严肃音乐和新奇、玄幻、瑰丽、雄壮的大型交响乐章，深受资深古典乐发烧友的喜爱。斯特拉文斯基的《火鸟》，尤以音乐的神奇瑰丽而著称，其中某些场景的音响效果极其的火爆震撼！既能让斯文淡定的古典发烧友大呼过瘾，又能让唯美音质不快的骨灰级的发烧友叹服眩晕！惊为能调动全身三十六万根汗毛倒竖的试音天碟！绝对是"集美丽和野兽派合体"的惊世之作！而他的《夜莺之歌》和《春之祭》对20世纪古典交响乐坛的冲击和影响也可谓登峰造极！尤其后者大量的华彩乐章美得让人窒息。而大量强劲泼辣的节奏和对比强烈的音调采集，也给当年迷恋古典乐的发烧友带来了新奇的听感：既神往又迷惑，原来古典乐也可以如此"荒唐"！这就是该碟神奇的魅力所在！整张天碟中有几段极其震撼的乐章其实是非常考验器材的动态能力和功率储备是否充沛的"杀手级音乐"，而且以当年24bit 的HDCD技术来编码录碟，即使在现代录音技术上，也堪称主流。这就要求您的CD机在播放这张天碟时应该具备超高的动态范围和精细的解析力，做到点滴传神！方能更多地反映出乐曲中很多精彩的细节，庞大的张力、和多元的音乐元素，从而为功放尽可能多地提供高度传神保真的音乐信号！(图21)(图22)(图23)(图24)

这张天碟我持续播放了近一个小时，平心而论，TY-1 CD的表现的确是可圈可点，令人惊叹：坐在60平方米的大厅中，我听到的分明是源自美国明尼阿波里斯乐坛大厅丰富到无法装下而穿墙破壁的丰富堂音，音场之广袤、仿佛可以纵深到遥远的空间。而极大的动态范围，不得不让我几度手握金属遥控器来减小音量，生怕一不小心音量失控而酿成机毁碟亡的惨剧。当然，得益于天逸顶级旗舰功放AD-1PEE/AD-1PA的鼎力配合，整张碟片的播放效果堪称完美，音乐中大量极少在中档组合中欣赏到的音乐细节和鲜活华丽的贵气被充分的激发出来，让我在不经意之间享受到了这张天碟无与伦比的美丽和精彩绝伦的魅力！体会了一把古典乐的极致的震撼！相信能播好这张杀手级的交响乐天碟，再去播放诸如贝多芬的交响乐《英雄》、《田园》、斯托科夫斯基的《狂想曲集》、才可夫斯基的《1812》等等经典名碟，则绝对不在话下！(图25)(图26)

接下来考察播放人声的效果，选择了素有世界金高音女声沙拉. 布莱曼的《Time To Say Goodbye》，其中有一首莎拉·布莱曼(Sarah Brightman)与盲人男高音歌唱家安德烈·波切利(Andrea Bocelli)合唱的《Time To Say Goodbye》《告别时刻》，略带伤感却又突现激昂的旋律和歌词非常优美，描述了一对恋人行将远航时刻的眷恋与憧憬：

"当你在远方的时候，
我梦往那地平线，
没有言辞能够诉说。
但是当然，
你和我在一起，
在一起，
我的月亮，
我的太阳，
你在这里和我在一起，
Con me, Con me ,Con me。
告别的时刻到了。
那么多我未曾去过的地方，
如今我将随你前往。
我将与你同航，
跨越远洋，
那已不再是大海的大海。Com te Partiro。"

沙拉·布莱曼的声音非常漂亮干净和澄澈，被称为欧坛的月亮女神，而意大利盲人歌手波切利也是世界上著名的男高音歌唱家，歌声饱满圆润、开阳高亢，大气磅礴。两两联手，歌声美到毫巅、"贵气"四射！要知道听感上能感觉到"贵气"的音响器材，非得要有保真度极高，声音的质感极其细劲，空间感和空气感明晰、解析力极好而听感上又有非常圆融甜润的声音方可做到，这得需要音响从音源、功放、音箱、联机的线材、听音环境的声学处理到位、音箱的摆位正确才有可能实现。所幸我这次用的都是天逸最高端的器材，厂家在设计这几台旗舰器材时，力求外观一致，声音的质感和音色尽量也能一致，且我又是在专门进行过声学装修的试音间试听，故声音的确还不错，一连听了数遍，感觉好声音的确能养耳，浑身都会因为好听的音乐而放松和舒坦起来！(图27)

资料上说ESS9028可以解码HDCD，我在第一张试音碟上已经得到了印证，声音的确漂亮。又说能解码SACD，也就是Super Audio CD的缩写，是超级音频光盘系统，类似于现在较为被发烧友喜爱和追捧的DSD碟片。是索尼和飞利浦在它们联合开发的MMCD（单面双层结构的高密度光碟）基础上研制推出的数字音频格式。采用了名为DSD(Direct Stream Digital,直接数字流编码)的新编码方式，信息储存量为普通CD的6倍。SACD以高达2.8224MHz的采样频率(为CD44.1kHz的64倍)把原始的模拟音频信号量化为1bit的数字音频信号，当还原为模拟音频信号重播时，所还原的波形与原先音乐的模拟波型几乎毫无二致，比CD（44.1kHz/16bit）或DVD Audio(96kHz/24bit)的波形更为完整。因此其声音的清晰度和信噪比都很高，在20-20kHz频率范围内的动态范围达120dB。(图28)(图29)

为此在我珍藏的CD碟中找了两张正版的SACD碟片，一张是NAXOS拿索斯唱片公司的SACD试音碟，片号为：8.550481 SACD。另一张是一听钟情细川绫子《摘星》SACD。碟片上都在明显位置标注SACD的专门图标。这两张碟片的录音都非常棒，尤其是NAXOS的第二首：选自帕格尼尼的E大调第一随想曲和第三首贝多芬钢琴三重奏作品97《大众》，TY-1CD机把帕格尼尼的小提琴声表现得极其油润悠扬，琴声既具有塑性的强烈质感，又纤细柔和成游离于空气中的音乐游丝随风飘逸起舞。声音极其婉约悠扬。而第三首贝多芬钢琴三重奏，钢琴的声音如连续滚落在玉盘的大珠小珠，晶莹通透，声音美不胜收！细细聆听欣赏，的确比同厂的TY-20CD机的声音要贵气油润一些，音乐的细节也增多了！这大概就是源自ESS9028超高的32bit/384kHz量化和取样精度及超低的失真，或是SACD在录音合成时本身所先天具备比普通CD级高出6倍的信息储存量得以充分的展现。这一点在细川绫子的《摘星》SACD碟中也得到了同样的听感认证。这同样是发烧友非常熟悉的发烧唱片品牌FIM当年鼎力推出的一张发烧级SACD唱片，是日本爵士女歌手细川绫子最鼎盛时代的作品，13首录音中，既有经典名曲，也有新作，细川甜美磁性的嗓音非常动听，声线极其亲切动人。整个录音的音色厚暖自然，质感极佳。音乐的细节明显庞大，气场鲜活流动，人声的张力和亲和力明显可以轻易打动听众，让你一听钟情！的确，此碟声音之靓又让人声天碟上了更高一个档次。(图30)

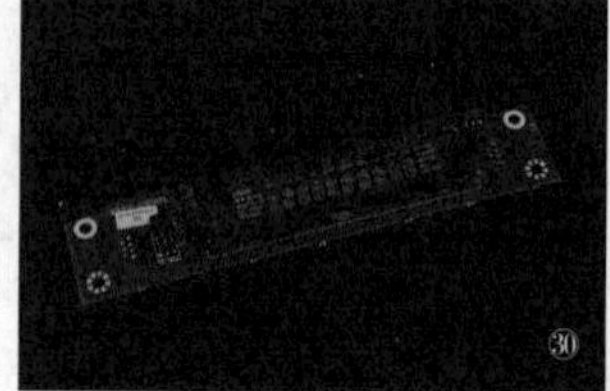

一般而言，当年的SACD碟为了兼容普通的CD碟机也能播放，在刻录时多为双层结构，除了SACD外，还有一普通CD层，而且很多类似的碟同时还能兼容HDCD播放，所以就算此时没有SACD机也不会失望。这也是我所疑惑的问题之一：就是TY-1 CD在播放这两张正版的SACD碟是居然没有在液晶显示屏上出现SACD字样！究其原因，主要是这台CD机的显示屏并没有SACD的字符，所以即使能播放真正的SACD层的音频，也不会在液晶屏上明确无误地显示出来，尽管它的音质音色的确比普通的CD机要优美动听很多，但没有明确的显示符号，终归是一种遗憾！

然而无论如何，天逸的这台厚积薄发，十年磨一剑的旗舰CD机终归还是带给我们一些小惊喜，以它刻意植入时下最厉害的解码芯片和各项经典的HI-FI技术及精益求精的选材用料，拥有超群的音质音色是必然的，也只有经验丰富的HI-FI厂家多年的积累和传承，才可能把这样古老而又高端的传统音源塑造成时下音响发烧友的新宠。毕竟在如今多元化数码音源时代的渗透下，无论传统的CD还是SACD，亦或是黑胶DSD，在强大的网络无损音源的冲击下，都萎缩成了可怜的小众市场。但很多有传承和厚重积累的HI-FI高端名器，仍然会受到部分有实力而又钟情HI-FI文化的骨灰级音响发烧友的追捧。天逸的这台TY-1CD机，以六七千元的价格进入市场，无疑会在今后的一段时间内成为国内国产HI-FI音源高端市场的新宠！

(全文完)

◇成都 辨机

2018年11月18日出版
实用性 启发性 资料性 信息性
第46期
(总第1983期)
国内统一刊号:CN51-0091 定价:1.50元 邮局订阅代号:61-75
地址:(610041)成都市天府大道北段1480号德商国际A座1801 网址:http://www.netdzb.com
让每篇文章都对读者有用

Qualcomm联合生态系统领军企业加速可穿戴设备市场的增长

随着科技的不断进步，越来越多的智能设备走进寻常百姓家。比如智能手表、蓝牙耳机等，让生活更加智能便捷。日前，在4G/5G峰会上，Qualcomm与合作伙伴一起，分享了物联网最新进展。

Qualcomm联合生态系统领军企业，加速基于Snapdragon Wear平台的可穿戴设备市场的增长

Qualcomm 日前在 2018 Qualcomm 4G/5G峰会上宣布了一系列生态系统合作，旨在利用一站式参考设计拓展其可穿戴设备平台Qualcomm Snapdragon Wear系列的应用范围。

Qualcomm 宣布正在与领先的ODM厂商和生态系统合作伙伴展开合作，包括与仁宝电脑和龙旗科技在智能手表领域的合作、与华勤通讯和中科创达在4G儿童手表领域的合作、与Franklin Wireless在4G智能追踪器领域的合作，以及与Smartcom在4G联网端到端解决方案领域的合作。

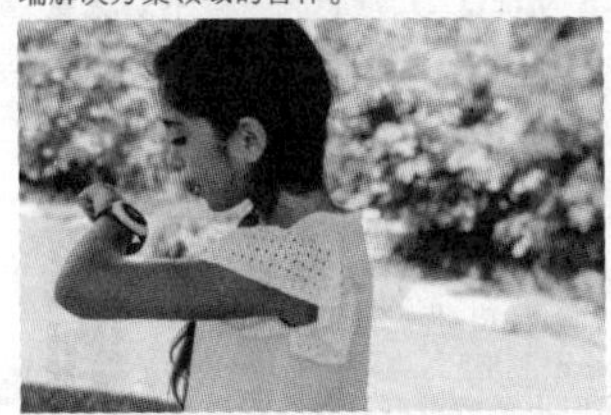

上述生态系统合作旨在支持广泛的客户可以更快地开发基于Snapdragon Wear系列平台的新一代可穿戴设备。Snapdragon Wear系列平台包括最近发布的、面向Wear OS by Google智能手表的Snapdragon Wear 3100、面向开源Android平台4G儿童手表的Snapdragon Wear 2500，以及面向智能追踪解决方案的Snapdragon Wear 1100和1200。

Qualcomm产品市场高级总监Pankaj Kedia表示：可穿戴设备领域是一个令人兴奋且快速增长的细分市场。我们的Snapdragon Wear系列平台的关键创新在于低功耗、小尺寸、智能感测和出色连接，它将助力行业变革并驱动智能手表、儿童手表和智能追踪细分市场的增长。与领先ODM厂商和生态系统合作伙伴的紧密合作至关重要，这将有利于拓展可穿戴设备生态系统，帮助客户为全球消费者带来全新的创新性可穿戴产品。

自公司开展可穿戴设备业务以来，Qualcomm一直与客户保持合作，平均每周就有一款新的客户产品发布，目前已经助力客户发布超过200款可穿戴设备产品。Qualcomm在Wear OS by Google智能手表品类保持行业领导地位，这一品类中的大部分终端均采用了Snapdragon Wear平台。此外，公司还在4G LTE联网可穿戴设备品类建立了行业领导地位。

Qualcomm 在峰会上宣布的紧密合作包括如下：

缩短智能手表开发时间的参考设计：Qualcomm近期推出的基于全新超低功耗系统架构的新一代智能手表平台Snapdragon Wear 3100，旨在为基于Wear OS by Google的智能手表带来全新体验，并支持持久的电池续航。Qualcomm宣布与仁宝电脑和龙旗科技展开紧密合作，来开发基于Snapdragon Wear 3100的参考设计。仁宝电脑和龙旗科技的参考设计将帮助客户缩短新一代智能手表的开发时间。

加速儿童手表从2G向4G迁移的参考设计：今年早些时候，Qualcomm宣布了Snapdragon Wear 2500专用平台，帮助加速向4G联网儿童手表的迁移。公司宣布与华勤通讯和中科创达两家ODM厂商密切合作，来开发基于该平台的参考设计。

面向LTE IoT智能追踪器的参考设计：随着运营商针对M1(eMTC)和NB-IoT的网络部署，智能追踪领域也迎来增长势头。Qualcomm所关注和支持的智能追踪细分市场包括基于Snapdragon Wear 1100和1200平台的儿童、宠物、老人、健身产品。公司宣布了Franklin Wireless、美格智能、播思和华冠通讯采用其可穿戴平台开发的参考设计。

集成4G LTE网络的稳健后端：随着支持4G LTE的可穿戴设备越来越多，对于客户而言，能够部署可以无缝集成至运营商网络的端到端解决方案就变得至关重要。Qualcomm正在与Smartcom合作，帮助它们提供4G LTE Snapdragon Wear终端的解决方案。

全新参考设计基于Qualcomm QCC5100旗舰系列蓝牙音频芯片，助力制造商打造支持亚马逊Alexa的创新型耳机

同时，Qualcomm 在峰会上宣布推出业界首款端到端蓝牙智能耳机参考设计(Bluetooth Smart Headset reference design)，让Android手机用户可以通过Alexa应用按键激活Alexa。该参考设计基于Qualcomm最先进的蓝牙音频芯片QCC5100系列，涵盖了能够帮助制造商更高效、经济地开发先进蓝牙耳机所需的几乎所有核心硬件和软件。

除了对Alexa的支持，该解决方案还通过超低功耗支持更长的播放时间和电池续航，并集成了支持卓越音频和语音服务功能的Qualcomm cVc降噪技术。此外，制造商还可以增加对主动降噪和Qualcomm aptX HD高分辨率无线音频的支持。

Qualcomm 智能耳机开发包(Smart Headset Development Kit)是首款支持Alexa移动配件开发套件(Alexa Mobile Accessory Kit)的蓝牙智能耳机参考设计，该开发套件基于蓝牙运行，是一种便于用户通过Alexa应用来实现蓝牙音频终端与Alexa之间连接的协议。这意味着终端制造商不再需要为了集成Alexa而管理大量的编码，亦无需在蓝牙之外增加任何通信硬件，有助于降低成本并加快开发速度。

Qualcomm 高级副总裁兼语音与音乐业务总经理Anthony Murray表示：我们的消费者调研显示，五分之四的消费者已经接受了语音服务，同时绝大多数消费者表示期望获得出色的音质。Qualcomm智能耳机参考设计不仅满足了消费者这些需求还带来了更多服务，让消费者可以随时随地的使用Alexa，免去了与手机的交互。借助这一解决方案，我们希望支持不同规模的企业开发令人兴奋的创新型耳机产品，让支持Alexa的耳机设计呈现丰富多样化。

Alexa语音服务总监Priya Abani表示：Qualcomm的耳机参考设计让制造商可以轻松地将丰富的语音体验集成至耳戴式设备中。我们非常兴奋地看到该解决方案可以让我们的客户随时随地使用Alexa，无论他们身处何处。

15年以来，Qualcomm的蓝牙系统级芯片(SoC)一直推动音频行业的发展，同时它们也已被用于几乎所有领先消费电子品牌的音频终端中。公司的智能耳机参考设计可帮助客户克服开发小巧外形无线耳机所面临的主要设计挑战，包括音质、射频与天线设计、功耗和PCB布局。

QCC5100系列SoC架构旨在针对语音通话和音乐流传输提供低功耗并通过优化保证更长的音频播放时间。专用的应用处理器子系统、双DSP架构和下一代音频开发包软件为开发高度差异化的音频产品提供了坚实基础。该设备系列还可支持多个并行软件运行的使用场景，这意味着用户能够流畅地在不同功能间切换，包括听音乐、打电话、运行生物识别传感器，以及使用语音助理服务。而Qualcomm cVc降噪技术可帮助实现精确的语音识别，甚至在极具挑战性的声音环境中也能很好地支持，此外，它还可以让通话双方均获得清晰的语音通信。

(本文原载第45期2版)◇高通公司

国产GPU JM7200

大家都还将关注点留意在国产X86处理器KX-6000时，由我国景嘉微自行生产的图形处理器JM7200也于9月初完成流片、封装阶段的工作。

景嘉微公司成立于2006年，早期主要业务是小型专用化雷达和图形显控的产品研发，主要着力于军用领域的产品，重要客户包括中航工业集团、中国电子科技集团、中国重工、中国兵工集团。不过随着军民结合的趋势愈发明显，景嘉微也于近年开始进入民用市场。

早在2014年，景嘉微就发布第一款具备自主知识产权的图形处理芯片JM5400；第二代便是28nm工艺的JM7200。

其中JM7200的像素填充率为4.8 GPixl/s，对比JM5400性能已经翻倍，当然与市面上热销的NVIDIA GTX1060像素填充率72.3GPix/s还有很大差距。JM7200的单精度为0.5TFLOPS，而目前市面上单精度最高的RX VEGA 64为12.66TFLOPS，差距还是相当的大；只能说接近几年前的亮机卡GT 730的水平(0.7TFLOPS)。

虽然国产GPU和世界水平还有不小的距离，不过要知道在在军用领域和涉及国家机密方面，用上完全自主知识产权的GPU意义重大的多！我们也祝愿国产GPU加速缩小与N/A两家的差距，早日在民用市场上看到国产GPU的身影！

(本文原载第46期11版)

	JM5400	JM7200
工艺制程	65nm CMOS	28nm CMOS
内核频率(MHz)	550	1200
存储器频率(MHz)	800	1066
像素填充率(G Pixels/s)	2.20	4.80
等效运算能力(GFLOPS)	160	500
存储器带宽(GB/s)	12.80	16
存储器容量	1GB	1GB/2GB
总线接口	PCI 2.3	PCIE 2.0x16
功耗(W)	6	8
工作温度(℃)	-55~125	-55~125
OpenGL 支持	OpenGL 1.3	OpenGL 1.5

TCL HX6202-A090QAG机芯液晶彩电总线调整

TCL采用HX6202-A090QAG机芯开发了N01系列液晶彩电。数模小信号处理电路采用HX6202-A090QAG,伴音功放电路采用R2A15112FP,耳机放大电路采用APA2176A。遥控器型号为HTR-D02或HTR-D03。适用机型:TCL L32N01、L37N01、L42N01等液晶彩电。

一、总线调整方法

【进入工厂模式】

插电开机,开机完毕后,连续按遥控器上的"MENU"菜单键,数字"1、9、9、9"键,即可进入工厂模式,显示出工厂菜单。

【项目选择与调整】

进入工厂模式后,屏幕上显示调整菜单,按遥控器上的"上/下方向"键或"频道+/-"键选择调整项目,按"左/右方向"键或"音量+/-"键调整所选项目的数据。

二、总线调整内容

TCL HX6202-A090QAG机芯液晶彩电工厂菜单系统内容如下。

此机种无需做白平衡调整,可对如下项目进行调整和升级:

【Auto Color】

在PC和COMPONENT mode下,点击"Auto Color",显示数据如下:

PC mode:TIM=107;PAT=42

COMPONENT mode:TIM=311:PAT=185

【USB FW更新说明】

1..FW code version release

NT952E所提供的F/W code共有两个档案:

SPI flash code:

例如:Haier-AIIModel-CHN-NT952E-AIIPanel-V0.01-20090625-xxxx.ROM

Upgrade code:

例如:Haier-AllModel-CHN-NT952E-AIIPanel-V0.01-20090625-xxxx.AP

2.升级方式

更换FW可通过两种方式升级,请参考以下说明:

1)、请将"H*~.ROM"档名改为"DVD909.rom",使用一般烧录器来进行烧录SPI Flash二进位档。

2)请将"H*~.AP"档名改为"UPG952E.AP",可直接使用U盘进行FW升级。请直接将此挡案存放在U盘上,勿共存其他资料。

3.升级步骤

1)将UPG952E.AP档复制在一个无档案内容的U盘或Memory card;

2)将U盘或Memory card插入预备更新的NT952E系统装置上;

3)打开NT952E装置电源,确认主功能画面是在"PHOTO"选项上,按下"ENTER"或"oK"键,执行系统更新,更新的时候会变为蓝屏,更新后会回到USB界面,请耐心等待,需要2分钟。系统更新过程中,请勿关掉系统电源。

4)更新时间约40~50秒,系统更新完后,会自动重新开机;

5)确认系统重新开机完毕,将U盘卸下,完成升级步骤。

4.FW版本查看(只适用工程人员察看),请依照下列按键次序操作调出版本画面:

Stepl请从主功能画面进入SETUP画面后,按"STOP"、"ZOOM";

Step2跳出第一页Debug画面后再按"ZOOM"、"key."可调出版本画面;

按"返回"键可回主功能画面。

注意:进入Debug画面后,请勿按"方向"键,以免打开debug mode,如果不小心将debug mode打开,请按"方向"键将debug mode关掉再按"返回"可返回主功能画面。

版本显示资讯如下:

NT952E //System chip

F/W 0.01 // FW版本

MPEG 08-03-14-0 JPG 08-10-31-0

Disp 08-10-31-0 Divx 00-00-00-0

Nav 00-00-00-0 USB 00-00-00-0

Parser 08-10-31-0 Card 08-09-11-0

Info 00-00-00-0 VD 1.37

Audio 05-09-11-0 A-supp0006

Haier-AIIModel-CHN 09-06-21-0 //客户版本及日期

◇海南 孙德印

DDR供电异常的一种表现

一台创维32L01HM液晶电视无图无声,开机时Logo显示为竖条如图1所示,正常时应为创维英文加联系电话,如图2所示。一会儿后蓝屏,蓝屏下边出现竖条如图3所示,正常时蓝屏下边应该是待机加时间(即关机倒计时)如图4所示。输入信号(机主说看小锅盖),判断当下电视处于AV信号状态。当用AV1端子输入信号时,无图无声,屏幕无变化。当用AV2端子输入信号时,发现蓝屏变淡,无图无声。显然,故障应在主板,为了做到万无一失,用V59万能主板点屏,图像正常,说明判断正确。根据故障现象,判断故障在DDR。该机DDR型号为HY5DU2B1622FTP-4,测DDR的供电脚电压为0.84V,正常应为2.5V。检查DDR供电2.5V电压形成电路。笔者根据实物画出电路图,如图5所示。开关电源输出的12V常态电压经二极管D41后,由DC-DC转换块U16(型号为ACT4060SH)转变成为5V直流电压,该5V电压再经U8(型号1117ADJ)转换为2.5V直流电压,供DDR使用。测U16的输入(②脚)电压为11.2V,输出电压为5.1V,说明U16正常。测U8的输入(③脚)电压为5.1V正常,输出(②脚)电压仅为0.84V,不正常,正常应为2.5V。测①脚电压为0.44V,不正常,正常应为1.36V。取下分压取样电阻R74、R73测量,R74阻值为200欧,R73阻值为220欧,均正常。断开L16,U8输出电压不变,说明不是DDR电路把电压拉低,说明DDR正常。测C25、C375均不漏电,说明是U8(1117ADJ)不良。用一只1117ADJ更换,通电测U8输出电压为2.52V,正常。把屏翻过来,终于看见文字了,显示AV2,从AV2端子输入视频信号,图声俱佳,故障排除。

◇吉林 李洪臣

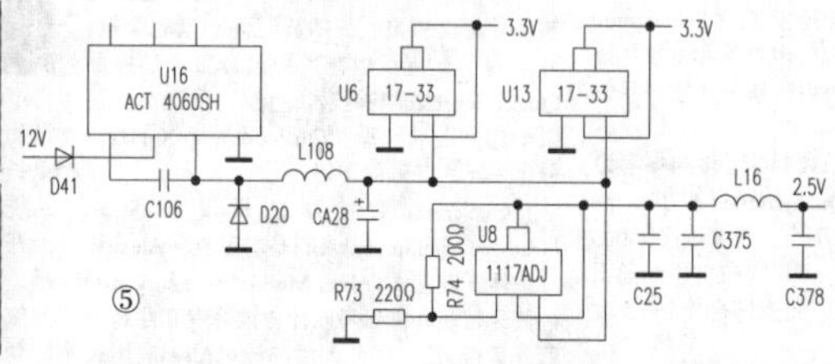

创维37L03RM液晶电视黑屏有伴音

故障现象:通电后不定时黑屏,轻敲机壳,图像能恢复,但伴音始终正常。

检修过程:根据现象判断,应该是某处电路接触不良所致。伴音始终正常,说明信号通道是畅通的。开机待故障出现时,用外置光源照射屏幕能看到暗淡的图像,应该是背光灯管未亮。拆机通电发现,果然是背光灯不亮。灯管发光电路是位于屏幕背面左侧的一块升压板。通电时未听到逆变变压器发出的"滋滋"声,证明逆变升压电路未工作。该机的液晶升压驱动芯片为BD9215AFV,其工作条件有:㉒脚VCC工作电压24V;⑭脚系统开关3.4V高电平(SYSTEM ON/OFF);⑰脚过压、⑱脚过流、㉓脚欠压保护端是否正常。测㉒脚有24V,但⑭脚无电压。顺着⑭脚外围电路查找,发现此开关信号来源为升压板插排⑫脚ENA端。测该脚也无电压。当拨动升压板排线时,灯管忽然亮起,升压板插排⑫脚变为4.2V,说明这根线的某一处接触不良。升压板插排⑫脚连线的另一端为电源板插排CN603的①脚。检查发现CN603的①脚已脱焊。补焊后恢复正常。但试机几天后,电视又旧病复发。检查补焊端并无问题。测CN603的①脚ENA端无电压,沿线路追查,该脚连到CN605的①脚。而CN605的①脚竟然也脱焊了。补焊后故障彻底排除。

小结:该机故障根源为升压驱动芯片无开关信号输入,导致逆变升压电路不工作,灯管不亮。但此开关信号电流极小,不会因电流过大导致相关焊点脱焊。这只能说明此机出厂时这两个焊点焊接就存在虚焊的问题。使用日久,随着机内温度热胀冷缩,最终导致故障出现。

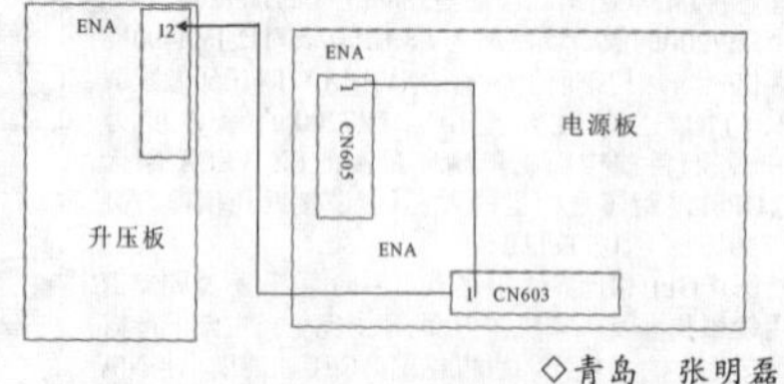

◇青岛 张明磊

制作假负载快速判断LED背光黑屏故障范围的方法

黑屏故障是液晶电视的典型故障。针对LED类型的液晶电视,黑屏故障范围多在灯条和LED恒流驱动电路两部分。在实际维修中,许多经验不足的维修人员判断故障范围时常感到无从下手,很难判定是屏内灯条出现问题,还是背光供电部分出现问题。如果判断错误,误开屏检查内部灯条,容易损坏屏而带来风险。还有的维修人员只会靠购置新的电源板进行代换来确定故障部位,这样无疑增加了维修成本。

如果我们了解驱动LED工作的恒流源特性后,可以制作简易的假负载来代替工装,并配合万用表,就能方便直观地判断出故障部位,还能脱机单独维修LED驱动电源板。

1.物料准备

首先多准备几个相同的灯条和大功率电阻,把一个灯条和一个大功电阻串联,作为一路假负载,以方便在维修时满足LED背光恒流驱动板多路输出的需要。如果遇到电压、电流参数不相符的恒流驱动板,还可以灵活运用串并联的方法解决。

2.使用方法

对于故障机,首先查看LED背光板上,或者图纸上给出的恒流电流值和电压参考值,根据电路板上的电压参考值和自备灯条的正常工作电压,通过简单计算来调节可调电阻的阻值(此值不一定要精确,允许有误差),代替LED液晶电视的灯条,来进行故障部位判断和脱机维修。

3.举例说明

以LED背光恒流驱动板为例介绍使用方法,验证其可行性。例如查看到某块恒流驱动板标示为135V/0.135A,采用假负载的灯条在照明时测得其电流为0.283A时,灯条两端电压为53V,因本恒流驱动板电流值为0.135A,远远小于假负载灯条正常工作电流0.283A,那么假负载灯条两端电压也会稍微降低,所以暂按50V计算,这样可得出所需可调电阻的阻值为 (135-50)V/0.135A=630Ω。把可调电阻的阻值调到630Ω左右,按正确极性把假负载接入电路后开机,灯条点亮,此时测得LED供电为140V,灯条两端电压为49.3V,电流稳定在0.135A。为了进一步实验,把可调电阻阻值在400Ω~1450Ω这个范围内逐渐增大,LED的供电电压也在112V~265V之间变化,但电流仍然稳定在0.135A,假负载灯条两端的电压也稳定在49.3V。这个实验也证明了恒流源为保证输出电流恒定,电源会根据负载的变化自行调整输出电压这一特性。若继续增大可调电阻阻值,实验发现LED供电最高只能升到266V,不再随阻值的增大而升高,而电流随着可调电阻的增大而减小,说明过压保护电路已经启动,限制电压持续上升,以防止元器件击穿损坏。

◇四川 刘亚光

常见的网站防护“漏洞”与预防措施(上)

作为“网管”,谁都不希望自己所管理的网站因被黑客攻击而出现敏感数据泄密等各种损失,但现在的互联网不仅充斥着病毒、木马等各种恶意代码,而且也有非常多的黑客攻击和入侵行为,几乎是让人防不胜防。其实,在很多情况下并不是快速发展的黑客入侵工具和技术导致了如此的严峻形势,倒恰恰是我们网管的安全防护措施不到位而造成的(甚至是疏忽大意),很多人为的“漏洞”轻易就变成黑客入侵过程中的“跳板”。正所谓“千里之堤,毁于蚁穴”,从目录遍历、使用默认的后台和账号密码到不采取任何数据库的防下载措施,再从注入漏洞到0Day漏洞……这一个个看似简单的“小”漏洞的背后,其实都极有可能成为网站被入侵的罪魁祸首,在此与大家共享七种比较常见的网站防护漏洞与对应的预防措施。

【漏洞一】目录遍历漏洞——暴露敏感文件信息

严格而言,“目录遍历”并不是一个系统漏洞,它只是网站管理员对于相关的文件目录权限设置过高而引起的。但是,如果一个网站由于在不经意间存在着目录遍历漏洞的话,黑客就会很容易通过在网站的各级目录间的跳转来寻找敏感文件(如图1所示),像数据库连接文件conn.asp(或者是config.asp等配置文件)中就会保存有网站的数据库名称、路径、登录账号和密码等核心信息,甚至是整个网站的备份压缩数据包都有可能被下载。

虽说这是个已经出现了近二十年的老“漏洞”,但时至今日在互联网上仍存在着许多如此低权限设置的网站,比如在Google中构造“intext:to parent directory”(转到父目录)进行搜索的话,很快就会有几千万的漏洞网站链接出现(如图2所示)!其特点是都带有“To Parent Directory”的字样,点击打开后一般都能进行目录文件的浏览和下载操作,网站的敏感信息很容易被窥探到,危险性极大。

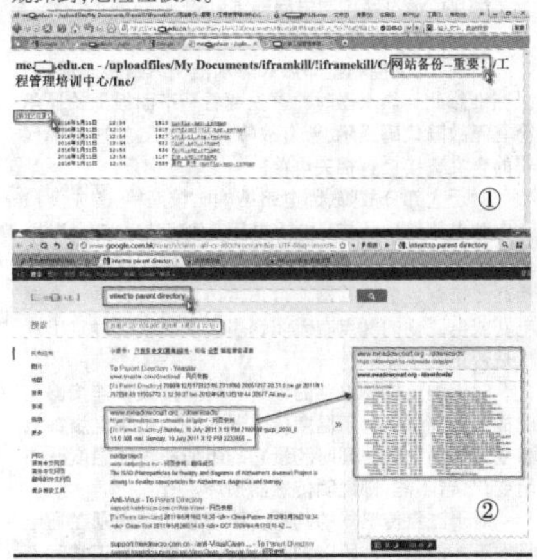

①

②

【漏洞预防措施】对Web服务器上的目录文件进行正确的访问权限设置,权限越低,其安全性就越高(可能会“牺牲”一定的操作便利性);另外,还要注意禁止将访问者提交的参数作为文件名使用,特别是要检验那些含“/”、“../”和“..\”字符的特殊意义的目录路径,最好是将打开文件的操作都限制在某个固定目录以便于查看和管理。

【漏洞二】网站管理入口、账号和密码都“默认”的漏洞——被非法轻易进入后台

有些网站管理员为图日常进入后台管理的方便,喜欢在网站首页的底端加上“管理入口”或“管理员登录”之类的链接,殊不知此举几乎是等价于饮鸩止渴——黑客直接省略掉了查找网站后台的麻烦!如果我们在百度中搜索“管理入口”或“管理员登录”关键词的话,很容易找出不少存在此类安全漏洞的网站后台登录链接,点击之后就会打开网站后台的管理登录界面(如图3所示)。

另外,我们所使用的很多网站管理系统都会在安装结束(或帮助说明中)时给用户提示:“请务必修改网站的后台路径、管理账号和密码!”对于这些默认的敏感关键信息,网站管理员一定要极度重视,千万不要使用“默认”的设置。比如通常的后台路径都是“网站域名/admin/login.asp”、“网站域名/admin/admin.asp”之类,黑客很容易就会猜测出来;而管理员账号和密码也通常是“admin/admin”或“admin/admin888”的类似组合,尝试登录成功的几率也是比较大的,甚至有的网站管理登录页面中都会有“用户名:admin;密码:admin”的“贴心”提示(如图4所示)。

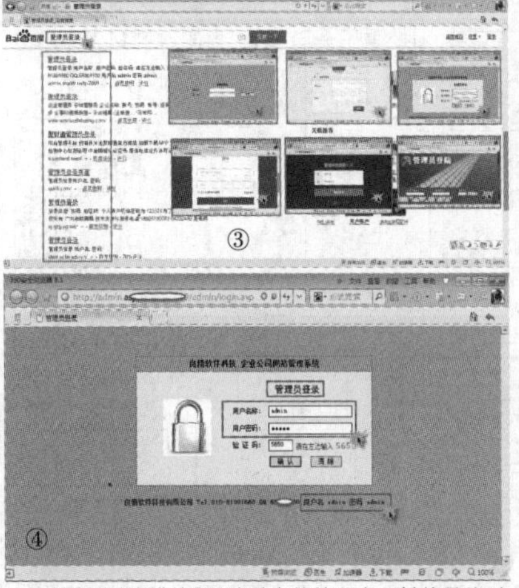

③

④

【漏洞预防措施】网站后台的管理入口链接是绝对不应该“明目张胆”地放置在任何页面的任何位置,自己需要登录时应该是手工输入进行访问,名称也不要像常规的文件命名一样“见名知义”。同时,我们要将网站的后台访问文件隐藏到不容易被人猜解出的较“深”目录中,而且也要将文件名修改一下,不要被黑客根据网站模板系统马上就按图索骥去访问后台;管理账号也不建议使用admin或是带有相关管理字眼儿的信息,务必要重命名为其它“不相干”的名称;而密码则一定要保证有足够的强度,大小写字母、数字和特殊字符都要用上,而且是最好是到相关网站上(比如http://www.xmd5.com/)尝试进行MD5解密测试,免得被黑客轻易就破解出来。

【漏洞三】数据库不做任何伪装隐藏处理的漏洞——被下载窃取账户信息

曾经发生的CSDN、人人网、天涯、新浪微博和腾讯QQ等若干海量数据库被下载的最大互联网泄密事件,给所有的网站管理员敲响了安全防护的警钟,尤其是网站后台服务器上所保存的用户信息数据库。如果网站的数据库被黑客查找到并非法下载的话,即使其中所保存的用户账号密码是经MD5加密的,造成的影响也几乎是无法衡量的——密码被解密、注册用户的隐私信息(比如手机号、工作单位等)被公布、经济造成损失(如图5所示)。特别是大多数网站系统模板的数据库路径和名称都是比较固定的,比如网站域名后添加“/databackup/dvbbs7.mdb”、“/admin/data/qcdn_news.mdb”或“/Databases/lixiang.mdb”,黑客可以直接构造出URL来访问默认的数据库而进行非法下载操作(如图6所示)。

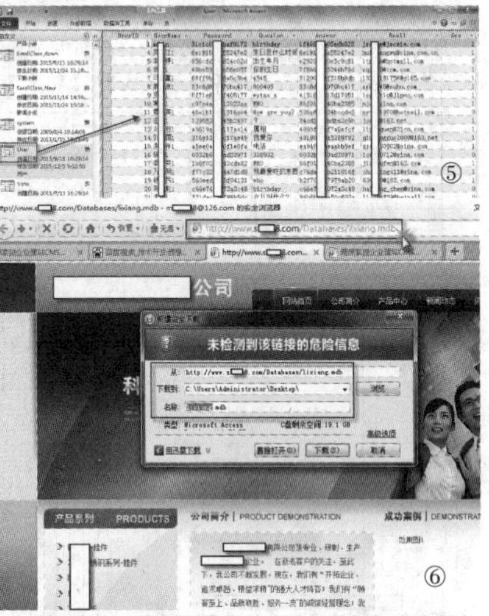

⑤

⑥

【漏洞预防措施】最常见的做法是将数据库进行各种伪装隐藏,而且是多种方式的结合效果会更好些。比如:把网站数据库存放到不容易被猜解到的深层目录中,再就是修改数据库名称(甚至是扩展名),最常规的做法是在数据库名称前面添加“#”、“&”和“$”之类的特殊字符,对于防止数据库被下载也具有一定的效果。在做好这些最基本的防下载措施之后,我们网站管理员最好是自己进行尝试下载,看是否能够成功。另外,我们也可以对数据库进行有条件访问的限制和加密等。

(未完待续)(下转第563页)

◇山东 牟晓东

先科M-801看戏机开机卡LOGO维修一例

接修一台先科M-801老人看戏机,机主说先前是因为充不上电送修,没想到前维修者告之无法修复。拆下18650电池测量发现电压极低,单独用充电器充电几小时后电压恢复正常,装上后开机发现机器卡在开机界面(即LOGO界面)不动,按键也无任何反应。拆开机器发现主控是全志F1C100A,板号为TAK171H-C100A V1.0,用万用表电压档测量机器工作时所需要的3.3V、2.5V和1.1V供电均正常,怀疑固件有问题。从网上找来板号相同的固件用CH341编程器写入PH25Q32闪存,故障依旧,再更换几个差不多的固件还是如此,看来不是固件问题导致的故障。仔细观察电路板发现收音芯片RDA5807M第⑤脚外接的限流电阻一端跟FM天线输入端滤波电容负极连在一起(估计是前维修者在用烙铁烫开外接天线时不心碰到电阻时造成的),查资料可知RDA5807M第⑤脚是与主控芯片进行通信的SDIO引脚,滤波电容负极就是地线,即相当于将SDIO脚接地,这样开机后肯定会死机,小心用烙铁去掉短路点后(如附图所示),再次开机顺利进入播放状态。

至于无法充电则是由于原机充电器功率较大,而机主使用5V0.5A老人手机充电器当然无法正常充电,插上5V1A充电器后一切正常。

◇安徽 陈晓军

解决AudioRecorder 2无法正常使用的问题

有些已经越狱的iPhone用户,购买了正版AudioRecorder 2在安装之后仍然无法录音,通话时不出现录音的红点图标,桌面软件打开之后会显示图1所示的错误提示,该如何解决这一问题呢?

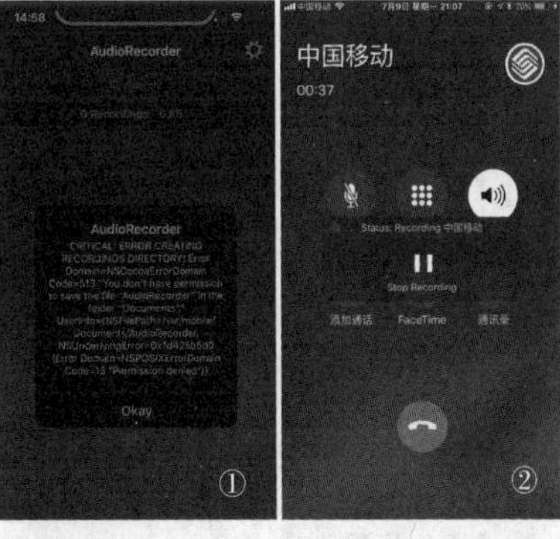

①

②

解决的办法很简单,打开文件管理器Filza,将“/var/mobile/Documents”目录的文件夹权限设置为777,如果没有这个文件夹,可以自行新建;接下来进入Cydia,在这里删除AudioRecorder2,重新安装之后即可正常使用(如图2所示),通话时已经可以看到红色的录音图标,有此需求的朋友可以一试。

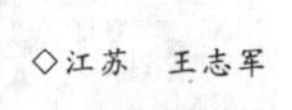

◇江苏 王志军

壁挂即热式热水器的原理与检修

即热式热水器以其方便、快捷、所占空间小的独特优势，越来越受到消费者的亲昧，随之而来的维修量也越来越多，因此了解即热式热水器的工作原理和维修方法也就成为每个维修者必须掌握的内容。

一、即热式热水器分类与基本原理

常见的即热式热水器有燃气热水器和电热水器两种。它们的工作原理大致相同，所不同的是采用的加热方式不同。燃气热水器是通过燃气(天然气)的燃烧来加热水管中流动的水，而电热水器是通过把市电加到电热管中，使其发热来加热水管中流动的水。不管是哪种即热式热水器，它们都是由进水管中的进水传感器(也叫流量传感器，常见的为干簧管式和霍尔元件式)、出水管中的温度传感器(常用负温度系数的热敏电阻)，传递检测信号，通过单片机识别、计算后输出各种控制指令，来调控不同加热方式的加热温度，达到用户所需要的出水温度。下面笔者以汉诺威快热式电热水器为例，介绍此类热水器的工作原理和故障维修方法，供大家参考。

二、汉诺威快热式电热水器工作原理

图1是汉诺威快热式电热水器实物的内部构成图，图中右边是电热水器的控制电路板，左边的塑料盒中是电热水器的加热部分，它由一根U型水管及其外壁包裹着的几组电热丝组成。该热水器共有4组电热丝，分别用蓝色线、黄色线、棕色线和黑色线从塑料盒的两端引出，每组电热丝又用中心引线把它分成两段，经实测蓝色线的总功率为1700W，黄色线的总功率为1900W，棕色线的总功率为1600W，黑色线的总功率为1700W。

图2是热水器进水传感器的局部图，它的外形就是一个4分三通接头，它和普通的三通接头功能一样，只是里面多了一只霍尔元件和随水流快慢旋转的带有磁性的叶轮。图3是热水器出水口上温度传感器的局部图，它是一只100k左右的负温度系数的热敏电阻，用来测试出水口流出水的温度。

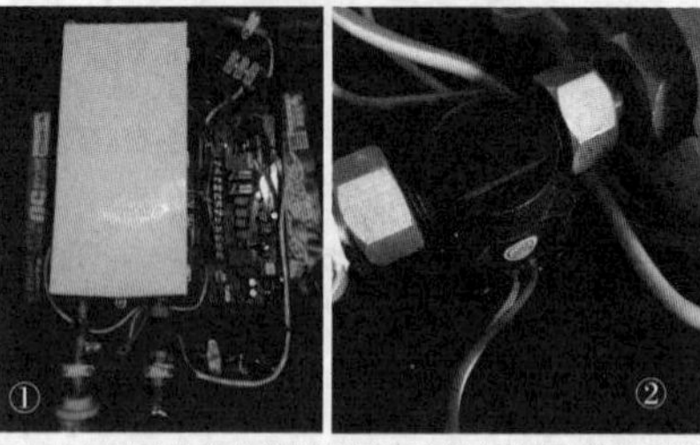

图4是这个热水器的控制电路的电路图，其他品牌的电热水器以及燃气热水器的控制电路都基本与它相同，只是各部分电路所用的配件型号不同，所用的单片机型号不同和内部所附的应用程序不同而已。它们都是由电源部分、加热换挡继电器组、单片机、漏电保护及操作显示面板组成。其中，开关电源集成块AP8022及附属电路组成开关电源为整个控制板提供电源；QS54123CS是漏电保护专用集成块，正常时插排CN5的没有信号输入，U4(QS54123CS)的⑦脚输出低电平控制信号，Q1截止，单片机U6(HT46R23)的⑰脚输入高电平信号，被它识别后，内部程序能正常运行；当热水器中出现漏电现象时，穿过磁环中的两根电源线所流过电流的大小就不一样了，由于两根电源线中的电流不能完全相互抵消(实际是电流所产生的磁场方向和大小)，磁环中就会有电流通过，绕在磁环上的线圈就会产生感生电压。该电压通过CN5输入到U4的①、②脚中，经内部差分比较电路处理后，从⑦脚输出高电平信号，经R5使Q1导通，U6的⑰脚电位由高电位变为低电位，内部的程序停止运行，关闭所有的控制输出信号，停止加热，以免发生触电等事故。

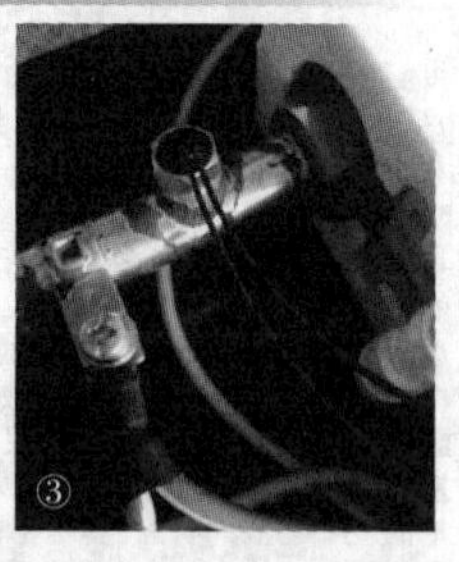

④

单片机HT46R23是控制电路的核心，它内固化了厂家的应用程序，其中①~④、㉓~㉘脚是控制信号输出端，通过驱动块ULN2003驱动相应继电器触点的闭合；⑰脚是漏电保护信号中断控制端；⑥脚是进水流量传感器信号输入端，在这儿要注意一下，这个热水器用的传感器是流量传感器，它输出的传感器信号不是常见的单纯高电位或低电位，而是在单位时间内随着流量的大小，输出占空比可变的脉冲信号，单片机根据所检测到的占空比的大小来控制相应输出端的工作状态；⑦脚是出水口中的出水温度检测信号输入端；⑧~⑩脚是面板功能按键输入端。

ATMLU132是存储器，用来存储用户操作信息的，这个存储器就是我们常用的24C02存储器。

插排CN6为臭氧发生器提供电源。

三、故障检修方法

目前，电脑控制型即热式热水器多有自检功能，所以在维修此类热水器时，首先要看一下面板上的显示窗有无故障代码显示，若有故障代码显示，就按故障代码的含义直接检查相关电路。

对于大部分故障，因电路结构比较简单，首先要检查电源电路输出的12V和5V电压是否正常，然后顺着插排线找到相应的传感器的信号输入端，找到后就开始逐一排查各个传感器能否正常传输信号；再检查继电器或电磁铁的触点有无闭合声，最后就可确定单片机是否正常了。

对于漏电检测电路的判断，可直接拔掉连接器上的插头试一试；对于温度传感器的判断可用电烙铁给温度传感器加热，同时测量它的阻值能否随温度升高而变化，若不能，则说明传感器损坏。

对于流量传感器的判断，因霍尔元件必须在通电状态下才能工作，所以判断流量传感器是否正常时不能拔出它的插头，将万用表置于电压挡，黑表笔接地，红表笔接在传感器的信号输出端，同时用嘴慢慢的对着进水管的管口吹气，看电压表有无变化，若无变化，说明传感器异常。

【提示】*汉诺威快热式电热水器漏电时，显示故障代码E5；出水口出水的温度超出设定的极限55℃时，则显示故障代码E3。*

◇山西 张福喜

九阳JYC-19BE5电磁炉不加热故障检修1例

故障现象：一台九阳JYC-19BE5电磁炉工作中突然不工作，并发出"嘀嘀"声。

分析与检修：放上锅具后通电试机，发现各个功能键都正常但不加热，根据维修经验判断同步电路异常。参见图1，同步电路从线圈接线柱处取样，再经R401(470k)、R405和R406(330k)降压后，送到比较器U2C(LM339)⑧、⑨脚进行电压比较，拆下R401、R405和R406检测后发现阻值相差不大，但考虑到少许的误差也可能导致同步检测电路异常，于是用阻值相同的新电阻更换，但故障依旧。记得以前维修过300V滤波电容异常也会导致此类故障，打算代换C3(4μF)电容试试，在要拆该电容时发现旁边的跳线J12的一端生锈，用镊子一碰就断了，如图2所示。而该跳线就是用来连接线圈接线柱到R401的，它开路后必然导致同步检测电路工作异常。用导线连接J12并换回原电阻后，故障排除。

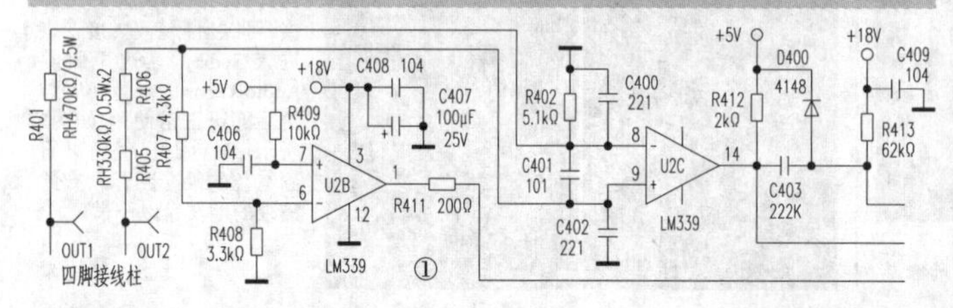

◇安徽 陈晓军

采用观察分析法判断电子元器件好坏(下)

(紧接上期本版)

3.PDP等离子电视机

(1) 观察法判断等离子电视屏的好坏。静态下,从侧面仔细观察其整个屏幕的灰度,正常情况下,灰度基本是一致的,没有特别亮的斑块。如果灰度不一致,存在特别亮的斑块,则说明等离子电视屏的保护膜已经损坏了。

与此同时,给等离子电视机动态通电,观察整个等离子屏,判断电视屏的坏点。如果存在不亮的点或常亮的点,则说明等离子电视视屏存在坏点。(说明:有的点是在白光栅或其它单色光栅下才可以看到的,因此在检测、判断时最好使用不同颜色的光栅来检测。

(2) 直观法判断PDP等离子电视电源板之好坏。首先,对电源板进行目测检查,仔细看电源板上电容是否起鼓或炸裂、烧黑,电阻是否烧黑、烧断,晶体管是否损坏、连接是否断开等,如果发现异常情况,则说明该PDP等离子电视电源不存在异常。

其次,对电源板而言,通过观察电源板上与逻辑板上的指示灯,可以大致判断电源板的好坏以及故障原因。

(3)观察现象法,判断PDP等离子电视屏X驱动板的好坏。当出现黑屏、图像很暗、图像无对比度、图像层次感很差、图像上有色斑块等异常现像,则说明该等离子电视屏X驱动板可能损坏了。

如果怀疑X驱动板损坏,故此,可以把该X驱动板从电路中拆下脱开。如果拆下后,图像没有变化,则说明该X驱动板可能损坏了。

也可以用好的X驱动板代换怀疑X驱动板,如果故障排除,则说明原X驱动板损坏了。

(4)观察法判断PDP等离子电视屏Y驱动板的好坏。观察其水平亮线或黑线或亮带或黑带、上半部亮屏或下半部亮屏、黑屏、上半部黑屏或下半部黑屏、花屏、烧Y上/下选址电路板等异常现象,则说明该PDP等离子电视屏Y驱动板可能损坏了。

(5) 判断PDP等离子电视屏逻辑板的好坏。仔细观察平幕现象为:如出现控制失效、无图像、花屏、黑屏、水平和垂直方向上的竖线或横线或竖带或横带等异常现象,说明该PDP等离子电视屏逻辑板可能损坏了。

与此同时,如果PDP等离子电视出现图象异常、图像不良、白场黑白相同、字符异常、绿场蓝场闪烁、菜单抖动、字符抖动等异常情况,可能系VSC板异常引起的。(说明:VCS板异常包括板块、线材、连线等异常。)

4.液晶电视机

(1) 观察现象法判断液晶电视机高压板背光板的好坏。如果液晶电视机出现瞬间亮后马上黑屏、通电灯亮但是无显示、三无、亮度偏暗、电源指示灯闪、水波纹干扰、画面抖动/跳动、星点闪烁等异常现象,说明该液晶电视机高压板背光板可能损坏了。

(2) 采用观察现象法判断液晶电视的具体电路部位。(故障现象与电路之间的对应关系)

液晶电视机的故障现象与电路之间有着明显的对应关系,掌握此种对应关系对速查故障极为有利。

如:电源损坏所呈现的故障现象。电源承担着为背光电路和主板电路供电的任务,一旦电源损坏,背光电路和主板电路都会停止工作。背光灯停止工作,背光灯也不亮,液晶屏当然也不亮;主板电路停止工作,就无法处理信号,自然就会出现无图无声的故障。由此可知,当电源损坏时,所呈现的故障是:无图无声,且液晶屏不亮。当然,若主板产生的开机/待机控制电压不正常,就会使电源和背光电路工作于待机状态,也会产生无图无声,且液晶屏不亮的故障。检修时还可根据指示灯是否发亮来帮助判断故障,若开机后红色指示灯不亮,说明电源有问题;若红色指示灯亮,就要检查一下开机/待机控制电压是否正常,若正常,说明电源出问题了。

再如:背光电路损坏所呈现的故障现象。(观察现象法)

背光电路的功能是输出驱动电压,点亮背光灯。因此,一旦背光电路出问题,背光灯就会不亮,液晶屏自然也就不亮,但主板仍能正常处理信号,声音仍然正常工作,只是背光灯不亮,图像显现不出来而已。由此可知,背光电路损坏所呈现的故障现象是:液晶屏不亮,但声音正常。经验得知,以后,只要碰到有声音,但屏幕不亮故障时,应立即想到是背光电路出问题了。(应检修背光电路)

(3) 检修实例:修一台康佳牌LC32HS62B型机,故障现象为:时而正常,时而不正常,有时在收看过程中会突然停机。

经验判断,怀疑电路中有接触不良或虚焊存在。故此,在动态下故障出现时,观察发现,红色指示灯未亮,说明电源无电压输出,显然故障在电源电路。开壳后,先静态下初步观察电源电路中相关元件及焊点,未能找到故障所在。继而,又给电路通电,轻轻敲击电路板,使故障出现,测得12.15V输出电压,为0V,说明电源确实没工作。再测PFC电路输出电压也为0V,而输入整流滤波输出端有300V左右的电压,说明故障在RT901、LF901、DF903三支元件上,肯定其中某个元件内接触不良。关机,静态下用射灯照之,观察法,再用放大镜对其焊点仔细进行逐一检查,果真,发现RT901(3.0D—21)的一个焊盘有微裂纹,补焊后,故障排除之。

(4) 一台创维牌32E330E型液晶电视机出现无图无声故障现象。

该机操作正常,能开机,但也能待机,可任何信号源下均无图无声。先采用直观检查法,查相关部件、元件、未见开路、短路、芯片表面变色、微裂,等异常现象。动态下,手摸相关元部件也未发现异常发热感。再经分析,初步怀疑系主芯片内部工作异常所致,故而检测主芯片的各路供电电压,均正常,于是怀疑主芯片内部性能不佳。考虑更换主芯片风险较大,故而干脆将其整板拆下,采用干燥处理后,重装试机结果奇迹出现,故障排除。

(5) 飞利浦32PFL3404/93型液晶电视机电源指示灯亮,但不能开机

故障分析与检修:根据检修经验,电源指示灯亮,不开机的故障原因一般是+24V、+12V开关稳压电源未工作。首先,采用直观法,重点直接检查电源电路板中的Q951、Q952高低端电源开关管未见发黄、发黑,可疑痕迹;并在线测量也未见异常。继而再查相关元件,发现R965(0.33Ω)限流电阻,严重发黑变色,可疑之;且在线测量其电阻值较大,将其焊下再测量已近500KΩ。将R965换新,故障排除。(说明:R965串在Q952源极与地之间,主要起过流检测作用,当其阻值增大时,其端电压会升高,反馈给IC951(6)脚的电压也升高,因而会出现过流保护功能误动作,故使+24V、+12V电压无输出的故障。)

(6) 液晶屏背光灯管故障判断法—察看法

灯管是否正常,应先采用察看法进行初步判断。若发现灯管出现破损、断裂,说明灯管肯定损坏;若灯管两端出现发黑的现象,就可以说明该灯管已老化,需要更换之。

(说明:因冷阴极荧光灯没有灯丝,不能仅凭察看法、电阻测量法进行判断它是否正常,最好将它接在正常的逆变电路上,通过观察它能否正常发光来确认是否正常。)

(7) 创维42L05HR型液晶彩电三无,指示灯亮。(速排除过程)

分析与检修:由于指示灯亮,说明副电源电路已工作,故障主要是待机控制电路、主电源电路异常所致。动态下,直接检查主电源相关元件时,探测发现主电源的开关变压器T302有高频叫声,说明主电源进入欠压或过流的保护状态。进一步在静态下,在路仔细直观检查,发现24V供电的整流二极管D302表面微微裂,且发黑,怀疑其有问题。随将其焊下,测量证实已击穿。试更换一支1N4148或IN5408后主电源电路恢复正常,故障排除。(顺便说一句:此机型三无,指示灯亮的故障,其主电路中IC301(MP127IP65)的外围件6脚所接电容10uF/50V,经验得知:如果容量变小或严重漏电也会造成此故障)。

5.电饭煲:电饭煲常见故障判断。

(1)判断电饭煲压敏电阻的好坏?观察法,外观检查压敏电阻是否有烧爆、局部开裂等损坏异常,如果存在烧爆、烧断等异常现象,则说明该压敏电阻已经损坏。

(2)判断电饭煲限压阀的好坏:仔细观察,其限压阀,如果发现限压阀的阀柄与阀体分离,不能完全密封,则说明该限与阀可能异常。

(3)判断电饭煲定时器的好坏:定时器一般内设有几阻触点,不同的功能下,其相关触点会呈接通或断开。当功能转换后,凸轮的作用下,原来接通或者断开的触点会发生相应之变化。故采用观察法,如果在相应的功能下,观察到相关触点的状态与正常情况下的状态特点不相符合,则说明电饭煲定时器异常。

(4) 观察法判断电饭变双金属片控制器的好坏。双金属片控制器是利用热膨胀系数不相等的金属,在高温下双金属片可以发生弯曲的特性,使常温下常闭触点断开来工作。双金属片控制器触点断开的温度可以通过一个小螺钉来进行调整。如果高温下,仔细观察,常温下的常闭触点不能够断开,则说明该双金属片控制器异常。

(5)观察法判断,电饭煲微动电门之好坏。当电门相关触点接通时,则电饭煲发热盘会工作。如果另外相关触点接通时,则电饭煲文火发热盘工作。如果发热盘与文火发热盘需要工作时,相关触点的状态与正常情况下的状态特点不相符合,则说明该电饭煲煮饭微动电门异常。

(6)电饭煲煮饭按键观察法判断:

电饭煲煮饭按键是一个杠杆式按键。当按下时,杠杆另一端被磁性开关吸住,此时杠杆中段不压微动电门,相关触点接通。如果不按该键时,杠杆另一端为释放状态,则杠杆的自重压在微动电门上,此时,另外相关触点接通。仔细观察,如果在按下时,或者不按时,相关触点的状态与正常情况下的状态特点不相符合,则说明该电饭煲煮饭按键异常。

6.打印机

打印机日久使用易出现这样那样的故障。有些故障如电路中的纸介电容、陶瓷电容易损,可用观察法,仔细观察纸介电容、陶瓷电容,如果发现纸介电容陶瓷电容,均有烧焦、虚焊、边沿开裂、针脚断裂等异常情况,则说明该纸介电容、陶瓷电容已经损坏了。

经验得知:激光打印机中热敏电阻也是易损之件。多数激光打印机中应用的热敏电阻阻值在300~500KΩ。检测热敏电阻阻值,在300~500KΩ内,说明该热敏电阻正常。如果检测阻值在300~500KΩ区域外,则说明该热敏电阻可能异常。

热敏电阻是与加热辊或陶瓷加热器靠近的一种元件。早期的激光打印机将其装在加热辊正中心部位,后来改进的是装在加热辊两头。

由于使用较长时间,热敏电阻外壳会粘上废粉、脏物,从而影响热敏电阻对温度的正常感应,进而造成对加热辊、加速橡皮、分离爪等部件的磨损或局部损坏。因此,对于应用中的热敏电阻可以通过观察法,观察其表面是否有废粉、污物来判断好坏。

对于表面有废粉、脏物的热敏电阻,可以清除废粉、脏物,用棉花蘸些酒精擦拭其外壳。

再如:打印机带基损坏,可观察之,如果带基出现,断裂、皱折、疵点、霉斑,说明该带基局部损坏了。另外,9针打印机的色带带基一般采用的是普通密度的尼龙带;24针打印机的色带带基一般采用的是高密度尼龙带。故而,在灯光下,仔细观察尼龙带透光程度,一般透光的是普通密度色带,不透光的是高密度色带。一些色带则与之相反,需要采用专门的仪器才能够检测。

又如:打印机喷头堵塞故障,判断时,仔细观查打印机打印出的一些图案,如果图案中的线条有断线的现象,则需要选中打印头清洗,并且清洗一次后再重复喷嘴检查。如果在同一位置仍存在断线,则说明打印机喷头可能严重堵塞。

对于出墨口堵塞,可把外置盒上面密封塞塞好,墨盒倒置,再从外置墨盒上拔出输墨管,检查是否堵塞即可。

对于打印机注墨弯头堵塞,首先把注墨弯头从墨盒上拔出来,然后从输墨管线端拔下注墨弯头,检查是否堵塞即可。

在确保出墨口与注墨弯头没有堵塞的情况下,如何判其是否输墨线堵塞,可用注射器从墨盒出墨口抽墨,观察外置墨盒的墨水液面下浮否?若无下浮,则说明该打印机输墨管线堵塞了。

7.视盘机

有些故障,可采用简法---观察法判断与排除。如:判断VCD/DVD激光头的好坏。经验得知,激光二极管老化的显著特征就是其发射激光的能力变弱。正常的激光二极管发射的激光束较亮。仔细观察,如果发现激光二极管发射的激光束的亮点较暗,则说明该激光二极管老化,进而判断DVD激光头已经损坏。(说明:观察时,需要注意眼睛与激光头物镜的距离保持在3cm以上,以免损伤眼睛。)

再如:使用中,激光头功率下降将引起读碟能力下降。一般情况下,可以通过调整激光头侧面的一只大约2K?的电位器来调整激光头的功率。如果调整该电位器,激光头功率没有变化,而该电位器是正常的,则说明该激光头功率不可调或者损坏了。(说明:用小螺丝刀顺时针调节该电位器,一般顺时针是加大功率,逆时针是减小功率。一般以5度为步进进行调整,并且边调边试,直到满意为止。绝对不可以调节过度,以免出现激光头功率过大而烧毁之现象。)。

(全文完)

◇山东 张振友

PLC控制程序状态转换法编程及其应用(上)

编制PLC控制程序的方法有多种，常用的是经验法和顺序法两种典型的方法。经验法通常需要对传统电气控制电路有所了解或熟悉，具有一定的继电器--接触器控制电路知识或设计经验。顺序法是在分析控制系统输入与输出的关系基础上，依据动作流程、次序等，把比较复杂的工序分解成若干个步骤，使每一个步骤都是比较简单的程序段，然后将这些具有先后关系的程序段叠合在一起完成控制任务。顺序法减弱了对传统电气控制知识和经验的依赖性。其实PLC在执行控制任务中，其输入端状态、内部资源的状态、还有输出端状态都是按照某种要求进行着变化。这种变化可能是以输入端状态为条件，或许以输出端状态为条件，也会以内部资源的条件来变化，或兼而有之。本文介绍一种依据控制要求采用状态转换过程来编程的方法，并列举了应用实例。

1. PLC的状态及表示

状态转换法是按照项目控制的要求，列出控制系统所必需的输入信号、输出信号和内部资源的配置。然后对整个控制过程进行分析，列出输出信号、输入信号和内部资源的在控制过程中的状态(包括稳态和暂态)。PLC的状态应包括输入状态、输出状态、内部资源状态。

输入状态是由PLC输入点集所组成。可以将PLC的全部输入点组成一个输入状态，存放在一个数据寄存器中。也可以将PLC的全部输入点分成若干组，各自组成一个输入子状态，存放在若干个数据寄存器中。同一个数据寄存器中的某一位只能与PLC的某一输入点对应，除非作为空缺。由于PLC内部数据寄存器可以是16位或32位，故一个数据寄存器可以作为不超过32个输入点的PLC输入状态寄存器。如三菱FX_{1S}-30MR微型可编程控制器的输入状态寄存器可用数据寄存器D10。输入状态寄存器这里规定用圆角方框表示，框内标定该寄存器的当前值。如输入状态寄存器 [D10：X07X06X05X04X03X02X01X00]，当前值为 [D10：00000011]。寄存器中内容某一位是1表示ON，0表示OFF(下同)。

输出状态是由PLC输出点集所组成。可以将PLC的全部输出点组成一个输出状态，存放在一个数据寄存器中。也可以将PLC的全部输出点分成若干组，各自组成一个输出子状态，存放在若干个数据寄存器中。同一个数据寄存器中的某一位只能与PLC的某一输出点对应，除非作为空缺。同样由于PLC内部数据寄存器可以是16位或32位，故一个数据寄存器可以作为不超过32个输出点的PLC输出状态寄存器。如三菱FX_{1S}-30MR微型可编程控制器的输出状态寄存器可用数据寄存器D1。输出状态寄存器这里规定用椭圆框表示，框内标定该寄存器的当前值。如输出状态寄存器 (D1：Y07Y06Y05Y04Y03Y02Y01Y00)，当前值为 (D1：01000000)。

内部资源状态就是由PLC内部的某个资源组成，如辅助继电器、定时器、计数器、数据寄存器，其中某些资源可以位寻址，如辅助继电器。除可以位寻址的资源可以构成对应的16位数据寄存器外，PLC其他内部资源对应的数据寄存器都是16位的，有的还可以是32位的。这里将那些受输入状态和输出状态影响的，且它们的值的改变同时也会影响输出状态的那些内部资源对应的数据寄存器称为内部资源状态寄存器。内部资源状态寄存器这里规定用方角框表示，框内标定该寄存器的当前值。如定时状态寄存器 [T10]，当前值为 [T10：0000011100100101]。

2.基本状态转换图

PLC控制系统中，其输出点是随输入点、及内部资源点的状态改变而发生变化的，内部资源点的状态改变也会随输入点和输出点的变化而变化。也就是说输出状态寄存器的内容会随输入状态寄存器或内部资源状态寄存器的内容改变而改变，内部资源状态寄存器的内容会随输入状态寄存器或输出状态寄存器内容的改变而改变。会从当前状态转入下一个状态，即从现态转入次态。若将控制系统的输入状态、输出状态和内部资源状态列成一张表格，再将这些状态用对应的寄存器绘制出一张图，并标上状态之间转换的条件，这就是控制系统的状态转换图。状态转换图应包括输入状态、输出状态、内部资源状态及转换条件。转换条件应该是输入状态、输出状态或内部资源状态。下面来讨论几种基本的状态转换图。这里符号IP_n表示输入现态，IP_{n+1}表示输入次态；OP_n表示输出现态，OP_{n+1}表示输出次态；IT_n表示内部现态，IT_{n+1}表示内部次态。需要说明的是现态与次态是相对的。

2.1单现态次态状态转换

单现态次态状态转换，顾名思义就是只能从一个状态在某些条件下转入唯一的一个次状态。其状态转换图如图1所示，其中图(a)为通式，图(b)为举例。图中转换的条件只列出了两个逻辑相与的条件，它们可能有多个，且可能是相或、相与、与或、或与等(下同)。

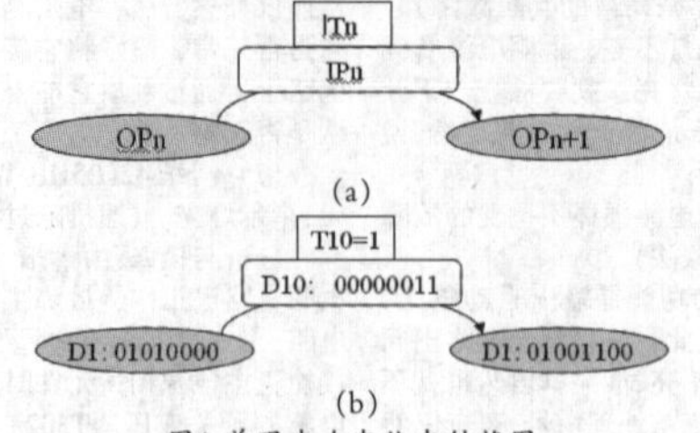

图1 单现态次态状态转换图

2.2单现态多次态状态转换

单现态多次态状态转换，就是某一个状态在某些条件下转入到一个次状态，而该状态在另一些条件下会转入到另一个次状态。其状态转换图如图2所示，其中图(a)为通式，图(b)为举例。

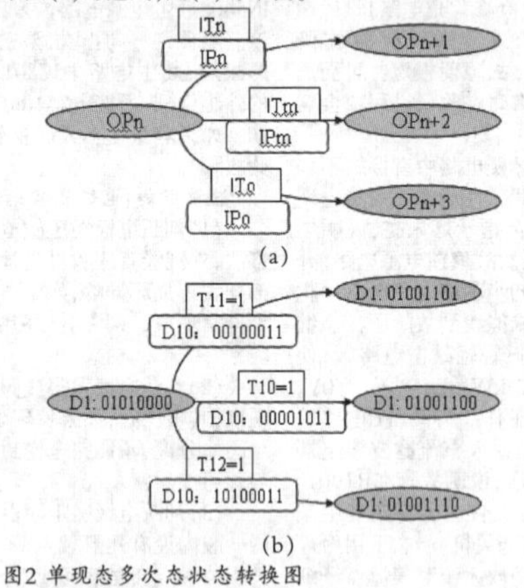

图2 单现态多次态状态转换图

2.3多状态单次态状态转换

多状态单次态状态转换与上面的单现态多次态状态转换正好相反，就是有多个状态在不同的条件下都会转入到同一个次状态。其状态转换图如图3所示，其中图(a)为通式，图(b)为举例。

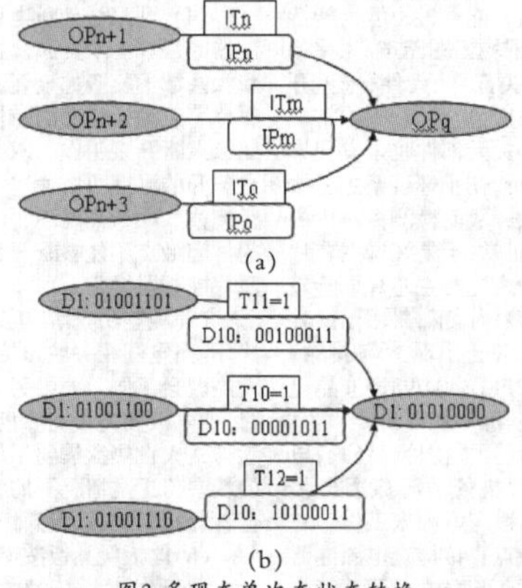

图3 多现态单次态状态转换

2.4单现态次态循环状态转换

单现态次态循环状态转换就是在两种转换条件下，输出状态在两种状态之间切换。其状态转换图如图4所示，其中图(a)为通式，图(b)为举例。

3.基本状态转换图的程序设计

从上面这些状态转换图中可以看到，不管是稳态，还是暂态，状态转换的结构非常清晰。输入状态在状态转换图中只能作为转换的条件，不能作为被转换的状态。而输出状态和内部资料状态都可作为被转换的状态或转换条件。最终需要关注的是输出状态之间的变化，内部资源状态最终还是要作为影响输出状态变化的条件。由于状态转换图的结构比较清晰、简单，因此其对应的程序也不会复杂。这些基本状态转换图最多用到的PLC指令(梯形图)有数据传送指令和比较

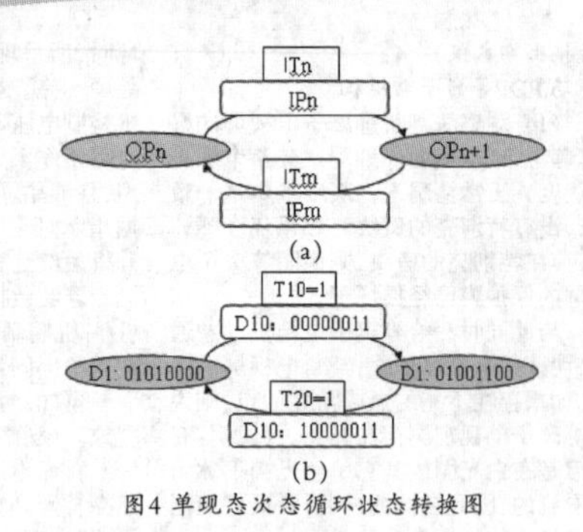

图4 单现态次态循环状态转换图

指令。

3.1指令介绍

(1)数据传送指令

功能号：FNC 12

助记符：MOV。

指令格式：指令梯形图：

MOV S D

A ─┤├─ [MOV S D]

指令格式中需要虚元件(操作数)S：K、H、KnX、KnY、KnM、KnS、T、C、D、V、Z；

虚元件(操作数)D：K、H、KnY、KnM、KnS、T、C、D、V、Z。

A：X、Y、M、S、T。

指令说明：该指令中有一个源操作数、一个目的操作数。将源操作数中的数据送入目的操作数中。MOV指令可将一个源单元的内容传送至目的单元中。

(2)比较指令

比较指令共有18条，功能号从FNC 224到FNC 246。这里介绍相等比较指令，共有3条。

功能号：FNC 224，FNC 232，FNC 240

助记符：LD=、OR=、AND= -16位连续执行型；

DLD=、DOR=、DAND= -32位连续执行型。

指令格式：指令梯形图：

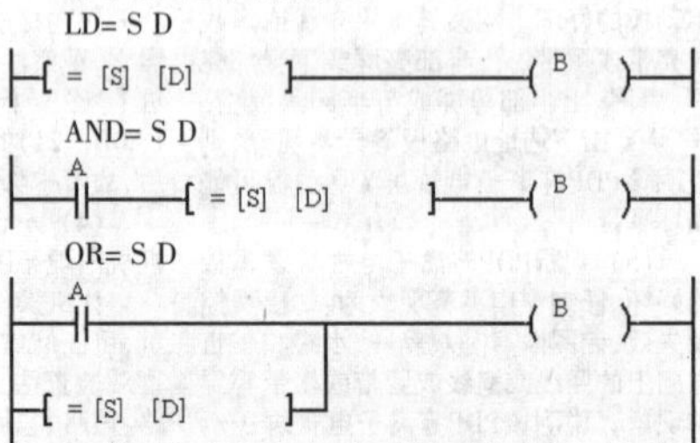

格式中源操作数：KnX、KnY、KnM、KnS、T、C、D、V、Z、K、H，

A：X、Y、M、S、T。

指令说明：= 指令可将源单元的内容与目的单元的内容作相等比较，若相等则执行后面的指令；若不等，则执行下一行的指令。

3.2基本状态转换图的梯形图

根据数据传送指令和比较指令的梯形图，以三菱FX_{1S}-30MR型PLC为例，不难编写出图1(b)、图2(b)、图3(b)、图4(b)的状态转换图梯形图程序，它们分别如图5(a)、(b)、(c)和(d)所示。

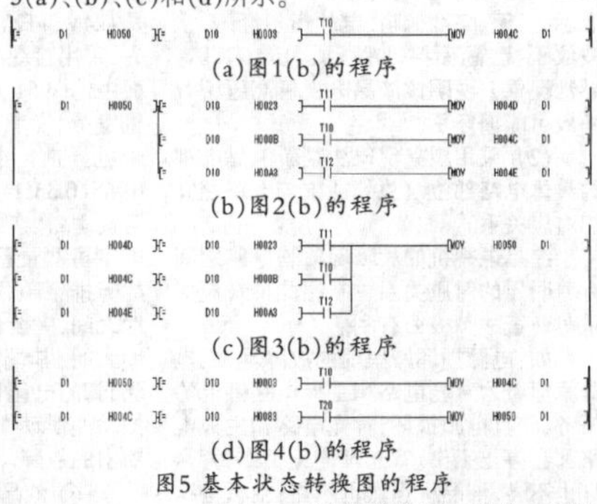

(a)图1(b)的程序

(b)图2(b)的程序

(c)图3(b)的程序

(d)图4(b)的程序

图5 基本状态转换图的程序

(未完待续)(下转第566页)

◇江苏 陈洁

编辑：余寒 投稿邮箱：dzbnew@163.com

三相异步电动机的顺序控制电路(下)

(紧接上期本版)

8. 三台电动机顺序启动同时停止控制电路

如图9所示,3台电动机M1~M3只能顺序启动,但可以同时停止。同时具有短路和过载保护功能。工作过程如下。

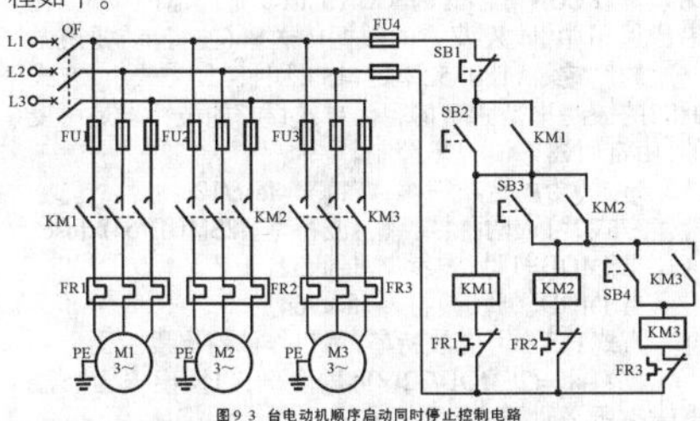

图9 3 台电动机顺序启动同时停止控制电路

合上三相电源开关QF,按下电动机M1启动按钮SB2,接触器KM1线圈得电吸合,主开关闭合并自锁,电动机M1启动运转;按下电动机M2启动按钮SB3,接触器KM2线圈得电吸合,主开关闭合并自锁,电动机M2启动运转;按下电动机M3启动按钮SB4,接触器KM3线圈得电吸合,主开关闭合并自锁,电动机M3启动运转。分析可知,如果先按启动按钮SB4或SB3,KM3或KM2线圈均不能得电,电动机M3、M2均无法启动运转。

停止时,只需按下停止按钮SB1,三只接触器的线圈同时断电,三个主开关KM1~KM3同时打开,电动机M1~M3同时停止转动。

9. 四台电动机顺序启动逆序停止控制电路

1)电路特点

启动时,4台电动机一次相隔10秒启动(人为设定),即按照M1→M2→M3→M4顺序启动;停止时,4台电动机按照M4→M3→M2→M1逆序停止,时间间隔5秒(人为设定);4台电动机运行过程中,任意一台出现过载过流,都能立即停止运行;4台电动机运行过程中,任意一台出现故障,都能紧急停车。

2)主电路和指示电路

4台电动机同方向运转,所以主电路采用单向旋转电路。每一台电动机都设置短路保护、欠压和失压保护、过载保护、接地保护等。这些保护措施分别由熔断器、接触器、热继电器、接地端子完成,如图10所示。考虑到控制电路的安全性和指示电路的要求,采用3种交流电压供电:380V电压经由变压器TC降压后获得127V供控制电路以及接触器、时间继电器、中间继电器等线圈回路使用;另有一组36V电压供照明灯EL使用;6.3V供所有顺序启动指示灯HL1~HL4使用。

主电路4台电动机分别受接触器KM1、KM2、KM3、KM4主开关控制,主开关闭合,对应的电动机旋转,同时对应的工作指示灯亮;主开关打开,对应的电动机停转,同时对应的工作指示熄灭。

3)控制电路

如图11所示。工作过程如下:按压电动机M1启动按钮SB2,接触器KM1线圈得电吸合,主开关KM1闭合并自锁,电动机M1接通三相电源启动运转,接触器KM1动合辅助触点闭合,指示灯HL1亮起;同时时间继电器KT1线圈得电吸合开始延时计时。10秒钟后,延时动合开关KT1闭合,接触器KM2线圈得电吸合,主开关KM2闭合并自锁,电动机M2接通三相电源启动运转,接触器KM2动合辅助触点闭合,指示灯HL2亮起;同时时间继电器KT2线圈得电吸合开始延时计时,动断触点KM2打开,KT1线圈断电。10秒钟后,延时动合开关KT2闭合,接触器KM3线圈得电吸合,主开关KM3闭合,电动机M3启动运转,接触器KM3动合辅助触点闭合,指示灯HL3亮起;同时时间继电器KT3线圈得电吸合开始延时计时,动断触点KM3打开,KT2线圈断电。10秒钟后,延时动合开关KT3闭合,接触器KM4线圈得电吸合,主开关KM4闭合,电动机M4启动运转,接触器KM4动合辅助触点闭合,指示灯HL4亮起;动断触点KM4打开,KT3线圈断电。4台电动机的顺序启动完成。

需要逆序停止时,按压逆序停止按钮SB3,中间继电器KA线圈得电吸合并自锁,KA的动断触点打开,接触器KM4线圈断电,主开关打开,电动机M4首先停止转动,同时,延时继电器KT4线圈得电开始计时。5秒钟后,延时继电器KT4动断触点打开,接触器KM3线圈失电,主开关打开,电动机M3停止转动,同时KT4动合触点闭合,KT5线圈得电开始延时计时。5秒钟后,延时继电器KT5动断触点打开,接触器KM2线圈失电,主开关打开,电动机M2停止转动,同时KT5动合触点闭合,KT6线圈得电开始延时计时。5秒钟后,延时继电器KT6动断触点打开,接触器KM1线圈失电,主开关打开,电动机M1停止转动。同时,动合辅助触点KM1断开,中间继电器KA线圈失电,动合开关打开,逆序停止电路断电,4台电动机全部停止运行。

SB1为急停开关,采用专用"红蘑菇"按钮开关,工作中出现的任何故障,只需按压一下SB1,即可实现整体停车。

10. 四台电动机步进控制电路

电路特点 以一个继电器的得电和失电体现某一程序的开始和结束,采用顺序控制电路,利用行程开关进行自动切换,依次启动和停止4台电动机的运转,并保证整个程序转换过程中只有一台电动机在工作。电路如图12、图13所示,工作过程如下。

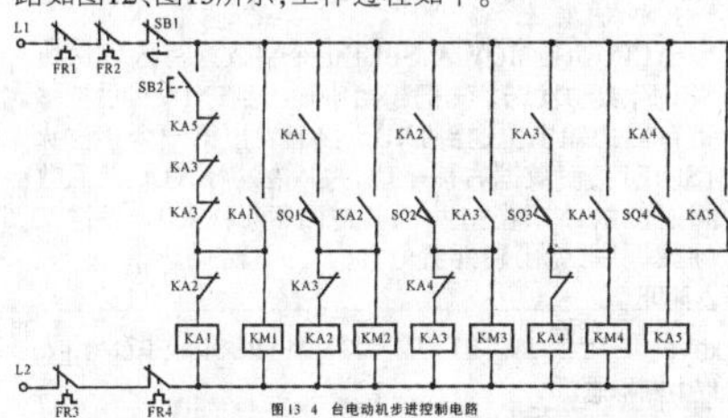

图13 4 台电动机步进控制电路

按下启动按钮SB2,继电器KA1和接触器KM1线圈得电并自锁,接触器主开关闭合,电动机M1运转,指示灯HL1亮起;同时KA1另一动合触点闭合,为继电器KA2、接触器KM2

当第一台电动机工作完毕后,结束信号开关SQ1闭合,使KA2线圈得电并自锁,KA2动断触点切断KA1和KM1线圈回路,使M1停转,指示灯HL1熄灭,KM2线圈得电自锁,电动机M2运转,指示灯HL2亮起;同时,KA2另一个动合触点闭合,为KA3、KM3线圈得电做好准备。

当第2台电动机工作完毕后,结束信号开关SQ2闭合,使KA3线圈得电并自锁,KA3动断触点切断KA2和KM2线圈回路,使M2停转,指示灯HL2熄灭,KM3线圈得电自锁,电动机M3运转,指示灯HL3亮起;同时,KA3另一个动合触点闭合,为KA4、KM4线圈得电做好准备。

当第3台电动机工作完毕后,结束信号开关SQ3闭合,使KA4线圈得电并自锁,KA4动断触点切断KA3和KM3线圈回路,使M3停转,指示灯HL3熄灭,KM4线圈得电自锁,电动机M4运转,指示灯HL4亮起;同时,KA4另一个动合触点闭合,为KA5线圈得电做好准备。

当第3台电动机工作完毕后,结束信号开关SQ4闭合,使KA5线圈得电,KA4动断触点切断KA,4和KM4线圈回路,使M4停转,指示灯HL4熄灭。

至此,全部程序执行完毕,按下停止按钮SB1,电路断电停止工作。

◇河北 梁志星

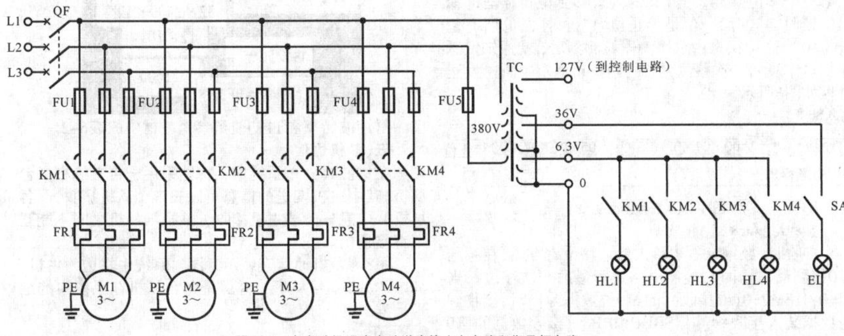

图10 4 台电动机顺序启动逆序停止主电路和指示灯电路

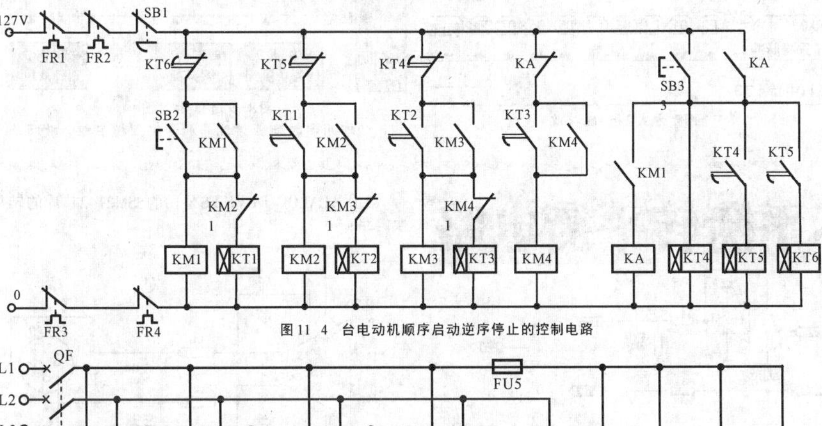

图11 4 台电动机顺序启动逆序停止的控制电路

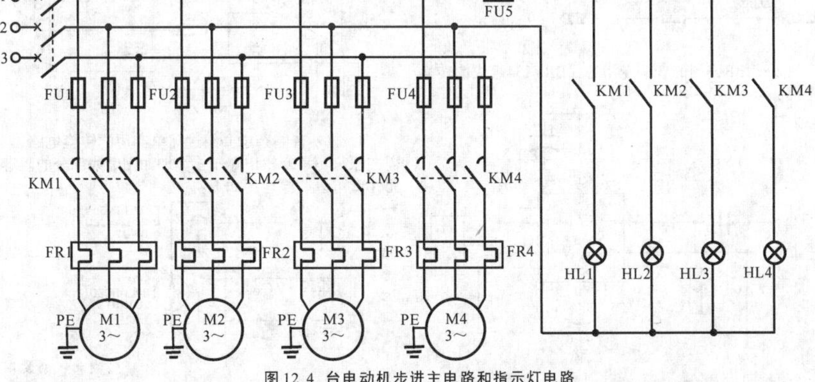

图12 4 台电动机步进主电路和指示灯电路

单片机串行接口工作方式

串行口的工作方式0为移位寄存器输入输出方式，方式0发送或接收完8位数据后由硬件置位发送中断标志TI或接收中断标志RI。

1.方式0发送

串行数据从RXD引脚输出，TXD引脚输出移位脉冲。CPU将数据写入发送寄存器(SBUF)时，立即启动发送，将8位数据以fosc/12的固定波特率从RXD输出，低位在前，高位在后，直至最高位(D7位)数字移出后，停止发送数据和移位时钟脉冲。

MOV SCON, #10H；串行口方式0

MOV A, SBUF；接收数据

JNB RI, $；等待数据接收完毕

2.方式0接收

方式0接收前，务必先置位REN=1，允许接收数据。此时，RXD为串行数据输入端，TXD仍为同步脉冲移位输出端。当RI=0和REN=1同时满足时，就会启动一次接收过程。接收器以fosc/12的固定波特率接收TXD端输入的数据。当接收到第8位数据时，将数据移入接收寄存器，并由硬件置位RI，向CPU申请中断。

MOV SCON, #00H；串行口方式0

MOV SBUF, A；将数据送出

JNB TI, $；等待数据发送完毕

工作方式0一般用于对并行输入输出口的扩展，如图1所示。

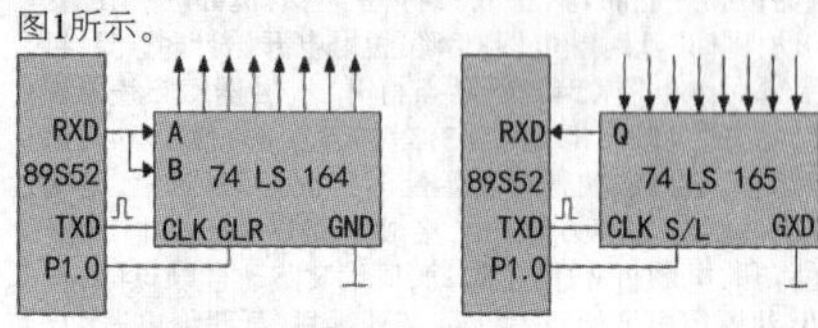

图1 方式0的应用

二、方式1:8位UART方式

当SM0=0、SM1=1时，串行口选择方式1，单片机工作于8位数据异步通讯方式(UART)。在方式1时，传送一帧信息为10位，即1位起始位(0)，8位数据位(低位在先)和1位停止位(1)。方式1的数据格式如图2所示。

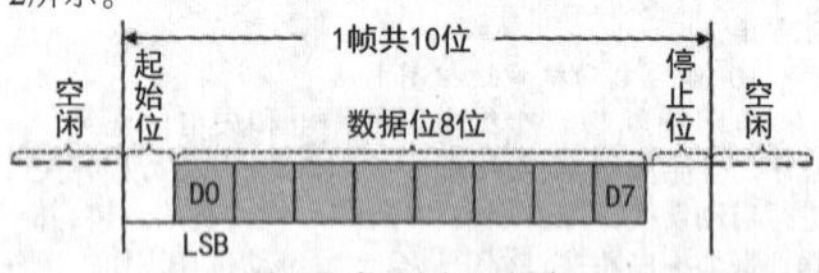

图2 方式1的数据格式

1.方式1发送

当CPU执行MOV A,SBUF指令将数据写入发送缓冲SBUF，启动发送。先把起始位输出到TXD，然后把移位寄存器的输出位送到TXD。接着发出第一个移位脉冲(SHIFT)，使数据右移一位，并从左端补入0。此后数据将逐位由TXD端送出，而其左面不断补入0。发送完一帧数据后，就由硬件置位TI。

写入SBUF
TXD 起始 D0 D1 D2 D3 D4 D5 D6 D7 停止位
TI(中断标志)

图3 方式1发送

2.方式1接收

当REN=1且接收到起始位后，在移位脉冲的控制下，把接收到的数据移入接收缓冲寄存器(SBUF)中，停止位到来后，把停止位送入RB8中，并置位RI，通知CPU接收到一个字符。

RXD 起始 D0 D1 D2 D3 D4 D5 D6 D7 停止位
位采样脉冲
RI(中断标志)

图4 方式1接收

三、方式2和方式3:9位数据异步通讯方式

当SM0=1，SM1=0时，串行口选择方式2；当SM1=1、SM0=1时，串行口选择方式3。方式2和方式3的工作原理相似，定义为9位的异步通讯接口，发送(通过TXD)和接收(通过RXD)一帧信息都是11位，1位起始位(0)、8位数据位(低位在先)、1位可编程位(即第9位数据)和1位停止位(1)。其数据格式如图5所示。

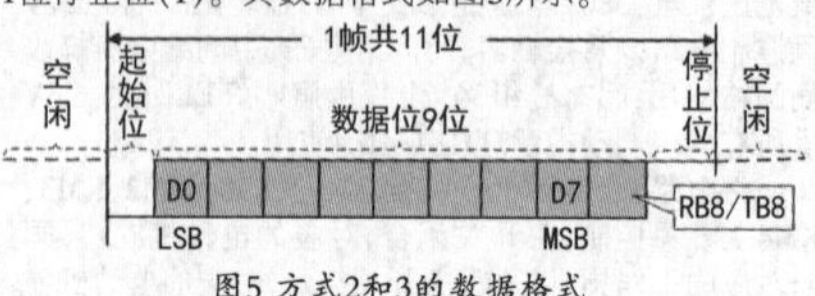

图5 方式2和3的数据格式

方式2和方式3唯一的差别是方式2的波特率是固定的，方式3的波特率是可变的。

1.方式2和方式3发送

当CPU执行一条数据写入SUBF的指令时，启动发送器发送。把起始位(0)放到TXD端，经过一位时间后，数据由移位寄存器送到TXD端，通过第一位数据，出现第一个移位脉冲。当TB8的内容移到位寄存器的输出位置时，其左面一位是停止位"1"，再往左的所有位全为"0"。这种状态由零检测器检测到后，就通知发送控制器作最后一次移位，然后置TI=1，请求中断。发送过程如图6所示。

写入SBUF
TXD 起始 D0 D1 D2 D3 D4 D5 D6 D7 RB8 停止位
TI(中断标志)

图6 方式2和3的发送

2.方式2和方式3接收

接收时，数据从右边移入输入移位寄存器，在起始位0移到最左边时，控制电路进行最后一次移位。当RI=0，且SM2=0(或接收到的第9位数据为1)时，接收到的数据装入接收缓冲器SBUF和RB8（接收数据的第9位)，置RI=1，向CPU请求中断。如果条件不满足，则数据丢失，且不置位RI，继续搜索RXD引脚的负跳变。接收的过程如图7所示。

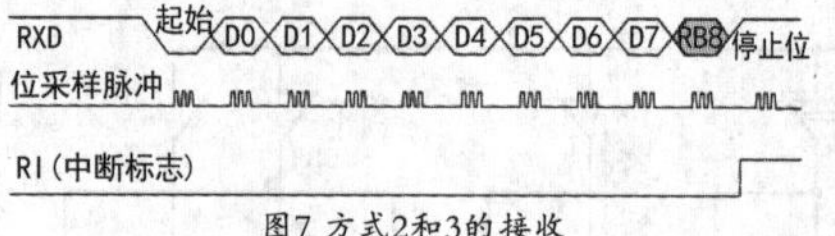

图7 方式2和3的接收

四、波特率的计算

波特率反映串行口传输数据的速率，它取决于振荡频率、PCON寄存器的SCON位以及定时器的设定。在串行通讯中，收发双方的数据传送率(波特率)要遵循一定的约定。AT89S52串行口的四种工作方式中，方式0和2的波特率是固定的，而方式1和3的波特率是可变的，由定时器的溢出率控制。

方式0为固定波特率：波特率=fosc/12

方式2可选两种波特率：波特率=(2SMOD/64)xfosc

当SMOD=1时，波特率=fosc/32；

当SMOD=0时，波特率=fosc/64。

方式1、3为可变波特率，用T1作波特率发生器。

波特率=(2SMOD/32)×T1溢出率，T1溢出率为T1溢出一次所需时间的倒数。

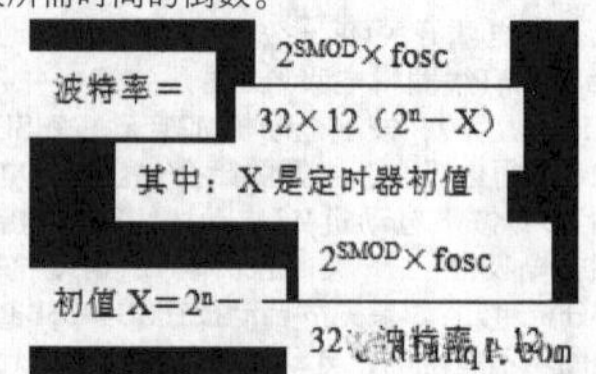

例如：计算波特率。要求用T1工作于方式2来产生波特率2400，已知晶振频率=12MHz。

解：求出T1的初值：

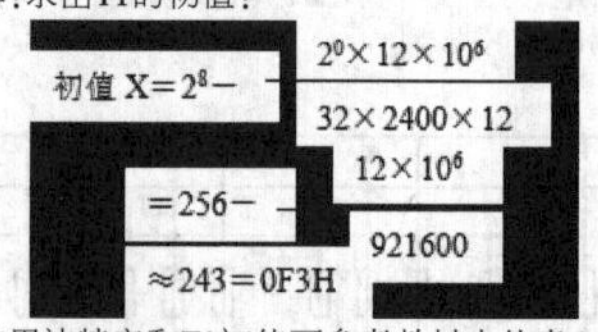

常用波特率和T1初值可参考教材中的表6-2。

五、多机通信

在集散式分布系统中，往往采用一台主机和多台从机。其中主机发送的信息可以被各个从机接收，而各从机的信息只能被主机接收，从机与从机之间不能互相直接通信。

图8为多机通信连线示意图，系统中左边为主机，其余的为1~n号从机，并保证每台从机在系统中的编号是惟一的。

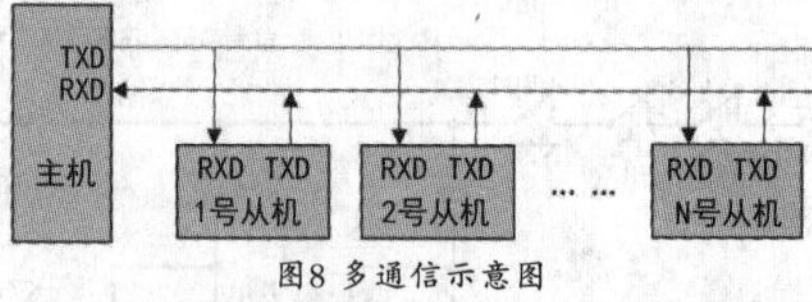

图8 多通信示意图

◇四川科技职业学院鼎利学院 杨宇翔 敬顺德

几款简单实用的不平衡转平衡电路

模拟信号在传输过程中，把初始信号反相，然后同时传送反相的信号与初始信号，就是平衡信号传输，平衡传输的优点主要体现在抗干扰能力强，由于平衡连接线路的共模抑制比高，感应到的干扰信号在接收端体现为热冷端辐值相同、相位相同的共模信号会被抵消。在专业音响设备使用较多，一般使用卡农插XLR或单路三芯话筒插，而不平衡连接法一般使用RCA插或双路三芯话筒插。下面摘录几款典型的转换电路。

1.用运算放大器OP构成的2款转换电路，原理图如下：

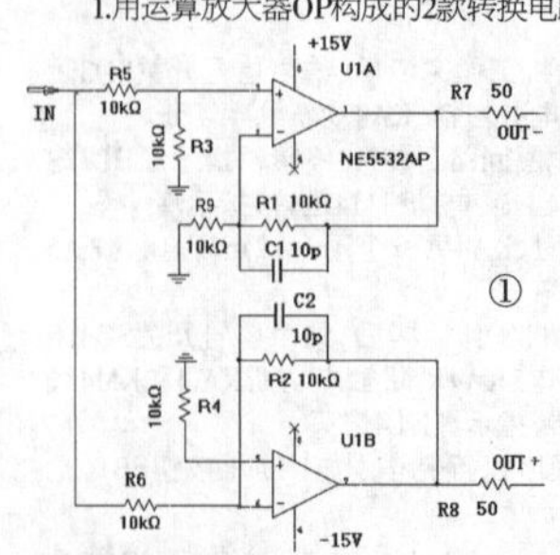

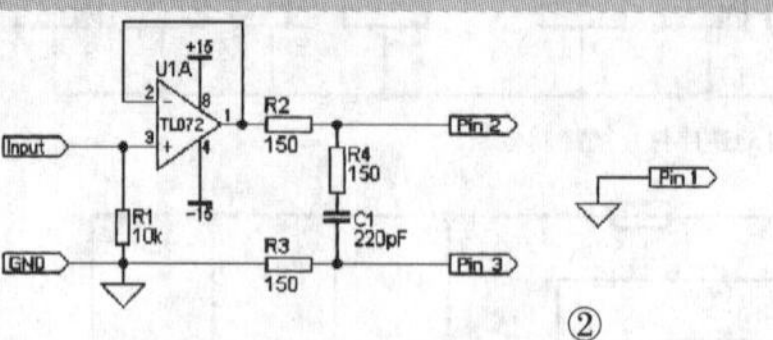

2. 用BB公司的音响专用芯片DRV134组成的转换电路：

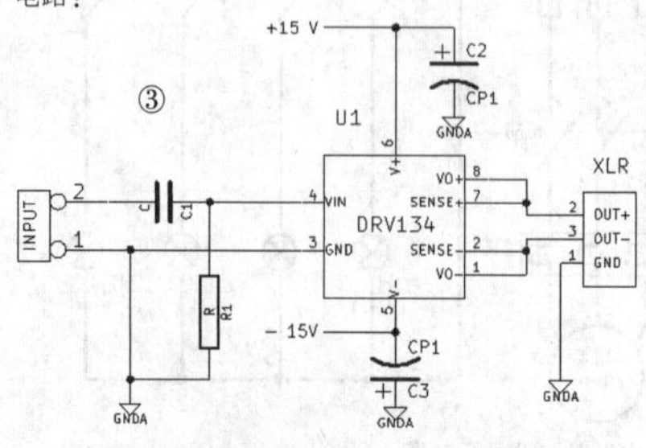

3.用ALALOG DEVICES公司的SSM2142芯片的转换电路：

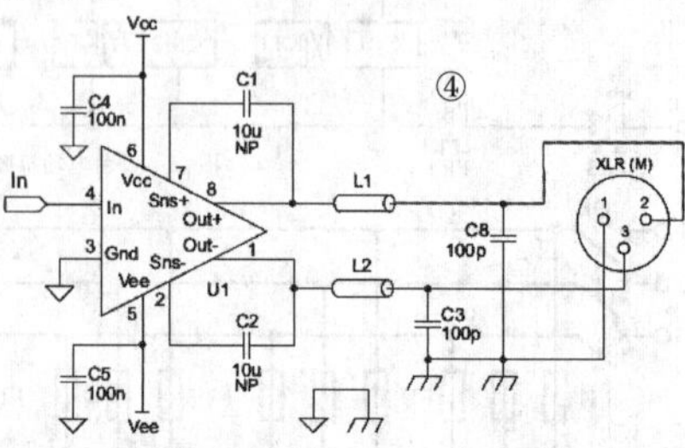

4. 国外音响杂志介绍过简单实用的转换电路，只需在原来不平衡输出端子上添加如图虚线部分的阻容元件就可以。原理图如下：

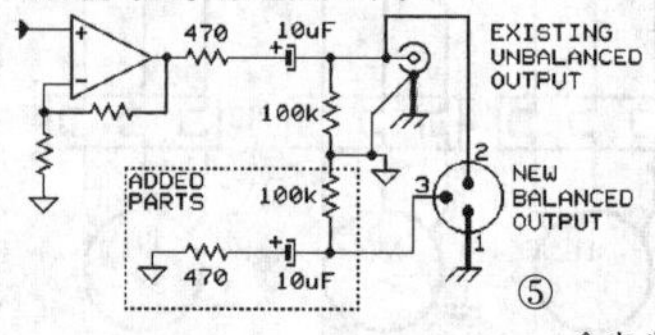

◇湖北 刘爱国

电视发射机语音电路的设计安装(上)

一、技术革新改造思路

HARRIS电视发射机在正常运行过程中，有时出现一些故障。这些故障当中，有的可以导致发射机关闭。而有些故障只是发出告警而不能关机，只有等到值班人员巡机时才能发现。比如说功放模块故障、驻波比故障等，一旦出现，发射机就在主控制器的前面板发出告警信号。如果故障发生在值班人员巡机的间隙，就不能及时发现，导致发射机一直运行在故障状态。这种情况带来的后果是，随着时间的推移，故障部位逐步扩大，给安全优质播出带来了隐患。因此，我们仔细研究了发射机的工作原理后，拓展了发射机的告警电路。让值班人员在值班室里，第一时间发现故障，并进行语音告警。告诉值班人员发射机出现了何种故障，便于及时维修。这些经常出现的故障分别是：功放模块故障RF MODULE；驻波比故障VSWR；功放电源故障PA POWER SUPPLY；激励器故障EXCITER；驻波比过大，造成功率跌落故障VSWR FOLDBACK；风压过低故障AIR LOSS；功放柜后门打开故障DOOR OPEN；外部互锁故障EXTERNAL INTLK。

二、电路分析

发射机的主控制器内部，设计了电可擦除程序逻辑控制器(EPLD)U401和U402，逻辑程序已经固化在集成电路内部。在控制器逻辑电路中，有一个容量为1.0F的电容C401，如图放大。它的作用是，交流电源停止供电时，输出一个+5V的直流电源，给记忆电路供电。正常运行时，U410构成了双稳态多谐振荡器，这里面储存着发射机开机命令、关机命令、遥控操作和本地操作命令。发射机没有交流电源供电期间，电容C401上储存的电能，由于给记忆电路供电导致了电压下降。

C401上的电压下降了300mV时，电源监测器U405就能够监测到，③脚转换成低电平。经过二极管CR402把这个逻辑电平送到了U408的②、⑤、⑩和⑬脚，防止逻辑转换并保持目前这种逻辑。C401上的电能大约能维持4天，在此期间，发射机的储存在U408和U410种的信息一直保留着，直到交流电源恢复或者再次给C401充足电能为止。一旦发射机加上交流电源，C401通过CR403和R405自动加上+5V电压，U405的③脚变成高电平。U407产生一个1s的脉冲，打开U409的逻辑门电路，把储存在U410中的逻辑加到发射机中。交流电源停电恢复后，或者+50V电源故障恢复时，发射机仍然执行故障发生前的命令。

功放模块故障：出现这种故障时，控制器通过逻辑接口，把故障信号返回到控制器1A3B，由电可擦除程序逻辑处理器U402的㊷脚输出，地址代码是A10。它分成两路：一路输入到缓冲放大器U202的⑨脚，从⑦脚输出，经J1-14返回到1A12B电路中，在前面板显示模块故障。另一路送到遥控接口电路缓冲放大器，把模块故障信号送到外部遥控电路中，如图2所示。

驻波比故障VSWR FLT STA：在主控制器1A3B电路中，图像和伴音入射功率和反射功率取样信号送到了电压比较放大器中。经过逻辑运算，产生了驻波比故障信号，从微处理器U402的㊺脚输出，地址代码是A11。它分成两路：一路输入到缓冲放大器U202的⑪脚，再返回到1A12B电路中。在前面板上，显示出驻波比故障。另一路送到遥控接口电路，经J9-22送到外部遥控电路中。

+50V电源故障PWR SUP FLT STA：两个+50V电源中，不管哪一个电源出现了故障，都通过逻辑接口1A18把光电耦合器驱动信号返回到主控制器1A3B的U313输入端。经过逻辑运算，由微处理器U401的㊺脚输出，地址代码是A12。它分成两路：一路输入到缓冲放大器U202的⑬脚，返回到1A12B电路中，在前面板上显示电源故障。另一路送到遥控接口电路，经J9-25送到外部遥控电路中。

激励器故障EXC FLT STA：激励器故障主要是由激励器被封锁后，产生的图像或者伴音封锁信号，通过J4A接口和地址线B4、B5，返回到主控制器1A3B的㉑、㉒脚。然后，形成了激励器故障信号，由微处理器U401的㊹脚输出，地址代码是A13，它分成两路：一路输入到缓冲放大器U202的⑲脚，返回到1A12B电路中，在前面板上显示激励器故障。另一路送到遥控接口电路，经J9-23送到外部遥控电路中。

驻波比过大，造成功率跌落故障VSWR FLDBK STA：这个故障在微处理器U401地址代码是B19，它分成三路：一路输入到缓冲放大器U202的⑱脚，返回到1A12B电路中，在前面板上显示驻波比反馈故障。另一路送到遥控接口电路，经J9-35送到外部遥控电路中。第三路送到激励器切换接口电路U308的⑲脚，经J4A-27送往激励器转接电路中。出现此故障时，禁止切换激励器。

风压过低故障AIR FLT STA：发射机开机后，功放柜后面的风机开始运转，冷却风从模块散热片之间的缝隙形成气流，带走了模块的热量。风流量达到一定的程度，产生了风压，使风压开关S2闭合。+12V电压通过J3-20，送到了主控制器1A3B的U313第④脚，使光电耦合器导通，产生风压互锁正常信号，再通过地址线G25，送到微处理器U401的㊽脚。开机后，必须经过3秒钟的延时，在U401内部才能形成风压正常逻辑。然后，从微处理器U401的㊾脚输出，沿着地址线A16传输，它分成了两路：一路输入到缓冲放大器U203的③脚，返回到1A12B电路中，在前面板上显示风压不够故障。另一路送到遥控接口电路，经J9-24送到外部遥控电路中。

发射机功放柜后门没有关闭状态DOOR OPEN STA：在功放柜互锁电路中，逻辑接口1A18中的J3-12是从主控制板1A3B的J4-3转接过来的控制电源+12V。这个电压通过线号为W55-19的转接线，送到了风压开关S2的①脚和门开关S1的②脚上。正常情况下，S1的1、2接点闭合接通；S1的3、4接点断开。+12V电压经过S1的2、1接点和转接线W52-10，连到了泄放电路A28中TB1的③脚。经过K1的常闭接点⑨、⑧脚，返回到TB1的④脚。再连接W52-7到达交流控制开关K2底座的⑭脚，给线圈加上+12V电压。K2底座的⑬脚连接W55-17，再返回到逻辑接口1A18的J3-7，形成了交流控制回路AC CONTROL。同时，在K2底座的⑭脚上，这个+12V电压还经过转接线W55-18，返回到逻辑接口1A18的J3-1上，再转接J4-19，形成了发射机功放柜后门互锁信号DOOR INTERLOCK。它通过控制柜与功放柜之间的转接排线J11B，连接到主控制器1A3B的J3-19。发射机功放柜后门关闭时，J3-19是+12V；打开后门时，这个接点的电压是0V。门互锁后，+12V电压使光电耦合器U313导通，去抖动电路U312的①脚变成低电平，地址代码是G24。这个信号送到微处理器U401的㉜脚，在U401的内部进行逻辑运算。U401形成的门开关互锁信号，从㊷脚输出，地址代码A17。它分成两路：一路输入到缓冲放大器U203的①脚，返回到1A12B电路中，在前面板上显示出发射机后门没有关闭好故障。另一路送到遥控接口电路U207的⑱脚，经J9-27送到外部遥控电路中。

在主控制器1A3B上，这七种故障通过8通道饱和灌电流驱动器UDN2597输出。它的工作电压是7V，输出电流达到了1A，输出电压50V。在图3中，我们选用的光电耦合器的工作电流只有5mA，工作电压跟随主控制器的5V。这样设计的目的是，既可以利用原来电路的电源，又不会对原来电路产生任何影响。

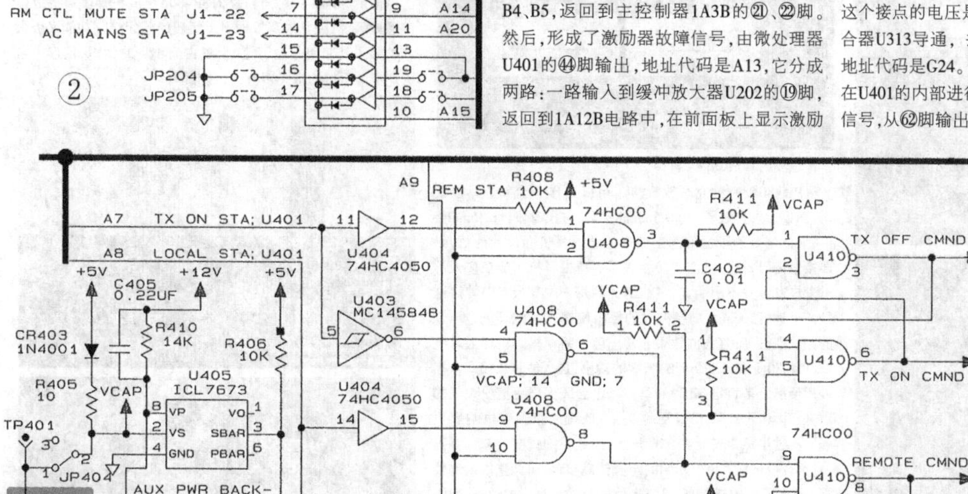

(未完待续)

(下转第569页)

◇山东 宿明洪

德生PM-80，一台多功能的小型功率放大器

德生近年来在HIFI领域的动作可不小，音源、放大器、音箱三大件均有涉足，亲民的价格、优质的声音也得到了相当多烧友的认可。这次，笔者收到了德生寄来的一台小型功率放大器PM-80，它与音响管家HD-80、书架箱SP-80A同为德生80系列的产品。

功能丰富，外观复古

PM-80的体积并不大，与现今在耳机发烧友中流行的解码耳放一体机的体型相当。该机的说明书是A4纸规格的，而机器本身占地也就是A4纸的大小，所以说这是台案头级别的功放。这么小的体积，功率自然也不会大，没错，它只有25W的输出功率。尽管功率和体积都不大，但是PM-80的功能并不单一，它还带有独立耳放及蓝牙接收功能，所以用途还是很广泛的。

整机通体黑色，造型复古。正面最显眼的就是左上方的输入电平表，黄色的表头与黑色的外壳形成了巨大的反差，显得特别亮眼。表头下方有一个3.5mm的耳机插座，边上是三个输入通道指示灯，分别对应AUX1/AUX2/蓝牙输入。需要说明的是，这台功放的两个AUX输入端是不同的：AUX1的不失真电平是2-3V，为普通信号输入端，可接驳常规音源；而AUX2的不失真输入电平为0.6-1.5V，为低电平信号输入端，可接驳随身播放器的线路输出。三个输入通道的指示灯颜色是分别为红、绿、蓝三色。正面右部的大旋钮为电位器。虽然机器的功率不大，但是PM-80的两侧却全部覆盖了散热片，看起来很有专业器材的味道。机器背部的布局则清晰明了：右侧为电源部分，左侧为输出输出部分。电源部分并没有使用开关电源，而是在机器内布局了常规的变压器。不过为了节省体积，电源插座采用了两插设计，省去了地线接口；尾插也非常规设计，而是为了进一步减小体积采用了"8"字形接口。输入输出部分上下依次排列，在两对RCA接口与蓝牙天线接口中间设置了输入选择开关，而蓝牙天线在出厂时已经安装在了蓝牙天线接口上。

与SP-80A的天仙配

德生的SP-80A是一对LS3/5A外型的音箱，在耐听度和宽松度上达到了很高的水准，给笔者留下了很深刻的印象。PM-80作为与其配套的功放，相信与其搭配应该是最合适不过了，所以此次试听便采用了这样一套原厂组合。

PM-80采用晶体管AB类放大，8欧下的输出功率为25瓦。晶体管25瓦的输出功率绝对是小功率，但是考虑到在重播音乐时大多数情况都只会用到很小的瓦数，只有在大动态的时候才需要更多的储备功率，所以很多时候瓦数多少并不特别重要，重要的是如何做好每一瓦。经过一段时间的聆听，笔者发现PM-80虽然功率不大，但是表现出的声音绝不是干涩紧致的，而是拥有着宽松大气的声底。在它驱动下的SP-80A声音铺展得很开，如果空间不大，音符可以充满房间的每个角落，非常大气。器乐的结像并不精致，但是也不虚大，整体呈现出自然松润的状态。笔者在音响展期间曾听过PM-80驱动德生落地箱SP909，得到的也是类似的风格。虽然说在这套搭配中，SP909音箱本身声底宽松是主因，但是放大器在这个过程中也起了不可忽视的作用。正如SP-80A本身也是对宽松的小音箱，但对于这么小功率的放大器而言，能推出如此有规模感的声音也正是反映了功放本身具有类似的风格。可以说，PM-80尽管功率有限，但是充分做好了每一瓦。用德生的话说，就是PM-80尽力做好了一台100瓦功率放大器常用的四分之一功率部分。

对于PM-80的声音风格，笔者认为其具有底盘扎实，略有厚度的特质。SP-80A的高音单元采用了钛膜作振膜，声音明亮，能量足，即便摆放在低于耳朵较多的高度，悦耳的中高频仍然可以充盈在耳旁。PM-80略微的厚度适当压制了声音的整体亮度，同时又因为自身功率小，不会使声音失去灵动。而低频的表现则是令人称赞。在这里要说明下，SP-80A这对音箱在设计的时候就特别注重对80Hz以下超低频的下延，本身的低频表现比一般LS3/5A好很多。然而在PM-80的驱动下，SP-80A的低频能量表现是惊人的，在合适的空间里很难让人想象是由5寸规格的喇叭发出的，说它是8寸的低频单元发出的也不为过。具体而言，这套组合下的低频不会浮于表面，而是绵密，沉得下去，回弹也不拖沓，可谓放出有气势，收回也干脆，有质也有量。

PM-80与SP-80A这套组合的声音是饱满而自然的，也是好听耐听的，不需太多折腾，就能发出不错的声音，而且难出恶声。如果你想节省空间，让音箱贴墙摆放，没有问题，因为音箱是密闭设计，没有倒相孔的气流干扰；如果你想要获得更深邃的音场，把音箱远离墙壁也没有问题，即便这么做对功放驱动功率提出了更高要求，而PM-80本身功率偏小，但是PM-80的声底宽松扎实，SP-80A也易于驱动，完全可以推出扎实饱满的声音。

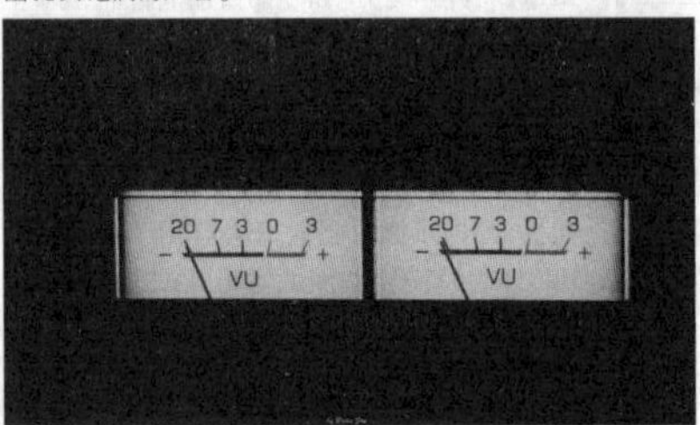

独立的耳放功能

PM-80带有独立耳放模块，可以当作一台独立耳放使用。面板上只安置了一个3.5mm的接口，并没有设计6.35mm接口，显然这是为了适配德生自家的草根耳机而设计的，如果要接驳高阻耳机，就需要转接头了。草根耳机可能在广大耳机发烧友中并不出名，但是在德生的用户中却很有口碑。这是一副拥有50mm大口径振膜的低阻便携式头戴耳机，声音的完成度很高，直推的效果非常出色。将草根耳机插入耳机口，PM-80便会自动断开喇叭端的输出，进入纯耳放模式。相较用便携设备直推，此时的草根耳机会表现出更宽松大气的声音，声场更庞大，结像更饱满，中低频的氛围感也明显更强。不过虽然声音足够大气开扬，但是在细腻度上却不够到位，声音偏粗糙。另外初始的声压偏高，音量可调整的余地较小。笔者所指的音量高，是指电位器只转动很小的位置，声压就已经很高。这应该跟电位器有关，PM-80为了控制售价，采用了B类电位器，属于线性音量调整，这种音量调整方式并不适合人耳的等响曲线。撇开电位器的原因，由于草根耳机是低阻高敏耳机，笔者猜想PM-80的耳放输出功率应该较大，更换高阻低敏的大耳机会有改善。在尝试接驳了一些高阻抗的耳机后，声压过高的情况的确得到了明显改善，而是有了更宽泛的音量调整空间。另外也证实了耳放的驱动力的确十分丰沛，喂饱像HD650/HD800这类300欧阻抗的耳机完全不在话下。但是遗憾的是在声音质感上似乎并没有太大的改观，总觉得是宽松有余而略缺细腻。

总的来讲，耳放端的声音表现与功放端是类似的，都具有大气宽松，底盘扎实，略带厚度的风格。在耳机适应性上，笔者认为它并不适合自家草根耳机这样低阻高敏的耳机，高阻低敏的耳机才是正确的选择。听说德生最近新出品了300欧阻抗的HP-300耳机，相信用PM-80来驱动这副耳机应该是对路的搭配。

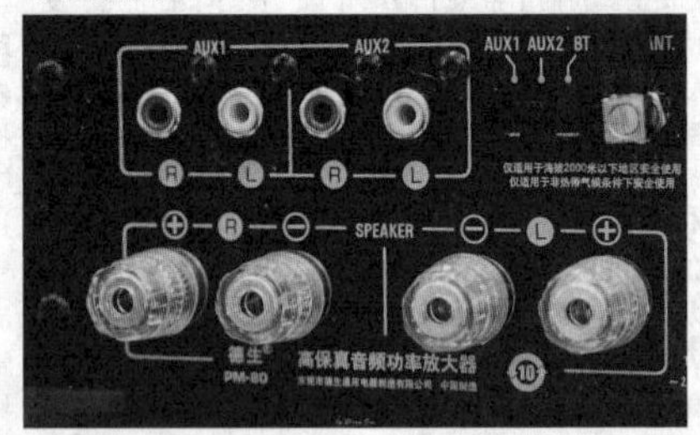

不可不提的蓝牙功能

德生近期在蓝牙音频领域很有建树，一款叫BT-50的蓝牙耳放产品，因接收稳定，驱动力强，再加上逆天的续航（可以连续欢唱超过一天），好评如潮。PM-80内置的蓝牙接收模块也采用了和明星产品BT-50一样的蓝牙4.2接收芯片，可支持aptX格式的音频传输。像BT-50一样，PM-80的蓝牙功能也贴心地设置了语音提示功能：当输入选择开关拨到蓝牙位置，便会发出"正在为你开机"的语音提示，而当使用蓝牙设备与其配对成功过后，会发出语音提示"已连接"，当断开连接后会发出语音提示"已断开连接"。笔者在试听期间，经常用手机连接PM-80驱动SP-80A来聆听一些流媒体音频，免去了有线连接的枷锁，十分方便。如果你的手机支持aptX蓝牙格式，PM-80会优先选择这一格式进行蓝牙信息传输。aptX格式的音频传输相较普通的蓝牙传输模式是有明显优势的，它对声音有着更小的压缩，由此可以保留更多的中高频细节。虽然聆听相同的音频文件音质与有线连接相比仍然有一定差距，但已然属于可以接受的级别。一般来讲，烧友选择蓝牙听音乐是作为日常聆听的补充，用以聆听移动端音乐APP中自己手头并没有的音乐资源，所以从这个角度来讲，这样的方式真的是方便、实用，同时也够用。蓝牙连接下的这套组合仍然表现出了宽松有能量的声音风格，这是一般的桌面蓝牙小音箱所无法比拟的。

德生的PM-80可与自家的SP-80A组成一套美声的立体声播放系统，独立的耳放输出及优质的蓝牙接收功能又极大地扩展了其使用范围，再加上复古而小巧的体积，仅仅一台国产中端手机的亲民售价，值得推荐。

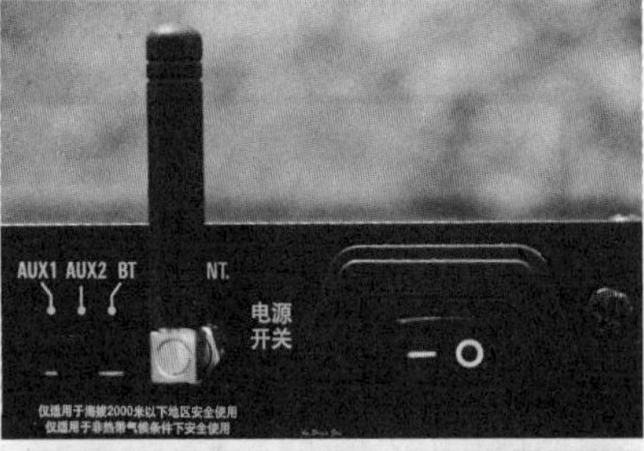

◇上海 邹超

2018年11月25日出版 实用性 启发性 资料性 信息性

第47期 国内统一刊号:CN51-0091 定价:1.50元 邮局订阅代号:61-75

地址:(610041)成都市天府大道北段1480号德商国际A座1801 网址:http://www.netdzb.com

(总第1984期) 让每篇文章都对读者有用

拥抱金融科技,银行业实现数字化转型的三大关键

什么是金融科技(Fintech)? 金融科技由"金融"与"科技"二词组成,即通过领先的技术手段或软件平台,提升金融服务体验与质量,从而推动整个金融业的发展。

随着近年来我国互联网金融与新兴科技的迅猛发展,传统银行的客户被迅速分流,并培养出更加多元化的客户行为和需求,传统银行业务的重心也逐渐从过往的对公业务向零售业务发生转变。与此同时,由于利率市场化不断深化的影响,以商业银行为代表的传统金融机构正面临净利润空间被压缩的挑战。而今年早些时候,较为领先的欧洲金融市场也已推出PSD2与GDPR两项主要监管法规以支持金融科技创新,相信国内之后也将出台类似的数据保护条例。那么,银行该如何迎接种种冲击所带来的挑战与压力并将其转化为新一阶段发展的机遇与动力? 与曾经被认为是"搅局者"的金融科技公司化"敌"为友,或许不失为一个能帮助商业银行迎来新突破的明智选择。

据全球领先的金融业软件专家Temenos与经济学人智库(EIU)联合对全球200名银行高管展开的一项调查显示,曾经被认为将颠覆传统银行业的金融科技,以及担心被金融科技蚕食自身业务的银行都已意识到:基于同样的目标——即客户、合规和资本,银行看见了与金融科技公司合作所能实现的双赢。

那么走在数字化转型之路上的商业银行该如何选择并合理运用金融科技以提升自身竞争力? 我们认为银行业需要在战略层面上制定一个成熟的计划,并建议从以下三点着手,主动出击拥抱金融科技:

发展"以客户为中心"的技术

随着移动设备和数字平台的迅速普及,人们越来越依赖于实时支付和沟通。据世界知名咨询公司贝恩(Bain)的一份调查报告显示,在其所调查的22个国家中,有18个国家超过50%的银行的客户交互是通过数字渠道实现的,而这个数字仍在增长。

同时,不断升级的数字化交互方式也催生出更加差异化、多元化的客户需求。面对数字时代的新一轮浪潮,银行业需要能够提供完整且一致的数字银行业务,才能满足客户所期望的流畅而实时的体验,并得以建立起信任的桥梁。正如我们常说的营销要"以人为本",那么对于积极寻求数字化转型的银行业而言,即要发展"以客户为中心"的技术。现在互联网、社交软件等交互模式的产生让银行有了更多深入了解客户,提供定制化服务的机会。然而,提升客户亲密度并建立信任并不是一个很简单的工作。

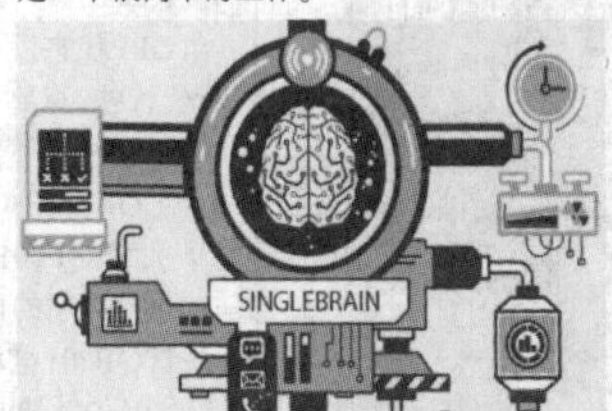

银行需要通过洞察客户在网络上的习惯,基于数据分析建立相应的用户画像,在适当的时间运用最有效的渠道把产品推给对应的客户,并且观察上述过程中客户的所有反馈,才能助力银行进行后续调整并优化解决方案。而这一过程我们称之为"4D策略"——即Detect(洞察),Decide(决策),Deliver(传递)和Discover(探索),通过洞察客户在不同渠道中所产生的个人行为与活动,将所有信息传输给"大脑"(Temenos Analytic,即Temenos所提出的"SingleBrain"的概念),从而分析并提供因人而异的交互策略。全球领先的咨询公司Gartner的数据显示,相比那些无针对性的市场营销活动,这种能够为客户提供与其需求密切相关、有计划的产品和服务方式能够让客户响应率提升15倍。

Temenos认为,银行需要"4D策略"来改进客户亲密度

洞察 Detect
探测实时的银行及外部事件并做出相应的反馈
外部事件可以是:顾客浏览一个旅游网站或者网页上的信用卡广告

决策 Decide
基于数据和分析做出反馈
"SingleBrain"会即时选择是否进行交互以及交互的内容

传递 Deliver
通过最有效的渠道进行交互
接下来,前台会收到指令,在何时、何地、按何种方式来发起合适的客户交互。

探索 Discover
记录所有的交互和反馈
所有的反馈都会被记录,以形成一份持续的反馈调查表,之后不断学习,调整并优化最佳方案。

高效运维必不可少

在银行与客户的所有交互中有三分之一是通过移动设备完成的今天,数字化对于银行而言不再是一个"加分项",而是至关重要的一环。客户的满意度不但与银行数字化产品的种类和便利性密切相关,还很大程度上取决于其需求能否在短时间内被满足。面对客户与日俱增的对于时效以及优质服务的需求,银行该如何以变应变、敏捷灵活地对市场做出响应,并在保证成本的情况下快速上线银行系统,及时推出满足客户新需求的产品? Temenos提出的"产品工厂"概念,通过采用数字化产品生产过程,无需代码编程、大量验证等复杂环节,即可敏捷地完成参数化配置,在业务需求多变且时间紧迫的情况下,也能让客户所期望的产品在短时间内进入市场。事实上,Temenos"产品工厂"中有70%~80%的产品都能够在不进行代码编程的情况下进行灵活配置,这不仅满足了成本控制需求,还大量节省了时间。如今数字化的趋势还将一如既往,成功的银行不再是、也很难一次性地满足客户需求,唯有通过高效运维源源不断地提供客户所期望的产品,才能在瞬息万变的市场竞争中脱颖而出。

勇于尝试新合作模式

新技术的出现在挑战传统银行业的同时,也促使其商业模式更多元、更联结也更具创新精神。据Temenos的一项调查显示,越来越多的银行认为应该把第三方金融服务整合到银行平台中。然而,由于商业银行特有的业务模式与组织架构,其内部软件开发资源相对有限。在这样的情况下,以金融科技赋能,携手应对挑战成了商业银行通往数字化未来的不二之选。而在积极寻求与金融科技公司合作的过程中,银行也发现要想从现在市场上种类繁多的金融科技公司中挑选出最适合自己业务的伙伴,需要耗费大量的时间与精力。为减轻这一过程所带来的"烦恼",Temenos创新推出了MarketPlace金融科技应用市场,作为"中间人"搭起了连接商业银行与金融科技公司的桥梁,诠释银行业的"伯乐识马"。

一方面,MarketPlace汇集了全球范围内最优秀的金融科技公司的创新产品,并为银行推荐市场中与其业务需求相匹配的金融科技产品。另一方面,MarketPlace也让优秀的金融科技公司有机会通过与Temenos的银行客户合作,助其大大降低获客成本。如今,我们欣喜地看到部分银行已经推出了开放给金融科技公司的专项绿色合作通道,在与金融科技公司合作时无需招标即可快速上线新产品,用最短的时间为客户带来优质体验。在如今不断变化、充满竞争的市场环境中,金融科技在推动银行业与时俱进的发展过程中正在且仍将扮演重要角色,一个健康、共赢的生态圈正在形成并勾画出银行业更加美好的明天。

◇马松涛 仇俊毅

(本文原载第36期2版)

车联网无线电频率规划发布为推动行业发展

无线电频率是智能网联汽车的关键资源。近日,工信部官网发布了《车联网(智能网联汽车)直连通信使用5905-5925MHz频段管理规定(暂行)》,规划了5905-5925MHz频段共20MHz带宽的专用频率资源,用于基于LTE(第四代移动通信技术)演进形成的V2X(车与车、车与人、车与路之间的直连通信)智能网联汽车的直连通信技术,同时,对相关频率、台站、设备、干扰协调的管理作出了规定。上述规定自2018年12月1日起施行。

业界认为该文件的发布对于促进我国智能网联汽车产品研发、标准制定及产业链成熟将起到重要先导作用。在C-V2X的概念中,C代表4G或5G网络,V代表汽车,X代表人、车、交通设施等"万物"。

据报道,此次发布的管理规定,充分考虑了国内外产业条件、标准制定、频率使用的现状和发展需要,广泛征求了各行业、各部门的意见,并公开向社会征求意见。主要内容有:一是规划的5905~5925MHz频段与国际主流频段保持一致,20MHz带宽频率资源能够满足智能网联汽车直连通信中长期需求;二是为支持国家经济特区、新区、自由贸易试验区发展智能交通,在频率资源集中统一管理前提下,鼓励地方先行先试,允许具备条件的地方无线电管理机构实施频率使用许可;三是简化行政审批手续,方便用户,仅路边设施无线电设备需取得频率使用许可和无线电台执照,对车载和便携无线电设备则予以豁免,兼顾了管理和使用的需要;四是确定了无线电干扰保护和协调原则,既保护了现有合法无线电业务和台站,又保障了智能网联汽车频率使用安全。

近年来,我国积极发展智能网联汽车,无人驾驶市场正处于快速发展阶段。据相关报告显示,到2021年,预计全球无人驾驶汽车市场规模将达70.3亿美元;到2035年,预计全球无人驾驶汽车销量将达2100万辆。有分析认为,虽然目前国内无人驾驶汽车仍处于起步阶段,但在构建的未来蓝图中已布局到多个适用领域,中国有望成为最大的无人驾驶市场。

◇综合工信部官网等

长虹ZLS42A-P机芯三合一板电源和背光灯维修图解(上)

长虹公司采用型号为ZLS42A-P机芯开发的LED液晶彩电，其主电路板型号为JUC7.820.00086129，是集主板、开关电源、背光灯为一体的三合一板。开关电源集成电路采用NCP1251A，输出12.3V和42V电压，为主板和背光灯驱动电路供电；背光灯驱动电路采用OB3350CP，将42V电压提升后为LED背光灯串供电，并对灯串电流进行调整和控制；主板核心电路采用TSUMV59XUS，与其他IC和器件配合，对各种信号进行放大和处理，形成图像显示信号LVDS送到逻辑板，驱动显示屏显示图像，产生音频信号送到功放电路，驱动扬声器发声。同时对整机各个系统和单元电路进行调整和控制。

长虹JUC7.820.00086129三合一板应用于长虹LED32C2000、LED32560、LED32568、LED32B2100C、LED32E40、LED32B100C等ZLS42A-P机芯LED液晶彩电中。

一、工作原理

长虹ZLS42A-P机芯三合一板实物图解和工作原理见图1所示，电路组成方框图见图2所示。开关电源电路见图3和图4所示，背光灯驱动电路见图5所示。图1中未涵盖的开关电源稳压保护电路和背光灯保护电路工作原理如下：

1.开关电源稳压保护电路工作原理

1)稳压电路

LED背光灯驱动电路：由集成电路OB3350（UP401）为核心组成的驱动控制电路和由LP402、QP401、DP401、CP401为核心组成的升压输出电路两部分组成。遥控开机后，开关电源输出的+42V电压为升压输出电路供电，主电路控制系统送来的BL-ON高电平，控制QP402和QP411导通，开关电源输出的+12.3V电压经QP411输出VIN电压，为驱动电路UP401的①脚提供工作电压，主电路控制系统送来的DIM调光控制电压送到UP401的⑧脚。背光灯电路启动工作，UP401从②脚输出升压激励脉冲，推动QP401工作于开关状态，与储能电感LP402、整流滤波DP401、CP401配合，将+42V电压提升，输出LED+电压，为LED背光灯串正极供电，同时LED背光灯串负极回路电压LED-反馈到UP401的⑤脚，UP401根据反馈电压的高低，对LED背光灯串负极回路电流进行调整，达到调整显示屏亮度的目的。

抗干扰和市电整流滤波电路：利用电感线圈FLP101、FLP102和电容器CXP101、CXP102、CYP103、CYP104组成的共模、差模滤波电路。一是滤除市电电网干扰信号，二是防止开关电源产生的干扰信号窜入电网。滤除干扰脉冲后的市电通过全桥DP101~DP104整流、电容CP105滤波后，产生+300V的直流电压，送到开关电源电路。RTP101为限流电阻，限制开机冲击电流。RV01为压敏电阻，市电电压过高时击穿，烧断保险丝FP101断电保护。RP101~RP104为泄放电路，关机时泄放抗干扰电路电容器两端电压，同时与RP105分压，经DP105整流，RP107限流产生启动电压，送到开关电源驱动电路UP101的⑤脚。

主板：由主芯片TSUMV59XUS、调谐电路R620D、功放电路TPA3110LD、DDR电路和Flash存储器等IC和其它器件组成。对TV、HDTV、AV、HDMI、HDTV（YPbPr）、USB、VGA等各种信号进行放大和处理，形成图像显示信号LVDS送到逻辑板，驱动显示屏显示图像，产生音频信号送到功放电路，驱动扬声器发声。同时对整机各个系统和单元电路进行调整和控制。

开关电源电路：以集成电路NCP1251A(UP101)、开关管QP201、变压器TP201、稳压控制电路UP808、光电耦合器NP202为核心组成。开机后，市电整流滤波后产生的+300V电压经TP201的初级绕组为QP201的D极供电。同时AC220V市电经泄放电阻分压和DP105、CP205整流滤波后，为UP101的⑤脚提供启动电压，开关电源启动工作，UP101从⑥脚输出激励脉冲，推动QP201工作于开关状态。其脉冲电流在TP201中产生感应电压，次级感应电压经整流滤波后，一是产生42V直流电压，为LED背光灯升压电路供电；二是产生12.3V电压，为主板等负载电路供电。同时经点灯电路控制后输出VIN电压，为背光灯驱动UP401电路供电。

图1 二合一板实物图解和工作原理

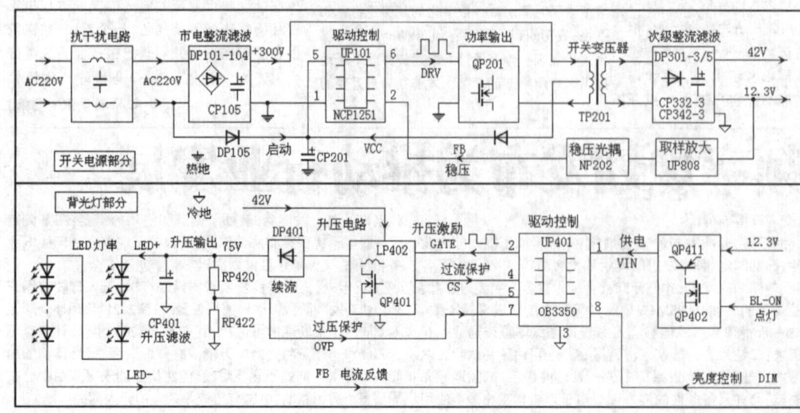

图2 电源+背光灯电路组成方框图

本机采用过渡响应以及稳定性优化的电流模式控制，通过光耦NP202控制UP101的FB端子输出电流的大小，实现输出电压的稳定，原理图见图4所示。

当负载变轻或输入电压升高时，输出的12.3V电压也跟着升高，通过RP307和RP308//RP310分压后的电压也跟着升高，加到UP808控制端(①脚)的电压也就升高，UP808的K极(③脚)电压下降，流过NP202内部电流增大，内部光敏三极管等效电阻降低，UP101的FB端子(②脚)电压下降，经集成块内部电路处理后，使UP101的⑥脚输出的PWM脉冲占空比减小，QP201的导通时间减少，TP201次级整流输出的12.3V电压也跟着降低。当12.3V输出电压过低时，其稳压过程与上述过程相反。

2)过功率保护(OPP)

UP101内置多种保护功能，通过外围电路的选择和内部电路结合，实现过功率保护(OPP)和过压保护(OVP)功能，原理图见图4所示。

过功率保护功能主要由UP101的③脚及外部元器件组成。正常工作时，TP201的①-②绕组产生的感应电压，经DP202整流、CP205滤波产生的直流电压VCC-head，一路经DP206、RP206送到UP101的⑤脚，作为启动后的工作电压VCC；另一路经RP203与RP215、ZDP203分压，CP203滤除杂波后送入UP101的③脚(过功率保护输入端)，该电压和内部0.8V基准电压叠加后，不影响稳压环路的工作状态。当某种原因造成输出功率异常增加或输入电压异常升高时。开关电源功率加大，此时TP201的①-②绕组产生的感应电压的脉冲幅度变高，输入UP101的③脚的电压幅度也跟着变高，叠加上内部0.8V的电压后送入稳压回路，使QP201的导通时间减少，输出功率下降。如TP201次级①-②绕组的感应电压过高时，流过开关管的电流又过大，与电流检测信号在CS比较器比较后，则输出复位Reset信号，使UP101内部工作电路复位，重新启动。当OPP状态没有改变时，一直工作在“启动→保护→启动”状态，直到解除OPP状态为止。

3)开关管过流保护

UP101的④脚为电流检测输入端。通过RP213与开关管QP201的过流取样S极电阻RP208相连接，RP208两端的电压降反映了开关管电流的大小。当开关管QP201电流变大，RP208两端的电压降随之增大，UP101的④脚电压升高，当④脚电压超过保护设定值时，④脚内部保护电路启动，开关电源停止工作。

(1)、升压开关管过流保护电路

UP401的④脚内设过流保护电路，见图5所示，通过RP416接升压回路中电流检测电阻RP436。当升压开关管QP401电流变大时，检测电阻RP436上的压降也相应增大，这个电压送到UP401的④脚，当这个电压大于保护设定值时，芯片内保护电路动作，减小输出PWM脉冲波的占空比，让输出电压变低，电流减小。

(2)升压输出过压保护

UP401的⑦脚内设过压保护电路，见图5所示，通过RP425接过压检测OVP电路。当LED灯条开路或插座接触不良，致使升压电路输出LED+电压异常升高，当达到设定的最高值时，电阻RP420与RP422分压取样后的OVP点的电压，也随之升高，UP401的⑦脚OVP电压达到保护设定值时，芯片停止工作。

(3)LED背光灯串开路、短路保护

当LED背光灯串发生开路故障时，会造成升压输出LED+电压异常升高。一是使UP401的⑦脚过压保护电路启动；二是使UP401的⑤脚FB反馈电压降低，内部保护电路启动。

当LED背光灯串发生短路故障时，会造成升压输出QP401的电流增大。一是使UP401的④脚过流保护电路启动；二是使UP401的⑤脚FB反馈电压升高，内部保护电路启动。

(未完待续)

◇海南　孙德印

常见的网站防护“漏洞”与预防措施(下)

(紧接上期本版)

【漏洞四】网站源代码存在注入漏洞——被猜解出账号、密码及后台

很多网站代码由于程序员编写源码时字符过滤不严谨而存在所谓的“注入漏洞”，黑客就可以使用“啊D”、“明小子”或“穿山甲”等注入检测工具对网站相关页面进行检测探试，有时很快就会猜解出网站的数据库名称、表名、列名及敏感账号、明文密码或MD5加密密码等重要信息(如图7所示)，然后就会进行网站后台登录地址的猜解，最终再用管理账号进行登录进行更深一步的入侵。

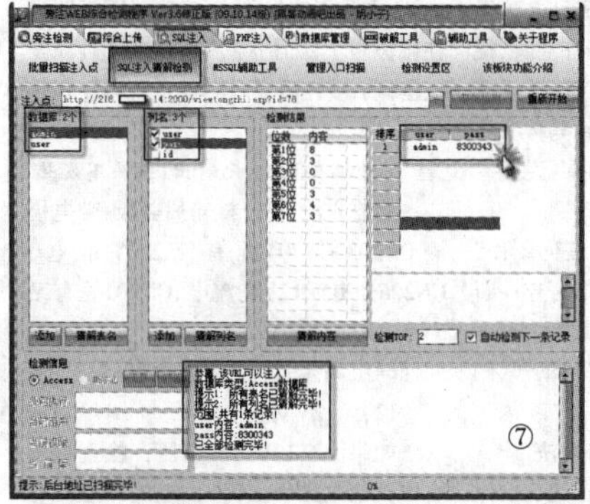

【漏洞预防措施】要想防止网站所使用的代码被注入探测，一般最通用的措施就是使用防注入程序来对一些特殊字符(命令)进行过滤，比如禁止任何客户端浏览器提交诸如“and”“or”“'”“select”“insert”和“count”等包含SQL数据库命令信息的恶意参数输入，要将它们全部定义为“非法字符”。同时，网站管理员一定要密切关注自己所作用的网站模板的最新动向，比如是否被爆出现新漏洞，或是否在官网有最新的漏洞补丁程序。

【漏洞五】服务器或网站存在0Day漏洞——爆露敏感账号和密码

从运行网站的服务器操作系统到网站源代码模板程序，几乎都是不可能百分百安全，隐患总是客观存在的，只不过是可能暂时还未被发现。Windows会每隔一段时间就提示用户进行漏洞补丁的更新，而那些使用率较高的网站模板程序也会被不断“研究”而爆出有各种0Day漏洞，比如DedeCMS织梦系统曾被爆的5.7版本EXP(漏洞利用工具)，黑客只需在CMD窗口中直接运行EXP程序，就可以得到目标网站的管理账号和MD5密码(如图8所示)。

【漏洞预防措施】0Day漏洞所带来的危害往往是大面积的——短时间内会有一批使用相同系统设置的网站“中招”。如何预防呢?一是要随时保持较高的警惕性，关注自己所使用模板的官网是否有漏洞提醒和升级版本出现；另外就是一定要设置一个足够强壮的密码，即使被爆出管理账号的MD5密码黑客也无法破解还原，可以保证自己暂时性的相对安全。当然，服务器上最好是运行有安全监控系统，能够对自己的操作系统漏洞进行实时监测和修补。

【漏洞六】FTP账号的密码保护策略太弱的漏洞——被工具破解的可能性太大

作为比较常用的一项Internet服务，FTP客户端/服务器系统在用户与网站间进行文件传输的过程中扮演着极为重要的角色，于是FTP入侵自然也成为网站“被黑”的附属牺牲品。通常黑客都会使用一些FTP弱口令探测工具(比如Brutus和Hydra)对网站账号和密码进行测试破解(也就是进行“爆力破解”)，往往在短时间内就会破获FTP网站的一些敏感账号密码(如图9所示)，从而给网站正常运行带来极大的安全隐患。

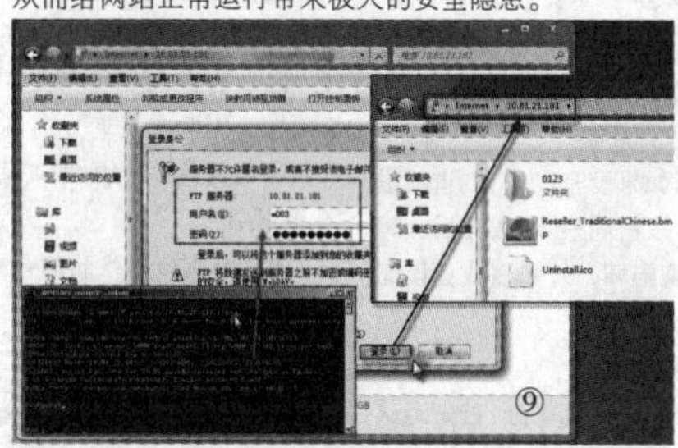

【漏洞预防措施】其实，设置有一个强悍的密码是FTP账号安全的最强劲的保障，因为这些FTP账号破解工具都是利用读取字典文件来运行的，如果自己的密码不在对方的字典文件中，破解也是无法成功的。除此之外，一些常规的FTP网站安全设置也是非常有必要的，比如严格设置不同类型用户的读写权限(未经授权的用户绝对不能赋予其在FTP空间上传文件的权限)、不建议启用黑名单设置(应该将那些有不良登录操作记录的账号直接删除)、对各种FTP账号均实行短口令周期修改强制措施(也可同时结合使用其他一些常规的安全口令限制策略)等等。

【漏洞七】服务器远程软件账号保管不善的漏洞——泄露或被猜解

几乎所有的网站管理员都会在自己的服务器上安装使用远程控制软件(比如TeamViewer或是Windows所提供的“远程桌面连接”)，这样可以为自己的网站管理提供极大地便利。此时就要特别注意自己的管理账号和密码，一定不要与常用的邮箱或QQ等同名和同密码，否则很容易因一个泄露或被猜解“失守”而祸及所有的管理领域。一个本来是给自己提供远程管理方便的软件功能，如果是因为账号和密码的保管不善而成为黑客直接进入我们网站服务器的话(如图10所示)，那就成了我们管理网站的最大失败了。

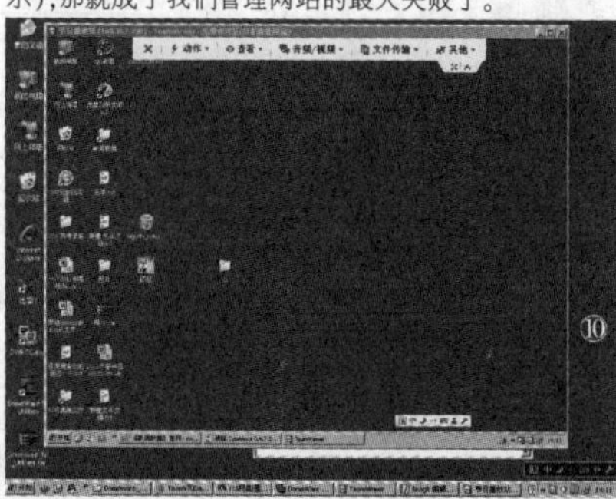

【漏洞预防措施】设置并妥善管理好自己的远程账号和密码，不仅要保证有足够的强悍度和极高的内容不相关度，而且要定期进行密码的修改。另外，在网站的首页底端也不应该留有自己的私人邮箱或是QQ号码(应该是单位的办公邮箱和电话)，而且它们与自己的管理账号与密码都不要有任何相关性，大家可多从网上搜索一些“社会工程学”的相关知识进行安全防护方面的“自检”。

(全文完)

◇山东 牟晓东

借助Office 2016或Office 365轻松实现多表合并

实际工作中，我们经常需要对结构相同的工作表进行合并或统计，借助插件或代码，虽然可以实现，但对普通用户来说，操作显然有些困难，而且也不具备通用性。其实，借助Office 2016或Office 365即可轻松实现。

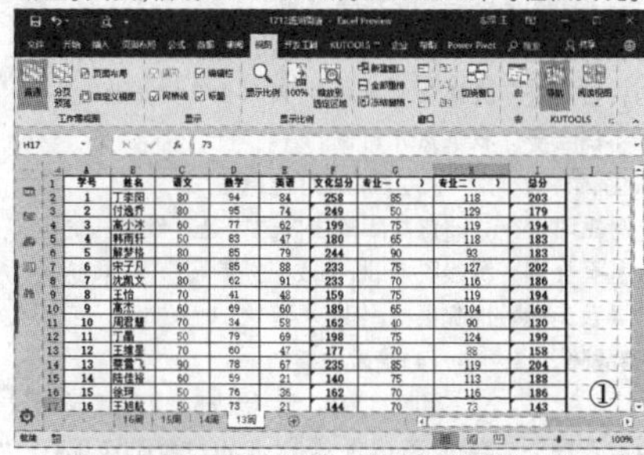

例如图1所示的工作簿，现在需要将这五个工作表的数据合并到一个工作表，首先请插入一个名为“合并”的新工作表，当然也可以使用其他的名称；切换到“数据”选项卡，依次选择“获取数据→自文件→从工作簿”，按照提示导入工作簿；随后会打开“导航器”窗口，勾选“选择多项”复选框(如图2所示)，勾选需要处理的相关工作表，点击右下角的“编辑”按钮；随后会打开“Power Query编辑器”窗口，在“组合”功能组依次选择“追加查询→追加查询”，随后会打开“追加”对话框(如图3所示)，选择“三个或更多表”，将需要追加的表添加到右侧的列表框，点击“确定”按钮关闭当前对话框；在“减少行”功能组依次选择“删除行→删除空行”和“删除错误”。

完成处理之后，最后点击“关闭并上载”按钮就可以了。

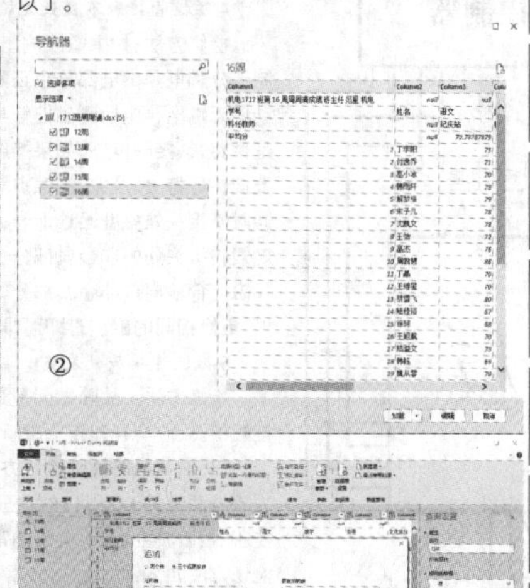

◇江苏 大江东去

利用iOS 12判断二手屏幕

很多时候，我们需要判断手头的iPhone是否使用的是二手屏幕，对于普通用户来说，技术难度显然是高了一些。其实，只要将iOS更新至12.x系列的版本，那么就可以通过简单的方法进行判断：

进入设置界面，依次选择“设置→显示与亮度”(如图1所示)，如果这里没有“原彩显示”的选项，那么表示这台iPhone已经被换过屏幕了，正常情况下应该是显示图2所示的界面。如果是英文版本，则显示为“True Tone”。

当然，即使是被更换过的二手屏幕，只要想办法修复感光仪，就可以找回原彩显示的选项。

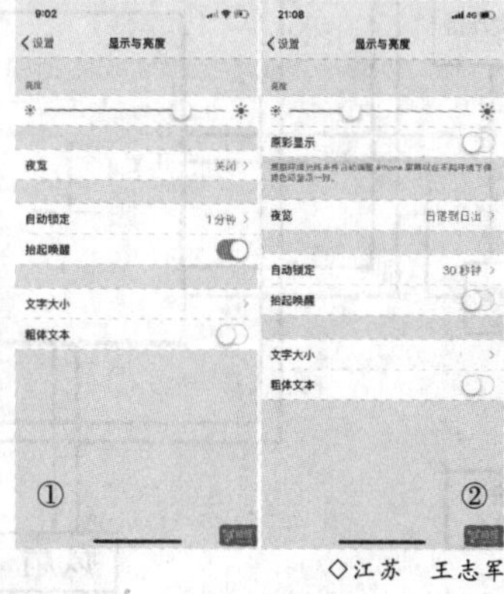

◇江苏 王志军

CYP-Ⅲ微波综合治疗仪的常见故障和检修方法

微波治疗仪广泛应用于各种炎症和妇科疾病的治疗，其治疗原理是利用微波能量，对皮肤脂肪和肌肉组织进行局部加热，达到止痛、消炎和活血的作用。目前多数医院使用的是CYP-Ⅲ微波综合治疗仪(电气连接图如附图所示)。该型号设备的故障主要集中在控制电路、输出电路和电源电路。

一、控制电路故障及检修方法

控制电路包括按键面膜、液晶板、脚踏开关。控制电路的常见故障和检修方法如下：

1.液晶屏显示乱码或显示不全

检修方法：切断主机电源，等待10s后接通电源，观察故障是否消失。重复上述操作多次，如果故障现象依旧，则说明液晶板损坏，维修或更换相同的液晶板即可排除故障。

2.液晶屏无背光、无显示

检修方法：切断主机电源，打开机箱后盖板，检查后盖右侧的保险盒，重点检测电气连接图中蓝色线(02号线)上的保险盒，看保险管有无松动或熔断。重新装配或更换保险后开机通电，如果故障依旧，则检测主板CN206处(5号线)有无12V交流电压。如果12V电压正常，则说明液晶显示板坏或供电电路有故障。若供电电路正常，并且确认线路无断路，则维修或更换液晶板；如果没有12V交流电压，则检查12V /18V变压器及其线路。

3.主机显示和操作正常，微波无输出

检修方法：切断主机电源，打开机箱后盖板，在微波板右侧找到标示为CN201、CN202的4P压线端子，将红色线(16号线，5V供电)、黑色线(13、15号线，地线)和黄色线(14号线，D/A数据线)取出。

将万用表置于20V直流电压挡，将黑表笔接黑色线，红表笔接红色线，按微波启动键，如果没有电压，则说明液晶板坏，维修或更换相同的液晶板；如果5V电压正常，则将万用表置于2V直流挡，将黑表笔接黑色线，红表笔接黄色线，再按微波启动键，读取万用表电压值。对照附表，如果读取的电压值低于表中的D/A电压值，会导致微波输出功率偏低；如果万用表无电压，则液晶板坏，导致微波无输出，维修或更换液晶板即可排除故障。

液晶显示功率(W)	D/A电压(V)
0	0
20	0.192~0.208
40	0.384~0.414
60	0.576~0.624
80	0.768~0.832
100	0.960~1.040

4.面膜破损、按键不灵

检修方法：接通主机电源，按动各按钮，观察是否有动作，比如微波输出标识是否闪动，时间显示值是否随着时间推移相应地变化。如果没有动作，则重新拔插面膜，再按动按钮观察。若拔插后故障依旧，说明面膜损坏，应修复或更换面膜。

5.脚踏无法控制

检修方法：切断主机电源，首先确认脚踏是否正常。将脚踏旋出，万用表置于蜂鸣挡，两个表笔分别接1、2号插口，踩下或按下脚踏，如果蜂鸣器响，说明脚踏开关正常；如果蜂鸣器不响，说明接头和连接线到脚踏开关整条线路上有断路现象，确认脚踏开关正常后，检修脚踏开关的连接线及其接头。

接通电源，将微波治疗仪的模式选择选为治疗模式，踩下脚踏开关，观察液晶屏有无时间显示，治疗模式时有无微波输出标示闪烁，能否听到"嘀"的一声。如果有以上动作，则进一步确认有无微波输出。确认方法是：换上治疗探头，摘几片叶片较厚的树叶，把治疗探头贴紧树叶，启动微波输出，观察叶片与探头接触处有无变色、变干现象，如有，说明有微波输出，否则无输出。

如果踩下脚踏主机没有任何动作，则检查脚踏连接头内连接线是否存在断路或焊点脱落故障。修复故障点后，再踩下脚踏，如果主机还是没有任何动作，则更换液晶显示屏。

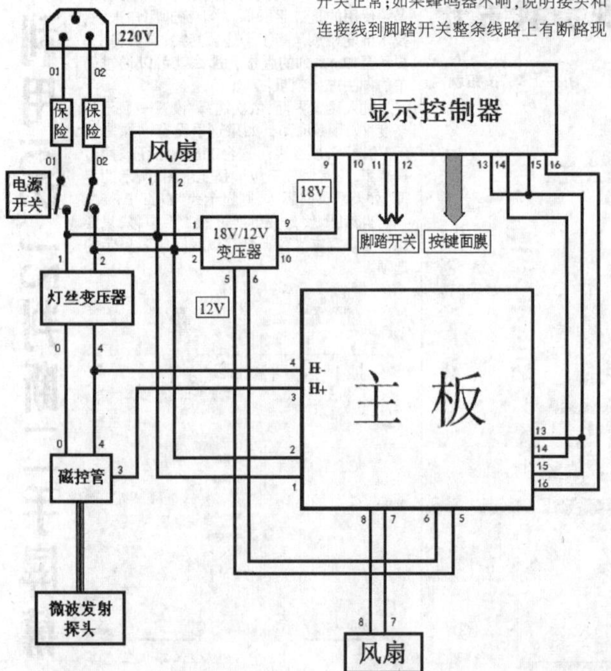

二、输出电路故障及检修方法

输出电路包括探头、理疗线、治疗线、转接线、磁控管。该电路的常见故障和检修方法如下：

1.探头坏导致无输出

检修方法：先检查探头与连接线是否拧紧，如果拧紧后开机有微波输出，故障排除。否则，旋下探头，将万用表调至蜂鸣挡，用两支表笔分别点测探头旋口外壁和金黄色插口，如蜂鸣器响，则探头坏，更换探头。

2.理疗线治疗线故障导致无输出

检修方法：将理疗线、治疗线与探头、机箱旋开，检测方法同上。如果线发烫，微波无输出，则可以判断该线可能断路或接触不良，或者是线损过大，需要更换新线。

3.转接线故障导致无输出

检修方法：转接线位于机箱内，连接磁控管和机箱上微波输出口。将线与磁控管、理疗线/治疗线旋开，检修方法同上。

4.磁控管接触不良致无输出

检修方法：如果微波输出线正常，控制部分和电源供电部分也正常，开机启动仍无输出，应检测磁控管与转接线处是否旋紧、接触良好。如果接触不良会导致接头处打火、拉弧，接触点氧化、碳化，同时使接头处温度迅速上升，严重时会烧毁转接头处的非金属部分，甚至会损坏磁控管输出口非金属部分，导致无输出，更换相同的磁控管即可排除故障。

5.微波连接头处发烫

检修方法：故障原因是微波连接头接触不良，应旋开连接头重新安装旋紧。

三、电源电路故障检修方法

电源电路包括灯丝变压器、12/18V变压器、微波主板。该电路的常见故障和检修方法如下：

1.开机烧主机保险

检修方法：切断主机电源，检查电源插座和保险管座处的保险管，看是否使用8A的延时保险管。如果低于8A，开机瞬间可能烧保险管。如果大于8A，必须换成8A，因为大于8A可能无法保护机器和使用者的安全。

检查220V供电回路，目测从电源插座到开关、变压器处是否有短路，线路有无破皮现象。再将CN203插头拔掉，接通电源，看是否烧保险。如无，说明短路点在微波板上；如仍烧，则检查风扇(靠变压器侧)、变压器、线路，看是否存在短路故障。

2.开机有显示，无输出，探头不发热

检修方法：打开机箱后盖板，带电检测CN203、CN204处有无220V市电，CN206处有无12V交流电，CN201处有无5V直流电，CN202处有无D/A电压，缺少任何一组均会引起无微波输出。

(1)无12V交流电压

如果没有12V交流电压，检查机箱右侧黄色电源线上12V供电的保险管有无熔断或接触不良。排除故障后再检测CN206处有无交流电，三端稳压管IC204(7812)输出端有无12V直流电压。

(2)无高压

切断主机电源，首先检查CN207处是否连接正确，黄绿线(3号线)接VH+端，棕色线(4号线)接VH-端，如两者接反，则磁控管不起振，无微波产生。

如果连接正确，将万用表打到1000V直流电压挡，开机启动微波输出，将表笔分别搭在分压电阻R244、R245、R246、R247、R248的两端，检测电压是否在360V左右。将五组电压相加，若低于1600V，则需要检测空载电压。空载电压的检测方法是：将CN207处3号线和4号线断开，再测R244、R245、R246、R247、R248的两端电压。如果五组电压相加有3000V左右，说明微波板工作正常，说明磁控管的损耗大，更换相同的磁控管即可排除故障。如果空载电压相加低于1600V，说明微波板故障，维修或更换微波板即可排除故障。

【注意】以上检修时因电压较高，并且操作空间狭小，所以需要防止被电击、被散热片刮伤。

(3)无3.3V灯丝电压

该故障的主要原因是灯丝电压的电源线脱落、断路或磁控管坏。不过，这种情况很少出现。

(4)烧微波板

切断主机电源，检查5A保险管是否熔断，若熔断，则检测MOS管T202、T203是否击穿，此时将万用表打到蜂鸣挡，用表笔分别测MOS管的三个引脚，若蜂鸣器响，说明MOS管击穿，需要更换MOS并检查损坏原因，若检修难度大，可以更换相同的微波板；若T202、T203未击穿，而5A保险管熔断，则检测CN204处有无短路故障，更换故障元件后再装入保险管，重新测试即可。

◇福建 黄丽辉

车载USB Type-C供电应用

当汽车工业引入'信息娱乐'的概念时，对制造商而言是个重大转变，因为它带来了汽车功能系统和非功能系统之间更紧密的集成。信息娱乐为驾驶员创造了一个新的接口，因此，它对我们如何与技术交互的影响几乎与手机的引入一样重要。

看到了主导的标准配置文件和用户可升级的音频系统-这大都是独立的-被适合制造商的系统所替换，提供更多功能。它们迅速演变至包含导航，同时逐步整合更多对汽车其他系统的控制，例如气候控制。安全特性，是今天先进驾驶辅助系统(ADAS)的前身，如倒车摄像头，也成为信息娱乐中心的一部分，在相同的时期内，这些系统已被进一步扩展，使手机在汽车不断增长的功能列表中不可或缺。

主要得益于USB接口（虽然蓝牙也发挥着重要的作用），现在很容易将您的手机连接到您的汽车以接入媒体、访问联系信息或只是打电话。当选择通过USB有线连接时，额外的益处是在您忙碌的早晨上班或在郊外悠闲地开车时，您的手机电池通过汽车充电。

这种便利不可低估，特别是考虑到如果使用频繁，许多智能手机仍然很难靠一次充电维持一整天。但是随着USB接口的发展，车主们将期望他们的汽车也同样演进。汽车行业不像消费领域演变那么快，因此全新的连接器USB Type C的引入将对汽车制造商如何解决这一非常实际的挑战产生重大影响。

他们不能忽视连接器配置文件正在改变的事实。由于手机的更新换代频率远高于汽车，消费者可能会接受一些滞后，但在选择新的家庭汽车时，支持最新的USB接口将无疑是车主所期待的，尤其因为新标准将支持更多种设备充电。它将不再局限于手机、笔记本电脑、摄像机、平板电脑和其他需要更高功率的设备，都可通过USB Type-C充电。

BMC提供密钥

使USB连接能提供或汲取达100 W电源的技术存在于规范的供电(PD)部分。它需要一个电源能够提供这样的功率水平，此外，还依赖于USB控制器能够解译连接的设备需求。虽然供电一直是USB规范的一个重要方面，但使用Type-C连接器和USB 3.x规格的电缆能最好地实现目前更高的功率水平。

Type-C连接可正反逆插，为用户带来了更多的便利，却使开发更复杂。方向通过新的配置通道(CC)管理，该配置通道在连接器上有两个专用的引脚，并支持连接的设备协商需要提供或汲取多少电源。该通道使用的协议是一种称为双相符号编码(BMC)的差分曼彻斯特编码。USB Implementer Forum(USB-IF)定义了五个供电配置文件：10W、18W、36W、60W和100 W。使用BMC协议，电源配置文件可在含USB Type-C接口的两台设备之间进行交换。编码方案使用转换来表示逻辑电平，而不是绝对电平，并且它结合了自己的时钟信号，使得同步更简单。然而，BMC协议依赖于一个物理接口，该接口能在具电气挑战的环境中可靠地解码信号，而且很少有电气环境比车辆环境更具挑战性。

添加Type-C到汽车中

安森美半导体的FUSB302B是完全符合AEC-Q100车规的可编程的USB Type-C控制器，含电源传输，集成了一个BMC客户端配置通道，支持全Type-C PD 2.0的1.1版本。这意味着CC可用于检测设备何时连接或未连接、主机或设备的当前功能，以及是否存在有源电缆，以及选择所需的模式(如音频适配器或调试附件模式)。图1显示了一个典型应用的框图。

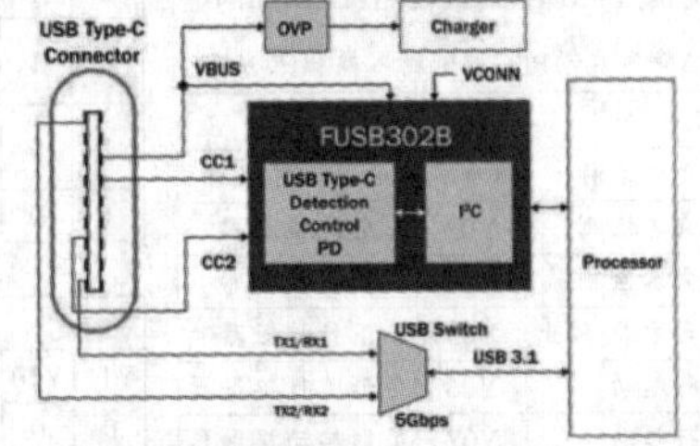

图1：典型应用框图

这显示了控制器和主机处理器之间的I²C接口，说明FUSB302B没有集成自己的处理器。这是该器件的一个重要特性，因为它无需为一个集成的处理器提供额外功率，同时支持固件驻留在位于系统任意处的处理器中，如果USB规范被修改，为制造商提供一个更简单的升级路径。图2显示了一个更详细的应用示例。FUSB302T是FUSB302B的默认源配置选项，可用作在汽车应用中实施USB Type-C时构成完整系统的一部分。

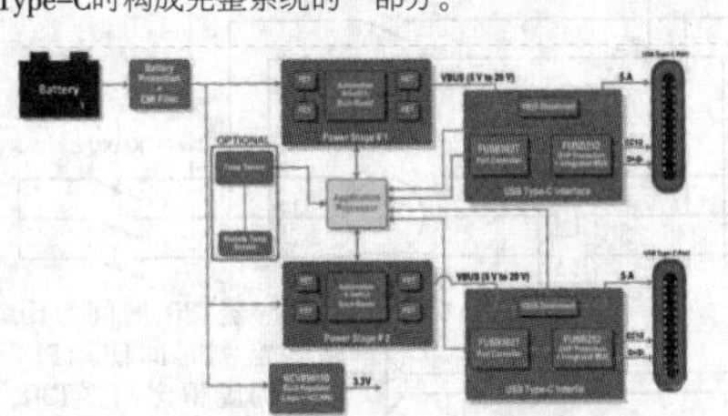

图2：应用示例显示双USB端口提供100 W能力

FUSB302B实施了一个CC开关，使它能够检测到它是作为设备主机还是双角色端口连接，通过多个比较器和由主机处理器上的软件控制的可编程DAC进行管理(图3)。

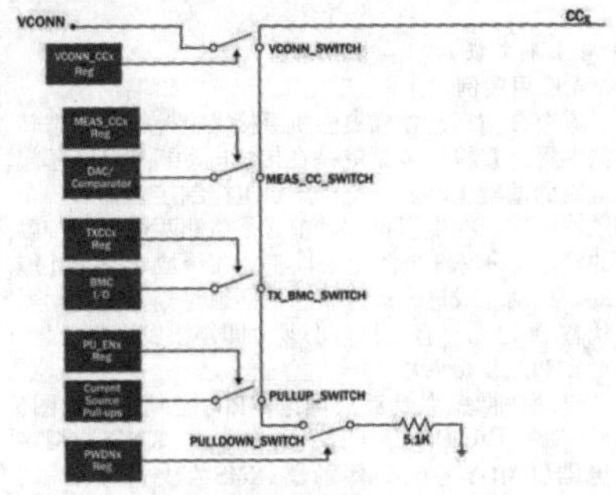

图3：配置通道开关功能

通过实施瘦BMC客户端，包括BMC物理接口(PHY)和分组FIFO，主机处理器能够使用I2C接口发送和接收数据包。这说明USB BMC PD的所有功能都可通过软件访问，使用口令读写FUSB302B的FIFO。口令灵活，支持USB PD规范的所有功能，包括突发写入FIFO的快速分组处理。通过该CC接收到的每个有效数据包都存储在FIFO中；BMC接收器感知CC上的活动，并启用内部振荡器。一旦检测到，就会使用专用中断通知主机处理器已接收到有效的数据包。图4显示了USB BMC PD块框图。

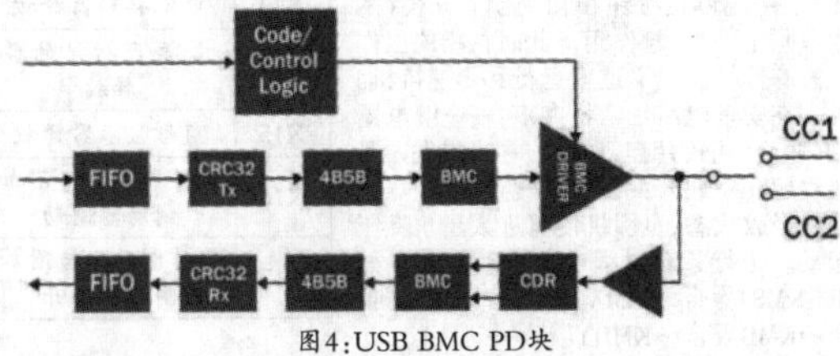

图4：USB BMC PD块

灵活性提供长期解决方案

通过在主机处理器上运行的固件，使USB控制器几乎完全是软件定义的，它为汽车制造商提供了一种长期的解决方案，以实施已经符合当前标准的USB PD(USB PD3.0的1.1版本)，并通过对主机处理器进行简单的固件更新来满足未来对该规范的任何修订。

对FUSB302B的优化设计结合高性能和低功耗，通过软件配置来实现。通过选择软件可配置的格式，它无需另一个占用资源的嵌入式处理器，并通过支持由主机处理器定义其功能来增加其灵活性。这为汽车制造商提供了从Type A/B转向实施USB PD的路径，并最终实施Type-C，而无需更改USB控制器。

◇四川科技职业学院　曹骑龙　周洪应

ZLG芯片在NB-IoT智能门锁领域的应用

有别于传统机械门锁，现代门禁系统当中各种各样的智能锁具带给人们诸多便利。其中，无线通讯技术给智能门锁的安装布置提供了更多方便。NB-IoT作为当下最热门的无线技术，会带来哪些新优势呢？

锁具的发明距今已有千年的历史，从原始社会的门闩到现在的智能门锁，其中代代产品的更迭都凝聚着人类智慧的结晶。现代的智能门锁在安全性、稳定性、通用性等诸多方面都比传统的门锁上升了一个档次。在更新换代的过程中，无线物联网技术的成熟功不可没。

目前，物联网的设备大体可以分为三种：

无需移动性，大数据量(上行)，需较宽频段，比如小区监控。

移动性强，需执行频繁切换，小数据量，比如车队追踪管理。

无需移动性，小数据量，对时延不敏感，比如智能抄表。

智能门锁的应用场景就是“无需移动性、小数据量”的最后一种。而NB-IoT又以其极低的功耗和成本为设计者青睐。

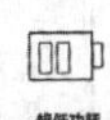

作为锁具，低功耗几乎可以说得上是最基本的需求，因为电池耗尽而无法开门这样的问题会给使用者带来极差的用户体验。在这一点上NB-IoT比之其他类型的射频技术有着天然的优势。我们就以ZLG致远电子ZM7100系列模块为例。

在单片机低功耗模式下底电流也仅为8μA。超低的功耗将带来的续航时间的大大提升。而最小极限值较低的工作电流在减少能耗的同时，也能带来与部分续航时间的提升。因为随着电池的老化，其内阻增加所能提供出来的电流也将减少，更低的功耗无疑可以称得上是“开源节流”。

当然，大家在使用智能门锁的同时往往会担心其安全问题，毕竟在电视电影的艺术作品中大家已经见惯了“黑进安保系统”的情节。这种担心并不是没有根据的。目前业界的NB-IoT模块也确实存在着这样的安全隐患。

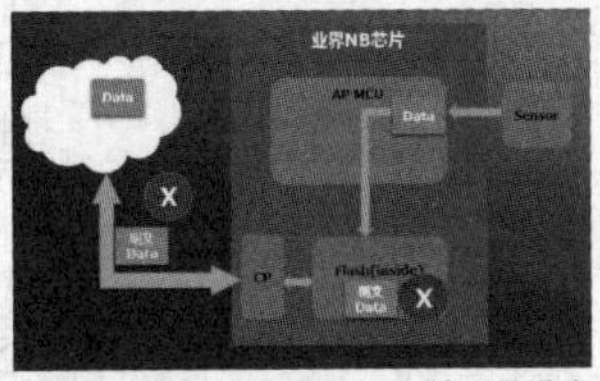

主要有两种情况：

一部分云SDK，直接数据明文传输。毫无保密性可言；

另一部分云SDK，基于DTLS加密传输，但终端秘钥ID存储在Flash，容易被获取。

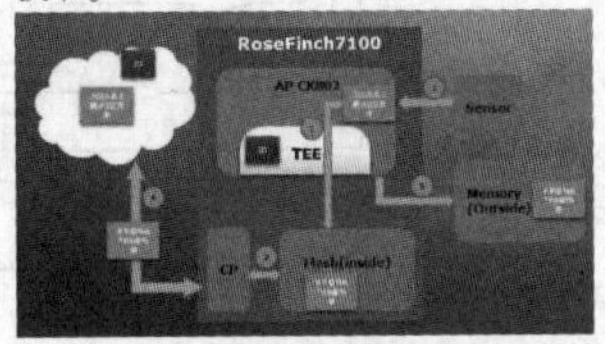

这样一来，本来很有前途的一项技术，是否就因为这样的瑕疵而付诸东流了呢？答案当然是否定的，因为业界已经渐渐出现了第三种方案：TEE安全方案。

TEE使用OTP ID加密采集数据，转成密文，存放在内部Flash。终端基于DTLS来实现数据安全传输。而云服务器收到密文数据，使用同样ID进行解密即可得到明文数据。这样一来调试打印或外接Flash存储，数据均为密文形式。其安全性也得到了保障。

目前TEE安全方案为中兴微RoseFinch7100芯片首创，在功耗和安全性上都有着业界首屈一指的表现。

ZLG致远电子作为中兴微电子在工业互联网领域的战略合作伙伴，基于RoseFinch 7100推出ZM7100 NB-IoT通信模块，支持基于签名的验证机制，为模块安全打好基础，目前已经支持接入中国移动OneNET云、中国电信天翼云、阿里云等公有云平台，同时还支持接入例如ZLG致远电子ZWS IoT云等私有云平台。

◇四川　蒋其均　刘黄宇

PLC控制程序状态转换法编程及其应用(中)

(紧接上期本版)

4.应用实例

本节介绍自动扶梯曳引机直接供电控制的状态转换法编程。直接供电型就是在传统电动机Y-Δ降压起动电路的基础上增加一个电源供电控制接触器和一个制动器控制。在曳引机起动前必须监测两个电源接触器的状态，只有在电源接触器都处在释放状态下才能起动。起动完成进入运行状态后必须时刻监测制动器的状态，制动器一旦动作就必须立即停止曳引机。

4.1PLC控制电路

自动扶梯曳引机直接供电的PLC控制电路如图6所示，其中图6(a)所示电路为一次电路，KJXX为相序继电器，KMDY为电源接触器，KMS为上行接触器，KMX为下行接触器，KMXQ为电动机绕组Y形起动接触器，KMJY为电动机绕组Δ形连运行接触器，KJR为热保护继电器。图1(b)为二次电路，即控制电路。图中PLC输入/输出点的分配如表1所示。

4.2 工作方式说明

自动扶梯的工作方式有检修和自动两种。检修方式时图6(b)电路中航空插座PN5与PN7连线断开，检修操作手柄钥匙开关“SAJX”接入，此时扶梯只能点动运转。自动方式下航空插座PN5与PN7连线短接，两端停止按钮和起动钥匙开关(图中只画出一端)起作用。此时扶梯的工作状态有停机、名义速度运行和零速待机3种。在安全电路正常状态下，安全继电器KJC吸合，可投用自动扶梯。在当操作人员转动起动钥匙开关，只要被监测接触器都处在释放状态，曳引机便可进入星角降压起动。上行起动过程中各接触器动作如下：KMS吸合→KMXQ吸合→KMBF吸合→KMB吸合→KMDY吸合→进入起动状态，起动时间到进入切换状态→KMDY释放→KMXQ释放，切换时间到→KMJY吸合→KMDY吸合，进入运行状态。

在运行过程中，若停止按钮SBTS或SBTX被按下，扶梯正常停机。若安全回路中的安全开关动作断开，即KJC释放，则扶梯紧急停机。

4.3 PLC输入输出状态分析

这里设PLC输入或输出端指示灯点亮为“1”，熄灭为“0”。即PLC外部接线端子上的触头闭合为“1”，断开为“0”；继电器释放为“0”，吸合为“1”。电动机Y起动时间使用PLC内部的虚拟定时器T10，时间为6s；Y-Δ切换时间使用PLC内部的虚拟定时器T20，时间为1s，乘客监测时间使用PLC内部的虚拟定时器T30，时间为60 s。PLC的输入状态分为两组分别存放在数据寄存器D11和D10中：=D11、=D10。前者用于操作人员手动起动和接触器监测；后者用于在自动运行方式下根据客流进行待机和自动起动。输出状态分为三组分别存放在数据寄存器D20、D21和D22中：=D20、=D21、=D22。前者只使用了一个输出点，作警铃鸣响用；中间一组用于曳引机的电源和方向，后者用于曳引机电机接线组态和制动系统的松闸或制动。

表1 曳引机Y-Δ降压启动PLC控制输入输出点分配

输入信号		输出信号	
输入点	电器元件名称	输出点	电器元件名称
X06	上部乘客检测	Y02	电源接触器
X07	下部乘客检测	Y04	上行接触器
X10	检修/自动方式，停止	Y05	下行接触器
X11	上行起动	Y06	角形运行接触器
X12	下行起动	Y07	星形起动接触器
X13	电源接触器释放	Y10	附加制动器
X14	上行/下行接触器释放	Y11	工作制动器
X15	角形接触器释放	Y15	警铃
X16	工作制动器与附加制动器制动		
X17	工作制动器与附加制动器松开		

表2 检修方式PLC输入点状态

输入点(D11)								状态说明	暂/稳态
X17	X16	X15	X14	X13	X12	X11	X10		
0	1	1	1	1	0	0	0	停机状态	稳态
0	1	1	1	1	0	1	0	上行钥匙起动	暂态
0	1	1	0	1	0	1	0	上行方向继电器吸合	暂态
1	0	1	0	1	0	1	0	上行方向、制动器继电器吸合	暂态
1	0	0	0	1	0	1	0	上行星角切换	稳态
0	1	1	1	1	1	0	0	下行钥匙启动	暂态
0	1	1	0	1	1	0	0	下行方向继电器吸合	暂态
1	0	1	0	1	1	0	0	下行方向、制动器继电器吸合	暂态
1	0	0	0	1	1	0	0	下行星角切换	稳态

表3 检修方式 PLC 输出点状态

输出点(D21和D22)								状态说明	暂/稳态
Y11	Y10	Y07	Y06	Y05	Y04	Y03	Y02		
0	0	0	0	0	0	0	0	停机状态	稳态
0	0	1	0	0	1	0	0	上行方向	暂态
0	1	1	0	0	1	0	1	上行电源	暂态
1	0	1	0	0	1	0	0	上行星角切换	暂态
1	0	0	0	0	1	0	1	上行角形运行	稳态
0	1	1	1	1	0	0	0	下行方向	暂态
0	1	1	0	1	0	0	1	下行电源	暂态
1	0	1	0	1	0	0	0	下行星角切换	暂态
1	0	0	0	1	0	0	1	下行角形运行	稳态

4.3.1分析输入输出状态

按照图6(b)所示电路，在检修和自动运行两种工作方式中讨论曳引机Y-Δ降压起动及运行过程中分析PLC输出信号、PLC输入信号和内部资源的状态及转换。

4.3.1.1检修方式

在检修方式下，检修操作手柄PG被插入航空插座PN。此时PN-7与PG-7、PN-1与PG-1、PN-3与PG-3相连。扶梯有停止状态、上行或下行点动状态。这三个状态下PLC输入点和输出点的状态变化分别如表2和表3所示(未考虑警铃)。

停机状态PLC的各输入点状态=[01111000]=D11。不考虑警铃时，PLC的输出点状态 =[0000]=D21，=[00000]=D22。

上行状态。钥匙开关SAJX打在上行一侧，PLC输入点的状态为D11=[01111010]。起动过程中PLC输出点状态从停机的稳定状态D21=[0000]和D22=[0000]，转换至上行状态D21=[1000]和D22= [0101] 。相应地PLC输入点跟随着从D11=[01111010]变化至D11=[10001010]。

下行状态。钥匙开关SAJX打在下行一侧，PLC输入点状态D11=[01111100]。起动过程中PLC输出点状态从停机的稳定状态D21=[0000]和D22=[0000]，转换至下行状态D21=[1000]和D22= [1001] 。相应地PLC输入点跟随着从D11=[01111100]变化至D11=[10001100]。

结合图6(b)和表1，可以得到在检修方式下曳引电动机星角起动过程中PLC输入和输出点的状态转换图如图7所示。

4.3.1.2自动方式

在自动方式下，自动操作航空插头PG被插入航空插座PN。此时通过外插的航空插头PG，使PN-5与PN-7相连。扶梯有停止状态、上行或下行状态、上行或下行待机状态。在自动方式下，停机过程有两种，一是图6(b)中SBTS或SBTX按钮等被按下(或断开)的正常停，即输入点X10从ON变为OFF；此时输出接触器将分时释放。二是图中KJC释放的急停，即不管PLC的所有输入点处在哪个状态都变为OFF此时输出接触器立刻同时释放。

参考检修方式，可以得到类似表1和表2的自动方式下PLC输入输出点的状态。由于篇幅，这里不再列出。

(未完待续)

◇江苏 陈洁

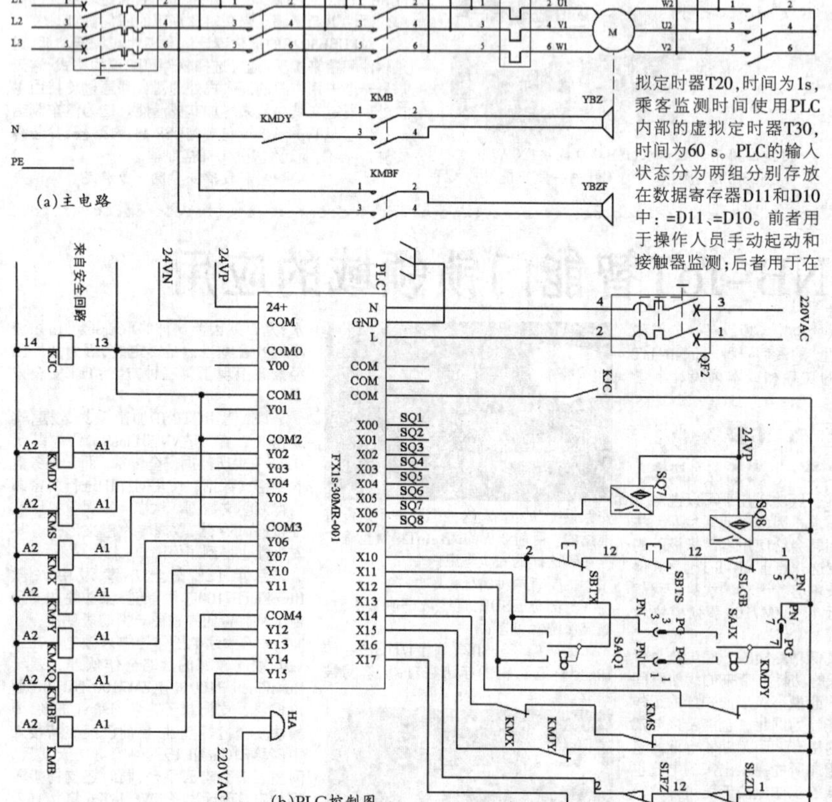

图6 曳引电动机Y-Δ降启起动PLC控制电路

低压电力系统无功补偿技术的发展过程

无功补偿是低压电力系统稳定运行、降低线损、提高供电电压质量的重要技术手段。我国的电力系统无功补偿技术经历了几十年的发展提高，已经达到相当高的技术水平。

无功补偿技术的发展提高，主要沿着减小、限制补偿电容器合闸涌流和提高电容器投切控制手段两个方向进行，两者相辅相成，协调发展，共同支撑着无功补偿技术不断攀登新的高峰。

一、限制电容器合闸涌流的技术发展

1.无功补偿的启蒙阶段

我国从20世纪六七十年代开始将无功补偿技术提上议事日程。当时补偿电容器使用交流接触器直接合闸，不采取任何限流措施，由于电容器巨大的合闸涌流，使得交流接触器故障率很高。合闸时强烈的电火花烧伤操作人员的事故也不时发生。由于当时科技知识普及程度较低，甚至还出现在电容器通电情况下直接拉开补偿柜隔离开关而致人上臂严重烧伤的事故。

2.用空心电抗器限制补偿电容器合闸涌流

由于电容器两端的电压不能突变，所以传统无功补偿装置使用交流接触器控制电容器投入时，会产生很大的合闸涌流，该涌流值可达到电容器额定电流的几十倍甚至更大，引发系统电压的波动，影响系统中其他设备的正常运行。为了解决这一问题，20世纪七八十年代，人们在电容器通电合闸电路中串联一种具有限流效果的空心电抗器，可以将电容器的合闸涌流限制在额定电流十几倍的范围内。这个方法在一定程度上解决了合闸涌流的问题，但是这种电抗器使用数量较多，一台三相电容器要配置三只电抗器，而且它的体积较大，价格不菲；另外还由于当年电抗器的外壳浇铸材料不阻燃的缘故，出现过因接线螺钉松动发热引发火灾的事故(参见《电世界》杂志1988年第4期《PGJ1A型无功自动补偿屏一次着火事故分析》一文)。所以这种限流方法的使用逐年减少。

3.用限流接触器限制补偿电容器合闸涌流

针对以上技术缺陷，从20世纪90年代开始，具有限制电容器合闸涌流功能的一种专用交流接触器逐渐在无功补偿产品中得到应用。具有限制电容器合闸涌流功能的交流接触器型号较多，例如Hi19型，CJ19型，CJX2-kd型，CJ149型等。这种接触器在电容器合闸时将一组阻值不大的电阻丝串联进电容器合闸回路中，用以限制合闸涌流；经过短暂延时后限流电阻退出运行，这样可以有效地抑制电容器合闸涌流。这种专用交流接触器用于电容器的投入和切除，对补偿装置的安全运行，延长交流接触器及电容器的使用寿命起着重要的作用。

4.晶闸管投切技术

随着科学的发展，技术的进步，一种采用晶闸管控制电容器投切的方案应运而生。该技术在配电系统中以其灵活、便捷和快速的控制特性得到用户的青睐，是目前应用较多一种无功补偿技术。之所以能得到广泛应用，主要是因为该技术可以实现电容器电压过零投入、电流过零切除，可以有效限制合闸涌流和操作过电压，延长补偿设备的使用寿命和维修周期。

这种投切方案虽然有动态响应速度高的优点，但由于晶闸管导通时有压降的缘故，会消耗一定的能量并发热，如果处理不好，很容易造成晶闸管损毁，为此，须给晶闸管安装散热片降温，自然冷却效果不佳时还要采用风冷、水冷或其他冷却方式，这都将使补偿系统的体积变大，不能顺应系统小型化的发展方向。

有鉴于此，工程技术人员在思考另外一个方案，就是开关器件还使用晶闸管，但它只在电容投入或切除过程中发挥作用，开关结束后则由自保持继电器或接触器来维持投切后的稳态工作。这样晶闸管仅在电容器投切时有若干毫秒的持续工作时间，稳态时晶闸管没有导通电流，因而可省去晶闸管的散热器。但保留了晶闸管高动态的优点。这就是比较成熟的晶闸管投切电容技术，或者称作TSC复合投切开关技术。

5.TSC复合投切开关

这项新技术、新器件是新世纪研发并投入使用的科研成果。

TSC复合投切开关技术，就是开关器件还使用晶闸管，但它只在电容投入或切除过程中发挥作用，开关结束后则由自保持继电器或接触器来维持投切后的稳态工作。这样晶闸管仅在电容器投切时有不超过几ms的持续工作时间，稳态时晶闸管没有导通电流，因而可省去晶闸管的散热器。但保留了晶闸管高动态的优点。这就是比较成熟的晶闸管投切电容技术(Thyristor Switching Capacitor，TSC)，或者称作TSC复合投切开关技术。

复合投切开关是由三个独立组合开关组成的，所谓组合开关，即将双向可控硅(或者两个反向并联的单向可控硅)和磁保持继电器（有关磁保持继电器的知识内容可参见《电子报》2017年27期10版文章)组合在一起，用于低压无功补偿电容器的通断控制。复合开关的基本工作原理是将可控硅与磁保持继电器触点并接，实现电压过零导通和电流过零断开，使复合开关在接通和断开的瞬间具有可控硅开关无涌流的优点，而在正常接通期间又具有物理开关无功耗的优点。其实现方法是：投入时在电压过零瞬间控制可控硅先导通，稳定后再将继电器吸合导通；而切除时是先将继电器断开，可控硅延时过零断开，从而实现电流过零切除。由于采用单片机控制投切并智能监控可控硅、继电器以及输入电源和负载的运行状况，从而具备完善的保护功能，包括电源电压故障缺相保护：系统电压缺相时，开关拒绝闭合；自诊断故障保护：系统自动监控可控硅、继电器的运行状态，若其出现故障，则拒绝闭合或自动断开退出运行；停电保护：接通后遇突然停电时，自动跳闸断开。复合开关无谐波产生：由于导通瞬间是由可控硅过零触发，延时后由继电器吸合导通，所以工作时不会产生谐波。

复合投切开关还具有功耗小的优点。由于采用了磁保持继电器，控制装置只在投切动作瞬间耗电，平时不耗电；且由于继电器触点的接触电阻小，因而不发热，这样可以不用外加散热片或风扇，彻底避免了可控硅的烧毁现象，降低了成本，真正达到了节能降耗的目的。

复合投切开关可对电容器实现分相补偿控制，也能实现三相共补控制，使无功补偿的效果更佳。

二、无功补偿控制器的技术发展

20世纪六七十年代的电容器投切控制使用按钮与交流接触器，像启动单向运转的电动机那样，在每台电容器回路中串联一组熔断器进行短路保护，不采取任何合闸涌流限制措施。

七八十年代逐渐开始使用无功补偿自动控制器，控制路数最多可以达到10路；控制投切的参数阈值通常是功率因数，这种控制方案的缺点是，系统轻负荷运行时容易出现投切振荡。控制功能的实现使用的是CD4000系列的数字集成电路。

随着电子技术的快速进步，从20世纪八九十年代开始至新世纪初，工程师们开发出了使用单片机技术的无功补偿控制器，控制投切的阈值除了功率因数外，也有由系统无功功率决定投切的产品，这种控制方案能有效防止电容器投切振荡现象的发生，提高了无功补偿的质量和系统运行的可靠性。

近些年市场上出现的无功补偿控制器更是品种规格繁多，功能各异，总体技术水平有了极大的提高。主要表现在以下几个方面。(1)既可向投切开关提供交流电压，用于驱动交流接触器，也可选择提供直流信号，用于控制复合投切开关的动作；(2)投切控制路数大幅度增加，由10路、12路提高到24路、48路甚至更多；(3)可对电力系统中的单相无功功率进行分相补偿，使得补偿效果更加精细；(4)控制投切的电容器可以合理分组，每台电容器的容量经过合理选择，可一次性投入多台电容器，快速将系统补偿到最佳状态。

三、智能电容器

智能电容器是电力系统无功补偿技术发展历史上的重要里程碑。智能电容器之所以称为智能型产品，是因为它可以无需补偿控制器的支持，自我生成一个独立的无功补偿系统。它具有过零投切、自动保护功能，是低压电力无功自动补偿技术的重大突破，可灵活应用于低压无功补偿的各种场合，具有结构简单、组网成本低、性能优越、维护方便等优点。

智能电容器中的投切开关具有特殊的电磁式过零投切技术，其过零投切的偏移度小于2.5，投切涌流小于2.5倍额定电流。智能控制单元通过检测投切开关动静触点断开时两端的电压，控制其在电压过零点时闭合；通过检测投切开关动静触点闭合时的电流，控制其在电流过零点时断开，实现"过零投切"功能，使投运低压电力电容器时产生的涌流很小，退运低压电力电容器时不发生燃弧现象，从而延长了低压电力电容器和投切开关电器本身的寿命，也减小了开关电器投切时对电网的冲击，改善了电网的电能质量。

智能电容器在多台联机使用自我组成一个无功补偿系统时，可以自动生成一台主机，其余则为从机，构成低压无功补偿系统自动控制工作；个别从机出故障可自动退出，不影响其余智能电容器正常工作；主机出故障自动退出后，在其余从机中自动生成一台新的主机，组成一个新的系统正常工作；容量相同的电容器按循环投切原则，容量不同的电容器则按容量适补原则投切，确保投切无振荡。

在电网三相负荷不平衡场合，智能电容器可采用三相共补和三相分补相结合方式，根据每相无功缺额大小，对三相电源分别投切电容器进行补偿，实现最优的无功补偿效果。

智能电容器具有自己的操作面板和LCD显示器，显示数据齐全完整，可显示内容包括配电电压、配电电流、配电功率因数，智能电容器自身的运行电流，电容器壳体内的温度等。

智能电力电容器的保护功能包括：配电过电压、欠电压、失电压及缺相保护；电源引入端过温度保护；电力电容器各相过电流分段保护；电力电容器本体内部过温度分段保护等。

智能电容器具有人机对话功能。这也是运行维护人员操作、调试、维护智能电容器的重要技术手段，只有通过人机对话，才能正确操控智能电容器。

四、绕线转子式异步电动机无功补偿技术的发展进步

绕线转子式异步电动机的无功补偿，传统技术是与鼠笼式异步电动机采用相同的方案，对电动机所需的无功功率进行补偿。现代技术可采用静止式进相器对绕线转子式异步电动机进行无功补偿，这种装置是专为大中型绕线式异步电机节能降耗设计的无功功率就地补偿装置。它串接在电机转子回路中，通过改变转子电流与转子电压的相位关系，进而改变电机定子电流与电压的相位关系，达到提高电机自身功率因数和效率、提高电机过载能力、降低电机定子电流、降低电机自身损耗的目的。绕线式异步电动机专用静止式进相器对无功功率的补偿与电动机定子侧并联电容器补偿有本质的不同。电容补偿只是对电机之外的电网无功进行补偿，它只是减少了电网上无功的传输量，电机的电流、功率因数等电机本身的运行参数无任何变化。而静止式进相器对无功功率的补偿是提高了电动机自身的功率因数。

五、结语

无功补偿技术的发展日新月异，新理论、新技术、新产品、新器件不断出现，推动着补偿水平的提高。无功补偿技术的应用并不局限于本文描述的低压电力系统，在6kV、10kV等各电压等级都有广泛地应用。无功补偿技术不仅应用于补偿感性无功功率，也适用于补偿容性无功功率。同时，随着技术的发展，科技的进步，静止无功发生器SVG（Static Var Generator）和有源电力滤波装置APF技术也在快速地进入电力系统无功补偿的领域。静止无功发生器SVG是一种静止型电气装置、设备或系统，它可从电力系统吸收可控的容性、感性电流，或是发出或吸收无功功率，从而达到无功补偿的目的。而有源电力滤波装置APF则从电网中检测出谐波电流，经内部芯片快速计算、分析、比较，控制主功率单元产生一个与该谐波电流大小相等而极性相反的补偿电流，从而使电网电流只含基波成分。

相信业内的科技工作者会对无功补偿技术的发展提高做出自己的贡献。

◇山西　杨德印

单片机5V转3.3V电平的电路汇集(一)

技巧一：使用LDO稳压器，从5V电源向3.3V系统供电

标准三端线性稳压器的压差通常是2.0-3.0V。要把5V可靠地转换为3.3V，就不能使用它们。压差为几百个毫伏的低压降（Low Dropout，LDO）稳压器，是此类应用的理想选择。图1-1是基本LDO系统的框图，标注了相应的电流。从图中可以看出，LDO由四个主要部分组成：

1. 导通晶体管
2. 带隙参考源
3. 运算放大器
4. 反馈电阻分压器

在选择LDO时，重要的是要知道如何区分各种LDO。器件的静态电流、封装大小和型号是重要的器件参数。根据具体应用来确定各种参数，将会得到最优的设计。

图1-1：　LDO电压稳压器

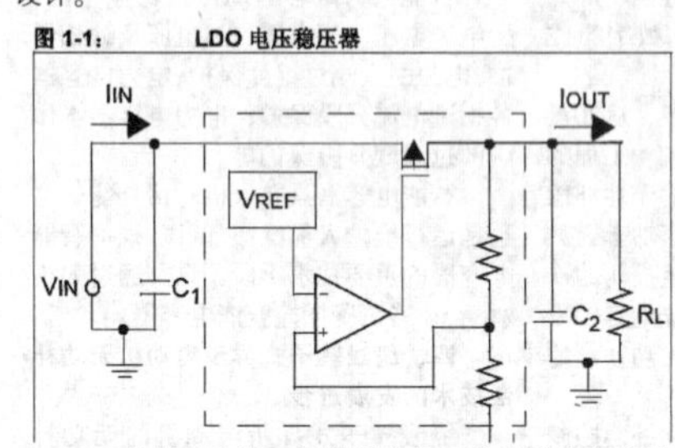

LDO的静态电流IQ是器件空载工作时器件的接地电流IGND。IGND是LDO用来进行稳压的电流。当IOUT>>IQ时，LDO的效率可用输出电压除以输入电压来近似地得到。然而，轻载时，必须将IQ计入效率计算中。具有较低IQ的LDO其轻载效率较高。轻载效率的提高对于LDO性能有负面影响。静态电流较高的LDO对于线路和负载的突然变化有更快的响应。

技巧二：采用齐纳二极管的低成本供电系统

这里详细说明了一个采用齐纳二极管的低成本稳压器方案。

图2-1：　齐纳电源

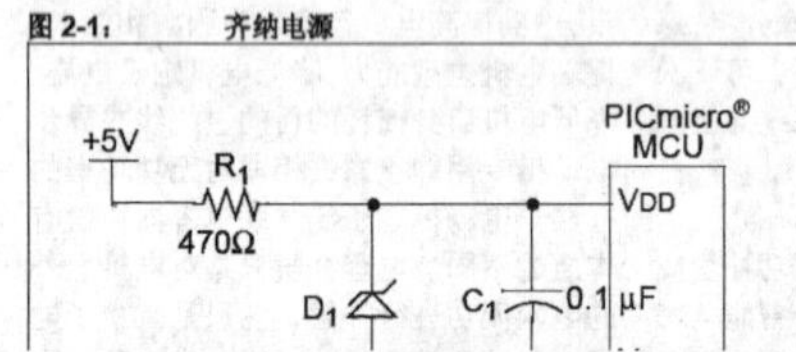

可以用齐纳二极管和电阻做成简单的低成本3.3V稳压器，如图2-1所示。在很多应用中，该电路可以替代LDO稳压器并具成本效益。但是，这种稳压器对负载敏感的程度要高于LDO稳压器。另外，它的能效较低，因为R1和D1始终有功耗。R1限制流入D1和PICmicro? MCU的电流，从而使VDD保持在允许范围内。由于流经齐纳二极管的电流变化时，二极管的反向电压也将发生改变，所以需要仔细考虑R1的值。

R1的选择依据是：在最大负载时——通常是在PICmicro MCU运行且驱动其输出为高电平时——R1上的电压降要足够低从而使PICmicro MCU有足以维持工作所需的电压。同时，在最小负载时——通常是PICmicro MCU复位时——VDD不超过齐纳二极管的额定功率，也不超过PICmicro MCU的最大VDD。

技巧三：采用3个整流二极管的更低成本供电系统

图3-1：　二极管电源

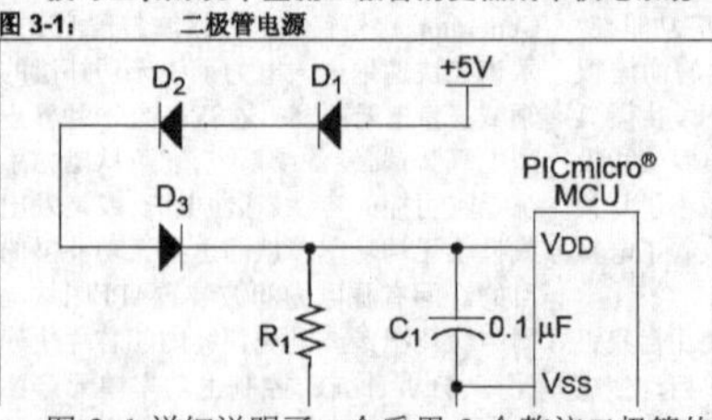

图3-1详细说明了一个采用3个整流二极管的更低成本稳压器方案。

我们也可以把几个常规开关二极管串联起来，用其正向压降来降低进入的PICmicro MCU的电压。这甚至比齐纳二极管稳压器的成本还要低。这种设计的电流消耗通常要比使用齐纳二极管的电路低。

所需二极管的数量根据所选用二极管的正向电压而变化。二极管D1-D3的电压降是流经这些二极管的电流的函数。连接R1是为了避免在负载最小时——通常是PICmicro MCU处于复位或休眠状态时——PICmicro MCU VDD引脚上的电压超过PICmicro MCU的最大VDD值。根据其他连接至VDD的电路，可以提高R1的阻值，甚至也可能完全不需要R1。二极管D1-D3的选择依据是：在最大负载时——通常是PICmicro MCU运行且驱动其输出为高电平时——D1-D3上的电压降要足够低从而能够满足PICmicro MCU的最低VDD要求。

技巧四：使用开关稳压器，从5V电源向3.3V系统供电

如图4-1所示，降压开关稳压器是一种基于电感的转换器，用来把输入电压源降低至幅值较低的输出电压。输出稳压是通过控制MOSFET Q1的导通（ON）时间来实现的。由于MOSFET要么处于低阻状态，要么处于高阻状态（分别为ON和OFF），因此高输入源电压能够高效率地转换成较低的输出电压。

当Q1在这两种状态期间时，通过平衡电感的电压-时间，可以建立输入和输出电压之间的关系。

$$(V_s - V_o) * t_{on} = V_o * (T - t_{on})$$

$$\text{其中：} T \equiv t_{on} / Duty\_Cycle$$

对于MOSFET Q1，有下式：

$$Duty\_Cycle_{Q1} = V_o / V_s$$

在选择电感的值时，使电感的最大峰-峰纹波电流等于最大负载电流的百分之十的电感值，是个很好的初始选择。

$$V = L^* (di/dt)$$

$$L = (V_S - V_o) * (t_{on}/I_o * 0.10)$$

在选择输出电容值时，好的初值是：使LC滤波器特性阻抗等于负载电阻。这样在满载工作期间如果突然卸掉负载，电压过冲能处于可接受范围之内。

$$Z_O \equiv \sqrt{L/C}$$

$$C = L/R^2 = (I_O^2 * L)/V_O^2$$

在选择二极管D1时，应选择额定电流足够大的元件，使之能够承受脉冲周期（IL）放电期间的电感电流。

图4-1：　降压（BUCK）稳压器

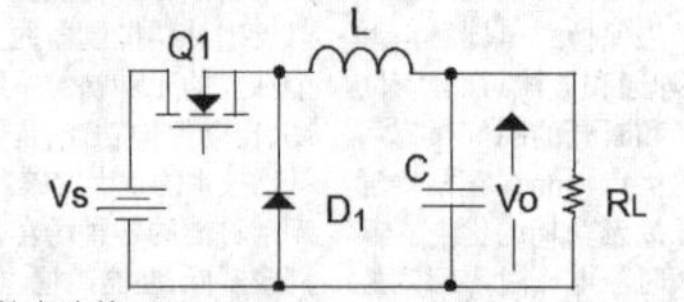

数字连接

在连接两个工作电压不同的器件时，必须要知道其各自的输出、输入阈值。知道阈值之后，可根据应用的其他需求选择器件的连接方法。表4-1是本文档所使用的输出、输入阈值。在设计连接时，请务必参考制造商的数据手册以获得实际的阈值电平。

表4-1：　输入/输出阈值

	V_{OH} 最小值	V_{OL} 最大值	V_{IH} 最小值	V_{IL} 最大值
5V TTL	2.4V	0.5V	2.0V	0.8V
3.3V LVTTL	2.4V	0.4V	2.0V	0.8V
5V CMOS	4.7V (Vcc-0.3V)	0.5V	3.5V (0.7xVcc)	1.5V (0.3xVcc)
3.3V LVCMOS	3.0V (Vcc-0.3V)	0.5V	2.3V (0.7xVcc)	1.0V (0.3xVcc)

技巧五：3.3V→5V直接连接

将3.3V输出连接到5V输入最简单、最理想的方法是直接连接。直接连接需要满足以下2点要求：

·3.3V输出的VOH大于5V输入的VIH

·3.3V输出的VOL小于5V输入的VIL

能够使用这种方法的例子之一是将3.3V LVCMOS输出连接到5V TTL输入。从表4-1中所给出的值可以清楚地看到上述要求均满足。

3.3V LVCMOS的VOH（3.0V）大于5V TTL的VIH（2.0V）且3.3V LVCMOS的VOL（0.5V）小于5V TTL的VIL（0.8V）。

如果这两个要求得不到满足，连接两个部分时就需要额外的电路。可能的解决方案请参阅技巧6、7、8和13。

技巧六：3.3V→5V使用MOSFET转换器

如果5V输入的VIH比3.3V CMOS器件的VOH要高，则驱动任何这样的5V输入就需要额外的电路。图6-1所示为低成本的双元件解决方案。

在选择R1的阻值时，需要考虑两个参数，即：输入的开关速度和R1上的电流消耗。当把输入从0切换到1时，需要计入因R1形成的RC时间常数而导致的输入上升时间、5V输入的输入容抗以及电路板上任何的杂散电容。输入开关速度可通过下式计算：

$$T_{SW} = 3 \times R_1 \times (C_{IN} + C_S)$$

由于输入容抗和电路板上的杂散电容是固定的，提高输入开关速度的惟一途径是降低R1的阻值。而降低R1阻值以获取更短的开关时间，却是以增大5V输入为低电平时的电流消耗为代价的。通常，切换到0要比切换到1的速度快得多，因为N沟道MOSFET的导通电阻要远小于R1。另外，在选择N沟道FET时，所选FET的VGS应低于3.3V输出的VOH。

图6-1：　MOSFET转换器

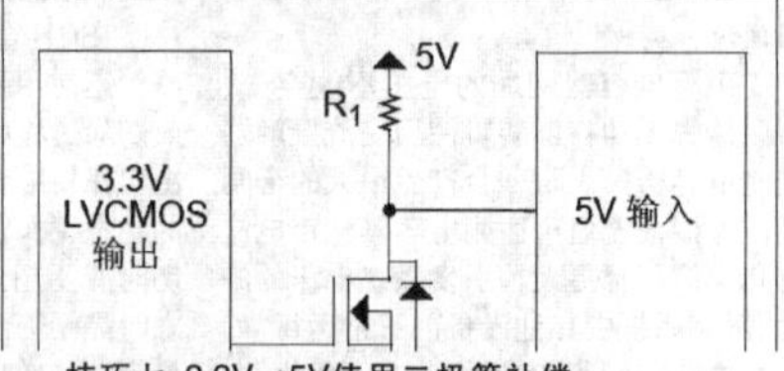

技巧七：3.3V→5V使用二极管补偿

表7-1列出了5V CMOS的输入电压阈值、3.3VLVTTL和LVCMOS的输出驱动电压。

表7-1：　输入/输出阈值

	5V CMOS 输入	3.3V LVTTL 输出	3.3V LVCMOS 输出
高电压阈值	> 3.5V	> 2.4V	> 3.0V
低电压阈值	< 1.5V	< 0.4V	< 0.5V

从上表看出，5V CMOS输入的高、低输入电压阈值均比3.3V输出的阈值高约一伏。因此，即使来自3.3V系统的输出能够被补偿，留给噪声或元件容差的余地也很小或者没有。我们需要的是能够补偿输出并加大高低输出电压差的电路。

图7-1：　二极管补偿

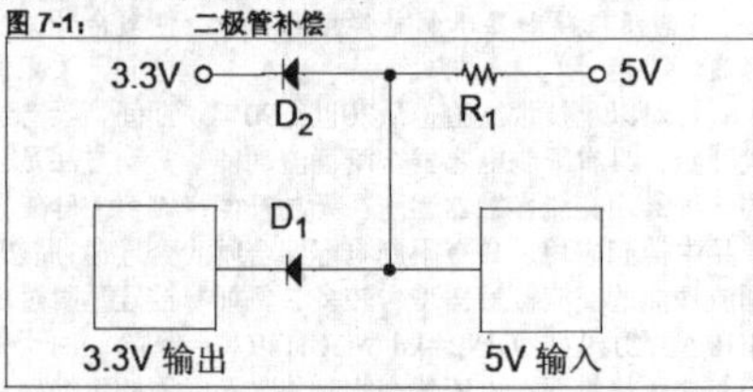

输出电压规范确定后，就已经假定：高输出驱动的是输出和地之间的负载，而低输出驱动的是3.3V和输出之间的负载。如果高电压阈值的负载实际上是在输出和3.3V之间的话，那么输出电压实际上要高得多，因为拉高输出的机制是负载电阻，而不是输出三极管。

如果我们设计一个二极管补偿电路（见图7-1），二极管D1的正向电压（典型值0.7V）将会使输出低电压上升，在5V CMOS输入得到1.1V至1.2V的低电压。它安全地处于5V CMOS输入的低输入电压阈值之下。输出高电压由上拉电阻和连至3.3V电源的二极管D2确定。这使得输出高电压大约比3.3V电源高0.7V，也就是4.0到4.1V，很安全地在5V CMOS输入阈值（3.5V）之上。

注：为了使电路工作正常，上拉电阻必须显著小于5V CMOS输入的输入电阻，从而避免由于输入端电阻分压器效应而导致的输出电压下降。上拉电阻还必须足够大，从而确保加载在3.3V输出上的电流在器件规范之内。

（未完待续）

◇四川省广元市高级职业中学　兰　虎

物联网常见协议汇集(上)

通信对物联网来说十分关键，无论是近距离无线传输技术还是移动通信技术，甚至是LPWAN都影响着物联网的发展。通信协议是指双方实体完成通信或服务所必须遵循的规则和约定。那么物联网都有哪些通信协议？众多的协议该如何选择？

我们将物联网通信协议分为两大类，一类是接入协议，一类是通讯协议。接入协议一般负责子网内设备间的组网及通信；通讯协议主要是运行在传统互联网TCP/IP协议之上的设备通讯协议，负责设备通过互联网进行数据交换及通信。

本文罗列下市面上物联网协议，总结下它们各自特点、特定的物联网应用场景等。

一、接入协议

市场上常见的有zigbee、蓝牙以及WiFi协议等。

(一)zigbee

zigbee目前在工业控制领域应用广泛，在智能家居领域也有一定应用。它有以下主要优势：

1. 低成本。zigbee协议数据传输速率低，协议简单，所以开发成本也比较低。并且zigbee协议还免收专利费用。

2. 低功耗。由于zigbee协议传输速率低，节点所需的发射功率仅1mW，并采用休眠+唤醒模式，功耗极低。

3. 自组网。通过zigbee协议自带的mesh功能，一个子网络内可以支持多达65000个节点连接，可以快速实现一个大规模的传感网络。

4. 安全性。使用crc校验数据包的完整性，支持鉴权和认证，并且采用aes-128对传输数据进行加密。

zigbee协议的最佳应用场景是无线传感网络，比如水质监测、环境控制等节点之间需要自组网传输数据的工业场景中。在这些场景中zigbee协议的优势发挥得非常明显。

为什么厂商会抛弃使用比较广泛的WiFi及蓝牙协议，而采用zigbee呢，主要有以下原因：

1. 提到zigbee协议有很强的自组网能力，可以支持几万设备，特别对于小米这种想构建智能家居生态链的企业，和蓝牙的设备连接数量目前都是硬伤。

2. 目前zigbee协议还很难轻易被破解，而其他协议在安全性上一直为人诟病。

3. 很多智能家居产品如门磁为了使用方便，一般采用内置电池。此时zigbee的超低功耗大大提升了产品体验。

但是zigbee协议也有不足，主要就是它虽然可以方便的组网但不能接入互联网，所以zigbee网络中必须有一个节点充当路由器的角色（比如小米智能家居套装中的智能网关），这提高了成本并且增加了用户使用门槛。同时由于zigbee协议数据传输速率低，对于大流量应用如流媒体、视频等，基本是不可能。

相对WiFi和蓝牙协议这些年的快速发展和商业普及，zigbee协议尽管在技术设计和架构上拥有很大优势，但是技术更新太慢，同时在市场推广中也被竞争对手拉开了差距。后续zigbee协议在行业领域还是有很大空间，但是家用及消费领域要挑战WiFi及蓝牙协议不是那么容易了。

(二)蓝牙

蓝牙目前已经成为智能手机标配通信组件，其迅速发展的原因包括：

1. 低功耗。这是蓝牙4.0的大杀器，使用纽扣电池的蓝牙4.0设备可运行一年以上，这对不希望频繁充电的可穿戴设备具有十分大的吸引力。

2. 智能手机的普及。近年来支持蓝牙协议基本成为智能手机的标配，用户无需购买额外的接入模块。

(三)WiFi

WiFi协议和蓝牙协议一样，目前也得到了非常大的发展。由于前几年家用WiFi路由器以及智能手机的迅速普及，WiFi协议在智能家居领域也得到了广泛应用。WiFi协议最大的优势是可以直接接入互联网。相对于zigbee，采用WiFi协议的智能家居方案省去了额外的网关，相对于蓝牙协议，省去了对手机等移动终端的依赖。

相当于蓝牙和zigbee，WiFi协议的功耗成为其在物联网领域应用的一大瓶颈。但是随着现在各大芯片厂商陆续推出低功耗、低成本的WiFi soc(如esp8266)，这个问题也在逐渐被解决。

谁将一统江湖？

WiFi协议和蓝牙协议谁会在物联网领域一统江湖?这是目前讨论比较多的一个话题。WiFi和蓝牙的各自在技术的优势双方都可以在协议升级的过程中互相完善，目前两个协议都在往“各取所长”的方向发展。最终谁能占据主导，可能更重要的是商业力量和市场决定的。短期内各个协议肯定是适用不同的场景，都有存在的价值。

(未完待续)

◇四川科技职业学院　寇家豪　周洪庆

电视发射机语音电路的设计安装(下)

(紧接上期本版)

三、电路设计

根据以上分析，我们设计出了语音告警器和声光报警电路，把告警信号送到值班室。既要保证新设计的电路不能改变原来电路的物理结构和电气参数，又要与主控制器相互隔离，互不影响。主控制器输出的低电平信号用光电耦合器进行隔离，控制外部增加的电路。再利用继电器，把新设计的电路与值班室告警电路二次隔离。根据发射机的实际情况，共写入了七种语音，分别是：功放模块故障、驻波比故障、功放电源故障、激励器故障、驻波比反馈、风压过低、机门打开。一旦发射机出现故障，继电器触点吸合，触发告警信号。(电路详见图3、图4)

元器件的选择：光电耦合器选用CLC521，它是独立的四脚器件，稳定性好，易于更换。继电器选用+12V小型密封继电器，它有两组触点，一组用于驱动语音报警提示电路，另一组用于把+12V电压送到值班室，驱动声光报警器。驱动继电器的三极管，选用3DG121C。语音报警提示器选用工业级语音芯片，内置音频放大器，声音响亮，清晰度高。告警提示语音，由电脑通过USB接口写入。

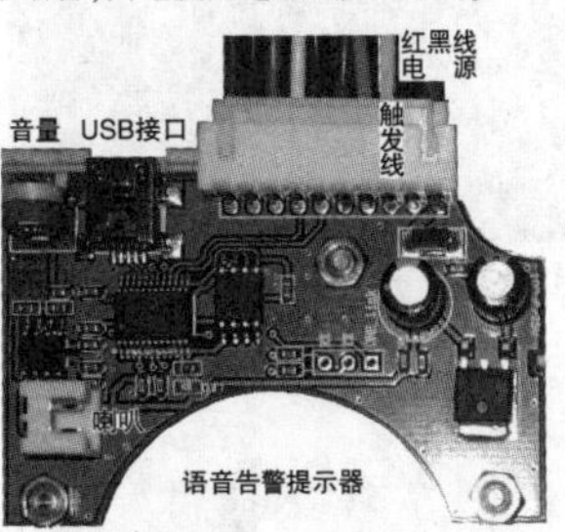

语音提示信号从J3输出后，沿着地板下面走到值班室。在控制桌的左上角，设计了七个声光报警器和一个喇叭。当发射机出现故障时，低电平驱动信号通过J1的⑭~⑳脚，激活光电耦合器的②脚，使光电耦合器的③、④脚导通。光电耦合器的3脚，驱动三极管3DG121C导通。+12V通过小型密封继电器的线包，使其吸合。此时，继电器接在语音提示器上的一组常开接点闭合，触发相应的语音合成电路，发出提示语音，通过转接插子送到值班室，激活喇叭进行语音提示。另一组常开接点，把+12V电压送到了值班室相应的声光报警器，发出告警信号。这样，值班人员立刻知道了发射机出现的相应故障，做出反应，及时进行维护，为安全播出提供了保障。

◇山东　宿明洪

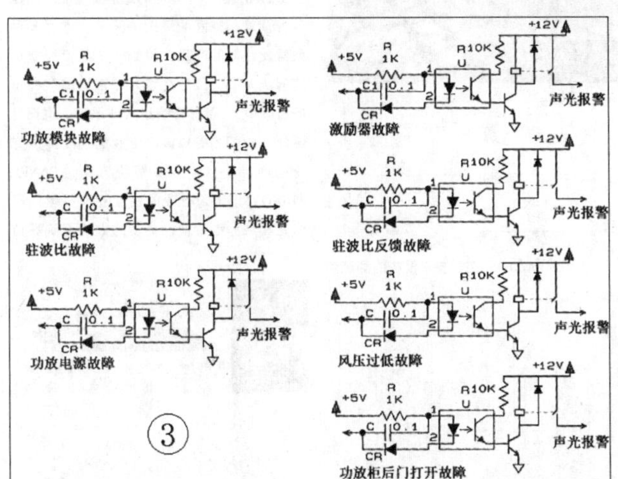

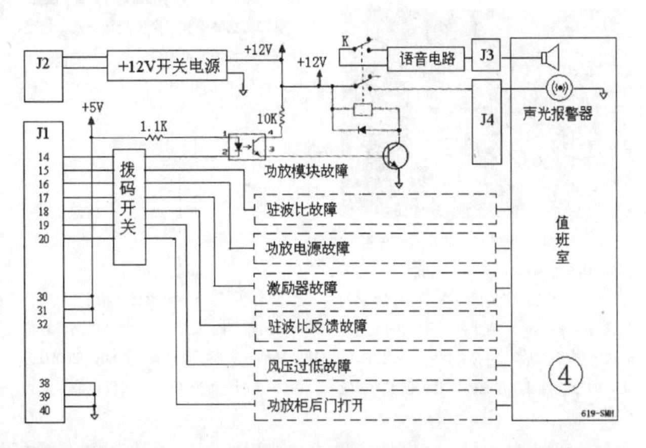

PANEL AUDIO隐形音响性能测试

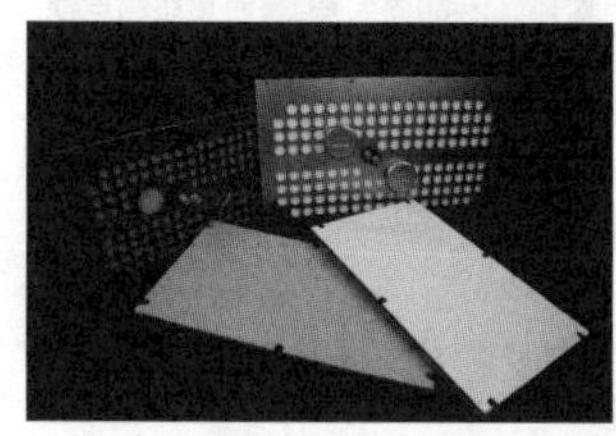

隐形音响领域最近几年发展非常快，行业里的品牌也是越来越多。各品牌各产品之间的性能也参差不齐。更有甚者，没有任何技术含量，没有任何科学依据，仅仅依葫芦画瓢，生产出性能低劣的隐形音响，扰乱市场环境，给行业带来不少负面的影响。

今天，我们就做一个隐形音响行业没有做过的完整测试，详细的看看隐形音响有什么样的技术特征。

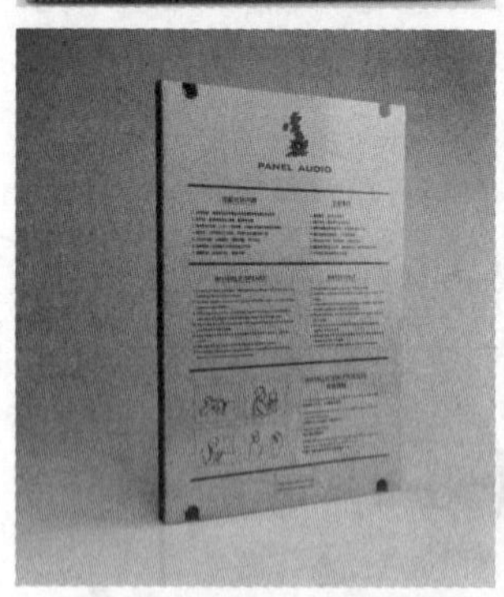

首先，隐形的技术参数在裸露测试的时候，是完全不准确的。首先我们选择了PANEL AUDIO的PA501H这款入门级的隐形音响。其官方电声指标为：功率(RMS)25W，阻抗4Ω，灵敏度93dB，频率响应200Hz~20KHz。从这个参数指标来看，这是一只非常不怎么样的音响。如果大家按照传统音响的选择方式，那一定通过这样的技术参数，就已经能把所有的隐形音响pass掉了。但隐形音响因为其出厂之后的状态并非实际安装之后所得到的状态，所以，我们必须要通过相关的装修施工工艺进行处理之后，才能得到最准确的测试结果。不妨将不同状态的PA501H都进行一下测试，比对之后再来看看结果。

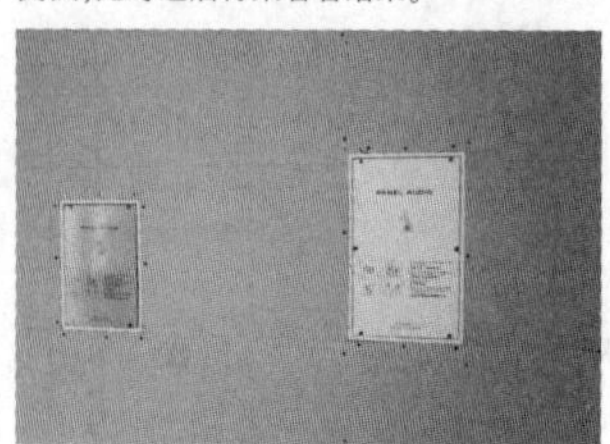

音响安装进底框之后进行第一次测试，在100Hz~200Hz之间形成了一段很强的波峰。这段本不应该出现的波峰，在裸露测试的时候是不存在的（音响低频下限是200Hz）。同时由于装箱的结构影响，中高频成坡度下滑。此时的音色明显声音比较浑浊，但因为灵敏度高，哪怕中高频有坡度的情况下，整体声音都比较响，而且干涉声较重，各个频段的声音并不干净，高音略吵。有的人在这个时候对隐形音响做第二次过早的评判，客观来说，根本没有领会到隐形音响的声学特征。因为隐形音响通常表面都会有附加的建筑装饰材质，如：乳胶漆，墙纸，墙布，硅藻泥，艺术涂料等等，这些材质都会对原始声音造成一定的影响。所以，出厂前的隐形音响都会在各个频段进行调整，以便在最终完成安装之后的效果是理想的声学效果。

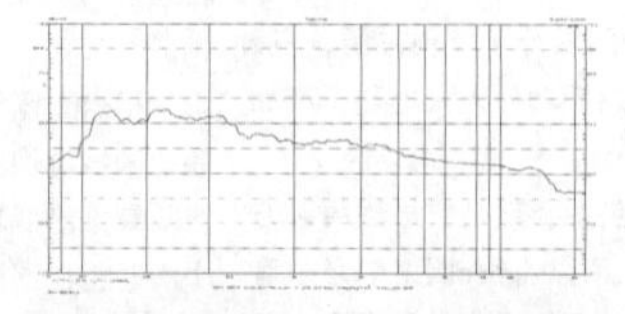

刷完两次腻子和一次乳胶漆之后，墙面已经跟正常装饰装修的最终效果一致。这个时候再进行测试的时候，曲线会发生什么样的变化呢？

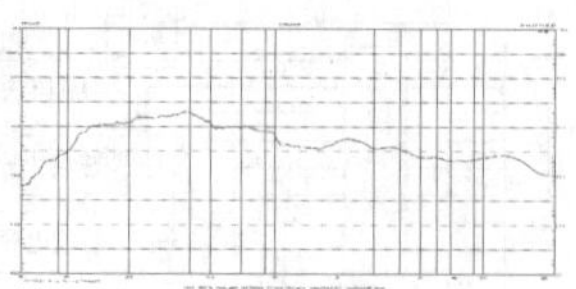

这时再来看，曲线整体平滑了很多，尤其是之前较弱的高频部分，已经有明显的高频曲线抬升。而干涉严重的100Hz~200Hz这一段，因为刮灰的原因，不良干涉已经完全消失。低频有效延伸已经由标称的200Hz下探到了大约100Hz~120Hz，整体的灵敏度会从93dB降至88~90Db。大大超出了绝大部分人的对隐形音响的理解。

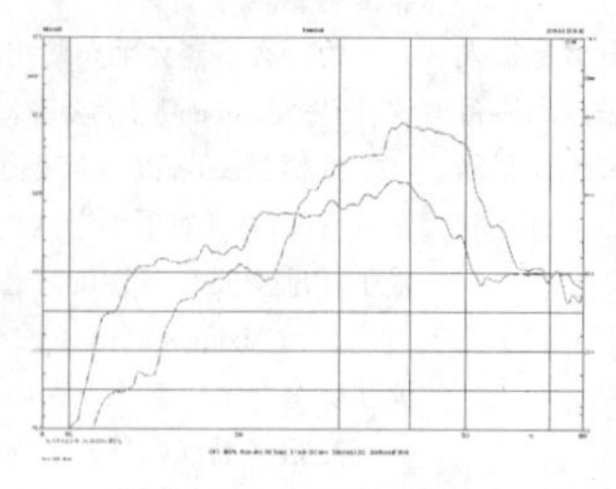

我们放大并用两种颜色进行比对来看，蓝色的线为裸露测试的低频曲线，可见F0在200Hz这个位置开始急剧下滑，说明在裸露的情况下，PA501H的低频表现是不太理想的。而红色是最终完成批灰上漆工序曲线，F0的下限已经从200Hz移到了接近120Hz左右。这是因为腻子+乳胶漆的厚度增加了发音板的低频响应，低频效果有大幅的提升。

与活塞式振动(Piston-Mode)的传统扬声器不同，PANEL AUDIO隐形扬声器工作于分布振动模式（Distributed-Mode），即DMLs而今年6月底PANEL AUDIO发布了两款拥有新技术的PA602Pro和PA802Pro。与普通的DMLs不同，PA602Pro和PA802Pro采用独有的BASS-PANEL、PRE-EQ，1.5分音器等技术，克服了普通的DMLs低频响应不佳、全频响应不平坦等缺陷，使得隐形扬声器的性能达到了前所未有的高度。

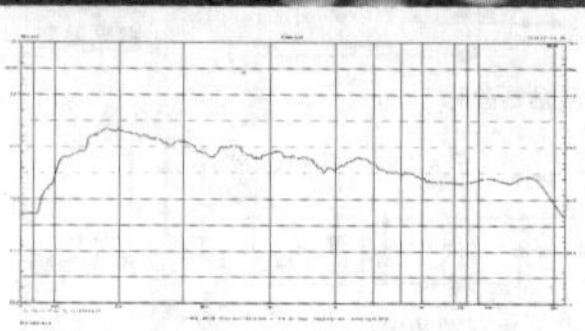

上图为PA602Pro在安装未批灰的测试曲线。

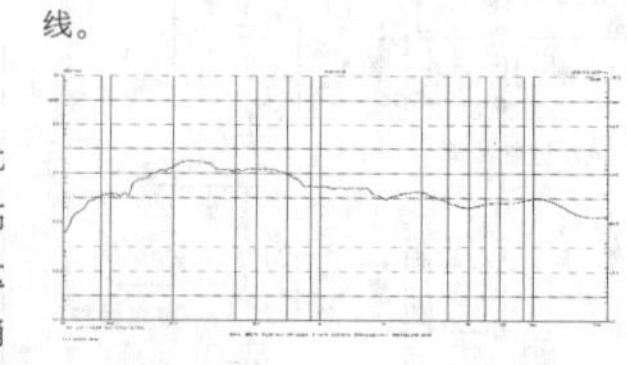

这是PA602Pro完成批灰和刷乳胶漆之后的测试曲线。可见新技术对于6系的整体改善是显而易见的。

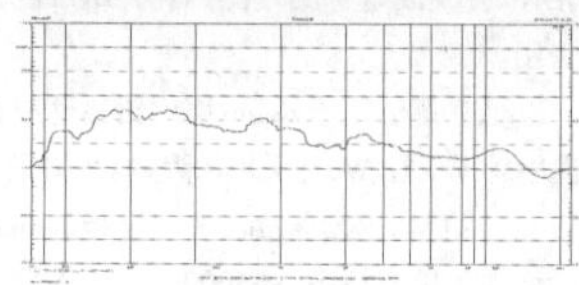

此图为PA802Pro安装未批灰前的曲线。

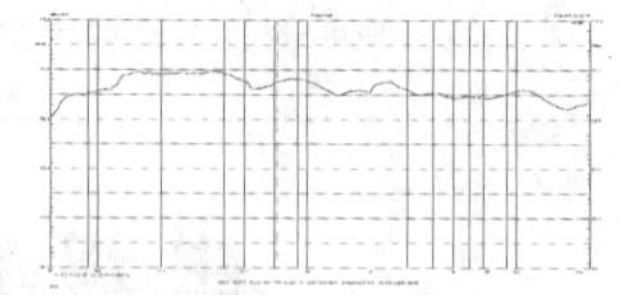

这是PA802Pro完成批灰和刷乳胶漆之后的曲线。从最终完成的曲线来看，PA802Pro无疑是最佳的，不愧为PANEL AUIDO的小旗舰系列。

通过这次的测试，希望带给大家一些重要的信息：隐形音响是一个系统工程，它除了对音响本身的电声参数预调校非常重要以外。在后期安装及施工的标准把控依然非常重要！隐形音响作为定制行业的重要组成部分，发挥着其独有的设计魅力，成为独树一帜的空间声音解决方案。在各类空间，如客厅，餐厅，卧室，书房以及影视厅，都能有效解决美观及声音效果的相关问题，为完美的设计及生活助力！一个专业的隐形音响品牌能在各种预算和空间的复杂情况下，通过多种型号及性能的产品，得到一个尽可能完美的解决方案。虽然在整体的市场推广和市场占有率上，隐形音响还欠缺很多。也正是这样，我们才更应该以专业的态度提供专业的产品，提供专业解决方案。PANEL AUDIO致力于为行业的良性发展贡献自己的光和热。也希望让更多的人能正确看待隐形音响！

2018年12月2日出版 ▌实用性 ▌启发性 ▌资料性 ▌信息性

第48期

(总第1985期)

国内统一刊号:CN51-0091 定价:1.50元 邮局订阅代号:61-75

地址:(610041)成都市天府大道北段1480号德商国际A座1801 网址:http://www.netdzb.com

让每篇文章都对读者有用

IMX586——旗舰级手机摄像头的标配

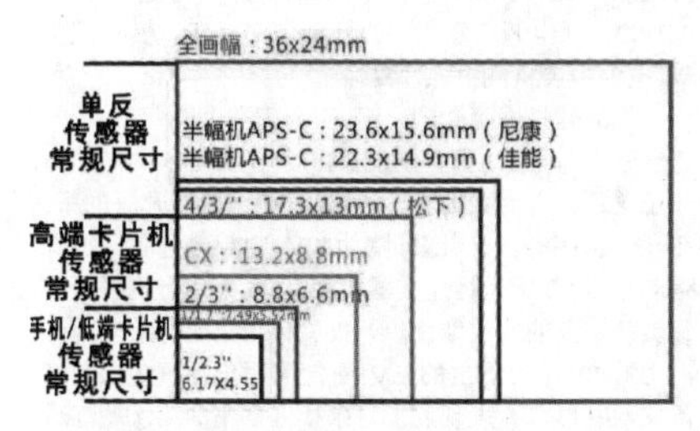

在手机处理器性能过剩(非发烧友)的情况下，相信不少人选择手机更看重拍照效果；确实现在手机摄像头越做越好了，甚至挤压了卡片机的一部分市场。手机灭单反确实是吹过头了，不过对于一些中低端卡片机来说，现在的手机摄像头还真不一定落下风。

镜头和传感器对照片的影响是最大的。如果购买手机厂商只讲像素不提其他，就需要注意了。那些所谓的多少万“像素”在“镜头”和“传感器”面前根本不值一提，所以对于手机一味盲目追求多少万像素也没有太大意义，苹果500万像素的手机比很多2000万像素的手机都拍得清晰，就是因为一张照片的清晰度不完全取决于像素。

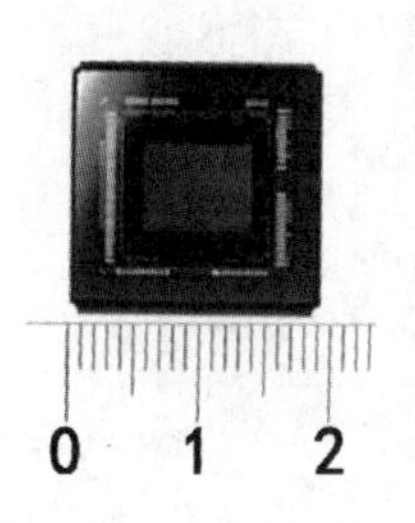

从物理角度看，手机摄像头的尺寸是个劣势，因此对传感器(CMOS)的要求就更为精细和讲究了。我们把最近比较大众流行的各品牌(安卓)旗舰级手机的CMOS做了一个参数对比，大家可以参考借鉴一下。

传感器	IMX363	IMX380	IMX400	IMX586	IMX600
像素	1200万	2000万	1900万	4800/1200万	4000/1000万
像素大小	1.4μm	1.55μm	1.22μm	0.8/1.6μm	1.0/2.0μm
尺寸	1/2.55英寸	1/2.3英寸	1/2.3英寸	1/2.0英寸	1/1.73英寸
机型	VIVO NEX 小米MIX 2S 坚果R1	华为P20 魅族15	索尼Xperia XZ2	索尼Xperia XZ3	华为P20 Pro

毋庸置疑，索尼的CMOS一直都是影像行业的佼佼者，许多相机和手机都会采用索尼研发的CMOS传感器，大部分智能手机摄像头的CMOS传感器都来自索尼制造，还有一部分用的是卡尔蔡司，比如Nokia。其中索尼自己用的CMOS后缀一直是“00”，比如IMX400；而IMX600则是华为P20 Pro的定制版(只能华为P20 Pro专用)，由华为日本图像所、芬兰研究所(前身为诺基亚手机团队)和索尼共同研发的。“IMXXX86”后缀一直是外卖(指独家定制版外售型号)版本。大多数安卓旗舰机常用的CMOS主要是IMX363和IMX380了。前者用于vivo NEX、坚果R1、小米MIX2S等机型，后者用于华为P20、魅族15等机型。

其中，华为P20 Pro的夜拍能力目前还属于无人撼动的地位。这要得益于IMX600的“大底”和“大光圈”，再加上AIS手持超级夜景技术，还可以手持拍摄长曝光夜景作品。

IMX586则会是下半年或者2019年上半年大多数旗舰级安卓机采用的标配。根据官方宣布的数据，其像素高达4800万(比IMX600的4000万略高，但IMX600的感光元件尺寸为1/1.173英寸，单位像素面积会更大些。)，像素尺寸为0.8μm，为目前全球最小；IMX586的感光元件尺寸为1/2英寸。

和IMX600一样，IMX586采用了Quad Bayer彩色滤光片阵列，相邻的像素使用一样的颜色，增加拍摄时灵敏度。在暗光环境下，四个像素可以合并为一个，在1200万像素把像素尺寸增加到1.6μm，以实现更好的拍摄效果。而在亮光环境下，独立信号处理结构可将像素排布结构重新调整为4800万像素、单个像素尺寸0.8μm的水平。这时，高像素的解析力就体现出来了。一般情况下，单个像素小型化会削弱其采光能力，并导致敏感度和饱和度的下降。但IMX586则可以提高单个像素的采光能力和光电转换效率，以解决曝光不足的问题。

另外，IMX586还支持90帧的4K视频拍摄，这是目前已上市的手机难以实现的规格，还有1080P 240帧、720P 480帧的慢动作视频拍摄。不过因为没有DRAM（动态随机存取存储器），数据处理能力稍弱，很遗憾不能拍摄索尼旗舰级的1080P 960帧的超高帧率慢动作视频格式。

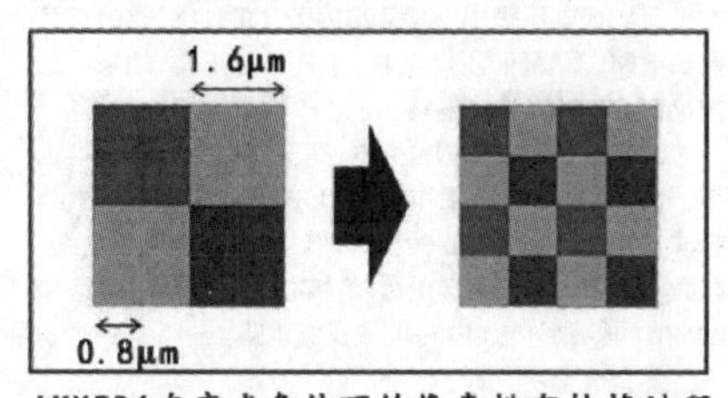

IMX586在亮光条件下的像素排布转换过程

（本文原载第36期11版）

记密码的密码App

现在网络发达，几乎都要涉及注册以及密码，很多人为了方便都爱使用固定密码或者简单的“123456”等类似密码，甚至有的连各种支付密码都统一了；殊不知这样的设定会非常危险，一旦中毒被盗取信息，则会大面积的丢失个人信息和(虚拟)财产。但是这样一来就需要记住很多繁琐的密码，因此也有人会选择类似密码本类的软件应用去记录各个账号的密码，不过反过来说把密码记到密码本软件里也必须小心！有些密码本软件缺乏安全措施，没有对密码进行加密；还有的软件带有云同步功能，会把账号密码数据上传到服务器，有时候看似方便找回，但也有后台的服务商获取(泄漏)数据的问题。今天就来给大家介绍一款好用的密码本APP。

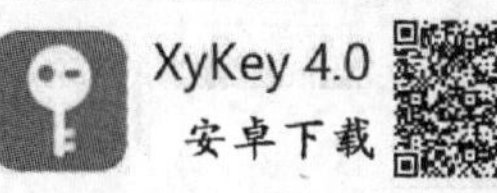

这款密码本APP名叫“XyKey”，最大亮点就是无需任何权限，无需联网，无后台，无广告，当然也是免费的；专门来管理个人账号密码信息的，因为并没有网络访问权限，因此信息并不会上传至服务器。在密码保管方面：它

← 添加钥匙 +

钥匙名称 dzb

账号 dzbwyz

密码 982300 生成

密码2 982300 生成

URL

备注

分类：0 更改

添加

会使用一个主密码来对App内保管的各种账号信息进行加密，换言之它并不像很多密码保管软件那样，是用明文来保存信息的，在加密方面XyKey起码是合格了；另外它支持指纹加密，方便性和安全性提高了很多。

首次打开XyKey会提示设置主密码（指纹），设置完成后，每次打开XyKey都必须输入正确的主密码(指纹)才能使用。

添加密匙的方法很简单，只需将相关的信息按提示添加，添加完成后，可以重新查看刚创建的密匙。XyKey还有一个自定义的生成密码功能，可以简单地生成一个比较复杂的密码。

设置好主密码后，进入到App当中，就可以添加多个账号密码记录了。XyKey的界面非常简洁，主界面仅仅是一个账号密码的记录列表。你可以通过右上角的添加按钮，来讲你需要记录的账号密码添加到App当中。XyKey的密码添加功能也比较完善，你可以命名一条记录，并且为一个账号设置多个密码，还能够记录URL，不再担心忘记某个账号是对应哪个网站了。而如果你想要更好更安全的密码，XyKey也支持随机生成高强度的组合密码供你使用。

最后还有必不可少的备份功能，所有的信息会保存成类似的加密数据，可以发送到邮箱，自由保管，也更加隐秘，这款软件的优点就是隐蔽性好，如果你对保存账号密码没兴趣，也可以保存一些比较隐秘的个人信息。

← 生成密码

生成功能会算出随机的高强度组合密码提供给你参考使用，辅助你更改密码，提升安全性。

数字 11位

普通 12位

复杂 13位

j8d2hgj98d2e

（本文原载第36期11版）

长虹ZLS42A-P机芯三合一板电源和背光灯维修图解(下)

(紧接上期本版)

二、维修提示

长虹ZLS42A-P机芯三合一板电源和背光灯电路与其它电路相比,工作电压最高,工作电流最大,是整机的故障易发部位,也是整机维修的重点。开关电源和背光灯电路发生故障,主要引发开机三无、黑屏幕、屏幕亮后熄灭等故障,可通过观察待机指示灯是否点亮,背光灯串是否发光,测量关键点电压,接假负载的方法进行维修。

1.开关电源电路维修提示

1)保险丝熔断

发生三无故障开关电源无电压输出。首先测量保险丝FP101是否熔断,如果已经熔断,说明开关电源存在严重短路故障。重点排除电源板的抗干扰电路的电容器、市电整流滤波电路整流管、滤波电容、电源开关管QP201是否短路漏电。如果电源开关管QP201击穿,应注意检测其尖峰吸收电路是否发生开路故障,S极电流取样电阻是否连带烧断,避免代换后再次击穿开关管。

2)保险丝未断

如果保险丝FP101未断,电源无12.3V和42V电压输出,基本可以确定是电源电路出问题。首先测量大滤波电容CP105两端的+300V供电,无+300V供电,排除抗干扰电路和市电整流滤波电路开路故障,检查UP101的⑤脚启动和VCC供电是否正常。无启动电压检查⑤脚外部的启动控制电路,检查VCC整流滤波和稳压电路。再检查以UP101为核心的振荡驱动电路和开关管QP201。

2.背光灯电路维修提示

1)背光灯始终不亮

首先检查LED驱动电路工作条件。测点灯控制BL-ON和亮度调整DIM电压是否为高电平,如果为高电平,测量点灯控制Q411的c极是否有VIN电压输出,如果无VIN电压输出,检查QP402、QP411组成的点灯控制电路。测量升压供电42V电压是否正常,如果不正常检查42V整流滤波电路。

背光灯板42V和VIN供电、亮度调整DIM电压均正常,背光灯电路仍不工作。测量UP401的②脚有无激励脉冲输出,无激励脉冲输出检测UP401及其外部电路;有激励脉冲输出检查QP401为核心的升压输出电路和UP401的⑤脚外部LED-电流反馈电路。

2)背光灯亮后熄灭

如果开机的瞬间有伴音,显示屏亮一下就灭,则是LED驱动保护电路启动所致。一是LED背光灯串或连接器发生开路、短路故障;二是升压输出电路发生过压、过流故障;三是保护电路取样电阻变质,引起的误保护。

3.电源和背光灯电路维修实例

例1:开机后三无,指示灯不亮。

分析与检修:指示灯不亮。测试电源板无12.3V和42V电压输出,判断故障在开关电源电路。测试保险丝完好,整流滤波后的+300V电压正常。测量UP101的⑤脚VCC电压为6V,远远低于启动的18V电压,说明启动电路不良。测试UP101的⑤脚外部的启动电路,发现降压电阻RP217阻值变大。更换RP217后,故障排除。

例2:开机后三无,指示灯不亮。

分析与检修:测试电源板无12.3V和42V电压输出。测量大滤波电容CP101两端无+300V电压输出,向前检查发现保险丝FP101烧断,判断电源板有严重短路故障。经过电阻测量法,发现MOSFET开关管QP201击穿,过流保护电阻RP208烧焦,检查稳压环路和尖峰脉冲吸收电路,发现CP209裂纹。更换FP101、QP201、RP208、CP209后,故障排除。

例3:开机屏幕闪亮一下熄灭,声音正常。

分析与检修:仔细观察背光灯在开机的瞬间点亮,然后熄灭。检查LED驱动电路的工作条件正常,判断保护电路启动。观察屏幕,隐约能看到图像,背光不亮。测量背光灯驱动电路输出的LED+电压,开机瞬间电压为75V,慢慢下降到43V,判断保护电路启动。根据维修经验,当LED背光灯条损坏或接触不良,由于灯管电流发生变化,容易引起保护电路启动。本着先简后繁的原则,检查LED背光灯条连接器,发现一只引脚接触不良。将引脚刮净处理后,故障排除。

例4:开机背光闪一下后黑屏,声音正常。

分析与检修:首先测量VIN和背光供电42V均正常,主板送来的BL-ON和DIM电压也正常,背光闪一下就黑屏,说明LED背光恒流供电电路部分能够瞬间工作,后因电路不正常造成进入保护状态。开机瞬间测试OVP电压高于正常值,显然是过压保护电路动作导致电路停止工作,证明判断正确。检查背光灯连接器接触良好。接下来采用接假负载的方法,判断是升压电路部分引起的过压还是屏内部灯条异常引起电压升高。

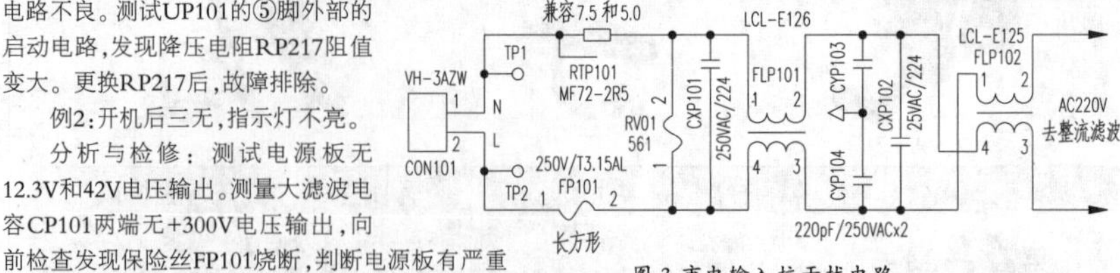

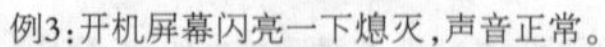
图3 市电输入抗干扰电路

背光灯假负载是LED灯串串联可调电阻。根据背光灯板输出LED电压范围,估算调整假负载LED灯串串联可调电阻值后,接电源板背光灯输出插座后开机,假负载的LED灯串依然是闪亮一下就灭,确定故障在电源板上。接下来对升压电路的过压保护取样部分进行检测,在路测试发现RP422阻值不稳定。更换RP422,通电假负载的LED灯条全部点亮。拆除假负载,电源板装机测试,故障排除。

例5:开机屏幕微闪一下,声音正常。

分析与检修:开机检测U401的①脚VIN供电和为升压电路供电的42V电压均正常。测试二次升压电压,在开机瞬间有上升,随即降为42V,判断为过压保护电路动作。检查背光灯连接器接触良好。采用上例脱板接假负载灯条的方法维修。开机假负载上的灯条亮度正常,测试电压为稳定的75V,断定问题出在屏内LED灯条。小心拆屏后,发现底部灯条挨近插座的第④颗灯珠变黑。因手头无合适的灯条和灯珠更换,考虑只有一颗灯珠损坏并且其所处位置对屏亮度影响不明显,于是应急修理,将第一颗灯珠用导线短接后,接上电源板试机,灯条点亮装机交付使用。 ◇海南 孙德印

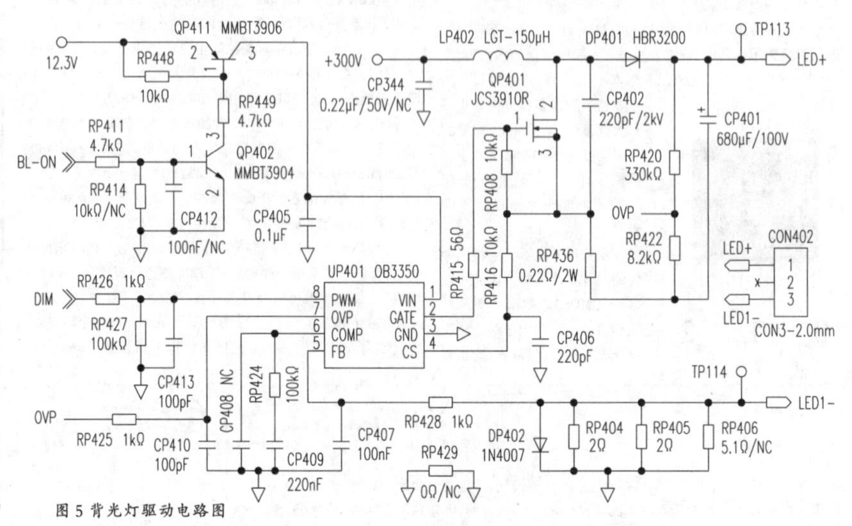

图5 背光灯驱动电路图

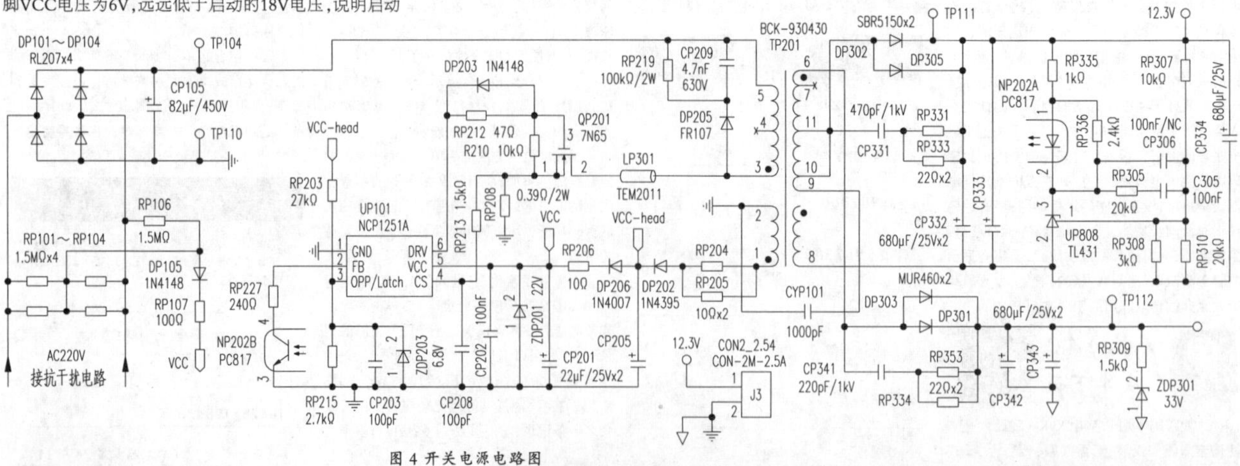

图4 开关电源电路图

Windows 10实用技巧三例

一、完全禁用Windows 10的自动更新服务

默读设置下，Windows 10会自动下载更新进行安装，如果电脑硬件配置不是太高，那么频繁的系统更新可能会给用户的体验带来一些不便。麻烦的是，进入Windows更新的高级选项界面（如图1所示），即使在这里启用了"暂停更新"的服务，但最多只能暂停35天。而且在恢复暂停之后，如果希望再次暂停，那么必须首先获取最新更新，然后才能再次暂停，我们可以通过组策略完全解决这一问题。

在运行框输入"gpedit.msc"进入组策略编辑器界面，依次展开"计算机配置→管理模板→Windows组件→Windows更新→配置自动更新"，双击"配置自动更新"项（如图2所示），在这里设置为"已禁用"，单击"应用"按钮并进行确认，立即就可以生效。以后如果希望启用Windows 10的自动更新服务，可以再次进入组策略编辑器，将"配置自动更新"恢复为"已启用"或"未配置"。

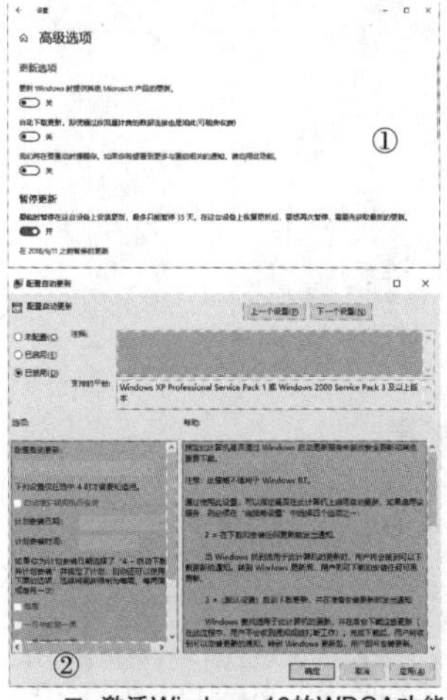

二、激活Windows 10的WDGA功能

从1803版本开始，Windows 10开始针对专业版用户提供名为Windows Defender应用程序防护（WDGA）的功能，可以有效阻止用户或企业不受信任的站点，类似于虚拟沙盒保护，从而保障上网安全。如果你的系统符合这一版本，而且内存在8GB或更高，那么可以按照下面的步骤启用该功能：

打开控制面板，依次选择"程序→程序和功能"，在左侧导航栏选择"启用或关闭Windows功能"，或者在搜索框直接输入"启用或关闭Windows功能"（如图3所示），在这里勾选"Windows Defender应用程序防护"复选框，英文版本名为Windows Defender Application Guard，确认之后关闭对话框，按照提示重新启动系统。

或者，也可以在Windows 10任务栏中单击搜索或Cortana，键入PowerShell，右键单击Windows PowerShell，然后单击选择"以管理员身份运行"，此时Windows PowerShell将使用管理员凭据打开，键入下列命令：

Enable -WindowsOptionalFeature -online -FeatureName Windows-Defender-ApplicationGuard

重启系统，此时Windows 10将安装应用程序防护及其所有基础依赖项。

打开Microsoft Edge，依次选择"菜单→新建应用程序防护窗口"，随后会在Microsoft Edge打开一个受WDGA保护的新窗口，其窗口边缘为醒目的橙色，左上角有醒目的"应用程序保护"图标，用户可以直观地看到当前正处于受保护的状态，在这个窗口进行的所有操作都会被隔离在一个相对独立的安全环境中，即使浏览挂马页面、下载病毒文件，在关闭Microsoft Edge页面之后，所有的操作都被自动清零，不会对主机系统造成影响。

三、解决Windows10家庭版共享打印机的难题

职场用户的Windows 10大部分都是家庭版本，其他版本的系统如果需要添加你共享的打印机，操作层面有一定的难度。其实这里的关键是启用Guest账户，按照下面的操作即可。

第1步：查看用户账户列表

按下"Win+R"组合键，打开命令提示行窗口，运行如下命令查看用户账户：net user

返回的用户列表应该是包含Guest，表示Guest账户是存在的，只是没有被启用而已。

第2步：启用Guest账户

继续输入启用Guest账户的命令：net user guest /active:yes

命令输入之后，我们看到的是图4所示的错误提示，说是"发生系统错误，拒绝访问"。这是由于当前账户的权限不够，需要更换为系统管理员权限，按下"Win+X"组合键，选择"Windows PowerShell(管理员)"，进入之后会看到标题栏上增加了"管理员"的提示信息，继续运行上述命令，此时看到的就是图5所示的"命令成功完成"的提示信息了。

或者也可以在文件资源管理器依次选择"C:indowsystem32md.exe"，右击选择"以管理员身份运行(A)"。

第3步：添加Guest账户

如果这里从控制面板打开"用户账户"工具，仍然不会发现Guest账户。重新打开打印机属性对话框，切换到"安全"选项卡，在"组或用户名"列表下也不会发现Guest的账户名称，请点击"添加"按钮，打开"选择用户或组"，将"Guest"账户添加进来，效果如图6所示。

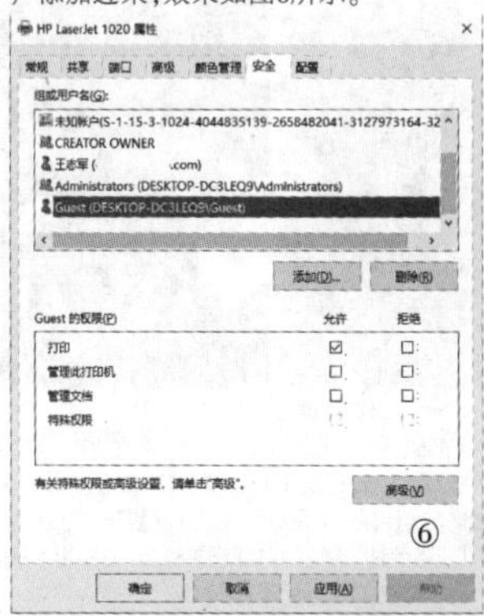

接下来操作就简单多了，重启系统，网络中的其他计算机就可以顺利添加共享打印机了。

◇江苏　王志军

借助Wi_Phone实现双卡双待

苹果的iPhone一直没有提供双卡双待的功能，如果你有这一需求，而且自己的电信号码是上海天翼号段，那么可以借助这个名为"Wi_Phone"的App实现网络电话的功能，Wi_Phone是一个基于WiFi的开源实时语音聊天工具。

首先请通过短信发送"KTWP"到10001，按照提示开通WiPhone服务，然后访问App Store，下载并安装Wi_Phone（如附图所示），按照提示完成注册。登录之后，现在可以将SIM卡换成其他号码的SIM卡，原来的SIM卡可以通过WiPhone这个App接打电话，也可以在飞行模式下拨打电话，短信和验证码都可以正常接收，相当于实现双卡双待功能，当然唯一的要求就是必须使用数据流量，无论是WiFi或4G均可。

如果使用者出国，那么就不需要开通国际漫游，只要换上4G流量卡，就可以正常拨打国内的电话，而且显示的是SIM卡的电话号码。

中国电信　13:27　95%
注册
+86　请输入上海电信手机号码
请输入您的短信验证码　获取验证码
下一步

◇江苏　天地之间有杆秤

汽车音响设备出现故障的原因及处理方法

几乎所有的汽车现在都配备有音响设备，让驾驶员在开车时也能享受到声音带来的信息服务，但是很多车辆的音响设备有时候会出现声音发声障碍，面对车辆的音响设备故障，我们首先应该找到汽车音响出现故障的原因，这样才能更好的解决音响设备的发声问题。

常见的汽车音响故障主要有以下几种：

一、主机故障

1.主机不工作，无任何反应

分析：主机不工作，屏显不亮，可能是电源供电问题或者主机主板烧坏。

1)检查主保险是否安装到位，或者松动；

2)用万用表测量主机是否通电，若没有12V电压到达，往回检查其供电线路。

2.CD读碟慢或卡碟

分析：CD读碟慢可能是光盘花，也可能是激光头有灰尘。

1)换另一张好的光碟试一下，若好说明是碟的问题

2)换碟试以后故障一样，用湿润的棉签拭擦一下激光头，看能否改变，若依旧，则更换光头。

3.CD正常工作，不能收音

分析：CD能正常工作而不能收音，故障多为主机主板上的收音板(高频头)出现问题。

1)拆机，检查高频头的供电线路，看是否有电压；

2)若无，查供电线路，若有可更换高频头。

4、开机之后功放没有激活

1)检查主机控制电源线是否连接至功放；

2)主保险是否装上或烧断；

3)用万用表测量功放控制端是否有电压。

二、功放故障

1.功放容易保护

1)测量超低音喇叭阻抗，是不是过低，是否在功放的承受范围之内；

2)喇叭线正负之间是否有短路；

3)喇叭线是否破坏碰上车壳，是否散热不良。

2.功放异常高温，但没有激活保护

1)检查地线回路；

2)检查信号线接地回路；

3)检查是否高频振荡引起故障。

3.无声，电源已经激活，指示灯亮

1)检查主机的FADER是否在正确位置；

2)检查前级信号连接是否正确；

3)拔开主机的RCA信号线，用手去摸RCA信号头听听看有没有声音，如果有，则问题在主机，如果没有，问题在后段；

4)用万用表测量信号线正负之间，看是否短路，以及信号线是否断路；

5)检查前级和功放的功能设定是否正确。

三、扬声器故障

1.某一声道高音无声

1)先检查分音器的配线是否接通；

2)然后用电表从分音器端去测量有没有声音；

3)可能是错将喇叭线输入端接至低音输出端。

2.噪音大

1)检查RCA信号端子的负端是否接通；

2)如果主机端的RCA信号输出端负端已经断路，可用电表测量，(负端与主机机壳是否接通。

3、音量时大时小

1)先检查功放电源地线与车壳的接点是否松动；

2)再检查前级和后级的输入和输出RCA是否正常；

3)最后看看增益旋钮是否正常。

4、音响左右声道音量不一样

1)首先检查主机平衡钮是否在中间位置；

2）再检查前级输入和输出左右LEVEL控制钮是否一样；

3)功放输入增益旋钮左右声道设定是否一样；

4)如仍无法排除，可将主机信号线左右对调，喇叭位置较小的那一边会不会变大，如果会，表示主机有问题，反之则是后级的问题。

◇江西　谭明裕

熊猫FS—40型落地扇原理与维修实例

笔者在修理多台熊猫牌FS-40型落地扇故障时，发现故障多为电路板异常所致。电路板实物正面如图1所示，电路板背面如图2所示。为了便于故障检修，同时也为了便于以后的维修，于是根据电路板实物画了电路原理图，如图3所示。电路板上无电路符号，图中的元件编号是笔者命名的。

①

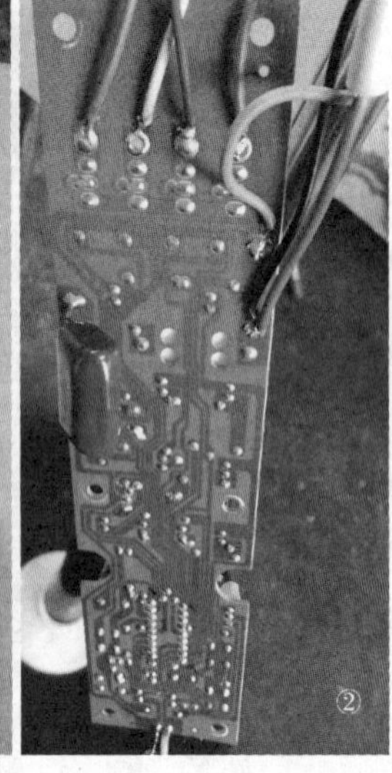

②

一、工作原理

1.5V电源电路

220V市电经R1限流，C1降压，再经D1、D2整流，C2滤波，R3限流后，利用ZD1稳压，在C3两端产生5V直流电压，为控制芯片U1(SN8P2602BPB)等供电。

2.控制芯片的引脚功能

该机的控制芯片为SN8P2602BPB，有18个脚。⑤脚为地，⑭脚5V供电，①脚为高速触发信号输出，②脚为中速触发信号输出，③脚为低速触发信号输出，④脚为遥控信号输入，⑦~⑬脚是微动开关和定时时间指示灯控制信号输入，⑯脚为风扇灯控制输出，⑰脚为峰鸣音频信号输出，⑱脚接摇头控制微动开关。

3.基本原理

当通电时，蜂鸣器发出“嘀”的一声后进入待机状态。此后，可以用遥控器或按面板上的开/关风速键，风扇转起来，此刻是低速挡(1挡)。此时，U1的③脚输出低电平的触发信号，通过限流电阻触发双向可控硅VS3导通，电机得电后运转，风扇低速运转。这时，可以用遥控器或手动选择1、2、3挡风速或定时功能。如果按摇头键，则U1的⑥脚输出低电平触发信号，通过电阻触发双向可控硅VS4导通，摇头电机得电后转动，风扇摇头，实现大角度送风。

二、维修实例

例1.不摇头

分析与检修：按摇头键蜂鸣器响一下，但不摇头，测U1的⑥脚电压为0V，接着测电摇头电机两端交流电压为230V，说明控制部分正常，故障是摇头电机本身或卡死所致。测摇头电机引线两端的阻值为8k左右，说明摇头电机内部塑料齿轮损坏。用一只完全相同的3W永磁同步电机更换后试机，风扇摇头恢复正常，故障排除。

例2.风扇不转

分析与检修：通电蜂鸣器响一下，进入待机状态，按面板上的开/关风速键，蜂鸣器不响，风扇不转。由于没有遥控器，不知道遥控好不好使。

首先，测5V电压正常，按开/关风速键时测U1的⑨脚电压无变化，说明该微动开关不良。用相同的微动开关更换后，运转恢复正常，故障排除。

例3.通电蜂鸣器不响，灯不亮。

分析与检修：测5V电压很低，怀疑5V电源电路异常。检查该电路时，发现降压电容C1已裂开，由于没有1μF/400V无极电容，就用两只0.47μF/400V无极电容并联后代替C1，通电后蜂鸣器响一声，测量5V供电恢复正常，并且所有功能均正常，故障排除。

例4.遥控不起作用，手动好使，确认遥控器正常

分析与检修：测接收头5V供电正常，按遥控器，接收头输出端R电压无波动，说明接收头损坏。更换接收头，试机遥控操作恢复正常，故障排除。

例5.无论哪个挡位，风扇转得都慢，无法使用。

分析与检修：通过故障现象分析，怀疑电机及其运行电容异常。测控制电路正常，测风扇电容正常，代换电容后故障依旧，怀疑风扇电机绕组异常。更换同型号电机后试机，运转正常，故障排除。

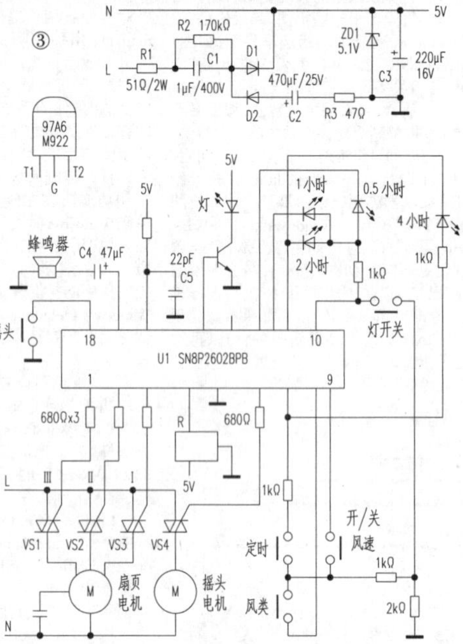

例6.拨到高速3挡就不转，其他两挡正常

分析与检修：通过故障现象分析，说明3挡供电电路或电机的3挡绕组断路异常。首先，测电机没有加上220V交流电压，说明供电电路的确异常。取下双向可控硅VS1测量，未见异常，焊回VS1后，测VS1的栅极G电压为5V，正常应为0V，测U1的①脚始终为5V，说明单片机异常。从一个废板上找一只SN8P2602BPB换上后试机，一切正常，故障排除。

◇吉林　李洪臣

澳柯玛C-21K2电磁炉不启动故障检修1例

故障现象：一台澳柯玛C-21K2型电磁炉插电后，电源开关按钮的红色指示灯亮，按开关钮时机器无任何反应。

分析与检修：因电源指示灯能点亮，说明电磁炉的供电部分基本正常。根据维修经验判断，该故障应该出现在控制面板上。卸开电磁炉机壳，先用指针式万用表的欧姆挡检测开关按钮良好。用电烙铁把控制板上的CPU集成块的各脚重新加焊一遍，故障依旧。仔细察看控制面板和主板上的排线焊点及控制面板上的印刷线路和各元器件的焊点，均无开路和脱焊的。于是，对控制面板上的所有按钮进行了在路检测，未见异常，故障会在哪儿？经过反复考虑，感觉指示灯使用年久也会出现问题，决定在路检测所有的指示灯。当检测到爆炒按键对应的指示灯时，发现阻值明显异常。将该发光二极管焊下，检测其阻值，反向阻值仅为70kΩ，且表针缓慢地向阻值大的方向移动。由于发光二极管几乎被反向击穿，造成严重漏电，影响到CPU的正常工作。换上一只新的发光二极管后开机，故障排除。

【提示】在电磁炉的维修工作中，控制方面出现一些特殊故障时，往往会怀疑CPU出现问题。其实，CPU的工作电压低，很少出现是因为CPU损坏引起，多为外围的元件异常所致。实际维修中，按键漏电较常见，却忽视了检查指示灯。经验证明，如果指示灯的性能变劣，也会产生一些奇怪的故障。

◇青岛　宋国盛

LED射灯发光二极管的更换方法

LED射灯在工厂、舞台、商铺、餐厅、车站、码头……众多领域应用十分广泛，但某只(或某几只)发光二极管损坏(无论开始是短路或断路，最终故障表现均为断路)后，就导致整个灯不亮，弃之可惜。

大家知道，LED射灯发光二极管通常为贴片式(见图1)，并且焊在散热能力极强的铝质基板上，因此用烙铁极难将其焊下(尤其是矩形薄片二极管，连烙铁头加热的地方都找不着)，笔者通过实践，发现采用酒精灯(见图2)加热的方法，能够方便地对LED射灯发光二极管进行更换，现分步介绍给大家。

●拧下灯罩，就可见到安装有LED发光二极管的铝质基板(见图3)。

●用锋利小刀或平头解锥，插入安装有LED发光二极管的铝质基板与散热器基板(见图4)之间的缝隙中，轻轻分离安装有LED发光二极管的铝质基板，并焊下基板上面的红、黑电源引线(焊下基板上的电源引线，是为了方便对装有LED发光二极管的铝质基板进行加热)。

【提示】安装有LED发光二极管的铝质基板与散热器基板是通过导热硅脂，黏合在一起的。

●用万用表R×10k挡(内有15V电池)对安装在铝质基板上的发光二极管逐个进行检测(当万用表黑表笔与二极管正极相连，红表笔与二极管负极相连时，二极管会点亮)，发现不亮的发光二极管可以在旁边做个记号(比如用记号笔打个点或打个X)。

●点燃酒精灯，左手持尖嘴钳，夹住安装有LED发光二极管的铝质基板，将要更换的那只二极管的基板下方部位对准酒精灯外焰，右手持镊子，待用镊子能将损坏的那只二极管推动时，迅速将其取下，同时也移开被加热的铝质基板，将同型号的二极管(可在损坏的同类的LED射灯上取下后备用)放在取下管的原位置。

【注意】管子的正、负极不要搞错，也不需另外再加锡。

●将铝质基板重新放至酒精灯上方加热，并注意加热部位要大致对准更换管所在基板的下方位置，待发现更换管的焊接端有极细小的锡珠冒出时，表示温度已经达到，此时右手持镊子将该管轻轻向下按一下(对于圆形管应将两端的焊脚稍向下方弯曲一下)，以保证焊接质量，然后将基板迅速移开酒精灯即可。

【提示】对于圆形管，在基板迅速移开酒精灯后，按压管子的镊子还要延迟一小段时间，确认焊锡凝固后才能拿开，这是因为这类管的体积较大，冷却的时间相对要长一些。

●将所有要更换的管子按上步操作完毕后，再用万用表将所有管子逐一复查一遍(包括以前是亮的好管)，确认无问题后，再焊接电源引线，通电试灯正常后，最后复原。

顺便提及，找不到酒精灯，也可用燃气灶的火焰代替，只是操作稍有点难度。

◇湖北　王绍华

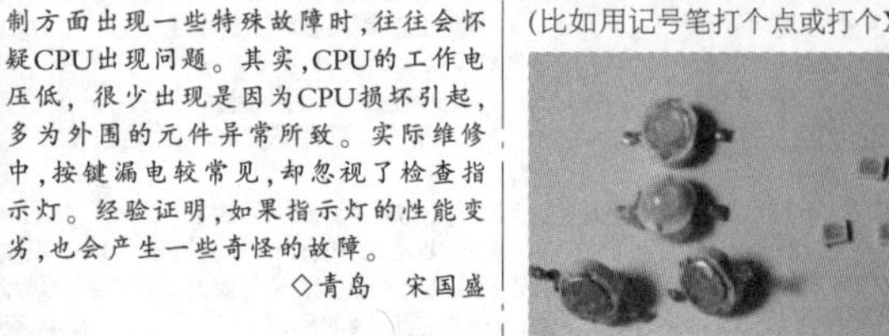

①

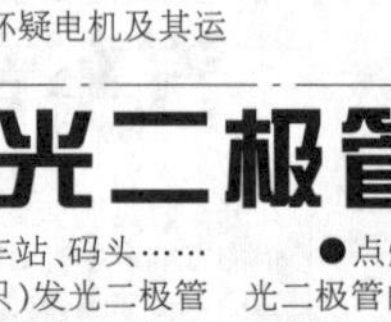

②

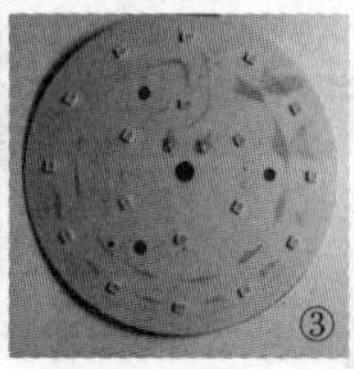

③

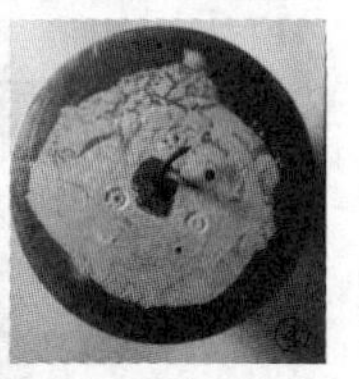

④

无线边缘变革实现5G全部潜能

众所周知,5G将成为一个统一的连接架构,能够利用不同的频谱、满足不同的服务需求、采取不同的部署模式,从而实现万物互联。灵活的设计将使5G成为一个创新平台,这一平台不仅能够服务于尚未出现的服务,同时能够满足未来十年甚至更久之后日益扩展的连接需求。随着5G在全球的普及,未来的创新将无处不在,也不再局限于少数科技中心。然而,仅凭"连接"难以实现5G的全部潜能,我们需要为终端本身赋予新功能。Qualcomm Technologies, Inc.工程技术高级副总裁、4G/5G业务总经理马德嘉的署名博客释义了无线边缘发挥5G潜能的分析。

将智能分布至终端,推动无线边缘变革

目前全球已有数十亿的联网终端,而且我们迟早会迎来具有数万亿连接的世界。从能够识别物体的高清摄像头,到简单测量温度的传感器,海量终端将彼此互连并感知周围环境。要将其产生的海量数据全部传给一个中心实体(即云)进行处理和管理,并非易事。

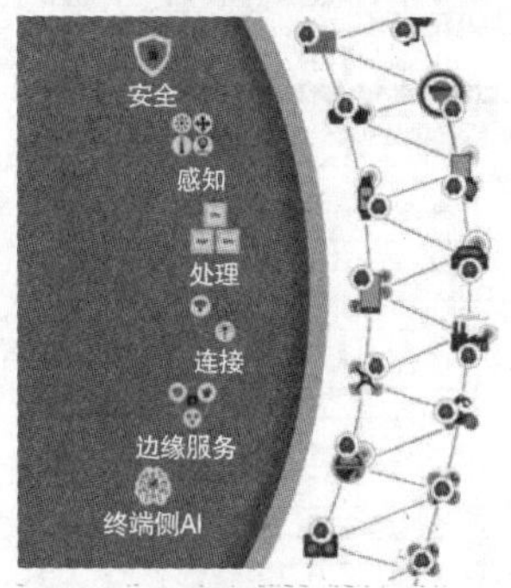

为了解决海量数据带来的挑战、以及应对隐私和安全隐患,我们需要将现有模式转变为去中心化模式。在新模式下,并非只有集中式的云具备智能,智能会分布到构成无线边缘的海量终端上。这就需要智能手机、汽车、传感器和其他联网终端具备内置的智能化,这样它们才能够独立地理解、推理并采取行动,处理低熵数据并且仅在必要时向云传回相关内容。将智能分布至终端可以创造更高的社会效益,例如:驾驶变得更加安全、智能虚拟助理提供更加个性化的服务、人们获得更极致的拍照体验和更高的安全性、摄像头有效保护隐私、医疗服务更加互联便捷、机器人提供更好的交互体验。

Qualcomm Technologies已提供必要技术,支持无线边缘变革。

Qualcomm领先技术,引领无线边缘变革

从低功耗处理和感知功能,到安全解决方案和连接技术——Qualcomm Technologies已拥有进行无线边缘变革以及规模化高效运行终端侧人工智能所需的技术。

值得关注的是,Qualcomm已从当今面向无线边缘的连接架构(LTE Advanced Pro、Wi-Fi和蓝牙)开始,推动终端侧AI的普及。终端侧AI的优势包括:

o 隐私性——敏感数据无需离开终端,保障隐私
o 即时性——无需云端协助,实时处理
o 个性化——终端侧个性化学习,增强体验
o 高效率——终端侧处理原始数据,提高效率

基于其移动生态系统领导力,Qualcomm能够通过搭载骁龙移动平台的终端,规模化地提供高能效、高集成的终端侧解决方案,为消费者带来更多益处。目前,Qualcomm物联网解决方案已融合其在连接和终端侧处理的优势,例如,Qualcomm视觉智能平台利用面向计算机视觉的先进AI技术,帮助确保摄像头仅向云端发送相关的信息和通知,而不是发送所有未经处理的原始视频。

借助无线边缘,尽释5G潜能

有了分布式智能,我们还需要让内容、控制和增强处理能力更靠近终端,更靠近边缘云。分布式智能要尽可能地靠近终端和用户,从而满足对低时延的要求。同时,分布式智能可以根据具体用例、经济效益以及性能上的权衡,分布至网络更深处,在提供对时延不敏感的服务时靠近边缘云。

无线边缘掀起的变革已经开始,并带来了巨大的社会效益。随着5G发展壮大并建立起统一的连接架构,新功能将应运而生。可预见的是,这将进一步增强超高清视频流传输等服务,在汽车和工业物联网等行业掀起变革,并将借助5G分布式功能创造在扩展现实(XR)等领域的全新体验。

虽然集中式的云在大数据训练以及支持时延不敏感的内容和存储中发挥着重要作用,但是AI执行将越来越多运行在无线边缘的高能效终端上。Qualcomm计划通过个性化学习等应用,让终端逐渐具备训练的能力,这也是Qualcomm AI研究的关键领域之一。

Qualcomm Technologies, Inc. 工程技术高级副总裁、4G/5G业务总经理马德嘉表示:"Qualcomm Technologies正引领无线边缘变革,让终端本身具备最佳功能;我们也与生态系统紧密协作,增强现有服务,变革行业,创造全新体验。"

强大的"5G+智能"组合将变革行业

无论是自动驾驶,还是配备先进驾驶辅助系统传感器的智能汽车,汽车是展现终端侧智能重要性的绝佳例子。在驾驶环境中,汽车或驾驶员必须实时处理数据,而不是依赖云端。

随着5G增强型移动宽带(eMBB)为车内信息娱乐和车载信息处理提供更大的数据容量,5G蜂窝车联网(C-V2X)将成为超视距传感器。它能够对现有视距传感器(例如雷达和计算机视觉)进行补充,让汽车彼此直接通信并支持时延敏感型安全用例,例如警告驾驶员转角盲区有汽车或自行车靠近,或向驾驶员提供交通信号灯状态信息。此外,5G C-V2X正在为自动驾驶汽车的演进提供重要支持,例如帮助驾驶者与其他汽车共享驾驶意图和信息,从而带来更高效且更安全的交通。

同样,"5G+智能"将驱动制造业的变革。有了基于5G的工业物联网,在时延约1毫秒的超可靠链路上控制关键设备成为可能。这需要在无线边缘通过定制化的本地网络进行本地控制,即支持更高的设备可重构性和灵活性,以满足不断变化的制造需求。工厂终端设备将需要不同形式的5G连接,从低复杂性的传感器,到能够在头显设备屏幕上显示出机器维修保养信息的面向工业XR的极致移动宽带。这就需要借助5G利用多根能够协调彼此信号发射的天线实现这一点。

通过5G实现分布式功能,全新用例将丰富我们的生活

Qualcomm Technologies致力于在5G时代继续提供最佳终端侧功能,同时通过5G分布式功能,不断推动增强型服务或新服务的探索。此类新服务的一个用例便是未来的XR,到那时XR终端侧的功能可通过边缘云(计算、存储、渲染和内容等)得到增强并支持5G连接。

通过5G实现分布式功能的新时代,终端侧功能将被增强。

移动XR在任何地方都能提供最佳沉浸式体验,目前我们正借助终端侧低功耗处理实现这一目标。5G具备高速、低时延、超可靠的链路,如果我们能够利用这一特性,充分发挥边缘云的功能在XR终端上进行渲染,那么我们能够增强终端侧的处理能力,创造逼真体验。值得注意的是,为了避免用户不适,我们必须限制终端上的时延,使其低于20毫秒。例如,XR眼镜中投射的图像必须与用户实际动作同步。

5G商用在即,前景可期

Qualcomm一直致力于推动全球5G NR商用智能手机的发布,2019年将是令人兴奋的一年。同时,我们正努力实现更广泛的5G愿景,以推动生态系统的演进与扩展、以及行业变革。

◇四川科技职业学院　邹艺萌　苟顺德

新思科技成获TSMC 5nm EUV工艺技术认证

新思科技(Synopsys)近日宣布,新思科技数字和定制设计平台通过了TSMC最先进的5nm EUV工艺技术认证。该认证是多年广泛合作的结果,旨在提供更优化的设计解决方案,加快下一代设计的发展进程。

Design Compiler Graphical综合工具经过了严格的5nm启用验证,并证明了与IC Compiler? II布局布线工具在时序、面积、功耗和布线拥塞方面的相关一致性。Design Compiler Graphical 5nm创新技术可以实现最佳性能、最低功耗和最优面积,这些新技术包括过孔支柱优化、多位库和引脚接入优化。

IC Compiler II的增强功能是满足设计密度要求的关键。在优化过程中可内在地处理复杂的、多变量以及二维的单元布局,同时最大限度提高下游可布线性以及整体的设计收敛。

新思科技PrimeTime时序分析和signoff解决方案中的POCV分析已得到增强,能够准确地捕获由于工艺缩放和通常用于实现能源效率而采用的低电压操作导致的非线性变化。此外,PrimeTime物理感知ECO已扩展到能够支持更复杂的版图规则,以改善拥塞、布局和引脚接入感知。

新思科技设计平台相关技术文件、库和寄生参数数据可以从TSMC获得,并用于5nm工艺技术。通过TSMC 5nm FinFET工艺认证的新思科技设计平台的关键工具和功能包括:

IC Compiler II布局和布线:全自动、全着色布线和提取支持,新一代布局及布局合法化技术能够进一步减少单元占用空间,以及面向高设计利用率的先进布局合法化技术和引脚接入建模。

PrimeTime时序signoff:针对低电压和增强型ECO技术的先进片上变异建模,支持新的物理设计规则。

PrimeTime PX功耗分析:先进的功耗建模,可准确分析超高密度标准单元设计的漏电影响。

StarRC提取signoff:先进的建模以处理5nm器件的复杂性,以及一套通用技术文件用于保证从逻辑综合到布局布线到signoff的寄生参数提取一致性。

IC Validator物理signoff:原生开发的合格DRC、LVS和金属填充运行集,与TSMC设计规则同时发布。

HSPICE、CustomSim和FineSim仿真解决方案:支持Monte Carlo的FinFET器件建模,以及精确的电路仿真结果,用于模拟、逻辑、高频和SRAM设计。

CustomSim可靠性分析:针对5nm EM规则的精确动态晶体管级IR/EM分析。

Custom Compiler定制设计:支持全新5nm设计规则、着色流程、多晶硅通道区域以及新的MEOL连接要求。

NanoTime定制设计时序分析:针对5nm器件的运行时间和内存优化,FinFET堆的POCV分析,以及面向定制逻辑、宏单元和嵌入式SRAM的增强型信号完整性分析。

ESP-CV定制设计功能验证:面向SRAM、宏单元和库单元设计的晶体管级符号等价性检查。　◇四川　周豪

PLC控制程序状态转换法编程及其应用(下)

(紧接上期本版)

图7

4.4 应用程序设计

PLC输入点X17~X10和X07X06的状态存分别放在数据寄存器D11和D10中，输出点Y15~Y12、Y11~Y06和Y05~Y02的状态信息分别存放在数据寄存器D20、D21和D22中。将输入点的状态作为输出点状态的转换条件，并考虑输入点或输出点状态对内部虚拟元件的触发，从而改变输出点或输入点状态的影响，这样就可以方便地编制出正反转星角切换起动梯形图。据图7所示检修方式星角起动状态转换图，检修方式的部分梯形图如图8所示。

图8 检修方式梯形图

4.5 实验验证

实验仅进行功能性验证，图6(a)的一次线没有连接，只对图6(b)所示的二次电路进行实验验证。按照图6(b)所示扶梯曳引机PLC控制电路图进行接线。并将图8所示程序下载到PLC中。实验验证，PLC输出各点动作正确、可靠，符合设计要求。通过在线监控PLC的程序状态，在检修方式下的监控界面如图9所示。

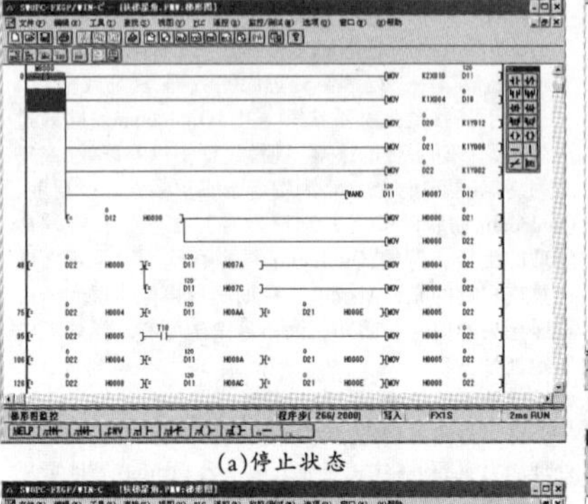

(a)停止状态

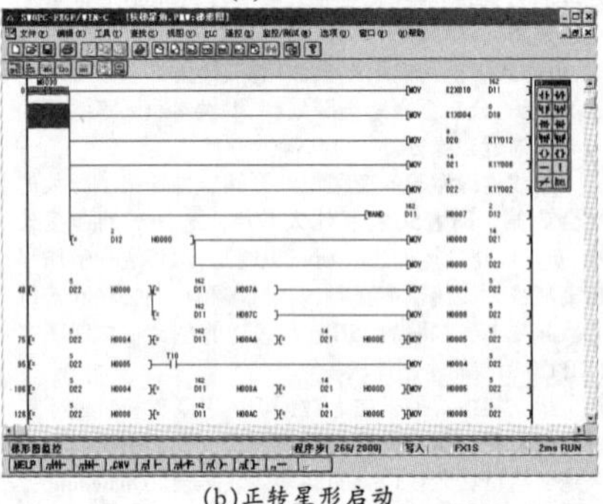

(b)正转星形启动

(c)星角切换

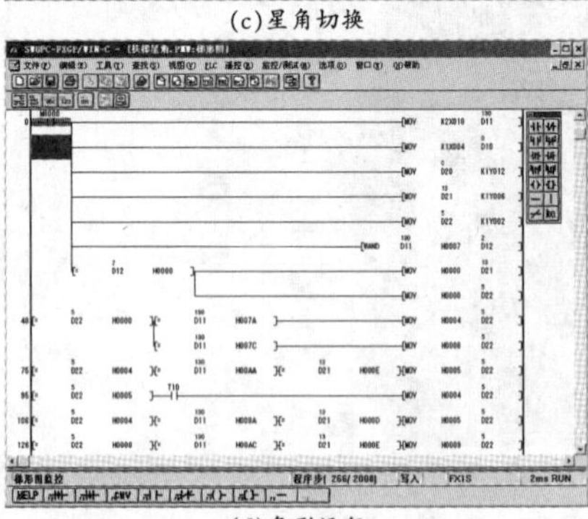

(d)角形运行

图9 状态法启动监控界面

根据PLC输入状态、内部资源的状态与输出状态的对应关系来编制应用程序，这里称之为状态法。这种方法有别于传统的做法，本文将该方法应用于自动扶梯或自动人行道曳引机Y-Δ降压启动控制中，实验证明是可行的。按状态转换法编制的控制程序，程序段之间没有先后的次序关系，更适合于结构化、模块化编程。该方法的引入，确使编程者对控制系统电路的依赖性大大地降低了。只要对控制系统的控制功能要求分析充分，一定能编制出简单可靠、结构清晰的控制程序。

◇江苏 陈洁

OCL大功率功放制作

本制作为典型的OCL电路，电路采用直接耦合方式，低频响应好；输入级采用差分放大，噪音很小；输出级采用了达林顿复合管，增益高、功率大、失真小；本电路特别适用于制作家用功放及有源音箱的功放电路，效果很好。

OCL大功率功放为双声道，两声道电路原理完全一样，以右(R)声道为例，电路中Q1、Q3为差分放大输入级，Q5是激励级，Q7和Q11、Q9和Q13组成复合互补输出级，输出信号从Q11发射和Q13集电极取出，输出的音频信号可以直接推动扬声器发出洪亮的声音。本电路还增加了R23、R24、C11、C13，用于降低静态噪音。

OCL大功率功放制作所用的变压器为中心抽头的双电源变压器，初级电压为AC220V，次级为两组AC12~18V，功率为8~100W。可根据需要决定，小功率采用8W即可。

输出功率：Po=20瓦+20瓦 (RL=8欧)，Po=30瓦+30瓦(RL=4欧)

输出抗阻：4—8欧(建议扬声器采用8欧/30–60瓦)

◇浙江 华忠

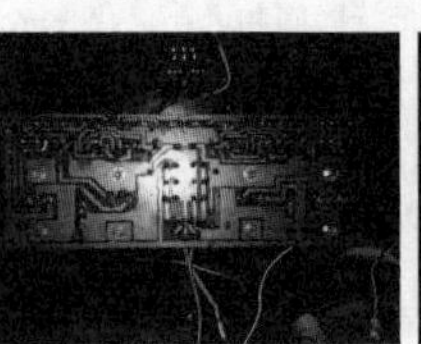

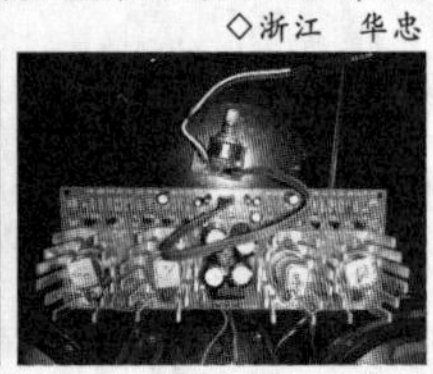

安装顺序	位号	名称	规格	数量
1	R1、R2、R15、R16、R19、R20	电阻	220	6
	R3、R4、R7、R8、R11、R12、R27	电阻	33K	7
	R5、R6、R13、R14	电阻	4K7	4
	R9、R10	电阻	470	2
	R17、R18、R21、R22、R23、R24、R25、26	电阻	22	8
	D1、D2、D3、D4	二极管	1N4148	4
2	LED1	发光二极管	5mm 红色	1
3	X1、X2	接线座	2P	2
	X4	接线座	3P	1
4	X3	排针	3P	1
5	C5、C6、C7、C8	瓷片电容	101	4
	C9、C10、C19、C20	独石电容	104	4
	C1、C2	电解电容	10uF/25V	2
	C3、C4	电解电容	47uF/25V	2
6	C11、C12、C13、C14	电解电容	100uF/35V	4
7	Q1、Q2、Q3、Q4、Q7、Q8	三极管	9014	6
	Q5、Q6、Q9、Q10	三极管	9012	4
8	U	整流桥	KBL400	1
9	C15、C16、C17、C18	电解电容	2200uF/35V	4
10	Q11、Q12、Q13、Q14	大功率三极管	3DD15D	4
		配套散热片		4
		螺丝	M3*10	8
		螺帽	3mm	8
		PCB 板	70x190mm	1

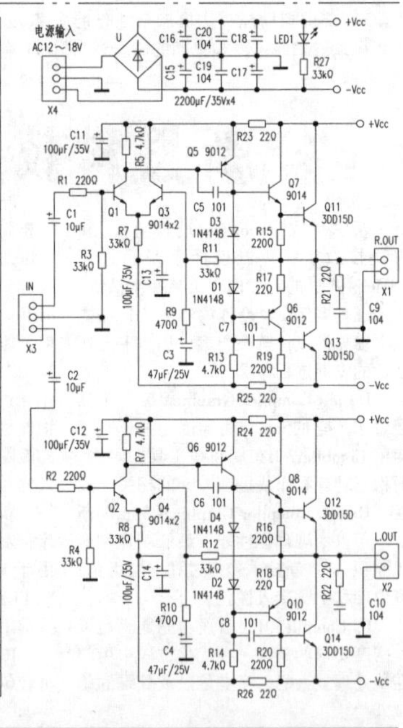

一例电气调试故障处理与故障时信号灯电压高于电源电压分析

在企业现场调试一个电控箱，试验时，6个接触器都能正常吸合、释放；运行指示灯也能正常发光。这个电控箱有6个接触器，其中4个CJX1—22，2个CJX1—32B。电控箱操作电源电压为AC220V。该电控箱先用第1路，其余5路暂时不用。第1、6路接触器（KM1、KM6）型号为CJX1—32B。第1路带1台11kW变频器，变频器再带1台7.5kW皮带机电机。7.5kW电机试运行几分钟后停机。打开电控箱门，发现接触器KM1线圈冒烟。察看KM1线圈电压为AC220V。KM6线圈电压也是AC220V，其余为AC380V。决定在线路上改接使KM1、KM6的操作电源为AC220V。

KM1、KM6部分的电气控制电路如图1所示。这是一个带热继电器过载保护、由按钮启停的控制电路。改接分两步进行：第一步先改KM1、KM6接线，使之供电电压为AC220V；第二步再改信号灯供电电压。接触器改接做法如下：如图1所示，把热继电器FR1与FR2常闭触点的2号线共接在一起，再接中性线N。接好后，KM6分合正常，改接可正常工作。KM1接触器按启动按钮可吸，但不能自保，松开按钮即跳。判断接在启动按钮常开触点两端的KM1接触器常开触点有问题。把启动按钮的常开触点用导线短接，让KM1吸合，再测KM1已用的常开触点。触点不通，应是AC220V线圈通AC380V电时，大电流将其烧坏。换接KM1的一对常开触点，拆了启动按钮短接导线，KM1能正常分合。

在KM1、KM6供电改AC220V，而信号灯供电暂时还未改接之前，无论KM1、KM6是否吸合，信号灯HG1与HG6都亮。为什么KM1、KM6未吸合，HG1与HG6也会亮呢？为了便于分析信号灯亮的原因，画出KM1、KM6供电AC220V，HG1与HG6供电AC380V的部分电路图如图2所示。从图2可以看出：在KM1或KM6吸合情况下，HG1或HG6供电电压为AC380V。在KM1或KM6未吸合情况下，HG1或HG6串联各自对应的接触器线圈的供电电压为AC220V。信号灯型号为LD11—380V，为阻容降压LED式信号灯。该类型的信号灯点亮电压低，所以KM1或KM6吸合时仍可亮。

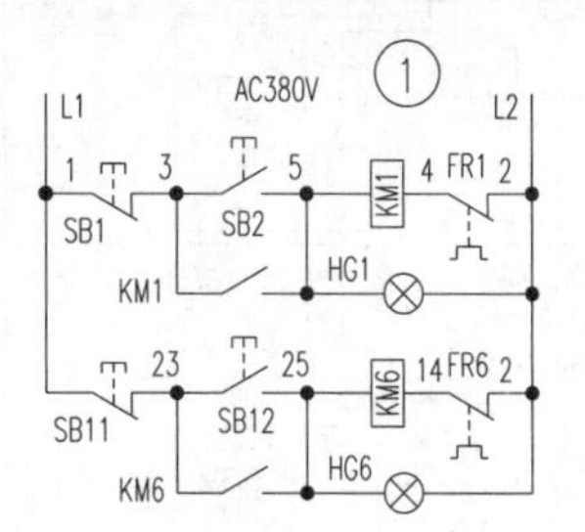

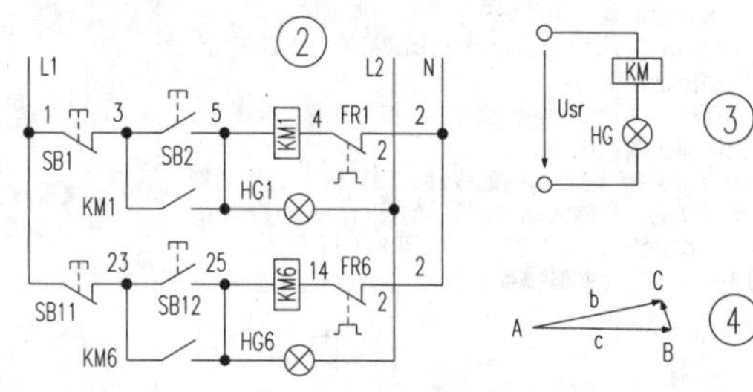

为搞清信号灯LD11–380V与接触器CJX1—32B(线圈电压AC220V串联在AC380供电电压下的电压承受值，笔者做了一个试验，试验电路如图3所示。用DT890数字万用表测得的试验相关数据如下：供电电压429V，信号灯HG两端的电压434V，接触器KM两端电压12V。对接触器KM线圈、信号灯HG负载性质判断：KM线圈是R、L串联负载，HG是R、C串联负载。电源电压、接触器线圈电压、信号灯电压的矢量组成一个封闭的电压矢量三角形。这个封闭的电压矢量三角形的示意图，如图4所示。在ΔABC中，a代表接触器线圈电压，b代表电源电压，c代表信号灯电压，即a=12v，b=429v，c=434v。根据三角函数的余弦定理，可求出ΔABC各内角的角度。

$$\cos A=\frac{b^2+c^2-a^2}{2bc}=\frac{429^2+434^2-12^2}{2\times429\times434}=0.9997$$

$$A=\cos^{-1}0.9997=1.40^0$$

$$\cos B=\frac{a^2+c^2-b^2}{2\times a\times c}=\frac{12^2+434^2-429^2}{2\times12\times434}=0.0441$$

$$B=\cos^{-1}0.0441=87.5^0$$

$$\cos C=\frac{a^2+b^2-c^2}{2\times a\times b}=\frac{12^2+429^2-434^2}{2\times12\times429}=-0.4191$$

$$C=\cos^{-1}(-0.4191)=180^0-65.2^0=114.8^0$$

从计算结果可以看出来：接触器KM线圈电压超前电源电压114.8⁰，信号灯HG电压滞后电源电压1.40⁰。信号灯上的电压高于电源电压5V是LC移相所致。假设电源电压为$u_{sr}=\sqrt{2}\,429\sin\omega t$，则信号灯电压为$u_{HG}=\sqrt{2}\,434\sin(\omega t-1.40^0)$，接触器线圈电压为$u_{KM}=\sin(\omega t+114.8^0)$。

◇江西　陶波

阳极升降回路的改造

2008年电解铝企业中阳极升降操作故障中发生的一起事故。阳极升降操作是一件较为繁锁的事，接触器、热继电器、空气开关、按钮及控制回路、主回路和电动机组成一完整单元。一名"电解"工升降阳极点动操作时，发现只会上升不能降低，点动下降也无反应。于是请电工检查并修理，电工动了动接线说修好了，让电解工操作可是操作升降按钮还是只升不降，未操作上升按钮阳极却不停地上升。这时电工按下急停按钮也没反应，突然一声巨响伴随火光电解系列铝母线开路。调度立即下令急停电解系列供电，经过4小时抢修并将故障槽隔离后恢复送电。这次事故导致经济损失巨大达千万元以上。阳极升降工作原理图1。

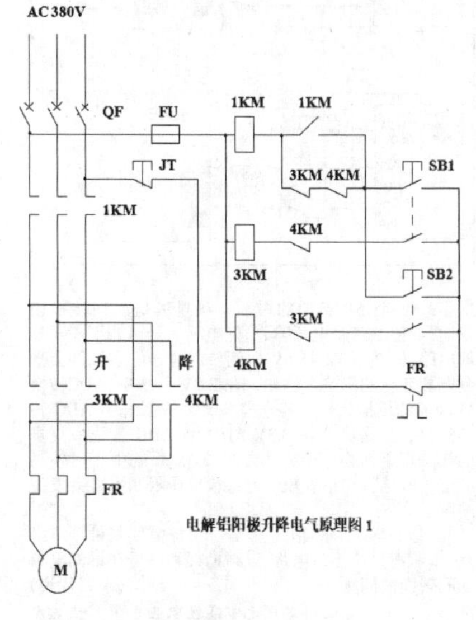

电解铝阳极升降电气原理图1

当需要阳极上升时点动按下SB1按钮，接触器1KM通过3KM和4KM接触器常闭点、SB1按钮、通过FR热继电器常闭点再通过JT急停按钮常闭点形成回路，1KM得电吸合并自锁(1KM常开接点闭合)同时3KM通过4KM常闭点、点动按钮和通过FR热继电器常闭点再通过JT急停按钮常闭点形成回路，3KM得电吸合、阳极上升。同理按下SB2阳极下降按钮接触器1KM通过3KM和4KM接触器常闭点、SB2按钮、通过FR热继电器常闭点再通过JT急停按钮常闭点形成回路，1KM得电吸合并自锁(1KM常开接点闭合)同时4KM通过3KM常闭点和SB2点动按钮、通过FR热继电器常闭点再通过JT急停按钮常闭点形成回路，4KM得电吸合、阳极下降操作、阳极降低。正常工作还有限位开关，防止操作人员不停按上升或下降按钮发生事故，本图未画上升和下降限位开关，只画点动(人工手动操作回路)，也未画自动控制回路。导致此次事故的主要原因是主接触器KM1和上升接触器KM3粘连导致此次事故的发生。

改造后如图2，在主回路串入2KM接触器，这样可以避免在发生阳极上升3KM和1KM接触器同时粘连发生事故，确保在发生故障时至少有一接触器不粘连，按下JT急停按钮可靠断开控制回路避免此类事故再次发生。在以后公司大力提倡小改小革，群策群力，不断完善，提高安全可靠性同时保障人员设备安全，小发明大收益。

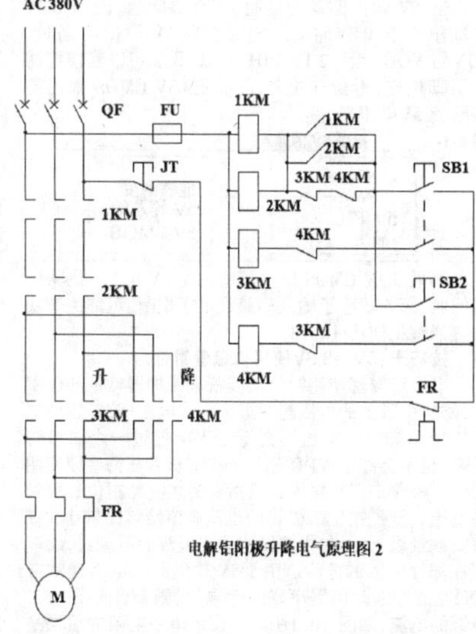

电解铝阳极升降电气原理图2

◇山西　韩伟

单片机5V转3.3V电平的电路汇集(二)

(紧接上期本版)

技巧八:3.3V→5V使用电压比较器

比较器的基本工作如下:

·反相(-)输入电压大于同相(+)输入电压时,比较器输出切换到Vss。

·同相(+)输入端电压大于反相(-)输入电压时,比较器输出为高电平。

为了保持3.3V输出的极性,3.3V输出必须连接到比较器的同相输入端。比较器的反相输入连接到由R1和R2确定的参考电压处,如图8-1所示。

图8-1: 比较器转换器

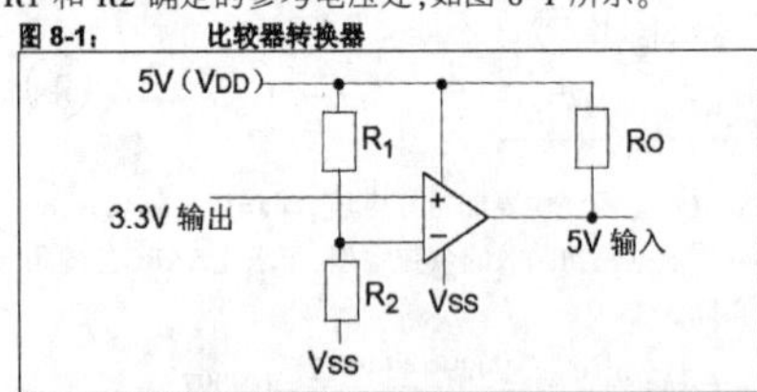

计算R1和R2

R1和R2之比取决于输入信号的逻辑电平。对于3.3V输出,反相电压应该置于VOL与VOH之间的中点电压。对于LVCMOS输出,中点电压为:

$$1.75V=\frac{(3.0V+0.5V)}{2}$$

如果R1和R2的逻辑电平关系如下,

$$R_1=R_2\left(\frac{5V}{1.75V}-1\right)$$

若R2取值为1K,则R1为1.8K。

经过适当连接后的运算放大器可以用作比较器,以将3.3V输入信号转换为5V输出信号。这是利用了比较器的特性,即:根据"反相"输入与"同相"输入之间的压差幅值,比较器迫使输出为高(VDD)或低(Vss)电平。

注:要使运算放大器在5V供电下正常工作,输出必须具有轨到轨驱动能力。

图8-2: 运算放大器用作比较器

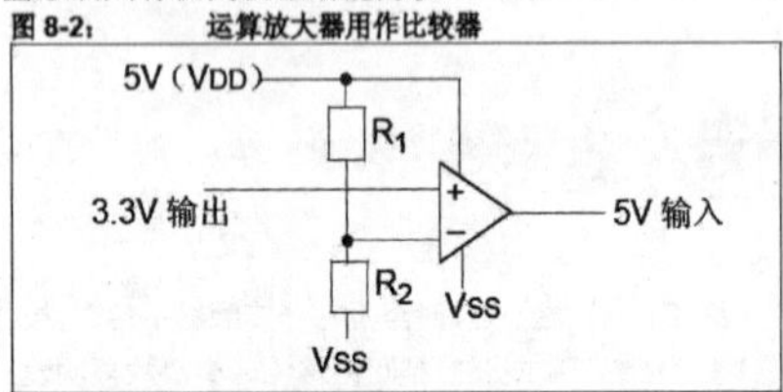

技巧九:5V→3.3V直接连接

通常5V输出的VOH为4.7V,VOL为0.4V;而通常3.3V LVCMOS输入的VIH为0.7 x VDD,VIL为0.2 x VDD。

当5V输出驱动为低时,不会有问题,因为0.4V的输出小于0.8V的输入阈值。当5V输出为高时,4.7V的VOH大于2.1V VIH,所以,我们可以直接把两个引脚相连,不会有冲突,前提是3.3V CMOS输出能够耐受5V电压。

图9-1: 耐受5V的输入

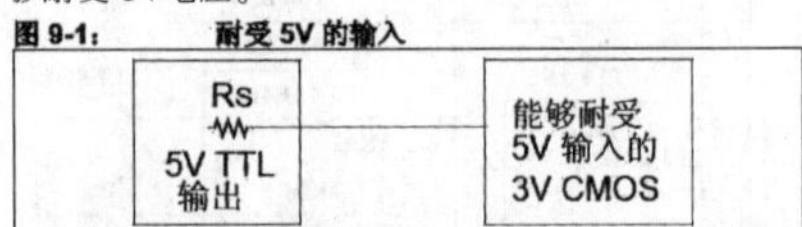

如果3.3V CMOS输入不能耐受5V电压,则将出现问题,因为超出了输入的最大电压规范。可能的解决方案请参见技巧10-13。

技巧十:5V→3.3V使用二极管钳位

很多厂商都使用钳位二极管来保护器件的I/O引脚,防止引脚上的电压超过最大允许电压规范。钳位二极管使引脚上的电压不会低于Vss超过一个二极管压降,也不会高于VDD超过一个二极管压降。要使用钳位二极管来保护输入,仍然要关注流经钳位二极管的电流。流经钳位二极管的电流应该始终比较小(在微安数量级上)。如果流经钳位二极管的电流过大,就存在部件闭锁的危险。由于5V输出的源电阻通常在10Ω左右,因此仍需串联一个电阻,限制流经钳位二极管的电流,如图10-1所示。使用串联电阻的后果是降低了输入开关的速度,因为引脚(CL)上构成了RC时间常数。

图10-1: 输入上的钳位二极管

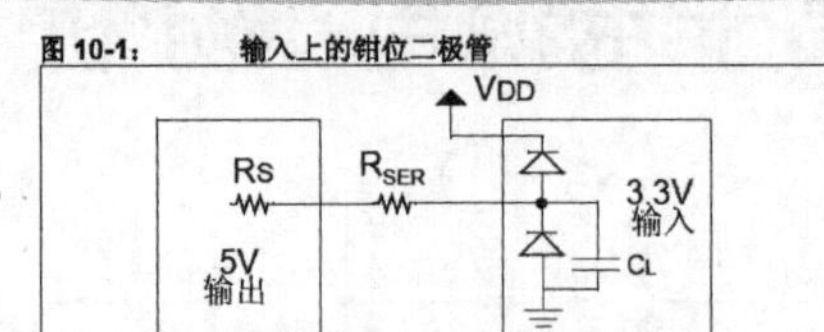

如果没有钳位二极管,可以在电流中添加一个外部二极管,如图10-2所示。

图10-2: 无钳位二极管

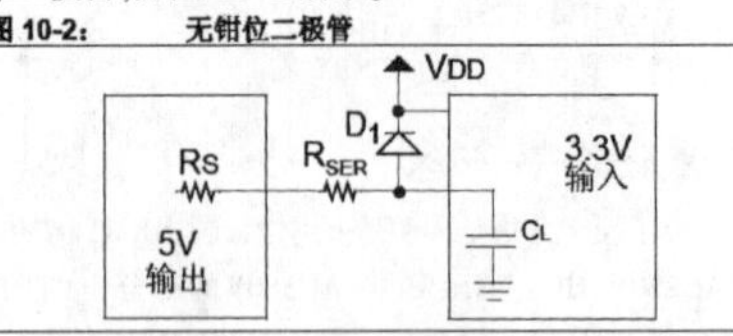

技巧十:—5V→3.3V有源钳位

使用二极管钳位有一个问题,即它将向3.3V电源注入电流。在具有高电流5V输出且轻载3.3V电源轨的设计中,这种电流注入可能会使3.3V电源电压超过3.3V。为了避免这个问题,可以用一个三极管来替代,三极管使过量的输出驱动电流流向地,而不是3.3V电源。设计的电路如图11-1所示。

图11-1: 晶体管钳位

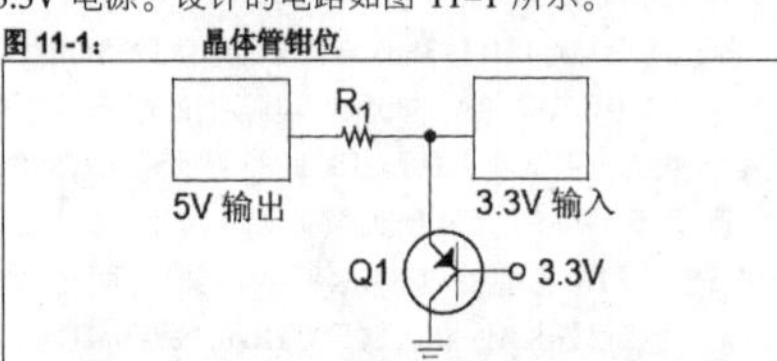

Q1的基极-发射极结所起的作用与二极管钳位电路中的二极管相同。区别在于,发射极电流只有百分之几流出基极进入3.3V轨,绝大部分电流都流向集电极,再从集电极无害地流入地。基极电流与集电极电流之比,由晶体管的电流增益决定,通常为10-400,取决于所使用的晶体管。

技巧十二:5V→3.3V电阻分压器

可以使用简单的电阻分压器将5V器件的输出降低到适用于3.3V器件输入的电平。这种接口的等效电路如图12-1所示。

图12-1: 阻性接口等效电路

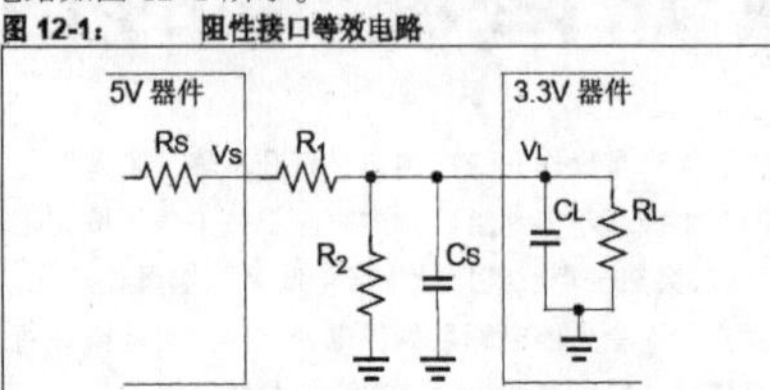

通常,源电阻RS非常小(小于10Ω),如果选择的R1远大于RS的话,那么可以忽略RS对R1的影响。在接收端,负载电阻RL非常大(大于500 kΩ),如果选择的R2远小于RL的话,那么可以忽略RL对R2的影响。

在功耗和瞬态时间之间存在取舍权衡。为了使接口电流的功耗需求最小,串联电阻R1和R2应尽可能大。但是,负载电容(由杂散电容CS和3.3V器件的输入电容CL合成)可能会对输入信号的上升和下降时间产生不利影响。如果R1和R2过大,上升和下降时间可能会过长而无法接受。

如果忽略RS和RL的影响,则确定R1和R2的式子由下面的公式12-1给出。

公式12-1: 分压器值

$$\frac{V_S}{R1+R2}=\frac{V_L}{R2}\quad ;\text{通用关系式}$$

$$R1=\frac{(V_S-V_L)\cdot R2}{V_L}\quad ;\text{求解}R_1$$

$$R1=0.515\cdot R2\quad ;\text{代入电压值}$$

公式12-2给出了确定上升和下降时间的公式。为便于电路分析,使用戴维宁等效计算来确定外加电压VA和串联电阻R。戴维宁等效计算定义为开路电压除以短路电流。根据公式12-2所施加的限制,对于图12-1所示电路,确定的戴维宁等效电阻R应为0.66*R1,戴维宁等效电压VA应为0.66*VS。

公式12-2: 上升/下降时间

$$t=-\left[R\cdot C\cdot \ln\left(\frac{V_F-V_A}{V_I-V_A}\right)\right]$$

其中:

t = 上升或下降时间

R = 0.66*R_1

C = Cs+CL

VI = C上电压的初值(VL)

VF = C上电压的终值(VL)

VA = 外加电压(0.66*Vs)

例如,假设有下列条件存在:

·杂散电容 = 30 pF

·负载电容 = 5 pF

·从0.3V至3V的最大上升时间 ≤ 1 μs

·外加源电压 Vs = 5V

确定最大电阻的计算如公式12-3所示。

公式12-3: 计算示例

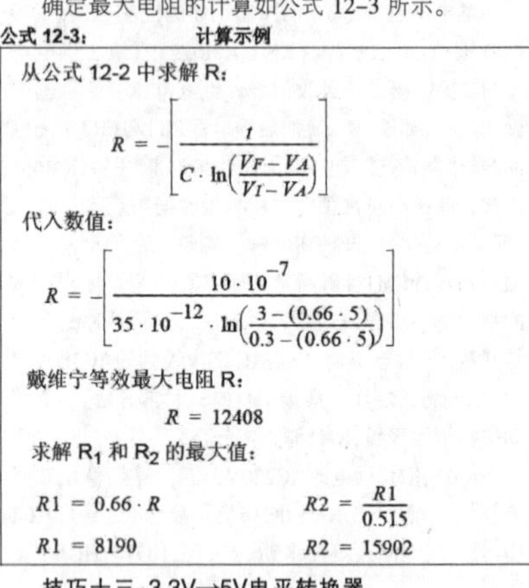

从公式12-2中求解R:

$$R=-\left[\frac{t}{C\cdot\ln\left(\frac{V_F-V_A}{V_I-V_A}\right)}\right]$$

代入数值:

$$R=-\left[\frac{10\cdot 10^{-7}}{35\cdot 10^{-12}\cdot\ln\left(\frac{3-(0.66\cdot 5)}{0.3-(0.66\cdot 5)}\right)}\right]$$

戴维宁等效最大电阻R:

$$R=12408$$

求解R_1和R_2的最大值:

$$R1=0.66\cdot R\qquad R2=\frac{R1}{0.515}$$

$$R1=8190\qquad R2=15902$$

技巧十三:3.3V→5V电平转换器

尽管电平转换可以分立地进行,但通常使用集成解决方案较受欢迎。电平转换器的使用范围比较广泛:有单向和双向配置、不同的电压转换和不同的速度,供用户选择最佳的解决方案。

器件之间的板级通讯(例如,MCU至外设)通过SPI或I2C™来进行,这是最常见的。对于SPI,使用单向电平转换器比较合适;对于I²C,就需要使用双向解决方案。下面的图13-1显示了这两种解决方案。

图13-1: 电平转换器

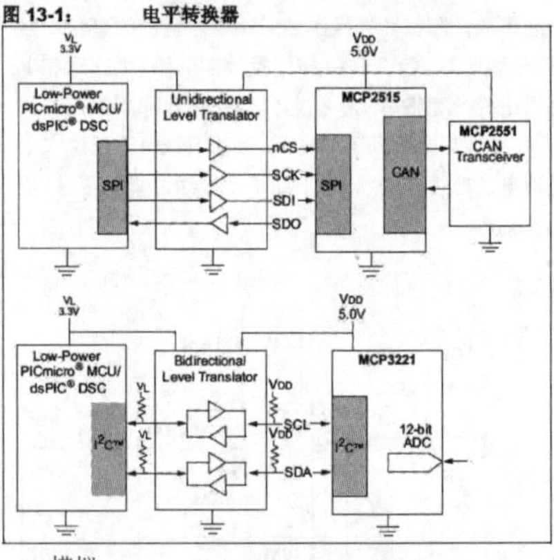

模拟

3.3V至5V接口的最后一项挑战是如何转换模拟信号,使之跨越电源障碍。低电平信号可能不需要外部电路,但在3.3V与5V之间传送信号的系统则会受到电源变化的影响。例如,在3.3V系统中,ADC转换1V峰值的模拟信号,其分辨率要比5V系统中ADC转换的高,这是因为在3.3V ADC中,ADC量程中更多的部分用于转换。但另一方面,3.3V系统中相对较高的信号幅值,与系统较低的共模电压限制可能会发生冲突。

因此,为了补偿上述差异,可能需要某种接口电路。本节将讨论接口电路,以帮助缓和信号在不同电源之间转换的问题。 (未完待续)

◇四川省广元市高级职业中学 兰 虎

物联网常见协议汇集(下)

(紧接上期本版)

二、通讯协议

(一)通讯与通信协议区分

1.传统意义上的"通讯"主要指电话、电报、电传。通讯的"讯"指消息(Message),媒体讯息通过通讯网络从一端传递到另外一端。媒体讯息的内容主要是话音、文字、图片和视频图像。其网络的构成主要由电子设备系统和无线电系统构成,传输和处理的信号是模拟的。所以,"通讯"一词应特指采用电报、电话、网络等媒体传输系统实现上述媒体信息传输的过程。"通讯"重在内容形式,因此通讯协议主要集中在ISO七层协议中的应用层。通讯协议主要是运行在传统互联网TCP/IP协议之上的设备通讯协议,负责设备通过互联网进行数据交换及通信。

2.通信"仅指数据通信,即通过计算机网络系统和数据通信系统实现数据的端到端传输。通信的"信"指的是信息(Information),信息的载体是二进制的数据,数据则是可以用来表达传统媒体形式的信息,如声音、图像、动画等。"通信"重在传输手段或使用方式,从这个角度,"通信"的概念包括了信息"传输"。因此通信协议主要集中在ISO七层协议中的物理层、数据链路层、网络层和传输层。

3. 在物联网应用中,通信技术包括Wi-Fi、RFID、NFC、ZigBee、Bluetooth、LoRa、NB-IoT、GSM、GPRS、3/4/5G网络、Ethernet、RS232、RS485、USB等。

4.相关的通信协议(协议栈、技术标准)包括:Wi-Fi (IEEE 802.11b)、RFID、NFC、ZigBee、Bluetooth、LoRa、NB-IoT、CDMA/TDMA、TCP/IP、WCDMA、TD-SCDMA、TD-LTE、FDD-LTE、TCP/IP、HTTP等。

5.物联网技术框架体系中所使用到的通讯协议主要有:AMQP、JMS、REST、HTTP/HTTPS、COAP、DDS、MQTT等。

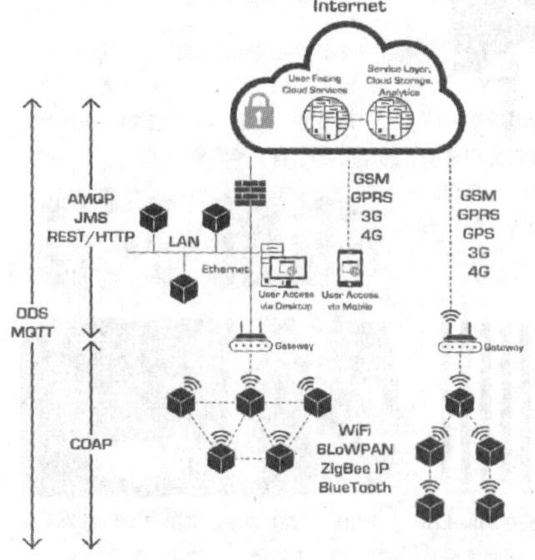

(二)通讯协议汇集

1.HTTP协议

HTTP是一个属于应用层的面向对象的协议,由于其简捷、快速的方式,适用于分布式超媒体信息系统。它于1990年提出,经过几年的使用与发展,得到不断的完善和扩展。目前在WWW中使用的是HTTP/1.0的第六版,HTTP/1.1的规范化工作正在进行之中,而且HTTP-NG(Next Generation of HTTP)的建议已经提出。

2.HTTP协议特点

【1】支持客户/服务器模式【2】简单快速【3】灵活【4】无连接【5】无状态

3.HTTPS协议

该协议使用了HTTP协议,但HTTPS使用不同于HTTP协议的默认端口及一个加密、身份验证层(HTTP与TCP之间)。这个协议的最初研发由网景公司进行,提供了身份验证与加密通信方法,现在它被广泛用于互联网上安全敏感的通信。

4.客户端云web服务器通信时的步骤如下:

【1】客户使用https的URL访问Web服务器,要求与Web服务器建立SSL连接。【2】Web服务器收到客户端请求后,会将网站的证书信息(证书中包含公钥)传送一份给客户端。【3】客户端的浏览器与Web服务器开始协商SSL连接的安全等级,也就是信息加密的等级。【4】客户端的浏览器根据双方同意的安全等级,建立会话密钥,然后利用网站的公钥将会话密钥加密,并传送给网站。【5】Web服务器利用自己的私钥解密出会话密钥。【6】Web服务器利用会话密钥加密与客户端之间的通信。

5.WebSerivce/REST协议

WebService和REST都不是一种协议,他们是基于HTTP/HTTPS的一种技术方式或风格,之所以放在这里,是因为在物联网应用服务对外接口方式常采用WebService和RESTful API。

5.1、WebSerivce

【1】WebService是一种跨编程语言和跨操作系统平台的远程调用技术。【2】XML+XSD (XML Schema),SOAP和WSDL就是构成WebService平台的三大技术。【3】XML解决了数据表示的问题,但它没有定义一套标准的数据类型,更没有说怎么去扩展这套数据类型。XML Schema (XSD) 就是专门解决这个问题的一套标准。它定义了一套标准的数据类型,并给出了一种语言来扩展这套数据类型。WebService平台就是用XSD来作为其数据类型系统的。【3】SOAP协议定义了SOAP消息的格式,SOAP协议是基于HTTP协议的,SOAP也是基于XML和XSD的,XML是SOAP的数据编码方式。打个比喻:HTTP就是普通公路,XML就是中间的绿色隔离带和两边的防护栏,SOAP就是普通公路经过加隔离带和防护栏改造过的高速公路。公式是:SOAP协议=HTTP协议+ XML数据格式【4】WSDL(Web Services Description Language) 就是这样一个基于XML的语言,用于描述Web Service及其函数、参数和返回值。

5.2、REST

REST是表征状态转换,是基于HTTP协议开发的一种通信风格,目前还不是标准。REST是互联网中服务调用API封装风格,物联网中数据采集到物联网应用系统中,在物联网应用系统中,可以通过开放REST API的方式,把数据服务开放出去,被互联网中其他应用所调用。

6.CoAP (Constrained Application Protocol)协议

CoAP协议简称:受限应用协议,应用于无线传感网中协议。CoAP是简化了HTTP协议的RESTful API,CoAP是6LowPAN协议栈中的应用层协议,适用于:在资源受限的通信的IP网络。【1】报头压缩【2】方法和URIs【3】传输层使用UDP协议【4】支持异步通信【5】支持资源发现【6】支持缓存。

7.MQTT (Message Queuing Telemetry Transport)协议

【1】消息队列遥测传输,由IBM开发的即时通讯协议,相比来说比较适合物联网场景的通讯协议。MQTT协议采用发布/订阅模式,所有的物联网终端都通过TCP连接到云端,云端通过主题的方式管理各个设备关注的通讯内容,负责将设备与设备之间消息的转发。适用于:在低带宽、不可靠的网络下提供基于云平台的远程设备的数据传输和监控。

【2】使用特点《1》使用基于代理的发布/订阅消息模式,提供一对多的消息发布;《2》使用TCP/IP提供网络连接;《3》小型传输,开销很小(固定长度的头部是2字节),协议交换最小化,以降低网络流量;《4》支持QoS,有三种消息发布服务质量:"至多一次","至少一次","只有一次"。

【3】应用场景《1》已经有PHP,JAVA,Python,C,C#等多个语言版本的协议框架;《2》IBM Bluemix的一个重要部分是其IoT,Foundation服务,这是一项基于云的MQTT实例;《3》移动应用程序也早就开始使用MQTT,如Facebook Messenger和com等。

8.DDS (Data Distribution Service for Real-Time Systems)协议

【1】面向实时系统的数据分布服务,这是大名鼎鼎的OMG组织提出的协议,其权威性应该能证明该协议的未来应用前景。适用于:分布式高可靠性、实时传输设备数据通信。目前DDS已经广泛应用于国防、民航、工业控制等领域。

【2】使用特点《1》以数据为中心;《2》使用无代理的发布/订阅消息模式,点对点、点对多、多对多;《3》提供多大21种QoS服务质量策略。

9.AMQP(Advanced Message Queuing Protocol)协议

【1】先进消息队列协议,这是OASIS组织提出的,该组织曾提出OSLC(Open Source Lifecyle)标准,适用于:业务系统例如PLM,ERP,MES等进行数据交换。

【2】协议特点《1》Wire级的协议,它描述了在网络上传输的数据的格式,以字节为流;《2》面向消息、队列、路由(包括点对点和发布/订阅)、可靠性、安全;

【3】开源协议包括:《1》Erlang中的实现有RabbitMQ《2》AMQP的开源实现,用C语言编写OpenAMQ《3》Apache Qpid《3》stormMQ

10、XMPP(Extensible Messaging and Presence Protocol)协议

【1】可扩展通讯和表示协议,XMPP的前身是Jabber,一个开源形式组织产生的网络即时通信协议。XMPP目前被IETF国际标准组织完成了标准化工作。适用于:即时通信的应用程序,还能用在网络管理、内容供稿、协同工具、档案共享、游戏、远端系统监控等。

【2】协议特点《1》客户机/服务器通信模式;《2》分布式网络;《3》简单的客户端,将大多数工作放在服务器端进行;《4》标准通用标记语言的子集XML的数据格式。

【3】注意事项XMPP是基于XML的协议,由于其开放性和易用性,在互联网及时通讯应用中运用广泛。相对HTTP,XMPP在通讯的业务流程上是更适合物联网系统的,开发者不用花太多心思去解决设备通讯时的业务通讯流程,相对开发成本会更低。但是HTTP协议中的安全性以及计算资源消耗的硬伤并没有得到本质的解决。

11.JMS(Java Message Service)协议

JAVA消息服务,这是JAVA平台中著名的消息队列协议。Java消息服务应用程序接口,是一个Java平台中关于面向消息中间件(MOM)的API,用于在两个应用程序之间,或分布式系统中发送消息,进行异步通信。Java消息服务是一个与具体平台无关的API,绝大多数MOM提供商都对JMS提供支持。JMS是一种与厂商无关的API,用来访问消息收发系统消息,它类似于JDBC (Java DatabaseConnectivity)。

JMS是一种与厂商无关的 API,用来访问消息收发系统消息,它类似于JDBC (Java Database Connectivity)。这里,JDBC 是可以用来访问许多不同关系数据库的 API,而 JMS 则提供同样与厂商无关的访问方法,以访问消息收发服务。许多厂商都支持 JMS,包括 IBM 的 MQSeries、BEA 的 Weblogic JMS service 和 Progress 的 SonicMQ。JMS 能够通过消息收发服务(有时称为消息中介程序或路由器)从一个 JMS 客户机向另一个 JMS客户机发送消息。消息是 JMS 中的一种类型对象,由两部分组成:报头和消息主体。报头由路由信息以及有关该消息的元数据组成。消息主体则携带着应用程序的数据或有效负载。根据有效负载的类型来划分,可以将消息分为几种类型,它们分别携带:简单文本 (TextMessage)、可序列化的对象 (ObjectMessage)、属性集合 (MapMessage)、字节流 (BytesMessage)、原始值流 (StreamMessage),还有无有效负载的消息 (Message)。

12.各种通信协议比较

	DDS	MQTT	AMQP	XMPP	JMS	REST/HTTP	CoAP
抽象	Pub/Sub	Pub/Sub	Pub/Sub	NA	Pub/Sub	Request/Reply	Request/Reply
架构风格	全局数据空间	代理	P2P或代理	NA	代理	P2P	P2P
QoS	22种	3种	3种	NA	3种	通过TCP保证	确认或非确认消息
互操作性	是	部分	是	NA	否	是	是
性能	100000msg/s/sub	1000msg/sub	1000msg/s/sub	NA	1000msg/s/sub	100 req/s	100req/s
硬实时	是	否	否	否	否	否	否
传输层	缺省为UDP,TCP也支持	TCP	TCP	TCP	不指定,一般为TCP	TCP	UDP
订阅控制	消息过滤的主题订阅	层级匹配的主题订阅	队列和消息过滤	NA	消息过滤的主题和队列订阅	N/A	支持多播地址
编码	二进制	二进制	二进制	XML文本	二进制	普通文本	二进制
动态发现	是	否	否	NA	否	否	是
安全性	提供方支持,一般基于SSL和TLS	简单用户名/密码认证,SSL数据加密	SASL认证,TLS数据加密	TLS数据加密	提供方支持,一般基于SSL和TLS,JAAS AP支持	一般基于SSL和TLS	

◇四川科技职业学院　寇家豪　周洪庆

优派PX747：一款万元以内的4K,高亮度家用投影机及评测(上)

美国优派(View Sonic)新推出的家庭影院系列新品UHD投影机给用户提供大屏幕超高清的观影体验——PX747-4K,PX747-4K搭载XPR 功能，加上3500lm高亮度可显示830万像素的清晰图像,HDR投影显示功能搭配Super Color,呈现4K超高清投影画面,为用户提供了极致体验。

随着4K市场的发展及家庭娱乐时代的到来,4K家庭影院投影机正成为影音用户的优先选择。优派PX747-4K采用TI显示芯片。4K UHD(3840X2160)分辨率可达四倍于Full HD的清晰度,XPR功能可显示830万像素,令画面生动自然。12000:1对比度可提供较多的图像细节,为用户带来4K视野。 怎么来测试PX747的超高清能力呢?

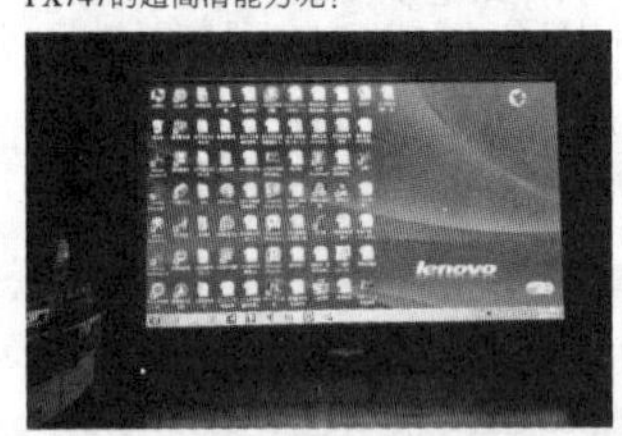

测试场景和器材：采用江苏久誉显示科技有限公司的150英寸,4K白幕布、联想电脑、宏祐图像科技有限公司提供的4K测试卡。

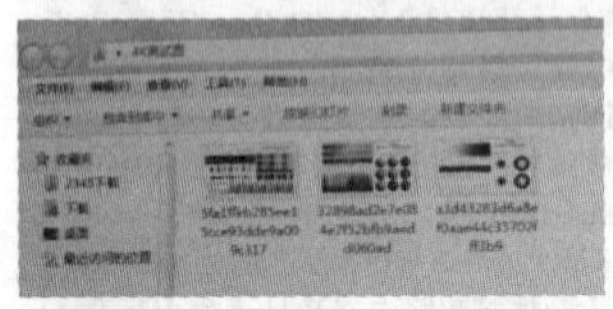

测试卡。

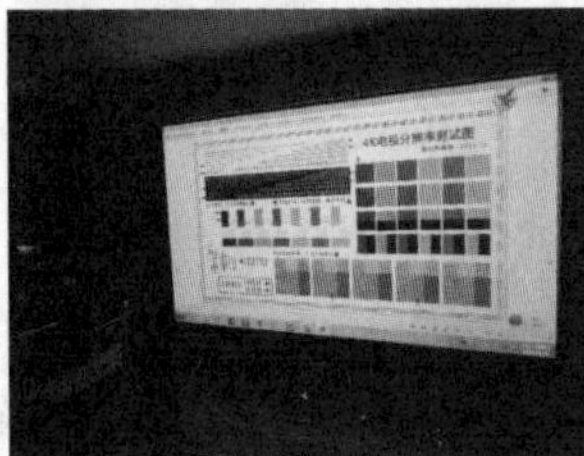

测试场景。

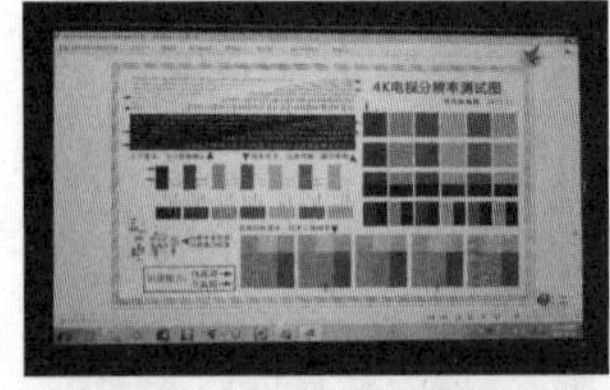

按照图卡要求,达到了4K超高清要求。

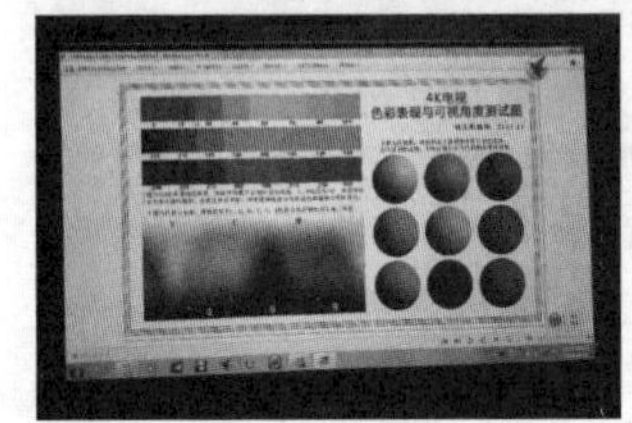

按照图卡要求,完成了4K色彩表现与可视角度测试。

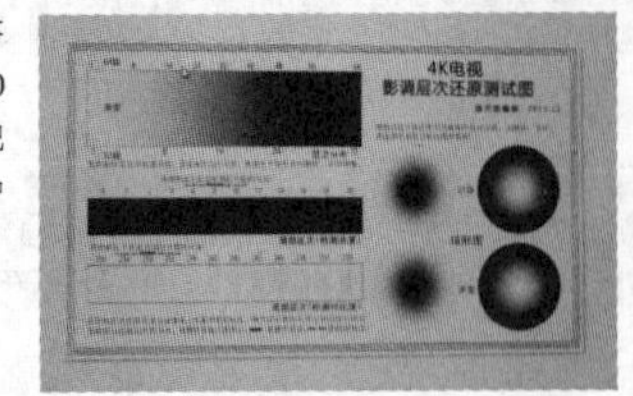

按照图卡要求,完成了4K影调层次还原测试。

3840*2160 UHD超高清分辨率：采用TI高规格4K显示芯片,搭载XPR技术,可完整显示830万有效像素(3840x2160分辨率),符合CTA(美国消费电子技术协会)对于4K超高清画面的标准的定义；四倍于1080p清晰度,纵使画面再大,您都无需担心投影画质的粗糙,提供您更高级别的家庭剧院效果，挑战视觉极限,带来叹为观止的超高清影像。

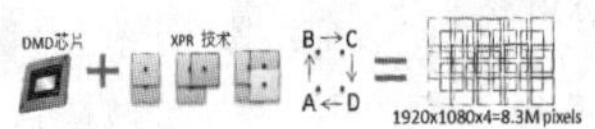

HDR高动态范围影像技术：ViewSonic 4K投影机具备HDR投影显示技术，通过画质处理引擎能真实还原HDR信号中丰富的亮色信息,自动调节各个区域的亮度,为您呈现更明亮的白色以及更深邃的黑色，对比普通HDTV的对比度及动态范围,可带来更好的亮暗对比并呈现自然真实，更加鲜艳的投影画面。

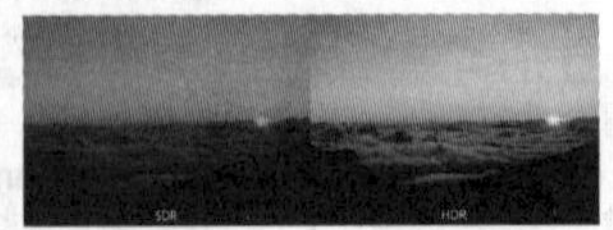

3500流明高亮度：PX747-4K投影机具备3500流明高亮度,可使用任何亮度环境,即使是在高亮的场所，都能为您提供清晰艳丽的画面。

ViewSonic SuperColor技术：ViewSonic SuperColor整合色轮及灯泡调整技术,提供更加宽广的色域来确保颜色表现及色彩饱和度,无论是在明亮还是黑暗的场所,都能投影true-to-life的色彩,见你所见,每时每刻都有身临其境的体验。

专业图像处理引擎-Super resolution超分辨率技术：超分辨率技术，可针对低解析度的输入影像，进行数字化处理呈现更加清晰的高清画面。

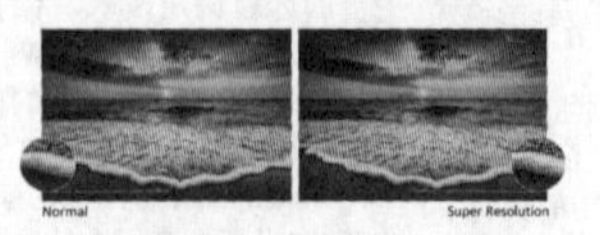

专业图像处理引擎- Color enhancement色彩增强：Color enhancement色彩增强技术,可优化色阶性能,呈现更丰富的色彩。

专业图像处理引擎- Skin Tone肤色调整：内置肤色调整功能，可针对不同投影情景,调节肤色表现,提升肤色从而更加自然真实。

DLP精准4K技术：三片式LCD投影在投射超高清影像时，由于液晶面板的光线叠加容易在画面边缘产生叠影、溢色现象,损伤画质及清晰度,ViewSonic4K投影机采用单片式DMD芯片,4K画面更加清晰，色彩同样更加自然。

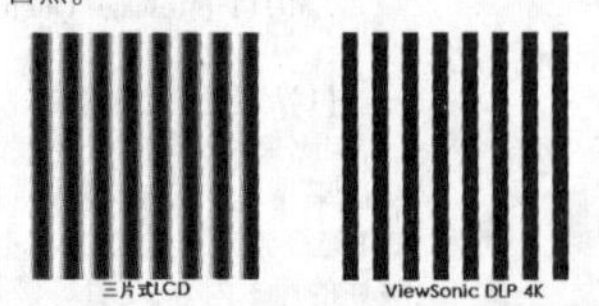

15000小时灯泡寿命：投影机在SuperEco节能模式下,功耗及亮度将降低,灯泡使用寿命可达15000小时,同时,机器在侦测到无信号输入的状态下,会自动关机,节约能源,并进一步延长机器的使用过寿命。

三种色彩模式两种用户模式：对于不同情境,提供三种色彩模式,,两种用户模式,方便用户依所投影的环境，快速选取合适观赏的色彩模式。

1. 高亮模式:亮度高,适合高亮度环境、

2. 标准模式:适合PC与NB投影、图文投影,幻灯片演示。

3. 电影模式:色彩饱和度高，适合灯光昏暗情境的电影欣赏。

双路HDMI输入,丰富接口,具备两路HDMI输入,方便接驳更多信号设备。一路支持HDCP2.2 (4K播放设备及4K超高清蓝光播放盒要求4K传送需要达到的HDMI标准)

USB供电, USB 5 V 1.5A电源供应接口,方便接驳Wifi Dongle （独立的无线发射器）等设备。

二合一电源键，电源按键与遥控接收合二为一设计,外观更加整洁简约。

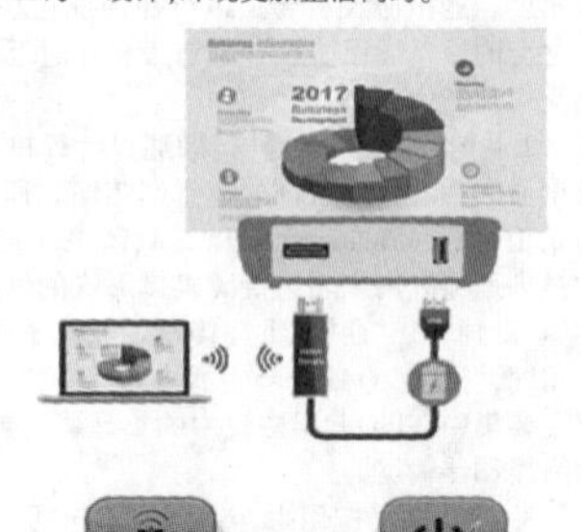

垂直梯形校正,方便完美匹配幕布,另具备120%offset,机器摆放及吊装更加轻松。

背光遥控器,蓝色背光遥控器,黑暗环境操控投影机,同样得心应手.

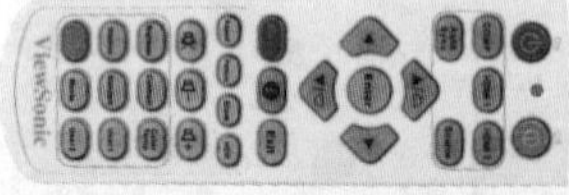

10w高品质喇叭,机器内置10W高品质喇叭,爆发力音效,小型场所,无需外接功放。亦可提供清晰悦耳的视听效果。

ViewSplit分屏功能，产品可配套分屏软件,最大支持六分屏显示功能,分屏模板允许客户自定义配置,操作界面具备中文、法文、英文、德文等多种语言。

PX747-4K参数：

当您欣赏和观摩了如下几幅采用经典的日本《Super HiVi-Cast家庭影院测试天碟》的视频测试图片,即能知道PX747-4K投影机的卓越的专业能量!

这是有81幅视频测试的界面。

(未完待续)(下转第590页)

◇上海 徐惠民

2018年12月9日出版 ■实用性 ■启发性 ■资料性 ■信息性

第49期 国内统一刊号:CN51-0091 定价:1.50元 邮局订阅代号:61-75

地址:(610041)成都市天府大道北段1480号德商国际A座1801 网址:http://www.netdzb.com

(总第1986期) 让每篇文章都对读者有用

神经网络小史

随着人工智能的应用范围普及和扩大,大家对人工神经网络(学习单元)也渐渐耳闻目染。下面就简单地为大家介绍下神经网络在人工智能中扮演的角色和发展历史。

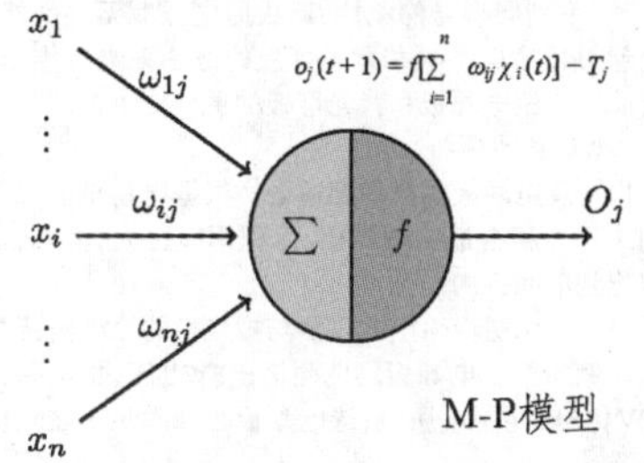

M-P模型

其实早在1943年,美国心理学家W·Mcculloch和数理逻辑学家W·Pitts在分析、总结神经元基本特性的基础上首先提出神经元的数学模型(简称MP模型)。该模型一直沿用至今,并且直接影响着这一领域研究的进展。算是人工神经网络研究的先驱。

生物神经元与MP模型

生物神经元	神经元	输入信号	权值	输出	总和	膜电位	阈值
MP模型	j	χ_i	ω_{ij}	o_j	$\sum$	$\sum_{i=1}^{n}\omega_{ij}\chi_i(t)$	T_j

接着在1945年,美籍匈牙利人冯·诺依曼(在现代计算机、博弈论、核武器和生化武器都有建树,难得的全才之一)领导的设计小组试制成功存储程序式电子计算机,标志着电子计算机时代的开始。1948年,他在研究工作中比较了人脑结构与存储程序式计算机的根本区别,提出了以简单神经元构成的再生自动机网络结构。但是,由于指令存储式计算机技术的发展非常迅速,迫使他放弃了神经网络研究的新途径,继续投身于指令存储式计算机技术的研究,通过他的手稿整理出《计算机与人脑》,也算是人工神经网络研究的先驱之一。

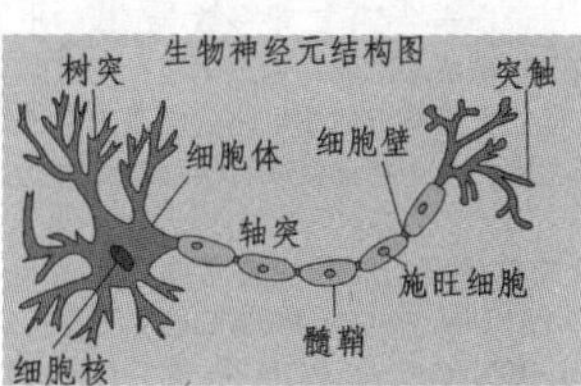

50年代末是计算机神经网络研究的第一次黄金时期;当时世界上许多实验室仿效制作感知机,分别应用于文字识别、声音识别、声呐信号识别以及学习记忆问题的研究。比如F·Rosenblatt设计制作了"感知机",它是一种多层的神经网络。这项工作首次把人工神经网络的研究从理论探讨付诸工程实践。

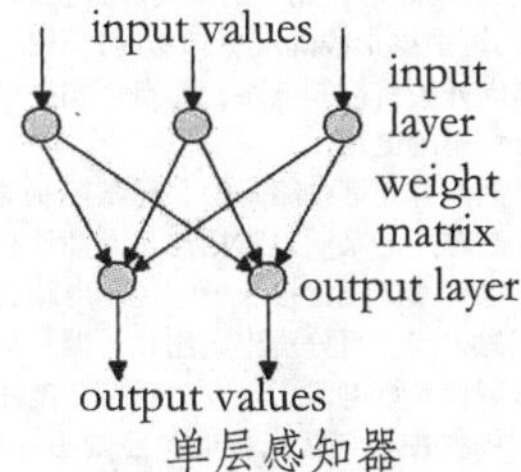

单层感知器

不过在当时"感知机"对逻辑学里面的一个基本问题"XOR(异或,exclusive OR)"却无能为力。况且当时逻辑式数字计算机的发展也处于全盛时期,许多人误以为数字计算机可以解决人工智能、模式识别、专家系统等方面的一切问题,使感知机的工作得不到重视;再加上当时的电子技术工艺水平比较落后,主要的元件是电子管或晶体管,利用它们制作的神经网络体积庞大,价格昂贵,要制作在规模上与真实的神经网络相似是完全不可能的;大批研究人员对于人工神经网络的前景失去信心,因此在60年代末期,人工神经网络的研究进入了低潮。

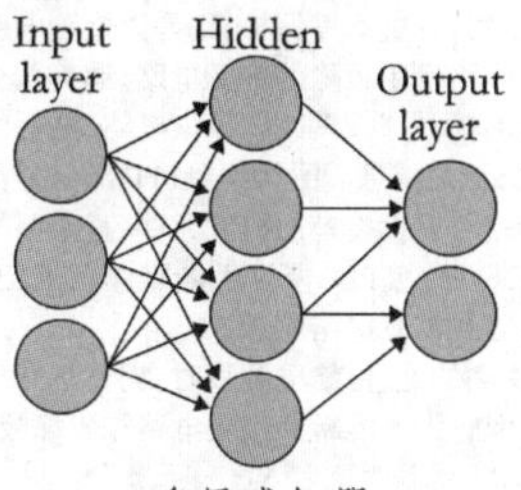

多层感知器

结构	决策区域类型	区域形状	异或问题
无隐层	由一超平面分成两个		
单隐层	开凸区域或闭凸区域		
双隐层	任意形状(其复杂度由单元数目而定)		

多层感知器分类能力

80年代初期,模拟与数字混合的超大规模集成电路制作技术提高到新的水平,完全付诸实用化,而数字计算机的发展也在一些特定的应用领域遇到困难,人们重新认识到神经网络的威力以及付诸应用的现实性。由Rumelhart和McClelland为首的科学家提出的BP算法(back propagation),是一种按照误差逆向传播算法训练的多层前馈神经网络,给人工神经网络带来了新的希望,并且该方法对浅层神经网络模型非常有效。以及Hopfield提出的HNN算法(一种具有循环、递归特性,结合存储和二元系统的神经网络。)等基于统计模型的机器学习算法,形成了80年代中期以来人工神经网络的第二次研究热潮。

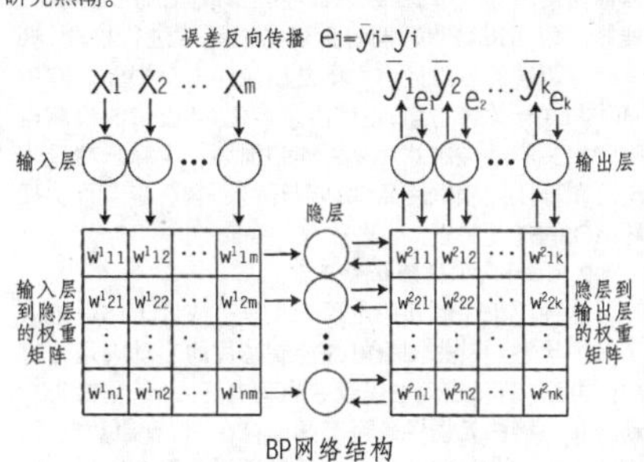

BP网络结构

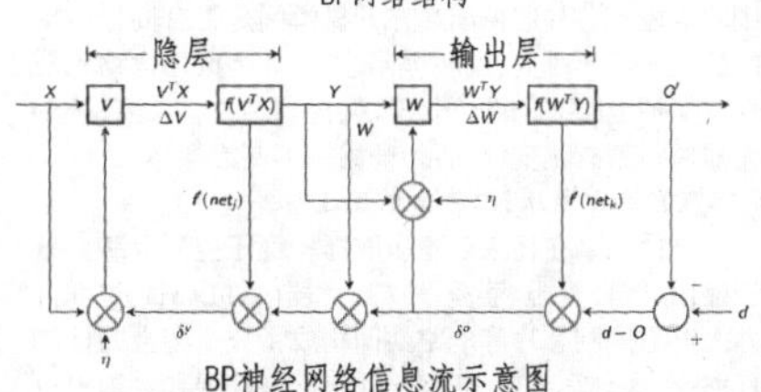

BP神经网络信息流示意图

进入21世纪,得益于大数据和运算力的提高,浅层学习模型在互联网应用中取得了巨大成功,如搜索广告系统(Google的AdWords、百度的凤巢系统)的广告点击率CTR预估、网页搜索排序(如Yahoo、Google、百度的搜索引擎)、垃圾邮件过滤系统、以及个性化推荐(Amazon等)。并且随着要求的提高,开始由浅层网络向深层网络研究。

在2006年前,有关深度网络架构的学习都以失败告终,从而导致ANN(Artificial Neutral Network,人工神经网络)只有一层或两层隐藏层。2006年,受Hinton的革命性的深度信念网(Deep Belief Networks,DBNs)的引导,才将深度学习带入热潮,将其从边缘学科变为主流科学与技术。目前深度学习在计算机视觉、语音识别、自然语言处理等领域取得了巨大的成功。

支持深度学习的一个重要依据,就是脑神经系统的确具有丰富的层次结构。随着计算机硬件计算能力越来越强,用来训练的数据越来越多,神经网络变得越来越复杂。在人工智能领域常听到DNN(深度神经网络)、CNN(卷积神经网络)、RNN(递归神经网络)。其中,DNN是总称,指层数非常多的网络,通常有二十几层,具体可以是CNN或RNN等网络结构。

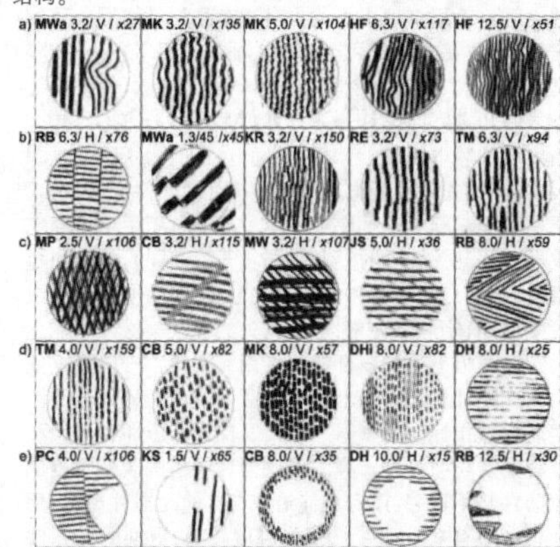

一个最著名的例子就是Hubel-Wiesel模型,由于揭示了视觉神经的机理而曾获得诺贝尔医学与生理学奖。除了仿生学的角度,目前深度学习的理论研究还基本处于起步阶段,但在应用领域已显现出巨大能量。2011年以来,微软研究院和Google的语音识别研究人员先后采用DNN技术降低语音识别错误率20%~30%,是语音识别领域十多年来最大的突破性进展。2012年,DNN技术在图像识别领域取得惊人的效果,在ImageNet评测上将错误率从26%降低到15%。

如今Google、微软、百度、Facebook、Twitter、Alibaba等知名的拥有大数据的高科技公司争相投入资源,占领神经网络下一步的技术制高点--深度学习;在大数据时代,更加复杂且更加强大的深度模型能深刻揭示海量数据里所承载的复杂而丰富的信息,并对未来或未知事件做更精准的预测;而对于真正意义上的人工智能(类似影片里那样),还有很长的一段路要走。

(本文原载第46期11版)

液晶彩电电源板维修与代换探讨

液晶彩电的电源板工作于高电压、大电流状态，故障率较高，在液晶彩电维修中占有较高的比例。液晶彩电的电源板基本都采用双面印制电路板，大量使用贴片元件，元件体积小、分布密集，往往导致电压测试不便。另外电路走向从印制板的一面走向另一面，互相穿插，给电路识别和追寻电压信号走向造成困难，容易造成故障判断方向不清、关键点把握不准。再加上所修电源板往往无图纸、无资料，给故障维修造成困难。笔者就常见故障和维修方法介绍如下：

一、电源板常见维修方法

1.脱板维修法

为了确保电源板和负载电路的安全，建议采用脱板维修的方法，将电源板从电视机上拆下来，单独对电源板进行维修。

目前维修，大多为上门维修，在客户家全部完成维修作业，受条件的限制，往往需要将电源板拆下来，带回维修部进行脱板维修。而电源板的正常工作往往受主板控制系统的开关机控制，脱离主机后往往无法启动进入工作状态，需要模拟开机控制电压。由于多数电源板的开关机控制电压在开机状态均为高电平，可用1kΩ~3.3 kΩ电阻跨接在开关机控制端与副电源输出的+5V或+3.3V之间，为电源板输入模拟的开关机控制电压，迫使电源板启动工作。

另外，开关电源电路在脱板维修时，由于无负载电路，空载和带负载状态下其输出电压往往不同。有的电源板因无负载电路还会进入保护状态不能启动，容易给维修造成误判，需要在开关电源输出端接假负载，模拟负载电路用电。开关电源部分一般选用12V或24V摩托车灯泡作为假负载最好，也可选用120Ω~330Ω的大功率电阻作为假负载，跨接在12V或24V输出端与冷地端之间。为了维修人员的人身安全和测量仪器仪表的安全，建议在电源板和市电输入插排之间串联1:1的隔离变压器。

假负载和隔离变压器连接好后，在24V输出或12V输出端并联电压表，为电源板通电试机。为了防止电源板有故障，长时间通电造成电源板其他元件损坏，建议采用带按键开关的插座或插排。通电时用手半按插座或插排的开关(不要按到底，防止开关锁住)，为电源板通电，观察灯泡亮度和电压表的电压，如果电压过高或发生冒烟、烧焦等现象，电源开关的手立刻松开断电。

电源板上的元器件多为专用元器件，一般要求使用原装配件。应急修理时，除必须考虑代换的元器件电性能参数指标与原型号一致外，部分元器件对体积和外观需要与原型号一样，否则会造成整机装配不良或元器件装不进去，还有可能造成与其他元器件短路。另外，由于屏内空间狭小，工作温度较高，更换的元器件对温度有一定的要求，比如电容，最好选择105℃电容。否则，电源易出现热稳定问题或可靠性问题。

2.外接电压法

外接电压法就是将机外适合需求的电压接入电源电压。一般提供两种电压：一是为驱动控制电路提供VCC电压。用一个输出12V~20V的外直流电源，接入驱动控制电路的VCC供电输入端，测量该电路是否启动工作，如果启动工作，则是VCC控制电路故障，否则是驱动控制电路故障。由于该电路位于热地端，容易发生触电和损坏电源板或替代电源的事故，建议使用隔离变压器，并注意安全，分清热地端和冷地端。

二是为开关机控制电路提供开机电压。一般在输出连接器上进行操作，先找到开关机控制引脚和5V电源输出引脚。由于开关机控制电压分为高电平和低电平两种，高电平开机的直接将开关机控制引脚与待机+5V相连接；低电平开机的直接将开关机引脚与冷地端相连接，连接后，即可通电对电源板输出电压进行测量。

3.短路法

短路法就是将控制电压或保护触发电压短路，然后检测短路后的电压变化，判断故障范围。短路法主要有两种：一是短路稳压电路或保护电路的光耦。液晶彩电的开关电源较多地采用了带光耦合器的取样稳压控制电路。短路检修法的应用步骤是：先把光耦合器的光敏接收管的两脚短路，或用数十欧姆的电阻短接，相当于减小了光敏接收管的内阻，如果测主电压仍未变化，则说明故障在开关变压器的初级电路一侧；反之，故障在光耦合器之前的电路。

二是短路保护触发电压。保护检测电路检测到故障时，往往向保护执行电路送入高电平触发电压，引发自动关机故障。维修时，可找到该触发电压的关键点，将其对地短路，可解除保护，再对开关电源进行维修。

需要说明的是，短路法应在熟悉电路的基础上有针对性地采用，不能盲目短路，以免将故障扩大。另外，从检修的安全角度考虑，短路之前应断开负载电路。

4.开路法

就是将关键点或组件切除，解除该电路对开关电源的影响，然后开机判断故障范围。若故障消除，则故障就在切除的部分。开路法有两种：一是开路保护检测电压。如电源中遇到保护故障，可以断开保护检测电路与保护执行电路的连接，进行故障判断。如果断开该保护检测电路后，开机不再保护，则是该检测电路引起的保护；二是开路发生故障的单元电路。遇到部分电路损坏又苦于没有配件时，可以切除该电路，然后给控制电路模拟一个正常信息。比如遇到PFC部分外部控制元件损坏时，就可以拆掉外部控制元件，直接将控制信息传输到PFC电路，使PFC得到供电照样正常工作，一旦买到配件，尽量恢复电路原貌。

需要说明的是，检修电源板时，需要断开一部分负载或电路，但一定不能断开稳压电路和尖峰吸收电路，否则可能损坏元器件。

5.代换法

当电源电路板因故无法修复时，也可采用整板代换的方法维修。代换时需挑选输出电压、电流等于或大于被代换的电源板，并注意开关机电路的控制电路与新电源板匹配。

当选择的电源板缺少一组电压输出时，如果缺少的一组电压较低，可用较高的一组输出电压，用三端稳压器稳压后替换。

二、开关电源常见故障维修

液晶彩电的开关电源部分与CRT彩电的基本原理是相似的。因此，在检修上也有很多相似之处。对于这部分电路，常见的故障现象是：开机烧保险管、开机无输出、有输出但电压高或低等。由于大家对这类故障已经比较熟悉，故这里简要介绍这部分电路的检修思路。

1、保险丝管烧断

引发保险丝烧断的部位很多，从市电进入开始，依次为：市电抗干扰电路中的电容器、压敏电阻、市电整流滤波电路的整流全桥中的二极管、滤波电容器、PFC校正电路中的MOSFET开关管等。上述单元电路中的元件易发击穿故障，导致的保险丝管或限流电阻烧断。维修时可用R×1欧姆挡对上述易损元件进行检测，哪个元件两端的电阻最小，则是该元件击穿损坏。其中MOSFET开关管击穿，还应注意检查其S极过流检测电阻和相关驱动控制芯片是否连带损坏，尖峰脉冲吸收电路和稳压控制电路元件是否开路、失效，避免再次损坏MOSFET开关管。

2.无输出，但保险丝管正常

这种现象说明开关电源未工作，或者工作后进入了保护状态。首先测量电源控制芯片的启动脚是否有启动电压，若无启动电压或者启动电压太低，则检查启动脚和外接的元器件是否有漏电存在。若有启动电压，则测量控制芯片的输出端在开机瞬间是否有高低电平的跳变。若无跳变，说明控制芯片、外围振荡电路元器件或保护电路有问题，可先代换控制芯片，再检查外围元器件。若有跳变，一般为开关管不良或损坏。

3.有输出电压，但输出电压过高

这种故障往往来自稳压取样和稳压控制电路。直流输出、取样电阻、误差取样放大器(如TL431)、光耦合器、电源控制芯片等电路共同构成了一个闭合的控制环路，在这一环节中，任何一处出问题都会导致输出电压升高。对于有过压保护电路的电源，输出电压过高首先会触发过压保护电路工作。此时，可断开过压保护电路，测开机瞬间的主电压。如果测量值比正常值高出1V以上，说明输出电压过高。实际维修中，以取样电阻变值、精密稳压放大器或光耦合器不良较常见。

4.输出电压过低

根据维修经验，除稳压控制电路会引起输出电压过低外，还有其他一些原因会引起输出电压过低。主要有以下几点：

1)开关电源负载有短路故障。

2)输出电压端整流二极管、滤波电容失效等。

3)开关管的性能下降，必然导致开关管不能正常导通，使电源的内阻增加，带负载能力下降。

4)300V滤波电容不良或PFC校正电路未工作，造成电源带负载能力差，一接负载输出电压便下降。

三、电源板代换技巧

维修液晶彩电的电源板时，有时候故障元件找到了，但买不到同型号的配件，造成原电源板无法维修，需要通过代换电源板和背光灯板的方法来进行维修。下面简要介绍电源板和背光灯板的更换技术。

1.电源板的选择

1)注意电源板的体积要适合。根据电视机内部的空间选择体积合适的电源板，体积不能过大，否则，很难装配到电视机内。

2)所选电源板输出电压要与被代换的原装电源板一致。例如原装电源板副电源输出5V电压，主电源输出12V和24V两组电压，所选电源板必须满足上述输出电压要求。

3) 所选电源板各组输出电压/电流要满足被代换的原装电源板的要求，输出功率要一致或高于原机。

4)电源板输出接口的形状要尽量一致。例如原装电源板接口有：12V、5V输出和开关机、亮度、点灯控制引脚，所选电源板接口也应具有上述功能引脚。如果引脚排列不同，可采用剪断插头，根据新、老电源板输出接口的引脚功能，一一对应焊接的方法解决。

5)开关机、点灯、亮度控制电压最好与原装电源板匹配。如果所选电源板与原装电源板不匹配，需对相应的电路进行改进或增加相关电路。

2.正确识别和连接

新的电源板和被代换的电源板，其输出连接器的引脚功能往往不同，应仔细甄别，对应连接，如果接错，往往会造成电源板和负载电路同时损坏。

一是通过电源板电路图标注的输出连接器的引脚功能和电压选择连接点；二是多数电源板输出连接器的附近引脚直接标注功能和输出电压；三是顺着电源板开关变压器次级整流滤波电路的滤波电容进行查找输出电压引脚，也可将连接线直接连接到大滤波电容的正极。

常见的连接器引脚标注符号为，开关机控制：ON/OFF、PS-ON、P-ON、POWER、STB等；点灯控制：EN、BL-ON/OFF、BL-ON等；亮度调整：DIM、A-DIM、PWM、P-DIM、ADJ等。

对于开关机和点灯、亮度控制引脚，如果新、旧背光灯板上无功能标注，可根据连接器的元器件走线、连接的元件和布局来确认引脚功能。首先将电源12V、24V、5V输出引线确定，剩下的就是开关机和点灯、亮度控制引脚，再根据走线确定引脚功能，一般开关机引脚的走线奔向开关机控制电路，而点灯和亮度调整走线奔向背光灯驱动电路。

对于早期的背光灯电路来说，亮度控制端应和背光灯电源控制芯片的某一只脚相连，而高压启动控制端通过一只电阻或二极管接三极管控制电路，因此，通过查找它们的去向即可分辨出高压启动端和亮度控制端。对于新型背光灯电路，开启/关断控制电压和亮度调整电压引脚往往都与背光灯电源控制芯片相连接，可通过测量两脚电压进行判断。开关背光灯时，引脚呈高低电压变化的引脚是开启/关断控制脚，调整背光灯亮度时，连续升降变化的是亮度控制脚。

◇海南 孙德印

图文详解微信中图片、视频如何保存(下载)到手机和电脑中

微信中常有别人分享图片和视频，有些好看的图片或视频如果只是用微信中的"收藏"来保存的话，也能随时通过打开微信，点击"我"来找到的。但有个问题，一旦手机在清理微信中的图片、视频，没注意的话，勾选了原来想保留的图片或视频，或手机用过恢复出厂设置后就全部被清理了！

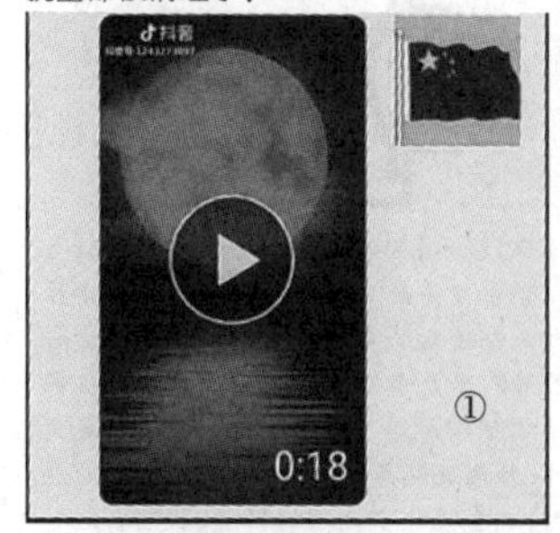

①

所以，手机上微信中如果有想保留的图片和视频，最好的方法是用"保存"(下载)的方法，而且保存以后再上传至电脑硬盘中作备份才是稳妥的方法，下面就用截屏的方法详解如何将微信聊天页面中的图片、视频"保存"到手机(或电脑)上。

②

打开微信聊天页面，找到页面上需分享的一个视频(如图1所示)。点击中间三角形播放按钮打开播放页面，然后在已打开正在播放的视频用手指压住不动，稍后松手，会出现如下图2所示的对话框。

可以看到，对话框中有多种选项供选择的，点击"发送给朋友"是转发；点击"收藏"是收藏到微信中的"我"里面。这里我们点击"保存视频"，微信聊天页面上想保存的视频就进入手机上"微信"文件夹中去了！退出后，可从手机上的图片文件夹中找到(如以图3所示)。

看到没有？从手机上的"图片"的"微信"文件夹中已能看到刚才"保存视频"后的视频了(如图4所示)！点击就能打开播放页面。

接下来找到刚才保存的视频，用手指压住不动，稍后松手，会出现图5所示的对话框，最下方有一行选项，从左至右分别为"分享""移动""删除""全选"、"更多"。

这里选择"分享"，点击"分享"后就打开了如图6所示页面。

可以看到，出现的对话框选项很多的，这里我们选择"发送到我的电脑"，只要对着点击就行了，会出现上传文件的页面(如图7所示)。

等待上传电脑完成，上传的时长与文件大小有关，文件大的话等待的时间就长些，反之等待的时间就短。

这里要提示一下，将手机上的文件上传至"我的电脑"，是不需要打开电脑后再上传的，以后随便什么时候只要打开电脑接收，勾选从手机上传来的文件，用"复制"的方法，将文件"粘贴"到电脑非系统盘，选择或新建一个文件夹(也可命名为"来自手机上的文件"，再细分为：图片、视频，方便以后好找到)。这样，手机上的文件万一被清除了，由于上传至电脑上的已经有了备份，需要的时候就能重新恢复到手机上。

◇贵州　马惠民

③

④

⑤

⑥

⑦

巧借"创建讲义"来提取PPT文字

【发现问题】

孩子班主任经常在班级QQ群中共享一些自编的学习讲义资料，便于各位家长自行打印给孩子使用。美中不足的是这些资料都是PPT格式，通常一个PPT文件包含有二三十页幻灯片，每一张幻灯片上只有二三百个字(如图1所示)，直接执行打印操作的话将会非常浪费纸张(如"第四册背默.ppt"原样打印需要24张A4纸)；如果逐张进行文字复制粘贴操作的话，效率非常低且容易丢落信息，如何来快速高效地将PPT中的文字信息提取到Word中进行整理打印呢？

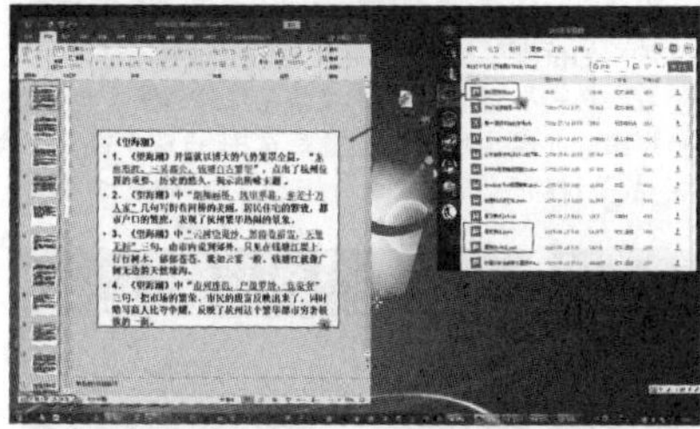

【解决问题】

PPT提供了"创建讲义"的功能，能够将幻灯片和备注等信息输出至Word文档中进行内容编辑和格式设置，可以非常完美地来解决PPT文字的提取问题，操作步骤如下：

首先，打开待处理的PPT文件，执行"文件"-"导出"-"创建讲义"；接着，在弹出的"发送到Microsoft Word"对话窗口中，将默认的第一项"备注在幻灯片旁"设置修改为最后一项"只使用大纲"，点击"确定"按钮，此时Office就会自动生成并打开一个名为"文档1"的Word文件，其内容即为该PPT文件所有幻灯片的文字信息，包括字体和字号都是基本一致的(如图2所示)。

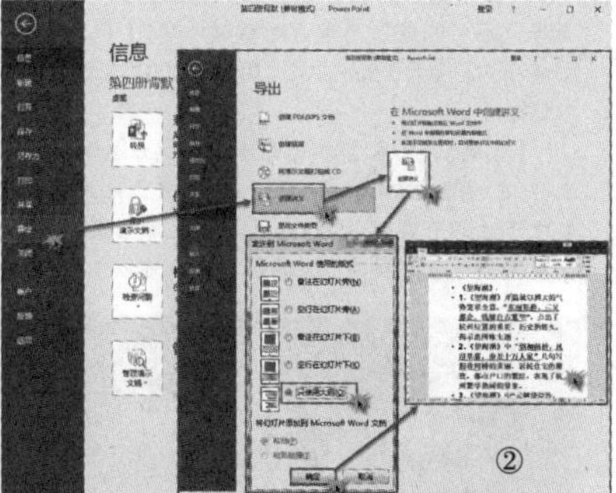

②

接下来，就是比较常规的Word文档格式整理操作：

比如先按组合键Ctrl+A执行全选操作，再按Ctrl+X进行剪切；接着，点击鼠标右键选择"粘贴选项"中的最后一项"只保留文本"，如此便可清除掉原PPT中的带下划线、斜体等非必要文字控制格式。清除大量存在的"·"标题字符标记方法是，先拖动选中一个"·"后按Ctrl+C复制，再按Ctrl+H调出"查找和替换"-"替换"功能项，在"查找内容"处按Ctrl+V粘贴，接着点击"全部替换"按钮即可；使用同样的方法，可再将文中多余的空格进行清除。

接着再按Ctrl+A全选，点击右键选择"段落"，在"缩进和间距"选项卡处点击"特殊格式"，选择"首行缩进"，并保持默认的"缩进值"为标准的"2字符"；其他的行距等可不必设置，点击"确定"按钮(如图3所示)。

现在我们就拥有了一个保持原PPT所有文字信息内容的Word文件，字数为5874，页数为5张A页面，直接打印即可。

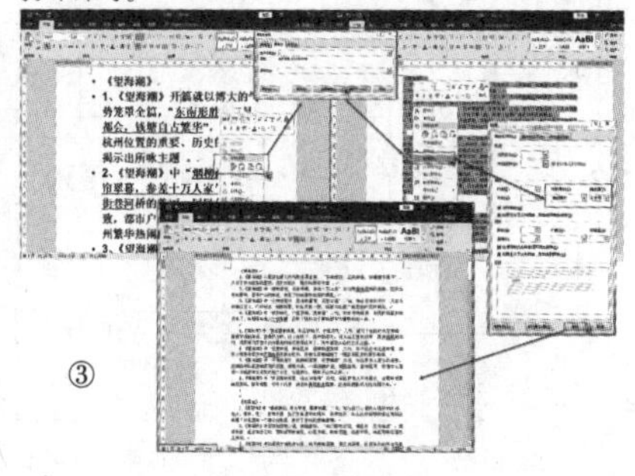
③

◇山东　杨鑫芳

LED日光灯管的维修技巧和频闪解决方案

随着新型LED照明光源的使用和普及，LED日光灯也悄悄地融入我们的生活工作中。单位为了现场临时办公方便，购买了数十个集装箱，供应商对集装箱装修时安装了日光灯。经过一段时间使用后，部分灯管就不亮了。由于以前没有使用过LED日光灯管，本以为是那种老式灯管，领取几个换上去，没有一个能点亮的，不得已拆开灯座后以探究竟，结果发现灯壳罩内除了220V供电的走线，没有整流器等元件，这才开始注意并研究该灯管。经仔细察看，发现这种LED灯管的玻璃管内一半是白色的，另一半好像有个白灰色的纸板。而与普通灯管的灯头部分对比后，它的铝管帽要长一些。为了彻底研究，就剪断了灯管的两头电极插脚，将管座取下。而这种管座是用胶粘在玻璃管上的，很难取下来，只能敲碎玻璃管，才能解体。在玻璃管的内部，还有一个白色的和玻璃管一样长的塑料管，塑料管一半是半透明的，一半是灰色的。一个长条状LED灯条插入其中的卡槽里。这种灯的玻璃管内没有老式灯管的荧光粉，但打开时需要戴手套，以免手指被玻璃划伤。

这种LED灯条，是由220V整流后直接串接68只LED 灯珠，在电路中每3只灯珠串一只33Ω的片状电阻，如图1所示。检查中发现，大部分故障都是1只或2只灯珠烧毁所致。剔除烧毁的灯珠，从废灯条上剪下一只好的灯珠，按照方向焊接在这个位置上，通电后就能恢复正常照明。

这种灯具，结构简单，造价很低。而灯管LED供电电路设计不完善，也许这就是降低成本的一个主要原因吧。整个整流电路除了一个全桥，再就是LED和恒流电阻，没有加装滤波电容。

通电后电路在无滤波电容时，测量a、b端整流后的总电压为195V，每一个单体发光二极管所承受的电压为2.61V。用手机拍照时观看，可以看到灯管在发光的同时，频闪就像翻动的百叶窗一样。试着在全桥后加装了滤波电容，当C1为1.2μF/400V电容时，测量a、b端的电压升高为241V，加在每一只发光二极管上的电压为3.05V。频闪的强度降低一些，但还是存在的。再将C1换为4.7μF/400V电容时，频闪降低了很多，但还是有。当C1换为6.8μF/400V电容时，频闪现象几乎消失，不仔细去看，就不会看出来。因此，加大滤波储能电容就能解决这个频闪问题，但不是越大越好。

最后进行组装，由于灯管的玻璃外壳被破坏，只有利用内胆的塑料管了，找一段直径为2mm的铜丝，按照原先两个电极插脚的长度折成U型，从里面穿上8字形铜片再插入到管帽的原先电极孔内（见图2），再用502胶水将电极插脚粘住，恢复灯管的两头接线并做绝缘处理后，再插入管帽，注意两头的电极插脚要保持方向一致，最后调整好长度，就可以将修复的灯管装回灯罩里使用了。

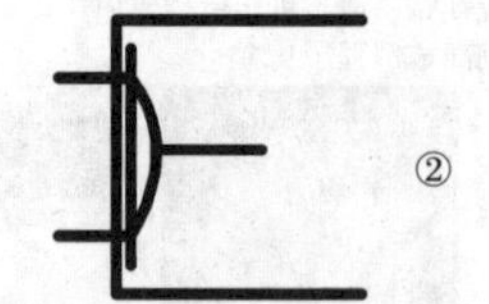
②

【提示】从以上整个电路中的试验可以查出，导致日光灯存在频闪的主要原因是整流后的电压未经滤波所致。这种闪烁人眼是看不出来的，只有用手机拍照就可以看到。当输出光通量波动越大时，频闪就越严重。这除了供电电源的原因，也有设计不合理的因素。长期在这种光源下工作，就会导致眼睛疲劳、视力下降等现象。因此，LED只有在恒定、无振荡的直流电源驱动下，才能实现无频闪良好的照明效果。

若厂家为了降低成本，使用了质量差的LED灯珠，长期工作导致的光衰也会引起频闪。

◇江苏 庞守军

触摸台灯失控故障应急修理1例

故障现象：一台4挡触摸调光台灯不用触摸，就自动按着触摸的程序逐挡变化，即暗亮→明亮→高亮→关灯循环变化。

分析与检修：为了便于检修，根据实物绘制了电路原理图，如附图所示。其中，K1234A是触摸芯片，与此有相同功能的芯片还有SGL8012。

首先，拆掉触摸电路中的1k电阻，结果故障依旧，确定K1234A损坏。根据故障现象能按触摸顺序依次变化，判断K1234A ④脚内的触摸信号输入电路损坏，而其他电路正常，于是设想能不能通过改动外电路，将④脚输入的信号强度减小一些来修复呢。首先，是在芯片的④脚和⑦脚间焊接一只1k电阻，结果灯始终不亮，之后把1k电阻换为47k电阻，故障重现，由此证明设想是对的。此时，在芯片的④脚和⑦脚间接一只1k的固定电阻和一只47k的可调电阻，边调可调电阻边试机，调到某一位置时恢复正常，拆下串联的电阻，测量它们的总阻值为27k，安装一只27k的普通电阻后，故障排除。

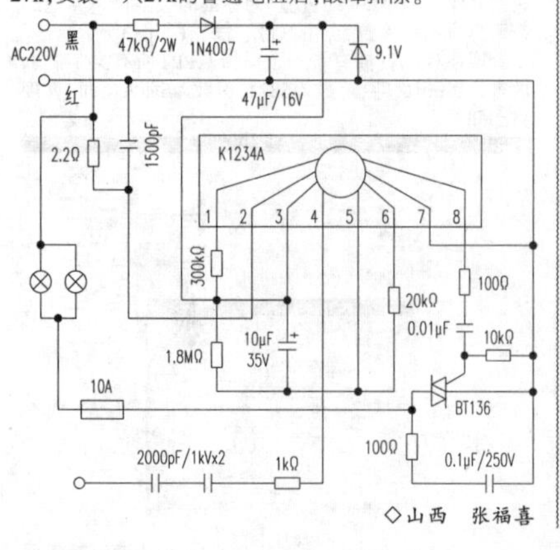

◇山西 张福喜

杂牌电磁炉调整功率赔钱买教训

笔者修理一台杂牌电磁炉，面板图案为一个缺口苹果(像苹果手机)，命名为"心厨坊"，面板按键为触摸开关，如图1、图2所示。后壳的铭牌上却没有标明品牌，仅标注型号为JB-22B，额定功率为2200W，如图3所示。

故障现象是接通市电后，面板指示灯显示闪烁，放锅并按开关键时，连续发出"请放锅……"的报警声，指示灯伴随报警声闪烁，不加热。

打开外壳后察看，发现内部设置了语音报警电路，采用小喇叭发音。率先测量"三电压"基本正常，说明电源电路基本正常。接着，从故障发生率较高的部位入手，检查同步电路正常，再检查其他单元电路均没发现异常。既然报警声提示"请放锅"，这分明是告知检锅电路发生故障，即使已放锅，却检测不到锅具才报警的，于是对检锅电路详细检测，查找老半天仍未果，有些气馁。冷静思考，根据《电子报》上刊登的文章得到启发，要对3只"大电容"进行测量，于是着手检测该电磁炉的3只电容。因为之前测量三电压正常，说明300V电源的5μF滤波电容正常，察看谐振电容外表完好，而它变质多会产生爆机等故障，那剩下非查不可的就是市电高频滤波电容C1了，焊下它测量，容量仅为0.5μF左右，用2μF/400V电容更换后故障排除。

【质疑】这个电容只是滤除市电电压内的高频杂波，以免对本电磁炉的干扰。同时，可滤除电磁炉内部所产生的有害信号，以免干扰其他用电设备。要是在其他型号电磁炉中，这个电容甚至可以不用，电磁炉仍能工作，其滤波功能只是我们看不见摸不着而已。然而，在该电磁炉中怎么就显得这么重要？

修复后用微型电力监测仪测量工作指标时发现，在面板数码管显示2200W时，而电力监测仪却显示1300W多一些，说明功率不够。参见图4，试图通过调整电路板上的VR1(501)来增大功率。随着调整VR1，电力检测仪显示1400W→1500W……逐渐升高，但突然听到"啪"的一声，爆机了。经测量功率管、整流桥和保险丝(熔丝管)全烧了。事后看着电路板发呆，原来使用的散热板仅仅是那么一小块（见图3)，这不是默认本炉功率不能再调高吗？笔者误此一举，导致电磁炉重要的零部件烧毁，赔钱买教训，今后凡遇到杂牌或组装电磁炉需小心谨慎！

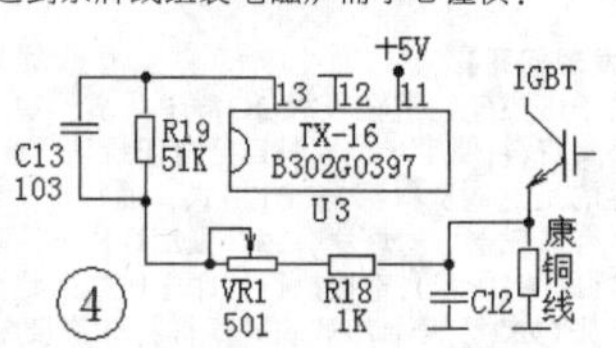

花费时间拆卸散热板上的功率管和桥堆察看，虽然功率管用的是R20R1203，但桥堆用的是GBU15KEDA061(参数不详)，它的体积要比通常电磁炉用的桥堆要小得多。估计是调整时电流过大，因桥堆参数较小而烧毁，再引发烧功率管和保险丝。更换烧毁的元件，并将VR1复原后试机，电磁炉恢复正常，故障排除。

◇福建 谢振翼

①

②

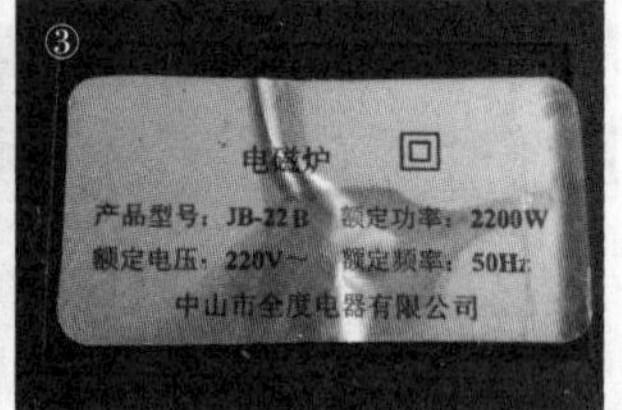

③

在物联网中赚钱的6种方法

据麦肯锡全球研究所称，到2025年，物联网每年将产生高达11.1万亿美元的潜在影响。有这么多机会，为什么有这么多公司希望连接他们的设备并进入物联网领域是有道理的。

但只是在您的小部件中添加互联网连接并不意味着您的业务将立即获利。物联网产品具有显著的持续成本：网络基础设施，网络以及其他连接和数据相关成本。如果您无法证明客户的附加价值，那么这些成本将会消耗掉您的利润。

最成功的物联网产品是那些为您的客户提供经常性，持续价值的产品（以及为您带来的经常性收入）。虽然公司可以通过多种方式通过互联产品创造价值，但我们发现公司通过六种不同的主要方式可以从物联网产品中赚钱。

1.跟踪您的资产

将资产从一个地方移动到另一个地方仍然是一个非常棘手的过程，这会产生很多低效率。产品丢失，或“从卡车后面掉下来”，被盗并在黑市上出售，租用设备从汽车到建筑设备的被盗。这些因素使得商店要么携带过多的产品库存，要么经常缺货。这些低效率都具有相同的来源：关于事物在何处以及如何被使用的不完整信息。

据Business Insider称，物联网技术预计将对物流和供应链管理行业产生1.9万亿美元的影响。这是因为资产跟踪等物联网技术使公司能够更准确地监控其物流运营，这也有助于他们做出更好的决策并节省资金。例如，如果你监督一队卡车，你怎么知道你的司机是偏离他们的路线还是落后于计划？如果您的卡车/集装箱/包裹被跟踪，您可以快速识别潜在问题并在问题变得更严重之前解决它们，从而节省资金。

2.防止机器故障和维护问题

东西破裂了，当他们破裂时，问题就会发生。如果您可以避免维护问题，您可以避免因这些故障而导致的问题，并且可以节省资金。事实上，行业专家报告说，预防性维护可以为企业提供高达545%的投资回报率。

例如：Alert Labs使用智能水传感器，帮助客户检测泄漏并提供对水消耗的深入了解。消费者可以将这些传感器放置在热水器或其他容易泄漏的设备下面，这有助于他们保护家庭免受机器故障的影响，并且可以在问题变得更严重之前减少维护问题。通过持续监控，Alert Labs为客户提供持续的保护，这也有助于他们通过月度监控计划赚钱。

3.减少保持合规的开销

据制造业协会称，美国制造商在监管合规方面的支出估计为1,920亿美元。这是因为几乎每个行业在某种程度上都需要现场代理人员对设备进行物理检查以确保合规性。然而，通过物联网创造价值的最简单方法之一是用互联网连接的传感器取代这些检查。

采取Canary Compliance，使用物联网硬件监控加油站下方储罐中的燃油量。他们的远程监控系统允许企业根据需要向运输商提供实时库存信息，并提供最新的库存报告。虽然跟踪燃料水平似乎是一项容易的任务，但存储泄漏和极端天气条件等无法控制的因素使加油站所有者难以保持完美的记录。拥有加油站的小企业主如果储存燃料水平和记录不匹配，通常会面临巨额罚款。不断跟踪燃料的物联网系统为企业主增加了另一个故障保护，反过来又可以为他们节省大量资金。

4.实现消耗品

许多产品都有消耗元素：燃料，油，过滤器等。消费品通常是公司的大赚钱机器人（如剃须刀和剃须刀片，剃须刀作为亏损领导者出售，以获得一个剃刀刀片销售收入流）。但是，如果您的产品在需要时可以自动订购耗材，该怎么办？

自动履行消耗品可提高转换率，锁定经常性销售，并更容易预测需求。同时，您的客户可以从减少停机时间（即耗材缺货）和更好的产品体验中受益。

Saltco提供盐水位传感器的完美示例。一些房主需要将盐注入供水系统，以消除钙和镁的积累。虽然购买盐不是一次性购买；客户经常需要监控他们的盐水平，因此他们的管道没有损坏或堵塞。当盐含量过低时，Saltco的传感器会自动通知送货专家，这意味着房主不必担心。这种模式不仅有助于产生持续的盐销售，而且还有助于Saltco更好地了解客户如何消费盐以做出更好的商业决策。

5.管理环境

今天，绝大多数城市都无法应对地震，飓风和洪水造成的环境破坏。例如，国会预算办公室估计，仅飓风灾害每年就要花费280亿美元。然而，像Opti这样的公司已经开发出通过物联网解决方案来对抗基础设施不足的方法，这些解决方案能够为他们所拥有的城市提供经常性的保护。

Opti的CMAC（连续监测和自适应控制）排水系统监测天气预报并控制排水阀，以最大限度地减少洪水和环境危害的问题。通过在城市周围安装这些CMAC系统，Opti通过保护宝贵的基础设施来节省城市资金。每次风暴袭击时，它们也会年复一年地为客户创造价值。

6.向上销售优质产品

如果您制作小部件，通过物联网创造价值的最简单方法是制作一个高端的“连接”或“智能”小部件并以高价销售。但是，尽管它很简单，但这种商业模式最有可能失败，因为它假设您的客户愿意为智能小部件支付更多费用而不是愚蠢的小部件，而情况并非总是如此。

成功和不成功的“智能”产品之间的区别很简单：成功的产品解决了实际问题。我们不需要智能发刷或智能篮球。但是不要把婴儿扔出洗澡水，有一些真正的问题值得解决。

以Nest和Ecobee等“智能”恒温器为例。虽然这些恒温器让我们的生活变得更加舒适，但它们的真正价值在于提高能源效率。暖通空调（采暖，通风和空调）系统是家庭能源的第一消费者，因此任何减少供暖和空调量的方法都可以节省真金白银。虽然智能恒温器比传统恒温器更昂贵，但它们通常是一次性购买，可持续提供多年的价值（能源效率）。制造商还可以通过其他方式创造价值，例如，与公用事业公司合作创建需求响应计划。

许多进入物联网的公司都是以技术为先。他们首先想象连接的产品，然后回归价值主张。他们的产品最终进入物联网死穴，要么是因为他们没有进入市场，要么是因为他们进入市场时没有成功。

相比之下，最好的物联网公司首先说：我的客户有什么问题，我在日常业务中遇到了什么问题，以及连接产品如何帮助解决这些问题？

◇湖北　朱少华　编译

学好这5种编程语言可成人工智能高手

人工智能现在在全世界流行，如果你想进行AI开发，那就先来了解这5种开发AI的最佳语言吧！

1.PYTHON

PYTHON语法简单，功能多样，是开发人员最喜爱的AI开发编程语言之一，因为它允许开发人员创建交互式，可解释式性，模块化，动态，可移植和高级的代码，这使得它比JAVA语言更独特。PYTHON非常便携，可以在LINUX，WINDOWS等多平台上使用。另外，PYTHON是一种多范式编程语言，支持面向对象，面向过程和函数式编程风格。由于它拥有简单的函数库和理想的结构，PYTHON很适合神经网络和自然语言处理（NLP）解决方案的开发。

但是，习惯于PYTHON的开发人员在尝试使用其他语言时，难以调整状态使用不同的语法进行开发。与C ++和JAVA不同，PYTHON在解释器的帮助下运行，在AI开发中这会使编译和执行变得更慢，不适合移动计算。

2.C++

C ++是最快的计算机语言，它特别适用于对时间敏感的AI编程项目。C ++能够提供更快的执行时间和响应时间（这就是为什么它经常用于搜索引擎和游戏）。此外，C ++允许大规模的使用算法，并且在使用统计AI技术方面非常高效。另一个重要因素是由于继承和数据隐藏，在开发中C ++支持重用代码，因此既省时又省钱。C ++适用于机器学习和神经网络。

由于C++多任务处理效果不佳，所以仅适用于实现特定系统或算法的核心或基础。并且C++遵循自下而上的方法，因此非常复杂。

3.JAVA

JAVA也是一种多范式语言，遵循面向对象的原则和一次编写、到处运行（WORA）的原则。JAVA是一种可在任何支持它的平台上运行的AI编程语言，而无需重新编译。

除了AI开发，JAVA也是最常用的语言之一，兼容了C和C ++中的大部分语法。JAVA不仅适用于自然语言处理和搜索算法，并且还适用于神经网络。

4.LISP

在AI开发中使用LISP语言，是因为它的灵活性使快速建模和实验成为可能，这反过来又促进了LISP在AI开发中的发展。例如，LISP有一个独特的宏观系统，可以帮助探索和实现不同层次的智能。与大多数AI编程语言不同，LISP在解决特定问题方面效率更高，因为它能够适应开发人员编写解决方案的需求。LISP非常适合于归纳逻辑项目和机器学习。

但是，LISP是计算机编程语言家族中继FORTRAN之后的第二种最古老的编程语言，作为一种古老的编程语言，LISP需要配置新的软件和硬件以适应在当前环境下使用。很少有开发人员熟悉LISP编程。

5.PROLOG

PROLOG也是最古老的编程语言之一，因此它也适用于AI的开发。像LISP一样，它也是主要的AI编程语言。PROLOG的机制能够开发出受开发人员欢迎的较为灵活的框架。PROLOG是一种基于规则和声明的语言，这是因为它具有规定AI编程语言的事实和规则。

PROLOG支持基本机制，如模式匹配，基于树的数据结构以及AI编程所必需的自动回溯。除了广泛应用于AI项目之外，PROLOG也应用于创建医疗系统。

一款简洁的单端甲类功放的制作

迷你阿尔发(PASS MINI&AM)单端甲类双单声道功放,是Nelson Pass先生2001年公开在diyAudio论坛的一款放大器,是基于Pass Labs的Aleph30的迷你版,输出功率约8~16W,连续不失真功率大约10W,是一款比较迷你的单端甲类,它采用了PASS特有的动态横流源技术,比一般的单端甲类效率高很多,而且因为是单管单端甲类,功率管无需精密配对,制作难度大大减少,确实是一个值得一做的电路,但是输出功率确实不是很大,所以对音箱有要求,不适用低灵敏度的音箱(低于88DB),而且听音环境不能太大。基本原理图见下图1,电源部分见图2,实际制作采用的原理图见下图3。

一、本功放制作要求

由于本功放板采用双单声道设计,所以请尽量采用2个变压器或变压器有2组双AC12~18V电压输出,构成双单声道的布局,防止交流环地。变压器要求每个变压器功率最少100W以上,交流电压双12~18V,相当于直流±18V~24V,(早甲类功放静态电流较大,采用CRC滤波等因素,整流滤波之后的电压系数不是1.414,大约取1.3)过高的供电电压只会增加无用的热损耗。每声道电源变压器最好在100W以上,散热片每声道至少1KG。每声道滤波容量不少于60,000微法。

二、本线路部分元件的选取计算说明

1.每声道的功率管选用IRFP240,IRFP150等(此管相当于2个IRFP240,功率更大),无须配对,通过简单测试得出,在Vds=18V,Id=1.0A时,Vgs约为4.0V。也就是说,静态时Rw上需要产生4.0V的电压降。

2.预设差分管Q1、Q2必须配对,电流在10mA左右,这样R18大约取400Ω,于是取用相近而常用的390Ω电阻值,再重新确定Q1、Q2的电流,取11mA。

3. 恒流源Q3的Id即为差分管Q1、Q2的电流之和,为22mA,这里可以通过选取合适的Z5和R8来计算。预估公式:(Vz-Vgs)/R8=22mA,这里Vz为Z5的稳压值,取适中而易购的9.1V规格;Vgs是IRF9610的开启电压,这里也取经验值4.0V,这样计算得R8=230Ω,取标准值220Ω。

4. 输入部分的9.1V稳压管如果不是平衡接法,不需要全部安装。

5.图中 R2和R3确定放大器的输入阻抗;电阻R6作用,减少中点直流漂移,可以取10~30MΩ的电阻值。R13取47k~100k,调节静态电流Iq用,当R13=150K时,Iq=1.3A!R12取800~1500Ω,调节交流增益用;R17初始值100Ω,可以根据输出功率与负载条件优化此电阻值的大小。三极管ZTX450可以用BC550C代替,注意管脚就行;本放大器交流增益G=1+R15/R10。

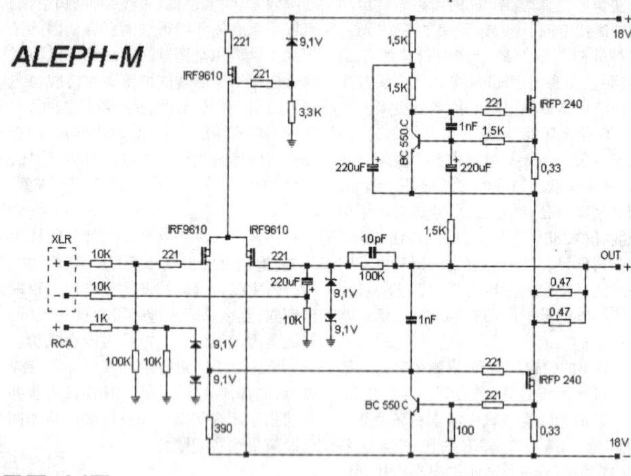

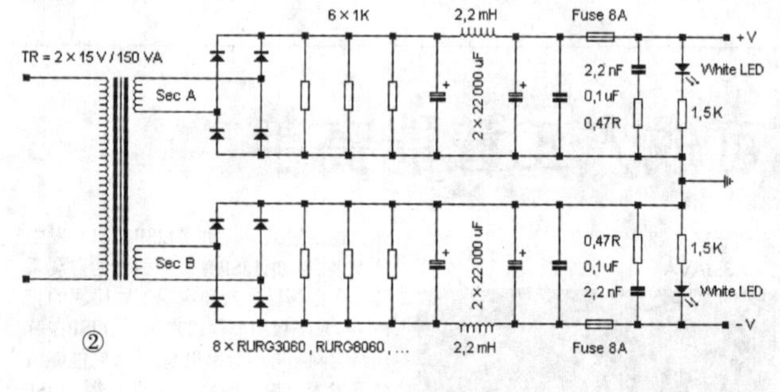

②

③

三、经验建议

1.调试时C4,C5这2个电容如果取消会有轻微自激,此处C4用15P,C5用1000P是参照原线路,实际上在保证消除自激的情况下可以尽量取小容量值。为消除自激,制作中还可以添加了一个电容C,取1nF.参见电路图中橙色线部分。

2. 为尽量做到两声道静态电流一致,仍建议选配各管子,包括Z5这只稳压管。差分管和功率管配对方法见图4。

3. 信号地与电源地之间电阻R0 ,3Ω/3W视情况可以直接短接。

4. 输出要外接喇叭保护,等调试好了,煲机后正常了,可以取消喇叭保护。PASS LAB厂机大部分都没有设喇叭保护!

5.非平衡输入接法,音源输入信号接+vin,地线接GND,-IN悬空;平衡输入接法,音源正输入接+vin,地线接GND,音源负输入接-vin。

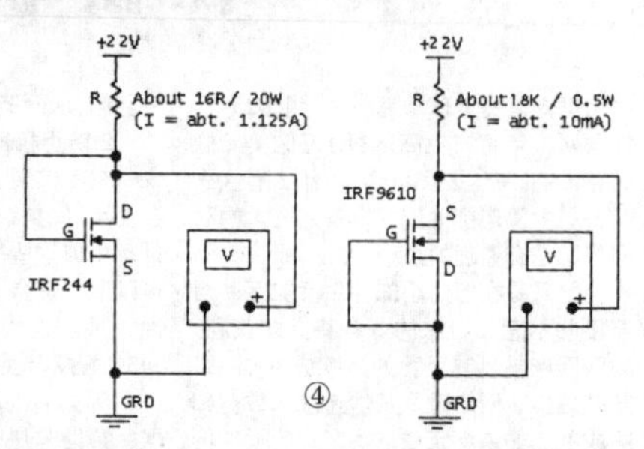

④

6.图3的参考PCB布局图(部分元件采用了贴片)如下图5:

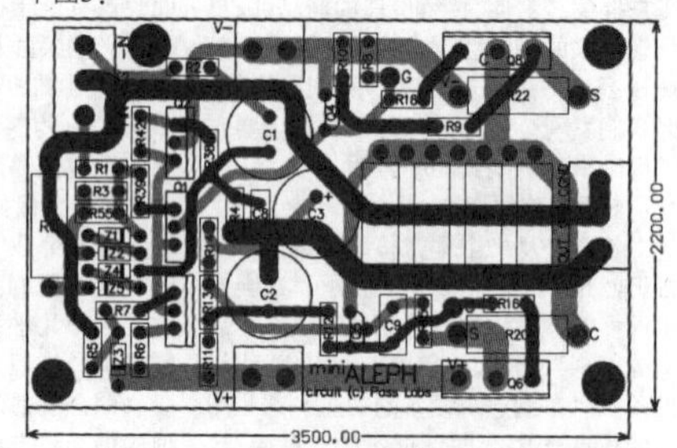

RED : TOP LAYER
BLUE : BOTTOM LAYER
⑤

本功放元件不多,也可以采用洞洞板;某宝也有套件,调试简单,一装即成。

四、简易调试

1.请仔细核对元件焊接,安装,尤其注意功率管,不能与散热桥有任何短路。

2.安装前,可以用1k的可调电阻Rw替代R18,调试时,顺时针缓慢旋转可调电阻Rw,保证R18这个电阻上电压大约4V,此时输出中点直流漂移一般约10mV,静态电流800mA~1A左右,到此调试基本完成,最后将Rw用固定电阻代替。如果想更改静态电流,需要更改R8或者R18的阻值.

3.上电前可调电阻逆时针调到最小,最好用实验电源,如果无,最好在+-电压端各串联一个5~8欧姆大功率电阻限流,只要没有冒烟等故障,可以拆除此大功率电阻。

4.本版采用双单声道设计,请尽量采用2个变压器构成双单声道的布局,防止地线干扰噪音,2个变压器来做要求每个变压器功率最少100W以上,交流电压双12~18V,过高电压只会增加无用的热损耗,如果只用一个变压器做双声道变压器则最少200W以上。散热片每声道最少1KG,用Nelson Pass先生的话说:以手摸散热片能接触至少10秒为宜!

参考网站:

https://www.diyaudio.com/forums/pass -labs/2001 -mini.html

https://www.diyaudio.com/forums/pass-labs/

https://www.diyaudio.com/forums/pass-labs/207642-mini-aleph-build.html

早期洞洞板采用±15V@5WRMS的成品机如图6:

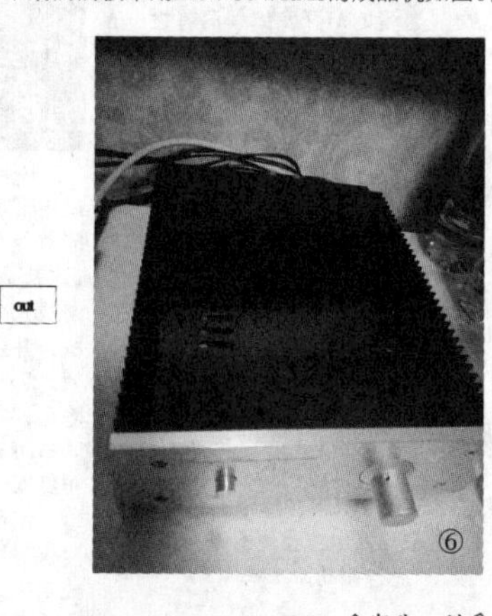
⑥

◇湖北 刘爱国

释疑解惑破解部分电喷汽车的“故障门”(上)

1.桑塔纳汽车“时代超人”急加速时为何犯闯？

桑塔纳汽车“时代超人”冷起动、暖车、怠速以及大负荷工况时均无异常，但加速性能不良，特别是在2、3挡急加速时犯闯。检查点火系统以及拆解、清洗喷油器都不能起到良好的效果。连接V.A.G1552，进入发动机地址词01，选择02进入故障查询功能，未发现任何故障。进入08读取测量数据块，选择显示组007，观察氧传感器的动作情况，发现怠速以及部分负荷时，电压变化正常。在急加速时，氧传感器电压归零，说明急加油时喷油器的供油量不足，混合气浓度太稀。退出显示组007，进入显示组002，观察急加速时的喷油脉宽，发现仅为8~10ms，而正常的脉宽应为15ms以上。由此可以怀疑两种可能情况：一种可能是进排气管路有阻塞，另一种可能就是空气流量计有故障。经检查确系空气流量计有故障，更换后故障排除。

2.桑塔纳轿车启动后就熄火何故？

一辆装有第二代防盗系统的桑塔纳2000轿车早上启动后熄火。故障诊断时，打开点火开关，启动后立即熄火，发动机油路不供油。考虑该车此前刚刚换的油泵，以及没有足够的检测设备，只好把车拖回修理厂进行进一步的检查。经过仔细分析故障现象，认为很有可能是防盗系统被锁。该车的防盗指示灯闪烁，这表明防盗系统已进入保护状态。使用VAS5052进行了调码，故障码为：01176，即钥匙信号过小而不被认可和17978发动机控制模块禁用。插在点火开关上的不是原车的钥匙，而是车主自己配来用于开门的钥匙。由于该车装配的是第二代防盗系统，它的钥匙带有芯片，普通钥匙无法正常启动车子。把故障码消掉后用原车钥匙启动车子还是无法启动，继续用VAS5052调故障码，又出现先前的故障码，疑是非法钥匙已把系统保存的数据消除了，所以把故障码消掉后，用VAS5052进行了钥匙匹配(需要原始的4位密码)。重新匹配钥匙后，打开点火开关，故障消失。

3.桑塔纳轿车发动机转速为何不能随节气门的开大而升高？

一辆桑塔纳2000GSi型轿车，在行驶过程中突然出现发动机不能随着油门的踩下而加速，但也不熄火的故障。具体表现为发动机在怠速时工作正常，但转速在2000r/min左右时，踩下油门踏板，发动机的转速不能随节气门的开大而升高。但是如果此时放松油门踏板，再接着踩下油门踏板，发动机的转速又会迅速提高，而行驶一段路程后(200~300m)，上述故障又会出现。

该轿车采用的是电子控制多点燃油喷射系统，发动机对燃油压力要求较高，怀疑是系统中油压不够，用油压表测试，系统油压正常。检查燃油泵滤网，没有出现堵塞的现象。检查各喷油器的喷油情况，喷油良好。用V.A.G1552专用测试仪检测电控系统，无故障代码出现。检查各传感器和有关执行器的外部，发现节气门位置传感器破损，用数字万用表检测其电阻值和电压值，发现电阻值较小，而电压值却较高，说明节气门位置传感器内部部分短路。据分析：由于节气门位置传感器内部出现部分短路，在节气门开度较小时，其电阻值与标准值比较变化不大，对发动机工作影响不大，能够正常工作。但当节气门的开度变大时，由于其电阻值与标准值相比变化较大，ECU不能识别这个信号，也不能发出正确的指令，只能采用预先储存的备用程序来代替，使曲轴转速保持在2000r/min左右，汽车也只能以较低的速度行驶。当驾驶员松开油门踏板又接着踩下油门踏板时，此时传感器又重新给ECU一个正常信号，发动机又在ECU的控制下正常工作，当节气门开到一定程度时，又会出现上述故障。由于ECU在工作中只能识别传感器、执行器和线路的短路及断路，ECU就不能储存故障代码，即使出现像本车节气门位置传感器内部部分短路的情况，由于线路还有信号，ECU仍无法识别，还会认为此时无故障，因此，在用V.A.G1552检测时，无故障代码输出。更换节气门位置传感器后试车，故障现象消除。

4. 桑塔纳2000轿车怠速后为何抖动？

某桑塔纳2000轿车最初怠速发抖，但加速良好，检查发现为空气流量计插头损坏而脱落，插好并固定好后怠速正常。但几天后出现当冷车高怠速后发动机怠速抖动严重，且冷车高怠速时间比正常情况短，而热车后怠速又恢复正常。检查分析：用V.A.G1552检测，故障码显示为空气流量计G70对地开路或短路与节气门控制部件J338基本设定错误。通过读取数据流/对空气流量计数据进行分析，进气量为3.79g/s，在正常范围内。分析原因，是由于最初空气流量计插头脱落，发动机控制单元接收不到空气流量计的信号，必然用其他信号来代替，以维持车辆继续行驶。于是节气门位置信号便充当了空气流量信号，从而使发动机控制单元接收了错误的信号，导致√338基本设定错误。清除故障码，重新设定并匹配后试车，发动机怠速正常，加速良好。

5.道奇捷龙汽车为何无怠速？

一辆装备了3.3L V6发动机的1998款道奇捷龙汽车无怠速，油门开度最小时会突然熄火，带油门启动勉强能着车，松油门又熄火。在故障诊断之前，该车热车行驶发动机会突然转速升高。诊断时用克莱斯勒专用诊断仪DRBⅢ查看故障代码，但无故障代码显示。转而查看数据流，发现喷油脉宽7.32ms左右，正常怠速应该2.6ms左右，大气压电压为3.34V，怠速步级数为102，点火提前角在1~20°之间乱跳，水温未见异常。怠速时，正常的喷油脉宽应为2.6ms左右，正常的大气压电压应为1.50V左右，正常的怠速步级数应为30左右，正常的点火提前角应为18°左右，而且数值相对稳定。由于尾气异常超标，结合故障现象考虑，导致大范围传感器数据失常的可能原因有：某一传感器数据失常导致连锁反应；ECU电脑失常；某一执行元件失效导致连锁反应。为检验电脑问题和传感器问题进行了诊断仪特殊功能项中的怠速设置功能，当把怠速设置为2000r/min时，在松开油门踏板时实际只能达到1412r/min。这至少可以初步判断电脑正常。

为排除油压和油压调节器的可能性，用油压表检测，油压显示为0.32MPa，而且很稳定。经筛选引起该故障的可能原因，考虑到还有执行元件没检查，而且此故障现象与进气歧管漏气所造成的故障现象很吻合，所以把所有与进气歧管连接的真空软管一一折弯。当折弯到EGR真空管时，松开油门，故障现象突然消失了，故障点终于找到了。为了进一步确诊是EGR传感器总成还是EGR阀本身的故障，进行了如下测试：接上诊断仪DRBⅢ，带油门启动发动机，查看数据流中的发动机转速；折弯软管，让发动机正常运转，并拆下EGR阀与电磁阀之间的真空软管，将真空泵接到EGR阀的管嘴上；拆开怠速控制(IAC)电机的电气接头；慢慢地给EGR阀抽真空，当真空度达到6.7~12kPa时，发动机转速开始下降，并随着真空度的增加而继续下降，直至停止转动，对损坏的EGR传感器总成进行通电压力实验，发现堵住任一接口，剩下2个接口都能轻松通气，说明EGR电磁阀卡滞在常开位置（通常发动机ECU在给其断电时才打开)，而排气背压管也相通就说明其中的皮膜也破裂。撬开排气背压阀底座，发现果然严重焦裂。于是直接更换EGR传感器总成，而后启动轻松，故障排除。

◇湖北 刘道春

重瓦斯报警回路的改造

工作原理：当变压器发生轻故障时，有轻瓦斯产生，瓦斯继电器KG的上触点(1-2)闭合，作用于预告信号；当发生严重故障时，重瓦斯冲出，瓦斯继电器的下触点(3-4)闭合，经中间继电器KC作用于信号继电器KS，发出报警信号，同时断路器跳闸。瓦斯继电器的下触点闭合，也可以利用切换片XB切换位置，只给出报警信号。

为了消除浮筒式瓦斯继电器的下触点在发生重瓦斯时可能有跳动(接触不稳定)现象，中间继电器有自保触点。只要瓦斯继电器的下触点一闭合，KC就动作并自保。当断路器跳闸后，断路器的辅助触点断开自保回路，使KC恢复起始位置。原理图如图1。

2017年我站碳素阳极中频1#变压器，轻瓦斯报警运行人员发现也没当回事，因为经常有变压器低有位报轻瓦斯。运行3小时后，开关报断路器位置分闸，当班现场检查开关分闸，保护未动作。检查后报告领导，领导要求运行人员申请变压器转检修并组织人员对变压器做直流电阻测试、摇绝缘。测试结果发现变压器内部线圈短路。联系厂家经厂家大修后费用16万元，变电站组织人员讨论判断是重瓦斯报警。当在变压器内部突然发生故障，重瓦斯不能及时报信号给主控室，决定在重瓦斯报警回路串一时间继电器定时5—10秒，这样重瓦斯信号一定会和开关分闸同时报至主控室后台机。经保护传动试验可靠改造成功。改造改造后原理图2。

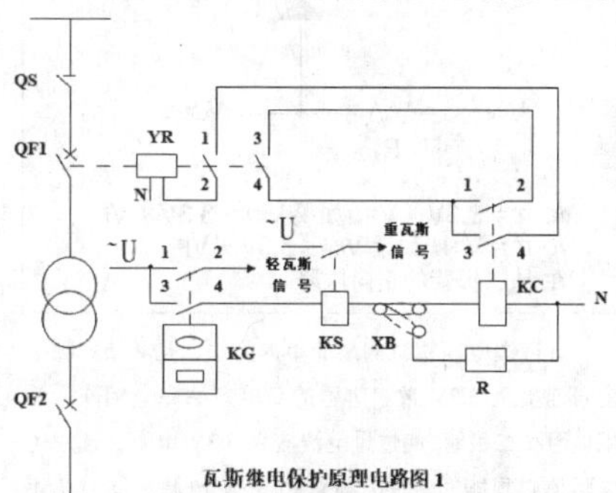

瓦斯继电保护原理电路图1

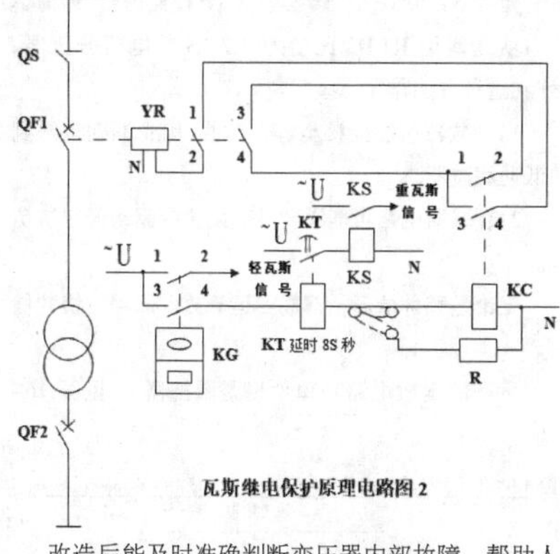

瓦斯继电保护原理电路图2

改造后能及时准确判断变压器内部故障，帮助人员分析故障。

理论东西经过运行试验才能检验是否完善，设备只有不断改革创新才能完善，确保运行可靠安全。

◇山西 韩伟

单片机5V转3.3V电平的电路汇集(三)

(紧接上期本版)

技巧十四:3.3V→5V模拟增益模块

从 3.3V 电源连接至 5V 时，需要提升模拟电压。33 kΩ 和 17kΩ 电阻设定了运放的增益，从而在两端均使用满量程。11 kΩ 电阻限制了流回 3.3V 电路的电流。

图 14-1: 模拟增益模块

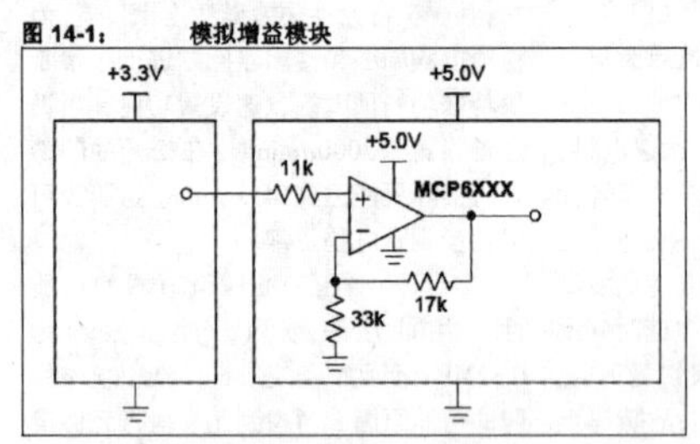

技巧十五:3.3V→5V模拟补偿模块

该模块用于补偿 3.3V 转换到 5V 的模拟电压。下面是将 3.3V 电源供电的模拟电压转换为由 5V电源供电。右上方的 147 kΩ、30.1 kΩ 电阻以及+5V 电源，等效于串联了 25 kΩ 电阻的 0.85V 电压源。这个等效的 25 kΩ 电阻、三个 25 kΩ 电阻以及运放构成了增益为 1 V/V 的差动放大器。0.85V等效电压源将出现在输入端的任何信号向上平移相同的幅度;以 3.3V/2 = 1.65V 为中心的信号将同时以 5.0V/2 = 2.50V 为中心。左上方的电阻限制了来自 5V 电路的电流。

图 15-1: 模拟补偿模块

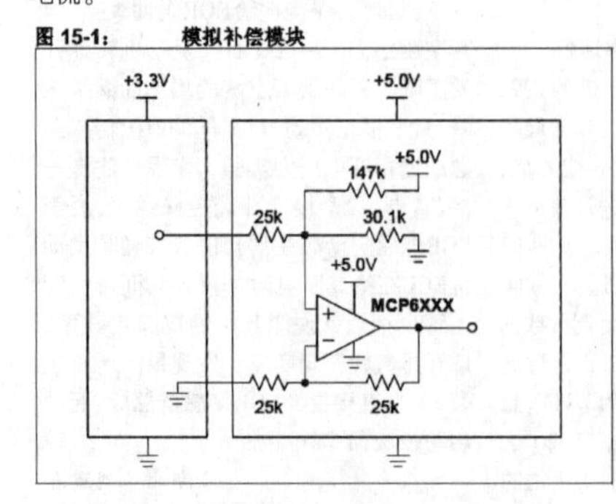

技巧十六:5V→3.3V有源模拟衰减器

此技巧使用运算放大器衰减从 5V 至 3.3V 系统的信号幅值。

要将 5V 模拟信号转换为 3.3V 模拟信号，最简单的方法是使用 R1:R2 比值为 1.7:3.3 的电阻分压器。然而，这种方法存在一些问题。

1)衰减器可能会接至容性负载，构成不期望得到的低通滤波器。

2)衰减器电路可能需要从高阻抗源驱动低阻抗负载。

无论是哪种情形，都需要运算放大器用以缓冲信号。

所需的运放电路是单位增益跟随器 (见图 16-1)。

图 16-1: 单位增益

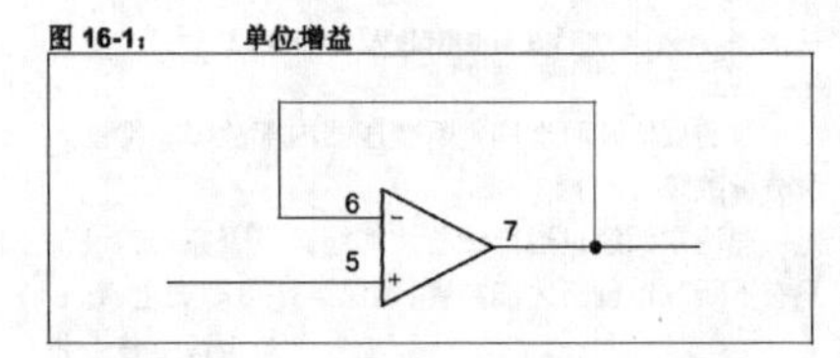

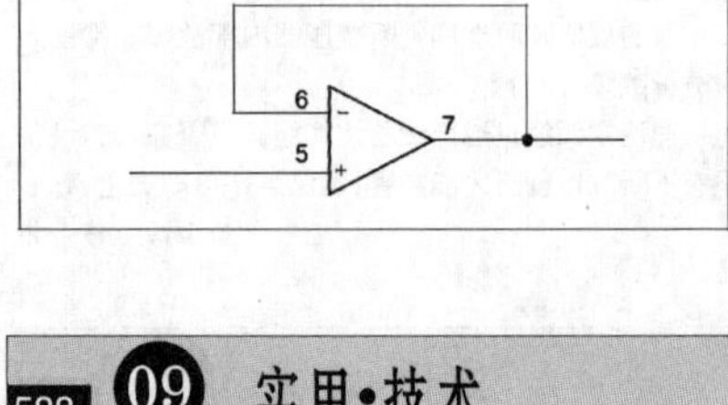

电路输出电压与加在输入的电压相同。

为了把 5V 信号转换为较低的 3V 信号，我们只要加上电阻衰减器即可。

图 16-2: 运放衰减器

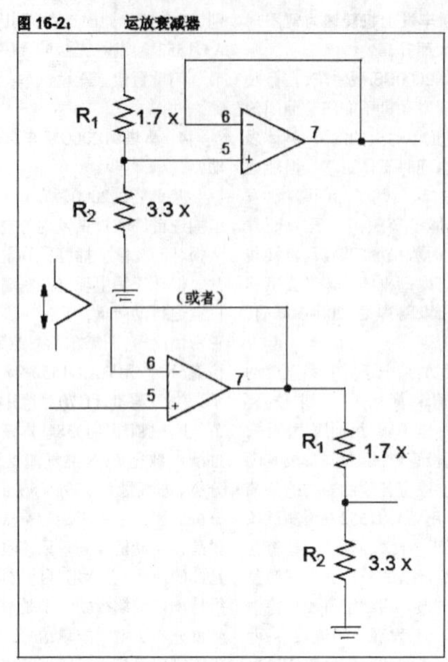

如果电阻分压器位于单位增益跟随器之前，那么将为 3.3V 电路提供最低的阻抗。此外，运放可以从 3.3V 供电，这将节省一些功耗。如果选择的 X 非常大的话，5V 侧的功耗可以最大限度地减小。

如果衰减器位于单位增益跟随器之后，那么对 5V 源而言就有最高的阻抗。运放必须从 5V 供电，3V 侧的阻抗将取决于 R1||R2 的值。

技巧十七:5V→3.3V模拟限幅器

在将 5V 信号传送给 3.3V 系统时，有时可以将衰减用作增益。如果期望的信号小于 5V，那么把信号直接送入 3.3V ADC 将产生较大的转换值。当信号接近 5V 时就会出现危险。所以，需要控制电压越限的方法，同时不影响正常范围中的电压。这里将讨论三种实现方法。

1. 使用二极管，钳位过电压至 3.3V 供电系统。

2. 使用齐纳二极管，把电压钳位至任何期望的电压限。

3. 使用带二极管的运算放大器，进行精确钳位。

图 17-1: 二极管钳位

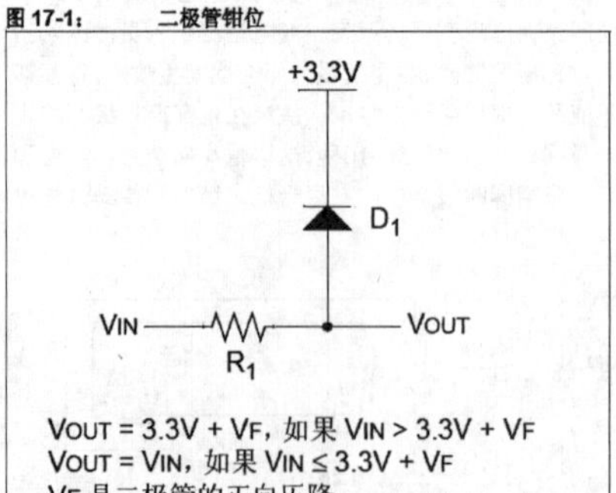

+3.3V

D1

VIN — R1 — VOUT

VOUT = 3.3V + VF，如果 VIN > 3.3V + VF

VOUT = VIN，如果 VIN ≤ 3.3V + VF

VF 是二极管的正向压降

进行过电压钳位的最简单的方法，与将 5V 数字信号连接至 3.3V 数字信号的简单方法完全相同。使用电阻和二极管，使过量电流流入 3.3V 电源。选用的电阻值必须能够保护二极管和 3.3V 电源，同时还不会对模拟性能造成负面影响。如果 3.3V 电源的阻抗太低，那么这种类型的钳位可能致使3.3V 电源电压上升。即使 3.3V 电源有很好的低阻抗，当二极管导通时，以及在频率足够高的情况下，当二极管没有导通时(由于有跨越二极管的寄生电容)，此类钳位都将使输入信号向 3.3V 电源施加噪声。

为了防止输入信号对电源造成影响，或者为了使输入应对较大的瞬态电流时更为从容，对前述方法稍加变化，改用齐纳二极管。齐纳二极管的速度通常要比第一个电路中所使用的快速信号二极管慢。不过，齐纳钳位一般来说更为结实，钳位时不依赖于电源的特性参数。钳位的大小取决于流经二极管的电流。这由 R1 的值决定。如果 VIN 源的输出阻抗足够大的话，也可不需要 R1。

图 17-2: 齐纳钳位

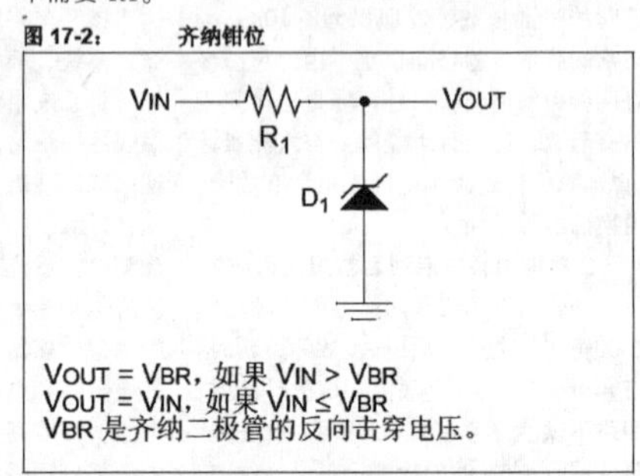

如果需要不依赖于电源的更为精确的过电压钳位，可以使用运放来得到精密二极管。电路如图 17-3 所示。运放补偿了二极管的正向压降，使得电压正好被钳位在运放的同相输入端电源电压上。如果运放是轨到轨的话，可以用 3.3V 供电。

图 17-3: 精确二极管钳位

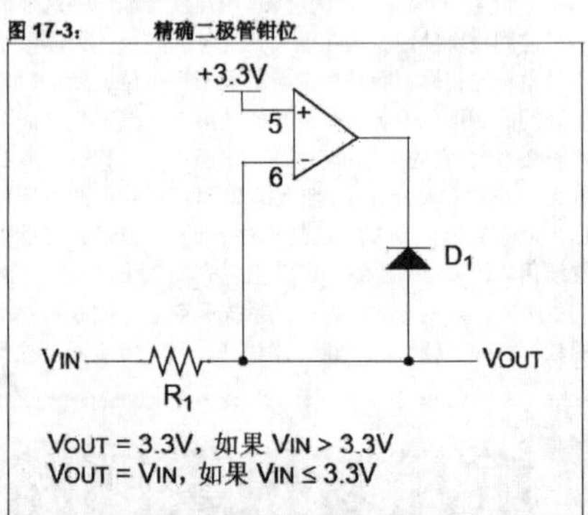

由于钳位是通过运放来进行的，不会影响到电源。

运放不能改善低电压电路中出现的阻抗，阻抗仍为R1 加上源电路阻抗。

技巧十八:驱动双极型晶体管

在驱动双极型晶体管时，基极“驱动”电流和正向电流增益 (B/hFE)将决定晶体管将吸纳多少电流。如果晶体管被单片机 I/O 端口驱动，使用端口电压和端口电流上限(典型值 20 mA)来计算基极驱动电流。如果使用的是 3.3V 技术，应改用阻值较小的基极电流限流电阻，以确保有足够的基极驱动电流使晶体管饱和。

(完)

◇四川省广元市高级职业中学 兰 虎

应急广播平台接口规范与应用(一)

本文件规范了应急广播平台制作播发系统与调度控制系统之间、上下级应急广播平台之间、应急广播平台与广播电视频率频道播出系统之间、应急广播平台与应急广播适配器之间的接口协议、接口功能和数据文件格式等。适用于应急广播平台制作播发系统与调度控制系统之间、上下级应急广播平台之间、应急广播平台与广播电视频率频道播出系统之间、应急广播平台与应急广播适配器之间的数据交互，以及应急广播平台、应急广播适配器的设计、生产、使用和运行维护。

一、术语、定义和缩略语

1. 应急信息 emergency information 通过县级以上人民政府及其有关部门、专业机构发布，应急广播系统接收的源信息。内容包括自然灾害、事故灾难、公共卫生和社会安全等各类信息。

2.应急广播 emergency broadcasting 一种利用广播电视系统向公众发布应急信息的方式。

3. 应急广播消息 emergency broadcasting message; EBM 各级应急广播平台之间，以及应急广播平台到广播电视频率频道播出系统、各类应急广播传输覆盖资源和终端之间传递的播发指令等相关数据。应急广播消息包括应急广播信息主体文件、应急广播信息主体签名文件、应急广播节目资源文件、应急广播消息指令文件、应急广播消息指令签名文件。

4.应急广播适配器 emergency broadcasting adapter device 接收、解析、验证应急广播消息，并向广播电视频率频道播出系统和传输覆盖网进行协议转换的设备。

缩略语

下列缩略语适用于本文件。

XML 可扩展标记语言 (Extensible Markup Language)

5.TAR 文件归档格式(Tape Archive)。

二、应用模型

应急广播接口模型由接口请求方和接口响应方组成，接口请求方和接口响应方使用应急广播接口进行数据传输。接口模型见图1。

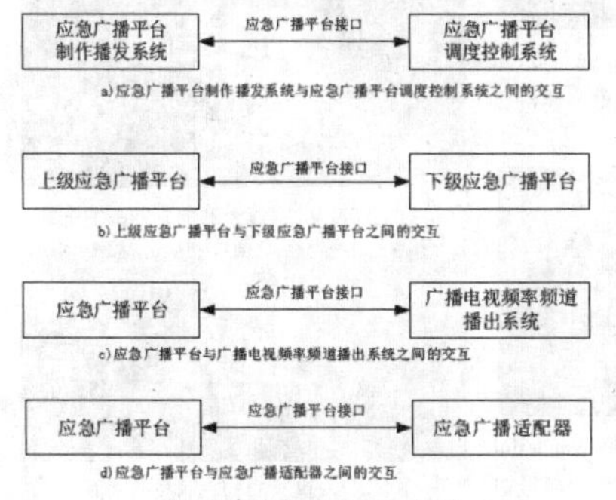

图1 应急广播平台接口模型

三、接口规范

1.接口协议。

接口请求方和接口响应方使用HTTP协议进行数据传输，实现各个接口功能。接口请求方为客户端，主动向接口响应方发起HTTP连接请求；接口响应方为服务端，创建HTTP服务端口，侦听处理接口请求方的请求。接口协议框架见图2。

表1 应急广播接口数据文件说明

应急广播接口数据文件	文件构成	文件类别	说明
应急广播消息文件	应急广播信息主体文件	应急广播业务数据文件	必选，一个文件。具体说明见GD/J 082—2018
	应急广播信息主体签名文件	应急广播业务数据签名文件	必选，一个文件。具体说明见GD/J 082—2018
	应急广播节目资源文件	应急广播节目资源文件	可选，可存在多个。具体说明见GD/J 082—2018
	应急广播消息指令文件	应急广播业务数据文件	必选，一个文件。具体说明见GD/J 082—2018
应急广播消息文件	应急广播消息指令签名文件	应急广播业务数据签名文件	必选，一个文件。具体说明见GD/J 082—2018
其他应急广播平台接口数据文件	应急广播业务数据文件	应急广播业务数据文件	必选，一个文件。
	应急广播业务数据签名文件	应急广播业务数据签名文件	应急广播业务数据文件所对应的签名数据文件，可为可选，可存在多个。具体说明见GD/J 081—2018。部分业务数据文件可没有对应的签名数据文件，如心跳检测数据文件以及对应的接收回执文件等。

2.接口流程。

在交互过程中，接口请求方通过HTTP POST方法将应急广播接口数据文件发送给接口响应方；接口响应方在当前HTTP连接中接收该文件，并返回接收回执TAR文件(应急广播接口数据文件的一种，见第7章)，通知接口请求方初步处理结果，随后结束该HTTP连接，等进一步处理后在新的HTTP连接中返回相应的数据。接口流程见图3。

接口请求方通过HTTP向接口响应方传输应急广播接口数据文件时，需在传输报文中注明该文件的文件名及打包压缩方式，接口响应方返回相应的接收回执TAR文件。

3.数据格式。

(1) 应急广播接口数据文件结构

接口请求方和接口响应方以应急广播接口数据文件的形式实现数据交换，应急广播接口数据文件采用TAR格式，由应急广播业务数据文件（XML格式，一个或多个)、应急广播业务数据签名文件(应急广播业务数据文件所对应的签名数据文件，XML格式，零个、一个或多个)、应急广播节目资源文件(零个、一个或多个)构成。应急广播消息文件也是应急广播接口数据文件的一种。应急广播平台接口数据文件结构见图4。

应急广播平台接口数据文件
(TAR格式)

应急广播业务数据文件（XML格式，一个或多个）
应急广播业务数据签名文件（XML格式，零个、一个或多个）
应急广播节目资源文件（零个、一个或多个）

图4 应急广播接口数据文件结构

所有应急广播业务数据签名文件均采用应急广播签名数据文件格式，具体说明见GD/J 081—2018。

应急广播平台接口数据文件说明见表1。

应急广播业务数据文件包含了平台接口的具体业务数据，由协议版本号、数据包编号、数据包类型、数据包来源对象、数据包目标对象、数据包生成时间、关联数据包以及业务数据详情等组成。根据数据包类型不同，应急广播业务数据文件类型如下：

a) 应急广播消息指令文件；

b) 应急广播消息播发状态查询文件；

c) 应急广播消息播发状态反馈文件；

d) 运维数据请求文件；

e) 应急广播平台信息文件；

f) 台站(前端)信息文件；

g) 应急广播适配器信息文件；

h) 传输覆盖播出设备信息文件；

i) 平台设备及终端信息文件；

j) 播发记录文件；

k) 应急广播平台状态文件；

l) 应急广播适配器状态文件；

m) 传输覆盖播出设备状态文件；

n) 平台设备及终端状态文件；

o) 心跳检测文件；

p) 处理结果通知文件；

q) 接收回执文件。

(2)应急广播接口数据文件命名规则。

应急广播消息文件命名方式见GD/J 082—2018。

其他应急广播接口数据文件命名方式如下：

a) 应急广播接口数据文件：命名规则为“EBDT_数据包编号.tar”，数据包编号为其包含的应急广播业务数据文件的EBDID。

b) 应急广播业务数据文件：命名规则为“EBDB_数据包编号.xml”，数据包编号为其包含的应急广播业务数据文件的EBDID。

a) 应急广播业务数据签名文件：命名规则为“EBDS_EBDB_数据包编号.xml”，数据包编号为被签名的应急广播业务数据文件的EBDID。

c) 在一个TAR文件包里面，所有数据文件(不含文件类型)的文件命名不得重复。

◇北京 李凯

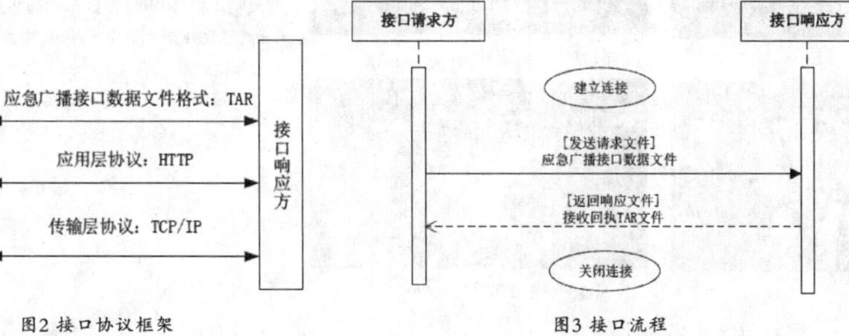

图2 接口协议框架

图3 接口流程

优派PX747:一款万元以内的4K高亮度家用投影机及评测(下)

(上接48期本版)

参数	
投影系统	0.47" DMD(3840x2160 UHD)
亮度	3500lm
对比度(superEco 模式)	12000:1
光源	Lamp
灯泡寿命(标准/SuperEco)	4000/15000
灯泡功率	240W
Offset	120%+/-6%
投射比	1.47~1.76
梯形校正	+/- 40° (Vertical)
光学变焦	1.2x
风扇噪音(silence mode)	27dB
扬声器	10W
输入接口	
VGA 输入(兼容 YPBPR)	1
声音输入(3.5mm)	1
HDMI 1.4(HDCP1.4)	1 (Back)
HDMI 2.0 (HDCP2.2) (4k input)	1(Back)
输出接口	
音频输出(3.5mm)	1
USB A (5V/1.5A)	1
12 V trigger	1
其他接口	
RS232	1
USB type mini B (Services)	1
配件(标配)	
电源线	1
遥控器(含电池)	1
快速使用指南 & 保修卡	1
其他	
功耗	Normal:330W Standby:<0.5W
包装	彩盒
净重/毛重	4.0/5.3Kg
产品尺寸(含调整脚垫)包装尺寸	332*261*135mm 417*336*207mm

(a) 屏幕尺寸		在 16:9 屏幕上显示 16:9 的图像									
		(b) 投影距离				(c) 图像高度		(d) 垂直偏移			
		最小值		最大值				最小值		最大值	
英寸	毫米	英寸	毫米	英寸	毫米	英寸	毫米	英寸	毫米	英寸	毫米
Inches	mm	inch	mm	inch	mm	inch	mm	inch	mm	inch	mm
60	1524	77	1952	92	2342	29	747	2.9	75	2.9	75
70	1778	90	2277	108	2732	34	872	3.4	87	3.4	87
80	2032	102	2602	123	3123	39	996	3.9	100	3.9	100
90	2286	115	2927	138	3513	44	1121	4.4	112	4.4	112
100	2540	128	3253	154	3903	49	1245	4.9	125	4.9	125
110	2794	141	3578	169	4293	54	1370	5.4	137	5.4	137
120	3048	154	3903	184	4684	59	1494	5.9	149	5.9	149
130	3302	166	4228	200	5074	64	1619	6.4	162	6.4	162
140	3556	179	4554	215	5464	69	1743	6.9	174	6.9	174
150	3810	192	4879	231	5855	74	1868	7.4	187	7.4	187
160	4064	205	5204	246	6245	78	1992	7.8	199	7.8	199
170	4318	218	5529	261	6635	83	2117	8.3	212	8.3	212
180	4572	231	5855	277	7026	88	2241	8.8	224	8.8	224
190	4826	243	6180	292	7416	93	2366	9.3	237	9.3	237
200	5080	256	6505	307	7806	98	2491	9.8	249	9.8	249

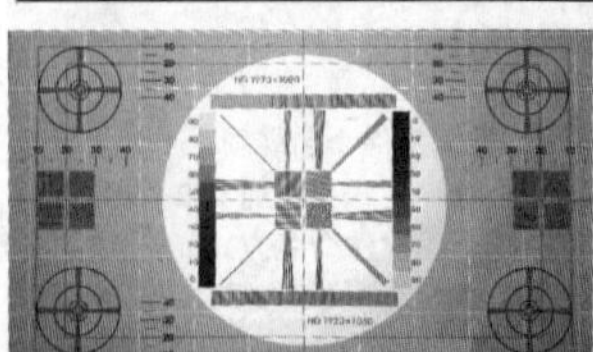

Monoscope(1920×1080)测试图

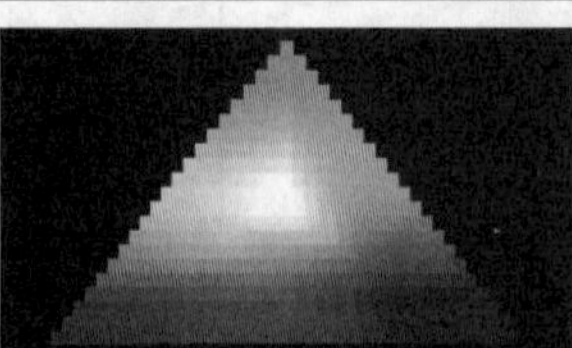

Color Triangle

Moving Material Kimono 2(和服)

Skin Tone(肤色)

作为世界上公认的黑人脸部摄影重现的难题，在PX747-4K投影机和HDEngine海缔力BDP-H600系列专业智能4K多媒体播放机的绝配下轻松解决！这是演示节目"Caprichoso"。

选自演示节目"What a Wonderful World"。色彩,清晰的图像自然会赢得您的心!

选自演示节目"What a Wonderful World"。金属质地真实重现的图像自然会赢得您的心!

选自演示节目"What a Wonderful World"。悠闲生活重现的图像自然会赢得您的心!

选自演示节目"What a Wonderful World"。面对美酒重现的图像自然会赢得您的心!

高清有线电视节目输入

高清有线电视节目输入

高清有线电视节目输入

输入高清蓝光DVD碟的信号，更加彰显PX747-4K投影机的卓越重现能力!这是美国纪录片《轮回》的播放界面。

这是美国纪录片《轮回》的播放界面。

这是美国纪录片《轮回》的播放界面。

这是印度影片《谋杀3》的亮丽高清画面。

印度影片《谋杀3》的亮丽高清画面。

作为体验经济的今天，一个好的影院搭上万元以内的高性价比投影机配置，绝对物有所值！美国优派(ViewSonic)新推出的搭载XPR功能PX747-4K、家庭影院系列新品UHD投影机给将给您提供大屏幕超高清的观影体验,加上3500lm高亮度可显示830万像素的清晰图像,HDR投影显示功能搭配Super Color,呈现4K超高清投影画面,将为您提供极致体验。

(全文完)

◇上海 徐惠民

2018年12月16日出版 实用性 启发性 资料性 信息性

第50期 (总第1987期)

国内统一刊号:CN51-0091 定价:1.50元 邮局订阅代号:61-75

地址:(610041)成都市天府大道北段1480号德商国际A座1801 网址:http://www.netdzb.com

让每篇文章都对读者有用

斗图神器

现在网民都喜欢为GIF重新配上字幕，有事没事调侃一下朋友；不过以前制作GIF表情包更多时候是在电脑上制作的。如今手机上也有了相应的工具，现在就给大家介绍一款可以在手机上下载、生成GIF表情包的斗图神器。

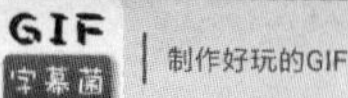

安卓下载

这款工具的名字叫做GIF字幕菌，它的功能就是为各种流行的GIF表情图配字幕。开启GIF字幕菌App，各种素材即映入眼帘，默认可以看到当下流行的经典素材，还可以自行搜索你需要的素材。当你搜索再点进某个素材后，可以看到其他用户制作的同类GIF表情作品，可以直接保存使用，当然也可以自己利用素材来制作。

点击"我也制作一个"，就可以进入到GIF表情的制作界面。App会提供填写台词的地方，填写好台词后，调节你所需要的GIF质量，点击生成按钮，你制作的GIF表情就诞生了！GIF表情会默认保存在手机存储中"Picture"目录下的"GIF字幕菌"文件夹当中，你也可以在APP的"本地"一栏查看到它。

如果你懒得制作表情，也可以直接使用App"精选"的GIF。这些GIF是有用户制作完成后上传的，如果你也有注册登录，那么在制作GIF后也可以上传到网络上，和大家共乐。

并且每天更新一次排行榜，可以看到看谁的字幕更受欢迎；如果不喜欢动图的水印，可以在这里去掉。当然也可以进行其他的操作。

（本文原载第36期11版）

Gartner发布物联网技术十大战略和趋势

据报道，在近日于西班牙巴塞罗那举行的Gartner Symposium/ITxpo 2018大会上，Gartner公司着重介绍了10个最具战略意义的物联网技术和趋势，这些趋势将推动2018年至2023年的数字化业务创新。

趋势一：AI

Gartner预测，2019年使用的联网物件将多达142亿个，到2021年总数将达到250亿个，它们会生成大量的数据。琼斯先生说："数据可谓是助推物联网的燃料，而企业解读数据的能力将决定其能否取得长期成功。AI将应用于一系列广泛的物联网信息，包括视频、静态图像、语音、网络流量活动和传感器数据。"

AI的技术格局很复杂，这种情形会持续到2023年，许多IT供应商大力投入于AI，AI的多种形式相互共存，新的基于AI的工具和服务不断涌现。尽管面临这种复杂情形，但有望在众多物联网场景下用AI获得良好的成效。因此，CIO们要借助在物联网战略中充分利用AI的工具和技能来打造企业组织。

趋势二：兼顾社会、法律和道德问题的物联网

随着物联网不断成熟、得到更广泛的部署，众多社会、法律和道德问题会越来越重要。这包括数据的所有权、算法偏差、隐私以及遵守《数据保护通用条例》等法规的情况。

趋势三：信息经济学和数据代理

去年Gartner对物联网项目开展的调查显示，35%的调查对象在出售或计划出售其产品和服务收集的数据。信息经济学理论让数据的这种变现更进了一步：将这视为战略性的业务资产，记录在公司账目中。到2023年，物联网数据的买卖将成为许多物联网系统的一个重要组成部分。CIO们必须向本企业宣讲与数据代理有关的风险和机遇，以便制定这方面所需的IT政策，并为本企业的其他部门提供建议。

趋势四：从智能边缘向智能网格转变

在物联网领域，从集中式和云计算向边缘架构的转变正在进行中。然而，这不是终点，因为与边缘架构有关的所有各层将演变成更非结构化的架构，这个架构包括动态网格连接起来的各种"物件"和服务。这种网格架构将支持更灵活、更智能、更迅即的物联网系统，不过其代价常常是更加复杂。CIO们必须为网格架构对IT基础设施、技能和采购方面带来的影响做好准备。

趋势五：物联网治理

随着物联网不断扩展，对于这种物联网框架的需要会变得越来越重要：确保创建、存储、使用和删除与物联网项目有关的信息方面有适当的行为。治理范围广泛，从简单的技术任务(比如设备审计和固件更新)，到较为复杂的问题(比如设备控制和设备生成的信息的使用)，不一而足。CIO们必须扮演向本企业宣讲治理问题的角色，在一些情况下要投入人员工和技术来解决治理问题。

趋势六：传感器创新

传感器市场将持续发展至2023年。新的传感器让企业能够检测种类更广泛的情形和事件；目前的传感器会降价，变得更经济实惠，或者以新的方式加以包装以支持新的应用；还会出现新的算法，从目前的传感器技术中推断出更多信息。CIO们应确保其团队在密切关注传感器创新，找出有望带来新机遇和帮助业务创新的那些新技术。

趋势七：可信赖的硬件和操作系统

Gartner调查总是表明，对于部署物联网系统的企业来说，安全是最重要的技术问题。这是由于企业组织常常无法控制物联网项目中所用的软硬件的来源和性质。

趋势八：新颖的物联网用户体验

物联网用户体验涵盖众多的技术和设计方法。它将取决于四个因素：新的传感器、新的算法、新的体验架构及上下文以及社会感知体验。由于与没有屏幕和键盘的设备进行越来越多的交互，需要企业的用户体验设计师使用新的技术和拥有新的视角，那样才能打造这样的一流用户体验：减少摩擦、锁定用户、鼓励使用、留住用户。

趋势九：硅芯片创新

到2023年，预计新的专用芯片将降低运行深度神经网络所需要的功耗，以便带来新的边缘架构、嵌入式深度神经网络功能应用于低功耗物联网端点中。这将支持新的功能，比如与传感器整合的数据分析，以及内置在低成本电池供电设备中的语音识别。建议CIO们要留意这个趋势，因为支持嵌入式AI等功能的硅芯片反过来将让企业能够开发高度创新的产品和服务。

趋势十：面向物联网的新无线网络技术

物联网网络需要兼顾一系列彼此冲突的需求，比如端点成本、功耗、带宽、延迟、连接密度、运营成本、服务质量和传输距离。没有一种网络技术可以优化所有这些方面，新的物联网网络技术将为CIO们提供额外的选择和灵活性。尤其是，CIO们应探究5G、新一代低地球轨道卫星和反向散射网络。

Gartner给战略性技术趋势所下的定义是：具有巨大颠覆性潜力的趋势，正开始从一个新兴状态挣脱出来，拥有更广泛的影响力；或者是迅速发展且具有高度波动性的趋势，会在未来五年内达到引爆点。

◇综 合(本文原载第46期2版)

希捷HDD新技术

作为世界机械硬盘三大巨头的东芝、西数（西部数据）、希捷在近几年的HDD市场确实过的不理想。其中东芝早已转战固态领域的，在全球NAND闪存已有一席之地，并且已决定取消之前15000转机械硬盘的研发。西数也陆陆续续关闭了马来西亚的几个HDD大厂，还于2015年花费了190亿美元(含紫光39亿美元)收购了闪迪进军SSD市场。当然希捷的日子也不好过，但还在坚持HDD的技术创新。

最近希捷发布了一款搭载了两种新技术的HDD，能让HDD的持续速度达到480MB/s，已经差不多达到中高端SATA SSD的水准了。

两项新技术分别是HAMR和MACH.2，希捷宣布有这两种技术加持的硬盘可靠性测试创下了新的纪录，达到稳定运行6000小时，传输数据量高达3.2PB。

MACH指的是Multi Actuator多驱动器磁头，MACH.2则是指双路MACH系统，这样就能同时两套多磁头系统一起工作了，持续读写速度也就翻倍了。MACH.2的结构更加复杂，但是好处就是可以大幅提高HDD硬盘的性能，希捷展示的Exos 14TB硬盘速度可达480MB/s，是目前单HDD硬盘中速度最快的，比常规的15000RPM转速硬盘还高60%。

希捷官网上已经发布了这款14TB的企业级EXOS系列机械硬盘，代号ST14000NM0428，同时应用了MACH.2以及HAMR热磁辅助磁记录技术，希捷表示HARM磁头已经稳定运行了6000个小时，传输的数据超过了3.2PB，这是业界可靠性要求的20倍之多。

这是企业级的HDD，消费级估计短时间内不会应用到这两个新技术。而且这个技术也只能提升持续读写速度，对于使用体验有明显决定性作用的还是4K随机速度，这方面还是SSD占主要优势。

（本文原载第36期11版）

长虹DMTM50D-1SF 560-LLC电源烧PFC过流电阻的维修方法

长虹DMTM50D-1SF 560-LLC电源主要用在50、55Q3T机型上，故障表现为烧PFC过流电阻，为LED驱动二极管短路造成，在更换后用一段时间会再次烧坏，下面的处理方法供维修人员参考。

一、电源板关键参数测试要求

1. AC 输入电压：220VAC±10%。

2.大 450V 电解电容电压测试见表1，主要验证 PFC 是否正常工作。

3.12V 电压见表1，12V带0.5A 负载。

4.背灯 LED+电压见表1（不调光状态），电流：560mA+/-10mA。

5.测试后需进行电解电容放电。

二、电源板 RP223 失效的检测维修

1.RP223是PFC电路的电流检测电阻（2W/0.15Ω）。该电阻烧坏，一般情况下是 LLC电路的负载（即：背灯模组）过流造成。此情况下，重点检测如下：

测试 DP404\DP405\DP406\DP407 是否短路、开路→测试 DP211\QP205 是否开路、短路→测试 QP204\QP206 是否短路、开路。

2.维修说明：

1)DP404、DP405、DP406、DP407 这4只二极管同时更换为：插件整流二极管SF36（型号：VK-20×4）厂家：山东沂光或常州银河。

说明：图 1 红圈中位置，注意二极管正负极性方向，且4只二极管必须为同一厂家。部分机型的电源板上4只二极管是贴片焊盘如图2所示，注意二极管正负极性。装二极管时，需将插件二极管成型为贴装样式。成型参考图3所示。

2)QP204 和 QP206 如有短路，2 只 MOS 管同时更换为：场效应管MDF5N50F，厂家：麦格纳（Magnachip）。2 只 MOS 管型号必须相同，见图 1 红色圈中位置。

3)PFC 部分，如果 MOS 管 QP205 和整流二极管 DP211 正常，则主要维修更换表2中元件：

说明：见图 4 红色圈中位置。维修时，注意 RP223 上端和 RP508 上端的连接线要导通，如图 5 中红线示意。

4)PFC 部分，如果 MOS 管 QP205 损坏，则在第（3）基础上，还要检查：

QP205（MOS 管：MDF11N60），厂家：麦格纳（Magnachip）；

RP231（贴片电阻：10Ω，封装：3216）、RP230（贴片电阻：68Ω，封装：3216）；

DP205（二极管：1N4148W）、ZDP308（稳压二极管：BZT52C18，18V稳压二极管）。

说明：见图 6 红色圈中位置。维修时，注意各元件之间原有的连接线是否导通。

表 1

电压名称	电压值（Vrms）			备注
	最小	典型	最大	
+12V	10.2	12.3	13.5	测试点：TP3、TP10。
PFC 电压	376.0	396.0	416.0	测试点：TP4，测试注意安全。
背灯电压	131.0	149.0	165.0	测试点：TP85。

表 2

位号	型号	备注
RP223—金属氧化膜电阻	RY21-2W-0.15ΩJ	成型：RL-15×3
RP508—贴片电阻	RC-05K470JT	47Ω，封装：0805 或 3216
ZDP307—稳压二极管	BZT52C5V1	5.1V 稳压二极管
UP202—PFC 控制 IC	FA1A00N-C6-L3	厂家：富士电机

3、关键更换点图示说明

图1 DP404\QP204 等位置说明

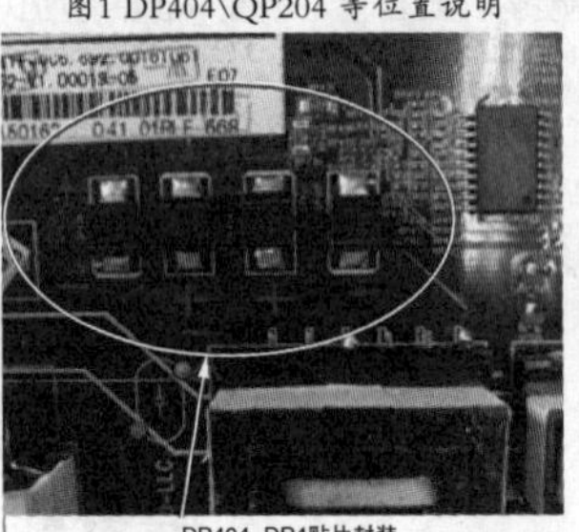

图2 DP404-DP407 贴片及极性说明

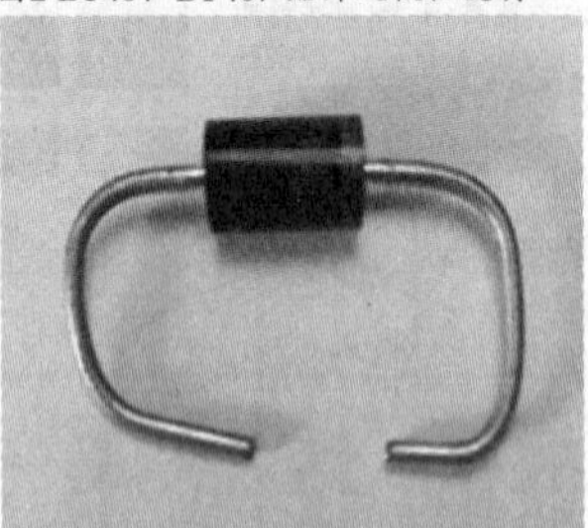
图3 SF36 成型为贴装样式说明

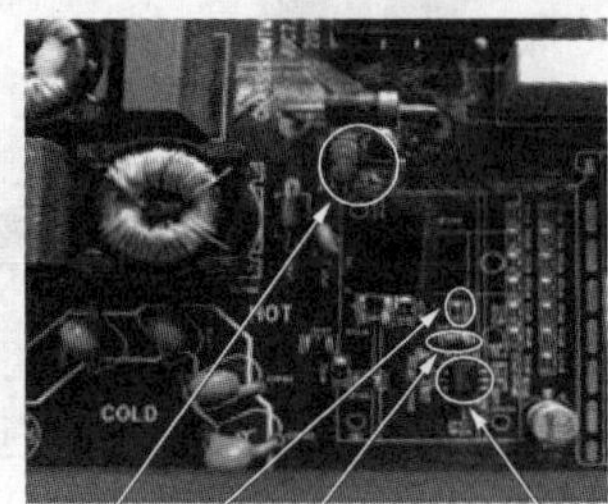

图4 RP223\UP202 等位置说明

图5 RP223 和 RP508 连线说明

图 6 RP231\QP205 等位置说明

◇周 强

巧修电视机时有时无故障

在电视机的维修中，常遇到时有时无的故障现象，其特点是：轻拍或轻轻振动故障机电路板时，电视机能稍微正常工作一段时间，少则几十秒，多则几分钟，随后又恢复原来状况。这类故障机的故障点不易确定，有时常令维修者陷入迷惑的困境，下面就此方面的检修技巧给予介绍。

1.敲击和振动法的应用特点

敲击法和振动法主要适用于元器件接触不良、虚焊等引起的故障。检修时，应根据故障现象初步确定检查的范围，如电源、高压板、伴音电路等。然后用手轻拍电视机外壳，或用长柄螺丁刀绝缘部分轻轻敲击有关器件、电路板，或用镊子拨动元器件及相关引线，或用手拨动、按压印制电路板的不同区域，直至使接触不良的元器件和虚焊点暴露为止。

有些接触不良或虚焊故障很隐蔽，如元器件内部较轻程度的接触不良或外观良好的虚焊点等。对这类故障单用敲击法和振动法检查一般情况下较难见效，应同时运用其他检查法（如电压测量法等），必要时可对可疑焊点予以重焊，这样当焊锡熔化后，虚焊点上的焊锡会脱离元器件的引脚或印制铜箔，使虚焊点显露出来。

运用敲击法和振动法时切忌用螺刀金属部位敲击电路板，这易造成元器件间短路导致更大的故障。或用力过大，尤其对冷阴极背光灯管和CRT显像管及带高压的元器件更应注意，以免造成不必要的损失。

2、电路板上细微裂缝的检修

此类故障多是电路板热胀冷缩不均匀或维修者在处理故障时对某些焊点加热时间过长所致，特点是铜箔断痕细微不易查出。要排除这类故障，首先应根据故障现象确定可能出现故障的大致部位。例如：图像正常无伴音，应检查伴音部分；液晶电视机背光不亮，查高压驱动部分；CRT电视屏上水平一条亮线则应检查场扫描部分等。然后有意识地振动此部分电路板，观察故障现象的出现与消失过程，同时在故障现象出现的情况下，迅速用万用表测量故障部位的各相通焊点对地电位。当发现两相通焊点的对地电位有差别时，则可断定这两相通焊点间必有细微的断裂处。此时可切断电源，用放大镜配合检查，则故障点必暴露无遗，然后把断路处接通，故障即可迅速排除。实际检修中发现，这类故障发生在电视机的电源、高压驱动、行电路等的概率要高于其他部位。

3.元器件与焊点虚脱的检修

此类故障多因元器件引脚与焊点之间虚脱所致，具体原因可能是元器件焊接时氧化层去除不良。维修后的机器中较常见，或引脚与焊锡之间的热胀系数不一致或机器使用过程中遭遇一些摔跌碰撞。虚脱特点是沿元器件引脚一周与焊点脱离且裂纹细微，实际检修中发现此故障多发生在一些大功率、大体积元器件上，如变压器、大功率限流电阻或大电解电容等。

检修时，要根据此类故障的特点与相关元器件范围，观察电路板上可能出现故障的元器件引脚的焊点，必要时可配以放大镜观察。一般情况下多能顺利地找到引发故障的元器件引脚，然后重新焊好，故障即排除。

4.元器件内部断路的检修

此类故障多出在大功率管、厚膜块、集成电路及晶振等特殊元器件中，当用万用表测试时，其直流参数和在路阻值往往是正常的，所以造成了假象，不易查出。

排除此类故障的方法是：先将怀疑可能引起故障的元器件从电路板上焊下，然后用合格的元器件换上试验（集成电路可用插座焊入），把电路板放置在绝缘工作台上，并有意识地轻轻振动电路板，若故障不再出现，则说明换下的元器件内部必有断路处。替换检查法更是用来判断集成电路是否失效的常用可靠方法之一，对于用其他检查方法久久难以判断集成电路疑难故障的，用此法往往可迎刃而解。

5.灰尘漏电的检修

灰尘在电路板上的积聚，有时会引起一些意想不到的故障。电路板铜箔间的灰尘积聚过多，若再遇空气湿度较大，则极易产生积尘漏电问题，影响电视机的正常工作状态。

此类故障的检修方法：一是当电视机出现时有时无、时好时坏的故障而又一时难以判断故障原因时，首先用毛刷或电吹风清除机内灰尘，对电路板上较脏的部位可用无水乙醇棉球擦洗干净；二是用放大镜配合检查清除积尘后的发热元器件的焊点，有时可看到变色或细小的裂纹痕迹，此时用烙铁重焊即可。

6.小结

电视机产生的种种故障通常可分为软故障和硬故障两大类，硬故障的现象或症状一般是稳定不变的，例如无光栅、图像无彩色等。软故障则是指不稳定的故障，如故障时有时无。软故障由于具有不稳定的特点，所以检修难度大多要比硬故障大一些，在日常实际检修中也经常会遇到。在检修电路时，逐步缩小故障范围是找出故障元器件的关键思路，这需要在分析和判断的过程中，借助观察、测量、调整、替换等多种检查手段来实现，由此需要维修人员具有较好的电路原理基础，并掌握必要的检查方法与技巧，方能迅速缩小故障范围和发现故障元件，有时甚至可“一步”而不是“逐步”即能解决问题。

◇辽宁 孙永泰

借助Excel 2019快速制作甘特图

甘特图是以图示的方式，通过活动列表和时间刻度形象地表示出任何特定项目的活动顺序与持续时间，它可以非常直观的表明任务计划在什么时候进行，以及实际进展与计划要求的对比。管理人员借此可以快速理清一项任务(项目)还剩下哪些工作要做，并可评估工作进度，这里以Excel 2019版本为例，以图1所示所示的某软件开发任务进度安排表为例，介绍甘特图的创建步骤。

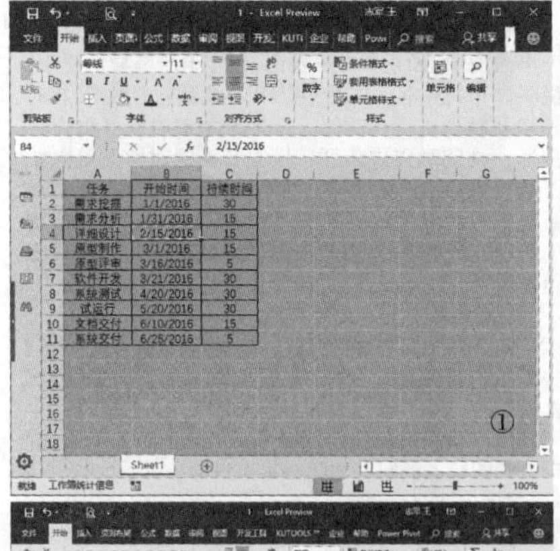

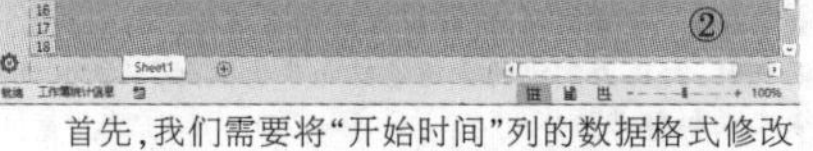

首先，我们需要将“开始时间”列的数据格式修改为“常规”，选中“开始时间”列，按下“Ctrl+1”组合键，打开“修改单元格格式”对话框，切换到“数字”选项卡，将其修改为“常规”格式，效果如图2所示。

切换到“插入”选项卡，打开“插入图表”对话框，切换到“所有图表”选项卡，选择“条形图”，在右侧窗格选择“堆积条形图”，图3即默认的条形图效果。

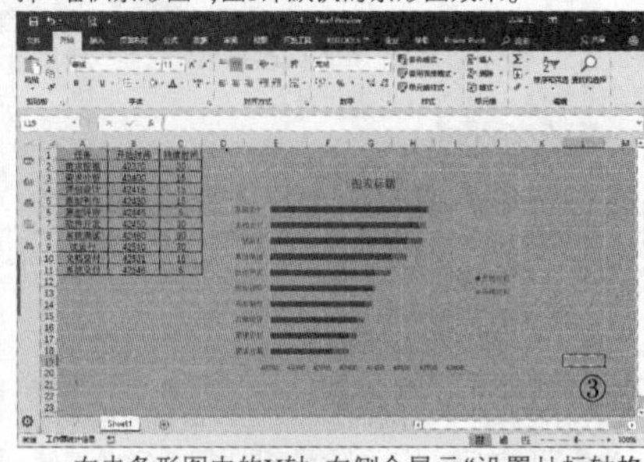

右击条形图中的Y轴，右侧会显示“设置从标轴格式”窗格，在这里勾选“逆序类别”复选框，此时原来的时间轴会在条形图的上方显示，效果如图4所示。

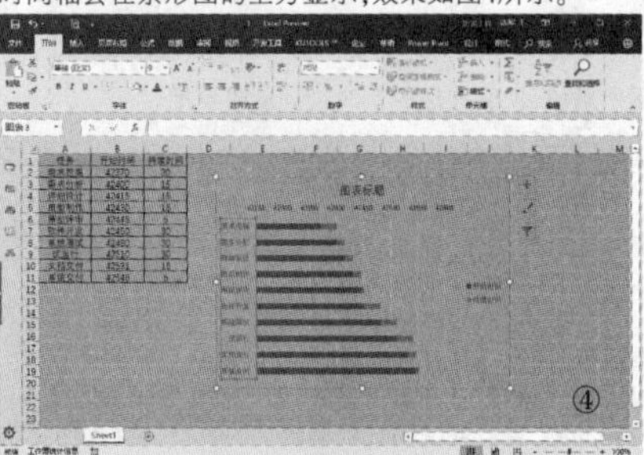

右击X轴，在右侧窗格激活“设置坐标轴格式”窗格，在这里将“最小值”修改为开始时间的起始点；单击展开“数字”，将类别修改为“日期”，可以获得图5所示的效果。

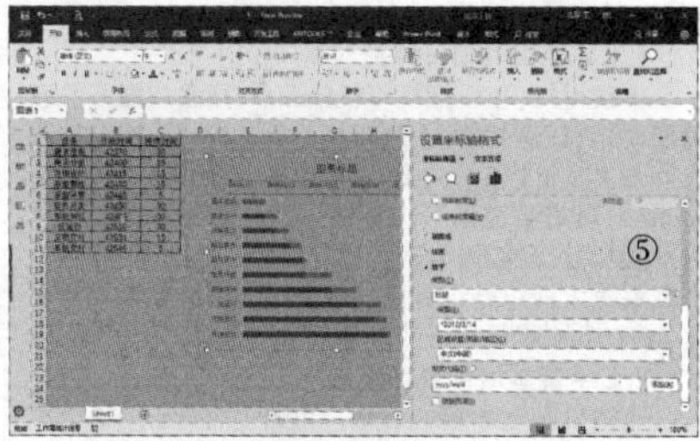

完成上述步骤之后，我们可以右击选中蓝色的条块，激活“设置数据系列格式”窗格，依次选择“填充→无填充”，最后可以将“开始时间”列恢复为“日期”格式，最终效果如图6所示，这就是一个非常到位的甘特图，通过这个图表，我们可以清晰地了解各项任务进度的完成情况，非常的直观。

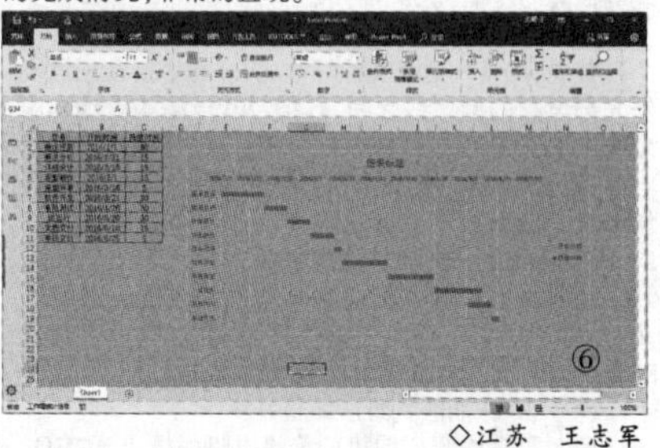

◇江苏　王志军

让Microsoft Edge强制使用GPU进行加速

主流的Web浏览器一般都会将图形密集型任务加载到GPU，这样可以发送用户的Web浏览体验，也便于释放CPU资源用于其他更重要的任务。如果你的机子有多个GPU，那么Windows 10会自动决定Microsoft Edge使用最合适的GPU，但往往自动的选择并非一定是最佳选项。其实我们可以让Microsoft Edge手动指定使用的默认GPU，当然前提是你的Windows 10已经是1803或更高的版本：

进入设置界面，依次选择“系统→显示”，在右侧窗格点击最底部的“图形设置”按钮(如图1所示)，在随后弹出的对话框分别选择列表中的“通用应用”和“Microsoft Edge”选项，选择完成点击下方的“添加”按钮。完成添加之后，我们可以看到刚才添加的“Microsoft Edge”已经成为系统默认值，选择Microsoft Edge，点击随后弹出的“选项”按钮(如图2所示)，在这里选择“高性能”，保存之后退出设置界面。

重新启动Microsoft Edge，以后Microsoft Edge会一直使用性能最高的GPU进行加速操作(执行渲染任务等)。

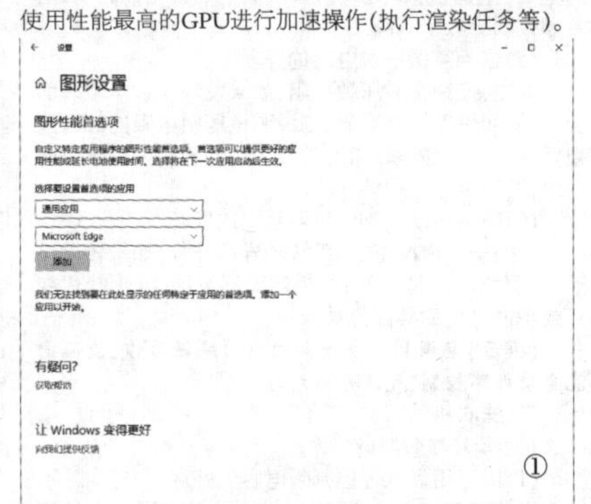

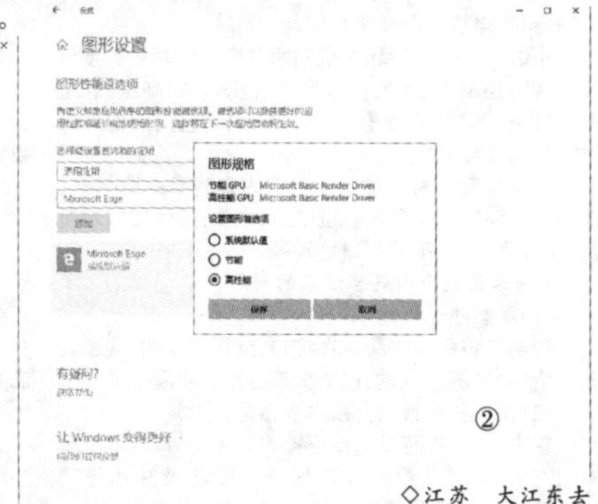

◇江苏　大江东去

遭遇Word无效空白页面

在使用Word进行文本等信息的编辑时，我们可以使用Del或BackSpace键来删除不需要的部分内容，这是再容易不过的操作了。不过，笔者前几天在上报某“教学案例报送清单.doc”时却遭遇了“无效空白页面”的小故障——Word文档的第一页是填满文字信息的普通表格，第二页是只显示有一个硬回车的空白页，在执行删除操作时却毫无反应，怎么办呢？

出现这种故障的根本原因在于Word第一页的表格“过满”，而解决的方法则是通过调整空白页面的行距值来实现，具体做法如下：

首先将光标定位于第二页的硬回车处，点击鼠标右键选择“段落”项，在弹出的“段落”-“缩进和间距”选项卡中，将“间距”-“行距”处的“固定值”-“设置值”修改为“1磅”——此处原为“26磅”(如图1所示)，最后点击“确定”按钮。

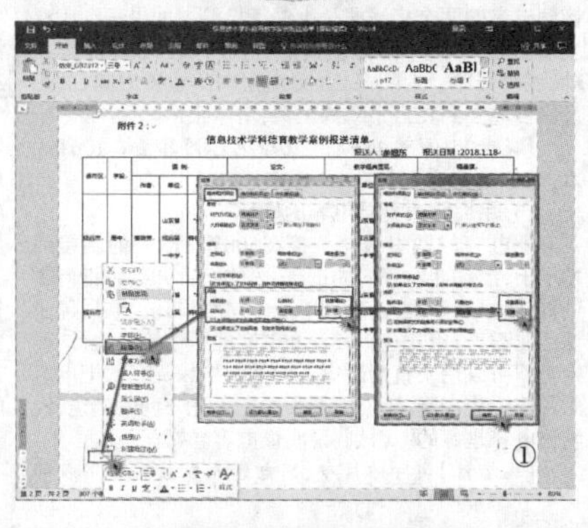

现在，多余的顽固无效空白页一下就消失了。之前的“第2页，共2页 307个字”提示已经更新为“第1页，共1页 307个字”(如图2所示)，成为一个正常的仅保存一张有文字信息表格的Word文件，问题解决了，最后再按Ctrl+S组合键存盘即可。

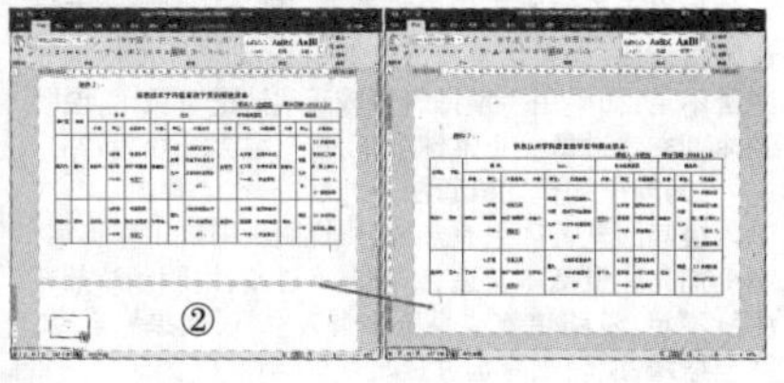

◇山东　杨鑫芳

应用部件故障检测判断经验集锦——教你如何速判家电病症

应用部件品种繁多,本文针对实用性,结合实践,介绍部分部件检测方法如下:

一、电冰箱

使用频率较高的应用部件。有些故障可快速检测判断如:

1.电冰箱温控器好坏的判断

实践得知,在压缩机停机5min后,把温控器开关调到最大挡,压缩机开始工作;工作5~7min后,将温控器拨回原挡(如1~2挡),此时压缩机应停止工作;停止5min后,再将温控器再拨到最大挡,压缩机应能运行。否则,说明该温控器异常。另外,直冷式双门电冰箱的冷藏室蒸发器总是结满霜,而不是结霜、化霜交替变化,多为温控器异常所致。

2.电冰箱压缩机好坏的判断

压缩机是电冰箱的心脏,可通过检测压缩机电机电流值、串联白炽灯(灯泡)、测量电机绕组阻值等方法来判断其是否正常。

(1)采用电流检测法判断压缩机的好坏

正常情况下,大部分压缩机的启动电流为3~5A,运行时的工作电流小于1A。如果与正常值相差较大,说明被测的压缩机损坏。

(2)串联灯泡判断压缩机的好坏

首先,准备一只40W的灯泡,将灯泡串接在压缩机外壳与电源的接地线之间,再把220V电源的火线与压缩机电机绕组的公共端接线柱相连。当压缩机电机得电后,灯泡闪亮发光,说明该压缩机漏电;若灯泡的灯丝不发红,说明该压缩机正常。

(3)用温度法判其压缩机好坏

经验证明,正常时压缩机机壳的温度一般低于70℃,即使长时间工作,压缩机机壳的温度也不会超过85℃。如果超过该温度值,多为压缩机电机异常所致。

(4)用冷冻油法判断压缩机好坏

用兆欧表检测压缩机的绝缘电阻如果小于2MΩ,可通过察看压缩机的冷冻油进一步判断。若冷冻油有烧焦的气味,并且颜色呈棕红色,说明被测压缩机异常。如果冷冻机油呈黄色,说明冷冻油异常,更换冷冻油并做烘干处理即可。

【提示】压缩机冷冻机油的作用为润滑、降温、密封。

(5)听声法速判压缩机好坏

压缩机运转时发出明显的喷气声,说明它的排气缓冲管断裂漏气;若发出破裂声,说明它的高压、低压阀片破裂、漏气;若发出"咣当"声,说明它内部的支撑弹簧断裂或疲劳变形。

压缩机刚停机时能听到机壳内有明显的跑气声,说明该压缩机阀座的高、低压纸垫击穿,排气减震管泄漏,阀片磨损、积碳或阀口处积碳。

3.电冰箱制冷剂是否泄漏的判断

(1)观察法

用毛笔将肥皂水涂抹在接口处、管路表面、接表处等部位,如果出现气泡,说明该部分发生泄漏。

(2)用气压听诊法判断蒸发器是否泄漏

首先,把毛细管从过滤器接口处焊下封口,再把压缩机与低压回气管结合处焊开,接上表并加压到0.08MPa/cm²,将听诊器听筒放在主副蒸发器的表面,并缓慢移动,若哪的漏气声最大,就是该处泄漏。此时,制作一只能够盛水的铁盒,套在被查接头的两端,用橡皮泥堵塞,再向铁盒里面注满水后观察,若2~3min不冒气泡,说明电冰箱不存在微漏;若冒气泡,说明电冰箱存在微漏。

对于冰箱渗漏故障,应仔细察看制冷管路、焊接处、蒸发器表面有无油渍的痕迹,若有则说明该部位发生了泄漏。

4.几种实用简法判冰箱制冷剂的充量

(1)摸高压排气管法

如果用手摸高压排气管烫手,则说明制冷剂充注量基本合适;如果用手摸排气管不汤,则说明制冷剂充注量不足;如果用手摸排气管较正常情况下烫手,说明制冷剂充注过量。正常情况下,排气温度一般为72℃。

(2)摸压缩机回气管法

摸其回气管如果有热感,则说明压缩机工作正常,制冷剂充注量基本合适;如果温度过高,说明制冷剂充注量不足、管路堵塞或系统中混入空气;如果感觉冷,甚至结霜,说明制冷剂过量。

(3)摸过滤器法

如果过滤器比正常时冷,则说明制冷剂注量不足;如果过滤器较正常时烫手,则说明制冷剂注量过多;如果过滤器与冷凝器最末一根出口等温,并且与环境温度基本一样,则说明充注的制冷剂基本合适。

(4)摸低压回气管法

摸低压回气管时感到较凉,说明制冷剂充注量基本合适,低压回气管正常;如果用手摸低压回气管有温暖的感觉,说明制冷剂充注量不足;如果低压回气管过凉甚至凝霜,说明充注的制冷剂过量。

(5)摸冷凝器法

如果冷凝器上部的管子烫手,中、下部感觉较烫,而最末一根管子与环境温度相似,说明制冷剂充注量基本合适;如果冷凝器表面的温度较低,说明充注量不足;如果冷凝器表面烫手,说明制注量过多。

(6)看蒸发器积霜法

若蒸发器表面积霜不均匀,单门冰箱的蒸发器进口处无霜而出口处有霜,说明制冷剂充注量不足;如果蒸发器表面积霜不匀,有时存在单边结霜,霜层厚薄不一,对于双门冰箱有时出现冷藏室里温度低,冷冻室温度降不下来的故障,说明充注的制冷剂量不足。当蒸发器表面积霜均匀,薄而光滑,用手握有黏手的感觉,说明制冷剂充注量基本合适。

用真空压力表检测时,若压力表的读数高于或低于所需值,说明充注的制冷剂过量或不足。

二、空调

(1)手摸法判断空调是否漏氟

用手摸空调后面的百叶扇,如果不凉或没有热度,而压缩机能工作,说明空调已漏氟。

(2)用观察法判其是否漏氟

在制冷状态,调整温度控制器,使其设置的温度比室温低6~8℃,运行15min后,看室内机液压管的表面如果结霜,说明该机漏氟。另外,还可以察看铜管连接头有无油迹,若有则说明该处漏氟。

(3)耳听法判其空调是否漏氟

如果压缩机不能停机,并且压缩机自震的声音比新购时要大,说明系统可能出现漏氟现象。

(4)观察法判断空调毛细管的好坏

如果毛细管出现油污现象,说明该处可能有漏点。而毛细管出现脏堵、冰堵、油堵后,它表面上的霜不化,会导致制冷效果下降。

(5)速判空调压敏电阻的好坏

首先,仔细察看压敏电阻,如果发现压敏电阻表面变色、局部爆裂异常现象,则说明该压敏电阻内部可能损坏。如发现保险管(熔丝管)熔断,保险管内壁熏黑等现象,则肯定它已损坏。

(6)巧用拨动法判断风栅系统的好坏

在安全的情况下,用手拨动导风叶片,如果转动灵活,说明风叶片是好的;如果转动不灵活,说明叶片变形或步进电机的某部位被卡住。

【提示】空调利用步进电机驱动风栅动作,使风向能自动循环控制,气流分布均匀。

三、洗衣机

1.电容好坏的判断

(1)用万用表电容挡判断电容的好坏

用数字表电容挡测可疑电容的电容容量,若检测的容量低于电容标称值的5%,说明被测电容异常。

【提示】检测工作后的电容,需要先对电容放电,再拆下测量,以免被电击。

(2)用万用表电阻挡判断电容的好坏

把指针万用表调至R×1k或R×10k挡,两表笔分别接到电容的两个接线端子上进行检测。如果表针大幅度摆到零位置,不能返回,说明击穿;如果表针不能摆动,说明开路;如果表针大幅度摆向零位置方向,然后又慢慢地回到几百千欧的位置,基本正常。

【提示】双桶洗衣机中,洗涤电容的容量在10μF左右,脱水电容的电容量为3~5μF。

(3)用兆欧表判断电容的好坏

把电容的两引线端头接在500V兆欧表的两接线端子上,摇动兆欧表的摇把。摇表的指针开始时指向零位置,随后逐渐上升,直到为几十兆欧或几百欧后停止摇动兆欧表,用安全工具松开电容的两个接线头(这时绝对不可以用手直接碰电容的两个接线头)后,把电容的两接线头相碰,若发出很强的电火花与"劈啪"声,说明该电容是好的。否则,说明该电容异常。

【编者注】实际维修中,用电容表或数字万用表的电容挡检测电容的容量,来判断它的容量是否正常比较简单方便(部分新型指针万用表也具有电容容量检测功能)。

2.洗衣机电源开关的判断

首先观其现象,反复按动电源开关,应开关灵活,无卡滞现象,如果存在不灵活,甚至卡滞等异常现象,说明该开关异常。其次,用万用表检测它的触点,在对其常开触点进行检测时,按下开关键时常开触点应接通,常闭触点应断开;松开开关键时常开触点断开,常闭触点接通。否则,说明被测开关异常。而自动断电式电源开关线圈的阻值为695Ω左右,如果检测的阻值与正常数值相差较大,则说明该开关的线圈可能异常。

3.洗衣机安全开关的判断

安全开关又称为门开关,是一种触点式开关,由门盖来控制其触点的通断,是控制脱水桶运转的重要部件。

用万用表电阻挡检测安全开关触点间的阻值,就可以判断触点的断开与闭合是否正常。

4.水位开关的判断

用嘴吹水位开关管口,正常情况时有触点动作发出的"喀喀"声;松开后,有其复位发出的"喀喀"声。如果不能发出"喀喀"声,说明水位开关异常。也可通过工作状态来判断,把程控器设定在脱水状态,水位开关调到原始位置闭合后检测,如果内桶能够高速旋转,排水泵工作正常,说明水位开关完好,否则说明它异常。另外,判断洗衣机水位开关是否漏气时,可从管口吹气,使开关动作后迅速封住管口,如果能听到触点复位发出的"喀喀"声,说明它已漏气。

【提示】水位开关橡皮膜漏气不严重时,用嘴通过软管吹气,橡皮膜动作,使内部触点会动作。而它严重漏气时,向压力室吹的会通过排气导管排出,不能推动橡皮膜和触点动作。

5.洗衣机电脑板好坏的简单判断

日久使用中,如果出现程序乱、不进水、进水不止、中途跳电、无输出等故障,多为电脑板异常所致。

6.洗衣机进水阀的判断

维修进水不畅或进水不止故障时,首先察看进水电磁阀的滤网,如果滤网上有铁锈、污物,说明是污物堵塞产生的进水不畅故障;若污物进入阀芯,导致阀芯封闭不严而处于常通状态,就会产生进水不止等故障。

当进水阀被杂物堵塞或表面有开裂等异常情况时,清理或更换即可排除故障。若外观正常,可通过检测它的工作电流来判断它是否正常,其额定工作电流一般为26.5mA左右。如果检测值与正常相差较大,说明被测进水阀可能损坏了。

总之,洗衣机的检修过程大体可以分为观察、检查、修理、测试这五步骤。通过观察故障现象,了解故障所表现的一些外部特征,为故障分析打下基础。比如洗衣机底部漏水故障,必须先搞清漏水的部位,是从洗涤桶底漏出的,还是从脱水桶底漏出的;是排水管破裂还是排水阀关不严;是波轮轴或脱水轴部位,还是桶体底部等等。又如"麻电"故障,首先要观察电源线及连接线有无破损和开裂;打开机体后,还要察看内部连接情况是否良好,有没有脱焊、脱落现象等等。

根据故障现象,通过洗衣机的结构和工作原理来判断故障原因,可初步确定故障部位。比如,发现水由波轮轴的部位渗漏后,就可以想到波轮轴密封圈是否损坏?

四、电动车蓄电池

首先,仔细察看蓄电池的外形,如果外壳凸出、漏液、断隔等异常,说明它已损坏。其次,对蓄电池充电3~6小时后,用手摸电池的侧面烫手,说明它已损坏;如果温度大约在40℃,说明它已严重失水。此时,打开电池盒的密封盖,一般会发现单体电池有6个内隔孔,用10cm长的竹签插入孔底,如果感觉里面是软绵绵的,则说明该蓄电池失水,补充水后若电解液颜色发黑,说明该蓄电池已坏死。

给电动车蓄电池进行充电时,间隔20min测几次单节电池的电压值,如果超过15V或低于13V,说明该节电池异常。蓄电池处在负载放电中,用万用表分别测每节电池(如一节电池为12V)的电压,如果有单块电池的电压下降较快且低于10V,则说明该节电池损坏。

◇山东 张振友 王焕春

各领域中人工智能的应用方方面面(上)

虽然人工智能的很多研究和应用会基于一些通用技术,比如说机器学习,但在不同的经济和社会部门还是会有所区别。我们称之为不同的领域(domain),接下来的这部分将介绍人工智能研究和应用的不同类型,以及影响和挑战,主要有八个方面:交通、家庭服务机器人、医疗健康、教育、低资源社区、公共安全、工作和就业、娱乐。

基于这些分析,我们还预测了一个有代表性的北美城市在未来15年的趋势。与人工智能的流行文化中的典型叙述不同,我们寻求提供一个平衡的观点来分析,人工智能是如何开始影响我们日常生活的,以及从现在到2030年,这些影响将如何发展。

1. 交通

交通可能会成为首批几个特定应用领域之一,在这些领域,大众需要对人工智能系统在执行危险任务中的可靠性和安全性加以信任。自动化交通会很快司空见惯,大多数人在嵌入人工智能系统的实体交通工作的首次体验将强有力的影响公众对人工智能的感知。

·能汽车
·交通规划
·即时交通
·人机交互

2. 家庭服务机器人

过去十五年中,机器人已经进入了人们的家庭。但应用种类的增长慢得让人失望,与此同时,日益复杂的人工智能也被部署到了已有的应用之中。人工智能的进步常常从机械的革新中获取灵感,而这反过来又带来了新的人工智能技术。

未来十五年,在典型的北美城市里,机械和人工智能技术的共同进步将有望增加家用机器人的使用和应用的安全性和可靠性。特定用途的机器人将被用于快递、清洁办公室和强化安全,但在可预见的未来内,技术限制和可靠机械设备的高成本将继续限制狭窄领域内应用的商业机会。至于自动驾驶汽车和其他新型的交通机器,创造可靠的、成熟的硬件的难度不应该被低估。

·真空吸尘器
·家庭机器人2030

3. 医疗

对人工智能而言,医疗领域一直被视为一个很有前景的应用领域。基于人工智能的应用在接下来的几年能够为千百万人改进健康结果和生活质量,但这是在它们被医生、护士、病人所信任,政策、条例和商业障碍被移除的情况下。主要的应用包括临床决策支持、病人监控、辅导、在外科手术或者病人看护中的自动化设备、医疗系统的管理。

近期的成功,比如挖掘社交媒体数据推断潜在的健康风险、机器学习预测风险中的病人、机器人支持外科手术,已经为人工智能在医疗领域的应用扩展出了极大的应用可能。与医学专家和病人的交互方法的改进将会是一大挑战。

至于其他领域,数据是一个关键点。在从个人监护设备和手机App上、临床电子数据记录上收集有用的数据方面,我们已经取得了巨大的进展,从协助医疗流程和医院运行的机器人那里收集的数据可能较少一些。但使用这些数据帮助个体病人和群体病人进行更精细的针对和治疗已经被证明极其的困难。

研究和部署人工智能应用已经被过时的条例和激励机制拉扯后腿。在这样大型的、复杂的系统中,贫乏的人机交互方法和固有的难题以及部署技术的风险也阻碍了人工智能在医疗的实现。减少或者移除这些障碍,结合目前的创新,有潜力在接下来几年为千百万人极大的改进健康结果和生活质量。

·临床应用
·医疗分析
·医疗机器人
·移动健康
·老年看护

4. 教育

在过去的十五年间,教育界见证了为数众多的人工智能科技的进步。诸如K-12线上教育以及大学配套设备等等应用已经被教育家和学习者们广泛利用。尽管素质教育还是需要人类教师的活跃参与,但人工智能在所有层面上都带来了强化教育的希望,尤其是大规模定制化教育。如何找到通过人工智能技术来最优化整合人类互动与面对面学习将是一个关键性的挑战,这一点医疗行业也是如此。

机器人早已经成了广为欢迎的教育设备,最早可以追溯到1980年MIT Media Lab所研制出的Lego Mindstorms。智能辅导系统(ITS)也成了针对科学、数学、语言学以及其他学科相匹配的学生互动导师。

自然语言处理,尤其是在与机器学习和众包结合以后,有力推进了线上学习,并让教师可以在扩大教室规模的同时还能做到解决个体学生的学习需求与风格。大型线上学习的系统所得的数据已经为学习分析产生了迅速增长的动力。

但是,学院与大学采用人工智能技术的步伐依然很缓慢,主要是由于资金的缺乏,以及其可以帮助学生达成学习目标的有力证据。一个典型美国北部城市的未来五十年,智能导师与其他人工智能技术帮助教师在课堂或家中工作的规模很有可能会显著扩大,因为意愿学习是基于虚拟现实的应用。但是计算机为基础的学习系统将无法完全替代学校里的教师们。

·教育机器人
·智能辅导系统(ITS)与线上学习
·学习分析
·挑战和机遇

更广大的社会成果

自广大人民难以获得教育的国家,如果这些群体有可以获取在线教育的工具,那么在线资源将会产生重要的积极影响。在线教育资源的发展应该能让支持国际教育项目的基金会可以通过提供工具和相对简单的使用培训来更轻松地提供素质教育。比如说,针对iPad开发出了大量的且大部分免费的教育应用。

在消极的一面,现在学生已有把自己的社会接触限制在电子设备上的趋势了,他们在网络程序的互动上花费了大量时间,却没有进行社会接触。如果教育也越来越多地通过网络进行,那么在学生的社会发展阶段缺乏与同龄人有规律的面对面接触会带来怎样的影响呢?特定的技术已经表明这会产生在神经方面的影响。另一方面,自闭症儿童已经开始从与人工智能系统的互动中受益了。

5. 低资源社区

人工智能存在许多机会去改善生活于一个典型北美城市的低资源社区中的人民生活状况——事实上在某些情况下已经有所改变。了解这些人工智能的直接贡献也可能会激发对于发展中国家最为贫穷的地区的潜在贡献。在人工智能的数据收集过程中并没有对这个人群的显著关注,而且传统上人工智能资助者在缺乏商业应用的研究中表现得投资乏力。

有了有针对性的激励和资金优先次序,人工智能技术可以帮助解决低资源社区的需求。萌芽中的努力是有希望的。人工智能可能会有助于对抗失业和其他社会问题带来的恐惧,它或许会提供缓解措施和解决方案,特别是通过受影响的社区以与其建立信任的方式来实现。

6. 公共安全与防护

城市已经为公共安全和防护部署人工智能技术了。到2030年,典型的北美城市将在很大程度上依赖它们。这些措施包括可以检测到指向一个潜在犯罪的异常现象的监控摄像机、无人机和预测警务应用。与大多数问题一样,好处与风险并存。

获得公众信任是至关重要的。虽然会存在一些合理的担心,即与人工智能合作的警务可能会在某些情况下变得霸道或是无处不在,而相反的情况也是可能的。人工智能可能使警务变得更有针对性并只在需要时被使用。而且假设经过仔细的部署,人工智能也可能有助于消除一些人类决策中固有的偏见。

对于人工智能分析学更成功的一个应用是检测白领犯罪,比如信用卡诈骗罪。网络安全(包括垃圾邮件)是一个被广泛关注的问题,而机器学习也对其有所影响。

人工智能工具也可能被证明有助于警察管理犯罪现场或是搜索和救援活动,它可以帮助指挥官排列任务的优先次序以及分配资源,尽管这些工具还没有为这些活动的自动化做好准备。在一般的机器学习尤其是在转换学习中的改进——在新情境中基于与过去情况的相似性而加快学习——可能有利于这样的系统。

7. 就业与劳资

尽管人工智能很有可能会对典型北美城市的就业和工作场所产生深远的影响,但对当前的影响我们目前还难以作出评估——是积极的还是消极的。在过去十五年,由于经济衰退和日益的全球化,尤其是中国参与到了世界经济中,就业状况已经发生了改变,非人工智能的数字技术也发生了很大的变化。自1990年代以来,美国经历了生产率和GDP的连续增长,但平均收入却停滞不前,就业人口比率也已经下降。

有一些数字技术有重大影响(好的影响或坏的影响)的行业的显著案例,而在一些其他的行业,自动化将很有可能能在不久的将来发生重大的改变。许多这些改变已经得到了「例行的」数字技术的推动,其中包括企业资源规划、网络化、信息处理和搜索。理解这些改变应该能为人工智能影响未来劳动力需求的方式(包括技能需求的改变)提供见解。

到目前为止,数字技术已经给中等技能的工作(比如旅行代理)带来了更大的影响,而不是非常低技能或非常高技能的工作。另一方面,数字系统所能完成的任务的范围正随着人工智能的演进而提升,这很可能会逐渐增大所谓的「例行任务」的范围。人工智能也正向高端的领域蔓延,包括一些机器之前无法执行的专业服务。

为了获得成功,人工智能创新将需要克服可以理解的人们对被边缘化的恐惧。在短期内,人工智能很有可能会取代任务,而非工作,同时还将会创造新类型的工作。但新类型的工作比将可能失去的已有工作更难以想象。就业领域的变化通常是渐进的,不会出现剧烈的过渡。

随着人工智能进入工作场所,这很有可能是一个持续的趋势。影响的范围也将扩大,从少量的替代或增强到完全的替代。比如说,尽管大部分律师的工作还没被自动化,但人工智能在法律信息提取和主题建模方面的应用已经自动化了一部分第一年工作的律师新人的工作。在不远的将来,包括放射科医生到卡车司机到园丁等许多类型的工作都可能会受到影响。

人工智能也可能会影响工作场所的大小和位置。许多组织和机构很庞大的原因是他们所执行的功能只能通过增加人力来扩大规模,要么是「横向」扩展地理区域,要么是「纵向」增多管理层级。随着人工智能对许多功能的接管,扩展不再意味着会带来大型的组织。

许多人已经指出一些知名的互联网公司只有很少数量的员工,但其他公司并不是这样。人类企业可能存在一个自然的规模大小,在这样的企业中,CEO能够认识公司里的每一个人。通过将创造有效地外包给人工智能驱动的劳动力市场,企业会倾向于自然的大小。

人工智能也将创造工作,特别是在某些行业中,通过使某些特定任务更重要,以及通过产生新的交互模型创造新类型的工作。复杂的信息系统可被用于创造新的市场,这往往会带来降低门槛和增加参与的影响——从应用商店到AirBnB再到taskrabbit。人工智能界有一个活跃的研究社区在研究创造新市场和使已有市场更高效地运作的进一步的方式。

尽管工作本身有内在的价值,但大部分人工作是为了购买他们看重的商品和服务。因为人工智能系统可以执行之前需要人力的工作,因此它们可以导致许多商品和服务的成本下降,实实在在地让每个人都更富有。当正如当前的政治辩论中所给出的例子一样,失业对人们的影响比对散布的经济效益的影响更显著——尤其是那些直接受其影响的人;而不幸的是,人工智能常常被视作是工作的威胁,而不是生活水平的提升。

人们甚至在某些方面存在恐惧——害怕人工智能会在短短一代人的时间内迅速取代所有的人类工作,包括那些需要认知和涉及判断的工作。这种突变是不太可能发生的,但人工智能会逐渐侵入几乎所有就业领域,这需要在计算机可以接管的工作上替换掉人力。

人工智能对认知型人类工作的经济影响将类似于自动化和机器人在制造业工作上对人类的影响。许多中年工人失去了工厂里的高薪工作以及伴随这个工作的家庭和社会中的社会经济地位。长期来看,一个对劳动力的更大影响是失去高薪的「认知型」工作。

随着劳动力在生产部门的重要性的下降(与拥有知识资本相比),大多数市民可能会发现他们的工作的价值不足以为一种社会可以接受的生活标准买单。这些变化将需要政治上的,而非单纯经济上的响应——需要考虑应该配置怎样的社会安全网来保护人们免受经济的大规模结构性转变的影响。如果缺少了缓解政策,这些转变的一小群受益者将成为社会的上层。

短期来看,教育、再训练和发明新的商品和服务可以减轻这些影响。更长期来看,目前的社会安全网可能需要进化成更好地服务于每个人的社会服务,例如医疗和教育或有保障的基本收入。事实上,瑞士和芬兰等国家已经在积极地考虑这些措施了。

人工智能可能会被认为是一种财富创造的完全不同的机制,每个人都应该从全世界人工智能所生产的财富中分得一部分。对于人工智能技术所创造的经济成果的分配方式,相信不久之后就会开始出现社会争议了。因为传统社会中由孩子支持他们年老的父母,也许我们的人工智能「孩子」也应该支持我们——它们的智能的「父母」。(未完待续)

◇四川 刘光乾

N个机器学习工具，AI程序员入门哪个语言最适合(上)

训练有素的士兵无法空手执行任务。数据科学家拥有自己的武器－机器学习(ML)软件。已经有大量文章列出了可靠的机器学习工具，并对其功能进行了深入的描述。然而，我们的目标是获得行业专家的反馈。

这就是为什么我们采访数据科学从业者－大师，真正考虑他们为项目选择的有用工具。我们联系的专家拥有各种专业领域，并且在Facebook和三星等公司工作。其中一些代表AI创业公司(Objection Co，NEAR.AI和Respeecher)；一些人在大学任教（哈尔科夫国立无线电大学)。

最流行的机器学习语言

你在一个外国餐馆，你不熟悉这种文化。你可能会问服务员关于菜单上的文字，他们的意思，甚至在你发现你将使用什么用具之前的一些问题。因此，在谈论数据科学家最喜欢的工具之前，让我们弄清楚他们使用的编程语言。

Python：一种流行语言，具有高质量的机器学习和数据分析库

Python是一种通用语言，因其可读性，良好的结构和相对温和的学习曲线而备受青睐。根据1月份进行的Stack Overflow年度开发人员调查，Python可以称为增长最快的主要编程语言。它排名第七，最受欢迎的语言(38.8%)，现在比C#领先一步(34.4%)。

Respeecher Grant Reaber的研究主管，专门研究应用于语音识别的深度学习，使用Python作为"几乎每个人都将其用于深度学习。Swens for TensorFlow听起来像一个很酷的项目，但我们会等到它更成熟才考虑使用它，"格兰特总结道。

NEAR.AI创业公司的联合创始人之前曾在Google Research深入学习NLU Illia Polosukhin的团队，他也坚持使用Python："Python始终是数据分析的语言，并且随着时间的推移变成了事实所有现代化的图书馆都为深度学习提供语言。"

Python机器学习的一个用例是模型开发，特别是原型设计。

AltexSoft的数据科学能力领导者Alexander Konduforov表示，他主要将其用作构建机器学习模型的语言。

三星乌克兰的首席工程师Vitaliy Bulygin认为Python是快速原型制作的最佳语言之一。"在原型设计过程中，我找到了最佳解决方案并用项目所需的语言重写，例如C ++，"专家解释道。

Facebook人工智能研究员Denis Yarats指出，这种语言有一个非常棒的深度学习工具集，如PyTorch框架或NumPy库(我们将在本文后面讨论)。

C++：用于CUDA并行计算的中级语言

C++是一种基于C编程语言的灵活的，面向对象的静态类型语言。由于其可靠性，性能以及它支持的大量应用程序域，该语言在开发人员中仍然很受欢迎。C ++具有高级和低级语言特性，因此被认为是一种中级编程语言。该语言的另一个应用是开发可以在实时约束下直接与硬件交互的驱动程序和软件。由于C ++足够清晰，可以解释基本概念，因此它可用于研究和教学。

数据科学家将这种语言用于各种具体的任务。哈尔科夫国立无线电电子学院(NURE)的高级讲师Andrii Babii使用C ++在CUDA（一种Nvidia GPU计算平台)上并行实现算法，以加速基于这些算法的应用程序。

"当我为CUDA编写自定义内核时，我需要C ++，"Denis Yarats补充道。

R：统计计算和图形的语言

R是统计，可视化和数据分析的语言和环境，是数据科学家的首选。它是S编程语言的另一种实现。

R和写在其中的库提供了许多图形和统计技术，如经典统计测试，线性和非线性建模，时间序列分析，分类，聚类等。您可以使用R机器学习包轻松扩展语言。该语言允许创建高质量的图，包括公式和数学符号。

Alexander Konduforov指出，使用R进行机器学习可实现快速数据分析和可视化。

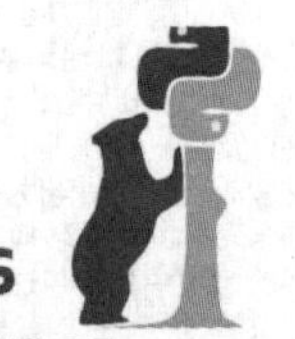

Pandas

数据分析和可视化工具

pandas：一个增强分析和建模的Python数据分析库

现在是时候谈谈Python熊猫了，这是一个最可爱名字的免费图书馆。数据科学爱好者Wes McKinney开发了这个库，以便在Python中方便地进行数据分析和建模。在大熊猫之前，这种编程语言仅适用于数据准备和修改。

pandas通过将CSV，JSON和TSV数据文件或SQL数据库转换为数据框，看起来像Excel的Python对象或带有行和列的SPSS表来简化分析。更重要的是，pandas与IPython工具包和其他库相结合，以提高性能并支持协同工作。

matplotlib：用于高质量可视化的Python机器学习库

matplotlib是一个Python 2D绘图库。绘图是机器学习数据的可视化。matplotlib源自MATLAB：它的开发人员John D. Hunter模拟了Mathworks的MATLAB软件中的绘图命令。

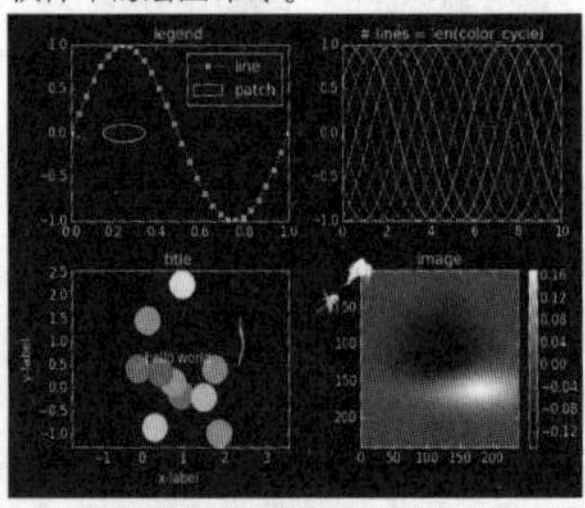

虽然主要使用Python编写，但库使用NumPy和其他代码进行扩展，因此即使用于大型数组也能很好地执行。

matplotlib允许使用几行代码生成生产质量的可视化。库开发人员强调了它的使用简单："如果要查看数据的直方图，则不需要实例化对象，调用方法，设置属性等等；它应该工作。"

可以使用seaborn，ggplot和HoloViews等第三方可视化软件包扩展库的功能。专家还可以使用Basemap和cartopy投影和绘图工具包添加额外的功能。

数据科学从业者注意到matplotlib的灵活性和集成能力。例如，Andrii Babii喜欢使用matplotlib和seaborn以及ggplot2。

Denis Yarats (Facebook AI Research)表示他选择matplotlib主要是因为它与Python工具集很好地集成，可以与NumPy库或PyTorch机器学习框架一起使用。

Alexander Konduforov和他的AltexSoft团队也使用matplotlib。除了大量的Python机器学习库(如pandas)以及支持R和Python的Plotly之外，团队还选择了dplyr，ggplot2，tidyr和Shiny R库。"这些工具可以免费使用，但你必须知道编程至少要使用它们，有时需要额外的时间。"

Jupyter Notebook：协同工作能力

Jupyter Notebook是一个用于交互式计算的免费Web应用程序。有了它，用户可以使用实时代码创建和共享文档，开发和执行代码，以及呈现和讨论任务结果。可以通过Dropbox，电子邮件，GitHub和Jupyter Notebook Viewer共享文档，它可以包含图形和叙述文本。

笔记本电脑功能丰富，提供各种使用场景。

它可以与许多工具集成，例如Apache Spark，pandas和TensorFlow。它支持40多种语言，包括R，Scala，Python和Julia。除了这些功能，Jupyter Notebook还支持容器平台--Docker和Kubernetes。

来自NEAR.AI的Illia Polosukhin表示，他主要使用Jupyter Notebook进行自定义临时分析："该应用程序允许快速进行任何数据或模型分析，并能够连接到远程服务器上的内核。您还可以与同事分享最终的笔记本。"

Tableau：强大的数据探索功能和交互式可视化

Tableau是一种用于数据科学和商业智能的数据可视化工具。许多特定功能使该软件有效地解决了各种行业和数据环境中的问题。

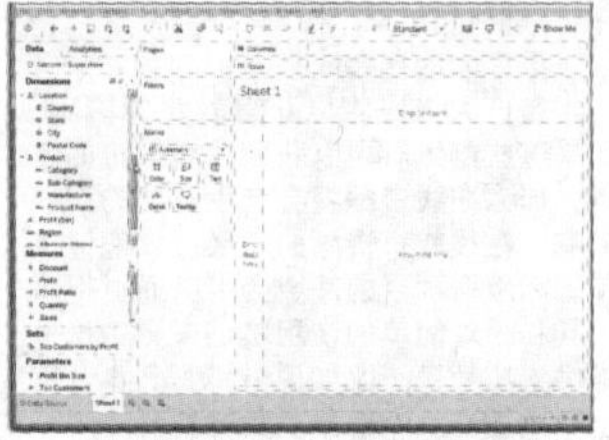

通过数据探索和发现，Tableau软件可以快速从数据中提取洞察并以可理解的格式呈现它们。它不需要出色的编程技能，可以轻松安装在各种设备上。虽然必须编写一个小脚本，但大多数操作都是通过拖放完成的。

Tableau支持实时分析和云集成(即与AWS，Salesforce或SAP)，允许组合不同的数据集和集中数据管理。

使用的简单性和功能集是数据科学家选择此工具的原因。"Tableau具有许多内置功能，不需要编码。您可以在UI中执行大量数据预处理，分析和可视化，从而节省了大量精力。但是，你必须购买许可证，因为它不是免费产品，"Alexander Konduforov说。

用于一般机器学习的框架

NumPy：使用Python进行科学计算的扩展包

之前提到的NumPy是一个扩展包，用于使用Python执行数值计算，取代了NumArray和Numeric。它支持多维数组(表)和矩阵。ML数据以数组表示。矩阵是二维数字数组。NumPy包含广播功能，作为集成C / C ++和Fortran代码的工具。其功能还包括傅里叶变换，线性代数和随机数功能。

数据科学从业者可以使用NumPy作为存储多维通用数据的有效容器。通过定义任意数据类型的能力，NumPy可以轻松快速地与多种数据库集成。

scikit-learn：易于使用的机器学习框架，适用于众多行业

scikit-learn是一个开源的Python机器学习库，建立在SciPy (Scientific Python)，NumPy和matplotlib之上。

最初由David Cournapeau于2007年开始作为Google Summer of Code项目，scikit-learn目前由志愿者维护。截至今天，已有1,092人参与其中。

该库专为生产用途而设计。简单，定性代码，协作选项，性能以及用简单语言编写的大量文档有助于其在各种专家中的流行。

scikit-learn为用户提供了许多成熟的算法，用于监督和无监督学习。来自Machine Learning Mastery的数据科学从业者Jason Brownlee指出，该库侧重于建模数据，而不是其加载，操作和摘要。他建议使用NumPy和pandas来实现这三个功能。

Denis Yarats使用NumPy，pandas和scikit-learn进行一般机器学习："我喜欢它们的简洁性和透明度。这些工具被广泛采用并且许多人多年来一直在进行战斗测试，这也很有帮助。"

"AltexSoft数据科学团队主要使用像scikit-learn和xgboost这样的Python库来进行分类和回归任务，"Aleksander观察道。

Andrii Babii更喜欢使用sc语言学习R语言库和包。"我正在使用这种组合，因为它是开源的，具有很强的功能并相互补充，"数据科学家解释道。

NLTK：基于Python的人类语言数据处理平台

NLTK是一个用于开发Python程序以使用人类语言的平台。

Aleksander Konduforov更喜欢这个工具用于NLP任务。"NLTK几乎是Python中用于文本处理的标准库，它具有许多有用的功能。例如，不同类型的文本，句子和文字处理，词性标注，句子结构分析，命名实体识别，文本分类，情感分析等等。所有这些库都是免费的，并提供足够的功能来解决我们的大部分任务，"专家指出。

用于神经网络建模的ML框架

TensorFlow：用于大规模机器学习的灵活框架

TensorFlow是一个开源软件库，用于2015年谷歌人工智能组织内Google Brain团队开发和发布的机器学习和深度神经网络研究。

该库的一个重要特征是数值计算是由包含节点和边的数据流图完成的。节点表示数学运算，并且边是多维数据阵列或张量，在其上执行这些操作。

TensorFlow非常灵活，可用于各种计算平台(CPU，GPU和TPU)和设备，从台式机到服务器集群，再到移动和边缘系统。它可以在Mac，Windows和Linux上运行。

释疑解惑破解部分电喷汽车的“故障门”(中)

6.金杯车无法起动何故?

一辆沈阳金杯乘用车(采用单点喷射发动机),因动力不足而进行发动机大修,大修竣工后第一次起动着发动机并运行了约5min左右时,排气管出现“突突突”声,随之发动机自动熄火。再次起动发动机,无法起动。初步检查,发现火花塞不点火,喷油器不喷油,将所有的线束连接器重连接一遍,故障依旧。用解码器检查,发现有多个故障代码,含义分别为1号点火线圈故障、2号点火线圈故障、喷油器故障、节气门位置传感器故障和发动机ECU故障等。用解码器清除所有故障代码后,再次转动起动机几秒钟后读取故障代码,发现只剩下指示发动机ECU故障的故障代码。根据电控系统自诊断控制原理,自诊断系统指示的故障可能是下列两种情况所致:一是发动机ECU内部电路确有故障,二是发动机ECU的外部电路有故障而引起其内部电路信号错误,常见的是发动机ECU电源线路故障。于是立即检查发动机ECU的电源线路,发现正极连接线正常,而发动机ECU的主搭铁线与车身之间有14Ω的电阻,将所有的负极连接线清洁后,再次测量,电阻恢复正常,再次利用解码器调取故障代码,显示系统正常。但是发动机依旧无法起动。

再次对该车控制系统进行排查,又发现了一个现象,即当接通点火开关时,汽油泵应该有一个短时间的泵油过程,但该车却没有汽油泵工作的声音。检查汽油泵继电器,汽油泵继电器工作正常,检查汽油泵继电器的供电,发现接通点火开关后,汽油泵继电器插座的4根线上只有一根线有电压,而缺少一常通电源。检查发现汽油泵熔丝熔断,更换熔丝后,能够听到汽油泵泵油的声音了,但再次起动发动机试车,还是无法起动,仍是不点火、不喷油。再次检查发动机ECU的电源,测量发动机ECU导线侧连接器上的电源线与搭铁之间的电压,与蓄电池电压一致。该车的发动机ECU是通过密封胶封装的,无法拆卸。用解码器对控制系统作最后一次检测,在接通点火开关理顺线路时,突然听到“咔、咔”两声,经过仔细的观察和分析,发现声音是喷油器发出的,这说明发动机ECU能够控制喷油器工作了,再次起动发动机,还是没有点火。再拍拍线路,当拍到霍尔传感器连接线时又听到了喷油器的“咔、咔”声,至此断定,霍尔传感器连接线肯定有故障。剥开霍尔传感器连接器附近的屏蔽线,发现里面3根线的绝缘都已老化,金属导线似接触而又非接触。用万用表检查,3根线之间彼此时通时断。更换霍尔传感器后,故障排除。

7.秦川福莱尔轿车发动机抖喘故障何故?

一辆QCJ7081秦川—福莱尔轿车装备了韩国大宇M-TECF8CV型三缸电喷发动机,无论冷车、热车发动机都怠速不稳,转速在920~1024r/min之间变化,发动机抖喘。行驶中加速无力,松油门时怠速有时下降到500~600r/min左右,易熄火。尤其在使用空调时,松油门更易熄火。该故障现象已发生半年多,修理过数次,曾更换过怠速马达、进气压力传感器、火花塞、高压线等零件,但故障依然存在。诊断时,首先使用金德K81汽车解码器调取故障码,屏幕显示有P0340和P1510两个故障码。P0340的含义是凸轮轴位置传感器不良;P1510的含义是故障代码说明无法获得。先用汽车解码器消去原故障码,然后启动发动机运转数分钟,再调取故障码,结果汽车解码器显示系统正常,无故障码。启动发动机,用金德K81解码器测试该车动态数据流。从屏幕上得到下列主要数据流:进气压力60kPa~69kPa;进气压力传感器信号电压2.84~3.25V;节气门开度10%;节气门位置传感器信号电0.50mV;冷却液温度84℃;进气温度39℃;氧传感器信号电压638~654mV;发动机怠速转速920~1024r/min;喷油脉宽7.3~8.5ms;点火提前角9°~11°。从实测的数据流中可以看出怠速极不稳定;在怠速工况下,进气压力也和正常值(40kPa左右)相差较大;由于怠速时进气压力大,所以进气压力传感器信号电压也比正常值(1.5~1.7V)大了不少;喷油脉宽也比正常值(3~4ms)大了许多。通过对数据流的分析,在全面检查过程中,重点检查造成进气歧管中真空度小的原因。

造成进气歧管内压力过大的主要原因可能有:进气歧管及其真空胶管存在漏气故障;废气再循环阀失效,使废气在发动机怠速运转时就参加了循环;排气系统堵塞,造成发动机负荷增大;发动机进、排气门关闭不严。首先仔细地检查进气歧管及相关的真空管、碳罐等,都没有发现漏气现象。接着检查废气再循环磁阀,废气再循环阀的阀关闭严密,用嘴吸动其真空输入管,其阀门动作灵活。检查排气管上三元催化器畅通,消声器也畅通。启动发动机,逐缸做跳火试验,结果各缸都有反应。把火花塞从发动机上拆下来,目测其电极微黑,这是混合气偏浓、混合气燃烧不完全造成的。等待一段时间,发动机温度下来后,又用汽缸压力表逐缸测量汽缸压力,三个缸均为1MPa,虽然偏低些,但也属于正常值范围内。把拆下来的零件复位,再次启动发动机,故障依然存在。发动机熄火后,脱开进气歧管进气压力传感器的胶管并把它连接到手动真空泵上,用手动真空泵把进气压力传感器的压力调整到66.7kPa左右,启动发动机,然后用手动真空泵逐步将真空度向40kPa处调整。在调整过程中随着真空度的增加,发动机应声熄火。通过一系列的检查,没有发现明显的故障原因。结合以往的维修经验,决定从汽缸压力偏低的现象入手,全面检查该车进、排气门的间隙。根据维修资料,该车冷态时进气门的间隙为0.13~0.17mm,排气门的间隙为0.30~0.34mm;而热态调整气门间隙时要增加0.10mm,即进气门的间隙为0.23~0.27mm,排气门的间隙为0.40~0.44mm。热车时拆除气门室盖,先检查原来进、排气门间隙,果然偏小。按照上述数据,选用0.25mm的厚薄规调整进气门,选用0.40mm的厚薄规调整排气门。经过仔细调整后,启动发动机,发动机怠速运转平稳,抖动也大大减少。路试中,加速有力,松油门时发动机也不熄火。开启空调后也十分正常。最后再用金德汽车解码器测试动态数据流,测得主要数据流如下:进气压力40kPa;进气压力传感器信号电压1.65V;发动机怠速转速960r/min;喷油脉宽3.5ms。这几项主要数据都符合标准数值,故障完全排除。

◇湖北 刘道春

用运算放大器测量电缆中的电流

采用测量电缆上的电压降,便可以方便地测量长电缆中流动的大电流,而无需用复杂而庞大的分流器或昂贵的磁测量方法。但是铜的温度系数(温度补偿系数)为+0.39%/℃,这限制了测量精确度。然而温度传感器可以做出补偿,但仅限于点测量装置,其相关性可能会因电缆长度出现问题。要考虑到2.5℃的电缆温度误差或差异会引起1%的误差。如果在最大电流下至少有10mV的压降,则可用现代零漂移放大器(自动归零,斩波器等)轻松测量。这些放大器提供超低偏移性能,可以精确感测满量程低压降。然后就是如何处理温度系数。本设计实例提出的解决方案利用了大电流电缆是由许多细股组成的这一事实,示例中的AWG 4电缆包含1050股AWG 34线。

具体可以从图1中进行分析,运算放大器非反相输入检测电缆负载端的电缆压降。MOSFET处于输出/反馈路径中,这一路径通过温度感测线(通常是用于设置增益的电阻),在电源处结束。电路迫使该增益设置元件出现压降,且压降正好等于主电缆压降。这种情况下,增益设置元件是嵌入在定制绝缘电缆组件(包括大电流电缆)内的34号标准规格线的单股绝缘线(包漆,如电磁线)。

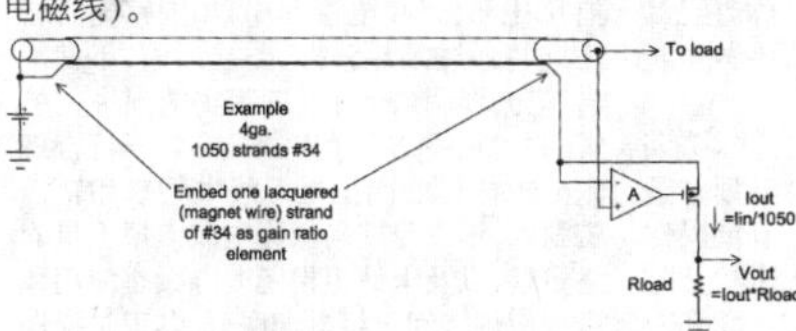

图1:使用比例电缆实现大电流测量温度补偿。

AWG 34 = 265.8Ω/1000ft

AWG 4 = 0.248Ω/1000ft

例如,0.474 ft. 4号线 = 117.6 μΩ;10 mV 压降 @ I_{in}= 85A;I_{out}= 80mA。

由于电缆由1050股线组成,电流会流入MOSFET和增益元件,正比于总电流除以1050。增益元件和电缆均由铜构成,并且处于紧密的热接触中,抵消了输出随温度的变化。反馈电流流出MOSFET漏极,通过R_{Load}接地,提供接地参考输出电压。

线股解决了其他温度传感器的两个主要问题:

1.导线是跨越整个电缆的“分布式”传感器,能更好地感测整体温度情况;

2.导线和主电缆一样为铜材料,可实现完美的温度补偿。

实际测试

使用4英尺长的JSC 1666 AWG 4电缆进行测试。沿电缆长度方向切开绝缘层,将34号标准规格电磁线插入绝缘层。电路中使用了NCS333运算放大器。由于运算放大器共模电压与其供电轨相等,因此必须具有轨到轨输入能力(或使用更高的电源)。此外,它应该是零漂移(斩波器)放大器,因为标准轨到轨运算放大器在正轨附近的性能通常较差。

图2:测试装备。由于感测线长度影响绝对精度,因此将其连接到电路板的两根灰色电线为较重规格。

测量值

R_{Load}= 50Ω 1%

空载时,V_{out}读数为94μV;

10A负载下,V_{out}= 454.6mV(5.85%误差);

58A负载下,V_{out}= 2.604V(5.7%误差)。

将测试装备放入温控柜中,在室温至100℃温度范围内进行测试。显示的附加误差小于0.1%。有几个因素可能会导致该误差,例如运算放大器偏移漂移,以及电缆终端的电阻和热电偶效应。

造成误差的电线公差

为了解实际电缆结果会怎样,我列出了以下电线数据,显示34号标准规格电线有2%的公差。人们会认为4号标准规格电线的总体公差也差不多。这表明根据标准公差制造的商业电线仅仅因为电缆本身的原因,就会产生4%的精确度限制。电子设备还有其他一些限制因素也会影响精确度,不过用户当然会进行调整,或者与使用的电缆匹配。

AWG	Bare Copper				Area Circ. Mils NOM	Recom. Winding Tension (grams)	Single Build		
	Diameter (inches)		Resistance* (ohms/1000 ft)				Min Increase (inches)	Overall Dia. (inches)	
	NOM	MIN MAX	NOM	MIN MAX				NOM	MIN MAX
34	.0063	.0062 .0064	261.3	253.2 269.8	39.69	182	.0005	.0069	.0069 .0072
35	.0056	.0055 .0057	330.7	319.2 342.8	31.36	147	.0004	.0062	.0059 .0064
36	.0050	.0049 .0051	414.8	398.7 431.9	25.00	120	.0004	.0055	.0053 .0058
37	.0045	.0044 .0046	512.1	490.1 535.7	20.25	100	.0003	.0050	.0047 .0052
38	.0040	.0039 .0041	648.2	617.0 681.9	16.00	81	.0003	.0044	.0042 .0047
39	.0035	.0034 .0036	846.6	800.2 897.1	12.25	64	.0002	.0039	.0036 .0041
40	.0031	.0030 .0032	1079.2	1079.2 1152.3	9.61	52	.0002	.0034	.0032 .0037
41	.0028	.0027 .0029	1322.8	1322.8 1422.6	7.84	42	.0002	.0031	.0029 .0033
42	.0025	.0024 .0026	1659.4	1659.4 1800.5	6.25	34	.0002	.0028	.0026 .0030
43	.0022	.0021 .0023	2142.8	2592.8 2351.7	4.84	26	.0002	.0024	.0023 .0036
44	.0020	.0019 .0021	2592.8	2351.7 2872.9	4.00	22	.0001	.0022	.0020 .0024

图3:电线数据。(来源:weicowire.com)

最后需要注意的是,制造实现此功能的电缆似乎很麻烦。这个概念是由OEM提出,目的是让OEM可以指定包含一股漆包线的定制电缆作为增益电阻。电动和混合动力汽车有许多大电流电缆,OEM可以利用这一特点消除大的分流。这种方法提供的精确度和温度性能,相对磁感测来说确实具有竞争力,而且成本较低,特别是在OEM量产的情况下。

在小批量的情况下,将感测线包裹或捆扎在电缆外侧,仍会具备分布式温度感测的优点。由于电缆绝缘,在耦合更弱且实际电缆铜温度的时间常数更长的情况下,感测对环境温度更为敏感。

◇湖北 朱少华

遥感和空间科学卫星无线电频率和轨道资源使用规划(2019~2025年)

随着我国经济社会的发展，遥感和空间科学卫星应用领域不断拓展，对卫星无线电频率和轨道资源需求日益增长。为适应遥感和空间科学卫星的发展需要，合理规划和有效利用卫星无线电频率和轨道资源，根据《中华人民共和国无线电管理条例》《中华人民共和国无线电频率划分规定》等有关规定，结合我国航天事业发展实际需求，特制定本规划。涉及军事系统使用卫星无线电频率和轨道资源事宜，按照军队有关规划组织实施。

为贯彻落实《中华人民共和国无线电管理条例》和《中华人民共和国无线电频率划分规定》，合理规划和有效利用遥感和空间科学卫星无线电频率和轨道资源，工业和信息化部(无线电管理局)起草了《遥感和空间科学卫星无线电频率和轨道资源使用规划(2019~2025年)(征求意见稿)》(见附件)。

一、现状与形势

随着我国航天强国建设的不断推进，我国已建成了陆地观测、海洋观测、大气观测以及空间科学研究等多领域的立体观测和空间研究体系。根据业务分类，遥感卫星主要包括光学成像、碳监测、立体测绘、陆地水源、重力和电磁监测等陆地观测卫星；海洋水色、海洋动力、海洋监视监测等海洋观测卫星；以及天气观测、气候观测以及大气成分探测等大气观测卫星。空间科学卫星主要包括空间实验、空间天文、空间物理、空间环境、太阳物理研究等用途的卫星。遥感和空间科学卫星使用的频率资源主要包括信息探测频率(以下简称"探测频率")、数据传输频率(以下简称"数传频率")和遥测遥控频率(以下简称"测控频率")。

随着我国遥感和空间科学卫星建设的迅速推进，卫星无线电频率和轨道资源的日益紧张，迫切需要制定相应的卫星无线电频率和轨道资源的使用规划，指导相关单位合理申报使用频率轨道资源，促进资源的合理高效利用。

二、指导思想和目标(略，本文所略部分可从相关网站查询更全内容)

三、发展方向

遥感类陆地观测卫星主要面向国土资源、环境保护、防灾减灾、水利、农业、林业、统计、地震、测绘、交通、住房城乡建设、卫生等行业，重点建设高、中分辨率光学与合成孔径雷达观测星座，发展地球物理场探测卫星，不断提高陆地观测卫星定量化应用水平。

遥感类海洋观测卫星主要服务于我国海洋强国战略，面向海洋资源开发、环境保护、防灾减灾、权益维护、海域使用管理等方面的重大需求，重点建设海洋水色、海洋动力和海洋监视监测卫星，不断提高海洋观测卫星综合观测能力。

遥感类大气观测卫星主要面向气象预报、大气环境监测、气象灾害监测以及全球气候等观测需求，重点建设天气观测、气候观测卫星星座以及大气成分探测卫星，形成完整的大气系统观测能力。

空间科学类卫星主要根据我国科学研究自身特点与优势，并结合世界基础科学发展前沿，重点开展空间实验、空间天文、空间物理、空间环境、太阳物理等研究活动。同时聚焦发生在地球、日地空间、太阳系乃至整个宇宙的物理、化学和生命等自然现象及其规律等重大基础科学前沿问题，服务空间科学的探索和研究。

四、主要内容

根据《中华人民共和国无线电频率划分规定》(以下简称《无线电频率划分规定》)和国际电联《无线电规则》，结合《国家民用空间基础设施建设中长期发展规划(2015-2025)》，遥感和空间科学卫星无线电频率和轨道资源的使用规划如下：

(一)卫星无线电频率和轨道资源使用规划

1.探测频率

探测频率应使用《无线电频率划分规定》中的卫星地球探测(有源/无源)、空间研究(有源/无源)等业务划分的频率。

对于搭载合成孔径雷达、云廓线雷达、测高计、散射计等有源传感器的遥感卫星，应根据卫星地球探测(有源)、空间研究(有源)等业务的频率划分，结合任务特性来选择可用频率。

对于搭载大气探测传感器以及微波探测传感器、辐射计等无源传感器的遥感卫星，应根据卫星地球探测(无源)、空间研究(无源)等业务的频率划分，结合探测对象的物理特性选择可用频率。

2.数传频率

数传频率应使用《无线电频率划分规定》中的卫星地球探测业务、星间业务、空间研究等业务划分的频率。对于大气探测卫星，除上述业务外，还可在卫星气象业务中选取使用频率。

中低速数传任务一般使用X频段(8025~8400MHz)开展，高数据速率数传一般选择Ka频段(25.5~27GHz)。在数传频率的使用上，鼓励数传和遥测频率采用一体化设计，通过数传下行频率传输遥测信号，提高频谱利用率。

3.测控频率

测控频率应使用《无线电频率划分规定》中的空间操作业务(空间操作业务划分的具体频段见附1)，同时也可依托卫星载荷使用的业务频率开展测控任务。鼓励采用测控与业务用频的一体化设计开展测控任务。根据任务特性和业务特性，不同频段测控频率的使用应当符合以下要求。

1)L频段及以下频段测控频率主要用于寿命周期短(一般不超过12个月)、建站位置单一、开机时间有限的技术试验卫星以及其他遥感和空间科学卫星测控频率的备份使用；

2)S频段测控频率重点保障国家卫星测控任务，兼顾商业卫星的发射、入轨、在轨维护、应急管理等任务需求；

3)X频段测控频率用于卫星地球探测业务和空间研究业务的测控使用。其中，将7190~7235 MHz频段规划用于保障探月工程等重大航天工程遥控频率使用，7235~7250 MHz频段规划用于商业遥感卫星，上述新增遥控频率对应的下行遥测业务可依托8025~8400 MHz数传频率传输信号；

4)鼓励Ka、Q/V等更高频段测控频率的应用，主要用于适应未来大规模星座等复杂系统的测控任务需求。

在轨道资源上，对于有部署在地球静止轨道上任务需求的遥感卫星，在轨位的选择上应结合使用频率、观测范围、协调态势等因素统筹分析、合理部署。对于部署在非地球静止轨道上的遥感和空间科学卫星，应结合任务需求、协调态势等因素综合考虑，合理选择使用极地轨道、太阳同步轨道以及月球探测轨道、火星探测轨道等。

(二)频率使用方案设计和电磁兼容分析

卫星操作单位应当依据国家无线电管理相关规定和国际电联建议书的要求，开展频率使用方案设计和电磁兼容分析工作，避免与其他卫星系统和地面业务系统产生有害干扰。在频率使用方案设计和电磁兼容分析上，应当从干扰方与被干扰方两个层面予以考虑。针对干扰方，应重点分析其可能产生的干扰隐患，并对其发射特性提出约束条件，明确减小和消除干扰的措施；针对被干扰方，应重点考虑其承受来自其他系统的干扰保护限值，明确合理的保护措施。频率使用方案设计和电磁兼容分析主要适用的国际电联决议、建议书及国家标准。

1.探测频率

对于有源传感器探测频率的设计，主要依据国际电联ITU-R RS.2105建议书中关于432 MHz~238 GHz频段的卫星地球探测业务(有源)的有关特性规定，设定星载有源传感器的功率通量密度、地球表面接收的干扰功率、射频信号类型等参数，重点提高系统自身的频率兼容性，减少和避免对其他系统的干扰。

对于无源传感器的探测频率设计，所使用的频率涉及对探测对象自然属性的被动接收与反映，重点应通过提高接收设备性能指标来加强自身对干扰的防护能力。在电磁兼容分析方面，相关有源无线电系统的无用发射功率限值，以及与邻频无源遥感业务共用标准应分别符合国际电联第750号，以及751号和752号等决议要求；无源传感器测量灵敏度等技术特性应符合ITU-R RS.2017等建议书要求。

2.数传频率

数传频率的设计应以国际电联ITU-R SA.1810和ITU-R SA.1862等建议书为主要依据，重点做好与固定业务、移动业务等的共用分析，综合频率、时间概率、轨道，以及干扰信号路径等因素，合理设计频率使用方案，降低来自空间与地面业务的干扰，提高数据传输链路质量。在数传频率设计上，非地球静止轨道卫星还应当符合国际电联ITU-R SA.1026和ITU-R SA.1027等建议书的要求，地球静止轨道卫星还应当符合国际电联ITU-R SA.1160和ITU-R SA.1161等建议书的要求。

3.测控频率

根据任务特性和业务特性，以国际电联ITU-R SA.363等建议书为主要依据，设计测控频率使用方案。重点做好测控频率与其他系统和业务间的兼容性分析，依据国际电联ITU-R SA.609建议书明确干扰保护标准，提高系统的抗干扰能力。对于L频段及更低频段测控频率的设计，应注意对带外杂散的抑制和天线仰角的控制，避免和地面业务间的相关干扰。对于S频段测控频率的设计，应根据国际电联ITU-R SA.1154和ITU-R SA.1273等建议书，主要通过设定干扰限值实现与固定、移动业务的兼容共用。

(三)卫星网络的申报协调与登记维护

卫星操作单位应当依据《卫星网络申报协调与登记维护管理暂行办法》(工信部无〔2017〕3号)等有关规定以及国际电联《无线电规则》开展卫星网络的申报、协调以及登记、维护等相关工作。根据系统应用和技术成熟度，对于已纳入国家规划的遥感和空间科学卫星可考虑在已申报的卫星网络资料中选取可用的频率和轨道资源，并结合卫星工程的指标要求，适时开展滚动和补充申报。对于需拓展新的频率和轨道资源，应提前开展频率和轨道资源的论证工作，明确申报的卫星网络特性，合理防控协调风险，在卫星投入使用前2-7年向国际电联申报卫星网络资料。

在国内协调方面，需重点开展遥感和空间科学卫星与通信卫星、导航卫星等卫星系统以及地面系统的协调工作。在国际协调方面，重点做好与邻近轨位同频的通信、遥感等地球静止轨道卫星的协调，以及与其他遥感、空间科学类非地球静止轨道卫星的协调。

经完成国内协调和必要的国际协调后，卫星网络方可登记进入国际频率登记总表(MIFR)获得保护地位。卫星操作单位应依据工业和信息化部周报处理、信函协调等有关管理规定要求，做好卫星网络的维护工作。

五、保障措施

(一)提高频谱资源利用效率

卫星操作单位应加大研发投入，适应卫星系统向Q/V等更高频率演进的需求。通过地理隔离、时间隔离、频率隔离等多种方式提高频谱资源利用效率。拓展频率使用范围，对于短期任务，以及其他实验性、临时性任务，在保护主要业务的前提下，卫星操作单位可结合任务性质，合理申报使用次要业务划分的频率。

(二)引导和规范商业遥感卫星发展

规范和引导商业遥感卫星发展，鼓励卫星操作单位通过团队培养、专业咨询、购买服务等多种方式开展卫星网络申报、协调、登记和维护工作。卫星操作单位应严格遵守《无线电频率划分规定》和业余无线电管理相关规定，不得将卫星业余业务频率用于商业卫星工程，也不得将卫星地球探测业务和空间研究业务频率用于卫星通信、物联网等领域的用途。

发挥市场作用，鼓励有条件的单位推进自主可控、布局合理的商业航天测控网建设，作为国家空间基础设施的重要补充和组成部分。对于商业遥感的科研卫星，在不影响国家卫星测控任务的前提下，可申请依托国家航天测控网开展测控业务；对于长期在轨的商业遥感业务卫星，卫星操作单位可通过自主建设或购买服务的方式开展测控业务。

(三)合理部署数据接收地球站(地面站)

加强对遥感和空间科学卫星地球站的电磁环境保护。在地球站布局规划阶段，地球站设置使用单位应通过计算地面业务产生的干扰电平，合理设定地球站与地面业务的保护距离，提前规避有关干扰风险。有关地面业务干扰允许值及干扰计算方法应当符合国家标准《地球站电磁环境保护要求》(GB13615-2009)的规定。

在25.5~27GHz频段，设置使用数据接收地球站，需电磁环境保护以免受固定和移动业务有害干扰的，应征得工业和信息化部同意。在25.5~27GHz频段设置使用的信息接收地球站，原则上应当远离城市核心地区，减少和地面业务的干扰隐患。该频段地球站与地面业务的兼容共用标准应当符合国际电联ITU-R SA.1027建议书的要求。

合理安排卫星数据接收策略，鼓励卫星操作单位使用卫星过顶次数较多的瑞典基律纳、北极格陵兰以及南极中山站等地的地球站接收数据。加强军民融合和资源共享，鼓励陆地、海洋、大气观测和空间科学等不同业务，以及军地不同部门间卫星数据的协同接收，相关地球站设置使用单位可通过优化国土范围内的站址布局、增加同一接收站内天线数量、开展基础设施共建等多种方式，提高数据接收效率。

(四)积极参与国际规则研究制定

各技术支撑单位和卫星操作单位应加强国际电联相关议题研究，积极参加国际电联世界无线电通信大会以及国际电联无线电通信局(ITU-R)第四研究组、第七研究组等相关会议，重点是加强在遥感和空间科学卫星在频率划分、频率使用、卫星网络协调以及与地面移动通信等业务的兼容共用等方面的研究，维护我国频率使用权益。

六、组织实施

加强对规划实施的监督检查，工业和信息化部(无线电管理局)和国家国防科工局将通过跟踪分析、委托评估、年度报告等方式不定期对规划落实情况进行检查，并对相关结果予以通报。对不符合规划要求擅自使用卫星无线电频率和轨道资源的，不予受理向国际电联申报卫星网络资料，以及申请卫星无线电频率使用和设置使用空间无线电台许可。各卫星操作单位在规划实施过程中的重大问题应及时报告工业和信息化部(无线电管理局)和国家国防科工局。工业和信息化部(无线电管理局)和国家国防科工局根据规划实施中出现的新情况、新问题，及时改进后续工作，确保各项规划任务的落实。

查阅更多相关内容，请访问工业和信息化部网站(www.miit.gov.cn)—信息公开—文件公示栏目。◇魏　超

应急广播平台接口规范与应用（二）

四、接口功能

应急广播平台接口所实现的业务功能见表2，接口请求方发送的应急广播接口数据文件见第7章的对应部分文件说明，接口响应方返回的数据文件接收回执TAR文件说明。

表2 应急广播平台接口功能

业务功能	接口请求方	接口响应方	接口请求方发送的应急广播平台接口数据文件	接口响应方返回的应急广播平台接口数据文件	说明
应急广播消息播发请求	应急广播平台制作播发系统	应急广播平台调度控制系统	应急广播消息TAR文件	接收回执TAR文件	接口请求方将应急广播消息TAR文件发送给接口响应方，请求接口响应方播发应急广播消息。接口响应方在接收到该应急广播消息TAR文件后，根据文件内容对应急广播消息进行播放。
	应急广播平台	广播电视频率频道播出系统			
	上级应急广播平台	下级应急广播平台			
	应急广播平台	应急广播适配器			
	下级应急广播平台	上级应急广播平台			
应急广播消息播发状态查询	上级应急广播平台	下级应急广播平台	应急广播消息播发状态查询TAR文件	接收回执TAR文件	接口请求方将应急广播消息播发状态查询TAR文件发送给接口响应方，查询某应急广播消息的播发状态。接口响应方在接收到该应急广播消息播发状态查询TAR文件后，应在新的HTTP连接中执行"应急广播消息播发状态反馈"功能。
	应急广播平台	应急广播适配器			
	下级应急广播平台	上级应急广播平台			
应急广播消息播发状态反馈	下级应急广播平台	上级应急广播平台	应急广播消息播发状态反馈TAR文件	接收回执TAR文件	接口请求方将应急广播消息播发状态反馈TAR文件主动或收到请求后发送给接口响应方。
	应急广播适配器	应急广播平台			
	上级应急广播平台	下级应急广播平台			
	应急广播平台调度控制系统	应急广播平台制作播发系统			
运维数据请求	上级应急广播平台	下级应急广播平台	运维数据请求TAR文件	接收回执TAR文件	接口请求方台将运维数据请求TAR文件发送给接口响应方，请求相关运维数据。接口响应方在接收到该运维数据请求TAR文件后，根据其请求内容，在新的HTTP连接中执行"应急广播平台信息上报"、"台站（前端）信息上报"、"应急广播适配器信息上报"、"传输覆盖播出设备信息上报"、"平台设备及终端信息上报"、"播发记录上报"、"应急广播平台状态上报"、"应急广播适配器状态上报"、"传输覆盖播出设备状态上报"、"平台设备及终端状态上报"等功能。如果无法返回相应的运维数据，需要在新的HTTP连接中执行"处理结果通知"功能，上报执行结果代码和描述。
	应急广播平台	应急广播适配器			
应急广播平台信息上报	下级应急广播平台	上级应急广播平台	应急广播平台信息TAR文件	接收回执TAR文件	接口请求方将自身平台和所管辖的下级应急广播平台信息主动或收到请求后上报给接口响应方。
台站（前端）信息上报	下级应急广播平台	上级应急广播平台	台站（前端）信息TAR文件	接收回执TAR文件	接口请求方将自身平台和所管辖的下级应急广播平台的台站（前端）信息主动或收到请求后上报给接口响应方。
	应急广播适配器	应急广播平台			接口请求方将台站（前端）信息主动或收到请求后上报给接口响应方。
应急广播适配器信息上报	下级应急广播平台	上级应急广播平台	应急广播适配器信息TAR文件	接收回执TAR文件	接口请求方将自身平台和所管辖的下级应急广播平台的应急广播适配器信息主动或收到请求后上报给接口响应方。
	应急广播适配器	应急广播平台			接口请求方将自身的应急广播适配器信息主动或收到请求后上报给接口响应方。
传输覆盖播出设备信息上报	下级应急广播平台	上级应急广播平台	传输覆盖播出设备信息TAR文件	接收回执TAR文件	接口请求方将自身平台和所管辖的下级应急广播平台的传输覆盖播出设备信息主动或收到请求后上报给接口响应方。
	应急广播适配器	应急广播平台			接口请求方将传输覆盖播出设备信息主动或收到请求后上报给接口响应方。
平台设备及终端信息上报	下级应急广播平台	上级应急广播平台	平台设备及终端信息TAR文件	接收回执TAR文件	接口请求方将自身平台和所管辖的下级应急广播平台的平台设备及终端信息主动或收到请求后上报给接口响应方。
播发记录上报	下级应急广播平台	上级应急广播平台	播发记录数据TAR文件	接收回执TAR文件	接口请求方将自身平台和所管辖的下级应急广播平台的播发记录主动或收到请求后上报给接口响应方。
	应急广播适配器	应急广播平台			接口请求方将播发记录主动或收到请求后上报给接口响应方
应急广播平台状态上报	下级应急广播平台	上级应急广播平台	应急广播平台状态TAR文件	接收回执TAR文件	接口请求方将自身平台和所管辖的下级应急广播平台的平台状态主动或收到请求后上报给接口响应方。
应急广播适配器状态上报	下级应急广播平台	上级应急广播平台	应急广播适配器状态TAR文件	接收回执TAR文件	接口请求方将其自身平台和所管辖的下级应急广播平台的应急广播适配器状态主动或收到请求后上报给接口响应方。
	应急广播适配器	上级应急广播平台			接口请求方将自身状态主动或收到请求后上报给接口响应方。
传输覆盖播出设备状态上报	下级应急广播平台	上级应急广播平台	传输覆盖播出设备状态TAR文件	接收回执TAR文件	接口请求方将自身平台和所管辖的下级应急广播平台的传输覆盖播出设备状态主动或收到请求后上报给接口响应方。
	应急广播适配器	上级应急广播平台			接口请求方将自身的传输覆盖播出设备状态主动或收到请求后上报给接口响应方。
平台设备及终端状态上报	下级应急广播平台	上级应急广播平台	平台设备及终端状态TAR文件	接收回执TAR文件	接口请求方将自身平台和所管辖的下级应急广播平台的平台设备及终端状态主动或收到请求后上报给接口响应方。
心跳检测	应急广播平台制作播发系统	应急广播平台调度控制系统	心跳检测TAR文件	接收回执TAR文件	接口请求方向接口响应方发送心跳检测包，用以检测对方的在线状态。
	应急广播平台调度控制系统	应急广播平台制作播发系统			
	上级应急广播平台	下级应急广播平台			
	下级应急广播平台	上级应急广播平台			
	上级应急广播平台	应急广播适配器			
	应急广播适配器	上级应急广播平台			
处理结果通知	应急广播平台制作播发系统	应急广播平台调度控制系统	处理结果通知TAR文件	接收回执TAR文件	接口请求方向接口响应方发送数据处理结果，通知接口响应方之前某请求的处理结果。一般是当某个应急广播平台、应急广播平台制作播发系统或调度控制系统、应急广播适配器无法正确处理之前的某个数据请求时，会重新以接口请求方的角色发送处理结果。
	应急广播平台调度控制系统	应急广播平台制作播发系统			
	上级应急广播平台	下级应急广播平台			
	下级应急广播平台	上级应急广播平台			
	上级应急广播平台	应急广播适配器			
	应急广播适配器	上级应急广播平台			

以上级应急广播平台向下级应急广播平台发起应急广播消息播发状态查询，及下级应急广播平台向上级应急广播平台发起应急广播消息播发状态反馈为例，应急广播上级应急广播平台与下级应急广播平台之间交互过程如下所示：

a) 上级应急广播平台向下级应急广播平台发起应急广播消息播发状态查询，见图5。

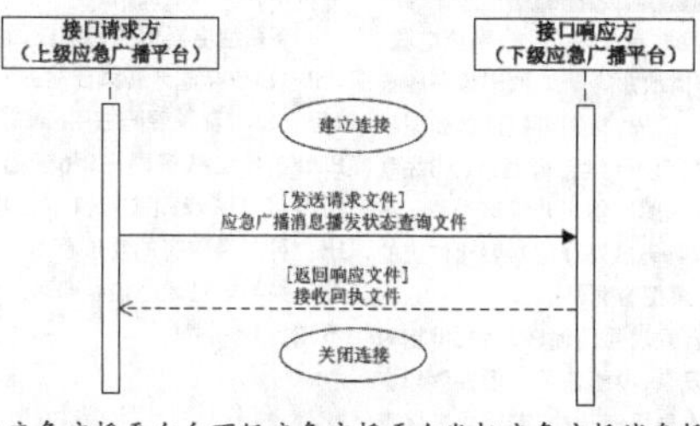

图5 上级应急广播平台向下级应急广播平台发起应急广播消息播发状态查询

b) 下级应急广播平台向上级应急广播平台发起应急广播消息播发状态反馈，见图6。

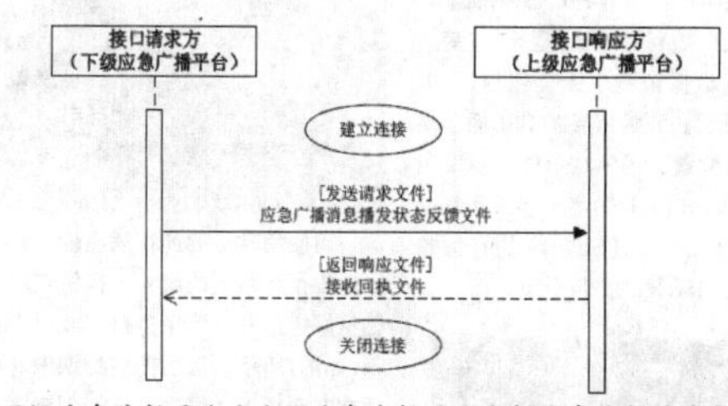

图6 下级应急广播平台向上级应急广播平台发起应急广播消息播发状态反馈

◇北京 李凯

一套实用的HIFI功放机箱

如今国内音响市场产品丰富，高、中、低各种档次的商品都有，可满足多数消费群体的需求。但人的需求是多样的，有时市售商品满足不了个性化需求，需要个人定制；或者有好的创意需实现，需要自己动手制作；或者等有能力、有时间时再完成多年未完成的心愿。在发烧音响领域音响DIY一直很火，也有一定的市场，很多发烧初哥成长为DIY高手，笔者在音响行业接触多年，与很多发烧友的经历类似，理解发烧友的心情，知道发烧友的需求。相对于音箱与音源，DIY功放相对好搞一些，相对于功放电路来说，功放机箱又稍微难处理一些，很多发烧友购买商品机箱改制。见过某些烧友买数百元的全铝机箱而仅用来装配数十元的LM1875功放板，也见过某些音响生产厂家售价数万元的功放其一个功放机箱花费三、四千元，也见过更多售价千元左右的功放机箱成本控制在100——200元，合理分配音响各器件在预算费用中所占的比例是一门学问，需要探索。在此笔者先介绍几款音响配件，供音响爱好者DIY功放时参考。

一、LJAV-001机箱

LJAV-001机箱是蓝舰公司开发的一款普及性机箱，适

合音响发烧友DIY个性化产品，该机箱外观如图1所示，采用铝面板与薄钢板冲压组合而成。机箱尺寸430mm×320mm×140mm，机箱内部130mm高。

①

该机箱后板预留有5组信号输入或输出插座，1组功放功率输出插座，1个220V交流电源线输入口(方便线夹固定)，预留有散热风扇安装位置，如图2所示。

②

如今台式电脑、笔记本电脑、平板电脑、智能手机、网络播放盒等新型数码设备较普及，作为数字音乐播放，我们可把这些新型数码设备当作数字音乐转盘，可通过USB线联接专用的USB音频解码器来升级信号源。用专用的USB音频解码器处理信号要比传统的数码设备自配的模拟音频好很多。

虽然WIFI音频信号传输较理想，但相对成本稍高、操作复杂，没能普及。现在蓝牙音频使用较广，成本也更低一些，若追求高保真可以考虑HWA LHDC高清蓝牙音频方案，笔者多年前就建议生产厂家看好USB无损音频播放方案与无线音频高清传输(蓝牙)方案。

该机箱前面板保留两个大旋钮与1个电源开关，如图3所示。面板保留有USB插卡播放与USB声卡的位置，通常USB播放多采用Type A接口(即扁口)，USB声卡多采用Type B接口(即方口)，该机箱USB声卡的孔位兼容市场多种方案的板卡，如图4所示。

③

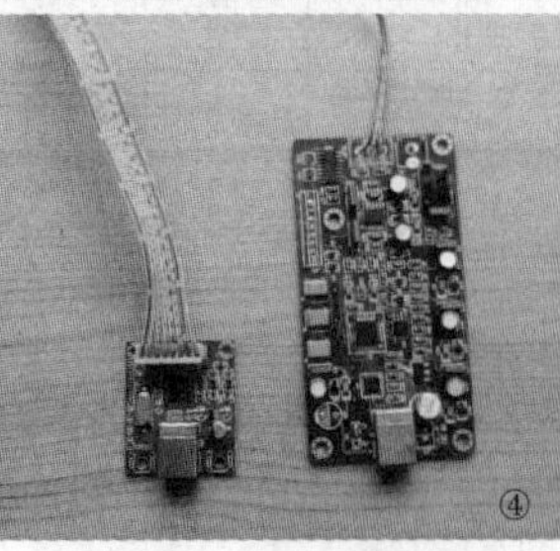
④

市售很多前级机箱高度多在10cm以内，只能装配部分特定的电子管前级放大板(如6N1、6N2、6N3、12AX7、12AU7、12AT7等)。由于LJAV-001机箱机箱内部130mm高，除使用小体积电子管外，我们还可很方便地使用更多大体积的电子管作线路放大板，如6N6、6N8、6N9、6N5P、6J4P、6J8P、6P1、6P6p、6P3P等等，如图5所示。LJAV-001机箱可作多种用途，如：

⑤

1.多功能前级

由于该机有两个大旋钮，我们可把其中一个大旋钮用作音源选择的多段开关，把另一个大旋钮用作总音量控制。由于该机内部空间大，可考虑打造多功能前级，实现多种功能。我们可按设计需求用多种模块板卡组装功放，比如WAV、APE、FLAC、MP3等USB插卡播放与蓝牙音频板卡、24BIT USB音频解码板、XMOS USB音频解码板、192KHZ/24BIT数字音频解码板(PCM S/PDIF)、多路继电器信号切换板、模拟音频电子管线路放大板等按需求都装于一个机箱。

多路继电器信号切换板如图6所示，其中USB 1播放与蓝牙音频传输占用6通道切换板1组；USB 2音频解码占用6通道切换板1组；S/PDIF数字音频解码占用6通道切换板1组，3组外接模拟音频输入；1组外接模拟音频输出。可以说该有的功能都有了，常用操作音源切换与音量大小控制即可，外观简功能并不减。

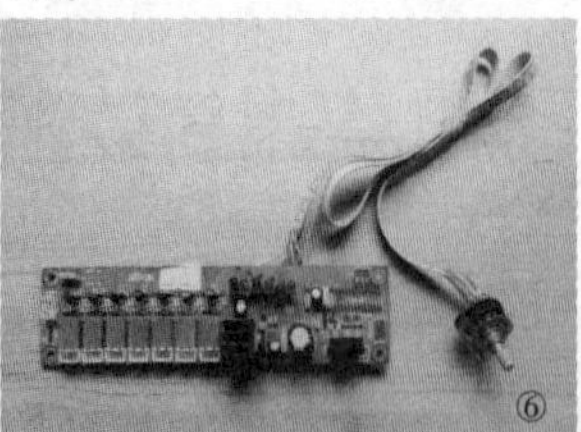
⑥

可使用常见的莲花插座输入头，装配时可以根据线路板的尺寸，在机箱底板处用电钻打好定位孔，可用塑料柱或小铜柱作支撑架，如图7所示。然后把装配调试好的半成品固定在底板上。根据自己的创意需求安装相应的功能板卡，如图8、图9所示，装好调试好的前级如图10所示。

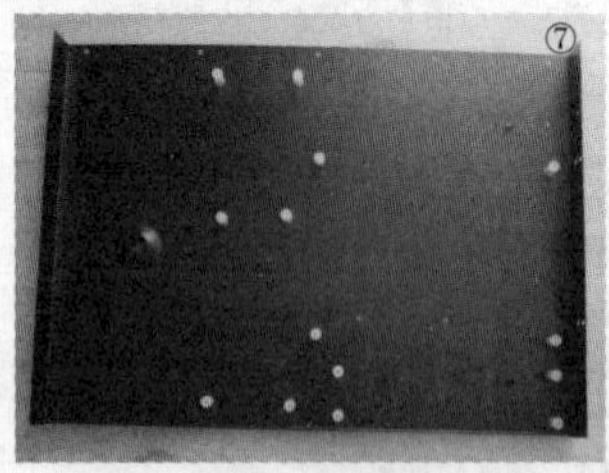
⑦

⑧

⑨

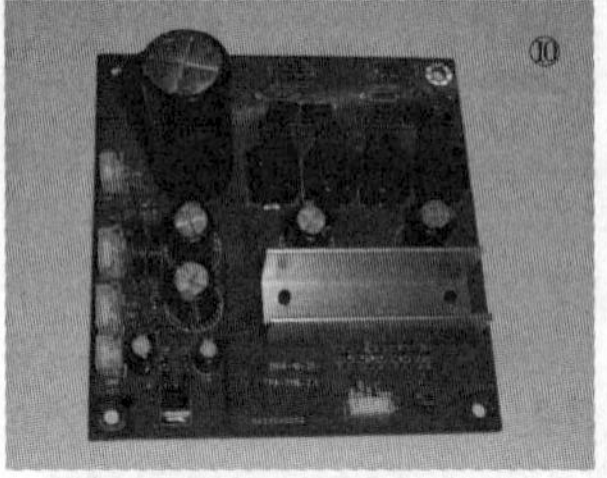
⑩

2.多功能合并式功放

在上述多功能前级的基础上增加功率放大部分即可组成多功能合并式功放。可简化功放设计、可以利用LM3886、TDA7294功放模块，或者150W以内的AB类功放模块或D类数字功放模块，如图11所示，可胆石混合设计，装好调试好的整机试音如图12所示。

⑪

⑫

当然LJAV-001机箱也可用于其他领域，如胆石混合音频DAC、胆石混合音频DSP处理器等等。

二、LJAV-002机箱

LJAV-002机箱是蓝舰公司开发的一款纯后级机箱，适合音响发烧友DIY后级功放，该机箱外观如图13所示，采用铝面板与厚钢板冲压组合而成。机箱尺寸430mm×350mm×110mm，机箱内部尺寸430mm×320mm×100mm，该机箱前面板保留两个大旋钮与1个电源开关。由于该机有两个大旋钮，我们可把其中一个大旋钮用作双声道总音量控制，另一个闲置不用。或者左右声道分开各用一个大旋钮用作音量控制。

⑬

机箱后板预留有4路卡侬头信号输入或输出插座，4路功放功率输出插座(其中接线柱输出两组，卡侬头输出两组)。1个220V交流电源线输入口，1个保险管座接口，预留有散热风扇安装位置。如图14所示。由于机箱硬度较高，可以承受较大的重量，比如大功率的电源变压器与大页面的散热器等，如图15、图16、图17所示，该功放机箱可用于装配100W-400W的双声道功放或100W-800W的单声道功放。由于有4路接线柱，当然该机箱也可用于打造50W-200W的四声道功放。

⑭

⑮

⑯

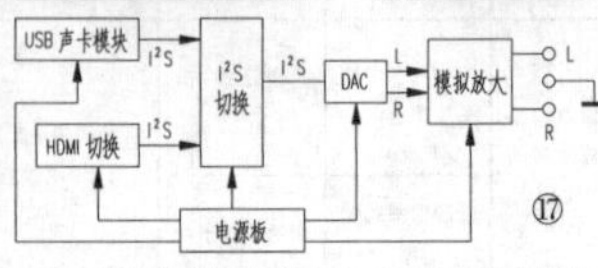

⑰

功放用风扇强制散热，可节约使用铝制散热器。风扇可用温控开关控制或手动开关控制。可降低风扇工作电压来降低风扇工作时产生的噪音。

有了相应配套的机箱，音响爱好者DIY功放容易多了，可以搞合并式功放、也可搞前后级分体功放，DIY的作品也可登大雅之堂。

◇广州 秦福忠

2018年12月23日出版 实用性 启发性 资料性 信息性

第51期 国内统一刊号:CN51-0091 定价:1.50元 邮局订阅代号:61-75

地址:(610041)成都市天府大道北段1480号德商国际A座1801 网址:http://www.netdzb.com

(总第1988期) 让每篇文章都对读者有用

几种实用性闪存颗粒比拼

近日，西数宣布将在2019年彻底关闭其在马来西亚的HDD厂，同时也宣布第二代QLC闪存将于今年出货，其采用的是96层堆栈的BiCS 4技术，可实现单颗核心容量高达170GB(1.33Tb)。

首款QLC闪存

东芝也发布消息称，已经开发出了96层堆叠3D QLC闪存原型，使用了自家的BiCS立体堆叠技术，并与西数合作完成。96层BiCS QLC闪存单芯片最大容量可达1.33Tb，并且可以采用16颗芯片堆叠架构封装，单个封装就能提供2.66TB的惊人容量。

Intel和三星也展示了同样是96层堆叠的3D QLC闪存技术，存储密度上也是远比原有的TLC闪存产品更加优秀，海力士的QLC也在研发之中。

镁光更是与Intel联合推出面向企业市场的5210 ION QLC闪存。

作为全球的几个闪存颗粒大（原）厂几乎都在推QLC的SSD，貌似大容量的QLC SSD即将面向消费者了。不过鉴于理论上，QLC闪存的可擦写次数仅仅150次，是TLC的十分之一，消费者对QLC擦写寿命的担心是有道理的（固态硬盘内部闪存完全擦写一次叫做1次P/E。）。

特点

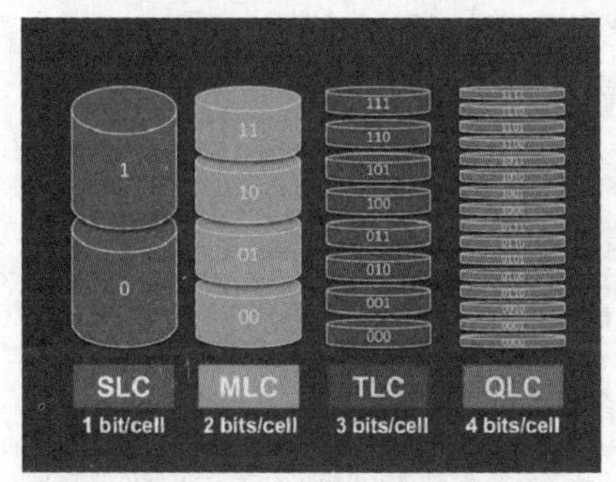

SLC由于结构简单，电压只有0、1两种变化，每Cell只存放1bit数据。因此可擦写寿命达到了10万次，并且单Cell读写速度也是最快的35~25MB/s。

MLC相同面积下是2倍于SLC的容量，有00、01、10、11四种电压变化，相比SLC需要更复杂的电压控制，加压时间也长，在可靠性上只有SLC的1/10。MLC可擦写寿命在3000~10000次之间，单Cell读写速度降到SLC闪存的1/3。

TLC相同面积下是MLC的1.5倍，有8种电压变化，可靠性进一步降低，读写寿命在300~1000次之间。单Cell读取速度还是有10MB/s，不过写入速度下降的厉害，仅有1.5MB/s。

QLC相同面积下是TLC的1.33倍，但电压变化达到了16种，读取寿命也只有100~150次。至于单Cell的读写速度目前没有厂商公开资料，肯定比TLC还要低(见表1)。

当然由于成本问题，SLC主要用于企业级服务器或者当作MLC、TLC SSD的缓存来使用。目前作为大众消费级还是TLC颗粒的SSD，而单看QLC颗粒的SSD产品，相对TLC颗粒仅能提高1/3的存储密度，寿命却缩短了将近10倍，性价比显得相当的不划算。

寿命

而实际使用中，SSD的寿命是“闪存颗粒的可擦写次数+SSD自身的容量”；通过类似于“磨损平衡”的算法，可以使所有闪存磨损度尽可能保持一致；在这种算法下，容量越大寿命也就越长。按每天50GB的写入量计算，可以根据颗粒与容量大小推算出寿命(见表2)。

可以看出用QLC颗粒分128GB SSD的写入量最高只能达到13TB，按50GB/天的写入量不到一年就报废了。当SSD容量增加到1TB的时候，写入量能达到102TB。依此类推，如果QLC SSD能做到10TB那这辈子不出意外可以用到底了……

稳定性

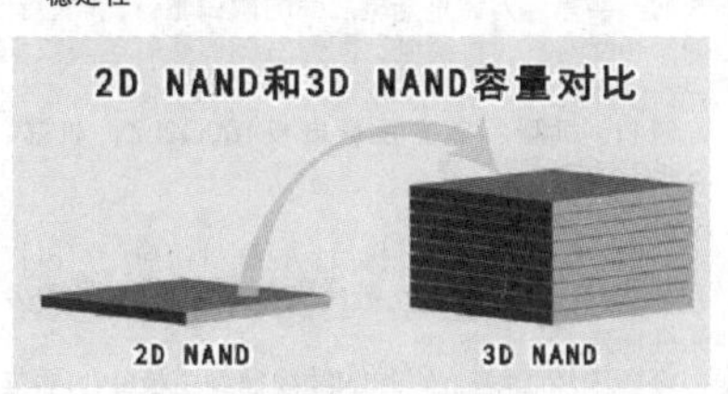

在稳定性上，大家也不要对QLC颗粒有太多的顾虑；毕竟参考TLC颗粒在2D NAND技术和3D NAND技术下的进步就是一个很好的例子。在2D NAND闪存时代，厂商为了追求NAND容量提升，需要不断提升NAND制程工艺，NAND才会有前几年的50nm制程突飞到现在的10nm时代。

不过10nm制程的2D NAND虽然提高了晶体管密度，容量得到了提升，也降低了成本；但也使得用于阻挡电子的二氧化硅层越来越薄，导致可靠性变差。同时，使用MLC、TLC、QLC闪存时穿越二氧化硅层的频率逐级升高，也会导致氧化层变薄，这也是为什么2D NAND工艺下的P/E寿命不断降低的原因。

但在去年，各大闪存厂商相继完成转型3D NAND；3D

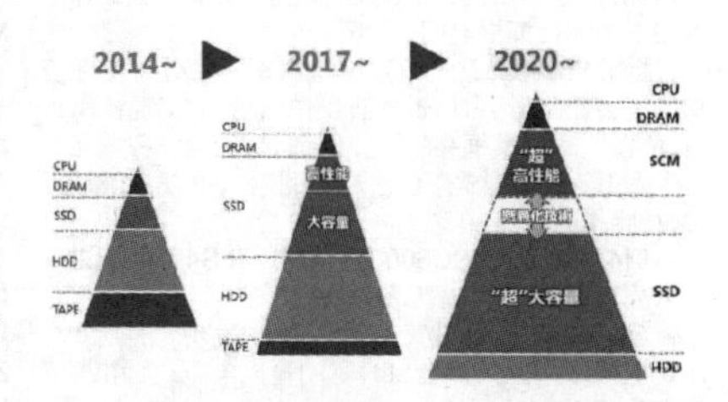

NAND下提升容量靠的不是微缩制程工艺了，而是靠堆栈的层数，所以工艺变得不重要了。NAND厂商甚至可以使用之前的工艺，比如三星最初的3D NAND闪存使用的还是40nm工艺，可靠性要比20nm、10nm级工艺高得多。而且镁光在今年5月间推出的全球首款QLC闪存产品--5210 ION系列硬盘也是面向企业级消费市场，也间接说明该产品的可靠性。

未来市场上，QLC闪存最大的诱惑就是容量更大成本更低，PC市场上要想普及10TB容量的SSD就要靠它了；而企业级市场甚至会做到100TB容量，完全不输HDD硬盘。QLC硬盘的连续性能、随机性能更完胜HDD硬盘，功耗、噪音等方面同样没有可比性，反观HDD只剩下物理性数据损坏可找回的优势了，完全有可能被QLC SSD取代的趋势。

（本文原载第39期11版）

表1

类型	存储位数	可擦写寿命(P/E)	单Cell读取速度	单Cell写入速度
SLC	1bit/cell	100,000	35MB/s	25MB/s
MLC	2bit/cell	3000~10,000	15MB/s	8MB/s
TLC	3bit/cell	500~1000	10MB/s	1.5MB/s
QLC	4bit/cell	100~150	未公开	

表2

容量	MLC		TLC		QLC	
	写入寿命	使用年限	写入寿命	理论年限	写入寿命	理论年限
128GB	384TB	21年	64TB	3.5年	13TB	0.7年
256GB	768TB	42年	128TB	7年	26TB	1.4年
512GB	1536TB	84年	256TB	14年	51TB	2.8年
1TB	3072TB	168年	512TB	28年	102TB	5.6年
...	...	...	...	...	...	...
5TB	15360TB	842年	2560TB	140年	512TB	28年
10TB	30720TB	1683年	5120TB	281年	1024TB	56年

长虹液晶电视检修实例

例1.机型：激光投影电视C5F，机芯：ZLM60HiS2机芯

故障现象：激光投影光机不工作。

分析与检修：通电开机镜头不亮，无光输出，说明光机未工作，但5个风扇工作正常。测量电源板(B板)没有390V供电，测量DLP板到电源板(B板)的LD-EN控制电压为0V，说明DLP板工作不正常。检查光机和DLP板之间的连接线，未发现异常。更换DLP板，开机后光机工作正常，故障排除。这说明原DLP板已损坏。

提示：更换DLP板时注意更换DMD芯片，先松开DMD紧固螺钉，取下DMD芯片，插上新块，再紧固螺钉，操作过程要小心，不能将DMD芯片损坏。

例2.机型：激光投影C5F，机芯：ZLM60HiS2机芯

故障现象：不开机。

分析与检修：通电测量电源A板12V输出正常，二次开机指示灯闪，镜头无光。测量电源B板插座CON501上无390V电压，测量电源A板插座CON202上的LD-EN控制电压有3.2V。LD-EN控制电压经过R409、Q401、光耦，控制电源A板的PFC芯片的供电。测量Q401栅极电压为1.2V，说明Q401未导通。将C407断开，Q401栅极电压恢复到3V左右，说明C407漏电。更换电容C407，开机后Q401导通，测量PFC电路正常输出390V电压，镜头亮，开机正常，故障排除。

例3.机型：UD84D10TS（LG4Q），机芯：ZLS58Gi4XLZ机芯

故障现象：快捷菜单无法打开。

分析与检修：该机是触摸电视一体机，根据用户需求外置电脑可减配，本次维修的这台不带电脑。当用触摸笔点击菜单后，菜单能瞬间出来一下，再次点击就点不动了，并且菜单马上消失。若用遥控器操作，发现反应迟钝，并且不受控。根据上述现象，初步判定故障范围在主板和触摸框之间。

拆开电视机，首先把触摸框I²C插头断开，使触摸功能失去作用，然后用遥控器操作电视机，发现操作正常，所以判断触摸框有故障。仔细观察触摸框，发现有一个发射管一直常亮，于是更换触摸框，电视机恢复正常，故障排除。

例4.机型：UD49C6000ID，机芯：ZLS47HiS机芯

故障现象：有声音无图像。

分析与检修：测量背光电路供电，发现电压为0V，怀疑电源板问题。测量LED驱动输入电压也为0V，正常应为48V左右。

LED驱动输入电压为0V，说明IC2(L6599AD)没有工作。测量IC2供电明显偏低，只有8V左右，正常应为13V~15V之间。检查1C2供电稳压电路，发现Z2性能不良，测量其在路正向电阻比正常值偏大。从电路板上取下Z2，测量其正向阻值达到了1700多欧姆。更换Z2后开机，背光点亮，试机4小时故障不再出现，说明故障排除。

例5.机型：40Q1N，机芯：ZLM50H-iS-2机芯

故障现象：热机灰屏。

分析与检修：开机后，此机图像声音正常，开机大约1个多小时，出现了灰屏有伴音故障，遥控正常，再次开机后又正常。连续观察大约2个多小时，故障出现。测得上屏电压只有7.9V，拔开插座，电压输出仍只有7.9V，确定电源板故障。根据以前的经验，输出电压低，故障范围在取样电路和稳压电路，可能是这部分电路中的电阻性能不良。对取样和稳压电路中的电阻进行除胶，当对R36(39KΩ)除胶后，反装该电阻，电压恢复正常，试机几小时，电视机工作一直正常，说明故障排除。

例6.机型：LED32A4060（GG6T），机芯：OEM新世纪机芯

故障现象：更换主板后图像异常。

分析与检修：一台LED32A4060(GG6T)电视机更换主板后屏幕右侧显示很暗淡的菜单图像，不细心看还以为是灰屏无显示，怀疑更换的主板软件不对(不是HV320WHB_ N06屏参)。找来LED32A4060(GG6T)_HV320WHB_N06软件，将解压后的"V69TK_SN51_55.bin"拷入U盘根目录，将U盘插入电视机USB口，电视机接通电源，12秒后，指示灯开始慢速闪烁(表示正在升级)，几十秒钟后，指示灯闪烁速度明显加快，表示升级结束。断掉电源，拔掉U盘，电视机重新通电，二次开机，图像显示正常，故障排除。

例7.机型：LED70B10TS，机芯：ZLM41GE机芯

故障现象：触摸操作功能无效。

分析与检修：造成这种故障的原因主要有两种，一是电源供电异常；二是触摸框工作异常。该机通电后，指示灯亮，二次开机图像声音均正常，但触摸功能无效，快捷键正常，触摸框的指示灯没有亮(正常开机后左下角有一组红色指示灯会出现有规律的闪烁)，说明主板与触摸框之间的供电出现了故障。

触摸框的供电由U8DC转换成5V后供给，测量触摸框供电电压为0V，仔细观察发现U8已经炸裂。关机更换U8后，再开机触摸功能恢复正常，故障排除。

例8.机型：激光投影电视P5（X36），机芯：ZLS58Gi机芯

故障现象：图像模糊，颜色发黄。

分析与检修：该机在教室里教学使用，刚购机时图像非常清渐，使用一段时间后出现图像模糊，颜色发黄的故障。

通电试机发现机器左上角和右上角图像模糊比较严重，于是用电动调焦进行调整，发现调整到最佳位置时，图像仍然不清楚。由于以前遇到过PSF42的机器出现图像模糊是因为软件故障引起的，于是就对本机进行软件升级，升级后故障基本没有变化。

拆开整机决定对光机的镜头进行调整，首先取掉电动马达及镜头上的保护盖，调整前面的齿轮直到图像清楚，如果无法调整清楚，就将镜头上的螺丝松开(不用取下来)左右调整固定镜头的螺丝(螺丝下面固定的是调焦镜头)，避免出现安装电动马达的齿轮卡扣复位，引起齿轮位置变化，导致调整不到位的现象。在调齿轮时可以调到图像清晰后再继续调整一点距离，这样在电动调整时就有比较大的可调余地。经过上述调整后，试机图像清晰，但图像仍然发黄。对图像发黄现象进行检查，发现机器对比度调整较低，造成和其他机器比较时图像有些发黄。调整图像设置后，整机恢复正常，故障彻底排除。

例9.机型：LED70B10TG(LJ1A)，机芯：JX-03机芯

故障现象：开机后马上自动关机。

分析与检修：该机二次开机启动完成后马上又回到待机状态，再次开机又能开机，然后又回到待机状态。因为整个启动过程都正常，分析故障应为软件问题，硬件故障的可能性不大。本着先易后难的步骤，决定刷软件试试。

首先下载对应的软件，将下载的软件解压缩，只将MstarUpgrade. bin文件放到U盘根目录下，U盘插入电视机USB接口，请注意：U盘中不能有其他bin文件。整机待机状态下，长按本机电源键5秒以上，指示灯快速闪烁后，整机进入升级模式，升级完成后会自动开机，直到出现选择"中文(中国)"，再点击"开始"。开机后整机需进行5~10分钟左右的系统配置（屏幕为满屏噪声），请耐心等待，不要关机，也不要进行任何操作。软件更新完成后，该机恢复正常工作，故障排除。

例10.机型：激光投影电视100Q2LZ，机芯：ZLS58Gi机芯

故障现象：图像颜色异常。

分析与检修：整机通电后，有图像和声音，说明整机控制系统电路工作正常。图像右侧边缘有彩色条纹。根据现象判断，投影的光学通道工作不正常。在光机后面有两个微调螺钉，一个调左右方向，一个调上下方向，两个螺钉需配合调整。拆开投影机的中框组件，用细长的十字螺丝刀调整光机后面的微调螺钉，顺时针方向调40度左右，再通电，图像右侧边缘彩色条纹消失，故障排除。

例11.机型：激光投影电视100Q2LZ，机芯：ZLS58Gi机芯

故障现象：无图像。

分析与检修：二次开机后，投影机的舱门可以打开，同时有开机音乐播放，散热风扇已经转动，检查发现光机不亮。

检修时，将面盖上的8PIN插线插到主板8PIN插座上，观察光机不亮，说明故障与舱门无关。接着测量DLP驱动板的CN1插座中的LD_EN电压，为0V，该电压显然不正常。LD_EN是光机点亮控制信号，正常电压为3.3V。继续检查DLP驱动板右侧的两组扁平排线，该线接触良好，因此怀疑DMD芯片工作不正常。经过检查，发现DMD芯片与DLP驱动板的座子接触不良(没有被座子锁紧)。重新调整座子并锁紧，通电测量LD_EN端的电压恢复为3.3V，无图像故障排除。

例12.机型：LE65D1OTS(LM6Q)，机芯：JX-05机芯

故障现象：PC状态下快捷键不起作用。

分析与检修：一台LED65D10TS(LM6Q)刚安装好，试机时发现PC状态下触摸快捷键能调出来，但是点击"增加音量"等无效，快捷键不调取出来的时候，显示的电脑桌面可以操作。经反复确认，其他状态下，快捷键调出来之后操控正常，唯独在PC状态时，快捷键操控无效。分析认为，PC状态下触摸I²C总线异常，因为PC界面下，快捷键调出时触摸数据通过I²C总线传输，并且检测到触摸信号时，触摸框指示灯闪烁速度极快(30次/秒)。

对故障机试机，在PC状态调出快捷键后，触摸"增加音量"键，观察发现触摸框指示灯亮度明显下降并有闪烁感，但是电视机音量进度条不显示出来，音量也不增大，说明触摸框已经检测到触摸信号，并已通过I²C总线与主板交换数据，于是初步判断是硬件故障。需要拆机确认主板、主板到触摸框的连接线、触摸框I²C总线哪一部分出现故障。J33插座⑤脚是触摸框I²C总线的SDA，⑦脚是触摸框I²C总线的SCL。检查插座J33接插良好，无不到位、松动等现象。测量触摸框I²C总线的电压，发现⑦脚电压异常，只有约1V，断开I²C总线连接线，主板一侧J33插座⑦脚电压仍然异常。更换主板，故障排除。

例13.机型：激光投影电视100Q3LZ，机芯：ZLM60HiS2机芯

故障现象：二次不开机。

分析与检修：整机通电后指示灯可点亮，二次开机后投影仪的舱门正常打开且有开机音乐播放。测量DLP驱动板的点灯信号LD-EN电压为3.2V，说明整机没有进入软件保护状态。观察投影镜头没有光发出，初步判定为电源板工作不正常引起二次不能开机。

仔细检查电源A板和B板的相关元器件，发现电源B板上的场效应管Q510与Q503已经击穿，A板上的电源保险丝已经开路，更换上述失效元器件后，故障排除。

例14.机型：43J1000，机芯：康冠机芯

故障现象：灰屏。

分析与检修：通电后电源指示灯亮，二次开机以后背光亮，整机灰屏。测量发现没有上屏供电，检查电源板12V没有输出(本机电采用LYPO3197B0)。断开主板单独维修，强制短接开待机对电源进行检查，发现电源板12V依然没有输出，判断12V电源形成电路有故障。接着测量12V输出端对地电阻，对地电阻值只有5Ω，说明该输出端存在严重漏电现象。逐一断开12V输出电路的元器件，当断开C30时，对地阻值恢复正常，通电测试12V输出恢复正常，图像恢复正常。更换C30，故障排除。

例15.机型：SMART Boar d C4084，机芯：LPC46机芯

故障现象：切换节目源后，触摸功能无效。

分析与检修：开机在主页时，触摸功能有效，但通过遥控器或本机快捷键切换到其他节目源状态后，触摸功能就无效了，必须断电再开机，并且不切换信号源的情况下触摸能正常。切换到OPS状态时，触摸正常，但快捷键触摸无效。检查发现有触摸的情况下，机器正面左下角的指示灯不亮，正常应该是1秒钟闪1次，有触摸信号时会快闪。该机器被维修过，检查发现触摸线序有问题，导致触摸指示灯不亮，线序恢复正常后，触摸指示灯闪烁正常，但故障仍未排除。检查主板输出到触摸的供电插座正常，总线(SCL、SDA)电压是3.29V正常，怀疑触摸框异常。更换触摸框后，故障排除。

提示：在更换摸框时，一定要重点检查总线线序是否正确。

例16.机型：32D3700i，机芯：XN4A机芯

故障现象：图像正常无伴音。

分析与检修：据用户反映，该机曾经出现此故障，经恢复系统后故障排除，一段时间后故障再次出现，所以先前的升级处理，并没有排除故障，说明不是系统和软件问题。

伴音功放OB6220R的④、⑪脚为伴音模拟信号输入端，用示波器测量这两个输入端有150mV的伴音信号波形，说明前级送来的信号正常，测量功放集成块OB6220R的⑦、⑮、⑯、㉗、㉘等引脚的供电均为12V，正常。与功放正常工作相关的还有静音控制，伴音功放OB6220R的①、②脚为静音控制，低电平启控，测量电压为2.86V，应为正常，至此怀疑OB6220R不良。仔细分析图纸发现功放的⑩脚是PLMT，因图纸标注不详，经查询和该集成块类似的RT910B资料，该脚是功率设置端，可以外接电阻分压决定最大输出功率。实测⑩脚电压为0.82V，该脚经电阻RA12从⑨脚分压而来。再测⑨脚电压为1.21V，电压偏低。测量⑨脚对地电阻，为830Ω，异常。先断开⑨脚外接的CA3，再测⑨脚对地电阻，阻值为几十KΩ，开机测量⑨脚电压为6.88V，⑩脚电压为2.77V，接入信号，伴音恢复正常，故障排除。

例17.机型：43D2000，机芯：ZLS56G-P机芯

故障现象：不定时出现噪音。

分析与检修：该机器一边的扬声器不定时出现噪音。测量伴音功放输出电压正常，功放两个信号输入端电压有差异，有故障一边的输入电压为0.88V，正常一边的电压为1.56V。断开电压为0.88V输入端的电感LA701，功放输入端的电压没有变化。断开主芯片输出端连接的电阻R701，主芯片伴音输出端电压马上升到1.58V。装回R701，主芯片该端电压又下降到0.88V。中间电路只有C701和R703，断开C701和R703电压依旧。试着断开后面的电路，主芯片伴音输出端电压升至1.56V。用一导线将R703与断开的电感LA701相连，主芯片伴音输出端电压为1.56V，接上信号试机，故障排除，故障应为线路漏电所致。

◇刘亚光

iPhone实用技巧(上)

一、不让iPhoneX输入法出现误触

iPhoneX用户可能会有一个不大不小的尴尬,在输入字符的时候,很容易出现误触小地球图标,或者误触语音输入的图标,有没有办法解决这一问题呢?

解决的办法很简单,进入设置界面,依次选择“通用→键盘”,点击右上角的“编辑”按钮(如图1所示),在这里安装第三方输入法,将其他的输入法全部关闭。或者也可以不安装第三方输入法,只要保留一个输入法即可,但自带的输入法表情不要去除哟,最终效果如图2所示,这里就没有语音输入的图标了。

①

二、解决iPhone X配对第一代Apple Watch的难题

手头有一台iPhone X,系统版本是iOS 11.3.1,准备配对比较古老的第一代Apple Watch,俗称Series 0,系统版本WatchOS 4.1,为了刷“全民健身日”(National Fitness Day)成就徽章,准备把设备解除配对之后重新配对。

首先在iPhone X上解除配对,Apple Watch当时连接在充电器上,但之后准备重新配对时,进度圈几次都卡在了4、5点钟的位置,多次尝试都是如此,或者虽然iPhone X显示配对成功,但Apple Watch画面一直卡在进度圈的状态,稍后会跳出配对错误的提示,甚至尝试了重新还原、重启之后重新配对,问题依然存在…

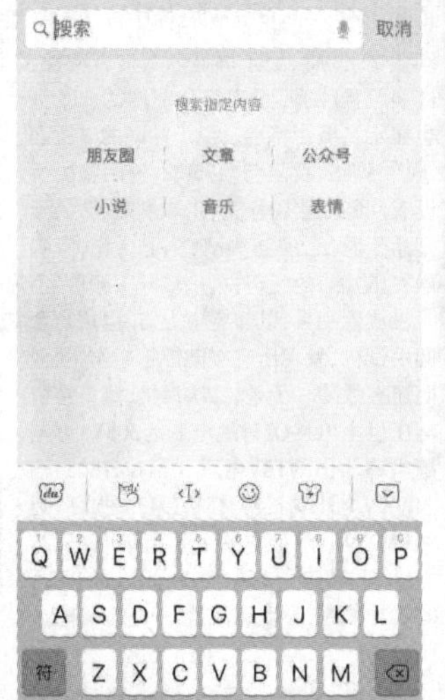

②

解决的办法很简单,在iPhone X进入设置界面,分别关闭iMessage和iCloud,很快就配对成功,重启之后再重新启用iMessage和iCloud就可以了,也终于看到图3所示的全民健身日成就徽章。

三、让iPhone X实现单点锁屏

很多朋友都会启用iPhone的小白点功能,也就是“设置→通用→辅助功能”里面的“辅助触控”,功能,启用这个功能主要是延长Home物理按键的寿命。当然,现在iPhone X已经取消Home物理按键,似乎不再需要这一功能,但我们可以借助它实现单点锁屏:

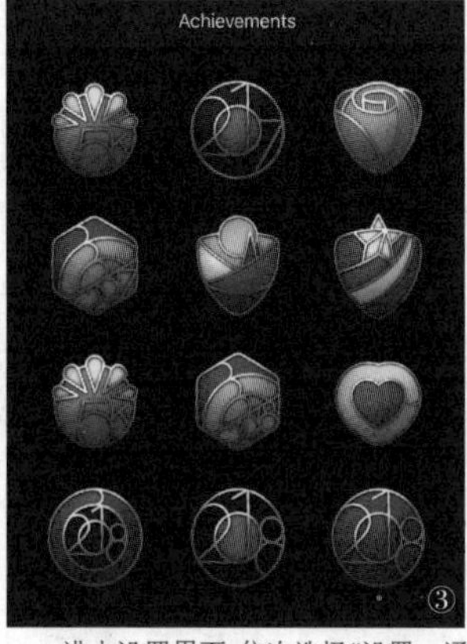

③

进入设置界面,依次选择“设置→通用→辅助功能”,选择启用“辅助触控”,点击“自定顶层菜单”右侧的“>”按钮(如图4所示),设置单点锁定屏幕即可,当然你也可以根据自己的爱好设置锁屏、重启等功能。

四、解决iPhone X越狱之后的尴尬问题

很多iPhone X用户在越狱之后,发现微信没有网络、Cydia闪退、2X一直停留在欢迎界面等尴尬问题,其实这是部分插件不兼容所造成(例如xCon),此时可以按照下面的方法加以处理:

由于Cydia已经无法正常进入,此时可以通过SSH登录,但由于iOS系统越狱之后已经没有deb命令,因此只能手动操作,执行如下命令:

```
rm /Library/TweakInject/xCon.*
reboot
```

如果出现无法成功启动的情况,可以通过按一下音量+、按一下音量−、长按电源键或者重启动的方式重新启动,当然不要忘记重新越狱。

对于2x的问题,可以在设置中停用MultiView插件即可。

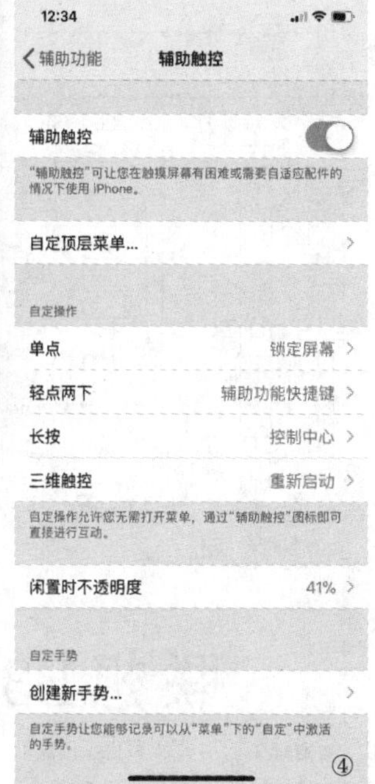

④

(未完待续)

◇江苏 王志军

降低伴奏声调的两种方法

闲暇之余我们都喜欢选择K歌的方式来消遣娱乐,现在智能手机已经普及,很多人尤其喜欢录制音视频合成发送在微信“圈”中与朋友们互动。但令人尴尬的是,不少自己喜欢的歌曲伴奏的原声调都比较高(尤其是高潮部分),经常会发生因唱不上去而“跑调”“破音”或主动降八度音的情况,很多人就选择了放弃——毕竟大家不都是受过专业声乐训练的。其实,如果我们借助于工具软件将歌曲伴奏进行“声调”的降低处理的话,相信再次K歌时自己的嗓音就能收放自如地发挥,自然在朋友圈中收获不少“赞”。目前,各种常规音频编辑软件几乎都能实现,在此与大家共享使用“无瑕音频变调变速器”和Audition CC 2017来降低伴奏声调的两种方法:

【方法一】使用“无瑕音频变调变速器”

首先,到百度云盘下载(或自行百度搜索)“无瑕音频变调变速器 1.6绿色免费版”压缩包(https://pan.baidu.com/s/1zd8PhdcDySnTqh3h52N-bw),大小为33.3MB,解压缩后直接双击运行其中的wuxia.exe可执行程序即可。

软件的运行界面非常简洁——第一步:打开音频文件,点击后面的“浏览”按钮,将待处理的“李袁杰-离人愁(伴奏).mp3”音频文件读取导入进来;第二步:设置参数,点击“高调”后的黑色小三角进行升调或降调设置,软件提供了升降各12个半音的选择,大家可根据自己的实际情况来设置(比如“降3个半音”),后面的“保持音色”项最好是保持默认的勾选状态,下方的“变速”也建议保持默认的100%原速;第三步:试听,可点击播放按钮来测试一下经过自己设置的降3个半音处理后的效果;第四步:导出,如果试听满意的话,就可以点击“导出”按钮,在弹出的“保存音频文件”对话框中选择文件的保存路径和名称(如保存于桌面上“李袁杰-离人愁(伴奏)【降3个半音】.wav”),软件就会进行降调后的音频文件生成(如图1所示),很快我们就得到了自己想要的一个降调歌曲伴奏音频文件。

由于软件导出生成的是较大尺寸的WAV格式文件,4分钟的歌曲伴奏WAV文件为40MB,可直接使用酷狗音乐等软件来将其转换为MP3文件即可(大小约为6MB)。

①

【方法二】使用Audition CC 2017

Audition是一款比较专业的音频编辑软件,提供了降噪、混响等极为丰富的音频处理功能,使用它来进行降调更是不在话下。首先将待处理的原调歌曲伴奏导入Audition左上角的资源管理器区域,接着双击该文件进入波形单轨编辑状态;在右侧的音频波形上双击(执行全选操作),然后点击“效果”-“时间与变调”-“伸缩与变调(处理)”菜单;接着,在弹出的“效果-伸缩与变调”对话框中,根据自己的实际情况来调节“伸缩与变调”区域的“变调”滑动杆,Audition提供的变调精度比较高,比如向左调节为“-3.45半音阶”(降调),此时可点击左下方的播放按钮进行试听,如果感到满意的话就再点击右下方的“应用”按钮(如图2),Audition就会进行“正在应用‘伸缩与变调’”操作,待处理结束(一般一二分钟)后按组合键Ctrl-S进行存盘操作,这样我们就直接得到了一个经过降调处理的歌曲伴奏MP3音频文件。

两种方法进行伴奏声调的降低操作都比较简单,效果也非常不错,大家不妨一试。

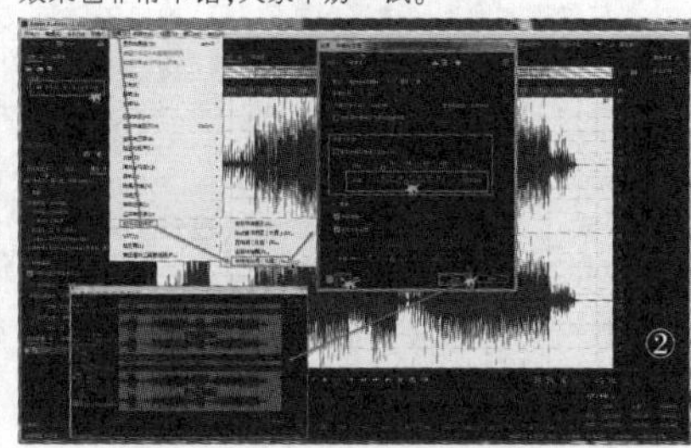
②

◇山东 杨鑫芳 牟奕炫

美的电磁炉EF197通电就跳闸故障检修1例

故障现象：一台美的EF197型电磁炉通电就跳闸

分析与检修：通过故障现象分析，说明机内有严重短路现象。察看后，发现电源插头已过火烧黑，插头两端阻值为750Ω，这是电源变压器初级绕组的阻值，说明没有完全短路，不敢贸然加电。拆机后察看，发现图1内的R59(330Ω)烧黑，检查相关元件时发现整流二极管D20(见图2)短路。D20短路造成R59烧坏，但不会产生通电就跳闸的故障，说明还有恶性短路元件。更换这两个元件后，对整流桥和功率管IGBT进行在路测量，发现IGBT的3个引脚全部短路，拆下IGBT后，再次用数字万用表的二极管挡测量整流桥，它的黑表笔接①脚，红表笔分别接②、③脚，显示屏显示二极管特性；红表笔接④脚，黑表笔分别接②、③脚也显示二极管特性。由于并联的变压器①、④脚正、反阻值为750Ω，说明整流桥没有问题。接着检查，也未发现问题，于是急于收工，安装测试，插电自检，蜂鸣器发出“嘀”的一声，风扇转一下即停，由于没放置锅具，以为完事大吉。但用户拿回后试机，发现所有按键都不起作用，说明还有故障。于是，二次拆机，测量整机高压供电电路C2对地电压为305V、测电源电路输出的18V电压、U3(LM7805)输出端5V电压均正常，怀疑LM339损坏，更换LM339后测量它的主要引脚电压，其中③脚为18V，②脚为5V，④脚为1.5V，⑪脚为0.6V，未发现异常，于是维修陷入困境。

②

无奈在电磁炉上放置一个易拉罐，不停按各键仍无效，突然灵机一动，是不是按键有问题。在检查按键时，发现开关机键有问题。但更换后，出现这样的问题，即不用开机键就能正常工作，但一按好多键就关机，且不能调整功率，断定故障可能是开关粘连所致。因开机键损坏，造成全部按键失灵，还是第一次碰到。再次检查按键，发现更换的开机键比其他键高一点，被面板顶住了，从而产生按键失灵的故障。用相同的轻触按键更换后，恢复正常，故障排除。

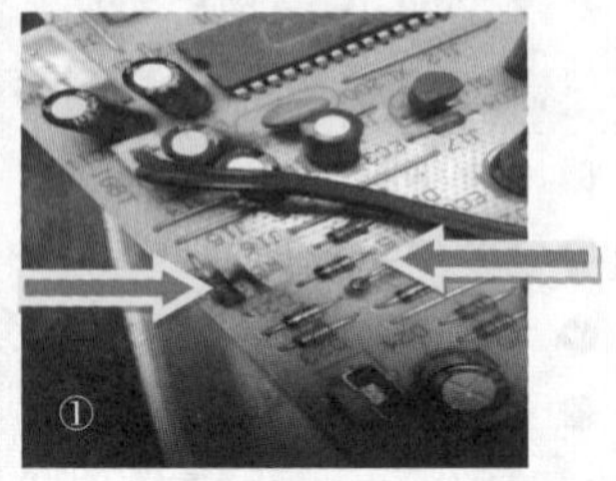
①

◇新疆 彭虽心

联想B340一体机不工作故障检修1例

故障现象：一台联想Idea Centre B340一体计算机，按开机按钮后，电源指示灯亮，可以听到CPU散热风扇的转动声，但屏幕不亮，也未听到开机自检的提示音。

分析与检修：试将一外部显示器通过背面的HDMI-out接口与机器联接，这时外接和自身显示器均无任何显示，说明显示器故障的可能性较小，很可能是机器本身未工作。一般情况下，引起电脑不工作的故障部位可能有：一是电源各路供电异常；二是内存引脚接触不良、插槽供电异常或内存条损坏；三是CPU或主板部件异常，包括CPU本身损坏、CPU供电不正常、CPU引脚接触不良、南北桥、集成显卡、复位电路等异常等。

由于该机无开机自检提示音，也无总线插槽，因此无法通过故障提示音和故障诊断卡确定故障部位。打开机器后盖(关于拆开机器外壳的方法步骤，可以参考网上相关资料)，开机后测量电源的各路工作电压均正常；CPU工作电压为1.15V（正常），内存条插座供电为1.5V（正常）。关机取下内存条，用橡皮擦清洁它的“金手指”后，将内存条装回原插槽(第一插槽)，加电开机，故障现象不变，于是怀疑CPU引脚接触不良，拆卸散热风扇，取下GPU的散热器，从卡座取出CPU后再装回，如此操作多次，使CPU触脚和座针能够良好接触，恢复CPU散热系统后再开机，故障依旧。故障排除工作陷入困境。

静下心理清思路，排除电源和部件供电异常的情况后，再次仔细分析并罗列出机器不工作的几种可能原因，本着先易后难的原则，重新取下CPU，对CPU的引脚和卡座针脚喷清洁剂，更换一条新的2G内存，并更换一个插槽（第二插槽）后加电开机，机器正常工作，说明故障就在这些部位。为了找出故障的真正原因，将新内存条插到原插槽（第一插槽），故障复现；将原内存条插入第二插槽，机器能正常工作。由此可以确定，导致该机不能工作的原因为第一个内存条插槽存在引脚接触不良现象。于是，用小的一字螺丝刀在第一内存插槽的触脚上轻轻划过两遍，再用电子专用清洁剂喷一下插槽，将原内存条插回第一插槽，试机正常，故障排除。

【体会】1)由于该型一体机主板无蜂鸣器，所以在开机过程中或内存故障时无提示音和报警声；主板无总线插槽，为使用故障诊断卡诊断故障带来困难；显示器的背光灯控制信号由主机产生，处理器不工作时显示器背光灯不亮。这些因素使得该机的故障判断和检修难度较大。2)该故障属于典型的内存条接触不良故障，笔者在以往的电脑维修中，遇到的大多情况为内存条、显卡的金手指氧化引起接触不良，通常只需对卡条的金手指进行去氧化和清洁处理即可，而此例故障恰巧出现在内存条插槽的引脚上。惯性思维和检修模式，让笔者在该故障的排除过程中，走了不少弯路，这个教训应当吸取。

◇青岛 孙海善

奔腾PFF10N电饭煲不加热故障检修1例

故障现象：一台奔腾PFF10N电饭煲，故障现象是某项功能(如煮饭)后不加热，仔细观察发现继电器RL1不能吸合，说明继电器的驱动电路异常。为了便于故障检修，根据实物绘制该部分电路原理图，如附图所示。

交流220V经C21(1μF/630V)降压、D1~D4整流，在C3两端形成约12V电压。该电压不仅为继电器RL1供电，而且经R28、R33限流，利用ZD1稳压后在C9两端形成5.1V电压，为单片机供电。

当执行某项加热功能时，单片机的加热控制端输出高电平信号（相当于开路），于是5V电压经R31限流使Q6导通，RL1的线圈得电后使触点闭合，为加热盘供电使其发热。反之，单片机的加热控制端输出低电平(相当于接地)信号时，拉低Q6的b极电压使它截止，RL1的触点释放，加热盘停止加热。

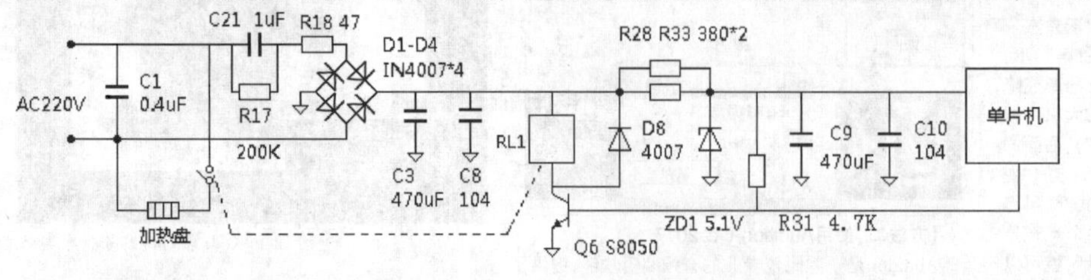

通电后，测量发现C3两端电压不足8V，这样的供电无法满足RL1工作的需要，当然也就产生不加热故障了。进一步检查，发现降压电容C21容量已降为0.3μF左右，说明故障是因C21容量不足所致。用相同的CBB电容代换C21后，故障排除。

◇安徽 陈晓军

蓝牙与WIFI博弈物联网的应用

现在绝大多数手机都开始支持蓝牙5技术，但不知大家发现没有，这项技术并没有被手机厂商特别介绍，为什么？那是因为蓝牙5主打的并非更好的性能，也不是针对手机量身定制，它的出现主要是对越来越多的物联网设备。

蓝牙与Wi-Fi可以说各有千秋：蓝牙有更低的功耗、小体积、低成本，适用于几台设备数据量少传输；Wi-Fi的特点是高带宽、更多的连接设备数目(不同路由器对连接设备数量有不同上限)，适用于数据多传输。但随着物联网的普及，蓝牙与Wi-Fi相继升级，双双开赴同一个战场——蓝牙升级到5.0版本，提高了带宽和传输范围；Wi-Fi推出"Wi-Fi HaLow"，降低功耗延长电池续航。明眼人可以看出，这两者重点升级的方向都是对方所擅长的——这意味着功能定位的重合，毋庸置疑，它们将在消费级和企业级的物联网市场正面竞争。

下面着重来介绍两个工作在2.4GHz频段的蓝牙5和WiFi。

一、蓝牙5的改进

蓝牙5，作为最新标准的蓝牙技术，必将在物联网领域成就更大的辉煌，为何这么说？

首先我们先来了解一下蓝牙5的特色：它能在现有(蓝牙4.2)的省电模式下，提供超过4倍的通讯范围(300米)和2倍的传输速度(2Mbps)，同时增添导航功能，配合无处不在的Wi-Fi可以实现精准度接近1米的蓝牙室内定位功能。

需要注意的是，蓝牙技术从3.0开始引入了HS高速协议，允许移动设备之间借道Wi-Fi通道实现24Mbps的传输速度。只是，蓝牙3.0+HS仅限笔记本、平板和手机，需要将蓝牙和Wi-Fi集成在同一模块上的类似无线网卡硬件的支持。而像智能手环等小型物联网设备受限于体积和功耗，无法集成Wi-Fi模块，自然也就无法享受高速传输了。

蓝牙5相对于蓝牙4.2有着如下的提升。

·4倍信号范围，理论有效的工作距离从75米提升到300米。

·2倍连接速度，从1Mbps提高到2Mbps。

·蓝牙广播8倍多的数据传输，单条数据从最长31字节到255字节。

·室内定位，蓝牙5.0 强化导航功能，可以实现精准度小于1公尺的室内定位

·更低的功耗，由于可以选择低速模式，所以功耗更低，续航更长

·安全性更加且抗干扰性更强。蓝牙 5.0 的安全性达到美国联邦安全规范层级，确保所有蓝牙设备都能够满足并超越严格的政府安全标准。此外，蓝牙5.0具有更强的抗干扰能力，尤其是对 Wi-Fi 和 LTE 信号，能在一定程度规避有限空间内的"信号堵塞"。

这意味着：

·蓝牙的信号传输距离能够覆盖整户公寓，甚至是整栋小型楼房，而不再是以往的一个房间。

·更快的传输速度，使反应更快、性能更高的蓝牙设备成为可能。

·更稳定可靠的蓝牙连接。

·更长的续航能力。

·更好的商用蓝牙前景。大幅增强的蓝牙广播，使基于蓝牙信标的物联网应用更加强大，比如某商店向店内消费者的手机推送广告和优惠券。

2x speed | 4x range | 8x data | + wireless coexistence

二、WiFi

WiFi的2.4G频段和5G频段对比

1. 更宽的信道，拥堵相对较小。

2.4G WiFi的信道如下。

信道	频宽(MHz)	中心频率(MHz)	中国	中国台湾	美国	欧洲	日本	韩国	新加坡	加拿大	以色列	澳大利亚	其他大部分国家
1	20	2412	是	是	是	是	是	是	是	是	否	是	是
2	20	2417	是	是	是	是	是	是	是	是	否	是	是
3	20	2422	是	是	是	是	是	是	是	是	是	是	是
4	20	2427	是	是	是	是	是	是	是	是	是	是	是
5	20	2432	是	是	是	是	是	是	是	是	是	是	是
6	20	2437	是	是	是	是	是	是	是	是	是	是	是
7	20	2442	是	是	是	是	是	是	是	是	是	是	是
8	20	2447	是	是	是	是	是	是	是	是	是	是	是
9	20	2452	是	是	是	是	是	是	是	是	是	是	是
10	20	2457	是	是	是	是	是	是	是	是	否	是	是
11	20	2462	是	是	是	是	是	是	是	是	否	是	是
12	20	2467	是	否	否	是	是	是	是	否	否	是	是
13	20	2472	是	否	否	是	是	是	是	否	否	是	是
14	20	2484	否	否	否	否	802.11 b only	否	否	否	[illegible]	[illegible]	[illegible]

5GWiFi的信道如下。

2. 更快的传输速率。

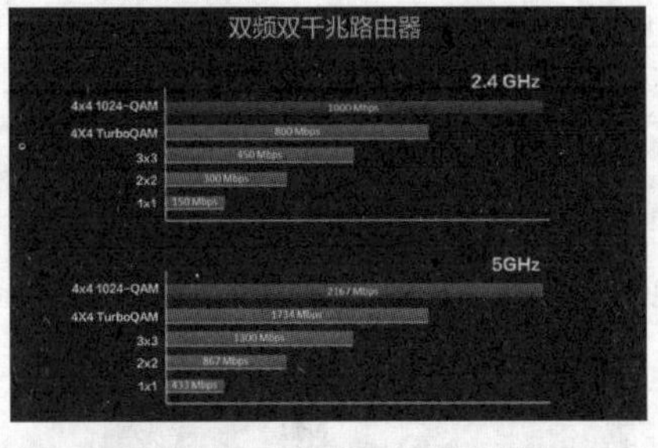

3. 信号品质更好。

由于国内5GHz频段的WiFi运用较少，无线电干扰大为降低，这个只是暂时相对的。

但是5G的WiFi穿透性不如2.4G的WiFi。

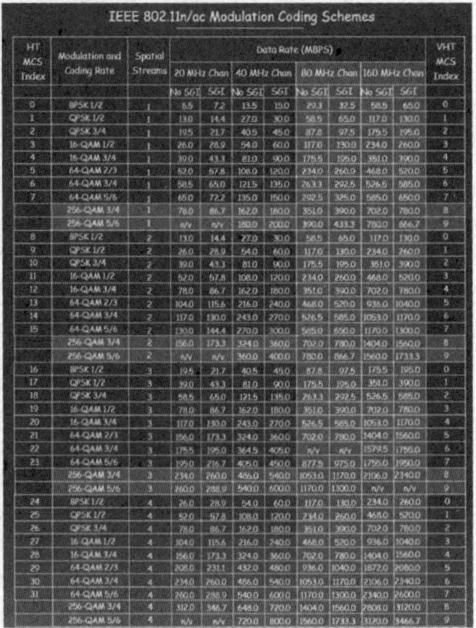

IEEE 802.11n/ac Modulation Coding Schemes

HT MCS Index	Modulation and Coding Rate	Spatial Streams	20 MHz Chan No SGI	20 MHz Chan SGI	40 MHz Chan No SGI	40 MHz Chan SGI	80 MHz Chan No SGI	80 MHz Chan SGI	160 MHz Chan No SGI	160 MHz Chan SGI	VHT MCS Index
0	BPSK 1/2	1	6.5	7.2	13.5	15.0	29.3	32.5	58.5	65.0	0
1	QPSK 1/2	1	13.0	14.4	27.0	30.0	58.5	65.0	117.0	130.0	1
2	QPSK 3/4	1	19.5	21.7	40.5	45.0	87.8	97.5	175.5	195.0	2
3	16-QAM 1/2	1	26.0	28.9	54.0	60.0	117.0	130.0	234.0	260.0	3
4	16-QAM 3/4	1	39.0	43.3	81.0	90.0	175.5	195.0	351.0	390.0	4
5	64-QAM 2/3	1	52.0	57.8	108.0	120.0	234.0	260.0	468.0	520.0	5
6	64-QAM 3/4	1	58.5	65.0	121.5	135.0	263.3	292.5	526.5	585.0	6
7	64-QAM 5/6	1	65.0	72.2	135.0	150.0	292.5	325.0	585.0	650.0	7
	256-QAM 3/4	1	78.0	86.7	162.0	180.0	351.0	390.0	702.0	780.0	8
	256-QAM 5/6	1	n/v	n/v	180.0	200.0	390.0	433.3	780.0	866.7	9
8	BPSK 1/2	2	13.0	14.4	27.0	30.0	58.5	65.0	117.0	130.0	0
9	QPSK 1/2	2	26.0	28.9	54.0	60.0	117.0	130.0	234.0	260.0	1
10	QPSK 3/4	2	39.0	43.3	81.0	90.0	175.5	195.0	351.0	390.0	2
11	16-QAM 1/2	2	52.0	57.8	108.0	120.0	234.0	260.0	468.0	520.0	3
12	16-QAM 3/4	2	78.0	86.7	162.0	180.0	351.0	390.0	702.0	780.0	4
13	64-QAM 2/3	2	104.0	115.6	216.0	240.0	468.0	520.0	936.0	1040.0	5
14	64-QAM 3/4	2	117.0	130.0	243.0	270.0	526.5	585.0	1053.0	1170.0	6
15	64-QAM 5/6	2	130.0	144.4	270.0	300.0	585.0	650.0	1170.0	1300.0	7
	256-QAM 3/4	2	156.0	173.3	324.0	360.0	702.0	780.0	1404.0	1560.0	8
	256-QAM 5/6	2	n/v	n/v	360.0	400.0	780.0	866.7	1560.0	1733.3	9
16	BPSK 1/2	3	19.5	21.7	40.5	45.0	87.8	97.5	175.5	195.0	0
17	QPSK 1/2	3	39.0	43.3	81.0	90.0	175.5	195.0	351.0	390.0	1
18	QPSK 3/4	3	58.5	65.0	121.5	135.0	263.3	292.5	526.5	585.0	2
19	16-QAM 1/2	3	78.0	86.7	162.0	180.0	351.0	390.0	702.0	780.0	3
20	16-QAM 3/4	3	117.0	130.0	243.0	270.0	526.5	585.0	1053.0	1170.0	4
21	64-QAM 2/3	3	156.0	173.3	324.0	360.0	702.0	780.0	1404.0	1560.0	5
22	64-QAM 3/4	3	175.5	195.0	364.5	405.0	n/v	n/v	1579.5	1755.0	6
23	64-QAM 5/6	3	195.0	216.7	405.0	450.0	877.5	975.0	1755.0	1950.0	7
	256-QAM 3/4	3	234.0	260.0	486.0	540.0	1053.0	1170.0	2106.0	2340.0	8
	256-QAM 5/6	3	260.0	288.9	540.0	600.0	1170.0	1300.0	n/v	n/v	9
24	BPSK 1/2	4	26.0	28.9	54.0	60.0	117.0	130.0	234.0	260.0	0
25	QPSK 1/2	4	52.0	57.8	108.0	120.0	234.0	260.0	468.0	520.0	1
26	QPSK 3/4	4	78.0	86.7	162.0	180.0	351.0	390.0	702.0	780.0	2
27	16-QAM 1/2	4	104.0	115.6	216.0	240.0	468.0	520.0	936.0	1040.0	3
28	16-QAM 3/4	4	156.0	173.3	324.0	360.0	702.0	780.0	1404.0	1560.0	4
29	64-QAM 2/3	4	208.0	231.1	432.0	480.0	936.0	1040.0	1872.0	2080.0	5
30	64-QAM 3/4	4	234.0	260.0	486.0	540.0	1053.0	1170.0	2106.0	2340.0	6
31	64-QAM 5/6	4	260.0	288.9	540.0	600.0	1170.0	1300.0	2340.0	2600.0	7
	256-QAM 3/4	4	312.0	346.7	648.0	720.0	1404.0	1560.0	2808.0	3120.0	8
	256-QAM 5/6	4	n/v	n/v	720.0	800.0	1560.0	1733.3	3120.0	3466.7	9

这就意味着：

·信道变宽，阻塞情况减轻

·WiFi具有较大吞吐量，非常利于音视频等数据量大的传输

三、蓝牙5与Wi-Fi对比

可以说是物联网的兴起，为蓝牙5提供了一个表现的舞台。

·蓝牙5相对来说比较省电，但是传输速率较低，不适合数据量大的传输。

·蓝牙5安全性高，蓝牙提供两层密码保护，二WiFi的安全风险与其他网络相同，比较容易受到攻击。

·蓝牙5体积小，成本相对较低。

·蓝牙5具有较强的抗干扰能力，尤其是对 Wi-Fi 和 LTE 信号，能在一定程度规避有限空间内的"信号堵塞"，相互干扰低于WiFi。不过，蓝牙与WiFi都是使用2.4GHz 频段，该频段相当拥挤。为减少信号干扰，很多用户会选择 5GHz 频段 Wi-Fi 而不是 2.4GHz。

·蓝牙5.0是针对物联网、智能家电、穿戴设备规范所订定的技术规范，在这些领域领先WiFi，不过WiFi在无线传输速度遥遥领先，在大量数据传输及移动网络分享上仍有无法被取代的地位。

產品	藍牙5.0	WiFi
頻段	2.4GHz	2.4GHz
通訊範圍	20~300公尺	20~200公尺
發射功率	低	高
待機功耗	低	高
傳輸速度	2Mbps	11~150Mbps
安全性	高	低
相互干擾	低	高
成本	低	高
主要應用範圍	廣	廣

这时，可能会有小伙伴要问了，蓝牙5依旧是运行在2.4GHz频率上，存在信号干扰的隐患；Wi-Fi(5G)解决了信号干扰问题，同时借助中继放大器，理论上可以扩展到无限远范围，用于物联网不是更靠谱吗？

实际上，新标准的蓝牙5技术在抗干扰能力已经有了大幅提升，SIG就曾表示，相对Wi-Fi和LTE信号，新版蓝牙能在一定程度规避有限空间内的"信号堵塞"。同时，蓝牙5不仅自身具备理论300米的有效信号通讯范围，同时还在开发Mesh技术，它能使蓝牙5设备相互作为信号中继站，从而也能将信号传递到无限远。

最关键的一点是，蓝牙5在低功耗方面的表现依旧有着无可匹敌的特性。

◇广东　李文中

各领域中人工智能的应用方方面面(下)

(紧接上期本版)

8. 娱乐

随着过去十五年互联网的爆发式增长，很少有人能想象没有它的生活。在人工智能的驱动下，互联网已经将用户生成的内容作为了信息和娱乐的一个可行的来源。Facebook 这样的社交网络现在几乎已经无处不在，而且它们也成了社会互动和娱乐的个性化渠道——有时候会损害人际交往。WhatsApp 和 Snapchat 等应用可以让智能手机用户与同伴保持「接触」和分享娱乐和信息源。

在《第二人生》这样的在线社区和《魔兽世界》这样的角色扮演游戏中，人们想象在虚拟世界中有一个虚拟的存在。亚马逊 Kindle 这样的专用设备已经重新定义了打发时间的要领。现在只需手指点点划划几下，就可以浏览和获取书籍了；一个口袋大小的设备就可以存储成千上万本书，而阅读体验基本上可手持的纸质书差不多。

现在我们有了共享和浏览博客、视频、照片和专题讨论的可信平台，此外还有各种各样用户生成的内容。为了在互联网的规模上运行，这些平台必须依赖现在正被积极开发的技术，其中包括自然语言处理、信息检索、图像处理、众包和机器学习。比如，现在已经开发出了协同过滤(collaborative filtering)这样的算法，它可以基于用户的人口统计学细节和浏览历史推荐相关的电影、歌曲或文章。

为了跟上时代的步伐，传统的娱乐资源也已经开始拥抱人工智能。正如书和电影《点球成金》中给出的例子，职业运动现在已经转向了密集的量化分析。除了总体表现统计，赛场上的信号也可以使用先进的传感器和相机进行监控。用于谱曲和识别音轨的软件已经面世。

来自计算机视觉和 NLP 的技术已被用于创建舞台表演。即使非专业用户也可以在 WordsEye 等平台上练习自己的创造力，这个应用可以根据自然语言文本自动生成 3D 场景。人工智能也已经被用于协助艺术品的历史搜索，并在文体学(stylometry)得到了广泛的应用，最近还被用在了绘画分析上。

人类对人工智能所驱动的娱乐的热情是很令人惊讶的，但也有人担心这会导致人与人之间的人际交互减少。少数人预言说人们会因为在屏幕上花费了太多时间而不再与人互动。孩子们常常更愿意在家里快乐地玩他们的设备，而不愿意出去和他们的朋友玩耍。人工智能会使娱乐更加交互式，更加个性化和更有参与感。应该引导一些研究来理解如何利用这些性质为个人和社会利益服务。

◇四川　刘光乾

变频器有级调速PLC控制的状态转换法编程(上)

在需要进行调速的机械设备上，通常采用变频器驱动三相异步电动机方式来拖动设备。按照速度的变化情况，变频器调节速度的方法有无级和有级两种。本文以LG SV-iG5变频器由三菱FX_{1S}-30MR型PLC控制为例，介绍变频器多段速的有级调节控制系统的状态转换法编程。

30A	30C	30B

1	2	3	4	5	6	7	8	9	10	1	2	3	4	5	6	7	8	9	10
MO	MG	24	FX	RX	CM	BX	JOG	RST	CM	P1	P2	P3	VR	V1	CM	I	FM	S+	S-

图1 iG5变频器的控制端子排

表1 控制端子功能

类型		符号	名称	说明
输入信号	启动触点功能选择	P1,P2,P3	多功能输入1,2,3	使用的多功能输入。厂家设定多步频率1,2,3。
		FX	正转指令	当闭合的时候正转,打开的时候停止。
		RX	反转指令	当闭合的时候反转,打开的时候停止。
		JOG	点动	当慢速信号处于on时,在慢速频率下运行。运行的方向是由FX(或者BX)信号决定的。
		BX	紧急停止	当BX信号处于ON时,变频器的输出关断。当电机使用电子制动去停止时,使用BX去关断输出信号。当BX信号处于OFF(没有被锁存关断的情况下),FX信号(或者RX信号)处于ON,电机处于继续运行的状态,所以要小心。
		RST	故障复位	当保护电路处于有效状态时,释放保护状态。
		CM	顺序公共端子	被用作触点输入端子的公共端子
		24	外部电源供给	DC 24V电源在连接输入时提供外部电源。
	模拟频率设定	VR	频率设定电源(+12V)	作为模拟频率设定的电源。最大输出+12V,100mA。
		V1	频率参考(电压)	使用频率参考和0-10V作为输入。输入阻抗20KΩ。
		I	频率参考(电压)	使用频率参考和DC 4-20mA作为输入,输入阻抗250 Ω。
		CM	频率设定公共端子	模拟频率参考和FM的公共端子(用于监视)。
输出信号	脉冲	FM - CM	模拟/数字输出(用于外部监视)	输出以下的其中一个: 输出频率,输出电压,输出电流,DC连接电压。厂家设定的默认值为输出频率,最大输出电压和输出电流为0-12V,1mA。 输出频率为500Hz。
	触点	30A,30C,30B	故障输出端子	保护功能运行时有效。AC250V 1A或更小,DC30V 1A或更小。 故障:30A-30C short (30B-30C open) 常态:30B-30C short (30A-30C open)
		MO - MG	多功能输出	在定义多功能输出端子后使用。AC250V 1A或者更小,DC30V 1A或更小。
RS-486		S+,S-	通讯端口	通讯端口RS-485通讯。

1. 变频器简介

SV-iG5系列变频器是由LG公司生产的一种功能强大、紧凑小巧的经济型变频器。该系列的变频器具有如下特性：①功率/电压等级：0.37~1.5 kW，200-230VAC，1 相 ；0.37 ~4.0 kW，200 - 230VAC，三 相 ；0.37 ~4.0 kW，380 - 460VAC，三相。②变频器类型：采用IGBT的PWM控制。③控制方式：V/F空间矢量技术。④内置总线：RS-485，ModBus-RTU。⑤内置PID控制，制动单元。⑥0.5Hz输出150%转矩。⑦防失速功能，8步速控制，三段跳跃频率。⑧三个多功能输入，一个多功能输出，模拟输出（0~10V）。⑨1~10kHz载波频率。该变频器上有输入电源端子R、S、T；连接电动机的输出端子U、V、W；外接制动电阻端子B1和B2；以及上、下两排控制端子，其中上面一排只有三位端子，下面一排有十位端子。控制端子的排列如图1所示。每一位端子的功能如表1所示。

2. PLC简介

FX_{1S}-30MR可编程序控制器有16路输入点和14路输出点，其面板上各部分名称如图2所示。输入点的端子号分别是X00~X07、X10~X17。中间右侧上面4排是16个输入点的状态指示，当某点(Xn)与公共端(图2中COM端)接通时，对应的指示灯亮。输出点的端子号分别是Y00~Y07、Y10~Y17。中间右侧下面4排是14个输出点的状态指示，当某点(Ym)内部的继电器吸合，即外部两个端子接通时，对应的指示灯点亮。打开面板上的小盖板，便能见到编程接口、运行/停止开关和两个模拟电位器。该PLC与其他的一样有继电器和晶体管输出型两种，本系统中选用继电器型。

(未完待续)

◇江苏 陈 洁

N个机器学习工具，AI程序员入门哪个语言最适合(下)

(紧接上期本版)

用于神经网络建模的ML框架

TensorFlow：用于大规模机器学习的灵活框架

TensorFlow是一个开源软件库，用于2015年谷歌人工智能组织内Google Brain团队开发和发布的机器学习和深度神经网络研究。

该库的一个重要特征是数值计算是由包含节点和边的数据流图完成的。节点表示数学运算，并且边是多维数据阵列或张量，在其上执行这些操作。

TensorFlow非常灵活，可用于各种计算平台(CPU，GPU和TPU)和设备，从台式机到服务器集群，再到移动和边缘系统。它可以在Mac，Windows和Linux上运行。

该框架的另一个优点是它可用于研究和重复的机器学习任务。

TensorFlow拥有丰富的开发工具，尤其适用于Android。三星乌克兰首席工程师Vitaliy Bulygin表示，"如果你需要在Android上实现某些功能，请使用TensorFlow。"

Objection Co的首席执行官Curtis Boyd表示，他的团队选择使用TensorFlow进行机器学习，因为它是开源的并且非常容易集成。

Dataflow graphs in TensorFlow

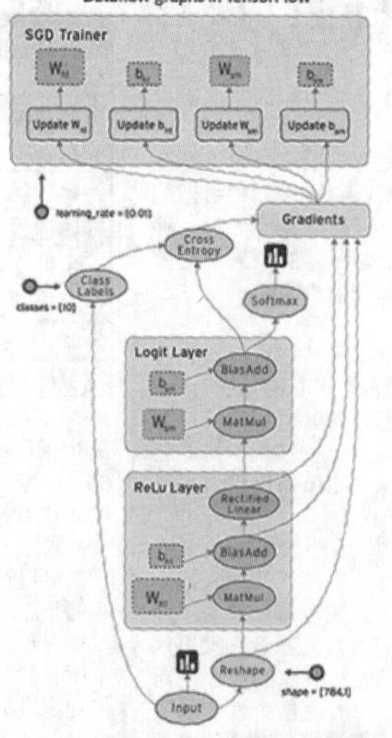

由Google开源的两款AIY套件让个人可以轻松获得人工智能。这两个套件专注于计算机视觉和语音助理，是一个小型自组装纸板箱，配有所需的所有组件。

如果你想更加了解TensorFlow，或者说想实践一下人工智能项目，谷歌的另一款工具或许可以帮到你，也就是谷歌的AIY Projects项目。AIY Vision Kit附带的软件运行三个基于TensorFlow的神经网络。其中一个基于谷歌的MobileNets平台，能够识别超过1,000个日常物品。第二个可以在图像中发现面部和表情。最后一个是专门用于识别猫，狗和人的神经网络。

TensorBoard：模型训练可视化的好工具

TensorBoard是一套工具，用于TensorFlow中机器学习的不同方面和阶段的图形表示。

TensorBoard读取TensorFlow事件文件，其中包含在TensorFlow运行时生成的摘要数据（有关模型特定操作的观察）。

用图表显示的模型结构允许研究人员确保模型组件位于需要的位置并正确连接。

使用图形可视化工具，用户可以探索模型抽象的不同层，放大和缩小模式的任何部分。TensorBoard可视化的另一个重要好处是相同类型和类似结构的节点涂有相同的颜色。用户还可以查看按设备着色（CPU，GPU或两者的组合），使用"跟踪输入"功能突出显示特定节点，并一次可视化一个或多个图表。

这种可视化方法使TensorBoard成为模型性能评估的流行工具，尤其适用于深层神经网络等复杂结构模型。

Grant Reaber指出，TensorBoard可以轻松监控模型培训。Grant和他的团队也使用此工具进行自定义可视化。

Illia Polosukhin也选择了TensorBoard。"TensorBoard在模型开发过程中显示指标，并允许对模型做出决策。例如，监控模型在调整其参数并选择性能最佳时的表现非常方便，"总结了Illia。

除了显示性能指标外，TensorBoard还可以向用户显示许多其他信息，如直方图，音频，文本和图像数据，分布，嵌入和标量。

(全文完)

◇四川 刘光乾

释疑解惑破解电喷汽车的“故障门”(下)

8. 雪弗莱努米那轿车热车熄火的故障如何检修?

某3.1升雪弗莱努米那轿车，节气门体喷射供油，凉车起动和行驶正常，车一热就熄火，灭车后不能重新起动，待车完全凉下来又起动、行驶正常，3~5km后发动机温度上来又熄火，如此循环往复。无故障代码，更换了曲轴位置传感器后故障依旧。车熄火时检查点火和供油，发现点火正常，只是喷油器不喷油，将本由ECM(发动机电脑)控制接地的D14和D16针脚线强行接地，喷油器开始喷油，热车也能起动了。看来是ECM内喷油器驱动器热机不工作，而喷油器驱动器的工作信号是发动机转速信号。检查分电器内电子点火控制模块四线插接器B针脚至ECM电脑B5号针脚的转速参考信号，发现车一热该信号就丢失，ECM也不再控制喷油器接地喷油。更换点火控制模块后故障消失。

据分析：九十年代前期GM3.1升至5.7升发动机大多采用点火控制装置。其点火信号和喷油信号是分别由点火模块四线插接器A和B针脚送入ECM电脑D4和B5针脚。正常情况下打起动机，点火模块B5针脚便有一个1.3V电压送入ECM电脑B5针脚，喷油器驱动器根据该信号驱动喷油，由于点火模块内部有故障，受热膨胀后，内部线路断开使信号无法送入ECM，致喷油器驱动器停止工作，因此便发生上述故障。若曲轴位置传感器有故障则应断油也断火，所以该信号只控制喷油器驱动器，是它的工作信号，与点火无关。检修人员认为电喷的其他部件故障也会造成此现象，并且会以故障码形式存储在电脑自诊断系统中。于是决定采取简便的变车提取故障码方法，两脚诊断接头是一个绿色的接头，在发动机舱内左侧熔断器盒内。将其中白色线搭铁，打开点火开关，观察警告灯次数，开始几次闪亮次数为10位数值，10位数值闪亮后会停顿3s钟，复闪亮次数为个位数，经记录为“51”。查修理手册，“51”为氧传感器故障。

更换氧传感器后试车，怠速抖动有好转。车主将车取回后不久，反映故障依旧，要求返修。检修人员重新提取故障码，仍为“51”。估计是原故障仍未消除。拆开蓄电池负极搭铁线5s后，再次提取新故障码，却无故障码出现，但怠速不稳故障仍然存在。决定检测氧传感器。用电压表检测信号电压为0.45V，用电阻表检测元件插头4B4与4B3间电阻为7Ω，均为正常值，表明并未损坏。经分析，怠速不稳可能是混合气配比不佳，管路和部件积碳较多造成的。这是富康电喷车常见故障。为此拆洗怠速控制阀和节气门体。拆下一个喷油器在试验器上检测，发现雾化锥度不够(应为25°的空心油雾)，断油时有漏油现象，表明有积胶卡滞，清洗后测试，性能正常。装车后试车，怠速平稳，故障消除。

据分析：该车由于未按期维护，致使进气道积炭较多，喷油器积胶卡滞针阀运动，从而使混合气供给较稀，造成该故障，由于混合气较稀氧传感器产生低电位信号，电脑接受此信号，如加浓混合气指令超出调控极限时，电脑会误认为氧传感器存在故障，并储存在自诊断系统中。

9.别克轿车为何加速无力，且指示灯在中等负荷时发亮?

一辆上海别克轿车行驶5000km后出现加速无力现象，位于仪表板上的发动机电控系统指示灯在中等负荷时发亮。最高车速只有120km/h。检查发动机怠速，并无指示灯发亮现象，检查轿车排气管口的排气有较强的汽油味，并且发臭。用电控系统故障诊断仪(修车王)在电控系统的故障诊断接口读取故障码，输出为“发动机混合气过稀”。根据故障现象和电控系统故障诊断仪的提示，故障发生部位可能来自氧传感器;节流阀体和空气流量计。检查发动机排气管，在V形发动机的两侧排气管汇合处装有一个氧传感器(发动机靠近面罩一侧的排气管上看不到氧传感器)，由于离地较近，导线磨破，插头脱落，发动机失去氧传感器信号和控制;凡是采用传感器的电控发动机称为闭环电控系统，别克轿车采用一只传感器，控制V型6个缸的燃烧过程(奥迪V6发动机多装有二只传感器，分别控制V型6缸机的左侧1、2、3缸和右侧4、5、6缸，其调节控制可能更精确一些)，氧传感器是根据发动机排气中的氧气含量的浓度不同而产生不同的电压信号，以此推算燃烧室中混合气空燃比是过浓或者过稀。氧传感器可以有效地检测出当空气过量系数λ=1时输出电压信号的突变;电控系统的中央控制器可以此来识别任时刻可燃混合气的浓度，并控制各缸喷油器及时修正喷油量，借以实现燃烧过程的完美统一。装有氧传感器的轿车不再需要对CO含量进行调节。检查氧传感器并没有损坏，于是连接好传感器的导线，并可靠包扎好，连接好氧传感器的插接插头，为防止以后脱落，用胶布将插头连接处包扎好。再用电控系统故障诊断仪读取故障码，输出表明故障已消失。发动机试验和轿车路试，性能恢复正常。

◇湖北　刘道春

电气故障及处理方法

例一，故障现象：

某用户总漏电保护器F20-63-1型跳闸，断室内所有负荷，用万用表检查，是总漏电保护器已坏。

处理方法：更换同一型号的总漏电保护器，送电一切正常。

例二，故障现象：

某用户客厅节能灯不亮，破开绞带，用万用表检测灯处无电压。

处理方法：用万用表检查相线已断，查看布线走向，齿开水泥找出塑料管内的断线位置，把线接通，送电后节能灯亮。

例三，故障现象：

某一楼住户的格力空调室外机：KTR-26W/FZHB01-A3额定电压220V，输入功率1490W，输入电流6.8A，按下遥控器后，室外单相电机不运转，检查结果室外控制线被老鼠啃断所致。

处理方法：接通线路，用绞带包扎，用遥控器启动，电机正常运行。

例四，故障现象：

某住户的德意牌厨房抽烟机的多个发光二极管不亮，检查结果，抽烟机的开关已坏。

处理方法：因抽烟机的开关发光二极管、停止开关为一体的，所以把组合开关更换，送电一切正常。

例五，故障现象：

某办公室的楼梯照T5环形灯管25W，送电后，灯不亮，本故障是受夏季气温的影响，保护器二极管，电容已坏。

处理方法：更换新的声控器。

例六，故障现象：

某用户手机充电器，输出无电压。经检查是400V，2.2uF电容器已坏，更换同一型号的电容器。

例七，故障现象：

某用户的电动车，打开电钥匙开关启动不启动，经检查电瓶电压不足12V。

处理方法：充电，新购的电动车必须充12小时以上。

例八，故障现象：

某住户卫生间热暖电机不热。用万用表检查主绕组已坏。

处理方法：本用户的卫生间热暖电机已使用6年，有时候市电电压较高，导致电机绕组烧坏。重新绕制电机，送电电机运行正常。

例九，故障现象：

一部爱玛电动车，按电开关，电动车不运行，经检查至电瓶的线路螺丝松动所致。

处理方法：紧固螺丝，故障排除。

例十，故障现象：

一台新雅电动车，两个大灯不亮。

处理方法：灯开关已坏，更换新开关。

◆河南　尹衍荣

220kV开关站微水检测单元显示故障维修

田湾核电220kV开关站OADY21微水在线智能监测柜上的第四现场检测量单元模件ATJF980-SFXL0011在例行巡检中发现显示不正常。如图1，由于这是厂家质保设备，在通知厂家来人后配合拆下该检测单元，如图2，他用随身携带的电脑进行数据检测，发现无法实现通讯交换传输，便认为是系统的软件故障。因为该厂家人员属于软件工程师，对硬件不是很精通。而我在查看了拆机前的指示灯状态所拍照的照片来和他进行工作原理分析，我认为通道和电源指示灯亮度发暗不正常，是该模件内的电源部分出现了问题。最后经过厂家人员勉强同意，拆开盖子后共同进行仔细检查。通电后开关电源板上的电源状态指示灯能正常亮，而测量直流输出的接口12V电压只有4.68V，面板指示灯微亮。如图3，同时并看到有两个滤波电源由于输出现鼓包，我即可判断开关电源由于输出滤波储能电容失容，是导致输出电压降低的主要原因。经在过他的同意后更换了2个同型号的1000μf/25V电解电容后，通电后测试接口端，输出显示为12.16V。如图4，面板状态及电源指示灯恢复了正常显示。如图5，装回机柜后，连接电源和数据线，送电后第四通道微水检测数据恢复了每两分钟刷新一次的频率状态。如图6，通过以上设备故障的及时排除处理，即为厂家节省了一笔拿回到常州去修理，修好了再送过来安装所产生的直接的、间接的费用，又缩短了设备不可用的缺陷时间，更为电站电网的检测及时恢复了运行提供了安全保障。

◇江苏　庞守军

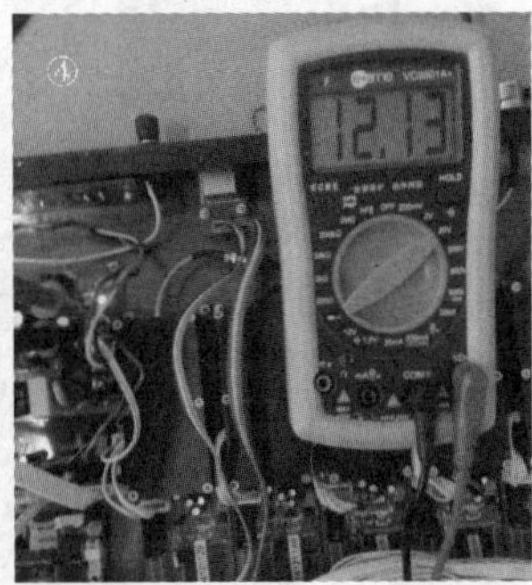

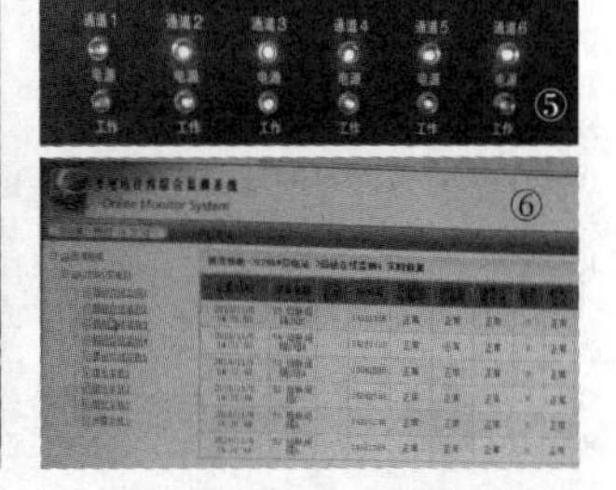

一种实用电池测电器及解剖实录

"南孚电池测电器"是一种可对干电池电量进行估算的小实用电子产品。一般都是用万用表对干电池进行测量，看电池电压高低来决定是否该更换电池了的。但除了电子爱好者，并不是每个人都有万用表，就是有了万用表，对从没接触过的外行来说，也不一定马上就能熟练使用的。现在有了"南孚电池充电器"，就方便多了，随时都能对干电池测量检查，按照使用说明对干电池进行筛选。

"南孚电池测电器"，有两种方法可以得到，一为买南孚品牌的电池配给"南孚电池测电器"的那种，另外就是从网上找单卖"南孚电池测电器"的那种。详见以下图1、图2所示。

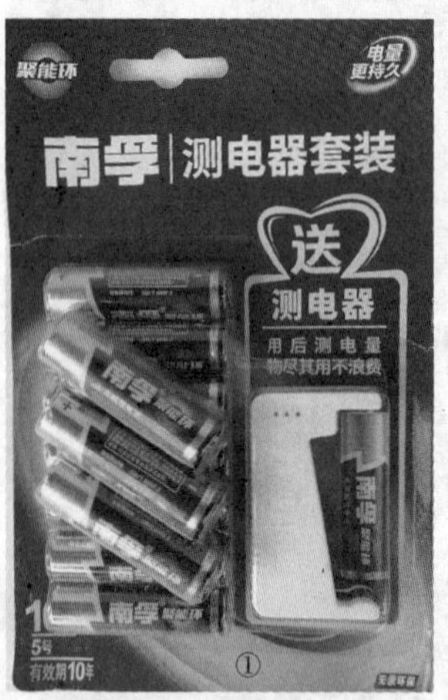

①

②

"南孚电池测电器"，可对5号、7号干电池进行测量，还可对电压为1.2V的充电电池进行测量，实际测量如下图3、图4、所示。

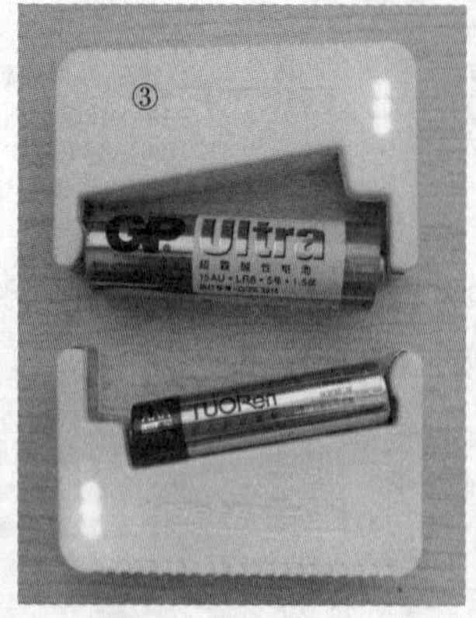

③

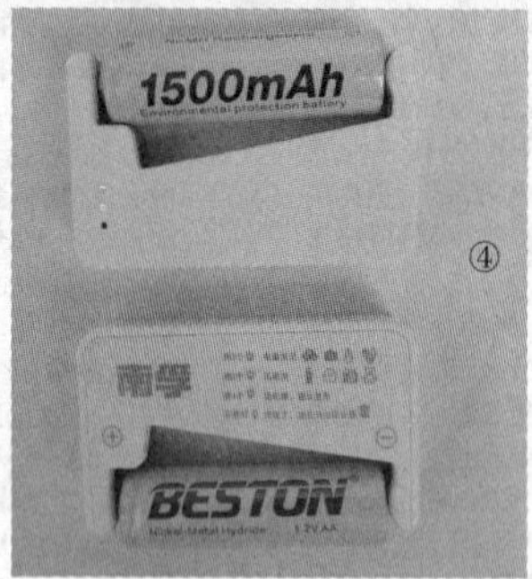

④

"南孚电池测电器"上印有使用说明：亮3个灯表示电量充足、亮2个灯表示还能用、亮1个灯表示低电量，建议更换、不亮灯表示没电了，随生活垃圾处理。

图4为对1500mAh的充电电池测量情况，可以看到有两个发光管点亮。

用万用表对电池测量实际情况详见图5、图6、图7所示。

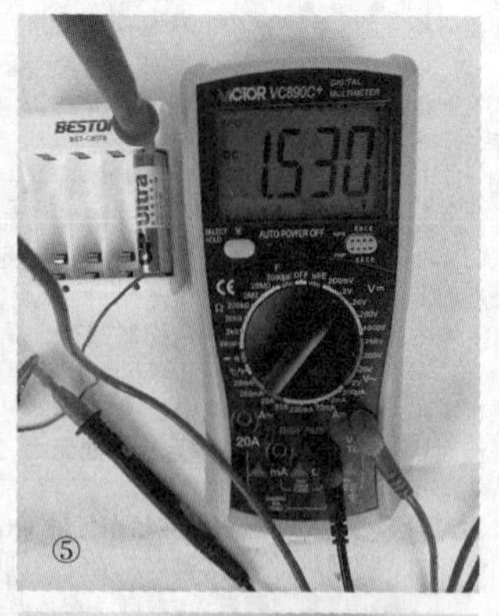

⑤

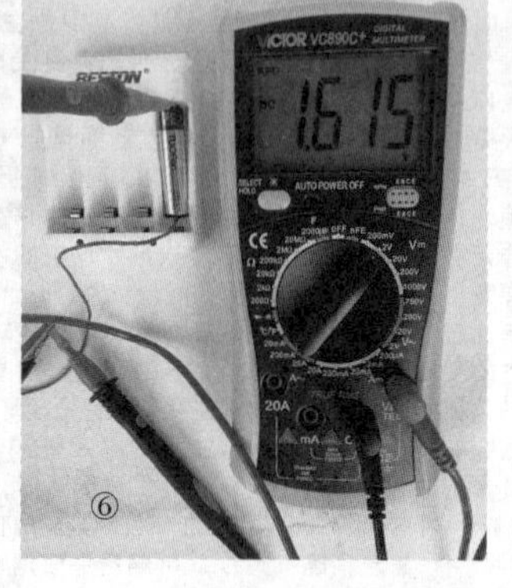

⑥

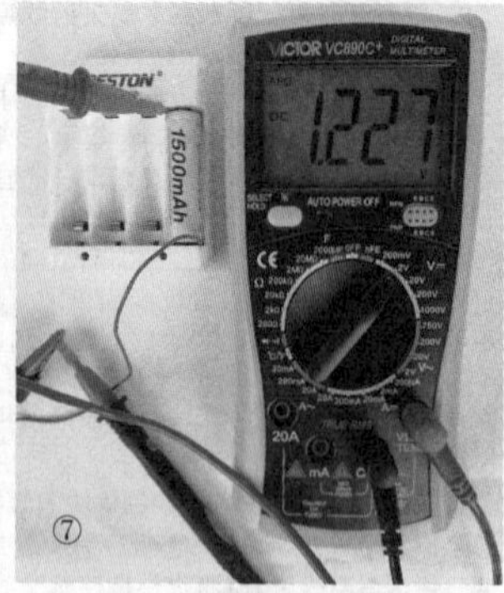

⑦

"南孚电池测电器"内部印刷电路板及电子元器件如图8所示。

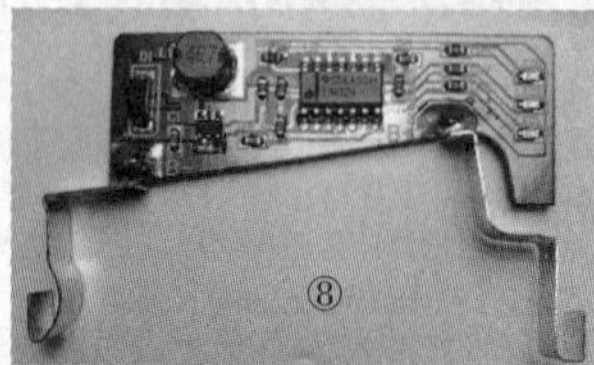
⑧

根据内部印刷电路绘制出的"南孚电池测电器"电路原理图，如以下图9所示。

◇贵州　马惠民收

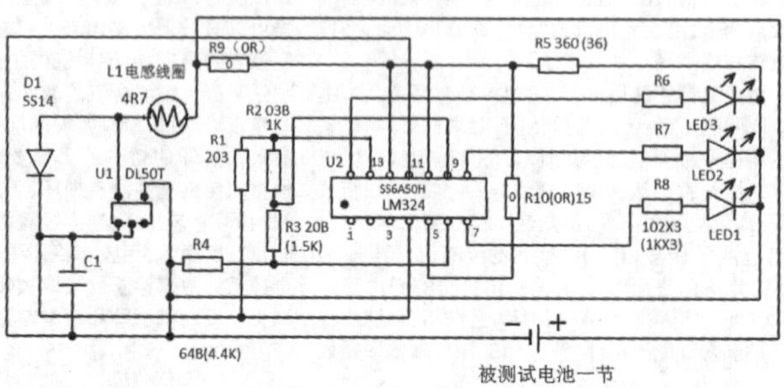

⑨

三极管检测有妙招

三极管三个管脚的识别与检测对于中职学生来说难学难记难操作，三难极易导致学生在实训初期就产生厌学情绪。为此，笔者利用画图、讲解、歌诀助记三方面入手，降低了学习难度，提高了学习效率。具体方法如下：

一、利用元件符号图形象记忆

如右图所示，带箭头标识的是三极管的发射极。那与它同侧的管脚是集电极，独处一侧的是基极(竖线分界)。箭头的第二个作用就是标识PN结，箭尾为P，箭首是N，故右图中左侧是NPN型三极管。它的第三个作用是指示工作时的电流方向且符合节点电流定律。如图所示：$I_E=I_B+I_C$，发射极箭头向外表示电流出，其他两个管脚是电流注入。第四个作用是表示处于放大状态时，三个管脚沿箭头方向电位依次下降，如NPN型三极管$V_C>V_B>V_E$。通过讲解，让学生抓住元件符号的特征，形意结合，图文互通，便于理解记忆。

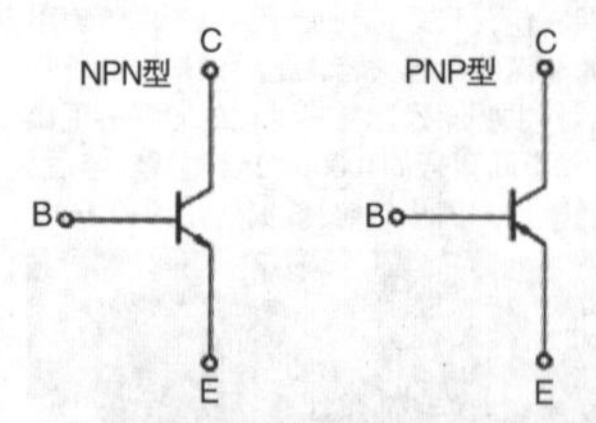

二、温故知新多推理

以NPN型三极管为例，利用箭头特征，我们发现它用两个PN结，即BE和BC，具有单向导电性。因此用万用表R×1K挡，当黑表笔接基极，红表笔依次碰触另外两个管脚时，会导通；交换表笔后会截止。采用同种办法，某表笔接其中一个管脚，另一表笔分别碰触三极管的另外两个管脚。管脚C和E间正反向均不导通，没有基极电流I_B，哪来的集电极电流I_C，可用公式$I_C=\beta I_B$来解释。师生共同总结：采用表笔一定二动的方式来测量电阻，共测六次，只有两次导通且能找到三极管的基极并能确定三极管的类型。当黑表笔接假设的基极时，红表笔触碰其他两个管脚导通时能确定黑表笔接的是NPN型三极管的基极。

本节的难点就是识别三极管的集电极和发射极，利用的原理是三极管的放大作用。突破难点的关键在于如何创建基极电流，如何接表笔，为什么阻值较小的那次假设是正确的。

抓住三极管箭头的作用，处于放大状态时，沿箭头方向电位依次下降，可断定黑表笔接假设的NPN型三极管的集电极，红表笔接它的发射极。对于PNP型三极管，发射极要接黑表管。利用箭头的方向助记就是射极箭首接红表笔，射极箭尾接黑表笔。NPN型三极管处于放大状态时，要满足$V_C>V_B>V_E$。现在已经有了黑、红表笔提供两个电位，那就利用电阻的分压作用创建第三个电位。找一个合适的电阻放在三极管的基极B和发射极E之间可以吗？

基础较好的学生会发现：从黑表笔流出的电流无法从集电极到达基极(PN结的单向导电性)，即使有电流从基极流出经电阻到达发射极，与三极管工作时电流方向不符。那只好用手指这个人体电阻连在三极管B和C脚间，来创建基极电流了。同理，PNP型三极管也是如此。

以NPN型三极管为例，当集电极假设正确且万用表与管脚连接正确时，管脚C和E间不导通，只有当管脚BC间接入手指电阻时，由于提供了基极电流，实现了三极管的放大作用，管脚CE间的电阻明显变小，万用表表针较大幅度的向右偏转。

当集电极假设错误，测量时黑表笔接正确的发射极，红表笔接正确的集电极，手指电阻连在发射极和基极间，这时黑表笔流出的电流经手指电阻和BE间的PN结串联，也会导通，但没有三极管的放大作用，故导通时电阻较大，万用表表针偏转的幅度较小。

面对这么繁杂的讲解，我们要压缩内容，用一首"七言绝句"来概括：

六次二通找基极，射极箭首接红笔，指触BC创基流，小阻值假设正确。

◇青县职业技术教育中心　纪振波

应急广播平台接口规范与应用(三)

五、应急广播平台接口数据文件

1.应急广播消息文件

应急广播消息文件具体说明见GD/J 082—2018。

2.应急广播消息播发状态查询TAR文件

应急广播消息播发状态查询TAR文件构成见表3。

表3 应急广播消息播发状态查询TAR文件构成

文件名	文件类别	属性
应急广播消息播发状态查询文件	应急广播业务数据文件	必选，一个文件
应急广播消息播发状态查询签名文件	应急广播业务数据签名文件	必选，一个文件

应急广播消息播发状态查询(EBD.EBMStateRequest)元素说明见表4。

表4 应急广播消息播发查询(EBD.EBMStateRequest)元素格式说明

序号	定义	名称	层次关系	属性	可选/必选	注释/取值范围
1	应急广播消息播发状态查询	EBMStateRequest	EBD.EBMStateRequest	复合类型	必选	
2	应急广播消息	EBM	EBD.EBMStateRequest.EBM	复合类型	必选	所查询的应急广播消息
3	应急广播消息编号	EBMID	EBD.EBMStateRequest.EBM.EBMID	字符串	必选	所查询的应急广播消息编号，应急广播消息编号说明见GD/J 082—2018

3.应急广播消息播发状态反馈TAR文件

应急广播消息播发状态反馈TAR文件构成见表5。

表5 应急广播消息播发状态反馈TAR文件构成

文件名	文件类别	属性
应急广播消息播发状态反馈文件	应急广播业务数据文件	必选，一个文件
应急广播消息播发状态反馈签名文件	应急广播业务数据签名文件	必选，一个文件

4.运维数据请求TAR文件

运维数据请求TAR文件构成见表6。

表6 运维数据请求TAR文件构成

文件名	文件类别	属性
运维数据请求文件	应急广播业务数据文件	必选，一个文件
运维数据请求签名文件	应急广播业务数据签名文件	必选，一个文件

5.应急广播平台信息TAR文件

应急广播平台信息TAR文件构成见表7。

表7 应急广播平台信息TAR文件构成

文件名	文件类别	属性
应急广播平台信息文件	应急广播业务数据文件	必选，一个文件
应急广播平台信息签名文件	应急广播业务数据签名文件	必选，一个文件

6.台站(前端)信息TAR文件

台站(前端)信息TAR文件构成见表8。

表8 台站(前端)信息TAR文件构成

文件名	文件类别	属性
台站（前端）信息文件	应急广播业务数据文件	必选，一个文件
台站（前端）信息签名文件	应急广播业务数据签名文件	必选，一个文件

7. 应急广播适配器信息TAR文件

应急广播适配器信息TAR文件构成见表9。

表9 应急广播适配器信息TAR文件构成

文件名	文件类别	属性
应急广播适配器信息文件	应急广播业务数据文件	必选，一个文件
应急广播适配器信息签名文件	应急广播业务数据签名文件	必选，一个文件

8. 传输覆盖播出设备信息TAR文件

传输覆盖播出设备信息TAR文件构成见表10。

表10 传输覆盖播出设备信息TAR文件构成

文件名	文件类别	属性
传输覆盖播出设备信息文件	应急广播业务数据文件	必选，一个文件
传输覆盖播出设备信息签名文件	应急广播业务数据签名文件	必选，一个文件

9.平台设备及终端信息TAR文件

平台设备及终端信息文件构成见表11。

11平台设备及终端信息TAR文件构成

文件名	文件类别	属性
平台设备及终端信息文件	应急广播业务数据文件	必选，一个文件
平台设备及终端信息签名文件	应急广播业务数据签名文件	必选，一个文件

10.播发记录TAR文件

播发记录TAR文件构成见表12。

表12 播发记录TAR文件构成

文件名	文件类别	属性
播发记录文件	应急广播业务数据文件	必选，一个文件
播发记录签名文件	应急广播业务数据签名文件	必选，一个文件

11.应急广播平台状态TAR文件

应急广播平台状态TAR文件构成见表13。

表13 应急广播平台状态TAR文件构成

文件类别	文件名	属性
应急广播业务数据文件	应急广播平台状态文件	必选，一个文件
应急广播业务数据签名文件	应急广播平台状态签名文件	必选，一个文件

12.应急广播适配器状态TAR文件

应急广播适配器状态TAR文件构成见表14。

表14 应急广播适配器状态TAR文件构成

文件类别	文件名	属性
应急广播业务数据文件	应急广播适配器状态文件	必选，一个文件
应急广播业务数据签名文件	应急广播适配器状态签名文件	必选，一个文件

13.传输覆盖播出设备状态TAR文件

传输覆盖播出设备状态TAR文件构成见表15。

表15 传输覆盖播出设备状态TAR文件构成

文件名	文件类别	属性
传输覆盖播出设备状态文件	应急广播业务数据文件	必选，一个文件
传输覆盖播出设备状态签名文件	应急广播业务数据签名文件	必选，一个文件

14.平台设备及终端状态TAR文件

平台设备及终端状态TAR文件构成见表16。

表16 平台设备及终端状态TAR文件构成

文件类别	文件名	属性
应急广播业务数据文件	平台设备及终端状态文件	必选，一个文件
应急广播业务数据签名文件	平台设备及终端状态签名文件	必选，一个文件

15.心跳检测TAR文件

心跳检测TAR文件构成见表17。

表17 心跳检测TAR文件构成

文件名	文件类别	属性
心跳检测文件	应急广播业务数据文件	必选，一个文件
心跳检测签名文件	应急广播业务数据签名文件	可选，一个文件

心跳检测(EBD.ConnectionCheck)元素格式说明见表17。

表17 心跳检测(EBD.ConnectionCheck)元素格式说明

序号	定义	名称	层次关系	属性	可选/必选	注释/取值范围
1	心跳检测	ConnectionCheck	EBD.ConnectionCheck	复合类型	必选	
2	数据操作（生成）时间	RptTime	EBD.ConnectionCheck.RptTime	时间格式	必选	格式为YYYY-MM-DD HH:MI:SS，YYYY表示年，MM表示月，DD表示日，HH表示时（24小时制），MI表示分，SS表示秒。

16.处理结果通知TAR文件

处理结果通知TAR文件构成见表18。

表18 处理结果通知TAR文件构成

文件类别	文件名	属性
应急广播业务数据文件	处理结果通知文件	必选，一个文件
应急广播业务数据签名文件	处理结果通知签名文件	必选，一个文件。

17.接收回执TAR文件

接收回执TAR文件构成见表19。

表19 接收回执TAR文件构成

文件类别	文件名	属性
应急广播业务数据文件	接收回执文件	必选，一个文件
应急广播业务数据签名文件	接收回执签名文件	当前接口功能为“心跳检测”时：可选，一个文件；其他情况：必选，一个文件。

(全文完)

◇北京 李 凯

Orisun OS-8T600超低音扬声器详解

宝隆行贸易代理品牌ORISUN audio 创立于1988美国俄亥俄州，由一个音频工程师，曾参加过多个品牌低音炮研发，经过多年的精心发展，现已成为专业定制家庭影院及智能影院领域顶尖的世界级厂商之一，专注影院动力，坚持高效率，ORISUN(傲力声)作为一个定制安装品牌的新起之秀，其低失真AB类放大电路主要集中低音炮，后级功放，定制安装音箱系列产品，目前得到各定制安装工程商一致好评。

宝隆行贸易全新上市的定制安装品牌ORISUN T系列低音炮和PLUS系列低音炮，全新系列采用高速限幅器，避免功放因为过高的输入产生失真.新D类放大器又称数字音频放大器；高效节能：实际功率达85%以上，功耗小、体积小；过载能力强，功率储备足，具有更好的"动力"特性，瞬态响应好"爆棚感"极强；集成式IR音频驱动器和专用MOS管，具有保护式脉宽调制(PWM)开关和IR完整的数字音频MOSFET等特性。

本次笔者为大家带来的这一款就是符合小体积和家居搭配的超低音扬声器——Orisun OS-8T600

对于大部分皆为"客厅式家庭影院"的发烧友来说，就会碰到各种不同的阻挠，譬如空间限制，就算你物色到一款性能出色的超低音扬声器，但是由于它的巨大体积，你不得不止住脚步，再譬如室内装潢搭配，就算你勉强塞下这只超低音在客厅中，可能家人就会因为其突兀于客厅中而不乐意了。而Orisun OS-8T600非常小巧，特别适合客厅空间有局限的影院爱好者。

Orisun OS-8T600基本参数：

单元尺寸：8英寸

单元个数：3

单元材质：铝镁圆锥

额定输出功率：300W

峰值输出功率：600W

输入灵敏度：180mV@200W

频率响应：20Hz-160Hz(-3dB)

低通滤波：40Hz-160Hz

输入接口：RCA×1、XLR×1

输出接口：RCA×1、XLR×1

电源输入(切换)：100-120V、220-240V

款式：光泽黑橡木、黑色钢琴漆

尺寸：320×320×320mm(宽×高×深)

重量：18kg

Orisun OS-8T600 是一个外观小巧精致的超低音，正方体声箱设计，其边长仅为32厘米。

OS-8T600黑色高光钢琴漆版，沉稳、耐看、百搭，是黑色钢琴漆的优点，OS-8T600另外还配有光泽黑橡木款式可供选择，以适配更多的家居风格搭配。

OS-8T600采用了符合美国加州环保标准，厚度为18毫米的高密度纤维板，请注意是高密度纤维板（HDF）而不是中密度纤维板(MDF)。

高密度纤维板的内部组织机构相对更为细密，具备相当密实的边缘，在加工复杂结构时，有着一定的优势，相对容易取得不错的造型效果，在OS-8T600超低音身上，笔者也能看到颇为到位的弧角处理，并且钢琴漆无论是弧角还是平面，都能均匀地达到0.8毫米。

?OS-8T600采用了三单元的发声设计。在超低音两侧中，各有一块嵌入式的单元保护网罩，在保护罩下方都贴心地设计了一个"耳朵"，能方便使用者取下网罩查看单元，同时网罩能够和箱体的边缘紧贴合，让造型更加流畅。

取出两个保护网罩之后，可以看见左右两边各一只的8英寸单元，在最初拆开时，笔者并没有事先得到OS-8T600的产品资料（这个是新产品，网上鲜有资料），故笔者在看见两个单元的时候，一度猜测OS-8T600要么是双主动单元设计，要么是主动加被动的设计。

当笔者分别轻碰两个单元时，凭经验推断，这两个都仅仅是主动单元，该不会真正的被动单元其实在底部吧？

随后一看，果不其然，这么小的箱体塞下三个8英寸单元，即便是双主动、单被动设计，也基本上能预料到这OS-8T600能够发出超越该体积的低频量感了。

OS-8T600三只单元的材料皆为铝镁圆锥盆，保证了一定的刚性同时也保证了轻量化。单元折环材料为特殊橡胶，尽量让8英寸单元能够实现高阻尼以及更大的冲程。

轻按压单元时，发现其运动还是颇为灵敏，因为配备的橡胶折环宽度，相比于铝镁振盆而言，也不算短了，换算成12英寸的话，OS-8T600的橡胶折环就挺宽的了，所以在功率放大的设计上，也是要下一番功夫了。

OS-8T600的功放采用的是D类设计，其效率能达到85%以上，十分高效节能，待机功耗很小，当然关键的是功放板体积能做得更小，对于OS-8T600这种小箱体来说再适合不过了，而且还能满足环保要求。

功放板体积能做小，除了采用数字放大器之外，电源上还得下功夫，OS-8T600采用了LLC谐振软开关电源技术，能够做到体积小、功率密度大、动态响应快速、输出电压稳定的同时，还有高转换效率、低干扰、低纹波噪音以及低温升等电气性能优势。

在关键的功率储备上，即使OS-8T600仅为1个8英寸主动单元，也配备了达到300W的额定功率以及600W的峰值功率。

在放大电路上，OS-8T600采用了集成式德IR音频驱动器和专用MOSFET功率放大管，具有保护式脉宽调制(PWM)开关和IR完整的数字音频MOSFET等特性。

功放电路不仅是对电源电路和放大电路的设计有要求，在一些功能化设计上，除了必要的相位调节、低通滤波、自动检测开机外，还集成了诸如过流、过压、过热、输出短路等保护功能，支持可更换保险丝。

为了避免功放因为过高的输入而产生失真，还介入了高速限幅器。良好的电气性能不仅于此，在印刷电路板中，为了使电绝缘性能稳定、平整度更好而不易变形，PCB版选用了FR4双面玻璃纤维板，元器件多采用贴片式封装，能让功放板做到体积小、元器件密度高，同时能够达到重量轻、抗振能力强。

在实际试听中，OS-8T600虽说单元仅为8英寸，但拥有了两个主动辐射盆在左右侧，一个被动辐射盆在底下，其量感拥有超出这个体积的表现，同时因为是小尺寸单元，OS-8T600自然拥有属于8英寸速度，在观看电影或听多声道音乐中，OS-8T600的低频是属于灵敏快速的风格，而且量感还很不错。在整体感受中，OS-8T600能够清晰、有速度、量感明显，低频收走的速度适中，表现出来的是一种强调下潜层次的听感。

从这样的小体积超低音表现来说，拥有三单元和不错的外观，对于很多听音环境不算大的烧友来说，其实是一个很不错的选择。

先锋Pioneer DEH系列车机调频收音制式选择方法

先锋Pioneer DEH-1100/2100系列车载CD机，在欧美市场的轿车中配置较多。先锋车载CD机使用的IC芯片大多为先锋公司自产自用，详细的电路图纸和芯片技术参数等资料不太好找，使用介绍也不够详细。给自主维修和调整带来了不小的麻烦。

笔者手中的一台40W×4先锋Pioneer DEH-1100二手车机，音质不错。但其使用的是北美收音制式，FM调频范围是87.5-107.9MHz，步进是 0.2MHz。在中国国内收音时，很多FM调频节目的频率调不准，例如重庆本地的93.8、96.8等尾数为偶数的节目。

先锋Pioneer DEH-1100/2100系列车机FM/AM调谐单元是CWE1501，系统主控芯片IC601采用的是Pioneer PE5091A。从PE5091A芯片引脚资料介绍可知，其1脚为MODEL1，功能介绍为Model select input。此外再无具体的说明，以及怎样使用的介绍。分析PE5091A芯片1脚外围电路，经R611 (43K)和R610(8.2K)分压后输入1脚，实测电压为4.2V。尝试将R611短接，1脚输入电压为0V，关机重启后，调频范围变为76-90MHz，步进为0.1MHz，此为日本制式。将R610短接，1脚输入电压为5V，关机重启后，调频范围变为87.5-108.0 MHz，步进0.05MHz，此为欧洲/中国制式。

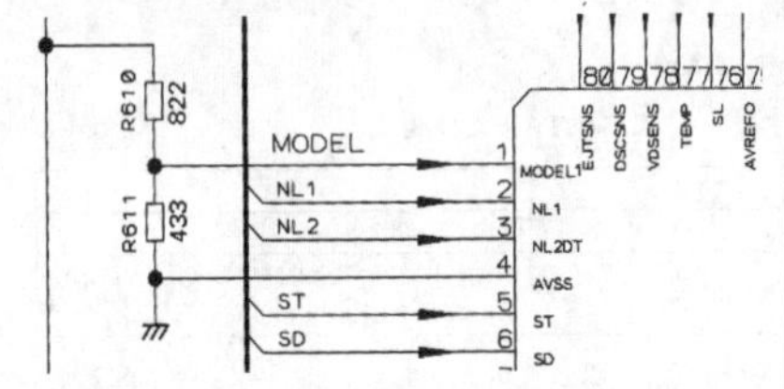

图1 Pioneer PE5091A主控芯片1脚外接电路示意图

图2 用棕色线将R610短接后调为欧洲/中国收音制式

表1 PE5091A芯片收音制式选择方法表

R610	R611	1脚输入电压	FM频率范围	步进频率	收音制式
8.2K	43K	4.2V	87.5-107.9MHz	0.2MHz	北美
短接	43K	5V	87.5-108.0 MHz	0.05 MHz	欧洲/中国
8.2K	短接	0V	76-90 MHz	0.1 MHz	日本

图3 DEH-1100车机调频收音改中国制式成功

若进一步拓展使用，在R610和R611电阻上并接1个三位选择开关，通过拨动开关就能够方便地进行制式切换。当切换为日本制式(76-90MHz)时，就能够覆盖部分校园广播频段(70.0-87.0MHz)。

◇重庆 尹 江

2018年12月30日出版 ■实用性 ■启发性 ■资料性 ■信息性

第52期 国内统一刊号:CN51-0091 定价:1.50元 邮局订阅代号:61-75

地址:(610041)成都市天府大道北段1480号德商国际A座1801 网址:http://www.netdzb.com

(总第1989期) 让每篇文章都对读者有用

2018网络安全博览会:展示新技术、新理念、新特点

日前,2018网络安全博览会在成都拉开帷幕,作为2018年国家网络安全宣传周的重头戏,现场汇聚了阿里巴巴、百度、360、思科、卡巴斯基等很多知名网络安全公司。现场也展示了众多厂商在物联网、互联网、移动通信、无人机等方面的安全防护措施,吸引了众多关注。

阿里巴巴

本次博览会,阿里巴巴根据不同的生活场景,设置了不同的体验区域。在防电信欺诈区域,人工智能机器人天猫精灵,可以让你在接到陌生的电话时,直接语音询问这个号码是不是欺诈电话,天猫精灵会根据后台的数据库,来查询这个电话是否是诈骗电话。在刷脸支付的展区,蚂蚁金服安全通过实时风控系统,叠加"人脸""眼纹"等生物识别技术,为账户安全提供安全防护保险。同时,由公安部第一研究所可信身份认证平台官方认证的"居民身份证网上功能凭证",于今年4月首次亮相支付宝,主要用以政务办事、酒店入住、买车票等需要身份证的生活场景。

百度落地AI安全

百度安全以"AI未来城"为主题场景化落地AI安全,聚焦办公、支付、家庭、旅行等不同场景,实现智能以及安全的解决方案。

当大部分门禁系统聚焦在刷脸、指纹、面部识别等单一技术之下,百度开发出了其最新安全智慧认证——AIID。

在i-Work展区中,AIID能够以人脸、形体、光照、时间、空间等组成多因子身份认证,打造出唯一性、精准性、排他性、防伪性的智慧认证解决方案。这种同时采取两种或两种以上因子的认证方式,大大提升生物识别认证的安全性。

目前,AIID已经开始应用在多个智慧楼宇、智慧校园、智慧终端的签到考勤、门禁通行、线上App登陆等场景。

腾讯

腾讯安全推出其"智慧共治平台",汇聚了安全大数据、伪基站定位、反电话诈骗、欺诈网址过滤、资金流查控等众多功能。

基于每日上P级别的网络行为、精准的大数据建模以及亿级的黑产对抗经验,智慧共治平台可以综合测算得出城市对应的网络安全态势,并依据这个综合测算值进行排名。

目前这套能力体系已经输出应用至工商、金融监管、公安等政府单位,为包括北京金融局、深圳金融办在内的多省市金融监管单位提供金融风险监测预警方案。对于非法金融犯罪的"打早打小"识别覆盖率达99.99%以上,有效监测以金融创新之名行诈骗之实的金融黑产行为,为金融创新保驾护航。

中国电信

"云堤"可谓是中国电信率先推出的"杀手锏"级网络安全产品,主要应对日益严重的网络安全威胁。已具备国内最大的5T防护带宽、遍布全球的36个清洗中心、对流量手术刀式的精准调度和国家级重保防护经验。

中国电信坚决打击网络诈骗行为,开发了防欺诈大数据分析处置平台。该平台通过大数据分析对用户呼叫行为进行建立模型,对被叫用户推送闪信提醒,降低用户被诈骗风险。仅2018年上半年,平台就成功拦截异常话务呼叫国内1.8亿次,国外1400多万次。

在物联网连接方面,中国电信也在监测接入到电信网络中的物联网设备。中国电信物联网开放平台可以通过告警和通知及时发现异常,对连接状态和数据使用进行实时监控。目前主要监测识别7大类(工控设备、城市管网、公共基础设施、工业行业App应用、智能办公、智能家居、智能交通)工业互联网应用,涉及10余万个工控物联网设备和应用,每天识别发现安全漏洞风险数千个。

此外,在软硬件安全结合方面,此次安全周上也有厂商展出产品。诸如国家电网针对电力巡检使用的高空作业无人机进行安全保障;针对家用车安全,360也与汽车厂商合作推出汽车防火墙、汽车卫士等软件,实现对汽车网络安全的保护。

◇彭 宇(本文原载第39期2版)

升级PC如何选SSD

现在我们升级电脑,主要是把硬盘HHD换成SSD,当然偶尔运气好遇到便宜的二手显卡和内存条也可以更换。要知道SSD的颗粒、容量、接口以及品牌众多,现在主要讲讲如何选购更适合与自己配置相对性价比高的SSD。

颗粒

从寿命上讲,SLC>MLC>TLC>QLC;但是从性价比上讲优先选择TLC和QLC。一般选择TLC足矣,至于寿命问题完全不用担心,TLC颗粒用个7~8年是完全没有问题。如果确实要用到大容量的高速硬盘,目前有两种方案,一是intel的傲腾技术(3D XPoint)和AMD的StoreMI技术,两者都是通过较新的主板支持给传统的HDD进行加速,不过要实现该功能,需要较新的7系i3以上配置或者X470+SSD才能满足,这种配置目前基本上也不需要升级。第二种方案就是采用去年才推出的QLC颗粒的大容量SSD了,虽然目前寿命和性能是QLC闪存的缺点,但是随着固态硬盘工艺的提升和发展,让其缺点得到了很好的解决。比如,英特尔推出的QLC闪存直接使用3D NAND技术,P/E寿命达到了1000次,完全不输现在的3D TLC闪存。

容量

纯粹做系统盘,120/128GB的完全够用,不用分区直接做系统盘;有软件需求或者游戏需求的,选240/256GB的,对半分两个区,一个系统盘,一个放游戏;再大一点的SSD就不具有升级的性价比了。

接口

Socket3可以走PCIE x4、PCIE x2和SATA 但是不同的接口对读写性能的发挥有区别

一般需要升级的PC主机都是SATA接口,虽说M.2 SSD接口比SATA接口速度快;也有些人认为从理论上讲,即使是半速的PCI-E 3.0×2也比SATA 3.0接口6Gbps的理论带宽快1.5倍(M.2接口的SSD分为两种,一种是Socket 2,一种是Socket 3,Socket 2支持SATA和PCI-E 3.0×2通道,Socket 3支持PCI-E 3.0×4通道)。而实际上是没有达到的,再加上性价比的话,SATA接口要比M.2接口便宜;并且PCI-E 3.0×4的M.2价格高于PCI-E 3.0×2的M.2。所以还是根据主板上的接口来选择SSD。

品牌

尽量选择大厂或者原厂颗粒的牌子,主要有Intel(原厂)、镁光(原厂)、三星(原厂)、东芝(原厂)、西数(原厂,2015年收购闪迪)、海力士(原厂)、金士顿(东芝与镁光颗粒)、台电(intel颗粒)、浦科特(东芝颗粒)等。

(本文原载第39期11版)

康佳LED42IS97N液晶彩电三无故障维修

故障现象：按下电源开关通电后，红色指示灯亮，数秒钟后变为绿色指示灯亮，但无图像、无伴音，黑屏幕。

分析与维修：根据故障现象，指示灯由红色变为绿色，说明副电源正常，主板控制系统正常，电视机已经进入开机模式。引发三无的故障，一是电源板主电源工作失常，二是主板信号和显示系统发生故障。

拆开电视机，根据电源板输出插座标注的电压有+5V待机电压和+12V、+24V电压三种输出。测量+5V电压，开机和待机状态均为5V正常；测量+24V电压，待机状态为0V，开机的瞬间上升到+26V，然后慢慢降为9.5V左右；测量+12V电压，开机的瞬间上升到+8V左右，然后降为3.7V左右。根据电压保护分析，判断保护电路启动，必须查找保护原因。

该机电源板型号为KPS+L180C3-01，集成电路采用FAN7530+FSGM300+FSFR1700+LM324组合方案，输出+5VSB、24V、12V电压。该电源板由三部分组成：一是以集成电路FSGM300(UB901)为核心组成的副开关电源，产生+5VSB和VCCS、VCCP电压，+5VSB为主板控制系统供电，VCCS为保护电路供电，VCCP经开关机电路控制后，为PFC驱动电路UF901和主电源驱动电路UW902供电；二是以集成电路FAN7530(UF901)为核心组成的PFC功率因数校正电路，将整流滤波后的市电校正后提升到380V为主、副开关电源供电；三是以集成电路FSFR1700(UW902)为核心组成的主开关电源，产生24V、12V电压，为主板和背光灯板供电。通电后，副电源首先工作，输出+5V电压为主板控制系统供电。控制系统启动工作后，输出开机控制电压，控制PFC电路和主电源工作，输出24V、12V电压，为主板和背光灯板供电，整机进入开机状态。

该机设有以模拟晶闸管Q951、Q954为核心的过流、过压保护电路(如图1所示)，对开关机电路进行控制。Q954的b极外接过压、过流保护电路。发生过流、过压故障时，检测电路向Q954的b极注入高电平，Q954、Q951导通，将开关机控制电路光耦U902的①脚电压拉低，光耦U902导通减弱，PFC驱动电路UF901和主电源驱动电路UW902的VCC供电降低，电源停止工作。过流、过压保护检测工作原理如下：

一是主电源24V和12V过流保护，由运算放大器U956(LM324)的A、B两个放大器组成，对图2所示的主电源24V和12V输出回路的电流取样电阻RW951、RW952两端电压降进行检测，检测电压分别送到运算放大器U956的②、⑥脚。发生过流故障时，U956的②、⑥脚电压降低(向负变化)，运算放大器U956的①脚或⑦脚输出电压翻转输出高电平，通过隔离二极管D951向U956C的⑩脚注入高电平，经U956C放大后，从⑧脚输出高电平，经D952向模拟晶闸管送去高电平保护电压，保护电路启动，开关机控制电路进入待机保护状态；二是主电源24V和12V过压保护，由稳压管ZD951、ZD952为核心组成。发生过压故障时，击穿稳压管ZD951、ZD952，通过隔离二极管D953向模拟晶闸管送去高电平保护电压，保护电路启动，开关机控制电路进入待机保护状态。

在电源板上找到相关保护电路如图3所示，测量保护电路各极电压，模拟可控硅Q954的基极电压由正常时的低电平变为高电平0.7V，由此判断保护电路启动。由于Q954的基极外接过流保护和过压保护两种检测电路，为了区分是哪路检测电路引起的保护，在开机的瞬间，测量过流保护隔离二极管D752的正极电压始终为0V，说明过流保护电路未启动。而测量过压保护隔离二极管D753的正极电压，开机的瞬间上升到0.5V左右，然后降为0V，由此判断过压保护电路启动，引发三无故障。

为了区分是保护检测电路元件变质引起的误保护，还是电源板主电源稳压电路元件变质或电路损坏，造成输出电压过高，引起过压保护电路启动，采取脱板维修的方法：

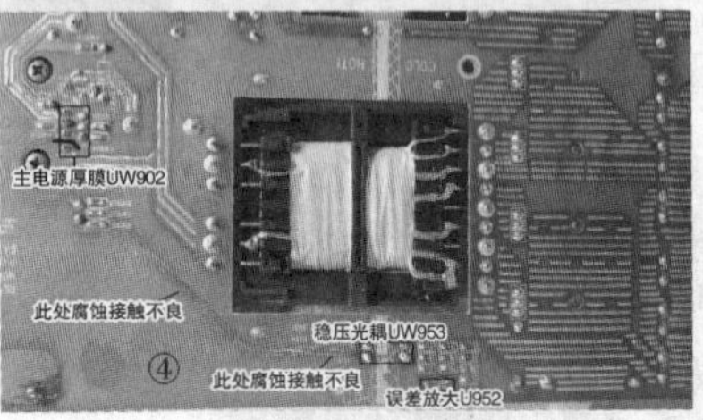

1、接假负载：拔掉主电源的+24V和+12V输出插座XS953、XS955，在XS955的⑤、⑦脚之间并联500Ω电阻，提供模拟开机高电平，在XS955的24V输出端①、⑥脚之间并联24V摩托车灯泡做假负载。

2、解除保护：将模拟可控硅保护电路的Q954的基极对地短接。

手按电源开关为电源板通电，注意手始终贴近电源开关，当测量输出电压过高时，迅速按下电源开关断电。通电测量输出电压，发现+24V电压上升到30V以上，迅速关掉电源开关断电，驱动引起保护的原因是主电源稳压电路元件变质或电路损坏，造成输出电压过高，引起过压保护电路启动。

根据维修经验，稳压电路的误差放大器和稳压光耦容易损坏变质，但更换误差放大器和稳压光耦后故障依旧。回头仔细测量和检查稳压电路，发现光耦UW903的④脚到主电源厚膜UW902的②脚之间的连接线铜箔，和光耦UW903的③脚到主电源厚膜UW902的⑥脚之间的连接线铜箔，外表均有一层绿毛。将绿毛刮掉后，铜箔有腐蚀的痕迹，见图4所示。电阻测量光耦④、③脚到主电源厚膜②、⑥脚电路之间的导线铜箔，有接触不良的现象，直接用细导线将二者之间的电路连接后，故障排除。

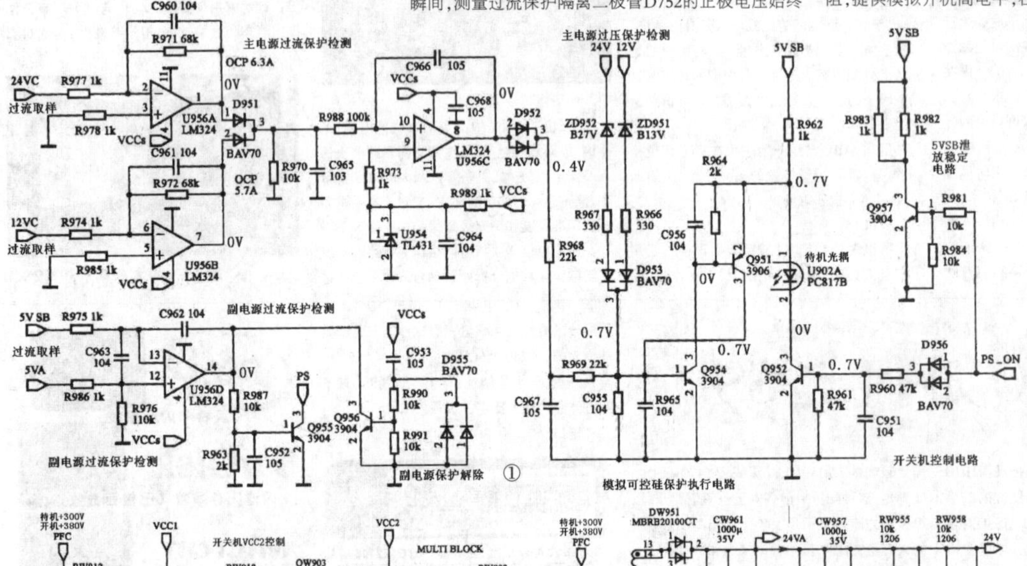

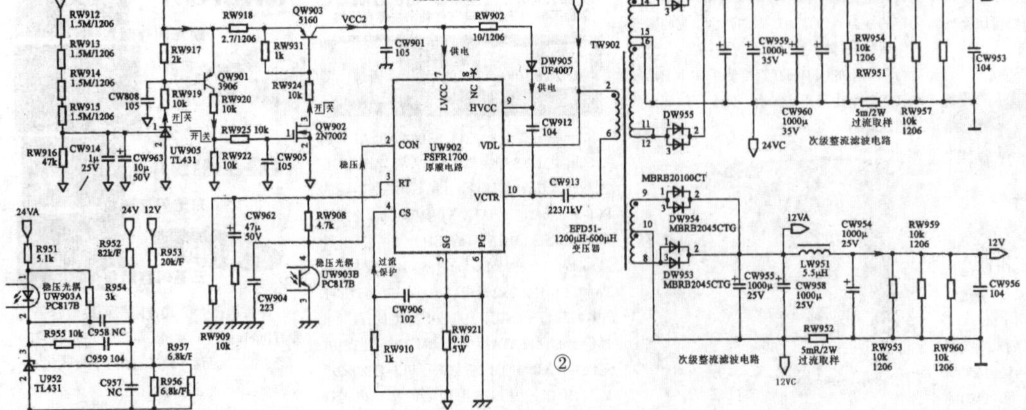

◇海南　孙德印

iPhone实用技巧(下)

(紧接上期本版)

五、iPhone X解锁之后直接进入主屏幕

我们知道,iPhone X在使用面容ID解锁之后,仍然需要上滑操作才能进入主屏幕,未免有些麻烦。其实,如果iPhone X已经越狱,那么可以借助FastUnlockX插件解决这一问题:

进入Bigboss源,搜索并下载FastUnlockX插件,它的功能与Autounlock完全相同,但完全免费。进入设置界面(如图5所示),将所有选项均设置为启用即可。以后,我们使用面容ID解锁iPhone X解锁之后,不需要上滑操作即可进入主屏幕,从而实现快速解锁,当然如果有未读通知到达的话,是无法直接解锁的哟。

补充:0.0.4版本的Autounlock提供了识别失败自动重试的功能,但需要付费。

六、解决iPhone X来电延迟显示的问题

有些使用iPhone X的朋友来接听来电时可能会遇到一个比较尴尬的问题,具体来说就是当有电话到达时,首先听到的是铃声,但屏幕上并不会显示接听的提示,而是延迟数秒甚至数十秒钟之后才会显示"接听",这段时间也就是说无法接听电话。重启之后稍有好转,但很快又出现问题。

解决的办法很简单,在拨打电话挂断的时候,不要直接使用旁边的侧边按钮进行挂断,而是按下屏幕上的虚拟按键挂断电话。另外,请进入设置界面,依次选择"SOS紧急联络"(如图6所示),在这里关闭"自动呼叫"的服务。

七、找出iPhone的重新启动功能

很多时候,我们需要重新启动iPhone,进入设置界面,选择"通用",向下滚动屏幕到最底端,在这里只能发现名为"关机"的选项,难道只能关机之后再重新开机?

正确的设置方法是依次选择"通用→辅助功能",进入辅助功能设置界面,点击"辅助触控"右侧的">"按钮,进入之后启用"辅助触控",接下来点击"自定顶层菜单"右侧的">"按钮(如图7所示),将某个图标替换为"重新启动"就可以了,以后可以通过图8所示的辅助触控界面实现重新启动。

或者也可以进入"辅助触控→自定操作"小节(如图9所示),将单点、轻点两下、长按等任意一个操作设置为"重新启动",以后只要单点、轻点两下、长按虚拟Home按钮,即可实现重新启动。

八、iPhone X快速清理缓存

我们知道,以前的iPhone各类机型,如果需要清理缓存,只要在显示关机界面时,按下Hone按键即可清理缓存。不过iPhone X已经取消了Home按钮,该如何操作呢?

按下音量"+"按钮,松开,再按下音量"-"按钮,松开;长按锁屏键激活关机界面,点击屏幕下方的"X"就可以清理缓存了。

(全文完)

◇江苏 王志军

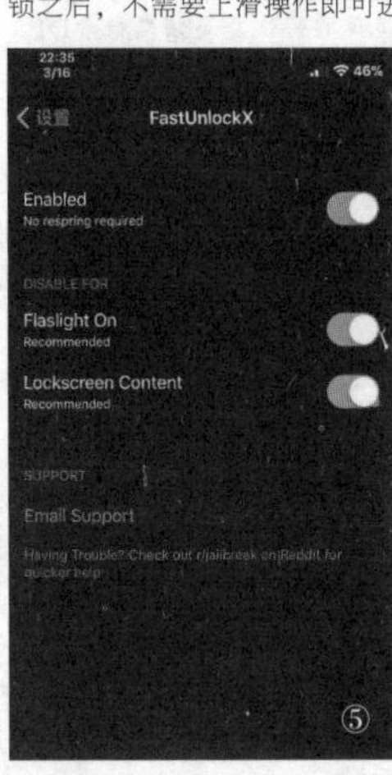

⑤

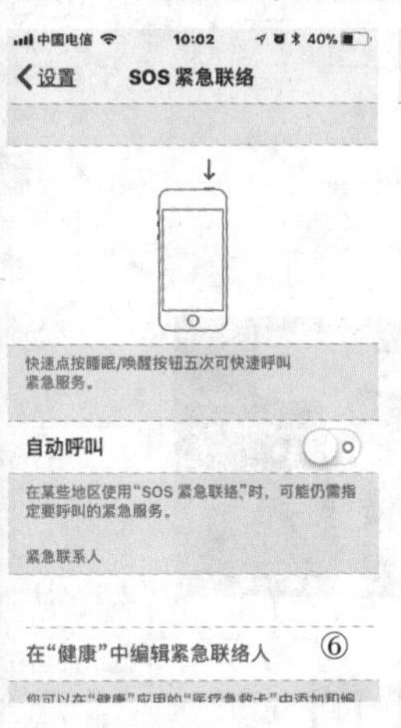

⑥

⑦

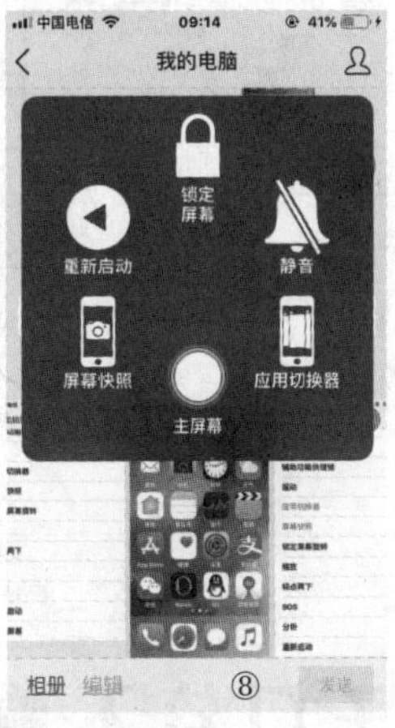

⑧

⑨

宏碁Aspire TC-602电脑CPU风扇狂转解决一例

单位同事找到笔者说自己的宏碁Aspire TC-602电脑近来机箱内风扇声音变大以致严重影响工作,希望笔者给予解决一下。初步估计是CPU风扇的风叶变形导致异响,所以带上风扇打算更换一下了事。

拆开电脑机箱发现通电开机风扇即狂转,原来声音变大是由于转速变快导致的,按DEL键进入CMOS查看风扇转速在4300RPM左右,而此时CPU温度也仅39℃左右,温度不高而风扇却高速运转,这说明主板上IO控制部分不正常,于是在CMOS中执行一次"载入最佳化预设值(相当于恢复默认设置项)"(如图1所示),保存并重启电脑故障不变。关闭机器,对主板BIOS放电一次,再次开机发现CPU转速已在正常的2200RPM左右(如图2所示),风扇声音恢复至正常状态,故障完全排除。

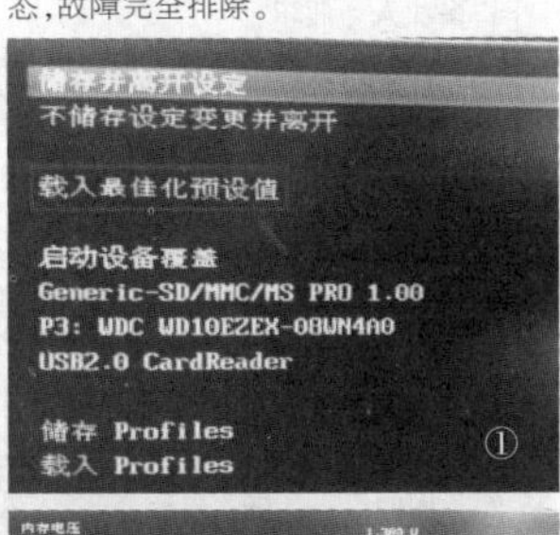

①

②

◇安徽 陈晓军

将多首歌曲音量一步标准化

平时我们欣赏从网络上下载的各种风格MP3歌曲时,经常会遇到歌曲的音量高低差别问题,即在同样的播放模式设置下,有的歌曲听上去音量很大,而有的歌曲音量却小得听不清楚,这就是存在所谓的"响度差别"。虽然可以借助某些光盘刻录软件的"刻录前统一音量"功能来进行响度的调节,但这个"度"并不好把握,而且这个预处理过程会非常耗时间。其实,我们可以借助强大的音频处理软件Audition来将歌曲音量进行最高标准的规范,最新的AuditionCC 2018已经提供了"ITU-R BS.1770-3"标准——国际电信联盟无线电通信部门给出的测量广播电视中音频响度的算法建议,可以非常方便地对包括歌曲在内的各种音频进行响度的标准化处理。

首先将待处理的若干MP3歌曲文件导入至Audition,此时可在"多轨"模式下分别拖入不同的轨道中进行音频波形的比对,基本上可以目测出确实存在音量的响度差别问题;接着,将它们全部拖进"匹配响度"区域(如果面板中没有该项的话可通过"窗口"-"匹配响度"菜单来调入),点击"响度计算"按钮来进行这些文件的响度、平均音量、感知平均音量和峰值的测定,结果很快就会在各歌曲文件的后面显示出来,其中的ITU响度就有从-15至-10共五个梯度的差别,峰值一项也有2dB的上下差别,说明歌曲的响度差别确实存在;将所有的MP3歌曲文件全部选中,在下方的"匹配到"中设置为第一项"ITU-RBS.1770-3响度",将"目标响度"由之前的"-23LUFS"修改为"-24LUFS"、"容差"由之前的"0.5LU"修改为"2LU""最高实际峰值电平"由之前的"-1dBTP"修改为"-2dBTP",然后再点击上方的"匹配响度设置"按钮,Audition就开始进行响度匹配的标准化处理(如附图所示)。

很快,这些MP3歌曲文件就按照我们刚刚设置的"ITU-RBS.1770-3响度"标准进行了响度统一,音量自然得到了标准化处理。此时可双击切换至"波形"单轨模式中试听查看,然后再分别从Audition中导出生成新的MP3文件即可。使用这种匹配响度的方法不仅适用于多首音乐音量的标准化统一,便于欣赏;而且还可以对视频剪辑中的音频轨道信息导出至Audition中进行标准化处理,然后将新生成的标准响度音频文件导入至视频剪辑中替换原音频轨道信息,这样就避免出现音量的忽大忽小的非正常情况,操作便捷且效果非常不错。

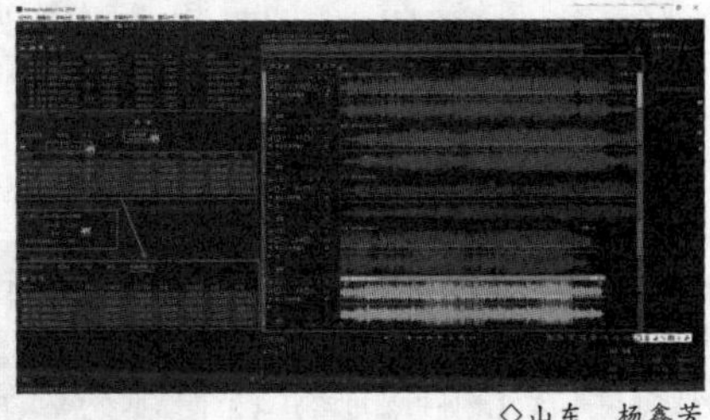

◇山东 杨鑫芳

怎样给手机退烧

笔者的一款华为ALE-CL00手机,使用不到两年,明显发热严重,且操作出现卡顿现象。随着使用日久,手机热得像个"暖手宝",且耗电量大增,不到50秒就耗掉一个显示数字,只能插着充电器使用,且手机操作经常死机,微信响应慢或无响应。

手机显示家中路由器的信号很强,由此估计,造成手机卡顿和发烧的原因,应该是手机内存里的垃圾太多导致,于是,用各种手机软件不断清理内存垃圾,效果却并不太大。为了提高手机的响应速度,降低热量,笔者打开了手机的后盖来使用,情况未见有何改善。家人提议重买台新手机,笔者没有同意,认为肯定有其内在的原因,并非手机本身出现了故障。在用手机软件清理微信垃圾时,软件显示手机已用空间已达8.7GB,心想恐怕这就是原因的所在。于是,利用相关软件,卸载了手机桌面上的一些不常用的应用软件,将手机已用空间降至5.2GB。经此处理,手机温度降至正常,耗电量也轻了,操作也恢复正常,开机后长时间操作,手机只是微热而已。

应该强调的是,在用手机上网时,经常会蹦出一些应用软件,用户会感觉不错,随手下载,日久天长,手机里软件积累越来越多,而手机剩余空间会变得越来越小。过多的软件,不仅占据着手机的空间,还悄悄消耗着电能,使手机过度发热,手机因此也变得卡慢和无响应。所以,为了保证自己的手机使用顺畅,使用中请不要胡乱下载软件。 ◇青岛 宋国盛

漫步者多媒体音箱无声故障检修1例

故障现象：一款漫步者R101T06型多媒体音箱最近说没有声音

分析与检修：通过故障现象分析，怀疑电源电路或功放电路异常。打开主机板，测量2根黄色进线(见图1)没有交流电压，说明电源电路异常。检查电源变压器时，发现它已烧毁。此音箱进线电源由于没有设置电源开关，变压器通电后就进入工作状态，这是变压器烧毁的主要原因。

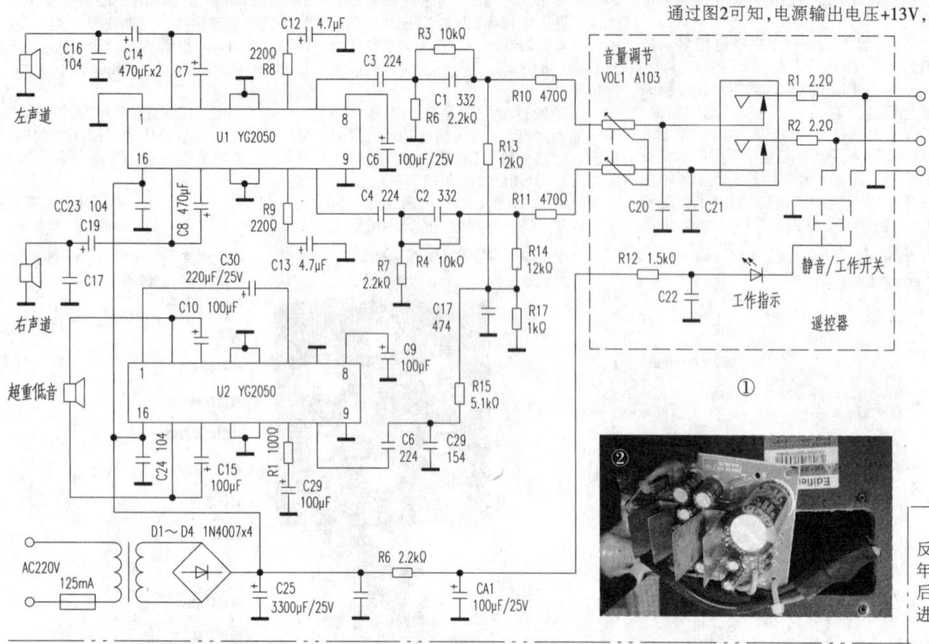

通过图2可知，电源输出电压+13V，因手头没有合适的变压器和适配器，于是就用闲置的两个5V手机充电器（一个为5V/1A，另一个为5V/0.8A）串联后代用。拆开手机充电器的外壳，发现这两个手机充电都有光电耦合器，属于隔离型开关电源，这样串联起来就简单多了！直接按图3接线，串联成10V/0.8A的供电电源，通电试机，使用正常。用扎带把2个电源捆在一起，固定在原变压器的位置，故障排除。

【提示】对于非隔离型开关电源，有的输出接地与金属外壳相连，所以要作绝缘处理，即两个电源的金属外壳不能相碰或同时接地。另外，还有必要添加图3虚线内所示的快恢复高频二极管D1、D2，其耐压和电流要视开关电源的输出电压和电流而定，负载电流应低于较小容量的开关电源的额定电流。

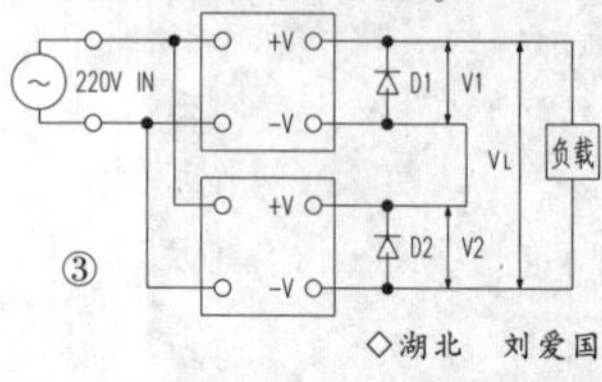

◇湖北 刘爱国

磁控电子门铃不响故障修理1例

故障现象：一只磁控电子门铃（外形图见图1），通电无声不报警。

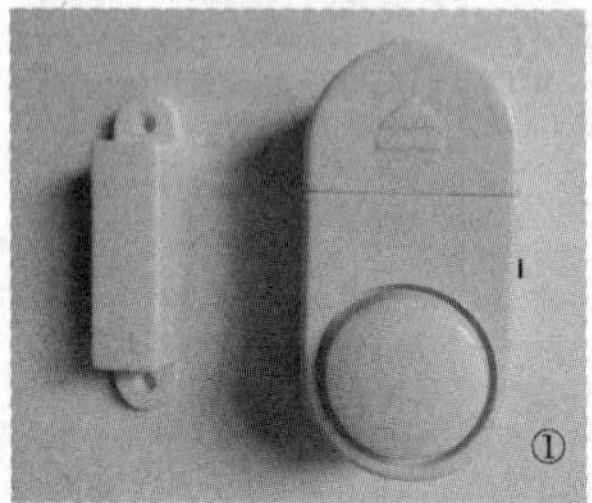

分析与检修：此门铃有一个常闭型干簧管K2，正常时只要接通电源开关K1，蜂鸣器B就会发声，另有一块磁铁，如果磁铁靠近它，干簧管触点被吸引使电路断开而停止鸣响。安装时门铃装在门上，磁铁装在对应的门框上，门关上时磁铁吸开干簧管触点，被芯片U1识别后，无驱动信号输出，蜂鸣器不发声；把门推开后，干簧管触点失去磁力而闭合，被U1识别后，驱动蜂鸣器发声报警。

参见图2，此电路的核心元件为芯片U1，如果它坏，整个电路就报废，而这个芯片为半圆球黑色封装结构，无型号，所以无法判断其好坏。因此，维修时应先检测U1的外围元件是否正常。在逐一对各元件用电表检查时，发现R2的阻值为无穷大(∞)，怀疑它损坏。于是，将一只470k电位器(调到最大值)焊在R2两端，通电后门铃响了，确认R2损坏。将电位器和R2拆掉，用470k电阻更换后，恢复正常，故障排除。

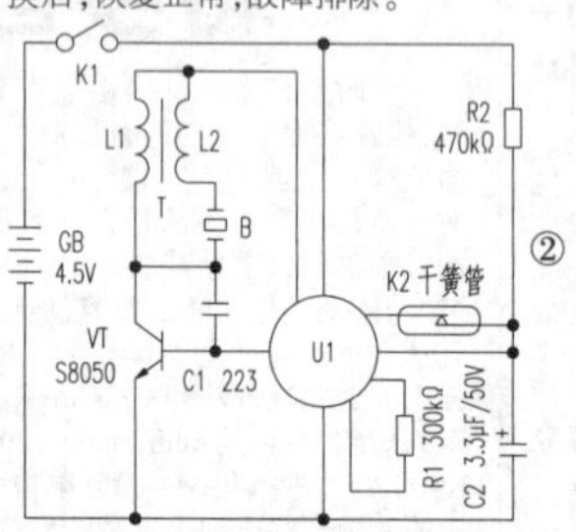

【提示】笔者将680k电阻焊在R2两端，蜂鸣器也能正常发音。

◇北京 赵明凡

万和燃气热水器维修1例

故障现象：一台使用了5年的万和JSQ20-10P10型热水器突然显示屏没有显示，打开花洒无热水。

分析与检修：通过故障现象分析，怀疑电源电路或微处理器电路异常。打开机器外壳闻到煳味，说明有元件烧毁，察看后发现变压器已严重烧毁，如图1所示。于是用网购的同型号变压器更换，但仍无任何显示，说明还有故障。察看主板，发现几个元件的管脚上有胶（见图2），清理干净后，又发现保险管烧毁，以为这次找到了故障根源，更换保险管后通电，结果显示屏只是闪了一下，怀疑电源电路异常。察看主板上没有明显的烧焦痕迹，在撬开主板背面的防水胶层后，发现了可疑之处，即一块MC7812的管脚在防水胶下面发热，已将防水胶融化成一个小坑，判断是因为MC7812引脚脱焊，长期工作后发热所致。

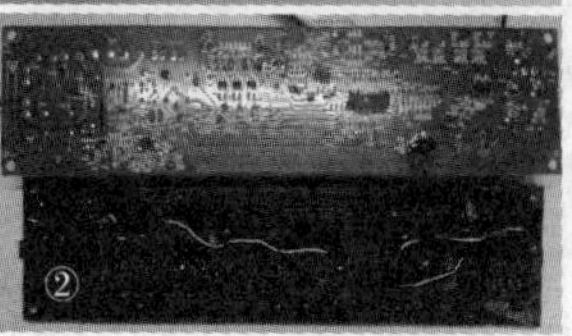

空载时测电源输出电压正常，接负载时电压不足且持续发热，怀疑MC7812性能变差。焊接MC7812引脚的铜箔已破损(图3上部圈内)，所以更换MC7812后要用导线接好它的3个引脚，并为MC7812安装一块散热片。继续察看电路板，又发现几处引脚脱焊的元件(图3下部圈内)，将这些焊点补焊后通电试机，显示屏和加热恢复正常，为电路板涂上防水胶层并复原安装后，故障排除。

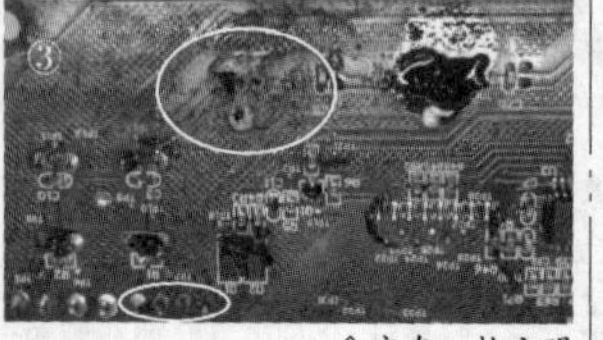

◇广东 杜立明

手提式广场音箱故障检修2例

例1：音箱不充电，开机没有任何反应。据用户反应，该音箱在使用一年多后，先出现声音时大时小故障，后来出现绿色充电指示灯长亮，充不进去电，开机没有任何反应的故障。

分析与检修：连接充电器，充电指示灯由红色立即变为绿色，说明电池已经充满电了，而开机无反应说明供电电路异常。打开后壳，测量电池组电压正常(8.4V)，察看主板上的连线正常，怀疑电源开关内部接触不良。用金属镊子短接开关两个触点，可以开机，说明该开关的确异常。该音箱使用的电源开关非常小，要是能买到的话最好更换；若是买不到，可用小刀撬开电源开关，先清除触点上的黑色污渍等杂物，用酒精清洗干净，再涂抹一些凡士林油防止触点接触不良。

修复电源开关后，插上U盘播放音乐时声音很小，用手旋转音量旋钮时声音变大，但是松手后声音又变小，说明电位器内部接触不良。电路板上有混响、话筒音量和主音量3个电位器，顾客并不使用话筒，于是把混响和主音量两个电位器焊下相互调换后再试验，音量恢复正常，故障排除。

例2：一位老年顾客购买了一台手提式充电音箱。该音箱充电口为安卓式充电口，通过数据线给音箱充电。因老人视力不是很好，分不清充电口的正反面，使充电口多次人为插坏。

分析与检修：为了彻底解决问题，通过协商经顾客同意后，对机器的充电方式进行改进。网购一个可以充满自动断电的18650型锂电池充电器和一条给剃须刀充电用的弹簧型(可以伸缩的)电源线。具体改装方法如下：

第一步，拆除充电器的外壳和弹簧片不用，只保留电路板作为充电控制板；第二步，将充电板输出端的正、负极连接在音箱内原有充电锂电池的正、负极上；第三步，把弹簧型电源线的一头剪断，只保留插头和弹簧型电源线部分；第四步，将电源线的一端通过音箱后面的导气孔穿进音箱内部连接在充电板的交流输入端上，用热熔胶将电路板固定在音箱内部，在音箱外壳上钻一个直径为3mm的小孔，作为电路板工作指示灯的显示窗口；第五步，把电源线的长度调整好，使其正好收缩在导气孔内；第六步，用热熔胶固定好。

充电时把插头拉出来插在电源插座上，充电指示灯为红色；电池充满后，指示灯变成绿色，拔下插头电源线缩进导气孔内，既方便又美观。

◇辽宁 安家立

随处需预防的常见黑客技术

使用简单的黑客攻击，黑客可以了解您可能不想透露的未经授权的个人信息。了解这些常见的黑客技术，如网络钓鱼，DDoS，点击劫持等，可以为您的人身安全提供便利。

nethical黑客可以称为非法活动通过修改系统的功能，并利用其漏洞获得未经授权的信息。在这个大多数事情发生在网上的世界里，黑客为黑客提供了更广泛的机会，可以未经授权访问非机密信息，如信用卡详细信息，电子邮件账户详细信息和其他个人信息。

因此，了解一些常用于以未经授权的方式获取您的个人信息的黑客技术也很重要。

1. 键盘记录

微型键盘记录程序是一个检测不到键盘记录，让您跟踪您的计算机上正在发生的事情。它不仅是一个Windows 32位键盘记录，但也有64位Windows 7/Vista/XP的64位的系统键盘记录。微无形地在后台窥探您的PC上隐藏键盘记录程序运行。键盘记录可以让你偷偷跟踪所有计算机用户的所有活动。你可知道你的孩子和员工在PC上做和维持与微型键盘记录类型的数据的备份。远离家乡，你可以通过电子邮件或FTP自动接收日志。

Keylogger是一个简单的软件，可将键盘的按键顺序和笔划记录到机器的日志文件中。这些日志文件甚至可能包含您的个人电子邮件ID和密码。也称为键盘捕获，它可以是软件或硬件。虽然基于软件的键盘记录器针对安装在计算机上的程序，但硬件设备面向键盘，电磁辐射，智能手机传感器等。

Keylogger是网上银行网站为您提供使用虚拟键盘选项的主要原因之一。因此，无论何时在公共环境中操作计算机，都要格外小心。

2. 拒绝服务(DoS DDoS)

DoS是Denial of Service的简称，即拒绝服务，造成DoS的攻击行为被称为DoS攻击，其目的是使计算机或网络无法提供正常的服务，最常见的DoS攻击有计算机网络带宽攻击和连通性攻击。

拒绝服务攻击是一种黑客攻击技术，通过充斥大量流量使服务器无法实时处理所有请求并最终崩溃的站点或服务器来关闭站点或服务器。这种流行的技术，攻击者使用大量请求来淹没目标计算机以淹没资源，这反过来限制了实际请求的实现。

对于DDoS攻击，黑客经常部署僵尸网络或僵尸计算机，这些计算机只能通过请求数据包充斥您的系统。随着时间的推移，随着恶意软件和黑客类型不断发展，DDoS攻击的规模不断增加。

3. 水坑袭击

所谓"水坑攻击"，是指黑客通过分析被攻击者的网络活动规律，寻找被攻击者经常访问的网站的弱点，先攻下该网站并植入攻击代码，等待被攻击者来访时实施攻击。这种攻击行为类似《动物世界》纪录片中的一种情节：捕食者埋伏在水里或者水坑周围，等其他动物前来喝水时发起攻击猎取食物。

水坑攻击属于APT攻击的一种，与钓鱼攻击相比，黑客无需耗费精力制作钓鱼网站，而是利用合法网站的弱点，隐蔽性比较强。在人们安全意识不断加强的今天，黑客处心积虑地制作钓鱼网站却被有心人轻易识破，而水坑攻击则利用了被攻击者对网站的信任。水坑攻击利用网站的弱点在其中植入攻击代码，攻击代码利用浏览器的缺陷，被攻击者访问网站时终端会被植入恶意程序或者直接被盗取个人重要信息。

因此，水坑攻击相对于通过社会工程方式引诱目标用户访问恶意网站更具欺骗性，效率也更高。水坑方法主要被用于有针对性的间谍攻击，而Adobe Reader、Java运行时环境（JRE）、Flash和IE中的零日漏洞被用于安装恶意软件。

由于水坑攻击的实现需要具备很多条件（比如被攻击者访问的网站存在漏洞，浏览器或者其他程序存在漏洞等），因此目前并不常见。通常情况下，攻击低安全性目标以接近高安全性目标是其典型的攻击模式。低安全性目标可能是业务合作伙伴、连接到企业网络的供应商，或者是靠近目标的咖啡店内不安全的无线网络。

4. 假WAP

为了快速地获取你的手机数据，黑客们常使用软件伪造无线接入点。这个WAP连接到官方公共场所WAP。一旦你连接了假的WAP，黑客就可以访问你的数据，就像上面的例子一样。

这是最容易实现的攻击之一，只需要一个简单的软件和无线网络。任何人都可以将他们的WAP命名为"Heathrow Airport WiFi"或"Starbucks WiFi"这样的合法名称，然后开始监视你。保护自己免受此类攻击的最佳方法之一是使用高质量的VPN服务。

5. 窃听(被动攻击)

被动攻击主要是收集信息而不是进行访问，数据的合法用户对这种活动一点也不会觉察到。被动攻击包括嗅探、信息收集等攻击方法。

窃听、监听都具有被动攻击的本性，攻击者的目的是获取正在传输的信息。被动攻击包括传输报文内容的泄露和通信流量分析。报文内容的泄露易于理解，一次电话通信、一份电子邮件报文、正在传送的文件都可能包含敏感信息或秘密信息。为此要防止对手获悉这些传输的内容。

对被动攻击的检测十分困难，因为攻击并不涉及数据的任何改变。然而阻止这些攻击的成功是可行的，因此，对被动攻击强调的是阻止而不是检测。

与使用被动攻击的自然活动的其他攻击不同，黑客只是监视计算机系统和网络以获取一些不需要的信息。

窃听背后的动机不是要损害系统，而是要在不被识别的情况下获取一些信息。这些类型的黑客可以针对电子邮件，即时消息服务，电话，Web浏览和其他通信方法。那些沉迷于此类活动的人通常是黑帽黑客，政府机构等。

6. 网络钓鱼

网络钓鱼"是当今威胁互联网用户最为常见的一种手段，尤其是在淘宝、天猫、京东等电商购物方式盛行的今天，它会给用户带来巨大的经济损失，而且，其手段也从传统的网站欺骗过渡到电信欺骗等方式，让用户防不胜防。虽然电商都在通过反钓鱼、网站监测等方式来避免被钓鱼，用户还是需要具备一些必要的防御手段来避免"中招"，以减少不必要的经济损失。本文将针对该威胁进行分析，探讨其常见手段并介绍一些较为实用的防御方法。

网络钓鱼是一种黑客攻击技术，黑客通过该技术复制访问最多的网站，并通过发送欺骗性链接来捕获受害者。结合社会工程，它成为最常用和最致命的攻击媒介之一。

一旦受害者试图登录或输入一些数据，黑客就会使用假网站上运行的木马获取目标受害者的私人信息。通过iCloud和Gmail账户进行的网络钓鱼是针对"Fappening"漏洞的黑客所采取的攻击途径，该漏洞涉及众多好莱坞女性名人。

网络钓鱼"就其本身来说，称不上是一种独立的攻击手段，更多的只是诈骗方法，就和现实中的一些诈骗差不多。黑客利用欺骗性的电子邮件和假冒的Web站点来进行诈骗活动，诱骗访问者提供一些个人信息，如信用卡号、账户号和口令、社保编号等内容(通常主要是那些和财务、账号有关的信息)。黑客通常会将自己伪装成知名银行、在线零售商和信用卡公司等可信的品牌单位，因此，受害者往往也是那些和电子商务有关的服务商和使用者。随着2005年美国4000万信用卡信息被窃案的发生，Phishing事件受到国内外的密切关注。在刚刚过去的2011年，除了传统的假淘宝网站、假QQ网站、假网上银行网站、六合彩钓鱼网站等，黑客又发展到假sina网站、假机票网站、假火车票网站、假药品网站等等，可以说，随着互联网应用的增多尤其是电子商务的进一步发展，"网络钓鱼"正在高速壮大，对网民的威胁越来越大。

有很多的弱口令破解黑客工具在网上可以免费下载，它们可以在很短的时间内破解出各类比较简单的用户名及密码。

7. 病毒，特洛伊木马等

木马(Trojan)，也称木马病毒，是指通过特定的程序木马程序来控制另一台计算机。木马这个名字来源于古希腊传说荷马史诗中木马计的故事，Trojan一词的特洛伊木马本意是特洛伊的，即代指特洛伊木马，也就是木马计的故事。木马程序是目前比较流行的病毒文件，与一般的病毒不同，它不会自我繁殖，也并不刻意地去感染其他文件，它通过将自身伪装吸引用户下载执行，向施种木马者提供打开被种主机的门户，使施种者可以任意毁坏、窃取被种者的文件，甚至远程操控被种主机。木马病毒的产生严重危害着现代网络的安全运行。

"木马"与计算机网络中常常要用到的远程控制软件有些相似，但由于远程控制软件是"善意"的控制，因此通常不具有隐蔽性；"木马"则完全相反，木马要达到的是"偷窃"性的远程控制，如果没有很强的隐蔽性的话，那就是"毫无价值"的。木马通常有两个可执行程序：一个是客户端，即控制端，另一个是服务端，即被控制端。植入被种者电脑的是"服务器"部分，而所谓的"黑客"正是利用"控制器"进入运行了"服务器"的电脑。运行了木马程序的"服务器"以后，被种者的电脑就会有一个或几个端口被打开，使黑客可以利用这些打开的端口进入电脑系统，安全和个人隐私也就全无保障了！木马的设计者为了防止木马被发现，而采用多种手段隐藏木马。木马的服务一旦运行并被控制端连接，其控制端将享有服务端的大部分操作权限，例如给计算机增加口令，浏览、移动、复制、删除文件，修改注册表，更改计算机配置等。

随着病毒编写技术的发展，木马程序对用户的威胁越来越大，尤其是一些木马程序采用了极其狡猾的手段来隐蔽自己，使普通用户很难在中毒后发觉。

病毒或特洛伊木马是恶意软件程序，它们被安装到受害者的系统中并不断将受害者数据发送给黑客。他们还可以锁定您的文件，提供欺诈广告，转移流量，嗅探您的数据或传播到连接到您网络的所有计算机上。

您可以通过访问下面给出的链接来阅读各种恶意软件，蠕虫，特洛伊木马等之间的比较和区别。

8. 单击"杰克攻击"

ClickJacking也有一个不同的名称，UI Redress。在这次攻击中，黑客隐藏了受害者应该点击的实际UI。这种行为在应用下载，电影流和torrent网站中非常常见。虽然他们大多使用这种技术来赚取广告费，但其他人可以使用它来窃取您的个人信息。换句话说，在这种类型的黑客攻击中，攻击者劫持了受害者的点击，这些点击不是针对确切的页面，而是针对黑客想要的页面。它的工作原理是通过点击隐藏链接欺骗互联网用户执行不受欢迎的操作。

9. Cookie被盗

cookie是一个数据包，每次访问网站的时候浏览器都会将该网站的Cookie发回给网站服务器，同时网站也可以随意更改你机器上对应的Cookie。但有一个很重要的信息视频中没有提道：Cookie不是只有一个，而是一个网站一个，所以视频中把它比喻成网络身份证的说法是不准确的。它不是你在网络中的唯一标识，只是你在某个网站的唯一标识。

浏览器的cookie保留我们的个人数据，例如我们访问的不同站点的浏览历史记录，用户名和密码。一旦黑客获得了对cookie的访问权限，他甚至可以在浏览器上验证自己。执行此攻击的一种流行方法是鼓励用户的IP数据包通过攻击者的计算机。

也称为SideJacking或Session Hijacking，如果用户未在整个会话中使用SSL(https)，则此攻击很容易执行。在您输入密码和银行详细信息的网站上，对他们加密连接至关重要。

10. 诱饵和开关

部落冲突诱饵开关是游戏中闯关中的术语，一些网友为了急于闯关成功，被一些黑客给予引诱，告知一些便捷方法或武器，从而给予实施的一种黑客技术。黑客可以运行用户认为是真实的恶意程序。这样，在您的计算机上安装恶意程序后，黑客就可以无权访问您的计算机。

◇四川 刘桃序

时下，随着人们对汽车安全性、舒适性、智能性等方面的需求日益提升，电动化、自动化、网联化和智能化已经成为汽车技术的未来发展方向，汽车电子产业正迎来快速发展期。在新一轮迅猛发展的科技趋势大潮中，成都创宏汽车电子有限公司（以下简称“成都创宏”）通过总公司芜湖宏景电子股份有限公司（以下简称“芜湖宏景电子”）的战略规划和资源推动，未来3-5年内，将公司打造成为成都乃至中国西部地区制造行业的知名企业。

宏景智造　乐联生活

随着驾乘人员对汽车的安全性、经济性、舒适性和环保性需求的不断提高，在科技创新的驱动下，汽车正朝着高度协同化、集成化、智能化、网联化的方向飞速发展，对此，不少业界人士表示，在新形势下汽车产业也将呈现出全新的格局，带动汽车电子产业的快速重构，尤其当5G网络实现全面覆盖，自动驾驶技术深度普及时，一系列的新技术将让汽车电子全面供应商的概念应运而生，这是行业发展的趋势，是科技飞跃的必然结果。

深耕细作　汽车电子未来可期

张荣辉，成都创宏公司总经理，1982年毕业于电子科大，高级工程师，曾就职于成都国营4431厂和中国电子进出口四川公司，1992年从事车载电子产品的研发和生产。在与张总的交流中了解到，成都创宏公司成立于2013年10月12日，是芜湖宏景电子为开拓西部市场专门成立的控股子公司，是一家专业从事汽车多媒体导航系统、汽车影音娱乐系统等汽车电子产品研发、生产、销售和服务的高科技企业。

张总表示，得益于长期的技术储备、先进的生产设备和优良的质量保障，近年来，成都创宏的总公司芜湖宏景电子通过与德国博世、德国大陆等国际著名汽车电子零部件企业的长期战略合作，在汽车电子行业内拥有高度的品牌知名度，积累了众多的优质客户资源。成都电子信息产业链完整、人才充沛、劳动力资源丰富、市场容量巨大，作为芜湖宏景电子开拓西部市场的“先锋”，成都创宏公司拥有日本、韩国等品牌全自动丝印机、高速贴片机、回流焊机、自动上下板机、波峰焊接机、质量检测等设备，以及自动电子装配线，可以满足各种汽车电子产品的贴装、焊接、组装、老化、测试等生产需求。成都创宏于2014年通过了ISO9001：2008质量体系认证和ISO/TS16949：2009质量管理体系认证。目前，公司具有3亿点SMT、20万套汽车电子产品的年生产能力，为四川现代、四川南骏、重汽王牌、大运汽车、华晨汽车等车厂配套供货车载多媒体导航、车载影音娱乐产品。同时，依托控股方芜湖宏景电子的研发、质量、资金等优势，成都创宏正在进行成都一汽大众、吉利（高原）汽车、东风（渝安）集团、长安集团等车厂高、中端车型的汽车电子产品开发，力争取得更大的市场份额。

作为深耕汽车电子行业数十载的“老人”，张总表示，现在人们在谈到汽车的时候，不再只是关心发动机、底盘、车身等部件，反倒是各种控制系统、感知系统、通信系统等车载系统变得越来越重要，甚至成为让一辆车在众多同质化产品中脱颖而出的独特标签，而与之相关的各种芯片、传感器、显示器等汽车电子零部件，在汽车制造成本中所占的比重越来越大。一辆整车整体科技含量的高低，在很大程度上已经取决于汽车电子的智能化技术水平，这就是未来汽车电子市场的发展趋势。

技术创新　激发源动力

在科学技术飞速发展的今天，企业迎来了无数的机会和可能，与此同时，企业又不得不面对诸多的挑战，尤其是在汽车电子行业，产品更新迭代周期越来越快，一步没跟上，即便是体量巨大的企业，也可能顷刻崩塌，所以，企业在发展的过程中必须保持敏锐的洞察力、坚持不懈的研发和创新，才能在竞争激烈的市场环境中立于不败之地。

交流中，张总表示，几十年汽车电子产品研发、生产、销售的从业经历，看到了许许多多汽车电子企业的兴起衰落，这是市场规律。汽车电子行业以后会是一个很大的市场，只有不断地创新，才能走得更远、更好，所以，企业需要不断地开发创新产品，不断地提升产品功能，寻求产品的差异化。

张总介绍，总公司芜湖宏景电子一直专注于汽车电子产品的研发设计，旗下的宏景研究院隶属于芜湖宏景电子总部，在职技术人员170多人，分设新能源、芜湖、深圳、上海、成都等五大技术中心，各技术中心分别承担不同的产品研发任务，分别专注于BMS产品、汽车多媒体系统、汽车电子前瞻技术、汽车数字仪表和TBOX产品等研究、创新。公司研发团队一直以“严谨、高效、创新”的理念，不断推出满足市场需求的客制化汽车电子产品、方案和服务。

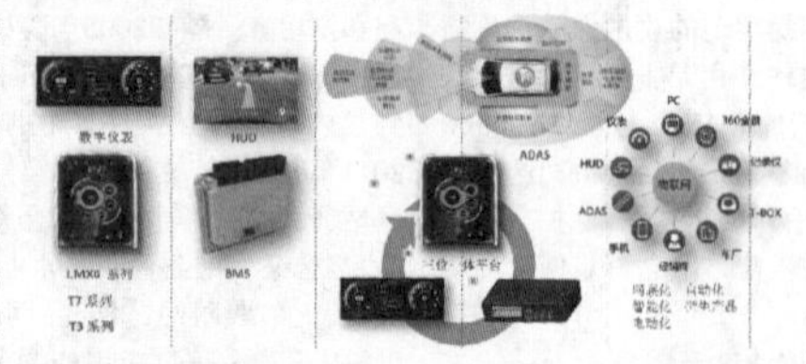

以触控屏和显示屏为核心的汽车电子产品，正在走向“以用户为核心”的人性化的HMI（人机交互界面）设计趋势，通过满足驾乘人员的行为习惯及心理期待，不断摆脱以往功能化的特征。芜湖宏景电子基于与多家车厂项目合作经验，以及长期围绕汽车人机交互方向的研究，将智能驾驶信息系统、车载娱乐系统等有机集成在一起，围绕汽车智能驾驶，融合数字显示、多屏互动、智能监控、自然语音识别、人工手势操作等创新技术，满足广大汽车驾驶人日益提升的汽车安全性、舒适性、智能性等方面的需求，为车主带来全新的人机交互体验。

正是基于雄厚的技术功底和创新基因，芜湖宏景电子的产品得到了德国博世汽车多媒体、德国大陆汽车电子、俄罗斯FirstDigital Ltd、奇瑞汽车、吉利汽车、北汽银翔、北汽福田、东风柳汽、四川现代、潍柴汽车、科大讯飞等众多客户的青睐。

积极求变　布局智能驾驶

在汽车不断推陈出新的行业趋势推动下，汽车电子化程度持续增大，智能驾驶辅助系统、车联网以及电动能源代表着最前沿的技术，孕育着巨大的增长空间。

市场竞争，不进则退。近年来，芜湖宏景电子不断加大对智能技术研发的投入，从其五年产品战略规划中可以看到，目前，芜湖宏景电子布局的充满商机的BMS产品、智能驾舱产品、传感器产品等，跟从的也是产业方向。

BMS电池管理系统是电动汽车的三大核心系统之一，面对电动汽车用户对于能效、寿命、安全、节能等更高的诉求，市场亟需高水平的电动车能量管理系统。芜湖宏景电子开发的BMS产品包括终端BMS和网络BMS，终端BMS支持CCP标定（与INCA/CANAPE兼容），支持KWP2000/UDS诊断，高精度SOC/SOH/SOP计算，执行器诊断覆盖率100%，网络BMS则在上述基础上增加了OTA远程升级和远程动态数据监测，这些产品已在吉利、奇瑞、北汽、合众等新能源汽车上使用。

随着信息技术、智能系统和网络技术的发展，汽车的人机界面、内部空间、操作和交互过程发生了本质的改变，传统意义上软硬件分离的界面逐渐被复杂程度更高和功能更加丰富的整合界面所替代，在此背景下，“智能驾舱”应运而生。智能驾舱是一个利用智能芯片和液晶显示屏为驾驶者提供直接、多元的人机交互服务的汽车电子部件，具体而言，智能驾舱将传统的驾驶信息系统、车载娱乐系统以及多个显示屏等有机集成在一起，具有多屏融合、数字化显示和智能控制等功能特点。智能驾舱主要包括中控信息系统、全液晶显示仪表、抬头显示HUD、后座娱乐系统以及流媒体后视镜等具体产品。国内外企业看好智能驾舱市场前景，纷纷布局产业链各个环节，以期在此行业中抢占先机。

芜湖宏景电子集合上下游资源，大力引入行业技术精英投入智能座舱研发设计，重点围绕汽车驾舱内电子产品，把驾舱由传统人力操控舱提升为智能、互联、安全辅助驾舱，涵盖智能辅助驾驶、360高清全景、超声波雷达等尖端技术产品，真切模拟出司机在驾驶过程中的车身周边环境，结合智能网联汽车信息系统和液晶仪表双屏互动展示功能，让车辆驾乘人员理解和体验智能驾驶的全新方向。公司多款智能驾舱产品与奇瑞汽车、北汽福田、东风柳汽、四川现代等多家车厂的多款车型结合，实现了倒车后视、360安全环视、流媒体后视镜、行车记录仪、手机互联、车辆互联等智能驾驶功能。

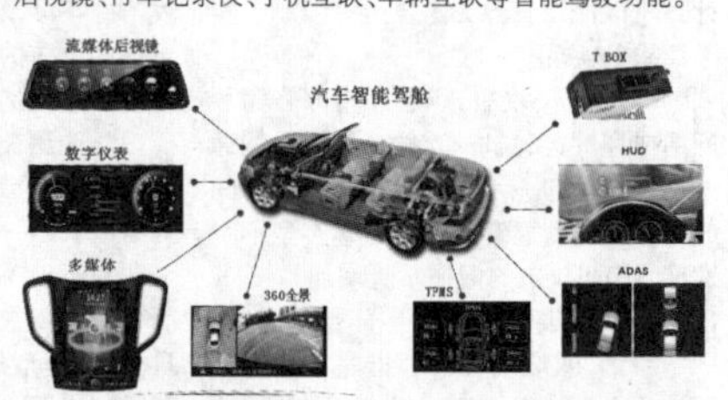

张总表示，总公司芜湖宏景电子根据汽车电子行业发展需求，结合自身发展实力，做出了产品研发、制造、服务等全方位的战略布局，成都创宏将利用好这一优势，扎根成都，服务西部，一方面在汽车电子和消费电子OEM、ODM方面强力推进，加强内部控制，进行自动化改造，与总部同步进入高端制造。另一方面，在总部产品开发、质量保证、生产管理、技术服务等方面的支持下，将公司打造成为成都乃至中国西部地区制造行业的知名企业。

◇本报记者　李丹

（本文原载第35期2版）

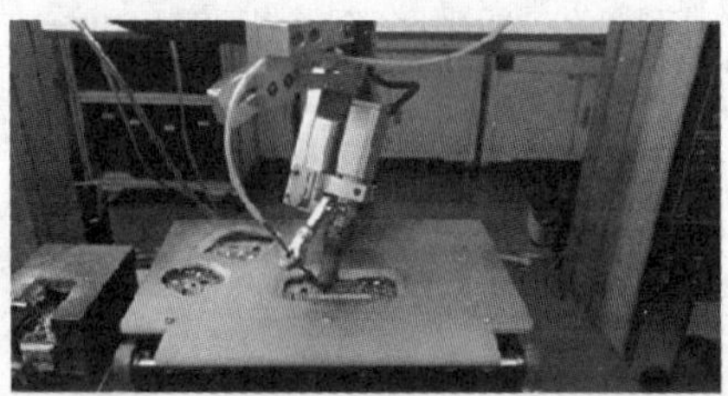

自动化点焊

自动化打螺丝

七轴机器人自动化组装

自动化测试

AMD撕裂者2代系列简介

今年8月中旬，AMD的第二代线程撕裂者(Threadripper)系列处理器上市了，其中最瞩目的当属顶级的32核Threadripper 2990WX，然后分别是24核的2970WX、16核的2950X、12核的2920X。在这4个系列中，分为两个子系列；后缀“WX”的“W”表示“Workstation工作站”的意思，“X”就不用说了，表示能超频。

“WX”系列适合高级3D光线追踪与渲染、3D/VR动画与模拟、人物建模、电影级视频编辑与特效、大规模虚拟化等等。“X”系列适合高端游戏玩家和发烧友，也可用于3D渲染、4K视频编辑与编码、游戏兼直播、软件开发与编译、家庭虚拟化等等等。

第二代Threadrippers的基本构建块与第一代部件相同。Threadripper处理器是包含多个管芯和Infinity Fabric互连的多芯片模块(MCM)。每个芯片的基本构建块为Core Complex(CCX)，它具有四个内核，八个线程和8MB三级缓存。每个芯片包含两个CCX。其实第一代Threadrippers就有四个芯片了，只不过其中两个处于活动状态，另外两个处于非活动状态，共有16个核心和32个线程。新的第二代部件使所有四个芯片都处于活动状态，最多可计入32个内核和64个线程。

第二代线程撕裂者(Threadripper)系列处理器				
CPU	2990WX	2970WX	2950X	2920X
接口类型	TR4	TR4	TR4	TR4
核心线程	32/64	24/48	16/32	16/32
制程工艺	GF12nm			GF14nm
频率	3.0~4.2GHz		3.5~4.4 GHz	3.4~4.0 GHz
超频	可超频			
二级缓存	16MB	12MB	8MB	
三级缓存	64MB		64MB	
内置核显	无			
XFR 技术	XFR2			XFR1
Store MI	支持			
PBO	支持			不支持
TDP	250W		180W	

在工艺制程上从原来的14nm升级为12nm，2950X相比1950X的升级幅度与2700X/1800X之间的区别很像，格罗方德(GF)12nm加持使得CPU能够实现在相同核心数量下，功耗几乎不变的基础上提高频率与性能。

与第一代部件相比，缓存子系统的改进减少了内存延迟，并且每个周期产生的指令多出约3%。涡轮增压也应该更加智能，能够使处理器更接近其热量和功率限制。

相比Intel几乎每代CPU都需要更换相应的主板，第二代线程撕裂者在这方面确实要显得“良心”的多，适配的主板接口依然是TR4，使得原来的X399主板只要刷一个新的BIOS即可支持第二代线程撕裂者。不过要注意的是，鉴于在第一代线程撕裂者(TDP 180W)发布的时候，主板厂商们可能没有预料到一年之后就会出来这么一个32核的CPU(TDP 250W)，所以一些供电模块规格较低的主板如果强行上32核2990WX的话，也许会导致发热过高从而无法发挥2990WX的全部性能，严重的话甚至导致主板损坏。

没有改变的一件事是内存控制器和PCIe通道的分配。在第一代产品中，两个功能芯片共有两个内存通道和32个PCIe链路。尽管新的Threadrippers包括四个功能芯片而不是两个，但AMD选择在新处理器中使用相同的配置，这意味着两个芯片的内存控制器和PCIe连接未被使用。这对于操作系统对运行线程的最佳调度具有细微的影响，操作系统应该在使用没有内存控制器的内核之前选择将内核与内存控制器一起使用，因为前者的内核应该比后者快一点。

4款Threadripper 2的参数对比：

XFR2

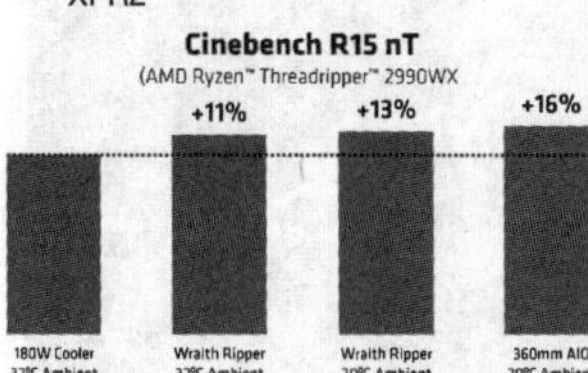

根据AMD提供的数据，如果把2990WX在180W普通风冷散热器、32℃室温下的性能视为基准，换用新的Wraith Ripper散热器可以额外加速多达11%，室温降至20℃则可以提升13%，而如果换上水冷，则能获得16%的额外性能！

即Extended Frequency Range 2(第2代自适应动态扩频)，类似于intel的睿频，是用来为cpu频率加速的。只要是12nm的锐龙都支持XFR2、而14nm的都只支持XFR1；第一代XFR能动态加速让CPU获得额外的频率提升，第二代在此基础上能让CPU根据散热器的效能再进一步地提频，虽然幅度不多，但这也就意味着，如果你用一个强一点点的散热器的话，CPU的频率又能动态地提高一点点，散热器再加强一点，性能又能相应加强。反正要记得，如果你选择了Threadripper系列的处理器，那么一款高性能的散热器对于XFR作用的发挥是很有必要的。

Stroe MI

Store MI与intel的傲腾技术有点类似，不过还需要SSD，该技术可以让电脑划分一定容量的内存、SSD以及HDD组合成一个新的分区，Store MI会智能地管理这个分区，使得它能同时享受到内存的随机速度、SSD的持续读写速度以及HDD的大容量。

其中X370、B350、A320需付费才能使用Store MI技术，而X399、X470、B450主板则可免费使用。

PBO

全称Precision boost overdrive，(加速超频技术)。开启PBO后，就能在手动超频的情况下同时享受到自动加速的效果了，而此前无论是AMD还是Intel平台，手动超频只能让CPU的频率固定在某个数值，默频下拥有的自动加速会失效；PBO能在手动设定频率之后依然有自动加速的效果，同时会解开功耗墙，根据主板供电的极限去提高功耗上限。

开启PBO之后，CPU的功耗会大幅提升，性能也会更强，频率依然智能；同样也是需要一个强效的散热器、性能才更强，当然对主板的用料和设计要求更高。

不过PBO技术只支持X400系列晶片组才支持，300系列主板供电无法应付如此激进的供电范围。并且PBO也属于超频行为，由此造成的损坏将失去质保……

内存模式

由于锐龙Threadripper处理器核心众多，而且内部分成多个Die，又支持四通道内存，所以在内存支持和应用方面AMD也做了特别设计，使用的时候需要分情况注意。

为了理解第二代Threadripper处理器的内存机制，先来看看结构拓扑图

2950X相对简单一些，内部两个Die，每个Die有8个物理核心，同时每个Die对外连接两个内存通道、32条PCI-E 3.0通道（分成两组），两个Die之间通过一条Inifinity Fabric总线互连，DDR4-1600内存的时候IO带宽就有大约50GB/s。

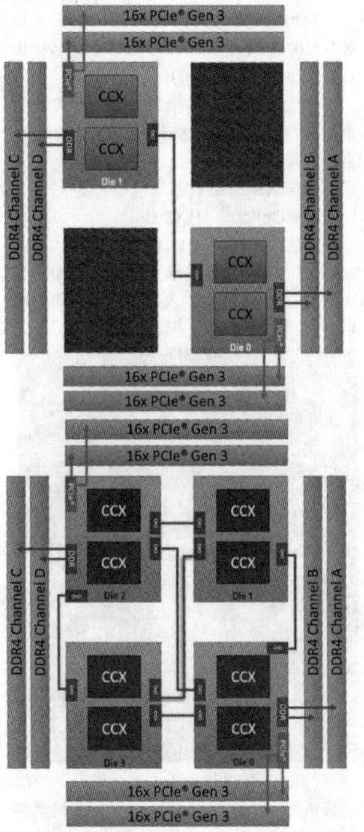

2990WX就比较复杂了，内部共有四个Die，各自还是8个物理核心，但依然只有两个Die分别负责对外连接两个内存通道、32条PCI-E 3.0通道，另外两个Die是没有的，AMD称之为Compute Die，也就是只负责计算。

同时，每两个Die之间都有一条Infinity Fabric，总计六条之多，这样可以保证两个Die之间的物理核心可以直接沟通，从而降低延迟。内存频率1600MHz的时候，每条互连总线带宽约为25GB/s，也就是2950X的一半。

为了提高内存性能，AMD设计了两种内存访问模式，其一称为分布模式(Distributed Mode)，整个系统配置为一体化内存访问(U-MA)，内存访问需求在所有可用通道之间均匀分配，即便是应用在多线程下的表现难以预料也能确保内存性能的一致性。

这也是线程Threadripper平台的默认内存模式，也是Ryzen Master工具中创作者模式(Creator Mode)搭配的内存模式。

然后是本地模式(Local Mode)，配置为非一体化内存访问(NUMA)，它是2950X的独有模式，整个处理器分为两个节点(node)，每个节点包含一个Die和两个内存通道。

操作系统会尽可能将进程和内存需求放在同一个节点内，不够了才会扩展到第二个节点，这能在线程不多时降低内存延迟，非常适合用来玩游戏，因此在Ryzen Master工具中，如果启用游戏模式(Game Mode)，2950X就会切换到本地模式内存配置。

跑分

在Cinebench R15渲染测试中：2990WX得分为5099。这让它轻松领先于英特尔目前的顶级竞争对手，售价1999美元，18核，36线程的酷睿i9-7980XE，得分约为3300分。Cinebench是这些高线程数处理器的最佳工作负载之一，因为它的工作负载几乎完全可以与并发线程数一起扩展。它可以很好地指示Threadripper可以实现的功能，当然前提是拥有可以利用此硬件工作负载的相应配置和温度环境。

超频

先说2990WX，将CPU频率超频到4GHz时，单线程性能基本上没有变化，毕竟默频时2990WX单核睿频就能达到4.2GHz；多线程性能则提升了13%。

再将内存频率从2400MHz超频到3333MHz之后，整个平台的多线程性能又有5%的提升，相比默频有18%。

再说2950X，由于其默认全核频率就能达到3.8GHz，将CPU频率超频到4.2GHz、内存频率超频到3333MHz时，单线程性能同样也是没什么变化，多线程性能则提升了10%。

可以看出第二代AMD锐龙Threadripper处理器主要面向的是生产力相关的专业领域，玩游戏并不是主要目的。但并不是说它就不适合玩游戏。在默频状态下，即便全核只有3.4GHz的频率，2990WX与i7-8086K在游戏帧数之间的差距也不到10%。但是在多线程火力全开的情况下，拥有32核64线程的2990WX比起18核36线程的i9-7980XE要高出1/3。

最后说一句，虽然都是支持AM4接口，但是好马配好鞍，Threadripper 2系列CPU还是配400系列的主板最好(虽说买得起这么高端的CPU自然也不缺相应主板的钱)。

(本文原载第35期11版)

AMD与Intel几款旗舰级CPU性能测试数据							
项目	单位	TR2 2990WX	TR2 2950X	TR2 1950X	Ryzen72700x	I7-8086K	I9-7980XE
CPU-Z 单线程		473	493	445	476	**544**	479
CPU-Z 多线程		**16648**	9573	8869	4805	3870	8886
Cinebench R15 单线程	cb	166	172	161	173	**209**	181
Cinebench R15 多线程	cb	**5271**	3234	3019	1750	1428	3364
AIDA GPGPU 单精度	GFLOPS	**1738**	1011	936	502		
AIDA GPGPU 双精度	GFLOPS	**868**	505	468	251		
wPrime 32M 单线程	秒	37	35	37	36	**29**	31
wPrime 1024M 多线程	秒	**32**	50	53	98	120	51
X264 FHD Benchmark	帧	**157**	94	91	50	46	107
X265 FHD Benchmark	帧	**96**	66	61	36	35	70
POV-Ray 单线程	PPS	392	409	385	399	**492**	458
POV-Ray 多线程	PPS	**10238**	6466	6014	3578	2978	6559
7-zip 单线程	MIPS	5246	5927	5514	5981	**7357**	6236
7-zip 单线程	MIPS	**121534**	102328	97458	52134	50075	89895
3DMARK		18363	26022	25333	20068	18891	**26356**
单线程标准对比		100	104	99	104	117	107
多线程标准对比		100	64	60	33	30	66

备注说明：1、每个选项都将得分最高的标注为黑体字。2、最后2个对比得分项将TR2 2990WX作为对比进行比较。3、具体实际得分还跟每个CPU体质有关，但是大概参数是可以参考的。

芯片组	USB			SATA3.0	PCIe Gen3	PCIe Gen2	Processor PCIe Interface	超频	XFR2	XFR2 增强	PBO	SATA RAID	NVME RAID
	3.2	3.1	2.0										
X470	2	6	6	4	2	8	1×16/2×8	Y	Y	Y	Y	0/1/10	0/1/10
X370	2	6	6	4	2	8	1×16/2×8	Y	Y	N	N	0/1/10	0/1/10
B450	2	2	6	2	1	6	1×16	Y	Y	Y	Y	0/1/10	0/1/10
B350	2	2	6	2	1	6	1×16	Y	Y	N	N	0/1/10	0/1/10
A320	1	2	6	2	1	4	1×16	N	Y	N	N	0/1/10	

备注：USB 3.2即为3.1 Gen 2,USB 3.1即为3.1Gen 1；“Y”表示支持，“N”表示不支持。

NVIDA RTX 2080(Ti)一览(上)

NVIDA继GTX10XX系列之后最新一代的图形显卡命名大大出乎玩家意料，跳过1180和之前一直沿用的GTX系列开头，命名为RTX 2080/2080ti。

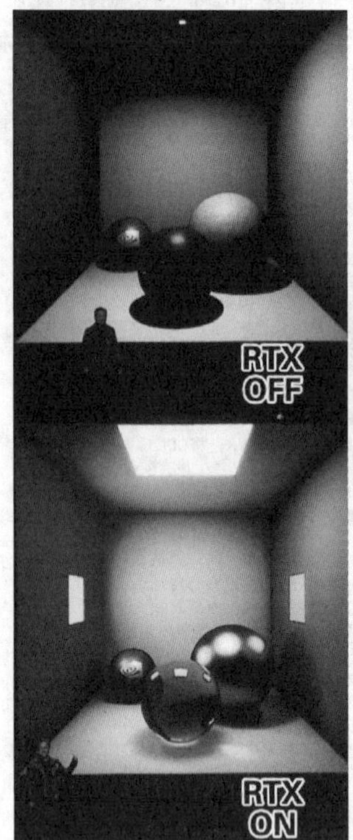

新一代RTX20XX系显卡使用全新的图灵架构和DDR6规格显存，同时采用了可加速光线追踪的RT Core技术，在为电脑提供逼真的图片处理效果的同时还可以将AI带入游戏中。图灵架构光跟踪技术让处理速度为前一代Pascal架构的25倍之多，且GPU节点在处理电影效果时可以以CPU节点30倍的速度渲染最终帧。这也将带来完全不同的性能标准，在这个标准下，新的RTX显卡拥有78 RTX-OPS，而上一代旗舰GTX Titan Xp也只有12 RTX-OPS。

首先来看公版RTX 2080Ti、RTX 2080、RTX 2070

RTX 2080Ti拥有4352颗CUDA核心，基础频率1350MHz，加速频率1635/1545MHz，搭载11GB GDDR6显存，位宽352-bit，带宽616GB/s，热设计功耗250W。

RTX 2080拥有2944颗CUDA核心，基础频率1515MHz，加速频率1800/1710MHz，搭载8GB GDDR6显存，位宽256-bit，带宽448GB/s，热设计功耗215W。

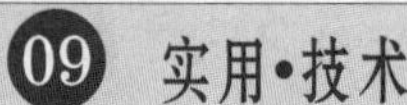

RTX 2070拥有2304颗CUDA核心，基础频率1410MHz，加速频率1620/1710MHz，搭载8GB GDDR6显存，位宽256-bit，带宽448GB/s，热设计功耗175W/185W。

相比于前一代，RTX2080的性能提升非常明显，而就在英伟达新一代公版显卡发布会后，紧跟着几款来自显卡大商的新一代非公版显卡RTX 2080(Ti)系列也相继发布。

华硕GeForce RTX显卡

DUAL-RTX2080TI-O11G，超合金供电，2.7插槽体积全新散热器，强化精密加工的MaxContact镜面直触技术，并有全新强化背板。

华硕 DUAL-RTX2080TI-O11G

TURBO-RTX2080TI-11G，为少见的旗舰级单涡轮风扇设计，顶端设计导风槽解决机箱内风道限制，应该是基于Founders Edition公版的小改款，也有超合金供电。

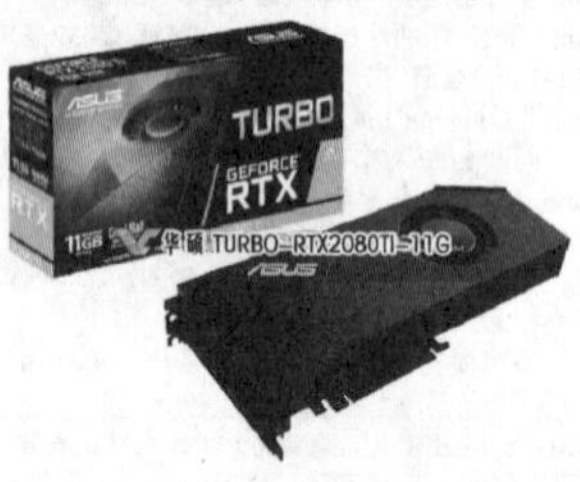

华硕 TURBO-RTX2080TI-11G

ROG STRIX-RTX2080-O8G-GAMING，2.7插槽全新散热器，第二代FanConnect技术，有两个4针智能控制接头，可连接至PWM、DC系统风扇，GPU或CPU温度过高时自动运行；还有Aura Sync同步灯效。

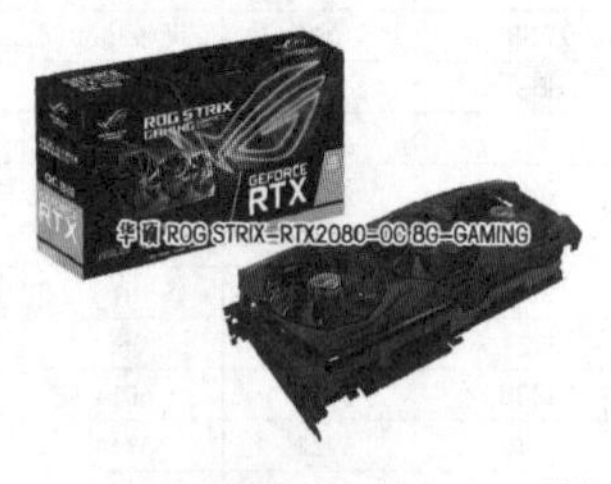

华硕 ROG STRIX-RTX2080-O8G-GAMING

DUAL-RTX2080-O8G 6498元，2.7插槽全新散热器，超合击供电，全新背板。

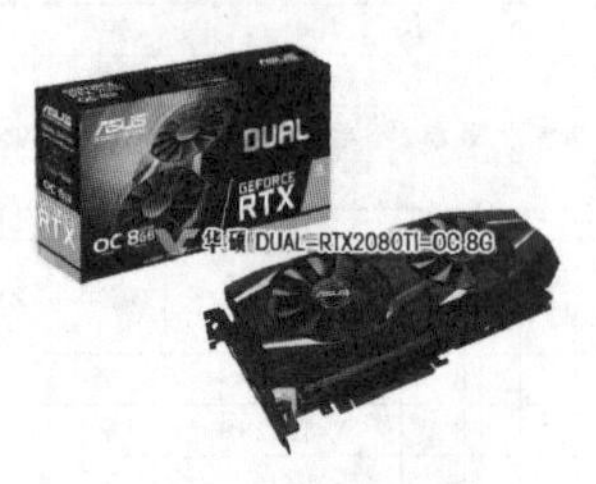

华硕 DUAL-RTX2080TI-O8G

索泰 GeForce RTX显卡

索泰目前已知有3款RTX2080(ti)显卡，其中有一款11G的352位的显存配置等同于上一代GTX 1080ti，但在核心与显存频率上则有质的飞升，相比上一代均提高不少，5热管加三风扇散热保证了显卡运行时的温度稳定，而大增的性能也让功耗达到了285W。

产品名称	ZOTAC RTX2080Ti -11GD6 X-GAMING OC
GPU代号	TU102-300
显存配置	11264/352bit
显存规格	GDDR6
核心/显存频率	1350-1575/14000MHz
输出接口	DP 1.4*3+HDMI 2.0+USB Type-C
流处理器	4352
散热器	新款5热管X-GAMING三风扇散热器
外接电源	8+8PIN
供电设计	13+3相供电
整版功耗	250W+35W (35W为USB Type-C对外供电)
PCB板长度	10.5寸(约26.7cm)
显卡体积	31.1×11.5×5.3cm
风扇配置	PWM，自动调速

另外两款是索泰 RTX2080-8GD6 AI和索泰 RTX2080(Ti)-8GD6 X-GAMING OC。

索泰 RTX2080-8GD6 AI

索泰 RTX2080-8GD6 X-GAMING OC

技嘉GeForce RTX显卡

技嘉有两个版本的RTX 2080/2080ti，一个是技嘉RTX 2080/2080ti 8G/11G GAMING，还有一个是技嘉 2080/2080ti 8G/11G WF3。都采用了相同的全新散热器，三个大尺寸刀刃风扇，正逆转结合，内部五根软磁粉复合式热管，高强度黑化金属背板；两者在外观是区别不大。

技嘉 RTX 2080/2080ti 8G/11G GAMING

技嘉 RTX 2080/2080ti 8G/11G WF3

微星 GeForce RTX显卡

微星主要有GAMING TRIO魔龙和DUKE黑龙系列，都采用强劲的三风扇设计。

微星RTX 2080 DUKE暗黑龙爵

微星RTX 2080ti GAMING X TRIO

影驰GeForce RTX显卡

影驰发布三个系列，针对高端玩家的名人堂系列（话说回来能用上RTX2080的都是高端玩家了……）；针对游戏玩家设计的Gamer系列；主流玩家钟爱的"将"系列；三个系列都涵盖了2080与2080ti两款显卡。

影驰 RTX 2080 名人堂

影驰 RTX GAMER 2080

影驰 将 RTX 2080

七彩虹 GeForce RTX显卡

七彩虹在这次新品推出中发布了RTX全新一代Advanced和Vulcan家族系列显卡。

七彩虹 RTX 2080 Vulkan

(未完待续)(下转第621页)

(本文原载第37期11版)

应急广播系统技术规范解读

一、应急广播技术系统总体架构

全国应急广播技术系统由国家、省、市、县四级组成，各级系统包括应急广播平台、广播电视频率频道播出系统、传输覆盖网、接收终端和效果监测评估系统五部分内容。总体架构如图1所示。

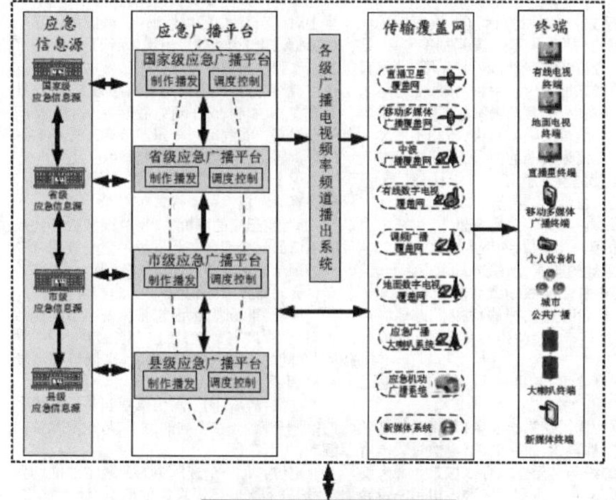

各级应急广播平台从应急信息源收集、汇聚、共享应急信息，按照标准格式制作应急广播消息，并将应急广播消息发送至所属的传输覆盖网、广播电视频率频道播出系统和上下级应急广播平台。通过广播电视频率频道播出系统进行直播、固定/滚动字幕播出和各种新媒体系统播出，处于开机状态的普通终端可直接接收到应急广播节目；通过传输覆盖网将指令和节目传输至相应的接收终端，具有应急广播功能的终端在待机状态下将被激活并接收到应急广播节目。应急广播效果监测评估系统在应急广播平台、传输覆盖网及接收终端等环节采集播发内容、设备响应、接收覆盖等数据，综合评估应急广播播发效果。应急广播系统采用数字签名方式保障应急广播消息在平台、传输覆盖网和终端之间传递的安全性。

二、应急广播平台

应急广播平台接收本级应急信息源的应急信息，及上下级应急广播平台的应急广播消息，快速处理并制作相应的应急广播节目，结合本级应急广播资源情况生成应急广播预案，通过广播电视频率频道播出系统或传输覆盖网进行播发。

应急广播平台由制作播发、调度控制和基础服务等部分组成。制作播发主要包括信息接入、信息处理、信息制作和审核播发等功能；调度控制包括资源管理、资源调度、生成播发和效果评估等功能；基础服务包括运维管理和安全服务等功能，上述功能模块可根据实际需要实现集中部署或独立部署。

应急广播平台结构如图2所示。

三、广播电视频率频道播出系统

广播电视频率频道播出系统即为现有的各级广播和电视节目的播出系统，根据应急广播平台发送的应急广播消息，及时播出应急音视频节目。

四、传输覆盖网

传输覆盖网由直播卫星、移动多媒体广播电视、中波广播、有线数字电视、调频广播、地面数字电视、应急广播大喇叭系统、机动应急广播系统、新媒体等广播电视传输覆盖系统的一种或多种组成。通过在前端/台站部署应急广播适配器等必要设备，实现应急广播消息的接收、验证、响应和自动播出功能。

五、接收终端

应急广播系统覆盖的接收终端包括：收音机、机顶盒、电视机，以及大喇叭、室外大屏、新媒体终端和公共广播对接终端等。

六、播发及处理要求

1.概述

约定了应急广播系统可能采用的播发方式，以及当采用该种播发方式时应遵循的技术要求。各地应结合应急信息发布需求和广播电视覆盖情况，规划设计本级应急广播系统应采用的播发方式，并制定应急广播播出预案规定这些播发方式的应用场景。

2. 播发方式

应急广播平台从应急信息发布源单位接收传送的应急信息，经应急广播平台处理生成应急广播消息后，根据播发指令和本级应急广播资源可用情况，按照应急广播播出预案，可采用如下方式进行综合播发：

a) 本级播发。应急广播平台将应急广播消息发送至本级广播电视频率频道播出系统，广播电视台根据播发指令和应急播出预案，在当前节目信道中播发；也可将应急广播消息发送至本级传输覆盖网播发应急广播内容和传输覆盖指令，调度终端响应。

b) 通知下级播发。应急广播平台可将应急广播消息发送至相关区域的下级应急广播平台，通知下级应急广播平台调用相应资源进行播发，下级应急广播平台应反馈消息处理执行结果和播发效果。

c) 申请上级播发。当本级及下级应急广播资源不够、能力不足的情况下，应急广播平台可向上级应急广播平台申请使用上级资源加强、拓展本区域应急广播覆盖，上级应急广播平台应反馈消息处理执行结果和播发效果。

3.应急信息接入处理

应急广播平台应采用安全可靠的通讯方式实现与应急信息源的对接，对应急信息源传送的应急信息进行来源、格式、完整性校验后进行后续处理，应急信息应包含来源单位名称、事件级别、事件类型、发布内容、目标区域、发布时间等内容。

4. 应急广播消息制作

应急广播平台负责根据应急信息制作应急广播消息，应急广播消息所有文件以TAR文件方式进行打包封装，每一个应急广播消息由唯一的应急广播消息指令文件中的应急广播消息ID进行区分。应急广播消息格式见GD/J 082—2018。应急广播消息采用数字签名和数字证书技术进行保护，技术要求见GD/J 081—2018。

5.应急广播消息传送

应急广播平台可采用光缆、卫星和微波等方式将应急广播消息发送至本级广播电视频率频道播出系统、本辖区传输覆盖网和上下级应急广播平台，通过光缆、微波传送应急广播消息时，应遵循GD/J 083—2018。

6. 通道播发处理要求

(1) 广播电视台

广播电视台播出系统前端部署应急广播适配器，接收到应急广播消息后，根据调度指令和应急播出预案，可采用自动文转语、主持人念稿、音视频播放、字幕插入等多种方式在部分或全部频率频道节目中播出应急广播消息。应急广播适配器将应急广播消息的接收回执、播出处理情况反馈至应急广播平台。

(2) 传输覆盖网

在中波广播发射台、调频广播发射台、直播卫星集成平台、移动多媒体广播电视前端、地面数字电视前端、有线数字电视前端、应急广播大喇叭系统前端、机动应急广播系统、新媒体应急广播系统的前端/台站，部署应急广播适配器，接收本级应急广播平台发送的应急广播消息，根据要求自动控制相应播出设备播出应急广播音视频节目，同时在对应的传输通道中插入传输覆盖指令，通知终端接收应急广播节目，并将应急广播消息处理结果反馈至应急广播平台。

7.终端响应和展现

终端采用如下方式响应应急广播传输覆盖指令和展现应急广播内容：

a) 现有收音机、机顶盒、电视机等终端。正在收听收看应急广播播出频率频道的收音机、机顶盒、电视机，可及时收听收看到应急广播音视频节目。

b) 具备应急广播唤醒功能的终端。包括具备应急广播功能的直播卫星机顶盒、移动多媒体广播电视终端、有线数字电视机顶盒、地面数字电视机顶盒、应急广播大喇叭系统的调频音箱/音柱、TS音箱/音柱、IP音箱/音柱等，以及与城市公共广播、校园广播等扩音系统对接的专用终端，根据不同通道的传输覆盖指令传输机制，锁定并接收该指令，及时开机响应。

c) 新媒体终端。包括计算机、手机、平板电脑、移动穿戴设备等，接收新媒体平台推送的应急广播消息，通过消息提示、声音等方式及时提示用户收听收看。

◇四川省广元市高级职业中学校　兰　虎

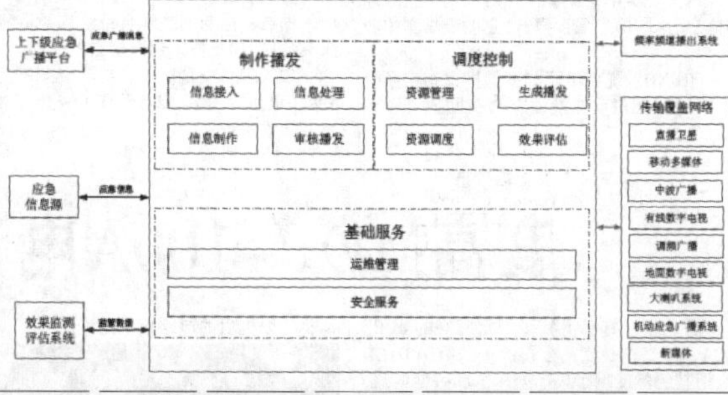

佳视通81A型切换开关故障的检修

佳视通81A型切换开关是用于卫星接收机多星接收的常用器件，它可以连接八面天线实现八星接收。一日，在接收时发现佳视通81A型切换开关端口4(LNB4)对应的卫星节目无法接收，查接收机设置正常，测切换开关端口4(LNB4)无电压，确认切换开关有故障。

佳视通81A型切换开关电路板封装在锌合金压铸外壳内，撬开后盖可见到内部电路板，附图为该切换开关电路原理图，电路主要由切换指令信号放大电路、指令识别电路和电子开关电路等构成，其中指令识别电路是切换开关的核心，是一个双列18脚专用集成电路，集成电路表面无丝印，无法知晓具体型号。电子开关电路是实现信号切换的执行机构，由贴片三极管L6和BARN等构成。专用集成电路的八个控制端分别与八路电子开关电路连接，当在接收机中设置DiSEqC切换开关某一端口时，接收机发出的切换指令信号首先经F9(L6)进行信号放大，放大的指令信号输入到专用集成电路进行识别、处理后，在专用集成电路相应控制端输出5V电压，该电压使相应的一路电子开关电路导通，向一路卫星的高频头提供工作电压，实现卫星切换，同时将该路高频头产生的中频信号经隔离二极管回传至接收机，由接收机对中频信号处理后还原为图像和声音。根据切换开关原理及控制信号处理流程分析：该切换开关发生故障时，只有切换开关端口4(LNB4)无电压，其他各端口电压正常，说明切换开关已完成对卫星接收机发出的控制指令信号放大、识别，故障应发生在与切换开关端口4(LNB4)相关联的电子开关电路和专用集成电路控制端第⑧引脚。首先测专用集成电路控制端⑧脚有5V电压，继而对该路电子开关电路进行检查。经查Q4(BARN)已损坏，用S8550代换后，故障排除。

◇河北　郑秀峰

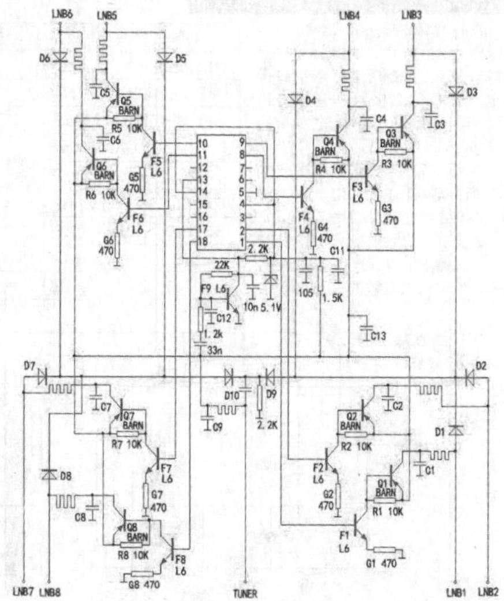

音响微发烧的福音——超保真专利技术可便携式DAC

什么是HI-END

现实中的声音都是由一个点发出的，故为"点声源"。

最简单的事例：人与人面对面交流，每一个人的发音都是从其口中发出，口就是点声源，即便我们不去看谁在说话，也能很清晰地判断出声音的来源方位。

在音响中，如果您一耳朵就能听到不同声音元素的精准位置，那么恭喜你，你的音响算是入了HIEND的门了！

接下来就要考究声音的内容了

我们面对面说话中，是没有齿音的。这就是HIEND音响的另一个标准——中频人声没有齿音，不毛糙刺耳。

"齿音"对听感的影响是负面的，它是由中高频失真造成的！

在大多数HIFI系统中，都会有明显的齿音表现！

（这里暂不探讨录音过程中产生的失真，请选择高品质音源文件）

至于声音的高中低频，一句话带过，不做详细考究，真实是标准，均衡，不过，也不能缺！你要说这个音响低音很好，高音噪…等等无数种不均衡不真实的状况，都不是HIEND

另外，现实中的空间感，距离感大家都会通过声音感受到！感受到

A离我多远，B离A多远，B离我多远…

这是现实中的声音传递给你的声音以外的信息，这些信息配合声音，完成最真实的表达。

HIEND系统会尽可能多的把这些信息也传达给你，HIFI系统就很容易在回放过程当中丢失！

简单归结起来HIEND系统的硬性入门指标：

结像清晰，定位精准，中频人声润泽无齿音，优异的空间感，三频均衡。

原点声学实验室出品了一款HI-END（极度保真）可便携式DAC，给很多使用耳机等便携设备的音乐微发烧友带来福音。

尺寸：50mm×66mm×9mm

材质及颜色：铝制磨砂银

数字输入口：micro-usb

信噪比：118db

谐波失真：0.002%

DSD ISO DSF DFF WAV

APE FLAC ALAC AIFF M4A

AAC WMA MP3 OGG CUE

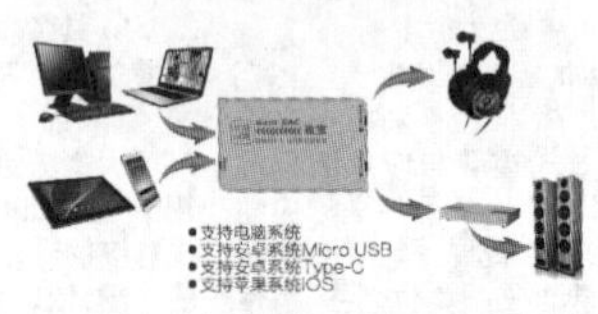

无论售价多么昂贵（这里仅代表售价昂贵，跟品质未必成正比）的音源设备，无非都是"数字存储"-"传输"-"（放大）解码（放大）"-"传输"这几个环节。

绝大部分音乐爱好者，追求的还是最终的声音品质，而非那种多花钱的心态。

那么，全新的技术会带给您更高水准的保真品质，和更多人可以接受的价格。

如果您有一台电脑，或者废旧不用的手机或pad，那么您就相当于有了一套高素质的数字转盘系统；

接下来，我们给你提供的是，极度保真的传输和解码（放大）系统，那么一套极致的音源系统就可以完美实现。

以下听感，基于致宝HIEND6.5寸书架系统（后期详细介绍）

·win7环境下，foobar2000，聆听WAV音乐的感受：

第一感觉，声音太干净了。高频延伸优秀。听蔡琴的《月光小夜曲》开场的钢琴音，结像清晰，泛音也非常自然。听弦乐器，非常真实，乐器的质感很突出。中频清晰，完全与乐器分离，非常独立而且清晰圆润。人声感情丰富，一下子就能被演唱者感染，激动不已。可贵的是，这么清晰通透的声音，却几乎没有毛刺，人声如此圆润。低频富有弹性，凝聚，不散，而且又很松弛。

后半段，在蟋蟀叫声的背景下，烘托出月光小夜曲的幽静氛围，人声依旧真实得如在面前，9声青蛙的叫声，虽然声音大小不一，但声声质感有力！突然让我想起之前在某音响品牌专卖店听过同样的桥段，青蛙叫声似乎刚刚大病初愈，叫声绵绵无力，形成鲜明对比。

·安卓环境下，海贝音乐，独占USB模式，聆听WAV音乐的感受：

一曲《四季 冬-第一乐章》如绸缎般地致密丝滑的小提琴，收放自如，节奏快慢错落有致，细腻的线条毫无拖泥带水感觉。最大特点，空间感，真实感达到了极致。引用一位聆听者，也是音乐表演系老师的话，"我从来没听到过，从音响里发出的声音竟然能如此真实，能听到琴的木头声…"小提琴腔体的振动细节不只是清晰，关键是太真实，极高的解析力，清晰的结像，精准的定位！

一曲钢琴独奏《钟》，最大的感触，还是真实！

闭上眼睛，琴键的跳动似乎都能看得到，空间感，表现得淋漓尽致。一架钢琴怎样的摆放，多宽，似乎可以在演绎中，看到！不亲身聆听，或许真的无法用言语来表达。

一曲《瑞鸣-粉墨是梦-花木兰》，中西乐器交响，最能体现系统解析力，结像，定位，声场的曲目。一开声，舞台偏左方远处两声清脆而又水晶般的木鱼声，一下把人带入场景。随后，中西乐器悉数登场，各个乐器在不同的位置，每个乐器离你的距离，每个乐器之间的距离，包括纵向距离，也包括横向距离。都完全表现得清清楚楚。皇帝位的感受，让人一下置身现场，或者说，演绎的原班人马，就在眼前为你演奏。大提琴交织着琵琶，互不干扰，背景中时而会有木鱼和沙锤声，依旧如水晶般的感觉。即便远处鼓声出现，无论是势大力沉且富有弹性鼓皮敲击声，还是敲击鼓邦的木头声，都完全打扰不到其它乐器的演奏。这就是真实，真实到，似乎可以看到每一个乐器同时在演奏，看到每一个乐器分布在音场的每一个位置，甚至看到乐器的形状…

综上所述，宝臻科技&原点声学实验室，超保真专利技术可便携式DAC

解析：超高的解析力，平时很多听不到或听不清的元素都会在此系统中完全表现（音源的录制的优点会表现得充分到位，同样缺点也会暴露无遗）这就要求音源质量要高！

声场：声场大，大而规整！表现不但包括了高度、深度与宽度，还包含了音场内各"物体"之间的，远近、深浅、前后、高低等都清晰可辨。

结像：清晰，闭上眼佛看到整个场景中的每一个元素。在不同的位置，每一根琴弦的颤动，历历在目。

定位：每一个音乐中的元素定位准确到点，这样的极度还原真实的感觉，让人吃惊，且记忆犹新。

透明度：一开声，给大家的第一感受就是，太干净了。透明度非常高，顿时会感觉到如临现场，每一个声音元素，都毫无遮掩地摆在你面前。闭上眼，整个画面就在面前。

三频均衡：高频延伸非常好，润泽，而且不刺耳，又有种水晶般的感觉；中频能量感，密度感很高；低频凝聚，极富有弹性，量感下潜深度都可圈可点。

分离度：由于结像清晰，定位准确，使得分离度自然而然达到极高水准，人声与乐器、乐器与乐器各自演奏互不干扰，仿佛置身于缩小版的现场当中。

◇郑州 张蕴志

度高MDP-100A电源电路测绘与摩机实录

前几日，有幸得到了一台度高的MDP-100A，虽然这是度高公司的入门级DVD+CD机，但其仍然使用了环形变压器和线性电源，只可惜网上并没有相关的电路图，于是决定拆机对其电源+耳放板进行测绘，以供大家参考。

图1 电源+耳放板实物图

作为入门机型，电源+耳放板用料有较大的缩水，刚好手头有很多电源拆机的二极管和音频专用ELNA电容，于是对其进行了简单的摩机。

在所有整流二极管和滤波电容上都并联0.1μF的CBB电容。给U3 L7812CV加上散热片。

其中，将耳放的输出电阻R2、R3换为两只输出电容，虽然会损失一些频响，但是可以有效的保护昂贵的耳机。摩机后的电路板见图。

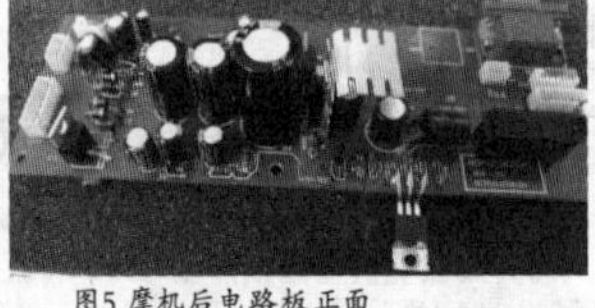

图5 摩机后电路板正面

将电路板安装好进行对比试听，和我的先锋DV-6700A-G音质不分伯仲，感觉自己捡到宝了。

◇河北 王乐扬

编号	原型号		代换型号	
D12、D13	1N5404		SB2040CT	
D3-D6	1N4002		1N5404	
E13、E14	16V 220μF	红宝石	16V 1000μF	ELNA
E15	16V 2200μF		16V1000μF*2	
E16	16V 220μF		16V 470μF	
E9、E11	25V 220μF		16V 470μF	
E8、E10	35v 100μF		25v 100μF	
E2、E3	25v 47μF		25v 22μF	松下
R2、R3	10Ω		25v 220μF	

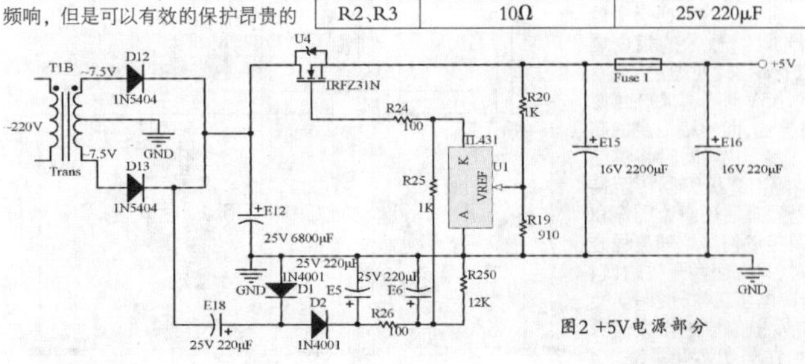

图2 +5V电源部分

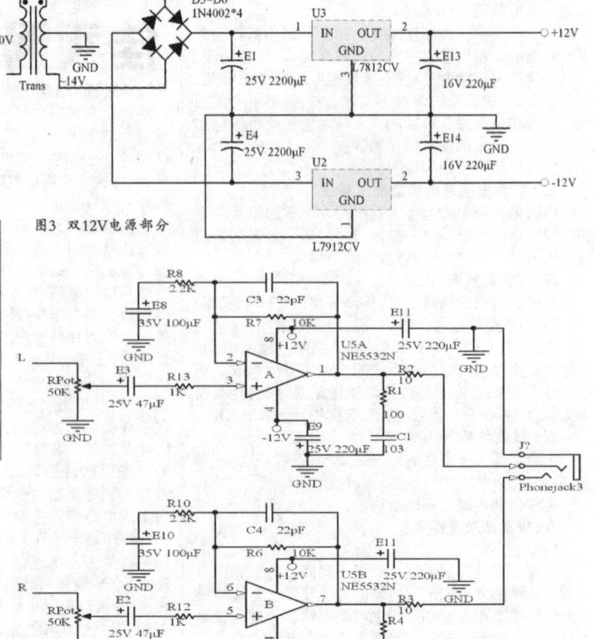

图3 双12V电源部分

图4 耳放部分

NVIDA RTX 2080(Ti)一览(下)

(紧接第618页)

七彩虹 RTX 2080 Ti Advanced OC

映众GeForce RTX显卡

映众的首发型号很丰富，有RTX 2080 Ti冰龙黑金版（其余的冰龙系列会配有全新的散热器会后续发布）、RTX 2080 Ti Gaming OC版、RTX 2080 Ti黑金至尊版、RTX 2080 Gaming OC版、RTX 2080黑金至尊版(外观与RTX 2080 Ti黑金至尊版一致)、RTX 2080 Jet Edition。

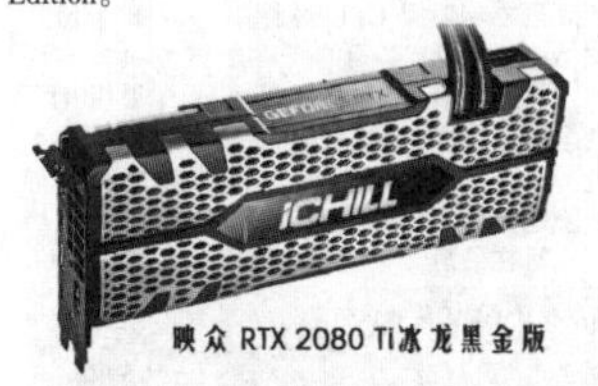

映众 RTX 2080 Ti冰龙黑金版

RTX 2080 Ti Gaming OC版

RTX 2080 Ti黑金至尊版

RTX 2080 Gaming OC版

RTX 2080 Jet Edition

耕升GeForce RTX显卡

耕升推出了X系列与G魂两个系列的全新RTX显卡，其中耕升GeForce RTX 2080Ti G魂极客版OC附送了一个可拆卸的小风扇，玩家可根据自己的需求选择是否安装。

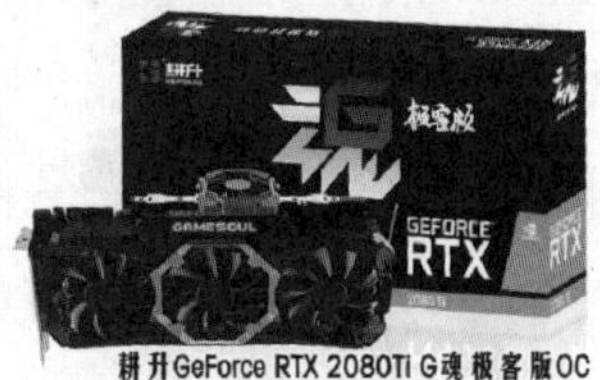

耕升GeForce RTX 2080Ti G魂极客版OC

而全新的X系列显卡有两个型号，分别是耕升GeForce RTX 2080 炫光OC和耕升GeForce RTX 2080Ti 炫光OC。

耕升GeForce RTX 2080Ti 炫光OC

(全文完)

(本文原载第38期11版)

养成使用SSD的好习惯

在更换升级SSD后，有哪些设置或者平时使用习惯利于延长SSD寿命或者性能的发挥呢?

AHCI模式

如今的新主板都支持AHCI，默认一般也都开启了AHCI读写模式。不过早期的主板一般设置为IDE模式，很多用户的操作系统是镜像Ghost而来，这会导致老旧的IDE读写模式系统无法在新AHCI主板平台上运行，这个时候可以将主板BIOS设置为IDE模式，启动进入系统，然后打开注册表，选择“HKEY_LOCAL_MACHINEsahci”路径，右键单击“名称”列中的“Start”，单击“修改”。接下来在“数值数据”框中，键入0，然后单击“确定”，保存退出。重启电脑，选择进入BIOS，将硬盘读写模式设置为AHCI，这样就可以在不用重装系统的前提下将操作系统切换至AHCI读写模式。

开启TRIM

TRIM可以提高SSD的读写能力，减少延迟。安装完操作系统后，以管理员模式运行CMD，输入“fsutil behavior query DisableDeleteNotify”，如果返回值是0，则代表TRIM处于开启状态；反之如果返回值是1，则代表TRIM处于关闭状态。

如果TRIM没有开启需要安装相应的主板芯片组驱动，然后再安装存储管理驱动程序，这样TRIM功能就会自动开启。

4K对齐

随着硬盘容量以及容错能力和读写速度的提升，将原来的每个扇区512字节改为每个扇区4096个字节，即“4K扇区”。4K对齐就是符合4K扇区定义格式化过的硬盘，并且按照4K 扇区的规则写入数据。

4k对齐不仅可以增加硬盘的读写速度、系统的启动时间、程序运行响应时间，还可以保护硬盘。HDD可以不用4K对齐，但SSD必须进行4K对齐，因为都是采用的4K扇区写入数据。

如果SSD没有4K对齐，数据的写入点正好会介于在两个4K 扇区之间，即使写入最小量的数据，也会使用到两个4K扇区的跨区读写，不但会极大的降低数据写入和读取速度，还会造成固态硬盘不必要的写入次数导致寿命下降

新SSD安装原版操作系统，默认都会自动4K对齐，所以安装系统尽量选择Windows原装安装光盘或者制作可启动U盘，这样安装完系统后，4K就会自动对齐。

在windows系统中，目前有两种办法可以识别SSD是否实现4K对齐。一是通过下载DiskGenius 4.6正式版及以上版本软件，可以实现一键分区与4K对齐。二是通过AS SSD Benchmark测试软件来查看固态硬盘是否已经实现4K对齐。只要显示的数字是4的倍数，并且判定为“OK”状态就表示4K对齐了。

关闭系统还原保护

系统还原对于系统的保护作用非常明显，但系统创建还原点会大量进行数据的存储操作，影响到SSD或者TRIM的正常操作，进而影响SSD的读写能力。建议使用Ghost进行系统备份，减少系统创建还原点对系统的资源占用。

关闭系统还原：右键单击我的电脑选择“属性”；选择“系统保护”；选定磁盘，点击“配置”选项；勾选“关闭系统保护”即可。

关闭磁盘整理计划

SSD频繁的碎片整理会严重减少SSD的存储寿命，不过一般win7以上的系统都是默认关闭的。

关闭磁盘分页

Windows会通过配置硬盘上的空间充当虚拟内存，现在一般都是标配8G内存，或者说牺牲SSD的空间换取系统内存缓冲性价比太低。

具体操作流程：右键我的电脑，选择“属性”；选择“高级系统设置”；点击“性能”下的“设置”；选择“性能选项”卡的“高级”选项标签；点击“虚拟内存”下的“更改”；取消勾选“自动管理所有驱动器内存分页文件大小”；关闭所有内存分页，并且确定，退出即可。

预留20%磁盘空间

这里说的磁盘预留20%的空间是反话，其实不用担心，SSD面市也有7、8年了，通过厂家在主控、闪存、固件等各方面的综合优化，即便是填满了绝大部分空间，读写性能也基本和空盘状态没什么明显区别。

(本文原载第38期11版)

支持RTX技术的游戏有哪些

率先发布的RTX2080(Ti)系列刷新了大家对显卡的认知，主要对比GTX1080(Ti)系列在光线追踪技术(Ray Tracing)上提高幅度极大，因此打算入手RTX2080(Ti)系列显卡还需要支持RTX技术的游戏才行，否则用着RTX2080（Ti）玩不支持RTX的游戏确实有点大材小用了。

目前官方给出的名单中，真正支持RTX光线追踪的游戏有11款。分别为：《神力科莎：竞技版》《原子之心》、《战地5》《控制》《从军》《逆水寒》《剑网3》《机甲战士5：雇佣兵》《地铁：离去》《Project DH》以及《古墓丽影：暗影》。

而支持DLSS(深度学习超级采样抗锯齿)的有：《方舟：生存进化》《原子之心》《无畏》《最终幻想XV》《破碎之地》《杀手2》《奈恩群岛》《逆水寒》《剑网3》《机甲战士5：雇佣兵》《绝地求生》《遗迹：灰烬重生》《英雄萨姆4：星球恶棍》《古墓丽影：暗影》《锻造竞技场》以及《少数幸运儿》。

同时支持RTX光线追踪和DLSS抗锯齿技术的有：《古墓丽影：暗影》《原子之心》《逆水寒》《剑网3》以及《机甲战士5：雇佣兵》。

游戏已确定将会支持新技术了，就是不知道大家的钱包能不能支持新显卡。

(本文原载第38期11版)

主机游戏下一代才会享受RTX技术

随着光线追踪技术和RTX20XX显卡的发布，有不少主机游戏玩家担心主机版的游戏将因此与PC游戏拉开距离，因为目前PS4、XBOX One主机都是以AMD GCN架构作为图形核心，因此可能无法享受到PC平台一样的光线追踪效果。

对此，《战地》系列出品人David Sirland在推特上与网友互动时表示，实时光线追踪的标准化工作正在推进中，他表示主机平台也能享用这一技术带来的光效表现。据悉，NVIDIA的实时光线追踪技术主要依赖于DX12或者Vulkan API等，当然还有Turing中介绍的RT Core专门核心进行运算加速，不知最终标准化后的形态和要求会是怎样，可能这一代PS4、XBOX One玩家是无法享受光线追踪技术带来的光效表现了。

(本文原载第38期11版)

3D深度视觉技术简介

早在2009年，微软便推出了Kinect，将3D深度摄像头规模性应用到消费电子产品上（X360）。Kinect使用一种名为光编码(Light coding)的技术，与传统结构光方法不同的是，它的红外光源抛射的不是一幅周期性变化的二维图像编码，而是一个具有三维纵深的"体编码"，这种光源叫做激光散斑(laser speckle)，是当红外激光照射到物体后形成的随机衍射斑点。

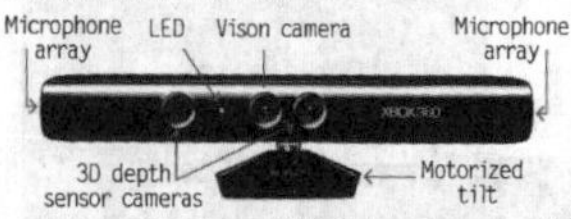

但一直到去年，苹果推出iPhone X，才有了3D摄像头在智能手机上的应用；随着手机面部解锁技术运用在越来越多的手机上，"3D结构光"想必大家也是逐渐不断地停到的新名词。在这里简短的为大家介绍一下几种"3D结构光"技术。

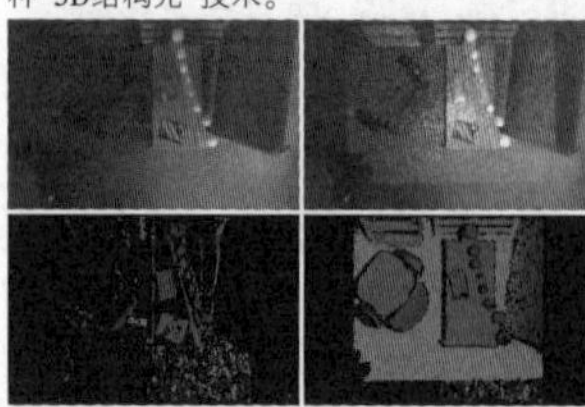

光学立体成像　　3D结构光成像

有人可能会简单地认为通过普通的前置双摄像头就会获取面部的3D信息，毕竟有1个摄像头具有测量景深功能，类似于人体的双目成像原理，这种想法只能说有一半的正确。该技术对于环境的光线要求较高，过亮或过暗的光线都会造成识别上的困难。

然而手机的使用场景极其复杂，我们经常在正午的阳光下或者关灯后漆黑的屋子中解锁，这种条件苛刻的环境下双目成像技术就会失效。所以，双目成像技术并不适用于手机（不排除一些廉价的手机也支持面部识别解锁）。

（红外）3D结构光

以苹果iPhone X为代表采用的是红外结构光方式，iPhone X前置3D摄像头模组配有Dot Projecter（点投射器）和Infrared Camera(红外线相机)。

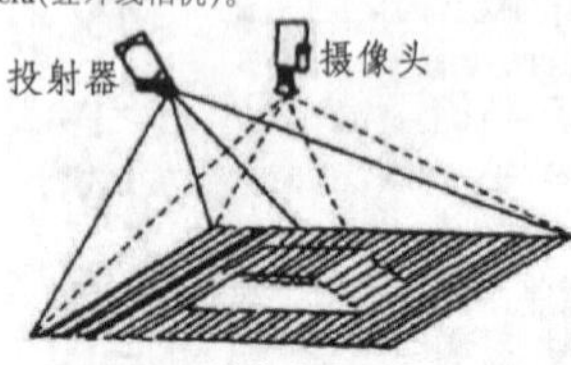

3D结构光原理

首先我们来看3D结构光的整个系统构成原理，包含了结构光投影设备、摄像机、图像采集和处理系统。其过程就是投影设备发射光线到被测物体上，摄像机拍摄在被测物体上形成的三维光图形，拍摄图像经采集处理系统处理后获得被测物体表面数据。在这个系统中，当相机和投影设备相对位置一定时，投射在被测物体上的光线畸变程度取决于物体表面的深度，所以在拍摄图像中可以得到一张拥有深度的光线图像。

而3D结构光是获取面部立体信息的最佳方案之一。其工作原理类似于绘制海底地形图的声呐系统，通过反射信息来确定深度。3D结构光则是通过人脸表现反射光线来确定深度信息的。

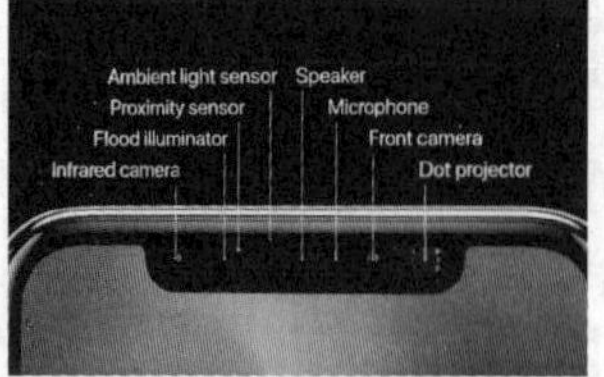

3D结构光模式包含点、线、面的模式，是指投射的光线类型。一般来说，由多条垂直双向的线组成的网络结构最常用，因为这种模式不需要扫描就可以实现三维的轮廓测量，而且速度快。用在手机上的3D结构光则是由多个点组成的光线系统，选择红外线可以避免解锁被光线射一脸的尴尬。

点云深度摄像头构造

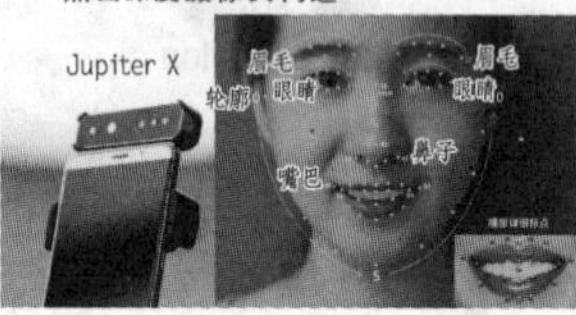

与iPhone X直接将3D深度摄像系统集成到了手机头部不同，华为荣耀V10的3D面部识别功能需要依靠一款名为Jupiter X的配件——华为称之为"云深度摄像头"点的辅助，这是一款号称是全球首款「散斑结构光」手机配件。

其点阵发射器可以发射出30万的散板点阵(据说是iPhoneX的10倍)，可以支持3D人脸建模和3D人脸识别。在400ms内即可完成3D人脸识别，3D建模只需10秒，建模精度可以达到亚毫米级。

由于这款点云深度摄像头的存在，使得荣耀V10可以体验类似iPhone X Animoji一样的3D面部表情。同时，点云深度摄像头还可支持3D小物体建模。

TOF技术

而以目前全面屏屏幕比最大的OPPO Find X，其升降模块除了螺旋上升结构外，搭载的OPPO FaceKey 3D结构光技术也是该款手机的重中之重。

TOF的全称是Time Of Flight，翻译成中文为"飞行时间测距法"，其原理是通过不停地给被测物体发送光脉冲信号，再根据光线从被测物体反射的时间差来测量物体的距离信息。

TOF技术与结构光技术类似，都是通过光线进行物体的识别；不过TOF系统更像是一种光雷达系统，可从发射极向对象发射光脉冲，接收器则可通过计算光脉冲从发射器到对象，再以像素格式返回到接收器的运行时间来确定被测量对象的距离。可以简单地理解为，结构光技术发射出的是一簇簇的光线，TOF技术发射的是一整面光线，这也就避免了结构光技术距离过远不能识别物体的缺点。

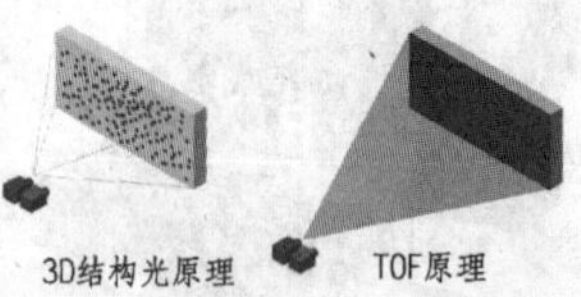

3D结构光原理　　TOF原理

在硬件方面，TOF技术的传感器比结构光更小，也带来了更低的功耗和更快的反应速度。

结构光技术的最佳工作距离为0.2-1.2m，而TOF技术最佳工作距离为0.4m-5m，因此TOF技术用在后置摄像头上效果更佳。

说到这里有人肯定要觉得既然TOF技术更适合后置摄像头，那是不是仅仅作为面部解锁有点大材小用了？要知道在即将到来的5G网络，由于网络传输速度极大的提升，实时进行AR/VR无线传输变为可能（3D虚拟影像通话）。因此通过TOF技术，可以跳出了手机的二维画面，进行三维的操作，通过手机与真实的物体完成互动。据称，除了保留前置3D TrueDepth摄像头，苹果还将在2019年为iPhone配备后置采用TOF技术的3D传感器，用于提升AR体验。

TOF技术更像一个隐藏的黑科技，一旦5G网络铺开，它的优势会迅速展示出来。

发展

从Kinect的诞生到"3D摄像头"搬到手机上，中间足足等待了8年之久，可想而知解决了很多技术难题才实现的这一功能。

从技术上讲，3D摄像头模组首先要小型化，RGB模组相对比较容易，而激光投影模组，红外投影模组和主芯片这三个核心部件则是最大的困难。

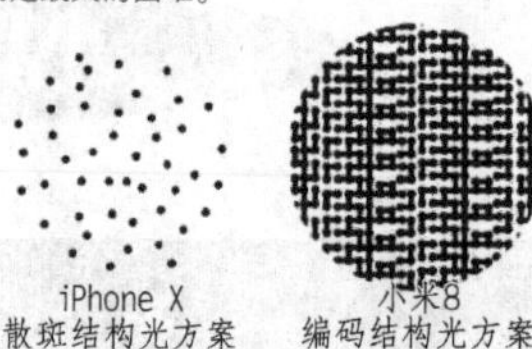

散斑结构光方案　　编码结构光方案

随着半导体技术的密度提升，才使得微型红外激光发射器可以做得很小，以iPhone X为例，在不到25平方毫米的空间集成了3万多个红外激光投射点（小米则采用了编码方式，在面部呈现几何的编码图形。）。

传统的红外摄像头基本不能感应到940nm波长的红外线，为了避免阳光中红外分量的影响，iPhone X采用了与之等波长的940nm红外线。苹果公司是通过收购了一家具有QuantumFilm（量子薄膜）的技术的公司InVisage才实现让红外摄像器感应范围大大提升的功能。

然后是手机运算(AI)能力的提升。3D深度成像除了器件本身以外，实时运算中资源消耗非常大。在此前的XBox 360上采用了8核处理器，12组GPU运算单元，768个流处理器，8G内存空间的硬件配置才具备实现该功能的计算力。而目前我们所知采用3D深度摄像头(非简单的双摄)进行生物识别的手机都采用的是顶级处理器(苹果的A11、高通的骁龙845、华为的麒麟970等)。

写在最后

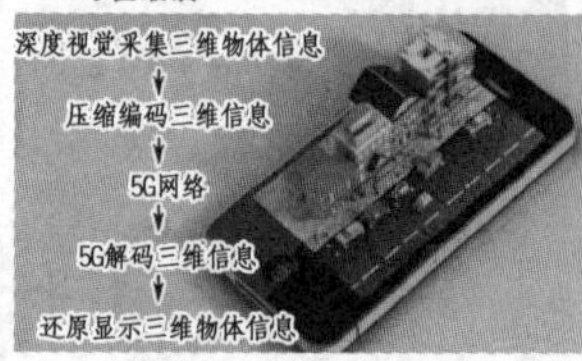

从早期的2D图像识别到3D图形识别，人脸识别率先运用在手机上。随着5G时代的来临3D深度传感技术还将应用到自动驾驶、电视、AR/VR、机器人、无人机、智能家居、智能安防等多重领域。

智能手机上的应用只是一个开始，3D深度传感技术未来还将迎来3-5年的技术爆发期。

（本文原载第40期11版）

	双目成像	3D结构光	TOF
原理	双摄像头	投影条纹斑点编码	红外光反射时间差
弱光环境	弱	良好(受光源影响)	良好(不受外界光源影响)
强光环境	良好	弱	一般
深度精确度	高	一般	低
分辨率	良好	一般	低
响应时间	一般	慢	快
识别距离	与双摄像头距离有关	短(5米以内)	一般(10米以内)
软件要求	高	一般	一般
成本	高	高	一般
功耗	低	一般	低
缺点	低光环境差	易受光源影响	平面分辨率差

骁龙855改名骁龙8150

作为高通新一代的顶级处理器骁龙855已经听闻不少消息了，最早在2018年3月称该SoC将被命名为骁龙855 Fusion平台，并将配备SDX50 5G调制解调器。该处理器将由台积电使用7nm工艺制造。现在又有关于该处理器的更多消息。

Snapdragon 855

首先，骁龙855可能会改名为骁龙8150，并且首次将内置一个专用的神经处理单元(NPU)，据说与2017年在IFA上发布的华为麒麟970中包含的NPU类似。NPU可以理解为是一个专门的AI硬件处理单元，通过嵌入式神经网络运算，能够更高效的处理和储存数据，擅长图像、视频等的数据处理，而且还有助于机器学习。骁龙855如果配备NPU，对于AI设备来说将有更强大的支持。

随着大数据时代的来临，神经处理单元在处理AI数据时有助于减轻CPU的负担。当前由CPU或DSP完成的图像信息或语音查询的分析将转移到NPU，以获得更好的性能。

高通还将推出一款专为汽车准备的骁龙855/8150处理器，此前高通曾推出过骁龙820 Automotive，这说明高通将重新推出用于汽车制造商集成的专用SoC。

预计高通公司将于12月在年度技术峰会推出骁龙855和骁龙1000。骁龙855将用于智能手机，而骁龙1000(此前曾以骁龙850命名)将用于Windows笔记本电脑和平板电脑。据小道消息，骁龙855("Hana")正在以SDM8150的名称在内部开发，高通显然正在转向新的命名方案。

骁龙855/8150是一个12.4×12.4 mm的SoC，可能没有集成的5G调制解调器。相反，将集成Snapdragon X24调制解调器，支持Cat.20 LTE，以达到2Gbps的下行速度，支持5G的Snapdragon X50调制解调器可能会单独安装在5G设备上。

另外，骁龙1000在最近的文档中被称为"SCX8180"，高通公司的测试平台拥有高达16GB的RAM和256GB的UFS 2.1存储，华硕一直在这些平台上与高通公司合作。

用于智能手机的骁龙SDM8150和用于ARM上运行Windows 10的PC的Qualcomm SCX8180都将由台积电以7nm工艺制造，高通公司员工的几个LinkedIn档案证实了这一点。

新SoC的最终名称可能尚未确定，因为这些名称可能仍然是内部名称，其推测SM8150中的"SM"代表Snapdragon Mobile，而SCX8180中的SCX代表Snapdragon Computing。

另外，高通还计划为其低端处理器实施新的命名方案，WinFuture发现了几款内部型号为SM7150和SM750的芯片，很有可能SM7150和SM7250是现有骁龙670和骁龙710的重命名产品。

• Integration and testing of Snapdragon chipsets MSM8998, SDM845 and SM8150 Mobile Test Platforms.

（本文原载第40期11版）

ARM的5纳米首秀——Cortex A76

日前，Arm首次公开了其CPU业务路线图，包括于5月31日推出的Cortex-A76 CPU。与上一代相比，Cortex-A76在不影响功耗效率的情况下，实现了35%的性能增长。作为基础CPU IP，Cortex-A76有望被应用于2018年底投产的首批7纳米系统级芯片(SoC)，随着工艺的成熟估计将在2019年底提供5纳米制程工艺的Cortex-A76。

ARM在全球拥有3家设计团队，分别是位于美国德州的奥斯丁团队、位于法国南部的索菲亚团队以及位于英国大本营的剑桥团队。

这三家团队各有分工，奥斯丁团队负责设计高性能架构，代表作为Cortex A57和Cortex A72；剑桥团队专门设计Cortex A53和Cortex A55等低功耗架构；而索菲亚团队则主打均衡的Cortex A73和Cortex A75。

不过自摩尔定律在28nm节点放缓开始，奥斯丁团队在Cortex A57和Cortex A72架构上两次遭遇瓶颈，性能强劲是不假，可功耗和发热也堪称恐怖（比如骁龙650/652，麒麟950等）。自那以后的几年里，奥斯丁团队一直没有什么动作。就在人们几乎已经忘了该团队的时候，奥斯汀团队带着全新的Cortex A76回归了。

从设计的角度来看，Cortex A76对于ARM来说至关重要，是一款完全重新打造的全新微架构，ARM称它"是一款具有的笔记本级性能的处理器(基于Cortex-A76架构的CPU内核，在单线程性能方面已经可以与英特尔 Core i5-7300U处理器相媲美。要知道这种基于Cortex-A76架构专为笔记本电脑设计的芯片，在每核不到5W的情况下就能达到这样的性能水平，而英特尔芯的同类笔记本电脑则为15W，当然英特尔芯又相继推出了第8代和即将推出的第9代笔记本芯片在性能上更上了一个台阶。)。"

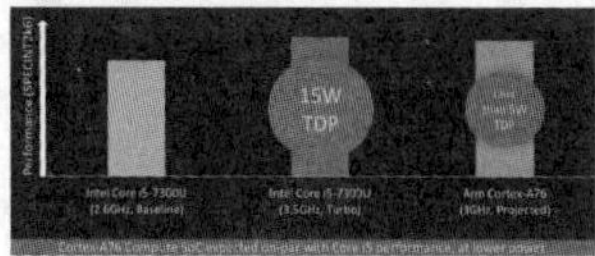

Cortex-A76的下一代CPU产品代号为"Deimos"，计划于2018年底交付Arm的合作伙伴。Deimos基于Arm DynamIQ技术，并将针对最新的7纳米制造工艺进行优化，预计其计算性能将至少提升15%。

2019年，代号为"Hercules"的新一代CPU将交付Arm的合作伙伴。与Deimos相同，Hercules同样基于DynamIQ技术，并将针对5纳米和7纳米两个节点进行优化。保持除了计算性能的提升外，Hercules同时还将功耗效率和硅片面积效率提升了10%。

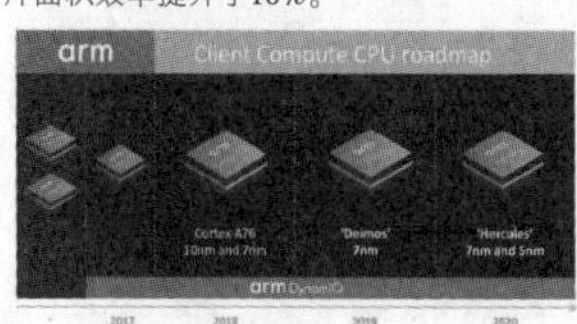

此外，Arm Artisan物理IP平台和Arm POP IP还将帮助Arm合作伙伴在其所选的任意制程节点下发挥极致性能与功耗效率。Artisan能够为Arm的芯片制造合作伙伴提供构建从130纳米到5纳米行业领先工艺节点的关键部分，而POP IP则帮助Arm的合作伙伴在多代Arm内核上实现市场领先的性能、功耗和硅片面积(PPA)。

目前，Arm POP IP已经帮助合作伙伴在基于Cortex-A76的7纳米SoCs中实现笔记本电脑级性能，使其在时钟速度提升至超过3.0GHz，甚至达到3.3GHz，功耗大约为当今大众市场x86处理器的一半（当然至于说到代替x86架构目前还是不可能的事）。

下面我们就来看看Cortex A76的各项具体参数：

Cortex A76在最新7nm工艺下，运行频率预计将达到3GHz，相比基于10nm工艺制造、运行在2.8GHz的Cortex A75，能耗将降低40%，性能可提升35%，机器学习能力可提升4倍。

Cortex A76是一个乱序超标量内核，前端为乱序4发射指令解码，后端为13级流水线，执行延迟为11个阶段。ARM在设计了一个"定向预测获取"单元，这代表分支预测单元会反馈到取指单元中。ARM还在业内首创使用了"混合间接预测单元"，将预测单元与取指单元分离，且支持内核中的各模块独立运行，运行期间更易于进行时钟门控以节省功耗。

Cortex-A76架构

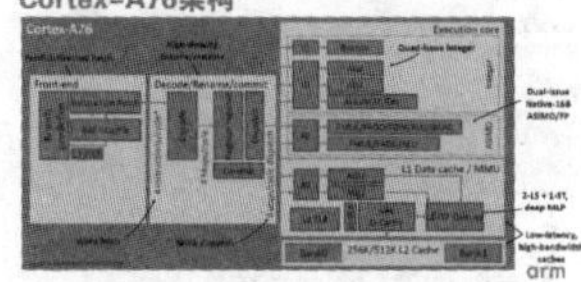

Cortex A76分支预测单元由3级BTB（分支目标缓存）支持，包括一个16链路nanoBTB，一个64链路microBTB和一个6000链路主BTB。在Cortex A73和Cortex A75世代，ARM便声称其分支预测单元几乎能预测所有分支，Cortex A76的这个新单元似乎还要比之前更强一些。

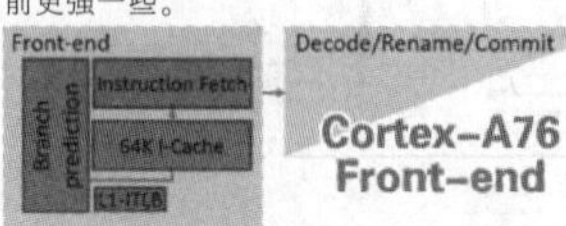

取指单元的运行速度为每时钟周期16Byte，分支预测单元的运行速度是取指单元带宽的两倍，为每周期32Byte，可在由12个"块"组成的取指单元之前提供一个取指队列。这样做的目的是，分支预测错误时可以在管道中隐藏分支气泡，并避免使取指单元和核心的其余部分陷入停滞，Cortex A76最多可应对每周期出现8次分支预测错误。

Cortex A76的取指单元最多可提供16条32bit指令，取指流水线由2个指令对齐和解码循环组成。在指令解码和重命名阶段，Cortex A76每周期可吞吐4条指令，并以平均每条指令1.06Mops的比率输出宏指令。

此前，Cortex A72和Cortex A75每周期可吞吐3条指令，Cortex A73则只能吞吐2条。Cortex A73相比Cortex A72解码带宽下降应该是为了优化能效，而随着对移动处理器性能需求的提升，Cortex A75恢复了每周期3吞吐的设计。此次Cortex A76则更进一步，成了公版架构中解码带宽最高的，但仍低于三星和苹果的定制架构（三星M3每周期6吞吐/苹果A11每周期7吞吐）。

Cortex-A76:
Decode/Rename/Commit

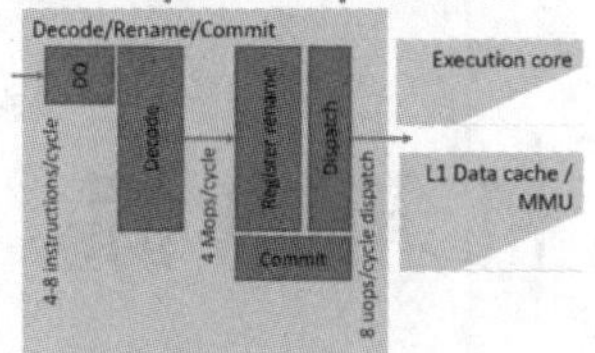

在指令重命名阶段，ARM分离了重命名单元，并将时钟门控用于整数/ASIMD/标记操作，重命名和调度从A73和A75的每次2周期缩短为1周期。宏指令按照每条指令1.2μop的比例扩展为微操作，每周期执行8μops调度，相比Cortex A75的6μops/周期和Cortex A73的4μops/周期有明显增强。

Cortex A76的乱序提交窗口大小为128，缓冲区被分成负责指令管理和注册回收的两个结构，称为混合提交系统。由于性能缩放比只有1/7，即缓冲区增加7%只能提升1%性能，所以ARM并没有着重增强这部分设计。

Cortex-A76:
Execution core

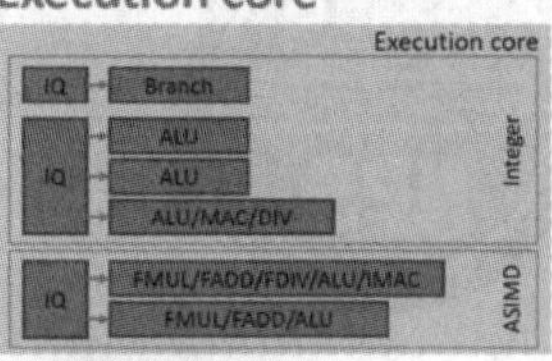

流水线方面，整数部分包含6个问题队列和执行端口，共3条整数执行流水线，由1个16深度的问题队列提供服务。其中2条整数流水线可执行简单算术运算，1条可执行乘法、除法和CRC等复杂操作。ASIMD/浮点部分则包含2条流水线，它们由2个16深度的问题队列服务。

在整数运算方面，Cortex A76将乘法和乘法累加延迟从Cortex A75的3个周期降低到2个周期，总吞吐量保持不变。而由于Cortex A76有3条整数流水线，在执行简单算术运算时的吞吐量相比Cortex A75的2条流水线增加了50%。

Cortex-A76:
L1 data cache / MMU

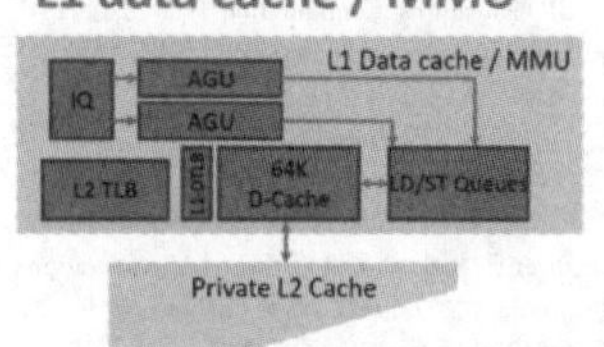

在负责浮点和ASIMD操作的"VX"(矢量执行）流水线中，ARM也做了重要的改进。Cortex A76的浮点算术运算延迟从3个周期降低到2个周期，乘法累加也从5个周期降低到4个周期。ARM表示，相比Cortex A75，Cortex A76的双128bit ASIMD可带来双倍的执行带宽，四倍精度操作的执行吞吐量增加了一倍。

Cortex-A76:
Cache hierarchy

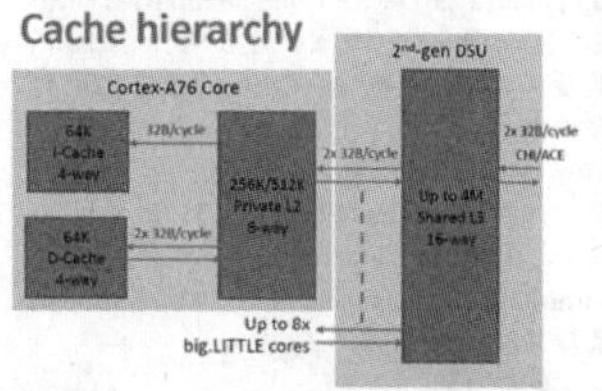

ARM还在Cortex A76上引入了第四代预读取单元，每个核心有4个不同的预读取引擎并行运行，查看各种数据模式并将数据加载到缓存中，以更接近完美缓存命中操作的目标。ARM在Cortex A76的缓存体系设计上没有做丝毫妥协，在带宽和延迟两个方面都做到了堪称完美的水平，据说可将缓存带宽提高90%之多。

总的说来，Cortex A76相比Cortex A75，每周期整数性能和浮点性能可分别增长25%和35%，再加上高达90%的缓存带宽提升，Cortex A76的GeekBench4跑分提升了28%，Java性能提升了约35%。

在运行GCC编译的基准二进制文件时，Cortex A76在2.4GHz时便干掉了骁龙845（当然最快用上Cortex A76的骁龙处理器比起骁龙845也算是两代的代差了），同频性能提升了15%。如果台积电7nm工艺顺利投产，让Cortex A76运行在3GHz+的频率上，Cortex A76的性能将和使用三星自研M3架构的全新Exynos 9810持平（三星在不久前推出的自研架构M3虽然在性能上追近了苹果A11，代价却是单核3.5W的恐怖功耗。。。）。

自2013年以来，Arm通过技术革新在每周期执行指令数量（IPC，instructions-per-clock）增长百分比保持了每年两位数的增长。该公司正在应用其设计能力，以及针对芯片制造合作伙伴最新制程技术的优化，帮助PC行业克服对摩尔定律的依赖，并为笔记本电脑提供5G时代下必不可少的高性能、始终在线、始终联网的用户体验。

据称高通和华为海思已经在准备Cortex A76 SoC的研发和生产，如果研发顺利的话，很有可能会在今年年底前看到它在商业产品中的身影。并且按厂商的惯例，基于Cortex A76的架构将在接下来的几年里至少进行两次迭代升级。除了手机市场以外，在未来特别是5G时代，大家很有可能会看到ARM与x86在争夺低端(低功耗)笔记本市场的战争将愈演愈烈。

PS:Cortex A76前期采用7纳米制程工艺，之前将采用5纳米制程工艺。

附表:Cortex-A75、Cortex-A76、Exynos-M3各项指令参数对比

	Cortex-A75		Cortex-A76		Exynos-M3	
	Exec	Lat	Exec	Lat	Exec	Lat
Integer Arlthmetio(Add,sub)	2	1	3	1	4	1
Integer Multiply 32b	1	3	1	2	2	3
Integer Multiply 64b	1	3	1	2	1(2x0.5)	4
Integer Multiply Accumulate	1	3	1	2	1	3
Integer Divison 32b	0.25	12	0.2	<12	1/12-1	<12
Integer Divison 64b	0.25	12	0.2	<12	1/12-1	<21
Move(Mov)	2	1	3	1	3	1
Shift ops(Lsi)	2	1	3	1	3	1
Load Instructions	2	4	2	4	2	4
Store Instructions	2	1	2	1	1	1
FP Arithmetic	2	3	2	3	3	2
FP Multiply	2	3	2	3	3	4
FP Multiply Accumulate	2	5	2	4	3	4
FP Division(S-form)	0.2-0.33	6-10	0.66	7	>0.16	12
FP Load	2	5	2	5	2	5
FP Store	2	1-N	2	2	2	1
ASIMD Arithmetic	2	3	2	2	3	1
ASIMD Multiply	1	4	1	4	1	3
ASIMD Mltiply Accumulate	1	4	1	4	1	3
ASIMD FP Arithmetic	2	3	2	2	3	2
ASIMD FP Multiply	2	3	2	3	1	3
ASIMD FP Chained MAC (VMLA)	2	6	2	5	3	5
ASIMD FP Fused MAC (VFMA)	2	5	2	4	3	4

(本文原载第41期11版)

首款IOS模拟器——黑雷模拟器

市面上安卓模拟器大家见过不少，不过还没听说过苹果模拟器；最近有一款神器诞生了，就是全球首款苹果iOS模拟器——黑雷模拟器。当然该模拟器还在公测之中，各项功能也还有待改进。

配置要求

该模拟器对电脑配置要求较高，具体配置如下：

	最低配置
操作系统	仅支持 Windows 7(64bit)、Windows 8(64bit)、Windows 10(64bit)
BIOS	需支持VT-X虚拟化技术
CPU	仅支持Inter i3以上处理器
显卡	支持OpenGL
内存	8G以上
硬盘	需固态硬盘
磁盘空间	*.VMX所在目录预留10GB以上磁盘空间

虽然对CPU和显卡没有进一步的要求说明，但是通过系统以及内存和硬盘的最低搭配要求可以看出，要想流畅地运行黑雷模拟器CPU尽量在四代i5以上，显卡也最好在GTX750水平以上。

开启VT-X

如果硬件符合要求了，就先查看自己的电脑是否支持VT-X虚拟化技术，下载安装Securable，点击运行后，你会看到类似这样的图。

第一个的64/32是在说电脑的位数；第二个的D.E.P. 是一项安全性功能，可协助避免病毒与其他安全性威胁所造成的损害；第三个Virtualization 就是说明你的电脑是否支持VT-X，如果是"Yes"就是支持，"No"就是不支持。

Securable官方下载地址:https://securable.en.softonic.com/

接下来就是在BIOS中开启VT-X了。

Windows 10 th2 - VMware Workstation

此主机支持 Intel VT-x，但 Intel VT-x 处于禁用状态。

如果已在 BIOS/固件设置中禁用 Intel VT-x，或主机自更改此设置后从未重新启动，则 Intel VT-x 可能被禁用。

(1) 确认 BIOS/固件设置中启用了 Intel VT-x 并禁用了"可信执行"。

(2) 如果这两项 BIOS/固件设置有一项已更改，请重新启动主机。

(3) 如果您在安装 VMware Workstation 之后从未重新启动主机，请重新启动。

(4) 将主机的 BIOS/固件更新至最新版本。

此主机不支持"Intel EPT"硬件辅助的 MMU 虚拟化。

模块"CPUIDEarly"启动失败。

未能启动虚拟机。

电脑主板非常多，不同品牌、不同机型BIOS设置都不一样，一般在Advanced、Security、BIOS Features、Configuration下面，找到Intel Virtualization Technology按回车键选择Enabled进行开启后再保存退出。

举例几个常见品牌的主板：

技嘉主板

在启动时按Del键进入BIOS，在BIOS Features下，按↓方向键选择Intel Virtualization Technology，按Enter键，选择Enabled，回车；然后按F10，选择Yes回车保存重启。

华硕UEFI BIOS

开机启动按F2或F8或Del进BIOS，在Advanced下，选择CPU Configuration回车；找到Intel Virtualization Technology回车改成Enabled，最后按F10保存重启。

惠普笔记本

开机点击F10进入BIOS，选择system configuration，点击Device Configurations；将virtualization technology的选项前打钩，点击Save，然后点击File，选择Save Changes And Exit，保存退出。

ThinkPad笔记本

开机按F1或Fn+F1进入BIOS，切换到Security，选择Virtualization，回车；选中Intel(R) Virtualization Technology回车，改成Enabled，最后按F10保存重启。

软件下载

这里下载必备程序有：黑雷模拟器客户端、VMware12软件、Unlocker2018、镜像文件：OSX-10.12-System-Release-v0.6，

统一下载地址：https://www.heilei.com/question.html

正式安装

黑雷模拟器、VMware12、镜像文件：OSX-10.12-System-Release-v0.6三款软件必须安装至固态硬盘当中，且安装路径必须为英文路径。为了保证流畅完整安装，在安装前请尽量关闭360，腾讯管家等软件，并且关闭防火墙，以防误删。

先安装VMware12软件，安装路径必须是英文，持续点"下一步"至安装完成。

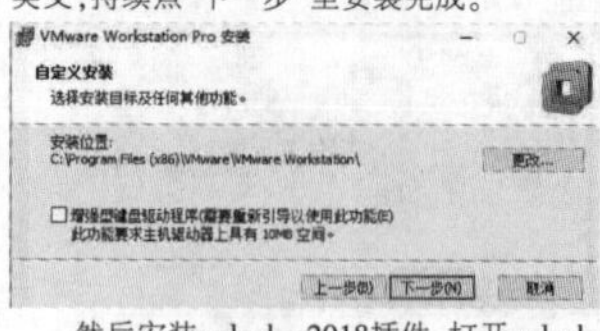

然后安装unlocker2018插件，打开unlocker2018文件夹，找到"win-install"执行文件，右键单击"以管理员方式运行"，至安装完毕。

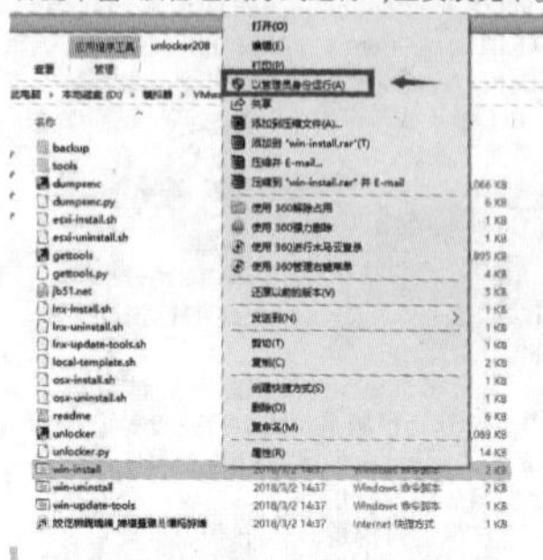

完成后会弹出一段命令，等待命令执行完成。

安装镜像文件：OSX-10.12-System-Release-v0.6，先解压压缩包（建议与VMware12同一个盘符下），解压完毕后，内容如下。

名称	修改日期	大小
OSX-10.12-System.vmsd	2018/1/15 18:52	0 KB
OSX-10.12-System.vmxf	2018/4/2 23:16	1 KB
OSX-10.12-System.nvram_vs	2018/4/2 23:26	73 KB
OSX-10.12-User.vmdk	2018/4/2 23:26	12,672 KB
OSX-10.12-System.vmx	2018/4/2 23:27	4 KB
OSX-10.12-System.vmdk	2018/4/3 0:41	5,231,808...

点击黑雷模拟器，在首次打开模拟器时，会提示加载镜像，在地址栏选择OSX镜像即可。

加载成功后，就会进入安装程序，同样的安装路径必须为英文路径（C:Program Files (x86)HLSimulator 为默认安装路径）。

安装模拟器成功后，会出现下图界面表示黑雷模拟器安装成功。

由于在公测阶段，还需要激活码，这里注意激活码只能绑定一次且只可以绑定一台电脑设备。绑定好电脑以后就可以登录黑雷模拟器玩苹果游戏了。手机玩游戏虽说方便，但也会遇到配置、流量、续航以及机器容易过热等问题；而用模拟器则可支持键盘操作、鼠标操作、超级多开虚拟定位等功能，互有千秋。

（本文原载第43期11版）

小白如何选机箱电源

机箱电源相对于其他配件来说比较难选，毕竟牌子众多，各种参数也是五花八门；还有一种就是电源坏了，需要更换电源，若当时是朋友帮忙配的，那如何选购电源也是比较费事的。

下面就介绍一些简单的识别方法。

3C认证

3C认证全称中国强制性产品认证(China Compulsory Certification)，只有通过认证的产品才能被认为在安全、电磁兼容性(EMC)、环保等方面符合强制要求；没有3C认证的电源千万别买。

额定功率

有不法商贩用"最大功率"或者"峰值功率"来迷惑消费者："最大功率"指的是电源在很短时间内可以输出的峰值功率，电源在这一功率下是不能保持长时间稳定的；"额定功率"是电源能够长时间稳定输出的功率，电源在这一功率下可以保持持续稳定的输出。

额外加分项

带有3C认证和额定功率标注的是最基本的保证。如果还有以下几个认证或者标注，那说明质量和安全更加可靠，当然在价格上也会相应地上涨一些。

CE标志

如果在欧洲市场销售还需通过CE认证(CONFORMITY WITH EUROPEAN，符合欧盟要求)，其电源的低电压指令和电磁相容性指令是符合要求的，供电质量更有保障。

80 PLUS

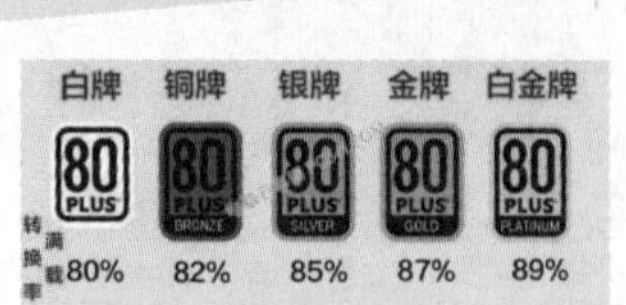

说明电源在10%、20%、50%及满载(100%)下的转换效率都达到了80%以上，意味着输出同样功率的同时消耗更少的电量，大功率电源必须选要求这个标志，这样能省不少的电费；同时，相对静音效果更佳。

RoHS认证

即"关于限制在电子电器设备中使用某些有害成分的指令(Restriction of Hazardous Substances)"。该标准的目的在于消除电器电子产品中的铅、汞、镉、六价铬、多溴联苯和多溴二苯醚，重点规定了铅的含量不能超过0.1%。

顺带为大家推荐一些品牌电源，只要是正品，一般做工质量都不要太担心。

低端产品：

100元-300元档的产品主要选国产品牌：航嘉、长城、先马都是不错的选择。

中端产品：

振华(super flower)：普通用户推荐购买GX450，450W，LLC+ DC-DC方案，日系电容，半模组，14cm静音风扇。

酷冷至尊GX450，450W，全日系电容，双管正激+ DC-DC，；高端选V系列 V550，LLC半桥+ DC-DC，全模组，全日系电容，性价比高。

中高端：

EVGA：只推荐500元以上的产品，主流的LLC半桥+ DC-DC 结构还是很有性价比的。

海盗船：只推荐高端，800元以上的产品，用料和设计都很不错；低端就不要考虑了，非常不具性价比。

当然还有一些其他品牌的也不错，这里就不一一描述了。

另外在网购时，注意有些仿冒品牌电源的产品，各种认证标志都有，伪劣产品可以通过看做工（材料质感、重量、缝隙的大小以及印刷的清晰度）来甄别好坏。

（本文原载第43期11版）

爱立信增强5G端到端传输解决方案

● 爱立信5G-ready移动传输产品组合取得强劲发展势头

● 借助关键技术提升移动传输产品组合实力,更好地满足5G挑战

● 与合作伙伴携手提供一流的增强型边缘、核心和安全功能以及光纤传输

随着5G用例对网络的要求日益严苛,爱立信不断发挥自身在无线领域的技术专长,并结合瞻博网络(Juniper Networks)和ECI的一流传输技术,增强端到端移动传输解决方案。

要满足增强型移动宽带、固定无线接入、大规模及关键物联网等5G用例的要求,必须实现网络无线层、核心层和传输层之间的协调一致。在此情况下,传输能力需要跟上5G网络中无线与架构的快速演变步伐。

爱立信着眼于无线和核心功能之间的传输,提供专用于回传和前传的传输产品组合。无处不在的4G和5G传输解决方案得到运营商的大力支持,爱立信的旗舰型移动回传产品Router 6000可同时满足近60家运营商的需求。同时,超过110家运营商还在使用爱立信的5G-ready微波技术——MINI-LINK解决方案。

为推动端到端5G传输产品组合的发展,爱立信目前正在积极扩大与瞻博网络(Juniper Networks)的合作。爱立信Router 6000产品系列将由瞻博网络(Juniper Networks)的边缘及核心解决方案作为补充,实现无线蜂窝基站与核心网之间的无缝连接,进而确保5G网络的性能、质量和易用性。

瞻博网络(Juniper Networks)的安全产品也将纳入爱立信的解决方案之中,用来捍卫客户的移动网络安全,并作为爱立信保护现有和新建5G网络的端到端解决方案的一部分。

爱立信正在与弹性网络解决方案领域的全球供应商ECI建立新的合作关系,从而增强自身的城域网光纤传输产品实力。借助与ECI的合作,爱立信将能够为运营商和关键基础设施客户提供全新增强型光纤传输解决方案。

爱立信执行副总裁兼网络业务部主管Fredrik Jejdling表示:"基于爱立信在网络架构、终端用户应用和标准化工作领域的无线技术专长与知识,我们充分理解5G传输的要求。爱立信领先的传输产品组合和一流的合作伙伴,将帮助我们提升传输产品组合实力,打造惠及客户的下一代传输网络关键模块。"

瞻博网络(Juniper Networks)和ECI的传输解决方案能够与爱立信的传输产品组合完全互用,并由爱立信管理和编排解决方案统一管理。这将从整体上简化无线、传输和核心网领域的5G管理与控制流程。

管理和编排解决方案还将为爱立信、瞻博网络(Juniper Networks)和ECI节点提供集成式软件定义网络(SDN)控制,实现网络切片和流量优化等应用的自动化网络控制,从而确保最佳用户体验。

爱立信于9月5日宣布推出全新传输解决方案,用于为毫米波5G部署打造完整的集成型微宏站解决方案。

IHS Markit高级研究主管Heidi Adams表示:"移动传输基础设施是获得最佳5G无线性能和兑现全新5G服务承诺的关键。通过借助合作伙伴的光纤传输、边缘、核心及安全平台补充微波传输和IP回传解决方案,爱立信将能够提供满足全新5G无线和移动核心网需求的端到端集成型移动传输解决方案。"

瞻博网络(Juniper Networks)首席产品官Manoj Leelanivas表示:"未来五年,商业5G有望占到全球网络总流量的四分之一左右。瞻博和爱立信强强联手,借助双方行业领先的网络技术,更加高效地把握当前的全球市场机遇,帮助客户简化通往5G网络全面运营的旅程。"

ECI首席执行官兼总裁Darryl Edwards表示:"随着5G持续开创的全新功能和需求,电信服务和网络有了日新月异的变化。ECI的开放式弹性网络解决方案专为应对这些变革而设计,并可实现与爱立信产品的完美互补。借助此次合作,双方通过更具竞争力的综合型产品及服务,满足更广泛客户群的需求。"

回传通常指基站与核心网之间的连接,而前传指基带单元与无线单元之间的连接。作为爱立信无线系统的组成部分,Router 6000 和 MINI-LINK是典型的回传解决方案,而Fronthaul 6000属于前传解决方案。

MINI-LINK是一种微波回传解决方案,这意味着基站和核心网之间的流量通过无线电传输,而不是借助光纤等物理介质实现。该技术的拥有成本较低,具备高容量和优异性能。MINI-LINK 6600和6300属于5G-ready解决方案。

爱立信管理和编排解决方案可管理、控制、编排和配置物理与虚拟网络,从而简化运维过程,并优化网络性能。

日前在加利福尼亚州洛杉矶市举办的世界移动通信大会上,爱立信、瞻博网络(Juniper Networks)和ECI共同演示了这一端到端5G传输解决方案。

◇爱立信中国

(本文原载第44期2版)

宽带网络开启通往智慧城市之路

从安全性、便利性到创收能力,智慧城市应用将改变城市的运转方式以及我们生活和工作的方式。而这一切都始于通信——智慧城市中的居民、车辆、系统和应用都必须通过有线和无线网络进行连接。

正如过去五年中流行的"IoT"(物联网)一样,"智慧城市"将成为下一个流行词。IoT传感器和设备会无处不在,并将出现如交通管理、动态泊车、公共Wi-Fi、智慧电表和公共安全以及智慧楼宇、体育场馆和交通枢纽的定制应用。例如数字支付这样的智慧城市应用大大减少了沪杭甬高速公路上每日4万辆汽车付费通行所需的时间。由此可见,支付所带来的便利性将助力公路交通的改善。

为实现类似数字支付等应用,智慧城市需要通过通信网络在IoT设备与执行信息处理的应用之间建立基本连接。根据国家发改委要求,中国将继续依照"十三五"规划(2016-2020)推进数百座新智慧城市的规划与建设。随着智慧城市愿景的发展,确保宽带通信的可用性至关重要。

服务提供商和中国政府正在携手合作部署网络,以实现人与IoT的连接。有线网络利用新的和当前既有的光纤和铜缆(双绞线和同轴)布线来连接楼宇及如Wi-Fi接入点、监控摄像机、小型蜂窝和分布式天线系统(DAS)这样较大的"边缘设备"。无线网络协议包括Wi-Fi、LTE、5G、蓝牙、Zigbee等。

以下是构建全面互联城市的三大关键战略:

1)作出面向未来的规划。很多城市在追求的都是短期目标,包括在推行LED路灯等较易实现的应用方面。城市规划者应主动学习及了解新出现的应用,并做好为其提供支持的准备。例如,在一些国家,安全监控摄像机被安装于灯杆上,但却没有安装光纤连接,而光纤连接可以为电线杆添加小型基站或实现摄像机的实时面部识别应用。事实上,在最初安装安全摄像头时添加光纤连接的成本其实很低。而如今,这些城市若想重新升级灯杆、实现互联,就必须付出更大的成本。

为避免日后对网络进行再次升级,城市规划者应预估未来的可能性,并通过咨询IoT供应商和网络连接供应商来制定长期计划。例如,瑞典和美国的一些城市(如田纳西州查塔努加市和内布拉斯加州林肯市)已经在城市周围建立了高速光纤网络,其带宽足以支持未来的IoT设备和应用。

2)针对从"有线网络"到"无线网络"的融合作出规划。本地电信运营商会同时进行有线和无线网络的运营。然而,分别维护多个网络的成本很高,因此融合至单一网络并实现资产利用率最大化就极具商业意义。举现实生活中的例子来说,比如已经部署了光纤到户(FTTH)网络,几个月后,建筑工人又因要为蜂窝基站铺设光纤而开凿同一条路面,这不但造成了浪费也具有一定破坏性。网络融合意味着通过一次部署即可用作多项服务交付平台。但请记住,这些网络需要具备灵活性和可扩展性,可通过经济高效的终端扩展,满足当前和未来的需求,顺利实现到未来的过渡。

城市的复杂程度变得更高:城市中可能存在着由电信运营商、有线电视运营商和国有公用事业公司建设的多个不同网络。5G无线服务的出现带来了另一种为有线网络提供支持的可能性。为提高效率并降低成本,城市规划者需要考虑如何将这些不同的网络进行融合。楼宇内部已经存在融合网络(一个以太网主干承载着语音、数据、视频和无线流量),该趋势也应该延伸到运用光纤融合网络的城市。一些走在前沿的城市已经开始探讨如何安装与媒介无关的通信连接网格(UCTG),用以连接有线和无线设备。

3)为普及做好规划。在对全市范围内的网络融合进行规划时,最大的挑战之一是让"连接"触及不同收入水平的人群。城市需要确保所有收入水平的商业及工业社区、以及住宅社区都能充分享用有线和无线宽带服务,进而消除"数字鸿沟"。

智慧城市的应用尚处于起步阶段,但整个城市范围内可靠且高速的连接将成为当下需要开始着手解决的基本需求。从现在开始进行规划,并为融合光纤网络奠定基础,城市才能够为更加智慧的未来做好充分准备。

◇康普东南亚区蜂窝基站解决方案运营商网络大中华及韩国区总监 朱建华

(本文原载第44期2版)

编前语:或许,当我们使用电子产品时,都没有人记得或知道老一批电子科技工作者们是经过了怎样的努力才奠定了当今时代的小型甚至微型的诸多电子产品及家电;或许,当我们拿起手机上网、看新闻、打游戏、发微信朋友圈时,也没有人记得是乔布斯等人让手机体积变小、功能变强大;或许,有一天我们的子孙后代只知道电子科技的进步而遗忘了老一辈电子科技工作者的艰辛……

成都电子科技大学博物馆旨在以电子发展历史上有代表性的物品为载体,记录推动电子科技发展特别是中国电子科技发展的重要人物和事件。目前,电子科技博物馆已与102家行业内企事业单位建立了联系,征集到藏品12000余件,展出1000余件,旨在以"见人见物见精神"的陈展方式,弘扬科学精神,提升公民科学素养。

电子科技博物馆新增14件藏品

近日,中国电科十二所向电子科技博物馆捐赠了包括空间行波管、风冷行波管、同轴磁控管在内的14件藏品。

作为电子系统的基本组成,元器件的可靠性是影响运载火箭高可靠性的关键因素,牵一发而动全身。据介绍,前期,国外一直对可用于导航卫星的波段空间行波管实施严格的技术封锁和产品禁运。"十一五"期间,中国电科十二所就开始着手空间行波管的研制工作,立足于现实技术积累,通过设计、分析、验证的无数次迭代,终于攻克了多项技术难关,突破了高效率、长寿命、高可靠性等系列关键技术,经过项目组反复仿真和验证,成功解决了产品高效率和高线性度难题。

资料显示,中国电科12所研制的空间行波管系列产品作为微波电真空器件中的高端产品成了北斗三号导航卫星的核心单机,其主要功能是实现卫星对地定位信号的放大。该两类产品具有高功率、高效率和高可靠性的特点,不仅综合性能指标也达到国际先进水平,而且成功打破国际禁运,有效解决了替代进口的问题,使系统更加可信可控,可确保全球导航系统提供高精度、高稳定性定位和导航服务,为全球导航工程的顺利推进做出了重要贡献。

(本文原载第44期2版)

电子科技博物馆"我与电子科技或产品"

本栏目欢迎您讲述科技产品故事,科技人物故事,稿件一旦采用,稿费从优,且将在电子科技博物馆官网发布。欢迎积极赐稿!

电子科技博物馆藏品持续征集:实物;文件、书籍与资料;图像照片、影音资料。包括但不限于下列领域:各类通信设备及其系统;各类雷达、天线设备及系统;各类电子元器件、材料及相关设备;各类电子测量仪器;各类广播电视、设备及系统;各类计算机、软件及系统等。

电子科技博物馆开放时间:每周一至周五 9:00~17:00,16:30 停止入馆。

联系方式

联系人:任老师　联系电话/传真:028-61831002

电子邮箱:bwg@uestc.edu.cn

网址:http://www.museum.uestc.edu.cn/

地址:(611731)成都市高新区(西区)西源大道 2006 号

电子科技大学清水河校区图书馆报告厅附楼

PWM--伤害眼睛的主要元凶

在生活和工作中长期面对显示器容易造成人们的视觉疲劳，会导致视力下降和其他眼睛问题。而对于造成视觉伤害的主要原因，一个是蓝光伤害，另一个就是闪屏伤害了。蓝光的产生原理和危害我们曾经讲过多次，这里不再叙述。今天主要说下造成闪屏的原理和危害。

原理

我们都知道LED是一个二极管，它可以实现快速开关。它的开关速度可以高达微利以上。是任何发光器件所无法比拟的。因此，只要把电源改成脉冲恒流源，用改变脉冲宽度的方法，就可以改变其亮度。这种方法称为脉宽调制（PWM）调光法。

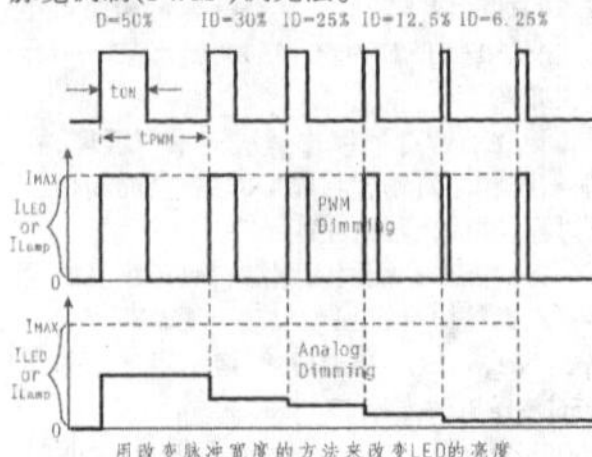

用改变脉冲宽度的方法来改变LED的亮度

图2为表示这种脉宽调制的波形。假如脉冲的周期为tpwm，脉冲宽度为ton，那么其工作比D（或称为孔度比）就是ton/tpwm。改变恒流源脉冲的工作比就可以改变LED的亮度。

在LED的负载中串入一个MOS开关管（见图3），这串LED的阳极用一个恒流源供电。然后用一个PWM信号加到MOS管的栅极，以快速地开关这串LED。从而实现调光。也有不少恒流芯片本身就带一个PWM的接口。可以直接接受PWM信号，再输出控制MOS开关管。

脉宽调制调光（PWM）的优点

1.不会产生任何色谱偏移。因为LED始终工作在满幅度电流和0之间。

2.可以有极高的调光精确度。因为脉中波形完全可以控制到很高的精度，所以很容易实现万分之一的精度。

3.可以和数字控制技术相结合来进行控制。因为任何数字都可以很容易变换成为一个PWM信号。

4.即使在很大范围内调光，也不会发生闪烁现象。因为不会改变恒流源的工作条件（升压比或降压比），更不可能发生过热等问题。

脉宽调光的缺点

1. 脉冲频率的选择因为LED是处于快速开关状态，假如工作频率很低，人眼就会感到闪烁（低于100Hz）。为了充分利用人眼的视觉残留现象，它的工作频率应当高于100Hz，最好为200Hz。

2.消除调光弓起的啸声；虽然200Hz以上人眼无法察觉，可是一直到20kHz却都是人耳听觉的范围。这时候就有可能会听到丝丝的声音。

在实际使用过程中屏幕每秒闪500次，PWM频率就是500Hz，而频率在100Hz时，人眼就已经很难察觉到明暗的变化了，常见的显示屏的工作频率通常都会在200Hz以上，这也是为什么人眼无法察觉“屏闪”的原因。当然PWM频率越低，对人眼的伤害也就越明显。

另外，高频PWM对眼睛的伤害虽然好于低频PWM，但并不能说明对人完全没有影响，毕竟在这个过程中人眼仍然是在不断感知的。而目前对于显示屏的PWM频率主要在118000Hz~220Hz之间，不过依然存在低频调光模式。

DC调光

由于PWM调光的本质是“亮-灭-亮-灭”的过程，因此可见光就会对眼睛造成一个有频率的闪烁冲击，就会造成视觉疲劳（伤害）。

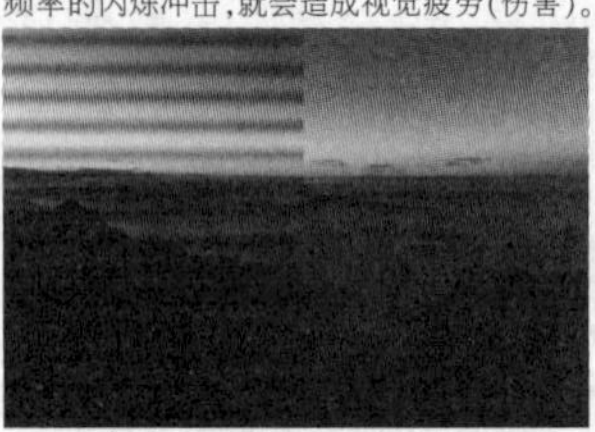

DC调光技术是通过DC恒流芯片来实现的。DC恒流芯片都有一个检测电流的接口，用于将检测到的电压和芯片内部的参考电压比较，来控制电流的恒定，从而进行灯光明暗变化。从低亮度到高亮度都不会造成屏幕的闪烁，较为稳定。但是低亮度也会影响屏幕的均匀。为了应对DC调光在低亮度时屏幕均匀性问题，现在也有结合PWM和DC两种调光的显示器，它们一般采用了20%亮度以上的DC调光，20%亮度以下的高频PWM调光的办法。

PS：目前的旗舰级手机越来越多地在采用AMOLED显示屏了，而这些AMOLED屏几乎都是采用低频率PWM调光（AMOLED在频闪伤眼方面把低频率，高波动深度，高频闪都占全了）。长时间使用这种屏幕对眼睛的伤害特别大，有一些厂家则是在设置一定亮度以上就改用DC调光了。

查看PWM频率高低最简单的方法就是开启手机摄像机模式对准你要检测的显示屏，将屏幕的亮度尽量调到最低，低频调光的话会有明显的闪纹。

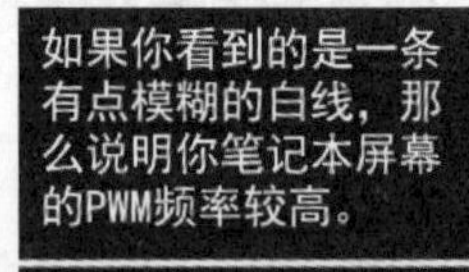

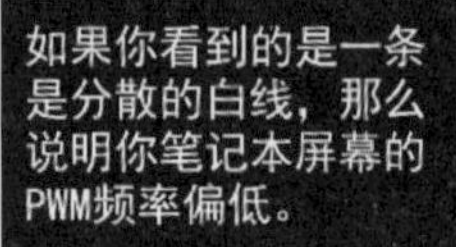

还有一种方法，点开https://www.testufo.com/blurtrail（手机、电脑通用）；点击全屏，眼睛再盯着白线，并跟随它移动（见图5）。

（本文原载第44期11版）

比特大陆新一代矿机S9 Hydro

虽说挖矿热潮早已过去，显卡的价格也会回落到正常水平（不过新的RTX系列价格却又出奇的高）。作为BTC市场最出名的自然是来自比特大陆的矿机，近期比特大陆又有一款新产品S9 Hydro水冷矿机推向市场。

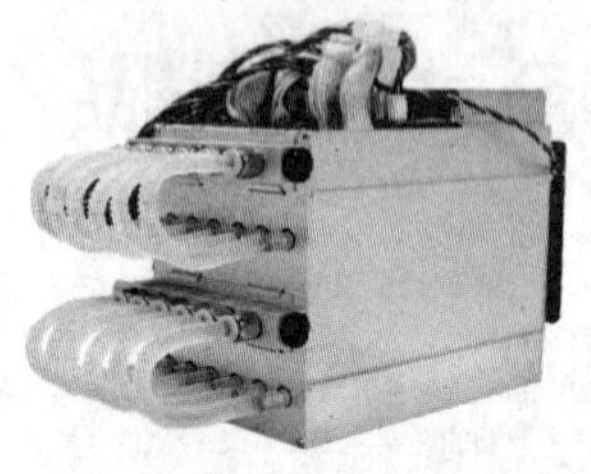

该产品是比特大陆继推出蚂蚁矿机S9i、ANTBOX和Z9mini等产品之后，本年度推出的第8款新品。

这款蚂蚁矿机主要特色是加入了DIY最高端的水冷散热系统，代替原来的风冷散热。这种散热方式能有效降低散热系统运行时产生的噪音，提高热传递效率。众所周知，BTC矿机运行时散热系统产生相当大的热量和噪音，这是因为矿机需要保持在一个健康的温度工作才能保证长时间运行，如果因为过热导致寿命加速老化甚至烧毁部件的话，会让矿工获得的利润下降甚至亏损。

蚂蚁矿机S9 Hydro搭配特定的APW5蚂蚁电源组合挖矿，功率约为1728W。可以想象这个功率发出的热量是多么的恐怖，因此改用水冷散热方式能有效降低工作热量和噪音。

其中个人矿机用户可以采用定制外接水排S9 Hydro-Hex使用，而大型的矿场则可以采用室外引入水源的方式进行散热。由于采用水冷散热方式，一方面降低了矿机内部温度，另一方面降低矿机工作噪音，而且能有效减少进入矿机内部的灰尘，同时能节约8%~12%的电能。不要小看这点电能，对于挖矿行业这些用电大户来说，用电量非常可观，每节省一点相当于获得更高利润。新品S9 Hydro水冷矿机支持SHA256算法，可以挖BTC、BCH等数字货币，比以往的S9系列产品的算力强不少。

虽然蚂蚁矿机S9目前市场占有率极高，但随着三星等传统芯片厂商的加入，矿机市场的竞争进一步升级。与三星合作的芯动科技于近期推出了T2Turbo矿机，其功耗比最低能达到68.89W/T，比S9j的93.1W/T在耗能上减少了26%，并且一台矿机有4种模式，增强了适销性。阿瓦隆近日推出的A9矿机，最低功耗比达到64.91W/T，比S9j在耗能上减少了30%，而比特大陆下一代矿机S10计算力将达到30T/S，功率1500W左右，其挖矿的性价比约为S9的两倍。

（本文原载第44期11版）

骁龙670简介

就在我们误以为骁龙710是骁龙660的升级替换品时，高通又“聪明”地在骁龙660与骁龙710之间发布了骁龙670，那么就来看看骁龙670的各项参数。

骁龙670虽然隶属骁龙600家族，但它的特点更接近骁龙710，可以将它视为骁龙710的缩水版。

Snapdragon X12 LTE modem / Wi-Fi / Qualcomm Adreno 615 Visual Processing Subsystem / Qualcomm Hexagon 685 DSP / Qualcomm Spectra 250 ISP / Qualcomm Aqstic Audio / Qualcomm Kryo 360 CPU / System Memory / Security

snapdragon 670

骁龙670采用了和骁龙710相同的三星10nm LPP工艺和Kryo 360架构（两颗A75魔改的大核，六颗A55魔改的小核），只是大核主频比骁龙710低了200MHz。同时，骁龙670集成的GPU为Adreno 615，和骁龙710集成的Adreno 616相比，频率略有降低。

除了CPU/GPU规格略有缩水外，骁龙670不再支持2K分辨率（不过在6寸的手机屏上用2K分辨率有点鸡肋，除非是你要用到需要手机做载体的VR头显），所支持的摄像头像素有所调低，调制解调器也从骁龙X15换成了骁龙X12，下行速率从800Mbps降到了600Mbps。

其他方面，骁龙670支持最高8GB LPDDR4X内存、Aqstic音频技术、QC4.0+快充等。骁龙670集成Hexagon 685 DSP向量处理单元，与骁龙710、骁龙845效率上保持一致。ISP图像处理器为“Spacetra 250”，最高支持单颗2500万像素和双1600万像素，支持4K 30FPS视频录制。其基带集成X12 LTE（下行600Mbps，Cat.15），外部连接性方面，支持蓝牙5.0及2X2 WiFi。

而和骁龙660相比，骁龙670的AI性能是前者的1.8倍、CPU性能提升15%、GPU性能提升25%。

作为对比，骁龙710相较骁龙660的AI性能提升了2倍，CPU性能提升25%，GPU性能提升35%。因此，骁龙670和骁龙710之间的综合性能差距会在10%左右，基本上还是同一个档次的存在。

最后看下三款处理器的参数对比。

SoC	骁龙 660	骁龙 670	骁龙 710
CPU	4×Kryo 260(CA73) @2.2GHz 4×Kryo 260(CA53) @1.8GHz	2×Kryo 360(CA75) @2.0GHz 6×Kryo 360(CA55) @1.7GHz	2×Kryo 360(CA75) @2.2GHz 6×Kryo 360(CA55) @1.7GHz
GPU	Adreno 512	Adreno 615	Adreno 616
DSP	Hexagon 680	Hexagon 685	
ISP/Camera	Spectra 160 ISP 24MP	Spectra 250 ISP 25MP single/16MP dual	Spectra 250 ISP 32MP single/20MP dual
Memory	2X16-bit@1866MHz LPDDR4 14.9GB/S	2X16-bit@1866MHz LPDDR4X 14.9GB/S 1MB system cache	
Integrated Modem	骁龙 X12 LTE (category 12/13) DL=600Mbps 3X20MHz CA,256-QAM UL=150Mbps 2X20MHz CA,64-QAM	骁龙 X12 LTE (category 15/13) DL=600Mbps 3X20MHz CA,256-QAM UL=150Mbps 2X20MHz CA,64-QAM	骁龙 X12 LTE (category 15/13) DL=800Mbps 3X20MHz CA,256-QAM UL=150Mbps 2X20MHz CA,64-QAM
Enoode/Decode	2160p30,1080p120 H.264&H.265		2160p30,1080p120 H.264&H.265 10-bit HDR popenlines
Mfc.Proces	14nm LPP	10nm LPP	

（本文原载第44期11版）

汽车贴膜趣史

随着物质生活的提高，很多家庭都购买了汽车，并且一些功能性的装饰物也随着巨大的消费市场发展起来，其中就有汽车贴膜。

虽然车膜看上去只是一层薄薄的膜，但实际上正规的高档车膜都是多层结构的，生产工艺极其复杂的。以美国的3M公司汽车膜为例，汽产品工艺结构就由"耐磨外层+安全基层+高效隔热层+防紫外线层+感压式粘胶层+易施工胶磨层+透明基材"7层组成。

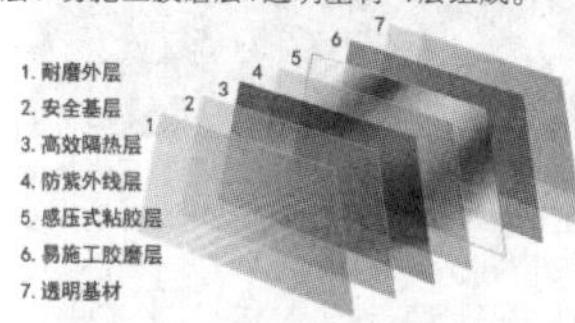

耐磨外层(又叫防刮伤层)，耐磨外层的材料是透明丙烯酸，非常坚韧，涂布在汽车贴膜的外层上，该层非常耐刮擦，经常清洗玻璃也不容易产生刮痕。

安全基层，安全基层的材料的是透明的聚氨酯，透明且具有非常强的抗冲击能力，能长期有效的起作用(品牌车膜的质保期至少能用5年以上)。如果受到外来冲击力的影响，安全基层能起到阻挡冲击，减少外来伤害的作用。同时，安全基层还能有效的过滤太阳光和对面车辆远光灯的眩目光，使驾驶人开车更舒适安全。

高效隔热层，隔热层结构是将铝、银等金属分子通过溅射方式涂布在安全基层上，这些金属层有选择地将太阳光中的红外线反射回去，从而达到隔热的效果。

防紫外线层，在车膜上涂布一层特殊涂层，该涂层能将太阳光中90%以上的UVA/UVB(即紫外线)阻隔，从而达到保护车内乘员免受紫外线侵害的作用。

感压式粘胶层，感压式粘胶层是车膜的重要保障，既要非常清晰，不影响驾驶视线，又要抵抗紫外线不褪色，同时还要有非常强的黏接力，在发生一定的外力冲击时，使车膜能将破碎的玻璃粘住，不至于伤害车内乘员。

易施工胶磨层，易施工胶磨层使施工简易方便，这层是为贴膜方便施工而存在的。

透明基材(透明保护膜)，透明基材是一种透明薄膜，覆盖在易施工胶磨层上起到保护作用，施工时把它撕掉露出易施工胶磨层，这样才能把车膜贴到汽车玻璃上。

通过车膜的发展可以根据相关的技术进行分类。

染色膜

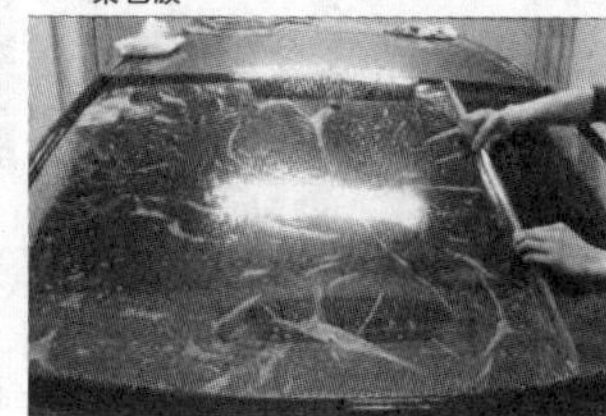

早在1966年，3M公司就生产出世界第一张汽车贴膜，制作工艺很简单，涂布与复合膜是将颜色混在胶内涂在聚酯基片上制成的。起到的作用是隔光、隐蔽，但不隔热，而且对红外线、紫外线没有阻隔能力。胶层，膜表易老化，易脱落，易掉色，无防爆性能，另外还有甲醛污染，很不健康。当然过了这么多年几乎是看不到影子了。

原色膜

染色膜有金属镀层，一般采用便宜的真空镀铝，镀不锈钢，PET本体原色。通过深层染色工艺，加注吸热剂成分，吸收太阳光中的红外线，从而达到隔热的效果。因其同时吸收了可见光，导致可见光透射率不达标，加上染色工艺本身所限，清晰度较差，存在一定的安全隐患。隔热功能衰减很快，而且容易褪色。贴上用一段时间(一般1年左右)，会发现膜褪色了，不再隔热了，并且容易起泡。这类车膜价格较便宜，市场上大多贴牌(OEM)仿冒品牌及假膜都是这种。

金属膜

早期金属膜为单镀层，一般采用磁控溅射技术(利用电场与磁场原理高速、高能量地将金属粒子均匀溅射于高张力的PET基材上，保证产品卓越的隔热功能，清晰的透射率以及科学自然的金属涂层。)多采用金属铝、镍、钛；单项透光能力较好。一般隔热率会在40%~50%，有较强的防紫外线效果和防爆效果。透光性还算勉强，不过隔热性能不是特别突出，但可以放心使用，可以算得上经济型的一类。

后来又升级为多金属膜，通过使用光学级PET材质，在真空状态下用磁控溅射技术将金属银、钛、氧化铟等多层均匀溅射到基材上。色泽细腻，透光度，清晰度较高，隔热比单层金属膜高，防紫外线和防爆性强，红外线阻隔率能达到85%~98%之间，是目前隔热性能好，先进的薄膜生产技术。它具有高透光、高隔热，不过因溅射的金属形成一层屏蔽层对导航和电子狗以及ETC的信号都有屏蔽效果，影响使用，使用一定年份后也会出现氧化脱落的问题。

纳米陶瓷膜

第一款纳米陶瓷隔热膜是在2000年由德国的琥珀光学制造出来，可以说这是目前在太阳膜领域中最高的技术应用了，相对于金属磁控溅射技术，纳米陶瓷隔热膜应用纳米技术将耐高温极稳定的陶瓷材料均匀溅射到高张力的PET基材上。隔热效果显著持久，红外线阻隔率能达到85%~98%之间，而且不易氧化、寿命比金属膜多一倍，并且绝对不阻隔GPS信号和手机信号。真正做到了不氧化、不褪色、不阻隔GPS信号、高隔热、高透光、低反光、色泽持久。当然由于工艺复杂，因此价格较高。

写在最后

不过在未来，很有可能汽车贴膜会因科技的发展而改变，早在2007年日野汽车公司(Hino Motors)就开始展示相关的智能可变车窗技术。但日野汽车公司的相关技术仅在其些高端车型的极少数车辆中使用，而且仅限于车顶部位或天窗。

而2016年的CES ASIA上德国大陆集团展示了智能玻璃控制技术(Intelligent Glass Control)，在夹层玻璃中使用了特制"贴膜"，它能在通过电子导控来调节贴膜的光亮透视度，从而改变窗户的亮度。玻璃夹层中间加入特殊材质，通过车窗边缘线路改变电压，从而操作中间层物质的排序形式，实现调整透光度。当按下给电开关时，这些物质"自动平行站位"，车窗变得明亮。当断电的时这些物质自动随机组合，车窗变暗，简单理解与百叶窗类似。相对于日野汽车公司只能用于车顶或者天窗，该技术可以适用于前后挡风玻璃和侧窗等等，算是智能车窗技术的一次新突破。

由于目前玻璃夹层当中的变色薄膜价格还偏高，成本无疑是目前智能玻璃控制技术普及的最大障碍。一旦解决这个成本问题，无论从功能性或实用性以及未来汽车智能化比例的提升，智能玻璃控制技术都是首选。

(本文原载第45期11版)

模组电源简介

现在讲究一点的DIY玩家都喜欢用模组电源，而模组电源又包括全模组电源和半模组电源。

全模组电源

8pin接口
对接CPU/PCI-E蓝色区域

模块化电源指电源内部各个功能区间实现模块化，每个区间都有独立滤波、整流、变压等能力，各区间之间互不干扰。而模组电源则是指外部接口模块化的电源。

模组电源通常会准备种类齐全数量足够的外接电源线接口，整齐地排列在电源的侧面，在装机的时候只需要根据电脑其他硬件的功耗自行接线，当不需要或者硬件升级时，可以很方便地拔插。总体来说模组电源可以按需使用，不同功能的供电口按区域划分，且接口较多灵活度极高，同时走线方式也可以按照玩家自己的想法来规划，非常适合多显卡交火的用户，当然价格也要高一些。

非模组电源

非模组电源的内部构造与模组电源基本一致，唯一区别是取消了电源外部的供电接口，取而代之的则是从PCB板上直接引出的供电线缆。非模组电源的供电线是直接焊接在内部PCB板上的，不可拆卸更换，且一个非模组电源的供电线的种类和数量是一定的。相比于模组电源，非模组电源固定的电缆数量直接决定了电脑硬件的数量，并没有那么灵活自如，但价格方面还是比较有优势。非模组电源比较适合预算较低或硬件数量一定没有升级需要的攒机玩家，只要在购买时根据自己的硬件供电需要选择供电线足够的电源就并不会有太大问题。

半模组电源

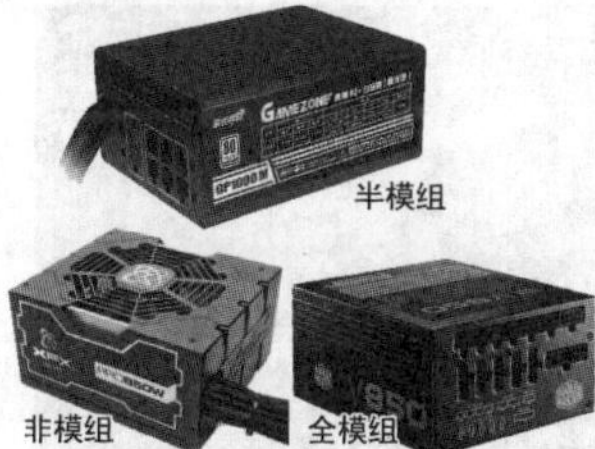

半模组电源介于模组电源和非模组电源，属于两者的结合，即拥有从内部引出的供电线缆，也有和模组电源一样可自由拔插的外置供电接口。非模组电源更加灵活，在供电功率足够的情况下可以为电脑选择加装更多主板支持的硬件，是目前比较流行的电脑电源方案。

(本文原载第45期11版)

女工程师的专属板卡——GR-PEACH

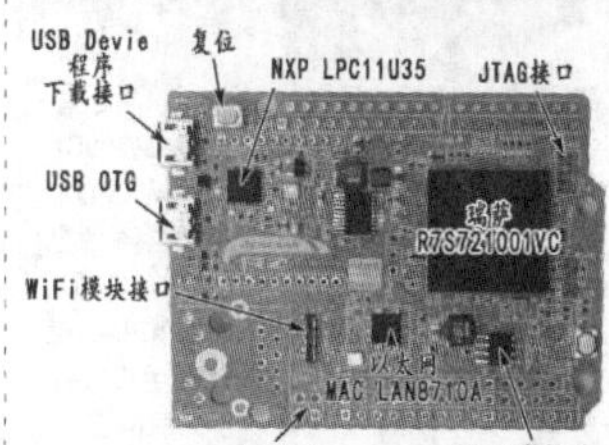

GR-PEACH是由瑞萨推出的全球限量的开发板，粉色调一看就是为女工程师而专门打造的。GR-PEACH的板型比较像Arduino系列板卡，长宽为68mm×53mm；板子核心为瑞萨R7S721001VC应用处理器，基于ARMCortex-A9，芯片采用324pin的BGA封装，大小将近19mm×19mm。板卡用料扎实，采用了4颗有源晶振分别用于系统时钟、USB时钟、视频时钟以及音频时钟。

在开发方面，GR-PEACH支持ARM mbed在线编译环境，这是全球第一款支持mbed系列的Cortex-A系列开发板。除此之外，GR-PEACH还可以选择Renesas Web Compiler云端编译环境。

需要注意的是，GR-PEACH的扩展接口电平不兼容5V电压，所以千万IO千万别接5V电平，那样会烧掉芯片的。

不过要玩转GR-PEACH，还需要摄像头，屏显，音频播放等功能模块，然而官方虽也配套了相应的模块，但是价格不菲。

最小的开源linux电脑

VoCore 2 是一个开源硬件，它拥有WIFI，USB，UART 和 20+ GPIO，但它只有一平方英寸。你可以利用它来控制智能家居。它还包含 Ultimate Dock，你可以在其中滑动microSD，为小工具提供额外的存储功能。

这台微型计算机的应用程序还挺多。通过一些易于学习的编码，你可以将其用作保护网络的 VPN 网关，音乐播放媒体站，存储数据的私有云等等。

关于 VoCore 2 的一些描述：

·使用 C，Java，Python，Ruby，JavaScript等编写 VoCore 2 的代码以增强其功能。

·将 microSD 卡插入 Ultimate Dock 并创建个人云服务器。

·连接 USB 网络摄像头并创建家庭安全摄像头。

·链接到麦克风以执行 Apple Siri 或 Amazon Echo 等语音命令。

(本文原载第45期11版)

主板防雷进化史

进入夏季，雷雨也变得多起来了，虽然现在新建的小区都有避雷设置，不过旧一点的小区或者总有防雷设施不到位的住宅；这时候，主板的防雷设施就显得非常重要了。

雷击浪涌

众所周知雷击所产生能量非常大，其中一部分以电能的形式释放，又叫直击雷；另一部分则以电磁波的形式释放，又叫感应雷。雷击对电器的损坏通常不是通过直击雷的形式发生，而是通过感应雷所产生的。当今建筑物里存在大量的导线，比如电线，电话线，网线，有线电视闭路线等，这些连通的导体就在建筑物内形成了大大小小的多个回路。电磁波作用在导电回路上就会产生强烈的感应电压，进而在导线内产生的高强度的瞬间电流，这就是雷击浪涌。

网络接口后面的电阻有部分被雷击穿烧坏

对于电脑而言，雷击浪涌主要是通过电源和有线网卡对主板进行冲击。当冲击的电压高过IC正常运行的电压，但并不足以击穿主板IC芯片，轻则会产生短暂的运行不稳定、关机等现象；重则主板南北桥等IC芯片烧坏甚至PCB板被击穿。

早期的主板完全没有任何防止雷击浪涌的器件，因此一打雷就只有拔掉电源插头，当然这也是迄今为止最原始最有效的防雷方法。

初代——防雷陶瓷电容

渐渐地随着市场竞争越来越激烈，各大厂商们也开始注重主板的功能和寿命了。在主板上采用了一些防雷设计，避免雷击浪涌将主板烧坏。这时候的防雷设计还很简单，并且保护措施也不是很到位。就是在主板上的集成网卡座后面装上1到2颗像豆片一样的蓝色电容。

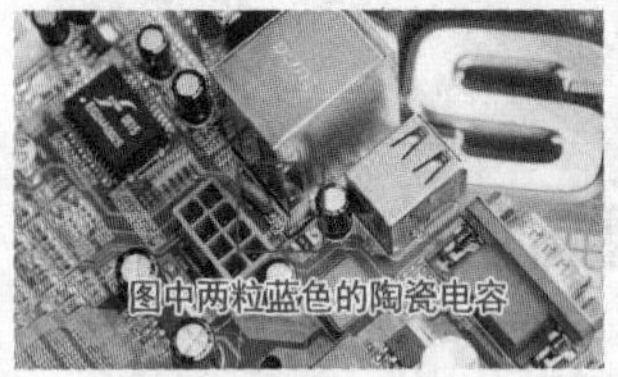
图中两粒蓝色的陶瓷电容

这种蓝色电容是一种陶瓷电容，俗称蓝精灵，最高耐压值在2000V，基本能抵御瞬间雷击浪涌，保障主板及整机正常工作。这类非智能防雷耐压电容是有寿命限制，如果经常受到高压浪涌攻击，防雷防线最终也会崩溃。

升级版——防雷芯片

这种技术被称为超级防雷器。超级防雷器主要辅助电流过载保护，为网口提供更为高级抗静电保护以及防止主板因为雷击和电流过载受到伤害。通过一个集成芯片实现，这个芯片能加强主板过电的稳定性，同时防止主板因为雷击和电流过载受到伤害。

PS：*不要以为小区有避雷针就可以完全大胆放心使用电脑了，避雷针主要是防直击雷；而要防止小区和室内弱电设施不受感应雷损害，必须根据不同的电线安装电源避雷器和信号避雷器才能大大提高室内感应雷击的防范等级。*

（本文原载第47期11版）

全面开战——全新速龙CPU再战奔腾

大家还很怀念2005年发布的AMD速龙系列曾经辉煌的日子吧。近日AMD发布了基于ZEN CPU架构和VEGA GPU架构的全新一代速龙，型号包括速龙200GE、速龙220GE、速龙240GE，对手直指Intel奔腾系列入门级处理器；这样一来，从低端入门级到发烧级市场AMD和Intel都有互相竞争的产品了。

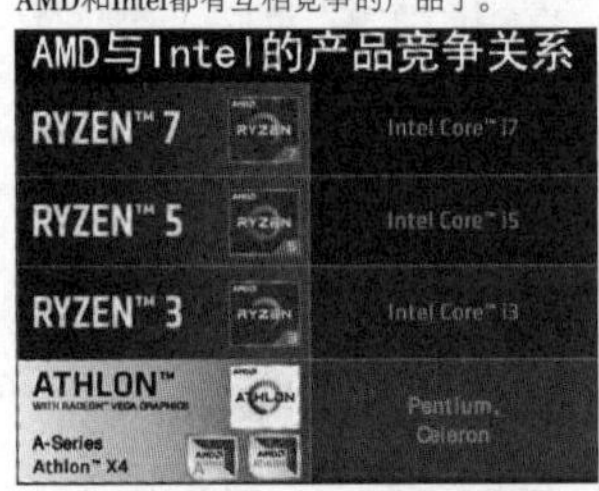

AMD与Intel的产品竞争关系

AMD	Intel
RYZEN™ 7	Intel Core™ i7
RYZEN™ 5	Intel Core™ i5
RYZEN™ 3	Intel Core™ i3
ATHLON™ / A-Series / Athlon™ X4	Pentium、Celeron

虽然发布的型号有三款，不过目前AMD只揭露了速龙200GE的具体规格。速龙200GE为双核四线程设计，采用14nm工艺打造，CPU主频3.2GHz，不支持Precision Boost，也不支持超频，二级缓存2MB，三级缓存3MB，最高支持DDR4-2666MHz内存，集成Vega 3 GPU图形核心，192个流处理器，频率1000MHz，热设计功耗35W，接口为AM4接口。

从规格上猜测新速龙就是锐龙APU屏蔽一半核心后及部分流处理器的产物，其他型号的速龙也应该仅有频率和GPU的差异。

虽然是入门级处理器，但速龙200GE还支持USB 3.1 Gen.2原生接口、NVMe SSD、4K高清输出和内存超频。

从官方公布的数据中显示，速龙200GE在R15的跑分要比G4560低3%，但是AMD素来在集成的APU上具有较大优势，在不考虑独立显卡的预算情况下，速龙200GE在PC-Mark系统性能高出19%，3DMark GPU图形性能高出67%，PC游戏性能高出84%(可在720p分辨率下流畅游戏)，能效是对手的两倍。

在定价上锐龙200GE价格为55美元，折合人民币375元，9月18日开卖，锐龙220GE、锐龙240GE的规格将在第四季度才会公布和上市。并且戴尔、惠普、联想等都会陆续发布基于新款速龙PRO、锐龙PRO的整机系统。

（本文原载第47期11版）

支持的Win7的H310

我们都知道此前的H310芯片组是不支持windows 7（intel在B360、H370、H310引入了原生的USB3.1控制器，并且没有给这个控制器WIN7的驱动，因此主板自带的USB接口无法使用，必须使用PCI-E转USB的扩展卡）。

不过世事难料，没想到微软和高通搞出了ARM运行完整版Windows 10；于是英特尔放出了新的H310芯片组，既支持第八代酷睿，又原生支持Windows 7。

其中华硕和技嘉已经上线了新款H310主板，芯片组型号依旧标注H310，并提供Windows 7驱动程序，不过并没有Windows 7版的核显驱动；另外七彩虹也计划发布支持Windows 7的H310主板。

PS：老版H310/B360主板安装使用Windows 7的方法。

先购买一个PCI-E转USB的扩展卡（免驱的更好），然后安装到主板上。

鼠标和键盘插在转接口的USB上，不要插在主板接口；然后就按正常方法安装Windows 7系统了，注意集显不支持这个方法。

（本文原载第47期11版）

索尼PS Classic——第一代PS纪念版

为了纪念第一代PlayStation主机的24岁生日，索尼发布了全新的PlayStation Classic。

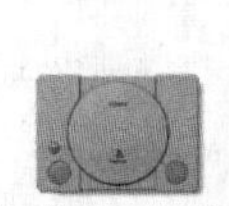
PlayStation Classic

第一代PlayStation

这款主机尺寸比初版PS1缩小45%，预装了当时最经典的多款游戏，其中有《Final Fantasy VII（最终幻想7）》、《Jumping Flash》、《Ridge Racer Type 4（山脊赛车4）》、《Tekken 3（铁拳3）》、《Wild Arms（荒野兵器）》、《Metal Gear Solid（合金装备）》、《Grand Theft Auto（侠盗猎车手）》、《Rayman（雷曼）》、《Intelligent Qube》、《Battle Arena Toshinden（斗神传）》、《Cool Boarders 2（极限滑板2）》、《Destruction Derby（飙车次世代）》、《Mr Driller（钻地小子）》、《Oddworld: Abe's Oddysee（阿比历险记）》、《Resident Evil Director's Cut（生化危机剪辑版）》、《Revelations: Persona》、《Super Puzzle Fighter II Turbo（战士方块I-I）》、《Syphon Filter（虹吸战士）》、《Tom Clancy's Rainbow Six（彩虹六号）》、《Twisted Metal（烈火战车）》。

PS Classic提供两只不带摇杆的手柄，输出接口有HDMI，2018年12月3日发售，地区包括北美、日本、欧洲、新西兰、澳大利亚，价格99.99美元（约合695元）。

（本文原载第47期11版）

AMD新增动态本地(DLM)模式 线程撕裂者CPU性能可提升15%

AMD正式发售了第二代ThreadRipper锐龙线程撕裂者家族剩下的24核心48线程的2970WX（9999元）、12核心24线程的2920X（4999元），再加上此前的32核心64线程2990WX（13999元）、16核心32线程的2950X（6999元）。

AMD锐龙真正开启了多核心普及时代，但对于大多数消费乃至专业应用来说，这么多核心的能力平常很难全部发挥出来，为此AMD也是打造了各种技术：更强动态加速、游戏模式、不同内存模式、传统兼容模式、PBO超频模式等等，满足不同应用需求。

AMD又为核心超多的2990WX、2970WX带来了新的"动态本地模式"(DLM)，可以让具有本地内存的核心优先执行要求最苛刻的线程，以优化应用程序性能。

动态本地模式会测量活动线程的CPU时间状态，从最高要求到最低要求对活跃线程进行排序，然后自动将要求最高的线程迁移到具有本地内存访问权限的处理器区块上。

同时，轻度线程和对延迟敏感的应用程序也能获得加速，而不会影响繁重的多线程任务执行。

按照AMD提供的数据，动态本地模式开启后可使WX系列在特定应用中的平均性能提高15%，包括SPECwpc基准测试软件和《绝地求生》、《孤岛惊魂5》、《异形：隔离》等游戏。

WX系列的用户可以下载AMD Ryzen Master软件，自动配置此功能，而无需手动干预。

AMD还计划在AMD芯片组驱动程序中，将动态本地模式作为默认功能，向更多用户开放。

（本文原载第47期11版）

从数字货币攻击事件看区块链当前的缺陷

现在区块链吹的神乎其技，不过今天在这里我们要给区块链泼一下冷水，众所周知区块链是一种去中心化的分布式电子记账系统，它实现的基础是一种受信任且相对安全的模型。在加密算法的配合下，交易信息会按照发生的时间顺序公开记录在区块链系统中，并且会附带相应的时间戳。关键之处在于，这些数字"区块"只能通过所有参与交易的人一致同意才可以更新，因此攻击者无法通过数据拦截、修改和删除来进行非法操作。

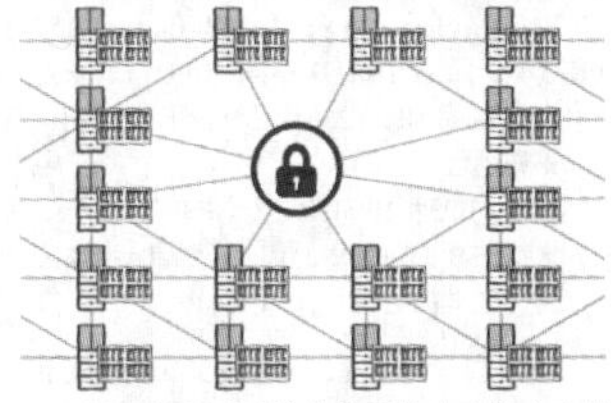

从目前有别于传统的网络安全技术来讲无论是保护数据完整性，还是利用数字化识别技术来防止物联网设备免受DDoS攻击，区块链技术都可以发挥关键作用。

在不少宣传中，都一致地强调区块链的安全性极高。比如区块链的链上数据公开透明并且可溯源，由于其分布式机制，还有效能防止数据上链后被篡改，所以它能保障数据的安全。但实际上，虚拟货币的价格节节攀升(比特币价格最高到过15w人民币一枚)，这么高的虚拟资产，必然会遭到黑客的青睐。"成也萧何败也萧何"区块链技术设计中自身就存在着一定的安全隐患，如51%攻击性问题、双花问题、恶意攻击等，而这些技术本身存在的问题，都能打破区块链安全的"神话"。如果根据区块链架构来划分，其攻击层面实际可以分为6个，主要包括了应用层、合约层、激励层、共识层、网络层、数据层。

举例说明近期发生的3起 51% 算力攻击事件。这种攻击被称为多数人的攻击(Majority attack)，攻击者在控制全网较多算力时，可以做以下这些事情：

1.逆转已发出的交易，俗称双花交易；

2.阻止其他交易的确认；

3.阻止其他块的挖出。

在攻击者控制全网大于50%算力时，攻击的成功率将达到100%，而当攻击者拥有40%算力，在需要6个确认的情况下，攻击的成功率为50%。

当然这3起51%算力攻击事件无一例外地都发生在三个币种身上，分别是 MonaCoin, Bitcoin Gold 和 Verge；而这三个币种都不同程度地源自比特币的变相延伸。

案例一 Monacoin攻击事件

2018年5月18日，有人称 Monacoin 遭受了 51%算力攻击、自私挖矿攻击与时间戳攻击，确切时间发生在5月13日至5月15日，一些支持 Monacoin 交易的交易所，比如 Bittrex, Livecoin 已经关闭了 Monacoin 的充值。其攻击行为过程为：

自私挖矿攻击（Selfish mining）

早在2013年11月，以太币的创造者俄罗斯人Vitalik Buterin4就发表过文章称，比特币网络存在一种自私挖矿攻击，能让矿工在理论条件上获得更高的收益。首先，由于比特币网络的规则，每个(诚实的)节点只能挖并且传播它看到的第一个块；也就是说，如果节点当前有一个块正在挖，而收到了别人广播的已成功挖到的同一高度的块，那么该节点将立即放弃正在挖的这个块并继续跟随新的块后面挖掘。而在自私挖矿攻击中，当恶意矿工挖到了一个新的块 B1，不立即广播，而是接着这个块挖下一个块 B2。在这期间如果别人挖出来了，就马上广播 B1 到全网，如果挖出了第二个，那就直接广播出去，这样恶意矿工的收益就是连续两个块，而别人颗粒无收，由于这种攻击需要攻击者拥有25%以上的算力才能将数学期望拉高到与正常挖矿相同或者更高，所以这次攻击同时也采用了这种行为。

双花攻击

攻击者在公链中签名并广播一笔交易发送 Monacoin 到交易所，并同时在自己的私有链上广播一个将 Monacoin 发送到自己钱包的交易，然后使用大量算力挖掘私有链，当交易所确认存款后，立即广播私有链。由于攻击者拥有大量算力，私有链长度总是比共有链长，所以最后那些发往交易所的 Monacoin 被回滚了。

出块变得异常的快

Latest Blocks

Height	Age	Size	Transactions	Sent
1329846	< 1 minute ago	289 byte	1	25 MONA
1329845	< 1 minute ago	289 byte	1	25 MONA
1329844	< 1 minute ago	246 byte	1	25 MONA
1329843	1 minute ago	2.66 KB	2	425.01 MONA
1329842	1 minute ago	289 byte	1	25 MONA
1329841	1 minute ago	289 byte	1	25 MONA
1329840	1 minute ago	289 byte	1	25 MONA
1329839	1 minute ago	289 byte	1	25 MONA
1329838	1 minute ago	289 byte	1	25 MONA
1329837	2 minutes ago	289 byte	1	25 MONA

Show all blocks

这可能是由于 Monacoin 的异常难度处理机制导致的，攻击者在短时间内挖出了大量的块，远远大于原来的1.5分钟出块时间。

攻击结果

攻击者将可以回滚充值到交易所的 Monacoin，并且掠取那些原来是诚实矿工的奖励，此次攻击导致约导致 90000 美元的损失。

解决方案

Monacoin 的官方开发组建议，将入账次数提高为 100 个确认数。

案例二 Bitcoin Gold(比特黄金)

比特币黄金(BTG，即Bitcoin Gold)是第二个从比特币分叉出来的，那么在这里可以把它看作是皇二子。当然背后集团力量跟比特现金比起来，还是差很多的。目前在全球数字货币中排行第30名，流通市值是7亿美金。它被分叉出来的目的是为了打破比特大陆的垄断。如今的比特币深受挖矿中心化的困扰，并且比特币只能由ASICS开采，但只有少数人有权访问。此外，一些中国的大型公司占据了大部分挖矿哈希率，这违反了完全去中心化的加密代币的理念。明白的人一看它就是冲着比特大陆宣战去的（当然背后肯定也有自己的利益集团）。

5月18日，BTG交流社区中，MentalNomad发文称有人在尝试进行针对交易所的双花攻击。这次攻击时间为高度 528735，5 月 16 日 10:37:54 UTC 到高度 529048，5 月 19 日 5:25:40 UTC。具体其攻击过程为：

双花攻击

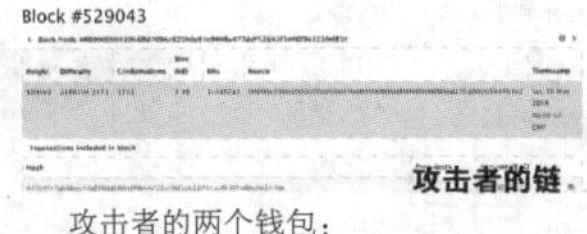

攻击者的两个钱包：

资金钱包 GTNjvCGssb2rbLnDV1xxsHmunQdvXnY2Ft

挖矿钱包 GXXjRkdquAkyHeJ6ReW3v4FY3QbgPfugTx

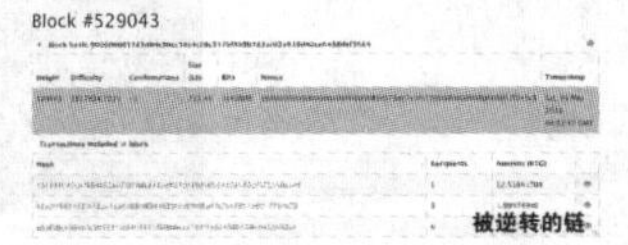

第一步.攻击者准备了约8000BTG与大量算力；

第二步.把BTG充入交易所，并同时开始私自挖矿；

第三步.成功充币后，卖掉BTG提款，但攻击者同时在私挖的链上排除充币交易；

第四步.由于攻击者拥有大量算力，私挖的链长于主链；攻击者把私链广播出来后，就成为新的主链，回滚了充币交易；

与 Monacoin 类似的，BTG中攻击者也将这笔交易同时发给交易所和自己，并成功将自己的私链变成最长链，从而使得这条链重新变为公链。其中有一笔经过了 22 个确认的交易被成功地双花攻击了。

攻击结果

本次攻击据不完全统计损失了 388,201 个BTG，约为 1860 万美元，创始人称已向FBI报案。

解决方案

Bitcoin Gold的开发组称，正在开发新的 PoW 算法以替代原有的 Equihash 算法，他们认为，攻击的原因之一是因为显卡矿机的算力可以被短时间地集中。

案例三 Verge

Verge 早在2018年4月4日就遭到了 51% 攻击，此后虽然开发组已经紧急更新修复了时间戳攻击和51%算力攻击导致的算力下降的漏洞。然而，攻击者又在5月22日发现了一种新的利用方法——反复横跳。其攻击过程如下：

反复横跳

攻击者将4月4日原有攻击的模式（修改时间戳+算力攻击）改为交替使用两种算法 Scrypt 与 Lyra2re 来重复之前的攻击。因此 Verge 的难度再次变为几乎为 0 。

攻击结果

受攻击的区块为 2155850 到 2206272，所有块收益 36808060 XVG 都发给了攻击者，大约为 1525252 美元。

解决方案

开发组将 2218500 块后的时间间隔调整为 10 分钟。

当前弱点

通过实际的攻击案例，我们可以看到几乎在每个层面上都会存在一些风险点，其中最易出现问题的有应用层、合约层和数据层。

应用层可分为交易所、矿机、矿池、钱包等。交易所往往会面临比较传统的外部安全问题，以及业务方面安全问题。矿机主要是可遭受远程弱口令登录问题，而矿池则存在可被伪造的问题，还有钱包的安全问题等等。

合约层面临的问题也很多，包括相对熟知的智能合约。截至目前，针对智能合约所发生的攻击次数已多达21次，累计造成了10亿美金的损失。智能合约的代码逻辑对于攻击者来说比较简单，非常容易造成巨大的经济损失。就拿当前比较热门的以太坊来说，安全专家对以太坊网络上现存合约做全面排查后，总共发现有160多个合约漏洞，其中有大量还未被公开的漏洞。

数据层则往往面临恶意信息攻击、资源滥用攻击等威胁。由于区块数据是分布在多个节点上的链式结构数据，节点与节点之间的交互变化记录在区块中，然后各节点间同步完整的区块数据。但随着时间的推移，区块数据可能会爆炸式增长，如果被写入恶意信息（而事实上是肯定有不少这种行为的），如病毒特征码，都可能导致整个链条存在威胁。上述所说的Verge被攻击事件就是因为攻击者篡改了区块链生成时间，导致挖矿难度下降，整条主链被劫持，最终致使攻击者获取到大量代币。

安全保障

为了确保区块链系统安全，可以从战略层面、一个企业或者组织的网络安全风险管理的整个生命周期的角度出发，进而构建识别、保护、检测、响应和恢复5个核心组成部分，以感知、阻断区块链风险和威胁。

首先利用身份验证保护边缘设备。现在整个IT社区的注意力已经开始转移到物联网&智能设备的身上了，而安全性绝对是首要考虑因素之一。虽然物联网可以提升我们的工作和生产效率，但这也意味着我们需要面临更多的安全风险。因此，从一开始就利用区块链来保护(工业)物联网设备的安全，并提升现有设备的验证、数据流和记录管理的安全性。

其次提升区块链的保密性和数据完整性。虽然区块链最初的设计并没有考虑到具体的访问控制，但是现在某些区块链技术实现已经解决了数据保密以及访问控制的问题了。在这个任何数据都有可能被篡改的时代，这显然是个严重问题，但是完整的数据加密恶意保证数据在传输过程中不被他人通过中间人攻击等形式来访问或篡改。

然后是寻求取代PKI的可能性。公钥基础设施(PKI)是用于保证电子邮件、消息应用程序、网站和其他通信形式的公钥加密系统。但是大多数实现都依赖于集中的第三方证书颁发机构(CA)来发布、撤销和存储密钥对，因此攻击者可以针对这些密钥来破坏加密通信并伪造身份，借此在区块链网络中发布密钥理论上来说可以消除这种安全风险，并允许应用程序验证其他通信程序的合法身份。

最后就是缓解DDoS攻击。目前的措施是当节点个体带宽达到一定的富裕条件，就可以出租自己的额外带宽，并将带宽访问权限"提交"到区块链分布式节点，当网站遭受DDoS攻击时，网站可以利用这些出租带宽来缓解DDoS攻击。

总之，和传统的安全网络比较，区块链技术并不是万能的。无论是从技术完整性出发，还是从系统实现方面考量，现在的区块链技术都无法100%确保设备的安全。但无论怎样，区块链技术确实是目前未来主流安全技术的趋势，这一点是毋庸置疑的。

（本文原载第48期11版）

人工智能与无线电的应用

伴随着无人驾驶、物联网、5G等相关技术的发布。AI在数据、图形、语音等各个领域都有相关联的结合与应用。不过在无线电领域，还很少看到AI的身影。

如今Deep wave数字公司计划将高性能计算与软件无线电技术集成在单一的嵌入式平台(AIR-T)，以使下一代无线射频系统可利用深度学习技术(AI)。

AIR-T是一个开发和部署软件无线电的平台，可将多输入多输出(MIMO)收发器与三个信号处理器配对。这三个信号处理器分别是：赛灵思(Xilinx)公司的现场可编程门阵列(FPGA)、嵌入式的中央处理器(CPU)，以及英伟达(NVIDIA)公司的嵌入式图形处理器(GPU)。

支持的频率范围从300 MHz到6 GHz，可用作深度学习算法的高性能并行SDR，数据记录器或推理引擎，嵌入式GPU又允许SDR应用程序实时处理大于200 MHz的带宽。AIR-T通过允许AI引擎完全控制硬件，从而大大降低了无线电中实现自主信号识别，干扰抑制等功能所需的价格和性能瓶颈，从而实现完全自主的SDR。

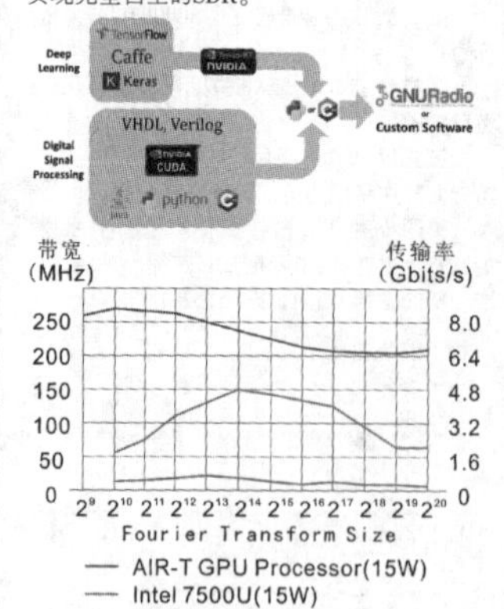

AIR-T使用256个GPU核心(NVIDIA Jetson TX2)来创建高性能并行的计算环境，从而可以实现软件定义无线电(SDR)应用的宽带处理。如下图所示，在实时SDR应用中，使用NVIDIA Jetson TX2，AIR-T比Intel 7500U CPU提高了250%的带宽处理，比ARM Cortex-A57(4核)提高了1350%的带宽处理。AIR-T使用零拷贝内存访问来克服通常与GPU处理相关的数据传输开销。

该板支持Ubuntu16.4系统，可以通过SoapySDR在几分钟内移植现有的GNU Radio应用程序，也可以使用自定义GNU Radio模块轻松部署神经网络或高性能应用程序；还可以使用官方的硬件驱动程序构建自己的定制软件，比如Python或C ++轻松编程GPU，更支持高级语言VHDL / Verilog编程FPGA。

凭借AIR-T出色的运算能力，它可以将图像和视频处理的传统用途与射频结合起来，通过千兆以太网和高速IO将数据在AIR-T上实现输入和输出，或者连接其他传感器并通过AIR-T将数据融合在一起。甚至可以处理多个设备来直接接收包含音频的信号，然后执行语音识别。当然该板的缺点也很明显，售价高达4999美元。

附参数：

★双通道MIMO收发器Analog Devices 9371

300 MHz至6 GHz；

100 MHz带宽Rx ×2；

100 MHz带宽Tx ×2

★数字信号/深度学习处理器

Xilinx Artix 7 FPGA；

NVIDIA Jetson TX2【ARM Cortex-A57 CPU (4核)；NVIDIA Denver2 CPU (2核)；NVIDIA Pascal GPU(256核心)；8 GB内存】

★连通性

通过1 PPS和10 MHz进行GPS同步；

支持USB 3.0，USB 2.0 / 3.0，SATA接口；

高速数字I / O(GPIO / UART)；

1 Gbps以太网；

(本文原载第49期11版)

首款支持Ryzen处理器的矿卡主板

近日，华擎推出了X370 Pro BTC+主板，从主板名字的BTC(比特币)就可以看出来，这是一块针对矿卡的特殊主板，特殊的地方就是该主板是"妖板"史上首款支持Ryzen处理器的专业矿板。

该主板采用AM4插座，支持Ryzen系列处理器。主板只有一个最高支持16GB内存的DDR4 DIMM插槽，主板上有8条PCI-E(x16)以及6个USB PCIex1 Mining，该板最多支持14张显卡。

另外该主板还配备了1个SATA 3接口，1个M.2接口，PS键鼠接口，2个USB 3.1 Gen 1接口，2个USB 3.0接口，HDMI和VGA接口。

当然了主板上的HDMI和VGA插槽只有在用Ryzen APU时才能用，一般情况下可以在8张矿卡里挑一张插显示器。

(本文原载第49期11版)

QLED与量子点

QLED电视(英文Quantum Dots Light Emitting Diode Display TV，即量子点发光二极管)"其实也是LED电视的一种，只不过是利用了量子点技术提高了关键图像的显示质量。QLED的发光源不再是二极管，而是量子点。量子点是纳米级大小的球形材料，肉眼无法看到，在电压的作用下会自发光。简单来说，量子点其实就是一种会发光会变色的颗粒物。这种技术可以通过电驱动发光产生图像，而不需要液晶和背光，算是一种新型的屏幕技术。

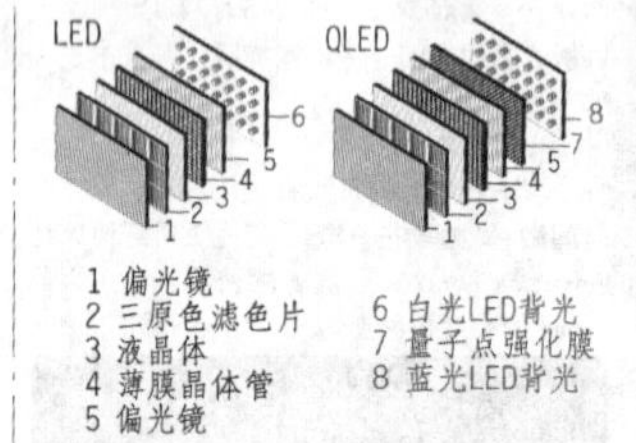

量子点(quantum dot)其实是一种纳米级别(2纳米到10纳米)的半导体，因此比传统的LCD屏幕要薄得多。通过对这种纳米半导体材料施加一定的电场或光压，它们便会发出特定频率的光，而发出的光的频率会随着这种半导体的尺寸的改变而变化，因而通过调节这种纳米半导体的尺寸就可以控制其发出的光的颜色，由于这种纳米半导体拥有限制电子和电子空穴(Electron hole)的特性，这一特性类似于自然界中的原子或分子，因而被称为量子点。

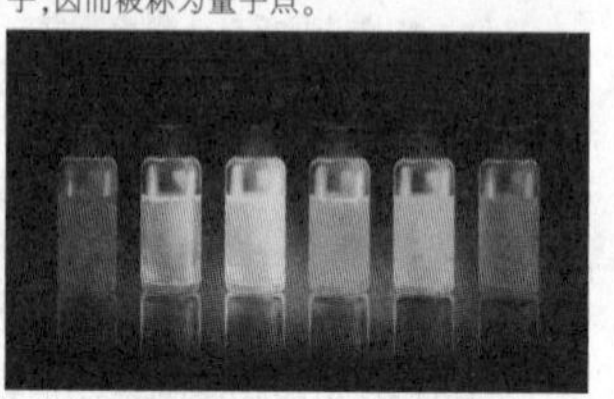

通过控制浓度、温度等方式，可以让量子点发出自然界所有的光。把这种特性用专业术语来说就是广色域。量子点的发射光谱可以通过改变量子点的尺寸大小来控制。通过改变量子点的尺寸和它的化学组成可以使其发射光谱覆盖整个可见光区。以CdTe量子为例，当它的粒径从2.5 nm生长到4.0 nm时，它们的发射波长可以从510 nm红移到660 nm。而硅量子点等其他量子点的发光可以到近红外区。QLED发出的光纯度高，因此对于提升色彩效果非常有帮助，热衷于色彩鲜艳的三星曾经说过，QLED的色彩可以媲美世界上任何一种显示技术。

并且量子点具有优秀的光稳定性和寿命时间，其激发光谱宽且连续分布，而发射光谱窄而对称，颜色可调性高等优越的荧光特性，是一种理想的荧光探针。

OLED虽然黑色更加纯粹，但带来的问题是亮度不足。而QLED的亮度是很到位的，色彩也更加鲜艳。从省电方面来讲，QLED发光效率更高，同等画质下发光效率比OLED高30%~45%。

最关键的是从制造成本来看，QLED屏幕成本不足OLED的一半，工艺复杂、生产良率太低一直是OLED没能克服的先天性问题，相比之下，QLED就显得相对简单，在大规模量产上有绝对的优势。

(本文原载第49期11版)

再也不怕假显卡了

现在的显卡同比上一代的涨价都非常厉害，很多朋友在选择升级甚至购买新电脑时都喜欢网购显卡，希望找到便宜一点的部件；然而越是低价陷阱也越多，有不少黑心卖家将老型号显卡通过软件刷写成高一级的显卡，玩家买到后，单是通过旧一点版本的GPU-Z（最常用的显卡检测识别工具）都无法识别出真假，图形跑分软件也不好通过分数来判断显卡的好坏。好在GPU-Z的最新版本2.12.0，除了增加部分功能、修复一些Bug和增加新显卡识别(近期的RTX新卡都支持到位)外，最重要的一个使用的功能：支持识别假冒显卡了！

GPU-Z 2.12.0增加了对大量假冒显卡的识别功能，第一批都是较老的NVIDIA核心，包括G84、G86、G92、G94、G96、GT215、GT216、GT218、GF108、GF106、GF114、GF116、GF119、GK106。

低于这类假卡，GPU-Z会在LOGO框内显示一个黄色三角形警示标志，并在显卡型号栏内增加字样。

今后再购买二手显卡，尤其是面对价格明显低于正常水平的显卡，就可以用它检测一把了，不足的是GPU-Z 2.12.0还不支持对假冒A卡的识别功能，希望以后的升级版本能对A卡也有效。

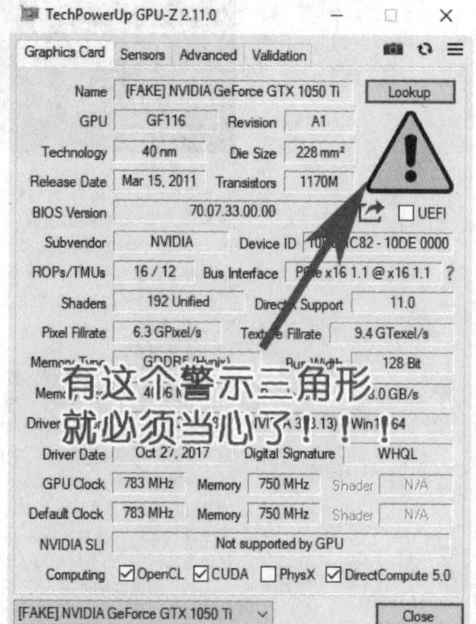

很多参数假的显卡，都是在老的GPU核心的基础上，通过刷新BIOS等手段让系统、软件将其识别为新款显卡。

GPU-Z 2.12.0还完善了对NVIDIA Turing图灵架构的RTX 20系列的支持，包括BIOS保存、多风扇监控、风扇转速百分比监控等。

高级标签页内增加了N卡HDMI、DisplayPort接口信息的检测，N卡功耗则会同时以瓦特(W)、热设计功耗百分比(TDP%)两种方式来报告。

另外还修复了四个Bug：使用Valve反作弊导致系统卡死、图灵显卡GDDR6内存带宽显示错误、显存占用量提示信息错误、RX400显卡使用新驱动核心占用率显示错误。

(本文原载第49期11版)

美的电脑控制型电饭锅典型电路分析与检修

孙立群 付玲

一、美的FZPB系列电饭锅

美的FZPB系列电饭锅在锅底和锅盖上设置了两个传感器，其中底部传感器检测锅内水温及内锅的温度变化率等；上盖传感器则用于检测锅内温度和水蒸气的温度，可以判别出电饭锅煮饭时所处的工序阶段，尤其可有效判别在焖饭工序中米饭的温度。该机电路由电源板电路、控制板电路两部分构成，如图1、图2所示。

1.市电输入电路

市电输入电路由温度保险丝（热熔断器）FUSE1、电流保险丝FUSE101、压敏电阻ZNR101、滤波电容C101等构成，如图1所示。

220V市电电压经FUSE1进入功率板电路，经FUSE101送到C101两端，由它滤除高频干扰脉冲后分两路输出：一路通过继电器、双向可控硅（双向晶闸管）为加热器供电；另一路不仅为市电过零检测电路提供取样信号，而且为电源电路供电。

市电输入回路的ZNR101是压敏电阻，市电正常、没有雷电窜入时它不工作；当市电升高或有雷电窜入，使ZNR101两端的峰值电压达到470V时它击穿，导致FUSE101过流熔断，切断市电输入回路，避免了电源电路的元器件过压损坏，实现市电过压和防雷电保护。

2.电源电路

220V市电电压经变压器T101降压，从它的次级绕组输出10.5V左右的（与市电高低有关）交流电压，经D101~D104构成的整流堆进行整流，通过C102、C103滤波产生12V左右的直流电压。它一路为蜂鸣器、继电器K111的线圈供电；另一路经R101限流后，不仅为Q102、Q101的c极供电，而且经R102限流，在稳压管ZD101两端产生5.6V基准电压。该电压加到Q101、Q102的b极后，从Q101的e极输出5V电压Vdd1，为CPU及其复位电路供电；从Q102的e极输出5V电压Vdd2，为温度检测等电路供电。

3.市电过零检测电路

参见图1、图2，市电电压经R191降压，从CON101的①脚进入控制板，由C291滤波后，利用Q291倒相放大，从它c极输出的50Hz交流电压经C292滤波后，再通过R293加到微处理器IC201（S3F9488）的①脚。IC201对①脚输入的信号检测后，确保侧面加热器、上盖加热器供电回路中的双向晶闸管TR111、TR112在市电过零点处导通，避免了它们在导通瞬间可能因负载电流大而损坏，实现它的低功耗导通控制。

4.微处理器电路

参见图2，该微处理器电路由单片机S3F9488、LCD显示电路、指示灯电路、操作电路、蜂鸣器电路构成。

(1)S3F9488的实用资料

单片机S3F9488的引脚功能如表1所示。

(2)工作条件电路

5V供电：插好电饭锅的电源线，待5V电源电路工作后，由它输出的5V电压经C201、C227滤波后，加到微处理器IC201的⑤脚为它供电。

复位：该机的复位电路由微处理器IC201和复位芯片IC261为核心构成。开机瞬间，由于5V电源在滤波电容的作用下是逐渐升高。当该电压低于4.2V时，IC261的①脚输出低电平电压，该电压经R261加到IC201的⑫脚，使IC201内的存储器、寄存器等电路清零复位。随着5V电源的逐渐升高，当其超过4.2V后，IC261①脚输出的高电平电压经R261限流，C261滤波后加到IC201的⑫脚，IC201内部电路复位结束，开始工作。正常工作后，IC201的⑫脚电位几乎与供电相同。

时钟振荡：微处理器IC201得到供电后，它内部的振荡器与⑦、⑧脚外接的晶振XTAL252通过振荡产生4.19MHz的时钟信号。该信号经分频后作为基准脉冲源协调各部位的工作。

(3)操作、指示灯电路

该机的操作、指示灯电路由微处理器IC201、按键SW241~SW248、发光管LED231~LED233及二极管D241~D248为核心构成。

当按下某个按键时，IC201输出的键扫描脉冲通过该按键和相应的二极管输入到IC201的③、④脚或㉒脚，被IC201识别后就可以对相关电路进行控制，确保该电饭锅进入用户需要的工作状态。

需要指示灯显示电饭锅的工作状态时，IC201⑲脚输出的驱动信号经R237限流，由Q231倒相放大后，为发光管LED231~LED233供

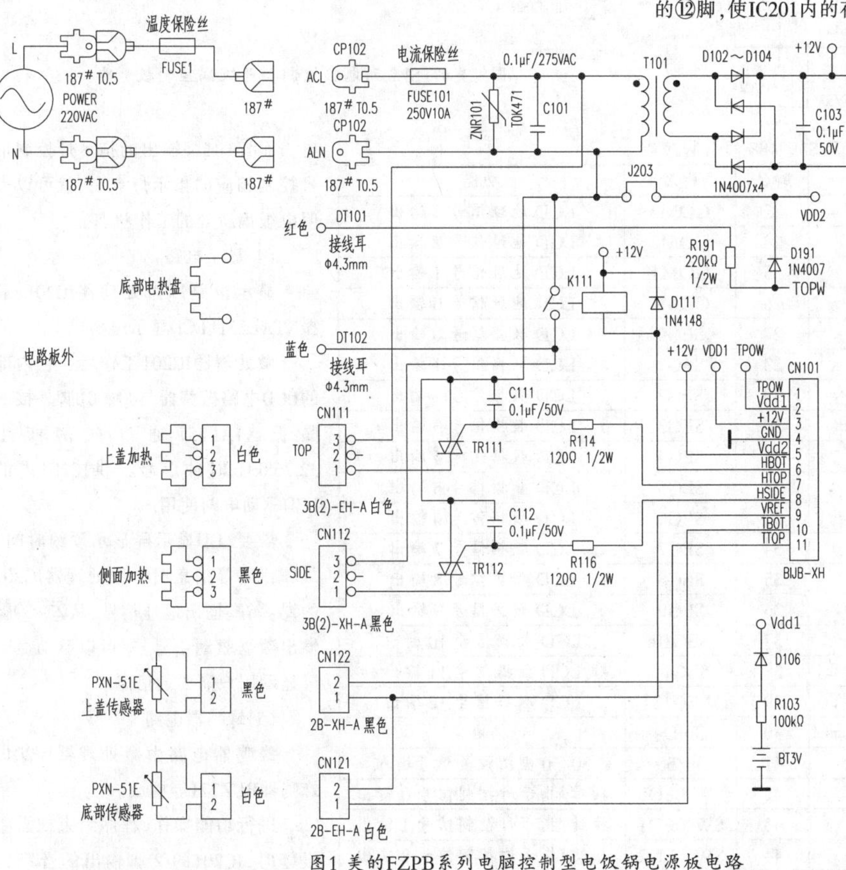

图1 美的FZPB系列电脑控制型电饭锅电源板电路

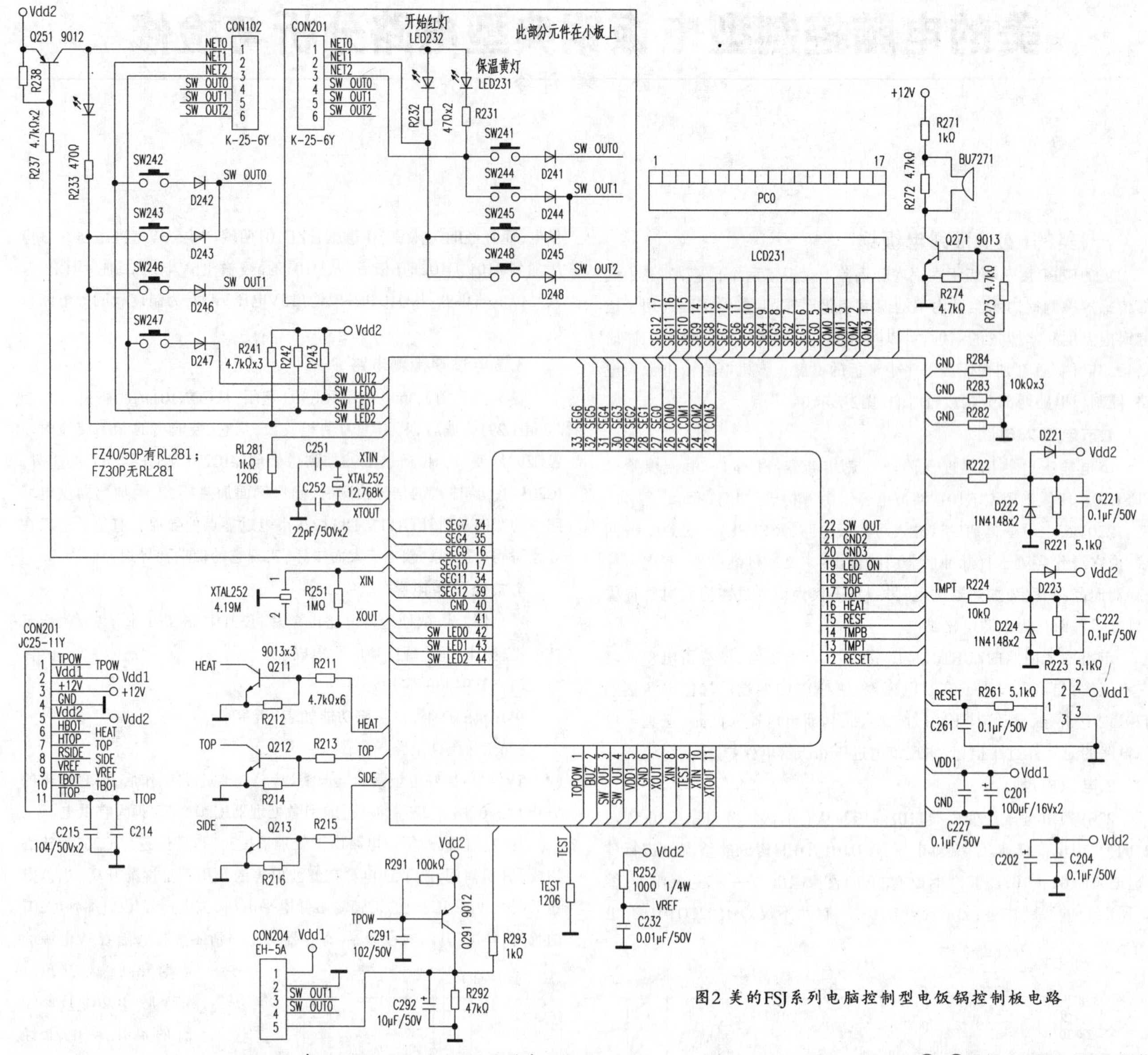

图2 美的FSJ系列电脑控制型电饭锅控制板电路

表1 微处理器 S3F9488 的引脚功能

脚位	脚名	功能	脚位	脚名	功能
1	TO POW	市电过零检测信号输入	23	COM3	LCD 地址信号 3 输出
2	BUZ	蜂鸣器驱动信号输出	24	COM2	LCD 地址信号 2 输出
3	SW OUT	键控信号输入	25	COM1	LCD 地址信号 1 输出
4	SW OUT	键控信号输入	26	COM0	LCD 地址信号 0 输出
5	Vdd1	5V 供电	27	SEG0	LCD 数据信号 0 输出
6	GND	接地	28	SEG1	LCD 数据信号 1 输出
7	X IN	4.19MHz 时钟振荡信号输入	29	SEG2	LCD 数据信号 2 输出
8	X OUT	4.19MHz 时钟振荡信号输出	30	SEG3	LCD 数据信号 3 输出
9	TEST	测试信号输入	31	SEG4	LCD 数据信号 4 输出
10	XT IN	32.768kHz 时钟振荡信号输入	32	SEG5	LCD 数据信号 5 输出
11	XT OUT	32.768kHz 时钟振荡信号输出	33	SEG6	LCD 数据信号 6 输出
12	RESET	复位信号输入	34	SEG7	LCD 数据信号 7 输出
13	TMPT	上盖温度检测信号输入	35	SEG8	LCD 数据信号 8 输出
14	TMPB	底部(锅底)温度检测信号输入	36	SEG9	LCD 数据信号 9 输出
15	VREF	参考电压输入	37	SEG10	LCD 数据信号 10 输出
16	HEAT	底盘加热器供电控制信号输出	38	SEG11	LCD 数据信号 11 输出
17	TOP	上盖加热器供电控制信号输出	39	SEG12	LCD 数据信号 12 输出
18	SIDE	侧面加热器供电控制信号输出	40	GND4	接地 4
19	LED ON	指示灯供电控制信号输出	41	30/50	30/50 型机设置信号输入
20	GND3	接地 3	42	SW LED0	按键/指示灯控制信号 0 输出
21	GND2	接地 2	43	SW LED1	按键/指示灯控制信号 1 输出
22	SW OUT	键控信号输入	44	SW LED2	按键/指示灯控制信号 2 输出

电，而㊷~㊹脚输出的指示灯控制信号控制相应的指示灯点亮，就可以表明电饭锅所处的工作状态。

(4)显示电路

显示电路以微处理器IC201、晶振XTAL251、LCD显示屏构成。

微处理器IC201工作后，它内部的LCD电路振荡器与⑩、⑪脚外接的晶振XTAL251通过振荡产生32.768kHz时钟信号，供IC201内的LCD驱动电路使用。

需要LCD显示屏显示预约时间、故障代码等信息时，微处理器IC201的㉓~㉖脚输出地址信号，从㉗~㊴脚输出数据驱动信号，就可以驱动显示屏显示用户需要的信息。

(5)蜂鸣器电路

蜂鸣器电路由微处理器IC201、蜂鸣器BUZ271等构成。

进行功能操作、程序结束或需要报警时，IC201的②脚输出的音频信号经R273限流，Q271倒相放大后驱动蜂鸣器BUZ271鸣叫，完成功能提示和报警功能。

5.加热电路

该机的加热电路由微处理器IC201、操作电路、上盖传感器、底部传感器、继电器K111、晶闸管TR111/TR112、加热器等构成，如图1、图2所示。上盖、底部传感器采用的是负温度系数热敏电阻。下面以煮饭为例介绍加热电路的工作原理。

通过功能键SW205选择煮饭，按开始键SW208时，被微处理器IC201识别后，它不仅输出指示灯、显示屏驱动信号，使煮饭指示灯、显示屏工作，表明电饭锅进入煮饭状态。同时，因锅内温度低，两个温度传感器的阻值较大，VREF经底部传感器与R221取样后产生的电压较低，利用C221滤波后通过R222为IC201的⑭脚提供的电压增大，VREF经上盖传感器与R223取样后产生的电压较低，利用C222滤波后通过R224为IC201的⑬脚提供的取样电压较低，IC201将这两个电压数据与内部存储器固化的不同电压数据对应的温度值比较后，确认锅内温度低，并且无水蒸气，IC201从⑯脚输出高电平的加热信号。该信号经R211加到Q211的b极，由它倒相放大后，使K111内的触点闭合，接通底部电热盘(加热盘)的供电回路，电热盘得电后开始发热，进入煮饭状态。当水温达到100℃，底部传感器的阻值减小，VREF经该传感器与R221取样后产生的电压升高，利用C221滤波后通过R222为IC201的⑭脚提供的取样电压增大，被IC201识别后控制它的⑯脚间断性输出加热信号，维持沸腾状态。保沸时间达到20min左右，IC201的⑯脚输出低电平，使电热盘停止加热，电饭锅进入焖饭状态。

在保沸过程中，上盖传感器对锅内温度和水蒸气进行检测，以改变IC201的⑬脚输入的电压，也在一定范围内控制了电热盘的加热时间。

6.焖饭、保温电路

进入焖饭程序后，微处理器IC201根据内部固化的程序控制该机执行在焖饭程序。此时IC201通过⑰、⑱脚输出触发信号，⑰脚输出的驱动信号经R213限流，Q212倒相放大后，利用R111触发双向晶闸管TR111导通，为上盖加热器供电，使它开始发热；⑱脚输出的驱动信号经R215限流，Q213倒相放大后，经R112触发双向晶闸管TR112导通，为侧面加热器供电，使它开始发热。

上盖加热器发热后，将上盖的凝露水烘干，以免它们滴入米饭，导致米饭发黏；侧面加热器发热后，对锅内侧面的米饭进行加热，确保侧面的米饭也柔软可口。随着焖饭的不断进行，水蒸气逐渐减少，VREF经上盖传感器与R223取样后产生的电压较低，利用C222滤波后通过R224为IC201的⑬脚提供的取样电压减小，被IC201识别后，执行焖饭结束的程序，IC201输出蜂鸣器信号，驱动蜂鸣器鸣叫，提醒用户米饭已煮熟，若未被操作，IC201自动执行保温程序，输出控制信号使保温指示灯LED231点亮，提醒用户米饭进入保温状态。随着保温时间的延长，当底部传感器检测的温度达到60℃左右时，锅底传感器的阻值增大到需要值，产生的取样电压减小，被IC201识别后，控制⑯脚输出高电平信号，如上所述，电热盘开始加热，使温度升高。当温度超过70℃后，底部传感器的阻值减小，被IC201识别后控制⑯脚输出低电平信号，电热盘停止加热。这样，在底部传感器、IC201的控制下，加热盘间断性加热，不仅使米饭的温度保持在65℃左右，而且使米饭干松可口。但保温时间过长，容易导致锅底的米饭糊锅。

7.电热盘过热保护电路

电热盘过热保护由温度保险丝完成。当继电器K111的触点粘连或其驱动管Q211、底部温度检测电路、微处理器IC201异常，引起底部电热盘加热温度过高。当温度达到温度保险丝的标称值后其熔断，切断市电输入回路，避免电热盘和相关器件过热损坏，实现了电热盘过热保护。

8.故障代码

为了便于生产和维修，该电饭锅具有故障自诊功能。当被保护的温度传感器或电路发生故障时，被微处理器IC201识别后，它不仅驱动蜂鸣器鸣叫报警，而且控制显示屏显示故障代码，来表示故障发生部位。故障代码及含义如表2所示。

表2 美的FZPB系列电饭锅故障代码及含义

故障代码	含义
C0	电池无电或相关元件异常
C1	底部温度传感器开路或相关元件异常
C2	底部温度传感器短路或相关元件异常
C3	上盖温度传感器开路或相关元件异常
C4	上盖温度传感器短路或相关元件异常

9.常见故障检修

(1)通电后无反应

该故障是由于供电线路、电源电路、微处理器电路、加热电路异常所致。

首先，检查电源线和电源插座是否正常，若不正常，检修或更换；若正常，用电阻挡测量电饭锅电源插头两端阻值，若阻值为无穷大，说明电源线异常或熔断器开路。电源线开路后，用相同的电源线更换即可；若电源线正常，拆开电饭锅后，测温度保险丝FUSE1、过流保险丝FUSE101是否开路。

当FUSE1开路，应先检查有无过热现象。首先，在路检测Q211是否击穿、继电器K111的触点是否粘连，若是，与FUSE1一起更换即可。若Q211、K111正常，更换FUSE1后试机，若仍过热熔断，则检查微处理器IC201；若正常，说明FUSE1自身异常。

当FUSE101开路，应先检查有无过流现象。首先，检查压敏电阻ZNR101和滤波电容C101是否击穿，若它们击穿，与FUSE101一起更换后即可排除故障；若它们正常，在路检测双向晶闸管TR111、TR112是否击穿，若是，与FUSE101一起更换即可。若正常，检测加热器有无短路现象，若有，与FUSE101一起更换即可；若正常，说明FUSE101自身损坏。

若FUSE1、FUSE101正常，说明电源电路或微处理器电路异常。此时，测电源电路输出电压是否正常，若正常，说明微处理器电路异常；若异常，说明电源电路工作异常。确认电源电路异常后，测C102两端有无12V电压，若有，检查R101、R102、5V稳压器及其负载；若没有，说明12V电源异常。此时，测变压器T101的初级绕组有无220V左右的交流电压，若没有，检查市电电压输入线路；若有，检查T101的次级绕组有无10V左右的交流电压输出，若有，检查线路；若没有，说明T101的初级绕组开路，此时还应检查整流管D101~D104和C102、C103是否击穿，以免更换后的变压器再次损坏。

确认微处理器电路异常时，首先测微处理器IC201的⑤脚有无5V供电输入，若没有，查Q101、ZD101、R102及线路；若有，检查IC201的⑦、⑧脚外接的4.19MHz晶振XTAL252是否正常，若异常，更换即可；若正常，测⑫脚有无复位信号输入，若没有，检查IC261、C261、R261；若有复位信号输入，检查IC201的①脚有无市电过零检测信号输入，若有，检查IC201；若没有，检查Q291的c极有无信号输出，若有，检查R293；若没有，在路检查Q291、D191是否正常，若不正常，更换即可；若正常，检查R191、C291、C292。

(2)不加热、显示底部传感器开路的故障代码

该故障主要原因：1)CN121、CON101的引脚脱焊或连线断路，2)底部传感器开路，3)D222或C221漏电，4)R222开路，5) 微处理器IC201异常。

首先，检查连接器CN121、CON101的引脚是否脱焊、连线是否开路，若是，处理后即可排除故障；若正常，检查底部温度传感器，若不正常，维修或更换即可；若正常，在路检查D222是否正常，若异常，更换即

可；若正常，检查R222和C221是否正常，若不正常，更换即可；若正常，检查微处理器IC201。

(3)不加热、显示底部传感器短路的故障代码

该故障主要原因：1)底部温度传感器短路，2)D221漏电，3)R221开路，4)微处理器IC201异常。

首先，检查底部温度传感器是否短路，若短路，维修或更换即可；若正常，在路检查D221是否漏电、R221是否开路，若是，用相同的元件更换即可；若正常，检查微处理器IC201。

(4)不加热、显示上盖传感器开路的故障代码

该故障主要原因：1)CN122、CON101的引脚脱焊或连线断路，2)上盖温度传感器开路，3)D224或C222漏电，4)R224开路，5) 微处理器IC201异常。

首先，检查连接器CN122、CON101的引脚是否脱焊、连线是否开路，若是，处理后即可排除故障；若正常，检查上盖温度传感器，若不正常，维修或更换即可；若正常，在路检查D224是否正常，若异常，更换即可；若正常，检查R224和C222是否正常，若不正常，更换即可；若正常，检查微处理器IC201。

(5)不加热、显示上盖传感器短路的故障代码

该故障主要原因：1) 上盖传感器短路，2)D223漏电，3)R223开路，4)微处理器IC201异常。

首先，检查上盖传感器是否短路，若短路，更换相同的热敏电阻即可排除故障；若正常，在路检查D223是否漏电、R223是否开路，若是，用相同的元件更换即可；若正常，检查微处理器IC201。

(6)煮饭显示正常，但电热盘不加热

该故障的主要原因：1)驱动管Q211损坏，2)继电器K111异常，3)电热盘异常，4)CON101、R211、D111异常，5) 开始键SW248、D248及线路异常，6)微处理器IC201异常。

首先，在路检查电热盘是否开路，若是，更换相同的电热盘即可；若正常，测继电器K111的线圈有无正常的供电，若有，检查K111及线路；若没有，测Q211的b极有无0.7V导通电压，若有，检查Q211、D111及线路；若没有，测IC201的⑯脚有无高电平电压输出，若有，检查Q211、CON101、R211及线路；若没有，说明IC201没有收到加热信号或其损坏。此时，按开始键SW248时测IC201有无加热开始的操作信号输入，若没有，检查SW248、D248及线路；若有，说明IC201异常。

(7)仅上盖加热器不加热

该故障的主要原因：1) 驱动管Q212损坏，2) 双向晶闸管TR111异常，3)上盖加热器异常，4)CN111、CON101、R111、R213异常，5)微处理器IC201异常。

首先，在路检查上盖加热器是否开路，若是，更换相同的加热器即可；若正常，检查连接器CN111、CON101及其连线是否正常，若异常，维修或更换即可；若正常，测Q212的b极有无驱动信号输入，若没有，检查IC201的⑰脚有无驱动信号输出，若没有，检查IC201；若有，检查Q212、R213及线路。若Q212的b极有驱动信号输入，则检查Q212、R111、TR111。

【提示】因上盖加热电路与侧面加热电路采用的元件相同，所以维修时可以通过互换电路或元件的方法来检修。而侧面加热器不加热故障的检修可参考上盖加热器不加热的检修方法，不再介绍。

(8)煮饭糊锅

该故障的主要原因：1)保温时间超过6小时，2)内锅放置不平衡，3)内锅底部有米粒等杂物，4)底部温度检测电路异常，5)内锅或电热盘变形，6)微处理器IC201异常。

首先，询问用户保温时间是否超过6小时，若是，采用预约功能，缩短保温时间；若保温时间正常，则检查内锅放置是否平衡，若不平衡，重新放置；若平衡，察看锅底有无米粒等杂物，若有，清理干净即可；若没有杂物，察看内锅、电热盘是否变形，若是，维修或更换即可；若正常，说明底部温度检测电路异常。此时，检测底部温度传感器是否正常，若异常，更换相同的传感器即可；若正常，检查R222是否阻值增大，C221、D222是否漏电即可。

(9)煮饭不熟

该故障的主要原因：1)内锅放置不平衡，2)内锅底部有米粒等杂物，3)底部温度检测电路异常，4)内锅或电热盘变形，5)电热盘或其供电电路异常，6)微处理器IC201异常。

首先，按煮饭糊锅故障的检修方法来检查内锅、电热盘是否正常，若异常，维修或更换；若正常，说明底部(锅底)温度检测电路、电热盘供电电路异常。此时，测IC201⑭脚输入的TMPB电压是否正常，若异常，说明底部温度检测电路异常。此时，测底部温度传感器是否阻值变小，若是，更换相同的传感器即可；若正常，检查R221是否阻值增大，D221是否漏电即可。若IC201⑭脚输入的TMPB电压正常，说明电热盘或其供电电路异常。此时，测加热盘的供电是否正常，若正常，检查电热盘；若异常，检查继电器K111、驱动管Q211、R211是否正常，若异常，更换即可；若正常，检查IC201

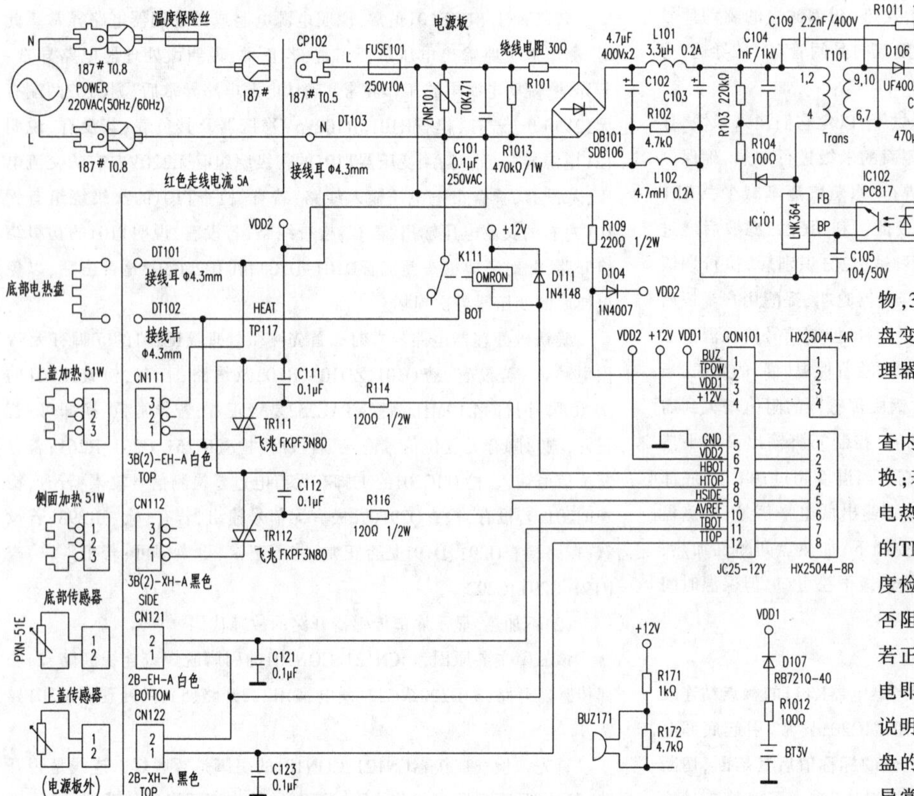

图3 美的FZVB/FZVC系列电脑控制型电饭锅电源板电路

及线路。

(10)LCD显示异常

该故障的主要原因:1)32.768kHz时钟信号异常,2)LCD显示屏与IC201之间线路异常,3)LCD的接口异常,4)微处理器IC201异常。

首先,检查晶振XTAL251是否正常,若异常,更换即可;若正常,检查LCD屏与微处理器IC201间的线路是否正常,若异常,处理即可;若正常,检查LCD屏的接口是否正常,若异常,处理即可;若正常,检查LCD屏是否正常,若异常,更换即可;若正常,检查IC201。

(11)蜂鸣器不能鸣叫

该故障的主要原因:1)驱动管Q271损坏,2)蜂鸣器BUZ271异常,3)R271、R273异常,4)微处理器IC201异常。

首先,在路检查Q271、BUZ271是否正常,若异常,更换即可;若正常,检查R271、R273是否正常,若异常,更换即可;若正常,检查微处理器IC201及线路。

(12)指示灯发光异常

该故障的主要原因:1)三极管Q231损坏,2)发光二极管异常,3)R237异常,4)微处理器IC201异常。

首先,测Q231的c极有无电压输出,若有,检查线路;若没有,检查⑲脚有无控制信号输出,若有,检查R237、Q231;若没有,检查IC201。

【提示】*若仅单个指示灯不发光,检查该发光管及其串接的电阻是否正常,若异常,更换即可;若正常,检查IC201。*

二、美的FZVB/FZVC系列电饭锅

美的FZVB/FZVC系列电饭锅在锅底和锅盖上设置了两个传感器,其中锅底传感器检测水温及内锅的温度变化率等;锅盖传感器则用于检测锅内温度和水蒸气的温度,可以判别出电饭锅煮饭时所处的工序阶段,尤其可有效判别在焖饭工序中米饭的温度。该机电路由电源板电路、控制板电路两部分构成,如图3、图4所示。

1.市电输入电路

市电输入电路由温度保险丝(热熔断器)、熔丝管FUSE101、压敏电阻ZNR101、滤波电容C101等构成,如图3所示。

220V市电电压经温度保险丝进入功率板电路,经FUSE101送到C101两端,由它滤除高频干扰脉冲后分两路输出:一路通过继电器、双向晶闸管为加热器供电;另一路不仅为市电过零检测电路提供取样信号,而且为开关电源供电。

C101两端并联的R1013是它的泄放电阻。在断电后,R1013可以快速将C101两端存储的电压放掉,确保下次通电时C101完成滤波功能。

市电输入回路的ZNR101是压敏电阻,用于市电过压和防雷电窜入保护。

2.电源电路

参见图3,该机的电源电路由12V电源和5V电源两部分构成。其中,12V电源采用电源模块IC101(LNK364)、开关变压器T101、光耦合器IC102为核心构成的并联型开关电源,5V电源采用普通的线性稳压电源电路。5V电源电路与图1所示的FZPB系列的构成相同,仅符号不同,读者自行分析。

(1)LNK364的简介

LNK364是PI的一款高效率低功耗的离线式转换开关,电路设计简单,外围器件少,广泛应用在手机、相机、播放器、家电等产品内。主要由控制芯片和功率管(开关管)构成。开关管采用耐压为700V的大功率场效应管,而控制芯片由5.8V稳压电源、振荡电路、PWM控制器、过流保护电路、过压保护电路、过热保护电路等构成,如图5所示。

(2)功率变换

市电电压经R101限流,DB101桥式整流,C102、L101、C103、L102滤波产生300V直流电压。300V直流电压经开关变压器T101的初级绕组加到IC101(LNK364)的供电端D,不仅为它内部的开关管D极供电,而且通过5.8V稳压电源产生5.8V电压。该电压经C105滤波后,不仅为光耦合器IC201内的光敏管供电,而且为IC101内的振荡器、PWM控制器等电路供电。振荡器获得供电开始工作,产生132kHz的时钟振荡脉冲,控制PWM电路产生激励脉冲,通过驱动电路放大后驱动开关管工作在开关状态。开关管导通期间,开关变压器T101存储能量;功率管截止期间,T101次级绕组输出的脉冲电

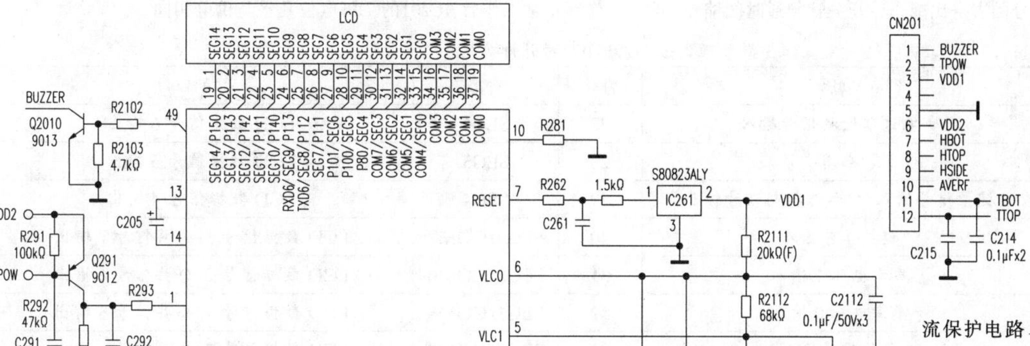
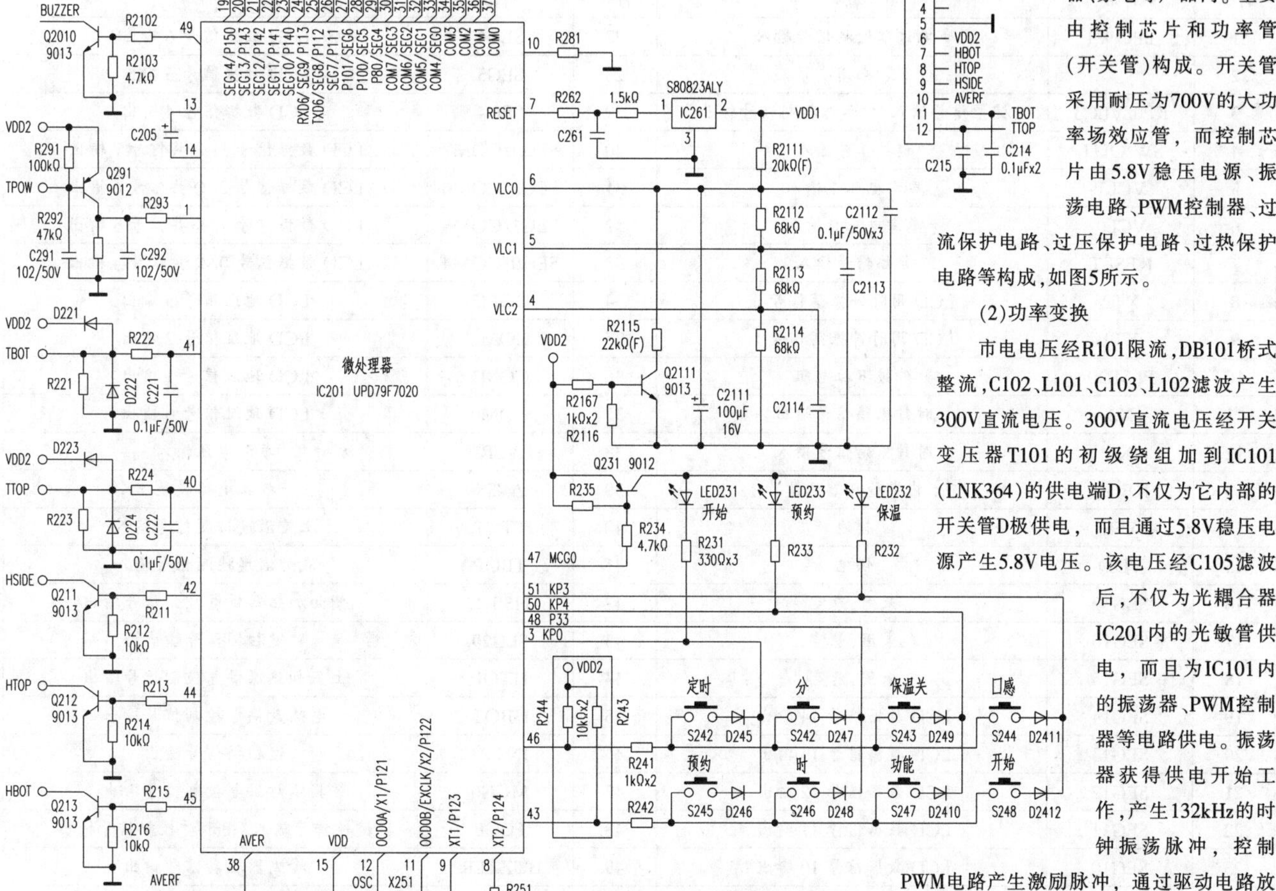

图4 美的FZVB/FZVC系列电脑控制型电饭锅控制板电路

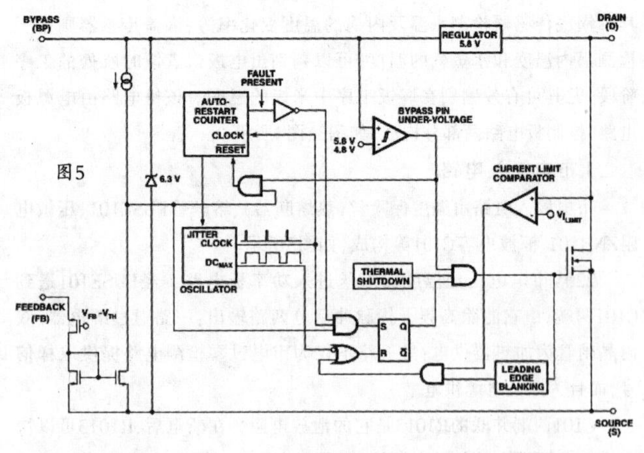

图5

压通过D106整流，C106、L103、C107滤波产生12V电压。12V电压不仅为继电器K111的驱动电路供电，而且经5V电源产生两个5V电压VDD1、VDD2。

C104、R103、R104、D105组成尖峰脉冲吸收回路，以免IC101内的开关管截止瞬间被过高的尖峰电压损坏。

(3)稳压控制

当市电电压升高或负载变轻引起开关电源输出电压升高时，滤波电容C106两端升高的电压使稳压管ZD101导通加强，经R1010为光耦合器IC201内的发光管提供的电压升高，使其发光加强，致使IC201内的光敏管因受光照加强而导通加强，其e极输出的电压升高，通过IC101的FB端输入到自动稳压电路，经其处理后对PWM调制器进行控制，使PWM调制器输出的激励信号的占空比减小，开关管导通时间缩短，开关变压器T101存储的能量下降，开关电源输出电压下降到正常值。反之，稳压控制过程相反。

3.市电过零检测电路

参见图3、图4，市电电压经R109降压，经CON101的②脚输出到控制板，C291滤波后，利用Q291倒相放大，从它c极输出的50Hz交流电压经C292滤波后，再通过R293加到微处理器IC201(μPD79F7020)的①脚。IC201对①脚输入的信号检测后，确保侧面加热器、上盖加热器供电回路中的双向晶闸管TR111、TR112在市电过零点处导通，避免了它们在导通瞬间可能因负载电流大而损坏，实现低功耗导通控制。

4.微处理器电路

参见图4，该微处理器电路由单片机μPD79F7020、复位电路、操作显示电路、蜂鸣器电路等构成。

(1)μPD79F7020的实用资料

μPD79F7020的引脚功能如表3所示。

(2)工作条件电路

5V供电：插好电饭锅的电源线，待5V电源电路工作后，由它输出的5V电压经C203、C204滤波后，加到微处理器IC201的⑮脚为它供电。

复位：该机的复位电路由微处理器IC201和复位芯片IC261为核心构成。开机瞬间，由于5V电源在滤波电容的作用下是逐渐升高。当该电压低于4.2V时，IC261的①脚输出低电平电压，该电压经R261加到IC201的⑦脚，使IC201内的存储器、寄存器等电路清零复位。随着5V电源的逐渐升高，当其超过4.2V后，IC261①脚输出的高电平电压经R261限流，C261滤波后加到IC201的⑦脚后，IC201内部电路复位结束，开始工作。正常工作后，IC201的⑦脚电位几乎与供电相同。

表3 微处理器μPD79F7020的引脚功能

脚位	脚名	功能	脚位	脚名	功能
1	TPOW1	市电过零检测信号输入	27	SEG6	LCD数据信号6输出
2		未用	28	SEG5	LCD数据信号5输出
3	KP0/VLC3	键控信号输入/指示灯控制信号输出	29	SEG4	LCD数据信号4输出
4	SW OUT	键控信号输入	30	SEG3/COM7	LCD数据信号3/公共信号7输出
5	VCL1	参考电压1输入	31	SEG2/COM6	LCD数据信号2/公共信号6输出
6	VCL0	参考电压0输入	32	SEG1/COM5	LCD数据信号1/公共信号5输出
7	RESET	复位信号输入	33	SEG0/COM4	LCD数据信号0/公共信号4输出
8	XT2	LCD用时钟振荡信号0	34	COM3	LCD地址信号3输出
9	XT1	LCD用时钟振荡信号1	35	COM2	LCD地址信号2输出
10	FLMD0	外接下拉电阻	36	COM1	LCD地址信号1输出
11	X2	时钟振荡信号输出	37	COM0	LCD地址信号0输出
12	X1	时钟振荡信号输入	38	AVERF	参考电压输入
13	REGC	内部稳压器滤波	39	AVSS	模拟电路接地
14	VSS	接地	40	TTOP	上盖温度检测信号输入
15	VDD	供电	41	TBOP	底部温度检测信号输入
16	SEG17	未用，悬空	42	HSIDE	侧面加热器供电控制信号输出
17	SEG16	未用，悬空	43	SEG20	键扫描信号输出
18	SEG15	未用，悬空	44	HTOP	上盖加热器供电控制信号输出
19	SEG14	LCD数据信号14输出	45	HBOT	电热盘供电控制信号输出
20	SEG13	LCD数据信号13输出	46	INTP3	键扫描信号输出
21	SEG12	LCD数据信号12输出	47	MCG0	指示灯供电控制信号输出
22	SEG11	LCD数据信号11输出	48	FCCL	键控信号输入/指示灯控制信号输出
23	SEG10	LCD数据信号10输出	49	BUZZER	蜂鸣器驱动信号输出
24	SEG9	LCD数据信号9输出	50	KR4	键控信号输入/指示灯控制信号输出
25	SEG8	LCD数据信号8输出	51	KR3	键控信号输入/指示灯控制信号输出
26	SEG7	LCD数据信号7输出	52	KR2	未用，悬空

时钟振荡：微处理器IC201得到供电后，它内部的振荡器与⑪、⑫脚外接的晶振X251通过振荡产生4MHz时钟信号。该信号经分频后作为基准脉冲源协调各部位的工作。

(3)操作、指示灯电路

该机的操作、指示灯电路由微处理器IC201、按键SW241~SW248、发光管LED231~LED233及二极管D241~D248为核心构成。

当按下某个按键时，IC201输出的键扫描脉冲通过该按键和相应的二极管输入到IC201的㊽、㊿脚或51脚，被IC201识别后就可以对相关电路进行控制，确保该电饭锅进入用户需要的工作状态。

需要指示灯显示电饭锅的工作状态时，IC201㊼脚输出的驱动信号经R234限流，Q231倒相放大后，为发光管LED231~LED233供电，而③、㊿、51脚输出的指示灯控制信号控制相应的指示灯点亮，就可以表明电饭锅所处的工作状态。

(4)显示电路

显示电路以微处理器IC201、晶振X252、LCD显示屏构成。

微处理器IC201工作后，它内部的LCD电路振荡器与⑧、⑨脚外接的晶振X252和移相电容C251、C252通过振荡产生时钟信号，供IC201内的LCD驱动电路使用。

需要LCD显示屏显示预约时间、故障代码等信息时，微处理器IC201的㉚~㊲脚输出地址信号，从⑯~㉝脚输出数据驱动信号，从而驱动LCD显示用户需要的信息。

(5)蜂鸣器电路

蜂鸣器电路由微处理器IC201、放大管Q2101、蜂鸣器BUZ171等构成。

进行功能操作、程序结束或需要报警时，IC201的㊾脚输出的音频信号经R2012、R2103分压限流，Q2101倒相放大后，驱动蜂鸣器BUZ171鸣叫，完成功能提示和报警功能。

5.加热电路

该机的加热电路由微处理器IC201、操作电路、上盖传感器、底部传感器、继电器K111、晶闸管TR111/TR112、加热器等构成，如图3、图4所示。上盖、底部传感器采用的是负温度系数热敏电阻。下面以煮饭为例介绍加热电路的工作原理。

按功能键S247选择煮饭，再按开始键S248时，被微处理器IC201识别后，它不仅输出指示灯、显示屏驱动信号，使煮饭指示灯、显示屏工作，表明电饭锅进入煮饭状态。同时，因锅内温度低，两个温度传感器的阻值较大，AVREF经底部传感器与R221取样后产生的电压较低，利用C221滤波后通过R222为IC201的㊶脚提供的电压增大；AVREF经上盖传感器与R223取样后产生的电压较低，利用C222滤波后通过R224为IC201的㊵脚提供的取样电压较低，IC201将这两个电压数据与内部存储器固化的不同电压数据对应的温度值比较后，确认锅内温度低，并且无水蒸气，IC201从㊺脚输出高电平的加热信号。该信号经R215、R216分压限流，利用Q213倒相放大后，使K111内的触点闭合，接通底部电热盘的供电回路，电热盘得电后开始发热，进入煮饭状态。当水温达到100℃，底部传感器的阻值减小，AVREF经该传感器与R221取样后产生的电压升高，利用C221滤波后通过R222为IC201的㊶脚提供的取样电压增大，被IC201识别后控制它的㊺脚间断性输出加热信号，维持沸腾状态。保沸时间达到20min左右，IC201的㊺脚输出低电平，使电热盘停止加热，电饭锅进入焖饭状态。

在保沸过程中，上盖传感器对锅内温度和水蒸气进行检测，以改变IC201的㊵脚输入的电压，也在一定范围内控制了电热盘的加热时间。

6.焖饭、保温电路

进入焖饭程序后，微处理器IC201根据内部固化的程序控制该机执行在焖饭程序。此时IC201通过㊹、㊷脚输出触发信号，㊹脚输出的驱动信号经R213、R214分压限流，Q212倒相放大后，利用R114触发双向晶闸管TR111导通，为上盖加热器供电，使它开始发热；㊷脚输出的驱动信号经R211限流，Q211倒相放大后，经R116触发双向晶闸管TR112导通，为侧面加热器供电，使它开始发热。

上盖加热器发热后，将上盖的凝露水烘干，以免它们滴入米饭，导致米饭发黏；侧面加热器发热后，对锅内侧面的米饭进行加热，确保侧面的米饭也柔软可口。随着焖饭的不断进行，水蒸气逐渐减少，AVREF经上盖传感器与R223取样后产生的电压下降，利用C222滤波后通过R224为IC201的㊵脚提供的取样电压减小，被IC201识别后执行焖饭结束的程序，IC201输出蜂鸣器信号，驱动蜂鸣器鸣叫，提醒用户米饭已煮熟，若未被操作，IC201自动执行保温程序，输出控制信号使保温指示灯LED232点亮，提醒用户米饭进入保温状态。随着保温时间的延长，当底部传感器检测的温度达到60℃左右时，锅底传感器的阻值增大到需要值，产生的取样电压减小，被IC201识别后，控制⑯脚输出高电平信号，如上所述，电热盘开始加热，使温度升高。当温度超过70℃后，底部传感器的阻值减小，被IC201识别后控制㊺脚输出低电平信号，电热盘停止加热。这样，在底部传感器、IC201的控制下，电热盘间断性加热，不仅使米饭的温度保

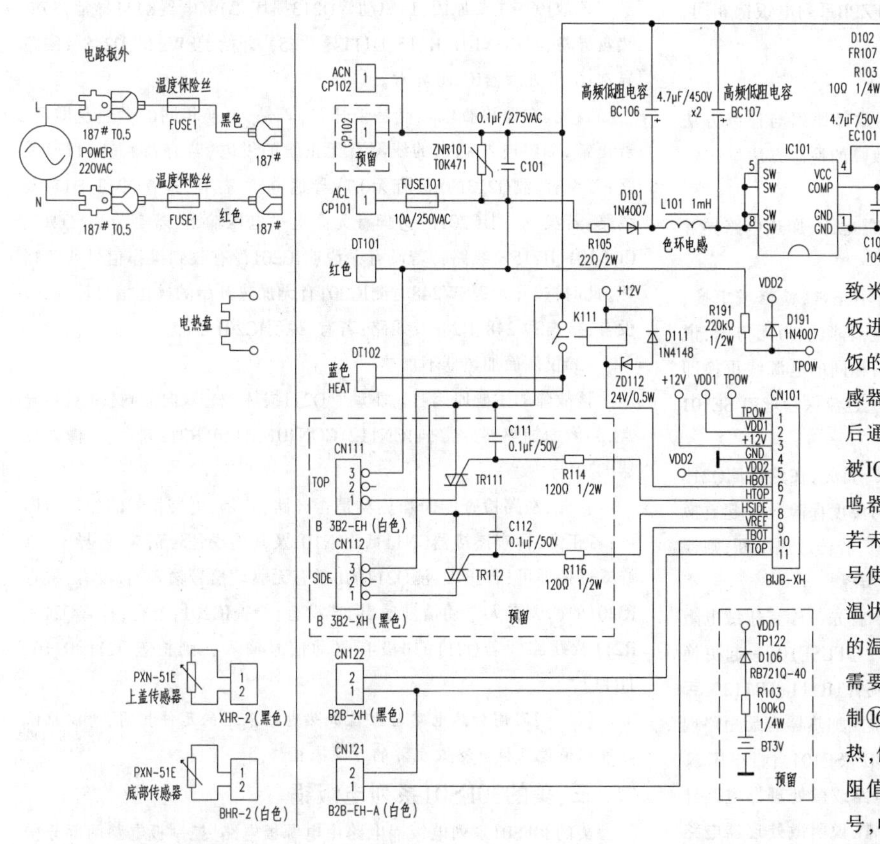

图6 美的30FS01系列电脑控制型电饭锅电源板电路

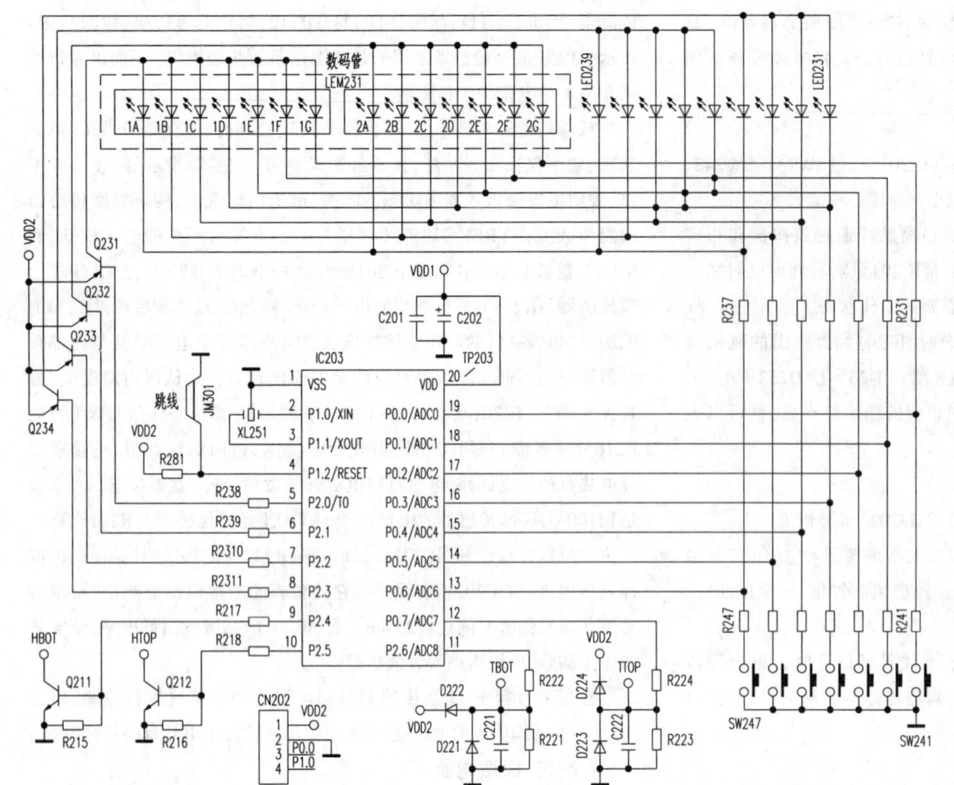

图7 美的30FS01系列电脑控制型电饭锅控制板电路

持在65℃左右，而且使米饭干松可口。但保温时间过长，容易导致锅底的米饭糊锅。

7.电热盘过热保护电路

电热盘过热保护功能由温度保险丝完成。

8.故障代码

美的FZVB/FZVC系列电饭锅的故障代码与FZPB系列电饭锅相同，故障代码及含义见表2。

9.常见故障检修

美的FZVB/FZVC系列电饭锅大部分故障的故障原因与检修方法与美的FZPB系列电饭锅相同，下面仅介绍不同故障的检修方法。

(1)通电后无反应

该故障是由于供电线路、电源电路、微处理器电路、加热电路异常所致。

首先，检查电源线和电源插座是否正常，若不正常，检修或更换；若正常，用电阻挡测量电饭锅电源插头两端阻值，若阻值为无穷大，说明电源线异常或熔断器开路。电源线开路后，用相同的电源线更换即可；若电源线正常，拆开电饭锅后，测温度保险丝、过流保险丝FUSE101是否开路。

当温度保险丝开路，应先检查有无过热现象。首先，在路检测Q213是否击穿、继电器K111的触点是否粘连，若是，与温度保险丝一起更换即可。若Q213、K111正常，更换温度保险丝后试机，若仍过热熔断，则检查微处理器IC201；若正常，说明温度保险丝自身异常。

当FUSE101开路，应先检查有无过流现象。首先，检查压敏电阻ZNR101和滤波电容C101是否击穿，若它们击穿，与FUSE101一起更换后即可排除故障；若它们正常，在路检测双向晶闸管TR111、TR112是否击穿，若是，与FUSE101一起更换即可。若正常，检测加热器有无短路现象，若有，与FUSE101一起更换即可；若正常，说明FUSE101自身损坏。

若温度保险丝、FUSE101正常，说明电源电路或微处理器电路异常。此时，测电源电路输出电压是否正常，若正常，说明微处理器电路异常；若异常，说明电源电路工作异常。确认电源电路异常后，测C106两端有无12V电压，若有，检查R106、R107、5V稳压器及其负载；若没有，说明12V电源异常。此时，测C102两端有无300V直流电压，若没有，在路检查R101是否开路，若开路，在路测IC101的D、S脚间阻值是否过小，若是，说明C102、C103或IC101内的开关管击穿，脱开C102的D极后测量，就可以确认是开关管击穿，还是C102、C103击穿。若IC101的D、S极间阻值正常，R101开路多为自身原因；若C102两端有300V左右的电压，说明开关电源未工作。此时，检查D106、IC102、C105是否正常，若异常，更换即可；若正常，检查IC101、T101。

【提示】电源模块IC101内的开关管击穿，还应检查尖峰吸收回路、稳压控制电路元件及开关变压器T101，以免更换后的IC101再次损坏。

确认微处理器电路异常时，首先测微处理器IC201的⑮脚有无5V供电输入，若没有，查Q102、ZD102、R106及线路；若有，检查IC201的⑪、⑫脚外接的晶振X251是否正常，若异常，更换即可；若正常，测⑦脚有无复位信号输入，若没有，检查IC261、C261、R261；若有复位信号输入，检查IC201的①脚有无市电过零检测信号输入，若有，检查IC201；若没有，检查Q291的c极有无信号输出，若有，检查R293；若没有，在路检查Q291、D104是否正常，若不正常，更换即可；若正常，检查C291、C292。

(2)煮饭显示正常，但电热盘不加热

该故障的主要原因：1)驱动管Q213损坏，2)继电器K111异常，3)电热盘异常，4)CON101、R215、D111异常，5）开始键SW248、D248及线路异常，6)微处理器IC201异常。

首先，在路检查电热盘是否开路，若是，更换相同的电热盘即可；若正常，测继电器K111的线圈有无正常的供电，若有，检查K111及线路；若没有，测Q213的b极有无0.7V导通电压，若有，检查Q213、D111及线路；若没有，测IC201的㊺脚有无高电平电压输出，若有，检查Q213、CON101、R215及线路；若没有，说明IC201没有收到操作信号或其损坏。此时，按开始键SW248时测IC201有无加热开始的操作信号输入，若没有，检查SW248、D248及线路；若有，说明IC201异常。

(3)仅侧面加热器不加热

该故障的主要原因：1）驱动管Q211损坏，2）双向晶闸管TR112异常，3)侧面加热器异常，4)CN112、CON101、R116、R211异常，5)微处理器IC201异常。

首先，在路检查侧面加热器是否开路，若是，更换相同的加热器即可；若正常，检查连接器CN111、CON101及其连线是否正常，若异常，维修或更换即可；若正常，测Q211的b极有无驱动信号输入，若没有，检查IC201的㊷脚有无驱动信号输出，若没有，检查IC201；若有，检查Q211、R211及线路。若Q211的b极有驱动信号输入，则检查Q211、R116、TR112。

【提示】因侧加热电路与上盖加热电路采用的元件相同，所以维修时可以通过互换电路或元件的方法来检修。

三、美的30FS01系列电饭锅

美的30FS01系列电饭锅电路由电源板电路、控制板电路两部分构成，如图6、图7所示。其中，电源板实物如图8、9所示。

12V 供电滤波电容　储能电感 L102　300V 供电滤波电容　限流电阻　双向晶闸管

5V 稳压器 L7805　电源模块 PN8112　高频滤波电容　压敏电阻　热盘供电继电器

图8 美的30FS01系列电脑控制型电饭锅电源板实物正面

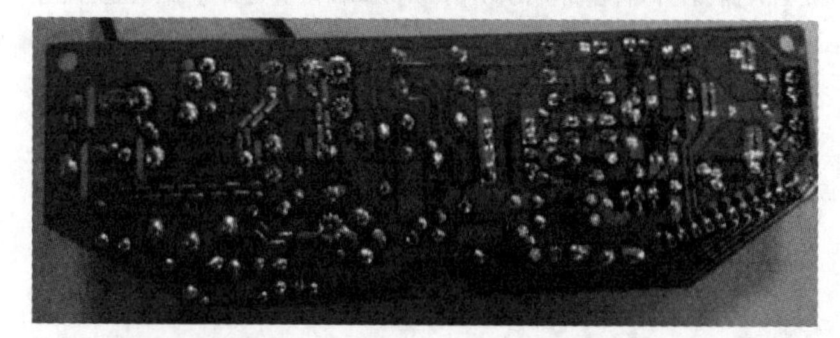

图9 美的30FS01系列电脑控制型电饭锅电源板实物背面

1.市电输入电路

市电输入电路由温度保险丝FUSE1、熔丝管FUSE101、压敏电阻ZNR101、滤波电容C101等构成，如图6所示。该电路与FZPB系列电饭锅相同，不再介绍。

2.电源电路

参见图6，该机的电源电路由12V电源和5V电源两部分构成。其中，12V电源采用电源模块IC101(PN8112)、电感L102、续流二极管D104为核心构成的串联型开关电源；5V电源采用普通的线性稳压电源电路。

(1)PN8112的简介

PN8112是由控制芯片和开关管（场效应管）复合而成的新型电源模块，适用于小功率非隔离式开关电源，即串联型开关电源。它的内部构成和引脚功能与常见的VIPer12A相同。

(2)功率变换

市电电压经R105限流，D101半波整流，EC106、L101和EC107滤波产生300V左右的直流电压。该电压加到IC101(PN8112)的供电端⑤~⑧脚，不仅为内部的开关管D极供电，而且通过高压电流源对④脚外接的滤波电容EC101充电。当EC101两端建立的电压达到14.5V后，内部稳压电源输出的电压为振荡器等电路供电，振荡器产生60kHz的时钟脉冲，在该脉冲的控制下PWM调制器产生激励脉冲，经放大器放大后驱动开关管工作在开关状态。开关管导通期间，300V电压通过开关管D/S极、L102构成导通回路，不仅为负载供电，而且在L102上产生下正、上负的电动势。开关管截止期间，流过L102的导通电流消失，由于电感中的电流不能突变，所以L102通过自感产生上正、下负的电动势，该电动势一路通过EC103、C107和续流二极管D104构成的回路继续为负载供电；另一路通过D102整流，R103限流，EC102滤波产生的11.5V左右电压经D103加到IC101的④脚，取代启动电路为IC101提供工作电压。开关电源工作后，EC103两端的12V电压不仅为继电器的驱动电路供电，而且经IC102(L7805)和D105稳压产生5.6V电压。该电压一路经D107降为5V，利用EC105滤波后，为微处理器、复位电路供电；另一路经D106降为5V，利用EC104滤波后，为显示电路、温度检测等电路供电。

(3)稳压控制

当市电电压升高或负载变轻引起开关电源输出电压升高时，EC102两端升高的电压使稳压管ZD101导通加强，为IC101③脚提供的取样电压增大，被IC101③脚内的误差放大器放大后，对PWM调制器进行控制，使PWM调制器输出的激励信号的占空比减小，开关管导通时间缩短，L102存储的能量下降，开关电源输出电压下降到正常值。反之，稳压控制过程相反。

(4)欠压保护

若稳压控制电路、自馈供电电路或负载电路异常，导致IC101启动后的电压低于8V时，IC101内的欠压保护电路动作，关闭放大器输出的PWM脉冲，开关管截止，避免了开关管因激励不足等原因损坏，实现欠压保护。

3.微处理器电路

参见图6，该微处理器电路由单片机IC203、数码管显示电路、指示灯电路、操作键电路等构成。

(1)微处理器IC203的实用资料

IC203的引脚功能如表4所示。

(2)工作条件电路

5V供电：插好电饭锅的电源线，待5V电源电路工作后，VDD1经C201、C202滤波后，加到微处理器IC201的⑳脚为它供电。

复位：开机瞬间，5V电源VDD2经R281、电容（图7内将电容误画为跳线）积分产生一个由低到高的复位信号。该信号加到IC203的④脚，使IC203内的存储器、寄存器等电路清零复位后开始工作。

时钟振荡：微处理器IC203得到供电后，它内部的振荡器与②、③脚外接的晶振XL251通过振荡产生时钟信号。该信号经分频后作为基准脉冲源协调各部位的工作。

(3)操作、显示电路

该机的操作、指示灯电路由微处理器IC201、按键SW241~SW247、发光管LED231~LED239、数码显示屏为核心构成。

当按下某个按键时，IC203输出的键扫描脉冲通过该按键和相应的二极管输入到IC207的⑬~⑲脚，被IC203识别后就可以对相关电路进行控制，确保该电饭锅进入用户需要的工作状态。同时，IC203输出指示灯控制信号使相应的指示灯点亮，就可以表明电饭锅所处的工作状态。

在使用预约功能时，微处理器IC203输出控制信号，不仅控制预约指示灯发光，表明该机的工作在预约状态，而且驱动数码显示屏发光，显示预约时间及其倒计时的信息。

表4 微处理器IC203的引脚功能

脚位	脚名	功能	脚位	脚名	功能
1	VSS	接地	11	TBOT	底部温度检测信号输入
2	XIN	时钟振荡信号输入	12	TTOP	上盖温度检测信号输入
3	XOUT	时钟振荡信号输出	13	ADC7	键控信号输入、指示灯/数码管控制信号输出
4	RESET	复位信号输入	14	ADC6	键控信号输入、指示灯/数码管控制信号输出
5	P2.0	数码管阳极供电控制输出	15	ADC5	键控信号输入、指示灯/数码管控制信号输出
6	P2.1	数码管阳极供电控制输出	16	ADC4	键控信号输入、指示灯/数码管控制信号输出
7	P2.2	指示灯阳极供电控制输出	17	ADC3	键控信号输入、指示灯/数码管控制信号输出
8	P2.3	指示灯阳极供电控制输出	18	ADC2	键控信号输入、指示灯/数码管控制信号输出
9	HBOT	电热盘供电控制信号输出	19	ADC1	键控信号输入、指示灯/数码管控制信号输出
10	HTOP	上盖加热器供电控制信号输出	20	VDD	供电

4.加热电路

该机的加热电路由微处理器IC203、操作电路、上盖传感器、底部传感器、继电器K111、电热盘等构成，如图6、图7所示。上盖、底部传感器采用的是负温度系数热敏电阻。下面以煮饭为例介绍加热电路的工作原理。

按操作面板的按键进行煮饭时，被微处理器IC203识别后，它不仅输出指示灯、显示屏驱动信号，使煮饭指示灯、显示屏工作，表明电饭锅进入煮饭状态。同时,因锅内温度低,两个温度传感器的阻值较大,VREF经底部传感器与R221取样后产生的电压较低,利用C221滤波后通过R222为IC203的⑪脚提供的电压增大;VREF经上盖传感器与R223取样后产生的电压较低,利用C222滤波后通过R224为IC203的⑫脚提供的取样电压较低,IC203将这两个电压数据与内部存储器固化的不同电压数据对应的温度值比较后,确认锅内温度低,并且无水蒸气,IC203从⑨脚输出高电平的加热信号。该信号经R217、R215分限流,利用Q211倒相放大后,使K111内的触点闭合,接通底部电热盘的供电回路,电热盘得电后开始发热,进入煮饭状态。当水温达到100℃,底部传感器的阻值减小,VREF经该传感器与R221取样后产生的电压升高,利用C221滤波后通过R222为IC201的⑪脚提供的取样电压增大,被IC201识别后控制它的⑨脚间断性输出加热信号,维持沸腾状态。保沸期间,上盖传感器的阻值随着水蒸气的变化而变化,被IC203识别后它输出蜂鸣器信号,驱动蜂鸣器鸣叫,提醒用户米饭已煮熟,若未被操作,IC203自动执行保温程序,输出控制信号使保温指示灯点亮,提醒用户米饭进入保温状态。随着保温时间的延长,当底部传感器检测的温度达到60℃左右时,锅底传感器的阻值增大到需要值,产生的取样电压减小,被IC203识别后,控制⑨脚输出高电平信号,如上所述,电热盘开始加热,使温度升高。当温度超过70℃后,底部加热器的阻值减小,被IC203识别后控制⑨脚输出低电平信号,电热盘停止加热。这样,在底部传感器、IC203的控制下,加热盘间断性加热,不仅使米饭的温度保持在65℃左右,而且使米饭干松可口。但保温时间过长,容易导致锅底的米饭糊锅。

5.故障代码

该系列电饭锅仅有传感器异常的故障代码,与FZPB系列电饭锅相同,故障代码及含义见表2。

6.常见故障检修

美的30FS01系列电饭锅大部分故障的故障原因与检修方法与美的FZPB系列电饭锅相同,下面仅介绍不同故障的检修方法。

(1)通电后无反应

该故障是由于供电线路、电源电路、微处理器电路、加热电路异常所致。

首先,检查电源线和电源插座是否正常,若不正常,检修或更换;若正常,用电阻挡测量电饭锅电源插头两端阻值,若阻值为无穷大,说明电源线异常或熔断器开路。电源线开路后,用相同的电源线更换即可;若电源线正常,拆开电饭锅后,测温度保险丝FUSE1、过流保险丝FUSE101是否开路。

当FUSE1开路,应先检查有无过热现象。首先,在路检测Q211是否击穿、继电器K111的触点是否粘连,若是,与温度保险丝一起更换即可。若Q211、K111正常,更换温度保险丝后试机,若仍过热熔断,则检查微处理器IC203;若正常,说明温度保险丝自身异常。

当FUSE101开路,应先检查有无过流现象。首先,检查压敏电阻ZNR101和滤波电容C101是否击穿,若它们击穿,与FUSE101一起更换后即可排除故障;若正常,检测加热器有无短路现象,若有,与FUSE101一起更换即可;若正常,说明FUSE101自身损坏。

若FUSE1、FUSE101正常,说明电源电路或微处理器电路异常。此时,测电源电路输出电压是否正常,若正常,说明微处理器电路异常;若异常,说明电源电路工作异常。确认电源电路异常后,测EC103两端有无12V电压,若有,检查R101、IC102及其负载;若没有,说明12V电源异常。此时,测EC106两端电压是否正常,若没有,在路检查R105、D101是否开路,若开路,在路测IC101的⑧、⑤脚间阻值是否过小,若是,说明IC101内的开关管击穿,若IC101的⑤、⑧脚间阻值正常,在路测EC106、EC107是否正常,若击穿,更换即可排除故障;若开关管、EC106、EC107正常,R105开路多为自身原因;若EC106两端电压正常,说明开关电源未工作。开机瞬间测EC101两端有无启动电压,若没有,检查EC101、IC101;若有,检查D102~D104、R103、L102是否正常,若异常,更换即可;若正常,检查EC102、EC103。

【提示】电源模块IC101内的开关管击穿,还应检查ZD101和L102元件,以免更换后的IC101再次损坏。

确认微处理器电路异常时,首先测微处理器IC201的⑳脚有无5V供电输入,若没有,查D107及线路;若有,检查IC203的②、③脚外接的晶振XL251是否正常,若异常,更换即可;若正常,测④脚有无复位信号输入,若没有,检查R281及所接待人;若有复位信号输入,检查IC203。

(2)煮饭显示正常,但电热盘不加热

该故障的主要原因:1)驱动管Q211损坏,2)继电器K111异常,3)电热盘异常,4)CON101/CON201、R217、D111异常,5)开始键及线路异常,6)微处理器IC203异常。

首先,在路检查电热盘是否开路,若是,更换相同的电热盘即可;若正常,测继电器K111的线圈有无正常的供电,若有,检查K111及线路;若没有,测Q211的b极有无0.7V导通电压,若有,检查Q211、D111及线路;若没有,测IC203的⑨脚有无高电平电压输出,若有,检查Q211、CON101/CON201、R217及线路;若没有,检查开始键及所接电阻是否正常,若异常,更换即可;若正常,检查IC203。

四、典型电路板自检功能

为了便于生产和维修,美的电脑控制型电饭锅设置了电路板(控制板、电脑板)自动检测功能。可以使用厂家提供的进入密码(按键组合构成)进入自检模式,电路板会按要求检测各功能电路,从而确认电路板是否工作及各控制电路是否正常。检测完毕后,按关闭键就可以返回到待机状态。典型电路板自检功能的进入/退出方法、检测项目及数据如表5~10所示。

1.FZVB/FZVC系列电饭锅

表5 FZVB/FZVC系列电路板自检功能进入/退出方法、项目及数据

步骤	进入/退出	指示灯(LED)	液晶显示	功率仪功率显示(W)	备注
1	同时按住开始键、口感键,再通电	所有指示灯闪烁1s/亮1s	显示所有笔画	0	检测初始状态
2	按开始键	所有指示灯闪烁1s/亮1s	显示“_ _ _ _”	774~903	底部功率检测。输出10秒底部加热信号
3	按功能键	所有指示灯闪烁1s/亮1s	显示“‾ ‾ ‾ ‾”	36~44	上盖功率检测。输出10秒上盖加热信号
4	按预约键	所有指示灯闪烁1s/亮1s	显示“| |”	36~44	侧面功率检测。输出10秒侧面加热信号
5	按分键	所有指示灯闪烁1s/亮1s	闪烁显示“_ _AD值”	0	显示底部AD值
6	按时键	所有指示灯闪烁1s/亮1s	闪烁显示“‾ ‾AD值”	0	显示上盖AD值
7	按烹调时间键	所有指示灯闪烁1s/亮1s	交替显示“2010、407”	0	显示软件日期
8	按口感键	所有指示灯闪烁1s/亮1s	Cnt和煮饭次数(3位数字)交替显示	0	煮饭次数
9	按营养保温/关键	所有指示灯熄灭	显示当前时间		回到待机状态

2.FSV 系列电饭锅

表 6 FSV 系列电路板自检功能进入/退出方法、项目及数据

步骤	进入/退出	指示灯(LED)	数码屏	功率仪显示值(W)	备注
1	同时按住开始、口感键,再接通电源	全部点亮	4 位数码管全亮	<3	检测模式的初始状态
2	按开始键	全部熄灭	显示“_”	40/50:774~903;30:545~635	底部功率检测。输出 10 秒底部加热信号
3	按功能键	全部熄灭	显示“----”	40/50:38~46;30:33.5~40.5	上盖功率检测。输出 10 秒上盖加热信号
4	按预约键	全部熄灭	显示“|　　|”	40/50:38~46;30:38~46	侧面功率检测。输出 10 秒侧面加热信号
5	按分键	全部熄灭	闪烁显示“_AD 值”	<3	显示底部 AD 值
6	按时键	全部熄灭	闪烁显示“--AD 值”	<3	显示上盖 AD 值
7	按烹调时间键	全部熄灭	交替显示“2010、0412”	<3	显示软件日期
8	按烹调时间键	全部熄灭	显示 3001 或 5001	<3	显示容量版本。40/50:5001;30:3001
9	按口感键	全部熄灭	Cnt 和煮饭次数(3 位数字)交替显示	<3	煮饭次数
10	按营养保温/关键	全部熄灭	标准煮灯闪烁	<3	退出检测模式

3.FZPB 系列电饭锅

表 7 FZPB 系列电路板自检功能进入/退出方法、项目及数据

步骤	进入/退出	LCD 屏	指示灯(LED)	功率仪功率显示(W)	备注
1	同时按住开始键、预约键、营养保温/关 3 个按键,再接通 220V 电源	显示所有笔画	全亮	0	检测模式的初始状态。若 LCD 显示 C0,则按保温/关键切换到待机状态,重新进入检测模式即可
2	按开始键	显示 2010 0313	开始灯亮	0	年份与月日 0.5s 转换 1 次
3	按时键	FZ40/50PB:502	全灭	0	容量及版本显示,前 3 位显示容量,后 1 位显示版本
4	按分键	显示“_ _:底部 AD”	全灭	0	显示上盖与底部温度
5	按烹调时间键	“- -:上盖 AD”	全灭	0	
6	按口感键	显示“|　　|”(侧面)	预约灯亮	侧面功率	功率检测时,输出 10 秒加热信号后,LCD 全亮
7	按功能键	显示“_ _ _ _”(底部)	保温灯亮	底部功率	
8	按营养保温/关键	显示“_ _ _ _”(上盖)	全灭	上盖功率	
9	按营养保温/关键	显示时间,并且显示所有功能	开始灯闪烁	0	回到待机状态

4.FSJ 系列电饭锅

表 8 FSJ 系列电路板自检功能进入/退出方法、项目及数据

步骤	进入/退出	指示灯(LED)	数码屏	功率仪显示值(W)	备注
1	同时按住开始、功能、保温 3 个按键,再接通电源	全亮	全显示	0	检测模式的初始状态
2	按开始键	开始灯亮	显示 3001 或 5001	0	版本号、容量显示
3	按功能键	全灭	交替显示 2009 和 713	0	显示软件的年月日
4	按烹调时间键	全灭	显示“--AD 值”	0	上盖温度检测
5	按分键	全灭	显示“_AD 值”	0	底部温度检测
6	按时键	全灭	显示“----”	30:31.5~38.5; 40/50:36~44	上盖功率检测。30:额定功率为 35W;40/50:额定功率为 40W
7	按保温键	全灭	显示“|　　|”	0	侧面功率检测
8	再按保温键	“保温”灯亮	显示“__”	30:544.5~635.25W; 40/50:774~903	底部功率检测。30:额定功率为 605W;40/50:额定功率为 860W
9	按关键	标准煮灯闪	全灭	0	回到待机状态

5.FSHD 系列电饭锅

表 9 FSHD 系列电路板自检功能进入/退出方法、项目及数据

步骤	进入/退出	指示灯(LED)	数码屏	功率仪显示值(W)	备注
1	同时按营养保温键、+键,再接通 220V 电源	全部灯亮	88	0	检测模式的初始状态
2	按开始键	开始灯亮	01	0	程序编号
3	按功能选择键	全灭	30	0	容量检测,不论是 30 型号,还是 50 型号,都显示 30
4	按+键(增加键)	精华煮和粥汤灯亮	上盖 AD 值	0	上盖 AD 检测模式
5	按-键(减小键)	稀饭和热饭灯亮	底部 AD 值	0	底部 AD 检测模式
6	按定时键	定时灯亮	“__ __”	30:544.5~635.3; 40/50:774~903	加热信号输出 10 秒,10 秒后停止。功率偏差:上盖为±10%(含电路板功耗 2W);底部为-10~+5%。
7	按营养保温键	保温灯亮	“— —”	30/40/50:38~46	
8	按关键	精华煮灯亮,开始灯闪	“_ _”	0	待机状态

6.FDHD系列电饭锅

表10 FDHD系列电路板自检功能进入/退出方法、项目及数据

步骤	进入/退出	指示灯(LED)	功率仪显示值(W)	备注
1	同时按营养保温键、粥/汤键,再接通220V供电	全部灯亮	0	检测模式初始状态
2	按"精华煮"键	精华煮灯和8小时灯亮	0	程序编号
3	按"超快煮"键	超快煮灯、2小时、8小时灯亮	0	上盖AD检测模式
4	按粥汤键	粥汤灯、6小时、12小时灯亮	0	底部AD检测模式
5	按蒸煮键	蒸煮灯、6小时、12小时灯亮	30:544.5~635.3;40/50:774~903	加热信号输出10秒,10秒后停止。功率偏差:上盖±10%(含电路板功耗2W);底部为-10~+5%。
6	按定时键	定时灯、2小时、8小时灯亮	30/40/50:38~46	
7	按营养保温/关键	精华煮灯闪烁	0	待机状态
8	按稀饭键	稀饭灯亮	0	检测稀饭按键
9	按营养保温/关键	精华煮灯闪烁	0	待机状态

五、维修实例

1.通电无反应故障

该故障主要是电源电路、微处理器电路未工作所致。

例1.美的MD-FZ40PB型电饭锅通电后无反应。

分析与检修:首先,测电源插座有220V电压,并且电饭锅的电源线正常,说明它内部电路发生故障。拆开电饭锅底盖,用万用表通断挡在路检测温度保险丝(热熔断器)FUSE1时,发现它已熔断,初步判断是过热后熔断,怀疑温度检测电路、加热盘供电电路异常。检查加热盘供电电路时,发现继电器K111的触点粘连,检查其他器件正常。用同规格的继电器、温度保险丝更换后,故障排除。

例2.美的MD-FZ40PB型电饭锅通电后无反应。

分析与检修:按例1的检修思路检查,确认故障发生在锅内电路。拆开电饭锅,用万用表通断挡在路检测FUSE1正常,而在在路检查电源板上的电流保险丝(熔丝管)FUSE101时,发现它已熔断,怀疑是过流损坏。用数字万用表通断挡(俗称蜂鸣挡)在路检测C101时,蜂鸣器鸣叫,说明C101或压敏电阻ZNR101短路,脱开引脚再次检查后,确认ZNR101短路。因市电电压正常,并且没有雷电窜入,怀疑ZNR101是自身损坏。用相同的压敏电阻和熔丝管更换后,故障排除。

例3.美的MD-FZ40PB型电饭锅通电后无反应。

分析与检修:按例1的检修思路检查,确认故障发生在锅内电路。拆开电饭锅,用万用表通断挡在路检测温度保险丝FUSE1和熔丝管FUSE101正常,初步判断没有过流和过热现象。用用数字万用表20V直流电压挡测C102两端无电压,测变压器T101的次级绕组无10V左右的交流电压输出,而它的初级绕组有AC 226V输入,怀疑T101(见图10)异常。断电后,通过测T101初级绕组的阻值后确认它已开路,检查整流管D101~D104正常,并且C102、C103也正常,怀疑T101是自身损坏。用11V/300mA电源变压器更换后,电源电路输出电压恢复正常,故障排除。

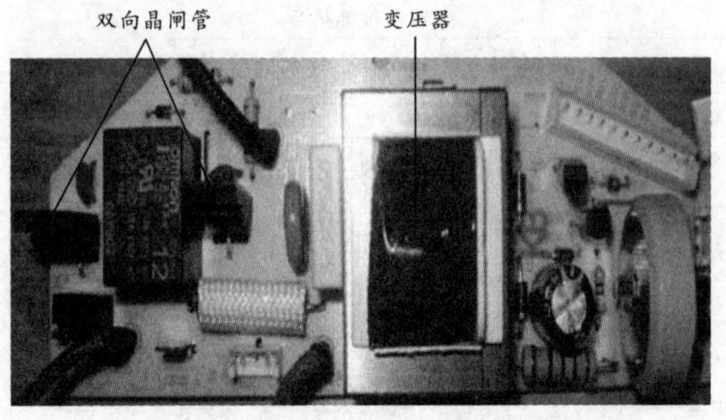

图10 美的MD-FZ40PB系列电饭锅电源板实物

例4.美的MD-FZ30VB系列电饭锅通电后无反应。

分析与检修:按例1的检修思路检查,确认故障发生在锅内电路。拆开电饭锅,用万用表通断挡在路检测温度保险丝(热熔断器)FUSE1和电流保险丝(熔丝管)FUSE101正常,初步判断没有过流和过热现象。用用数字万用表20V直流电压挡测C106两端无电压,说明电源电路未工作。测C102两端也无电压,而C101两端有225V交流电压,说明300V供电电路或开关电源异常。断电后,在路检查限流电阻R101时发现它已开路,怀疑是过流损坏,在路检查相关元件时发现整流堆DB101内部有2只整流管击穿短路,检查其他元件正常,更换DB101和R101后,开关电源恢复正常,故障排除。

【提示】若手头没有参数相同或略大的整流堆,也可以用4支1N4007组成桥式整流堆来代换。

例5.美的MD-FZ30VB型电饭锅通电后无反应。

分析与检修:按例4的检修思路检查,发现限流电阻R101开路,怀疑是过流损坏。检查DB101正常,在路检查C103蜂鸣器鸣叫,说明C102、C103或电源模块IC101 (LNK364)D、S极内的开关管短路,悬空LNK364的D极后检测,确认IC101内部的开关管击穿,并且它的FB、BP脚间也出现漏电,检查其他元件正常,更换R101和LNK364后,开关电源输出电压正常,故障排除。

例6.美的MD-FZ30VB型电饭锅通电后无反应。

分析与检修:按例1的检修思路检查,确认故障发生在锅内电路。拆开电饭锅,用万用表通断挡在路检测温度保险丝FUSE1和电流保险丝FUSE101正常,初步判断没有过流和过热现象。用用数字万用表20V直流电压挡测C106两端的12V电压正常,说明开关电源正常。测两个5V电压时,发现无VDD1电压,因VDD2正常,说明Q102或线路开路,经在路检查,发现Q102开路。用2SD400代换Q102后,VDD1电压恢复正常,故障排除。

例7.美的MD-FZ30VB型电饭锅通电后无反应。

分析与检修:按例1的检修思路检查,确认故障发生在锅内电路。首先,测滤波电容EC103两端无12V电压输出,接着测EC106两端无300V供电,而C101两端有228V的交流电压,说明开关电源未工作。断电后测得限流电阻R105开路,说明有过流现象。接着检查,发现电源模块PN8112炸裂,D101、ZD101短路,L101开路。因手头没有PN8112,用引脚功能一样的VIPer12A代换它,并更换其他元件后,开关电源输出电压恢复正常,故障排除。

例8.美的MD-FZ30VB型电饭锅有时加热正常,有时加热中停止工作且指示灯、显示屏熄灭。

分析与检修:通过故障现象分析,说明电源电路、微处理器电路有元件或线路接触不良。根据维修经验,该故障大多出现在电源线及其插座上,在故障现象出现时,用手扭动电源线的两端根部,发现在扭动电饭锅侧故障现象发生变化,并且此部位温度较高,说明此处接触不良,接着检查发现电饭锅上的电源线插座的一个引脚也发生松动,更

换电源线和电源线插座后,故障排除。

2.不加热,显示故障代码

该故障主要是温度传感器或其阻抗/电压变换电路异常,被微处理器识别后,控制电饭锅进入保护状态所致。

例1.美的MB-FS40J型电饭锅先是在使用中偶尔显示故障代码C1,且所有指示灯周期性闪烁的现象;后来刚通电就显示C1,指示灯闪烁,所有按键不起作用,无法使用。

分析与检修:通过表2可知,故障代码 C1表示锅底温度传感器开路或其相关元件异常。拆机后,测电源板送往控制板的5V工作电压VDD1正常,单片机SH79F081M供电端⑨脚的5V供电也正常。拔下锅底温度传感器的插头,测量其阻值在常温下为65kΩ,拔下上盖温度传感器插头,测其阻值也为65kΩ,两只温度传感器虽然阻值差不多,但它们的插头形状及色标不一样。将两只传感器对调接入电路,故障依旧,说明温度检测电路的阻抗/电压信号转换电路异常。锅底温度传感器输出的信号电压经连接器⑩脚输入到控制板,利用D221、D223限幅,通过R221、R223分压后加到SH79F081M的㉘脚;上盖温度传感器产生的检测信号经该连接器的⑪脚加到CPU的㉗脚。测㉗、㉘脚电压分别为0.34V、0.12V,确认锅底温度检测电路异常。检测锅底温度传感器到电源板上的插座及操作板之间连线正常,并且D221、D223也正常,怀疑R223阻值增大。焊下R223测量,果然阻值增大,用一只10k电阻更换后,㉘脚电压升到0.33V,故障排除。

表11 美的智能电饭锅温度传感器阻值与温度的关系

温度(℃)	10	15	20	25	30	35	40
阻值(kΩ)	96	77	62	50	41	33	27

例2.美的MD-FZ40PB型电饭锅通电显示故障代码C3,按键功能失效。

分析与检修:通过表2可知,故障代码 C3表示上盖温度传感器开路或其相关元件异常。拆机后,拔下上盖温度传感器的插头,测量其阻值在常温下为无穷大(在20℃时阻值为62kΩ左右),说明上盖传感器或其连线异常。打开上盖后,发现该传感器的一根连线折断,接通并套上热缩管后,故障排除。

【提示】因经常打开、关闭上盖,容易导致上盖温度传感器的连线在上盖与锅体的转轴处折断,所以接好线后要避开转轴处。

例3.美的MB-FD308型电饭锅通电后不工作,显示屏显示故障代码C1。

分析与检修:通过表2可知,故障代码C1表示底部传感器开路或其相关元件异常。拆机后,先检查底部传感器开路,检查其他元件正常。底部温度传感器开路后,导致CPU输入的底部温度检测信号低于最小电压值,被CPU识别后输出控制信号使电饭锅进入保护状态,并且通过显示屏显示故障代码C1。用相同的负温度系数热敏电阻更换后,故障排除。

例4.美的MB-FZ30型电饭锅通电后不工作,显示屏显示故障代码C1。

分析与检修:根据例3的检修思路检查,检测底部传感器正常,怀疑底部传感器阻抗信号/电压信号变换电路异常。测滤波电容C221两端电压近于0,而R221两端的TBOP电压正常,说明R222开路或C221短路,在路测量发现C221严重漏电。C221漏电导致CPU输入的底部温度检测信号低于最小值,如上所述,产生本例故障。用0.1μF/50V电容更换后,故障现象消失,恢复正常。

例5.美的MB-FZ50BP型电饭锅通电后不工作,显示屏显示故障代码C3。

分析与检修:通过表2可知,故障代码C3表示底部传感器短路或其相关元件异常。拆机后,检测上盖传感器的阻值正常,怀疑上盖传感器阻抗信号/电压信号变换电路异常。测滤波电容C222两端电压近于5V,怀疑线路开路或D223短路,在路测量发现D223严重漏电。D223漏电导致单片机IC201输入的上盖温度检测信号超过最大值,被IC201识别后判断上盖温度传感器开路或相关元件异常。用1N4148更换D223后,故障现象消失,恢复正常。

例6.美的MB-FZ4010型电饭锅通电后不工作,显示屏显示故障代码C0。

分析与检修:通过表2可知,故障代码C0表示主板上的电池没电或相关元件异常。拆机后,找到电池并测量其两端电压为3V,说明电池正常。检查与电池连接的元件正常,用相同的电池更换后无效,一时陷入困境。同行介绍,按保温键可以清除可恢复正常,但按压该键无效,无奈之下,将CPU的引脚补焊并清洗控制板后试机,全部功能恢复正常,故障排除。

【提示】许多美的电脑控制型电饭锅不仅可显示故障代码C0~C4,而且还可显示故障代码C5、C6。C5、C6的含义如表12所示。

表12 美的智能电饭锅故障代码C5、C6的含义

故障代码	含义
C5	蒸汽口温度传感器开路或相关元件异常
C6	蒸汽口温度传感器短路或相关元件异常

3.其他故障

例1.美的MD-FZ40PB型电饭锅显示正常,但加热异常

分析与检修:该故障的主要原因:1)电热盘或其供电电路异常,2)开始键SW248、D248及线路异常,3)微处理器IC201异常。

首先,用数字万用表750V交流电压挡测电热盘的供电端子无市电电压,说明电热盘供电电路或微处理器电路异常。此时,测IC201的⑯脚有高电平电压输出,说明IC201已输出电热盘加热信号,故障是继电器K111及其驱动电路异常所致。检查K111的线圈供电正常,怀疑它的触点异常。断电后,短接K111的触点引脚后,再通电后电热盘可以加热,说明K111的触点异常,用相同的继电器更换后,故障排除。

例2.美的MB-FC50G型电饭锅工作几分钟后停止加热,煮不熟饭。面板上各功能按键操作正常,并且液晶显示屏显示正常。

分析与检修:拆机后,测量电热盘的阻值为55Ω,说明电热盘正常。将万用表拨至R×10k挡,测量底部温度传感器的阻值(42kΩ)正常,拆开锅盖,取出上盖温度传感器,测电阻为0Ω,说明它已短路。由于上盖温度传感器阻值变小,使得电饭锅煮饭加热时电流检测取样电压始终低于正常值,经单片机检测判定后进入保护状态,停止加热,所以才煮不熟饭。用同规格电阻换新后通电试机,煮饭恢复正常,故障排除。

例3.美的MD-FD50H型电饭锅显示正常,但不能加热

分析与检修:该故障的主要原因:1)电热盘或其供电电路异常,2)操作电路异常,3)微处理器IC201异常。

拆机后,用数字万用表200Ω电阻挡测电热盘的供电端子的阻值正常,说明电热盘供电电路或微处理器电路异常。通电后按操作键进入煮饭状态,没有听到继电器K111触点闭合发出的响声,测IC201(S3F9454)的⑨脚已输出高电平的加热信号,说明IC201及操作电路正常,故障发生在K111或其驱动电路上。测K111的线圈两端电压为0,说明驱动电路异常。此时,测驱动管Q211的b极有导通电压输入,怀疑Q211开路,断电后在路测量Q211果然开路,用相同的晶体管更换后,故障排除。

例4.美的MD-FZ40PB型电饭锅米饭顶部发粘。

分析与检修:通过故障现象分析,怀疑上盖温度检测电路或上盖加热器电路异常,导致米饭顶部有水滴滴入。

拆机后,测电源板插座CN11 ①、③脚的阻值与CN12的①、③脚的相近,说明上盖加热器及其连线正常,故障发生在上盖加热器供电电路或上盖温度检测电路。根据表7介绍的方法进入上盖加热检测程序后,测电源板的连接器CN101的⑦脚有触发信号输入,说明微处理器IC201已输出上盖加热信号TOP,故障是双向可控硅(双向晶闸管)TR111或R111、C111异常引起的。在检查TR111时,发现它已损坏,用BT136更换后故障排除。

多媒体中央控制器的使用与维修

黄 平

一、多媒体中央控制器简介

近年来，随着社会经济的高速发展，许许多多的大中小学及单位会议室都配备了如投影机、录像机(现已逐步淘汰)、VCD(DVD)、多媒体电脑等现代化电教设备，主讲人员操作这些设备时将会同时用到多种遥控器或本机按键，例如让打开课室内的DVD机、投影机、录像机播放指定节目或倒带、暂停、录像等，满足了使用者的特定需要，让使用者和授课人员充分体会和享受到高科技电子教学设备所带来的便捷和无穷的乐趣。但是由于设备多，连线复杂，用遥控器和本机按键操作极为不便，也容易造成人为故障，影响教学或开会。

使用多媒体中央控制系统可将以上各种功能控制全部集中起来管理和控制，主讲人员只需简单操作主机面板即可轻松自如地控制这些设备，如投影机开关机、电动屏幕的升降、画面切换(可以切换台式电脑、手提电脑、数字展示台、录像机、DVD的画面到投影机)，乃至音响的音量大小和灯光、空调、窗帘的开关等，使用非常方便。用户也可以在电脑上安装软件，通过操作电脑键盘、鼠标来操作中央控制控制系统，可以控制全部的红外设备及RS-232的电子装置，当然根据需要也可以扩展按键功能。

多媒体中央控制器常常简称为中控，常用于学校教室、单位会议室、培训室等场所，通过事先设定，可以实现所有设备一键控制，极大地方便了使用人员。

多媒体中央控制器主要功能如下

1.控制设备的开关机

例如控制投影机的开机、关机，台式电脑的开关机等。具有RS232控制端口的设备可以使用用RS232信号控制，没有RS232端口的设备，可以通过中控学习红外编码，用红外线来控制。

2.信号切换

信号切换包括视频信号和音频信号的切换，视频信号主要包括复合视频、VGA信号，高端中控还带有HDMI信号切换。中央控制器的切换功能，就是将输出到投影机的信号进行选择，常见的输入端有台式电脑、手提电脑、实物展台等，系统默认状态通常选择的是台式电脑。

3.控制电动屏幕升降

通过内部电路控制，实现自动或手动升降电动屏幕。

4.设备电源供电控制

由于多媒体教室或会议室使用设备多，虽然现在的设备在待机状态下耗电小，但不能完全切断电源，始终有电源损耗。中央控制器可以通过内部控制，在关机后切断相关设备的供电，既可以节能，又能有效延长设备的使用寿命；另外，由于投影机的特殊性，大多数投影机在关机后，需要散热一两分钟，所以中央控制器单独设立了一个投影机供电专用插座，在投影机关机后延时供电几分钟才切断电源(时间可以单独设置)，有效的保护投影机灯泡及光学部件。

5.其他设备的控制

含灯光、窗帘的开关等设备。

二、多媒体中央控制器的按键和接口作用

1.中控面板结构及功能说明

多媒体中央控制器品牌型号众多，整机外观也有差异，有分体式的(即面板和主机分开)，也有一体式的，但功能上都大同小异。为方便描述，未作特别说明情况下，本文均以MCCS M2000型为例进行阐述。M2000面板结构如图1所示，按键和接口功能功能如下。

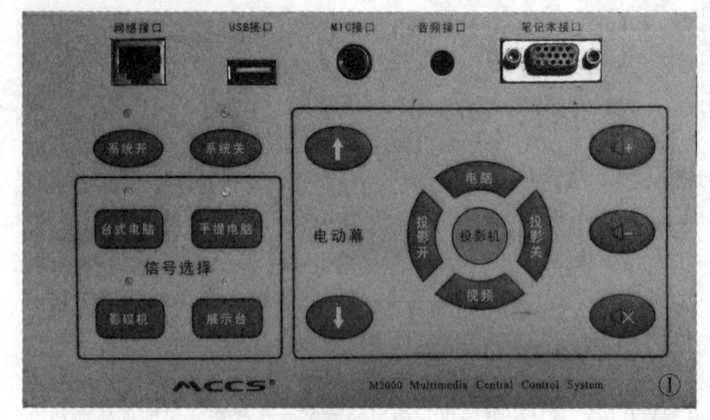

◆系统开：按此键开启系统；

◆系统关：按此键关闭系统；

◆信号选择：输入信号源选择，此机共有4路信号可供选择，分别是“台式电脑”“手提电脑”“展示台”和“影碟机”，默认状态下是选择“台式电脑”，使用中选中的信号源有对应的信号指示；

◆屏幕升：按此键控制屏幕上升；

◆屏幕降：按此键控制屏幕下降；

◆投影机开：按此键中控发出RS232信号(或红外信号)控制投影机开机；

◆投影机关：按此键控制投影机关机，中控延时几分钟后切断投影机供电；

◆“电脑”按键：控制投影机输入选择，按此键后中控发出RS232信号(或红外信号)，控制投影机将信号输入接口选中到“电脑”输入端(或者VGA输入)，一般中控开机后默认此键选中；

◆“视频”按键：控制投影机视频信号选择，按下此键，中控发出RS232信号(或红外信号)，将投影机输入信号选择到“视频”输入端口；

◆音量控制按键：控制输入设备的音量+、音量-和静音；

◆笔记本接口：外接笔记本VGA信号；

◆音频接口：外接笔记本音频输入信号；

◆MIC接口：话筒输入，可以通过中控将信号输送至功放，并统一控制音量；

◆USB接口：外接USB设备，内部通过连线接入台式电脑USB端口，相当于USB延长线；

◆网络接口：方便笔记本等设备连接网络，通过中控背面接口连接至交换机。

2.多媒体中央控制器背面接口及功能说明

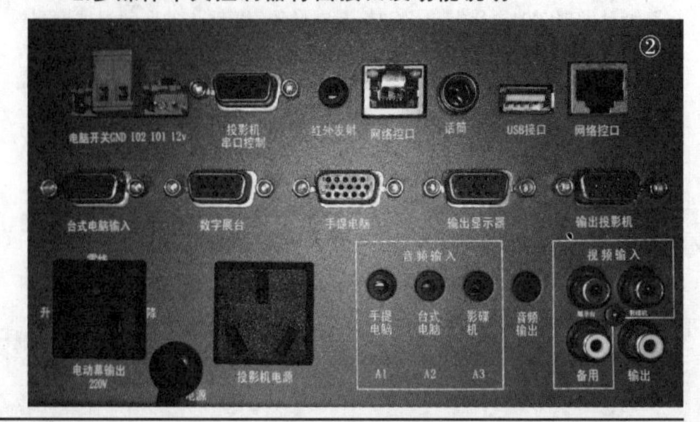

M2000中控背面接口示意图如图2所示，接口功能如下。

◆电动幕输出插座：电动屏幕专用插座，通过内部电路控制电动屏幕的升降，此插座严禁接入电动屏幕以外的其他设备，否则会造成中控或外接设备损坏；

◆投影机电源插座：投影机供电专用插座，中控开机后接通220V电源，关机后延时切断投影机供电，延时时间可以通过中控软件进行设置；

◆音频输入插座：分别输入手提电脑、台式电脑、影碟机的音频信号，与视频信号同步切换；

◆音频输出插座：输出音频信号至功放；

◆视频输入插座：输入影碟机等设备的视频信号；

◆视频输出插座：连接至投影机视频输入端，将影碟机等设备视频信号输入到投影机；

◆台式电脑输入：连接台式电脑显卡输出端；

◆数字展台接口：连接实物展台VGA信号输出端口；

◆手提电脑接口：连接笔记本VGA信号输出端口；

◆输出显示器接口：连接到显示器，台式电脑的VGA信号通过中控内部分配后一路输入至显示器，此路信号不受中控面板切换控制，只要接通中控电源接输出台式电脑的信号至显示器；

◆输出投影机接口：连接投影机电脑输入端口，通过中控面板选择所需信号源(台式机、手提电脑、数字展台等)输出到投影机；

◆投影机串口控制接口：连接到投影机CONTROL端口，传输中控的RS232信号，控制投影机开机、信号切换等功能；

◆红外发射端口：连接红外发射棒，通过中控发出的红外信号控制投影机等设备；

三、多媒体中央控制器的使用

中央控制器的典型使用环境接线示意图如图3所示，可根据实际情况连接相关设备，如果要使用中控开关电脑，需要将中控端“电脑开关”接口用导线与电脑主机的电源开关并联，这样才能自动开关电脑，连接好设备后还要进行相关设置才能正常使用。

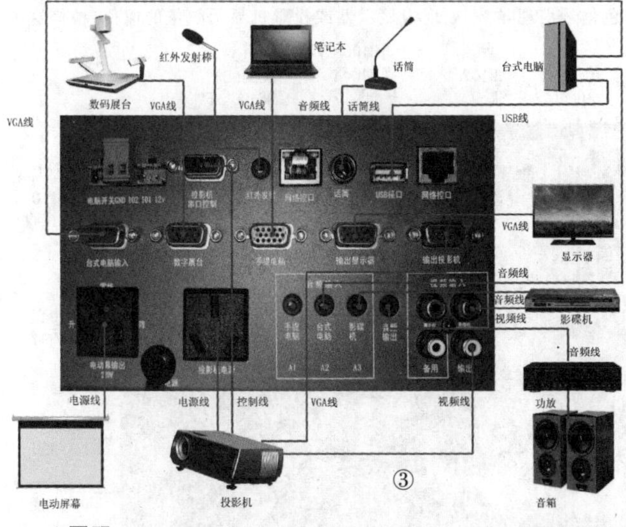

③

1.写码

这里的写码是指给中控写入232控制代码，由于投影机品牌型号不同，RS232代码也不同，所以在实际使用时需要在中控上写入对应投影机的232代码才能控制投影机，这里以M2000位例进行说明，其他品牌的写码的方法大同小异，具体方法如下：

1）用中控随机的串口线将中控的“投影机控制端口”与电脑的COM口连接起来。

2)在电脑上安装随机光盘上的“多媒体中央控制软件”。

3)安装完毕后打开软件，在“系统”菜单中选择“设备参数”，打开后会出现一个输入口令的窗口，出厂的软件中一般无密码(如果要用密码则须自己设置)，直接点击确定即可。进入程序后(如图4所示)，选择好当前的通讯端口；另外在“中控机”选项中的自选项程序是可以改动的，如果需要就在前方打一个“√”即可，例如需要系统开启后电动幕布自动升降，则在电动幕自动升降的前方小方块中打一个“√”，以后使用中控时按下“系统开”按钮后，随着系统打开，电动屏幕也随之下降，无需再按“屏幕降”按钮，使用完设备后，按“系统关”按钮，系统关闭的同时，屏幕也随之上升；投影机关机延时可以根据情况，在3分钟~10分钟范围自由选择。选项中需选择的项目选择完毕后，点击发送，所有信息就发送到主控主机中保存起来。

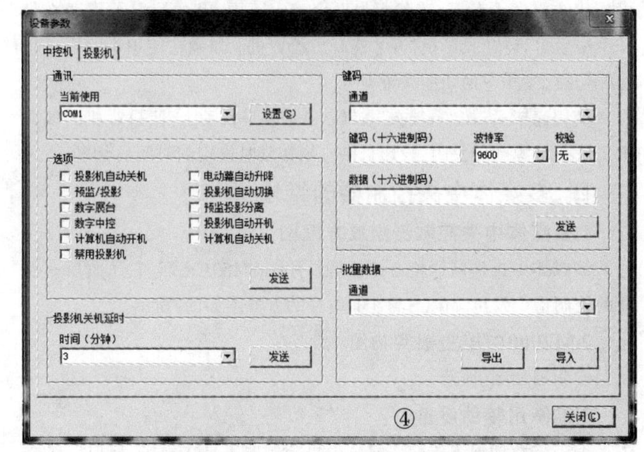

④

4)接下来点击“投影机”选项卡，出现图5所示界面，在程序中选择投影机品牌和型号，“参数”栏就可以直接调用厂家已做好的232指令，点击发送即可完成写码；如果选项中没有所需控制的设备品牌(同一品牌的投影机，232代码基本一样)，也可以自己加入新的232指令，在开机、关机、视频、电脑等空白的地方加入相应的232指令，然后点击发送即可。

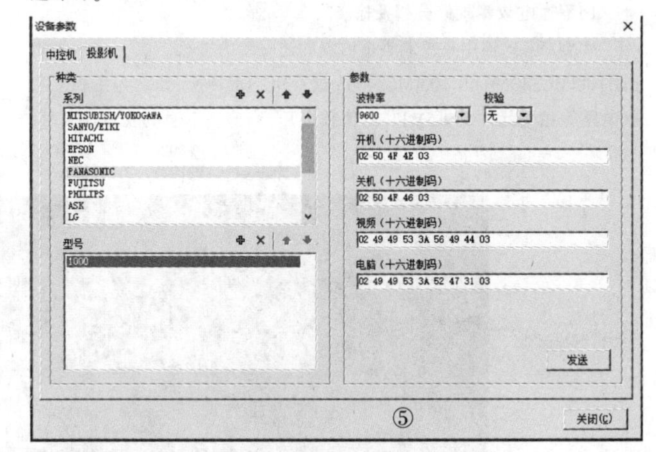

⑤

2.红外学习

如果在实际使用中遇到不知232代码的设备，可以通过红外线来控制，这时需要学习红外代码，方法如下：

长按“台式电脑”按键6秒左右，中控即进入红外学习状态，此时面板上“台式电脑”“手提电脑”“展示台”三个指示灯同时点亮，这时选择面板上的一个功能键，将设备遥控器对准红外接收窗口(如图6所示)，按下遥控器对应的功能键，中控面板上“台式电脑”指示灯闪烁，表示中控已经接收到红外信号，重复上述步骤，可以学习其他功能按键。学习完毕后，长按“台式电脑”6秒钟，面板上“台式电脑”“手提电脑”“展示台”三个指示灯同时熄灭，学习完成。

3.使用

上述写码或学习完成后就可以使用中央控制器了，由于已经对中控进行了相关设置，此时使用中控就简单多了，一般只需按系统开即

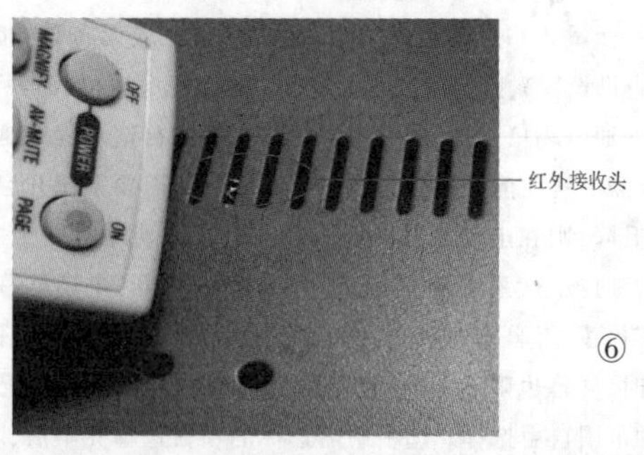

⑥

可，投影机随即自动上电和开机，电动屏幕也随即自动下降，这样就可以使用多媒体设备了；当然根据设置情况不同，有的情况下需要在打开系统后需再按“投影机”开才能开启投影机。如果在使用中途需进行功能切换，按相应的功能按键即可。

使用完毕后，按“系统关”按键，电动屏幕自动上升，投影机随即关机。设备电源随即关闭，投影机供电则在延时设定的时间后切断。

四、多媒体中央控制器的维修

1.多媒体中央控制器组成方框图

多媒体中央控制器核心部件是单片机(SM5912C25)，它负责所有功能的控制指令发出，MCCS M2000中控的方框图如图7所示。

2.M2000中控主板实物图

实物图如图8所示。

3.维修用辅助设备

由于多数情况下维修多媒体中央控制器不是在现场，所以除了需要准备常用的维修检测工具外，还得准准以下辅助设备：

一台台式电脑、一台显示器、一台投影机（也可以用显示器代替）、音箱功放一套、VGA线和音频线若干，与中控配套的相关软件（可以向中控厂家索取），这样才可以比较准确和方便检查故障。

4.多媒体中央控制器常见故障及检修要点

1)不通电故障检修分析及检修。

M2000多媒体中央控制器由内置的适配器为整机供电，主板上再由U100(MC34063)和U103(MC34063)进行DC-DC转换，分别为主板上集成电路等相关元件提供5V和-5V工作电压。当出现不通电故障现象时，

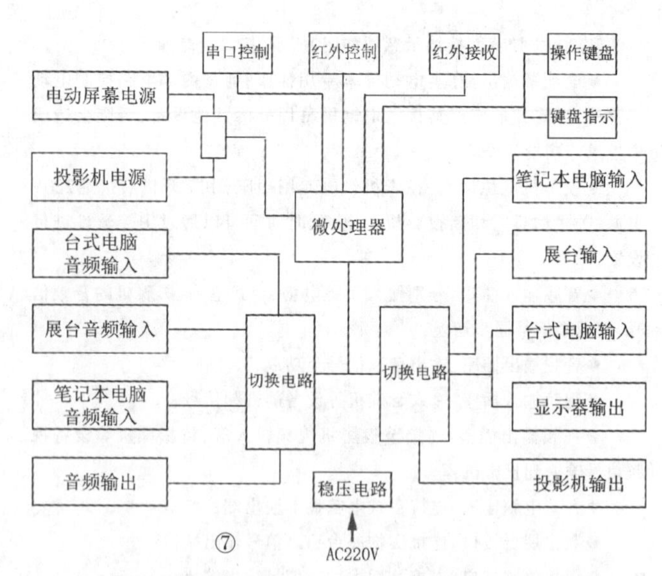

⑦

首先要检查插座P102处电压是否为12V，如果此处电压低或无电压，通常是内置的电源适配器损坏所致，更换适配器即可。如果P102处有12V电压，则检查U102、U103输出电压是否正常。

该机供电流程图如图9所示。

2)不开机故障分析与检修要点。

如果中控有电源指示而无法开机，可依照如图10所示流程图进行检修。

3)无信号输出故障分析与检修要点。

中控无信号输出，常常是指投影机输出端无信号，如果此时选择台式电脑端口输入信号，显示器端口信号正常，则重点检查P301输出插座的⑬脚（行同步信号）、⑭脚（场同步信号）、U303、U304、U305及相关外围电路；如果台式电脑输入时，投影机输出信号正常，则应检查无信号的这一路输入输入接口及相关电路。

4)偏色故障分析与检修要点。

中控出现偏色故障，常常是VGA信号中的红(R)、绿(G)、蓝(B)三基色信号出现异常，表现为显示器或投影机显示图像的偏色，检修这类

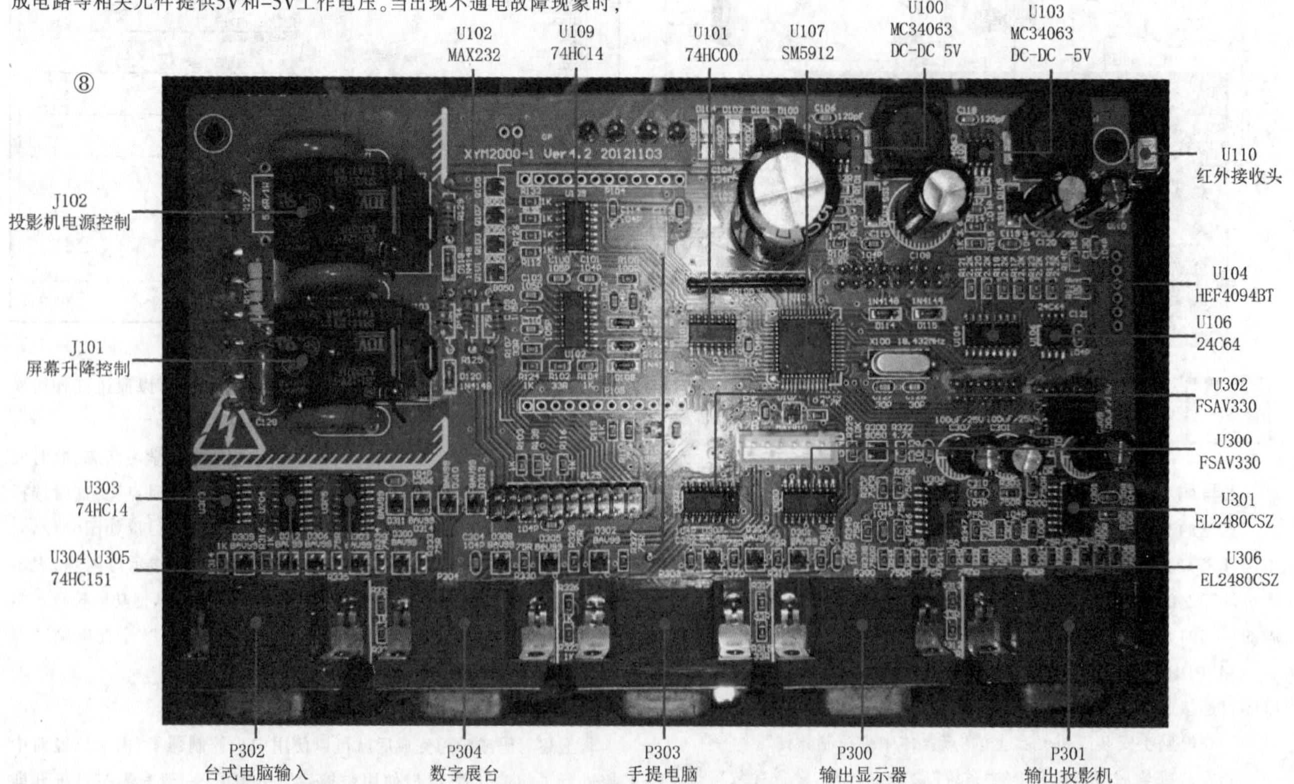

⑧

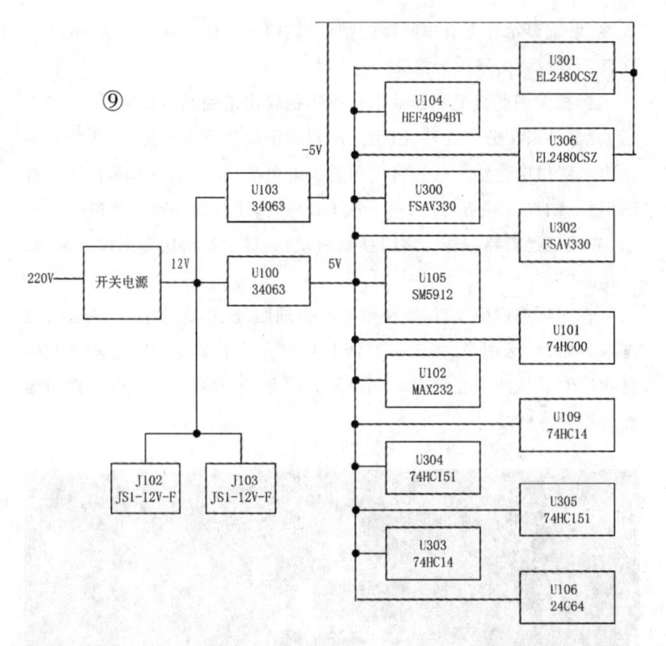

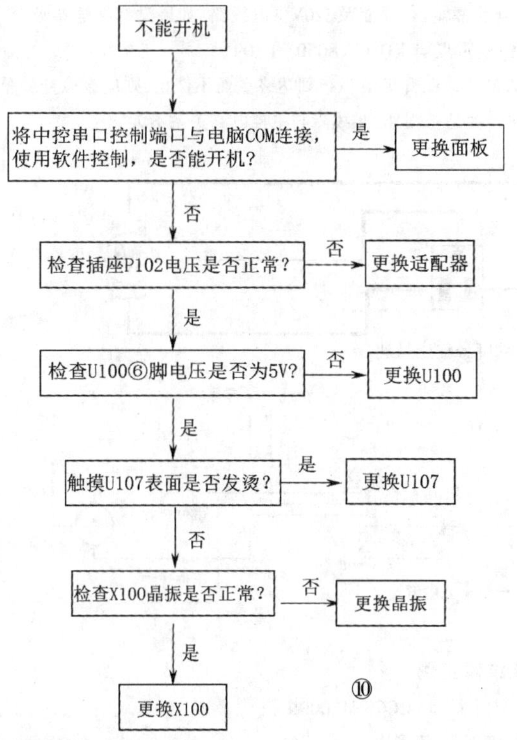

故障是重点应该检查输入插座、信号切换电路、信号放大电路及输出插座。M2000中控的信号切换由U300、U302完成，U301、U306分别对传输到投影机和显示器的三基色信号进行放大，VGA信号传输流程图如图11所示。

如果中控出现偏色故障，先要连接投影机和显示器检查，如果台式电脑输入偏色，则先将输入信号选择到台式电脑输入状态，若显示器颜色正常，则表示输入端口没有问题，故障应该在投影机输出电路，重点检查输出VGA插座、U301等相关电路；如果显示器颜色不正常而投影机颜色正常，则重点检查U306和P300；如果是其他信号源输入，投影机颜色异常，分别在不同输入端口输入信号，这样可以判断是切换电路出现问题还是型号放大部分出现问题，如果只是某一路输入端口有问题，则重点检查该路输入接口插座及切换电路；

5)不能控制投影机故障分析与检修要点。

检修中控出现不能用串口控制投影机故障时，可以用串口调试助手来帮助判断故障。

将中控"投影机串口控制"端口与电脑COM连接，打开串口调试助手软件，选择好串口号和投影机控制码对应的波特率，并在"十六进制显示"选项前打上"√"，接着按中控面板上"投影机开"按键，在串口调试助手的接收显示区域就有串口代码显示（如图12所示），这时可以将显示的代码与对应投影机的代码对照，如果显示代码相同，则表示中控没有问题，故障应该是中控与投影机之间的连线或投影机有故障；如果显示代码不一致，可以尝试重新写码再测试；如果没有代码显示，常常是U102(MAX232)损坏所致，可以先更换MAX232试试，如果故障依旧，则重点检查U102外围电路。

6)电动屏幕不能升降故障分析与检修要点。

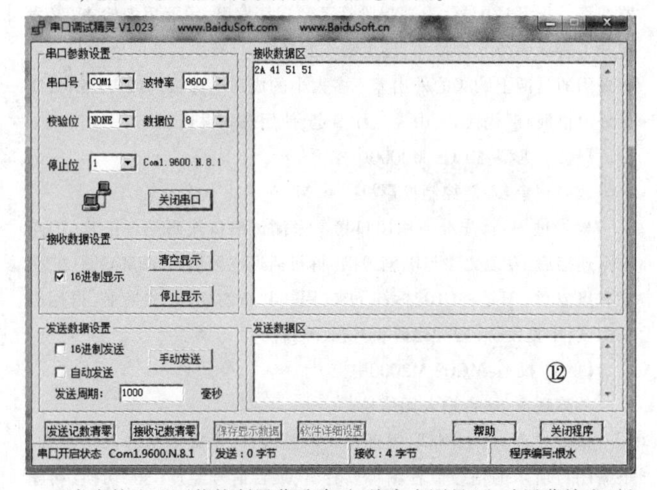

当中控出现不能控制屏幕升降时，首先应测量"电动屏幕输出"插座上的电压，不过要注意这个插座与常规插座不同，中间插孔是零线，两边的插孔是火线，分别对应电动屏幕的升降控制（如图13所示），需要控制屏幕是上升状态时，标示"升"的插孔上有220V电压；需要屏幕下降时，标示"降"的插孔才有220V电压，电动屏幕控制原理简图如图14所示，图中虚线框部分为电动屏幕机壳内部电路，限位开关为常闭状态，当屏幕上升或下降到指定位置时，限位滑块触动开关切断电源，避免电机无限制转到，损坏屏幕。

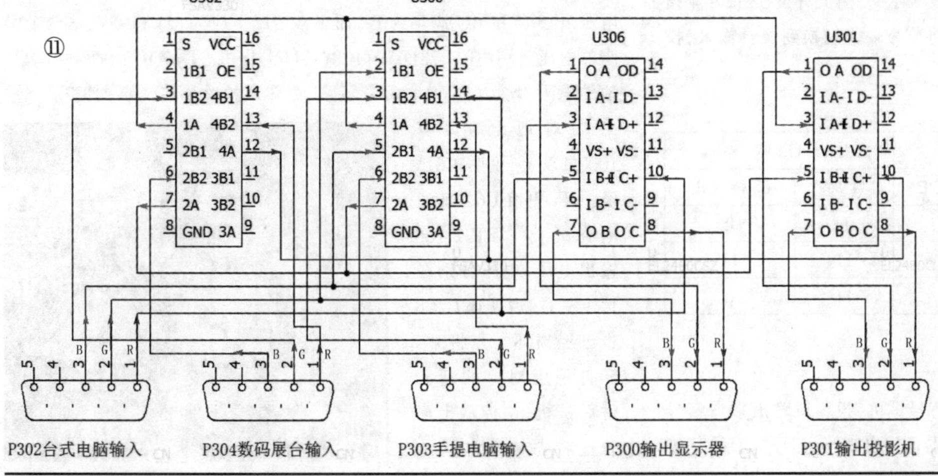

如果这两个插孔电压在按面板上"屏幕升"、"屏幕降"时有正常变化过程，则可能是屏幕或导线有问题，故障与中控无关；如果"升"、"降"插孔无电压，可以贴近中控仔细听，按面板上"屏幕升"、"屏幕降"按钮时，是否有继电器吸合、释放的声音，如果有，说明控制电路是正常的，应该

检查“电动幕输出”插座及220V供电线路；如果没有继电器吸合、释放的声音，则重点检查Q107(8050)、U109。

如果屏幕在升降中幕布到达终点而不停止，则应该检查屏幕内部的限位开关是否损坏，此故障与主控电路关系不大。

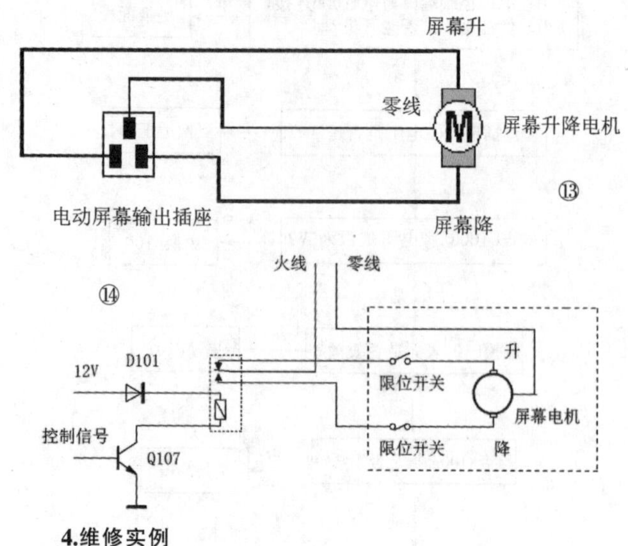

4.维修实例

【例1】机型：MCCS M2000中控

故障现象：不通电

检修过程：拆机检查P102插座处，发现没有12V电压，可能是适配器损坏。拆开适配器，发现保险管已经损坏发黑，用万用表检查，又发现开关管等多个元件损坏，已无维修的必要，只有更换新的电源板。笔者采用的是网上购买的外出差不多大小的成品电源板（12V/1.5A），质量好价格便宜，代换后，中控工作稳定，使用寿命很长。

【例2】机型：MCCS M2000中控

故障现象：不能控制投影机

检修过程：首先准备用串口精灵来测试串口代码是否正常，但与电脑连接后，发现无法与电脑通讯。拆机后通电触摸U102(MAX232)，感觉有点发烫，于是将U102拆卸下来，用一片新的MAX232换上，再用电脑测试，中控发送的232代码正常，故障排除。

【例3】机型：MCCS M2000中控

故障现象：展台输入无信号

检修过程：通电测试，发现台式电脑输入、手提电脑输入均正常，根据图11所示的信号流程图可以看出，展台信号经过U302切换，再输入到U301进行放大后输出到投影机。由于台式电脑和手提电脑输入信号时，投影机输出端信号正常，可以肯定U301没有问题，故障可能出在U302或其外围电路。

通电测试U302的⑯脚供电正常，①脚和⑮脚在切换信号时高低电平变化正常（U300、U302真值表见附表所示），由此怀疑U302可能损坏，用一块新的FSAV330代换后试机，将信号输入切换到展台输入，投影机输出信号正常，故障排除。

附表

状态	U302		U300	
	①脚：S	⑮脚：$\overline{OE}$	①脚	⑮脚：$\overline{OE}$
台式电脑输入	L	H	L	L
展台输入	H	L	H	H
手提电脑输入	H	H	H	L

【例4】机型：海捷HJ7100C中控

故障现象：显示器端口无信号输出

检修过程：在电脑输入端口接入信号试机，投影机输出端口信号正常，显示器输出端口无信号，但显示器没有出现“无信号”提示，仔细观察，发现显示器上有很暗淡的图像，说明同步信号基本正常，故障应在显示器视频信号放大部分。

拆机发现此机显示器输出与投影机输出电路基本相同（如图15所示），都是采用分离元件，L1为显示器输出电路供电电感，L2为投影机输出电路供电电感。首先对比测量供电电压，发现L2两端有8.5V左右的电压；L1则一端有电压，另一端为0V，估计L1已经断路，断电后测量L1，果然已经断路损坏。将L1换新后试机，显示器输出端图像正常，故障排除。

在实际维修中发现，此机最容易出现L1、L2损害的情况，一般出现图像异常时（无图像、图像极暗淡并拖尾），首先就要检查这两个元件是否正常。这两个元件损坏后若无备件，应急维修时也可以直接用导线短路元件两端。

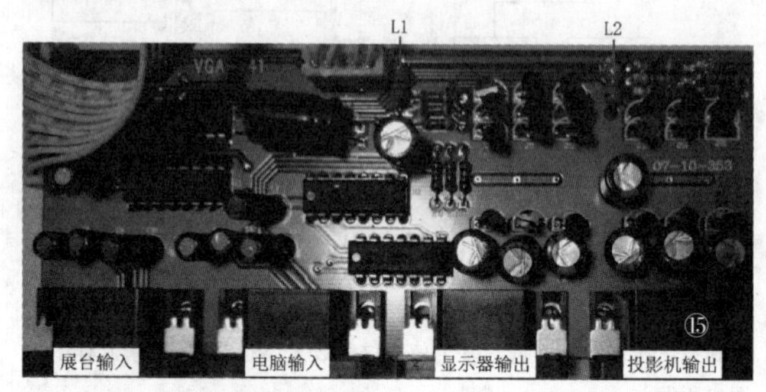

【例5】机型：海捷HJ7100C中控

故障现象：无法开机

检修过程：接通电源，面板上有电源指示，按“系统开关”，无法开机。

将中控串口与电脑串口连接，用中央控制系统软件操作，能正常开机，且各种功能均正常，估计面板有问题，拆机后察看，发现面板排线已经发黑无法使用(如图16所示)，更换一块新的面板后试机，一切正常。

【例6】机型：三师SS-AV2000

故障现象：无声音

检修过程：经检测，电脑输出的音频信号直接输入到功放，声音正常，说明电脑和功放都没有问题，故障确实在中控本身。

拆机后仔细观察线路，该机内部音频切换由IC4(74HC4052)担任，音频前置放大则由IC6(NE5532)担任（如图17所示）。首先测量IC6供电电压，第⑧脚和第④脚均为0V，而正常情况下应为+5V和-5V，这两个引脚的电压分别由IC7(78L05)和IC8(79L05)提供。测量IC7、IC8输出端对地的电阻，均为0Ω，说明负载短路，用热风枪吹下IC6，再测IC7、IC8输出端对地电阻，有1000Ω以上，说明IC6已经损坏。更换IC6之前通电测试了一下IC7、IC8输出电压，电压分别在1.2V左右，说明IC7、IC8也已经损坏，先将3个元件换上对应的新元件后试机，中控输出声音正常，故障排除。

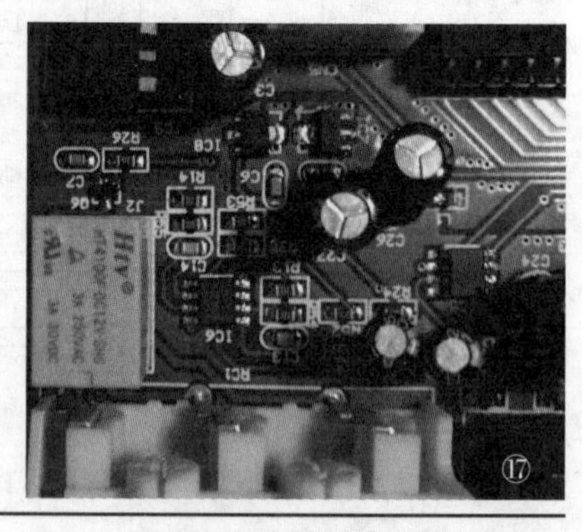

低压电力系统的防触电技术

杨德印　吉海龙

按照《中华人民共和国安全生产法》等法律法规的要求，从事电工作业的人员属于特种作业人员，需进行安全操作技能的培训，经考核合格颁发操作资格证，才能持证上岗。根据国内外权威部门统计表明，人们接触低压电气设备机会较多，在操作过程中，由于思想麻痹，缺乏安全知识，导致低压触电事故明显多于高压。因此，本文主要讨论低压电力系统的防触电技术。当然，这里讨论的内容只是电工作业人员安全技能的重要内容之一。

本文成文时参考了全国安全生产培训教材编审委员会组织编写的《低压电工作业》和相关国家标准等资料，因此具有较高的权威性和操作可行性。

最常见的触电事故有两类，一类是人体误触带电导线或带电设备引起的触电，称为直接接触电击；另一类是人体误触正常情况下不带电、而故障情况下变为带电的设备外壳(例如漏电电动机的外壳)导致的触电，称为间接接触电击。下面对这两类触电电击的防护技术分别给以介绍。

一、直接接触电击的防护

直接接触电击的防护技术包括特低电压防护系统、屏护防护技术、电气安全距离防护技术、绝缘防护技术等。

1.特低电压防护系统

特低电压的基本特征就是电压值很低，但仅靠特低电压并不能保证对电击危险的防护，例如使用自耦变压器提供的不隔离电源，尽管电压值可能很小，也有导致触电的危险，因此，特低电压防护应包括特低电压值、提供这个电压的电源和采用这个电压的用电系统，才能构成一个完整的特低电压防护系统。

1)特低电压的分类与用途

特低电压可分为SELV安全特低电压、PELV保护特低电压和FELV功能特低电压三类。

SELV安全特低电压只作为不接地系统的电击防护，用于具有严重电击危险的场所，例如娱乐场所、游泳池等，作为唯一的或主要的电击防护措施。

PELV保护特低电压可以作为接地系统的电击防护，用于一般危险的场所，通常是在有了其他防护措施的情况下，进一步提高安全水平的防护。

FELV是因使用功能的原因而采用的特低电压。这样的设备很多，如电源外置的电焊枪、笔记本电脑等。

2)特低电压的限值

特低电压的限值是指在任何条件下，任意两导体间或任一导体与地之间允许出现的最大值。任何条件包括正常运行、故障和空载等所有可能的情况。

国家标准GB/T3805-2008《特低电压(ELV)限值》对于安全防护的电压上限值作出的规定如下：正常环境条件下，正常工作时工频电压有效值的限值为33V，无纹波直流电压的限值为70V；单故障时(能影响两个可同时触及的可导电部分间电压的单一故障)工频电压有效值的限值为55V，无纹波直流电压的限值为140V。

3)特低电压安全电源的选用

所谓特低电压安全电源，就是在正常工作时电压值在特低安全电压范围内，同时在发生各种可能的故障时不会引入更高的电压的电源。能满足这两项要求的电源有以下几种。

与较高电压回路无关的独立电源，如柴油发电机组；

由蓄电池组等组成的电化学电源；

即使在故障时仍能确保输出端子上的电压不超过SELV限值的电子装置电源，例如UPS电源等；

采用安全隔离变压器的电源或具有多个安全隔离绕组的电动发电机组。

2.绝缘防护

所谓绝缘防护，就是用绝缘材料把带电体封闭或隔离起来。良好的绝缘是保证电气设备和线路正常运行的必要条件，也是防止人体触及带电体的安全保障。电气设备的绝缘应符合其相应的电压等级、环境条件和使用条件。

1)绝缘材料的分类与性能

电工使用的绝缘材料是指体积电阻率达到$10^7\Omega\cdot m$以上的材料。电工绝缘材料可分为固体、液体和气体等几类。

固体绝缘材料包括瓷、玻璃、云母、石棉等无机绝缘材料，以及橡胶、塑料、纤维制品等有机绝缘材料、玻璃漆布等复合绝缘材料。

常用的气体绝缘材料有空气、氮、氢、六氟化硫等。

液体绝缘材料包括矿物油、十二烷基苯、硅油等。

绝缘可能因为老化、击穿等原因导致破坏。也可能受到腐蚀性液体、气体、蒸汽、潮气、粉尘的污染和侵蚀，以及受到外界热源或机械原因的作用，在较短时间内使绝缘遭到损坏的现象。

如上所述，绝缘材料可能因受到热源的损伤而导致绝缘损坏，为了保证绝缘材料能够长期稳定地工作和运行，将绝缘材料按耐热程度的不同，分为若干耐热等级，如表1所示。

表1 绝缘材料的耐热等级

耐热等级	绝缘材料	极限温度/℃
Y	木材、棉花、纸、纤维等天然纺织品，醋酸纤维和聚酰胺为基础的纺织品，以及易于热分解和熔点较低的塑料	90
A	浸渍过的Y级材料，漆包线，漆布、漆丝的绝缘，以及油性漆、沥青漆等	105
E	聚酯薄膜和A级材料复合，玻璃布，油性树脂漆，聚乙烯醇缩醛高强度漆包线，乙酸、乙烯耐热漆包线	120
B	聚酯薄膜、经合适树脂浸渍涂覆的云母、玻璃纤维、石棉等制品，聚酯漆、聚酯漆包线	130
F	以有机纤维材料补强和石棉带补强的云母片制品，玻璃丝和石棉、玻璃漆布，以玻璃丝布和石棉纤维为基础的层压制品，以无机材料作补强和石棉带补强的云母粉制品，化学热稳定性较好的聚酯和醇酸类材料、复合硅有机聚酯漆	155
H	无补强或以无机材料为补强的云母制品，加厚的F级材料、复合云母、有机硅云母制品、硅有机漆、硅有机橡胶聚酰亚胺复合玻璃布、复合薄膜、聚酚亚胺漆等	180
C	耐高温有机胶黏剂和浸渍剂及无机物，如石英、石棉、云母、玻璃和电瓷材料	>180

2)绝缘电阻及其规范值要求

所谓绝缘电阻，是加在绝缘上的直流电压与流经绝缘的电流即泄漏电流之比。不同线路或设备对绝缘电阻有不同的要求，一般说来，高压设备较低压设备要求高，新设备较旧设备要求高，室外设备较室内设备要求高，移动设备较固定设备要求高。

下面是几种主要线路和设备应达到的绝缘电阻值。

新装和大修后的低压线路和设备，要求绝缘电阻不低于0.5MΩ。

运行中的线路和设备，绝缘电阻可降低为每伏工作电压1000Ω。

Ⅰ类携带式电气设备的绝缘电阻不应低于2MΩ。Ⅰ类携带式电气设备属于普通型电动工具，这类工具防止触电的保护除依靠基本绝缘外，另须将可导电的零件与已经安装的固定线路中的保护接地导线连接起来。

控制线路的绝缘电阻不应低于1MΩ，但在潮湿环境中可降低为0.5MΩ。

高压线路和设备的绝缘电阻一般应不低于1000 MΩ。

架空线路每个悬式绝缘子的绝缘电阻应不低于300 MΩ。

电力变压器投入运行前，绝缘电阻可比出厂时适当降低，但应不低于出厂时的70%。

3)吸收比的测定

为了判断绝缘的受潮情况，可以测量绝缘的吸收比。

吸收比是从开始测量起第60s的绝缘电阻R_{60}与第15s的绝缘电阻R_{15}的比值。吸收比用兆欧表进行测定。

吸收比用来判断绝缘受潮情况的机理描述如下。直流电压（兆欧表测量绝缘电阻时，其内部的直流发电机发出的是直流电）作用在电介质上，有三部分电流通过，即介质的泄漏电流、吸收电流和瞬时充电电流。吸收电流和充电电流在一定时间后都会趋近于零，而泄漏电流与时间无关。如果介质材料干燥，其泄漏电流很小，在电压开始作用的15s内，充电电流和吸收电流较大，此时电压与电流的比值较低。经较长时间(60s)后，充电电流和吸收电流衰减并趋向于零，总电流稳定在较小的泄漏电流值上，R_{60}数值较大，吸收比(R_{60}/R_{15})就较大。如介质材料受潮，泄漏电流就大，相对而言介质充电电流和吸收电流较小，15s时测出的R_{15}与60s时测出的R_{60}相差较小，吸收比就小，所以可以用吸收比来判断绝缘的受潮程度。

一般没有受潮的绝缘，吸收比应大于1.3，受潮或有局部缺陷的绝缘，吸收比接近于1。

3.屏护与间距

1)屏护

所谓屏护，就是使用栅栏、遮栏、护罩、箱盒等物品将带电体与外界隔离开来。采用屏护措施将带电体隔离起来，可以有效地防止工作人员偶然触碰或过分接近带电体而触电的危险。

配电线路和电气设备的带电部分，如果不便于包以绝缘，或者单靠绝缘不足以保证安全的场合，可采用屏护保护。

屏护装置有永久性的，如配电装置的遮栏和开关的罩盖等；也可是临时性的，如抢险维修中临时装设的栅栏等；屏护装置还有固定式的和移动式的，例如母线固定的护网，跟随天车运动的滑线移动屏护装置。

屏护装置不直接与带电体接触，因此对制作屏护装置所用材料的导电性能没有严格的规定，但屏护装置应根据环境条件等因素，符合防火、防风要求，并具有足够的机械强度和稳定性。

2)电气安全距离

为了防止人体触及或过分接近带电体，或防止车辆和其他物体碰撞带电体以及避免发生各种短路、火灾和爆炸事故，在人体与带电体之间、带电体与地面之间、带电体相互之间及与其他物体和设施之间，都必须保持的最小距离，称为电气安全距离，简称间距。

架空导线的安全距离 架空线路所用的导线可以是裸线，也可以是绝缘线，但即使是绝缘线，露天架设导线的绝缘也极易损坏，因此，架空线路的导线与地面，与各种工程设施、建筑物、树木，以及与其他线路之间，还有同杆架设的多回线路横担之间，均应保持一定的安全距离，具体见表2。

表2 导线与地面的最小距离

线路经过区域的类型	线路电压/kV	
	6~10	<1
居民区	6.5	6
非居民区	5.5	5
交通困难地区	4.5	4

配电装置的安全通道 配电装置室内各种通道的最小安全距离，应不小于表3所示的距离。

表3 配电装置室内各种通道的最小安全距离

配电装置布置方式	各种通道的最小安全距离/m		
	维护通道	操作通道	通往防爆间隔的通道
一面安装配电装置	0.8	1.5	1.2
两面安装配电装置	1.0	2.0	1.2

二、间接接触电击的防护

保护接地、保护接零、加强绝缘、电气隔离、等电位联结、安全电压和漏电保护都是预防间接接触电击的技术措施，而保护接地和保护接零是防止间接接触电击的基本技术。本节介绍保护接地、保护接零以及漏电保护的相关技术。

1.保护接地与保护接零

所谓接地，就是将设备的某一部位经接地装置与大地紧密连接起来。

接地有工作接地和安全接地之分。工作接地是指正常情况下有电流流过，利用大地代替导线的接地，以及正常情况下没有或只有很小不平衡电流流过，用以维持系统运行的接地。安全接地是正常情况下没有电流流过的起防止事故作用的接地，如防止触电的保护接地、防雷接地等。

保护接地适用于各种不接地的配电系统中以及不接地的直流配电网中。

保护接零适用于中性点直接接地的配电系统中。工程中采用保护接零措施后，通常还会把中性线(零线)在一处或多处通过接地装置与大地再次连接，组成重复接地系统。

在保护接地与保护接零系统中，表示各种配电模式时使用的文字代号见表4。

表4 表示各种配电模式时使用的文字代号

文字代号所处位置	文字代号	电力系统对地关系
第一个字母	T	直接接地
	I	所有带电部分与地绝缘
第二个字母	T	外露可接近导体对地直接作电气连接
	N	外露可接近导体通过保护线与电力系统的接地点直接作电气连接
如果后面还有字母	S	中性线和保护线是分开的
	C	中性线和保护线是合一的

2.IT系统

IT系统系统就是保护接地系统。根据表4的规定，IT系统中的第一个大写字母“I”表示配电网不接地或经高阻抗接地；第二个大写字母“T”表示电气设备金属外壳接地。

也就是说，表示电力系统某一种供电模式的两个大写字母，其中前一个大写字母规定了电力系统中的某点(通常指中性点)是直接接地，还是与地绝缘(也可能经高阻抗接地)，若直接接地，则第一个大写字母是“T”，否则是“I”；后一个字母规定了电力系统中用电设备的可导电外壳是直接接地还是接零，若接地，则第二个大写字母是“T”，若接零，则第二个大写字母是“N”。

在图1中，(a)图的电源中性点悬空未接地，而用电设备的外壳经接地极接地，所以这是一个IT系统，即俗称的三相三线制供电系统。

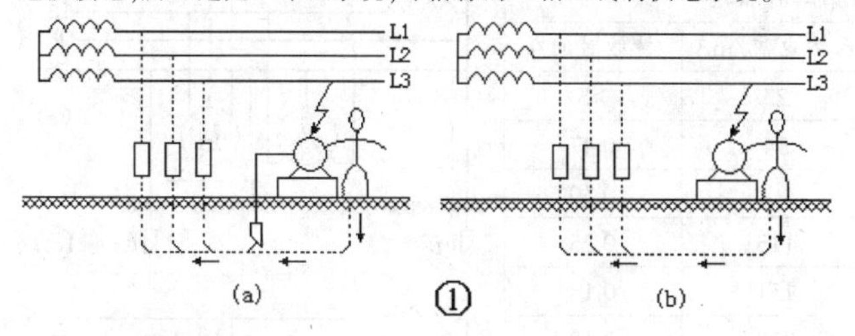

1)IT系统安全原理

如图1(b)所示，在IT系统中，如电气设备金属外壳未采取任何安全措施，则当外壳故障带电时，通过人体的电流经电源相线、故障带电设备的外壳、人体、线路的绝缘阻抗形成回路。绝缘阻抗是线路绝缘电阻和分布电容容抗的并联值。如果各相对地绝缘阻抗相等，可以求得漏电设备外壳对地电压U_E(即人体承受的电压)和流过人体的电流I_P是：

$$U_E=\frac{R_P}{R_P+\frac{Z}{3}}U=\frac{3R_P}{3R_P+Z}U=\frac{3UR_P}{3R_P+Z}$$

$$I_P=\frac{U_E}{R_P}=\frac{3U}{3R_P+Z}$$

式中：U_E——漏电设备外壳对地电压，即人体承受的电压

I_P——流过人体的电流

U——电网相电压

R_P——人体电阻

Z——电网每相对地绝缘绝缘阻抗

尽管故障电流必须经过高值对地绝缘电阻才能构成回路，但在线路较长、绝缘水平较低的情况下，即便是低压配电系统，电击的危险性依然很大。例如，配电网相电压为220V，频率为50Hz，各相对地绝缘电阻均可看作无限大，各相对地电容均为0.6μF，人体电阻为2000Ω时，可以求得设备外壳对地电压为116.7V，流过人体的电流也能达到58mA，明显超过了人体的心室颤动电流，可以使人致命。以上的人体电阻是按2000Ω计算的，实际上一般人体电阻大约是1500Ω~2000Ω，在触电时因出汗和惊吓人体电阻值还会更小；另外，各相对地绝缘电阻也不可能如上假设为无限大，这些情况都会使触电的危险性增大。

但是，IT供电系统的设备外壳是接地的，如图1(a)所示，接地电阻与人体电阻是并联的。如果设备外壳的接地电阻是规范的不大于4Ω，则漏电设备的对地电压就被限制在1V以下，触电电流也降低至1mA以下，消除或减小了电击的危险。这就是IT系统的安全原理。

2)接地电阻的允许值

因为故障对地电压等于故障接地电流与接地电阻的乘积，因此，各种保护接地电阻不得超过规定的限值。对于低压配电网，由于分布电容较小，单相故障接地电流也小，电气设备的保护接地电阻不超过4Ω即能将其故障时对地电压限制在安全范围以内。如果配电容量在100kVA以内，由于配电网分布范围很小，单相故障接地电流更小，电气设备的保护接地电阻不超过10Ω即可满足安全要求。

3.TT系统

图2所示的配电网络引出三条相线L1、L、L3和一条中性线N，即俗称的三相四线制配电系统。在这种低压中性点直接接地的配电网中，如果电气设备金属外壳不采取任何安全措施(不安装接地极R_A)，则当外壳故障带电时，由于设备外壳与大地之间的电阻值很大，故障电流沿着这个很大的电阻和低阻值的低压工作接地R_N构成回路，将使设备外壳带有接近相电压的较高故障电压，电击的危险性很大。因此，必须采取间接接触电击的防护措施。

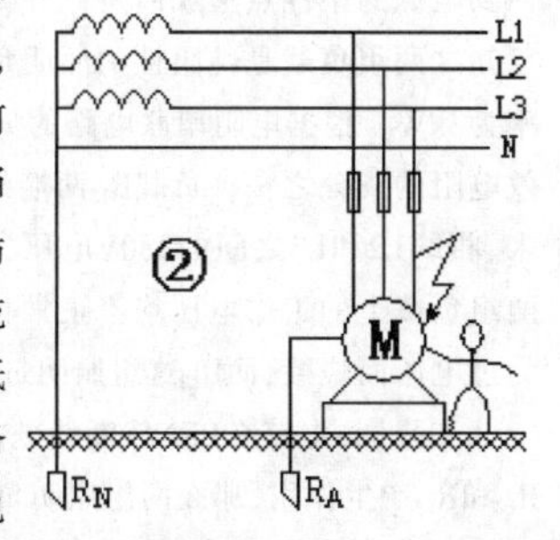

1)TT系统的限压特性

实际上，TT系统的中性线和用电设备外壳都是接地的，如图2所示。这也是TT系统中两个字母“TT”表达的技术含义。

在这种系统中，当某一相线故障连接设备金属外壳时，其对地电压可表示为：

$$U_E=\frac{R_A}{R_N+R_A}U$$

式中：U_E——设备外壳对地电压

R_A——设备外壳接地电阻

R_N——配电系统中性点接地电阻

U——系统相电压

在这个计算式中，由于R_A和R_N在同一个数量级，所以，设备外壳对地电压的计算结果虽然低于相电压，但几乎不可能限制在安全电压范围内。同时，采用一般的过电流速断保护也很难得以成功。因此，一般情况下不能采用TT系统。若不得不采用TT系统，则必须将故障持续时间限制在允许范围内。

TT系统主要用于低压共用用户，即用于未装备配电变压器，从公用变压器引进低压电源的小型用户。

下面通过一个实例说明TT系统限制漏电设备外壳对地电压的功能局限性。

例如某相电压为220V的三相四线制供电系统中，系统中性点工作接地电阻R_N =3.0Ω，系统中用电设备采用接地保护方式，接地电阻R_A =3.8Ω，如果用电设备漏电，试问故障排除前漏电设备和中性线对地电压各为多少？计算时可忽略导线电阻。

漏电设备外壳对地电压U_E计算如下：$U_E=\frac{R_A}{R_N+R_A}U=\frac{3.8}{3.0+3.8}\times220=$ 122.9V；中性线对地电压U_N计算如下：$U_N=\frac{R_A}{R_N+R_A}U=\frac{3.0}{3.0+3.8}\times220=$ 97.1V。

由计算结果可见，TT系统虽然可以使漏电设备外壳的对地电压有所降低，但不能保证降到安全电压范围以内。

2)TT系统的允许故障持续时间

为了解决TT系统安全运行，可装设剩余电流保护装置(俗称漏电保护器)，或其他装置来限制故障电流的持续时间。TT系统允许故障持续时间见表5。表中所示的第一种状态是指环境干燥或略微潮湿、皮肤干燥、地面电阻率高的状态；第二种状态是指环境潮湿、皮肤潮湿、地面电阻率低的状态。故障最大持续时间原则上不得大于5s。

4.TN系统

我国当前大多采用中性点直接接地的三相四线配电网。在这种配电网中，TN系统是应用最多的配电及防护方式。TN系统是采取中性点直接接地、电气设备金属外壳保护接零措施的系统。系统名称中的字母“T”和“N”分别表示配电网中性点直接接地和电气设备金属外壳接零。

1)TN系统安全原理

图3是典型的TN系统接线图。在这种系统中，当某一相线直接连接金属外壳时，即形成单相短路，短路电流促使线路上的短路保护装置迅速动作，在规定时间内将故障设备从系统中切除，消除电击危险。

在TN系统中，故障时设备外壳对地电压将被限制在一个较低的数值上，但一般不可能限制在安全范围以内，因此，故障时迅速切断电源是保护接零系统第一位的安全作用，而降低漏电设备外壳对地电压是第二位的安全作用。

2)TN系统的基本安全条件

国际电工委员会(IEC)以额定电压为依据作出了以下规定：

对于I类手持式电动工具、移动式电气设备和63A以下的插座，故障持续时间不得超过表6给出的数值。

表5 TT系统允许故障持续时间

预期接触电压/V	第一种状态			第二种状态		
	人体阻抗/Ω	人体电流/mA	持续时间/s	人体阻抗/Ω	人体电流/mA	持续时间/s
25	—	—	—	1075	23	>5
50	1725	29	>5	925	54	0.47
75	1625	46	0.6	825	91	0.30
90	1600	56	0.45	780	115	0.25
110	1535	72	0.36	730	151	0.18
150	1475	102	0.27	660	227	0.10
220	1375	160	0.17	575	383	0.035
280	1370	204	0.12	570	491	0.020
350	1365	256	0.08	565	620	—
500	1360	368	0.04	560	893	—

表6 TN系统允许故障持续时间

额定对地电压/V	120	230	400	580
允许持续时间/s	0.8	0.4	0.2	0.1

IEC的另一项规定是：

对于配电干线和接向固定设备的配电线路(该配电线路的配电盘不接用I类手持电动工具、移动式电气设备或63A以下的插座，或配电盘与保护零干线有电气连接)，故障持续时间不得超过5s。

3)TN系统的种类及应用

如图3所示，TN系统有三种类型。其中图3(a)是三相五线制的TN-S系统，在这种系统中，工作零线N与保护零线PE始终是各自独立设置的。单相三孔插座的保护接地端以及用电设备金属外壳均需连接PE线。适用于爆炸危险性较大或安全要求较高的场所，有独立附设变电站的车间也适宜采用TN-S系统。

图3(b)是TN-C-S系统，这种系统的工作零线N和保护零线PE在开始的干线部分是合二为一的，称作PEN线，而在后部两者则是分开的。厂区设有变电站，低压进线的车间以及民用楼房可采用TN-C-S系统。

图3(c)是TN-C系统，这种系统的工作零线N和保护零线PE始终是合二为一的，称作三相四线制配电系统。在这种系统中，三孔插座的保护接地端与电气设备的金属外壳均连接PEN线。用于无爆炸危险和安全条件较好的场所。

施工现场的临时用电，中性点直接接地的供电系统，必须采用TN-S系统，PE线应单独敷设，不作它用。如果使用电缆，则必须选用五芯电缆。重复接地只能与PE线连接。

4)接地与接零不得混用

在同一台变压器供电的配电网中，一般不允许采用部分设备接零，另一部分设备仅仅接地的运行方式，即一般不允许同时采用TN系统和TT系统的混合运行方式。不能像图4那样，电动机M1金属外壳接地，而电动机M2的金属外壳接零，这将出现危险的对地电压，给人以致命的电击。而且，由于故障电流不足以实现电流速断保护，所以，危险状态将长时间存在。因此，这种混合运行方式一般是不允许的。

5)过电流保护装置的特性

如前所述，在TN系统中，当某一相线直接连接金属外壳时，即形成单相短路，短路电流促使线路上的短路保护装置迅速动作，在规定时间内将故障设备从系统中切除，消除电击危险。根据这一要求，我们在此讨论过电流保护装置的特性。

表7 TN系统对单相短路电流I_{SS}与熔体额定电流I_{FU}比值的要求

设备种类	熔体额定电流/A				
	4~10	16~32	40~63	80~200	250~500
一般电气设备	4.5	5	5	6	7
手持电动工具	8	9	10	11	—

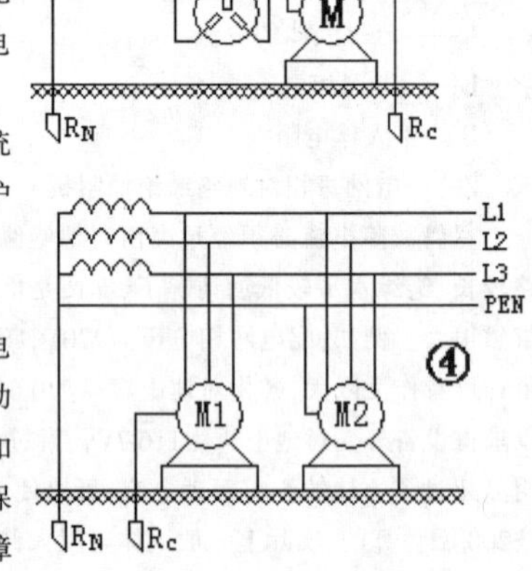

在小接地短路电流系统中使用熔断器进行保护时，为满足发生故障后5s以内切断电源的要求，对于一般电气设备和手持电动工具，建议按照表7选取I_{SS}与I_{FU}的比值。这里的I_{SS}是单相短路电流；I_{FU}是熔体额定电流。

在小接地短路电流系统中使用低压断路器进行保护时，要求：

I_{SS}=1.5I_{QF}

式中，I_{SS}是单相短路电流；I_{QF}为低压断路器瞬时动作或短延时动作过电流脱扣器的整定电流。由于继电保护装置动作很快，所以，故障持续时间一般不超过0.1~0.4s。

6)重复接地

在TN系统中，PE线或PEN线除工作接地以外的其他点的再次接地称为重复接地。图3和图5(b)中的R_C即为重复接地。

重复接地可以减轻PE线或PEN线意外断线或接触不良时接零设备上电击的危险性。当PE线或PEN线断开时，如同图5(a)那样，断线后方某接零设备漏电但断线后方没有重复接地，这时断线后方的零线及其之后所有接零设备的金属外壳都带有接近相电压的对地电压，电击危险性极大。而如图5(b)那样，断线后方某接零设备漏电但断线后方有重复接地R_C，则断线后方的零线及接零设备上的对地电压会有明显的降低，电击的危险性得以降低。

重复接地还可减轻PEN线断线时负载中性点漂移。TN-C系统中的PEN断线后，如果断线后方有不平衡负荷，则负载中性点会发生电位漂移，使三相电压不平衡，可能导致某一相或两相上的用电器具烧坏。

例如在图6中，PEN线断线，断线后方的负载电流不能通过PEN线回到电源的中性点形成回路，负载中的R_{L3}和R_{L2}实际上成了串联关系。已知这两组负载是纯阻性的照明负载，其中R_{L3}的功率为1kW，R_{L2}的功率为3kW。根据电阻串联电路的分析方法，负载R_{L2}的等效电阻是R_{L3}等效电阻的三分之一，负载R_{L3}两端的电压是R_{L2}两端电压的3倍。如此算来，相线L2和L3之间的380V电压，被R_{L3}分得285V，被R_{L2}分得95V，这样两组负载上的工作电压均不正常，而且负载R_{L3}这组照明灯具很快会因为过电压而烧毁，而R_{L2}这组照明灯具也因失去工作电压而熄灭。

如果图6电路在PEN线断线处之后安装有重复接地，且能够对负载R_{L2}和R_{L3}产生作用，那么两组照明负载的工作均可趋于正常状态。

以下处所应当进行重复接地：

架空线路干线和分支线的终端、沿线路每1km处、分支线长度超过200m的分支处；

线路引入车间及大型建筑物的第一面配电装置进户处；

采用金属管配线时，金属管与保护零线连接后作重复接地；采用塑料管配线时，另行敷设保护零线并做重复接地。

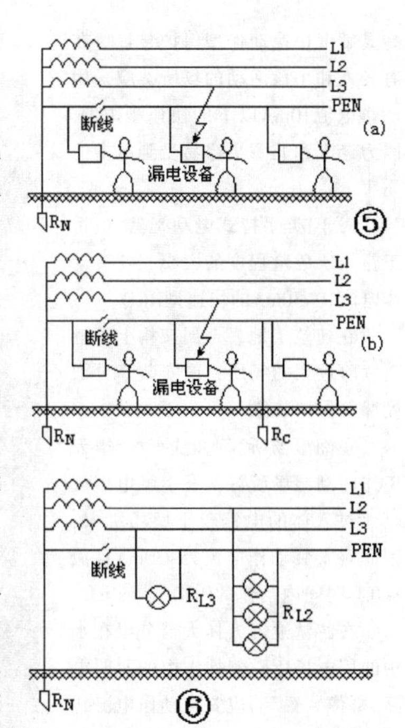

7)工作接地

在TN-C、TN-S和TN-C-S系统中，变压器低压绕组中性点的接地有时会流过一定量的不平衡电流，该接地称为工作接地或配电系统接地。工作接地的作用是保持系统电位的稳定性，即减轻低压系统由高压窜入低压等原因所产生过电压的危险性。如果没有工作接地，则当10kV高压窜入低压时，低压系统的对地电压会上升到5800V左右(所谓10kV高压，是指该高压的线电压是10kV，而对应的相电压就是5800V左右)。

工作接地与变压器外壳的接地、避雷器的接地系统是共用的，称为三位一体接地。其接地电阻应根据三者中要求最高的确定。工作接地的接地电阻一般不超过4Ω。

5.剩余电流动作保护装置RCD

剩余电流保护装置RCD (Residual Current Device)是一种漏电流保护装置。一种低压安全保护电器，主要用于1000V以下的低压系统，俗称漏电保护器。

当电气设备或线路发生漏电或接地故障，在人尚未触及时，就把电源切断；或者当人体触及带电体时，能在0.1s时间内(高灵敏型的)切断电源，从而减轻电流对人体的伤害程度。由于其具有可靠的防电击保护功能和防止接地故障引起火灾危险的功能，所以得到广泛的应用。

1)RCD的类型

按检测电流分类，有零序电流型和泄漏电流型。

按放大机构区分，有电子式和电磁式。

按相数分，有单相和三相两种。用于保护单相设备或单相电路的，就是单相RCD；用于保护三相设备或三相电路的，即为三相RCD。

按极数分，可分为单极、两极、三极、四极的等几种。所谓极数，就是可接通、断开的线路数。

2)RCD的主要技术参数

RCD的主要技术参数有额定剩余电流动作值和动作时间。

额定剩余电流动作值是能使RCD动作的最小电流。国家标准规定的剩余动作电流值有6mA、10mA、(15mA)、30mA、(75mA)、100mA、(200mA)、300mA、500mA、1A、3A、5A、10A、20A等共十几个等级，其中带括号的不推荐优先使用。剩余动作电流小于或等于30mA的为高灵敏度型的，大于30mA而又小于或等于1A的为中灵敏度型的，大于1A的属于低灵敏度型的。

为了保证动作的稳定性与可靠性，防止误动作，要求RCD的不动作电流不应低于额定剩余动作电流的50%。

RCD的动作时间是指动作时最大分断时间。直接接触保护用的剩余电流保护装置的最大分断时间与电流的关系见表8。

表8 直接接触保护用的剩余电流保护装置的最大分断时间

$I_{\Delta n}$/A	I_n/A	最大分断时间/s		
		$I_{\Delta n}$	$2I_{\Delta n}$	0.25A
0.006	任何值	5	1	0.04
0.010		5	0.5	0.04
0.030		0.5	0.2	0.04

注：表8中，$I_{\Delta n}$是额定剩余电流保护动作值，I_n是剩余电流保护装置的额定电流

间接接触保护用的剩余电流保护装置的最大分断时间与电流的关系见表9。

表9 间接接触保护用的剩余电流保护装置的最大分断时间

$I_{\Delta n}$/A	I_n/A	最大分断时间/s		
		$I_{\Delta n}$	$2I_{\Delta n}$	0.25A
≥0.03	任何值	2	0.2	0.4
	只适用于≥40，见注	5	0.3	0.15

注：“只适用于≥40”的说法，适用于独立元件组装起来的组合式剩余电流保护装置

3)RCD的基本工作原理

电气设备在正常工作的情况下，从电网流入的电流和流回电网的电流应该是相等的。当有人触电或者设备漏电时，会出现漏电电流，这时流入电气设备的电流就有一部分直接流入大地(设备漏电时)，或者经过人体流入大地(有人触电时)，这部分流入大地并经过大地回到变压器中性点的电流就是漏电电流。同时，电气设备正常工作时，壳体对地电压为零；而在电气设备漏电时，壳体对地电压不再为零，这时壳体出现的对地电压就叫漏电电压。RCD就是通过检测机构对漏电时出现的漏电电流和漏电电压，经过中间机构的传递、转换和放大，最终驱动执行机构动作而断电，达到保护用电安全的目的。

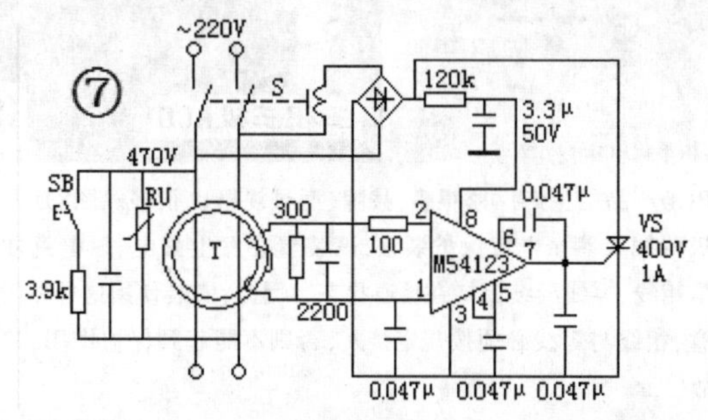

图7所示是一款单相两极式剩余电流动作保护装置内部电路原理图，属于电子式的。图中使用了一款高速漏电保护专用的集成电路M54123，该电路为单列直插封装，具有优异的电路性能。工作温度范围宽，可达-20℃~80℃。具有典型值仅为6.1mV的高输入灵敏度，抗浪涌和噪声能力强，功耗极低仅为5mW，所需的外围元件较少，适用于110V或220V高速漏电保护器。

高速漏电保护专用集成电路M54123的引脚功能见表10。

表10 集成电路M54123的引脚功能

引脚号	符号	功能描述
1	VR	参考电压
2	IN	输入端
3	GND	接地端
4	OD	差分放大输出
5	SC	触发器输入端
6	NR	噪声吸收端
7	OS	输出端
8	VS	电源电压

图7所示电路的工作过程简述如下。~220V端是电源输入端，零序电流互感器T检测到有漏电或者有人触电时，互感器T的二次线圈中有电流生成，经专用集成电路放大处理后，驱动单向可控硅VS导通。图7中的S是具有跳闸断电功能的脱扣器，保护装置是否跳闸断电，取决于单向可控硅VS的状态，当其截止时，保护装置状态不变，输出端维持有电状态，一旦由于线路漏电或有人触电，经集成电路M54123驱动，单向可控硅VS导通，脱扣器S的线圈中有电流流过，保护装置迅速跳闸断电，保证了用电的安全。保护装置因故障跳闸断电后，若需重新送电，应在确认漏故障已经排除，或者触电人员已经脱离电源并确认安全，才能在按一下复位按钮后再次合闸。不按复位按钮，保护装置拒绝合闸。这种功能设计可以防止不知情况的人员盲目合闸操作造成新的事故。

所有的漏电保护装置都有试验按钮，RCD工作期间，应定期操作按压试验按钮，检测保护装置的工作性能。按压后保护装置应能可靠跳闸断电。之后按压复位按钮后再次合闸，即可继续用电。

图7中的按钮SB和3.9k电阻构成试验电路，按一下试验按钮SB，就给电流互感器T人为制造了一次模拟漏电故障，所以可以检测漏电保护装置的工作效能是否处于正常状态。

4)RCD的结构样式

剩余电流动作保护装置RCD的基本结构由三部分组成，即检测机构、判断机构和执行机构。图7中的电流互感器T是检测机构，集成电路M54123及其外围电路是判断机构，脱扣器S是执行机构。

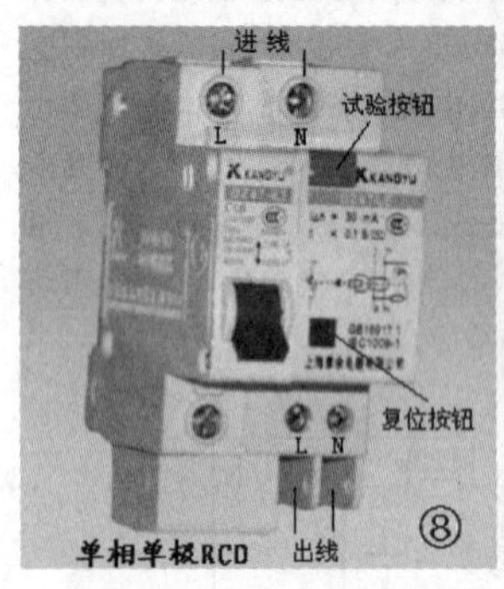

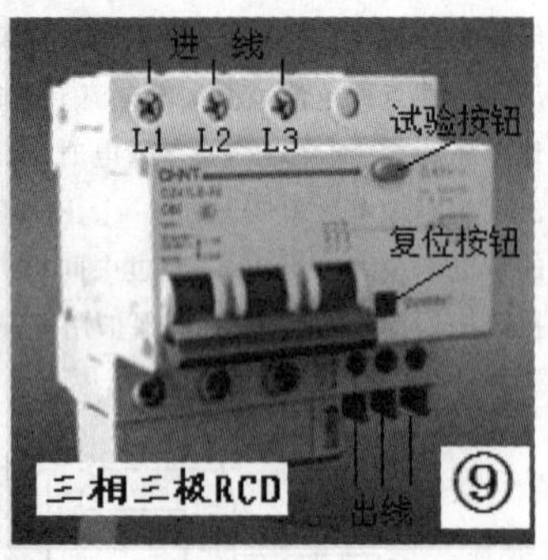

RCD产品的生产厂家很多，品牌、型号规格也很多。图8是一款单相单极两线式剩余电流保护装置，该装置在发生漏电、触电意外时断开的是相线，零线继续保持在接通状态。因此，安装使用这种RCD时务必注意，相线与零线必须按规定接入，否则不能起到保护作用，甚至酿成事故。

图9是三相三极式剩余电流保护装置。其进线、出线、试验按钮、复位按钮均已标示在图中。适用于三相三线式配电系统的安全防护。

图10是三相四极式剩余电流保护装置，漏电保护时三条相线和一条零线同时被切断。图11是较大电流规格的漏电断路器，图中右下角有一个试验按钮，可以使用它定期检测漏电断路器的功能正常与否。配电线路出现大于动作电流的漏电、触电，或者按压试验按钮使漏电断路器跳闸，断路器手柄将处于半跳闸状态，即手柄不能最大幅度处于关(OFF)的位置。漏电、触电情况排除后，若欲重新合闸，须将操作手柄从半跳闸位置继续向下扳动至最大幅度关(OFF)的位置，然后才能操作合闸。这种功能设计是为了防止未排除漏电、触电的情况下再次误合闸。

5)RCD的选用

剩余电流动作保护装置的选用应根据安装场所有所区别，安装在潮湿场所、干燥场所、触电后可能导致二次事故的场所、使用移动式电气设备的场所等，均应按照安装环境，对相关参数有所侧重的进行选择。

在触电后可能导致严重二次事故的场所，应选用动作电流6mA的高灵敏度快速动作型保护装置。在有老人和小孩活动的场所，应采用动作电流10mA以下的快速型RCD，因为老人和儿童更容易受到电击的伤害。

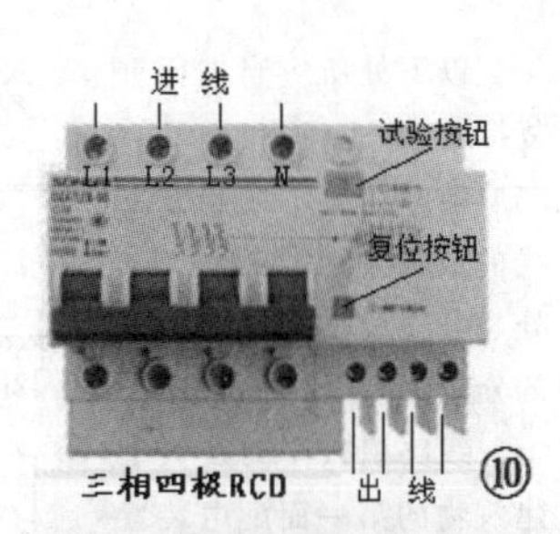

对于I类手持式电动工具，应视工作场所危险程度的大小，安装动作电流10~30mA的快速型RCD。

在建筑工地、金属架构上等触电危险性大的场所，应安装高灵敏度漏电保护装置。

在潮湿场所，例如洗车场、露天工作的潮湿场所等，发生触电事故时流过人体的电流较干燥场所大，因此宜安装动作电流15~30mA且能在0.1s时间内动作的RCD。

在游泳池等人体大部分浸在水中的用电场所，例如水中的照明电路、摄像装置等，应安装动作电流在15mA以下、并能在小于0.1s动作的RCD，或者动作电流6~10mA并具有反时限特性的RCD。

这里“RCD选用”一节中，对RCD有多种称谓，例如剩余电流动作保护装置、漏电保护器、漏电断路器等，也有的地方称作漏电继电器，它们的功能虽然有一些细微的区别，但基本功能都是在发生漏电、触电等异常情况下将故障电路切除、断开故障电路，虽然它们的动作电流和动作时间可能不尽相同。

当然也有例外，例如消防使用的电梯中安装的漏电保护装置，发生漏电故障时，可能只是报警而不断电，这并不是说消防人员的安全无须保护，而是他们作为消防专业人士，在接到电气火灾的报警时，已经对防触电作了充分的准备和防护。这种情况下的漏电故障不一定断电，既能保证消防灭火正常进行，也不至于因漏电而威胁消防人员的人身安全。这时的漏电保护装置的作用就是发生漏电时报警提醒消防人员进一步提高作业的警惕性。

6)RCD的安装

剩余电流动作保护装置的安装接线应注意以下问题。

一是检查保护装置的额定电压、额定工作电流是否满足配电线路的使用要求。核查漏电动作电流和动作时间，与被保护线路或电气设备相适应，相匹配。

另外，安装时要注意RCD的接线必须正确，避免因接线错误或接地不当引起的误动作。特别要注意RCD后的中性线不允许接地，如果将中性线接地，则在RCD后面的负载电流一部分会流向中性线接地处，另一部分经过接地处返回电源成为剩余电流而使RCD动作，这在工程中较为多见。当然这里所说的接地，不一定是人为有意识安装的接地、而可能是中性线绝缘破坏，或者插座中的中性线和PE线接错，导致带上负载后RCD无法合闸。

剩余动作电流保护装置在选型安装时，还应注意躲过配电线路正常的漏电电流，安装使用合适灵敏度的RCD装置。同时，在多级漏电保护系统中，前级漏保(接近电源端)的动作电流应比后级(接近负荷侧或线路末端)的漏保装置的动作电流大，动作时间长，这样可以保证出现漏电、触电意外时尽量减小停电范围。故障应由最接近故障点的漏保动作，只有万一最接近故障点的漏保因各种原因拒绝动作时，才由相邻的前级漏保动作，成为相邻后级漏保的后备保护。

气动系统及其电气控制

梁志星　梁　静

气压传动简称气动系统。气动系统及其电气控制是生产过程自动化和机械化最有效手段之一。

气动系统是以压缩空气为工作介质,它通过各种元件组成不同功能的基本回路,再由若干基本回路有机地组合成的整体,进行动力或信号的传递与控制。气动回路是为了驱动用于各种不同目的的机械装置,其最重要的三个控制内容是:力的大小、力的方向和运动速度。与生产装置相连接的各种类型的气缸,靠压力控制阀、方向控制阀和流量控制阀分别实现对三个内容的控制。

气动执行元件主要用于作直线往复运动。工程实际中,这种运动形式应用最多,如机器或设备上的传送装置,产品加工时工件进给、工件定位和夹紧、工件装配以及材料成形加工等都是直线运动形式。但有些气动执行元件也可以作旋转运动,如摆动气缸(摆动角度可达360°)。

气动技术中最终的做功元件多是气缸的直线运动,如同用电动机来完成旋转运动一样。对完成直线运动形式来说,是从技术从成本角度看,其他动力技术都无法与气动设备相比。气动技术中,控制元件与执行元件之间相互作用是建立一些简单元件基础上,这些元件可以组合成多种系统方案。气动控制使机构或设备机械化程度大大提高,并能够实现完全自动化,气动技术在"廉价"自动化方面做出了重大贡献。实际上,单个气动元件(如各种类型气缸和控制阀)都可以看成是模块式元件,这是气动元件必须进行组合,才能形成一个用于完成某一特定作业控制回路。广义上讲,气动设备可以应用于任何工程领域。气动设备常常是由少量气动元件和若干个气动基本回路组合而成。气动控制系统组成具有可复制性,这为组合气动元件产生与应用打下了基础。一般来说,组合气动元件内带有许多预定功能,如具有12步气-机械步进开关,被装配成一个控制单元,但却可用来控制几个气动执行元件。间歇式进料器也常作为整个机器一个部件来提供。这样就大大简化了气动系统设计,减少了设计人员和现场安装调试人员工作量,使气动系统成本大大降低。

气动系统的自动化运行,依赖于电气系统的控制和调节,所以一个完整的气动系统,是气动回路与电气电路的完美结合,两者相辅相成,共同完成气动执行元件的做功过程。

气压传动及其电气控制系统具有防火、防爆、节能、高效、无污染等诸多优点,在国家工业中具有广泛的应用。

一、气动设备和气动元件

一个完整的气动系统,大致由五个部分组成。能源元件:将机械能转变为气压能,例如空气压缩机;执行元件;将气压能转变为机械能,例如气缸和气马达;控制元件:用于控制气体压力、方向和流量等基本参数,例如压力阀、方向阀和气动逻辑元件;辅助元件:存储和净化压缩空气,为系统提供符合质量要求的工作介质,例如分水滤气器、干燥器、消声器、管道和接头等;工作介质:干燥纯净的空气。

1. 气源装置

气动系统的做功能量,来自压缩空气的压力。所谓气源装置,是指压缩空气的发生装置以及压缩空

气的净化、干燥、存储的辅助装置。气源装置为气动系统提供合乎质量要求的压缩空气,是气动系统中的重要组成部分。

气动系统对压缩空气的主要要求是:具有一定的压力和流量,并具有一定的净化程度,不含水分、油雾和灰尘。

气源装置主要由四部分组成:气压发生装置,净化、储存压缩空气的装置和设备,管道系统和气动三大件。

1) 气压发生装置

空气压缩机空气压缩机,简称空压机,又称气泵,当前依然是气压发生装置的主流设备。作用是将机械能转变为气压能。结构形式有活塞式、膜片式、叶片式和螺杆式。应用最多的是活塞式,各部分功能如下:

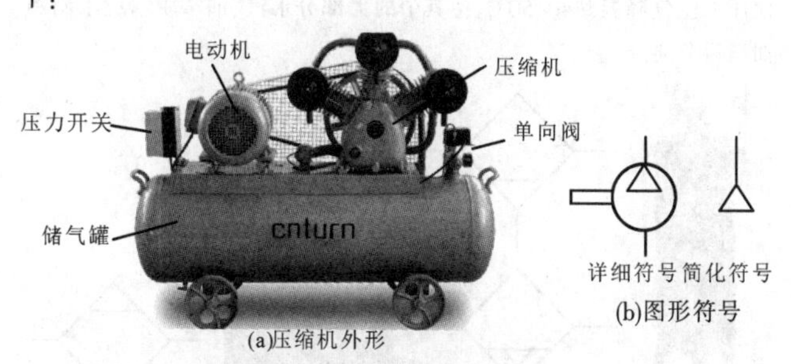

(a)压缩机外形　(b)图形符号

图 1-1　空压机和图形符号

a. 压缩机:将大气压力的空气压缩并以

比较高的压力输送给气动系统,将机械能转变为气压能。

b. 电动机:给压缩机提供机械动力,即把电能转变为机械能。

c. 压力开关:将压缩机中的压力转变为电信号,用来控制电动机的启动和停止。它被调节到一个最高压力,达到这个压力时电动机停转;还被调节到一个最低压力,储气罐内压力下跌到这个压力时,电动机自动启动。目的是保证储气罐内保持一定的压力范围。

d. 单向阀:压缩空气只能从压缩机进入储气罐,而不能反向流动。

e. 储气罐:贮存压缩空气。容积愈大,压缩机运行时间愈长,供出的压缩空气愈多。

f. 压力表:显示储气罐内实时空气压力。

g. 自动排水器:排除储气罐内的水分。

h. 安全阀:储气罐内的气压超过允许值时,自动打开将空气溢出。

空压机的分类:

按输出压力大小分:低压空压机,输出压力0.2~1.0Mpa;中压空压机,输出压力1.0~10Mpa;高压空压机,10~100Mpa;超高压空压机,大于100Mpa。一般气动系统需要的工作压力为0.5~0.8 Mpa,因此选用额定压力0.7~1.0 Mpa的低压空气压缩机。

按输出流量分:微型小于1m³/min;小型1~10 m³/min;中型10~100m³/min;大型大于100m³/min。

2)净化、贮存压缩空气的装置和设备

混入压缩空气中的油分、水分、灰尘等杂质会产生不良影响,必须要设置除油、除水、除尘设备,并要使压缩空气干燥,以提高压缩空气质量。

a. 后冷却(凝)器。空压机输出的压缩空气温度可达140~180℃,在此温度下,空气中的水分完全呈气态。后冷却器的作用就是将空压机出口的高温空气冷却至40~50℃,这样就可使压缩空气中的油雾和水汽迅速达到饱和,使其大部分水蒸气和变质油雾冷凝成液态水滴和油滴,以便由油水分离器将它们清除掉。

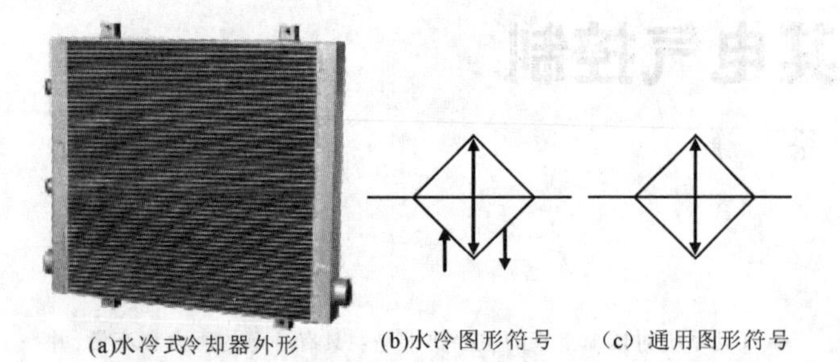

(a)水冷式冷却器外形　(b)水冷图形符号　(c) 通用图形符号

图 1-2　水冷式冷却器和图形符号

后冷却器有二种：水冷和风冷。因为水冷后的温度低，能除去更多的水，所以常用水冷冷却器。风冷冷却器用在水质硬或取水困难的地方。

冷却器的功能是对压缩空气进行冷却降温处理。一般从空压机输出的空气温度很高，其中所含的油、水均以气态的形式存在，会对储气罐和其他设备造成腐蚀和损害，这就需要在压缩机出口处安装冷却器使压缩空气降温到40~50℃，使其中的大部分水汽、油雾凝结成水滴和油滴后分离。

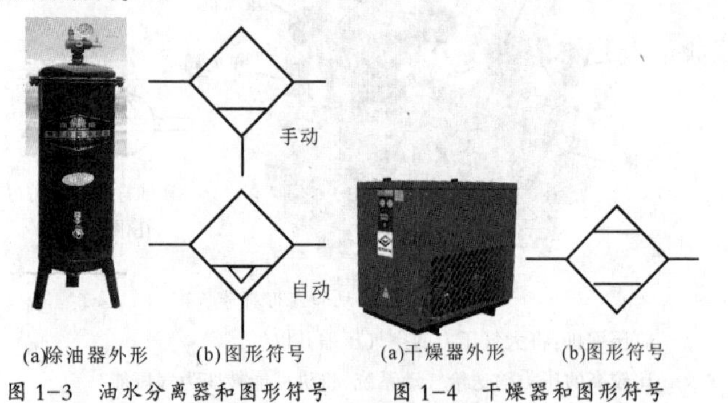

(a)除油器外形　(b)图形符号　(a)干燥器外形　(b)图形符号

图 1-3　油水分离器和图形符号　图 1-4　干燥器和图形符号

b. 除油器(油水分离器)。除油器主要作用是分离压缩空气中凝聚的水分、油分和灰尘等杂质，使压缩空气得到初步净化。分离器同时采用了直接拦截、惯性碰撞、布朗扩散及凝聚等工作机理，能够有效的清除压缩空气中的液态水、油雾、尘埃以及有机混合物，极大地减轻后部净化设备的负荷，具有效率高、体积小、安装使用方便、内部的不锈钢丝网可反复清洗、使用寿命长等特点。

油水分离器结构形式有环形回转式、撞击折回式、离心旋转式、水浴式及各种形式的组合使用等。一般多采用撞击和环形回转式油水分离器。

c. 干燥器。干燥器有机械式、离心式、吸附式、加热式和冷冻式几种。目前应用最为广泛的是吸附式。吸附式是利用硅胶、活性氧化铝、焦炭或分子筛等具有吸附性能的干燥剂来吸附压缩空气中的水分，从而使其达到干燥的目的。

d. 储气罐。空气进入压缩机通过增压后送入储气罐，然后再由储气罐、管道输送到各个用气地点。储气罐在空气压缩系统中的主要作用是保证供气稳定。压缩空气在储气罐中沉淀积水，调节气动设备因用气量不平衡而造成气压波动，增加用气设备的压力稳定性，或者储备一部分压缩空气，在空压机发生故障时，使用户用此部分压缩空气对气动设备或气动控制系统作紧急处理之用。

(a)储气罐外形　(b)图形符号

图 1-5　储气罐和图形符号

根据储气罐的承受压力不同可以分为超高压储气罐、高压储气罐、低压储气罐、中压储气罐；根据储气罐使用的金属材料不同可以分为不锈钢储气罐，碳钢不锈钢储气罐，合金材料不锈钢储气罐。

3)气动三大件(三联件)

过滤器、减压阀和油雾器一起被称为气动三大件。它们的功能是：分水滤气器用于过滤进来压缩空气的水分和杂质微粒等；调压阀是用来调整气压的大小，可以根据自身的需求去调节；油雾器是用来装一些比较稀的润滑油，当空气进入油杯时会带走一点油，到达工具时起润滑、冷却的作用。

a. 过滤器(分水滤气器)。过滤器是输送介质管道上不可缺少的一种装置，通常安装在减压阀、泄压阀、定水位阀或其他设备的进口端，用来消除介质中的粉尘、水滴和油污等杂质，以保护阀门及设备的正常使用。当流体进入置有一定规格滤网的滤筒后，其杂质被阻挡，而清洁的滤液则由过滤器出口排出，当需要清洗时，只要将可拆卸的滤筒取出，处理后重新装入即可，因此，使用维护极为方便。

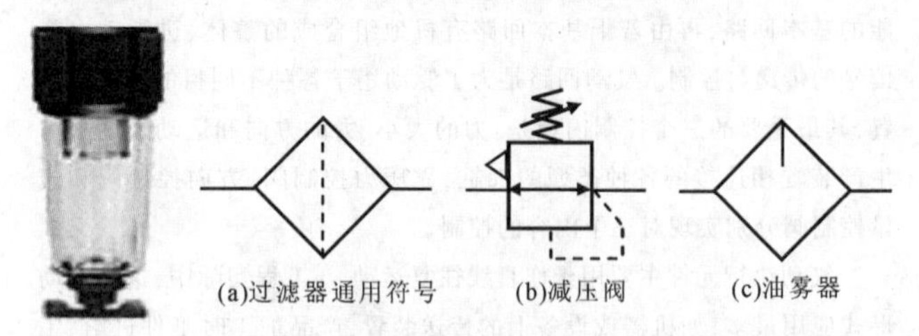

(a)过滤器通用符号　(b)减压阀　(c)油雾器

图 1-6　过滤器外形及调压阀、油雾器的图形符号

b. 减压阀。减压阀作用是通过调节，将进口压力减至某一需要的出口压力，并依靠介质本身的能量，使出口压力自动保持稳定的阀门。从流体力学的观点看，减压阀是一个局部阻力可以变化的节流元件，即通过改变节流面积，使流速及流体的动能改变，造成不同的压力损失，从而达到减压的目的。然后依靠控制与调节系统的调节，使阀后压力的波动与弹簧力相平衡，压力在一定的误差范围内保持恒定。

c. 油雾器。在气动流体传动系统中，动力是通过闭合回路中的压缩空气来传递和控制的。在空气介质需要润滑的场合，油雾器就是设计用以把需要的润滑剂加入空气流中的元器件。油雾器是一种特殊的注油装置，它将润滑油进行雾化并注入空气流中，随压缩空气流入需要润滑的部位，达到润滑的目的，以延长机体的使用寿命。

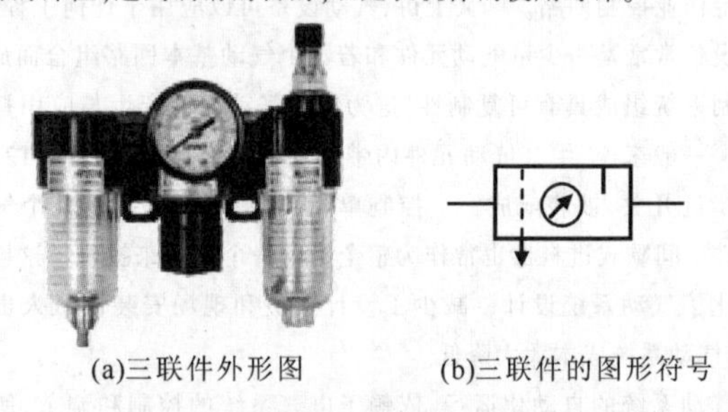

(a)三联件外形图　(b)三联件的图形符号

图 1-7　三联件的外形图和图形符号

d. 三联件。气压传动系统中，往往把过滤器、减压阀和油雾器顺序连接在一起，形成一个组件，合并称作气动三大件，也称作三联件。有些品牌的电磁阀和气缸能够实现无油润滑(靠润滑脂实现润滑功能)，便不需要使用油雾器。空气过滤器和减压阀组合在一起可以称为气动二联件。有些场合不能允许压缩空气中存在油雾，则需要使用油雾分离器将压缩空气中的油雾过滤掉。总之，这几个元件可以根据需要进行选择，并可以将它们组合起来使用。其中过滤器用于对气源的清洁，可过滤压缩空气中的水分，避免水分随气体进入装置；减压阀可对气源进行稳压，使气源处于恒定状态，可减小因气源气压突变时对阀门或执行器等硬件的损伤；油雾器可对机体运动部件进行润滑。

2. 气动控制元件

控制和调节压缩空气的压力、流量、流动方向和发送信号的元件，称为气动控制元件。大量体现为形形色色的不同功能的阀门。

1) 方向控制阀

通过改变气体通路，使气流方向发生改变的控制阀。

a. 截止阀。手动或电动使得阀门打开或截止，控制气流的通和断。类似于电路里的开关。通用符号如图1-8所示。

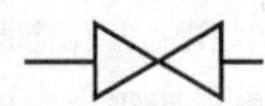

图 1-8　截止阀图形符号

b. 单向控制阀。气流只能向一个方向流动而不能反向流动的阀，单向阀往往与节流阀组合起来控制执行元件的运动速度。

c. 或门型梭阀。有2个输入口P1、P2，一个输出口A，任意一个输入口打开时，都能从A口输出。相当于2个单向阀组合在一起。

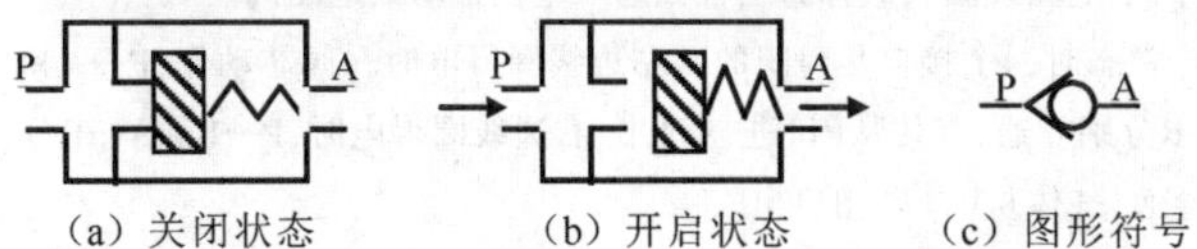

图 1-9　单向控制阀和图形符号

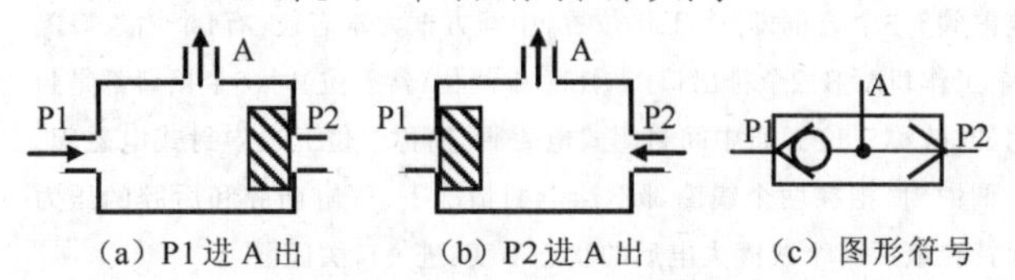

图 1-10　梭阀和图形符号

d. 与门型梭阀(双压阀)。有2个输入口P1、P2，一个输出口，只有P1、P2都有输入时，A口才有输出。P1或P2只有一个有输入时，A口无输出。

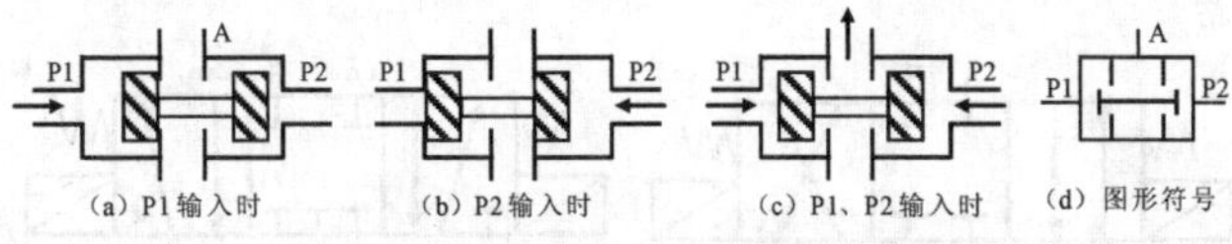

图 1-11　双压阀原理和图形符号

e. 快速排气阀。安装在换向阀与气缸之间，可使气缸不通过换向阀而快速排出气体，从而加快了气缸的往复运行速度，一般可提高4~5倍。

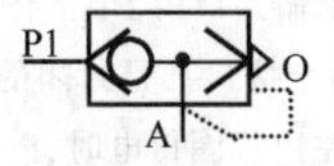

图 1-12　快速排气阀符号　　图 1-13　气压控制换向阀

f. 气压控制换向阀。利用压缩空气的压力推动阀芯动作，改变气流方向，达到换向目的。

g. 气压延迟式(时间控制)换向阀是一种带有时间控制信号功能的换向阀。气流进入阀体后，使气流通过气阻(如小孔、缝隙等)节流后到储气空间(气容)中，经过一定时间气容内建立起一定压力后，推动阀芯动作对气流实行换向。

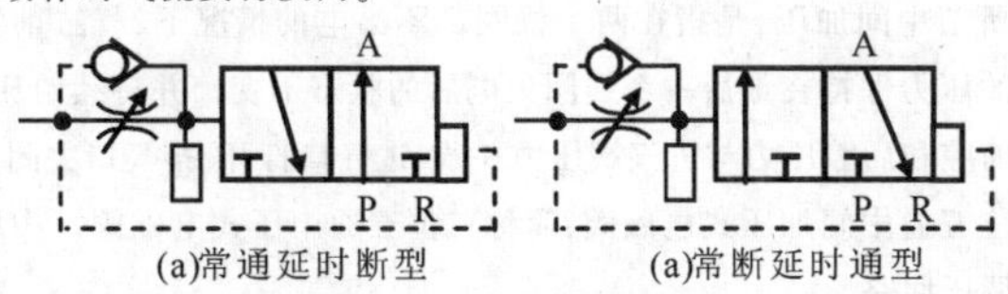

图 1-14　气压延迟式换向阀符号

⑧电磁换向阀(电磁阀)。电磁阀是依靠电磁线圈产生的电磁力来驱动阀门开、关的流体控制元件，是工业控制过程中常用的执行器，主要用于控制液体或气体的流动方向。不同的电磁阀在控制系统的不同位置发挥不同的作用，电磁阀可以配合不同的电路来实现预期的控制，而控制的精度和灵活性都能够保证。

电磁阀由阀体、阀芯、阀门、电磁线圈、动铁芯、静铁芯和弹簧组成。当线圈通电时，在电磁力的作用下，阀芯动作，打开或关闭阀门，使流体通过阀体或停止流动；线圈断电后，磁力消失，阀芯在弹簧的作用下关闭或打开阀门，从而改变流体运动方向，实现自动调节及远程控制。图1-15是电磁阀的外形、电气符号和型号规格之含义。

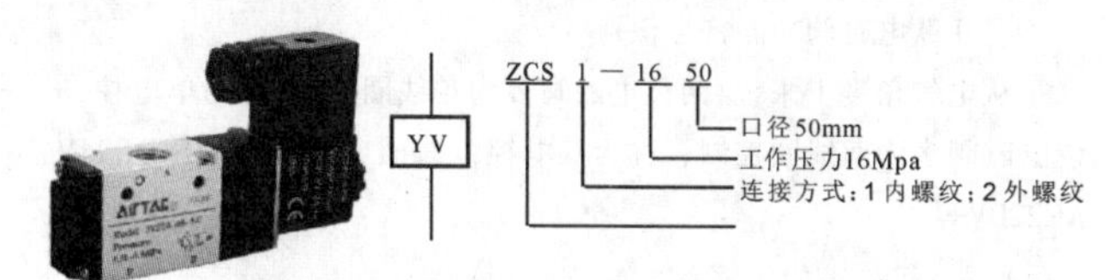

图 1-15　电磁阀及其电气符号和型号规格

图1-16是两位三通电磁阀内部结构和动作示意图，可以看出线圈通电前后流体在阀体空腔中的流动情况。线圈未得电即常态时，工作出口和排气口连通，流体从进气口送入，由于活塞的封堵，流体没有通路；线圈通电后，电磁力推动阀芯向下运动，活塞将排气口封堵，同时打开进气口与工作出口通道，两者连通，流体从进气口进入，从工作口送出，送往执行元件做功；断电后复位即恢复初始状态。

电磁阀功能符号的解读：

电磁阀符号是指对电磁阀换向功能进行描述的示意图，通常应用于气动系统设计及产品标识上，以供气动系统设计人员及电磁阀使用者了解产品功能。在设计过程中，常常需要看气路图。各种电磁阀化身为各自相应的结构符号出现在图纸上，这种表示方式，就是电磁阀符号。

功能符号中带斜线小框表示电磁铁，靠近电磁铁的方框为通电位，靠近弹簧的方框为常态位。电磁阀功能符号图由正方框、箭头、“┳”和字符构成。电磁阀功能符号图的含义一般如下：

●用正方框表示阀的工作位置，每个正方框表示电磁阀的一种工作位置，即“位”，有几个正方框就表示有几“位”。“非通电”(常态)和“通电”就是两个不同的工作位置。两个方框分别代表两个不同的工作位置，即“两位”。

●识别常态位。电磁阀有两个或两个以上的工作位置(正方框)，其中一个为常态位，即阀芯在非通电时所处的位置。对于利用弹簧复位的二位阀则以靠近弹簧的方框内的通路状态为其常态位。对于三位阀，图形符号中的中间方框是常态位。绘制系统图时，气路一般应连接在阀的常态位上。

●常态位方框外部连接的接口数有几个，就表示几“通”。

●方框内的箭头表示对应的两个接口处于连通状态。但箭头的方

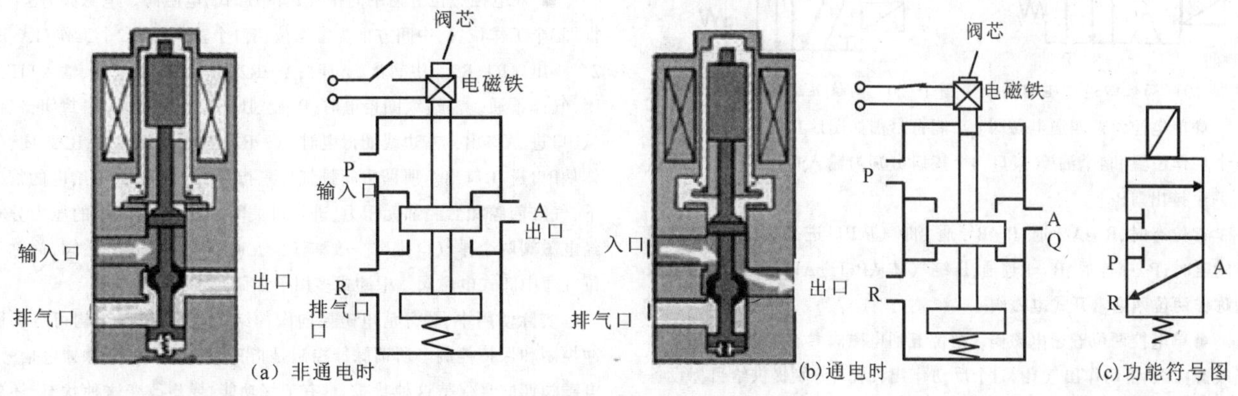

图 1-16　电磁阀的动作原理图和功能符号图

向不一定表示流体的实际流动方向。

●方框内的符号"┴"或"┬"表示该通路不通，为排出口，一般标注在正方框下部。

●接口标注法。字母标注法：流体的输入口一般用字母P表示，排出口（回油/气口）用R（有时用T、O或S）表示，而阀与执行元件连接的接口即工作出口用A、B等表示。工作口多标注在方框上部。数字标注法：1=P=进气口，2=A=第一工作口，4=B=第二工作口，5=R=排气口，3=S=排气口。

●电磁阀常态时，如果输入口P与某一工作出口（A、B）是连通的，称为常开型；如果输入口P是封堵的，则称为常闭型。

②几款电磁阀功能符号识别

从电气角度上来说，两位电磁阀多为单线圈控制，称为单电控，三位电磁阀多为双线圈控制，称为双电控。线圈电压一般采用DC24V、AC220V等。

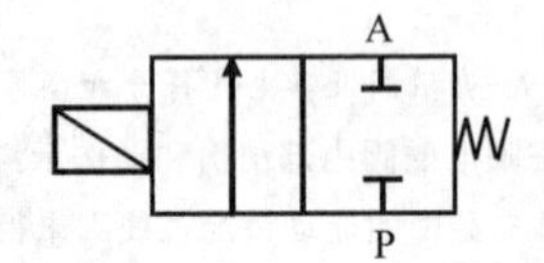

图 1-17　二位二通电磁阀符号

●单电控二位二通常闭电磁阀。有两个方框即工作位置，常态位时有两个接口：输入口P和工作口A，且输入口P常闭，线圈得电后阀芯动作，P→A导通，故称作二位二通常闭电磁阀。

●单电控两位三通电磁阀。电磁阀有两个工作位置和3个接口，3个接口分别为1个进气口P，1个工作出口A，1个排出口R（一般安装消声器，如果不怕噪音的话也可以不装）。两位三通电磁阀分为常闭式和常开式两种，常闭式指线圈没通电时气路是切断的，常开式指线圈没通电时气路是连通的。

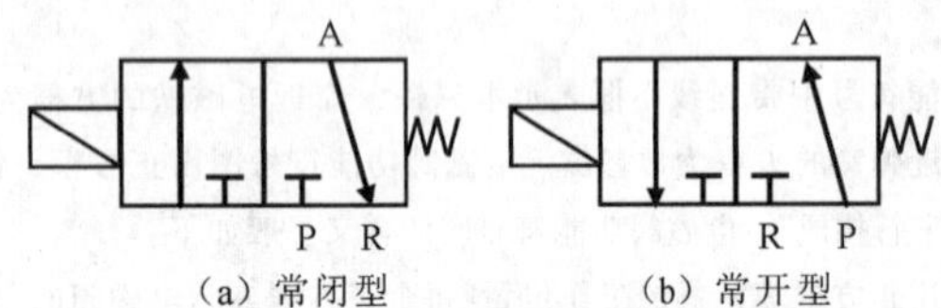

（a）常闭型　　（b）常开型

图 1-18　两位三通电磁阀符号

常闭式：常位态时，R和A通，输入口P封闭；电磁阀得电励磁时，P、A连通，R封闭，所以该电磁阀称作两位三通常闭式电磁阀（常态时进气口封堵）。常闭式两位三通电磁阀动作原理：给线圈通电，气路接通，线圈一旦断电，气路就会断开，这相当于"点动"。

常开式：常位态时，P和A通，R封闭；电磁阀得电励磁时，R、A连通，P封闭，所以该电磁阀称作两位三通常开式电磁阀（常态时进气口打开）。常开式两位三通单电控电磁阀动作原理：给线圈通电，气路断开，线圈一旦断电，气路就会接通，这也是"点动"。

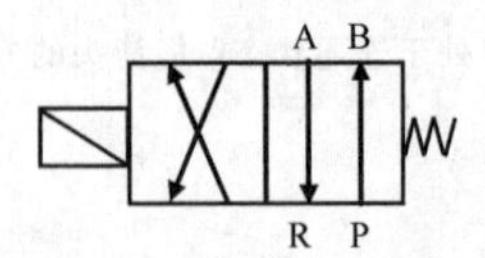

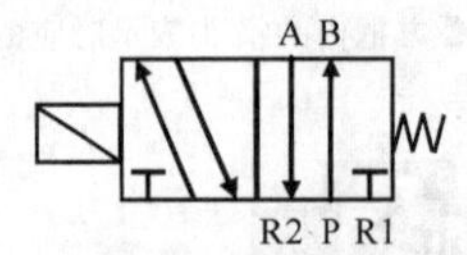

图 1-19　两位四通电磁阀符号　　图 1-20　两位五通电磁阀功能符号

●单电控两位四通电磁阀。功能符号图如图1-19所示。电磁阀有两个工作位置和4个油/气接口，4个接口分别为输入口P，工作出口A、B，一个排出口R。

常位态时，R→A导通、P→B导通，油/气从P口进、B口出；电磁阀得电励磁时，P→A连通、B→R连通，压缩气体从P口进A口出。所以该电磁阀称作两位四通常开式电磁阀。

●单电控两位五通电磁阀。两位五通电磁阀具有1个进气孔（接进气气源）、1个正动作出气孔和1个反动作出气孔（分别提供给目标设备的一正一反动作的气源）、1个正动作排气孔和1个反动作排气（安装消声器）。

两位五通电磁阀有两个工作位置和5个接口，5个接口分别为输入口P，工作出口A、B，排出接口R1、R2。常位态时R2→A导通、P→B导通，R1封闭，气体从P口进、B口出；电磁阀得电励磁时，P→A导通、B→R1导通，R2封闭，气体从P口进、A口出。所以该电磁阀称作两位五通常开式电磁阀。

●三位四通双电控电磁阀。电磁阀有3个方框即3个工作位置，中间方框为常态位，有1个输入口P，1个排出口R，2个工作出口A、B。双电控（两个电磁线圈），故称为三位四通双电控常闭式电磁阀。

常态时，4个接口是封闭的，左边线圈得电时，阀芯动作，P→A和B→R分别导通，气体从P口进、A口出；右边线圈得电时，P→B和A→R分别导通，气体从P口进、B口出。

●双电控三位五通中间封闭式（中封式）电磁阀。如图1-22所示。电磁阀有3个方框即3个工作位置，中间方框为常态位，有1个输入口P，2个工作口A、B，2个排出口R1、R2。中间位（常态位）时，5个接口都是封闭的，故称三位五通中间封闭式电磁阀，简称三位五通中封式电磁阀。所谓中封，指在两个线圈都不给电的情况下，气缸前腔和后腔的压力保持在最后一个线圈失电后的状态不变，进气口关闭。

常态时，5个接口是封闭的，当左边线圈得电时，阀芯动作，P→A、B→R2分别导通，R2封闭，气体从P口进、A口出；右边线圈得电时，A→R1和P→B分别导通，R2封闭，气体从P口进、B口出。中封多用于保压回路。

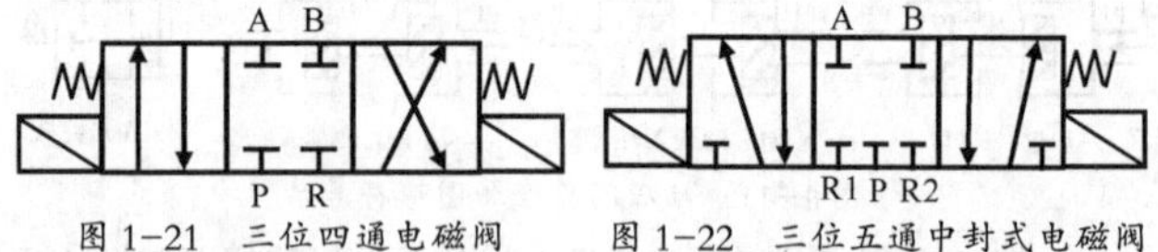

图 1-21　三位四通电磁阀　　图 1-22　三位五通中封式电磁阀

● 双电控三位五通中间加压式（中压式）电磁阀。电磁阀有3个方框即3个工作位置，中间方框为常态位，有1个输入口P，2个工作口A、B，2个排出口R1、R2。中框常态位时，R1、R2两个接口都是封闭的，而P→A→B是导通的，气体从P口进，A、B口出。当左边线圈得电时，P→A、B→R2分别导通，R1封闭，气体从P口进、A口出；右边线圈得电时，A→R1、P→B分别导通，R2封闭，气体从P口进B口出。

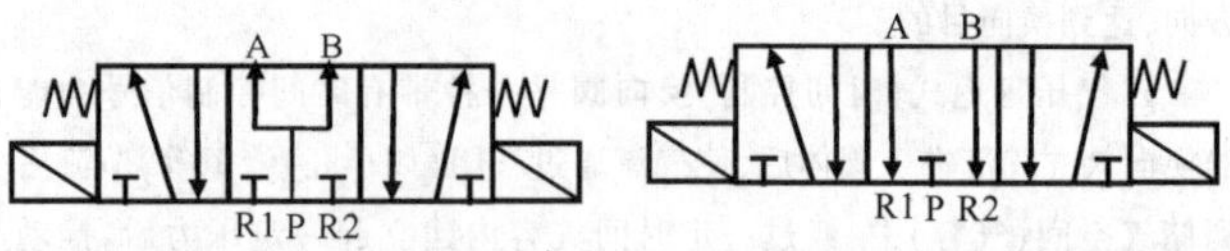

图 1-23　三位五通中压式电磁阀　　图 1-24　三位五通中卸式电磁阀

所谓中间加压，是指在两个线圈都不给电的情况下，气缸前腔和后腔的压力保持在最后一个线圈失电后的状态不变，并持续给压，使气缸前腔和后腔压力与进气端压力一致，进气口打开，排气口关闭。故称三位五通中间加压式电磁阀，简称三位五通中压式电磁阀。中压多用于调压回路。

● 双电控三位五通中间排气式（中卸式）电磁阀。电磁阀有3个方框即3个工作位置，中间方框为常态位，有1个输入口P，2个工作口A、B，2个排出口R1、R2。中间常态位时，A→R2、B→R2分别导通，输入口P封闭，气体不通。左边线圈得电时，P→A、B→R2分别导通，R1封闭，气体从P口进、A口出；右边线圈得电时，A→R1、P→B分别导通，R2封闭，气体从P口进、B口出。所谓中间排气，是指在两个线圈都不给电的情况下，气缸前腔和后腔都无压力，进气口关闭，气缸前后腔内的压力分布经电磁阀两个排气口排出。故称三位五通中间排气式电磁阀，简称三位五通中卸式电磁阀。中卸式多用于卸荷回路。

实际使用中，要分清电磁换向阀的结构差异，按其结构可分为脉冲控制和保持控制。所谓脉冲控制是指只要给线圈一个脉冲电信号，电磁阀换向且保持这种状态，具有记忆功能，要想改变这种状态，还要给另一个控制线圈加一个脉冲信号，电磁阀再次换向且保持新的状态。所以脉冲控制的电磁阀一定是双电控(双线圈)，实际中双电控二位五通阀、双电控三位五通阀属于这种控制方式。这类电磁阀一般没有复位弹簧。

所谓保持控制是指线圈得电后电磁阀换向，线圈失电后，电磁阀复位。要想保持换向后的状态，线圈的供电必须持续，不能间断。实际中，单电控二位三通阀、单电控二位五通阀属于保持控制方式。保持控制的电磁阀一定具有弹簧复位，或弹簧中位。保持控制的电磁阀更为常用。

2)压力控制阀

利用阀芯上压缩空气的作用和弹簧力相平衡的原理，控制气动系统中压缩空气的压力，以满足系统对不同压力的需要。

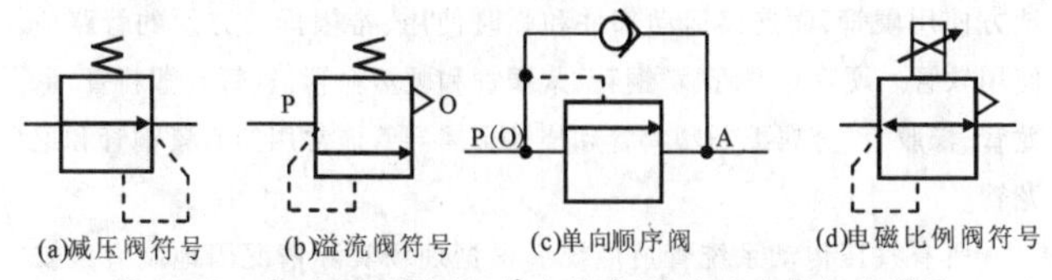

图 1-25　减压阀、溢流阀、单向顺序阀、电磁比例阀的符号

a. 减压阀：用于稳定系统的气压压力，是气动系统三大件之一。

b. 溢流阀(安全阀)：当气动回路中气压压力超过设定值时，能立即自动打开放气，降低系统的压力，起到过压保护作用。

c. 顺序阀：依靠回路中气压压力高低的变化，实现执行元件的顺序操作。

d. 电磁比例阀：一种随电磁线圈电压变化控制流体压力大小的电控压力阀。线圈中电压的变化与流体的输出压力成正比。

3)流量控制阀

通过改变阀的通流面积来调节气流的流量，达到调节流量的目的。

a. 节流阀：调节气流流量。

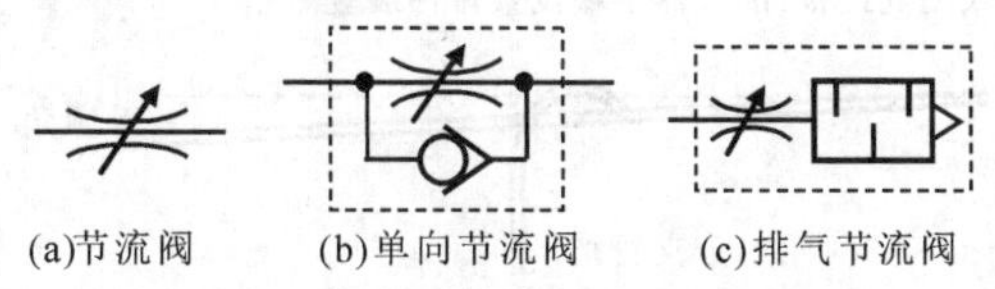

图 1-26　几种节流阀的图形符号

b. 单向节流阀：调节气流流量，气流只能单向流动，不能反向流动。

c. 排气消声节流阀：具有节流调速的作用，还能起到降低排放噪声的作用。一般安装在排气口，调节排出气体的流量，以控制执行元件的速度。

d. 柔性节流阀：通过调节阀杆夹紧柔性的橡胶管而产生节流作用。

4)气动逻辑元件(逻辑阀)

利用压缩空气为工作介质，通过元件内部可动部件的动作，改变气流方向，从而实现逻辑功能控制。下列气动逻辑元件是按照其逻辑功能命名的。

a. 是门元件。a为控制信号口，S为输出口，气流从S口输出。当a无输入信号时，S与排气口相通的元件处于无输入状态；当a有输入信号时，气源气流从S口输出。

b. 与门元件。只有当a、b同时有信号输入时，S口才有输出；当a、b只有一个信号时，S口无输出。

c. 或门元件。当a、b有一个信号输入时，S就有输出。若a、b两个均有输入，则信号强者将关闭信号弱的阀口，S仍有信号输出。

d. 非门元件。当a有信号输入时，S无信号输出；当a无信号输入时，

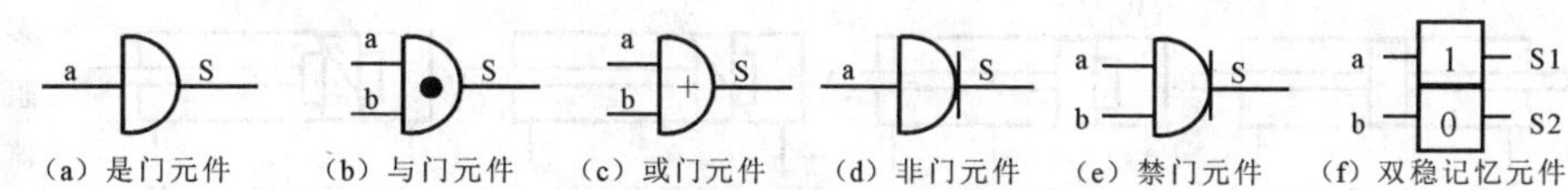

图 1-27　逻辑元件图形符号

S有信号输出。常用作反相、发信和禁门元件。

e. 禁门元件。在a、b均有信号时，S无输出；在a无信号输入、而b有信号输入时，S就有输出。a输入信号起“禁止”作用。

f. 双稳记忆元件。具有记忆功能的元件。

3. 气动执行元件

在气动系统中，将压缩空气的压力能转化为机械能的一种传动装置，称为气动执行元件。它能驱动机构实现直线往复运动、摆动、旋转运动或冲击动作。按运动的性质分类是气缸、气动马达等。

1)气缸

它是气压传动中的主要执行元件，主要用于实现直线往复运动，输出力和直线位移。气缸一般用0.5~0.7Mpa的压缩空气作为动力源，行程从几毫米到数百毫米，输出推力从数十千克到数十吨。

气缸按照活塞受力状态分为单作用式和双作用式；按照结构分为活塞式、薄膜式和摆动气缸；按照功能分为普通气缸和特殊气缸。其中活塞式单作用和双作用普通气缸应用最为广泛。

a. 单作用气缸。压缩空气从一端进入气缸，使活塞向前运动，靠另一端的弹簧力或自重等使活塞回到原来位置。

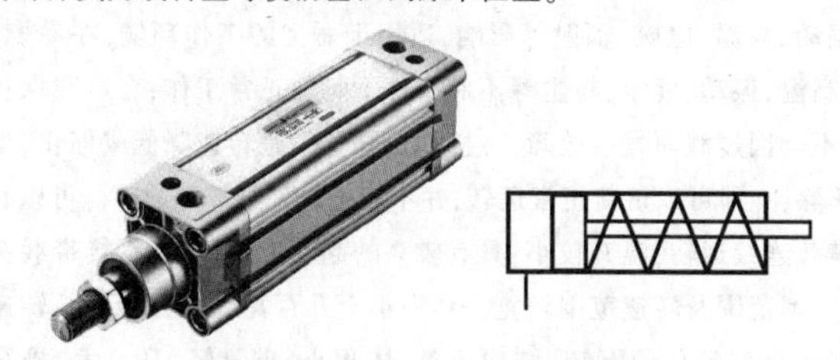

图 1-28　单作用气缸外形和图形符号

单作用气缸有推或拉两种形式。单作用气缸用于压紧、印字等场所。单作用气缸都是尾部进气，它的空气耗气量低于相当大小的双作用气缸。推出时由于克服弹簧力所以会减低推力，因而需要较大的缸径。单作用汽缸都是小汽缸，所以出力不大，一般推送小的工件或者干脆就是用于动作信号，这种情况下，无论伸缩，对于速度的控制没有太大要求，基本上连调速阀都不装的。

b. 双作用气缸。气缸活塞的往复运动均由压缩空气推动。双作用气缸缸一般由前端盖、后端盖、活塞、气缸筒、活塞杆等构成。

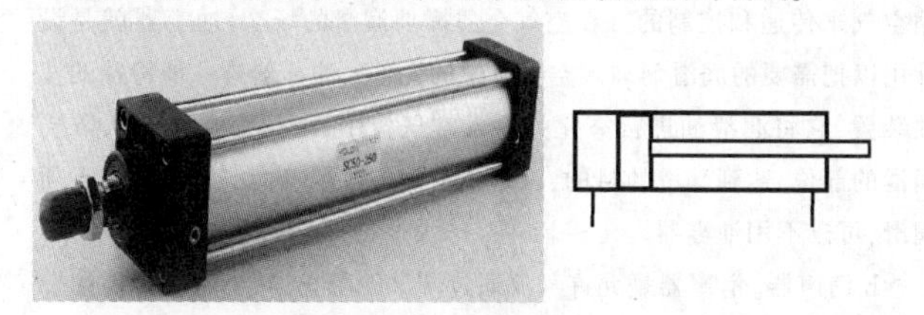

图 1-29　双作用气缸外形和图形符号

双作用气缸指两腔可以分别输入压缩空气，实现双向运动的气缸。其结构可分为双活塞杆式、单活塞杆式、双活塞式、缓冲式和非缓冲式等。此类气缸使用最为广泛。

双活塞杆气缸有缸体固定和活塞杆固定两种。缸体固定时，其所带载荷(如工作台)与气缸两活塞杆连成一体，压缩空气依次进入气缸两腔(一腔进气另一腔排气)，活塞杆带动工作台左右运动，工作台运动范围等于其有效行程的3倍。安装所占空间大，一般用于小型设备上。活塞杆固定时，为管路连接方便，活塞杆制成空心，缸体与载荷(工作台)连成一体，压缩空气从空心活塞杆的左端或右端进入气缸两腔，使缸体带动工作台向左或向左运动，工作台的运动范围为其有效行程的2倍。适用于中、大型设备。另外几种双作用气缸的图形符号见图29。

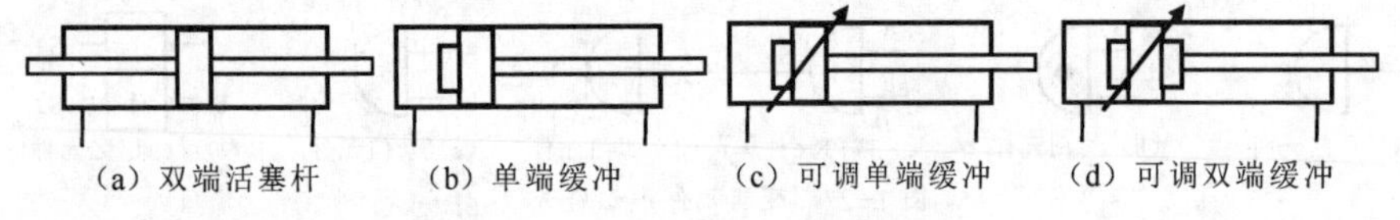

（a）双端活塞杆　（b）单端缓冲　（c）可调单端缓冲　（d）可调双端缓冲

图 1-30　其他双作用气缸的图形符号

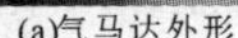

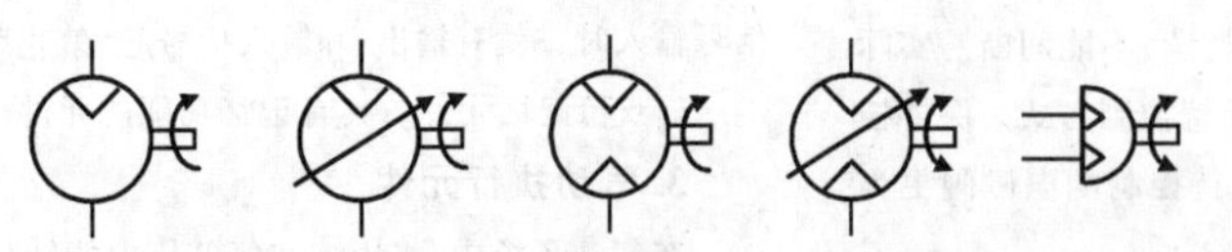

(a)气马达外形　(b)单向定量型　(c)单向变量型　(d)双向定量型　(d)双向变量型　(e)摆动气缸型

图 1-31　气动马达外形和图形符号

2)气马达

气马达。气马达(有时也叫气泵)是以压缩空气为工作介质的原动机,它是采用压缩气体的膨胀作用,把压力能转换为机械能的动力装置。它的作用相当于电动机或液压马达,即输出转矩以驱动机构作旋转运动。

气压传动中将压缩气体的压力能转换为机械能并产生旋转运动的气动执行元件。常用的气压马达是容积式气动马达,它利用工作腔的容积变化来作功,分叶片式、活塞式和齿轮式等型式。

气马达的特点:可以无级调速;能够实现双向旋转;工作安全,不受振动、高温、电磁、辐射等影响,适用于恶劣的工作环境,在易燃、易爆、高温、振动、潮湿、粉尘等不利条件下均能正常工作;有过载保护作用,不会因过载而发生故障。过载时,马达只是转速降低或停止,当过载解除,立即可以重新正常运转,并不产生机件损坏等故障。可以长时间满载连续运转,温升较小;具有较高的起动力矩,可以直接带载荷起动;功率范围及转速范围较宽。功率小至几百瓦,大至几万瓦;转速可从零一直到每分钟万转;结构简单,体积小,重量轻,马力大,操纵容易,维修方便;使用空气作为介质,无供应上的困难,用过的空气不需处理,放到大气中无污染,压缩空气可以集中供应,远距离输送。

4. 辅助元件

辅助元件用于解决元件内部润滑、排气噪声、元件间的连接以及信号转换、显示、放大、检测等所需要的各种气动元件。辅助元件包括空气过滤器、干燥器、油雾器、消声器、压力开关、管道接头、气液转换器、气动传感器、液压缓冲器等。

a. 油雾器。在气动流体传动系统中,动力是通过闭合回路中的压缩空气来传递和控制的。在空气介质需要润滑的场合,油雾器就是设计用以把需要的润滑剂加入空气流中的元件。油雾器是一种特殊的注油装置,它将润滑油进行雾化并注入空气流中,随压缩空气流入需要润滑的部位,达到润滑的目的,以延长机体的使用寿命。如果系统无须润滑,可以不用油雾器。

b.消声器。消声器是允许气流通过却又能阻止、减小声音传播的一种器件,通过阻尼或增加排气面积来降低排气速度和功率,从而达到降低噪声的目的,是消除空气动力性噪声的重要措施。消声器能够阻挡声波的传播,允许气流通过,是控制噪声的有效工具。消声器种类很多,根据消声机理可以把分为六种主要类型:阻性消声器、抗性消声器、阻抗复合式消声器、微穿孔板消声器、小孔消声器、有源消声器。一般安装在具有排气口的气动元件上。如果不考虑噪声问题,也可以不装。

c.转换器。将电、液、气信号进行相互转换的辅件,用来控制气动系统的工作。气信号转变为电信号的元件叫做气/电转换器;电信号转变为气信号的元件,叫做电/气转换器。

d.管道与管件。管道系统主要作用是对压缩空气传输和导流。输气管道所用管件与输水、输油有相似之处。

管道分为硬管和软管两种。一些固定不动的、不需要经常拆装的地方使用硬管,而连接运动部件和临时使用、希望拆装方便的管路应使用软管。硬管有铁管、黄铜管、紫铜管和硬塑料管,软管有塑料管、尼龙管、橡胶管、金属编制塑料管和挠性金属导管。常用的有紫铜管和尼龙管。

所有气压传动系统管道应统一根据现场实际情况因地制宜地安排:

a. 气动管道与其他管道(如水管、煤气管、暖气管网等)、电线等统一协调布置。

b. 并在管道外表面涂敷相应颜色的防锈油漆和标识环,以防腐和便于识别;管道进入用气车间首先应设置"压缩空气入口装置",即压力表、流量计、油水分离器、减压阀和阀门等。

c. 车间内部干线管道应沿墙或柱子顺气流流动方向向下倾斜3~5℃敷设,滑动支座在干管和支管终点(最低点)设置集水管(罐),定期排放积水、污物。

d. 沿墙或沿柱接出的支管必须在干管的上部采用大角度拐弯后再向下引出。在离地面1.2~1.5m处,接入一配气器。在配气器两侧接分支管引入用气设备,配气器下端设置排污装置。

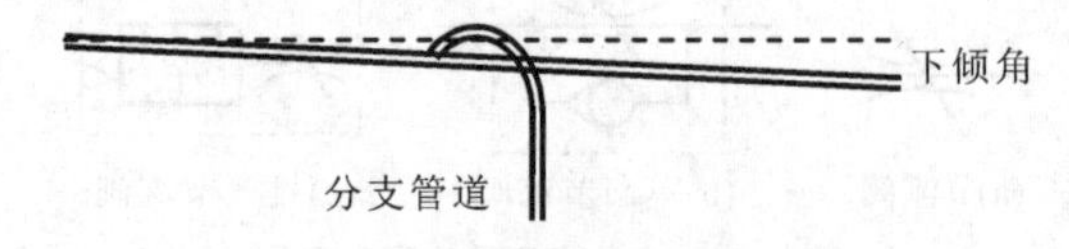

图 1-35　主管道和分支示意图

e. 为保证可靠供气可采用多种供气网络:单树枝状管网、双树枝状管网和环形管网等。其中单树枝状管网结构简单经济性好,较适于间断供气的工厂或车间使用;双树枝状管网相当于两套单树枝状管网,能保证对所有气动装置不间断供气。环形管网供气可靠性高,且压力较稳定,末端压力损失较小,但成本较高。

二、气动系统的基本回路

气动系统一般由最简单的基本回路组成,这些基本回路的不同组合方式,所得到的系统性能不同。因此,要设计出高性能的气动系统,必须熟悉各种基本回路和经过长期生产实践总结出来的常用回路。

(a)油雾器外形图　(b)油雾器图形符号

图 1-32　油雾器和图形符号

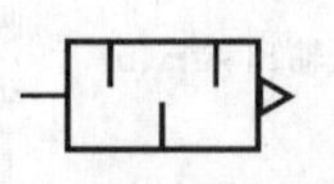

(a)消声器外形图　(b)消声器图形符号

图 1-33　消声器和图形符号

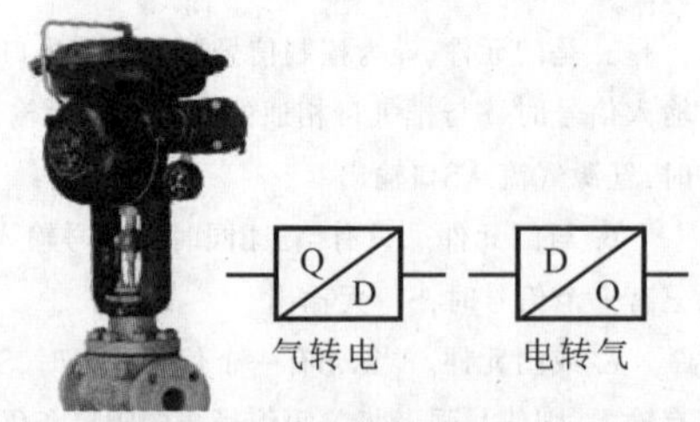

(a)转换器外形　(b)转换器图形符号

图 1-34　转换器外形和图形符号

1)方向控制回路

a. 二位三通电磁阀单作用气缸换向控制回路(图2-1)。采用二位三通电磁阀的控制单作用气缸的运动。

工作过程:常态时(电磁阀线圈不通电),压缩空气无法进入气缸,气缸不动作;当线圈得电时,电磁阀动作,进气口P打开,压缩空气从进气口进入、从工作出口A排出并进入气缸,活塞向右运动,推动活塞杆做功;线圈断电后,进气口P被封闭,活塞靠弹簧的弹力向左运动,气缸腔内空气从排气口R排出。

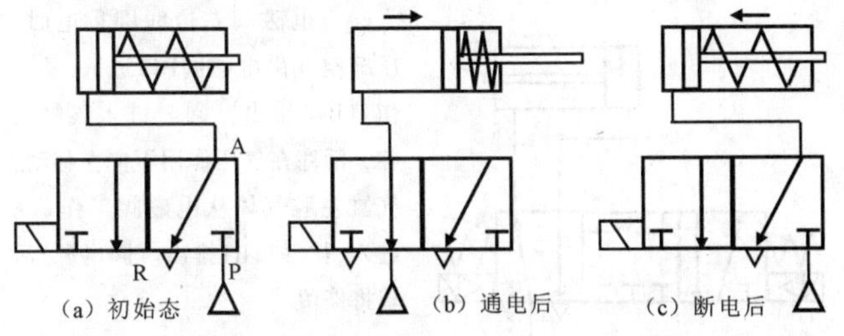

图 2-1 两位三通电磁阀单作用气缸换向控制回路

b. 三位五通中封电磁阀单作用气缸换向控制回路(图2-2)。采用三位五通中封式电磁阀换向控制回路,能使气缸定位在行程中间的任意位置,但由于阀体的泄漏,定位精度不高。

工作过程:初始态时,进气口P封闭,气缸不工作;左边线圈加电时,压缩空气从进气口P进入电磁阀,从工作口A排出并进入气缸,活塞向右运动,推动活塞杆做功,此时如果切断电源,活塞将停在随机位置;右边线圈加电时,进气口P封闭,压缩空气不能进入气缸,活塞依靠弹簧的弹力向左运动复初始位,缸内空气由排气口R1排出。

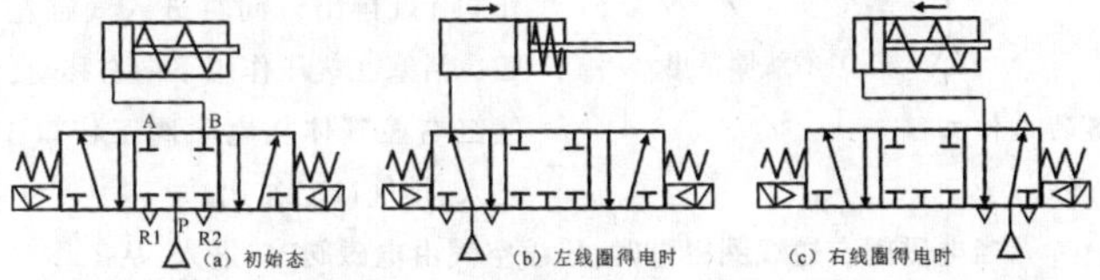

图 2-2 两位五通中封式双电控电磁阀单作用气缸换向控制回路

c. 一个气控换向阀控制的双作用气缸换向回路(图2-3)。分别将气控信号送到气控换向阀的K1、K2端口,使换向阀换向,而控制压缩空气实现双作用气缸活塞的往复运动。

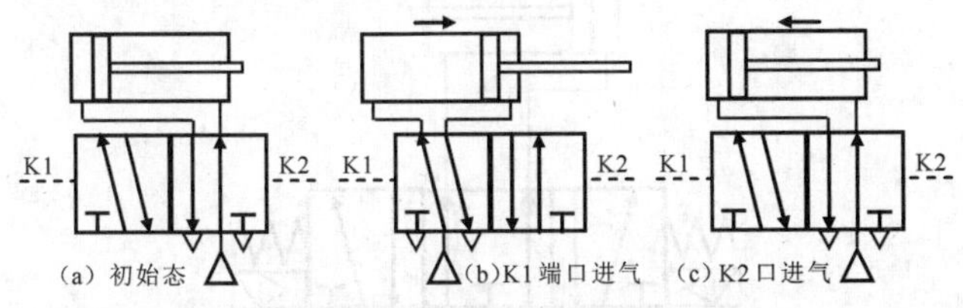

图 2-3 采用一个气控换气阀的换向回路

初始态时,气缸活塞位于左位,活塞杆缩回,即使有压缩空气进入右腔,活塞没有动作;控制气流从K1端口进入气缸左腔后,压缩空气推动活塞向右运动,右腔气体从气控阀排气口排出,直到活塞完成全部行程停止运动;控制气流从K2端口进入气缸右腔,压缩空气推动活塞向左运动,左腔气体 从气控阀排气口排出 ,直到活塞回到初始位、活塞杆完全缩回停止。

d. 两个气控换向阀控制的双作用气缸换向回路(图2-4)。气动换向阀的动作原理与电磁阀相似,但切换方式是依靠有一定压力的气流。当A点没有控制气流时,压缩空气经由气压控制换向阀QK2进入气缸右腔,活塞向左移动,活塞杆缩回。气缸左腔气体由气压控制换向阀QK1排气阀排出。当A点有控制气流时,两个气压控制换向阀动作,压缩空气经由气动换向阀QD1进入气缸左腔,活塞向右移动,活塞杆伸出。气缸右腔气体由换向阀QK2排气阀排出。

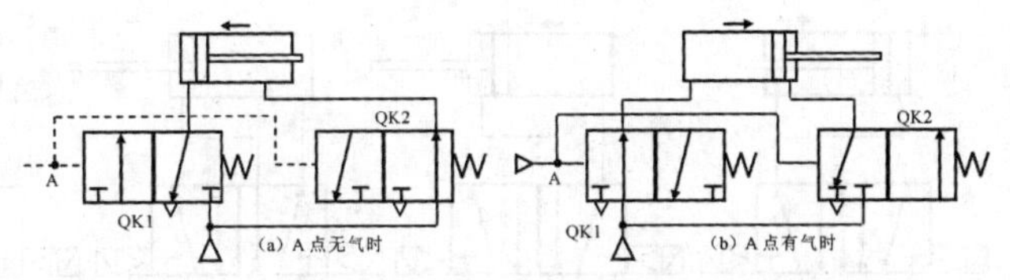

图 2-4 采用两个气动换向阀的气缸换向回路

e. 采用小通径手动换向阀控制气压控制二位五通阀换向回路(图2-5)。手控阀不动作时,压缩空气从气压控制阀进气口进入后,从工作口排出并进入气缸右腔,活塞左移,活塞杆缩回,气缸左腔气体从气动阀排气口排除。当按下手控阀时,控制气流进入气控阀,气控阀动作,压缩空气从气控阀进气口进入后, 从工作口排出并进入气缸左腔,活塞向右移动,活塞杆伸出,气缸右腔气体从气动阀排气口排出。

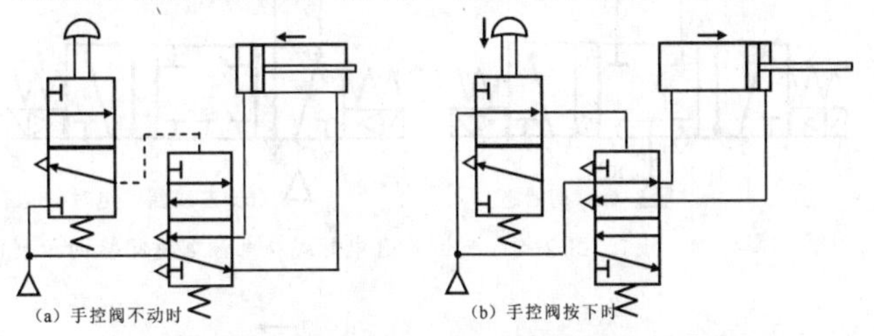

图 2-5 采用手控阀控制气动换向阀的气缸换向回路

f. 利用梭阀完成双作用气缸换向功能(图2-6)。梭阀又称或门阀。当压缩空气从P1或P2进气口进入阀体时,从工作口A都能输出气流。这个气流进入气压控制阀后,阀芯动作,改变气流方向,使双作用气缸完成往复直线运动而做功。本回路采用电磁阀和手控阀两种方式,利用梭阀的特点,控制气动阀对压缩空气换向,完成气缸的往复运动。

常态时,梭阀进气口封闭,气缸不动作,活塞保持常态位。

电磁阀得电后,压缩空气通过电磁阀进气口、从工作口进入梭阀,梭阀工作口打开,气流进入气压控制阀实行换向,压缩空气自气缸左腔进入气缸,活塞向右移动,活塞杆伸出做功,气缸右腔空气从气压控制阀排气口排出;电磁阀断电后,梭阀无气流进入而关闭工作口A,气压控制阀复位,压缩空气从气缸右腔进入,活塞向左移动,活塞杆回缩做功,气缸左腔空气从气压控制阀排气口排出。

同理,手动操作手控阀,通过梭阀的导流作用,变换气压控制阀阀芯位置,同样能实现气缸的直线往复运动。

控制回路采用了手动和电气两种控制手段,更为灵活方便。需要注意的是,两者不能同时操作。

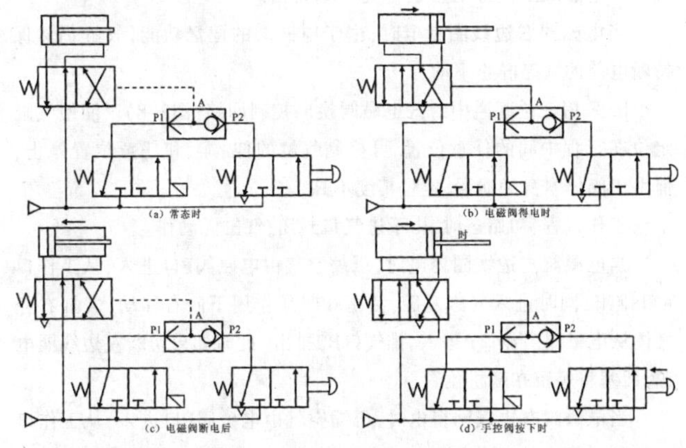

图 2-6 采用梭阀控制的换向回路

g. 采用二位五通双电控电磁阀换向控制回路(图2-7)。利用电磁阀的记忆功能,当失电时,气缸仍然保持在原有的工作状态。

工作过程:初始态时,压缩空气从电磁阀的进气口P进入,从工作口B排出,同时进入气缸右腔,活塞在气压作用下向左移动,气缸左腔气体从电磁阀工作口A进入,排气口R1排出。

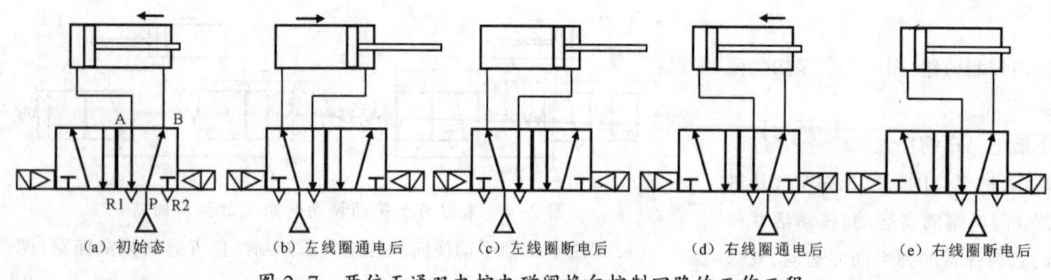

（a）初始态 （b）左线圈通电后 （c）左线圈断电后 （d）右线圈通电后 （e）右线圈断电后

图 2-7 两位五通双电控电磁阀换向控制回路的工作工程

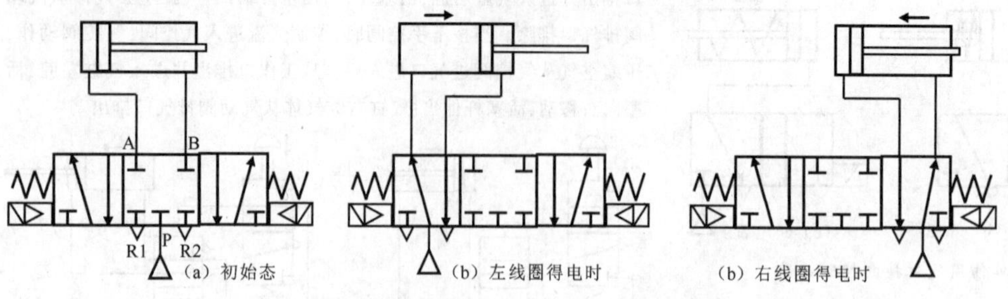

（a）初始态 （b）左线圈得电时 （b）右线圈得电时

图 2-8 三位五通中封式双电控电磁阀换向控制回路的工作工程

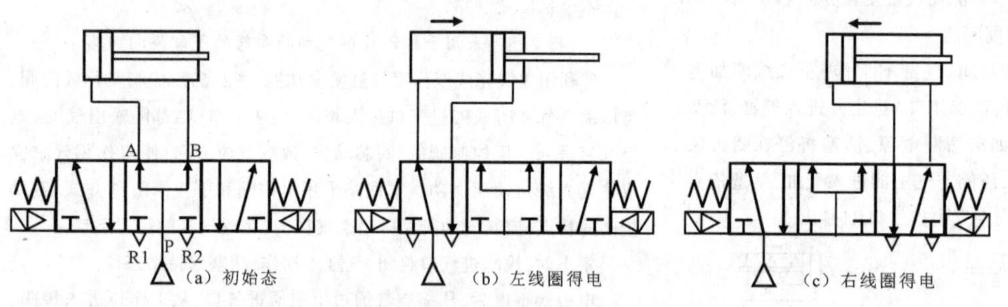

（a）初始态 （b）左线圈得电 （c）右线圈得电

图 2-9 三位五通中压式双电控电磁阀换向控制回路的工作工程

当电磁阀左边线圈得电时,压缩空气由电磁阀P口进入,从工作口A口排出,同时进入气缸左腔,活塞在气压作用下向右移动,气缸右腔气体从电磁阀工作口B进入,排气口R2排出。

当电磁阀左边线圈断电时,由于电磁阀的记忆功能,气缸仍然保持断电前的状态静止不动。

当电磁阀右边线圈得电时,压缩空气由电磁阀P口进入,从工作口B口排出,同时进入气缸右腔,活塞在气压作用下向左移动,气缸左腔气体从电磁阀工作口A进入,排气口R1排出。

当电磁阀右边线圈断电时,由于电磁阀的记忆功能,气缸仍然保持断电前的状态静止不动。

h. 采用三位五通中封式电磁阀换向控制回路(图2-8)。能使气缸定位在行程中间的任意位置,可控制气缸的伸、缩、和任意位置停止,但由于阀体本身的泄漏,定位精度不高。

工作过程:初始态时,由于进气口封闭,气缸无动作。

当电磁阀左边线圈得电时,压缩空气由电磁阀P口进入,从工作口A口排出,同时进入气缸左腔,活塞在气压作用下向右移动,气缸右腔气体从电磁阀工作口B进入,排气口R2排出。此时如果切断左边线圈电源,活塞将停留在随机位置。

当电磁阀右边线圈得电时,压缩空气由电磁阀P口进入,从工作口B口排出,同时进入气缸右腔,活塞在气压作用下向左移动,气缸左腔气体从电磁阀工作口A进入,排气口R1排出。此时如果切断右边线圈电源,活塞将停留在随机位置。

注意:三通阀的两个线圈不能同时通电。

i. 三位五通中压式电磁阀换向控制回路(图2-9)。工作过程:初始态时,进气口P与两个工作口A、B相连通。因活塞两端的作用面积不相等,活塞会缓慢向右移动。

当电磁阀左边线圈得电时,压缩空气由电磁阀P口进入,从工作口A口排出,同时进入气缸左腔,活塞在气压作用下向右移动,气缸右腔气体从电磁阀工作口B进入,排气口R2排出。

当电磁阀右边线圈得电时,压缩空气由电磁阀P口进入,从工作口B口排出,同时进入气缸右腔,活塞在气压作用下向左移动,气缸左腔气体从电磁阀工作口A进入,排气口R1排出。圈电源,活塞将停留

注意:三通阀的两个线圈不能同时通电。

j. 采用三位五通中卸式电磁阀换向控制回路(图2-10)。工作过程:初始态时,两个排气口R1、R2分别与气缸的左右腔相连通,活塞杆可以随意推动。

当电磁阀左边线圈得电时,压缩空气由电磁阀P口进入,从工作口A口排出,同时进入气缸左腔,活塞在气压作用下向右移动,气缸右腔气体从电磁阀工作口B进入,排气口R2排出。

当电磁阀右边线圈得电时,压缩空气由电磁阀P口进入,从工作口B口排出,同时进入气缸右腔,活塞在气压作用下向左移动,气缸左腔气体从电磁阀工作口A进入,排气口R1排出。注意:三通阀的两个线圈不能同时通电。

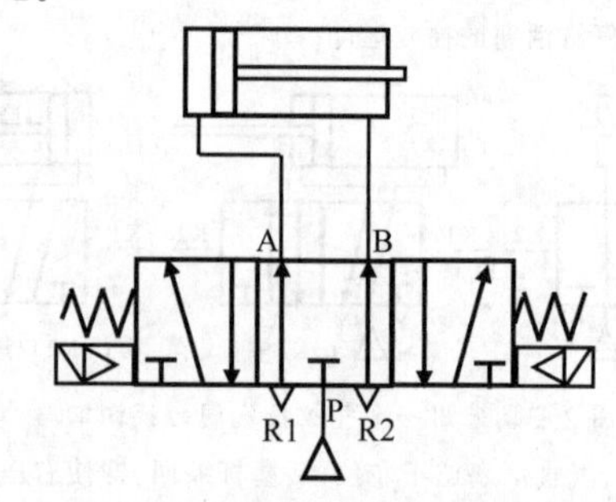

图 2-10 三位五通中卸式电磁阀换向回路

k. 采用双压阀换向的控制回路(图2-11)。双压阀是一个与门阀,有两个输入口P1、P2,只有当两个输入口同时有气压时,工作口A才有输出气压。这个气压进入气压控制阀,动作后实现气缸的往复直线运动。常态时,两个滚轮式控制阀进气口封闭,两路压缩空气不能进入双压阀,A口无输出,气缸静止不动。当某种外力使得两个滚轮式控制阀的滚轮被同时压下,两个滚轮式控制阀进气口被打开,两路压缩空气同时进入双压阀的两个输入口,此时,工作口A输出气压并推动气压控制阀换向,压缩空气从气缸左腔进入,活塞向右移动,活塞杆伸出做功,右腔气体从气压控制阀排气口排出。当外力撤销,两个滚轮复位后,压力控制阀复位,压缩空气自气缸右腔进入,推动活塞向左移动做功,左腔气体从气压控制阀排气口排出。

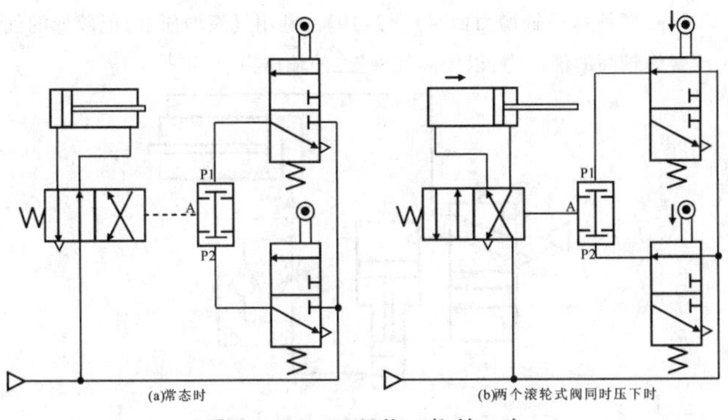

图 2-11　双压阀换回控制回路

l. 双作用气缸手动往复运动回路见图2-12。手动控制阀与机械行程开关交替控制气控换向阀,实现气缸的往复运动。

工作过程:初始态时,压缩空气从气缸右腔室进入,活塞处在初始位,没有动作。压下手控阀时,控制气流进入气控阀,压缩空气经气控阀进入气缸左腔室,活塞开始向右运动,右腔室空气经气控阀排出。

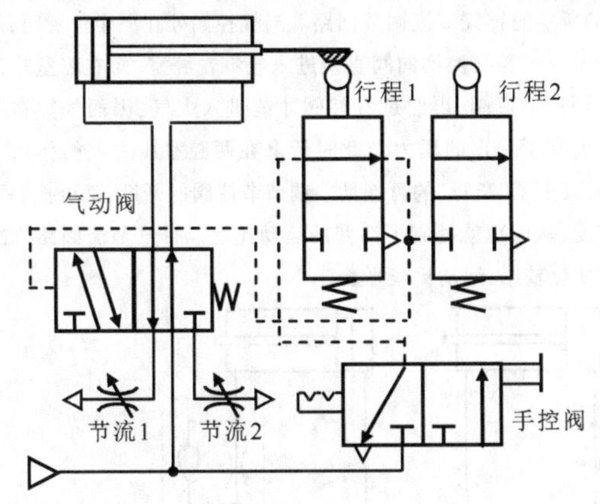

图 2-13　连续往复运动控制回路

当活塞运动到最右端时,松开手控阀,同时机械行程开关被活塞杆上的挡铁压下,控制气流经行程开关进入气控阀,压缩空气经气控阀进入气缸右腔室,活塞开始向左移动,右腔室空气经气控阀排出,直到活塞运动到左端终点复位,气缸活塞完成一次往复运动。

m. 双作用气缸自动往复运动回路(图2-13)。压下二位三通手控阀,通过两个机械行程开关行程1和行程2交替控制气动换向阀换向,使气缸活塞连续往复运动,松开手控阀,运动结束,活塞恢复初始位。

2)压力控制回路

a. 一次压力控制回路(图2-14(a)),又称作气源压力控制回路。主要指空压机的输出压力保持在储气罐所允许的额定压力P1之下,一般将这个压力控制在0.8Mpa左右。溢流阀(安全阀)可以稳定和调节系统气压,当压力超过设定值时,自动溢流泄压,缺点是气量消耗比较大。也可以用电接点压力表代替溢流阀来控制空压机的启动与停止,来控制储气罐中的压力保持在设定范围内。

b. 二次压力控制回路(图2-14(b)),又称工作压力控制回路。主要是指每台气动设备的气源进口处的压力调节回路。一般由气动三大件(F.R.L)空气过滤器(分水滤气器)、溢流式减压阀与油雾器组成的压力控制电路。主要靠减压阀为系统提供一种稳定的工作压力(P2)。如果工作设备无须润滑,也可不用油雾器,此时则称为二联件。二次压力控制回路是气动系统中必不可少的常用回路。

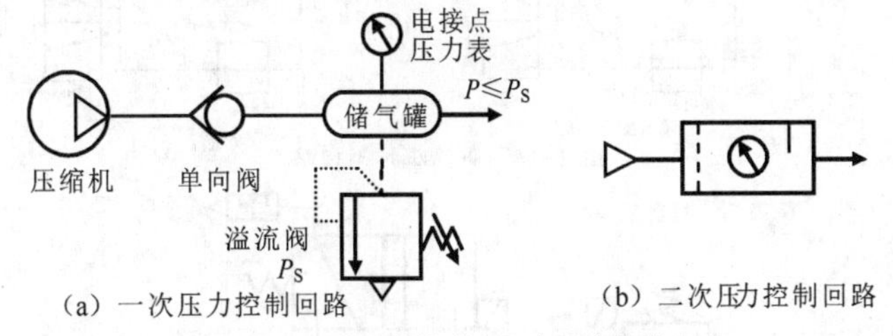

图 2-14　一次压力控制和二次压力控制回路

c. 双压驱动回路(图2-15)。在气压系统中,有时需要提供两种不同的压力,来驱动双作用气缸在不同方向上的运动。采用双压阀可实现这一要求。

工作过程:电磁阀未通电时,压缩空气经电磁阀P→B,经减压阀、节流阀后以较低的气压进入气缸右腔,推动活塞向左运动,左腔中空气经节流阀到电磁阀,经A→R1排出。

电磁阀得电时,压缩空气经电磁阀从P→A,经节流阀后以较高的压力进入气缸左腔,推动活塞向右运动,右腔中空气经节流阀、减压阀到电磁阀,经电磁阀B口进入、R2口排出。

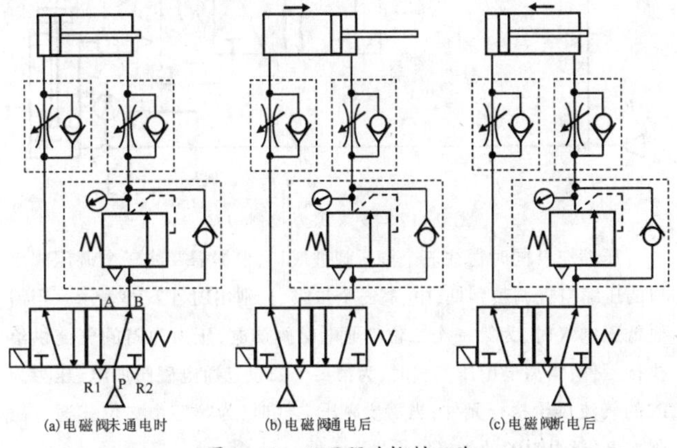

图 2-15　双压驱动控制回路

电磁阀失电后,压缩空气经电磁阀从P→B,经减压阀、节流阀后以较低的压力进入气缸右腔,推动活塞向左运动,左腔中空气经节流阀到电磁阀,再经电磁阀A口进入、R1口排出。

减压阀设定较低的返回压力,使得进入气缸两端的气压大小不同,活塞往复运动时的能量不同,以适应不同的做功要求。

d.高低压控制回路(图2-16)。压缩空气分别经过两个减压阀调压,得到两个不同的压力输出P1、P2,再由气控换向阀选择后,分时输出高

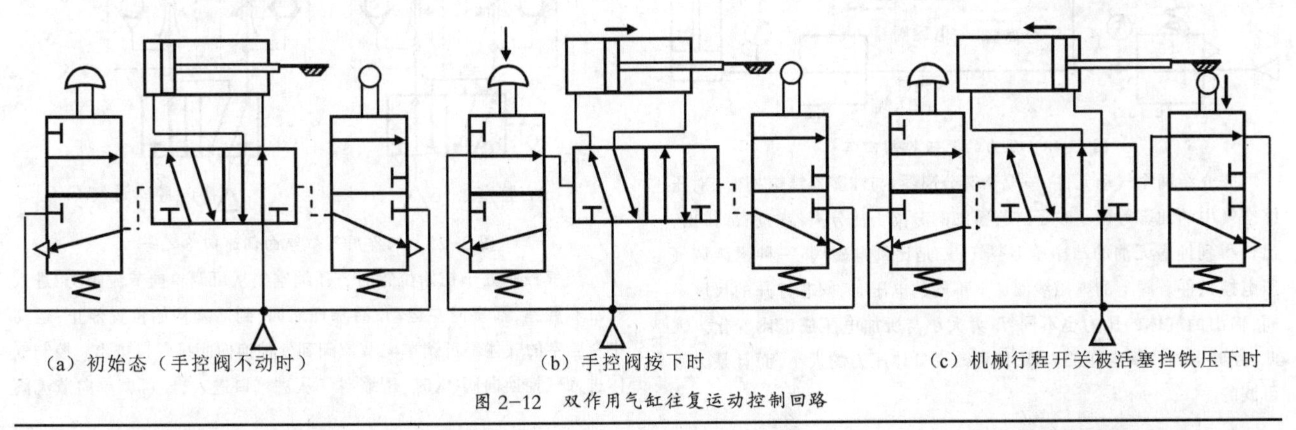

图 2-12　双作用气缸往复运动控制回路

低两种压力,以满足不同设备的需求。当然也可由其他控制方式变换两种压力的输出。

e. 多级压力控制回路(图2-17)。在一些场合,需要根据加工工件的重量差异,设定低、中、高三种压力,这就需要多级压力控制回路。

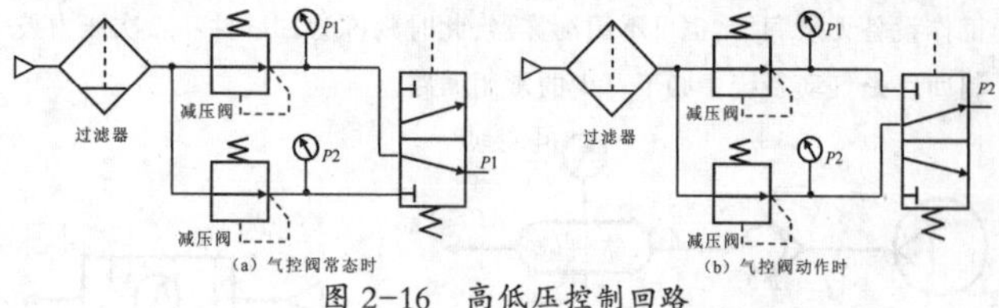

(a) 气控阀常态时　　(b) 气控阀动作时

图 2-16　高低压控制回路

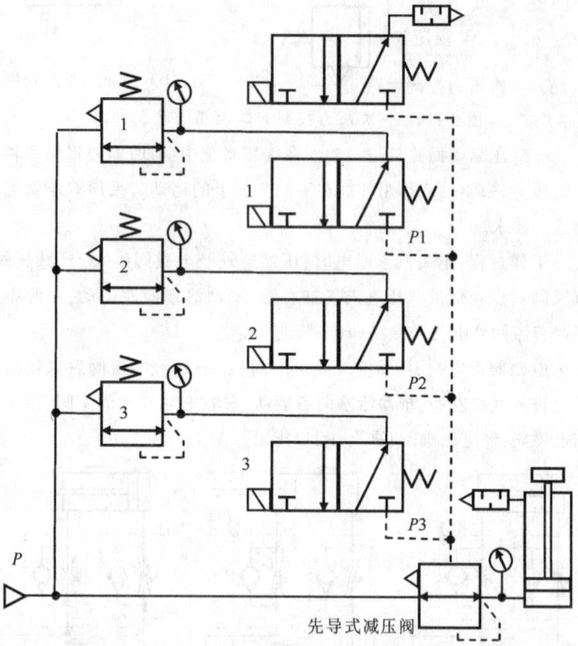

先导式减压阀

图 2-17　多级压力控制回路

压缩空气同时送往三个调压阀进气口,根据需要将三个调压阀出口的压缩空气调整到低、中、高三个量级,分别用P1、P2、P3表示。当需要低压空气时,为第一个二位三通电磁阀加电,压力为P1的气流供给执行元件;当需要中压空气时,为第二个二位三通电磁阀加电,压力为P2的气流供给执行元件;当需要高压空气时,为第三个二位三通电磁阀加电,压力为P3的气流供给执行元件。

当需要更多的压力量级时,只需增加调压阀和二位三通电磁阀的数量即可实现。

f. 气体压力的无级控制(图2-18)。利用电磁比例阀对气体压力进行无级控制,可以得到任意压力的压缩空气,以适应执行元件的需求。

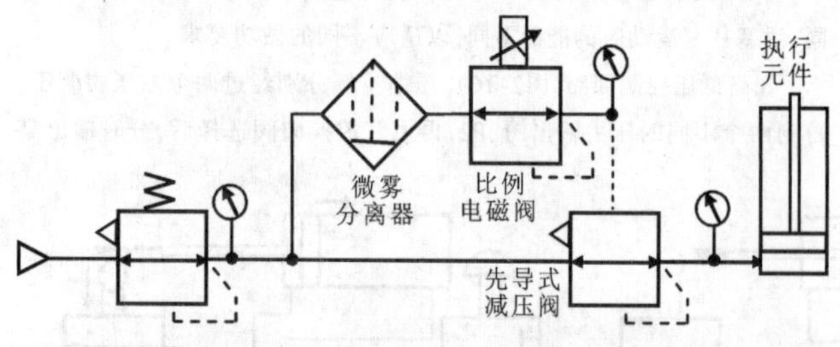

图 2-18　压力的无级控制回路

先介绍两个气动元件。一是微雾分离器:与油雾器结构相似。对压缩空气中的油雾等微小粒子进行精细的分离,从分离器的底部排出,出口得到纯净无油的洁净压缩空气;二是比例电磁阀:一种无级调气压电控元件。阀上的电磁线圈加上不同的电压时,阀芯打开的尺度不同,输出的气体的压力也不同,压力大小与所加电压成正比变化。因此,控制电磁线圈电压的高低,即可改变气体压力的大小,而且是无级可调的。

g. 气液增压缸增力回路(图2-19)。利用气液增压缸1把较低的气压变为较高的液压力,以提高气液缸2的输出力。

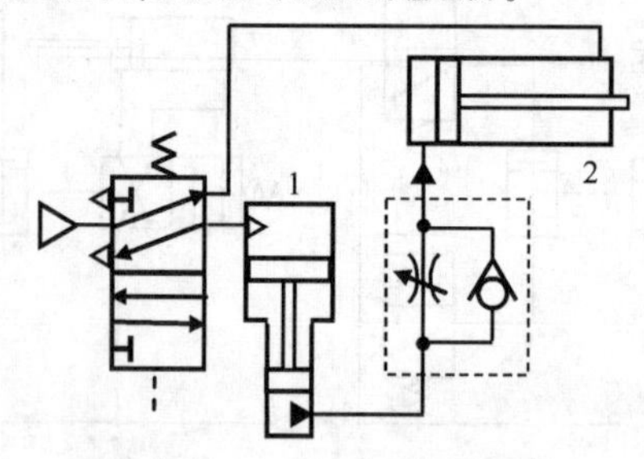

图 2-19　气液增压缸增力回路

3)速度控制回路

通过调节压缩空气的流量,来控制气动执行元件的运动速度或实现缓冲等的控制回路,谓之速度控制回路。一般多采用节流调速。

a.单向调速回路两例(图2-20)。供气节流单向调节回路多用于垂直安装的气缸供气回路中。在水平安装的气缸的供气回路,一般采用图中(b)所示的排气节流调节回路。当气控阀处在图中位置时,从气源来的压缩空气经气控换向阀直接进入气缸左腔室,而右腔室排出的气体必须经过节流阀、再经过气控阀才能进入大气,因而气缸右腔室中的气体就有了一定的压力。此时活塞在两腔室压力差的作用下前进(伸出),减少了"爬行"的可能性。调节节流阀的开度,就可控制不同的排气速度,从而也就控制了活塞的运动速度。排气节流回路气缸速度随负载变化较小,运动比较平稳。

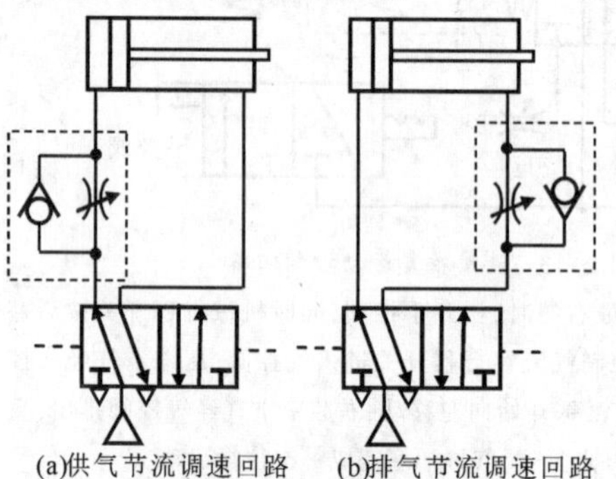
(a)供气节流调速回路　(b)排气节流调速回路

图 2-20　单向调速回路两例

b. 双向调速回路之一(图2-21)。采用两个可调单向节流阀和一只单向气控换向阀,实现对双作用气缸的双向调速。分别调节单向可调节流阀DJ1、DJ2,使得气缸活塞在向右和向左运动时的速度至合适值,可以使活塞在伸出和缩回两个方向上获得不同的运动速度。

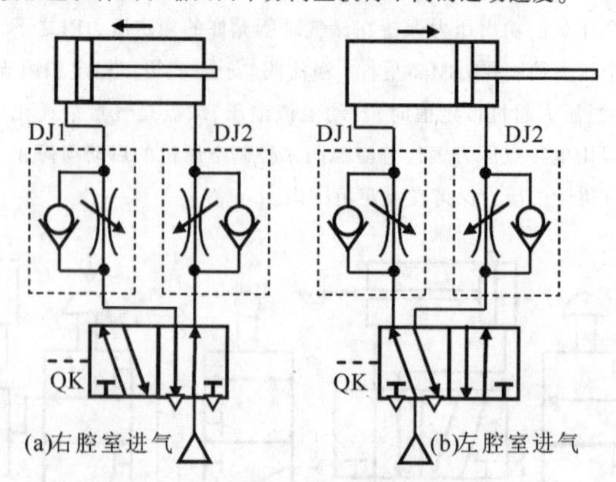

(a)右腔室进气　(b)左腔室进气

图 2-21　双作用气缸双向调速回路之一

当气控阀处于初始位置时,压缩空气从可调单向节流阀DJ2进入气缸右腔室,活塞向左运动,活塞杆缩回,到活塞初始位置停止;运动中左腔室的气体经可调单向节流阀到气控换向阀排气口排出。控制气体进入气控换向阀QK时,压缩空气从进气口进入,经可调单向节流阀

DJ1进入左腔室,活塞向右运动,活塞杆伸出。

c. 双向调速回路之二(图2-22)。采用一只双控气压阀对进入气缸的压缩空气进行换向,采用两只可调节流阀对进入气缸左右腔室的压缩空气进行调速,实现活塞在伸出和缩回两个方向上获得不同的运动速度。

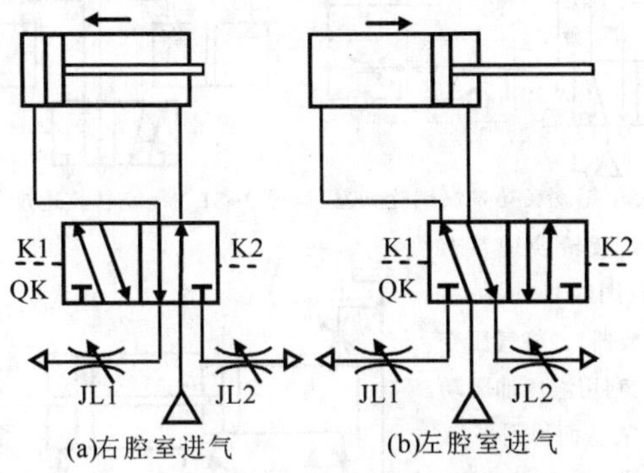

图 2-22 双作用气缸双向调速回路之二

当控制气流从气控阀K2端口进入时,压缩空气从气控阀进气口进入阀体时、从工作口进入气缸右腔室,活塞向左运动,其运动速度取决于JL1调节值。左腔室气体经气控阀QK和可调节流阀JL1排出。活塞运动到左终端停止。

当控制气流从气控阀K1端口进入时,压缩空气从气控阀进气口进入阀体时、从工作口进入气缸左腔室,活塞向右运动,其运动速度取决于JL2调节值。右腔室气体经气控阀QK和可调节流阀JL2排出。活塞运动到右终端停止。

d. 采用排气节流阀双向调速(图2-23)。在气缸的排气通道上安装两个排气节流阀,通过调节气缸的排气流量,达到调节活塞速度的目的。

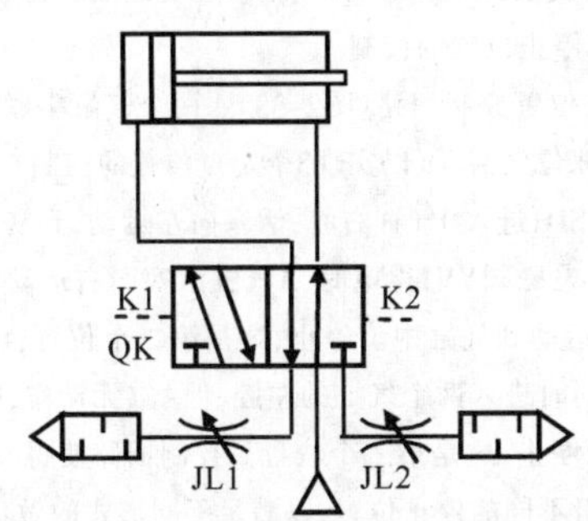

图 2-23 采用调速节流阀调速回路

e. 慢进快退回路(图2-24)。控制活塞杆伸出时采用排气可调单向节流阀控制,活塞杆慢速伸出;活塞杆缩回时,采用快速排气阀快速排空左腔室空气,活塞杆快速退回。

控制气流从K2口进入气控阀时如图(a),压缩空气通过进气口从工作口排出,经单向节流阀进入气缸右腔室,活塞向左运动,由于左腔室与快速排气阀连通,腔室内空气快速排空,活塞迅速退回复位。快进速度由可调单向节流阀调整决定。

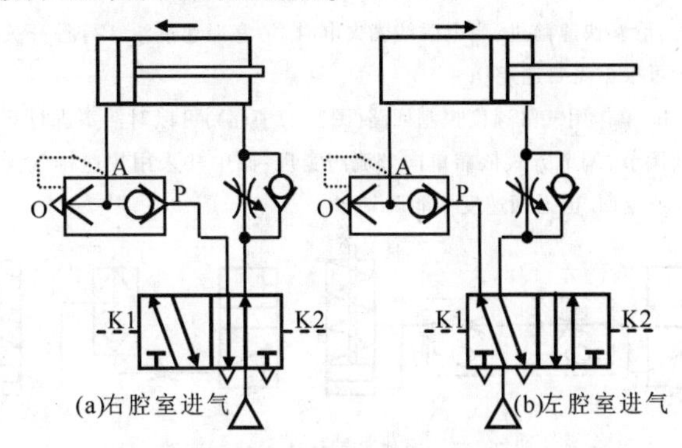

图 2-24 慢进快退控制回路

控制气流从K1口进入气控阀时如图(b),压缩空气通过进气口从工作口排出,经快速排气阀A口进入气缸左腔室,由于快速排气阀排出部分压缩空气,进入气缸的气流速度减弱,活塞慢速向右运动直到终点停止。右腔空气经节流阀、气控换向阀排气口排出。

f. 活塞缓冲回路(图2-25(a)):当气缸活塞前进到预定位置时,压下机械行程阀,气缸右腔室内空气只能从单向节流阀通过,使活塞速度减慢,达到缓冲目的。这种回路经常用于惯性较大的气缸。当活塞作伸出运动时,右腔室内空气经二位二通阀和二位四通阀排出,活塞按照调定速度前进。当与活塞杆相连的挡铁压下机械行程阀时换向,右腔室出来的部分气流被机械阀切断,只能经过节流阀排出,活塞运动速度减小,也就是得到缓冲。缓冲速度靠调节节流阀实现,改变机械行程阀的位置,可改变开始缓冲的时刻。图(b)回路实现快进→慢进缓冲→停止快进的循环, 行程阀可根据需要来调整缓冲开始的位置,常用于惯性大的场合。图(c)回路的特点是,当活塞运动到行程末端时,活塞左腔室的压力已经降至打不开顺序发的程度,余气只能经节流阀排出,因此活塞得以缓冲。此回路用于行程长、速度快的场合。

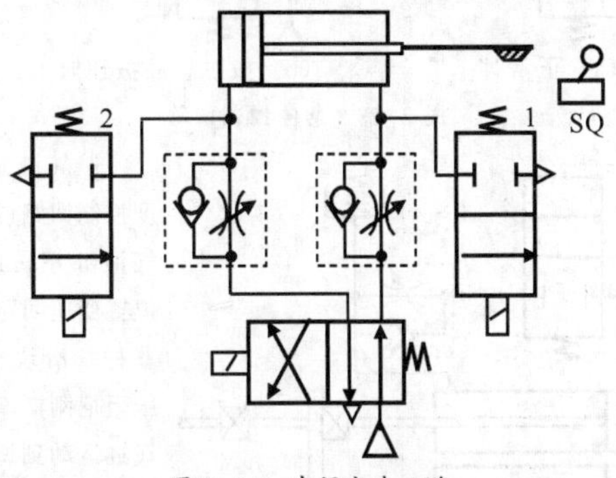

图 2-26 中间变速回路

g. 中间变速回路 (图2-26)。行程开关安装在活塞行程的中间位置,当活塞杆上的挡铁在伸出过程中碰到行程开关时,发出电信号,二位二通阀1、2通电换向,使得气缸两腔室的气流排放途径改变,从而改变了活塞的运动速度。活塞的往复运动速度由出口单向节流阀控制,

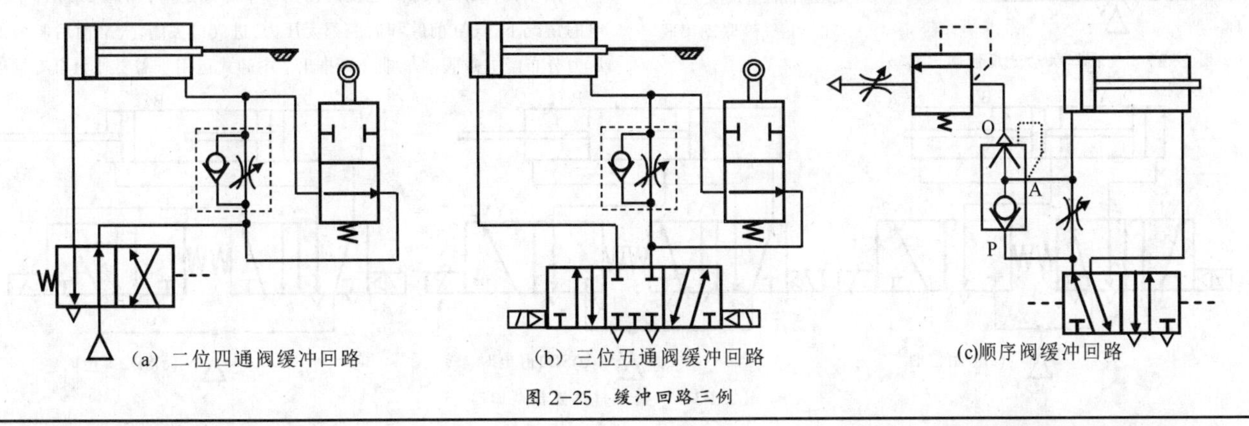

图 2-25 缓冲回路三例

活塞的换向则由二位四通电磁换向阀决定：当电磁线圈得电时，快速排气，活塞快速前进；当电磁线圈失电时，活塞慢速进给。行程开关的位置可根据需要选定。

h. 单作用气缸速度控制回路(图2-27中(a))可以对活塞进行双向速度调节，调节方式依靠单向节流阀实现；图中(b采用快速排气阀实现快速返回，但返回速度不能调节。

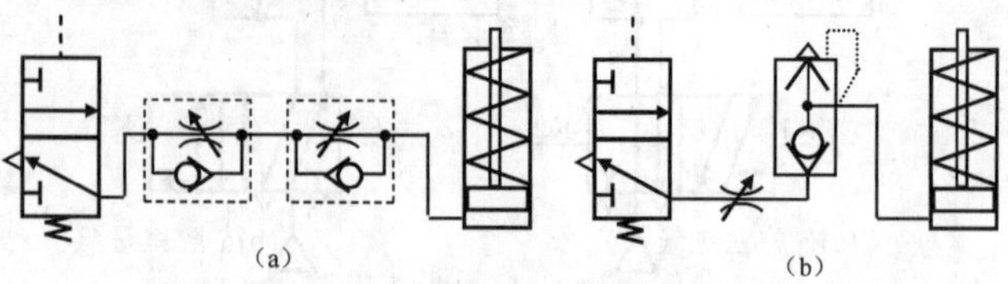

图 2-27　单作用气缸速度控制回路

i. 急停控制回路(图2-28)。执行元件在运行中，可能会出现故障，急停回路的作用就是迅速切断气源，防止事态扩大。图中的急停按钮手控阀，相当于电路中的急停按钮。正常工作时，压缩空气通过气压控制阀输出气流。按下"急停"按钮阀时，控制气流通过急停按钮阀进入气压控制阀，气压控制阀换向，压缩空气被封堵，没有气流输出，执行元件停止运动。故障排除后，按压"复位"按钮阀，压缩空气恢复供应。

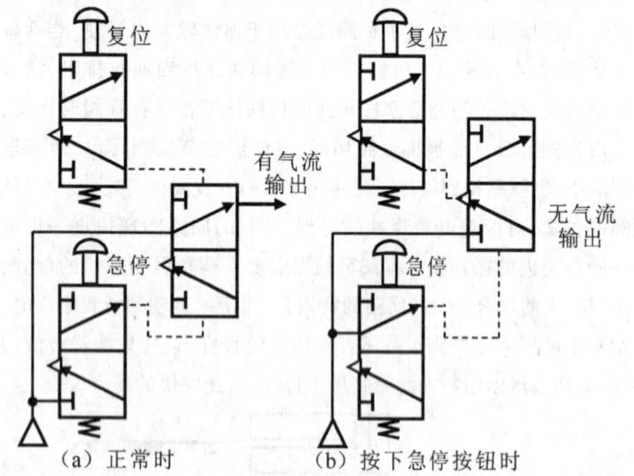

图 2-28　急停控制回路

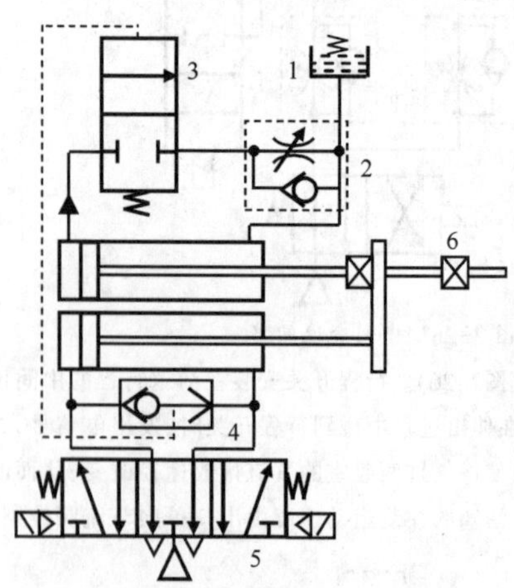

图 2-29　气液缸联动速度控制回路

j. 气液缸联动速度控制回路(图2-29)。气液缸并联且有中间位置变速回路。气缸活塞杆端滑块空套在液压阻尼刚活塞杆上，当气缸运动到调节螺母6处时，气缸由快进转为慢进。液压阻尼缸流量由单向节流阀2控制，储能器1用途是调节阻尼缸中油量的变化。

k.气液联动串联调速回路 图2-30。通过两个单向节流阀，利用液压油不可压缩的特点，实现两个方向上的无级调速。油杯用于补充漏油而设。

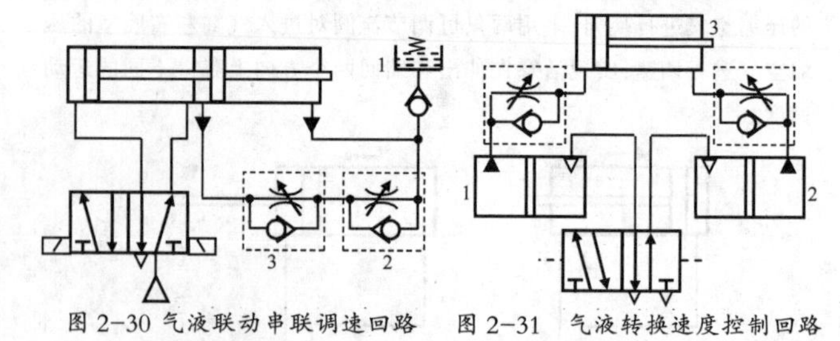

图 2-30 气液联动串联调速回路　　图 2-31　气液转换速度控制回路

l. 气液转换速度控制回路(图2-31)。利用气液转换器1、2将气压变成液压，利用液压油驱动液压缸3，从而得到平稳易控制的活塞运动速度。调节节流阀的开度，即可改变活塞的运动速度。

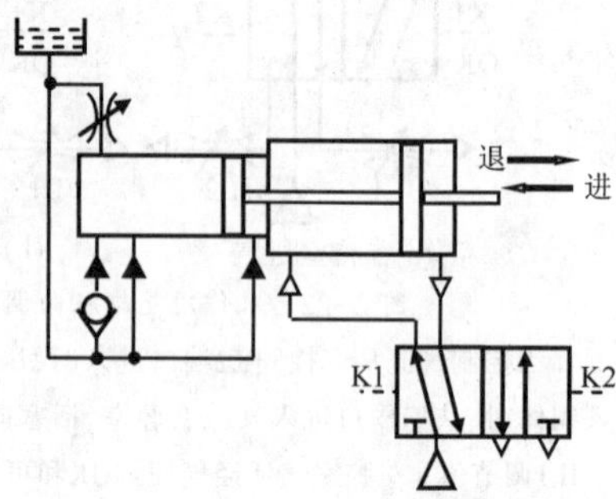

图 2-32　气液阻尼缸速度控制回路

m. 用气液阻尼缸的速度控制回路(图2-32)。当K2有气控信号时，五通阀换向，活塞向左运动，液压缸无杆腔中的油液通过a口进入有杆腔，气缸快速向左前进。当活塞a口关闭时，液压缸无杆腔中的油液被迫从b口经节流阀进入有杆腔，活塞工作进给。当K2消失，由K1输入信号时，五通阀换向，活塞向右快速返回。此回路可实现机床工作台的快进、工进和快退。

4)位置控制回路

执行元件如气缸，在气压的作用下作往复运动。位置控制回路就是对气缸中活塞停止位置的控制。

a. 双位气缸位置控制回路(图2-33)。两个气缸串联在一起，形成双位气缸。利用双位气缸，可以实现3个定点位置的控制 。初始位时，压缩空气自电磁阀SD1进入B气缸右腔，活塞向左运动，到初始位停止，这是第一个位置；电磁阀YV1得电时，A气缸活塞向右运动到终端停止，同时气缸B活塞运动到气缸中位停止，这是第二个位置；电磁阀YV2得电时，压缩空气同时进入两个气缸的左腔，但A缸无动作，B缸活塞继续向右运动到终端停止，这是第三个位置。控制回路使得双位气缸的两个活塞得到了3组不同的停止位置，以满足不同形式的做功需求。

b. 三位五通电磁阀位置控制回路(图2-34中(a))采用中封式三位阀的回路：因为空气的可压缩性，气缸的定位精度较差，且要求回路及阀内不允许有任何泄露。适用于气缸负载较大时采用。

图中(b)采用中压型三位阀回路：当阀处在中间位置时，由于活塞两端保持了力的平衡，活塞可停留在任意位置。它适用于缸径较小而要求在行程途中快速停止的场合。

图中(c)采用中卸式三位阀回路。中卸式是指在两个线圈都不给电的情况下，气缸前腔和后腔都无压力，进气口关闭，气缸前后腔内的压力分布经电磁阀两个排气口排出。中卸式运用于需要外力自有推动

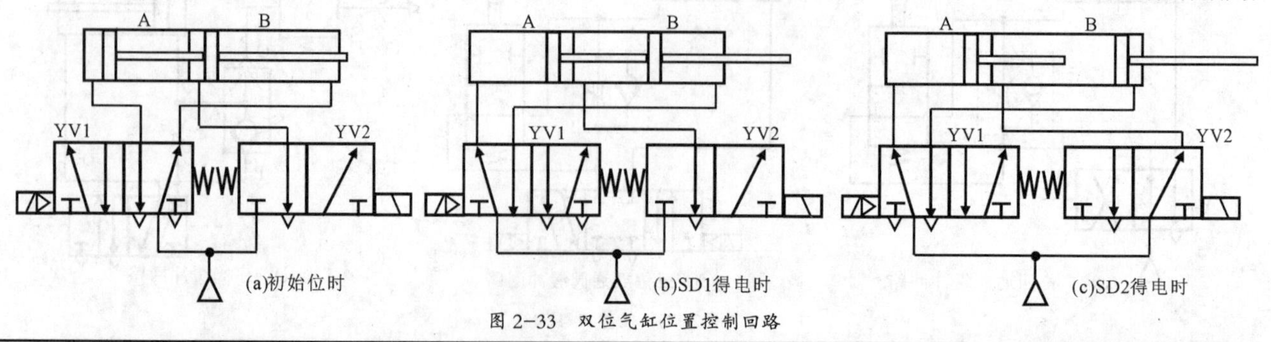

图 2-33　双位气缸位置控制回路

活塞移动的场合。缺点是活塞运动惯性大，停止位置不易控制。

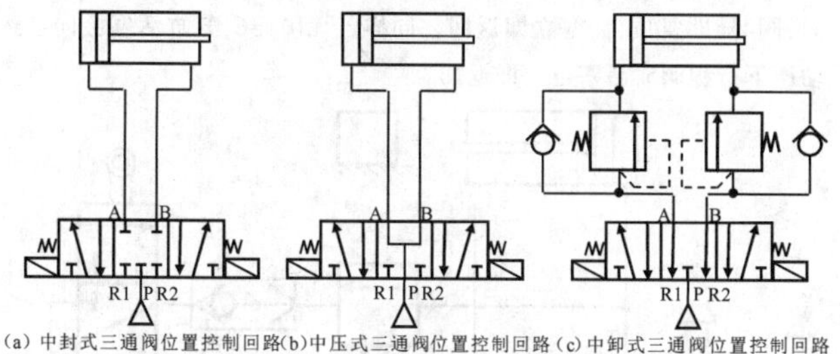

图 2-34 三位五通电磁阀位置控制回路

c. 串联气缸定位回路(图2-35)。气缸由多个不同行程的气缸串联而成 。换向阀1、2、3依次得电和同时断电后，可以得到4个不同的定位位置。

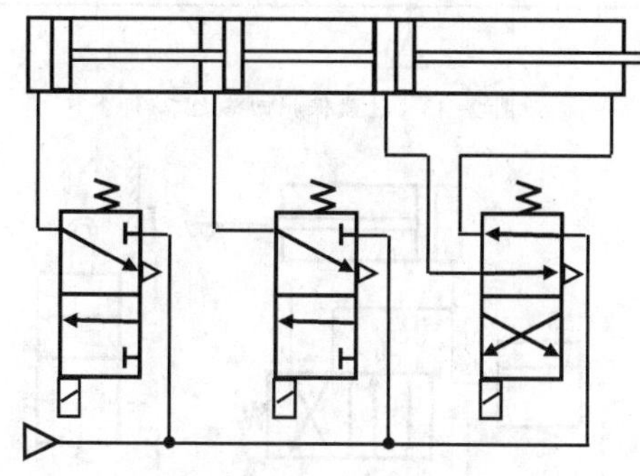

图 2-35 串联气缸定位回路

d. 多工位控制回路(图2-36)。工位1：阀1控制，右气缸杆缩回，左气缸杆缩回；工位2：阀2控制，右气缸杆伸出，左气缸杆缩回；工位3：阀3控制，右气缸杆伸出，左气缸杆伸出。

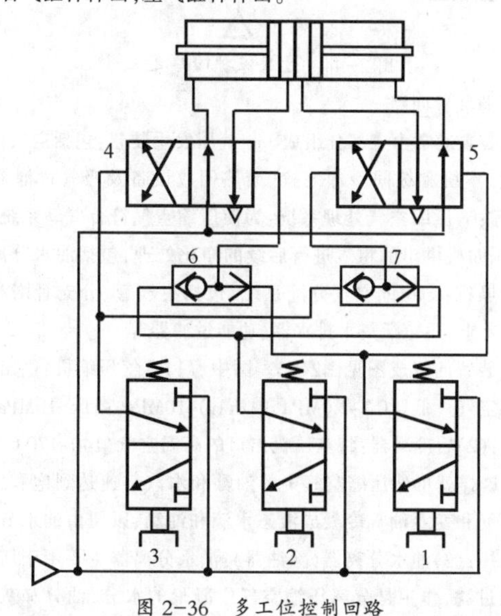

图 2-36 多工位控制回路

5)安全保护回路

由于气动系统负荷过重、气压突然降低以及执行机构的快速动作等原因，都有可能危及操作人员或设备的安全。因此在气动回路中常常要加入安全回路。安全保护回路主要包括两个方面：一是对操作者的安全保护，防止误操作或操作不当引发人体安全事故；二是对设备的安全保护，防止误操作或操作不当造成元件、设备和系统的损坏。主要手段是当发生不当操作时，系统不予响应，从根本上消除安全隐患。

a. 互锁操作回路之一(图2-37)。增加系统启动的步骤和难度，使得操作不能轻易实现，提醒操作者按步骤精心工作。图中，只有当A和B两个气控信号同时存在时，换向阀得到A·B气控信号时，才能实行换向功能，气缸活塞杆才能伸出做功，否则活塞保持缩回的初始状态。

初始态时，气缸内活塞受到压缩空气向左的压力，停留在活塞杆缩回的复位状态。当气控阀A和B受到气流控制时同时动作，压缩空气自B→A→气压换向阀进气口，气压换向阀作换向动作，压缩空气进入气缸左腔室，推动活塞向右运动。若只按下A或B，控制气流不能进入气压换向阀，仍保持初始位不动。

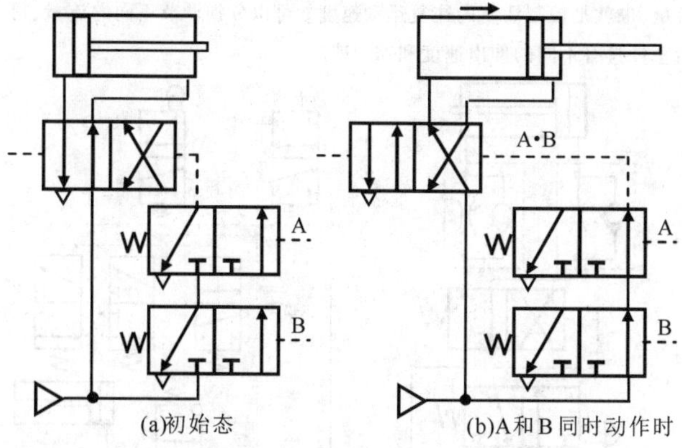

图 2-37 互锁保护回路之一

b. 互锁操作回路之二（图2-38）。三个机械行程开关只有同时被压下时，控制气流才能进入到气压控制换向阀，完成对进入气缸两腔气压方向的变换，也才能完成活塞的往复运动。三个机械行程开关只要有一只复位，控制气流将被切断，活塞的运动停止。

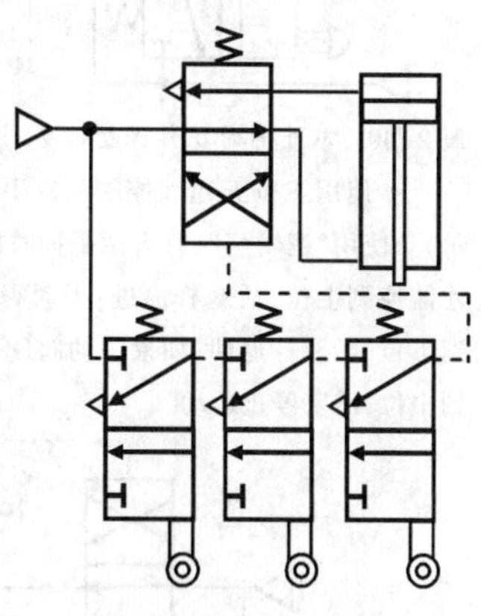

图 2-38 互锁回路之二

c. 互锁操作回路之三（图2-39）。利用梭阀①、②、③和气压换向阀④、⑤、⑥实现互锁，防止各缸活塞同时动作，保证只有一个活塞动作。例如气控阀⑦动作，换向阀④换向后使A缸动作，但同时A缸进气腔管路使梭阀①、②动作，把换向阀⑤、⑥锁住，这样即使气控阀⑧、⑨有动作，B、C缸也不会动作。如需要换缸动作，必须把前面的动作缸复位才行，这就是“互锁”。

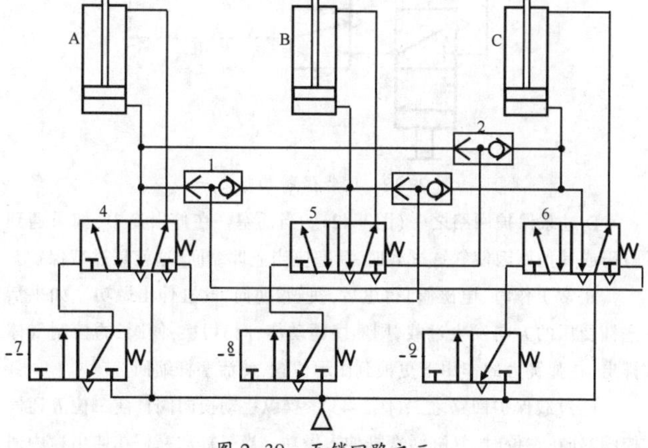

图 2-39 互锁回路之三

d. 双手同时操作保护回路(图2-40)。使用两个三通手控阀，且两个手动阀必须安装在单手不能同时操作的距离上。在操作时，如果一只手离开，则控制信号消失，主控阀复位，活塞杆后退。只有两手同时按动两个手动阀1和2，气缸活塞才能动作，主要作用是保护双手，防止单手操作时另一手无所事事引发机械损伤。在锻造、冲压机械上常常采用这种保护措施。初始态时，气缸内活塞受到压缩空气向左的压力，停留在活塞杆缩回的复位状态。当两个手控阀同时压下时，控制气流经过两个手控阀进入气压换向阀，气压换向阀作换向动作，压缩空气进入气缸左腔室，推动活塞向右运动。若只按下一个手控阀，控制气流无法进入气压换向阀，压缩空气不能进入气缸左腔室，活塞仍然保持复位状态。

串联在气缸两个进气口的可调单向节流阀，用于控制压缩空气的流量，也就是控制活塞的往复运动速度。可以分别调节不同的流量，得活塞杆具有不同的伸出速度和缩回速度。

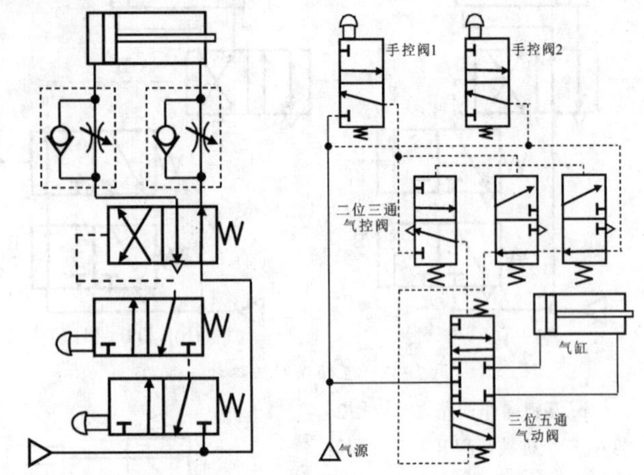

图 2-40 双手同时操作保护回路 图 2-41 三位五通阀操作保护回路

e. 使用三位五通气控阀的双手同时操作保护回路（如图2-41所示）。使用“逻辑与”，只有两手同时按动两个手控阀1和2，三位主控阀才能换到上位，活塞杆前进；手动阀1、2同时松开时，主控换向阀换向到下位，活塞杆退回，如果手动阀1或2任何一个动作，将使主控阀复位到中位，活塞停止运动。

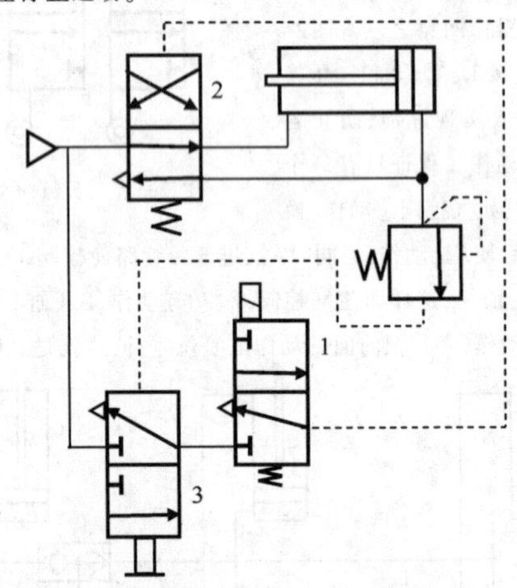

图 2-42 过载保护回路之一

f. 过载保护回路之一(图2-42)。当活塞杆在伸出途中，如果遇到障碍或其他原因使气缸过载时，活塞应当立即缩回，这就是过载保护。

正常工作时，电磁阀1得电后，使阀2换向，气缸伸出做功。如果活塞杆受压的方向发生过载，则顺序阀动作，阀3切换，使阀2的控制气体排出，在弹簧力的作用下更换到图示位置，使活塞杆缩回。

g. 过载保护回路之二(图2-43)。操纵手动换向阀1，使二位五通气控阀2处在左位时，气缸活塞杆伸出做功。当气缸活塞杆在伸出途中遇到障碍使气缸左力升高超过额定值时，顺序控制气体经梭阀4将主控阀2切换到图示位置，气缸左腔室气体经2排出，活塞缩回，防止系统过载。

h. 过载保护回路之三(图2-44)。在活塞杆伸出过程中，如果遇到障碍6，活塞负载增加，气缸无杆腔室中压力升高，打开顺序阀3，气压阀2换向，阀4随即复位，活塞立即返回。同样若无障碍6，气缸活塞会向前运动压下行程阀5，活塞也立即返回。

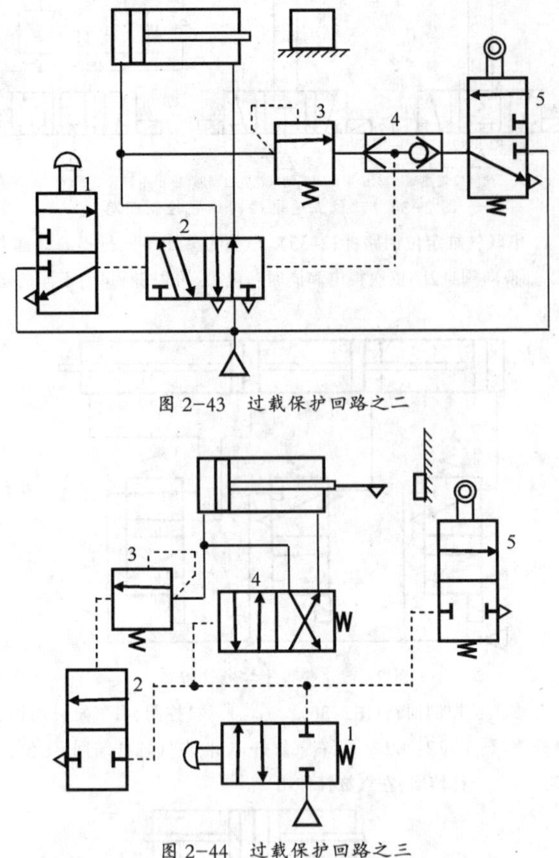

图 2-43 过载保护回路之二

图 2-44 过载保护回路之三

6) 气源装置回路

气源装置通常由三部分组成。a. 气压发生装置：包括空气压缩机、控制装置、本机和级间冷却装置、余热回收设备及吸气过滤器、储气罐、管路等；b. 压缩空气处理系统：为使压缩空气符合气动系统的质量要求，对压缩机供出的粗气进行后续的净化处理，包括油水分离器、过滤器及干燥机；c. 压缩空气分配系统：包括集气管、分支管网和阀门。根据具体要求，还包括集水排水器、功能过滤器等。

气源装置的组成图见图2-45。图中，(1)空气压缩机：供出一定压力的压缩空气。低压0.2~1.0MPa，中压1.0~10MPa，高压>10MPa三大类压缩空气；(2)后冷凝器：将空压机出口的高温空气(140~170℃)冷却至40~50℃，这样就可使压缩空气中的油雾和水汽迅速达到饱和，使其大部分水蒸气和变质油雾冷凝成液态水滴和油滴，以便由油水分离器将它们清除掉；(3)油水分离器(除油器)：油水分离器主要用于压缩空气管路的粗过滤，作用是分离压缩空气中凝聚的水分、油分和灰尘等杂质，使压缩空气得到初步净化；(4)干燥器：一般采用冷冻式干燥器。利用制冷技术将压缩空气强制冷却到要求的露点温度(2~10℃)，从而将其中所含的水蒸气冷凝成液滴，由排水器排出机外的干燥设备；(5)四

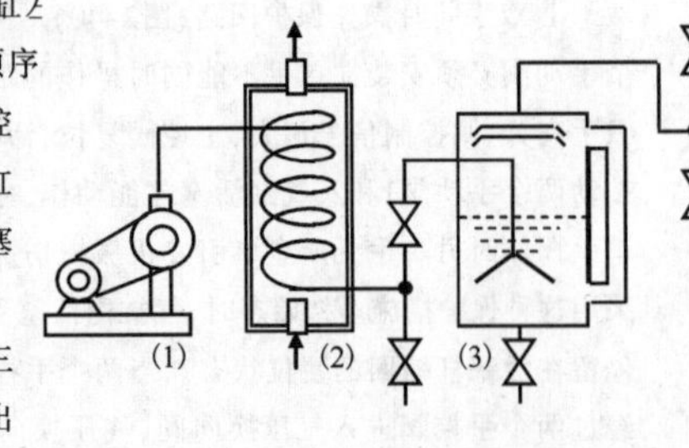
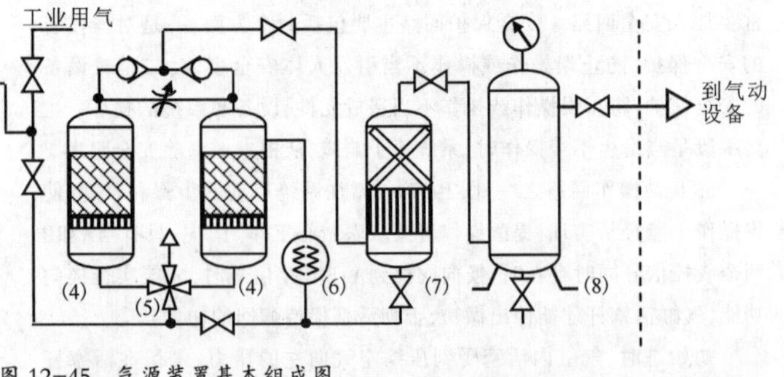

图 12-45 气源装置基本组成图

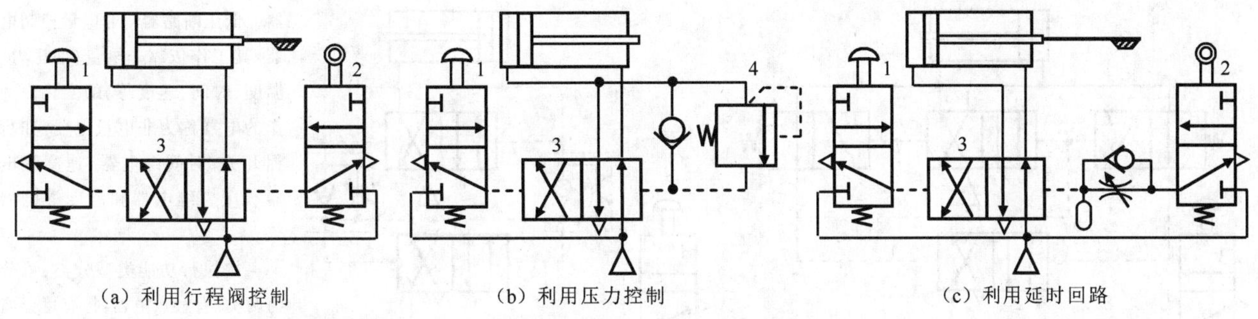

图 2-46 单次往复动作回路三种形式

通阀：分配气流阀门；(6)加热器：加热压缩空气，使之更为干燥；(7)过滤器(分水滤气器)：用来消除介质中的杂质，以保护阀门及设备的正常使用。当流体进入置有一定规格滤网的滤筒后，其杂质被阻挡，而清洁的滤液则由过滤器出口排出，当需要清洗时，只要将可拆卸的滤筒取出，处理后重新装入即可；(8)储气罐：主要作用是保证供气稳定。压缩空气在储气罐中沉淀积水，调节气动设备因用气量不平衡而造成气压波动，增加用气设备的压力稳定性，或者储备一部分压缩空气，在空压机发生故障时，使用户用此部分压缩空气对气动设备或气动控制系统作紧急处理之用。

压缩空气经过上述处理后，基本上达到了气动系统所需的空气质量。因为压缩机的工作噪声较大，气源系统安装在远离工作间的房间里，由储气罐输出的压缩空气，经主管道送往用气车间，再经三联件或二联件精细处理后分送各个执行回路。

7)其他控制回路

a. 单次往复动作回路(图2-46)。在单次往复动作回路中，每按下一次按钮，气缸就完成一次往复动作。图中1是手动控制阀，2是行程换向阀，3是气压换向阀，4是单向顺序阀。下边三个回路，都是利用双气控二位五通阀的记忆功能来控制气缸单次往复动作的回路。(a)图回路的复位信号由机控阀发出；(b) 图回路的复位信号由常断式延时阀(延时接通)发出；(c)图回路的复位信号由顺序阀控制。分别称作位置控制式、压力控制式和时间控制式。

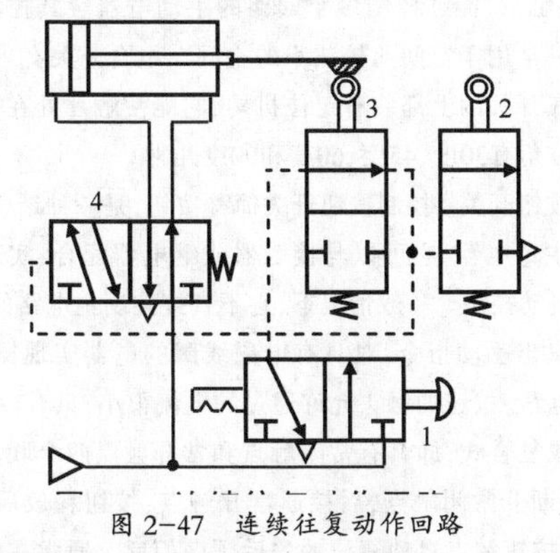

图 2-47 连续往复动作回路

b. 连续往复动作回路(图2-47)。每按动一次手控换向阀，气缸活塞将自动连续往复运动。图中1是手动控制阀，2、3是行程换向阀，4是气压换向阀。当按下阀1按钮后，阀4换向，活塞向前运动，这时由于阀3复位将气路封闭，使阀4不能复位，活塞继续前进。到行程终点压下行程阀2，使阀4控制气路排气，在弹簧作用下，阀4复位，气缸返回。在起始点压下阀3，阀4换向，活塞再次前进，形成了活塞杆伸出→缩回→伸出→缩回……，反复循环，只有在提起阀1的按钮后，阀4复位，活塞返回后停止运动。

c. 串联气缸增力回路(图2-48)。三段气缸串联，活塞杆伸出时，一般为工作行程。工作行程时，操纵3只电磁换向阀，使活塞杆推出做功，右腔室气体分别从B、C、D排出。电磁阀断电复位时，压缩空气从右腔室进入气缸，活塞向左运动，左腔室气体通过三个电磁阀排出。增力倍数与段数成正比。

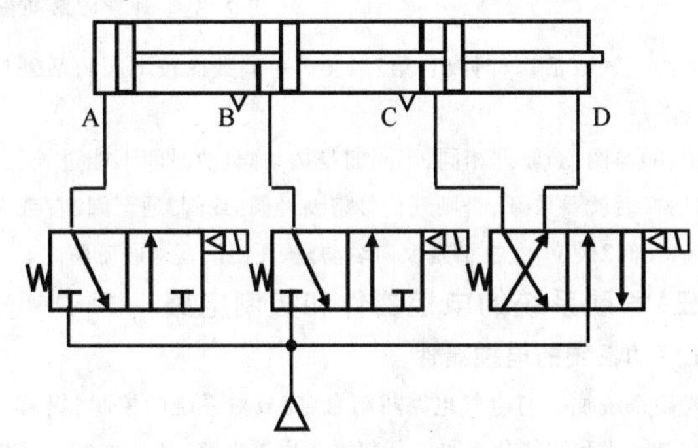

图 2-48 串联气缸增力回路

d. 气液缸同步动作回路(图2-49)。将油液密封在回路之中，油路和气路串接，同时驱动1、2两个缸，使二者速度相同。这种回路要求缸1无杆腔的有效面积和缸2有杆腔面积相等。在设计制造中，要保证活塞与缸体之间密封良好，回路中截止阀3与放气口相连接，用以放掉混入油液中的气体。

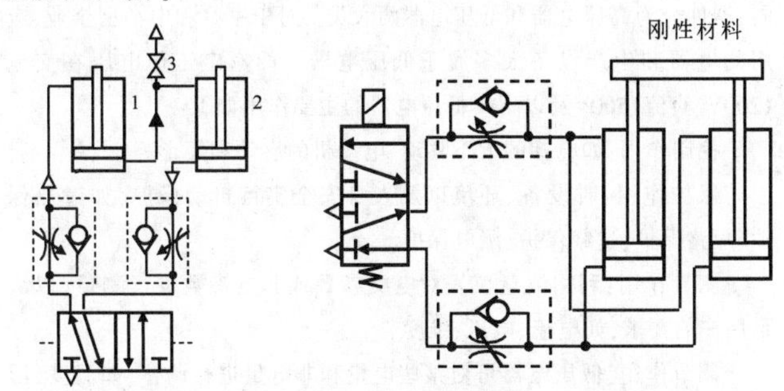

图 2-49 气液缸同步动作回路　图 2-50 简单的同步动作回路

e.简单的同步动作回路(图2-50)。简单的同步回路，采用刚性材料把两个尺寸相同的活塞杆连接起来，其伸出时的压力是两个气缸压力之和。

f.延时回路两例(图2-51)。通过调节节流阀的开度，实现调节延时时间的目的。图中(a)是延时输出回路，当控制信号切换阀4后，压缩空气经单向节流阀3向气容2充气，当充气压力经延时升高至阀1换位时，阀1就有压缩空气输出。图中(b)，按下阀1，则气缸活塞杆向外伸出，当气缸活塞杆在伸出过程中压下阀4后，压缩空气经节流阀到气容3，延时后才能将阀2切换，活塞退回。

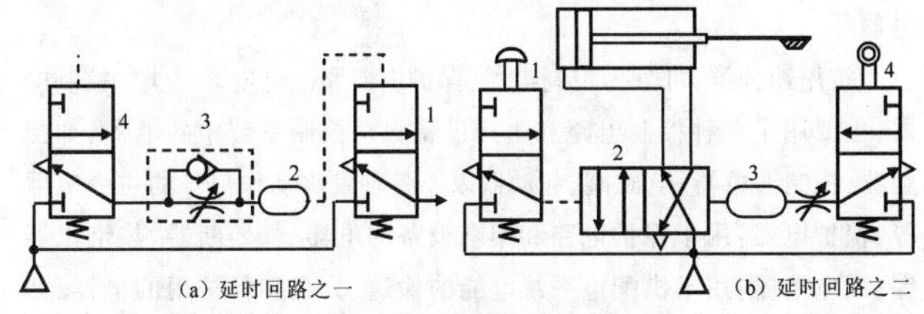

图 2-51 两款延时回路

g.计数回路两例(在图2-52(a))，按下阀1按钮，气控信号经阀2~阀4的左或右控制端，使气缸活塞推出或退回。规律是：第1、3、5…等奇数

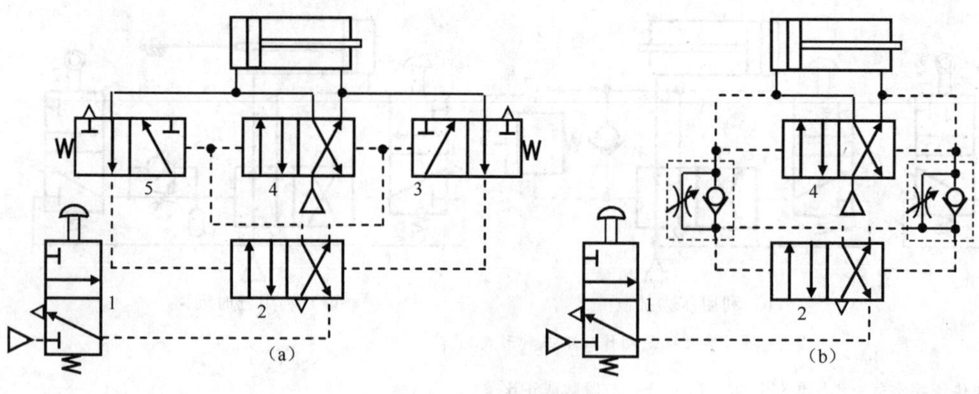

图 2-52　计数回路两例

次按下阀1，气缸活塞杆伸出，第2、4、6……偶数次按下阀1，活塞杆缩回。

图(b)与图(a)原理相同，不同的是按动阀1的时间不能过长，只要使阀4切换后就要放开，否则气信号将要经阀5或阀3通至阀2左或右的控制端，使阀2换位，气缸活塞反向运动，从而使活塞来回振荡。

三、气动系统的电控器件和控制电路

1.气动系统的电控器件

气动系统往往与电气电路相结合，完成对系统的控制，提高气动系统的自动化和智能化水平。任何一个电器电路，都是由多个器件组成的。熟知电路的工作原理和工作过程，必须先认识构成电路的基本器件。

1)低压电器的概念

在电能的生产、输送、分配和使用过程中，对其进行控制、调节、检测、转换及保护的电气设备称为电器件，简称器件。按照工作电压的不同，器件分为高压电器和低压电器两大类。对于家庭和中小型企业，应用的电器和生产设备大多属于低压电器，即额定工作电压在交流1200V、直流1500V及以下。低压电器的主要作用如下：

控制作用：如电梯的上下移动、电动机的启动和停止等。

保护作用：对设备、环境以及人身安全实行自动保护，如过热保护、短路保护、过载保护、漏电保护。

测量作用：利用测量仪表对电类参数或非电参数进行测量，以满足用户的要求，如电流、电压、维度。

调节作用：低压电器可对某些电量和非电量进行调整，如温度、湿度、亮度等。

指示作用：反应设备的运行状况或电路的工作情况，如各种信号灯和指示灯。

转换作用：利用触头在不同电路中切换，来实现控制对象运行状况的切换，如电动机转向的切换。

2)低压电器分类

按动作方式分类可分为两类。手动电器：由人手直接操作才能完成任务的电器称为手动电器，如刀开关、按钮开关和转换开关等；自动电器：依靠指令信号或某种物理量(如电压、电流、时间、速度、热量等)变化就能完成接通、分断电路任务的电器称为自动电器，如接触器、继电器等。

按用途分类，可分为控制电器、保护电器和配电电器三类。控制电器：主要用于各种控制电路和生产设备自动控制系统中的电器，如接触器、控制继电器、电磁阀、起动器以及各种发出动作信号的主令电器等；保护电器：用于保护电路和用电设备的电器，如熔断器、热继电器等；配电电器：用于供配电系统电能的输送、分配和保护用的电器，如断路器、刀开关、熔断器等。

按工作原理分类，可分为两类。电磁式电器：利用电磁感应原理，通过触点的接通和分断来通断电路的电器称为电磁式电器，如接触器、低压断路器；非电量控制电器：其工作依靠非电量(如压力、温度、时间、速度等)的变化而动作的电器称为非电量电器，如行程开关、时间继电器、速度继电器、压力继电器和温度继电器等。

按执行功能类型分类，可分为两类。有触点电器：指有可分离的动、静触点，利用触电的接触和分离来实现电路的接通或分断的电器，如接触器、刀开关、按钮开关等；无触点电器：指没有可分离的触点，主要利用电子器件的开关效应来实现电路的接通或分断的电器，如接近开关、电子式时间继电器等。

3)常用手动电器

a. 刀开关，又称闸刀开关，是一种非频繁操作的、结构简单的且应用最为广泛的负荷开关。按结构分主要有胶盖式、铁壳式和熔断器式；按极数分为单极、双极和三极。主要用作隔离电源或在规定条件下接通和分断电路，有时用来控制小容量用电设备的启动、停止何正反转。开关内装有熔断器，具有短路和过载保护功能。常用于交流50Hz、电压380V、电流60A以下的低压电路中。安装时，必须垂直安装，手柄向上，不得倒装或平装。外形和电路符号见图3-1。

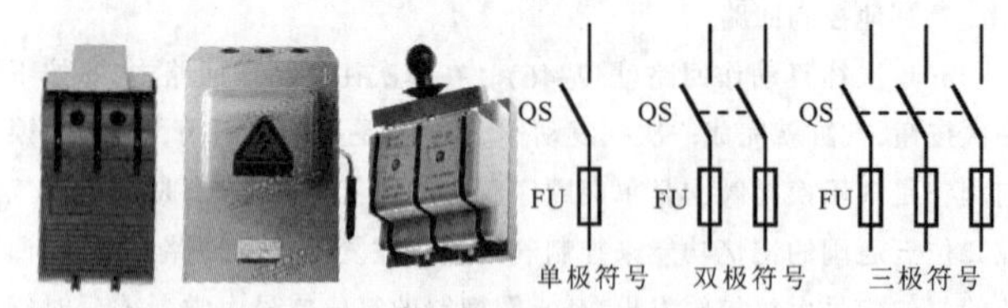

图 3-1　刀开关外形及其符号

b. 组合开关，又称转换开关它是刀开关的另一种结构形式。是一种多挡位、多触头、能够控制多个回路的手动电器。其控制容量比较小，结构紧凑，常用于空间比较狭小的空间。组合开关有单极、双极和多极之分。在开关的上部装有定位机构，它能使触片处在一定的位置上。旋转定位角有30度、45度、60度和90度几种。

c. 控制按钮开关。控制按钮开关简称按钮，是一种结构简单、使用广泛的手动主令电器，它可以与接触器或继电器配合，实现对执行器件的远距离自动控制。一般情况下，它不直接控制主电路的通断，而在控制电路中发出手动指令，对具有电磁线圈的电器实现操作，再由它们去控制主电路。按钮的触头允许通过的电流很小，只有5A左右。按钮开关通常做成复合式，即具有常闭触点和常开触点两个联动开关。按下按钮时，先断开常闭触点，后接通常开触点；按钮释放后，在复位弹簧的作用下，按钮触点自动复位的先后顺序相反。通常在没有特别说明的情况下，有触点电器的触点动作顺序均为“先断后合”。

控制按钮形式多样，品种繁多。为了标明各个按钮的作用，避免误操作，通常将按钮帽做成不同的颜色加以区别。其颜色有红、黑、绿、黄、蓝、白、会等。如红色按钮表示“停止”、“断电”或“事故”按钮，蘑菇形表示急停按钮；绿色表示“启动”或 “通电”按钮，但也允许选用黑、白或灰色按钮；如果是一钮双用的 “启动”与“停止”或“通电与断电”，犄角天涯后改变功能的，不能用红色按钮，也不能用绿色按钮，而应用黑、白或灰色按钮；按压时起作用、抬起时作用消失，如点动、微动，应使用黑、白、灰或绿色按钮，最好是黑色按钮，不能用红色按钮；用于单一复位功能的，用蓝、黑、白或灰色按钮；同时具有“复位”、“停止”与“断电”功能的用红色按钮，灯光按钮不得用作“事故”按钮。

4)常用自动电器

a. 交流接触器。接触器是一种用来自动接通或断开大电流电路的电器,它适用于远距离频繁地接通或分断交、直流主电路及大容量控制电器。配合继电器可以实现定时操作、连锁控制、各种定量控制和失压及欠压保护。其主要控制对象有电动机、电热设备、电焊机、照明设备、电容器组等。接触器具有控制容量大、过载能力强、寿命长、结构简单经济等特点,是电气传动和自动控制系统中应用最广泛的一种电器。

交流接触器主要用于交流电路的控制。外形图、结构图和文字符号与型号见图3-3。

交流接触器的选用,应根据负荷的类型和工作参数合理选用:根据负载类型选择接触器的类型;接触器主触点额定电流应大于或等于被控电路的额定电流;接触器主触点额定电压应大于或等于主电路工作电压;接触器励磁线圈的额定电压与频率要与所在控制电路的选用电压和频率相一致。

图 3-2　转换开关外形及其符号

图3-2 转换开关外形及其符号FUFUFU三极符号双极符号单极符号KMb. 继电器 继电器是一种根据电量(如电压、电流)或非电量(如温度、压力、转速、时间等)的变化接通或断开控制电路,是实现自动控制和保护电力拖动装置的自动电器。

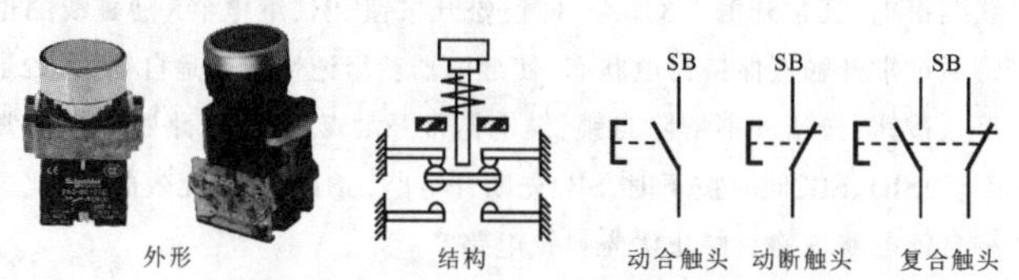

图 3-3　按钮开关外形及其符号

电磁式继电器是应用最早、最多的一种形式。其结构和工作原理与电磁式接触器基本相同,主要由电磁机构和触点等系统组成,它们的输出部分都是用触点的动作来控制电路的接通或断开。

①小型继电器是一种电压继电器。触点数目少、触电容量小(一般在5A以下),多用于控制小功率电器的接通和分断。线圈供电有交流、直流多种电压量级。

②中间继电器也是一种电压继电器。是用来增加控制电路输入的信号数量或将信号放大的一种继电器,其结构与交流接触器相同。触点数量较多,一般为4对常闭触头,4对常开触头。触点容量较大,一般额定电流在5~10A。中间继电器多用于交流50Hz或60Hz、电压500V以下及直流电压440V及以下的控制电路中,主要用来控制各种电磁线圈,使信号放大或信号同时传递给属各有关控制元件之用。

③时间继电器。当接受或除掉输入信号时,经过一段时间后执行机构才动作的继电器称为时间继电器。时间继电器是一种利用电磁原理或机械动作原理实现触点延时接通或断开的自动控制电器,在控制电路中作为按时间控制机构动作的元件。按延时方式可分为通电延时型和断电延时型两类,即励磁线圈通电后经过设定时间后所有触点才动作(闭合或断开)的,为通电延时型;励磁线圈通电时触点闭合或断开,断电后经过设定时间后所有触点才动作(断开或闭合)的,为断电延时型。

5)常用保护电器

a. 熔断器。熔断器是一种结构简单、使用方便、价格低廉的保护电器。广泛用于低压配电系统和控制系统中,主要用作短路保护和严重过载保护。熔断器串接在被保护电路中,当通过的电流超过规定值一定时间后,以其自身产生的热量使熔体熔断,切断电路,达到保护电路和电气设备的目的。

熔断器选用要点:熔断器熔体的额定电流要稍大于或等于负载工作时的最大电流。

b. 热继电器。热继电器是利用流过热元件的电流所产生的热效应而动作的一种保护电器,主要用于电动机的过载保护、断相保护、电流不平衡运行保护以及其他电器设备发热状态的控制。热继电器有多种形式,其中以双金属片式的热继电器最为多见。当负载过载时,流过热继电器电流过大,热元件产生的热量使双金属片弯曲位移增大,推动导板使得常闭触头断开,从而切断控制电路进而切断电源,起到保护作用。

图 3-5　小型继电器外形和电气符号

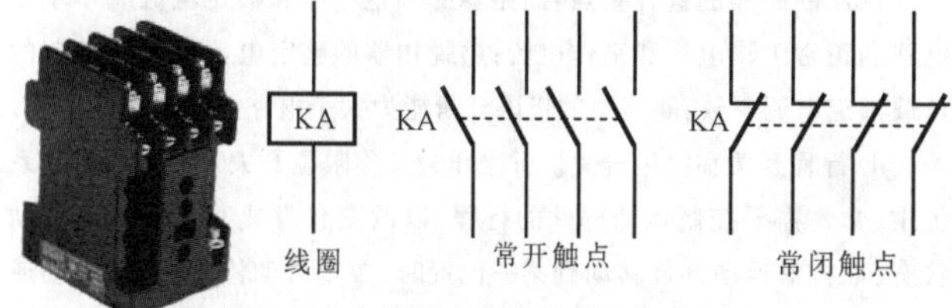

图 3-6　中间继电器外形和电气符号

热继电器选用要点:热继电器的整定电流略大于被保护设备的最大工作电流。

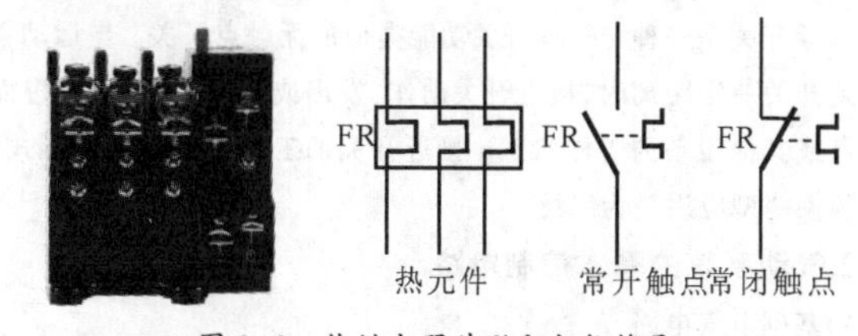

图 3-9　热继电器外形和电气符号

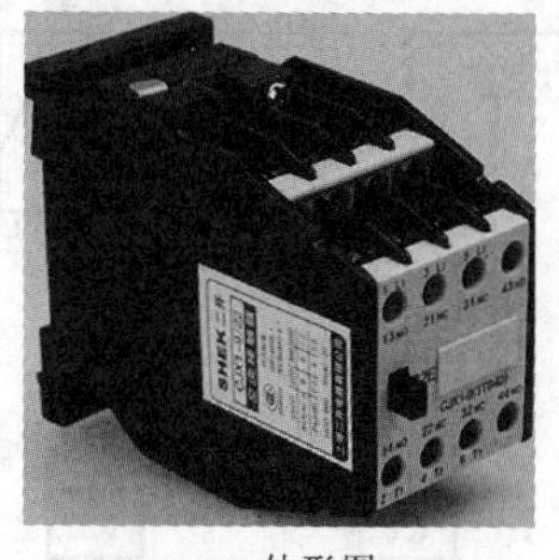
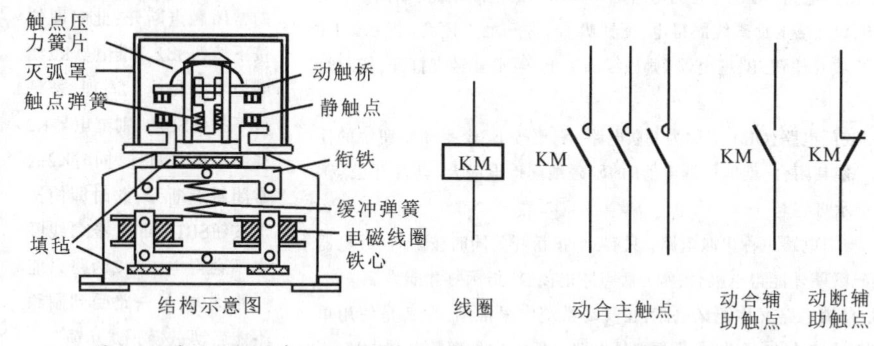

图 3-4　交流接触器外形、结构及其电气符号

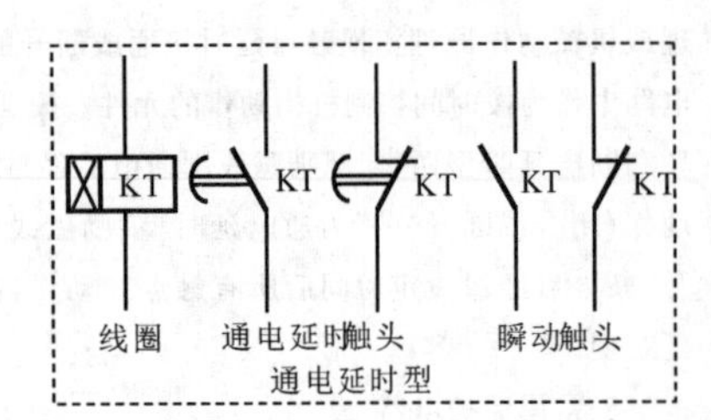

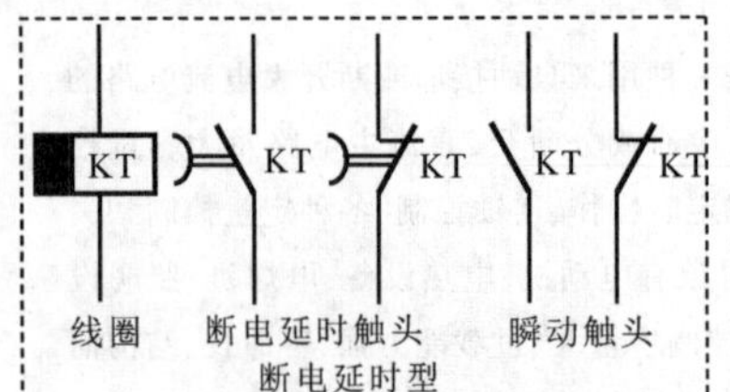

图 3-7　时间继电器外形和电气符号

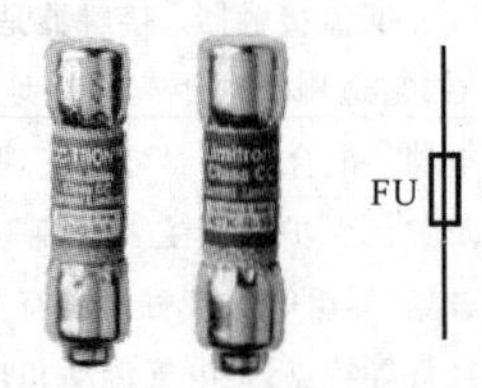

图 3-8　熔断器和电气符号

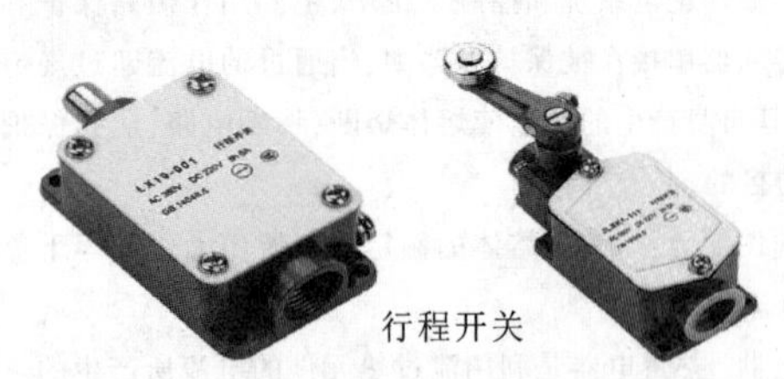

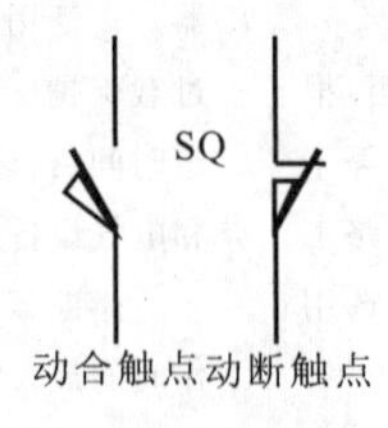

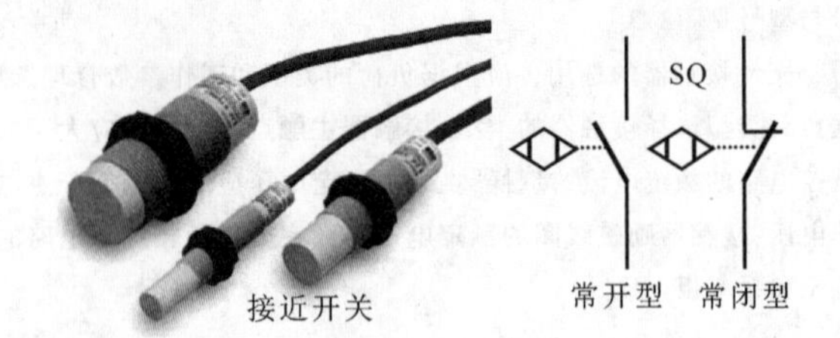

图 3-11　行程开关和接近开关的外形和电气符号

c. 低压断路器。低压断路器又称自动空气开关，是一种手动与自动相结合的保护电器，主要用于低压配电系统中。在电路正常工作时，作为电源开关使用，可以不频繁地接通或断开负荷电流；在电路发生短路等故障时，能够自动跳闸切断故障。对线路或电气设备具有短路、过载、欠压和漏电等保护，因而被广泛应用。

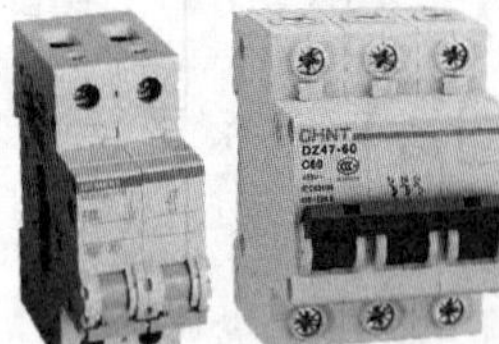

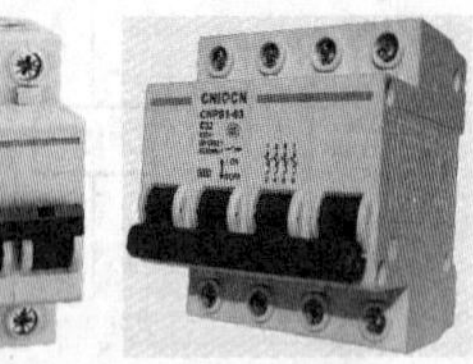

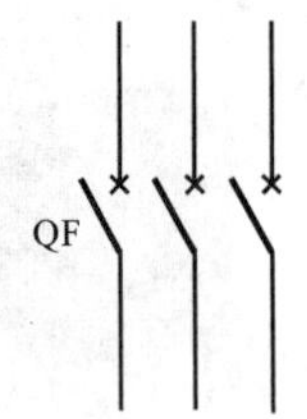

图 3-10　低压断路器外形和电气符号

低压断路器的选择要点：断路器的额定电压和额定电流应不小于电路的正常工作电压和工作电流；热脱扣器的整定电流应与所控制的负载额定电流一致；断路器的极限分断能力大于电路中的最大电流。

d. 行程开关和接近开关。行程开关又称限位开关。在电力拖动系统中，常常需要控制运动部件的行程，以改变自身或其他设备的运动状态，如机械运动部件移动到某一位置时，要求自动停止、反向运动或改变移动速度，从而实现行程控制或限位保护。行程开关的结构、工作原理与按钮开关相同，其特点是不靠手动而是利用运动部件的碰撞使触头动作，发出控制指令。

接近开关是一种与行程开关功能类似的无触点开关。当运动物体接近到开关一定距离时，接近开关动作，发出或开或关的信号，进而控制自身或其他设备的工作状态。接近开关的工作原理有多种形式，其中高频振荡型应用最为广泛。

2.气动系统的基本控制电路

1)基础电气电路

a. 是门电路(YES)。是门电路是一种简单的通断电路，如图。按下按钮SB，继电器K励磁线圈得电，衔铁吸合，常开触点闭合，指示灯HL亮起。若放开按钮SB，继电器K励磁线圈失电，器常开触点打开，指示灯熄灭。

b. 或门电路(OR) 也称为并联电路。只要按下3个手动按钮中的任何一个，使其闭合，就能使继电器K的励磁线圈得电吸合，其常开触点K闭合，指示灯亮起。

c. 与门电路也称串联电路。只有3个按钮开关同时按下时，继电器K的励磁线圈才能得电吸合，常开触点才能闭合，指示灯才能发亮。

d. 自锁电路又称记忆电路，在气动系统中很常用，尤其是使用单向电磁阀控制气缸运动时，需要自锁电路。图3-14是两款自锁电路。

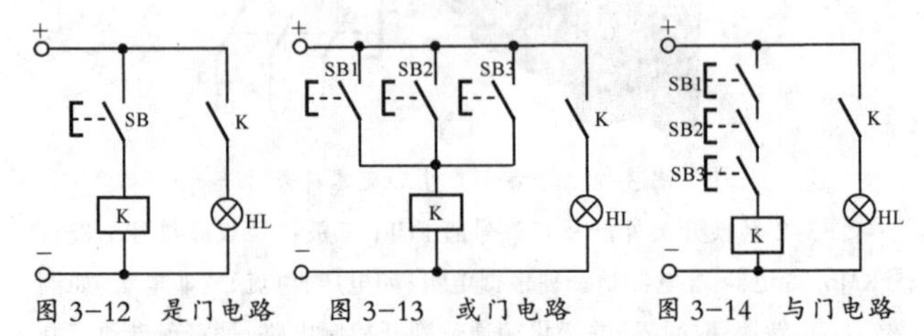

图 3-12　是门电路　图 3-13　或门电路　图 3-14　与门电路

在图(a)中，按钮SB1按一下即放开，给一个短信号，继电器K励磁线圈得电，其常开触点K闭合，即使松开按钮SB1，继电器K励磁线圈也将通过常开触点保持得电状态，使继电器获得记忆这就是自锁。SB2是停止按钮，按压一下解除自锁，继电器常开触点复位，电路断电恢复常态。当SB1、SB2同时按下时，SB2先断开电路，SB1按下是无效的，因此这种自锁电路也称为停止优先自锁电路。

在图(b)中，当SB1、SB2同时按下时，SB1首先使继电器K励磁线圈得电吸合且自锁，SB2是无效的，这种自锁电路也称启动优先自锁电路。

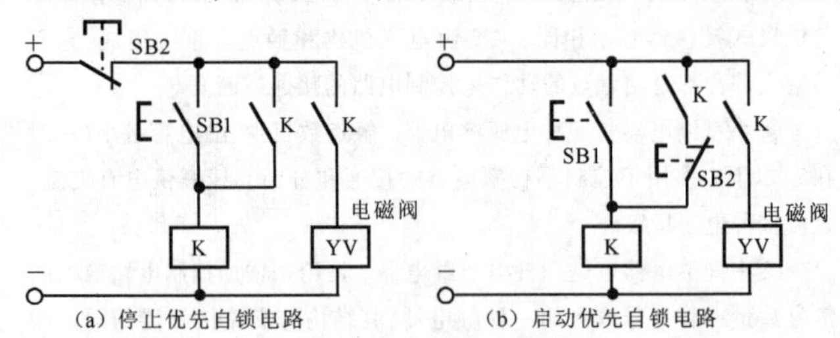

图 3-15　两款自锁电路

e. 互锁电路。互锁电路用于防止错误操作发生，以保证人身和设备安全，如气缸的伸出或缩回。为防止同时输入相互矛盾的动作信号，使电路短路或线圈烧坏，控制电路要加互锁功能。

如图3-16，按下按钮SB1，继电器K1励磁线圈得电，常开触点K1吸合，继电器K1形成自锁，K1的常闭触点断开，此时即使按下按钮SB2，继电器K2线圈也不会得电。同理，若是按下按钮SB2，则继电器K2线圈得电且自锁，同时K2的常闭触点断开，此时即使按下按钮SB1，继电器K1线圈也不会得电。1、2两路只能一路优先，另一路受到制约不能启动，这就是“互锁”

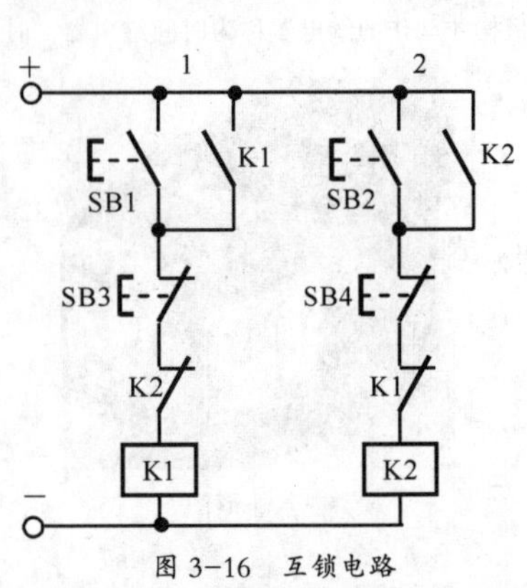

图 3-16　互锁电路

f. 延时电路。自动化设备的功能越复杂,各工序之间越需要按一定的时间紧密、巧妙的配合,这就要求各工序时间可在一定时间内人为调节,延时电路可以实现这一功能。

延时电路分为两种,即延时闭合和延时断开。图3-17(a)为延时闭合电路,当按下按钮开关SB后,延时继电器KT线圈得电,开始计时,经过设定的时间后,时间继电器的动合开关闭合,指示灯HL点亮。只要不切断电源,时间继电器的动合开关总是处于闭合状态。

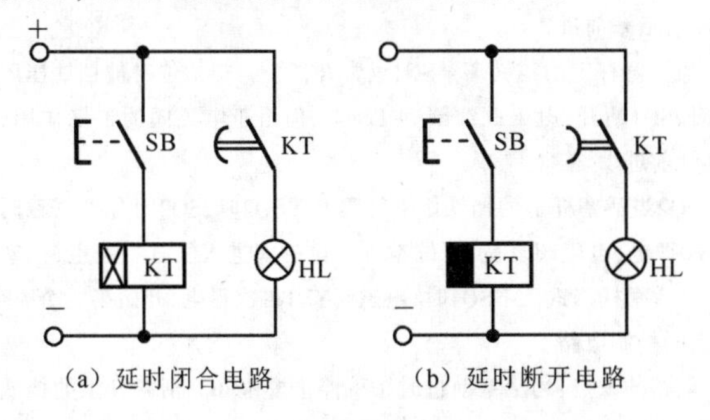

(a) 延时闭合电路　(b) 延时断开电路

图 3-17　延时电路

图3-17(b)是延时断开电路,当按下按钮开关SB后,时间继电器的动合开关闭合,指示灯点亮。当松开按钮开关SB后,延时断开继电器开始计时,到设定时间后,动合开关打开,指示灯熄灭。

2)电磁阀控制电路

气动系统的执行元件气缸等的运动形式,取决于压缩空气的方向、流量、压力等因素,这些因素的最终体现由电磁阀承担,。在气动自动化系统中,常用的主控阀有单电控二位三通换向阀、单电控二位五通换向阀、双电控二位五通换向阀和双电控三位五通换向阀等4种。使用电磁阀要考虑以下几个方面:

分清电磁阀的结构差异。按电磁阀的结构不同分为脉冲控制和保持控制。双电控二位五通阀和双电控三位五通阀是利用脉冲控制的,单电控二位三通阀和单电控二位五通阀是利用保持控制的。在这里,供给电磁阀的电流是否持续保持,是电磁阀换向的关键。利用脉冲控制的电磁阀,因其具有记忆功能,无须自保,所以此类电磁阀没有弹簧。为避免误动作造成两边线圈同时通电造成事故,控制电路必须考虑互锁保护。利用保持电路控制的电磁阀,必须考虑使用继电器实现中间记忆,这类电磁阀通常具有复位弹簧或弹簧中位,这种电磁阀比较常用。

注意动作模式。如气缸的动作是单个循环,用按钮开关操作前进,利用行程开关或按钮开关控制行程。若气缸动作为连续循环,则利用按钮开关控制电源的通、断电,在控制电路上比单循环多加一个传递元件(如行程开关),才能使气缸完成一次循环后再次动作。

对行程开关(或按钮开关)是常开触点还是常闭触点的判别。用二位三通阀或二位五通单电控电磁阀控制气缸运动,欲使气缸活塞前进,控制电路上的行程开关(或按钮开关)以常开触点接线,只有这样,当行程开关(或按钮开关)动作时,才能把信号传递给使气缸前进的电磁线圈。相反,若是气缸后退,必须使通电的电磁线圈断电,电磁阀复位,气缸才能后退,控制电路上的行程开关(或按钮开关)必须以常闭触点形式接线,这样,当行程开关(或按钮开关)动作时,电磁阀复位,气缸后退。

a. 单气缸单往复运动电路:用二位五通阀单电控电磁阀控制,气路、电路如图3-18所示。利用手动按钮控制二位五通阀单电控电磁阀来操作单气缸实现单个循环。

工作过程:当按一下按钮SB1时,电磁阀YV线圈得电换向,气缸活塞前进;放开按钮SB1时,由于继电器的自锁作用,继电器常开触点K继续闭合,活塞继续前进。当活塞杆上的挡铁压下行程开关SQ时,切断了继电器线圈的电源,其动合触点K打开,电磁阀YV线圈断电复位,气缸活塞退回到原位。

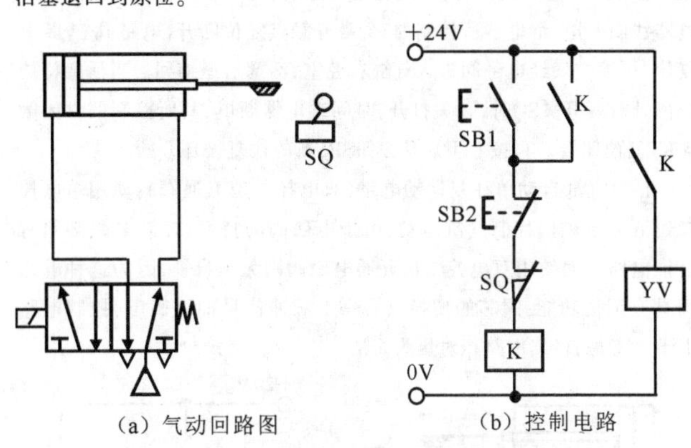

(a) 气动回路图　(b) 控制电路

图 3-18　单气缸自动单往复的气动回路和控制电路

b. 单气缸自动连续往复回路:用二位五通阀单电控电磁阀控制,2个行程开关控制活塞的起始和返回位置,气路、电路如图所示。

工作过程:当按下启动按钮SB2时,继电器K线圈得电并自锁,同时动合触点K闭合,电磁阀得电换向,压缩空气经电磁阀进入气缸左腔室,活塞前进,活塞杆伸出。由于继电器K的自锁作用,即使松开启动按钮SB2,电磁阀也不会失电,活塞持续前进。

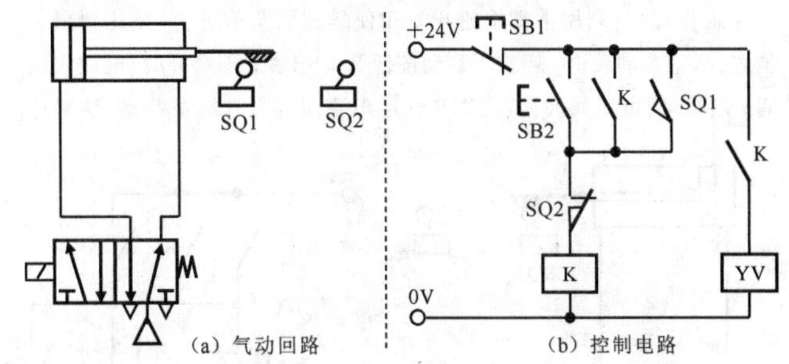

(a) 气动回路　(b) 控制电路

图 3-19　单气缸自动连续往复气动回路和控制电路

当活塞杆上的挡铁压下行程开关SQ2时,SQ2动断触点断开,继电器K失电复位,其动合触点K断开,电磁阀失电在弹簧的作用下自动复位,压缩空气经电磁阀进入气缸右腔室,活塞返回。

当活塞返回到行程开关SQ1时,挡铁压下SQ1开关闭合,继电器K得电并自锁,同时动合触点K闭合,电磁阀得电换向,压缩空气经电磁阀进入气缸左腔室,活塞前进,活塞杆伸出做功。如此反复,气缸中的活塞自动往复运动。需要停止时,只需按压一下停止按钮SB1,继电器K失电自锁解除,气缸运动结束。

c. 延时单往复运动回路:用二位五通阀单电控电磁阀控制,配合时间继电器,利用手动按钮控制二位五通阀单电控电磁阀来操作单气缸实现往复运动。气路、电路如图所示。

工作过程:按下按钮SB,继电器K线圈得电,即、继电器所控制的2个动合触点闭合,继电器自锁。同时,电磁阀得电换向,压缩空气经电磁阀进入气缸左腔室,活塞伸出前进。

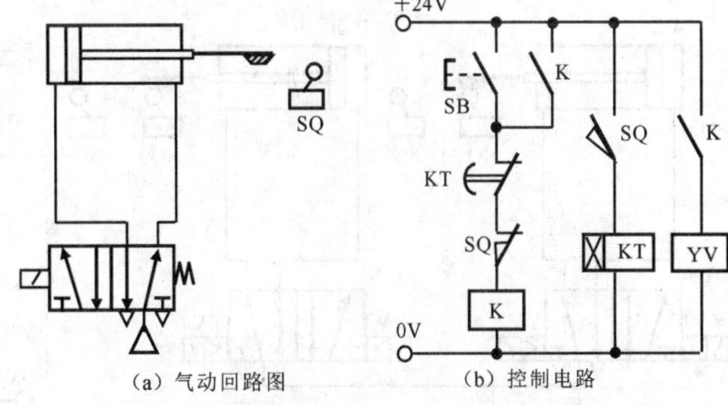

(a) 气动回路图　(b) 控制电路

图 3-20　延时单往复运动回路的气动回路和控制电路

当活塞杆上的挡铁压下行程开关SQ时,SQ闭合接通延时继电器

KT,延时继电器开始计时,经过设定时间后,延时常闭触点KT打开,继电器线圈断电,继电器所控制的2个常开触点复位断开,电磁阀YV断电复位,压缩空气经电磁阀进入气缸右腔室,活塞后退缩回。当活塞杆挡铁离开行程开关SQ时,开关打开,时间继电器断电,其所控制的常闭触点KT复位闭合。再按一下启动按钮SB,新的往复循环开始。

f. 单气缸自动单往复运动电路(双电控二位五通阀):使用单电控二位五通电磁阀控制气缸运动,由于电磁阀的特性,控制电路必须有自锁电路。而使用双电控二位五通电磁阀则无须自锁,因为这种电磁阀具有记忆功能,阀芯的切换只需一个脉冲信号即可搞定,控制电路上不必考虑自锁,电路相对更为简洁。

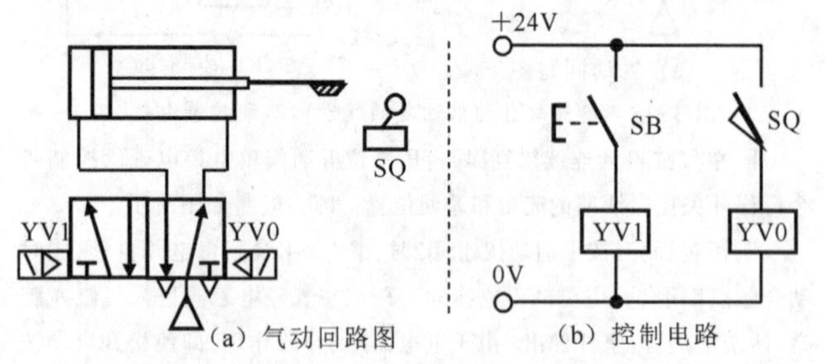

图 3-21　自动单往复运动的气动回路和控制电路

工作过程:利用手动按钮开关SB使气缸活塞前进,直至达到预定位置,活塞自动后退。当按下启动按钮开关SB后立即放开时,电磁阀线圈YV1得电,电磁阀换向,压缩空气经电磁阀进入气缸左腔室,活塞持续前进。当活塞杆挡铁压下行程开关SQ时,开关闭合,电磁阀线圈YV0得电,电磁阀复位,压缩空气经电磁阀进入气缸右腔室,活塞后退,完成一次单往复运动。

g. 单气缸自动连续往复回路(双电控二位五通阀):按一下启动按钮开关SB1,继电器K线圈得电吸合,其2个常开触点开关闭合,一方面继电器形成自锁,即使松开SB1,继电器线圈也不会断电;另一方面,接通电磁阀线圈YV1 电源,使电磁阀换向,压缩空气经电磁阀进入气缸左腔室,活塞前进。

当活塞杆上的挡铁离开SQ1 (常开开关, 初始位时被挡铁压下闭合)时,SQ1断开,电磁阀线圈YV1断电,但由于电磁阀的记忆作用,活塞继续前进。

SQ2当活塞杆上的挡铁压下行程开关SQ2时,SQ2闭合, 电磁阀线圈YV0得电,电磁阀复位,压缩空气经电磁阀进入气缸右腔室,活塞退回。当活塞杆挡铁压下SQ1时,电磁阀YV1再次得电,开始第二个循环。

(b)控制电路

电路的缺点:当活塞前进时按下停止按钮SB2,活塞杆上的挡铁继续前进,且压在行程开关SQ2上,活塞无法退回到起始位置。如果将按钮开关改换为按钮复合开关,可以克服这种缺陷。如改进图(c)所示,按下停止按钮SB2时, 电磁阀线圈YV0得到一个瞬时脉冲电流而换向,压缩空气经电磁阀从气缸右腔室进入,活塞退回带起始位后停止。

h. 单气缸自动连续往复回路(单电控二位五通阀)。

工作过程:按压一下启动按钮SB1,继电器K1线圈得电并自锁,它所控制的2只常开开关闭合,继电器K2线圈得电并自锁,它所控制的2只常开开关闭合, 电磁阀YV得电并换向,压缩空气经电磁阀进入气缸左腔室, 活塞前进,同时行程开关SQ1释放断开。

当活塞杆上的挡铁压下行程开关SQ2时,SQ2断开, 继电器K2线圈失电,电磁阀复位,压缩空气经电磁阀进入气缸右腔室,活塞退回。

当活塞退回到起始位时,压下行程开关SQ1并导通, 继电器K2线圈得电, 电磁阀YV线圈得电自锁并换向,压缩空气经电磁阀进入气缸左腔室, 活塞前进,开始下一个循环。SB2是停止按钮。

特别注意: 行程开关SQ1是常开开关,但在起始位时由于挡铁的压力为闭合状态。

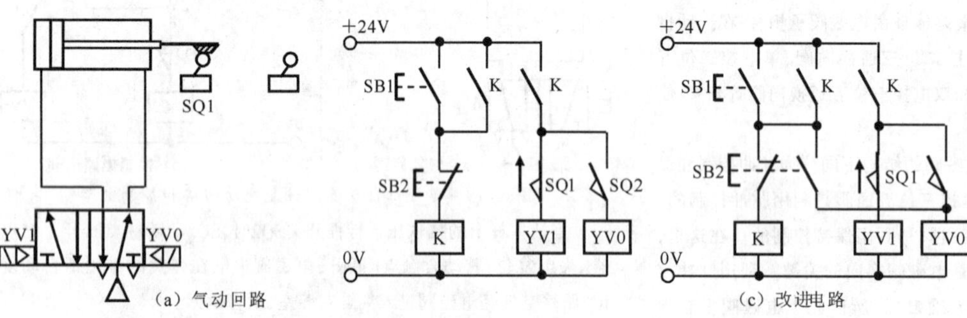

图 3-22　单气缸自动连续往复气动回路和控制电路

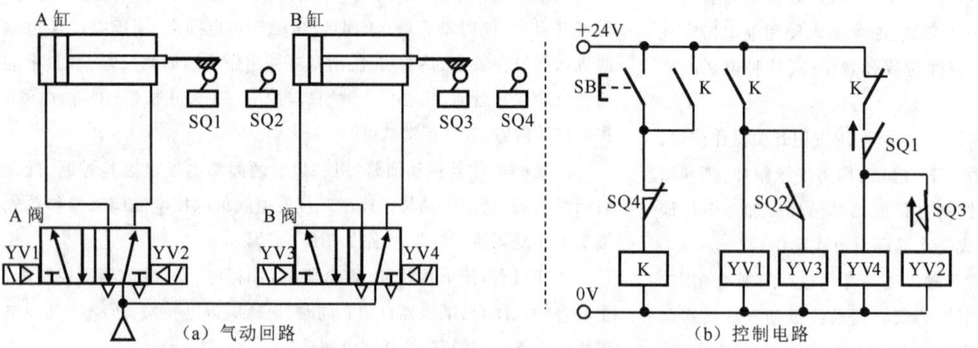

图 3-24　两个气缸顺序动作的回路之一

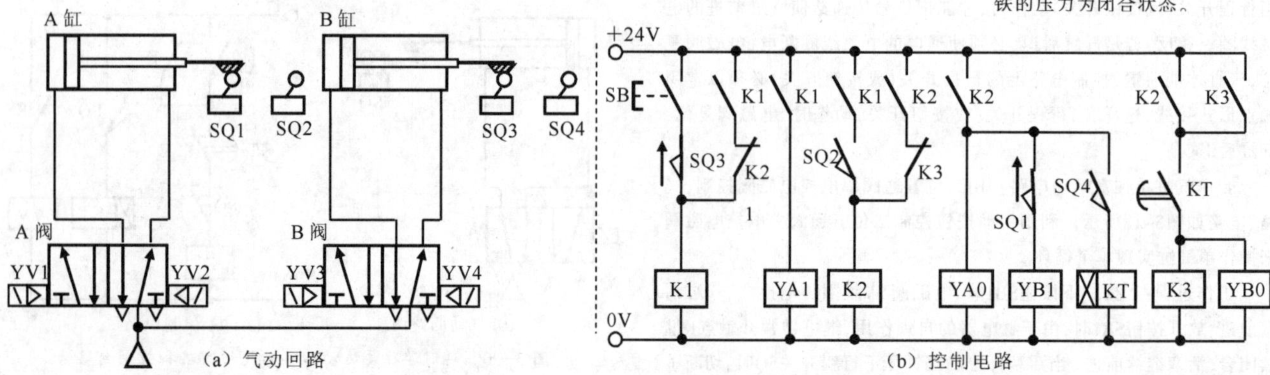

图 3-25　两个气缸顺序动作的回路之二

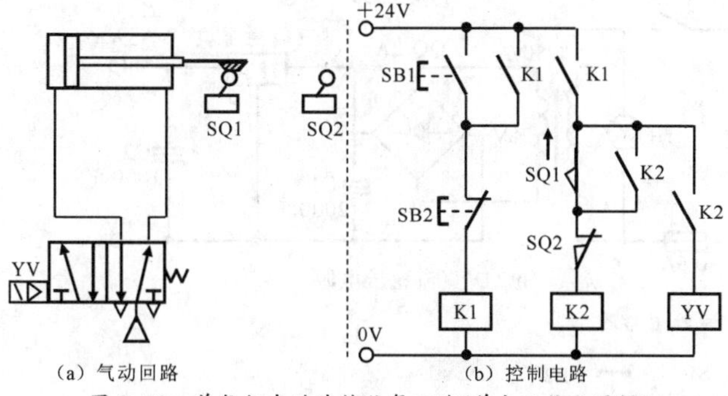

(a) 气动回路　　(b) 控制电路

图 3-23　单气缸自动连续往复回路(单电二位五通阀)

i. 两个气缸顺序动作回路之一。两个气缸A和B，要求按照A缸前进→B缸前进→B缸缩回→A缸缩回的顺序循环工作，即A+B+B-A-。气路和控制电路如图。

工作过程:按一下启动按钮SB,继电器K线圈得电吸合,它所控制的2个常开触点闭合,1个常闭触点打开，继电器自锁，电磁阀A线圈YV1得电并换向,压缩空气经电磁阀A进入A气缸左腔室,A缸活塞前进。

当A缸活塞杆上的挡铁压下行程开关SQ2时,SQ2闭合,电磁阀B的线圈YV3得电并换向,压缩空气自B缸左腔室进入,活塞前进。

当B缸活塞杆上的挡铁压下行程开关SQ4时,SQ4打开，其自锁解除,所控制的2个常开开关打开,1个常闭开关闭合。由于继电器断电复位,电磁阀B线圈YV4得电,压缩空气经电磁阀B进入B气缸右腔室,B气缸活塞缩回复位。

B气缸活塞缩回复位后挡铁压下行程开关SQ3,SQ3闭合,电磁阀A的线圈YV2得电，压缩空气经电磁阀A进入气缸A右腔室,A缸活塞缩回,当A缸挡铁压下行程开关SQ1时,SQ1断开,活塞复位。

特别注意:SQ1是常闭开关，初始位时被挡铁压下，为断开状态;SQ3为常开开关,初始位时被挡铁压下,为闭合状态。

j. 两个气缸顺序动作回路之二。要求两个气缸的工作顺序是:A缸活塞前进→A缸活塞缩回→B缸活塞前进→B缸延时→B缸活塞缩回。即A+A-B+延时B-。

按一下启动按钮SB，继电器K1线圈得电并自锁,K1的3个常开开关闭合,电磁阀A的线圈YV1得电并换向,压缩空气经电磁阀A进入气缸A的左腔室,气缸A的活塞前进。

当A缸活塞杆上的挡铁压下行程开关SQ2时,SQ2闭合，继电器K2线圈得电并自锁,，它所控制的3个常开开关闭合,1个常闭开关打开,继电器K1线圈失电复位,自锁解除。电磁阀A线圈得电YV0并换向,压缩空气经电磁阀A进入气缸A右腔室,A缸活塞缩回。

A缸活塞缩回到起始位置时,挡铁压下行程开关SQ1,SQ1闭合,电磁阀B线圈YB1得电并换向,压缩空气经电磁阀B进入气缸左腔室,B缸活塞前进。

B缸活塞杆上的挡铁压下SQ4时,SQ4闭合，接通时间继电器KT电源,开始计时,计时期间,两缸活塞均无动作。

设定的时间到,时间继电器所控制的延时闭合开关KT闭合,继电器K3线圈得电吸合,并自锁，其常闭开关K3打开，继电器K2线圈断电,自锁解除;同时电磁阀B线圈YB0得电,压缩空气经电磁阀B进入气缸右腔室，活塞缩回到起始位置后停止。至此,一个完整的顺序运动完成。

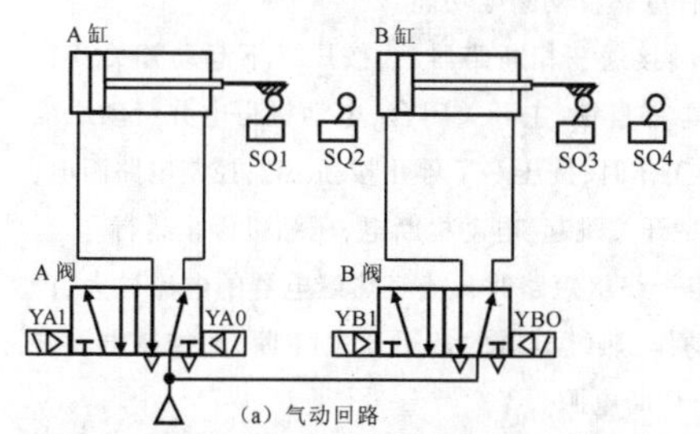

(a) 气动回路

特别注意:行程开关SQ1、SQ3是两只常开开关,但在初始位置时,由于活塞杆上挡铁的压力,两者处于导通状态,挡铁离开时,复位断开。

k. 两个气缸顺序动作回路之三。回路具有单次循环/连续循环/急停复位功能。两个气缸的工作程序与上例相同,即单次循环时A+A-B+延时B-,连续循环时A+A-B+延时B-→A+A-B+延时B-…。

单次循环工作过程:按压一下单次循环启动按钮SB1,继电器K1线圈得电并自锁,K1的4个常开开关闭合,1个常闭开关打开。电磁阀A线圈YV1得电并换向,压缩空气经电磁阀A进入气缸A的左腔室,气缸A的活塞前进。

当A缸活塞杆上的挡铁压下行程开关SQ2时,SQ2闭合，继电器K2线圈得电并自锁,，它所控制的3个常开开关闭合,1个常闭开关打开,继电器K1线圈失电复位,自锁解除。电磁阀A线圈YV0得电并换向,压缩空气经电磁阀A进入气缸A右腔室,A缸活塞缩回。

A缸活塞缩回到起始位置时,挡铁压下行程开关SQ1,SQ1闭合,电磁阀B线圈YB1得电并换向,压缩空气经电磁阀B进入气缸左腔室,B缸活塞前进。

当B缸活塞杆上的挡铁压下行程开关SQ4时,SQ4闭合，接通时间继电器KT电源,开始计时,计时期间,两缸活塞均无动作。

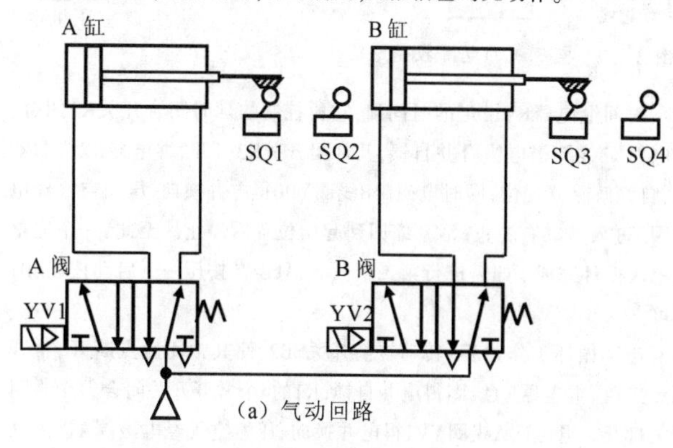

(a) 气动回路

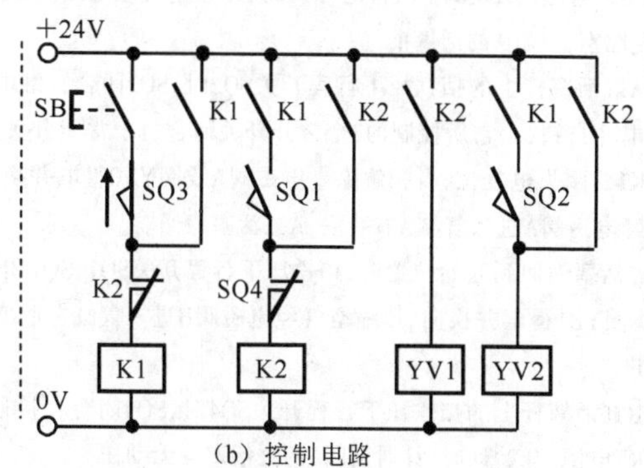

(b) 控制电路

图 3-27　两个气缸顺序动作回路之四

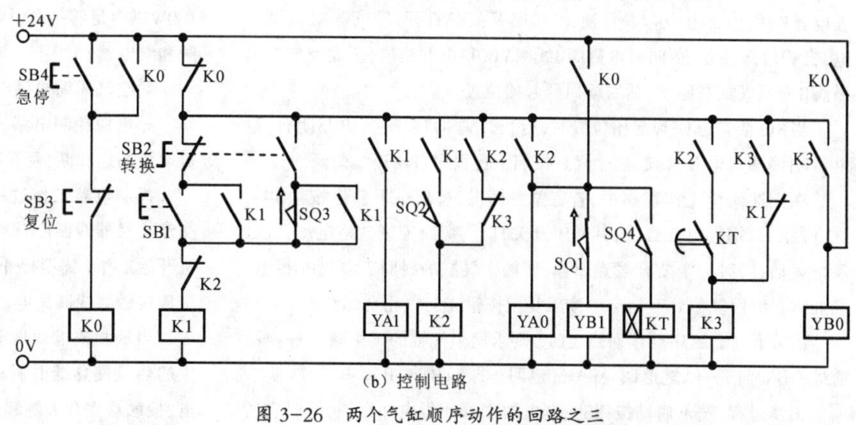

(b) 控制电路

图 3-26　两个气缸顺序动作的回路之三

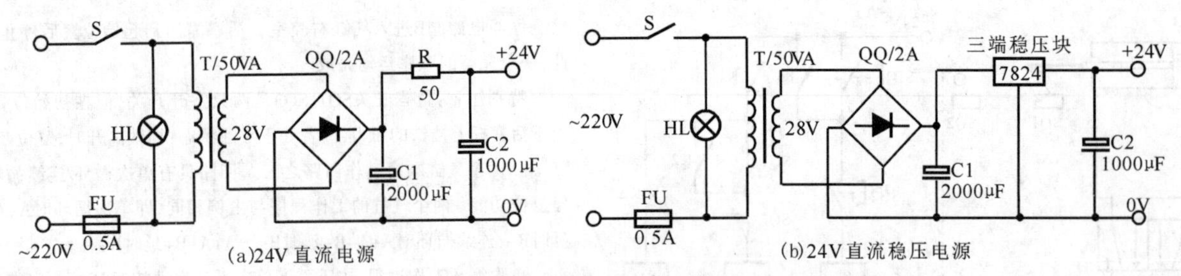

图 3-28 直流 24V 电源电路图

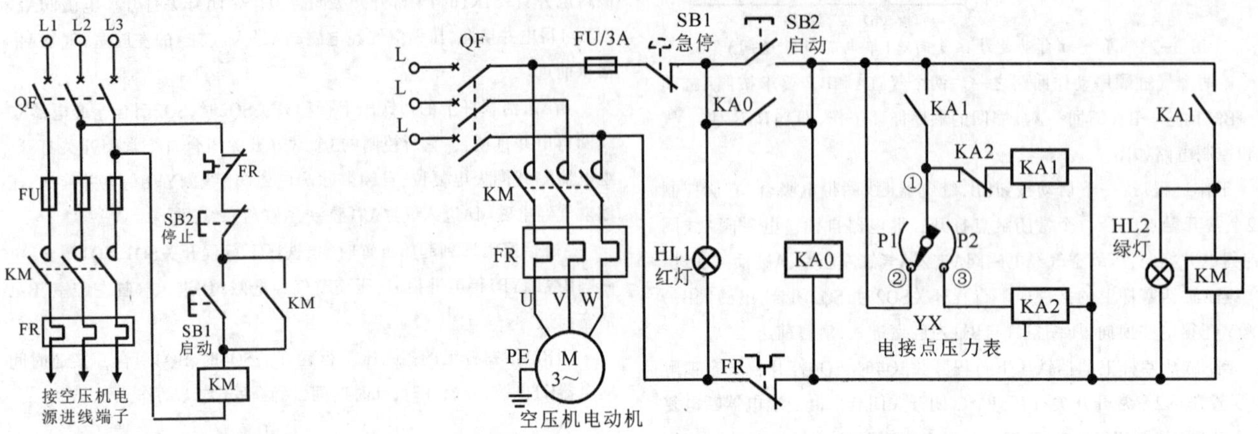

图 3-29 空压机的电源控制电路

图 3-30 空压机压力控制电路

时间继电器KT设定的时间到，它所控制的延时闭合开关KT闭合，继电器K3线圈得电吸合并自锁，其常闭开关K3打开，继电器K2线圈断电，自锁解除并复位；同时电磁阀B线圈YB0得电并换向，压缩空气经电磁阀B进入气缸右腔室，活塞缩回到起始位置后停止。至此，一个完整的单次循环完成。如需进行第二个循环，只需在按压一下启动按钮SB1即可。

连续循环工作过程：转动转换开关SB2，使其常闭触点断开，常开触点接通。继电器K1线圈得电并自锁，K1的4个常开开关闭合，1个常闭开关打开。电磁阀A线圈YV1得电并换向，压缩空气经电磁阀A进入气缸A的左腔室，气缸A的活塞前进。

当A缸活塞杆上的挡铁压下行程开关SQ2时，SQ2闭合，继电器K2线圈得电并自锁，，它所控制的3个常开开关闭合，1个常闭开关打开，继电器K1线圈失电复位，自锁解除。电磁阀A线圈YV0得电并换向，压缩空气经电磁阀A进入气缸A右腔室，A缸活塞缩回。

A缸活塞缩回到起始位置时，挡铁压下行程开关SQ1，SQ1闭合，电磁阀B线圈YB1得电并换向，压缩空气经电磁阀B进入气缸左腔室，B缸活塞前进。

当B缸活塞杆上的挡铁压下行程开关SQ4时，SQ4闭合，接通时间继电器KT电源，开始计时，计时期间，两缸活塞均无动作。

时间继电器KT设定的时间到，它所控制的延时闭合开关KT闭合，继电器K3线圈得电吸合并自锁，其常闭开关K3打开，继电器K2线圈断电，自锁解除并复位；同时电磁阀B线圈YB0得电并换向，压缩空气经电磁阀B进入气缸右腔室，活塞缩回到起始位置。

当B缸活塞退回到起始位置时，行程开关SQ3被压下，SQ3闭合，继电器K1线圈得电并自锁，两个气缸按照上述程序自动连续循环。

在上述两个工作程序中，若有紧急情况，按压一下急停按钮SB4，继电器K0线圈得电并自锁，其常闭开关打开，切断控制电路电源，气缸停止运动；同时，2个常开触点闭合，使两个气缸的线圈YA0、YB0得电，气缸活塞缩回复位到起始态。按压复位按钮SB3，电路全部断电。

l. 两个气缸顺序动作回路之四。要求两个气缸的工作顺序是：A缸前进→B缸前进→A缸退回→B→缸退回。即A+B+A–B–。

工作过程：按下启动按钮SB，继电器K1线圈得电并自锁，同时它所控制的4个常开开关闭合。电磁阀A线圈YV1得电并换向，压缩空气经电磁阀A进入气缸A左腔室，活塞前进。

当A缸活塞杆上的挡铁压下行程开关SQ2时，SQ2闭合，电磁阀B的线圈YB1得电并换向，压缩空气经电磁阀B进入左腔室，活塞前进。

当B缸活塞杆上的挡铁压下行程开关SQ4时，SQ4闭合，继电器K2闭合并自锁，其常开触点K2断开，继电器K1所控制的触点复位，电磁阀A的线圈YV1断电复位，压缩空气经电磁阀A进入气缸A右腔室，活塞退回。

当A缸活塞退回到行程开关SQ1时被压下，SQ1断开，继电器K2的线圈断电，其所控制的所有触点复位，电磁阀B的线圈YV2断电复位，压缩空气自B缸右腔室进入，活塞退回。一个完整的循环完成。

特别注意：行程开关SQ3是常开开关，但在初始位置时，由于活塞杆上挡铁的压力，处于导通状态，挡铁离开时，复位断开。

3)电磁阀和继电器供电电路

电磁阀和继电器是气动系统中最常用的两种控制电器，与人体亲密接触。为了保证使用者的安全，实际中不采用交流380V或220V供电，而是采用直流安全电压供电，一般为24V。在电网电压比较稳定的场所，降压、整流、滤波后可以直接使用；电网电压不稳定的场所，可以加装稳压元件后再使用。图中提供了两种方案供选择。

气动系统的电控制属于小功率电气控制，直流电源的输出功率在100W以内足够一套设备使用，因为它的负载只是几个耗电不大的电磁阀和继电器。

4)空气压缩机供电和控制电路

a. 电源控制电路。电源控制电路，是指能够安全方便地控制空压机电源的通和断，且具有过载自动断电功能。

控制电路工作过程：接通三相断路器后，按压一下起动开关SB1，交流接触器线圈KM得电并自锁，主开关闭合，电动机得电并带动压缩机开始工作。需要停止工作时，按压一下停止按钮SB2，控制电路断电，交流接触器线圈失电，主开关跳起，电动机断电，压缩机停止运行。

当缺相或电动机定子绕组短路时，流经热继电器的电流过大，产生的热量使热继电器动作，热继电器的常闭开关FR断开，控制电路失电，接触器主开关跳起，切断电源。

空压机压缩空气压力的控制，则依靠空压机自带的的可调压力开关来控制。首先设定输出的空气压力范围，也就是最低值和最高值，比如0.4~0.6Mpa。当压缩空气的压力低于0.4 Mpa时，压缩机启动工作；而压缩空气的压力高于0.6Mpa时，停止工作。虽然压缩机自带的控制装置比较粗略、不精确，但一般使用还是可以的。

b. 空压机空气压力的控制电路。

气动系统工作的动力是压缩空气，压缩空气的压力必须维持在一定范围之内，一般要求在0.5~0.7 Mpa的范围内，这个指标相当于电路中的电压。空气压力的产生有赖于压缩机的工作时间。要精确控制压缩机的工作状态，就要从储气罐取样气压信号，反过来再用取样气压信号控制压缩机的工作与否。

图3-27是一款实用的空气压力自动控制电路。电路采用三相三线制供电电路，因此，所有电器件的额定工作电压均为~380V以上。

工作过程：闭合断路器QF，红色指示灯HL1亮，表明电路加电。按压按钮开关SB2，中间继电器KA0线圈得电吸合并自锁，电路导通。电接点压力表①②导通，继电器KA1线圈得电，2个开关KA1闭合，交流接触器KM线圈得电，绿灯亮起，主开关KM闭合，电动机运转，开始为空气加压。当储气罐内的空气压力到达设定压力的上限时，电接点压力表的①③导通，继电器KA2线圈得电，其开关KA2断开，继电器KA1线圈失电，2个开关KA1断开，交流接触器线圈KM失电，绿灯熄灭，主开关打开，电动机停转。待储气罐内的气压下降到下限值P1时，电接点压力表①②导通，继电器KA1线圈得电，交流接触器主开关闭合，电动机运转加压，开始新一轮的循环。电路工作中出现意外时，按压急停开关SB1，立即停车。

断路器QF、熔断器FU和热继电器FR组成保护电路。

继电器KA0、KA2均选用小型继电器，KA1选用中间继电器，交流接触器KM的触点电流根据拖动的电动机功率选择，应为电动机额定电流的2~3倍，余量大一些为好。

主电路线缆的截面积要足够大，防止发热烧坏，其他部分采用1.0mm²即可铜线即可。

电接点压力表要装在储气罐或储气罐出口附近的主管道上，以取得准确的气压取样信号。

四、气动系统控制回路应用实例

1)旋转门自动开闭系统

动作循环：检测换向阀压下后换向→主气动阀换向→气缸前进→门打开→检测阀弹起复位→主气动阀复位→气缸退回→门关闭。

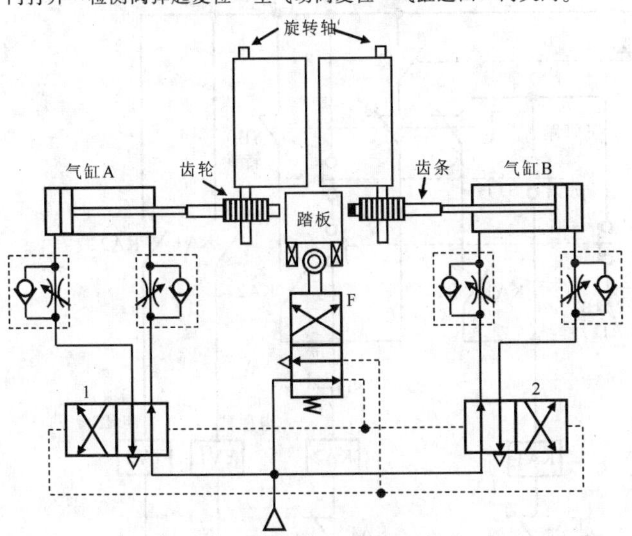

图 4-1　旋转门自动开闭系统

工作过程：行人走上踏板时，检测换向阀F被压下并换向，压缩空气推动两个主气动阀1和2同时换向，压缩空气分别进入气缸A、B的无杆腔室，推动活塞向外伸出。活塞杆推动齿条作水平运动，齿条推动齿轮作转动，与齿轮同心的旋转轴同步转动，两个门扇向同方向打开。

行人通过后，检测阀F自动复位到图示状态，两个主气动阀1和2同时复位，压缩空气反方向进入气缸A、B的有杆腔，活塞同时缩回，活塞杆拉动齿条作反方向水平运动，齿条拉动齿轮作方方向转动，与齿轮同心的旋转轴同步转动，两个门扇向同方向关闭。

注：一般气缸有两个进(排)气口，分别与活塞左右两个腔室相通。只有活塞一个面的腔室，叫做无杆腔室，另一个腔室既有活塞的另一个面，还有传递动力的活塞杆，所以叫有杆腔室。这种称呼没有什么特别意义，只是为了叙述上的方便。

2)气动夹紧系统

三个夹紧缸A、B、C用于夹紧工件，它们的动作顺序是：A缸先夹紧，B缸和C缸后夹紧；松开时，B缸和C缸先松开，A缸后松开。

动作循环：气缸A活塞杆下降→气缸B、C活塞前进→各夹紧缸活塞退回。

工作过程：当工件定位后，踩下踏板式气动换向阀1，使其切换到左位，压缩空气经阀8中的单向阀进入气缸A的上腔室，A缸下腔室经阀7中的节流阀排气，活塞下降驱动夹头下行工件被压紧。同时，同时将顶杆式行程阀2压下换向。

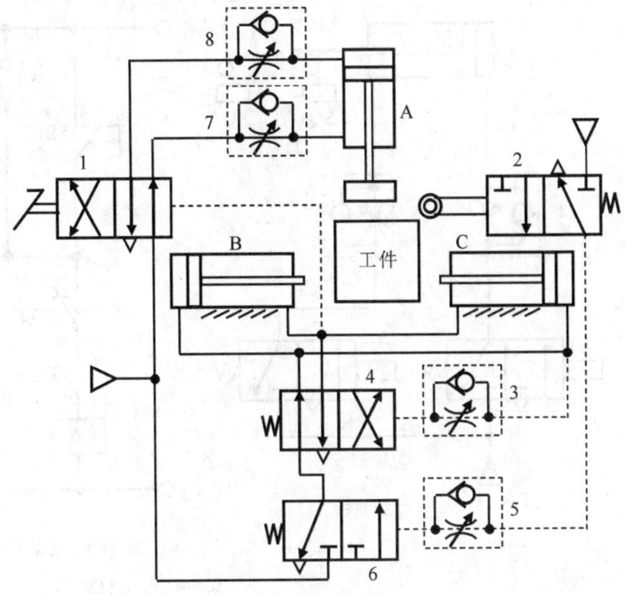

图 4-2　气动夹紧系统图

当阀2被压下时，压缩空气经单向节流阀5进入中继阀6右侧，阀6换向，压缩空气经阀6、通过主控阀4的左位进入气缸B、C的无杆腔室，两活塞同时伸出，工件被三个方向的力夹紧。

与此同时，压缩空气的一部分经单向节流阀3调定延时后使使主控阀4换向到右侧，两气缸B和C返回。在两气缸返回的过程中有杆腔室的压缩空气使脚踏换向阀1复位，气缸B和C的无杆腔室通大气，主控阀4自动复位，有次完成了一个缸A压下—夹紧缸A和C伸出夹紧—夹紧缸A和C返回—缸A返回的动作循环。

注：踏板式气控阀，相当于电路中的按钮开关等主令电器，作用是发出一个小信号，用这个小信号去控制另一个元件的较大的动作，手控阀、顶杆阀、滚轮阀等，都属于这类阀。

主控阀，用于控制执行元件的阀，有时称作执行换向阀，既有气动控制，也有电动控制的。传递的气流压力、流量较大，以推动执行元件做功。

3) 搓卷机构

对铁板等金属材料搓动，加工成花卷状，是一种铁艺制品。搓动系统的的工作部分像一块钢质搓衣板，与气缸活塞杆相连接，材料固定在工作台面上，活塞推动钢质搓板在其上作水平运动，搓板搓动加热的金属材料，使之卷起，形成卷心花。搓动的时间短(行程短)，花型小；搓动的时间长(行程长)，花型大。

动作循环：两种循环方式，活塞自动前进→活塞自动后退→复位；或活塞点动前进→活塞点动后退→复位。

a. 自动搓卷：按动正转按钮SB1，接触器式继电器KA1线圈得电吸合，KA1开关闭合自锁，同时正向电磁阀YV1得电换向，压缩空气经电磁阀进入气缸左腔室，推动活塞作正向运动，并带动搓卷机构向右水平移动同时完成搓卷动作，同时压下行程开关SQ1，SQ1打开断电，继电器KA1线圈失电，电磁阀YV1关闭气流，活塞停止运动，搓卷完成。

复位：按动反向按钮SB3，继电器KA2线圈得电吸合并自锁，同时反向电磁阀YV2得电换向，压缩空气经电磁阀进入气缸右腔室，活塞后退，当压下行程开关SQ1时，继电器KA2线圈失电，活塞停止运动，复初始位。为下一个工序做准备。

b. 手动搓卷：按压正转点动SB2开关或左脚踏开关ST1，按压一下KA1开关闭合一下，搓卷机构前进一下，前进到接近开关SQ2时，SQ2打开，继电器KA1线圈失电，电磁阀YV1关闭，停止运动完成搓卷动作。

手动复位：按压反转点动开关SB4或右脚踏开关ST2，KA2开关闭合，按压一下KA2开关闭合一下，搓卷机构向左后退一下，后退到接近开关SQ1时，SQ1被压下打开，继电器KA2线圈失电，电磁阀YV2关闭，活塞停止运动并复位。为下一个工序做准备。

4)成型系统

气缸活塞杆端头与挤压模具相连接，模具另一半固定，活塞杆前进做功，将材料挤压成需要的形状。

动作循环：连续和点动，即自动和手动。转换方式由三个联动的旋转开关SB0完成，图中SB0闭合状态为连续即自动状态，当全部打开时为手动状态。

工作过程。

a. “连续”时的工作过程：SB0全部闭合。点压一下左脚踏开关ST1，接触器式继电器KA1得电并自锁，它所控制的两个常开开关KA1闭合，电磁阀YV1得电换向，压缩空气从气缸无杆腔室进入，活塞连续前进，直到折弯模具压紧，气压达到设定值，材料成型，电接点压力表YX瞬间闭合一下，继电器K得电吸合，其常闭开关K打开，KA1失电，电磁阀YV1失电，活塞停止前进；同时，其常开开关K闭合，接触器式继电器KA2线圈得电，开关KA2 闭合自锁，开关KA2闭合，电磁阀YV2得电并换向，压缩空气经电磁阀进入气缸有杆腔室，活塞退回。到指定位置时，行程开

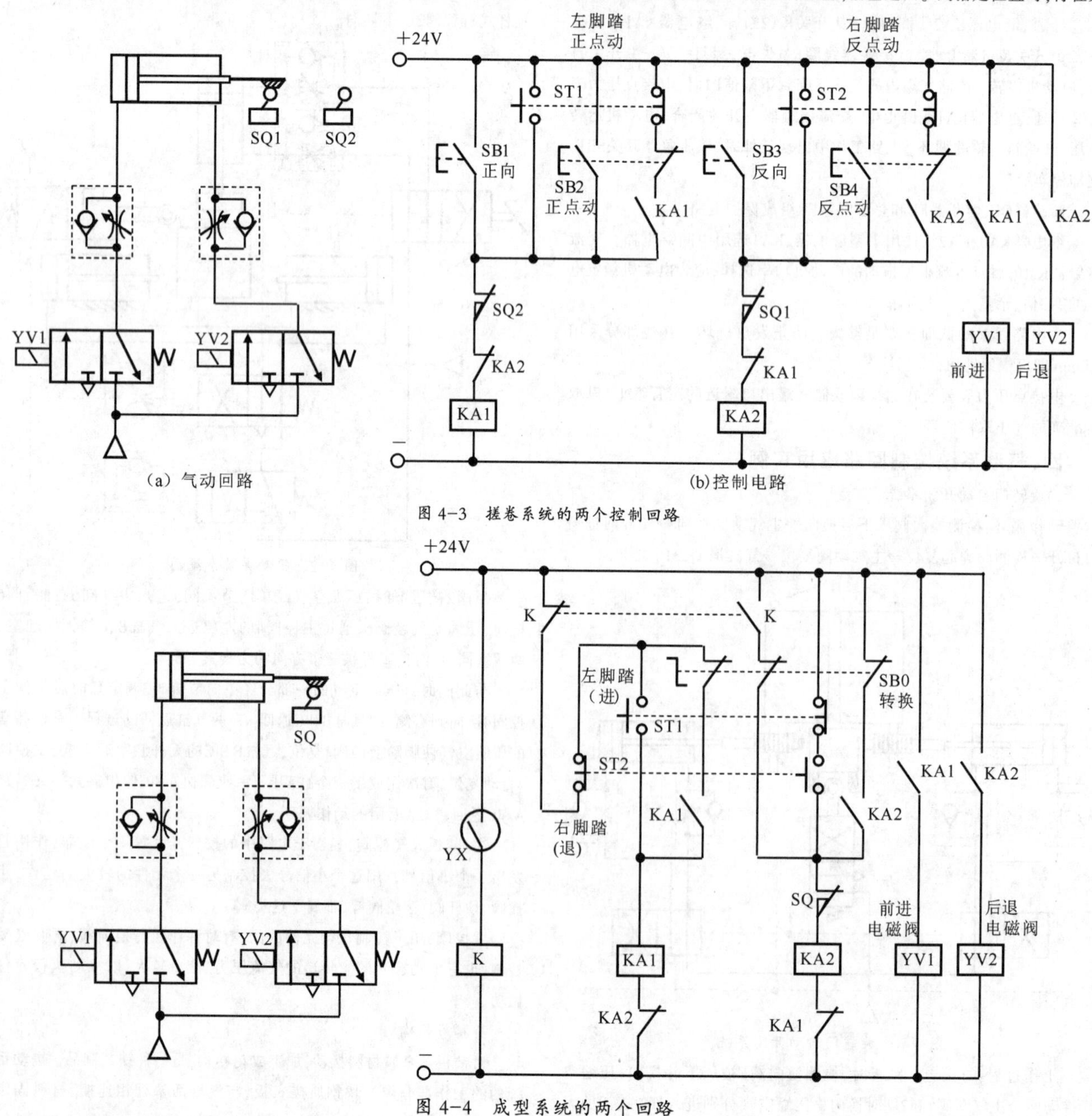

(a) 气动回路 (b)控制电路

图 4-3 搓卷系统的两个控制回路

图 4-4 成型系统的两个回路

关SQ受压打开，KA2失电，电磁阀YV2失电复位，活塞停止后退，复位。在活塞前进停止的瞬间，由于气压的下降，电接点压力表YX开关断开，等待下一个循环。

“连续”状态下，只要点压一下右脚踏开关ST2，继电器KA2线圈得电，气缸活塞将会变为连续后退运动，直到压下行程开关SQ，活塞停止后退复位。

b. “点动”时的工作过程：转换开关SB0全部打开。点压一下左脚踏开关ST1，KA1线圈得电，其常开开关KA1闭合一下，YV1导通一下，气缸中活塞前进一下。总点压，总前进。工件成型时，油压达设定值，压力表YX开关闭合，继电器K线圈得电，其常闭开关K瞬间打开，切断了KA1线圈的供电回路，再点压也无效了。点压一下右脚踏开关ST2，KA2线圈得电一下，其常开开关KA2导通一下，电磁阀YV2得电一下，活塞后退一下。总点压，总后退，后退到指定位置时，行程开关SQ断开，KA2失电，活塞停止运动复位。

5)气液动力滑台气压传动系统

气液动力滑台是采用气液阻尼缸作为执行元件。由于在其上可安装单轴头、动力箱或工件，因此在机床上常常用来作为实现进给运动的部件。

图4–5为气液动力滑台的回路原理，图中的1、2、3或4、5、6实际上分别被组合在一起，形成两个组合阀。气液动力滑台能完成两种工作循环。

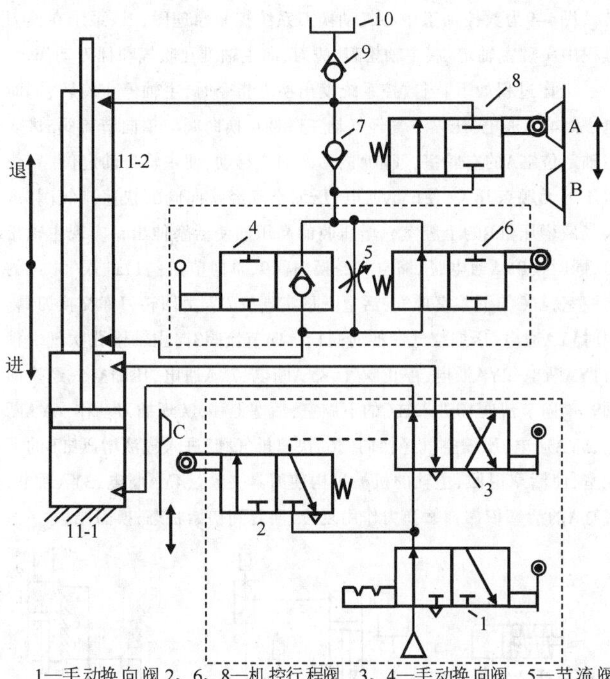

1—手动换向阀 2、6、8—机控行程阀 3、4—手动换向阀 5—节流阀 7、9—单向阀 10—补油箱 11 -1、11-2—七夜阻尼缸

图 4–5 气液动力滑台的回路原理

第一循环：快进→慢进→快退→停止。

图中处在上述循环的进给程序。动作原理为：当手动阀3切换到右位时，实际上就是给予进刀信号，在气压的作用下，气缸中活塞开始向下运动，液压缸中的活塞下腔室油液经机控阀6的左位和单向阀7进入液压缸活塞的上腔室，实现了快进；当快进到活塞杆上的挡铁B切换机控阀6使它处于右位后，油液只能经节流阀5进入活塞上腔室，调节节流阀的开度，即可调节气液阻尼缸的运动速度。所以，这时开始慢进进给。当慢进到挡铁C使机控阀2切换至左位时，输出气信号使阀3切换至左位，这时气缸开始向上运动。液压缸活塞上腔室的油液经阀8至图示位置而使油液通道被切断，活塞停止运动。因此改变挡铁A的位置，就能够改变停止的位置。

第二循环：快进→慢进→慢退→快退→停止。

把手动阀4关闭，即处于左位时就可实现双向进给程序，其工作过程是：动作循环中的快进→慢进原理与上述相同。当慢进至挡铁C切换机控阀2至左位时，输出气信号使阀3切换至左位，气缸活塞开始向上运动，这时液压缸上腔室的油液经机控阀8的左位和节流阀5液压活塞缸下腔室，即实现了慢退（反向进给）；档慢退到挡铁B离开阀6的顶杆而使其复位（处于左位）后，液压缸活塞上腔室的油液经阀8的左位、再经阀6的左位进入液压活塞缸下腔室，开始快退；快退到挡铁A切换阀8至图示位置时，油路被切断，活塞停止运动。

图中的补油箱10和单向阀9仅仅是为了补偿系统中的漏油而设置的，一般可用油杯来代替。

6)气动机械手

气动机械手结构简单制造成本低，可以按照设定的程序动作，广泛应用于自动生产设备和流水线上。

图4–6是一种气动机械手结构，它由4个气缸组成，可在三维空间工作。A为夹紧缸，活塞退回时夹紧工件，活塞伸出时释放工件；B为长臂伸缩缸，可实现伸出和缩回动作，；C缸为立柱升降缸，以调整机械手的高低；D缸为立柱回转缸，该气缸有2个活塞，分别装在带有齿条的活塞杆两头，齿条的往复运动带动立柱上的齿轮旋转，从而实现立柱的左右回转。这几个气缸的联合作用，使得机械手可以在3个坐标内任意动作。

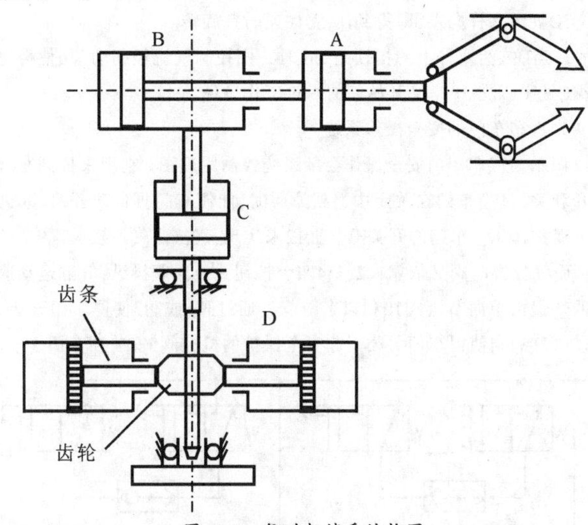

图 4–6 气动机械手结构图

图4–7是气动机械手的回路原理，比如要求机械手的动作顺序是：立柱下降C_0—伸臂B_1—夹紧工件A_0—缩臂B_0—立柱顺时针旋转D_1—立柱上升C_1—放开工件A_1—立柱逆时针旋转D_0。那么，传动系统的工作过程分析如下：

a. 按下起动阀q，主控阀C处于C_0位，活塞杆退回，即得到C_0，立柱下降。

b. 当C缸活塞杆上的挡铁碰到c_0时，则控制气流使得主控阀B处于B_1位，B缸活塞杆伸出，即得到B_1，伸臂。

c. 当B缸活塞杆上的挡铁碰到b_1时，则控制气流使得主动阀A处于A_0位，A缸活塞杆退回，即得到A_0，夹紧工件。

d. 当A缸活塞杆上的挡铁碰到a_0时，则控制气流使得主动阀B处于B_0位，B缸活塞杆退回，即得到B_0，缩臂。

e. 当B缸活塞杆上的挡铁碰到b_0时，则控制气流使得主动阀D处于D_1位，D缸活塞杆向右，即得到D_1，立柱顺时针旋转。

f. 当D缸活塞杆上的挡铁碰到d_1时，则控制气流使得主控阀C处于C_1位，C缸活塞杆伸出，即得到C_1，立柱上升。

g. 当C缸活塞杆上的挡铁碰到c_1时，则控制气流使得主动阀A处于A_1位，A缸活塞杆伸出，即得到A_1，放开工件。

h. 当A缸活塞杆上的挡铁碰到a_1时，则控制气流使得主动阀D处于

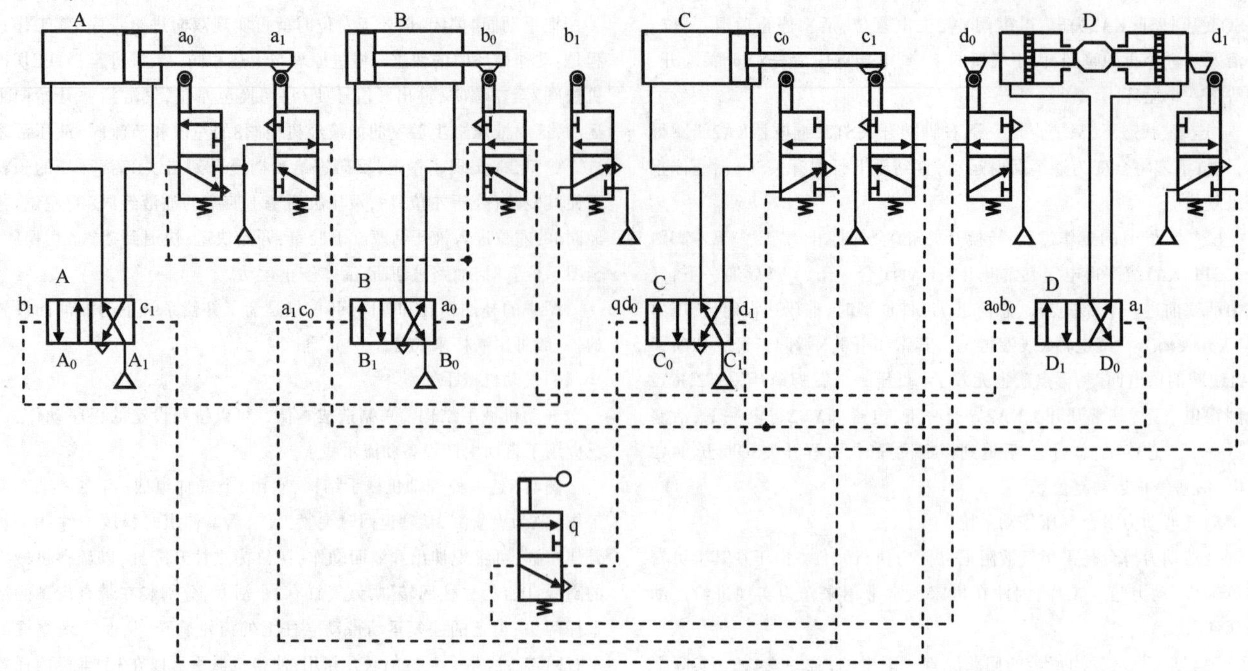

图 4-7　气动机械手控制回路原理图

D_0位，D缸活塞杆向左，即得到D_0，立柱逆时针旋转。

i. 当D缸活塞杆上的挡铁碰到d_0时，则控制气流经起动阀q使得主控阀C处于C_0位，于是又开始新的一轮工作循环。

7)汽车车门的安全操作系统

图示为汽车车门安全操作会录系统控制原理图。它用来控制车门的开和关，且当车门在关闭中遇到障碍时，能使车门再自动开启，起到安全保护作用。车门的开关靠气缸12来实现，气缸由气控换向阀9来控制。而气控换向阀又依靠1、2、3、4四个按钮式换向阀操纵，气缸运动速度的快慢由单向节流阀10和11来调节。通过阀1或阀3使得车门开启，通过阀2或阀4使得车门关闭。起安全保护的机控阀5安装在车门上。

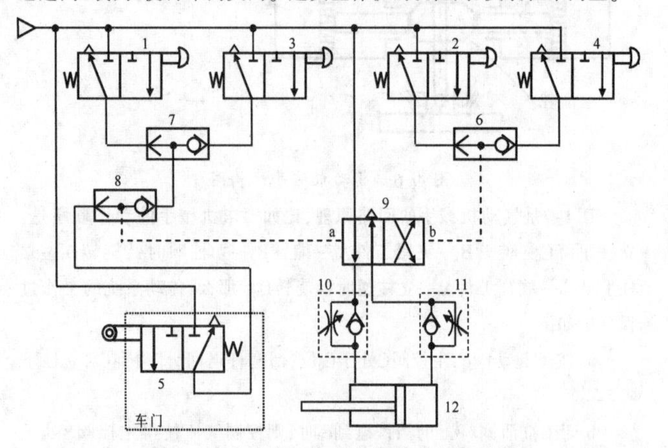

图 4-8　汽车车门的安全操作系统原理图

当操纵手动换向阀1或3时，压缩空气则经由阀1或阀3到梭阀7和8，把控制信号送到阀9的a侧，使阀9向车门开启方向切换。压缩空气经由阀9左位和阀10中的单向阀到气缸有杆腔室，推动活塞而使车门开启。

当操纵阀2或阀4时，压缩空气则经由阀6到阀9的b端，使得阀9向车门关闭方向切换，压缩空气则经由阀9右位和阀11中的单向阀到气缸的无杆腔室，使车门关闭。

车门在关闭过程中如果碰到障碍物，便推动机动控制换向阀5，使压缩空气经由阀5把控制信号经由阀8送到阀9的a端，使车门重新开启。但是，如果阀2或阀4仍然保持按下状态，则阀5起不到自动开启车门的安全作用。

8)气动换刀系统

图4-9为数控加工中心气动换刀系统控制原理图，该系统在换刀过程中实现主轴定位、主轴松刀、拔刀、向主轴锥孔吹气和插刀动作。

工作过程如下：当数控系统发出换刀指令时，主轴停止旋转，同时电磁阀4YA通电，压缩空气经气动三联件1、换向阀4、单向节流阀5进入主轴定位缸A的右腔室，气缸A的活塞向左移动，使主轴自动定位。定位后压下无触点开关，使6YA通电，压缩空气经换向阀6、快速排气阀8进入气液增压缸B的上腔室，增压腔的高压油使活塞伸出，实现主轴松刀，同时使8YA通电，压缩空气经换向阀9、单向节流阀11进入气缸C的上腔室，缸C的下腔室排气，活塞下移实现拔刀。由回转刀库交换刀具，同时1YA通电，压缩空气经换向阀1、单向节流阀3向主轴锥孔吹气。稍后1YA断电、2YA通电，停止吹气，8YA断电、7YA通电，压缩空气经换向阀9、单向节流阀10进入缸C的下腔室，活塞上移，实现插刀动作。6YA断电、5YA通电，压缩空气经换向阀6、快速排气阀7进入气液增压缸B的下腔室，使活塞退回，主轴的机械机构使刀具夹紧。4YA断电、3YA通电，气缸A的活塞依靠弹簧弹力作用复位，回复到初始状态，换刀结束。

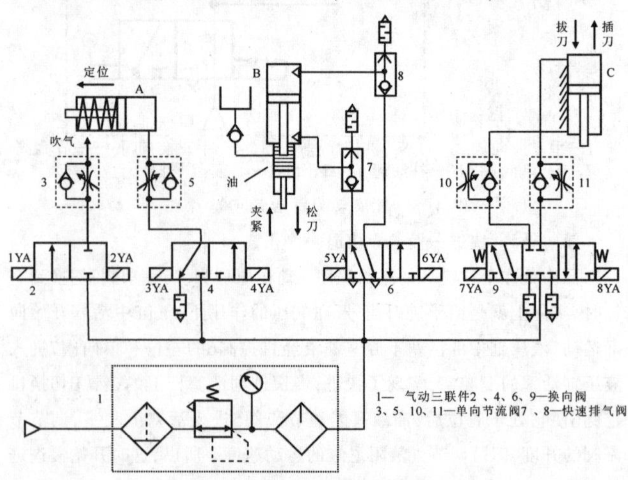

图 4-9　气动换刀操作系统原理图

9)八轴仿形铣床气动系统

八轴仿形铣床是一种高效专用半自动加工木质工件的机床。如图4-10所示。机床有夹紧缸B(共8个)、托盘缸A(共2个)、盖板缸C、铣刀缸D、粗精铣缸E、砂光缸F、平衡缸G共计15个气缸，一次可加工8个工件。

动作顺序为：

a. 托盘升降及工件夹紧。

按下接料托盘升降按钮开关后，电磁铁1YA通电，使阀4处于右位A缸无杆缸进气，活塞杆伸出，有杆缸气体经阀4排气口排出，此时接料盘升起。

托盘升至预定位置时，由人工把工件毛坯放在托盘上，接着按下工件夹紧按钮使电磁铁3YA通电，阀2换向处于下位。此时，阀3的气控信号经阀2的排气口排空，使阀3复位处于右位，压缩空气分别进入8个夹紧气缸的无杆腔室，有杆腔室气体经阀3的排气口排空，实现工件夹紧。

工件夹紧后，按下接料托盘下降按钮，使电磁铁2YA通电，1YA断电，阀4换向处于左位，A缸有杆腔室进气，无杆腔室排气，活塞杆退回，托盘返回到原位。

b. 盖板缸、铣刀缸和平衡缸的动作。

由于铣刀主轴转速很高，加工木质工件时，木屑会飞溅。为了便于观察加工情况和防止木屑向外飞溅，机床设有一透明盖板并由气缸C控制，实现盖板的上下运动。盖板中的木屑由引风机产生负压，从管道中抽吸到指定地点。

按下铣刀缸向下按钮时，电磁铁7YA通电，阀11处于右位，压缩空气进入D缸的有杆腔室和C缸的无杆腔室，D无杆腔和C缸有杆腔的空气经单向节流阀17\电磁换向阀12的排气口排空，实现铣刀下降和盖板下降的同时动作。在铣刀缸动作的同时，盖板缸和平衡杠的动作也是同时的，平衡缸G的压力由减压阀5确定。

c. 粗、精铣及砂光的进退。

铣刀下降动作结束时，铣刀已接近工件，按下粗仿形铣按钮后，电磁铁6YA通电，阀9换向处于右位，压缩空气进入E缸的有杆腔室，无杆腔室的气体经阀9排气口排空，完成粗铣加工。E缸的有杆腔室加压时，由于对下端盖有一个向下的力，因此对整个悬臂又增加了一个逆时针转动力矩，使铣刀进一步增加对工件的吃刀量，从而完成粗仿形铣加工工序。

同理，E缸无杆腔室进气，有杆腔室排气时，对悬臂等于施加一个顺时针转动力矩，使铣刀离开工件，切削量减少，完成精仿形铣加工工序。

在进行粗仿形铣加工时，E缸活塞杆缩回，粗仿形铣加工结束时，压下行程开关XK1，6YA通电，阀9换向处于左位，E缸活塞杆又伸出，进行精仿形铣加工。加工完了时，压下行程开关XK2，电磁铁5YA通电，阀8处于右位，压缩空气经减压阀、储气罐14进入F缸无杆腔室，有杆腔室气体经单向节流阀15、电磁换向阀8排气口排气，完成砂光进给动作。砂光进给速度由单向节流阀15调节，砂光结束时，压下行程开关XK3，使电磁铁5YA通电，F缸退回。

F缸退回到原位时，压下行程开关XK4，使电磁铁8YA通电，7YA断电，D缸、C缸同时动作，完成铣刀上升，盖板打开，此时平衡缸仍然起着平衡重物的作用。

d. 托盘升、工件松开。

加工完毕后，按下启动按钮，托盘升至接料位置。再按下另一按钮，工件松开并自动落到接料托盘上，人工取出加工完毕的工件，接着再放上被加工工件至托盘上，为下一个工作循环作准备。

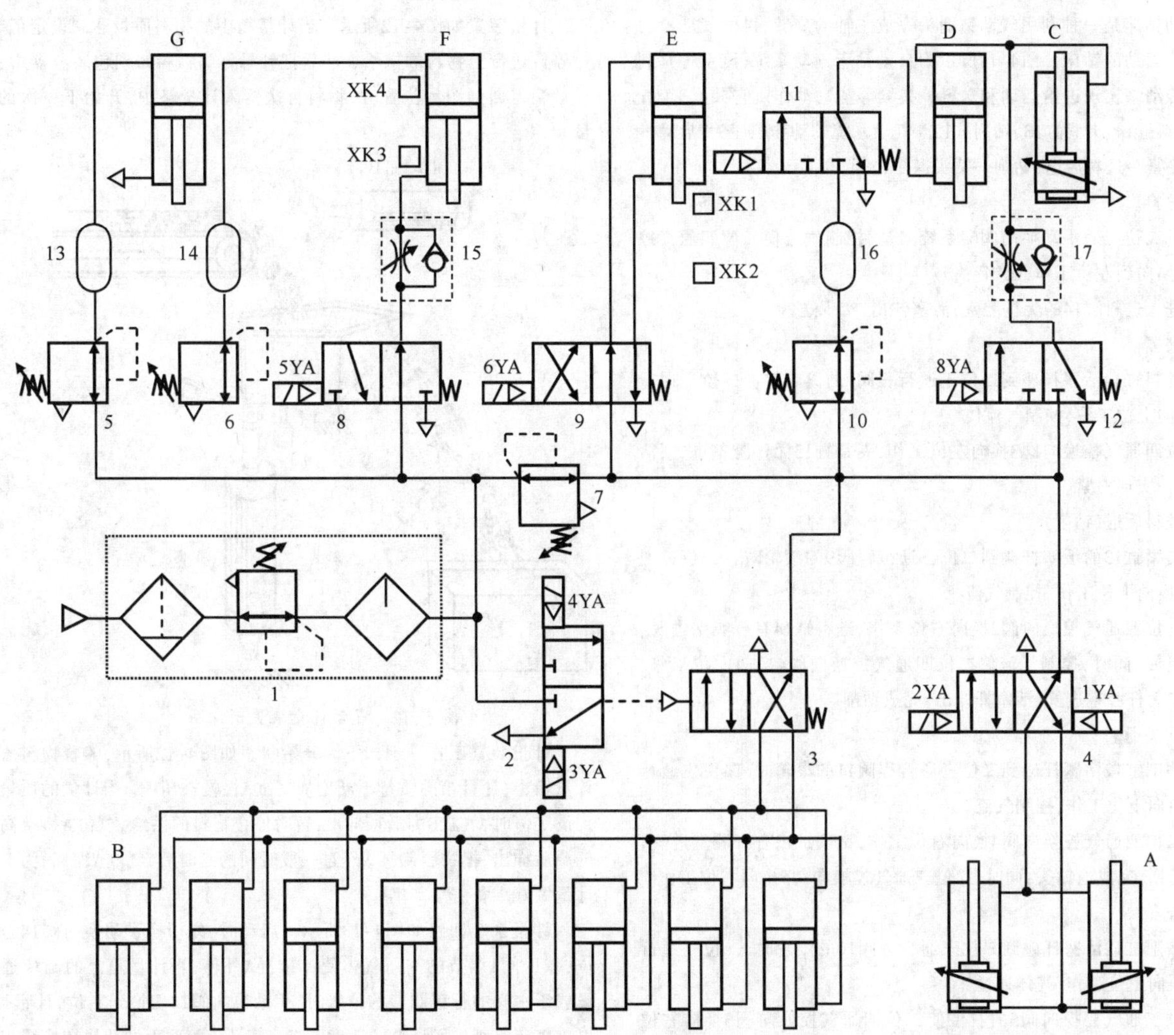

1—气动三联件；2、4、8、9、11、12—电磁换向阀；3—气控换向阀5、6、7、10—减压阀；13、14、16—储气罐；15、17—单向节流阀

图 4-10　八轴仿形铣加工机床气动系统原理图

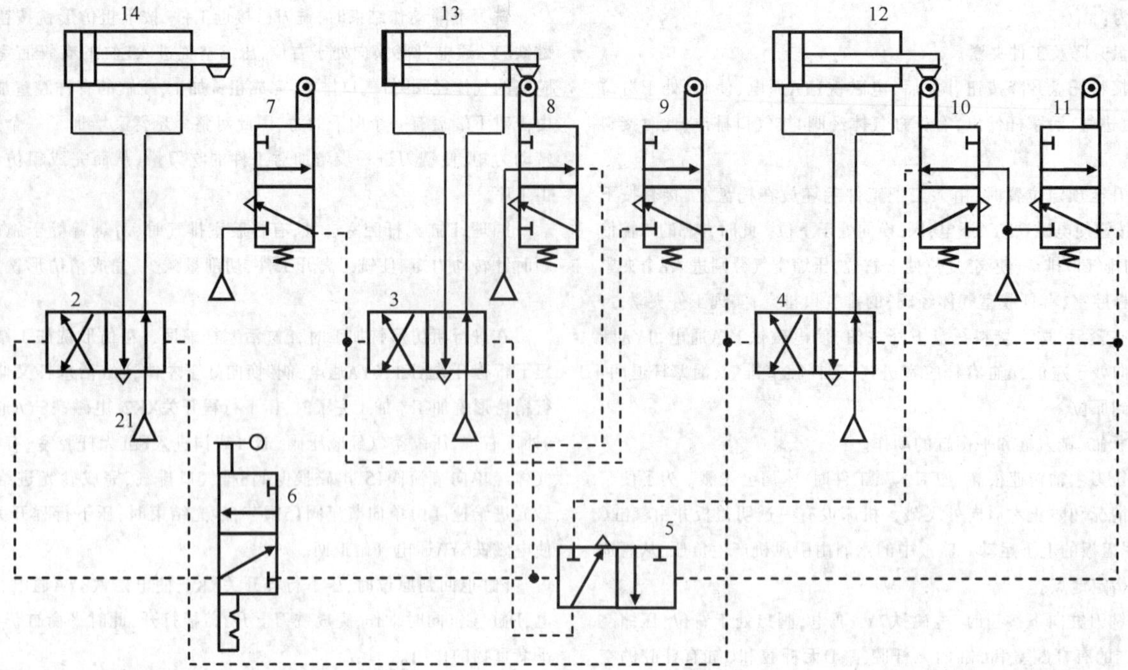

1—气源；2~4—二位四通气控换气阀；一二位三通气控换向阀；6—二位三通手动换气阀；7~11—二位三通行程阀；12—钻削缸；13—夹紧缸；14—送料缸

图 4-11 自动钻床气动系统原理图

10)气动自动钻床气压传动系统

气动钻床是一种利用气动钻削头完成主轴的旋转，再由气动滑台实现进给运动的钻床。图4–11所示为自动钻床气动系统，该系统是利用气压传动来实现进给运动和送料、夹紧等辅助动作。它共有3个气缸，即送料缸14、夹紧缸13、钻削缸12。气动系统的动作顺序为：启动→送料→夹紧→送料后退，钻削→钻头退→松开。

a. 送料。

按下二位三通手动换向阀6，系统启动，控制气流使二位四通气控换向阀2换向到左位工作，压缩空

气进入送料缸14的无杆腔室，活塞伸出，实现送料。

b. 夹紧。

当送料缸14活塞杆碰到二位三通行程阀7的滚轮时，二位三通行程阀7换向上位工作，控制气流使

二位四通气控换向阀3换向左位工作，夹紧缸13无杆腔室进气，活塞杆伸出，实现夹紧。

c. 送料后退、钻削。

当夹紧缸13的活塞杆碰到二位三通行程阀9的滚轮时，二位三通行程阀9换向上位工作，控制气流

使二位四通气控换向阀2换向右位工作，送料缸14有杆腔室进气，活塞杆退回；同时，控制气流使二位四通气控换向阀4换向左位工作，钻削缸12无杆腔室进气，活塞杆伸出，完成钻削。

d. 钻头退。

当钻削缸12活塞杆碰到二位三通行程阀11的滚轮时，二位三通行程阀11换向上位工作，控制气流

使二位四通气控换向阀4换向右位工作，钻削缸12有杆腔室进气，活塞杆退回，完成退钻头；同时，二位三通气控换向阀5换向右位工作。

e. 松开。

当钻削缸12活塞杆碰到二位三通行程阀10的滚轮时，二位三通行程阀10换向上位工作，气体通过

二位三通气控换向阀5的右位使二位四通气控换向阀3换向右位工作，夹紧缸13有杆腔室进气，活塞杆退回，松开工件，完成一个工作循环。

11)物料质量气动计量系统

计量装置如图4–12所示。当计量箱中的物料质量达到设定值时，暂停传送带上物料的供给，然后把计量好的物料卸到包装容器中；当计量箱返回到图示位置时，物料再次落入计量箱中，开始下一次的计量。

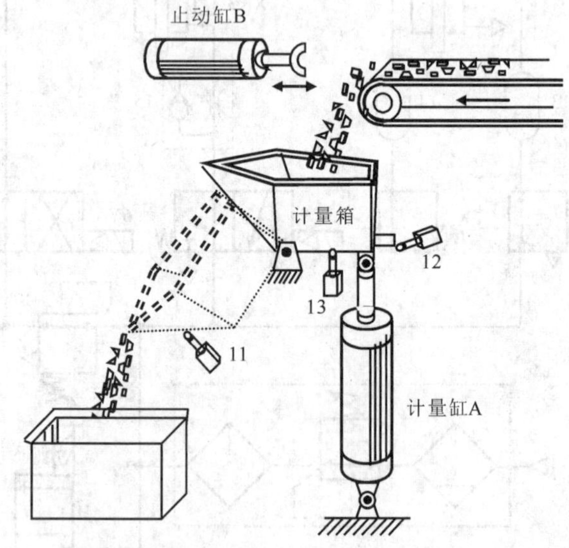

图 4-12 气动计量装置示意图

计量装置工作原理如下。开始状态如图4–12所示，随着物料落入计量箱中，计量箱的质量不断增加气缸A慢慢被压缩。当计量的质量达到设定值时，气缸B的活塞伸出，暂时停止物料的供给。气缸A换接高压气源后伸出，把物料卸掉。经过一段时间的延时后，气缸A缩回，为下次计量做好准备。

计量系统回路如图4–13所示。启动时，先切换手动换向阀14至左位，减压阀1调节的高压气体使计量缸A外伸，当计量箱上的凸块通过设置于中间的行程阀12的位置时，手动换向阀14切换到右位，计量缸A以排气节流阀17所调节的速度下降。当计量箱侧面的凸块切换行程阀12后，行程阀12发出的信号使阀6转换到图4–13所示位置，使止动阀B

缩回。然后把手动换向阀换至中位，计量准备工作结束。

随着来自传送带的物料落入计量箱中，计量箱的质量逐渐增大，此时阀4处于中间位置，A缸内气体被封闭住而呈现等温压缩过程，即A缸活塞杆慢慢缩回。当质量达到设定值时，切换行程阀13。行程阀13发出的气压信号切换气控换向阀6至左位，使得止动缸B外伸，暂停被计量物的供给。同时切换气控换向阀5至图4-13所示位置。止动缸B外伸至行程终点时无杆腔室压力增高，顺序阀7打开。A缸主控阀4和高低压切换阀3均被切换到左位，高压气体使计量缸A外伸。当A缸行至终点时，行程阀11动作，经过由单向节流阀10和储气罐组成的延时回路延时后，切换气控换向阀5，其输出信号使阀4和阀3换向，低压气体进入气缸A的有杆腔室，A缸活塞杆以单向节流阀8调节的速度内缩。行程阀12动作后，发出的信号切换气控换向阀6，使止动缸B内所，来自传送带上的物料再次落入计量箱中。至此，完成一个工作循环。

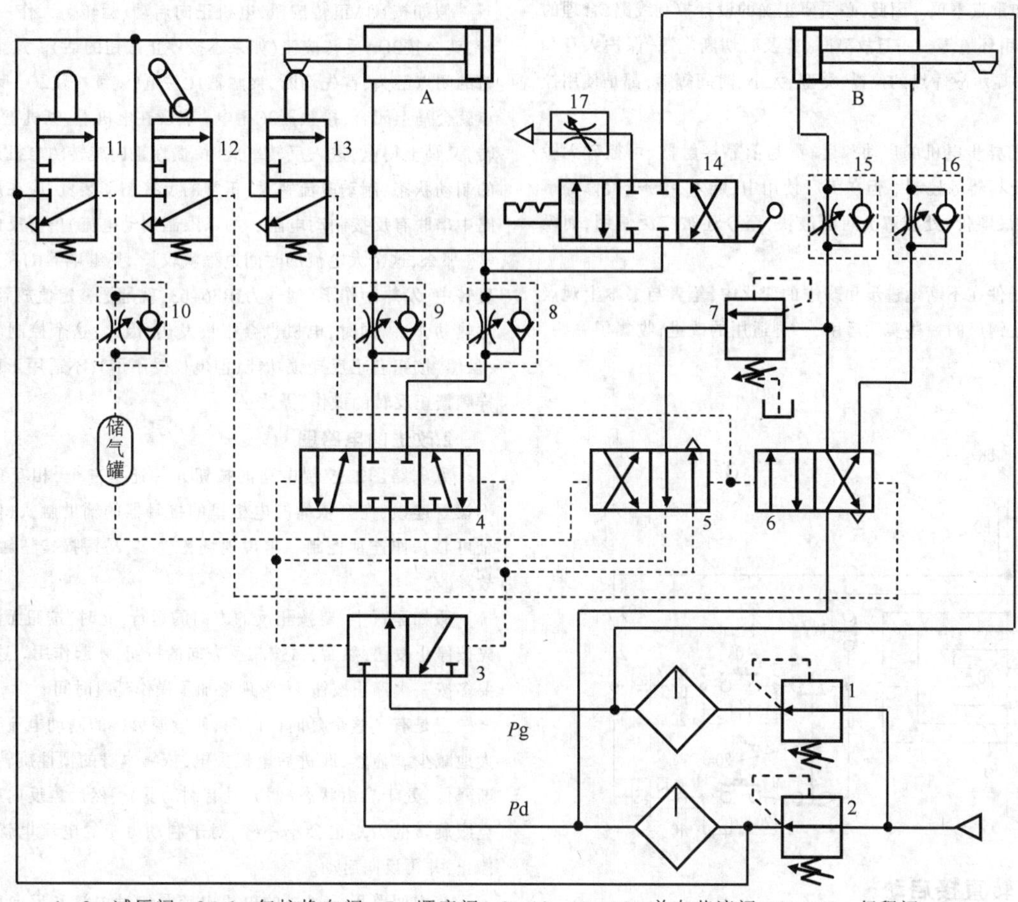

1、2—减压阀；3～6—气控换向阀；7—顺序阀；8～10、15、16—单向节流阀；11～13—行程阀；14—手动换向阀；17—排气节流阀

图 4-13 气动计量装置气动系统原理图

三相异步电机的控制，在工厂电工的一些实践与改进

张 昇

实现三相异步电机的顺利启动，且稳定的运行，是保证工厂生产连续性的关键和重点事项。因此，必须要正确的设计控制线路，合理的配置，良好的使用环境等。一旦故障时，能及时切断电源，保护人身和设备的安全。并显示故障点的位置、类型、大小、时间等等，都是使用控制的问题。

现阶段三相异步电机的启动和运行，是依靠接触器、可控硅无触点装置或交流变频器等控制。但在工厂使用中，购入、维护、检修等事项中，以接触器最廉价，处理解决问题最快，至今还被广泛使用，而没有被淘汰。

技术和元器件在不断地进步和改进的变化中，笔者与书本上观点不同。本文是在钢厂的一些实践运用，一种适用的改进，收集了一些，供大家参考。

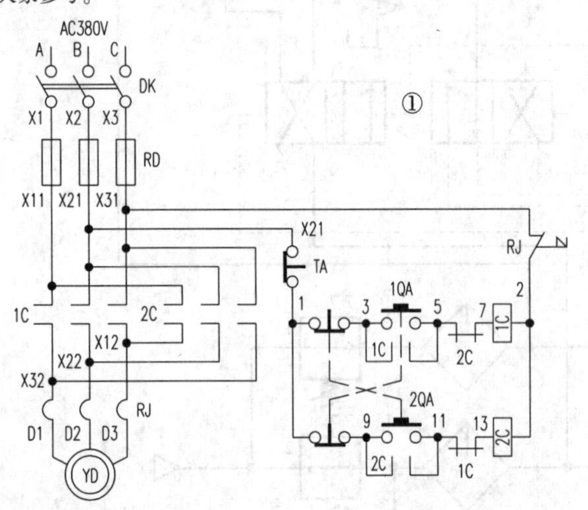

一、正反转直接启动

对于功率22kW的三相异步电机的启动，采用接触器直接启动运行，控制线路最简单。大于22kW的三相异步电机，在重载启动时，多采用分部启动的方式。但在有些地方生产要求频繁且重载启动（或者正反频繁启动）时，若采用降压式的分步启动，则因启动力矩不足，难以拖动负载，便只能直接启动。这样，电机极易发热，并且接触器的触点寿命短、甚至于严重而损坏。这些，看似简单的问题，却容易忽略，造成多次故障，影响生产的作业率。电路图1是一台磨钢机最早的设计原理图（机组中的一个单元），在实践中，常常出现一些故障，因而作了部分改进，见图2：

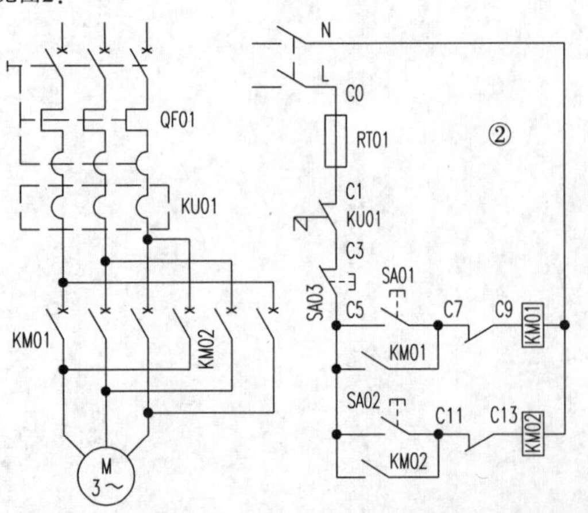

1.按钮控制电路的缺陷

假如按1QA正转按钮，电机正向启动、运转。工作一会儿，需要反转，就会按2QA反转按钮（如果不按停止按钮的话）。这里，2QA反转按钮的闭点触头，首先切断，接触器1C失电，继续按住2QA反转按钮，其开点就会马上闭合，接触器2C得电。表现在电机上，电机正向失电惯性旋转，又马上得电，进入反转。此时，惯性正向旋转的电机处于电源反接的制动状态，制动电流特大（正常的反接制动装置，应在反接的电源回路中串联有反接制动电阻，加以限制制动电流）！再反向的启动到正常。那么，这个大电流的时间过程就较长。热继电器RJ在几个回合的正反转中，发热动作了（型号为JR36-63，就是把整定值放到最大，也一样过热动作）。同时，电机也会很快发热，因此，这个控制电路存在缺陷（虽然，按钮有正反连锁功能，但电机受不了），不适用于现场工人们那样频繁正反转的操作，需改进！

2.改进的电路图

见电路图2，控制电路的按钮元件还是三个，相互独立。按钮间不设置连锁，完全依靠配电柜里的接触器的辅助触头（使用条件好安全可靠），作连锁控制。再说现场粉尘多，易污损按钮触点，容易出现故障。

假如运行中，要按相反的方向的运行，此时，按钮无法启动。必须先按停止按钮，然后，再按相反方向的按钮，才起作用。这样，每次操作要多按一次停止按钮，人为地增加了操作延时时间。

正是有了这个延时的时间，使电源反接的制动电流与图1相比，大大地减少。显然，改进后电机失电，依靠本身的惯性旋转，其转速会逐渐降低，处于自由状态（假如没有制动器）。然后再反向启动，自然，其克服旋转的力矩也会小一些，对于制动力矩的电流也就小，电机迅速停止，并再反向启动。

在主回路里，通过的电机电流是制动电流和反向启动电流的叠加，总称启动电流。限制这个启动大电流的持续时间，得在机械轴上增加机械制动装置，俗称“抱闸”，现在，多用液压抱闸。有了抱闸，电机的自由状态迅速缩短。即依靠机械抱闸来制动，比使用电源反向制动的效果好，可以大大削弱反向制动电流，也会使大电流的持续时间缩短。

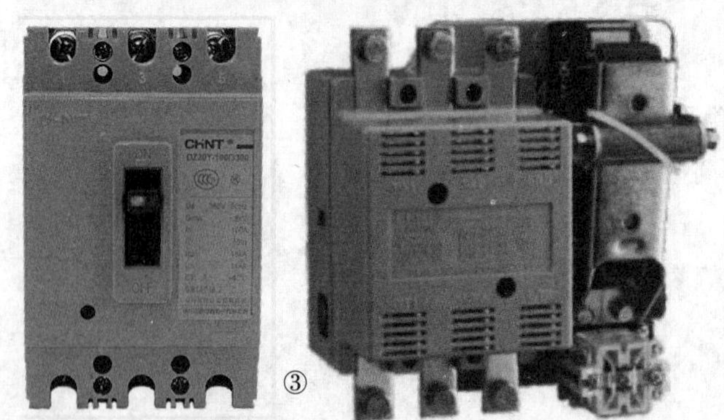

3.元件配置的问题

1）显然图中的隔离刀开关DK和熔断器RD，随元件的更新换代，已经淘汰。被有瞬动过流、失压保护等功能的自动空气开关取代。见照片图3。

2）接触器触头的损耗。重负载时，频繁的启动停止，每次断电瞬间的弧光较大，很快就“电蚀”掉触点，甚至于造成电机的单相启动。曾先

后使用过CJX2、CJ20系列的接触器等，最后，采用CJT1系列接触器，见照片图3。

3)按钮的使用。工厂中环境较差，特别是在有粉尘的地方，按钮布置在现场操作点上，其触点处，容易沉积粉尘污垢。给按启动或停止按钮时，造成“动作不来”，即无反应的现象。另外，工人们干活时，戴着厚厚的帆布手套，去按小小的按钮开关，很不方便，特别是有凹坑的那种按钮。因此，采用手柄式的万能转换开关，使用比较方便。若是在整条机组控制中使用，必须采用有零位档的万能转换开关，如LW-5-16D，见照片图4。即当万能转换开关处于零位时，整条机组才能送电，这个叫住零位连锁保护。见电路原理图6中所示，中间继电器1C的作用就零位连锁保护，叫住零位连锁保护继电器。得电后，左右搬动万能转换开关，对应电机才能正反旋转。

④

扳动万能转换开关，从正转到反转，必然要经过中间停止的位置。这一时间过程(前面提到的按钮操作，也是模拟这个操作过程，见图2原理说明)，对于电机来说，就产生了一个短暂的停止时间，这时电机的“抱闸”使电机转速降低，并制动停止，有利于反向启动。

4.元件的容量大小

原使用的JO2系列三相异步交流电机，现在的电机型号对应为Y180L-4 额定功率22kW额定电流42.5A。原其控制的主回路中，使用接触器容量为65A,。大概使用一个星期多就损坏了，处理过程一直是损坏了、再更换的方式。后来，经大家分析讨论；这样处理不行，必须修改了电路原理图，并更换元件的配置。最关键点是扩大元件的容量！自动开关更换为DZ20Y-100/3300，接触器更换为CJT1-100A，热继电器更换为JR36-160，热过流整定值在75A~100A间。效果很好，俗话说经得住整。

这里，不能简单地把元件的额定容量换大，是基于使用条件的需求，并且，正确的操作和电路的稳定运行。这是最重要的前提！否则，故障时危害更大。特别是下面提到的电机，更不能随意换大！

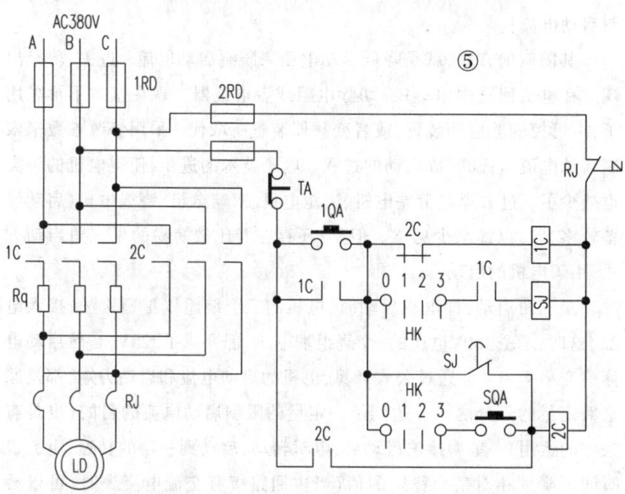

5.电机的问题

首先确认电机的功率匹配(P=F*V=MΩ，F=所需拉力N，机组线速度V，M电机转矩，Ω电机转速)，且大于启动力矩和运行力矩带负载的能力。还必须查看电机的工作制的情况，以及绝缘等级等，是否适用于使用条件。

本例使用JO2系列三相异步交流电机，对应现在的电机型号为Y180L-4 额定功率22kW额定电流42.5A，工作制S3-75%，缘等级等E，△三角形接法。查了下电机的参数，知道；S1连续工作制，S2短时工作制，S3断续周期工作制等，常用S1、S2、S3三种。电动机的绝缘E等级，为最高允许温度120℃……现在我们使用的电机，已经处于饱和状态，在极限的边缘使用，安全性很差。应该使用适用于频繁启动的JZ系列电机，或者JZR系列的电机绕线电机。最好的是恒磁场的直流电机，可以无级调速而恒力矩启动和运行。由于电机的成本、电机的“接手”(靠背轮)，电机地脚基础、机组场地等的不便，而维持原电机。在夏天工作时，外置一落地轴流风扇对吹，电机温升不至于很高，手持红外温度检测，最高波动在70℃左右。

也曾经有人提出采用Y星型接法，想降低启动电流。结果改为Y星型接法后，负载启动时，力矩不够，电机“嗷嗷”直叫，拖了很长的一段启动时间，才算启动起来。反转时，也一样，很费劲，根本不能短时间的、频繁的正反快速启动，以满足生产的需要。

6.可控硅无触点开关

考虑该开关在大电流下(峰值电流到底多大？)，电机频繁所产生的反电势，可控硅的热惰性等因素，不敢采用。可控硅软启动，我们知道采用移相调压，仍属于降压型启动，虽然是连续的调节，可以缩短启动时间。但启动力矩不够，反而麻烦。同理，也没有采用交流变频器。

7.敷设电机的线路问题

由于现在的主回路中，在大电流的情况下，是按照电机额定电流配置导线，也迟早会发生问题。因为原配置方式是地下埋管，不如架空管线容易散热。按额定配置16mm²的BV-500V铜芯导线，想象应该可以承受一下？但是大电流的情况下，易发热，工作时间又长。高温的夏天，导线发热，致使塑料外皮软化而变薄(也可能施工布线时，穿钢管时有擦伤)，绝缘度不够而“放炮”。后重新放线，改为35mm²的BV-500V铜芯导线，才正常。

小结：a. 电机频繁正反的启动情况下，上述书本上的电路不适用。b. 对应电机的情况，会出现电源反接的制动现象，主回路中产生大电流而频繁跳闸。c. 应该停止—制动—再反向启动的控制方式。d. 元件容量的放大。e. 其它应对。

二、使用变频器作正反控制

像龙门刨一样的钢坯修磨机，钢坯固定在台面小车上，来回频繁的运行。砂轮磨头恒压压下到钢坯上，对中间毛糙表面、以及裂纹、直到端面的毛刺进行修磨。示意如图7所示。载料的台面小车电机，采用5.5kW的三相异步交流电机拖动，配置7.5kW的西门子MM420系列变频器。

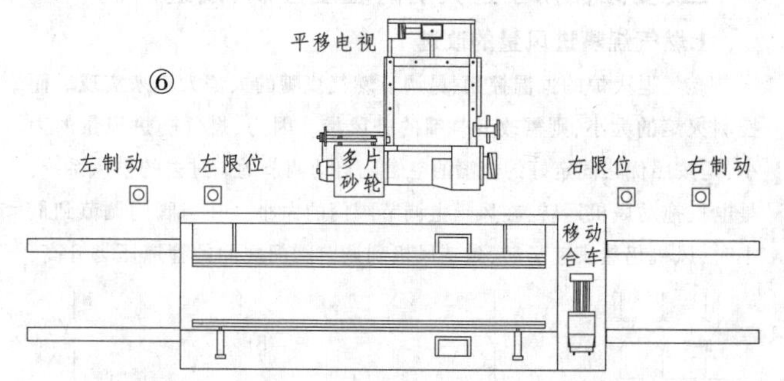

开始试车时，载料的台面小车启动运行，调节电位器的大小，确定台面运行的速度，以配合砂轮修磨的效果。走动端部接近开关处，接近开关的信号送到PLC，发出停止命令，控制载料的台面小车，停止运行。也同时开始反向启动，电机的速度迅速下降，到完全停止时，才开始反向启动。这当中，变频器内部出现大电流，在第二个换向的过程中，便出现过流报警，显示过流故障信号F001。看来，电机反转时，电源的反接制动电流太大，变频器参数设置不当！不能马上就开始反转，也应该先断电停止，在进行制动处理(虽然，变频器内部有停车和制动功能的选择，先后选择了OFF1、OFF3进行测试，感觉不太满足需要，暂时没有找到合适的参数。最后，利用变频器内部直流制动功能，才满足快速运动的台面小车，能够迅速停止。可以听见电机嗤的制动声音，迅速停止)，处理结束后再反向启动。

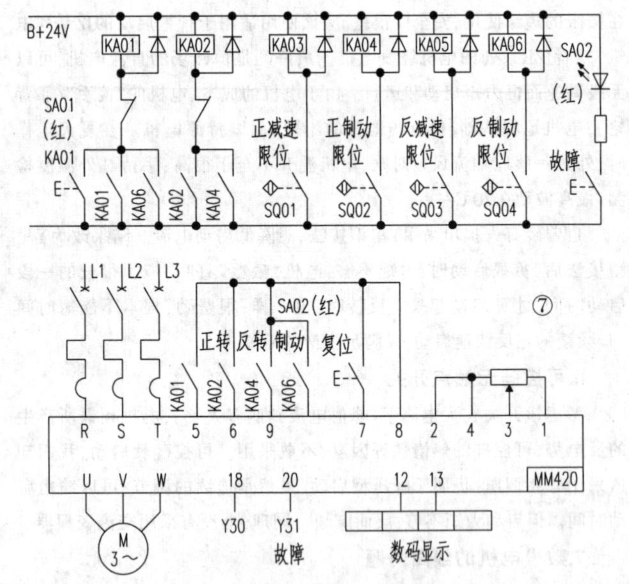

按照这个思路,停止信号到达时,先在变频器内部设置延时时间,不能马上反转。让反转命令,等延时时间到了后再执行(此时间内,选择了直流制动功能)。同时,外部也增加一个限位开关,如电路原理图7中所示(图7中上部分为PLC的接线图,下部为变频器外部接线图)。即小车到达左限位时,发出电机停止和直流制动两信号,电机转速迅速下降停止,到左制动限位时,制动结束并开启反转启动命令。这样,反复调节变频器内部的参数(斜坡下降时间P1121、直流制动信号P0704、直流制动使能P1232、直流制动持续时间P1233、直流制动起始频率P1234、制动电流P1236等),处理后,变频器的运行正常,不再出现故障报警信号了。

反复调节参数,以电位器调节中间的运行速度,在最快速度运行下,到达端部处,也能及时减速。并在到达制动限位处,制动过程结束。这样,在变频器的不同速度运行中,都能正常的启动停止,正常运行。

小结:a. 电机频繁正反的启动情况下,变频器参数设置不当,会出现报警故障。b. 也应该停止—制动—再反向启动。c. 控制参数的修改,以满足要求。

三、变频器用于退火炉的温度控制,改进两例

1.燃气烧嘴进风量的改进

燃气退火炉的恒温控制,是调节燃气烧嘴的火焰大小来实现。而控制火焰的大小,则需改变烧嘴的进风量。因为,燃气随进风量的大小,是按照优化固定好的烧嘴的空燃比自动调节的。过去的供风系统,是电机拖动风机运转,在风道上调节阀门的大小。在当阀门调节到最小时,风机仍然满速运转,致使风机到调节阀门之间的管道压力升高,

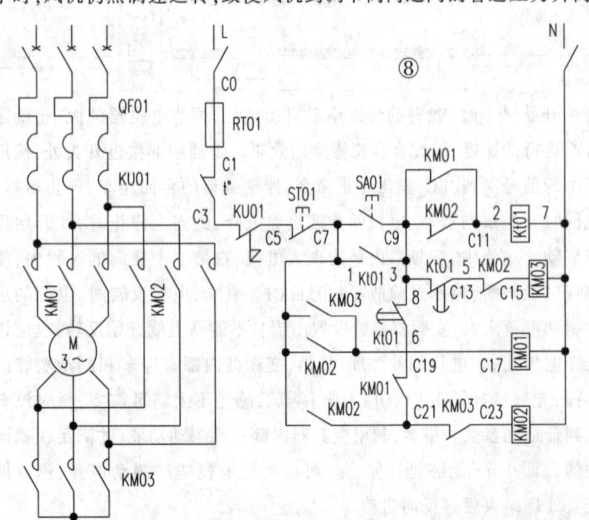

压力报警,放散阀自动打开,泄放压力。过去,因为没有变频器,所以只能采用这种办法,而今有了变频器,为什么不利用呢?像恒压供水一样,作恒温控制而节电节能。

外部接线局部原理如图8所示,热电偶的温度经仪表转换成0~10V电压信号,送到变频器的③、④脚上。变频器的启动通过选择开关,可手动或PLC的信号自动切换。故障信号通过⑱、⑳脚送到PLC系统中处理……变频器的参数按MM430手册选择设置,这里不再赘述。

这种模式在2012年最早用于退火酸洗线上,燃气烧嘴分成三组三段加热,每组烧嘴的进风量共用一台风机,使用效果很好!热电偶的变化信号,无极连续调节变频器的转速,可在配电柜上的转速表上,看见转速的数字不断变化。

2.罩式炉轴流风机的改进

罩式炉的加热方式靠内罩受热,再传导到内罩内的钢材上。而内罩内充满保护气体且密闭,单靠热辐射效果不佳,必须再通过轴流风机,加强热对流来实现钢材的加热。炉子的温度分为加热升温、恒温保持、冷却降温三个阶段。对应的轴流风机采用双速电机,只有两档变换转速来实现,非常粗糙,不利于精确控制和节能。另外,轴流风机在炉子结构上,见组装示意图9。这个双速电机安装在底部,采用双水内冷,电机结构复杂、体积大安装不便且费用很高等缺点。

现在,采用成熟的变频器拖动三相交流异步电机的措施,完全能够克服这些缺点。出于技术的原因,只能简单叙述下;风扇叶轮的轴通过水冷轴承套外接,再通过接手的方式和电机连接。控制原理上,采用两根热电偶,布置在内罩的上下钢卷处,通过仪表转换成0~10V的电压信号,相反串联而取差值送入变频器MM430的③、④脚。故障信号通过18、20脚对外送出,作相应处理。接线原理图和图十一差不多,就不再给出,以免重复。

四、星三角降压启动

电机的启动会产生瞬间的大电流,大于额定电流的5倍左右或以上,应当予以限制。另一方面,供给侧的电源变压器不是足够大,电机的启动电流会拉垮其电网电压,而影响其他用户的使用。所以必须限制启动电流!

其限制的方式,就是降低启动电压来限制启动电流。过去,曾经出现过在电机回路中串=-P,切除电阻或者电抗器。现在基本不再采用了,由可控硅软启动装置,或者变频器装置所取代。采用修改参数来限制启动电流,自动完成启动的过程。电子技术的进步,使得电机的种类也减少了。过去那些滑差电机、力矩电机、双速电机、绕线电机(启动设备较多)等,也逐渐少见了。但是,还存在着比较简易的星三角启动方式,用于电机的启动。

星三角启动;即电机启动时,电机的三个绕组以星型接法,接入电源。这时,承受380V电压的3个绕组端电压,都变成了220V,自然启动电流就变小了一些。通过公式计算,电机的启动电流和启动力矩,都是原来额定量的三分之一。达到了一定量的限制启动电流的目的(也是有条件的运用)。星型接法启动后,电机转动,启动到一定的转速,电流也瞬间下降到相对某个稳定的值(当主回路接有交流电流表时,可以看到电表的指针运动轨迹)。这时,再切换到三角型接法,电机全压正常运行,启动结束。

小车间的一台小轧机,主机电机37kW Y225L-6,额定电流71A。由于配置的电网变压器只有120kVA(还有一个75kW的三相电炉),因而,主电机必须采用星三角启动方式。

按照书本上的传统图纸配置,控制电路原理如图10所示(主回路省略)。启动时,电流表指针迅速打到头,停止了1秒左右(电流表满量程250A)。之后,降落到120A左右,再升到180A多,再回落到60~70A间波动。电机进入正常运行,切换时间在5秒,总共过程约7秒多。这当中,电流再回升到180A,是切换到三角型接法了。电机负载启动,在星型接法

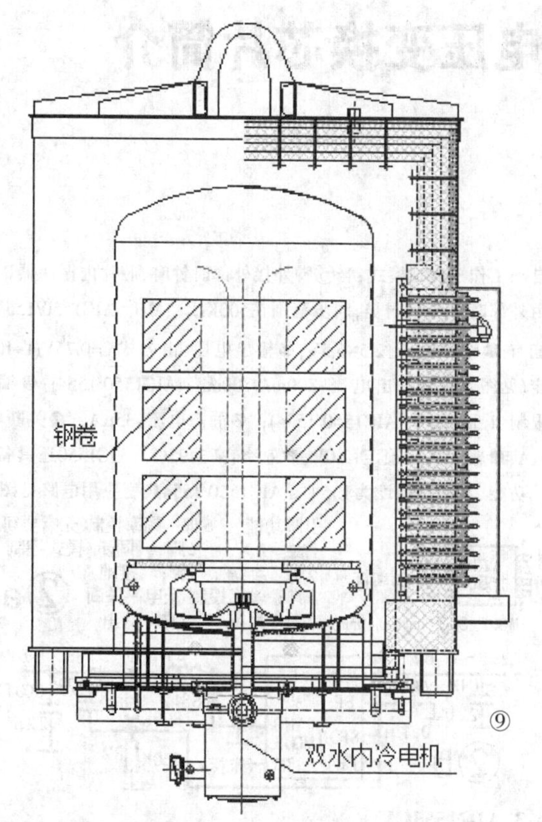

开始时，时间稍长启动力矩负重，电机产生吼叫声。随着进入角型运转，吼叫声渐渐转弱到消失。

在星型接法中，电机启动转速逐渐增加，电流由大到减小，呈现反时限特性。在切换的瞬间，电机有几十毫秒停电的自由状态，再角型接入，电流二次冲击。由于电机是带负载启动，相对较重。时间继电器的瞬间整定，从该例的情况来看，应该是长了？电机处于星型接法的运转中，启动力矩不是足够，电机发出吼叫之声。后来，几次调节，最后整定在3秒，电机电流一跌落下来，就准备切换，进入角型状态，电机吼叫声短而小。但是，稍长时间的运行，发现接触器的触头烧损严重，两个星期左右，便更换一副触头。

后来仔细分析，发现这个经典的星三角启动方法，用在重负责启动的设备上，存在一定的问题？

我们是这样认识的；电机是感抗元件，关键是电机这个感抗元件的特性，总是想维持原先的状态不变。在电机刚开始启动时，电机阻抗为零，因而电流极大。流经电机定子的电流，随着时间的增加而减少，呈现极陡的反时限特性曲线。此时，电机阻抗也逐步变大。抵抗电流增加的反电势也同样变大到稳定，电机电流逐渐稳定，只随负载大小而变。这也是电机的旋转磁场逐渐建立的过程，对应电机的转速，有小到额定。

断电时，时间继电器的延时闭点断开，星型接触器失电断开，产生强烈的电弧光。那是因为，电机这个感抗元件的特性，还是继续维持原先的状态不变，即维持原先建立起来的电势。在电路中，电源和电机产生的反电势叠加，通过星型接触器的星点，构成通路，因而产生断电的弧光。这个断电的弧光，也可以等效为一个电阻。

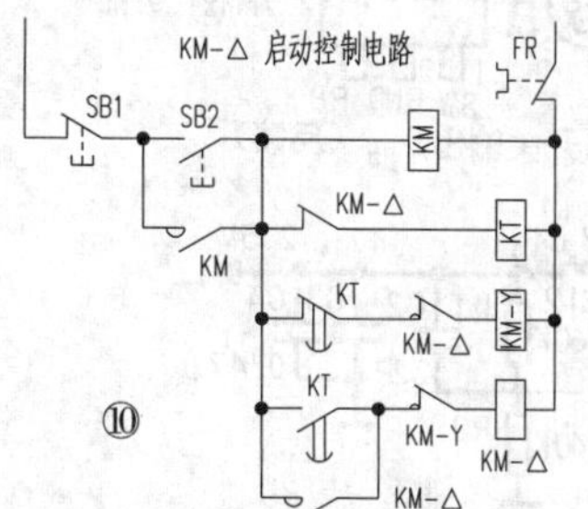

切换时，星型接触器失电断开，产生强烈的电弧光。一方面，受电弧光大小的影响，另一方面，也受接触器灭弧罩质量好坏的影响，其灭弧有一个时间过程，倘若，这个灭弧过程稍长，即还没有完全熄灭时，角型接触器开始闭合了。便引入了电源电压，加到这个弧光上。在电路中，通过角型接触器引入的电源和等效的弧光电阻，再通过星型接触器的星点，构成通路。加强了弧光的强度，也称弧光"短路"，从而加重星型接触器的触点损耗。所以，体现在元件上，星型接触器的触点损坏严重，两个星期左右，便更换一副触头。

分析和事实更加确信，必须对这个经典的星三角启动方法，进行改进，才切合实际。而有些电工教材中说，星型接触器还可以低一个档次容量配置，那更是错误之极！

修改的方法是错开并延时切换，再让触头串联，加强灭弧效果。电路原理见图10所示来分析清楚。

按启动按钮SA01，时间继电器ST01自保吸合。同时，星型接触器KM03也吸合，其常开触点又使主接触器KM01吸合。这时，电机得电按星型接法启动。

延时时间到，时间继电器ST01的闭点首先断开，星型接触器KM03失电断开，其(带动主接触器的)开点断开，主接触器KM01也失电断开。这时，电机失电，其反电势产生的弧光，由星型接触器KM03和主接触器KM01两个接触器分散承担。这样，单个接触器的弧光的强度大大减弱，从而延长了星型接触器的使用寿命。

开始切换时，时间继电器ST01的开点，虽然已经闭合了。但要等到主接触器KM01的闭点闭合后(在电机星型接法启动时，已经打开了)，角型接触器KM02才能吸合，并自保。然后，再使主接触器KM01吸合，完成切换，电机进入角型运转。

星型接触器和角型接触器的一个闭点，用于互相连锁控制。另一组闭点用于关断时间继电器，避免时间继电器长期带电。这里面，有些地方担心会产生开、闭点的"争抢"现象，而不能实现正常的切换功能，就像数字电路中组合逻辑的"冒险竞争"一样。我们知道，接触器动作时，是闭点先断开，一个很短的时间差后，接触器的开点闭合。简称"先闭后开"的顺序时间过程。还有，时间继电器的线包失电后，其开、闭点会稍后恢复状态。不管气囊式的老式时间继电器，还是晶体管时间继电器。所以，不用担心上述动作问题，除非接触器损坏了。

先不给主回路供电，只送控制电路的操作电源，再一次，用模拟的方式检查动作情况。作好试车前的检查准备，用肉眼可以看见接触器的动作过程。按启动按钮SA01；时间继电器ST01、星型接触器KM03、主接触器KM01先后瞬间吸合。此时，把时间继电器的动作时间调节到最大，以便观察或检查这几个继电器吸合的情况。切换开始时，星型接触器KM03失电断开，可以肉眼观察下，是否有主接触器KM01失电后又瞬间吸合的现象，然后，是角型接触器KM01再吸合。说明控制系统动作正常，可以使用。

用这个改进的星三角启动控制电路，控制110kW的风机启动运行，效果也非常良好。

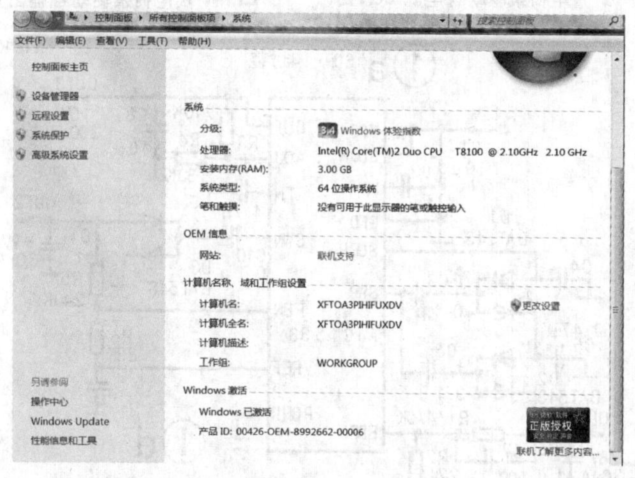

28款新型AIC系列直流电压变换芯片简介

王绍华

说明：下面介绍的AIC系列直流变换块具有效率高、噪声低、功能多（包括降、升压/正、负电压输出；输出电压固定或可调，可工作于PWM/PFM，电压或电流模式、输出电流大、输出电压精度高）、保护功能完善（包括输入欠压、输入电源极性接反、输出限流、输出短路、芯片过热输出关断等）外接元件少、体积小、工作稳定等众多优异特性。故在家电、网络通讯、便携式医疗仪器、便携式电子产品、无线遥控系统、低压配电系统、电池供电系统等众多领域均有广泛应用。

1. AIC1533

AIC1533是一款由双电荷泵和一个稳压器组成的可控三输出稳压电源。其中正、负电荷泵可输出正、负电压，主稳压器具有低压差特性，可连续输出300mA电流。AIC1533采用8.75mmx4.00mm的塑料SOP-14和5.1mmx4.5mm的塑料TSSOP-16封装（见图1a、图1b）。其主要特性：●其输入电压：10~15V；●主稳压器输入、输出压差：500mV（主输出稳压器300mA输出时）；●主输出电压：由公式1.25V(1+R3/R4)决定（见图1d）●主输出稳压器输出电流：300mA（典型值）；●输出电流限制：700mA（最大值）；●基准电压：1.25V；●振荡器开关频率：1MH$_z$；●待机电流：1μA；●正、负电荷泵输出电压分别由R1、R2/R5、R6调节；●正、负电荷泵输出电流：30mA（典型值）；●负载调整率：1%（输入电压为12V时）；●芯片过热输出关断温度：155℃。AIC1533的尾缀字母含义见图1c，典型应用电路见图1d。

2. AIC1550/1554

AIC1550/1554是一款低噪声、高效、多功能、同步PWM模式DC/DC降压转换器，采用薄型MSOP-8封装（见图2a）。该芯片可工作于：⑴强制PWM模式；⑵可同步PWM模式，使用外部开关频率与之同步；⑶PWM/PFM模式，在轻负载时自动工作于PFM模式，以减小损耗。在重负载时又自动工作于PWM模式，保证能输出大电流；⑷关断模式。具体就是，当芯片⑥脚(SYNC/MODE)为高电平时，芯片工作于强制PWM模式；当⑥脚接低电平时，芯片工作于重负载时工作于PWM模式、轻负载时自动工作于PFM模式；当⑥脚外接外部时钟时，芯片内振荡器工作频率由外部时钟频率同步，同步范围在500KH$_z$~1MH$_z$。AIC1550/1554主要性能有：●输入电压：2.5~6.5V；●输出电压：由公式V=0.75V(1+R1/R2)决定（见图2b）；●输出电流：800mA/700mA；(AIC1550/1554)；●输出电流限制：1.5A/1.3A (AIC1550/1554)；●静态电流：35μA；●关断电流：0.1μA；●输入欠压锁定：2.0V；●效率：高达95%。AIC1550还具备过热保护功能，其动作温度为135℃。AIC1550/1554典型应用电路见图2b。

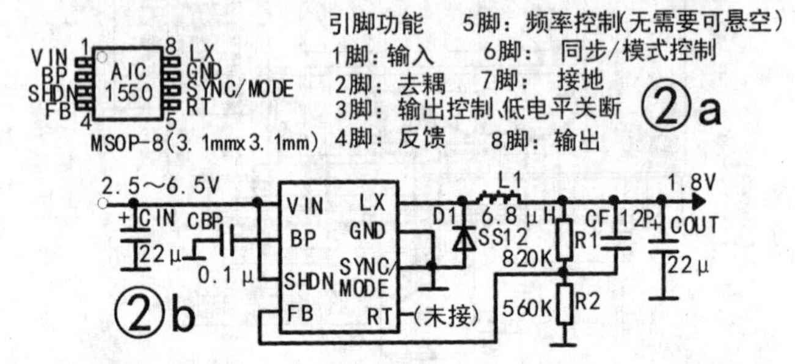

3. AIC1553CV

AIC1553CV是一款高效、电流模式、降压型直流电压转换IC，采用SOT23-5贴片封装（见图3a）。

由于SOT23-5贴片封装表面积太小，所以，AIC1553CV用代码“EP01”表示。该芯片可自动工作于PWM或PFM模式。在重载时工作于PWM模式，在轻载时自动工作于PFM工作模式，开关频率降低，以减小栅极电荷损耗。主要性能，●输入电压：2.5~5.5V；●输出电压：由公式V=0.75V(1+R1/R2)决定（见图3b）；●输出电流：500mA；●输出电流限制：700mA；●静态电流：22μA；●关断电流：0.25μA；●效率：不低于90%。AIC1553CV的典型应用电路见图3b。

4. AIC1562CN/CS

AIC1562CN/CS是一款高效率外驱动型自举直流转换IC，其中AIC1562CN采用DIP-8封装，AIC1562CS采用SOPP-8封装（见图3/4）。主要性能，●输入电压：3.0~20V；●输出电压：2.5~3.5V；●输出电流：可达10 A；●效率：不低于90%。AIC1562CN/CS通常专为MCU或DDR存储器提供工作电源，它们的典型应用电路见图4b。

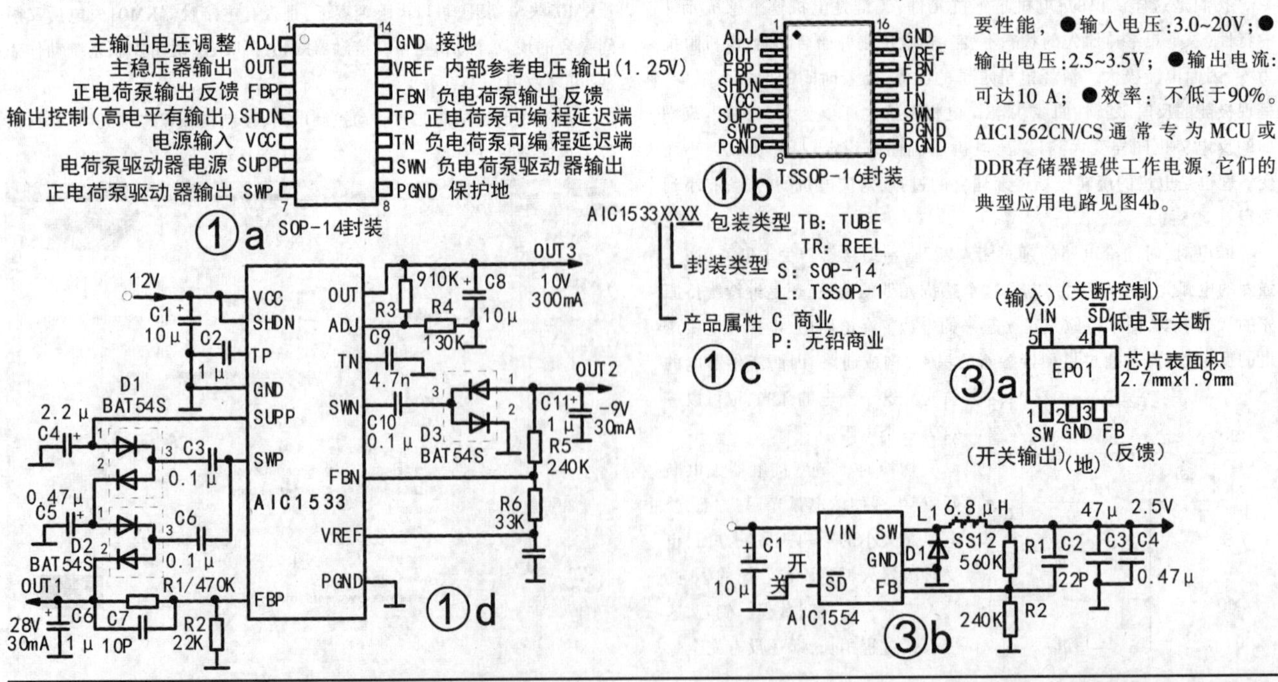

5. AIC1563

AIC1563是一款单芯片多用途直流电压控制转换器。采用10.16mmX7.12mm的DIP-8封装（比如AIC1563CN）或5.0mmx4.0mm的SOP-8封装(比如AIC1563CS),其引脚功能见图5a和图5b。AIC1563的输入电压范围为3~30V;输出电压范围由公式:V_{OUT}=1.25V(1+RB/RA)确定（见图5c）;AIC1563内含2A峰值电流开关,连续输出电流可达1.5A;静态电流仅1.6mA,其转换效率可达90%。AIC1563之所以具有多用途,是因为AIC1563不仅可以用来升压,而且可以用来降压。不仅能输出正电压，而且还可以将输入的正电压转换成负电压输出。图5c~图5e是AIC1563在上述三种情况下的典型应用电路。

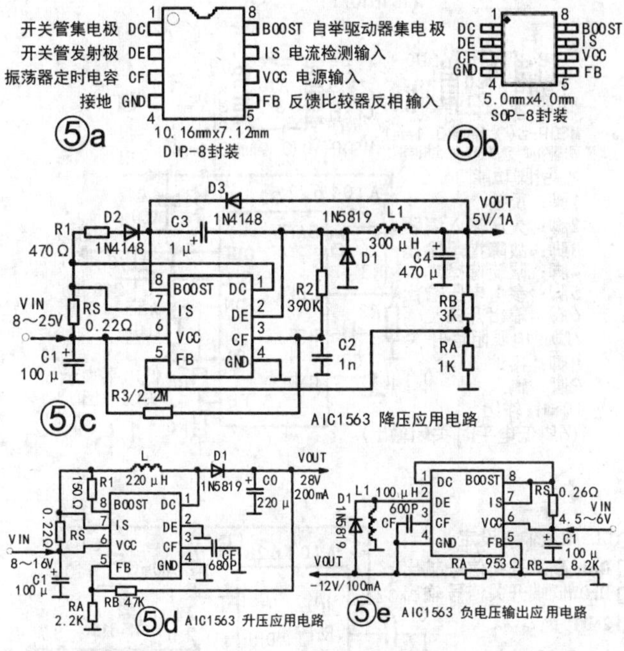

6. AIC1577

AIC1577是一款电流模式驱动外部MOSFEF功率管的降压PWM转换器,采用MSOP-8或SOP-8封装(见图6a)。主要性能,●输入电压:4.5~24V;●输出电压:0.8~20V,具体由公式VOUT=0.8V(1+R2/R1),(见图6b);●输出电流:可达5 A(3.3V输出时);●输出过压保护:FB端电压相对正常值≥55mV时;●效率:不低于90%;待机电流:720μA;关断电流:1.6μA。AIC1577的典型应用电路见图6b。

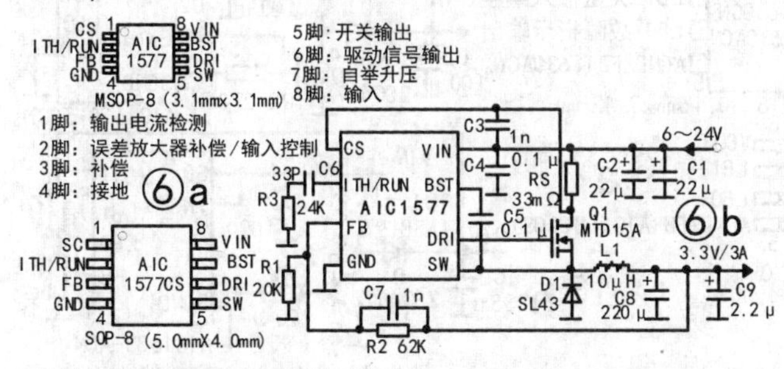

7. AIC1578CN/CS

AIC1578CN/CS是一款PFM控制的高性能DC/DC转换器,采用DIP-8(AIC1578CN)和SOP-8(AIC1578CS)封装(见图7a)。主要性能,●输入电压:4~20V;●输出电压:由公式VOUT=1.22V(1+R1/R2),(见图7b);●输出电流:可达2 A(5V输出时);●静态电流90μA;●关断模式下电流:8μA;●效率:可达95% AIC1578CN/CS的典型应用电路见图5b。

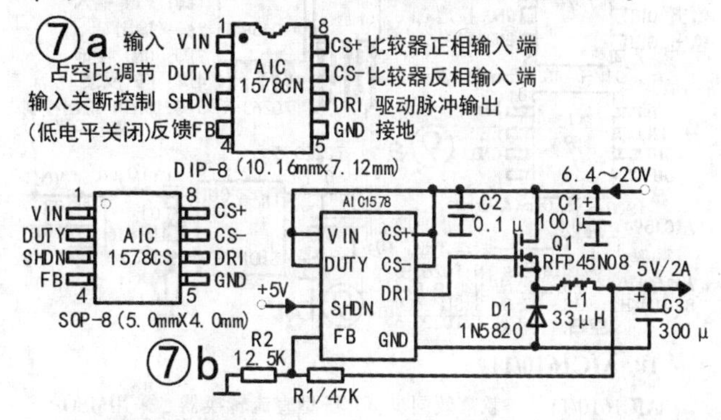

8. AIC1579/79L

AIC1579/79L是一款高功率、高效率、电压模式降压型DC/DC转换器，采用DIP-8（AIC1579CN/AIC1579LCN）和SOP-8（AIC1579CS/AIC1579LCS)封装(见图8a)。主要性能,●输入电压:5.0~15V;●输出电压:1.5~3.5V，具体值AIC1579由公式VOUT=2V（1+R3/R4）决定、AIC1579L由公式VOUT=1.3V(1+R3/R4)决定,(见图8b);●输出电流:可达10 A（1.5V输出时）；●过流保护：≥15A;；●效率：达95%。AIC1578CN/CS的典型应用电路见图8b。

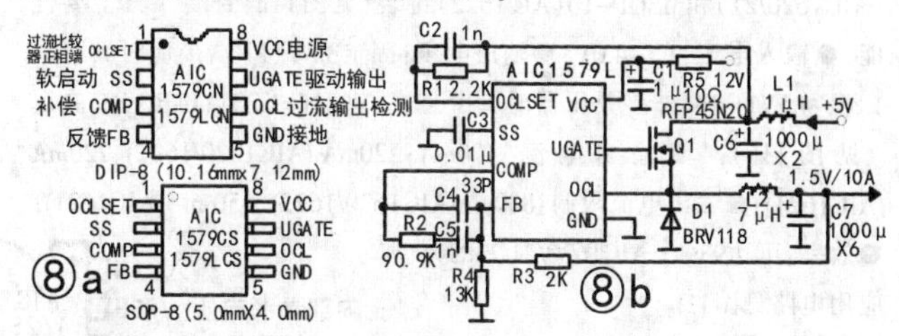

顺便提及，与AIC1579/79L性能与封装形式相同的还有AIC1580/80L仅②脚功能不同,AIC1580/80L②脚功能为“SD”(输入控制),低电平关闭。应用电路参照图8b，只需将AIC1580/80L②脚直接接⑧脚(VCC))端即可。

9. AIC1594

AIC1594是一款PWM模式、降压型稳压器。采用TO220-5、TO263-5、DIP-8及SOP-8四种封装(见图7a) AIC1594所用外围元件少(最少仅4只)、输出可控(低电平有输出)、保护功能完善,有固定频率150KH$_Z$/300KH$_Z$两种。主要性能,●输入电压:4.5~36V;●输出电压:固定2.5V/3.3V/5V/12V、可调1.25~30V,由公式:VOUT=1.25V(1+R1/R2)确定(见图9b)。●输出过压保护:输出值≥20%正常值时;输出电流:1A;●输出电流限制:1.5A;●输出短路保护电流:2.0A;●过热关断:150℃;●效率:≥90%;●待机电流:80μA。AIC1594典型应用电路见图9b。顺便说明,与AIC1594性能、引脚功能完全相同还有AIC1595/96。不同的是:AIC1595/96只有TO220-5、TO263-5两种封装,AIC1595、AIC1596输出电流分别为2A、3A;输出电流限制分别为2.5A、3.5A;输出短路保护电流分别为3A、4A。

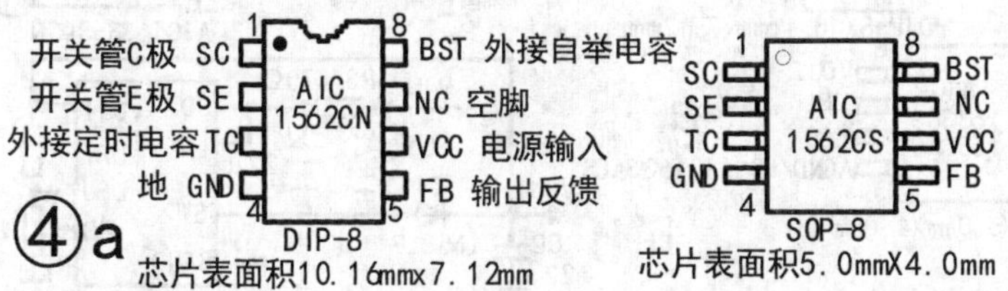

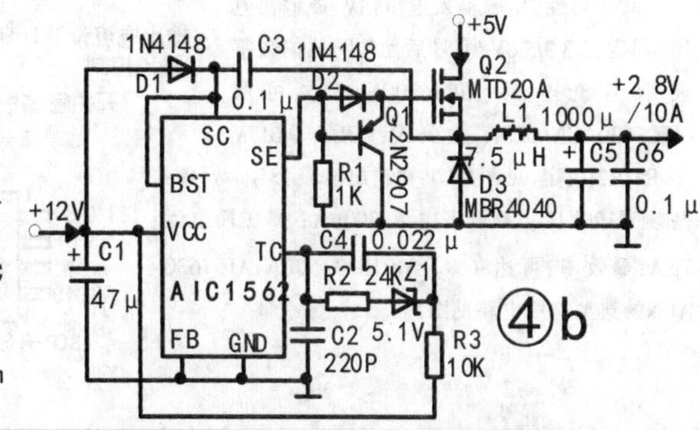

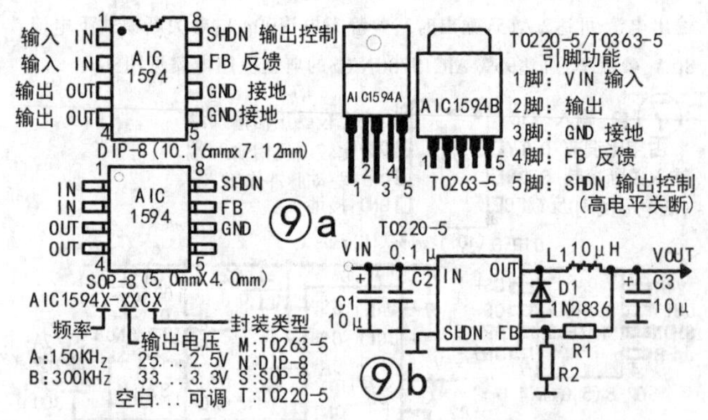

10. AIC1610/11

AIC1610/11是一款高效同步、升压型直流转换器。采用MSOP-8（见图10a）其主要性能：●输入电压：1.1~5.0V；●输出电压：1.8V~5.5V、由公式：VOUT=1.23V(1+R4/R5)决定（见图10b）；●输出电流：350mA/300mA（AIC1610/11）；●电流限制：1.0A/0.65A：（AIC1610/11）；●待机电流：0.1μA；●效率：可达90%。AIC1610/11的典型应用电路见图10b。

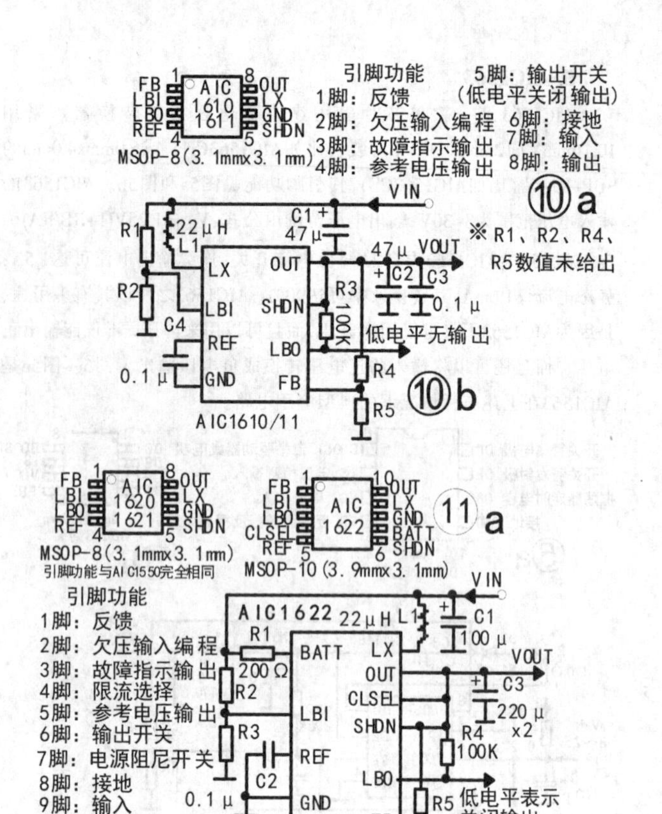

11. AIC1620/21/22

AIC1620/21/22是一款高效同步、升压型直流转换器。采用MOP-8（AIC1620/21）和MSOP-10（AIC1622）封装（见图11a）封装。其主要性能：●输入电压：1.1~4.0V；●输出电压：固定3.3V（FB端接地时）；可调1.8V~4.5V（FB端外接分压器时），由公式：VOUT=1.23V(1+R5/R6)决定（见图11b）；●输出电流：400mA；220mA（AIC1620/1622）、220mA（AIC1621）；●输出电流限制：800mA（AIC1620/1622）、450 mA（AIC1621）；●效率：可达93%。AIC1620/21/22的典型应用电路见图11b。

12. AIC1628

AIC1628是一款高效率三芯升压型DC/DC转换器，采用DIP-8和SOP-8两种封装（见图12a）。AIC1628具有跳脉冲和脉冲频率调制两种工作方式、推挽式驱动器输出、限流输入设定（阈值60mV）等特性。其主要性能：●输入电压：4~24V；●输出电压：可调、由公式：VOUT=1.22V(1+R1/R2)决定（见图12b）；●输出电流：>50mA；●振荡频率：90~250KHz；●效率：可达95%。AIC1628的典型应用电路见图12b。

13. AIC1630/31

AIC1630/31是一款二节电池专用升压直流变换器，采用DIP-8（AIC1630CN/CAN、AIC1631CN/CAN）和SOP-8（AIC1630CS/ACS、AIC1631CS/ACS）两种封装（见图13a）。有固定输出和可调输出两个版本（型号阿拉伯数字后面带“A”字母的为可调输出版本，它的第5脚为FB）。

其主要性能：●输入电压：3V；●输出电压：固定：3/3.3/5.0V，型号后面的阿拉伯数字表示输出电压（AIC1630CN/CS），可调（AIC1630ACN/ACS）：由公式：VOUT=0.617V(1+R1/R2)决定（见图13b）；●输出电流：>50mA；●振荡频率120KHz；●静态电流：300μA；●关断电流：7μA；●效率：可达86%。AIC1630-50CN、AIC1630-ACN的典型应用电路见图13b。

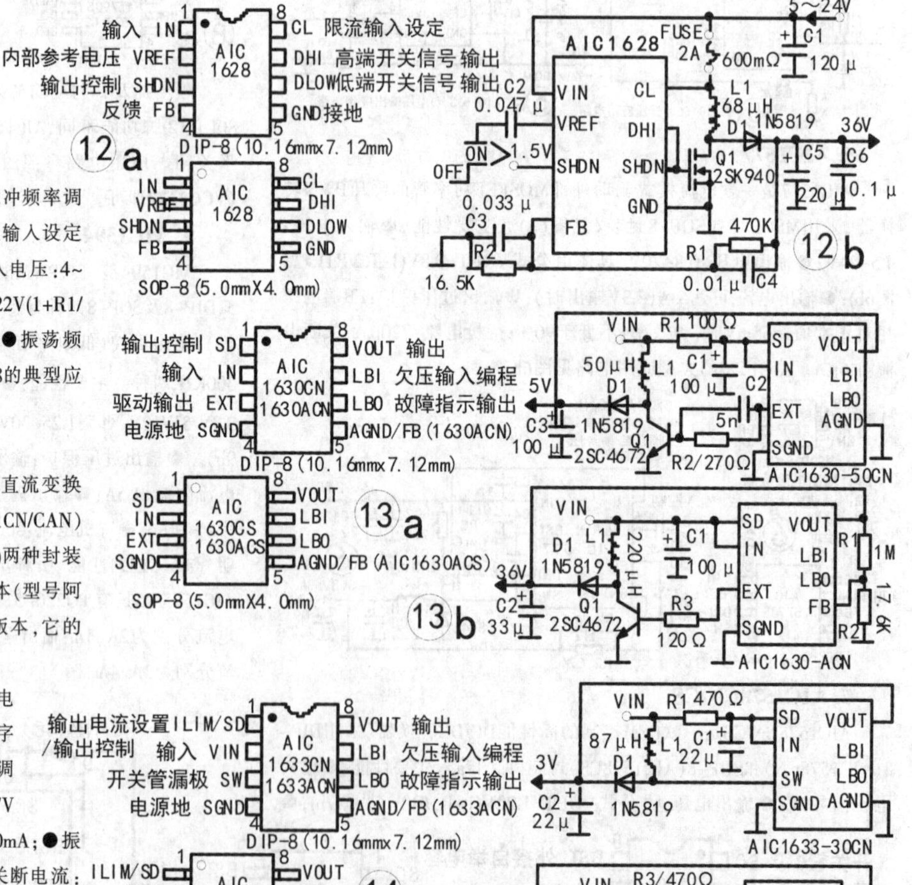

14. AIC1633

AIC1633是一款高效率加强型直流升压转换器，采用DIP-8(AIC1633CN/CAN)和SOP-8(AIC1633CS/ACS)两种封装(见图14a)。有固定输出和可调输出两个版本(型号阿拉伯数字后面带“A”字母的为可调输出版本,它的第5脚为FB)。其主要性能:●输入电压:1.8~7.0V;●输出电压：固定:3/3.3/5.0V, 型号后面的阿拉伯数字表示输出电压(AIC1633CN/CS),可调(AIC1633ACN/ACS):由公式:VOUT=0.62V(1+R1/R2)决定(见图14b);●输出电流:可达200mA;●效率:≥87%。AIC1633-30CN、AIC1633-ACN的典型应用电路见图14b。

15. AIC1638/39

AIC1638/39是两款高效率三引脚升压型直流电压转换器，采用SOT-89和TO-92两种封装(见图15a)。需要说明的是,AIC1639的第③脚为对外开关管驱动信号输出脚，由于通过外部晶体管对外输出,所以输出电流较大。其主要性能：●输入电压:0.9~3.0V；●输出电压:2.7V/3.0V/3.3V/5.0V(型号后面的两位阿拉伯数字表示输出电压);●输出电流:300mA/600mA(AIC1638)/1639);●效率:85%。AIC1638/39的典型应用电路见图15b。顺便提及,与AIC1638封装、引脚功能及性能完全相同的还有AIC1642,它也只有上述四种固定电压输出。

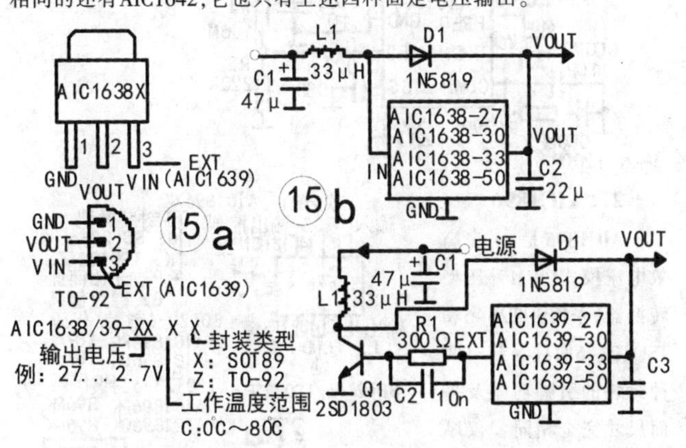

16. AIC1640

AIC1640是一款低电压输入升压型直流电压转换器,采用DIP-8和SOP-8两种封装(见图16a)。需要说明的是,AIC1640后面带阿拉伯数字的为固定电压输出型,第④脚悬空。带“A”字母的为可调输出型,第④脚外接分压器。主要性能:●输入电压:0.9~3.0V;●输出电压：3.0V/3.3V/5.0V(型号后面的两位阿拉伯数字表示输出电压);可调:0.9~5.0V;●输出电流:>100mA;●效率:80%。AIC1640的典型应用电路见图16b。

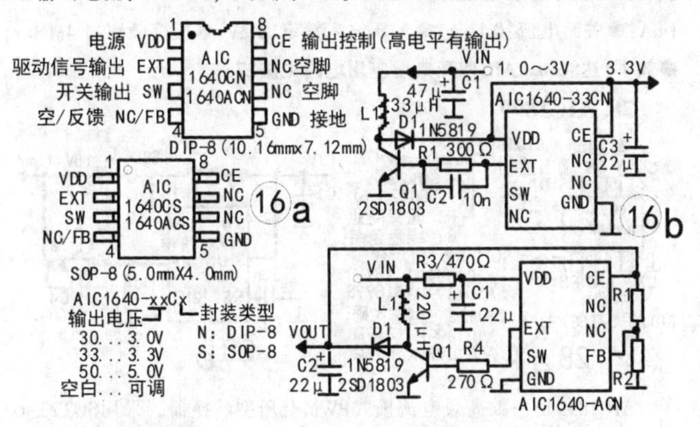

17. AIC1641

AIC1641是一款低输入升压型、固定输出电压直流电压转换器,采用 MSOP -8 (2.9mmx2.9mm)、SOP -8 (4.8mmx3.8mm) 和 SOT89 -5 (4.4mmx2.4mm)封装(见图17a)。主要性能:●输入电压:0.9~4.5V;●输出电压: 2.7V/3.0V/3.3V/5.0V(型号后面的两位阿拉伯数字表示输出电压);●输出电流:>100mA;●效率:80%。AIC1640的典型应用电路见图17b。

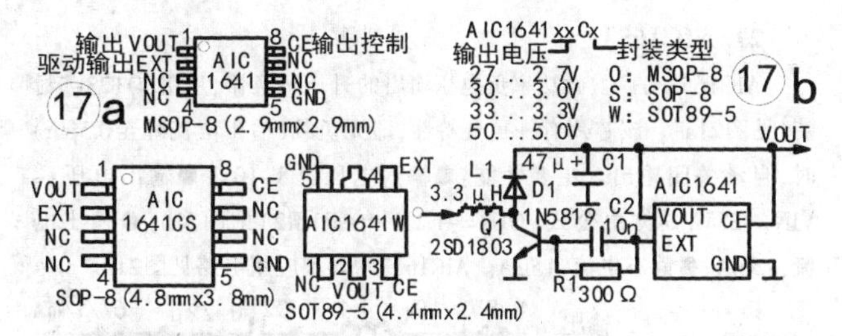

18. AIC1647

AIC1647是一款升压型白光LED用驱动IC,采用SOT23-5封装(见图18a)。主要性能:●输入电压:2.5~5.5V;●输出电压:≥12V;●输出电流:>20mA;●工作频率:1.2MHz;●效率:>80%。典型应用电路见图18b。

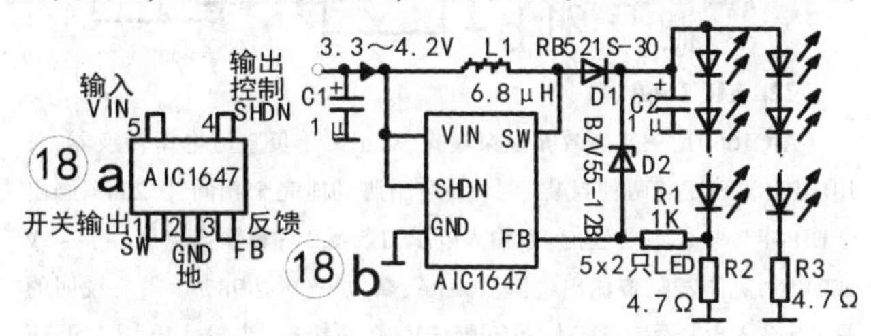

19. AIC1648

AIC1648是一款内置开路、过压保护的升压型白光LED用驱动IC,采用SOT23-6封装(见图19a)。主要性能:●输入电压:3.3~4.2V;●输出电压:≥12V;●输出电流:>20mA;●工作频率:1.2MHz;●过压保护阈值:27V;●效率:可达84%。典型应用电路见图19。

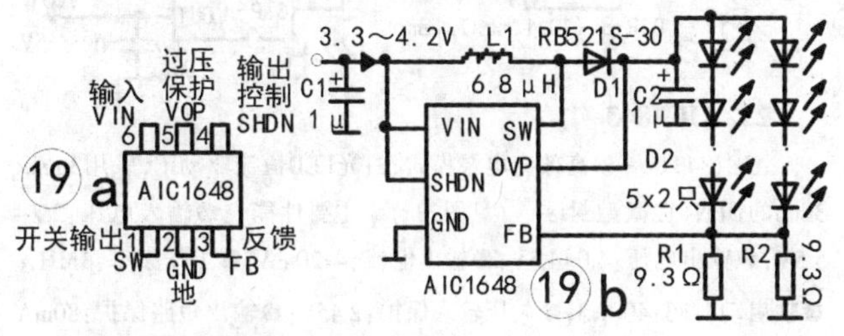

20. AIC1650/52

AIC1650/52是一款高效负电压输出升压转换器，采用DIP-8(9.01mmx6.09mm)和SOP-8(4.8mmx3.8mm)两种封装(见图20a)。主要性能:●输入电压:4.0~20V(AIC1650)/2.4~7V(AIC1652);●输出电压:-12V~-40V;由公式VOUT=-1.22VR1/R2确定(见图20b)。●输出电流:≥10mA;●工作频率:100KHz~320KHz;●关闭电流:8μA;●效率:可达90%。AIC1650的典型应用电路见图20b。AIC1652的典型应用电路与图20b有两处不同,一是SHDN端不是接5V电压端,而是直接与①脚连通,二是R3的阻值范围不同,应是470Ω~1.8K。

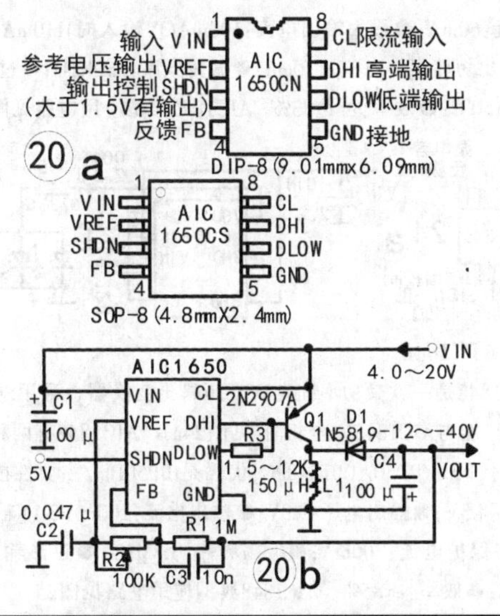

21. AIC1653

AIC1653是一款微功率负电压输出的升压转换器，采用SOT23-5封装(见图21a)。该芯片有一重要特性，即无负载(输出电流降至0.5μA)时，自动关闭输出。主要性能：●输入电压：1.8~10V；●输出电压：-VIN~-28V，具体由公式VOUT=-1.23V(1+R1/R2)见图21b；●输出电流：75mA；●静态电流：15μA。AIC1653的典型应用电路见图21b。

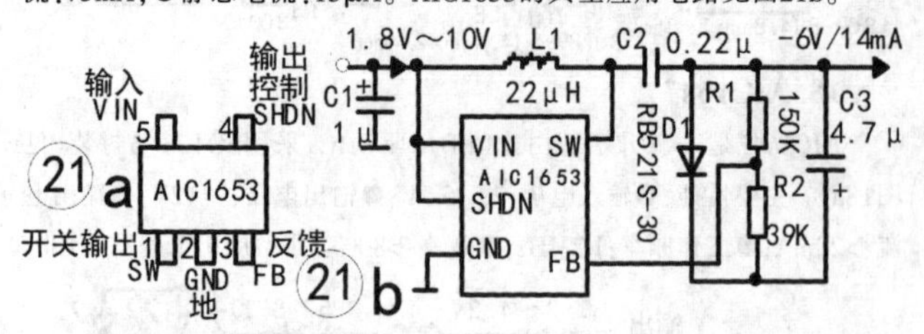

22. AIC1660

AIC1660是一款高效充电泵模式、双正或单负直流电压转换器，采用DIP-8或SOP-8两种封装。两种封装引脚功能完全相同，图22a只画出了DIP-8封装。主要性能：●输入电压：1.5~6.0V；●输出电压：-1~-5V或2VIN，见图22b；●输出电流：100mA；●效率：可达98%。需要说明的是，当输入电压大于3V时，第⑥脚(LV)必须接地，当输入电压大于3V时，⑥脚可悬空。AIC1660的典型应用电路见图22b。

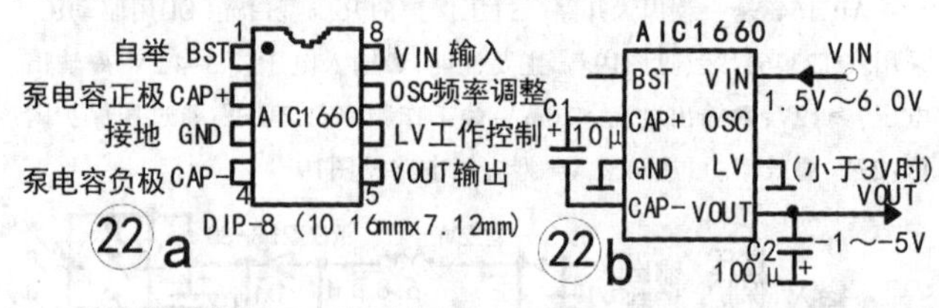

23. AIC1843

AIC1843是一款高效充电泵模式、白光LED恒流驱动IC，采用3mm×3mm的DFN-12微型封装。(见图23a)。主要性能：●输入电压：2.7~5.5V；●输出电压：4.0~4.5V；●输出电流：4x20mA；●工作频率：1MHz；●软启动时间：400μS；●欠压输入保护：2.45V；●输出短路保护：80mA(每路)；●过热输出关断：150℃。AIC1843典型应用电路见图23b。

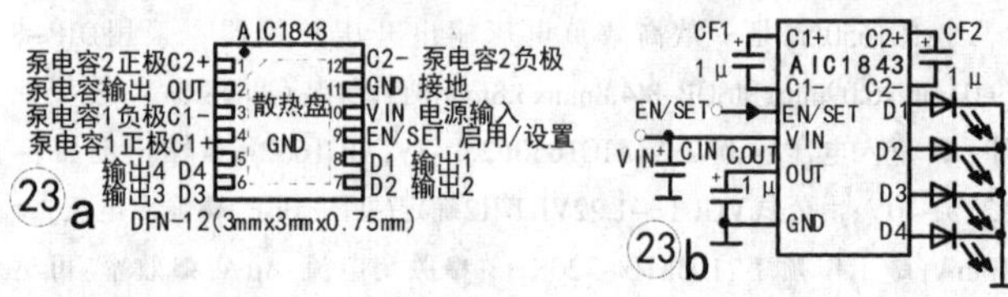

24. AIC1845

AIC1845是一款微功率固定5V升压输出变换器，采用SOT23-6封装(见图24a)。主要性能：●输入电压：2.7~5.0V；●输出电压：5.0V；●输出电流：60mA；●最大输出电流：100mA(3V输入时)110mA(3.3V输入时)；●输出短路保护电流：170mA；●振荡频率：650KHz；●过热输出关断温度：150℃；●效率：可达83%。AIC1845典型应用电路见图24。

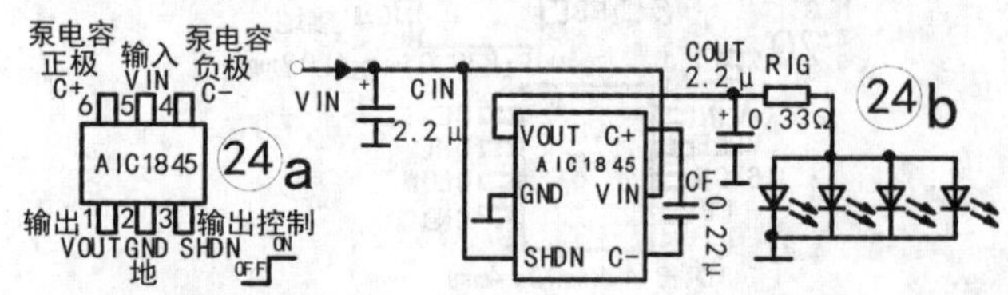

25. AIC1848

AIC1848是一款微功率固定5V升压输出变换器，采用SOT23-6封装，引脚功能与AIC1845完全相同(见图24a)。AIC1848有两种规格：(1)1848CG，代码是(BP50)、(2)1848PG，代码是(BP50P)。主要性能：●输入电压：2.7~4.5V；●输出电压：5.0V；●输出电流：100mA(3.1V输入时)；●输出短路保护电流：300mA；●振荡频率：1.8MHz；●过热输出关断温度：150℃；●效率：≥85%。AIC1848典型应用电路见图25。

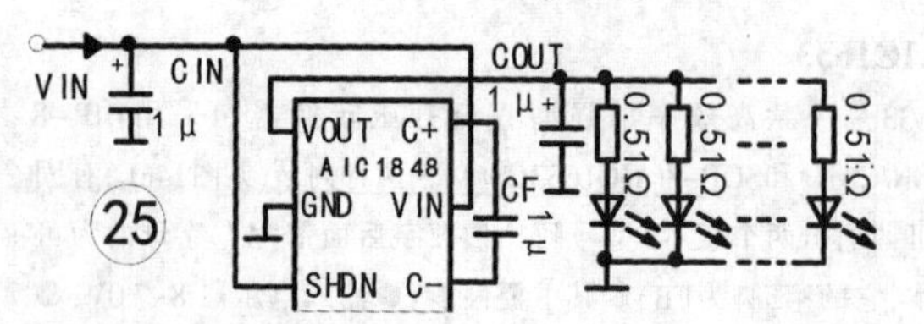

26. AIC1880

AIC1880是一款高效低噪声PWM模式升压变换器，采用MSOT-8封装(见图26a)。主要性能：●输入电压：2.6~5.5V；●输出电压：VIN~11V、由公式VOUT=1.24V(1+R1/R2)确定(见图26b)；●输出电流：800mA；●电流输出限制：1.6A；●静态电流：300mA；●关断电流：0.1μA；●欠压输入锁定：2.35V；●振荡频率：640KHz/1.2MHz；●效率：可达90%。AIC1880典型应用电路见图26b。

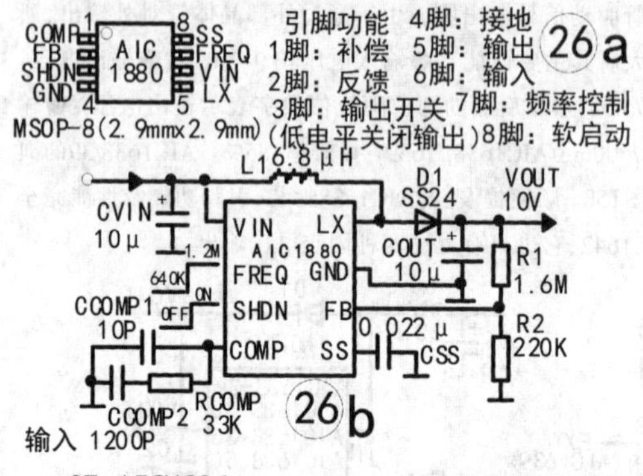

27. AIC1896

AIC1896是一款高效电流模式PWM升压型转换器，采用SOT23-6和TSOT23-6两种封装(两种封装的引脚功能及平面尺寸完全相同，仅厚度不同，前者0.9mm，后者0.7mm)，如图27a。主要性能：●输入电压：2.5~10V；●输出电压：7.5~30V；●输出电流：200mA；●电流输出限制：600mA；●静态电流：1mA；●关断电流：0.1μA；●欠压输入锁定：2.2V；●振荡频率：1.4MHz；●效率：达86%。AIC1896典型应用电路见图27b。

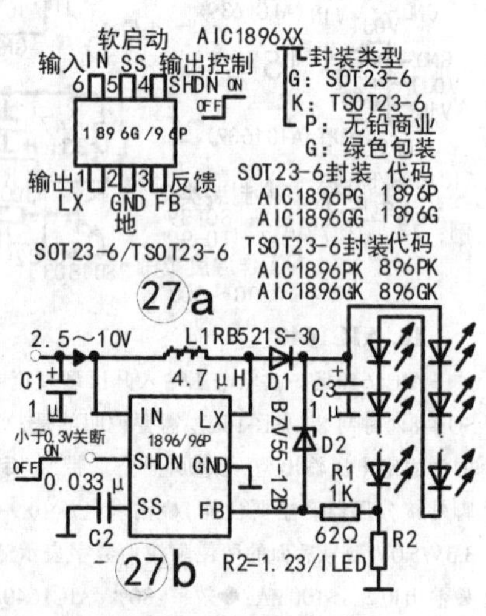

28. AIC1899

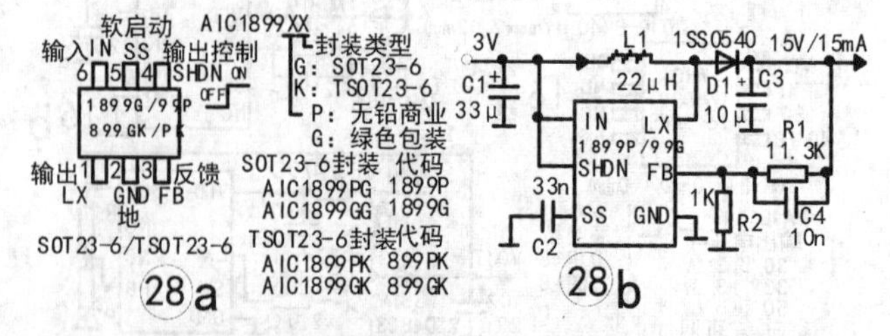

AIC1899是一款高效电流模式PWM升压型转换器，采用SOT23-6和TSOT23-6两种封装(两种封装的引脚功能及平面尺寸完全相同，仅厚度不同前者0.9mm，后者0.7mm)，见图28a。主要性能：●输入电压：2.5~5.5V；●输出电压：7.5V~24V具体由公式VOUT=1.24V(1+R1/R2)确定(见图28b)；●输出电流：20mA(3.3V输入时)；●静态电流：0.1mA；●关断电流：0.01μA；●欠压输入锁定：2.2V；●振荡频率：1MHz；●效率：可达90%。AIC1899典型应用电路见28b。

软启动器的启动、停机模式与应用电路

杨电功 杨德印

电动机启动用的软启动器应用已经极其普遍，由于其设备体积较小，重量较轻，控制性能优异，已经逐步大面积地取代了传统的星三角启动电路、自耦变压器降压启动的路、延边三角形启动电路甚至液阻启动电路。而在软启动器的安装调试、运行维护等环节，可能有的运行维护人员对软启动器的启动模式、停机模式及具体应用电路等了解得不够清楚明白，影响了软启动器技术性能的发挥，因此，本文对软启动器的相关知识给以介绍，以期对相关人员有所帮助。

使用软启动器启动或停止运行电动机，可以有效降低电动机的启动电流，控制和优化电动机停机时的运行状态，运行过程中可以对电动机的过负载及短路等异常快捷准确地实施保护，对于一些运行过程中无须调速的电动机来说，是一种明智的选择。

一、电动机软启动器的启动模式

使用软启动器启动电动机时，有4种启动模式可供选择，即电压斜坡启动模式、电流斜坡启动模式、电压斜坡+电流斜坡启动模式和突跳转矩启动模式。用户应根据电动机的功率容量、电网容量的大小、负载状况等因素选取合适的启动模式。

1.电压斜坡启动模式

这种启动方式适用于大惯性负载，在对启动平稳性要求比较高的场合，可大大降低启动冲击及机械应力。

在电压斜坡启动模式下，需要设置的参数见表1。这里提供的参数设置，是就某一种品牌的软启动器的一种示例性的举例。具体应用现场软启动器的参数设置，应参照该产品的使用说明书的介绍，参照表1的示例进行。

表1：电压斜坡启动时的参数设置

参数	参数名称	可设置范围	出厂值	设置值
L00	启动方式	0电压斜坡 1电流斜坡	0	0
L03	起始电压/电流	20%~100%Un 20%~100%In	30%	33%
L04	斜坡时间	0 ~ 120s	10	依需设置

表1中的Un是电源额定电压，In是电动机的额定电流。

电压斜坡启动模式下的电压曲线见图1。图中L03是参数设置的起始电压，对于电压斜坡启动模式，参数L03设置为33%，表示电压斜坡从额定电压的大约1/3开始。1、2、3、4四条电压斜坡是参数L04设置不同斜坡时间所对应的曲线，曲线1对应的斜坡时间是0~t1，曲线2对应的斜坡时间是0~t2，曲线3对应的斜坡时间是0~t3，曲线4对应的斜坡时间是0~t4。L04设置的斜坡时间不同时，对应的转速、转矩提升速率也不同。

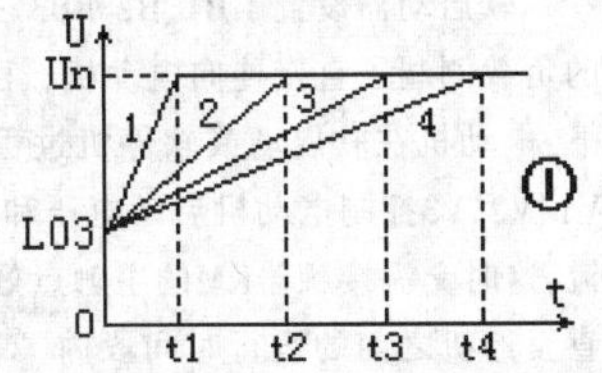

以参数L03设置为33%、L04设置为35s为例，电动机使用软启动器启动时，其启动过程是，运行人员按下启动按钮，软启动器瞬间给电动机施加33%的额定电压，之后在35s的时间内，电动机绕组上的电压逐渐平稳地上升到额定电压Un。参数L04的设置，应依据电动机的负载轻重、惯性大小等情况反复试验确定，保证电动机的转速在L04设置的斜坡时间结束时刚好达到额定值。

图1中示出的4条电压斜坡，是参数L04设置了不同斜坡时间时形成的，一个具体的应用案例，实际上只有一条电压斜坡。

2.电流斜坡启动模式

使用电流斜坡启动模式时，软启动器得到启动指令后，其输出电流会按照设定曲线增加，直至输出电流达到设定电流限幅值Im，输出电流不再增大，并以该电流值持续启动，电动机运转加速一段时间后电流开始下降，输出电压迅速增加，直至全压输出，启动过程完成。这种启动模式的电流变化曲线见图2。

在电流斜坡启动模式下，需要设置的参数见表2。

表2 电流斜坡启动时的参数设置

参数	参数名称	可设置范围	出厂值	设置值
L00	启动方式	0电压斜坡 1电流斜坡	0	1
L03	起始电压/电流	20%~100%Un 20%~100%In	30%	30%
L04	斜坡时间	0~120s	10	12
L05	限流倍数	100%~500%In	350%	300%

以上表2中将参数L00设置为1，是选择了电流斜坡启动模式；参数L04斜坡时间设置为12s，参见图2，是从电动机开始启动至启动电流达到参数L05设置的限流倍数所需的时间。这个时间就是图2中从坐标0点至t1这段时间，在t1时刻，启动电流达到参数L05设置的倍数，即额定电流In的300%，之后启动电流不再增加，一直持续到电动机转速达到额定转速，启动电流逐渐减小，恢复到额定电流值。

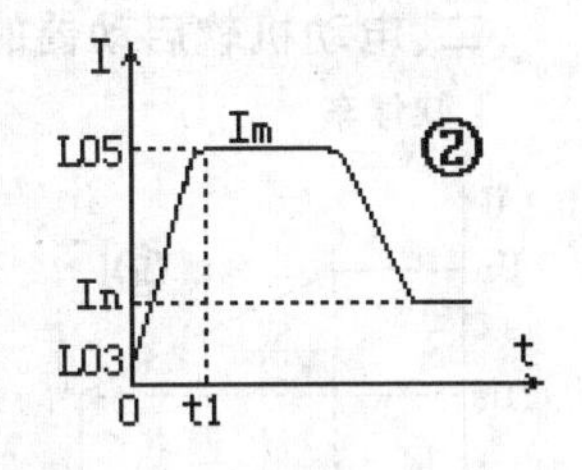

由图2可见，电流的提升并不是从零开始，而是由一个给定的电流值开始，这就是表2中参数L03的设定值，即额定电流的30%，当然这个设定值只是一个示例，应在具体案例中由工程技术人员根据运行工况确定参数值。

参数L03的参数名称是"起始电压/电流"，当参数L00设置为0选择电压斜坡启动模式时，则L03的设置值默认为起始电压；当参数L00设置为1选择电流斜坡时，则L03的设置值默认为起始电流。

3.电压斜坡+电流斜坡启动模式

电压斜坡+电流斜坡启动模式兼具电压斜坡和电流斜坡启动模式的特点。启动时的电流、电压变化曲线见图3。需要设置的参数见表3。其中L00启动方式设置为0，即电压斜坡；L03设置为32%（仅为示例，没有技术上的考量），即电压斜坡从32%的额定电压值开始。由于启动时的电压斜坡不是从零开始，所以启动开始瞬间的电流也不为零；L05设置为360%，即启动电流以3.6倍额定电流为启动电流最大值，当启动电流达到L05的设置值3.6In时，电压暂停升高，在图3中出现一个电压平台和电流平台。当电动机转速接近或达到额定转速时，启动电流逐渐减小，与此同时，启动电压相应升高，并达到额定电压值。启动过程结束。

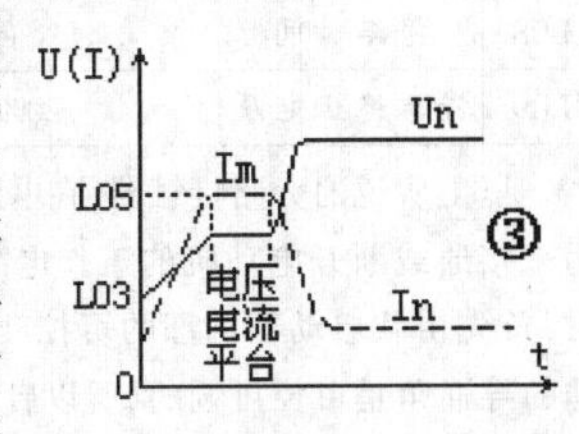

表3 电压斜坡+限流启动时的参数设置

参数	参数名称	可设置范围	出厂值	设置值
L00	启动方式	0电压斜坡 1电流斜坡	0	0
L03	起始电压/电流	20%~100%Un 20%~100%In	30%	32%
L05	限流倍数	100%~500%In	350%	360%

4.突跳转矩启动模式

对于负载静态阻力比较大的电机，可以选用突跳转矩启动模式。

这种启动模式通过施加一个瞬时较大的启动力矩以克服大的静摩擦力矩，之后再与其他软启动方式配合完成启动过程，以上介绍的三种启动模式均可在开始启动时先行增加转矩突跳功能。图4所示的特性曲线，就是转矩突跳功能配合电压斜坡+电流斜坡启动模式的功能效果。

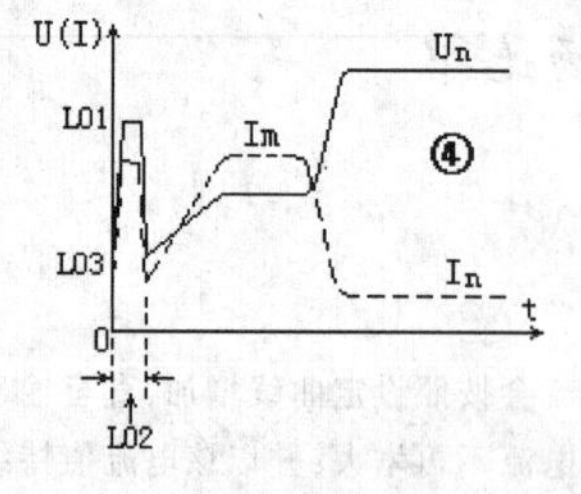

使用该模式启动时，输出电压迅速达到由参数L01设定的突跳电压，并保持由参数L02设定的突跳时间后，再由与之配合的其他启动模式完成启动过程。

突跳转矩启动模式需要设置的参数见表4，与之配合的后续启动模式的参数也应一并设置。

表4 突跳转矩软启动模式时的参数设置

参数	参数名称	可设置范围	出厂值	设置值
L00	启动方式	0 电压斜坡　1 电流斜坡	0	0
L01	突跳电压	20%~100%Un	20%	—
L02	突跳时间	0%~2000ms	0	—
L03	起始电压/电流	20%~100%Un　20%~100%In	30%	32%

二、电动机软启动器的停机模式

1.软停车

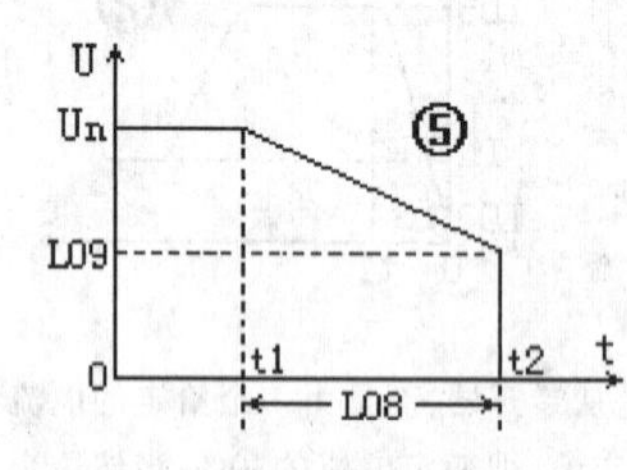

当参数L08停车时间设定不为 0 时即为软停车，在该方式下停机，软启动器首先断开旁路接触器，输出电压在设定的软停车时间内由额定电压逐渐降至参数L09停车终止电压所设定的软停终止电压值，然后切断与电动机之间的连接，电动机在断电情况下自由停车。软停车时的电压变化曲线见图5。

软停车需要设置的参数见表5。

表5 软停车时的参数设置

参数	参数名称	可设置范围	出厂值	设置值
L07	停车方式	0 自由停车　1 软停车　2 泵停车	0	1 或 2
L08	停车时间	0~120s	0	10
L09	停车终止电压	20%~80%Un	30%	50%

以上所说的旁路接触器，在电路图中通常标注为KM，KM的主触点用来接通或断开电动机的工作电源。电动机使用软启动器进行启动时，首先由软启动器内部的可控硅给电动机提供启动电流，由于可控硅的导通角是可控可调的，所以启动电流或启动电压可按设置的参数值进行调节。待启动过程完成后，软启动器即将电动机电流的流通路径由可控硅转移到旁路接触器主触点，除非它检测到电动机出现过电流或短路故障时，才将电动机的控制权收回，即切断旁路接触器线圈的供电，改由内部的可控硅供电，必要时由可控硅断开电动机的供电实施保护。

软启动器的应用电路的这种安排是有积极意义的。因为可控硅导通时会有电压降，该电压降与电动机负荷电流的乘积是可控硅的功耗，当电动机具有一定功率时，三相功耗之和是相当可观的，不但浪费能源，也将使可控硅本身发热，而采用旁路接触器后，可控硅的功耗和发热问题均可迎刃而解。

2.自由停车

当参数停车时间L08设置为 0 时(见表6)为自由停车模式，软启动器接到停机指令后，立即切断旁路接触器线圈的供电电源，并随即封锁软启动器内部主电路晶闸管的输出，电动机依负载惯性自由停机。

表6 自由停车时的参数设置

参数	参数名称	可设置范围	出厂值	设置值
L08	停车时间	0~120s	0	0

三、电动机软启动器的应用电路

1. 内附电流互感器的软启动器

(1)基本电路结构

这种应用的基本电路接线图见图6。

图6中，三相电源经断路器QF接软启动器的1L1、3L2、5L3端，三相电源同时还须连接旁路接触器KM的电源侧，旁路接触器的负载侧连接软启动器的B1、B2、B3端子。电动机的三条电源线连接软启动器的2T1、4T2、6T3端。在电动机软启动或软停机过程中，由软启动器内部电路控制电动机的工作电流，即由软启动器内部的三只双向可控硅V1、V2、V3控制电动机启动电压和启动电流的高低大小。软启动结束直至软停机(或自由停车)之前的时间段，软启动器的二次控制端子X1/6和X1/7内部的继电器触点接通，将旁路接触器KM的线圈电源接通，电动机的控制权由软启动器的内部电路移交给旁路接触器。

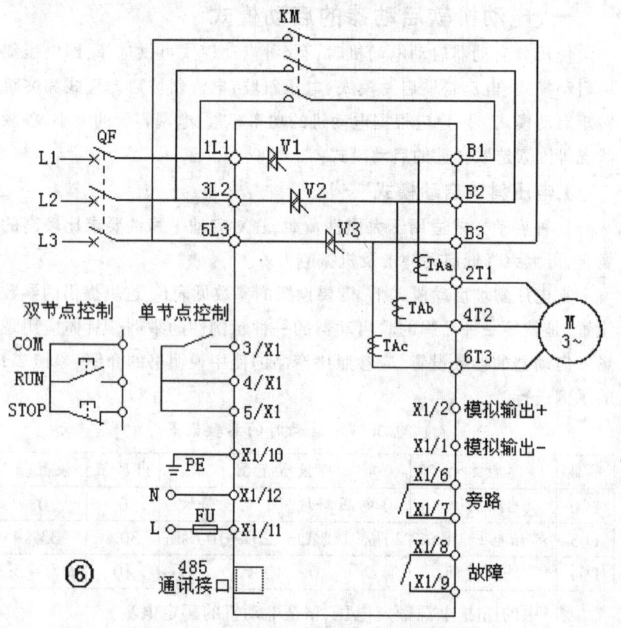

软启动器设置了B1、B2和B3三个接线端子，而不是将交流接触器的负载侧端子直接连向电动机，由图6可以看出缘由，现分析介绍如下：电动机在软启动或软停机过程中，由软启动器内部的双向可控硅V1、V2、V3控制电动机启动电压和启动电流，或者停机电压和停机电流，这时交流接触器KM的主触点处于断开状态。而在电动机启动完毕直至停机之前的运行时间段内，双向可控硅关断，交流接触器的主触点接通。此时电动机经交流接触器KM的主触点、B1、B2和B3三个接线端子、软启动器内部的电流互感器TAa、TAb、TAc、2T1、4T2、6T3三个接线端子获得电源而运行。电动机在运行过程中若出现过负载或短路故障，内部的电流互感器检测到后就会及时采取保护措施。这就可以省去了在外部安装电流互感器的麻烦，更重要的是防止了电流互感器规格选错导致的误保护或拒绝保护。

软启动器自身工作所需的工作电源由端子X1/11和X12接入AC220V电源。

软启动器对电动机的启动停止控制可有几种方式，由参数设置和二次接线确定。控制方式一，将参数L200(控制选择)设置为0，即键盘控制，并将软启动器的二次端子X1/3和X1/5短接，则可使用软启动器面板上的启动和停止按键启停电动机。控制方式二，将参数L200(控制选择)设置为0，并将软启动器的二次端子X1/3和X1/5之间连接一个继电器触点，则该触点闭合期间，电动机得电运行，触点断开时停机，这时面板操作无效。这种控制方式的二次端子接线即图6中的单节点控制模式。控制方式三，将参数L200(控制选择)设置为0，软启动器的二次端子按照图6中的双节点控制接线，这时点击启动按钮RUN电动机启动，开机后点击按钮STOP电动机停机。

其他控制方式还有，将参数L200(控制选择)设置为1或2，则为通讯控制或键盘通讯控制，由于应用较少，此处不赘述。

图6中的软启动器二次端子X1/2模拟输出+，和X1/1模拟输出-，可以输出0~20mA或4~20mA的模拟电流信号，根据参数L208的设置，使4~20mA 对应 0~2In 或者 0~4In，0~20mA 对应 0~2In 或者 0~4In。这里的In是电动机额定电流。

软启动器的二次端子中的X1/8和X1/9，它们连接着软启动器内部的一对触点，当系统出现过电流、短路、缺相、相序错误、三相电流不平衡、晶闸管温度过高等运行异常时，该内部接点闭合，连接在这对触点外部的报警电路会发出相应报警信号，具体报警原因可查阅面板显示屏上的报警字符。

若需通过RS485通讯接口实现远程监控，可在图6中的485通讯接口上连接相应通讯线与上位机建立通讯联系。

(2)软启动器的接线端子

图6中电路图是参照CMC-LX型软启动器绘制的。该系列软启动器在标准配置时的接线端子设置见表7。

表7 CMC-LX型软启动器标准配置时的接线端子

	端子号	端子名称	说明
主电路	1L1、3L2、5L3	主回路电源输入	接三相交流电源，旁路接触器
	2T1、4T2、6T3	主回路电源输出	接三相异步电动机
	B1、B2、B3	旁路接触器	接旁路接触器
控制回路	X1/1	模拟输出-(AO-)	0~20mA 或 4~20mA
	X1/2	模拟输出+(AO+)	输出负载阻抗 150~500Ω
	X1/3	COM	公共端
	X1/4	外控启动(RUN)	X1/4 与 X1/3 短接则启动
	X1/5	外控停止(STOP)	X1/5 与 X1/3 断开则停止
	X1/6	旁路输出继电器	输出有效时 K11、K12 闭合
	X1/7	(K11、K12)	触点容量AC250V5A,DC30V5A
	X1/8	故障输出继电器	输出有效时 K21、K22 闭合
	X1/9	(K21、K22)	触点容量AC250V5A,DC30V5A
	X1/10	PE	接地端
	X1/11	L	控制电源：AC110V~220V±
	X1/12	N	15%,50/60Hz
通讯接口	X2/1	RS485-A	CMC-LX 软启动器中的微
	X2/2	RS485-B	型机的标准配置

(3)CMC-LX型软启动器的功能参数说明及其设置

CMC-LX 系列软启动器的参数按照功能可以分为四类：起停控制参数组L0、保护参数组L1、端口参数组L2和厂家参数 L3。其中起停控制参数组L0的相关数据信息见表8。

可以通过对参数启动方式(L000)的设置，选择期望的启动曲线，使得启动曲线与实际负载相配合，以达到最佳的启动效果。如果设置了突跳电压(L001)和突跳时间(参数L002设置不为0)，则在启动开始时将首先施加一个瞬时较大的启动力矩，然后按照设定的起始电压(L003)、斜坡时间(L004)开始启动。如果二次启动允许(由参数L010设置)的值不为 0，则在启动达到参数L010设置的时间后，启动过程仍未完成，将会按照所设定的起始电压、斜坡时间进行二次启动，直至启动完成。在启动过程中，启动电流限制在参数 L005 的设定值以下，二次启动电流限制在参数 L011 的设定值以下。

表8 启停控制参数组L0的相关数据

参数码	参数名称	可设置范围	出厂值
L000	启动方式	0 电压斜坡　1 电流斜坡	0
L001	突跳电压	20~100%Un	20%
L002	突跳时间	0~2000ms	0
L003	起始电压/电流	20~100%Un　20~100%In	30%
L004	斜坡时间	0~120s	10
L005	限流倍数	100~500%In	350%
L006	启动延时	0~120s	0
L007	停车方式	0 自由停车　1 软停车　2 泵停车	0
L008	停车时间	0~120s	0
L009	停车终止电压	20 ~ 80%Un	30%
L010	二次启动允许	0~60s	0
L011	二次限流倍数	150 ~ 500%In	400%

参数 L004 斜坡时间的长短可决定在什么时间内将启动转矩提高到最终转矩。当斜坡时间较长时，就会在电机启动过程中产生较小的加速转矩。这样就可实现较长时间的电机软加速，应适当选择斜坡时间的长短，使电机能够进行软加速，直至达到其额定转速为止。这里的斜坡时间代表了转速变化的速率，并不完全等同于电机的启动时间。

保护参数组L1的相关数据信息见表9。

表9 保护参数组L1的相关数据

参数码	参数名称	可设置范围	出厂值
L100	电机额定电流	15~9999A	—
L101	运行过流保护设定	100~500%In	150%
L102	运行过流时间	0~10s	2
L103	相电流不平衡保护	0~100%	70%
L104	电流不平衡时间	0~10s	2
L105	过载保护级别	10A、10、15、20、25、30、OFF	20
L106	SCR 保护	0 关闭　1 开启	0
L107	相序检测	0 不检测　1 检测	0
L108	频率选择	0　50Hz　1　60Hz	0
L109	启动时间限制	10~250s	80
L110	电机接线方式	0 内接　1 外接　2 未定义	0
L111	启动时间间隔	0~60s	0

保护参数组L1的设置。L1参数组的设置可以根据负载电机功率的大小设定电机的额定电流(L100)，使得软启动器与电机很好的匹配并能完善地对电动机进行保护。若运行过程中的电流超过了L101所设定的过流保护值，且持续时间大于 L102 所设定的时间值，软启动器将会进行过流保护；超过了L105所设置的电子热过载等级和脱扣时间，软启动器将会进行过载保护。保护的同时将会在界面上显示相应的故障代码，便于用户查询。如果在使用过程中对电源相序没有要求，则将L107设置为0，否则将其设置为1。设置了相序检测后，如果电动机启动前出现相序错误，则电动机不能启动，并显示故障原因。如果在使用过程中不需要对可控硅SCR进行保护，则将L106设置为0，否则将其设置为1。如果使用相电流不平衡保护，则应对参数L103，L104进行设置。

端口设置参数组L2的相关数据信息见表10。

端口设置参数组L2。通过L200参数的设置，可对启动方式进行选择，例如选择面板启停、按钮启停，或者通讯控制启停等。参数L208可以设置软启动器模拟输出的电流信号与电动机运行电流的对应关系。而当 L208 设置为 4 时可通过调节参数 L216 对模拟输出进行校正。

L204 可设置本机通讯地址，L205 可设置本机通讯波特率。

另有厂家设置参数组L3，参数名称等信息此处从略。

表10 端口设置参数组L2的相关数据

参数码	参数名称	可设置范围	出厂值
L200	控制选择	0 键盘控制 1 通讯控制 2 键盘通讯控制	0
L201~L203	未定义	—	—
L204	通讯地址	1~32	1
L205	通讯波特率	01200 12400 24800 39600 419200	3
L206	制造商参数	—	—
L207	制造商参数	—	—
L208	模拟输出方式	04~20mA 对应 0~2In 14~20mA 对应 0~4In 20~20mA 对应 0~2In 30~20mA 对应 0~4In 4 设置为电流校正状态	0
L209~L215	未定义	—	—
L216	模拟电流校正	1~1000 必须令 L208=4 才能进行校正,校正后令 L208≠4	—

(4)实用一次电路及二次控制电路

图7是一款CMC-LX型软启动器的具体应用电路,图中左侧是一次电路图,右侧是二次控制电路。由图可见,X1端子采用单节点控制方式,即中间继电器KA1的触点KA1-4闭合,软启动器使电动机启动,触点断开,电动机停止。

将参数控制选择L200设置为0,并将软启动器的二次端子X1/3和X1/5之间连接一个继电器触点,则该触点闭合期间,电动机得电启动运行,触点断开时停机。操作图7中的开机按钮SB1,中间继电器KA1线圈得电,其触点KA1-1闭合实现自保持;KA1-4闭合,软启动器按照参数L0的设置对电动机进行软启动。启动完成后,软启动器的X1端子X1/6和X1/7内部触点接通闭合,旁路接触器KM线圈得电(见图7),电动机经过接触器KM的主触点与电源接通开始运行。

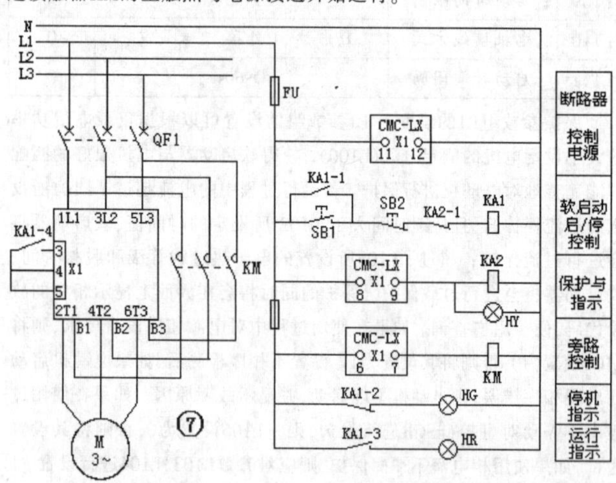

中间继电器KA1的触点KA1-3闭合,红灯HR点亮,指示电动机处于运行状态。

若欲停止电动机的运行,可按压按钮SB2,解除中间继电器KA1的自保持状态,其触点KA1-4断开,电动机按照参数L0的设置软停车或自由停车。

电动机停机后,中间继电器KA1的常闭触点KA1-2闭合,绿灯HG点亮,指示电动机已经停机。

CMC-LX软启动器可对电动机实施过负载或短路保护。当出现过电流或短路故障时,X1端子中的X1/8和X1/9闭合,中间继电器KA2线圈得电,其常闭触点KA2-1断开,切断中间继电器KA1的线圈供电,触点KA1-4断开,相当于下达了停机指令,实现保护。系统的缺相保护,相序错误,均可通过该保护通道实现。

软启动器对电动机实施保护后,图7中的黄色指示灯HY点亮,提示当前处于保护停机状态。显示屏上也有相应字符显示,方便运行人员查询故障原因。

2. 须外附电流互感器的软启动器

图8是内部没有电流互感器的软启动器组成的启动控制一次、二次电路图。图中,软启动器的端子1L1、3L2、5L3接三相电源,2T1、4T2、6T3接电动机。KM是旁路接触器。TA_a、TA_b、TA_c是三只电流互感器,它们的二次接至软启动器的端子X3,用于电流测量显示和各种电流保护;端子X2的10、9、8接AC220V工作电源及接地;端子X1是开机与停机控制端,中间继电器KA1的触点KA1-1闭合则电动机启动,断开则停机;软启动器的另两组输出触点也从端子X2引出,编号为4、5和6、7,画在图8中。

图8中的KA2是保护出口继电器,只有电动机运行正常,或故障停机后已将故障排除,并使用软启动器面板上的"STOP"键复位,才能启动电动机,或使电动机维持在运行状态。KA2的常闭触点KA2-1串联在中间继电器KA1的线圈回路中。准备启动电动机时,按压启动按钮SB1,继电器KA1线圈得电动作,其动合触点KA1-2进行自保持,动合触点KA1-1闭合向软启动器发出启动指令,软启动器按照已设置参数规定的启动模式控制电动机启动,启动过程结束后,软启动内部有一个继电器动作,其动合触点从端子X2的6、7引出,接通接触器KM的线圈(见图8),旁路接触器KM的主触点闭合,将电动机的电流回路通断权接管,电动机进入运行状态。运行过程中,软启动器对电动机的运行电流、电源是否缺相等情况进行实时监控,并显示电流、电压数据(所以软启动装置可以不另行装设电流表、电压表);如果出现过电流、三相电流不平衡、缺相等异常,内部的保护继电器动作,其常开触点从端子X2的4、5引出,接通继电器KA2的线圈,触点KA2-1断开,KA1释放,KA1-1断开,向软启动器发出保护停机指令,并控制接触器KM释放停机。停机后液晶屏上显示故障代码,提示故障原因。

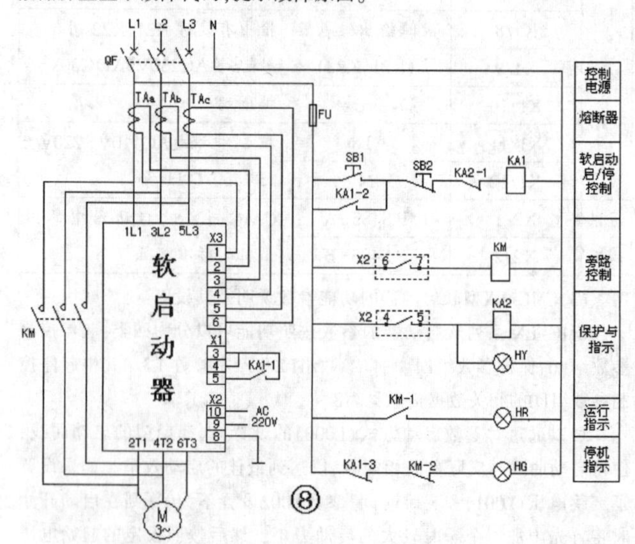

电动机正常运行中,按压停机按钮SB2,继电器KA1释放,软启动器按照参数设定的停机模式停机。

黄灯HY与继电器KA2线圈并联,用作故障指示;红灯HR在电动机运行时点亮;绿灯HG在停机时点亮。

无功补偿技术发展与应用电路

崔靖 杨德印

无功补偿是低压电力系统稳定运行、降低线损、提高供电电压质量的重要技术手段。我国的电力系统无功补偿技术经历了几十年的发展提高,已经达到相当高的技术水平。我们现在回顾和总结无功补偿技术发展的历史,是要激励业内工程技术人员、也包括广大电子报的读者朋友们,能够为无功补偿技术的发展作出新的贡献。

本文介绍我国无功补偿技术发展的历程,并介绍较新型的无功补偿实用电路方案。

一、限制电容器合闸涌流的技术发展

无功补偿技术的发展提高,主要沿着减小、限制补偿电容器合闸涌流和提高电容器投切控制手段两个方向进行,两者相辅相成,协调发展,共同支撑着无功补偿技术不断攀登新的高峰。

1.无功补偿的初级阶段

我国从20世纪六七十年代开始将无功补偿技术提上议事日程。当时补偿电容器使用交流接触器直接合闸,不采取任何限流措施,由于电容器巨大的合闸涌流,使得交流接触器故障率很高。合闸时强烈的电火花烧伤操作人员的事故也不时发生。由于当时科技知识普及程度较低,甚至还出现在电容器通电情况下直接拉开补偿柜隔离开关而致使操作人员上臂严重烧伤的事故。

2.用空心电抗器限制补偿电容器合闸涌流

由于电容器两端的电压不能突变,所以传统无功补偿装置使用交流接触器控制电容器投入时,会产生很大的合闸涌流,该涌流值可达到电容器额定电流的几十倍甚至更大,引发系统电压的波动,影响系统中其他设备的正常运行。为了解决这一问题,上世纪七、八十年代,人们在电容器通电合闸电路中串联一种具有限流效果的空心电抗器,可以将电容器的合闸涌流限制在额定电流十几倍的范围内。这个方法在一定程度上解决了合闸涌流的问题,但是这种电抗器使用数量较多,一台三相电容器要配置三只电抗器,而且它的体积较大,价格不菲;另外还由于当年电抗器的外壳浇铸材料不阻燃的缘故,出现过因接线螺钉松动发热引发火灾的事故。所以这种限流方法的使用逐年减少。

3.用限流接触器限制补偿电容器合闸涌流

针对以上技术缺陷,从20世纪90年代开始,具有限制电容器合闸涌流功能的一种专用交流接触器逐渐在无功补偿产品中得到应用。具有限制电容器合闸涌流功能的交流接触器型号较多,例如Hi19型,CJ19型,CJX2-kd型,CJ149型等。这种接触器在电容器合闸时将一组阻值不大的电阻丝串联进电容器合闸回路中,用以限制合闸涌流;经过短暂延时后限流电阻退出运行,这样可以有效地抑制电容器合闸涌流。这种专用交流接触器用于电容器的投入和切除,对补偿装置的安全运行,延长交流接触器及电容器的使用寿命起着重要的作用。

4.晶闸管投切技术

这种投切方案虽然有动态响应速度高的优点,但由于晶闸管导通时有压降的缘故,会消耗一定的能量并发热,如果处理不好,很容易造成晶闸管损毁,为此,须给晶闸管安装散热片降温,自然冷却效果不佳时还要采用风冷、水冷或其他冷却方式,这都将使补偿系统的体积变大,不能顺应系统小型化的发展方向。

5.TSC复合投切开关

TSC复合投切开关技术,就是开关器件还使用晶闸管,但它只在电容投入或切除过程中发挥作用,开关结束后则由自保持继电器或接触器来维持投切后的稳态工作。这样晶闸管仅在电容器投切时有不超过几ms的持续工作时间,稳态时晶闸管没有导通电流,因而可省去晶闸管的散热器。但保留了晶闸管高动态的优点。这就是比较成熟的晶闸管投切电容技术(Thyristor Switching Capacitor,TSC),或者称作TSC复合投切开关技术。

复合投切开关是由三个独立组合开关组成的,所谓组合开关,即将双向可控硅(或者两个反向并联的单向可控硅)和磁保持继电器(有关磁保持继电器的知识内容可参见《电子报》2017年27期10版文章)组合在一起,用于低压无功补偿电容器的通断控制。复合开关的基本工作原理是将可控硅与磁保持继电器触点并接,实现电压过零导通和电流过零断开,使复合开关在接通和断开的瞬间具有可控硅开关无涌流的优点,而在正常接通期间又具有物理开关无功耗的优点。其实现方法是:投入时在电压过零瞬间控制可控硅先导通,稳定后再将继电器吸合导通;而切除时是先将继电器断开,可控硅延时过零断开,从而实现电流过零切除。由于采用单片机控制投切并智能监控可控硅、继电器以及输入电源和负载的运行状况,从而具备完善的保护功能,包括电源电压故障缺相保护:系统电压缺相时,开关拒绝闭合;自诊断故障保护:系统自动监控可控硅、继电器的运行状态,若其出现故障,则拒绝闭合或自动断开退出运行;停电保护:接通后遇突然停电时,自动跳闸断开。复合开关无谐波产生:由于导通瞬间是由可控硅过零触发,延时后由继电器吸合导通,所以工作时不会产生谐波。

复合投切开关还具有功耗小的优点。由于采用了磁保持继电器,控制装置只在投切动作瞬间耗电,平时不耗电;且由于继电器触点的接触电阻小,因而不发热,这样可以不用外加散热片或风扇,彻底避免了可控硅的烧毁现象,降低了成本,真正达到了节能降耗的目的。

复合投切开关可对电容器实现分相补偿控制,也能实现三相共补控制,使无功补偿的效果更佳。

二、无功补偿控制器的技术发展

20世纪六七十年代的电容器投切控制使用按钮与交流接触器,像启动单向运转的电动机那样,在每台电容器回路中串联一组熔断器进行短路保护。

七八十年代逐渐开始使用无功补偿自动控制器,控制路数最多可以达到10路;控制投切的参数阈值通常是功率因数,这种控制方案的缺点是,系统轻负荷运行时容易出现投切振荡。控制功能的实现使用的是CD4000系列的数字集成电路。

随着电子技术的快速进步,从20世纪八九十年代开始至新世纪初,工程师们开发出了使用单片机技术的无功补偿控制器,控制投切的阈值除了功率因数外,也有由系统无功功率决定投切的产品,这种控制方案能有效防止电容器投切振荡现象的发生,提高了无功补偿的质量和系统运行的可靠性。

近些年市场上出现的无功补偿控制器更是品种规格繁多,功能各异,总体技术水平有了极大的提高。主要表现在以下几个方面。(1)既可向投切开关提供交流电压,用于驱动交流接触器,也可选择提供直流信号,用于控制复合投切开关的动作;(2)投切控制路数大幅度增加,由10路、12路提高到24路、48路甚至更多;(3)可对电力系统中的单相无功功率进行分相补偿,使得补偿效果更加精细;(4)控制投切的电容器可以合理分组,每台电容器的容量经过合理选择,可一次性投入多台电容器,快速将系统补偿到最佳状态。

三、智能电容器

智能电容器中的投切开关具有特殊的电磁式过零投切技术，其过零投切的偏移度小于2.5，投切涌流小于2.5倍额定电流。智能控制单元通过检测投切开关动静触点断开时两端的电压，控制其在电压过零点时闭合；通过检测投切开关动静触点闭合时的电流，控制其在电流过零点时断开，实现"过零投切"功能，使投运低压电力电容器时产生的涌流很小，退运低压电力电容器时不发生燃弧现象，从而延长了低压电力电容器和投切开关电器本身的寿命，也减小了开关电器投切时对电网的冲击，改善了电网的电能质量。

智能电容器在多台联机使用自我组成一个无功补偿系统时，可以自动生成一台主机，其余则为从机，构成低压无功补偿系统自动控制工作；个别从机出故障可自动退出，不影响其余智能电容器正常工作；主机出故障自动退出后，在其余从机中自动生成一台新的主机，组成一个新的系统正常工作；容量相同的电容器按循环投切原则，容量不同的电容器则按容量适补原则投切，确保投切无振荡。

在电网三相负荷不平衡场合，智能电容器可采用三相共补和三相分补相结合方式，根据每相无功缺额大小，对三相电源分别投切电容器进行补偿，实现最优的无功补偿效果。

智能电力电容器的保护功能包括：配电过电压、欠电压、失电压及缺相保护；电源引入端过温度保护；电力电容器各相过电流分段保护；电力电容器本体内部过温度分段保护等。

智能电容器具有人机对话功能。这也是运行维护人员操作、调试、维护智能电容器的重要技术手段，只有通过人机对话，才能正确操控智能电容器。

四、绕线转子异步电动机的无功补偿技术

绕线转子式异步电动机的无功补偿，传统技术是与鼠笼式异步电动机采用相同的方案，对电动机所需的无功功率进行补偿。现代技术可采用静止式进相器对绕线转子式异步电动机进行无功补偿，这种装置是专为大中型绕线式异步电机节能降耗设计的无功功率就地补偿装置。它串接在电机转子回路中，通过改变转子电流与转子电压的相位关系，进而改变电机定子电流与电压的相位关系，达到提高电机自身功率因数和效率、提高电机过载能力、降低电机定子电流、降低电机自身损耗的目的。绕线式异步电动机专用静止式进相器对无功功率的补偿与电动机定子侧并联电容器补偿有本质的不同。电容补偿只是对电机之外的电网无功进行补偿，它只是减少了电网上无功的传输量，电机的电流、功率因数等电机本身的运行参数无任何变化。而静止式进相器对无功功率的补偿是提高了电动机自身的功率因数。

五、无功补偿实用电路

无功补偿技术的应用并不局限于本文描述的低压电力系统，在6kV、10kV等各电压等级都有广泛地应用。无功补偿技术不仅应用于补偿感性无功功率，也适用于补偿容性无功功率。同时，随着技术的发展，科技的进步，静止无功发生器SVG(Static Var Generator)和有源电力滤波装置APF技术也在快速地进入电力系统无功补偿的领域。静止无功发生器SVG 是一种静止型电气装置、设备或系统，它可从电力系统吸收可控的容性、感性电流，或是发出或吸收无功功率，从而达到无功补偿的目的。而有源电力滤波装置APF则从电网中检测出谐波电流，经内部芯片快速计算、分析、比较，控制主功率单元产生一个与该谐波电流大小相等而极性相反的补偿电流，从而使电网电流只含基波成分。

由于使用电力电子技术的无功补偿装置SVG与有源电力滤波装置APF的基本工作原理有相通相似之处，所以，在当今需要大幅度提高电网电能质量的场所，也可以将上述两种功能产品合二为一，具体应用时，通过设置参数的方法，将设备总容量分配给不同的功能电路，这样既能补偿无功功率，又能有效滤除谐波，从而充分发挥设备潜能，降低设备投资。以上所述的容量分配可以随时操作，可以将全部容量分配给某一种功能，也可使不同功能在总容量中各自占有一定比例，给设计选型和运行操作带来极大的灵活性。

1. 8路无功补偿装置

所谓8路无功补偿装置，就是补偿装置内部共安装8只用来进行无功补偿的电力电容器。这是当前使用较多的一种补偿装置。与此技术档次相当的还有10路、12路等几种型式。每台补偿装置配置一台无功补偿控制器，用于控制电容器的投入与切除。配置三只接成星形、额定电压220V的氧化锌避雷器，用于吸收电容器投入或切除时可能产生的操作过电压。每一个补偿支路均配置短路保护以及过电流保护的元器件，短路保护通常使用小容量规格的断路器（例如DZ47系列断路器）或熔断器，而过电流保护通常采用热继电器实现。

一款实用的8路无功补偿装置的电路结构图见图1。

低压无功补偿成套装置大多都制作成屏柜结构，目前其型号很多，但工作原理是相同的。包含一次电路、二次控制电路、无功补偿自动控制器、测量与指示电路等。

(1)一次电路。

一次电路的构成如图1所示，包括隔离开关QS、8只低压断路器QF1~QF8、接触器KM1~KM8的主触点、热继电器FR1~FR8、补偿电容器C1~C8，另外还有电流互感器TA_a、TA_b和TA_c，以及避雷器BL1、BL2和BL3。接触器是对电容器进行手动或自动投入、切除的开关器件；电流互感器获取的电流信号用于测量无功补偿装置补偿电流的大小。

(2)二次控制电路。

见图1，包括一个物理结构分为六层的转换开关2SA、无功补偿自动控制器（以下简称补偿控制器）等元器件。转换开关2SA用来手动控制投入或切除1~8路补偿电容器，并完成补偿控制器电压信号、电流信号的接入或退出。补偿控制器可以根据功率因数的高低或无功功率占用量的大小自动投入或切除电容器，并在系统电压较高时自动切除电容器，以保证补偿电容器的运行安全。

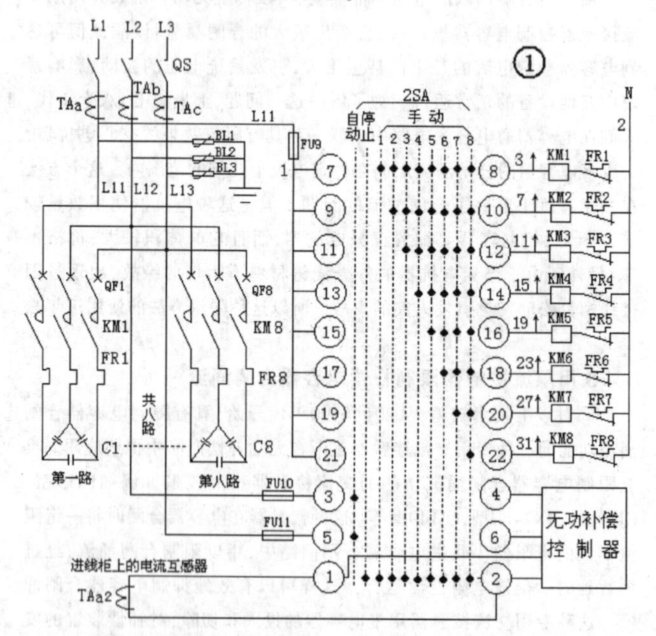

转换开关2SA有一个操作手柄，该手柄有自动、停止和手动1~手动8共10个挡位，每旋转一个挡位角度即可转换一次档位状态。在每个挡位，会有相应的转换开关触点接通。2SA共可有效转换11对触点，分别是7、8,9、10等等，一直到下部的1、2触点。为了标示出转换开关2SA在不同的挡位与各组触点之间的对应关系，与10个挡位相对应的有10条纵向虚线，虚线与每一组触点无形相交的位置标注有圆点或不标注圆点。标注有圆点的，表示转换开关旋转至该挡位时，与圆点处在一条水平线上的一组触点是接通的，否则该组触点呈开路状态。例如，在触点7、8所处位置的一条水平线上，手动1~手动8挡位时均标注有圆点，表示这8个挡位时触点7、8均接通。而在手动1挡位，只在触点7、8和触点

1、2位置标注有圆点，说明在该挡位只有这两组触点是接通的。

无功补偿屏若欲进入自动控制投切状态，须给补偿控制器接入进线柜或待补偿电路总进线处A相(L1相)电流互感器二次的电流信号I_A，以及B相(L12相)和C相(L13相)电压信号，还有接触器线圈吸合所需的工作电源。具体接线见图2中补偿控制器接线端子图。图中U_S1、U_S2端子连接的是B相电压信号Ub和C相电压信号Uc。由图1和图2可见，转换开关2SA在“自动”挡位时，2SA的3、4触点接通，B相电源线L12经熔断器FU10、2SA的3、4触点给补偿控制器提供B相电压信号；C相电源线L13经熔断器FU11、2SA的5、6触点给补偿控制器提供C相电压信号。图2中补偿控制器的I_S1、I_S2端子连接的是进线柜的电流信号：进线柜上的电流取样互感器TAa2二次引线连接至转换开关2SA的1、2端子（见图1），这两只端子在“自动”挡位时是断开的，所以，电流信号被送至补偿控制器。补偿控制器的COM端连接的1号线即是接触器线圈吸合所需的工作电源。1号线经熔断器FU9连接L11端子即A相电源。

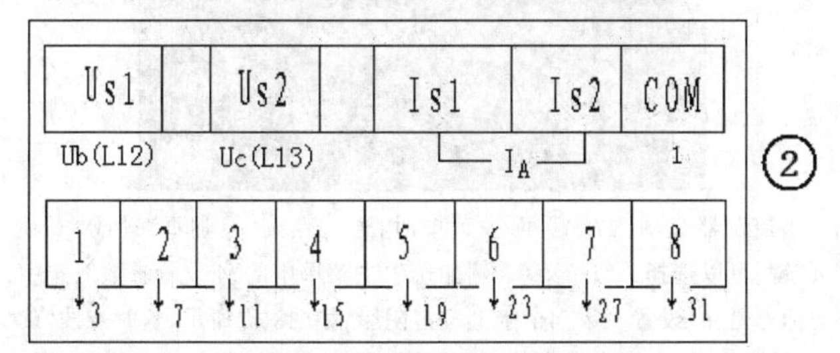

B相、C相电压信号及A相电流信号在补偿控制器内部经过微处理器运算判断后，计算出功率因数的高低、无功功率的大小，一方面经过LED显示器显示功率因数值，同时发送电容器投切指令，例如补偿控制器发出投入电容器C1的指令时，其接线端子中的1号端子经内部继电器触点与COM端(1号线，A相电源)连通，该端子经3号线连接至接触器KM1线圈的左端(见图1)，线圈的右端经热继电器FR1的常闭触点接至2号线，即电源零线N。接触器KM1线圈得电后。主触点动作，将电容器C1投入，实现无功补偿。与此同时，KM1的辅助常开触点闭合，接通指示灯HL1，指示第一路电容器已经投入，见图3。如果无功功率数值较大，补偿控制器则控制各路电容器依次投入，直到功率因数补偿到接近于1。每一路电容器投入时的时间间隔是可调的，通常将其调整为几秒至几十秒之间。补偿控制器遵循循环投切的原则，即先投入的将先切除，保证每一路电容器具有接近相同的工作机会。如果补偿后由于负荷状况变化导致补偿过度，控制器将最先投入的电容器首先切除，直至功率因数恢复到1为止。

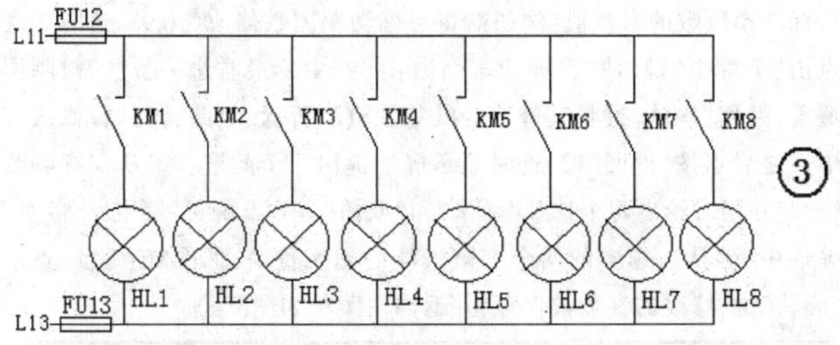

无功补偿自动控制器是一台智能化的仪表装置，投入运行前应对有关参数进行设置，这些参数有：1)过电压保护值，由于投入电容器补偿后，系统电压会有一定程度的提高，为了保护电容器等设备的安全，当系统电压达到一定值时，应适当减少电容器的投入数量。2)自动投切的时间间隔。即当第n路和第n+1路电容器都需要投入时，两路电容器先后投入的时间间隔。3)补偿预期达到的功率因数值，通常设置为滞后0.90~0.98之间，即补偿后系统仍略显感性。4)自动补偿时回路数的设定。补偿控制器将根据该设定进行投切控制。例如一个最多可以控制10路电容器投切的补偿控制器，当设定为8路时，则控制器只在1~8路之间循环动作，防止进入9~10路时的空循环。5)取样电流互感器变比的设定。

各个厂家生产的补偿控制器功能会有少许差异，设置参数应根据说明书的要求谨慎进行。而有的补偿控制器还具有手动投入、切除功能，甚至可以省却上述的转换开关2SA。这种电路方案的缺点是，补偿控制器一旦损坏出现故障，整个补偿屏即处于瘫痪状态，连手动投切也不能进行。

下面介绍转换开关2SA如何进行手动与自动控制的切换以及在手动状态时如何投入或切除电容器。2SA置“自动”挡位时，从图1可见，触点3、4和5、6是接通的，补偿控制器所需的B、C相电压信号经由这两组触点连接至B相电源L12和C相电源L13；此时2SA的触点1、2不接通，由进线柜取来的A相电流信号经由此处送达补偿控制器，补偿控制器获取到上述电压信号和电流信号后，即可进入无功自动补偿程序。

2SA置“停止”挡位时，触点3、4和5、6两组触点断开，补偿控制器的B、C相电压信号在此被切断；触点1、2接通，由进线柜取来的A相电流信号在此被短路，不能送往补偿控制器。补偿控制器乃至整个补偿装置都停止工作。

2SA置手动挡位时，由图1可见，无论在手动的任何一挡，触点1、2，3、4和5、6三组触点的状态均与停止挡位相同，因此补偿控制器不工作。无功补偿屏只能使用转换开关2SA操作控制电容器的投切。例如，2SA旋转至“手动1”挡位，触点7、8处标注有圆点，表示该触点接通，这时1号线连接的A相电源经触点7、8使接触器KM1线圈得电，受KM1控制的第一路电容器C1投入电路开始补偿。当2SA旋转至手动2挡位时，会有两只电容器投入补偿。当2SA旋转至手动n挡位时(由于2SA最多只有8个手动挡位，因此n≤8)，会有n只电容器投入补偿。操作转换开关2SA可使已投入的电容器逆序依次切除退出。手动投切时不能实现循环动作。

(3)信号与测量电路。

信号电路见图3，共有8只指示灯，可以指示有几只电容器正投入运行补偿，点亮的指示灯表示相对应的电容器已经投入运行，它们由相应的接触器辅助触点控制。

测量电路见图4，电压测量由转换开关1SA及电压表实施。旋转开关1SA可以选择测量AB相、BC相或CA相之间的线电压。功率因数COSφ表可以测量补偿后的功率因数值。三只电流表用来指示本屏柜电容器的补偿电流值。

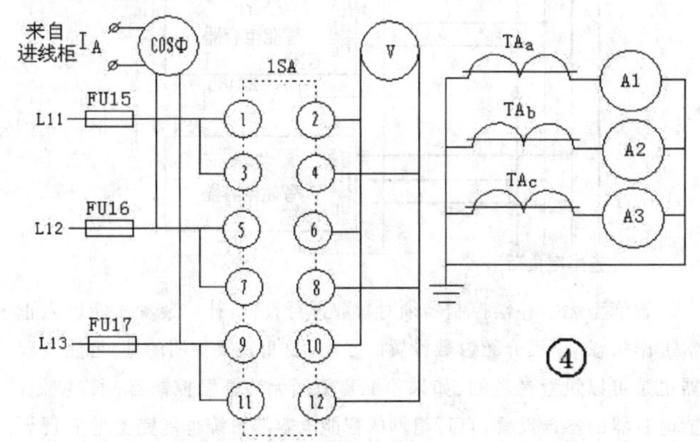

2. 智能化无功补偿装置

(1)智能控制器与智能电容器联合组网。

使用最多可控制48路电容器投切的智能补偿控制器与智能电力电容器，可以构成目前国内较先进的无功补偿系统。

实际上，使用智能电容器可以摆脱补偿控制器的束缚，自行组网实现无功补偿的功能，而且，这种补偿还能打破传统装置只能三相共补的局限，对三相系统中的不平衡无功功率实行分相补偿，实现更精细地补偿。

而这里介绍的联合组网方案，比只使用智能电容器组网的优点是，可在补偿装置柜体的前面板的最利于观察的高度布置安装补偿控制器，其较大的显示屏可供操作运行人员方便地查阅运行数据，或调试设置参数。

智能电容器与智能控制器联合组网的应用电路见图5。图中U_A、U_B、U_C、U_N是三相四线电源，对于分补电容器须连接三相四线电源，而对于三相共补型电容器仅连接三条相线，无需连接零线U_N。断路器QF是电源开关。BL1~BL3是额定电压为AC220V的氧化锌避雷器，用于吸收电容器投切过程中可能产生的操作过电压。K是智能化的无功补偿控制器。CF1~CFn是分补型智能电容器，它可根据各相无功功率的不平衡状况对功率因数进行分相补偿，CS1~CSn是三相共补型智能电容器。RS485是通讯连接线，无功补偿智能控制器和每一台智能电容器都有两只RS485通讯接口A和B，这两只接口可以不分彼此的随意使用。控制器与智能电容器之间，以及电容器的相互之间用一条8芯RS485通讯线连接，如图5那样，无需控制器与每一台电容器之间都安装连接线。这使得电路连接线的数量得以减少，使得整个系统的安装、运行、维护变得简洁。

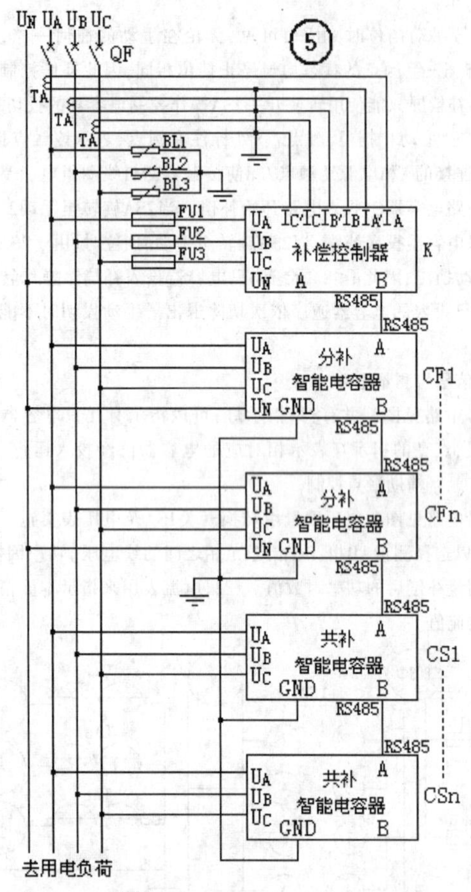

智能型无功补偿控制器须对参数进行设置，补偿装置才能进入正常工作状态。下面介绍参数设置的方法。这里需要说明的是，智能电容器也是可以设置参数的，如果不配套使用无功补偿控制器，通过对智能电容器的参数设置，自行组网的智能电容器系统也能完美地实现无功补偿功能。这里介绍的电路方案使用智能补偿控制器，智能电容器即可不再设置参数，控制器通过RS485通信线将控制参数传送至所有智能电容器。运行过程中，除了可以实现无功补偿的功能外，智能电容器还可根据控制器的设置参数，对自身的运行温度、过压欠压异常以及其他运行异常实施保护。

参数设置通过操作无功补偿控制器面板上的按键实现。图6是NAD-868K1型智能无功补偿控制器的面板图，其中中部是液晶显示屏，下部有四个按键，参数设置就是通过操作这四个按键、并根据液晶显示屏的字符提示完成的。

由于按键的数量较少，参数设置所需的按键功能较多，所以每个按键都有多重功能。下面结合对参数设置方法的介绍，来了解这些按键的功能。

无功补偿电路系统接线完毕组网成功通电后1分钟无任何操作，控制器的液晶显示屏进入自动轮回显示界面，将对图7中的(a)图和(b)图轮回显示，若要进行参数设置，点按图6中的"确认"键，显示屏转为显示图7(c)的主菜单页面。为了描述方便，将图6下部的4个按键从左至右依次称为"上翻页"键、"下翻页"键、"返回"键和"确认"键。

控制器显示图7(c)页面主菜单时，通过点按"上翻页"键或"下翻页"键，可以选择二级子菜单，例如选中主菜单中的"4.设置参数"，选中的标志是在"设置参数"4个字上覆盖阴影，如图8(a)所示。这时点按"确认"键，进入下一级菜单；显示屏内容如图3-28(b)，提示可以设置运行参数，包括CT变比和目标功率因数。这两个参数是每个无功补偿系统都必须设置的，因此以这两个参数的设置为例介绍参数设置方法。

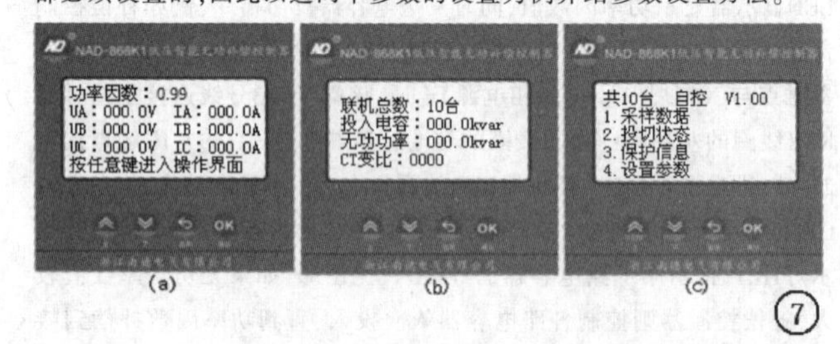

如果选用的电流互感器额定电流为100A/5A，则变比为20。这时点按"上翻页"键或"下翻页"键，使CT变比4个0中居于十位的那个0被阴影覆盖("上翻页"键或"下翻页"键可以移动覆盖阴影的数位)，如图8(C)所示。逐次点击"确认"键修改覆盖阴影的十位数的数值，使其变为2，如此电流互感器的变比已经修改为0020，如图8(d)所示。接着修改目标功率因数的参数值，例如欲将目标功率因数修改为0.98，这时逐次点击"下翻页"键，使"目标功率因数：0.99"中的最右边一位"9"被阴影覆盖，并用"确认"键将其修改为8，如图8(e)所示，至此，参数值修改完毕。之后点按"返回"键，这时显示屏上提出一个问题："确认保存参数吗？"并同时给出两个选项"确认"和"取消"，用"上翻页"键或"下翻页"键选中"确认"，选中的两个字被淡淡的阴影覆盖，如图8(f)所示，点击"确认"键，修改的参数被保存，并返回主菜单如图8(a)。

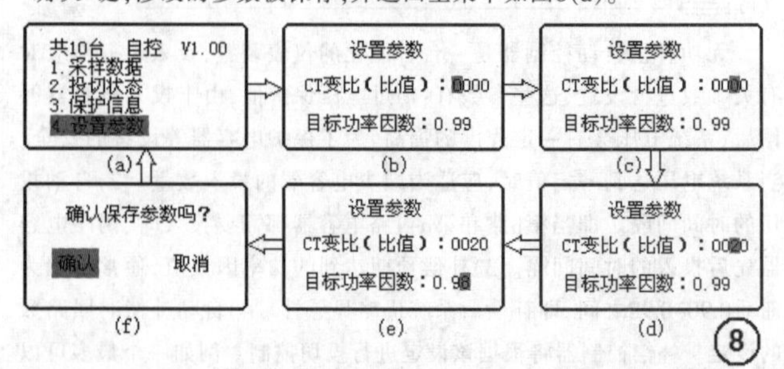

NAD-868K1低压智能无功补偿控制器可以在手动投切和自动投切之间自由切换，如果希望将电容器的投切方式在自动与手动之间切换，可在图8(a)页面状态时点击"下翻页"键，使出现图9(a)所示的显示

内容,"投切方式"被阴影覆盖,这时点击"确定"键,出现图9(b)所示的页面,再次点击"确定"键,显示屏内容如图9(c)所示。之后继续点击"确定"键,则显示内容在图9(c)与图9(b)之间切换。当希望的投切方式(手动或自动)被阴影覆盖时,点击"返回"键,出现图9(d)所示的页面,这时点击"确定"键,即可选中希望的投切方式。

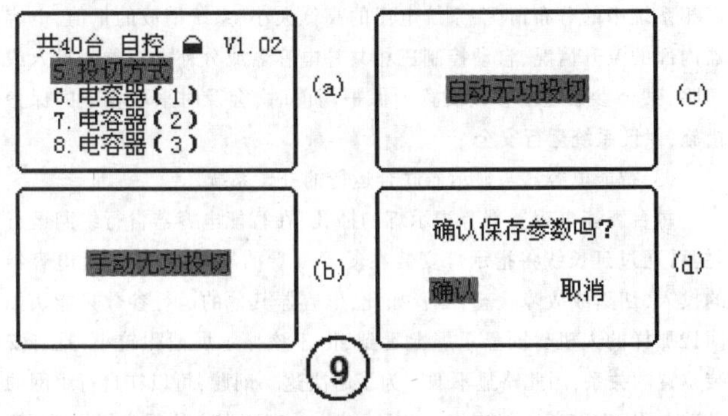

9

参数设置完毕,接通电源的自动补偿装置即可进入工作状态。

(2)智能电容器独立成网时的应用方案。

国内目前生产智能电容器的厂家较多,这里以NAD-868系列低压智能电力电容器为例,介绍智能电容器的基本结构、工作原理以及独立成网时的应用电路方案。该系列智能电容器通常以两组△形连接的补偿电容器或一组Y形连接的低压电力电容器为主体,采用微电子技术、微型传感技术、微型网络技术和电器制造技术等技术成果,替代由无功补偿控制器、熔断器、接触器、热继电器、指示灯、低压电力电容器等多种分散电气元件组装而成的传统无功补偿装置。

两组△形连接的补偿电容器内部安装连接有两只等容或不等容△形连接的电容器,用于三相共补的系统中。两只电容器可以同时投入,也可用作两只电容器先后投入。Y形连接的补偿电容器内部的三只电容器呈Y形连接,用于分相补偿的系统中。运行中可以根据三相负荷中无功容量选择投入其中的一只、两只电容器。

由智能电容器组成的共补(三相同步补偿)、分补(根据每相无功功率的大小分别进行补偿)装置,具有过零投切、自动保护、自身组网等功能,无须外联无功补偿控制器的支持,是低压电力无功自动补偿技术的重大突破,可灵活应用于低压无功补偿的各种场合,具有结构简单、组网成本低、性能优越、维护方便等优点。

当然,智能电容器除了摆脱无功补偿控制器自成系统实现无功补偿外,也可以与无功补偿控制器联合组网实现补偿。由于智能电容器的显示屏和人机界面通常可视面积较小,运行过程中运行参数的读取相对困难。与无功补偿控制器联合组网时,由安装在适读高度上的控制器液晶屏显示运行参数会更方便。

10

NAD-868系列低压智能电力电容器的外形样式见图10。

NAD-868系列低压智能电力电容器的型号编制方法见图11。

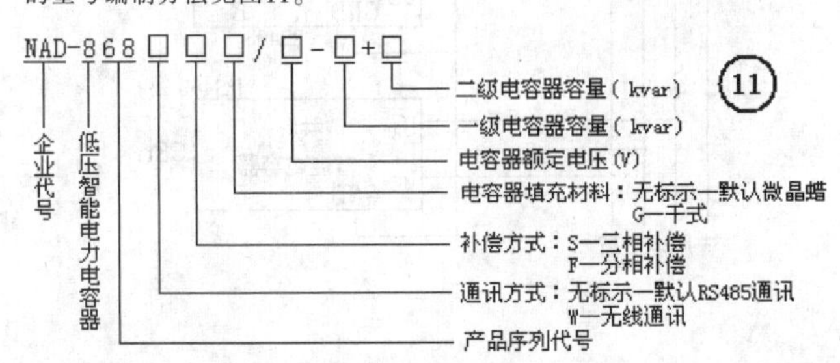

11

例如,NAD—868SG/450—15+10N,表示三相共补干式低压智能电力电容器,通讯方式为RS485,额定电压450V,额定容量25kvar,其中一级容量为15kvar,二级容量为10kvar。

NAD-868系列常规型低压智能电力电容器的型号规格见表1。

表1:NAD-868型低压智能电力电容器的型号规格

补偿方式	型号规格	容量(kvar)	额定电压(V)
三相共补	NAD-868S/450-20+20N	40(20+20)	450
	NAD-868S/450-20+15N	35(20+15)	
	NAD-868S/450-20+10N	30(20+10)	
	NAD-868S/450-15+15N	30(15+15)	
	NAD-868S/450-15+10N	25(15+10)	
	NAD-868S/450-10+10N	20(10+10)	
	NAD-868S/450-10+5N	15(10+5)	
	NAD-868S/450-5+5N	10(5+5)	
三相分补	NAD-868F/250-30N	30	250
	NAD-868F/250-20N	20	
	NAD-868F/250-15N	15	
	NAD-868F/250-10N	10	
	NAD-868F/250-5N	5	

人机对话功能是运行维护人员操作、调试、维护智能电容器的重要技术手段,只有通过人机对话,才能正确操控该款智能电容器。人机对话经过对人机界面上的指示信号、显示数据的读取,以及对开关、按键的操作予以实现。共补型智能电容器人机操作界面示意图见图12。

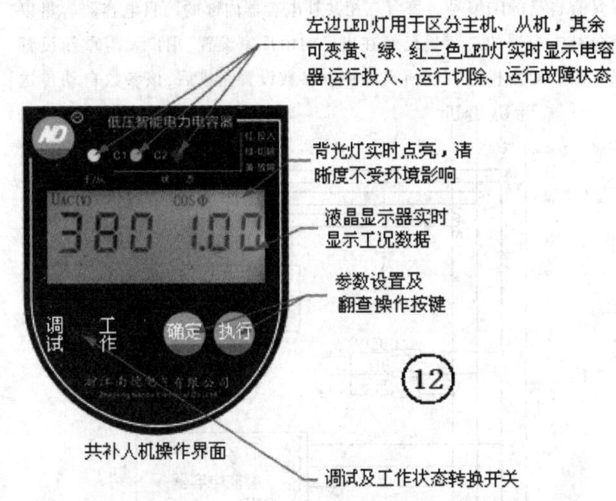

12

人机对话的图示界面中,顶部有三只发光管,其中最左边的一只是表示主机、从机的,显示为红色时表示该电容器是主机电容器,显示为绿色时表示该电容器是从机电容器。其余两只表示电容器当前处于投入(红色)、切除(绿色)或开关故障状态(黄色)。须对智能电容器设置参数才能使其正常运行。三相共补式智能电力电容器需要设置的参数见表2。

智能电容器也可摆脱补偿控制器自行组网构成无功补偿系统,这将使电路系统变得更加简洁,有利于降低系统成本。电路连接原理图见图13。图中三只电流互感器TA的二次侧额定电流为标准值5A,这个较大的电流值不宜由智能电容器直接处理,图13中采取的技术措施是经由一个专用的微型一体化电流互感器,将三只电流互感器TA输出的5A电流变换成适合智能电容器处理的较小电流,经技术处理后由RS485通信线将电流信号传送至智能电容器。

智能电容器自行组网的无功补偿系统中,可以全部使用三相共补电容器或全部使用分补电容器,将三相共补电容器和分补电容器组合使用也是可以的。按照图13将补偿系统电路连接完成后,即可对补偿系统设置参数。对任意选定的某一台智能电容器设置参数后,这台电容器就成为主机电容器,其地址编号ID设置为01,其余电容器也经设

表2:三相共补式智能电力电容器参数设置表

序号	参数码	参数名称	显示内容	功能描述
1	Id	本机地址	Id 006	设置本机Id地址,006是示例值
2	Ct	互感器变比	Ct 100	设置互感器一次、二次电流的比值
3	COS	功率因数	COS 0.95	设置目标功率因数值
4	C1	电容器C1容量	C1 20.0	电容器C1容量
5	C2	电容器C2容量	C2 10.0	电容器C2容量
6	UH1	一级过电压阈值	UH1 436	设置一级过电压闭锁阈值1.15Un
7	UH2	二级过电压阈值	UH2 457	设置二级过电压闭锁阈值1.20Un
8	UL	欠电压阈值	UL 305	设置欠电压闭锁阈值0.80Un
9	IH	过电流闭锁阈值	IH 1.35	设置过电流闭锁阈值1.35In
10	tH	过温度闭锁阈值	tH 060	设置过温度闭锁阈值(60℃)
11	H	强制投切	H	强制投切使能设置
12	C1-	强制投切C1	C1 -	设置强制投切C1
13	C2-	强制投切C2	C2 -	设置强制投切C2
14	dLy	投切判断时间	dLy 040	设置投切判断延时时间s
15	Jg	投切间隔时间	J9 180	设置电容器投切间隔时间s

置具有自己的ID编号。每台三相共补电容器内部的两只电容器容量以及分补电容器的总容量已经在出厂前由厂家设置,用户无需重新设置或修改。对主机电容器所需的控制参数设置完成后,该参数自动传送

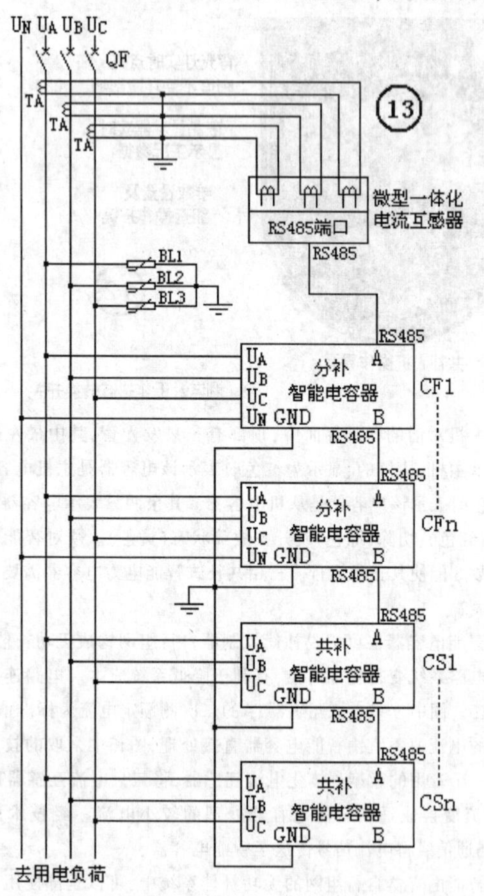

覆盖至所有电容器,所以运行过程中有电容器故障退出运行,或者主机电容器故障退出后,与主机电容器ID编号相邻的智能电容器会立即承担主机电容器的控制任务,不会影响补偿系统的持续运行。

该系统最多可由48台智能电容器构成一个完善的无功补偿系统。

运行过程中,补偿系统根据检测到的无功功率大小,无功功率在三相系统中的分布情况,系统电压的高低大小,系统谐波的量值,电容器内部的温升情况,自动控制三相共补电容器或分补电容器的投入或切除,某个参数超出参数设置的保护阈值时,会及时采取相应的保护措施,保证系统运行安全。

(3)智能电容器与显示器联合运行的补偿系统。

每台智能电容器都有指示灯的插孔,在智能电容器自行组网运行时,可通过延长线将指示灯安装在便于察看的地方,用于指示电容器的投入、切除或故障状态,尽管如此,电容器其他的运行参数只能从如图12那样的人机界面显示屏上看到,由于该显示屏面积较小,且有安装位置的关系,因此略显不便。为了解决这一问题,可以在自行组网的基础上用RS485通讯线连接一台显示器,并安装在方便观察的位置。智能电容器与显示器联合运行的电路接线图见图14,这时应将微型一体化电流互感器的输出电流信号经通讯线连接至显示器的RS485通讯接口A口,将显示器的RS485通讯接口B口连接至主机智能电容器的A口。显示器无须设置参数,系统运行前应对智能电容器进行参数设置,使智能电容器成为无功补偿装置的控制核心。

显示器应连接AC380V工作电源。接通连线即可投入工作。显示器上的显示内容是由主机电容器提供的,包括运行参数、保护参数及相应的指示灯。

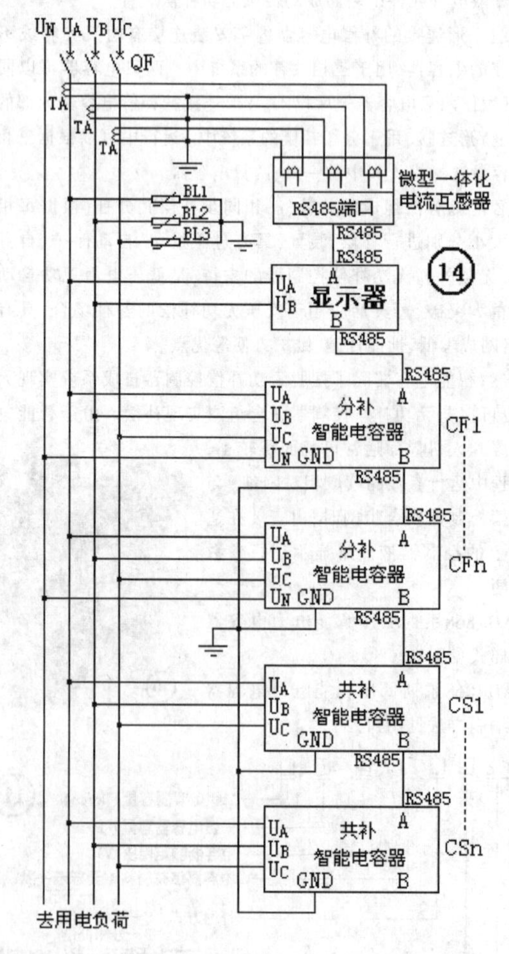

3M典型空气净化器分析与故障检修

孙立群

空气净化器又称空气清新机、空气清洁器，简称净化器，是指能够吸附、分解或转化各种空气污染物（一般包括PM2.5、粉尘、花粉、异味、甲醛之类的装修污染、细菌、过敏原等），有效提高空气清洁度的电子产品。下面以社会拥有量较大的3M典型空气净化器为例，介绍空气净化器的构成、基本原理、故障检修方法与实例。

一、KJ306F-GD系列空气净化器

该机不仅可以滤除PM2.5，而且可以滤除甲醛、细菌等有害物质。KJ306F-CD系列空气净化器的滤网相当厚大，有极高的抗菌性能，并且容尘量较大，提高了净化效果。

购买3M KJ306F-GD型净化器时送原装标配滤网，可以满足大多数家庭的需求。如果家里有宠物或者在重雾霾地区可以购买颗粒物滤网，如果家里有敏感的人（如患有哮喘、过敏性鼻炎等）还可以选择活性炭包裹颗粒物滤网，从而满足了不同家庭的需要。

1.构成

KJ306F-GD系列空气净化器的分解图如图1所示，主要器件的序号与名称如表1所示。该机电路由电源板、控制板、粉尘传感器、限位开关、电源线等构成（见图2），电源板实物见图3，控制板实物见图4。

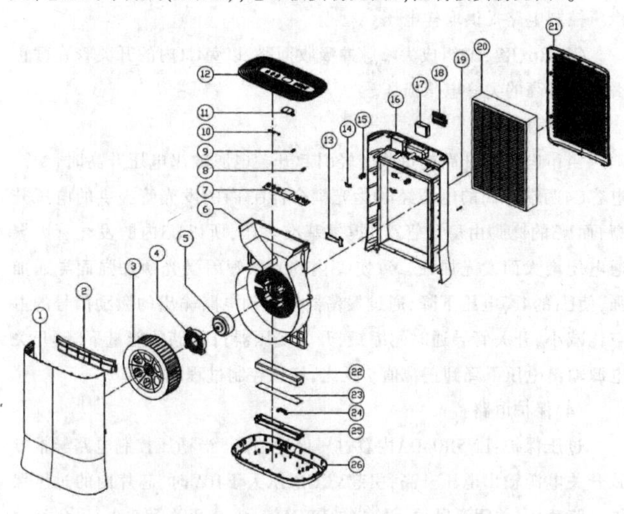

图1 KJ306F-GD系列空气净化器的分解图

表1 KJ306F-GD系列空气净化器主要器件序号与名称

序号	名称	序号	名称	序号	名称
1	前壳组件	10	导光柱3	19	硅胶塞
2	导风罩	11	显示镜片	20	过滤网
3	风轮（叶轮）	12	上盖	21	滤网盖组件
4	电机（马达）固定支架	13	电机压线板	22	防火盒上盖
5	电机	14	门扣压片	23	电源板
6	风道	15	门扣	24	插座固定扣
7	控制板（电脑板）	16	滤网框	25	防火盒下盖
8	导光柱1	17	传感器盒（传感器组件）	26	底座
9	导光柱2	18	传感器盖		电源线

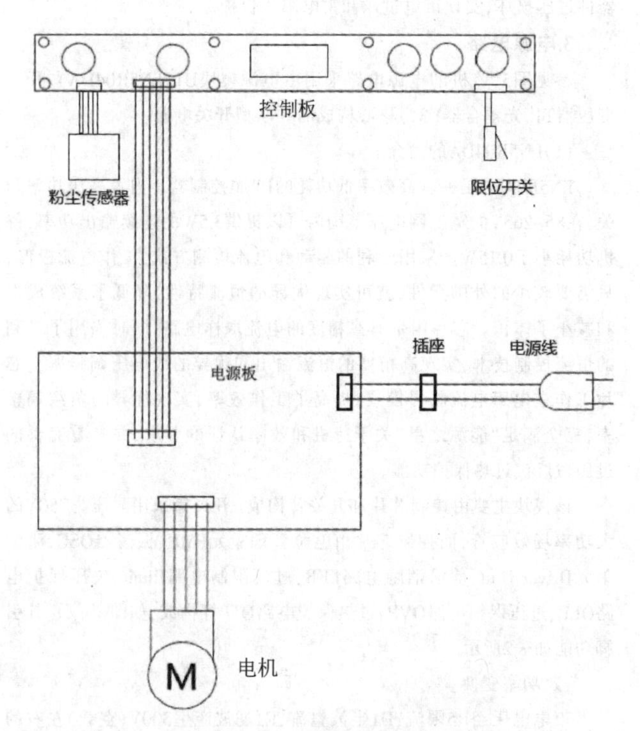

图2 KJ306F-GD系列空气净化器的电气构成示意图

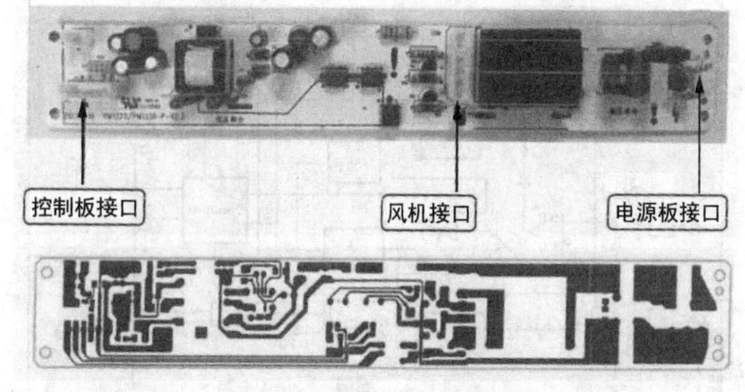

图3 KJ306F-GD系列空气净化器电源板实物

图4 KJ306F-GD系列空气净化器控制板实物

2.市电输入电路

市电输入电路由熔丝管FUSE1、压敏电阻VR1、线路滤波器等构成，如图5所示。

220V市电电压经熔丝管FUSE1送到C1、L1、C2组成的线路滤波器，由它滤除高频干扰脉冲后，不仅通过双向晶闸管为电机的3个绕组供电，而且为开关电源供电。

线路滤波器两端并联的R1、R2是C1、C2的泄放电阻。断电后，R1、R2能快速将C1、C2存储的电压放掉，确保下次通电时C1、C2完成滤波功能。

市电输入回路的VR1是压敏电阻，市电正常、没有雷电窜入时它不工作；当市电升高或有雷电窜入，使VR1两端的峰值电压达到470V时它击穿，使FUSE1过流熔断，切断市电输入回路，避免了开关电源的元器件过压损坏，实现市电过压和雷电窜入保护。

3.电源电路

参见图5，该机的电源电路采用由电源模块U1(LN5R04DA)、开关变压器T1、光耦合器U3为核心构成的并联型开关电源。

(1)LN5R04DA的简介

LN5R04DA是一款高效率低功耗的PWM控制器。内置高压功率开关，在85~265V的宽电网电压范围内可以提供3.5W的连续输出功率，待机功耗小于0.15W。采用专利的驱动和电流检测方式，工作电流极低，只需要较少的外围元件，就可实现优异的恒流特性，降低了系统成本和减小了体积。芯片内带有高精度的电流取样电路，同时采用了专利的恒流控制技术，实现高精度的恒流输出和优异的线电压调整率。芯片工作在电感电流临界模式，提高了工作效率，实现优异的负载调整率，完全满足“能源之星”关于待机和效率认证的要求，并具有完善的过压、过流、过热保护功能。

该模块主要由控制芯片和开关管构成。开关管采用耐压为750V的大功率场效应管，而控制芯片由电源管理单元PMU、振荡器OSC、激励单元Driver Unit、前沿消隐电路LEB、过流限制电路Ilimit、欠压保护电路OLP、过压保护电路OVP、过热保护电路OTP等构成，如图6所示。其引脚功能如表2所示。

(2)功率变换

市电电压经R5限流，D1半波整流，E1滤波产生300V(空载)左右的

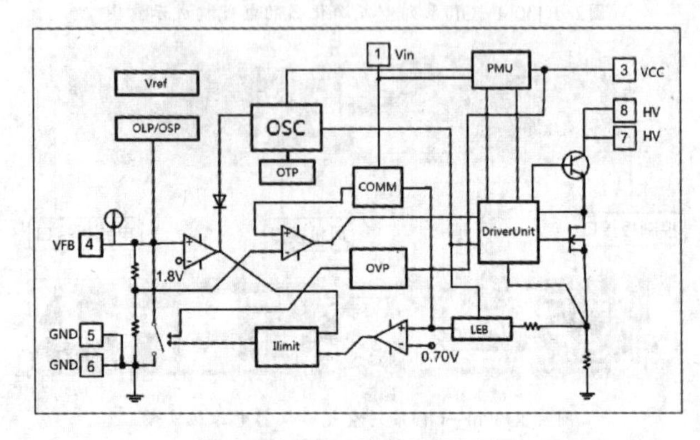

图6 LN5R04DA内部构成方框图

表2 LN5R12C引脚功能

脚号	符号	功能
1	VIN	高压电流源触发电压输入
2	NC	空脚(本机接地)
3	VCC	芯片电源。启动电压阈值8.9V，欠压保阈值3.5V，过压保护阈值10V
4	VFB	误差取样信号输入
5、6	GND	接地
7、8	HV	开关管D极供电

直流电压。该电压一路经开关变压器T1的初级绕组加到U1(LN5R04DA)的⑧脚(HV端)，不仅为它内部的开关管D极供电，而且为高压恒流源供电；另一路经启动电阻R3、R4降压产生触发信号，该信号通过U1的①脚(VIN端)触发高压恒流源工作，产生初始充电电流，经内部电源管理单元对U1③脚外接的电容E2充电，当E2被充电至8.9V时，电源管理系统输出的电压为参考电路、振荡电路、开关管的驱动电路等电路供电。振荡器获得供电后产生65kHz的时钟信号，该信号控制激励单元内的PWM电路产生PWM驱动脉冲，使开关管工作在开关状态。开关管导通后，T1存储能量；开关管截止期间，T1各个绕组释放能量，经整流滤波后为相应的负载供电。其中，4-5绕组输出的脉冲电压经整流管D3整流，E2滤波后，加到U1的③脚，取代启动电路为U1提供正常工作时的工作电压；6-10绕组输出的脉冲电压经D6整流，E4滤波得到12V电压，为负离子发生器供电；6-8绕组输出的脉冲电压经D4整流，C4、L2、C5组成的π型滤波器滤波后得到5V电压，不仅为微处理器电路供电，而且为稳压控制电路提供取样电压。

C3、R6、R7、D2组成尖峰脉冲吸收回路，以免U1内的开关管在截止瞬间被过高的尖峰电压损坏。

(3)稳压控制

当市电电压升高或负载变轻引起开关电源输出电压升高时，滤波电容C4两端升高的电压经R9为光耦合器U3内的发光管提供的电压升高，而U3的②脚由稳压管ZD1提供基准电压，所以U3内的发光管因导通电压增大而发光加强，致使U3内的光敏管因受光照加强而导通加强，使U1的4脚电压下降，通过振荡器使驱动电路输出的激励信号的占空比减小，开关管导通时间缩短，开关变压器T1存储的能量下降，开关电源输出电压下降到正常值。反之，稳压控制过程相反。

(4)保护电路

过压保护：LN5R04DA内置过压保护电路。当稳压控制电路异常导致开关电源输出电压升高，引起VCC电压大于10V时，芯片内的过压保护电路动作，关闭激励单元输出的PWM信号，使开关管截止，以免开关

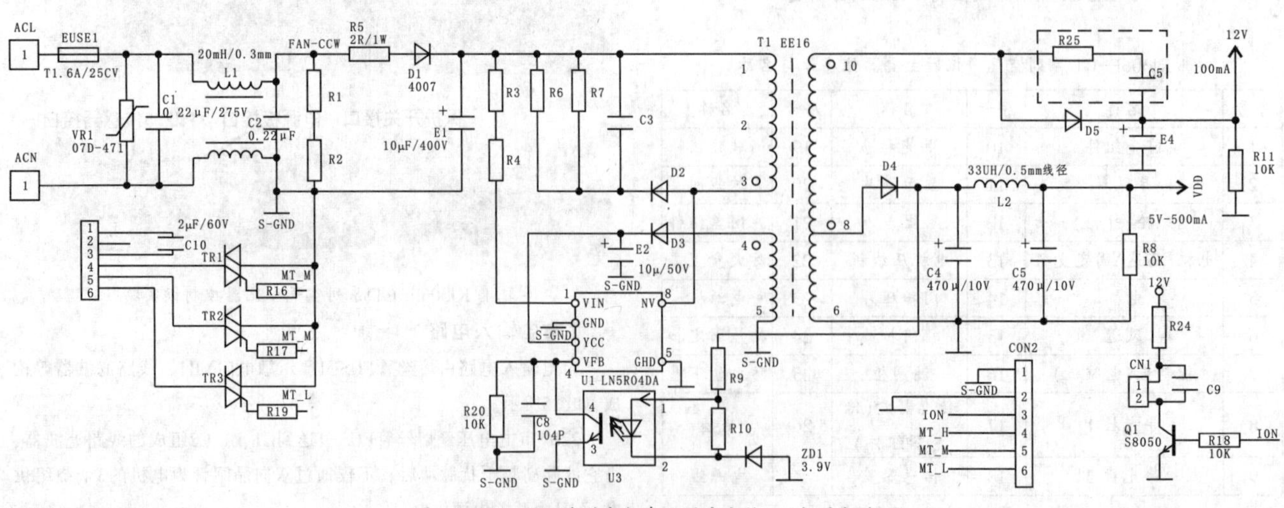

图5 KJ306F-GD系列空气净化器市电输入、电源电路

管或负载元件过压损坏。

欠压保护：当自馈电电路D3、E2或负载电路或稳压控制电路异常，导致开关电源输出电压降低，引起VCC电压降到3.5V时，LN5R04DA内的欠压保护电路动作，关闭振荡器，使开关管停止工作，以免开关管因激励不足而损坏。当VCC回升满足芯片启动时，芯片会重新启动。但故障未消失前会再次进入保护状态，直至故障排除。

过流保护：LN5R04DA工作在电感电流临界连续模式CRM中，电流检测电路可逐周期检查流过开关管的峰值电流。当负载异常导致开关管过流，使检测电压超过0.7V，与0.7V阈值比较后，使电流限制电路动作，缩短开关管的导通时间，开关电源输出电压下降，如果电流恢复正常，则解除限流控制；如果仍过流，则控制开关管停止工作，以免它过流损坏。

电流限制电路还包括一个前沿消隐电路。该电路用来延时电流采样，因为在开关导通瞬间会有脉冲峰值电流，如果此时采样电流值并进行控制，会因脉冲前沿的尖峰产生误触发动作，影响电路启动，前沿消隐电路对检测脉冲进行一定时间(350ns左右)的延迟，就可以避免这种误触发隐患。

过热保护：LN5R04DA内部还设置了过热保护电路。当芯片的温度某种原因超过125℃时，内部的过热保护电路动作，关闭振荡器，使开关管停止工作，以免其因过热损坏。当温度降到正常温度范围时，芯片会重新启动。

4.微处理器电路

该微处理器电路由主微处理器U1（SC91F831）、副微处理器U2（TM1620）、操作显示电路、蜂鸣器电路等构成，如图7所示。

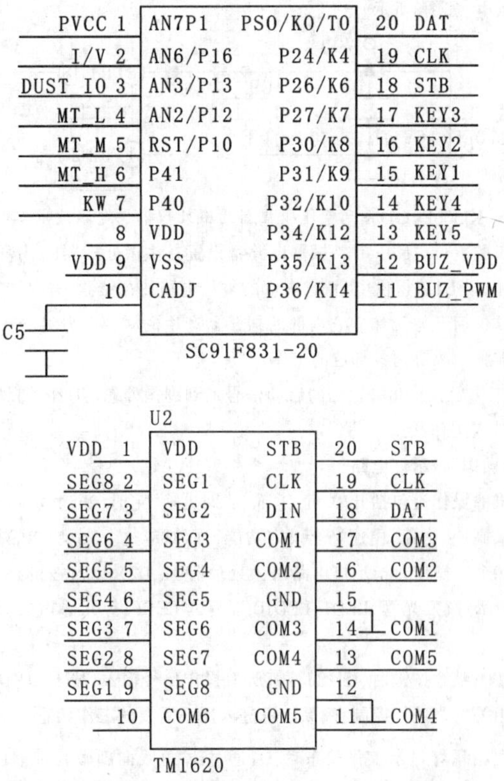

(1)SC91F831的实用资料

SC91F831是一颗内置电容型触摸按键功能的加强型超快速1T 8051工业级Flash微控制器，指令系统完全兼容传统8051产品系列。SC91F831内部集成有最多10路触摸按键电路，其他资源还包括：8KBFlash ROM(内部256Byte可作为E^2PROM)、512B SRAM、最多25个GP I/O(包含17/18个大电流驱动)、2个16位定时器、1路类IIC的串行通讯接口SIF、最多7路10位高精度ADC、最多7路外部中断口（其中1/2/3是双沿中断）、2路8位PWM、内部1%高精度16MHz振荡器等。为提高可靠性及简化客户电路，SC91F831内部设置了4级可选电压LVR、2.4V基准ADC参考电压、WDT等可靠的电源电路。SC91F831具有非常优异的抗干扰性能和抗EMI能力，非常适用于电磁炉、抽油烟机、消毒柜、电饭煲、电压力锅、面包机等各种小家电和卫浴、灯具等电器产品内。SC91F831的引脚功能如表3所示。

(2)TM1620的实用资料

TM1620是一种带键盘扫描接口的LED(发光二极管显示器)专用驱动控制芯片，内部集成有MCU数字接口、数据锁存器、LED高压驱动、键盘扫描等电路。因其稳定性好、抗干扰性强，所以广泛应用在智能热水器、智能空气净化器、微波炉、电磁炉、洗衣机、空调、机顶盒、电子秤、智能电表等数码管或LED显示屏内。TM1620的引脚功能如表4所示。

PVCC 1 AN7P1 PS0/K0/T0 20 DAT
I/V 2 AN6/P16 P24/K4 19 CLK
DUST IO 3 AN3/P13 P26/K6 18 STB
MT_L 4 AN2/P12 P27/K7 17 KEY3
MT_M 5 RST/P10 P30/K8 16 KEY2
MT_H 6 P41 P31/K9 15 KEY1
KW 7 P40 P32/K10 14 KEY4
8 VDD P34/K12 13 KEY5
VDD 9 VSS P35/K13 12 BUZ_VDD
10 CADJ P36/K14 11 BUZ_PWM
C5
SC91F831-20

U2
VDD 1 VDD STB 20 STB
SEG8 2 SEG1 CLK 19 CLK
SEG7 3 SEG2 DIN 18 DAT
SEG6 4 SEG3 COM1 17 COM3
SEG5 5 SEG4 COM2 16 COM2
SEG4 6 SEG5 GND 15
SEG3 7 SEG6 COM3 14 COM1
SEG2 8 SEG7 COM4 13 COM5
SEG1 9 SEG8 GND 12
10 COM6 COM5 11 COM4
TM1620

图7 KJ306F-GD系列空气净化器的微处理器电路

(3)工作条件电路

5V供电：空气净化器输入市电电压，待5V电源电路工作后，由它输出的5V电压经E1、C7、C9滤波后，加到微处理器U1的⑧脚和U2的①脚，

表3 主微处理器SC91F831的引脚功能

脚位	脚名	功能	脚位	脚名	功能
1	PVCC	电源PVCC输出控制	11	BUZ PWM	蜂鸣器驱动信号输出
2	UV	紫外线净化控制信号输出	12	BUZ VDD	蜂鸣器供电控制信号输出
3	DUST	粉尘检测信号输入	13	KEY5	操作键5信号输入
4	MT.L	电机低速运转控制信号输出	14	KEY4	操作键4信号输入
5	MT.M	电机中速运转控制信号输出	15	KEY1	操作键1信号输入
6	MT.H	电机高速运转控制信号输出	16	KEY2	操作键2信号输入
7	ION	负离子净化控制信号输出	17	KEY3	操作键3信号输入
8	VDD	5V供电	18	STB	启动信号输出
9	VSS	接地	19	CLK	I^2C总线时钟信号输出
10	CADJ	电容调节	20	DAT	I^2C总线数据信号输入/输出

表4 副微处理器TM1620的引脚功能

脚位	脚名	功能	脚位	脚名	功能
1	VDD	5V供电	11	COM4	指示灯共阴极信号输出
2	SEG8	LED显示屏共阳极信号8输出	12	GND	接地
3	SEG7	LED显示屏共阳极信号7输出	13	COM5	指示灯共阴极信号输出
4	SEG6	LED显示屏/指示灯阳极信号6输出	14	COM1	LED显示屏共阴极信号1输出
5	SEG5	LED显示屏/指示灯阳极信号5输出	15	GND	接地
6	SEG4	LED显示屏/指示灯阳极信号4输出	16	COM2	LED显示屏共阴极信号2输出
7	SEG3	LED显示屏/指示灯阳极信号3输出	17	COM3	LED显示屏共阴极信号3输出
8	SEG2	LED显示屏/指示灯阳极信号2输出	18	DAT	I^2C总线数据信号输入/输出
9	SEG1	LED显示屏/指示灯阳极信号1输出	19	CLK	I^2C总线时钟信号输入
10		未用，悬空	20	STB	启动信号输入

为它们供电，如图8所示。

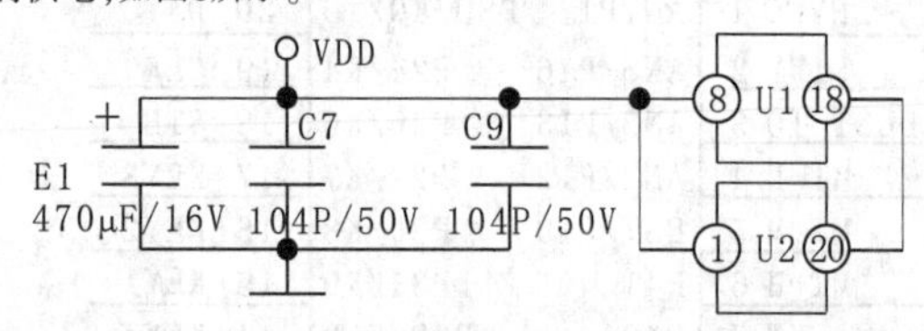

图8 KJ306F-GD系列空气净化器的微处理器供电滤波电路

该机的复位电路、时钟振荡电路都设置在主微处理器U1内部，无外部元件。当U1获得供电后，它内部的复位电路使存储器、寄存器等电路清零复位后开始工作。它内部的振荡器产生的时钟信号经分频后，作为基准脉冲源协调各部位的工作。

U1工作后，从⑱脚输出的启动信号加到副微处理器U2的⑳脚，使U2随之进入工作状态。

(4)操作、指示灯电路

该机的操作键包括开/关机、睡眠、滤网更换、定时(2h、4h、8h)和风速(自动、高速、中速、慢速)5个设定功能。而对应这个5个功能的指示灯则为10个。操作、指示灯电路由微处理器U1、U2，以及按键TSW1~TSW5、指示灯(发光管)LED1~LED10、显示屏LEDP1等元件构成，如图9所示。

当按下某个按键时，U1的⑬~⑰脚有操作信号输入，被U1识别后就可以对相关电路进行控制，确保该机进入用户需要的工作状态。

需要指示灯显示工作状态时，U1通过I^2C总线向副微处理器U2输出数据信号，被U2处理后，从⑪、⑬脚输出指示灯共阴极信号加到指示灯的负极，通过④~⑨脚输出指示灯阳极信号(供电电压)，利用R6~R11为指示灯的阳极供电，哪个指示灯阳极有电压输入，则该指示灯被点亮，就可以表明空气净化器的工作状态。

(5)LED屏显示电路

该机的LED屏显示电路由微处理器U1、U2，以及显示屏LEDP1等元件构成，如图10所示。

需要显示屏显示PM2.5的数据时，U1通过I^2C总线向副微处理器U2输出数据信号，被U2处理后，从⑭、⑯、⑰脚输出指示灯共阴极信号加到LED屏的共阴极端子(内部笔段发光管的负极)，通过②~⑨脚输出笔段发光管的阳极供电电压，哪个笔段或多个笔段发光管的阳极有电压输入，则LED屏就会显示PM2.5的数据等信息。

(6)PVCC供电形成电路

该机的PVCC供电形成

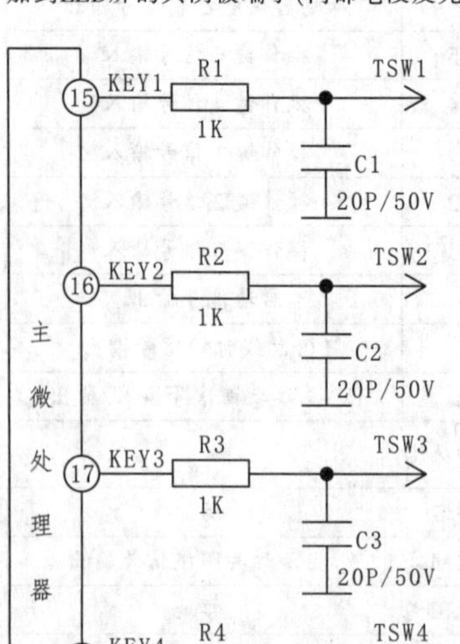

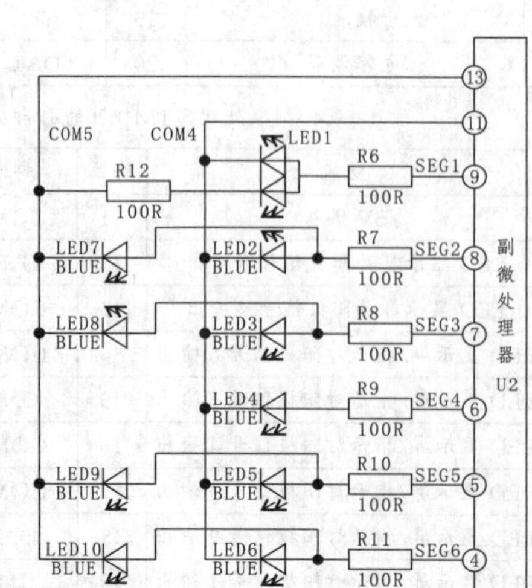

图9 KJ306F-GD系列空气净化器的操作键、指示灯电路

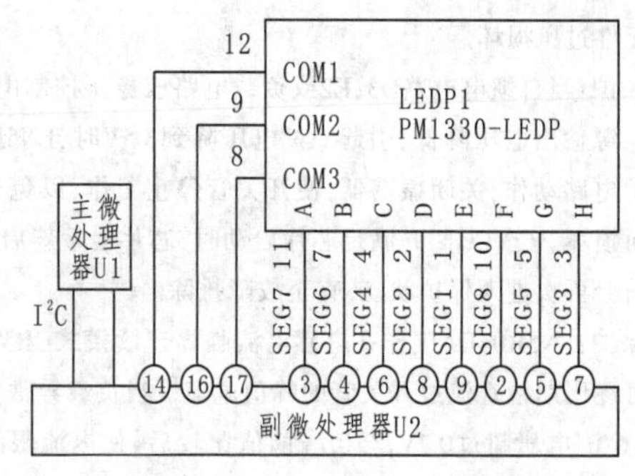

图10 KJ306F-GD系列空气净化器的LED屏电路

电路由主微处理器U1、供电管Q1等构成，如图11所示。

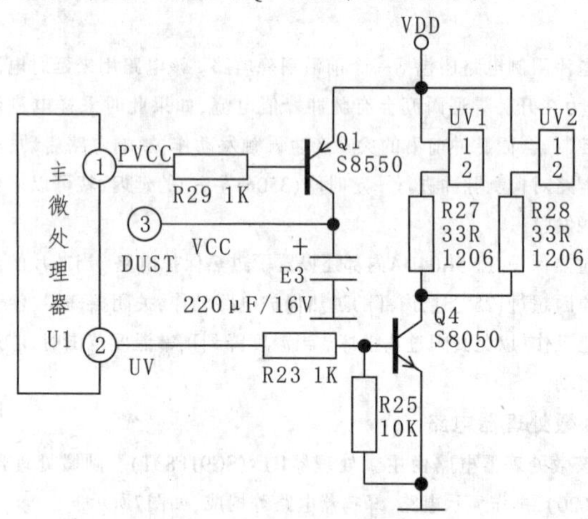

图11 KJ306F-GD系列空气净化器的PVCC供电形成电路

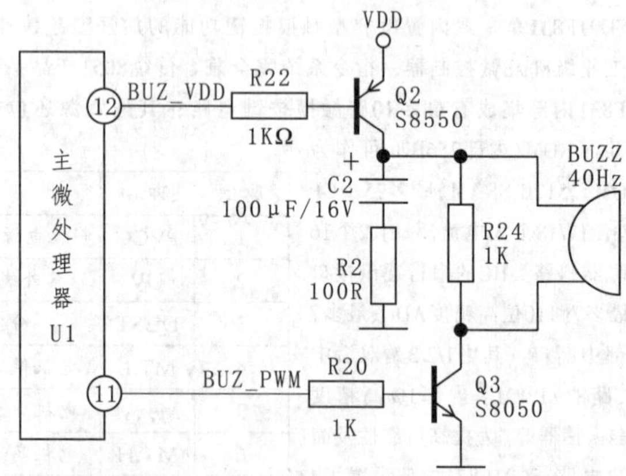

图12 KJ306F-GD系列空气净化器的蜂鸣器电路

需要形成PVCC供电时，微处理器U1从①脚输出的PVCC信号为低电平，②脚输出的UV信号为高电平。其中，PVCC经R29使Q1导通。Q1导通后，它c极输出的VCC经E3滤波后，通过连接器DUST的③脚输出，为粉尘传感器等部件供电。

(7)蜂鸣器电路

蜂鸣器电路由主微处理器U1、放大管Q3、供电管Q2、蜂鸣器BUZZ等构成，如图12所示。

进行功能操作、程序结束时需要提醒时，主微处理器U1⑫脚输出的供电控制信号BUZ VDD为低电平，⑪脚输出音频信号BUZ PWM。其中，BUZ VDD经R22使Q2导通，从它c极输出的电压为BUZZ供电；音频信号BUZ PWM经R20限流，通过Q3倒相放大后，驱动BUZZ鸣叫，完成功能提示等功能。

(8)防误开前盖保护电路

防误开前盖(前面板、前罩)保护电路由微处理器U1、限位开关SW等构成，如图13所示。

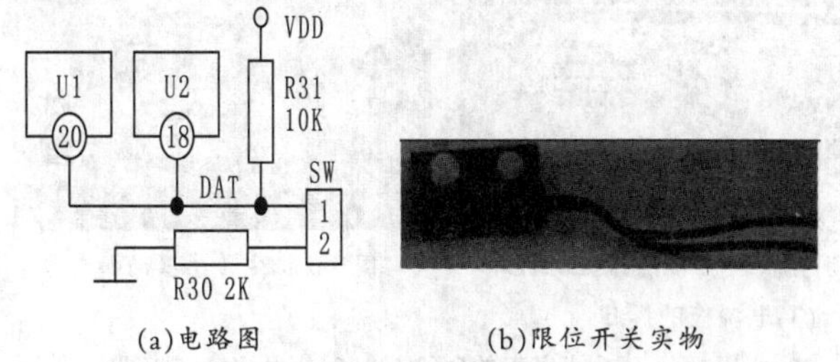

(a)电路图　　(b)限位开关实物

图13 KJ306F-GD系列空气净化器的防误开前盖保护电路

若净化器工作期间打开前罩，限位开关的触点接通，将微处理器U1、U2的DAT端子电位拉倒低电平，U1、U2停止工作，避免了工作期间打开前罩带来的危害，实现误开前罩保护。同样，前罩打开时，U1也不会接收功能操作，完成误开前罩保护功能。

5.电机电路

该机的电机电路由主微处理器U1、操作电路、晶闸管TR1~TR3、电机、运行电容C10等构成，如图5、图7所示。由于3个风速控制相同，下面以慢速为例进行介绍。

按操作面板的风速键选择慢速时，被微处理器U1识别后，它不仅输出指示灯驱动信号，使慢速指示灯发光工作，表明电机进入慢速运转状态。同时，U1④脚输出的电机低速运转信号MT-L经插座CON2的⑥脚输入到电源板，通过R19加到双向晶闸管TR3的控制极，触发TR3导通，为电机的低速运转绕组供电。电机的低速绕组得电后在运行电容C10的配合下产生磁场，驱动转子低速运转，带动风轮运转，就会使室内空气低速的循环流动，通过机内的过滤网和净化器吸附或清除空气内的各种污染物，实现清洁、净化空气的目的。

6.粉尘检测电路、UV净化电路

该机的灰尘检测电路、UV净化电路由主微处理器U1、供电电路、粉尘传感器(PM2.5传感器)、UV灯等构成，如图14所示。

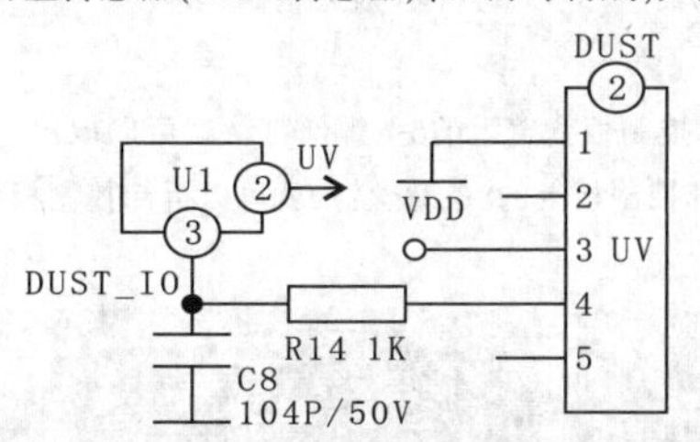

图14 KJ306F-GD系列空气净化器的粉尘检测电路、UV净化电路

在自动模式下，若室内的粉尘浓度达到设置值，被粉尘传感器检测后输出控制信号DUST IO。该信号经连接器DUST的④脚输入到控制板，利用R14、C8滤波产生的控制信号加到微处理器U1的③脚，被U1识别后从②脚输出的UV信号为高电平。

参见图11，该信号经R23限流，Q4倒相放大后，利用R22、R28接通UV1、UV2的②脚电路，于是UV1、UV2所接的UV灯得电后开始发出特制的高能、高臭氧UV紫外线光束，对粉尘内的苯、甲苯、氨、三甲胺、硫化氢等恶臭气体照射后，就可以分解这些恶臭气体，实现清洁、净化空气的目的。

7.常见故障检修

(1)通电后无反应

该故障是由于供电线路、电源电路、微处理器电路、电机电路异常所致。

首先，检查电源线和电源插座是否正常，若不正常，检修或更换；若正常，拆开净化器后，测保险管(熔丝管)FUSE1是否开路。

当FUSE1开路，应先检查有无过流现象。首先，检查压敏电阻VR1和滤波电容C1是否击穿，若它们击穿，与FUSE1一起更换后即可排除故障；若它们正常，检查电机是否正常，若异常，维修或更换相同的电机即可；若电机正常，多为FUSE1自身损坏。

若FUSE1正常，测C1两端有无220V左右的市电电压，若没有，检查电源线及线路；若有市电输入，说明电源电路或微处理器电路异常。此时，测电源电路输出电压是否正常，若正常，说明微处理器电路异常；若异常，说明电源电路或负载异常。确认电源电路异常后，测E1两端有无200V以上的直流电压，若没有，在路检查保险电阻R5是否开路，若R5正常，检查D1及线路是否开路即可；若R5开路，在路测整流管D1是否击穿，若击穿，则更换D1、R5即可；若D1正常，测E1两端阻值是否正常，若正常，R5开路多为自身原因所致；若E1两端阻值过小，说明E1或电源模块U1(LN5R04DA)的⑧、⑤脚内的开关管击穿。脱开E1的一个引脚后测量，就可以确认是E1击穿，还是开关管击穿。若E1两端有约300V的电压，说明开关电源未工作。此时，检查U1①脚输入的电压是否正常，若异常，检查R3、R4；若①脚电压正常，检查D2~D5、ZD1是否正常，若异常，更换即可；若正常，检查C3~C5、C8、E2、E4是否正常，若异常，更换即可；若正常，检查U3、LN5R04DA、T1。

【提示】电源模块LN5R04DA内的开关管击穿，还应检查尖峰吸收回路、稳压控制电路的元件及开关变压器T1是否正常，以免更换后的LN5R04DA再次损坏。

【方法与技巧】确认开关电源异常后，可在开关电源通电瞬间，通过测E4两端电压大致判断故障部位。若E4两端电压低于12V，可先测LN5R04DA的①脚电压，判断R3、R4是否正常；若①脚电压正常，断电后，在路判断D1~D4是否正常，若异常，更换即可；确认它们正常后，则检查E2、C4、C5、E4。若E4两端电压高于12V随后下降，说明稳压控制电路异常导致过压保护电路动作。此时，检查D4、ZD1是否正常，若异常，更换即可；若正常，则用1k电阻并接在R20两端，若仍过压，说明LN5R04DA异常；若不再过压，检查R9、U3是否开路或变质即可。

确认微处理器电路异常时，首先测微处理器U1(SC91F831)的⑧脚有无5V供电输入，若没有，查L2及线路；若有5V供电，测U1的DAT端是否为低电平，若是，检查防误开前罩开关是否正常，若异常，维修或更换；若正常，检查R31、U2、U1。若U1的DAT端子电压正常，检查控制键有无漏电，若有，更换按键；若正常，检查U1、U2。

(2)电机不转

该故障的主要原因：1)电机运行电容C10损坏；2)连接器JP1、供电线路异常；3)双向晶闸管TR1~TR3短路；4)电机绕组异常；5)风速键异常；6)微处理器U1异常。

首先，按压风速键时风速指示灯能否正常变化，若不能，检查风速操作键及U1；若能，检查连接器JP1及其连线是否正常，若异常，维修或更换即可；若正常，说明电机及其供电电路异常。此时，在路检测双向晶闸管TR1~TR3是否短路，若异常，更换即可；若正常，用万用表的750V交流电电压挡测电机供电端子有无正常供电，若有，维修或更换电机；若无供电，检查微处理器U1及线路。

【提示】若电机运行电容C10、双向晶闸管TR1~TR3异常，引起电机不能启动或不能正常运转时，电机会发出"嗡嗡"声。

(3)风速异常

该故障的主要原因：1)连接器JP1、供电线路异常；2)双向晶闸管TR1~TR3或其触发电路异常；3)电机绕组异常；4)风速按键异常；5)微处理器U1异常。下面以无高风速为例进行分析。

首先，在按风速键时高风速指示灯能否变化，若不能，检查风速按键及线路；若能变化，在路测电机的高风速绕组是否正常，若异常，维修或更换即可；若正常，在路检测双向晶闸管TR3及R19是否正常，若异常，更换即可；若正常，检查微处理器U1及线路。

【提示】怀疑TR3异常，而无法确认时，可以采用TR1或TR2代换来验证。因3个风速的供电线路相同，所以也可以采用整个供电线路代换的方法来判断故障部位。

(4)自动模式下,粉尘(灰尘)超标后不工作

该故障的主要原因:1)粉尘传感器供电电路异常;2)粉尘传感器异常;3)自动控制键异常;4)微处理器U1异常。

首先,按压自动键时相应的指示灯能否发光,若不能,检查自动操作键及U1;若能点亮,测插座UVST的3脚有无VCC供电输出,若没有,检查Q1的b、e极有无导通电压输入,若有,检查Q1及线路;若没有,检查R29、U1及线路;若③脚有VCC供电输出,在粉尘较大时测DUST的④脚有无检测信号输入,若无,检查粉尘传感器及线路;若有信号输入,测U1的2脚有无控制电压输出,若没有,检查U1;若有,检查Q4、R23和线路。

【方法与技巧】判断粉尘传感器的方法:在无烟雾时,测UVST的④脚电压并记好此时电压值;吸烟后对着粉尘传感器吹出,若UVST的④脚电压若有变化,说明粉尘传感器工作正常。否则,检查粉尘传感器及其线路。

(5)UV净化功能异常

该故障的主要原因:1)UV灯异常;2)UV灯驱动电路异常;3)微处理器U1异常。

UV灯工作时会发出紫光,所以通过察看UV灯能否发光就可以判断它是否正常。通过察看,若两只UV灯都不亮,说明没有驱动信号输入或驱动电路异常;若仅一只UV灯不工作,说明UV灯或其连接器、相应的限流电阻坏。

当2只UV灯不工作时,测驱动管Q4的b极有无导通电压输入,若有,检查Q4及供电线路;若没有,测微处理器U1的②脚能否输出UV控制信号,若不能,检查U1;若能,检查R21、Q4及线路。

(6)滤网更换指示灯持续闪烁

该故障的主要原因:1)需要替换滤网,2)微处理器U1需要复位。

按要求更换滤网后,按压滤网更换键3秒,待微处理器U1复位后即可使用;若无效,则检查U1。

【提示】目前空气净化器的滤网更换提醒功能都是以时间来计算的,电脑板上的微处理器已经固化了每一个滤网的更换时间,如果电脑板一旦通电启动,这时就开始计算时间了,所以更换完滤网后,需要对电脑板上的计时系统进行复位的,这个每个品牌和型号的复位方法不尽相同,所以应根据说明书介绍的方法进行复位。

8.典型部件拆解

(1)滤网的拆卸

首先,双手按压滤网盖上端,取下滤网盖,如图15a所示;用手拉上下两个提手,就可取下过滤网,如图15b所示。

图15a 滤网盖的拆卸

图15b 过滤网的拆卸

(2)粉尘传感器的拆卸

首先,用螺丝刀拆掉粉尘传感器盖上的螺丝钉,如图16a所示;取下粉尘传感器就可以看到粉尘传感器,如图16b所示。如果向外拉图16b上的金属拉环,就可以拉出传感器,拔掉插头就可以取出传感器。

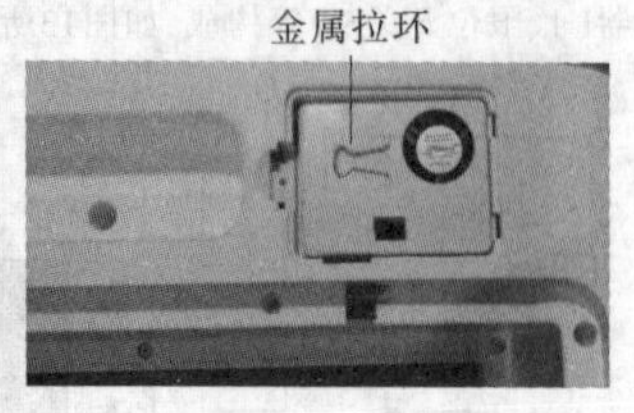

图16a 粉尘传感器盖的拆卸

图16b 粉尘传感器的拆卸

(3)电源板的拆卸

首先,用螺丝刀拆掉底座的6条螺丝钉,打开底座,如图17a所示;拆掉电源板盒上盖的2条螺丝钉,就可以取下上盖,如图17b所示。

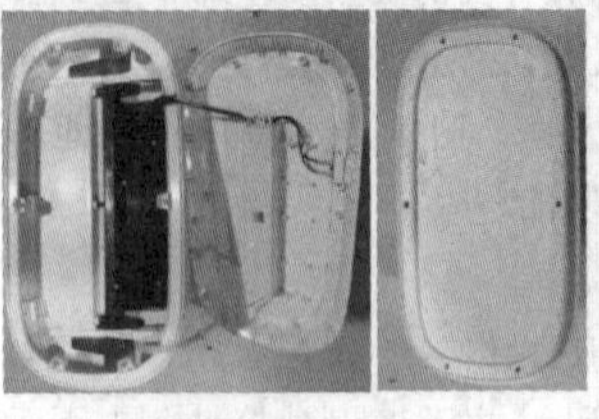

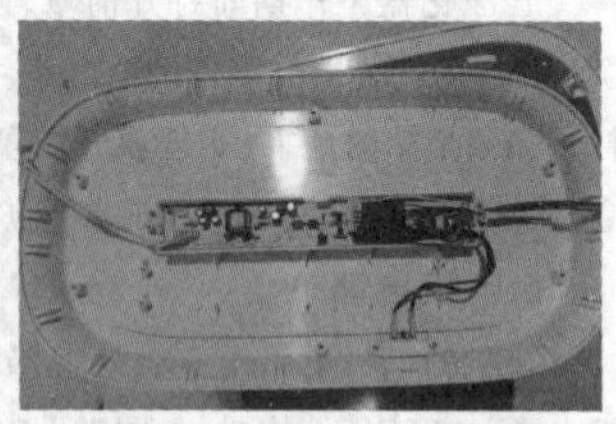

图17a 底座的拆卸

图17b 电源板盒盖的拆卸

(4)滤网框的拆卸

首先,用螺丝刀拆掉滤网框内外层上的19条螺丝钉,如图18a所示;随后打开滤网框与前盖上的卡钩,小心取下滤网框,如图18b所示。拆掉图18b滤网框后,就可以看到限位开关(安全保护开关)。

图18a 滤网框螺丝的拆卸

图18b 滤网框的拆卸

(5)控制板的拆卸

首先,用螺丝刀拆掉控制板盒盖上的6条螺丝钉,就可以取出上盖,如图19a所示;随后拆掉控制板上的8条螺丝钉,就可以拆卸控制板,如图19b所示。

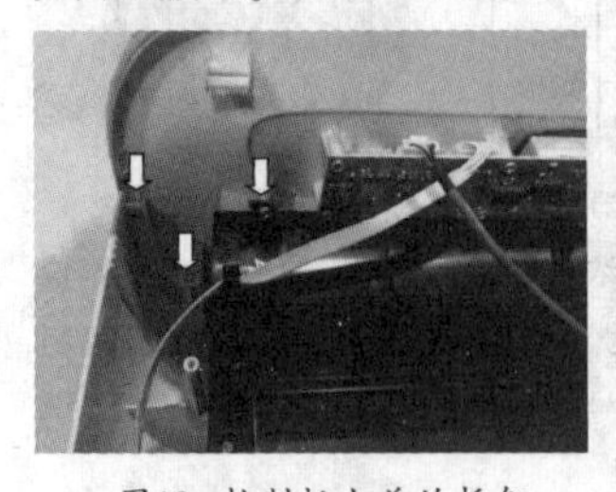

图19a 控制板上盖的拆卸

图19b 控制板的拆卸

(6)风道、风轮、电机的拆卸

首先,用螺丝刀拆掉风道上的6条螺丝钉,就可以取下风道,如图20a所示;用扳手拆掉电机轴上的螺母,取下风轮,如图20b所示;用螺丝刀拆掉电机固定架上的4条螺丝钉,以及电机压线板上的2条螺丝钉后,就可以取出电机,如图20c所示。

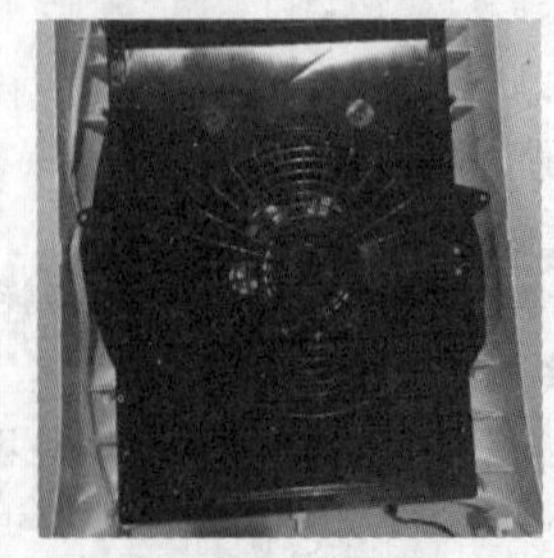

图20a 风道的拆卸

图20b 风轮的拆卸

图20c 电机的拆卸

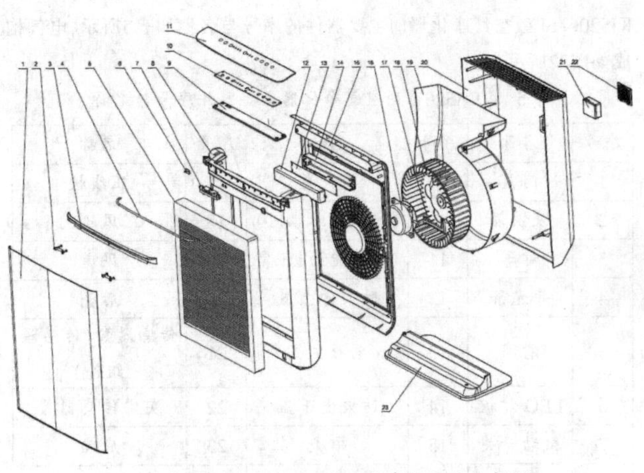

图21 冰银河KJ5206-SL型空气净化器的分解图

二、KJEA520系列空气净化器

KJEA520系列空气净化器与KJ306F-GD系列相比，功能更强大，性能更优越。

1.构成

KJ306F-GD系列空气净化器的分解图如图21所示，其中冰银河

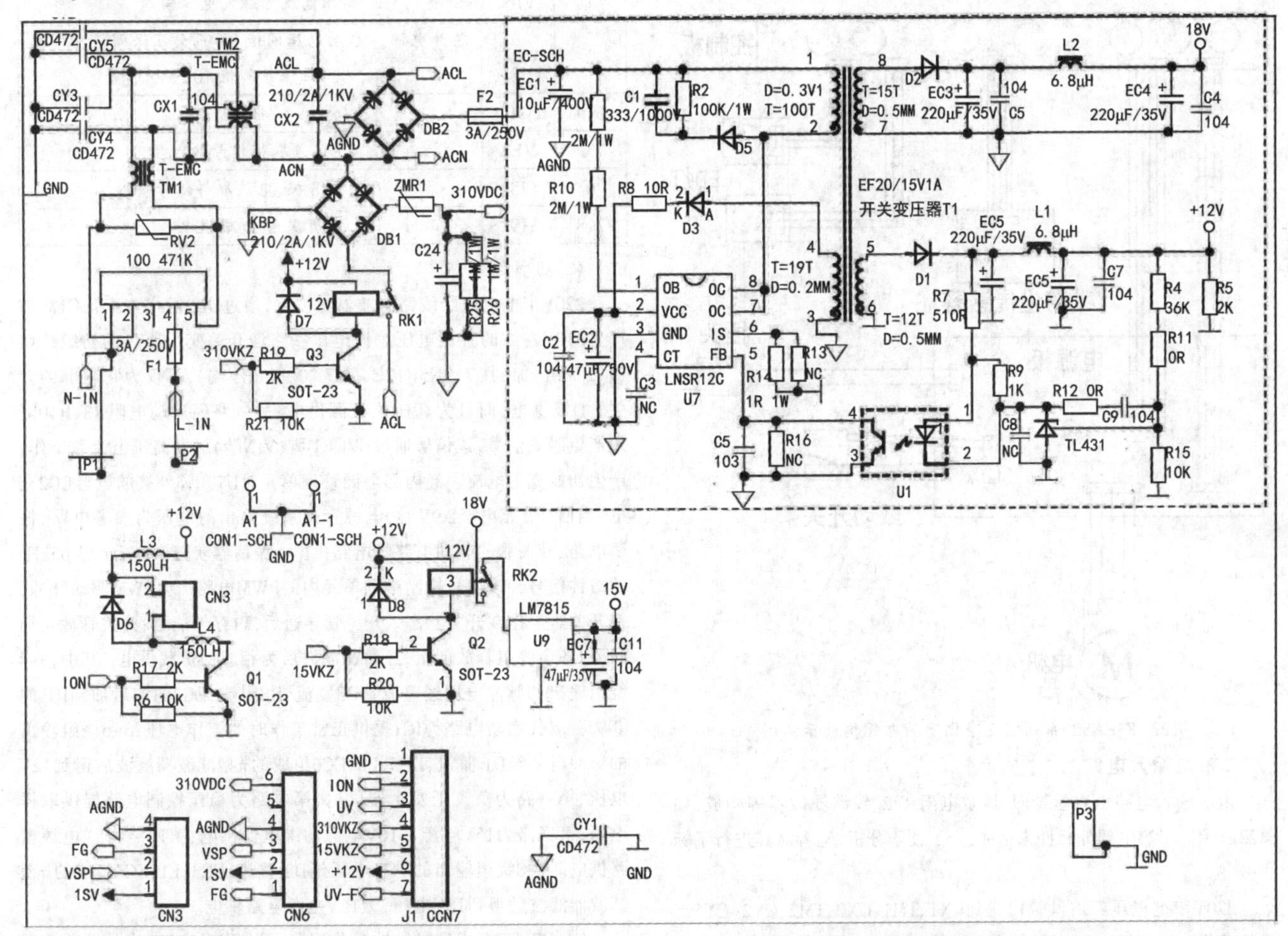

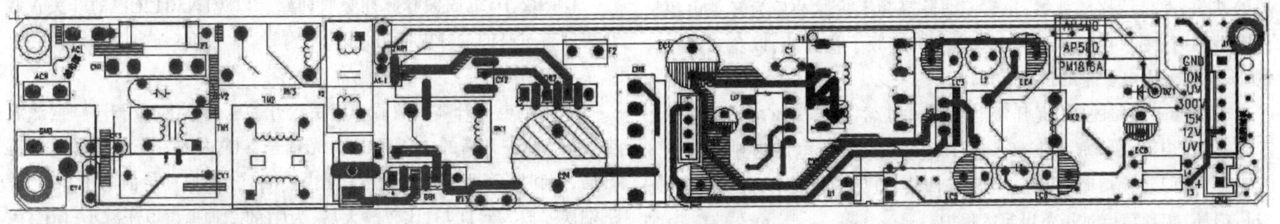

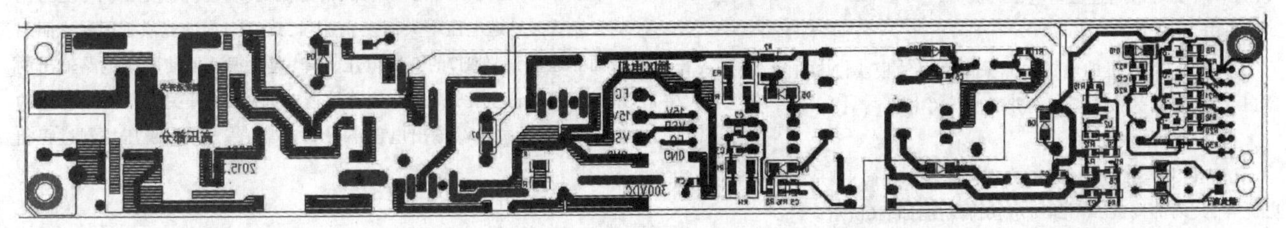

图23 KJEA520系列空气净化器市电输入、电源电路

KJ5206-SL型空气净化器的主要器件的序号与名称如表5所示，电气构成如图22所示。

表5 KJEA520系列空气净化器主要器件序号与名称

序号	名称	序号	名称	序号	名称
1	门盖	9	防火盖	17	压线板
2	吸铁架	10	控制板(冰银河)	18	风轮
3	灯罩	11	功能面板	19	风道
4	导光条	12	防火盒上盖	20	后壳
5	滤网	13	电源主板	21	传感器盒(传感器组件)
6	LED灯板	14	防火盒下盖	22	灰尘传感器盖
7	微动开关	15	中壳	23	底座
8	前壳	16	电机		

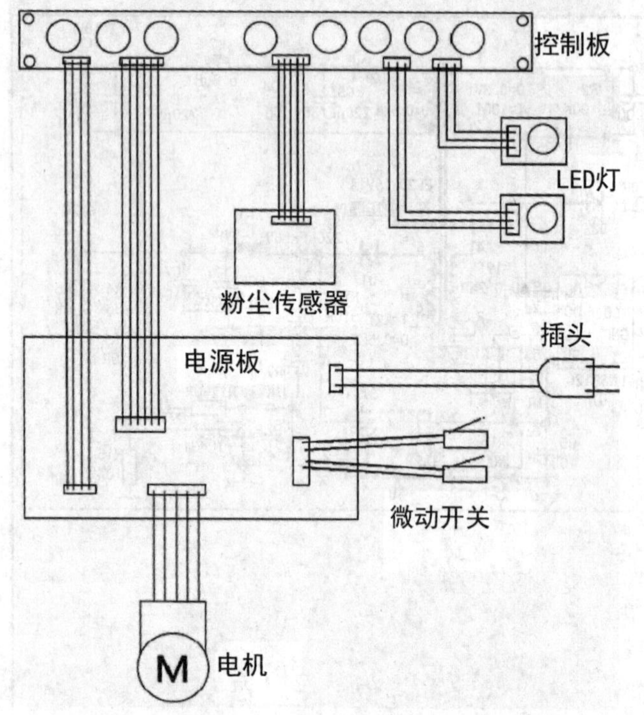

图22 KJEA520系列空气净化器的电气构成示意图

2.市电输入电路

市电输入电路由熔丝管F1、压敏电阻RV2、线路滤波器等构成，如图23所示。图23中部分元件未标注，为了便于分析，笔者对其进行了标注。

220V市电电压经熔丝管F1送到CX1、TM1、CX2、TM2、CY2~CY5组成的共模、差模线路滤波器，由它们滤除高频干扰脉冲后为开关电源供电。同时，还可以滤除开关电源产生的高频干扰脉冲，以免窜入电网，影响其他用电设备的正常工作。

市电输入回路的RV2是压敏电阻，市电正常、没有雷电窜入时它不工作；当市电升高或有雷电窜入，使RV2两端的峰值电压达到470V时它击穿，使F1过流熔断，切断市电输入回路，避免了开关电源的元器件过压损坏，实现市电过压雷电窜入保护。

3.电源电路

参见图23，该机的电源电路采用由电源模块LN5R12C、开关变压器T1、光耦合器为核心构成的并联型开关电源。

(1)LN5R12C的简介

LN5R12C与LN5R04DA的内部构成基本相同，只是功率更大，性能更优异，其内部构成如图24所示，引脚功能如表6所示。

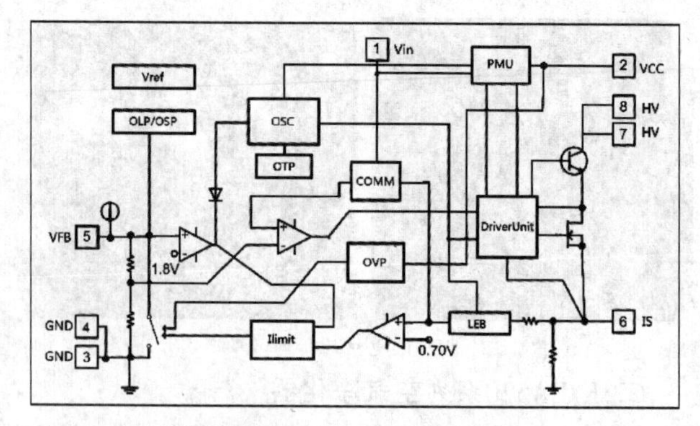

图24 LN5R12C的内部构成方框图

表6 LN5R12C引脚功能

脚号	符号	功能
1	VIN	高压电流源触发电压输入
2	VCC	芯片电源。启动电压阈值8.9V，欠压保阈值5V，过压保护阈值10V
3、4	GND	接地
5	VFB	误差取样信号输入
6	IS	开关管S极，电流取样信号输入
7、8	HV	开关管D极供电

(2)功率变换

220V市电电压经线路滤波器滤波后，通过DB2桥式整流，EC1滤波产生310V左右的直流电压。该电压一路经开关变压器T1的初级绕组(1-2绕组)加到U7(LN5R12C)的⑦、⑧脚(HV端)，不仅为它内部的开关管D极供电，而且为高压恒流源供电；另一路经启动电阻R3、R10降压产生触发信号，该信号通过U7的①脚(VIN端)触发高压恒流源工作，产生初始充电电流，经内部电源管理单元对U7③脚外接的电容EC2充电，当EC2被充电至8.9V时，电源管理系统输出的电压为参考电路、振荡电路、开关管的驱动电路等电路供电。振荡器获得供电后产生65kHz的时钟信号，该信号控制激励单元内的PWM电路产生PWM驱动脉冲，使开关管工作在开关状态。开关管导通后，T1存储能量；开关管截止期间，T1各个绕组释放能量，经整流滤波后为相应的负载供电。其中，3-4绕组输出的脉冲电压经整流管D3整流，R8限流，EC2滤波后加到IC1的③脚，取代启动电路为IC1提供正常工作时的工作电压；5-6绕组输出的脉冲电压经D1 整流，EC5、L2、EC6组成的π型滤波器滤波后得到12V电压，第一路为负离子发生器供电；第二路为稳压控制电路提供取样电压；第三路为15V电源、310V电源的继电器供电；第四路为5V电源电路供电。7-8绕组输出的脉冲电压经D2 整流，EC3、L1、EC4组成的π型滤波器滤波后得到18V电压，为15V电源电路供电。

C1、R2、D5组成尖峰脉冲吸收回路，以免LN5R12C内的开关管截止瞬间被过高的尖峰电压损坏。

(3)稳压控制

当市电电压升高或负载变轻引起开关电源输出电压升高时，滤波电容EC5两端升高的电压经R7为光耦合器U1内的发光管提供的电压升高，同时EC6两端升高的电压经R4、R11、R15取样后的电压升高，经三端误差放大器TL431比较放大后，为U1的②脚提供电压减小，使U1内的发光管因导通电压增大而发光加强，致使U1内的光敏管因受光照加强而导通加强，使U7的⑤脚电压下降，通过振荡器使驱动电路输出的激励信号的占空比减小，开关管导通时间缩短，开关变压器T1存储的能量下降，开关电源输出电压下降到正常值。反之，稳压控制过程相反。

(4)保护电路

过压保护：LN5R12C内置过压保护电路。当稳压控制电路异常导致开关电源输出电压升高，引起VCC电压大于10V时，芯片内的过压保护电路动作，关闭激励单元输出的PWM信号，使开关管截止，以免开关管或负载元件过压损坏。

欠压保护：当自馈电电路、负载电路或稳压控制电路异常，导致开关电源输出电压降低，引起VCC电压降到5V时，LN5R12C内的欠压保护电路动作，关闭振荡器，使开关管停止工作，以免开关管因激励不足而损坏。当VCC回升到满足芯片启动时，芯片会重新启动。但故障未消失前会再次进入保护状态，直至故障排除。

过流保护：LN5R12C工作在电感电流临界连续模式CRM中，电流检测电路可逐周期检查流过开关管的峰值电流。当负载异常导致开关管过流，在R14两端产生的取样电压超过0.7V，该电压⑥脚内的前沿消隐电路抑制干扰脉冲后，使电流限制电路动作，缩短开关管的导通时间，开关电源输出电压下降，如果电流恢复正常，则解除限流控制；如果仍过流，则控制开关管停止工作，以免它过流损坏。

过热保护：LN5R12C内的过热保护电路与LN5R04DA内的过热保护电路原理相同。

4.微处理器电路

该微处理器电路由主微处理器U1(SN8F27E64)、副微处理器IC1(SN8P2522P/S)、操作显示电路、蜂鸣器电路等构成，如图25所示。

(1)SN8F27E64的实用资料

SN8F27E64是一款全新8位单片机产品，利用先进的半导体技术设计Flash ROM结构。SN8F27E65带有RISC-like系统，具有高性能，工作电压范围宽（1.8~5.5V）的特点。每条指令周期就是一个时钟周期(1T)结构提供高达16MIPS的计算能力。SN8F27E64包括6K-word的程式记忆体（Flash ROM），512-byte的资料记忆体（RAM），8层堆迭暂存器，多个中断向量，4个8位计时器，1个16位计时器，高性能12通道10位ADC，3组独立可编程的PWM，3种串列界面和灵活的操作模式。SN8F27E64共有3种振荡器模式提供系统时钟，包括高速晶体、陶瓷周期和廉价的RC振荡器及内部16MHz RC振荡器。Flash ROM平台下，SN8F27E64内置线上编程功能(ISP)，可扩展为E²PROM应用和嵌入式ICE功能。强大的功能、高可靠性和低功耗广泛应用在家用电器等领域。SN8F27E64的引脚功能如表7所示。

(2)SN8P2522P/S的实用资料

SN8P2522P/S是一个类RISC高性能，低功耗和工业级的8位微控制器。它包括程序内存高达2K字的OTP ROM，128字节RAM数据存储器，3个8位定时计数器(T0,TC0,TC1)，1个16位定时器(T1)，1个看门狗定

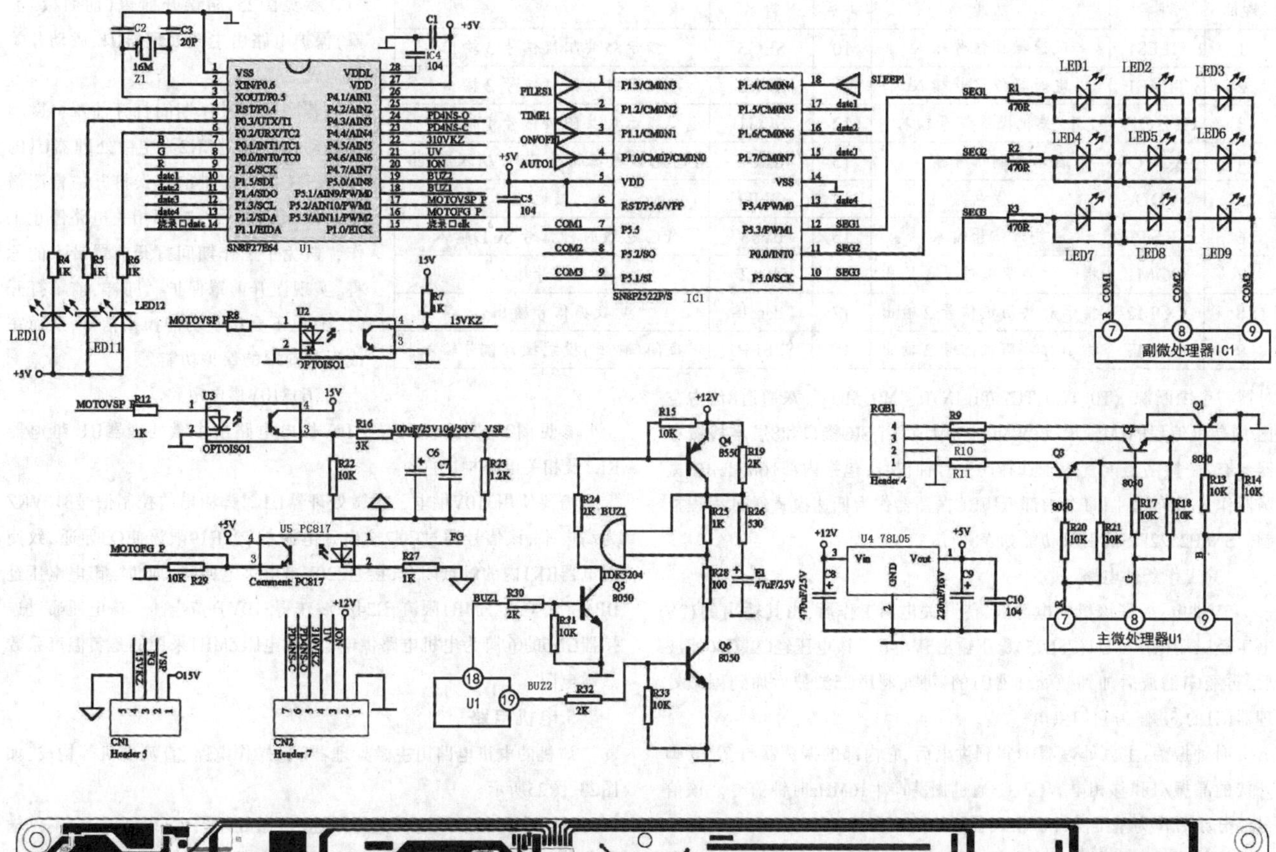

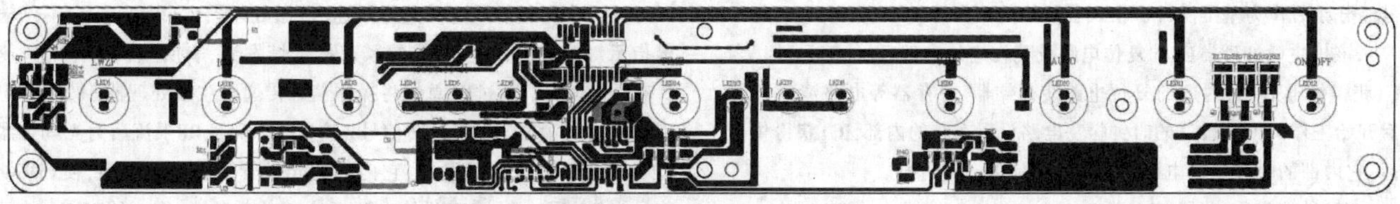

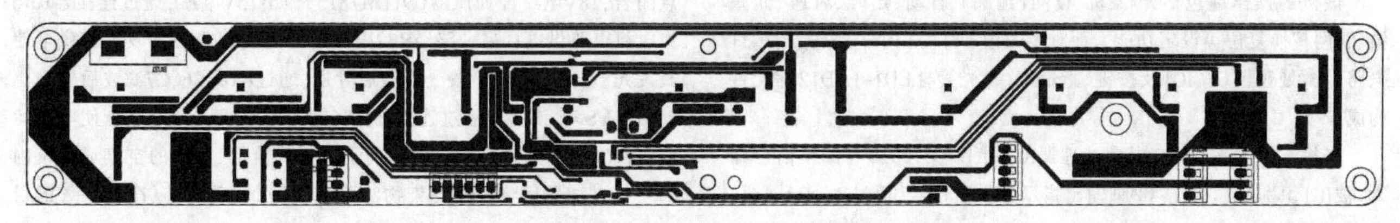

图25 KJEA520系列空气净化器的微处理器电路

表7 主微处理器SN8F27E64的引脚功能

脚位	脚名	功能	脚位	脚名	功能
1	VSS	接地	15	Eick	烧录时钟信号输入
2	XIN	振荡器输入	16	MOTOFG	电机运转检测信号输入
3	XOUT	振荡器输出	17	MOTOVSP	电机运转控制信号输出
4	RST	自动指示灯驱动信号输出	18	BUZ1	蜂鸣器供电控制信号输出
5	UTX	儿童锁指示灯驱动信号输出	19	BUZ2	蜂鸣器驱动信号输出
6	URX	开机指示灯驱动信号输出	20	ION	负离子净化控制信号输出
7	B	蓝LED控制信号输出	21	UV	紫外线净化控制信号输出
8	G	绿LED控制信号输出	22	310VKZ	310V供电控制信号输出
9	R	红LED控制信号输出	23	PD4NS-C	开前盖检测信号输入
10	date1	数据信号SDI输入	24	PD4NS-O	粉尘传感器检测信号输入
11	date2	数据信号SDO输出	25		未用
12	data3	I^2C总线时钟信号SCL输出	26		未用
13	date4	I^2C总线数据信号SDA输入/输出	27	VDD	5V供电
14	date	烧录数据信号输入	28	VDDL	内部电源滤波

表8 副微处理器SN8P2522P/S的引脚功能

脚位	脚名	功能	脚位	脚名	功能
1	FILES1	风速操作信号输入	10	SEG3	指示灯共阳极信号3输出
2	TIME1	定时操作信号输入	11	SEG2	指示灯共阳极信号2输出
3	ON/OFF	开/关机操作信号输入	12	SEG1	指示灯共阳极信号1输出
4	AUTO	自动控制信号输入	13	date4	I^2C总线数据信号SDA输入/输出
5	VDD	供电	14	GND	接地
6	RST	复位信号输入	15	data3	I^2C总线时钟信号SCL输入
7	COM1	指示灯共阴极信号1输出	16	date2	数据信号输入
8	COM2	指示灯共阴极信号2输出	17	date1	数据信号输出
9	COM3	指示灯共阴极信号3输出	18	SLEEP1	夜间(睡眠)模式操作信号输入

时器,7个中断源（T0、TC0、TC1、T1、INT0、CM0、SIO），双通道8位占空比/周期可编程PWM输出（PWM0、PWM1）,1个SIO接口和8层堆栈缓存器。有2个振荡器配置用于选择产生时钟信号,包括内部16MHz RC振荡器作为系统时钟和1个内部低频RC振荡器作为低速模式通过编程控制。SN8P2522P/S的引脚功能如表8所示。

(3)工作条件电路

5V供电:插好该机的电源线,待开关电源工作后,由其输出的12V电压经三端稳压器U4(78L05)稳压输出5V电压。该电压经C9、C10滤波后,再经C1滤波后加到微处理器U1的㉗脚,利用C5滤波后加到副微处理器IC1的⑤脚,为它们供电。

时钟振荡:主微处理器U1得到供电后,它内部的振荡器与②、③脚外接的晶振Z1和移相电容C2、C3通过振荡产生16MHz时钟信号。该信号经分频后作为基准脉冲源协调各部位的工作。

该机主微处理器U1的复位电路设置在它的内部,无外部元件。当U1获得供电后,它内部的复位电路使存储器、寄存器等电路清零复位后开始工作。另外,IC1的时钟振荡电路设置在它的内部,IC1获得供电后,它内部的时钟振荡电路就会产生相应的时钟信号。

(3)功能操作、指示灯电路

该机的操作键包括开/关机、夜间(睡眠)、自动、定时、风速、儿童锁、滤网替换复位等设定功能。而对应的指示灯为12个。操作、指示灯电路由微处理器U1、IC1及按键、指示灯(发光管)LED1~LED12等元件构成。

当按下某个按键时,副微处理器IC1的①~④、⑱脚有操作信号输入,被IC1识别后通过⑦~⑫脚输出指示灯控制信号,通过R1~R3限流,点亮LED1~LED9内的相应发光，就可以表明空气净化器的工作状态。同时IC1通过I^2C总线将用户的操作信息传递给主微处理器U1，被U1识别后通过相应的端子输出控制信号,对相关电路进行控制,确保该机进入用户需要的工作状态。

(4)蜂鸣器电路

参见图25，蜂鸣器电路由主微处理器U1、放大管Q6、供电管Q4、蜂鸣器BUZ1等元件构成。

进行功能操作、程序结束需要鸣叫提醒时，主微处理器U1⑱脚输出的供电控制信号BUZ1为高电平，⑲脚输出音频信号BUZ2。其中,高电平的BUZ1经R30使Q3导通,进而使Q4导通,从Q4的c极输出的电压为BUZ1供电;BUZ2经R32限流,由Q6倒相放大后,通过R38驱动BUZ1鸣叫,完成功能提示等功能。

(5)防误开前盖保护电路

参见图25,防误开前盖(前面板、前罩)保护电路由主微处理器U1、微动开关等构成。

若净化器工作期间打开前罩，微动开关动作，通过CN2为主微处理器U1的PN4NS-C端子提供前盖误打开的检测信号，被U1识别后，控制相关电路停止工作，避免了工作期间打开前罩带来的危害,实现误开前罩保护。同样,前罩打开时,U1也不会接收功能操作信号,从而完成误开前罩的保护功能。

(6)310V供电电路

参见图25、图23,该机的310V供电电路由主微处理器U1、继电器RK1及相关电路构成。

需要使用310V供电，主微处理器U1㉒脚输出的控制信号310VKZ为高电平,该信号通过CN2输出到电源板,经R19限流使Q3导通,致使继电器RK1内的触点闭合,接通220V市电供电回路。此时,市电电压经DB1桥式整流,ZMR1限流,C24滤波获得310V直流电压。该电压通过连接器CN6的⑥脚为电机电路供电。限流电阻ZMR1采用的是负温度系数热敏电阻。

5.电机电路

该机的电机电路由主微处理器U1、操作电路、直流电机等构成,如图23、图25所示。

按操作面板的风速键选择风速,被微处理器IC1识别时,它不仅输出指示灯驱动信号,使相应的风速指示灯发光,表明该机工作的风速状态。同时,IC1通过I^2C总线将操作信息传递给主微处理器U1,被U1识别后从⑰脚输出的电机运转信号。该信号一路经R8限流后为光耦合器U2的发光管供电使其发光,它内部的光敏管受光照后导通,使15VKZ信号为低电平,通过CN1送给电源板的Q2使其截止,继电器RK2内的触点闭合,18V电压经稳压器U9(LM7815)输出15V电压,通过连接器CN6为电机电路供电；另一路经R32限流后为光耦合器U3的发光管供电使其发光,它内部的光敏管受光照后导通,通过R16、C6、C7滤波后输出驱动信号VSP，该信号经过连接器CN6输出给电机驱动电路，使电机运转,带动风轮运转后,就会使室内空气循环流动,污染的空气通过机内的空气过滤器后将各种污染物清除或吸附,实现清洁、净化空气的目的。

当电机旋转后，电机内的霍尔传感器就会输出相位正常的检测信号，即PG脉冲信号。该脉冲通过连接器CN1进入控制板，利用光耦合器U5耦合放大后，加到微处理器U1的⑯脚。只有U1输入正常的PG信号后，U1才能输出信号使电机正常工作。一旦U1没有PG信号输入或输入的信号异常时，U1会断定电机异常，不再输出电机驱动信号，此时会产生电机不能旋转的故障。

需要改变风速时，IC1的⑰脚输出的驱动信号的占空比发生变化，经U3耦合放大，利用R16、C6、C7滤波后的电压发生变化，也就可以电机的驱动信号，从而可以改变电机的转速。

6.自动净化控制电路

该机的自动检测电路由主微处理器U1、自动操作键，粉尘传感器(PM2.5传感器)、负离子发生器、UV灯等构成。

【提示】进入自动净化模式后，电机转速取决于室内粉尘的浓度，不再受手动风速键的控制。

(1)控制过程

按操作面板的AUTO键，被微处理器IC1识别后，IC1通过I²C总线将操作信息传递给主微处理器U1，使U1进入自动净化模式，U1从④脚输出自动模式指示灯驱动信号，使LED10发光，表明该机工作在自动模式。在此模式下，若室内的粉尘达到设置值，被粉尘传感器检测后输出控制信号。该信号通过CN3进入控制板加到U1的㉔脚，被U1识别后从⑳脚输出负离子净化控制信号、㉑脚输出UV净化控制信号。

U1从⑳脚输出的高电平信号经连接器CN1输出给电源板，通过R12限流，Q1倒相放大，接通负离子发生器(臭氧放大器)的供电回路。负离子发生器得电后其放电电极提供负高压，使它吸收了空气中的正离子，从而分离出大量的负离子，达到净化空气的目的。

㉑脚输出的UV控制信号通过连接器CN2输出到UV灯驱动电路，经该电路使UV灯点亮并发出特制的高能、高臭氧UV紫外线光束，对苯、甲苯、氨、三甲胺、硫化氢等恶臭气体照射后，就可以分解这些恶臭气体，实现清洁、净化空气的目的。

(2)屏显示电路

该机通过指示灯发光的颜色显示粉尘的浓度。

主微处理器U1的⑦~⑨脚输出R、G、B指示灯信号，经R13、R17、R20加到Q1、Q2、Q3的b极，经它们倒相放大后，通过R9~R11限流，利用连接器RGB1驱动顶盖上的RGB指示灯灯条发光，以显示室内粉尘的浓度。

7.常见故障检修

(1)通电后无反应

该故障是由于供电线路、电源电路、微处理器电路、电机电路异常所致。

首先，检查电源线和电源插座是否正常，若不正常，检修或更换；若正常，拆开净化器后，测保险管(熔丝管)F1、F2是否开路。

若F1开路，应先检查压敏电阻RV2和滤波电容CX1、CX2是否击穿，若它们击穿，与F1一起更换后即可排除故障；若它们正常，在路检查整流堆DB1、DB2是否正常，若异常，与F1一起更换即可；若正常，检查ZMR1、C24是否正常，若异常，与F1一起更换即可；若正常，检查电机及相关的负载元件。

若F2开路，在路测EC1两端阻值是否正常，若正常，F2开路多为自身原因所致；若EC1两端阻值过小，说明EC1或电源模块LN5R12C的⑧、⑥脚内的开关管击穿。脱开EC1的一个引脚后测量，就可以确认是EC1击穿，还是开关管击穿。开关管击穿，多会连带损坏R14。

【提示】电源模块LN5R12C内的开关管击穿，还应检查尖峰吸收回路的R2、C1和D5，以及稳压控制电路的D1、R7、U1、TL431、R4、R11是否正常，若异常，与LN5R12C、F2、R14一起更换即可；若正常，则检查开关变压器T1，以免更换后的LN5R12C再次损坏。

【代换技巧】维修时，若手头没有LN5R12C，可用JH8203、THX203代换，但需在④脚对地接一只680pF电容；也可用TFC718S代换，但需在④脚对地接一只1000pF电容。

若F1、F2正常，测DB1有无220V左右的市电电压输入，若没有，检查电源线及线路；若有市电输入，说明电源电路或微处理器电路异常。此时，测电源电路输出电压是否正常，若正常，说明微处理器电路异常；若异常，说明电源电路或负载异常。确认电源电路异常后，测EC1两端有无310V左右的直流电压，若没有，检查线路是否开路即可；若EC1两端有310V左右的直流电压，说明开关电源未工作。此时，测LN5R12C①脚输入的电压是否正常，若异常，检查R3、R10；若①脚电压正常，在路检查D1~D5是否正常，若异常，更换即可；若正常，检查C1、C5~C7、EC2~EC6是否正常，若异常，更换即可；若正常，检查光耦合器U1、TL431、LN5R12C、T1。

【方法与技巧】确认开关电源异常后，可在开关电源通电瞬间，通过测EC5两端电压大致判断故障部位。若EC5两端电压低于12V，可先测LN5R12C的①脚电压，判断R3、R10是否正常；若①脚电压正常，断电后在路判断D1~D3、D5是否正常；确认它们正常后，则检查EC2~EC6、C1、C5、U1、U7。若EC5两端电压高于12V随后下降，说明稳压控制电路异常导致过压保护电路动作。此时，检查D1是否开路，若异常，更换即可；若正常，用1k电阻并接在C5两端，若仍过压，说明LN5R12C异常；若不再过压，焊下1k电阻，在C8两端接一只6.8V稳压管(正极接地)，若电压仍高于12V，则检查R7、光耦合器U1；否则检查TL431、R4。

确认微处理器电路异常时，首先测主微处理器U1(SN8F27E64)的供电端㉗脚、副微处理器IC1(SN8P2522P/S)的供电端⑤脚有无5V供电输入，若没有，测U4(78L05)有无12V供电，若没有，检查线路；若有，检查U4、C9及负载。若U1、U2供电正常，测U1有无前盖误打开信号输入，若有，检查防误开前罩开关及线路；若U1未输入前盖误打开的检测信号，测U1外接的晶振Z1及C2、C3是否正常，若异常，更换即可；若正常，检查U1、IC1间的数据、时钟信号的连线是否正常，若异常，接通即可；若正常，检查控制键有无漏电，若有，更换按键；若正常，检查U1、U2。

(2)电机不转

该故障的主要原因：1)电机供电电路异常，2)连接器CN6、CN7或其连线异常，3)电机绕组异常，4)风速键异常，5)微处理器U1、IC1异常。

首先，按压风速键时风速指示灯能否变化，若不能，检查风速操作键及IC1、U1；若变化正常，检查连接器CN6、CN7及其连线是否正常，若异常，维修或更换即可，若正常，测CN6的②脚、⑥脚有无15V、310V左右的直流电压输出，若没有，说明15V、310V直流供电电路异常；若有，说明电机驱动电路或PG信号形成电路异常。

确认310V供电电路异常后，首先测驱动管Q3的b极有无导通电压输入，若没有，测CN7的④脚有无控制电压输入，若有，检查R19、Q3；若没有，检查CN7、主微处理器U1。若Q3的b极有导通电压输入，测整流堆DB1有无220V市电电压输入，若有，检查DB1、ZMR1及线路；若没有，检查RK1、Q3。

确认15V供电电路异常后，首先测稳压器U9(LM7815)有无18V供电，若有，检查LM7815、EC2及负载；若没有，测CN7的⑤脚输入的15VKZ信号是否正常，若正常，检查R18、继电器RK2及驱动管Q2；若15VKZ信号异常，测光耦合器U2的①脚输入的信号是否正常，若异常，检查R8、主微处理器U1及线路；若U2①脚输入的信号正常，检查R7、U2及线路。

若15V、310V供电正常，测连接器CN1的②脚有无VSP信号输出，若有，检查电机及其驱动电路、PG信号形成电路；若没有，测光耦合器U3的①脚输入的信号是否正常，若异常，检查R12、主微处理器U1及线路；若①脚输入的信号正常，检查R16、C6、C7是否正常，若异常，更换即可；若正常，检查U3。

【提示】怀疑PG信号形成电路异常时，拨动电机让其旋转后测光耦合器U5的1脚有无PG信号输入，若没有，检查电机及线路；若有，检查U5、主微处理器U1及线路即可。

(3)风速异常

该故障的主要原因：1)连接器及供电线路异常，2)调速信号形成电路异常，3)风速按键异常，4)微处理器U1、IC1异常。

首先，在按风速键时风速指示灯能否依次变化，若不能，检查风速按键及线路；若能变化，测VSP电压能否随按压风速键而变化，若能，测15V、310V供电是否正常，若异常，检查供电电路；若正常，检查电机及线路。按压风速键时VSP电压不变化，而光耦合器U3的①脚输入的电压变化正常，则检查R16、C6、C7、U3；若①脚电压也不能随之变化，则检查R12、主微处理器U1及线路。

(4)自动模式下，粉尘(灰尘)超标后不工作

该故障的主要原因：1)粉尘传感器供电电路异常，2)粉尘传感器异常，3)自动控制键异常，4)微处理器U1、IC1异常。

首先，按压自动键时指示灯LED10能变化，若不能，检查自动操作键是否正常，若异常，更换即可；若正常，检查IC1、U1及其连接的数据、时钟线路；若能发光，在粉尘过大或有烟雾时CN2输入的检测信号是否正常，若不正常，检查粉尘传感器及线路；若正常，检查U1和线路。

(5)没有负离子净化功能

该故障的主要原因：1)负离子净化器(发生器)的供电电路异常，2)负离子净化器异常，3)微处理器U1异常。

首先，测连接器CN3有无约12V电压输出，若有，检查分离器发生器及线路；若没有，测驱动管Q1的b极有无驱动电压输入，若有，检查Q1、L4、L3；若没有，测U1的⑳脚能否输出控制信号ION，若没有，检查U1；若有，测U1的⑳脚与R17之间是否开路，若是，接通即可；若正常，检查R17是否开路、Q1的be结是否短路即可。

8.典型部件拆解

(1)滤网的拆卸

首先，从前盖两侧拆下前盖，如图26a所示；用手拉上下两个提手，就可以取下过滤网，如图26b所示。

图26a 滤网盖的拆卸

图26b 过滤网的拆卸

(2)粉尘传感器的拆卸

首先，用螺丝刀拆掉粉尘传感器盖上的1条螺丝钉，如图27a所示；取下粉尘传感器就可以看到粉尘传感器，如图27b所示。如果向外拉图27b上的金属拉环，就可以拉出传感器，拔掉插头就可以取下传感器。

图27a 粉尘传感器盖的拆卸

图27b 粉尘传感器的拆卸

(3)前壳的拆卸

首先，用螺丝刀拆掉后面提手处的4条螺丝钉，如图28a所示；用螺丝刀拆掉底脚和后壳上的4条螺丝钉，如图28b所示；用螺丝刀拆掉前壳内的12条螺丝，如图28c所示；用螺丝刀从缺口处轻轻撬开一道细缝，用钢锯条沿着细缝向外撬开前壳与中间壳的4个卡扣，如图28d所示；断开连接器，就可以拆掉前壳，如图28e所示。

图28a 提手处螺丝的拆卸

图28b 底脚、后壳螺丝的拆卸

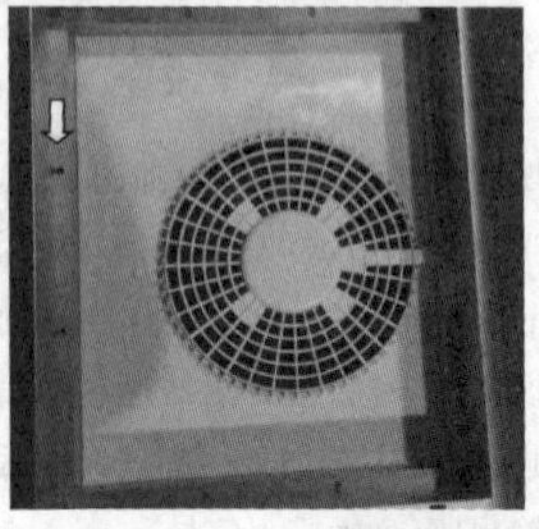

图28c 前壳内螺丝的拆卸

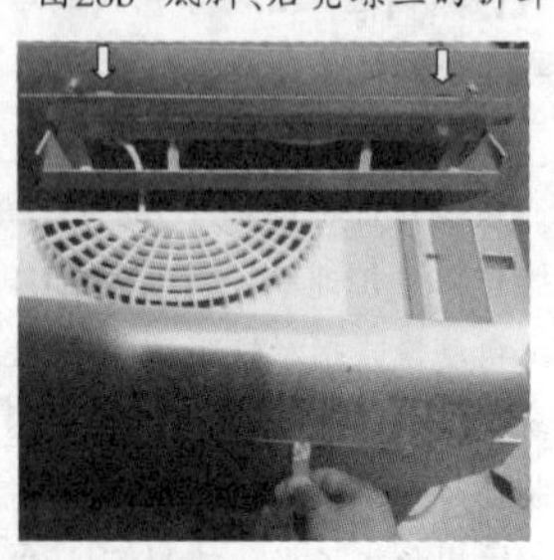

图28d 前壳与中间壳锁扣的打开

图28e 前壳的拆卸

(4)触控板的拆卸

首先，用螺丝刀拆掉触控组件的螺丝，取出触控组件，如图29a所示；拆掉触控组件盖上的4条螺丝，就可以取出触控板(控制板)，如图29b所示。

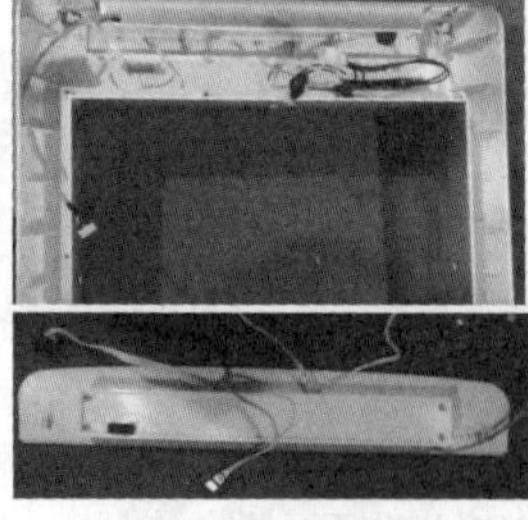

图29a 触控组件的拆卸

图29b 触控板的拆卸

(5)电源板的拆卸

首先，用螺丝刀拆掉电源盒盖上的2条螺丝，取出电源盒，如图30a所示；拆掉电源板盒上的4条螺丝钉，就可以取出电源板，如图30b所示。

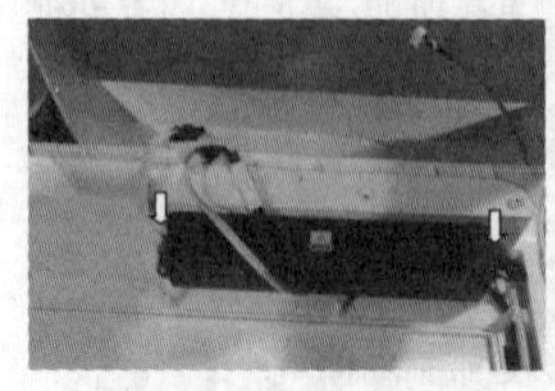

图30a 电源盒的拆卸

图30b 电源板的拆卸

(6)风道、风轮、电机的拆卸

首先，用螺丝刀拆掉中间壳上的10条螺丝钉，就可以取下后壳，如图31a所示；用螺丝刀拆掉风道壳周围的9条螺丝钉，就可以取下风道，

如图31b所示；用扳手拆掉电机轴上的螺母，取下风轮，如图31c所示；用螺丝刀拆掉电机压线板上的3条螺丝，以及电机固定架上的4条螺丝钉后，就可以取出电机，如图31d所示。

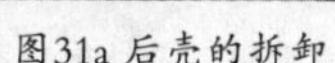
图31a 后壳的拆卸

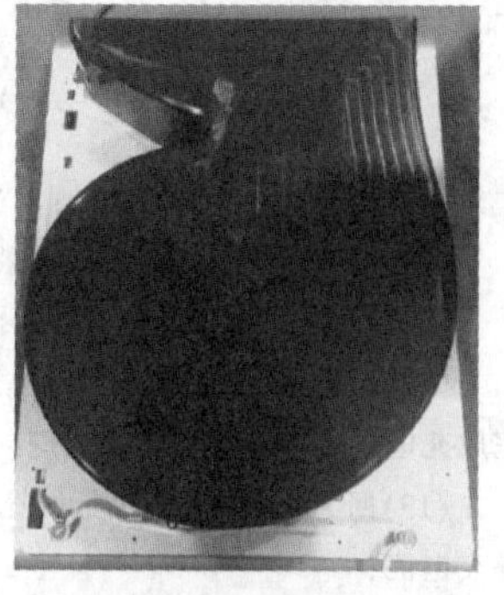

图31b 风道的拆卸

图31c 风轮的拆卸

图31d 电机的拆卸

三、典型故障维修实例

例1.3M KJ306F-GD型空气净化器通电后无反应。

分析与检修：首先，测电源插座有220V电压，并且电饭锅的电源线正常，说明它内部电路发生故障。拆开净化器的外壳，取出电路板，用万用表通断挡（俗称蜂鸣挡）在路检测熔丝管FUSE1时，发现它已熔断，怀疑是过流损坏。用数字万用表通断挡在路检测C1时，蜂鸣器鸣叫，说明C1或压敏电阻VR1短路，脱开引脚再次检查后，确认C1短路。用相同的电容和熔丝管更换后，故障排除。

例2.3M KJ306F-GD型空气净化器通电后无反应。

分析与检修：按例1的检修思路检查，确认空气净化器内部电路发生故障。拆开净化器，用万用表通断挡在路检测熔丝管FUSE1正常，初步判断市电输入回路元件和电机没有过流现象。用用数字万用表20V直流电压挡测C5两端无5V电压，说明开关电源未工作。测E1两端也无电压，而C2两端有221V交流电压，说明开关电源或其供电电路异常。断电后，在路检测限流电阻R5已开路，怀疑是过流损坏。检查D1正常，在路检查E1时万用表的蜂鸣器鸣叫，说明E1或电源模块U1（LN5R04DA）内的开关管短路，悬空E1后检测E1正常，而测U1的⑥、⑧脚时蜂鸣器鸣叫，确认U1内部的开关管击穿，检查其他元件正常，更换R5和LN5R04DA后，开关电源输出电压恢复正常，故障排除。

例3.3M KJ306F-GD型空气净化器通电后无反应。

分析与检修：按例1、例2的检修思路检查，发现FUSE1和R5正常，初步判断没有过流现象。通电后测E1两端电压正常，测U1（LN5R04DA）的①脚电压过低，怀疑启动电阻R3、R4阻值增大或U1的①脚内部电路短路，接着检查发现R3几乎开路，检查其他元件正常。用相同的电阻更换R3后，开关电源恢复正常，故障排除。

例4.3M 冰银河KJ5206-SL型空气净化器通电后无反应。

分析与检修：按例1的检修思路检查，发现熔丝管F1熔断，说明300V供电电路有过流现象。在路检查时，发现DB2内的2只整流管严重漏电，检查其他元件正常，更换DB2和F1后，故障排除。

例5.3M 冰银河KJ5206-SL型空气净化器通电后无反应。

分析与检修：按例1的检修思路检查，发现熔丝管F1、F2正常，初步判断没有过流现象。用用数字万用表20V直流电压挡测EC5两端无12V电压，说明开关电源未工作。测EC1两端有320V的直流电压，说明开关电源异常。断电后，仔细查看发现电源模块U7（LN5R12C）和取样电阻R14已炸裂，检查其他元件正常，更换全部的故障元件后，开关电源恢复正常，故障排除。

例6.3M 冰银河KJ5206-SL型空气净化器通电后无反应。

分析与检修：按例1的检修思路检查，发现熔丝管F1、F2正常，初步判断没有过流现象。测EC5两端无电压，但开关变压器T1发出轻微叫声，说明开关电源已启动，但工作在保护状态。断电后，在路检测整流管D1~D3、D5正常，根据检修经验，怀疑故障是因电容EC2的容量不足所致。于是，在EC2的焊点上对应焊接一只47μF/50V电容后通电，开关电源输出电压恢复正常，说明故障的确是EC2容量不足所致。焊下原电容，将新电容安装在它的位置后，故障排除。

例7.3M KJ306F-GD型空气净化器按风速键，指示灯显示正常，但电机不转。

分析与检修：通过故障现象分析，说明电机电路异常。设置风速为高风速后，用万用表750V交流电压挡测连接器JP1的④脚与ACL端子有225V的交流电压，说明电机或运行电容C10异常。断电后，用电容挡检测C10，发现它几乎没有容量，用一只2μF/450V电容更换后通电，电机运转正常，故障排除。

例8.3M KJ306F-GD型空气净化器设置中风速后，指示灯显示正常，但电机不转。

分析与检修：通过故障现象分析，说明电机或中风速供电电路异常。设置风速为中风速后，用万用表750V交流电压挡测连接器JP1的⑤脚与ACL端子无交流电压，说明供电电路异常。断电后，通过对比检查发现双向晶闸管TR2损坏。用相同的晶閘管更换TR2，电机运转恢复正常，故障排除。

例9.冰银河KJ5206-SL型空气净化器热机后电机停转，但指示灯显示正常。

分析与检修：通过故障现象分析，说明电机或其驱动电路有元件引脚脱焊或热稳定性差。在电机停转时，发现电机驱动电路没有15V供电，说明15V供电电路异常。而检测15V供电电路时发现15V稳压器LM7815的供电端无18V供电，说明18V供电电路或由RK2等组成的控制电路异常。仔细检查后，发现18V供电电路的电感L2引脚脱焊，将其补焊后通电试机，电机运转恢复正常，故障排除。

例10.冰银河KJ5206-SL型空气净化器设置风速时，指示灯显示正常，但电机不转。

分析与检修：通过故障现象分析，说明电机或其驱动电路异常。检查时，电机能在设置风速瞬间抖动，判断电机的驱动电路正常，怀疑电机或其PG信号形成电路异常。仔细检查后，发现PG形成电路的光耦合器U5损坏，用PC817更换后，电机运转恢复正常，故障排除。

例11.3M KJ306F-GD型空气净化器手动控制正常，自动控制失效，但自动控制指示灯显示正常。

分析与检修：通过故障现象分析，说明微处理器电路、粉尘检测传感器等异常。首先，检测连接器DUST的③脚供电正常，怀疑粉尘传感器工作异常。在检测DUST的④脚电压时，发现对着检测窗口吹烟与不吹烟电压一样，说明粉尘传感器工作异常。拆出粉尘传感器后，发现检测窗口被大量的灰尘堵塞，清理后试机，自动控制功能恢复正常，故障排除。

【提示】粉尘传感器内部异常或其检测窗口堵塞，还会产生检测灵敏度低的故障。

两款常用清扫机器人性能简介

陈秋生

编前语：当今人们的家居住房面积愈来愈大，常常是八九十平方米，甚至二三百平方米。当然，请清洁公司代劳是一种选项，但这往往是较长周期性的如每两、三周进行一次较彻底的打扫。平时，也只是一般性地清扫一下。然而，房主结束一天劳累的上班，下班之后除了重要紧迫的事情及玩玩手机、电脑外，就很想美美地休息休息，即便是一般性的打扫也觉得是负担，自然不愿动手对偌大面积的地面进行清扫。于是，各种品牌的自动清扫器就应运而生了。

本文介绍的"小狗"V-M611型智能吸尘机器人和米家(MIJIA)扫地机器人，就是其中市场占有率较高、较普及的两款自动吸尘清扫器。动作简单的自动吸尘器虽不能完全替代人工清扫，但可用它每天清扫几遍，对居室地面的保洁不无功绩。

一、小狗V-M611型智能吸尘机器人简介

(一)"小狗"V-M611型智能吸尘机器人主要技术特性

1.外形：正视图见图1、背视图见图2所示。结构示意图如图3所示。

由图可见，该吸尘器为圆形结构；。除深色顶盖和能透过红外线的深色探测窗外，通体为呈金属光泽的仿金色壳体，造型高雅美观，四周呈45°略带弧形的大斜肩，既美观又便于行动和潜钻入一般不易进入的沙发、衣柜等家具底部，自行进行清扫。

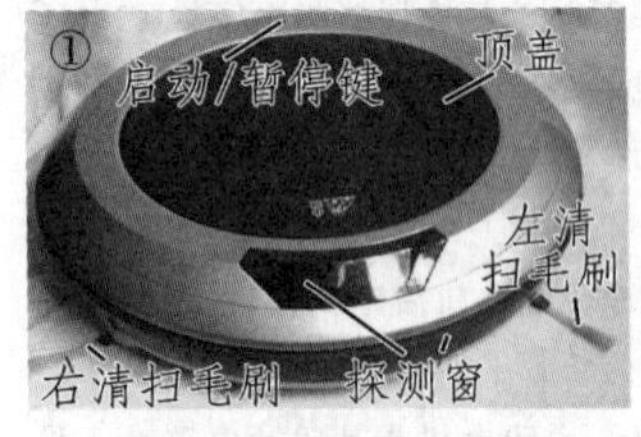

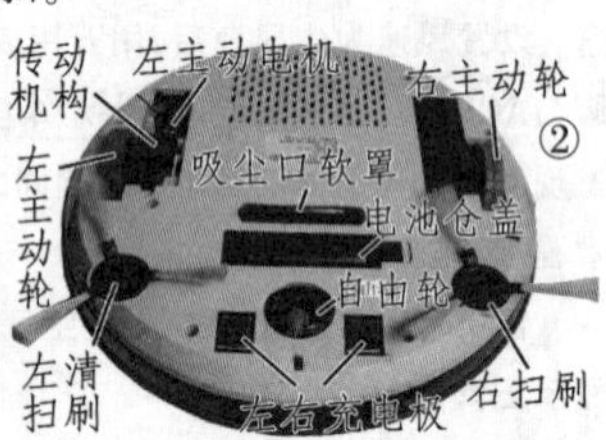

称该机具有智能化功能，就是指将它开启之后，无需用人工操作就能自行对居室的地面，依据既定的程序，进行自动清扫，代替大面积人工清扫。面积越大，其功能发挥得越充分。其主要特点有：外形纤薄精巧(直径310mm；厚仅77mm；重量：1.86kg)；具有红外感应探测功能，能自动探测并记忆清扫路径；内置高效高能量锂电池(10.8V、2200mAh)、故能进行超长时间的续航清扫、并能自动回到电站补充电能。

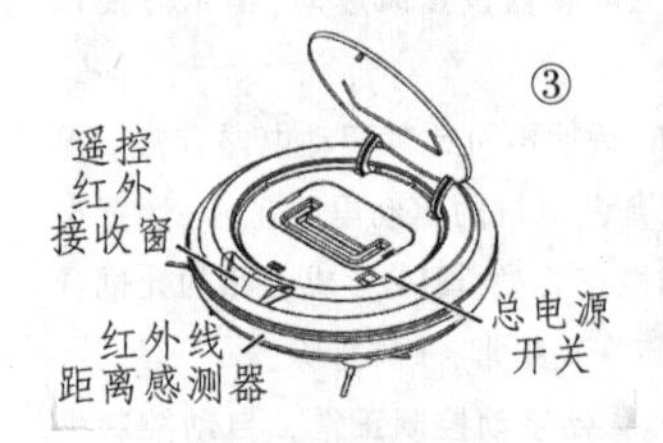

2. 主要技术参数及性能指标：

(1)外形尺寸：310mm(直径)×77mm(高)；重量：1.86kg(含可充电电池，是用"华通30kg数字式电子秤"称得的实际净重)；

(2)工作噪音：低于60dB；

(3)储尘仓容积：0.25L；

(4) 滤网：高效致密的HEPA滤网；

(5)采用高性能LED红外线探测器件(该器件安装在能防止可见光干扰的探测窗内如图1、图4所示)，智能化探测行走方向及地面；

(6)越障能力：障碍物不高于7mm；

(7)工作地面：瓷砖、木地板、大理石、短毛非深色地毯等；

(8)适用工作电压：AC100V~240V；

(9)适配器输出：15V/0.6A；

(10)电池：10.8V/2200mAh高效锂电池；

(11)连续运作时间：最长120分钟；

(12)充电：用附配的专用充电适配器或充电站连续充6小时，即可完成充电；

(13)回充：低电量或执行回充指令时，能自动寻找并返回充电站补充电能；

(14)自动待机装置：当工作暂停或异常码显示结束后会自动进入待机状态(除开机显示缺电〈代码E1〉例外)。

(15)行走机构采用性能稳定、传动平滑的蜗轮蜗杆传动机构(蜗杆/蜗轮减速比为20/1。主走轮转速为1400转/分÷20=70转/分，主走轮直径：58mm；这样，主走轮每转一圈，行走移动行程为：182mm，也即吸尘器每分钟行走(即清扫距离约为)182mm×60=10920mm=10.92米。此外，为了便于微电脑智能控制，使吸尘器行走、转弯及方向精确，采用了栅格轮速度取样机构(见图5所示)，这是该吸尘器的一大特点。栅格宽2mm+间隔2mm，共计合圆周9°。并且在栅轮圆周上设有一套LED红外光电发射/接收器件，作为栅格转速光电取样单元元件，可将速度取样脉冲信号取出，并传输给主控电路。

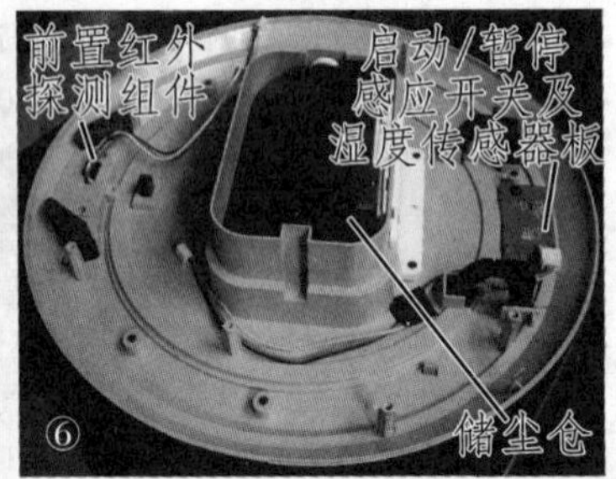

3."小狗"V-M611型智能吸尘机器人主体结构：

该型吸尘器主要由上、下两部分构成。用+字形解刀卸下主机背面六颗连接螺钉，就可将上、下两部分分卸开。

上部分主要有：顶盖与顶盖机构、储尘仓盒(虽安置于上部以便于取装满粉尘后取出。但实体实际伸入下部，占据了下部中央部位(如图6所示)。储尘仓盒结构见图10所示)、前方正中为前置红外探测器组件、后部设置有"启动/暂停"键及感应开关组件等(见图9所示)。

前置红外线探测组件内，安置有一个LED红外线接收器件(如图4所示)，可透过避免可见光干扰的深色红外线感测窗，探测和选择行走路径。

由于本吸尘器只能吸尘，不能吸水、油等液体，因而，该型吸尘器还专门在触摸感应开关处，设置了一个空气湿度传感器(见图7、图8所示)。因为，若环境空气湿度过大时轻则会对吸尘效率有影响，需额外加大抽吸力度，对吸尘器不利。重则。一旦进水或吸进了水，会导致吸尘损坏。因而，"启动/暂停"键(如图7所示)具有双重功能，即1：感应开关功能：该开关结构特殊，在铜质"启动/暂停"键符(如图7所示)下面，紧贴(间隙不足1mm)在金属化导电海绵感应电极上，当人的手指触及"启动/暂停"键时，主机立即感应启动或工作中的主机立即感应暂停。其2，"湿度传感器"功能，该传感器组件是一种采用可以吸纳少许水分的金属化海绵状载体作为电极，一旦进水传感器立即感

应起控，使吸尘器启动不了，或在工作中立即起控停止工作，防止吸尘器出现意外或导致故障。传感器组件背视图（含测试电路）见图8、图9所示。

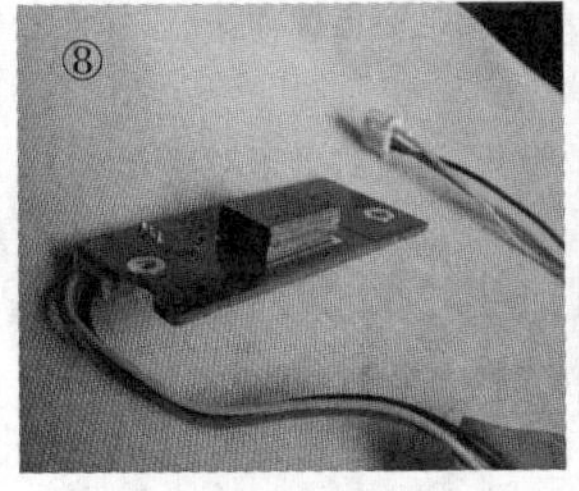
⑧

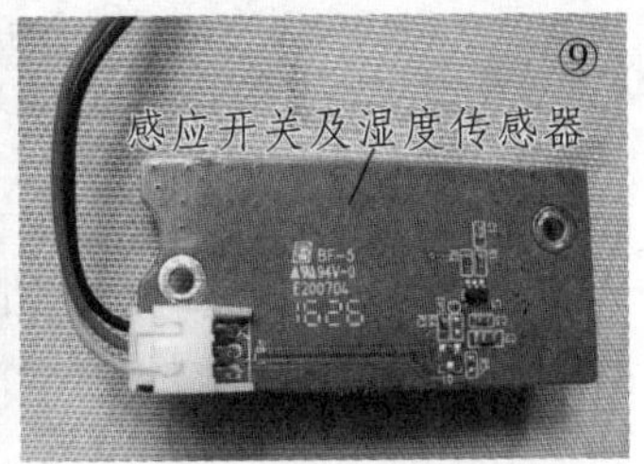

⑨

下部分主要有：吸尘风机、储尘盒（含吸尘封闭软窗门和多达4道拦截层构成，储尘盒结构见图10所示）；行走驱动机构、防跌落探测组件、可充电电池组和主电路板等组成（如图8所示）。

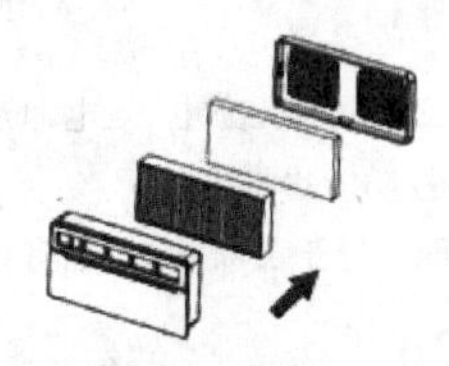
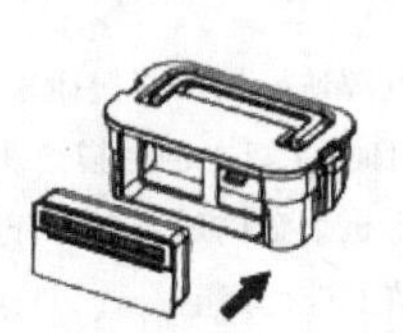

⑩

行走道路探测装置，是在吸尘器前方周边设置的七对LED发射/接收组件，安置在防可见光干扰的深色透光的探测窗内，在整个清扫工作期间，随时对清扫道路进行有无障碍物的探测（图11所示）。

防跌落装置实际是在吸尘器底盘下部边沿，沿左边、右边和正中三个方向，安置的LED光电发射接收对管，可时时刻刻对周边地面进行探测，随时检测地面有无台阶、空穴之类不平的地面，选择合适的道路，。三个方向只要有一处探测到大于7cm的下陷地面，就会立即停机，以防跌落。如图10、图11所示。

⑪

该型吸尘器结构紧凑，器件布局合理，其底部布局参见图12a、和12b所示。

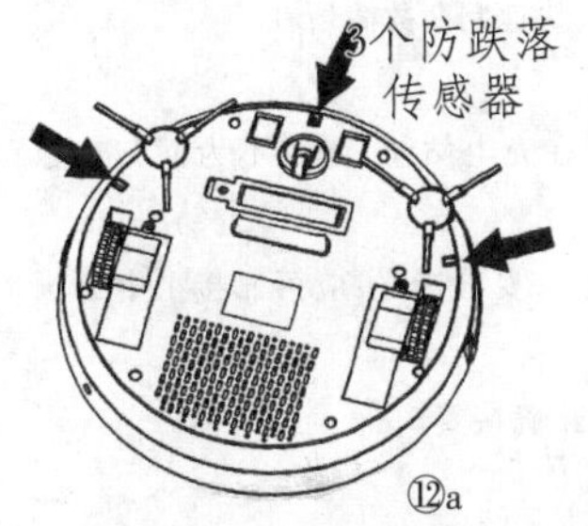

⑫a

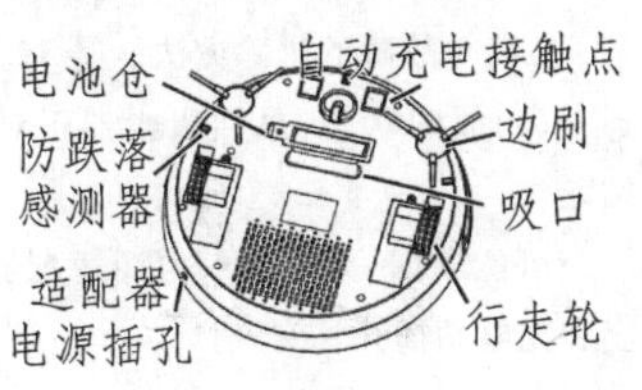

⑫b

（二）"小狗"V-M611型智能吸尘机器人主控制电路

主控电路板见图13所示。这是一种采用多层印制板制作的高密度电路板，大多选用微型电子器件和微型贴片电路，除了贴片电阻、电容器、贴片二、三极管、各级整流稳压电路外，还有12个不同规模不同功能的贴片集成电路。其中最主要的集成电路芯片有：

1. U2 STM32F071。

（1）U2 STM32F071的技术特性

这是一种100引脚封装的32位高性能（常在8位或16位中应用）单片机，是一种系列微控制器，具有16~256kB的Flash存储器，多至32kB、20k的SRAM和多种通信接口，包括USART、SPI、I²C、HOMI、CEC的16位PWM的电机控制定时器。工作电压2V~3.6V；工作频率最高达50MHz；还具有温度补偿功能。

⑬

●具有上电/断电复位（POR/PDR）可编程电压监测器（PVD），可配4MHz~16MHz晶体振荡器（内嵌已校准的40kHz~8MHzRC振荡器，产生CPU时钟的PLL）；

●带校准功能的32kHzRTC低功耗振荡器；

●中容量增强型32位基于ARM核心的带64k或128k字节闪存的微控制器、USB、CAM、9个通信接口，还有2个ADC接口；

●内核 ARM 32位的Corex_M3CPU

●最高72MHz工速频率（在存储器的0等待周期访问时，可达1.250Mpps/MHz—（Dhrystone2.1）；

●带单周期乘法的硬件除法存储器；

●从64k或128k字节的闪存程序储器，高达20k字节的SRAM时钟、复位和电源管理。

●2.0V~3.6V供电和I/O口引脚的上电/断电复位（POR/PDR）与可编程电压监测测器（PVD）；

●具有睡眠、停机和待机模式；

●Vbat为RTC和后备寄存器供电；

●2个12位模/数转换器：1uS转换时间（多达16个转换通道）；

●转换范围：0V~3.6V，具有双采样和保持功能。

●温度传感器：DMA（7通道DMA）；

●支持的外设有：定时器、ADC、SPI、I²C和USART及多达80个快速I/O。所有I/O口都可以映像到16个外部中断，几乎有端口均可容忍5V信号；

（2）U2的调试模式。

●串行单线调试（SWD和JTAG接口）；

●具有多达7个定时器：其中3个16位定时器、每个定时器有多达4个用于输入捕获/输出比较/PWM或脉冲计数的通道和增量编程器输入；

●1个16位带死区控制和紧急刹车，用于电机控制的PWM高级控制定时器；

●2个看门狗定时器（独立或窗口型的）；

●系统时间定时器为24位自减型计数器；

●多达9个通信接口；

●多达2个I²C接口（支持SMBus/PMBus）；

●多达3个USART接口（支持SO7816接口）、LIN、IRDA接口和调制/解调控制；

●多达2个SPI接口（18M位/S）、CAN接口（2,0B主动式）、USB2.0全速接口、CRC计算单元、96位的芯片唯一代码、FCOPACK封装及器件列表。

2. U12 L911型红外探测模块。

这是一种微功型红外探测模块，静态电流为20uA（电源电压6V，电源纹波≤+/-0,02V），放大器增益≥70dB，频带宽度0.3Hz~7Hz，输出延时〉2S，工作温度：-20°C~50°C；保存温度：-10°C~60°C。该传感器由内部放大器集成了温度补偿功能。可以将所需信号与其他物体辐射的信号从恶劣的环境辐射信号中分离出来进行处理，保证了传感器的工作稳定性。

3. U6 S4331型电压/频率转换器。

S4331是一种八引脚半导体精密电压—频率转换集成电器件，是一种将模拟的电压信号直接转换成数字信号，有较宽的动态范围和良好的线性度，以保证在任何时刻使输出信号正比于输入信号，和稳定的脉冲序列PIN6的阈值。是一种精密电压—频率转换；反过来也可将频率转换成电压值，是一种一体化模—数/数—模可逆转换器件。

4. U1 74HC04051D 一种贴片式六反相器，双列16脚封装，是金属氧化物半导体型互补M05芯片。工作电压2V~6V。此外，U3 、U9 分别为常几见的串行存储器24C02和四运算放大器LM324。

5. U5、U7为宽稳压范围的稳压集成块CM317G。

此外，还有3423型三极管为高输入阻抗的DGS类场效应管。

（三）"小狗"V-M611型智能吸尘机器人专用充电站

当吸尘器工作一段时间，显示出行动疲乏电能不足时，吸尘器能自行回到充电站（也可人工将吸尘器安放到充电站）补充电能。

"小狗"V-M611型智能吸尘器配备有专用充电站（见图14所示）：

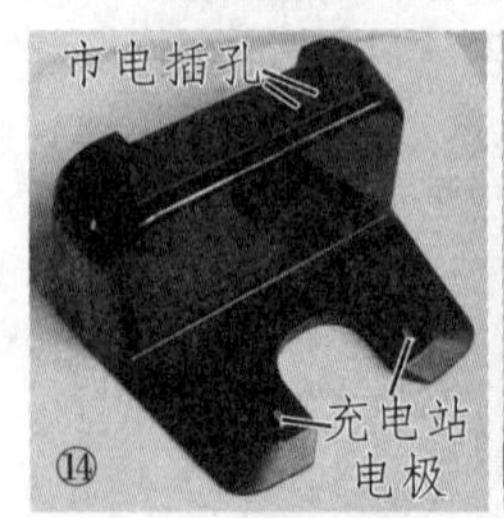

专度充电站内部结构如图15所示：充电站配备了三只用于进行探测和导航的红外线发射和接收LED管。模拟信号经U2 LM324前置电压放大，又经S4331进行电压—频率转换后，由U3功率输出，引导吸尘器自动坐上充电站，并对准充电站电极进行充电。

（四）小狗V-M611型智能吸尘机器人的使用和注意事项

1. 第一次启动吸尘器：

（1）按下主电开关至"1"符号，表示电源接通。

（2）第一次启动吸尘器时，首先按顶盖"小狗"符，顶盖将自动弹起（见国1和图2）；之后接通整机电源开关（见图2），然后触摸如图7所标示的"启动/暂停"键，启动完毕吸尘器将自动启动工作。

待本次工作需暂停时，按"启动/暂停键"主机暂时停止工作；

再次按"启动/暂停键"时，主机又接着工作。

（3）当主机处于休眠状态时，触摸该按键可唤醒主机并重新投入清扫工作；

特别提醒：①进行上述操作（或其他操前）必须将主机的顶盖盖上（下同）；②因本机向后退行行走时，无感测障碍物与防跌落感应功能，因此使用后退行键功能时应加倍小心操作。

2.用遥控器操作行走：

在待机模式下，可以按住遥控器的←（左转）、→（右转）键，调正机头方向；然后按住前进键↑或↓回（后退）键，引导吸尘器到达锁定的区域，松开按键则自动回复到待机状态。

3.当主机于10分钟内无任何操作，会自动进入休眠模式。

唤醒休眠则只需按主机的"启动/暂停键"；或遥控器的任意键即可。

4.充电站摆置及使用注意事项：

（1）充电站外形结构见图15所示。充电站应避免放置于阳光或投射灯（强光）直射的区域；

（2）充电站前方1.5米、左方或右方各1米范围内尽量保持空旷，以避免给主机顺利回到充电站充电，形成障碍；

（3）充电站应放置至墙边（靠墙）和较平坦的地面；

（4）充电站接上电源适配器时，上方的红色灯会恒亮。当主机成功进站充电会伴有蜂鸣声响，同时，充站红灯和绿灯会同时恒亮；

（5）若人工将主机放置于充电站充电，应确认充电站上的红灯和绿灯应同时恒亮；

（6）若进站角度偏差，导致主机不能顺利充电，主机会于5秒钟后自动退出，并接着执行重新进站过程；

（7）完整充满电耗时约为6小时；

（8）当主机电池充电完成后，无需拔除充电站电源插头，以保证主机电量不足时可以自行再次找回充电站；

（9）当主机在充电站上被外力无故推开，而主机仍正对着充电站，则主机会自动找讯号再次回站；

（10）当突遇停电或适配器断电时，主机会自动退出，侍恢复供电后，主机搜寻到讯号，会自动返回充电站继续充电；

（11）当主机待机状态下被放置于正对着充电站的位置，主机会自动回到充电站；

（12）当主机红色LED指示灯亮起时，说明主机正开始搜寻充电站；

（13） 当主机电池电量过低时，主机仍会自行寻找充电站进行充电；

（14）电源适配器可直接插入主机充电插孔充电，当电源适配器直接接于主机时，主机上的触摸键及遥控功能均将失效；

（15）主机上盖内的主电源开关即使置于关断状态，也可以直接放置于充电站上进行充电；

（16）本机采用锂离子电池，应避免在低电量状态下操作本机。平时应时常保持满电/充电状态，可维持电池较长的寿命。

（五）故障显示列表和简单故障的排除

1.主机灯光信号代码表（如图16所示）。

主机灯光信号代码表 ⑯

错误代码	内容说明	灯光闪烁	持续显示时间	解决方式
E0	防跌落感应器悬空或感应器脏污	●●●●	5组(约 20 秒)	放于地面或清洁防跌落感应器
E1	开机缺电	●●●●	5组(约 20 秒)	适配器直接给主机充电
E3	主机卡住	●●●●	5组(约 20 秒)	手动将主机放至开阔处
E4	边刷卡住	●●●●	5组(约 20 秒)	清理边刷
E5	主机脱困失败	●●●●	5组(约 20 秒)	将机器放至空地重新启动
E6	吸尘风扇卡住	●●●●	5组(约 20 秒)	联系客服人员
E7	行走轮卡住	●●●●	5组(约 20 秒)	清理行走轮

主机电量耗尽需重新激活时，请将适配器直接给主机充电 20 分钟以上，之后可唤醒主机。

如有其他问题，请参考说明书中常见问题处理

可依据图16 主机灯光信号代码，快速判断故障所在。

2.简单故障的排除方法。

（1）故障状态：虽然吸尘器正对在充电站前，但仍不为回归充电站。

可能原因：充电站的电源适配器未妥善接好；应可靠接上电源插座和充电站插孔；

处理方法：①确认电源适配器已正确接妥。

②充电站置于了阳光直射区。

处理方法：将充电站移出阳光直射区；

③充电站前放置了其他物品，挡住了路径；

处理方法：将充电站前方的物品移除；

④吸尘器前方或充电站的黑色红外线感应区脏污；

处理方法：用干净无水的抹布擦净即可。

（2）故障状态：吸尘器于充电站前持续进出。

可能原因：充电站电源适配器未接好。

处理方法：确认若电源适器和充电站插孔未妥善接好，应捋配器正确接通电源和充电。

(3)充电站接触弹片和主机电源接片未妥善接触；

可能原因：吸尘器和主机电源接片未妥善接触

处理方法：确认充电站正确靠墙边并置于平坦地面。

则可能是充电站下方有异物需移除。充电接触弹片或主机弹片脏污，需加以清洁。

(4)主机或遥控器启动键无作用。

可能原因：①主机电源未开启；

处理方法：确认上盖下的电源开关已开启。

②电池电量过低。

处理方法：侍电池充满电后再使用。

(5) 遥控器不能遥控。

可能原因：遥控电池电量不足，需更换遥控器电池(同规格)

(6)充饱电后请扫时间缩短。

可能原因：电池寿命已到，需用原厂电池更换。

(7)主机启动/暂停键失效。

可能原因：主机无电，需将适配器圆形插头插在主机插头在主机右后方电源插孔。

(8)主机行走遇墙边或遇障碍物而不能动弹。

可能原因：行走轮有杂物卡缠，碍物就卡住不能动；

处理方法：应时常注意清除杂物并擦拭行走轮。

(六)结语

对于像本文介绍的"小狗V-M611型智能吸尘机器人"之类的其他各种智能化家用电器(均可把其视为家用机器人)，有人说这是人类逃避劳动的懒人化现象。非也！这是人类进步之必然。虽然人类文明是靠劳动创造的，然而，人类在享受劳动成果的同时，在用更深层次的劳动(不再是繁重、忙碌的体力活)，凭高级、明智、更高效的脑力思维劳动和新兴技术相结合，来开创更辉煌的未来。

二、米家激光导航智能扫地机器人简介

米家激光导航扫地机器人是一款新型聪明的能自动规划扫地路径的智能扭地机器人，它拥有高精度激光测距传感器系统，能实时构建被扫房间或地域的地图，并基于该地图及多种其他传感器融合的导航算法，自动规划清扫路径，从而能达到有规律、全覆盖和高效率。同时可适应复杂环境的清扫工作。且清扫完毕后能自动回充，全程无需人工干预。

还可以通过手机客户端实时查看清扫地图和状态，设置定时清扫，进行远程控制。该机吸力强劲(达2000PA)。也体现了科技改变、改善生活，使人们更安乐地享受生活。

(一)米家扫地机器人基本技术参数和主要特性

1.主机外形见本文图17所示(包括充电座)。

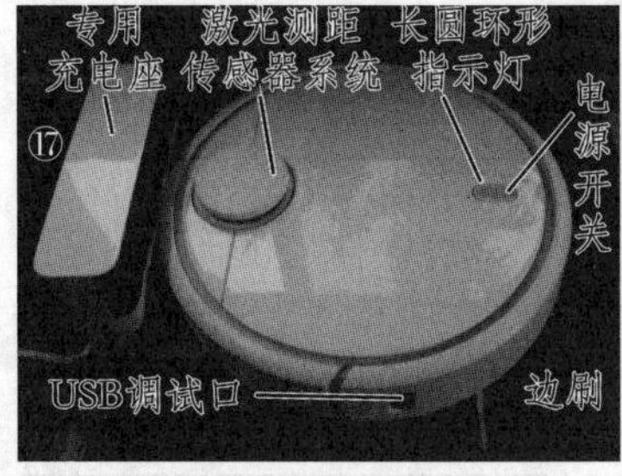

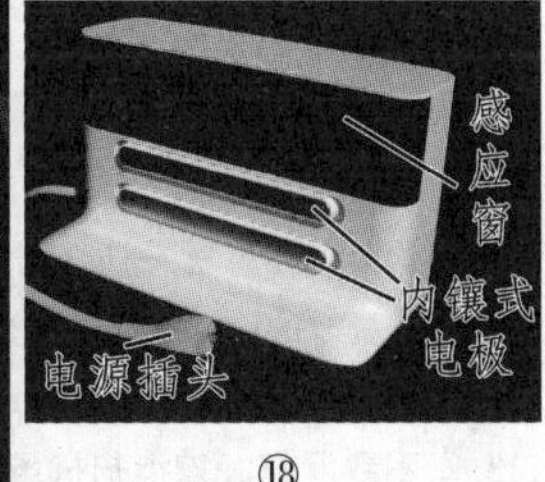

⑱

2.充电座：外形见图18所示。

无线连接：Wi_Fi智能快连接；

额定工作电压：DC14.4V；

额定工作时消耗功率：55W。

充电座外形尺寸

底座尺寸：230mm×109mm；

充电部分：230mm×65mm；

充电电极：150mm×15mm；为内嵌式弹性结构，以保证接触可靠。

额定输出电压：DC 20V。

●操作开关清扫时说一句"开机清扫"；之后会说"继续清扫"；

●遇到障碍物时会提示："前方有障碍物"；

●还有："暂停"、"关机"等语句。

●另一点重要事项是：清扫区域最好没有带状物，以碍顺利进行清扫。由于米家扫地机采用动态边刷，在沿墙边清扫时(即在距墙10mm左右时)会加速旋转，在宽广平地时保持低速运行。虽然该扫地机具有防缠绕功能(即在遇到缠绕阻力时，会停止转动或逆转，以迅速摆脱缠绕，也可防止更多缠绕，甚至越缠越紧)，但还是防止缠绕为好。

●有语音提示功能，如：进行充电时先奏一小段乐曲，然后开始充电。

主机外形尺寸：

直径：345mm；高：96mm；

重量：3.9kg(含电池)

整机为白色，看起来有素清干净的感觉，和清扫器性质相符。

3.主机结构特点。

主机内部信构示意图见图19所示，由图19可见，其前方均匀安置了四个"悬崖传感器"，以防室内台阶或楼梯口处跌落。

另外，还专设了一个USB调试窗口，以供工厂调试或维修时可在不拆卸整机，便可方便地进行调试。

专用电源电池：

米家扫地机器人的工作电源，采用BRR-2P4S-5200型锂离子电池组。

该型电池组外形见图20所示。

额定容量：5200mAh；

额定电压：14.4V；

充电限压：16,8V

执行标准：GB-31241-2014。

使用注意事项：

●禁止拆解、撞击、挤压或投入火中；

●若电池出现严重鼓胀，切勿继续使用；

●勿将金属物体接触电池两端端子；

●勿将电池置于60℃以上或-20℃以下的环境中。

4.激光测距传感器系统。

剖开激光测距传感器系统的内部机构，呈现如图21、图22、图23、图24所示的独特结沟。图5所示的是加上防护罩的激光测距装置，这既可防止外部无法预计的不测侵犯，不致损坏激光测距系统；更可隔离激光发射管所发射的激光，直接通过内部被激光传感器短路接收，干挠其正常工作。图6所示是通过可双向旋转巡视的激光测距系统内芯，也就是该激光测距系统的旋转传动机构，能自动向左，右扫描巡视。而图7所示是该激光测距系统的背视图，图8所示则是激光发射的镜头和激光传感器的接收镜头。

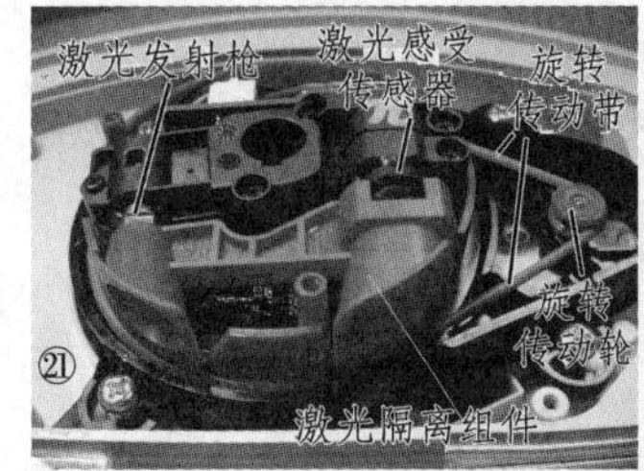

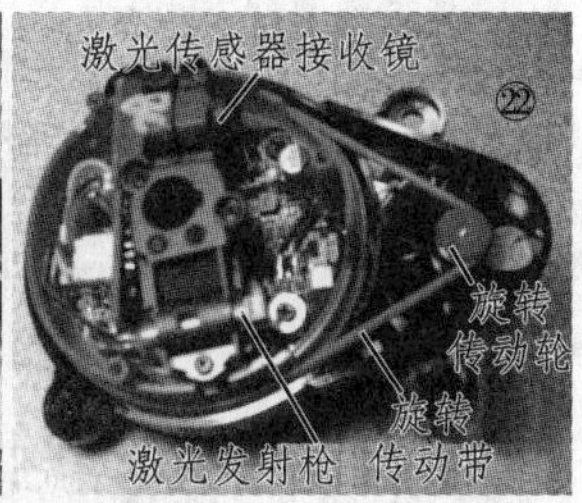

关于激光

激光是一种单色光，可通过多种激光激励装置产生，既有由大功率的空气动力学激光装置激发的高功率激光装置，或气体（如二氮化碳激光器）受激，产生能烧蚀金属的强功率激光（号称"激光炮"）；也可通过半导体（晶体）产生小功率激光，多用于医疗设备实现高清晰度摄像，甚至直接利用激光经高精度聚焦后，进行极其细微精确的外科（如眼科）烧灼手术。

本文所涉的测距激光属微功率激光。由于激光属单色光，不易受外界其他光线的干扰，可保障扫地机可靠地工作。

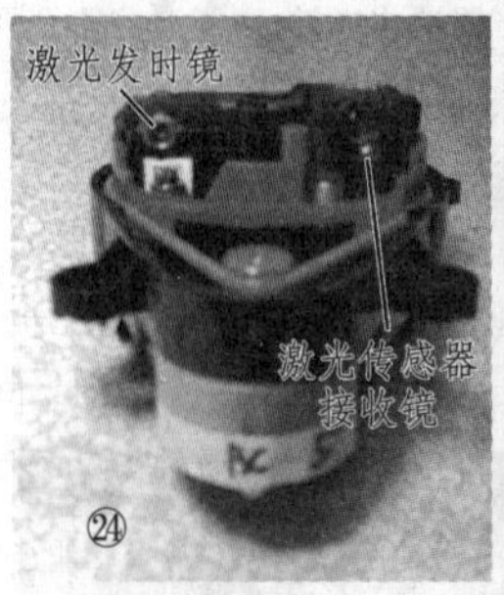

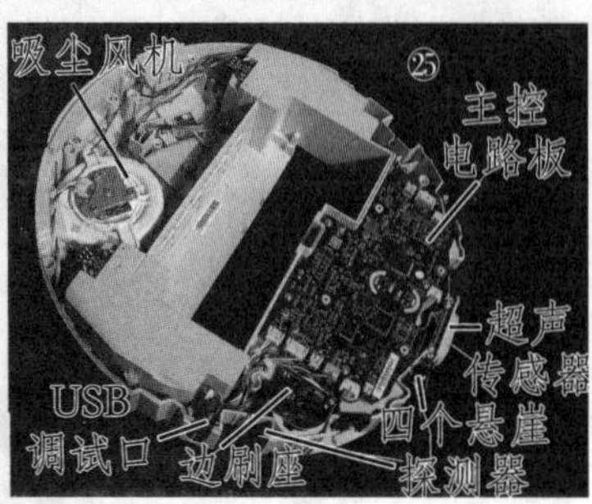

5.米家扫地机器人内部结构。

米家扫地机器人内部结构参见图25。由图可见在正机后部安置了一个体积小巧却能产生风力较强的吸尘风机。整机电源则由BRR-2P4S-5200型可充电锂离子电池提供。该电池组（可参见图21）的技术性能如下：

●额定容量：5200mAh；

●额定电压：14.4V；

●充电限压：16.8V（但充电座充电电极两端实测为20V（这可能是该机充电电流较大，要考虑到接触电阻影响（见图26所示）。

（二）主控芯片

本扫地机设置了最核心的控制电路板。控制电路元件面图参见图27所示。

其最主要的主控芯片为：

（一）STM13F103芯片：

该芯片属32位单片机，芯片外形尺寸：14mm×14mm。这是一种ST微控制器，属闪存芯片，多用于控制设备的智能化自动移动动作电机。它是增强型32位（基于ARM32位），基于ARM核心的带闪存、USB、CAN的微控制器，具有7个定时器、2个ADC、9个通信接口。特性有：

□核心

●ARM32位的Coryex（TM—M3CPU）；

●工作频率达72MHz，（高达90Dmips，1.25Dmips MHz）；

●具备单周期硬件乘法/除法能力，能加快计算；

●有足够的I/O口引脚。

□存储器

●从32k字节至128k字节闪存序存储器；

●从6k字节至20k字节SRAM；

●有多重自举功能。

□时钟、复位和供电管理

●工作电压从2V~3.6V；

●有上电/断电自动复位（POR/PDR）、可编程电压监测器（PVD）和掉电监测器；

●内嵌4MHz~16MHz高速晶体振荡器；

●内嵌经出厂调校的8MHz的RC振荡器；

●内嵌PLL CPU时钟；

●内嵌可使用外部32kHz晶体RTC振荡器。

□低功耗

●有3种省电模式：睡眠、待机和停机模式；

●有Vbat为RTC和后备寄存器供电。

□具备二个12位模/数转换器，uS级转换时间（16通道）

●转换范围：0~3.6V；

●具有双采样和保持功能；

●具有温度传感器。

□调试模式

●串行线调试（SWD）和JTAG接口。

□关于DWA

●七通道DMA控制器；

●支持的外设有：定时器、ADC、SPI。I²C和USAPT。

□具备80个快速I/O口

●有26/36/51/80个多功能双向5V兼容的I/O口；

●所有I/O口都可以映像到16个外部中断。

□具有7个定时器

●有三个同步的16位定时器，每个定时有多达4个用于输入捕获、输出比较/PWM或脉冲计数的通道；

●16位六通道高级控制定时器；

●有6路PWM输出；

●死区控制、边沿/中间对齐波形和紧急制动功能。

●2个看门狗定时器（独立的和窗口型的）；

●24位带自动加载功能的系统时间定时器；

□9个通信接口，其中：

●2个I²C接口（SMBus/PMBus）

●3个USART接口，支持ISO 7816、LIN lrDAM接口和调制解调控制；

●2个SPI同步串行接口（18兆位/秒）；

●CAN接口（2.0B主动）；

●USB2.0全连接；

□ECOPAC^R封装（兼容ROHS）。

2.8189ETV芯片：

8189ETV是一种SDIO接口局域网无线模块，具有低功耗、高性能、小体积等特点的无线接口模组，支持64/128位WEP加密，支持WPA—PSK/WPA—2PSK、WPA/WPA2安全机制，无线传输速率高达150M（是普通产品的约10倍），是智能家电的首选。

□主要特性：

●符合802.11标准的高集成度单芯片；

●支持深度睡眠和待机模式的低功耗工作模式，能实施IEEE省电模式；

●最重要之处是能支持发射激光波束形成。

（三）结语

米家激光导航扫地机器人是一台聪明的能自主路径规划式的扫地机器人，它具备LDS高精度激光测距传感器，能实时构建被扫场地、房间地图，可将场地自动分区，先沿边清扫，再沿中央区域按规划清扫。不同房间均可单独规划，分步逐步完成全面清扫。由于扫地机是基于地图和传感器融合的LDS敞光导航算法规划清扫路径，通过3×360°/秒激光扫描测距精准定位，并可精确测距（测距范围达6米），每次扫描可全覆盖113m²，不致漏扫。该清扫机虽只设置了一个边刷，但由于其主刷强劲有力，清扫效果还是不错的。

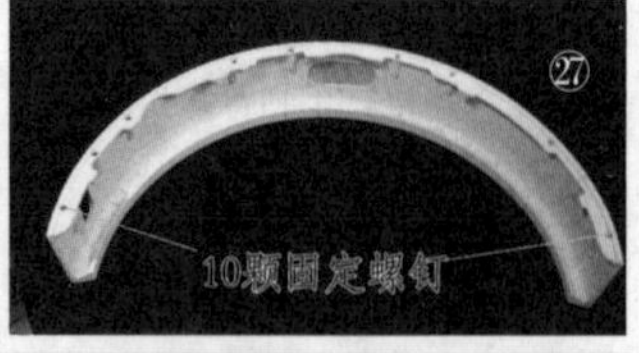

另外，若在清扫途中因电量不足，需回充时，充毕电后可自动从清扫中断处继续清扫（有记忆功能），不遗漏。